DICTIONNAIRE

GÉNÉRAL

DES SCIENCES

THÉORIQUES ET APPLIQUÉES

1

DICTIONNAIRE

GÉNÉRAL

DES SCIENCES

THÉORIQUES ET APPLIQUÉES

COMPRENANT

POUR LES MATHÉMATIQUES : L'arithmétique, l'algèbre, la géométrie pure et appliquée; le calcul infinitésimal; le calcul des probabilités; la géodésie, l'astronomie, etc.

POUR LA PHYSIQUE ET LA CHIMIE : La chaleur, l'électricité, le magnétisme, le galvanisme et leurs applications la lumière, les instruments d'optique; la photographie, etc.; a physique terrestre, la météorologie, etc.; la chimie générale; la chimie industrielle; la chimie agricole; la fabrication des produits chimiques, des substances industrielles ou alimentaires, etc.

POUR LA MÉCANIQUE ET LA TECHNOLOGIE : Les machines à vapeur; les moteurs hydrauliques et autres, les machines-outils; la métallurgie; les fabrications diverses; l'art militaire; l'art naval; l'imprimerie, la lithographie, etc.

POUR L'HISTOIRE NATURELLE ET LA MÉDECINE : La zoologie; la botanique; la minéralogie; la géologie; la paléontologie; la géographie animale et végétale; l'hygiène publique et domestique; la médecine; la chirurgie; l'art vétérinaire; la pharmacie; la matière médicale; la médecine légale, etc.

POUR L'AGRICULTURE : L'agriculture proprement dite; l'économie rurale; la sylviculture; l'horticulture; l'arboriculture; la zootechnie; les industries agricoles, etc.

AVEC DES FIGURES INTERCALÉES DANS LE TEXTE

PAR MM.

PRIVAT-DESCHANEL	AD. FOCILLON
ANCIEN PROFESSEUR DE PHYSIQUE AU LYCÉE LOUIS-LE-GRAND PROVISEUR AU LYCÉE DE VANVES	ANCIEN PROF. D'HISTOIRE NATURELLE DU LYCÉE LOUIS-LE-GRAND DIRECTEUR DE L'ÉCOLE SUPÉRIEURE COLBERT

AVEC LA COLLABORATION D'UNE RÉUNION

DE SAVANTS, D'INGÉNIEURS ET DE PROFESSEURS

Deuxième édition, revue, corrigée et augmentée d'un *Supplément.*

I⁽ᵉ⁾ PARTIE

PARIS

CHARLES DELAGRAVE	GARNIER FRÈRES
Libraire-Éditeur	Libraires-Éditeurs
15, RUE SOUFFLOT, 15	6, RUE DES SAINTS-PÈRES, 6

1877

LISTE ET SIGNATURES

DES

PRINCIPAUX COLLABORATEURS

AD. F. — AD. FOCILLON, directeur de l'École supérieur Colbert, ancien professeur de sciences physiques et naturelles au lycée Louis-le-Grand, membre du jury international des Expositions universelles de 1855 et 1867.

A. DU BR. — A. DU BREUIL, professeur d'arboriculture au Conservatoire des arts et métiers, membre de l'Académie des sciences, lettres et arts de Rouen, correspondant de la Société centrale d'agriculture de Paris, etc.

A. M. — ADOLPHE MARTIN, professeur de physique à Sainte-Barbe, et de technologie à l'École supérieure du commerce.

B. — BOUTAN, inspecteur général pour les sciences.

D—L. — BARRAL, secrétaire perpétuel de la Société nationale et centrale d'agriculture, membre des jurys internationaux de 1855, 1856, 1862 et 1867, directeur du *Journal de l'Agriculture*.

BA. — BAZILLE, officier d'artillerie, ancien élève de l'École polytechnique.

BO. — BOS, professeur de mathématiques au lycée Louis-le-Grand.

DE—Y. — DEZOBRY, libraire-éditeur, l'un des directeurs du *Dictionnaire de Biographie* et du *Dictionnaire des Lettres et Arts*.

Dr G. — Dr GANNAL.

E. R. — ROCHE, professeur de mathématiques à la Faculté des sciences de Montpellier.

F. E. — ENMEL, ingénieur civil, répétiteur à l'École centrale des arts et manufactures.

F. ED. — FÉLIX EDON, commandant de chasseurs à pied.

F. L. — F. LACARRIGUE, professeur de sciences.

F—N — FOCILLON, docteur en médecine, ex-médecin de l'Hôtel des Invalides.

G—S. — L. GOUAS, botaniste, l'un des rédacteurs de la *Revue horticole*.

H. G. — GOSSIN, professeur de physique au Prytanée militaire de la Flèche.

H—M. — Dr HIFFELSHEIM, lauréat de l'Institut, professeur de pathologie nerveuse et d'électrothérapie.

L. — LECHARTIER, professeur de chimie à la Faculté des sciences de Reims.

LA. — LADOUNÉ, expert chimiste près le tribunal de la Seine, préparateur au lycée Louis-le-Grand.

L. B. — BERGON, directeur des télégraphes dans le département de la Sarthe, ancien chef du service central au ministère de l'Intérieur.

L. FAIR — LÉON FAIRMAIRE, membre de la Société entomologique de France.

LEF. — LEFEBVRE, professeur de sciences physiques au lycée de Saint-Quentin.

L. F. — LÉON FOUCAULT, physicien de l'Observatoire.

L. G. — GOSTYNSKI, ingénieur civil.

M—T. — MAILLET, ancien élève de l'École polytechnique, ingénieur aux mines de Ronchamps.

M. D. — MARIÉ-DAVY, directeur de l'Observatoire météorologique de Montsouris.

M—X. — MOLLEVAUX, ingénieur au chemin de fer du Nord de l'Espagne.

M. G. — GIRARD, professeur de physique au collège Rollin.

M. M. — MENRAS, officier d'artillerie, ancien élève de l'École polytechnique.

P. D. — PRIVAT-DESCHANEL, proviseur du lycée de Vanves, ancien professeur de physique au lycée Louis-le-Grand.

P. G. — PAUL GERVAIS, professeur d'anatomie comparée au muséum d'Histoire naturelle.

RA. — RAULIN, agrégé de l'Université.

R. — ROUSSELIN, professeur de physique au lycée de Coutances.

S—Y. — ADOLPHE SIRY, docteur en médecine

DESSINATEURS ET GRAVEURS

CLAUDEL. — Ingénieur civil.

L. GUIGUET. — Dessinateur du ministère de l'Agriculture, graveur de l'École des ponts et chaussées, de l'École centrale, etc.

L. ROUYER. — Dessinateur du ministère de l'Agriculture et de la Société nationale d'acclimatation.

E. WORMSER. — Professeur de dessin au Conservatoire des arts et métiers

PRÉFACE

Ce *Dictionnaire* est le troisième ouvrage de ce genre que nous offrons au public. Il vient compléter les deux premiers et procède de la même pensée, celle de mettre à la portée de tout le monde, sous une forme précise, les faits, les connaissances et les inventions par lesquels se manifeste l'activité humaine. Le *Dictionnaire général de Biographie et d'Histoire* est un répertoire des faits et gestes des hommes et des nations. Le *Dictionnaire général des Lettres, des Beaux-arts et des Sciences morales et politiques* présente une sorte d'inventaire des produits de l'activité humaine dans l'ordre moral ; un tableau des efforts de l'esprit humain pour connaître le beau, le vrai, pour se connaître lui-même dans ses rapports avec ses semblables et avec Dieu son créateur. Enfin, le *Dictionnaire général des Sciences théoriques et appliquées* est le livre des conquêtes de l'activité humaine sur le monde matériel ; c'est un dénombrement des connaissances, découvertes et inventions nées de l'étude des propriétés de la matière brute ou vivante, et des forces qui l'agitent et la modifient. Les Sciences, à notre époque, ont vivement fixé l'attention publique par de nombreux et brillants progrès dans l'ordre théorique, par de mémorables créations dans l'ordre pratique. Aussi croyons-nous répondre à un besoin très-général en réunissant ici, sous une forme succincte et dans un langage aussi rapproché que possible de celui des gens du monde, les principes fondamentaux, les faits les plus incontestables et les applications diverses des sciences mathématiques, physiques, chimiques, naturelles, médicales et agricoles. Cette tâche offrait de nombreuses difficultés pour la délimitation même d'un si vaste sujet ; pour le choix des renseignements à donner à nos lecteurs, à qui nous ne devions et ne pouvions tout donner ; pour l'expression de tant d'idées étrangères au langage habituel, que nous nous sommes efforcés de rendre, sans avoir recours au langage spécial que chaque science a dû adopter. Nous avons fait appel au concours de collaborateurs exercés par la pratique de l'enseignement ou par l'habitude des publications destinées à vulgariser la science. Nous avons recherché aussi l'assistance d'hommes spécialement initiés, par l'exercice même de leur profession, à un ordre particulier de connaissances technologiques.

En procédant ainsi, nous espérons avoir assuré à notre travail des garanties de précision, d'exactitude, et l'avoir mis en harmonie avec le langage et les habitudes d'esprit de l'immense majorité du public. Mais cette collaboration multiple pouvait avoir un inconvénient, c'était de rompre la liaison indispensable entre les divers articles se rapportant à une même science. La tâche des directeurs a été de rendre à cet ouvrage l'unité qui aurait pu lui manquer, et dont ils avaient eu soin d'arrêter les bases entre eux en se mettant à l'œuvre. Pas un article n'a pris place dans les colonnes du livre, sans avoir passé ligne à ligne sous les yeux de l'un des deux directeurs et souvent de tous les deux. Chacun d'eux a cru en outre nécessaire, pour harmoniser les diverses parties d'une même science, de rédiger personnellement un certain nombre d'articles qui sont demeurés sans signature parce qu'ils sont réellement l'œuvre de la direction.

Dans la partie des *Sciences mathématiques et physiques*, confiée spécialement à M. Privat-Deschanel, il se présentait un embarras particulier, celui du choix à faire dans un ensemble aussi vaste. Après de mûres réflexions on s'est décidé à passer sous silence quelques-uns des points qui constituent, à proprement parler, l'enseignement classique. Nous avons pensé que le public n'avait point à chercher dans un dictionnaire les bases mêmes de son instruction scientifique, mais bien plutôt des renseignements divers sur chacune des sciences en particulier. En se plaçant à ce point de vue, on a dû nécessairement sacrifier l'unité logique de l'exposition, qu'on recherche avec raison dans les traités spéciaux, à l'unité du but qui est de fournir à chacun, à un moment donné, quelques indications précises, de nature à satisfaire son esprit ou à faciliter ses lectures. Ainsi quelques-unes des opérations ordinaires de l'arithmétique et de l'algèbre ont été en partie omises ou traitées très-brièvement, tandis que d'autres, comme la division arithmétique, la numération, les logarithmes, ont reçu des développements assez étendus.

Le même principe nous a guidés dans l'exposition des hautes parties des mathématiques et de leurs applications. Nous n'avons pas renoncé à en parler, et nous avons suivi dans les articles qui s'y rapportent, le langage et la notation scientifiques. Il est en effet impossible de songer à donner une idée quelconque du calcul différentiel, du calcul intégral, du calcul des variations, etc., aux personnes qui sont dépourvues de toute instruction mathématique ; mais il peut être utile de faire connaître le but de ces branches des mathématiques et leur utilité à ceux qui, ayant déjà une certaine instruction scientifique, sont en mesure de saisir l'esprit de ces méthodes de calcul et le principe de leurs immenses applications. Nous avons même fait des efforts pour que quelques-uns de nos articles pussent renseigner utilement les professeurs désireux de se procurer rapidement quelque indication sur des points qui exigeraient quelquefois d'assez longues recherches.

En ce qui touche aux *Sciences physiques et mécaniques*, notre tâche, quoique fort étendue, était toutefois un peu plus simple ; il s'agissait ici de faire connaître à nos lecteurs l'ensemble des découvertes et des machines qui ont, depuis cinquante ans, si profondément modifié notre état social. Nous avons appelé à notre aide les hommes spéciaux, nous nous sommes entourés des documents les plus récents et les plus exacts, et nous nous sommes efforcés de les classer et de les exposer le plus clairement possible.

M. Ad. Focillon a spécialement donné ses soins aux articles concernant les *Sciences naturelles, médicales et agricoles*. Il a reçu, dans cette tâche assez lourde, un utile concours de M. le docteur Focillon, son père, qui, depuis plus de quarante années, exerce la médecine à Paris. Il a paru nécessaire, pour plusieurs de ces sciences, d'arrêter certaines règles dont l'indication peut être utile aux lecteurs.

En ce qui concerne les *Sciences naturelles*, il était indispensable d'adopter pour l'indication des divers groupes des classifications un même guide dans chaque science. Le dernier ouvrage d'ensemble publié sur le classement des animaux, et généralement accepté par les naturalistes de tous pays, étant la 2e édition du *Règne animal* de notre illustre G. Cuvier, il a servi de guide pour tous les articles relatifs aux espèces, genres, familles et autres groupes d'animaux. On a pris soin néanmoins d'indiquer toutes les modifications à cette méthode que l'assentiment de la plupart des zoologistes semble avoir consacrées depuis trente ans. Pour la classification des plantes, on a adopté les groupes établis par M. le professeur Ad. Brongniart dans le jardin de l'École de Botanique de Paris, au Muséum d'Histoire naturelle, et consignés par lui dans son *Énumération des genres de plantes cultivées au Muséum d'Histoire naturelle de Paris*. La méthode suivie par M. le professeur Delafosse, dans ses cours à la Faculté des Sciences et au Muséum d'Histoire naturelle, a été reproduite en général dans les articles de Minéralogie. Enfin, en Géologie, on a cru devoir se conformer aux divisions que M. le professeur Alcide d'Orbigny a adoptées, d'après les travaux des géologues modernes les plus célèbres, dans son *Cours élémentaire de Paléontologie et de Géologie*.

Dans les *Sciences médicales*, on a dû se souvenir sans cesse que notre *Dictionnaire*, destiné aux hommes du monde, aux jeunes gens des deux sexes aussi bien qu'aux jeunes étudiants, ne devait renfermer que des renseignements extrêmement sommaires sur le traitement médical ou chirurgical des maladies ; qu'il devait contenir surtout des conseils utiles d'hygiène et de médecine pratique de chaque jour, une indication exacte des premiers soins que chacun peut être appelé à donner jusqu'à l'arrivée du médecin. Nous nous sommes surtout fait une loi sévère d'écarter absolument de notre livre tout ce qui pouvait blesser l'œil ou l'oreille d'une jeune personne ; nous avons voulu avant tout qu'il pût, sans inconvénients, être laissé sur la table de la famille et sous la main de tous ses membres, et pénétrer dans toutes les maisons d'éducation sans y apporter autre chose que des éléments d'instruction.

Quant aux *Sciences agricoles*, nous nous sommes attachés à représenter avec exactitude le mouvement général de progrès si remarquable qu'elles ont suivi en France depuis le commencement de ce siècle, en recherchant avec soin les renseignements contenus dans les plus récentes publications, et les résultats des expositions et des concours agricoles.

En résumé, ce *Dictionnaire* a été conçu dans l'esprit qui vient d'être indiqué pour servir, comme les deux précédents, aux gens du monde désireux de quelques notions sur les sciences, aux jeunes gens et aux jeunes personnes préoccupés de s'instruire pour compléter leur éducation ou satisfaire aux exigences des examens ; enfin même aux personnes qui enseignent et qui, dans leurs travaux, éprouvent souvent le besoin de retrouver rapidement des renseignements incomplétement connus d'elles, ou qui se sont un peu effacés de leur mémoire.

L'accueil que nous a fait le public nous a appris que nous avions atteint ce but sincèrement et vigilamment poursuivi. Nous avons d'ailleurs conscience de n'avoir rien négligé pour faire un livre utile et vraiment digne d'encouragement. Les efforts personnels des directeurs, les collaborateurs spéciaux qu'ils se sont choisis, nous font espérer que rien d'essentiel n'a été omis dans le champ si vaste que nous nous sommes assigné. Nous nous faisons d'ailleurs un devoir de solliciter, en même temps que la bienveillance, les avis et les critiques de nos lecteurs, nous réservant d'en tenir compte s'il y a lieu, et de faire disparaître dans une seconde édition les inexactitudes qui auraient pu se glisser dans celle-ci.

Nous avons été heureux de voir qu'on nous tenait compte, non-seulement de l'importance de cet ouvrage et de la sollicitude qui a présidé à sa rédaction, mais encore des sacrifices de toutes sortes qu'il nous a fallu faire pour le rendre accessible aux ressources pécuniaires comme à l'intelligence du plus grand nombre, et pour en faire néanmoins, en même temps qu'un livre vraiment utile, un livre vraiment beau. Ne croyant pas que l'enseignement des sciences puisse être réellement fructueux sans le secours des figures qui en sont comme la démonstration palpable, nous avons voulu avoir le concours des dessinateurs spécialistes les plus habiles. Les très-nombreuses vignettes intercalées dans le texte en forment comme le commentaire le plus lucide et le plus saisissant. Ce ne sont pas des images comme en ont la plupart des livres illustrés qu'on publie en ce temps ; c'est la reproduction scrupuleusement exacte du sujet décrit. Les hommes qui sont initiés à la fabrication d'un livre, apprécieront combien de difficultés matérielles nous avons dû rencontrer dans l'agencement des figures et du texte de ce *Dictionnaire*.

Voilà quel a été notre but, quelles ont été nos constantes préoccupations et les difficultés fréquentes qu'il nous a fallu surmonter, et voici quel a été notre résultat : le public le jugera. Nous espérons qu'il accueillera ce troisième *Dictionnaire* avec l'estime empressée qu'il a accordée à ses deux devanciers. Ce serait la plus douce récompense qu'il pût nous donner pour avoir entrepris et mené à fin cette encyclopédie usuelle en trois parties.

LES ÉDITEURS.

DICTIONNAIRE

GÉNÉRAL

DES SCIENCES

THÉORIQUES ET APPLIQUÉES

A

ABAISSEMENT (Médecine). — Voyez CATARACTE.

ABAISSEMENT DES ÉQUATIONS. — Voyez ÉQUATIONS.

ABAISSEURS (MUSCLES) (Anatomie). — On donne ce nom aux muscles qui concourent à l'abaissement d'une partie quelconque du corps : tels sont *l'abaisseur du globe de l'œil* ou *droit inférieur de l'œil*; *l'abaisseur de l'aile du nez* ou *myrtiforme*; etc. D'autres muscles, sans porter le nom d'abaisseurs, le mériteraient par leurs fonctions : ainsi, les muscles *petit dentelé* et *triangulaire du sternum* concourent à abaisser les côtes; l'épaule est abaissée par le *petit pectoral*, le *sous-clavier*, le *grand dentelé* (voyez MUSCLES.)

ABAJOUES (Zoologie) signifie peut-être *au bas des joues*. — Plusieurs espèces d'animaux mammifères, se nourrissant d'ailleurs de matières végétales, portent, dans l'épaisseur des chairs de chaque joue, une poche membraneuse nommée *abajoue*, où ils mettent en réserve des fruits, des grains ou des fragments de racines grossièrement divisés par quelques coups de dents. Ce sont surtout les *Singes de l'ancien continent* (genres *Guenons, Macaques, Cynocéphales, Mandrills* de G. Cuvier) qui possèdent ces sortes de garde-manger naturels; sans cesse en mouvement au milieu des branches des arbres, ils saisissent à la hâte et font passer dans leurs abajoues les aliments qu'ils rencontrent, pour les mâcher à loisir lorsque ces réservoirs sont remplis de façon à fournir un repas suffisant. Les *Hamsters*, les *Spermophiles*, parmi les *Rongeurs*, rapportent à leur terrier dans leurs abajoues les grains qu'ils emmagasinent pour subsister pendant l'hiver. D'autres rongeurs, les *Géomys* ou *Pseudostomes*, ont des abajoues qui s'ouvrent à l'extérieur sur chaque côté de la face. Et. Geoffroy Saint-Hilaire a décrit dans un genre de chauves-souris, les *Nyctères*, une sorte d'abajoue qui semble conformée de manière à permettre que l'air extérieur aspiré par la bouche pénètre sous la peau du corps très-peu adhérente aux chairs.

ABANO (Médecine, Eaux minérales). — Petite ville d'Italie à 8 kilomètres de Padoue, célèbre par ses eaux thermales (82° centigr.) iodo-bromurées. Cette station, déjà en grande réputation à l'époque romaine, est renommée contre les maladies de la peau, contre les affections rhumatismales et scrofuleuses. On emploie les eaux et surtout les boues d'Abano sous la forme de bains et en applications sur les parties malades. Les sources sont nombreuses, mais la principale est celle de *Monte Ortone*.

ABAQUE (COMPTEUR : du grec *abax*, table, tableau). — Petite machine à calculer employée, dans les écoles primaires et dans les salles d'asile, pour apprendre aux enfants les premiers principes de la formation des nombres.

Cette petite machine est composée d'un cadre de bois (voyez la figure 1), dans l'intérieur duquel sont tendues horizontalement 8 ou 10 tringles passant chacune au travers de 10 boules de bois qui peuvent glisser librement sur elles. Les boules de la première tringle représentent les unités, celles de la seconde les dizaines, et ainsi de suite. Pour écrire un nombre, on commence par incliner l'appareil de manière à faire glisser toutes les boules vers la gauche, par exemple, puis on reporte sur la droite et sur chaque tringle autant de boules qu'il y a d'unités de l'ordre auquel correspond la tringle. C'est ainsi que se trouve représenté sur notre gravure le nombre 7 341 682.

On peut, à l'aide de cet appareil, effectuer très-vite les opérations fondamentales de l'arithmétique, surtout les additions.

L'abaque, usité en France dans les salles d'asile et quelques écoles primaires sous le nom de *boulier compteur*, est encore très-commun en Russie où presque toutes

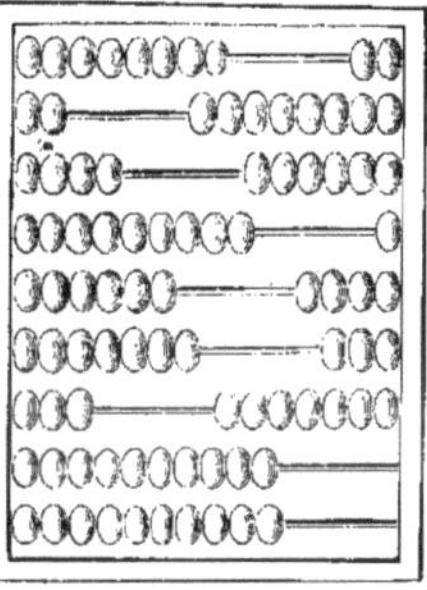

Fig. 1. — Boulier compteur.

les classes de la société l'emploient à leurs calculs journaliers.

Au moyen âge on appelait *abacus* ou *table de Pythagore* des tableaux graphiques formés de colonnes verticales dans lesquelles on inscrivait les chiffres d'après leur valeur relative. Plus tard on a étendu le nom de *table de Pythagore* à diverses tables de calculs, et notamment à la *table de multiplication*.

Les anciens désignaient aussi sous le nom d'*abaque*, des tables, recouvertes de sable fin ou de poussière, sur lesquelles ils exécutaient leurs opérations ou traçaient leurs figures de géométrie.

Dans les temps modernes, on a donné par extension le même nom à divers tableaux servant à faciliter les calculs; on doit en particulier à M. Léon Lalanne, un *abaque* ou *compteur universel*, table à double entrée qui fournit immédiatement et à simple vue le produit et le quotient de deux nombres, leurs carrés, leurs racines carrées, la circonférence et la surface d'un cercle, etc. Dans les applications industrielles où les calculs n'ont pas besoin d'atteindre à un grand degré de précision, l'usage d'un abaque peut être avantageux par l'économie de temps qu'il procure.   M. D.

ABATAGE DES BOIS (Sylviculture). — Cette opération se

pratique tantôt sur des arbres ou *futaies*, tantôt sur des *taillis*. On emploie deux procédés principaux pour l'*abatage des futaies :* — 1° La *coupe à blanc*, jadis pratiquée à l'aide de la cognée seule et pour laquelle Monteath a proposé l'emploi de la scie dite *passe-partout (Forester's guide*, par Monteath). Quel que soit l'instrument mis en œuvre, le procédé est au fond toujours le même : tout à fait à la base de la tige et du côté où l'on veut faire tomber l'arbre, on pratique une entaille pénétrant à peu près jusqu'au centre du tronc; on en fait ensuite une seconde, du côté opposé, jusqu'à ce que l'arbre s'abatte. Dans la méthode de Monteath, la cognée sert à commencer chaque entaille, et la scie, mue par deux ouvriers, achève l'opération; en outre, dans la seconde entaille, on introduit un coin que l'on chasse lentement avec un maillet et qui provoque la chute de l'arbre. — 2° La *coupe en pivotant* donne un peu plus de longueur au bois (40 à 50 centimètres de plus), et cette raison la rend préférable aux yeux de certains forestiers. On pratique une tranchée dans le sol tout autour du pied de l'arbre et l'on coupe successivement toutes les racines latérales qui le fixent, jusqu'à ce qu'il tombe faute de soutien.

Lorsqu'on abat un arbre, il importe de prendre certaines précautions, dont la principale est de diriger sa chute de façon que les arbres réservés, placés à l'entour, ne soient pas *encroués*, c'est-à-dire endommagés. On doit veiller aussi à ne pas écraser ou mutiler les jeunes plants sur lesquels l'arbre pourrait s'abattre. Il convient pour cela d'élaguer d'abord l'arbre que l'on veut couper; cela a l'avantage de prévenir les dommages que pourraient éprouver les branches de quelque valeur. Voici les salaires qu'il est d'usage d'accorder aux bûcherons : *Hêtre* ou *chêne* de 0ᵐ,70 à 1 mètre de tour, abatage à la cognée, 0ᶠ,18 ; à la scie, 0ᶠ,36 ; en pivotant, 0ᶠ,54, par pied d'arbre ; *Chêne* ou *hêtre* de 1ᵐ,75 à 2ᵐ,50 de tour, abatage à la cognée, 0ᶠ,70 ; à la scie, 1ᶠ,35 ; en pivotant, 2ᶠ,00. Pour les bois tendres, ces prix diminuent d'un quart.

L'abatage des taillis doit être fait en vue de ménager la production des nouveaux jets qui peuvent partir de la souche et régénérer le taillis. On coupe habituellement les brins de taillis sur la souche, sans toucher à celle-ci; mais il paraît préférable de *ravaler* ou retrancher la souche immédiatement au-dessus du collet, ou de la *couper entre deux terres*, c'est-à-dire, au-dessous du niveau du sol; les brins nouveaux prennent alors racine et peuvent survivre à la souche-mère, si elle venait à périr. Il ne faut pas ravaler ou couper entre deux terres tous les taillis indistinctement, car il arrive parfois que beaucoup de souches ne repoussent pas : on appliquera ce procédé avec succès aux souches de charme, d'orme, de tremble et aux vieilles souches de chêne et de frêne.

L'époque préférable pour l'abatage des bois est l'hiver; on abattra les taillis vers la fin de cette saison pour que la coupe ait moins à souffrir des rigueurs du temps et repousse plus vigoureusement. Contrairement à une opinion reçue, les forestiers les plus instruits ne pensent pas que les phases de la lune doivent être prises en considération pour fixer l'époque de l'abatage.

ABATARDISSEMENT (Hygiène). — Toute espèce animale ou végétale s'abâtardit dans une de ses races, lorsque celle-ci s'écarte du type qu'elle doit à la nature ou de celui que les soins de l'homme lui ont fait prendre. L'abâtardissement d'une race dépend essentiellement des conditions qui président à sa reproduction ; des parents mal conformés ou placés dans de mauvaises conditions transmettent alors aux nouveaux êtres leurs défauts plutôt que leurs qualités. On voit souvent l'abâtardissement se produire chez l'espèce humaine, soit chez certaines familles, soit même chez des peuples entiers (voyez Homme); cette altération de la race est due à des causes physiques ou morales, et se manifeste à la fois par une décadence des forces et de la beauté corporelles et par un amoindrissement de l'énergie morale et du caractère. Chez les animaux domestiques l'abâtardissement résulte tantôt d'inexpérience ou de maladresse dans le choix des parents d'où doivent provenir les nouveaux animaux (voyez aux articles Races, Reproducteurs) ; tantôt de l'insuffisance des soins donnés aux jeunes, pendant l'élevage; tantôt enfin de la transplantation d'une race loin du pays où elle s'est formée. — L'abâtardissement des plantes cultivées se produit par des causes analogues, mauvais choix des graines, des boutures, etc ; imperfection dans les procédés de culture; impropriété du sol où les végétaux sont placés. On abâtardirait infailliblement une espèce végétale en employant, pour ensemencer un terrain, les graines récoltées sur ce même terrain; il importe de régénérer l'espèce en la reproduisant par des graines venues dans des circonstances différentes de celles où on se propose de les faire développer.

Ad. F.

ABAT-FOIN (Agriculture). — Terme usité pour désigner des ouvertures que l'on ménage souvent dans le plancher supérieur de l'étable ou de l'écurie, au-dessus des crèches ou des râteliers. Elles servent à distribuer les fourrages sans perte de temps, le grenier étant alors situé au-dessus du local occupé par les animaux. Il importe d'adapter aux abat-foin des trappes pour les fermer hermétiquement après le service ; car, outre les chutes qu'elles pourraient occasionner, ces ouvertures laissent monter dans le grenier les émanations animales, qui échauffent les fourrages. Mais le plus souvent la négligence des gens de service rend cette précaution inutile, et beaucoup d'agriculteurs préfèrent supprimer ces ouvertures.

ABATS (Économie rurale). — Voyez Viande.

ABATTEMENT (Médecine). — L'abattement physique ou moral est toujours le symptôme d'un trouble dans la santé ou d'une commotion violente de l'âme. Il ne faut le combattre, ni par des fortifiants, ni par une alimentation plus abondante, avant d'en avoir recherché la cause. Cet état se produit très-facilement chez les personnes nerveuses, et il n'y a pas lieu de s'en alarmer beaucoup. Mais il faut y faire la plus sérieuse attention lorsqu'il se manifeste chez des êtres habituellement actifs et énergiques, et surtout chez de jeunes sujets. L'abattement annonce alors très-souvent l'apparition prochaine de quelque maladie ou révèle l'influence de quelque émotion morale très-puissante. — Ces réflexions s'appliquent aussi bien à la santé des animaux domestiques qu'à celle de l'homme, et elles doivent prémunir contre le danger d'avoir trop tard recours aux conseils d'un médecin.

ABATTOIRS (Hygiène publique). — Voyez les *Dictionnaires de Biographie et d'Histoire* de MM. Dezobry et Bachelet, et *des Lettres et des Beaux-arts* de M. Bachelet. — L'aménagement des abattoirs doit surtout être conçu en vue de conjurer les causes d'insalubrité qu'entraîne nécessairement l'accumulation, en un même lieu, d'un grand nombre d'animaux vivants et des débris de tous genres provenant des animaux abattus. A ce point de vue le service des eaux a, dans la construction des abattoirs, une importance prépondérante. Ces établissements rendent beaucoup plus facile la surveillance que l'autorité doit exercer pour garantir la bonne qualité des viandes livrées à la consommation, et ils préviennent les dangers que présente dans les grandes villes l'abatage d'un grand nombre de bestiaux dans des maisons particulières. Les ouvrages les plus importants à consulter, sur ce qui concerne les abattoirs, sont :

Sur les abattoirs généraux de la ville de Paris et sur les viandes qui en proviennent (Annales d'hyg. et de méd. légale, t. XXXIX, p. 380). — *Collection officielle des ordonnances de police* de 1800 jusqu'en 1844, t. I et II. *Documents fournis par M. le Préfet de police sur le commerce de la viande*, Paris, juin 1851. — *Dictionnaires de l'industrie manufacturière; — Général d'administration*, articles *Abattoirs, Échaudoir, Fondoir; — Du commerce de la boucherie et de la charcuterie de Paris* par Bizet, Paris, 1847.

ABATTRE (Art vétérinaire). — Il est certaines opérations chirurgicales qui exigent que l'animal soit *abattu*, c'est-à-dire couché à terre, pour les supporter. On choisit avec soin le lieu où l'on doit abattre et on le recouvre préalablement d'un lit de paille pour que l'animal ne se blesse pas. — *Abattre du pied d'un cheval*, c'est retrancher assez de corne du sabot, pour le préparer à recevoir le fer.

ABBECOURT (Médecine, Eaux minérales). — Source minérale ferrugineuse bicarbonatée située à 24 kilomètres ouest de Paris, canton de Poissy, commune d'Orgeval, dans les domaines d'un monastère aujourd'hui ruiné. Ces eaux, légèrement laxatives, n'ont qu'une célébrité locale.

ABCÈS (Médecine). du latin *abcessus*, séparation; *apostême* des Grecs. — Accumulation de pus (vulgairement nommé humeur) dans une partie quelconque du corps, presque toujours avec un gonflement bien apparent de la partie où ce liquide s'est rassemblé. — On appelle *abcès chaud*, celui qui est précédé de douleurs vives, de fièvre, de chaleur, puis de rougeur : au contraire l'abcès prend le nom d'*abcès froid*, lorsqu'il ne présente pas ces symptômes, qu'il s'est formé lentement et qu'on n'aperçoit pas de changement de couleur à la peau. On distingue encore l'*abcès par congestion ou symptomatique*, c'est celui qui se montre dans un point plus ou moins éloigné de celui où la suppuration a pris naissance : ainsi on en observe souvent au pli de l'aine dans les maladies de la colonne vertébrale.

Les *abcès chauds*, qui sont beaucoup plus communs que les autres, proviennent souvent de coups reçus, de la compression prolongée d'une partie du corps, d'une blessure, surtout si un corps étranger s'est introduit dans les chairs et y séjourne. Ils s'annoncent par de la rougeur et de la chaleur à la peau, une douleur vive avec élancements et un gonflement plus ou moins considérable. En général il n'y a pas à espérer que l'on puisse maîtriser le mal sans l'assistance du médecin ; mais en attendant son intervention on aura utilement recours aux émollients, tels que cataplasmes de farine de graine de lin, de farine de riz ou même de mie de pain, lotions avec la décoction de guimauve, bains simples ou émollients, etc. Le traitement ultérieur sera prescrit par le médecin et devra être suivi avec une grande fidélité, car les abcès mal soignés peuvent fréquemment entraîner des suites fâcheuses. Il est surtout urgent de les ouvrir dès que l'homme de l'art le juge nécessaire, et l'on ne doit que rarement en laisser le soin à la nature.

Les *abcès froids* recevront du médecin un traitement excitant, au moyen de pommades iodées, mercurielles et autres ; des emplâtres fondants seront employés pour activer la suppuration ; ces abcès ne doivent être ouverts que le plus tard possible, et lorsqu'ils ne s'ouvrent pas d'eux-mêmes ; souvent au lieu du bistouri, on a recours aux caustiques qui détruisent la peau dans le point où on les applique et ouvrent une voie d'écoulement au pus accumulé.

Quant aux *abcès par congestion*, leur ouverture par la main du chirurgien demande de grandes précautions pour empêcher l'introduction de l'air dans la tumeur. Dans tous les cas, et quelle que soit la nature des abcès, on doit ouvrir de bonne heure ceux des doigts, des mains, des pieds, ceux qui ont leur siége près des grandes cavités, près des articulations ou dans le voisinage du siége.   F — N.

ABDOMEN (Anatomie zoologique) du latin *abdere*, cacher, envelopper. — On nomme ainsi chez beaucoup d'animaux une cavité intérieure close de toutes parts et qui d'ordinaire renferme une partie considérable des viscères et en particulier le canal digestif. On ne reconnaît de véritable abdomen que chez les animaux dont les formes extérieures indiquent plus ou moins nettement la division du corps en une *tête* et un *thorax* que suit l'*abdomen*. Les mollusques et les zoophytes n'ont point d'abdomen ; les viscères de ces animaux sont contenus dans une cavité générale commune que l'on nomme leur *cavité viscérale*.

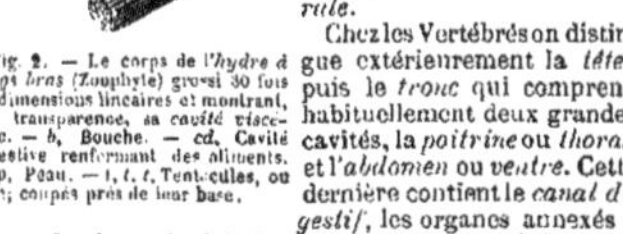

Fig. 2. — Le corps de l'*hydre à longs bras* (Zoophyte) grossi 30 fois en dimensions linéaires et montrant, par transparence, sa *cavité viscérale*. — *b*, Bouche. — *cd*, Cavité digestive renfermant des aliments. — *p*, Peau. — *t, t, t*, Tentacules, ou bras, coupés près de leur base.

Chez les Vertébrés on distingue extérieurement la *tête*, puis le *tronc* qui comprend habituellement deux grandes cavités, la *poitrine* ou *thorax* et l'*abdomen* ou *ventre*. Cette dernière contient le *canal digestif*, les organes annexés à ce canal, tels que le *foie*, le *pancréas*, la *rate*, puis les *reins* et la *vessie* membraneuse où s'accumule le liquide sécrété par ces organes. Chez beaucoup de Poissons, on y trouve encore un réservoir de gaz qui sert sans doute à faciliter les mouvements de l'animal et que l'on nomme la *vessie natatoire*. Dans les Vertébrés de la classe des Mammifères (*fig.* 3,₁₀), l'abdomen est entièrement séparé du thorax par une cloison musculo-tendineuse nommée le *diaphragme* ; dans la classe des Oiseaux, cette cloison est beaucoup moins évidente ; chez les Reptiles et les Batraciens le diaphragme manque et l'abdomen est en libre communication avec le thorax, de sorte qu'on n'en reconnaît plus les limites que par analogie avec les vertébrés supérieurs. Chez les Poissons, le thorax est réduit singulièrement, à cause des modifications de l'appareil respiratoire ; l'abdomen semble au premier abord former toute la cavité viscérale. Le ventre des Vertébrés est ta-

pissé intérieurement par une membrane *séreuse* nommé

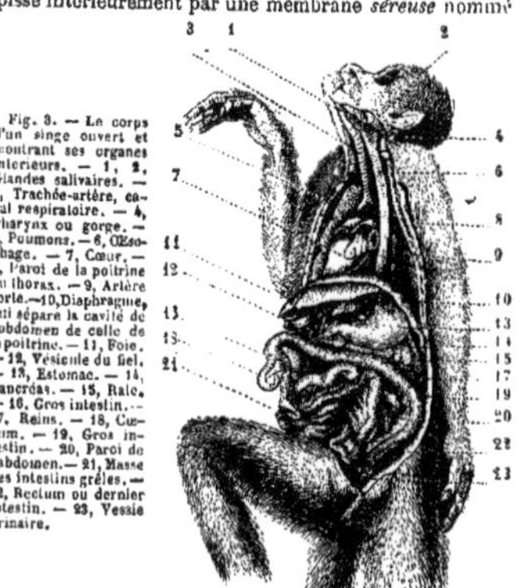

Fig. 3. — Le corps d'un singe ouvert et montrant ses organes intérieurs. — 1, 2, Glandes salivaires. — 3, Trachée-artère, canal respiratoire. — 4, Pharynx ou gorge. — 5, Poumons. — 6, Œsophage. — 7, Cœur. — 8, Paroi de la poitrine ou thorax. — 9, Artère aorte. — 10, Diaphragme, qui sépare la cavité de l'abdomen de celle de la poitrine. — 11, Foie. — 12, Vésicule du fiel. — 13, Estomac. — 14, Pancréas. — 15, Rate. — 16, Gros intestin. — 17, Reins. — 18, Cæcum. — 19, Gros intestin. — 20, Paroi de l'abdomen. — 21, Masse des intestins grêles. — 22, Rectum ou dernier intestin. — 23, Vessie urinaire.

péritoine (voy. ce mot). L'abdomen de l'homme est conformé comme celui des Mammifères.

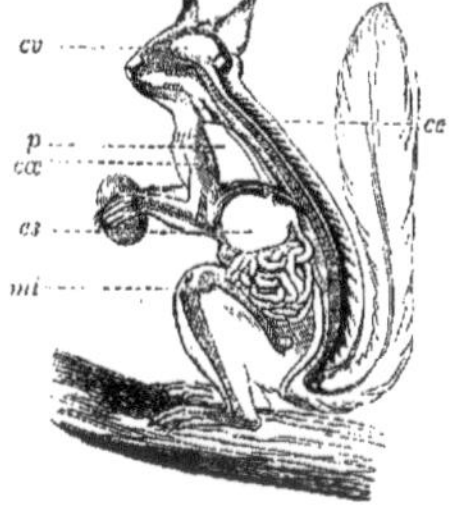

Fig. 4. — Organisation générale d'un mammifère (l'écureuil) réduit environ à 1,5e de sa hauteur. — On voit la courbe ombrée de la colonne vertébrale *ce*, contenant la moelle épinière terminée supérieurement par le cerveau *cv* ; dans la tête on a indiqué les mâchoires qui limitent la cavité buccale. Dans le corps se voient les cavités de la poitrine et de l'abdomen séparées par le muscle diaphragme. La première contient le poumon *p*, en arrière duquel se voit l'œsophage, et en avant paraît un peu le cœur *cœ*. La seconde renferme l'estomac *es*, et la masse intestinale *mi*. Les os des membres ont été indiqués.

Chez les animaux Annelés qui ont un abdomen distinct (classes des Insectes (*fig.* 5), des Arachnides, des Crustacés) cette partie du corps, toujours reconnaissable extérieurement, offre une conformation différente suivant

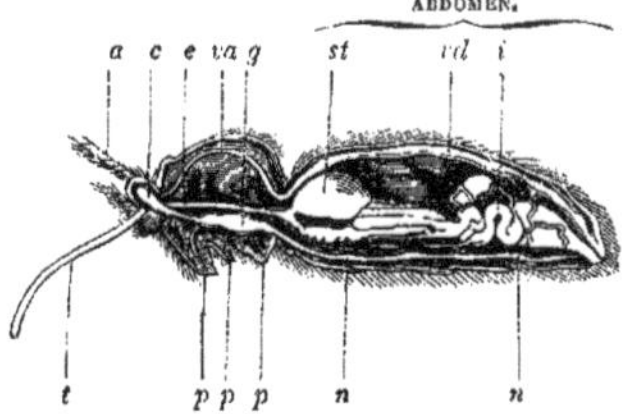

Fig. 5. — Coupe longitudinale d'un *insecte* (le papillon sphinx du troëne), d'après Newport. — *a*, Origine de l'antenne. — *t*, Portion de la trompe. — *p, p, p*, Origines des pattes. — *vd*, Vaisseau dorsal, remplissant les fonctions de cœur. — *va*, Portion aortique du vaisseau dorsal. — *e*, Œsophage. — *st*, Estomac. — *i*, Intestins. — *c*, Ganglions nerveux cérébroïdes sus-œsophagiens. — *g*, Ganglions nerveux thoraciques réunis en une seule masse. — *n, n*, Ganglions nerveux abdominaux.

qu'on l'examine chez les Insectes, les Arachnides ou les Crustacés. Elle renferme le canal digestif (excepté la bouche et l'œsophage) une portion du cordon nerveux principal et des parties plus ou moins importantes des appareils de circulation et de respiration. Chez les Insectes l'abdomen ne porte jamais de membres, pas plus que chez les Arachnides. Souvent on trouve à son extrémité postérieure des appareils particuliers dont les fonctions très-diverses sont curieuses à connaître, et ont souvent trait à la ponte des œufs. Chez les Crustacés l'abdomen est souvent muni d'appendices de formes et d'usages variés. Ab. F.

Abdomen ou Ventre (Anatomie humaine). — l'une des trois grandes cavités qui renferment les principaux viscères du corps humain. L'abdomen est borné en haut par

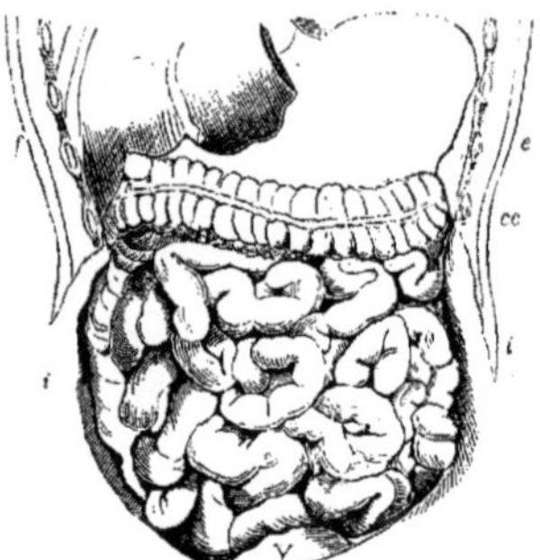

Fig. 6. — Abdomen de l'homme ouvert par sa face antérieure et montrant le foie f, — l'estomac e, — le gros intestin ou côlon transverse cc, — la masse des intestins grêles ii, — la vessie V.

le diaphragme, en bas par le bassin, en arrière par la portion lombaire de la colonne vertébrale, en avant et sur les côtés par divers muscles dont les fibres se croisent dans des directions variées. On le divise en 9 régions ; 3 supérieures : l'épigastre (des mots grecs epi, sur, au-dessus, et gastér ventre) au milieu, et de chaque côté l'hypochondre (du grec hypo, sous, et chondros, cartilage) droit et l'hypochondre gauche, régions placées sous les cartilages des fausses côtes ; — 3 moyennes : la région ombilicale (ombilic ou nombril) au milieu, les flancs droit et gauche sur les côtés ; — 3 inférieures l'hypogastre (hypo, en dessous, gastér, ventre) au milieu, les régions iliaques (du latin ilia, entrailles) droite et gauche.

L'abdomen est complétement rempli par les viscères suivants : dans l'hypochondre gauche, l'estomac avec la rate ; dans l'hypochondre droit, le foie ; entre ces viscères, au niveau de la région épigastrique mais en arrière de l'estomac, le pancréas ; en dessous la masse des intestins rattachée à la colonne vertébrale par la membrane séreuse nommée péritoine ; en arrière les grandes artères et les grandes veines du corps ; et, de chaque côté des vertèbres lombaires, l'un des deux reins ; en bas, vers la région hypogastrique, la vessie urinaire. Le péritoine recouvre ces divers organes de son feuillet viscéral, et son feuillet pariétal tapisse toute la face interne de la cavité abdominale. L'importance des organes renfermés dans le ventre ou abdomen explique la gravité des coups et blessures (voyez Blessure) ou des maladies qui intéressent cette grande cavité (voyez Maladie). Le foie, le péritoine, les intestins sont principalement le siége de maladies très-redoutables. Les coups sur le ventre, dont on fait trop souvent un regrettable badinage, peuvent quelquefois entraîner de dangereuses conséquences. Cette partie du corps a besoin aussi de demeurer libre de toute compression ; le jeu de la respiration en serait gêné, et en outre il en peut résulter une prédisposition aux hernies ou descentes (voyez Hernie). L'emploi des corsets chez les femmes, surtout pendant l'enfance et la jeunesse, doit être spécialement surveillé à ce point de vue (voyez Corset).

 S — Y.

ABDOMINAUX (Poissons) (Zoologie). — Nom donné par G. Cuvier au 2me ordre de la classe des Poissons, pour rappeler que chez les poissons de ce groupe les nageoires abdominales ou ventrales, conservant leur position naturelle, sont fixées sous le ventre en arrière des nageoires pectorales. Ce second ordre, désigné sous le nom

de Malacoptérygiens abdominaux, réunit, selon Cuvier, les caractères suivants : Poissons osseux, à branchies libres ; la mâchoire supérieure mobile sur les os du front ; les nageoires dépourvues de rayons épineux ; les nageoires ventrales suspendues sous l'abdomen, en arrière des pectorales et sans être attachées aux os de l'épaule. Le nom adopté ici par G. Cuvier avait été imaginé par Linné, puis employé d'après lui par Lacépède et C. Duméril.

Cet ordre comprend surtout des poissons d'eau douce ; on y admet cinq familles : les Cyprinoïdes (carpes, barbeaux) ; les Esoces (brochets) ; les Siluroïdes (silures) ; les Salmones (saumons, truites) ; les Clupes (harengs, aloses).

ABDUCTEURS (Muscles) (Anatomie), du latin abducere, écarter. — Muscles qui ont pour fonction d'écarter de la ligne moyenne du corps les parties qu'ils mettent en mouvement. Les muscles abducteurs ne se rencontrent guère que dans les membres. Ainsi, dans l'espèce humaine, la cuisse est écartée du corps et portée en dehors par des muscles abducteurs, qui sont le grand, le moyen et le petit fessier ; le bras a pour abducteurs les muscles deltoïde, coraco-brachial, sus-épineux ; à la main on peut citer surtout le long et le court abducteur du pouce ; etc.

ABEILLE (Zoologie), sans doute dérivé par corruption du mot latin apicula, abeille, diminutif de apis. — Insecte de l'ordre des Hyménoptères connu de toute antiquité par ses mœurs, ses instincts, ses travaux admirables et par la précieuse faculté de produire le miel ; aussi l'abeille est-elle souvent nommée mouche à miel.

Les caractères et la conformation de cet insecte, étant beaucoup plus faciles à comprendre, lorsque ses mœurs sont connues, seront exposés un peu plus loin dans cet article.

Mœurs des abeilles. — Les abeilles vivent réunies en sociétés nombreuses, sortes de cités régies par des lois fixes, renfermant plusieurs castes et où le travail, divisé d'une façon régulière, s'exécute avec un ensemble admirable. Ces sociétés nous offrent, comme celles des Fourmis, trois sortes d'individus : les ouvrières, les reines et les faux bourdons. Les premières sont spécialement chargées des travaux que nécessite l'existence de la colonie ; les deux autres sortes d'individus sont les femelles et les mâles, d'où naîtront les nouvelles générations destinées à la peupler ou à émigrer au dehors.

Lorsque des abeilles occupent une ruche vide, leur premier soin est de clore les petites fentes qui peuvent exister dans les parois de leur habitation et de n'y laisser qu'une étroite ouverture dont l'entrée est toujours surveillée par un certain nombre d'ouvrières. Elles emploient à ce travail une sorte de résine d'un brun rougeâtre qu'on nomme propolis, et qu'elles savent se procurer et mettre en réserve (voir plus loin).

Lorsque la ruche est hermétiquement close, sauf l'entrée réservée, la colonie s'occupe de construire un gâteau, c'est le nom que l'on donne à une double rangée de cellules hexagonales, adossées par leur fond. M. Michelet, en décrivant dans un livre récent (l'Insecte, 1859), cette partie du travail des abeilles, s'est inspiré d'un passage de Huber, qu'il semble bon de rapporter ici :

« L'ouvrière dont les lames de matière à cire sont bonnes
« à être employées, fend la presse de ses camarades, les
« force à se retirer... elle se suspend alors par les pattes
« antérieures au centre de l'endroit qu'elle a déblayé.
« Nous la vîmes aussitôt saisir une des plaques qui débor-
« daient ses anneaux (les anneaux médians de l'abdo-
« men). L'abeille tenait alors cette lame dans une posi-
« tion verticale : nous nous aperçûmes qu'elle la faisait
« tourner entre ses dents à l'aide des crochets de ses
« premières jambes, qui, étant fixés à son bord opposé,
« pouvaient lui imprimer une direction convenable. La
« trompe repliée sur elle-même, lui servait de point d'ap-
« pui, elle contribuait, en s'élevant et s'abaissant tour à
« tour, à faire passer toutes les portions de la circonfé-
« rence sous le tranchant des mandibules, et le bord de cette
« lame fut ainsi brisé et concassé en peu d'instants. Ces
« fragments, poussés par d'autres nouvellement hachés,
« reculèrent du côté de la boucle et sortirent de cette
« espèce de filière sous la forme d'un ruban fort étroit. Ils
« se présentèrent ensuite à la lèvre inférieure, celle-ci
« les imprègne d'une liqueur écumeuse semblable à une
« bouillie... Après avoir enduit toute la matière du ru-
« ban avec la liqueur dont elle était chargée, la lèvre in-
« férieure poussa en avant cette cire et la força à repas-
« ser une deuxième fois dans la même filière, mais en sens
« opposé ; le mouvement qu'elle communiquait à la cire
« la fit avancer vers la pointe acérée des mandibules et

« À mesure qu'elle passait elle était hachée de nouveau.
« L'abeille appliqua enfin les parcelles de cire contre la
« voûte de la ruche ; elle en plaça d'autres au-dessous
« et à côté des premières... Cependant l'abeille fondatrice
« quitta la place après avoir employé ce qu'elle avait de
« matière à cire ; elle se perdit au milieu de ses compa-
« gnes, et une autre lui succéda. »

« D'autres, poursuit M. Michelet, continuent sans s'écar-
« ter ce qu'a commencé la première. Si quelque novice inin-
« telligente ne suit pas le plan adopté, les maîtresses abeil-
« les, savantes et expérimentées, sont là pour saisir le
« défaut et y porter remède. » (Huber.) Comme elles déposent leur cire au même endroit, les abeilles ne tardent
pas à former une masse irrégulière qui sert à creuser les
cellules du premier rang et qui fournit une base solide
aux constructions qui vont se développer. Chaque cellule
est sculptée dans le bloc primitif par les ouvrières. Les
mandibules cornées dont leur bouche est pourvue leur
servent de ciseaux ; leurs antennes sans cesse en mouvement sondent en la heurtant l'épaisseur de la cire, et prennent les mesures indispensables pour exécuter une construction si régulière. Pendant ce travail d'autres s'occupent à prolonger le gâteau commencé, en accumulant de
nouvelle cire. Réaumur a constaté qu'un gâteau large de
25 centimètres est souvent l'ouvrage d'une seule journée.
Dès que le premier atteint une hauteur de 7 à 8 millimètres, un autre est fondé de chaque côté.

Lorsque la ruche est habitée depuis quelque temps, on
peut y voir dans leur ensemble les constructions que ces
insectes y ont élevées. Elle renferme alors un assez grand
nombre de gâteaux généralement parallèles les uns aux
autres, parfois obliques, suspendus à la voûte de la ruche et en même temps attachés par leurs bords aux parois
latérales.

« Il est aisé, dit Réaumur, d'apercevoir que les gâteaux
« ne se touchent point, qu'entre deux gâteaux il reste un
« espace au moins assez large pour que deux abeilles
« puissent y passer à la fois, ce sont les rues où, si l'on
« veut, les places publiques que les architectes ont ré-
« servées pour pouvoir faire usage de toutes les cellules
« de chaque gâteau. Outre ces grandes rues, on en re-
« marque beaucoup de plus petites, qu'on appellera
« peut-être volontiers des portes ou des passages ;
« ce sont des ouvertures ménagées dans chaque gâteau
« et qui le traversent. »

Les gâteaux se composent d'un grand nombre de cellules, ayant la forme
d'un prisme à six
pans, terminé par
un fond pyramidal
résultant de la réu-
nion de trois losanges
égaux, également in-
clinés qui coupent les
faces du prisme obli-
quement à leurs arê-
tes. Les gâteaux étant

Fig. 7. — Cellules ou alvéoles coupées suivant
l'épaisseur du gâteau.

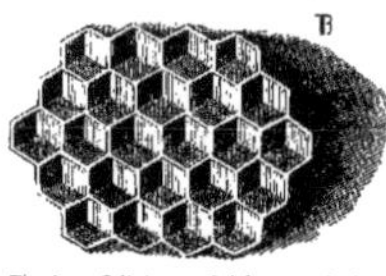

Fig. 8. — Cellules ou alvéoles vues de face.

formés par une dou-
ble couche de cel-
lules adossées (fig. 7
et 8), il en résulte que
le fond des cellules de
l'une des couches con-
stitue en même temps
le fond de celles de la
couche adossée ; mais
ces cellules ne sont
pas vis-à-vis l'une de
l'autre ; chacune d'el-
les est, par son fond,

contiguë à trois cellules de la couche opposée. Plusieurs
géomètres distingués ont étudié au point de vue mathématique ce travail des abeilles (*Annales des sciences naturelles*, 2ᵉ série, t. XIII). Mais qui nous dira quels procédés
ces insectes mettent en œuvre ? En tout cas la symétrie
des diverses parties de leur corps doit leur être très-utile
pour prendre les mesures diverses que nécessitent ces
opérations. L'adossement des cellules par des pointements
à trois faces est la meilleure disposition géométrique
pour ménager le temps, la cire employée et la place disponible. « Ainsi, dit M. Lalanne, les abeilles, dans la
« construction de leurs alvéoles, ont résolu un problème
« de *minimum*, et les parois de leur merveilleux édifice
« ont été disposées de la manière la plus économique, en
« épargnant le plus possible la matière et le travail, pour
« un volume déterminé d'alvéoles. »

(*Géorgiques*, liv. IV.)

disait Virgile, il y a dix-neuf cents ans, et l'on ignorait
alors la plus grande partie de ces mœurs étonnantes !

Les cellules ou alvéoles, selon l'expression de M. Michelet, sont généralement, l'été des berceaux, l'hiver des
réservoirs de pollen et de miel, un grenier d'abondance
pour la république.

« Lorsque, dit Réaumur, la récolte du pollen est si
« facile et si abondante qu'il en vient plus à la ruche
« qu'il n'en peut être consommé, l'abeille qui arrive avec
« deux pelotes de cette matière, attendrait longtemps
« avant de trouver des compagnes qui vinssent les lui
« ôter. Toutes en sont gorgées ; celle qui en rapporte est
« probablement aussi rassasiée ; mais elle n'a garde de
« laisser perdre le fruit de son travail. Il vient des temps
« où il y a disette de poussière d'étamines, et même
« dans la saison la plus favorable, il y a des jours fâcheux
« où les abeilles ne peuvent aller ramasser celle dont
« les fleurs sont chargées. Il leur convient d'avoir, pour
« de pareils temps, du pollen en provision. L'abeille qui
« arrive chargée de deux pelotes de cette matière s'accro-
« che avec ses deux jambes contre le bord d'une cellule
« dans laquelle il n'y a ni ver ni miel ; elle y fait entrer
« ses deux jambes postérieures, celles qui sont chargées
« de pelotes, et alors avec le bout de chacune de ses
« jambes du milieu, elle pousse dans l'alvéole la lentille
« de pollen de chacune des jambes postérieures. »

Dès qu'une abeille a commencé à déposer ainsi du
pollen, d'autres l'imitent en ayant soin de pétrir leur récolte et de l'humecter avec du miel. Outre le pollen et
le miel destiné à la nourriture habituelle, les abeilles
déposent comme provisions, dans ces cellules de cire
presque incorruptible du miel incomplétement, préparé
et par cela même susceptible d'une longue conservation.
Toutes ces réserves ne sont employées que dans les moments de grande nécessité, « quand la bise est venue. »
Aussi les cellules qui les renferment sont-elles hermétiquement closes par un couvercle de cire soudé aux bords
de l'alvéole.

Quand vient le temps d'élever les petits, un certain
nombre de cellules sont appropriées à cet usage. Chacune
d'elles ne reçoit qu'un seul œuf et protège durant tout
son développement le ver, ou larve, qui pendant cette
période ne sort jamais de son berceau de cire. S'il arrive
par hasard que plusieurs œufs soient déposés dans une
même cellule, les ouvrières ne tardent pas à détruire
ceux qui font double emploi ou les répartissent dans
d'autres cellules. Les vers, ou larves, qui naissent de ces
œufs sont placés, non sur le fond même de la cellule, mais
sur une espèce de bouillie que les ouvrières apportent plusieurs fois par jour. Presque insipide dans les premiers
temps, cette bouillie finit par devenir très-sucrée ; c'est
par degrés que les ouvrières nourrices amènent les larves
à un état où le miel peut leur servir d'aliment. Cette
bouillie destinée aux larves d'ouvrières, et même celle
qui est donnée aux larves de reines, paraît être un mélange de miel et de pollen dans des proportions variées.
Au bout de six à sept jours, la larve cherche à s'allonger ; c'est le moment où elle va passer à l'état de nymphe. Les ouvrières, reconnaissant qu'elle n'a plus besoin
d'être nourrie, ferment avec de la cire l'ouverture de la
cellule, tandis que pour préserver la délicatesse de sa
peau, au moment critique de cette métamorphose, le ver
s'empresse, comme certaines chenilles, de tapisser de soie
les parois de sa prison temporaire.

Ainsi sont élevées les ouvrières et les faux-bourdons ;
mais il en est tout autrement pour les reines. A leurs larves sont réservées des alvéoles beaucoup plus spacieuses,
plus solides, qui ont la forme d'un dé à coudre et sont
suspendues verticalement aux parties inférieures des
rayons ; on les nomme les cellules royales. Une nourriture spéciale est donnée par les ouvrières aux larves qui
les habitent.

Dans une ruche qui contient quelquefois 20 000 ou
30 000 individus, dont 600 à 800 faux-bourdons, on ne
trouve presque toujours qu'une seule reine. Mais au printemps, après l'éclosion des ouvrières et des faux-bourdons, quelques jeunes reines éclosent à leur tour. Atten-
tives et vigilantes, des ouvrières font la garde à l'entrée
de leurs cellules royales, les empêchent de sortir dans la
ruche et fortifient avec la cire la clôture fragile que la
prisonnière s'efforce de briser ; elle manifeste son impatience par un bruissement assez fort ; l'ancienne reine

l'entend et le comprend fort bien. Émue d'une jalousie peu maternelle, celle-ci parcourt la ruche pour détruire les jeunes rivales auxquelles elle a donné le jour. Quelques-unes tombent sous ses coups et sont impitoyablement déchirées ; mais des rassemblements d'ouvrières l'arrêtent bientôt et l'entraînent vers une autre partie de la ruche. La plus grande rumeur règne dans cette cité ordinairement si paisible ; les provisions mises en réserve sont livrées au pillage ; enfin la vieille reine s'élance hors de la ruche qu'elle abandonne définitivement, et une nombreuse émigration d'ouvrières et de faux-bourdons la suit et forme ainsi le premier *essaim*, ou vulgairement *jeton*, qui se détache de la colonie.

La ruche presque déserte voit bientôt revenir les ouvrières qui étaient occupées au dehors à la récolte du pollen ; de nouvelles éclosions augmentent leur nombre ; les jeunes reines libres enfin sont sorties de leurs cellules, et la colonie va retrouver un chef. Celles-ci en décident le choix par un de ces combats si poétiquement décrits par Virgile, qui les avait vus lorsqu'ils se livrent hors de la ruche mais racontés par Huber qui les avait observés dans la ruche, même. Deux jeunes reines sortirent en même temps de deux cellules voisines ; à peine se furent-elles vues qu'elles s'élancèrent l'une contre l'autre avec fureur et se saisirent de la manière suivante : chacune d'elles avait ses antennes prises entre les dents de sa rivale ; tête contre tête, corselet contre corselet, elles se tenaient face à face, et n'avaient qu'à replier l'extrémité de leur corps pour se percer mutuellement ; mais elles se dégagèrent et s'enfuirent, chacune, de leur côté. Sans doute leur instinct défend un mode d'attaque où les deux adversaires périraient. Plusieurs fois la même manœuvre se renouvela, les ouvrières s'opposèrent à la fuite des deux reines et les retinrent en présence ; enfin la plus forte des deux, profitant d'un moment où l'autre ne la voyait pas venir, fondit sur son ennemie, la saisit avec ses dents près de la naissance de l'aile, monta sur son corps et lui plongea son dard dans le corps entre deux anneaux. La victime tomba, s'affaiblit rapidement et mourut peu de temps après. Ainsi se reconstitue l'unité monarchique de la ruche et les ouvrières reprennent bientôt leurs travaux.

L'essaim qui a pris son vol au dehors s'éloigne peu de son ancienne habitation ; il ne songe qu'à fonder une nouvelle colonie. Généralement les abeilles qui le composent vont se poser sur les arbres voisins où elles se suspendent en s'attachant les unes aux autres par les petits crochets qui terminent leurs pattes, comme si elles se tenaient par les mains. Il est assez facile de décider l'essaim à entrer dans une ruche ; on a remarqué que dans cette circonstance les abeilles font très-rarement usage de leur aiguillon. A peine installées dans leur nouvelle demeure, elles se mettent au travail avec ardeur et, en quinze jours, elles en font plus que dans tout le reste de l'année.

Une ruche bien peuplée donne souvent deux et trois essaims, mais le dernier l'affaiblit beaucoup et la met en danger de périr pendant l'hiver.

On a souvent comparé ces laborieuses cités des abeilles aux sociétés humaines, et il faut en convenir, cette comparaison est fertile en rapprochements curieux. Mais il importe de ne pas s'en laisser imposer par les mots et de ne rien prêter de nos idées aux habitants des ruches. La reine, qui semble le chef de leur colonie et que l'on a longtemps appelée le roi (voyez les *Géorgiques*), n'est pas une maîtresse qui commande et gouverne. Le peuple nombreux des ouvrières à ses devoirs tout tracés par une loi mystérieuse ; elles travaillent librement ; si elles entourent la reine de tous les égards d'une espèce de culte, elles veillent à ce que celle-ci remplisse dans la ruche son rôle de providentielle maternité, et si par hasard elle tente de s'en écarter, les ouvrières l'y contraignent avec une sorte de fermeté respectueuse. C'est ainsi qu'au moment où la reine va déposer les œufs, on voit marcher autour d'elle un véritable cortége d'ouvrières. Cette suite nombreuse et vigilante la guide de cellule en cellule, lui fournit au besoin la nourriture qu'elle ne peut aller prendre, et lui prête assistance dans sa tâche laborieuse. D'autres fois, au signal de leur reine, elles suspendent leurs travaux pendant que celle-ci fait entendre un bourdonnement particulier. Si la reine vient à périr à une époque où l'on ne peut la remplacer par une nouvelle, chaque soir les abeilles font entendre à deux ou trois reprises une sorte de chant lugubre ; le reste du jour elles demeurent inactives et silencieuses ; enfin elles se dispersent et finissent misérablement. « Dans une de mes ruches, dit « un observateur (M. de Frarière), une vieille reine, de- « venue toute noire, sans poils, les ailes déchirées, mais

« qui n'en était pas moins chère à sa peuplade, mourut « sans laisser de postérité. Son corps inanimé était tombé « au fond de la ruche, les abeilles l'environnaient avec « respect ; la brossaient avec soin, lui offraient du miel, « la retournaient dans tous les sens, et pendant plusieurs « jours elles traitèrent leur défunte souveraine avec tous « les égards qu'elles avaient pour elle de son vivant. » Puis quand elles comprirent que leur reine était morte, le deuil commença. Pour conjurer ce malheur, les abeilles ont reçu le privilège de pouvoir créer des reines avec des larves d'ouvrières. Elles commencent par détruire les cellules qui environnent celle où repose la larve prédestinée à cette transformation. Cette cellule a bientôt reçu la forme et les dimensions d'une loge royale ; en même temps la larve change d'alimentation et reçoit des ouvrières nourrices la bouillie sucrée qu'on donne ordinairement aux reines. Sous l'influence de ce nouveau régime les larves se développent tout autrement qu'elles ne l'auraient fait et deviennent des reines. Ainsi tout est prévu pour assurer aux abeilles l'indispensable présence d'une reine qui, en assurant la perpétuité de la race, donne un but aux travaux de son peuple.

Virgile a célébré avec raison la sage distribution de ces travaux. « Les unes, dit-il (en parlant des ouvrières), « sont chargées de récolter la nourriture commune, et « vont butiner dans les champs ; d'autres, dans l'intérieur « de la ruche posent les premiers fondements des gâteaux « avec la glu flexible récoltée sur les arbres, et y sus- « pendent leurs cellules de cire ; d'autres élèvent et nour- « rissent les petits qui sont l'espoir de la nation : d'au- « tres encore préparent le miel épuré en remplissent « certaines alvéoles. Il en est enfin qui ont pour mission « de faire sentinelle à la porte de la ruche, d'examiner « le ciel et de prévenir des que les mauvais temps me- « nace ; elles reçoivent les fardeaux que rapportent les « butineuses, ou vont en bataillon combattre et repousser « le frelon ravisseur. » (*Géorgiques*, l. IV.) Il ajoute un peu plus loin que les travaux intérieurs sont généralement réservés aux plus vieilles ouvrières ; les jeunes vont récolter au dehors et combattent les ennemis, s'il en est besoin. A la nuit tombante toutes rentrent à la ruche, le silence se fait et l'aurore seule les rappelle aux champs ; enfin le mauvais temps les empêche de sortir et elles semblent très-habiles à le prévoir.

Du miel. — Le produit le plus intéressant pour nous des travaux de l'abeille est le miel qui pendant longtemps a tenu lieu du sucre. Cette substance provient d'une matière sucrée que recèlent la plupart des fleurs au fond de leur calice, et que l'on nomme leur *nectar*. Les plantes de la famille des labiées, telles que le thym, la lavande, la menthe, etc., fournissent le meilleur nectar aux abeilles. L'insecte se plonge dans la fleur pour laper les liquides sucrés qu'elle renferme ; il se sert pour cela de sa trompe longue, charnue et flexible comme une langue ; le nectar remonte jusqu'à une ouverture qu'on peut considérer comme le pharynx ou arrière-bouche ; de là un canal œsophagien (*fig.* 9), le conduit dans un premier estomac, sorte de poche vési- culeuse, où ce nectar s'élabore et devient du miel. Ce premier estomac ou jabot est donc une sorte d'alambic dans lequel, par une digestion spéciale, les liquides sucrés de la fleur se transforment et sont tenus en réserve. Quand l'abeille veut offrir le nectar à une larve, à sa reine, ou le déposer dans une cellule, elle le fait remonter à sa bouche et le dégorge le long de sa trompe. Le miel préparé par une abeille est habituellement divisé en trois parts, l'une pour elle-même, une autre pour la communauté, la troi- sième pour les larves ; le surplus, dès qu'il y en a, est mis en réserve pour la mauvaise saison.

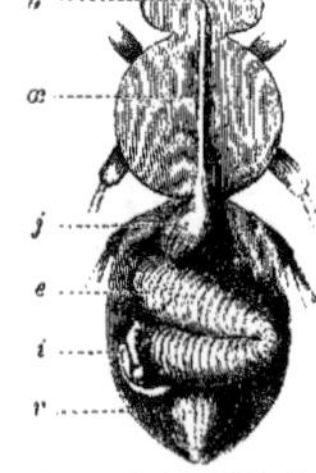

Fig. 9. — Canal digestif de l'abeille domestique. — b. Bouche. — œ, Œsophage. — j, Jabot. — e, Estomac. — i, Intestin. — r, Rectum.

Outre le miel, les abeilles récoltent sur les fleurs la poussière des étamines ou *pollen*, dont elles se nourrissent et qu'elles emmagasinent également dans leur ruche.

De la cire et de la propolis. — La cire est produite par l'abeille elle-même, c'est une sorte de transsudation ou sécrétion dont le produit s'amasse entre les anneaux de l'abdomen des ouvrières. Longtemps on a cru que cette substance était préparée avec le pollen des fleurs ; Réaumur lui-même partageait cette opinion. Ce fut un simple cultivateur de la Lusace qui découvrit la véritable origine de la cire ; John Hunter, en Angleterre, confirma ces premières observations, et Huber, le célèbre historien des abeilles, mit le fait hors de doute. Il trouva, sous les anneaux de l'abdomen, dans le repli qui les sépare les uns des autres, des plaques de cire rangées par paires dans de petites poches. Chaque ouvrière porte huit de ces plaques ; mais il faut avouer que ce n'est pas encore la cire complète ; bien que déjà fusible, cette matière n'est encore ni flexible ni blanche, et les abeilles l'élaborent au fur et à mesure qu'elles la mettent en œuvre. Huber fit à ce sujet des expériences curieuses ; il reconnut que les abeilles nourries uniquement de pollen ne peuvent plus produire de cire, tandis que si elles sont alimentées avec une liqueur sucrée elles en produisent beaucoup.

L'origine de la matière résineuse qu'on nomme la *propolis* n'est pas très-bien connue : Huber seul a vu les abeilles la recueillir sur des bourgeons de peupliers et d'arbres analogues. D'un autre côté, plusieurs observateurs ont remarqué qu'elles ne manquent pas de propolis dans des pays où il n'y a aucun arbre de cette nature ; ils ajoutent que cette matière paraît dans les ruches, en été et non au printemps. Peut-être est-ce dans les anthères des étamines dont le pollen n'est pas encore répandu en poussière, que les abeilles vont chercher la matière première de la propolis.

Développement et conformation des abeilles. — Les œufs des abeilles (*fig.* 10,1) sont de petits corps allongés, ovales et un peu courbes ; ils sont blanchâtres et mesurent 2 à 3 millimètres. L'éclosion a lieu de 3 à 6 jours après qu'ils ont été déposés dans les alvéoles, et elle donne naissance à un petit ver ou *larve* (*fig.* 10,2), long environ de 4 millimètres ; son corps est blanc, marqué de rides ou

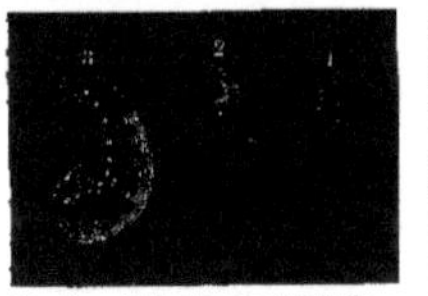

Fig. 10. — Œufs et larves de l'abeille. — 1, Trois œufs. — 2, Jeune larve vue à un grossissement de 2 diamètres. — 3, Larve près de se transformer.

plis circulaires et contourné en anneau ; elle est dépourvue de pattes. En 6 jours, ces larves que l'on nomme le *couvain*, et dont l'éducation est la plus chère occupation des ouvrières, ont terminé leur développement, et atteint une longueur de 14 millimètres (*fig.* 10,3). L'état de *nymphe* où elles entrent ensuite dure 12 jours, puis la nymphe, se dépouillant de l'épiderme où elle a été emprisonnée, apparaît en abeille, ronge le couvercle de son alvéole et se montre au jour. Ses ailes encore humides ont besoin de se consolider à l'air, et pendant ce temps la jeune abeille procède à une sorte de toilette personnelle après laquelle elle prend part aux travaux. Les jeunes reines séjournent plus longtemps dans les alvéoles et naissent toutes prêtes à voler ; mais les ouvrières les nettoient et les parent avec soin dès qu'elles ont quitté leur cellule royale. Les jeunes abeilles se reconnaissent à leur couleur grise, à l'abondance des poils ; les vieilles sont rousses, plus petites et moins velues. On ne sait au juste quelle est la durée de la vie des abeilles, et l'on hésite entre trois et sept années.

Fig. 11. — Abeille domestique, ouvrière (gr. natur.).

Les *abeilles ouvrières* ou *neutres*, (*fig.* 11), que l'on considère comme des femelles stériles, ont une taille moindre que les deux autres sortes d'individus ; leurs antennes ont 12 articles, leur abdomen court et incomplètement développé ne montre que 6 anneaux. Elles ont, comme les reines, un aiguillon caché dans l'extrémité de l'abdomen et qui, en piquant, verse dans la plaie, où le plus souvent il reste, un liquide vénéneux. Mais les ouvrières sont surtout remarquables par l'organisation des pattes postérieures, qui jouent un grand rôle dans la récolte des matériaux d'où proviennent le miel et la cire. La jambe postérieure (*fig.* 12) a la forme d'une plaque triangulaire articulée avec la cuisse, et offrant en dehors, vers l'extrémité, une légère cavité bordée de poils qu'on appelle *corbeille* : le

premier article du tarse est élargi en une lame de forme quadrangulaire et constitue, par la mobilité de son attache avec la jambe, une espèce de pince qui tient lieu de main à ces insectes. Cette pièce, nommée *pièce carrée*, est lisse en dehors, et couverte, à sa face interne, de poils roides, fins, serrés, ce qui lui a valu aussi le nom de *brosse*. Tout le monde a vu les abeilles se plonger dans les corolles des fleurs et s'y couvrir de la poussière jaune provenant des étamines. C'est alors que les poils dont elles sont hérissées leur sont d'un grand usage. Quand elles sont suffisamment chargées en balayant tout leur corps avec les tarses des jambes, elles rassemblent le pollen à l'aide de leurs brosses et en forment de petites boules que les pattes intermédiaires (2e paire) déposent

Fig. 12. — Patte postérieure d'abeille vue en dessus et en dessous — e, Hanche — d, Cuisse. — a, a', Jambe. — b, b', Tarse, 1er anneau. — c, Reste du tarse (10 fois la long.).

successivement dans les corbeilles.

La sécrétion de la cire, qui appartient surtout à la jeunesse des ouvrières, modifie la forme de l'abdomen, et Huber a distingué les ouvrières *cirières* et les *nourrices* ou les grandes et petites ouvrières. Ces nourrices ou petites ouvrières s'occupent spécialement de l'éducation des petits et laissent aux autres plus jeunes les travaux pénibles.

Les *reines* ou femelles (*fig.* 13) se font remarquer par la longueur de leur abdomen où l'on compte 7 anneaux bien distincts ; elles ont d'ailleurs la même conformation que les ouvrières, sauf qu'elles n'ont aux jambes postérieures ni brosses ni corbeilles. Une reine abeille peut donner le jour à tout un peuple ; Réaumur a trouvé chez une

Fig. 13. — Abeille domestique, femelle ou reine (gr. natur.).   Fig. 14. — Abeille domestique, mâle ou faux-bourdon (gr. natur.).

seule jusqu'à 1 200 œufs à la fois, et ils se reproduisent à mesure qu'ils sont mis au jour.

Les *faux-bourdons* ou mâles (*fig.* 14), ou *bourdons* des cultivateurs, sont plus gros que les ouvrières, plus petits que les reines et ressemblent aux véritables bourdons. Ils se distinguent par une tête arrondie avec deux gros yeux à facettes qui se touchent sur le sommet. Dépourvus de corbeilles et de brosses, ils manquent aussi d'aiguillon. Leur trompe ou langue est plus courte que chez les deux autres sortes d'individus.

La bouche des abeilles offre une composition qui leur permet de diviser des corps résistants et de laper des liquides. De fortes *mandibules* (vulgairement nommées dents), puis des *mâchoires* longues et munies d'un palpe court, enfin au milieu et en dessous la *lèvre inférieure* prolongée en une trompe ou langue molle et charnue.

La vue paraît très-perçante chez les abeilles, car on ne peut douter qu'elles n'aperçoivent de très-loin leur rucher et ne se rendent en ligne droite à leur habitation. L'ouïe semblerait exister aussi d'une manière plus évidente que dans beaucoup d'autres insectes, car le bourdonnement des reines est différent de celui des ouvrières et paraît exercer sur celles-ci une influence très-grande. D'ailleurs chacun sait que les cultivateurs, pour recueillir les essaims dans de nouvelles ruches, font retentir l'air de sons métalliques discordants. Il faut dire cependant que le bruit du tonnerre, celui d'une arme à feu, ne semblent pas affecter les abeilles.

Les antennes sont, comme chez presque tous les Insectes, le siège d'un tact particulier fort développé ; et l'on en comprend toute la délicatesse lorsqu'on voit l'abeille parcourir dans l'obscurité tous les détours de sa retraite et chercher l'alvéole qui recèle sa récolte en palpant tout ce qui l'entoure. Si l'on retranche les antennes à une abeille, on la voit se laisser tomber des gâteaux et elle ne tarde pas à s'échapper de la ruche pour n'y plus revenir; s'appliquant à elle-même les lois draconiennes de la société où elle vit, elle s'exile de l'habitation où, ne pouvant plus travailler, elle devient une charge inutile.

Ennemis des abeilles. — L'ennemi le plus redoutable peut-être de ces industrieux insectes est la *teigne de la cire*, espèce de papillon dont la chenille détruit les gâteaux à l'abri de longs tubes de soie qu'elle se construit et dont la solidité défie l'aiguillon des abeilles. Les larves de certains insectes coléoptères, les clairons, leurs sont aussi fort nuisibles. Les dégâts de ces ennemis de leurs cités poussent parfois les abeilles à des actes singuliers de brigandage. Les pauvres bêtes émigrent en masse vers des ruches plus heureuses; repoussées à coups d'aiguillon, elles livrent un combat acharné; vaincues, elles se dispersent et meurent; victorieuses, elles envahissent la ruche attaquée, tuant tout ce qui reste des premières habitantes, et enlèvent le miel pour le transporter dans leur ruche.

Il faut encore citer parmi les ennemis des abeilles les rats, les loirs, certains oiseaux tels que les guêpiers, de nombreux insectes, guêpes, frelons, philanthe apivore, etc : Ce dernier approvisionne chacun de ses œufs de trois corps d'abeilles. Quant au sphinx tête de mort, on a certainement beaucoup exagéré le tort qu'il peut causer aux ruches.

Telle est en abrégé l'histoire de l'abeille domestique (*Apis mellifica*, L.). Les mœurs de ce peuple industrieux ont eu, de tout temps, le privilége d'exciter l'enthousiasme des observateurs. On ne saurait en effet trop admirer une réunion de qualités aussi nombreuses que celles dont un de nos naturalistes modernes donne ainsi le résumé : « Amour de l'ordre et du travail; organisation « de la spécialité; économie savante dans les voies et « moyens; surveillance sévère de l'emploi du trésor public; haine vigoureuse des travailleurs pour les oisifs « et extermination de ceux-ci; légitimité fondée sur le principe de la souveraineté nationale; affection dévouée, sans « être aveugle, pour le chef de l'État; abnégation des « individus au profit de la chose publique; application « constante, et souvent rigoureuse, de la maxime qui « établit que le salut du peuple est la suprême loi; attachement inaltérable au lieu natal; horreur de l'invasion étrangère et vigilance infatigable aux portes de la « cité; admirables précautions contre l'anarchie qui résulterait de la vacance du trône; voilà quelques-unes « des conditions du contrat social que les abeilles exécutent ponctuellement depuis la création du monde. « Ces insectes étaient, chez les Égyptiens, l'emblème « hiéroglyphique de la royauté; mais vous pourrez vous « convaincre, en les étudiant, que si leur État est une « monarchie, c'est celle-là surtout qui mérite d'être appelée la meilleure des républiques. »

Piqûre des abeilles. — L'aiguillon des abeilles produit une blessure douloureuse qui souvent devient le point de départ d'un inflammation assez considérable, parfois même occasionne quelque peu de fièvre. On a vu des personnes être fort malades à la suite de plusieurs piqûres simultanées faites par plusieurs abeilles et si elles étaient en trop grand nombre un homme pourrait mourir de leurs suites. Ces accidents proviennent à la fois du dard barbelé qui se brise et reste habituellement dans la piqûre, et du venin préparé par un appareil spécial (*fig.* 15), qui est instillé dans la plaie. Aussi conseille-t-on d'extraire d'abord l'aiguillon, puis de frotter la plaie avec de l'huile ou avec de l'eau fraiche légèrement ai-

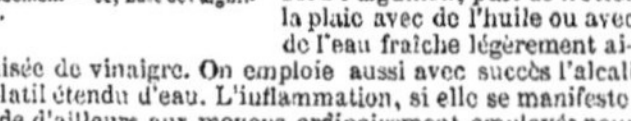

Fig. 15. — Appareil venimeux de l'abeille, très-grossi. — c, Dard ou aiguillon. — gg, Glande à venin. — hf, Réservoir et conduit. — d, d, b, Derniers anneaux de l'abdomen. — ec, Base de l'aiguillon.

guisée de vinaigre. On emploie aussi avec succès l'alcali volatil étendu d'eau. L'inflammation, si elle se manifeste cède d'ailleurs aux moyens ordinairement employés pour combattre cet état morbide quelle qu'en soit la cause.

Autres espèces d'abeilles. — Outre l'abeille commune, on trouve sur les côtes d'Italie, en Grèce : l'Abeille ligurienne (*Apis ligustica*, Spinola), qui parait d'un naturel plus doux, car elle se laisse enlever son miel sans jamais se défendre au moyen de son aiguillon. L'Abeille d'Égypte est aussi une espèce différente (*Apis fasciata*, Latr.), elle était élevée avec soin par les anciens Égyptiens, qui, chaque année, au mois d'octobre, remontaient leurs ruches, sur des bateaux, de la basse Égypte dans la haute. D'après Columelle, les Grecs faisaient aussi passer leurs ruches de l'Achaïe dans l'Attique, lorsque les fleurs disparaissaient dans la première de ces provinces dont la température était plus chaude. Les autres contrées de l'ancien continent possèdent quelques autres espèces moins remarquables.

On trouvera au mot APICULTURE, les faits qui concernent plus particulièrement l'exploitation des abeilles. L'histoire naturelle de ces merveilleux insectes a de tout temps excité vivement l'attention, et les anciens en connaissaient déjà beaucoup de traits auxquels se mêlait plus d'une erreur (voyez les *Géorgiques* de Virgile, l. IV). Les modernes ont poussé fort loin cette curieuse étude, et nos connaissances actuelles sont surtout dues à Réaumur (*Mémoires pour servir à l'histoire naturelle des insectes*, 1731-42), et à François Huber (*Nouvelles Observations sur les abeilles*, 1792, 2 vol. in-8°) : ces deux ouvrages sont sans contredit les plus curieux que les naturalistes aient jamais écrits sur les mœurs des animaux, et nous y renvoyons également l'étudiant et l'homme du monde. L. FAIR.

ABEILLE (Zoologie classique). — Genre d'*Insectes* de l'ordre des *Hyménoptères*, section des *Porte-aiguillon*, famille des *Mellifères* de Latreille. Le grand genre *Apis* ou *Abeille*, de Linné, a été partagé par Latreille en 2 sections comprenant 45 sous-genres, que l'on a coutume de considérer aujourd'hui comme des genres. La 2ᵉ section, celle des *Apiaires*, compte parmi ses 37 genres, celui des *Abeilles* proprement dites ou genre *Apis*, dont les caractères peuvent s'énoncer ainsi :

Caractères : — *Antennes* filiformes et coudées; *mandibules* en forme de cuiller chez les individus neutres, bidentées chez les mâles et les femelles; *premier article des tarses des jambes postérieures* très-développé et carré, dans les individus neutres, où il porte intérieurement une sorte de brosse formée de poils rangés en bandes transversales.

Outre l'*abeille domestique* ou *mouche à miel*, et les autres espèces signalées plus haut pour la production du miel, le vulgaire désigne encore sous le nom d'*abeilles* divers insectes appartenant à des genres voisins et que font remarquer certaines particularités de mœurs. — L'*Abeille perce-bois* ou *menuisière* est aujourd'hui le type du genre *Xylocope*; l'*Abeille maçonne* et l'*Abeille tapissière* se rapportent au genre *Osmie*; les *Abeilles coupeuses* sont des *Mégachiles*; les *Abeilles nomades* de Fabricius sont des *Cucullines*, etc. On range dans le genre *Mélipone* diverses espèces dont le miel est recherché dans l'Amérique méridionale.

ABERRATION (Astronomie et Physique), du latin *aberrare*, s'écarter. — Effet produit par la déviation des rayons lumineux dans trois circonstances différentes.

ABERRATION DE SPHÉRICITÉ (voyez RÉFLEXION, MIROIRS, RÉFRACTION, LENTILLES). — Les rayons de lumière qui, émanant d'un point lumineux, viennent se réfléchir sur un miroir sphérique, ne vont pas tous après la réflexion converger rigoureusement en un même point, image du premier ; ils s'en écartent d'autant plus que le miroir a

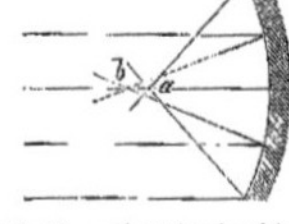

Fig. 16. — Aberration de sphéricité dans un miroir.

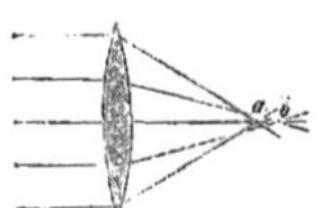

Fig. 17. — Aberration de sphéricité dans une lentille.

plus d'étendue. La grandeur de l'espace *ab* (*fig.* 16), dans lequel s'effectue cette réunion des rayons réfléchis, s'appelle l'aberration de sphéricité. Elle nuit beaucoup à la netteté des images. On la fait disparaître soit en plaçant devant le miroir des diaphragmes qui restreignent son étendue,

soit, comme le fait M. Foucault, en modifiant par tâtonnement la surface jusqu'à ce qu'on soit arrivé à sa perfection.

Les lentilles donnent lieu (*fig.* 17) à des phénomènes du
même genre. Les rayons lumineux qui les traversent vers
leurs bords, sont rendus par elles plus convergents que
ceux qui traversent leurs parties centrales et viennent se
croiser plus près de la lentille. C'est aussi à l'aide de
diaphragmes qu'on obvie à ce grave inconvénient.

ABERRATION DE RÉFRANGIBILITÉ. — Les rayons lumineux
de diverses couleurs qui composent la lumière blanche
(voyez LUMIÈRE, DISPERSION), ne sont pas également
déviés de leur direction par les prismes et les lentilles :
les rayons bleus le sont plus fortement que les rayons
jaunes, ceux-ci que les rayons rouges. Si donc un même
point lumineux envoie sur une lentille de la lumière
composée de rayons de différentes couleurs, comme cela
a toujours lieu dans la nature, chaque rayon coloré sera
dévié ou *réfracté* d'une manière qui lui est propre ; ce
qui donnera lieu à des images offrant sur leurs bords
des *teintes irisées*. On obvie à cet inconvénient, qui
rendrait impossible la construction d'une bonne lunette,
en *achromatisant* les lentilles (voyez LUNETTES, ACHRO-
MATISME).

Les miroirs qui opèrent par réflexion de la lumière
sont exempts de ce défaut et n'ont pas besoin d'être
achromatisés.

ABERRATION DES ASTRES. — Par suite du mouvement annuel de la terre combiné avec la vitesse de la lumière, les
étoiles ne sont jamais vues à leur véritable place ; elles
paraissent décrire annuellement dans le ciel, autour de
leur position vraie, de petites ellipses dont le grand axe
(parallèle à l'écliptique) a une valeur constante de 40″
environ, et dont le petit axe varie suivant la latitude
de l'étoile. Ce phénomène, qu'on appelle l'*aberration des
astres*, a été découvert par Bradley, qui en a donné
l'explication en 1728.

Voici un fait bien simple qui peut rendre compte de la

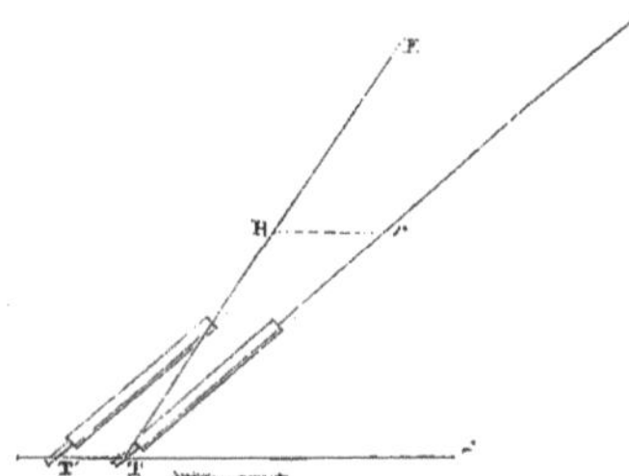

Fig. 18. — Aberration des astres.

cause de l'aberration : si dans un temps calme, la pluie
tombe verticalement et qu'on soit dans une voiture ouverte
sur le devant ; quand celle-ci marche avec rapidité, la
pluie entre comme si elle tombait suivant une direction
oblique : le mouvement par lequel nous allons
contre la pluie fait que celle-ci, en outre de sa
propre vitesse, nous paraît poussée horizontalement
en sens contraire de la marche de la voiture, et
l'impression que nous recevons est celle d'une direction intermédiaire ou oblique, représentée par
la diagonale d'un parallélogramme dont les côtés
seraient les vitesses de la pluie et de la voiture.

De même un observateur placé à la surface de la
terre n'est pas en repos, il est emporté par elle dans
son mouvement autour du soleil ; et quand il est
atteint par un rayon lumineux ER venant d'une
étoile (*fig.* 18), le rayon lui semble venir suivant une
direction er, intermédiaire entre celle que suit la
lumière et celle du globe terrestre dirigée suivant TT.

La vitesse de la lumière étant très-grande par rapport
à celle de la terre, l'aberration est toujours fort petite.
Les effets de l'aberration sont en outre variables d'un jour
à l'autre, mais ils redeviennent les mêmes après une révolution complète de la terre autour du soleil, c'est-à-dire au
bout de l'année.

La figure 19 montre l'ensemble des positions que paraît

occuper successivement l'étoile *e* dans le cours d'une
année.

L'aberration existe pour le soleil comme pour les étoiles,

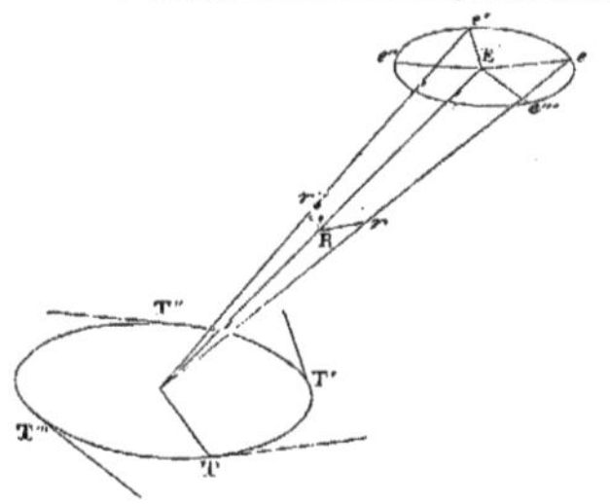

Fig. 19. — Aberration des astres.

et aussi pour les planètes ; mais ici il y a de plus à tenir
compte du chemin que parcourt la planète dans le temps
que la lumière met à arriver à la terre.

Ce phénomène, une fois constaté, peut être considéré
comme une preuve du mouvement de la terre autour
du soleil ; la mesure de son effet peut servir également
à déterminer la vitesse de la lumière : c'est ainsi qu'on
a trouvé que la lumière met 8ᵐ 17ˢ à parcourir la distance
moyenne du soleil à la terre.   E. R.

(Voyez JUPITER, TERRE, LUMIÈRE.)

ABIÉTINÉES (Botanique), du latin *abies*, sapin. —
Groupe de plantes arborescentes de la famille des *Conifères*, qui a pour type le genre Sapin. Les abiétinées qui,
pour la plupart des auteurs, forment la deuxième tribu
de cette famille, sont en général de grands arbres (parfois
des arbrisseaux) chargés de nombreux rameaux et couverts de feuilles vertes même en hiver, roides et pointues ; ce qui a fait nommer plusieurs abiétinées *arbres à
aiguilles*. En été, ces arbres donnent pour fruit un gros
cône écailleux ou *strobile*. Les diverses espèces sont surtout répandues dans l'Amérique du Nord et dans la région tempérée de l'hémisphère septentrional ; on n'en
trouve pas en Afrique. — *Caractères distinctifs :* écailles
des chatons mâles munies de connectifs portant habituellement chacun deux loges d'anthères ; deux ou quatre
ovules suspendus à la base de chaque écaille du chaton
femelle. — Genres principaux : *Sapin, Pesse, Mélèze,
Cèdre, Pin, Araucaria, Dammara, Cunninghamia*
(voy. PIN et SAPIN).   G — s.

ABLE, ABLET, ABLETTE (Zoologie), *Leuciscus*, Cuv.
— Les ables, vulgairement nommés *poissons blancs*, forment un genre voisin des carpes, des goujons, des barbeaux et des tanches. L'*Ablette* (*Leuciscus Alburnus*,
Cuv.), nommée aussi *Able, Borde, Ovelle*, est l'espèce
qui peut servir de type au genre ; son corps étroit est
argenté, brillant, les nageoires pâles, le museau obtus
avec la mâchoire inférieure un peu plus longue que la
supérieure ; le dessus de la tête et du dos est verdâtre
avec des reflets irisés et dorés ; les flancs et les joues bril-

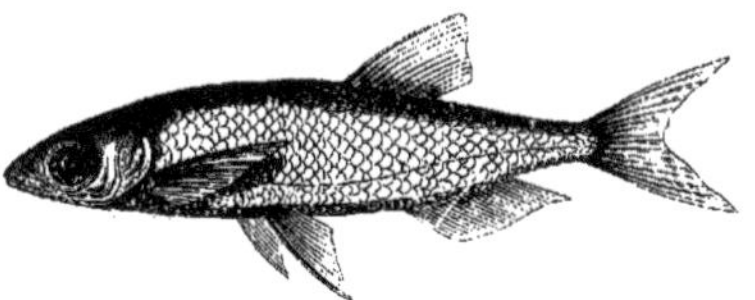

Fig. 20. — Ablette (1/2 long. nat.)

lent d'une belle couleur argentée mate (*fig.* 20) ; ce poisson mesure 14 à 16 centimètres. Il est très-commun dans
la Seine et dans toutes les eaux douces de l'Europe, où il
détruit beaucoup de frai de poissons. Il pond en mai et
juin. Sa chair est peu estimée.

L'ablette est une des espèces le plus habituellement
employées pour la fabrication des fausses perles. La

matière argentée qui la fait remarquer est très-propre à cette industrie ; on enlève facilement les écailles de ce poisson, et on les lave avec soin pour en détacher la matière argentée qui, conservée dans de l'alcali volatil étendu (ammoniaque), constitue l'*essence d'Orient*. Mêlée à de la cire ou à de la colle de poisson, cette matière est introduite dans des globules de verre et leur donne un éclat semblable à celui des perles naturelles. La fabrication des fausses perles à l'essence d'Orient a été inventée en France vers 1656 par un émailleur sur verre nommé Jaquin. — L'ablette, comme la plupart des poissons de son genre, se pêche à la ligne ou au filet, quelquefois même au panier (voyez Pêche).

Caractères du genre Able. — Ce genre (*Leuciscus*, Cuv.) appartient à l'ordre des *Poissons Malacoptérygiens abdominaux*, famille des *Cyprinoïdes* ; nageoires dorsale et anale courtes, ni épines, ni barbillons, lèvres simples et peu épaisses. Les espèces de ce genre peuplent les rivières et les lacs de la plus grande partie de l'Europe. On y remarque : le *Meunier* ou Chevaine (*Leuciscus Dobula*, Cuv.) ; le *Gardon* (*L. Idus*, Cuv.) ; la *Rosse* ou *Reusse* (*L. rutilus*, Cuv.), la Vandoise (*L. vulgaris*, Flemm.) nommée aussi *Dard Suifle* ou *Soeffre*, *Chiffe*, *Hôtu* ; le *Spirlin* ou *Éperlan de Seine* (*L. bipunctatus*, Cuv.); le *Véron* (*L. phoxinus*, Cuv.), la plus petite espèce des eaux douces de France.

ABOYEUR (Zoologie). — Nom donné par Temminck à un oiseau du genre *Chevalier* ; *Totanus* (*Glottis*, Bechst.) de l'ordre des *Échassiers* ; c'est la *Barge aboyeuse* de Buffon. Cet oiseau se rencontre communément en Europe sur les bords marécageux des rivières, où il fait retentir son cri quelque peu analogue à l'aboiement du chien. Cette même espèce se retrouve dans l'Inde (voyez Chevalier).

ABRANCHES (Annélides) (Zoologie), du grec *a* privatif et *branchia*, branchie. — Troisième ordre de la classe des *Annélides*, comprenant des vers dépourvus de tout organe extérieur de respiration et qui, plongés dans l'eau ou vivant dans l'humidité, respirent par la surface de la peau, ou par des cavités intérieures toutes spéciales (chez les sangsues). On en distingue deux familles : — 1° *Abranches sétigères*, pourvues de soies servant à l'animal pour se mouvoir : Genres *Lombric, Naïdes*, etc.; — 2° *Abranches sans soies* : Genres *Sangsue, Dragonneau*, etc.

ABREUVOIR (Agriculture). — Les eaux dont s'abreuvent les animaux et dans lesquelles ils vont se baigner, exercent une grande influence sur leur développement et sur leur santé. Ces eaux doivent être pures et limpides et ne renfermer aucun insecte capable de nuire aux bestiaux. Trop souvent les agriculteurs négligent de satisfaire à ces conditions. Les meilleurs abreuvoirs seront toujours établis sur des eaux courantes, et pour les entretenir il suffira d'empierrer les bords du cours d'eau, d'enlever les plantes aquatiques trop abondantes, en un mot de veiller à la propreté de ces eaux. S'il s'agit d'un cours d'eau fort et profond, il est prudent de limiter l'abreuvoir de crainte d'accidents. A défaut d'eaux courantes, on établit des abreuvoirs artificiels, dont la disposition varie selon les lieux ; il vaut mieux les placer hors de la ferme et dans son proche voisinage, parce que les eaux sont moins salies que dans la cour intérieure. L'étendue doit être proportionnée au nombre des bestiaux qu'on y abreuve ; on estime qu'il faut 40 litres par tête de gros bétail, 2 à 3 litres par mouton ou porc, et l'on doit prévoir les temps de sécheresse en calculant ces dimensions. La profondeur doit être telle que le bétail ne coure pas risque de s'y noyer, et il faut cependant prendre garde de donner à l'eau une trop grande surface qui favoriserait l'évaporation. Le fond sera construit en béton pour résister au piétinement ; une pente douce doit y laisser un facile accès. Il importe de nettoyer souvent les abreuvoirs et de n'y laisser écouler aucune eau impure. Dans les fermes les moins heureusement placées on a pour abreuvoirs de simples auges en pierre que l'on remplit d'eau de puits. En été on doit craindre que cette eau ne soit trop fraîche, et il importe de la tirer quelque temps avant le retour des animaux altérés. Ces auges exigent les plus grands soins de propreté. On ne doit jamais laisser dans le voisinage des abreuvoirs certains arbres, et en particulier les frênes, où viennent habituellement les mouches cantharides. Ces insectes poussés par le vent tombent dans les eaux et les animaux qui les avalent en buvant éprouvent bientôt des coliques et d'autres accidents redoutables.

Abreuvoir (Chasse des oiseaux). — On nomme ainsi, en terme d'oisellerie, les endroits où les oiseaux viennent boire. On les y trouve surtout vers dix heures du matin, deux heures de l'après-midi et le soir ; la chasse aux gluaux s'y fait avec succès, surtout si l'abreuvoir est dans un lieu tranquille, voisin de champs où les oiseaux trouvent des graines. La saison chaude est la meilleure pour ce genre de chasse.

ABRICOTIER (Horticulture), *Armeniaca*, de la famille des *Rosacées*. — Ce genre a fourni à la culture une espèce importante, l'*Abricotier commun* (*Armeniaca vulgaris*) (*fig.* 21 et 22). Cette espèce, originaire de l'Arménie et importée à Rome vers le commencement de notre ère, est l'objet de cultures étendues dans certaines régions de la France, notamment en Auvergne, aux environs de Paris et dans le voisinage des grands centres de

Fig. 21. — Abricotier-pêche.

Fig. 22. — Fleurs de l'abricotier-pêche.

population du Midi. — Les fruits de cet arbre (*abricots*) sont consommés à l'état frais, mais plus encore sous forme de marmelades et de pâtes. On peut aussi les faire sécher.

Variétés. — L'abricotier commun a fourni un certain nombre de variétés parmi lesquelles on peut recommander les suivantes rangées dans l'ordre de leurs époques de maturité :

Musch	mi-juillet.
Gros Saint-Jean	fin de juillet.
Albergier de Montgamet	juillet et août.
Gros commun	août.
Royal	mi-août.
Pêche	fin d'août.
De Noor	fin de septembre.

Climat et sol. — L'abricotier mûrit bien ses fruits en plein vent au nord de Paris ; cependant sa floraison étant très-précoce, la fructification y est souvent détruite par les froids tardifs. On le place alors en espalier ; mais là ses fruits sont beaucoup moins savoureux. Il convient donc, dans cette région, de le cultiver sous forme de *contre-espalier* (V. Espalier) et de l'abriter complétement jusque vers la fin du mois de mai (voyez le mot Abris).

L'abricotier redoute également les argiles compactes et les terrains secs et brûlants. Il aime les sols de consistance moyenne, profonds et un peu calcaires.

Multiplication. — L'abricotier est presque toujours multiplié au moyen de la *greffe en écusson* (voyez ce mot). Dans la région du nord et du centre on emploie comme sujets les variétés de pruniers les plus vigoureuses, et l'on choisit des plantes obtenues de noyaux ; les sujets résultant de rejetons donnent lieu à un trop grand nombre de dragéons. Les sujets de pruniers sont greffés en juillet. Dans le Midi on préfère les abricotiers greffés sur des sujets d'abricotiers ou d'amandiers obtenus de noyaux ; leurs racines s'enfoncent davantage et échappent ainsi à la sécheresse. — Les sujets d'abricotiers sont écussonnés en août et ceux d'amandiers en septembre.

Culture et taille de l'abricotier dans le jardin fruitier. — Dans le jardin fruitier, l'abricotier doit être placé en *contre-espalier* abrité temporairement. Là, on lui donne la forme en *cordon oblique* (voyez Taille) en plantant les arbres à 0^m,40 d'intervalle.

Nous indiquerons au mot *cordon oblique* le mode de formation de ces sortes de charpente, nous n'avons donc à parler ici que de la taille des rameaux à fruits.

Les boutons à fleurs de l'abricotier naissent sur des rameaux (*fig.* 23) développés pendant l'été précédent et rendus peu vigoureux au moyen du *pincement* (voyez ce mot). Ces rameaux ne peuvent fructifier qu'une seule fois si on les laisse entiers; ils fructifieront et donneront lieu vers leur sommet à un nouveau rameau fructifère

Fig. 23. — Rameau à fruit de l'abricotier avant la taille.

Fig. 24. — Rameau à fruit de l'abricotier un an après la première taille.

Fig. 25. — Rameau à fruit de l'abricotier abandonné à lui-même.

pour l'année suivante A (*fig.* 25); si l'on continue à ne faire aucun retranchement, ces rameaux deviendront de plus en plus chétifs à mesure qu'ils s'allongeront et finiront bientôt par se dessécher complétement. Il convient donc de les raccourcir en A (*fig.* 23), afin, tout en conservant un certain nombre de boutons à fleurs, de refouler l'action de la séve vers la base pour obtenir là les nouveaux bourgeons fructifères pour l'année suivante, au lieu de les faire développer au sommet. Ce mode d'opérer donne, en effet, les résultats que montre la figure 24. Lors de la taille d'hiver suivante on taille en *a* le rameau B (*fig.* 24) et en *b* le rameau A. Ces opérations font développer vers la base de nouveaux rameaux fructifères que l'on taille de la même façon, et ainsi de suite chaque année.

Culture de l'abricotier dans les vergers. — L'abricotier n'est cultivé dans les vergers que là où il peut se passer d'abris contre les gelées tardives. Dans ce cas, les arbres sont plantés à 8 ou 10 mètres les uns des autres, et on leur donne la forme d'arbres à haute tige. La tête de l'arbre, placée à environ 2 mètres au-dessus du sol, doit être disposée en vase ou gobelet (voyez TAILLE). Ces arbres ne sont pas soumis à une taille nouvelle; on se contente de retrancher, tous les six ou huit ans, la moitié de la longueur des branches principales, afin de les faire se regarnir de rameaux fructifères.   A. DU BR.

ABRIS (Horticulture). — Les abris sont destinés soit à défendre les cultures contre la violence des vents, soit à garantir les plantes des gelées tardives.

Dans le premier cas on emploie avec succès les plantations d'arbres résineux disposés sous forme de rideau sur la limite du terrain ouvert aux vents dominants. Dans le Midi le *cyprès pyramidal* remplit parfaitement ce but. Dans les autres régions les *pins* et les *sapins* donnent les mêmes résultats. On peut également pour la culture potagère avoir recours aux murs, ou, ce qui est moins coûteux, aux paillassons placés verticalement. Les tiges sèches de *canne de Provence* (*Arundo donax*) sont pour cela d'un très-grand secours dans le Midi.

Les gelées tardives sont un véritable fléau pour toutes les cultures, et surtout pour celle des arbres fruitiers. Il est très-difficile d'en garantir les vergers et les vignobles à moins de dépenses hors de proportion avec la valeur des produits. L'emploi de la fumée donne cependant de bons résultats (voyez GELÉE BLANCHE).

Quant aux jardins fruitiers, l'opération est plus facile. — Les sortes d'abris doivent varier suivant qu'il s'agit d'arbres en espalier ou d'arbres cultivés en plein air.

Pour les arbres en espalier, on fait sceller au sommet des murs et de mètre en mètre, de petites potences en fer (*fig.* 26) qui présentent une saillie de 0^m,60. Vers le milieu du mois de février, on fixe sur ces supports des paillassons (*fig.* 27) longs de 2 mètres, larges de 0^m,60 et

Fig. 26. — Chevalet en fer scellé dans le mur pour supporter les abris au sommet des espaliers.

faits au moyen de quatre tringles en bois entre lesquelles la paille est serrée avec quelques nœuds de fil de fer. Si

Fig. 27. — Paillasson pour abriter les espaliers.

l'on a à redouter un froid un peu vif, on ajoute le procédé suivant: Les paillassons étant placés au sommet du mur (*fig.* 28), fixer en B une traverse, puis enfoncer à 1^m,50

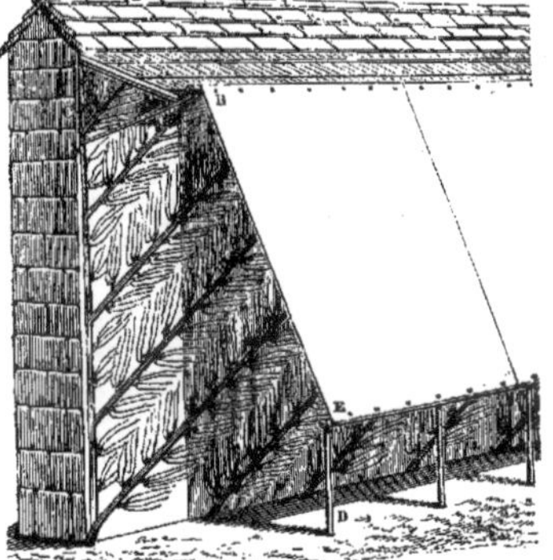

Fig. 28. — Abri pour les espaliers d'arbres à fruits à noyau.

en avant du mur une ligne de pieux D hauts de 0^m,80 et placés à environ 1^m,50 les uns des autres; attacher au sommet de ces pieux une traverse E, tendre ensuite de B en E une toile continue, un canevas grossier qui y laisse pénétrer les rayons solaires. — Cette toile reste en place jusqu'à l'époque où les gelées ne sont plus à craindre.

Les arbres en plein air sont plus difficiles à abriter. — Pour ceux qui sont disposés en vase ou gobelet à basse tige, il conviendra de les maintenir enveloppés d'un canevas semblable à celui dont nous venons de parler. Quant aux arbres dits en *pyramide* (voyez TAILLE, nous avons dit les motifs qui nous font conseiller de renoncer à cette forme qu'il est presque impossible d'abriter convenablement. Nous y avons substitué les *contre-espaliers* (voyez ESPALIER). Si ceux-ci sont disposés en lignes parallèles placées à 3 mètres d'intervalle, comme nous l'avons recommandé, il suffira de tendre horizontalement ces mêmes canevas au sommet de ces contre-espaliers et de l'un à l'autre.

Si enfin il s'agit d'un contre-espalier d'abricotiers, on disposera les abris comme l'indique la figure 29. Pla-cer contre le dos du contre-espa-lier des paillas-sons A, enfoncer à 0ᵐ,60 en avant des arbres une série de pieux D, puis fixer au sommet des pail-lassons F sem-blables à ceux de la figure 27. Quels que soient les abris em-ployés, il con-viendra de les placer vers le mi-lieu du mois de février et de ne les enlever qu'a-près les gelées tardives, c'est-à-dire au milieu du mois de mai, ou plus tôt, en choi-sissant pour cela un temps som-bre et humide, afin que la tran-sition ne soit pas trop brusque pour les arbres. A. du Br.

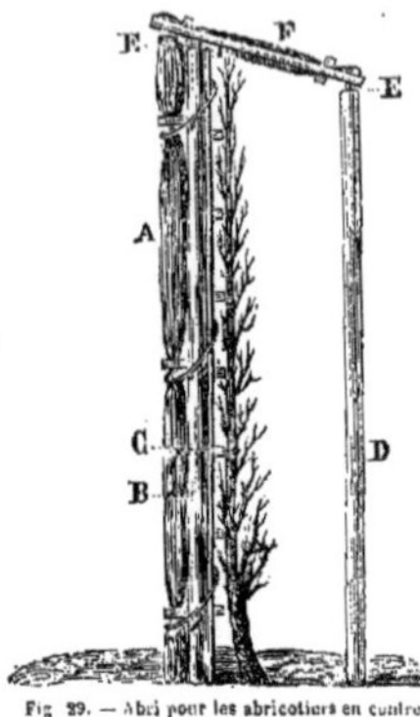

Fig. 29. — Abri pour les abricotiers en contre-espalier.

ABRIS (Agriculture). — On désigne par ce nom des obstacles naturels ou artificiels qui protégent contre les ravages du vent certaines étendues de terrain. L'utilité des abris n'est bien comprise que dans les pays où rè-gnent des vents violents, comme les côtes maritimes ou les vallées situées au voisinage des montagnes. Pour ces dernières contrées les forêts sont des abris naturels dont la destruction a trop souvent changé le climat de la fa-çon la plus fâcheuse. Dans les autres, on a recours à des rideaux d'arbres, à des haies élevées, plantées en lignes perpendiculaires à la direction du vent. Dans beaucoup de parties de la basse Provence, on emploie avec succès des rideaux compactes de lauriers ou de cyprès à 100 mètres de distance ; sur les côtes de l'Océan que désole le vent de mer, comme dans les landes de la Gascogne, du Poitou, de la Bretagne, on fait d'excellents abris avec le pin maritime planté en zones de 30 à 40 mètres de largeur, à 200 mètres les unes des autres.

ABRÔME (Botanique), *Abroma*, Lin., du grec *a* pri-vatif et *brôma* nourriture, parce que les plantes de ce genre ressemblent au cacaoyer (*Theobroma*), mais ne four-nissent pas comme lui une substance alimentaire. — Genre de plantes de la famille des *Buttnériacées* (voisine de celle des Malvacées). Une espèce de ce genre, l'*Abrome à feuilles anguleuses* (*A. angusta*, Lin.), se fait remarquer par les bouquets que forment ses fleurs pendantes d'un beau rouge brun. C'est un petit arbrisseau élégant, ori-ginaire de l'Inde, à feuilles larges et dont les rameaux sont revêtus d'un léger duvet. On a réussi à le cultiver en France dans les serres chaudes. Comme beaucoup de plantes malvacées, les abromes ont une écorce filamen-teuse qu'on emploie, dans leur pays natal, pour fabriquer des cordages.

ABROTANE ou ABROTONE (Botanique), *Artemisia Abrotanum*, Lin. — Voyez AURONE.

ABROUTIS, ABROUTISSEMENT (Agriculture). — Ces mots désignent les arbres et taillis broutés par les bestiaux ou le gibier, et le dégât qui en résulte. La perte des feuilles et des bourgeons menace très-gravement l'existence même des végétaux abroutis ; les bois redoutent particulièrement ce genre de dommage, et les chèvres surtout y causent les plus grands ravages. On répare l'abroutissement en recepant les taillis ou arbustes, c'est-à-dire en les cou-pant au ras de terre. Diverses dispositions du Code fores-tier ont pour but de prévenir l'abroutissement des bois.

ABRUS (Botanique), du grec *abros*, délicat, élégant. — Jolis arbrisseaux, originaires de l'Inde et de l'Afrique, puis transportés en Amérique ; leurs feuilles composées pen-nées sans folioles impaires, ont une certaine ressemblance avec celles du *Robinier faux-acacia* ou acacia vulgaire ; leurs fleurs rouges, dont l'aspect rappelle celles des hari-cots, ont un calice à 4 dents, une corolle *papilionacée* et 9 étamines *monadelphes* ; il en provient une gousse ou *légume* qui renferme 4 à 6 graines presque globuleuses, dures, d'un rouge écarlate et marquées d'une tache noire ou brune. Ces graines, bien connues sous le nom de *pois d'Amérique*, sont employées par les femmes amé-ricaines pour faire des colliers, des chapelets, etc. ; on en tire parfois le même parti en Europe. C'est particu-lièrement l'*Abrus à chapelets* (*A. precatorius*, L.) qui fournit ces graines d'ornement, et on le cultive surtout aux Antilles où ses tiges grimpantes et enroulées cou-vrent souvent les berceaux. On prétend qu'en Égypte et dans l'Inde on mange les graines des abrus, quoiqu'elles soient peu savoureuses ; certains auteurs regardent même comme vénéneuses celles de l'abrus à chapelets. La ra-cine de cette plante est sucrée, ainsi que ses feuilles ; aussi, dans les Antilles, l'a-t-on nommée *liane à réglisse* ou *fausse réglisse*. — Le genre *Abrus* appartient à la famille des *Papilionacées*, tribu des *Phaséolées*. G — s.

ABSCISSE (Géométrie). — Voyez COORDONNÉES.

ABSIDES (LIGNE DES) (Astronomie), du grec *apsis*, voûte. — Grand axe de l'orbite d'une planète. Les *absides* en sont les sommets : l'un, le plus éloigné du soleil, en est l'*aphélie* ; l'autre, le plus proche, en est le *périhélie* (voyez PLANÈTES).

ABSINTHE (Botanique). — Plante citée par Dioscoride et déjà nommée *apsinthion* par les Grecs et *absinthium* par les Latins. (De *a* privatif, et *psinthos*, plaisir, parce qu'elle est très-amère.) — L'Absinthe (*Artemisia Absin-thium*) a reçu des botanistes les noms de *grande Ab-sinthe*, *Absinthe officinale*, *Aluyne* ; c'est une plante à racine vivace, dont la tige herbacée s'élève à 1 mètre environ et se termine par une grappe, peu fournie, de petites fleurs composées (capitules), jaunes et pourvues sur leur réceptacle de longues soies blanchâtres. Les feuilles sont alternes, molles, très-dé-coupées et d'un vert argenté (*fig.* 31). L'absinthe se plaît dans les terrains montueux et arides de nos climats d'Europe.

Cette plante exhale une odeur pé-

Fig. 30. — Tête d'ab-sinthe en fleurs. (1/9 de grand. natur.)

Fig. 31. — Feuille d'absinthe. (1/5 de grand. natur.)

nétrante et assez agréable ; toutes ses parties ont une sa-veur très-amère et fortement aromatique. Ses propriétés médicinales, qui sont énergiques et analogues à celles des autres herbes du même genre (voyez ARMOISE), l'ont recommandée comme fébrifuge, excitante, tonique et vermifuge. On prépare en pharmacie avec ses fleurs et ses feuilles un vin, un sirop, une conserve, un extrait, une huile et un sel qui n'est autre qu'un sous-carbonate de potasse provenant du lavage des cendres d'absinthe. Les principes actifs de la plante sont une résine fixe et une huile essentielle volatile.

On introduit parfois dans la bière, au lieu de houblon, les sommités d'absinthe en graines et séchées ; la bière en prend l'amertume, se conserve mieux et devient plus enivrante. Enfin on prépare avec cette plante deux li-queurs alcooliques, l'*Absinthe suisse* et le *Vermouth*.

On cultive l'absinthe officinale dans nos jardins ; on la multiplie par boutures en mars ou en octobre, ou par semis aussitôt que les graines sont mûres.

Le genre Armoise renferme encore la *petite A.* (*A. pontica*), et l'*A. maritime* (*A. maritima*), qui possèdent avec moins d'énergie des propriétés analogues.

ABSINTHE (Économie domestique). — La *liqueur d'ab-sinthe* ou *extrait d'absinthe*, absinthe suisse, ou simplement *absinthe*, est une liqueur alcoolique où l'on a dissous le principe résineux et l'huile volatile de la plante et qui a été aromatisée avec des essences de badiane, de fenouil, d'anis et avec de l'eau de rose. L'absinthe verte est colorée avec du safran. Cette liqueur a été vantée comme provoquant l'appétit et favorisant la digestion lorsqu'elle est prise un peu avant le repas. Les propriétés médicinales de l'absinthe confirment cette opinion ; mais leur énergie même indique dans quelle mesure on peut avoir recours à cet excitant. C'est à des intervalles prudemment espacés et à de petites doses que l'on devra faire usage de l'absinthe pour réveiller un estomac paresseux ou fatigué. Malheureusement, la saveur forte de cette liqueur invite à la prendre en quantités de plus en plus grandes. Alors son principe résineux agit d'une manière fatale sur les fonctions digestives, et bientôt sur les fonctions intellectuelles. Rien de plus commun, dans les pays où l'usage de cette liqueur est répandu, que de rencontrer des buveurs d'absinthe qui, arrivés à en absorber chaque jour une quantité énorme (jusqu'à un demi-litre et plus), tombent dans un véritable abrutissement où persiste seul le désir de boire encore le poison qui les enivre et les tue. L'estomac devient incapable de digérer, son organisation s'altère, les intestins et le foie sont aussi gravement lésés, et la mort vient mettre un terme aux plus pénibles souffrances. L'addition de l'eau ne mitige guère l'énergique action de l'absinthe, peut-être même a-t-elle l'inconvénient de précipiter la matière résineuse et de concentrer ainsi le principe funeste à la santé. Cette liqueur est plus que toute autre capable de produire l'ivresse furieuse, et il n'est pas rare qu'elle mène à la folie ceux qui en ont abusé. Ne doit-on pas regretter, dès lors, que les établissements où se débite une liqueur si dangereuse se multiplient de plus en plus dans les grandes villes et tendent à propager des habitudes si funestes et si nuisibles à tous égards ?   **F — N.**

ABSOLU. — Terme adopté en chimie pour exprimer qu'un corps est considéré comme pur ou dégagé de toute association avec un autre corps ; le plus souvent l'eau. Pour les acides, les bases et les sels, il signifie ordinairement *anhydre* ou sans eau ; mais il est plus particulièrement réservé pour l'alcool. De l'alcool à 86° centésimaux contient en volume 86 p. 100 d'*alcool absolu* pur (sans eau), uni à une quantité d'eau suffisante pour former 100 volumes du mélange, ce qui donne un peu plus de 14 p. 100 d'eau. L'eau et l'alcool, en effet, forment, par leur union, un volume total plus petit que la somme des volumes des deux liqueurs mélangées (voyez **ALCOOMÈTRE**).

ABSORBANTS (Médecine), du mot latin *absorbere*, pomper, absorber.—On donne ce nom à des médicaments dont l'effet est d'*absorber* les substances liquides ou gazeuses produites dans certaines maladies. C'est ainsi que l'on applique sur les plaies, pour en absorber la suppuration, des matières spongieuses ou poreuses, telles que la charpie, l'amadou, le charbon pilé, etc. Les mêmes matières sont appliquées sur des membranes muqueuses accessibles au chirurgien, et d'où exsudent des liquides trop abondants ou de mauvaise nature. A l'intérieur on administre, pour absorber les gaz acides développés dans les voies digestives, des agents chimiques de nature alcaline, carbonate de chaux, magnésie, etc.; on emploie aussi dans le même but le charbon pilé. On a récemment beaucoup vanté, pour le pansement des plaies, un mélange de plâtre pulvérulent et d'une espèce de charbon nommé Koaltar (voyez **PANSEMENTS**).   **F — N.**

ABSORBANT (POUVOIR) (Physique). — Propriété que possèdent les corps de se laisser pénétrer plus ou moins par la chaleur qui tombe sur eux, suivant la nature de leur surface. Le pouvoir absorbant est corrélatif du pouvoir *émissif* ou *rayonnant*, de sorte que les corps qui s'échauffent le plus vite, sont aussi ceux dont le refroidissement est le plus rapide. La nature et l'état de la surface d'un corps exercent une grande influence sur son pouvoir absorbant ; sa couleur, au contraire, n'en exerce qu'une assez secondaire.

Un vase de métal poli s'échauffe lentement en présence du feu ; il se refroidit avec une lenteur pareille ; une couche de noir de fumée ou de suie déposée à sa surface rend l'échauffement et le refroidissement beaucoup plus rapides. Par une raison semblable, de deux calorifères métalliques, l'un à surface brillante, l'autre à surface noire, le dernier donnera plus de chaleur que le premier.

La neige fond lentement au soleil à cause de son faible pouvoir absorbant; on rend sa fusion plus rapide en répandant à sa surface du charbon en poussière ou des débris organiques. Le faible pouvoir rayonnant de la neige protége les plantes contre l'action du froid extérieur (voyez **CHALEUR RAYONNANTE**).

ABSORPTION (Physique et Chimie), du mot latin *absorbere*, boire.— Phénomène en vertu duquel un corps condense, ou fixe dans son intérieur, les liquides et les gaz qui l'entourent.

L'absorption est tantôt purement physique, en ce sens que ni le corps absorbé ni le corps absorbant ne changent de nature ou ne se combinent chimiquement l'un à l'autre. C'est de cette manière que l'argile et les terres poreuses absorbent l'eau.

Tantôt elle est accompagnée d'une véritable combinaison chimique. Lorsque la chaux absorbe l'acide carbonique de l'air, il se produit un nouveau corps, le carbonate de chaux, en tout comparable au calcaire, ce qui explique le durcissement du mortier au contact de l'air.

Le pouvoir absorbant très-développé dans certains charbons est utilisé dans l'industrie pour la décoloration et la désinfection des corps (voyez **CARBONE**).

On dit encore qu'il y a absorption, en chimie, quand un vase plongeant par son orifice dans une liqueur, cette liqueur s'y élève peu à peu, soit que le gaz qui remplissait l'appareil se refroidisse et se contracte, soit qu'il disparaisse absorbé par la liqueur. On évite cette absorption en faisant usage de *tubes de sûreté*.

L. G.

ABSORPTION (Physiologie), du mot latin *absorbere*, boire, aspirer, pomper. — Acte très-commun dans les corps vivants, au moyen duquel ils s'approprient, en les pompant à travers de leurs *membranes*, les liquides ou les gaz mis en contact avec celles-ci ; l'absorption s'effectue principalement par le phénomène désigné sous le nom d'*endosmose* (voy. ce mot).

ABSORPTION CHEZ LES ANIMAUX (Physiologie animale). — On nomme *absorption*, chez les êtres organisés en général, un acte physiologique par lequel une matière qui se trouvait en contact avec une des surfaces extérieures du corps organisé, est introduite dans l'intérieur de ce corps en en traversant la substance. Ainsi, lorsque nous sommes dans un bain, la peau humectée absorbe une notable quantité d'eau ; si l'on dépose sur la surface d'une plaie, ou simplement d'un vésicatoire, une matière vénéneuse, son influence délétère ne tarde pas à se manifester : le poison a été absorbé. C'est par un phénomène de ce genre que les produits de la digestion passent à travers les parois de l'estomac et des intestins et pénètrent dans le corps pour nourrir l'animal. L'absorption est donc une des fonctions qui introduisent dans l'être vivant des matériaux empruntés au dehors et propres à le nourrir ; on peut même dire qu'aucune substance ne pénètre dans un corps vivant, si ce n'est par *absorption*.

De l'absorption dans le règne animal. — L'expérience et l'observation ont enseigné que, pour être absorbée, une substance, quelle qu'elle soit, doit prendre une forme fluide, c'est-à-dire se présenter à l'état liquide ou à l'état gazeux. Il faut, en outre, que le tissu absorbant soit humide dans sa profondeur aussi bien qu'à sa surface pour être perméable à la substance fluide. Les animaux aquatiques sont donc particulièrement bien placés pour se nourrir par absorption. Aussi est-ce dans les eaux qui couvrent si abondamment notre globe, que l'on rencontre ces milliers d'espèces animales d'une organisation extrêmement simple, dont la peau absorbe sans cesse dans l'eau ambiante les particules organisées propres à les nourrir. Les plus imparfaits ne laissent même plus voir de canal digestif, et toutes les substances dont ils se nourrissent sont absorbées directement. Mais dès que l'organisation est plus compliquée, en outre de ces matières, les animaux élaborent par la digestion (voyez **DIGESTION**) des aliments qu'ils rendent propres à être absorbés en tout ou en partie. Il y a donc, chez la plupart des animaux, deux sortes d'absorption : l'*absorption générale*, dont le produit se nomme la *lymphe* tant qu'on peut le distinguer du sang de l'animal, et l'*absorption digestive* ou *alimentaire*, dont le *Chyle* est un des produits. C'est seulement chez les animaux Vertébrés que l'on distingue nettement la lymphe et le chyle, du sang proprement dit.

Organes d'absorption. — Les membranes qui étendent leurs surfaces sur les divers organes des animaux sont les premiers instruments de l'absorption. Les physiologistes de l'antiquité avaient pensé que les liquides absorbés par ces membranes étaient attirés dans les veines et se mêlaient ainsi rapidement au sang. Mais les travaux d'Aselli (1622), de Rudbeck et de Bartholin (1650), de Pecquet (1654), etc., ont fait connaître chez les Mammifères, chez l'homme et chez les Vertébrés en général, un système de vaisseaux particuliers qui récoltent la lymphe sous les diverses membranes et qui, sous la membrane muqueuse du canal digestif, recueillent les produits de la digestion. Ces vaisseaux portent le nom général de *vaisseaux lymphatiques*, et ceux qui sont en rapport avec les intestins ont reçu la dénomination spéciale de *vaisseaux chylifères*. Les uns et les autres se réunissent dans un tronc principal nommé *canal thoracique* (*fig.* 32) (voyez ce

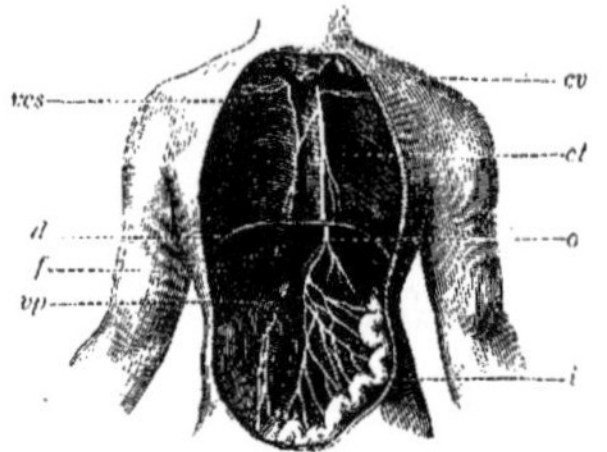

Fig. 32. — Système absorbant intestinal veineux et chylifère, chez l'homme (1).

mot), qui monte lo long de la colonne vertébrale vers la *veine sous-clavière* gauche où il s'ouvre et va verser son contenu dans le sang veineux. Ce système de vaisseaux ne recueille pas exclusivement, comme on l'avait cru d'abord, les produits des absorptions ; une partie considérable de ces produits est introduite directement dans le sang à travers les parois des veines qui sont très-absorbantes. Cette propriété des vaisseaux sanguins veineux, admise par les anciens, a été démontrée de nos jours, surtout par Mayer, Magendie, Westrumb, etc.

Mécanisme de l'absorption. — Lorsqu'on cherche à se rendre compte du passage des matières fluides à travers les tissus vivants, la première idée qui se présente est celle de bouches ou pores absorbants dont ces tissus seraient percés ; néanmoins ces pores n'existent pas, et les fluides passent dans les interstices que laissent entre elles les molécules matérielles ; l'absorption est donc, en grande partie, un phénomène d'imbibition. Les fluides ne pénètrent cependant pas simplement par *capillarité*, mais surtout par *endosmose*.

Pour l'étude de l'absorption chez les animaux on consultera avec fruit les traités de physiologie de Müller, de Béclard, et particulièrement celui de M. le Prof. Longet.

ABSORPTION CHEZ LES VÉGÉTAUX (Physiologie végétale). — Cette fonction a le même but chez tous les êtres vivants, et sa définition a été donnée à l'article précédent. Les principaux organes d'absorption dans les plantes sont les racines qui demeurent plongées dans un milieu humide, la terre végétale.

L'absorption s'opère chez les plantes, comme chez les animaux, principalement par *endosmose*. Dans la période active de la végétation les extrémités des radicelles sont formées de cellules récemment organisées, molles, perméables et gonflées de sucs ou dissolutions aqueuses épaisses ; l'épiderme ne les recouvre pas encore, et elles sont plongées dans les dissolutions aqueuses beaucoup moins denses que renferme la terre. Il s'établit un courant d'endosmose qui introduit, dans les cellules superficielles des radicelles, les sucs provenant du sol ; plus ceux-ci sont fluides, mieux ils sont absorbés, entraînant avec eux seulement les substances tenues en dissolution. Lorsque la couche de cellules extérieures s'est ainsi gorgée des sucs nourriciers, la couche placée immédiatement en dessous, en absorbe à son tour aux dépens de la

(1) Fig. 32. — Le canal thoracique et les vaisseaux chylifères, chez l'homme ; la veine porte et les veines de l'intestin. — i, Portion de l'intestin grêle suspendue à un lambeau du mésentère qui contient les veines et les vaisseaux chylifères correspondants. — d, Diaphragme. — f, Foie. — vp, Veine-porte qui réunit les veines de l'intestin et va se ramifier dans le foie d'où le sang est ramené dans la veine cave-inférieure, et de là au cœur droit. — o, Origine du canal thoracique, réservoir de Pecquet. — ct, Canal thoracique qui reçoit les chylifères et les lymphatiques. — cv, Abouchement du canal thoracique dans la veine sous-clavière. — vcs, Veine-cave supérieure.

première : ainsi s'établit le courant de la sève qui monte des racines vers la tige et les feuilles.

L'absorption qu'exercent les racines se fait par leurs extrémités, et non par les surfaces latérales de leurs filaments. Quelques botanistes avaient admis qu'à ces extrémités radiculaires il existait de petits organes spéciaux d'absorption, qu'ils nommaient *spongioles*. On a reconnu que c'était là une pure hypothèse et que ces organes ne pouvaient se distinguer à l'examen le plus attentif.

Les plantes n'absorbent pas seulement par les racines ; leurs parties vertes absorbent aussi dans l'atmosphère certains principes, et particulièrement de la vapeur d'eau, toutes les fois que l'air ambiant est très-humide. Les végétaux aquatiques exercent par toute leur surface une absorption très-active.

ABSTERGENTS (Médecine), du mot latin *abstergere*, nettoyer. — Médicaments employés autrefois pour débarrasser la peau ou les membranes muqueuses de matières visqueuses ou putrides exhalées dans certaines maladies. C'étaient, en général, des liquides savonneux et aromatiques (voyez DÉTERSIFS).

ABSTINENCE (Médecine), du mot latin *abstinere*, s'abstenir. — C'est la privation partielle ou complète des aliments. On a étudié l'abstinence au point de vue physiologique (voyez INANITION) ; on l'a employée dans le traitement de beaucoup de maladies (voyez DIÈTE, RÉGIME).

ABSTRAIT (NOMBRE). — Terme d'arithmétique (voyez NOMBRE).

ABUTILON (Botanique), nom arabe donné par Avicenne à une plante malvacée à fleurs jaunes (*Sida picta*, Hooker ; *Abutilon strié*). — Arbrisseau d'ornement originaire du Brésil ; ses rameaux sont effilés, ses feuilles grandes ont la forme d'un cœur et sont portées sur de longs pétioles. Les fleurs solitaires et pendantes sont d'un jaune d'or strié de pourpre. C'est une plante mucilagineuse du genre *Sida*, famille des *Malvacées*. Introduite en France depuis longtemps, elle y fleurit pendant toute la belle saison. En Chine, on en extrait une filasse inférieure à celle du chanvre et bonne pour la corderie. — Il croît spontanément dans les marais du midi de la France une espèce à fleurs jaunes qui est le *Sida Abutilon* de Linné.

ACACIA ou ACACIE (Botanique), du grec *aké*, pointe, allusion à la tige épineuse de beaucoup d'espèces. — Une

Fig. 33. — Feuille de l'*Acacia heterophylla*, Juss. — p, Phyllode élargi qui forme souvent seul la feuille. — l, Partie limbaire composée de folioles bipennées, qui manque entièrement dans un grand nombre de feuilles. Cette partie limbaire disparaît dans beaucoup d'espèces, la plupart australiennes, et le phyllode, p, reste seul pour représenter la feuille. (1/4 de la grand. natur.).

confusion fâcheuse a fait appliquer, par les gens du monde, ce nom bien connu à d'autres plantes que celles qu'il désigne en réalité. L'*Acacia commun* du langage vulgaire, l'*Acacia blanc*, l'*Acacia parasol*, l'*Acacia glutineux* à fleurs rosées, l'*Acacia boule* sont diverses espèces du genre *Robinia* ou *Robinier*. Ce genre appartient, il est vrai, comme le genre *Acacia* des botanistes, à la grande classe des *Légumineuses*; mais des différences importantes les séparent l'un de l'autre. La fleur possède une corolle *papilionacée* chez les *Robiniers*, tandis que chez les vrais *Acacias*, elle est régulière et en forme de clochette; les feuilles, *composées* dans les *Robiniers*, sont *décomposées* dans les *Acacias*.

Le genre *Acacia* des botanistes (*Acacia*, Willdenow) se rapporte à la famille des *Mimosées*, tribu des *Acaciées*; il comprend des arbres ou des arbrisseaux à feuillage très-léger, grâce aux nombreuses et fines folioles qui forment leurs feuilles décomposées. Dans certaines espèces, ces folioles avortent partiellement ou complétement, et alors le pétiole se dilate en une lame verdoyante, nommée *phyllode* et dirigée comme une lame de sabre suivant un plan vertical. En glissant entre ces lames verticales, le soleil produit dans les forêts de l'Australie, où ces acacias sont communs, un mode d'éclairage très-bizarre, qui étonna les premiers voyageurs et dont la cause n'a été indiquée que par M. R. Brown, botaniste anglais. Beaucoup d'espèces d'acacias ont leur tige armée de fortes *épines* ou d'*aiguillons*; d'autres en sont complétement dépourvues.

Fig. 34. — Acacia cachoutier, rameau et feuilles (1/10 de la grand. natur.).

Les fleurs sont groupées en *épis* ou en têtes à l'aisselle des feuilles, vers l'extrémité des branches. Habituellement petites, pourvues d'étamines longues et très-nombreuses, elles offrent un calice à 4 ou 5 dents, une corolle assez courte, en clochette ou en entonnoir, hypogyne, à 4 ou 5 divisions et colorée souvent en jaune, parfois en rouge ou même verdâtre. Le pistil simple donne pour fruit une gousse sèche, s'ouvrant en deux valves, comme celle du haricot, et contenant plusieurs graines allongées.

Le bois des acacias est en général d'une dureté remarquable et souvent coloré d'une façon brillante; mais ses fibres ne sont pas toujours droites, et ce défaut en restreint l'emploi. Cependant parmi les bois utilisés dans les arts, on peut citer l'*Angica* du Brésil qui est le bois de l'*A. Angico*, le bois *Diababul* ou d'*Arariba* qui provient de l'*A. arabica*. L'écorce et les gousses des acacias contiennent du tannin et sont employées au tannage des cuirs dans diverses contrées.

Le genre *Acacia* renferme environ trois cents espèces répandues dans les contrées équatoriales du globe, et particulièrement abondantes en Australie; l'Europe en est complétement dépourvue.

L'*Acacia Catechu* ou *Cachoutier* est une espèce de l'Inde particulièrement commune au Bengale; c'est elle qui produit le *cachou*, nommé dans l'origine *terre du Japon*. Le nom de *cachou* est une altération de l'indien *catechu*, dans lequel *cate* désigne l'arbre et *chu* le suc qu'on en extrait. Le cachoutier s'élève à la hauteur de 1ᵐ,50 à 1ᵐ,80; ses rameaux sont couverts d'un duvet blanchâtre. Le cachou s'extrait par décoction du bois même de cet acacia (voyez CACHOU). Au Bengale et au Japon, on prétend préserver les bois de charpente de l'atteinte des vers, en les imprégnant du suc de cet arbrisseau.

Un des principaux produits de certains acacias est la gomme arabique ou la gomme du Sénégal. Cette substance, émanant de la sève, découle naturellement du tronc et des branches de plusieurs espèces du genre Acacia, comme on voit, dans nos pays, une autre espèce de gomme suinter des pruniers, cerisiers, abricotiers. La *gomme arabique* provient de l'*Acacie véritable*; la gomme du Sénégal, d'après le rapport adressé par M. Audibert au Jury de l'Exposition universelle de Paris (1855), est le produit de l'*Acacie Verek*; l'*A. Adansonii* donne une gomme rouge que les Maures mêlent à la première; de

Fig. 35. — Acacia cachoutier, rameau portant deux épis de fleurs.

Fig. 36. — Acacia cachoutier, fruit en gousse.

l'*A. albida* ou *Sadra-beida* exsude une gomme friable très-différente de celle de l'*A. Verek* (voyez GOMME).

L'*Acacia vera*, Willdenow, *Mimosa nilotica*, Lin., en français *Acacie véritable*, *A. d'Egypte*, *Gommier rouge*, est un arbre de 10 à 15 mètres de hauteur, dont les rameaux rougeâtres portent des feuilles finement décomposées. Cet arbre élégant croît aux bords du Nil, dans toute la haute Égypte, en Arabie, au Sénégal où il paraît fournir la variété de gomme dite *gomme de Galam*, dans les parties chaudes de la Chine et même en Amérique. Des gousses, non encore mûres, du gommier rouge on extrait par expression un suc brun rougeâtre, qui, desséché en petites masses, constitue le *vrai acacia* des pharmaciens, employé autrefois comme astringent, et qu'il ne faut pas confondre avec le *suc de prunellier* connu sous le nom d'*acacia nostra*, *acacia d'Allemagne*. Les Chinois tirent une teinture jaune des fleurs de l'acacie véritable. Les gousses et l'écorce de cet arbre servent au tannage des cuirs; depuis quelque temps on les trouve dans le commerce sous les noms de *Lablad*, *Bablad*, *Bali-bobolah* et *Neb-neb*.

L'*Acacia Verek* est un arbre de 4 à 5 mètres de hauteur, dont la tige et les rameaux sont grisâtres. Il couvre la rive droite du Sénégal et croît abondamment dans toute la Sénégambie.

Parmi les espèces ornementales on doit citer : l'*Acacia Julibrissin*, vulgairement, *Acacia de Constantinople*, *Arbre à soie*, bel arbre de 10 mètres, sans épines, dont les feuilles sont munies de cils soyeux; on le cultive à son entier développement dans le midi de la France, il est originaire de l'Orient; — l'*Acacia de Farnèse* (*A. Farnesiana*, vulgairement *Cassie* ou *Casse du Levant*, arbre épineux de 5 à 6 mètres, importé de l'Inde en 1611 dans le jardin Farnèse, à Florence, où il fut cultivé pour la première fois; — l'*Acacia blanchâtre* (*A. dealbata*), d'Australie, haut de 6 à 10 mètres; — l'*Acacia à deux épis* (*A. lophanta*), arbrisseau de 3 à 4 mètres, dépourvu d'épines, originaire d'Australie; — et parmi les espèces à phyllodes : les *Acacias ondulé* (*undulata*); *velu* (*vestita*); *à longues feuilles* (*longifolia*), provenant tous de l'Australie.

Les horticulteurs prisent beaucoup aujourd'hui diverses espèces d'acacias d'un aspect très-agréable. L'*A. Julibrissin* et l'*A. à deux épis* se laissent cultiver en pleine terre, même sous le climat de Paris. L'*A. decurrens*, l'*A. floribunda* doivent, l'hiver, être rentrés en orangerie; les autres, tels que l'*A. de Farnèse*, l'*A. véritable*, ne viennent qu'en serre chaude. Beaucoup d'espèces exotiques pourront être naturalisées dans l'Europe occidentale. On multiplie les acacias par graines dont les rejetons se transplantent au bout de deux ou trois semaines; cette culture se fait sur couches spéciales avec les précautions que l'on emploie d'habitude pour les plantes tropicales.

G — S.

ACACIÉES (Botanique). — Nom d'une tribu de plantes *Légumineuses*, section des *Mimosées*, adoptée par quelques botanistes, en prenant pour type le genre *Acacia*, autour duquel sont groupés les *Mimosa*, *Adenanthera*, *Darlingtonia*, *Albizzia*, *Vachelia*, *Zygia*, *Inga*, *Prosopis*.

ACADÉMIE DES SCIENCES. — Corps savant fondé en 1666 par Colbert; elle reçut un commencement d'organisation en 1671, et prit place en 1699 parmi les corps officiels, après avoir été libéralement réorganisée par le roi. Elle forme aujourd'hui l'une des cinq classes de l'Institut impérial de France, et se trouve elle-même divisée en onze sections (géométrie, mécanique, astronomie, géographie et navigation, physique générale, chimie, minéralogie, botanique, économie rurale et art vétérinaire, anatomie et zoologie, médecine et chirurgie). En dehors des sections, deux secrétaires perpétuels sont chargés de l'administration scientifique de l'Académie et de ses rapports avec le public ou les autres sociétés savantes. Le président est élu annuellement. L'Académie se recrute par l'élection; elle admet, outre les membres titulaires au nombre de soixante-six, huit associés étrangers, dix membres libres et un nombre assez considérable de correspondants tant en France qu'à l'étranger. L'Académie décerne tous les ans un grand nombre de prix aux auteurs de mémoires importants sur les diverses branches des sciences. Elle publie les *comptes rendus* des séances hebdomadaires rédigés par les secrétaires perpétuels, les *Mémoires de l'Académie* et les *Mémoires* des savants étrangers.

ACAJOU (Botanique). — Mot emprunté aux idiomes d'origine malaise, et qui désigne en général un bois propre à être travaillé. — Dans notre langue, le nom d'*Acajou* s'applique à quatre espèces végétales originaires de l'Amérique.

1° L'*Acajou à meubles*, qui fournit le *bois d'acajou* des ébénistes, est un arbre de la famille des *Cédrélées*, genre *Swietenia* (dédié à G. Van Swieten, botaniste hollandais); c'est le *Sw. Mahogoni* de Linné (les Américains nomment le bois d'acajou, *Mahogany*); arbre de fortes proportions et d'un très-beau port, il atteint 35 et 40 mètres d'élévation, sur 5 et 6 mètres de tour. Son bois rougeâtre, si bien connu, est recouvert d'une écorce d'un gris cendré, marquée de petits tubercules. Ses vastes branches portent des feuilles pennées, composées de 8 folioles lancéolées d'un vert brillant; les fleurs sont petites, blanchâtres, étoilées, à 5 pétales et à 10 étamines monadelphes. Le fruit est une capsule ligneuse fort dure, de forme ovale, et contenant 5 loges remplies de graines nombreuses. L'*Acajou à meubles* ou *Mahogon* a une croissance rapide; il se plaît dans les parties stériles des montagnes de l'Amérique où ses racines serpentent sur le rocher pour pénétrer dans les moindres fentes, et elles exercent, en grossissant, une pression assez forte pour faire parfois éclater la roche. Le mahogon est commun à Haïti, à Cuba et en général dans les îles et sur le continent du golfe du Mexique; cependant la grande consommation que fait de son bois l'ébénisterie européenne commence à le rendre rare sur plusieurs points où il a été très-répandu.

2° L'*Acajou à planches*, *Cèdre Acajou* ou *Cédrel odorant*, est un arbre gigantesque de la même famille que le Mahogon, mais du genre *Cedrela*, *Cedrela odorata* de Linné. Comme tous les arbres du même genre, celui-ci possède un bois coloré, léger, poreux, d'une odeur aromatique, d'une saveur amère, inattaquable aux insectes. Telle est la taille du cédrel odorant que son tronc creusé en canot peut porter jusqu'à cinquante hommes. Il croît à Saint-Domingue et dans plusieurs îles environnantes; on l'emploie pour la charpente, la menuiserie et les constructions navales; son fruit répand une odeur d'ail qui se communique à la chair des perroquets lorsqu'ils s'en nourrissent; son écorce a la même odeur.

3° L'*Acajou bâtard* de Saint-Domingue et de la Martinique est la *Curatelle*, de la famille des *Dilléniacées*, voisine de celle des *Renonculacées*.

4° Enfin l'*Acajou à pomme* ou *Pommier d'acajou* est une quatrième espèce, qui appartient au genre *Anacardium* ou *Anacarde*, famille des *Anacardiacées*, dont le singulier fruit porte le nom de *noix d'acajou* et dont le bois est employé dans la menuiserie et la charpente (voyez ANACARDIER). G — s.

ACAJOU (Économie industrielle). — On connaît dans le commerce diverses espèces de bois importées sous ce nom. L'*Acajou ordinaire*, *Mahogany* ou *Mahony* des Américains, qui provient du *Swietenia Mahogony*, est un bois ferme, serré, susceptible de prendre un beau poli; d'une couleur rouge un peu claire lorsqu'il est fraîchement travaillé, il devient bientôt plus foncé et enfin brun sombre au contact de l'air. C'est le bois le plus précieux pour l'ébénisterie; les vers ne l'attaquent jamais. Selon les parties de l'arbre d'où il provient et selon le mode de croissance, ce bois offre au travail divers aspects qui ont fait distinguer l'*acajou uni*, *veiné*, *moiré*, *chenillé*, *moucheté*, *ronceux*; ce dernier est surtout recherché pour les beaux dessins qu'on en obtient sur les panneaux pleins des meubles. Le bois d'acajou, si employé en France, nous vient d'Haïti, de Cuba et de

Honduras, par Bordeaux, Nantes, le Havre et Marseille; il est débité, pour le transport, en billes de diverses longueurs de $2^m,30$ jusqu'à 6 mètres sur $0^m,32$ et jusqu'à un mètre d'équarrissage. L'acajou d'Haïti, le plus employé en France, est d'un rouge vif et pèse de 28 à 31 kilogr. le pied cube; l'acajou de Cuba, jusqu'ici importé en France par petites billes, est un peu plus lourd que le précédent et moins vivement coloré; celui de Honduras, qui ne pèse guère que 20 à 25 kilogr. le pied cube, est plus poreux, d'une couleur un peu jaunâtre; ses billes sont en général de fortes dimensions, les plus grosses sont importées de préférence en Angleterre; la France en reçoit peu.

On a fait autrefois, en France, les meubles en acajou plein; mais les droits énormes dont l'importation de ce bois a été frappée en 1826, ont fait préférer le placage sur bois blanc qui donne des meubles plus légers, aussi beaux d'aspect et beaucoup moins chers; ce procédé est basé sur l'aptitude du bois d'acajou à se laisser diviser en feuilles de $0^m,002$ à $0^m,003$ d'épaisseur.

L'acajou n'était pas connu de l'ébénisterie européenne avant le XVIII° siècle; dans les premières années de ce siècle le commerce l'importa en Angleterre, la France ne tarda pas à l'adopter, et le reste de l'Europe avec elle.

On nomme *Acajou femelle* le bois du *Cédrel odorant*, très-peu importé en France, ainsi que l'Angleterre reçoit en grosses billes comme l'acajou de Honduras. Le bois d'*Acajou à pomme* ou d'*Anacardier* est recherché parce que ses branches tortueuses fournissent des planches cintrées convenables pour les dessus de meubles; ce bois ne peut être comparé à l'acajou ordinaire, il est moins dur, moins odorant et sèche moins vite; il est d'ailleurs presque blanc. On a introduit dans le commerce, sous le nom d'*Acajou d'Afrique*, le bois du *Cail-sedra* (*Kaya Senegalensis*) du Sénégal; plus lourd et plus dur que l'acajou, ce bois est difficile à travailler.

ACALÉPHES (Zoologie), ou ORTIES DE MER, du grec *acaléphé*, ortie. — Classe d'animaux marins qui a pour type le genre *Méduse* ou *Ortie de mer*. C'est dans la méthode de G. Cuvier la troisième classe de l'embranchement des *Zoophytes* ou *Animaux rayonnés*. Les *Acalèphes* ont le plus souvent une forme circulaire rayonnée; leur cavité digestive est ordinairement un sac pourvu d'un seul orifice pour l'entrée des aliments et l'expulsion de leurs résidus; leur corps est mou et de consistance gélatineuse, il se putréfie rapidement hors de l'eau. Beaucoup d'espèces, comme les *Méduses*, ont la propriété de déterminer par leur contact avec la peau humaine une démangeaison brûlante comme celle que produit l'ortie. — G. Cuvier a partagé cette classe en deux ordres : 1° les *A. simples* (genres *Méduse*, *Porpite*, *Vélelle*); 2° les *A. hydrostatiques* (genres *Physalie*, *Physophore*, *Diphye*), animaux très-imparfaits, généralement soutenus dans l'eau par une ou plusieurs vésicules qui sont remplies d'un gaz et fonctionnent en manière de vessie natatoire.

ACALYPHE (Botanique), du grec *acaléphé*, ortie, parce que plusieurs espèces d'acalyphes ressemblent à l'ortie commune. — Genre de plantes de la famille des *Euphorbiacées*, type de la tribu des *Acalyphées*; le nom vulgaire de ce genre est *Ricinelle*. Il renferme une soixantaine d'espèces originaires en général des contrées tropicales de l'Amérique, et caractérisées par des fleurs apétales monoïques ou dioïques en épis, 8 à 16 étamines, ovaire à 3 loges et 3 styles découpés.

ACALYPHÉES (Botanique). — Tribu de la famille des *Euphorbiacées* établie par Bartling et comprenant surtout les genres *Tragie*, *Mercuriale*, *Acalyphe*, *Omphalier*, etc.

ACANTHACÉES (Botanique). — Famille de plantes *Dicotylédones Monopétales*, qui a pour type le genre *Acanthe* et lui emprunte son nom. Elle renferme des arbrisseaux, sous-arbrisseaux ou plantes herbacées à feuilles ordinairement opposées; fleurs irrégulières en grappes, en épis; calice à 4 ou 5 sépales soudés plus ou moins intimement; corolle hypogyne irrégulière bilabiée (la lèvre supérieure avorte dans certaines espèces); 4 étamines didynames; ovaire biloculaire : fruit conformé en une capsule ovale. Cette petite famille est très-rapprochée de celle des Scrophularinées, mais en diffère surtout parce que dans les Acanthacées chaque fleur est accompagnée d'une bractée. Les Acanthacées sont des plantes tropicales répandues surtout en Amérique. Elles comptent une centaine de genres distribués en trois tribus : 1° les *Thunbergiées*; 2° les *Nelsoniées*; 3° les *Ecmatacanthées*. — M. Nees d'Esenbeck a publié les meilleurs travaux sur les Acanthacées (*Lepidagathidis generis Acantha-*

ccarum illustratio monographica, Vratislaviæ (Breslau), 1841 et *Plantæ Asiaticæ rariores* de Wallich). G — s.

ACANTHE (Botanique), du grec *akantha*, épine, parce que les feuilles ont des dentelures épineuses. — Genre de plantes *Dicotylédones Monopétales* qui est devenu le type de la famille des *Acanthacées*. Les Acanthes sont herbacées le plus ordinairement, et leurs feuilles, opposées, profondément découpées et généralement de grandes dimensions, sont remarquables par leurs lignes gracieuses ; les fleurs, disposées en épi terminal, ont un calice à 4 dents, irrégulier, une corolle monopétale à une seule lèvre, 4 étamines didynames ; le fruit est une capsule ovale à 2 loges contenant chacune 2 graines.

L'espèce principale du genre est l'*Acanthe molle*, vulgairement *Branc-ursine* ou *Branche-ursine*, *Acanthus mollis* de Linné. C'est une belle plante haute de 0ᵐ,40 à 0ᵐ,60 ; ses feuilles, larges, sinueuses, lisses et dépourvues de dents épineuses, atteignent jusqu'à 0ᵐ,50 de longueur (*fig.* 37) ; elles forment une belle touffe d'où s'élan-

Fig. 37. — Rameau fleuri et portion de feuille de l'Acanthe molle ou Branc-ursine (environ 1/5 de la grand. natur.).

cent, en minces filets, des pousses élégantes et que surmonte un long épi de grandes fleurs blanches légèrement rosées ; la floraison a lieu en juin et juillet. L'Acanthe est très-commune en Italie et en Espagne ; on la trouve dans le midi de la France. Les belles formes de ses touffes et le majestueux développement de ses feuilles ont de bonne heure porté les sculpteurs à les introduire dans l'ornementation des monuments ; selon Vitruve, le sculpteur Callimaque imagina la belle disposition du chapiteau dit *corinthien*, en s'inspirant d'une touffe d'acanthe qui s'était développée, sur le tombeau d'une jeune fille, autour d'une corbeille évasée recouverte d'une tuile carrée et que de pieux souvenirs y avaient fait déposer. On pense aussi que Virgile désigne cette plante dans le passage suivant de sa troisième Eglogue :

Le même Alcimédon nous a sculpté deux coupes
Et d'un flexible acanthe a couronné leurs bords.

Et molli.... amplexus acantho. On a contesté avec raison à l'*Acanthe molle* la gloire d'avoir inspiré le chapiteau corinthien. Il paraît en effet que cette espèce n'existe pas en Grèce, mais bien l'*Ac. épineuse* (*A. spinosus*), l'*Acantha* de Dioscoride, dont les feuilles peuvent aussi bien avoir été imitées par l'artiste corinthien.

Ces deux espèces sont herbacées et vivaces et se reproduisent par semences ou en divisant les racines en brins que l'on confie à la terre. On sème en mars dans un sol léger et sec, et l'on transplante en automne. L'*Acanthe à feuilles de chêne* (*A. ilicifolius*) peut résister au froid ; les autres espèces veulent la chaleur et l'abri d'un mur ; elles redoutent la gelée.

Les auteurs anciens ont encore nommé *Acanthe* un arbrisseau épineux qui, sans doute, est le houx (*Ilex*, Lin.) et une espèce d'acacia d'Égypte, peut-être l'*Acacia vera* (voyez ACACIA). G — s.

ACANTHIAS (Zoologie), du grec *akantha*, épine. — Nom d'un poisson observé par Aristote ; il désigne aujourd'hui, dans le langage vulgaire, une espèce du genre *Aiguillat* (voyez AIGUILLAT) ; un autre poisson, du genre *Centronote*, qui est l'*épinoche commune*, a reçu de quelques zoologistes le nom de *Cent. Acanthias* (voyez EPINOCHE).

ACANTHIE (Zoologie), même étymologie que le précédent. — Genre d'*Insectes* de l'ordre des *Hémiptères*, où Fabricius avait placé presque seule la *punaise des lits* (*Cimex lectularius* de Linné) ; modifié par Latreille, il comprend maintenant sept ou huit espèces européennes de petite taille. Le type du genre est l'*Acanthie sauteuse* (*A. saltatoria*, Lin.), que l'on trouve dans le voisinage des eaux, aux environs de Paris. Ce genre rentre dans la famille des *Géocorises* de Latreille.

ACANTHOPTÉRYGIENS (Zoologie), du grec *akantha*, épine, et *ptérygion*, nageoire. — Nom donné par Artedi à un groupe de la classe des *Poissons* et adopté par G. Cuvier pour désigner le 1ᵉʳ ordre et le plus nombreux dans cette même classe. Cet ordre est ainsi caractérisé : La première nageoire dorsale ou la première partie de la dorsale unique, au lieu de rayons ordinaires, est soutenue par des baguettes osseuses terminées en pointe épineuse ; quelquefois, au lieu d'une première dorsale, ces poissons n'ont que quelques épines libres. Leur nageoire anale a aussi quelques épines pour premiers rayons, et il y en a généralement une à chaque ventrale. Dans la deuxième édition du *Règne animal*, Cuvier divise cet ordre en 15 familles comprenant un très-grand nombre de genres : ces familles portent les noms de *Percoïdes, Joues cuirassées, Sciénoïdes, Sparoïdes, Ménides, Squammipennes, Scombéroïdes, Tænioïdes* ou *Poissons en ruban, Theutyes* et mieux *Teuthies, Pharyngiens labyrinthiformes, Mugiloïdes, Gobioïdes, Pectorales pédiculées, Labroïdes, Bouches en flûte*.

ACARIDES ou **ACARIENS** (Zoologie), du mot *Acarus*, nom latin du genre *Mite*. — Groupe de la classe des *Arachnides* qui comprend tout le genre *Acarus* ou *Mite* de Linné. Latreille (*Règne animal* de G. Cuvier) a fait des *Acarides* sa 2ᵐᵉ tribu de la famille des *Holètres* dans l'ordre des *Arachnides trachéennes*. Elle se distingue de la 1ʳᵉ tribu, celle des *Phalangiens* (*faucheurs*, etc.), parce que les *Acarides*, ayant toujours l'abdomen uni en une seule masse avec le reste du corps, n'y montrent aucune trace d'anneaux reconnaissables, et leur bouche est conformée en suçoir. Les animaux de ce groupe sont connus sous les noms de *mites, cirons* ou *sirons, teignes, tiques*, etc. Latreille a divisé cette tribu en quatre sections : 1° *Acarides* propres, 8 pieds uniquement propres à la course, des antennes-pinces (genres *Trombidion, Gamase, Acarus*, etc.) ; 2° les *Tiques* organisés pour courir, comme les précédents, mais dépourvus d'antennes-pinces (genres *Bdelle, Ixode, Argas*, etc.) ; 3° les *Hydrachnelles* dont les pieds sont conformés pour nager (genres *Hydrachne, Limnochare*, etc.) ; 4° les *Microphthires*, acarides parasites pourvues seulement de 6 pieds et que l'on sait aujourd'hui n'être habituellement que des jeunes encore imparfaits, dont les adultes appartiennent à d'autres genres, et ont leurs 8 pieds (voyez MITE).

ACARNE (Zoologie), aussi nommé sur nos côtes *Pagre, Pageau, Pagau, Pagel*. — C'est un poisson de la Méditerranée, long de 0ᵐ,35 et dont la chair est délicate. Il a le corps argenté, verdâtre sur le dos, sans une tache noire comme le *Rousseau* des Marseillais, *Besugo* des Espagnols, auquel il ressemble.

L'*Acarne* est le *Pagrus Acarne* de G. Cuvier et appartient à l'ordre des *Poissons Acanthoptérygiens*, famille des *Sparoïdes*, tribu des *Spares*.

ACARUS (Zoologie), du grec *akarès*, très-petit, d'où un autre mot grec *akari*, ciron, mite. — Nom scientifique, aujourd'hui assez connu du vulgaire, qui désigne les *mites*, les *cirons*, les *teignes*, les *tiques* et autres *arachnides* de petite taille, fort communes sur les matières animales et végétales conservées ou même vivantes. Le genre *Acarus* de Latreille est le type de la tribu des *Acarides* et figure dans la 1ʳᵉ section de ce groupe (voyez ACARIDES) ; il comprend de petites arachnides distinguées des genres voisins par 2 antennes-pinces didactyles, des palpes très-courts ou cachés, un corps mou sans croûte écailleuse, à l'extrémité des 8 pattes une pelote vésiculeuse qui fait adhérer l'animal aux surfaces sur lesquelles il marche, en se moulant exactement sur leur relief.

L'*Acarus domestique* ou *Mite du fromage* (*A. domesticus* de Degeer) est l'espèce la plus commune ; on la trouve abondamment sur le vieux fromage, sur la viande sèche ou fumée, sur les oiseaux, sur les insectes conservés dans les collections, sur le vieux pain, les confitures sèchées, etc. On l'a peut-être trouvé parfois sur la peau ulcérée de l'homme, car en 1812 Galès de Balbèze le représenta, fort à tort, comme le ciron de la gale humaine et prétendit l'avoir trouvé dans les boutons mêmes où ne vit aucune acaride. C'est un petit animal blanc à peine visible à l'œil nu (*fig.* 38). — Il faut encore citer l'*Acarus de la farine* (*A. farinæ* de Degeer) qui vit dans la vieille farine. — On a distrait du genre *Acarus* les cirons de la gale de l'homme, du cheval, du chien, etc. ; Latreille en a fait un genre distinct sous le nom de *Sarcopte* (voyez Mite, Arachnides, Gale).

Fig. 38.— Acarus du fromage. (Grossi environ 30 fois en longueur.)

ACAULE (Botanique), du grec *a* privatif, et *kaulos*, tige. — Terme employé pour désigner les végétaux que l'on peut considérer comme privés de tige. En réalité la tige ne manque jamais chez les plantes *phanérogames ;* et les *cryptogames amphigènes* (algues, champignons, lichens, etc.), auxquelles on n'applique cependant guère ce terme, sont seules véritablement *acaules.* Mais beaucoup de plantes *phanérogames* ont une tige si raccourcie qu'elle semble ne pas exister, les feuilles rapprochées et accumulées au-dessus de la racine forment à la surface du sol une touffe ou une rosette, comme on l'observe dans les primevères, les pâquerettes, les pissenlits, les plantains, etc. On a quelquefois employé dans ce sens le mot *nfigé.*

ACCÉLÉRATION (Physique et Mécanique). — Accroissement de vitesse que reçoit un corps dans l'unité de temps (la seconde), sous l'impulsion d'une force continue et constante. Cette accélération est de 9^m,8088 pour la pesanteur à Paris ; c'est-à-dire, qu'un corps pesant, partant du repos et tombant librement acquerrait, sans la résistance de l'air, un accroissement de vitesse de 9^m,8088 par seconde.

Cette vitesse s'accroît en réalité un peu moins dans l'air, à cause de la résistance de ce gaz au mouvement des corps, et peut même devenir très-faible pour des corps suffisamment légers ou d'une assez grande surface (voyez Résistance, Parachute). Les accélérations pour plusieurs forces d'intensités différentes impriment à une même masse, étant proportionnelles à ces forces, peuvent leur servir de mesure. C'est à ce titre que l'on dit que la pesanteur à Paris est de 9^m,8^{u}88 qu'on représente ordinairement par la lettre *g* (voyez Pesanteur, Mouvement). Les forces qui donnent lieu à une accélération du mouvement d'un corps sont dites *accélératrices*, et *retardatrices* celles qui produisent un effet contraire. La pesanteur est accélératrice pour les corps qui tombent, retardatrice pour les corps lancés de bas en haut.

Accélération diurne des étoiles (Astronomie).— C'est le temps dont avance, chaque jour, l'instant du lever et du coucher d'une étoile, ainsi que son passage au méridien. Le mouvement du soleil d'occident en orient étant en moyenne de 59' 10",5 par jour, l'étoile qui aujourd'hui passe au méridien en même temps que le soleil, y passera demain plus tôt de tout le temps qu'il faut à la sphère céleste pour décrire l'arc dont nous venons de parler : ce temps est de 3^m 56^s, c'est la différence du jour sidéral au jour solaire moyen. Mais comme le mouvement vrai du soleil n'est pas uniforme, l'accélération diurne des étoiles varie de 3^m 3,8^s à 3^m 27^s (voyez Ciel, Jour sidéral).

ACCÈS (Médecine), du latin *accessus*, accroissement, augmentation. — On désigne par ce mot toute invasion brusque et quelque peu violente d'accidents propres à troubler la santé : un *accès de toux*, un *accès d'asthme*, un *accès de goutte*, un *accès de fièvre*. Les maladies intermittentes sont caractérisées par le retour périodique, et plus ou moins régulier, des accès, et ceux-ci ont alors, en général, une forme particulière qui peut servir à déterminer le genre de maladie (voyez Fièvre, Asthme, Goutte, Épilepsie, Hystérie, etc.).   F — N.

Accès (Théorie des) (Optique). — Voyez Anneaux colorés.

ACCIPITRES ou Accipitrins (Zoologie), du latin *accipiter*, épervier. — Nom employé par Linné pour désigner le 1er ordre de sa classe des *Oiseaux ;* Cuvier, en adoptant cet ordre, lui a donné les noms d'*Oiseaux de proie* ou *Rapaces* (voyez Oiseaux de proie).

ACCLIMATATION (Zoologie, Botanique), du mot français *climat*, et du latin *ad*, qui exprime l'idée de rapprochement ; habituer à un nouveau climat. — Acclimater une espèce animale ou végétale, c'est la transporter de son climat natal sous un *climat différent*, l'y faire vivre et l'y propager. Il n'y a pas véritablement *acclimatation* lorsque le climat nouveau est semblable à celui sous lequel l'être vivant naît et vit habituellement ; car l'espèce dans ce cas n'a pas réellement changé de climat, mais seulement de pays ; il y a eu simplement *naturalisation*. L'acclimatation proprement dite est possible seulement pour certaines espèces que Dieu semble avoir créées dans cette prévision et que les naturalistes désignent sous le nom d'espèces *cosmopolites* (habitantes du monde entier). Ces espèces propres à l'acclimatation annoncent en général leur aptitude à cet égard par ce fait même, qu'elles vivent naturellement dans plusieurs contrées de climats différents. Les animaux et les végétaux domestiques, dont le secours est indispensable à l'existence des sociétés humaines, sont tous plus ou moins *cosmopolites*, et par cela même propres à l'acclimatation que la plupart ont, depuis longtemps, subie en diverses contrées. La simple *naturalisation* d'espèces est possible pour un beaucoup plus grand nombre, et ce sont généralement des faits de naturalisation que l'on s'est efforcé de provoquer sous le nom d'*acclimatation d'espèces utiles.* Un mouvement très-prononcé entraîne actuellement les esprits vers les diverses questions d'*acclimatation* et de *naturalisation.*

Depuis les premiers âges de l'humanité, marqués par la conquête des plus importantes espèces domestiques animales et végétales, l'homme a fait dans cette voie de bien lents progrès, certaines époques célèbres par de grands voyages furent seules fécondes à cet égard : l'expédition d'Alexandre introduisit le paon en Europe ; la découverte de l'Amérique provoqua l'importation du cheval, du bœuf, du mouton, du cochon sur ce nouveau continent, et l'Europe reçut en même temps le cochon d'Inde, le dindon, divers végétaux. A l'époque de notre Henri IV, la fondation du jardin botanique de Montpellier (1596) inaugura, au moins pour les plantes médicinales, une nouvelle époque où l'acquisition des végétaux étrangers fit de notables progrès. Déjà en 1577 Nicolas Houël avait fondé à Paris son *jardin des simples* de la *Maison de la Charité chrétienne :* peu d'années après, la Faculté de médecine eut aussi le sien ; et Jean Robin, *arboriste* ou *simpliciste* du roi Henri IV, attirait toute la société élégante du temps, dans son *jardin des plantes rares*, situé à la pointe de l'île Notre-Dame. Enfin trois médecins, Jean Heroard, Ch. Bouvard et Guy La Brosse, obtinrent de Louis XIII, en 1626, la fondation du *Jardin du Roi*, connu aujourd'hui sous le nom de *Jardin des Plantes* ou *Muséum d'Histoire naturelle de Paris*. Ces diverses fondations et, par-dessus toutes, la dernière, devenue une gloire nationale, ont successivement développé la culture des plantes étrangères et réalisé d'importantes conquêtes.

Le règne animal semblait oublié, lorsqu'en 1854 plusieurs savants, agriculteurs et riches propriétaires, présidés par M. le professeur Is. Geoffroy Saint-Hilaire, fondèrent la *Société Impériale zoologique d'acclimatation.* Son but est de *concourir à l'introduction, à l'acclimatation et à la domestication des espèces d'animaux utiles ou d'ornement, au perfectionnement et à la multiplication des races nouvellement introduites ou domestiquées.* Elle siége à Paris, rue de Lille, n° 19. Cette société n'a pas tardé à étendre ses travaux aux végétaux utiles ; protégée par un grand nombre de souverains, et en particulier par S. M. l'Empereur des Français, elle a pris une extension rapide et ne compte pas moins de 2 500 membres. Le Lama, le Yack, la Chèvre d'Angora, le Colin de la Californie, le Ver à soie du ricin et celui du vernis du Japon ont exercé surtout les efforts de cette société encore récente. Elle a enfin provoqué l'établissement d'un jardin d'acclimatation au bois de Boulogne, dans le voisinage de Neuilly, près Paris. Le temps seul lui permettra de réaliser des résultats que le public puisse apprécier ; là plus que partout ailleurs, cet élément est de la plus haute importance (voyez Domestication, Naturalisation).   Ad. F.

ACCLIMATEMENT ou Acclimatation (Hygiène). — Les médecins désignent ainsi, pour ce qui concerne l'homme, l'aptitude d'un individu à vivre sous un climat différent de celui où il est né, sans se montrer plus sujet aux maladies que l'indigène lui-même. Cette aptitude est plus ou moins difficile à acquérir, et l'on peut en résumer ainsi les conditions principales :

1° L'âge, le sexe, les constitutions, exercent sur l'acclimatement une grande influence : les enfants, les femmes, les individus débiles, s'acclimatent difficilement. 2° L'époque du changement de climat doit aussi être prise en considération ; les saisons tempérées sont les plus favorables. 3° Le régime alimentaire des émigrants doit être sévère, et basé sur les nécessités du nouveau pays qu'ils viennent habiter. 4° Les travaux seront d'abord modérés, pour ne pas entraîner trop de fatigue. 5° On devra, autant que possible, établir les nouveaux habitants dans des endroits salubres, un peu élevés, loin des émanations marécageuses, des eaux stagnantes, en un mot dans les conditions les plus propres à éviter toutes mauvaises influences, toutes les causes de maladie.   F — N.

ACCORD (Physique). — Coexistence ou succession de deux ou de plusieurs sons produisant une sensation agréable. L'accord le plus simple est l'unisson. Dans ce cas particulier, les sons, qui se fondent en quelque sorte l'un dans l'autre, ont le même degré d'acuité ou de gravité et ne diffèrent que par le timbre ou l'intensité ou par les deux à la fois. Viennent ensuite l'octave, la quinte, la quarte, la tierce majeure et la tierce mineure (1). Lorsque deux ou plusieurs corps sonores font entendre un accord, on trouve que les nombres de *vibrations* qu'ils exécutent dans le même temps sont dans des rapports simples. L'unisson, l'octave, la quinte, la quarte et les deux tierces se caractérisent et se définissent par les rapports simples 1, 2, $\frac{3}{2}$, $\frac{4}{3}$, $\frac{5}{4}$ et $\frac{6}{5}$; ces rapports expriment que dans l'unisson deux corps sonores font, dans le même temps, le même nombre de vibrations ; que dans l'octave l'un des corps fait deux vibrations pendant que l'autre n'en fait qu'une ; que dans la quinte, l'un des corps fait trois vibrations pendant que l'autre en fait deux, etc. (2).

On nomme *accord parfait majeur* la réunion de trois sons correspondant à des nombres de vibrations qui sont entre eux comme les nombres 4, 5, 6 ; tels sont les trois accords suivants qui plaisent le plus à l'oreille : *fa, la, ut — ut, mi, sol — sol, si, ré.* — Le premier et le deuxième son d'un accord parfait majeur forment une tierce majeure ; le deuxième et le troisième, une tierce mineure ; le premier et le troisième, une quinte. On fait ordinairement suivre ces trois sons d'un quatrième qui est l'octave du premier. Si l'on fixe sur un même axe horizontal quatre roues dentées dont les nombres de dents soient entre eux comme 4, 5, 6, 8, et, qu'après un mouvement de rotation assez rapide, on présente le bord d'une carte successivement à chacune des roues, on produira l'accord parfait majeur (voyez GAMME).

ACCOUCHEMENT (Médecine et Hygiène), du mot *couche*, lit. — L'accouchement est une opération de la nature par laquelle la mère donne le jour à son enfant. Dans les conditions normales il a lieu à la fin du neuvième mois de la grossesse ; assez souvent cependant l'enfant naît seulement au bout de sept mois, sept mois et demi, huit mois. Plus rarement la grossesse se prolonge au delà du neuvième mois, et, sur l'avis des médecins, les législateurs ont admis qu'elle pouvait durer jusqu'à dix mois. L'accouchement prochain s'annonce par des douleurs particulières dans les reins et dans les flancs ; il faut que le médecin soit appelé promptement. Ses connaissances doivent le faire préférer à une sage-femme. L'accouchement pouvant toujours entraîner certains dangers, il importe que la personne qui y préside soit instruite ; d'ailleurs il ne faut pas oublier que la loi oblige la sage-femme à faire appeler un médecin dès que l'accouchement présente quelque difficulté. La chambre que l'on destinera à cette opération, devra être spacieuse, aérée, sans être froide ni sujette à des courants d'air, bien éclairée et à l'abri du bruit ; il y faut maintenir une température de 16° à 18° centigrades. La femme devra se vêtir de façon à n'être gênée en rien ; le corset, les liens des jupons, les jarretières devront être enlevés ou détachés. Il convient de n'admettre que peu de personnes dans la chambre, une ou deux suffisent avec le médecin ; il faut surtout veiller à ce qu'aucune parole indiscrète ne vienne inquiéter la femme. On évitera le bruit, les odeurs fortes et pénétrantes, et en général tout ce qui pourrait la tourmenter et l'agiter. Alors, sous la direction du méde-

cin, on préparera ce qui est nécessaire pour recevoir et habiller l'enfant.

L'accouchement est d'ailleurs, il ne faut pas l'oublier, un acte naturel et non une maladie ; le plus souvent il a lieu sans que le médecin fasse autre chose que d'y assister en le surveillant. On estime que 193 fois sur 200, l'accouchement se termine sans accidents graves. Dès que l'enfant est né, on le frotte avec de l'huile ou du beurre, puis on le lave dans l'eau tiède et on l'habille avec soin. La mère doit alors être maintenue en repos ; il conviendra cependant de ne la laisser dormir qu'après trois quarts d'heure ou une heure, et pour cela on lui présentera son enfant, et la personne qui l'a assistée cherchera à la distraire doucement et sans bruit. Il faut lui donner une chaleur modérée, éloigner les importuns et ne laisser arriver jusqu'à elle aucune cause d'émotion, et particulièrement les visites. Les boissons convenables sont l'eau de tilleul, l'eau sucrée, la tisane d'orge, l'eau gommée tièdes, etc. ; il faut attendre un certain temps avant de permettre des aliments, et on le fera toujours discrètement. Quelques femmes très-robustes se remettent, peu d'heures après l'accouchement, à leurs occupations habituelles ; quoi que l'on ait pu dire pour prouver qu'ainsi le veut la loi de nature, il y a toujours une imprudence extrême à en agir ainsi. Le médecin doit être consulté et écouté fidèlement pour fixer toute la conduite d'une femme récemment accouchée ; la moindre désobéissance peut avoir de très-graves conséquences. Trente-six à quarante heures après l'accouchement il se manifeste un accès de fièvre qui dure de quinze à vingt-quatre heures et que l'on nomme *fièvre de lait* ; puis la santé de la femme rentre peu à peu dans l'ordre accoutumé. Cet accès est à peine marqué quand la mère allaite son enfant. Au bout d'une dizaine de jours on la laisse se lever, puis quelques jours plus tard, suivant la saison, on lui permet de sortir. On ne saurait trop recommander aux femmes qui relèvent de couches d'éviter soigneusement le froid.   F — N.

ACCOUCHEUR (Zoologie). — Nom d'une espèce de crapaud (voyez CRAPAUD).

ACCROISSEMENT DES ÊTRES VIVANTS (Zoologie et Botanique). — Les animaux et les plantes viennent au monde dans un état rudimentaire où ils ne doivent pas rester ; il leur faut *se développer* et *s'accroître*, pour arriver à leur taille et à leurs formes définitives, à ce que l'on nomme leur *âge adulte*. Cet accroissement n'a jamais lieu chez les corps vivants par l'addition de nouvelle matière à la surface de leur corps. Un tel mode d'accroissement, que l'on désigne par le mot de *juxtaposition* (*ponere*, placer ; *juxta*, à côté de), n'appartient qu'aux minéraux. Les êtres vivants s'accroissent en prenant au dehors des matériaux divers, tels que les aliments, les boissons, l'air respiré ; introduites dans leur intérieur, ces substances sont élaborées, transformées en des matières semblables à celles du corps et arrivent enfin à en faire partie : on dit pour exprimer ce travail que les êtres vivants *s'accroissent par intussusception* (*suscipere*, prendre ; *intus*, à l'intérieur) *et par assimilation* (*assimilare*, rendre semblable à) ; on pourrait représenter les deux idées par un seul mot *se nourrir, nutrition*. En même temps que les êtres vivants prennent autour d'eux de nouveaux matériaux, ils en rejettent sans cesse d'autres hors de leur corps (voyez RESPIRATION, DIGESTION, EXHALATION, SÉCRÉTION, NUTRITION). Leur accroissement ne peut donc avoir lieu qu'à cette condition que la quantité des matériaux nouvellement acquis surpasse la quantité des matériaux éliminés, ou, pour parler le langage des physiologistes, pendant la période d'accroissement, le *mouvement de composition* est plus actif que le *mouvement de décomposition*.

L'accroissement d'un être vivant est d'ailleurs d'autant plus rapide que cet être est plus jeune. En général aussi l'accroissement total d'une espèce exige une plus grande durée lorsque sa vie est très-longue, et inversement ; mais ce principe ne serait plus vrai si l'on considérait des êtres vivants très-différemment organisés ; il se vérifie en général pour les plantes d'une même famille ou les animaux d'une même classe.

ACÈNE (*akaina*). — Mesure de longueur grecque valant 10 pieds grecs ou $3^m,08259$. — Mesure de superficie des Grecs valant $9^{mc},502307$.

ACÉPHALES (Zoologie), du grec *képhalé*, tête, et *a* qui marque l'absence. — G. Cuvier a désigné par ce nom caractéristique la 4me classe de son embranchement des *Mollusques*. Les *Moll. Acéphales* n'ont point le corps divisé de façon qu'on y reconnaisse une tête distincte (exemple : l'huître comestible, la moule), leur

---

(1) Un accord peut rester musicalement le même lorsqu'on élève ou que l'on abaisse convenablement chacun des sons qui le composent : ainsi *do* et *sol* forment un accord de quinte aussi bien que *mi* et *si.*

(2) On a remarqué que dans les monuments d'architecture les grandes divisions dont l'ensemble satisfait pleinement l'œil, sont entre elles dans des rapports analogues à ceux qui constituent les accords. Newton avait fait une remarque analogue sur les espaces occupés par les couleurs dans le spectre solaire.

bouche est cachée sous un repli du *manteau*. Celui-ci, généralement plié en deux, enveloppe le corps et porte le plus souvent sur chacune de ses moitiés une coquille articulée par une charnière avec celle du côté opposé et formant ainsi ce que l'on nomme une *coquille bivalve*. Parfois les deux moitiés ou *lobes* du manteau se réunissent en arrière et forment du côté de l'anus un tube

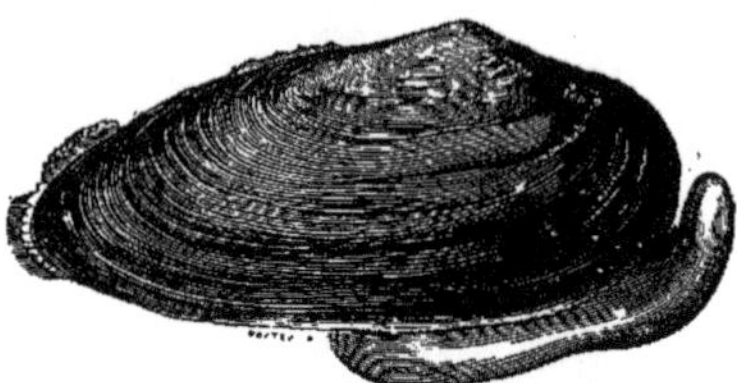

Fig. 39. — Mulette d'eau douce ou Moule des peintres (grand. natur.).

charnu contractile. La respiration s'exécute par des branchies, car toutes les espèces sont aquatiques. Cuvier les divise en 2 ordres : *Ac. testacés*; *Ac. sans coquilles*. Les premiers, nommés aussi *Lamellibranches* par de Blainville, sont caractérisés par la présence d'une coquille bivalve, ou rarement multivalve, et par la conformation des branchies en longs feuillets au nombre de quatre, régulièrement striés par les vaisseaux dans le sens de leur largeur; un assez grand nombre possèdent ce qu'on appelle un *byssus* (voyez ce mot). On les divise en 5 familles : les *Ostracés*, les *Mytilacés*, les *Camacés*, les *Cardiacés*, les *Enfermés*. — Les *Ac. sans coquilles*, nommés aussi *Tuniciers*, sont beaucoup moins nombreux que les précédents; leurs branchies ne sont jamais conformées en feuillets; la peau, dépourvue de coquille, est un tégument épaissi et comme cartilagineux. G. Cuvier en fait 2 familles : les *Biphores*, et les *Aggrégés* remarquables parce que dans ces espèces plusieurs individus vivent réunis sous une peau commune et forment une masse vivante multiple.

ACÉPHALE (Tératologie). — Enfant monstrueux venu au monde privé de la tête; tantôt la tête entière et une portion du cou manquent, et le monstre est dit *Acéphale complet*; d'autres fois on trouve encore des vestiges de certains os du crâne, et on l'appelle un *Acéphale incomplet* (voyez TÉRATOLOGIE).

ACÉPHALIENS (Tératologie). — Nom d'une famille de la classification tératologique de M. Is. Geoffroy Saint-Hilaire; elle comprend des monstres dépourvus de tête et présentant ordinairement d'autres anomalies en rapport avec cet important arrêt de développement.

ACÉPHALOCYSTES, de *a* privatif, *képhalé*, tête, et *kystis*, vessie (Médecine). — Espèces de vers intestinaux qui se présentent sous la forme d'une vésicule remplie d'un fluide incolore, sans qu'on y puisse, au premier abord, reconnaître ni tête, ni aucun autre organe. Ces vers sont connus sous le nom d'*Hydatides* (voyez ce mot).

ACER (Botanique). — Voyez ÉRABLE.

ACÉRACÉES (Botanique). — Voyez ACÉRINÉES.

ACERDÈSE (Minéralogie), du grec *akerdês*, non profitable. — Sesquioxyde de manganèse hydraté : Mn^2O^3,HO ; minéral gris métallique, fibreux, très-semblable à la pyrolusite par ses caractères extérieurs : moins riche en oxygène, il ne peut comme elle servir à préparer ce gaz, et il n'est d'aucune utilité dans les arts. Les principaux dépôts d'acerdèse se trouvent dans les mines de Rancié (Ariége), à Lavoulte (Ardèche), à Laveline (Vosges), à Ihlefeld (Harz, en Prusse), etc. L'acerdèse cristallise dans le système du prisme droit rhomboïdal. Densité : 4,328. — On a nommé aussi ce minéral *Manganite, Oxyde de mang. prismatique, Mang. oxydé hydraté, Mang. oxydé terreux, Mang. argentin*. Lev.

ACÈRES (Zoologie), du grec *kéras*, corne, et *a* privatif. — Grand genre de *Mollusques Gastéropodes Tectibranches* créé par G. Cuvier (*Règne animal*) en réunissant les *Bullées* et les *Bulles* de Lamarck aux *Acères* proprement dites. — Caractères : tentacules tellement raccourcis, élargis et écartés qu'ils semblent ne former qu'une sorte de bouclier charnu sous lequel sont les yeux; estomac le plus souvent armé de pièces dures; coquille parfois nulle. Plusieurs espèces répandent une liqueur pourpre (voyez BULLÉENS).

Acères proprement dites (Zoologie), *Doridium*, Meck. — Sous-genre du g. précédent, caractérisé par l'absence de coquille, quoique le manteau en ait la forme extérieure. On en trouve dans la Méditerranée une petite espèce, *Bulla carnosa*, Cuv.

Acères (Zoologie). — Walkenaër a appliqué ce nom à la classe des *Arachnides* de G. Cuvier. — Dejean a nommé *Acère* un genre d'*Insectes Coléoptères Pentamères*.

ACÉRINÉES (Botanique), de *Acer*, érable; ACÉRACÉES de Lindley; ACÉRÉES ou ÉRABLES de L. de Jussieu. — Famille de *végétaux Dicotylédones dialypétales (polypétales)*, à étamines hypogynes; on n'y range plus le marronnier d'Inde, mais seulement les vrais érables qui sont des arbres généralement élevés, à feuilles opposées, simples, rarement pennées. Leurs fleurs, d'un jaune verdâtre, sont groupées en corymbes ou en grappes; elles sont régulières, souvent dioïques ou polygames par avortement; calice à 5 sépales, rarement 4 à 9 ; corolle composée comme le calice, quelquefois nulle; généralement 8 étamines, insérées, comme la corolle, sur un disque circulaire charnu; ovaire composé de 2 carpelles renfermant chacun 2 ovules; fruit en samare double avec une aile dorsale souvent fort longue. — Les *Acérinées* habitent la région tempérée de l'hémisphère boréal; leur sève aqueuse et limpide contient du sucre que l'on extrait parfois; leur bois est employé dans les arts; il fournit aussi un bon combustible. Cette famille renferme les genres *Acer* et *Negundium* (voyez ÉRABLE).   G — s.

ACÉTABULE ou ACÉTABULAIRE (Botanique), du latin *acetabulum*, gobelet. — Genre de plantes *Cryptogames* marines de la classe des *Algues*; on les a longtemps regardées à tort comme des animaux de l'embranchement des Zoophytes. Les espèces de ce genre se présentent sous la forme de petits champignons verts, en gobelet évasé, fixés sur les pierres, les coquilles ou les rochers et qui, à leur complet développement, s'incrustent de sels calcaires.

ACÉTABULE, mesure romaine pour les liquides, valant $0^l,067436$.

ACÉTAL, $C^{12}H^{14}O^4$. — Produit intermédiaire de l'oxydation de l'alcool vinique. L'acétal s'obtient en mettant la vapeur de l'alcool anhydre en présence de l'oxygène de l'air et du noir de platine. L'action condensante exercée par ce dernier sur le mélange gazeux suffit pour déterminer une oxydation de l'alcool et engendrer un liquide nouveau, incolore, qu'on peut rectifier sur le chlorure de calcium, qui bout vers 105° et que des influences oxydantes plus énergiques peuvent transformer en acide acétique.

ACÉTATES. — Sels formés par la combinaison de l'acide acétique avec une base. Ils sont tous solubles dans l'eau à des degrés divers, et décomposés par l'acide sulfurique qui met en liberté l'acide acétique reconnaissable à son odeur de vinaigre; ils sont également tous décomposés par la chaleur rouge. Les uns, comme ceux d'argent et de cuivre, laissent passer à la distillation de l'acide acétique concentré et donnent pour résidu le métal, l'oxygène de l'oxyde ayant brûlé une partie de l'acide; d'autres, comme ceux de chaux, de baryte, donnent de l'*acétone* au lieu d'acide acétique et pour résidu du carbonate de chaux et de baryte.

Les principaux acétates sont les suivants :

ACÉTATE D'ALUMINE. — Connu dans l'industrie sous le nom de *mordant de rouge des indienneurs*, il est d'une grande importance dans la teinture et l'impression sur toile (voyez TEINTURE).

On le prépare par double décomposition. On dissout séparément dans l'eau du sulfate d'alumine et de l'acétate de plomb; on verse l'une des liqueurs dans l'autre jusqu'à ce que le précipité cesse de se produire. L'acide sulfurique quitte l'alumine pour se porter sur l'oxyde de plomb et former avec lui un sulfate de plomb blanc insoluble qui se dépose; l'acide acétique prend sa place et forme l'acétate qui reste dissous dans l'eau et peut être employé dans cet état pour la teinture. Dans ce cas, le sulfate d'alumine peut être remplacé par l'alun. Pour isoler l'acétate, on évapore la liqueur dans le vide, parce que, si on opérait à l'air, une portion de l'acide acétique se dégagerait. On obtient ainsi une substance incristallisable ayant l'aspect d'une masse gommeuse.

L'acétate d'alumine s'emploie à froid dans la teinture et donne ainsi des couleurs plus vives et plus nourries.

ACÉTATE D'AMMONIAQUE (*Esprit de Mindérérus*), AzH^3, $HO,C^4H^3O^3$. — Produit par la combinaison directe de d'acide acétique et de l'ammoniaque ou du carbonate d'ammoniaque, se conserve mal, l'acide acétique s'y transformant en acide carbonique ; ce sel est employé en médecine dans les maladies inflammatoires, telles que pneumonies, bronchites aiguës, capillaires, chroniques, dans l'emphysème pulmonaire, dans les fièvres typhoïdes. Sous son influence le pouls est moins agité, les sécrétions de la peau et des muqueuses, ainsi que les urines, deviennent plus faciles et plus abondantes. Ce sont les propriétés affaiblies de l'ammoniaque.

ACÉTATES DE CUIVRE. — Il en existe quatre dont plusieurs sont employés dans l'industrie.

Acétate neutre, *Verdet*, *Cristaux de Vénus*. — S'obtient en dissolvant l'acétate bibasique dans l'acide acétique et évaporant la liqueur à chaud. Il s'en dépose des cristaux vert foncé contenant une proportion d'eau. Si l'évaporation se faisait à une basse température, les cristaux seraient bleus et retiendraient 5 proportions d'eau. — Ce sel est employé dans la teinture en noir sur laine. Bouilli avec du sucre de canne, il se décompose et laisse précipiter du protoxyde de cuivre Cu^2O. La décomposition est presque instantanée si l'on opère avec du glucose.

Sous-acétate, *vert-de-gris*, $(CuO)^2, C^4H^3O^3 + 6Aq$. — Se prépare en grande quantité dans le midi de la France, en particulier à Grenoble et à Montpellier. Dans cette dernière ville on introduit dans des pots de terre, couche par couche, du marc de raisin en fermentation et de minces lames de cuivre. Au bout de deux ou trois semaines on retire les plaques et on les expose à l'action oxydante de l'air en les mouillant de temps en temps. Il s'y forme une couche bleu verdâtre de sous-acétate de cuivre qu'on en détache en les raclant. A Grenoble on expose dans une étuve chauffée, des lames de cuivre mouillées de vinaigre. Le vert-de-gris ainsi obtenu est plus riche en acide acétique que le précédent. L'un et l'autre de ces sels sont employés dans la peinture à l'huile ou à la préparation de l'acétate neutre. Traités par l'eau, ils se décomposent en acétate tribasique $(CuO)^3$, $C^4H^3O^3$, qui prend la forme de paillettes cristallines insolubles et en acétates neutre et sesquibasique qui tous deux restent dissous.

Il ne faut pas confondre le vert-de-gris (sous-acétate de cuivre) avec le vert-de-gris qui apparaît à la surface des ustensiles de cuivre ou des pièces de bronze exposés à l'air humide et qui est un sous-carbonate de cuivre hydraté.

Les acétates de cuivre sont très-vénéneux, et on ne saurait trop se mettre en garde contre les dangers que peuvent occasionner les liquides qu'on a laissés refroidir dans des vases de cuivre, particulièrement si ces liquides contiennent du vinaigre.

Malgré leurs propriétés toxiques, les acétates de cuivre ont été employés même à l'intérieur, à très-petites doses, il est vrai, contre certaines maladies rebelles ; cet usage a été abandonné. A l'extérieur on s'en sert contre des ophthalmies rebelles ou pour modifier des plaies de mauvais caractère ; mais c'est particulièrement au sulfate de cuivre qu'on a recours dans ce cas.

Les anciens connaissaient le vert-de-gris, s'en servaient dans la peinture et en médecine et le préparaient comme nous.

Contre-poisons. — Blancs d'œufs, fer réduit par l'hydrogène, sucre en grande quantité. Concurremment provoquer les vomissements.

ACÉTATE DE FER. — Très-soluble dans l'eau et incristallisable. On le prépare pour les besoins de l'industrie en traitant des ferrailles par l'acide acétique étendu. On obtient ainsi une liqueur brun foncé appelée *bouillon noir* et que l'on emploie comme mordant pour la teinture en noir. Avec l'acide acétique impur provenant de la distillation du bois, et appelé *acide pyroligneux*, on obtient le *pyrolignite de fer*, acétate de fer que M. Boucherie fait servir à la conservation des bois.

ACÉTATES DE PLOMB. — On connaît quatre acétates de plomb, trois seulement sont employés.

Acétate neutre, ou *sel de Saturne*, $PbO, C^4H^3O^1 + 3Aq$. — S'obtient en faisant agir l'acide acétique sur de la litharge (protoxyde de plomb), ou bien en exposant du plomb au contact de l'air et de l'acide acétique. L'acide, par son affinité pour l'oxyde de plomb qu'il dissout, favorise l'oxydation du métal. Le sel de Saturne a une saveur sucrée d'abord, puis astringente et métallique. Il est soluble dans 40 parties de son poids d'eau et dans 8 parties d'alcool. Il s'effleurit à l'air, devient anhydre à 100°, fond vers 100°, et à une température plus élevée se transforme en acétate tribasique. Il s'emploie en médecine et en teinture pour la préparation des jaunes de chrome.

Acétate tribasique, $(PbO)^3, C^4H^3O^3 + Aq$. — Se prépare en faisant digérer dans 30 parties d'eau 7 parties de litharge avec 10 parties d'acétate neutre de plomb. Il est employé en chimie organique pour précipiter les matières gommeuses, albumineuses ou extractives de leurs dissolutions ; mais son principal emploi est pour la fabrication de la céruse ou carbonate de plomb (voyez CÉRUSE).

Extrait de Saturne, *eau blanche*, *eau de Goulard* (du nom d'un chirurgien de Montpellier). — Ce composé, intermédiaire aux deux précédents, s'obtient en faisant digérer 1 partie de litharge et 2 parties d'acétaten eutre de plomb dans 3,5 parties d'eau. C'est un produit pharmaceutique.

Les acétates de plomb sont très-vénéneux ; ils donnent lieu à des coliques violentes et souvent mortelles quand ils sont pris à doses trop considérables ; pris en petite quantité, mais longtemps continués, ils peuvent produire le même résultat. Ils sont cependant d'une grande utilité en médecine, et, convenablement administrés, ils n'occasionnent jamais d'accidents sérieux. Ce sont des astringents puissants. L'acétate neutre s'emploie à l'intérieur pour combattre les dyssenteries, les diarrhées rebelles, les hémorrhagies passives, les sueurs nocturnes des phthisiques. L'eau blanche s'applique à l'extérieur dans les inflammations superficielles de la peau, les contusions, les brûlures ; plus rarement contre les ophthalmies où elle n'est pas sans inconvénient. En général le plomb, quand il a pénétré dans nos tissus, n'en peut être éliminé qu'avec une grande difficulté.

Contre-poisons. — Eau sulfureuse, sulfure de fer hydraté, alun, toutes substances qui, en contact avec l'acétate de plomb soluble, le transforment en un autre sel insoluble ou peu soluble. Il est utile en outre de provoquer immédiatement le vomissement.

ACÉTATE DE POTASSE, $KO, C^4H^3O^3$. — Autrefois appelé *terre foliée de tartre*, déliquescent, soluble dans l'eau et l'alcool. Il s'unit à l'acide acétique pour former le biacétate de potasse. Ce dernier sel, déliquescent comme l'autre, fond à 148° et abandonne à 200° de l'acide acétique monohydraté, ce qui est un moyen simple d'obtenir l'acide très-pur.

ACÉTATE DE SOUDE, *Terre foliée minérale*, $NaO, C^4H^3O^1 + 6Aq$. — Cristallise en gros cristaux (prismes rhomboïdaux obliques), efflorescent à l'air sec, soluble dans l'eau, un peu moins dans l'alcool ; fond dans son eau au-dessous de 100°, très-employé dans les laboratoires et dans l'industrie où il sert à purifier l'acide acétique (voyez ACÉTIFICATION).

M. D.

ACÉTIFICATION. — Transformation de l'alcool du vin en *acide acétique* ou *vinaigre*, par l'intermédiaire d'un ferment azoté. L'alcool pur n'absorbe pas directement l'oxygène.

Le rôle du ferment dans cette opération est encore mal connu ; suivant les expériences récentes de M. Pasteur, l'acétification aurait pour cause productrice la présence d'un végétal microscopique auquel il donne le nom de *mycoderma aceti*. Ce végétal aurait la propriété singulière de provoquer la fixation de l'oxygène sur l'alcool et de le transformer en acide acétique. Cette théorie se lie à l'ordre général d'idées par lesquelles M. Pasteur explique les fermentations. Ainsi, dans la fermentation alcoolique, le ferment serait constitué par une plante qui, se nourrissant de sucre, produirait l'alcool (voyez FERMENTATION).

ACÉTIMÈTRE, de *acetum*, vinaigre, et *métron*, mesure. — Instrument destiné à mesurer le degré de force des *vinaigres* (voyez ce mot).

ACÉTINES. — Produits neutres résultant de l'union de la glycérine avec 1, 2, 3 équivalents d'acide acétique, en même temps qu'il se produit une élimination de 2, 4, 6 équivalents d'eau (voyez GLYCÉRINE).

Les acétines sont liquides, odorantes, peu solubles dans l'eau, solubles dans l'alcool et l'éther. Il existe trois acétines : mono-acétine, $C^{10}H^{10}O^8$; di-acétine, $C^{14}H^{12}O^{10}$; tri-acétine, $C^{18}H^{14}O^{12}$; la production de l'une ou de l'autre dépend de la température à laquelle le mélange d'alcool et d'acide acétique est porté, du degré de dilution de l'acide et des proportions relatives des deux corps. On trouve la triacétine dans l'huile de foie de morue. La production artificielle des acétines est due à M. Berthelot.

ACÉTIQUE (ACIDE), du latin *acetum*, vinaigre. — Principe actif du vinaigre, se rencontre combiné avec la potasse, la soude ou la chaux dans les tissus de quelques plantes et dans la sécrétion des animaux. Il est un des produits constants de la calcination, en vase clos, des matières organiques et notamment du bois (voyez VINAIGRE). Toutes les liqueurs alcooliques, vin, bière, cidre, etc., lui donnent naissance, en éprouvant, au contact de l'oxygène, une fermentation acide dite *acétification*. — Au maximum de concentration, il est solide au-dessous de 16°; on le nomme alors *acide acétique cristallisable*. — À une température plus haute, c'est un liquide incolore, d'une odeur vive et pénétrante, d'une saveur brûlante; sa densité à 90° est 1,063; — sa température d'ébullition, 120°; — sa densité de vapeur prise à 230°, 2,09; son action sur les tissus organisés est comparable à celle des acides minéraux les plus énergiques. — Sa stabilité est très-grande, sa vapeur n'est décomposée par la chaleur qu'à une température très-élevée. — L'acide acétique se mélange en toutes proportions avec l'eau; une contraction se produit, au moment du mélange, si bien que la densité de la dissolution va en croissant jusqu'à ce que la quantité d'eau ajoutée soit supérieure à 32 pour 100.

Le chlore agit sur l'acide acétique monohydraté sous l'influence des rayons solaires. Il y a substitution du chlore à l'hydrogène et formation d'un acide analogue à l'acide acétique, qu'on nomme acide chloracétique et qui a été découvert par M. Dumas.

$$C^4H^3O^3,HO + 3Cl = 3 HCl + C^4Cl^3O^3,HO$$

Ac. acétique. Ac. chloracétique.

L'acide acétique s'obtient dans les laboratoires par la distillation sèche de l'acétate neutre de cuivre (*verdet*). La liqueur obtenue est verdâtre; une distillation nouvelle faite avec précaution donne de l'acide acétique dilué (*vinaigre radical*). Quand on le veut plus concentré, on traite un acétate alcalin, l'acétate de soude, par l'acide sulfurique; le liquide qui passe à la distillation est mélangé avec un excès de chlorure de calcium, puis rectifié; cette opération fournit un acide très-fort et se solidifiant vers 10°.

Usages. — À l'état de dilution, ce corps est employé en grande quantité sous la forme de vinaigre (voyez VINAIGRE, ACÉTIFICATION). Plus concentré, il sert à la fabrication des substances dites *sels pour odeur*. Les photographes s'en servent pour former avec le nitrate d'argent un acéto-nitrate et donner à l'image que feront apparaître les agents réducteurs une plus grande netteté.

Historique. — L'acide acétique a été obtenu pour la première fois assez concentré par Stahl, qui traita les acétates par l'acide sulfurique. Ce n'est qu'à la fin du XVIIIe siècle qu'on a su obtenir son hydrate à l'état de pureté, et en 1852 seulement que Gerhardt l'a préparé à l'état anhydre. B.

ACÉTONE, *Éther* ou *esprit pyro-acétique*. — Substance qu'on obtient par la distillation d'un mélange de 4 parties d'acétate de plomb et d'une partie de chaux. C'est un liquide incolore, d'une odeur agréable, d'une densité de 0,7921; il bout à 56°, brûle avec une flamme blanche, et peut être employé quelquefois comme dissolvant. Sa formule est $C^6H^6O^2$. Les chimistes considèrent aujourd'hui le corps précédent, découvert par Chenevix vers 1804, comme le type d'un certain nombre de corps appelés *acétones* et qui dérivent des *aldéhydes* (voyez ALDÉHYDE), par la substitution d'une molécule hydrocarbonée à une molécule d'hydrogène : tels sont le propione, le butyrone, le benzone, etc.

ACHE (Botanique), *Apium*, Tourn., du mot celtique * açou*, eau, parce que cette plante se plaît dans les lieux humides. — Ce genre est intéressant pour la culture potagère, qui a fait d'une de ses espèces, l'Ache odorante, (*Apium graveolens*, Lin.), notre céleri cultivé (*Ap. dulce*, Miller), et une seconde variété, le céleri rave (*Ap. rapaceum*, Mill.) (voyez CÉLERI ; une troisième variété est l'Ache des marais (*Ap. palustre*, Banhin), type sauvage de l'espèce ; c'est une plante qui ressemble au persil avec des feuilles plus grandes et dont la racine et les fruits sont employés en médecine comme apéritifs et diurétiques ; elle entre dans la composition du sirop des cinq racines apéritives. Le genre *Ache* appartient à la famille des *Ombellifères*, tribu des *Amminées*, Kock ; il renferme des herbes à racines épaisses au collet ; à tiges rameuses, sillonnées ; à fruits arrondis, doubles ; dont les carpelles ont 5 côtes filiformes ; columelle indivise. Le persil (*Petroselinum*, Hoffm.) forme, actuellement le type d'un genre distinct de celui-ci (voyez PERSIL). G — s.

ACHE DE MONTAGNE (Botanique). — Nom vulgaire de la *Livêche* (*Ligusticum Levisticum*, Lin.).

ACHE DES CHIENS (Botanique). — Nom vulgaire d'une *Éthuse* (*Æthusa cynapium*, Lin.).

ACHÉE (Botanique). — L'un des noms vulgaires de la *Traînasse* ou *Renouée des petits oiseaux* (*Polygonum aviculare*, Lin.).

ACHÉES. — Nom donné par les pêcheurs aux vers lombrics dans quelques parties de la France. Pour se procurer cet appât, les pêcheurs choisissent des prairies fraîches et ombragées, puis, après avoir arrosé la terre avec une décoction de feuilles de chanvre ou de noyer, ils la trépignent avec les pieds, y enfoncent un bâton qu'ils font tourner sur lui-même et font sortir ces vers par ce moyen. On a étendu le nom d'*achées* aux vermisseaux, aux larves qui servent d'appâts pour le poisson.

ACHILLE (TENDON D') (Anatomie). — Large tendon situé en arrière et en bas de la jambe, et qui résulte de la réunion des tendons des muscles *jumeaux* et *soléaire*.

ACHILLÉE (Botanique), *Achillea*, Lin. — Plante de la famille des *Composées*, qui sert de type à un genre. Suivant Pline, ce nom a été créé en l'honneur d'Achille, élève du centaure Chiron qui le premier aurait employé l'*Achillée millefeuille* pour guérir les blessures; quoi qu'il en soit de cette histoire, cette dernière espèce (*A. millefolium*, Lin.) a conservé sa vieille renommée à travers les âges, et c'est encore aujourd'hui l'*herbe aux charpentiers*, l'*herbe à la coupure*, à cause des propriétés qu'on lui attribue. Cette plante se rencontre abondamment dans les lieux incultes; elle porte des capitules ou fleurs composées blanches, groupées en corymbes denses (*fig.* 40). Quelques variétés ont des fleurs roses purpurines. Une autre espèce mérite d'être citée, c'est l'A. ptarmique (*A. ptarmica*, Lin.), *herbe à éternuer* (du grec *ptarmos*, éternument) ; elle croît dans notre pays et se distingue par ses feuilles indivises, finement dentées. On employait autrefois sa racine contre les maux de dents, à cause de ses propriétés sternutatoires. On obtient dans les jardins une variété à fleurs doubles qu'on a appelée *bouton d'argent*, nom qui a été donné à plusieurs autres fleurs. Le genre *Achillée* appartient à la tribu des *Sénécionidées*, sous-tribu des *Anthémidées* ; ce sont des herbes vivaces à capitules multiflores, en corymbes; les fleurons de la circonférence sont pistillés; le réceptacle est garni de paillettes transparentes. Les espèces sont nombreuses et plusieurs servent de plantes d'ornement. G — s.

Fig. 40. — Achillée, base de la tige et extrémité portant les fleurs.

ACHROMATISME (du grec *a* privatif, et *chroma*, couleur.) — Destruction des effets de coloration que l'on observe dans les images des corps vus au travers des *prismes* et des *lentilles* simples (voyez ces mots; voyez également LUMIÈRE, DISPERSION, ABERRATION DE RÉFRANGIBILITÉ).

Si nous regardons un objet au travers d'un prisme, en même temps qu'il nous semblera déplacé du côté du sommet du prisme, nous le verrons bordé dans le sens des arêtes de l'instrument de bandes colorées en bleu et violet d'un côté, en jaune et rouge de l'autre. En accolant ensemble deux prismes convenablement choisis l'un en cristal, l'autre en verre ordinaire, et les disposant en sens inverse, la base de l'un dirigée vers le sommet de l'autre, on peut conserver au système la propriété des prismes de changer la direction des rayons qui les traversent, tout en faisant disparaître ces bandes colorées, en sorte que les objets vus à travers ce système conservent exactement leur aspect en paraissant changer de plan. On dit alors que le prisme est *achromatisé*.

Des effets de coloration analogues seraient produits

dans des lunettes dont l'objectif ou verre dirigé vers les objets n'aurait pas été achromatisé ou serait mal achromatisé, et ce défaut, qui enlèverait toute netteté aux lunettes se corrige de la même manière. A une lentille convergente en verre ordinaire (*fig.* 41), on accole une lentille divergente en cristal. Si les deux lentilles sont convenablement choisies, leur ensemble conserve encore les propriétés des lentilles convergentes et peut fournir une image réelle des objets vus au travers ; mais les rayons élémentaires de diverses couleurs qui entrent dans la composition de chaque rayon de lumière ordinaire ne se trouvent plus séparés les uns des autres, chaque rayon émanant de l'objet conserve ses propriétés et l'image reste semblable à l'objet dans sa coloration comme dans sa forme.

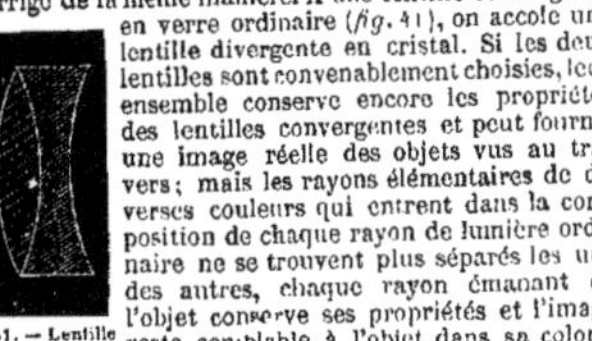
Fig. 41. — Lentille achromatique.

Nous donnons ici, comme exemple, le système adopté par le célèbre artiste Fraunhofer, pour l'objectif achromatique de sa lunette astronomique. La lentille convexe de verre ordinaire (*crown-glass*) est associée à un ménisque divergent de cristal (*flint-glass*) ; l'ensemble agit comme une lentille simple d'une distance focale de $0^m,50$. Soient F cette distance, r, r', les rayons de courbure des surfaces du crown, s, s', ceux du flint, le tableau suivant donne une idée complète du dispositif.

INDICES DE RÉFRACTION.

	Réfract. moyenne	Rouge
Crown.	1,53	1,521
Flint	1,631191	1,616707
Crown	$r = 0,7347120$	F
	$r' = 0,2925724$	F
Flint	$s = 0,2981695$	F
	$s' = 1,069523$	F
Demi-ouverture	$= 0,0333442$	F
Épaisseur du crown	$0,004389642$	F
Épaisseur du flint	$= 0,003460113$	F

Le ménisque divergent tourne sa surface concave du côté du crown.

On a cru pendant longtemps que l'*achromatisme* était impossible, c'est-à-dire qu'on ne pouvait pas, autrement que par la réflexion sur les miroirs, changer la direction d'un rayon de lumière sans le décomposer. Cette question fut l'objet de longs débats entre les plus grands géomètres, tels que Newton, Euler, Clairaut, d'Alembert. Hall en 1733, Jean Dollond en 1757 résolurent les premiers la question en construisant des lunettes achromatiques. Aujourd'hui aucun doute ne saurait exister à cet égard, et cependant, malgré les progrès de la science, la recherche des formes qu'il convient de donner aux surfaces des lentilles accolées ensemble reste encore un des problèmes les plus délicats et les plus difficiles, en théorie comme en pratique, de l'art de construire les lunettes. Dans les petites lunettes terrestres, les lorgnettes de spectacle, etc., tant de précision n'est pas nécessaire, et on se contente d'une approximation assez grossière, qui ne serait pas tolérable dans une lunette astronomique.

Les deux lentilles qui s'achromatisent sont ordinairement soudées l'une à l'autre par un mastic bien transparent ; quelquefois elles sont libres dans une monture commune. Dans ce dernier cas, si on a besoin de démonter la lunette pour en nettoyer les verres, il faut avoir soin de les mettre en contact par les mêmes surfaces, autrement l'achromatisme serait altéré, et la lunette perdrait notablement de ses qualités.

(Voyez les grands traités spéciaux de physique et d'optique : Herschel, *Traité d'optique*, Pouillet, Daguin, Jamin, Desains, etc. *Traités de physique*.)

ACHROMATOPSIE.—Affection particulière de l'œil qui le rend incapable de distinguer les couleurs, ou du moins certaines couleurs. Les personnes qui sont affectées d'achromatopsie complète sont sensibles aux différences que présentent les corps et leurs diverses parties dans leur degré d'éclairement, mais les voient tous colorés de la même manière ; il en est d'autres qui peuvent distinguer deux ou trois couleurs, mais qui rapportent tous les tons à ceux-là. Il arrive assez souvent que ces personnes ne se doutent nullement de cette imperfection de leur vue et qu'elles n'en sont averties qu'accidentellement. Aucun traitement n'est applicable à cette affection. Du reste, si

les noms que nous donnons aux couleurs nous sont communs à tous, les impressions qu'elles produisent en nous sont tout individuelles, et rien ne prouve qu'elles se ressemblent chez deux personnes différentes. M. D.

ACICULAIRES (FEUILLES) (Botanique), du latin *acus*, aiguille. — Feuilles étroites, rigides et pointues (voyez FEUILLES).

ACICULAIRES (CRISTAUX). — Cristaux prismatiques allongés comme des aiguilles.

ACICULES (Zoologie). — Poils gros, rigides, piquants et sans crochets, au nombre de 1 ou 2 à chaque pied membraneux de certains *Annélides*.

ACIDE (Chimie), en latin *acidus*, du grec *akis*, *akidos*, pointe, piquant. — Nom donné à tout composé dont le mode d'action se rapproche plus ou moins de celui du vinaigre qui n'est lui-même que de l'acide acétique délayé dans l'eau. Les acides, au moins ceux qui se dissolvent dans l'eau, présentent, en général, les caractères suivants : ils ont une saveur aigre, piquante, ils rougissent la teinture bleue de tournesol ou le papier qui en est imprégné, ils décomposent la craie, le marbre avec effervescence et sont plus ou moins NEUTRALISÉS par la chaux. Les acides les plus simples dans leur constitution sont les *hydracides* ; ils résultent de l'union d'un métalloïde avec l'hydrogène, ce sont : les acides *fluorhydrique, chlorhydrique, bromhydrique, iodhydrique, sulfhydrique, sélénhydrique, tellurhydrique* ; et même l'acide *cyanhydrique* ou *prussique*, bien que le cyanogène soit un corps composé de carbone et d'azote, à cause des analogies qui existent entre le rôle chimique du cyanogène et celui du chlore, du brome ou de l'iode. On appelle *oxacides*, les acides dans la constitution desquels entre de l'oxygène ; ce sont les plus nombreux et les plus employés. Exemple : *acide sulfurique* ou *huile de vitriol*, *acide azotique* ou *nitrique*, connu sous le nom d'*eau-forte, acide phosphorique*, les *acides acétique, oxalique, tartrique, stéarique*, etc. Les acides sont dits *hydratés* ou *anhydres* suivant qu'on les considère comme renfermant de l'eau en combinaison ou comme n'en renfermant pas. Les oxacides anhydres ne sont plus, à proprement parler, des acides, et prennent le nom d'ANHYDRIDES. Cette circonstance est très-importante, en ce sens qu'elle permet de rattacher les oxacides aux hydracides par l'élément commun hydrogène, que ces deux classes d'acides contiennent et qu'ils peuvent échanger en totalité ou en partie contre un métal en donnant naissance à différents SELS. Un acide ordinaire n'est même, au fond, autre chose qu'un sel à base d'hydrogène, l'hydrogène pouvant être considéré comme un métal gazeux à cause de la manière dont il se comporte dans les réactions. On distingue les acides en *minéraux* et en *organiques* suivant la nature des corps dont ils proviennent (ces derniers contiennent toujours du carbone) ; mais cette distinction n'a rien d'absolu, attendu que l'on a pu former de toutes pièces, à l'aide des éléments fournis par le règne minéral, des substances identiques à celles que produisent les végétaux ou les animaux. On appelle acides *pyrogénés* les produits acides résultant de l'action de la chaleur sur certains acides organiques, produits qui ne diffèrent des acides primitifs que par de l'eau ou de l'acide carbonique en moins, ou bien par les deux à la fois. On appelle acide *monobasique* ou *mono-atomique* un acide qui, dans les doubles DÉCOMPOSITIONS, échange toujours tout son hydrogène basique (hydrogène en quelque sorte disponible) contre un métal ; *bibasique* ou *bi-atomique* celui qui peut n'échanger que la moitié de cet hydrogène ; *tribasique* ou *tri-atomique* celui qui peut n'échanger que le tiers ou les deux tiers du même élément, etc... Les acides bi-atomiques, tri-atomiques, etc., constituent le groupe des acides *polyatomiques*, ainsi nommés comme si la molécule d'un de ces acides renfermait plus d'un atome d'hydrogène basique, ordinairement deux ou trois. Exemples : l'acide *métaphosphorique*, HO,PO^5, et l'acide *acétique*, $HO,C^4H^3O^3$, sont mono-atomiques, et forment des sels, MO,PO^5, et $MO,C^4H^3O^3$, dans lesquels le métal M remplace l'hydrogène H ; l'acide *pyrophosphorique*, $2HO,PO^5$, et l'acide *tartrique*, $2HO,C^8H^4O^{10}$, sont bi-atomiques, et forment des sels neutres $2MO,PO^5$, et $2MO,C^8H^4O^{10}$, plus des sels acides HO,MO,PO^5, et $HO,MO,C^8H^4O^{10}$. Enfin l'acide phosphorique ordinaire $3HO,PO^5$, et l'acide citrique $3HO,C^{12}H^5O^{11}$, sont tri-atomiques et forment trois séries de sels, les uns neutres $3MO,PO^5$, et $3MO,C^{12}H^5O^{11}$, les autres acides $2HO,MO,PO^5$ et $2HO,MO,C^{12}H^5O^{11}$, plus $HO,2MO,PO^5$, et $HO,2MO,C^{12}H^5O^{11}$.

A l'époque où ont été posées les bases de la NOMENCLA-

TURE CHIMIQUE on regardait l'oxygène comme l'élément générateur des acides, comme l'élément essentiel à la constitution de ces corps, et l'on considérait un sel comme une combinaison formée de deux principes antagonistes, d'un *acide* et d'un oxyde, tel que la potasse, la chaux, l'oxyde de fer, l'oxyde de cuivre, etc. appelé *base.*

On a reconnu, depuis, l'inexactitude et l'insuffisance de cette manière de voir, et, tout en conservant l'ancien langage, on se contente d'exprimer le plus simplement possible les résultats des réactions sans adopter d'hypothèse absolue sur le groupement des molécules que nous ne connaissons pas d'une manière certaine. Dans le système *unitaire*, si simple et si rationnel, qui tend à prévaloir sur le système ancien dit *dualistique*, on regarde un sel comme un édifice moléculaire unique, dans lequel l'hydrogène et les métaux peuvent se déplacer et se remplacer suivant certaines proportions.   L. G.

Les acides jouent un rôle extrêmement important dans la chimie et dans les arts. Plusieurs d'entre eux sont employés en médecine. Nous donnons ici la liste et la formule des principaux d'entre eux :

ACIDES MINÉRAUX.		ACIDES ORGANIQUES.	
Arsénieux	AsO^3	Acétique	$C^4H^3O^3,HO$
Arsénique	AsO^5	Benzoïque	$C^{14}H^5O^3,HO$
Azotique	AzO^5,HO	Butyrique	$C^8H^7O^3,HO$
Borique	BO^3	Citrique	$C^{12}H^5O^{11},3HO$
Carbonique	CO^2	Formique	C^2HO^3,HO
Chlorhydrique	HCl	Gallique	$C^{14}H^5O^9,3HO$
Chlorique	ClO^5,HO	Lactique	$C^{12}H^{10}O.O^2HO$
Chromique	CrO^3	Malique	$C^8H^4O^8,2HO$
Fluorhydrique	HFl	Margarique	$C^{34}H^{33}O^3,HO$
Iodique	IO^5,HO	Oléique	$C^{36}H^{33}O^3,HO$
Métaphosphorique	PhO^5,HO	Oxalique	C^2O^3,HO
Phosphorique	$PhO^5,3HO$	Prussique	C^2AzH
Pyrophosphorique	$PhO^5,2HO$	Pyrogallique	$C^6H^3O^3$
Silicique	SiO^3	Pyrotartrique	$C^5H^3O^3,HO$
Sulfurique	SO^3,HO	Stéarique	$C^{36}H^{35}O^4,HO$
Sulfhydrique	HS	Tannique	$C^{18}H^8O^{12}$
Sulfureux	SO^2	Tartrique	$C^8H^4O^{10},2HO$

Essais des acides. — Presque tous les acides employés dans les arts sont livrés par le commerce plus ou moins étendus d'eau. Pour déterminer leur richesse en acide pur, on se sert ordinairement de *pèse-acides* (voyez ARÉOMÈTRES). Si l'on désire un plus grand degré de précision, il faut neutraliser l'acide au moyen d'une liqueur *alcaline* titrée à l'avance (voyez ALCALI). On prend une certaine quantité, 10 grammes par exemple, de l'acide à essayer, on l'étend d'eau, s'il est trop concentré, et on y ajoute un peu de teinture bleue de tournesol qui devient immédiatement rouge. D'un autre côté, on verse dans une burette graduée une liqueur alcaline préparée de telle sorte que 100 parties de cette liqueur mesurées dans la burette, puissent saturer complètement 10 grammes de l'acide pur. On verse peu à peu la liqueur dans l'acide jusqu'à ce que la teinture redevienne bleue, et, d'après la quantité dont le volume de la liqueur a diminué dans la burette on évalue la quantité qui en a été employée. S'il en a fallu 80 divisions par exemple, c'est que l'acide essayé renfermait 80 p. 100 d'acide pur, soit 8 grammes unis à 27 d'eau (voyez *chaque acide en particulier*).

ACIER (Chimie, Technologie). — On peut aujourd'hui définir l'acier, du fer pur retenant en combinaison du carbone dans la proportion de 0,006 à 0,02. L'acier a une densité variable peu différente de celle du fer ; il est brillant, susceptible d'un beau poli ; sa blancheur dépend du degré de carburation ; la nuance est toujours plus claire que celle du fer, le grain en est toujours plus fin, aussi les aciers n'ont presque pas la structure nerveuse. Il est plus dur que le fer même à chaud ; mais il est plus aigre, de sorte qu'il faut le travailler à une plus basse température. Sa ténacité est presque double de celle du fer, seulement il faut le charger lentement ; il est beaucoup plus élastique. Il se soude d'autant moins facilement qu'il est plus carburé. Comme le fer, il agit sur l'aiguille aimantée, de plus il conserve la vertu magnétique longtemps après qu'on la lui a communiquée. Tous les aciers ne jouissent pas de ces propriétés au même degré, bien des causes les font varier. L'expérience a prouvé que l'on conserve d'autant mieux la ténacité, la dureté et l'élasticité de ce composé qu'il est plus homogène et que les deux composants se rapprochent davantage de la pureté chimique.

Les recherches récentes de M. Fremy ont établi que l'azote joue un rôle constant dans la fabrication de l'acier, qu'il existe dans toutes les substances aciérantes, et qu'on le rencontre invariablement dans l'acier lui-même. On peut aisément prévoir l'importance qu'un pareil fait peut être appelé à prendre dans la fabrication de l'acier.

Le rapport du carbone au fer exerce surtout son influence sur la dureté du composé ; de là le classement des aciers, en aciers durs et aciers doux selon la teneur en carbone. Les premiers passent aux fontes, tandis que les seconds se confondent par des nuances insensibles avec les fers durs aciéreux, dits *fers à grains* à cause de leur texture grenue. Outre le fer et le carbone, l'acier peut contenir du silicium, du soufre, du phosphore, de l'arsenic, de l'aluminium, du cuivre et divers autres métaux. On est porté à croire qu'une faible quantité de silicium ou de phosphore n'est pas nuisible, la dureté est augmentée ; le soufre rend l'acier cassant à chaud ; cependant l'acier de Styrie contient jusqu'à 0,003 de soufre ; l'arsenic est beaucoup plus rare, il agit comme le phosphore ; l'aluminium est très-fréquent, le silicium favorise son entrée, l'acier indien en contient de 0,001 à 0,002. Le cuivre est très-nuisible, rend l'acier cassant, et il est presque impossible de s'en débarrasser. M. Berthier a constaté que le chrome et le tungstène augmentent la dureté de l'acier.

En Allemagne on utilise maintenant un alliage de fer, de carbone et de tungstène. L'analyse d'un échantillon a donné 6 p. 100 pour la proportion du tungstène.

L'homogénéité est la cause qui influe le plus sur les qualités de l'acier, surtout sur sa ténacité. C'est pour l'obtenir qu'on fait subir un si grand nombre d'opérations aux aciers de choix.

On peut augmenter la dureté et l'élasticité de l'acier à l'aide de la trempe, le fer ne jouit pas de cette propriété. — Pour tremper un acier, on le porte à une haute température, et on le refroidit brusquement dans un liquide ou un métal fondu. La trempe est d'autant plus forte qu'on l'a porté à une plus haute température, qu'il est plus carburé, et qu'on l'a refroidi plus brusquement. On se sert ordinairement du mercure et de l'acide azotique concentré pour une trempe très-forte. Si on reporte l'acier à la même température et qu'on le laisse refroidir lentement, les effets de la trempe sont détruits ; si on le reporte à une température inférieure, on les diminue dans la même proportion. C'est ce qu'on appelle le *recuit.*

On juge facilement de la température à laquelle on porte l'acier, il sert lui-même de thermomètre. On a reconnu que l'acier chauffé à l'air se recouvre d'une pellicule d'oxyde transparente donnant le phénomène des anneaux colorés. On a d'abord jaune pâle 220°, jaune-paille 232°, jaune-orange 243°, brun 254, pourpre 277, bleu clair 288, bleu foncé 292, bleu noir 316 ; à 360° la coloration disparaît. Le même phénomène se reproduit, mais avec moins d'intensité, à 500°. En chauffant à l'abri de l'air, dans de l'huile, par exemple, ces colorations ne se produisent pas. Tous les instruments en acier, d'abord trempés, sont ensuite recuits.

L'oxydation ne se produit pas seulement à la surface, elle pénètre à l'intérieur, le carbone s'oxyde et l'acier perd ses qualités. Jamais il ne faut placer une barre qu'on chauffe dans la zone où il se produit de l'acide carbonique.

Il est très-facile de distinguer le fer de l'acier, on y parvient immédiatement en versant à la surface de deux lames une goutte d'acide azotique étendu, il reste une tache noire sur l'acier après qu'on a lavé, tandis qu'il n'en reste aucune sur le fer. Si la lame est polie, on peut même par ce procédé juger jusqu'à un certain point de l'homogénéité.

Un bon acier étiré en barre très-mince ne doit pas se gercer, doit se bien souder ; on doit pouvoir le travailler jusqu'à une très-basse température. Cassé, il doit présenter un grain homogène et uniforme ; quant à la finesse, elle dépend de la grosseur de la barre : l'acier fortement carburé a un grain fin et brillant, à moins qu'il ne soit fortement trempé.

Selon le procédé de fabrication, on distingue dans le commerce : l'acier *naturel* obtenu directement avec le minerai de fer ou en oxydant partiellement le carbone de la fonte ; l'acier *cémenté* obtenu en faisant absorber du carbone au fer sous l'influence de la chaleur. En réalité on emploie fort peu d'acier naturel et d'acier cémenté isolément, on les fond ensemble ou on leur fait subir un ou plusieurs corroyages pour augmenter l'homogénéité. On a ainsi les aciers *fondus* et *corroyés.* Enfin on a l'acier *Wootz* ou acier *Indien.*

Les consommateurs d'acier peuvent eux-mêmes se diviser en deux classes, les anciens et les nouveaux. Les premiers appliquent les aciers cémentés et fondus, durs et tenaces à la confection des outils et instruments ; les aciers cémentés naturels mi-durs ou doux soit fondus, soit soumis à un ou plusieurs corroyages, à la taillanderie, à la coutellerie, à la quincaillerie, etc. Les seconds emploient les aciers naturels laminés, corroyés ou fondus aux constructions de machines ; la tôle d'acier fondue est employée pour les chaudières à vapeur ; des essais se font pour faire en acier la couverte des rails.

Acier naturel. — On peut l'obtenir en partant des minerais et en partant de la fonte. Il n'y a que le procédé Chenot qui donne de l'acier d'une manière courante en partant des minerais ; on a reconnu que dans la méthode catalane il y a plus d'avantage à fabriquer du fer. Toutes les méthodes d'affinage de la fonte peuvent, quand on les dirige convenablement, donner de l'acier (voyez à ce sujet l'article FER). Toutefois nous décrivons plus loin un procédé de ce genre, le procédé Bessemer, qui, à raison de sa simplicité, a produit une grande sensation parmi les savants et les industriels.

Acier de cémentation ou acier cémenté. — On l'obtient en recarburant le fer sous l'influence de la chaleur. Le fer employé ne doit pas contenir de substances étrangères ni de matières oxydées. Les bons fers à cémentation sont rares, les fers de Suède et de Norwége jouissent depuis longtemps d'une réputation sans rivale, ceux de la *Danemone*, surtout les premières marques, se vendent plus du double des prix courants. En France, les meilleurs que l'on ait, sont donnés par la méthode catalane. Le cément est le charbon de bois fraîchement préparé employé en mélange de poussières et de morceaux de la grandeur d'une noisette ; jamais il ne sert deux fois. Le fer est réduit en barres de 0m,01 à 0m,015 d'épaisseur, de largeur variable et d'une longueur un peu moindre que celle de la caisse à cémenter. Cette caisse est en grès ou en briques réfractaires, les parois ont 0m,12 à 0m,15 d'épaisseur. On en place deux dans un four de galère (*fig.* 42) ayant une porte à chaque extrémité. Les caisses sont de part et d'autre de la grille. Elles sont soutenues par de petits murs verticaux de sorte que les flammes peuvent

Fig. 12. — Four de cémentation.

circuler en dessous, d'autres murs les relient entre elles et avec les parois du four. 6 ou 8 ouvertures, percées près des parois longitudinales dans la voûte, forcent les flammes à lécher les parois. Les charges sont variables, elles sont comprises entre 10 000 kil. et 2 000 kil. par caisse, une charge de 10 000 kil. paraît préférable. Les dimensions des caisses varient avec la charge et la qualité du combustible, la flamme doit monter jusqu'au haut des caisses. La largeur ne doit pas dépasser 0m,70 à 0m,80 pour que la chaleur pénètre bien et en peu de temps jusqu'au centre. Comme longueur on ne dépasse pas 5 à 6 mètres. Il faut que l'ouvrier puisse jeter le combustible jusqu'au bout de la grille qui n'a que 0m,40 de largeur. La hauteur des caisses varie de 0m,90 à 1m,70. Deux petits carneaux permettent d'introduire des barres de fer nommées témoins et qui indiquent le degré de carburation auquel on est arrivé.

Le four neuf est séché, chauffé lentement, puis on le laisse refroidir et on charge. Dans chaque caisse on place une couche de 0m,15 de cément, puis une couche de fer ; les barres sont séparées par un intervalle de quelques millimètres, puis une autre couche de cément et de fer. Le fer occupe à peu près les 0,35 du volume total. Les caisses sont fermées par une couche d'argile damée qui ne doit pas se gercer. Les portes sont ensuite fermées, et on chauffe peu à peu pour arriver au rouge vif en deux ou trois jours. Au bout de 6 à 8 jours pour une charge

de 20 000 kil. l'opération est terminée, on bouche la grille, on ferme le clapet de la cheminée et on laisse refroidir ; 8 jours après, on peut décharger. Toutes les barres sont classées, on fait deux ou trois classes d'acier selon le degré de carburation et l'homogénéité du grain. C'est une opération très-délicate exigeant beaucoup d'habitude. Cet acier est ensuite corroyé ou fondu. Souvent il se produit à la surface des barres des soufflures provenant du dégagement de l'oxyde de carbone, d'où le nom d'acier *ampoule* ou *poule* donné à l'acier cémenté. La dépense moyenne est de 70 kil. de charbon de bois par tonne d'acier et de 700 à 800 kil. de houille. La dépense totale peut s'élever à 40 fr. en moyenne.

Acier corroyé. — Quand on a des cylindres à sa disposition, le corroyage de l'acier se fait comme pour le fer, en plaçant les lopins cinglés ou les barres plates réunies en paquets dans des fours à réverbère. On chauffe lentement pour éviter l'oxydation, et même on entoure chaque paquet d'une couverte formée d'un mélange d'argile ou de quartz et de battitures. Il ne faut pas dépasser le rouge cerise, car l'acier devient cassant à chaud. On le porte ensuite au marteau, puis aux cylindres. Si on n'a qu'un petit martinet pour faire l'étirage, on doit avoir un foyer de chaufferie. Deux foyers sont accolés afin de n'occuper qu'un ouvrier ; ils ont la même face de tuyère ; dans l'un, marchant à la houille, on échauffe le lopin, on le finit dans l'autre qui marche au coke ; le martinet frappe de 200 à 300 coups par minute. Le déchet est de 10 pour 100 ; la consommation en combustible de 50 pour 100. On peut classer les barres, en former des paquets et réchauffer de nouveau ; on a ainsi les aciers deux et trois fois corroyés.

Acier fondu. — Par les corroyages on décarbure beaucoup l'acier, mais on ne parvient pas à une homogénéité complète ; on a donc été conduit à tenter la fusion. Les premiers essais ont eu lieu en Angleterre. Elle se fait dans des creusets fermés, chauffés au coke ou à la houille ; ce dernier procédé est récent. Pour faire les creusets, on se sert d'argile réfractaire de première qualité mélangée avec une certaine quantité d'argile calcinée et broyée ou de coke pulvérisé afin de diminuer le retrait à la cuisson.

Le four à cuire est un simple fourneau à vent dans lequel on place plusieurs creusets sur des fromages. L'intervalle entre eux est rempli de coke, et on chauffe lentement pendant 12 heures à l'air et sans tirage. Les creusets sont salis par les cendres du coke ; c'est pour l'éviter qu'on emploie maintenant des fours semblables à ceux qui servent à la cuisson des briques réfractaires.

Le four de fusion (*fig.* 43) est à courant d'air naturel, légèrement rétréci à la partie supérieure pour mieux concentrer la chaleur. On a des fours à 2 et 4 creusets. Les premiers ont 0m,40 perpendiculairement à la cheminée sur 0m,55 à 0m,60 ; les seconds ont 0m,60 sur 0m,60 à 0m,70 selon la qualité du coke ; entre les creusets se trouve un intervalle de 0m,03 à 0m,035. La profondeur est de 1 mètre, la section du rampant est le sixième de la grille, la hauteur n'est que de 0m,16 à 0m,17. Un re-

Fig. 43. — Four de fusion de l'acier.

gistre placé dans la cheminée permet de régler le tirage ; les parois du fourneau sont en pisé très-réfractaire (argile ou grès quartzeux pilonné). Les fours réunis sur une même file sont séparés par un intervalle de 0m,30 à 0m,40. Chacun d'entre eux est fermé par un cadre en fonte renfermant des briques réfractaires. Le four est séché pendant 2 ou 3 jours à petit feu, puis on le nettoie et on le remplit de coke incandescent. Après 6 heures environ les briques sont au rouge blanc, le four est de nouveau nettoyé, et on transporte rapidement les creusets et leurs fromages chauffés au rouge dans le four de cuisson ; ils sont recouverts de petites rondelles réfractaires, et le fourneau rempli de coke est fermé. Après une demi-heure à 1 heure les creusets sont au blanc et ramollis ; on charge 20 kil. environ d'acier concassé en morceaux de 0ᵐ,01 à 0ᵐ,05 de côté, généralement avec addition de 0ᵏ,500 de *manganèse* ; pour faciliter l'opération, on se sert d'un entonnoir en tôle, le fourneau est de nouveau rempli de coke, et on chauffe aussi fortement que possible. Après 4, 5 ou 6 heures la fusion est complète et on procède à la coulée. Un ouvrier saisit le creuset avec des tenailles, un autre détache le couvercle, et l'acier est versé dans une lingotière en fonte préalablement chauffée. Cette lingotière est formée de deux parties prismatiques réunies par un crampon. Le creuset est aussitôt replacé dans le four, et 20 minutes ou une demi-heure après on peut faire une nouvelle charge qui dure ordinairement 4 heures, puis une troisième, et les creusets sont réformés. Le fourneau peut résister 3 semaines ; il faut 8 jours pour le réparer : on peut donc avoir 51 coulées par creuset et par mois, soit une production de 45 à 50 tonnes par four de 4 creusets et par an. Le déchet est de 2 à 3 pour 100 provenant surtout des creusets cassés pendant la fusion ; on consomme 260 kil. de coke pour 100 kil. d'acier fondu. La consommation est plus forte dans les fours à 2 creusets ; les frais de fusion de 100 kil. d'acier peuvent se répartir ainsi :

Main-d'œuvre..........................	3 f. 00
2 creusets à 1ᶠ,67.....................	3 34
Coke, 260 kil. à 2ᶠ,50 les 100 kil....	6 50
Entretien des fours...................	0 50
Frais généraux.......................	2 00
Total...................	15 34

Sans les frais généraux, on compte ordinairement 13 à 14 francs.

Dans ces derniers temps on a obtenu des pièces d'acier fondu de 1 000 kil. et au delà. On se sert pour cela d'un chaudron garni intérieurement d'argile, percé au bas d'un trou conique pour couler, on y réunit l'acier des creusets et on coule quand on en a suffisamment.

La fusion à la houille se fait dans un petit four à réverbère sans pont. La section de la sole égale celle de la grille. Le rampant est en contre-bas afin de forcer les flammes à lécher la sole qui est en quartz fortement damé. Le four est soufflé. La charge se fait par le haut. Les creusets résistent à 5 opérations qui durent en moyenne 4 à 5 heures. La consommation est de 300 kil. de houille pour 100 kil. d'acier fondu.

L'acier fondu est cristallisé, on doit le réchauffer et l'étirer en barres.

Acier indien. — On obtient d'abord du fer qu'on carbure en même temps qu'on opère la fusion. Les Indiens opèrent la réduction du minerai dans des foyers ayant 1ᵐ,20 environ de profondeur et 0ᵐ,30 à 0ᵐ,35 de diamètre intérieur, souvent ils sont plus larges à la base. Le lit de fusion se compose de minerai mélangé à une grande quantité de charbon de bois sans addition de fondant ; aussi d'un minerai contenant 55 à 60 pour 100 d'oxyde ne retirent-ils que 15 de fer. Les loupes battues pour en exprimer les scories sont coupées en morceaux. On en place 500 grammes environ dans des creusets en argile réfractaire mélangée de paille de riz hachée, on recouvre de bois sec coupé très-menu, de feuilles vertes et d'argile humectée et fortement tassée : 20 ou 25 de ces creusets sont empilés dans un four à courant d'air forcé et chauffés aussi fortement que possible pendant 2 à 3 heures. Les creusets refroidis sont cassés. Lorsque la surface du culot est régulière et couverte de stries rayonnant du centre, on regarde l'opération comme réussie et l'acier est d'excellente qualité.

Procédé Chenot. — La méthode employée pour fabriquer l'acier indien fournit une confirmation intéressante des idées de M. Fremy sur l'aciération. On voit en effet que la cémentation directe y est remplacée par la fusion avec des matières azotées. Sans doute, l'azote contenu dans l'acier est au point de vue atomique en quantité insignifiante, et le nom d'azotocarbure de fer qu'on a voulu lui donner ne se trouve point justifié ; mais on sait très-bien que de petites quantités d'un élément peuvent modifier notablement les propriétés physiques d'une substance, et on est porté à croire que l'azote joue un rôle de ce genre dans l'acier. On a fait du reste plusieurs essais récents pour remplacer la cémentation par la fusion avec les cyanures ou ferrocyanures alcalins (procédé Ruolz), et l'on a obtenu des résultats assez satisfaisants.

Le procédé Chenot, tel qu'il est employé aujourd'hui, présente une pratique de ce genre. Nous avons dit plus haut que ce procédé avait pour objet de donner de l'acier en partant du minerai. A cet effet, on introduit dans un four ovale et cylindrique, ayant la forme d'une sorte de cornue et chauffé en dehors, des couches alternatives de minerai et de charbon de bois ; on obtient ainsi du fer plus ou moins carboné portant le nom d'éponge et d'une nature pyrophorique. Cette circonstance oblige de laisser refroidir la matière avant de décharger ; on peut néanmoins concilier la continuité de l'opération avec cette nécessité par le moyen suivant. Un waggon est amené au-dessous de la cornue et élevé jusqu'à la grille : on enlève les barreaux, la charge s'affaisse et s'appuie sur le fond du waggon ; on enfonce de nouveau les barreaux, et le waggon est enlevé. Les éponges sont ensuite pulvérisées, assorties, comprimées en petits cylindres, après avoir été mélangées d'un peu de manganèse et de charbon végétal ou animal. Ces cylindres sont enfin fondus, et l'acier obtenu est soumis aux opérations ultérieures.

Procédé Bessemer. — Ce procédé, qui a eu beaucoup de retentissement et qui peut subir encore de nombreux perfectionnements, a jusqu'à présent donné de meilleurs résultats pour l'acier que pour le fer. Il consiste à diriger au fond d'un grand cylindre dans lequel on a versé la fonte fondue un courant d'air énergique, à l'aide de tuyères nombreuses. L'air oxyde d'abord le silicium, puis le carbone ; la température s'élève beaucoup, la matière se boursoufle, une flamme blanche volumineuse s'échappe du cylindre, et finalement la conversion de la fonte est accomplie.   M — T.

ACINIER (Botanique), du grec *aké*, pointe. — Nom vulgaire de l'aubépine dans certains cantons de la France.

ACNÉ (Médecine), du grec *knaô*, je démange, et *a* augmentatif, ou, suivant d'autres, du grec *achné*, efflorescence superficielle. — Maladie de la peau ou espèce de dartre légère, qui consiste essentiellement en une inflammation des follicules et siége là où ces follicules sont surtout développés, c'est-à-dire aux épaules, sur le devant de la poitrine et au visage. L'*acné simple* est caractérisée par le développement de boutons ou de pustules rouges, isolées et pointues ; quelques-uns de ces boutons s'enflamment et donnent issue à une gouttelette d'humeur ; en tous cas ils se dessèchent au bout de plusieurs jours en laissant une tache rouge qui s'efface peu à peu. Cette affection sans gravité ne s'observe guère que dans la jeunesse. Il ne faut jamais la combattre sans être guidé par les conseils d'un médecin consciencieux. L'*acné ponctuée* se reconnaît aux nombreux points noirs qui marquent les follicules enflammés, sur le nez, aux tempes, au front, etc. ; elle n'a pas plus de gravité que la précédente. L'*acné sébacée*, signalée par une sécrétion grasse, une rougeur et une grande sensibilité à la surface de la peau, exige les soins d'un médecin. La *couperose* est souvent regardée comme une variété d'acné, c'est l'*acné rosacée* (voyez Couperose, Dartre).

ACONIT (Botanique), *Aconitum*, du grec *akoné*, pierre, parce que cette plante croît dans les endroits pierreux. — Genre de plantes vivaces, et de pleine terre, la plupart indigènes, élevées de 0ᵐ,70 à 1ᵐ,30, remarquables par la forme et la beauté de leurs fleurs bleues ou jaunes, grandes, imitant un casque en grappe ou disposées en panicule terminale d'un joli effet. Si l'on joint à cela la facilité de leur culture, on comprendra pourquoi elles sont recherchées comme plantes d'ornement, bien que toutes contiennent dans leurs diverses parties une substance vénéneuse. Parmi les nombreuses espèces, on doit citer : 1° *Esp. à fleurs jaunes :* — l'*A. tue-loup (A. lycoctonum*, Lin.), qui, en août, épanouit ses grands épis d'une pâleur livide, au-dessus de ses feuilles sombres, larges et un peu velues, dans les bois et les prés des montagnes et surtout des Alpes ; l'*A. des Pyrénées* n'en est sans doute qu'une variété ; — l'*A. solitaire (A. Anthora*, Lin.), beaucoup plus délicate que la précédente ; — 2° *esp. à fleurs bleues :* — l'*A. Napel (A. Napellus*, Lin.) (*fig.* 44), jolie plante d'ornement, dont certaines variétés sont à fleurs blanches, ou roses, ou panachées. Elle fleurit en juin et juillet, en gros épis serrés de fleurs rappelant la forme d'un casque ; feuilles découpées en lobes étroits (*fig.* 44), luisantes et sombres ; cet aconit croît dans les montagnes de l'Europe, on le nomme parfois l'*A. tue-chien.* — On cultive dans nos jardins l'*A. paniculé*, des Alpes ; l'*A. bicolore*, d'Italie, de Bohême ; l'*A. à crochets*, de l'Amérique du Nord ; l'*A. du Japon*.

Le genre *Aconit* (Aconitum), famille des *Renonculacées*, tribu des *Helléborées*, a pour caractères : 5 sépales pétaloïdes, inégaux, le supérieur en casque; 5 à 8 pétales très-inégaux, les 2 supérieurs seuls bien développés à onglet très-allongé; fruit, 3 à 5 follicules acuminés.

Les propriétés vénéneuses des Aconits se manifestent soit par l'ingestion de certaines parties de la plante, soit

Fig. 44. — Aconit Napel, épi de fleurs.

surtout par celle de l'extrait alcoolique, plus actif que l'extrait aqueux : bientôt se développent une sensation de brûlure et de douleur à l'estomac, des vomissements, des coliques, des vertiges, de l'assoupissement, des paralysies partielles, du refroidissement, des syncopes, et tous les symptômes de l'empoisonnement par les *narcotico-âcres*; les émétiques doux, puis d'abondantes boissons mucilagineuses et même acidulées sont les moyens généraux qu'il convient d'employer contre cet accident.

Les anciens qui connaissaient les funestes effets de l'aconit le regardaient, dans leurs fictions mythologiques, comme né de l'écume de Cerbère étranglé par Hercule. Les parties adultes de ces plantes paraissent seules contenir ce poison, car on mange parfois cuites dans la graisse les jeunes pousses de l'aconit napel.

Les aconits ont une racine épaisse renfermant un principe sudorifique, souvent utilisé en médecine contre les rhumatismes, la goutte, etc. Son action dépressive sur les contractions du cœur, signalée dans ces derniers temps par le professeur Schral de Vienne, a été utilisée par les homœopathes, qui ont prétendu y trouver un moyen de remplacer la saignée en ralentissant le mouvement du sang et en changeant pour ainsi dire son cours. On a extrait de l'aconit un principe actif vénéneux auquel on a donné le nom d'*aconitine* (voyez ce mot). — On rapporte que les anciens Germains trempaient dans le suc d'aconit le fer de leurs flèches et de leurs lances pour rendre les blessures venimeuses. F — N.

ACONITINE (Chimie). — Alcali végétal qu'on retire des feuilles de l'*Aconit* (*Aconitum Napellus*), très-vénéneux, amer, peu soluble dans l'eau, très-soluble dans l'alcool. Sa formule est $C^{60}H^{47}AzO^{11}$; il se présente ordinairement en grains blancs et pulvérulents.

ACONITIQUE ou ÉQUISÉTIQUE (Acide) (Chimie). — Acide tribasique ($3HO,C^{14}H^3O^9$) retiré par M. Braconnot de l'*Equisetum fluviale* (prêle), par M. Baup, de l'Aconit Napel (*Aconitum Napellus*) et identique à celui qui résulte de la décomposition de l'acide citrique ($3HO,C^{12}H^5O^{11}$) par la chaleur. Il se présente sous la forme de croûtes mamelonnées solubles dans l'eau, l'alcool et l'éther. Chauffé, il prend une couleur ambrée, fond à 140°, bout vers 160° en se décomposant en acide carbonique et en acide ITACONIQUE qui distille, et se distingue ainsi des acides FUMARIQUE et MALÉIQUE qui ont la même composition que lui. L'acide aconitique, uni à la chaux, se transforme en acide succinique au contact de l'eau et du fromage pourri, surtout en été.

L'acide aconitique peut s'extraire des prêles en faisant bouillir le jus de la plante pilée, saturant par du carbonate de soude et traitant ensuite successivement par l'aconitate de baryte et l'acétate de plomb. C'est de l'acérutate de plomb qu'on retire l'acide. On peut le retirer de l'acide citrique en chauffant celui-ci dans une cornue de verre. Le résidu est repris par cinq fois son poids d'alcool absolu, puis on fait passer un courant de gaz acide chlorhydrique dans la dissolution.

Il faut arrêter lentement cette distillation au moment où les fumées blanches cessent de se montrer, pour céder la place aux produits empyreumatiques. Par le refroidissement, on l'obtient sous forme de croûtes, composées de cristaux mal définis. A 160° l'acide aconitique fond et par la chaleur il se dédouble en acide carbonique et en acide itaconique.

$$C^{12}H^3O^9,3HO = 2(CO^2) + C^{10}H^4O^6,2HO$$

Acide aconitique.   Ac. itaconique (bibasique).

L'acide aconitique a été découvert par Peschier dans les aconits, par Braconnot dans les prêles, par Berzelius et Dahlstroem dans les résidus de la distillation de l'acide citrique. B.

ACORÉES (Botanique). — Tribu de la famille des *Aroïdées*, dont le genre *Acorus* est le type. — *Caract. :* Rhizôme rampant, aromatique, feuilles ensiformes; spathe formée d'un phyllode conné avec le pédoncule, d'un aspect foliacé; fleurs périanthées à 6 folioles; 6 étamines à filets membraneux; ovaire de 3 carpelles; fruit en baie globuleuse.

ACORUS ou ACORE (Botanique), du grec *koré*, prunelle de l'œil, à cause, selon Dioscoride, de ses propriétés curatives pour les maux d'yeux. — Genre de plantes devenu le type de la tribu des *Acorées* (voyez ce mot); la principale espèce est l'*Acore aromatique* ou *odorant* (*A. Calamus*, Lin.), originaire sans doute des Indes, mais aujourd'hui très-répandue sur les bords des étangs et dans les marais de l'Europe et de l'Amérique septentrionale. On la trouve dans quelques mares de la forêt de Marly près Paris. Cette plante, qui s'élève souvent à 1 mètre de hauteur, possède un rhizôme traçant, aromatique, connu du commerce sous le nom de *Calamus aromaticus* et dont les fragments sont employés quelquefois pour protéger les pelleteries par leur odeur. On s'en servait autrefois en médecine comme d'un agent excitant et sudorifique. Dans le nord de l'Europe on le prépare confit dans du sucre et on le prend comme digestif. L'Acore odorant est souvent cultivé dans les jardins pour orner les pièces d'eau. On a importé du Japon en 1834 l'*A. gramineus*, dont une variété a les feuilles rubanées de rose, de blanc et de vert; on le multiplie par éclats, en orangerie ou sous châssis froid, dans la terre de bruyère humide et ombragée. — Les caractères essentiels du genre Acorus sont indiqués au mot ACORÉES; les espèces appartiennent surtout aux Indes orientales. C — S.

ACOTYLÉDONES (Botanique). — Nom donné par L. de Jussieu à son premier embranchement du règne végétal renfermant des plantes dépourvues de cotylédons et d'embryons. Ce groupe correspond aux *Cryptogames* de Linné, aux *Agames* de Richard, aux *Cellulaires* de de Candolle et aux *Acrogènes* de M. Lindley; enfin on a encore employé pour le désigner les mots de *Acotylés inembryonés*. Ce grand groupe comprend des plantes d'une structure souvent très-simple, mais que l'absence de fleurs, de fruits et de graines organisés comme ceux des plantes *phanérogames* en distingue collectivement. La reproduction se fait par des spores simples, homogènes, ne renfermant pas d'embryon, ordinairement formées d'une seule vésicule, et n'adhérant par aucune communication vasculaire aux parois de la cavité dite *sporange* qui les contient. Quelquefois ces sporanges sont accompagnés d'organes d'une autre sorte, nommés *anthéridies*, que l'on a comparés aux anthères des phanérogames et qui renferment des corpuscules doués de mouvement, que l'on a appelés des *anthérozoïdes*. Beaucoup de plantes acotylédones sont formées uniquement de tissu cellulaire végétal, ce qui explique le nom proposé par de Candolle; mais les plus élevées en organisation possédant du tissu vasculaire et même du tissu fibreux, il faudrait distinguer les *Acotylédones cellulaires* (*Algues, Champignons, Lichens, Hépatiques, Mousses*) les *Acotylédones vasculaires* (*Characées, Équisétacées, Lycopodiacées, Marsiléacées, Fougères*). Prenant en considération l'absence ou l'existence d'un axe de végétation, plusieurs botanistes ont partagé les Acotylédones en *Ac. amphigènes* et *Ac. acrogènes*. G — S.

ACOTYLÉDONIE (Botanique). — Nom donné par L. de Jussieu à sa première classe, la seule qu'il ait formée dans l'embranchement des acotylédones.

ACOTYLÉS (Botanique). — Voyez ACOTYLÉDONES.

ACOUCHI (Zoologie). — Espèce d'*agouti* (voyez ce mot).

ACOUSTIQUE (Anatomie). — Ce mot s'applique à plusieurs parties de l'appareil auditif; ainsi le *conduit acoustique, le nerf acoustique* (voyez OREILLE). On nomme encore *cornets acoustiques* des instruments dont se servent les personnes qui ont l'ouïe dure (voyez CORNET).

ACOUSTIQUE (Physique), du grec *Acouô,* J'entends. — Science des sons. Elle traite de leur production, de leur transmission dans divers milieux, de leur nature et de leurs rapports. C'est une science à la fois mathématique, physique et artistique. Sous ce dernier point de vue elle est aussi vieille que le monde et constitue l'*art musical.* Sous les deux premiers, elle ne date guère que du milieu du dix-septième siècle. L'acoustique est une des branches les plus importantes et les plus avancées de la physique. Considéré en lui-même, un son quelconque est le résultat d'un mouvement vibratoire (c'est-à-dire de va-et-vient) imprimé aux particules d'un corps solide, liquide ou gazeux et transmis par l'intermédiaire de l'air ou d'un autre milieu jusqu'à notre oreille. Sans s'arrêter aux phénomènes physiologiques de la perception, on recherche, on détermine la relation constante, qui existe entre les impressions variables que reçoit l'organe de l'ouïe et la nature, la grandeur et la rapidité de l'ébranlement produit dans le corps sonore et transmis de proche en proche à cet organe par une suite non interrompue de milieux élastiques ; on peut également étudier la nature et la rapidité du mouvement vibratoire considéré dans ses rapports avec la nature, la forme et les dimensions du corps sonore et de ses annexes, ainsi que le mode de propagation de ce mouvement dans les milieux.

L'expérience seule étant souvent impuissante à débrouiller les questions si complexes de l'acoustique, on s'aide de toutes les ressources des sciences mathématiques, qui, de leur côté, trouvent dans ces questions des exercices d'un haut intérêt et des motifs de perfectionnement remarquables. Des mathématiciens de premier ordre ont fait de l'acoustique l'objet de leurs travaux. Depuis Sauveur (1653-1716) qui le premier aborda la théorie des cordes vibrantes dont les lois expérimentales déjà indiquées, en partie par Pythagore, venaient d'être découvertes et démontrées complètement par Mersenne, Taylor, Bernouilli, Euler, d'Alembert, Lagrange et de nos jours Poisson, Cauchy et M. Duhamel, imprimèrent à cette science une marche rapide. Parmi les physiciens nous trouvons en première ligne le père Mersenne ; Chladni, Savart, MM. Biot, Cagniard-Latour, Muller, etc. Consulter les grands traités de physique, les ouvrages du père Mersenne et les mémoires des sociétés savantes. M. D.

ACQUA TOFANA. Espèce de poison. — V. AQUA TOFANA.

ACQUI (Médecine, Eaux-minérales). — Villa d'Italie, chef-lieu d'une province du même nom, sur la Bormida, à 31 kilom. d'Alexandrie et 50 kilom. de Gênes ; dans son voisinage se trouvent plusieurs sources minérales chaudes et froides. Les eaux d'Acqui sont *sulfurées calciques* (chlorure de sodium et sulfate de soude) ; mais ce qu'on exploite surtout, au point de vue médical, ce sont les sources chaudes (38 à 45° centig.) boueuses, également sulfureuses, situées à 2 kilom. de la ville. On les administre en bains, dans un établissement spécial, contre les affections articulaires indolentes, certaines paralysies locales, et quelques maladies indolentes de la peau. Un hôpital militaire et un bâtiment pour les indigents y ont été installés par les soins du gouvernement sarde.

ACRE (Agriculture). Sans doute du latin *ager,* champ. — Mesure de superficie employée par les agriculteurs de diverses contrées. En France même on trouvait autrefois et la tradition a conservé encore en plusieurs contrées cette mesure, qui n'est plus légale. L'*acre de Normandie* valait 81 ares 71 centiares ; il se divisait en 4 *vergées* contenant chacune 40 *perches* ; sa valeur variait dans certaines campagnes jusqu'à 60 ares environ. Dans d'autres provinces, l'acre était de 50 ares seulement. Cette mesure est encore en usage chez plusieurs nations et voici les principales valeurs qu'on lui attribue :

	ares.
1 acre d'Angleterre	40,467
1 acre d'Écosse	51,419
1 acre d'Irlande	65,549
1 acre de Saxe	55,093
1 acre de pré de Zurich	28,804
1 acre de bois de Zurich	36,004
1 acre commun de Zurich	32,404

ACRETÉ, ACRIMONIE (Médecine). — Les anciens médecins désignaient par ces mots une altération supposée des humeurs du corps qui, devenues âcres et irritantes, auraient causé certaines maladies.

ACRIDIENS et non pas ACRYDIENS (Zoologie) ; du grec *acris,* sauterelle. — Famille de l'ordre des *Orthoptères,* établie par Latreille et composée des genre *Pneumore, Truxale, Criquet* et *Tetrix,* qui sont des démembrements du genre *Gryllus* de Linné. Dans la méthode du *Règne animal,* ils forment le genre *Criquet* au milieu du grand genre des *Sauterelles* (Gryllus, Lin.) (voyez CRIQUET, SAUTERELLES).

ACRIDOPHAGES (PEUPLES), du grec *acris,* sauterelles, et *phagein,* manger), mangeurs de sauterelles. On a pensé qu'il existait des peuples qui se nourrissaient non-seulement de sauterelles, mais encore d'autres insectes ; ce ne peut être qu'une exception rare et dans des moments où toute autre nourriture vient à manquer ; ainsi des voyageurs rapportent que les Arabes font griller ces insectes sur des charbons pour les manger. Dans certaines parties de l'Arabie-Pétrée, et dans quelques contrées de l'Afrique, les peuples font des provisions d'insectes et surtout de sauterelles qu'ils salent afin de les conserver pour les moments de disette. Du reste c'est un aliment de très-mauvaise nature qui procure une nourriture âcre, irritante pour la gorge et fournit peu d'éléments nutritifs.

ACRISIE (Médecine), du grec *krisis,* crise, et *a* privatif. — Ce mot désigne la terminaison d'une maladie sans phénomènes critiques ; mais son sens n'est pas déterminé d'une manière bien exacte, et tandis que les uns désignent par là une crise de mauvaise nature, les autres l'appliquent à la période d'intensité de la maladie, pendant laquelle la crise ne peut avoir lieu (voyez CRISE).

ACROBUSTITE (Médecine vétérinaire), du grec *akrobustia,* fourreau. — Inflammation de la muqueuse du fourreau chez les animaux domestiques ; commune chez le mouton, elle y a reçu, en certains pays, le nom de *Mal de Boutry.* Le défaut de propreté, l'absence de litières fraîches développent cette affection lente et souvent assez tenace.

ACROCARPES (Botanique), du grec *akros,* terminal, et *karpos,* fruit. — Ce mot désigne, dans la famille ou la classe des *Mousses,* celles qui portent leurs capsules fructifères au sommet des rameaux. M. Cam. Montagne en a formé son troisième ordre, comprenant 27 tribus. (voyez MOUSSES).

ACROCHORDE (Zoologie), du grec *akrochordôn,* verrue, parce que l'animal de ce nom est couvert d'écailles verruqueuses. — Genre de *Reptiles* de l'ordre des *Ophidiens* de G. Cuvier, famille des *vrais Serpents,* tribu des *Serpents proprement dits,* section des *non-venimeux,* reconnaissable aux petites écailles uniformes qui couvrent le corps et la tête en dessus et en dessous. On n'en connaît que deux espèces, toutes deux aquatiques ; l'*A. de Java* vulgairement *Oular-caron de Java* dans les rivières de cette île ; il atteint jusqu'à 1ᵐ,50 de longueur ; l'*A. à bandes, Oular-limpé,* habitant ces mêmes rivières et signalé à tort comme très-venimeux ; on le trouve aussi dans l'Inde et les îles voisines de Java.

ACRODYNIE (Médecine), du grec *akros,* à l'extrémité, et *oduné,* douleur. — On a désigné sous ce nom une affection sans gravité qui a régné épidémiquement à Paris en 1828 et 29. Les malades se plaignaient de fourmillements, de douleurs aux mains et surtout aux pieds, d'insomnie, de dérangement dans les fonctions digestives, le plus souvent sans fièvre. On a regardé cette maladie comme une variété bénigne de la *pellagre* (voyez ce mot), mais on ne s'est accordé ni sur sa nature précise ni sur son mode de traitement ; elle n'a pas appelé l'attention depuis cette époque.

ACROGÈNES (Botanique), du grec *akros,* à l'extrémité, et *genos,* naissance, développement. — Nom proposé par M. Lindley pour le groupe des plantes *Acotylédones* de Jussieu ; dans ce système de nomenclature tiré du mode de développement que l'on regardait comme caractéristique de chaque embranchement, les *Monocotylédones* s'appelaient *Endogènes* ; les *Dicotylédones, Exogènes.* Cette nomenclature a été abandonnée quand on a mieux connu les faits dont elle donnerait une fausse idée. — Certains botanistes, et entre autres Ach. Richard, ont nommé *Acrogènes,* seulement une sous-embranchement des végétaux *Inembryonés* ou *Acotylédones* caractérisé par l'existence d'un axe de végétation et d'organes appendiculaires (*Hépatiques, Mousses, Lycopodes, Equisétacées, Fougères*).

G—s

ACROLÉINE (Chimie), du latin *acer*, âcre, et *oleum*, l'huile ($C^6H^4O^2$). — Liquide huileux, très-volatil, irritant fortement la muqueuse du nez et des yeux, soluble dans l'eau, très-soluble dans l'alcool et l'éther, absorbant l'oxygène de l'air et se changeant en un corps nouveau, l'acide acroléique ou acrylique $C^6H^4O^4$ ou $HO,C^6H^3O^3$.

L'acroléine se produit toujours dans la distillation sèche des corps gras à base de glycérine et se reconnaît à son odeur caractéristique, même quand elle ne se forme qu'en petite proportion. C'est elle qui donne lieu à l'odeur si forte de la *friture*. On l'obtient en distillant la glycérine ($C^6H^8O^6$) au contact de l'acide phosphorique anhydre, dans un courant d'acide carbonique, puis rectifiant l'acroléine impure sur la litharge et le chlorure de calcium. Dans cette opération l'acide phosphorique anhydre retient 4 équivalents d'eau dont les éléments sont pris à la glycérine.

$$C^6H^8O^6 - 4HO = C^6H^4O^2$$

Glycérine.   Acroléine.

L'acroléine peut être considérée comme l'aldéhyde de l'alcool acrylique (voyez ALDÉHYDE).

De même, l'acide acroléique est à l'alcool acrylique ce que l'acide acétique est à l'alcool ordinaire (voyez ALCOOL, ACIDE ACÉTIQUE).

L'acroléine a été découverte par Berzelius.   B.

ACROLÉIQUE ou acrylique (Acide). Acide organique $C^6H^4O^4$. Provenant de l'oxygénation spontanée à l'air, de l'ACROLÉINE (voyez ACROLÉINE).

ACROMION (Anatomie), du grec *akros*, au sommet, et *omos*, épaule. — On donne ce nom à une *apophyse* (voyez ce mot) qui termine en haut et en dehors, l'épine de l'omoplate; elle s'articule avec l'extrémité externe de la clavicule et donne attache aux muscles *trapèze* et *deltoïde*.

ACROSTIC (Botanique), *Acrostichum* de Linné; du grec *akros*, à la surface, et *stichos*, rangée. Allusion aux rangées de sores disposées à la surface inférieure des feuilles. — Genre de plantes de la famille des *Fougères*, tribu des *Polypodiacées*.

Il comprend des plantes habitant spécialement les régions intertropicales des deux hémisphères. L'*A. grimpant* (*A. scandens*, Bory) vient à Caracas et à la Guadeloupe, ses feuilles, grandes quelquefois d'un mètre, sont d'un vert un peu glauque. Cette espèce est d'un très-joli effet dans les serres où elle s'enroule autour des piliers. L'*A. corne d'élan* (*A. alcicorne*, Willem.) et l'*A. grand* (*A. grande*, A. Brong.) sont deux belles espèces épiphytes, avec de grandes feuilles palmées ou réniformes. On les cultive dans les serres.   G — s.

ACROSTICHIÉES ou ACROSTICHACÉES (Botanique). — Tribu de la famille des *Fougères* établie par Gaudichaud en prenant pour type le genre *Acrostichum*, et groupant autour de lui les G. *Polybotrya*, *Campium*, *Gymnopteris*, *Olfersia*, etc.

ACSAB. — Mesure de capacité, juive ($1^{décil}$,38).

ACTE. — Mesure de longueur des Romains valant 35^m,502248. — Mesure de superficie, *acte simple* (*actus minimus*), 120 pieds romains de long, sur 4 de large, soit 42^{mq},11632. Acte carré (*actus quadratus senis* ¼ *jugerum*), 120 pieds romains en tous sens, soit 12^{ares},601086.

ACTÉE (Botanique), *Actæa*, du grec *aktaia*, sureau, parce que Linné avait trouvé une ressemblance entre ses fruits et ceux du sureau. — Genre de plantes de la famille des *Renonculacées*, tribu des *Helléborées*, dont une espèce l'*A. épiée* ou *en épi* ou *A. compacte* (*A. spicata*, Lin.) vulgairement *herbe de S. Christophe*, originaire du Caucase, s'est répandue dans les parties tempérées froides de l'Europe; et se rencontre aux environs de Paris. Ses petites fleurs blanches (*fig.* 46) donnent des fruits noirs; mais c'est une plante vénéneuse qui

Fig. 45. — Actée, feuilles.

peut nuire aux bestiaux; sa racine, ou plutôt son rhizome, vendue en certains pays sous le nom d'*Ellébore noir*, a été employée autrefois en médecine; la pousse aérienne s'élève environ à 1^m,30; c'est dans les bois montueux qu'on rencontre cette plante; son suc âcre et vésicant la rend efficace contre la vermine et la gale. L'*A. cimicifuge* ou *chasse-punaise*, ne figure plus dans le genre *Actée* mais est devenue le type d'un genre *Cimicifuga*. — *Caractères du genre Actæa*. — Fleurs blanches; calice de 4 à 5 sépales pétaloïdes; corolle de 4 pétales étroits simulant des étamines stériles; étamines nombreuses; ovaire unique, monocarpelle, stigmate sessile; fruit en baie contenant une seule graine. Ces plantes voisines des Aconits sont vénéneuses comme eux.   G. — s.

Fig. 46. — Actée, rameau fleuri.

ACTINIAIRES ou ACTINIENS (Zoologie). — Famille de polypes formée par certains zoologistes avec le grand genre *Actinie* de G. Cuvier.

ACTINIES (Zoologie), *Actinia*, du grec *aktis*, rayon d'étoile. — Animaux marins de l'embranchement des *Zoophytes* ou *Rayonnés* de la classe des *Polypes*, ordre des *Pol. charnus* de G. Cuvier, où ils forment un grand genre, désigné vulgairement sous le nom d'*Anémones de mer* et quelquefois d'*Orties de mer fixes*. Ces animaux exclusivement charnus, peints de riches couleurs, ressemblent à de grosses fleurs doublées, dont les nombreux tentacules rangés en cercle autour de leur bouche rappellent des pétales multipliés. Baster, Réaumur et surtout Dicquemare ont fait sur les actinies des expériences qui révèlent chez elles une énergie surprenante de vitalité; ces polypes reproduisent plusieurs fois leurs tentacules coupés; ils se régénèrent complétement au moyen d'un fragment quelque peu considérable de leur corps. Ils supportent de longs jeûnes, le froid de la glace pendant 12 et 15 heures, le vide de la machine pneumatique, sans paraître en souffrir; mais l'eau de mer leur est nécessaire, car ils périssent promptement dans l'eau douce. Leur nourriture consiste en petits mollusques, vers et crustacés, dont, après 12 heures environ, ils rejettent par la bouche les parties dures non digestibles : les actinies se reproduisent tantôt par une rupture de leur corps qui projette au dehors des fragments destinés à se compléter en de nouveaux animaux de la même espèce, tantôt par une sorte de ponte : « Les petites actinies, dit G. Cuvier, passent de l'ovaire dans l'estomac et sortent par la bouche. » On trouve ordinairement ces polypes adhérents aux rochers des rivages, ils glissent à leur surface ou s'en détachent pour se déplacer. On a remarqué qu'ils épanouissent largement leurs tentacules sous l'influence d'une belle lumière ou d'un temps beau et calme, tandis qu'ils se contractent en se refermant, sous des influences contraires.

Les espèces d'actinies les plus communes sur nos côtes sont : l'*A. coriace* ou *à gros tentacules* (*A. senilis*, Lin.) large de $0^m,05$ à $0^m,07$, d'une couleur orangée, deux rangs de tentacules ordinairement marqués d'un anneau rose; elle se trouve dans le sable; — l'*A. pourpre* (*A. equina*, Lin.) ou *A. rousse* qui couvre tous les rochers de nos côtes de la Manche; sa peau douce, finement striée, est colorée en pourpre tacheté de vert; elle est plus petite que la précédente; — l'*A. blanche* (*A. plumosa*, Cuv.) large de $0^m,03$ à $0^m,10$ qui ressemble à un gros œillet blanc; — l'*A. brune* (*A. effœta*, Cuv.) d'un brun

Fig. 47. — Actinie pourpre fixée sur une pierre et épanouie.

clair, rayé de blanc longitudinalement, très-commune sur les bords de la Méditerranée. — La chair des actinies n'est nullement malfaisante; on en mange en quelques pays. Les expériences et observations de Dicquemare sur les actinies se trouvent dans le *Journal de physique*, juin 1776, et dans les *Trans. phil.*, t. LXIII.

ACTINOGRAPHES. — Appareils à l'aide desquels on compare les intensités de lumières qui ne brillent pas simultanément par le temps qu'elles mettent à impressionner photographiquement une surface sensible.

ACTINOMÈTRE. — Voyez PYRHÉLIOMÈTRE.

ACTINOTE (Minéralogie). — Voyez AMPHIBOLE.

ACTION (Mécanique). — Voyez RÉACTION, TRAVAIL.

ACUPUNCTURE (Médecine), du latin *acus*, aiguille, et *punctura*, piqûre. — Moyen thérapeutique célèbre à une certaine époque et qui consiste à introduire, dans les tissus où siége le mal, des aiguilles, en or, en argent, en platine ou en acier détrempé; elles peuvent êtres pourvues d'une tête en métal ou en cire, et sont en général d'une longueur de 10 à 12 centimètres; leur introduction s'opère en les frappant avec un petit maillet, ou le plus souvent en les faisant tourner rapidement entre le pouce et l'index. L'acupuncture a été employée chez nous, dans le traitement des névralgies, des rhumatismes, de certaines inflammations, etc. Pratiquée dès la plus haute antiquité, par les Chinois et les Japonais, contre toutes les maladies, cette opération fut apportée en Europe au dix-septième siècle par le voyageur Kempfer; abandonnée bientôt après, elle fut remise en honneur par Vicq-d'Azyr, et plus tard par **M. J.** Cloquet qui publia en 1826 le résultat de ses observations dans un *Traité de l'acupuncture*, Paris, 1826. Cependant elle ne tarda pas à retomber dans un oubli presque complet. — Voyez aussi notice sur *l'acupuncture*, par Pelletan, 1828. F—N.

ADANSONIA (Botanique). — Voyez BAOBAB.

ADANSONIÉES (Botanique), du nom du botaniste Adanson. — Tribu de la famille des *Bombacées*, qui a pour type le genre *Adansonia* ou *Baobab* (voyez ce mot).

ADAPIS (Zoologie). — Petit mammifère pachyderme fossile, voisin du Daman, découvert par G. Cuvier dans les plâtres des environs de Paris.

ADDITION (Arithmétique, Algèbre). — Opération ayant pour but de trouver une quantité qui contienne à elle seule autant d'unités et de parties d'unité qu'il s'en trouve dans plusieurs quantités données. Le résultat de l'addition s'appelle *somme* ou *total*. Le signe de l'addition est le signe $+$ que l'on place entre les quantités à additionner.

Pour additionner des nombres entiers, on fait séparément et successivement la somme des unités de chaque espèce, en ayant soin de tenir compte des unités d'ordre supérieur obtenues dans chacune de ces opérations partielles. On opère tout à fait de même pour les nombres décimaux et les nombres *complexes*. Pour les fractions, on les réduit d'abord au même dénominateur, on fait la somme des numérateurs, et on lui donne le dominateur commun.

En algèbre l'addition consiste simplement à placer les quantités à la suite les unes des autres avec leurs signes et à faire la réduction des termes semblables. Ainsi la somme des deux expressions suivantes $(a^2-5ab+7bc)$, $(4a^2-12bc+3ab-d^2)$ sera $a^2-5ab+7bc+4a^2-12bc+3ab-d^2$ ou en réduisant les termes semblables $5a^2-2ab-5bc-d^2$.

ADDITIONNEUSE. — Machine servant à faire les additions. — Voyez CALCULER (*Machine à*).

ADDIX. — Mesure de capacité grecque (3lit,604).

ADDUCTEURS (MUSCLES) (Anatomie), du latin *adducere*, amener. — Muscles dont la fonction est de ramener vers l'axe du corps les parties auxquelles ils sont attachés; ce sont les muscles antagonistes des *abducteurs*; les muscles adducteurs du bras sont le *grand pectoral*, le *grand dorsal* et le *grand rond*; à la main, ce sont les muscles *fléchisseurs*; aux doigts, les adducteurs sont les *inter-osseux* et *adducteur du pouce* (il faut remarquer ici, que l'axe du corps est remplacé par l'axe du membre); à la cuisse on trouve comme adducteurs, le *pectiné* et les *trois adducteurs*; au tarse les muscles *rotateurs* sont en même temps *abducteurs* et *adducteurs*.

ADÈLE (Zoologie), *Adela*, du grec *adélos*, obscur? — Genre d'*Insectes Lépidoptères*; famille des *Nocturnes*, section des *Tinéites* (Règne animal) et du grand genre *Phalæna* de Linné; établi par Latreille aux dépens des *Alucites* (voyez ce mot) de Fabricius; il est caractérisé par des antennes fort longues, les yeux rapprochés, les palpes intérieurs très-petits et velus; les ailes généralement brillantes. Les chenilles des adèles vivent sur les feuilles des arbres; et de leurs débris, elles se font un fourreau qu'elles transportent avec elles. Les adèles sont de petits papillons très-élégants, nuancés de couleurs métalliques qu'on peut comparer à celles des oiseaux-mouches. On en connaît plusieurs espèces qui vivent dans nos bois; on peut citer, l'*Ad. de Degéer* (*Alucita degeerella*, Fabr.), très-commune aux environs de Paris; — l'*A. de Réaumur* (*A. Reaumurella*, Fabr.) noire, ailes sup. dorées.

ADÉNITE (Médecine), du grec *aden*, glande. — Inflammation des ganglions lymphatiques (voyez BUBON, GLANDE, SCROFULES).

ADÉNOLOGIE (Anatomie), du grec *aden*, glande, et *logos*, science. — Partie de l'anatomie qui décrit les glandes. — Le mot ADÉNOTOMIE a été employé aussi pour désigner l'anatomie de ces organes.

ADHÉRENCE (Médecine), du latin *adhærere*, être fixé à. — On nomme ainsi en pathologie l'union intime de deux parties organiques qui normalement doivent être indépendantes l'une de l'autre; l'adhérence est toujours le résultat d'une inflammation qu'on appelle dans ce cas *adhésive*; ainsi les adhérences peuvent avoir lieu à l'orifice des ouvertures naturelles, dans l'intérieur même des grandes cavités, dans les articulations, à la peau dans certaines cicatrices vicieuses, surtout à la suite des brûlures, etc. L'art a souvent recours à cette propriété pour réparer des déchirures, des coupures, réunir des parties divisées, ou des solutions naturelles de continuité dans certaines parties du corps (voyez AUTOPLASTIE, BEC DE LIÈVRE, BRULURES, STAPHYLORRHAPHIE). F—N.

ADHÉRENCE (Physique), lat. *adhærere*, être attaché à. — Fait consistant en ce que deux corps restent fixés et comme soudés l'un à l'autre, une fois qu'ils ont été mis en contact intime. Le tain adhère aux glaces, la cire à cacheter au papier, l'encre à la plume que l'on y trempe, l'air aux minces feuilles métalliques qu'il empêche de s'enfoncer dans l'eau. Comme deux corps peuvent rester adhérents l'un à l'autre, même dans le vide, c'est-à-dire lorsqu'ils se trouvent soustraits à la pression provenant de l'air extérieur (voyez PRESSION ATMOSPHÉRIQUE), on est conduit à reconnaître l'existence d'une action permanente qui s'exerce entre les deux surfaces en contact (voyez ADHÉSION). Toutefois il ne faut pas négliger, dans les cas ordinaires d'adhérence, la part d'effet due à la pression atmosphérique.

C'est l'adhérence des matériaux entre eux qui donne de la solidité à nos maisons, c'est elle qui retient les montagnes sur leur base argileuse et inclinée. Que l'argile se détrempe, que l'adhérence faiblisse, et nous voyons se produire ces catastrophes occasionnées par l'éboulement de montagnes comme il s'en est présenté plusieurs cas dans les Alpes.

ADHÉSION (Physique). — Force qui tient unis l'un à l'autre deux corps amenés au contact. C'est un cas particulier de cette force générale nommée attraction (voyez ce mot) qui tend sans cesse à rapprocher la matière de la matière. Lorsqu'on établit le contact de deux disques de verre ou de métal ou tout simplement de deux balles de plomb fraîchement coupées, par des faces bien planes et bien polies de manière à éviter l'interposition de l'air, on peut faire supporter au système une charge assez considérable tendant à détacher l'un des corps de l'autre dans le sens perpendiculaire aux surfaces de contact, sans produire la séparation même *dans le vide*. L'adhésion intervient dans le frottement (voyez ce mot). Elle augmente avec la pression que l'on exerce pour rapprocher les surfaces de contact, surtout si cette pression est maintenue pendant quelque temps. — Les liquides adhèrent aux corps solides même à ceux qu'ils ne mouillent pas : si l'on applique à la surface de l'eau ou du mercure un disque de verre ou de métal suspendu horizontalement au-dessous de l'un des plateaux d'une balance et tenu en équilibre par un poids convenable mis dans l'autre plateau, il faudra, pour détacher le disque, surcharger plus ou moins ce plateau suivant les conditions de l'opération. Dans le cas de l'eau, le disque, en se détachant, emporte une couche de liquide; l'adhésion du liquide au disque est plus forte que celle du liquide à lui-même et le résultat est indépendant de la nature du disque. Dans le cas du mercure, le disque se détache sec, sans rien emporter; on a vaincu l'adhésion du liquide au disque plus faible cette fois que l'adhésion du liquide à lui-même. On s'aide de l'adhésion pour opérer des transvasements sans perte de matière; on applique le bord du vase contenant le liquide à transvaser contre une baguette de verre déjà mouillée et on produit l'écoulement le long de cette baguette; (*fig.* 48); on a ainsi un filet liquide adhérent à la baguette de verre et facile à introduire même dans un vase à ouverture étroite. Les gaz adhèrent et se condensent à la surface des corps. Les corps poreux et les corps en poudre (voyez CARBONE, NOIR DE PLATINE) jouissent d'un pouvoir condensant remarquable. On peut dire d'une manière générale que tout corps est enveloppé d'une couche d'air adhérente comme d'une sorte d'atmosphère,

De là ces bulles argentines qui apparaissent à la surface d'un corps solide plongé dans un verre contenant de l'eau, surtout quand on place le verre sous le récipient de la machine pneumatique et que l'on vient à donner quelques coups de piston. C'est à cause de l'adhésion

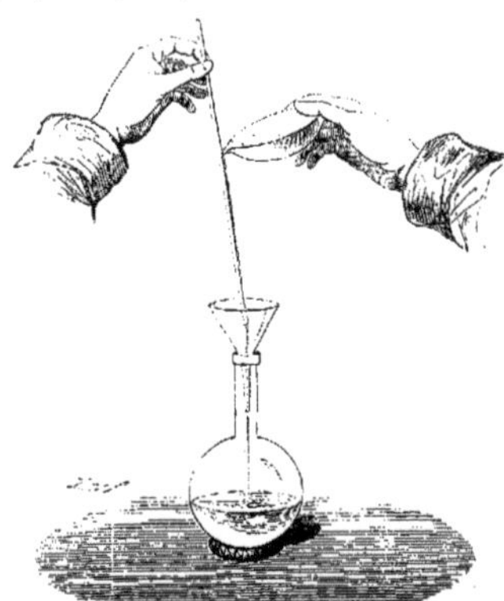

Fig. 48. — Transvasement d'un liquide en utilisant son adhésion.

qu'il est si difficile de bien purger d'air les baromètres et les thermomètres.

L'air adhérent aux parois des cellules formées par les particules cristallines du sucre retarde la dissolution de cette substance en gênant la pénétration de l'eau dans l'intérieur de la masse; mais cet air cédant à la pression de l'eau environnante s'élève sous forme de petits ballons qui emportent des fragments de sucre et viennent crever à la surface du liquide où ils abandonnent leur charge. Les gaz et les vapeurs imprègnent de leur odeur les corps solides et liquides en adhérant à ces substances.

L'adhésion qui s'exerce entre deux corps de nature différente touche de très-près à l'affinité chimique (voyez ce mot) si elle ne se confond pas avec elle.   L. G.

ADIANTE (Botanique), *Adiantum*, du grec *adiantos*, qui ne se mouille pas, parce que vainement on trempe cette plante dans l'eau, elle reste sèche. — Genre de la famille des *Fougères*, tribu des *Polypodiacées* renfermant des herbes qui habitent en général les pays chauds, et auxquelles leurs feuilles minces, transparentes, et leurs tiges grêles ont valu le nom de *Capillaire*; on en trouve deux espèces dans nos pays; le *Capillaire chereux d' Vénus* (*A. Capillus Veneris*, L.) vulgairement *Capillaire de Montpellier*, à pétiole nu, noirâtre, luisant, à feuilles très-découpées et agréablement aromatiques lorsqu'elles sont desséchées; on le trouve dans les grottes humides et au bord des fontaines; et le *Capillaire du Canada*, *capillaire en pédale* (*A. pedatum*, L.), à pétiole glabre, les feuilles étalées en pétales, d'un beau vert et d'une odeur agréable; cultivée chez nous, cette espèce est originaire du nord de l'Amérique septentrionale, toutes deux ont des propriétés pectorales bien connues et on en fait le *sirop de capillaire* des pharmacies. Caractères du genre *Adiantum*, Lin. : rhizome rampant, feuilles ou frondes ordinairement composées, pennées une ou deux fois, portant les capsules à l'extrémité de leurs nervures renflées en réceptacle linéaire. — On désigne encore sous le nom de Capillaires trois autres plantes qui ne sont pas de ce genre : le *Cap. blanc, Polytric officinal* (*Asplenium trichomanes*, Lin.) le *Cap. noir* (*Asplenium adiantum nigrum*) et la *Sauve-vie* (*Asplenium Ruta muraria*, Lin.). autres espèces de fougères.   G — s.

ADIANTÉES (Botanique). — Tribu de la famille des *Fougères*, établie par Gaudichaud seulement pour deux genres : *Adiante* et *Cheilanthe*.

ADIPEUX (Tissu) (Anatomie), du latin *adeps*, graisse. — On a souvent confondu le tissu adipeux avec le tissu cellulaire; mais on a reconnu que la graisse est con-

tenue dans des cellules spéciales, les *vésicules adipeuses*, à parois extrêmement minces, transparentes, visibles seulement au microscope, et dont la réunion forme le *tissu adipeux*.

ADIPIQUE (ACIDE), du latin *adeps*, *adipis*, graisse (Chimie). — Acide bibasique, $C^{12}H^{10}O^{8}$, l'un des produits de l'oxydation des acides gras du suif et de l'acide oléique par l'acide azotique. Il se présente sous la forme de cristaux groupés par masses arrondies et rayonnées; par la sublimation, les aiguilles cristallines se disposent comme les barbes d'une plume, sa couleur est un peu brunâtre. Il est soluble dans l'eau et fond à 130°. Pour l'obtenir on traite soit l'acide oléique brut, soit le suif par l'acide azotique de 1,40 de densité étendu de la moitié de son poids d'eau; l'action est d'abord vive, elle se calme bientôt; on maintient l'ébullition jusqu'à ce que la matière grasse ait disparu. Il se forme, dans cette réaction, les acides *subérique*, *pimélique*, *adipique* et *lipique*. Les deux premiers se déposent tout d'abord de la solution de la masse saline dans l'eau; puis les eaux-mères acides sont concentrées avec précaution pour expulser l'acide nitrique à la faveur duquel les acides *adipique* et *lipique* demeuraient dissous : alors ces derniers acides se déposent; on les sépare l'un de l'autre, à l'aide de l'éther. L'acide adipique a été découvert par Laurent.   B.

ADIPOCIRE, du latin *adeps*, *adipis*, graisse, et *cera*, cire (Chimie). — Nom donné par Fourcroy (1789) à une matière grasse blanchâtre et savonneuse fondant à 5°,5 qu'on remarqua dans certains cadavres de l'ancien cimetière des Innocents, à Paris. Fourcroy supposa que ce produit, qu'il considérait comme un savon ammoniacal mêlé de phosphate de chaux, résultait de la décomposition lente de toute matière animale autre que les os, les ongles et les poils. M. Chevreul a trouvé depuis (1812) dans cette substance de l'acide margarique, de l'acide oléique, une matière colorante jaune et odorante, de l'ammoniaque, un peu de chaux, de potasse, d'oxyde de fer, d'acide lactique et une substance azotée. L'adipocire provient de la graisse qui préexiste dans le corps des animaux (Gay-Lussac et Chevreul) et ne se forme pas aux dépens de la chair, des tendons ou des cartilages : on avait fait, en vain, des essais dispendieux pour convertir en adipocire, capable de servir à la fabrication des chandelles et du savon, des cadavres de bêtes à cornes exposés à l'action de l'humidité. Voici ce qui résulte d'une série d'expériences faites par M. de Hartkoht pendant 25 ans : il ne se forme pas d'adipocire quand on enterre les corps des animaux dans un terrain sec; le contact de la terre humide rend la graisse des cadavres savonneuse, fétide et incapable d'être transformée en chandelle ou en savon; les cadavres des mammifères donnent, après trois ans de séjour dans l'eau courante, une graisse pure, plus abondante chez les jeunes animaux que chez les vieux; les intestins fournissent plus de graisse que les muscles; on peut faire avec cette graisse, sans la purifier, des chandelles aussi belles et aussi bonnes qu'avec la cire blanche; enfin on obtient, après trois ans d'immersion, plus de produit dans l'eau stagnante, que dans l'eau courante, mais il faut alors purifier la substance. On fait en Angleterre, des bougies économiques avec de l'adipocire.   L. G.

ADIVE (Zoologie). — Espèce du genre *Chien*, nommée par G. Cuvier *Corsac* (*Canis Corsac*, GM.). — Voyez RENARD.

ADONIDE (Botanique), *Adonis*, du nom mythologique *Adonis*. — Genre de plantes herbacées de la famille des

Fig. 49. — Adonide d'automne, fleur.

Fig. 50. — Adonide d'automne, feuilles.

Renonculacées, tribu des *Anémonées*, d'un port élégant, habituellement hautes de 0m,10 à 0m,35, à feuilles découpées en lanières fines, fleurs solitaires jaunes ou rouges, qu'on trouve en abondance dans nos champs de moissons (*fig.* 49). Suivant la Fable, le jeune Adonis qui était aimé de Vénus, étant un jour à la chasse sur le mont Liban, fut blessé par un sanglier qui n'était autre que le dieu Mars jaloux de l'avoir pour rival; son sang tomba sur cette plante et teignit ses fleurs d'un beau rouge vif; cette fable parait être l'origine du nom de la plante. L'espèce la plus connue est l'*A. d'automne* (*A. autumnalis*, Lin.), vulgairement nommée *goutte de sang*, par allusion au récit de la Fable; elle a les sépales glabres, étalés, d'une pourpre noirâtre; ses pétales d'une belle couleur pourpre, sont remarquables par une tache noire qui existe à leur base. C'est une plante d'ornement commune dans nos jardins. L'*A. d'été* (*A. œstivalis*, Lin.), vulgairement *œil de perdrix*, dont les sépales sont jaunâtres, glabres, appliqués sur les pétales, ceux-ci sont d'un rouge vermillon ou jaunes. L'*A. flamboyante*, *A. couleur de feu* (*A. flammea*, Jacq.) a des sépales d'un jaune verdâtre, et les pétales d'un rouge vif. Une autre espèce, l'*A. printanière* (*A. vernalis*, Lin.), habite surtout la France méridionale et se trouve dans les vallées des hautes montagnes; ses fleurs solitaires sont jaunes, un peu verdâtres, la culture en a fait quelques variétés, dans nos jardins. Caractères du genre *Adonis:* — Calice à 5 sépales, colorés, caducs, de 3 à 9 pétales sessiles; fruits en akène, nombreux, nus, à une seule graine. · G — s.

ADOS (Horticulture). — On appelle ainsi une planche de jardinage disposée en talus fortement incliné et dont la partie la plus élevée est ordinairement appuyée à un mur. Les ados généralement exposés au midi et protégés par leur inclinaison même et par l'abri des murs contre les vents et les pluies du nord, sont employés pour la culture des primeurs, tels que les fraises, les pois, etc. Quelquefois aussi on dispose les terrains en *ados*, lorsqu'ils sont naturellement humides et qu'on veut faciliter l'écoulement des eaux; dans ce cas leur direction est déterminée par l'inclinaison naturelle du sol (voyez BILLONNAGE, LABOUR).

ADOUCISSANTS (MÉDICAMENTS) (Médecine). — A une époque où l'on attribuait à une âcreté du sang ou des humeurs un grand nombre de maladies, on nommait *médicaments adoucissants* ceux que l'on regardait comme efficaces pour corriger ces âcretés. En abandonnant ces idées on a attaché un autre sens aux mêmes mots; on nomme aujourd'hui *adoucissants* les médicaments mucilagineux ou sucrés qui s'administrent dans la première période des maladies inflammatoires, comme les loochs et autres liquides émulsifs, le lait, le miel, les préparations faites avec les plantes ou les substances mucilagineuses, comme les gommes, la graine de lin, les semences de coing, la guimauve, etc. Les bains agissent aussi comme adoucissants.

ADOXA (Botanique) du grec *a* privatif, et *doxa*. gloire, éclat. — Genre formé pour la *Moscatelle*, *Moschatellina*, plante dont les petites fleurs verdâtres, sont dépourvues de tout éclat (voyez MOSCATELLE).

ADRAGANT ou ADRAGANTE, ADRAGANTHE (Matière médicale). — Voyez GOMME.

ADULAIRE (Minéralogie). Ainsi nommé du *Mont-Adule* ou *Saint-Gothard*. — C'est un feldspath orthose blanc, nacré et transparent (*pierre de lune* des joailliers) dont on trouve de beaux cristaux au Saint-Gothard, en Suisse (voyez FELSPATH).

ADULTE (Zoologie, Botanique, Médecine). — Voy. AGE.

ADULTÉRATION. — Altération d'un produit quelconque et plus spécialement d'un produit chimique par un mélange frauduleux de substances de moindre valeur. Pour les moyens de le constater voir chaque produit.

ADYNAMIE (Médecine), du grec *a* privatif et *dunamis*, force. — C'est un état d'affaiblissement très-marqué de toutes les forces vitales; le visage est altéré, pâle et sans expression; les mouvements sont difficiles ou impossibles; joignez à cela la mollesse et l'affaissement des chairs, la décoloration ou une coloration anormale de la peau; la présence sur les dents, les lèvres et la langue, d'une matière noirâtre couleur de suie à laquelle on a donné le nom de FULIGINOSITÉ; l'amoindrissement de toutes les sensations, la paresse dans la perception et dans l'expression des idées, etc. L'adynamie se produit dans toutes les maladies de mauvais caractère, le typhus, la fièvre jaune, le choléra, et particulièrement la fièvre typhoïde, dont une des formes portait autrefois les noms de *fièvre adynamique*, *fièvre putride*. F — N.

ADYNAMIQUE (FIÈVRE) (Médecine). — Nom donné ur Pinel, et après lui par la plupart des médecins, jus-

qu'à ces derniers temps, à la *fièvre putride*; aujourd'hui elle n'est plus considérée que comme un des états particuliers de la *fièvre typhoïde*.

ÆGAGRE (Zoologie). — Nom de la chèvre sauvage. (voyez CHÈVRE).

ÆGAGROPILE. — Voyez BÉZOARD.

ÆGICÉRÉES (Botanique), du grec *aix*, *aïgos*, chèvre, et *keras*, corne, allusion à la forme recourbée et pointue du fruit. — Petite famille de plantes dicotylédones gamopétales et qui a pour type le genre *Ægiceras*, Gærtn.; elle réunit des arbustes aquatiques fleurissant en ombelles blanches, odorantes; corolle gamopétale, cinq étamines, ovaire libre, uniloculaire; fruit en follicule. M. Ad. Brongniart a placé les Ægicérées à la fin de sa classe des *Primulinées*; dans la Méthode de De Candolle elles sont rangées entre les Myrsinées et les Théophrastées. Ces plantes habitent surtout les régions chaudes de l'Asie; on cultive quelquefois dans nos serres l'*Æ. majus* à fleurs blanches de Gærtn.

ÆGILOPS (Médecine), du grec *aix*, *aïgos*, chèvre, *ops*, œil, soit parce que les chèvres sont sujettes à cette maladie, soit plutôt parce que ceux qui en sont affectés, tournent les yeux comme ces animaux. On donne ce nom à un petit ulcère, tantôt simple, quelquefois sinueux, à bords calleux, profond, situé à l'angle interne de l'œil et qui résulte ordinairement de l'ouverture d'une petite tumeur nommée *anchilops* (voyez ce mot) avec laquelle les anciens paraissent l'avoir confondue. L'ægilops simple guérit facilement et se cicatrise bientôt en lavant la plaie avec de l'eau de sureau, de l'eau de guimauve; celui qui présente une ulcération profonde, calleuse est souvent compliqué de carie de l'os, et demande un traitement plus sérieux.

ÆGILOPS, **ÆGILOPE** (Botanique). — Dioscoride a signalé sans raison cette plante comme efficace contre l'affection dont elle a pris le nom. — Les Ægilops ou Ægilopes en français forment un genre de plantes *Monocotylédones*, de la famille des *Graminées*, tribu des *Triticées*; ce sont des herbes annuelles qui croissent spontanément dans les champs de l'Europe méridionale et dans le Levant. On trouve dans les plaines basses et arides des environs de Paris l'*Æ. allongé* (*Æ. triuncialis*, Lin.), beaucoup plus commun dans le midi de la France. Mais une espèce plus remarquable se rencontre dans les terrains secs, le long des chemins à Fontainebleau, dans nos départements du Midi, en Italie, en Espagne, etc.; c'est l'*Æ.*

Fig. 51. — Ægilops ovale.

ovale (*Æ. ovata*, Lin.), haute de 14 à 20 centimètres et qui doit à son épi court et ovale un aspect tout particulier (*fig.* 51). Cette espèce répandue en Sicile y a été signalée souvent, depuis le voyage de Sestini, comme le froment sauvage. Cæsalpin avait en effet nommé *Triti-*

cum sylvestre son grain quelque peu semblable à celui du frome t, et que les Siciliens mangent volontiers, légèrement rôti. Récemment, en 1840, M. Esprit Fabre, jardinier à .gde et M. Dunal, avaient annoncé que des graines de l'*Æ. triticoïdes*, Requ. donnaient par la culture le véritable froment cultivé ; MM. Godrou, Regel, Vilmorin, Groenland, Henslow en discutant ces expériences ont démontré qu'il n'y a rien de commun entre le Froment et les Ægilopes quels qu'ils soient, et que l'*Æ. triticoïdes* est un produit hybride de l'*Æ. ovale* et du Froment, produit qui s'éteint souvent par la stérilité, et ne forme pas une véritable espèce.   G — s.

ÆGLEFIN ou **ÆGREFIN** (Zoologie). — Nom d'une espèce de Gade du genre Morue (voy. ce mot).

ÆPYORNIS (Zoologie), du grec *aipus*, grand, et *ornis*, oiseau. — Oiseau gigantesque de l'île de Madagascar dont M. Isidore Geoffroy Saint-Hilaire a nettement signalé l'existence, le 27 janvier 1851 (*Compt. rend. de l'Ac. des sc. de Paris* 1851 et 1854) et dont M. Abadie avait pour la première fois vu un œuf employé comme vase par un Malgache, en 1850, à Madagascar ; deux autres œufs semblables et des ossements découverts par lui sont les seules pièces qui aient révélé cet oiseau gigantesque, et nous ne le connaissons encore que par ces débris. Les œufs de l'Æpyornis étonnent par leur taille ; le plus grand que l'on ait trouvé a une capacité de 10 litres, les autres mesurent de 8 à 9 litres ; la coquille a environ 3 millimètres d'épaisseur ; ainsi la capacité d'un de ces œufs égale celle de 150 à 170 œufs de poule, de 16 à 17 œufs de casoar et 5 à 6 œufs d'autruche. On peut conjecturer par là quelle doit être la taille de l'oiseau qui pondait de tels œufs ; elle atteignait certainement 3 mètres et allait peut-être jusqu'à 4. Il est peu probable, malgré la croyance répandue parmi les Malgaches, que cet oiseau existe encore au centre de l'île, et les débris que l'on a recueillis paraissent fossiles. M. Is. Geoffroy Saint-Hilaire a fait de cet oiseau, sous le nom d'*Æ. maximus*, le type d'un genre nouveau qu'il place auprès des Casoars et des Autruches.

AÉRAGE, AÉRATION (Hygiène, Technologie). On entend en général par ces mots le renouvellement de l'air vicié dans un lieu quelconque. Ce mot s'applique cependant plus particulièrement aux mines (voyez Ventilation, Mines).

AÉRIFORME (qui a la forme ou l'aspect de l'air). — Se dit des substances qui, sans avoir la nature de l'air atmosphérique, en ont les propriétés physiques, c'est-à-dire la fluidité, la transparence, l'élasticité : tels sont les *gaz* et les *vapeurs* (voyez ces mots).

AÉROLITHES. — Pierres qui tombent de l'amotsphère ; on les considère aujourd'hui comme des astéroïdes, c'est-à-dire de petits corps planétaires disséminés dans l'espace où ils *circulent* autour du soleil suivant les lois générales de la gravitation. S'ils viennent à s'approcher beaucoup de la terre, ils deviennent lumineux en pénétrant dans l'atmosphère avec une très-grande vitesse, et peuvent tomber à sa surface. D'après cela, les étoiles filantes, les bolides, les pierres météoriques seraient des phénomènes du même ordre : les *étoiles filantes* prennent le nom de *bolides* quand elles présentent un disque appréciable, et *d'aérolithes* quand leurs fragments atteignent la terre.

Malgré le témoignage des historiens et l'opinion du vulgaire, on avait longtemps mis en doute l'authenticité des chutes de pierres, lorsqu'en 1803, le 26 avril, une pluie de pierres eut lieu en plein midi près de *Laigle* dans le département de l'Orne. Ce phénomène, décrit avec beaucoup de soin par M. Biot, mit un terme aux doutes des savants. Sur un terrain d'environ 10 kilomètres de long sur 4 de large, il tomba deux à trois mille pierres dont la plus grosse pesait 17 livres. Ces pierres se ressemblaient et n'avaient aucun rapport avec le terrain sur lequel on les trouva, tandis qu'elles présentaient les caractères déjà remarqués sur les autres corps qui passaient pour être tombés du ciel. Depuis lors on recueille avec soin les observations de ce genre, et on a réuni dans des catalogues les chutes d'aérolithes mentionnées par les historiens. Le plus connu de ces catalogues est celui de Chladni.

Sous le rapport de leur constitution physique on distingue les aérolithes en pierreux ou métalliques, suivant les corps qui y prédominent. Le fer existe chez tous à l'état natif, ou bien à l'état d'oxyde ou de sulfate. Au moment de leur chute on les trouve d'ordinaire fortement échauffés, mais non pas incandescents ; ils sont entourés d'une écume noirâtre. On y rencontre du nickel, du chrome, du phosphore, des silicates de chaux, de ma-

gnésie, d'alumine. Ce sont bien les éléments chimiques qui composent notre globe ; mais la manière dont ils sont associés, dans les aérolithes, donne à ces corps un caractère commun qui permet de les distinguer. Aussi existe-t-il à la surface de la terre un certain nombre de grandes masses que l'on rapporte, à cause de leur constitution, à une origine météorique, bien qu'on ne les ait pas vues tomber.

Mais ce qui est encore complétement inexpliqué, ce sont les circonstances qui signalent la chute d'un aérolithe. Elle est ordinairement précédée d'un roulement et d'une détonation comparable à celle de la foudre ou à l'explosion d'une poudrière éloignée. Des étincelles suivies d'un nuage de vapeurs ou de fumée accompagnent le bolide. Le plus souvent un grand nombre de fragments atteignent le sol, disséminés quelquefois sur un espace très-étendu. L'aérolithe tombé à Montrejean (Haute-Garonne), le 9 décembre 1858, a présenté ces diverses circonstances. On les trouvera détaillées dans les communications dont il a été l'objet à l'Académie des sciences.   E. R.

A consulter ; *Astronomie populaire* d'Arago ; *Cosmos* de Humboldt ; *Des Météores*, par M. Coulvier-Gravier ; *Grand Traité de météorologie* de Kaemtz.

AÉRONAUTE. — Voyez Aérostat.

AÉROPHOBIE (Médecine), du grec *aér*, air, et *phobos*, crainte. — On désigne ainsi l'horreur pour le contact de l'air en mouvement à la surface de la peau ; sentiment d'horreur qui est un des symptômes de la rage et qui s'observe parfois à un moindre degré dans les accès d'hystérie.

AÉROSTAT (Physique) (du latin *aer*, air, et *stare*, se tenir ; vulgairement ballon). — Enveloppe mince et flexible, ordinairement sphérique, que l'on gonfle d'un gaz moins dense que l'air ordinaire (d'air chaud, de gaz d'éclairage ou d'hydrogène), pour avoir un système plus léger que l'air déplacé et par là capable de s'élever dans l'atmosphère, comme un flacon rempli d'air et bouché s'élève dans l'eau quand on l'abandonne à lui-même au milieu de ce liquide.

Principe. — L'ascension a lieu en vertu du principe suivant : « *Tout corps plongé dans un fluide (dans un liquide ou dans un gaz) est poussé de bas en haut avec une force égale au poids du fluide dont il tient la place.* » Ce principe découvert par Archimède sur les liquides, porte, en physique, le nom de cet illustre savant (principe d'Archimède). Si le poids du corps est plus faible que la poussée produite par le fluide environnant, le corps monte et la force ascensionnelle qui le soulève est l'excédant du poids du fluide déplacé sur le poids du corps. Ex. : Un mètre cube d'air ordinaire pèse environ $1^k,29$, tandis qu'un mètre cube d'hydrogène ne pèse que $0^k,09$ dans la même condition. Si l'on gonfle avec ce mètre cube d'hydrogène une enveloppe pesant 1^k, le ballon ainsi formé aura un poids total de $1^k,09$ et une force ascensionnelle égale à $1^k,29$ moins $1^k,00$ ou $1^k,20$.

On appelle particulièrement *Montgolfières* les ballons gonflés d'air chaud dont l'invention est due aux frères Montgolfier (1782), et *aérostats*, les ballons gonflés de gaz d'éclairage ou de gaz hydrogène qui ont remplacé généralement les premiers. C'est le physicien Charles qui a construit le premier grand ballon à hydrogène (1783) pourvu de ses accessoires et presque aussi parfait que ceux que l'on emploie de nos jours.

Disposition des aérostats. — Une montgolfière se compose d'une enveloppe sphérique de toile doublée de papier et munie inférieurement d'une large ouverture au-dessous de laquelle on suspend un réchaud de fil de fer avec de la paille, de la laine humide enflammée : l'air, échauffé et dilaté par la combustion, monte avec la fumée et pénètre dans l'intérieur du ballon qui se gonfle assez vite et ne tarde pas à s'élever dans l'atmosphère, emportant avec lui le foyer destiné à entretenir sa force ascensionnelle. Dans un aérostat, l'enveloppe doit être rendue imperméable aux gaz aussi complétement que possible pour pouvoir garder assez longtemps le fluide dont on la gonfle, d'autant plus qu'ici ce fluide ne peut se renouveler, comme dans une montgolfière, une fois que le ballon a pris son essor. Cette enveloppe est formée de fuseaux de taffetas enduits sur les deux faces d'un vernis élastique et consus les uns aux autres. On emploie encore un tissu que l'on obtient en interposant une lame de caoutchouc entre deux feuilles de taffetas (voyez Caoutchouc). Un filet de corde dont on recouvre le ballon sert à supporter une nacelle ou une corbeille légère (d'osier ou de fanons de baleine, etc.) (*fig.* 52), dans laquelle se placent les aéronautes avec différents objets et répartit la charge totale sur un grand nombre de points. Le ballon présente une ouverture inférieure par laquelle on introduit le gaz, et une ouverture supérieure contre laquelle s'applique, en dedans, une soupape pressée par un ressort; l'aéronante ouvre cette soupape à l'aide d'une corde qui prend dans l'intérieur du ballon jusqu'à la nacelle pour laisser sortir du gaz quand il veut s'abaisser ou modérer son ascension. La nacelle est lestée avec quelques sacs de sable fin que l'on vide plus ou moins, pour s'élever davantage ou pour ralentir une descente trop rapide; une banderole attachée à la nacelle ou mieux encore un BAROMÈTRE indique si l'on monte, si l'on reste stationnaire, ou si l'on descend; on peut,

Fig. 52. — Aérostat.

de plus, à l'aide du baromètre, calculer la hauteur à laquelle on parvient. Enfin on emporte souvent une ancre que l'on accroche à un point fixe pour mettre pied à terre et un PARACHUTE, appareil analogue à un grand parapluie percé d'une ouverture à son sommet, à l'aide duquel on peut se laisser tomber et descendre lentement en cas de dangers.

Gonflement des aérostats. — Pour gonfler le ballon, on le suspend entre deux mâts (*fig.* 53), par sa partie supérieure, avec son filet et sa nacelle, puis on fait communiquer

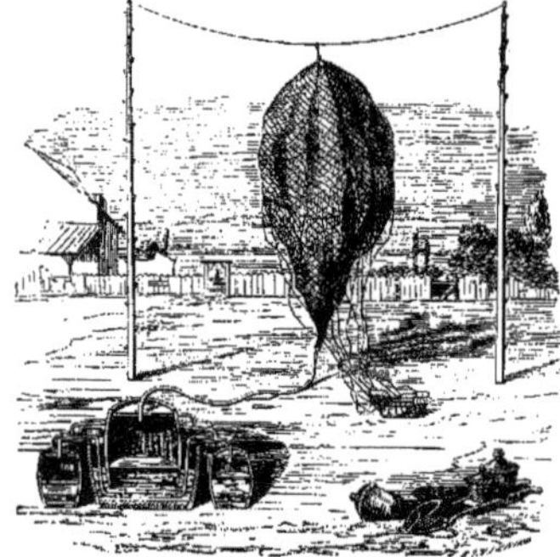

Fig. 53. — Gonflement d'un aérostat.

son orifice inférieur, au moyen d'un tube flexible de toile gommée, soit avec une conduite de gaz d'éclairage, soit avec un appareil dégageant de l'HYDROGÈNE, ce qui est moins commode et plus dispendieux. Voici d'ailleurs le procédé suivi lorsqu'il devient nécessaire d'employer l'hydrogène : On met des fragments de fer ou de zinc, de l'eau et de l'acide sulfurique dans une série de tonneaux dont chacun est surmonté d'un tube qui va déboucher sous un tonneau central défoncé à sa partie inférieure et plongeant dans l'eau à la manière d'un GAZOMÈTRE. Le gaz fourni par chaque tonneau vient se laver dans l'eau et y laisser les substances corrosives entraînées pendant la réaction pour se rendre de là dans le ballon qui a été mis en communication avec le fond supérieur du tonneau central à l'aide du tube de toile gommée. On emploie l'hydrogène, surtout lorsqu'on veut s'élever à de grandes hauteurs, dans un but scientifique. Le gaz d'éclairage suffit pour les ascensions ordinaires si fréquentes de nos jours. Pendant l'opération du remplissage, on

retient le ballon par les cordes qui terminent le filet. Le ballon ne doit pas être complétement gonflé au moment où il part; en effet, à ce moment, la force expansive du gaz enfermé dans l'enveloppe, est tenue en équilibre par la pression atmosphérique, mais à mesure que le ballon s'élève celle-ci diminue (voyez ATMOSPHÈRE), la pression intérieure l'emporte alors sur la pression extérieure, de là distension de l'enveloppe, et même rupture si l'excès de la force expansive du gaz emprisonné, sur la pression atmosphérique est trop considérable; cet excès augmente d'ailleurs à mesure que le ballon s'élève. Pour obtenir l'équilibre des deux pressions opposées, on laisse ordinairement libre l'orifice inférieur et on ouvre même la soupape dont on a déjà parlé. De plus, tant que le ballon n'est pas entièrement gonflé, il conserve à peu près la même force ascensionnelle, parce qu'à mesure que le ballon se gonfle et déplace un volume d'air plus grand en s'élevant, la densité du fluide intérieur et celle du fluide extérieur diminuent; d'après cela, il suffit de laisser au ballon chargé une force ascensionnelle initiale de quelques kilogrammes.

Direction des aérostats. — Malgré tous les efforts tentés jusqu'à ce jour, l'aéronaute n'a aucun moyen certain de diriger son embarcation qui va à la dérive au gré du vent, il ne peut en régler que la descente ou l'ascension par le jeu de la soupape ou par la perte d'une portion du lest. Il serait sans doute téméraire d'affirmer que cette question ne sera jamais résolue ; mais il est hors de doute qu'elle est à peu près inabordable par les ressources actuelles de la mécanique. La surface d'un aérostat est en effet très-grande, elle serait vraiment énorme si l'on se proposait d'enlever des poids considérables, hypothèse qu'il faut absolument envisager si la locomotion aérienne doit devenir une réalité pratique. Ainsi le ballon *le Géant*, qui a servi aux dernières ascensions du Champ-de-Mars (octobre 1863), dont le diamètre est de 30^m environ, présente une surface qui s'approche beaucoup de 3000 mètres carrés. C'est certainement une surface supérieure à celle de toute la voilure d'un vaisseau de ligne. Or on a calculé que l'action d'une bonne brise sur la grande voile d'un navire équivaut à l'effet d'une machine à vapeur de 500 chevaux ; qu'on se représente donc la force qu'il faudrait pour maintenir en place un ballon tel que le Géant, malgré l'action du vent, et surtout pour le faire progresser contrairement à celui-ci. Le poids de la machine capable d'un tel effet serait incomparablement supérieur à celui qui peut être enlevé par l'aérostat. Une seule ressource se présente, c'est de diminuer dans une énorme proportion le poids des moteurs actuellement connus. C'est la voie dans laquelle s'est engagé résolûment l'habile et célèbre inventeur de l'injecteur, M. Giffard. Il a cherché à construire des machines à vapeur qui marcheraient sous les formidables pressions de 60, 100 et même 200 atmosphères, et qui mettraient en mouvement une hélice attelée à la nacelle.

D'autres inventeurs, M. Ponton d'Amécourt en particulier, se sont proposé de renoncer à l'aérostat et de construire une machine à hélice qui s'élèverait comme l'oiseau s'élève par l'action de ses ailes. La petite machine essayée jusqu'à présent est imitée du jouet d'enfant appelé spiralifère; l'hélice, en tournant, détermine l'ascension de l'appareil; en variant la vitesse de rotation et le degré d'inclinaison de l'axe, on peut obtenir l'ascension, la descente et la *direction* ; mais le moteur qui produirait cette rotation est encore à trouver, et, ainsi que nous l'avons dit, là est tout le problème.

HISTORIQUE. — La première idée des aérostats paraît appartenir au père François Lana qui a proposé vers 1670 de faire le vide dans des ballons de cuivre assez grands et assez minces et d'attacher à ces ballons un navire complet devant servir à voyager dans les airs. L'appareil dont nous donnons la gravure (*fig.* 54), d'après un ouvrage du temps, n'a pas été construit et ne pourrait l'être, mais l'idée de la navigation aérienne à l'aide d'un système moins pesant que l'air déplacé, fut acquise à la science. Black, chimiste écossais, disait sans faire l'expérience, qu'une vessie remplie d'hydrogène devait s'élever dans l'air (1767). Cavallo en 1782 faisait monter dans l'air des bulles de savon gonflées avec de l'hydrogène. Méditant sur la suspension des nuages, les frères Joseph et Étienne Montgolfier furent conduits à chercher le moyen de s'élever dans les airs. Ils songèrent à imiter la nature en donnant une enveloppe légère à des nuages artificiels. Ils gonflèrent d'abord d'hydrogène des globes de papier qu'ils virent s'élever, comme ils l'avaient prévu, mais le gaz traversant le papier l'ascen-

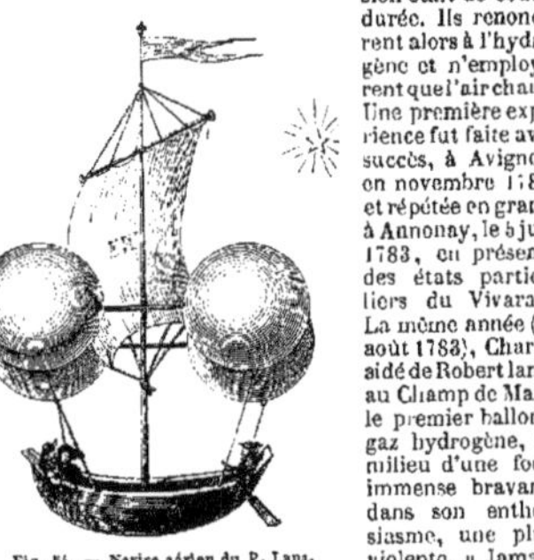

Fig. 54. — Navire aérien du P. Lana.

sion était de courte durée. Ils renoncè-rent alors à l'hydro-gène et n'employè-rent que l'air chaud. Une première expé-rience fut faite avec succès, à Avignon, en novembre 1782, et répétée en grand, à Annonay, le 5 juin 1783, en présence des états particu-liers du Vivarais. La même année (27 août 1783), Charles aidé de Robert lança au Champ de Mars, le premier ballon à gaz hydrogène, au milieu d'une foule immense bravant, dans son enthou-siasme, une pluie violente. » Jamais, dit Mercier, leçon de physique ne fut donnée devant un auditoire plus nom-breux et plus attentif. » Le 12 septembre suivant, Étienne Montgolfier qui était arrivé à Paris reproduisit l'expé-rience d'Annonay, avec un énorme ballon à air chaud, de-vant les commissaires de l'Académie des sciences, puis le 19 à Versailles, en présence du roi, de toute la cour et d'une grande multitude accourue de Paris et des villes voisines. Le 21 octobre 1783, Pilâtre des Roziers et le major marquis d'Arlandes osèrent se confier à une mont-golfière (*fig.* 55), et exécutèrent le premier voyage aérien.

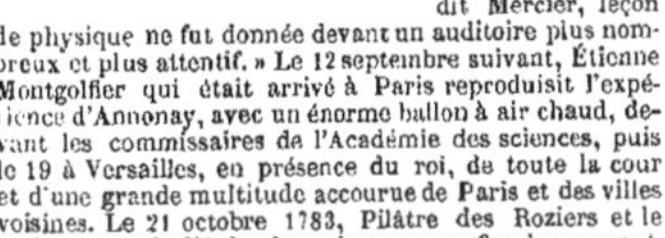

Fig. 55. — Montgolfière de Pilâtre des Roziers et d'Arlandes.

Ils partirent du jardin de la Muette (situé au bois de Bou-logne), en présence du dauphin et de sa suite, passèrent au-dessus de la partie sud de Paris et descendirent entre la barrière d'Enfer et la barrière d'Italie (barrière de Fontainebleau), à 2 lieues du point de départ.

Le 1er décembre 1783 Charles et Robert s'élevèrent dans les airs avec un ballon à hydrogène réunissant à peu près toutes les conditions de sécurité désirables. Ils partirent du jardin des Tuileries au bruit du canon et aux acclamations d'un nombre prodigieux de spectateurs garnissant jusqu'aux toits des maisons. A dater de cette époque les voyages aériens se multiplièrent en France et à l'étranger tantôt dans un but de pure curiosité, tantôt dans un but utile ou scientifique. Les ballons captifs, c'est-à-dire retenus par des cordes, ont servi avec succès à faire des reconnaissances militaires (voyez AÉROSTIERS), — d'abord à l'armée du nord en 1794, et depuis en Cri-mée et en Italie. Arago a proposé leur emploi pour dé-charger les nuages orageux, mais il faudrait empêcher le vent de rabattre ces ballons à terre. On a fait des essais, avec quelques succès, en associant à un ballon captif un cerf-volant que le vent tend toujours à soulever. Les aérostats ont déjà rendu, et sont encore appelés à ren-dre de véritables services à la science. La première as-cension scientifique fut faite le 24 août 1804 (6 fructidor an XII) par MM. Biot et Gay-Lussac. Quelques jours après, le 16 septembre (29 fructidor), Gay-Lussac s'éleva seul à une hauteur d'environ 7 000 mètres. Le baromètre était descendu de 76°,52 à 32°,88, et le thermomètre de 27°,75 à 9°,5 au-dessous de zéro. La sécheresse de l'air de ces régions était si grande que le papier et le parche-min humide s'y desséchaient et s'y crispaient comme devant le feu. Le pouls et la respiration s'y trouvaient très-accélérés. L'air recueilli dans ces régions a pré-senté à l'analyse la même composition que l'air de la sur-face du globe. Les observations faites par Gay-Lussac sont relatives à l'électricité atmosphérique, à l'intensité magnétique du globe et au décroissement de la tempéra-ture. Parti du Conservatoire des arts et métiers, il des-cendit lentement près de Rouen, après six heures de na-vigation. En 1850 MM. Barral et Bixio ont fait deux as-censions scientifiques. Ils ne purent dépasser de beaucoup la hauteur de 7 000 mètres à laquelle ils parviennent dans leur seconde ascension à cause d'une déchirure qui se fit à leur ballon, et qui les obligea à descendre avant d'avoir terminé leurs observations. Plus récemment MM. Glaisher et Coxwell se sont élevés à plus de 9000m. C'est la plus grande hauteur à laquelle l'homme soit jamais parvenu.

Parmi les aéronautes les plus connus, nous citerons Jacques Garnerin, inventeur du PARACHUTE, et sa fille Élisa Garnerin, la première femme qui osa descendre à l'aide de cet appareil; Blanchard qui conçut l'idée du parachute réalisée par Garnerin et qui, le 7 janvier 1785, en compagnie du docteur Jeffries, traversa la Manche de Douvres à Calais et faillit périr avant d'atteindre la côte de France. Robertson, Green, Margat, Godard, Poitevin bien connus de nos jours. M. Green prétend s'être élevé à plus de 7 000 mètres; il a aussi renouvelé en 1851 la traversée de la Manche avec moins de difficultés que Blanchard. Quelques victimes de leur courageuse témé-rité ont laissé un douloureux souvenir parmi les aéro-nautes. Pilâtre Desroziers en 1785 voulut avec Romain re-commencer le voyage de Blanchard, en attachant une montgolfière à un ballon gonflé d'hydrogène ; ce dernier gaz prit feu, enflammé sans doute par une étincelle par-tie du réchaud. le ballon se dégonfla tout à coup, re-tomba sur la montgolfière, et les deux aéronautes, préci-pités d'une hauteur de 400 mètres environ, périrent sur le coup. En 1819, madame Blanchard, femme de celui qui a été nommé ci-dessus, périt d'une manière analogue; elle s'éleva du jardin de Tivoli et fit partir de sa nacelle un feu d'artifice qui enflamma l'hydrogène. On peut citer encore les noms de quelques autres victimes de l'aérostation, Zambeccari, Harris, Sadler, Arban, Gallo; toutefois, si l'on tient compte de la grande quantité de voyages aérostatiques exécutés jusqu'à présent, qui dé-passe certainement le chiffre de 12,000, on pourra dire que le nombre des accidents est peu considérable ; on en conclut que les voyages en ballon n'offrent pas autant de dangers que l'on avait lieu de le croire au premier abord.

Ouvrages à consulter: *Magasin pittoresque* (mai 1844); *Sur les moyens de diriger les aérostats* (par M. Fran-callet, Paris, 1849); *Aérostation ou Guide pour servir à l'histoire et à la pratique des ballons,* par M. Dupuis-Delcourt (Paris, 1849); *Ballons, histoire de la locomotion aérienne, depuis son origine jusqu'à nos jours,* par M. Turgan (Paris, 1850); *Exposition et histoire des principales découvertes scientifiques modernes,* par M. Louis Figuier, tome IV (Paris, 1858). L. G.

AÉROSTATIQUE. — Partie de la physique ou de la mécanique qui traite des conditions d'équilibre des gaz ou des vapeurs. Ces conditions basées sur l'excessive mo-bilité des particules de ces fluides sont aussi celles de l'é-quilibre des liquides (voyez HYDROSTATIQUE).

AÉROSTIERS. — Corps militaire formé en 1792, sur la proposition de Coutelle, par le Comité de salut public. Les aérostiers étaient chargés, à l'aide d'ascensions faites en ballon captif, d'observer les mouvements et les approches de l'ennemi, et de faire connaître le résultat de leurs observations à l'aide d'un système particulier de signaux. Les aérostiers rendirent quelques services sérieux dans les premiers temps de leur formation et notamment à la célèbre journée de Fleurus ; mais on conçoit combien de pareilles manœuvres sont à la fois incertaines et périlleuses ; aussi le corps des aérostiers fut-il supprimé par Bonaparte à son retour d'Égypte (voyez AÉROSTAT.

ÆSCULUS (Botanique). — Nom latin du *Marronnier d'Inde* (voyez ce mot).

ÆSHNE (Zoologie), *Æshna*, Fabr. — L'un des trois genres dans lesquels Cuvier, d'après Réaumur et Fabricius, a divisé son grand groupe ou tribu des *Demoiselles* ou *Libellules*, *Insectes névroptères* de la famille des *Subulicornes*. Les Æshnes diffèrent des Libellules, proprement dites, en ce que leurs yeux simples sont placés sur une saillie du front simplement transversale, carénée et non vésiculaire ; leur abdomen est toujours étroit et allongé comme une baguette ; le lobe intermédiaire de leur lèvre plus grand et non divisé en deux jusqu'à sa base, les deux pièces latérales écartées armées d'une forte dent et d'un appendice épineux. Leurs mœurs et leur conformation générale rappellent d'ailleurs celles des Demoiselles (voyez DEMOISELLES, LIBELLULES.) On trouve aux environs de Paris l'*Æ. grande* (*Æshna grandis*,

Fig. 56. — *Æ'shne à tenaille* (grandeur naturelle).

Latr.), la plus grande des espèces d'Europe (long. 6 à 7 centim.), d'une couleur brun fauve avec une raie jaune de chaque côté du corselet, l'abdomen tacheté de vert ou de jaunâtre et les ailes irisées. On voit ce bel insecte poursuivre d'un vol rapide les mouches et les moucherons, à travers les prairies et sur les bords des ruisseaux dont sa larve, plus allongée que celle des Libellules, habite les eaux. L'*Æ. à tenailles* (*Æ. forcipata*, Fabr.) est encore une grande espèce, assez peu différente de la précédente, mais avec la tête jaune et portant une petite tache noire oblongue à l'extrémité antérieure de chaque aile ; on la rencontre aussi aux environs de Paris.

ÆTHUSE (Botanique), du grec *aithô*, je brûle, allusion à l'âcreté brûlante du suc de cette plante. — Vulgairement connue sous le nom de *Petite ciguë*, *Faux-Persil*, *Ache-des-chiens* (*Æ. cynapium*, Lin.), cette plante appartient à la famille des *Ombellifères*, tribu des *Séselinées* et forme le type d'un genre auquel elle a donné son nom. Toute l'importance de cette espèce à suc très-vénéneux consiste dans sa ressemblance avec le persil qui a donné souvent lieu à de dangereuses méprises. On peut cependant reconnaître l'æthuse à ses feuilles d'un vert sombre et non pas vert clair, à sa tige glauque et finement striée vers sa base de lignes rougeâtres que le persil ne montre jamais. Un des meilleurs caractères se révèle encore en froissant entre ses doigts les feuilles de la plante ; au lieu de l'odeur franchement aromatique du persil, l'æthuse exhale alors une odeur fétide et nauséabonde. Les fleurs de ces deux plantes se distinguent très-facilement, celles de l'æthuse sont blanches et non verdâtres. L'empoisonnement que produit l'æthuse serait combattu par des vomitifs, et après les vomissements on administrerait du vinaigre ou du jus de citron étendus d'eau. — Cette plante dangereuse est très-commune dans les jardins et les lieux cultivés. — Le genre *Æthuse* (*Æthusa*, Lin.) a pour principaux caractères : calice entier, pétales obovales, échancrés, à sommet infléchi ;

fruit ovale, globuleux, carpelles à 5 côtes saillantes, vallécules à une bandelette, 2 bandel. à la face commissurale, columelle bipartite.

G — s.

ÆTITE ou **PIERRE D'AIGLE** (Minéralogie), du grec *aetos*, aigle. — Variété de fer hydroxydé que les anciens regardaient comme se rencontrant habituellement dans le nid des aigles. La pierre d'aigle est une géode renfermant un noyau mobile ; on en trouve, en France, près d'Alais et près de Trévoux.

AFFILOIR (de fil.) (Technologie). — C'est, le plus souvent, une pierre *schisteuse* servant à enlever aux instruments tranchants le *morfil*, petite lisière très-mince, très-flexible et très-coupante qui se forme lorsqu'on les aiguise (voyez AFFUTER) ou bien à leur donner le *fil* quand ils sont émoussés. Le morceau de fer ou d'acier cylindrique appelé FUSIL, les cuirs sur lesquels on promène les rasoirs et les couteaux sont des affiloirs. L'affiloir s'emploie tantôt sec tantôt mouillé d'huile ou d'eau ; l'huile donne plus de finesse au *fil* ; l'eau fait mieux mordre la pierre. En examinant un tranchant à la loupe on remarque qu'il est dentelé comme une scie ; ces dentelures résultent des sillons creusés dans l'acier par les grains de la pierre, elles ont une grande influence sur les qualités du tranchant ; pour leur conserver leur force et leur régularité, il convient de promener l'instrument sur la pierre de manière que les sillons aient la même direction sur les deux faces).

M. D.

AFFINAGE (Chimie, Technologie). — On désigne sous le nom d'affinage l'opération par laquelle on débarrasse un métal des substances étrangères qu'il contient ; s'il y a une seconde opération, c'est le *raffinage*.

AFFINAGE DE LA FONTE. — Voyez FONTE.

AFFINAGE DU CUIVRE. — Voyez CUIVRE.

AFFINAGE DES MÉTAUX PRÉCIEUX. — Cette opération a pour objet l'extraction de l'or ou de l'argent contenus dans un alliage ; elle a été appliquée en grand à la refonte des monnaies ; on a ainsi retiré des proportions notables d'or, des anciennes pièces de 3 liards et de 6 liards ; les anciennes pièces de 5 francs en renfermaient encore un à deux millièmes de leur poids.

On peut avoir à traiter un alliage de plomb et d'argent provenant de l'extraction de plombs argentifères, on affine dans ce cas par la coupellation (voy. les mots CUIVRE, PLOMB). L'oxyde de plomb est absorbé par la coupelle, et il reste un gâteau d'argent au titre de 997/1000 c'est-à-dire presque chimiquement pur, ou de l'*argent fin*.

Les anciennes monnaies, les bijoux, le traitement des minerais de cuivre fournissent un alliage dont l'affinage donne pour produit, de l'argent fin, de l'or fin, et du sulfate de cuivre.

Le traitement varie un peu avec les usines, mais en général on divise les matières à traiter en deux classes : *matières riches*, contenant plus de 6/100 d'or, *matières pauvres* en contenant moins.

Matières riches. — On charge 30 kilog. d'alliage dans des creusets en plombagine, on fond au fourneau à vent ; au bout de 3 heures l'argent est bien liquide ; on le coule dans de l'eau animée d'un mouvement de giration pour le *grenailler*. On chauffe ces grenailles dans des chaudières, ordinairement en fonte, avec 2 ou 3 fois leur poids d'acide sulfurique à 60° ; au bout de deux heures environ l'acide commence à distiller, l'effervescence cesse, l'opération est finie. Il se dégage de l'acide sulfurique qu'on recueille dans des *chambres de plomb* et de l'acide sulfureux qu'on peut transformer en acide sulfurique (voyez ACIDE SULFURIQUE). La liqueur refroidie à 30° dans un autre vase, est versée dans une caisse en plomb remplie d'eau bouillante ; on y recueille le produit de deux chaudières. L'or non dissous se précipite, entraînant avec lui un peu de sulfate d'argent ; on décante dans une caisse contenant des lames de cuivre qui précipitent l'argent ; celui-ci est comprimé à la presse hydraulique, fondu et coulé en lingots.

L'or doit être purifié, on le fait à l'aide de l'*inquartation*. On réunit l'or à un alliage plus riche, on fond le tout avec un poids d'argent égal à 3 fois le poids de l'or convenu, on attaque de nouveau par l'acide sulfurique pour opérer le *départ*, et on précipite l'argent. Le dépôt obtenu est de l'or fin, qu'on lave, qu'on sèche et qu'on fond en lingots, il est au titre de 995/1000.

Pour les matières pauvres, on fait deux attaques à l'acide avant d'inquarter. Dans le cas d'une trop grande richesse en plomb on doit coupeller après l'action des acides.

Dans le cas d'une trop grande richesse en cuivre, par exemple s'il n'y a que 0,2 à 0,3 d'or et argent, on fait d'abord un grillage qui oxyde le cuivre, on traite par l'acide sulfurique faible, le résidu amené à une richesse de 0,5 à 0,6 peut être alors affiné directement. Mt.

AFFINITÉ (Chimie). — Nom donné par Boërhaave et conservé depuis à la force qui anime les molécules des corps de différente nature et les pousse à former entre elles des combinaisons chimiques d'où résultent de nouveaux corps doués de propriétés toutes différentes de celles que présentaient les premiers. C'est en vertu de cette force que l'oxygène de l'air s'unit au fer pour former la rouille; que ce même oxygène s'unit au charbon qu'il fait disparaître sous forme de gaz invisibles, que le soufre s'unit au mercure pour former le cinabre ou vermillon..... Sans cette force, le soufre et le mercure pourraient être pulvérisés ensemble aussi fin qu'on voudrait, on n'aurait qu'un simple mélange des deux poudres toujours faciles à séparer et dont la couleur serait un mélange des couleurs jaune et grise du soufre et du mercure en poudre.

L'affinité, quoique permanente dans les corps, n'y semble pas toujours également active et disposée à manifester ses effets. L'état des corps, les circonstances au milieu desquelles ils se trouvent exercent une grande influence. Deux corps ne réagissent guère chimiquement l'un sur l'autre, si l'un des deux au moins n'est liquide ou gazeux. Un corps au moment où il échappe à une combinaison est dans un état transitoire particulier qui le rend plus apte à former de nouvelles combinaisons. Cet état prend le nom d'*état naissant*.

L'azote et l'oxygène sont toujours en présence dans l'air dont ils forment la presque totalité, ils y sont simplement mélangés sans avoir de tendance à se combiner chimiquement entre eux; mais le passage d'étincelles électriques au milieu du mélange stimule dans l'oxygène son affinité chimique et le rend apte à s'unir directement à l'azote pour former de l'acide nitrique. Une étincelle électrique passant au travers d'un mélange d'air et de gaz d'éclairage donne lieu à une explosion due à la combinaison du mélange; un corps en ignition, une bougie allumée produiraient le même effet. Un mélange de chlore et d'hydrogène pourrait se conserver longtemps intact dans l'obscurité; à la lumière du jour il se combinerait peu à peu, à la lumière solaire il se combinerait instantanément avec une violente explosion. Toute la photographie est fondée sur les modifications que la lumière apporte dans les affinités chimiques de certains corps. Cependant c'est encore la chaleur qui forme l'agent le plus ordinairement invoqué par le chimiste, soit pour produire les combinaisons qu'il recherche, soit pour désunir les éléments qu'il veut isoler.

L'affinité se rattache sans doute à cette grande force de la nature que l'on nomme, suivant les circonstances au milieu desquelles elle agit, attraction universelle, pesanteur, attraction moléculaire, force de cohésion, etc. Mais elle n'est pas constituée par elle seule et ses manifestations sont tellement variées, elles sont soumises à des influences si complexes, la physique moléculaire est enfin si rudimentaire qu'il est impossible de se former une idée quelque peu claire de la nature de cette force qui intervient partout et toujours en chimie. Nous ignorons complétement ce qu'elle est. La seule chose qui semble se dégager nettement de la science, c'est que toutes les combinaisons chimiques donnent lieu à une certaine somme de *travail mécanique* susceptible de mesure, soit par la quantité d'électricité mise en jeu, soit par la quantité de chaleur qui résulte du mouvement de l'électricité produite; c'est aussi qu'il semble exister un rapport de proportionnalité constante entre l'énergie de l'affinité qui tend à combiner deux corps et la quantité de travail mécanique, de chaleur et d'électricité qui résulteront de leur combinaison. C'est là une nouvelle voie qui s'ouvre à la science et à l'activité des savants.

Une bonne table des affinités mutuelles des corps serait d'une grande importance en chimie, puisque en somme la chimie repose sur le jeu des affinités des corps. Geoffroy Lainé (1718), Wentzel, Bergmann, Guyton de Morveau, puis récemment MM. Thenard et Regnault ont successivement dressé des tables dans lesquelles les divers corps simples sont rangés dans l'ordre de leurs affinités décroissantes pour un même corps, ordinairement l'oxygène (voyez MÉTAUX.)

Nous plaçons ici une autre table contenant les résultats numériques, fournis par la pile, dans la mesure des affinités du chlore pour les métaux les plus généralement connus.

Potassium	77500	Fer	39800
Sodium	77800	Hydrogène	36300
Lithium	78400	Cuivre	34700
Zinc	55200	Palladium	34000
Cobalt	48100	Bismuth	33000
Nickel	47800	Antimoine	31800
Cadmium	47300	Argent	30600
Plomb	45200	Mercure	30000
Aluminium	44800	Platine	24900
Manganèse	41600	Or	12500
Etain	41100		

Aux nombres donnés pour les trois premiers métaux, qui ont été étudiés en dissolution dans le mercure, il faut ajouter l'affinité du métal pour le mercure, affinité que le chlore a dû vaincre pour s'unir au potassium.

Ces tables, que les progrès de la science modifieront sans doute, fussent-elles rigoureusement exactes, n'indiqueraient pas d'une manière absolue l'ordre dans lequel se produiront toujours les réactions chimiques qu'elles ont pour objet de classer, cet ordre pouvant être altéré et jusqu'à un certain point renversé par des influences très-nombreuses et en particulier celles des masses des corps mis en présence. D'un autre côté, les affinités des corps changent avec leur température; elles paraissent diminuer toutes à mesure que la température monte, mais elles diminueraient avec une inégale rapidité, de sorte que des rapports vrais à un certain degré de chaleur ne le sont plus à un autre degré. Ainsi aux moyennes températures le potassium a plus d'affinité pour l'oxygène que le charbon, le potassium décompose l'acide carbonique, donne lieu à un dépôt de charbon en poudre noire et à de la potasse; mais l'affinité du potassium décroissant plus rapidement que celle du charbon, il arrive qu'au rouge blanc le charbon reprend au potassium son oxygène dans la potasse. Il faut admettre dans cette hypothèse que dans toute combinaison chimique deux sortes d'affinités sont en présence, l'affinité d'un corps pour lui-même et l'affinité d'un corps pour un autre corps. C'est la plus forte qui l'emporte. Mais dans un grand nombre de circonstances la quantité de l'un des corps peut suppléer à la faiblesse relative de son affinité pour un autre corps.

Ainsi, lorsque nous faisons passer de la vapeur d'eau dans un tube de porcelaine contenant du fer chauffé au rouge, l'eau est décomposée en partie, de l'hydrogène se dégage et il se fait de l'oxyde de fer. L'expérience inverse réussit également bien. Si nous faisons repasser cet hydrogène sur l'oxyde de fer chauffé au rouge, une partie du gaz reprendra au fer son oxygène pour reconstituer de l'eau. Un mélange en proportions convenables d'hydrogène et de vapeur d'eau n'agirait ni sur le fer par sa vapeur ni sur l'oxyde de fer par son hydrogène. M. D.

AFFLEUREMENT (Géologie). — On désigne sous ce nom, la tranche superficielle formée par les couches des

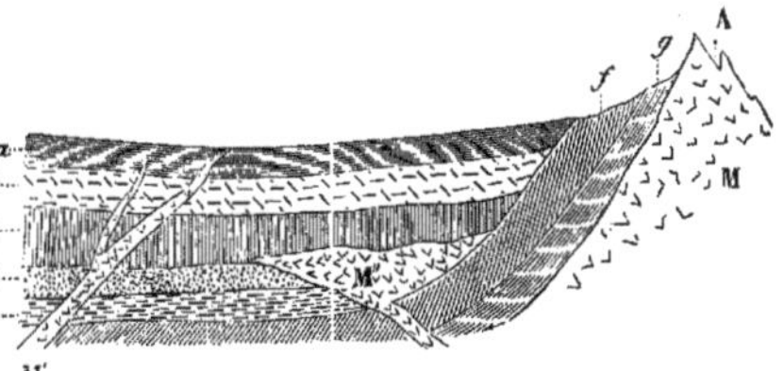

Fig. 57. — Exemple de l'affleurement de deux terrains de *f* en *g*.

différentes espèces de roches, qui d'abord, la plupart du temps horizontales, et situées plus ou moins profondément, se relèvent obliquement, ou même verticalement, et viennent l'une après l'autre *affleurer* la surface du sol (*fig.* 57); cette disposition est très-favorable à l'étude des terrains, puisqu'elle met sous nos yeux une coupe transversale des couches, qu'il faudrait aller découvrir à des profondeurs le plus souvent inaccessibles pour nous, et devient une indication précieuse pour les travaux de recherches et d'exploitation des mines.

AFFRANCHISSEMENT (Horticulture). — Si un arbre greffé en pied est planté de façon à ce que le point de jonction de la greffe avec le sujet soit enterré à 0ᵐ,05 ou 0ᵐ,06 au-dessous de la surface du sol, il arrive souvent que des racines apparaissent à la base de la greffe. Ces racines prennent bientôt un grand développement et fournissent à l'arbre tous les principes nutritifs qu'il a besoin de puiser dans le sol. On dit alors que l'arbre s'est *affranchi*; il vit par ses propres racines et non par celles du sujet sur lequel on l'avait greffé. Quant à celui-ci, il pourrit bientôt. Ce fait se produit souvent pour les poiriers greffés sur *cognassier*, ou les pommiers greffés sur *paradis* (voyez ces mots) lorsqu'on n'a pas le soin d'isoler du sol la base de la greffe. Les arbres ainsi affranchis acquièrent alors autant de vigueur que s'ils étaient greffés sur des sujets beaucoup plus vigoureux, le *poirier franc* et le *pommier franc*, et la quantité et la qualité des fruits en souffrent souvent.

Parfois, il devient utile de provoquer cet affranchissement pour augmenter la vigueur insuffisante des arbres. Lorsque, par exemple, des variétés de poirier peu vigoureuses sont greffées sur cognassier et plantées dans un terrain sec et brûlant. Dans ce cas, on procède ainsi : pratiquer à la base de la greffe, au commencement du printemps, au point où elle forme une sorte de bourrelet (A, *fig.* 58), quelques entailles pénétrant

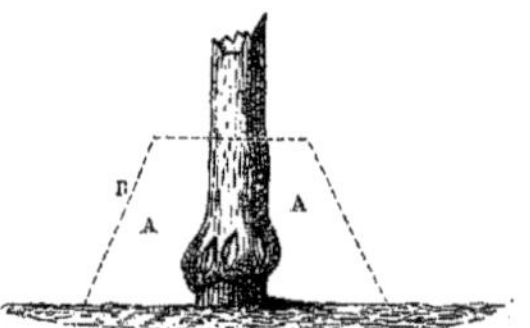

Fig. 58. — Poirier soumis à l'affranchissement.

jusqu'au corps ligneux; envelopper la base de l'arbre d'une petite butte de terre B, maintenue humide pendant l'été. Bientôt des renflements cellulaires apparais-

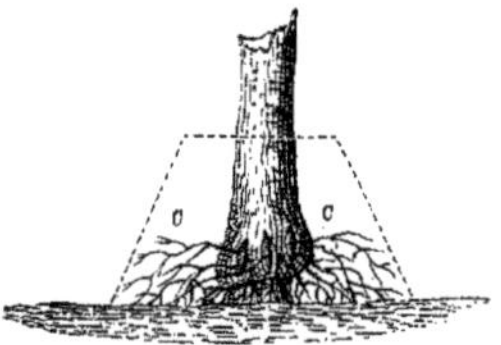

Fig. 59. — Résultat de l'opération de l'affranchissement.

sent autour des entailles, puis des racines (C, *fig.* 59) s'y développent. L'affranchissement est alors accompli.

A. DU BR.

AFFUSION (Médecine), du latin *affundere*, verser sur. — Opération qui consiste à verser d'une petite hauteur et *en nappe*, sur une partie quelconque du corps, une certaine quantité d'eau simple ou chargée de principes médicamenteux : les *affusions* diffèrent des *douches* en ce que, dans celles-ci, une petite colonne d'eau est dirigée sur un point plus ou moins limité. Les affusions se font ordinairement avec l'eau froide (10° à 20° centig.); cependant la température peut être plus élevée quand on attend quelque effet particulier de cette élévation. L'affusion froide s'emploie dans certains cas où l'on veut modérer la chaleur fébrile, et produire une dérivation puissante; si elle est de courte durée, la réaction a lieu du centre à la périphérie du corps, alors la peau s'échauffe, devient le siége d'une vive rougeur, et les organes centraux peuvent éprouver un soulagement marqué par suite de l'afflux du sang vers la surface du corps; si elle est prolongée, au contraire, la température s'abaisse,

et le sang est refoulé à l'intérieur. On a retiré de bons effets des affusions dans l'aliénation mentale, dans toutes les affections nerveuses, dans la chloro-anémie, dans le rhumatisme, la goutte, les inflammations cérébrales, etc.

F — N.

AFFUT (Artillerie). — On appelle affût le système qui porte la bouche à feu.

L'artillerie française compte six espèce d'affût :

L'affût de campagne;
L'affût d'obusier de montagne;
L'affût de siége;
L'affût de place et de côte;
L'affût de mortier;
L'affût de marine.

Les quatre premières espèces constituent une classe d'affût que l'on munit de deux roues à l'aide desquelles on les traîne, en accrochant leur queue ou *crosse* à une autre voiture à deux roues. Dans l'obusier de montagne cette voiture est remplacée par une limonière. Quand ces affûts sont en *batterie*, c'est-à-dire dirigés sur le but à battre, ils reposent sur le sol par trois points : leurs deux roues et la crosse.

Les affûts de mortiers n'ont pas de roues et reposent directement sur le sol.

Les affûts marins sont portés par quatre roulettes.

Tout affût reçoit la bouche à feu qu'il est destiné à porter sur deux montants appelés *flasques*; chaque flasque porte une entaille cylindrique dans laquelle on engage un des *tourillons* de la pièce. Ces entailles sont les *encastrements* des tourillons.

La forme et les dimensions des affûts dépendent du but qu'on se propose d'atteindre en les employant. Ainsi l'artillerie de campagne destinée à se transporter rapidement d'un point à un autre doit avoir des affûts très-mobiles et très-légers; tandis que les affûts de mortier, destinés à lancer d'énormes projectiles sous des angles qui vont jusqu'à 45°, doivent être en mesure de résister à la pression considérable qui agit sur eux et avoir par suite une grande masse.

Quant aux dimensions et à la hauteur des affûts, elles dépendent de la commodité de la charge et du pointage. Pour toutes les pièces dont les projectiles peuvent être maniés facilement, on emploie des affûts qui élèvent la pièce à hauteur de poitrine parce que le pointage se fait aisément. Mais pour les mortiers, par exemple, qui se chargent avec des bombes d'un poids presque toujours considérable, il a été avantageux de faire des affûts très-bas. Cette disposition présente encore l'avantage de s'opposer à l'écrasement des flasques par la réaction du coup. Nous ne parlons pas des pièces de place dont la hauteur d'affût a été déterminé par la nécessité de les élever au-dessus du parapet. Les pièces de siége doivent avoir des affûts proportionnellement plus lourds que ceux de campagne, parce que leur recul est limité et ne doit pas dépasser une limite assez faible.

En général, quand une pièce tire, à chaque coup, la pression énorme développée sur le fond de l'âme par les gaz de la poudre se transmet à l'affût par les points communs à l'affût et à la pièce; et au sol, par les points communs à l'affût et au sol. Il en résulte donc une tendance générale de la pièce à briser son affût qui se traduit par un recul et des efforts sur les flasques et la vis de pointage, et en outre, des réactions du sol sur les roues et sur la crosse qui se traduisent par un soulèvement de la crosse. Plus une pièce reculera facilement, moins la flèche courra le risque d'être endommagée ou même brisée par le choc. Pour les pièces de campagne, il y a donc avantage à faciliter le recul, puisqu'il a lieu au profit de la conservation de l'affût.

Ceci nous conduit naturellement à parler de l'immense perfectionnement apporté en 1858 aux affûts de campagne par l'adoption des canons rayés.

L'affût de campagne doit être considéré à deux points de vue : au point de vue du transport, au point de vue du tir.

Au point de vue du transport, l'affût et son avant-train réunissent tous les avantages possibles et surtout deux très-importants : une *indépendance* parfaite parce que la lunette de l'affût s'engage dans un crochet placé tout à fait derrière l'avant-train, et une étendue de *tournant* considérable à cause du peu de largeur de la flèche. Dans l'affût de canon de 4 rayé modèle 1858, canon, affût et avant-train ont été tellement allégés que la voiture n'exige plus que 4 chevaux au lieu de 6 et qu'on peut être assuré que notre artillerie trouvera bien peu d'endroits où elle ne puisse passer.

Au point de vue du tir, voici quel a été le problème : construire un affût *léger*, ne reculant pas trop quand la pièce lance un projectile assez lourd. Or, quand un projectile part, il laisse sa pièce animée d'une quantité de mouvement à peu près égale à la sienne. Le recul dépend donc de la vitesse du projectile et augmente avec elle, et comme la vitesse avec laquelle part le projectile dépend de la charge qui le lance, pour avoir un faible recul, il fallait une faible charge, et pour obtenir un résultat avec une faible charge, il fallait un projectile offrant peu de prise à la résistance de l'air ; l'invention des projectiles à ailettes a résolu le problème.

Les ferrures hâtant le pourrissement des bois, on a songé à faire des affûts avec une autre matière. On a fait des essais sur la fonte et le fer forgé. Mais à part l'inconvénient du poids qui rend ces affûts inadmissibles pour les pièces de campagne, il a été reconnu que la cohésion de ces métaux était telle, qu'en recevant le choc d'un boulet, ils éclataient fréquemment et pouvaient ainsi faire office de vrais projectiles.

Affut de campagne. — Il est formé (*fig.* 60) d'une flèche en bois portant à l'une de ses extrémités deux flasques sur lesquels repose la bouche à feu par ses deux tourillons ; l'autre extrémité de la flèche appelée crosse est posée sur le sol, quand la pièce est en batterie, ou bien est portée par l'*avant-train*, voiture à deux roues et à timon qui sert à traîner la bouche à feu. La jonction de l'avant-train à la crosse, s'opère en engageant la *lunette* (anneau fixé à la crosse), dans le crochet cheville-ouvrière, que porte l'avant-train. Une chevillette traversant le crochet empê-

che la lunette d'en sortir quelque forte secousse que reçoive le système.

Outre la lunette, la crosse porte encore deux anneaux destinés à recevoir le levier de pointage à l'aide duquel on donne à la pièce une direction déterminée. Toutes les fois qu'on réunit l'affût à l'avant-train, on dégage le levier de ses anneaux et on l'accroche sur l'un des côtés de la flèche ; on place de l'autre côté l'écouvillon, longue tige munie d'une brosse pour nettoyer la pièce et d'un refouloir pour enfoncer la charge. Chaque affût porte deux leviers de pointage et deux écouvillons.

Enfin, à la partie de l'affût située sous la culasse de la pièce, se trouve une vis dont la tête porte cette culasse et qui sert à faire varier l'angle de la pièce avec l'horizon. C'est la *vis de pointage*.

On peut traîner la pièce avec l'avant-train sans engager la lunette dans le crochet cheville-ouvrière. Une longue corde, la *prolonge*, fixée à l'avant-train par une de ses extrémités, porte à l'autre extrémité une tige en fer qu'on engage dans la lunette. L'avant-train peut ainsi traîner sa pièce à distance. Tant qu'on ne se sert pas de sa prolonge elle reste ployée sur deux crochets fixés derrière l'avant-train. Ce sont les *crochets de prolonge*.

Le nouvel affût pour canon rayé de 4 diffère peu du précédent. Il a des roues beaucoup moindres, la pièce est moins élevée, la flèche courte et légère. De chaque côté de la pièce et en dedans des roues, l'essieu porte deux coffrets, pouvant contenir chacun deux charges. La tête de la vis de pointage porte le bouton de la culasse ; cette vis est plus longue et ses filets sont arrondis au lieu d'être saillants.

Fig. 60. — Affût de campagne.

Affuts d'obusiers de montagne. — Il est unique dans son espèce, affecte à peu près la même forme que la précédente avec des dimentions deux fois moindres environ et pèse 65 kil. sans les roues. L'avant-train est remplacé par une limonière (*fig.* 61) qu'on adapte à volonté à la crosse de l'affût.

L'affût de montagne porte un obusier de 12 qui pèse 100 kil. ; cet obusier se transporte avec son affût et les munitions à l'aide de trois mulets, le premier porte l'affût et les roues, le second la pièce et la limonière, le troisième porte deux coffres à munitions.

Il existe déjà un obusier de montagne rayé. Mais son affût est le même que le précédent. Le chargement sur les mulets est le même. La seule modification a trait à la disposition des charges dans les coffres à munitions.

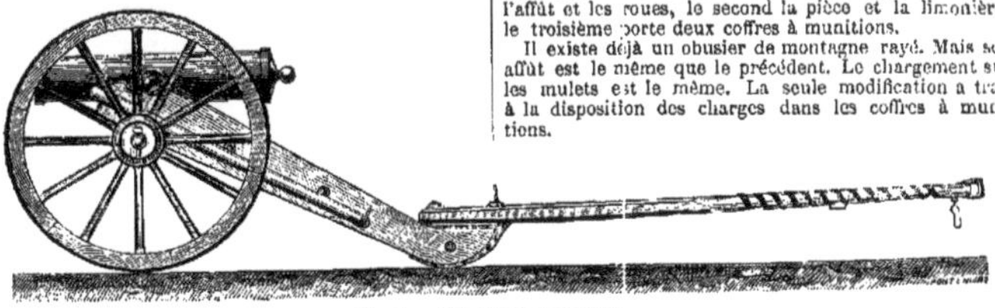

Fig. 61. — Affût d'obusier de montagne.

Affut de siége. — On en distingue deux qui ne diffèrent guère que par les dimensions de quelques pièces. L'un pour le canon de 24 et l'obusier de siége de 22, l'autre pour le canon de 12.

L'affût de siége est plus grand et plus lourd que l'affût de campagne. Il ne porte aucun levier de pointage sur les côtés, ni anneau de pointage et lunette à la crosse. Son avant-train ne porte pas de caisson. Enfin sa vis de pointage est quelquefois remplacée par un coin en bois. A l'extrémité postérieure des flasques se trouve un talus servant d'arrêt. Il est destiné à servir d'en-

castrement pour les tourillons de la pièce dans la position de route.

La pièce en batterie est manœuvrée à l'aide de leviers par quatre ou six *servants* sous la direction du pointeur.

Quand on veut transporter la pièce à une distance un peu considérable, on la met dans la position de route, c'est-à-dire qu'on la recule jusque sur l'avant-train de manière à placer les tourillons contre les arrêts de l'affût dont nous avons parlé. Une partie du poids de la pièce est alors portée sur l'avant-train.

AFFÛTS DE PLACE ET DE CÔTE. — On distingue quatre affûts de place. Chacun peut recevoir une ou plusieurs pièces.

1° L'affût d'obusier de place;
2° L'affût du canon de place de 24;
3° L'affût du canon de place de 16;
4° L'affût du canon de place de 12;

Un même mode de construction s'applique à tous ces affûts.

Fig. 62. — Affût de place et de côte.

AFFÛTS DE MORTIERS. — Il y a 5 affûts de mortiers; les affûts de mortiers de 32°, de 27°, de 22°, de 15° et l'affût de mortier à plaque de 32° en fonte.

Comme nous l'avons déjà dit, ces affûts ne portent pas de roues. Ils sont formés (fig. 63) de deux flasques en fonte réunies par deux entre-toises et reposent comme les pièces de siège sur une plate-forme en bois. Chaque flasque porte deux tenons de manœuvre sur lesquels les servants agissent à l'aide de leviers pour mettre la pièce dans une direction convenable. Un coin en bois maintient le mortier sous l'angle assigné.

AFFÛTS MARINS. — Cet affût est pour ainsi dire intermédiaire entre l'affût à roues et le mortier. Il est porté sur quatre roulettes et se compose de deux flasques en bois réunies par une entre-toise. On amarre l'affût à l'aide d'une corde nommée brague qui retient la culasse de la pièce. C'est donc plutôt la pièce qui est amarrée. La culasse porte un évidement appelé croc de brague dans lequel on engage l'amarre.   B.A.

AFFUTER, AIGUISER, REPASSER (Technologie). — On affûte les outils tranchants ou pointus, qui ont été émoussés par l'usage en les frottant contre des morceaux de grès fin, compacte et surtout homogène, ou contre des meules de grès tournant rapidement. On diminue ainsi l'épaisseur de la lame d'acier, et on rend son tranchant plus vif; mais quand l'usure est poussée au delà d'une certaine limite, le tranchant plie sous la pression, cesse de s'user et forme une bordure très-mince appelée morfil. On enlève le morfil par l'affilage sur une pierre très-douce à grain très-fin (voyez AFFILOIR).

AGALLOCHE ou AYALOUDJIN (voyez AQUILAIRE).

AGALMATOLITHE (Minéralogie), du grec agalma, statue, et lithos, pierre. — Sorte de silicate alumineux potassique dont on fait les statuettes dites magots.

AGAME (Zoologie), Agama, Daudin : étymologie obscure, c'est peut-être son nom de pays. — Genre de Vertébrés de la classe des Reptiles, ordre des Sauriens, famille des Iguaniens, section des Agamiens comprenant des es-

La défense des places et des côtes exigeant un vaste champ de tir pour les pièces qu'on y emploie, les affûts de ces pièces les élèvent au-dessus du parapet, tout en permettant de les manœuvrer sans trop se découvrir.

L'affût de place (fig. 62) est porté sur deux châssis qui s'appuient l'un sur l'autre. Le premier est le grand châssis; le second est le petit châssis.

L'affût est porté directement par le grand châssis. Ce dernier se compose de trois poutrelles horizontales et parallèles, réunies par des entre-toises. Les deux poutrelles extrêmes portent les moyeux des roues de l'affût; celle du milieu appelée poutrelle directrice parce qu'elle sert à diriger la pièce sur le but, porte la crosse de l'affût. Elle dépasse de beaucoup les autres et se trouve munie à son extrémité d'une roulette qui repose sur le sol et dont l'axe est parallèle aux poutrelles. Cette roulette permet de donner à la directrice et par suite à l'axe de la pièce, telle direction que l'on veut.

pèces nullement venimeuses, mais étrangères à l'Europe; leur aspect rappelle celui des lézards et leurs plus grandes dimensions ne dépassent pas 1 décimètre. L'A. des colons habite l'Afrique, l'A. ocellé la Nouvelle-Hollande.

AGAMES (Botanique), du grec a privatif, et gaméin, se marier; allusion aux procédés mystérieux par lesquels ces plantes se reproduisent. — Ce mot est employé par quelques botanistes pour désigner le groupe des Acotylédones ou Cryptogames. — Voyez ACOTYLÉDONES.

AGAMI (Zoologie), nom de cet oiseau à Cayenne. — Genre d'Oiseaux de l'ordre des Echassiers, famille des Cultrirostres, tribu des Grues, caractérisé par la brièveté du bec; le cou et la tête (fig. 64) sont revêtus

Fig. 64. — Agami (hauteur : 0m,72).

d'un simple duvet, le tour de l'œil est nu; ces oiseaux vivent de grains et de fruits dans les grandes forêts de l'Amérique méridionale; mais ce qui les a surtout signalés à l'attention et a rendu immédiatement désirable leur acclimatation en Europe, c'est le curieux instinct que les espèces de ce genre ont montré pour jouer auprès de l'homme un rôle analogue à celui du chien. L'espèce la plus connue, l'*A. trompette* ou *Oiseau-trompette* (*Psophia crepitans*, Lin.), se prête à la domestication avec de merveilleuses aptitudes; affectueux, intelligent et docile, cet oiseau se montre jaloux de son maître dont il se plaît à partager les habitudes; s'il s'éloigne du logis, c'est pour y rentrer fidèlement le soir; aux heures des repas, assidu auprès de la table, il en écarte violemment les autres animaux domestiques; à la maison, dans les rues comme dans les champs, il ne redoute pas les attaques des chiens ni des oiseaux de proie, et sait fort bien leur tenir tête. Auxiliaire vigilant de son maître, l'agami exerce un véritable empire sur les oiseaux de la basse-cour et semble y établir une sorte de police à son gré. Cet oiseau, disent Daubenton et Bernardin de Saint-Pierre, « a la fidélité du chien : il conduit un troupeau de volailles, et même un troupeau de moutons, dont il se fait obéir, quoiqu'il ne soit pas plus gros qu'une poule. » Ce singulier rôle de l'agami dans la garde des troupeaux est également affirmé par Sonnini; quant à ses mœurs dans la basse-cour, M. Is. Geoffroy les a constatées à la ménagerie du Muséum de Paris, et une autre espèce, l'*A. à ailes blanches* (*Ps. leucoptera*, Spix), s'est conduite de même. Ces instincts providentiels ont rendu l'agami très-précieux au Brésil, à la Guyane où on l'élève en domesticité. On n'est pas jusqu'ici parvenu à le faire reproduire sous nos climats froids, mais l'acclimatation de cette espèce est activement poursuivie.

L'agami doit son nom d'*Oiseau-trompette* au son profond et sourd qu'il fait entendre dans son estomac et que l'on croirait volontiers provenir de l'anus; aussi lui a-t-on donné le nom vulgaire de *poule péteuse*. L'*Agami trompette* est un oiseau de la taille d'un coq (0^m,70 à 0^m,72 de hauteur); son plumage est noirâtre à reflets violets sur la poitrine, avec un manteau cendré; son vol est lourd, mais il court très-vite. A l'état sauvage, il fait un nid grossier au pied des arbres. On dit sa chair agréable à manger. On le nomme *Caracara*, aux Antilles, selon le P. Dutertre. — Le genre *Psophia* renferme deux autres espèces moins connues et originaires des mêmes pays.

AGAMIENS (Zoologie). — G. Cuvier a donné ce nom à la première section de la famille des *Iguaniens*, ordre des *Sauriens;* ils diffèrent de ceux de la deuxième section, celle des *Iguaniens propres*, par l'absence de dents au palais. On y distingue les genres *Stellions*, *Agames*, *Galéotes*, *Istiures*, *Dragons*. Peut-être, selon Cuvier, doit-on rapprocher des Agamiens, un reptile extraordinaire qu'on ne trouve que parmi les fossiles des terrains jurassiques, le *Ptérodactyle*.

AGAPANTHE (Botanique), *Agapanthus*, Lhér., du grec *agapêtos*, aimable, *anthos*, fleur, allusion à la beauté de la plante. — Genre de la famille des *Liliacées*, tribu des *Hémérocallidées*, dont l'espèce la plus répandue, l'*A. en ombelle* (*Agapanthus umbellatus*, Lhér.; *Crinum africanum*, Lin.), est une magnifique plante originaire du cap de Bonne-Espérance. Elle s'élève au moins à un mètre. On la cultive souvent en pleine terre, dans nos jardins, où ses fleurs bleues, réunies au nombre de trente à quarante, sont d'un très-joli effet, et lui ont valu le nom vulgaire de *tubéreuse bleue*. Cette plante a plusieurs variétés; les principales sont : celle à fleurs blanchâtres, et une autre à feuilles rayées de vert et de blanc. On doit les rentrer dans l'orangerie depuis la fin de l'automne jusqu'au printemps, car elles craignent beaucoup le froid. — *Caractères du genre :* Périanthe à tube court dont le limbe est divisé en 6 pièces; 6 étamines inégales insérées sur le limbe; ovaire prismatique à 3 loges renfermant plusieurs ovules; style grêle; stigmate entier, obtus; le fruit est une capsule membraneuse renfermant des graines presque ailées. Racine tubéreuse; fleurs en ombelle munies de 2 spathes. Les Agapanthes habitent le sud de l'Afrique. G — s.

AGAPANTHÉES (Botanique). — Sous-ordre de la famille des *Liliacées* adopté par Endlicher, et auquel il donne pour caractères : Périanthe tubuleux à 6 lobes, étamines périgynes, ovaire à 3 loges, fruit en capsule, graines un peu comprimées dans une enveloppe membraneuse de couleur claire. — Genres principaux : *Phormier*, *Agapanthe*, *Tubéreuse*.

AGARIC (Botanique). — Ce nom, d'après Dioscoride, viendrait d'une contrée de la Sarmatie, nommée *Agaria*, où ce champignon croît abondamment. — Pendant longtemps on a appelé *Agarics* une sorte de *champignon coriace*, presque ligneux, qui croît sur les arbres et avec

lequel on fait l'*amadou :* c'est l'*Agaric* des chirurgiens (voyez AMADOU); et une autre espèce, nommée *A. blanc*, ou du Mélèze, employée en médecine : aujourd'hui on a réuni ces deux espèces au genre *Bolet* (voyez ce mot). Il ne sera question ici que des *champignons* que Linné a classés sous le nom d'*agarics*, nom qu'il a appliqué à un genre dont quelques-uns croissent également sur les arbres, mais sont ordinairement peu épais, et ont la surface inférieure du chapeau garnie de lames rayonnant du centre à la circonférence, simples et continues avec lui. Le pédoncule et le chapeau sont souvent enveloppés complétement d'un voile, nommé *volva*, qui se rompt dès que le chapeau atteint son complet développement et dont on reconnaît souvent des débris après la rupture. Persoon, qui a beaucoup travaillé ce genre, l'a divisé à son tour en onze autres, parmi lesquels se trouve un genre *Agaric* qui n'est qu'un fragment de celui de Linné, et auquel il donne la *caractéristique* suivante : Lames qui en vieillissant se dessèchent sans noircir, recouvertes dans leur jeunesse d'une membrane qui se déchire ordinairement, et forme une sorte de collier autour du pédicule. Le genre *Agaric*, tel que l'a établi Linné, est extrêmement nombreux en espèces. On les trouve généralement dans les lieux bas et humides, dans les prairies, sur les fumiers, les vieux bois pourris, dans les caves; quelques-uns pourtant habitent des lieux secs et arides. On y trouve des espèces très-bonnes à manger, tandis que d'autres sont des poisons violents. Parmi les espèces comestibles, on peut citer : 1° l'*A. comestible* ou *champignon de couche* (*A. campestris*, *edulis*) : c'est le seul champignon dont la vente soit autorisée à Paris. Il a un pédicule court, épais, plein et blanc; un chapeau d'abord hémisphérique, et plat lorsqu'il est épanoui; des lames d'abord d'une couleur rose, puis brunâtres et noires. 2° L'*A. odorant*, plus connu sous le nom de *Mousseron*, dont l'odeur se com-

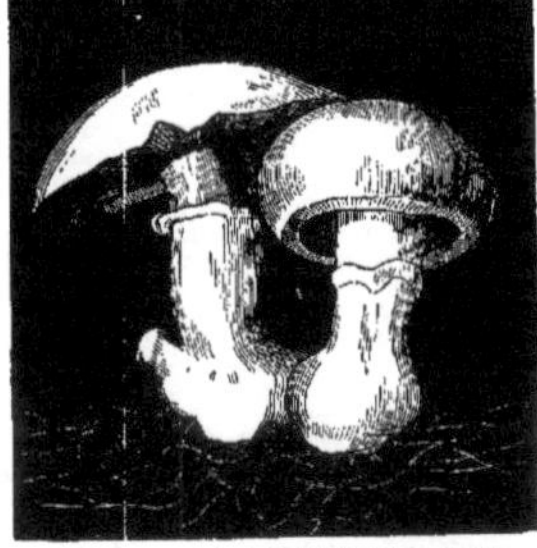

Fig. 65. — Agaric à divers états de développement.

munique aux mets auxquels on l'incorpore, est très-recherché; il a le chapeau globuleux dans sa jeunesse, et toujours très-convexe; il est blanc dans toutes ses parties et d'une odeur agréable : on le trouve dans les pays secs et montueux. 3° L'*A. oronge*, qu'on mange dans presque toute l'Europe; d'une couleur rouge écarlate, et dont le *volva* (espèce de bourse qui enveloppe le champignon) est *complet*. 4° L'*A. élevé* (*A. procerus*), espèce très-commune, et qui porte différents noms suivant les pays; etc. Parmi les espèces dangereuses, on doit citer : 1° la *Fausse Oronge* (*A. mouchelé*), espèce d'autant plus dangereuse qu'elle ressemble beaucoup à l'*Oronge comestible* et qu'elle n'en diffère qu'en ce que son *volva* n'est pas complet; 2° l'*A. rouge sanguin*, dont les caractères sont : chapeau rouge tendre, convexe, un peu aplati au sommet, lames blanches et d'égale longueur. Commun dans les environs de Paris, vers la fin de l'automne; très-dangereux. Quant à ce qui concerne l'empoisonnement par les champignons, la connaissance des espèces bonnes ou dangereuses et la culture, voyez le mot CHAMPIGNONS.

AGARICINÉES (Botanique). — Noms donnés à divers groupes anciennement adoptés dans la famille des *Champignons*, et qui avaient pour type le genre *Agaric*.

AGATE (Minéralogie), du grec *achatès*, nom ancien de ce minéral. — C'est une variété de quartz à structure concrétionnée. Elle forme le plus souvent des nodules constitués par de la matière siliceuse qui s'est moulée dans une cavité préexistante par couches progressant de l'extérieur vers l'intérieur : la succession des couches est attestée par la diversité de coloration, et le mode d'origine ne peut être douteux, puisque l'on trouve sur le côté de quelques rognons d'agate une espèce d'entonnoir ou de conduit par lequel la matière siliceuse s'est introduite : en outre, la partie centrale du nodule est fréquemment vide ou occupée par des cristaux de quartz qui s'y sont développés lorsque le canal d'introduction a été bouché et que la silice n'a plus été agitée. La disposition par couches est encore visible dans les agates d'une seule couleur et se reconnaît alors à l'existence de nuages concentriques lorsqu'on les regarde par transparence. La couleur de l'agate est très-variée ; le plus souvent on y voit des bandes ondulées concentriques de couleurs distinctes : ce sont alors des agates rubanées. Quand les bandes, peu nombreuses, sont de couleurs tranchées, l'agate prend le nom d'Onyx et sert dans la bijouterie pour faire des camées. Les onyx naturels sont assez rares, et le plus souvent ceux qui servent à faire des camées ont été obtenus artificiellement. Le procédé employé consiste à imprégner la couche que l'on veut teindre en noir d'une huile que l'on carbonise ensuite par l'acide sulfurique. Enfin on donne le nom d'agates mousseuses à celles où les couleurs sont irrégulièrement mélangées. Les agates ont eu aussi des noms différents suivant la teinte dont elles sont colorées. Ainsi, les calcédoines sont gris de perle, bleuâtres, de couleur claire et fortement translucides; les cornalines sont rouges de sang, ou brun jaunâtre ; les sardoines sont rouge brun foncé, ou rouge orangé ; la saphirine est bleu de ciel, d'une teinte uniforme et fortement translucide ; elle se trouve quelquefois en cristaux cubiques provenant du remplacement de la chaux fluatée par la matière siliceuse; la chrysoprase est vert-pomme; le plasma, vert-pré, très-translucide : cette dernière variété ne se trouve que dans les pierres antiques; on n'en connaît pas le gisement, aussi est-elle d'un prix fort élevé. Le principal gisement de l'agate est le terrain de grès rouge, où cette substance constitue des nodules de grande dimension, ordinairement creux. La principale et pour ainsi dire la seule exploitation est celle d'Oberstein, dans la Prusse Rhénane. Elle fournit toutes les agates employées en Europe comme pierres d'ornement : c'est aussi de cette localité que proviennent les mortiers d'agate employés dans les laboratoires pour piler les substances à soumettre à l'analyse. LEF.

AGATINE (Zoologie), *Achatina*, Lamarck ; du nom de l'agate dont ces coquilles rappellent l'éclat. — Genre de coquillages univalves classés dans les *Gastéropodes pulmonés terrestres* (*Règne animal*) du grand genre *Escargots* (*Helix*, Lin.). La principale espèce (*Bulla achatina*, Lin.) vient de Madagascar, et mesure près de 0ᵐ,15 ; très-recherchée des amateurs à cause de son volume et de sa couleur blanche colorée de flammes onduleuses longitudinales noires et brunes, elle est connue des marchands sous le nom de *perdrix*. L'agatine rubanée (*Bul. virginea*, Lin.) (*fig.* 66) a environ 0ᵐ,050 de long. Les agatines sont redoutées dans les pays chauds, parce qu'elles dévorent les arbres et les arbustes, comme font chez nous les limaces et les escargots.

Fig. 66. — Agatine rubanée (2/3 de grandeur naturelle).

AGAVÉ (Botanique), *Agave*, Lin. ; du grec *agauos*, admirable ; ou d'*Agavé*, mère de Penthée, qui, rendue furieuse par Bacchus, déchira son fils, allusion aux pointes épineuses de la plante. — Genre de plantes de la tribu des *Agavées*, famille des *Amaryllidées*; il a pour caractères : Anthères versatiles, linéaires ; ovaire à 3 loges contenant un grand nombre d'ovules ; le fruit est une capsule coriace, anguleuse et s'ouvrant en 3 valves. Les Agavés sont des plantes capables d'atteindre une très-grande hauteur et un grand âge. Elles ne fleurissent que très-rarement ou même une seule fois, parce que le développement de leur inflorescence gigantesque (on y compte jusqu'à 1400 fleurs) épuise la plante et la fait souvent mourir après la floraison : aussi une erreur populaire affirme-t-elle que ces beaux végétaux ne fleurissent qu'une fois en un siècle. Leurs feuilles radicales sont

charnues et à bords hérissés d'épines ; leurs fleurs sont disposées en panicule à l'extrémité d'une hampe. Ces plantes habitent les régions tropicales et équatoriales de l'Amérique. Elles ont le port des aloès. L'*Agavé d'Amérique* (*Agave americana*, Lin.) (*fig.* 67), souvent désignée

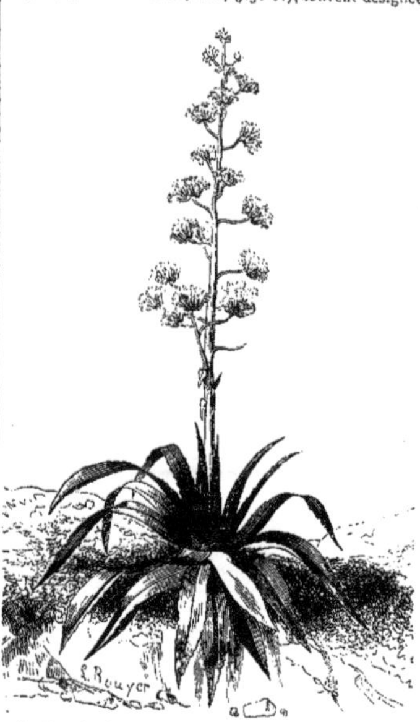

Fig. 67. — Agavé d'Amérique en fleur (1/100 environ de la grandeur naturelle).

par erreur sous le nom d'aloès, est une des espèces les plus répandues. Originaire de l'Amérique tropicale, elle a été importée en Europe vers le milieu du seizième siècle, et elle s'est naturalisée en Espagne, en Portugal, dans le midi de la France, enfin dans le nord de l'Afrique. Ses longues feuilles (1ᵐ,50 à 2 mètres) forment une touffe épineuse d'où une hampe droite s'élève souvent jusqu'à 10 ou 12 mètres. Son développement est si rapide que l'on a vu souvent des individus dont la hampe florifère croissait de 0ᵐ,10 à 0ᵐ,15 en vingt-quatre heures ; cette rapidité diminue à mesure que la plante croit plus loin des tropiques.

L'agavé d'Amérique est surtout importante pour la liqueur alcoolique (espèce d'eau-de-vie nommée *pulque*), que fournit sa sève fermentée. Pour obtenir cette sève, avec laquelle les Mexicains préparent aussi une matière sucrée qu'ils nomment *agua-miel*, on pratique une entaille au cœur de la touffe, on enlève la pousse qui se trouve à son centre et qui devait être la hampe, et dans la cavité que l'on a ainsi formée s'amasse la sève qui s'écoule avec abondance pendant deux ou trois mois. La plante propre à cette opération doit, selon les contrées, avoir cinq, six, sept, et quelquefois dix ans et plus.

La boisson dite *pulque* est cette sève fermentée dans des jarres de terre : elle a une saveur aigrelette très-estimée ; mais les peaux de bouc dans lesquelles on la conserve, lui donnent une odeur particulière à laquelle les Européens ne peuvent s'habituer. Les feuilles de cette plante renferment une matière textile employée à la confection des câbles, des sacs dans lesquels on emballe les denrées, etc. Les feuilles triturées de l'agavé donnent un suc qui, filtré et épaissi par l'évaporation, puis additionné d'un peu de cendres, forme une espèce de savon employé pour lessiver le linge.

Le *Maguey* des Mexicains (*A. cubensis*, Jacq.) est une autre espèce qui croit à Cuba : elle ressemble à l'agavé d'Amérique, et fournit aux Mexicains une liqueur sucrée qui a quelque analogie avec le cidre ; on la nomme aussi *vigne du Mexique.*

L'*Agavé pitte* ou *fétide* (*A. fœtida*, Lin.) du Mexique est un géant dans ce genre ; sa tige s'élève à 15 et 16 mètres sur $0^m,40$ au plus de diamètre ; elle est utilisée comme les espèces précédentes.— *Caractères du genre :* Périanthe en entonnoir, persistant ; limbe à 6 divisions ; 6 étamines insérées sur le périanthe, à anthères versatiles, linéaires ; ovaire à 3 loges multiovulées ; fruit en capsule coriace, anguleuse, s'ouvrant par 3 valves.
G — s.

AGE DES ANIMAUX (Zoologie). — Les zoologistes possèdent peu de connaissances sur l'âge des animaux que l'homme n'a jamais tenus en domesticité ou en captivité. Cependant il est un grand nombre d'espèces dont l'aspect extérieur subit, selon les âges, un changement assez visible pour qu'on ait pu le constater et en tenir compte. C'est ainsi que le jeune âge est très-souvent indiqué, surtout chez les Oiseaux, par des parures spéciales ou livrées (voyez LIVRÉES), qui donnent des indications précises sur l'âge. Chez les Mammifères, on trouve souvent, dans l'examen des dents, dans l'état des cornes, des sabots, du pelage, des renseignements approximatifs sur ce même point. On pourra voir au mot MÉTAMORPHOSES quels changements profonds caractérisent parfois chez les animaux inférieurs les diverses périodes de la vie. — Les animaux domestiques ont été étudiés avec un soin minutieux au point de vue des signes indicateurs de l'âge ; on devra, pour en avoir une idée, chercher l'article qui concerne chacun de ces animaux (voyez pour la durée de la vie : LONGÉVITÉ).

AGE DES VÉGÉTAUX (Botanique). — Quoique la durée des végétaux soit très-irrégulière, on a l'habitude de les distinguer en quatre classes : 1° les *plantes annuelles* qui atteignent tout leur développement et qui meurent au bout d'une année : on les désigne par ce signe $\bigcirc$; 2° les *plantes bisannuelles* ($\male$), qui périssent la seconde année ; 3° les *plantes vivaces* ($\jupiter$), qui vivent un nombre d'années indéterminé ; enfin les plantes *ligneuses* ($\hbar$), comprenant les arbres, les arbrisseaux et les sous-arbrisseaux. Certains arbres, tels que le *baobab*, semblent pouvoir vivre indéfiniment ; on a rencontré des chênes âgés de plus de six cents ans, des oliviers de trois cents ans. Un pin du Wermeland, en Suède, a duré plus de quatre cents ans. Les cèdres du Liban peuvent aussi vivre un nombre considérable d'années. Pour arriver à calculer l'âge des arbres, il suffit de compter sur une coupe transversale des troncs les lignes concentriques qui représentent les couches annuelles. De Candolle (*Flore française*, 1805, t. I, p. 222) a démontré que la durée des végétaux n'a pas de terme précis, et que leur mort résulte seulement d'accidents plus ou moins communs selon les espèces et les circonstances (voyez ARBRES, LONGÉVITÉ).

AGES DE LA VIE HUMAINE. — Les physiologistes ont divisé de diverses manières la vie humaine. Butte et Kastner ont proposé de prendre pour commune mesure des âges, chez l'homme, la période de 40 semaines (10 fois 4 semaines), où l'enfant vit dans le sein de sa mère, et, d'après ce principe, Burdach admet après cette première période un *deuxième* âge, ou *enfance*, de 400 semaines ou 8 années (4 sem. $\times$ 10^2) ; puis un *troisième* âge, ou *adolescence*, de 800 semaines ou 16 ans (4 sem. $\times$ 2 fois 10^2) ; un *quatrième* âge, ou *âge mûr*, de 1 200 semaines ou 24 années (4 sem. $\times$ 3 fois 10^2) ; enfin un *cinquième* âge, ou *vieillesse*, de 1 600 semaines ou 32 années (4 sem. $\times$ 4 fois 10^2). Ce principe mathématique n'est pas celui qu'on a le plus généralement suivi. — Solon avait considéré la vie comme formée de dix périodes de sept années, égales à l'*enfance* ; Hippocrate admettait également la division de la vie en périodes septénaires ; et d'après cette idée Linné en avait énuméré douze dans toute sa durée. Pythagore ne voyait que quatre âges comptant chacun vingt années. — Longet (*Traité de physiologie*, 1860, t. II, p. 924) partage la vie humaine en trois âges seulement, dont chacun se subdivise en deux époques :

Premier âge. — Jeunesse....	enfance (jusqu'à 7 ou 8 ans).
	jeunesse (de 8 à 15 ans).
	adolescence (de 15 à 25 ans).
Deuxième âge. — Maturité..	âge mûr (de 25 à 60 ans).
Troisième âge. — Vieillesse.-	vieillesse (de 60 à 75 ans).
	décrépitude (après 72 ou 75 ans).

AGE (Géologie). — On a parfois désigné certaines périodes auxquelles se rapporte la formation de grands groupes de terrains sous le nom d'*Ages géologiques* (voyez TERRAINS, SOULÈVEMENTS). — On étudie aussi, en géologie, l'âge relatif des montagnes ; on trouvera à l'article MONTAGNES les principes de cette détermination.

AGE (Agriculture), du mot latin *agere*, conduire. — On nomme ainsi une des principales pièces de la charrue, celle qui sert à fixer le coutre, à contenir l'appareil régulateur, la chaîne, le crochet d'attelage, etc., et qui par suite reçoit le mouvement de progression et le transmet à la machine entière (voyez CHARRUE).

AGENAISE (RACE). — Voyez RACES BOVINES.

AGENT PHYSIQUE. — Nom donné à certaines forces physiques attribuées autrefois à des fluides particuliers. Ces agents étaient au nombre de quatre : chaleur, lumière, électricité, magnétisme. De nos jours, la tendance à rattacher ces forces à de simples mouvements d'un fluide unique, qu'on nomme l'*éther*, devient de plus en plus manifeste. A ce point de vue, le mot *agent* devient synonyme de *force :* la pesanteur serait un agent au même titre que la chaleur.

AGGLUTINANTS ou AGGLUTINATIFS (Médecine), du latin *agglutinare*, coller à. — On a donné ce nom autrefois à des médicaments pris à l'intérieur et que l'on supposait propres à réunir les parties divisées ; on ne s'en sert plus aujourd'hui que pour désigner des médicaments externes qui servent à maintenir réunies les parties divisées par une blessure ou une lésion quelconque, ou à fixer sur la peau des emplâtres. Les agglutinatifs les plus usités sont : le *sparadrap*, le *diachylon gommé*, le *taffetas d'Angleterre*, l'*emplâtre d'André Delacroix*, etc. La réunion des parties divisées se fait ordinairement au moyen de bandelettes agglutinatives d'une longueur et d'une largeur variables suivant les circonstances dans lesquelles on veut agir et la force adhésive dont on a besoin (voyez BANDELETTES, SPARADRAP, DIACHYLON, TAFFETAS, EMPLATRE).
F.

AGGRAVÉE (Médecine vétérinaire). — Maladie que l'on observe aux pieds des animaux qui ont marché longtemps, surtout sur un sol dur et graveleux : les chiens, les moutons, les cochons et même les bœufs, qui ont été soumis à cette fatigue, y sont sujets ; dans ce cas, les pieds sont gonflés, chauds, douloureux, quelquefois ampoulés. Le traitement consiste dans le repos, les bains et tous les moyens adoucissants.

AGGRÉGATION (FORCE D'). — Voyez ADHÉSION.

AGGRÉGÉS ou AGRÉGÉS (Zoologie), du latin *aggregare*, réunir. — Famille d'animaux *Mollusques*, classe des *Acéphales sans coquilles* de G. Cuvier ; les animaux de cette famille se font remarquer par la réunion de plusieurs individus d'une même espèce sous une peau commune qui en forme une seule masse, et ce caractère leur a valu leur nom. Ce fait s'observe encore parmi les animaux *Rayonnés* ou *Zoophytes*, mais chez un bien plus grand nombre d'espèces (voyez POLYPES). — Parmi les *Acéphales sans coquilles aggrégés*, se rangent les genres *Botrylle, Pyrosome, Polyclinum*. Lamarck avait cru devoir établir aux dépens de l'ordre des *Acéphales sans coquilles*, et surtout avec le genre *Botrylle*, une classe à laquelle il avait donné le nom de *Tuniciers* ; Cuvier n'a pas adopté cette division, qui a été depuis remise en honneur par beaucoup de naturalistes distingués.

AGRÉGÉS (Botanique). — Ce terme d'organographie végétale s'applique aux bulbes formés par la réunion de plusieurs *cayeux*, comme dans l'ail cultivé, et aux fleurs agglomérées en pelote, en tête, comme la cuscute, la mauve sauvage, le buis, l'orme champêtre. — Les *fruits aggrégés* sont ceux que forment les pistils des diverses fleurs d'une inflorescence en se soudant les uns aux autres de manière à former un corps unique. Ainsi les cônes ou fruits des pins, sapins, cèdres, etc., résultent d'une aggrégation de cette nature. La soudure des genévriers, arbres de la même famille, est encore plus remarquable ; car les bractées ou écailles, groupées et soudées en sphère charnue, donnent au fruit l'aspect d'une baie.
G — s.

AGNEAU, AGNELAGE, AGNELLEMENT (Agriculture), du grec *agnos*, chaste, pur ; l'agneau était la victime pure et sans tache des sacrifices. — Pendant sa première année le petit de la brebis se nomme *agneau* (voyez MOUTON) ; la mise bas dans l'espèce ovine se nomme, à cause de cela, *agnelage* ou *agnellement*. La brebis porte 150 jours ou 5 mois. Vers janvier ou février elle donne le jour à un ou deux petits, très-rarement à trois. A ce moment elle a besoin des soins éclairés du berger, ou tout au moins de sa surveillance. Aussitôt après sa naissance, le petit agneau sera placé à portée de la mère afin qu'elle puisse le caresser de sa langue, et pour l'y engager on pourra répandre sur lui un peu de sel ou de son; ensuite on s'occupera de le faire téter, en ayant soin d'écarter la laine qui pourrait exister auprès du pis, et qui gênerait la succion. Lorsque quelque circonstance s'oppose à ce que la mère allaite son agneau, il faudra avoir recours à une autre brebis qu'on cherchera à tromper pour lui faire accepter ce nouveau nourrisson ; ou bien on le nourrira avec du lait de vache. Dans tous les cas, il faudra que la température de la bergerie soit un peu plus élevée que de coutume, et que la nourriture des mères soit plus substantielle. Au bout d'une douzaine de jours on commencera à faire sortir les brebis mères ; l'allaitement devra continuer pendant quatre ou cinq mois; au bout de ce temps, le sevrage commencera et se fera progressivement, autant qu'il sera possible. Pendant ce temps, il sera bon de donner aux agneaux une ration de deux poignées de son et une d'avoine par jour, et une quantité double depuis le sevrage jusqu'à huit ou neuf mois. A cette époque, l'agneau pourra vivre comme le reste du troupeau.

AGNUS-CASTUS (Botanique), du grec *agnos*, pur, et du latin *castus*, chaste. — Espèce de plante du genre *Gattilier* (*Vitex*, Lin.), plantes *Dicotylédonées* de la famille des *Verbénacées*, tribu des *Viticées*. L'agnus-castus, nommé aussi *arbre au poivre*, *petit poivre*, *poivre sauvage*, *poivre des moines*, est le *Gattilier commun*. C'est un arbrisseau buissonneux de 3 à 4 mètres de haut ; feuilles à folioles lancéolées, acuminées, blanchâtres en dessous; fleurs violettes, disposées en panicules axillaires et terminales ; calice campanulé ; corolle trois fois plus longue que le calice, à gorge renflée ; étamines très-saillantes. L'agnus-castus fleurit à la fin de l'été, dans les lieux humides des régions chaudes de l'Europe méridionale, de l'Égypte, etc. On en trouve aussi dans quelques départements du midi de la France. On a attribué à cette plante une influence favorable à la chasteté, qui explique son nom et n'est nullement démontrée.

G—s.

AGOUTI (Zoologie), — nom exotique de l'animal. — Genre d'animaux *Mammifères* de l'ordre des *Rongeurs*, qui est en quelque sorte, du nouveau continent, l'analogue de notre genre Lièvre. Cependant les *agoutis* (*Chloromys*, Fr. Cuvier), par leur conformation extérieure, se rapprochent davantage des *cochons d'Inde* avec lesquels ils formaient le genre *Cavia* de Linné, et dont ils ne se distinguent guère que par leurs jambes plus longues ; du reste ils ont aussi quatre doigts devant, trois derrière, qua re cents mâchelières partout, seulement, dans les agoutis, elles sont presque égales, à couronne plate irrégulièrement sillonnée, à contour arrondi. Les jambes de derrière sont d'un tiers plus longues que celles de devant ; c'est là ce qui leur donne une certaine ressemblance avec nos lièvres. Les agoutis mangent des fruits, des feuilles, des racines. Leur chair est assez délicate, quoi-

Fig. 68. — Agouti (1/10 environ de la grandeur naturelle).

qu'elle ait un goût sauvage. Leurs mœurs sont à peu près celles de nos lapins. On les trouve aux Antilles et dans l'Amérique méridionale. Les principales espèces sont : l'*Agouti* (*Cavia Acuti*, Lin.), dont la queue est réduite à un simple tubercule ; grand comme un lièvre. L'*Acouchi* (*Cavia Acuchi*, Gmel.); un peu plus petit. Le *Lièvre pampas* des créoles de Buénos-Ayres (*Cavia patagonica*, Pennant), à longues oreilles, à queue très-courte,

est un des plus grands rongeurs que nous connaissons (hauteur, 0m,45). Les Indiens l'appellent *Mara*. — Daubenton avait recommandé l'importation dans nos climats et la domestication de l'*Agouti*, et M. le professeur Is. Geoffroy Saint-Hilaire a récemment signalé au même point de vue le *Mara*: ces deux animaux rendraient les mêmes services que le lapin.

AGRAFE DE VALENTIN (Médecine). — Espèce de pince, à laquelle on a donné le nom de Valentin, son inventeur, qui l'employait, dans l'opération du bec-de-lièvre, pour rapprocher les bords de la plaie.

AGRICULTURE, du latin *ager*, champ, et *cultura*, culture. — Ce nom désigne un art et une science qui occupent une place considérable parmi les travaux et les connaissances de l'espèce humaine. L'agriculture est en effet, d'une manière générale, l'*art* de faire produire au sol sur lequel l'homme s'est établi les plantes et les animaux nécessaires à la satisfaction de tous ses besoins. Dès que les hommes ne vivent plus à l'état de chasseurs ou de pasteurs nomades, dès qu'ils se fixent dans une contrée pour y former des cités, ils sont contraints de faire de l'agriculture : inhabiles d'abord, ils travaillent grossièrement la terre et en tirent un faible produit ; mais l'expérience les conduit lentement à réformer leurs pratiques premières, et ainsi se constitue peu à peu dans chaque pays un art agricole, empirique et traditionnel, qui le plus souvent est dans son ensemble heureusement approprié au climat et à la nature de la contrée, bien que susceptible d'ailleurs de perfectionnements que les agriculteurs devraient toujours s'occuper de rechercher avec prudence, mais avec ardeur.

La *science agricole*, ou l'agriculture considérée comme science, est une explication rationnelle des procédés employés dans l'art agricole, et elle a pour objet de faire comprendre leur degré d'efficacité et de provoquer les perfectionnements que l'expérience pourrait apprendre à y introduire. Comme on le doit comprendre, l'art de l'agriculture existe bien avant la science, car les hommes ont eu besoin d'apprendre bien des choses avant de constituer la science agricole. L'agriculteur en effet, cultive, sur une terre d'une composition très-variable selon les contrées, des plantes et des animaux ; pour comprendre un peu comment il y parvient, il faut connaître la *physique*, qui explique les phénomènes atmosphériques de chaleur, d'humidité, etc. ; la *chimie*, qui analyse la terre même du champ cultivé, l'air, les pluies toujours en rapport avec sa surface; la *botanique*, qui fait connaître la structure des plantes, leur manière de se nourrir et de se reproduire ; la *zoologie*, qui fait connaître à son tour la structure des animaux, leurs aptitudes, leurs besoins et leurs fonctions, etc., etc. L'agriculteur sait bien faire venir du blé, du foin, sans toutes ces connaissances ; mais il ne pourrait expliquer les opérations que l'expérience traditionnelle lui a enseignées, et il les comprend moins que le savant, qui de son côté ne saurait les exécuter comme lui. Mais si ces deux hommes viennent à réunir ce qu'ils savent avec le seul désir d'apprendre l'un de l'autre à mieux faire, leur concours est le gage assuré des progrès rapides de l'agriculture. Dans ce concours d'efforts, le savant devra emprunter au cultivateur les trésors d'expérience qui lui manquent, et le cultivateur devra se faire expliquer autant que possible ce qu'il fait et s'attendre que souvent la science avouera son insuffisance ; mais les lumières qu'elle peut donner feront éclore dans l'esprit de l'homme pratique les idées de perfectionnement qui augmenteront les produits du sol et rendront plus fécondes les sueurs de celui qui les cultive. En un mot, pour faire entrer l'agriculture dans cette voie de progrès où marche l'industrie manufacturière, il faut imiter l'exemple de celle-ci. Les physiciens et les chimistes, incapables de manufacturer eux-mêmes, guident les travaux des chefs d'industrie ; de même. les naturalistes, initiés à la physiologie des plantes et des animaux, et aux notions de chimie et de physique, sont les hommes destinés à guider les agriculteurs, sans être d'ailleurs aptes à cultiver par eux mêmes. Parfois l'agriculteur réunit en lui-même ces deux ordres de connaissances pratiques et théoriques; il peut alors se montrer un homme supérieur et exercer la plus heureuse influence sur l'agriculture de son pays et sur la prospérité publique.

Aujourd'hui l'*Agriculture* pourrait se diviser en plusieurs branches constituant chacune un art et une science collatérale, mais aucune division philosophique de ce vaste champ de nos connaissances n'a encore été adoptée. On a proposé, pour désigner la science agricole, l'ensemble des théories concernant les pratiques de la culture en général, le mot *Agronomie*, réservant le mot *Agriculture* pour l'art agricole. En tout cas l'agriculture en général doit se partager en trois branches principales : 1° la culture des champs ou *Agriculture* proprement dite ; 2° la culture des jardins ou *Horticulture* ; 3° la culture des forêts ou *Sylviculture*. A l'agriculture proprement dite se rapportent comme subdivisions, la *Zootechnie* ou science des animaux domestiques, l'*Économie rurale* ou science de l'exploitation des propriétés foncières consacrées à la culture, la *Mécanique agricole*, etc., puis certaines branches spéciales, comme l'*Arboriculture* (culture des arbres), la *Viticulture* (culture de la vigne).

Destinée à satisfaire les premiers besoins de l'homme, l'agriculture a nécessairement été la première industrie de toutes les nations, et chacune l'a pratiquée selon le sol et le climat. Les Égyptiens, dans l'antiquité, ont cultivé d'une manière très-parfaite la vallée du Nil périodiquement fécondée par le limon de ce fleuve. Les Grecs paraissent leur avoir emprunté les premières notions d'agriculture et, dès le IXᵉ siècle avant notre ère, Hésiode composait son poème *les Travaux et les Jours*, où nous trouvons une esquisse intéressante des procédés agricoles de cette époque reculée. Les Romains ont longtemps allié à leurs occupations guerrières une pratique assidue des travaux agricoles, et l'on peut citer parmi les ouvrages qu'ils nous ont laissés sur ce sujet les traités de Caton l'Ancien, de Columelle, de Palladius, de Varron (*De re rustica*), les *Géorgiques* du grand poëte Virgile, les *Géoponiques* de Cassianus Bassus. — Ouvrages à consulter : *Théâtre d'agriculture* d'Olivier de Serres ; *Maison rustique* de Ch. Estienne ; *Nouvelle Maison rustique* de Liger ; *Cours d'agriculture* de l'abbé Rozier ; *Éléments d'agriculture* de Duhamel ; *Nouveau Cours complet d'agriculture du* XIXᵉ *siècle* par les membres de la section d'Agriculture de l'Institut de France ; et enfin, parmi les livres tout à fait modernes, et en laissant de côté un grand nombre de travaux sur des points spéciaux d'agriculture, il faut citer : *Maison rustique du* XIXᵉ *siècle*, continuée par le *Journal d'agriculture pratique* ; *Cours d'agriculture* de M. de Gasparin ; *Annales agricoles de Roville* par Mathieu de Dombasle ; *Animaux domestiques* par David Low, traduction de Royer ; *Cours élémentaire d'agriculture* de MM. Girardin et Du Breuil ; *Dictionnaire raisonné d'agriculture et d'économie du bétail* par M. Richard (du Cantal) ; *Précis d'agriculture* de MM. Payen et Richard ; *Économie rurale* par M. Boussingault, et enfin le *Livre de la ferme et des maisons de campagne*, par P. Joigneaux, qui est l'ouvrage le plus récent et le plus pratique qui existe sur la matière.   Ad. F.

AGRION (Zoologie), du mot grec *agrios*, sauvage. — Genre d'*Insectes Névroptères*, famille des *Subulicornes*, formé, comme le genre *Æshne*, aux dépens du grand genre *Demoiselles* ou *Libellules* de Linné. Les *Agrions* (*Agrion*, Fabricius) se distinguent des *Libellules* proprement dites et des *Æshnes* par leurs ailes perpendiculaires dans le repos et par l'élargissement transversal de leur tête dont les yeux sont fort écartés. L'abdomen menu et filiforme est parfois très-long et porte à son extrémité, chez les femelles, des lames en scie ; point de vésicule au front, yeux lisses, égaux, disposés en triangles, lobe médian de la lèvre divisé en deux jusqu'à sa base. Les principales espèces sont : l'*A. vierge* (*A. virgo*, Latreille), long de 0ᵐ,07 à 0ᵐ,08, d'un vert doré ou bleu vert dont l'éclat rappelle l'aspect d'une bobine de soie, les ailes supérieures bleues ou marquées au milieu d'une large bande bleue ou brun jaunâtre ; l'*A. jouvencelle*

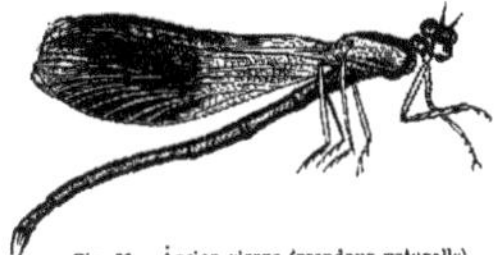

Fig. 69. — Agrion vierge (grandeur naturelle).

ou *fillette* (*A. puella*, Latr.), moitié plus petit que le précédent, d'un éclat soyeux comme lui, mais offrant dans sa coloration une grande variabilité ; les ailes sont

habituellement incolores et l'abdomen annelé de noir. Ces deux espèces sont très-communes en France, pendant l'été, sur les plantes aquatiques et dans les prairies au voisinage des eaux douces (voyez LIBELLULE).

AGRIPAUME (Botanique), des mots latins *ager*, champ, et *palma*, main, allusion sans doute aux digitations des feuilles de la plante (*Leonurus*, Lin.). — Genre de plantes *Dicotylédones*, famille des *Labiées*. L'espèce la plus commune, l'*Agrip. Cardiaque* (*Leonurus Cardiaca*, De Candolle) atteint 1 mètre de hauteur et porte des feuilles larges divisées en plusieurs lobes, des fleurs velues, petites, purpurines ou blanchâtres, en verticilles axillaires serrés. Cette plante croît dans les lieux incultes, le long des haies et des chemins ; elle passe pour avoir des propriétés vulnéraires, toniques et vermifuges ; on lui attribuait aussi une certaine efficacité contre les palpitations de cœur : de là son nom de Cardiaque. Ses fleurs sont très-recherchées des abeilles. — *Caractères du genre :* Calice turbiné à 5 nervures et à 5 dents subulées un peu épineuses ; corolle à tube non ou rarement à peine saillant, nu en dedans ou garni d'un anneau oblique de poils, à limbe bilabié, à lèvre supérieure oblongue, rétrécie à la base, à lèvre inférieure étalée, trifide ; étamines à anthères rapprochées par paires, à 2 loges parallèles, à valves nues.   G — s.

AGRONOMIE (Agriculture), des mots grecs *agros*, champ, et *nomos*, loi. — Science ou étude théorique des principes qu'il convient de regarder comme devant servir de guide aux agriculteurs pour tirer du sol les meilleurs produits aux moindres frais. On nomme *Agronome* l'homme qui se livre à l'étude et à la recherche de ces principes ; l'*agriculteur* devient en même temps un *agronome*, lorsqu'il renonce à suivre aveuglément une pratique traditionnelle pour raisonner ses procédés d'exploitation et se rendre compte de leurs motifs, de leurs avantages et de leur défauts ; l'*agronome* fort souvent n'est

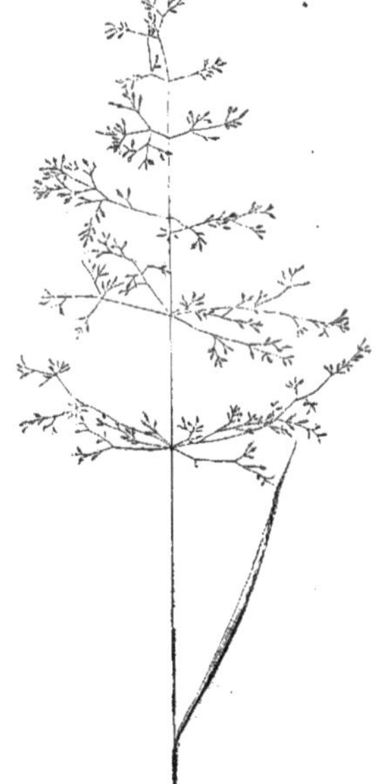

Fig. 70. — Agrostide jouet du vent.

pas *agriculteur*, et il n'est pas nécessaire qu'il le soit (voyez AGRICULTURE).

AGROSTEMME (Botanique), *Agrostemma*, du grec *agrós*, champ, et *stemma*, couronne; couronne des champs, pour la beauté de ses fleurs. — Genre de la famille des *Caryophyllées* créé par Linné. L'espèce principale est la *Nielle des champs* (*A. Githago*, Lin.) dont la graine, lorsqu'elle s'y trouve dans les blés, donne au pain un goût très-désagréable. Ce genre a été réuni aux *Lychnides* (voy. ce mot).

AGROSTIDÉES (Botanique). — Tribu établie par Kunth dans la famille des *Graminées*. — *Caractères :* Épillets uniflores, quelquefois avec le rudiment d'une autre fleur; glume et glumelle à 2 folioles membraneuses, l'inférieure souvent prolongée en arète; stigmates sessiles ou portés par des styles courts.— Genres principaux : *Agrostide, Gastridie, Lagure, Polypogon*, etc.

AGROSTIS ou **AGROSTIDE** (Botanique), du grec *agrostis*, gazon. — Genre de plantes *Monocotylédones* de la famille des *Graminées*, type de la tribu des *Agrostidées*. Il renferme des herbes gazonnantes, à feuilles planes, à fleurs en panicules lâches, formées d'épillets pédicellés uniflores. Ces herbes, auxquelles la finesse de leurs panicules donne une élégance charmante, sont en général de bonnes espèces fourragères. L'*Agrostide jouet du vent* (*A. spica venti*, Lin.) (*fig.* 70), très-commune dans nos moissons, est une des plus grandes et des plus gracieuses. L'*A. blanche* (*A. alba* et *stolonifera*, Lin.), appelée vulgairement *Cernue*, et aussi *traînasse* à cause de sa tige stolonifère (on nomme aussi *traînasse* la *renouée des oiseaux*), l'*A. des chiens* (*A. canina*, Lin.), sont des herbes vivaces également abondantes dans les prairies naturelles. On cultive souvent comme bordure dans les jardins l'Agrostide élégante (*A. elegans*, Thore), plante annuelle du midi de la France, qui produit un très-joli effet par sa légèreté et la finesse de ses fleurs.   G — s.

AÏ (Médecine), nom gascon, adopté par M. Velpeau pour désigner une maladie caractérisée par un gonflement avec crépitation douloureuse des tendons, particulièrement des muscles *radiaux externes*, du *long abducteur* et du *court extenseur du pouce*. Elle est déterminée par une violence extérieure ou une grande fatigue, et dure environ une quinzaine de jours, sans présenter en général de gravité. Le traitement consiste dans le repos, l'emploi des émollients, puis des résolutifs, aidés d'une compression modérée au moyen d'un bandage roulé.

Aï (Zoologie). — Animal mammifère du genre *Paresseux* ou *Bradype* de Linné (voyez PARESSEUX).

AIGLE (Zoologie), du latin *aquila*, aigle. — Ce nom

Fig. 71. — Aigle royal, femelle (1/12 de grandeur naturelle)

désigne, surtout en France, l'*Aigle royal*, ou *Aigle com-*

mun, ou *Grand Aigle*, ou *Aigle doré* (*Falco chrysaëtos*, Lin.), qui est l'espèce la plus répandue dans les contrées montagneuses de notre pays, mais auprès duquel se placent beaucoup d'autres oiseaux désignés aussi dans divers pays sous le nom d'*Aigles*. Ainsi, tandis que l'*Aigle royal* est l'espèce commune en Suisse, en Allemagne, en Pologne, en Écosse, dans le nord et l'orient de l'Europe, puis dans l'Amérique du Nord; le midi de l'Europe voit ordinairement dans ses montagnes l'*Aigle impérial* (*Falco imperialis*, Temminck), qui est sans doute l'*Aëtos* des Grecs et l'*Aquila* des Latins; du reste les mêmes montagnes nourrissent aussi l'*Aigle criard*, Petit Aigle ou *Aigle tacheté* (*Aquila nævia*, Cuvier), plus petit d'un tiers et qui n'a jamais pu être confondu avec le précédent. D'autres espèces représentent ce même type dans diverses contrées de l'Afrique, de l'Asie, etc.; mais nous parlerons surtout de l'aigle de notre pays; plus loin il sera traité du groupe des *Aigles* et de leur distribution méthodique.

L'*aigle royal* ou *aigle commun* est un oiseau dont la femelle mesure 1ᵐ,20 de longueur de l'extrémité du bec

Fig. 72. — Tête d'aigle royal, femelle (1/4 de grandeur naturelle).

à celle de la queue, atteint, les ailes étendues, 2ᵐ,90 d'envergure et qui peut peser de 8 à 9 kilog.; le mâle n'a que 1 mètre de long et pèse environ 6 kilog. Son œil grand, étincelant d'un feu brun clair, est enfoncé sous une saillie de l'orbite, qui le recouvre comme un toit avancé; l'iris est d'un beau jaune clair, et brille d'un feu très-vif; l'humeur vitrée est couleur de topaze; le cristallin, qui est sec et solide, a le brillant et l'éclat du diamant. Cette disposition des parties donne à son regard une farouche et puissante majesté; son bec fort, recouvert à sa base d'une peau jaune nommée *cire*, se prolonge en un cône de corne bleuâtre recourbé vers son extrémité en une pointe acérée. Son rude plumage est d'un aspect sombre, fauve, et même d'un roux doré sur le derrière de la tête; blanc à la moitié supérieure de la queue, il offre partout ailleurs une coloration noire ou brune obscure; à l'âge adulte les pennes de la queue sont rayées de bandes irrégulières cendrées. Avant cette époque l'aigle a diverses livrées ou plumages qui annoncent son âge et ont fait rapporter à une espèce distincte des individus encore imparfaits de plumage. Ce puissant oiseau est armé de serres vigoureuses à ongles noirs et pointus; une peau écailleuse et jaune recouvre ses pattes courtes et trapues. S'il y a lieu de croire que les anciens ont décrit et célébré comme oiseau de Jupiter, dépositaire de la foudre et messager des dieux, l'*Aigle impérial*, on peut appliquer ce qu'ils en ont dit à l'*Aigle royal* qui ne lui cède guère sous aucun rapport. A la puissance des armes qu'il tient de la nature, il joint la vigueur et la dureté du corps, la force des ailes et des jambes, la rapidité du vol, la fierté de l'attitude, la vue perçante. Buffon l'a comparé au lion, et l'a considéré en quelque sorte comme le roi des oiseaux. L'aigle a plusieurs convenances physiques et morales avec le lion : la force, la magnanimité; ils dédaignent également les petits animaux, et méprisent leurs insultes. Ce n'est qu'après avoir été longtemps provoqué par les cris importuns de la corneille ou de la pie, que l'aigle se détermine à les punir de mort. «Il est, « ajoute le grand naturaliste, solitaire comme le lion, « habitant d'un désert dont il défend l'entrée et l'usage « de la chasse à tous les autres oiseaux.... Les aigles se « tiennent assez loin les uns des autres pour que l'espace « qu'ils se sont départi leur fournisse une ample subsis- « tance.... On assure que le même nid sert à l'aigle pen- « dant toute sa vie. C'est réellement un ouvrage assez con- « sidérable pour n'être fait qu'une fois, et assez solide pour « durer longtemps. Ce nid, qu'on appelle son *aire*, est tout « plat et non pas creux comme celui de la plupart des « autres oiseaux; placé ordinairement entre deux rochers,

« dans un lieu sec et inaccessible, il est construit comme « un plancher avec de petites perches ou bâtons de cinq à « six pieds (1m,70 à 2 mètres), appuyés par les deux bouts, « et traversés par des branches souples recouvertes de plu- « sieurs lits de jonc et de bruyère. Ce plancher ou ce « nid est large de plusieurs pieds (on en a trouvé de « 5 pieds carrés ou 2mq,89) et assez ferme non-seulement « pour soutenir l'aigle, sa femelle et ses petits, mais pour « supporter encore le poids d'une grande quantité de vi- « vres. Il n'est point couvert par le haut et n'est abrité « que par l'avancement des parties supérieures du ro- « cher. » Dans cette aire habite un couple dont l'union persiste jusqu'à la mort de l'un d'eux ; or la longévité de l'aigle paraît considérable. Il est commun de trouver des aires où le même couple est fixé de mémoire d'homme ; on a gardé à Vienne un aigle captif pendant cent quatre ans. Vers le mois de mars, en Europe, l'aigle royal travaille avec sa femelle à réparer son nid au milieu duquel celle-ci dépose bientôt deux ou trois, rarement quatre œufs d'un blanc sale, marqués de taches rousses, et gros comme environ trois œufs de poule. La mère les couve trente jours, et il en sort des aiglons couverts d'un duvet blanchâtre que les parents soignent pendant trois ou quatre mois, jusqu'à ce que, se sentant assez forts, les petits prennent leur vol pour ne plus revoir leur aire natale. Les jeunes n'ont pris qu'à la troisième année leur plumage d'adulte. Pendant que la femelle couve, le mâle pourvoit à ses besoins, et, pendant qu'il ne chasse pas, il fait au-dessus de son aire des évolutions continuelles d'une hardiesse et d'une rapidité merveilleuses. L'extrême voracité des aiglons exige que les parents se livrent à une chasse active pour les approvisionner. Aussi trouve-t-on à cette époque dans le voisinage de l'aire des animaux entiers, des débris de tous genres. Il paraît qu'il leur déplaît en général d'en encombrer l'aire elle-même, et que quelque saillie de rocher peu éloignée leur sert habituellement de boucherie. Le docteur Jonathan Franklin cite le fait d'un gentilhomme écossais près de la maison duquel habitèrent deux aigles pendant plusieurs étés : « Il y avait, dit-il, à quelque distance du nid « une pierre d'environ six pieds (2 mètres) de longueur « sur autant de largeur; sur cette pierre le maître de la « maison et sa servante trouvaient, pendant que le nid « renfermait des aiglons, une provision de coqs de bruyè- « re, de perdrix, de lièvres, de lapins, de canards, de « bécasses, et parfois même des chevreaux, des faons, des « agneaux. »

Il ajoute que plus d'une fois, pris à l'improviste, ce gentilhomme envoya faire pour sa propre table des emprunts au garde-manger de ses voisins les oiseaux de proie. Les aigles le souffraient sans résistance, pourvu que l'on n'approchât pas du nid lui-même, et ils n'étaient pas longtemps sans apporter d'autres vivres. « Mais lors- « que le fruit de leur chasse ne leur était pas enlevé, le « père et la mère vaguaient çà et là avec leurs petits « jusqu'à ce que les provisions fussent tout à fait épui- « sées.... Dès que les aiglons étaient capables de sau- « tiller à la hauteur de la pierre, vers laquelle condui- « sait un étroit sentier suspendu sur un redoutable pré- « cipice, les aigles apportaient des lièvres et des lapins « vivants et, les plaçant sur cette table de sacrifice, ils « exerçaient leurs petits à tuer ces victimes et à les dé- « pecer.... Ces deux aigles étaient fidèles l'un à l'autre « et formaient d'ailleurs un ménage égoïste et personnel; « le père et la mère ne permettaient point à leurs aiglons « devenus grands de s'établir et de vivre auprès d'eux ; « ils les chassaient impitoyablement à une grande dis- « tance. » (*La Vie des animaux*, par Jon. Franklin, 2e série, ouvrage traduit par A. Esquiros.) Si l'on pouvait comparer ces mœurs instinctives aux mœurs librement volontaires de l'espèce humaine, ce sont là les scènes d'un repaire de bandits. Du reste, on a plusieurs exemples d'hommes ayant tiré du voisinage de l'aigle les mêmes ressources pour s'approvisionner.

Le vol de l'aigle est lourd lorsqu'il rase le sol ; mais il devient léger, facile et très-puissant dans les hautes régions de l'air. Les ailes largement déployées et presque immobiles, la queue épanouie, l'oiseau glisse dans l'air avec une rapidité très-grande, mais que l'on a beaucoup exagérée en l'évaluant à 78 kilomètres à l'heure. Naumann affirme qu'au vol l'aigle n'atteindrait pas un pigeon. Néanmoins, lorsque du haut de l'air, l'aigle, planant comme un point à peine visible, a découvert une proie de son regard perçant, il se laisse descendre vers elle comme une flèche ; ses serres sont ouvertes et saisissent la victime avec une force irrésistible ; en même temps quelques coups d'aile relèvent l'essor de l'oiseau et le ramènent dans les plaines de l'air qu'il traverse en se dirigeant vers son nid. On a beaucoup contesté que les aigles aient pu enlever des enfants ; mais, outre plusieurs exemples dignes de foi, voici un fait rapporté par Degland dans son *Ornithologie européenne* et que M. Moquin-Tandon avait communiqué à l'Académie des sciences de Toulouse : Deux petites filles du canton de Vaud, l'une âgée de cinq ans, l'autre de trois, jouaient ensemble, lorsqu'un aigle de taille médiocre se précipita sur la première, et, malgré les cris de sa compagne, malgré l'arrivée de quelques paysans, l'enleva dans les airs. Deux mois après, un berger rencontra, gisant sur un rocher dans la montagne, et à 2 kilomètres de l'endroit où l'enlèvement avait été pratiqué, le cadavre de l'enfant à moitié nu, déchiré, meurtri et desséché.

Pendant qu'il plane à la recherche d'une proie l'aigle fait parfois entendre un cri rauque et sourd qui fait trembler au loin et met en fuite les autres oiseaux. Glouton jusqu'à s'alourdir en se repaissant sans mesure, l'aigle supporte sans peine un jeûne prolongé ; on a eu tort de dire qu'il ne boit pas et se repaît de sang.

Il serait d'ailleurs fort long de relever toutes les fables qui ont été débitées au sujet des mœurs et du caractère de l'aigle ; nous nous bornons à l'esquisse que nous venons d'en faire, de laquelle nous avons retranché tous les faits erronés ou peu certains. L'aigle est un oiseau défiant, sauvage, d'une approche difficile ; il défend ses petits avec un courage que l'on a exagéré, mais qui ne laisse pas que de s'être montré parfois remarquable. Les montagnards des Pyrénées en font souvent l'expérience ; voici, d'après Gérard (*Dict. univ. d'hist. nat.*), comment se fait chez eux la chasse aux aiglons : « Cette « chasse se fait à deux ; l'un des dénicheurs est armé « d'une carabine à double canon, l'autre d'une espèce de « pique de fer longue d'environ 0m,60. Aux premières « lueurs du jour, les chasseurs arrivent sur la cime de « la montagne où l'aigle a établi son aire, et pendant « qu'il est allé chercher de la nourriture pour ses « petits. Le premier se place sur le sommet du roc, et, « la carabine à la main, attend l'arrivée de l'aigle « pour l'attaquer ; l'autre descend au fond de l'aire, « soit d'anfractuosité en anfractuosité, soit au moyen de « cordes. Il s'empare des aiglons trop faibles encore pour « résister longtemps ; l'aigle a entendu les cris de ses « petits, il accourt et se précipite sur le hardi monta- « gnard, qui le frappe avec sa pique, tandis que son « compagnon tire sur l'oiseau. » Le but de cette chasse est de détruire une race nuisible aux troupeaux. On peut prendre l'aigle adulte au traquenard, pourvu qu'on fixe assez bien ce piége pour que l'oiseau ne l'emporte pas. Il ne paraît pas possible d'apprivoiser l'aigle adulte, mais les aiglons élevés en captivité s'y accoutument tout en conservant un caractère triste ; avec l'âge ils deviennent parfois méchants et dangereux. On assure que les Tartares de l'Asie septentrionale dressent l'aigle royal à la chasse des renards, des antilopes, des lièvres et des loups. Tenu en grand honneur chez les Indiens de l'Amérique du Nord, il leur fournit des plumes très-recherchées comme ornements. La chair de l'aigle est dure et peu savoureuse.

Les opinions plus ou moins exactes qui ont eu cours sur les mœurs et le caractère de l'aigle ont engagé divers peuples à adopter cet oiseau comme symbole. Les Perses avaient reçu des Assyriens l'usage de porter pour enseigne une aigle d'or aux ailes étendues. Les Romains avaient admis l'aigle parmi les quatre animaux qui figuraient comme enseignes de leurs bataillons ; depuis Marius, elle fut seule employée, et se transmit successivement aux empereurs d'Occident et d'Orient, aux empereurs d'Allemagne, puis d'Autriche. La Prusse, la Russie, la Pologne, les États-Unis d'Amérique font figurer l'aigle dans leurs armoiries ; la France a pris l'aigle pour enseigne militaire avec Napoléon Ier et l'a repris en 1851 sous Napoléon III.

AIGLES (Zoologie classique) (*Aquila*, Cuv.). — Genre d'*Oiseaux de proie diurnes* formé par Cuvier dans le démembrement du grand genre *Falco* de Linné. L'ordre des *Rapaces* ou *Ois. de proie* (*Accipitres*, Lin.) a été divisé par Cuvier en deux familles : 1° *Ois. de proie diurnes*, 2° *Ois. de proie nocturnes*. La famille des *diurnes* fut partagée en deux tribus, celle des *Vautours* et celle des *Faucons*. Cette deuxième tribu (genre *Falco* de Linné) est à son tour partagée en deux sections : celle des *Oiseaux de proie nobles* (Faucons, Gerfauts), et celle des *Oiseaux de proie ignobles* (parce qu'on ne peut les employer en fauconnerie), qui comprend elle-même six divisions : les *Aigles*, les *Autours*, les *Milans*, les *Buses*, les *Busards* et les *Messagers* ou *Secrétaires*.

La division des *Aigles*, caractérisée par un bec très-fort, droit à sa base et courbé seulement vers sa pointe, renferme les plus grandes espèces d'oiseaux de proie. Cuvier avait admis dans cette division sept genres : *Aigles* proprement dits (*Aquila*, Cuv.), *Aigles pêcheurs* (*Haliætus*, Savigny), *Balbusards* (*Pandion*, Savigny), *Circaètes* (*Circaetus*, Vieillot), *Harpies* ou *Aigles pêcheurs à ailes courtes* (*Harpyia*, Cuv.), *Aigles-autours* (*Morphnus*, Cuv.), *Cymindis* (*Cymindis*, Cuv.).

Le genre *Aquila* ou *Aigle* proprement dit comprend les aigles à tarse emplumé jusqu'à la racine des doigts, dont les ailes sont aussi longues que la queue; ils habitent les montagnes et vivent de proie terrestre. — On doit citer comme espèces remarquables : L'*Aigle royal*, *Aigle commun*, *grand Aigle* (*Falco chrysaetos* et *fulvus* des auteurs) ci-dessus décrit. — L'*Aigle impérial*, vulgairement *Aigle de Thèbes* (*Falco imperialis*, Bechstein, ou *A. heliaca*, Savigny), souvent nommé *Aigle à dos blanc* parce qu'il porte, à la base de l'aile, sur l'omoplate, une grande tache blanche; ses ailes sont plus longues, son corps plus trapu que chez l'aigle royal. Il habite les hautes montagnes du midi de l'Europe. — L'*Aigle criard*, *A. tacheté*, *Petit Aigle* ou *Canardière* (*Falco nœvius* et *maculatus*, Gmelin), d'un tiers plus petit que les précédents; il a les tarses plus grêles, le plumage brun; queue noirâtre avec des bandes plus pâles, le haut de l'aile parsemé de taches fauves. On le trouve dans les Apennins, dans le midi de l'Europe, rarement dans le nord : il n'attaque que des animaux très-faibles. Cuvier cite encore l'*Aigle botté* (*Falco pennatus*, Gmel., Brisson), moins grand que la buse, le bec presque aussi courbé qu'elle; le plumage fauve, tacheté de brun, les pieds bleus : c'est le plus petit de nos aigles; très-rare en France, il habite l'est et le midi de l'Europe; on en a tué il y a quelques années un individu à Meudon près de Paris.

Les autres espèces, étrangères à l'Europe, sont l'*Aigle griffard* de l'Afrique méridionale; l'*Aigle vautourin* du même pays, etc.

Aigle-autour (Zoologie) *Morphnus*, Cuvier. — L'un des genres admis par Cuvier dans cette division des *Oiseaux de proie ignobles* qu'il a nommée les *Aigles* (voyez Aigles).— *Caractères :* Les ailes plus courtes que la queue, les doigts faibles. Ces aigles tiennent des éperviers et des autours par leurs tarses grêles, et des aigles par leur taille et souvent par leurs tarses velus; on les trouve surtout en Amérique. Les principales espèces sont : l'*Aigle-autour huppé de la Guyane* (*Falco guyanensis*, Daudin), *Petit Aigle de la Guyane*; — l'*Urubitinga* (*Falco Urubitinga*, Daudin); — l'*Aigle-autour noir huppé* d'Afrique (*Falco occipitalis*, Daudin), grand comme un corbeau; — l'*Aigle-autour varié* ou *Urutaurana*, *Autour huppé*, *Aigle moyen de la Guyane*, *Epervier patu* d'Azzara (*Spizaëtus ornatus*, Vieil.).

Aigle pêcheur ou **Pygargue** (Zoologie), *Haliætus*, Savigny. — L'un des genres admis par Cuvier dans cette division des *Oiseaux de proie ignobles* qu'il a nommée les *Aigles* (voyez Aigles). — *Caractères :* Les ailes aussi longues que la queue, les tarses couverts de plumes seulement à leur moitié supérieure; ils habitent le voisinage des rivières ou de la mer et vivent surtout de poissons. Les principales espèces sont : l'*Orfraie* ou *Pygargue* (*Falco ossifragus*, Gmelin), répandu dans tout le nord du globe (voyez Orfraie); — l'*Aigle à tête blanche* (*F. leucocephalus*, Gmel.), espèce américaine un peu plus petite que notre aigle commun, tête et partie supérieure du cou blanches, ainsi que la queue. C'est l'oiseau qui figure dans les armes des États-Unis d'Amérique. Audubon, dans son beau livre sur les oiseaux d'Amérique, a raconté d'une façon très-dramatique une scène des chasses de l'aigle à tête blanche, sur les bords du Mississipi. « Quand vous verrez deux arbres dont la cime dépasse s'élever en face l'un de l'autre, sur les deux bords du fleuve, regardez bien : l'aigle est là perché sur l'un d'eux; son œil étincelle et roule dans son orbite comme un globe de feu; il observe, il épie..... Sur l'arbre opposé sa femelle est en sentinelle, et de temps en temps son cri semble exhorter le mâle à la patience. Il y répond par un battement d'ailes, par une inclination de tout son corps et par un cri aigre et strident qui ressemble au rire d'un maniaque; puis il se redresse immobile et silencieux comme une statue..... Enfin un son lointain que le vent fait voler sur le courant arrive à l'ouïe des deux époux; ce bruit retentit avec la raucité d'un instrument de cuivre, c'est la voix du cygne. La femelle avertit le mâle par un appel composé de deux notes : tout le corps de l'aigle frémit; deux ou trois coups de bec, dont il frappe rapidement son plumage, le préparent à son expédition; il va partir. Le cygne vient comme un vaisseau flottant dans l'air, son cou de neige étendu en avant, l'œil étincelant d'inquiétude..... Un cri de guerre se fait entendre; l'aigle part aussi rapide que l'étoile filante, le cygne a vu son bourreau..... une seule chance de salut lui reste, c'est de plonger dans le courant; mais l'aigle l'a prévu. Se tenant sans cesse au-dessous de sa victime, et menaçant de la frapper au ventre ou sous une aile, il la force à rester dans l'air. Le cygne s'affaiblit, se lasse et désespère de lui échapper; mais l'aigle craint que sa proie n'aille tomber dans les eaux du fleuve qui coule au-dessous d'eux : un coup de serres frappe le cygne sous l'aile et le précipite obliquement sur l'une des rives..... On ne saurait voir sans frémir le triomphe de l'aigle. Il danse sur ce corps palpitant, il plonge ses armes d'airain dans le cœur du cygne mourant; il bat des ailes, hurle de joie, s'enivre des dernières convulsions de sa victime; il lève vers le ciel sa tête blanchie et ses yeux s'enflamment d'un éclat sanglant. Sa femelle le rejoint, et tous deux déchirant leur proie se gorgent du sang chaud que leurs coups en font jaillir. »

Aigle pêcheur a ailes courtes (Zoologie). — Voyez Harpie.

AIGREFIN (Zoologie). — Voyez Morue.

AIGRELIER (Botanique). — Nom vulgaire du *Sorbier terminal* ou *Alizier des bois* (voyez Alisier, Sorbier).

AIGREMOINE (Botanique), *Agrimonia*, altération du mot grec *argemon*, taie de l'œil, ou plutôt dérivé des mots *agrios*, sauvage, et *monias*, solitaire.— Genre de la famille des *Rosacées*, tribu des *Dryadées*; caractérisé par des tiges vivaces, herbacées, à feuilles composées; fleurs jaunes, en longues grappes, à 5 pétales, 12 à 20 étamines, 1 à 2 ovaires qui mûrissent en akènes renfermés dans le tube du calice. Nous possédons communément en France l'*Aigr. eupatoire* (*A. eupatoria*, Lin.) qui croît dans presque tous les climats le long des haies, sur la lisière des bois. Elle donne vers le mois de juillet de petites fleurs jaunes disposées en longs épis grêles, et plus tard un petit fruit hérissé des épines durcies du calice. Elle est employée en décoction pour gargarismes, contre les maux de gorge. Elle passe pour détersive et astringente; on l'a recommandée dans quelques diarrhées rebelles. Ses fleurs peuvent aussi donner aux étoffes de laine une couleur d'or très-solide.   G — s.

AIGRETTE (Zoologie). — Faisceau de plumes droites, le plus souvent minces, effilées, qui ornent la tête de certains oiseaux, comme les *paons*, les *hiboux*, les *ducs*, les *hérons*, quelques espèces de *grues*, telles que la *grue couronnée*, la *demoiselle de Numidie*, etc. On a donné le même nom à des bouquets de poils qu'on observe sur le corps de certains insectes.

AIGRETTE (Zoologie). — Buffon a donné ce nom à un singe du genre *Macaque* (*Simia aygula*, Lin.), parce qu'il porte sur la tête un bouquet de poils dressés : ce n'est sans doute qu'une variété du Macaque commun. — Plusieurs espèces de hérons portent le nom d'*aigrette*; on les trouvera indiquées au mot Héron.

AIGRETTE (Botanique). — On donne ce nom à des houppes de soies ou de poils qui surmontent certaines parties des plantes, et le plus souvent le fruit; elles représentent alors le limbe du calice, comme on peut l'observer chez les *Composées*, les *Valérianées*, les *Dipsacées*. Lorsque les corolles sont tombées, ces aigrettes deviennent tout à fait apparentes et s'étalent souvent comme dans le pissenlit, vulgairement nommé à cause de cela *Chandelle des prés*, par les enfants. Selon Cassini, la sécheresse fait diverger les poils dont se compose l'aigrette, de sorte qu'en s'appuyant sur les organes voisins, celle-ci se détache et soulève le fruit qu'elle surmonte et le vent ne tarde pas à l'emporter au loin. L'aigrette est *sessile* dans les chardons, les centaurées, le seneçon, le cinéraire, tandis qu'elle est *pédilée* ou rétrécie à sa base en une sorte de support grêle nommé *pédile*, dans la laitue, le salsifis, le pissenlit, etc.; elle est *plumeuse* dans les scorsonères, les circes, où les poils qui la composent sont couverts eux-mêmes de petits poils visibles à l'œil nu. Elle est au contraire *simple*, lorsque ses poils semblent présenter une surface unie, comme dans les laitues, le laiteron, l'érigéron, etc.; à la loupe, on reconnaît néanmoins que ces poils sont encore hérissés. Les akènes, sorte de fruits secs, sont dits *aigrettés* lorsqu'ils sont surmontés d'une aigrette.

AIGREURS (Médecine).—On désigne ainsi une incommodité fréquente consistant en des rapports acides, gazeux ou liquides, qui pendant le travail de la digestion reviennent de l'estomac. Ils tiennent soit à la nature des aliments, soit à un état maladif habituel de l'estomac. Dans le premier cas, on évitera les aliments qui les provoquent d'habitude; dans le second, si elles sont légères et récentes, on prendra 0^{gr},50 à 0^{gr},60 de magnésie décarbonatée le matin, pendant une huitaine, ou bien on consultera un médecin.

AIGUË (Maladie) (Médecine). — Voyez Maladie.

AIGUE-MARINE (Minéralogie). — Émeraude diaphane de couleur vert d'eau (voyez Émeraude).

AIGUILLAT (Zoologie), à cause de l'épine acérée comme une *aiguille* que ce poisson porte sur le dos (*Spinax*, Cuv.). — C'est un des nombreux poissons du genre *Squale*, vulgairement nommés *chiens de mer*; l'aiguillat est très-commun sur nos marchés; son corps effilé, couvert d'une peau chagrinée, brune en dessus, blanchâtre en dessous, mesure de 0^m,75 à 1 mètre de longueur : les jeunes sont tachetés de blanc. La première nageoire dorsale est armée d'un aiguillon cartilagineux très-acéré, mais non venimeux. La chair de l'aiguillat est filamenteuse, dure et peu savoureuse; dans certains pays on recherche beaucoup le jaune de ses œufs. Sa peau, comme celle de la roussette et du requin, est employée, sous le nom de *peau de chagrin*, à polir le bois, l'ivoire, et même certains métaux. Il se nourrit de poissons, de crustacés, de mollusques; on tire de son foie une huile limpide employée dans les arts pour préparer les peaux, et qui a été vantée, sans beaucoup de fondement, contre les rhumatismes. — L'aiguillat (*Spinax acanthias*, Cuv.) est le type d'un des nombreux sous-genres du grand genre *Squale*, famille des *Sélaciens*, ordre des *Poissons chondroptérugiens à branchies fixes*, selon la méthode de G. Cuvier. Le sous-genre *Aiguillat* (*Spinax*) se distingue des autres Squales en ce qu'il n'a pas de nageoire anale, mais il est pourvu d'évents, d'une épine à la nageoire dorsale et de petites dents tranchantes sur plusieurs rangs. Le *Sagre* et le *Mangin* ou *Aiguillat Blainville*, de Risso, sont du même sous-genre, et les trois espèces se pêchent sur toutes les côtes de la Méditerranée et de l'Océan.

AIGUILLE (Chirurgie). — On emploie dans la pratique chirurgicale des aiguilles de formes et de dimensions très-variées, en acier, en argent, en or, en platine, suivant les usages auxquels on les destine. Il convient de citer entre autres :

1° *L'aiguille à acupuncture* (voyez ce mot).

2° *L'aiguille à cataracte*, destinée à opérer l'*abaissement* ou *dépression* du cristallin cataracté (voyez Cataracte); elle se compose d'une tige en acier longue de 0^m,030 à 0^m,035, droite, terminée en fer de lance, à pointe aiguë et à bord tranchant : c'est l'aiguille de *Beer*; ou bien elle se termine, en se recourbant, par une pointe triangulaire (*aiguille de Scarpa*), ou aplatie (*aiguille de Dupuytren*) : ces deux espèces d'aiguilles ont d'ailleurs été modifiées par plusieurs chirurgiens. Quelles que soient ses différentes formes, cette tige est montée sur un manche à quatre pans, sur l'un desquels existe un point blanc correspondant à une des faces de l'aiguille, afin d'indiquer la position de l'instrument lorsqu'il a pénétré dans l'œil.

3° *Aiguilles à ligature.*—Ce sont des aiguilles courbes, quelquefois montées sur un manche, percées d'une ou de plusieurs ouvertures à une de leurs extrémités; elles sont destinées à passer un ou plusieurs fils à travers les tissus, autour d'un vaisseau, pour en faire la ligature.

4° *Aiguille à séton.* — C'est une petite lame d'acier aiguë, mince et étroite, tranchante dans une partie de sa longueur, et percée vers sa tête d'un trou destiné à recevoir une mèche de linge ou de coton; cet instrument sert d'un seul coup à faire le trajet du séton, et à porter la mèche dans ce trajet (voyez Séton).

5° *Aiguille à suture.*—Les aiguilles à suture présentent des différences nombreuses, eu égard aux parties divisées qu'on veut réunir, ou aux vices de conformation auxquels on veut remédier (voyez Suture). **F — N.**

AIGUILLES À COUDRE (Technologie). — Les aiguilles qui sont livrées au commerce au prix de 10 à 15 francs le mille, pour les qualités du premier choix, et de 4 à 5 francs pour les secondes qualités, passent successivement, avant d'être terminées, par les mains de quatre-vingt-dix à quatre-vingt-quinze ouvriers, et ce n'est qu'à cette condition qu'on peut les donner à un aussi bas prix. Leur fabrication offre un des exemples les plus remarquables de la puissance de la division du travail. Un certain nombre des opérations qu'elle exige sont très-délicates; par l'habitude de faire toujours le même travail, les ouvriers parviennent à les exécuter avec une rapidité et une précision qui frappent d'étonnement tous ceux qui les voient à l'œuvre.

En Angleterre on fabrique les aiguilles avec de l'acier étiré en fils; sur le continent, et en France en particulier, on emploie le plus souvent du fil de fer que l'on *cémente* après que l'aiguille est dégrossie. Les opérations sont ainsi rendues plus faciles, mais donnent des produits moins parfaits. Les opérations diverses par lesquelles doit passer une aiguille peuvent se diviser en cinq séries :

1° Façonnage de l'aiguille ou conversion du fil métallique en aiguilles brutes, comprenant une vingtaine d'opérations;

2° Cémentation, trempe et recuit des aiguilles brutes, comprenant une douzaine d'opérations;

3° Polissage, cinq opérations répétées chacune dix fois, et une dernière qui ne s'exécute qu'une fois;

4° Triage, cinq opérations;

5° Derniers tours de main, mise en paquets, une dizaine d'opérations.

Chacune de ces opérations est faite par un ouvrier spécial. Nous allons les passer sommairement en revue en insistant un peu plus sur les plus importantes.

1re *série.* — Les fils sont essayés à la *jauge* pour vérifier leur *calibre* ou leur grosseur. La jauge est formée par un disque d'acier sur le pourtour duquel sont creusées des fentes dont les largeurs correspondent aux diverses grosseurs de fil dont on a besoin. Les fils qui n'ont pas le calibre voulu ou dont le calibre n'est pas uniforme dans leur longueur sont renvoyés à la *filière* pour y être repris. Ceux qui ont satisfait à ce premier examen sont essayés à la cémentation et à la trempe. Les meilleures qualités sont réservées pour la fabrication des aiguilles dites anglaises.

Le fil ainsi vérifié est dévidé sur des dévidoirs (*fig.* 73)

Fig. 73. — Dévidoir pour le fil de fer à aiguilles.

dont la dimension est en rapport avec la longueur des aiguilles. Les bottes formées de 90 à 100 tours sont coupées d'abord en deux parties égales, puis celles-ci réunies et coupées en morceaux d'une longueur un peu supérieure au double de celle de l'aiguille finie. Cette opération se fait avec des cisailles mues mécaniquement, et un seul ouvrier peut couper en un jour 100 000 fils de deux aiguilles.

Les bouts obtenus sont courbes; pour les redresser on les réunit, au nombre de 5 ou 6 000, en paquets que l'on roule au moyen d'une règle à jour appelée *râpe* sur une table de fonte chauffée au rouge cerise. On emploie ordinairement la règle à bascule (*fig.* 74). Cinq ou six balancements de la râpe suffisent à cette opération qui marche très-vite.

Les fils dressés sont portés à l'aiguiserie consistant en une grande pièce dans laquelle 25 ou 30 meules d'un grès d'une dureté moyenne tournent avec une grande rapidité au moyen de l'eau ou de la vapeur. Chaque ouvrier, assis devant sa meule, prend dans sa main, entre le pouce et l'index, 50 ou 60 fils et les présente par un bout à la meule en les faisant rouler entre ses doigts pour les user d'une manière régulière, ce qui est d'une très-grande importance. Comme dans leur mouvement rapide il arrive assez souvent que les meules éclatent, elles sont recouvertes d'une forte feuille de tôle n'ayant que l'ouverture nécessaire pour l'appointage des aiguilles; un écran de verre sert en outre à préserver les yeux de l'ouvrier des étincelles de fer incandescent.

Une fois appointés par les deux bouts, les fils sont portés à l'*estampage* qui a pour but de dessiner la double gouttière dans laquelle doit être percé *l'œil* ou *chas* de l'aiguille. Pour estamper les fils, on procède comme il suit. L'aiguille jumelle est placée de telle sorte que

Fig. 74. — Règle à bascule pour dresser les aiguilles.

son milieu portant sur un petit bloc d'acier correspond à un poinçon situé à la partie inférieure d'un bloc de fonte appelé mouton; le bloc d'acier porte lui-même deux saillies analogues à celles du poinçon. L'estampeur appuie le pied sur l'étrier, soulève le mouton, place l'aiguille, laisse tomber brusquement l'outil qui dessine ainsi par percussion les deux têtes, leurs gouttières et la place de leurs chas. Un estampeur fait par journée de dix heures de travail 8 à 10 000 estampages correspondant à 16 ou 20 000 aiguilles, ce qui correspond à 16 ou 17 coups de mouton par minute.

Le perçage est une opération analogue à l'estampage, et se fait par des femmes au moyen d'un balancier portant un double poinçon dont les deux branches forment les deux *chas*. Au fur et à mesure du percement, les aiguilles sont prises par une petite fille qui les enfile dans deux broches de fer de 0m,15 à 0m,20 de long de manière à les fixer. Quelques coups d'une lime triangulaire suffisent pour séparer les aiguilles jumelles en deux aiguilles dont on arrondit les têtes à la lime.

2e *série*. — Les aiguilles arrivées à cet état sont soumises à un premier triage qui fait rejeter celles qui sont défectueuses. On porte les autres à l'atelier de cémentation. Les aiguilles y sont disposées au nombre de 2 ou 300 000 dans des boîtes ou marmites de fonte par rangées bien régulières alternant avec des lits de charbon; puis les boîtes, lutées avec soin pour empêcher l'accès de l'air, sont introduites dans des fours que l'on chauffe au rouge pendant sept à huit heures, et qu'on laisse ensuite refroidir lentement. Les aiguilles se sont ainsi imprégnées de charbon et transformées en acier. Comme dans cette opération et les précédentes elles ont pu se déformer, on les redresse à la râpe ou à règle à bascule comme la première fois. Les aiguilles sont alors posées par tas de 15 kil. contenant depuis 250 jusqu'à 500 000 aiguilles qu'on met dans des boîtes séparées et qu'on porte à l'atelier de trempage.

Un ouvrier étale les aiguilles sur les plateaux, au nombre de 8 à 10000 pour chaque plateau, que le trempeur pose sur deux barreaux en terre cuite dans un fourneau chauffé au charbon de bois. Quand elles sont arrivées au rouge cerise, il les retire et les jette en les éparpillant circulairement dans un baquet rempli d'eau froide; il les en retire au moyen de crochets et les jette pêle-mêle dans une caisse pendant qu'une autre charge chauffe au four. Un autre ouvrier prend cette boîte de

ses deux mains et l'agite de droite à gauche et d'arrière en avant, et ramène ainsi en quelques instants toutes les aiguilles au parallélisme. Pour les décrasser, un ouvrier place 15 à 20 000 aiguilles tant à côté les unes des autres que bout à bout dans une toile serrée qu'il étrangle et lie par les deux extrémités; un autre dépose le paquet sur une table et l'y fait rouler en appuyant dessus avec une règle en bois; il trempe ensuite le paquet dans de l'eau, et le fait rouler de nouveau quelques instants.

On porte alors chaque paquet près des poêles à recuire, et on les déroule; deux ouvriers y disposent les aiguilles encore mouillées sur des plaques de fonte chauffées, en forment deux rangées qu'ils roulent en appuyant sur elles avec une règle de fer courbe pour qu'elles reçoivent successivement et également l'action du feu; puis, quand elles ont pris une couleur bleue, ils les jettent dans une sébile d'où elles sont prises pour être de nouveau mises en ordre comme plus haut. Un ouvrier les reprend alors une à une, les roule entre ses doigts pour reconnaître celles qui seraient déformées et qu'il doit redresser sur un petit tas à l'aide d'un marteau particulier. Il les jette ensuite dans une boîte où un ouvrier les remet en ordre.

3e *série*. — Le polissage est l'opération la plus longue dans la fabrication des aiguilles, mais elle se fait sur 5 à 600 000 aiguilles à la fois.

Lorsque les aiguilles sont trempées, recuites et dressées, on les porte dans l'atelier destiné à la confection des rouleaux. On dispose dans une auge en bois deux ou trois carrés de toile, de manière qu'ils en couvrent le fond et les côtés et qu'ils débordent au dehors; on augmente l'épaisseur de cette enveloppe au moyen de plusieurs bandes de toile longitudinales; sur le fond on étend une couche de petites pierres de schiste quartzeux micacé, de silex, d'émeri, de calcaire compacte, ou même de potée d'étain si l'on veut avoir un poli blanc. On range par-dessus une couche de 0m,01 d'aiguilles sur une longueur de 0m,45 environ, ce qui correspond à sept ou huit longueurs d'aiguilles; on recommence une couche de pierres, une couche d'aiguilles jusqu'à la cinquième qu'on recouvre d'une sixième couche de pierres, et on verse sur le tout un demi-litre d'huile de colza. On replie alors la toile par les deux bords, puis par les deux bouts, on ferme le rouleau que l'on serre fortement avec une ficelle, et on l'envoie à l'atelier de polissage.

Le polissoir est formé de deux chariots pesants se mouvant alternativement en sens contraire, sur des madriers en bois. C'est entre le chariot et les madriers que sont placés les paquets d'aiguilles qui sont ainsi roulés sous une forte pression; les cailloux qu'ils contiennent s'écrasent peu à peu, et leur frottement finit par donner à l'aiguille le poli dont elle a besoin. Après dix-huit ou vingt heures de ce travail, les rouleaux sont défaits, leur contenu versé dans une sébile où on les recouvre de sciure de bois ou de paille hachée, puis dans un tonneau mobile sur son axe où elles se nettoient, de là, enfin, dans un van de cuivre où elles sont vannées à la manière du blé. Cette opération du polissage se recommence huit ou dix fois en changeant successivement la nature des matières employées. La huitième fois, on ne met que de l'huile, la neuvième et la dixième, que du son de froment gros, sec et dépouillé de farine; enfin on essuie les aiguilles une à une.

4e *série*. — Ces diverses opérations, surtout de polissage, amènent un déchet notable dans le produit; un dixième au moins doit être mis au rebut. Les aiguilles sont donc transportées dans un atelier à part et très-sec; là, elles sont d'abord détournées, c'est-à-dire qu'un ouvrier met toutes les têtes du même côté en même temps qu'il rejette toutes celles qui sont cassées par le milieu. Un second ouvrier prend les aiguilles détournées, les étale sur une table, rejette celles qui sont cassées à la tête et sépare les autres en deux classes suivant leur degré de poli. Un troisième ouvrier les reprend pour séparer celles dont la pointe est cassée, sauf à les appointer de nouveau; un quatrième redresse au marteau, sur une enclume en bois, celles qui se sont recourbées pendant le polissage; un cinquième les sépare toutes en trois tas suivant leur longueur. Cette dernière opération s'exécute au tact et pourrait être confiée à un aveugle.

5e *série*. — *Bronzage, drillage, brunissage, mise en paquets*. — Un enfant aligne sur une table en cuivre un certain nombre d'aiguilles, les têtes en dehors, et un ouvrier vient placer au-dessous des têtes une barre de fer rouge : l'aiguille s'échauffe et prend bientôt une couleur bleue dont on voit les restes dans la gouttière du chas. Ce chas est encore imparfait; un ouvrier le présente à la *drille*, ou burin d'acier très-fin et animé d'un mouvement de rotation très-rapide; le chas est ainsi régularisé et arrondi sur les bords afin qu'il ne coupe plus le fil. Cette opération délicate, qui exige une grande sûreté de coup d'œil, se fait avec une rapidité merveilleuse par les ouvriers exercés. Reste le *brunissage* qui consiste à donner à l'aiguille le dernier poli. Il se fait sur une bobine de buffle recouverte de matières pulvérulentes de diverses natures. On procède ensuite à la mise en paquets.

Un ouvrier coupe en rectangles d'une grandeur déterminée par celle des aiguilles, des feuilles d'un papier bleu ou violet préparé de manière qu'il prenne peu l'humidité ; un deuxième ouvrier armé d'une règle en fer dont le bord supérieur est muni de cannelures d'une profondeur telle qu'une seule aiguille puisse s'y loger, sépare du tas 100 aiguilles qu'il met dans le papier ; un troisième achève le pliage du paquet qu'il place ensuite dans une boîte portant le numéro des aiguilles; un quatrième écrit sur les paquets, ce numéro, le nom du fabricant et la marque adoptée. Un cinquième réunit en un seul 10 paquets de 100, les enveloppe de papier bleu ou violet, les lie d'un fil blanc ou rouge et les recouvre quelquefois d'une feuille ce papier blanc portant des figures et des caractères dorés. Un cinquième enfin réunit ces paquets par cinquante renfermant 50 000 aiguilles, les enveloppe de papier blanc, puis d'une ou deux vessies de bœuf desséchées, par-dessus d'une toile cirée, et enfin d'une feuille de papier gris. C'est dans cet état qu'elles sont livrées par les fabricants. M. D.

Aiguilles (Chemins de fer).— Portions de *rails* qui servent à opérer les changements de voie. Ces aiguilles peuvent tourner à l'une de leurs extrémités autour de boulons verticaux et sont liées l'une à l'autre par une traverse qui maintient leur écartement. On appelle *aiguilleur* l'ouvrier chargé de manœuvrer les aiguilles (voyez **Chemin de fer**).

Aiguille aimantée (Physique). — Lame d'acier de forme variable, aimantée, et suspendue par un de ses points autour duquel elle peut tourner librement (voyez **Aimant**). L'aiguille aimantée forme la partie essentielle des *boussoles* (voyez ce mot); elle jouit de cette propriété remarquable d'être dirigée par la terre de manière que l'une de ses extrémités se tourne vers le nord et l'autre vers le midi. A Paris la direction de l'aiguille aimantée n'est pas rigoureusement celle du nord au sud; sur la plupart des points de la surface du globe elle s'écarte plus ou moins du plan du méridien terrestre, et l'angle qu'elle forme avec ce plan s'appelle *déclinaison* (voyez ce mot).

L'aiguille aimantée bien exactement suspendue par son centre de gravité ne se tiendrait pas non plus dans une position horizontale; l'un de ses pôles s'incline vers la terre d'un angle variable d'un point à l'autre de la surface du globe qu'on appelle *inclinaison* (voyez ce mot).

Aiguille de mer (Zoologie), *Syngnathus acus*, Lin. — Poisson du genre *Syngnathe* (voyez ce mot).

Aiguillette (Zoologie), *Bulimus acicula*, Brug. — Très-petite coquille qu'on rencontre partout sous les mousses, sur les vieilles murailles, et nommée ainsi à cause de sa forme mince et allongée : elle appartient aux *Mollusq. gastérop. pulmonés terrestres*, grand genre *Escargot* (*Helix*, Lin.).

Aiguillon (Zoologie). — On donne ce nom à une espèce d'arme offensive et défensive dont sont pourvus les scorpions et certains Insectes Hyménoptères, et qui, placée à l'extrémité postérieure du corps, opère une piqûre, dans laquelle est versé un liquide venimeux. Dans les Hyménoptères, cette arme, logée dans l'abdomen, a quelque analogie avec ce que, chez les autres Insectes, on désigne sous le nom de *tarière* et *oviducte* (voy. ces mots), du reste elle n'existe que dans les femelles et dans les neutres. L'aiguillon, qu'on rencontre dans les abeilles, les guêpes, les frelons, les bourdons, etc., est une espèce d'aiguille très-fine, barbelée. Elle se compose réellement de deux dards très-fins, accolés et recouverts d'un étui corné formant intérieurement une gouttière où s'écoule le venin sécrété par une petite glande interne. Tout l'appareil est retiré pendant le repos et des muscles le font sortir avec énergie quand l'animal veut s'en servir; parfois, à cause des dentelures du dard, celui-ci reste dans la blessure et la déchirure qui en résulte à l'abdomen de l'insecte amène sa mort. Chez les scorpions l'aiguillon n'est autre chose que le dernier segment de l'abdomen terminé par une pointe courbe, perforée pour donner passage au venin.

Aiguillon (Botanique). — On désigne par ce mot des piquants formés seulement de tissu cellulaire durci et n'adhérant qu'à l'épiderme, de sorte que, comme dans les rosiers, on peut les détacher sans même offenser l'écorce, ce qui le distingue de l'*épine* proprement dite que l'on trouve sur d'autres plantes. Les aiguillons peuvent naître sur la tige comme dans les rosiers et les ronces, sur les stipules, les feuilles, les nervures et même sur les fleurs. Ils sont tantôt *droits*, tantôt *courbés*; *infléchis* quand ils se dirigent vers les parties supérieures du végétal (rosier moussu), *réfléchis* quand ils sont courbés vers le bas de la plante (ronce commune). Parfois ils deviennent assez minces (rosier, pimprenelle) pour ressembler à des soies, et on les nomme *sétacés*; alors il n'y a plus de limite bien certaine entre les aiguillons et les poils. C — s.

Ail (Botanique), du mot celtique *all*, signifiant chaud, âcre, brûlant; allusion aux propriétés de la plante, *Allium*, Lin. — Genre de plantes de la famille des *Liliacées*, tribu des *Hyacinthinées*. — *Caractères :* Périanthe à 6 pièces soudées à la base ; 6 étamines ; ovaire à 3 loges contenant chacune 2 ovules ; pour fruit une capsule à loges saillantes et ventrues à l'extérieur. Les aulx sont des plantes herbacées, à bulbes tuniqués, ordinairement doués d'une saveur et d'une odeur spéciales et fortes. Leurs feuilles sont creuses, canaliculées ou cylindriques. Leurs fleurs sont disposées ensemble, enveloppées par une spathe, et produisent quelquefois des bulbilles. Ils habitent généralement les régions tempérées de l'hémisphère boréal. On en rencontre cependant un assez grand nombre dans les climats chauds.

L'*Ail ordinaire* (*A. sativum*, Lin.) a le bulbe presque ovoïde formé de tuniques minces, blanches ou rougeâtres et accompagnées en dessous d'autres petits bulbes : c'est ce qui constitue les *gousses d'ail*. Sa hampe atteint jusqu'à une trentaine de centimètres et se termine par des fleurs d'un blanc sale à étamines saillantes. La patrie de cette espèce est incertaine. Dès la plus haute antiquité on a connu l'ail comme une plante potagère, mais elle croît spontanément en Égypte, en Grèce, en Sicile, en Provence. Nous parlerons plus bas de son emploi. Parmi les espèces d'ail cultivées pour l'ornement, on distingue l'Ail azuré (*A. azureum*, Ledeb.), originaire de Sibérie et donnant des fleurs d'un beau bleu d'azur avec une ligne médiane plus foncée ; l'Ail jaune (*A. flavum*, Lin.), espèce de l'Europe méridionale et rare aux environs de Paris; enfin l'Ail rose (*A. roseum*, Lin.); l'Ail de Naples (*A. neapolitanum*, Cyrill.) à fleurs blanches; l'Ail des ours (*A. ursinum*, Lin.) à bulbe allongé et à fleurs d'un blanc de lait; et l'Ail Moly ou doré (*A. Moly*, Lin.), plante célèbre dans l'antiquité, dont les fleurs sont grandes et d'un beau jaune d'or. — Le *poireau*, la *rocambole*, la *cive* ou *civette*, l'*échalotte*, la *ciboule*, l'*oignon* sont des espèces du genre *Allium*). G — s.

Ail (Horticulture). — La culture de l'ail demande une terre forte, bien assainie et fumée, elle a besoin d'être sarclée et binée; on met en terre les *caïeux*, ou *gousses*, dans les premiers jours de novembre ou au commencement de mars, et l'on récolte en mai le plant d'automne et en juin celui de printemps. Les fanes doivent être nouées pour les empêcher de monter en graine, et on arrache quand elles sont desséchées. — L'ail forme un des assaisonnements les plus recherchés dans le Midi, et tout le monde sait quelle odeur forte il donne à l'haleine; outre cet inconvénient, il peut, lorsqu'on en abuse, échauffer les voies digestives et y produire une irritation plus ou moins vive. C'est d'ailleurs un assaisonnement sain et parfois utile comme aromatique; les Méridionaux le regardent comme un puissant préservatif contre les fièvres intermittentes et contre les maladies contagieuses. Il ne saurait être considéré comme très-nourrissant; mais c'est un excitant énergique, et on l'a employé en médecine comme diurétique, sudorifique et surtout comme vermifuge; on l'a recommandé dans les hydropisies, l'asthme, la diarrhée par faiblesse des intestins. On en mange le matin pour chasser, dit-on, le mauvais air, d'où lui est venu le nom de *Thériaque des paysans*. En le pilant avec du vinaigre on en a composé un liniment irritant que les Russes et les Polonais ont vanté contre les premiers accidents du choléra. Enfin il entre dans la composition du spécifique antipestilentiel connu sous le nom de *Vinaigre des quatre voleurs*.

Ail (Essence d') (Chimie). — Essence sulfurée se présentant sous la forme d'un liquide incolore, d'une odeur nausc'abonde, peu soluble dans l'eau, beaucoup plus soluble dans l'alcool et l'éther. On peut la considérer comme étant l'éther sulfhydrique correspondant à l'alcool acrylique. En effet :

$$C^6H^6O^2 - HO = C^6H^5O$$

Alcool acrylique. Éther acrylique.

L'éther acrylique peut lui-même être considéré comme l'oxyde d'un radical (C^6H^5) qu'on avait d'abord nommé l'*allyle* en considérant l'essence d'ail comme du *sulfure d'allyle* et qu'on doit maintenant nommer *acryle*. Or, dans cet éther comme dans les éthers correspondants des autres alcools, l'oxygène peut être remplacé par l'iode, le brome, le soufre,

C^6H^5I iodure d'acryle.
C^6H^5Br bromure d'acryle.
C^6H^5S sulfure d'acryle ou essence d'ail.

Par là on conçoit la possibilité de la production artificielle de l'essence d'ail. Cette production a été réalisée par MM. Cahours et Hoffmann, en traitant l'iodure d'acryle (C^6H^5I) par le sulfure de potassium.

L'essence d'ail a été aussi obtenue en traitant l'essence de moutarde par le sulfure de potassium. — Enfin, on la produit directement en distillant l'eau sur des gousses d'ail écrasées; une rectification au bain-marie et une distillation dernière sur le potassium suffisent pour l'obtenir pure. — L'essence d'ail a été principalement étudiée par M. Westheim.

B.

AILANTE (Botanique), *Ailantus*, Desfont., de *ailanto*, nom malais qui signifie *arbre du ciel*. — Ce nom désigne un genre de plantes ou grands arbres de la famille des Xanthoxylées ou Zanthoxylées. — *Caract. du genre :* Fleurs uni sexuées, 5 pétales roulés en cornet à leur partie inférieure; 10 étamines ou seulement 2-3, 2-5; ovaires courbés, entourés d'un disque plissé et présentant chacun un style latéral; les fruits sont des samares membraneuses terminées en pointe.

L'*Ailante glanduleux* (*A. glandulosa*, Desf.) est appelé aussi *faux vernis du Japon*, parce qu'on a longtemps cru qu'il produisait le vernis dit *du Japon* qui est fourni par un sumac. C'est un grand arbre à cime étalée, qui s'élève à 20 mètres et plus. Ses feuilles composées imparipennées portent de 15 à 29 folioles pointues et mesurent jusqu'à 0m,50 et 0m,60 de longueur. Ses fleurs sont blanches, disposées en panicule ample, les mâles ont une odeur peu agréable. Cette espèce est originaire de la Chine et est arrivée en Europe par l'Angleterre où elle fut introduite vers 1751; elle vient très-bien sous le climat de Paris où elle se développe avec rapidité. Son bois souvent veiné de vert est aussi beau que celui du noyer; il est plus ferme et moins cassant que celui du chêne. On obtient par incision de l'écorce de l'ailante un suc résineux qui acquiert une certaine dureté. Ce bel arbre, parfaitement acclimaté en France, est un des ornements de nos parcs et de nos promenades publiques, par la majesté de son port et l'élégance et la richesse de son feuillage; si l'on joint à cela la rapidité de son développement, on concevra que son introduction et sa naturalisation en France soient une conquête précieuse. Sa croissance est de 1 mètre par an. — Dans ces derniers temps l'ailante glanduleux a pris une importance assez grande, qui s'accroîtra sans doute, par suite de l'introduction d'un nouveau ver à soie qui se nourrit de ses feuilles (voyez VER A SOIE).

L'*A. élevé* (*A. excelsa*, Roxb.), autre espèce des Indes orientales, a les feuilles persistantes et ne se cultive que dans les serres chaudes. G — s.

AILE (Zoologie). — Membre conformé pour permettre aux animaux de voler. Chez les oiseaux, l'aile atteint sa plus grande perfection; c'est le membre antérieur dont la main est ramassée en un moignon et qui porte de longues plumes à son bord postérieur. Chez les chauves-souris, l'aile est formée par ce même membre dont les doigts grêles et allongés en baguettes soutiennent un repli de la peau. — Chez les insectes, les ailes sont distinctes des membres destinés à la marche; il y en a une ou deux paires formées par une expansion aplatie de la peau et insérées au dos du thorax (voyez OISEAU, CHÉIROPTÈRES, INSECTE).

AILE (Botanique). — On nomme *ailes* les deux pétales latéraux de la corolle papilionacée, qui représentent en effet assez bien les ailes d'un papillon. Ordinairement ces pétales recouvrent les deux pétales inférieurs, souvent soudés et constituant la *carène* qui enveloppe les organes sexuels, comme une nacelle (dans le pois de sen-

teur). On nomme aussi *ailes*, des lames membraneuses qui se développent dans certains fruits, tels que ceux du frêne et de l'orme.

D'autres organes peuvent être encore dits *ailés* quand ils présentent ces sortes d'appendices en forme d'ailes (les tiges, les feuilles, les stipules, les graines, etc.). G—s.

AILE (Anatomie). — On donne ce nom à diverses parties du corps : *ailes du nez, ailes de l'oreille, ailes de l'os sphénoïde*, etc.

AILERON (Zoologie). — Extrémité de l'aile formée, chez les oiseaux, par les pennes ou longues plumes, au nombre de trois, quatre ou cinq, qui s'insèrent à l'extrémité de l'aile; c'est aussi le *fouet de l'aile*.

AIMANT (Physique). — Nom donné primitivement à un minerai de fer jouissant de la propriété d'attirer le fer, et ultérieurement étendu à des barreaux d'acier auxquels on a communiqué artificiellement la même propriété.

L'AIMANT NATUREL ou *pierre d'aimant* est formé par une combinaison de fer et d'oxygène Fe^3O^4 appelé *fer oxydulé magnétique;* il est d'un noir brillant, et doué d'un aspect métallique. C'est un minerai très-riche, donnant du fer d'excellente qualité. On le trouve en Suède, en Norwége, à l'île d'Elbe et aux États-Unis. Il était connu des anciens qui en avaient découvert abondamment dans une région de la Macédoine et dans les environs d'une ville de l'Asie Mineure, toutes deux appelées *Magnesia*, d'où les noms de *pierre magnétique*, de *vertu magnétique* employés par les Grecs pour désigner l'aimant et sa propriété d'attirer le fer, d'où également le nom de *magnétisme* attribué à la branche de la physique qui traite des aimants, ainsi qu'à la force qui réside en eux.

Les AIMANTS ARTIFICIELS, que l'on fait ordinairement avec des lames ou barreaux d'acier trempé, jouissent des mêmes propriétés que les aimants naturels et même à un degré beaucoup plus élevé, et comme on peut leur donner toutes les formes désirables, ils sont à peu près les seuls usités.

Lorsqu'on plonge un aimant naturel ou artificiel dans de la limaille de fer et qu'on l'en retire, on le voit en entraîner avec lui une quantité notable distribuée à sa surface d'une manière plus ou moins régulière et formant des filaments qui sont tous implantés sur le métal. Cette disposition de la limaille en filaments est encore beaucoup plus marquée si l'on place l'aimant horizontalement sur une table et qu'on le recouvre d'une feuille de papier sur laquelle on répand avec un tamis la poudre métallique.

Le fer n'est pas seul attiré par l'aimant; le nickel et le cobalt aux températures ordinaires, le manganèse à — 20° le sont également, quoiqu'à un moindre degré. Les autres métaux sont presque absolument insensibles à son action (voyez DIAMAGNÉTISME), mais aussi ils ne s'opposent nullement à la transmission de cette action. L'aimant attire le fer, le nickel... au travers de l'eau, du verre, du bois, etc., comme au travers de l'air ou du vide.

La limaille de fer qui s'attache à l'aimant n'est jamais distribuée uniformément à sa surface; elle en occupe plus particulièrement les deux extrémités, qu'on appelle *pôles de l'aimant*. La partie moyenne n'en retient pas d'une manière sensible et forme la *région ou ligne neutre* (*fig.* 75, 76, 77).

Si nous mettons un barreau de fer doux au contact ou

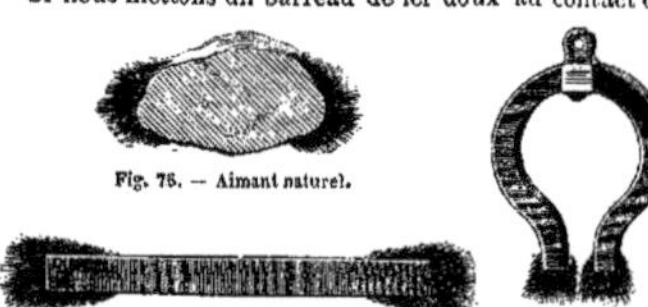

Fig. 75. — Aimant naturel.

Fig. 76. — Aimant artificiel.

Fig. 77. — Aimant en fer à cheval.

simplement en présence de l'un des pôles d'un aimant, nous le voyons acquérir lui-même la propriété d'attirer la limaille.

Le fer doux s'*aimante* ainsi par *influence* avec une grande facilité; mais dès qu'il est soustrait à l'action de l'aimant il perd avec une égale facilité ses propriétés nouvelles et transitoires. Le fer écroui, l'acier, et surtout l'acier trempé, sont plus rebelles à l'influence magnétique; mais aussi ils en conservent une modification durable. La *force coercitive*, espèce de résistance passive au développement des forces magnétiques dans ces corps, s'oppose à leur disparition quand s'est éloignée la cause qui les a fait naître. C'est de *l'existence de la force coercitive* que vient la possibilité de transformer les barreaux d'acier trempé en aimants permanents.

L'action que les aimants exercent les uns sur les autres n'est pas moins remarquable que leur action sur le fer. Tandis que le fer doux est attiré également par les deux pôles d'un aimant, si nous présentons à ceux-ci l'un des pôles d'un second aimant, nous verrons se produire dans l'un des cas une attraction, dans l'autre une répulsion. Les deux pôles d'un même aimant jouissent donc de propriétés contraires, *l'un repousse ce que l'autre attire*. De plus, dans tous les aimants, *les pôles semblables se repoussent, les pôles dissemblables s'attirent*.

Cet antagonisme des pôles se manifeste encore dans l'action de la terre sur les aimants. Suspendons par son milieu un petit barreau ou *aiguille aimantée* à un fil ou mieux sur une pointe métallique; en quelque position qu'elle se trouve, elle tournera sur son point d'appui, s'il est nécessaire, pour prendre dans l'espace une direction déterminée voisine de la direction du méridien, le même pôle constamment tourné vers le nord. Nous aurons une *boussole*. Le pôle qui se dirige vers le nord s'appelle *pôle nord* ou *pôle austral*; celui qui se dirige vers le midi s'appelle *pôle sud* ou *pôle boréal* (voyez BOUSSOLE, AIGUILLE AIMANTÉE). Cette direction des aimants par la terre a été pendant longtemps expliquée par l'hypothèse que la terre serait elle-même un aimant dont les pôles austral et boréal seraient situés à peu près sur son axe et dans le voisinage de son centre, le premier dans l'hémisphère austral, le second dans l'hémisphère boréal. Le pôle austral de l'aimant mobile se dirigerait vers le pôle boréal de l'aimant terrestre ou de la terre.

Si l'on rapproche deux aimants égaux par leurs pôles opposés jusqu'à les faire toucher, on voit les propriétés magnétiques de ces deux pôles décroître peu à peu et disparaître plus ou moins complétement. Les forces antagonistes se neutralisent ou, comme on dit, se *dissimulent*, sans disparaître réellement; car, si l'on sépare les deux aimants, on voit ces forces se manifester de nouveau avec leur intensité primitive. Réciproquement, si, après avoir plongé un aimant dans de la limaille et avoir reconnu que les forces magnétiques y sont extérieurement nulles dans la partie moyenne, on brise cet aimant dans cette partie, on voit apparaître aux points où la rupture a eu lieu, deux nouveaux pôles contraires, en sorte que chaque fragment forme un nouvel aimant complet avec ses deux pôles et sa ligne neutre. Ce phénomène ayant toujours lieu, quelque court que soit l'aimant, on en conclut que les forces magnétiques restent groupées autour des particules mêmes de l'acier, et que les forces contraires de deux particules voisines se neutralisent mutuellement d'une manière d'autant plus complète que l'on s'éloigne davantage des pôles pour se rapprocher des parties centrales de l'aimant.

La forme que l'on donne aux aimants varie suivant l'usage auquel on les destine. Si l'on se propose d'étudier leurs propriétés générales, on les forme de barreaux d'acier de dimensions en rapport avec la force qu'ils doivent avoir. Dans les boussoles, on les fait généralement de lames d'acier très-minces taillées en losanges très-allongés; mais, comme ces divers aimants ne peuvent jamais supporter isolément, à chacun de leurs pôles, qu'un poids peu élevé, lorsqu'on désire augmenter leur force portante, on les recourbe en *fer à cheval* de manière à rapprocher l'une de l'autre leurs deux extrémités, qui, agissant simultanément, multiplient mutuellement leur puissance. Les aimants en fer à cheval sont d'ailleurs d'une conservation plus facile que les aimants droits.

La puissance d'un aimant, quelle que soit d'ailleurs sa forme, croît avec ses dimensions; mais, dès que les barres d'acier dépassent un certain volume, il devient difficile de les aimanter; on préfère alors les composer de barres plus minces que l'on aimante isolément et que l'on su-

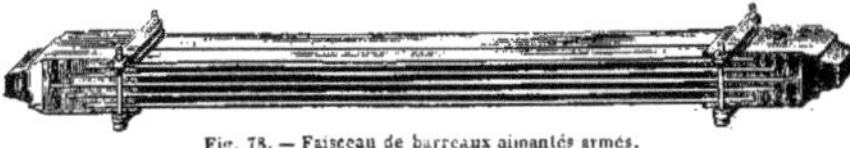

Fig. 78. — Faisceau de barreaux aimantés armés.

perpose ensuite pour en former des *faisceaux*. Il est bon que les barres du centre soient un peu plus longues que

les autres. Les extrémités des faisceaux peuvent d'ailleurs être libres ou enveloppées dans des armatures de fer doux. La puissance d'un faisceau de barreaux aimantés n'est jamais égale à la somme des forces des barreaux isolés qu'on a réunis pour le former.

Conservation des aimants.—Les barreaux aimantés perdent peu à peu leur puissance, par l'intervention de causes nombreuses, parmi lesquelles il faut ranger en première ligne les actions qui s'exercent entre leurs propres pôles, puis les chocs, les variations de température, etc. On neutralise en partie leur action par divers moyens appropriés à la forme des aimants. Les barreaux droits sont disposés parallèlement deux par deux, les pôles de noms contraires en regard et réunis par des morceaux de fer doux appelés *contacts* ou *armatures*. Ces armatures, s'aimantant elles-mêmes par l'influence des aimants, neutralisent leurs pôles et contribuent à leur conservation. Les aimants en fer à cheval, à cause de leur forme, peuvent individuellement être munis de leur contact; quant aux aimants naturels, on dispose sur leurs deux faces polaires des lames de fer terminées par deux talons qui deviennent les nouveaux pôles de l'aimant et que l'on arme comme les aimants en fer à cheval.

Toutefois, malgré la présence des armatures, un aimant chauffé au rouge perdrait entièrement sa propriété magnétique; le fer, quand il est rouge, cesse même d'être attiré par l'aimant.

Usages des aimants. — Les aimants sont employés particulièrement à la construction des boussoles; on s'en sert aussi pour reconnaître la présence du fer, même en petite quantité dans les minerais et les roches, et pour séparer les parcelles de fer mélangées à d'autres poudres métalliques recueillies dans les ateliers et résultant du travail des métaux à la lime ou au tour. Enfin, ils jouent le principal rôle dans certains jouets d'enfants, tels que par exemple les cygnes en verre qui nagent sur l'eau et s'approchent du pain que l'on leur tend à l'extrémité d'un bâton. Un petit aimant est caché dans la tête du cygne, le bâton lui-même est formé d'une petite barre d'acier aimantée.

Bien que la découverte de l'aimant remonte à une très-haute antiquité, ce n'est que vers le milieu du XIIᵉ siècle que l'on découvrit en Europe la faculté qu'il possède de diriger ses pôles du nord au midi, et seulement au milieu du XVIᵉ siècle que Gilbert attribua cette action à une propriété magnétique du globe terrestre. Knight, Duhamel, Mitchel, Æpinus et surtout Coulomb, furent les physiciens qui s'occupèrent le plus activement et avec le plus de succès du perfectionnement des aimants. Aujourd'hui, l'électricité nous permet d'en obtenir qui sont capables de soulever plusieurs milliers de kilogrammes.

Les anciens Égyptiens avaient attribué à l'aimant des propriétés curatives merveilleuses que Mesmer parvint à ressusciter pour quelques jours et qui sont de nouveau tombées dans l'oubli (voyez MAGNÉTISME). M. D.

AIMANT DE CEYLAN (Minéralogie). — Voyez TOURMALINE.

AIMANTATION (Physique). — Opération qui a pour but de transformer en aimants le fer, la fonte, et surtout l'acier trempé. Le fer garde mal les propriétés magnétiques qui lui ont été données; la fonte procure de bons aimants; mais l'acier est la substance le plus généralement employée.

C'est aux aimants que l'on a recours le plus généralement pour en former d'autres.

Méthode de la simple touche.—Le barreau ou l'aiguille à aimanter étant placé horizontalement sur une table, on appuie sur l'une de ses extrémités l'un des pôles d'un barreau aimanté incliné sur l'aiguille d'un angle de 30 à 35°, puis on fait glisser régulièrement l'aimant sur toute la longueur de l'aiguille. Arrivé à l'autre extrémité de celle-ci, on soulève l'aimant et on le reporte à son point de départ. On répète ainsi huit à dix fois l'opération *toujours dans le même sens*. Ce procédé ne peut fournir que des aimants de peu de puissance.

Méthode de la double touche séparée. — C'est elle qui donne l'aimantation la plus régulière et qu'on emploie de préférence à toute autre pour les aiguilles des boussoles. Deux barreaux aimantés d'égale force sont posés, les pôles de noms contraires en contact, sur le milieu de l'aiguille et inclinés sur elle d'un angle de 35°, puis ils sont séparés et promenés régulièrement sur l'aiguille de manière à atteindre tous les deux en même temps ses deux extrémités: ils sont alors soulevés, ramenés dans leur position première, et l'opération recommence autant de fois

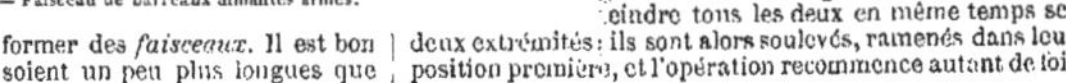

qu'il est nécessaire et successivement sur chacune des faces de l'aiguille. On peut rendre l'aimantation plus énergique en appuyant les deux extrémités de la lame d'acier à

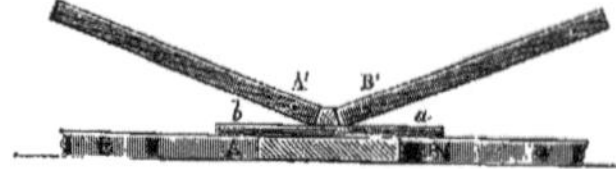

Fig. 79. — Aimantation par la méthode de la touche séparée.

aimanter sur les deux pôles de noms contraires de deux forts aimants, de manière que les pôles des aimants fixes et mobiles soient les mêmes à chacune des extrémités de la lame, ainsi que le montre la figure ci-jointe (*fig.* 79). La disposition que nous indiquons est due à Duhamel.

Méthode de la double touche d'Æpinus. — Æpinus a modifié ce procédé pour les forts barreaux aimantés en maintenant les deux aimants mobiles réunis verticalement et séparés l'un de l'autre simplement par deux petits morceaux de bois de 0ᵐ,01 environ d'épaisseur. Ces deux aimants, posés d'abord au milieu du barreau, y sont alternativement promenés de l'une à l'autre de ses extrémités sans le quitter, jusqu'à ce que l'aimantation soit jugée suffisante. Cette méthode donne des aimants plus puissants, mais moins réguliers que la précédente. Aujourd'hui on substitue avec avantage à ces méthodes l'emploi de l'électricité (voyez ÉLECTRO-MAGNÉTISME).

Quelque procédé qu'on emploie, il convient de pousser l'aimantation jusqu'à sa dernière limite, jusqu'à *sursaturation.* L'aimant perd peu à peu son excès de magnétisme pour arriver à un état permanent tant que des circonstances extérieures ne viendront pas l'affaiblir.

La terre suffit à elle seule pour aimanter les corps. C'est à son action prolongée qu'il faut rattacher l'origine des aimants naturels ; c'est à elle aussi qu'est due l'aimantation des tiges de paratonnerres et des outils ou ustensiles de fer ou d'acier ; mais, à part les aimants naturels, les aimants obtenus de cette manière sont extrêmement faibles.

On savait depuis longtemps que les décharges des batteries électriques peuvent, ainsi que la foudre, aimanter l'acier ou renverser les pôles d'un aimant sans qu'on en eût tiré un grand parti; mais on reconnut plus tard que l'électricité des piles voltaïques pouvait développer dans le fer doux des aimants d'une grande puissance naissant et mourant avec le courant qui les produit. Ces aimants, appelés *électro-aimants*, sont aujourd'hui d'un usage extrêmement répandu (voyez ÉLECTRO-MAGNÉTISME, ÉLECTRO-AIMANTS). M. D.

AINE (Anatomie), du mot latin *inguen*, dont on fit d'abord *aigne*. — L'aine ou pli de l'aine est un enfoncement dirigé obliquement de dehors en dedans et de haut en bas, qui sépare l'origine du membre inférieur de la cavité abdominale. Ce pli constitue le bord antérieur d'un enfoncement triangulaire dont les côtés sont formés par l'os iléon et le muscle couturier en dehors, et le premier adducteur en arrière. C'est ce qu'on appelle, à proprement parler, l'*aine*, la *région inguinale.* Cet espace est intéressant à connaître à cause de l'importance des parties qu'on y rencontre et qui peuvent être le siège de maladies ou blessures très-graves ; ces parties sont, de dehors en dedans, les *muscles psoas* et *iliaque*, le *nerf crural*, l'*artère* et la *veine crurales* et le *muscle pectiné;* plus superficiellement, existent des ganglions lymphatiques qui peuvent donner lieu à des *engorgements*, à des *abcès;* cette région est souvent le siège de *hernies*, d'*anévrismes.* F — N.

AIR (Chimie). — Substance fluide, élastique et compressible indispensable à la respiration des animaux et des végétaux, et formant autour de la terre une enveloppe désignée du nom d'*atmosphère.*

L'air au milieu duquel nous naissons et vivons nous paraît sans odeur ni saveur ; vu sous une faible épaisseur, il est incolore, mais en masse il est bleu ; c'est lui qui donne au ciel sa couleur, et qui nous fait voir avec la même teinte les objets éloignés.

Ce fluide est un corps pesant, ainsi que le soupçonnait Galilée; son disciple Torricelli le démontra en 1643, au

moyen du *baromètre* (voyez ce mot). Un litre d'air sec à la température de 0° et sous la pression normale de 0ᵐ,760 de mercure pèse 1ᵍ,293. Un mètre cube du même air pèse donc 1ᵏ,293.

Composition de l'air. — L'air est essentiellement formé du mélange de deux gaz, *azote* et *oxygène*, dans des proportions que l'on trouve sensiblement les mêmes sur tous les points du globe. Il contient en outre une très-petite quantité d'*acide carbonique*, et une proportion variable de *vapeur d'eau*; il est enfin le réceptacle de toutes les émanations qui s'échappent du sol ou des êtres qui en habitent la surface. Par son oxygène il entretient la respiration des animaux, et permet la combustion des corps; les plantes y puisent l'oxygène, l'azote, l'acide carbonique, nécessaires à leur alimentation ; la vapeur d'eau qu'il contient, se résolvant en pluie ou rosée, entretient la fécondité du sol ; il sert de véhicule aux éléments de reproduction des plantes et d'un grand nombre d'animaux microscopiques ; mais aussi il transporte d'un lieu à l'autre des principes miasmatiques inaccessibles à nos moyens d'analyse et trop souvent mortels pour nous.

Lavoisier est le premier qui ait fait connaître la composition de l'air dans une expérience mémorable qui fut le point de départ d'une révolution profonde dans la chimie. Ayant renfermé de l'air dans une cornue contenant du mercure (*fig.* 80) et dont le col recourbé venait déboucher dans une éprouvette P renversée sur un bain de mercure RS, puis ayant chauffé la cornue pendant douze jours presque jusqu'au degré d'ébullition du liquide et l'ayant laissée refroidir, il s'aperçut que le volume de l'air avait diminué dans son appareil, et que le gaz qui lui restait ne pouvait plus entretenir ni la combustion ni la respi-

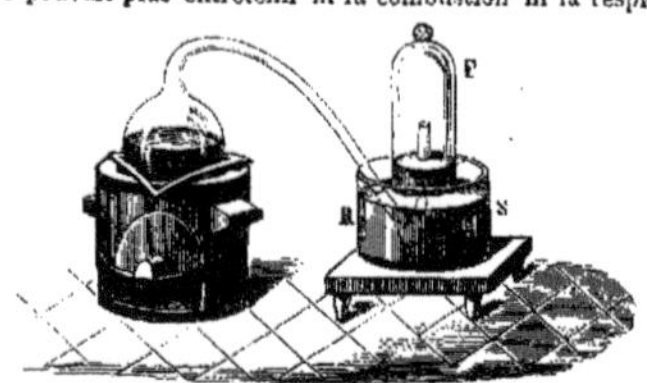

Fig. 80. — Appareil de Lavoisier pour l'analyse de l'air.

ration. Mais, pendant l'opération, le mercure s'était recouvert d'une poussière rouge qu'il recueillit. Cette poudre (oxyde de mercure), chauffée à une température plus élevée, redonnait du mercure et un gaz (oxygène) éminemment propre à la combustion et à la respiration, et ce gaz réuni au résidu gazeux de la première expérience reproduisait de l'air ordinaire. La nature de ce gaz était donc établie nettement. Sa véritable composition, toutefois, ne fut connue complétement que dans notre siècle.

La première analyse exacte de l'air remonte à cinquante ans à peine, et est due à MM. Gay-Lussac et de Humboldt,

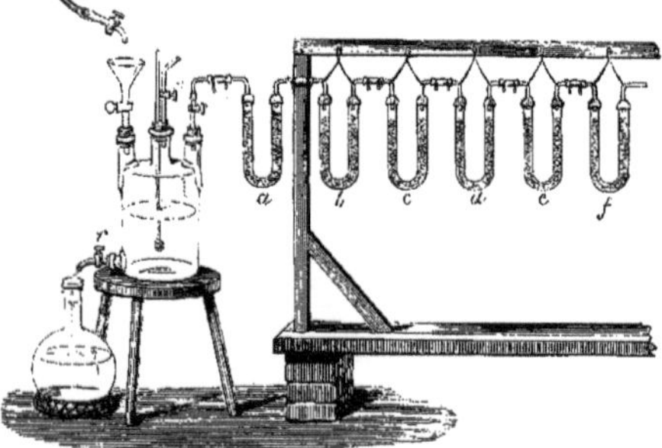

Fig. 81. — Appareil pour doser l'acide carbonique et la vapeur aqueuse de l'air.

qui l'exécutèrent par l'hydrogène au moyen de l'*eudiomètre* (voyez ce mot).

Ils y trouvèrent en volume 21 d'oxygène et 79 d'azote. Cette analyse a été reprise par presque tous les chimistes dans le but d'étudier les modifications que la vie des animaux et des végétaux peut apporter dans la composition de l'air et de mieux connaître toutes les substances qui s'y trouvent mêlées. L'analyse de l'air se compose toujours au moins de deux opérations que l'on exécute séparément.

La première a pour but de mesurer l'acide carbonique et la vapeur d'eau. Un *aspirateur* d'une capacité connue et plein d'eau se vide peu à peu par le robinet *r* (*fig.* 81), de manière que l'eau qui s'écoule soit remplacée à mesure par de l'air provenant du dehors. Cet air, avant de pénétrer dans le réservoir, est obligé de traverser une série de tubes recourbés en U et contenant de la pierre ponce imbibée d'acide sulfurique concentré pour les tubes *a*, *b*, *e*, *f*, et d'une dissolution concentrée de potasse pour les tubes *c* et *d*. L'air abandonne toute son humidité dans les tubes *e* et *f*, il laisse son acide carbonique dans les tubes *d* et *c* ; mais comme il reprend un peu d'humidité à la potasse, le tube *b* la lui retire. Le dernier tube *a* est destiné à empêcher l'humidité de rebrousser chemin de l'aspirateur dans les tubes de droite. En pesant avant, puis après l'expérience, d'une part les deux tubes *e* et *f*, et de l'autre les trois tubes *c*, *d*, *e*, on obtient le poids de l'eau et le poids d'acide carbonique contenus dans un volume d'air égal au volume du réservoir.

Dans la seconde opération, l'aspirateur est remplacé par un grand ballon de verre M dans lequel on a fait le vide, mais que l'on peut laisser remplir peu à peu au moyen d'un robinet R (*fig.* 82). L'air, poussé dans le ballon vide par la pression extérieure, traverse d'abord un appareil

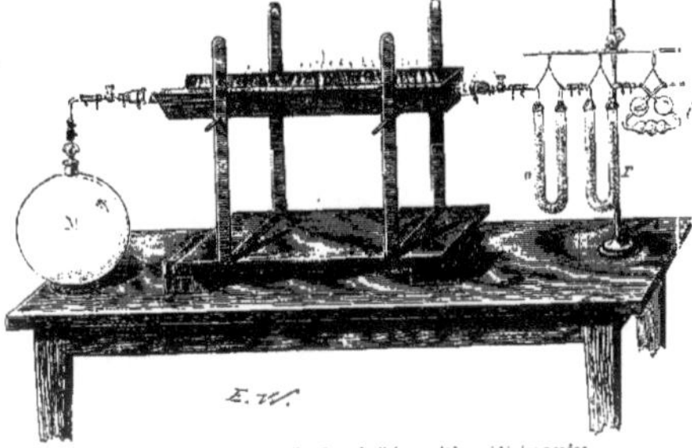

Fig. 82. — Appareil pour l'analyse de l'air par le procédé des pesées.

à boules *i* contenant de la potasse et où il perd son acide carbonique, puis deux tubes à acide sulfurique *r*, où il se dessèche, puis enfin un long tube rempli de tournure de cuivre que l'on chauffe au rouge. Le cuivre s'empare de tout l'oxygène de l'air, en sorte qu'il n'arrive plus dans le ballon que de l'azote.

Le ballon pesé vide, puis plein d'azote, donne par différence le poids de ce gaz. Le cuivre donne de son côté, par une double pesée, le poids de l'oxygène. On trouve ainsi que 100 parties en poids d'air pur et sec renferment 23,1 d'oxygène et 76,9 d'azote. Cette composition correspond en volume à la suivante : sur 100 litres d'air on trouve 20,9 d'oxygène et 79,1 d'azote, nombres peu différents de ceux qui ont été donnés par Gay-Lussac.

La différence que l'on remarque entre le rapport des volumes et celui des poids tient à ce qu'à poids égal l'oxygène pèse un peu plus que l'azote. Quant aux autres substances qui se trouvent mêlées à l'air, elles sont en proportion tellement petite qu'il faut des procédés spéciaux pour les découvrir et que souvent on ne peut que soupçonner leur existence.

L'air est un simple mélange des gaz qui entrent dans sa constitution et non une véritable combinaison chimique ; aussi M. Regnault a-t-il pu constater dans sa composition des variations sensibles quoique très-faibles, car la proportion d'oxygène peut varier de 21,9 à 20,9, et dans certains cas, particulièrement dans les pays chauds, descendre à 20,8. C'est ce qui explique également pourquoi l'air dissous dans l'eau est généralement plus riche en oxygène

que l'air ordinaire, puisque dans de l'eau de bonne qualité et bien aérée on trouve :

Oxygène............................ 32
Azote............................ 68
———
100

L'oxygène de l'air étant sans cesse absorbé dans la combustion des corps et dans l'acte de la respiration des animaux et remplacé par une quantité correspondante d'acide carbonique, on peut se demander si la composition de l'air n'est pas exposée à subir une altération progressive qu'un assez long espace de temps pourrait rendre sensible. Heureusement la nature y a pourvu par l'intermédiaire des plantes, dont le rôle inverse est de transformer en oxygène l'acide carbonique dont elles s'assimilent le carbone. La production annuelle de l'acide carbonique à la surface du globe est énorme. En supposant qu'un homme en moyenne brûle en respirant 10 gr. de carbone par heure, la race humaine à elle seule engendrerait par an plus de 160 milliards de mètres cubes d'acide carbonique auxquels il faudrait joindre la production de tous les animaux du globe, terrestres ou aquatiques. D'un autre côté, un hectare moyennement fumé et considéré sous une épaisseur de 0m,08 dégage toutes les 24 heures 160 mètres cubes de cet acide. Ajoutons à cela les produits de nos combustions, les éruptions volcaniques, les émanations de certaines sources minérales, nous arriverons à des sommes incalculables qui n'en formeront pas moins une fraction imperceptible du volume de l'atmosphère. Mais voyons maintenant la contre-partie de ces faits.

Dans les eaux, il se fait sans cesse un travail de fixation de l'acide carbonique. Un nombre immense d'animaux se recouvrent d'une enveloppe dont près de la moitié est formée d'acide carbonique, et ces animaux ou leurs débris s'accumulent en masses tellement considérables qu'elles forment des montagnes et des continents (voyez ACIDE CARBONIQUE, CARBONATE DE CHAUX).

D'un autre côté, le charbon que nous brûlons et que brûlent tous les animaux, dans l'acte de la respiration, nous vient des aliments végétaux ou animaux, et en dernière analyse des végétaux. Or ces végétaux l'ont pris à l'acide carbonique de l'air, et comme il est indispensable à leur accroissement, cet accroissement même se trouve réglé sur la production animale de cet acide, comme l'accroissement de l'animal est réglé sur la production de matière végétale.

« Figurons-nous deux grands systèmes d'activité : dans l'un on voit l'acide carbonique tourner éternellement « dans un cercle en prenant tantôt la forme de gaz, tantôt la « forme d'être organisé ; dans l'autre, l'acide carbonique « qui se minéralise, se transforme en pierre et se dérobe « à jamais à l'atmosphère après avoir passé à travers « les eaux. »   (PÉLIGOT.)

On peut donc considérer d'une manière générale la composition de l'air comme invariable, et elle a été trouvée exactement la même aux plus hautes régions de l'atmosphère qu'au niveau du sol. Si l'on y regarde de très-près, on trouvera bien que dans un temps calme l'air situé à la surface même de la mer sera un peu plus pauvre en oxygène (LEWY) ; on trouvera aussi que la dose d'acide carbonique pourra varier accidentellement d'une localité à une autre, d'une saison à l'autre ; mais en somme l'agitation continuelle de l'air établit promptement l'équilibre. La vapeur d'eau seule varie dans des proportions très-considérables, aussi son étude fait-elle l'objet d'un chapitre important de la physique, l'*Hygrométrie*.

Nous ferons également une restriction à l'égard de ces principes, inconnus de nous pour la plupart, à cause de leur infiniment petite proportion, mais dont l'énergie d'action sur nos organes est si grande.

En temps d'épidémie, le plus sage est de changer d'habitation ; dans tous les cas, et même en temps ordinaire, il convient de vivre dans un air le mieux renouvelé qu'il soit possible. C'est qu'en effet notre santé dépend non pas de la composition générale de l'air, mais de la composition de l'air à l'endroit même où nous respirons.   M. D.

Air (Hygiène, Agriculture). — Voyez Atmosphère.

Air comprimé. — Quelquefois employé comme réservoir de travail mécanique, comme dans le *fusil à vent*; quelquefois destiné à augmenter la rapidité de la combustion dans les cas où l'on a besoin d'une très-haute température. Une chandelle introduite dans un air comprimé à 3 atmosphères, et dont la densité a par conséquent été triplée, brûle avec une telle rapidité qu'elle dure à peine un quart d'heure en répandant en outre une épaisse fumée (voyez Pompes foulantes, Machines a compression).

Air inflammable. — Voyez Hydrogène, Hydrogène phosphoré, Éclairage.

AIRA (Botanique), nom latin du genre *Canche*.

AIRE (Géométrie). — Portion de surface comprise dans un contour linéaire. Pour mesurer une aire, on prend pour unité l'aire d'un carré dont le côté serait l'unité linéaire; un mètre carré par exemple, si on prend le mètre pour unité de longueur.

La géométrie fournit des moyens simples d'avoir la mesure de l'aire d'une figure plane régulière dont les côtés auraient été évalués en mètres, par exemple :

L'*aire d'un rectangle* a pour mesure le produit de sa base par sa hauteur.

L'*aire d'un parallélogramme* a pour mesure le produit de sa base par la longueur de la perpendiculaire à cette base comprise entre celle-ci et le côté parallèle opposé, ou ce que l'on appelle encore la *hauteur* du parallélogramme.

L'*aire d'un trapèze* a pour mesure le produit de la demi-somme des côtés parallèles par leur distance ou par la hauteur du trapèze.

L'*aire d'un triangle* a pour mesure la moitié du produit de l'un de ses côtés, par la distance de ce côté au sommet de l'angle opposé, ou le demi-produit de sa base par sa hauteur.

L'*aire d'un polygone régulier* a pour mesure le demi-produit de son périmètre par la distance de l'un quelconque de ses côtés au centre du polygone ou par son *apothème*.

L'*aire d'un cercle* a de même pour mesure la moitié du produit de sa circonférence C par son rayon R, et comme sa circonférence elle-même a pour mesure le produit de son diamètre ou de deux fois son rayon par le nombre 3,1416, ordinairement représenté par π, l'aire du cercle a aussi pour mesure le produit de π par le carré du rayon.

$$\text{Aire du cercle} = \frac{1}{2}\,C \times R = \pi R \times R = \pi R^2$$

(Voyez Surface, et les noms de chaque surface en particulier, et pour l'évaluation de l'aire d'une courbe par l'analyse, voyez Quadrature).

AIRE (Zoologie), du latin *area*, aire à battre. — Nid des grands oiseaux de proie, et particulièrement des aigles et des vautours (voyez Aigle).

AIRE a battre (Agriculture), du latin *area*, qui a le même sens. — Large surface plane, unie, résistante, sur laquelle se fait le battage des grains, soit par le *dépiquage*, soit par le *fléau*. Dans le premier cas, l'aire est établie au dehors en plein air; c'est ce qui se pratique dans les pays du Midi. Lorsque le battage a lieu au moyen du fléau, l'aire est toujours placée dans la travée centrale de la grange. Dans tous les cas, elle doit être assez solide et assez résistante pour supporter le trépignement des animaux employés au *dépiquage* (voyez ce mot) ou les coups du fléau. Lorsqu'on veut construire une aire, on choisit de préférence un temps chaud et sec; après avoir bien aplani le sol et l'avoir rendu le plus solide possible, on étend à la surface, et d'une manière très-égale, une couche pâteuse composée de deux parties de terre franche et d'une partie de bouse de vache bien mêlées, et dans lesquelles on aura ajouté du foin ou de la paille hachée menu, et mieux encore de la bourre; lorsqu'on pourra y mêler du marc d'olives, on aura encore plus de solidité : du reste, la composition d'une aire varie suivant les matériaux dont on peut disposer. Après cette première opération, on aura soin de la battre à plusieurs reprises, jusqu'à ce qu'elle soit sèche et qu'elle ait atteint une grande dureté. Lorsqu'on a la précaution de la réparer souvent, une aire bien faite peut durer plusieurs années.

AIRE DE VENT (Navigation). — Les marins, supposant l'horizon divisé en 32 parties, donnent ce nom à chacune d'elles avec une étendue de 15° 5'. Ces aires portent le nom des régions de l'horizon auxquelles elles se rappor-

tent; on les trace sur le carton qui porte l'aiguille de la boussole marine; ce tracé porte le nom de *rose des vents*. On connaît ainsi, d'après la direction de l'aiguille, la direction même du vent. Les aires s'appellent aussi *rumbs*, *demi-rumbs*, ou *quarts de rumbs* (voyez Boussole.)

AIRELLE (Botanique), peut-être par ellipse de *aigrelle*, dérivé lui-même de *aigre*. — Genre de plantes des contrées tempérées et septentrionales de l'Europe, vulgairement connu sous le nom de *vaciet* (du nom latin de la plante, *vaccinium*), *raisin d'ours*, *raisin des bois*, *muret*, *brindelle*, et nommée par les botanistes *Airelle myrtille* (*Vaccinium myrtillus*, Lin.). C'est un sous-arbrisseau qui rappelle le port du myrte : de là son nom spécifique. Il habite les bois élevés de l'Angleterre, de la France, de l'Allemagne. Il est très-rameux, haut de 0m,30 à 0m,50; ses feuilles sont alternes, ovales, à bords finement dentés; ses fleurs sont rosées, pédicellées, solitaires, et il porte pour fruits des baies d'un bleu noirâtre, qui à leur maturité ont une saveur aigrelette assez agréable. Un observateur savant et scrupuleux des mœurs des populations a signalé ces fruits d'une manière intéressante : « Les végé-« taux sauvages qui contribuent le plus, dit-il, à la nour-

Fig. 83. — Rameau d'airelle myrtille (1/3 environ de grandeur nat.).

« riture des populations septentrionales, ou qui servent « de pâture à une multitude d'animaux sauvages, appar-« tiennent aux genres Ronce (*Rubus*, Lin.), Airelle (*Vaccinium*, Lin.), etc., et comprennent au moins une dizaine « d'espèces principales... Elles croissent spontanément « avec une abondance dont on ne pourrait se former une « idée exacte lorsqu'on n'a pas parcouru ces contrées « pendant les mois de juin et de juillet... Cette récolte, qui « n'a d'autres limites que la quantité de bras qu'on y « peut employer, est d'une véritable importance pour les « ouvriers métallurgistes, pour les chasseurs et les pê-« cheurs du nord de la Russie, de la Finlande et de la « Scandinavie. Ces fruits se mangent soit dans leur « état naturel et mêlés au lait, soit cuits et assaisonnés « de diverses manières. En les associant au miel, au su-« cre, aux spiritueux, on en fait des conserves, qui, pen-« dant les longs hivers de ces climats, introduisent dans « la nourriture une agréable variété. » (F. Le Play, *Ouvriers européens*, p. 34.)

La médecine emploie quelquefois les baies de l'airelle dans les affections scorbutiques et la dyssenterie; on en tire par la fermentation une liqueur vineuse assez estimée. Les baies de cette espèce ont servi à falsifier le vin en lui donnant de la couleur; et on en a extrait une matière colorante qui peut servir pour la peinture. Les espèces jouissant de propriétés semblables sont l'*A. ponctuée* (*V. vitis idæa*, Lin.), petit arbrisseau couché dont les feuilles persistantes sont marquées de ponctuations noires en dessous ; ses fleurs sont rosées et ses baies rouges. En Allemagne, les fruits sont employés pour l'assaisonnement des viandes. Ils fournissent aussi une couleur rouge pour la teinture. L'*A. en corymbe* (*V. corymbosum*, Lin.), c'est un plus grand arbrisseau, qui atteint souvent plus de 2 mètres ; ses fleurs, disposées en grappes courtes, sont blanches. Cette espèce est originaire du Canada. L'*A. à fruits acides* ou *coussinette* (*V. oxycoccus*, Lin.), vulgairement *canneberge*, appartient au genre *Canneberge* qui est voisin ; elle croît dans les marais fangeux et porte des fruits extrêmement acides. — Le genre *Airelle* (*Vaccinium*) a pour caractères : un calice adhérent à l'ovaire à 4 ou 5 divisions effilées ; corolle campanulée portant 5 divisions ; de 10 à 8 étamines insérées sur le limbe du calice ; le fruit est une baie globuleuse entourée par le calice, à 4, 5 ou plus rarement 10 loges. Les airelles sont des arbrisseaux à feuilles alternes ordinairement persistantes. Ce genre est devenu le type de la famille des *Vacciniées*.

AIROPSIS (Botanique), du grec *aira*, ivraie, et *opsis*, aspect. — Genre de plantes de la famille des *Graminées*, tribu des *Avénacées* ; on en trouve dans notre pays quelques espèces peu remarquables.

AISSELLE (Anatomie humaine et vétérinaire), du latin *axilla*, aisselle. — Ce nom désigne un enfoncement bien connu de tout le monde et situé au-dessous de la jonction du bras avec l'épaule : c'est ce qu'on appelle le *creux de l'aisselle*. Cette cavité est limitée en avant par le bord inférieur des muscles *grand* et *petit pectoral*, qui forment sa paroi antérieure ; en arrière par la partie la plus élevée du bord externe du *grand dorsal*, et le bord inférieur du *grand rond* : au fond se trouvent une couche épaisse de tissu cellulaire et adipeux, des ganglions lymphatiques, l'artère et la veine axillaires et le plexus brachial. La peau de l'aisselle, fine et extensible, est pourvue de nombreux follicules qui sécrètent une humeur très-odorante et de nature alcaline. On observe souvent dans cette région des engorgements inflammatoires, des abcès, des anévrismes : c'est là que se développent principalement les bubons qui caractérisent la peste.

En anatomie vétérinaire, ce mot désigne le point d'union du membre antérieur au tronc ; extérieurement cette région porte le nom d'*ars*.

AISSELLE (Botanique). — On dit l'aisselle d'une feuille, d'un pédoncule et même d'un rameau, pour désigner l'angle que forme chacune de ces parties sur la tige qui les porte.

AISY (Économie rurale). — Sorte de petit-lait aigri plus puissant que la présure ordinaire pour coaguler les dernières parties de matières caséeuses que renferme encore le petit-lait, après la fabrication des fromages. On prépare l'aisy en chauffant du petit-lait entièrement dépouillé de tout beurre et de toute matière caséeuse, et on l'emploie en faisant bouillir le petit-lait non dépouillé complétement auquel on ajoute l'aisy.

AIX EN PROVENCE (Médecine, Eaux minérales) du mot latin *aquæ*, eaux. — Ville située à 700 kilom. de Paris et à 20 kilom. de Marseille. Sources d'eaux chaudes (de 20° à 37°) bicarbonatées calciques. Ces eaux ne diffèrent guère de celles de nos rivières que par leur température et un faible excès de carbonate de chaux et de carbonate de magnésie. Les Romains avaient établi à Aix des bains magnifiques dont les restes sont assez bien conservés. Aujourd'hui l'on ne saurait accorder une grande importance à ces eaux que leur température recommande seule comme adoucissantes et sédatives.

AIX EN SAVOIE ou **AIX-LES-BAINS** (Médecine, Eaux minérales). — Ville située à 581 kilom. de Paris et à 17 kilom. de Chambéry, dans un site élevé, sain et pittoresque ; elle possède des eaux chaudes minérales abondantes, justement renommées, et qui se rapportent à la classe des eaux sulfureuses sodiques. Leur température est de 43° à 46° ; on estime qu'elles contiennent de 3 à 4 centimètres cubes d'acide sulfhydrique par litre. Un bel établissement récemment agrandi y appelle un nombre considérable de baigneurs. Ces eaux ne s'emploient guère en boisson, mais plutôt à l'extérieur pour la guérison des rhumatismes, des paralysies, des maladies de la peau. Les eaux d'Aix-en-Savoie ne sont pas transportables. — On a retrouvé dans cette localité des ruines de thermes romains.

AIX-LA-CHAPELLE (Médecine, Eaux minérales). — Ville des États prussiens, à 169 kilom. de Bruxelles et, par cette voie, à 539 kilom. de Paris. Analysées avec soin par M. Liebig, ces eaux doivent être rangées parmi les eaux chlorurées sodiques sulfureuses ; cependant une des six sources est ferrugineuse froide. Les cinq autres ont une température de 45° à 55°. La source de l'*Empereur*, qui est la plus chaude et la plus riche, contient : sulfure de sodium, 0gr,009 ; chlorure de sodium, 2gr,639 ; bromure et iodure alcalins, 0gr,004 ; une substance organique, de la silice et un peu de fer. Elle fournit l'eau de la fontaine *Élise* qui jaillit dans la ville. On emploie surtout ces eaux, en bains et en douches, contre les maladies chroniques de la peau, les vieux ulcères, les plaies d'armes à feu, les tumeurs blanches, les caries osseuses, etc. On les prescrit également avec succès contre la goutte atonique.

AJONC (Botanique), (*Ulex* Lin.), du mot celtique *ac*, pointe. — Genre de plantes de la famille des *Papilionacées*, tribu des *Lotées*, sous-tribu des *Génistées*, dont trois espèces couvrent les Landes et les lieux stériles des diverses parties de la France. L'*Ajonc d'Europe* (*U. europæus*, Lin.), vulgairement nommé, selon les pays, *ajonc* ou *jonc marin*, *thuye*, *genêt épineux*, *jan*, *brusc*, *landier*, *vigneau*, est un arbrisseau hérissé de feuilles linéaires, toujours vertes et terminées en pointes épineuses ; la tige s'élève à 2 mètres et plus ; ses fleurs sont portées sur des pédoncules très-courts, ses gousses mesurent 0m,020 de longueur sur 0m,007 de large. L'*A. nain* (*U. nanus*, Smith.) n'atteint que 0m,30 à 0m,50, et sa gousse n'a que 0m,008 sur 0m,005. L'*A. de Provence* (*U. provincialis*, Loisel) a les feuilles plus courtes que les deux premières espèces, et sa gousse a les dimensions de la précédente, bien que la plante soit plus grande. Ces trois espèces donnent des fleurs jaunes qui décorent les lieux arides, souvent à une époque de l'année où les autres végétaux n'ont plus de fleurs. L'ajonc forme de bonnes clôtures ; dans certaines provinces où il est abondant, on l'emploie comme combustible ; mais c'est surtout comme plante fourragère qu'il a une grande importance. En Bretagne, où il couvre des landes considérables, on en tire le meilleur parti pour l'élevage des bestiaux ; dans les contrées voisines, on le cultive régulièrement dans ce but. Cette culture se retrouve au centre, à l'est de la France et vers les landes de Gascogne ; mais partout l'ajonc redoute les terrains calcaires et se plaît dans les sols siliceux. Les bestiaux mangent les jeunes pousses ; mais dès que la plante a vieilli quelque peu, on est obligé de la concasser pour émousser les épines. Converti en fumier ou incinéré, l'ajonc est un engrais très-estimé. —

Fig. 84. —Rameau d'ajonc d'Europe (environ demi-grand. natur.).

Caractères du genre *Ajonc :* Calice à deux lèvres, la supérieure à 2 dents et l'inférieure à 3 ; corolle à étendard dépassant à peine le calice, égal aux ailes, oblong, échancré ; étamines réunies en un seul faisceau ; gousse petite et renflée.

G — s.

AJUGA (Botanique), nom latin donné par Bentham au genre *Bugle*.

AJUGOÏDÉES (Botanique). — Bentham a divisé les *Labiées* en onze tribus, parmi lesquelles figure au 11e rang, la tribu des *Ajugoïdées* dont l'*Ajuga* est le type ; il donne pour caractères à cette tribu : corolle tubuleuse, 4 étamines descendantes, saillantes, sortant de dessous la lèvre supérieure très-courte, didynames, styles bifides au sommet. Elle comprend principalement les genres *Amethystea*, Lin.; *Teucrium*, Lin., plus connu sous le nom de *Germandrée*; l'*Ajuga*, Lin., ou la *Bugle* (*Bugula* de Tournefort).

AJUTAGES. — Tubes additionnels qu'on applique aux orifices des réservoirs pour augmenter la quantité d'eau qui s'en écoule dans un temps donné, ou, comme on dit, pour en accroître la *dépense*.

Tous les ajutages rendent la vitesse moindre que si l'orifice était percé dans une paroi sans épaisseur ; s'ils accroissent la dépense, c'est qu'en diminuant la vitesse ils augmentent dans une plus forte proportion la grosseur de la veine liquide à laquelle ils donnent passage (voyez ÉCOULEMENT DES LIQUIDES).

AKÈNE, ACHÈNE ou **ACHAINE** (Botanique), du grec *a* privatif, et *chainein*, s'ouvrir. — Sorte de fruit monosperme (à une seule graine), indéhiscent (qui ne s'ouvre pas spontanément) et sec à maturité, dont le péricarpe n'est pas soudé aux enveloppes de la graine. Necker, qui le premier employa ce mot, classait parmi les akènes tous les fruits monospermes indéhiscents ; mais L. C. Richard n'a admis sous ce nom que ceux dont la graine n'adhère pas au péricarpe, ce qui les distingue du *cariopse* dans lequel les téguments de la graine et le péricarpe sont soudés. Les fruits d'un grand nombre de plantes de la famille des Renonculacées et ceux des Composées sont des akènes.

AKIS (Zoologie), du grec *akis*, pointe. — Genre d'*Insectes Coléoptères hétéromères*, famille des *Mélasomes*. On trouve dans les ruines et les décombres du midi de la France l'*A. ponctuée*, d'un noir lisse et brillant.

ALABANDINE et **ALMANDINE** (Minéralogie), de *Alabanda*, ville de l'Asie Mineure. — Les anciens donnaient ce nom à une pierre précieuse dure et d'une couleur rouge foncé, que l'on tirait des mines d'Alabanda : c'était sans doute une variété de grenat. Ce nom a été appliqué récemment par M. Beudant au manganèse sulfuré.

ALABASTRITE (Minéralogie). — Nom donné par les Grecs à des variétés d'albâtre calcaire et d'albâtre gypseux avec lesquelles ils faisaient des vases sans anse, nommés *Alabastres* (voyez ALBÂTRE).

ALACTAGA (Zoologie). — Espèce de Mammifère du genre *Gerboise*.

ALAISE (Médecine). — Voyez ALÈZE.

ALAMBIC (Physique, Arts chimiques), du grec *ambix*, vase distillatoire précédé de l'article arabe *al*. — Appareil employé dans les arts pour distiller, c'est-à-dire pour séparer par l'action de la chaleur un liquide volatil de substances fixes ou moins volatiles que lui.

L'alambic ordinaire (*fig.* 85) est formé de trois parties distinctes : la *cucurbite* C, dans laquelle sont placées les matières à distiller ; le *chapeau* ou *chapiteau* A, qui recouvre la cucurbite et la met en communication avec le réfrigérant ; le *serpentin* ou *réfrigérant* S, dans lequel ont lieu la condensation des vapeurs et leur retour à l'état

Fig. 85. — Alambic pour la distillation de l'eau.

liquide ; mais sa forme varie beaucoup suivant la nature du produit que l'on veut obtenir.

Quand on veut distiller des plantes pour en extraire les essences qu'elles contiennent, au lieu de les placer directement dans la cucurbite, ce qui les exposerait à recevoir trop fortement l'action de la chaleur, dans le cas

où elles viendraient à se déposer sur le fond du vase, on les introduit dans un vase plus étroit recouvert par le chapiteau et plongeant lui-même dans l'eau de la cucurbite. La distillation se fait alors au *bain-marie* (voyez ce mot).

L'appareil le plus parfait est celui qui sert à l'extraction en grand de l'alcool des liqueurs fermentées (voyez DISTILLATION).

L'alambic employé pour la distillation de l'eau de mer sur les navires a également une forme spéciale, déter-

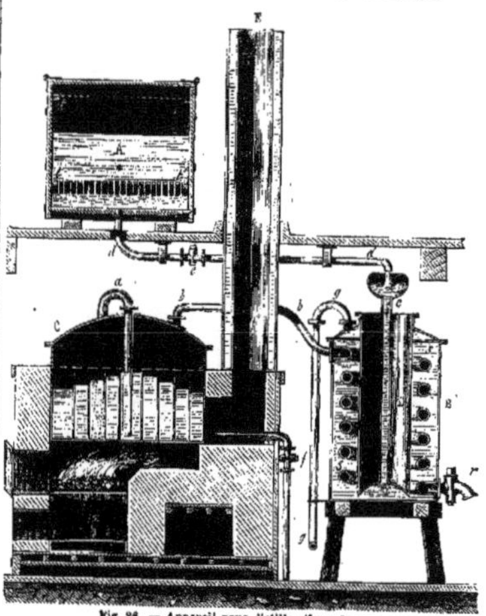

Fig. 86. — Appareil pour distiller l'eau de mer.

minée par les conditions de l'opération. A est le réservoir d'eau de mer destiné à servir en même temps de filtre. De A, l'eau passe, au moyen d'un tube à robinet *dd*, dans le réfrigérant B ; elle y arrive par le bas pour opérer méthodiquement la condensation comme on le fait dans tous les alambics. C est la chaudière, son fond est garni d'une spirale qui s'élève aux deux tiers de la hauteur du vase et qui est recouverte supérieurement par une plaque de métal percée de trous, afin d'amortir les agitations que l'eau reçoit du mouvement du navire. L'eau chaude du réfrigérant est prise à sa partie supérieure par le tube *gg*, qui se trouve interrompu par la coupe de la figure ; cette eau est amenée dans le réservoir *i*, situé au-dessous du cendrier, où elle s'échauffe encore, puis de là, par le tuyau *a*, elle est versée au centre de la spirale. A mesure que la distillation marche, l'eau parcourt les spires du centre vers la circonférence en se saturant de plus en plus des sels qu'elle contient, et elle est rejetée de la chaudière à ce que son degré de concentration est arrivé au point qu'il ne faut pas dépasser. La vapeur d'eau fournie par la chaudière passe par le tuyau *bb* dans le serpentin et s'écoule, après sa condensation, par le robinet *r*. Enfin la cheminée E est faite d'une double enveloppe de tôle garnie de sable pour éviter les incendies.

M. D.

ALANGIÉES (Botanique). — Petite famille de plantes *Dialypétales* qui a pour type le genre *Alangium* et ne renferme que des arbres et arbrisseaux de l'Asie tropicale. De Candolle rapproche cette famille de celle des *Philadelphées* (qui a pour type le seringat) ; Brongniart la place entre les *Hamamélidées* et les *Bruniacées*, dans la classe des *Hamamélinées*.

ALATERNE (Botanique), ainsi nommé par Pline. — Plante du genre *Nerprun*, nommée le Nerprun alaterne (*Rhamnus alaternus*, Lin.), arbrisseau de 4 à 5 mètres, très-rameux, à feuilles ovales-elliptiques ou lancéolées, dentées en scie, vertes, luisantes et d'une teinte sombre : elles ressemblent beaucoup à celles des *filaria* ;

mais elles sont opposées dans ces plantes. L'alaterne
donne d'avril en juin de petites fleurs odorantes nombreuses, monoïques ou dioïques, et disposées en panicules
axillaires assez courtes ; à ces fleurs succèdent des baies
globuleuses noires. Cet arbrisseau, qu'on emploie à orner
les bosquets, est originaire de l'Europe méridionale ; on
en rencontre dans le midi de la France. Il s'avance
même jusque vers le centre. Son bois très-dur peut être
employé dans l'industrie. On cultive plusieurs variétés
d'alaternes qui ne diffèrent que par la forme ou par leurs
feuilles panachées.   G — s.

ALAUDA (Zoologie), nom latin assigné par Linné à
son grand genre *Alouette*.

ALBAN (Saint-) (Médecine, Eaux minérales). — Hameau sur la Loire, à 9 kil. de Roanne (Loire), qui renferme plusieurs sources d'eaux acidules salines.

ALBATRE (Minéralogie), du latin *albus*, blanc. —
On désigne sous ce nom deux pierres de nature chimique très-différente : l'une, nommée *Albâtre calcaire*,
est un carbonate de chaux concrétionné ; l'autre, nommée
Albâtre gypseux, est formée de sulfate de chaux : elles
n'ont guère de commun que leur couleur blanche.
L'albâtre calcaire provient des stalactites et des stalagmites que l'on trouve dans beaucoup de grottes (voyez
Stalactites). Il est fort recherché quand il est d'une
belle demi-transparence et d'un blanc légèrement jaunâtre veiné de blanc laiteux : on emploie aussi sous le
nom de *marbre onyx*, *marbre agate*, l'albâtre qui offre
quelques veines jaunâtres peu prononcées. L'albâtre
gypseux est une variété de gypse compacte et blanc, assez
peu dure pour être rayée par l'ongle et se travaillant
avec la plus grande facilité. On en fabrique des vases,
des socles de pendules, des statuettes de peu de valeur :
ces objets s'altèrent du reste au contact de l'air et ne
sauraient être comparés à l'albâtre calcaire sous le rapport de la solidité et de l'éclat.   Lef.

ALBATROS ou **Albatrosse** (Zoologie), *Diomedea*, Lin.
sans doute du latin *albatus*, vêtu de blanc. — Grands
oiseaux de mer de l'hémisphère austral. Les Albatros sont
les plus massifs de tous ceux que les navigateurs ont rencontrés : ils forment dans l'ordre des *Palmipèdes*, famille
des *Longipennes* ou *Grands-Voiliers*, un genre spécial.
L'espèce la plus connue est l'*Albatros commun* ou *A.
exilé* (*Diomedea exulans*, Lin), vulgairement nommé
Mouton du Cap ou aussi *Vaisseau de guerre* par les
Anglais. C'est un oiseau blanc avec les ailes noires, qui
mesure plus de 1 mètre de longueur et 3ᵐ,20 d'enver-

Fig. 37. — Albatros commun (1/5 de grand. natur.).

gure. Son bec fort et crochu lui fournit une arme redoutable ; mais les albatros, malgré leur grande taille, sont
aussi lâches que grossièrement voraces. Ils suivent souvent en mer les navires pendant plusieurs jours, et
se laissent prendre avec un hameçon amorcé d'un simple morceau de viande. Les petits poissons et les menus animaux forment leur nourriture habituelle. Ces
gros et puissants oiseaux rasent la surface de la mer
en y récoltant leur proie, et souvent ils s'y posent et semblent y dormir ; mais dès que l'ouragan souffle et agite
la mer, ils s'élèvent dans l'atmosphère et s'y agitent en
poussant un cri que l'on a comparé à la voix de l'âne.
Habitants ordinaires des mers du cap de Bonne-Espérance et du cap Horn, les albatros, vers la fin de juin, se
portent en grandes bandes vers les côtes du Kamtschatka
et y passent six semaines, pendant lesquelles ils engraissent
beaucoup. A la fin de septembre, de retour dans les mers
australes depuis plus d'un mois et demi, ils construisent

en argile un nid d'un mètre de haut, et y pondent en
grand nombre des œufs plus gros que ceux de l'Oie (longs
de 0ᵐ,12), blancs tachés de noir au gros bout. Ces œufs
sont bons à manger, mais la chair de l'oiseau est dure et
mauvaise ; les marins n'en mangent que par nécessité, et
en la préparant d'une façon spéciale. Les Kamtschadales
utilisent les os de l'aile pour en faire des tuyaux de pipe,
des étuis, etc.

Le genre *Albatros* a pour type l'espèce dont il vient
d'être question, et la disposition du bec grand, fort et
tranchant, celle des pattes sans pouce et même sans ce
petit ongle qu'on remarque dans les pétrels, servent à le
caractériser. Linné lui a donné le nom latin de *Diomedea*,
en souvenir de Diomède, fils de Tydée. Selon les poètes,
ce chef, ayant eu le malheur de blesser Vénus au siège de
Troie, erra sur les mers, exilé loin de sa patrie, jusqu'au
jour où lui et ses compagnons furent changés en des
oiseaux de tempêtes, qui, sans être des cygnes, dit Ovide,
s'en rapprochent beaucoup par leur blancheur.

ALBERGIER (Horticulture). — Variété de l'abricotier,
que quelques horticulteurs regardent comme une espèce
particulière, mais que le plus grand nombre, et entre
autres les auteurs du *Bon Jardinier*, et M. le professeur
Du Breuil, dans son *Cours élémentaire d'arboriculture*,
n'hésitent pas à considérer comme une simple variété :
c'est, du reste, un arbre qui se produit de noyau, quelquefois cependant on le greffe sur amandier. Il donne en
abondance des fruits nommés *alberges*, qui sont mûrs à
la mi-août. Leur chair fondante et vineuse fait de très-
bonnes confitures ; on distingue comme sous-variétés :
l'*Alberge de Tours* et l'*Alb. de Montgamet*. Pour les autres
détails, voyez Abricotier.

ALBINISME (Physiologie animale), du latin *albus*,
blanc. — Anomalie congénitale, caractérisée par l'absence
des principes colorants dans les parties extérieures des
êtres vivants. Dans l'espèce humaine, cette anomalie
s'observe et constitue chez certains individus un état particulier qui leur a fait donner le nom d'*albinos*. Ils ont
la peau blafarde, quelquefois d'un blanc mat comme du
lait ou du linge, les cheveux et les poils blancs ou incolores, l'iris d'une pâleur rosée, la pupille d'un rouge
foncé, comme chez les lapins blancs ; leurs yeux supportent difficilement la lumière ; ils ont les chairs molles,
une intelligence, en général, assez bornée.

On a cru longtemps que c'était le caractère d'une race
particulière, mais il est évident aujourd'hui qu'on en
trouve dans tous les pays et chez toutes les races humaines ; cependant cette anomalie est plus fréquente en
Afrique, chez les nègres, ce qui a fait donner à ces albinos le nom de *nègres blancs*. L'albinisme peut être *complet*, c'est celui dont nous venons de parler, ou *incomplet*, et ne consister que dans la diminution du pigment :
il peut être *total* ou *partiel* ; dans ce dernier cas, il
produit chez les nègres ce qu'on appelle les *Nègres pies*,
qui sont plus ou moins marbrés de noir et de blanc.

L'albinisme s'observe souvent chez les animaux, et ce
phénomène physiologique est considéré comme une dégénérescence. On le rencontre chez un grand nombre
de mammifères, comme le lapin, le rat, la souris, le cochon d'Inde, le lièvre, etc. On sait qu'il y a même une
race de lapins et une race de souris avec le poil blanc
et les yeux rouges qui caractérisent l'albinisme. Parmi
les oiseaux, l'oie, le canard, la poule, le serin des Canaries et d'autres en offrent de nombreux exemples, et le
fameux *merle blanc* existe en réalité, et n'est pas autre
chose qu'un albinos. On en trouve aussi parmi les poissons et même chez des animaux inférieurs comme l'écrevisse.

Les végétaux offrent des phénomènes analogues à ceux
de l'albinisme (voyez Chlorophylle).

ALBINOS. — Voyez Albinisme.

ALBITE (Minéralogie), du latin *albidus*, blanchâtre. —
Feldspath à base de soude, nommé autrefois *schorl blanc*
du Dauphiné ; bien que ce minéral puisse offrir diverses
couleurs, les premières variétés connues étaient toutes
blanches, ce qui lui a valu son nom dans l'origine (voyez
Feldspath).

ALBUCA (Botanique), du latin *albus*, blanc. — Genre
de plantes de la famille des *Liliacées*, originaires du Cap.
Ces plantes se cultivent chez nous en pots, pour ornement,
au moyen de caïeux qu'on change tous les ans. Arrosements fréquents pendant la végétation. L'*Albuca alba
altissima* (albuca blanc) donne en septembre des épis de
fleurs blanches rayées de vert. L'*Albuca lutea major*
(albuca jaune) fleurit en mai ; ses fleurs sont en épis
lâches, verdâtres, à bords jaunes.

ALBUGINE ou Albugo (Médecine), du latin *albus*, blanc. — Tache blanche de l'œil, vulgairement nommée *taie*, produite par un dépôt de fines granulations de matière blanche entre les lames de la cornée : l'albugo est plus opaque et moins transparent que le *néphélion* ou *nuage*, et empêche la vision en interceptant les rayons lumineux lorsqu'il est en face de la pupille. On le distinguera facilement du *leucoma*, cicatrice résultant d'une plaie, qui est déprimé, lisse et luisant. Ses causes sont presque toujours des ophthalmies répétées chez des enfants lymphatiques, quelquefois un coup sur le globe de l'œil. La médecine combat cette maladie sans grand succès, surtout lorsqu'elle est ancienne, ou que le sujet est âgé.

ALBUGINÉ (Anatomie). — On a distingué par cette épithète des tissus, des humeurs, des membranes que caractérise leur blancheur ; ainsi la *sclérotique* a été nommée *tunique albuginée de l'œil*, l'humeur aqueuse *humeur albuginée*. — Chaussier avait appelé *fibre albuginée* l'une des quatre fibres élémentaires qu'il avait admises ; de là le nom de *membranes albugineuses* donné par lui aux membranes fibreuses. Gerdy avait nommé *tissus albuginés* ou *tissus blancs* ceux qui ont pour élément anatomique la fibre du *tissu cellulaire*.

ALBUMEN (Botanique), du latin *albumen*, blanc de l'œuf. — Dépôt de matière nutritive que l'on trouve, dans beaucoup de graines, accolée à la jeune plante qu'elle est destinée à nourrir pendant la germination. Malpighi l'avait comparé au blanc de l'œuf et lui avait donné un nom qui rappelait cette analogie ; de Jussieu et Richard ont mieux étudié cette partie, et lui ont assigné les noms, le premier de *périsperme*, le second d'*endosperme*.

ALBUMINE (Chimie), d'*albumen*, blanc d'œuf. — Principe immédiat qui se rencontre dans la plupart des liquides de l'économie animale et notamment dans le blanc d'œuf et le sérum du sang ; sa composition est très-complexe ; on l'exprime par la formule : $C^{48}H^{36}Az^6O^{16}$, la même que celle de la fibrine. On y trouve en outre du soufre et des sels minéraux ; par l'incinération elle laisse des cendres. L'albumine se mêle à l'eau en toutes proportions ; sa dissolution aqueuse évaporée dans le vide donne de l'albumine sèche en plaques blanches transparentes et fendillées. La même dissolution soumise à l'action de la chaleur devient opaline vers 65° ; la coagulation commence à cette température et est complète à 75°. Dans cette transformation de l'albumine il se forme comme un réseau qui emprisonne dans ses mailles les substances que l'eau tenait en suspension. C'est sur cette propriété qu'est fondé l'emploi du blanc d'œuf ou du sérum du sang pour clarifier ou *coller* les liqueurs rendues troubles par la présence de matières solides très-divisées. L'albumine coagulée par la chaleur est devenue insoluble dans l'eau ; sous cette forme, elle est isomérique avec l'albumine ordinaire. L'alcool produit le même effet que la chaleur. L'éther coagule l'albumine du blanc d'œuf et non celle du sang. — Voici ses caractères distinctifs : Abandonnée à elle-même, elle éprouve la fermentation putride et devient un ferment actif. — Dissoute dans l'acide chlorhydrique concentré au contact de l'air, elle lui communique une couleur bleue violacée. — Au contact de l'acide métaphosphorique, elle se coagule, tandis qu'elle n'éprouve aucune modification par son mélange avec les acides pyrophosphorique et phosphorique trihydraté. — Dans une dissolution de bichlorure de mercure (sublimé corrosif), elle forme un précipité blanc, en contractant une combinaison avec le bichlorure ; aussi est-elle employée avec succès comme antidote dans les empoisonnements par le sel mercuriel. Plusieurs autres sels minéraux précipitent l'albumine de sa dissolution : tels sont l'alun, le sous-acétate de plomb, le prussiate jaune de potasse. Unie à la chaux, à la baryte, elle constitue avec ces bases une sorte de mastic susceptible d'acquérir une grande dureté.

Pour obtenir l'albumine à l'état de pureté, on a recours au blanc d'œuf ; celui-ci, délayé avec un peu d'eau, est battu en neige, afin de déchirer les cellules qui contiennent le liquide albumineux. On filtre rapidement la liqueur formée d'albumine et de quelques sels minéraux, phosphate de soude, chlorure de sodium ; on y verse du sous-acétate de plomb. Le précipité blanc d'albuminate de plomb qui prend naissance est tenu en suspension dans l'eau pure et soumis à un courant d'acide carbonique qui précipite l'oxyde de plomb ; les dernières traces de cette base sont enlevées par quelques gouttes d'une solution d'acide sulfhydrique. Enfin, la liqueur clarifiée par un commencement de coagulation et par une filtration nouvelle, est évaporée à 40° ; le résidu est de l'albumine pure.

L'albumine est employée en photographie, pour obtenir des épreuves négatives sur verre et sert de véhicule au sel d'argent (iodure d'argent) impressionnable par la lumière.

Les végétaux contiennent aussi une substance tout à fait analogue à l'albumine animale, qui se coagule comme elle et présente une composition identique ; on l'a nommée *albumine végétale*.

B.

ALBUMINURIE (Médecine), de *albumine* et du latin *urere*, uriner. — Maladie redoutable qui a pour symptôme essentiel la présence de l'albumine dans les urines, et que l'on nomme aussi *maladie de Bright*, du nom d'un chirurgien anglais. On a critiqué avec raison cette dénomination, parce que s'il est vrai que dans la maladie de Bright, l'urine renferme toujours de l'albumine, il est vrai aussi qu'elle en renferme dans plusieurs autres maladies, telles que la scarlatine, le choléra, l'érésipèle, la pneumonie, le typhus, etc. D'ailleurs, dans la maladie de Bright, la composition de l'urine est altérée encore à d'autres égards (voyez Urine). Il résulte de là que l'albuminurie est, en général, le symptôme d'une lésion des fonctions les plus essentielles de l'économie, et en particulier de celles de la nutrition, et qu'elle ne doit constituer que très-rarement une maladie spéciale. On signale comme un symptôme fréquent de l'albuminurie un affaiblissement de la vue nommé *amaurose albuminurique*. C'est aux médecins seuls qu'il appartient d'indiquer un régime convenable et de donner des renseignements sur les véritables caractères de la maladie de Bright ou albuminurie proprement dite.

F — N.

ALBUNÉE (Zoologie). — Genre d'animaux annelés classé parmi les *Crustacés décapodes*, famille des *Macroures*, tribu des *Hippides*, Latr. Ce genre établi par Fabricius ne renferme qu'une seule espèce bien connue, l'*Albunea symnista* de Fabricius, qui habite les mers des Indes orientales.

ALCA (Zoologie). — Nom latin donné par Linné au genre *Pingouin*.

ALCADÉES (Zoologie), de *alca*, pingouin. — Famille d'*Oiseaux Palmipèdes* proposée récemment par quelques auteurs, mais qui n'a pas été généralement adoptée. Elle aurait compris les genres *Pingouin, Guillemot, Mergule, Macareux*, etc.

ALCALIS (Chimie). — Composés chimiques doués de propriétés entièrement opposées à celles des *acides* avec lesquels ils ont une grande tendance à se combiner pour former des *sels neutres*, c'est-à-dire qui n'ont plus ni les propriétés de l'acide, ni les propriétés de l'alcali. Leur saveur est âcre et caustique, et ils ramènent au bleu la teinture de tournesol rougie par les acides. *Alcali* est un nom de l'ancienne chimie qui ne s'appliquait autrefois qu'à trois composés, la potasse, *alcali minéral* ; la soude, *alcali végétal*, et l'ammoniaque, *alcali volatil*. Les chimistes modernes l'ont conservé dans la langue usuelle et l'ont étendu à toutes les *bases* solubles dans l'eau, qui sont, outre les précédentes, la lithine, la chaux, la baryte et la strontiane. On appelle souvent aussi *alcalis caustiques*, ces bases quand elles sont pures, pour les distinguer de leurs combinaisons avec l'acide carbonique qui sont désignées sous le nom d'*alcalis carbonatés*.

Depuis le commencement de ce siècle on a retiré des produits du règne végétal un grand nombre de substances qui jouissent comme les alcalis de la propriété de saturer les acides les plus puissants et qu'en raison de cette circonstance on a appelés *alcalis végétaux, alcalis organiques* ou *alcaloïdes* (voyez ce dernier mot).

ALCALIMÈTRE (Essais chimiques). — Instrument servant à mesurer les proportions d'alcali caustique ou carbonaté contenues dans les potasses ou les soudes toujours impures du commerce. Comme la partie alcaline est la seule qui soit utile au consommateur, cette mesure sert à fixer la valeur intrinsèque du produit qu'il achète ou qu'il emploie.

La méthode proposée en 1801 par Descroizilles, et modifiée par Gay-Lussac, est le plus généralement employée, comme étant la plus simple et la plus expéditive. On commence par préparer une liqueur normale de la manière suivante. On pèse 100 grammes d'acide sulfurique concentré, marquant 66° à l'aréomètre et on l'étend d'une quantité d'eau telle que la liqueur refroidie occupe exactement un litre ; 50 centimètres cubes de cette liqueur contiennent donc 5 grammes d'acide sulfurique concentré et peuvent saturer 4^{gr},807 de potasse et 3^{gr},202 de soude pure. Cela fait, on prendra 4^{gr},807 de la matière à essayer si c'est de la potasse, et 3^{gr},202 si c'est de la soude ; on les dissoudra dans 50 grammes d'eau pure dans un vase de verre. On versera dans une burette graduée en demi-centimètres cubes, 50 centimètres cubes de la liqueur normale qui y occupera 100 divisions ; puis, après avoir coloré la liqueur alcaline par une dissolution bleue de tournesol, on y versera goutte à goutte l'acide jusqu'à ce que la couleur bleue devienne rouge. Si l'alcali avait été pur, tout l'acide eût été nécessaire pour obtenir ce résultat ; si on n'en a versé que 50 ou 60 divisions, l'alcali ne contient que 50 ou 60 p. 100 de matière pure.

Lorsque, dans cet essai, on sent une odeur d'acide sulfhydrique se dégager de la liqueur acaline, il devient nécessaire de recommencer l'expérience après avoir calciné la matière avec du chlorate de potasse pour convertir en sulfate le sulfure ou sulfite qui donne lieu à l'apparition du gaz et entraînerait à de graves erreurs dans l'évaluation de la richesse de l'alcali.   **M. D.**

ALCALOIDES (Chimie). — Composés organiques azotés doués de propriétés alcalines et qui s'unissent aux acides minéraux ou organiques pour constituer de véritables sels. Les uns existent tout formés dans les tissus des végétaux, libres ou en combinaison avec des acides ; les autres sont obtenus artificiellement dans les laboratoires par des réactions appropriées sur des substances d'origine organique. De là, la division des alcaloïdes en deux classes : *alcaloïdes naturels, alcaloïdes artificiels.*

Alcaloïdes naturels. — Leur découverte date de 1804. Elle est due à Sertuerner qui découvrit dans l'opium le premier alcaloïde connu. Plus tard, Caventou, Pelletier, Robiquet, Braconnot, Couerbe, Desfossés, Liebig, Laurent, etc., parvinrent à en extraire un grand nombre des diverses espèces végétales que la thérapeutique utilisait depuis longtemps, comme médicaments. Les alcaloïdes naturels sont, pour la plupart, solides, cristallisés, en général peu solubles dans l'eau, plus solubles dans l'alcool ou l'éther, se décomposant par la chaleur quand ils sont solides, au lieu de se volatiliser, à l'exception pourtant de la *cinchonine*. Ils ont une composition quaternaire, formée de carbone, d'hydrogène, d'oxygène et d'azote ; quelques-uns cependant, et ceux-là sont volatils, sont dépourvus d'oxygène : tels sont le *nicotine* $C^{20}H^{14}Az^2$ et la *conine* $C^{16}H^{15}Az$ (voir ces mots). Ils renferment souvent un seul équivalent d'azote, quelquefois deux ou trois. La proportion d'oxygène n'a pas d'influence sur leur capacité de saturation comme cela a lieu pour les bases minérales ; la présence de l'azote les rapproche de l'ammoniaque ; ce point de contact n'est pas le seul : comme elle, ils forment avec les hydracides des sels anhydres, tandis qu'avec les oxacides la présence d'un équivalent d'eau au moins est indispensable ; comme elle, leur chlorhydrate forme avec les bichlorures de platine et de mercure des sels doubles peu solubles dans l'eau. Le chlore et le brome peuvent se substituer dans quelques cas à une portion de leur hydrogène. La coloration déterminée par le contact du chlore sert quelquefois dans les analyses qualitatives ; ainsi le sulfate de quinine dissous et additionné d'ammoniaque acquiert par l'action du chlore une couleur vert-pré. Fondus avec l'hydrate de potasse, les alcaloïdes naturels dégagent de l'ammoniaque ; par une lessive de potasse quelques-uns laissent dégager des vapeurs qui contiennent un alcaloïde artificiel, la *quinoléine* ; la quinine et la cinchonine sont notamment dans ce cas. Les alcaloïdes naturels exercent une action énergique sur l'économie animale. La plupart sont des poisons très-violents ; et cependant, à petite dose, quelques-uns constituent des médicaments précieux ; telles sont par exemple la quinine, la narcotine, la morphine.

Le mode de préparation des alcaloïdes varie suivant leurs propriétés. Sont-ils insolubles dans l'eau ? on fait digérer la partie de la plante qui les renferme dans l'eau acidulée jusqu'à épuisement ; comme les chlorures, sulfates, azotates et acétates de ces bases sont généralement solubles, il suffit d'avoir choisi l'acide correspondant à l'un de ces genres de sels pour que la liqueur filtrée renferme l'alcaloïde à l'état de solution saline ; on précipite ce dernier par la magnésie, la chaux, l'ammoniaque ou le carbonate de soude, et on traite le précipité par l'alcool pour obtenir une solution alcoolique qui laissera se séparer l'alcaloïde par voie de cristallisation. Sont-ils solubles dans l'eau ? on en obtient un sel soluble comme tout à l'heure, un sulfate, par exemple, et après une purification préalable du sel par le noir animal, l'acide en est précipité par la baryte. Sont-ils volatils ? le végétal qui les renferme est mis en digestion, après écrasement, avec une lessive alcaline très-faible, puis le mélange est soumis à la distillation. La vapeur d'eau condensée renferme une notable proportion de la base volatile et aussi d'ammoniaque ;

on sature par un acide, on sépare à l'aide de l'alcool le sel de l'alcaloïde du sel ammoniacal ; enfin, dans le premier de ces deux sels on met l'alcaloïde en liberté en faisant intervenir la potasse et on s'en empare définitivement par l'éther qui le dissout. Des distillations fractionnées suffisent dès lors pour se procurer l'alcaloïde tout à fait pur. — Voici la liste des principaux alcaloïdes naturels avec leur origine et leur composition.

FAMILLES NATURELLES.	ALCALOIDES.	COMPOSITION	NOM DU CHIMISTE qui l'a découvert.
PAPAVÉRACÉES.	Morphine	$C^{34}H^{19}AzO^6$	Derosne.
	Codéine	$C^{36}H^{21}AzO^6$	Robiquet.
	Narcotine	$C^{46}H^{25}AzO^{14}$	Derosne.
	Papavérine	$C^{40}H^{21}AzO^8$	Merck.
	Chélidonine	$C^{40}H^{20}Az^3O^6$	Godefroy.
SOLANÉES	Atropine	$C^{34}H^{23}AzO^6$	Mein, Geiger et Hesse
	Nicotine	$C^{20}H^{14}Az^2$	Reiman et Posset.
	Solanine	$C^{84}H^{65}AzO^{28}$	Desfosses.
STRYCHNÉES.	Brucine	$C^{46}H^{26}AzO^8$	Pelletier et Caventou.
	Strychnine	$C^{42}H^{23}Az^2O^4$	Id.
	Aricine	$C^{46}H^{26}Az^2O^4$	Pelletier et Coriol.
RUBIACÉES.	Cinchonine	$C^{40}H^{24}Az^2O^2$	Pell. et Caventou.
	Quinine	$C^{40}H^{24}Az^2O^4$	Id.
	Caféine	$C^{16}H^{10}Az^4O^3$	Pajeu.
OMBELLIFÈRES (Conium maculatum.)	Conine	$C^{16}H^{15}Az$	Brandes.
PIPÉRITÉES (Piper.)	Pipérine	$C^{34}H^{19}AzO^6$	Regnault.
BYTTNÉRIACÉES (Cacao.)	Théobromine	$C^{14}H^8Az^4O^4$	Woskresenski.
COLCHICACÉES.	Vératrine	$C^{34}H^{22}AzO^6$	Meissner.

Alcaloïdes artificiels. — Composés se rapprochant par leurs propriétés et leur composition des alcaloïdes naturels ternaires qui se trouvent dans quelques végétaux (conine, nicotine). On peut ramener la plupart d'entre eux à un type commun de composition en les considérant comme de l'ammoniaque AzH^3 dans laquelle 1, 2 ou 3 équivalents d'hydrogène sont remplacés par certains groupes binaires. Aussi les a-t-on nommés quelquefois *ammoniaques composées*. Partant de cette conception, les alcaloïdes artificiels peuvent être ramenés à trois groupes principaux définis par les trois types suivants :

Ammoniaq. simple.   Ammoniaques composées.

$$\text{Az} \begin{cases} H \\ H \\ H \end{cases} \qquad \underset{\text{1}^{\text{er}}\text{ groupe.}}{\text{Az} \begin{cases} H \\ H \\ R \end{cases}} \qquad \underset{\text{2}^{\text{e}}\text{ groupe.}}{\text{Az} \begin{cases} H \\ R \\ R' \end{cases}} \qquad \underset{\text{3}^{\text{e}}\text{ groupe.}}{\text{Az} \begin{cases} R \\ R' \\ R'' \end{cases}}$$

R, R', R'', étant des radicaux composés binaires. Les ammoniaques du premier groupe se divisent en deux catégories différant par leur origine. Celles de la première catégorie proviennent de la réaction du sulfhydrate d'ammoniaque sur des hydrocarbures nitrés. Voici la réaction dans laquelle l'hydrogène sulfuré intervient seul ; la formule générale d'un hydrocarbure est $C^mH^{m'}$; celle d'un hydrocarbure nitré correspondant à $C^mH^{m'-1}AzO^4$, la réaction en question peut s'écrire :

$$C^mH^{m'-1}AzO^4 + 6HS = 6S + 4HO + C^mH^{m'-1}H^2Az$$

$$\text{ou Az} \begin{cases} H \\ H \\ C^mH^{m'-1} \end{cases}$$

Les principaux alcaloïdes appartenant à la catégorie

$$\text{Az} \begin{cases} H \\ H \\ C^mH^{m'-1} \end{cases} \qquad \text{sont :}$$

L'aniline.... $\text{Az} \begin{cases} H \\ H \\ C^{12}H^5 \end{cases}$ = hydrocarb. correspond. $C^{12}H^6$ benzine.

La toluidine $\text{Az} \begin{cases} H \\ H \\ C^{14}H^7 \end{cases}$ —   — $C^{14}H^8$ toluène.

La xylodine. $\text{Az} \begin{cases} H \\ H \\ C^{16}H^9 \end{cases}$ —   — $C^{16}H^{10}$ xylène.

Les alcaloïdes de la seconde catégorie s'obtiennent en faisant réagir la potasse en dissolution sur l'éther cyanique de l'un des alcools connus. Il se forme du carbonate de potasse, et il apparaît un alcaloïde correspondant.

RÉACTION :

$$C^mH^m + 10,C^2AzO + 2KO + 2HO = 2(KO,CO^2) + C^mH^m + 3\,Az$$

Éther cyanique.   ou $Az\begin{cases}H\\H\\C^mH^m+1\end{cases}$

Les principaux alcaloïdes de cette seconde catégorie sont :

La méthylamine.. $Az\begin{cases}H\\H\\C^2H^3 \text{ radical méthyle.}\end{cases}$

L'éthylamine.... $Az\begin{cases}H\\H\\C^4H^5 \text{ radical éthyle.}\end{cases}$

L'amylamine..... $Az\begin{cases}H\\H\\C^{10}H^{11} \text{ radical amyle.}\end{cases}$

Les alcaloïdes du second groupe sont obtenus en unissant l'un des éthers bromhydriques connus à l'un des alcaloïdes du premier groupe, et détruisant ensuite par la potasse l'espèce de sel qui a pris naissance.

RÉACTION :

$$C^{m'}H^{m'}+1,Br + Az\begin{cases}H\\H\\C^mH^m+1\end{cases} + KO = KBr + HO + {} + Az\begin{cases}H\\C^mH^m+1\\C^{m'}H^{m'}+1\end{cases}$$

Les principaux sont :

La diéthylamine... $Az\begin{cases}H\\C^4H^5 \text{ radical éthyle.}\\C^4H^5 \quad — \quad —\end{cases}$

L'éthyméthylamine. $Az\begin{cases}H\\C^4H^5 \text{ radical éthyle.}\\C^2H^3 \text{ radical méthyle.}\end{cases}$

L'éthyaniline...... $Az\begin{cases}H\\C^4H^5 \text{ radical éthyle.}\\C^{12}H^5 \text{ radical déjà admis dans l'aniline.}\end{cases}$

Les alcaloïdes du troisième groupe s'obtiennent de la même façon en opérant sur ceux du second groupe.

RÉACTION :

$$C^{m'}H^{m'}+1,Br + Az\begin{cases}H\\C^mH^m+1\\C^{m'}H^{m'}+1\end{cases} + KO = KBr + HO + {} + Az\begin{cases}C^mH^m+1\\C^{m'}H^{m'}+1\\C^{m''}H^{m''}+1\end{cases}$$

Les principaux sont :

La triéthylamine... $Az\begin{cases}C^4H^5 \text{ radical éthyle.}\\C^4H^5 \quad — \quad —\\C^4H^5 \quad — \quad —\end{cases}$

L'éthydiméthylamine $Az\begin{cases}C^4H^5 \text{ radical éthyle.}\\C^2H^3 \quad — \quad \text{méthyle.}\\C^2H^3 \quad —\end{cases}$

Les composés contenus dans ces trois groupes ont aussi, dans leurs propriétés et leurs aptitudes chimiques, de grandes ressemblances avec l'ammoniaque. Pour rendre plus saillante l'analogie de constitution, nous ajouterons que de même que l'ammoniaque hydratée peut être considérée comme l'oxyde d'un métal non isolé, l'ammonium $Az\begin{cases}H\\H\\H\\H\end{cases}$; de même, avec les alcaloïdes précédents,

on peut obtenir des corps de la forme $Az\begin{cases}R\\R'\\R''\\R'''\end{cases}O$ qu'on

peut considérer comme les oxydes de métaux composés

rentrant dans le type $Az\begin{cases}R\\R'\\R''\\R'''\end{cases}$.

Ainsi, la triéthylamine s'unit à l'éther iodhydrique pour donner $Az\begin{cases}C^4H^5\\C^4H^5\\C^4H^3\\C^4H^5\end{cases}I$. En traitant ce dernier corps par l'oxyde d'argent, on obtient de l'iodure d'argent et le corps $Az\begin{cases}C^4H^5\\C^4H^5\\C^4H^5\\C^4H^5\end{cases}O$, qu'on a nommé, en suivant toujours la même nomenclature, oxyde de *tétréthylammonium*. Tous les composés de ce genre ont des propriétés basiques comparables à celles de la potasse. Ils chassent l'ammoniaque de ses combinaisons, saponifient les corps gras, et précipitent de leurs sels les bases insolubles.

Une autre série de bases volatiles a été obtenue en faisant réagir une dissolution alcoolique de gaz ammoniac sur la liqueur des Hollandais bromée : $2(C^4H^3Br,HBr.) + 5(AzH^3) = 3(AzH^4,HBr) + C^8H^{10}Az^2,HBr$, puis, sous l'action de la chaleur, le corps $C^8H^{10}Az^2$ se dédouble et fournit trois alcaloïdes qui se séparent l'un de l'autre par la différence que présente leur point d'ébullition.

$$C^8H^{10}Az^2 = \begin{cases} C^4H^3Az \text{ ou } Az..\begin{cases}H\\C^3H^2 \ \tfrac{1}{2} \text{ équiv. de gaz oléf. } C^4H^4\\C^3H^2 \quad — \quad id. \quad —\end{cases}\\[4pt] +C^4H^3Az \text{ ou } Az \ | \ id. \quad — \quad id. \quad — \end{cases}$$

$$C^8H^{10}Az^2 = \begin{cases} C^2H^3Az \text{ ou } Az..\begin{cases}H\\CH \ \tfrac{1}{2} \text{ équiv. de méthylène } C^2H^2.\\CH \quad — \quad id. \quad —\end{cases}\\[4pt] +C^6H^7Az \text{ ou } Az\begin{cases}H\\C^3H^3 \ \tfrac{1}{2} \text{ équiv. de propylène } C^6H^6.\\C^3H^3 \quad — \quad id. \quad —\end{cases} \end{cases}$$

De là, trois alcaloïdes nouveaux dérivant de l'ammoniaque dans laquelle 2 équivalents d'hydrogène ou 4 volumes sont remplacés par le volume du gaz oléfiant (*éthéniaque*) ou par le volume de méthylène (*méthéniaque*), ou par 4 volumes de propylène (*propéniaque*). Il faut encore classer parmi les alcaloïdes artificiels la *thiosinamine* $C^8H^8Az^2S^2$ provenant de l'action de l'ammoniaque sur l'essence de moutarde ; la *mélamine* $C^6H^6Az^6$ provenant de la décomposition par la chaleur du sulfocyanhydrate d'ammoniaque. — Enfin le phosphore, l'arsenic et l'antimoine qui donnent, au moins les deux premiers, des composés hydrogénés analogues à l'ammoniaque, fournissent aussi de nombreux alcaloïdes dérivant de PhH^3, AzH^3, SbH^3, comme les alcaloïdes précédents dérivaient de AzH^3. MM. Zinin, Wurtz, Gerhardt, Hoffmann, Cahours, Dumas et Liebig, ont surtout contribué par leurs travaux à la découverte et à l'explication de la véritable nature de ces curieux produits.   B.

ALCANNA (Botanique). — Voyez HENNÉ et ORCANETTE.

ALCARAZAS ou **ALCABRAZA**, mot d'origine arabe. — Vase poreux en forme de bouteille ou carafe très-usité dans les pays chauds pour faire rafraîchir l'eau. L'utilité des alcarazas repose sur la propriété que possède l'eau, ainsi que tous les autres liquides, d'absorber pendant qu'elle s'évapore une quantité notable de chaleur qui est emportée à l'état dit *latent* par la vapeur formée (voyez CHALEUR LATENTE). Les alcarazas étant poreux, l'eau qui les remplit suinte au travers de leurs parois, et forme à leur surface extérieure une couche d'humidité qui s'évapore peu à peu, d'où résulte le refroidissement du vase et de son eau. L'agitation de l'air, en activant l'évaporation, favorise le refroidissement; aussi doit-on placer les alcarazas dans un courant d'air, au sec et à l'ombre. Le degré de porosité du vase exerce une grande influence sur ses qualités. Les meilleurs nous sont longtemps venus d'Espagne où on les fait en terre cuite, avec une argile fortement calcaire ou bien avec un mélange de 8 parties d'argile pure et de 5 parties de chaux. On trouve actuellement en France de bons alcarazas également en terre cuite, mais on en fabrique aussi avec une pierre naturelle très-poreuse que l'on taille en forme de bouteille. M. Fourmy, qui a le premier fabriqué des alcarazas en France, les appelait *hydrocérames*.

ALCÉDIDÉES (Zoologie). — Famille d'oiseaux de l'ordre des *Passereaux*, et qui aurait pour type le genre *Alcedo* ou *Martin-Pêcheur*. Les oiseaux qu'on a proposé d'y rapporter forment les genres *Martin-Pêcheur*, *Céryle*, *Ceyx*, *Alcyon*, et appartiennent à la famille des *Syndactyles* de Cuvier.

ALCEDO (Zoologie). — Nom latin du genre *Martin-Pêcheur*, de Linné.

ALCÉE (Botanique), du grec *alké*, secours; d'où *alkea*, sorte de guimauve. — Espèce très-connue du genre

Guimauve (*Alcea*, Cavanilles). C'est la *rose trémière*
(*Alcea rosea*, Lin.), appelée aussi vulgairement *Guimauve
rose*, *rose de mer*, *passe-rose*, *mauve-rose*, *rose d'outremer* et même *rose trémière*. Cette plante, qui est bisannuelle ou trisannuelle, a les tiges élevées de 2 à 3 mètres, dressées, épaisses, poilues; ses feuilles sont cordiformes, rugueuses, à 3-5 angles, crénelées. Elle donne
en juillet et août de belles fleurs disposées en long épi.
La culture en a obtenu un grand nombre de variétés,
diversement colorées. L'alcée, qui est originaire d'Orient,
a été introduite dans nos jardins à l'époque des croisades.
Gilibert a extrait de ses racines et de ses fruits une farine nourrissante plus ou moins sucrée. Sa tige présente
des fibres avec lesquelles on peut préparer des tissus et
fabriquer du papier. Quant à ses propriétés médicinales,
elles sont analogues à celles de la mauve et de la guimauve, plantes qui donnent un principe mucilagineux
émollient et adoucissant. Depuis quelque temps on a
obtenu par la culture des variétés d'alcées à fleurs
grandes, avec les nuances les plus variées; on cultive
aussi une autre espèce venue de Chine (*Althæa sinensis*,
Cavanilles), dont les fleurs panachées de blanc et de
pourpre, sont du plus bel effet. G — s.

ALCHÉMILLE ou **ALCHIMILLE** (Botanique), du mot
arabe *al-kémelych*, alchimique, parce que les alchimistes
recueillaient la rosée de cette plante pour la préparation de la pierre phi-
losophale. — Genre de
plantes de la famille
des *Rosacées*, tribu des
Dryadées, voisines des
Pimprenelles. Les espè-
ces de ce genre sont
des herbes à fleurs ver-
dâtres disposées en bou-
quets corymbiformes ou
en fascicules. L'*A. com-
mune*(*A. vulgaris*,Lin.)
est appelée aussi *pied-
de-lion*, à cause de la
forme de ses feuilles
considérées isolément,
et *manteau des dames*,
à cause de leur réunion,
de leur entrelacement,
qui lui fait ressembler
jusqu'à un certain point
à l'objet ainsi désigné.
Cette espèce, à feuilles
réniformes, divisées en
5-9 lobes peu profonds,
est indigène. On a attri-
bué autrefois une foule
de vertus à sa racine.
La vérité est que celle-
ci possède des proprié-
tés vulnéraires et astringentes. L'*A. commune*
est en outre un très-
bon fourrage. L'*A. ar-
gentée* ou *des Alpes* (*A.
Alpina*, Lin.) a la face
inférieure de ses feuil-
les couverte d'un beau
duvet blanc soyeux et
satiné, tandis que le
dessus, d'un vert foncé,
est bordé d'une sorte

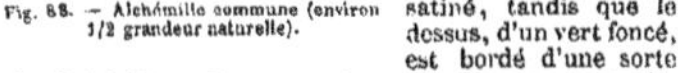

Fig. 88. — Alchémille commune (environ
1/2 grandeur naturelle).

de liséré blanc. On trouve dans nos champs une petite
espèce (*A. arvensis*, Scop.), vulgairement *perce-pierre
des champs*, pour laquelle Linné avait établi le genre
Aphanes. — Caractères du genre *Alchemille* (Tournefort) : calice tubuleux persistant, à 8 divisions, dont 4
plus petites en forme de dents ; corolle nulle ; 1 à 4 étamines très-courtes, insérées sur le calice ; style court,
inséré latéralement à la base de l'ovaire ; fruits, 1 à
2 akènes renfermés dans le calice. G — s.

ALCHIMIE. Art sacré, Science hermétique, nom d'o-
rigine arabe dérivant probablement lui-même du grec
chumos, suc, ou *chein*, fondre. — Science occulte dont
l'objet, comme celui de la chimie moderne, était de rechercher les transformations qu'il nous est possible de faire
subir aux corps et d'en tirer quelque produit qui fût utile
à l'homme.

On ignore à quelle époque et dans quelles conditions
l'alchimie prit naissance. Dès les premiers temps histo-

riques on la retrouve enseignée et cultivée mystérieusement sous le nom d'*art sacré*, par les prêtres de Thèbes
et de Memphis, qui avaient établi leurs laboratoires dans
les parties les plus reculées des sanctuaires. Toutes leurs
croyances cosmogoniques et symboliques se rattachaient
à cet art qu'ils ne révélaient qu'à un très-petit nombre
d'initiés. Les découvertes qu'ils y firent, contribuèrent
sans doute à donner à la civilisation de l'antique Égypte
l'éclat dont elle brilla pendant si longtemps, comme aussi
elles durent fortifier l'influence morale exercée par ces
prêtres sur les populations égyptiennes.

Les Grecs, en recevant des Égyptiens l'art sacré, lui
donnèrent le nom de *science hermétique*, de *Hermès
Trismégiste* ou *Thoth*, dieu à qui les Égyptiens attribuaient l'invention des arts et des sciences et la rédaction des livres hermétiques qui formaient la base de l'é-
tude de l'art sacré. Les doctrines qui s'y trouvaient
exposées avaient en réalité pour point de départ l'observation des faits et l'imitation de la nature, et on ne doit
pas être surpris qu'elles aient été cultivées avec ardeur,
non-seulement par les prêtres d'Isis, mais encore par les
esprits les plus élevés de l'école d'Alexandrie.

A dater de l'époque de la prise de cette ville par les
Arabes (640), la science d'Hermès parut tomber dans
l'oubli, bien qu'elle continuât encore à faire l'objet des
recherches secrètes de quelques disciples enthousiastes.
Mais dès que l'empire des califes fut fondé et que les
Arabes commencèrent à cultiver les sciences connues de
leur temps, l'art sacré redevint, sous le nom d'alchimie, le
but des travaux d'un grand nombre d'hommes remarquables. En changeant de nom il conserva son langage
symbolique et ses allures mystérieuses avec lesquelles il
traversa tout le moyen âge. Pendant cette dernière phase
de son existence, il subit la double transformation que doit
offrir toute science tenue secrète. D'un côté, l'alchimie
s'enrichissait et se perfectionnait d'une manière continue,
quoique lente, jusqu'au moment où elle se constitua au
grand jour en une science nouvelle, la *chimie*, dont les
progrès furent dès ce moment si rapides. De l'autre, elle
s'égarait de plus en plus à la poursuite de deux chimères :
la *pierre philosophale* ou substance propre à convertir
les métaux vils en métaux précieux, or ou argent, et la
panacée universelle, remède capable de guérir tous les
maux, de rajeunir la vieillesse et de prolonger indéfiniment l'existence. Les travaux accomplis dans le but de
découvrir la pierre philosophale et d'opérer la transmutation des métaux, constituaient le *grand œuvre*, qui dans
l'origine embrassait également la recherche de la panacée,
mais qui s'en sépara plus tard.

Les alchimistes étaient incontestablement dans une
fausse voie, dans laquelle ils perdirent d'une manière
presque complète des trésors de persévérance et de génie ;
mais pour les juger avec équité il convient de se reporter
aux temps où ils vivaient. Aujourd'hui même que les
sciences, et particulièrement la chimie, sont arrivées à un
si haut degré de perfection, il ne nous est point permis de
repousser comme une absurdité, l'idée de la transformation des métaux les uns dans les autres ; nous devons
l'écarter seulement, comme étant d'une réalisation impossible à l'aide des forces ou des agents dont nous pouvons
disposer. Dans l'esprit des chimistes les plus distingués
de notre époque, il n'est nullement démontré que l'or
et le plomb par exemple, soient essentiellement distincts
par leur nature, qu'ils ne dérivent pas tous les deux d'une
autre substance qui leur soit commune et que la nature,
au moyen de forces qui nous sont inconnues, n'ait pu
opérer leur mutation de l'un à l'autre. Il est une autre
idée au contraire dont la science peut démontrer l'absurdité, parce qu'elle implique dans ses termes une contradiction avec
l'essence de nos machines : c'est la recherche du *mouvement perpétuel*, et cette nouvelle pierre philosophale rencontre encore de nos jours un plus grand nombre de
croyants qu'on ne pense. D'ailleurs, en traitant des substances naturelles que nous travaillons encore aujour-
d'hui comme minerais d'or, mais dont ils ignoraient la
composition, les alchimistes ont souvent trouvé réellement de l'or, et de plus leur opiniâtre persévérance a souvent servi la science en l'enrichissant de découvertes
véritablement utiles.

On cite parmi les alchimistes les plus connus par leurs
travaux, Zosime, écrivain grec du Ve siècle, auteur d'un
traité sur l'art de faire de l'or; Abou-Moussah-al-
Sofi, si connu sous le nom de Geber, écrivain du VIIIe siècle
et inventeur d'une panacée universelle qu'il appelait
élixir rouge et qui n'était qu'une dissolution d'or ; au
IXe siècle, Mohammed Abou-Bekr-Ibn-Zacaria (Rhazès) ;

au xᵉ siècle, Abou-Ali-Hossein-Ibn-Sina (Avicenne) ; au xiiᵉ siècle, Ibn-Rochd (Averroes). A la suite des croisades, au xiiiᵉ siècle, l'alchimie pénètre en Europe et nous trouvons aux premiers rangs de ses adeptes : en Angleterre, le moine Roger Bacon ; en Allemagne, Albert de Bollstad, évêque de Ratisbonne (Albert le Grand) ; en Italie, saint Thomas d'Aquin ; en France, le médecin Arnaud de Villeneuve, et son disciple Raymond Lulle, en Espagne ; au xivᵉ siècle, apparaît le célèbre Nicolas Flamel, écrivain, libraire de l'Université de Paris ; au xvᵉ siècle, Basile Valentin, si connu par ses travaux sur l'antimoine ; au xvᵉ siècle, Paracelse, qui popularisa les préparations opiacées et opéra une révolution dans la médecine. A partir de cette époque, l'alchimie, devenue presque entièrement médicale, perdit peu à peu de son empire sur les esprits, tandis que d'un autre côté Paracelse en divulguant les secrets de la science à Bâle dans la première chaire de chimie qui ait été fondée dans le monde (1527), préparait sa transformation dans la chimie moderne.

Le docteur Price est le dernier des alchimistes dont le nom ait quelque célébrité, et c'est avec quelque surprise qu'on le voit, en 1781, exécuter publiquement à sept reprises différentes, la transformation du mercure en or ou en argent, au moyen de poudres de projection. Mais pressé par la Société royale de Londres, dont il faisait partie, de répéter ses expériences devant elle, il s'empoisonna avec de l'huile volatile de laurier-cerise. Ce fut le coup de grâce de l'alchimie : à cette même époque la chimie se constituait définitivement. Ouvrages à consulter, Hoefer, *Histoire de la chimie* et *Dictionnaire de physique;* Dumas, *Leçons sur la philosophie chimique.* M. D.

ALCOOL, ESPRIT DE VIN, $C^4H^6O^2$ (Chimie), de l'arabe *al cahol,* le subtil. — Liquide volatil, incolore, très-facilement combustible, d'une odeur agréable quand il est pur, d'une saveur brûlante, formant le principe essentiel de toutes les liqueurs dites alcooliques, provenant constamment d'une modification particulière du divers sucres pendant la *fermentation* des liqueurs sucrées (voyez FERMENTATION), et s'extrayant des liqueurs fermentées par *distillation* (voyez ce mot).

ALCOOLS DU COMMERCE, ESPRITS, EAUX-DE-VIE.— Les alcools que l'on rencontre habituellement dans le commerce renferment tous de l'eau qu'on n'a pu leur enlever par le procédé ordinaire de distillation, ou qui leur a été ultérieurement ajoutée. Ces alcools sont en outre colorés assez fréquemment par des substances de natures diverses, qui sont étrangères à l'alcool pur.

Table des titres et noms commerciaux de divers alcools.

NOMS DES ALCOOLS.	DEGRÉS de l'aréomètre Cartier.	DEGRÉS centésimaux de l'alcoomètre Gay-Lussac.	DENSITÉ.
Eau-de-vie faible....	16	37,9	0,937
»	17	42,5	0,949
»	18	46,5	0,943
Eau-de-vie ordinaire.	19	50,1	0,936
»	20	53,4	0,930
Eau-de-vie forte.....	21	56,5	0,924
»	22	59,2	0,918
Trois-cinq.	29,5	78,0	0,869
Trois-six.............	33	85,1	0,851
Trois-sept.	35	88,5	0,840
Alcool rectifié.......	36	90,2	0,835
Trois-huit.	37,5	92,5	0,826
Alcool à 40°.........	40	95,9	0,814
Alcool absolu	44,19	100,0	0,794

Les nombres qui distinguent les divers esprits font connaître la quantité d'eau qu'il faut y ajouter pour les transformer en eau-de-vie ordinaire ou à 19°. Le trois-six par exemple doit être mélangé d'une quantité d'eau qui double son volume (3 d'esprit pour 6 d'eau-de-vie).

L'aréomètre Cartier, que l'on emploie quelquefois encore pour juger de la richesse d'un alcool, ne peut fournir que des indications purement commerciales et montrer si un esprit a bien le degré qui correspond à son nom. On doit à M. Gay-Lussac un instrument appelé *alcoomètre,* de forme à peu près semblable, que l'on emploie de la même manière et qui est gradué de telle façon qu'il indique immédiatement combien il existe de litres d'alcool pur, dans 100 litres d'un alcool ou d'une eau-de-vie quelconque, pourvu qu'ils ne contiennent que de l'eau et de l'alcool, condition exigée pareillement par l'aréomètre Cartier (voyez ARÉOMÈTRE, ALCOOMÈTRE). L'emploi de l'alcoomètre de Gay-Lussac, seul admis par l'État, a fait naître un nouveau mode de désignation des alcools. L'alcool à 85 degrés centésimaux, contient 85 volumes d'alcool pur pour 100 volumes de liqueur.

Table des quantités d'alcool contenues dans diverses boissons, d'après M. Thenard.

NOMS DES VINS OU AUTRES BOISSONS.	PROPORTIONS d'alcool pur sur 100 parties de la liqueur en volume.
Whiskey d'Ecosse (eau-de-vie de grains) ...	54,32
Rhum.	53,68
Eau-de-vie.	53,39
Genièvre (*gin*).	51,60
Lissa	25,41
Vin de raisin sec (*raisin wine*).	25,12
Madère.	22,27
Madère du Cap.	20,50
Ténériffe	19,79
Constance blanc.	19,75
Lacryma-Christi.	19,70
Xérès.	19,17
Lisbonne.	18,94
Malaga (de 1666).	18,94
Constance rouge.	18,92
Muscat du Cap.	18,25
Roussillon.	18,13
Ermitage blanc.	17,43
Malaga.	17,26
Malvoisie de Madère	16,40
Chiraz.	15,52
Lunel.	15,52
Syracuse.	15,28
Claret ou vin de Bordeaux.	15,10
Nice.	14,63
Bourgogne.	14,57
Sauterne.	14,22
Champagne.	13,80
Graves.	13,37
Frontignan.	12,79
Champagne mousseux.	12,61
Côte-Rôtie.	12,32
Ermitage rouge.	12,32
Hock (vin du Rhin).	12,08
Tokay.	9,88
Cidre le plus spiritueux.	9,87
Vin de baies de sureau (*elder wine*).	9,87
Ale de Burton (bière).	8,88
Hydromel.	7,32
Poiré.	7,26
Bière forte brune (*brown stout*).	6,80
Cidre le moins spiritueux.	5,21
Porter de Londres.	4,20
Petite bière de Londres.	1,28

ALCOOL ABSOLU. — Alcool pur sans eau.

L'alcool pur est doué d'une extrême fluidité, d'une saveur caustique, d'une action très-énergique sur l'économie animale et constitue un véritable poison. Il bont à 78° ; sa densité est de 0,79 ; jusqu'à présent il n'a pu être congelé par aucun froid artificiel. Son avidité pour l'eau est très-grande ; quand on le mélange avec une certaine quantité de ce liquide, il se produit un dégagement de chaleur et le volume de la combinaison est toujours plus petit que la somme des volumes d'alcool et d'eau mélangés ; versé sur de la neige ou de la glace pilée, il peut faire descendre le thermomètre jusqu'à 37° au-dessous de zéro, en forçant la glace à fondre.

Cette grande tendance à s'unir à l'eau fait qu'il l'enlève même aux matières organisées qu'il racornit, ce qui le rend très-propre à la conservation des objets d'histoire naturelle ou des pièces anatomiques. On se contente cependant pour cet usage d'alcool rectifié.

L'alcool absolu est extrait des esprits du commerce. Ceux-ci sont versés dans une cornue sur un excès de chaux grasse vive, réduite en fragments de la grosseur d'une petite noix, après un contact de vingt-quatre heures on distille au bain-marie. La chaux retient l'eau d'hydratation avec laquelle elle s'est combinée et il passe un liquide plus riche que le précédent. Le carbonate de potasse bien sec peut servir au même usage ; mais dans l'un et l'autre cas il convient de répéter plusieurs fois l'opération. M. Berthelot est parvenu dans ces derniers temps à former directement de l'alcool en mélangeant dans un grand ballon de l'hydrogène bicarboné et de l'acide sulfurique concentré et en agitant les deux corps avec du mercure dont l'action est ici purement mécanique. Après un contact prolongé, l'acide sulfurique se colore ; on l'étend de plusieurs fois son volume d'eau, on distille et on obtient une liqueur qui a toutes les propriétés de l'alcool.

L'alcool pur ou étendu d'eau n'est pas attaqué par

l'oxygène de l'air; mais dans certaines conditions il s'en empare et donne lieu alors à divers composés.

Le premier degré d'oxygénation est *l'aldéhyde* qui dérive de l'alcool par la combustion de 2 de ses 6 proportions d'hydrogène.

$$C^4H^4O^2 = C^4H^6O^2 - H^2$$

Aldéhyde. Alcool.

Une oxygénation plus avancée donne de l'acide acétique.

$$C^4H^6O^2 + 4O = C^4H^4O^4 + 2HO.$$

Alcool. Oxygène. Ac. acét. Eau.

Le chlore le transforme également d'abord en aldéhyde, puis en *chloral* ($C^4HCl^3O^2$). Au rouge, l'hydrate de potasse le convertit en acétate de potasse. L'acide sulfurique lui enlève les éléments d'une proportion d'eau et donne de l'*éther* (C^4H^5O); son action se prolongeant, une nouvelle proportion d'eau est enlevée, et il se dégage de l'*hydrogène bicarboné* (C^4H^4). L'alcool peut cependant se combiner avec l'acide sulfurique sans rien perdre et donner ainsi naissance à de l'acide *sulfovinique* ($C^4H^6O^2,2SO^3$). Toutefois dans ce cas le groupement des molécules chimiques de l'alcool a été changé, car une proportion d'eau peut y être remplacée par une proportion de base dans les sulfovinates ($C^4H^5O,MO,2SO^3$) (voyez ces mots). La plupart des acides peuvent se combiner avec l'alcool en lui enlevant une proportion d'eau à laquelle ils se substituent et donner ainsi naissance aux *éthers simples* ou *composés* (voyez ÉTHERS).

Usages de l'alcool. — L'alcool dans ses divers états de pureté et de concentration sert à un grand nombre d'usages dans les arts, l'industrie, l'économie domestique, la pharmacie et la chimie. Il dissout les corps gras, les résines, les essences, les matières colorantes, les alcaloïdes. Il enlève à quelques sels métalliques, leur eau d'hydratation, quand il est suffisamment concentré. On s'en sert également pour la conservation de diverses pièces zoologiques ou anatomiques.

Historique. — L'art d'extraire l'alcool des liqueurs fermentées, nous vient probablement des Arabes. Arnaud de Villeneuve, savant du xiiie siècle, ne fit qu'en introduire l'usage en Europe en en décrivant les propriétés. La *quinta essentia* (quintessence) de Raymond Lulle et de ses successeurs, n'était autre chose que de l'alcool rectifié à une très-douce chaleur. Jusqu'au xvie siècle, l'esprit-de-vin fut considéré comme médicament et ne se rencontrait que dans les officines des pharmaciens; mais avant la fin de ce siècle il était déjà employé comme boisson dans presque toute l'Europe. M. D.

ALCOOLS (Chimie théorique). — Composés volatils, odorants, formant une série homologue des plus naturelles dont les différents termes offrent le même type de composition et subissent des métamorphoses semblables. Leur formule générale est de la forme $C^{2n}H^{2n+2}O^2$. La formule propre à chaque alcool s'en déduit en donnant à n, successivement les valeurs, 1,2,3, etc.

Voici les alcools connus qui rentrent dans cette série.

		Degrés.
1. Alcool méthylique (esprit de bois), étudié principalement par MM. Dumas et Péligot...............................	$C^2H^4O^2$ bout	à 66
2. Alcool vinique, le mieux connu........	$C^4H^6O^2$ —	78
3. Alcool propylique extrait des eaux-de-vie de marc (M. CHANCEL)..........	$C^6H^8O^2$ —	98
4. Alcool butylique extrait des alcools de betterave (M. WURTZ).................	$C^8H^{10}O^2$ —	112
5. Alcool amylique (huile de pommes de terre), découverte par Schéele et principalement étudiée par MM. Dumas, Balard et Cahours.................	$C^{10}H^{12}O^2$ —	132
6. Alcool caproïlique extrait des huiles du marc de raisin (FAGET)...........	$C^{12}H^{14}O^2$ —	150
8. Alcool caprylique obtenu par l'action des alcalis sur l'huile de ricin (BOUIS)..	$C^{16}H^{18}O^2$ —	179
16. Alcool cétylique, ou éthal, extrait du blanc de baleine, et principalement étudié par MM. Chevreul, Dumas et Péligot.	$C^{32}H^{34}O^2$ —	360
27. Alcool cérotique de la cire de Chine (BRODIE)...........................	$C^{54}H^{56}O^2$ —	?
30. Alcool mélissique produit par l'action de la potasse sur la myricine (BRODIE).	$C^{60}H^{62}O^2$ —	?

L'équivalent de chacun de ces dix alcools correspond à 4 volumes de vapeur. Les points d'ébullition sont liés par une relation simple avec les valeurs de n. Cette relation est

exprimée par la formule $t = 59 + (n-1)19$, où t représente la température d'ébullition qui se trouve indiquée par la valeur que l'on assigne à n.

Soumis aux déshydratants énergiques, l'acide sulfurique, l'acide phosphorique, le chlorure de zinc fondu, chaque alcool produit un hydrogène carboné dont la formule dérive simplement de la sienne.

L'alcool vinique $C^4H^6O^2$ produit l'hydrog. bicarboné C^4H^4.
— propyliq. $C^6H^8O^2$ — le propylène....... C^6H^6.
... ... etc.

Sous l'influence des oxydants, les alcools perdent d'abord 2 équivalents d'hydrogène et se convertissent en aldéhydes.

$C^4H^6O^2 + 2O = 2HO + C^4H^4O^2$ (aldéhyde vinique).
$C^{10}H^{12}O^2 + 2O = 2HO + C^{10}H^{10}O^2$ (aldéhyde amylique).
... etc.

L'oxydation peut être plus complète, et alors les alcools fournissent des acides correspondants.

$C^2H^4O^2 + 4O = 2HO + C^2H^2O^4$ (acide formique).
$C^4H^6O^2 + 4O = 2HO + C^4H^4O^4$ (acide acétique).
... ... etc.

Enfin les alcools engendrent des éthers simples et composés qui leur correspondent (voyez ÉTHERS).

A côté des alcools précédents vient se placer un autre groupe de composés ressemblant aux alcools et constituant comme une série parallèle dont quelques termes seulement sont découverts. La formule type de cette seconde famille serait $C^{2n}H^{2n}O^2$. Le plus curieux échantillon de cette série est l'alcool acrylique $C^6H^6O^2$, dont l'*acroléine* $C^6H^4O^2$ serait l'aldéhyde correspondante. B.

ALCOOLAT (Médecine), du mot *alcool*. — On emploie beaucoup, en pharmacie, l'alcool ou esprit-de-vin, comme dissolvant volatil des divers principes médicamenteux et surtout des principes aromatiques. Ces dissolutions, que l'on nommait autrefois *esprits*, portent actuellement le nom d'*alcoolats*. L'eau de Cologne, le vulnéraire, l'esprit de menthe, etc., sont des alcoolats bien connus. On obtient les alcoolats en faisant distiller l'alcool sur une ou plusieurs substances animales ou végétales.

ALCOOLISME (Médecine). — C'est une maladie résultant de l'abus des boissons alcooliques, et qui a été pour la première fois signalée par Magnus Huss. Cette redoutable affection, châtiment irrémédiable de l'ivrognerie, est fréquente dans les pays froids, où ce vice est si commun. En voici les principaux symptômes : au bout de peu d'années d'un usage habituel et immodéré des liqueurs alcooliques, il survient un affaiblissement général, des fourmillements dans les membres, les jambes vacillent, l'appétit se perd, un délire d'abord calme, puis sombre se manifeste, bientôt surviennent des colères non justifiées, des illusions, des hallucinations, des mouvements de fureur : des paralysies partielles, des tremblements nerveux, enfin un amaigrissement général, un affaissement profond, précèdent la mort, qui est inévitable, si l'on n'oppose au mal un traitement approprié, dont la première condition est l'abstention des alcooliques. La nature des symptômes indiquera au médecin le genre de traitement à employer. Cette maladie offre quelques traits de ressemblance avec le *delirium tremens* et la *paralysie générale*; c'est aussi une affection du système nerveux. F — N.

ALCOOMÈTRE, de *alcool* et *metron*, mesure. — Instrument destiné à mesurer la richesse en alcool des esprits ou eaux-de-vie. L'alcoomètre le plus employé est l'alcoomètre centésimal de Gay-Lussac (*fig.* 89), le seul admis par l'État. Il suffit de plonger cet instrument dans l'eau-de-vie à essayer, de noter quelle est celle de ses divisions qui se trouve au niveau de la surface de ce liquide et d'observer en même temps la température de ce dernier, pour en conclure la proportion d'alcool pur qu'il contient.

Il est indispensable toutefois que le liquide ne contienne que de l'alcool et de l'eau; toute autre substance qui s'y trouverait mélangée, altérerait la justesse des indications obtenues.

Fig. 89.

L'usage de l'alcoomètre est en effet basé sur ce que les divers mélanges d'alcool et d'eau ont chacun une densité qui lui est propre, densité qui serait modifiée par l'addition d'une substance étrangère. Comme la densité de ces divers mélanges change aussi avec la température, on a dû établir des tables de concordance, indiquant pour chaque degré de l'alcoomètre la richesse correspondante des alcools.

Extrait des tables alcoométriques dressées par Gay-Lussac.

	10°	12°	14°	16°	18°	20°	22°	24°
35°	37,0	36,2	35,4	34,5	33,7	32,9	32,1	31,3
40°	42,0	41,2	40,4	39,5	38,7	37,9	37,1	36,3
45°	46,9	46,2	45,4	44,6	43,8	43,1	42,3	41,5
50°	51,8	50,2	50,4	49,6	48,9	48,2	47,4	46,6
55°	56,8	56,0	55,3	54,6	53,9	53,2	52,5	51,8
60°	61,7	61,0	60,3	59,6	58,9	58,2	57,5	56,8
65°	66,7	66,0	65,3	64,7	64,0	63,3	62,7	62,0
70°	71,6	71,0	70,3	69,7	69,0	68,4	67,8	67,1
75°	76,5	75,9	75,3	74,7	74,0	73,4	72,8	72,2
80°	81,5	80,9	80,3	79,7	79,1	78,5	77,9	77,3
85°	86,4	85,8	85,3	84,7	84,1	83,6	83,0	82,4
90°	91,2	90,7	90,2	89,7	89,2	88,7	88,2	87,6

La première colonne verticale de gauche contient les indications de 5 en 5° de l'alcoomètre. La première colonne horizontale contient de 2 en 2°, les températures auxquelles les essais alcoométriques ont été faits. Les autres chiffres expriment la richesse en alcool. Voici un exemple de l'usage de ce tableau. Un alcoomètre marque 85 dans un alcool dont la température est de 22°; quelle est la richesse de l'alcool ? Dans la colonne verticale de gauche, je descends jusqu'au nombre 85, puis, j'avance dans la ligne horizontale qui lui correspond, jusqu'à la ligne verticale en tête de laquelle se trouve le nombre 22°; je trouve 83. La liqueur contient 83 p. 100 d'alcool anhydre.

L'alcoomètre ne suffit plus lorsqu'on veut déterminer la richesse alcoolique d'une liqueur sucrée ou fermentée, vin, bière, cidre, etc. On a recours alors à une expérience imaginée par M. Gay-Lussac et qui consiste à introduire dans un petit alambic (*fig.* 90) en cuivre étamé 300 cen-

Fig. 90. — Alambic de Gay-Lussac pour l'essai des vins.

timètres cubes de la liqueur que l'on veut essayer et à distiller au moyen d'une lampe. Le liquide condensé dans le serpentin *s* tombe dans une éprouvette H graduée en centimètres cubes, et quand il s'y élève à la division 100, on arrête l'opération. Tout l'alcool a passé mélangé seulement à de l'eau; on fait l'essai à l'alcoomètre, et on divise par 3 le résultat obtenu et corrigé de la température; le quotient est la teneur en alcool.

M. Silberman a proposé un procédé fondé sur la propriété qu'a l'alcool d'être trois fois plus dilatable que l'eau pour une même élévation de température. Ce procédé a l'avantage d'être rapide et applicable à toute espèce de liqueur

alcoolique, les sels et le sucre ne changeant pas la dilatabilité de l'eau et de l'alcool. On plonge une pipette convenablement graduée dans la liqueur préalablement chauffée à 25°; on aspire de manière que la liqueur vienne affleurer au 0 de l'échelle graduée; on ferme alors l'extrémité inférieure de la pipette à l'aide d'un obturateur dont est muni l'appareil, puis on porte celui-ci dans de l'eau chauffée à 50°. Le liquide s'échauffe, se dilate, et la division à laquelle il s'arrête indique sa richesse en alcool. Ce procédé expéditif est cependant moins précis que celui de Gay-Lussac.

La *graduation* de l'alcoomètre est une opération assez longue et minutieuse ; aussi chaque constructeur exécute-t-il pour lui, avec beaucoup de soin, un *alcoomètre étalon* qu'il conserve et qui lui sert à graduer tous les autres par comparaison.

Pour graduer un étalon, on se sert d'une *éprouvette*, sorte de vase de verre allongé, divisée en 100 parties égales à partir du fond. On y verse de l'alcool absolu jusqu'à la division 100, et on y plonge l'appareil dont on règle le poids de façon qu'il y affleure en un point situé près du sommet de sa tige. On marque 100° en ce point. On retire alors l'appareil, puis un peu d'alcool de façon qu'il n'en reste plus que 90 parties, et on ajoute de l'eau jusqu'à ce que le volume du mélange redevienne 100 ; l'appareil s'enfonce moins dans ce mélange dont la densité est plus grande que celle de l'alcool pur ; au point où la tige affleure la surface du liquide on marque 90°. On retire de nouveau l'instrument, on enlève le mélange qu'on remplace par 80 parties d'alcool pur, et on complète le volume à 100 en y ajoutant de l'eau. On continue ainsi jusqu'à la fin. Au point où l'alcoomètre affleure dans de l'eau pure on marque 0. Les intervalles 0 à 10, 10 à 20, 20 à 30, sont loin d'être égaux entre eux ; ils sont assez rétrécis de 0 vers 40 et notablement plus larges au delà (voyez *fig.* 89). Chacun d'eux est partagé en 10 parties égales. L'échelle ainsi construite est reportée sur une règle. Pour graduer ensuite un alcoomètre ordinaire, on le plongera dans de l'eau pure et on marquera 0 à son point d'affleurement; on le plongera ensuite dans un alcool quelconque dont l'étalon aura fait connaître la valeur, dans de l'alcool à 90° par exemple : on marquera 90 au point d'affleurement. Ces deux points déterminés sont portés sur une feuille de papier en *a* et *c* (*fig.* 91) et réunis par une ligne droite; parallèlement à cette ligne on dispose l'échelle étalon, on réunit par des lignes les points 0 et *a*, 90 et *c*, puis par le point où ces deux lignes se rencontrent on

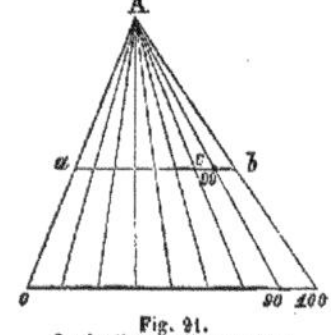

Fig. 91.
Graduation de l'alcoomètre.

mène des lignes allant à chacune des divisions de l'étalon. La rencontre de ces dernières avec *ac* donne tous les degrés de l'alcoomètre. **M. D.**

ALCORNOQUE (Médecine). — Écorce venue d'Amérique, et que l'on vante depuis quelques années comme astringente et fortifiante. On l'emploie à la Martinique contre la phthisie. C'est seulement en 1821 que Poudens l'a fait connaître, sans démontrer suffisamment de quel arbre elle provient. **F.**

ALCYON (Zoologie). — Linné avait rangé les *Martins-Pêcheurs* et les *Ceyx* dans un même genre sous le nom d'*Alcyon;* Temminck y avait ajouté les *Guêpiers* (voyez ces trois mots); mais Cuvier, sans adopter ce nom, a placé ces trois genres dans la famille des *Syndactyles.* — Les Grecs appelaient *alcyon* un oiseau qui faisait son nid sur le bord de la mer, et même, à ce qu'ils croyaient, sur la mer. Suivant leurs traditions mythologiques, Alcyon, fille d'Éole et épouse de Céyx, roi de Trachine, à la nouvelle de la mort de son époux englouti dans les flots, se précipita dans la mer pour le rejoindre, et tous deux furent changés en *alcyons* (voyez le *Dictionnaire de biographie et d'histoire*). Ce nom a été employé par Aristote pour désigner une espèce d'oiseau qu'on ne peut préciser aujourd'hui.

ALCYONS (Zoologie). — Animaux marins qui appartiennent à l'embranchement des *Zoophytes*, et forment dans la *Méthode du règne animal*, de Cuvier, la quatrième tribu de la famille des *Polypes corticaux*, ordre des *Polypes à polypiers*, de la classe des *Polypes* (voyez ce mot). Les Alcyons sont des polypiers charnus, formés par l'aggrégation d'un grand nombre de petits polypes, dont chacun possède autour de la bouche des tentacules en nombre variable, et possède un estomac d'où partent plusieurs intestins qui se prolongent souvent dans la masse commune, des ovaires, mais il n'y a point d'axe osseux. Leurs polypiers affectent des formes variées ; les uns sont arborescents, d'autres ont l'aspect de champignons, quelquefois ils s'étendent à la surface des corps submergés, en une sorte de croûte peu épaisse, colorée de nuances brillantes, qui se détruisent hors de l'eau, à la lumière directe. Les alcyons abondent dans toutes les mers, presque toujours à de grandes profondeurs. On trouve sur nos côtes l'*Alc. main de mer* (*Alc. digitalum*) et l'*Alc. exos*. Il ne faut ajouter foi à aucune des propriétés médicinales qu'on leur attribuait jadis.

ALCYONELLE (Zoologie). — Genre de *Polypes* de la famille des *Plumatelliens*, Edw., que M. Gervais a réunis aux *Plumatelles* et aux *Cristatelles*, pour former sa sous-classe des *Polypes Hippocrépiens*. Ce sont des polypes à tuyaux tubulaires qui vivent dans les eaux stagnantes des environs de Paris. Ils ont été décrits pour la première fois, par Brugnières, sous le nom d'*Alcyons fluviatiles*. Peut-être que les Plumatelles, les Cristatelles et les Alcyonelles ne sont que des alcyonelles à différents âges. On les trouve en abondance dans les eaux douces ; elles ont été observées surtout dans les étangs du Plessis-Piquet, de Baguolet, à la mare d'Auteuil (voyez PLUMATELLE).

ALDÉBARAN. — Étoile de première grandeur dans la constellation du *Taureau* (voyez CONSTELLATION).

ALDÉHYDE (Chimie), $C^4H^4O^2$, par contraction des mots *alcool déshydrogéné*. — Liquide incolore, très-fluide, très-combustible, d'une odeur éthérée tout à fait spéciale, très-volatil, bouillant à 20°, résultant d'une oxydation incomplète de l'alcool ordinaire et se transformant très-facilement en acide acétique au contact de l'air humide. Une de ses propriétés caractéristiques est la réduction très-prompte qu'il détermine de l'oxyde d'argent, propriété que l'on a utilisée pour l'argenture des surfaces de verre courbes dans le vase qu'on veut argenter et qu'on a préalablement nettoyé avec soin. On verse une dissolution de nitrate d'argent additionnée d'ammoniaque, on y ajoute ensuite quelques gouttes d'aldéhyde, et on agite le mélange. L'argent mis en liberté se dépose en couche continue et brillante sur les parois du vase.

L'aldéhyde se produit en quantité notable quand une spirale de platine incandescente est plongée dans de la vapeur d'alcool ou d'éther mêlée à l'air ; mais quand on veut la recueillir en quantité un peu grande, on peut employer deux procédés. Dans le procédé de M. Liebig on traite l'alcool par un mélange d'acide sulfurique et de peroxyde de manganèse et on distille avec précaution. Le produit distillé est mis en contact avec de l'éther saturé de gaz ammoniac. Il se produit une espèce de sel, l'aldéhydate d'ammoniaque, que l'on fait cristalliser, que l'on redissout dans l'eau et que l'on décompose enfin par l'acide sulfurique pour obtenir l'aldéhyde pure.

Dans le procédé plus récent de M. Stœdeler on a remplacé le manganèse par le bichromate de potasse. Les proportions à employer sont : 100 parties d'alcool, 150 de bichromate de potasse en morceaux de la grosseur d'un pois, et 200 parties d'acide sulfurique qu'on étend avec le triple de son volume d'eau.

On commence par mélanger l'acide sulfurique et l'eau, et après refroidissement, on y ajoute l'alcool : le bichromate est introduit dans une cornue spacieuse, qu'on entoure d'un mélange de sel marin et de glace, et dans laquelle on verse peu à peu le liquide refroidi, lui aussi, au moyen d'un mélange réfrigérant. Une fois tout le liquide introduit, on enlève lentement le mélange réfrigérant : l'ébullition se produit alors spontanément, et dès qu'elle se ralentit, on la ranime en chauffant légèrement la cornue aussi longtemps qu'on sent une odeur d'aldéhyde lorsqu'on soulève l'entonnoir qui a servi à l'introduction de l'acide.

Lorsqu'il se sera réuni une certaine quantité de liquide dans le récipient, on chauffe celui-ci, pour qu'une nouvelle distillation s'opère à travers un serpentin, qui communiquera avec deux éprouvettes, entourées d'un

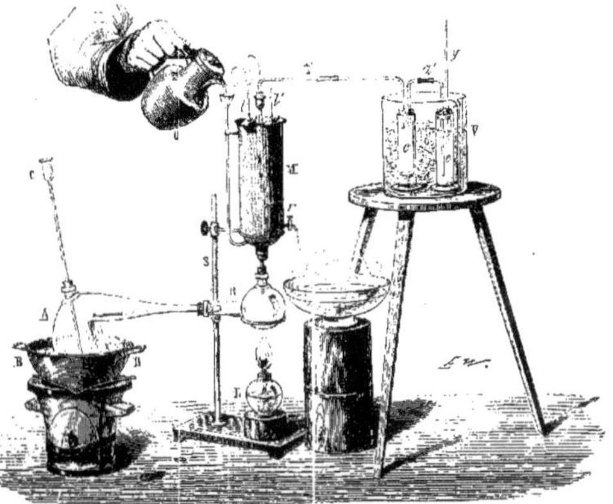

Fig. 92. — Appareil pour la préparation de l'aldéhyde par le procédé de M. Stœdeler.

A, Cornue plongée dans le mélange réfrigérant de la bassine BB.
BB, Bassine contenant le mélange réfrigérant qui sera remplacé par l'eau chaude.
C, Entonnoir à longue tige destiné à l'introduction de l'acide dans la cornue.
R, Récipient soutenu par le support S et qui sera légèrement chauffé par la lampe à alcool L.
M, Serpentin plongé dans de l'eau dont la température doit être maintenue entre 50° et 60°.
tt', Thermomètres destinés à faire surveiller la température de l'eau où est plongé le serpentin, température qui est entretenue tant par l'apport de l'eau chaude de la bouillotte o, que par l'écoulement par le robinet r.
V, Vase contenant un mélange réfrigérant où sont plongées les deux éprouvettes e, e'.
e', Éprouvette vide destinée à recueillir une partie de l'aldéhyde.
e, Éprouvette contenant de l'éther anhydre destiné à condenser la portion d'aldéhyde qui ne s'arrête pas dans l'éprouvette e'.
z, Tube de communication entre le serpentin e l'éprouvette e'.
z', Tube de communication entre les deux éprouvettes.
y, Tube à extrémité ouverte et effilée.

mélange réfrigérant, et dont une seule contient de l'éther anhydre.

L'alcool, l'acétal, l'eau et la plus grande partie du liquide restent dans le récipient, tandis que l'aldéhyde se condense dans la première éprouvette et dans l'éther de la seconde. Il ne reste plus qu'à mélanger le contenu des deux éprouvettes et à le saturer par du gaz ammoniac sec.

En opérant ainsi, on obtient environ 40 pp. d'aldéhydate d'ammoniaque pour 100 pp. d'alcool employé.

Avec deux cornues qu'on adapte alternativement au même récipient il est facile de préparer en un jour assez d'aldéhyde pour recueillir le lendemain matin 500 grammes d'aldéhydate d'ammoniaque.

Par ce procédé on évite la perte considérable qu'on éprouve en opérant d'après la méthode de M. Liebig.

ALDÉHYDES (Chimie). — Groupe de composés dont le type est l'aldéhyde ordinaire ou vinique et la formule générale $C^nH^nO^2$. Chaque espèce d'*alcool*, en perdant 2 proportions d'hydrogène, peut engendrer une *aldéhyde* analogue à l'aldéhyde vinique par son mode de dérivation et aussi par ses propriétés. Exemples :

$$C^4H^4O^2 \quad - 2H = \quad C^4H^4O^2$$

Alcool vinique.   Aldéhyde vinique.

$$C^{10}H^{12}O^2 \quad - 2H = \quad C^{10}H^{10}O^2$$

Alcool amylique.   Aldéhyde amylique.

$$C^2H^4O \quad - 2H = \quad C^2H^2O$$

Alcool méthylique.   Aldéhyde méthyliq.

(Voyez Alcools.)

On range aussi dans le groupe des aldéhydes plusieurs composés qui ne leur ressemblent que par la propriété de s'unir facilement avec 2 équivalents d'oxygène pour engendrer un acide volatil, et de dégager de l'hydrogène à chaud au contact de l'hydrate de potasse ; mais qui en diffèrent essentiellement par la manière dont ils se comportent avec l'acide sulfhydrique et l'ammoniaque. Les nouvelles aldéhydes sont :

Essence d'amandes amères (aldéhyde benzoïque, hydrure de benzoïle)...................... $C^{14}H^6O^2$

Essence de cumin (hydrure de cumyle)........ $C^{20}H^{12}O^2$

Hydrure de salycile...................... $C^{14}H^6O^4$

Ces noms d'hydrures ont été adoptés par plusieurs chimistes, et notamment M. Liebig, par cette considération hypothétique qu'ils seraient formés par l'union de certains radicaux, benzoïle ($C^{14}H^5O^2$), cumyle ($C^{20}H^{11}O^2$) salicyle ($C^{14}H^5O^4$) avec l'hydrogène.   **M. D.**

ALE (que les Anglais prononcent *éle*). — Espèce de bière anglaise fabriquée sans houblon. Elle est blonde, transparente et sans amertume. L'*ale légère* est rafraîchissante ; l'*âle de garde* est nourrissante, tonique et enivre facilement parce qu'elle contient une assez forte proportion d'alcool (voyez Bière, Alcool).

ALECTORS (Zoologie), du grec *alektruôn*, coq. — Nom donné par Merrem à la première famille des *Gallinacées;* Cuvier l'a adopté. Ces oiseaux appartiennent à l'Amérique, où ils semblent représenter les faisans de l'Ancien continent, Comme les dindons, ils ont une queue large et arrondie. Plusieurs offrent des dispositions singulières dans la trachée artère ; tels sont les *Pauxi*, les *Guans* ou *Yacous*, les *Parraquas.* Ils nichent sur les arbres, dans les bois, et se nourrissent de bourgeons et de fruits ; mais ils s'habituent assez facilement à la vie de nos basses-cours. On y distingue surtout les genres *Hocco* (*Crax*, Lin.), *Pauxi* (*Ourax*, Cuv.), *Guan* ou *Yacou* (*Penelope*, Merrem), *Parraqua* (*Ortalida*, Merr.).

ALEMBROTH ou Sel de sagesse (Médecine), mot chaldéen qui signifie chef-d'œuvre de l'art. — Les alchimistes nommaient ainsi un produit obtenu par la sublimation du bichlorure de mercure (sublimé corrosif) et du sel ammoniac. Soubeiran le préparait au moyen d'un mélange dans l'eau, par parties égales, de sublimé corrosif et de sel ammoniac, qu'il concentrait jusqu'à ce qu'il obtînt des cristaux blancs. C'est un stimulant très-actif, un peu abandonné aujourd'hui.

ALÈNE (Zoologie). — Nom vulgaire de la *Raie oxyrhinque*, à cause de la forme aiguë de son museau.

ALÉNOIS (Botanique).—On nomme *cresson alénois*, et non pas *cresson à la noix*, le *Passerage cultivé* (*Lepidium sativum*), plante potagère qui n'a d'autre rapport que sa saveur piquante et un peu âcre avec le cresson de fontaine (*Nasturtium officinale*, Rob. Brown), si connu sur nos tables. La variété *frisée* est recherchée (voyez Passerage, Cresson).

ALÉOCHARES, *Aleochara* (Zoologie), étymologie douteuse. — Sous-genre de *Coléoptères pentamères*, famille des *Brachélytres*, groupe des *Staphylins.* Ce sont de petits insectes dont les antennes, insérées entre les yeux, sont un peu courbées en faucille, la tête presque ronde, le corselet ovale ou carré ; les quatre pattes sont terminées en alène. On en trouve aux environs de Paris, sous les pierres, dans les lieux humides, et le plus souvent sur les champignons. Ils courent très-vite.

ALÉSOIR (Technologie). —Outil destiné à terminer des surfaces cylindriques concaves comme celles des coussinets, des corps de pompe ou des cylindres de machines à vapeur.

Lorsque les surfaces à terminer ont des dimensions restreintes, on se sert d'alésoirs formés de barreaux d'acier cylindriques ou très-légèrement coniques tournés avec beaucoup de soin dont on a enlevé à la lime deux ou trois surfaces planes parallèles à l'axe du cylindre (*fig.* 93). L'alésoir est ensuite trempé au rouge-cerise et recuit à un degré variable avec la nature de l'acier et celle du métal qu'on veut travailler. Mais quand les surfaces sont un peu grandes, on se sert d'arbres en bois ou en fer sur lesquels on monte des burins d'acier trempé et qu'on fait tourner en leur donnant en même temps un mouvement très-lent dans le sens de leur longueur ; dans d'autres cas, l'arbre est fixe, et c'est la pièce qui se meut. La première disposition est la meilleure. Dans l'un et l'autre cas,  l'outil n'attaque et n'enlève qu'une petite portion du métal à la fois, il exige l'emploi d'une force peu considérable, se fatigue moins et donne un travail plus régulier. Fig. 93. Alésoir.

L'alésoir employé pour les cylindres des grandes machines à vapeur est toujours vertical. Nous en donnons une coupe (*fig.* 94). L'arbre A tourne verticalement sur

Fig. 94. — Alésoir pour les cylindres de machines.

un pivot qui repose sur une crapaudine fixée au sol de l'atelier ; il est maintenu à sa partie supérieure par un support à coussinet solidement lié à un gros mur et vers son extrémité inférieure par un second coussinet. Le mouvement de rotation lui est imprimé par une roue dentée R engrenant avec une vis sans fin M, en sorte qu'il tourne avec une grande lenteur. Sur cet arbre est monté le porte-outil *ll* qu'il entraîne avec lui, et qui de plus doit recevoir un mouvement de translation verticale. Ce dernier mouvement est produit de la manière suivante. O est un anneau fixe dans l'intérieur duquel est creusé un pas de vis avec lequel viennent engrener les dents d'une roue dentée *r* mobile avec l'arbre, en sorte qu'à chaque révolution de cet arbre la roue dentée avance d'une dent. Cette roue porte un pignon qui engrène avec une seconde roue *r* portant elle-même un pignon qui engrène avec une crémaillère C. Au sommet de cette crémaillère sont suspendues par une traverse deux tiges de fer logées dans deux entailles longitudinales de l'arbre et soutenant le porte-outil dont la marche se trouve ainsi réglée par celle de l'arbre lui-même. La pièce à aléser est solidement fixée au-dessus d'un fort plateau de fonte, au moyen de supports à boulons **K** dont la position sur le plateau peut changer suivant les dimensions du cylindre. L'arbre est enlevé pour mettre le cylindre en place, puis remis dans sa position verticale. Les burins montés sur le porte-outil sont au nombre de deux ou trois. Le premier, qui est le plus bas, dégrossit, le dernier polit le travail qui est ainsi achevé en une seule passe. Cet alésoir est une machine toute moderne. **M. D.**

ALET ou **ALETH** (Médecine, Eaux minérales). — Établissement thermal d'eaux bicarbonatées calciques, situé en France, département de l'Aude, arrondissement de Limoux. Leur action a été vantée par M. Ed. Fournier dans les affections nerveuses et dans celles du canal digestif.

ALEXIPHARMAQUES (Médecine), des mots grecs *alexéin*, repousser, *pharmakon*, médicament, poison. — Ce mot est synonyme *d'antidote*, et désignait autrefois des médicaments que l'on croyait propres à arrêter les effets des poisons.

ALEYRODE (Zoologie), du grec *aleyron*, farine, *éidos*, apparence. — Genre d'*Insectes Hémiptères*, du grand genre des *Pucerons*. Ces insectes ont le corps mou, farineux (d'où vient leur nom), les deux sexes sont ailés. La seule espèce connue se trouve toute l'année sous les feuilles de la *grande éclaire*, ce qui lui a valu le nom d'*Aleyrodes chelidonii*.

ALÉZAN (Zootechnie), en arabe *Al-hezan*. — Couleur fauve tirant sur le roux que présente la robe de certains chevaux ; on a appliqué ce terme également à la robe du bœuf.

ALÈZE, **ALÈSE**, **ALAISE** (Médecine), peut-être contraction de *à l'aise*. — Drap de toile plié en plusieurs doubles, qu'on passe sous les malades pour les soulever et les tenir propres ; on les faisait autrefois d'un seul *lé* de toile, d'où vient le nom d'alèze, suivant quelques personnes.

ALFÉNIDE (Arts chimiques). — Alliage métallique d'un blanc d'argent et servant à faire des couverts et autres ustensiles employés aux usages domestiques. Sa composition est analogue à celle du maillechort dont il se rapproche beaucoup ; il renferme pour 100 parties d'alliage, 59 p. de cuivre, 30 p. de zinc, 10 p. de nickel et 1 p. de fer. L'alfénide se ternit à l'air; aussi la plupart du temps le recouvre-t-on à sa surface d'une légère couche d'argent. Sa composition est due à MM. Halphen, et date de 1850.

ALGALIE (Médecine), mot d'origine arabe. — Sonde urinaire creuse pour permettre l'écoulement du liquide contenu dans la vessie (voyez SONDE).

ALGAROT (POUDRE D') (Médecine), du nom de Victor Algarotti qui l'a inventée. — On nommait ainsi dans l'ancienne matière médicale une poudre très-employée comme émétique et purgative, et tombée aujourd'hui dans un oubli presque complet. On lui avait donné aussi le nom de *poudre de vie*, d'autres la nommaient au contraire *poudre de mort*. On la prépare en traitant le chlorure d'antimoine par l'eau distillée ; on obtient un oxychlorure d'antimoine qui est précisément la poudre d'Algarot.

ALGAZEL (Zoologie). — Espèce d'antilope de l'Afrique septentrionale (Nubie, Sénégal), que Cuvier a regardée comme l'animal nommé *Oryx* par les anciens. Les monuments égyptiens portent gravées à leur surface de nombreuses figures d'algazels. C'est l'*Antilope gazella* de Linné (voyez ANTILOPE).

ALGÈBRE (Mathématiques). — Cette branche des mathématiques a pour but de résoudre d'une manière générale les questions relatives aux nombres, au moyen des relations que l'on peut établir entre les quantités connues et les inconnues que l'on admet dans la question. A cet effet, on emploie les lettres de l'alphabet pour désigner les grandeurs sur lesquelles on doit raisonner, et on représente par des caractères particuliers, appelés *signes algébriques*, les opérations à faire sur ces grandeurs. On facilite ainsi les raisonnements et on les abrège en même temps qu'on en augmente la généralité.

Les premières lettres de l'alphabet sont réservées aux quantités connues, les dernières lettres x, y, z, aux quantités inconnues. Le signe $+$ indique l'addition de deux nombres et s'énonce *plus*. Le signe $-$ indique qu'un nombre doit être soustrait d'un autre et s'énonce *moins*.

Le signe de la multiplication est $\times$, ou bien un simple point que l'on place entre les deux facteurs. Souvent aussi on se borne à écrire les facteurs à la suite les uns des autres, sans interposer de signes : ainsi $a \times b$ ou ab ; mais cela ne peut pas se faire quand les facteurs sont des nombres.

Le signe de la division consiste en deux points que l'on place entre le dividende et le diviseur, ou bien on écrit le dividende au-dessus du diviseur en le séparant par une barre horizontale. Ainsi $a : b$ ou $\frac{a}{b}$ est le quotient de a par b, et s'énonce *a divisé par b*, ou *a sur b*.

On exprime que deux quantités sont égales en les séparant par le signe $=$. Si deux quantités sont inégales, on interpose le signe $>$, en ayant soin de tourner son ouverture vers la plus grande des deux quantités : ainsi $a > b$, signifie *a plus grand que b*.

A l'aide de ces signes, on abrège les calculs et les raisonnements ; mais leur principal avantage est de *généraliser* la solution des problèmes, comme on va le voir par un exemple.

Soit à trouver deux nombres tels que leur somme soit 29 et leur différence 5. Appelons x le plus petit ; s'il était connu, le plus grand s'obtiendrait en lui ajoutant leur différence 5 ; on peut donc l'exprimer par $x + 5$. Mais la somme des deux nombres doit être 29 ; donc $x + x + 5 = 29$, ou $2x + 5 = 29$. C'est là ce qu'on appelle *l'équation* du problème. Or, si $2x$ augmentés de 5 donnent 29, $2x$ seuls valent $29 - 5$ ou 24. Et enfin si $2x = 24$, x est la moitié de 24, ou 12 ; par conséquent l'autre nombre est $12 + 5$ ou 17.

Nous avons employé ici, pour abréger, des signes algébriques, mais en réalité nous n'avons pas fait de l'algèbre ; et si nous avions à résoudre la même question avec des données numériquement différentes, si l'on voulait que la somme des deux nombres fût 34, et leur différence 16, il faudrait recommencer la même série de raisonnements. L'algèbre évite cet inconvénient en représentant les données de la question par des lettres, et elle fournit la solution générale du problème.

Appelons a la somme et b la différence des nombres cherchés, soit x le plus petit, $x + b$ désignera le plus grand ; leur somme $2x + b$ doit être égale à a. On a donc l'équation $2x + b = a$. Raisonnant comme ci-dessus, on trouve $2x = a - b$, et $x = \frac{a}{2} - \frac{b}{2}$; c'est la valeur du plus petit nombre. Le plus grand $x + b = \frac{a}{2} - \frac{b}{2} + b = \frac{a}{2} + \frac{b}{2}$. Nous énoncerons ainsi ces deux résultats : *Le plus grand nombre s'obtient en ajoutant à la demi-somme la demi-différence ; le plus petit nombre, en retranchant de la demi-somme la demi-différence.*

Les expressions $\frac{a}{2} - \frac{b}{2}$ et $\frac{a}{2} + \frac{b}{2}$ s'appellent des *formules* ; elles renferment la solution de la question proposée, pour toute valeur numérique des données, puisqu'elles indiquent, dans tous les cas, les opérations qu'il faut faire subir à ces données pour en déduire les inconnues. Dans la solution arithmétique, au contraire, le résultat numérique auquel on parvient ne contient plus de traces des opérations qu'on a exécutées pour l'obtenir ; et il suffit que l'une des données soit changée pour que l'on soit obligé de tout recommencer.

On appelle *expression* algébrique un ensemble de quantités représentées par des lettres et réunies par les signes algébriques : comme $3ab - c + \frac{a}{b}$. Les parties qui sont séparées par le signe $+$ ou le signe $-$ s'appellent des *termes* ; dans l'expression précédente, il y a trois termes ou *monômes* : c'est donc un *trinôme*. De même un *binôme* est une expression à deux termes, et généralement le mot *polynôme* désigne une expression contenant plusieurs termes.

Un terme est *positif* ou *négatif*, suivant qu'il est précédé du signe $+$ ou du signe $-$. Quand le premier terme d'un polynôme est positif, on se dispense d'en écrire le signe. Lorsqu'un terme contient un facteur numérique, on écrit ce facteur le premier, et on l'appelle le *coefficient* : dans le terme $3ab$, 3 est le coefficient.

Si une même lettre entre plusieurs fois comme facteur dans un produit, on ne l'écrit qu'une fois, en lui donnant pour *exposant* ce nombre de fois. Ainsi a^4 signifie $a \times a \times a \times a$, et s'énonce *a quatre*, ou bien *a quatrième* puissance.

On appelle *racine* 2e, 3e, 4e,... d'un nombre un autre nombre qui élevé à la puissance 2, 3, 4,... reproduit le premier. Ainsi $\sqrt[3]{a}$ est la racine cubique de a, ou la quantité qui, élevée au cube, donne a. On fait également usage de ces notations en arithmétique.

Une expression algébrique est dite *rationnelle* quand elle ne contient pas de radical; *irrationnelle* dans le cas contraire. Une expression est *entière*, si aucun de ses termes ne contient le signe de la division : $3x^2 - 6x - 1$ est un polynôme rationnel et entier. C'est aux polynômes de ce genre que se rapportent exclusivement les définitions suivantes.

Le *degré* d'un terme est la somme des exposants des lettres qui y entrent : ainsi $4ab^8x^2$ est du 6e degré. Souvent on n'a besoin d'estimer le degré que par rapport à l'une des lettres : on dira, par exemple, que le terme précédent est du 2e degré en x. Un polynôme est *homogène* quand tous ses termes sont du même degré.

Ordonner un polynôme par rapport à une lettre, c'est écrire ses différents termes dans un ordre tel que les exposants de cette lettre aillent toujours en diminuant ou toujours en augmentant. La valeur numérique des polynômes n'est pas altérée par ce changement dans l'ordre de ses termes.

Une ou plusieurs expressions algébriques étant données, on peut avoir à les ajouter entre elles, à les retrancher, les multiplier, les diviser, les élever à une puissance donnée, ou en extraire une racine d'un certain degré ; ces six opérations fondamentales que l'arithmétique enseigne à exécuter sur des nombres, peuvent l'être aussi sur des quantités algébriques, à l'aide des règles que l'on trouvera dans les traités d'algèbre.

Deux expressions séparées par le signe $=$ constituent une *égalité*. Si les deux membres de l'égalité sont égaux quelles que soient les valeurs particulières attribuées aux diverses lettres qui y entrent, l'égalité prend le nom d'*identité*. Si l'égalité des deux membres n'a lieu que pour certaines valeurs particulières, l'égalité est une *équation*. Ainsi $x - 3 = x - 3$ est une identité ; mais $x^2 - 9 = 3x + 1$ est une équation, parce qu'elle n'est pas satisfaite pour toute valeur de x. Pour $x = 3$, par exemple, le premier membre est zéro, et le second est égal à 10. Mais elle est satisfaite pour $x = 5$, qui est dit *racine* de cette équation.

En général, toute quantité qui, substituée à la lettre x représentant l'inconnue, rend identiques les deux membres d'une équation, en est une racine. Dans l'équation du problème résolu précédemment, $2x + b = a$, la racine est $x = \frac{a}{2} - \frac{b}{2}$. *Résoudre* une équation, c'est en chercher les racines.

Une équation est *numérique* lorsque l'inconnue seule y est représentée par une lettre ; elle est *littérale* lorsqu'il y entre des lettres représentant des quantités connues.

Transformations qu'on peut faire subir à une équation. — On peut, sans troubler une égalité, ajouter à ses deux membres ou en retrancher un même nombre ; on peut encore multiplier ou diviser ses deux membres par une même quantité. De là, résulte le moyen de faire passer tous les termes dans un membre : il faut pour cela changer le signe de chaque terme que l'on transpose. On peut aussi chasser les dénominateurs d'une équation : il suffit de multiplier chaque terme par le dénominateur commun à toutes les fractions qui s'y trouvent.

A l'aide de ces deux transformations, on ramène toujours une équation à la forme

$$ax^m + bx^{m-1} + cx^{m-2} + \ldots + px^2 + qx + r = 0,$$

qui est le type des *équations algébriques* à une seule inconnue. Cela suppose, il est vrai, que l'équation ne contenait pas de termes irrationnels. S'il en était autrement, il faudrait commencer par la rendre rationnelle.

Le *degré* d'une équation s'estime par le plus fort exposant de l'inconnue. L'équation $2x + b = a$ est du premier degré ; l'équation $x^2 - 9 = 3x + 1$ est du second degré.

Une équation peut avoir plusieurs racines : elle peut avoir un nombre égal à son degré, mais elle peut en avoir moins, ou n'en avoir même pas du tout, si l'on ne considère que les racines *réelles et positives*. Par l'introduction des quantités *négatives* et *imaginaires* (voyez ces mots), la théorie des équations acquiert sa généralité, et l'on peut alors formuler ce théorème fondamental : *Toute équation algébrique a au moins une racine* ; d'où l'on conclut cette autre proposition : *Toute équation algébrique du degré* m *a précisément* m *racines* [voyez Équations (Théorie générale des)].

La résolution des équations est le but principal de l'algèbre ; celle des équations du premier et du second degré sera donnée en détail ; mais on sait aussi résoudre les équations du 3e degré dont le type général est

$$x^3 + ax^2 + bx + c = 0.$$

On peut former trois expressions algébriques qui représentent les trois raisons de cette équation. De même, pour l'équation du 4e degré,

$$x^4 + ax^3 + bx + cx + d = 0,$$

on peut écrire les valeurs des quatre racines par une expression algébrique des coefficients a, b, c, d, ou, comme on le dit, *en fonction* de ces coefficients. Mais on a rarement à faire usage de ces formules.

Si maintenant on arrive aux équations du 5e degré, ou d'un degré supérieur, il n'est pas possible d'en donner la résolution algébrique ou à l'aide des radicaux : il est démontré qu'alors il n'existe pas d'expression algébrique, propre à représenter les racines en fonction de coefficients, sauf pour quelques équations toutes particulières. La résolution algébrique des équations est donc impossible au delà du 4e degré. Mais en introduisant de nouvelles fonctions non algébriques, M. Hermite a complètement résolu l'équation du 5e degré.

Les applications conduisant fréquemment à des équations de degré supérieur au 4e, on a dû chercher le moyen d'en trouver les racines, sinon par des formules, puisque cela n'est pas possible, au moins par des procédés de tâtonnement ou d'approximation. Ces procédés constituent la *résolution des équations numériques*, qui a pour objet de calculer les valeurs exactes ou approchées des racines d'une équation dont les coefficients sont donnés en nombres. Cette question est aujourd'hui susceptible, dans tous les cas, d'une solution complète, et les méthodes usitées sont même assez simples pour qu'on doive les préférer à la résolution algébrique, quand on a à résoudre une équation du 3e ou du 4e degré.

Historique. — L'origine de l'algèbre ne saurait être indiquée avec précision. Le plus ancien ouvrage qui en traite est dû à Diophante d'Alexandrie qui vivait vers le ive siècle de notre ère : on y trouve la résolution des équations du second degré ; mais Lagrange a fait remarquer que cette résolution ressort naturellement de quelques propositions d'Euclide qui a vécu à Alexandrie 300 ans avant Jésus-Christ. Diophante paraît avoir connu l'analyse indéterminée, et il s'est surtout occupé de questions relatives aux propriétés des nombres, comme de partager un nombre carré en deux autres qui soient aussi des carrés. Cela revient évidemment à trouver des triangles rectangles dont les côtés soient exprimés par des nombres entiers : ce problème peut être résolu d'une infinité de manières dont le plus simple est de prendre les côtés égaux à 3, 4 et 5, ou bien 5, 12 et 13.

On pense que les Arabes, qui ont cultivé l'algèbre, en ont emprunté les éléments aux auteurs grecs, et principalement à Diophante. Leurs connaissances se réduisaient à peu près à la résolution des équations du premier et du second degré ; elles passèrent en Italie où elle furent développées par Léonard de Pise dès le xiiie siècle. La résolution des équations du 3e degré est due à deux géomètres italiens du xvie, Scipion Ferrei et Tartaglia : c'est aussi à un Italien, Louis Ferrari, disciple de Cardan, que l'on doit la résolution de l'équation du 4e degré. Mais le véritable créateur de l'algèbre moderne est le Français Viète (1540-1600), qui a le premier employé les lettres de l'alphabet pour désigner les quantités connues, et créé par là les expressions ou formules algébriques. Il a découvert les règles de la transformation des équations, la manière dont une équation se forme à l'aide de ses racines quand elles sont positives, enfin un procédé pour obtenir ces racines. Après lui, l'Anglais Harriot reconnut l'existence des racines négatives.

Descartes a introduit la notation des exposants et les principes de leur calcul ; mais sa découverte fondamentale en algèbre est d'avoir le premier attribué des racines aux équations qui n'en ont ni de positives, ni de négatives, de sorte que le nombre total des racines tant réelles qu'imaginaires soit toujours égal au degré de l'équation. Il a donné le moyen de trouver les limites des racines, une règle célèbre pour évaluer immédiatement le nombre des racines positives ou négatives, ou tout au moins une limite supérieure de ce nombre. Enfin, par son application de l'analyse à la géométrie, il a été conduit à la construction générale des équations du 3e et du 4e degré, et à l'interprétation de leurs racines.

Depuis Descartes, tous les géomètres ont cultivé l'algèbre, et il nous suffira de nommer Fermat, Wallis, Newton, Leibnitz, Moivre, Maclaurin, Euler, d'Alembert, Lagrange, Laplace, Fourier, Poisson, dont les travaux ont amené cette science à son état actuel. Parmi les progrès récents de l'algèbre, nous nous bornerons à signaler comme les plus importants, la résolution des équations binômes par Gauss, les beaux travaux d'Abel qui a démontré le premier l'impossibilité de résoudre algébriquement ou par radicaux les équations d'un degré supérieur au 4e, le théorème de Sturm, ceux de Cauchy, etc.

Pour étudier d'une manière approfondie la science qui nous occupe, il est indispensable de recourir aux ouvrages originaux des savants que nous venons de nommer. Nous indiquerons principalement le traité de la *Résolution des équations numériques*, par Lagrange, l'*Analyse des équations* de Fourier, les *Recherches arithmétiques* de Gauss, les œuvres d'Abel, l'*Algèbre supérieure* de Serret ; et comme traités élémentaires, ceux de Lacroix, de Lefébure de Fourcy, de A. Amiot, de Choquet, de Bertrand, de Briot, de Sonnet, etc., ainsi que le *Cours de mathématiques pures* de Francœur (voyez ÉQUATIONS).

E. R.

ALGIDE (Médecine), du latin *algidus*, glacial. — On nomme *fièvre algide*, une espèce de fièvre pernicieuse caractérisée à l'invasion de l'accès par un froid glacial qui se prolonge quelquefois pendant toute sa durée. On appelle *période algide* du choléra, celle où le refroidissement envahit tout le corps du malade (voyez CHOLÉRA).

ALGOL ou TÊTE DE MÉDUSE. — Étoile changeante dans la constellation de *Persée* (voyez CONSTELLATION, ÉTOILES CHANGEANTES).

ALGORITHME. — Nom d'origine arabe employé quelquefois encore, soit pour désigner la science des nombres, soit aussi pour désigner la méthode et la notation de chaque espèce de calcul. *Algorithme* du calcul des sinus, *algorithme* du calcul différentiel et intégral.

ALGUES (Botanique), du mot latin *algæ*, algues, qui lui-même vient peut-être d'*algidus*, frais, parce que ces plantes vivent dans l'eau. — Grand groupe de plantes *Acotylédones*, nommées aujourd'hui *Phycées*, du nom que les Grecs donnaient à ces plantes ; de là le mot de *Phycologie* pour désigner la science qui traite des *Algues*. D'une grande simplicité d'organisation, les Algues offrent des formes, des colorations fort différentes. Les plus simples, à peine visibles à l'œil nu, se révèlent sous la loupe ou le microscope dans les eaux devenues verdâtres par stagnation ; elles y étalent une végétation bizarre, au milieu de laquelle se jouent les animalcules infusoires. D'autres, beaucoup plus apparentes, sont connues dans les eaux douces sous le nom de *Conferves* et y constituent ce qu'on appelle aussi le *vert d'étang* ; quelques-unes, comme les *Nostocs* , tapissent de leurs masses gélatineuses d'un vert sombre le bord des chemins humides et ombragés. Ce sont encore des algues, ces herbes généralement lamelleuses, rubanées, qu'on nomme sur les rivages maritimes *fucus*, *varechs*, *goémons*. Enfin,

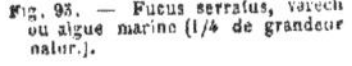

Fig. 95. — Fucus serratus, varech ou algue marine (1/4 de grandeur natur.).

ces arborescences d'un rouge vif et d'une délicatesse merveilleuse que l'on applique sur des feuilles de papier et dont on fait souvent des albums de plantes marines, sont des algues connues sous le nom général de *Floridées*. Toutes ces plantes vivent en absorbant les matières organiques dissoutes dans l'eau ; quand elles tiennent au sol, elles n'y puisent jamais rien. Les Algues marines montrent de curieuses relations avec les mers où elles vivent. Les diverses espèces ont des zones de profondeurs qui leur sont propres : les unes à la surface des flots, les autres plus profondément ; il en est qui vivent jusqu'à 60 mètres et plus au-dessous du niveau de la mer. La taille des Algues varie avec l'étendue des mers ; les vastes océans nourrissent de grandes espèces ; les mers plus restreintes, des espèces moindres ; enfin les mers intérieures n'ont que de petites espèces. Certaines algues, comme les *Corallines*, jouissent de la curieuse propriété de s'incruster de calcaire. Des végétaux si abondants n'ont pu

rester inutiles à l'homme. Les populations de l'Irlande, de l'Écosse et de la Norwége mangent certaines algues ou varechs (surtout des *Ulvæ*) pendant que la saison rigoureuse leur interdit la pêche. Les animaux domestiques consomment volontiers comme fourrages quelques autres espèces (diverses *Laminariæ*). La fameuse hirondelle salangane construit avec une algue mucilagineuse (*Gelidium*) ces nids si recherchés des Chinois. Lavés à l'eau douce et desséchés, les *Fucus saccharinus* et *siliquosus* se couvrent d'une efflorescence sucrée analogue au sucre cristallisé de la manne. Dans plusieurs contrées maritimes de la France on récolte périodiquement les varechs pour les employer à l'amendement des terres cultivées. Tout le monde sait enfin que les cendres de varech servent à la préparation de l'iode.

C'est dans la classe des Algues que l'on trouve les végétaux présentant l'organisation la plus simple. Le genre *Protococcus* se présente sous la forme de vésicules isolées comprenant à la fois les organes de végétation et ceux de reproduction. Dans le genre *Nostoch*, ce sont des utricules réunies en chapelets et renfermées au milieu d'une substance gélatineuse. Des vésicules contiennent de petits granules qui sont les spores ou organes reproducteurs. Celles-ci sont souvent munies de cils vibratiles que l'on a considérés comme appartenant à de véritables animaux ; aussi ces corps ont-ils été nommés *zoospores*. Les organes reproducteurs se présentent de diverses manières : quelquefois ce sont des spores contenues dans des conceptacles formés par des groupes d'utricules appelés *sporidies*. On rencontre souvent avec ces sporidies des anthéridies représentant les organes mâles et groupés en bouquets ramifiés. D'autres fois ces organes ne contiennent qu'un seul des sexes. MM. Decaisne et Thuret ont fait connaître, en 1845, dans les *Annales des sciences naturelles*, l'organisation des Algues.

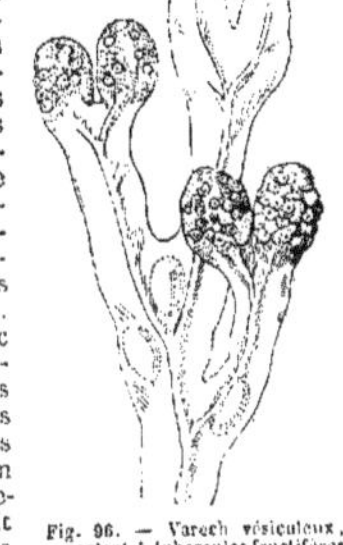

Fig. 96. — Varech vésiculeux, portant 4 tubercules fructifères (grand. natur.).

Ces plantes se divisent en plusieurs tribus. Les *Nostochinées* comprennent en général des plantes gélatineuses que l'on rencontre souvent sur la terre par un temps humide ; elles semblent disparaître avec la sécheresse et se gonflent en redevenant apparentes dès que l'humidité renait. Les anciens, ayant observé cette particularité, les avaient nommées émanations du ciel. Il faut attribuer aussi à des nostochs la coloration rouge que présente la neige de certaines montagnes. Les *Confervacées* habitent principalement les eaux douces. Les *Floridées* habitent la mer et comprennent les plus belles algues par leurs formes gracieusement ramifiées et leur coloration très-brillante. Les *Fucacées* renferment les végétaux les plus grands. Dans les mers polaires, certaines espèces atteignent presque à 100 mètres de longueur.

Principaux ouvrages à consulter sur les Algues : Lamouroux, *Essai sur les genres de la famille des Thalassiophytes non articulés* (Ann. Mus. 1813, t. XX). — Kuetzing, *Phycologia generalis*, etc. (Leipzig, 1843). — Postels et Ruppreck, *Illust. Algarum*, etc. (Petropoli, 1843). — Camille Montagne, article *Phycologie* du *Dictionnaire d'histoire naturelle* de d'Orbigny. — J. Payer, *Botanique cryptogamique* (Paris, 1850). G — s.

ALGYRE (Zoologie), *Algyra*, Cuv. — Groupe de Reptiles Sauriens du genre *Lézard*, dont quelques espèces se rencontrent en Algérie. Ils ne diffèrent des Lézards que par l'absence de plis transverses formant collier sous la gorge et par les écailles carénées du dos et de la queue.

ALIBOUFIER (Botanique). — Nom vulgaire du genre *Styrax* (Tourn.), appartenant à la famille des *Styracées*, démembrée généralement aujourd'hui de la famille des *Ébénacées*. Les Aliboufiers sont des arbustes à feuilles alternes munies d'un pétiole court. Les fleurs, disposées en grappes axillaires ou terminales, ont le calice à 5 dents ou entier ; la corolle gamopétale, une dizaine d'étamines ; le fruit est globuleux ou ovoïde, uniloculaire. L'*Aliboufier officinal* liquidambar oriental (*Styrax officinale*, Lin.) est un arbrisseau de 3 à 4 mètres, originaire de la

France méridionale et cultivé communén en dans les jardins. Il donne une gomme-résine d'une odeur agréable et possède des propriétés vulnéraires et détersives. Le *Styrax benjoin* de Sumatra donne le baume appelé *benjoin* (voyez BENJOIN, STYRAX). G — s.

ALIDADE, de l'arabe *al-hidad*, la règle. — Règle de bois ou de métal, munie à ses extrémités de deux plaques métalliques appelées *pinnules* servant à viser les objets et à déterminer leur direction dans la levée des plans à la *planchette* (voyez ce mot). La pinnule sur laquelle on applique l'œil, est percée d'une fente verticale très-étroite ; la pinnule opposée est percée d'une ouverture plus large, au milieu de laquelle est tendu verticalement un fil très-fin. Cette dernière peut être remplacée par

Fig. 97. — Alidade.

une pointe. Pour viser un objet, on le regarde par la fente et on tourne l'alidade jusqu'à ce que le fil ou la pointe paraisse recouvrir le milieu de l'objet.

L'alidade, au lieu d'être libre comme précédemment, peut être fixée au centre d'un cercle gradué sur lequel elle tourne. Elle sert alors à mesurer les angles formés par divers objets avec un autre servant de point de départ. Dans ce dernier cas, surtout, on obtient plus de précision en remplaçant l'alidade par une lunette à réticule (voyez ANGLES [Mesure des]).

ALIÉNATION MENTALE (Médecine), de *mens*, esprit, et *aliena*, étranger. — C'est le nom générique sous lequel Pinel a réuni toutes les espèces de maladies mentales (voyez FOLIE, DÉMENCE, MONOMANIE). Ce mot est devenu d'un emploi vulgaire pour désigner la folie en général ; il signifie, d'après son étymologie, la perte de la possession de sa propre intelligence. On en a fait le mot *aliéné* synonyme du mot *fou*.

ALIÉNÉS (Médecine). — Jusqu'à la fin du XVIIIᵉ siècle, les aliénés étaient privés de tout secours, et soumis aux traitements les plus barbares ; confondus souvent avec des criminels, ils étaient renfermés dans des cellules et même dans des cachots comme des criminels ; trop souvent rendus fous furieux par ces traitements barbares, ils étaient en dernier lieu chargés de chaînes. Au commencement de ce siècle, Pinel et après lui Esquirol, vinrent enfin appliquer à ces malheureux malades un traitement plus humain, plus rationnel ; la folie, considérée comme une maladie, fut soumise à un ensemble de moyens pratiques capables de la guérir ou, tout au moins, d'adoucir les maux qu'elle entraîne. Enfin, la loi du 30 juin 1838 et l'ordonnance royale du 18 décembre 1839, ont réglé tout ce qui a rapport aux établissements qui, à dater de cette époque, ont été ouverts en grand nombre pour donner asile aux aliénés.

ALIÉNISTES (MÉDECINS). — On désigne par ce nom les médecins dont la spécialité est le traitement de l'aliénation mentale ; le médecin aliéniste doit avoir une instruction très-étendue, il doit en outre posséder des qualités du cœur et de l'esprit d'un genre particulier, pour démêler la cause des maux dont il est témoin, pour corriger et redresser tel malade, animer et soutenir tel autre, frapper l'esprit de celui-ci, aller au cœur de celui-là et les dominer tous par la puissance et l'ascendant de sa volonté : tels sont les modèles que nous ont offerts Pinel, Esquirol, Ferrus et tant d'autres.

ALIMENTATION (Physiologie, Hygiène). — Voyez ALIMENTS.

ALIMENTATION DES CHAUDIÈRES A VAPEUR. — Renouvellement de l'eau dans les chaudières à mesure qu'elle s'y transforme en vapeur. L'eau, se vaporisant d'une manière continue pendant la marche des machines à vapeur, s'épuiserait promptement dans les chaudières si on ne l'y renouvelait à mesure qu'elle disparaît. Ce renouvellement doit être fait avec assez de soin pour que le niveau de l'eau ne s'élève pas trop haut, cas auquel la vapeur se trouverait gênée dans son dégagement et sa force élastique varierait dans de trop grandes limites, et pour qu'il ne descende pas non plus trop bas, car alors toutes les parties de la chaudière directement soumises à l'action de la flamme pourraient n'être pas couvertes par l'eau, ce qui deviendrait une cause d'explosion.

On s'est de tout temps efforcé de rendre l'alimentation *automatique*, c'est-à-dire de la régler par la machine elle-

même ; dans beaucoup de cas cependant elle reste sous la dépendance du mécanicien chauffeur qui l'effectue au moyen de robinets qu'il gouverne à son gré Les appareils automatiques eux-mêmes doivent être soumis à sa surveillance et construits de telle façon qu'il puisse obvier sans retard à une irrégularité qui surviendrait accidentellement dans leur marche.

Dans les machines à basse pression, l'alimentation peut être opérée par le seul poids de l'eau placée dans un réservoir situé au-dessus de la chaudière ; son admission dans celle-ci est réglée par une soupape M (*fig*. 98),

Fig. 98. — Alimentation des chaudières à basse pression.

gouvernée elle-même par un flotteur. La tige de la soupape se prolonge en dehors de la chaudière et sert à juger du niveau de l'eau à l'intérieur.

Dans les machines à haute pression, dans lesquelles l'eau de la chaudière supporte une pression de plusieurs atmosphères, l'alimentation est forcée par des pompes foulantes dites *pompes alimentaires*, mises en mouvement par la machine elle-même, ce qui est le cas le plus général ou par une petite machine indépendante.

L'alimentation peut encore être réglée dans ce cas par un flotteur ; mais si la pompe alimentaire est mue par la machine, comme son mouvement ne peut être accéléré à volonté, elle doit être établie dans des conditions telles qu'elle fournisse plus d'eau que la machine n'en consomme, et son action doit pouvoir être suspendue à volonté. La soupape d'admission est alors double.

Dans notre gravure (*fig*. 99), l'eau arrive de la pompe foulante par le tuyau N, elle pénètre actuellement dans la chaudière ; mais dès que le niveau de l'eau sera suffisamment élevé dans celle-ci, le flotteur soulevé par l'eau

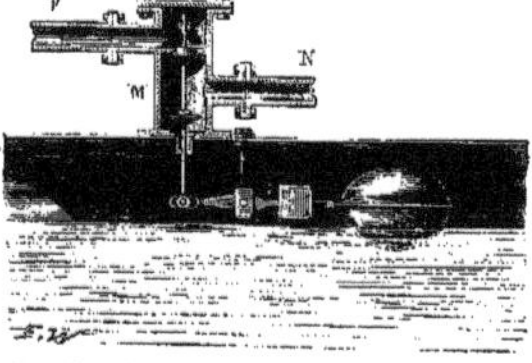

Fig. 99. — Alimentation des chaudières à haute pression.

abaissera les deux soupapes, l'ouverture qui donne accès dans la chaudière se fermera, et l'eau s'échappera par le tuyau P pour retourner dans son réservoir (ou *bâche*). Malgré les avantages que cette disposition paraît présenter, on préfère cependant régler l'alimentation par des robinets.

L'eau arrive à la pompe par les tuyaux A et pénètre dans la chaudière par le tuyau à robinet B (*fig*. 100). Lorsque ce robinet est fermé, cette eau retourne à la bâche par un tuyau latéral placé en avant du robinet B et muni lui-même d'un autre robinet.

Une autre disposition très-employée consiste à relier le piston de la pompe alimentaire à la tige qui le gouverne par une clavette que l'on peut ôter ou mettre à volonté, et qui tient lieu des robinets. Quand l'eau manque dans la chaudière on met en prise le piston au moyen de sa clavette, et la pompe fonctionne ; quand l'ali-

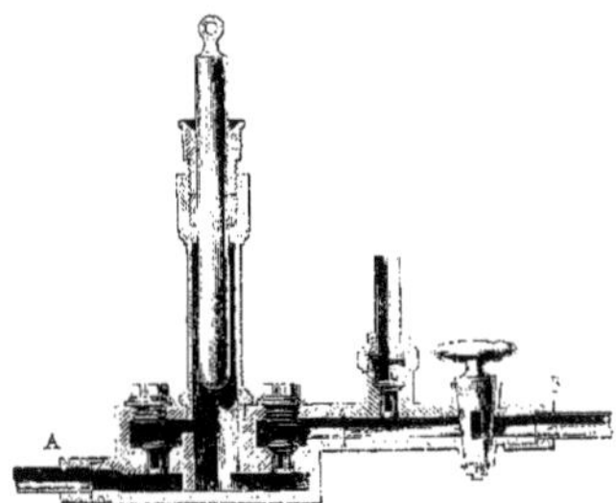

Fig. 100. — Alimentation des chaudières à haute pression.

mentation est suffisante, on retire la clavette, et la pompe s'arrête pour recommencer un peu plus tard.

Dans les locomotives où l'alimentation est opérée par une machine spéciale, il suffit de donner de la vapeur à cette machine au moyen d'un robinet ou de la lui retirer. On profite généralement de l'arrêt aux stations pour utiliser la vapeur devenue momentanément sans usage pour recharger d'eau la chaudière.

Les machines à vapeur ordinaires dépensent par heure et par cheval de 20 à 35 kil. de vapeur ou litres d'eau. C'est sur la connaissance de cette dépense que sont basées les dimensions à donner aux pompes alimentaires. Ces dimensions sont du reste d'autant plus grandes que les pertes de la chaudière doivent être réparées dans un temps plus court. Elles sont au maximum dans les locomotives à machine alimentaire indépendante.

Depuis quelques années on emploie de plus en plus un mécanisme direct d'injection imaginé par M. Giffard, qui porte le nom d'injecteur (voy. ce mot). Cet appareil est destiné à supprimer les pompes alimentaires. **M. D.**

ALIMENTS (Physiologie), du latin *alere*, nourrir. — On appelle *aliments* les substances que l'homme et les animaux introduisent pour se nourrir dans les voies digestives. Dès l'abord, on peut distinguer les aliments solides et les boissons. Les aliments solides ingérés par les animaux sont presque uniquement des matières organisées, végétales ou animales ; cependant il doit toujours y entrer quelques substances minérales : d'abord, parce que les matières organiques qu'ils mangent en contiennent une petite quantité ; d'autre part, l'eau fait partie de toute matière animale ou végétale ; enfin, il est des corps, comme le sel marin, par exemple, que l'homme et plusieurs animaux ont besoin de mêler à leur nourriture. En résumé, jamais un animal ne peut se nourrir exclusivement de substances minérales ; mais ses aliments doivent en contenir quelque peu, car chez presque tous les animaux l'organisme en renferme. D'autre part, il existe un certain nombre de substances organiques ou minérales qui, loin de nourrir, agissent comme des poisons. Enfin, une immense quantité de matières minérales et plusieurs matières organiques sont indifférentes, c'est-à-dire que, sans être vénéneuses, elles ne sont cependant pas nutritives. Il est, du reste, à remarquer que beaucoup de poisons ne sont que relatifs ; ainsi un grand nombre de végétaux, doués pour l'homme de propriétés vénéneuses, servent d'aliments à des insectes ou à quelques autres espèces plus ou moins éloignées de nous par leur organisation.

Mais, en ayant égard surtout aux animaux vertébrés, on signalera facilement des différences dans l'alimentation ou le régime. On distingue, en général, les divers animaux sous ce rapport, en *carnivores*, *insectivores*, *herbivores*, *frugivores*, *granivores*, *omnivores* : c'est-à-dire que les uns mangent de la matière animale empruntée soit à la chair des animaux supérieurs ou simplement charnus, soit aux tissus moins succulents des insectes ; les autres se nourrissent de matière végétale, herbe, fruits ou graines ; enfin, il en est qui mêlent dans leur régime les matières animales et les matières végétales ; l'homme évidemment se nourrit de cette façon.

Au milieu de cette prodigieuse quantité de substances employées à nourrir, il est cependant facile d'établir une assez grande uniformité, lorsqu'on les étudie au point de vue chimique. Laissant de côté les matières minérales, qui n'ont qu'un rôle secondaire dans l'alimentation , si nous considérons les aliments organiques, nous savons déjà que leur composition élémentaire est très-simple : c'est la composition de toute substance organique ; elle ne peut admettre que du *carbone*, de l'*oxygène*, de l'*hydrogène*, de l'*azote*, et parfois quelques traces de *soufre* et de *phosphore*. Mais si nous examinons les aliments organiques, non plus seulement dans leur composition, mais dans leur nature chimique, nous arriverons à les distinguer en *aliments azotés* et *aliments non azotés*.

Aliments azotés. — Ils forment un premier groupe de substances analogues les unes aux autres dans les deux règnes, que l'on a désignées sous les noms de *substances protéiques*, *albuminoïdes*, ou simplement *azotées* ; ce sont, par exemple, pour les aliments azotés de nature animale : 1° l'albumine (œufs, cervelle et nerfs, glandes, sang) ; 2° la fibrine (chair et sang) ; 3° la caséine (lait, fromage) ; 4° l'osmazome (bouillon) ; 5° la gélatine (tendons, os, peau, etc.).

Pour les aliments azotés de nature végétale, nous aurons à citer des substances analogues : 1° l'albumine végétale (sucs des végétaux, graines émulsives, comme les amandes) ; 2° la caséine végétale (haricots, pois, etc.) ; 3° le gluten (grains des céréales), que l'on peut comparer à la fibrine animale, et qui est uni dans le blé à un mucilage azoté et nutritif.

Aliments non azotés. — Dans le second groupe de substances alimentaires organiques, nous trouvons deux catégories bien distinctes : d'une part, les *substances amylacées* ou *saccharoïdes* ; et d'autre part, les *substances grasses*.

Les substances alimentaires *amylacées* proviennent surtout du règne végétal. Leur nom est dérivé de celui de l'*amidon*, qui en est le type principal ; on les nomme aussi *saccharoïdes*, parce qu'elles sont susceptibles de se transformer en *sucre*, ou peuvent provenir d'une matière sucrée. Les principaux aliments amylacés sont : 1° l'amidon ou fécule (farines, fécules, haricots, lentilles, pommes de terre, etc.) ; 2° la dextrine ; 3° le sucre (fruits, sève des plantes), glucose et sucre de fruits, sucre de canne ; 4° la gomme (graines, racines, etc.) ; 5° certains sucs acides des végétaux et surtout l'acide lactique ; 6° le sucre de lait ou lactose (lait des animaux) ; 7° l'acide lactique du lait aigri et de beaucoup de matières animales. Toutes les personnes qui ont étudié quelque peu la chimie organique savent quels liens unissent entre elles ces substances. L'amidon, la dextrine, ont la même composition chimique $(C^{12}H^{10}O^{10})$; en se combinant avec les éléments de 2 équivalents d'eau, ils donnent le glucose $(C^{12}H^{12}O^{12})$. La dextrine n'est donc qu'une transformation isomérique de l'amidon, et l'agent le plus actif de cette transformation est une matière azotée nommée *diastase*, que l'on trouve surtout dans les grains d'orge, d'avoine et de blé en germination. Cette même matière, en prolongeant son action, change la dextrine en glucose. Cette nouvelle substance est, comme tous les sucres, susceptible de fermenter et de se dédoubler en acide carbonique et en alcool $(C^8O^4H^{12})$, etc. Il suffit de rappeler ces phénomènes fondamentaux de l'histoire des matières amylacées.

Enfin tout le monde connaît les substances alimentaires *grasses ;* ce sont les graisses animales et les huiles animales ou végétales.

Lorsqu'on examine la composition du régime que l'instinct naturel fait suivre aux animaux supérieurs, on trouve qu'il y entre toujours, bien qu'en proportions relativement variables, une matière azotée, et au moins une matière amylacée ou une matière grasse ; chez un grand nombre d'espèces, les trois ordres de substances figurent dans l'alimentation, et c'est ce qui arrive en particulier pour l'espèce humaine. De nombreuses expériences ont été faites pour savoir jusqu'à quel point cette composition du régime alimentaire était indispensable à la nutrition. Magendie a surtout éclairé cette question, et voici les principaux faits qu'il a démontrés :

Un régime complétement privé de matière azotée ne nourrit pas : les animaux que l'on y soumet meurent d'inanition. D'une autre part, il n'est presque aucun principe immédiat azoté qui, pris seul et à l'exclusion de toute autre substance, puisse nourrir : le gluten fait peut-être exception. Administrés ensemble, deux à deux, trois à trois, ces principes n'ont pas plus d'efficacité. Un régime nutritif doit donc, en général, avoir pour base de matières azotées mêlées à d'autres substances privées d'azote.

Un savant qui s'est beaucoup occupé de cette question, Prout, a vu dans le *lait* le type de l'alimentation complète, au moins pour les mammifères. C'est, en effet, une substance remarquable, puisqu'elle peut nourrir seule un jeune animal qui se développe. Or, sa composition semble une confirmation entière des principes précédents : le lait renferme dans un véhicule aqueux une matière azotée, la *caséine ;* une matière saccharoïde, le *sucre de lait* ou *lactose ;* enfin une matière grasse, le *beurre.* Prout a pensé que c'était là le modèle d'une alimentation normale et suffisante, et cette idée, discutable peut-être pour certaines espèces exclusivement carnivores, est au moins incontestable pour l'homme, les omnivores et l'immense majorité des herbivores.

Les boissons introduisent surtout de l'eau dans les organismes ; cette eau est à peu près l'unique boisson des espèces animales : l'homme a le privilége et le besoin de varier ses boissons en y introduisant des liqueurs alcooliques. Celles-ci fournissent donc à notre corps un principe de la nature des matières saccharoïdes, et qui peut être employé de la même façon (voyez BOISSONS).

Pour l'influence des aliments sur la santé, voyez RÉGIME, INANITION, ENGRAISSEMENT, DIGESTION, MATIÈRES ALIMENTAIRES.

ALIQUOTE, du latin *aliquot.* — Se dit d'un nombre ou d'une quantité contenue un nombre exact de fois dans une autre : 2, 3, 4, 6, sont des aliquotes de 12.

ALISIER (Botanique), *Cratægus*, Lin. — Nom de plusieurs arbres de la famille des *Rosacées*, réunis aujourd'hui au genre *Poirier* (*Pyrus*, Lin.). Le plus commun est le *Pyr. torminalis* d'Ehrhard, vulgairement *Aigretier*, *Alisier tranchant*, *Alisier des bois*, *Sorbier des bois*. C'est un

Fig. 101. — Alisier des bois, port de l'arbre.

arbre de 12 à 15 mètres, à feuilles ovales-cordiformes penni-nervées, pennati-lobées, à lobes acuminés dentelés, les inférieurs divariqués ; légèrement pubescentes en dessous, glabres à l'état adulte. L'alisier croît spontanément dans les forêts d'Europe. Il donne en avril des fleurs blanches. Son bois est assez dur et s'emploie avec quelque avantage dans la menuiserie. En Angleterre et en Allemagne on mange ses fruits, qu'on laisse mollir comme les nèfles ; ils prennent ainsi un goût acide.

Le *Pyrus aria*, Ehrh., connu sous les noms d'*Alisier allouchier*, *Al. blanc*, *Sorbier alisier*, est une autre espèce dont les fleurs blanches sont en corymbes et les fruits d'un beau rouge ; son bois blanc, dur et serré, est

employé à faire des *alluchons* de moulins et de machines ; le *Pyrus intermedia*, Ehrh., *Alisier de Fontainebleau*,

Fig. 102. — Branche d'alisier des bois avec fruits (1/2 grandeur nat.)

a les feuilles grises, cotonneuses, les fruits ovoïdes, orangés, à pulpe jaunâtre et sucrée.   G — s.

ALISMACÉES (Botanique). — Famille de plantes *Monocotylédones* ayant pour type le genre *Alisma* ou *Fluteau*, *Plantain d'eau*. Elle a été établie par L.-B. Richard ; Robert Brown et Endlicher y réunissent la famille des Joncaginées, et de Jussieu l'avait réunie à sa famille des Joncs. Elle comprend des plantes d'eau tranquille ou de marais, dont les fleurs, souvent verticillées en panicules, ont un périanthe régulier bien ouvert, formé de 3 folioles vertes, persistantes, alternant avec 3 folioles plus grandes, colorées comme des pétales. Ces plantes comptent 6, 9 ou 12 étamines hypogynes et de nombreux ovaires, le plus souvent uniloculaires. Les fruits sont petits, secs. Les Alismacées habitent les régions tempérées et méritent, la plupart, de faire l'ornement des pièces d'eau. Ce groupe comprend surtout les genres *Fluteau* (*Alisma*, Lin.) et *Fléchière* (*Sagittaria*, Lin.). Leurs tiges renferment un principe âcre et leurs rhizomes un peu de fécule.

ALISME (Botanique), *Alisma*, Lin., de *alis*, eau en langue celtique. — Genre de plantes de la famille des *Alismacées*, et appelé aussi *Fluteau*. Il comprend des herbes vivaces à feuilles ovales en cœur, oblongues ou lancéolées, à fleurs ordinairement disposées sur de longs pédicules, qui se réunissent en grappes ou en panicules, décrites dans l'article précédent. L'*Alisme fluteau*, *Plantain d'eau* (*A. plantago*, Lin.), est une des plantes les plus répandues à la surface du globe. On la trouve aussi bien en Europe et en Asie, qu'en Égypte, aussi bien dans l'Amérique méridionale que dans la Nouvelle-Hollande. Ses tiges triangulaires, élancées et lisses, entourées de feuilles radicales ovales, et terminées par des panicules de petites fleurs roses, sont d'un gracieux effet aux bords des eaux. Cette plante croît abondamment dans les environs de Paris. On la trouve dans les fossés aquatiques, et elle est, dit-on, nuisible aux bestiaux qui la mangent, ainsi, du reste, que le *Fluteau renonculier* (*A. ranunculoïdes*, Lin.) et le *Fluteau nageant* (*A. natans*, Lin.), qui, comme le plantain d'eau, fleurissent pendant tout l'été et une partie de l'automne. — La poudre de racine d'alisme a été rangée autrefois parmi les remèdes efficaces contre la rage ; c'est une erreur bien reconnue.   G — s.

ALIZARINE ou **ALIZARI**, $C^{20}H^6O^6$ (Chimie). — Matière colorante qu'on extrait de la garance ; elle se présente sous la forme de cristaux aiguillés d'une belle nuance rouge pâle, peu solubles dans l'eau, solubles dans l'alcool et donnant avec l'ammoniaque une dissolution de couleur pensée d'une teinte très-riche. Elle se sublime sans altération à 250°. Sous l'influence des oxydants, et en particulier de l'acide azotique étendu, elle se transforme en acide alizarique.

$$C^{30}H^6O^6 + 10(O) = 4(CO^2) + C^{16}H^6O^8.$$

$\underbrace{\qquad}$ Alizarine. $\underbrace{\qquad}$ Ac. alizarique.

On l'obtient simplement en soumettant en vase clos à l'action d'une chaleur graduellement portée jusqu'à 250°, la *garancine* (voyez ce mot) ou charbon sulfurique de la garance, produit aujourd'hui très-répandu dans le commerce. Les cristaux d'alizarine ainsi préparés n'ont plus besoin que d'être lavés à l'éther. On en obtient une plus grande proportion en traitant de la même manière la *colorine* (voyez ce mot).

L'alizarine donne à la teinture la même nuance que la garance en variant la nature du mordant ; son prix élevé s'oppose seul à son emploi.

Elle a été découverte par Robiquet.   B.

ALIZÉS (Vents) (Météorologie), que l'on dérive d'*alis*, vieux mot signifiant uniforme. — Vents soufflant avec une grande régularité dans les régions intertropicales, dans la direction de l'E. à l'O., ou de l'E.-N.-E. à l'O.-S.-O. dans l'hémisphère nord, et de l'E.-S.-E. à l'O.-N.-O. dans l'hémisphère sud. Les alizés règnent d'un bout à l'autre de l'année dans l'Atlantique et le Grand Océan, s'étendant d'une part jusque dans le voisinage des côtes des deux continents et de l'autre jusque vers le 28 ou le 30° degré de latitude N. et S. Ces dernières limites varient un peu avec les saisons dans le sens du déplacement du soleil. En moyenne, dans l'océan Pacifique le vent du N.-E. règne du 2° au 25° degré de latitude N., celui du S.-E. va du 2° au 21° degré de latitude S. Dans l'océan Atlantique, l'alizé du N.-E. est compris entre le 8° et le 28° ou le 30° degré N., et celui du S.-E. entre les 3° degré N. et 28° degré S.

Les alizés sont dus aux courants d'air chaud qui s'élèvent dans l'atmosphère, particulièrement dans la zone torride et donnent lieu à des courants plus froids venant des régions tempérées des deux hémisphères. Si la terre était immobile, ces derniers courants iraient du N. au S. au-dessus de l'équateur, et du S. au N. au-dessous de cette ligne. La terre tournant sur elle-même de l'O. à l'E. et les divers points de sa surface ayant des vitesses d'autant moins grandes qu'on se rapproche plus des pôles, les couches d'air qui viennent des régions tempérées, en arrivant dans les régions équatoriales, sont animées d'une vitesse moindre que celle-ci dans le sens du mouvement de la terre, et par conséquent semblent avoir une vitesse relative rétrograde ou de l'E. à l'O. Ce mouvement, en se combinant avec le premier, donne aux alizés leur direction oblique. Les alizés qui règnent des deux côtés de l'équateur ayant ainsi des obliquités opposées, s'influencent l'un l'autre et tendent au parallélisme, qu'ils acquerraient sous l'équateur même, si les courants ascensionnels ne venaient y paralyser leur mouvement horizontal. Il en résulte que la ligne est la région des *calmes* ; les alizés y ont perdu leur force ; mais c'est aussi la région des tempêtes, des *tornados* ou *travados* espagnols ou portugais.

Les courants d'air chaud qui sous l'équateur s'élèvent dans les hautes régions de l'atmosphère se déversent ensuite sur les deux hémisphères, et, sous l'influence des mêmes causes, y donnent lieu à des alizés supérieurs de directions inverses à celles des premiers. Les alizés supérieurs règnent presque constamment sur le pic de Ténériffe ; des cendres lancées à une grande hauteur dans une éruption volcanique ont été transportées de l'E. à l'O. de l'île Saint-Vincent à la Barbade. Le 25 février 1835 les rues de Kingston (Jamaïque) furent ainsi remplies par des cendres projetées par le volcan de Cosiguina dans l'état de Guatémala qui est au S.-O. de l'île.

Vers le 30° degré, plus ou moins suivant la saison, les alizés supérieurs s'abaissent vers la surface du sol pour se transformer en alizés inférieurs et y donnent lieu aux coups de vents si communs dans nos pays au printemps et à l'automne.

La totalité de la masse d'air transportée vers les régions tempérées par les alizés supérieurs ne fait pas immédiatement retour vers les régions équatoriales ; une partie se déverse vers les régions polaires en rasant la surface du sol, ce qui produit nos vents du S.-O., et revient vers l'équateur après avoir atteint des latitudes plus ou moins élevées en rasant encore la surface du sol, ce qui produit les vents du N.-E. Il se fait donc dans les régions tempérées, dans un plan horizontal, un double courant analogue à celui qui a lieu dans le sens vertical entre les tropiques. Le double courant tempéré se déplace à chaque instant à la surface du globe ; aussi cette région est-elle remarquable par la mobilité de ses vents. Les vents du S.-O. prédominent cependant sur l'océan Atlantique et favorisent d'une manière très-marquée la navigation des États-Unis d'Amérique en Europe.   M. D.

ALIZIER (Botanique). — Voyez Alisier.

ALKANNA (Botanique). — Voyez Orcanette, Henné.

ALKÉKENGE (Botanique), vulgairement *Coqueret* ou *Herbe à cloques*. — Mot arabe conservé dans notre langue pour désigner une plante herbacée du genre *Coqueret* (*Physalis*, Lin.) et de la famille des *Solanées*. Ses fleurs sont remarquables par leur calice persistant, à 5 découpures, qui se renfle après la floraison et prend la forme d'une espèce de vésicule (*physalis*) colorée en rouge, ainsi que la baie qu'elle contient ; celle-ci renferme plusieurs semences aplaties et réniformes : elles sont employées comme diurétiques et sudorifiques ; elles passent pour avoir des propriétés anodines. Dans ces derniers temps, M. le Dr Gendron, après une série d'expériences, a cru pouvoir proposer les baies, les capsules, les feuilles et les tiges d'alkékenge, comme jouissant des mêmes propriétés médicinales que le quinquina. Cette opinion n'a pas été adoptée.

ALKERMÈS (Matière médicale), de l'arabe *al*, le, et *kermès*, écarlate. — C'était une préparation pharmaceutique dans laquelle entraient un grand nombre de substances excitantes, et en particulier le sirop de kermès, qui se fait avec les grains écarlates du *Coccus ilicis* (kermès du chêne) (voyez Kermès). Ce médicament très-excitant est abandonné aujourd'hui.

On appelle aussi *alkermès* une liqueur de table, très-recherchée en Italie, et surtout à Naples, à Florence, où elle se fabrique, et qui tire son nom des grains de kermès, au moyen desquels on lui donne une belle couleur écarlate. Voici la formule de cette liqueur fort agréable, mais très-excitante : feuilles de laurier, 500 gr. ; macis, 35 gr. ; muscade et cannelle, 60 gr. ; girofle, 8 gr. : faites infuser pendant six semaines dans 15 litres d'eau-de-vie ; filtrez et distillez pour en tirer 12 litres ; on ajoute 750 grammes de sucre et on colore avec les grains de kermès.

ALLAITEMENT (Physiologie et Hygiène). — L'allaitement est, à proprement parler, un mode de nourriture dans lequel l'enfant ou le petit d'un mammifère suce le lait de sa mère, celui d'une mère étrangère, mais de son espèce, ou celui d'une mère d'une autre espèce ; ces trois modes d'allaitement constituent l'*allaitement naturel*.

L'*allaitement artificiel* est celui dans lequel le petit ne tette pas, mais où il est nourri avec du lait qu'on lui fait boire. Souvent, dans ce cas, le lait est remplacé par du bouillon, de l'eau de gruau, ou même de petits potages légers ; on nourrit l'enfant plutôt qu'on ne l'allaite réellement.

L'*allaitement par la mère* doit être préféré toutes les fois que le permettent la santé de celle-ci, la quantité et la qualité de son lait, et sa soumission à toutes les précautions qu'impose l'accomplissement d'un pareil devoir. Mais nous devons dire, éclairé par l'expérience, que, à moins de circonstances exceptionnelles de santé, de position sociale, d'habitation, l'immense majorité des mères ne sont pas bonnes nourrices, à Paris et dans les grands centres de population. Dans tous les cas, la mère nourrice ne doit être affectée d'aucune maladie chronique ou héréditaire de nature grave ; son alimentation doit être saine et de bonne nature. Elle évitera les mets trop épicés, les acides, les crudités, les aliments grossiers, d'une digestion difficile ; elle ne fera aucun excès de table, ni de boisson ; elle sera tenue, autant que possible, à l'abri des préoccupations morales vives, qui peuvent très-facilement altérer ou supprimer la sécrétion du lait. Généralement l'allaitement doit durer de douze à quinze mois ; cependant le sevrage devra avoir lieu plus tôt, si des circonstances particulières dépendant de la santé de la mère viennent à diminuer la quantité et les qualités de son lait. Il pourrait être aussi retardé si l'enfant était délicat et trop faible pour recevoir une nourriture ordinaire. Lorsque les différentes conditions que nous venons de passer en revue ne pourront être remplies, il faudra avoir recours au second mode, l'*allaitement étranger*. Il en sera traité au mot NOURRICE.

Enfin l'*allaitement animal* devra être employé lorsque des circonstances particulières font une obligation de ne pas avoir recours à une nourrice : telle serait une maladie de mauvaise nature que le petit nourrisson pourrait communiquer par le sein. Dans ce cas, l'allaitement se fait très-souvent par une chèvre ; quelquefois il arrive qu'en dehors de toute nécessité, des parents préfèrent ce moyen de nourriture, soit par des préventions, qui ne sont souvent que trop justifiées, contre les nourrices, soit par tout autre motif. Il est peu de médecins qui voudraient donner ce conseil à moins de circonstances tout à fait exceptionnelles : la constitution chimique du lait des animaux présentant des différences très-notables, et les petits de chaque espèce devant offrir des conditions spéciales pour recevoir celui que le Créateur a destiné à les nourrir.

L'*allaitement artificiel* est une pratique encore moins bonne. Les enfants sont nourris tantôt au lait de vache coupé avec de l'eau, de l'eau de gruau, du bouillon, ou avec des potages liquides de fécule, de croûte de pain, etc.; ce mode d'allaitement ou plutôt d'alimentation se fait au moyen d'un verre, d'un petit pot, ou d'instruments nommés *biberons* (voyez ce mot). En général ce mode de nourriture doit être proscrit : dans tous les cas, si on est obligé d'y avoir recours, on devra toujours donner le lait tiède ; dans les premiers temps surtout, il devra être coupé avec un peu d'eau, d'eau d'orge, de gruau, ou mieux encore, si cela se peut, ce sera du lait du commencement de la traite, qui est plus léger pour l'estomac et contient à peu près moitié moins de crème que celui de la fin (voyez NOURRICE).   F — N.

ALLANTOIDE (Anatomie), du grec *allas*, saucisse, *eidos*, forme. — Organe spécial du fœtus; c'est d'abord une vésicule ronde, puis pyriforme, qui bientôt se sépare en deux parties, une interne forme la vessie urinaire, l'autre externe, l'allantoïde propre; celle-ci vient s'appliquer à la face interne du *chorion*, entre lui et l'*amnios* pour servir à la respiration du jeune animal.

ALLANTOINE, C⁴H³Az²O³ (Chimie), d'allantoïde. — Sorte d'amide naturelle, se présentant sous la forme de cristaux prismatiques, incolores et brillants dérivant d'un rhomboèdre ; elle est sans action sur le tournesol, assez soluble dans l'eau bouillante. Elle existe toute formée dans la liqueur amniotique des vaches qu'il suffit de réduire au quart de son volume par son évaporation ménagée pour en obtenir l'allantoïne cristallisée. On l'obtient facilement en faisant bouillir une solution d'acide urique dans l'eau et y ajoutant progressivement de l'oxyde puce de plomb jusqu'à ce que ce dernier corps n'éprouve plus de décoloration.

L'eau bouillante, l'acide azotique et l'acide chlorhydrique dédoublent l'allantoïne en acide allanturique et urée.

Par son contact prolongé avec les alcalis hydratés, elle se convertit en acide oxalique qui s'unit à l'ammoniaque, comme l'oxamide. On peut la considérer comme de l'oxalate anhydre d'ammoniaque moins 3 équivalents d'eau.

$$2(AzH^3,C^2O^3) - 3HO = C^4H^3Az^2O^3$$

Oxal. anhy. d'amm.	Allantoïne.

Elle a été découverte per Vauquelin et Bussière et obtenue artificiellement par Wœhler et Liebig.   B.

ALLÉGE (Marine). — Embarcation servant au chargement ou au déchargement des navires que leur tirant d'eau empêche d'approcher assez près du bord pour qu'on puisse l'atteindre directement. Les allèges munies de mâts servent aussi à la navigation côtière.

ALLÉLUIA (Botanique). — Voyez OXALIDE.

ALLEMAND (Hippiatrique). — Nom commun donné par les Français aux chevaux des diverses races d'outre-Rhin ; ce sont en général des chevaux de grosse cavalerie ou de voitures de luxe.

ALLEVARD (Médecine, Eaux minérales). — Village de France, dans l'Isère, arrond. et à 18 kilom. de Grenoble. On y trouve une source d'eau minérale sulfurée calcique, tempér. 24° cent. Elle contient par litre : acide sulfhydrique libre, 0lit,024; acide carbonique, 0lit,097. Comme toutes les eaux sulfureuses, celles d'Allevard réussissent dans les affections de la peau et dans les maladies de poitrine.

ALLIAGES (Chimie). — Combinaisons ou simples mélanges de métaux entre eux. Lorsque l'un des métaux est le mercure, l'alliage prend le nom d'*amalgame*.

Au point de vue industriel, les alliages constituent de véritables métaux jouissant de propriétés spéciales plus ou moins éloignées de celles qui appartiennent aux métaux alliés. Au point de vue chimique, on peut les considérer comme de véritables combinaisons en proportions définies, mais la plupart du temps dissoutes ou noyées dans la masse en excès de l'un des métaux. Cette particularité même constitue une des plus grandes difficultés qu'on ait à vaincre pour obtenir des alliages bien homogènes sous une masse un peu grande. L'alliage défini qui n'est que dissous dans le métal en excès, s'en sépare d'une manière plus ou moins complète pour se rassembler en certains points : on dit alors qu'il y a *liquation*.

La densité d'un alliage est tantôt plus grande, tantôt plus faible qu'elle ne devrait l'être si les métaux étaient simplement mélangés.

La contraction de l'alliage, qui amène son accroissement de densité, est généralement une preuve de grande affinité entre les métaux alliés. Un alliage est toujours plus fusible que le métal qui l'est le moins, quelquefois même que celui qui l'est le plus. Il est également plus dur, moins malléable, moins ductile, moins tenace que le métal qui l'est le plus ; au contraire, son élasticité, ou la quantité dont il peut s'allonger par la traction, reste à peu près égale à la moyenne des élasticités des métaux combinés.

Le mercure, l'étain, le bismuth augmentent la fusibilité d'un alliage ; le cuivre et l'étain augmentent sa ténacité ; le plomb, le zinc, le fer, le bismuth, l'antimoine, l'arsenic augmentent sa dureté.

Chimiquement, les alliages se comportent à peu près comme le feraient les métaux séparés ; cependant en général l'état de combinaison dans lequel se trouvent leurs éléments, accroît leur résistance à l'action des agents oxydants, l'air ou les acides, à moins que l'un des métaux ne soit en grand excès.

La préparation des alliages se fait ordinairement par la fusion des métaux que l'on veut unir. Si l'un d'eux est très-oxydable, il convient de recouvrir le bain de poudre de charbon, qui le préserve du contact de l'air ; s'il est très-volatil, il convient de le remplacer par son oxyde mélangé de charbon. Le charbon réduit l'oxyde, et le métal, à mesure qu'il se révivifie, passe dans l'alliage qui lui donne de la fixité. On est obligé toutefois de forcer un peu la proportion du métal le plus oxydable et le plus volatil pour compenser les pertes inévitables. L'alliage fondu doit être brassé, coulé et refroidi aussi rapidement que possible pour diminuer les effets de la liquation et de la cristallisation de la matière qui augmentent sa dureté, mais aux dépens de son homogénéité et de sa ténacité. La pression et la percussion exercées sur la matière au moment où elle se fige diminuent également ces fâcheux effets ; aussi dans la fonte des canons, le moule est-il dressé verticalement la culasse en bas, et s'élève-t-il toujours à une hauteur beaucoup plus grande que celle qui doit être conservée pour que le poids des parties supérieures donne plus de compacité aux parties inférieures. L'ordre dans lequel les métaux sont introduits dans le creuset où doit s'opérer la fusion exerce également une grande influence sur la qualité des produits. Nous donnons ici la liste des principaux alliages en renvoyant aux articles spéciaux pour les plus importants.

Alliages dont la densité est plus grande que la densité moyenne des métaux alliés.	Alliages dont la densité est moindre que la densité moyenne des métaux qui la constituent.
Or et zinc.	Or et argent.
Or et étain.	— et fer.
Or et bismuth.	— et plomb.
Argent et antimoine.	— et cuivre.
— et zinc.	Argent et cuivre.
— et plomb.	Étain et plomb.
— et étain.	— et antimoine.
— et bismuth	Cuivre et plomb.
Cuivre et zinc.	Zinc et antimoine.
— et étain.	Fer et bismuth.
— et bismuth.	— et plomb.
— et antimoine.	— et antimoine.
Plomb et bismuth.	
— et antimoine.	

ALLIAGE D'ARGENT ET D'ALUMINIUM. — Aluminium, 100; argent, 5 : alliage plus élastique et plus dur que l'aluminium, et prenant un plus beau poli tout en restant malléable. Aluminium, 5 ; argent, 95 : alliage ayant la dureté et l'aspect de l'argent monétaire, blanchissant au lieu de noircir à l'eau forte.

ALLIAGE D'ARGENT ET DE CUIVRE. — Plus dur et plus élastique et cependant aussi malléable que l'argent; blanc même quand le cuivre y entre pour moitié, mais moins brillant que l'argent pur. L'argent allié au cuivre dans des proportions variables réglées par la loi, remplace l'argent pur qui serait trop mou dans la confection des monnaies ou des articles de bijouterie ou orfévrerie (voyez MONNAIE, BIJOU).

ALLIAGE DE CUIVRE ET D'ALUMINIUM. — L'aluminium employé en faibles proportions augmente la dureté du cuivre sans trop nuire à sa malléabilité, le rend susceptible de prendre un très-beau poli, et peut, suivant les proportions employées, faire varier sa couleur du ton de l'or pâle au ton de l'or rouge. Ces alliages sont remarquables, sous le rapport de l'éclat et de la couleur, comme imitation de l'or. L'alliage de 100 de cuivre et 5 d'aluminium a l'aspect de l'or pur.

ALLIAGE DE CUIVRE ET D'ANTIMOINE. — Sans usage; l'alliage des deux métaux en proportions égales, est d'une belle couleur verte.

ALLIAGE DE CUIVRE ET D'ARSENIC. — *Cuivre blanc ou tombac,* employé dans la fabrication des boutons.

ALLIAGE DE CUIVRE ET D'ÉTAIN. — Voyez BRONZE.

ALLIAGE DE CUIVRE ET DE ZINC. — Voyez LAITON.

ALLIAGE D'ÉTAIN ET D'ANTIMOINE. — Ces alliages sont aussi blancs que l'étain, beaucoup plus durs et moins ductiles. Les ustensiles en étain contiennent 80 parties d'étain et 20 d'antimoine : cet alliage est assez ductile et assez dur pour être réduit en planches destinées à la gravure de la musique. Le *métal d'Alger* est formé de 75 parties d'étain et 25 d'antimoine. Il est plus dur, plus brillant, mais plus cassant que le précédent.

ALLIAGE D'ÉTAIN ET DE BISMUTH. — Plus dur, plus éclatant et plus sonore que l'étain; aussi ajoute-t-on un peu de bismuth à l'étain pour les objets de luxe fabriqués avec ce dernier métal.

ALLIAGE D'ÉTAIN ET DE FER. — 10 parties d'étain, 1 de fer donnent un alliage facilement fusible, dur et tenace, avantageusement employé pour la fonte des caractères d'imprimerie.

ALLIAGE D'ÉTAIN ET DE PLOMB. — Employé par les potiers d'étain dans la proportion de 2 d'étain et 1 de plomb; plus dur que le plomb et même que l'étain.

ALLIAGE D'ÉTAIN ET DE ZINC. — Remarquable par sa grande dureté et sa grande ténacité, qui égalent presque celles du laiton quand le zinc et l'étain sont alliés en proportions égales. Il fond entre 460 et 500° et devient très-fluide.

ALLIAGE DE FER ET D'ANTIMOINE. — Blanc, fusible, très-dur, pouvant faire feu à la lime.

ALLIAGE DE FER ET D'ARSENIC. — Blanchâtre, dur, aigre, à cassure d'acier, susceptible d'un très-beau poli, ce qui paraîtrait l'avoir fait employer dans la bijouterie.

ALLIAGE DE FER ET DE PLATINE. — Alliage malléable, susceptible d'un beau poli.

ALLIAGE D'OR ET D'ARGENT. — L'*or vert* des bijoutiers est formé de 70 parties d'or et de 30 d'argent. C'est un alliage dur et recherché dans la bijouterie à cause de sa belle couleur verdâtre.

ALLIAGE D'OR ET CUIVRE. — Plus dur, plus élastique et cependant presque aussi malléable que l'or pur qu'il remplace dans la confection des monnaies et des articles d'orfévrerie et de bijouterie. Les proportions d'or et de cuivre sont réglées par la loi tant pour les monnaies que pour la bijouterie et l'orfévrerie.

ALLIAGE DE PLOMB ET ANTIMOINE. — L'alliage de 76 de plomb et 24 d'antimoine est dur, très-fusible et généralement employé pour les caractères d'imprimerie; cependant il ne présente pas encore toute la dureté désirable pour les petits caractères.

ALLIAGE DE PLOMB ET ARSENIC. — Employé pour la fabrication du plomb de chasse dans la proportion de 2 à 5 d'arsenic pour 1000 de plomb.

ALLIAGE DE PLOMB ET ZINC. — Le zinc donne au plomb de la dureté et la propriété de prendre un beau poli sans diminuer sa malléabilité.

ALLIAGE FUSIBLE DE DARCET. — Remarquable par sa propriété de fondre dans l'eau bouillante. Il est composé de bismuth, d'étain et de plomb. Les proportions de ces trois métaux influent sur sa température de fusion comme l'indique le tableau suivant :

BISMUTH fusible à 264°.	ÉTAIN fusible à 228°.	PLOMB fusible à 335°.	POINT DE FUSION de l'alliage.
5 parties.	2 parties.	3 parties.	91°,6
2 —	1 —	1 —	93°,0
8 —	3 —	5 —	94°,5
5 —	3 —	2 —	89°,0

Ce dernier fut découvert par Newton.

ALLIAGE POLYCHROME. — Découvert par Biberel à la fin du siècle dernier, oublié, puis récemment réintroduit dans l'industrie sous le nom qu'il porte aujourd'hui, cet alliage est formé de 6 parties d'étain et 1 de fer; il est appliqué avec quelque succès à l'étamage des ustensiles de cuivre. Comme il est moins fusible que l'étain, il peut s'y appliquer en couche plus épaisse que ce dernier métal.

ALLIAGE BUOI. — Composé de 89 parties d'étain, 6 de nickel, 5 de fer, cet alliage a la propriété d'adhérer même à la fonte quand elle est brute.   M. D.

ALLIAGE (RÈGLE D') (Arithmétique). — Opération ayant pour but de déterminer le poids ou le titre des lingots qu'il faut employer pour obtenir un lingot d'*alliage* de poids et de titre déterminés, ou bien encore de faire connaître le titre du lingot obtenu en fondant ensemble des lingots de poids et de titre connus.

1er *exemple.* — Soit à trouver le titre de l'alliage qu'il faut joindre à un lingot d'argent de 320 gr. au titre de 0,898 pour obtenir un lingot d'argent de 500 gr. au titre de 0,924. Le troisième lingot doit contenir $500 \times 0,924 = 462$ gr. d'argent pur ; or le premier en apporte $320 \times 0,898 = 287^{gr},36$; par conséquent le deuxième doit en avoir $462 — 287,36 = 174,64$, et comme son poids total est $500 — 320 = 180$ gr., son titre s'obtiendra en divisant 174,64 par 180, ce qui donne 0,970.

2e *exemple.* — On fond ensemble trois lingots d'or, le premier pesant 85 gr. au titre de 0,700; le deuxième 130 gr., au titre de 0,850; le troisième 45 gr. au titre de 0,920; on demande le titre de l'alliage résultant. Le lingot total pèsera 260 gr. et contiendra un poids d'or pur marqué par $85 \times 0,700 + 130 \times 0,850 + 45 \times 0,920 = 211,4$; son titre sera donc $\frac{211,4}{260} = 0,813$.

ALLIGATOR (Zoologie), du portugais *lagarto, lacerta* des Latins. — Sous-genre de *Reptiles Sauriens* du genre *Crocodile,* connus aussi sous le nom de Caïmans, que les nègres de Guinée donnent au crocodile. Il est caractérisé par un museau large, obtus, tandis qu'il est oblong et déprimé dans le crocodile, grêle et très-allongé dans le gavial; les dents inégales en grandeur et en volume; celles de la mâchoire inférieure dirigées en dedans; les quatrièmes d'en bas sont reçues dans des trous et non dans des échancrures de la mâchoire supérieure, comme cela a lieu dans le gavial et le crocodile; pieds demi-palmés sans dentelures. On ne les a encore rencontrés que dans les grands fleuves de l'Amérique méridionale; ils atteignent jusqu'à 5 ou 6 mètres de long. Comme les crocodiles, dont ils ont les formes générales, ils marchent assez vite en droite ligne, et ne se retournent qu'avec une certaine difficulté; mais ils nagent avec la rapidité d'une flèche. Autrefois les alligators étaient très-communs; refoulés aujourd'hui dans les forêts du centre par la culture des provinces littorales, leur nombre diminue de jour en jour. Les gens du pays les chassent à coups de fusil, et en mangent souvent la chair, malgré son goût de musc prononcé. Les nègres attribuent des vertus merveilleuses à la graisse de caïman employée en frictions contre les douleurs rhumatismales. Les espèces les plus communes, sont : l'*All.* ou Caïman à lunettes (*Crocod. sclerops,* Schn.), ainsi nommé d'une sorte d'arête transversale qui réunit en avant les bords des orbites : c'est l'espèce la plus commune à la Guyane et au Brésil. On y trouve aussi l'*All. à museau de brochet* (*Crocod. lucius,* Cuv.), ainsi nommé à cause de la forme de son museau ; il se distingue aussi par quatre plaques principales sur la nuque; on le trouve dans le midi de l'Amérique septentrionale; il s'enfonce dans la vase et tombe en léthargie dans les grands froids. On peut citer encore l'*All. à paupières osseuses* (*Crocod. palpebrosus,* Cuv.).

ALLOCHROÏTE (Minéralogie), du grec *allos,* différent, et *chroa,* couleur. — Variété de grenat compacte d'un gris verdâtre, découverte par d'Andrada, dans une mine de fer de la Norvége, près de Drammen (voyez GRENAT).

ALLONGE (Médecine vétérinaire). — Mode de claudication ou boiterie du cheval, causée par une distension des muscles ou des ligaments des membres postérieurs; l'animal tire alors la jambe comme si elle s'allongeait. Le repos, des lotions émollientes, puis légèrement toniques, sont les moyens ordinaires qu'on emploie pour remédier aux *allonges.*

ALLOPATHIE (Médecine). — Voyez HOMŒOPATHIE.

ALLOUCHIER, ALOUCHE, ALISIER BLANC (*Cratægus Aria,* Linné) (Botanique). — Espèce d'alisier dont le bois très-dur convient particulièrement pour faire les *alluchons* des roues d'engrenage et les vis de pressoir. Son nom dérive de ce premier usage.

ALLOXANE (Chimie), $C^8H^2Az^2O^8 + 2HO$. — Substance

qui cristallise en octaèdres volumineux tronqués au sommet, et appartenant au système prismatique rhomboïdal oblique; son odeur a quelque chose de repoussant; sa saveur est salée; elle est soluble dans l'eau, tache la peau en violet et rougit le tournesol; par l'ébullition prolongée avec les alcalis, elle se transforme en urée et acide mésoxalique.

$$C^8H^2Az^2O^8 + 2(KO,HO) = AzH^3,HO,C^2AzO + C^6O^8,2KO.$$

Alloxane.   Urée.   Mésoxalate de potasse.

Par les corps réducteurs tels que l'hydrogène sulfuré, le protochlorure d'étain, l'hydrogène naissant, elle passe à l'état d'alloxantine.

$$2(C^8H^2Az^2O^8) + 2H = C^{16}H^4Az^4O^{14} + 2HO.$$

Alloxane.   Alloxantine.

Pour l'obtenir on ajoute peu à peu de petites quantités d'acide urique desséché dans l'acide azotique de 1,41 de densité; une effervescence assez vive se manifeste; on la modère en refroidissant le vase dans lequel se produit la réaction; les cristaux se forment, car la liqueur se prend en masse et se purifie par de nouvelles cristallisations dans l'eau. Si l'action de l'acide azotique devenait trop énergique, il se produirait de l'acide *parabasique* $C^6H^2Az^2O^6$.

RÉACTION.

$$C^{10}H^2Az^4O^4,2HO + 4(AzO^5,HO) =$$

Acide urique.

$$C^8H^2Az^2O^8,2HO + 2(CO^2) + 6(AzO^2) + 4(HO).$$

Alloxane.

L'alloxane a été découverte et étudiée par MM. J. Liebig et Wœhler. B.

ALLUCHON (Mécanique). — Dents en bois dont on garnit l'une des deux roues dentées qui engrènent l'une avec l'autre et qui ne font pas corps avec la roue. Elles ont pour objet de donner plus de douceur aux engrenages, et leur indépendance de la roue facilite les réparations. Les alluchons sont faits en bois dur (cormier, charme, merisier sauvage, acacia, etc.), implanté *debout* dans la couronne de la roue afin de leur donner plus de résistance (voyez ENGRENAGES).

ALLUMETTES CHIMIQUES (Arts chimiques). — Allumettes garnies à l'une de leurs extrémités d'une matière dont le phosphore forme la base, et qui prend feu par simple frottement sur un corps sec et dur. Ces allumettes ont presque entièrement fait disparaître les procédés plus ou moins ingénieux antérieurement employés pour se procurer du feu.

Pour préparer ces allumettes, on prend de petits blocs de bois ordinairement de tremble, de $0^m,06$ à $0^m,08$ de hauteur dans le sens des fibres; l'ouvrier, armé d'un long couteau fixé à la table sur laquelle il opère par l'extrémité opposée au manche, fend chaque bloc presque jusqu'à son extrémité d'abord en petites lames de $0^m,002$ à $0^m,003$ d'épaisseur, puis il fait de nouvelles sections dans une direction perpendiculaire à la première, de manière à obtenir ces petits prismes qui se tiennent encore par une de leurs extrémités, mais qui séparés formeront les allumettes. Les blocs de bois ainsi divisés sont portés dans une étuve chauffée par-dessous; ils s'y sèchent, et en même temps la portion du bois qui est en contact avec la sole du four se contractant plus que les autres par la dessiccation, les allumettes se séparent en forme d'éventail par leur extrémité libre : de cette manière cette extrémité peut sans empâtement être garnie de la préparation qui lui donnera la propriété de s'enflammer. Les allumettes sont alors soufrées par immersion dans un bain de soufre fondu, puis garnies de l'une des deux préparations suivantes, que l'on fait à chaud, au bain-marie, pour la pâte à la colle, et à froid pour la pâte à la gomme.

	Pâte à la colle.	Pâte à la gomme.
Phosphore	2,5	2,5
Colle-forte	2	2,5
Eau	4,5	3
Sable fin	2	2
Ocre rouge	0,5	0,5
Vermillon ou brun	0,1	0,1
Bleu de Prusse	0,03	0,03

Le sable fin, la colle ou gomme et la matière colorante

sont incorporées avant le phosphore. La pâte bien battue en émulsion est étendue à l'aide d'une règle sur une table de fonte que l'on maintient à une température de 30° au moyen d'un bain-marie placé au-dessous. Les allumettes sont trempées dans cette pâte par leur extrémité soufrée, puis séchées d'abord à l'air, et ensuite dans une étuve chauffée régulièrement par une circulation de vapeur ou d'eau chaude.

L'introduction du chlorate de potasse dans la pâte phosphorée la rend explosive et d'un emploi désagréable; le nitrate de potasse la fait fuser seulement. Les formules ci-dessus donnent des allumettes qui s'enflamment sans bruit et qui sont généralement préférées.

ALLUMETTES SANS SOUFRE. — On a essayé avec assez de succès de supprimer le soufre des allumettes à cause de l'odeur désagréable qu'il répand en brûlant. L'extrémité des baguettes de bois doit alors être desséchée jusqu'à les faire roussir sur une plaque en fonte fortement chauffée, puis ensuite trempée dans un bain très-peu profond d'*acide stéarique*. Elles sont phosphorées à la manière ordinaire; seulement la pâte doit contenir du nitre qui rend plus vive la combustion du phosphore; 4 ou 5 ouvriers en se partageant le travail peuvent fabriquer de 4 à 5 000 allumettes par heure. Un rabot imaginé par M. Pelletier pour diviser les bois a permis de porter ce nombre à 60 000.

ALLUMETTES-BOUGIES. — Elles ont l'avantage de pouvoir durer quelques minutes et sont garnies d'une pâte phosphorée semblable à la précédente. Le corps de l'allumette se prépare d'ailleurs au moyen de brins de coton non tordus qui, se déroulant d'un cylindre et maintenus écartés par un peigne, viennent passer dans un bain de cire ou d'acide stéarique fondu, puis dans une filière qui régularise la couche de cire, et enfin sont coupés de longueur au moyen d'un couteau mécanique.

Les allumettes phosphoriques doivent être l'objet d'une très-grande attention dans les familles; outre que pendant les chaleurs de l'été elles prennent feu très-facilement et peuvent alors occasionner de très-graves accidents, il suffit qu'une ou deux allumettes soient en contact avec les aliments ou même avec l'intérieur des vases qui servent à les préparer, pour qu'il en résulte des empoisonnements dont tous les efforts de l'art ne peuvent pas toujours parvenir à conjurer les effets. Aussi a-t-on fait depuis quelques années de nombreuses tentatives pour remplacer dans les allumettes chimiques le phosphore ordinaire par le phosphore rouge ou phosphore amorphe (voyez PHOSPHORE).

ALLUMETTES AU PHOSPHORE ROUGE (allumettes hygiéniques de sûreté). — La pâte de ces allumettes est formée par un mélange de soufre et de chlorate de potasse, qui ne saurait s'enflammer par la friction, et qui est d'ailleurs totalement dépourvu de propriétés vénéneuses. Le phosphore rouge est étendu sur un papier collé à la boîte, sur lequel *seul* les allumettes peuvent prendre feu, par suite de l'affinité du soufre et du phosphore. M. D.

ALLURES (Hippiatrique). — Voyez HIPPOLOGIE.

ALLUVION (Géologie), du latin *alluere*, baigner. — On donne ce nom à des dépôts irréguliers, dus sans doute à d'immenses courants, à de grandes inondations subites et passagères, ou à des transports lents et incessants opérés par les eaux courantes. Une catastrophe violente et prolongée a remué avec une force gigantesque les matières que, pour cette raison, on a désignées sous le nom de *terrains de transport*; ce sont des graviers, des sables, du limon, souvent des cailloux roulés et même des blocs de rochers, qu'on nomme *blocs erratiques* (voyez ces mots), que les eaux ont ainsi déposés. On distingue deux époques dans ces terrains : les *alluvions anciennes* ou *diluviennes*, et les *alluvions modernes* ou *terrains post-diluviens*. Les alluvions anciennes, situées au-dessus des terrains tertiaires les plus récents, souvent bien au-dessus des eaux de l'époque actuelle et sur des plateaux où elles ne peuvent se répandre, couvrent nos continents et se composent de débris tirés des rochers de la contrée. On les observe sur les plateaux, sur les pentes des montagnes, partout en un mot; ils semblent attester une submersion générale, qui a rappelé la tradition du déluge, et a fait donner à ces dépôts le nom de *diluvium*. Cependant cette catastrophe ne peut être le déluge de la Bible, dont l'homme a été témoin et victime, et que celui des géologues a dû précéder, puisqu'on ne trouve aucun ossement humain dans ces alluvions. C'est dans ces immenses dépôts qu'on rencontre les ossements fossiles d'animaux inconnus aujourd'hui (voyez FOSSILES). Quelquefois ces transports ont pénétré dans des fentes, des cavernes, où ils ont charrié et accumulé des masses de débris animaux, et ont constitué les *cavernes à ossements* et les *brèches osseuses* (voyez BRÈCHES). Les alluvions modernes, produites par nos cours d'eau, par les lacs, les mers, etc., ont pour caractère essentiel de renfermer des débris de l'homme et de son industrie, des ossements d'animaux domestiques, et en général des êtres qui vivent près de nous. Ce sont des calcaires, des sables, des cailloux roulés; des dépôts salins, des tourbières, etc.; enfin un des phénomènes les plus importants de cette époque, c'est la formation du *sol arable*.

ALMAGESTE, par abréviation de l'arabe *lakrir-al-megesti*, œuvre par excellence. — Nom du plus ancien traité d'astronomie qui nous soit parvenu; il fut composé par Ptolémée, vers l'an 140 de Jésus-Christ, à Alexandrie. Cet ouvrage contient un recueil précieux d'observations anciennes, et en particulier de celles d'Hipparque, le plus grand astronome de l'antiquité. Outre l'exposition d'un système du monde connu sous le nom de *système de Ptolémée*, et suivant lequel la terre est immobile au centre de l'univers, on y trouve les éléments de la trigonométrie, la théorie des éclipses, un catalogue d'étoiles, etc. (voyez ASTRONOMIE).

ALMANACH. — Table qui contient l'ordre des jours, des semaines, des mois, des fêtes, pour une année. On y joint ordinairement les phases de la lune, et quelquefois les heures du lever et du coucher du soleil, de la lune, et des principales planètes visibles, etc. Le plus scientifique des almanachs publiés en France est l'*Annuaire du bureau des longitudes*. Il contient les renseignements les plus usuels extraits de la *Connaissance des temps*, recueil beaucoup plus complet qui paraît deux ou trois ans à l'avance, et sert de base à tous les almanachs pour le calcul du calendrier.

ALOÈS (Botanique, matière médicale), du grec *aloé*, nom de la plante. — Genre de la famille des *Liliacées*, dont les feuilles charnues renferment des vaisseaux remplis d'un suc amer qui, desséché, constitue l'*aloès officinale*. Ce suc, dont le mode d'extraction n'est pas bien connu, provient surtout de l'*A. succotrin* qui croît particulièrement dans l'île de *Socotora* (c'est le meilleur), de l'*A. ordinaire* et de l'*A. des Indes*, tous originaires des Indes. On trouve dans le commerce trois principales espèces d'aloès : l'*A. succotrin*, l'*A. hépatique* et l'*A. caballin*. 1° L'*A. succotrin*, le plus employé en médecine, est en fragments brun rougeâtre, demi-transparents, à surface luisante, comme vernie, à odeur aromatique agréable; il se ramollit sous les doigts; pulvérisé, sa poudre est d'un jaune doré; sa saveur est très-amère; peu soluble dans l'eau froide, il se dissout dans l'eau bouillante et dans l'alcool. 2° L'*A. hépatique* a une couleur rougeâtre moins foncée que le précédent; sa cassure est terne et presque opaque; son odeur est moins agréable, sa saveur plus amère. 3° L'*A. caballin* est presque noir, a une odeur désagréable et renferme beaucoup de corps étrangers; son nom vient de ce que l'on a prétendu qu'il était très-employé dans la médecine vétérinaire, ce que nient les médecins vétérinaires, alléguant avec raison qu'il est à peu près inerte. L'aloès est un purgatif très-employé en médecine; il forme la base de presque toutes les pilules purgatives, et son action sur le gros intestin est remarquable : ainsi, à la dose de 0gr,10 à 0gr,50, il purge très-bien; et son action lente, sept, huit, dix heures après son ingestion, permet de le prendre au moment du repas; par suite de cette action spéciale sur le gros intestin, on l'a employé, à petites doses répétées pendant quelque temps, pour rappeler des hémorrhoïdes supprimées, ou pour les déterminer dans les cas de congestion cérébrale; on l'a conseillé aussi avec succès pour activer l'éruption des règles; dans ce cas on l'a associé avec avantage aux ferrugineux. Quelques médecins l'ont encore employé contre les vers. A l'extérieur, l'aloès en poudre ou en teinture est quelquefois prescrit pour aviver des ulcères atoniques ou des trajets fistuleux : il entre également dans certains collyres. Il fait la base de plusieurs élixirs : ainsi l'*Élixir de Garus*, l'*Él. de Paracelse*, l'*Él. sacré*, l'*Él. de longue vie*, etc.

Caractères du genre : feuilles radicales, épaisses, charnues, à bords dentés et piquants, se réunissant à la base, d'où s'élève un épi de fleurs rouges; la corolle monopétale tubulée est plus ou moins divisée, et porte 6 étamines hypogynes; ovaire supérieur trilobé, capsule oblongue à trois loges, remplies de semences membraneuses sur les bords. F — N.

ALOÈS (BOIS D') (Botanique). — Voyez AQUILAIRE.

ALOINÉES (Botanique). — Tribu de la famille des *Liliacées*, établie par le professeur Linck en prenant pour types les genres *Aloès* et *Yucca*.

ALOPÉCIE (Médecine), du grec *alópex*, renard, parce que cet animal est sujet à une espèce de gale qui fait tomber ses poils. — Par analogie, on a donné le nom d'*alopécie* à la chute des cheveux et des poils; elle est accidentelle ou sénile; partielle ou totale. L'*alopécie* diffère de la *calvitie* (voyez ce mot) en ce que, dans cette dernière, la perte des cheveux est définitive. Les causes de l'alopécie peuvent être, différentes affections de la peau, les maladies syphilitiques, l'usage des cosmétiques irritants, les convalescences des maladies graves et de longue durée, etc. Le traitement doit donc être basé sur ces différentes causes et réclame les conseils du médecin; en général il faudra raser la tête, faire des lotions émollientes s'il y a de l'inflammation, puis légèrement stimulantes, résolutives. La pommade dite *de Dupuytren* a souvent réussi dans ces derniers cas; en voici la formule : moelle de bœuf, 250 grammes; acétate de plomb cristallisé, 4 grammes; baume noir du Pérou, 8 grammes; alcool à 21°, 30 grammes; teinture de cantharides, 1gr,25; teinture de girofle et de cannelle, de chacune 15 gouttes; mêlez. Tous les soirs on enduit le cuir chevelu avec cette pommade (gros comme une noisette). F — N.

ALOPECURUS (Botanique), du grec *alópex*, renard, et *oura*, queue. — Nom latin du genre *Vulpin*.

ALOSE, *Alosa*, Cuv. (Zoologie). — Sous-genre de *Poissons* du genre *Hareng*, famille des *Clupes*, ordre des *Malacoptérygiens abdominaux* : distingué des Harengs proprement dits par une échancrure au milieu de la mâchoire supérieure. Les principales espèces sont :

Alose (l') proprement dite (*Clupea alosa*, Lin.). Poisson bien connu sur nos marchés et recherché pour la délicatesse de sa chair, peut-être un peu grasse et lourde, et dont les anciens faisaient peu de cas, si l'on en croit le poëte Ausone. Beaucoup plus grande et plus épaisse que le hareng, auquel elle ressemble, elle atteint un mètre de longueur; elle habite les mers, près de l'embouchure des rivières, qu'elle remonte au printemps à une très-grande hauteur. On en a pêché dans la Seine jusqu'à Provins. C'est dans la Loire qu'on en trouve le plus en France; mais celles de Seine sont renommées. L'alose se distingue des autres espèces par l'absence de dents sensibles et par une tache noire derrière les ouïes : elle se nourrit de vers, d'insectes aquatiques, de petits poissons. On la pêche surtout au tramail; elle meurt aussitôt qu'elle est hors de l'eau. La *Finte* (*Clup. finta*, Cuv.), plus allongée que l'alose, a des dents aux deux mâchoires, cinq ou six taches noires sur les flancs. On la retrouve jusque dans le Nil. Sa chair est peu délicate.

ALOUATE, Buff. (Zoologie), *Alouatte*, Cuv.; *Mycetes*, Illig.; *Singe hurleur* (*Stentor*, Geoffroy Saint-Hilaire). — Sous-genre du genre *Sapajou* (*Règne animal* de Cuvier); groupe de singes du nouveau monde; comme ces derniers, il a 4 mâchelières de plus que les autres, 36 dents en tout; mais il a la queue prenante des Sapajous; ses caractères spécifiques sont : une tête pyramidale, un visage très-oblique, un angle facial de 30°, et surtout un renflement excessif de l'os hyoïde formant un tambour osseux dont la saillie est très-apparente à l'extérieur entre les deux branches de la mâchoire inférieure qui remonte très-haut : il communique avec le larynx, et donne à sa voix un volume énorme et une force effroyable, tellement que les premiers voyageurs qui l'ont entendu dans les profondeurs des forêts de l'Amérique et au milieu du silence des nuits, en ont éprouvé une frayeur inexprimable. Les principales espèces sont : l'*Al.* proprement dit (*Stentor seniculus*, Geoff.), qui a environ 0m,65 de hauteur; il habite le Brésil et la Guyane, où il est connu sous le nom de *singe rouge*; l'*Al. ourson* (*St. ursinus*, Geoff.), d'un roux doré, différant peu du précédent; l'*Al. à queue fauve* (*St. flavicaudatus*, Geoff.), d'un brun noir avec strie jaune de chaque côté de la queue.

ALOUETTE, *Alauda* (Zoologie). — Cet oiseau, ce chantre des airs, ce musicien des champs, comme on l'a appelé, n'a pas besoin d'une longue définition; tout le monde le connaît. Dès les premiers beaux jours, à peine l'aurore commence-t-elle à poindre, que l'alouette s'élève dans les airs d'un vol presque perpendiculaire; son chant d'allégresse retentit dans la campagne, augmentant de force à mesure qu'elle s'élève ne s'arrêtant que lorsqu'elle est redescendue sur terre; c'est le matin et le soir qu'elle se fait entendre; elle se tait dans les temps couverts et au milieu du jour; du reste, elle chante pendant toute la belle saison. Dans la méthode du *Règne animal*, l'*Alouette* forme un genre dans la grande famille des *Conirostres*, ordre des *Passereaux*. Ch. Bonaparte en fait le genre *Alaudinœ*, de la famille des *Alaudidœ*, ordre des *Passeres*. Le genre des Alouettes de Cuvier (*Alauda*, Lin.) a pour caractères distinctifs : ongle du pouce droit, fort et bien plus long que les autres ; bec ordinairement droit, cylindrique, en forme d'alène, sans échancrure ; tête petite, garnie en dessus de plumes plus ou moins érectiles ; queue de longueur moyenne, fourchue. Ce sont des oiseaux insectivores et granivores ; toutes les espèces nichent à terre ; la plupart chantent en volant et s'élèvent si haut que souvent on les perd de vue. On les trouve dans tous les pays de l'ancien continent. Presque tous les ornithologistes, Cuvier, Temminck, Vieillot, les divisent en trois groupes. Nous citerons dans chaque groupe les principales espèces : — 1er groupe : Bec droit, médiocrement gros et pointu ; on y trouve : l'*Alouette commune*, *Alouette des champs* (*Alauda arvensis*, Lin.), à plumage brun dessus, blanchâtre dessous, tacheté partout de brun plus foncé, les deux pennes externes de la queue blanches en dehors ; mesurée de l'extrémité du bec au bout de la queue, elle a environ 0ᵐ,15 à 0ᵐ,18 de long, et 0ᵐ,35 d'envergure ; le mâle est un peu plus brun que la femelle, il est pourvu d'une espèce de collier noir : une belle alouette pèse environ 60 à 65 grammes. On a signalé comme variétés de cette espèce : l'*Al. blanche*, la *noire* et l'*isabelle*. C'est cette espèce, si répandue chez nous, qui peuple nos campagnes aux premiers jours du printemps ; la femelle fait à terre un nid plat, peu profond, composé d'herbe, de petites pailles, de crin ; elle y pond quatre ou cinq œufs, d'un fond grisâtre, tacheté de brun ; elle les couve quatorze ou quinze jours, et douze ou quinze après l'éclosion, les petits sont en état de se passer de ses soins : leur nourriture se compose de chrysalides, de vers, de chenilles, d'œufs de sauterelles, ce qui devrait bien engager les cultivateurs à les ménager et à en défendre la destruction par le dénichage et par la chasse qu'on leur fait avec tant d'acharnement ; on répond à cela qu'à l'âge adulte elles mangent différentes graines ; mais elles sont loin, par ce léger dégât, de compenser le bien immense qu'elles ont fait dans les premiers temps de leur existence. Les alouettes s'élèvent très-bien en cage, et elles imitent très-facilement les chants qu'on veut leur apprendre ; elles deviennent aisément familières, au point de venir manger dans la main. L'alouette, qui ne peut percher à cause du prolongement de son ongle postérieur, marche avec grâce et agilité. En automne, ces oiseaux se rassemblent en grand nombre, et la plus grande partie émigre pour des contrées plus chaudes ; les autres se retirent dans les lieux abrités pour passer l'hiver. L'alouette n'existe pas en Amérique, et chez nous le nombre paraît en diminuer ; c'est un malheur que doivent déplorer les agriculteurs, et il est bien temps que les gouvernements avisent aux moyens d'empêcher la destruction des petits oiseaux. Considérées comme gibier, les alouettes portent le nom de *Mauviettes*. Le *Cochevis* ou *Al. huppée* (*Al. cristata*, Gm.), à peu près de même taille et de même plumage, a la tête garnie de plumes qui peuvent se relever en huppe ; elle est moins commune que la précédente, moins sauvage, elle ne craint pas l'homme et se laisse facilement approcher, et pourtant elle ne peut vivre en esclavage ; elle s'élève moins haut que l'alouette commune, et reste moins de temps

Fig. 103. — Alouette huppée ou cochevis (1/4 de grand. natur.)

sans se poser : son chant est doux et agréable. L'*Al. des bois*, *Cujelier*, *Lulu* (*Al. arborea*, *Al. nemorosa*, Gm.), a une petite huppe moins marquée ; elle est plus petite et se distingue par un trait blanchâtre autour de la tête. Le mâle a une petite touffe pointue derrière chaque oreille. Elle habite en général le nord de l'Europe, on la trouve aussi en France ; Vieillot fait deux espèces distinctes du *Lulu* et du *Cujelier*. L'*A.* à hausse-col noir (*Al. alpestris, flava*, et *Al. sibirica*, Gm.), front, joue et gorge jaunes, tache noire en travers de la poitrine ; elle habite le nord des deux continents. — 2e groupe : Bec si gros qu'on pourrait, sous ce rapport, les rapprocher des Moi-

neaux : la *Calandre* (*Al. calandra*, Gm.), la plus grande espèce d'Europe, brune dessus, blanchâtre dessous, tache noirâtre sur la poitrine du mâle ; dans le midi de l'Europe. L'*Al. de Tartarie* (*Al. tartarica* et *mutabilis* et *Tanagra sibirica*, Gm.), plumage noir, ondé en dessus, grisâtre, bec épais, brun à sa pointe et d'une couleur de corne, pieds noirs ; elle passe l'été en Tartarie et s'égare quelquefois en Europe. — 3e groupe : Bec allongé, un peu comprimé et arqué : le *Sirli* (*Al. africana*, Gm.), les parties supérieures variées de brun, de roux, de blanc, le dessous blanc taché de brun ; le bec noir, longueur, 0ᵐ,18 ; habite l'Afrique méridionale. L'*Al. bifascialata*, Ruppel.

La chasse aux alouettes peut se faire au *fusil*, et comme le départ de cet oiseau est vif, c'est un excellent exercice pour les personnes qui veulent apprendre à bien tirer ; du reste, elle est dédaignée par les chasseurs qu'elle ne dédommage pas assez du temps et de la fatigue qu'elle occasionne ; il n'en est pas de même de celle qui se fait au moyen de *nappes* (filets) avec le *miroir*, surtout lorsqu'on y joint les *moquettes* ou *appelants* ; c'est-à-dire des alouettes vivantes attachées par une ficelle à un piquet, et que l'on force à voltiger. Lorsque, avec les miroirs et les moquettes on a attiré les alouettes, quelquefois en grand nombre, dans l'espace compris entre deux nappes dressées à cet effet, on peut en très-peu de temps faire une chasse abondante. Le temps le plus propice est du commencement de septembre à la fin de novembre, le matin au soleil (voyez MIROIR, NAPPES, MOQUETTES).

On chasse aussi l'alouette au *traîneau*, filet d'une dimension considérable, qui n'a pas moins d'une quinzaine de mètres sur 5 ou 6 : tendu au moyen de perches, il est traîné doucement sur la terre, dans un endroit où l'on a vu les alouettes se cantonner ; lorsqu'on en entend ou que l'on en voit quelques-unes s'élever, on laisse tomber le filet qui quelquefois prend toute la bande. Cette chasse se fait la nuit et peut être très-productive.

Les *gluaux* sont encore un moyen très-destructeur ; lorsqu'on en place un grand nombre dans un espace restreint, et qu'à la tombée de la nuit, ou rabat les alouettes vers cet espace, on peut en prendre en quantité (voyez GLUAUX). L'*appeau* dont on se sert pour faire venir les alouettes est un moyen accessoire très-utile et dont l'emploi produit de bons résultats (voyez APPEAU).

ALOUETTES DE MER (Zoologie), *Pelidna*, Cuv. ; *Cinclus*, Briss. — Sous-genre d'*Oiseaux* du grand genre *Bécasse* (*Scolopax*), famille des *Longirostres*, ordre des *Échassiers* de Cuvier. Ce ne sont, dit Cuvier, que de petites maubèches à bec un peu plus long que la tête. L'espèce connue, l'*Alouette de mer* ou *petite Maubèche* (*Tringa cinclus* et *Alpina*, Gm.), de la grosseur de notre alouette commune, d'où lui vient son nom, blanche dessous et la poitrine tachée de gris en hiver, et en été fauve tacheté de noir, ne quitte point les rivages de la mer. Ce sont des oiseaux de passage dans plusieurs contrées de l'Europe ; assez communs pendant l'hiver en France et en Angleterre, où ils se réunissent souvent en troupes très-serrées ; ils font leur pêche de vers marins le long des rivages en courant ; ils ne font point de nid et pondent sur le sable trois ou quatre œufs très-gros, relativement au volume de l'oiseau.

ALPACA (Zoologie). — Voyez LAMA.

ALPÉE (Zoologie), *Alpæus*, Bonel. — Genre d'*Insectes Coléoptères*, *Carabiques*, *Grandipalpes*, voisin des Nébries et des Calosomes.

ALPHÉE (Zoologie), *Alpheus*, Fabr. — Genre de *Crustacés Décapodes macroures*, section des *Salicoques* ; caractérisé par des antennes mitoyennes insérées au-dessus des latérales ; les 4 pieds antérieurs terminés par une pince didactyle. On n'en connaît qu'un petit nombre d'espèces, toutes exotiques.

ALPHONSIN (Chirurgie). — Instrument de chirurgie, espèce de tire-balle, ainsi nommé du prénom de son inventeur, Alphonse Ferri, chirurgien du pape Paul III. Cet instrument se compose de trois branches élastiques renfermées dans une gaîne qui leur permet de s'écarter et de se rapprocher par leur extrémité libre comme un porte-crayon dans sa virole. Complétement oublié aujourd'hui, il est avantageusement remplacé par le tire-balle et les pinces à gaînes (voyez TIRE-BALLE). F — N.

ALPHOS (Médecine), du grec *alphos*, blanc. — Les Grecs paraissent avoir désigné sous ce nom une espèce de *dartre* ou de *lèpre* à écailles blanches ; mais Willan a mieux précisé la signification de ce mot en l'appliquant à une variété de lèpre qu'il appelle *lèpre alphoïde* (voyez LÈPRE).

ALPINIE (Botanique), *Alpinia*, Lin. (en mémoire de

Prosper Alpini, botaniste). — Genre de plantes de la famille des *Zingibéracées*, qui comprend des herbes vivaces appartenant aux régions chaudes de l'Asie. Une des espèces les plus belles pour l'ornement des jardins est l'*A. retombante* (*A. nutans*, Smith; *Globba nutans*, Lin.), appelée aussi *Globba penchée*. Elle s'élève à 1ᵐ,50 environ et donne, en été, des fleurs en grappes pendantes; corolle à segments extérieurs blancs ou rosés au sommet, et à limbe intérieur coloré en jaune orangé avec des lignes rouges. Cette jolie plante vient du Bengale, d'où elle a été rapportée en 1792 par Banks, célèbre voyageur anglais. Serre chaude. G — s.

ALPISTE (Botanique). — Nom vulgaire d'un genre de *Graminées*, tribu des *Phalaridées*, qui a pour nom scientifique *Phalaris*, Lin. — L'*A. des Canaries* (*Phalaris canariensis*, Lin.), plante annuelle aujourd'hui naturalisée en Europe, présente des feuilles d'un beau vert, et du centre desquelles s'élance un gracieux épi ovale ou cylindrique, panaché de vert et de blanc. Elle donne un excellent fourrage pour les bestiaux et les chevaux. Ses graines, qui sont comestibles, servent surtout à nourrir les petits oiseaux. L'*A. roseau* (*Ph. arundinacea*, Lin.) se plaît dans les endroits humides, et même au milieu des étangs. C'est aussi un très-bon fourrage qui peut venir également dans les terres sèches et pierreuses. Ses variétés à feuilles panachées se cultivent pour l'ornement des jardins. Les alpistes sont des herbes à feuilles planes, à fleurs en panicules étalées ou resserrées en forme d'épi dont les épillets sont uniflores; glume à deux folioles carénées, balle à deux paillettes dont la plus grande, placée inférieurement, embrasse la supérieure. Le fruit est un cariopse oblong comprimé. G — s.

ALQUE (Zoologie). — Voyez PINGOUIN.

ALQUIFOUX (Minéralogie). — Galène (plomb sulfuré) brute réduite en poudre. Cette substance sert à faire le vernis des poteries grossières : dans l'opération, elle se transforme en litharge, qui fond et forme autour du vase un enduit vitreux jaune, coloré aussi en vert ou en brun par des oxydes de cuivre ou de manganèse. L'alquifoux sert encore à faire certains papiers métalliféres, que l'on emploie pour couvrir des boîtes, des coffrets communs (voyez GALÈNE). Les femmes en Orient s'en servent pour se teindre les cils et les sourcils.

ALSINE (Botanique), *Alsine*, Lin., du grec *alsos*, bois sacré : Pline a dit : L'alsine croît près des bois sacrés (*lucis*) et elle en porte le nom. — Genre de plantes de la famille des *Caryophyllées*, tribu des *Alsinées*. Il est aujourd'hui réparti entre les genres *Buffonie*, *Sagine*, *Stellaire* et *Sabline*. L'espèce la plus importante est l'*Alsine media*, Lin., désignée sous le nom de *Stellaria media* de Smith, dans les ouvrages de botanique modernes. C'est la *Morgeline* (de *morsus gallinæ*, morsure des poules, la volaille étant très-avide de cette plante) ou *Mouron blanc*, *Mouron des petits oiseaux*, qu'il ne faut pas confondre avec le *Mouron anagallis*, famille des *Primulacées*. Suivant les observations de Linné faites en Suède, ses fleurs sont ouvertes depuis neuf heures jusqu'à midi et se referment quand il pleut. Le mouron des oiseaux croît abondamment partout. C'est une des plantes qui se développent indifféremment sous les climats les plus opposés. Elle passe pour avoir des propriétés rafraîchissantes. Dans certains pays, elle trouve sa place parmi les herbes potagères; on la mange cuite à peu près comme les épinards. Ses caractères sont : tiges grêles, rameuses, diffuses, présentant une ligne longitudinale de poils fins, qui distingue aisément la plante des espèces qui lui ressemblent par le port; feuilles tendres opposées, fleurs solitaires, blanches, portées sur de longs pédoncules. G — s.

ALSINÉES (Botanique). — Tribu de la famille des *Caryophyllées*, que M. A. Brongniart met au rang des familles dans sa classe des *Caryophyllinées*. Le genre *Alsine* lui a donné son nom. Elle a pour caractères : calice à 4-5 sépales libres ou à peine soudés par leur base 4-5 ou 10 étamines hypogynes. Parmi ses genres principaux, on remarque : les *Céraistes*, les *Sablines*, les *Stellaires*, les *Sagines*, les *Spargoutes*.

ALSODINÉES (Botanique). — Voyez VIOLACÉES.

ALSTRŒMÈRE (Botanique), *Alstrœmeria*, Lin., dédiée par Linné au naturaliste suédois Alstrœmer. — Genre de la famille des *Amaryllidées*, renfermant des plantes exotiques, toutes remarquables par la beauté de leurs fleurs : racine fibreuse fasciculée, tige pleine, dressée; 6 étamines, capsule presque globuleuse s'ouvrant en valves. Parmi les espèces, à peu près au nombre d'une dizaine, que l'on cultive dans les jardins, on distingue l'*A. girofle* (*A. caryophyllea*, Jacq.), qui donne dans les

serres chaudes, en février et en mars, des fleurs rouges et blanches qui répandent une odeur très-prononcée de girofle. Les autres espèces sont presque rustiques. L'*A. jolie* (*A. pulcura*, Sims.) est aussi une belle plante à fleurs blanches qui s'épanouissent de juin à septembre. Presque toutes sont originaires du Chili ou du Pérou. On ne les cultive qu'en serre. G — s.

ALTÉRANTS (MÉDICAMENTS), ALTÉRANTE (Médication) (Médecine), du latin *alterare*, changer. — Médicaments qui changent par des actes physiologiques insensibles l'état des solides et des liquides; ce sont en général des toniques, des excitants, des relâchants, etc. Voici comment M. le professeur Trousseau explique l'action des médicaments altérants : « Ils dénaturent le sang et les humeurs diverses, ils les rendent moins propres à la nutrition interstitielle, et à fournir des éléments aux phlegmasies aiguës ou chroniques; peut-être agissent-ils en rendant impossible la génération des produits accidentels épigénétiques. » Les alcalins occupent une grande place parmi ces médicaments; les mercuriaux, les préparations d'iode, l'huile de foie de morue, l'arsenic, etc., sont des altérants. Mais à la tête de ces agents, il faut, sans contredit, placer la saignée, qui « a pour résultat, non-seulement de spolier le système vasculaire, et par conséquent tous les tissus auxquels il porte la vie, mais encore de changer la composition intime du sang. » (TROUSSEAU, *Traité de thérapeutique*.) F — N.

ALTÉRATION (Médecine), en latin *alteratio*, changement. — On entend par là un changement, le plus souvent en mal, dans la nature, la manière d'être, le jeu des fonctions, les propriétés d'un ensemble d'organes, d'un organe, d'un tissu, d'un liquide, etc. On dit : *altération du sens de la vue, altération des traits, altération du sang*, etc. On dit aussi des changements qui peuvent survenir dans des substances simples ou composées : ainsi *altération des médicaments, des aliments* dans l'estomac, comme condition de leur digestion, etc.

ALTERNAT (Agriculture). — On appelle ainsi la succession des végétaux sur un sol cultivé; si l'on voulait continuer tous les ans la culture d'une même plante dans le même champ, les récoltes diminueraient d'année en année; aussi le cultivateur est-il obligé de changer sa culture, d'*alterner* ses produits : par exemple, après du blé, des plantes sarclées, telles que pommes de terre, etc., puis de l'orge, de l'avoine, du maïs, etc., pour recommencer de même. C'est ce qui constitue la pratique des *Assolements* (voyez ce mot).

ALTERNES (FEUILLES). — Voyez FEUILLES.

ALTHÉE (Botanique), *Althæa* de Cavanilles, du grec *althô*, je guéris. — Genre de plantes de la famille des *Malvacées*, tribu des *Malvées*, connu sous le nom vulgaire de *Guimauve* (voyez ce mot). G — s.

ALTISE (Zoologie), *Altica*, *Haltica*, Fabr., du grec *altikos*, sauteur, parce que ces insectes ont la faculté de sauter. — Genre de *Coléoptères tétramères*, qui appartient aujourd'hui à la tribu des *Halticides* de la grande famille des *Phytophages*. Ce sont de petits insectes, en général lisses et brillants, qu'on trouve sur les plantes dont ils se nourrissent; aussi causent-ils des dégâts considérables sur les plantes potagères, et font-ils le désespoir des cultivateurs et des horticulteurs qui

Fig. 104. — 1, Altise de la jusquiame, grossie 6 fois. — 2, Altise des bois, grossie 6 fois. — 3, Larve de l'altise des bois, grossie 6 fois en longueur,

n'ont aucun moyen de s'en préserver. Ils s'attaquent surtout aux plantes crucifères, aux betteraves, à la vigne, et comme ils se multiplient beaucoup, et qu'ils sont nuisibles à l'état parfait aussi bien qu'à l'état de larves, on conçoit l'étendue des ravages qu'ils peuvent causer. Ce sont d'ailleurs des insectes en général parés de brillantes couleurs métalliques, qui volent très-bien, et qui ont la singulière faculté d'exécuter des bonds et des sauts prodigieux. Il en existe un grand nombre d'espèces, dont quelques-unes sont appelées *Puces de terre, Tiquets,* par les agriculteurs. En général, les larves vivent dans de petites galeries qu'elles se creusent dans l'épaisseur des feuilles et où elles se tiennent à couvert. Parmi ces espèces, il convient de citer quelques-unes des plus nuisibles, ainsi : l'*A. des bois,* qui serait mieux nommée *A. des navets,* à cause des ravages qu'elle cause à cette plante potagère, c'est l'une des plus petites espèces longue de fm,002, elle est d'un noir vif, à reflets bleu verdâtre; l'*A. des choux,* plus petite ; l'*A. noire et cuivreuse,* très-commune dans les jardins; l'*A. de la rave;* l'*A. potagère,* dite aussi *Pucerotte.*

Fig. 105. — Jambe postérieure d'altise montrant la cuisse très-forte comme chez les animaux sauteurs.

Les caractères du genre *Altise* sont, suivant Latreille : antennes aussi longues que la moitié du corps, insérées entre les yeux, près de la bouche, et très-rapprochées à leur base; cuisses postérieures grosses, propres à sauter; corps tantôt ovoïde ou ovalaire, tantôt hémisphérique, toujours lisse et sans poils ni duvet. Voyez, pour les détails, l'article Altise de M. Guérin-Menneville, dans l'*Encyclopédie de l'agriculture* de M. Moll.

ALUCITE (Zoologie agricole), *Alucita,* Latr. — Petit papillon assez semblable aux teignes de nos appartements et dont la chenille dévore les blés, les orges et les seigles. Il s'est tellement multiplié dans certaines parties de la France, qu'il constitue un dés fléaux les plus redoutables pour l'agriculture. On le connaît dans ces contrées sous les noms de *Papillon, Teigne, Pou volant, Alucite,* et même *Lucite,* par corruption. Il a été souvent confondu avec un autre ennemi des céréales, la *Teigne des blés,* dont l'aspect et les mœurs sont différents. Étudiée et décrite en 1760 par Duhamel-Dumonceau et Tillet, dans l'Angoumois, où elle dévorait les grains, l'alucite n'a été classée par les naturalistes qu'en 1789 dans l'*Encyclopédie méthodique.* C'est alors qu'elle reçut le nom d'*Alucite des céréales,* qui ne lui resta pas d'ailleurs dans la science. Dans le *Règne animal* de G. Cuvier, ce même insecte est rangé par Latreille dans le genre *Œcophore,* sous le nom d'*Œcophora granella;* enfin, il est placé aujourd'hui dans le genre *Butale* de Treischke, et l'alucite a pour dénomination scientifique : *Butale des céréales (Butalis cerealella,* Duponchel).

Conformation et mœurs de l'Alucite des céréales. — L'alucite est un *Insecte Lépidoptère nocturne,* de la tribu des *Tinéides.* Il a 0m,006 à 0m,007 de long, et, dans le repos, il porte ses ailes repliées le long du corps, de façon à former au dos de l'animal un toit arrondi, presque plat. La tête est dégarnie de poils et pourvue d'antennes filiformes; on y voit en dessous une petite trompe bien apparente. Entre les deux antennes se distinguent comme deux petites cornes relevées en haut, et facilement reconnaissables. La couleur générale de l'animal est d'un gris couleur de café au lait. Les deux paires d'ailes sont garnies à leur bord postérieur et à leur extrémité d'une frange touffue. Tous ces caractères distinguent l'alucite de la *Teigne des blés* (voyez Teigne). La chenille de l'alucite est un petit ver blanc, long de 0m,006 à 0m,007

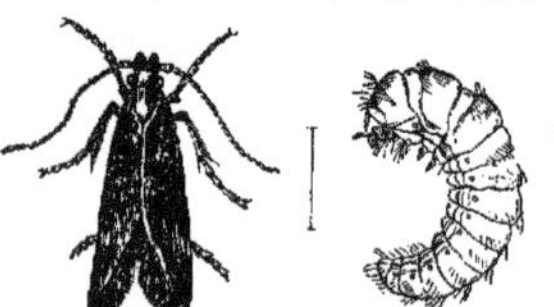

Fig. 106. — Papillon de l'Alucite grossi 4 fois.

Fig. 107. — Chenille de l'Alucite grossie 4 fois.

Fig. 108. Chrysalide de l'Alucite grossie 4 fois.

sur 0m,001 de large; elle éclôt d'un petit œuf rouge, long de 2/3 de millimètre, et que le papillon a déposé sur les grains; à peine née, elle cherche un grain bien sain, y pénètre par un trou à peine visible, pratiqué dans la rainure du grain, et dévore intérieurement la farine en laissant toute la coque bien intacte, de manière que rien au dehors n'annonce sa présence. Au bout de cinq semaines environ, la farine est à peu près complétement détruite; la chenille perce dans la coque du grain un trou par lequel elle sortira sous la forme de papillon, puis elle se transforme en chrysalide dans le grain même, et enfin, six ou sept jours après, le papillon sort de cette chrysalide et prend sa volée. La vie des papillons d'alucite ne dure pas habituellement vingt jours; dès les premiers moments, les œufs sont pondus et attachés par paquets de dix ou quinze aux épis de céréales encore debout dans les champs, rassemblés en moyettes ou en meules, ou même resserrés dans les granges; ce n'est qu'à défaut de ces conditions que les œufs sont déposés sur les grains battus et mis en tas dans les greniers. On pense que cette espèce donne par année deux générations : l'une provient des œufs pondus en automne et ne produit ses papillons que l'été suivant; l'autre provient des œufs pondus en été par la première, et donne ses papillons en automne, d'août en novembre. Les mœurs nocturnes de l'insecte empêchent la plupart des agriculteurs de voir les papillons d'alucite envahir les champs de céréales et y déposer leurs œufs. Mais en faisant les observations la nuit avec des lanternes, on a vu des nuées de papillons éclos dans les grains provenant de la récolte précédente, sortir des granges et des greniers pour se répandre dans les champs encore couverts de leur récolte sur pied et y déposer leurs œufs sur les épis.

Ravages de l'alucite. — La chenille de l'alucite attaque surtout le blé d'une manière désastreuse pour certaines contrées. Le blé alucité diminue de poids à mesure que sa farine est dévorée, et il perd rapidement de 40 à 50 pour 100 de sa valeur. Il donne une farine impure, grise et terreuse, infectée d'un goût de vermine intolérable. Les animaux domestiques refusent absolument de toucher aux grains de blé attaqués par l'alucite. Pour le cultivateur, la présence de l'alucite dans sa récolte sera annoncée par la vue des papillons qu'il s'étudiera à bien reconnaître, par l'existence des grains piqués qu'ils laissent après leur sortie; enfin, si l'on prend une certaine quantité de grains et qu'on les jette dans un seau d'eau, tous iront au fond si le blé est sain ; si, au contraire, il y a des grains alucités, ils surnageront tous, et l'on pourra en même temps constater le mal et évaluer à tant pour 100 son importance. Les cultivateurs accordent une grande confiance à l'échauffement des tas et croient que ce signe annonce à coup sûr la présence de l'alucite; il y a là une erreur, un blé peut s'échauffer sans contenir aucun insecte, et réciproquement un blé mangé peut ne pas s'échauffer; mais ce qu'il y a de vrai, c'est que l'échauffement du blé active et provoque l'éclosion de tous les germes d'alucite que renfermaient les grains.

Ce fléau désole surtout, depuis 1800, 1805 et 1820, la Gascogne, le Toulousain, l'Angoumois, la Saintonge, le Poitou, la Touraine, le Berry, le Nivernais et la Limagne. Dans chacune des années 1849 et 1850, le département du Cher, par exemple, a, selon l'évaluation de M. L. Doyère, perdu par les ravages de l'alucite le cinquième de sa récolte, environ 220,000 hectolitres de froment.

Moyens de combattre le fléau. — Depuis près d'un siècle, on a proposé et expérimenté bien des moyens pour détruire l'alucite. Duhamel et Tillet, envoyés par le roi en 1760 pour chercher un remède au fléau dans l'Angoumois, ont surtout étudié et recommandé le chauffage des grains. Depuis l'introduction des machines à battre, on a pu constater que le choc mécanique imprimé aux grains avec une vitesse de 600 à 800 mètres par minute tuait les chenilles dans les grains. M. le docteur Herpin, de Metz, a construit sur cette indication un tarare *brise-insectes,* et M. L. Doyère un appareil qui tient à la fois des tarares et des machines à battre, et qu'il a nommé *tue-teignes.* Ce dernier appareil, portatif comme les tarares, paraît offrir quant à présent le meilleur moyen d'assainissement des blés alucités. M. L. Doyère a beaucoup étudié l'emploi de la chaleur pour détruire l'alucite; ce procédé, qui date de plus de cent ans, avait été si mal employé qu'il était complétement tombé en défaveur. M. Doyère lui a donné une précision scientifique qui semble lui enlever la majeure partie de ses inconvénients; les préventions dont il est l'objet paraissent devoir néanmoins entraver l'adoption de ce moyen d'assainissement. Quant à la conservation du blé dans les silos, ou son assainissement par l'emploi des vapeurs anesthésiques, ce sont des questions générales qui seront traitées aux articles Grains, Silo.

Les principaux ouvrages à consulter, concernant l'alucite et ses ravages, sont : Réaumur, *Mémoires pour ser-*

vir à l'histoire des insectes, t. II, p. 486. — Duhamel-Dumonceau et Tillet, *Histoire d'un insecte qui dévore les blés dans l'Angoumois*, 1762. — Duponchel, *Supplément à l'Histoire naturelle des papillons de France*, t. IV, p. 444, pl. 85, fig. 3. — *Bulletin de la Société d'agriculture du Cher*, divers mémoires.—L. Doyère, *Annales de l'Institut agronomique*, 1852, *Recherches sur l'Alucite des céréales.* — P. Joigneaux, *le Livre de la ferme et des maisons de campagne*, 1861.

ALUDELS. — Vases de terre cuite en forme de poire allongée, ouverts aux deux extrémités, se réunissant bout à bout pour former des tuyaux continus employés, dans les mines d'Almaden en Espagne, à l'extraction du *mercure* (voyez ce mot).

ALUMELLE, primitivement *alamelle*, du latin *lamella*, petite lame. — En tabletterie, lame de couteau aiguisée d'un seul côté comme le ciseau des menuisiers et servant à gratter le buis, l'ivoire, la corne, l'écaille… En marine, plaques de fer minces garnissant l'intérieur des mortaises du cabestan pour les préserver de l'usure par le frottement des leviers ou *barres*.

ALUMINATE. — Combinaison de l'alumine avec une base. On rencontre dans la nature plusieurs aluminates : le *spinelle*, aluminate de magnésie ; la *gahnite*, aluminate de zinc ; la *cymophane*, aluminate de glucine, etc.

ALUMINE (Chimie), du latin *alumen*, alun, *oxyde d'aluminium*, *verre d'alun* (Al^2O^3).

L'alumine est une combinaison d'*aluminium* avec l'oxygène : 2 proportions ou (27) de métal pour 3 (24) d'oxygène. On la trouve dans la nature à l'état de pureté (*corindon hyalin*) ou colorée par des traces de divers oxydes métalliques (*rubis oriental*, *saphir*). On l'y rencontre aussi à l'état d'hydratation (*gibsite*, *diaspore hydrargyrite*). Elle est un des éléments de tous les sols propres à la culture, forme la base des argiles et constitue le principe actif des aluns employés dans la teinture.

L'alumine des laboratoires est une poudre blanche, légère, happant à la langue, un peu rude au toucher, résistant au plus violent feu de forge, mais fondant au chalumeau à gaz oxygène et hydrogène. C'est ce moyen que M. Gaudin est parvenu à faire des rubis artificiels ne différant des rubis naturels que par leur opacité et qui deviendraient probablement tout aussi transparents si on pouvait les refroidir lentement. L'alumine est insoluble dans l'eau, et sans saveur, mais soluble dans les acides tant qu'elle n'a pas été trop fortement calcinée. On la prépare soit en calcinant l'alun ammoniacal, soit en précipitant l'alun de potasse par le carbonate de soude. Dans le premier cas, l'acide sulfurique et l'ammoniaque sont chassés par la chaleur ; dans le second, la soude prend la place de l'alumine ; il se dégage de l'acide carbonique, se forme du sulfate de soude qui reste en dissolution, et l'alumine se dépose sous forme de gelée transparente soluble dans la potasse et la soude caustiques. Dans cet état, l'alumine a une grande affinité pour les matières colorantes avec lesquelles elle s'unit pour former des composés insolubles appelés *laques*. Le précipité formé par le carbonate de soude est recueilli, lavé, séché et très-modérément calciné jusqu'à ce qu'il ne garde plus que 10 p. 100 d'eau. Au delà, l'alumine perdrait la propriété de se combiner avec les acides, tout en conservant celle de s'unir aux bases puissantes sous l'influence d'une température plus ou moins élevée. La teinture consomme annuellement des quantités considérables d'alumine, soit à l'état de sels simples d'alumine (*sulfate*, *acétate d'alumine*), soit à l'état de sels doubles (*aluns*) (voyez Teinture, Acétate d'alumine, Sulfate d'alumine, Alun). Ce fut Margraff qui en 1754 reconnut la nature particulière de l'alumine ; mais le métal (aluminium) qui entre dans sa composition ne fut isolé par M. Woehler qu'en 1827.

ALUMINE (Sels d').—Leurs dissolutions dans l'eau sont reconnaissables à leur goût styptique et astringent, à leur action constamment acide, et au dépôt de cristaux d'alun, auquel elles donnent lieu lorsqu'on y verse une dissolution de sulfate de potasse. Par les alcalis fixes elles fournissent un précipité soluble dans un excès d'alcali et qui prend une magnifique couleur bleue par sa calcination avec l'oxyde de cobalt.

ALUMINE (Acétate d'). — Voyez Acétates.

ALUMINE (Silicates d'). — Extrêmement abondants dans la nature, ils y jouent un rôle très-important. Ils s'y rencontrent quelquefois cristallisés ; mais c'est principalement à l'état d'hydrates qu'ils présentent de l'intérêt pour nous. Les hydrosilicates d'alumine forment en effet la base des *argiles* ordinaires, et du *kaolin* ou terre à porcelaine. Cette dernière matière, qui résulte en général de l'altération spontanée et sur place d'une roche *feldspathique*, est du silicate d'alumine à peu près pur (Al^2O^3,SiO^3+2HO).

Les argiles ordinaires s'éloignent également peu de cette composition, mais elles sont souvent mélangées en proportions variables de sable quartzeux, d'oxyde de fer, de carbonate de chaux, qui altèrent considérablement leurs propriétés physiques et chimiques (voyez Argiles, Kaolin, Marnes, Ocres, Terre a foulon, Terre de Sienne).

ALUMINE (Sulfate d') ($3SO^3,Al^2O^3,18HO$). — Combinaison de 3 proportions d'acide sulfurique, de 1 proportion d'alumine et de 18 proportions d'eau, ou en poids de 15 p. 100 d'alumine, 36 p. 100 d'acide sulfurique anhydre et 49 p. 100 d'eau. Tout nouvellement introduit dans l'industrie, ce sel tend à se substituer aux aluns et le ferait d'une manière complète si l'on pouvait le purifier à bas prix. L'alumine est en effet la seule partie utile des aluns dans la teinture. Tout ce qui est associé avec elle est donc consommé en pure perte s'il n'est pas nécessaire à sa préparation ou à son emploi.

Le sulfate d'alumine se prépare en traitant par l'acide sulfurique les argiles les plus pauvres en fer et en carbonate de chaux qu'on puisse trouver. Dans les environs de Paris on se sert à cet effet de l'argile de Vanves. L'argile est d'abord lavée par décantation pour en séparer les sables et graviers, puis elle est modérément calcinée dans des fours à réverbère pour augmenter sa porosité et pour suroxyder le fer qu'elle contient et le rendre moins attaquable par les acides. Elle est ensuite broyée, versée avec 45 p. 100 d'acide sulfurique à 53° dans des cuves ou bacs doublés de plomb. La dissolution de l'alumine se fait peu à peu et se termine par l'intervention de la chaleur dans de grandes chaudières en plomb peu profondes appelées *bastringues*. L'attaque dure de 8 à 10 heures et fournit 100 kil. de sulfate d'alumine pour 42 kil. de glaise employée. La bouillie que l'on obtient dans les bastringues est lavée méthodiquement dans une série de cuviers en plomb ; les eaux de lavage sont évaporées jusqu'à ce que par refroidissement elles se prennent en masse ; la liqueur est alors coulée sur une aire en plomb, concassée après son refroidissement et immédiatement mise en tonneaux, le sulfate d'alumine étant *déliquescent* et ne cristallisant qu'avec une grande difficulté.

Le sulfate d'alumine ainsi obtenu contient du fer qui le rend impropre à la teinture en couleur claire ; pour le purifier, on concentre sa solution moins qu'il n'est dit plus haut et on la traite par une dissolution de *prussiate de potasse* qui précipite tout le fer à l'état de *bleu de Prusse*; mais cette dernière opération élève le prix du produit d'une manière notable.

Le prix du sulfate d'alumine est environ de 32 fr. les 100 kil., bien qu'il ne renferme que 0,15 d'alumine, ce qui porte cette base au prix de 214 fr. les 100 kil. A l'exposition de 1855 l'alumine extraite du kaolin par l'acide chlorhydrique était cotée 32 fr. les 100 kil.

Sulfate double d'alumine et de potasse.—Voyez Alun.

M. D.

ALUMINE (Minéralogie), du latin *alumen*, alun. — On trouve dans la nature l'alumine à l'état libre, et elle constitue le *corindon* (voyez ce mot). L'alumine hydratée et mélangée à la silice forme les diverses variétés d'*Argile* (voyez ce mot). On rencontre aussi parmi les substances minérales un certain nombre de combinaisons nommées *Aluminates*, où l'alumine joue le rôle d'acide vis-à-vis de certaines bases. Enfin, l'alumine entre comme base dans la composition d'un grand nombre de minéraux, tels que l'alun, l'alunite, la webstérite, les feldspaths, les micas, les grenats, les tourmalines, l'émeraude, la topaze, etc.

ALUMINITE (Minéralogie). — Nom employé pour désigner plusieurs minéraux alumineux (alunite, collyrite, webstérite), que l'on sépare aujourd'hui pour les rapporter aux genres indiqués ci-contre.

ALUMINIUM (Chimie). — Métal découvert en 1827 par M. Woehler, qui l'isola sous forme de poudre grise, et obtenu pour la première fois en masse compacte par M. Deville en 1854.

L'aluminium est blanc comme l'argent, mais d'un blanc moins éclatant et légèrement bleuâtre. Il présente une résistance remarquable à l'oxydation, et peut sans subir d'altération être fondu dans du nitre et porté jusqu'au rouge, température à laquelle le nitre se décompose. Il résiste également bien à l'action du soufre ou des sulfures, tandis que l'argent et même l'or seraient attaqués dans ces conditions. Il est beaucoup plus sensible à l'action de l'acide chlorhydrique et des chlorures, et sous ce rapport il se rapproche de l'étain ; mais son innocuité complète le rend bien supérieur à l'étain pour les usages domestiques.

L'aluminium est très-malléable, très-ductile, et possède une grande ténacité, malgré sa légèreté, qui est à peu près celle du verre ou environ 4 fois plus grande que celle de l'argent ; sa densité est 2,5, sa sonorité est remarquable. Il forme avec les métaux, et particulièrement le cuivre, des alliages qui par leur couleur présentent l'analogie la plus complète avec l'or.

Ce métal est encore d'un prix trop élevé pour qu'il pénètre dans les usages domestiques ; mais déjà la bijouterie en a tiré un excellent parti. Les bijoux qu'on en a obtenus sont d'un aspect agréable ; ils se conservent bien, et quand ils se ternissent, il suffit de les laver avec de l'eau légèrement alcaline (eau de soude très-étendue) pour leur rendre tout leur éclat.

L'aluminium s'extrait des kaolins et des argiles qui sont répandues à profusion dans la nature et en renferment près du quart de leur poids.

L'alumine est d'abord transformée en chlorure double d'aluminium et de sodium (voy. ALUMINIUM [*Chlorure d'*]). Ce sel mélangé avec du *sodium* en fragments est chargé à la pelle dans un four à réverbère incandescent. Au bout de quelque temps une réaction s'établit entre ces deux corps, le sodium se substitue à l'aluminium qui se dépose en plaques, en globules ou en poudre, et que l'on peut séparer du sel marin, soit mécaniquement, soit par l'action de l'eau. Les globules lavés et séchés rapidement sont introduits dans un creuset de terre chauffé au rouge ; quand ils commencent à fondre, on les écrase avec une baguette en terre cuite, le tout se réunit en un seul culot que l'on coule dans une lingotière comme les plaques obtenues directement. La poudre est perdue ou à peu près, à moins qu'elle ne soit utilisée dans une opération suivante.

ALUMINIUM (CHLORURE D') (Chimie), Al²Cl³. — Composé de chlore et d'aluminium qui a acquis une grande importance depuis la découverte de l'aluminium. C'est un composé solide, volatil au rouge, blanc quand il est pur, mais ordinairement coloré en jaune. Il s'obtient en faisant un mélange d'alumine pure, de charbon et de goudron dont on fait une pâte qui est d'abord calcinée au rouge vif, puis introduite dans une cornue que l'on porte également au rouge. Si dans cet état on fait arriver dans la cornue un courant de chlore, sous la double influence du chlore et du charbon, l'alumine, qui résiste à l'action du charbon seul, est décomposée, il se forme de l'oxyde de carbone et du chlorure d'aluminium que l'on condense dans un récipient. Mis en contact avec l'eau, ce chlorure est décomposé ainsi que l'eau, il se forme de l'acide chlorhydrique et l'alumine est régénérée. Il doit donc être conservé bien à l'abri du contact de l'air humide. On lui préfère le chlorure double d'aluminium et de sodium. On peut cependant obtenir un chlorure d'aluminium hydraté Al²Cl³ + 12HO en dissolvant l'alumine dans l'acide chlorhydrique et faisant évaporer dans le vide sec jusqu'à ce que la cristallisation se soit opérée ; mais par l'action de la chaleur les cristaux se décomposent, l'alumine se régénère et l'acide chlorhydrique se dégage.

ALUMINIUM ET SODIUM (CHLORURE DOUBLE D'). — Si au mélange précédent d'alumine et de charbon on ajoute du sel marin ou chlorure de sodium, on obtient par l'action du chlore un chlorure double, combinaison de chlorure d'aluminium et de chlorure de sodium. Cette substance volatile comme la précédente est de plus très-fusible, coulant comme de l'eau et se figeant à froid, ce qui rend sa préparation en grand beaucoup plus facile et la fait préférer dans la fabrication de l'aluminium.   M.D.

ALUN (Chimie et Arts chimiques). — Sel blanc, d'une saveur âpre, un peu acide, rougissant la teinture bleue de tournesol, soluble dans 18,4 parties d'eau froide et dans 0,75 d'eau bouillante. Soumis à l'action du feu, il fond d'abord dans son eau de cristallisation et donne par le refroidissement une masse vitreuse appelée *alun de roche* ; chauffé plus fortement, il perd toute son eau, en se boursouflant, et se transforme en une matière pulvérulente anhydre appelée *alun calciné*. Sa dissolution chaude, traitée par l'ammoniaque, donne un précipité gélatineux d'alumine ; sa dissolution froide et concentrée, traitée de la même manière, donne une poudre blanche insoluble de *sulfate tribasique d'alumine* ; enfin en faisant bouillir la même dissolution sur de l'alumine en gelée, une portion de celle-ci se combine avec l'alun et

forme un *alun aluminé* insoluble qui se précipite également en poudre blanche.

L'alun se trouve dans le commerce sous forme de gros cristaux octaédriques, plus rarement cubiques. Il est formé par la combinaison de 1 proportion de sulfate d'alumine avec 1 proportion de sulfate de potasse ou d'ammoniaque et de 24 proportions d'eau, ou en poids :

ALUN DE POTASSE.		ALUN D'AMMONIAQUE.	
Sulfate de potasse....	18,34	Sulfate d'ammoniaque.	12,88
Sulfate d'alumine.....	38,28	Sulfate d'alumine.....	38,64
Eau..................	43,46	Eau..................	43,48
	100,00		100,00
$3SO^3, Al^2O^3 + SO^3,KO + 24HO$		$3SO^3, Al^2O^3 + SO^3, AzH^4O + 24HO$	

L'alun se rencontre tout formé dans la nature, dans certaines eaux minérales des Indes orientales, et accidentellement en efflorescences superficielles dans le voisinage des volcans ; mais la quantité en est extrêmement faible, et c'est à l'industrie qu'il faut demander les 4 à 5 millions de kil. qui s'en consomment annuellement en France pour la teinture. On le prépare au moyen de la *pierre d'alun* ou *alunite*, des *schistes alumineux* ou des *argiles*.

1° *Préparation par l'alunite ou pierre d'alun.* — L'alunite est un minéral assez rare que l'on rencontre à la *Tolfa* près Civittà-Vecchia et à *Piombino* en Italie, à *Bereghszasz* et à *Muszag* en Hongrie, au *Mont-Dor*, mais en faible quantité en France. Elle se compose de 2 proportions de sulfate d'alumine, 2 proportions de sulfate de potasse et 5 proportions d'hydrate d'alumine. C'est donc un véritable alun aluminé qui est insoluble. Le minerai est calciné avec précaution dans des fours à plâtre ordinaire, ou mieux dans des fours à réverbère, de manière que l'alumine perde son eau sans que, cependant, l'alun subisse de décomposition ; puis il est empilé en tas de 0m,80 à 0m,90 d'épaisseur à l'air libre et entretenu continuellement humide au moyen d'un peu d'eau qu'on y fait arriver. L'alumine déshydratée a perdu son affinité pour l'alun, qui, devenu libre, s'hydrate peu à peu, se dilate et finit par se transformer en une masse pâteuse qu'on lessive avec de l'eau chaude. Les eaux de lavage sont clarifiées par le repos et par décantation, puis évaporées et mises aux cristallisoirs. Les cristaux obtenus sont redissous dans de l'eau pure pour être purifiés par une nouvelle cristallisation. Cet alun appelé *alun de Rome* est cristallisé en cubes et le plus recherché des teinturiers à cause de sa pureté.

2° *Fabrication de l'alun au moyen des schistes alumineux.* — C'est le procédé qui fournit la plus grande partie de l'alun consommé en Angleterre et en Allemagne, où existent en abondance les schistes alumineux ardoisiers mélangés de pyrites ferrugineuses et des matières charbonneuses ou bitumineuses les plus propres à cette fabrication. Quelques localités de la France en possèdent également qui servent au même usage.

Les schistes assez riches en matières charbonneuses sont simplement calcinés ou grillés au contact de l'air ; pendant cette opération, le minerai se désagrége, et son principe argileux se modifie de manière à être beaucoup plus facilement attaquable par les acides ; les pyrites de leur côté se combinent avec l'oxygène de l'air ; leur fer s'oxyde et leur soufre se transforme en acide sulfurique. Toute la portion de cet acide qui ne se combine pas avec le fer oxydé porte son action sur l'alumine du schiste et donne du sulfate d'alumine. Il se forme donc d'abord du sulfate d'alumine et du sulfate de fer ; mais par l'action prolongée de l'air celui-ci se suroxyde, se transforme en sulfate de sesquioxyde de fer qui est décomposable par l'alumine, de sorte que finalement une partie de son acide donne une nouvelle quantité de sulfate d'alumine. Pour opérer le grillage, on stratifie le schiste avec de la houille menue, du bois de fagots ou des branchages de manière à en former des tas très-étendus en surface, ayant 1 mètre à 1m,50 en hauteur ; on met le feu au centre, et on conduit la combustion d'une manière très-lente en ouvrant çà et là des évents. Plus le schiste est riche en matière charbonneuse, moins il faut y ajouter de combustible. Les cendres provenant du grillage sont lessivées, et les lessives sont concentrées jusque vers le point où elles commenceraient à laisser déposer des cristaux. Pendant ce temps celles-ci se sont dépouillées d'une grande partie des matières terreuses qu'elles tenaient en suspension ou en dissolution, mais elles gardent encore du sulfate de fer ; on y verse du sulfate de potasse ou d'ammoniaque ou du chlorure de potassium ou du chlorhydrate d'ammoniaque ; il se dépose des cristaux d'alun que l'on purifie par une seconde cristallisation. Préparé de cette manière, l'alun est en octaèdres transparents, tandis que l'alunite donne des cristaux opaques et cubiques plus estimés parce qu'ils sont ordinairement plus purs. Pour transformer l'alun octaédrique en alun cubique, on en forme une dissolution saturée à 45°, on y verse une faible quantité de carbonate de potasse; il se précipite du sous-sulfate d'alumine qu'une légère agitation fait disparaître; en laissant refroidir la liqueur, il s'en dépose de l'alun cubique aussi pur que l'alun de Rome.

3° *Fabrication de l'alun par les argiles.*—C'est le procédé le plus généralement employé en France. De l'argile aussi pauvre que possible en carbonate de chaux et oxyde de fer est modérément calcinée dans un four à réverbère, de manière à rendre l'argile plus poreuse et à suroxyder le fer pour le rendre moins attaquable par les acides. Quand elle est ainsi rendue friable, on la pulvérise, on la mêle avec 45 p. 100 d'acide sulfurique à 53° dans un bassin de pierre siliceuse voûté en briques; et on fait arriver sur la surface de cette bouillie la flamme d'un fourneau à réverbère en agitant de temps en temps la matière pour la chauffer également en tous ses points; au bout de quelques jours on la retire et on la dépose dans un lieu bien chaud où on laisse la réaction s'opérer pendant sept à huit semaines. On lave la matière, on évapore les lessives et on les traite comme dans le second procédé.

Le réactif le plus sensible pour constater la présence du fer dans l'alun est le prussiate de potasse qui donne un précipité de bleu de Prusse ou une coloration bleue dans une liqueur qui contient des traces de fer. La noix de galle dans les mêmes conditions donnerait de l'encre; mais ce dernier réactif est moins sensible que le précédent.

L'usage de l'alun nous vient d'Orient. Il existait, il y a plusieurs siècles, des fabriques de cette substance à Roccha (Edessa) en Syrie, et c'est de là qu'est venu l'ancien nom d'*alun de roche*. On le fabriqua ensuite à *Foya-nova* près de Smyrne et dans les environs de Constantinople, d'où on l'importa jusqu'au quinzième siècle dans l'Europe occidentale pour les teinturiers en rouge. Vers le milieu de ce siècle on commença à le fabriquer à la *Tolfa*, à *Viterbe*, à *Volaterra* en Italie, puis la production s'en étendit successivement en Allemagne, en Angleterre et en France; mais ce n'est que depuis les récents progrès de la chimie que la fabrication de l'alun acquit une grande importance. A la fin du siècle dernier Curaudau établit la première fabrique d'alun artificiel à Javelle près de Paris; vers la même époque, Chaptal en fondait une seconde à Montpellier. La production totale de l'alun en France s'élève à 3 millions de kil. dont le département de l'Aisne fournit seul environ la moitié.

L'alun de potasse, outre ses applications industrielles, a une grande importance en chimie, où il forme le type d'une série de composés semblables désignée sous le nom de *série* ou *groupe des aluns*. Dans ces divers composés, tantôt c'est l'alumine, Al^2O^3, qui est remplacée par un autre oxyde ayant même formule, sesquioxyde de fer Fe^2O^3, sesquioxyde de chrome Cr^7O^1; tantôt c'est la potasse KO qui est remplacée par un protoxyde, ammoniaque AzH^4O, protoxyde de fer FeO. Ces aluns de fer, de chrome, d'ammoniaque, renferment toujours 24 proportions d'eau et cristallisent de la même manière; ils sont dits *isomorphes*. **M. D.**

Alun (Minéralogie), *Alumine sulfatée alcaline* de Haüy. — Genre minéralogique comprenant des minéraux d'ailleurs assez peu abondants dans la nature, et constitués par un sulfate double hydraté d'alumine et d'une base alcaline (potasse, soude, ammoniaque ou magnésie). Leur composition chimique est toujours parfaitement analogue, et ils affectent à l'état cristallin des formes qui dérivent du système régulier ou cubique. On en distingue quatre espèces : 1° l'*A. potassique* ou à base de potasse, le plus répandu dans la nature, bien qu'il n'y soit jamais qu'en masses très-peu étendues : c'est un corps blanc qui offre tous les caractères de l'alun de potasse artificiel (voyez ALUN [*Chimie*]); sa formule chimique est : $Al^2O^3,3SO^3 + KO,SO^3 + 24$ Aq ; — 2° l'*A. ammoniacal* ou *Ammonalun*, dans les lignites de Tschermig en Bohême : il est très-rare; — 3° l'*A. sodique* ou *Natronalun*, peu commun également; — 4° ou l'*A. magnésien* ou *A. de magnésie*, dont on a rapporté des échantillons provenant de l'Afrique méridionale.

Alun (Matière médicale). — Les préparations d'alun employées en médecine sont : 1° l'*alun du commerce*,

sulfate d'alumine et de potasse; 2° quelquefois, et dans les mêmes cas, le *sulfate d'alumine et d'ammoniaque;* 3° enfin l'*alun calciné*, ou *sulfate d'alumine et de potasse desséché*. L'alun est un des meilleurs astringents que nous ayons : on l'emploie à l'extérieur et même à l'intérieur, en poudre ou en dissolution, contre les hémorrhagies des fosses nasales, des gencives, du pharynx, contre celles de l'utérus après l'accouchement, celles qui résultent d'une plaie, d'une opération, lorsqu'il n'y a pas eu lésion d'un gros vaisseau ; contre les inflammations de peu d'étendue, telles que celles des yeux, du larynx, du pharynx, des gencives, de la muqueuse buccale, qu'elles aient le caractère simplement inflammatoire, ou qu'elles soient accompagnées de fausses membranes pultacées, gangréneuses, etc. On a encore employé l'alun, soit à l'intérieur, soit à l'extérieur, contre les écoulements muqueux, puriformes, simples, bénins, contre les diarrhées rebelles, etc. Plusieurs praticiens distingués, et entre autres M. Gendrin, l'ont vanté contre la colique de plomb. A l'intérieur, l'alun s'administre à la dose de $0^{gr},50$ à 1 gramme ; dans la colique de plomb, la dose a été portée à 4 ou 5 grammes ; au delà, il agit comme un poison irritant et peut en déterminer tous les accidents (voyez POISON). Du reste, on le prescrit en potion, en boisson, en poudre, en pilules, etc. L'alun calciné s'emploie à l'extérieur, principalement lorsqu'on veut réprimer des végétations charnues, fongueuses ; et encore, dans ce cas, on peut le remplacer avec avantage par le *nitrate d'argent* ou *pierre infernale* (voyez ARGENT). **F — N.**

ALUN DE PLUME. — Sulfate d'alumine naturel de texture fibreuse (voyez ALUNOGÈNE).

ALUNAGE. — Opération qui a pour but d'imprégner d'alun les étoffes qui doivent être mises en teinture, et d'y fixer les couleurs en les rendant insolubles dans l'eau (voyez TEINTURE.)

ALUNITE, ou **PIERRE D'ALUN**. — Minéral exploité pendant longtemps à la Tolfa, près de Rome, pour obtenir de l'alun. Cette pierre se rencontre tantôt cristallisée, et tantôt en masses fibreuses. Cristallisée, l'alunite affecte la forme de rhomboèdres sous l'angle de 92° 50' ; sa pesanteur spécifique est d'environ 2,7. Sous forme fibreuse, elle constitue des masses concrétionnées de couleur grisâtre. La composition chimique de ce minéral, qu'il est souvent difficile de discerner à cause des matières étrangères auxquelles il est mélangé, conduit à la formule $KO,SO^3 + 3'Al^2O^3,SO^3) + 6HO$. C'est donc un mélange d'eau, de sulfate de potasse et de sous-sulfate d'alumine. Pour retirer l'alun de l'alunite, on la grille et on l'arrose après l'avoir étendue sur une aire : la matière effleurie n'a besoin que d'être lessivée pour fournir l'alun. On donne ordinairement le nom d'*alun de Rome* à celui qui a été obtenu par ce procédé : il est recherché à cause de l'excès d'alumine qu'il renferme. Les terrains trachytiques de la Tolfa, de la Hongrie et du Mont-Dor sont les gisements ordinaires de l'alunite : on la trouve aussi, mais beaucoup moins pure, disséminée dans les argiles.

ALUNOGÈNE (Minéralogie), du mot *alun*, et du grec *gennaô*, j'engendre. — Minéral rare, rencontré en petites masses blanches fibreuses dans quelques solfatares, et par M. Boussingault dans des schistes argileux de la Colombie. C'est un sulfate d'alumine hydraté que Beudant a nommé ainsi parce que, s'il se rencontrait abondamment, il pourrait servir à préparer l'alun vulgaire ; il suffirait de dissoudre l'alunogène et d'y ajouter du sulfate de potasse (voyez ALUN).

ALURNES (Zoologie), *Alurnus*, Fab. — Genre de Coléoptères *tétramères*, famille des *Cycliques*, tribu des *Cassidaires*. Ces insectes, remarquables par leur forme et leur couleur, quelquefois d'un rouge de sang, atteignent jusqu'à $0^m,02$ ou $0^m,03$. Ils habitent le Brésil. Ils sont si voisins des Hispes, qu'Olivier et Latreille les ont réunis à ce genre (voyez HISPES).

ALVÉOLAIRE (Anatomie). — Qui a rapport aux alvéoles des dents : ainsi les *arcades alvéolaires* sont la réunion des *alvéoles*, qui constituent une espèce d'arcade. — Les *artère* et *veine alvéolaires* sont les vaisseaux qui entretiennent la circulation dans ces parties, et qui sont des branches des artère et veine maxillaires internes. — Les *nerfs alvéolaires* sont des rameaux du nerf maxillaire supérieur.

ALVÉOLE (Anatomie), du latin *alveus*, loge. — Petites loges ou cellules que les abeilles ou les guêpes se construisent pour y élever leurs larves (voyez ABEILLES, GUÊPES).—On a nommé ainsi, par analogie, les petites cavités dans lesquelles les dents sont enchâssées par leurs racines. Les alvéoles sont tapissées par un prolongement de la gencive, qui se continue dans la cavité de la dent; elles sont percées à leur fond de trous pour le passage des vaisseaux et des nerfs dentaires.

ALVÉOLES (Botanique). — On donne ce nom aux petites cavités du réceptacle où sont logées les semences de certaines fleurs, dans beaucoup de Composées par exemple : on dit alors que ces réceptacles sont alvéolés.

ALVIN ou **ALEVIN** (Économie rurale). — On donne ce nom à tous les petits poissons qui servent à repeupler les étangs.

ALYSIE (Zoologie), *Alysia*, Lath. — Sous-genre d'*Insectes hyménoptères* du genre *Ichneumon*. Une espèce, l'*A. mangeur* (*A. manducator*, Fab.), se trouve aux environs de Paris ; c'est un insecte noir avec les pieds fauves et des antennes un peu velues. On le trouve à terre au milieu des feuilles.

ALYSSE (Botanique), *Alyssum*, Lin., du grec *a* privatif, et *lussa*, rage. On prétendait autrefois qu'une espèce d'alysse guérissait de la rage. — Genre de plantes de la famille des *Crucifères*, type de la tribu des *Alyssinées*, à sépales connivents, pétales ouverts à leur partie supérieure, silicule orbiculaire ou elliptique ; cotylédons à radicule latérale. Lamarck a établi, aux dépens de ce genre linnéen, le genre *Vesicaria*, qui se distingue par ses silicules globuleuses. L'*Alysse saxatile* (*Alyssum saxatile*, Lin.) est cette plante si bien connue dans les jardins sous le nom de *Corbeille d'or* et quelquefois sous celui de *Thlaspi jaune*. Elle est basse, presque ligneuse, et forme une touffe hémisphérique. Au commencement du printemps, elle se couvre de fleurs d'un beau jaune d'or qui lui ont valu son nom et qui décorent agréablement les parterres. Cette espèce est originaire de Candie. On la trouve aussi à l'état spontané dans les lieux arides ou pierreux de l'Autriche et de la Grèce. Plusieurs autres espèces d'Alysses servent aussi à l'ornement des jardins. L'*A. de montagne* (*A. montanum*, Lin.) et l'*A. calycinale* (*A. calycinum*, Lin.) croissent aux environs de Paris. L'une a les calices caducs, tandis que dans l'autre ils sont persistants. G — s.

ALYTE (Zoologie), *Alytes obstetricans*, Wagl, du grec *a* privatif, et *luté* qui délivre. — *Reptile batracien anoure*, dont Wagler a formé un genre séparé des *Crapauds ;* il en diffère par la conformation de sa langue, et surtout par l'existence de dents à la mâchoire supérieure et au palais, dents dont ces derniers sont tout à fait dépourvus, c'est le *Crapaud accoucheur* de Cuvier (voyez, pour les détails, le mot CRAPAUD).

AMADOU, AMADOUVIER (Botanique, Médecine), qu'on a fait dériver du latin *ad manum dulce*, doux à la main. — C'est une substance molle, spongieuse, qu'on prépare avec la partie interne d'un champignon de la tribu des *Hyménomycètes*, genre *Bolet*, et connu sous le nom d'*Amadouvier* (*B. ungulatus*). On le trouve communément sur les arbres des grandes forêts, le chêne, le hêtre, le frêne, etc. Il acquiert quelquefois une grosseur considérable. On le distingue à son écorce noire, à son aspect intérieur ferrugineux, et à ses tubes très-petits ; il est connu encore sous les noms d'*Agaric de chêne* ou de *Boula*. L'amadou peut être employé à différents usages ; à savoir : contre les hémorrhagies, la chirurgie y a recours pour arrêter les écoulements de sang ; en second lieu, on le dispose pour prendre feu avec le briquet ; il a besoin pour cela de subir une préparation particulière : après avoir choisi les plus beaux morceaux du champignon, on ôte l'écorce pendant qu'ils sont encore frais, et on en sépare toute la partie tubuleuse, puis on coupe la chair par tranches minces, et on la bat avec un maillet, en la détirant et la mouillant de temps en temps ; ensuite on la fait sécher et on la bat de nouveau à sec : enfin on la frotte entre les mains jusqu'à ce qu'elle soit douce et moelleuse ; c'est dans cet état qu'on la livre au commerce pour les usages chirurgicaux. Lorsqu'on veut en faire une matière propre à allumer le feu, il faut, après cette première préparation, la faire tremper dans une dissolution de nitrate de potasse ; on la bat de nouveau, en l'imprégnant chaque fois du même liquide ; on la foule soit avec les mains, soit avec un instrument préparé à cet effet ; enfin on la fait bien sécher à l'air libre. F — N.

AMAIGRISSEMENT (Médecine). — On désigne sous ce nom l'état d'un homme ou d'un animal qui perd son embonpoint habituel, généralement ou partiellement. Il diffère de la *maigreur* (voyez ce mot) en ce que celle-ci est une suite de l'amaigrissement ou un état permanent normal pour certains individus, et qui peut être parfai-

tement compatible avec l'état de santé ; l'amaigrissement général peut tenir à l'insuffisance de l'alimentation, aux fatigues, aux excès de tout genre, aux chagrins, aux progrès de l'âge ; il peut tenir aussi à l'usage de substances peu nourrissantes, indigestes, de mauvaise qualité ; enfin au développement lent, caché d'une maladie interne que le médecin doit mettre tous ses soins à découvrir et à soigner à temps. Enfin l'amaigrissement partiel de quelque partie du corps, comme une jambe, un bras, etc., peut dépendre de la cessation des fonctions actives que remplissait cet organe, ou d'une maladie cachée ou apparente qui gêne sa nutrition. F — N.

AMALGAMATION. — Nom donné à l'un des procédés suivis pour séparer l'or et l'argent de quelques-uns de leurs minerais. Ce procédé repose sur la propriété qu'a le mercure de dissoudre ces deux métaux quand ils sont disséminés à l'état natif ou métallique, ou à l'état de chlorure dans la mine (voyez MERCURE, MÉTALLURGIE, OR, ARGENT).

AMALGAME. — Nom générique donné aux alliages du mercure avec les autres métaux. Les alliages de mercure et d'argent, d'or ou de cuivre... sont appelés amalgames d'argent, d'or, de cuivre... Les amalgames sont tous décomposés par la chaleur et laissent volatiliser leur mercure. Plusieurs d'entre eux sont liquides à la température ordinaire. Les amalgames d'or et d'argent servent pour l'argenture et la dorure au mercure. L'amalgame d'étain est employé pour l'étamage des glaces ; l'amalgame de bismuth est employé aux mêmes usages pour les globes de verre. Le plombage des dents se fait souvent en France avec un amalgame d'argent et en Angleterre avec un amalgame de palladium.

AMAND (SAINT-), (Eaux minérales). — Ville de France (Nord), à 12 kilomètres de Valenciennes et 190 N. de Paris, près de laquelle on trouve plusieurs sources d'eaux minérales sulfatées calciques. Température, 19°. Elles contiennent un peu d'acide carbonique, en assez grande quantité des sulfates de chaux, de soude et de magnésie, un peu de carbonates de chaux et de magnésie, de chlorure de magnésie, etc.; elles sont administrées en boissons, mais on les emploie surtout en bains, et particulièrement à l'état de *boues*. C'est contre le rhumatisme et les altérations qui en sont la suite qu'on en a observé les meilleurs effets. Saint-Amand peut aussi être fréquenté avec succès par les malades affectés de paralysies générales, d'atrophies musculaires, etc. F.

AMANDE (Botanique). — Fruit de l'*amandier* (voyez FRUIT). C'est aussi une partie de la *graine* (V. ce mot).

AMANDES AMÈRES (ESSENCE D') (Chimie). — C'est le type des essences oxygénées, ou si l'on veut des hydrures de radicaux non isolés. Sa formule est : $C^{14}H^6O^2$ ou $C^{14}H^5O^2H$. Le corps $C^{14}H^5O^2$, radical hypothétique, a été nommé *benzoïle*, et, par suite, l'essence d'amandes amères, hydrure de benzoïle. — C'est un liquide incolore, ayant une forte odeur d'acide cyanhydrique, une saveur âcre ; brûlant avec une flamme fuligineuse. Il bout à 180°, sa vapeur ne se décompose qu'à une haute température en présence d'un corps poreux ; elle se dédouble en benzine et en oxyde de carbone.

$$C^{14}H^6O^2 = C^{12}H^5 + 2(CO).$$

Benzine.

L'hydrogène uni au radical benzoïle peut être remplacé, par voie de substitution, par plusieurs corps simples et par quelque radicaux.

Au contact de l'air : $C^{14}H^5O^2H + 2O = C^{14}H^6O^3, HO$

Ac. benzoïque hydraté.

Par le chlore : $C^{14}H^5O^2H + 2Cl = C^{14}H^5O^2Cl + HCl$

Chlorure de benzoïle.

Par l'action modérée de l'acide azotique fumant :

$$C^{14}H^5O^2H + AzO^5, HO = C^{14}H^5(AzO^4)O^2 + 2HO$$

Hydrure de nitro-benzoïle.

On obtient l'essence d'amandes amères soit en distillant de l'eau au contact des feuilles de laurier-cerise, soit en laissant macérer dans l'eau les tourteaux d'amandes amères d'où l'huile a été déjà extraite par la pression, et procédant ensuite à la distillation de cette espèce de bouillie. Le liquide distillé est agité avec la chaux et le protochlorure de fer, puis distillé sur la chaux vive. L'essence ne préexiste pas dans les amandes amères ; en présence de l'eau s'opère une véritable fermentation ; l'amygdaline est dédoublée sous l'influence de la *synaptase* jouant le rôle de ferment (voyez FERMENTATION).

Par sa composition et ses propriétés on peut considérer l'essence d'amandes amères comme une aldéhyde (voyez ALDÉHYDES).
B.

AMANDE DE TERRE (Botanique). — C'est le *Souchet comestible* (voyez ce mot).

AMANDIER (Botanique), *Amygdalus*, Lin., du grec *amygdalé*, amande. — Famille des *Rosacées*, type de la sous-famille des *Amygdalées*, ayant pour caractères : calice urcéolé à 5 divisions, 5 pétales insérés à la gorge du calice, 15 à 30 étamines insérées avec les pétales, à filets filiformes distincts, ovaire sessile uniloculaire contenant deux ovules collatéraux pendants, style terminal, stigmate presque pelté, drupe coriace, fibreuse ou charnue, à noyau rugueux, comme percé de trous, contenant une seule graine. Ce genre se divise en deux sections : la première comprend les *Amandiers* proprement dits, caractérisés par leur drupe coriace, fibreuse, pubescente, velue, non sucrée ; la seconde, les *Pêchers*, qui s'en distinguent par leur drupe charnue, succulente, veloutée ou glabre (voyez PÊCHER). Parmi les premiers, le plus connu est l'*A. commun* (*A. communis*, Lin.), arbre de 5 à 6 mètres de hauteur, à feuilles oblongues, lancéolées, dentelées, aiguës, à fleurs axillaires, solitaires, au calice campanulé, de couleur blanche ou rosée, et s'épanouissant dès les premiers beaux jours, ce qui les expose très-souvent à être gelés ; il réussit bien dans les terres légères, sablonneuses. Originaire du Levant, de l'ancienne Grèce, de la Barbarie, d'autres disent de l'Asie, il s'est acclimaté dans le midi de la France, où il fut introduit en 1548. L'amandier commun nous donne deux variétés principales, l'une à amandes amères (*A. amara*, J.), dont la graine contient de l'acide cyanhydrique; l'autre à amandes douces (*A. dulcis*, Bauh.), qui produit celles qu'on emploie en si grande quantité en pharmacie, dans la confiserie, etc. ; elles produisent l'huile si connue sous le nom d'*huile d'amandes douces*; on en fait aussi la *pâte d'amandes douces* ou amères. Le bois d'amandier est dur, bien coloré et susceptible de recevoir un beau poli ; il est recherché par les ébénistes et les tourneurs. Cet arbre produit une gomme qu'on peut employer à défaut de la gomme arabique. L'amandier se multiplie très-bien de semis, mais pour avoir de plus beaux fruits, il est mieux de le greffer, soit sur lui-même, soit sur prunier ; on greffe très-souvent sur lui le pêcher, l'abricotier, etc.
G — s.

AMANDIER, *Amygdalus* (Arboriculture). — Ce genre, de la famille des *Rosacées*, fournit à la culture trois espèces principales. Les deux premières employées pour l'ornement des jardins, la troisième, la plus importante, cultivée comme arbre fruitier.

Amandier nain ou *de Géorgie* (*A. nana*, Lin.), originaire d'Asie. — Bel arbrisseau de 1^m,50 de hauteur. Fleurs d'un beau rose qui s'épanouissent au printemps. Il en existe une variété à fleurs doubles. On la multiplie au moyen de noyaux, de drageons et de la greffe en écusson.

Amandier satiné ou du Levant (*A. argentea*, Lam. ; *A. orientalis*, Ait.). — Petit arbre à branches étalées ; feuilles argentées sur leurs deux faces; fleurs roses s'épanouissant au printemps.

Amandier commun (*A. communis*, Lin.).— Originaire de l'Asie et du nord de l'Afrique, cette espèce a une importance assez grande pour les régions où elle prospère, notamment en Espagne, en Algérie, en Italie, en Sicile et dans le midi de la France.

Variétés. — Les diverses variétés de l'amandier commun sont partagées en deux groupes : celles à fruits amers, celles à fruits doux. Les meilleures variétés de ces deux groupes sont les suivantes, rangées d'après leur époque de floraison.

Amandier à fruits doux. — A la dame, princesse, matheron, à trochets, grosse verte, petite verte.

Amandier à fruits amers. — On ne connaît que cette seule variété, cultivée de préférence dans les localités exposées à la maraude.

Climat et sol. — La floraison de l'amandier a lieu dès le mois de février, aussi appartient-il au climat du Midi. On le voit suivre la culture de la vigne jusqu'à sa dernière limite vers le nord ; mais là sa fructification est presque toujours détruite par les gelées tardives. C'est seulement sous le climat de l'olivier que ses produits sont abondants et constants.

L'amandier préfère les sols légers et profonds et un peu calcaires. Il redoute les terrains siliceux purs et les sols compactes et humides dans lesquels il devient gommeux.

Multiplication. — Les diverses variétés d'amandier sont multipliées au moyen de la *greffe en écusson* (voyez ce mot). On se sert, comme sujet, de jeunes amandiers à fruits amers obtenus au moyen des semis. On forme d'abord la tige de ces sujets, puis on pose la greffe vers le sommet au commencement de septembre.

Culture. — L'amandier est presque toujours cultivé dans les vergers sous forme d'arbre à haute tige. On donne à la tête de l'arbre la forme d'un vase ou gobelet. Les arbres doivent être placés à environ 10 mètres les uns des autres. La tête des amandiers étant constituée, il convient de la soumettre tous les deux ans, en novembre, à une sorte de taille qui consiste à supprimer complétement tous les rameaux gourmands, surtout dans l'intérieur de la tête de l'arbre, à raccourcir le prolongement des branches principales et à enlever le bois sec, ainsi que les branches languissantes. Il sera également utile, lorsqu'il commencera à vieillir, de le rajeunir en coupant la moitié de la longueur des branches principales. On lui appliquera en même temps une fumure abondante. Pendant l'été, on supprimera les bourgeons surabondants. Ce rajeunissement pourra être répété plusieurs fois pendant la vie de l'arbre.

L'amandier est aussi cultivé dans le jardin fruitier, mais seulement en dehors de sa région naturelle et pour avoir des amandes vertes. Dans ce cas, on le place en espalier et on lui applique tous les soins indiqués pour le *pêcher* (voyez ce mot).
A. Du Bn.

AMANITE (Botanique), *Amanita*, Fries, du grec *Amanos*, montagne de la Cilicie où ce champignon croissait en abondance. — Genre de champignons de la tribu des *Hyménomycètes*. Démembré des Agarics par Haller, il y est conservé par Fries et M. Léveillé. L'amanite est renfermé pendant son jeune âge dans un volva qui persiste à la base du pédicule. Son chapeau est le plus souvent couvert de verrues, débris du volva : lames rayonnantes, nombreuses, libres, serrées ; pédicule allongé, nu ou muni d'un anneau. Deux espèces principales sont utiles à distinguer en ce sens que l'une est extrêmement dangereuse et l'autre comestible. Ce sont les *Amanite orange* (*A. aurantiaca*, Pers.) et *A. fausse orange* (*A. muscaria*, Pers.). La première, très-bonne à manger, a le volva complet, le chapeau lisse, sans verrues ni enduit visqueux, strié sur les bords, les feuillets jaunes et le pédicule jaune, lisse ; la seconde, vénéneuse, a le volva incomplet, le chapeau un peu visqueux, non strié, les feuillets blancs et le pédicule de même couleur, un peu écailleux. Toutes deux présentent à leur chapeau une belle couleur orangée.
G — s.

AMARANTACÉES (Botanique). — Famille de plantes voisine des Chénopodées et rangée par M. A. Brongniart dans sa classe des *Caryophyllinées*. Elle est placée entre les Barellées et les Nyctaginées dans la classification de De Candolle. Caractères : herbes ou sous-arbrisseaux à feuilles simples non stipulées; fleurs à calice de 3 à 5 sépales, soudés ou libres, persistants; corolle nulle; 5 étamines hypogynes opposées aux sépales; ovaire uniloculaire; fruit ordinairement membraneux s'ouvrant circulairement par un opercule. Les *Amarantacées* se divisent en plusieurs tribus et sous-tribus qui diffèrent spécialement par la nature du fruit et des anthères. Elles habitent en général les régions tropicales et abondent en Amérique et dans la Nouvelle-Hollande. On y distingue les genres *Célosie*, *Amarante*, *Gomphrène*, etc. (voyez ces mots). Ouvrages monographiques : Willdenow, *Historia Amarantorum*, Turici (Zurich), 1790. — Jussieu, *Observations sur la famille des Amarantacées*, Paris, 1803. — Martius, *Vertrag zur kenntniss der Amarantaceen*. Bonræ, 1825.
G — s.

AMARANTE (Botanique), *Amarantus*, Tourn., du grec *amarantos*, qui ne se flétrit pas, parce que les fleurs d'amarante ont la faculté de conserver leur éclat lors même qu'elles sont sèches. — Genre de plantes, type de la famille des *Amarantacées*, comprenant des herbes à feuilles alternes, à très-petites fleurs pourprées ou vertes, polygames ou monoïques, accompagnées chacune de trois bractées et disposées d'ordinaire en panicules ou en épis composés. Ces plantes sont presque toutes exotiques. L'Europe n'en possède qu'un très-petit nombre. Il est beaucoup question de l'amarante dans les écrits des anciens ; mais on ne sait à quelle espèce rapporter ce qui en est dit. On voit dans Homère que les Thessaliens étaient couronnés d'amarante aux funérailles d'Achille. Généralement considérée comme un symbole d'immortalité, on la consacrait aux morts. Elle était portée en signe de deuil et plantée autour des tombeaux (voyez GOMPHRÈNE). Les poëtes l'ont souvent employée comme allégorie; et nous voyons dans une ode adressée par Malherbe à Henri IV :

> Ta louange, dans mes vers
> D'amarante couronnée,
> N'aura sa fin terminée
> Qu'en celle de l'univers.

Les espèces cultivées pour l'ornement des jardins sont : l'*A. tricolore* (*A. tricolor*, Lin.), plante annuelle donnant de juin en septembre des fleurs vertes ou pourprées réunies en glomérule; elle est originaire des Indes orientales. L'*A. paniculée* (*A. paniculatus*, Moq.) est également annuelle; elle s'élève souvent à plus d'un mètre; ses fleurs, d'un vert teinté de rouge plus ou moins sanguin, s'épanouissent à la fin de l'été. Elle est d'un très-joli effet, ainsi que ses variétés diversement colorées. L'*A. gracieuse* (*A. speciosus*, Sims) est aussi une très-jolie espèce venant du Népaul et donnant à la même époque des fleurs d'un beau rouge pourpré. Il y a aussi l'*A. à queue*, *Queue de renard* (*A. caudatus*, Lin.), appelée ainsi à cause de son épi terminal, qui est très-long et flexueux; l'*A. mélancolique* (*A. melancholicus*, Lin.), dont le feuillage et les fleurs présentent un aspect assez triste. Murray a remarqué que ses feuilles, d'un vert rougeâtre très-sombre, deviennent du rouge le plus vif en les mettant dans l'eau chaude. Les autres espèces des climats tempérés sont insignifiantes, si ce n'est qu'on les mange sous forme d'épinards dans certains pays et spécialement en Italie. Quelques autres amarantes de jardins, telles que celle dite *Amarante crête de coq*, etc., se rapportent au genre *Celosia* (voyez ce mot). Caractères du genre *Amarante* : sépales ordinairement au nombre de 5 quelquefois 3, glabres, égaux, dressés; 5 ou 3 étamines distinctes; ovaire à une loge; styles courts ou nuls; stigmates 2 ou 3 subulés, filiformes, étalés. Fruit utriculaire ovale, terminé par deux ou trois petits becs : il est plus ou moins enveloppé par le calice, indéhiscent ou s'ouvrant transversalement, et ne contient qu'une seule graine.

G — s.

AMARANTINE (Botanique). — Voyez GOMPHRÈNE.

AMARYLLIDE (Botanique), *Amaryllis*, Lin., nom poétique et mythologique, du grec *amarusso*, je brille. — Genre type de la famille des *Amaryllidées*. Les amaryllis sont, en général, originaires de l'Amérique tropicale. On en trouve aussi au Cap de Bonne-Espérance, et plus rarement dans l'Inde. Ce genre, qui ne comprend pas moins d'une quarantaine d'espèces cultivées comme plantes d'ornement, a nécessité des divisions en sous-genres. Nous ne citerons que les principales espèces. L'*Amaryllide de Virginie* (*A. Atamasco*, Lin.), dont la hampe s'élève quelquefois à 0m,30, donne en mai et juin de grandes fleurs blanches, à tube beaucoup plus court que le limbe. Elle peut supporter la pleine terre. L'*A. blanche* (*A. candida*, Lindl.) présente une fleur blanche qui ne s'étale qu'à l'ombre. Elle est extrêmement abondante à Buénos-Ayres, sur les rives de la Plata, qui présentent un aspect ravissant de blancheur à l'époque où toutes ces fleurs s'épanouissent. Non-seulement elle est de pleine terre, mais elle peut supporter des froids rigoureux. L'*A. magnifique* (*A. formosissima*, Lin.), rapportée du Mexique en 1593, est une magnifique espèce. On lui donne souvent le nom de *Lis Saint-Jacques*, *Croix de Saint-Jacques*. Sa fleur est grande et colorée d'un superbe rouge carmin velouté, qui donne des reflets au soleil et que l'on croirait parsemé de poudre d'or. Elle croît aussi dans l'Amérique méridionale et à Sainte-Hélène. L'*A. belladonne* (*A. belladonna*, Lin.) et l'*A. agréable* (*A. blanda*, Ker) donnent de belles fleurs roses et sont originaires du cap de Bonne-Espérance. L'*A. de Guernesey* (*A. sarniensis*, Lin.) présente une ombelle de huit à dix fleurs d'un beau rouge-cerise; elle fleurit de septembre en octobre. Cette plante, originaire du Japon, s'était naturalisée à Guernesey, à la suite d'un naufrage que fit en 1659, sur les côtes de cette île, un navire qui rapportait du Japon une grande quantité d'oignons de cette amaryllide. Elle reçut ainsi le nom de sa nouvelle patrie. Les espèces suivantes méritent aussi d'être citées : l'*Amaryllide brillante* (*A. aulica*, Ker), du Brésil, avec des fleurs penchées, rouges, traversées de veines d'un rouge plus foncé; l'*A. royale* (*A. reginæ*, Lin.), originaire de l'Amérique méridionale, et donnant de mai en juillet des fleurs d'un brillant rouge écarlate; enfin l'*A. à bulbilles* (*A. bulbulosa*), qui vient du Brésil et de Buénos-Ayres. Caractères : bulbe tuniqué; hampe

munie d'une spathe de laquelle sortent une ou plusieurs fleurs à périanthe légèrement tubulé, et dont le limbe est partagé en 6 lobes recourbés; étamines insérées à la gorge des divisions du périanthe, à filets libres et à anthères versatiles; ovaire à 3 loges multiovulées, surmonté d'un style grêle allongé et d'un stigmate à loges recourbées; le fruit est une capsule membraneuse contenant des graines globuleuses ou comprimées, bordées ou ailées, quelquefois devenues solitaires par avortement; dans ce cas, elles sont charnues et ressemblent à une baie. Herbert a donné une classification des nombreuses variétés et hybrides de cette espèce dans sa belle *Monographie de la famille des Amaryllidées*.

G — s.

AMARYLLIDÉES ou AMARYLLIDACÉES (Botanique). — Famille de plantes *Monocotylédones* établie par Robert Brown avec la section à ovaire infère de la famille des *Narcisses* de Jussieu. Elle comprend des plantes ordinairement bulbeuses, à feuilles linéaires ou lancéolées formant une gaîne à leur base. Les fleurs renfermées pendant leur jeunesse dans de grandes bractées ont le périanthe supère composé de trois sépales et de trois pétales tous colorés. Les étamines sont insérées sur un disque épigyne ou sur le périanthe; l'ovaire est infère, à 3 loges renfermant des ovules nombreux attachés en deux rangées à l'angle interne. Le fruit est une capsule s'ouvrant en 3 valves renfermant de nombreuses graines quelquefois ailées et présentant un embryon cylindrique situé dans l'axe de l'albumen et plus court que celui-ci. Les amaryllidées se rencontrent spécialement dans les régions les plus chaudes du globe, surtout dans l'Amérique méridionale. Elles sont abondantes au cap de Bonne-Espérance. Quelques espèces appartiennent aux genres *Narcisse*, *Perce-neige* et *Leucojum* croissent spontanément en Europe. Les amaryllidées fournissent un grand nombre d'espèces à l'horticulture. Elles sont précieuses comme plantes d'ornement. Genres principaux : *Narcisse* (*Narcissus*, Lin.); *Pancrais* (*Pancratium*, Lin.); *Hémanthe* (*Hæmanthus*, Lin.); *Amaryllide* (*Amaryllis*, Lin.); *Nivéole* (*Leucojum*, Lin.); *Perce-neige* (*Galanthus*, Lin.); *Alstrémère* (*Alstrœmeria*, Lin.); *Agavé* (*Agave*, Lin.; *Fourcroya*, Vent.).

M. Herbert a donné une *Monographie* très-estimée de cette famille. On trouve aussi dans les Liliacées de Redouté et de De Candolle de nombreuses figures d'amaryllidées.

G — s.

AMATHIE (Zoologie). — Genre de *Crustacés décapodes brachyures*, établi par M. Polydore Roux, faisant partie de la tribu des *Triangulaires* de Cuvier, et très-voisin des *Pises*; ce sont les *Péricères* de Cuvier. La seule espèce connue, l'*A. rissoana* de Roux, est longue de 0m,04 avec deux pointes en avant qui forment plus du tiers de sa longueur; sa carapace est armée de longues pointes ou épines aiguës; ses pattes sont grêles, sans épines; on la trouve dans les ports de Toulon et de Marseille.

AMAUROSE (Médecine), du grec *amaurôsis*, obscurcissement, appelée aussi *goutte sereine*, *cataracte noire*. — C'est une diminution ou une perte complète de la vue, déterminée par la paralysie du nerf optique ou de la rétine; elle peut être *essentielle*, c'est-à-dire provenir d'une maladie du nerf optique même ou de la rétine; elle peut être *symptomatique*, c'est-à-dire avoir sa cause dans une maladie de l'encéphale ou dans une affection éloignée dont elle serait un symptôme, comme dans l'albuminurie, par exemple; enfin elle est *sympathique* quand elle dépend de la lésion d'un organe éloigné, comme dans certains embarras gastriques, etc. Elle complique souvent d'une manière fâcheuse la *cataracte* (voyez ce mot). Les causes principales de cette maladie sont, en première ligne, les travaux assidus sur des objets brillants; les lectures habituelles à une lumière vive, l'exposition prolongée aux rayons du soleil; puis les chagrins prolongés, les excès de tous genres, l'ivresse répétée, la pléthore sanguine, la suppression des sueurs, d'un émonctoire, d'une hémorrhagie habituelle, la rétrocession d'un exanthème, de la teigne, des dartres, de la goutte; l'hystérie, l'épilepsie, l'apoplexie, les hémorrhagies trop abondantes, l'albuminurie, l'embarras gastrique; les violences sur le globe de l'œil, les maladies organiques de l'encéphale, etc. Le nombre et la diversité de ces causes prouveraient, au besoin, que les principales résident dans l'organe lui-même ou dans le cerveau et dans les dispositions organiques : quoi qu'il en soit, la maladie peut se déclarer subitement ou ne venir que lentement; elle peut être *complète* ou *incomplète*, *permanente* ou *périodique*; lorsqu'elle n'est pas compliquée de cataracte, elle se présente sans aucune altération apparente de l'œil, si ce n'est quelquefois une légère teinte grisâtre au fond de l'organe; l'amaurose est une maladie très-grave, surtout lorsqu'elle est ancienne, qu'elle ne reconnaît pas pour cause la pléthore sanguine, ou une maladie d'un organe éloigné; lorsque la pupille est déformée et que le fond de l'œil présente la teinte grise dont il a été question plus haut. On conçoit que le traitement doit varier suivant les symptômes et les causes : ainsi la pléthore sanguine exigera des saignées, des dérivatifs; l'embarras gastrique, les émétiques ou les purgatifs; si la paralysie est essentielle, on aura recours aux excitants, aux irritants locaux, aux vésicatoires, à l'électricité, etc.; l'amaurose albuminurique demandera le même traitement que cette maladie (voyez ALBUMINURIE, EMBARRAS GASTRIQUE, PARALYSIE).

L'amaurose a été observée chez quelques animaux domestiques, où elle offre les mêmes caractères que chez l'homme ; dans le cheval elle doit être étudiée avec soin, parce qu'elle n'entraîne pas la rédhibition de l'animal qui a été vendu, l'acheteur ayant pu s'assurer de l'existence de la maladie.   F — N.

AMAZONE (Zoologie). — Buffon avait réuni sous ce nom, tous les *Perroquets* (voyez ce mot) du nouveau continent qui ont du rouge sur le fouet de l'aile; ces oiseaux, connus en Amérique sous ce nom parce qu'ils viennent du pays des Amazones, sont très-beaux et très-rares, dit le même auteur; on ne les trouve guère qu'au Para. Buffon en avait distingué cinq espèces avec plusieurs variétés : 1° l'*A. à tête jaune* (*Psittacus ochrocephalus*, Lin.); 2° le *Tarabe* ou *A. à tête rouge* (*P. taraba*, Lin.); 3° l'*A. à tête blanche* (*P. leucocephalus*, Lin.); 4° l'*A. jaune*, (*P. aurora*, Lin.); 5° l'*A. aourou-couraou* (*P. æstivus*, Lin.).

AMAZONITE, PIERRE DES AMAZONES (Minéralogie). — Pierre précieuse nommée aussi *Jade vert foncé*; c'est une espèce de feldspath, opaque, très-dur, d'une belle couleur verte, dont on fait toutes sortes de petits objets de fantaisie, tels que boîtes, socles, pendules, etc. On la trouve sur les bords du fleuve des Amazones, d'où lui vient son nom ; les naturels, au dire des voyageurs, en font des haches, des casse-tête, des idoles (voyez JADE).

AMBASSE (Zoologie), *Ambassis*, Comm. — Genre de *Poissons acanthoptérygiens*, famille des *Percoïdes*, qui a pour caractères principaux : préopercule à double denture vers le bas, opercule finissant en pointe; les deux dorsales contiguës, avec une épine couchée au-devant de la première; ce qui le distingue des *Apogons* (voyez ce mot) dont il a à peu près la forme. L'espèce la plus remarquable, *A. de Commerson*, est un petit poisson très-commun à l'île Bourbon où on le conserve dans la saumure comme les anchois, il atteint à peine $0^m,12$ à $0^m,15$; plusieurs autres espèces abondent dans les cours d'eau de l'Inde.

AMBLE (Hippiatrique). — Sorte d'allure dans laquelle un animal effectue la progression en levant et posant ensemble les deux membres du même côté, alternativement droits et gauches. Cette allure paraît naturelle au Chameau et à la Girafe. Les jeunes chevaux vont généralement l'amble, jusque vers l'âge de deux ans; plus tard cette allure n'est plus guère que le résultat de l'éducation (voyez CHEVAL, HIPPOLOGIE).

AMBLYOPIE (Médecine), du grec *amblus*, émoussé, et *opé*, vue. — Diminution de la vision; c'est le premier degré de l'amaurose : le malade ne peut déjà plus voir que les objets d'une couleur brillante, ou très-éclairés (voyez AMAUROSE).

AMBRE GRIS (Zoologie). — Substance aromatique, de couleur cendrée, tenace, flexible, légère, d'une nature d'huile ou de cire concrète, qu'on trouve à la surface de la mer ou sur les rivages qu'elle baigne, en masses d'un volume variable (on en a rencontré qui pesaient plusieurs centaines de kilogrammes) opaques, irrégulières, arrondies, disposées par couches, d'une cassure écailleuse; elle est insipide, se ramollit et se fond à la chaleur, adhère aux dents lorsqu'on la mâche, brûle avec une clarté vive, en répandant une odeur qui rappelle celle du musc ou du castoréum. On a beaucoup discuté sur la nature de l'ambre gris; on l'a considéré tantôt comme une sorte de plante marine se détachant du fond de la mer en s'agglomérant; tantôt comme des excréments d'oiseaux marins qui vivent d'herbes odoriférantes; d'autres fois, comme une masse de résine végétale modifiée par son séjour dans l'eau; la plupart l'ont regardé comme un produit bitumineux élaboré au fond de la mer. Cependant il est à remarquer que presque tous les peuples chez lesquels on le recueille, ont dit qu'il était produit par la baleine : ainsi les Japonais, les Chiliens, les habitants de Timor, etc. : d'après les travaux du docteur Swédiaur, consignés dans le *Journal de physique*, 1784, t. II, p. 278, l'ambre gris n'est autre chose que l'excrément durci du cachalot à grosse tête (*Physeter macrocephalus*, Lin.). On le trouve à Madagascar, au Brésil, au Chili, au Japon, etc.; employé autrefois en médecine comme stomachique et antispasmodique, il n'est plus guère recherché que par les parfumeurs ; il fait la base d'un grand nombre de cosmétiques agréables, dans lesquels il développe son odeur suave.

AMBRE JAUNE, KARABÉ, SUCCIN (Minéralogie). — Voyez SUCCIN.

AMBRETTE (Zoologie), *Succinea*, Drap. — Genre de *Mollusques gastéropodes pulmonés* terrestres appartenant au grand genre *Hélix*, Lin., créé par Draparnaud, et caractérisé par une coquille ovale, à ouverture plus haute que large, columelle évasée; l'animal a 4 tubercules cylindriques, les intérieurs petits. On n'en connaît qu'un petit nombre d'espèces qui vivent au bord des ruisseaux dans les lieux humides. Geoffroy a décrit une espèce, qu'il a nommée *Ambrée*, dont l'animal est noirâtre, glutineux, et qui paraît appartenir à ce genre : on la trouve sur les bords de la Seine.

AMBRETTE (Botanique). — Nom vulgaire d'une espèce de Ketmie (*Hibiscus*, genre de *Malvacées*), la *Ketmie musquée* (*H. abelmoschus*, Lin.), *abelmosch*, latinisé de son nom arabe qui veut dire graine de musc; ces graines en effet répandent une forte odeur de musc. Caractères : arbrisseau de 1 mètre environ ; tiges hispides; feuilles velues, cordiformes, acuminées, comme peltées, à 7 angles dentelés, les supérieures à 3 lobes ; fleurs solitaires, axillaires, à pédoncule plus long que le pétiole ; calicule à 8-9 folioles linéaires, plus court que le calice ; capsule soyeuse. L'ambrette originaire de l'Inde donne de juillet à septembre des fleurs jaune-soufre, pourpres au centre. Elle est employée en parfumerie pour falsifier le musc ; elle entre aussi dans la composition de la *poudre de Chypre*. Dans certaines parties de l'Inde on la mêle au café pour en modifier l'arôme et lui donner de nouvelles propriétés.

AMBROISIE (Botanique), *Ambrosia*, Tourn., du grec *ambrosios*, immortel, divin. Allusion à l'odeur de ses feuilles. D'après cela on a donné le nom d'Ambroisie à une plante qui répand une odeur forte et agréable lorsque l'on frotte légèrement ses feuilles. — Genre de la famille des *Composées*, dans la tribu des *Sénécionidées*, section des *Mélampodiées* suivant la classification de M. Brongniart. Les espèces de ce genre sont la plupart du Canada; parmi celles admises dans nos jardins, l'*Ambroisie du Pérou* (*A. peruviana*, Willdw) réclame seule la serre tempérée. Les autres se cultivent en pleine terre. L'*A. maritime* (*A. maritima*, Lin.) est une plante haute de 1 mètre et couverte d'une épaisse villosité blanchâtre. Elle croît spontanément sur les côtes d'Espagne. On la cultive en pleine terre sous le climat de Paris, à cause de sa bonne odeur. Elle était très-estimée des anciens comme cordiale et stomachique : toutes ses parties ont un goût aromatique un peu amer, mais agréable. — Caractères : herbes ou sous-arbrisseaux à feuilles inférieures opposées, les supérieures alternes ; capitules mâles munis d'un involucre à écailles unisériées, soudées en une sorte de cupule; réceptacle garni de paillettes ; étamines non adhérentes à la corolle. Capitules femelles uniflores, réunis plusieurs en fascicules entourés d'un involucre commun; corolle nulle ; style à branches allongées sortant de l'involucre, persistant souvent, denté au sommet.   G — S.

AMBROISIE (FAUSSE) (Botanique). — Nom vulgaire que l'on donne à une espèce d'*Ansérine* (*Chenopodium ambrosioides*, Lin.), nommée aussi *Ambroisine*, *Thé du Mexique*, *Thé des Jésuites*. — Cette plante est une herbe annuelle, à tiges rameuses élevées de $0^m,40$ à $0^m,80$. Ses feuilles sont d'un vert clair en dessus, oblongues, légèrement dentées, ses fleurs de couleur verte sont disposées en épis glomérulés, denses, lesquels forment des grappes. Le calice fructifère est fermé. La fausse ambroisie paraît être originaire du Mexique. Elle est naturalisée dans l'Europe méridionale et cultivée dans les jardins pour ses propriétés. Elle répand une odeur très-agréable et s'emploie comme stomachique et apéritive ; on l'a aussi vantée contre les crachements de sang. Elle se prend en infusion ; de là le nom de Thé du Mexique qu'on lui a donné. Elle a été très en vogue pendant un certain temps (voyez ANSÉRINE).   G — S.

AMBROSINIÉES (Botanique). — Tribu de la famille des *Aroïdées* établie par Schott et correspondant en partie au premier sous-ordre, *Aroïdées vraies*, de Robert Brown, caractérisée par des fleurs unisexuées, sans périanthe. Ses caractères sont : spathe persistante ; spadice appendiculé au sommet portant inférieurement une fleur femelle et supérieurement les fleurs mâles, qui en sont séparées par une sorte de cloison. Ovaire à une ou plusieurs loges, stigmate étoilé. Les ambrosiniées qui croissent dans la Barbarie, les Indes orientales et la Chine sont en outre vivaces et présentent un rhizome stolonifère et des pédoncules très-courts. Les genres de cette tribu sont : l'*Ambrosinie* qui lui a donné son nom (*Ambrosinia*, dédiée à Bartolomeo Ambrosini, intendant du jardin botanique de Bologne, mort en 1657), et le *Cryptocoryne*, Fisch. (de *kruptos*, caché, et *koruné*, massue). L'ambrosinie est une petite plante qui croît en Sicile ; elle est vivace, à racine tubéreuse et charnue ; entre ses feuilles longuement pétiolées, s'élève une hampe qui ne porte qu'une fleur verdâtre. G — s.

AMBULANCE (Médecine), du latin *ambulare*, marcher. — On donne ce nom à un établissement temporaire destiné à suivre les troupes en campagne pour porter secours aux blessés ou aux autres malades. Une ambulance peut être établie en pleine campagne, sous une tente, dans un bâtiment quelconque, à portée de la division à laquelle elle appartient : le personnel se compose d'un médecin-chef et d'un nombre d'aides, de pharmaciens, d'officiers d'administration et d'infirmiers déterminé par les règlements, notamment celui du 1er avril 1831, sur les hôpitaux militaires : trois ou quatre caissons sont chargés du transport de tout le matériel nécessaire pour le service, tels que vêtements, denrées, objets de pansement, médicaments, instruments de chirurgie, etc. Au moment du combat une section de l'ambulance, sous le nom d'*A. volante*, se porte en avant, va donner les secours d'urgence aux blessés jusque sous le feu de l'ennemi, les fait enlever et transporter en arrière ; l'autre section, sous le nom d'*A. de réserve*, établie plus en arrière, à l'abri du danger, reçoit et panse les malades, elle peut être convertie en hôpital temporaire. Un drapeau rouge est toujours placé sur le point culminant de l'établissement d'ambulance.

Historique. — C'est dans les légions romaines de César, en Afrique, qu'on trouve les premières traces d'ambulances ; un auteur rapporte qu'après une bataille, le général fit transporter sur des chariots, ses blessés à Adrumetum, port de mer à cette époque. Plus tard, au ii° siècle de notre ère, Hyginus Gromaticus, dans un traité *De castrametatione*, indique la place que doit occuper dans un camp, le *valetudinarium* ou hôpital. Après cela, il faut arriver à Henri IV au siège d'Amiens en 1597, pour trouver le premier hôpital destiné à recevoir les soldats malades ou blessés. Cependant il faut bien croire que les chirurgiens qui suivaient les princes à la guerre, devaient soigner les blessés : ainsi on voit à la bataille de Fontanet ou Fontenailles près d'Auxerre, en 841, les vainqueurs prendre le plus grand soin des blessés. Beaucoup plus tard, notre immortel Ambroise Paré, en Italie et au siège de Metz, où il fut reçu si chaudement par la garnison, prodigua aussi ses soins aux blessés. Mais toutes les créations du même genre n'eurent rien de permanent, et c'est véritablement dans les grandes guerres de la République et de l'Empire, et par les soins de Percy et de Larrey, que les ambulances ont été formées sur des bases solides et durables, et la supériorité acquise par les armées françaises dans cette partie des services militaires n'est que le développement de la belle création de ces illustres chirurgiens.

C'est sur le modèle des ambulances militaires que dans ces derniers temps on a formé des établissements temporaires pour distribuer rapidement les secours pendant les épidémies, et dans les moments de troubles auxquels notre pays a été en proie. D'après des instructions émanées du comité consultatif d'hygiène, l'administration doit procéder le plus tôt possible à la nomination des commissions de secours, affecter certains locaux propices au service des ambulances, veiller à l'acquisition du matériel nécessaire, assurer ou faire assurer par l'autorité supérieure les services médical et pharmaceutique, pourvoir aux moyens de faire transporter dans ces établissements ou dans les hôpitaux, les malades qui ne pourront être traités à domicile, etc. (voir Supplément). F. — N.

AMÉIVA (Zoologie). — Nom brésilien d'un *Reptile saurien*, famille des *Lacertiens*, dont Cuvier fait une subdivision du genre *Monitor* (voyez ce mot) ; ils diffèrent des lézards proprement dits, par leurs dents uniformes, simples, comprimées latéralement : ils n'ont point de dents au palais ; queue ronde garnie, ainsi que le ventre, d'écailles carrées ; ils habitent l'Amérique, et ressemblent à nos lézards, dont ils ont les mœurs et les habitudes. Parmi les espèces, on peut citer le *Teyus ameïva*, Spix, long de 0m,30, vert, le dos plus ou moins piqueté et tacheté de noir ; le *T. cyaneus*, de Merrem, de même taille, bleuâtre, à taches rondes, blanches sous les flancs.

AMÉLIE-LES-BAINS (Médecine). — Village et bains à 3 kilomètres d'Arles (Pyrénées-Orientales) et 32 de Perpignan. Il y existe de nombreuses sources thermales sulfureuses, dont la température varie de 40 à 64° cent., et la sulfuration de 0gr,008 à 0gr,021. Employées contre les dartres, les rhumatismes, les scrofules, etc. Pour les maladies de poitrine, on respire le gaz sulfureux dans des appartements spéciaux. Le gouvernement y a créé un établissement permanent pour les militaires.

AMELLE (Botanique), *Amellus*, Cass. Virgile a mentionné sous ce nom une belle plante qui croissait sur les bords du fleuve *Mella*. — Genre de la famille des *Composées*. Il comprend des herbes ou des arbrisseaux du Cap à feuilles inférieures opposées, à feuilles supérieures alternes, à fleurs ordinairement bleues. L'*Amelle-œil-du-Christ*, rentre dans le genre *Aster*, sous le nom de *Aster amellus*, Lin.

AMÉNAGEMENT (Sylviculture). — On appelle ainsi cette partie de l'exploitation des bois qui consiste à diviser une propriété boisée en parties égales, destinées à être mises en coupe à des époques déterminées et régulières. Plusieurs raisons s'opposent à ce qu'une grande propriété en forêt soit exploitée d'un seul coup, surtout si elle est d'une étendue considérable ; car, outre l'inconvénient d'être obligé de vendre à plus vil prix une trop grande masse de bois, il y a encore celui de ne pas avoir à compter sur des revenus annuels. Il est donc d'une bonne administration de diviser les bois en autant de parties qu'on voudra, pour que les produits soient plus avantageux à la vente ; ainsi 10, 15, 25 parts, de telle façon que tous les 10, 15 ou 25 ans, les mêmes portions soient remises en coupe périodiquement ; c'est ce qu'on appelle *aménager* une forêt. Voir, pour plus de détails, *Maison rustique du xix° siècle*, de la Librairie agricole, t. IV ; — *Encyclopédie de l'agriculture*, F. Didot, 1859, t. Ier, article AMÉNAGEMENT.

AMENDEMENT (Agriculture). — On appelle ainsi toute opération qui consiste à introduire dans le sol arable des éléments qui ont pour effet d'en modifier plus particulièrement la nature physique dans le but déterminé de l'accroissement des produits agricoles : il ne sera pas question ici des *engrais* (voyez ce mot), dont le rôle est plutôt destiné à modifier la nature chimique du sol. L'agriculteur doit considérer la nature physique de ses terres sous deux points de vue principaux : 1° leur degré de cohésion ; 2° leur degré de sécheresse ou d'humidité. Dans le premier cas, si le sol est serré, compacte, argileux, il faudra le diviser en y incorporant du sable, des pierres concassées, les débris provenant de la réduction des métaux dans les forges, connus sous le nom de *laitiers*, des schistes, des marnes calcaires ou siliceuses, etc. Si, au contraire, on a affaire à une terre sablonneuse, friable, légère, on la modifiera au moyen de l'argile naturelle ou calcinée, des marnes argileuses, etc. Les terres pour être fertiles ont besoin d'un certain degré d'humidité, en rapport toujours avec la nature des plantes qui doivent y végéter ; mais, poussée au delà de certaines limites, cette humidité devient nuisible : on y remédie au moyen des fossés, des empierrements, des labourages en billons, et surtout du *drainage* : le *colmatage*, les labourages profonds ont aussi leur degré d'utilité. La chaux est un de ces amendements physico-chimiques dont l'emploi demande la connaissance de la composition intime du sol ; ainsi il peut convenir aussi bien dans certaines terres argileuses que dans d'autres composées de débris schisteux, granitiques, sablonneux, etc. (voyez ENGRAIS, DRAINAGE, MARNAGE, ARGILE).

AMENTACÉES (Botanique), de *amentum*, lien, corde, toute chose allongée. — Famille de plantes *Dicotylédones apétales* établie par de Jussieu, et correspondant aujourd'hui aux familles des *Cupulifères* et des *Bétulacées*, généralement adoptées par les botanistes modernes (voyez BÉTULINÉES et CUPULIFÈRES). M. Brongniart désigne sous le nom d'Amentacées sa soixante-sixième classe caractérisée par des fleurs diclines, à calice imparfait, souvent adhérent à l'ovaire, corolle nulle, un pistil à 2, 3 ou 6 carpelles, surmonté de 2, 3 ou 6 stigmates. Les ovules sont solitaires ou géminés ; le fruit est indéhiscent, monosperme; les graines sont dépourvues d'albumen, et présentent un embryon ordinairement à radicule inférieure. Cette classe comprend les familles des *Juglandées*, *Salicinées*, *Quercinées*, *Bétulinées*, *Myricées*, *Casuarinées* (voyez ces mots); on y trouve les grands et beaux arbres qui font la richesse de nos forêts. G — s.

AMER (Anatomie). — On désigne ainsi quelquefois la vésicule du fiel du bœuf, du cochon, etc.

AMERS (Matière médicale). — On donne ce nom, en médecine, à un grand nombre de substances végétales caractérisées par une amertume plus ou moins considérable; les plantes qui présentent cette propriété appartiennent principalement aux familles des Gentianées, des Polygonées, des Rubiacées, des Euphorbiacées, mais plus particulièrement à celles des Labiées et des Composées. Tous les amers doivent être rangés dans la médication tonique; cependant on peut les distinguer de la manière suivante; 1° les *toniques* proprement dits comme la gentiane, le trèfle d'eau, la petite centaurée, le quassia, le columbo, le quinquina à petite dose : 2° les *stomachiques*, la camomille, l'absinthe, la germandrée, l'écorce d'orange, la cascarille; 3° les *dépuratifs*, la fumeterre, la pensée sauvage, l'hysope, la menthe; 4° les *fébrifuges*, l'écorce de quinquina, celles de chêne, de saule, de marronnier d'Inde; 5° les *purgatifs*, la rhubarbe, l'aloès, la scammonée, la gomme-gutte, etc. Les substances amères doivent cette propriété, tantôt à un principe volatil aromatique, une huile essentielle, comme dans l'écorce d'orange, tantôt à un principe le plus souvent gommo-résineux intérieurement uni à un extractif féculent comme dans le fruit du marronnier d'Inde. On désigne sous le nom d'*espèces amères*, un mélange par parties égales de sommités fleuries d'absinthe, de petite centaurée et de feuilles séchées de germandrée.

AMÉTHYSTE (Minéralogie), *amethustés*, en grec. — Variété de quartz hyalin, coloré en violet par de l'oxyde de manganèse, probablement à l'état de silicate. Cette coloration n'est pas uniforme dans toute la masse, et le cristal ainsi coloré semble formé de lamelles perpendiculaires à l'axe, de quartz et d'améthyste. Cette substance diffère en outre du quartz hyalin ordinaire en ce qu'elle est dépourvue de la polarisation rotatoire. L'améthyste taillée est employée comme parure (voyez QUARTZ).

AMÉTHYSTE ORIENTALE. — Voyez CORINDON.

AMÉTHYSTÉE (Botanique), *Amethystea*, Lin., ainsi nommée à cause de la couleur de ses fleurs qui rappelle la pierre précieuse connue sous le nom d'améthyste. — Genre de plantes de la famille des *Labiées*, tribu des *Ajugoïdées*. L'*A. bleue* (*A. cœrulea*, Lin.) est une jolie petite plante annuelle présentant une teinte bleuâtre dans toutes ses parties. Ses corolles dépassent peu les calices qui sont colorés aussi. Cette espèce est originaire des monts Altaï; ses fleurs répandent une odeur suave; on la cultive dans nos jardins. Caractères du genre : corolle à tube glabre intérieurement, plus court que le calice, à 5 dents égales, limbe découpé en 5 lobes dont un, l'inférieur, plus grand; 2 étamines fertiles faisant saillie à la surface antérieure de la corolle; anthères à 2 loges divariquées. G — s.

AMEUBLISSEMENT (Agriculture). — On ameublit une terre par des labours fréquents, plus ou moins profonds, et dont l'effet est de mettre toutes ses particules en rapport avec les éléments ambiants, la lumière, le calorique, l'air atmosphérique, l'humidité, la pluie, la neige, etc., et c'est lorsqu'elle a été modifiée par toutes ces influences qu'elle est apte à recevoir les *semis*. Les amendements divers dont il a été parlé ont aussi une grande part dans l'ameublissement des terres. Il ne faudrait pourtant pas pousser trop loin ce degré de friabilité, de légèreté : d'abord le sol trop perméable se dessécherait plus facilement; d'autre part, les plantes pourraient avoir à souffrir de cette division extrême de la terre, et la germination s'y développer irrégulièrement.

AMIANTE, ASBESTE (Minéralogie). — Voyez ASBESTE.

AMIDES (Chimie). — Il en existe deux groupes : les uns neutres, les autres acides.

1° *Amides neutres.* — Groupe de corps qui dérivent d'un sel ammoniacal neutre, par la perte de 2 équivalents d'eau. Le type de cette famille est l'oxamide découverte par M. Dumas en calcinant l'oxalate neutre d'ammoniaque.

$$AzH^3,HO,C^2O^3 - 2HO = C^2O^2,AzH^2.$$

Oxamide.

Les amides s'obtiennent d'une manière plus commode en décomposant les éthers composés par l'ammoniaque en dissolution dans l'eau; ainsi l'éther acétique, en réagissant sur l'ammoniaque, donne de l'alcool et de l'acétamide

$$C^4H^5O,C^4H^3O^3 + AzH^3 = C^4H^6O^2 + C^4H^3O^2,AzH^2$$

Alcool.   Acétamide.

si bien que chaque éther composé a toujours une amide qui lui correspond.

Par une action hydratante prolongée, le contact avec l'eau bouillante, par exemple, les amides prennent 2 équivalents d'eau pour reconstituer le sel ammoniacal duquel elles sembleraient dériver. Ces amides qu'on nomme neutres se comportent cependant quelquefois comme des bases faibles; le caractère commun qui les distingue des éthers, c'est de dégager de l'azote au contact de l'acide azoteux en reproduisant l'acide du sel qui les a produits.

2° *Amides acides.* — On a donné le nom d'amides acides ou d'acides amidés aux corps qui résultent du dédoublement des sels ammoniacaux acides sous l'influence de la chaleur. L'acide oxamique découvert par M. Balard a été obtenu par la distillation du bioxalate d'ammoniaque.

$$AzH^3,2(C^2O^3,HO) = 2HO + C^4H^3,AzO^6$$

Acide oxamique.

A leur tour, les amides acides peuvent reprendre leurs 2 équivalents d'eau pour régénérer le sel acide d'ammoniaque.

Aucune amide n'a encore d'usage pratique, l'importance de ces corps est surtout théorique; Gerhardt les fait dériver de l'ammoniaque par la substitution à l'un des équivalents d'hydrogène d'un radical variant d'une amide à l'autre.

$$\text{Ammoniaque . } Az \begin{cases} H \\ H \\ H \end{cases}$$

$$\text{Oxamide} \ldots\ldots Az \begin{cases} C^2O^2 \\ H \\ H \end{cases}$$

$$\text{Acétamide} \ldots Az \begin{cases} C^4H^3O^2 \\ H \\ H \end{cases}$$

Traités par des agents de déshydratation, les amides abandonnent 2 équivalents d'eau et engendront de nouveaux corps, les *nitriles*.

$$C^4H^3O^2,AzH^2 = 2HO + C^4H^3Az$$

Acétamide.   Acéto-nitrile

Les nitriles sont aux amides ce que ces dernières étaient par rapport aux sels ammoniacaux neutres; ce rapprochement est fondé, car, sous l'influence des alcalis, les nitriles s'assimilent 4 équivalents d'eau et font reparaître le sel ammoniacal neutre.

A leur tour, les acides amidés peuvent abandonner 2 équivalents d'eau et engendrent les imides. On peut donc avec les sels ammoniacaux obtenir deux séries parallèles :

Sel ammoniacal neutre.	Sel ammoniacal acide.
Amide neutre.	Acide amidé.
Nitrile.	Imide.

Dans chaque série chaque terme diffère du précédent par 2 équivalents d'eau en moins.   B.

AMIDOGÈNE (AzH²). — Composé hypothétique d'azote et d'hydrogène dérivant de l'ammoniaque AzH³. Ce composé n'a jamais été isolé, mais on retrouverait ses éléments dans les *amidures* et les *amides* (voyez ces mots).

AMIDON (Chimie) (C¹²H¹⁰O¹⁰). — Corps neutre se développant comme un produit organisé, dans les cellules des plantes et particulièrement dans le périsperme de certaines graines, dans quelques tubercules et bulbes. On réserve plus particulièrement le nom d'*amidon* à la matière *amylacée* des graines de Graminées, de céréales, de Légumineuses, et on appelle *fécule* celle qui existe dans les tubercules, comme la *pomme de terre*, l'*igname*, la *patate*; dans les tubes du *colchique*, de l'*orchis-morio*, dans la racine de la *bryone*, dans la tige du *palmier*. L'amidon est constitué par des granules blancs, distincts, arrondis, formés de couches concentriques, aboutissant toutes en un même point placé à la périphérie du granule et qu'on nomme le *hile*. C'est par ce point que le grain d'amidon adhère à la paroi de la cellule qui lui a donné naissance ; c'est par là qu'il reçoit les sucs nourriciers qui l'accroissent. La structure par couches est rendue sensible quand on écrase le grain d'amidon entre deux corps durs, les deux lames de verre du porte-objet du microscope, par exemple. Les grains d'amidon sont en général très-petits, il faut pour les distinguer recourir à la loupe ou au microscope ; leur diamètre est variable avec leur origine. Tandis que l'amidon du blé a un diamètre de $0^{mill},050$ environ, celui de la pomme de terre est

de..	$0^{mill},140$
du sagou.................................	0 ,010
des pois..................................	0 ,050
des lentilles.............................	0 ,067
des haricots.............................	0 ,036
des graines de chenopodium quinoa..	0 ,002

L'amidon, qui est insoluble dans l'eau froide, au contact de l'eau chaude se convertit en *empois*. La transformation commence entre 50 et 60° ; l'épaississement de la matière augmente ensuite jusqu'à 100°. Il est dû à l'hydratation et surtout au gonflement des couches qui forment le grain d'amidon. Aussi, par un froid convenable, ces couches se contractent-elles et l'empois se trouve à peu près détruit. A 200°, l'amidon sec éprouve une modification isomérique, il devient soluble et est converti en *dextrine*. Sous l'influence des acides étendus, tels que l'acide sulfurique et l'acide chlorhydrique, il passe d'abord à l'état de dextrine $C^{12}H^{10}O^{10}$, puis à celui de glucose $C^{12}H^{14}O^{14}$. L'acide acétique est le seul acide soluble qui ne produise aucune action ; l'acide azotique concentré dissout l'amidon et le transforme en *xyloïdine*. Sous l'influence de la *diastase*, l'amidon est converti en sucre ; cette dernière transformation se produit spontanément dans les graines des céréales au moment de la germination. — Les caractères distinctifs de l'amidon sont : 1° d'être précipité en blanc, quand il est dissous dans l'eau bouillante par l'acétate de plomb ammoniacal ; le précipité a pour formule $(PbO)^3C^{12}H^9O^9$; 2° de former avec l'iode un composé bleu, soluble dans l'eau et qu'on nomme iodure d'amidon ; ce composé se décolore vers 70° pour reprendre ensuite sa couleur en refroidissant : l'iode est pour l'amidon un réactif d'une très-grande sensibilité ; 3° d'être précipité de sa dissolution par l'acide tannique. — L'amidon de blé s'extrait par deux procédés : Dans le premier, la farine de blé mélangée à une assez forte proportion d'eau est soumise à l'influence d'un ferment, les *eaux sures* obtenues dans une opération antérieure. Une fermentation lente se développe, à la faveur de laquelle le gluten que contenait la farine devient soluble ; l'amidon inaltéré peut être alors facilement isolé à l'aide de lavages suffisamment répétés. Dans la seconde méthode, la farine est malaxée d'une manière continue au contact d'un filet d'eau qui entraîne les grains d'amidon et laisse le gluten de nature visqueuse. L'amidon tombe dans un vase plein d'eau et se dépose au fond, en vertu de sa plus grande densité. Dans les deux cas, la couche d'amidon ramollie est divisée en fragments et égouttée ; on la fait ensuite sécher au contact de l'air et finalement dans un four à air chaud. Les fragments d'amidon, en se séchant, éprouvent un retrait qui amène un fendillement assez régulier dans leur masse, de là le nom d'*amidon en aiguilles*.

La *fécule* de pomme de terre est obtenue par un procédé semblable. La pulpe de ce tubercule est malaxée sur un tamis en présence d'un courant d'eau par un agitateur que fait mouvoir une machine. La fécule est entraînée mécaniquement à travers les trous du tamis et se dépose. L'eau laiteuse qui forme le dépôt et qui contient de l'albumine est enlevée par décantation et plusieurs fois remplacée par de l'eau pure. La fécule recueillie est séchée avec précaution par les moyens ordinaires (voyez Fécule, Féculerie).

L'étude chimique de l'amidon est due principalement à MM. Payen, Braconnot, Pelouze, Keller, Hoffmann, Lassaigne. B.

AMIDONNERIE. — Voyez Féculerie.

AMIDURE (Chimie). —Combinaison d'azote, d'hydrogène et d'un métal, argent, mercure, etc., dont la composition à l'état libre est encore incertaine. Quand on verse de l'ammoniaque dans une dissolution de bichlorure de mercure, il se forme un dépôt d'une poudre blanche $(HgCl)^3,AzH^2Hg$ qui est une combinaison de bichlorure non décomposé et d'un corps formé par la substitution d'une proportion de mercure à l'une des trois proportions d'hydrogène de l'ammoniaque. C'est ce corps

AzH^2Hg que l'on appelle *amidure de mercure*. Grâce à ce dépôt, le bichlorure de mercure est le réactif le plus sensible de l'ammoniaque en dissolution dans l'eau.

Les amidures que l'on peut former directement en dissolvant les oxydes de mercure, d'argent, d'or dans de l'ammoniaque sont dangereux à manier parce qu'ils détonent violemment sous l'influence des plus faibles causes.

AMIE (Zoologie), *Amia*, Lin. — Genre de *Poissons malacoptérygiens abdominaux*, famille des *Clupes*, très-voisins des Erythrins, pour la forme de son corps qui n'est point comprimé, l'*A. chauve* (*A. calva*, Lin.), la seule espèce qu'on connaisse habite les rivières de la Caroline, elle se nourrit d'écrevisses.

AMIRAL (Zoologie). — Nom donné à une coquille du genre *Cône* (voyez ce mot), de la classe des *Gastéropodes*. Cette espèce offre des variétés assez nombreuses, dont plusieurs sont très-recherchées dans le commerce. L'*A. grenu* (*Conus granulatus*) est particulièrement estimé des amateurs.

AMMI (Botanique), *Ammi*, Tourn., du grec *ammos*, sable. (L'ammi croît dans les lieux sablonneux.) — Genre de plantes de la famille des *Ombellifères*, type de la tribu des *Amminées*. Ce genre ayant beaucoup de rapport avec la carotte, est facile à en distinguer par ses fruits qui sont lisses, tandis que ceux de la carotte sont hérissés d'aspérités. L'*A. grand* (*A. majus*, Lin.) est une espèce indigène dont les graines aromatiques sont apéritives. L'*A. visnage* (*A. visnaga*, Lamk), appelé aussi *Herbe aux cure-dents* parce que les rayons de ses ombelles sont employés comme cure-dents en Turquie, possède des propriétés aromatiques dont on tire parti. Elle croît aussi spontanément en France. Caractères : feuilles pennatiséquées ou multipartites ; calice entier ; pétales obovales ; fruit ovale-oblong, comprimé latéralement ; carpelles à 5 côtes filiformes, égales. G — s.

AMMINÉES (Botanique). — Tribu de plantes adoptée par Endlicher dans la famille des *Ombellifères*. Caractères : fruit comprimé latéralement ou contracté au milieu ; carpelles à 5 côtes filiformes ou ailées, toutes égales ; graines arrondies ou renflées, convexes. Genres principaux : *Ciguë* (*Cicuta*, Lin.) ; *Ache* (*Apium*, Hoffm.) ; *Persil* (*Petroselinum*, Hoffm.) ; *Ammi*, Tourn. ; *Carvi* (*Carum*, Koch.) ; *Boucage* (*Pimpinella*, Lin.). G — s.

AMMOCOETE (Zoologie), du grec *ammos*, sable, et *koïtè*, gîte. — Duméril avait classé l'ammocœte comme un *Poisson* de la famille des *Cyclostomes* : les travaux récents de M. Aug. Muller, de Berlin, ont prouvé que ce n'était qu'un état transitoire, que l'ammocœte est la larve de la *Lamproie de rivière* (*Petromyzon planeri*, Bl.), et qu'elle subit une vraie métamorphose (voyez Lamproie). Dans tous les cas, elle se présente sous la forme d'une petite anguille longue de $0^m,20$, le dos verdâtre et le ventre blanc. Elle vit profondément dans le sable et se nourrit de petits poissons. On la trouve à l'embouchure de nos grandes rivières et particulièrement de la Seine.

AMMODYTES (Zoologie), *Ammodytes*, Lin. ; *Equilles*, Cuv. ; du grec *ammos*, sable, et *duomaï*, pénétrer. — Genre de *Poissons malacoptérygiens apodes*, famille des *Anguilliformes* ; les principaux caractères sont : corps allongé, cylindrique, nageoires dorsale simple et longue, anale également assez étendue, caudale distincte et fourchue, pectorales petites ; pas de nageoires ventrales. Le museau de ces poissons est aigu, leur mâchoire supérieure est susceptible d'extension ; ils n'ont pas de vessie natatoire, et se tiennent enfoncés dans le sable, ce qui leur a fait donner le nom d'*Anguilles de sable*, à cause de leur ressemblance avec ce poisson. On trouve sur nos côtes l'*A. Lançon* (*A. tobianus*, Block), qui a la mâchoire inférieure plus pointue ; ce poisson s'enfonce dans le sable à la profondeur de $0^m,20$ et y reste presque constamment pendant l'hiver ; une seconde espèce, l'*Equille*, proprement dite (*A. lancea*, Cuv.), a les maxillaires plus courts, et la nageoire dorsale commence vis-à-vis du milieu des pectorales ; elle est très-commune sur nos côtes ; ces deux espèces, longues de $0^m,20$ à $0^m,25$, d'un gris argenté, sont très-bonnes à manger. On s'en sert aussi comme appât pour la pêche, ce qui fait donner à la première, le nom d'*Equille appât*.

AMMON (Cornes d') (Zoologie). — C'est le nom vulgaire de l'*ammonite*, il vient de la ressemblance de ses volutes avec celles de la corne d'un bélier.

AMMONÉES (Zoologie fossile). — Famille établie par Lamarck, parmi les coquilles *Multiloculaires céphalopodes*, très-voisines des Nautiles ; elles se distinguent par des cloisons sinueuses, lobées et découpées dans leur *contour*. On les trouve en grand nombre dans les couches secondaires, les plus anciennes de la terre. Les genres *Ammonites*, *Baculites* et *Turrilites* appartiennent à cette famille. Étudiées d'abord et classées par Lamarck, elles ont fait l'objet d'une publication de de Haan, sous le titre de *Monographie des Ammonites* (Leyde, 1825), et plus récemment de de Buck, dans un ouvrage allemand traduit et inséré dans les *Annales des sciences naturelles* (t. XXIX).

AMMONIAC (SEL). — Voyez AMMONIAQUE (CHLORHYDRATE D').

AMMONIACAUX (COMPOSÉS OU SELS) (Chimie). — Combinaisons formées par l'union de l'ammoniaque avec un autre corps jouant le rôle d'acide. On les reconnaît aux caractères suivants :

Ils sont presque tous solubles dans l'eau ; leur dissolution traitée par le chlorure de platine donne un précipité jaune caractéristique de la présence de l'ammoniaque. Tous sont volatils ou décomposés par la chaleur ; tous abandonnent leur ammoniaque en présence d'une base soluble (potasse ou soude), et donnent ainsi des vapeurs qui bleuissent le papier rouge de tournesol, deviennent blanches et épaisses en présence de l'acide chlorhydrique et possèdent l'odeur piquante caractéristique de l'ammoniaque.

L'ammoniaque anhydre se combine directement avec les hydracides également anhydres pour former de véritables *sels*. Avec les acides oxygénés, l'intervention d'une proportion d'eau est nécessaire, sinon pour que la combinaison s'opère, du moins pour que le produit obtenu présente les caractères des sels. Le chlorhydrate d'ammoniaque a pour formule ClH,AzH^3 ou $ClAzH^4$; celle du sulfate d'ammoniaque est SO^3,AzH^3HO ou SO^4,AzH^4O. Dans ce dernier composé, l'ammoniaque hydratée AzH^4O peut être remplacée par une autre base, potasse, soude... Le résultat de l'union de l'acide sulfurique anhydre avec l'ammoniaque anhydre, SO^3,AzH^3, ne se prête plus à un semblable échange, ce n'est plus un sel. Cette particularité qui rapproche beaucoup plus l'ammoniaque des alcaloïdes que des alcalis proprement dits, a fait admettre par plusieurs chimistes l'existence d'un radical hypothétique AzH^4 nommé *ammonium* qui jouerait le rôle d'un véritable métal et dont l'oxyde AzH^4O, formerait la base des sels ammoniacaux à oxacides. Cet oxyde, en s'unissant avec l'acide chlorhydrique par exemple, donnerait lieu à un équivalent d'eau éliminé, comme cela se passe avec la potasse. Cette manière de voir, très-commode à certains égards, a perdu toute son importance devant les progrès de la chimie, et comme elle entraînerait l'admission d'autant de radicaux hypothétiques qu'il existe d'alcaloïdes, elle n'est généralement plus adoptée. On ne peut plus admettre, en effet, que ce soient les derniers éléments des corps qui s'unissent les uns aux autres dans leurs combinaisons. Il est infiniment plus probable que les réactions se passent entre des groupes moléculaires plus ou moins complexes. Et si on n'est plus surpris de voir le *cyanogène* (C^2Az), composé de charbon et d'azote, se comporter comme un corps simple et jouer le rôle du chlore, nous ne devons pas faire plus de difficulté d'admettre que le groupe moléculaire AzH^4O joue le rôle de base, comme le fait le groupe KO. Si la plupart des bases sont formées par l'union d'un métal avec l'oxygène, rien ne nous montre dans cette union la condition exclusive de leur existence. **M. D.**

AMMONIAQUE, GAZ AMMONIAC (Chimie), AzH^3. — Composé reconnaissable à son odeur vive et pénétrante qui provoque la suffocation et le larmoiement, à sa saveur âcre et brûlante, et à sa propriété de ramener au bleu la teinture de tournesol rougie par un acide, de verdir le sirop de violette, de brunir le curcuma, de donner d'épaisses vapeurs blanches en présence de l'acide chlorhydrique, et de former un précipité blanc abondant avec le bichlorure de mercure. C'est une des bases les plus puissantes : elle sature complétement les acides les plus énergiques.

L'ammoniaque à l'état de pureté et sans eau est gazeuse à la température ordinaire ; elle se liquéfie par le froid à une température de 40° au-dessous de 0°, ou à la température ordinaire sous la pression de 6 ou 7 atmosphères. M. Faraday est même parvenu à la congeler sous l'influence d'un froid très-vif. Dans cet état, son aspect est celui d'une substance blanche cristalline et transparente ayant peu d'odeur à cause de la très-faible tension de sa vapeur.

L'ammoniaque est extrêmement soluble dans l'eau, qui, à la température ordinaire, en peut absorber de 6

à 700 fois son volume ; aussi, quand on débouche sous l'eau un flacon d'ammoniaque pure, l'eau s'y précipite-t-elle avec tant de force qu'elle le brise quelquefois. La plus petite quantité d'air ou d'un autre gaz suffit pour ralentir considérablement l'absorption. C'est cette dissolution appelée *ammoniaque liquide* ou simplement *ammoniaque*, qui est exclusivement employée dans les laboratoires et l'industrie. Elle jouit des mêmes propriétés que l'alcali gazeux ; mais elle est peu stable ; l'ébullition suffit pour en chasser tout l'ammoniaque qui se perd également peu à peu par évaporation au contact de l'air. Elle doit être conservée dans des flacons bouchés avec beaucoup de soin.

L'ammoniaque est employée dans les laboratoires de chimie à la préparation d'une foule de composés ; elle sert aux teinturiers pour dissoudre ou nuancer certains principes colorants, aux dégraisseurs pour nettoyer les tissus, etc. Appliquée sur la peau, elle la rubéfie et la cautérise ; elle est employée pour combattre les effets de la morsure des animaux venimeux ou malades. Son rôle dans la nature est encore plus important, car elle entre pour une proportion notable dans la nutrition des plantes.

On se procure l'ammoniaque dans les laboratoires en mélangeant du chlorhydrate ou du sulfate d'ammoniaque avec de la chaux caustique et introduisant le mélange dans un ballon de verre B (*fig.* 109) que l'on chauffe mo-

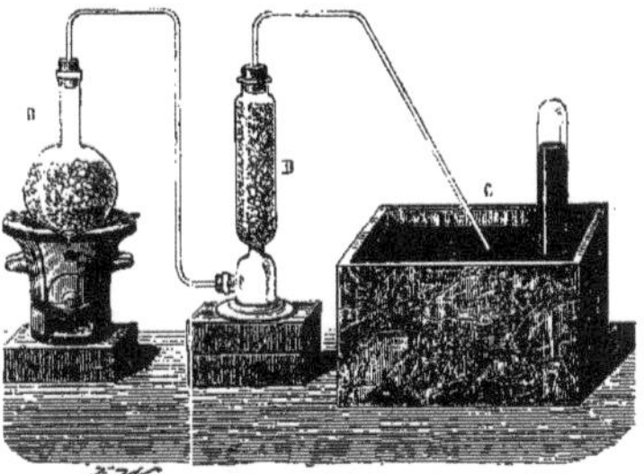

Fig. 109. — Préparation du gaz ammoniac.

dérément. La chaux prend la place de l'ammoniaque qui se dégage. Le gaz desséché en D est recueilli dans des éprouvettes reposant sur la cuve à mercure C. Quand on veut préparer l'ammoniaque en dissolution, on fait passer

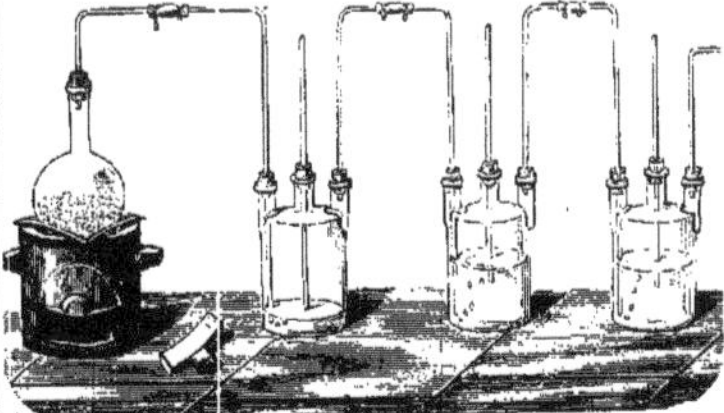

Fig. 110. — Préparation de l'ammoniaque en dissolution.

le gaz dans une série de flacons à trois tubulures (*fig.* 110) (appareil de Woolf), contenant de l'eau qui le dissout. En grand on remplace le ballon par une chaudière en fonte ou en tôle, les flacons par des vases en terre ou en plomb, disposés de même en série. Le premier vase, appelé *laveur*, sert à purifier le gaz. La dissolution ammoniacale livrée par le commerce marque ordinairement de 21° à 22° à l'aréomètre de Baumé et contient en poids 18 ou 20 p. 100 d'ammoniaque, 82 ou 80 p. 100 d'eau.

Depuis quelques années, on utilise avec succès pour

l'extraction de l'ammoniaque les eaux ammoniacales provenant de la purification du *gaz de l'éclairage*. Ces eaux de condensation du gaz renferment entre autres produits du carbonate et du sulfhydrate d'ammoniaque, et marquent à l'aréomètre de 1 à 5°, en moyenne. On les distille dans des vases en tôle ou en plomb sur de la chaux éteinte ; l'ammoniaque, mise en liberté par la chaux, se dégage et est recueillie comme plus haut. Les produits ainsi obtenus sont généralement colorés par un peu d'huile empyreumatique ; mais outre qu'on peut les en débarrasser, elle ne nuit en rien aux usages industriels de l'ammoniaque. On trouve cependant quelquefois plus d'avantage à employer directement ces eaux comme engrais liquide pour les prairies ou les champs de céréales. On soumet à un traitement analogue les *eaux vannes* provenant des urines des vidanges.

L'ammoniaque gazeuse est formée par la combinaison d'une proportion (14) d'azote, et de trois proportions (3) d'hydrogène, ou bien de 2 vol. azote et 6 vol. hydrogène se condensant par leur union en 4 vol. ammoniaque. L'oxygène est sans action sur ce composé dans les conditions ordinaires ; mais si l'on fait arriver un jet d'ammoniaque dans un ballon plein d'oxygène et qu'on allume ce jet, il continue à brûler avec une flamme pâle ; si on mélange 4 vol. d'ammoniaque gazeuse et 3 vol. d'oxygène, qu'on y ajoute un mélange d'oxygène et d'hydrogène dans les proportions nécessaires pour former de l'eau et qu'on en approche un corps enflammé, ou qu'on y fasse passer une étincelle électrique, une détonation a lieu ; il se forme de l'eau par l'union de l'oxygène et de l'hydrogène, et l'azote est mis en liberté ; le mélange d'hydrogène et d'oxygène intervient dans ce cas par la chaleur qu'il dégage pendant la combinaison de deux gaz, et cette chaleur favorise la combustion de l'hydrogène de l'ammoniaque ; de même, si l'on fait passer sur de l'éponge de platine (platine très-divisé et très-poreux) légèrement chauffée un mélange d'ammoniaque gazeuse et d'air, il se fait une combustion lente de l'ammoniaque, et l'on obtient de l'acide azotique. Le chlore en dissolution décompose également l'ammoniaque liquide ; il se fait du chlorhydrate d'ammoniaque, et l'azote se dégage ; mais si le chlore est en excès, il peut s'unir à l'azote et forme alors avec lui un composé (chlorure d'azote) très-détonant et très-dangereux à manier. Le brome et l'iode donnent dans des conditions semblables des bromure et iodure d'azote également détonants quoiqu'à un degré un peu moindre. Le bichlorure de mercure (HgCl) mis en contact avec l'ammoniaque donne un précipité blanc très-abondant (HgCl³,AzH²Hg) qui permet de reconnaître les moindres traces d'ammoniaque dans une liqueur.

L'ammoniaque prend naissance toutes les fois que l'azote et l'hydrogène se rencontrent à l'état naissant au sortir de combinaisons qui en contenaient et qui se détruisent spontanément ou non. Elle est donc le résultat presque constant de la putréfaction des matières organiques azotées à la surface du sol. Reprise par les plantes, elle leur fournit en partie l'un de leurs éléments les plus essentiels, l'azote.

Elle apparaît également dans la calcination de ces matières préalablement mélangées à de la soude ou à de la chaux. Tout l'azote qu'elles contiennent se dégage sous forme d'ammoniaque, ce qui fournit l'un des moyens les plus commodes et les plus précis de déterminer la quantité d'azote contenue dans une substance et en particulier dans les engrais (voyez CARBONATE, SULFATE, CHLORHYDRATE D'AMMONIAQUE).

L'ammoniaque en dissolution était connue des alchimistes, mais ce fut Priestley qui le premier l'isola à l'état gazeux. Les anciens Égyptiens et après eux les Arabes savaient préparer le sel ammoniac dont nous retirons encore l'ammoniaque dans nos laboratoires.

M. D.

AMMONIAQUE (CHLORHYDRATE D'), SEL AMMONIAC, CIII,AzH³. — Combinaison à volumes égaux d'acide chlorhydrique et d'ammoniaque. On le trouve dans le commerce sous forme de masses blanches translucides, à cassure fibreuse, douées d'une certaine flexibilité et difficiles à réduire en poudre. Il se volatilise au rouge sans fondre ; se dissout dans son poids d'eau bouillante et dans 2,7 fois son poids d'eau froide, en produisant un refroidissement très-marqué dans l'eau. Chauffé avec le fer, le zinc, le cuivre..., il se décompose en donnant naissance d'une part à un chlorure de fer ou de zinc, et de l'autre à de l'hydrogène et de l'azote. Ces propriétés

le font employer dans les arts pour le décapage des métaux et en particulier du cuivre, pour l'étamage et la soudure à l'étain. Dans les laboratoires il sert à préparer l'ammoniaque.

Autrefois, tout le sel ammoniac que l'on consommait en France provenait de l'Égypte, où on le retirait de la suie provenant de la combustion de la fiente des chameaux. On se le procure aujourd'hui à beaucoup meilleur marché en France, en traitant le carbonate d'ammoniaque fourni par la calcination des matières animales, par de l'acide chlorhydrique, lorsqu'on peut se procurer ce sel à bas prix, ou, dans le cas contraire, de la manière suivante. On verse du sulfate de chaux (plâtre) dans la dissolution de carbonate d'ammoniaque. Une double décomposition a lieu : du carbonate de chaux moins soluble que le sulfate se dépose et du sulfate d'ammoniaque reste dans la liqueur. Celle-ci est concentrée jusqu'à 19 ou 20° de l'aréomètre ; on y verse alors du chlorure de sodium (sel marin) ; une double décomposition nouvelle a lieu ; une partie du sulfate de soude ainsi formé, se précipite et est recueilli, on concentre de nouveau. Le sulfate de soude étant moins soluble à chaud qu'à froid, tandis que le sel ammoniac est au contraire beaucoup plus soluble à chaud qu'à froid, pendant la concentration du sulfate de soude seul se déposera, tandis que, par le refroidissement, ce sera le sel ammoniac, dont la séparation est alors facile. Le produit ainsi obtenu est impur ; on l'introduit dans des bouteilles en grès que l'on chauffe avec précaution, le sel se sublime et va se condenser dans la partie supérieure et moins chaude du vase.

AMMONIAQUE (SULFATE D'). — Combinaison d'acide sulfurique et d'ammoniaque hydratée (SO³,AzH⁴O), sert aux mêmes usages que le précédent, et se prépare de la même manière. Dans les usines où on fabrique le sel ammoniac au moyen du carbonate d'ammoniate, du plâtre, puis du sel marin, on obtient le sulfate en s'arrêtant à la première phase de l'opération. On obtient alors un sulfate à meilleur compte que le chlorhydrate et qui est employé de préférence pour la préparation de l'alcali. Le carbonate est trop volatil pour servir à ce dernier usage.

AMMONIAQUE (CARBONATES D'). — Combinaisons d'acide carbonique et d'ammoniaque. Il en existe un assez grand nombre. La plus répandue dans le commerce est le sesquicarbonate (sel volatil d'Angleterre) ; il est formé par 2 proportions d'ammoniaque et d'eau unies à 3 proportions d'acide carbonique ; sa formule est 3CO²,2AzH⁴O. Il est en masses blanches, translucides et à texture fibreuse ; il répand une odeur fortement ammoniacale sans être désagréable. Sa saveur est urineuse, sa réaction alcaline ; il est soluble dans son poids d'eau, mais par l'ébullition tout le sel disparaît entraîné par les vapeurs.

Le carbonate d'ammoniaque s'extrait par la calcination dans des cylindres en fonte des matières animales de toute nature, à l'exception des graisses. Les urines en renferment des quantités notables, et les vidanges de Paris en fournissent à elles seules presqu'un million de kilogrammes. Il est employé en médecine, dans les laboratoires aux analyses chimiques, dans l'industrie à la préparation des autres sels ammoniacaux, et paraît appelé à jouer un grand rôle comme source d'azote dans l'agriculture, lorsque sur toute la surface de la France on se sera habitué à ménager davantage les matières excrémentitielles. Le sesquicarbonate doit être conservé dans des vases clos, car à l'air libre une partie de son ammoniaque se dégage peu à peu, et il se transforme en bicarbonate d'ammoniaque.

AMMONIAQUE (NITRATE D'), AZOTATE D'AMMONIAQUE. — S'obtient en traitant le carbonate ammoniacal par l'acide nitrique ou le nitrate de chaux ; n'a d'importance que pour la préparation du protoxyde d'azote.

AMMONIAQUE (SULFHYDRATES D'). — Composés très-volatils et d'une odeur extrêmement fétide se produisant spontanément dans les fosses d'aisances par la décomposition des matières qu'elles renferment. Mis en présence d'un sel de plomb, de fer, de cuivre, ils sont décomposés ; l'acide sulfhydrique s'unit à l'oxyde pour former un sulfure fixe et sans odeur. Ces sels sont donc désinfectants. Les sulfhydrates d'ammoniaque sont des réactifs très-employés en chimie.

M. D.

AMMONIAQUE LIQUIDE, ALCALI VOLATIL (Matière médicale). — Substance fréquemment employée en médecine tant à l'intérieur qu'à l'extérieur ; à l'intérieur à la dose de quelques gouttes dans l'eau ou dans un autre véhicule, elle excite généralement le système nerveux, la circulation et les sécrétions, mais d'une manière passagère ; dès lors on y a eu recours toutes les fois qu'il s'agit de donner une secousse violente à l'économie : ainsi lorsqu'une éruption cutanée ne peut se faire, ou même lorsque l'éruption est développée et qu'il y a prostration profonde, comme dans quelques scarlatines. On l'a vantée comme antispasmodique, surtout contre la migraine à la dose de 5 à 6 gouttes dans une infusion de tilleul ; elle a été prescrite contre l'épilepsie, le rhumatisme, la syphilis constitutionnelle ; mais on l'a préconisée surtout pour ses qualités alcalines dans le diabète sucré. Les médecins vétérinaires l'ont employée avec succès contre le météorisme chez les ruminants ; enfin on en a éprouvé de bons effets dans la chorée, dans quelques laryngites chroniques avec aphonie, dans l'empoisonnement par les acides, dans l'asthme nerveux, dans quelques ophthalmies chroniques (surtout en vapeurs), enfin pour combattre l'ivresse. A l'extérieur, comme rubéfiant, et même comme vésicatoire instantané, elle a rendu de grands services, surtout lorsqu'il s'agit d'appliquer sur la peau dénudée un médicament énergique, dans des cas urgents. Elle entre dans la composition de la *pommade ammoniacale* ou de *Gondret*, du *baume Opodeldoch*, de *l'eau de Luce*, etc. Le *carbonate d'ammoniaque* a les mêmes propriétés, mais plus faibles ; le *sirop de Peyrilhe* en contient une petite quantité, etc. Le *chlorhydrate d'ammoniaque (sel ammoniac)* entre dans la composition des *bols de Fischer*, des *sachets résolutifs*, etc. Enfin l'*acétate d'ammoniaque*, prescrit dans les mêmes cas, mais à plus haute dose, est un agent diaphorétique très-employé. L'ammoniaque à haute dose à l'intérieur est un poison caustique très-énergique.   F — N.

AMMONIDÉES (Zoologie). — Voyez AMMONÉES.

AMMONITES (Zoologie), *Ammonites*, Brug., du grec *ammos*, sable. — Genre de coquilles fossiles de la classe des *Céphalopodes*, famille des *Ammonées* ; c'est une coquille discoïde, en spirale, à tours contigus, tous apparents ; distinguées des Nautiles parce que les tours de spire sont tous visibles, leur siphon est placé près du bord, leurs cloisons anguleuses, quelquefois ondulées, mais le plus souvent déchiquetées sur leurs bords comme des feuilles de persil ; on les trouve en abondance dans les couches des terrains salifères, et surtout dans celles de l'étage néocomien des terrains crétacés ; on n'en trouve plus au-dessus de l'étage sénonien. Ces coquilles sont connues aussi sous le nom de *Cornes d'Ammon*. Leur grandeur varie depuis celle d'une lentille, jusqu'à celle d'une roue de voiture ; l'espèce décrite par

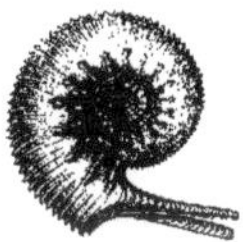

Fig. 111. — Ammonite Jason.

Fig. 112. — Ammonite perlée.

Schlotheim sous le nom d'*Ammon colubratus*, a, dit-on, jusqu'à 2 mètres de diamètre ; leur test étant fort mince, ce n'est que sur leur moule intérieur qu'on peut les étudier ; celui-ci est quelquefois à l'état pyriteux, ou quartzeux, offrant dans son intérieur les plus belles couleurs métalliques ; d'autres sont convertis en agates, et peuvent recevoir le plus beau poli.

AMMONIUM. — Nom donné à un composé hypothétique d'azote et d'hydrogène AzH^4 qui jouerait le rôle d'un métal dans les composés *ammoniacaux* (voyez AMMONIAQUE). L'ammonium n'a jamais été obtenu à l'état libre ; cependant, si l'on fait dissoudre du potassium dans du mercure et qu'on verse sur l'amalgame une dissolution de chlorhydrate d'ammoniaque, on voit le mercure se gonfler, doubler ou tripler de volume et prendre une consistance butyreuse. Le potassium a décomposé l'eau pour s'emparer de son oxygène et former de la potasse ; l'hydrogène devenu libre se serait uni à l'ammoniaque déplacée par la potasse de sa combinaison avec l'acide chlorhydrique, et l'ammonium formé se serait uni avec le mercure. On arrive à un résultat semblable en faisant communiquer une petite coupelle de sel ammoniac avec le pôle positif d'une pile et versant dans la coupelle un peu de mercure dans lequel on fait plonger le pôle négatif de la même pile ; le sel ammoniac et l'eau sont décomposés en même temps ; l'oxygène et l'acide chlorhydrique ou simplement le chlore se portent au pôle positif ; l'hydrogène et l'ammoniaque se portent au pôle négatif, où ils s'unissent au mercure qui augmente rapidement de volume en devenant pâteux.

Dans l'un et l'autre cas l'amalgame abandonné à lui-même se décompose peu à peu en dégageant de l'hydrogène et de l'ammoniaque.

AMMOPHILES (Zoologie), *Ammophila*, Kirbi, du grec *ammos*, sable, *philein*, aimer. — Genre d'*Insectes hyménoptères*, famille des *Fouisseurs*, Cuv., *Guêpes ichneumons*, Réaum. Ils ont les mandibules dentelées ; les palpes filiformes presque égaux ; la languette très-longue en forme de trompe, fléchie en dessous. L'*A. des sables* (*Sphex sabulosa*. Lin.) est noire, l'abdomen d'un noir bleuâtre, rétréci à sa base. Il est curieux de voir, sur le bord des chemins, la femelle creuser un trou dans le sable, et y déposer une chenille qu'elle tue avec son aiguillon ; elle y pond un œuf et ferme le trou avec des grains de sable, cette précaution a probablement pour but de nourrir la larve qui sortira de cet œuf. On peut citer encore l'*A. des chemins* (*Pepsis arenaria*, Fab.) ; ces insectes, communs dans nos pays, vivent du suc mielleux des fleurs.

AMNÉSIE (Médecine), du grec *a* privatif et *mnésis*, souvenir. — Perte de la mémoire ; elle est le plus souvent symptomatique d'une maladie ou cachée ou apparente : ainsi elle peut dépendre d'une affection profonde du cerveau, ou être le résultat de coups, blessures, inflammation ; elle peut offrir des différences nombreuses, être complète ou incomplète ; certaines personnes perdent le souvenir des noms propres, des dates, des gens de leur connaissance, de certains détails, sans autre dérangement des facultés intellectuelles ; d'autres fois l'amnésie est incomplète, et dans ce cas elle est presque toujours déterminée par les progrès de l'âge.

AMNIOS (Anatomie). — La plus interne des membranes qui enveloppent le fœtus, dont elle n'est séparée que par un liquide limpide, un peu jaunâtre, que l'on nomme *eau de l'amnios*.

AMOME (Botanique), *Amomum*, Lin., du grec, *amômon*, nom d'une plante. — Genre de plantes de la famille des *Zingibéracées*, tribu des *Gingembres*. La plupart de ses espèces ont servi à former le genre *Gingembre* (*Zingiber*, Gærtn.) (voyez ce mot). Voici, tel qu'il est établi aujourd'hui, les caractères qui le distinguent : feuilles distiques ; inflorescences radicales, en épi ; calice tubuleux à 3 dents ; corolle à tube court, à limbe extérieur divisé en 3 lobes dont les latéraux sont plus étroits que le postérieur, à limbe intérieur sans lobes latéraux et réduit ainsi à un labelle grand, étalé et aplani ; filet pourvu de deux petits lobes ; capsule le plus souvent charnue s'ouvrant en 3 valves. Les espèces de ce genre sont des herbes vivaces, à racine articulée rampante ; elles habitent les contrées intertropicales de l'ancien continent. L'*A. Meleguete* (*A. Melegueta*, Roxb.) est une plante élevée de 2 mètres et donnant de magnifiques fleurs jaunes marquées de lignes rouges. Elle produit cette sorte de poivre que l'on connaît dans le commerce sous le nom de *Melguета*. L'*A. très-grand* (*A. maximum*, Roxb.) donne des fleurs jaune-citron. Il est originaire des îles de la Malaisie.   G — S.

AMOMÉES (Botanique). — Famille de plantes *Monocotylédones* établie par Ant. Laurent de Jussieu, et désignée généralement aujourd'hui sous le nom de *Zingibéracées* (voyez ce mot).

AMONT. — Côté d'où vient un cours d'eau. *Aller en amont* signifie remonter le cours d'eau. Le bief d'amont est la partie de ce cours d'eau situé au-dessus d'un barrage. Amont est l'opposé d'aval.

AMORPHA (Botanique), du grec *amorphos*, informe, à cause de l'irrégularité de sa corolle. — Genre de plantes de la famille des *Papilionacées*, tribu des *Lotées*, sections des *Galégées* dont la corolle n'a ni ailes ni carène. Il comprend des arbrisseaux glanduleux à feuilles imparipennées, composées de folioles très-nombreuses, ponctuées. Calice à 5 dents ; étendard concave, onguiculé, dressé, le reste de la corolle papilionacée est avorté ; 10 étamines monadelphes, saillantes ; ovaire sessile, biovulé ; style droit, filiforme, glabre ; stigmate simple ; gousse oblongue, comprimée, à 1 ou 2 graines. Les espèces d'amorpha habitent l'Amérique septentrionale et principalement la Caroline. On les cultive dans nos jardins comme bordures de massifs où elles sont d'un joli effet. L'*A. fruliqueux* (*A. fruticosa*, Lin.), nommé vulgairement *indigo bâtard*, parce que ses feuilles ressemblent à celles de l'indigo, donne en juin et juillet des fleurs pourpres disposées en longs épis. L'*A. laineuse* (*A. croceo-lanata*, Walt.) est un arbrisseau pubescent grisâtre. L'*A. herbacé* (*A. herbacea*, Walt.) a des tiges herbacées, ses fleurs en épis sont bleues. L'*A. de Lewis* (*A. Lewisii*, Loddig.) est glabre, et ses fleurs sont d'un violet foncé. G — s.

Fig. 113. — Fleur d'amorpha fruticosa.

AMORPHE, sans forme fixe ; — Se dit d'un corps non cristallisé.

AMORTISSEMENT. — Extinction d'une dette ou d'un capital employé (voyez *Dictionnaire des lettres et arts* et Annuité).

AMOURETTE (Botanique), nom vulgaire du genre

Fig. 114. — Amourette (*Briza media*, Lin.).

Brize (*Briza*, Lin.), du grec *brithein*, pencher. — Les épillets de cette plante se penchent et se balancent gracieusement au moindre vent ; ils ont une forme en cœur très-élégante, et c'est cette double circonstance qui lui a fait donner le nom d'*amourette :* elle constitue un genre appartenant à la famille des *Graminées*, tribu des *Festucacées*. Il comprend en général des herbes annuelles, indigènes, à panicule formée d'épillets pédicellés, contenant plusieurs fleurs distiques et imbriquées ; glume de 2 folioles presque arrondies, membraneuses, concaves et ventrues ; 2 paillettes membraneuses dont l'inférieure est presque arrondie, en cœur à la base, arrondie au sommet, tandis que la supérieure est beaucoup plus petite et bicarénée. La *Brize très-grande* (*B. maxima*, Lin.) est une très-jolie plante qui croît spontanément dans le midi de la France et de toute l'Europe. On l'emploie souvent pour faire de gracieuses bordures autour des corbeilles de fleurs dans les jardins. La *B. moyenne* (*B. media*, Lin.), porte aussi avec le nom d'*Amourette* ceux de *Pain d'oiseau*, de *Gramen tremblant*. C'est la plus communément répandue dans nos environs. Elle est vivace, s'élève souvent de 0m,35 à 0m,60. Elle fait un beau fourrage très-recherché par les moutons à cause de sa finesse ; elle a l'avantage de réussir très-bien dans les terrains arides et sablonneux, et sa présence dans les herbages est, pour le cultivateur, l'indice de leur bonne qualité. Enfin la *Petite B.* (*B. minor*) ou *B. à petite panicule*, quoique plus petite, est d'un très-bel effet dans les champs.

On donne encore le nom d'Amourette : 1° à la *Saxifrage ombreuse* (*Saxifraga ombrosa*, Lin.) ; 2° à une espèce du genre *Paturin*, le *Paturin eragrostis*, Lin., dite aussi Petite Amourette ; 3° à la *Lychnide fleur-de-coucou* (*Lychnis flos-cuculi*, Lin.), lamprette, œillet des prés.

AMPÉLIDÉES (Botanique). — Famille de plantes *Dicotylédones dialypétales*, à étamines hypogynes, ovaire à 2 loges, baie globuleuse, adoptée par Kunth et correspondant aux *Vinifères* de de Jussieu et aux *Sarmentacées* de Ventenat. Cette famille tire son nom du genre *Vitis*, vigne, en grec *ampelos* : elle contient les trois genres *Cissus*, Lin. ; *Ampelopsis*, Mich. ; *Vitis*, Lin. G — s.

AMPELIS (Zoologie). — Nom donné par Linné aux oiseaux du genre *Cotinga*, Cuv. (voyez ce mot).

AMPÉLITE, Pierre a vigne (Minéralogie). — Espèce de schiste noir, bitumineux, connu aussi sous le nom de *Pharmacite ;* la propriété qu'elle a de s'effleurir à l'air permettait de la répandre au pied des vignes, soit comme engrais, soit pour détruire les insectes. Une variété de cette pierre, nommée par A. Brongniart *A. graphique*, est connue sous les noms de *Pierre noire*, *Pierre à dessiner*, *Pierre des charpentiers*, et est très-employée par les gens de bâtiment, et surtout les menuisiers et les charpentiers. Ce minéral est composé d'anthracite avec schistes talqueux et pyrites.

AMPÈRE (Table d'). — Appareil de physique imaginé par le physicien dont il porte le nom et servant à étudier les actions exercées par les courants électriques soit sur eux-mêmes, soit sur les aimants (voyez Électro-aimants, Solénoïdes).

AMPHIARTHROSE (Anatomie), du grec *amphi*, des deux côtés, et *arthron*, emboîtement. — On appelle ainsi une articulation dans laquelle les surfaces articulaires planes sont unies dans toute leur étendue par un fibro-cartilage inter-articulaire, qui ne permet que des mouvements bornés, sans glissement : ainsi l'*articulation du corps des vertèbres*, la *symphyse du pubis*, etc.

AMPHIBIE (Zoologie), du grec *amphi*, des deux côtés, et *bios*, vie. — On a donné ce nom à la quatrième classe des animaux *Vertébrés*, formée par de Blainville et adoptée par Duvernoy, aux dépens de la classe des *Reptiles* de Cuvier. Ils présentent nécessairement avec celle-ci des conformités remarquables. *Ovipares* ou *ovo-vivipares* comme les reptiles, ils ont, comme eux, le *sang froid*, la *circulation incomplète, un seul ventricule* au cœur, la respiration pulmonaire. Mais tous ces caractères ne se montrent qu'à *l'âge adulte*. Les jeunes amphibies sortent de l'œuf avec une forme et une organisation très-analogue à celles des poissons, et n'arrivent à cet âge adulte qu'après avoir subi des *métamorphoses* et dans leurs formes extérieures et dans leurs organes internes. Le jeune, que l'on nomme souvent *Têtard*, et dont nos eaux stagnantes renferment de nombreux exemples (têtards de grenouilles, de crapauds), a un corps ramassé, dépourvu de membres, et terminé par une queue aplatie et une longue nageoire verticale. Ce têtard respire par des branchies ; il a l'organisation intérieure d'un poisson. Avec l'âge il perd peu à peu ses branchies ; ses deux poumons se développent, et son appareil circulatoire se modifie pour se prêter au mode de respiration pulmonaire ; les membres se développent, la queue diminue ou disparaît complètement. Quelques espèces conservent à l'âge adulte leurs branchies avec des poumons (les axolotls, les protées, les sirènes). La classe des amphibies ne peut guère former qu'un seul ordre, celui des *Batraciens*, divisé en quatre familles : les *Cœcilies*, les *Anoures*, les *Urodèles*, les *Pérennibranches* (voyez BATRACIENS).

AMPHIBIE (Zoologie). — Petite tribu de *Mammifères carnivores* aquatiques, qui comprend seulement les *Phoques* (*Phoca*, Lin.) et les *Morses* (*Trichechus*, Lin.), leur mâchoire supérieure est armée d'énormes défenses dirigées en bas. On leur fait la chasse pour en recueillir l'ivoire, particulièrement propre à la fabrication des dents artificielles ; leur peau est aussi très-recherchée pour la carrosserie. Ils viennent des mers polaires. Ce sont des animaux monodelphes, à quatre membres très-courts organisés pour la nage ; corps effilé postérieurement en forme de poissons ; membres postérieurs dirigés en arrière, de façon à former une double nageoire à l'extrémité postérieure du corps ; poils ras et serrés contre la peau ; régime carnivore ; dentition analogue à celle des carnivores terrestres.

AMPHIBOLE (Minéralogie), du grec *amphi*, ambigu, à cause de son analogie avec d'autres minéraux. — Sous le nom de *Schorl*, on avait réuni une multitude de pierres de toutes sortes et de couleurs variées. Haüy vint à bout d'en extraire un genre, le *Schorl noir*, auquel il donna le nom d'*Amphibole*, avec les caractères suivants : structure lamelleuse dans un sens, raboteuse dans l'autre ; éclat assez vif ; dureté plus grande que celle du verre ; pesanteur, 3,0 à 3,3 ; cristaux dérivant d'un prisme rhomboïdal à base oblique, dont l'angle obtus varie entre 124° 30′ et 127°. Cette roche est formée d'un silicate double de chaux et de magnésie, coloré par une quantité variable de protoxyde de fer. On en distingue deux espèces principales : 1° la *Trémolite*, de la vallée de Tremola, près du mont Saint-Gothard, où on la trouve surtout ; elle comprend les variétés à couleurs claires, est moins dure que l'autre espèce, et affecte souvent une texture fibreuse, flexible, constituant dans ce cas une espèce d'*Amiante* ou *Asbeste* : lorsqu'elle est cassante, elle prend le nom de *Grammatite*, blanche ou verdâtre ; 2° l'*Actinote* ou *Amphibolite* comprend des variétés noires, vertes, bleu foncé : elle est beaucoup plus dure que l'autre espèce et raye le verre ; sa texture est lamellaire, quelquefois massive : unie au feldspath, elle constitue la *Diorite* ; au granit, la *Syénite* d'Égypte ; l'actinote noire est l'*Hornblende*. L'amphibole est peu employée ; on en a cependant fait des boutons, des manches de couteaux, etc.

AMPHICOME (Zoologie). — Genre d'*Insectes coléoptères pentamères*, de la tribu des *Scarabéides*, établi par Latreille ; confondu autrefois avec les *Hannetons*, dont il diffère surtout par les mâchoires, la languette et la saillie du labre ; ces insectes vivent sur les fleurs, dans les pays méridionaux.

AMPHIGÈNE (Minéralogie). — Sorte de pierre ressemblant par sa forme à une variété de grenat, connue aussi sous les noms de *Grenat blanc*, de *Grenatite*, de *Leucite* (voyez LEUCITE).

AMPHINOME (Zoologie), *Amphinome*, Brug. — Genre d'*Annélides dorsibranches*, qui a une paire de branchies en forme de houppe ou de panache ; l'*A. chevelue*, Brug. (*Terebella flava*, Gm.), est très-remarquable par ses longs faisceaux de soies couleur de citron et les panaches pourprés de ses branchies ; une crête verticale sur le museau. Elle habite les mers de l'Inde.

AMPHIOXUS (Zoologie), du grec *amphi*, double, et *oxus*, pointu. — Animal considéré d'abord comme une sorte de ver, puis reconnu pour le plus imparfait des *Vertébrés* et placé à la fin de la classe des *Poissons*. Son sang presque incolore est mu par des vaisseaux contractiles, à défaut de cœur ; la colonne vertébrale n'est plus qu'un cordon fibreux, le cerveau est un simple renflement nerveux. Il a l'aspect d'un petit poisson, long de 0ᵐ,05, et pointu à chaque extrémité. La bouche porte des cirrhes regardés à tort comme des branchies ; ce qui lui a valu aussi le nom de *Branchiostome* (v. *Ann. des Sc. nat.*, 1845) ; *Mémoire* de M. A. de Quatrefages).

AMPHIPODES (Zoologie), du grec *amphi*, qui exprime le doute ; et *pous*, *podos*, pied. — Les Amphipodes forment le troisième ordre des *Crustacés malacostracés*, les seuls qui aient des yeux sessiles et immobiles ; ils ont les mandibules munies d'une palpe, et les appendices sous-caudaux toujours très-apparents ressemblent à de fausses

pattes (d'où leur nom d'*Amphipodes*) ou à des pieds-nageoires. Plusieurs offrent des bourses vésiculaires placées entre les pattes ou à leur base extérieure, dont l'usage n'est pas encore bien déterminé ; ils ont la tête distincte du tronc, avec deux yeux et quatre antennes presque toujours sétacées, et le corps le plus souvent comprimé et arqué. Le tronc est divisé en sept anneaux portant chacun une paire de pieds, et se termine par une queue de six à sept articles avec cinq paires de pieds-nageoires.

Ces crustacés nagent et sautent avec agilité et toujours de côté. Les uns habitent les ruisseaux et les fontaines, les autres les eaux salées. Cuvier, dans son *Règne animal*, n'en forme qu'un grand genre, les *Crevettes* (*Gammarus*, Fab.) qu'il subdivise en sections et sous-genres, dans

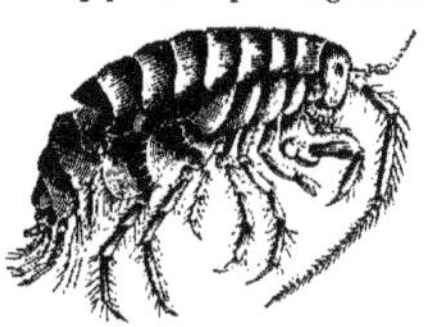

Fig. 113. — Exemple d'Amphipode. Talitre (grossi).

lesquels on distingue surtout les *Phronymes*, les *Talitres*, les *Crevettes* ou mieux *Chevrettes*, les *Mélites*, les *Corophies*, etc.

AMPHIROE (Zoologie). — Genre de *Polypes* établi par Lamouroux aux dépens des *Corallines* de Linné ; ils sont articulés, rameux, à rameaux épars ; articulations séparées les unes des autres par une substance nue et cornée. Plusieurs espèces se trouvent dans nos mers.

AMPHISBÈNE (Zoologie), du grec *amphis*, des deux côtés, et *baino*, je marche. — Nom que les Grecs, grands amateurs de merveilleux, donnaient à un serpent auquel ils attribuaient la faculté de marcher en avant ou en arrière, parce qu'ayant un volume égal dans toute l'étendue de son corps, ils avaient pensé qu'il avait deux têtes. Les naturalistes modernes ont adopté ce nom d'après Linné, pour désigner un genre de *Serpents* d'Amérique et des Antilles qui présentent cette singulière conformation d'être à peu près cylindriques et d'avoir la queue aussi grosse que la tête : classés dans l'ordre des *Ophidiens* ou *Serpents*, famille des *Vrais Serpents*, tribu des *Doubles marcheurs*, ils ont pour caractères, la tête obtuse, arrondie, la bouche petite, peu dilatable, les yeux peu ou point visibles, l'anus transversal, placé très-près de l'extrémité postérieure ; des dents petites, presque égales ; un seul poumon. Ils se nourrissent d'insectes et surtout de fourmis. Ils ne sont pas venimeux. L'*A. alba* de Lacépède et l'*A. fuliginosa* de Séba habitent l'Amérique méridionale ; et, comme elles se tiennent souvent dans les fourmilières, le peuple a cru que les grandes fourmis les nourrissaient : ces amphisbènes sont ovipares. Il y en a une autre à la Martinique, l'*A. cæca* de Cuvier, entièrement aveugle, dit cet auteur. Lacépède se contente de dire qu'elle a les yeux très-petits ; Spix avait dit : Les yeux sont à peine visibles (*oculi vix conspicui*).

AMPHISTOMA (Zoologie), *Amphistoma*, Rudolphi. — Genre de vers de la classe des *Intestinaux*, ordre des *Parenchymateux*, famille des *Trématodes*, voisin des *Douves*, dont il a été détaché par Rudolphi. Ils ont une ventouse à chaque extrémité, un corps mou, aplati, peu allongé, une couleur blanchâtre. On les trouve dans l'intestin des oiseaux, des amphibies et de quelques mammifères.

AMPHITRITE (Zoologie), *Amphitrite*, Cuv. — Genre d'*Annélides tubicoles*, vulg. *Pinceaux de mer*. Les Amphitrites ont pour caractères d'être renfermées dans des tubes plus ou moins homogènes ; d'avoir à la partie antérieure de la tête des pailles de couleur dorée, rangées en peignes ou en couronne, sur un ou plusieurs rangs ; autour de la bouche sont de nombreux tentacules, et sur le commencement du dos de chaque côté, des branchies en forme de peignes. Parmi leurs espèces, les unes se construisent des tuyaux légers en cônes réguliers, qu'elles transportent avec elles ; ce sont l'*A. auricoma belgica*, Gmel., dont le tube a 0ᵐ,05 de longueur, et qu'on trouve sur nos côtes ; et l'*A. auricoma capensis*, Pall., encore plus grande, qu'on trouve dans la mer du Sud. D'autres habitent des tuyaux factices fixés à différents corps : ainsi sur nos côtes l'*A. à ruche* (*Sabella alveolata*, Gm. ; *Tubipora arenosa*, Lin.) dont les tuyaux unis les uns aux autres ressemblent aux alvéoles des abeilles ; enfin l'*A. ostrearia*, Cuv., établit ses tubes sur les coquilles d'huîtres, et nuit, dit-on, à leur propagation.

AMPHIUME (Zoologie), *Amphiuma*, Garden. — Genre

de *Reptiles Batraciens*, placés par Cuvier à la suite des *Salamandres* (voyez ce mot), auxquelles ils ressemblent beaucoup; comme ils les perdent sans doute de très-bonne heure, ils passent pour n'avoir jamais de branchies. Corps fusiforme très-allongé, quatre pieds très-courts, très-distants l'un de l'autre. On ne connaît que l'*A.* à *deux doigts* et l'*A.* à *trois doigts*. Ce dernier atteint jusqu'à un mètre de longueur. On les trouve en Amérique dans la vase des étangs. Ils sont inoffensifs.

AMPHORE (Métrologie) (*quadrantal*, un pied romain en tous sens). — Unité de mesure des Romains pour les liquides, valant 25^{lit},89542. On conservait une amphore étalon au Capitole.

AMPLEXICAULE (Botanique). — On donne ce nom aux organes de végétation qui embrassent la tige. Les feuilles du salsifis des prés, du chardon-marie, du pavot, etc., etc., qui de leur base élargie embrassent la tige, sont par conséquent dites *amplexicaules*. Les mûriers, les figuiers ont des stipules *amplexicaules*.

AMPLITUDE (Géométrie). — Grandeur d'un arc, ou distance qui sépare ses deux points extrêmes. L'*amplitude d'oscillation* d'un pendule est l'angle formé par les deux directions extrêmes qu'il prend à chaque oscillation. L'*amplitude de jet* d'un projectile est la distance qui sépare son point de départ de son point d'arrivée.

AMPLITUDE (Astronomie). — Arc de l'horizon compris entre le point du lever et le point du coucher d'un astre. On a des tables donnant pour chaque jour de l'année l'amplitude diurne du soleil à diverses latitudes. On peut en faire usage pour trouver la direction du méridien (voyez MÉRIDIENNE).

AMPOULE (Médecine), du latin *ampulla*, fiole à gros ventre. — Le mot *ampoule*, synonyme de *cloche*, *phlyctène*, a été réservé pour désigner plus particulièrement de petites tumeurs qui surviennent aux pieds ou aux mains, à la suite des frottements répétés, des compressions violentes par des corps durs: ainsi, des marches forcées, des chaussures trop étroites et dures, des travaux manuels rudes surtout pour des mains peu habituées, etc.; quelle qu'en soit la cause, il faut ouvrir le plus tôt possible ces ampoules, évacuer la sérosité qu'elles contiennent, et si elles sont douloureuses, les panser avec de l'eau blanche, à moins que l'ampoule ne soit ancienne et que la sérosité qu'elle contient ne soit devenue purulente et fétide.

Les ampoules se développent quelquefois à la langue du bœuf, dans une maladie grave nommée *glossanthrax*. Cette affection se déclare spontanément avec le caractère épizootique et fait périr beaucoup d'animaux si l'on ne l'arrête pas à temps (voyez GLOSSANTHRAX). F — N.

AMPULEX (Zoologie). — Genre d'*Insectes*, établi par Jurine dans l'ordre des *Hyménoptères*, famille des *Fouisseurs*; l'espèce qui sert de type à ce genre, est le *Chlorion compressum* de Fabricius, *Ampulex compressa* de Jurine. Il est commun à l'Ile de France, où il fait la guerre aux *Blattes kakerlacs* ou *Ravets*, au grand contentement des habitants.

AMPULLAIRE (Zoologie), *Ampullaria*, Lamk, du latin *ampulla*, vase à gros ventre. — Genre de *Gastéropodes pectinibranches*, famille des *Trochoïdes* de Cuvier, établi par Lamarck dans une petite famille à laquelle il a donné le nom de *Péristomiens*. Il est caractérisé par une coquille ronde, ventrue, à spire courte comme celle de la

Fig. 116. — Ampullaire.   Fig. 117. — Son opercule.

plupart des hélices; ouverture plus haute que large, munie d'un opercule; columelle ombiliquée. Une espèce, l'*A. idole* (*A. rugosa*), habite le Mississipi; c'est une des plus grosses que l'on connaisse: ses stries d'accroisse-

ment sont très-prononcées. L'*A. cordon bleu* (*A. fasciata*) est reconnaissable par les zones bleues qui teignent son dernier tour.

AMPUTATION (Chirurgie), du latin *amputare*, couper. — Opération chirurgicale qui consiste à enlever au moyen de l'instrument tranchant un membre, une portion de membre ou quelque autre partie du corps, comme le sein, etc. Cependant ce mot s'applique plus spécialement aux membres. L'amputation peut se pratiquer dans les articulations: alors on l'appelle *amputation dans l'article*; mais le plus souvent c'est dans la continuité des membres qu'elle se fait; quoi qu'il en soit, on ne doit retrancher d'un membre que le moins de parties possible, si ce n'est à la jambe, où l'usage d'un membre artificiel devient très-gênant lorsque l'opération n'a pas été pratiquée au lieu dit *d'élection*, c'est-à-dire quatre ou cinq travers de doigt au-dessous de la tubérosité du tibia. On a pratiqué les amputations des membres d'après deux procédés autour desquels viennent se grouper un grand nombre de modifications: ce sont les *amputations circulaires* et les *amputations à lambeaux*. 1° L'*amputation circulaire* consista d'abord à faire, comme son nom l'indique, une incision circulaire et d'un seul trait, jusqu'à l'os; il en résultait un moignon conique, puis la saillie et la dénudation de l'os, et par suite rupture fréquente de la cicatrice, etc. Plus tard J. L. Petit, si l'on en croit les Français, Cheselden au dire des Anglais, firent l'opération en deux temps; ils incisaient d'abord la peau par une section superficielle, puis, celle-ci étant fortement tirée en haut, l'opération était complétée par une seconde incision des muscles jusqu'à l'os. Cette méthode offrait déjà de grands avantages sur la première; cependant la rétraction des muscles n'était pas égale. Louis en eut bientôt reconnu la cause; il porta la première incision et sur la peau et sur la couche superficielle des muscles, en terminant par la section des muscles profonds: cette méthode, par les succès qu'elle donna, eut de nombreux imitateurs. Enfin Dupuytren, voulant abréger tous ces temps de l'opération, l'exécuta de la manière suivante: la peau étant fortement tirée en haut, il faisait son incision à deux ou trois travers de doigt de l'endroit où il voulait scier l'os; il pénétrait circulairement d'un seul trait jusqu'à l'os; puis, l'aide continuant la traction en haut, il en résultait un cône dont il incisait la base par une nouvelle section encore jusqu'à l'os. Par ce procédé on a un moignon convenable, où l'os ne fait pas saillie, et c'est sans contredit la modification la plus heureuse de la méthode circulaire, méthode qui est la plus généralement employée aujourd'hui. 2° L'*amputation à lambeaux* consiste à tailler un ou plusieurs lambeaux destinés à couvrir l'extrémité du moignon, comme une espèce de coussin. Nous n'insisterons pas sur les nombreux inconvénients qui résultent de l'existence d'une plaie aussi étendue que celles des amputations à lambeaux; il nous suffira de dire qu'elles sont presque toujours réservées aujourd'hui pour les cas où il s'agit d'opérer dans les articulations, parce que là on n'a pas le choix de la méthode et qu'il faut aviser à recouvrir le mieux et le plus tôt possible les surfaces articulaires; c'est ce qui se fait pour les amputations des doigts, du pied, du poignet, mais surtout pour l'épaule et pour l'articulation de la cuisse avec le bassin. Sans entrer dans la description de ces opérations de grande chirurgie, nous dirons seulement qu'elles ont donné de beaux succès entre les mains de Ledran, de Lafaye, de Larrey, de Dupuytren, etc. Une dernière modification de ce procédé est celle qu'on désigne sous le nom d'*amputation oblique* et que M. Scoutetten propose d'appeler *ovalaire*: cette opération consiste à couper les parties molles obliquement en bec de flûte. Quel que soit le mode suivi pour la section des parties molles, il reste à scier l'os ou les os et à lier les artères, et ce n'est pas nominalement telle ou telle, mais toutes celles qui donnent du sang. Les pansements varient suivant les indications qu'on se propose: ainsi la réunion dite *par première intention* se fait au moyen des agglutinatifs recouverts de charpie, de compresses, de bandes, etc. Cette méthode, qui compte des succès remarquables, a été suivie parfois d'accidents formidables. L'autre méthode consiste à préparer la suppuration des parties par un pansement à plat avec les gâteaux de charpie, soutenus par des compresses, etc. La chirurgie moderne emploie depuis quelque temps, sous les noms d'*Anesthésiques*, des moyens propres à éteindre la sensibilité, pendant les opérations, et particulièrement pendant les amputations (voyez les mots ANESTHÉSIE, CHLOROFORME, ÉTHÉRISATION).

Les amputations exigeant un arsenal complet et spécial, on a formé des *appareils* ou *boîtes à amputations* contenant tout ce qui est nécessaire pour pratiquer ces opérations. Ainsi, des moyens anesthésiques, des objets de pansement, des ligatures de tout genre, des aiguilles, des pinces, des tourniquets, des couteaux de toutes formes, des scies, des bistouris, des tenailles incisives, des bandelettes, des éponges, etc., etc.   F — N.

AMPUTATION (Vétérinaire). — On n'est que très-rarement appelé à pratiquer les amputations des membres chez les grands animaux domestiques : un cheval, un bœuf, privés d'un membre, ne peuvent plus rendre de services, et, lorsqu'ils ont éprouvé un de ces accidents qui en rendent la conservation impossible, il vaut mieux les abattre pour utiliser leurs dépouilles : on a pratiqué quelquefois des amputations sur le chien. Du reste, ces opérations, soit par les méthodes à employer, soit par les modes de pansement, soit par les précautions à prendre, rentrent dans les règles qui ont été exposées pour celles que l'on pratique sur l'homme. Il ne sera donc question ici que des amputations spéciales des cornes, des oreilles, de la queue, renvoyant pour tout le reste à l'article précédent.

L'*amputation des cornes* se pratique quelquefois pour des cas pathologiques, le plus souvent pour remédier à des vices de conformation, à une mauvaise direction des cornes dans l'espèce bovine, et aussi dans les cas où un animal de cette espèce, ou bien un bélier, devient indocile, méchant et dangereux. On se sert le plus souvent de la scie pour couper la corne d'un bœuf ou d'un bélier; on a aussi proposé, dans ce dernier cas, d'employer le ciseau et le maillet, en raison de la dureté de cette corne, mais ce moyen ne donne pas une section nette et a l'inconvénient d'ébranler trop fortement la tête de l'animal.

L'*amputation des oreilles* du cheval était de mode vers la fin du dernier siècle; à ce point de vue, c'était une chose ridicule, et on ne doit y avoir recours que pour remédier à un cas pathologique. Cette opération se pratique assez souvent sur les chiens, quelquefois sur les chats, et nous dirons, comme pour le cheval, qu'on ne doit y avoir recours qu'en cas de maladie. Elle n'offre, du reste, aucune difficulté, et on peut se servir ou du bistouri ou de forts ciseaux.

L'*amputation de la queue*, bien qu'elle soit souvent aussi une affaire de mode, est quelquefois nécessaire, surtout pour les chevaux de trait ou d'attelage et pour ceux qui font le service de halage. On coupe la queue : 1° en *balai*, lorsqu'on laisse dans toute leur longueur les crins qui adhèrent à la portion conservée; pour cela, on se sert d'un instrument nommé *coupe-queue*, et, après avoir relevé les crins au-dessus de la partie où l'on veut faire la section, on l'opère d'un seul coup; si l'hémorrhagie est inquiétante, on cautérise avec le fer chauffé à blanc. Les maréchaux la font tout simplement en appliquant la queue sur un *bouloir* (voyez ce mot) et en frappant dessus avec un bâton; c'est un mauvais procédé. 2° La *queue écourtée* est celle qui a été coupée à 0m,30 environ de sa racine, et sur laquelle les crins ont été aussi coupés au même niveau. 3° Dans la *queue en catogan*, on laisse de chaque côté du moignon une mèche de crins le dépassant de 0m,7 à 0m,8. On coupe la queue des chiens avec des ciseaux ou un bistouri. On coupe souvent la queue des *mérinos*, parce qu'elle leur est inutile et qu'elle a l'inconvénient de se couvrir d'ordures; c'est vers la fin du premier mois qu'on fait cette opération aux agneaux.   F — N.

AMYGDALÉES (Botanique), du grec *amugdalé*, amande. — Famille de plantes *Dicotylédones dialypétales*, extraite des *Rosacées* de de Jussieu par les botanistes contemporains. Elle comprend des arbres ou des arbrisseaux stipulés, à feuilles alternes, simples. Caractères : fleurs axillaires en grappe, corymbe ou ombelle; calice régulier à 5 divisions; 5 pétales insérés sur un disque charnu; étamines indéfinies insérées aussi sur ce disque; ovaire unique, libre, à une seule loge renfermant deux ovules collatéraux pendants; le fruit est une drupe charnue ou coriace fibreuse, à noyau osseux, ou ligneux. Les Amygdalées habitent principalement les régions tempérées de l'hémisphère boréal. On en rencontre peu dans l'Asie et dans les Amériques tropicales. Genres principaux : *Amandier* (*Amygdalus*, Lin.), *Prunier* (*Prunus*, Lin.).   G — S.

AMYGDALES (Anatomie). — On donne le nom d'*amygdales* ou *tonsilles* à un groupe de follicules muqueux qui occupent de chaque côté l'intervalle des piliers du voile du palais. Elles ressemblent assez bien à une amande. Chez certains sujets elles existent à peine; chez d'autres elles sont volumineuses au point de gêner la déglutition et la respiration. Les amygdales sont constituées par une agglomération de follicules qui font suite à ceux de la base de la langue. Ces follicules s'ouvrent dans de petites cellules qui communiquent au dehors par des trous dont est criblée la face interne de la glande, et qui laissent suinter un mucus transparent et visqueux destiné à lubréfier le fond du gosier pour faciliter la déglutition et la digestion : malgré l'importance de cette fonction, on est obligé, dans certains cas, d'en faire la résection (voyez AMYGDALES [*Résection des*], AMYGDALITE).

AMYGDALES (RÉSECTION DES) (Chirurgie). — Il arrive fréquemment qu'à la suite d'amygdalites répétées (voyez AMYGDALITE), chez certains sujets, ces organes restent durs, gonflés; il y a un engorgement extraordinaire de tout leur tissu : de là, gêne de la parole, de la déglutition, sentiment de strangulation, de suffocation continuel; il n'y a pas d'autres moyens que d'enlever tout ou partie des amygdales. On a proposé, pour cela, le caustique, la ligature, la résection avec l'instrument tranchant : le dernier procédé est le seul employé aujourd'hui. Indépendamment du bistouri ordinaire, plusieurs instruments spéciaux ont été inventés pour cette opération; le plus usité de nos jours est le *sécateur de Fahnestock*. Il se compose d'une canule terminée par un anneau elliptique; dans cette canule, glisse un mandrin armé en haut d'un autre anneau tranchant, et terminé en bas par un manche; vers le milieu de la longueur de la canule existe un chevalet à bascule, sur lequel est montée une aiguille terminée en fer de lance, et qui, enfoncée dans l'amygdale, sert à la fixer et à la faire saillir dans l'anneau, au moyen du mouvement de bascule imprimé à l'autre extrémité de l'aiguille par le doigt de l'opérateur. Lorsque ces préliminaires de l'opération sont terminés, le chirurgien tire vivement à lui le manche de l'anneau sécateur, et la résection a lieu d'un seul coup. Le plus ordinairement, il n'y a qu'un écoulement de sang insignifiant, et la guérison ne se fait pas attendre longtemps. Plusieurs modifications plus ou moins heureuses ont été faites à cet instrument.   F — N.

AMYGDALINE (Chimie), $C^{40}H^{27}AzO^{22} + 6HO$. — Principe immédiat, de composition très-complexe, qui existe tout formé dans le tissu des amandes amères; on l'obtient en lessivant des tourteaux d'amandes amères par l'alcool absolu et bouillant. La liqueur alcoolique, ultérieurement concentrée, laisse déposer des paillettes cristallines d'aspect soyeux; ce sont des cristaux d'amygdaline. Mis en contact avec de l'eau et un ferment particulier, la *synaptase*, ce corps éprouve un dédoublement spontané qui lui permet de fournir, à l'aide de la distillation, l'*essence d'amandes amères*. En effet, dans 1 équivalent d'amygdaline $C^{40}H^{27}AzO^{22}$ se trouvent à la fois les éléments de 1 équivalent d'acide cyanhydrique, de 2 équivalents d'essence d'amandes amères, de 2 équivalents d'acide formique, de 1 équivalent de glucose et de 3 équivalents d'eau.

L'amygdaline pure ne paraît pas vénéneuse; pourtant, les amandes amères prises en trop grande quantité ont causé des empoisonnements véritables : cela tient probablement à la présence de la synaptase qui produit dans l'estomac le dédoublement dont nous venons de parler et met ainsi en liberté de l'acide cyanhydrique, quoique l'influence de la synaptase soit notablement affaiblie par le contact du suc gastrique.

L'amygdaline a été découverte en 1830 par MM. Robiquet et Boutron-Charlard; MM. Liebig et Wœhler en ont proposé l'emploi en médecine à la place de l'eau distillée d'amandes amères et de laurier-cerise.   B.

AMYGDALITE (Médecine), du grec *amugdalé*, amande, et de la terminaison *ite*, inflammation des amygdales; on lui donne aussi le nom d'*Angine tonsillaire* (voyez ANGINE). — Elle peut être simple ou compliquée de l'inflammation des autres parties de l'arrière-gorge : le plus souvent elle affecte les deux amygdales à la fois, quelquefois successivement. Un refroidissement subit, l'humidité du soir, sont les causes principales de cette maladie; mais les prédispositions individuelles jouent un grand rôle dans sa production, et la rendent souvent très-fréquente chez les mêmes individus. La maladie débute par un malaise subit, le frisson, la fièvre, le mal de tête; bientôt surviennent de la difficulté à avaler, de la gêne dans la respiration, un certain empâtement dans la parole, de la sécheresse dans la gorge; la bouche laisse échapper une quantité plus ou moins considérable de mucus que le malade ne peut avaler; en abaissant la langue, on aperçoit, entre les piliers du voile du palais, les amygdales rouges, saillantes, quelquefois au point d'intercepter presque l'entrée du gosier, etc. Le traitement consiste dans l'emploi sagement réglé des saignées, des sangsues, suivant la violence du mal et les forces du malade, des cataplasmes, des bains de pieds, des gargarismes émollients, alumineux si l'inflammation n'est pas trop intense. des boissons adoucissantes tièdes ; quelquefois les vomitifs sont indiqués, surtout lorsque les amygdales se couvrent de petits points blancs qui peuvent faire craindre le développement de fausses membranes. Cette maladie se termine souvent par un abcès dans le tissu même de la glande ; rarement il est nécessaire d'ouvrir cet abcès, qui se fait jour de lui-même au dehors. Souvent, après une ou plusieurs amygdalites répétées, ces organes restent gros, gênent la respiration, la déglutition, la parole, sont une cause toujours présente de nouvelles récidives, et il peut devenir nécessaire de les enlever en tout ou en partie ; c'est à l'aide de l'instrument tranchant qu'on procède le plus ordinairement à cette opération (voyez AMYGDALES [*Résection des*]).   **F** — N.

AMYGDALOÏDE (**Minéralogie**). — Texture d'une roche à fond uni où se dessinent des noyaux d'une autre couleur.

AMYLÈNE (Chimie), $C^{10}H^{10}$. — Hydrogène carboné liquide à la température ordinaire, incolore ; il bout à 40°; sa densité de vapeur est 2,45. Il dérive de l'alcool amylique de la même manière que le gaz oléfiant dérive de l'alcool vinique. Il suffit de traiter l'alcool amylique par l'acide sulfurique ou le chlorure de zinc pour lui faire perdre les éléments de 2 équivalents d'eau et le convertir en amylène.

$$C^{10}H^{12}O^2 = 2HO + C^{10}H^{10}$$

Alcool amyliq.   Amylène.

On obtient par la distillation, quand la température s'élève, des composés isomériques de l'amylène :

A 160°, le paramylène.................. $C^{20}H^{20}$
A 300°, le métamylène................. $C^{40}H^{40}$

L'amylène a été employé dans ces derniers temps comme anesthésique pour remplacer l'éther et le chloroforme ; l'insensibilité est produite rapidement ; mais les expériences ne sont pas assez nombreuses pour établir son innocuité.

L'amylène a été découvert par M. Balard.   **B.**

AMYLIQUE (ALCOOL) (Chimie), huile de pommes de terre, $C^{10}H^{12}O^2$. — Liquide huileux, incolore, brûlant avec une flamme bleuâtre d'une odeur spéciale caractéristique ; sa vapeur est irritante pour la membrane pulmonaire et détermine la toux ; sa saveur a quelque chose de corrosif. Il bout à 132°; sa densité à la température ordinaire est de 0,818 ; sa densité de vapeur, 3,15. Il se comporte, dans la plupart de ses réactions, comme l'alcool vinique (voyez le mot ALCOOL), et l'on peut aussi le considérer comme l'hydrate de l'oxyde d'un radical, l'*amyle* $C^{10}H^{11}$. On connaît :

L'oxyde d'amyle........ $C^{10}H^{11}O$ ou éther amylique.
Le chlorure d'amyle.... $C^{10}H^{11}Cl$.
Le sulfure   —   .... $C^{10}H^{11}S$.
L'azotate   —   .... $C^{10}H^{11}O,AzO^5$.
L'acide sulfo-amylique.. $C^{10}H^{11}O,2(SO^3)HO$.
   ...   ...   etc.

Sous l'influence de la potasse, à une température de 200° environ, l'alcool amylique se convertit en acide valérianique en dégageant de l'hydrogène.

$$C^{10}H^{12}O^2 + (KO,HO) = KO,C^{10}H^{10}O^4 + 4H$$

Alcool amyliq.   Valérianate de potasse.

L'acide valérianique est donc analogue à l'acide acétique (voyez ALCOOLS). Soumis à l'action des déshydratants énergiques, l'alcool amylique donne l'amylène $C^{10}H^{10}$ qui est le pendant du gaz oléfiant C^4H^4. L'alcool amylique s'extrait de l'eau-de-vie de pommes de terre ; on l'obtient aussi dans la distillation du marc de raisin. Quand les produits volatils provenant de cette distillation donnent en se condensant un liquide laiteux, c'est qu'il passe de l'alcool amylique qui vient former à la surface du liquide obtenu des gouttes huileuses ; on recueille ces dernières, on les lave à l'eau, on les met en contact avec le chlorure de calcium, et enfin on procède à une nouvelle distillation en recueillant seulement le produit volatil qui se dégage vers 132°.

L'alcool amylique et ses principaux dérivés ont été découverts par M. Balard.   **B.**

AMYRIDÉES ou AMYRIDACÉES (Botanique). — Famille de plantes autrefois réunie aux *Térébinthacées*, puis établie par R. Brown, qui lui donnait assez d'étendue.

Kunth la restreignit et n'y renferma, pour ainsi dire, que le genre *Balsamier* (*Amyris*, Lin.). Cette famille comprend des arbres à suc résineux, à feuilles opposées, ternées ou pennées avec impaire. Ils habitent l'Amérique intertropicale.

AMYRIS (Botanique), *Amyris*, Lin. — Voy. BALSAMIER.

ANA, ou plutôt ā ā (Médecine). — Mot grec que les médecins inscrivent dans leurs formules après une énumération de plusieurs substances, pour indiquer qu'elles doivent y entrer en quantités égales. Hippocrate se servait déjà de ce signe.

ANABAINE (Botanique), *Anabaina*, Bory de Saint-Vinc., du grec *anabainô*, je monte, parce que quelques espèces de ce genre croissent au fond de l'eau et ont tendance à s'élever à la surface en prenant pour soutien les plantes voisines submergées. — Genre d'*Algues* de la famille des *Zoospermées*, tribu des *Nostochinées*. Il est très-voisin du *Nostoc*, une des plantes les plus simplement organisées. Les anabaines, qui sont d'un vert plus ou moins bleuâtre, se présentent sous la forme de filaments simples, muqueux, formés d'articulations globuleuses ou oblongues, cylindriques à l'extrémité. L'accroissement s'opère par la duplication des articles. Ces plantes avaient d'abord été mises au rang des Zoophytes : on en compte au moins une vingtaine d'espèces habitant les eaux douces de l'Europe. On distingue l'*A. en forme de lichen* (*A. licheniformis*, Bory), qui se développe sur la terre humide, et l'*A. marine* (*A. marina*), qui est abondante à Granville, où elle croît principalement sur les sables un peu vaseux de la plage.   G — s.

ANABAS (Zoologie), du grec *anabainô*, je monte. — Petit genre de *Poissons acanthoptérygiens*, famille des *Pharyngiens labyrinthiformes* : une particularité remarquable dans cette famille, c'est l'existence de cellules aquifères formées par des lamelles de l'os pharyngien supérieur, qui tiennent constamment humides les branchies au-dessus desquelles elles sont situées et permet-

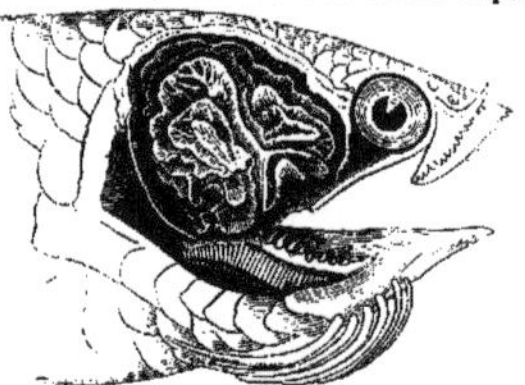

Fig. 118. — Appareil respiratoire de l'Anabas : on voit les cellules aquifères placées au-dessus des branchies.

tent à l'animal de vivre un certain temps hors de l'eau ; le genre Anabas présente cette disposition au plus haut degré de complication (*fig.* 118) ; ses autres caractères sont : corps rond, couvert de fortes écailles ; tête large, museau court et obtus, bouche petite, le bord des opercules fortement dentelé ; ouïes à 5 rayons. La seule espèce connue est l'*A. testudineus*, Cuv., nommée en malabar *Panéiri* ou *Monteur aux arbres*. Elle a la propriété remarquable de pouvoir vivre longtemps hors de l'eau, et il n'est pas rare d'en rencontrer, se traînant sur la terre ou sur l'herbe, dans des endroits assez éloignés de l'eau ; Daldorf prétend même en avoir trouvé un à 5 pieds au-dessus de l'eau dans une fente de l'écorce d'un palmier, qui s'efforçait de grimper encore ; ce qui paraît difficile à concevoir, en raison de sa conformation peu favorable à ce genre de locomotion : quoi qu'il en soit, ce poisson, qui atteint à peine 0ᵐ,15 à 0ᵐ,16, et dont la chair est fade et de mauvais goût, est recherché par les habitants du pays, qui lui attribuent des vertus médicinales, et surtout celle d'augmenter le lait des femmes et de donner aux hommes plus de force et de vigueur.

ANABLEPS (Zoologie), du grec *anablepein*, regarder en haut. — Ce nom a été donné par Artedi à un poisson très-singulier de la Guyane, lequel est le type du genre de ce nom formé par Block, adopté par Cuvier, et classé parmi les *Malacoptérygiens abdominaux*, famille des *Cyprinoïdes*. Les caractères de ces poissons, confondus pendant longtemps avec les Loches, sont : un corps cylindrique, couvert de fortes écailles, 5 rayons aux ouïes, la tête aplatie, le museau tronqué ; mais ce qu'ils offrent de plus curieux, c'est une conformation des yeux, qu'on ne rencontre chez aucun autre vertébré ; ils sont très-saillants, et la cornée très-bombée est partagée en deux par une bande transversale, de telle sorte que la portion supérieure de la cornée est dans un plan différent de celui de la portion inférieure, et que chacune d'elles appartient à une sphère différente. A travers chacune de ces portions, on aperçoit un iris distinct et une prunelle assez grande, et au delà un seul cristallin simple et sphérique. D'après cette disposition, ces poissons paraissent avoir la faculté de voir en même temps en haut et en avant. Ils atteignent une longueur de 0ᵐ,20 à 0ᵐ,24 ; la femelle est vivipare et les petits naissent déjà très-forts. On ne connalt que l'espèce dite *Cobitis anableps* de Lin., *Anableps tetrophthalmus*, de Block, qui habite les rivières de la Guyane.

ANACANTHE (Zoologie), Ehrenb. — Genre de *Poissons cartilagineux*, détaché du genre des *Raies* de Cuvier : ils ressemblent aux *Pastenagues* (*Trygon*, Adans.) ; mais leur queue, longue et grêle, n'a ni nageoire ni aiguillon. On en trouve dans la mer Rouge une espèce dont le dos est garni d'un galuchat (peau rude et chagrinée) encore plus gros que dans la *Sephen* (*Trygon sephen*) et à grains étoilés.

ANACARDIACÉES (Botanique). — Famille de plantes *Dicotylédones dialypétales*, établie pour une tribu de la famille des *Térébinthacées* de de Jussieu. Ce sont des arbres ou des arbrisseaux produisant de la résine ou de la gomme. Leurs feuilles sont alternes, dépourvues de stipules. Elles habitent principalement les régions intertropicales du globe. Genres principaux : *Pistachier* (*Pistacia*, Lin.) ; *Sumac* (*Rhus*, Lin.) ; *Manguier* (*Mangifera*, Lin.) ; *Anacarde* (*Anacardium*, Rottb.) ; *Monbin* (*Spondias*, Lin.). Caractères : fleurs en général unisexuées régulières ; calice ordinairement libre, rarement adhérent à l'ovaire ; 3-5 pétales ; étamines en même nombre ou double ; disque périgyne ; les fleurs femelles présentent des étamines stériles ou simplement rudimentaires ; un seul ovaire à une loge, ou plus rarement 5 6 ovaires distincts ; un ou plusieurs styles ; fruit indéhiscent, ordinairement une drupe charnue, quelquefois capsulaire, contenant une graine.   G — s.

ANACARDIER (Botanique), *Anacardium*, Rottb., du grec *cardia*, cœur ; le fruit d'une espèce a la forme d'un cœur. — Genre de plantes de la famille des *Anacardiacées*. Caractères : calice à 5 divisions ; 5 pétales insérés au fond du calice ; 10 étamines, une est plus longue et stérile ; le fruit est une noix réniforme, latéralement portée sur le pédoncule extrêmement renflé, charnu, en forme de poire. L'*A. occidental* (*A. occidentale*, Lin.), appelé aussi *Acajou à pommes* (voyez ACAJOU), est un petit arbre à tronc noueux, à feuilles ovales, entières, obtuses, fermes, un peu échancrées. Ses fleurs, disposées en panicules terminales, sont accompagnées de bractées lancéolées et présentent une coloration jaunâtre. Cette espèce est originaire de l'Amérique méridionale. Son bois est blanc et s'emploie dans la construction et dans la menuiserie. L'écorce infusée est recommandée comme gargarisme, chez les Indiens, pour le traitement des aphthes ; elle donne aussi une gomme propre à différents usages. La *pomme d'acajou* est le pédoncule renflé qui supporte le fruit et qui est beaucoup plus gros que lui ; il n'y a rien d'analogue dans tout le règne végétal ; il est comestible, sa saveur est aigre et vineuse. Son suc donne une boisson rafraichissante ; on en obtient aussi par la fermentation une sorte de vin, de l'eau-de-vie et du vinaigre. Elle sert en outre à faire des compotes très-estimées. Quant au fruit, bien connu sous le nom de *noix d'acajou*, il possède dans son enveloppe une huile caustique très-inflammable, que son âcreté fait employer contre les ulcères fongueux et certaines affections dartreuses. L'amande, au contraire, est douce et d'une saveur agréable ; aussi la mange-t-on fraîche ou rôtie sous la cendre comme les marrons. Une sorte de chocolat est préparé avec cette amande.   G — s.

ANADYOMÈNE (Zoologie), du grec *anaduomai*, je sors de l'eau. — Lamouroux a formé sous ce nom un genre de *Polypiers*, composés d'articulations flexibles régulièrement disposées en branches de substance verte, sillonnées de nervures symétriques, semblables à une broderie : « L'anadyomène, dit Cuvier (*Règne animal*, 2ᵉ édition, t. III, p. 308), est vulgairement connue sous le nom de *Mousse de Corse*. » Le genre auquel elle appartient a été établi parmi ces corps qu'il a ainsi désignés (p. 305) : « Il existe dans la mer des corps assez semblables aux polypiers par leur substance et leur forme générale, où l'on n'a pu encore apercevoir de polype.

Leur nature est donc douteuse, et de grands naturalistes, tels que Pallas et autres, les ont regardés comme des plantes : cependant il en est plusieurs qui les regardent comme des polypiers à polypes et à cellules extrêmement petites. »

ANAGALLIDE (Botanique), *Anagallis*, Tourn., du grec *anageluô*, je ris : allusion aux propriétés de cette plante qui passait pour exciter la gaieté. — Genre de plantes de la famille des *Primulacées*, tribu des *Primulées*. Caractères : corolle caduque, en roue, dépassant plus ou moins le calice, 5 étamines à filets barbus ; anthères fixées par le dos, introrses ; le fruit est une pyxide ou capsule (*fig.* 119) dont la déhiscence s'opère transversalement de manière à simuler une boîte avec son couvercle ; la placentation est centrale et les graines sont anguleuses. Ce genre est désigné vulgairement sous le nom de *Mouron*. L'*Anagallide* ou *Mouron des champs* (*A. arvensis*, Lin.) est une herbe annuelle qui croît dans les endroits cultivés ;

Fig. 119. — Pyxide du Mouron rouge (*Anagallis arvensis*). — c, Calice persistant. — p, Péricarpe qui s'est séparé en deux moitiés, dont la supérieure se détache en opercule o. — g, Graines formant une agglomération globuleuse autour d'un placenta central.

ses tiges sont couchées, rameuses, et sa corolle rotacée dépasse peu le calice. Deux variétés de cette plante ont été considérées comme deux espèces distinctes, l'une à fleurs rouges (*A. phœnicea*, Lamk), et l'autre à fleurs bleues (*A. cærulea*, Schrb.). Il ne faut pas confondre le *Mouron des champs* avec le *Mouron des oiseaux* (*Alsine*, Lin. ; *Stellaria media*, Villars) (voyez ALSINE). Le *Mouron des champs* a été très-vanté autrefois pour guérir de la folie, de la rage, de l'épilepsie et des morsures venimeuses. Ses propriétés sont un peu déchues de leur réputation. Les variétés à fleurs bleues et à fleurs lilas de l'*Anagallide des collines* (*A. collina*, Schousb.), sont d'un très-joli effet dans les jardins ; elles sont originaires du sud de l'Afrique. L'*A. délicate* (*A. tenella*, Lin.) est une herbe indigène qui croît de préférence dans les endroits humides. Elle se distingue du *Mouron des champs* par ses corolles dépassant de beaucoup le calice. Ses fleurs sont rosées.   G — s.

ANAGALLIDÉES (Botanique). — Tribu de plantes de la famille des *Primulacées*, et caractérisée principalement par un fruit en *pyxide*, c'est-à-dire un fruit qui s'ouvre à la maturité comme une boîte à savonnette (*fig.* 119). Genres principaux : *Mouron* (*Anagallis*, Tourn.), *Centenille* (*Centunculus*, Lin.).   G — s.

ANAGYRE (Botanique), *Anogyris*, Lin., du grec *anaguros*, nom d'une plante chez les Grecs. — Genre de plantes de la famille des *Papilionacées*, tribu des *Podalyriées*, dont l'unique espèce cultivée dans les jardins est l'*Anagyre fétide* (*A. fœtida*, Lin.), appelée aussi *Bois puant*. C'est un arbrisseau qui s'élève souvent à plus de 3 mètres, et qui ressemble assez par son port au faux ébénier. Ses folioles sont lancéolées, aiguës, entières, pubescentes en dessous, et sa gousse est terminée en pointe. Il donne en avril et mai des fleurs jaune pâle, à étendard taché de brun. L'anagyre fétide se trouve, dans le midi de la France, en Espagne, en Italie et en Grèce, sur les rochers, dans les lieux montagneux. Ses feuilles, légèrement froissées, répandent une odeur très-désagréable, que les Grecs avaient constatée. Ils avaient même un proverbe qui peut se traduire par *secouer l'anagyre*. Selon Mordant-Delaunay, c'était pour caractériser l'imprudence de celui qui parle de faits qu'on peut lui reprocher, manière de s'exprimer que nous rendons plus délicatement par l'antiphrase *remuer le pot aux roses*. Certains thérapeutistes ont prescrit les feuilles d'anagyre comme purgatives, et ses graines comme émétiques. Caractère : Feuilles trifoliolées, d'un vert pâle, calice campanulé à 5 dents, étendard arrondi ; carène de 2 pétales distincts, droits, un peu plus longs que les ailes et l'étendard ; fleurs en grappe feuillée à la base ; gousse pendante stipitée, comprimée, à une loge interrompue par des lames qui séparent les graines.   G — s.

ANALCIME (Minéralogie), du grec *a*, privatif, et *alkimos*, fort, parce que ses propriétés électriques sont très-faibles. — Substance minérale dans la composition de laquelle entrent la silice, l'alumine, la chaux, la soude et l'eau ; elle varie de couleur du limpide au blanc mat veiné de rouge incarnat ; cette pierre est assez dure pour rayer le verre. Elle n'a encore été trouvée que dans les produits des volcans, en Sicile, près du mont Etna, et dans les laves de Dumbarton en Écosse. On en connaît deux variétés : l'*A. triépointé* et l'*A. trapézoïdal*.

ANALE (Nageoire) (Zoologie). — Voyez Locomotion.

ANALEPTIQUES (Médecine), du grec *analeptikos*, propre à redonner des forces. — Médicaments ou aliments capables de réparer les forces : ainsi on peut dire que tous les toniques sont des *médicaments analeptiques*. Les bouillons gras, les consommés, les gelées de viande, les viandes succulentes, le chocolat, les œufs, sont des *aliments analeptiques*. Il faut pourtant faire une remarque très-importante, c'est que ces moyens sont employés, en général, chez les individus faibles et délicats, ou dans des convalescences lentes et qui ne marchent pas franchement; or il peut arriver que ces différents états soient entretenus par une inflammation latente d'un organe intérieur : on conçoit alors la réserve qu'on devra mettre dans l'emploi des analeptiques, qui, dans ce cas, loin de réparer les forces, pourraient, en augmentant l'inflammation, les diminuer de plus en plus.   F — N.

ANALYSE, du grec *analuô*, délier, résoudre, dissoudre. — Réduction d'un tout en ses parties constitutives. Le sens propre de ce mot varie avec la branche de nos connaissances à laquelle il s'applique tout en conservant sa signification générale.

Analyse chimique. — Se dit de l'ensemble des opérations à l'aide desquelles on parvient à décomposer un corps en ses éléments constituants, soit pour en reconnaître simplement la nature (*analyse qualitative*), soit pour déterminer les proportions en poids ou en volume dans lesquelles ces éléments se trouvent associés dans la formation du composé (*analyse quantitative* ou *dosage*).

Les procédés d'analyse sont quelquefois très-complexes et varient beaucoup suivant la nature des éléments que l'on doit isoler ; comme ils sont tous fondés sur les propriétés particulières à ces éléments, il est indispensable, avant de procéder à l'analyse quantitative d'un corps, d'en faire l'analyse qualitative.

La plupart du temps, les conditions dans lesquelles un corps s'est formé donnent sur sa nature des indications précieuses qui simplifient beaucoup la marche à suivre ; mais lorsqu'on n'a aucune donnée sur un composé, il faut nécessairement procéder avec méthode et suivre rigoureusement une marche systématique. On fait alors usage de *réactifs*, substances chimiques destinées à provoquer des *réactions*, c'est-à-dire de nouvelles combinaisons ou décompositions chimiques. Ces réactions doivent être nettes, sensibles et fidèles, et permettre de diviser tous les éléments existants ou ceux entre lesquels on hésite en classes ou sections parfaitement tranchées. Chacune de ces sections doit comprendre, autant que possible, un nombre à peu près égal de corps, possédant tous au même degré les réactions communes qui ont servi à les grouper. Par l'emploi d'autres réactifs on établit ensuite des divisions et des subdivisions dans chaque section.

En opérant ainsi, on circonscrit de plus en plus, par exclusion des autres, le nombre des corps parmi lesquels se trouvent ceux dont on recherche la nature, et lorsque ce nombre est suffisamment limité, on détermine d'une manière spéciale les éléments auxquels on peut avoir affaire en se servant alors de leurs caractères spécifiques.

La nature des éléments d'un composé étant connue, l'analyse doit être reprise en vue du dosage de ces éléments. Les réactifs employés dans cette seconde phase de l'opération doivent avoir des qualités autres que dans le cas précédent ; ils ont en effet spécialement pour but d'engager l'élément connu dans une combinaison stable parfaitement définie, facile à isoler et dont la composition soit connue avec précision. Le ferrocyanure de potassium, par exemple, qui accuse d'une manière si nette les plus légères traces de fer ou de cuivre dans une liqueur, ne pourrait servir à doser ces métaux parce que les précipités qui se forment dans ces circonstances n'ont pas une composition bien constante. Il est digne de remarque que les corps se dosent presque toujours sous la forme qu'ils affectent dans la nature, parce que cette forme est précisément la plus stable et se prête le mieux aux manipulations.

Pour l'une et l'autre analyse les réactions provoquées ont lieu par *voie humide* ou par *voie sèche*. Dans le premier cas, les réactifs sont employés en dissolution dans l'eau et mis sous cette forme en contact avec la substance à analyser également dissoute. Dans le second, la substance et le réactif sont mis en présence à l'état solide et soumis à l'action d'une chaleur plus ou moins forte.

Les opérations à faire pour le dosage de chaque élément d'un corps par voie humide, la plus généralement suivie et la plus exacte, se succèdent ordinairement dans l'ordre suivant : On commence par peser exactement la substance à analyser préalablement réduite et dont on a pris environ un gramme. On la dissout ensuite dans un liquide approprié, ordinairement l'eau, puis on précipite à l'aide d'un réactif convenable l'élément qu'il s'agit de doser. Ce précipité est recueilli sur un filtre, lavé avec soin pour le débarrasser de toute substance étrangère, desséché d'une manière très-complète, souvent même calciné au rouge, et enfin pesé. Du poids du précipité on déduit par le calcul le poids de l'élément. Cette première précipitation n'a souvent d'autre objet que d'isoler plus facilement l'élément à doser. Dans ce cas, le précipité est redissous, puis l'élément précipité de nouveau sous une forme plus convenable au dosage.

Un autre mode de dosage qui prend actuellement une grande importance consiste à faire usage de réactifs en *dissolutions titrées* et à mesurer le volume de ces dissolutions nécessaire pour précipiter complétement la substance à doser. Du volume de la liqueur titrée on déduit par le calcul le poids cherché de la substance. Cette méthode est dite *volumétrique*. Elle a le double avantage d'être très-rigoureuse et très-expéditive, mais à la condition que la fin de l'opération soit accusée d'une manière très-nette.

Il nous est impossible, sans sortir du cadre de notre ouvrage, de donner une idée précise de la manière dont on doit conduire une analyse ; nous renvoyons le lecteur aux ouvrages spéciaux, et notamment aux traités de Henri Rose et de Gerhardt et Chancel.   M. D.

Analyse organique (Chimie). Opération ayant pour objet de reconnaître et de séparer les divers principes ou éléments dont se compose une matière organique. On distingue deux sortes d'analyses, l'*analyse immédiate* et l'*analyse élémentaire*.

Analyse immédiate. — Opération par laquelle on sépare les unes des autres, dans le but de les doser, les substances à composition définie (*principes immédiats*) qui, par leur mélange, constituent les différents produits du règne animal et du règne végétal. Le mode de séparation dépend, dans chaque cas, des propriétés du corps à analyser et des aptitudes chimiques des principes immédiats qu'il renferme. Le produit organique contient-il des matières volatiles? c'est par des distillations convenablement fractionnées qu'on parvient à isoler ces dernières. Telle est la méthode suivie pour estimer dans le vin la proportion d'alcool absolu qui s'y trouve. S'y rencontre-t-il des composés à réaction acide? on les unit à une base avec laquelle ils puissent former un sel insoluble dans l'eau : ce sel lui-même est ultérieurement traité par un acide minéral qui lui enlève sa base et met en liberté l'acide organique. C'est ainsi qu'en mélangeant le suc clarifié de l'oseille (*Rumex acetosella*) avec l'acétate de plomb en dissolution, on obtient un précipité d'oxalate de plomb qui, soumis à l'action de l'acide sulfurique, donne du sulfate de plomb insoluble et de l'acide oxalique libre. Les composés basiques sont isolés par un procédé analogue. Quant aux produits neutres, leur séparation à l'état de pureté est, en général, difficile ; il faut, le plus souvent, pour les isoler, recourir à des dissolvants appropriés à leur nature chimique : eau, alcool, esprit de bois, éther, chloroforme, huiles essentielles, et faire agir le dissolvant au degré de température et de concentration le plus favorable.

Analyse élémentaire. — Le principe immédiat étant obtenu tout à fait pur, il s'agit d'estimer la proportion des éléments simples, carbone, hydrogène, oxygène, azote, soufre, phosphore, etc., qui en font une espèce chimique distincte. Tel est le but de l'analyse élémentaire. Deux cas doivent être distingués, selon que la matière organique est azotée ou ne l'est pas. Quant au soufre et au phosphore, on ne les rencontre que rarement.

1° *Analyse d'une matière organique non azotée.* — Elle s'opère en effectuant une véritable combustion, de manière à doser le carbone à l'état d'acide carbonique et l'hydrogène à l'état d'eau ; l'oxygène sera obtenu par différence, en retranchant du poids total de la matière organique employée, le poids du carbone et de l'hydrogène précédemment évalués. L'oxygène nécessaire à cette combustion est fourni par l'oxyde noir de cuivre, CuO, provenant de la décomposition à chaud de l'azotate de cuivre ou du grillage des planures de cuivre ; cet oxyde fournit en présence de la matière organique tout l'oxygène nécessaire à une combustion complète. Cela posé, voici les principaux détails opératoires :

Dans un tube de verre vert de 0^m,60 de longueur (*fig.* 120), fermé à la lampe à l'une de ses extrémités, laquelle a été d'avance effilée, est introduit d'abord de l'oxyde de cuivre sec et chaud dans une longueur de 0^m,08 à 0^m,10, puis un mélange de nouvel oxyde de cuivre avec la matière à analyser pesée d'avance et séchée avec soin. On remplit ensuite la partie restante du tube d'oxyde noir mélangé de planures grillées jusqu'à 0^m,02 ou 0^m,03 de l'extrémité ouverte. Cette dernière est fermée par un bouchon de liége muni d'un tube A contenant du chlorure de calcium ou de la pierre ponce imprégnée d'acide sulfurique concentré. A la suite du

Fig. 120. — Analyse d'une matière organique non azotée.

tube à chlorure, et communiquant avec lui, est placé l'appareil à boules B de Liebig, contenant une dissolution de potasse caustique ; vient enfin un dernier tube C contenant des fragments de potasse sèche. Le tube de verre vert repose sur une grille de fer semblable à celle qu'emploient les repasseuses. On commence par chauffer au rouge la portion de ce tube la plus voisine du tube à chlorure, en plaçant sur la grille des charbons allumés, et protégeant le bouchon et la partie moyenne du tube qui contient la matière organique par des écrans en tôle placés comme à cheval sur le tube à combustion : de proche en proche, les différentes parties du tube sont soumises à une température élevée, jusqu'à l'extrémité fermée, afin que la matière organique puisse brûler complétement. L'eau qu'elle fournit à l'état de vapeur est retenue par le chlorure de calcium et l'acide carbonique par la potasse du tube à boules ; de peur que quelques huiles n'échappent à l'action condensatrice de la dissolution alcaline, la potasse du tube C est là pour les retenir. Enfin le tube à combustion est maintenu au rouge pendant quelques instants dans toute sa longueur, et la fin de l'opération se trouve indiquée par la cessation du dégagement des bulles dans le tube B. On laisse refroidir, puis on recueille les dernières portions de vapeur d'eau et d'acide carbonique qui remplissent encore le tube à combustion en y faisant circuler un courant d'air. A cet effet, on casse la pointe effilée, qu'on met en communication avec un appareil de dessiccation, on aspire par l'extrémité ouverte de C. Les tubes condenseurs, qui avaient été pesés avant l'expérience, le sont encore après ; l'augmentation de leur poids donne les quantités d'acide carbonique et d'eau produites dans la combustion et, par suite, les proportions de carbone et d'hydrogène contenues dans la matière organique.

2° *Analyse d'une matière organique azotée.* — Il faut une seconde combustion pour doser l'azote ; cette fois, la partie du tube de verre vert voisine du bouchon contient une longue colonne de rognures de cuivre. On main-

Fig. 121. — Analyse d'une matière organique azotée.

tient celui-ci au rouge pendant toute la durée de l'opération, afin de détruire les composés oxygénés de l'azote qui peuvent se produire et le laisser dégager tout à fait pur. Seulement, comme on recueille en même temps

l'azote atmosphérique qui remplit le tube, on commence par laver celui-ci avec l'acide carbonique que laisse dégager, en le chauffant, du bicarbonate de soude placé vers l'extrémité effilée ; ce même lavage est répété à la fin de l'opération pour balayer les dernières traces d'azote. Tout le gaz fourni par la matière organique est ainsi réuni en totalité dans une éprouvette E placée sur la cuve à mercure C : on mesure son volume à une température et à une pression connues, et du volume on déduit le poids. Quelquefois on dose l'azote à l'état d'ammoniaque. Pour cela, on incorpore à l'avance un poids connu de la matière organique à un excès de *chaux sodée* (mélange intime de chaux caustique et de soude), puis le tout est calciné dans un tube à combustion. De cette façon, l'azote est converti en gaz ammoniac et recueilli dans une dissolution titrée d'acide sulfurique, qu'on place dans un tube à boules. On a déterminé d'avance quel est le volume d'une certaine liqueur alcaline qui est nécessaire pour neutraliser le volume de la dissolution sulfurique employée ; on refait le même essai sur l'acide qui vient d'absorber le gaz ammoniac : cette fois, le volume de liqueur alcaline qui produit la neutralisation est moindre, la différence fait connaître quelle est la fraction du volume de l'acide que le gaz ammoniac a saturée, par su te la proportion de ce dernier, et enfin celle du gaz azote. La liqueur alcaline habituellement employée est produite par une dissolution de chaux dans l'eau sucrée (saccharate de chaux).

Enfin, le produit organique contient-il du soufre ou du phosphore, ces corps sont dosés séparément par les méthodes usitées en chimie minérale.

Lavoisier avait entrevu la méthode précédente d'analyse élémentaire ; mais c'est surtout aux travaux de Gay-Lussac, de Thénard, de MM. Dumas, de Liebig, de Will, de Warrentrapp, de Bineau et de Péligot qu'on en doit la découverte et les perfectionnements.   B.

ANALYSE MATHÉMATIQUE. — Branche des mathématiques ayant pour objet l'étude des propriétés des grandeurs considérées d'une manière abstraite et indépendamment de toute valeur numérique. On embrasse aujourd'hui sous le nom commun d'*analyse* diverses parties des mathématiques, telles que l'algèbre ou analyse algébrique, le calcul différentiel et le calcul intégral ou analyse infinitésimale. On peut dès lors distinguer dans les mathématiques pures trois branches principales : *arithmétique*, *analyse* et *géométrie*. Les applications de l'analyse à l'arithmétique constituent la *théorie des nombres* ; l'application à la géométrie s'appelle *géométrie analytique*.

L'*Analyse algébrique* comprend les règles du calcul ou la transformation des expressions algébriques, la résolution des équations, la théorie des séries. L'*Analyse infinitésimale* renferme le calcul différentiel et intégral, celui des différences finies. Mais aussitôt que l'on dépasse les éléments de ces sciences, on reconnaît qu'elles se touchent et se confondent même fort souvent, ce qui explique l'emploi du mot vague d'*analyse* pour embrasser à la fois toutes les recherches qui en dépendent (voyez MATHÉMATIQUES).

On emploie quelquefois le mot *analyse*, par opposition au mot *synthèse*, pour représenter un certain mode de démonstration ou d'exposition. Employer la méthode analytique, c'est prendre la marche de l'inventeur, c'est-à-dire procéder constamment du connu à l'inconnu.   E. R.

ANALYSE INDÉTERMINÉE (Mathématiques). — Partie de l'algèbre qui a pour objet de *résoudre en nombres entiers* les problèmes indéterminés. Lorsqu'un problème conduit à un nombre d'équations inférieur à celui des inconnues, il est *indéterminé*, et l'on y peut satisfaire d'une infinité de manières. Pour fixer les idées, considérons une seule équation entre deux inconnues x et y : en donnant à l'une d'elles une valeur tout à fait arbitraire, on pourra trouver pour l'autre inconnue une valeur convenable. Mais si la nature de la question exige que les valeurs de x et y soient entières, cette nouvelle condition pourra restreindre beaucoup le nombre des solutions.

Prenons pour exemple l'équation $8x + 3y = 14$. Tirons la valeur de y

$$y = \frac{14 - 8x}{3}$$

puis donnons à x trois valeurs consécutives 0, 1, 2, par exemple. De ces trois valeurs, l'une rendra y entier, et donnera par conséquent une solution : ici c'est $x = 1$, d'où $y = 2$. Ce procédé est général et peut être aisément démontré.

Les autres solutions entières sont renfermées dans les formules

$$x = 1 - 3t, \qquad y = 2 + 3t,$$

t étant une indéterminée à laquelle on peut donner telle valeur entière qu'on voudra. On vérifie, en effet, que l'équation devient identique par la substitution de ces expressions.

Les solutions ainsi obtenues peuvent être positives ou négatives : or la question peut exiger qu'elles soient positives. Dans chaque cas, on fera la discussion nécessaire, c'est-à-dire qu'on cherchera les valeurs de t pour lesquelles x et y sont positifs. L'équation précédente n'a qu'une solution entière et positive, qui est $x = y = 2$. Le problème qui aurait conduit à cette équation serait donc déterminé.

Voici une question se rapportant à l'analyse indéterminée : On veut payer 28 francs avec des pièces de 5 francs et de 2 francs, sans aucune autre monnaie. Soit x le nombre des pièces de 5 francs et y celui des pièces de 2 francs, on devra avoir

$$5x + 2y = 28.$$

Cette équation est vérifiée par $x = 0$, $y = 14$; et on en déduit toutes les autres solutions; mais comme l'énoncé n'admet que des valeurs entières et positives de x et y, on ne satisfait à la question que de trois manières différentes :

$$
\begin{aligned}
x &= 0 \qquad 2 \qquad 4 \\
y &= 14 \qquad 9 \qquad 4
\end{aligned}
$$

savoir, en donnant 14 pièces de 2 francs, 9 de 2 francs et 2 de 5 francs, ou bien 4 de 2 francs et 4 de 5 francs.

On peut également chercher à résoudre en nombres entiers les équations indéterminées du second degré. Mais ici le problème se complique; car, pour que les valeurs des inconnues soient entières, il faut préalablement qu'elles soient rationnelles. Aussi n'entrerons-nous dans aucun détail sur ce genre de question.　　E. R.

ANAMORPHOSES (Physique). — Jeux d'optique fondés sur la déformation qu'éprouvent les images des objets vus dans un miroir conique, cylindrique ou de toute autre forme. On trace sur des cartons différents dessins d'une

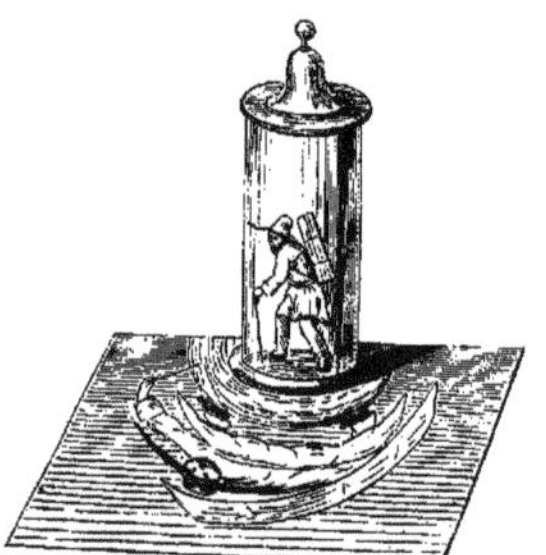

Fig. 122. — Anamorphose.

apparence bizarre, mais qui ont été construits de façon qu'en plaçant le miroir sur un point du carton, l'image vue dans le miroir représente un objet déterminé. La construction de ces dessins est d'ailleurs très-simple, car il suffit de représenter l'objet qu'on veut obtenir, pareil à l'image qu'on aperçoit, quand on place cet objet lui-même devant le miroir.

ANANAS (Botanique, Horticulture), *Ananassa*, Lindl. Genre de la famille des *Broméliacées*. — L'espèce intéressante du genre, l'*Ananas commun* (*Bromelia ananas*, Lin.) est une plante vivace, à racines fibreuses, qui ne forme sa tige qu'à l'époque de la floraison; à feuilles linéaires entières ou épineuses, dentelées, couvertes d'une poudre glauque. Vers la troisième année, il s'élève du centre de ces feuilles une tige forte, droite, charnue, succulente, très-simple, de 0m,35 à 0m,70, terminée par un faisceau de petites feuilles, appelé *couronne*, au-dessous duquel se développent des fleurs nombreuses, bleuâtres, sessiles, formant un épi, et qui ont pour ca-

ractère un périanthe épigyne, 6 étamines aussi épigynes, anthères introrses, biloculaires; ovaire infère, triloculaire, style filiforme, stigmates dressés, frangés; baies ordinairement uniloculaires, graines solitaires à testa membraneuse. Lorsque les fleurs sont fanées, les ovaires soudés ensemble grossissent, deviennent charnus et forment un seul fruit ovoïde ou conique, taillé à facettes comme une pomme de pin, jaunâtre ou violacé lorsqu'il est mûr, exhalant une odeur des plus suaves, et contenant dans sa chair fondante une eau sucrée, légèrement acidulée, d'un parfum qui rappelle la framboise, la pêche, la fraise, etc. La culture a produit beaucoup de variétés plus ou moins nuancées de rouge, de violet, de noir, etc.

Fig. 123. — Sorose de l'ananas, surmontée du bouquet de feuilles qui termine l'axe fructifère.

L'ananas, découvert par Jean de Léry dans un voyage au Brésil en 1555, importé d'abord en Angleterre, ne fut cultivé en France que sous Louis XV, en 1733, pour la première fois, et encore dans les jardins royaux et chez quelques grands seigneurs. Il fut oublié pendant la Révolution et l'Empire, et sa culture ne fut reprise que sous le règne de Louis XVIII, par un ancien gardien du château de Choisy-le-Roi, qui en avait conservé la tradition; aujourd'hui elle paraît arrivée à son plus grand degré de perfection. Cette culture, tout artificielle, se fait soit sous châssis, soit en serre; la terre de bruyère est celle qui convient le mieux, et la température la meilleure est celle de 30° cent., il faut beaucoup arroser au pied et sur les feuilles, excepté dans les grands froids et lorsque le fruit commence à mûrir; c'est du reste une culture qui demande une longue pratique et des soins assidus. Le mode de multiplication se fait au moyen des œilletons poussés à côté des pieds qui ont fleuri, ou de la couronne de feuilles vertes qu'on plante en terre sur une couche préparée spécialement à cet effet. Dans ces derniers temps on en a aussi obtenu au moyen des graines; c'est par ce procédé qu'on fait des variétés nouvelles; mais alors la plante ne donne de fruits qu'à la quatrième ou cinquième année. Parmi les nombreuses variétés de l'ananas, on peut citer : l'*A. commun* ou *de la Martinique* : c'est la variété préférée par les confiseurs; l'*A. de Cayenne à feuilles lisses*, très-gros et très-bon; l'*A. Jamaïque violet*, qui atteint jusqu'à 0m,30 de hauteur; l'*A. Saint-Domingue*, fruit en pain de sucre; l'*A. de la Havane*; l'*A. d'Otaïti*; l'*A. poli blanc*, gros, cylindrique, etc. Pour la culture de l'ananas, consultez le *Bon Jardinier*, par Vilmorin, etc.

ANANAS DES BOIS (Botanique). — Nom vulgaire d'une espèce de *Tillandsie* (voyez ce mot).

ANANAS-FRAISIER (Botanique), espèce de *Fraise*.

ANANAS DE MER (Zoologie). — Nom vulgaire de l'*Astrée ananas*. (*Madrepora ananas*, Lin.) (voyez Astrée.)

ANARNAK (Zoologie), *Anarnacus*, *Monodon spurius*, Fab., *Ancylodon*, Illg. — Espèce de *Cétacé* du genre Narval, qui habite les mers du Groënland; il n'a que deux petites dents à la mâchoire supérieure et une nageoire dorsale; il ne doit pas beaucoup s'éloigner des *Hypéroodons*.

ANARRHIQUE (Zoologie), du grec *anarrhichômai*, grimper. — *Poisson* nommé ainsi par Gessner, parce qu'on a dit qu'il montait sur les rochers, ce qui est loin d'être prouvé : c'est le type d'un genre qui appartient à l'ordre des *Acanthoptérygiens*, famille des *Gobioïdes*, très-voisin des Blennies, et qui s'en distingue par l'absence de nageoires ventrales. Ses caractères sont : la nageoire dorsale, composée de rayons simples, commence à la nuque et s'étend, ainsi que l'anale, jusqu'auprès de celle de la queue, qui est arrondie aussi bien que les pectorales; leur corps est lisse et muqueux; mais ce qu'ils présentent de plus remarquable, c'est que les os palatins, le vomer et les mandibules, sont armés de gros tubercules osseux qui portent à leur sommet de petites dents émaillées; les dents antérieures sont plus longues et coniques; cette organisation constitue une armure redoutable, et en fait un poisson des plus féroces et des plus dangereux pour les habitants des mers, et même pour les pêcheurs qui ont l'imprudence de s'en approcher de trop près. L'espèce la plus commune, qu'on appelle vulgairement le *Loup marin*, *Chien marin*, *Chat marin* (*Anar. lupus*, Lin.), habite les mers du Nord et vient souvent sur nos côtes; il atteint plus de 2 mètres de long; il est brun avec des bandes nuageuses plus foncées. Sa pêche est une grande ressource pour les Islandais qui le mangent séché et salé, emploient sa peau pour leurs usages domestiques et son fiel comme savon.

ANAS (Zoologie). — Nom donné par Linné au genre *Canard* (voyez ce mot).

ANASARQUE (Médecine), du grec *ana*, à travers, *sarx*, *sarkos*, chair, sous-entendu eau, c'est-à-dire *eau à travers les chairs*. — C'est une tuméfaction *générale* ou *partielle* du corps, déterminée par une infiltration dans le tissu cellulaire intermusculaire et souscutané. Lorsqu'elle est partielle, elle prend le nom d'*œdème*, et à son siége particulièrement aux paupières, aux pieds, aux mains, au scrotum, etc. L'anasarque est encore ou *essentielle* ou *symptomatique;* dans le premier cas, elle reconnaît pour cause le tempérament lymphatique, la vieillesse, l'habitation dans des lieux humides, dans les prisons, les cachots; la suppression d'une transpiration abondante, d'un écoulement; une convalescence longue et pénible; les suites de la rougeole, de la scarlatine, lorsque les malades se sont exposés trop tôt à un air froid et humide. Dans ces différents cas, la peau devient pâle, luisante; il y a une tuméfaction générale qui conserve l'empreinte du doigt après la pression, les urines deviennent rares, il y a perte d'appétit, etc. Les principaux moyens curatifs consistent dans l'emploi des diurétiques, des purgatifs, des excitants à la peau, de la chaleur, des toniques, d'une bonne nourriture, etc. L'anasarque symptomatique se développe sous l'influence d'une hydropisie ascite; d'une maladie organique du cœur ou des gros vaisseaux, du poumon, du foie, de la rate, de l'estomac; du développement de tumeurs dans la cavité abdominale, etc. Dans tous ces cas, l'anasarque se présente sous le même aspect que nous avons décrit plus haut; sa gravité est en raison des maladies dont elle n'est qu'un symptôme, et elle réclame les mêmes traitements (voyez les mots Ascite, Hydropisie).   F — N.

ANASPE (Zoologie), du grec *a*, privatif, et *aspis*, bouclier rond, et par extension écusson. — Genre de *Coléoptères hétéromères*, famille des *Trachélides*, tribu des *Mordellones*, voisin des *Mordelles propres* (voyez ces mots), dont ils se distinguent par leurs antennes simples et qui vont en grossissant, par l'échancrure de leurs yeux et leurs quatre tarses antérieurs. Ils sont très-petits et se trouvent sur les fleurs dont ils sucent le miel et sur les feuilles des arbres qu'ils dévorent. On y remarque les espèces *A. frontalis*, Lin., *lateralis*, Lin., *thoracica*, Fabr., *flava*, Lin., *atra*, Fabr.

ANASTATIQUE (Botanique), *Anastatica*, Gærtn., du grec *anastasis*, résurrection : allusion à la propriété que possèdent les branches desséchées de cette plante, de se relever lorsqu'on la met dans l'eau. — Genre de plantes de la famille des *Crucifères*, type de la tribu des *Anastaticées*. Caractères : silicules terminées par 2 appendices ailés; valves à cloisons tronquées obliquement. L'*A.* ou *Jérose hygromètre* (*A. hierochuntina*, Lin.), plus connue sous le nom de *Rose de Jéricho*, est une petite plante annuelle, velue. Ses feuilles sont spatulées, dentées, duvetées. Ses fleurs sont blanchâtres. Elle croît dans les lieux arides de l'Arabie et de la Palestine, où elle est connue sous le nom de *Kaf maryam*, mots arabes qui signifient *main de Marie*. Lorsque la plante se dessèche sur pied, ses branches et ses rameaux se ramassent en une boule de la grosseur du poing. Un vent un peu fort la déracine facilement et la fait rouler comme une boule dans les sables des déserts. Vient-elle à toucher un lieu humide, elle reprend tout son éclat. Cette propriété existe même, quelque sèche que soit la plante. Aussi se sert-on de celle-ci comme d'un hygromètre. Dans les pays où elle croît, la *Rose de Jéricho* est l'objet d'une superstition très-enracinée. Lorsqu'une femme est en mal d'enfant, on place le bout de la tige de cette plante à l'état sec dans un vase rempli d'eau, et l'accouchement a lieu, dit-on, dès qu'elle a repris sa fraîcheur.   G — s.

ANASTOMOSE (Anatomie), du grec *ana*, ensemble, et *stoma*, bouche. — C'est la communication ou l'abouchement de deux vaisseaux; les anastomoses sont d'autant plus fréquentes que les vaisseaux sont plus petits. Elles peuvent se faire par *inosculation* ou par *arcade*, lorsque deux vaisseaux venant en sens opposés s'abou-

chent par leur extrémité; par *communication transversale*, lorsque deux troncs parallèles se communiquent par une branche transversale; enfin par *convergence*, lorsque deux branches se réunissent à angle aigu : celles des veines sont plus nombreuses que celles des artères. — On a admis aussi des *anastomoses nerveuses*, parce qu'on supposait l'existence d'un fluide circulant dans les nerfs; mais l'anatomie démontre que, dans ce cas, il n'y a pas abouchement, mais seulement juxtaposition des filaments qui arrivent de points différents.   F — N.

ANATASE. — Acide titanique naturel, de couleur bleue, et cristallisant en prismes droits à base carrée (voyez Rutile).

ANATIDÉES (Zoologie). —Famille de l'ordre des *Palmipèdes* de Cuvier, qui répond à celle des *Lamellirostres* (voyez ce mot).

ANATIFE (Zoologie), *Anatifa*, Brug., du latin *anas*, canard, et *fero*, je porte, à cause de la fable qui en faisait naître les canards. — Genre d'animaux *Articulés*, ordre des *Cirrhipèdes*, classe des *Crustacés*. Ses caractères sont : coquille à 5 valves, deux de chaque côté, la cinquième sur le bord dorsal, rapprochées et réunies en forme de cône par une membrane qui les borde et les maintient; ces valves sont soutenues par un pédicule tubuleux, à parois musculaires et membraneuses, flexible, susceptible de s'allonger et de se contracter, et toujours fixé sur différents corps marins, le plus souvent sur la cale des vaisseaux, ce qui fait probablement qu'on les

Fig. 124. — Anatife.

retrouve dans toutes les mers. Ses espèces sont peu nombreuses, et Lamarck n'en compte que cinq; l'espèce la plus commune dans nos mers est l'*Anatifère* (*Lepas anatifera*, Lin.), ainsi nommée à cause de la fable dont il a été parlé plus haut. C'est sur l'anatife qu'ont été faits les beaux travaux de M. Martin Saint-Ange, pour son mémoire intitulé : *Observations faites sur les Anatifes vivants;* et qui, en définitive, ont déterminé les zoologistes à retirer de l'embranchement des *Mollusques* l'ordre des *Cirrhipèdes*, pour le reporter dans celui des *Articulés* (voyez Cirrhipèdes).

ANATINE, *Anatine*, Lamk (Zoologie). — Genre d'*Acéphales testacés*, famille des *Enfermés*, voisin des *Myes* proprement dites (voyez ces mots). Ils s'en distinguent parce que chaque valve a une petite lame saillante en dedans, et que le ligament va de l'une à l'autre. Les espèces les plus remarquables sont l'*A. solen*, Chemnitz, et l'*A. hispidula*, Cuv., remarquable parce qu'elle est couverte de petites épines. Ce genre est très-voisin des Corbules et des Rupicoles.

ANATOMIE (Sciences naturelles), du grec *temno*, je coupe, et *ana*, parmi, traduit exactement par le mot *dissection*. — L'Anatomie est la science qui a pour objet l'étude et la connaissance des parties qui composent les êtres organisés, de leur forme, de leurs dimensions, de leurs rapports, de leur structure, etc., soit au moyen de la dissection, soit par tout autre mode d'investigation et de recherches.

Historique. —Dans l'antiquité, les mœurs, les doctrines

philosophiques, les croyances religieuses, tout s'opposait aux études anatomiques, dont les dissections sont la base : aussi n'en trouve-t-on aucune trace chez les Égyptiens, les Indiens, les Chinois, etc. C'est seulement chez les Grecs qu'on commence à entrevoir le goût de ces études : un des derniers disciples de Pythagore, Alcméon de Crotone, qui vivait vers le milieu du vi⁰ siècle avant J.-C., paraît être le premier qui ait disséqué, mais seulement des animaux, c'est-à-dire que l'anatomie humaine a été précédée par celle des animaux : moins de cent ans après, pendant le vᵉ siècle, Démocrite, les Asclépiades au milieu desquels brille le grand nom d'Hippocrate, Empédocle, Anaxagore, se livrent à des dissections sur les animaux et font des découvertes importantes. Enfin Dioclès de Caryste, le plus célèbre des successeurs d'Hippocrate, écrit le premier sur les préparations et les démonstrations anatomiques; dès lors l'anatomie est constituée comme *science* et comme *art*. Puis Aristote paraît (quelques-uns ont prétendu qu'il avait vécu avant Dioclès, c'est un point obscur d'histoire difficile à élucider); il enseigne vers 330, et dès lors, sous la protection et par les encouragements d'Alexandre, le domaine de l'anatomie et de l'histoire naturelle s'accroît prodigieusement; cependant on ignore si Aristote a disséqué des cadavres humains : Théophraste, son disciple et le compagnon de ses travaux, crée l'anatomie des végétaux. Moins d'un demi-siècle s'écoule et la fondation de l'école d'Alexandrie, la protection des Ptolémées, appellent les savants de toute part; Hérophile, Erasistrate, dissèquent des cadavres humains et font faire à l'anatomie des progrès remarquables; mais à dater de cette époque, sous la domination romaine, tout s'éteint jusqu'au règne de Néron, c'est-à-dire pendant un siècle et demi; enfin, vers le milieu du Iᵉʳ siècle de l'ère chrétienne, Marinus, cité avec éloge par Galien, qui le nomme le restaurateur de l'anatomie, reprend l'étude de cette science: Rufus d'Ephèse, sous le règne de Trajan, Galien, sous Marc-Aurèle, viennent clore la série des travaux anatomiques de cette époque; Galien surtout, qui est, de tous les médecins de l'antiquité, celui qui a écrit avec le plus d'exactitude sur l'anatomie : n'oublions pas non plus les travaux de Celse, de Pline, d'Arétée. Cependant l'Europe tombe dans la barbarie, le foyer des sciences s'éteint, un faible rayon seulement est recueilli par les Arabes; mais la loi de Mahomet inspire l'horreur des cadavres; et les Arabes ne font que traduire, dénaturer les livres de Galien; les études anatomiques sont abandonnées. Enfin, après la chute de l'empire grec, Frédéric II, empereur d'Allemagne, en 1238, défend aux chirurgiens d'exercer leur art s'ils n'ont étudié l'anatomie ; on ne disséquait pourtant encore que des animaux, lorsqu'en 1306 et en 1315, Mondino étudia enfin publiquement à Bologne sur deux cadavres de femme; après lui, viennent Nicolas Bertuccio, Pierre d'Argelata, Benedetti ; au xvi⁰ siècle paraissent Achillini, Massa, Eustachi, Fallope, Ingrassias : la France leur oppose déjà avec orgueil Charles Etienne, puis Rondelet, Sylvius, Vésale, et notre immortel Ambroise Paré qui ne fit faire tant de progrès à l'art chirurgical qu'au moyen de ses profondes connaissances en anatomie. En 1619, Harvey démontre la circulation du sang ; un peu plus tard Bartolin et Rudbeck découvrent les vaisseaux lymphatiques ; puis viennent Pecquet, Stenon, Willis; enfin Théoph. Bonnet réunit dans un ouvrage complet les découvertes faites avant lui. Le xviiᵉ siècle s'ouvre par l'apparition de Valsalva, de Lancisi, de Heister, de Ruysch; enfin paraissent Haller et Boërhaave, ces brillants génies qui laissent pourtant encore à glaner à Winslow, à Lieutaud et à Vicq-d'Azyr. La fin de ce siècle avait vu naître à la science celui que le xixᵉ devait voir mourir presque à son aurore, Bichat, l'un des plus grands hommes de notre époque et qui nous a laissé des travaux immortels ; nous n'avons pas besoin de dire que depuis lors la science a continué ses progrès incessants, mais ils appartiennent à une époque trop rapprochée pour qu'on puisse encore les juger.

ANATOMIE EN GÉNÉRAL. — Elle embrasse les deux grandes divisions du règne organique. Lorsqu'elle s'occupe de l'étude des animaux, elle prend le nom d'*Anatomie animale* ou *zootomie* (zôon, animal). On l'appelle *Anatomie végétale* ou *Phytotomie* (phuton, plante) lorsqu'elle a pour objet la connaissance des végétaux en général.

ANATOMIE ANIMALE. — Suivant les différents points de vue sous lesquels on l'envisage, on l'a subdivisée de la manière suivante: l'anatomie spéciale de l'homme a reçu le nom d'*Anthropotomie* (anthrôpos, homme) ; l'anatomie

vétérinaire est celle qui a pour but de nous faire connaître la structure des animaux domestiques. Quand l'anatomie embrasse dans une étude générale la série des animaux, en examinant comparativement chacun des organes dans les divers groupes, elle prend le nom d'*A. comparée* et celui d'*A. philosophique*, lorsque de la réunion et de la comparaison des faits particuliers, elle déduit des résultats généraux, des lois générales d'organisation. Considérée dans son ensemble, l'anatomie se divise en *A. générale* et *A. descriptive*. L'*A. générale* ne s'arrête pas aux qualités extérieures, à la surface des parties, elle pénètre par l'analyse dans leur substance, les décompose en tissus simples, générateurs, en éléments anatomiques, qu'elle étudie indépendamment des organes qu'ils forment, et montre les secrets des organisations les plus complexes et les plus différentes en apparence ; elle s'occupe successivement des parties simples ou élémentaires, des principes immédiats, etc., et enfin, sous le nom d'*Histologie* (histos, trame, tissu), elle embrasse l'étude des *tissus* qui entrent dans la composition des organes. L'*A. descriptive*, au contraire, s'attache spécialement à faire connaître la forme des parties, leur situation, leur volume, leur figure, leurs rapports ; elle nous apprend leurs noms, nous en donne la nomenclature; elle trace en un mot la topographie de l'être organisé. L'anatomie descriptive prend différentes dénominations, suivant les différents points de vue sous lesquels on l'envisage : 1° l'*A. descriptive* proprement dite s'occupe de l'étude successive de toutes les parties du corps, sans autre but que la connaissance de tous les organes ; elle comprend : la *Squelettologie* (skeletos, desséché), étude des parties dures, divisée elle-même en *Ostéologie* (osteon, os), étude des os, et *Syndesmologie* (syndesmos, lien) ou étude des ligaments ; et la *Sarcologie* (sarx, sarkos, chair), étude des parties molles, que l'on divise en *Myologie* (mus, muos, muscle), étude des muscles; *Angéiologie* (angeion, vaisseau), celle des vaisseaux ; *Névrologie* (neuron, nerf), celle des nerfs ; enfin *Splanchnologie* (splanchna, entrailles) qui s'occupe de l'étude de tous les organes intérieurs, tels que ceux de la digestion, de la respiration, etc. 2° L'*A. chirurgicale* ou *A. de régions* s'occupe de l'ensemble des applications pratiques qu'on peut faire des connaissances anatomiques à la médecine et à la chirurgie ; elle a pour but de déterminer dans une région ou une étendue quelconque de la surface du corps, les parties qui y correspondent à diverses profondeurs, et l'ordre de leur superposition. 3° L'*A. artistique des peintres et des sculpteurs* se rattache à l'*A. descriptive*, comme étant une de ses dépendances ; c'est la connaissance de la surface extérieure du corps, soit dans le repos, soit dans les différents mouvements; elle comprend l'étude des formes extérieures dans les animaux aussi bien que dans l'homme.

Dans tout ce qui vient d'être dit sur les différentes manières d'envisager l'anatomie, on a supposé que cette étude avait pour objet les êtres organisés à l'état sain : lorsqu'elle s'occupe de rechercher, de décrire et d'analyser les altérations que peuvent éprouver les organes, leurs tissus, leurs principes élémentaires, elle prend alors le nom d'*A. pathologique*. Celle-ci ne date véritablement que du xviⁱ siècle; Vésale, Fernel, A. Paré, Colombo, Fallope, et surtout Théoph. Bonnet et Morgagni, etc., en furent les créateurs.

Enfin on a appelé *A. artificielle*, l'art de modeler, et de représenter avec de la cire, du carton ou toute autre matière, les différentes parties du corps de l'homme ou des animaux ; lorsque ces pièces peuvent se démonter pour la facilité de l'étude et des démonstrations, on lui a donné le nom d'*A. clastique* (claô, je brise).

Nous avons dit que l'anatomiste avait recours à plusieurs modes d'investigation autres que la dissection; en effet, les actions physiques et chimiques, les réactifs divers, les impressions tactiles, l'odeur et la saveur, la dessiccation, la coction, la fermentation, la putréfaction, l'action de l'électricité, etc., sont des auxiliaires puissants qu'il met à profit; mais lorsqu'il pénètre dans l'étude des éléments anatomiques, des principes immédiats, ou lorsque ses recherches ont pour objet des êtres infiniment petits, le microscope est appelé à rendre les plus grands services, et son emploi nous *révèle* un ordre de faits qui constituent l'*Anatomie microscopique*, nommée aussi *Micrographie anatomique*, ou bien encore *Histologie*.

Ouvrages généraux à consulter : 1° pour l'anatomie du corps humain, ceux de Bichat, de J. Cruveilhier, de C. Sappey, et les atlas de H. Cloquet, de Bourgery et Jacob, de Bonamy, Broca et Beau ; 2° pour l'anatomie comparée, ceux de G. Cuvier, de Meckel, de Carus, de

R. Wagner; 3° pour l'anatomie générale, ceux de Bichat, de Béclard, de Kölliker; 4° pour l'anatomie vétérinaire, ceux de Girard, de Rigot et Lavocat; 5° pour l'anatomie microscopique, ceux de Mandl, de Ch. Robin. F — N.

ANATOMIE VÉGÉTALE (Botanique). — C'est cette partie de la science qui a pour but l'étude et la connaissance des organes chargés d'exécuter les différentes fonctions qui constituent la vie d'un végétal : on la divise en *Anatomie descriptive* ou *des organes*, et *Anatomie générale* ou *des tissus*; il ne sera question ici que de cette dernière : pour la première, il en sera traité aux mots ORGANES et VÉGÉTAL.

Les parties qui constituent un végétal ne sont formées que d'un petit nombre d'éléments. Le microscope nous montre tout organe d'un végétal comme composé de *cellules* ou *utricules*; ce sont de petits sacs variables dans leurs formes ou leurs dimensions, mais toujours beaucoup trop petits pour être aperçus à l'œil nu. Ces cellules accolées en tous sens les unes aux autres forment un tissu général qui est la matière première de tout organe végétal.

On distingue dans les végétaux trois tissus élémentaires; tous trois sont composés d'utricules ou cellules, et sont également des tissus cellulaires ou utriculaires; mais la forme des cellules, très-différente dans chacun d'eux, leur donne un aspect, des propriétés et des usages parfaitement distincts. Ces trois sortes de tissus végétaux élémentaires sont : 1° le *tissu utriculaire* ou *cellulaire* proprement dit; 2° le *tissu utriculaire fibreux*; 3° le *tissu utriculaire vasculaire*.

1° *Tissu utriculaire* ou *cellulaire*. — Ce tissu, auquel on donne le nom de *moelle*, *tissu médullaire*, *parenchyme*, est caractérisé par les dimensions égales en tous sens que montrent ses utricules. Elles conservent leur forme arrondie, globuleuse ou ovale dans les organes où elles ne sont pas serrées les unes contre les autres; mais dès qu'elles se pressent entre elles, on les voit prendre l'aspect de polyèdres réguliers ou irréguliers. Lorsque le tissu peu serré laisse aux cellules leurs formes arrondies, on observe entre elles des intervalles (*fig. 125*) que l'on nomme les *méats intercellulaires*. Parfois on trouve au milieu des cellules des espaces vides plus considérables compris entre elles, qui ont reçu le nom de *lacunes*. On remarque dans certains tissus cellulaires les cellules disposées par rangées parallèles rectilignes; alors elles pré-

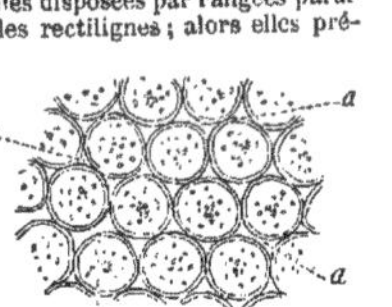

Fig. 125. — Tissu cellulaire ou utriculaire. — *aa*, Méats intercellulaires.

sentent ordinairement un léger allongement dans le sens même de ces rangées.

Parmi les cellules du tissu cellulaire proprement dit, il en est quelquefois qui sont *ponctuées, rayées, spirales* (marquées d'un réseau irrégulier). Dans certains tissus cellulaires, les parois des cellules s'épaississent peu à peu, de façon que leur cavité s'amoindrit ou même s'oblitère complétement : la chair des fruits, la farine, sont des tissus de ce genre.

2° *Tissu fibreux*. — Ce second tissu élémentaire est composé de fibres accolées parallèlement; mais ces fibres résultent de cellules allongées toutes dans un même sens. Ordinairement effilées aux deux bouts, et souvent assez longues pour former de véritables tubes fermés en pointe aux deux extrémités, elles constituent en s'accolant une masse fibreuse dont le bois, par exemple, est essentiellement composé. Le tissu fibreux a reçu de certains botanistes le nom de *prosenchyme*. Ces cellules peuvent aussi être *ponctuées, rayées, spirales*, etc., comme celles du tissu précédent.

3° *Tissu vasculaire*. — Les cellules du tissu vasculaire sont aussi très-allongées dans un même sens, et on leur donne alors le nom de *vaisseaux*. Le *tissu vasculaire* des plantes est formé de ces cellules effilées, dont chacune peut former déjà par elle-même un long tube d'une finesse généralement capillaire.

La surface des vaisseaux n'est jamais lisse, mais toujours on y aperçoit des rayures spiriformes, annulaires, réticulées, ou des ponctuations telles que certaines cellules en montrent assez souvent dans le tissu utriculaire proprement dit. En outre, le diamètre des cellules vasculaires ne demeure pas uniformément le même : la disposition spirale des dessins que l'on aperçoit sur les vaisseaux parois leur a souvent fait donner le nom général de *vaisseaux spiraux*, et parmi eux l'on distingue habituellement les *vrais*, ou *trachées* et les *faux*, qui reçoivent les noms de *vaisseaux annulaires*, *réticulés*, *ponctués*, *rayés*, etc.

Les *trachées* sont des tubes cylindriques contenant dans leur paroi un fil spiral continu, régulièrement enroulé d'un bout à l'autre de la cellule vasculaire, et qui souvent se déroule lorsqu'on vient à la rompre en déchirant le tissu dont elle fait partie. Cette circonstance leur a valu parfois le nom de *trachées déroulables*, par opposition aux *fausses trachées* ou *vaisseaux annulaires* et *réticulés*. Leur enroulement marche ordinairement de gauche à droite, en supposant le végétal dans sa position naturelle, et l'observateur en face de lui. Les tra-

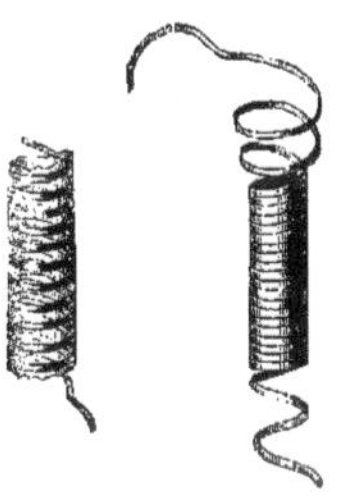

Fig. 127. — Fragments de trachée avec le fil déroulé.

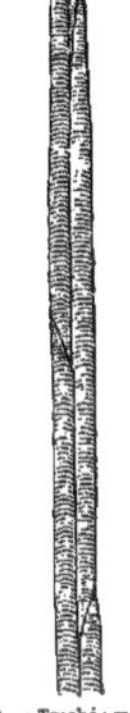

Fig. 128. — Trachée montrant une des cellules qui la forment, unie à la cellule suivante.

chées se trouvent habituellement, chez les Dicotylédones, dans le canal médullaire, au centre du bois; dans le pétiole et les nervures des feuilles, et dans la plupart des parties de la fleur. Dans les Monocotylédones, les trachées s'observent à la partie interne des faisceaux ligneux.

Les *vaisseaux annulaires* ou *annelés* ont été souvent nommés *fausses trachées*, parce qu'ils simulent grossièrement l'aspect des vrais vaisseaux spiraux. Leurs parois membraneuses sont soutenues intérieurement par des anneaux épais, régulièrement placés les uns à la suite des autres. Lorsque les anneaux moins réguliers dans leur direction se joignent en outre par de nombreuses bandelettes intermédiaires, les vaisseaux sont *réticulés*. D'autres vaisseaux sont simplement *rayés*, et souvent alors ils affectent la forme d'un prisme dont chaque face porte une série de raies parallèles et régulièrement superposées. Cette disposition rappelle celle des barreaux d'une échelle, et leur a valu le nom de *vaisseaux rayés scalariformes* (*scala*, échelle).

Les *vaisseaux ponctués* sont ceux qui atteignent les plus grandes dimensions. De distance en distance, on aperçoit sur le vaisseau un espace circulaire complétement dépourvu de points; souvent à ce niveau se manifeste un étranglement qui, répété régulièrement, donne au vaisseau l'aspect d'un chapelet et lui vaut alors les noms de *moniliforme* (*monile*, collier) ou *vermiforme* (*vermes*, ver). Les vaisseaux ponctués, qui s'aperçoivent très-bien sur une coupe transversale du bois, sont communément désignés sous le nom de *pores*.

Tissu ligneux et fibres textiles. — Les botanistes appellent en général *tissu ligneux* (*lignum*, bois) le tissu dur, évidemment fibreux, qui forme le bois. Lorsque, sur un fragment d'arbre, on examine la constitution du bois, on y reconnaît deux tissus élémentaires : 1° le tissu fibreux ; 2° les faux vaisseaux spiraux. Chaque couche de bois est une masse de *fibres végétales* au milieu desquelles sont dispersés des *vaisseaux ponctués*, des *vaisseaux rayés*, et rarement des *vaisseaux annulaires*. Les cellules qui forment ces fibres sont allongées ; leurs parois épaisses renferment des couches dont le nombre augmente avec l'âge. Souvent elles présentent des ponctuations nom-

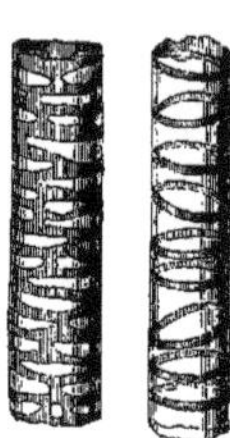

Fig. 129. — Un vaisseau réticulé.

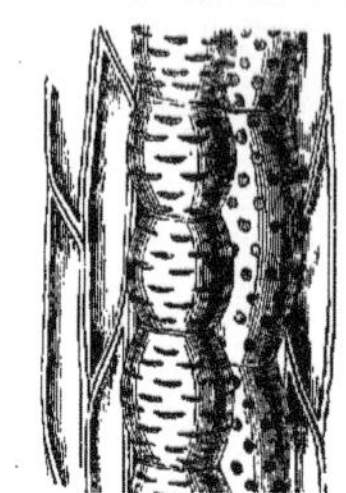

Fig. 130. — Vaisseaux moniliformes, milieu du tissu fibreux du bois.

breuses, particulièrement remarquables dans le bois des arbres verts ou *conifères*. Dans la tige de nos arbres, chaque couche ligneuse est interrompue à de courtes distances par des lames de tissu cellulaire qui la traversent perpendiculairement à sa direction ; c'est ce que nous nommerons plus tard les *rayons médullaires;* ils font partie du bois, mais non pas du tissu ligneux.

Les *fibres textiles* sont entièrement analogues, pour la structure intime, aux fibres ligneuses dont je viens de parler. Ce sont également des cellules allongées, que plusieurs couches intérieures ont fortifiées et enraidies ; mais au lieu d'être unies et accolées, comme on les trouve dans le bois, elles sont restées isolées par petits faisceaux ou petites bandelettes flexibles, et forment des fils résistants que nous tissons pour en obtenir nos toiles de fil et de lin. C'est sous la face interne de l'écorce des végétaux dicotylédonés que se trouvent habituellement les fibres textiles (le *Chanvre* [*cannabis sativa*], le *Lin* [*linum usitatissimum*]). Un grand nombre d'arbres ou de plantes herbacées pourraient, suivant les pays, rendre des services du même genre. D'autres écorces fournissent des tissus plus grossiers ; ainsi les cordes à puits sont fabriquées avec la couche interne des fibres ligneuses ou *liber* de l'écorce du tilleul. Les Monocotylédones présentent souvent dans leurs feuilles, ou même dans leurs tiges, des faisceaux ligneux plus ou moins isolés et plus ou moins grêles et flexibles que l'on a pu utiliser comme fibres textiles : les *Bananiers* (*Musa sapientum*; *M. textilis*, etc.) sont particulièrement dans ce cas, et l'on peut citer aussi les fibres de l'*Agave*, vulgairement *Aloès* (*Agave americana*), si répandu dans les contrées chaudes et sablonneuses.

Vaisseaux de la sève et du suc propre. — Les vaisseaux dont il s'agit maintenant sont d'une double nature : la *sève* et le *suc propre* ou *latex* sont deux liquides que la plupart des botanistes s'accordent à regarder comme bien distincts l'un de l'autre, et les tissus où on les observe sont bien différents. La *sève* du printemps, ou sève ascendante, circule dans le tissu cellulaire, les vaisseaux et les fibres du bois ; la sève élaborée, ou sève descendante, dans les fibres et les vaisseaux de l'écorce. Les vaisseaux décrits sous le nom de *trachées, fausses trachées*, etc., ne sont pas les principales voies que la sève doit suivre ; loin de là, on les trouve le plus souvent remplis de gaz qu'ils semblent conduire ainsi à travers les diverses parties de la plante ; c'est surtout dans le tissu cellulaire et dans les cellules tubuleuses du tissu fibreux, que la sève paraît se mouvoir habituellement.

Les *vaisseaux propres, vaisseaux laticifères*, ou *du suc propre*, sont des tubes membraneux développés entre les cellules du tissu environnant, et qui ne se montrent jamais eux-mêmes comme composés de cellules. Ils paraissent dans l'origine être de simples canaux lacuneux

formés par l'écartement spontané des cellules environnantes ; puis ces canaux se revêtent d'une membrane qui leur constitue des parois, et leur organisation est alors complète. Ces tubes membraneux communiquent entre eux par des branches transversales qui leur donnent la disposition d'un réseau très-compliqué, et ils of-

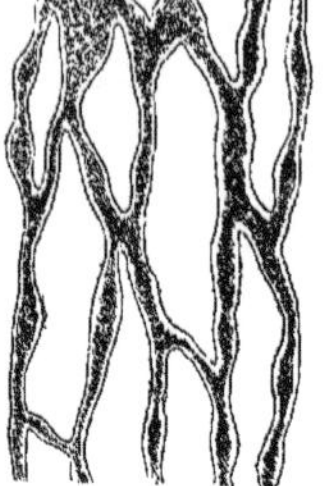

Fig. 131. — Vaisseaux laticifères pris dans l'éclaire.

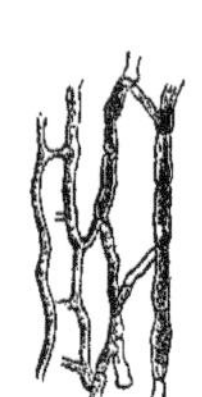

Fig. 132. — Portion du réseau laticifère pris dans l'euphorbe.

frent une bien grande analogie avec les vaisseaux des animaux. Le *latex* ou *suc propre*, qui circule dans ces réseaux vasculaires, est un liquide incolore ou coloré, chargé de granulations opaques (voyez LATEX, SÈVE, TISSU).

On consultera utilement pour l'anatomie végétale : Ad. de Jussieu, *Cours élém. d'Hist. nat., Botanique;* A. Richard, *Nouv. élém. de Botanique*, 7° édition, et un grand nombre de mémoires de Dutrochet, Amici, de Mirbel, H. Mohl, Ad. Brongniart, Decaisne, etc., dans les *Ann. des Sc. nat.*, 1°, 2°, 3°, 4° séries.

ANATROPE (Botanique), du grec *anatropé*, renversement. — Terme appliqué par de Mirbel à une direction de l'ovule végétal (voyez RÈGNE VÉGÉTAL).

ANCHILOPS (Médecine), du grec *anchi*, près de, et *ops*, œil. — On donne ce nom à une petite tumeur inflammatoire située à l'angle interne de l'œil, à-côté et au-devant du sac lacrymal ; quelquefois elle intéresse ce sac, et alors elle constitue une véritable *tumeur lacrymale* (voyez ce mot), le plus souvent elle en est séparée et forme un petit abcès isolé ; il peut arriver que l'inflammation disparaisse, et il en résulte un *kyste* (voyez ce mot). Ordinairement la tumeur s'abcède, il s'en écoule du pus, et il survient un petit ulcère qui porte le nom d'*Ægilops* (voyez ce mot).   F — N.

ANCHOIS (Zoologie), *Engraulis* Cuv., en grec *eggraulis*. — Ce petit poisson, dont la longueur ne dépasse pas 0^m,15 à 0^m,18, forme un genre dans l'ordre des *Malacoptérygiens abdominaux*, famille des *Clupes*, assez voisins des *Harengs* (voyez ce mot) ; ils en diffèrent par la bouche, fendue jusque loin derrière les yeux, par des ouïes plus ouvertes ; un petit museau pointu, sous lequel sont fixés de très-petits intermaxillaires, fait saillie en avant de leur bouche ; les maxillaires

Fig. 133. — Anchois.

sont droits et allongés, et le plus souvent hérissés, ainsi que la mâchoire inférieure, d'une infinité de dents extrêmement fines ; leur corps est allongé, étroit, couvert d'écailles qui se détachent si facilement qu'on a cru qu'ils en étaient dépourvus. La couleur de l'*anchois* est brune, nuancée de vert sur le dos, nacrée sous le ventre. Les principales espèces sont l'*A. vulgaire* (*Clupea encrasicholus*, Lin.), qui se pêche en quantité innombrable dans la Méditerranée, et qui constitue un des mets les plus répandus ; le *Melet* (*Engraul. meletta* Cuv.), plus petit et à profil moins convexe, qui habite aussi la Méditerranée ; enfin l'Amérique en a plusieurs espèces, parmi lesquelles on doit en citer une entièrement privée de dents, l'*Eng. edentulus*, Cuv. C'est dans les mois de mai, juin et juillet que se fait la pêche des anchois ; vers cette époque, après avoir quitté à la fin de l'hiver les profondeurs de la mer, où ils vivent en troupes comme les harengs, ils s'avancent vers le détroit de Gibraltar, et pénètrent dans la Méditerranée pour venir frayer sur les côtes ; alors la pêche a lieu pendant les nuits obscures. Les pêcheurs réunis sont pourvus de trois barques, l'une portant des feux allumés s'avance jusqu'à 6 ou 8 kilom.; les poissons se réunissent en troupes autour de cette lumière, et les deux autres barques portant chacune une extrémité d'un long filet qui a au moins 40 brasses de longueur sur 8 à 10 mètres de hauteur, avec des mailles serrées, entourent la première. Cela fait, le feu est éteint, les pêcheurs battent l'eau de leurs rames et les poissons effrayés vont, en se sauvant, se mailler dans le filet. La pêche faite, on coupe la tête aux anchois, on leur ôte les entrailles ; ils sont ensuite lavés plusieurs fois, puis placés par lits dans les barils, alternativement avec une couche de sel en poudre mêlé d'un peu d'ocre. Ainsi préparés, ils peuvent se conserver plus d'un an. Les bons anchois, dans cet état, doivent être petits, nouveaux, blancs dessus, vermeils dedans, le dos rond. C'est avec ce poisson, déjà connu des Grecs et des Romains, que l'on préparait la sauce que ceux-ci appelaient *garum*. La chair des anchois excite l'appétit et aide à la digestion ; elle est estimée sur toutes les tables.

ANCHOMÈNES (Zoologie). — Genre établi par Bonelli, parmi les *Coléoptères pentamères*, tribu des *Carabiques*. Ils ont le corselet en forme de cœur tronqué, le corps peu aplati ; ce sont des insectes de petite taille, ordinairement verts ou cuivrés : on les trouve au bord des eaux, dans les lieux humides ; l'*A. albipes*, Fab., est très-commun sur les bords de la Seine.

ANCHUSE (Botanique). — Voyez Buglosse.

ANCHUSÉES (Botanique). — Sous-tribu de plantes appartenant à la tribu des *Borraginées* dans la famille du même nom. Elle se distingue par ses akènes au nombre de 4, distincts, uniloculaires, se fendant ensuite, circulairement de la base au sommet, enfoncés dans un réceptacle épais ; un style gynobasique ; une corolle régulière, garnie de poils ou d'écailles à la gorge. Les Anchusées, qui doivent leur nom au genre *Anchusa*, appelé vulgairement *Buglosse*, renferment des genres importants dont voici les principaux : *Nonnea*, Medik ; *Bourrache* (*Borrago*, Tournefort) ; *Consoude* (*Symphytum*, Tourn.) ; *Lycopside* (*Lycopsis*, Lin.) ; et enfin la *Buglosse*, dont il vient d'être question. G — s.

ANCILLAIRE (Zoologie), *Ancillaria*, Lamk. — Genre de *Mollusques* établi par Lamarck dans sa famille de *Enroulés*, ordre des *Trachélipodes*, entre les Porcelaines et les Olives ; adopté par presque tous les conchyliologistes, il n'a pas été admis par Cuvier, qui en fait un sous-genre du genre *Buccin*, famille des *Buccinoïdes*, ordre des *Pectinibranches* : voisines des Olives, les Ancillaires s'en distinguent par leurs plis columellaires réunis en forme de torsade, et par l'absence du canal spiral. L'animal ressemble à celui des Olives, avec le pied plus développé. Ce genre, composé aujourd'hui d'une quarantaine d'espèces, dont la moitié fossiles, renferme des coquilles toujours rares et très-recherchées des amateurs.

ANCOLIE (Botanique), *Aquilegia*, Tourn. *Ancolie* est la corruption d'*aquilegia*, qui veut dire *urne*, parce que ses pétales ont cette forme : d'autres disent que ses nectaires sont contournés, aigus, et ont été comparés à la serre d'un aigle. — Genre de plantes de la famille des *Renonculacées*, tribu des *Helléborées*. Il comprend des plantes vivaces à calice composé de 5 sépales colorés, à 5 pétales bilabiés. Leurs ovaires, au nombre de 5, deviennent des follicules dressés, distincts, terminés en une pointe, qui n'est autre chose que le style persistant ; ces fruits renferment des graines nombreuses. L'*A. commune* (*A. vulgaris*, Lin.), *Gants de Notre-Dame, Aiglantine, Colombine*, est une herbe rameuse, un peu velue. Ses feuilles sont découpées en segments et en lobes incisés d'un vert foncé en dessus et glauque en dessous. Ses fleurs sont terminales, pendantes, colorées d'une teinte qui varie du bleu au rouge, au violet et au blanc. Cette plante croît dans les bois et le long des haies de la plu-

Fig. 134. Fleur d'ancolie. Les pétales sont éperonnés (coupe de la fleur, sépales enlevés).

part des contrées de l'Europe. On a attribué autrefois à l'ancolie vulgaire des propriétés médicinales importantes. C'est à la fois dans sa racine, ses feuilles, ses fleurs et ses graines, qu'on avait cru reconnaître des principes apéritifs, diurétiques, antiscorbutiques. On fait aujourd'hui très-peu usage de cette plante. En général, les espèces de ce genre sont, ainsi qu'un grand nombre de plantes de la famille des *Renonculacées*, un peu âcres et narcotiques. L'*A. glanduleuse* (*A. glandulosa*, Fisch.) de Sibérie a les rameaux terminés le plus souvent par une seule fleur d'un beau bleu. L'*A. du Canada* (*A. canadensis*, Lin.), l'*A. des Alpes* (*A. Alpina*, Lin.), l'*A. de Sibérie* (*A. Sibirica*, Lin.), sont toutes des espèces qui font l'ornement de nos parterres. G — s.

ANCONÉ (Anatomie), du grec *ankôn*, coude. — Muscle du coude. Il va de la tubérosité externe de l'humérus (épicondyle) au côté externe de l'olécrane et au bord postérieur du cubitus (*épicondylo-cubital* de Chaussier).

ANCYLODON (Zoologie). — Nom donné par Iliger à un *Cétacé* du genre *Narval*, Anarnak de Lacépède (voyez ce mot).

ANCYLODON (Zoologie), du grec *ankulos*, crochu, et du génitif *odontos*, dent. — Genre de *Poissons acanthoptérygiens*, famille des *Sciénoïdes*, très-rapproché des Otolithes, à museau très-court, dents inférieures très-longues, queue pointue. On n'en connaît que deux espèces, qu'on trouve à Cayenne, l'*A. à dents en flèche* (*A. jaculidens*, Cuv. ; *A. lonchurus*, Bl.), et l'*A. à petites nageoires* (*A. parvipinnus*, Cuv.).

ANCRE (Terme de marine). — Pièce de fer à double crochet variant de grosseur et de poids suivant la force du navire, dont on se sert pour l'arrêter dans sa marche lorsque l'on arrive dans un port ou sur une rade. L'un de ses crochets, que l'on appelle *bec*, s'enfonce au fond de la mer, dans le sable ou dans la vase. A l'extrémité de la verge de l'ancre, c'est-à-dire de la forte pièce de fer B à forme cylindrique qui s'élève du milieu des deux becs, et qui tient à eux par deux autres pièces également, en fer, un peu recourbées C, F, nommées *pattes*, se trouve un anneau A, appelé *organeau*, sur lequel est fixé le câble, soit en filin, soit en fer, qui vient entrer dans le navire par une ouverture pratiquée sur son avant,

Fig. 133. — Ancre.

ouverture que l'on nomme *écubier*, et qui y est solidement fixé. Le *jas* de l'ancre est la pièce, soit en fer, soit en bois, qui, placée au-dessous de l'organeau en IT, transversalement aux deux pattes, sert à les faire tenir au fond de l'eau dans une position droite, de manière qu'un des deux becs puisse mordre dans la vase. Les forts bâtiments de guerre ont généralement cinq ancres à peu près de la même dimension pour le mouillage, et plusieurs

Fig. 136. — Ancre et son jas.

autres bien moins fortes qui servent à divers usages. Toutes ces ancres se placent, en nombre à peu près égal, en dehors de chacun des côtés du navire, excepté toutefois la plus forte de toutes, que l'on appelait autrefois *ancre d'espérance*, qui se trouve souvent dans l'intérieur du bâtiment. *Jeter l'ancre, laisser tomber l'ancre, mouiller*, synonymes, action d'envoyer l'ancre au fond de la mer.

La fabrication des ancres demande des soins d'une nature toute spéciale, afin de conserver au fer la ténacité exceptionnelle, qui est ici indispensable. A cet effet on assemble les pièces de façon à n'avoir que peu de réchauffages, lesquels brûlent le métal à la longue et altèrent sa solidité. Les essais des ancres se font à la presse hydraulique (voyez ce mot). Le poids des ancres varie un peu suivant la nature des bâtiments ; on admet comme règle moyenne un quarantième du poids de la charge ; ainsi un vaisseau de 1 000 kil. doit avoir une ancre de 25 quintaux métriques.

ANDA (Botanique), nom brésilien. — Genre de plantes de la famille des *Euphorbiacées*, tribu des *Crotonées*. Il comprend de grands arbres à suc laiteux, à feuilles alternes, dépourvues de stipules. Leurs fleurs sont disposées en une sorte de panicule. L'*Anda de Gomez* ou de *Pison* (deux auteurs qui, avec Marcgraff, sont les premiers qui aient signalé ce végétal), est connu au Brésil sous le nom vulgaire de *Andaaçu*. On lui attribue des propriétés purgatives assez prononcées. **G — s.**

ANDALOU (Cheval) (Zoologie hippiatrique). — Race de chevaux de l'Andalousie (Espagne) (voyez Races).

ANDALOUSITE (Minéralogie). — Voyez Macle.

ANDERSONIA (Botanique), *Andersonia*, R. Brown (dédié au botaniste anglais G. Anderson). — Genre de plantes de la famille des *Épacridées*. Il comprend des arbrisseaux de la Nouvelle-Hollande. L'*A. faux sprengelia* (*A. sprengelioides*, R. Brown) présente des feuilles coriaces, en forme de capuchon à leur base, et des fleurs en épis, rosées, à corolle tubuleuse, dont les lobes sont barbus intérieurement. **G — s.**

ANDOUILLERS (Zoologie, Vénerie). — C'est le nom qu'on donne aux branches ou rameaux qui se détachent des bois de cerf.

ANDRÈNE (Zoologie), *Andrena*, Fab. — Sous-genre d'*Insectes* de la section des *Andrénètes*, du grand genre *Abeille* (*Apis*, Lin.), famille des *Mellifères*, ordre des *Hyménoptères porte-aiguillon* (voyez ces mots). Les caractères de ce sous-genre sont d'avoir la languette en fer de lance, repliée sur le côté gauche de sa gaine, et 2 cellules cubitales aux ailes supérieures ; semblable en cela aux *Dasypodes*, il ne s'en distingue que parce que les femelles des dernières ont le premier article des tarses postérieurs très-long, hérissé de longs poils en forme de plumasseau. La plupart des espèces sont propres à l'Europe, et plusieurs se trouvent aux environs de Paris ; ainsi l'*A. des murs* (*A. flessæ*, Panzer), longue de 0^m,012 à 0^m,014, qui a l'abdomen d'un noir bleuâtre, les ailes noires, des poils blancs sur la tête et le corselet. La femelle creuse dans le sable des trous au fond desquels elle dépose un œuf et un miel de la couleur et de la consistance du cambouis.

ANDRÉNÈTE (Zoologie), *Andreneta*, Latr. — *Insectes* hyménoptères *porte-aiguillon*, famille des *Mellifères* formant la première section du grand genre *Abeilles* (*Apis*, Lin.) (voyez ce mot), qui a pour caractère la division intermédiaire de la languette en forme de fer de lance, plus courte que sa gaine, et pliée en dessus dans les unes, presque droite dans les autres. Ces insectes, qui vivent solitaires, n'ont que des mâles et des femelles. La femelle creuse des trous comme les *Andrènes*. Parmi les genres de cette section, on distingue les *Hylées*, les *Andrènes*, les *Dasypodes*, les *Halyctes*, etc.

ANDROGYNE (Zoologie), du génitif grec *andros*, homme ; et de *guné*, femme. — On appelle *androgynes* les animaux qui sont pourvus des deux sexes, et qui cependant ont besoin du concours d'un autre pour se reproduire : tels sont les *Limaces*.

ANDROGYNE (Botanique). — Terme qui s'applique principalement aux inflorescences composées à la fois de fleurs mâles et de fleurs femelles. Les épis de quelques espèces de *Laîche* (*Carex*, Lin.) sont androgynes.

ANDROMÈDE (Botanique), *Andromeda*, Lin. Nom emprunté à la mythologie par les astronomes qui l'ont donné à une constellation du pôle arctique, par analogie les botanistes ont appelé Andromède un genre de plantes croissant dans les régions glacées de la Sibérie et de la Laponie. — Genre de plantes de la famille des *Éricacées*, tribu des *Éricées*. La plupart de ces espèces sont actuellement réparties entre les genres *Gaylussacia* et *Vaccinium*, de la famille des *Vacciniées*, et les *Zenobia*, *Lyonia*, *Oxydendrum*, *Leucothoe*, de la famille des *Éricacées*, et enfin entre les genres *Phyllodoce* et *Dabœcia*, de la tribu des *Rhododendrum*. Caractères : feuilles alternes, calice à 5 segments, aigus, non imbriqués ; corolle globuleuse urcéolée, à 5 dents, contractée à la gorge ; 10 étamines, non saillantes, à filet barbus ; anthères courtes, munies de deux arêtes ; stigmate tronqué ; capsule à 5 loges s'ouvrant en 5 valves. L'*A. à feuilles de pouliot* (*A. poliifolia*, Lin.) est une espèce européenne que l'on cultive dans les jardins, ainsi que plusieurs de ses variétés, qui diffèrent par la forme et la grandeur de leurs feuilles. Elle donne, de mai à septembre, des fleurs rosées disposées en une sorte d'ombelle. Linné, dans sa *Flore de Laponie*, a donné une curieuse description de cette plante. Il s'est plu à comparer ses parties et leur position avec celle de l'Andromède de la Fable. C'est du reste une plante narcotic-âcre, pernicieuse pour les moutons. On la trouve aussi dans les Alpes. **G — s.**

ANDROMÈDE. — Constellation composée de 59 étoiles, située près du pôle arctique, dans le voisinage de Cassiopée et de Persée. Dans les cartes célestes, elle est représentée par une femme enchaînée rappelant la fable d'*Andromède* (voyez Constellations).

ANDROPHORE (Botanique), du génitif grec *andros*, mâle ; et *phéró*, je porte. — Terme de botanique créé par de Mirbel pour désigner le support des *étamines*, quand il porte plusieurs *anthères*. Celui qui n'est terminé que par une seule anthère conserve le nom de *filet*. L'androphore est rameux dans le *Ricin* ; il est tubuleux dans les *Malvacées*, annulaire ou en forme d'anneau dans l'*Anacardier*, plante qui donne la noix d'acajou ; en forme de corolle (corolliforme) dans le *Gomphrena globosa*, cuculifère ou portant des appendices en forme de cornets, dans les *Asclepias*, etc.

ANDROPOGON (Botanique), du génitif grec *andros*, homme, et *pogon*, barbe. Les épillets de ce genre sont souvent accompagnés de poils, que l'on a comparés à la barbe d'un homme. — Genre de plantes nommé vulgairement *Barbon*, et appartenant à la famille des *Graminées*, tribu des *Andropogonées*. Il se distingue par ses épillets géminés, et ceux de l'extrémité ternés ; l'un d'eux complet et aristé, l'autre ou les deux autres imparfaits, stériles, mutiques : l'épillet complet présente deux fleurs, l'inférieure neutre, à une paillette, la supérieure hermaphrodite, à deux paillettes ; ces épillets forment une panicule rameuse ou des épis solitaires. L'*A. odorant* (*A. schœnanthus*, Lin.), appelé aussi *Jonc odorant*, est une espèce de l'Inde et de l'Arabie que l'on cultive dans les serres chaudes. Il est très-estimé dans les pays où il croît spontanément, à cause du parfum agréable que l'on extrait de ses feuilles. Quelquefois celles-ci sont employées en infusion comme le thé. L'*A. sorghum*, Brot. (*Sorghum vulgare*, Pers.) est le sorgho auquel on donne souvent les noms de *Grand millet*, etc. Il est originaire de l'Inde et cultivé dans beaucoup d'endroits pour son grain, plus gros que celui du millet, et dont se nourrissent plusieurs peuples de l'Asie : chez nous, on en fait quelquefois des bouillies ;

Fig. 137. — Andropogon sorgho.

mais il sert le plus souvent à nourrir la volaille. Dans le Languedoc, cette espèce, à laquelle on donne le nom de *Balajos*, est cultivée à cause de ses panicules, qu'on emploie pour la fabrication de certains balais. Le *Sorgho noir* (*A. niger*, Kunth), le *Sorgho incliné* (*A. cernuus*, Roxb.) et le *Sorgho d'Alep* (*A. Alepensis*, Sibth.), sont aussi cultivés pour leur grain. Le *Sorgho à sucre* (*A. saccharatus*, Roxb.), que Linné appelait *Holcus saccharatus* et Persoon *Sorghum saccharatum*, est une espèce qui a pris une certaine importance, dans ces derniers temps, à cause de la grande quantité de sucre que renferme sa tige. Elle est appelée à rendre d'immenses services pour la production de l'alcool, et, par la suite, suivant différents auteurs, elle pourra remplacer la vigne à cet égard. Elle peut être cultivée en France ; mais principalement dans les départements méridionaux. Comme plante tinctoriale, le sorgho sucré peut être aussi employé avec avantage. M. Sicard en a extrait une belle couleur jaune qu'il a appelée *gomme-gutte de sorgho*; en outre, il a obtenu de la moelle un carmin très-vif. Cet inventeur a publié une *Monographie de la canne à sucre de la Chine, dite sorgho sucré*. De plus, on a recueilli du sorgho sucré une matière analogue à la cire, et que l'on a nommée *cérosie* (voyez Sorgho). Toutes ces plantes, qui portaient le nom de *Sorgho*, appartenaient au genre *Holcus*; elles en ont été détachées par Kunth et réunies aux *Andropogons*. L'*A. muriqué* (*A. muricatus*, Retz), est originaire des Indes orientales, et connu sous le nom de *Vétiver :* ce sont ses racines sèches que l'on emploie si communément en parfumerie, à cause de l'odeur agréable qu'elles répandent, et qu'elles doivent à l'huile essentielle qu'on en peut obtenir par distillation : on lui attribue la propriété de préserver les étoffes des vers, d'où lui vient son nom vulgaire de *Vétiver* (du latin *veto*, je défends, et *vermes*, les vers).   G — s.

ANE (Zoologie). — Cet animal, que l'on a parfois regardé comme un cheval dégénéré, est réellement une espèce du genre *Cheval*; il se distingue des autres espèces de ce genre par la longueur de ses oreilles; par la houppe de crins qu'il porte au bout de la queue, tandis que celle du cheval en est entièrement couverte; par la croix noire que l'on voit sur son échine et ses épaules; enfin par son cri discordant nommé *braiment* en français. Des figures parfaitement reconnaissables gravées sur les monuments égyptiens nous révèlent que l'âne était em-

duction de l'espèce asine en Suède et dans le nord de l'Europe, est un fait encore récent. Ce qui paraît hors de doute, c'est que, originaire des pays chauds, cette espèce dégénère, s'amoindrit dans les contrées du Nord où le cheval acquiert au contraire de grandes proportions. Les Espagnols ont importé l'âne en Amérique, en même temps que le cheval, le bœuf, etc.

L'âne vit normalement de 25 à 30 ans, comme le cheval. Notre climat et les mauvais traitements bornent communément sa vie à 15 ou 16. Sa croissance dure 3 ou 4 années; ses dents se développent à peu près comme celles du cheval et fournissent des signes analogues pour reconnaître l'âge. Les ânesses mettent bas ordinairement en mai et en juin, après un an de gestation. La taille varie selon les races et les climats : dans nos pays elle est de 1 mètre à 1ᵐ,40 (au garrot); dans le Midi, on trouve des races plus grandes. Du reste, il faut se hâter de le dire, l'âne étant la plus négligée de toutes nos espèces domestiques, et la culture ayant transformé de la façon la plus variée toutes celles que l'on a voulu améliorer, il est impossible de prévoir ce que l'espèce asine pourrait devenir si on entreprenait de la soumettre à un élevage soigné et méthodique. Cette idée d'un grand progrès agricole a été indiquée nettement par Buffon, et personne n'a tenté de la mettre à exécution. Produit et élevé presque au hasard, privé des soins du palefrenier, mal nourri, battu et surchargé de travail, l'âne reste, auprès du cheval, un animal dégradé, mal conformé, souvent fantasque et obstiné, mais sobre, rustique et patient : il a, en un mot, tous les défauts et toutes les qualités des races primitives. Il paraît incontestable que les ânes de Syrie et de Perse sont bien supérieurs aux nôtres. En Barbarie et en Espagne on en trouve de fort belles races. Le pelage est généralement gris cendré, sauf la croix noire du dos et des épaules; dans d'autres races il est noir ou bai brun.

Le pas est l'allure naturelle de l'âne; il a le trot court, dur et saccadé, et galope avec peine. Ses muscles ont une grande énergie, et ses articulations sont d'une extrême solidité. Son pied muni d'un sabot dur et étroit, sa démarche posée le rendent particulièrement propre aux chemins escarpés des montagnes. Il traîne ou porte de lourds fardeaux, et rend, à cet égard, les plus grands services aux pauvres campagnards. La chair de l'âne est, dit-on, très-estimée en Perse; frappée, chez nous, du même préjugé défavorable que celle du cheval, elle est abandonnée aux équarrisseurs ; mais ceux-ci la recherchent comme beaucoup plus délicate. La peau est employée pour faire les tambours, les cribles, les tamis, les gros parchemins des souliers et ce qu'on nomme la peau de chagrin qui se fait en Orient, sous le nom de *Sagri*.

Fig. 133. — Ane, baudet de Gascogne.

ployé comme bête de somme en Égypte, dès la plus haute antiquité. Depuis le voyage d'Abraham dans ce pays, l'âne est mentionné très-fréquemment dans la Genèse, et par conséquent il était très-répandu en Judée. Aussi le regarde-t-on comme originaire de l'Asie et du nord-est de l'Afrique, où les individus sauvages du type primitif errent encore sous le nom d'*Onagres* (en grec, *Anes sauvages*). Plus tard, cette espèce se répandit peu à peu en Barbarie, en Grèce, en Italie, en Espagne et vers les contrées plus septentrionales de l'Europe ; Aristote affirme que de son temps (vers 300 avant J.-C.), il n'en existait pas en Scythie (Russie méridionale), ni même dans les Gaules (France), et Buffon pense que l'intro-

On ne s'occupe d'élever l'âne, en France, que dans le Poitou et la Gascogne ; mais c'est uniquement pour le croiser avec la jument et en obtenir des *Mulets* (voyez ce mot). Le croisement beaucoup plus rare du cheval avec l'ânesse donne le *Bardot* (voyez ce mot). Le lait d'ânesse, peu chargé de beurre, est d'une digestion facile, et fréquemment employé avec succès par les convalescents ou les personnes d'une faible constitution.

ANÉMIE (Médecine), du grec *aima*, sang, et *a* privatif, privation de sang. — Genre de maladie qui était attribuée, avant ces derniers temps, à une diminution de la quantité du sang, d'où lui vient son nom; et Lieutaud dit même que quelquefois les vaisseaux en sont, pour ainsi dire, absolument vides ; mais les progrès récents des observations microscopiques, ont démontré qu'elle est due plutôt à la diminution des globules du sang. En effet, il résulte des recherches de MM. Andral et Gavarret, et de celles de plusieurs autres micrographes, que la proportion des globules a diminué environ d'un tiers dans l'anémie, tandis que dans la chlorose elle va à plus de moitié. Voici les chiffres : dans l'état de santé, la moyenne des globules est de 127 sur 1000 ; à 80 la santé se trouve déjà gravement compromise ; enfin, dans la chlorose, le chiffre descend à 60 et même à 50. A mesure que les globules diminuent, la quantité d'eau augmente, les autres principes restant à peu près les mêmes. L'anémie est déterminée le plus souvent par l'insuffisance et la mauvaise qualité des aliments, par le séjour dans des lieux bas et humides, par la respiration habituelle d'un air vicié, par les chagrins, par les hémorrhagies abondantes, etc. Elle vient quelquefois sans cause apparente ; les symptômes qu'on remarque sont l'affaiblissement, une décoloration particulière de la peau, qui prend l'apparence de la cire, des lèvres, des surfaces muqueuses visibles, un trouble général des fonctions, souvent des douleurs névralgiques, la perte de l'appétit : cette maladie réclame l'emploi des ferrugineux, des préparations de quinquina, d'autres toniques, d'une nourriture fortifiante, et surtout, lorsqu'il y a lieu, d'un changement d'air et d'habitation.

On a aussi décrit sous le même nom d'*Anémie* ou d'*Anémase*, une maladie épidémique observée parmi les ouvriers, dans certaines mines de la Hongrie, vers la fin du siècle dernier, et en France, en 1803 dans une galerie d'une des mines de houille d'Anzin : cette affection offrait pour symptômes principaux, coliques violentes, gène dans la respiration, palpitations, prostration des forces, déjections noires ou vertes ; au bout d'une dizaine de jours, pouls faible, concentré, accéléré, peau décolorée, d'une teinte jaune, marche pénible, visage bouffi, sueurs ; cet état qui durait souvent plusieurs mois, se terminait presque toujours par la mort. Les toniques, sous toutes les formes, furent d'abord administrés sans succès ; enfin, Hallé leur adjoignit les ferrugineux et surtout la limaille de fer, et il réussit à merveille.　　　　F. — N.

ANÉMOMÈTRE, du grec *anemos*, vent, *métron*, mesure. — Appareil servant à mesurer la vitesse du vent, comme les girouettes ordinaires en indiquent la direction. Ces appareils ont reçu toutes les formes. Le plus simple consiste en une planche de bois ou une lame de métal mobile autour de son arête horizontale supérieure, que l'on expose au vent perpendiculairement à sa direction, qui se tient verticale dans un air calme, et qui s'incline à l'horizon sous la pression variable du vent. Cet appareil doit être gradué par des expériences directes, faites dans des courants d'air de vitesses connues, ou bien sur un convoi se mouvant dans un air calme avec une vitesse déterminée.

L'anémomètre de *Combes* (*fig.* 139) se compose d'un moulinet très-léger, formé de quatre ailettes inclinées sur

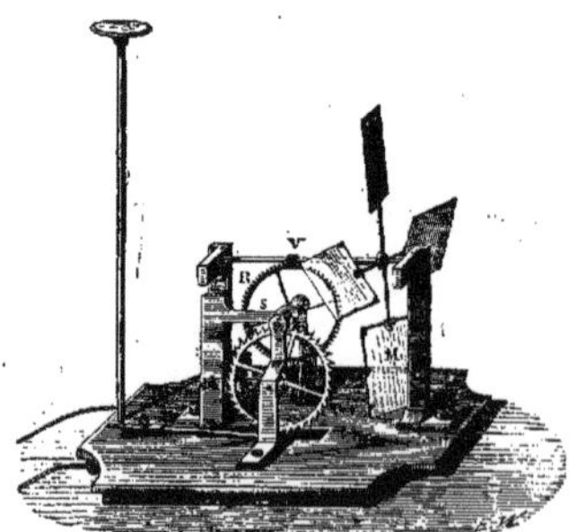

Fig. 139. — Anémomètre.

l'axe comme les ailes d'un moulin à vent, et destinées à mesurer la vitesse du vent, d'après la rapidité avec laquelle il tourne, sous l'action du courant d'air. Le nombre de révolutions qu'il exécute pendant un temps déterminé,

est indiqué au moyen d'un système de deux roues dentées, appelé *compteur*, dont l'une R peut engrener, au moment voulu par l'opérateur, avec une vis sans fin V, montée sur l'axe du moulinet, et marche ainsi d'une dent à chaque révolution de cet axe, tandis que l'autre R' marche d'une dent à chaque tour complet de la première roue. Le moulinet étant exposé en plein à l'action du vent, et ayant pris toute sa vitesse, on engrène à un moment marqué sur une montre à secondes ; puis, au bout d'un nombre déterminé de secondes, on désengrène et on compte, sur le compteur, le nombre de révolutions opérées, nombre que l'on divise par le temps évalué en secondes qu'a duré l'opération, pour obtenir le nombre de tours effectués par seconde. Connaissant ce nombre n, on en déduit la vitesse U du vent au moyen d'une formule simple, mais qu'il faut établir une fois pour toutes pour chaque appareil, et qui, pour l'un d'eux, a été trouvé

$$U = 0^m,2578 + 0,916\,n.$$

Il existe actuellement dans quelques observatoires météorologiques des *Anémomètres enregistreurs* inscrivant eux-mêmes leurs indications sur une feuille de papier, à laquelle un mouvement d'horlogerie imprime un mouvement de translation régulier. Ils sont fondés sur l'un ou l'autre des deux principes précédents, particulièrement le premier.

ANÉMONE (Botanique), d'après Pline, ce nom vient du grec *anemos*, vent, parce que l'anémone ne s'épanouit qu'au souffle du vent, que la plupart des plantes de ce genre croissent dans les endroits élevés et exposés au vent. — Genre de plantes de la famille des *Renonculacées*, et type de la tribu des *Anémonées*. Il renferme des plantes vivaces à feuilles radicales, bipennées ou digitées, du milieu desquelles s'élève une hampe portant une fleur solitaire. L'anémone était, chez les anciens, l'emblème de la maladie. On sait qu'Adonis fut métamorphosé en anémone, fleur de courte durée, et que les vents ont bientôt abattue, ainsi que le disent les poètes. Ce genre comprend environ une cinquantaine d'espèces connues aujourd'hui en horticulture. L'*A. pulsatille* (*A. pulsatilla*, Lin.), nommée aussi vulgairement *Coquelourde*, *Coquerelle*, *Herbe du vent*, est une charmante plante indigène. On la trouve abondamment aux environs de Paris, pendant le printemps, sur les coteaux secs ; ses feuilles sont 2 à 3 fois pennatiséquées, velues, à découpures fines, pointues ; sa hampe, haute de $0^m,25$ à $0^m,30$, porte une grande fleur violette foncée et velue à l'extérieur. La pulsatille était en faveur dans l'ancienne médecine, contre les paralysies, les rhumatismes, les maladies de la peau. L'*A. étoilée* (*A. stellata*, Lamk ; *A. hortensis*, Lin.) donne de belles variétés à fleurs doubles et colorées de violet, de lilas ou de rouge. L'*A. œil de paon* (*A. pavonina*, Lamk) est originaire du Levant ; sa fleur, qui s'épanouit en mai, est rouge au sommet et blanchâtre à la base. L'*A. des bois* ou *Sylvie* (*A. nemorosa*, Lin.) est une très-gentille plante qui décore agréablement nos bois dès les premiers jours du printemps ; ses fleurs sont d'un blanc souvent purpurin. Elle est quelquefois employée comme révulsif dans le rhumatisme, la sciatique, etc. Enfin, l'*A. à fleurs bleues* (*A. apennina*, Lin.), l'*A. à fleurs jaunes* (*A. ranunculoïdes*, Lin.), sont fréquemment employées dans la décoration des jardins. Une espèce des Alpes du Dauphiné, de l'Auvergne, l'*A. sylvestris*, croît aussi naturellement dans quelques localités sablonneuses des environs de Paris.

Fig. 140. — Fleur double d'anémone Sylvie.

Caractères du genre : L'involucre est à 2 ou 3 folioles et situé à plus ou moins de distance de la fleur ; 5 à 15 sépales pétaloïdes ; corolle nulle ; étamines nombreuses portées sur des filets de moitié plus courts que le calice ; ovaires nombreux, devenant des akènes comprimés laineux ou plumeux.　　　　G — s.

L'horticulture a produit par les semis un grand nombre de variétés d'anémones qui ornent admirablement nos jardins : en choisissant les plus belles couleurs, les fleurs les plus larges, les plus régulières, celles dont les tiges sont les plus fortes, on obtient de bonnes graines qu'on sème en automne ou au printemps suivant le climat, pour avoir en juin des *pattes* ou racines, qu'on soigne comme les *renoncules*.

ANÉMONE DE MER (Zoologie), du grec *anemôné*, anémone, *fleur*. — Sur les côtes de l'Océan, on donne ce nom aux actinies, parce que, lorsque le temps est serein, on voit paraître dans la mer, sur les rochers ou sur le sable, ces beaux zoophytes épanouis, et ressemblant aux jolies fleurs de ce nom qui ornent nos jardins (voyez ACTINIES).

ANÉMONÉES (Botanique). — Tribu de plantes établie par de Candolle, dans la famille des *Renonculacées*. Caractères : calice corolliforme à préfloraison imbriquée ; pétales nuls ; akènes quelquefois terminés par un long style plumeux ; graines pendantes. Les Anémonées sont des herbes à feuilles alternes. Genres principaux : *Pigamon* (*Thalictrum*, Lin.) ; *Anémone* (*Anemone*, Lin.) ; *Hépatique* (*Hepatica*, DC.) ; *Adonide* (*Adonis*, Lin.).

ANENCÉPHALE (Tératologie), du grec *enkephalos*, cerveau, et *a* privatif ; qui n'a pas de cerveau. — Isid. Geoffroy Saint-Hilaire, dans sa classification des monstres, a fait des *Anencéphales* une famille de l'ordre des *Autosites* (voyez ce mot). Cette famille a pour caractères d'être privée du cerveau et de la moelle épinière ; le crâne est ouvert dans toute son étendue, et le canal vertébral n'est qu'une simple gouttière. Du reste, l'absence des masses cérébro-spinales n'est jamais complète.

ANESTHÉSIE, ANESTHÉSIQUE (Médecine), de *aisthésis*, sensibilité, et *a* privatif. — On donne le nom d'Anesthésie à une privation complète ou incomplète de la sensibilité, qu'elle soit partielle ou générale, qu'elle soit le résultat d'un état maladif ou déterminée par des moyens artificiels ; cependant, dans ces derniers temps, ce nom a été spécialement réservé pour désigner un état particulier d'insensibilité que le chirurgien obtient, au moyen de certains agents dits *anesthésiques*, lorsqu'il veut pratiquer une opération douloureuse. Depuis longtemps les chirurgiens s'étaient préoccupés de cette grave question, et ils avaient essayé tour à tour, et avec peu de succès, le froid, la compression, les opiacés, et surtout l'usage de la mandragore (*Atropa mandragora*, Lin.) ; mais il était réservé à notre époque de découvrir les moyens de supprimer totalement la sensibilité et de pratiquer des opérations sans produire de douleur : ces moyens sont l'éther, le chloroforme, l'amylène, etc. (voyez ÉTHÉRISATION, CHLOROFORME, AMYLÈNE).

ANETH (Botanique), *Anethum*, T., du grec *anéthon*, fenouil. — Genre de plantes annuelles, quelquefois bisannuelles, et même vivaces si on les empêche de fleurir ; de la famille des *Ombellifères*. Ce genre détaché, peut-être sans raison, de celui du *Fenouil* de Linné (voyez FENOUIL), dont il ne formait qu'une espèce, nous offre principalement l'*Aneth odorant* (*A. graveolens*, Lin.), vulgairement *Fenouil bâtard* : c'est une plante aromatique que l'on cultive surtout dans nos départements méditerranéens, en Espagne et en Italie. Elle a une odeur forte, piquante, assez agréable ; ses graines, qui sont très-aromatiques, sont employées par les confiseurs, en guise d'anis, pour faire des dragées ; par les cuisiniers, qui les font entrer dans leurs marinades, etc. En médecine, elles ont été recommandées comme résolutives, stomachiques et carminatives ; elles font partie des quatre semences chaudes majeures. On en exprime encore une huile essentielle, utilisée en médecine, et dont les gladiateurs de l'ancienne Rome se servaient, dit-on, pour se frictionner, à cause de la propriété qu'on lui attribuait d'augmenter les forces. Dans leurs festins, les Romains se couronnaient d'aneth, probablement à cause de la bonne odeur qu'il exhale. On peut encore citer l'*A. des moissons* (*A. segetum*, Lin.). Ces deux espèces se trouvent dans les champs de céréales. Caractères du genre : ombelle universelle dépourvue de collerette, limbe calicinal à 5 dentelures, 5 pétales égaux très-entiers ; style court, recourbé ; péricarpe ovale ou elliptique solide, graines adhérentes, plano-convexes, 2 par 2 appliquées l'une contre l'autre.

ANÉVRYSME (Médecine), du grec *aneurusma*, dilatation. — Richerand a proposé de donner le nom d'*Anévrysme*, d'après sa stricte étymologie, aux seules tumeurs produites par la dilatation d'une artère ; mais l'usage a prévalu, et le nom d'*Anévrysme vrai* désigne une tumeur produite par la dilatation artérielle ; celui d'*Anévrysme faux*, une tumeur située sur le trajet d'une artère, mais produite par l'épanchement du sang hors de cette artère ; et enfin l'*Anévrysme du cœur*, la dilatation du cœur.

1° L'*A. vrai* est la dilatation des membranes arté-rielles ; le plus souvent spontané, ou sans aucune cause apparente, il tient évidemment à une disposition particulière des tissus, et les causes externes n'y ont que peu de part. Lorsque la maladie a son siége à l'intérieur, elle est très-difficile à déterminer, à moins que les progrès du mal ne l'amènent à se montrer et à faire saillie au dehors : mais lorsqu'on aperçoit sur le trajet d'une artère, située peu profondément, une tumeur, petite d'abord, augmentant progressivement de volume, si sa surface est lisse, non bosselée, arrondie, si elle est indolente, molle, sans changement de couleur à la peau, on est porté à soupçonner un anévrysme ; la chose devient à peu près certaine, si on portant la main sur la tumeur on sent des battements en expansion qui correspondent exactement à ceux du cœur, et si en comprimant entre le cœur et la tumeur on fait cesser les battements dans celle-ci, à moins pourtant que la tumeur ne soit soulevée en masse, ce qui ferait penser qu'elle n'est que située sur l'artère. L'anévrysme est une maladie grave, et elle l'est d'autant plus qu'elle affecte un plus gros vaisseau. Les guérisons spontanées sont extrêmement rares, et celles que l'art peut obtenir n'arrivent presque jamais que par l'oblitération de l'artère. Ainsi on a employé les débilitants, les saignées, la diète, sans beaucoup de succès, et souvent avec quelque danger, à cause de la faiblesse extrême qui en résulte : c'est la méthode dite de *Valsalva*, son auteur ; on a employé la compression lorsque la tumeur est accessible et qu'elle est récente ; enfin la ligature, qui consiste à lier l'artère en un point situé entre le cœur et la tumeur, ou bien à ouvrir la tumeur après avoir appliqué une ligature au-dessus et une au-dessous.

2° L'*A. faux* reconnaît presque toujours pour cause, une blessure. On l'appelle *faux primitif*, lorsque dans la blessure d'une artère l'ouverture de celle-ci et celle de la peau ne se correspondent pas ; le sang s'épanche alors dans le tissu cellulaire, s'y infiltre, forme une tuméfaction subite, lie de vin, et la grangrène, suivie de la mort, peut en être le résultat, si on ne se hâte d'y remédier, surtout lorsqu'on a affaire à de grosses artères. L'anévrysme est *faux consécutif* lorsque l'ouverture, très-étroite, ne laisse échapper le sang que goutte à goutte ; alors celui-ci presse, écarte les lames du tissu cellulaire, et forme une poche ou tumeur anévrysmale. On l'appelle *A. variqueux* lorsque dans une saignée malheureuse, par exemple, on ouvre simultanément l'artère et la veine ; le sang de l'artère passe dans cette dernière, ses parois se dilatent, et il en résulte encore une tumeur du même genre. La ligature de l'artère au-dessus du point blessé est le moyen qu'on emploie dans le traitement de ces différentes formes d'anévrysmes.

3° L'*A. du cœur* consiste dans la dilatation du cœur ; ainsi c'est à tort qu'on a donné le nom d'*anévrysme* à l'épaississement des parois de cet organe, dont l'effet est au contraire de diminuer l'étendue de ses cavités : on désigne plus spécialement cette dernière maladie sous le nom d'*hypertrophie* (excès de nourriture). Le véritable anévrysme du cœur est un amincissement de ses parois qui, en diminuant la force de ses contractions, détermine ces spasmes, ces palpitations, ces anxiétés précordiales, symptômes ordinaires de cette maladie. Les moyens qu'on lui oppose sont, dans le début, les saignées, un régime sévère, une alimentation douce, le repos, un air pur, le calme, etc. ; plus tard, l'emploi judicieux des opiacés, de la digitale, des dérivatifs, etc.

F — N.

ANFRACTUOSITÉS (Anatomie), du latin *anfractus*, détour. — Se dit des enfoncements sinueux qui séparent les circonvolutions du cerveau ; elles varient en nombre, en profondeur, suivant les différents animaux (voyez CERVEAU, CIRCONVOLUTION).

ANGE (Zoologie), *Squatina*, Dumér. — Genre de *Poissons* ainsi nommés à cause de la couleur blanche et de l'étendue assez considérable des nageoires pectorales, qu'on a comparées à cause de cela aux ailes des anges : il est classé par Cuvier parmi les *Chondroptérygiens à branchies fixes*, famille des *Sélaciens* (*Plagiostomes*, Dumér.). Il semble lier les Squales aux Raies, avec la forme allongée des premiers, le corps déprimé et les yeux verticaux des seconds ; il diffère pourtant des Squales par la bouche fendue au bout du museau, et non dessous, et par les yeux à la face dorsale et non sur les côtés. Ces poissons ont la tête ronde, et les nageoires pectorales séparées du dos par une fente où sont percées les ouvertures des branchies. Parmi les espèces connues, deux se pêchent sur nos côtes : le *Squatina angelus*, Cuv. (*Squalus squatina*, Lin.), qui atteint jusqu'à près de 3 mètres de long ; il a la peau rude et de petites épines au bord des pectorales. Le *Squatina aculeata*, Dumér., porte le long du dos une rangée de fortes épines.

ANGÉIOGRAPHIE, **Angiographie** (Anatomie), du grec *angeïon*, vaisseau, et *graphé*, description. — Voyez **Angéiologie**.

ANGÉIOLOGIE, **Angiologie** (Anatomie), du grec *angeïon*, vaisseau, et *logos*, discours, description des vaisseaux. — Partie de l'anatomie qui a pour but la connaissance des organes de la circulation ; elle comprend : 1° l'étude du *cœur*, ou centre d'impulsion du sang ; 2° celle des *artères* ou *artériologie :* ce sont les vaisseaux qui portent le sang dans toutes les parties du corps ; 3° celle des *veines* ou *phlébologie :* les veines rapportent le sang de toutes les parties du corps dans le cœur ; 4° celle des *vaisseaux lymphatiques* ou *angiohydrologie*, qui charrient de la lymphe ou du chyle, et aboutissent au système veineux, dont ils peuvent être considérés comme une dépendance (voyez **Cœur**, **Artères**, **Veines**, **Lymphatiques** [*Vaisseaux*]).

ANGÉLICÉES (Botanique). — Tribu de plantes adoptée par Endlicher dans la famille des *Ombellifères*. Caractères : fruit comprimé à bords dilatés, ailé ; carpelles à 5 côtes, dont 3 dorsales filiformes ou ailées et 2 latérales plus larges que celles-ci, toujours ailées, graines un peu convexes sur la face dorsale et planes sur la face antérieure. Genres principaux : *Livèche* (*Levisticum*, Koch), *Angélique* (*Angelica*, Hoffm.), *Archangélique* (*Archangelica*, Hoffm.). G — s.

ANGÉLIQUE (Botanique), *Angelica*, Hoffm., dérivé d'*angelus*, par allusion à son odeur très-agréable et à ses propriétés médicinales. On nommait aussi dans le même sens cette plante *Herbe du Saint-Esprit*. — Genre de plantes de la famille des *Ombellifères*, tribu des *Angélicées*, comprenant des herbes à feuilles bipennatiséquées, à fleurs blanches disposées en ombelles terminales, munies quelquefois d'un involucre à folioles peu nombreuses et d'un involucelle toujours polyphylle. Le fruit est entouré de 2 ailes de chaque côté, les carpelles sont à 5 côtes, dont 3 dorsales filiformes saillantes, et 2 latérales dilatées en ailes membraneuses plus ou moins larges. Les principales espèces sont : l'*Angélique Razouls* (*A. Razoulsii*, Gouan), dédiée à Razouls, qui trouva cette plante dans les Pyrénées. C'est une herbe vivace, légèrement pubescente, dont les fleurs blanches s'épanouissent de juin en août. L'*A. des montagnes* (*A. montano*, Schlotth.), que l'on trouve dans les Alpes, s'élève à peu près à 0ᵐ,60, comme la précédente. Elle se distingue par ses feuilles à segments, acuminées, glabres et bordées de fines dentelures mucronées. L'*A. sauvage* (*A. sylvestris*, Lin. *Imperatoria*, DC.) présente des tiges souvent hautes de 2 mètres. Elle vient en Espagne ; on lui a reconnu, dans la tannerie, des propriétés analogues à celle de l'écorce de chêne. On extrait aussi de ses feuilles une teinture jaune. L'*A. luisante* (*A. lucida*, Lin.), originaire du Canada. Ses tiges sont glabres et ses feuilles à segments égaux, incisés et dentelés. Enfin, deux autres espèces qui croissent dans les Pyrénées : l'*A. pyrenœa*, Spreng., *Jeseli*, Lin., et l'*A. scabre* (*A. scabra*, Petit ; *Selinum scabrum*, La Peyr.). L'une est élevée de 0ᵐ,75 et ne présente guère que des feuilles radicales ; l'autre dépasse à peine 0ᵐ,15 ; ses pétales sont garnis de poils glanduleux, rudes. L'*A. officinale*, qui appartenait autrefois à ce genre, constitue aujourd'hui, d'après Hoffmann, le genre *Archangélique* (voyez ce mot). G — s.

Angélique (Petite). — Nom vulgaire du *Boucage à feuilles d'angélique*, *Égopode des goutteux*, *Herbe à Gérard* (*Ægopodium podagraria*, Lin.).

Angélique épineuse. — C'est l'*Aralie épineuse* (*Aralia spinosa*).

Angélique de Bordeaux. — Nom d'une poire à cuire et à compote ; elle est un peu fondante à sa parfaite maturité, et a une eau douce et sucrée ; elle mûrit en janvier et février.

ANGIECTASIE (Médecine), du grec *angeïon*, vaisseau, et *ektasis*, extension, dilatation. — Le docteur Græfe, de Berlin, a désigné sous ce nom toutes les dilatations morbides des vaisseaux.

ANGINE (Médecine), du latin *angere*, et du grec *anchein*, suffoquer. — C'est à proprement parler le *mal de gorge*, qu'il soit grave ou léger. Ce mot est synonyme d'*esquinancie*, qui n'est plus guère usité : en un mot, l'*angine* est une inflammation qui a son siège dans les organes de la *déglutition* ou dans ceux de la *respiration*.

1° *A. gutturale* ou *des organes de la déglutition.* — Elle peut affecter l'isthme du gosier, le voile du palais, les piliers du voile, les amygdales, la luette, l'œsophage, ensemble ou séparément ; alors, dans ce dernier cas, on aura une *A. tonsillaire* (voyez **Amygdalite**) *pharyngée*, *œsophagienne*, etc. Quels que soient la nature et le siège de l'angine, elle reconnaît pour causes principales le froid, l'humidité, la suppression d'une sueur, les boissons froides lorsqu'on a chaud, les grands efforts de voix, la scarlatine, que l'angine accompagne toujours, etc. La maladie débute par du frisson, de la fièvre ; il y a gonflement dans quelques points du gosier, rougeur, chaleur, douleur surtout pendant la déglutition, etc. Le traitement consiste principalement dans les saignées, les sangsues, les boissons douces, tièdes, les bains de pieds, le repos, la diète ; des gargarismes, si les mouvements qu'ils nécessitent ne déterminent pas de douleurs : dans certains cas, les vomitifs ont rendu de grands services.

2° *A. des organes respiratoires.* — Elle affecte le *larynx*, la *trachée-artère* ou les *bronches*, ensemble ou séparément. Dans le premier cas la voix est très-altérée, la région du larynx est douloureuse ; cette douleur, du reste, s'étend et descend si l'inflammation gagne la trachée et les bronches. Dans tous les cas l'angine des voies respiratoires est caractérisée par la gêne de la respiration, qui devient sifflante, douloureuse et très-difficile (voyez plus loin **Angine de poitrine**).

Angine couenneuse, *Croup.* — Quel que soit son siége, l'angine peut affecter une autre forme beaucoup plus grave ; c'est celle qui a la propriété de produire des couches membraneuses morbides, auxquelles on a donné le nom de *fausses membranes* ; dans les voies respiratoires, elle constitue le *croup* (voyez ce mot) ; lorsqu'elle occupe les amygdales, les piliers, le pharynx, c'est l'*A. couenneuse ;* dans ce cas, quelques points blanchâtres paraissent d'abord, le plus souvent sur les amygdales, puis ils s'étendent peu à peu et tapissent bientôt tout le fond de la gorge. Quelquefois cette fausse membrane est jaunâtre, devient plus ou moins brune, lardacée, épaisse, les lambeaux qui s'en détachent offrent l'apparence d'escarres gangréneuses, ce qui avait fait donner à cette variété le nom d'*A. gangréneuse maligne*, *mal de gorge gangréneux ;* mais ce n'est évidemment qu'une nuance plus prononcée de la maladie. Le traitement de ces différentes variétés consiste à diminuer l'inflammation par les antiphlogistiques (saignées, sangsues), les dérivatifs (sinapismes, vésicatoires), à cautériser les fausses membranes et à les faire évacuer par les vomitifs répétés autant qu'il est nécessaire.

L'*A. œdémateuse*, *œdème de la glotte*, sera décrite au mot **Glotte**.

L'*A. de poitrine*, décrite par plusieurs auteurs comme une affection spasmodique, a été considérée avec plus de raison par Selle, par Reil et par d'autres comme une inflammation intense des canaux respiratoires, et surtout des bronches, caractérisée par les symptômes suivants : douleurs lancinantes dans la poitrine, pouls dur, toux douloureuse, respiration difficile, crachats sanguinolents, voix aigre semblant s'échapper d'un tube d'airain, imminence de suffocation, etc. Le pronostic d'une semblable maladie est très-grave. Le traitement doit être le même que celui de l'angine franchement inflammatoire. F. — N.

ANGIOLEUCITE (Médecine), du grec *angeïon*, vaisseau, *leucon*, blanc, et la terminaison *ite*. — C'est l'inflammation des vaisseaux lymphatiques ; les symptômes de cette maladie sont la trace d'une traînée rouge, bosselée, irrégulière, sur le trajet de ces vaisseaux, l'augmentation de leur volume, etc. Elle est souvent déterminée par des piqûres de mauvaise nature, des écorchures, des contusions. Le traitement consiste dans le repos, les bains, les cataplasmes, quelquefois des sangsues.

ANGIOSPERMIE (Botanique), du grec *angeïon*, vase, réceptacle, et *sperma*, semence. — Deuxième ordre de la quatorzième classe (*didynamie*) dans le système de Linné. Il comprend les plantes à étamines didynames et graines renfermées dans une capsule. C'est l'opposé du premier ordre, qui comprend des plantes à graines que Linné considéra comme étant nues. De Jussieu en a fait sa famille des *Labiées*. Principaux genres : *Acanthe*, *Euphraise*, *Mélampyre*, *Luntana*, *Scrofulaire*, *Digitale*, *Muflier*, *Bignone*.

ANGIOTÉNIQUE (Fièvre) (Médecine). — Pinel appelle ainsi la fièvre dite *inflammatoire* par quelques pathologistes ; il la considère comme une irritation du système vasculaire sanguin (voyez **Fièvre**).

ANGLAISER (Hippiatrique). — Mode qui paraît nous

venir des Anglais, et qui consiste à couper les muscles abaisseurs de la queue d'un cheval ; les muscles releveurs se trouvant sans antagonistes, celle-ci reste dans une position horizontale. Cette pratique, qui n'est pas sans danger, a été suivie quelquefois de la maladie des os coccygiens et d'autres accidents consécutifs : d'ailleurs une croupe rentrée ou *avalée*, comme on l'appelle, avec une queue qui se redresse artificiellement n'offre rien de gracieux à l'œil.

ANGLE (Géométrie). — Écartement de deux lignes qui se coupent. Ces lignes s'appellent *côtés* de l'angle ; leur point de rencontre en est le *sommet*. L'angle est *rectiligne*, quand ses côtés sont droits ; il est *curviligne*, quand ses côtés sont courbes ; *mixtiligne*, quand l'un des côtés est droit et l'autre courbe.

Un angle est ordinairement désigné par une lettre placée en son sommet, et, lorsqu'il pourrait y avoir ainsi confusion, on y ajoute deux lettres placées sur les côtés en énonçant la lettre du sommet entre ces deux dernières. Deux angles sont dits *égaux*, lorsque, superposés l'un à l'autre, leurs deux côtés peuvent coïncider exactement. On nomme, suivant les degrés d'écartement de leurs côtés :

Angles droits. — Les angles formés par l'intersection

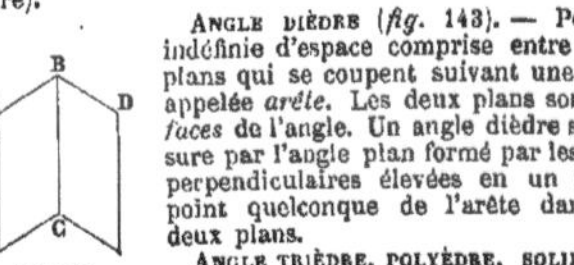

Fig. 141. — Angles droits.   Fig. 142. — Angles complémentaire et supplémentaire.

de deux lignes perpendiculaires l'une à l'autre. *Tous les angles droits sont égaux* (*fig.* 141) ;

Angle aigu. — Un angle moins ouvert qu'un droit (CBD, *fig.* 142) ;

Angle obtus. — Un angle plus ouvert qu'un droit (CBA, *fig.* 142).

Angles complémentaires. — Deux angles dont la somme égale un droit (CBD et CBE, *fig.* 142).

Angles supplémentaires. — Deux angles dont la somme est égale à deux droits (CBD et CBA, même figure).

ANGLE DIÈDRE (*fig.* 143). — Portion indéfinie d'espace comprise entre deux plans qui se coupent suivant une ligne appelée *arête*. Les deux plans sont les *faces* de l'angle. Un angle dièdre se mesure par l'angle plan formé par les deux perpendiculaires élevées en un même point quelconque de l'arête dans les deux plans.

ANGLE TRIÈDRE, POLYÈDRE, SOLIDE. — Portion indéfinie d'espace comprise entre trois ou plusieurs plans qui se coupent en un même point appelé *sommet*. Chacun des angles plans formés par ces intersections s'appelle *face de l'angle*. Les angles solides se mesurent par les angles de toutes leurs faces, par les angles dièdres qu'elles font entre elles, ou finalement par la portion comprise entre les faces de la surface d'une sphère dont le centre serait au sommet de l'angle.

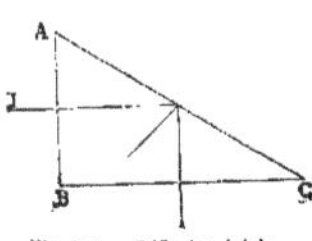

Fig. 143. Angle dièdre.

ANGLE DE CONTINGENCE. — Angle infiniment petit formé par deux éléments infiniment voisins d'une courbe considérée comme un polygone d'une infinité de côtés (voyez INFINITÉSIMAL, INFINIMENT PETITS).

ANGLE LIMITE. — L'angle d'incidence le plus grand sous lequel un rayon de lumière puisse rencontrer une surface transparente sans cesser de la traverser. Cet angle est de 41° 48' pour le verre (voyez RÉFRACTION).

Si donc nous prenons un prisme de verre ABC (*fig.* 144) dont l'un des angles soit droit et les deux autres de 45°, que nous

Fig. 144. — Réflexion totale.

fissions tomber un rayon lumineux sur une des faces de l'angle droit perpendiculairement à cette surface, ce rayon la traversera sans déviation, tombera sur la surface opposée AC, sous un angle de 45° supérieur à l'*angle limite* ; il ne pourra la traverser et sera *réfléchi en totalité*, en sorte que cette surface fera l'office d'un miroir parfait. Pour l'eau, l'angle limite est de 48° ; aussi est-il impossible de voir des objets qui, sous l'eau, sont dans une direction telle, que les rayons qui iraient de ces objets à l'œil fussent inclinés de plus de 48° sur la verticale. Le mirage est dû à un phénomène de *réflexion totale* produit par la même cause (voyez MIRAGE).

Table des angles-limites de diverses substances avec leur indice de réfraction.

NOMS DES SUBSTANCES.	INDICES de réfraction.	ANGLES limites.
Chromate de plomb	2,926	19°59'
Diamant	2,470	23,53
Soufre	2,040	29,21
Zircon	2,015	29,45
Grenat	1,815	33,27
Spinelle	1,812	33,30
Saphir	1,768	34,26
Rubis	1,779	34,12
Topaze	1,610	38,24
Flint	1,600	38,41
Crown	1,533	40,43
Quartz	1,548	40,15
Alun	1,457	43,20
Eau (liquide)	1,336	48,20

ANGLE VISUEL OU OPTIQUE. — Angle formé par deux lignes droites allant du centre de l'œil aux deux extrémités d'un objet. Nous jugeons de la grandeur d'un objet d'après sa distance présumée et l'étendue occupée par son image sur la rétine ; or, celle-ci dépend de l'angle visuel de l'objet, lequel angle est toujours déterminé. Toute erreur dans l'évaluation de la distance en entraînera donc une correspondante dans l'évaluation de la grandeur, ou réciproquement.

ANGLE DE POLARISATION MAXIMA. — Angle d'incidence correspondant au maximum de polarisation de la lumière par réflexion (voyez POLARISATION).

ANGLES (INSTRUMENTS POUR MESURER LES) (Astronomie, Géodésie). — Presque toutes les recherches de géodésie et d'astronomie conduisent à mesurer des *angles*. Les anciens employaient à cet effet un *limbe* ou cercle gradué muni de deux règles ou *alidades* (voy. ce mot), mobiles autour du centre du cercle, et portant à leurs extrémités deux petites plaques dites *pinnules* percées de deux fentes parallèles. Si l'on se place au sommet de l'angle à mesurer, et qu'on vise l'un des objets à travers les deux pinnules d'une alidade, la direction du rayon visuel mené à cet objet se trouve fixée. Avec la seconde alidade on visera de même l'autre objet. L'angle compris entre les deux alidades se mesure sur le limbe. Tel est le principe du *graphomètre*.

Les instruments employés en astronomie sont tout à fait analogues, mais ils donnent une plus grande précision, parce que les alidades y sont remplacées par des *lunettes* munies de deux fils croisés à angle droit au foyer de l'objectif. Viser un point, c'est placer son image à la croisée des fils ; le rayon visuel coïncide alors avec l'axe optique de la lunette, c'est-à-dire avec la droite qui va de la croisée des fils au centre de l'objectif.

Comme exemple de ce genre d'instruments, nous citerons le *théodolite*, le cercle répétiteur (voyez l'article RÉPÉTITEUR).

La direction de deux rayons visuels étant fixée, il reste à apprécier sur le limbe l'angle qu'ils font entre eux. Or, à moins de donner au limbe des dimensions extraordinaires, ce qui aurait de graves inconvénients, on ne peut y tracer les secondes. Sur un cercle de 0ᵐ,45 de diamètre, par exemple, un degré occupe un arc de 0ᵐ,0039, une minute un arc de 0ᵐ,00065 et une seconde un arc de 0ᵐ,000001. On ne pourra le diviser réellement que de 5 en 5 minutes, encore faudra-t-il une loupe pour lire les divisions. Afin d'apprécier les arcs plus petits, on emploie un *vernier* a (*fig.* 145), au moyen duquel on pourra obtenir la 100ᵉ partie des divisions tracées, ce qui fera $\frac{5'}{100} = \frac{300''}{100} = 3''$. Un cercle ainsi construit donnnera donc les angles à 3″ près.

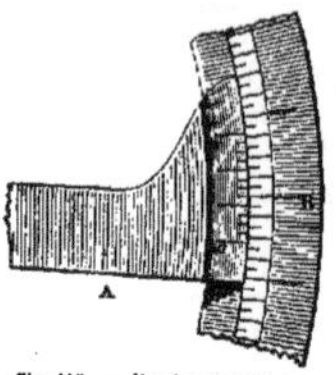

Fig. 145. — Vernier circulaire.

En employant un cercle de dimension plus grande, on peut arriver à mesurer les angles à 1″ près; mais c'est là une limite extrème, difficile à atteindre; on le concevra très-bien si l'on remarque que l'angle de 1″ est celui sous lequel on voit une longueur de 0ᵐ,1, à la distance de 22 kilomètres. Cependant, si l'angle est très-petit, comme celui sous-tendent les étoiles doubles, en employant des procédés particuliers, on peut atteindre à une approximation de 1/10 de seconde. C'est l'objet du *micromètre*.

Le micromètre à fils parallèles, qui sert à déterminer le diamètre apparent du soleil ou des planètes, consiste dans un réticule placé au foyer de l'objectif et formé de deux fils parallèles dont l'un est fixe et l'autre mobile au moyen d'une vis. On amène les deux fils à être tangents à l'image circulaire qui se forme au foyer. La vis est graduée de manière à connaître, pour chacune de ses positions, le diamètre apparent de l'objet. Il suffit pour cela d'observer, à une grande distance, des objets connus, tels que des cercles blancs placés sur un fond noir. Le rapport de leur diamètre à la distance fournit immédiatement le diamètre apparent, et l'on peut ainsi former une table de correspondance entre ces diamètres apparents et le nombre des tours de la vis. L'épaisseur des fils limite le degré d'approximation qu'on peut obtenir dans les mesures de ce genre. Aussi emploie-t-on des fils très-fins, fils d'araignée ou de platine : ces derniers ont l'avantage de n'être ni combustibles ni hygrométriques.

Le micromètre lui-même peut remplacer avec grand avantage le vernier dans la mesure des angles. Lorsqu'une division ne tombe pas exactement sur la croisée de la lunette micrométrique (*fig.* 146), on déplace cette croisée au moyen d'une vis dont la tête est graduée, jusqu'à ce que la coïncidence ait lieu. L'angle dont la vis a tourné indique la fraction de division dont la croisée était éloignée de la division sur laquelle on a amené la coïncidence.

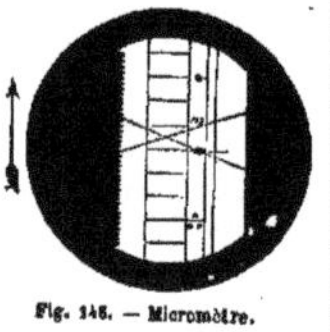

Fig. 146. — Micromètre.

La figure 147 peut donner une idée de la valeur d'un angle de 1°.

Fig. 147. — Angle de 1°.

ANGLE HORAIRE. — Angle formé par deux plans menés par l'axe du monde (voyez COORDONNÉES).

ANGLE FACIAL (Anatomie, Physiologie). — Angle qu'on suppose résulter de la rencontre de deux lignes, l'une horizontale, qui passerait à la hauteur du conduit auditif externe et de l'épine du maxillaire supérieur, et l'autre approchant plus ou moins de la perpendiculaire, passant par le point le plus saillant du front et l'épine nommée ci-dessus. Camper a prétendu mesurer la capacité du crâne d'après l'angle formé par la rencontre de ces deux lignes; quoique cette assertion ne puisse pas être considérée comme exacte, d'une manière absolue, en raison de la saillie plus ou moins considérable des éminences désignées et de la proéminence possible des mâchoires, il faut reconnaître pourtant qu'il y a là quelque chose de généralement vrai, et que plus cet angle est ouvert, plus il y a chance d'avoir un grand développement de la masse encéphalique, et par suite de l'intelligence. Ainsi l'angle facial des Européens mesure de 80° à 85°: il est de 75° dans la race mongole; de 70° chez les nègres; le Jupiter olympien et l'Apollon du Belvédère dépassent 90°. Au contraire, si l'on examine les singes, on trouve une dégradation progressive depuis l'orang-outang, 65°, jusqu'aux derniers représentants du genre où l'angle n'a que 30°. A mesure qu'on descend dans l'échelle animale, l'angle facial devient de plus en plus aigu; ainsi il est de 25° à 30° chez le chien; de 24° à 25° chez le mouton; de 11° chez le cheval, etc.

ANGORA (Zoologie). — On a donné ce nom à une variété d'animaux de genres différents, originaires d'*Angora* en Anatolie; ce sont le *Chat*, le *Lapin* et la *Chèvre* (voyez ces mots). Ils sont remarquables par l'extrême finesse et la blancheur de leur poil.

ANGREC (Botanique), *Angræcum*, Dupetit-Thouars, mot formé du nom indien *Angurek*, que portent plusieurs espèces. — Genre de plantes de la famille des *Orchidées*, qui croissent sur d'autres plantes sans en tirer leur substance, tribu des *Vandées*. Il comprend des plantes épiphytes caulescentes. L'*A. ivoire* (*A. eburneum*, Dupetit-Thouars) présente la hampe axillaire terminée par 8 à 12 grandes fleurs dirigées du même côté. Leur labelle est d'un joli blanc d'ivoire. Cette espèce croît dans les parties chaudes de l'Afrique, à Maurice, à Bourbon, etc. L'*A. à queue* (*A. caudatum*, Lindl.), originaire de Sierra-Leone, est très-original par ses fleurs pendantes, verdâtres, avec le labelle blanc et l'éperon roussâtre, bilobé au sommet et atteignant souvent plus de 0ᵐ,25 de longueur.   G — s.

ANGUILLE (Zoologie), *Muræna*, Lin. — Grand genre de *Poissons malacoptérygiens apodes*, caractérisé par des opercules petits, entourés par les rayons, branchies abritées par la peau qui enveloppe ces parties et ne s'ouvre que fort en arrière par une espèce de tuyau : disposition qui explique comment ces poissons peuvent demeurer assez longtemps hors de l'eau sans périr. Les anguilles ont le corps long et grêle : leur peau grasse et épaisse ne permet de bien voir les écailles que lorsqu'elle est desséchée. Ce genre a été subdivisé en un grand nombre de sous-genres, dont les principaux sont : Les *Anguilles* subdivisées encore en *Anguilles* proprement dites et *Anguilles vraies;* les *Congres*, les *Ophisures*, les *Murènes* proprement dites, etc.

ANGUILLES COMMUNES, *Anguilla muræna*, Lin. — Sous-division des anguilles vraies; ces poissons bien connus, aux formes longues, grêles, effilées, qui nagent avec une grande rapidité, qui peuplent en si grande quantité et distinctement les eaux douces, saumâtres, salées, de tous nos cours d'eau, des lacs, des étangs, du littoral de la mer et de l'embouchure des rivières, sont recherchés sur nos tables pour la délicatesse de leur chair. Déjà, chez les Romains, les anguilles étaient estimées à l'égal des fameuses murènes; on les élevait avec tous les soins imaginables dans des viviers spéciaux, où elles étaient même apprivoisées comme des animaux domestiques. Chez les Sybarites, dit-on, les pêcheurs d'anguilles étaient exempts de toute contribution.

Pendant le jour, les anguilles se tiennent au fond des eaux, dans la vase où elles s'enfoncent, et dans des trous qu'elles se pratiquent elles-mêmes, et dans lesquels on en rencontre souvent plusieurs ensemble; mais pendant la nuit, surtout si le temps est sombre, s'il est tombé de la pluie, souvent elles sortent de l'eau et s'éloignent jusqu'à des distances assez considérables, trente ou quarante pas. Les anguilles sont très-voraces; elles mangent des frais de poissons, des petits poissons, des larves, des vers, etc. On dit même qu'elles attaquent de petits quadrupèdes et des oiseaux aquatiques; mais, à leur tour, elles sont dévorées par les loutres, certains oiseaux aquatiques, les gros poissons voraces. Dans tous les cas, il faut éviter d'en mettre dans une pièce d'eau qu'on voudra repeupler de petits poissons.

Il est à peu près avéré aujourd'hui que la reproduction des anguilles s'opère dans la mer, près de l'embouchure des rivières; au printemps, les jeunes s'avancent en troupes serrées et profondes dans les cours d'eau, qu'elles remontent jusque près de leurs sources, en se divisant en colonnes de moins en moins nombreuses à mesure qu'elles rencontrent des affluents : près des bords de la mer, lorsque la migration commence, ce sont des myriades de petits vers blancs transparents qui encombrent les petits ruisseaux, les prairies inondées, et qui, sous le nom de *montée*, se pêchent en quantités prodigieuses; mais bientôt on n'apperçoit plus rien, parce que les petites anguilles prennent rapidement la couleur grise d'abord, puis brune de leur âge adulte, et qu'elles échappent aux regards. Ce poisson croît avec une grande lenteur et peut vivre, dit-on, plus d'un siècle.

L'anguille est dépourvue de nageoire ventrale, et presque de pectorale ; les dorsale, caudale et anale se réunissent pour former une espèce de rame qui constitue la queue. Ses deux mâchoires et la partie antérieure du palais sont garnies de plusieurs rangs de petites dents.

L'anguille commune dont il vient d'être question appartient au genre *Anguille* (*Anguilla*, Thunberg, *Murœna*, Block), qui se sous-divise en *Anguilles proprement dites* et *Anguilles vraies*; c'est dans ces dernières que se trouve notre anguille commune ; les pêcheurs y distinguent quatre variétés, que les auteurs confondent sous le nom de *Murœna anguilla*, Lin., et qu'ils appellent *A. verniaux*, c'est probablement la plus commune, *A. long bec*, *A. plat bec*, *A. pimpernaux*.

ANGUILLIFORMES (Zoologie), du latin *anguilla*, anguille, *forma*, forme. — Famille qui forme à elle seule l'ordre des *Malacoptérygiens apodes*, quatrième de la classe des *Poissons*. Elle a pour caractères : forme allongée, peau épaisse et molle, souvent gluante, qui laisse à peine voir de très-petites écailles ; peu d'arêtes, pas de nageoires ventrales, pas de cœcums ; presque toujours une vessie natatoire, souvent de formes singulières. Cette famille se compose des genres *Anguille*, *Saccopharynx*, *Gymnote*, *Gymnarchus*, *Leptocéphale*, *Donzelle* et *Équille* (voyez ces mots), dont quelques-uns se subdivisent en plusieurs sous-genres.

ANGUILLULE (Zoologie). — Le célèbre micrographe Ehrenberg a réuni sons ce nom plusieurs vers extrêmement petits, confondus par les anciens naturalistes avec les Vibrions. Les espèces les plus connues sont : celles du vinaigre (*A. aceti*) ; celles de la colle (*A. glutinis*), qui vivent dans la colle de pâte, surtout dans celle qui, presque desséchée, se roule en écailles; celles du blé niellé (*A. tritici*), qui remplacent la fécule dans les grains de blé où elles sont entassées sous forme de fibrilles sèches, cassantes. Cette espèce a donné lieu à de grandes controverses, à cause de la propriété que lui assignent la plupart des auteurs de pouvoir se dessécher sans périr, et cela à plusieurs reprises, et de revenir à la vie lorsqu'elles sont humectées ; peut-être faut-il attendre de nouvelles expériences plus décisives pour fixer ce point litigieux. Enfin, l'on trouve des anguillules dans la terre humide, dans les eaux stagnantes, dans les moisissures qui se forment à la surface du sol; quant à celles qui existeraient dans l'intérieur du corps des lombrics, des chenilles, des insectes, il faut sans doute y voir des *Filaires* (voyez ce mot).

ANGUIS (Zoologie), mot latin, synonyme de *serpent*. — Linné, qui a introduit ce nom dans la science, en avait formé un genre qu'il avait placé un des derniers dans la classe des *Reptiles*. Dans la méthode du *Règne animal*, les Anguis constituent la première famille de l'ordre des *Ophidiens* ou *Serpents* ; ce sont des reptiles à corps allongé, cylindrique, dépourvus de membres apparents, mais dont l'organisation se rapproche beaucoup de celle des lézards ; les dents sont petites, nombreuses ; la langue libre, courte ; les yeux petits, munis de trois paupières; un poumon de moitié plus grand que l'autre. Cette famille entrait toute entière dans le genre *Orvet* (*Anguis*, Lin.) (voyez ce mot).

ANGUSTURE (Botanique médicale). — On donne ce nom à deux écorces très-différentes surtout par leurs propriétés : l'*Angusture vraie* et la *fausse Angusture*, qu'il est très-important de distinguer, parce que la première est un médicament précieux, tandis que la seconde est un poison violent. La vraie Angusture est l'écorce du *Bomplandia trifoliata* de Wildenow, *Galipea cusparia*, arbre de la famille des *Diosmées*, voisine des Rutacées, tribu des *Cuspariées*, laquelle est caractérisée par un calice campanulé, 5 pétales, 5 à 6 étamines, ovaire à 5 loges. Cet arbre, très-élevé, a une écorce grisâtre, des fleurs blanches en grappes dressées. La vraie angusture est en plaques roulées de $0^m,15$ à $0^m,20$ sur $0^m,003$ ou $0^m,004$ d'épaisseur, minces vers les bords ; recouverte de son épiderme, l'écorce est intérieurement d'un jaune fauve, d'une cassure compacte, résineuse ; sa saveur est amère, aromatique, un peu âcre. Cette écorce a été vantée comme fébrifuge par plusieurs médecins ; et les naturels du pays où on la récolte la regardent comme supérieure au quinquina dans le traitement des fièvres intermittentes ; cependant, si l'on en croit M. Bretonneau de Tours, elle serait tout à fait inerte; la vérité pourrait bien être entre ces deux assertions si contradictoires. Elle a été préconisée aussi contre la dyssenterie. Apportée en Angleterre vers la fin du siècle dernier, elle était très-employée comme fébrifuge, lorsque

tout à coup elle produisit des empoisonnements : on reconnut alors qu'elle était mélangée avec une autre écorce nommée depuis *fausse angusture*; on crut d'abord qu'elle provenait du *Brucea antidyssenterica* ou *ferruginosa*, d'où est venu le nom de *brucine*, donné à tort à l'alcali végétal qu'elle renferme ; enfin on sait aujourd'hui pour les travaux de MM. Batka d'une part et Christison de l'autre que c'est l'écorce du *Strychnos nux vomica*. Quoi qu'il en soit, la fausse angusture est plus épaisse, plus rugueuse à sa surface, d'une couleur plus foncée que la vraie, et, de plus, ses bords sont taillés à pic, et jamais en biseau; l'acide nitrique (*caractère essentiel*) la colore en rouge à cause de la brucine qu'elle contient, ce qui n'a jamais lieu avec la vraie angusture.   F. — N.

ANHÉLATION (Physiologie, Médecine), du latin *anhelare*, haleter, respirer avec peine, essoufflement. Elle est synonyme de *Dyspnée*. — L'*anhélation*, qui est caractérisée par une respiration courte et fréquente, est naturellement la suite d'une course rapide ou de mouvements violents ; mais elle est souvent un symptôme important dans un grand nombre de maladies, et particulièrement dans celles des organes contenus dans la poitrine : ainsi dans l'*asthme*, les *maladies du cœur*, l'*hydrothorax*, etc.

ANHÉMASE ÉPIZOOTIQUE (Médecine vétérinaire), du grec *aima*, sang, et *a* privatif. — Maladie des très-jeunes mulets, observée et ainsi nommée par Gellé dans le département des Deux-Sèvres, où elle fit périr un grand nombre de ces animaux. Elle s'annonçait par l'abattement, la prostration; l'animal restait couché sur sa litière ; le pouls était petit, accéléré, la respiration fréquente, le ventre douloureux ; les excréments étaient durs et noirs. Cette affection, presque toujours mortelle, durait de 6 à 24 heures. A l'autopsie, on trouvait le sang rose pâle, séreux, dépourvu de fibrine ; les poumons étaient pâles, et blafards.

ANHINGA (Zoologie), *Plotus*, Lin. — Nom donné chez les naturels du Brésil à un oiseau dont on a formé un genre de l'ordre des *Palmipèdes* : ils ont le col allongé, avec

Fig. 148. — Anhinga.

une petite tête, un bec droit, grêle et pointu, à bords denticulés ; la face et le dessous du bec nus ; les ailes longues et obtuses, la queue grande et large, les pieds gros et courts, qui ne leur permettent qu'une marche pénible ; ils ont, du reste, un vol élevé et perchent sur les arbres, où ils nichent. Leur nourriture se compose de poissons, et, comme ils plongent admirablement, ils les atteignent à une assez grande profondeur. Leur grosseur n'excède pas celle du canard, mais leur cou est plus long. Quoiqu'on ait cité plusieurs espèces d'anhinga, il paraît établi qu'on n'en connaît qu'une seule, l'*A. melanogaster*, dont quelques variétés existent à la Guyane, à Cayenne, au Sénégal, etc.

ANHYDRE (Chimie), de *a* négatif, et *udor*, eau, qui est sans eau. — Terme employé pour distinguer certaines substances privées d'eau de ces mêmes substances unies en proportions variables avec l'eau. On dit *acide* ou sel *anhydre* par opposition à sel ou acide *hydraté*.

ANHYDRIDES (Chimie). — On désigne sous ce nom les acides anhydres. Ils se divisent en deux classes, selon qu'ils proviennent d'acides hydratés bibasiques ou d'acides monobasiques. Les acides anhydres de la première catégorie sont depuis longtemps connus ; on les obtient en soumettant à l'action d'un déshydratant, ou simplement à l'action de la chaleur, l'acide hydraté correspondant ; ainsi l'acide lactique :

$$C^{12}H^{10}O^{10},2HO - 2HO = 2(C^6H^5O^5)$$

$$\underbrace{\phantom{C^{12}H^{10}O^{10},2HO}}_{\substack{\text{Acide lactique}\\\text{hydraté.}}} \qquad \underbrace{}_{\substack{\text{Acide lactique}\\\text{anhydre.}}}$$

De même l'acide succinique

$$C^8H^4O^6,2HO - 2HO = C^8H^4O^6$$

$$\underbrace{}_{\substack{\text{Acide succinique}\\\text{hydraté.}}} \qquad \underbrace{}_{\substack{\text{Acide succinique}\\\text{anhydre.}}}$$

Les acides anhydres de la seconde catégorie ne peuvent être obtenus d'une manière directe ; M. Gerhardt les a produits dans ces derniers temps seulement, par un procédé remarquable auquel il a été conduit par cette considération théorique : que les acides monobasiques peuvent être assimilés pour leur équivalent à un double équivalent d'eau dans lequel un équivalent d'hydrogène est remplacé par un radical composé correspondant à l'acide hydraté que l'on considère. Ainsi l'acide acétique ordinaire $C^4H^4O^4$ peut être écrit

$$C^4H^4O^4 = O^2 \left\{ \begin{array}{l} C^4H^3O^2 \text{ radical acétyle.} \\ H \end{array} \right.$$

De même que l'eau s'écrit : $O^2 \left\{ \begin{array}{l} H \\ H \end{array} \right.$

Maintenant substituez à l'équivalent d'hydrogène restant dans l'acide acétique un *métal plus métallique* le potassium par exemple, vous avez l'acétate de potasse.

$$O^2 \left\{ \begin{array}{l} C^4H^3O^2 \\ K \end{array} \right.$$

Mettez en présence de ce dernier corps le chlorure du même radical acétyle $C^4H^3O^2Cl$, le chlore s'emparera du potassium, et vous aurez

$$O^2 \left\{ \begin{array}{l} C^4H^3O^2 \\ K \end{array} \right. + C^4H^3O^2Cl = KCl + O^2 \left\{ \begin{array}{l} C^4H^3O^2 \\ C^4H^3O^2 \end{array} \right. \text{ou } C^8H^6O^6$$

$$\underbrace{}_{\substack{\text{Acétate}\\\text{de potasse.}}} \quad \underbrace{}_{\substack{\text{Chlorure d'a-}\\\text{cétyle.}}} \qquad \underbrace{}_{\substack{\text{2 équivalents d'acide}\\\text{acétique anhydre.}}}$$

Cette méthode est applicable à tous les acides monobasiques. Si même on met en présence du sel correspondant à un certain radical le chlorure d'un autre radical, on obtient un sel anhydre double. Ainsi :

$$O^2 \left| \begin{array}{l} C^{14}H^5O^2 \\ K \end{array} \right. + C^4H^3O^2Cl = KCl + O^2 \left\{ \begin{array}{l} C^{14}H^5O^2 \\ C^4H^3O^2 \end{array} \right.$$

$$\underbrace{}_{\substack{\text{Benzoate}\\\text{de}\\\text{potasse.}}} \quad \underbrace{}_{\substack{\text{Chlorure}\\\text{d'acétyle.}}} \qquad \underbrace{}_{\substack{\text{Anhydride acéto-}\\\text{benzoïque}\\C^{14}H^5O^3,C^4H^3O^3.}} \quad \text{B.}$$

ANHYDRITE ou **Karsténite** (Minéral.). — Sulfate de chaux naturel anhydre que l'on rencontre tantôt cristallisé, tantôt en masses fibreuses ou saccharoïdes. Les cristaux dérivent d'un prisme droit rhomboïdal et possèdent la double réfraction à deux axes. Il est assez abondant dans les Alpes et est employé quelquefois comme marbre à cause de sa dureté ; il ne peut servir à fabriquer du plâtre (voyez Gypse).

ANI (Zoologie), *Crotophaga*, Lin. — Genre d'*Oiseaux* de l'ordre des *Grimpeurs* ; c'est le nom indigène qu'il porte à la Guyane et au Brésil ; celui de *Crotophagus* a été imaginé par Brown, parce qu'à la Jamaïque il vole sur le bétail pour prendre les taons et les tiques, en grec *krotôn*. Dans nos colonies de l'Amérique méridionale, on l'appelle *Bout de petun* ou *Bout de tabac*, *Oiseau diable*, *Perroquet noir*, etc. Ils ont le bec gros, comprimé, arqué, sans dentelures, et surmonté d'une crête verticale et tranchante. Toutes les espèces sont un noir intense, les plumes bordées la plupart de vert ou de bleu luisant. Ce que ces oiseaux offrent de plus remarquable, c'est un instinct social très-développé ; ainsi vivant par troupes de dix, vingt, trente, ils se tiennent sans cesse ensemble, le temps des couvées même ne les sépare pas, et leur société ne paraît jamais troublée par des discordes. Les mâles et les femelles travaillent ensemble à la construction d'un nid qui puisse servir à plusieurs femelles à la fois ; la plus pressée de pondre n'attend pas les autres, qui agrandissent le nid pendant qu'elle couve. Quelquefois les œufs se mêlent, et à l'éclosion des petits la même intelligence continue à régner ; les mères donnent à manger indistinctement aux premiers venus, et les mâles aident même à fournir les aliments. Ces oiseaux vivent d'insectes, de grains, de petits reptiles, etc. Parmi les quelques espèces connues, on doit citer l'*A. des palétuviers* (*Crotophaga major*, Lath.), qui est de la grosseur d'un geai, et l'*A. des savanes* (*Crotophaga ani*, Lath.), moitié moins gros.

ANIL (Botanique). — Espèce du genre *Indigotier* (voyez ce mot).

ANILINE (Chimie). — Ce corps tire son nom du mot portugais *anil*, qui signifie indigo, parce que ce fut en étudiant les produits de la distillation sèche de l'indigo qu'Unverdorben en fit la découverte. L'aniline est un liquide incolore, d'une odeur aromatique, d'une saveur âcre et brûlante, exerçant sur l'économie animale une action énergique ; à dose minime, elle détermine des spasmes violents suivis d'oppression et de paralysie complète. Sa densité est de 1,028 ; elle est peu soluble dans l'eau, soluble en toutes proportions dans l'alcool et l'éther. Son point d'ébullition peut être fixé à 187° environ. L'aniline joue le rôle d'une base faible, susceptible néanmoins de se combiner avec tous les acides en donnant des sels parfaitement définis et cristallisables. La formule qui représente sa constitution est la suivante :

$$C^{12}H^7Az \text{ qu'on peut écrire } Az \left\{ \begin{array}{l} C^{12}H^5 \\ H \\ H \end{array} \right. \text{exprimant ainsi}$$

qu'elle appartient à cette classe remarquable de composés dont l'ammoniaque $Az \left\{ \begin{array}{l} H \\ H \\ H \end{array} \right.$ peut être considérée comme le type ; dans cette manière de voir on arriverait à l'aniline par la *substitution* d'une molécule du radical *phényle* $C^{12}H^5$ à une molécule d'hydrogène H dans l'ammoniaque.

Parmi les différents procédés au moyen desquels on peut se procurer l'aniline, nous citerons le suivant, qui est le plus avantageux au point de vue économique, et le seul employé aujourd'hui pour la préparation industrielle.

La distillation de la houille dans la fabrication du gaz d'éclairage donne lieu, entre autres produits secondaires, à une grande quantité de goudron condensé dans des appareils spéciaux : ces goudrons distillés à leur tour fournissent des huiles de différentes densités ; les plus légères contiennent une certaine quantité de benzine, sorte de carbure d'hydrogène liquide ; la benzine soumise à l'action de l'acide nitrique donne la nitrobenzine, substance douée d'une odeur agréable analogue à celle de l'essence d'amandes amères, et d'un emploi assez fréquent dans la parfumerie, où elle est connue sous le nom d'*essence de Mirbane*. Enfin l'hydrogène naissant, produit par un mélange de limaille de fer et d'acide acétique, transforme la nitrobenzine en aniline. Malgré l'importance de ses propriétés chimiques, l'aniline était restée jusqu'à ces derniers temps sans aucune application industrielle. Berzelius, Gerhardt, Hoffmann et plusieurs autres chimistes avaient observé toutefois les remarquables phénomènes de coloration auxquels donnent lieu un grand nombre de corps en réagissant sur l'aniline ou sur ses sels ; quelques-uns même étaient considérés comme caractéristiques de la présence de l'aniline : il était naturel de chercher si parmi ces réactions diverses quelques-unes ne donnaient pas lieu à des corps stables et capables de se combiner aux tissus, de manière à constituer de véritables matières tinctoriales. Les travaux dirigés dans ce sens furent couronnés d'un plein succès. En 1856 M. Perkin obtenait par l'action du bichromate de potasse sur le sulfate d'aniline une magnifique couleur violette pouvant s'appliquer sur la soie, la laine et le coton, et résistant mieux à l'action de l'air et de la lumière que la plupart des teintures violettes employées auparavant. C'est en Angleterre que fut réalisée cette première et importante application des dérivés colorés de l'aniline ; mais un succès pareil était réservé aux recherches des chimistes et des manufacturiers français. En 1859 M. Verguin, de Lyon, en faisant réagir le bichlorure d'étain anhydre sur l'aniline, obtint une magnifique couleur rouge cramoisi capable de s'appliquer avec la plus grande facilité sur les tissus : on lui donna le nom de *fuchsine* à cause de sa couleur assez semblable à celle de la fleur de fuchsia. — Bientôt après divers expérimentateurs démontrèrent que l'**iode**, l'acide arsénique, l'acide nitrique, les nitrates de mercure et un grand nombre d'autres corps, pouvaient donner lieu à des matières semblables ou analogues. Tous ces produits se présentent à l'état solide sous la forme de petits cristaux, d'un vert doré, semblable à celui des ailes de scarabées. Ils se dissolvent en grande quantité dans l'alcool, et la dissolution est tantôt d'un rouge franc, tantôt d'une nuance plus ou moins violacée, suivant le mode de préparation employé. Disons enfin, pour compléter cet exposé très-sommaire, qu'en faisant réagir l'aniline en excès sur le composé rouge dont nous venons de parler, MM. Girard et Delaire ont obtenu une série de teintes de plus en plus violacés, et ont pu passer par tous les tons de la gamme du rouge au bleu pur. Toutes ces substances sont remarquables, sinon par une grande solidité, au moins par leur richesse, par l'éclat de leurs reflets et par l'extrême intensité de leur pouvoir colorant. On comprend facilement l'importance des résultats que nous venons de mentionner ; c'est un nouvel exemple de l'intérêt que peuvent prendre au point de vue pratique des composés regardés longtemps comme de simples curiosités de laboratoire, et des ressources imprévues que la science théorique peut fournir aux arts et à l'industrie.   **La.**

ANIMAL (Zoologie). — Être organisé, vivant et sentant, et généralement doué d'organes distincts chargés des fonctions de nutrition, de sensibilité et de locomotion. Ces organes toutefois s'effacent de plus en plus à mesure que l'on descend dans la série animale, et vers les derniers degrés il devient souvent difficile d'établir une limite entre elle et les points extrêmes de la série végétale.

L'existence d'un système nerveux forme le caractère fondamental de l'animalité. Ce système est d'autant plus abondant et plus varié que l'animal est plus élevé dans l'échelle des êtres ; il est en effet l'organe essentiel de la sensibilité, et il diffère des autres éléments organiques par sa nature anatomique, en rapport avec son rôle spécial ; il préside à toutes les fonctions des animaux, et il en est le régulateur aussi bien que le premier mobile. Les autres organes du corps lui sont subordonnés dans leurs fonctions, et leur rôle consiste surtout à exécuter les ordres qu'il leur transmet, et qu'il varie suivant ses propres perceptions. Eux-mêmes servent, sous sa direction, à l'élaboration des principes alimentaires que l'animal s'est procurés ; ils charrient dans les différentes parties du corps les fluides alibiles que leur a fournis l'absorption ; ils se développent, se multiplient et se spécialisent, s'accroissent en dimensions, se transforment, renouvellent leurs matériaux chimiques, ou, dans certaines conditions, assurent la propagation de l'espèce tout en restant les auxiliaires ou les esclaves de ses propres besoins. Quant à la locomotion, ses rapports avec l'innervation sont très-faciles à démontrer, puisqu'on peut, dans la plupart des cas, la suspendre ou l'abolir en comprimant simplement ou en coupant les nerfs qui sont chargés de la diriger. Elle permet aux animaux leurs mouvements de translation, et ils lui doivent aussi la faculté qu'ils ont de transporter, dans une partie de leur enveloppe constituant ce tube digestif dont nous avons déjà parlé, les substances qu'ils ont recueillies pour se nourrir, c'est-à-dire pour réparer les pertes occasionnées par l'activité vitale dans leur propre substance ou pour acquérir les matériaux de leur accroissement. C'est cette espèce de locomotion nutritive que l'on désigne par le mot, très-convenablement choisi, de *digestion* (signifiant *transport*) que l'on donne à cette autre fonction caractéristique des animaux.

Le *tube digestif* n'est qu'une simple modification de l'enveloppe extérieure des animaux, une sorte de rentrée de cette enveloppe dans l'intérieur du corps comparable à celle de la cavité d'un manchon. A cette enveloppe, ainsi modifiée pour l'usage de la digestion, s'ajoutent des organes divers, les uns sécréteurs (comme les glandes salivaires, le foie, le pancréas, etc.) ; les autres triturants (dents). La peau proprement dite, ou l'enveloppe extérieure des animaux, présente aussi des parties accessoires. Indépendamment des qualités de dureté, d'épaisseur, de perméabilité, de mobilité et de sensibilité générale qui la distinguent, elle doit d'autres propriétés à certains organes particuliers comme les glandes de la sueur, celles du mucus, les écailles, les boucles dans les raies, les plumes, les poils, et même les bulbes sensoriaux, tels que l'œil et l'oreille qui en multiplient les fonctions, surtout chez les espèces supérieures ; au contraire, chez les animaux moins parfaits, on remarque qu'elle est de plus en

plus simple et de plus en plus uniforme, et qu'elle est à peine différente suivant les âges.   **P. G.**

ANIMAL (RÈGNE) (Zoologie). — Voyez RÈGNE.

ANIMALCULES (Zoologie). — Animaux tellement petits qu'on ne peut guère les observer qu'au microscope ; on les a, pour cette raison, nommés *animaux microscopiques* ; et, comme ils ont été observés surtout dans les eaux où l'on avait fait infuser des matières organisées, on les a plus spécialement désignés sous le nom d'*animaux* ou *animalcules infusoires*. C'est sous ce dernier nom qu'ils sont aujourd'hui plus généralement connus : il en sera traité au mot INFUSOIRES.

ANIMAUX DOMESTIQUES (Économie domestique). — Les animaux domestiques sont ceux qui partagent le genre de vie de l'homme, naissent, vivent et meurent près de lui, font pour ainsi dire partie de sa maison (*domus*, en latin, maison). A l'article DOMESTICATION seront indiquées les modifications que produit chez les espèces animales cette cohabitation avec l'homme. Les services que ces espèces rendent à la nôtre sont de plusieurs genres, et, d'après cette considération, Is. Geoffroy Saint-Hilaire a divisé comme il suit les espèces domestiques. Leur nombre, suivant lui, s'élève à 47 ; il nomme *auxiliaires*, celles qui nous aident dans nos travaux ; *alimentaires*, celles qui nous fournissent des aliments ; *industrielles,* celles dont notre industrie tire des matières premières ; il nomme enfin animaux domestiques *accessoires,* ceux que nous a fait rechercher leur beauté seule ou quelque autre circonstance étrangère à nos besoins. Voici la liste dressée par le même zoologiste, et classée dans l'ordre méthodique des naturalistes.

N. B. — Dans cette liste, on a fait suivre d'un astérisque le nom des espèces domestiques communément répandues en France.

I. — Classe des Mammifères.

Ordre des Carnassiers.

1. Le *Chien**, animal auxiliaire.
2. Le *Furet**, animal auxiliaire.
3. Le *Chat**, animal auxiliaire.

Ordre des Rongeurs.

4. Le *Lapin**, animal alimentaire et quelque peu industriel.
5. Le *Cochon d'Inde**.

Ordre des Pachydermes.

6. Le *Cochon**, animal alimentaire.
7. Le *Cheval**, animal auxiliaire, industriel, et alimentaire chez plusieurs peuples.
8. L'*Ane**, animal auxiliaire, industriel, et parfois alimentaire.

Ordre des Ruminants.

9. Le *Chameau à deux bosses*, animal auxiliaire, alimentaire et industriel.
10. Le *Dromadaire*, animal auxiliaire, alimentaire et industriel.
11. Le *Lama*, animal auxiliaire, alimentaire et industriel.
12. L'*Alpaca*, animal auxiliaire, surtout alimentaire et industriel.
13. Le *Renne*, animal auxiliaire et alimentaire.
14. La *Chèvre**, animal alimentaire et parfois industriel.
15. Le *Mouton**, animal alimentaire et industriel, auxiliaire par exception.
16. Le *Bœuf commun**, animal auxiliaire, alimentaire et industriel.
17. Le *Zébu* (espèce de bœuf), animal auxiliaire et alimentaire.
18. Le *Gyall* (bœuf des jongles), animal alimentaire.
19. L'*Yak* (espèce de bœuf), animal auxiliaire, alimentaire et industriel.
20. Le *Buffle* (espèce de bœuf), animal auxiliaire, alimentaire et industriel.
21. L'*Arni* (espèce de bœuf), animal auxiliaire et alimentaire.

II. — Classe des Oiseaux.

Ordre des Passereaux.

22. Le *Serin des Canaries**, animal accessoire.

Ordre des Gallinacés.

23. Le *Pigeon**, animal alimentaire, parfois auxiliaire.
24. La *Tourterelle à collier**, animal accessoire.

25. Le *Faisan commun**, animal alimentaire.
26. Le *Faisan à collier**, animal alimentaire.
27. Le *Faisan argenté**, animal accessoire, quelquefois alimentaire.
28. Le *Faisan doré**, animal accessoire, quelquefois alimentaire.
29. La *Poule**, animal alimentaire.
30. Le *Dindon**, animal alimentaire et parfois industriel.
31. Le *Paon**, animal accessoire, parfois alimentaire.
32. La *Pintade**, animal alimentaire.

Ordre des Palmipèdes.

33. L'*Oie commune**, animal alimentaire et industriel.
34. L'*Oie de Guinée*, animal accessoire.
35. L'*Oie du Canada*, animal accessoire, parfois alimentaire.
36. Le *Canard commun**, animal alimentaire.
37. Le *Canard de Barbarie*, animal alimentaire.
38. Le *Cygne**, animal accessoire.

III. — Classe des Poissons.

39. La *Carpe vulgaire**, animal alimentaire.
40. Le *Poisson rouge* ou *Carpe dorée**, animal accessoire, alimentaire quelquefois.

IV. — Classe des Insectes.

41. L'*Abeille ordinaire**, animal alimentaire et industriel.
42. L'*Abeille ligurienne*, animal alimentaire et industriel.
43. L'*Abeille à bandes*, animal alimentaire et industriel.
44. La *Cochenille du Nopal*, animal industriel.
45. Le *Ver à soie* ou *Bombyx du mûrier**, animal industriel.
46. Le *Ver à soie du ricin*, animal industriel.
47. Le *Ver à soie de l'ailante*, animal industriel.

Il importe de constater : 1° que quatre classes seulement du règne animal nous ont jusqu'ici donné des animaux domestiques; 2° que la plupart de ces animaux sont des Mammifères herbivores et des Oiseaux gallinacés; 3° que 32 espèces, sur 47, existent actuellement en France à l'état domestique.

Parmi les questions les plus intéressantes que puisse soulever l'étude des animaux domestiques, se présentent surtout les deux suivantes : 1° Quelle espèce sauvage a servi de souche à telle ou telle espèce domestique? en d'autres termes, quelle est l'*origine zoologique* de cette espèce? — 2° De quelle contrée telle espèce domestique est-elle originaire, ou quelle est son *origine géographique*? Pour avoir la solution de ces questions, on devra chercher l'article correspondant à chacun des animaux domestiques. Il suffit de dire ici que la domestication de la plupart des espèces remonte à la plus haute antiquité. Les Grecs, avant la conquête romaine, ont successivement domestiqué le faisan, l'oie, le paon et la pintade; les Romains, le lapin, le furet et le canard. Le ver à soie fut introduit en Europe du temps de l'empereur Justinien; le buffle l'avait été un peu antérieurement; au XVIᵉ siècle, les Européens connurent le Lama, l'Alpaca, le cochon d'Inde, le serin des Canaries, le dindon, et plus récemment divers oiseaux moins connus, tels que l'oie du Canada, les faisans doré et argenté. — Voir Is. Geoffroy Saint-Hilaire, *Acclimatation et domestication des animaux utiles*. Paris, 4ᵉ édit. 1861. Ad. F.

Animaux et insectes nuisibles aux arbres fruitiers (Arboriculture fruitière). — Toutes les espèces d'arbres fruitiers nourrissent un nombre plus ou moins grand d'animaux ou d'insectes. Dans les circonstances ordinaires, le dommage qu'ils déterminent est peu important; mais, sous l'influence de certaines circonstances favorables à leur développement, ces insectes se multiplient dans de telles proportions qu'il devient nécessaire de tenter leur destruction, sous peine de les voir anéantir les arbres qu'ils attaquent. Malheureusement les mœurs de ces insectes sont, pour la plupart, encore peu connues, de sorte que le cultivateur reste souvent désarmé en face de ces fléaux. Nous n'indiquons ici que les espèces dont les ravages sont les plus fréquents.

Mammifères. — Les *lièvres* et les *lapins* dévastent souvent les jeunes plantations d'arbres fruitiers pendant l'hiver, alors que la neige qui couvre le sol leur dérobe leur nourriture habituelle. Dans ce cas, ils rongent complétement l'écorce de ces arbres, qui succombent souvent à cette mutilation. Pour prévenir cet accident, il suffit, au commencement de l'hiver, de badigeonner la tige et les rameaux de ces jeunes arbres avec une bouillie épaisse composée de chaux éteinte et d'une certaine quantité de suie. L'amertume de cette dernière substance les éloigne complétement. Il faut bien se garder

d'employer le goudron de gaz ou coltar recommandé pour cet usage. Il éloigne en effet ces animaux, mais il détruit aussi les jeunes écorces avec lesquelles on le met en contact.

Diverses espèces de *rats* et de *souris* sont également à craindre; ils rongent les jeunes bourgeons des espaliers au printemps et, plus tard, dévorent les fruits. Les appâts empoisonnés et les piéges, que tout le monde connaît, sont les seuls moyens de détruire ces animaux. Il conviendra aussi de boucher solidement, sur les murs d'espaliers, toutes les anfractuosités qui leur servent de refuge.

Oiseaux. — Un grand nombre d'*oiseaux* causent aussi de grands ravages en mangeant les fruits. On peut en garantir les arbres, soit en les couvrant de filets à mailles assez serrées au moment de la maturité des fruits, soit en attachant sur ces arbres des épouvantails que l'on change fréquemment pour que les oiseaux ne s'y habituent pas. L'un des meilleurs moyens consiste dans l'emploi de petits miroirs à double face disposés comme l'indique la figure 149, que l'on place au-dessus ou en avant des arbres et que l'on fixe sur les branches en les rapprochant assez les uns des autres.

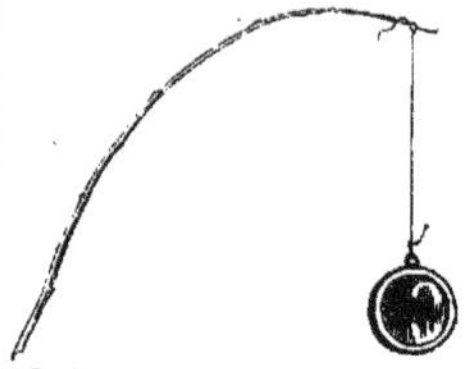

Fig. 149. — Miroir à double face pour éloigner les oiseaux.

Leur emploi répété pendant plusieurs années de suite, et pendant toute la saison, a constamment donné de bons résultats.

Insectes. — *Lépidoptères.* — Les larves d'un certain nombre de lépidoptères sont des ennemis redoutables pour les arbres fruitiers. Telles sont surtout les suivants : *Bombyce livrée* (*Bombyx neustria*, fig. 150 et 151),

Fig. 150. — Bombyce livrée.    Fig. 151. — Larve du bombyce livrée.

dont la chenille ronge les feuilles de toutes les espèces d'arbres fruitiers. — Détruire les nids de chenilles après la chute des feuilles.

Bombyce à cul doré (*Bombyx chrysorrhœa*) (fig. 152 et

Fig. 152. — Bombyce à cul doré; papillon femelle.   Fig. 153. — Larve du bombyce à cul doré.

153), attaque aussi tous les arbres fruitiers. — Détruire les nids de chenilles comme pour l'espèce précédente.

Noctuelle Psy. — La chenille ronge les feuilles et les fleurs du pommier. Le papillon femelle, qui éclôt au printemps, est privé d'ailes. On peut l'empêcher de monter sur les arbres pour y faire sa ponte en entourant la base de la tige d'une bande de papier couverte de goudron.

Pyrale de la vigne (*fig.* 154 et 155). — La larve dévore les feuilles et les jeunes grappes. Les moyens de destruc-

Fig. 154. — Papillon de la pyrale.

Fig. 155. — Larve de la pyrale de la vigne.

tion sont les suivants : enlever et brûler les grappes et les feuilles attaquées ; pendant l'hiver, passer les échalas au four pour détruire les œufs ; à la même époque enlever et brûler les vieilles écorces qui couvrent les ceps ; enfin, au même moment, échauder les ceps avec de l'eau bouillante.

Teigne padelle ou *pomonelle.* — La larve de ce petit papillon vit dans les jeunes fruits et les fait tomber avant leur maturité. Le cultivateur n'a, quant à présent, aucun moyen de destruction pour cet insecte.

Teigne de l'olivier (*Tinea oleella,* fig. 156 et 157). — La larve ronge les bouquets de fleurs et s'introduit dans les jeunes fruits, qu'elle fait tomber avant leur maturité. Pas de moyen de destruction.

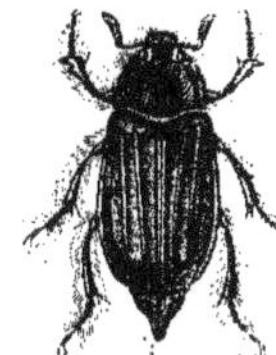

Fig. 156. — Teigne de l'olivier, grossie.

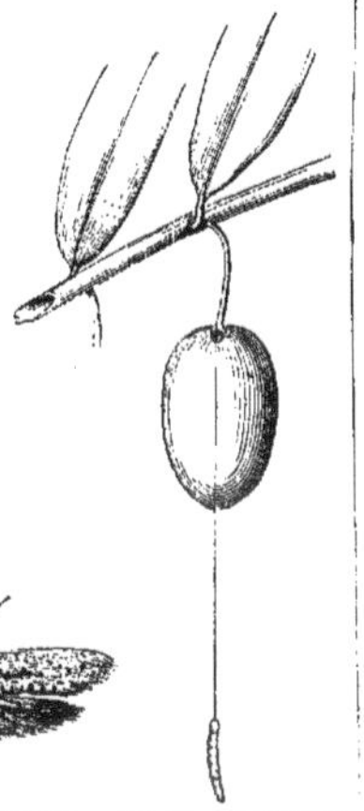

Fig. 157. — Chenille de la teigne sortant de l'olive pour se métamorphoser.

Une autre espèce de *Teigne* attaque les feuilles des poiriers et des pommiers. Les petites larves se glissent au-dessous de l'épiderme et rongent le parenchyme.

Fig. 158. — Feuille de poirier attaquée par les larves d'une teigne.

On voit alors apparaître de larges taches brunes semblables à celles indiquées par la figure 158. Ces feuilles finissent bientôt par tomber. Le seul moyen de destruction consiste à enlever toutes les feuilles attaquées et à les brûler.

Piéride de l'alisier (*Pieris cratægi*). — Papillon diurne dont les chenilles mangent les feuilles naissantes de l'amandier et font tomber les fruits. Enlever les nids de chenilles sur les rameaux pendant l'hiver.

Coléoptères. — Un certain nombre de coléoptères ne sont pas moins à craindre pour les arbres dont nous parlons.

Hanneton commun (*Melolontha vulgaris,* fig. 159 et 160). — Les larves, connues sous les noms de *Mans,* *Vers blancs,* *Turcs,* rongent les racines des arbres

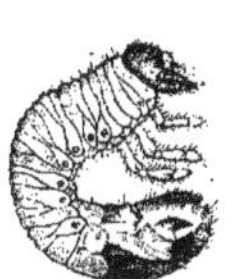

Fig. 159. — Hanneton commun.

Fig. 160. — Larve du hanneton, ou mans.

et les font périr. Les insectes parfaits dévorent les feuilles. Enlever les hannetons en secouant les arbres. Quant aux larves, semer en mai de la graine de laitue sur les plates-bandes d'arbres fruitiers ; aussitôt que les jeunes plants commencent à se développer, visiter les plates-bandes tous les jours dans la soirée et enlever toutes les jeunes laitues qui sont fanées. On trouve au pied une ou plusieurs de ces larves, que l'on écrase. Les plates-bandes en sont ainsi débarrassées.

Eumolpe de la vigne (*Écrivain*). — L'insecte parfait

Fig. 161. — Feuille de vigne attaquée par l'eumolpe.

(*fig.* 162) ronge les feuilles de la vigne en y traçant des sortes de caractères (*fig.* 161). Il attaque aussi les jeunes raisins. À l'état de larve, il ronge les racines de la vigne. Pour détruire ces larves, M. Paul Thenard conseille de répandre sur le sol, au moment de la première façon qu'on lui donne, 1 200 kil. par hectare de tourteaux oléagineux réduits en poudre, et qui ont été peu chauffés et peu lavés. Les enterrer immédiatement. L'huile essentielle de moutarde qu'ils renferment détruit ces larves. Répéter cette opération tous les trois ans.

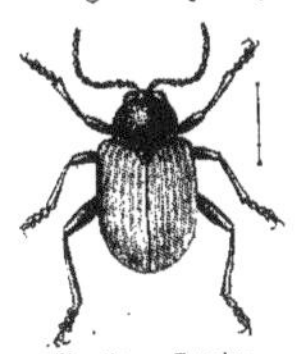

Fig. 162. — Eumolpe.

Allelabe de la vigne (*fig.* 163). — L'insecte parfait attaque aussi les feuilles et les bourgeons. La femelle pond ses œufs dans les feuilles, qu'elle roule comme un cigare. Enlever ces feuilles et les brûler.

Fig. 163. — Altelabe.

Altise bleue (*Altica oleracea*, *fig.* 164). — L'insecte parfait et les larves attaquent les feuilles et les jeunes grappes. Pour le détruire, on emploie en mai, dès le matin, une sorte d'entonnoir en fer-blanc très-évasé, échancré sur l'un des côtés et terminé par un sac. Placer cet appareil de façon à ce que l'échancrure embrasse la base de l'arbre, secouer celui-ci brusquement; les insectes tombent alors dans l'entonnoir.

Charançons (*Curculio*). — Plusieurs de ces insectes connus des cultivateurs sous les noms de *Lisette*, *Coupe-bourgeons*, occasionnent des ravages assez considérables en coupant les bourgeons des jeunes arbres pendant le mois de mai. Ils rendent ainsi très-difficile la formation de la charpente de ces arbres. Les détruire à l'aide du procédé indiqué pour l'*Altise*; remplacer l'entonnoir par un linge blanc étendu sur le sol au pied des arbres, et verser ensuite les insectes tombés dans un vase contenant de l'eau.

Fig. 164. — Altise.

Hémiptères. — Quelques espèces, notamment les *Perceoreilles* (*Forficula auricularia*), dévorent les fruits sur les espaliers, au moment de leur maturité. Pour les détruire, suspendre contre les murs des tiges creuses de dahlia ou de roseau dans lesquelles ces insectes se retirent pendant le jour. Secouer ces tiges tous les matins sur un vase contenant de l'eau.

Psylle de l'olivier (*Psylla oleæ*) (*fig.* 165 et 166). — Ce petit hémiptère vit à l'aisselle des feuilles et à la base des grappes de l'olivier. Ses larves couvertes d'un duvet blanc rempli de gouttelettes gommeuses et sucrées, su-

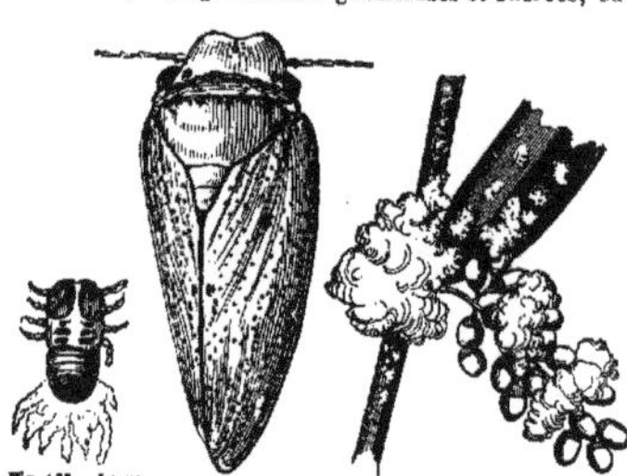

Fig. 165. — Larve grossie de la psylle de l'olivier.

Fig. 166. — Psylle de l'olivier très-grossie.

Fig. 167. — Coton de l'olivier produit par la psylle.

cent la séve au point de faire avorter les fleurs. Celles qui résistent sont rendues stériles par l'abondance de ce duvet blanc qui les enveloppe (*fig.* 167). On n'a pas encore trouvé de moyen efficace pour la destruction de cet insecte.

Diptères. — Plusieurs espèces, telles que *Guêpes* et *Frelons* (*Vespa*), *Mouches* (*Musca*), doivent aussi être éloignées des arbres fruitiers dont elles attaquent les fruits. Les raisins de table sur les treilles ont surtout à souffrir de leurs atteintes. Le seul moyen de les en préserver consiste à envelopper chaque grappe dans un sac en crin ou en canevas.

Mouche de l'olive (*Dacus oleæ*) (*fig.* 168). — La larve de cette mouche se nourrit de la pulpe de l'olive; elle s'y transforme en cocon, et celui-ci éclôt lorsque les olives, complétement mûres, tombent sur le sol. On détruirait tous ces insectes si la récolte était faite avant la maturité complète des fruits. On perdrait un peu sur la quantité d'huile; mais on gagnerait sur la qualité.

Fourmis. — Les fourmis rongent les jeunes pousses des arbres en espalier au printemps, et entament les fruits lorsqu'ils sont mûrs. Le procédé suivant m'a toujours réussi pour les détruire. Suspendre de place en place, contre les murs, des bouteilles d'une contenance de 1/4 de litre environ; les remplir jusqu'aux 2/3 de deux parties d'eau et d'une partie de miel. Renouveler le liquide tous les cinq ou six jours. Des fourmis

Fig. 169. — Mouche de l'olive faisant sa ponte, et fourmi à la recherche des œufs.

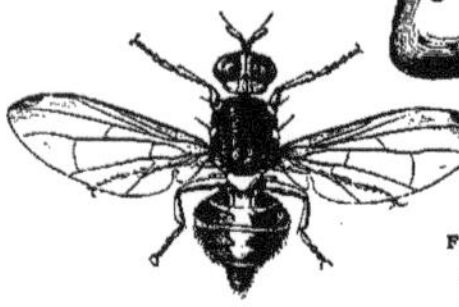

Fig. 168. — Mouche de l'olive, très-grossie.

rempliront bientôt chacune de ces bouteilles. Lorsqu'elles se fatiguent de cet appât, le remplacer par du sucre brut déposé de place en place, au pied du mur entre deux couches de ouate serrée entre deux planchettes; tous les jours secouer cette ouate sur un seau plein d'eau.

Pucerons (*Aphis*). — Plusieurs espèces de pucerons, *Pucerons verts*, *Pucerons noirs*, sont très-redoutables pour les arbres fruitiers. Ils s'attachent à la face inférieure des jeunes feuilles, piquent les tissus et déforment ainsi ces feuilles, qui se plissent, se contournent

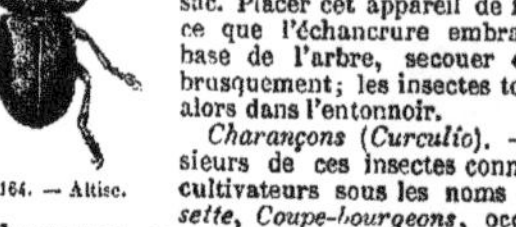

Fig. 170. — Bourgeon de pêcher, déformé par les pucerons.

dans tous les sens, cessent leurs fonctions et suspendent la végétation (*fig.* 170).

Si quelques bourgeons seulement sont atteints, les plonger dans une décoction refroidie de tabac. Si le mal s'étend sur toutes les parties de l'arbre, mouiller complétement toutes les parties vertes avec de l'eau ordinaire, puis envelopper l'arbre de toutes parts avec une toile à tissu serré et que l'on a mouillée. Introduire au-dessous le petit appareil indiqué par la figure 171 et y faire brûler du tabac un peu humide. Laisser la fumée se condenser pendant cinq ou six heures, enlever la toile et mouiller de nouveau très-fortement. Si le mal est très-intense, renouveler cette opération huit jours après.

Puceron lanigère (*Misoxylus mali*) (*fig.* 172). — Remarquable par le duvet blanc qui l'enveloppe, l'individu femelle n'attaque ordinairement que le pommier. Il pique l'épiderme des jeunes rameaux, il y fait naître des exostoses (*fig.* 173) qui rendent l'arbre languissant. Pour détruire cet insecte, appliquer de l'huile de poisson sur tous les points qu'il occupe, et cela aussitôt après la chute des feuilles.

Tigre (*Tingis*). — Ce très-petit insecte s'attache à la

face inférieure des feuilles et ronge l'épiderme. Ces feuilles tombent bientôt en très-grand nombre, et l'arbre

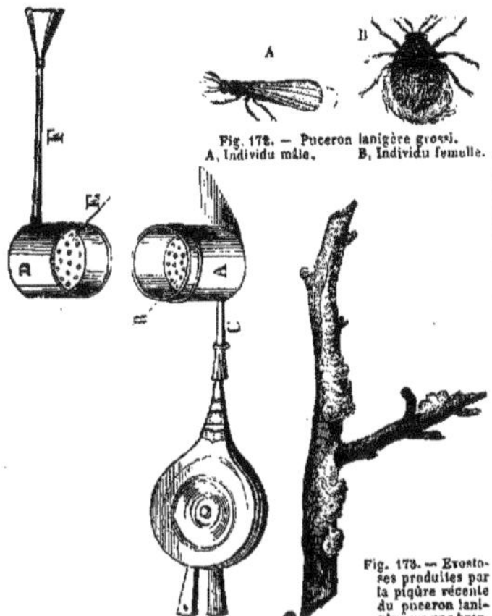

Fig. 172. — Puceron lanigère grossi.
A, individu mâle.   B, individu femelle.

Fig. 171. — Soufflet fumigatoire.

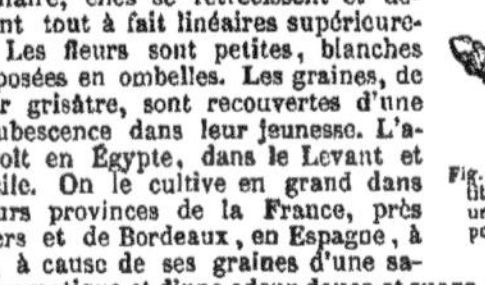

Fig. 173. — Excroissances produites par la piqûre récente du puceron lanigère sur une branche de pommier.

peut succomber par suite de cet accident. On ne connaît malheureusement aucun moyen pratique pour la destruction de cet insecte.

Kermès, Gallinsecte, Cochenille (*Coccus*) (*fig.* 174). — Plusieurs espèces appartenant à ce genre, sont très-funestes aux arbres fruitiers. La vigne (*fig.* 174), les figuiers dans le Midi (*fig.* 175), l'olivier, les orangers, les arbres à fruits à noyau en espalier sont particulièrement envahis par cet insecte. Les individus femelles offrent l'aspect de petites coquilles de couleur brune appliquées sur les jeunes rameaux. Au printemps, les œufs renfermés sous cette enveloppe desséchée de l'individu femelle éclosent et donnent lieu à des myriades de nouveaux individus qui se répandent sur toutes les parties vertes et les épuisent en y suçant les fluides qui y circu-

Fig. 174. — Kermès.
A, individu mâle grossi.
C, individu femelle.
B, Jeunes kermès.

Fig. 175. — Kermès du figuier.

lent. Le meilleur mode de destruction consiste dans l'emploi d'une bouillie épaisse composée de chaux viv3

rendue plus alcaline au moyen de lessive et de savon noir employé dans la proportion de 500 gr. pour 4 litres de lessive. On applique ce mélange, en hiver, sur toutes les branches et les rameaux.

Une autre espèce de *très-petit Kermès* (*fig.* 176) attaque aussi les pommiers et les poiriers. On le détruit de la même façon.

Enfin certaines espèces de *Limaces* et de *Limaçons* (*Helix*) causent des ravages considérables dans les vignobles, en dévorant les jeunes pousses de la vigne, au printemps. On les enlève lorsqu'ils sont attachés sur les ceps ou les échalas.

A. DU BREUIL.

ANIMÉ (RÉSINE) (Botanique). — Sorte de résine qui découle du tronc d'un arbre de la Guyane, l'*Hymenæa Courbaril* ou *Caroubier de la Guyane* (voyez COURBARIL, RÉSINE).

ANIS (Botanique), de *ânisùn*, son nom arabe. — Espèce de plantes appartenant au genre *Boucage* (*Pimpinella*, Lin.), famille des *Ombellifères*. C'est le *Pimpinella anisum*, Lin., dont les tiges sont annuelles, glabres, hautes de 0ᵐ,30. Ses feuilles radicales sont cordiformes, arrondies, lobées, dentelées; dans la partie intermédiaire, elles se rétrécissent et deviennent tout à fait linéaires supérieurement. Les fleurs sont petites, blanches et disposées en ombelles. Les graines, de couleur grisâtre, sont recouvertes d'une fine pubescence dans leur jeunesse. L'anis croît en Égypte, dans le Levant et en Sicile. On le cultive en grand dans plusieurs provinces de la France, près d'Angers et de Bordeaux, en Espagne, à Malte, à cause de ses graines d'une saveur aromatique et d'une odeur douce et suave. Celles-ci sont employées en médecine. Mais la confiserie et la parfumerie en font surtout un très-grand usage. Recouvertes d'une sorte de sucre, elles constituent de petites dragées qui facilitent la digestion, et répandent dans la bouche un parfum très-agréable; celles de Verdun surtout sont très-renommées, ainsi que celles de Flavigny (Côte-d'Or). La liqueur de table connue sous le nom d'*anisette*, est souvent composée avec l'essence de ces graines; mais celle qui est faite avec l'*Anis étoilé* ou *Badiane anisée* est bien préférable (voyez BADIANE). L'*Anisette de Bordeaux* surtout jouit d'une grande réputation; quelques personnes lui préfèrent celle d'Amsterdam. On extrait aussi des graines d'anis, une huile essentielle, utilisée fréquemment dans la préparation de certains parfums. Enfin, dans quelques pays, particulièrement en Italie et en Allemagne, on mange souvent l'anis avec du pain, on le mêle aussi à la pâte avant la cuisson, et partout il est employé dans la confection de quelques pâtisseries. En médecine, les semences d'anis ont joui d'une réputation assez méritée : ainsi elles ont été recommandées comme cordiales, stomachiques, carminatives; on les a prescrites dans l'asthme, dans les toux tenaces : mais c'est surtout dans les coliques, chez les enfants et même chez les adultes, qu'on en a retiré de bons effets, lorsqu'elles sont causées par la présence des gaz dans l'estomac ou dans les intestins.

L'*Anis de Paris* est la graine du *Fenouil* (*Anethum fœniculum*, Lin.) que l'on cultive à Paris, où elle est employée surtout par les confiseurs, qui la substituent à celle de l'anis, pour faire des dragées et des liqueurs de table.

L'*Anis étoilé* est la *Badiane anisée* (voyez ce mot).

L'*Anis âcre* ou *Anis aigre* est une espèce de *Cumin* (voyez ce mot).   G — s.

ANIS (ESSENCE D') (Chimie), $C^{20}H^{12}O^2$. — L'essence brute qu'on retire des semences d'anis est un mélange de deux corps, l'un liquide à la température ordinaire, l'autre solide. Ce dernier peut être isolé par l'élimination du liquide à l'aide de la pression exercée sur l'essence brute entre des doubles de papier sans colle et par une cristallisation dans l'alcool. Les cristaux obtenus constituent l'essence d'anis pure. Elle a, sous cette forme, une odeur agréable d'anis; elle fond à 18° et bout sans altération à 220. Sous l'influence de l'acide

Fig. 176. — Petit kermès sur un rameau de poirier.

sulfurique, elle se transforme en un corps isomérique, l'*Anisoïne*. Sous l'action de l'acide azotique très-dilué, elle se convertit en deux produits distincts, l'un liquide, huileux, d'une couleur d'un brun rougeâtre : c'est l'*hydrure d'anisyle*, $C^{16}H^7O^4,H$; l'autre, plus oxygéné que le précédent, solide et cristallisable : c'est l'acide *anisique*, $C^{16}H^8O^6$.

ANISIQUE (ACIDE). — Corps résultant de l'oxydation de l'*hydrure d'anisyle* par l'oxygène ou les corps oxygénants.

$$C^{16}H^7O^4,H + 2O = C^{16}H^7O^5,HO$$

Hydr. d'anisyle.　　Ac. anisique.

Par la potasse, l'hydrure d'anisyle est converti en *anisate de potasse*. L'acide anisique ressemble beaucoup à l'acide benzoïque ; il fond à 175° et se volatilise sans décomposition. Par l'acide azotique un peu concentré, il donne l'acide nitranisique $C^{16}H^7(AzO^4)O^6$ dérivant de l'acide anisique $C^{16}H^7(H)O^6$ par substitution (de AzO^4) à H. C'est principalement à M. Cahours qu'on doit la connaissance de l'hydrure d'anisyle et de ses dérivés. B.

ANISOPLIE (Zoologie), *Anisoplia*, du grec *anisos*, inégal, et *oplé*, ongle des animaux, à cause de l'inégalité des crochets qui terminent les tarses. — Ce sont des *Coléoptères pentamères lamellicornes*, tribu des *Scarabéides*. Confondus avec le genre *Hanneton*, ils en ont été séparés à cause de la forme de leur corps qui en diffère par leur chaperon rétréci antérieurement ; l'écusson est petit, arrondi ; les pattes postérieures sont robustes. Nous avons dans notre pays l'*A. des champs* (*A. arvicola*, Fab.), de la taille variable de $0^m,009$ à $0^m,015$ qui mangent avidement, à l'état parfait, les jeunes feuilles des arbres et les pétales des fleurs.

ANISYLE (HYDRURE D'). — Corps analogue à l'*hydrure de benzoïle* pouvant être considéré comme résultant de l'union du radical $C^{16}H^7O^4$ (*anisyle*) avec l'hydrogène.

ANKYLOBLEPHARON (Médecine), du grec *ankulos*, resserré, et *blépharon*, paupière. — On donne ce nom à l'union contre nature, complète ou incomplète, du bord libre des deux paupières, qu'elle soit congénitale ou accidentelle : quelles qu'en soient la cause et la nature, il est urgent d'en opérer la séparation au moyen de l'instrument tranchant.

ANKYLOSE (Médecine), en grec *ankulé*, roideur d'une articulation. — Maladie des articulations, dans laquelle il y a perte plus ou moins complète du mouvement. L'ankylose peut être *vraie* ou *complète*, *fausse* ou *incomplète*. Dans le premier cas, les surfaces articulaires sont soudées irrévocablement, et, quelle qu'en soit la cause, il n'y a plus rien à faire ; toute tentative pour ramener les mouvements serait non-seulement inutile, mais dangereuse. Dans l'ankylose *incomplète* au contraire, le mouvement est possible à un certain degré, si la maladie est survenue à la suite de l'immobilité exigée pour le traitement d'une fracture, d'une luxation, d'une contusion, d'un abcès ; s'il n'y a plus de douleur dans l'articulation, alors la difficulté des mouvements tient à la rigidité des muscles, à l'épaississement des ligaments, au défaut de sécrétion de la synovie ; le traitement consiste dans ce cas à imprimer des mouvements légers, souvent répétés, à avoir recours aux bains tièdes, aux fumigations émollientes, aux bains gélatineux, aux eaux de Balaruc, de Baréges, de Bourbonne, d'Aix-la-Chapelle, etc. Mais si l'ankylose incomplète reconnaît pour cause une maladie de l'articulation, telle qu'une carie des os, gonflement et inflammation des extrémités de ces mêmes os, maladie, érosion des cartilages, des ligaments, etc. ; alors une des plus heureuses terminaisons de la maladie sera la soudure complète ou l'ankylose complète, et l'art doit tendre à la favoriser le plus possible par le repos le plus absolu (voyez TUMEUR BLANCHE). Cette maladie peut être due au progrès de l'âge ; on a vu aussi des sujets chez lesquels l'ankylose complète s'est étendue à presque tous les membres ; on conçoit, dans ce cas, la gravité de la maladie, et le peu d'efficacité des moyens employés. F—N.

ANNEAU (Zoologie), du latin *annulus*. — On a donné ce nom aux pièces qui forment, par leur réunion, la partie extérieure du corps des animaux, que pour cette raison on a nommés *annelés*. Ces anneaux, unis par une membrane, sont disposés en recouvrement de manière que le premier s'enchâsse dans le second et ainsi de suite. Des muscles leur impriment des mouvements qui permettent à la plupart de ces animaux de s'allonger et de se raccourcir à volonté. Cette disposition qui se remarque au plus haut degré dans les *Annélides* et les *Insectes*, n'est guère apparente dans les *Crustacés* et encore moins dans les *Arachnides*.

ANNEAU (Anatomie). — On nomme *anneaux* des ouvertures naturelles, circulaires ou ovales, que présentent certains muscles ou aponévroses, et qui, le plus souvent, donnent passage à des vaisseaux, des nerfs ou d'autres conduits : ainsi l'*Anneau inguinal* ou *sus-pubien* est l'orifice externe du canal inguinal, creusé dans l'épaisseur du muscle grand oblique (costo-abdominal), et par lequel s'engagent les viscères dans la *hernie inguinale* : l'*Anneau ombilical* est celui qui donne insertion au cordon ombilical que traversent les vaisseaux ombilicaux dans le fœtus, et dont la cicatrice forme l'ombilic. Chaussier a donné le nom d'*Anneau diaphragmatique* à l'ouverture par laquelle la veine cave inférieure traverse ce muscle. Plusieurs anatomistes ont appelé *Anneau crural* ou *fémoral*, le canal crural par lequel se font les hernies crurales (voyez INGUINAL, OMBILICAL, DIAPHRAGME, CRURAL). On a aussi appelé *Anneau ciliaire*, le cercle ou corps ciliaire (voyez ŒIL). F—N.

ANNEAUX COLORÉS (Physique). — Colorations généralement très-vives que présentent tous les corps diaphanes solides, liquides ou gazeux lorsqu'ils sont réduits en lames suffisamment minces. Ces colorations sont dues à l'influence mutuelle des rayons lumineux réfléchis par les deux surfaces de la lame. On les observe dans les fissures du verre, entre les lamelles de certains cristaux, sur des feuilles très-minces de mica ; à la surface des métaux polis qui se recouvrent d'une pellicule d'oxyde ou d'un autre corps. Une goutte d'huile étalée rapidement sur une grande masse d'eau, présente ainsi toutes les nuances du spectre ; mais c'est surtout sur les bulles de savon que le phénomène acquiert un éclat remarquable. Ces bulles, à mesure qu'on les gonfle davantage, se nuancent des plus vives couleurs qui se succèdent dans un ordre constant à partir du point le plus élevé de la bulle jusqu'à ce que celui-ci devienne noir et que la bulle éclate. Newton est le premier qui ait donné l'explication de ce phénomène. Comme pour y parvenir il l'étudiait en plaçant une lentille de verre convexe sur un plan poli, de manière que la lame d'air interposée entre eux s'accrût régulièrement tout autour de leur point de contact, les irisations formaient des anneaux concentriques, qui ont servi à dénommer le phénomène dans toutes les conditions où il se produit. Newton reconnut ainsi : 1° que dans chaque substance les couleurs changent avec l'épaisseur de la lame et avec l'obliquité des rayons réfléchis ; dans tous les cas elles disparaissent quand la lame est trop mince ou trop épaisse ; 2° que quand on opère avec de la lumière homogène, c'est-à-dire exclusivement composée de rayons d'une même couleur, rouge, jaune, bleue..., les anneaux sont alternativement brillants et obscurs ; 3° que ces anneaux sont espacés de telle sorte, que les épaisseurs de la couche d'air qui produit les anneaux brillants croissent comme les nombres impairs : 1, 3, 5, 7, 9, tandis que les épaisseurs correspondant aux anneaux noirs suivent la série des nombres pairs : 0, 2, 4, 6 ; 4° qu'en passant d'une couleur à une autre, les diamètres d'un anneau de même rang sont d'autant plus grands que la lumière employée est moins *réfrangible*, ou que dans la série des couleurs du spectre on va du violet au rouge ; 5° que conséquemment lorsqu'on opère avec de la lumière blanche qui est formée par la réunion de toutes les couleurs du spectre, les diverses couleurs, donnant autant d'anneaux brillants qui ne se superposent pas exactement, produiront les irisations qui nous occupent ; 6° qu'enfin, pour une même épaisseur de la couche mince, la couleur de l'anneau produit change avec la nature de cette couche ; mais que l'épaisseur de celle-ci, décroissant de la même manière, les anneaux s'y succèdent dans le même ordre. Si au lieu d'une lame d'air d'épaisseur variable, on opère sur une lame à faces parallèles, elle sera teintée uniformément de la même nuance que le point de la couche variable qui a même épaisseur que cette couche uniforme.

Le phénomène des anneaux colorés est très-fréquemment reproduit dans la nature, car c'est à lui qu'il faut rattacher les couleurs si brillantes et si variées des ailes des papillons et du plumage des oiseaux. La couche qui lui donne naissance est une pellicule épidermique qui recouvre chaque écaille de papillon ou chaque barbe de plume.

Les anneaux .olorés peuvent également être vus par *transmission* au travers des lames minces. Ils sont alors beaucoup plus pâles, parce qu'ils se trouvent *lavés* dans une grande quantité de lumière non modifiée.

Newton est aussi parvenu à reproduire ces anneaux au moyen des lames épaisses, en se servant de miroirs concaves en verre étamé. Un rayon de lumière entre dans une chambre noire par une ouverture circulaire de $0^m,004$ à $0^m,005$ de diamètre. Il tombe sur un miroir concave de verre étamé qui le renvoie exactement dans sa direction d'incidence ; on voit apparaître autour de l'ouverture, sur un carton blanc disposé à cet effet, une série d'anneaux très-éclatants. C'est un des plus beaux phénomènes de l'optique, lorsque l'on a soin de placer le miroir à une distance de l'ouverture double de sa distance focale principale, et que l'on a terni légèrement la première surface du miroir, soit en y projetant son haleine ou une poudre fine comme de la farine, soit en la couvrant d'une couche de lait étendu d'eau qui y adhère en séchant.

Ces divers phénomènes avaient été expliqués par Newton au moyen de sa *Théorie des accès.* Cette théorie suppose que les molécules lumineuses passent alternativement d'un état physique qui les rend propres à être réfléchies, à un état opposé où elles sont propres à être transmises, ou d'un *accès de facile réflexion* à un *accès de facile transmission*, c'est évidemment une hypothèse gratuite calquée uniquement sur le fait qu'il s'agit d'expliquer. Aujourd'hui la *théorie des ondulations*, généralement admise, permet de s'en rendre compte d'une manière rigoureuse et complète (voyez LUMIÈRE , ONDULATIONS , INTERFÉRENCES).

Table des épaisseurs de la lame d'air correspondant au milieu de la partie brillante de l'anneau du premier ordre pour chacune des couleurs.

Couleurs.	Épaisseur de la couche d'air en millionièmes de millimètres.
Rouge extrême......................	161,50
Orangé rouge.......................	148,95
Jaune orangé.......................	142,70
Vert jaune.........................	133,01
Bleu vert..........................	122,97
Indigo bleu........................	114,64
Violet indigo......................	109,80
Violet extrême.....................	101,51

MD.

ANNÉE. — On distingue plusieurs sortes d'années. L'année sidérale est le temps qui s'écoule entre deux retours consécutifs du soleil à la même étoile. L'année *tropique* ou *équinoxiale* est le temps qui sépare deux retours consécutifs du soleil à l'équinoxe du printemps. Cette dernière est un peu plus courte que l'année sidérale, à cause du petit déplacement qu'éprouve le point équinoxial de l'orient vers l'occident, et qui est connu sous le nom de *précession.* Il en résulte, que ce point équinoxial qui se trouvait dans la constellation du Bélier, il y a deux mille ans, du temps d'Hipparque, a rétrogradé aujourd'hui d'environ 30° et se trouve plus à l'ouest, dans la constellation du Poisson. Il est clair que le soleil, dans son mouvement annuel qui s'exécute de l'ouest à l'est, doit arriver à l'équinoxe avant d'avoir atteint réellement le point où il se trouvait l'année précédente.

La durée de l'année tropique est de $365^j\ 5^h\ 48^m\ 52^s$, et la durée de l'année sidérale de $365^j\ 6^h\ 9^m\ 12^s$. C'est l'année tropique qui nous ramène les *saisons*, et par suite les phénomènes atmosphériques qui en dépendent : la température, les productions du sol, les travaux de l'agriculture. C'est donc pour les hommes la période la plus importante. Aussi sert-elle de base au *Calendrier* (voyez ce mot).

E. R.

ANNÉE CLIMATÉRIQUE. — Les anciens donnaient ce nom à certaines époques de la vie, dans lesquelles il s'opérait des changements marqués (voyez CLIMATÉRIQUE).

ANNELÉS (ANIMAUX) (Zoologie), du latin *annulus*, anneau. — Les naturalistes modernes ont donné ce nom au grand embranchement des *Articulés* de Cuvier, qui, dans cette nouvelle division, ne sont plus qu'un sous-embranchement, comme on le verra tout à l'heure. Le corps des Annelés, divisé en tronçons, semble composé d'une suite d'anneaux placés à la file les uns des autres; chez quelques-uns, ces anneaux sont seulement formés par des plis transversaux de la peau, qui ceignent le corps ; chez la plupart, l'animal est renfermé dans une espèce d'armure solide, composée d'une série d'anneaux soudés entre eux ou réunis de manière à permettre des mouvements : comme cette armure a des usages analogues à ceux de la charpente intérieure des animaux vertébrés, on l'appelle souvent *squelette extérieur ;* il ne faudrait pourtant pas y voir l'analogue exacte du squelette des Vertébrés, car ce n'est, en réalité, que la peau devenue dure et rigide, souvent encroûtée d'un épiderme calcaire; ce serait donc plutôt un *squelette tégumentaire.* Ces divers anneaux se ressemblent beaucoup; chacun d'eux peut porter deux paires de membres, ou d'autres appendices, qui se modifient souvent à l'infini et constituent les filaments qui ornent la tête des Insectes et des Crustacés, et

Fig. 177. — Myriapode (*Lithobius forficatus* Grandeur naturelle.)

Fig. 178. — Système nerveux d'un animal annelé (insecte, *Dytiscus marginalis*) d'après E. Blanchard.

qu'on nomme les antennes, les divers organes de mastication, les pattes, les nageoires, etc. Les pattes sont, en général, au nombre de 3, 4, 5 ou 7 paires; quelquefois on en compte plusieurs centaines ; d'autres fois elles manquent complétement. La disposition du système nerveux est remarquable ; en général, chaque anneau possède une paire de ganglions nerveux, réunis par des cordons de communication ; ils constituent ainsi une double chaîne sur la ligne médiane du corps. Mais lorsqu'on s'élève aux animaux les plus parfaits de cet embranchement, ces ganglions se rapprochent et finissent par se confondre sur la ligne médiane en une seule série : quelquefois même il n'existe plus pour tous les anneaux que deux masses nerveuses (dans certains Crabes), l'une à la tête, l'autre au thorax. Quelques anatomistes désignent les ganglions de la tête sous le nom de *cerveau,* et ne voient dans la chaîne ventrale que le représentant de la moelle épinière. Les animaux annelés ont donc un système nerveux plus développé que celui des Mollusques ; ils ont en général des membres et une espèce de squelette tégumentaire ; mais, d'un autre côté, leurs appareils des fonctions de nutrition sont moins complets ; ainsi les organes de la circulation, moins parfaits en général, manquent quelquefois.

Les animaux annelés, qu'on appelle encore *Entomozoaires,* ont été divisés en deux groupes ou sous-embranchements : 1° les *articulés* proprement dits ou *arthropodaires,* caractérisés par des membres articulés ; 2° les *vers,* qui en sont dépourvus.

ANNÉLIDES (Zoologie), classe de l'embranchement des *Annelés,* sous-embranchement des *Vers.* — Ce sont des *vers* à sang rouge, à corps très-allongé, mou, et dont la peau, qui offre souvent des reflets irisés, est divisée transversalement en un grand nombre d'anneaux ; ils sont ordinairement munis sur les côtés d'une série de soies roides réunies par touffes sur des tubercules charnus, et presque toujours ces tubercules portent à leur base un appendice plus ou moins allongé, mou et cylindrique ; les Annélides dépourvus de ces soies y suppléent par des ventouses placées aux extrémités du corps. La tête de ces animaux présente souvent des filaments appelés antennes ou cirrhes tentaculaires qui paraissent servir au tact. Presque tous les Annélides sont marins et respirent par des branchies extérieures, de forme et de position très-variables ; beaucoup sont armés de mâchoires cornées et attaquent même les petits poissons. Leur phosphorescence est très-marquée, et plusieurs auteurs croient qu'ils concourent à produire celle qu'on observe dans la mer à certaines époques. On les divise en quatre ordres, savoir :

Les *A. errants*, qui se meuvent et nagent facilement ; cependant ils vivent le plus souvent enfoncés dans le sable, et enveloppés d'une couche de mucus qui facilite leurs mouvements. Nous citerons parmi eux les *Arénicoles (Arenicola piscatorum*, Lin.), que nos pêcheurs de la Manche et de l'Océan recherchent comme le meilleur appât pour amorcer leurs lignes ; aussi donnent-ils lieu à un commerce assez important pour certaines localités ; ils s'enfoncent dans le sable à une profondeur de $0^m,5$ à $0^m,6$, mais leurs retraites se décèlent par de petits cordons de sable dont le ver s'est vidé, et qui aboutissent à son trou. Les *Néréides*, extrêmement communes sur nos côtes, sont aussi recherchées pour la pêche.

Les *A. tubicoles*, ainsi nommés parce qu'ils habitent des tubes plus ou moins solides, sont remarquables par les appendices que porte l'extrémité antérieure de leur corps, dont les uns sont des branchies, et les autres servent à saisir les aliments, ou accidentellement à la locomotion. Parmi elles, les *Térébelles (Terebella conchylega*, Lin.) construisent des fourreaux ouverts en avant, presque fermés en arrière, membraneux, et les entourent de fragments de coquilles ou de grains de sable ; les *Serpules* habitent des tubes calcaires très-solides et contournés.

Les *A. terricoles* vivent dans la terre ou dans la vase des étangs et des ruisseaux ; les *Lombrics* ou *Vers* de terre sont le type de ce groupe.

Enfin, les *A. suceurs* sont caractérisés par l'existence d'une ventouse à chaque extrémité du corps ; les *Sangsues* en sont le type (voyez les mots LOMBRIC et SANGSUE).

L. FAIR.

ANNUAIRE DU BUREAU DES LONGITUDES. — Calendrier ou almanach que publie annuellement le Bureau des longitudes depuis 1798. Il renferme de nombreux tableaux et renseignements. Mais il a dû surtout sa popularité aux *notices* qu'Arago y insérait, et dont plusieurs sont d'un grand intérêt (voyez CONNAISSANCE DES TEMPS).

ANNUELLES (PLANTES) (Botanique). — Plantes qui meurent dans la première année. On les a nommées aussi plantes *monocarpiennes*, parce qu'elles meurent quand elles ont donné une fois des graines. Elles sont désignées dans les ouvrages de botanique par le signe $\textcircled{1}$.

ANNUITÉS, du latin *annuus*, annuel. — Versements ou payements égaux effectués chaque année pendant un certain laps de temps, soit pour se constituer un capital, soit pour *éteindre* ou *amortir* une dette.

I. *Constitution d'un capital*. — Plaçons annuellement, pendant 20 ans, une somme de 1 000 fr., au taux de 5 %, et laissons chaque année les intérêts s'ajouter au capital ; au bout de ces 20 ans nous nous trouverons possesseurs d'une somme de 34 719ᶠ,27 ou de 33 065ᶠ,97, suivant que les annuités auront été versées au commencement ou à la fin de chacune des 20 années.

La table I fait connaître les valeurs par lesquelles passe le capital constitué par une annuité de 1 franc placée au taux de 3 %, 4 %, 5 %, 6 %, pendant un nombre d'années s'élevant à 50. A chaque taux correspondent 2 colonnes. Dans les colonnes A l'annuité est supposée versée au commencement de chaque année ; dans les colonnes B elle n'est supposée versée qu'à la fin. Nous allons appliquer cette table à l'exemple que nous nous sommes proposé plus haut. La première colonne comprend l'indication du nombre d'années que dure le placement, nous y descendons au chiffre 20 ; de là, nous allons horizontalement jusqu'à la colonne des 5 %. Nous tombons ainsi d'abord sur le nombre 34,71927. Une annuité de 1 franc à 5 % versée pendant 20 ans, au commencement de chaque année, donne droit à la fin de la 20ᵐᵉ année à 34ᶠ,71927 ; une annuité de 1 000 francs donnera droit dans les mêmes conditions à une somme 1 000 fois plus forte ou à 34 719ᶠ,27. A côté de 34,71927, nous trouvons 33,06597, ce qui nous donne 33 065,97 pour le capital constitué à la fin de la 20ᵐᵉ année, par 20 annuités de 1 000 francs à 5 % versées à la fin de chaque année au lieu de l'être au commencement.

La question peut être posée d'une autre manière. On peut se demander, par exemple, quelle est la valeur de l'annuité qu'il faudrait verser pendant un certain nombre d'années, soit pour constituer une dot à une fille, soit pour produire à un garçon une somme suffisante pour son exonération du service militaire. La solution est tout aussi facile au moyen de notre table I. Je veux constituer 20 000 francs en 10 ans par des annuités à 5 % versées,

par exemple, à la fin de chaque année. Je descends au chiffre 10 de la première colonne ; j'avance horizontalement jusqu'à la colonne B des 5 %, j'y trouve 12,57791. Reste à faire une règle de trois. 10 annuités de 1 franc me donnent 12ᶠ,57791, autant de fois 20 000 francs contiendront 12ᶠ,57791 : autant de fois chaque annuité contiendra de francs. Je divise donc 20 000 par 12,57791, ce qui donne pour valeur de l'annuité 1 590ᶠ,10 ; tandis qu'il faudrait chaque année 2 000 francs, si les intérêts n'étaient pas cumulés.

Quelque simple que soit ce dernier calcul, nous pouvons l'abréger encore au moyen de la table II, qui donne immédiatement l'annuité nécessaire pour constituer un capital de 1 franc au bout d'un nombre d'années s'élevant à 50, aux taux de 3 %, 4 %, 5 %, 6 %. Les annuités y sont supposées versées à la fin de chaque période annuelle, parce que cette table est en même temps une table d'amortissement. Si nous descendons la colonne des années jusqu'au chiffre 10, que nous marchions horizontalement jusqu'à la colonne des 5 %, nous tombons sur le chiffre 0ᶠ,079505. C'est l'annuité qu'il nous faut verser pour constituer 1 franc en 10 ans. Pour constituer 20 000 francs, il faut 20 000 fois plus ou 1 590ᶠ,10.

II. *Extinction ou amortissement d'une dette*. — Les annuités sont aussi très-fréquemment employées pour *éteindre* ou *amortir* une dette contractée.

Supposons que j'emprunte 10 000 francs à 5 %. Si chaque année je paye à mon créancier une somme de 500 francs, je ne ferai que m'acquitter envers lui du loyer de la somme prêtée ; la dette conservera sa valeur entière, et à la fin de la durée du prêt j'aurai encore à rembourser 10 000 francs. Or, il est souvent plus commode d'effectuer ce remboursement par parties en y appliquant le système des annuités. Si, en effet, je veux éteindre ma dette en 10 ans, je n'ai qu'à augmenter mes intérêts de l'annuité capable de constituer en 10 ans, à 5 %, la somme de 10 000 francs ; et comme ici les intérêts sont toujours payés à la fin de chaque période annuelle, notre table II nous donne immédiatement la solution de la question. Nous y trouvons, en effet, à la 10ᵉ ligne des 5 % 0ᶠ,079505, somme nécessaire pour amortir 1 franc en 10 annuités. Il nous faudra donc 795ᶠ,05 pour amortir 10 000 francs dans les mêmes conditions. En somme, nos versements annuels devront comprendre 500 francs d'intérêts plus 795,05 d'amortissement, ou un total de 1 295ᶠ,05.

Formules algébriques. — Voici maintenant comment l'algèbre a conduit à la construction de ces deux tables et peut donner la solution de toute question du genre de celles qui font l'objet de cet article. Désignons par a l'annuité, par n le nombre de versements, par r le centième du taux ou l'intérêt annuel de 1 franc, et enfin par C le capital constitué. Supposons de plus que les versements soient faits au commencement de chaque année. La première annuité aura été placée pendant n années entières et vaudra, avec ses *intérêts composés* (voyez ce mot), $a(1 + r)^n$; la seconde vaudra de même $a(1+r)^{n-1}$, l'avant-dernière $a(1 + r)^2$, et la dernière $a(1 + r)$. Le capital C sera formé de la somme de ces n quantités. Nous aurons donc :

$$C = a(1 + r) + a(1 + r)^2 + \ldots + a(1 + r)^{n-1} + a(1 + r)^n$$
$$C = a \left\{ (1 + r) + (1 + r)^2 + \ldots + (1 + r)^{n-1} + (1 + r)^n \right\}$$

La somme des termes de la *progression géométrique* (voyez ce mot) comprise entre les parenthèses est égale à $(1+r) \dfrac{(1+r)^n - 1}{r}$, et nous en déduirons

$$(A) \qquad C = a(1 + r) \frac{(1 + r^n) - 1}{r}$$

Si nous supposons, au contraire, que chaque annuité soit versée à la fin de chaque période annuelle, nous aurons :

$$C = a + a(1 + r) + \ldots + a(1 + r)^{n-2} + a(1 + r)^{n-1}$$
$$C = a \left\{ 1 + (1 + r) + \ldots + (1 + r)^{n-2} + (1 + r)^{n-1} \right\}$$

$$(B) \qquad C = a \frac{(1 + r)^n - 1}{r}$$

La formule (A) nous a donné les colonnes A du premier tableau, la formule (B) les colonnes B de la même table. Pour construire cette table, nous avons fait dans chaque formule a égal à 1 franc, nous avons donné à n successivement les valeurs 1, 2, 3, 4, 5, etc., et nous avons fait r égal à 0,03, à 0,04, à 0,05, à 0,06.

Le calcul se fait par *logarithmes* (voyez ce mot). Nous allons en donner un exemple sur la formule B. Supposons $r=0,05$, $n=20$ et $a=1000$. Notre formule devient dans ce cas particulier :

$$C = 1000 \ \frac{(1,05)^{20} - 1}{0,05}$$

Log 1,05 = 0,02118930.
Log $(1,05)^{20}$ = 0,02118930 × 20 = 0,423786.
Nombre dont le logarithme est 0,423786 = 2,6533.
$(1,05)^{20} - 1 = 1,6533$.

$$C = \frac{1000 \times 1,6533}{0,05} = 33065,97$$

Dans ce calcul nous avons supposé l'annuité connue, et nous avons déterminé la valeur du capital constitué. Dans le second tableau la question est renversée, c'est le capital qui est donné et l'annuité qui est l'inconnue. Or, notre égalité (B) nous donne immédiatement :

$$(\text{R}) \qquad a = \frac{Cr}{(1+r)^n - 1}$$

dans laquelle nous avons fait $C=1$ franc, r égal à 0,03, 0,04, 0,05, 0,06, puis n égal à 1, 2, 3, 4, 5.... Du reste, pour un cas quelconque, le calcul de cette formule se ferait par logarithmes, comme précédemment.

La formule (R) donne aussi la valeur de la somme qu'il faut ajouter à l'intérêt annuel Cr d'un capital C pour éteindre ce dernier. On aura la valeur de la somme totale b qu'il faut donner annuellement, intérêts et amortissement compris, par la formule

$$b = \frac{Cr}{(1+r)^n - 1} + Cr = \frac{Cr(1+r)^n}{(1+r)^n - 1}$$

1. TABLEAU DES VALEURS DU CAPITAL CONSTITUÉ

PAR UNE ANNUITÉ DE 1 FRANC PLACÉE AU TAUX CI-DESSOUS PENDANT UN NOMBRE D'ANNÉES S'ÉLEVANT JUSQU'À 50.

(A) Versements faits au commencement de chaque année. — (B) Versements faits à la fin de chaque année.

Taux de l'intérêt.

ANNÉES	3 % A	3 % B	4 % A	4 % B	5 % A	5 % B	6 % A	6 % B
1	1,03000	1,00000	1,04000	1,00000	1,05000	1,00000	1,06000	1,00000
2	2,09090	2,03000	2,12160	2,04000	2,15250	2,05000	2,18360	2,06000
3	3,18363	3,09090	3,24646	3,12160	3,31013	3,15250	3,37462	3,18360
4	4,30914	4,18363	4,41632	4,24646	4,52564	4,31013	4,63710	4,37462
5	5,46841	5,30914	5,63297	5,41632	5,80191	5,52563	5,97533	5,63710
6	6,66246	6,46841	6,89830	6,63298	7,14201	6,80191	7,39384	6,97532
7	7,89233	7,66246	8,21423	7,89830	8,54911	8,14201	8,89747	8,39384
8	9,15911	8,89234	9,58280	9,21423	10,02657	9,54911	10,49132	9,89747
9	10,46388	10,15911	11,00611	10,58280	11,57789	11,02656	12,18080	11,49132
10	11,80780	11,46388	12,48635	12,00611	13,20679	12,57789	13,97165	13,18080
11	13,19203	12,80780	14,02580	13,48635	14,91713	14,20679	15,86995	14,97165
12	14,61779	14,19203	15,62684	15,02581	16,71299	15,91713	17,88215	16,86995
13	16,08632	15,61779	17,29191	16,62684	18,59863	17,71298	20,01506	18,88213
14	17,59891	17,08632	19,02359	18,29191	20,57856	19,59863	22,27597	21,01507
15	19,15688	18,59891	20,82453	20,02359	22,65749	21,57856	24,67253	23,27597
16	20,76159	20,15688	22,69751	21,82453	24,84037	23,65749	27,21288	25,67253
17	22,41444	21,76159	24,64541	23,69751	27,13239	25,84037	29,90565	28,21288
18	24,11687	23,41444	26,67123	25,64541	29,53900	28,13238	32,76000	30,90566
19	25,87038	25,11687	28,77808	27,67123	32,06595	30,53900	35,78560	33,76000
20	27,67648	26,87037	30,96920	29,77808	34,71926	33,06596	38,99274	36,78560
21	29,53678	28,67649	33,24797	31,96920	37,50521	35,71925	42,39230	39,99274
22	31,45288	30,53678	35,61789	34,24797	40,43048	38,50522	45,99585	43,39231
23	33,42647	32,45288	38,08260	36,61789	43,50200	41,43047	49,81559	46,99584
24	35,45926	34,42647	40,64591	39,08260	46,72710	44,50200	53,86453	50,81559
25	37,55304	36,45926	43,31175	41,64591	50,11346	47,72710	58,15640	54,86453
26	39,70963	38,55304	46,08422	44,31175	53,66912	51,11345	62,70578	59,15640
27	41,93092	40,70963	48,96758	47,08421	57,40259	54,66913	67,52814	63,70579
28	44,21885	42,93092	51,96628	49,96758	61,32271	58,40258	72,63982	68,52813
29	46,57542	45,21885	55,08494	52,96629	65,43885	62,32271	78,05821	73,63982
30	49,00268	47,57542	58,32834	56,08494	69,76079	66,43885	83,80170	79,05821
31	51,50276	50,00268	61,70147	59,32834	74,29883	70,76079	89,88980	84,80170
32	54,07784	52,50276	65,20953	62,70147	79,06377	75,29883	96,34320	90,88981
33	56,73018	55,07784	68,85791	66,20953	84,06696	80,06377	103,18378	97,34319
34	59,46209	57,73018	72,65223	69,85791	89,32031	85,06696	110,43481	104,18378
35	62,27594	60,46208	76,59832	73,65223	94,83633	90,32031	118,12090	111,43481
36	65,17423	63,27595	81,70225	77,59831	100,62814	95,83632	126,26815	119,12090
37	68,15945	66,17422	85,97034	81,70225	106,70955	101,62814	134,90424	127,26815
38	71,23423	69,15945	90,40916	85,97034	113,09503	107,70955	144,05849	135,90424
39	74,40126	72,23423	95,02551	90,40915	119,79977	114,09502	153,76201	145,05850
40	77,66330	75,40126	98,82654	95,02552	126,83977	120,79978	164,04773	154,76201
41	81,02320	78,66330	103,81960	99,82654	134,23175	127,83976	174,95059	165,04773
42	84,48390	82,02320	109,01238	104,81960	141,99334	135,23175	186,50763	175,95059
43	88,04841	85,48389	114,41288	110,01238	150,14301	142,99334	198,75809	187,50763
44	91,71986	89,04841	120,02940	115,41288	158,70016	151,14301	211,74358	199,75809
45	95,50146	92,71986	125,87057	121,02939	167,68517	159,70016	225,50818	212,74357
46	99,39650	96,50146	131,94538	126,87057	177,11943	168,68517	240,09867	226,50818
47	103,40840	100,39650	138,26321	132,94539	187,02539	178,11942	255,56460	241,09868
48	107,54065	104,40840	144,83374	139,26321	197,42667	188,02540	271,95848	256,56460
49	111,79687	108,54065	151,66709	145,83374	208,34800	198,42667	289,33598	272,95847
50	116,18078	112,79687	158,77377	152,66709	219,81540	209,34800	307,75614	290,33598

2. TABLEAU DES ANNUITÉS NÉCESSAIRES

POUR CONSTITUER OU AMORTIR

un capital de 1 franc au bout d'un nombre d'années s'élevant jusqu'à 50, aux taux ci-dessous.

L'annuité est supposée versée à la fin de chaque période annuelle.

Taux de l'intérêt.

ANNÉES	3 %	4 %	5 %	6 %
1	1,000000	1,000000	1,000000	1,000000
2	0,492611	0,490196	0,487805	0,485437
3	0,323530	0,320349	0,317209	0,314110
4	0,239027	0,235490	0,232012	0,228591
5	0,188355	0,184627	0,180975	0,177397
6	0,154598	0,150762	0,147017	0,143363
7	0,130506	0,126610	0,122820	0,119135
8	0,112456	0,108528	0,104722	0,101036
9	0,098434	0,094493	0,090690	0,087022
10	0,087231	0,083291	0,079504	0,075868
11	0,078077	0,074149	0,070389	0,066793
12	0,070462	0,066552	0,062825	0,059277
13	0,064030	0,060141	0,056456	0,052960
14	0,058526	0,054669	0,051024	0,047585
15	0,053767	0,049941	0,046342	0,042963
16	0,049611	0,045820	0,042270	0,038952
17	0,045953	0,042199	0,038699	0,035445
18	0,042709	0,038993	0,035546	0,032357
19	0,039814	0,036139	0,032745	0,029621
20	0,037216	0,033582	0,030243	0,027185
21	0,034872	0,031280	0,027996	0,025005
22	0,032747	0,029199	0,025971	0,023046
23	0,030814	0,027309	0,024137	0,021278
24	0,029047	0,025587	0,022471	0,019679
25	0,027428	0,024012	0,020951	0,018227
26	0,025938	0,022567	0,019564	0,016904
27	0,024564	0,021239	0,018292	0,015697
28	0,023293	0,020013	0,017123	0,014593
29	0,022115	0,018880	0,016046	0,013580
30	0,021019	0,017830	0,015051	0,012649
31	0,019999	0,016855	0,014132	0,011792
32	0,019047	0,015949	0,013280	0,011002
33	0,018156	0,015103	0,012490	0,010273
34	0,017322	0,014315	0,011755	0,009598
35	0,016539	0,013577	0,011071	0,008974
36	0,015804	0,012887	0,010434	0,008395
37	0,015112	0,012240	0,009840	0,007857
38	0,014459	0,011632	0,009284	0,007358
39	0,013844	0,011061	0,008765	0,006894
40	0,013262	0,010523	0,008278	0,006462
41	0,012712	0,010017	0,007822	0,006059
42	0,012192	0,009540	0,007395	0,005683
43	0,011698	0,009090	0,006993	0,005333
44	0,011230	0,008665	0,006616	0,005006
45	0,010785	0,008263	0,006262	0,004701
46	0,010363	0,007882	0,005928	0,004415
47	0,009961	0,007522	0,005614	0,004148
48	0,009578	0,007181	0,005319	0,003898
49	0,009213	0,006858	0,005040	0,003664
50	0,008866	0,006550	0,004777	0,003444

ANNULAIRE (Éclipse). — Une éclipse est annulaire lorsque le soleil éclipsé déborde autour du disque de la lune comme un anneau lumineux (voyez Éclipse).

ANOBIUM (Zoologie), *Anobium*, Fabr., du grec *aneu*, sans, et *bios*, vie. — *Insectes coléoptères*, ainsi nommés parce qu'ils font les morts quand on les touche; ils sont plus connus sous le nom de *Vrillettes* (voyez ce mot).

ANODINS (Matière médicale), du grec *oduné*, douleur, et *a* privatif. — On donne ce nom à des médicaments qui ont la propriété de calmer les douleurs. Les émollients, les mucilagineux, les gélatineux à l'intérieur et à l'extérieur; les bains, les cataplasmes, les corps gras à l'extérieur sont des anodins; mais ceux qui méritent plus particulièrement ce nom, ce sont les narcotiques à petite dose : ainsi le *pavot*, la *laitue*, la *morelle*, la *ciguë*, la *jusquiame*, la *belladone*, mais surtout l'*opium* et toutes ses préparations.

ANODONTE (Zoologie), *Anodontes*, Brug., du génitif grec *anodontos*, édenté. — *Mollusques acéphales testacés*, famille des *Mytilacés*, forme un genre de coquilles fluviatiles, très-voisin des *Mulettes*, avec lesquels il offre si peu de différence, qu'il faudra probablement les réunir. C'est une coquille équivalve, à charnière linéaire, sans dents, avec un ligament qui en occupe toute la longueur; elle est mince et médiocrement bombée, l'angle antérieur arrondi comme le postérieur. L'animal manque de byssus, son pied, très-grand et comprimé, est à peu près quadrilatère et lui sert à ramper sur le sable ou sur la vase : c'est la *Moule des étangs*. Les Anodontes vivent dans les eaux douces. L'*A. dilatée* (*Mytilus cycneus*, Lin.; *A. cycnea*), que l'on trouve dans toutes nos eaux à fond vaseux, atteint jusqu'à 0ᵐ,12 et à 0ᵐ,15. Ses valves, minces et légères, servent à écrémer le lait. Elle est d'un goût trop fade pour être mangée. On peut citer encore l'*A. des canards* (*A. anatina*), plus petite que la précédente.

ANOLIS (Zoologie), *Anolius*, Cuv. — Nom indigène d'un *Reptile saurien* de la famille des *Iguaniens*, section des *Iguaniens propres*. Les Anolis forment un genre qui, avec toutes les formes des Iguanes et surtout des Marbrés, ont un caractère distinctif très-particulier : la peau de leurs doigts s'élargit en dessous en un disque ovale, strié en travers, qui leur permet de s'attacher aux surfaces où ils se cramponnent; la plupart portent sous la gorge un fanon ou un goître qu'ils enflent et font changer de couleur dans la colère. Plusieurs ont, comme le caméléon, la faculté de faire varier la couleur de leur peau; ils habitent les Antilles et le continent de l'Amérique. Les Anolis sont vifs et courent très-vite; ils mordent fortement, mais leur morsure n'est pas venimeuse. Les espèces les mieux déterminées sont : le *Grand A. à crête* (*A. velifer*, Cuv.), le *Petit A. à crête* (*A. bimaculata*, Sparm.), le *Grand A. à écharpe* (*A. equestris*, Merr.), l'*A. rayé* (*A. lineatus*, Daud.), etc.

ANOMALIE. — On donne ce nom, en astronomie, à l'angle décrit par le rayon vecteur mené du soleil à une planète. On distingue l'*A. vraie*, l'*A. moyenne*, l'*A. excentrique*; tous ces angles sont comptés à partir du périhélie (voyez Planètes).

ANOMALURE (Zoologie), du grec *anômalos*, qui n'est pas régulier, et *oura*, queue. — Genre de *Mammifères rongeurs*, établi par M. Waterhouse pour classer un animal que M. Fraser avait rapporté de Fernando-Po. Remarquables par une membrane qui s'étend sur les flancs entre les quatre membres, et leur permet de voler facilement d'arbre en arbre, ces animaux se distinguent aussi par un caractère particulier, ce sont des écailles solides, sous la base de la queue; d'où vient leur nom. Au reste, ce mammifère a paru difficile à placer parmi les Rongeurs : les uns l'ont rangé à côté des polatouches, à cause de l'espèce d'ailes dont il est pourvu : M. Waterhouse le croit voisin des loirs; enfin M. Gervais, après un examen sérieux, le range provisoirement dans sa famille des *Hystricidés*, qui a pour type le *porc-épic*. Quoi qu'il en soit, il a beaucoup de rapports extérieurs avec les polatouches, dont il diffère pourtant par sa membrane aliforme s'étendant entre les cuisses et la base de la queue qui y est engagée; mais le caractère le plus singulier, c'est l'existence des grosses écailles dont il a été question, imbriquées les unes sur les autres, qui garnissent la base de la queue en dessous; celle-ci est longue, terminée en forme de panache, et l'animal la porte relevée à la manière des écureuils dont il a les allures vives et légères. On n'en connaît que deux espèces : l'*A. de Fraser* (*A. Fraseri*, Water.), qui a le poil doux et moelleux; dix écailles sous la queue. On l'a trouvé à Fernando-Po, côte occidentale d'Afrique, et l'*A. de Pélée* (*A. Pelei*,

Temm.), ventre blanc, brun noirâtre en dessus; quinze grosses écailles sous la queue; côte occidentale d'Afrique.

ANOMIE (Zoologie), *Anomia*, Brug., du grec *anomos*, irrégulier. — Genre d'*Acéphales testacés*, famille des *Ostracés*, voisin des Huîtres; à deux valves minces, inégales, irrégulières; la plus plate profondément échancrée à côté du ligament, qui est petit et logé, de part et d'autre, dans une fossette comme dans les huîtres (*fig.* 179). La plus grande partie du muscle central traverse cette ouverture pour s'insérer à une troisième pièce ou plaque par laquelle l'animal s'attache aux autres corps, et le reste de ce muscle sert à joindre une valve à l'autre. L'animal a un petit vestige de pied qui se glisse entre l'échancrure et la plaque et sert peut-être à faire arriver l'eau vers la bouche qui est voisine. On trouve les Anomies fixées à différents corps, comme les huîtres. Il y en a dans toutes les mers. L'espèce la plus commune habite la Méditerranée, la Manche, l'Océan. On la connaît sous le nom de *Pelure d'oignon*, et les habitants des côtes la mangent comme des huîtres. On a encore classé dans les Anomies la *Patelle anomale* de Müller; mais Cuvier l'a placée dans le genre *Orbicule*, classe des *Mollusques brachiopodes*.

Fig. 179. — Anomie selle de cheval (*Anom. ephippium*, Lin.), intérieur des deux valves; celle de gauche est figurée portant la troisième plaque dans l'échancrure placée devant la charnière.

ANOMOURES (Zoologie), du grec *anomos*, irrégulier, et *oura*, queue. — Dans sa classification des *Crustacés*, M. Milne-Edwards a proposé d'établir entre la section des *Brachyures* et celle des *Macroures* un sous-ordre, auquel il a donné le nom d'*Anomoures*. Les caractères de ce sous-ordre se confondent par leur point de contact avec ceux des deux sections précitées, de telle sorte qu'il est difficile d'en donner qui lui soient propres; cependant on peut dire que le céphalo-thorax est beaucoup plus développé que la portion abdominale, qui est presque toujours mince et lamelleuse; en général, les antennes internes sont grandes et ne peuvent se replier sous le ventre; le plus souvent le dernier segment du thorax ne se soude pas au précédent. Les branchies sont toujours lamelleuses, comme chez les *Brachyures*, mais elles sont plus nombreuses. M. Milne-Edwards les divise en deux familles : les *Aptérures* et les *Ptérygures*.

ANONACÉES (Botanique). — Famille de plantes *dialypétales* que M. Brongniart range dans sa classe des *Magnolinées*, entre la famille des Myristicées et celle des Magnoliacées. Elle comprend des arbres ou des arbrisseaux à feuilles alternes simples, sans stipules. Leurs fleurs sont à calice composé de 3 sépales, à corolle de 6 pétales insérés sur deux rangs. Les étamines sont nombreuses ou définies. Ces plantes habitent les pays intertropicaux de l'ancien et du nouveau continent. Elles sont en général très-aromatiques. Les genres principaux sont : *Anone* (*Anona*, Adans.), *Asiminier* (*Asimina*, Adans.), *Guatterie* (*Guatteria*, Ruiz et Pav.), etc. Dunal a donné, en 1817, une importante *Monographie* de cette famille, et M. Alp. de Candolle des observations dans les *Mémoires de la Soc. de phys. et d'hist. natur. de Genève* en 1832.

G — s.

ANONE (Botanique), *Anona*, Adans., Lin. D'après Rhumphius, ce mot vient du nom malais *manoa*. Aux îles Moluques, on nomme ce genre *Menona*. Linné fait venir *Anona* de *annona*, en latin aliment, vivres, parce que les Américains se nourrissent de ses fruits. — Genre de plantes type de la famille des *Anonacées*, dont les espèces que l'on cultive ici en serre chaude comme simple curiosité, sont, en Amérique et dans les Indes, cultivées pour leurs fruits, dont la plupart sont d'un goût délicieux. L'*A. à fruits hérissés* (*A. muricata*, Lin.), appelée aussi *Pomme de cannelle*, *Cachimentier* et *Corossol*, est un arbre peu élevé. Il est originaire des Antilles et présente de grandes fleurs solitaires, d'un blanc jaunâtre. L'*A. du*

Pérou (*A. cherimolia*), *Chérimolier*, est un arbrisseau à fruits arrondis de la grosseur d'une pomme et très-agréables au goût. L'*A. réticulée* ou *cœur de bœuf* (*A. reticulata*, Lin.) est un grand arbre à feuilles lancéolées, pointues et à fleurs verdâtres. Il vient de l'Amérique méridionale et produit un fruit brun ayant la forme d'un cœur, qui n'est mangé que par les animaux de basse-cour. Son écorce a été vantée contre la dyssenterie. Caractères : 3 sépales à base réunie ; 6 pétales épaissis, les intérieurs plus petits ou nuls ; étamines nombreuses ; carpelles nombreux, monospermes, réunis en baie sessile à écorce muriquée, pulpeuse en dedans.   G — s.

ANONYME (Mammifères). — Ce nom a été donné par Buffon au *Fennec*, de Bruce, *Canis zerda* de Gmel. (voyez Fennec).

ANOPLOTHÉRIUM (Zoologie), du grec *anoplos*, sans armes, *thérion*, animal. — Animal fossile trouvé pour la première fois, en 1806, par G. Cuvier dans la grande carrière à plâtre de Montmartre, au milieu des *terrains dits tertiaires inférieurs, terrains parisiens, terrains éocènes*. Ces débris, épars sur cinq fragments différents, ont été restaurés avec tant de soins et d'intelligence, que, malgré quelques lacunes dans le squelette, Cuvier a pu en donner les caractères avec autant de précision que pour les animaux dont les espèces nous sont conservées. Depuis cette époque plusieurs autres ont été encore retrouvés à Montmartre, à Pantin, etc. Il a été possible à Cuvier de reconstituer, au moyen de ces débris fossiles, ce genre entièrement perdu de puis tant de siècles et auquel il a assigné pour caractères : 44 dents, disposées en séries continues comme dans l'homme, 6 incisives à chaque mâchoire, 2 canines, 14 molaires ; 4 pieds didactyles

Fig. 130. — Squelette d'*Anoplotherium commune* avec le contour probable des formes de l'animal.

comme les Ruminants, et séparés comme dans le chameau. Les deux principales espèces sont : l'*A. commune*, grand comme un petit cheval, bas sur jambes, queue forte et longue ; on pense qu'il habitait les bords des eaux, où il séjournait le plus souvent et où il allait chercher les tiges et les racines des plantes aquatiques : c'est l'espèce dont on a retrouvé le plus de débris. L'*A. medium* présente des formes bien différentes ; les membres sont allongés, la taille paraît plus élancée et plus svelte ; l'animal devait être léger à la course ; il devait paître les herbes des plaines, des collines voisines de la place où Paris existe aujourd'hui. Ces deux espèces sont de l'étage tertiaire parisien, où elles ont été retrouvées depuis peu dans l'île de Wight en Angleterre et en Suisse ; la troisième est de l'étage tertiaire subapennin d'Asie.

ANOPSIE (Médecine), du grec *ops*, œil, et *anô*, en haut. — Strabisme dans lequel l'œil est tourné en haut (voyez Strabisme).

ANOREXIE (Physiologie), du grec *orexis*, appétit, et *a* privatif. — Absence d'appétit ; c'est le synonyme d'*inappétence* (voyez ce mot).

ANOSMIE (Médecine), du grec *osmé*, et *a* privatif. — Diminution ou perte complète de l'odorat ; l'anosmie n'est véritablement une affection essentielle que lorsqu'elle dépend du séjour habituel au milieu d'une atmosphère chargée d'odeurs fortes et irritantes, comme cela a lieu surtout chez les parfumeurs ; le moyen de la guérir consiste alors simplement à se soustraire à cette cause, encore faut-il qu'elle n'ait pas agi trop longtemps : dans tous les autres cas, l'anosmie est symptomatique d'une autre maladie et demande le même traitement qu'elle. Ainsi le coryza, la fièvre typhoïde, l'hystérie peuvent la déterminer en amenant, soit la sécheresse de la membrane pituitaire, soit une sécrétion abondante de mucus plus ou moins altéré ; plusieurs autres maladies, telles que l'ec-

zéma, une affection organique de la muqueuse, etc., peuvent aussi en être la cause.   F — N.

ANOSTOME (Zoologie), *Anostoma*, Lamk. — Coquille très-singulière du grand genre *Escargot* (*Helix*, Lin.), qui a pour caractère que la spire, après s'être enroulée de la manière habituelle, se recourbe subitement au dernier tour et prend une forme irrégulière et plissée. C'est peut-être de cette disposition que lui vient son nom, du grec *a*, qui indique le commencement, et *nostos*, retour ; retour sur le commencement. Cette irrégularité en fait une des coquilles les plus rares et les plus recherchées : c'est l'*A. rigens* de Chemnitz, *Tomogère* de Montfort.

ANOURES (Zoologie), du grec *a* privatif, et *oura*, queue. — Duméril et la plupart des naturalistes modernes désignent sous ce nom un groupe, compris dans la sous-classe des *Amphibies* ou *Batraciens*, qui vivent dans l'eau et respirent par des branchies pendant leur jeunesse, tandis qu'ils respirent par des poumons et perdent leur queue lorsqu'ils deviennent terrestres. Ils forment le premier ordre dans la sous-classe des *Amphibies* établie par Duvernoy. Ce sont les genres *Grenouille*, *Crapaud*, *Rainette* et *Pipa*.

ANSER (Zoologie). — Nom latin donné par Brisson au genre *Oie* (voyez ce mot).

ANSÉRINE (Botanique), *Chenopodium*, Lin., du grec *chên*, oie, et *pous*, *podos*, pied ; pied d'oie. Plusieurs espèces de ce groupe de plantes présentent des feuilles larges et anguleuses qui ressemblent à la patte palmée de l'oie. — Genre de plantes de la famille des *Chénopodées*. Il comprend généralement des herbes à feuilles alternes. Les fleurs sont hermaphrodites ; les étamines, presque toujours au nombre de 5, insérées au fond du calice ; l'ovaire déprimé. Ce genre renferme de nombreuses espèces. L'*A. fausse ambroisie*, *Thé du Mexique*, *Thé des Jésuites*, *Ambroisie* (*Chenopodium ambrosioides*, Lin.) est une espèce naturalisée dans l'Europe méridionale, mais originaire du Mexique. Elle est aromatique, sa saveur ressemble à celle du cumin. Elle passe pour stomachique. L'*A. anthelminthique* (*C. anthelminthicum*, Lin.) a été rangée aussi parmi les plantes médicinales à cause des propriétés vermifuges qu'on lui attribuait. L'*A. aromatique*, ou *Botrys*, ou *Piment* (*C. botrys*, Lin.) est originaire de l'Europe méridionale ; elle est douée de propriétés assez aromatiques qui l'ont fait employer en infusion dans les maladies de poitrine ; on s'en est servi aussi pour chasser les teignes des étoffes de laine. Parmi les espèces indigènes des environs de Paris, on distingue : l'*A. blanche* (*C. album*, Lin.), extrêmement abondante dans les champs à la fin de l'été, et l'*A. vulvaire*, *Arroche puante* (*C. vulvaria*, Lin.), espèce répandant une odeur très-fétide ; on lui avait attribué la propriété de calmer les douleurs après l'accouchement.   G — s.

ANSÉRINÉS (Zoologie), du latin *anser*, oie. — Sous-famille établie dans l'ordre des *Palmipèdes* de Cuvier, dépendant de la famille des *Anatidés* de la classification d'Is. Geoffroy Saint-Hilaire ; elle ne comprend que le seul genre *Oie* du même auteur, qu'il divise en deux sous-genres, les *Oies* et les *Bernaches*.

ANSÉRINÉES (Botanique). — Tribu de plantes établie par M. Moquin-Tandon dans la famille des *Chénopodées*, sous-ordre des *Cyclolobées*, caractérisée par un embryon annulaire. Elle comprend des plantes herbacées à feuilles souvent triangulaires rhomboïdes. Genres principaux : *Betterave* (*Beta*, Tourn.) ; *Ansérine* (*Chenopodium*, Lin.) ; *Blète* ou *Blette* (*Blitum*, Lin.), etc.   G — s.

ANTAGONISME (Médecine), du grec *anti*, contre, et *agônitzomai*, combattre. — C'est une puissance ou une résistance qui s'oppose à une autre puissance. On a appliqué la doctrine de l'*Antagonisme* à certaines maladies par rapport à d'autres ; ainsi on a dit qu'il y avait antagonisme entre les fièvres palustres et la phthisie pulmonaire ; cette assertion est loin d'être prouvée, et cependant il est possible que le problème posé fournisse des données curieuses pour l'observation.

Antagoniste (Anatomie). — On nomme muscles *antagonistes* ceux qui agissent en sens contraire les uns des autres ; ainsi dans les membres les muscles fléchisseurs sont antagonistes des extenseurs, et *vice versâ* ; tous les muscles ont leurs antagonistes.

ANTÉDILUVIEN (Paléontologie). — Ce mot, qui a la prétention d'être scientifique, ne peut avoir une détermination fixe et précise ; car pris au point de vue du déluge de la Bible, il devrait comprendre toutes les phases de l'évolution du globe terrestre, l'apparition sur la terre des plantes, des animaux, de l'homme, en un mot, de tout ce qui a existé avant le déluge. Telle n'a pas été pourtant l'idée de ceux qui ont voulu l'introduire dans la science; par cette expression, ils ont entendu particulièrement l'époque pendant laquelle ont vécu les êtres organisés dont on a retrouvé les traces dans le sein de la terre à l'état fossile, et particulièrement les grands quadrupèdes, dont les espèces ont disparu, tels que les *Paleothériums*, les *Anoplothériums*, les *Mastodontes*, etc. Mais si on réfléchit combien cette expression est vague, on comprendra pourquoi elle doit disparaître du langage scientifique (voyez FOSSILE).

ANTÉMÉTIQUE et **ANTI-ÉMÉTIQUE** (Médecine), du grec *anti*, contre, et *emetikos*, vomitif. — Remède contre le vomissement déterminé par une trop forte dose d'émétique ; on a administré dans ce cas avec succès la décoction de quinquina, qui paraît avoir une qualité anti-émétique spéciale ; cependant un autre médicament a joui et jouit encore d'une vogue bien plus grande, c'est celui qui est connu sous le nom de *potion anti-émétique de Rivière*. Voici comment elle est formulée et administrée : Prenez eau commune, 60 grammes ; eau de menthe poivrée, 30 grammes ; bicarbonate de soude cristallisé, 2 grammes ; sirop d'écorce de citron, 15 grammes ; faites dissoudre le tout ensemble : ayez, d'autre part, 15 grammes ou une cuillerée à soupe de suc de citron ; faites avaler la moitié de la potion et du suc de citron, pour que le gaz acide carbonique se dégage dans l'estomac ; au bout d'un quart heure donnez la seconde moitié.   F — N.

ANTENNÉES (Zoologie). — Dans la classification de Lamark, le deuxième ordre des *Annélides* portait le nom d'*Antennées* ; il correspond aux *Dorsibranches* du *Règne animal* de Cuvier et aux *Annélides errants* des naturalistes modernes.

ANTENNES (Zoologie), *Antennæ*, ainsi nommées par analogie avec les antennes des navires. — Petits organes en forme de *cornes*, articulés, mobiles, situés sur la tête des Insectes, des Myriapodes et des Crustacés, que les naturalistes regardent comme la première paire de membres : elles sont au nombre de deux dans les Insectes, et de quatre dans la plupart des Crustacés. Le nombre et la forme de leurs articles varient beaucoup. Elles peuvent être *filiformes*, *cylindriques*, *moniliformes*, *sétacées*, *ensiformes*, *fusiformes*, en *lamelles*, en *palettes*, etc. Les fonctions de ces organes ont donné matière à de grandes discussions parmi les naturalistes. Les expériences d'Huber fils semblent confirmer qu'elles sont des organes de *toucher*. Cependant, tout en se rangeant à cette opinion, Latreille adopte le sentiment de ceux qui regardent également ces organes comme le siège de l'odorat, se fondant surtout sur ce qu'ils sont généralement plus développés chez les mâles toujours occupés à la recherche de leurs femelles et de leur nourriture.

ANTENNULES (Zoologie). — Filets articulés et mobiles faisant partie de la bouche chez la plupart des *Insectes* (voyez PALPES).

ANTENOIS (AGNEAU) (Économie rurale). — On donne ce nom à l'agneau qui a ses deux premières dents d'adulte (*pinces*) ; il est alors dans sa deuxième année, et il conservera ce nom jusqu'à la sortie des premières mitoyennes.

ANTÉVERSION (Médecine), du latin *versus*, tourné, *ante*, en avant. — On appelle ainsi une affection maladive dans laquelle l'utérus subit une inclinaison de telle sorte que le fond est en avant, appuyé sur la vessie, et le col en arrière sur le rectum. Le traitement de cette affection consiste dans le repos, un bandage approprié, et l'emploi des antiphlogistiques, si l'on reconnaît l'existence d'un état inflammatoire ; mais, au contraire, des toniques et d'une bonne alimentation si l'on a affaire à une femme affaiblie et débilitée.   F — N.

ANTHÉLÉ (Botanique), du grec *anthélé*, panicule velue. — Dans sa *Monographie* du genre *Juncus*, qui renferme presque toute la famille des *Joncées*, Meyer a donné ce nom à l'inflorescence de ces plantes.

ANTHÉLIX (Anatomie), du grec *anti*, à l'opposé, et *hélix*, spirale. — C'est cette éminence du pavillon de l'oreille située entre la conque et l'hélix, au-devant de celui-ci.

ANTHELMINTHIQUES (Matière médicale), du grec *anti*, contre, et du génitif *helminthos*, vers intestinal. — Ce sont les remèdes contre les vers (voyez VERMIFUGES).

ANTHÉMIDÉES (Botanique). — Sous-tribu de plantes appartenant à la tribu des *Sénécionidées*, dans la grande famille des *Composées*, et ayant pour type le genre de plantes connues sous le nom de *Camomilles* (*Anthemis*, Lin.) (voyez CAMOMILLE).

ANTHÈRE (Botanique), du grec *anthéros*, fleuri. — Partie supérieure de l'étamine qui se présente ordinairement sous la forme de petites bourses ou sacs presque toujours jaunes, et renfermant la matière fécondante des plantes, autrement appelée le *pollen*. Chaque cavité

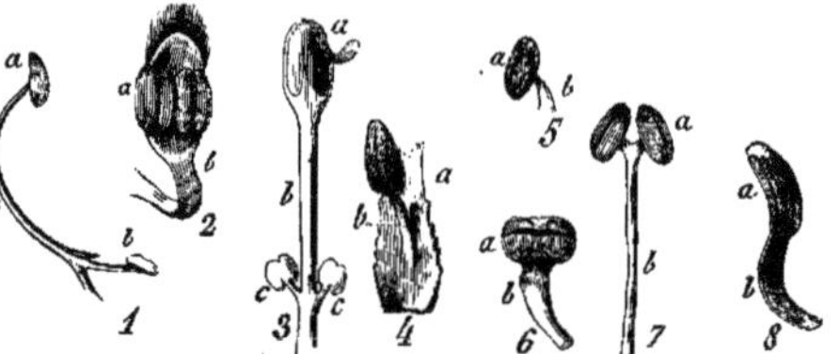

Fig. 181. — Formes diverses d'anthères surmontant la partie supérieure des étamines (1)

de l'anthère porte le nom de *loge*. Quelquefois l'anthère est *uniloculaire*, c'est-à-dire qu'elle ne comprend qu'une seule loge, comme dans la guimauve. Dans la plupart des végétaux, l'anthère est *biloculaire*. Elle est rarement formée de 4 loges ou *quadriloculaire*. Ces loges forment chacune une saillie distincte, visible à l'extérieur. La *déhiscence* (de *dehiscere*, s'ouvrir) (voyez ce mot) de l'anthère est l'acte par lequel les loges s'ouvrent pour émettre le pollen. Elle a lieu le plus souvent par une fente longitudinale. L'anthère présente alors deux faces bien distinctes. Lorsque la face qui offre l'ouverture est tournée vers l'intérieur de la fleur, l'anthère est dite *introrse* ; celle-ci est, au contraire, *extrorse*, dans la pivoine, les magnoliers, quand ses loges semblent regarder l'extérieur de la fleur. — Pour les développements et l'organisation de l'anthère, voir l'intéressant travail de M. Purkinje (*De cellulis antherarum fibrosis*, etc., in-4°, 18 pl. Breslau, 1830).   G — S.

ANTHÉRIC, *Anthericum* (Botanique), de *antherikos*, nom grec de l'Asphodèle. — Genre de plantes de la famille des *Liliacées*, dont quelques espèces habitent en France les bois, les prairies élevées. Tels sont : l'*A. rameux*, vulgnt *Herbe à l'araignée* (*A. ramosum*, Lin.), type du s. genr. *Phalangium*, Tourn.; l'*A. à feuilles planes* (*A. planifolium*, Lin.), type du s. genr. *Simethis*, Kunth. Leurs fleurs sont, blanches ou rosées, en grappes ou en panicules. D'autres espèces sont des parties chaudes de l'Europe et de l'Asie, de l'Australie, du Cap. L'*A. calyculatum*, Lin. est aujourd'hui le *Tofieldia palustris*, Huds. (fam. des *Mélanthacées*).

ANTHÉRICÉES (Botanique). — On donne ce nom à une tribu de plantes *monocotylédones*, adoptée par Endlicher et qui appartient à la famille des *Liliacées*. Elle se distingue par un périanthe étalé, un fruit capsulaire et une racine fibreuse ou tubéreuse. Genres principaux : *Asphodèle* (*Asphodelus*, Lin.) ; *Asphodéline* (*Asphodeline*, Rchb.) ; *Hémérocalle* (*Hemerocallis*, Lin.) ; *Phalangère* (*Phalangium*, Juss.) ; *Paradise* (*Paradisia*, Mazz.) ; *Bulbine* (*Bulbine*, Lin.).   G — S.

ANTHÉRIDIE (Botanique). — Nom donné à certains corps reproducteurs qui, dans les végétaux cryptogames, passent pour représenter l'organe mâle ou anthère des plantes phanérogames. Hedwig est le premier qui fit connaître ces organes. Ils se présentent sous la forme d'une sorte de sac dont la disposition varie suivant les familles. Il renferme dans son intérieur un amas de corpuscules qui observés à un certain grossissement paraissent doués d'un mouvement de rotation assez prononcé,

(1) Anthères et Étamines : — 1, De la sauge : a, loge fertile de l'anthère ; b, loge stérile ; c, connectif. — 2. De la pervenche : a, anthères ; b, filet. — 3, D'un laurier : a. loge de l'anthère ouverte ; b, filet ; c, étamines avortées. — 4, De la bourrache : a, appendice ; b, filet. — 5, Du nerprun : a, anthère ; b, filet. — 6, De l'alchimille, mêmes lettres, ainsi que pour les suivants. — 7, Du tilleul. — 8, Du nénuphar jaune.

qui devient encore plus sensible dans l'eau, où ils prennent l'apparence complète des animalcules infusoires. Ils ont, comme ces derniers, un renflement qui simule en quelque sorte la tête, et une extrémité effilée qui représente la partie postérieure de l'animal ; ces espèces d'animalcules ont reçu le nom d'*anthérozoïdes*. Dans les Charas, ces corps se trouvent dans des cellules unies bout à bout. On a comparé chacune de ces cellules à un grain de *pollen* et les animalcules à la *fovilla*.

G — s.

ANTHÈSE (Botanique). — On nomme ainsi une époque particulière de la vie des végétaux : celle où, les organes de la fleur ayant atteint leur entier développement, l'épanouissement a lieu et se trouve accompagné très souvent par la déhiscence des anthères et l'émission du pollen. En un mot, ce terme est synonyme de *floraison* (voyez FLEUR, FLORAISON).

ANTHIAS (Zoologie). — Nom donné par Block à un genre de *Poissons percoïdes*, qui appartient au genre *Barbier* ou *Serran*.

ANTHIDIE (Zoologie), *Anthidium*, Fab., du grec *anthos*, fleur. — Genre d'*Insectes* de la famille des *Mellifères*, section des *Apiaires* (voyez ces mots), qui a les palpes maxillaires d'un seul article, caractère unique dans cette division ; le labre est en carré long, l'abdomen est convexe. Ces insectes, auxquels Latreille donnait d'abord le nom d'*Abeilles cardeuses*, sont en général propres aux pays chauds et paraissent dans nos climats vers le solstice d'été ; on voit bientôt les femelles voltiger sur les fleurs des Labiées surtout, et y arracher un duvet cotonneux dont elles remplissent en partie le trou où elles déposent leurs œufs ; elles préparent ensuite la pâtée mielleuse qui doit les nourrir, puis elles bouchent le trou avec le même duvet. Les insectes ne sortent dans le courant de l'année suivante. Parmi les espèces de nos climats, on doit citer l'*A. à cinq crochets* (*A. manicatum*, Fab.), longue de 0ᵐ,010 à 0ᵐ,015, noire, tachetée de jaune, les cuisses postérieures jaunes ou rougeâtres dans les femelles ; l'*A. florentine* (*A. florentinum*, Fab.), un peu plus longue que la précédente, qui se trouve dans le midi de la France, en Italie, etc.

ANTHIE (Zoologie), *Anthia*, Web., Fab. — Genre d'*Insectes coléoptères pentamères*, tribu des *Carabiques*. Ce sont de grands carabes noirs, souvent tachetés de blanc, qui habitent l'Afrique et l'Asie méridionale. Ces insectes, très-recherchés des amateurs, jettent par l'anus, dit Leschenault, une liqueur caustique lorsqu'on les inquiète. L'*A. à six gouttes* (*A. sexguttata*, Fab.), dont la larve est longue de plus de 0ᵐ,06 habite le Bengale : l'insecte parfait a au moins 0ᵐ,04.

ANTHOMYIE (Zoologie), *Anthomyia*, Meigen, du grec *anthos*, fleur, et *muia*, mouche, la mouche des fleurs. — Genre d'*Insectes diptères*, sous-tribu des *Anthomyzides*. Ils ont le port des mouches ordinaires, et vivent sur les fleurs où ils pullulent à l'infini. L'espèce *A. des pluies* (*Musca pluvialis*, Lin.) est très-commune dans notre pays ; elle est cendrée, avec des taches noires sur le thorax ; elle est fort incommode dans les temps de pluie, parce qu'elle s'attache aux yeux des hommes et des animaux.

ANTHOMYZIDES (Zoologie), du grec *anthos*, fleur, et *muia*, mouche. — Sous-tribu d'*Insectes diptères*, de la tribu des *Muscides* ; ils vivent dans les bois, dans les herbes des champs, sur les excréments, sur les fleurs. Les larves vivent dans les débris des végétaux et sur les animaux en putréfaction. Les *Anthomyies*, les *Drymètes*, les *Cœnosies*, les *Ériphies*, en sont les principaux genres.

ANTHOPHORE (Zoologie), *Anthophora*, Latr., du grec *anthos*, *phora*, vol des fleurs, parce que ces insectes enlèvent le pollen des fleurs en voltigeant rapidement de l'une à l'autre. — Ils font partie des *Mellifères* de Cuvier, tribu des *Apiaires*, et forment un genre à mandibules unidentées au côté interne et à palpes maxillaires composés de six articles distincts ; ils ont de remarquable que, dans les femelles surtout, le côté externe des pattes et des tarses postérieurs est fortement garni de poils roides, fort allongés dans quelques mâles. Leur vol rapide fait toujours entendre un bourdonnement assez fort. L'*A. des murs* (*A. parietina*, Fab.) se trouve aux environs de Paris ; c'est elle qui construit sur les murs ces tuyaux cylindriques au fond desquels se trouve le nid, préservé ainsi des parasites.

ANTHRACITE (Minéralogie), Dolomieu, du grec *anthrax*, charbon, à cause de sa couleur noire. — Matière noire, le plus souvent brillante, sèche au toucher, brûlant avec difficulté sous l'action du chalumeau, sans flamme ni fumée, et se couvrant d'un léger enduit de cendre blanche, ne produisant autre chose que de l'acide carbonique ; c'est donc un corps simple. Plus lourde que la houille, elle a un poids spécifique de 1,4 à 1,8. On lui a donné les noms de *houille éclatante, houille sèche, charbon de terre incombustible*. L'anthracite est d'un noir bleuâtre ou grisâtre parfaitement opaque ; elle se présente en masse tantôt compacte, tantôt feuilletée, quelquefois granulaire ; elle appartient aux terrains de sédiments, quoiqu'on la rencontre aussi dans les terrains primitifs, où elle se trouve quelquefois enchâssée au milieu des dépôts de cristallisation. Elle ne paraît pas constituer des gîtes étendus comme la houille. Cette matière peut être employée comme combustible, et produit une chaleur très-intense ; mais comme elle est difficile à allumer, elle exige des fourneaux où l'air puisse passer en grande quantité. C'est surtout dans les fonderies qu'on s'en sert avec avantage, à cause de la haute température qu'elle donne ; mais comme elle ne brûle qu'autant qu'elle est en masse, on ne peut l'utiliser que dans les travaux en grand. Un des inconvénients de l'anthracite, est d'éclater au feu, et de s'y briser en petits fragments qui s'entassent et interceptent le passage de l'air. Avec l'anthracite et la houille pulvérisées et un peu d'argile, on forme ce qu'on appelle les bûches économiques qu'on met au fond du foyer des cheminées. On rencontre cette matière en Savoie, dans différentes parties des Alpes, dans le Graisivaudan et surtout dans les terrains de transition de la Tarantaise. Au petit Saint-Bernard, le schiste bitumineux qui accompagne les couches d'anthracite, présente des empreintes végétales distinctes qu'il est impossible de nier ; on en trouve aussi de semblables près de Moutiers.

On distingue plusieurs variétés d'anthracite dont les principales sont :

1° L'*A. feuilletée*, c'est la plus commune : on la trouve dans le département du Nord surtout ; 2° l'*A. compacte* : on en trouve au Creusot qui est irisée et très-éclatante.

Les principaux auteurs qui ont écrit sur cette matière sont : Guyton-Morveau, *Mémoires de l'Académie de Dijon* ; Daubenton, Dolomieu, Héricart de Thury, dans le *Journal des mines*, t. XIV, p. 161 à 187 ; Brochant de Villiers, *Journal des mines*, t. XXIII, p. 357 et suiv., etc.

ANTHRAX (Zoologie), *Anthrax*, Fab., ainsi nommés à cause de leur couleur noire, du grec *anthrax*, charbon. — Genre d'*Insectes diptères*, famille des *Tanystomes*, très-voisin des Bombilles, volant comme eux avec une grande rapidité, planant au-dessus des fleurs sans s'y poser, en introduisant seulement leur trompe dans le calice pour y puiser les sucs ; le tout avec un bourdonnement aigu : souvent ils se posent à terre, sur les murs exposés au soleil et sur les feuilles ; ils ont le corps déprimé, la tête haute et large, les antennes et la trompe courtes, quelquefois même celle-ci retirée dans la bouche. Ils sont généralement velus. On en a formé plusieurs sous-genres, parmi lesquels le sous-genre *Anthrax* proprement dit renferme une espèce, l'*A. morio*, commune dans les environs de Paris.

* **ANTHRAX** (Médecine), du grec *anthrax*, charbon (bois brûlé). — Tumeur inflammatoire du tissu cellulaire souscutané (sous la peau) ; on en distingue deux espèces : 1° l'*A. malin* ou *pestilentiel* ou simplement le *Charbon* (voyez ce dernier mot) ; 2° l'*A. bénin*. Il ne sera question ici que de ce dernier. C'est une tumeur inflammatoire dure, très-douloureuse, circonscrite, d'un rouge foncé, chaude, offrant l'aspect du furoncle, mais avec tous ses symptômes beaucoup plus développés ; il s'accompagne ordinairement de fièvre, de perte d'appétit, d'insomnie, etc. Cette maladie, dont les causes sont peu appréciables, est caractérisée par l'inflammation de plusieurs des prolongements du tissu cellulaire sous-cutané, et chacun de ces prolongements, étranglé par les progrès de l'inflammation, ne tarde pas à se détacher et à former ces *bourbillons* dont le furoncle nous offre un exemple en petit. Le traitement de cette maladie consiste à modérer l'inflammation par de larges applications de sangsues, des cataplasmes émollients et anodins, des bains, le repos, la diète ; il faut ensuite pratiquer des incisions en croix sur la tumeur pour opérer le débridement. Pendant les premiers pansements on fait sortir par la pression le pus et les bourbillons qui se détachent ; on panse avec des plumasseaux de charpie enduits de cérat, et le tout est recouvert de cataplasmes, jusqu'à ce que la maladie soit réduite à une plaie simple qu'on

panse avec la charpie à plat. Il ne faut pas oublier que l'anthrax, en raison de son étendue, est une maladie d'une assez longue durée, qu'elle peut se compliquer d'un embarras gastrique ou intestinal, ou de quelque autre affection plus ou moins grave qui doit exiger un traitement spécial. — F.-N.

ANTHRÈNE (Zoologie), *Anthrenus*, Geof. — Sous-genre de *Coléoptères pentamères* du grand genre *Dermeste* de Linné. Ce sont des insectes très-petits, à deux ailes membraneuses cachées sous des étuis durs, dont le corps est ovale, presque globuleux; les pieds sont courts et se rapprochent du corps au moindre danger. On les trouve par milliers sur les fleurs, où ils font l'effet de gouttelettes d'un liquide qu'on y aurait répandu, d'où vient leur nom, du grec *anthos*, fleur, et *rainô*, j'arrose. On les trouve aussi dans les maisons et dans les collections zoologiques où leurs larves font de grands ravages. Parmi les espèces on doit mentionner l'*A. ondé* (*A. scrophulariæ*, Fab., Oliv.), d'un noir foncé, l'*A. à bandes* (*Byrrhus verbasci*, Lin., Oliv.), et l'*A. destructeur* (*A. musœorum*, Fab., Oliv.). C'est l'ennemi le plus redoutable des collections d'histoire naturelle.

ANTHRIBE (Zoologie), *Anthribus*, Geof. — Sous-genre d'*Insectes coléoptères tétramères*, genre des *Bruches*. Corps oblong, ovoïde; yeux entiers; les étuis ne recouvrent pas l'anus. Ils ont un peu le port des charançons; quelques espèces habitent notre pays où on les trouve, soit sur les fleurs, soit sur les vieux bois, ou sous l'écorce des arbres. L'*A. latirostre*, Fab., long d'environ 0ᵐ,012, d'un noir enfumé, le dessous de l'abdomen jaunâtre, habite les environs de Paris.

ANTHROPOIDE (Zoologie), du grec *anthrôpos*, homme, et *eidos*, apparence. — Ce nom a été donné par Vieillot à un genre d'*Oiseaux* qu'il a créé aux dépens des *Grues* de Cuvier, et qui ne contient que deux espèces : 1° la *Demoiselle de Numidie* (*Ardea virgo*, Lin.); 2° l'*Oiseau royal*, *Grue couronnée* (*A. pavonia*, Lin.) (voyez GRUE).

ANTHROPOLITHE (Paléontologie), *Anthropolithus*, Lin.; *Zoolithus hominis*, Gessn.; du grec *anthrôpos*, homme, et *lithos*, pierre. — On a donné ce nom à de prétendus os humains fossiles, découverts en différents endroits. Ainsi, en 1760, auprès d'Aix en Provence, des ossements fossiles furent pris pour des os humains; déjà près de là, en 1583, on avait trouvé des débris semblables : Guettard (*Mémoires de l'Académie des sciences*), Lamanon (*Journal de physique*, 1780), et enfin Cuvier, dans son travail sur les *Tortues fossiles*, prouvèrent que ces débris n'appartenaient pas à l'homme : les deux derniers établirent que c'étaient des os de tortues. Un autre fossile plus célèbre, le fameux homme fossile, l'*Homme témoin du déluge*, de Scheuchzer, trouvé dans les schistes calcaires d'Œningen (duché de Bade), fut reconnu par Cuvier pour un *reptile batracien* (*fig.* 182). On a découvert dans les *Brèches osseuses* (voyez ce mot) des rochers qui bordent les côtes de la Méditerranée et les îles de l'Archipel, de véritables ossements humains, mais on sait que ces brèches osseuses contiennent des dépôts d'alluvion de formation récente qui se sont amassés sur les ossements déjà accumulés pendant une longue période; pour admettre que l'homme a été contemporain des espèces auxquelles appartiennent ces os, il faudrait supposer qu'il a vécu à l'époque pliocène, et les terrains de cette époque n'en gardent aucune trace : il est donc bien évident que ces débris humains ont dû être apportés postérieurement et mêlés aux restes d'une époque antérieure; on peut en dire autant des squelettes humains trouvés dans cette partie de la Guadeloupe nommée la Grande-Terre; ils sont englobés dans une pierre très-dure, composée de petits grains de calcaire compacte et de débris de coquilles, de madrépores et autres zoophytes. Examinés et décrits par Cuvier dans son *Discours sur les révolutions du globe*, et par Alex. Brongniart (*Nouv. Bullet. de la Société philom.*, 1814), ils avaient déjà fait l'objet d'un *Mémoire* de Ch. Kœnig. Enfin, en 1853, une portion de squelette humain, mêlée avec des coquilles marines, a été trouvée dans les brèches osseuses de l'île de Candie; elle figure dans les galeries du Muséum d'histoire naturelle de Paris; et, comme il a été dit, tous ces terrains sont des couches d'alluvion moderne (voyez ALLUVION).

ANTHROPOLOGIE (Zoologie), du grec *anthrôpos*, homme, et *logos*, discours, histoire de l'homme (voyez HOMME).

ANTHROPOMORPHES. — Groupe de *Singes pithéciens* qui ressemblent le plus à l'homme par leur intelligence, leur visage, leur forme, la construction de leur squelette et leur défaut de queue. C'est ce que l'on a voulu indiquer par le nom sous lequel on les a souvent réunis. Ils constituent quatre genres également remarquables : les *Orangs*, les *Chimpanzés*, les *Gorilles*, les *Gibbons* (voyez ces mots).

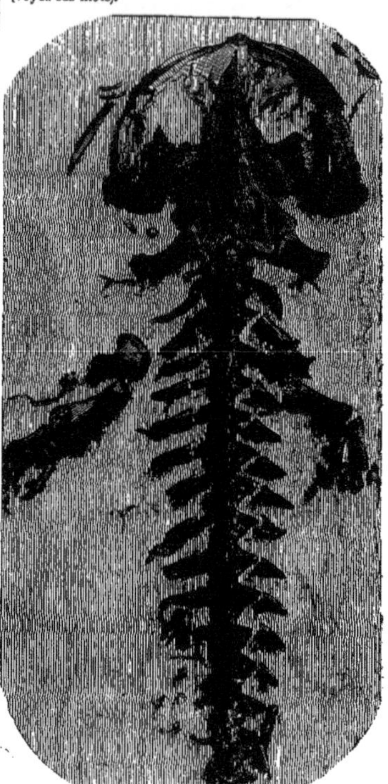

Fig. 182. — Andrias Scheuchzeri (Salamandre gigantesque).

ANTHUSINÉS Zoologie), sous-famille d'*Oiseaux*, établie par M. de Lafresnaye, dans la famille des *Alaudidées*.

ANTHYLLIDE (Botanique), *Anthyllis*, Lin., en grec *anthullis*. — Genre de plantes de la famille des *Papilionacées*, tribu des *Lotées*, sous-tribu des *Génistées*. Caractères : ailes de la corolle adhérentes à la carène par leur limbe; carène terminée par un petit bec; gousse comprimée, stipitée, renfermée dans le calice renflé. L'*A. vulnéraire* (*A. vulneraria*, Lin.), vulgairement *Vulnéraire*, est une herbe indigène, à feuilles composées, terminées par une foliole beaucoup plus grande que les autres. Ses fleurs sont jaunes, disposées en bouquets terminaux. Elle est très-usitée comme vulnéraire. La plupart des Anthyllides sont dignes de figurer comme plantes d'ornement. La *Barbe-Jupiter* (*A. barba Jovis*, Lin.) est un joli arbrisseau de 1ᵐ,50, à feuilles persistantes, et folioles lancéolées, soyeuses et argentées en dessous, qui donne, en avril, de petites fleurs jaunes en bouquets.

ANTIARIS (Botanique médicale). — Genre peu nombreux qui contient quelques arbres laiteux, et qui appartient à la famille des *Urticées*; on y trouve particulièrement l'*A. toxicaria*, grand arbre de Java. Par incision il découle du tronc de cet arbre un suc jaunâtre, laiteux, qui est un poison très-violent connu sous le nom d'*Upas antiar, Bohon Upas*. On a prétendu, sur la foi d'un chirurgien hollandais, que dans l'intérieur du pays il y avait une forêt de ces arbres, dont on ne pouvait approcher sans s'exposer à la mort ; le souverain de Java, ajoutait-il, envoyait des condamnés pour recueillir ce poison si difficile à obtenir, et il n'en revenait qu'un petit nombre possesseurs de cette substance ; mais cette histoire a été démentie, et la seule chose vraie, c'est que les naturels préparent avec le suc de l'*Antiaris* un composé dont ils se servent pour empoisonner leurs flèches (voyez UPAS). Caractères : tige rude, droite, de 20 à 25 mètres, à feuilles alternes, entières ; fleurs axillaires, monoïques, les mâles réunies dans un réceptacle en forme de chapeau, les femelles solitaires ; ovaire surmonté de deux styles ; une drupe monosperme.

ANTIDOTE (Médecine), du grec *dotos*, donné, *anti*, contre. — Galien appelait *antidote* tous les remèdes administrés à l'intérieur *contre* les maladies ; mais cette signification a été réservée exclusivement pour désigner une substance qui a la propriété de neutraliser les poisons, soit en les décomposant simplement, soit en se combinant avec eux pour former des corps inertes et sans action sur nos organes : ainsi il suffira de citer parmi les antidotes qu'on appelle aussi des *contre-poisons*, le peroxyde de fer hydraté, contre l'arsenic ; le protosulfure de fer hydraté, contre le sublimé corrosif et le vert-de-gris ; contre le nitrate d'argent, une solution de sel marin ; contre l'opium, le tannin, la décoction de noix de galle ; et à un degré moindre, et avec moins d'énergie, l'eau albumineuse contre les sels de cuivre, de plomb, de zinc, d'étain, de bismuth. Il ne faut pas oublier toutefois que, pour obtenir des succès marqués, ces moyens doivent être administrés le plus tôt possible après l'ingestion du poison. Du reste il n'y a pas d'antidote universel : chaque poison ou chaque classe de poisons doit être combattue par un agent spécial ; aussi pour plus de renseignements, nous renverrons au mot POISON.   F — N.

ANTILAITEUX (Médecine). — Médicaments destinés à modérer, à supprimer même la sécrétion du lait, ou à combattre les maladies dites *laiteuses*. Il n'y a pas de véritable spécifique antilaiteux, il y a seulement des modes de traitement tendant à diminuer cette sécrétion qui se tarit naturellement lorsque l'enfant cesse de téter. Tels sont : l'éloignement du nourrisson, un régime débilitant, même un peu de diète, les boissons sudorifiques, diurétiques, les bains de pieds, les purgatifs, tout cela administré avec discernement. Il y a ensuite les accidents, les maladies qui peuvent amener brusquement la perte du lait chez les femmes qui nourrissent : ainsi toutes les maladies un peu graves, un écart de régime, une indigestion, un accès de colère, etc., sont autant de causes qui produisent cet effet. Mais il importe de mettre le public en garde contre les prétendus *antilaiteux* qui ont eu le plus de vogue : comme la menthe, la pervenche, la racine de canne de Provence et bien d'autres aussi peu efficaces. Parmi les médicaments composés, nous devons mentionner le petit-lait de *Weiss*, purgatif dans lequel entrent les follicules de séné et le sulfate de soude ou de magnésie ; et l'élixir américain de *Courcelles*, médicament très-excitant, et qui doit être interdit dans presque tous les cas. Les maladies dites *laiteuses*, les *laits répandus*, sont des affections qui surviennent chez des femmes ayant ou non allaité, mais elles n'ont avec cette fonction qu'un rapport de coïncidence, et non de cause à effet, et ne demandent aucun traitement particulier et spécial.   F — N.

ANTILOPE (Zoologie). — Genre de *Mammifères ruminants*, à cornes creuses, faisant la transition entre les cerfs d'une part, les chèvres, les moutons et les bœufs de l'autre. Les animaux de ce genre se distinguent par leurs cornes creuses, entourant un noyau osseux solide, et sans pores ni sinus comme le bois des cerfs, dont ils se rapprochent au reste par la légèreté de leur taille, la vitesse de leur course, leurs formes gracieuses ; ils se distinguent du reste par la finesse de la vue, de l'ouïe et de l'odorat. Timides, paisibles et sociables, ils montrent quelquefois une audace et une vigueur remarquables en face du danger, et surtout dans le moment du rut, ou lorsqu'il s'agit de défendre leur progéniture. Quoiqu'on en trouve en Europe, en Amérique et en Asie, c'est surtout en Afrique que la plupart des espèces habitent de préférence. Ce genre, qui comprend de nombreuses espèces, a beaucoup occupé les naturalistes par la difficulté de trouver des caractères assez saillants

pour les classer ; et au milieu des divisions qui ont été proposées par les auteurs, nous choisirons de préférence la méthode du *Règne animal*. Cuvier partage ce grand genre en onze sous-genres, dont il donne les caractères sans leur assigner de noms : 1° *Cornes annelées, à double courbure, pointes en avant, ou en dedans, ou en haut*, la Gazelle, la Corinne, le Kevel, le Springbock ou Gazelle à bourse, le Saïga, le Nanguer ; 2° *Cornes annelées à triple courbure*, l'A. des Indes, l'A. de Nubie ou Addax ; 3° *Cornes annelées à double courbure, mais en sens contraire des précédentes et la pointe en arrière*, le Bubale, le Caama ou Cerf du Cap ; 4° *Petites cornes droites ou peu courbées, la plupart des femelles sans cornes*, l'A. laineuse ou Chevreuil du Cap, l'A. plongeante, le Sauteur des rochers, la Grimme, le Guevei ; 5° *Cornes annelées, courbure simple, la pointe en avant*, le Nagor ; 6° *Cornes annelées, droites ou peu courbées, plus longues que la tête*, l'A. à longues cornes droites ou Pasan de Buffon, l'Algazel ; 7° *Cornes annelées à courbure simple, la pointe en arrière*, l'A. bleue, l'A. chevaline, l'A. de Sumatra ; 8° *Cornes à arête spirale*, le Coudous, le Canna ou Élan du Cap ; 9° *Cornes fourchues*, l'A. furcifera ou le Cabril des Canadiens ; 10° *Quatre cornes*, le Tchicarra ; 11° *Deux cornes lisses*, le Nylgau, le Chamois ou Ysard des Pyrénées, le Gnou ou Niou. (V. GAZELLE).

ANTIMOINE, RÉGULE D'ANTIMOINE (Chimie), en latin *Stibium*. — Métal blanc bleuâtre, très-brillant, dégageant par le frottement une odeur alliacée. Sa densité est de 6,75. Il présente une structure lamelleuse, est très-cassant et se laisse facilement pulvériser dans un mortier. Il fond vers 450°, se volatilise au rouge blanc, et brûle au contact de l'air en répandant une lumière vive et d'abondantes fumées blanches d'*oxyde d'antimoine*. L'air sec est sans action sur lui ; mais l'air humide le ternit ; l'acide nitrique l'oxyde sans le dissoudre, et le convertit en acide *antimonique* ou *antimonieux* ; l'azotate et le chlorate de potasse forment avec lui des mélanges explosifs à une haute température ; le chlore l'attaque vivement en produisant l'incandescence du métal ; l'eau régale le dissout rapidement, l'acide chlorhydrique avec lenteur en dégageant de l'hydrogène : il se forme dans ces trois cas des *chlorures d'antimoine*.

L'antimoine s'allie à tous les métaux, augmente leur dureté et les rend cassants. Les caractères d'imprimerie, les planches à stéréotypes, le métal anglais dit *métal de la reine*, le métal d'Alger, l'étain de certains ustensiles de ménage, sont autant d'alliages dont l'antimoine fait partie. La facilité avec laquelle il s'unit à l'or lui avait fait attribuer une origine noble par les alchimistes qui l'appelaient *regulus*, petit roi.

L'antimoine existe dans la nature à l'état *natif* ou métallique, mais en trop petite quantité pour être l'objet d'une exploitation régulière. Son véritable minerai est le *sulfure d'antimoine* que l'on rencontre en masses fibreuses ou grenues, de couleur grise et très-fusibles, dans les terrains anciens, en France, en Angleterre, en Saxe, en Suède, au Hartz, en Hongrie, en Sibérie, au Mexique, aux Indes orientales, etc. Le minerai concassé, trié, est chauffé dans des creusets ou des fours à réverbère pour séparer par fusion le sulfure de sa gangue qui est généralement formée de quartz, de sulfate de baryte ou de carbonate de chaux. Le sulfure (*antimoine cru*) est ensuite traité par du fer. Il se forme du sulfure de fer et de l'antimoine métallique qui se séparent pendant la fusion. On obtient un rendement plus considérable en mélangeant 100 parties de sulfure d'antimoine, 60 de battitures de fer, 45 à 50 de carbonate de soude, et 10 de charbon de bois pulvérisé. Les scories sont alors plus fusibles, plus légères et se séparent mieux du métal. Celui-ci est fondu avec un dixième de son poids de verre d'antimoine (*oxysulfure*) pour lui enlever le sulfure qu'il retient en dissolution, puis livré au commerce. Il retient encore des traces de cuivre, de fer, d'arsenic. Une nouvelle purification est nécessaire quand on veut l'appliquer aux besoins de la pharmacie. L'antimoine, en effet, donne lieu à un grand nombre de composés employés en médecine, et dont plusieurs constituent des médicaments très-énergiques. Son nom vient, dit-on, des accidents mortels qu'il produisit chez des moines qui en firent usage les premiers sur les indications de Basile Valentin, moine du XVe siècle, à qui est due la découverte de ce métal. Le sulfure d'antimoine était cependant déjà connu d'Hippocrate.

Antimoine diaphorétique. — Combinaison en proportions très-variables d'oxyde d'antimoine et de potasse. On le prépare en jetant dans un creuset préalablement chauffé au rouge, un mélange de 1 partie d'antimoine et 2 parties de nitrate de potasse, et continuant de chauffer pendant une demi-heure. Le produit repris par l'eau laisse comme résidu une poudre insoluble (*Antimoine diaphorétique lavé*). La liqueur elle-même, traitée par un acide, laisse déposer une poudre blanche appelée *Magistère d'antimoine*, *Céruse d'antimoine*, *Matière perlée de Kerkringius*, et qui est l'oxyde d'antimoine.

Protochlorure (Sb^2Cl^3), *Beurre d'antimoine*, blanc grisâtre, de consistance sirupeuse; solide, volatil et cristallin quand il est anhydre; déliquescent, soluble sans décomposition dans une petite quantité d'eau, surtout quand elle a été acidulée, mais au contact de l'eau en excès donnant de l'acide chlorhydrique et un oxychlorure insoluble ($Sb^2Cl^3,2Sb^2O^3,HO$) appelé autrefois *poudre d'Algarot*. Il distille sans décomposition par la chaleur. On l'obtient en traitant le sulfure d'antimoine par l'acide chlorhydrique concentré. Il se dégage de l'acide sulfhydrique. La liqueur obtenue est évaporée, puis distillée pour isoler le chlorure. Il sert à bronzer les métaux.

Perchlorure d'antimoine (Sb^2Cl^5). Incolore ou légèrement jaunâtre, liquide, très-volatil, et répandant à l'air d'abondantes fumées blanches et suffocantes. L'eau le transforme en *acide chlorhydrique* et *acide antimonique*. On l'obtient en chauffant de l'antimoine dans un courant de chlore sec en excès. Le liquide recueilli est saturé de chlore, puis distillé dans une petite cornue.

Oxyde d'antimoine (Sb^2O^3), *Fleurs argentines d'antimoine, Neige d'antimoine*. — S'obtient par la calcination de l'antimoine au contact de l'air dans un creuset incomplètement fermé, ou mieux en versant par petites portions une dissolution de chlorure d'antimoine (Sb^2Cl^3) dans une dissolution bouillante de carbonate de soude. L'oxyde d'antimoine se sépare sous forme de petits cristaux. Si on le chauffe à 400° et qu'on y mette le feu, il brûle comme de l'amadou en se transformant en acide antimonieux. Il s'unit aux acides et il forme la base de l'*émétique* (tartrate double d'antimoine et de potasse). Il s'unit également aux alcalis pour former de véritables sels dans lesquels il joue le rôle d'acide (pour les combinaisons plus oxygénées, voyez Antimonieux, Antimonique).

Oxysulfures d'antimoine, Verre d'antimoine, Foie d'antimoine, Crocus. — Ces divers oxysulfures sont produits par le grillage plus ou moins avancé du sulfure d'antimoine naturel. Le *verre d'antimoine* contient 8 parties d'oxyde et 1 de sulfure; il est rouge, vitreux et transparent. Le *crocus* contient 8 parties d'oxyde et 2 de sulfure; il est opaque, d'un rouge jaune. Le *foie d'antimoine* contient 8 parties d'oxyde et 4 de sulfure; il est opaque et d'un brun foncé. Ces divers composés sont employés pour la préparation de l'émétique et dans la médecine vétérinaire. Le *kermès minéral* et le *soufre doré d'antimoine*, réservés à la médecine humaine, sont également des mélanges de sulfures et d'oxyde d'antimoine obtenus généralement par voie humide (voyez Kermès).

Sulfure d'antimoine (Sb^2S^3), analogue de l'oxyde d'antimoine que l'on rencontre dans la nature en filons dans les terrains anciens, et qui forme le seul minerai d'antimoine. Il est toujours cristallisé, le plus souvent en masse confuse, quelquefois en cristaux isolés, appartenant au système prismatique droit à base rhombe. Il est gris foncé, doué d'un éclat métallique prononcé, très-fusible, donne des vapeurs abondantes au rouge blanc et peut se distiller dans un courant d'azote. Sa densité est de 4,62.

Chauffé au contact de l'air, il se *grille* facilement en donnant de l'acide sulfureux et de l'oxyde d'antimoine pur ou mêlé de sulfure non décomposé.

L'hydrogène et le carbone le décomposent au rouge, en donnant de l'acide sulfhydrique ou de l'acide sulfocarbonique (sulfure de carbone) et de l'antimoine plus ou moins pur. Le fer, le zinc, le cuivre, le décomposent également, et le premier métal est généralement employé à l'extraction de l'antimoine. L'acide chlorhydrique concentré donne avec lui du chlorure d'antimoine et de l'acide sulfhydrique; l'acide sulfurique concentré et bouillant donne de l'acide sulfureux, et l'acide azotique de l'acide sulfurique et de l'oxyde d'antimoine insoluble. Les alcalis caustiques ou carbonatés l'attaquent également par voie sèche ou par voie humide en donnant des *oxysulfures*.

La poudre d'antimoine, appelée *kohl* en arabe, est employée par les femmes d'Orient pour se teindre les sourcils en noir. Les femmes grecques et romaines l'employaient au même usage, d'où le nom de *platyophthalmon* (grand œil) qu'il portait anciennement.

Sels d'antimoine. — Formés par la combinaison d'un acide avec l'oxyde d'antimoine; ils sont tous vomitifs et vénéneux à faible dose. On les reconnaît chimiquement aux caractères suivants : par la *potasse caustique*, précipité blanc d'oxyde d'antimoine hydraté, soluble dans un grand excès d'alcali; par l'*ammoniaque* et les *carbonates alcalins*, précipité blanc insoluble dans un excès d'alcali; par le *tannin*, précipité blanc; par l'*acide sulfhydrique* et le *sulfhydrate d'ammoniaque*, précipité jaune rougeâtre de sulfure d'antimoine; par le *zinc* ou le *fer*, précipité noir d'antimoine en poudre.

M. D.

Antimoine (Minéralogie). — A l'état natif, on l'a trouvé dans la mine de plomb de Sahla, en Suède, à Allemont dans le Dauphiné et dans le Hartz; il entre dans la constitution d'un certain nombre de minéraux dont les principaux sont :

Antimoine arsenical, d'un gris d'acier, d'une structure testacée et d'une densité d'environ 6,6.

Antimoine oxydé. Autrefois fort rare, ce minerai arrive aujourd'hui abondamment des mines de Seusa, prov. de Constantine (Algérie).

Antimoine sulfuré ou *stibine* (Beudant), le plus important de tous parce qu'on en tire l'antimoine.

ANTIMONIATES. — Sels formés par la combinaison de l'acide antimonique avec une base.

ANTIMONIAUX (Médicaments) (Médecine). — Ce sont tous les médicaments que la matière médicale a tirés des préparations antimoniales; ils sont classés parmi les contre-stimulants les plus employés; et un effet à peu près constant de leur ingestion, c'est le vomissement : quant aux phénomènes éloignés qu'on observe, les plus constants sont le ralentissement de la circulation et de la respiration; la sécrétion urinaire augmente, si les antimoniaux ne déterminent ni vomissements ni purgations; du reste, ces préparations assez nombreuses et dont l'action se ressemble, à l'intensité près, produisent d'autant plus d'effet qu'ils sont plus solubles, à l'exception peut-être de l'antimoine métallique pur, qui agit presque aussi énergiquement que l'émétique, bien qu'il soit insoluble. Dans tous les cas, s'il existait une inflammation de la muqueuse gastro-intestinale, non-seulement elle pourrait être augmentée par l'administration des antimoniaux, mais encore les effets indirects des médicaments ne seraient pas obtenus; dans ce cas, il faut donc s'en abstenir; mais toutes les fois que ces contre-indications n'existeront pas et qu'on pourra y avoir recours, ils rendront d'immenses services, dans la pneumonie aiguë (surtout le tartre stibié à haute dose), dans le rhumatisme aigu, dans certaines hémoptysies, dans le catarrhe des vieillards, dans certaines dyspnées, certaines suffocations qui accompagnent les maladies du cœur, etc., etc. Les principales préparations antimoniales employées en médecine sont : 1° l'*émétique*, tartre stibié (voyez Émétique); 2° les *oxydes d'antimoine*, comme expectorants; 3° le *sulfure d'antimoine*, peu actif; 4° le *kermès minéral* (hydrosulfate d'antimoine), très-employé comme expectorant: c'est la *poudre des Chartreux*; 5° le *soufre doré d'antimoine*, produit mêlé de kermès et de sulfure d'antimoine plus sulfuré : on l'emploie dans les mêmes cas que le kermès; 6° l'*oxychlorure d'antimoine* (poudre d'Algarot), préparation purgative et émétique; 7° l'*antimoine diaphorétique lavé*, employé dans les maladies de la peau, et surtout dans les pneumonies; c'est ce qu'on appelle généralement et improprement *oxyde blanc d'antimoine*; 8° le *chlorure d'antimoine* (beurre d'antimoine), blanc, solide, mais très-soluble dans une petite quantité d'eau, et constituant un caustique énergique beaucoup employé autrefois et négligé peut-être à tort aujourd'hui; 9° l'*antimoine métallique*, en poudre porphyrisée, à la dose de $0^{gr},40$ à 2 ou 3 grammes, a été employé très-avantageusement dans la pneumonie et le rhumatisme articulaire (voyez Antimoine (Chimie)).

F — N.

ANTIMONIEUX (Acide), SbO^2. — Poudre blanche. Semble devoir n'être considéré que comme une combinaison d'acide antimonique (Sb^2O^5) et d'oxyde d'antimoine (Sb^2O^3). $Sb^2O^3 + Sb^2O^5 = 4SbO^2$. En effet, l'acide tartrique lui enlève l'oxyde d'antimoine et laisse l'acide antimonique, tandis que la potasse caustique lui enlève l'acide antimonique et laisse l'oxyde d'antimoine. C'est un composé infusible que l'on obtient, soit en calcinant l'antimoine à l'air libre, soit en décomposant l'acide antimonique par la chaleur.

ANTIMONIQUE (Acide), Sb^2O^5, *Bézoard minéral*. — Combinaison de 2 proportions d'antimoine avec 5 d'oxygène. On l'obtient, soit en traitant l'antimoine par de l'eau régale contenant un excès d'acide azotique, soit en décomposant par l'eau le perchlorure d'antimoine.

La constitution moléculaire de l'acide varie suivant le procédé employé pour sa préparation. Par le premier, l'acide est uni à 1 proportion d'eau et ne peut se combiner qu'avec 1 proportion de base : c'est l'acide *méta-antimonique* ; le second fournit l'acide *antimonique* proprement dit, uni à 2 proportions d'eau et pouvant se combiner avec 2 proportions de base. La chaleur enlève leur eau à l'un et à l'autre, et donne l'acide anhydre qui est jaune. Les acides hydratés sont blancs.

ANTIMONIURES. — Combinaisons de l'antimoine avec un autre métal ou avec l'hydrogène. On rencontre plusieurs antimoniures dans la nature, notamment l'*antimoniure d'argent* (*discrase*), l'*antimoniure de plomb* (*plomb antimonié*).

ANTI-ODONTALGIE (Médecine), du grec *anti*, contre, *odontos*, dent, *algos*, douleur. — Remède propre à combattre les douleurs de dents (voyez Odontalgie).

ANTIPATHES (Zoophytes), *Antipathes*, Lin., du grec *antipathes*, contraire ; vulgairement *corail noir*. — Genre de *Polypes à polypiers*, famille des *Corticaux* ; ils sont constitués par un axe intérieur dont la substance branchue et d'apparence ligneuse est simple ou rameuse, épatée et fixée à sa base ; elle est recouverte d'une croûte gélatineuse qui se détruit par la dessiccation, et il ne reste plus que ces axes ou tiges solides, si communes dans les collections qu'elles ornent par l'élégance de leurs ramifications.

ANTIPÉRISTALTIQUE (Physiologie). — C'est l'opposé du mouvement péristaltique : pour faciliter la progression des matières alimentaires dans le canal digestif, l'estomac et les intestins exécutent un mouvement de contraction de bas en haut. Ce mouvement s'appelle *péristaltique* (voy. ce mot). Lorsque, par une cause quelconque, les intestins se contractent dans un sens opposé, les matières qu'ils contiennent sont rapportées en sens inverse, et c'est par un mouvement *antipéristaltique* que s'exécute cet acte anormal.

ANTIPHLOGISTIQUE (Médecine), du grec *phlogistos*, enflammé, et *anti*, contre. — On donne ce nom aux médicaments destinés à combattre les inflammations. Le traitement antiphlogistique consiste dans l'emploi des saignées locales ou générales, des boissons aqueuses, mucilagineuses et acidules, des eaux de veau, de poulet, des bains tièdes locaux ou généraux avec les décoctions de son et de plantes émollientes, des cataplasmes, des lavements émollients, dans l'abstinence plus ou moins complète des aliments, etc.

ANTIRRHINIDÉES (Botanique). — Deuxième groupe de la famille des *Scrofularinées*, établie dans la méthode de De Candolle. Ces plantes ont une corolle à préfloraison imbriquée, bilabiée, à lobes non plissés ; on les subdivise en six tribus : les *Calcéolariées*, les *Verbascées*, les *Hémiméridées*, les *Antirrhinées*, que M. Brongniart adopte comme une tribu, les *Chélonées* et les *Gratiolées*.

ANTIRRHINUM (Botanique). — On devrait, à l'exemple de Pline, écrire *anthirrhinon*, du grec *anthos*, fleur, et *rin*, nez, museau, c'est-à-dire fleur en museau, à cause de sa forme, qui lui a fait donner en français le nom de *Mufle de veau*, *Muflier*.

ANTISCORBUTIQUE (Médecine). — Médicaments employés dans le traitement du scorbut. Cette maladie, qui revêt différentes formes (voyez Scorbut), se présente le plus souvent avec des symptômes de cachexie, de mollesse des chairs, de faiblesse générale : cependant elle peut offrir parfois des symptômes inflammatoires qui réclament des moyens spéciaux ; mais ces réserves faites, on peut dire que les antiscorbutiques sont puisés généralement dans la classe des excitants et des toniques ; ainsi le *sirop antiscorbutique* se prépare avec le cochléaria, le trèfle d'eau, la racine du raifort sauvage, le cresson de fontaine, les oranges amères, la cannelle, le vin blanc et le sucre ; le *vin antiscorbutique*, en faisant macérer pendant huit jours dans 1 kilogramme de vin blanc, 30 grammes de racine de raifort sauvage, 15 grammes de feuilles de cochléaria, et autant de trèfle d'eau et de graines de moutarde noire, 8 grammes de sel ammoniac et 15 grammes de teinture de cochléaria ; on passe avec expression et on filtre. Enfin on obtient les *sucs antiscorbutiques*, avec parties égales de feuilles de cochléaria, de trèfle d'eau et de cresson. Quelquefois on ajoute à ces moyens le houblon, la fumeterre, le quinquina, la gentiane, la quassia amara, etc., le changement de climat, d'air, de pays sont des auxiliaires puissants des médicaments antiscorbutiques.   F — N.

ANTISCROFULEUX (Médecine). — On désigne ainsi des substances employées pour combattre les scrofules ; elles appartiennent presque toutes à la classe des amers et des toniques en général. Mais celles que l'on administre avec le plus de succès aujourd'hui, sont les préparations d'iode et l'huile de foie de morue ou de squales. Parmi les principales préparations antiscrofuleuses, nous citerons : 1° la *teinture de gentiane* ; racine de gentiane, 30 grammes ; carbonate d'ammoniaque, 8 grammes ; alcool, 1000 grammes ; faites macérer pendant huit jours, passez, filtrez ; la dose est de 1 cuillerée ou 2 par jour ; 2° on prépare l'*Elixir antiscrofuleux de Peyrilhe*, en remplaçant les 8 grammes de carbonate d'ammoniaque par 10 grammes de carbonate de soude, même dose ; 3° on fait aussi des *pilules antiscrofuleuses*, dans lesquelles entrent la scammonée, le sulfure noir de mercure, l'oxyde blanc d'antimoine, le savon médicinal, et même les cloportes préparés.   F — N.

ANTISEPTIQUE (Médecine), du grec *anti*, contre, et *septikos*, qui engendre la putréfaction. — On donne ce nom aux remèdes qui s'opposent à la putréfaction ; plusieurs maladies offrent une tendance particulière à une dissolution putride ; ainsi les fièvres typhoïdes, le typhus, les fièvres des camps, des prisons, le scorbut, la gangrène, etc. Un grand nombre de moyens peuvent être employés dans ce cas, tels sont : le froid, les poudres absorbantes comme le charbon, le quinquina, le coaltar ou goudron de houille, les acides plus ou moins concentrés, les toniques tels que le quinquina, les astringents, les amers, les aromatiques, les alcooliques, etc.

ANTISPASMODIQUE (Médecine), du grec *anti*, contre, et *spasmos*, spasme. — Remède employé contre les spasmes ou les convulsions. Le spasme peut reconnaître différentes causes. Ainsi il peut tenir à une excitation générale, à la pléthore sanguine, etc. Il peut dépendre de l'affaiblissement, de l'atonie ; souvent les spasmes sont produits par les poisons âcres ; enfin l'hystérie, la danse de Saint-Guy, l'épilepsie, en sont fréquemment la cause. On doit donc être extrêmement réservé dans l'emploi des médicaments propres à combattre une affection qui reconnaît des causes aussi diverses. D'après ce qui précède, nous diviserons les antispasmodiques en : 1° ceux qui ont pour effet de diminuer l'excitation nerveuse, tels que les débilitants, les calmants, les bains, les narcotiques, les odeurs fétides comme l'assa fœtida et le castoreum, la saignée ; 2° ceux qui sont pris dans la classe des stimulants : ainsi les huiles essentielles, volatiles, empyreumatiques, ammoniacales, la corne de cerf brûlée, l'huile animale de Dippel ; 3° enfin les toniques, le quinquina, les ferrugineux, les aromatiques, et généralement les amers (voyez Spasme).   F — N.

ANTISPASTIQUE (Médecine), du grec *anti*, contre, et *spastikos*, sujet aux spasmes (voyez Antispasmodique).

ANTITHÉNAR (Anatomie), du grec *anti*, opposé, et *thénar*, paume de la main. — C'est cette partie de la main qui s'étend de la base du petit doigt au poignet, à l'opposé de la paume de la main.

ANTITRAGUS (Anatomie), du grec *anti*, opposé, et de *tragos*, bouc. — Languette triangulaire qui limite la conque de l'oreille en arrière et en bas, à l'opposite du tragus.

ANTOFLE ou **Anthofle** (Botanique). — On donne ce nom aux fruits du Giroflier (*Caryophyllus aromaticus*, Lin.), arbre de la famille des *Myrtacées*. Ils sont oblongs, arrondis, noirâtres, de la grosseur du gland, et renferment une amande ovoïde noire, dure, fortement imprégnée d'une matière gommeuse. Ces fruits, que l'on nomme aussi *clous-matrices*, *mère des girofles*, ont une odeur agréable, aromatique, et constituent, confits dans le sucre, un excellent dessert auquel on attribue des propriétés stomachiques et digestives.

ANUS (Zoologie), mot latin passé dans notre langue et qui désigne l'ouverture terminale de l'intestin, par laquelle sont rendus les excréments. — Cette ouverture est munie d'un sphincter ou anneau musculeux qui empêche que les matières ne s'échappent involontairement. L'anus présente des différences marquées dans toute la série animale : ainsi, dans la plupart des Mollusques, il est situé dans un point plus ou moins rapproché de la bouche (la sèche, la limace, etc.) ; d'autres fois il est sur les côtés du corps. Les Insectes et les Crustacés et en général, les Annélides, l'ont à la partie postérieure du corps. Un assez grand nombre de Zoophytes n'ont pas d'anus ; ils n'ont qu'une seule ouverture par laquelle ils prennent leurs aliments et en rejettent le résidu.

Anus (Chirurgie). — L'*anus* peut être le siége d'un grand nombre d'affections plus ou moins graves, telles que *fistules, fissures, hémorrhoïdes, ulcères* de toute nature, *déchirures, abcès,* etc.

Anus contre nature. — On appelle ainsi une ouverture remplaçant l'anus, et par laquelle sortent, en totalité ou en partie, les matières fécales ; elle peut être située près de l'ombilic, dans l'aine, sur un autre point quêlconque de l'abdomen, ou même dans la vessie. L'*anus contre nature* est *accidentel,* quand il est le résultat d'une blessure qui a intéressé l'intestin, ou de la gangrène de ce même intestin à la suite d'une hernie étranglée ; on l'appelle *artificiel,* quand il a été pratiqué par le chirurgien pour remédier à un vice de conformation congénital, connu sous le nom d'*imperforation de l'anus.* Dans ce cas, l'homme de l'art a pu choisir l'endroit le plus convenable pour la réussite de l'opération. Littré a pensé, et avec raison, que c'était au-dessus de l'aine ; Callisen préférerait les lombes du côté gauche.   F — N.

AORTE (Anatomie), en grec *aorté.* — La plus considérable des artères. Elle s'étend du ventricule gauche du cœur jusqu'à sa division en iliaques primitives, au niveau de la quatrième ou de la cinquième vertèbre lombaire. Sortie, comme il a été dit, du ventricule gauche, qui lui donne naissance par son angle supérieur interne, elle passe entre les deux oreillettes, se dirige un peu vers la tête, puis se recourbe pour prendre, entre la colonne vertébrale et le cœur, une direction tout opposée d'avant en arrière. Cette courbure forme ce qu'on appelle la *crosse de l'aorte ;* ensuite elle prend le nom d'*aorte descendante,* souvent d'*aorte thoracique* ou *aorte abdominale,* suivant qu'on la considère dans la poitrine ou dans le ventre ; arrivée dans cette dernière cavité, elle va se terminer, comme nous l'avons dit, au niveau des quatrième ou cinquième vertèbres lombaires. Dans ce trajet l'aorte donne des branches importantes : dans la poitrine, on trouve chez l'homme le tronc innominé ou brachio-céphalique, la carotide et la sous-clavière gauche ; dans le ventre, le tronc cœliaque, les mésentériques supérieure et inférieure, etc.

L'aorte, dite aussi *grande artère* ou *artère dorsale,* est destinée à porter le sang rouge dans tous les organes.

Elle présente des différences assez remarquables chez les animaux : ainsi, dans les grands Mammifères, peu après son origine, elle se divise en *aorte antérieure,* qui donne les artères *brachiales* et *céphaliques,* et *aorte postérieure,* qui devient l'artère thoracique et abdominale, et fournit les mêmes branches que chez l'homme. Il y a peu de différences chez les Oiseaux. Dans les Crocodiles et les Serpents, l'aorte a deux crosses, l'une naît du ventricule unique par un orifice particulier. Dans les Tortues on trouve encore deux crosses, mais elles ne se réunissent pas directement pour former un seul tronc ; dans les Poissons où il n'y a pas de cœur gauche, les veines branchiales qui ramènent le sang rouge, se réunissent en un tronc unique, qui s'étend le long de la colonne vertébrale, et qui remplit les fonctions de l'aorte. Dans les Mollusques gastéropodes, le vaisseau qui sort du cœur distribue le sang dans tout le corps ; il en est de même chez les Crustacés.

AORTE (MALADIES DE L') (Médecine). — L'aorte peut être le siége de maladies très-graves : la plus fréquente est l'anévrysme ; lorsqu'il a son siége dans la partie supérieure, à la crosse de l'aorte, il détermine, à peu de chose près, des accidents semblables à ceux des maladies du cœur ; quand il affecte l'aorte descendante, surtout à sa partie inférieure, quelques chirurgiens, entre autres A. Cooper, ont tenté la ligature, mais sans succès, quoique cette opération ait réussi sur des animaux.

AORTIQUE (Anatomie), qui appartient à l'aorte. — Ainsi on a appelé *valvules aortiques* les valvules sigmoïdes ou semi-lunaires ; *sinus aortiques* de petites dilatations qui répondent à ces valvules, et une plus considérable qu'on remarque près de la convexité de la crosse ; *ventricule aortique,* le ventricule gauche ; *courbure aortique,* la crosse de l'aorte, etc.

AORTITE (Médecine). — Inflammation de l'aorte, ou plutôt de sa tunique externe. On conçoit la difficulté qu'il y a à se rendre compte de la nature et des symptômes de cette maladie, et à plus forte raison des moyens curatifs.

AOUT (TRAVAUX DU MOIS D') (Agriculture). — Ce mois est un des plus importants pour le cultivateur ; il va commencer ses grandes récoltes, ou plutôt les continuer, car une partie de celles qui se font en août ont été commencées en juillet : ainsi le seigle, le méteil, le froment, le blé de mars qu'on a soin de couper un peu avant la maturité, puis l'orge de printemps, l'avoine qu'on fauche, à moins qu'elle ne soit trop élevée ; on récolte encore dans ce mois les lentilles, le millet. Ordinairement on arrache le chanvre mâle (improprement appelé femelle dans quelques pays), le lin, et on procède à leur rouissage.

L'horticulteur n'a pas moins à se féliciter des richesses de ce mois que l'agriculteur ; indépendamment des fleurs de toute espèce qu'il lui prodigue, telles que roses, géraniums, dahlias, reines-marguerites, héliotropes, fuchsias, verveines, etc., il donne des fruits en quantité : cerises, abricots, prunes, fraises, framboises, melons, pêches, raisins précoces, etc.

Mais le travail du mois d'août ne se borne pas à la récolte, il faut travailler en vue de l'année suivante. Dès que les grandes récoltes sont enlevées, il faut faire un labour pour préparer les semailles d'automne, ou bien fumer les terres pour recevoir le colza, les navettes, les vesces, etc., qu'on sème vers la fin de ce mois. Dans les jardins on sèmera les chicorées sauvages, les navets, les salsifis, les scorsonères, les épinards, des haricots pour l'automne, etc. ; on plante le céleri, l'oseille, les escaroles, les fraisiers ; on recueille les graines dont on a choisi les pieds avec soin. C'est aussi le moment de pratiquer la taille d'août, de greffer en écusson, à œil dormant presque toutes les espèces d'arbres à fruits.

Les plantes d'agrément vivaces ou annuelles qu'on prépare pour le printemps ou l'été suivant, seront semées dans ce mois. On fera aussi les boutures de fuchsia, de géranium, de pélargonium, d'hortensia, de rosiers Bengale, etc. ; enfin, on repiquera les fleurs d'automne, œillets d'Inde, reines-marguerites, balsamines, colchiques, muguets, fritillaires, etc.

APALANCHE (Botanique), *Prinos,* Lin., du grec *priein,* scier. Les Grecs avaient donné ce nom à l'*Yeuse* (*Quercus ilex*) à cause de ses feuilles dentelées en scie. — Genre de plantes de la famille des *Ilicinées ;* calice et corolle à 4-6 divisions ; baies contenant 4-6 noyaux à une seule graine. Les espèces de ce genre habitent l'Amérique septentrionale. L'*A. à feuilles caduques, A. vert* (*Prinos verticillatus,* Lin.), a des fleurs blanches et des baies globuleuses d'un rouge vif.

APATITE (Minéralogie). — Phosphate de chaux naturel. D'après les analyses de M. Rose, ce minéral renferme toujours du chlorure ou du fluochlorure de calcium, combiné au phosphate calcaire, et sa formule est : $CaO, PhO^4 + Ca \left\{ \begin{matrix} Cl \\ Fl \end{matrix} \right\}^2$. L'apatite est presque toujours cristallisée ou du moins cristalline ; on trouve cependant quelques échantillons compactes. Ce corps est assez dur : sa densité varie de 3,16 à 3,28. Les cristaux affectent ordinairement la forme du prisme hexagonal régulier ; ils sont d'une teinte qui varie du vert d'eau au vert foncé et quelquefois au violet : complétement hyalins, ils sont assez rares. La chaux phosphatée appartient aux terrains anciens ; le granit, les schistes talqueux ou chloriteux, les roches volcaniques en renferment assez fréquemment : on le rencontre aussi dans les filons métallifères, dans ceux du Cornouailles, ou d'Arendal en Norwége, par exemple.

APEPSIE (Médecine), du grec *pepsis,* coction, digestion, et *a* privatif. — Ce mot étant presque synonyme de *Dyspepsie,* nous y renvoyons le lecteur.

APEREA (Zoologie). — Espèce de rongeur du genre *Cobaye* (voyez ce mot).

APÉRITIFS (Médecine), du latin *aperire,* ouvrir. — Ce sont des médicaments qu'on croyait propres à diviser les molécules du sang, de la lymphe ou des humeurs épaissies par une cause morbide, à faciliter les sécrétions et les excrétions en rendant les liquides plus ténus, en un mot, en ouvrant les voies, en dissipant les obstacles qui s'opposaient au cours des fluides : ces théories ont fait place à des idés plus saines, basées sur les connaissances physiologiques. Ainsi dans les fièvres inflammatoires, dans les phlegmasies des viscères, des séreuses, lorsque la source des liquides semble, pour ainsi dire, tarie, les meilleurs apéritifs sont les calmants, les émollients, les boissons aqueuses, rafraîchissantes, relâchantes, les lavements. Au contraire, dans les affections chroniques avec infiltrations cellulaires, relâchement des tissus, inertie des fonctions de nutrition, ce sont des purgatifs, des excitants des toniques, les racines d'ache, de fenouil, de petit houx, d'asperge, de chiendent, de chardon-Roland, de fraisier, d'arrête-bœuf ; puis des toniques amers, le pissenlit, la chicorée, quelques ferrugineux, les eaux minérales alcalines, ferrugineuses, etc. On donne le nom d'*espèces apéritives* ou *diurétiques* aux racines de fenouil, de petit houx, d'ache, d'asperge et de persil. C'est aussi avec elles que se prépare le sirop connu sous le nom de *sirop des cinq racines apéritives*.   F — N.

APÉTALES (Botanique), du grec *a* privatif, et *petalon*, pétale, qui n'a point de pétales. — Tournefort s'est servi de ce terme pour désigner les plantes qui sont dépourvues de corolle. De Jussieu a ensuite établi la distinction suivante dans sa méthode naturelle ; ses cinquième, sixième et septième classes sont comprises dans le sous-embranchement des *Apétales*. La première a les étamines épigynes et comprend les *Aristoloches* ; la deuxième, des étamines périgynes et comprend les *Chalefs*, les *Thymélées*, les *Protées*, les *Lauriers*, les *Polygonées* et les *Arroches* ; enfin la troisième, qui présente des étamines hypogynes, renferme les *Amarantes*, les *Plantains*, les *Nyctages*, les *Dentelaires*.

APHÉLANDRE (Botanique), du grec *aphelés*, simple, et du génitif *andros*, mâle ; anthère à une seule loge. — Plante de la famille des *Acanthacées*, originaire de l'Amérique du Sud, à feuilles opposées, fleurs en épis ou solitaires. On cultive en serre chaude : 1° l'*A. à crête*, qui donne en août de superbes fleurs, longues, tubuleuses, d'un beau rouge vermillon, en épis ; 2° l'*A. éclatante* donne en septembre des fleurs d'un rouge éclatant ; 3° l'*A. orangée*, fleurs d'un jaune d'or, en épis très-denses ; 4° l'*A. panachée*, fleurs en épis terminaux d'un jaune vif. Toutes ces plantes de serre chaude demandent une terre légère et de fréquents arrosements.

APHÉLIE (Astronomie). — Point de l'orbite d'une planète qui est le plus éloigné du soleil ; c'est par conséquent l'une des extrémités du grand axe de son ellipse (voyez PLANÈTE).

APHIDIENS (Zoologie), *Aphidii*, autrement les *Pucerons*. — Famille d'*Insectes hémiptères homoptères*, dont les tarses n'ont que deux articles, et les antennes sont filiformes ou en forme de soie, plus longues que la tête. Ce sont de petits insectes qui ont le corps mou et les étuis presque semblables aux ailes ; ils pullulent prodigieusement et vivent du suc des végétaux ; les principaux genres sont : les *Psylles* (*Psylla*, Geof.), les *Thrips* (*Thrips*, Lin.), les *Pucerons* (*Aphis*, Lin.).

APHIDIPHAGES (Zoologie), *Mangeurs de pucerons*. — On donne ce nom à une famille de *Coléoptères trimères* ; ils ont les antennes plus courtes que le corselet ; le corps hémisphérique avec le corselet très-court. A l'état de larves surtout ils détruisent une multitude de pucerons. Les *Coccinelles* (*Coccinella*) sont le genre le plus intéressant de cette famille (voyez COCCINELLE).

APHIS (Zoologie). — Voyez PUCERONS.

APHODIE (Zoologie), *Aphodius*, Ilig., Fab. — Insectes qui vivent en général dans les excréments (du grec *aphodos*, excrément), comme les bousiers dont ils faisaient d'abord partie. Ils forment maintenant un genre parmi les *Coléoptères pentamères lamellicornes*, tribu des *Scarabéides* ; ils ont le corps ovalaire, convexe en dessus, plat en dessous, l'abdomen bombé, et sont généralement d'un noir luisant. Ces insectes forment un genre nombreux ; on trouve surtout en France l'*A. du fumier* (*A. fimetarius*, Lin.), long de 0ᵐ,006 ou 0ᵐ,007, très-commun dans les bouses ; l'*A. fossoyeur* (*A. fossor*, Fab.), long de 0ᵐ,010 à 0ᵐ,012.

APHONIE (Médecine), du grec *phoné*, voix, et *a* privatif. — C'est la privation de la voix ; elle diffère de la *mutité* en ce que dans celle-ci il y a des sons émis, mais qui ne sont pas articulés ; et de l'*extinction* de voix en ce qu'ici la voix est éteinte ; elle est brisée, mais peut encore être entendue. Dans l'*aphonie*, surtout si elle est complète, les mots ne sont pas articulés, et il n'y a pas émission de la voix. Lorsqu'elle reconnaît pour cause une frayeur, l'impression du froid, les efforts du chant, de la déclamation, les cris, la colère, la frayeur, l'ivresse, certaines névroses, comme l'hystérie, etc., cette affection cède ordinairement très-bien et promptement au repos, à une alimentation douce, légère, aux boissons tièdes, émollientes, aux cataplasmes autour du cou ; mais elle peut tenir à des causes plus graves, et, dans ce cas, le pronostic est plus sérieux. Ainsi les inflammations aiguës ou chroniques du larynx et de la trachée-artère, la bronchite, l'angine gutturale, la phthisie laryngée, le croup, l'angine couenneuse, les ulcères vénériens, la produisent presque inévitablement. Elle est un des symptômes caractéristiques du choléra. On l'observe quelquefois dans certaines fièvres typhoïdes graves, surtout dans les formes ataxi-

ques et adynamiques. Le traitement de l'aphonie doit nécessairement varier d'après les causes que nous venons d'énumérer. Les gargarismes émollients, les infusions de mauve, de guimauve, de violette, les décoctions d'orge, les fumigations émollientes, les saignées, les sangsues, les bains de pieds, les frictions avec la pommade stibiée ou l'huile de croton tiglium, les vésicatoires, les sétons à la nuque, les vomitifs, les purgatifs, les insufflations d'alun, la cautérisation avec la solution de nitrate d'argent, etc. ; tels sont les différents moyens dont l'emploi doit être approprié aux indications que le médecin veut remplir. On retire quelquefois de très-grands avantages des eaux minérales sulfureuses, telles que celles de Cautcrets, des Eaux-Bonnes, etc.   F — N.

APHRODITE (Zoologie), *Aphrodita*, Lin., du grec *Aphrodité*, Vénus. — Genre d'*Annélides* de l'ordre des *Dorsibranches*, à corps aplati, pourvu de deux rangées longitudinales de larges écailles membraneuses qui recouvrent le dos, auxquelles on a donné bien à tort le nom d'*élytres*, et sous lesquelles sont cachées les branchies en forme de petites crêtes charnues ; le corps est plus court et plus large que dans les autres *Annélides*. L'*A. hérissée* (*A. aculeata*, Lin.), qui habite nos côtes, est un des animaux les plus admirables à voir, les faisceaux de soies flexueuses qui naissent de ses côtés, brillent de tout l'éclat de l'or, et changent en toutes les teintes de l'iris, et elle ne le cède en beauté ni au plumage du colibri, ni à ce que les pierres précieuses ont de plus vif ; elle a 0ᵐ,18 à 0ᵐ,20 de long. Les pêcheurs la nomment *taupe de mer*.

APHTHE (Médecine), en grec *aphthaï*. — Ce sont de petits ulcères superficiels, qui se développent sur les parties internes de la bouche, sur la langue, sur la muqueuse du canal digestif. On peut à peine donner ce nom à ces légères phlegmasies de la bouche qui se présentent sous la forme de plaques plus ou moins larges, qu'elles soient ulcérées ou non. Les vrais aphthes commencent par de petites vésicules transparentes, d'un gris perlé, entourées bientôt à leur base d'un bourrelet gris ou blanc ; au bout de quelques jours elles s'ouvrent et forment de petits ulcères. L'éruption des aphthes peut être *discrète* ou *confluente* : dans le premier cas, elle se borne ordinairement à la bouche et ne constitue qu'une légère indisposition ; lorsqu'elle est confluente, elle s'étend au pharynx et à toute l'étendue des voies digestives ; alors il survient de la fièvre, de la soif, la sécheresse de la bouche, de la difficulté dans la déglutition. Le traitement dans l'éruption discrète se bornera au repos, aux boissons douces, telles que l'eau de veau ou de poulet, l'eau de mauve ; mais lorsqu'elle est confluente, on ajoutera à ces moyens des collutoires, qu'on portera surtout sur les gencives, dans l'intérieur des joues, avec des décoctions de guimauve, de pavot, miellées, coupées avec du lait ; lorsque les ulcérations seront douloureuses, on les touchera avec un léger pinceau chargé de mucilage de graine de lin, de crème, de jaune d'œuf, de sirop de pavot ; puis, lorsque les douleurs auront cessé, on aura recours aux astringents, légers d'abord, puis aux acidules et enfin aux toniques. Chez les enfants on rencontre souvent une éruption du genre des aphthes, mais qui en diffère par quelques caractères ; on lui a donné le nom de *Muguet*, *Millet*, *Blanchet* (voyez MUGUET).

Les aphthes affectent aussi certains animaux domestiques, surtout de l'espèce bovine. On les observe alors non-seulement dans les voies digestives, mais aux mamelles, entre les onglons des pieds et à leur couronne. Ils compliquent souvent certaines épizooties, et en particulier la *cocote* chez les Ruminants. Le traitement des aphthes simples est le même que nous avons indiqué plus haut ; quant à ceux qui accompagnent les épizooties, voyez au mot COCOTE.   F — N.

APHYE (Zoologie), *Gobius aphya*, Lin., Gmel., Lacép. — Poisson du genre *Gobie*, appartenant aux *Acanthoptérygiens*, famille des *Gobioïdes* ; nommée aussi *Loche de mer*, à cause de sa ressemblance avec le *Cobite*, appelé *Loche de rivière* ; ce petit poisson, qui atteint 0ᵐ,10, se trouve dans la Méditerranée et dans le Nil. Le nom d'*Aphye* s'applique aussi à un amas de petits poissons, de fretin, tels que goujons, sardines, anchois, etc.

API (Horticulture), du latin *Appius*, nom d'homme romain. — Variété de pomme dont la culture remonte aux temps de l'ancienne Rome ; l'arbre qui la produit est de moyenne taille, à rameaux longs et redressés, il donne beaucoup de fruits ; ceux-ci sont petits, jaune pâle, d'un beau rouge vif du côté du soleil, fermes et croquants. On peut les conserver jusqu'en avril. Cette pomme est de bonne qualité. On en a fait plusieurs variétés, mais elles sont de beaucoup inférieures à l'*A. ordinaire* ; ainsi l'*A. noir*, à peau d'un rouge très-brun, l'*A. gros*, *Pomme-rose*, dont le fruit est plus gros et sent la rose.

APIAIRES (Zoologie), du latin *apis*, abeille. — *Insectes* formant la deuxième section de la famille des *Mellifères*, ordre des *Hyménoptères*, division des *Porte-aiguillon*. Elle comprend les espèces dont la division moyenne de la languette est aussi longue au moins que le menton ou sa gaîne tubulaire ; les mâchoires et les lèvres sont très-allongées et forment une espèce de trompe coudée et repliée en dessous dans l'inaction ; leur tête est triangulaire, les antennes de 12 articles dans les femelles, de 13 dans les mâles. Ces insectes volent avec rapidité de fleur en fleur pour recueillir le miel dont ils se nourrissent, eux et leurs larves. Les larves de tous les apiaires sont de petits vers blancs un peu courbés, rétrécis vers les deux bouts, la tête armée d'une bouche écailleuse où se trouve une filière (voyez ABEILLES). Cette famille se divise en *A. solitaires* et *A. sociales* ; dans les premiers, chaque femelle pourvoit seule ou isolément à la conservation de sa postérité. Les principaux genres de ce groupe sont les *Rophites*, les *Panurges*, les *Xylocopes*, les *Cératines*, les *Anthidies*, les *Mégachiles*, les *Nomades*, les *Oxées*, les *Acanthopes* ; dans les secondes, on trouve les genres *Euglosse*, *Bourdon*, *Abeille*, *Mélipone*, etc. (voyez ces mots et surtout ABEILLE).

APICULTURE (Zootechnie), du latin *apis* et *cultura*, culture des abeilles. — On appelle ainsi cette partie de l'agriculture qui s'occupe de l'élevage des abeilles. La première chose à faire, c'est de bien choisir l'emplacement de ses ruches. En général, de petites vallées, baignées de frais ruisseaux, des touffes d'arbrisseaux, des bouquets d'arbustes, des bois, des vergers couverts d'arbres donnant des fleurs odorantes, des prairies naturelles ou artificielles, parsemées de plantes aromatiques, une pelouse ou toute autre place un peu découverte devant l'entrée des abeilles ; dans le voisinage, de grands arbres à fleurs ; tilleuls, faux-ébéniers, acacias, etc. : telles sont les conditions principales qui conviennent le mieux aux abeilles : on évitera les lieux élevés où le vent souffle avec force, les grands espaces découverts et trop exposés à un soleil ardent, une trop grande humidité, le voisinage immédiat d'une grande rivière, des pièces d'eau, des étangs. Sans établir ses ruches trop près des habitations, on ne les isolera cependant pas trop, dans la crainte qu'elles ne deviennent sauvages, méchantes et dangereuses ; d'une autre part, il faut prendre garde de les placer sur le passage des animaux domestiques, il pourrait en résulter des accidents. Dans tous les cas, on établira son rucher de manière à pouvoir circuler tout autour.

Quant à l'habitation même des abeilles, il en sera traité au mot RUCHE, et nous y renvoyons. Nous dirons seulement ici que, quel que soit le genre de ruches qu'on adopte pour loger un *essaim* (voy. ABEILLE), il y a à prendre quelques précautions préalables ; ainsi elle doit être propre et exempte de mauvaise odeur. Si elle est couverte d'un enduit, on aura soin qu'il soit bien sec, puis on la passera sur une flamme sans fumée et on la frottera de miel intérieurement. Lorsque l'essaim aura été mis dans la ruche, il sera bon de lui donner un peu de miel pour ménager celui que les abeilles auront emporté avec elles. Il sera bon aussi, dans les ruches ordinaires, de donner un supplément de nourriture aux abeilles pendant l'hiver, surtout si l'on a eu l'imprudence de leur enlever tout le miel lorsqu'on a fait la récolte. Pour éviter cet inconvénient, on aura dû conserver quelques-unes des rayons qui contiennent du pollen ; on les gardera avec précaution sans les briser, pour les donner aussitôt que les froids commenceront. A défaut de cette nourriture, qui est de beaucoup la meilleure, on pourra faire usage d'un sirop fait avec du miel ou de la cassonade et quelques gouttes d'eau-de-vie.

A l'article MIEL il sera traité de sa récolte.

On a compté au nombre des ennemis des abeilles, quelques oiseaux, les souris, les crapauds, certaines araignées ; mais il est prouvé aujourd'hui que ces animaux ne produisent en général que des pertes insignifiantes. Il n'en est pas de même de la *fausse Teigne de la cire*, de Réaumur, *Galerie de la cire*, de Cuvier (*Galeria cereana*, Fab.), qui fait, dit-on, de grands dégâts dans les ruches dont elle perce les rayons. Ouvrages à consulter : Debeauvoys, *Guide de l'Apiculteur* ; Féburier, *Maison rustique du xixe siècle*, art. *Abeilles, Ruches, Miel, Cire* ; de Frarière, *Traité de l'éducation des*

abeilles ; id. *Guide de l'éleveur d'abeilles* ; Hamet, *Livre de la ferme*, art. *Apiculture*.

APION (Zoologie), en grec *apion*, poire, sans doute à cause de leur forme. — Sous-genre d'*Insectes coléoptères tétramères*, genre *Attélabe* (voyez ce mot). Ils sont très-petits, leur museau n'est point élargi à l'extrémité et termine souvent en pointe ; l'abdomen est très-renflé. A l'état de larves, ces insectes font de grands ravages dans les champs et dans les vergers ; parmi les nombreuses espèces, on distingue l'*A. rouge* (*A. frumentarium*, Oliv.), rouge, avec les yeux noirs, regardé comme le type du genre ; l'*A. des vergers* (*A. pomona*, Oliv.), noir, allongée, terminée en alène ; il vit sur les arbres fruitiers.

APIUM (Botanique), nom latin du genre *Ache* (voyez ce mot).

APLOMB (Hippiatrique). Ce mot se dit d'une ligne perpendiculaire au plan de l'horizon. — Dans la science hippique, on définit en *extérieur* (voyez ce mot) les aplombs du cheval, la répartition régulière du poids du corps sur les quatre membres, de manière qu'il soit supporté le plus solidement et le plus favorablement pour l'exécution des mouvements (voyez CHEVAL, HIPPOLOGIE).

APLYSIE (Zoologie), *Aplysia*, Lin., du mot grec *aplusia*, saleté. — Genre de *Gastéropodes tectibranches*, qui ont un corps charnu, oblong, bombé en dessus, élargi en dessous, conjoint avec le pied dont les bords sont redressés en crêtes flexibles et entourant le dos de toute part ; 2 tentacules supérieurs creusés comme des oreilles de quadrupèdes ; sur le dos, des branchies en forme de feuillets très-compliqués, attachées à un large pédicule membraneux et recouvertes par un petit manteau également membraneux, qui contient dans son épaisseur une coquille cornée et plate. Une glande particulière verse une humeur limpide qu'on dit très-âcre dans certaines espèces, et des bords du manteau suinte une liqueur pourpre foncé dont l'animal colore l'eau de la mer lorsqu'il veut échapper à un danger. Ces animaux, autrefois connus sous le nom de *Lièvres marins*, ont été l'objet des fables les plus absurdes ; ainsi, non-

Fig. 185. — Aplysie.

seulement ou leur a attribué des qualités venimeuses, mais encore on a affirmé qu'une femme enceinte ne pouvait en supporter la vue sans danger d'avortement : les travaux des modernes ont fait justice de toutes ces erreurs que rien n'a justifiées. Les espèces connues sur nos côtes sont l'*A. bordée*, l'*A. ponctuée*, l'*A. dépilante*.

APOCYN (Botanique), *Apocynum*, Tourn., du grec *apo*, loin de, et *cuôn*, chien, dont on doit éloigner les chiens. Pline a prétendu qu'elle était mortelle pour ces animaux. — Genre de plantes de la famille des *Apocynées*, tribu des *Échitées*. Il comprend des herbes sous-frutescentes, dressées, la plupart originaires du nouveau continent. Leurs feuilles sont opposées, molles, mucronées, parfois bordées de dents coriaces. L'*Apocyn gobe-mouche à feuilles d'androsème* (*A. androsæmifolium*, Lin.) est une plante vivace de 1 mètre de hauteur environ. Ses fleurs, qui s'épanouissent pendant tout l'été, sont d'un blanc rosé. Cette plante, originaire de l'Amérique septentrionale, tient son nom vulgaire de ce que plusieurs espèces d'insectes, pénétrant dans sa fleur, enfoncent leur trompe au point de ne plus pouvoir la dégager. L'*A. chanvrin* (*A. cannabinum*, Lin.) est également vivace. Il nous vient de la Caroline et donne des fleurs d'un jaune verdâtre; par le rouissage on en obtient une bonne filasse. En général, toutes les espèces de ce genre sont âcres, laiteuses et plus ou moins vénéneuses. Calice quinqué-partit; corolle campanulée à gorge nue, à tube muni d'appendices membraneux; étamines à anthères plus longues que les filets et adhérentes avec le stigmate. (Griscom, *Observations on the Apocynum cannabinum*, Philadelphia, 1833.) G — s.

APOCYN A OUATE (Botanique). — Herbe à ouate (voyez ASCLEPIAS).

APOCYNÉES (Botanique). — Famille de plantes gamopétales que M. A. Brongniart range dans sa classe des *Asclépiadinées*, entre les Loganiacées et les Asclépiadées. Elle renferme des plantes à suc laiteux, à fleurs régulières ordinairement disposées en cymes; corolle gamopétale à limbe découpé en 5 lobes; 5 étamines insérées sur le tube de la corolle; ovaire entouré d'un disque charnu ou de 5 glandes, alternant avec les 5 lobes du calice. Les Apocynées habitent particulièrement les régions tropicales. Quelques espèces se trouvent dans l'Amérique du Nord, l'Asie moyenne et s'avancent même jusqu'à la région méditerranéenne. M. A. Brongniart divise cette famille en quatre tribus, savoir : les *Strychnées*, qui renferment le genre *Strychnos* et produisent la *noix vomique* et la *fève de Saint-Ignace* (certains auteurs rangent cette tribu dans les *Loganiacées*), les *Ophioxylées*, les *Plumérides*, qui renferment le genre *Pervenche* (*Vinca*, Lin.), enfin les *Echitées*, dont le genre *Apocyn* et les *Lauriers-roses* (*Nerium*, Lin.) font partie. G — s.

APODE, du grec *a* privatif, et du génitif *podos*, pied. — Ce nom a été appliqué à plusieurs groupes dans les classifications zoologiques; ainsi Linné a donné ce nom à un de ses ordres des *Poissons* qui sont privés de nageoires ventrales; Cuvier, à sa famille des *Anguilliformes*; M. Duméril et Lacépède les ont placés à la tête de chacun des huit ordres de cette classe; de Blainville en a fait un ordre des *Poissons* et de plus il a donné ce nom aux *Serpents* et à un ordre de ses *Lacertoïdes*; Lamarck, à un ordre des *Annélides*; Latreille, au cinquième type de cette classe. Enfin les entomologistes ont désigné sous ce nom les larves d'insectes dépourvues de pieds.

APOGÉE. — C'est le point de l'orbite apparente du soleil qui est le plus éloigné de la terre (voyez SOLEIL).

APOGON (Zoologie), *Apogon*, Lacép., du grec *apôgôn*, sans barbe, parce qu'il n'a pas de barbillons. — Genre de *Poissons* de la famille des *Percoïdes*, ordre des *Acanthoptérygiens*; ils ont le corps court, garni, ainsi que les opercules, de grandes écailles, qui se détachent facilement; les deux dorsales très-séparées et un double rebord dentelé au préopercule; ils sont le plus souvent colorés en rouge : leur taille varie entre 0^m,05 et 0^m,15. La plupart des espèces vivent dans la mer Rouge; une seule habite la Méditerranée, sur les côtes de Malte, c'est l'*A. commun*, vulgairement le *Roi des rougets* (*A. rex mullorum*, Cuv.; *Mullus imberbis*, Lin.; *A. rouge*, Lacép.); il est long de 0^m,08 à 0^m,10, d'un rouge magnifique, piqueté de noir, et toujours une touche de cette couleur de chaque côté de la queue. Sa chair est délicate et agréable au goût.

APONÉVROSE (Anatomie), en grec *aponeurôsis*. — Ainsi nommée, parce que les anciens la regardaient comme une expansion nerveuse, toutes les parties blanches étant pour eux des nerfs. Quoi qu'il en soit, on entend par ce mot, aujourd'hui, une sorte de membrane plus ou moins large, d'une couleur blanche, luisante, satinée, d'un tissu dense, serré, élastique, peu extensible, très-résistant, essentiellement composé de faisceaux de fibres du tissu cellulaire. Les aponévroses présentent dans leurs dispositions des différences remarquables; d'après leurs usages, on peut les diviser en deux sections : 1° les *aponévroses générales*, *d'enveloppe*, *capsulaires* de Chaussier, forment une enveloppe contentive aux muscles; leur face interne en contact avec ces derniers, et envoie entre eux des prolongements membraneux, qui donnent insertion à des fibres musculaires, leurs extrémités s'attachent au périoste; ainsi l'*A. fémorale* ou *crurale*, nommée communément *fascia lata*, enveloppe et recouvre les muscles de la cuisse; 2° les *aponévroses musculaires* entrent dans la composition des muscles larges, ou en sont la terminaison; au moyen des gaines celluleuses des fibres musculaires qui se continuent au delà de ces fibres, elles prennent la structure fibreuse, puis vont se confondre avec le tissu fibreux du périoste; les unes, nommées *A. d'insertion*, se remarquent surtout à l'extrémité des muscles larges du bas-ventre; les autres, connues sous le nom d'*A. d'intersection*, interrompent la continuité d'un muscle, tels sont le *centre tendineux* du diaphragme, les *intersections* du muscle droit de l'abdomen. F — N.

APOPHYSE (Anatomie), du grec *apophusis*, excroissance. — On donne ce nom à des éminences osseuses naturelles, qui forment une pointe, une saillie assez considérable; chacune de ces saillies, de ces apophyses, se développant par un point d'ossification particulier, il en résulte que, pendant le premier âge, elles ne tiennent au reste de l'os que par une substance cartilagineuse; dans ce cas elles prennent le nom d'*épiphyses* (voyez ce mot). Ce n'est que plus tard qu'elles se soudent complétement et font corps avec l'os; c'est alors qu'on les appelle véritablement *apophyses*. On les désigne soit d'après leurs formes, *A. styloïde*, *A. coracoïde*, *A. coronoïde*; leur position, *A. basilaire* de l'occipital; leur direction, *A. montante* du maxillaire supérieur, etc.

APOPLEXIE (Médecine), du grec *apoplesseïn*, frapper, stupéfier. — L'apoplexie est une maladie qui a son siège dans le cerveau, et dont l'invasion est le plus souvent subite : elle est caractérisée par une paralysie complète ou incomplète du sentiment et du mouvement, et par un assoupissement plus ou moins profond, sans altération notable de la respiration et de la circulation. Cette paralysie dépend généralement d'un épanchement sanguin dans les membranes du cerveau, dans les ventricules ou dans la substance cérébrale elle-même ; c'est la forme la plus générale de l'apoplexie, celle à laquelle on a donné le nom d'*A. sanguine*. Dans une seconde espèce, nommée *A. séreuse*, l'épanchement est formé par de la sérosité. Enfin, mais plus rarement, on ne trouve aucune lésion matérielle appréciable, et dans ce cas on l'a appelée *A. nerveuse*. Cette dernière espèce est loin d'être généralement admise.

L'*A. sanguine* est la plus commune ; parmi les causes qui la déterminent, on doit citer : le tempérament sanguin, pléthorique, une tête volumineuse, un col ouvert, un régime trop substantiel avec une vie sédentaire, l'excès des travaux intellectuels, des passions vives, l'âge mûr et la vieillesse, l'exposition au soleil, à une chaleur intense ou à un froid trop vif, l'intempérance, l'abus des boissons alcooliques, des narcotiques et en particulier de l'opium, la suppression de certaines évacuations, telles que les hémorrhoïdes, les saignements de nez, les règles, une saignée habituelle, un cautère ; les coups, les chutes, en un mot, tout ce qui peut déterminer un ébranlement cérébral et faire affluer le sang vers le cerveau. Les hommes y sont plus sujets que les femmes ; elle paraît héréditaire dans certaines familles. Quoiqu'elle soit ordinairement soudaine, la maladie est assez souvent annoncée par des maux de tête, des éblouissements, la rougeur de la face, des étourdissements, de la tendance au sommeil, des pesanteurs de tête; bientôt survient de la somnolence, les étourdissements augmentent, il y a des palpitations, des tintements d'oreilles; puis la parole s'embarrasse, l'intelligence s'engourdit, il survient de la pesanteur, des fourmillements dans les membres, et surtout dans tout un côté du corps ; la face se colore davantage ou devient d'une pâleur anormale, les veines des extrémités semblent vides de sang, les jugulaires se gonflent, la parole est de plus en plus difficile. L'ensemble de ces symptômes caractérise ce que Pinel a désigné sous le nom d'*A. faible*: jusque-là on peut espérer que l'hémorrhagie cérébrale n'a pas encore eu lieu, par conséquent qu'il n'y a pas épanchement, mais seulement ce qu'on appelle *congestion cérébrale*, vulgairement *coup de sang*, mais si des secours énergiques et efficaces n'ont pas enrayé la maladie, les symptômes deviennent plus graves et le danger est imminent; en effet, bientôt la parole est impossible, le malade articule tant bien que mal des mots sans suite; l'engourdissement, la pesanteur augmentent, la paralysie affecte tout un côté du corps (*hémiplégie*), la bouche se tourne, l'intelligence s'éteint, l'assoupissement est de plus en plus profond, le pouls, ordinairement fort et plein dans le début, devient plus lent, plus faible, quelquefois intermittent. Il peut y avoir des mouvements convulsifs dans les membres, dans les muscles de la face; on observe un rire sardonique, du ptyalisme, etc. Quelquefois l'enchaînement de ces symptômes est si rapide, que la mort arrive en quelques heures, elle peut même être instantanée : c'est ce qu'on appelle *A. foudroyante*. Dans le traitement de l'apoplexie, on doit avoir égard à l'âge, aux forces des individus, à la violence des symptômes ; ainsi, en général, on combattra les premiers accidents par des saignées locales ou générales, des dérivatifs, tels que bains de pieds, purgatifs ; des boissons délayantes, fraîches, la diète, le repos, etc. Si les symptômes sont plus graves et que l'invasion de la maladie soit soudaine, on déshabillera le malade, on le mettra au lit, dans un lieu aéré, frais, la tête élevée et découverte ; on lui tiendra les pieds chauds, on éloignera tout ce qui pourrait agir trop fortement sur les sens, comme le bruit, une lumière trop vive ; on pratiquera une saignée de 500 à 1 000 grammes, suivant les circonstances ; on prescrira des sangsues à la nuque, derrière les oreilles, ou à l'anus, des ventouses scarifiées ; on mettra sur la tête des compresses d'eau froide ; on aura recours aux sinapismes, aux purgatifs, à tous les moyens qui pourront réveiller la sensibilité, etc. Mais, quel que soit le succès qu'on obtiendra de ce traitement, si la paralysie ne cède pas dans les premiers moments, on doit craindre qu'elle ne soit incurable (voyez PARALYSIE). Dans tous les cas, les récidives étant fréquentes, à la suite de cette maladie, il faudra d'abord autant que possible éloigner toutes les causes appréciables qui ont pu agir pour produire le premier accès, puis, suivant les circonstances, avoir recours aux petites saignées, aux bains de pieds, aux purgatifs légers, etc.

On a donné le nom d'*A. des nouveau-nés* à cet état dans lequel se trouvent quelques enfants dont la circulation a été gênée pendant le travail de l'accouchement ; la rougeur universelle de la peau, la turgescence et la lividité de la face caractérisent cet état, qui cesse ordinairement en faisant couler par le cordon ombilical une petite quantité de sang.

L'*apoplexie* frappe assez souvent les animaux domestiques et surtout les chevaux : ils tombent tout à coup sur la route et meurent avant qu'on ait eu le temps de les secourir ; ce sont les animaux vigoureux et pléthoriques qui y sont sujets. Cette apoplexie peut être déterminée par la plus grande partie des causes qui la produisent chez l'homme. Le traitement est celui que nous avons indiqué plus haut. La maladie est toujours très-grave, et il est rare qu'un animal qui a été frappé une fois, guérisse radicalement.   **F — N.**

APOSTÈME, APOSTUME (Chirurgie), en grec *apostéma*, abcès. — Voyez **ABCÈS.**

APOTHÈME. — Perpendiculaire abaissée du centre d'une circonférence sur le côté d'un polygone régulier inscrit dans cette circonférence. Voici le tableau des longueurs des apothèmes des principaux polygones réguliers inscrits dans des circonférences de divers rayons :

	RAYONS.				
	1 mèt.	2 mèt.	3 mèt.	4 mèt.	5 mèt.
Triangle équilatéral.	0,500	1,000	1,500	2,000	2,500
Carré..............	0,707	1,414	2,121	2,828	3,535
Pentagone..........	0,809	1,618	2,427	3,236	4,045
Hexagone.	0,866	1,732	2,598	3,464	4,330
Octogone...........	0,924	1,848	2,771	3,695	4,619
Décagone.	0,951	1,902	2,853	3,804	4,755
Dodécagone........	0,966	1,932	2,898	3,864	4,830

Du reste, à l'aide de ce tableau, il sera facile d'avoir l'apothème d'un de ces polygones réguliers dans une circonférence quelconque. Soit à trouver l'apothème de l'hexagone régulier inscrit dans une circonférence dont le rayon est 0^m,552 : il suffira toujours de multiplier ce rayon par le nombre 0,866 correspondant à l'apothème de ce même polygone dans la première colonne, celle qui est calculée pour le rayon 1 mètre ; on a 0,552×0,866 = 0^m,478.

APOTHICAIRE, du grec *apothéké*, lieu où l'on tient certaines choses en réserve. — Un apothicaire est celui qui prépare et vend les remèdes simples ou composés, d'après les ordonnances des médecins ou les formules d'un *codex*. Chez les anciens, les médecins préparaient eux-mêmes leurs médicaments. En France, Charles VIII donna aux apothicaires des statuts et des règlements en l'an 1484, et il les formèrent en corps de marchands ; confondus avec les épiciers, c'était le second des six corps de marchands. Cet état de choses, qui subit quelques légères modifications, notamment sous Louis XIV, dura jusque vers le milieu du XVIIIe siècle ; on comprit enfin que la pharmacie était une profession savante, et en 1777 on sépara les apothicaires des épiciers ; les premiers ne purent plus vendre au poids du commerce, ni les seconds au poids médicinal. On érigea le corps des pharmaciens de Paris en un collège de pharmacie, chargé de l'instruction et de la réception des élèves ; ce collège subsista sans interruption jusqu'à la loi de germinal an XI, qui établit les écoles de pharmacie (voyez **PHARMACIE**).

APOZÈME (Médecine), du grec *apozeïn*, faire bouillir. — On appelle ainsi une décoction, une sorte de tisane chargée de principes végétaux, auxquels on ajoute divers autres médicaments, tels que des sels, des sirops, des teintures. L'apozème ne diffère du bouillon que parce que celui-ci est fait avec des substances alimentaires. Il se prépare plutôt avec des racines, des bois, des écorces ou des fruits, qu'avec des fleurs. On fait des apozèmes purgatifs, fébrifuges, etc. Ce médicament est toujours très-chargé de principes, et comme il est soumis à une assez longue ébullition, on n'y admet que rarement des substances aromatiques ou volatiles, dont la décoction dissiperait les vertus. Il se prend ordinairement à froid, et ne sert jamais de boisson habituelle comme la tisane. On ne l'emploie plus guère aujourd'hui, à cause du dégoût qu'il inspire aux malades.   **F — N.**

APPAREIL (Anatomie). — On entend par *appareil* un assemblage d'organes divers concourant tous à l'exercice d'une même fonction ; tandis qu'un *système* comprend toutes les parties formées d'un tissu semblable ; ainsi le *système nerveux* (voyez **SYSTÈME**). Bichat a beaucoup insisté sur cette distinction, et il en fait la base de son *Anatomie descriptive* et de son *Anatomie générale*. Dans la première, il divise les *appareils* en ceux de la vie animale, ceux de la vie organique et ceux de la reproduction. Parmi les principaux appareils, on remarque les *appareils locomoteur*, *digestif*, *respiratoire*, *circulatoire*, *absorbant*, etc.

APPAREIL (Chirurgie), du latin *parare*, préparer. — On donne le nom d'*appareil de chirurgie* à un assemblage méthodique de toutes les choses nécessaires pour pratiquer une opération ou faire un pansement ; et on appelle de même le plateau à compartiments sur lequel sont placées les pièces nécessaires pour les pansements, comme bandes, compresses, fils, attelles, lacs, charpie, plumasseaux, etc. L'*appareil anti-asphyctique* est la boîte qui contient les instruments et médicaments destinés à porter secours aux *asphyxiés*. On appelle aussi *appareils* les différents procédés de lithotomie ; ainsi on dit le *haut appareil*, l'*appareil latéral*, etc. (voyez **TAILLE, LITHOTOMIE.**)

APPAT (Chasse, Pêche). — Substances animales, quelquefois végétales, que les chasseurs ou les pêcheurs emploient pour attirer les animaux. Les appâts de chasse varient suivant l'espèce animale contre laquelle les pièges sont tendus et suivant leur nourriture habituelle. Ainsi : la chair pour la chasse des carnassiers ; les fruits, les noix, le lard grillé pour celle des rongeurs. Les appâts de pêche sont beaucoup plus employés ; suivant les circonstances, on se sert des vers de toute espèce, parmi lesquels il faut placer au premier rang les vers de viande ou *asticots* (V. **MOUCHE**) ; viennent ensuite les lombrics, les vers blancs, les mouches, les sauterelles, quelques scarabées et une multitude d'insectes de diverses espèces. Les grenouilles, les limaces, de petits morceaux de viande font un excellent appât pour les pêches aux écrevisses. Enfin, pour les espèces de poissons très-carnivores, on trouvera de très-bons appâts dans les petits poissons.

APPEAU (Chasse aux oiseaux). — On appelle ainsi une espèce de sifflet au moyen duquel, en imitant leurs cris, on attire dans des pièges les oiseaux, tels que *perdrix*, *cailles*, *alouettes*, etc. Il se compose d'une anche semblable à celle de l'orgue, dont le son varie suivant la forme et la dimension de l'instrument. A son défaut, les chasseurs se servent quelquefois d'une feuille de lierre ou d'un morceau d'écorce de cerisier amincie ; par ce moyen, si l'on n'imite pas le cri des oiseaux, on parvient à exciter leur attention et leur curiosité au point de les attirer en assez grande quantité. Certaines personnes produisent avec leur bouche un bruissement particulier qui produit le même effet. La *pipée*, ou chasse aux *gluaux*, repose sur l'emploi de ces différents procédés

APPENDICE (Anatomie), du latin *ad pendere*, pendre, tenir à. — Partie adhérente ou continue à un corps quelconque, auquel elle est comme ajoutée. Ainsi, en anatomie, l'*appendice xiphoïde* ou *sternal*, qui termine inférieurement le sternum, les *A. épiploïques*, prolongements qui règnent le long du côlon ascendant, l'*A. ver-*

niforme ou *cœcal*, qui existe à côté du cœcum (voyez XIPHOÏDE, ÉPIPLOON, CŒCUM).

En *Zoologie*, on a donné le nom d'*appendices* aux diverses sortes de membres, soit des *Vertébrés*, soit des *Articulés* : dans les premiers, ils peuvent être pairs et constituer les *membres*, ou impairs et placés sur la ligne médiane comme les *nageoires* des poissons; dans les seconds, ces appendices sont ou des ailes, ou des pattes, des mâchoires, des antennes, des branchies, des trachées, quelquefois des balanciers, etc.

En *Botanique*, on a désigné sous ce même nom des écailles qui entourent quelquefois l'ovaire, des prolongements de la fleur, de la feuille ou d'autres organes, tels que *vrilles, stipules, épines*, etc. On appelle *A. terminal* le petit filet qui se prolonge au-dessus de l'anthère; *A. basilaires* ou *soies*, de petits prolongements qu'on remarque quelquefois à la partie inférieure des loges de l'anthère.

APPÉTIT (Physiologie). — C'est une sensation, un désir qui nous porte à mettre en jeu certains organes de l'économie : dans son sens le plus ordinaire, ce mot exprime le désir de prendre des aliments solides ou liquides, manifesté par un état plutôt agréable que pénible, bien différent de la faim, qui est un besoin impérieux, plus ou moins pénible. L'appétit peut, du reste, être considéré comme le premier degré de la faim; celle-ci ne peut être ni excitée ni provoquée comme l'appétit. Il peut devenir quelquefois un symptôme de maladie, soit par son exagération, comme dans la *boulimie;* par sa perversion, comme dans le *pica*, la *malacie;* enfin, lorsqu'il est détruit et remplacé par le dégoût des aliments, comme dans l'*anorexie* (voyez ces mots). Ces différentes anomalies de l'appétit ne sont que des symptômes d'autres maladies, le plus souvent des organes digestifs.

APPLICATA (Hygiène), mot latin qui veut dire *choses appliquées.* — Il est employé en hygiène pour désigner les choses qui sont appliquées à la surface du corps. Hallé les divisait en cinq ordres : 1° les *habillements;* 2° les *cosmétiques;* 3° la *propreté;* 4° les *frictions* et *onctions ;* 5° les *applications médicamenteuses.*

APPLICATION DE L'ALGÈBRE A LA GÉOMÉTRIE. — On applique l'algèbre à la géométrie lorsque, dans une question de géométrie, on représente par des lettres les longueurs, surfaces ou volumes, et qu'on exprime par des équations les relations existant entre ces diverses quantités connues ou inconnues. Ces équations peuvent servir, soit à établir de nouveaux théorèmes, soit à trouver la valeur de quantités inconnues. Dans ce dernier cas, on peut chercher à *construire* ces valeurs, c'est-à-dire à déterminer les opérations graphiques qu'il faudrait exécuter sur les lignes connues pour trouver les lignes inconnues.

Cette méthode de résolution des problèmes de géométrie ne doit pas être confondue avec la *géométrie analytique.* Dans cette dernière science, on représente, suivant une conception de Descartes, les lignes et les surfaces par des équations qui les caractérisent et dont on peut déduire toutes leurs propriétés.

Ex. I. *Trouver le volume d'un tronc de pyramide, connaissant ses bases et sa hauteur.* — Soit *a* le côté du carré équivalent à la base inférieure, *b* le côté du carré équivalent à la base supérieure, *h* la hauteur du tronc. Appelons *x* la hauteur inconnue de la grande pyramide d'où le tronc a été détaché, et *y* celle de la petite pyramide. Les bases de ces pyramides, étant semblables, sont comme le carré des hauteurs. On a donc :

$$\frac{x^2}{y^2} = \frac{a^2}{b^2}, \text{ ou } \frac{x}{y} = \frac{a}{b}; \text{ on a aussi } x - y = h.$$

De là on tire :

$$\frac{a - b}{b} = \frac{h}{y}, \text{ et } y = \frac{bh}{a - b}, \quad x = \frac{ah}{a - b}.$$

Les volumes des deux pyramides seront donc :

$$\frac{1}{3} \cdot \frac{a^3 h}{a - b} \quad \text{et} \quad \frac{1}{3} \cdot \frac{b^3 h}{a - b}.$$

La différence $\frac{1}{3} \cdot \frac{a^3 - b^3}{a - b}$ exprime le volume du tronc. Or, si l'on effectue la division indiquée, on trouve :

$$\frac{1}{3} a^2 h + \frac{1}{3} b^2 h + \frac{1}{3} abh ;$$

et l'on voit que le volume du tronc est équivalent à la somme de trois pyramides qui ont la même hauteur que le tronc, et pour bases, la base inférieure, la base supérieure et une moyenne proportionnelle entre les deux bases.

Ce théorème bien connu résulte, comme on voit, d'une simple transformation algébrique que l'on fait subir à l'expression primitive de ce volume considéré comme étant la différence de deux pyramides.

Ex. II. *Partager une droite* AB *en deux segments dont le rectangle soit équivalent à un carré donné.* — Soient *a* la ligne donnée, *x* et *a — x* les deux segments, *c* le côté du carré; il faut que $x(a - x) = c^2$, ou $x^2 - ax + c^2 = 0$. De là on tire :

$$x = \frac{a}{2} \pm \sqrt{\frac{a^2}{4} - c^2}, \qquad a - x = \frac{a}{2} \mp \sqrt{\frac{a^2}{4} - c^2}.$$

On remarquera que chacune des deux valeurs de *x* représente l'un des segments demandés. Le problème est résolu analytiquement, et la discussion de la formule indique les conditions de possibilité. *x* sera réel si $c^2 < \frac{a^2}{4}$; la plus grande valeur que l'on puisse supposer à c^2 est donc $\frac{a^2}{4}$, et alors $x = a - x = \frac{a}{2}$, d'où l'on voit que le plus grand rectangle que l'on puisse construire avec les deux segments d'une droite est le carré qui a pour côté la moitié de cette droite.

Voyons actuellement comment on pourra construire la ligne *x*, ou diviser géométriquement la droite donnée de manière à satisfaire aux conditions de l'énoncé. Cette construction se déduit de la valeur algébrique de *x*; le radical représente le côté d'un triangle rectangle dont l'autre côté est *c* et l'hypoténuse *a*.

On construira ce triangle en décrivant sur la droite donnée AB une demi-circonférence, et lui menant une parallèle à la distance $AC = c$. Joignant M au centre O, le triangle MPO sera le triangle cherché

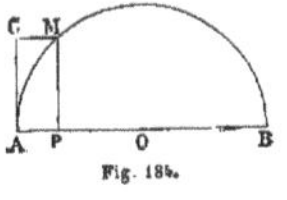

Fig. 184.

et $OP = \sqrt{\frac{a^2}{4} - c^2}$. On a de plus :

$$AP = \frac{a}{2} - OP, \qquad BP = \frac{a}{2} + OP.$$

Donc le point P divise AB en deux segments dont le rectangle est c^2. C'est en effet la construction indiquée en géométrie.

Nous nous bornerons à ces deux exemples, et renverrons pour plus de détails le lecteur aux traités spéciaux (Lefébure de Fourcy, Briot et Bouquet, Sonnet et Frontera, etc.) Nous dirons seulement qu'en appliquant l'algèbre à la solution des problèmes de géométrie, on introduit dans cette solution un degré de généralité que la géométrie ne comporte pas elle-même. C'est de la sorte que souvent on trouve des résultats en apparence étrangers à la question directe, mais qui correspondent à un problème général dont celui qui est directement traité n'est qu'un cas particulier. Les quantités *négatives* fournissent notamment des ressources précieuses, en permettant de tenir compte, non-seulement de la grandeur, mais encore du sens des quantités.

Toutes les fois que des quantités ont une origine commune et peuvent être comptées en sens inverse, on affecte les unes du signe + et les autres du signe —, pour les distinguer. Ces deux conditions sont essentielles, car il ne peut y avoir de quantités négatives que par opposition directe à d'autres quantités de même nature prises positivement.

De cette façon, si l'on a posé l'équation d'un problème en donnant une certaine acception à l'une des données, et si, cette donnée conservant la même valeur numérique, on lui donne une acception inverse, il sera généralement inutile de recommencer le calcul : l'équation du nouveau problème pourra se conclure de celle du premier, en changeant le signe de la donnée dont l'acception a varié (voyez GÉOMÉTRIE ANALYTIQUE).   E. R.

APPUI SUR LES BARRES (Hippiatrique, vétérinaire). — On appelle *appui* proprement dit, en hippiatrique, le degré de pression des mors sur les *barres* (intervalle qui existe entre les dents canines et les molaires) du cheval, parce que c'est là que l'animal prend son point d'appui quand il se soutient sur la bride (voyez Barres). Lorsque les chevaux ont la bouche fine, l'appui est léger; il est lourd, lorsque la bouche est dure et que l'animal pèse à la main; on dit alors qu'il a *trop d'appui*.

On nomme *temps d'appui*, en terme *d'allures* des animaux (V. Hippologie), celui pendant lequel un animal laisse son pied posé sur le sol pendant la marche. L'observation exacte du *temps d'appui* est souvent pour le vétérinaire un moyen de reconnaître l'existence d'une *boiterie* obscure et difficile à déterminer, le membre malade restant toujours moins longtemps sur le sol que les autres (voyez Boiterie).

APRON (Zoologie), *Aspro*, Cuv., du latin *asper*, âpre. — Genre de *Poissons acanthoptérygiens percoïdes* distingué des Perches par le museau bombé, plus avancé que la bouche, et par la séparation qui existe entre les dorsales; ils ont la tête déprimée, des dents en velours aux mâchoires, le corps allongé; les nageoires ventrales très-éloignées; le palais hérissé de dents. Les deux seules espèces connues habitent les eaux douces de l'Europe. L'une, *A. commun* (*A. vulgaris*, Cuv., *Perca aspro*, Lin.), se trouve dans le Rhône et ses affluents; les pêcheurs le connaissent sous le nom de *Sorcier*; il est verdâtre, allongé et à peu près rond; 3 ou 4 bandes verticales noirâtres, 8 épines à la première dorsale. Il atteint à peine 0^m,20. Sa chair est blanche, légère et d'un goût agréable; il aime les eaux pures et vives. L'autre espèce, *A. cingle* (*A. zingel*, Cuv., *Perca zingel*, Lin.), habite le Danube; les Allemands l'appellent *Strebert* ou *Strœbert*; à Bâle, *Kutz*, dans quelques pays d'Allemagne, *Pfifferl*. Il est plus grand que le premier et atteint jusqu'à 0^m,40 à 0^m,50. Sa chair, encore plus délicate et plus ferme, est servie sur les tables les plus recherchées. Il se nourrit de petits poissons.

APTÉNODYTE (Zoologie) (*Aptenodytes*, Forst), du grec *aptén*, sans aile, et *dutés*, plongeur. — Nom donné à l'oiseau appelé *Manchot* (voyez ce mot).

APTÈRES (Zoologie), du grec *a* privatif, et *pteron*, aile. — On a donné ce nom à des animaux articulés, sans ailes proprement dites; on l'a même appliqué aux insectes pourvus d'élytres, mais privés d'ailes. Linné d'abord appelait ainsi les Crustacés, les Arachnides et les Insectes sans ailes. D'autres naturalistes, Rai, de Géer, Olivier, enfin Latreille, Cuvier, ont employé ce nom pour désigner des groupes plus ou moins restreints d'animaux articulés, et surtout d'insectes; mais presque toujours comme épithète servant à préciser une qualification d'un ordre, d'une famille, d'un genre. Lamarck cependant avait désigné sous le nom d'*Aptères* le dernier ordre de sa classe des *Insectes*, qui renferme les *Puces*. Enfin, dans le *Règne animal* de Cuvier, cette même classe des insectes est partagée en deux grandes divisions, dont la première comprend les *Aptères* et renferme quatre ordres : les *Myriapodes*, les *Thysanoures*, les *Parasites* et les *Suceurs*, (voyez Pou, Puce).

APTÉRODICÈRES (Zoologie), du grec *apteros*, sans ailes, et *dikeros*, deux cornes. — Nom d'une sous-classe d'*Insectes* établie par Latreille dans son *Genera Crustaceorum et Insectorum*, et formée de ceux qui sont *Aptères* (voyez ce mot), ont 2 antennes et 6 pieds, et ne subissent pas de métamorphoses; ce sont le deuxième et le troisième ordre de la méthode du *Règne animal*, c'est-à-dire les *Thysanoures* et les *Parasites* (voyez ces mots), qui correspondent à une partie des *Arachnides antennistes* de Lamarck.

APTÉRYGIENS (Zoologie), du grec *apterugos*, sans aile. — Ce sont généralement tous les animaux privés d'ailes ou de nageoires. — Dans sa classification du *Règne animal*, Latreille avait divisé les Mollusques en ceux qui ont un pied, les *Ptérygiens*, et ceux qui en sont privés, les *Aptérygiens*. Cette classification n'a pas été adoptée par les naturalistes, et entre autres par Lamarck et par Cuvier (voyez Mollusques).

APTÉRYX (Zoologie), du grec *a* privatif, et *pterux*, aile. — Oiseau formant à lui seul un genre *Aptéryx*, Shaw, et pour le classement duquel M. Lesson a proposé d'établir une famille des *nullipennes*, parce que, se liant par son bec aux Echassiers et par ses pieds aux vrais Gallinacés, il ne pouvait entrer dans aucun des cadres ornithologiques connus. Cet oiseau, *A. australis*, Shaw, d'une conformation singulière, a le bec long et droit, à pointe renflée, se recourbant un peu à son extrémité; les ailes presque nulles, garnies de quelques plumes peu apparentes et terminées par un ongle acéré, robuste; la queue nulle. Il est de la grosseur d'une poule; habite la Nou-

velle-Zélande, et se tient dans les endroits marécageux, au milieu des forêts profondes, où il construit un nid

Fig. 185. — Aptéryx (*A. australis*, Shaw).

grossier dans lequel il pond un seul œuf gros comme celui du canard. Les indigènes l'appellent *Kivi*.

APTINE (Zoologie), *Aptinus*, Bonelli, du grec *aptén*, sans ailes. — Genre de *Coléoptères pentamères*, famille des *Carnassiers*, tribu des *Carabiques*, section des *Truncatipennes*. Ils ont le dernier article des palpes un peu plus gros que les précédents; antennes filiformes; abdomen ovale assez épais, renfermant les organes sécréteurs d'un liquide caustique, qui sort par l'anus avec explosion en se vaporisant, et répandant une odeur pénétrante : ce caractère leur est commun avec les Brachines, et pourrait les faire confondre avec eux, si ces derniers n'étaient pourvus d'ailes dont les Aptines sont privés. Latreille les a réunis (voyez Brachine). Quelques espèces habitent l'Europe méridionale; ainsi on trouve en Espagne l'*A. tirailleur* (*A. displosor*, Dufour, *A. balista*, Dejean), long de 0^m,012 à 0^m,015, noir, corselet fauve; l'*A. des Pyrénées* (*A. Pyrenæus*, Dejean), dans le midi de la France, long de 0^m,008 à 0^m,009, noir foncé, antennes et palpes fauves; pattes d'un jaune roussâtre.

APUS (Zoologie), du grec *a* augmentatif, et *pous*, pieds. — Genre de *Crustacés*, de l'ordre des *Branchiopodes monocles*, caractérisé par un test parfaitement libre depuis son attache antérieure, qui recouvre la tête et le thorax; c'est une grande écaille cornée, mince, formant un bouclier ovale, convexe, entaillé et dentelé en arrière; pattes très-nombreuses (environ 60 paires), dont la 11e paire porte 2 capsules renfermant les œufs. Ces animaux habitent les fossés, les mares, les eaux dormantes, presque toujours en sociétés innombrables : quelquefois enlevés en masse par des vents violents, on en a vu tomber sous forme de pluie. Ils atteignent 0^m,02 ou 0^m,03 de longueur, se nourrissent surtout de petits têtards, et servent eux-mêmes de pâture à l'oiseau connu sous le nom de *Hoche-queue* ou *Lavandière*. On peut citer comme espèces l'*A. prolongé* (*Monoculus apus*, Lin.), et l'*A. cancriforme* (*Binocle à queue en filet*, Geof.).

APYREXIE (Médecine), du grec *purexis*, fièvre, et *a* privatif. — C'est l'intervalle qui sépare les accès dans les fièvres intermittentes; ainsi on dit le temps de l'*apyrexie*, il y a *apyrexie* complète (voyez Fièvre).

AQUA-TOFFANA, Aqua della Toffana, Acquetta di Napoli (Toxicologie). — On désigne sous ces différents noms un poison très-subtil, inventé par une femme sicilienne, nommée Toffana; c'était un liquide transparent, incolore, qui agissait lentement. On soupçonne que c'était une solution très-étendue d'acide arsénieux mêlée à d'autres substances; mais on n'a jamais connu au juste sa composition. La Toffana commença à en faire usage en 1659, et ce ne fut qu'en 1709 qu'elle fut incarcérée et étranglée en prison. Au nombre de ses victimes, on compte plusieurs papes.

AQUATIQUES (Plantes) (Botanique). — On nomme ainsi les plantes qui habitent les eaux douces. Quelquefois elles sont dites *aquatiles* lorsqu'elles sont submergées comme les Cératophylles, les Myriophylles, et l'on réserve le mot *aquatique* pour celles qui, comme les Nénuphars, sortent en partie de l'eau. Les végétaux aquatiques ont les parties submergées complétement dépourvues d'épiderme et de stomates, organes qui n'existent que lorsque leur formation s'est produite sous l'influence de l'air. C'est surtout au point de vue de la fécondation que les plantes aquatiques ont un grand intérêt physiologique. Cette fonction du végétal ne peut avoir lieu qu'autant que le pollen est dans des circonstances favorables pour opérer ses transformations. Il est nécessaire qu'il soit à l'abri de l'eau environnante ; aussi les fleurs des plantes aquatiques s'épanouissent-elles au-dessus de la surface des eaux ou dans des cavités pleines d'air. Le Fluteau nageant (*Alisma natans*) et la Renoncule aquatique (*Ranunculus aquatilis*) ont leurs boutons munis d'une bulle d'air entourant les organes sexuels, afin que la fécondation puisse s'opérer sans danger. D'autres plantes, telles que les Potamogétons, les Nénuphars, élèvent leurs pédoncules ou leur tige pour mettre hors de l'eau les fleurs à l'époque de l'anthèse. A ce moment aussi, les pétioles de la Châtaigne d'eau se renflent, se remplissent d'air, et soulèvent ainsi la plante de manière à porter les fleurs au-dessus de la surface de l'eau. Lorsque la fécondation est terminée, ces pétioles se dégonflent et la plante redescend au fond pour mûrir ses graines. On verra à l'article VALLISNÉRIE la description du phénomène, qui est, sans contredit, un des plus intéressants de ce genre.   G — s.

AQUEDUC (Anatomie). — On a nommé ainsi différents conduits qui ne donnent passage à aucun fluide, comme le nom semblerait l'indiquer :

Aqueduc de Fallope (canal spiroïde du temporal). — Long canal creusé dans la portion pierreuse du temporal qui s'ouvre, d'une part, au fond du conduit auditif interne, et va d'autre part, entre les apophyses styloïde et mastoïde, se terminer par le trou stylo-mastoïdien : il donne passage au nerf facial, improprement appelé *portion dure de la 7e paire*.

Aqueduc du vestibule. — Ce conduit commence dans le vestibule par un petit pertuis qui s'ouvre sur la paroi postérieure de cette cavité, en dedans de l'orifice des canaux demi-circulaires, et va se terminer sur la face postérieure du rocher par un autre pertuis.

Aqueduc du limaçon. — Il est ouvert, d'une part, dans la rampe interne du limaçon près de la fenêtre ronde, d'autre part, au bord inférieur du rocher, à côté de la fosse jugulaire. Ces deux conduits sont des canaux vasculaires.

Aqueduc de Sylvius. Aqueduc des tubercules quadrijumeaux, Canal intermédiaire des ventricules, de Chaussier. — Canal oblique, creusé dans l'épaisseur de l'isthme de l'encéphale au-dessous des tubercules quadrijumeaux, sur la ligne médiane, qui établit une communication entre le 3e et le 4e ventricule (ventricule moyen et ventricule du cervelet).   F — N.

AQUIFOLIACÉES (Botanique). — Synonyme de *Ilicinées* (voyez ce mot), qui est plus généralement employé, parce qu'il vient du nom générique de son type : *Ilex* (houx), et que *Aquifoliacées* est tiré du nom de l'espèce principale (*I. aquifolium*).

AQUILA (Brisson). — Nom générique de l'*Aigle* (voyez ce mot).

AQUILAIRE (Botanique), *Aquilaria*, Lamk, de *aquila*, aigle en latin. Une espèce de ce genre est connue dans le commerce sous le nom de *Bois d'aigle*. — Genre de plantes de la petite famille des *Aquilariées*, voisine des Térébinthacées. Il comprend des arbres ou arbustes de l'Inde à rameaux cylindriques ; fleurs alternes, entières, sans stipules ; calice coloré, corolle nulle, étamines, 10 ; ovaire unique libre, capsule ligneuse ou coriace. L'*A. de Malacca*, *Bois d'aigle* (*A. Malaccensis*, Lamk) est un arbre à rameaux grisâtres. Son bois est blanc légèrement verdâtre et répand, quand on le brûle, une odeur aromatique agréable ; c'est un parfum que les Orientaux emploient dans leurs fêtes et que l'on paie plus que son poids d'or. Les mêmes propriétés, dues à une matière grasse et résineuse, se retrouvent dans l'*A. bois d'aloès*, *Ayalloche, Pao d'agila*, en portugais, *Calambac* (*A. agallocha*, Roxb.). Cet arbre, indigène au Thibet, présente un bois traversé de veines foncées. Les deux espèces se cultivent en serre chaude.   G — s.

AQUILEGIA (Botanique), nom latin de l'*Ancolie* (voyez ce mot).

ARA (Zoologie). — Nom donné par Brisson, a cause de leur cri rauque, à certains oiseaux formant un petit groupe distinct dans le grand genre *Perroquet*, de Cuvier, ordre des *Grimpeurs* (voyez PERROQUET, GRIM-

peurs). Les Aras se distinguent des autres perroquets par leur taille généralement plus forte, par une longue

Fig. 186. — Ara bleu (*A. ararauna*).

queue étagée, pointue ; des joues dénudées de plumes et recouvertes d'une membrane généralement blanche, qui se prolonge sur la base de la mandibule inférieure ; le bec, dont la mandibule supérieure est mobile, est fort et crochu dès sa base. Les Aras habitent entre les tropiques dans le nouveau monde ; ils volent en troupes et se perchent sur les branches les plus élevées des arbres. Les graines et les fruits font leur nourriture. La femelle pond deux œufs blancs qu'elle couve alternativement avec le mâle. Ce sont les plus beaux perroquets qui existent : parés des reflets de l'azur, de l'or et de la pourpre, leur longue queue, leur démarche majestueuse les font rechercher comme oiseaux d'ornement, et leur docilité permet de les apprivoiser sans peine ; mais ils ont la voix rude, criarde et très-désagréable. — On en connaît une dizaine d'espèces dont les principales sont : l'*A. Macao*, qui atteint près de 1 mètre de longueur, de l'extrémité du bec à celle de la queue ; l'*A. aracanga*, moins grand et d'un rouge moins foncé que le précédent ; l'*A. tricolor*, encore plus petit ; l'*A. ararauna* ou *Ara bleu*, très-connu en France (*fig.* 186) ; il a le dessus du corps d'un beau bleu d'azur, et le dessous d'un jaune brillant.

ARABE (CHEVAL) (Hippiatrique). — C'est la race que l'on regarde comme le type duquel sont sorties toutes les races connues (voyez RACES).

ARABETTE (Botanique), *Arabis*, Lin., du mot Arabic, quoique ces plantes croissent beaucoup plus en Europe et en Amérique que dans l'Arabie. Peut-être les aura-t-on nommées ainsi parce qu'elles affectionnent les lieux arides et pierreux ? — Genre de plantes de la famille des *Crucifères*, type de la tribu des *Arabidées* ; caractérisé par une silique linéaire ; des graines comprimées, ovales ou orbiculaires ; radicule latérale. Parmi les nombreuses espèces connues, on distingue : l'*A. des Alpes*, *A. printanière, Tourette* (*A. alpina*, Lin.), dont M. Spach a fait le genre *Arabidium*, qui fleurit dans nos jardins dès le mois de mars, et forme des touffes vertes avec des fleurs blanches un peu odorantes. L'*A. d'Allioni* (*A. Allionii*, DC.) s'élève quelquefois jusqu'à 0m,60. Elle vient dans le Piémont et en Italie. L'*A. rose* (*A. rosea*, DC.) est bisannuelle ; ses fleurs, d'un beau rose purpurin, s'épanouissent en mars. Cette espèce nous vient de la Calabre. Toutes ces plantes croissent en général dans les terrains sablonneux les plus secs.   G — s.

ARABINE (Chimie), $C^{12}H^{11}O^{11}$ à 100°. — Substance qui existe à l'état de pureté dans la gomme arabique, dont elle forme la majeure partie. Elle est incolore, insipide, infusible, soluble dans l'eau en toutes proportions, et formant avec une petite quantité de ce liquide un mélange très-épais. Elle est dure, friable, d'une densité de 1,35. Quand on la chauffe à 140° dans le vide, elle perd un équivalent d'eau et devient $C^{12}H^{10}O^{10}$. La dissolution d'arabine est précipitée sous la forme de flocons blanchâtres, par le sous-acétate de plomb, par le nitrate d'oxydule de mercure, par l'alcool concentré. Le sulfate de sesqui-oxyde de fer donne, par son mélange avec la solution d'arabine un précipité jaune sale, soluble dans les acides. — La solution d'arabine ne fermente pas ; exposée à l'air, elle se couvre de moisissures. Avec l'acide azotique, elle donne comme toutes les gommes de l'acide mucique $(C^{12}H^8O^{14},2HO)$. — En mêlant 708 parties de gomme en dissolution dans 1724 parties d'eau avec 150 parties d'acide sulfurique monohydraté étendu de 200 parties d'eau, et portant le tout à la température de 96°, la gomme se convertit totalement en *glucose* qu'on peut ensuite faire fermenter. La solution d'arabine dévie à gauche le plan de polarisation.

La gomme arabique est le produit de l'exsudation d'un certain nombre d'espèces d'*Acacias*, tels que les *A. vera*, *A. Sénégal*, *A. arabica*.

L'arabine a été principalement étudiée par Vauquelin, Brugnatelli et M. Persoz.   B.

ARACARI (Zoologie), *Pteroglossus*, Ilig., du grec *pteron*, plume, et *glôssa*, langue ; langue en forme de plume. — Sous-genre d'*Oiseaux* de l'ordre des *Grim-*

Fig. 187. — Aracari

peurs, du genre *Toucan*, de Cuvier. Ils diffèrent des *Toucans* proprement dits par une taille plus petite ; le bec, moins long et moins gros, est revêtu d'une corne plus solide ; leur queue est plus longue en général et très-étagée ; le fond de leur plumage est ordinairement vert, avec du rouge ou du jaune sur la poitrine. Ils habitent les contrées les plus chaudes de l'Amérique et se nourrissent de fruits et d'insectes.

ARACATCHA (Botanique). — Voyez ARRACACHA.

ARACÉES (Botanique), nom donné par M. Schott à la famille des *Aroïdées* (voyez ce mot).

ARACHIDE (Botanique), *Arachis*, Lin., du grec *a* privatif, et *rachos*, branche, *sans branche*. Pline a décrit, sous le nom de *Aracos*, une plante qui, disait-il, n'a ni feuille, ni tige, et qui consiste presque uniquement dans une racine. — Genre de plantes de la famille des *Papilionacées*, tribu des *Hédysarées*, et nommée vulgairement *Pistache de terre* ; caractères : calice bilabié, corolle recourbée, étamines diadelphes, ovaire stipité, renfermé dans le tube du calice, stipe court, s'allongeant après la fécondation, gousse ovale, oblongue, indéhiscente, à 2-4 graines épaisses, oléagineuses. L'*A. souterraine* (*A. hypogæa*, Lin., *A. asiatica*, Loureir.), cultivée dans tous les établissements entre les tropiques, à cause de son fruit que l'on mange sous le nom de *Pistache de terre*, est une plante annuelle qui peut s'élever jusqu'à 0^m,30. Ses feuilles sont à 4 folioles, sans vrilles ; ses stipules sont allongées et adhérentes au pétiole. Cette espèce, qui croît naturellement en Amérique méridionale,

donne, en été, des fleurs jaunes disposées à l'aisselle des feuilles ; les supérieures stériles restent aériennes, tandis que celles qui sont placées inférieurement, se recourbent

Fig. 188. — Arachide souterraine (*A. hypogæa*).

vers la terre aussitôt après la fécondation, et y enfoncent leur jeune fruit ; c'est à plusieurs centimètres de profondeur qu'il achève de se développer, et qu'il accomplit sa maturation. C'est donc dans la terre qu'on va chercher ces graines, qui se mangent cuites dans l'eau ou grillées sous la cendre. Elles sont de la grosseur d'une noisette et ont une saveur agréable ; on en retire une huile grasse comestible, qui peut remplacer l'huile d'amandes douces dans certaines préparations ; elle entre, dit-on, quelquefois, dans la confection du chocolat. Le climat du midi de la France lui convient parfaitement. C'est en 1800 qu'on l'a cultivée pour la première fois dans le département des Landes, d'où elle s'est étendue dans le midi de la France. Cette plante paraît originaire de l'Afrique occidentale et de l'Amérique. Voyez le *Traité de l'Arachide*, par Sonnini (Paris, 1808), et Grigolati, *De la Arachide ipogea* (Rovigo, 1836).   G — s.

ARACHNIDES (Zoologie). — Classe d'*Articulés* renfermant les *Araignées*, les *Scorpions*, les *Faucheurs*, les *Mites*, etc. Ce sont des animaux toujours dépourvus d'ailes, subissant plusieurs changements de peau, mais non de véritables métamorphoses, ayant presque toujours 8 pattes ; leur tête, dépourvue d'antennes, est confondue avec le thorax, et ne porte que des yeux lisses ; ils respirent par des trachées ; beaucoup ont un cœur et un appareil de circulation assez complet ; leur abdomen est tantôt presque globuleux ou ovalaire, d'une seule pièce, tantôt formé d'une suite d'anneaux ; leur bouche se compose, soit de mandibules armées à l'extrémité d'un crochet mobile avec des mâchoires portant chacune un grand palpe, soit d'une petite trompe d'où sort une espèce de lancette for-

Fig. 189. — Arachnide pulmonaire (*Theridion malmignathe*).

mée par les mâchoires. Presque toutes les Arachnides sont carnassières, et la morsure de quelques grandes espèces est redoutée ; plusieurs sont parasites et sont fort gênantes, quelquefois dangereuses pour les animaux et même pour l'homme ; mais la plupart se nourrissent d'insectes : quelques-unes se trouvent dans la farine, le fromage, etc. Cette classe se divise en deux ordres : 1° les *Pulmonaires*, qui ont un cœur avec des vaisseaux distincts et des sacs pulmonaires renfermant des organes respiratoires en forme de peignes ou de branchies; elles forment deux familles : les *Aranéides* ou *Fileuses* et les *Pédipalpes*; 2° les *Trachéennes*, chez lesquelles la respiration s'opère par des trachées; elles forment trois familles : les *Faux-Scorpions* (voy. TRACHÉENNES , les *Pycnogonides* et les *Holètres*.   L. FAIR.

ARACHNITIS, ARACHNOÏDITE (Médecine). — Inflammation de l'arachnoïde (voyez MÉNINGITE).

ARACHNOÏDE (Anatomie), du grec *arachné*, toile d'araignée, et *eidos*, image. — Nom donné d'abord à plusieurs membranes que leur extrême ténuité a fait comparer à une toile d'araignée, appliqué maintenant à une membrane séreuse intermédiaire à la *dure-mère* et à la *pie-mère*; c'est une sorte de sac sans ouverture qui enveloppe le cerveau, le cervelet, la moelle allongée et la moelle épinière. Elle présente un feuillet viscéral et un feuillet pariétal : le premier est uni à la pie-mère par un tissu cellulaire lâche, dont les mailles sont infiltrées de sérosité; il se réfléchit sur les troncs nerveux en leur formant des gaînes, et va se continuer avec le feuillet pariétal qui adhère à la face interne de la dure-mère. Les deux feuillets de l'arachnoïde sont séparés par une sérosité particulière, à laquelle on a donné le nom de *liquide céphalo-rachidien*.   S — Y.

ARACHNOLOGIE (Zoologie). — Voyez ARAIGNÉE.

ARACHNOTHÈRES (Zoologie), du grec *arachné*, araignée, et *thérad*, je chasse. — Genre d'*Oiseaux* de l'ordre des *Passereaux* formé par Temminck aux dépens des *Souï-Mangas*, dont ils ne diffèrent que par le bec plus fort et sans dentelure; leur langue est courte et cartilagineuse : on n'en connaît que de l'archipel des Indes.

ARAGONITE (Minéralogie). — Voy. SPATH D'ISLANDE.

ARAIGNÉE (Zoologie), du latin *aranea*, qui a la même signification. — On désigne communément sous ce nom tout animal analogue aux Insectes, mais pourvu de 4 paires de pattes, privé d'ailes, et dont le corps est formé d'un abdomen globuleux précédé seulement de la portion

Fig. 130.— Araignée domestique.

qui porte les 8 pattes, et dans laquelle on doit reconnaître le thorax et la tête confondus. Dans le langage des naturalistes, ce mot a un sens mieux défini; il désigne un genre de l'ordre des *Aranéides*, classe des *Arachnides*, qui a pour type l'*Araignée domestique* (*Aranea domestica*, Lin.). Le genre *Araignée* (*Aranea*, Latreille) se distingue des genres voisins par les caractères suivants : les yeux, au nombre de 8, disposés 4 par 4 de chaque côté, sur le bord antérieur du céphalothorax (tête et thorax soudés) suivant une ligne courbe d'avant en arrière; les deux filières (voyez FILIÈRES) supérieures sont très-saillantes et dépassent les 4 autres; la 1re et la 4e paire de pattes sont plus longues que la 2e et la 3e. Les espèces de ce genre habitent dans nos demeures les angles des murs, des planchers, des charpentes, ou vivent

sur les haies et les arbrisseaux; elles tendent une toile grande, horizontale, et munie dans sa partie la plus élevée (par exemple, au sommet de l'angle de deux murs) d'un tube tissé comme la toile, ouvert en avant et aussi en dessous. L'araignée s'y tient à l'affût toute prête à s'élancer sur le premier insecte qui s'embarrassera dans ce filet si délié. C'est aussi dans ce tube, véritable repaire de l'araignée, qu'elle entraîne sa victime après l'avoir percée d'un premier coup de ses mandibules (voyez ARACHNIDES), qui versent dans le corps de l'insecte un venin mortel pour les petits animaux comme lui. Là, cachée pour se repaître comme elle l'était pour attendre la proie, elle suce le sang de l'insecte, dont la dépouille est ensuite abandonnée et reste desséchée dans sa loge. La toile de l'araignée n'est pas seulement un engin pour chasser sa proie, c'est aussi son logis habituel et le nid de ses petits. Vers la fin de juillet elle dépose près de l'ouverture antérieure de sa loge 60 à 70 œufs blanchâtres, arrondis; ils sont aussitôt renfermés dans un cocon tissé comme la toile, et qui se confond facilement avec elle. Les petits, qui en sortent 15 ou 20 jours après, commencent aussitôt à filer et vivent en société jusqu'au premier changement de peau ou *mue* (voyez ce mot). Leur accroissement est rapide, et comme les araignées vivent plusieurs années, il en est qui atteignent une assez grande taille. Le mâle est plus petit que la femelle; mais il a les pattes plus longues. Les mouches font la nourriture principale de l'araignée domestique ; elle sert elle-même de pâture à des guêpes et à plusieurs autres insectes. La répulsion qu'inspire l'animal qui nous occupe, et l'aspect sordide des toiles qu'il tend aux angles des appartements, expliquent seuls l'acharnement que l'on met à les détruire; car ses habitudes ne sont nullement nuisibles, et il nous rend plutôt des services. Quant à l'opinion que leur morsure est venimeuse, c'est une erreur en ce qui concerne l'araignée domestique, et en général les aranéides de nos pays. La destruction que font les araignées, des mouches et autres diptères qui fatiguent le bétail dans les étables, a sans doute donné lieu à l'opinion des paysans qui considèrent leur présence comme favorable aux bestiaux, et se gardent bien d'enlever les toiles qui en tapissent les lambris. Est-il besoin de rappeler ici la bizarrerie repoussante de l'astronome Lalande, qui mangeait l'araignée domestique et prétendait qu'elle avait le goût de la noisette. On distingue dans ce genre plusieurs espèces parmi lesquelles on peut citer : l'*A. domestique* (*A. domestica* , Lin.), commune dans les appartements négligés, dans les étables, dans les greniers, où sa présence se reconnaît par la direction toujours horizontale des toiles ; puis l'*A. labyrinthique* (*A. labyrinthica*, Lin.), qui tend ses toiles horizontales, comme toutes celles des arachnides de ce genre, sur les haies, les buissons, au bas des arbres ou sur différents végétaux touffus et particulièrement sur l'ajonc. Les diverses espèces d'*Araignées* que l'on rencontre dans nos demeures ne sont pas toutes du genre *Araignée* ; on y trouve communément, outre l'*A. domestique*, le *Pholque phalangiste* (voyez PHOLCUS), ou *A. domestique à longues pattes*, certaines *Epeïres* (voyez ce mot), le *Saltique chevronné* (voyez SALTIQUE), etc.

● ARAIRE (Agriculture), du latin *arare*, labourer. — On donne ce nom à une espèce de charrue simple sans avant-train et sans roue; c'était la charrue primitive qui, telle qu'elle était, ne pourrait rendre que bien peu de services aujourd'hui; mais, perfectionnée comme elle l'a été par M. Mathieu de Dombasle et par plusieurs autres agronomes, elle a pris rang parmi les instruments de labourage (voyez CHARRUE, LABOURAGE).

ARALIACÉES (Botanique). — Petite famille de plantes *Phanérogames*, que M. A. Brongniart range dans sa classe des *Ombellinées*, entre la famille des Ombellifères et celle des Cornées. Elle comprend généralement des arbres ou des arbrisseaux à feuilles le plus souvent alternes sans stipules; corolle à 5-10 pétales. Ces plantes habitent particulièrement les régions tropicales et extratropicales de tous les continents. Le plus grand nombre est répandu dans l'Amérique septentrionale. Elles renferment en général un principe aromatique résineux comme les Ombellifères, dont elles sont, du reste, très-voisines, et diffèrent par leur inflorescence et la nature de leur fruit. Genres principaux : *Moscatelline* (*Adoxa*, Lin.); *Panax* (*Panax*, Lin.), dont le *Ginseng* est une espèce; *Aralie* (*Aralia*, Don.); *Lierre* (*Hedera*, Swartz).

ARALIE (Botanique), *Aralia*, Don. Sarrazin, étant à Québec, envoya à Fagon une espèce de ce genre sous le nom d'*Aralia*, qu'on suppose être d'origine canadienne

— Genre type de la famille des *Araliacées*. Il comprend presque exclusivement des plantes ligneuses à feuilles simples ou composées et à pétiole engaînant; calice adhérent à l'ovaire; corolle à 5 pétales; 5 étamines; ovaire infère, fruit drupacé, renfermant de 5 à 10 noyaux à une graine. Le nombre de ses espèces s'est accru depuis quelques années par suite des découvertes faites dans l'Amérique septentrionale. Les plus connues sont : l'*A. à tige nue* (*Aralia nudicaulis*, Lin.), plante élevée au moins de 1 mètre, ayant des racines à saveur d'abord légèrement sucrée, puis amère, et une odeur fade qui servent à remplacer frauduleusement la salsepareille ou plus ordinairement à la falsifier; l'*A. à fleurs en grappe* (*A. racemosa*, Lin.), à tiges herbacées, pétioles à 3 divisions; l'*A. épineuse* (*A. spinosa*, Lin.), fort arbrisseau qui s'élève jusqu'à 4 mètres, garni d'aiguillons, fleurs blanches, ainsi que celles des espèces précédentes, originaires, comme ce dernier, de l'Amérique septentrionale. Ces plantes ne sont cultivées que comme arbrisseaux d'ornement.   G—s.

ARANÉIDES, Arachnides fileuses (Zoologie). — C'est le nom sous lequel on désigne la 1re famille des *Arachnides pulmonaires*, d'après la classification du *Règne animal*. Ce groupe renferme la grande majorité des Arachnides que nous connaissons vulgairement sous le nom d'*Araignées*, qui vivent dans nos champs, dans nos bois, dans les vieux murs, les caves, les greniers, les appartements, etc. Ces flocons blancs qu'on voit voltiger dans la campagne à certains jours, et qui sont connus sous le nom vulgaire de *fils de la Vierge*, sont produits par diverses jeunes aranéides, et notamment par des épeîres et des thomises; ce sont les lycoses qui construisent ces fils qui se croisent en si grande abondance sur les sillons des terres labourées. C'est à l'aide de ces fils de soie que les espèces sédentaires toutes carnassières filent et tissent les toiles, qui sont autant de piéges où les insectes viennent s'embarrasser et se prendre. Qui n'a pas vu quelqu'une de ces aranéides, embusquée dans un coin de sa toile, ou cachée dans son voisinage, s'élancer tout à coup sur sa proie, ainsi empêtrée, la saisir, lui enfoncer son dard dans le corps et distiller son poison dans sa plaie ? C'est avec cette soie que les femelles construisent les coques destinées à la conservation de leurs œufs.

On a demandé pourquoi la soie des araignées ne pourrait pas être utilisée? Mais outre la difficulté de réunir un assez grand nombre d'araignées, difficulté des plus grandes, puisqu'on estime qu'il ne faudrait pas moins de 700 000 de ces animaux pour produire une livre de soie, il y aurait encore l'impossibilité de les nourrir, puisque toutes ces espèces étant carnassières, il faudrait d'abord élever un grand nombre de mouches ou d'autres insectes pour leur usage. On a beaucoup parlé aussi des dangers de la piqûre des araignées : la vérité est que, dans nos pays, elle est tout à fait innocente; mais il faut dire que, dans les pays chauds, il y a des espèces très-venimeuses, et que, dans le midi de l'Europe et même de la France, quelques espèces ne sont pas tout à fait sans danger. Les principaux caractères de cette famille sont : palpes en forme de petits pieds, sans pinces; mandibules terminées par un crochet mobile très-pointu, ayant en dessous une petite fente pour la sortie du venin, renfermé dans une glande de l'article précédent; toujours deux mâchoires; thorax ayant une impression en forme de V; abdomen mobile, ordinairement mou, muni de 4 à 6 mamelons charnus percés d'une grande quantité de petits trous pour le passage des fils soyeux : une ou deux paires de cavités pulmonaires, s'annonçant à l'extérieur par des taches jaunâtres ou blanchâtres. Au sortir des mamelons dont nous avons parlé, les fils de soie sont gluants, mais ils sèchent bien vite à l'air, et peuvent être employés aussitôt par l'animal.

D'après les travaux de M. Léon Dufour, Cuvier a divisé cette famille en deux grands genres ou sections, subdivisés en un grand nombre de sous-genres : dans le premier genre il range les aranéides qui ont deux paires de sacs pulmonaires, ce sont les *Mygales;* le second comprend celles qui n'en ont qu'une paire, ce sont les *Araignées.* — Consultez les ouvrages de Walkenaër.

ARAUCARIA (Botanique), de *araucanos*, mot espagnol qui veut dire *sec, brûlant.* Une province d'Amérique porte ce nom, et les Chiliens ont appelé ainsi un arbre conifère qui y est très-répandu. — Genre de plantes de la famille des *Conifères*, de de Jussieu, et de la famille des *Abiétinées*, dans la classe des *Conifères*, de M. A. Brongniart. Il renferme des arbres souvent très-élevés. Leurs rameaux sont verticillés, leurs bourgeons nus et leurs fleurs dioïques. Le feuillage de ces arbres est magnifique et justement apprécié pour l'ornement. L'*A. du Chili* (*A. imbricata*, Pav., *A. Chilensis*, Mirb.) s'élève souvent dans son pays natal à plus de 50 mètres. Ses branches sont verticillées, dressées, étalées; ses rameaux, opposés ou épars, sont garnis de feuilles ovales, luisantes et terminées par une pointe aiguë. L'*A. de Cunningham* (*A. Cunninghammi*, Ait.), arbre de Moreton-Bey, l'*A. élevé, Pin de l'Île de Norfolk* (*A. excelsa*, R. Brown) et l'*A. de Cook* (*A. Cookii*, R. Brown) rapporté de la Nouvelle-Calédonie en 1851, sont de très-remarquables et de très-précieuses espèces. Le bois de ces arbres est en général de qualité supérieure. Leurs graines, assez volumineuses et préparées de différentes façons, servent d'aliments à de nombreux indigènes.   G—s.

ARBALÉTRIER (Zoologie). — Nom vulgaire qu'on donne dans le Midi au *Martinet noir* (*Hirundo apus*, Lin.) (voyez ce mot).

ARBENNE (Zoologie). — Suivant Buffon, dans la partie de la Savoie qui avoisine le Valais, on donne ce nom à la Perdrix blanche (*Tetraolagopus*, Lin.) (voyez Perdrix blanche, Lagopède).

ARBORICULTURE. — Ce mot indique l'ensemble des opérations appliquées aux plantes ligneuses en vue d'augmenter la quantité et la qualité des produits pour lesquels on les cultive. L'Arboriculture peut être divisée de la manière suivante :

Arboriculture forestière, qui comprend la culture :
Des bois et forêts;
Des plantations de lignes;
Des haies vives;
Des oseraies.

Arboriculture d'ornement, qui comprend la culture :
Des parcs et jardins;
Des plantations de lignes pour l'ornement.

Arboriculture économique, qui comprend la culture :
De toutes les espèces ligneuses non comprises dans les autres divisions, telles que les mûriers, le sumac, les arbrisseaux à parfums, etc.

Arboriculture fruitière, qui comprend la culture :
Des vergers;
Des jardins fruitiers;
Des vignobles.   A. Du Ba.

ARBORISATION (Minéralogie). — Dessins naturels ordinairement noirs, représentant des parties de végétaux plus ou moins considérables, qu'on rencontre dans différentes pierres, surtout dans les agates; ce sont les plus estimées. On en trouve aussi dans les schistes, dans les ardoises; il y en a de très-jolies dans la marne dure qui recouvre les bancs de pierre à plâtre de Montmartre. Les arborisations sont formées par des infiltrations d'eau chargée de particules métalliques, qui pénètrent par les joints ou fissures de la pierre, de sorte qu'on peut scier et polir la pierre sans les faire disparaître. Lorsqu'elles sont superficielles, on leur donne le nom de *Dendrite*.

ARBOUSIER (Botanique), *Arbutus*, Tourn., de *ar*, âpre, et *boise*, buisson en celtique : nom ainsi donné à cause de l'âpreté du fruit de ce genre. *Arbutus* est le même nom latinisé. — Genre de plantes de la famille des *Éricacées*, tribu des *Arbutées*, de de Candolle, ou des *Éricées*, de M. A. Brongniart. Il comprend des arbrisseaux toujours verts, à feuilles alternes, coriaces, persistantes, à fleurs disposées en panicules ou en grappes terminales, garnies de bractées; ovaire placé sur un disque plus ou moins épais; fruit charnu globuleux. L'*A. commun* (*A. unedo*, Lin., de *unum-edo*, je mange un seul, parce que les fruits de cette espèce étant mauvais, on n'en peut manger qu'une petite quantité), arbre de 3 à 5 mètres, croissant dans l'Europe méridionale, donne en automne des grappes de fleurs blanches auxquelles succèdent au commencement de l'hiver des fruits rouges ressemblant à des fraises et possédant une saveur aigrelette qui les fait rechercher des oiseaux. On l'a nommé aussi *Fraisier en arbre*, et on peut retirer de ses fruits du sucre et une boisson vineuse. Cette espèce, qui vient de préférence dans un terrain humide, a plusieurs variétés cultivées comme plantes d'ornement et différant par la coloration de leurs fleurs. L'*A. hybride* (*A. andrachnoïdes*, Link, *A. hybrida*, Ker.) est un petit arbre originaire d'Orient, à fleurs blanches légèrement verdâtres et disposées en grappes paniculées. L'*A. raisin d'ours*, *A. Busserole* (*A. uva ursi*, Lin.) fait aujourd'hui partie du genre *Arctostaphylos*, sous le nom de *Arctost. uva ursi*, Spreng. C'est un sous-arbrisseau à fleurs blanches, qui croît dans les pays montueux. On la trouve sur le mont Cenis; ses fruits ont une agréable saveur. Une autre espèce, qu'on a encore réunie au même, genre est l'*A. des Alpes* (*A. Alpina*, Lin., *Arctost. Alpina*, Spreng.), petit arbrisseau presque rampant, à fleurs blanches au sommet des rameaux, baies noirâtres et d'une saveur agréable. On le trouve dans les lieux humides des montagnes de la Suisse, en Sibérie, en Norwége; les habitants en mangent les fruits.   G — s.

ARBRE (Botanique), du celtique *ar*, article, *bor*, arbre, d'où *arbor* en latin; de ce même mot *bor* nous avons fait le mot *bois*). — On nomme ainsi tout végétal ligneux qui dépasse sensiblement la hauteur d'un homme. Pour les jardiniers, l'arbre ne commence qu'à 6 mètres; au-dessous de cette dimension, les végétaux ligneux sont des arbrisseaux et des arbustes. L'arbre se divise en branches à sa partie supérieure. Sa base, qui en est dépourvue, porte le nom de *tronc*. Il peut s'élever à une très-grande hauteur. Il n'est pas rare de rencontrer, dans les forêts de l'Amérique du Nord, des arbres atteignant 150 mètres. Comme intermédiaires entre les arbres proprement dits et les arbrisseaux, on désigne souvent dans les descriptions sous le nom de *arbusculæ* (petits arbres) des arbres de petite dimension, tels que pommiers, certains pruniers, etc. Les rameaux ou branches des arbres se développent ordinairement à l'aisselle des feuilles; ils sont dits alors *rameaux axillaires*. Quelquefois, leur position est un peu au-dessus des feuilles, en face ou à côté. Dans ces conditions les rameaux sont *supra-axillaires* ou *extra-axillaires*. La ramification de ces rameaux a lieu en général d'une manière analogue. Ceux-ci divergent plus ou moins de la tige principale, ou bien ils sont dressés et donnent à l'arbre une forme pyramidale, comme dans le peuplier. Lorsque leur divergence a lieu d'une manière pour ainsi dire horizontale, les rameaux sont dits *étalés*, comme dans le cèdre du Liban. Dans certaines variétés de frêne et de gincko, les rameaux sont rebroussés et inclinés vers la terre. On dit alors quelquefois qu'ils sont *pendants*, mais on préfère réserver ce terme à des rameaux qui, naissant dressés, retombent vers la terre à partir d'un certain point de leur origine, subissant ainsi l'influence de leur poids et de leur grande flexibilité. Les rameaux du saule pleureur offrent cette disposition. Quant au frêne pleureur, il diffère en ce que ses rameaux sont, dès leur origine, dirigés vers la terre sans que le poids et la mollesse en soient cause, puisqu'ils sont doués d'une rigidité très-appréciable. Les rameaux, par leur ensemble, forment ce qu'on appelle la *cime* de l'arbre, laquelle offre des différences de forme suivant les espèces. La nature a affecté une organisation spéciale pour les arbres qui habitent les pays chauds et ceux qui doivent subir les variations atmosphériques des climats tempérés et résister quelquefois à des hivers très-rigoureux. Dans ces derniers, les bourgeons, composés, comme on sait, d'organes à leur premier développement et par conséquent très-délicats, sont garnis d'écailles résistantes, enduites d'une matière résineuse qui les garantit des atteintes de la gelée. Au contraire, dans les arbres des pays chauds, les bourgeons sont dépourvus de ces parties préservatrices; aussi ne peut-on parvenir à cultiver ces arbres dans nos climats qu'en leur donnant des soins tout particuliers et en les abritant pendant l'hiver. — En agriculture, on distingue les arbres en arbres de *haute futaie*, de *haut vent*, de *demi-vent* ou de *demi-tige*. Les premiers sont ceux qui, abandonnés à eux-mêmes dans les forêts, y atteignent quelquefois des dimensions considérables et parviennent à un grand âge; tels sont les chênes, les hêtres, les châtaigniers, les pins, les sapins, etc., dans nos climats. Les autres expressions s'appliquent aux arbres fruitiers. Ceux qu'on abandonne à leur nature dans nos jardins et auxquels on laisse la dimension que leur organisation leur fait acquérir sont les arbres de *plein vent*. On cultive d'habitude comme arbres de plein vent les pruniers, les pommiers, etc. Ceux qu'on fait venir en espalier et dont on limite la hauteur à 2 mètres environ sont des arbres de *demi-vent* ou de *demi-tige*; tels sont ordinairement les pêchers, les amandiers, les abricotiers, etc. Enfin, on distingue encore dans les jardins fruitiers les arbres *nains*, qui sont ceux dont on a restreint la taille à une très-petite dimension, ainsi que leur nom l'indique. — Suivant nos besoins et la manière dont il faut les traiter, les arbres ont donné lieu à des études spéciales qui constituent pour la connaissance des forêts la *science forestière*, la *sylviculture*, l'*arboriculture*, qui s'applique plus généralement à l'art de tail-

ler et de cultiver les arbres fruitiers, enfin la *pomologie*, qui comprend principalement l'étude des arbres fruitiers au point de vue des ressources qu'on en peut tirer. Quelques anciens auteurs, entre autres Aldrovande, ont nommé *Dendrologie* (du grec *dendron*, arbre, *logos*, discours) la science des arbres.   G — s.

ARBRE A L'AIL. — Plusieurs végétaux du Pérou et du Brésil ont reçu ce nom à cause de l'odeur d'ail qu'exhalent certaines de leurs parties. Ils appartiennent aux genres *Cerdana*, Ruiz et Pav., et *Seguiera*, Lin.

ARBRE AUX ANÉMONES. — Nom donné au Calycanthe de la Floride, à cause de ses belles fleurs qui rappellent jusqu'à un certain point les anémones (voyez CALYCANTHE).

ARBRE D'AMOUR. — Voyez ARBRE DE JUDÉE, GAINIER.

ARBRE D'ARGENT. — Voyez PROTÉE.

ARBRE AVEUGLANT, *Agalloche*. — Arbre des Indes orientales appartenant à la famille des *Euphorbiacées*. C'est l'*Excæcaria agallocha* de Linné. Son suc laiteux et âcre est très-irritant et détermine de graves maux d'yeux.

ARBRE DES BANIANS OU BANYANS. — Voyez BANIANS.

ARBRE A BEURRE. — Voyez BASSIE.

ARBRE A BOURRE. — C'est l'*Arec chevelu*.

ARBRE DU BRÉSIL. — Voyez CÉSALPINIE.

ARBRE DU CASTOR. — Nom que l'on donne dans l'Amérique septentrionale au Magnolier glauque (*Magnolia glauca*, Lin.).

ARBRE A CHANDELLES. — Voyez MUSCADIER (*porte-suif*).

ARBRE A CHAPELETS. — Voyez AZÉDARACH.

ARBRE A CIRE. — Voyez CIRIER et CÉROXYLE.

ARBRE DE CORAIL. — Voyez ERYTHRINA CORALLODENDRON.

ARBRE DE CYTHÈRE. — Voyez SPONDIAS.

ARBRE DU DIABLE, *Sablier explosif*, l'et du diable (*Hura crepitans*, Lin.). — Espèce de la famille des *Euphorbiacées*. A la maturité, la déhiscence de ses coques est accompagnée d'une assez forte détonation.

ARBRE DE DIEU, *Figuier religieux* (*Urostigma religiosum*, Gaspar., *Ficus religiosa*, Lin.). — Voyez FIGUIER.

ARBRE D'ENCENS. — Voyez BALSAMIER.

ARBRE DE FER. — Voyez SIDÉRODENDRON, SIDÉROXYLE.

ARBRE A FRAISES. — Voyez ARBOUSIER COMMUN.

ARBRE A FRANGES. — Voyez CHIONANTHE.

ARBRE A LA GALE. — Nom donné au Sumac vénéneux (*Rhus toxicodendron*), le suc des feuilles de cet arbre cause sur la peau des démangeaisons violentes.

ARBRE DE LA GLU. — Voyez HOUX.

ARBRE A LA GOMME. — Voyez EUCALYPTE, MÉTROSIDÉROS.

ARBRE A GRIVES. — On donne dans le Midi ce nom au Sorbier des oiseaux, parce que les grives surtout sont très-friandes de ses fruits.

ARBRE DE JUDÉE. — Ce végétal croît non-seulement en Orient, mais aussi en Grèce, en Italie, en Espagne, etc. — Espèce du genre *Gainier* (voyez ce mot).

ARBRE A LAIT. — Voyez ARBRE A LA VACHE.

ARBRE DE SAINTE-LUCIE (*Prunus Mahaleb*). — Son nom vulgaire lui a été donné parce qu'à Sainte-Lucie, près de Commercy, où il croît en abondance, on en faisait un assez grand commerce pour la fabrication des petits meubles (voyez PRUNIER, CERISIER).

ARBRE DE MAI. Espèce de *Panax* de la Guyane.

ARBRE A LA MAIN. — Nom vulgaire d'un arbre du Mexique appartenant à la famille des *Sterculiacées*. C'est le *Cheirostemon* à feuilles de platane (*Cheirostemon platanoïdes*, Humb. et Bonpl.). Le nom générique vient du grec *cheir*, main, et *stemon*, étamine. Les 5 étamines de cette espèce sont groupées et simulent une main de singe.

ARBRE A LA MIGRAINE. — Voyez PREMNE.

ARBRE DE MILLE ANS. — Nom donné au BAOBAB, à cause de sa grande longévité (voyez ce mot).

ARBRE DE MOÏSE. — Nom vulgaire du *Mespilus pyracantha*, BUISSON ARDENT (voyez ce mot).

ARBRE DE NEIGE. — On donne souvent ce nom à des arbres différents, entre autres à la *Viorne boule de neige* et au *Chimonanthe* de Virginie.

ARBRE A PAIN. — Voyez ARTOCARPE.

ARBRE A PAPIER. — Voyez BROUSSONETIA.

ARBRE A PERRUQUE. — C'est le Sumac fustet (*Rhus cotinus*, Lin., à cause de ses panicules de fleurs dont les pédoncules s'allongent après la floraison et forment des panaches légers assez semblables à une chevelure mêlée (voyez FUSTET).

Arbre a la pistache. — Voyez Staphylier.

Arbre au poivre. — Nom vulgaire de l'*Agnus castus* (voyez ce mot), et du Poivrier du Pérou (*Schinus molle*, Lin.). Arbrisseau de la famille des *Anacardiacées*, et dont les fruits ont une saveur aromatique poivrée ; cet arbre n'a rien de commun avec le Poivrier (*Piper*, Lin.).

Arbre puant. — Voyez Fétidier, Sterculier.

Arbre aux quarante écus. Le Ginko bilobé ou Salisburia à feuilles de capillaire (*Ginko biloba*, Lin., *Salisburia adiantifolia*, Smith). — Arbre du Japon nommé ainsi, parce qu'à l'époque de son introduction en Europe, en 1754, les pépiniéristes le vendaient 40 écus. On l'a nommé aussi *Arbre de Gordon*, parce que Gordon passe pour le premier botaniste qui l'ait fait connaître en Europe (voyez Ginko).

Arbre saint. — L'un des noms vulgaires de l'*Azédarach* (voyez ce mot).

Arbre a sang. — Voyez Millepertuis.

Arbre de soie. — Nom vulgaire de l'Acacia julibrissin, Willdw (voyez Acacia), qui lui a été donné à cause des longs et soyeux filaments de ses étamines.

Arbre a suif. — Espèce de Stillingie (*Stillingia sebifera*, Michx, *Croton sebiferum*, Lin.). Genre de plantes de la famille des *Euphorbiacées*. Les graines de cet arbre sont entourées d'une épaisse couche de matière grasse très-blanche qui, mélangée avec de l'huile de lin et de la cire, est employée à la confection des bougies en Chine et au Japon. L'arbre à suif est aussi cultivé aux États-Unis pour cet usage.

Arbre de Saint-Thomas. — Les chrétiens de l'Inde avaient donné ce nom au Bauhinier panaché (*Bauhinia variegata*, Lin.), parce qu'ils croyaient que les fleurs pourpres de cet arbre avaient été teintes du sang de saint Thomas (voyez Bauhinia).

Arbre triste (*Arbor tristis*, Lin.). — Espèce du genre *Nyctanthes* appartenant à la famille des *Apocynées*. Ses belles fleurs blanches et d'une odeur suave restent constamment closes pendant le jour. A peine la nuit est-elle venue, que leur épanouissement commence. Le mot *nyctanthes* vient du grec *nux*, nuit, et *anthos*, fleur. Cet arbre est originaire de l'Inde.

Arbre aux tulipes. — Voyez Tulipier.

Arbre a la vache ou Arbre a lait. — Espèce du genre *Brosime* (*Brosimum*, Swartz), appartenant à la famille des *Artocarpées*. C'est le *Brosimum galactodendron*, D. Don (*Galactodendron utile*, Humb. et Bonpl.). — *Galactodendron* vient de deux mots grecs qui signifient littéralement *arbre à lait*. Cet arbre atteint une grande dimension. Ses feuilles sont alternes, oblongues, pétiolées ; ses fruits sont verts, globuleux, de la grosseur d'une noix. C'est à Caracas que croît abondamment l'arbre à la vache, duquel on obtient par incision un liquide qui a beaucoup d'analogie avec le lait de vache. Il est alimentaire comme ce dernier et sa saveur est un peu balsamique. MM. Rivero et Boussingault ont fait une étude très-savante de ce suc.

Arbre a velours. — Nom donné au Veloutier ou Pittone argentée (*Tournefortia argentea*, Lin.), à cause du duvet blanc, soyeux et très-épais, qui recouvre cet arbrisseau.

Arbre au vermillon. — Nom vulgaire du Chêne au kermès (voyez Chêne).

Arbre au vernis. — Voyez Vernis, Badamier.

Arbre de vie. — Nom donné aux espèces du genre *Thuya* (voyez ce mot), à cause de leur verdure perpétuelle.

Arbre du voyageur. — Ainsi nommé parce que lorsque l'on coupe ses feuilles au bas du pétiole il s'en écoule un liquide limpide très-rafraîchissant, qui est d'un grand secours aux voyageurs à Madagascar. Cette espèce, qui appartient à la famille des *Musacées*, est le Ravenale de Madagascar (*Ravenala Madagascariensis*, Poiret, *Uriana ravenala*, L. C. Richard).   G — s.

Arbre de Diane ou Arbre philosophique (Chimie). — Nom donné par les alchimistes à un amalgame d'argent cristallisé en petites houppes brillantes réunies en forme de végétations, que l'on obtient en abandonnant pendant quelques jours du mercure dans une dissolution un peu concentrée de nitrate d'argent. Le mercure décompose peu à peu le nitrate, s'y substitue à l'argent, et l'argent réduit, s'unissant au mercure en excès, forme ces végétations.

Arbre de Saturne. — Dépôt de plomb métallique et cristallisé présentant quelque apparence d'une végétation minérale, et que l'on obtient en abandonnant une lame de zinc suspendue dans une dissolution d'acétate de plomb.

Arbre de couche. — Voyez Mouvements (Transformation des).

Arbre de vie (Anatomie). — On donne ce nom à l'aspect que présentent certaines coupes du cervelet ; en effet, si on le coupe verticalement d'avant en arrière, il résulte des dispositions particulières de la substance grise et de la substance blanche, une figure élégante connue sous le nom d'*Arbre de vie*, probablement à cause de la ressemblance avec le feuillage du Thuya ou Arbre de vie ; d'autres pensent que c'est à cause de l'importance donnée à cette structure du cervelet. Cette coupe peut s'exécuter de deux manières : ou sur la ligne médiane, et on a l'*Arbre de vie médian* ; ou sur les côtés, et on a l'*Arbre de vie des lobes latéraux*.   F — n.

Arbres (Économie rurale). — Les arbres peuvent être classés de la manière suivante, au point de vue de la nature des produits qu'on veut en obtenir :

Arbres et arbrisseaux forestiers, cultivés pour leur bois :

A feuilles caduques (Hêtre, etc.) ;
A feuilles persistantes (Chêne-vert, etc.) ;
Résineux (Pins, etc.).

Arbres et arbrisseaux d'ornement, cultivés pour l'ornement des parcs, jardins et promenades publiques.

Arbres et arbrisseaux économiques, cultivés pour des usages autres que ceux indiqués dans les autres divisions :

A soie (Mûrier, etc.) ;
A écorce (Chêne-liége, Sumac, etc.) ;
A parfums (Rosiers, Jasmins, etc.).

Arbres et arbrisseaux fruitiers, cultivés pour leurs fruits :

A fruits propres aux boissons fermentées (Pommier, Vigne, etc.) ;
A fruits de table ;
A fruits oléagineux (Olivier, etc.).   A. du Br.

Arbres verts (Botanique). — On donne ce nom aux arbres dont les feuilles, se conservant pendant l'hiver, sont dites *persistantes*. Tels sont le Lierre, le Laurier-cerise, les Yeuses, l'Arbousier, les Houx, certains Chênes, etc., etc. Ces feuilles devraient plutôt être nommées *bisannuelles* ou *trisannuelles*, car elles finissent toujours par tomber à leur deuxième, ou, au plus tard, à leur troisième année. Si ces arbres ou arbrisseaux sont nommés *arbres toujours verts* (*sempervirentes*), c'est que leurs feuilles, au lieu de tomber toutes à la fois en automne, comme celles de la plupart des végétaux, se renouvellent graduellement et partiellement, en sorte que le feuillage a toujours le même aspect.

Ce sont surtout les arbres de la famille des *Conifères*, les Pins, les Sapins, les Ifs, les Cèdres, les Cyprès, etc., etc., qui sont appelés *Arbres verts*, parce que le caractère des feuilles persistantes se trouve général dans la famille.   G — s.

ARBRISSEAU (Botanique). — On nomme ainsi des végétaux ligneux, ramifiés de la base, comme les arbres, mais différant par la taille beaucoup moins élevée que celle des arbres proprement dits. On n'a pas de caractères bien tranchés pour différencier les arbrisseaux d'avec les arbres. Le caractère de ramification, dès la base, ne peut pas être adopté, car il arrive souvent que les arbrisseaux ont une tige ou tronc simple, tandis que des végétaux qui, par leurs dimensions, peuvent être classés dans les arbres, présentent des ramifications dès leur partie inférieure. Les Lilas, les Noisetiers, le Sureau, sont des arbrisseaux. Dans le jardinage, on est convenu de donner le nom d'*arbrisseau* à tout végétal ligneux présentant les caractères de l'arbre, mais offrant une élévation de $0^m,50$ à 4 mètres. On tient compte, bien entendu, de la dimension proportionnée de la tige.

Arbrisseau (Sous-) Botanique). — Terme par lequel on désigne tout végétal un peu ligneux, mais ne dépassant pas la moitié de la hauteur d'un homme. Les sous-arbrisseaux tiennent le milieu entre les arbustes et les plantes herbacées. Leurs tiges sont ligneuses inférieurement, se ramifient dès la base et persistent, tandis que les jeunes rameaux herbacés se détruisent tous les ans. La Vigne-vierge, le Mille-pertuis, la Rue, etc., sont des sous-arbrisseaux.

ARBUSTE (Botanique). — On désigne sous ce nom les végétaux dont la tige ligneuse, ramifiée, ne dépasse guère 1 mètre de hauteur. Les arbustes représentent le port d'un arbre en miniature. Ce qui les distingue des arbrisseaux, avec lesquels on les confond souvent, c'est leur développement, qui ne se fait pas par des bourgeons comme dans ces derniers.

ARC (Anatomie), du latin *arcus*, arc. — L'*arc du côlon* est cette portion du gros intestin qui s'étend du *côlon lombaire droit* au *côlon lombaire gauche*; on la nomme aussi *côlon transverse*.

ARC SÉNILE (Pathologie), altération de la cornée qui paraît résulter d'un dépôt de granulations graisseuses : il se développe toujours également sur les deux yeux.

ARC (Géométrie). — Portion limitée d'une ligne courbe quelconque. La droite qui joint les deux extrémités d'un arc s'appelle sa *corde*. La *flèche* est la perpendiculaire abaissée sur la corde, du point de l'arc qui en est le plus éloigné; dans le cas d'un arc de cercle, la flèche joint le milieu de l'arc au milieu de la corde.

Les *arcs de cercle* (qu'on devrait appeler des *arcs de circonférence*) sont l'objet de plusieurs théorèmes que la géométrie démontre, et dont voici les énoncés :

Dans un même cercle ou dans des cercles égaux (c'est-à-dire de même rayon), deux angles au centre égaux comprennent entre leurs côtés des arcs égaux, et *vice versâ*.

Dans un même cercle ou dans des cercles égaux, deux arcs égaux sont sous-tendus par des cordes égales, et *vice versâ*. On appelle *arc d'un degré* un arc égal à la 360e partie de la circonférence à laquelle il appartient; l'*arc d'une minute* est la 60e partie de l'arc d'un degré, et l'*arc d'une seconde*, la 60e partie du précédent. La longueur d'un arc s'estime donc par le nombre de degrés, de minutes et de secondes qu'il renferme.

Deux arcs de cercle qui ont le même centre sont dits *concentriques*. Le *centre* d'un arc de cercle s'obtient par le point de rencontre des perpendiculaires élevées aux milieux des cordes de deux parties quelconques de cet arc.

Deux *arcs semblables* sont deux arcs de cercle qui renferment le même nombre de degrés ou fractions de degré.

Un arc de courbe quelconque est dit *convexe* quand il ne peut être coupé par une droite qu'en deux points.

La *courbure* (voyez ce mot) d'un arc convexe quelconque est l'angle des *tangentes* aux deux extrémités de cet arc, ou, ce qui revient au même, l'angle des deux *normales* (voyez ce mot) à ces extrémités. Si cet angle est, par exemple, d'un degré, on dit que l'arc lui-même est un arc d'un degré.

ARC-EN-CIEL, Iris (Météorologie). — Arcs lumineux teints des couleurs du prisme, dont le centre est situé sur le prolongement de la ligne qui va du soleil à l'œil de l'observateur; on les voit apparaître quand un nuage se résout en pluie dans la région du ciel *opposée* à celle qui est occupée par le soleil, et que ce nuage est frappé par les rayons solaires. Ces arcs sont généralement au nombre de deux. L'arc intérieur est celui dont les couleurs sont les plus vives et les plus pures; le violet s'y montre en dedans, le rouge en dehors. La disposition inverse a lieu dans l'arc extérieur, qui manque souvent et est toujours plus pâle.

L'arc-en-ciel est produit par la *réfraction* des rayons solaires dans des gouttes d'eau; aussi peut-on l'apercevoir près des cascades, des jets d'eau ou derrière les roues des bateaux à vapeur.

Des rayons solaires tombent sur des gouttes d'eau (*fig.* 191); une partie en est réfléchie, l'autre pénètre dans l'eau, après avoir subi une déviation dans sa direction, et éprouve dans l'intérieur de la goutte une ou deux réflexions, comme on voit sur la figure en *u*, *r* pour l'arc intérieur et *vs* et *rt* pour l'arc extérieur. Les rayons solaires qui couvrent la goutte d'eau émergent ainsi dans les directions les plus diverses, et leur divergence les rend bientôt imperceptibles; mais il existe pour chaque goutte une position du rayon incident telle que les rayons les plus voisins émergent dans des directions parallèles et conservent par conséquent leur intensité à toute distance. Ce sont ces rayons appelés *efficaces* qui produisent l'arc-en-ciel. Pour les rayons rouges, l'angle formé par les rayons incidents et la droite qui va à l'œil de l'observateur *o* est de 42° 2′, s'il n'y a qu'une réflexion intérieure, d'où il suit que toutes les gouttes d'eau qui sont situées sur la surface d'un cône dont l'axe passerait par le soleil et par l'œil de l'observateur et dont l'angle au sommet serait de 42° 2′ enverront à cet observateur des rayons rouges efficaces, et dessineront pour lui un arc lumineux rouge. Chacun des rayons colorés qui constituent la lumière blanche donnera lieu à un effet semblable; mais comme ces rayons sont inégalement réfractés par l'eau, l'angle de déviation changera pour chacun d'eux; il ne sera plus que de 40° 17′ pour les rayons

violets. A chaque couleur correspondra donc un arc distinct, et la juxtaposition de tous ces arcs concentriques constituera l'arc-en-ciel intérieur. L'arc-en-ciel extérieur est dû à une semblable cause; seulement les rayons effi-

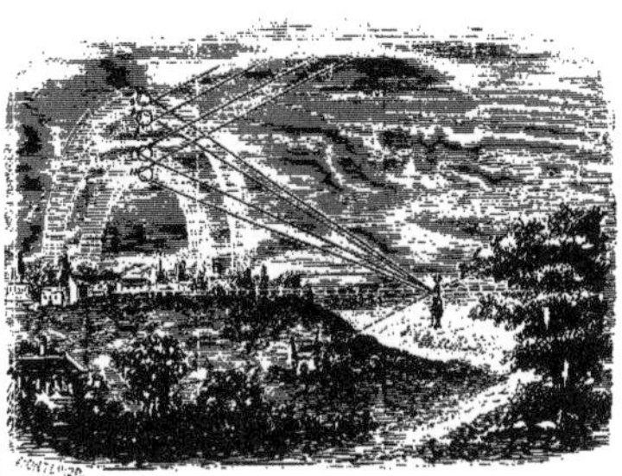

Fig. 191 — Arc-en-ciel.

caces ont subi deux réflexions dans chaque goutte d'eau avant d'éprouver leur seconde réfraction, ce qui renverse l'ordre des teintes et en diminue considérablement l'éclat.

Le point culminant de l'arc-en-ciel intérieur faisant dans le plan vertical un angle de 42° 2′ avec la direction des rayons solaires, si le soleil est élevé au-dessus de l'horizon d'un angle supérieur à 42°, l'arc-en-ciel sera compris en entier au-dessous de l'horizon et deviendra invisible pour nous, à moins que l'on n'observe d'une position très-élevée; aussi ne voit-on habituellement le phénomène que le soir ou le matin.

La lumière de la lune donne lieu quelquefois, mais rarement, à des arcs-en-ciel toujours pâles.

Antonio de Dominis, archevêque de Spalatro, est le premier qui ait tenté d'expliquer le phénomène de l'arc-en-ciel par une réflexion de la lumière à l'intérieur des gouttes de pluie, dans son traité *De radiis visûs et lucis* (Venise, 1611). Mais la véritable théorie en a été donnée pour la première fois par Descartes, dans sa *Dioptrique*, sauf en ce qui regarde la cause des couleurs, qui ne fut révélée que par la grande découverte de Newton sur l'inégale réfrangibilité des divers rayons colorés.

M. D.

ARCACÉES (Zoologie), du latin *arca*, coffre.— Famille de *Mollusques*, que de Blainville a formée du grand genre *Arca*, de Linné. Elle se compose des *Nucules*, des *Pétoncles*, des *Arches* et des *Cucullées*, auxquelles plusieurs auteurs ont ajouté les *Trigonies*, que Lamarck, toutefois, n'a pas voulu y admettre. Cuvier, dans le *Règne animal*, a conservé la division de Linné, en plaçant le genre *Arche* (*Arca*) dans les *Acéphales testacés*, famille des *Ostracés* à muscles valvaires (voyez ARCHE).

ARCADE (Anatomie).— On nomme *Arcade alvéolaire* ou *dentaire*, l'espèce d'arc que forment les alvéoles et les dents sur le bord libre des os maxillaires; *A. orbitaires*, les bords saillants des orbites; *A. sourcilières*, les saillies du coronal qui répondent aux sourcils. L'*A. crurale* est un repli formé par l'aponévrose abdominale à sa partie inférieure, qui est fixé d'une part à l'épine iliaque antérieure, de l'autre au pubis. Les *A. palmaires profonde* et *superficielle* sont formées dans la paume de la main par les veines et artères radiales et cubitales; les *A. plantaires* par les veines et artères plantaires. L'*A. zygomatique* est formée par la réunion de l'angle postérieur de l'os malaire avec l'apophyse zygomatique du temporal.

ARCANSON (Agriculture). — On donne vulgairement ce nom à la *résine de térébenthine*, ou *résine commune du commerce* (voyez COLOPHANE).

ARCHANGÉLIQUE (Botanique), *Archangelica*, Hoffm., du grec *archos*, chef, c'est-à-dire la meilleure des angéliques. — Genre de plantes de la famille des *Ombellifères*, tribu des *Angélicées*. Il comprend des herbes vivaces à feuilles penniséquées, pétiole très-ample, 5 pétales, 5 étamines alternes avec eux (*fig.* 192, A). Les fleurs, blanches ou verdâtres, ont un involucre souvent peu apparent et un involucelle polyphylle latéral. L'*A.*

officinale, Angélique des boutiques, Angélique cultivée (*A. officinalis*, Hoffm., *Angelica archangelica*, Lin.) est une plante qui s'élève souvent jusqu'à 1ᵐ,50. Ses tiges sont glabres, arrondies, striées (*fig.* 192); ses feuilles

Fig. 192. — Archangélique officinale (vulgairement Angélique). A, une fleur de grandeur naturelle.

penniséquées, sont à segments larges; la gaîne du pétiole est très-dilatée; fruit biloculaire, en deux coques qui restent suspendues au sommet de la columelle B. Cette espèce croît particulièrement dans le nord de l'Europe. Cependant on la rencontre aussi dans les montagnes de la Suisse et dans les Pyrénées. Elle est très-aromatique, et dans certains pays on emploie ses tiges comme aliments. On les fait confire, et ainsi préparées, elles sont un condiment tonique et stomachique. Des semences de cette plante on tire une teinture, un baume et une huile suivant différentes préparations. La racine est employée en médecine comme diurétique et sudorifique. Elle entre dans la composition de l'eau de mélisse des Carmes et dans plusieurs autres médicaments.   G — s.

ARCHE (Zoologie), *Arca*, Lin. — Genre d'*Acéphales testacés*, famille des *Ostracés;* elles ont deux muscles aux

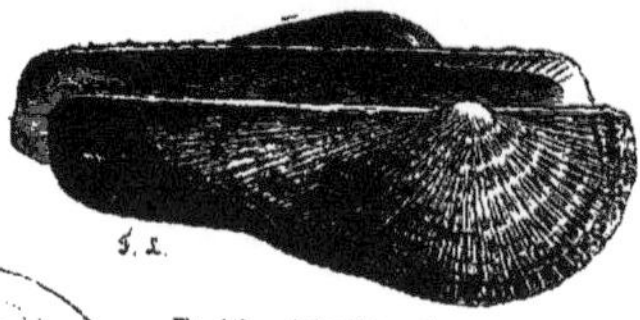

Fig. 193. — Arche bistournée.

valves, qui sont égales, transverses; la charnière est sur le long côté, elle est finement dentée, pour faciliter l'en-

grènement; ligament extérieur; la plupart vivent enfermées dans le sable, à peu de distance des côtes. Toutes les espèces sont marines. Ce genre comprend comme sous-genres les *A. proprement dites*, les *Cucullées*, les *Pétoncles*, les *Nucules.*

ARCHE proprement dite. — Un des sous-genres du genre précédent, caractérisé par la charnière rectiligne; coquille plus allongée dans le sens parallèle à la charnière; le milieu des valves ne ferme pas bien; un ruban tendineux lui tient lieu de pied, pour adhérer aux corps sous-marins. On en trouve quelques espèces dans la Méditerranée. Les plus remarquables et les plus recherchées des amateurs sont l'*A. bistournée* (*A. tortuosa*, Chemn.) (*fig.* 193); elle est de couleur roussâtre ou d'un blanc sale, et l'*A. demi-torse*, plus grande que la précédente et qu'on trouve à la Nouvelle-Hollande.

ARCHÉE (Physiologie), du grec *arché*, principe, pouvoir. — Ce nom, inventé selon les uns par Basile Valentin, selon d'autres par Paracelse, fut adopté par Van Helmont qui en étendit la signification. Pour lui l'archée représente à l'esprit le principe intérieur de nos mouvements et de nos actions; l'archée et la matière sont les causes naturelles de tout. La matière reçoit de l'archée le mouvement, l'ordre, la disposition, la figure; c'est l'agent intérieur qui la pénètre, l'esprit qui l'agite, l'élabore, la transforme, l'altère, la change. Elle préside à l'odorat, au goût, au choix des aliments, au jeu régulier de tous les organes, à l'exécution de toutes les fonctions. Outre cette archée dominatrice dont Van Helmont place le siége à l'orifice supérieur de l'estomac, il y en a d'autres secondaires dans chacun des viscères, et qui sont dans la dépendance de l'archée principale. Les ordres de celle-ci sont ponctuellement exécutés, et si par hasard quelques-uns de ces subalternes manquent à l'obéissance, il en résulte des troubles, des désordres dans l'économie, qui peuvent engendrer des maladies. On voit que sous la forme poétique que Van Helmont a su leur donner, ces idées diffèrent bien peu de celles des animistes, des vitalistes, etc. Il n'y a guère de changés que les mots, et c'est toujours, en dernier résultat, le grand problème tant cherché et à jamais insoluble du principe de la vie.   F — N.

ARCHER (Zoologie), *Toxotes*, Cuv., mot grec qui signifie *archer.* — Genre de *Poissons acanthoptérygiens squammipennes*, voisin et à la suite du groupe des *Chætodons* dont ils ont encore les nageoires écailleuses (voyez CHÆTODON, et SQUAMMIPENNE); mais ils en diffèrent par les dents qui revêtent les palatins et le vomer. Corps court et comprimé; dorsale très-reculée sur le dos, à épines très-fortes; 6 rayons aux ouïes, des dentelures très-fines au bord inférieur du sous-orbitaire et du préopercule. La seule espèce connue, l'*A. sagittaire* (*Toxotes jaculator*, Cuv., *Labrus jaculator*, Shaw), de Java, est devenu célèbre par l'instinct qu'il a de lancer quelquefois à 1 mètre de hauteur des gouttes d'eau sur les insectes qui se tiennent sur les herbes aquatiques et de les faire tomber dans l'eau pour s'en saisir. Il partage du reste avec le *Chætodon rostratus*, Lin., cette propriété, qui le fait rechercher des habitants de Java et des Chinois; ils l'élèvent comme objet de curiosité, afin de lui voir exercer son adresse, en mettant sur des fils ou des bâtons suspendus à sa portée les mouches et les fourmis qu'ils lui destinent. Il a 0ᵐ,12 à 0ᵐ,15 de longueur.

ARCHIATRE (Médecine), du grec *arché*, puissance, et *iatros*, médecin. — Ce mot d'Archiâtre veut-il dire le premier médecin ou le médecin du prince? Cette dernière opinion a prévalu, et déjà sous les empereurs romains, Andromaque, médecin de Néron, portait le titre d'*Archiâtre*: il en avait été de même d'Antonius Musa, médecin d'Auguste, auquel le sénat avait fait élever une statue en face de celle d'Esculape, pour avoir guéri l'empereur d'une maladie grave; cette marque de la reconnaissance publique mérite d'être citée de nos jours. Charicles, médecin de Tibère, n'était pas tout à fait aussi bien traité, car ayant un jour saisi la main de l'empereur pour la baiser en signe de reconnaissance, celui-ci, croyant qu'il voulait lui tâter le pouls, lui intima durement l'ordre de rester tranquille. Si des empereurs romains nous passons aux rois de France, il paraît certain que le même titre a été accordé à leurs médecins, dont quelques-uns ont même reçu celui de *Archiatrorum comes*: nous citerons parmi les archiâtres, Tranquillinus, médecin de Clovis; le juif Sédécias, médecin de Charles le Chauve; Adam Fumée, maître des requêtes et garde des sceaux, médecin de Charles VII et de Louis XI; le fameux Jacq. Cottier ou Coctier ou Coitier, président de la chambre des comptes, médecin du même Louis XI; François Miron, médecin de Charles VIII ; Jean Fernel, de Henri II ; Vidus Vidius, de François Ier ; Charles Bouvard, de Louis XIII ; Fagon, de Louis XIV ; Lemonnier, de Louis XVI ; Corvisart, de Napoléon Ier. F — N.

ARCHIMÈDE (PRINCIPE D') (Physique), ainsi désigné du nom du philosophe grec qui le découvrit le premier. — Ce principe consiste en ce que *un corps plongé dans un fluide quelconque* (air, eau, etc.) *est poussé de bas en haut avec une force égale à celle du poids du fluide qu'il déplace.* Si le poids du corps est supérieur au poids d'un même volume du fluide, ce corps tombe avec une force égale à la différence des deux poids. Un décimètre cube de houille pèse dans l'air 1ᵏ,328, un décimètre cube d'eau pèse 1 kilog. ; la houille placée dans l'eau n'y tombera donc qu'avec une force de 0ᵏ,328, et semblera n'y peser que 0ᵏ,328. Si le poids du corps est moindre que le poids d'un égal volume de fluide, comme cela a lieu pour le liége et l'eau, pour un ballon plein d'hydrogène et pour l'air, ce corps étant poussé de bas en haut avec une force supérieure à son poids, qui tend à le faire tomber, s'élèvera au contraire jusqu'à ce que l'équilibre se soit rétabli entre les deux forces. C'est sur ce principe que sont fondées la théorie des corps flottants et celle des ballons, l'explication du mouvement ascensionnel de l'air dans les cheminées, la détermination des densités des corps, etc.

On peut donner du principe d'Archimède une démonstration purement expérimentale. L'appareil employé

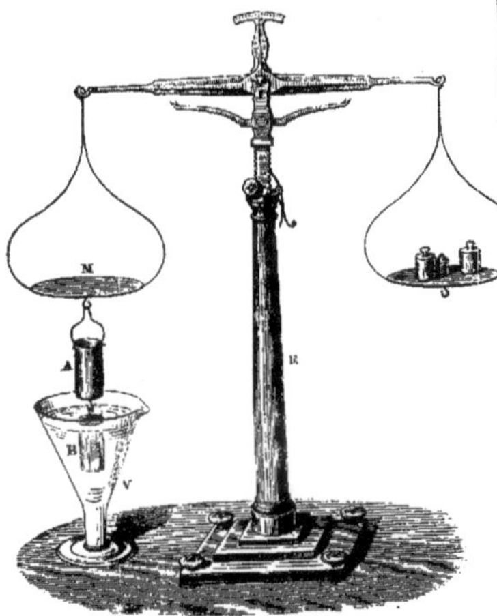

Fig. 194. — Démonstration du principe d'Archimède.

à cet usage se compose (*fig.* 194) d'un cylindre creux A et d'un cylindre plein B dont le volume est égal à la capacité du premier. Le cylindre plein est attaché par un fil au-dessous du cylindre creux, et celui-ci est suspendu à l'un des plateaux M d'une balance E, dont l'autre plateau est chargé de poids de manière à ce que l'équilibre soit établi. Si dans cet état on passe un bassin V au-dessous des cylindres et qu'on y verse de l'eau, dès que l'eau atteint le cylindre inférieur, l'équilibre est rompu, la balance incline du côté des poids, comme si les cylindres étaient devenus moins lourds ; on peut rétablir cet équilibre en versant de l'eau dans le cylindre creux à mesure que le cylindre plein baigne davantage. On trouve à la fin que l'équilibre persiste lorsque, le cylindre inférieur plongeant tout entier dans l'eau, le cylindre supérieur a été en entier rempli d'eau. La perte de poids du cylindre immergé est donc exactement compensée par l'addition d'un volume d'eau égal au volume de ce cylindre.

On peut également rendre sensible par l'expérience la perte de poids apparente éprouvée par les corps, par l'effet de leur immersion dans l'air ou les gaz. Aux deux ex-

trémités du fléau d'une balance très-sensible, on suspend une petite balle de cuivre et une boule de liége beaucoup plus volumineuse, d'un poids tel que l'équilibre existe entre ces deux corps. Si l'on introduit sous une cloche de verre ce petit appareil appelé *baroscope* (*fig.* 195),

Fig. 195. — Baroscope.

et qu'on fasse le vide autour de lui, la balance incline d'une manière très-sensible du côté de la sphère de liége. Celle-ci pèse donc plus dans le vide que la balle de cuivre, et si l'équilibre a lieu dans l'air, c'est que le liége, déplaçant un volume de gaz plus considérable que la balle, est plus fortement poussé de bas en haut ou subit une perte de poids plus grande que cette balle. Si, après avoir fait le vide dans la cloche, nous la remplissions d'acide carbonique, nous verrions la balance incliner, au contraire, du côté de la balle de cuivre, parce qu'à volumes égaux l'acide carbonique pèse plus que l'air. M. D

ARCHIMÈDE (VIS D'). — Voyez au *Supplément.*

ARCTIE (Zoologie), du grec *arktos*, ours. — Genre d'*Insectes lépidoptères*, famille des *Nocturnes*, dépendant du grand genre des *Phalènes* de Linné, section des *Faux Bombyx* de Cuvier, établi par Schrank, qui lui a donné ce nom parce que, dans plusieurs espèces, la chenille est noire et velue comme un ours. Ce genre constitue le sous-genre des *Écailles* de Geoffroy, adopté par Cuvier, et des *Chélonies* de Godard ; il a été conservé par Latreille ; il diffère des *Bombyx* par la présence d'une trompe, et des *Callimorphes* par ses antennes qui sont pectinées dans les mâles, avec les deux filets courts et ordinairement disjoints : les ailes sont en toit, les palpes inférieurs très-velus et la trompe courte. Les chenilles ont 16 pattes. L'*A. chrysorrhée, Écaille queue d'or* de Cuvier, (*Bombyx chrysorrhœa*, Fab.), *Phalène blanche à cul brun* d'Engramelle, longue d'environ 0ᵐ,02, a les ailes blanches, sans tache ; sa chenille, désignée sous le nom de *Commune*, parce qu'on la trouve abondamment dans nos bois, dans nos jardins, dépouille quelquefois de leurs feuilles des forêts entières ; c'est un vrai fléau. L'*A. cul doré* (*Bombyx auriflua*, Fab.), est la *Phalène blanche à cul jaune ;* sa chenille vit sur les arbres fruitiers, dont elle ronge les boutons. L'*A. caja* (*Bombyx caja*, Fab.), *Écaille martre* d'Engramelle ; a les ailes supérieures brunes, les ailes inférieures et le dessus de l'abdomen rouges. Sa chenille vit sur l'ortie, la laitue ; on l'appelle aussi l'*Hérissonne*, l'*Ours*, le *Lièvre.*

ARCTIQUE (PÔLE). — C'est le pôle nord ou boréal, seul visible en Europe ; le pôle sud ou austral s'appelle aussi *antarctique* (voyez CIEL).

ARCTOMYS (Zoologie), du grec *arktos*, ours, et *mus*, rat, rat-ours. — Nom donné par Gmelin au genre *Marmotte* (voyez ce mot).

ARCTONYX (Zoologie), du grec *arktos*, ours, et *onux*, ongle. — Nom donné à un *Mammifère carnassier plantigrade*, plus connu sous le nom de *Bali-Saur*, blaireau de l'Inde (voyez ce mot).

ARCTOTIDÉES (Botanique). — Sous-tribu des *Calendularées*, dans la famille des *Composées*, d'après M. Brongniart. De Candolle en fait une sous-tribu de la tribu des *Cinarées*. Ce sont des plantes à capitules multiflores, à fleurs femelles ou neutres, akènes turbinés : aigrettes entourées d'un rebord saillant. Cette sous-tribu, qui a pour type le genre *Arctotis*, Gærtn., comprend des plantes la plupart originaires du cap de Bonne-Espérance et qu'on cultive dans nos serres. Elles ont l'aspect du souci. Genres principaux : *Arctotis*, Gærtn. ; *Venidium*, Less. ; *Gorteria*, Gærtn. ; *Gazania*, Gærtn. (Voyez Thunberg, *Arctotis, Upsaliæ*, 1799.) G — S.

ARCTOMYDES (Zoologie), du grec *arktos*, ours, et *mus*, rat. — Nom donné par Latreille, dans sa classification, à une famille de *Mammifères*, qui a pour type le genre *Arctomys, Marmotte* (voyez ce mot).

ARCTOTIS (Botanique), *Arctotis*, Gærtn., du grec *arktos*, ours, et *ous*, génitif *ôtos*, oreille, à cause de la forme et de la surface velue du fruit. — Genre type de la sous-tribu des *Arctotidées* (voyez ce mot) famille des *Composées.* Ce sont des plantes herbacées à feuilles pétiolées, membraneuses, à fleurs jaunes ou d'une teinte verdâtre. L'*A. acaule*, *A. tricolore* (*A. acaulis*, Lin.) est une plante d'ornement qui donne en juin des fleurs radiées couleur de soufre, pâles en dedans, rouge sanguin en dehors, disque pourpre foncé, d'un joli effet. On cultive aussi l'*A. rosea*, à fleurs roses, etc.

ARCTURUS (Astronomie). — Étoile de première grandeur dans la constellation du *Bouvier* (voyez Constellations'.
E. R.

ARCURE des branches (Arboriculture fruitière). — Opération qui consiste à courber les branches de façon à en diriger l'extrémité vers le sol. Ce moyen a pour but de diminuer la vigueur des ramifications ainsi arquées et d'y faire développer des boutons à fleurs. On sait, en effet, que la sève agit avec d'autant plus de force sur le développement des ramifications, que celles-ci sont plus rap-

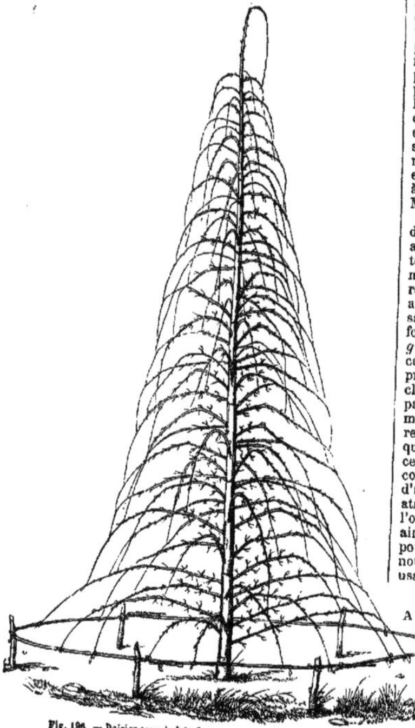

Fig. 196. — Poirier soumis à la forme en pyramide à branches arquées.

prochées de la ligne verticale. On sait aussi que les boutons à fleurs sont d'autant plus nombreux sur une branche que celle-ci est moins vigoureuse ; d'où il suit que les branches arquées poussent moins vigoureusement et se couvrent d'un grand nombre de fleurs. L'arcure est employée pour la mise à fruit des arbres trop vigoureux. La figure 196 montre un poirier taillé en cône et soumis à cette opération. Un cerceau A, fixé autour de l'arbre, sert de point d'attache à des ficelles liées à l'extrémité de ses branches.
A. Du Br.

ARDEA (Zoologie). — Nom latin conservé par Cuvier pour désigner les oiseaux du genre *Héron* (voyez ce mot).

ARDÉIDÉS (Zoologie), du latin *ardea*, héron. — M. de Lafresnaye a donné ce nom à une famille de sa classification des *Oiseaux*, et qui répond à celle des *Cultrirostres* de Cuvier, avec addition des *Ibis*, genre de la

famille des *Longirostres*, et retranchement des *Courlis* et du *Cqurale* placé par Cuvier comme transition entre les Grues et les Hérons (voyez ces mots, et surtout Cultrirostre'.

ARDENNAIS (Cheval) (Hippiatrique). — Ancienne race très-estimée, qui a presque disparu de France, et dont on retrouve encore quelques types dans les provinces de Namur et de Luxembourg (voyez Races).

ARDENTS (Mal des) (Médecine). — Voyez Mal.

ARDISIACÉES (Botanique), *Ardisiées* de Schwartz. — Troisième tribu de la famille des *Myrsinées*. Elle est principalement caractérisée par sa corolle gamopétale, son ovaire supère contenant des ovules en plus ou moins grand nombre. Le genre *Ardisia* (voyez ce mot), Schwartz, lui a servi de type.

ARDISIE (Botanique), *Ardisia*, Schwartz, du grec *ardis*, dard. Les anthères de ce genre sont terminées en pointe aiguë. — Genre de la famille des *Myrsinées*, tribu des *Ardisiées*, comprenant des arbrisseaux à feuilles ponctuées, entières ou dentelées, à pétiole court. Leurs fleurs blanches ou rosées sont en panicules ou en grappes. Les espèces de ce genre sont assez nombreuses, presque toutes se cultivent dans les serres chaudes. L'*A. crispée* (*A. crispa*, Alp. DC.) est un arbrisseau de 2 mètres, à feuilles coriaces. Ses fleurs blanches, en corymbes convexes, petites, maculées de pourpre, et ses fruits drupacés d'un beau rouge, se trouvent souvent réunis et sont d'un très-joli effet dans les serres. Cette espèce nous vient de la Chine. Les autres se partagent à peu près entre l'Inde et l'Amérique, et surtout le Mexique.
G — s.

ARDOISE (Minéralogie), *Schiste tégulaire* de Haüy, du grec *schistos*, qu'on peut fendre. — Variété de schiste argileux du groupe des roches silicatées. L'ardoise, telle que nous la connaissons, est en feuillets plus ou moins grands, minces, légers, très-droits, faciles à séparer ; d'apparence homogène, sonore lorsqu'on la frappe avec un corps dur, si elle est de bonne qualité ; ne faisant pas effervescence avec les acides, d'un gris bleuâtre foncé, tirant sur le noir, qu'on a appelé pour cette raison *gris d'ardoise* : on trouve pourtant des gisements d'une couleur différente, rougeâtre, violette, vert-olive. Elle se présente ordinairement en couches verticales ou très-inclinées, rarement horizontales. Le schiste ardoisier appartient aux terrains de transition, ou terrains sédimentaires primordiaux, dits *terrains cumbriens :* on y rencontre très-souvent des empreintes de corps organiques, surtout de végétaux, plus rarement d'animaux ; ces dernières appartiennent à quelques poissons et à des coquilles trilobites, ammonites, etc. L'ardoise a peu d'affinité pour l'eau ; elle résiste très-bien aux influences atmosphériques, à l'humidité, à la chaleur. Ces qualités l'ont rendue précieuse pour certains usages domestiques ; ainsi elle a été utilisée d'une manière presque absolue pour les couvertures des maisons, et, bien que rien ne nous indique qu'elle ait été employée par les anciens, son usage remonte déjà bien loin dans l'histoire des constructions modernes, et elle est devenue, surtout en France, l'objet d'une exploitation considérable.

Depuis un certain temps on fait usage dans les écoles, et même dans les maisons particulières, de tablettes d'ardoise sur lesquelles on fait écrire, calculer et même dessiner les enfants au moyen d'un crayon de schiste gris tendre, et l'on efface très-facilement les caractères tracés, avec une petite éponge humide : cet usage qui se généralisera dans un grand nombre de circonstances peut rendre des services dans une foule de détails d'économie domestique. Toutes les masses ardoisières ne sont pourtant pas près d'être employées de cette manière, à cause de l'impossibilité de fendre en feuillets minces et légers quelques-unes de leurs variétés ; dans ce cas, comme l'ardoise est susceptible de recevoir un beau poli, on s'en sert pour des dessus de tables, de guéridons, des consoles, des cheminées, des coupes, etc.

On trouve des ardoisières en Angleterre, en Suisse, en Italie dans la province de Gênes ; mais c'est surtout en France que cette industrie a pris une extension considérable, par l'importance des masses *que renferme son sol :* ainsi dans l'Anjou la masse s'étend de Trélaze à Avrillé sur un espace de 8 kilomètres, et à une profondeur exploitée de près de 150 mètres. C'est ordinairement à *ciel ouvert* que se fait l'exploitation de ces carrières : lorsqu'on a enlevé la terre végétale et ce qu'on appelle le *mort-terrain*, on trouve une ardoise solide qui se débite difficilement en feuillets, et ce n'est guère qu'à 5 mètres qu'on rencontre le *franc-quartier* qu'on exploite par *foncées* successives jusqu'à la profondeur de 100 mètres : les talus qu'on est obligé de pratiquer pour éviter les éboulements ne permettent pas de descendre plus bas, ce qui est un grand dommage ; car l'ardoise est d'autant meilleure qu'elle vient des couches plus profondes. Pour parer à cet inconvénient, et surtout lorsque la couche de *mort-terrain* est trop épaisse, on a recours aux galeries souterraines qui se rejoignent par des puits creusés obliquement. C'est dans la carrière même qu'il faut diviser les blocs, parce que, suivant la remarque de Patrin et de M. Le Play, ils perdent rapidement à l'air libre la propriété de se fendre facilement en feuillets minces. Les carrières des Ardennes sont riches en ardoises d'une bonne qualité, et quelques-unes paraissent même supérieures à celles de Trélazé pour la solidité et la durée ; on les exploite ordinairement par des galeries souterraines qui vont jusqu'à 120 mètres de profondeur. Les principales ardoisières de ce pays sont à Rimogne, à 16 kilomètres de Charleville ; puis à Fumay, qui avait déjà dès le xie siècle une confrérie d'ardoisiers. D'autres carrières moins productives existent encore en Normandie, en Bretagne, dans le Dauphiné, dans les départements de la Mayenne, de la Sarthe, etc. On trouve dans le *Dictionnaire des arts et métiers* un article remarquable de M. Pelouze sur cette matière, qu'il est bon de consulter ; il distingue huit qualités d'ardoises, dont les premières et les plus estimées sont, par ordre de qualité : 1° la *carrée fine*, rectangulaire et sans tache ; elle a environ 0^m,20 sur 0^m,30 ; 2° le *gros noir*, ardoise plus petite ; 3° le *poil noir*, en feuillets plus minces que la précédente ; 4° le *poil taché*, semé de taches rousses ; 5° le *poil roux* ; ces deux dernières sont déjà des ardoises communes ; viennent ensuite 6° la *carte*, plus mince et plus petite que la carrée ; 7° l'*héridelle* ; enfin 8° la *coffine* à surface courbe : ces trois dernières sont rarement fabriquées. Les meilleures pour l'usage des couvertures sont dures, pesantes, de couleur bleu clair ; elles sont compactes et n'absorbent pas l'humidité ; de telle sorte que si l'on fait tremper dans l'eau une feuille d'ardoise suspendue verticalement, elle ne doit pas s'humecter au-dessus du niveau de l'eau. On a imaginé un moyen de donner aux ardoises une durée beaucoup plus longue que celle qu'elles auraient naturellement, en les faisant cuire dans un four à briques, jusqu'à ce qu'elles aient pris une couleur rougeâtre. Cette cuisson leur donne, comme à toutes les matières argileuses, une dureté considérable, à la point qu'il faut avoir la précaution de les façonner et de les percer avant cette opération.

ARE, du latin *area*, surface. — Nouvelle mesure de superficie. Sa valeur est celle d'un décamètre carré, ou d'un carré dont chacun des côtés aurait 10 mètres de long. Il équivaut donc à 100 mètres carrés. On le divise en *centiares* ou centièmes parties de l'are, qui sont des mètres carrés. L'are équivaut à 26 toises carrées, ou 3 perches de l'ancien système des mesures agraires usité en France.

AREC (Botanique), *Areca*, Lin. D'après Rumphius, on appelle ainsi dans le Malabar la principale espèce du genre quand elle est âgée ; on la nomme *paynga* lorsqu'elle est jeune. — Genre de plantes de la famille des *Palmiers*, type de la tribu des *Arécinées*. Il comprend des arbres généralement assez élevés. Leurs feuilles sont terminales, pennées à pinnules étalées. Les fleurs monoïques dans chaque spadice sont sessiles et accompagnées de bractées. Le fruit est une drupe à chair fibreuse et à noyau mince. L'*A. cachou* (*A. catechu*, Lin.), ainsi nommé parce que Linné pensait que le cachou provenait de cette espèce (voyez CACHOU), tandis qu'il est dû à un *Mimosa*, s'élève souvent jusqu'à 16 mètres. Il est cultivé dans les Indes-orientales, et forme la base d'un commerce considérable à cause de son fruit connu sous le nom de *noix d'arec*. Celui-ci renferme une graine dont le périsperme, âcre et styptique, entre dans la composition du *bétel*, employé comme masticatoire par les Indiens et les Malais. Cette matière, dont ils ne peuvent se passer, est extrêmement astringente, et son usage fréquent noircit les dents, les gâte et les fait tomber promptement (voyez BÉTEL). Dans la Nouvelle-Zélande, on mange les jeunes spadices de l'*A. sapide* (*A. sapida*, Soland.) ; l'*A. blanc* (*A. alba*, Bory) et l'*A. rouge* (*A. rubra*, Bory) sont également de grands et beaux palmiers des îles de France et de Bourbon.   G — s.

ARÉCINÉES (Botanique). — Tribu établie par M. de Martius dans la famille des *Palmiers*. Elle renferme des végétaux à feuilles pennées ou pennatifides, à fleurs sessiles ; généralement plusieurs spathes les renferment ; Le fruit est quelquefois une drupe contenant de 1 à 3 noyaux à une graine. Genres principaux : le *Chamædorea*, Willd., qui comprend actuellement 42 espèces ; l'*Euterpe*, Mart., qui possède une espèce à bourgeon comestible (chou-palmiste) et une autre à fruit très-estimé et connu au Brésil sous le nom de *Cocos de Jissara* ; l'*Œnocarpus*, Mart., qui fournit une huile douce ; l'*Areca*, Lin. ou *Arec*, genre type ; l'*Iriartea*, Ruiz et Pav., qui fournit de la cire, l'*Arenga*, Labill., du sucre.

ARÉNAIRE (Botanique), *Arenaria*. — Voyez SABLINE.

ARÉNATION (Médecine), en latin *arenatio*, de *arena*, sable. — Opération par laquelle on couvre de sable chaud une partie ou tout le corps d'un malade ; cette pratique, préconisée par Dioscoride, par Galien, contre l'hydropisie, par d'autres, contre l'asthme humide et la goutte, est aujourd'hui peut-être trop oubliée. On ne l'emploie plus guère que lorsque, dans les cas de ligatures d'artère, on veut entretenir la chaleur et la vie dans un membre. On remplit alors de sable chaud des sachets dont on l'entoure : on en a fait usage aussi dans le choléra pour réchauffer les malades.

ARENG (Botanique), *Arenga*, Labill., nom javanais. — Genre de plantes de la famille des *Palmiers*, tribu des *Arécinées*. Il comprend des arbres élevés croissant aux îles de la Sonde, aux Philippines, aux Moluques. Leurs feuilles sont terminales, pennées, longues souvent de 5 à 8 mètres. L'espèce principale et l'une des plus importantes de la famille est l'*A. à sucre* (*A. saccharifera*, Labill.). On obtient, par une section faite à ses spadices mâles, une séve chargée abondamment de sucre. Cette espèce contient aussi une fécule analogue à celle du sagoutier. Les fibres très-résistantes de son tronc sont employées à une foule d'usages même en Europe, ainsi que les fibres de ses feuilles qui fournissent une bonne matière textile.

ARÉNICOLE (Zoologie), du latin *arena*, sable, et *colo*, j'habite. — Genre d'*Annélides* de l'ordre des *Dorsibranches*, de Cuvier, établi par Lamarck, et caractérisé par un corps allongé, mou, à tête peu distincte ; la bouche est une trompe charnue, plus ou moins dilatable, sans yeux, ni mâchoires, ni antennes ; l'extrémité postérieure manque non-seulement de branchies, mais encore des paquets de soie qui garnissent le reste du corps ; les pieds sont dissemblables, les branchies au nombre de 13. Les Arénicoles habitent les rivages sablonneux de toutes les mers de l'Europe. L'espèce connue est l'*A. des pêcheurs*, de Lamarck (*Lumbricus marinus*, Lin.), adopté par Cuvier ; elle est très-commune dans les sables des bords de la mer ; elle est longue de près de 0^m,33, d'une couleur cendrée, rougeâtre, avec les soies d'un brun doré éclatant ; elle répand, quand on la touche, une liqueur jaune abondante. Tous les pêcheurs de nos côtes, et ceux du Havre en particulier, s'en servent comme d'appât pour la pêche des poissons de mer. Lorsque la marée est basse, on creuse avec une bêche à une profondeur quelquefois de 0^m,50 à 1 mètre pour l'atteindre.

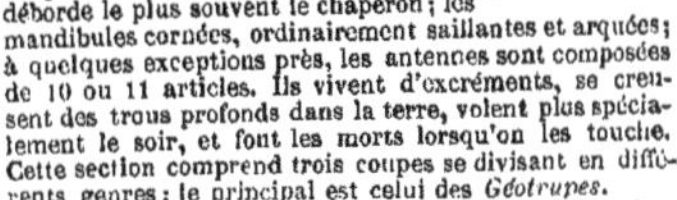

Fig. 127. Arénicole des pêcheurs.

ARÉNICOLES (Zoologie). — Nom donné par Cuvier et Latreille à la deuxième section de la tribu des *Scarabéides*, famille des *Lamellicornes* de l'ordre des *Coléoptères pentamères*. Ces Scarabéides ont pour caractères : un labre coriace qui déborde le plus souvent le chaperon ; les mandibules cornées, ordinairement saillantes et arquées ; à quelques exceptions près, les antennes sont composées de 10 ou 11 articles. Ils vivent d'excréments, se creusent des trous profonds dans la terre, volent plus spécialement le soir, et font les morts lorsqu'on les touche. Cette section comprend trois coupes se divisant en différents genres ; le principal est celui des *Géotrupes*.

ARÉOLE (Anatomie), du latin *area*, aire, petite aire, petite surface. — On donne ce nom à de petites cavités, de petits espaces que laissent entre eux les faisceaux de fibres, les lamelles, les mailles d'un tissu ; ainsi les *aréoles du tissu cellulaire*. — On appelle encore *aréole* un cercle plus ou moins coloré qui entoure le mamelon d'une manière permanente ou passagère ; *aréole inflammatoire*, celui qui entoure un point enflammé ; l'*aréole vaccinal* est celui du bouton de vaccin, etc. Dans ces différents cas, lorsqu'il s'agit d'un cercle coloré, Chaussier préfère le nom d'*auréole* (voyez ce mot.)   F — N.

ARÉOMÈTRES, du grec *araios*, léger, *metron*, mesure. —Petits instruments, quelquefois en métal, plus ordinairement en verre, très-utiles dans l'industrie où on leur donne des noms en rapport avec l'usage spécial auquel chacun d'eux est destiné : *pèse-acide, pèse-alcali, pèse-sel, pèse-liqueur, pèse-lait, alcoomètre*, etc. Ils servent à apprécier la densité relative des corps, et particulièrement des liquides dans lesquels on les plonge, et par suite à donner des indications utiles sur la nature ou le degré de pureté de ces substances. Leur emploi est fondé sur le *principe d'Archimède* (voyez ARCHIMÈDE) et sur sa conséquence : que tout corps flottant dans un liquide plonge d'une quantité telle que le poids du liquide déplacé par lui soit égal à son propre poids.

Les aréomètres se divisent en deux classes distinctes : 1° ARÉOMÈTRES A POIDS CONSTANT, dont la forme extérieure est assez variable dans ses détails, mais qui se composent tous (*fig.* 198 et 199) d'un réservoir moyen, vide, au-dessous duquel s'en trouve un plus petit contenant du mercure ou de la grenaille de plomb formant *lest*, et ayant pour objet de forcer l'instrument à se tenir droit dans un liquide, le tout surmonté d'un tube droit sur lequel sont marquées des divisions.

Ces petits instruments sont à peu près pareils à ceux que les anciens connaissaient sous le nom de *baryllions* ou *hydroscopes*, et qui ont été décrits avec beaucoup de soin dans un poëme de Rhemnius Palémon, contemporain de Tibère.

Volumètre. — Aréomètre (*fig.* 199) dont la tige cylindrique est partagée en longueurs égales, et dont les divisions sont tracées de telle sorte que le chiffre qui correspond à chacune d'elles exprime le volume de toute la portion de l'appareil qui est située au-dessous de cette division. Pour les graduer, on les plonge d'abord dans l'eau pure, et on marque 100 au point où *affleure* le liquide, en représentant ainsi par 100 le volume de la portion de l'appareil qui plonge dans l'eau pure. On

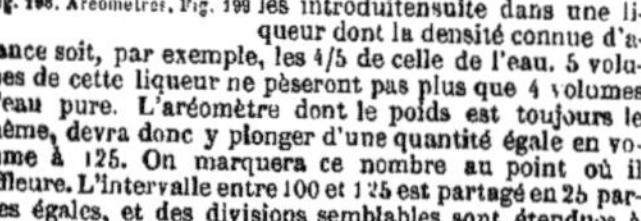

Fig. 198. Aréomètres. Fig. 199.

les introduit ensuite dans une liqueur dont la densité connue d'avance soit, par exemple, les 4/5 de celle de l'eau. 5 volumes de cette liqueur ne pèseront pas plus que 4 volumes d'eau pure. L'aréomètre dont le poids est toujours le même, devra donc y plonger d'une quantité égale en volume à 125. On marquera ce nombre au point où il affleure. L'intervalle entre 100 et 125 est partagé en 25 parties égales, et des divisions semblables sont étendues à toute la longueur de la tige.

Le volumètre donne rapidement la densité d'une liqueur. Supposons, par exemple, qu'il affleure dans un acide à la division 75 ; 75 volumes de cet acide pèsent autant que 100 volumes d'eau, sa densité est donc $\frac{100}{75} = 1,33$.

Pèse-acide ou *Pèse-alcali de Baumé*, destiné à titrer de liquides plus denses que l'eau. Plongé dans l'eau pure, il y affleure en un point situé près de son extrémité supérieure et que l'on marque 0° (*fig.* 198). On le plonge ensuite dans une dissolution de 15 parties de sel marin sec, dans 85 parties d'eau, et on marque 15° au point d'affleurement. L'intervalle entre les divisions est partagé en 15 parties égales, et la graduation continuée sur toute la longueur de la tige. Cet aréomètre marque 66 dans l'acide sulfurique concentré. En général, si dans un liquide l'affleurement a lieu à un degré n, la densité est donnée par la formule $D = \frac{144}{144 - n}$.

Pèse-liqueur de Baumé, destiné à vérifier la richesse des liquides moins denses que l'eau, tels que l'alcool, l'éther, etc. Cet instrument est gradué de manière qu'il marque 10° dans de l'eau pure et 0° dans une dissolution de 10 parties de sel dans 90 parties d'eau. L'intervalle est partagé en 10 parties et les divisions étendues à toute la tige. Contrairement au pèse-acide, le zéro est ici placé vers le bas de l'échelle. La densité d'un liquide, marquant n au pèse-liqueur, est donnée par la formule $D = \frac{127}{117 + n}$.

Aréomètre de Cartier, servant aux mêmes usages que le pèse-liqueur. Les règles de sa graduation ne sont pas bien précises ; les constructeurs le fabriquaient sur des modèles donnés par la régie. On l'a remplacé par l'*alcoomètre*.

Remarquons que ces appareils servent non pas précisément à mesurer les densités, mais à reconnaître par une simple immersion si cette densité et, par suite, si le titre de la liqueur est ce qu'il doit être : c'est tout ce dont on a besoin dans l'industrie.

Alcoomètre centésimal de Gay-Lussac, destiné à titrer des liqueurs alcooliques (voyez ALCOOMÈTRE, ALCOOL).

Pèse-lait. (LACTOMÈTRE).

2° ARÉOMÈTRES A VOLUME CONSTANT.—Espèces de balances servant à déterminer la densité des corps solides ou liquides.

Aréomètre de Fahrenheit, imaginé par Fahrenheit dans les premières années du XVIIIe siècle. Il sert pour les liquides. Il est en verre.

L'ampoule inférieure C (*fig.* 201) contient le lest qui rend l'appareil bon flotteur. La capsule A sert à recevoir les poids complémentaires nécessaires pour faire affleurer l'appareil en un point d'affleurement D marqué sur sa tige courte et grêle. On détermine une fois pour toutes le poids de l'instrument et le poids additionnel nécessaire pour le faire affleurer au repère D : soient 20 grammes et 5 grammes ces deux poids, en tout 25 grammes. Le poids de l'eau déplacé par l'appareil est donc également de 25 grammes. Cela posé, nous le plongeons dans une liqueur et nous trouvons qu'il faut mettre 10 grammes sur le plateau pour produire l'affleurement au repère. Le poids du volume déplacé de cette liqueur est donc

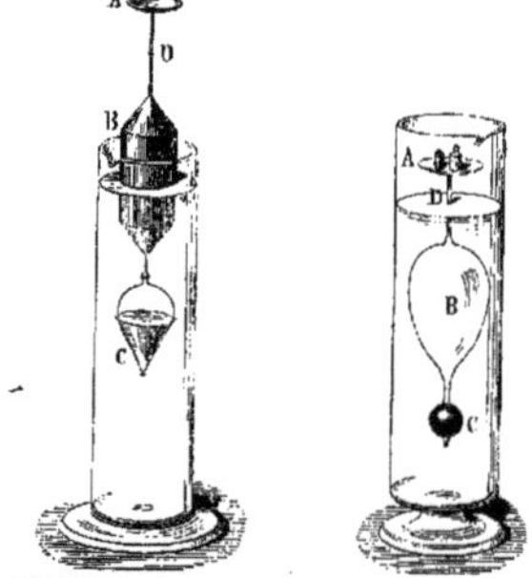

Fig. 200. Aréomètre de Nicholson. Fig. 201. Aréomètre de Fahrenheit.

30 grammes. Deux volumes égaux de liqueur et d'eau pèsent donc 30 et 25 grammes, et la densité de la liqueur par rapport à l'eau sera $\frac{30}{25} = 1,2$.

Aréomètre ou *Balance de Nicholson* (*fig.* 200), du nom de son inventeur, servant plus spécialement à prendre la densité des solides. Il est en métal verni. Il a, à proprement parler, pour objet de déterminer le poids des corps et le poids d'un volume d'eau égal à leur volume. A vide il flotte à la surface de l'eau, et il faut placer un poids complémentaire sur son plateau *supérieur* A pour le faire affleurer à son repère D : soient 15 grammes le poids. Mettons sur ce plateau un corps d'un poids inférieur à 15 grammes, et supposons qu'il faille lui ajouter 5 grammes pour que l'affleurement ait encore lieu. Il est clair que le corps produit sur l'appareil le même effet que les 10 grammes qui manquent, ou qu'il pèse 10 grammes.

Recommençons l'expérience en plaçant le corps, non plus sur le plateau A dans l'air, mais sur le plateau C dans l'eau. Il nous faudra, par exemple, 9 grammes en A pour produire l'affleurement; le corps dans l'eau ne pèse plus que 6 grammes; donc, le poids du volume d'eau qu'il déplace est de $10 - 6$ ou 4. Donc, à volume égal, le corps pèse 10, l'eau 4, et la densité du corps est $\frac{10}{4}$ ou 2,5 (voyez Densités).

La balance de Nicholson, à cause de son transport facile, est particulièrement employée par les minéralogistes pour mesurer la densité des roches ou minéraux. M. D.

ARÈQUE, Aréquier (Botanique). — Voyez Arec.

ARÊTE. — Intersection de deux plans formant les faces d'un polyèdre, d'un angle polyèdre, d'un angle trièdre, ou d'un angle dièdre (voyez Angle).

En général, dans un prisme on désigne plus particulièrement sous le nom d'*arêtes* les intersections des faces latérales entre elles. Dans une pyramide, on appelle *arêtes* les lignes qui joignent le sommet de la pyramide aux sommets du polygone de base.

Arête (Anatomie comparée), du latin *arista*; barbe d'épi. — On donne ce nom aux os longs, minces et pointus, qui entrent dans la composition du squelette des poissons : ainsi la colonne vertébrale, armée de ses longues apophyses, constitue la grande *Arête*; les côtes, les apophyses épineuses, les apophyses transverses, les os inter-épineux qui supportent les nageoires dorsales et anales, sont les *Arêtes* proprement dites. Les poissons cartilagineux n'ont point d'arêtes; parmi les poissons osseux, ceux qui n'ont que des côtes très-courtes ont peu d'arêtes qui soient incommodes : tels sont les pleuronectes (turbots, soles, etc.).

Arête (Botanique). — Filet plus ou moins roide qui accompagne souvent les glumes et les glumelles des plantes de la famille des *Graminées*. Ces organes sont alors dits *aristés*. Ils sont, au contraire, *mutiques* quand ils sont dépourvus d'arêtes. Palisot de Beauvois distinguait la soie de l'arête. Selon cet auteur, celle-ci ne laisse apercevoir aucun indice de son origine au-dessous de son point d'attache, tandis que celle-là est le prolongement d'une ou de plusieurs nervures. L'arête est droite dans le seigle, le blé, les bromes, tandis qu'elle est géniculée, coudée dans l'avoine, ou torse dans l'agrostide canine. Elle est plumeuse et caduque dans la stipe plumeuse. En général elle persiste. Son origine est souvent variable. Quand elle termine le sommet, et c'est le cas le plus ordinaire, elle est *apiculaire*; quand elle prend naissance sur le dos de la glume ou de la glumelle, elle est *dorsale*, comme dans l'avoine, l'agrostide canine; elle est *basilaire*, c'est-à-dire naissant à la base, dans le *Polypogon vaginatum*. La culture fait souvent disparaître les arêtes de certaines espèces. G—s.

ARÉTHUSE (Botanique), *Arethusa*, Lin., nom mythologique. Diane métamorphosa la nymphe Aréthuse en fontaine. On a donné ce nom à une plante qui croît dans les endroits humides. — Genre de plantes de la famille des *Orchidées*. L'*A. bulbeuse* (*A. bulbosa*, Lin.) est une petite plante terrestre qui vient dans l'Amérique septentrionale. Elle donne à l'extrémité d'une hampe une jolie fleur purpurine. L'*A. à deux plumes* (*A. biplumata*, Lin.) est indiquée à Magellan.

ARÉTHUSÉES (Botanique). — Tribu de plantes établie par M. Lindley dans la famille des *Orchidées*. Ces plantes croissent principalement dans les régions tempérées des deux hémisphères, surtout dans l'hémisphère austral. Elles ont un port très-variable; quelquefois ce sont des espèces sans feuilles, parasites sur les racines à la manière des Orobanches, auxquelles elles ressemblent pour le facies; souvent ce sont aussi des plantes terrestres à feuilles membraneuses ou succulentes et à fleurs vivement colorées et élégantes. Genres principaux: *Chlorée* (*Chlorœa*, Lindl.), *Limodore* (*Limodorum*, Tourn.), *Céphalanthère* (*Cephalanthera*, L. C. Rich.), *Sobralie* (*Sobralia*, Ruiz et Pav.), (*Epistephium*, Humb. et Bonpl.), enfin, la *Vanille* (*Vanilla*, Plum.). G—s.

ARGALI DE Sibérie (Zoologie), *Ovis ammon*, Lin., *Argali*, Shaw. C'est le nom mongol donné à une espèce de grand mouton sauvage qui habite les montagnes de la Sibérie méridionale et de toute l'Asie (du mot mongol *arga*, montagne). — Il se distingue des espèces voisines, et surtout des Mouflons, par une taille plus grande, et des cornes d'une dimension extraordinaire; chez les mâles, elles sont également très-grosses, à base triangulaire, aplaties en avant, striées en travers; le poil d'été est ras, gris fauve; celui d'hiver épais, gris rougeâtre. Il a, comme le cerf, un espace jaunâtre autour de la queue qui est très-courte. Il devient grand comme un daim. Sa chair et surtout sa graisse sont recherchées des habitants du pays où il vit. Les argalis sont très-forts et très-agiles, et ils sautent de rochers en rochers avec une légèreté remarquable.

ARGALOU (Botanique), nom vulgaire du *Paliure piquant* (*Paliurus aculeatus*, Lamk.).

ARGANE, Bois d'argane (Botanique), nom vulgaire du *Sideroxylum spinosum*.

ARGAS (Zoologie), *Argas*, Latr., *Rhynchoprion*, Herm., nom grec d'un animal malfaisant. — Genre d'*Arachnides trachéennes*, famille des *Holètres*, tribu des *Acarides* très-voisin des Ixodes, dont elles se distinguent par la situation inférieure de leur bouche, et par les palpes qui n'engaînent pas le suçoir; elles ont une forme conique. L'*A. bordé* (*Ixodes reflexus*, Fab.), d'un jaunâtre pâle, avec des lignes couleur de sang foncé. On le trouve sur les pigeons, dont il suce le sang. L'*A. de Perse*, décrit par les voyageurs sous le nom de *punaise venimeuse de Miana*, d'un rouge sanguin clair, est très-redouté en Orient, où il paraît assez commun.

ARGE (Zoologie), nom d'une espèce d'*Insecte lépidoptère diurne* du genre *Satyre*.

ARGÉMA ou Argémon (Médecine), du grec *argos*, blanc. — Maladie de l'œil caractérisée par un petit ulcère de la cornée, succédant à une phlyctène dont la rupture laisse après elle une plaie transparente, d'une teinte blanchâtre, d'où lui vient son nom. L'*Argéma* diffère du *Bothrion* en ce que celui-ci est un ulcère plus profond (voyez Bothrion).

ARGÉMONE (Botanique), *Argemone*, Lin. Les Grecs donnaient ce nom dérivé de *argema*, taie de l'œil, à une plante qui passait pour guérir cette maladie. — Genre de plantes de la famille des *Papavéracées*. Il renferme des herbes annuelles à tiges contenant un suc jaunâtre. Leurs feuilles sont glauques, glabres, penninervées; calice quelquefois à 3 sépales, 4-6 pétales, étamines nombreuses, capsule obovale uniloculaire, s'ouvrant par le sommet et renfermant des graines sphériques attachées sur des placentas linéaires. Ces plantes viennent la plupart en Amérique et particulièrement au Mexique. L'Asie équatoriale en renferme cependant quelques-unes. L'*A. du Mexique* (*A. Mexicana*, Lin.) appelée aussi *Pavot épineux* à feuilles roncinées, anguleuses, épineuses, fleurs assez grandes et de couleur jaune, fruit aussi armé de piquants; ses graines administrées contre la dyssenterie sont très-narcotiques. L'*A. à grandes fleurs* (*A. grandiflora*, Bot. Reg.). En général, ces plantes contiennent un principe âcre et très-purgatif, qu'on utilise, en médecine, au Mexique et aux Antilles; au Brésil, on l'emploie contre la morsure des serpents. (Viguier, *Histoire des pavots et des argémones*. Montpellier, 1814.)

ARGÉMONÉES (Botanique). — Première sous-tribu de la tribu des *Papavérées* dans la famille des *Papavéracées*, telle qu'elle a été adoptée par Endlicher. Les plantes qu'elle comprend se distinguent principalement par le suc laiteux très-souvent jaunâtre qu'elles renferment et qui est anodin et très-narcotique. Les genres principaux sont : l'*Argémone*, le *Pavot*, la *Sanguinaire*, la *Glaucie*, la *Mécopside*, etc., etc.

ARGENT (Chimie), Ag $= 108$. — Métal d'un très-beau blanc que ne peut égaler aucun autre métal ni aucun alliage métallique, pouvant prendre un poli qui ne le cède guère qu'à celui de l'acier, le plus *malléable* et le plus *ductile* des métaux après l'or, mais n'occupant que le quatrième rang pour sa *ténacité*. Un fil d'argent d'un millimètre de diamètre peut supporter un poids de 24 kilogrammes sans se rompre. A la filière, 1 gramme d'argent peut donner un fil de 2400 mètres de longueur et se réduire sous le marteau en lames de 0,004 de millimètre d'épaisseur sans se déchirer. La densité de l'argent est de 10,5; elle est un peu plus grande pour le métal fondu, comme cela a lieu pour la glace et l'eau, car l'argent surnage un bain du même métal; il fond vers 1000° (30° du pyromètre Wedgwood), et donne des vapeurs sensibles à une température plus élevée. A l'état de fusion, il jouit de la singulière propriété de dissoudre environ 22 fois son volume d'oxygène, qu'il abandonne en se refroidissant; aussi, quand un bain d'argent fondu est en voie de se congeler, voit-on sa surface déjà solidifiée se boursoufler, crever, et donner lieu en petit à des espèces d'éruptions volcaniques qui sont dues à l'expansion et au dégagement du gaz encore contenu dans les parties centrales. On dit que l'argent *roche*. A l'exception du plomb, une petite quantité d'un métal étranger allié à l'argent suffit pour empê-cher le rochage.

L'argent est inoxydable dans les circonstances ordi-naires, ce qui le rend très-utile dans les transactions so-ciales ; il résiste aux alcalis, même sous l'influence de la chaleur ; l'acide sulfurique ne peut l'attaquer que quand il est concentré et bouillant ; l'acide chlorhydrique l'atta-que à peine, mais l'acide nitrique même étendu le dissout rapidement. L'eau régale le transforme aussi très-vite en un chlorure blanc insoluble. L'acide sulfhydrique le noircit presque instantanément en formant à sa surface un sulfure d'argent noir. Aussi l'argenterie doit-elle être préservée avec soin des émanations sulfureuses. Un la-vage à l'eau de soude lui rend toutefois tout son bril-lant, quand il n'a pas été attaqué trop profondément. C'est une cause semblable qui noircit l'argent mis en contact avec les œufs qui contiennent du soufre en quan-tité notable. Le sel ternit également l'argent en formant avec lui du chlorure d'argent ; aussi les salières d'argent doivent-elles être dorées à l'intérieur.

L'argent peut s'allier à un grand nombre de métaux, particulièrement avec le cuivre (monnaie, argenterie, bijoux). Il peut entrer dans des combinaisons assez nom-breuses dont plusieurs se rencontrent toutes formées dans la nature. Les principales sont des alliages ; des chlo-rures, bromures, iodures ; des sulfures simples ou com-binés avec des sulfures d'autres métaux ; enfin divers sels.

Oxyde d'argent (AgO), formé par l'union d'une propor-tion (108) d'argent et d'une proportion (8) d'oxygène, s'ob-tient en décomposant le nitrate d'argent par la potasse caustique en excès, lavant à grande eau le précipité ob-tenu et le desséchant avec précaution ; il est gris brunâ-tre, est ramené à l'état métallique par l'action de la chaleur rouge ou même d'une insolation prolongée ; jouit à un haut degré des propriétés basiques et forme avec les acides des sels parfaitement neutres. En contact avec l'ammoniaque caustique, il se transforme en une poudre noire extrêmement détonante (amidure d'argent) appelée *argent fulminant* (AzH²Ag), et qu'il ne faut pas confon-dre avec le *fulminate d'argent* (AgOCy²O²). La compo-sition de cette poudre est mal connue et ses usages sont nuls. Elle est d'un maniement dangereux.

Oxydule d'argent (Ag²O), contenant le double d'argent pour la même quantité d'oxygène ; obtenu par Wœhler en décomposant le mellitate d'argent par l'hydrogène.

Bioxyde d'argent (AgO²), renfermant, au contraire, le double d'oxygène pour la même quantité d'argent ; s'ob-tient en décomposant par la pile une dissolution de ni-trate d'argent.

Les oxydes d'argent, grâce à la facilité avec laquelle ils se réduisent, ne se rencontrent jamais dans la na-ture.

Chlorure d'argent (AgCl). — Composé d'une propor-tion (35,5) de chlore et d'une proportion (108) d'argent que l'on obtient toutes les fois que l'on verse de l'acide chlor-hydrique ou une dissolution de sel marin, ou d'un chlo-rure quelconque dans une dissolution d'un sel d'argent. Il se forme alors un précipité blanc caillebotté de chlorure d'argent, insoluble dans l'eau, très-légèrement soluble dans l'eau salée, plus soluble dans l'hyposulfite de soude, l'ammoniaque, et surtout le cyanure de potassium, très-altérable à la lumière qui le noircit rapidement en le ramenant partiellement à l'état métallique, d'où ses ap-plications en *photographie*. Le fer et le zinc le réduisent immédiatement avec dégagement de chaleur ; ces métaux s'y substituent à l'argent qui redevient métallique. Le mercure produit le même effet, mais avec plus de len-teur ; il se fait un amalgame d'argent et de calomel. Il en est encore de même du protochlorure de cuivre qui réduit le chlorure d'argent. Enfin, mis en contact pro-longé avec les sulfures, le chlorure d'argent échange avec ces derniers son chlore pour s'unir au sulfure ; il se forme du sulfure d'argent et des chlorures des autres métaux. C'est ce qui explique pourquoi dans les gîtes métalliques sulfurifères on rencontre toujours l'argent à l'état natif ou à l'état de sulfure ; il n'existe à l'état de chlorure que près de la surface du sol.

Le chlorure d'argent fond vers 260° et se fige en pre-nant l'aspect d'une matière cornée qu'on peut couper au couteau. C'est à cet état qu'on le rencontre dans la na-ture sous le nom d'*argent corné*. Il est peu commun dans les mines d'Europe, mais forme un des minerais les plus riches du Chili ; il s'y trouve ordinairement en petits cristaux cubiques, blancs ou brunâtres et noircissant à l'air, disséminés dans des couches ferrugineuses dési-

gnées dans le pays sous le nom de *pacos* et de *colorados*.

Le chlorure d'argent se produit en assez grandes quan-tités dans les ateliers de photographie, ainsi que d'autres résidus de sels d'argent ; on peut aisément les revivifier et les transformer de nouveau en nitrate d'argent. A cet effet, les liqueurs étant mêlées avec une dissolution de sel marin, et les précipités étant recueillis sur un filtre ou par décantation, puis séchés, on les chauffe au rouge avec du carbonate de soude. L'argent réduit se réunit en culot. On peut encore se contenter de plonger une tige de fer au milieu du précipité mouillé avec de l'eau aci-dulée par un peu d'acide chlorhydrique. Le fer se sub-stitue de proche en proche à l'argent qui se dépose en poudre grise.

Iodure d'argent (AgI). — Composé jaune d'une propor-tion (126) d'iode et d'une proportion (108) d'argent que l'on obtient en versant une dissolution d'iodure alcalin dans une dissolution d'un sel d'argent. Il est insoluble dans l'eau, un peu soluble dans les hyposulfites, plus so-luble dans le cyanure de potassium et très-altérable à la lumière qui lui donne promptement une teinte bistre d'abord, puis noire. Il joue un très-grand rôle dans la photographie. Vauquelin l'a découvert dans les mine-rais du Mexique.

Bromure d'argent (AgBr). — Composé blanc de 80 de brome et 108 d'argent, passant instantanément au jaune sous l'influence de la lumière diffuse et conservant en-suite cette couleur, même aux rayons solaires ; il s'obtient comme l'iodure auquel on l'associe souvent dans la pho-tographie. Il a été découvert récemment par M. Berthier dans les minerais du Mexique, où il paraît assez com-mun et où on le trouve en grains verts cristallins.

Sulfure d'argent, argyrose, argent vitreux. — Mi-néral d'un gris d'acier ou de plomb, que l'on trouve dans la nature en filons ou amas plus ou moins riches, dissé-minés dans les terrains de cristallisation ou dans les terrains de sédiment qui les avoisinent. Il se présente quelquefois cristallisé en cubes ou octaèdres ; mais le plus souvent il est amorphe, en dendrites, en filaments con-tournés ou en petites masses mamelonnées. Il est un peu malléable, presque aussi noir que le plomb et se laisse couper au couteau. Il fond facilement à la simple flamme d'une bougie. Il renferme 85 parties 100 d'argent, mais il est rarement pur, et presque toujours on le trouve mé-langé ou combiné à d'autres sulfures, tels que ceux de plomb, de cuivre, d'antimoine, d'arsenic (voyez plus bas).

Le sulfure d'argent soumis au grillage se décompose en argent et soufre qui se dégage à l'état d'acide sulfu-reux. Grillé avec le sel marin, il passe à l'état de chlo-rure ; il subit le même changement à froid au contact du bichlorure de cuivre seul, mais plus rapidement si le sel marin intervient ; le protochlorure de cuivre humide le réduit, donne de l'argent et du sulfure de cuivre. Toutes ces réactions sont mises à profit dans le traitement mé-tallurgique du sulfure d'argent.

Les dépôts les plus abondants sont, en Europe, ceux de Hongrie et de Transylvanie, de Kongsberg en Nor-wége, de Sala en Suède, de Freyberg en Saxe ; mais les mines les plus riches sont au Mexique et au Pérou.

Sulfures d'argent et d'antimoine ou d'arsenic (ar-gent rouge). — Il en existe trois variétés :

1° *Argyrythrose, argent antimonié sulfuré*, contenant 60 p. 100 d'argent pur, d'un rouge foncé tirant sur le noir, mais prenant par la pulvérisation une belle couleur rouge : ordinairement cristallisé en prismes hexaèdres présentant à la fois un éclat adamantin et métallique ;

2° *Myargyrite* contenant une proportion trois fois moindre de sulfure d'argent ;

3° *Proustite* dans lequel l'antimoine est remplacé par de l'arsenic.

Ces minerais, surtout le premier, se trouvent à An-dreasberg (Hartz), Joachimsthal (Bohême), Freyberg (Saxe), Kongsberg (Norwége), Schemnitz, Kremnitz (Hon-grie) ; mais ils s'y trouvent en petite quantité et subor-donnés aux gîtes d'argent sulfuré ; au Mexique, il forme au contraire des dépôts considérables.

Ce sulfure est quelquefois accompagné d'un sulfure analogue, mais gris et donnant une poudre noire, et qu'on appelle *argent sulfuré aigre* ; une autre variété, appelée *polybasite*, contient du sulfure de cuivre, et se trouve surtout dans l'Erzgebirge saxon.

Cuivre gris argentifère. — Combinaison de sulfures d'argent, de cuivre et d'antimoine. On en trouve dans les mines de Freyberg qui contient 30 à 32 p. 100 d'argent.

Galène argentifère. — Presque toutes les *galènes* ou sulfures de plomb contiennent une petite quantité d'argent. On les considère comme riches quand elles en contiennent 0,005 de leur poids, et on peut encore en extraire quelquefois l'argent avec avantage quand cette proportion est dix fois moindre.

Argent antimonial. — Alliage blanc d'argent d'environ 77 parties d'argent et 23 d'antimoine. On le trouve à Wolfach (Forêt-Noire), et dans quelques mines du Hartz, tantôt cristallisé en prismes rectangulaires, tantôt en masses concrétionnées. Il est d'ailleurs rare.

Mercure argental. — Amalgame d'argent, d'un blanc très-éclatant, tendre, se laissant couper au couteau. Se rencontre en quantité assez notable dans les mines du Chili (Coquimbo, Arqueros); il renferme 86 p. 100 d'argent.

Argent natif. — Il existe dans la nature de l'argent à l'état *natif* ou métallique assez ordinairement allié à une petite quantité de métaux étrangers. Il s'y trouve tantôt cristallisé en cubes ou en octaèdres, tantôt en feuilles, en filets tortueux ou en dendrites, tantôt en masses amorphes ou pépites qui peuvent atteindre des dimensions considérables et peser plusieurs centaines de kilogrammes. Le plus souvent on le rencontre dans des filons, dans les terrains primitifs (granit, gneiss), plus rarement dans les schistes argileux et la grauwacke des terrains de transition, accompagné de substances quartzeuses ou calcaires et de sulfures. Les localités principales qui en fournissent sont : Kongsberg, en Norwége ; le Schlangenberg, en Sibérie ; Freyberg, Schneeberg, Johangeorgenstadt, en Saxe; Joachimsthal, Przibram, Ratisborzitz, en Bohême ; Scheumnitz, en Hongrie ; Kapnik, Felsæbanya, en Transylvanie; Andreasberg, au Hartz ; Allemont, en France. Mais les mines les plus célèbres sont en Amérique, au Mexique et au Pérou.

Sels d'argent. — Combinaisons d'un acide avec l'oxyde d'argent AgO. Ils sont généralement incolores, d'une saveur métallique et astringente, noircissent par l'action de la lumière, qui leur fait subir une décomposition partielle.

Les sels d'argent solubles donnent, avec la potasse et la soude, un précipité brun clair d'oxyde d'argent hydraté; avec les carbonates alcalins un précipité blanc de carbonate d'argent ; avec le chlore, l'acide chlorhydrique, les chlorures solubles, un précipité blanc caillebotté de chlorure d'argent insoluble dans les acides, soluble dans l'ammoniaque, noircissant à la lumière ; avec les sulfures alcalins et l'acide sulfhydrique, un précipité noir de sulfure d'argent ; avec les arséniates alcalins, un précipité rouge-brique d'arséniate d'argent. Le fer, le zinc, le cuivre, l'étain... précipitent l'argent de ses dissolutions sous forme d'une poudre gris blanc, prenant l'éclat de l'argent sous le brunissoir.

Azotate d'argent, nitrate d'argent (AzO⁵,AgO). — Sel formé par l'union d'une proportion (54) d'acide azotique avec une proportion (116) d'oxyde d'argent. On l'obtient en dissolvant l'argent dans l'acide azotique ; une partie de l'acide est décomposée, l'autre partie se combine avec le métal oxydé aux dépens de la première. Il se dégage pendant l'opération d'abondantes vapeurs rouges d'*acide hypoazotique*, et en évaporant la liqueur on fait déposer le sel sous forme de lames rhomboïdales incolores, transparentes et très-caustiques.

L'azotate d'argent fond avant la chaleur rouge, et lorsqu'il est maintenu en fusion pendant quelque temps, il noircit et donne par le refroidissement la *pierre infernale*, dont on fait un fréquent usage en médecine. Une température plus élevée le décompose entièrement et donne pour résidu de l'argent métallique. Il est soluble dans son poids d'eau froide et dans la moitié de son poids d'eau bouillante. Il est facilement décomposé par les matières organiques, qu'il noircit, surtout sous l'influence de la lumière. On l'emploie en médecine pour désorganiser superficiellement les tissus malades ou la peau, sur laquelle il produit l'effet du vésicatoire quand il agit assez longtemps sur elle ; dans les usages domestiques, pour marquer le linge. A cet effet on humecte la partie du linge à marquer avec une dissolution de carbonate de soude, puis, quand elle est sèche, on y applique un timbre en buis portant les caractères à imprimer et trempé dans une dissolution de nitrate d'argent épaissie par de la gomme, ou on écrit simplement avec cette dissolution au moyen d'une plume d'oie. Le nitrate d'argent est décomposé par la potasse, et l'oxyde, altéré par la lumière, fait paraître en noir les caractères devenus indélébiles. Les coiffeurs vendent, sous le nom d'*Eau de Perse* ou d'*Eau de Chine*, une dissolution de ce sel pour teindre les cheveux en noir. Mais c'est particulièrement en photographie qu'on en fait usage, et dans les laboratoires, où il sert à préparer tous les autres sels d'argent. Lorsqu'on le prépare soi-même avec des pièces de monnaie ou de l'argenterie, il renferme du cuivre ; pour le purifier, il suffit d'en précipiter le cinquième par un excès de potasse, de laver avec soin le précipité d'oxyde obtenu, de le mélanger avec le reste du sel et d'abandonner le mélange quelques heures dans un lieu tiède. L'oxyde d'argent chasse entièrement l'oxyde de cuivre, auquel il se substitue. Le nitrate d'argent n'existe pas dans la nature. C'est Glaser qui, le premier, en 1603, parla de sa préparation.

Sulfate d'argent. — Combinaison d'acide sulfurique et d'oxyde d'argent (AgO,SO³). Peu soluble dans l'eau, qui en dissout à peine 1 p. 100 de son poids ; très-soluble, au contraire, dans l'ammoniaque. Cette dernière dissolution évaporée laisse déposer des cristaux de sulfate d'argent ammoniacal (AgOSO³ + 2AzH³). On l'obtient soit en chauffant de l'argent métallique dans de l'acide sulfurique concentré, soit en versant de l'acide sulfurique ou du sulfate de soude dans une dissolution bouillante de nitrate d'argent. Le sulfate d'argent se précipite sous forme de petits cristaux prismatiques. Dans le second cas, il y a échange d'acide ; dans le premier, une partie de l'acide sulfurique se décompose en acide sulfureux qui se dégage et en oxygène qui s'unit à l'argent.

Hyposulfite d'argent. — Sel composé d'acide hyposulfureux et d'oxyde d'argent. On le prépare en versant une dissolution d'hyposulfite de soude dans une dissolution de nitrate d'argent : on obtient une poudre blanche qui noircit promptement à l'air, en donnant du sulfure d'argent. En faisant digérer de l'oxyde d'argent dans une dissolution d'hyposulfite de soude, il se fait un hyposulfite double de soude et d'argent cristallisant d'une manière très-nette. Les chlorure, bromure, iodure d'argent donnent le même résultat. C'est à cette propriété qu'est dû l'emploi de l'hyposulfite de soude pour fixer les images en photographie. Les hyposulfites doubles soumis à l'ébullition abandonnent du sulfure d'argent et se transforment en sulfate de soude.

Acétate d'argent. — S'obtient en versant de l'acétate de soude dans une dissolution chaude et concentrée d'azotate d'argent. L'acétate d'argent cristallise par refroidissement en petits prismes. On peut encore, pour l'obtenir, précipiter le nitrate d'argent par une dissolution de carbonate de soude, recueillir et laver le précipité blanc de carbonate d'argent, et le dissoudre dans l'acide acétique.

Métallurgie de l'argent. — L'extraction de l'argent de ses minerais se fait par deux procédés bien distincts : la *coupellation* et la *chloruration*.

La première est applicable aux sulfures de plomb ou de cuivre argentifères que l'on traite d'abord pour plomb ou cuivre ; ces derniers sont repris pour en extraire l'argent (voyez PLOMB, CUIVRE).

La seconde est employée pour les minerais d'argent proprement dits, dont la gangue ne contient pas de métaux étrangers en assez grande quantité pour qu'on trouve avantage à les extraire.

1° *Procédé américain.* — Les minerais exploités en Amérique sont d'une nature assez complexe : ils contiennent de l'argent natif, du sulfure d'argent simple, des sulfures multiples, des chlorure et bromure d'argent ; on y rencontre aussi de l'arsenic, de l'antimoine, etc. La richesse en argent y varie de 0,002 à 0,003. Le minerai bocardé, broyé en poudre fine, est réuni en tas de 50 à 70 000 kilogrammes dans une vaste cour dallée (*patio*), où on le mêle avec 2 ou 3 p. 100 de sel marin et de 1/2 à 1 p. 100 de *magistral*. Cette nouvelle substance est formée de pyrites cuivreuses grillées, et contient de 8 à 20 p. 100 de sulfate de cuivre; on mélange la masse à la pelle, puis on la fait piétiner par des chevaux en y versant à trois reprises différentes une quantité totale de mercure égale à 10 fois environ l'argent à extraire, et examinant de temps en temps la marche de l'opération d'après l'aspect que prend le mercure. Si elle est trop rapide, on ajoute des cendres ou de la chaux pour neutraliser l'action trop vive du magistral; si elle marche, au contraire, trop lentement, on augmente la quantité de magistral. Au bout de deux ou trois mois, on procède au lavage des matières dans des cuves au fond ou en maçonnerie ; le mercure tombe au fond et se sépare ainsi des boues, qui sont entraînées. Le mercure est passé dans une toile à voile; une partie coule à l'état liquide et est réservée pour une opération ultérieure ; l'autre reste à l'état d'amalgame solide, d'où on retire l'argent par distillation du mercure.

La théorie de ce procédé est assez complexe : premièrement, le sel marin et le sulfate de cuivre du magistral se décomposent et donnent naissance à du bichlorure de cuivre qui commence l'attaque du minerai. Ce bichlorure cède la moitié de son chlore à de l'argent natif, et le transforme en chlorure. Le protochlorure de cuivre restant décompose le sulfure d'argent qu'il transforme également en chlorure d'argent. On a donc en définitive du mercure, de l'argent natif, des chlorure et bromure d'argent en présence. Ces derniers sont décomposés par le mercure en *calomel*, ou protochlorure, et bromure, iodure de mercure, et en argent qui s'amalgame avec le mercure. Le sel marin aide à cette réaction en dissolvant les chlorure et bromure d'argent. Dans cette méthode, il y a perte de mercure (calomel) et perte d'argent, car les sulfures doubles résistent d'une manière presque complète à ces réactions. Des méthodes beaucoup plus parfaites ont été proposées ; mais dans les conditions particulières de l'*exploitation mexicaine* l'absence de combustibles et de voies de communication a toujours fait revenir à l'ancien procédé, tel qu'il fut inventé par Bartholomé de Médina, en 1557.

2° *Procédé saxon*. — Le procédé d'amalgamation de Freyberg, adopté en Europe depuis la fin du siècle dernier, est plus conforme aux indications de la théorie. Les minerais qu'on y exploite renferment au plus 0,003 d'argent dont la plus grande partie est à l'état de sulfure ; ils doivent contenir aussi de 20 à 30 p. 100 de pyrite de fer qui joue un grand rôle dans l'opération. Si le minerai en contient moins, on en ajoute ; mais il ne doit pas renfermer plus de 5 p. 100 de plomb et 1 p. 100 de cuivre, autrement il faudrait recourir au procédé par fusion.

Le minerai additionné de 10 p. 100 de sel marin est grillé dans des fours à réverbère. Sous l'influence de la chaleur et de l'air, les sulfures métalliques, notamment le sulfure de fer, se changent d'abord en sulfates ; plus tard ils se décomposent en dégageant des acides sulfureux et sulfurique ; ce dernier acide réagit sur le chlorure de sodium (sel marin), donne du sulfate de soude et de l'acide chlorhydrique qui attaque l'argent et les sulfures, et les transforme en chlorures. Quand le minerai est ainsi grillé, on le pulvérise et on l'introduit dans des tonneaux avec le tiers de son poids d'eau et 5 ou 6 fois son poids de fer en petites plaques ; on fait tourner les tonneaux pendant une heure, puis on ajoute du mercure, et on remet les tonneaux en mouvement pendant 16 ou 18 heures ; le chlorure d'argent est réduit par le mercure ; il se forme du chlorure de mercure qui est réduit à son tour par le fer. Quand à l'argent, il forme un amalgame qui se rassemble au fond des tonneaux ; on le soutire, et par la distillation on obtient l'argent.

Tableau de la production annuelle moyenne de l'argent sur la surface du globe (Debette).

AMÉRIQUE.	Mexique (1840)	491 000
	Buenos-Ayres (république de)	300 000
	Pérou et Bolivie	167 500
	Chili	41 250
	États-Unis de l'Amérique du Nord	103 325
	TOTAL	1 103 075
ASIE.	Russie d'Asie	22 500
EUROPE.	Espagne (1840)	40 000
	Hongrie, Transylvanie, Banat et Bukovine	21 000
	Saxe (1841)	16 560
	Hartz (1838)	11 830
	Norwége (Kongsberg, Sala)	7 900
	Bohème (1841)	5 965
	Prusse (1841)	5 864
	Angleterre 1835)	5 325
	Bords du Rhin (Alzan, Holzappel, Ems, e c.)	2 000
	France (1846)	3 027
	Suède	1 700
	Savoie et Piémout	600
	Salzbourg	200
	Divers	200
		144 671
	TOTAL ANNUEL	1 247 746

représentant une valeur de 277 000 000 francs environ ou une sphère massive d'argent de 6 mètres de diamètre. Ces nombres déjà anciens se rapportent à l'année 1840 ; depuis la production a un peu diminué. M. D.

ARGENT (Minéralogie). — A l'état natif, l'argent se rencontre avec ses principaux minerais, surtout le chlorure, le sulfure d'argent et l'argent rouge. Il est souvent cristallisé, et les masses qu'il forme présentent alors, comme le cuivre natif, des pointes de cristaux sur leur surface : fréquemment aussi ce sont des morceaux ou pépites sans formes définies, et qui peuvent peser jusqu'à 1 000 kil. Les cristaux d'argent appartiennent au système cubique ; mais ils sont assez rares, et ceux que l'on possède comme échantillons proviennent presque tous de la mine de Kongsberg, en Norwége : ce sont presque toujours des cubes ou des octaèdres. L'argent natif est rarement pur : il contient quelquefois de l'arsenic ou de l'antimoine ; plus fréquemment il renferme du cuivre dans une proportion qui va jusqu'à 10 p. 100. L'argent se trouve encore sous une autre forme assez remarquable : il constitue à la partie supérieure de certains filons un mélange avec des matières terreuses colorées par de l'oxyde de fer : ce mélange a reçu, en raison de sa couleur, le nom de *merde d'oie* ; les petits cristaux d'argent n'y sont pas visibles ; mais on les extrait par l'amalgamation. Le mercure sépare le métal de la gangue avec laquelle il est mêlé et forme avec lui un composé d'où on l'extrait ensuite.

Les principaux minéraux argentifères sont les suivants :

Argent amalgamé. — On le trouve en cristaux ou recouvrant comme un enduit la surface de certaines roches. Sa densité est 14,12. Chauffé, il donne de l'argent par l'expulsion du mercure.

Argent antimonial ou *discrase* (Beudant). — Ce minéral, d'un blanc d'argent, possède une structure lamelleuse. Sa densité est 9,5. Au chalumeau, il donne des fumées d'antimoine et un bouton d'argent métallique.

Argent corné ou *kérargyre* (Beudant). — Ce nom a été donné au chlorure d'argent naturel, à cause de son aspect et de la facilité avec laquelle il se laisse couper au couteau. On l'a longtemps regardé comme assez rare ; mais il est fort répandu et exploité au Chili, où on le trouve mélangé au bromure et à l'iodure. Ce minerai est en cristaux appartenant au système cubique, ou bien en masses vitreuses. Il s'altère très-rapidement au contact de la lumière et il passe au violet. Sa densité est 5,28. Au chalumeau, il fond et donne au feu de réduction un globule d'argent. Il est très-ordinairement accompagné d'argent natif.

Argent rouge. — Ses deux espèces se distinguent par la présence de l'antimoine dans l'une, de l'arsenic dans l'autre : on leur donne les noms d'*argyrithrose* et de *proustite*.

Argent sulfuré. — L'un des minerals d'argent les plus riches et les plus abondants (voyez ARGYROSE).

ARGENT (PRÉPARATIONS D') (Matière médicale). — Les préparations d'argent employées en médecine sont : 1° le *nitrate d'argent* ; 2° le *chlorure d'argent* ; 3° l'*iodure d'argent* ; 4° l'*oxyde d'argent*. Le nitrate d'argent est de beaucoup le plus employé ; on peut dire que c'est un des médicaments qui rendent le plus de services, et la liste est longue des maladies dans lesquelles il a été administré avec succès. Ainsi, à l'intérieur on l'emploie en solution, et, dans ce cas, on se sert du nitrate d'argent cristallisé : dans l'hydropisie, comme purgatif drastique ; dans les diarrhées à glaires sanguinolentes des enfants, dans les diarrhées chroniques des adultes ; dans certaines dyspepsies, dans certaines gastralgies ; dans l'épilepsie ; dans la danse de Saint-Guy ; dans les affections syphilitiques ; dans la coqueluche, etc. Les doses doivent être extrêmement fractionnées. Un des fâcheux effets de l'emploi du nitrate d'argent à l'intérieur, surtout lorsqu'il est continué pendant un certain temps, c'est de donner à la peau une teinte brune ardoisée indélébile ; pour éviter cet inconvénient, on a proposé de remplacer le nitrate par le chlorure d'argent qui ne produit pas le même effet. L'iodure et l'oxyde d'argent ont été proposés dans les mêmes cas que le nitrate. A l'extérieur, la pierre infernale (nitrate d'argent fondu), est un des caustiques les plus employés pour réprimer les chairs fongueuses ; le nitrate cristallisé en dissolution et même la pierre infernale sont d'un usage journalier dans les phlegmasies chroniques de toutes les muqueuses, de la bouche, du pharynx, du larynx, des fosses nasales, de l'utérus ; dans plusieurs inflammations aiguës d'un mauvais caractère, le croup, l'angine couenneuse, les ophthalmies biennorrhagiques ; mais surtout dans les ophthalmies purulentes. La dose du nitrate d'argent à l'intérieur est de 0gr,01 à 0gr,03 et 0gr,04 par jour, graduellement ; celle des autres préparations est un peu plus forte ; pour collyre, 2 grammes de nitrate pour 30 à 50 grammes d'eau distillée. A haute dose, le nitrate d'argent est un poison corrosif violent (voyez POISON). F — N.

ARGENTINE (Zoologie), *Argentina*, Lin. — *Poisson* de l'ordre des *Malacoptérygiens abdominaux*, du grand genre *Saumon*; elles ont la bouche petite et sans dents aux mâchoires, comme les ombres, mais cette bouche est déprimée horizontalement, la langue est armée de fortes dents crochues, comme dans les *truites* et les *éperlans*, dont l'argentine se rapproche par son corps allongé et peu comprimé, mais dont elle se distingue surtout par ses six rayons branchiaux. La seule espèce connue est l'*A. sphyrène* (*A. sphyræna*, Lin.), long de 0ᵐ,20 à 0ᵐ,25, qui habite la Méditerranée et les côtes d'Italie ; sa vessie natatoire, très-épaisse, est chargée de cette substance argentée (essence d'Orient) si précieuse pour la fabrication des fausses perles ; on la trouve aussi dans d'autres parties du corps de l'animal, et surtout sur son enveloppe extérieure à laquelle elle communique un éclat argentin des plus remarquables ; c'est à cause de cette substance bien plus que pour la délicatesse de sa chair que ce poisson est recherché. La manière de la recueillir ne diffère en rien, du reste, de celle qu'on emploie pour l'able (voyez ABLE, ESSENCE D'ORIENT.

ARGENTINE (Botanique). — Nom vulgaire donné au *Céraiste cotonneux* (*Cerastium tomentosum*) et à la *Potentille ansérine* (*Potentilla anserina*) (voyez CÉRAISTE et POTENTILLE).

ARGENTURE. — Application d'une couche mince d'argent à la surface des objets qu'on veut argenter. On n'argente guère que le cuivre, le laiton et le maillechort. Cette opération se fait par trois procédés divers : *l'argenture en feuilles*, *l'argenture au pouce* et *l'argenture électrique.*

L'argenture en feuilles est le procédé le plus ancien. Les pièces convenablement finies sont chauffées au rouge, plongées dans de l'acide nitrique étendu (eau seconde) pour les décaper, puis poncées à la pierre ponce et à l'eau. On les chauffe de nouveau à 110 ou 120° pour les remettre à l'eau seconde, afin de faire naître à leur surface de petites aspérités qui retiennent l'argent ; si ces aspérités n'étaient pas jugées suffisantes, on pratiquerait sur la pièce de petites hachures au moyen d'une lame d'acier destinée à cet usage ; enfin, on fait chauffer de nouveau les pièces jusqu'à ce qu'elles prennent une teinte bleuâtre, et on les maintient à cette température pendant toute la durée des opérations suivantes. C'est alors qu'on applique à leur surface cinq ou six feuilles d'argent battu qu'on y fait adhérer en les frottant fortement avec un *brunissoir* en acier. On met successivement de la même manière de cinq à dix couches de feuilles d'argent superposées. Ce procédé est dispendieux et n'est applicable qu'à certains objets : l'usure de l'argent est assez rapide, et quand le cuivre paraît en certains points, il faut réargenter toute la pièce.

L'argenture au pouce est encore moins solide, mais beaucoup plus prompte. On prend une partie de poudre d'argent obtenue en précipitant le nitrate étendu d'eau par une lame de cuivre, 2 parties de sel marin, 2 parties de crème de tartre, on broie le tout ensemble et on en forme une bouillie avec un peu d'eau. On s'enveloppe ensuite le doigt avec un linge fin, on le trempe dans cette pâte et on frotte la surface bien décapée de l'objet à argenter qu'on lave ensuite dans de l'eau de lessive tiède, puis à l'eau pure, et enfin on essuie avec un linge blanc et on fait sécher à une douce chaleur.

On doit à M. Mellawitz un procédé d'argenture très-solide, facile à réparer par parties et qui est applicable aux pièces les plus délicates. On humecte avec un pinceau trempé dans de l'eau salée la surface de la pièce préalablement bien décapée et on tamise au-dessus une poudre formée de 1 partie d'argent précipité de son nitrate par le cuivre, 1 partie de chlorure d'argent fondu et séché, 2 parties de borax purifié et calciné ; on chauffe ensuite la pièce au rouge, on la retire avec des pinces et on la plonge immédiatement dans de l'eau bouillante contenant un peu de sel marin et de crème de tartre. Cela fait, on applique avec soin au pinceau une pâte formée du mélange en parties égales de la poudre précédente avec du sel ammoniac, du sel marin, du sulfate de zinc, du fiel de verre (écume qui surnage le verre fondu dans les pots de verrerie et est principalement composée de sulfate de soude), que l'on a broyés avec un peu d'eau gommée. On chauffe encore au rouge cerise et on recommence quatre à cinq fois, suivant l'épaisseur que l'on veut donner à la couche d'argent. L'argenture est mate ;

pour la rendre brillante, on la passe au brunissoir.

L'argenture des miroirs de télescopes se fait par un procédé particulier, qu'on trouvera à l'article TÉLESCOPES. Pour l'argenture électrique, on opère comme pour la dorure.

ARGILE (Minéralogie), en grec *argillos*. — Une des substances minérales les plus curieuses et les plus intéressantes par les services immenses qu'elle rend aux hommes. Très-répandue dans la nature, elle est composée d'un mélange d'un quart de silice environ, d'alumine en assez forte proportion et d'eau. L'argile n'est point d'une nature particulière qu'on puisse déterminer par des caractères essentiels ; elle en a peu qui soient importants et très-distinctifs : seulement elle se délaye dans l'eau et peut former une pâte onctueuse, facile à couper au couteau et susceptible d'être polie avec l'ongle ; elle est extensible et d'une certaine ténacité ; chauffée, elle abandonne plus ou moins l'eau qu'elle contient, diminue de volume et peut se durcir au point de faire feu sous le briquet ; elle est alors imperméable à l'eau et ne peut plus se délayer. Ces caractères distinguent les argiles des trapps, des serpentines et d'autres pierres à cassure terne et terreuse qui ne font jamais pâte avec l'eau ; ils les séparent aussi des marnes et des craies qui peuvent bien se délayer dans l'eau, mais sans prendre de ténacité et sans durcir au feu. Les argiles happent à la langue à cause de la grande affinité qu'elles ont pour l'eau : les espèces impures et ferrugineuses répandent une odeur particulière par l'insufflation de l'haleine. La pureté des argiles peut être altérée par différentes substances, telles que la chaux carbonatée, la magnésie, l'oxyde de fer, le sulfure de fer, les combustibles en partie décomposés. On ne sait rien de précis sur la nature et la formation des argiles ; celles de la nature ne sont jamais pures et paraissent formées de plusieurs terres parmi lesquelles l'alumine est celle qui leur donne les caractères cités plus haut. Parmi le grand nombre de variétés de cette substance, il convient de citer : 1° L'*A. commune*, *A. glaise*, *terre à potier*, *figuline*, très-douce et onctueuse au toucher, qui forme avec l'eau une pâte tenace ; plusieurs sont colorées et acquièrent par la cuisson une couleur rouge vif : elles sont fusibles. On emploie cette argile pour les faïences et poteries grossières. Celle d'*Arcueil*, près Paris, d'un brun bleuâtre, devient d'un rouge assez vif par la cuisson ; les sculpteurs l'emploient pour modeler ; c'est avec elle qu'on glaise les bassins. 2° L'*A. calcarifère*, *A. marne*, renferme une grande quantité de carbonate de chaux (voyez MARNE) ; elle se trouve à Argenteuil, à Viroflay, à Sèvres. On rencontre à Montmartre une variété grisâtre mêlée de brun, connue à Paris sous le nom de *pierre à détacher;* on s'en sert pour enlever les taches de graisse sur les étoffes de laine. 3° L'*A. smectique*, *terre à foulon*, est une des plus utiles par ses qualités savonneuses propres à dégraisser les draps et autres étoffes de laine, et à leur donner le lustre ; les gisements les plus remarquables sont en Angleterre, d'où l'exportation est prohibée, en Saxe, en Suède, etc. On en trouve encore à Rittenau en Alsace (v. DÉGRAISSAGE). 4° L'*A. kaolin*, friable, maigre au toucher, fait difficilement pâte avec l'eau ; absolument infusible, lorsqu'il est pur, au feu des fours de porcelaine. Les vrais kaolins, presque tous d'un beau blanc, sont employés à faire de la porcelaine. Les plus connus se trouvent en Chine, au Japon. En Saxe, il est d'une légère teinte jaune qui disparaît au feu. En France, les principaux gisements sont près de Limoges, à Saint-Yrieix. On en trouve aussi près d'Alençon, près de Bayonne, près de Cherbourg, dans le Bas-Rhin, dans la Loire ; en Angleterre, etc. Tous ces kaolins sont dus à la décomposition du feldspath (voyez KAOLIN, PORCELAINE). 5° L'*A. plastique*, compacte, douce, onctueuse, se laisse polir par le doigt, donne une pâte tenace, longue : infusibles au feu de porcelaine, ces argiles prennent une grande solidité ; on les trouve en quantité à Abondant, près de la forêt de Dreux, à Maubeuge, à Montereau, où on en fait une espèce de porcelaine opaque, à Gournay et à Gisors, à Forges-les-Eaux, dans plusieurs comtés d'Angleterre, etc. On en fait des pipes, des faïences, des étuis pour cuire les porcelaines, etc. 6° Enfin on peut citer encore l'*A. ocreuse*, *crayon rouge* ou *sanguine* (voyez SANGUINE), dont une des variétés est le *bol d'Arménie*. Une autre, la *terre de Bucaros*, est employée en Portugal pour faire des vases poreux propres à rafraîchir. 7° L'*A. ocre jaune*, dont les principales variétés sont : l'*bol jaune de Vierzon*, l'*ocre jaune de Taunay*, la *terre de Sienne*, etc. Les argiles existent assez rarement dans les terrains primitifs, on les trouve plus souvent dans ceux qui font la transition aux terrains secondaires ;

mais c'est surtout dans les terrains calcaires secondaires et dans les atterrissements qu'elles sont en abondance.

Indépendamment des services nombreux que les argiles rendent aux arts et à l'industrie et dont nous n'avons pu indiquer que quelques-uns, elles en rendent encore d'immenses à nos usages domestiques et à l'agriculture, ainsi toutes les eaux qui s'infiltrent dans la terre iraient se perdre dans ses profondeurs, si elles n'étaient retenues par des couches d'argile qui leur permettent de couler à leur surface et d'aller s'échapper au fond des vallées en sources bienfaisantes pour les besoins des êtres vivants, et fécondantes pour l'agriculture : d'un autre côté, l'imperméabilité des argiles rendrait le sol improductif et stérile, si le Créateur ne les avait mêlées à d'autres matières qui les divisent, les désagrègent et leur donnent des qualités qui les rendent propres à la production des végétaux ; aussi l'homme, profitant des leçons que lui donne la nature, a-t-il mêlé ces diverses substances aux argiles lorsque celles-ci existent en trop grande quantité dans le sol ; de cette façon il peut, d'un sol tout à fait stérile, faire à volonté des terres fertiles. Pour les différents matériaux qu'on peut mêler aux terres trop argileuses, voyez AMENDEMENT. — Un autre moyen non moins précieux et qui tend à faire écouler les eaux que ces mêmes terres retiennent en trop grande abondance, c'est le *Drainage* (voyez ce mot).

Pour plus de détails il faut consulter l'article ARGILE du *Dictionn. des sciences naturelles* par A. Brongniart ; — *Traité de minéralogie* par Haüy ; — *Dictionn. d'histoire naturelle* de Déterville, article ARGILE ; — *Encyclopédie de l'agriculture* par M. Moll, article ARGILE.

ARGILOLITHE, ARGILOPHYRE (PIERRE D'ARGILE) (Minéralogie). — On donne ces noms à des roches de grès rouge, mêlé de parties argileuses plus compactes, qui passent souvent au porphyre et finissent par renfermer des cristaux de feldspath. La cassure de cette substance est compacte, quelquefois écailleuse ; quelques-unes de ses variétés, surtout celles qui ont de la ressemblance avec les pétrosilex, sont translucides dans leurs parties minces. C'est l'*argile endurcie* de Werner.

ARGONAUTE (Zoologie), *Argonauta*, Lin., du grec *argonautés*, nom des héros qui s'embarquèrent sur le

Fig. 202. — Poulpe (animal) de l'argonaute papyracé.

vaisseau *Argo*. — Genre de l'ordre des *Mollusques céphalopodes*, formant dans la méthode du *Règne animal* un sous-genre du grand genre des *Seiches* (voyez ce mot).

Ce sont, dit Cuvier, des *Poulpes* ayant deux rangs de suçoirs sur chacun des huit pieds qui entourent leur bouche, armée elle-même d'un bec noirâtre, corné, en forme de bec de perroquet ; la paire de pieds la plus voisine du dos se dilate à son extrémité en une large membrane qui semble une espèce de voile. Ces mollusques habitent une coquille mince, uniloculaire, cannelée symétriquement et roulée en spirale, dont le dernier tour est si grand, qu'elle a l'air d'une chaloupe dont la spire serait la poupe. Elle est tout à fait extérieure, et l'animal se contracte à volonté dans son intérieur, sans que pour cela son corps pénètre jusqu'au fond ; il n'y adhère par aucun muscle, et la soutient avec ses bras membraneux ; c'est ce qui a fait penser que l'animal qu'on y trouve ne l'habite qu'en qualité de parasite ; cette opinion, soutenue par des auteurs d'une autorité respectable, n'a pas été adoptée par les naturalistes modernes, qui lui ont opposé des objections assez fortes dont le développement dépasserait les limites de cet article, et qu'on trouvera dans tous les ouvrages de zoologie. Parmi les espèces peu nombreuses de ce sous-genre, du reste fort semblables entre elles par les animaux et les coquilles, la plus remarquable est l'*A. papyracé* (*A. Argo*, Lin.), nommé vulgairement *Nautile papyracé*, quoiqu'il diffère des *vrais Nautiles* (voyez ce mot), qui ont une coquille multiloculaire. C'était le *Nautilus* des anciens, dont parlent Élien, Aristote,

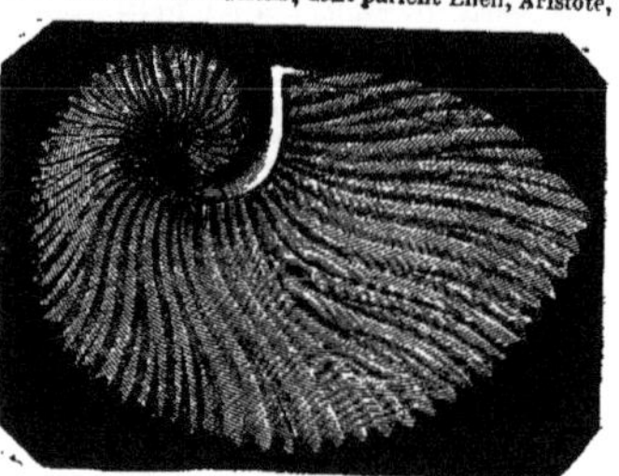

Fig. 203. — Coquille de l'argonaute.

et dont plusieurs poëtes ont chanté les merveilles, comme ayant fourni aux hommes les premiers éléments de la construction des navires et les principes de la navigation ; sans accorder toute confiance aux fables inventées à ce sujet par l'ardente imagination des Grecs, si amis du merveilleux, on ne peut s'empêcher d'admirer le spectacle qu'offrirait une troupe d'argonautes naviguant à la surface d'une mer calme, comme autant de petites nacelles, employant six de leurs bras en guise de rames, et relevant, prétendait-on, les deux supérieurs, qui sont élargis et palmés, pour en faire des voiles ; mais la mer devient-elle agitée, ajoutait-on encore, ou bien paraît-il quelque danger, l'animal retire tous ses bras dans sa coquille, se contracte pour s'y concentrer, redescend et s'enfonce dans les profondeurs de la mer, jusqu'à ce que tout danger soit passé ; malheureusement il est prouvé que ce spectacle est tout à fait imaginaire.

ARGOUSIER (Botanique), *Hippophaë*, Lin., du grec *hippos*, cheval, et *phaó*, j'éclaire. Les anciens avaient donné ce nom à une plante qui passait pour guérir les maux d'yeux des chevaux. — Genre de plantes de la famille des *Éléagnées*, dont l'espèce unique, l'*A. rhamnoïde* (*H. rhamnoides*, Lin.), croît dans les parties moyennes et le sud-est de l'Europe. Il vient aussi en Asie et se plaît particulièrement dans les sables maritimes, qu'il sert ainsi à fixer. Aussi l'emploie-t-on dans certains endroits au bord de la mer pour maintenir les dunes. Il réussit aussi très-bien dans les jardins pour former des haies que son feuillage à teinte assez foncée rend plus pittoresques. C'est un grand arbrisseau très-rameux, pouvant s'élever à plus de 3 mètres. Ses branches et ses rameaux se terminent par des épines. Ses feuilles sont alternes, lancéolées, d'un vert grisâtre en dessus et un peu argentées en dessous, avec de petites taches d'un brun roussâtre. Ses fleurs, qui s'épanouissent en avril, sont blanches et très-petites ; mais ses fruits, d'un beau jaune souvent orangé, sont très apparents. Plusieurs autres argousiers rentrent maintenant dans le genre *Shepherdie*. Ce genre est caractérisé par des fleurs dioïques, dont les mâles ont 4 étamines : fruit bacciforme en achaine enveloppé par le calice devenu charnu. (Lobret, *Notice sur l'Hippophae rhamnoides*. Rouen, 1821.)   G — s.

ARGULE (Zoologie), *Argulus*, Müll. — Genre de *Crustacés pœcilopodes*, désigné d'abord par Cuvier sous le nom d'*Ozole*. Jurine fils lui a restitué son nom d'*Argule* que lui avait donné Müller. L'*A. foliacé* est un petit parasite d'un vert jaune clair, long de $0^m,005$ qu'on trouve aux environs de Paris sur les têtards de grenouilles ou de crapauds.

ARGUS (Zoologie). — Nom mythologique qu'on a donné à plusieurs animaux appartenant à des groupes très-différents; ainsi :

ARGUS (Oiseau) (*Phasianus argus*, Lin.; *Argus giganteus*, Tem.), magnifique espèce du genre *Faisan*. Temminck et après lui Vieillot en ont fait un genre; mais les caractères qu'ils lui assignent n'ont sans doute pas paru suffisants pour qu'il fût adopté par Cuvier dans le *Règne animal*; c'est donc, pour lui, un grand faisan du

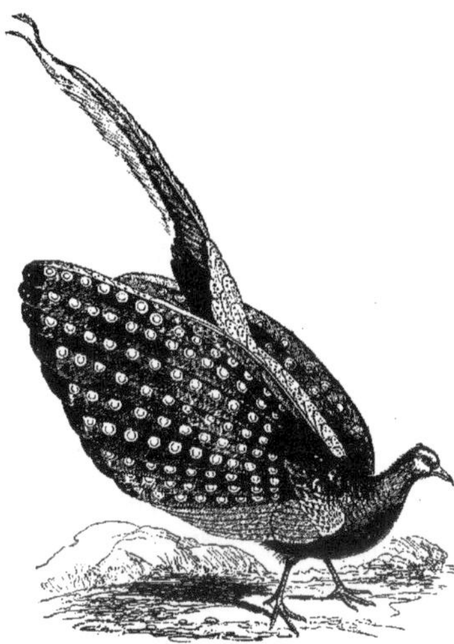

Fig. 204. — Argus (*Phasianus argus*, Lin.).

midi de l'Asie, à tête et cou presque nus, les tarses sans éperons, le mâle a une longue queue de plus d'un mètre, l'animal tout entier ayant environ $1^m,50$, les plumes secondaires des ailes excessivement allongées et élargies, couvertes sur toute leur longueur de taches en forme d'yeux, qui, lorsqu'elles sont étalées, donnent à l'animal un aspect extraordinaire (*fig.* 204). C'est de là que lui vient le nom d'*Argus*.

ARGUS (Poissons). — Ce nom a été donné comme spécifique à plusieurs espèces de poissons; ainsi : 1° le *Céphalopholis argus*, de Block, est un *Acanthoptérygien percoïde* du genre *Serran*, dont le corps est semé de pointes de couleurs plus ou moins vives; 2° le *Chætodon argus*, Lin., est un *Acanthoptérygien squammipenne*, du genre *Chætodon*; il passe pour dévorer de préférence les excréments humains (voyez CHETODON); 3° le *Chromis argus*, Valenc., Humboldt, est un *Acanthoptérygien labroïde*, du genre *Chromis*; enfin 4° le *Pleuronecte argus*, Block, est un *Malacoptérygien subbrachien*, famille des *Poissons plats*, genre *Pleuronecte*, sous-genre *Turbot* (voyez ces mots).

ARGUS (Reptiles). — Plusieurs reptiles portent ce nom : ainsi parmi les *Sauriens*, famille des *Lacertiens*, genre *Monitor*, l'*Ameïva argus*, Seb., à fond vert ou grisâtre, avec des taches de couleurs plus vives, arrondies comme

des yeux; c'est le *Monitor cépédien*, de Cuvier; dans les *Ophidiens*, on trouve le *Coluber argus*, Lin. et Lacép., couvert de taches rondes, blanches, avec un point rouge au centre. Ce reptile appartient au genre *Couleuvre*.

ARGUS (Arachnide). — Valckenaër a donné ce nom à une espèce d'araignée appartenant aux *Arachnides pulmonaires fileuses*, grand genre *Araignée* (*Aranea*, Lin.), section des *Sédentaires*.

ARGUS (Insecte). — Sert à désigner le *Papillon bleu* des environs de Paris (*Papilio alexis*, Hübn., *Argus bleu* de Geoffroy). *Lépidoptère*, très-connu, de la famille des *Diurnes*, du grand genre des *Papillons*, sous-genre des *Polyommates*.

ARGUS (Mollusque). — C'est une coquille appartenant aux *Gastéropodes pectinibranches*, du genre *Porcelaine* (*Cyprea argus*), presque turbinée, parsemée d'yeux avec quatre taches brunes en dessous. Dans la mer des Indes et l'Atlantique.

ARGYLIE (Botanique), *Argylia*, Don, dédiée au duc d'Argyle. — Genre de plantes de la famille des *Bignoniacées*, type de la tribu des *Argylées*. Il comprend quelques espèces propres au Chili. Ce sont des plantes à feuilles alternes, pétiolées, peltées, digitées. Le type du genre est le *Bignonia radiata*, Lin., dont les fleurs sont disposées en grappes terminales et colorées de jaune avec des ponctuations rouges.

ARGYNNE (Entomologie), *Argynnis*, Fab. — Genre d'*Insectes lépidoptères*, établi par Fabricius. Il forme dans la méthode du *Règne animal* un sous genre des *Papillons*

Fig. 205. — Argynne Paphia, mâle (grandeur naturelle).

diurnes, dans lequel Cuvier, d'après Latreille, a compris les *Melitæa*. Ce sont en général de beaux papillons qui habitent les bois et se laissent difficilement approcher; un grand nombre se trouvent aux environs de Paris. Ils ont les antennes terminées par une espèce de bouton, palpes épaisses, avec un article aigu; leurs chenilles sont épineuses et vivent sur les fleurs, particulièrement sur les violettes. La section des *Argynnes propres* a des taches nacrées sous les ailes; les chenilles ont des épines dont deux plus longues sur le cou. Les espèces les plus communes sont : l'*A. tabac d'Espagne* (*A. Paphia*, Lin., Fab.) (*fig.* 205), large de plus de $0^m,065$; ailes fauve foncé avec taches noires; l'*A. petite violette* (*A. Dia*, Lin., Fab.), large de $0^m,04$, fauve en dessus, avec la base et les taches noires: l'*A. grand nacré* (*A. Adippe*, Fab.), qui a $0^m,05$ de large, ailes fauve foncé, avec des taches noires; l'*A. collier argenté* (*A. Euphrosine*, Lin., Fab.), large de

Fig. 206. — Argynne Lathonia.

$0^m,04$, ailes fauves, base noirâtre; l'*A. petit nacré* (*A. Lathonia*, Lin., Fab.) (*fig.* 206), large de $0^m,045$, le dessus des ailes fauve, taches argentées au sommet des ailes et surtout des inférieures. Dans la section des *Melitœa*, la chenille a de petits tubercules velus ; les ailes sont tachetées en manière de damier, le nacre est remplacé par du jaune ; on y trouve, entre autres : le *Damier* (*A. Cinxia*, Lin., Fab.) ; l'*A. Athalia* (*A. Athalia*, Lin., Fab.) ; le *grand Damier*, l'*A. Phœbe* (*A. Phœbe*, Lin.), etc.

ARGYRE (Zoologie), *Argyra* (Macq.), du grec *arguros*, argent. — Genre d'*Insectes diptères*, famille des *Tanystomes*, tribu des *Dolichopodes*, caractérisé par un front déprimé, face étroite chez le mâle, large chez la femelle, troisième article des antennes comprimé et pointu, yeux velus, appendices de l'abdomen filiformes : ce genre, formé de la première division des *Porphyros* de Meigen, a été nommé ainsi parce que plusieurs espèces ont le corps couvert d'un duvet argenté. La principale espèce connue est l'*A. diaphane* (*A. diaphana*, Macq., *Dolichopus diaphanus*, Fab.), qu'on trouve dans toute l'Europe en mai et en juin.

ARGYRÉE (Zoologie), *Argyreus*, du grec *arguros*, argent. — Genre d'*Insectes* formé par Scopoli dans l'ordre des *Lépidoptères*, famille des *Diurnes*, et appartenant au grand genre des *Papillons* (*Papilio*, Lin.). Ce genre, composé des *Hespérées ruricoles*, Fab., n'a point été adopté par les naturalistes ; il est caractérisé par ses ailes ornées de bandes dorées ou argentées, avec des taches ou des points en forme d'yeux. « A peine pourrait-on, dit Latreille, fonder sur de tels caractères des divisions de genre. »

ARGYRITHROSE (Minéralogie). — Sulfure d'argent et d'antimoine. La belle couleur rouge qui apparaît lorsqu'on brise ou qu'on réduit en poussière ce minéral, et mieux encore lorsqu'on le gratte avec une pointe, lui a valu le nom d'argent rouge, qu'il partage avec la *Proustite* (voyez ce mot), Ce corps est fréquemment cristallisé ; il affecte des formes qui dérivent d'un rhomboèdre obtus sous l'angle de 108° 30′. Sa densité est 5,75 ; il fond au chalumeau, dégage des fumées antimoniales blanches et donne un bouton d'argent. Il accompagne le sulfate d'argent dans les mines de l'Amérique méridionale.

ARGYROLEPIS (Zoologie), du grec *arguros*, argent, *lepis*, écaille. — Genre d'*Insectes lépidoptères nocturnes*, établi par Stephens et adopté par Duponchel, qui l'a placé dans sa tribu des *Platyomides*. Dans le *Règne animal* de Cuvier, il appartient à la sixième section des *Nocturnes*, les *Tordeuses* (*Phalænæ tortrices*, Lin.). Toutes les espèces de ce genre sont remarquables par les raies et les taches argentées qui diaprent leurs ailes. Une seule espèce se rencontre quelquefois aux environs de Paris, mais plus souvent dans le midi de la France, c'est l'*A. de Baumann* (*Pyralis baumannia*, Fab.), qui se voit en plein été ; les autres espèces habitent, en général, l'Europe méridionale.

ARGYRONÈTE (Zoologie), *Argyroneta*, du grec *arguros*, argent, et *nétos*, filé. — C'est l'*Araignée aquatique* (*Aranea aquatica tota fusca*, Geoff.). Genre d'*Arachnides*, dont la seule espèce connue entièrement aquatique est des plus intéressantes à observer ; c'est dans l'eau qu'elle vit, qu'elle chasse et qu'elle file, et cependant elle respire l'air en nature au moyen de poumons : ce phénomène, longtemps inexpliqué, a été enfin mis en lumière par le père Lignac, oratorien, dans un *Mémoire pour servir à l'histoire des araignées aquatiques*, Paris, 1749. Voici les procédés ingénieux qu'elle emploie pour se procurer l'air qu'elle respire au fond des eaux. L'animal commence par attacher quelques fils aux herbes aquatiques dans l'eau même ; puis après cela, remontant à la surface, elle nage sur le dos, tenant au dehors son abdomen qui paraît brillant et comme enduit d'une matière argentine : bientôt elle se retire vivement dans l'eau, entraînant avec elle une bulle de l'air qui s'est attaché à son abdomen ; elle le transporte au-dessous des fils qu'elle a tendus ; ceux-ci en retiennent la plus grande partie, et, en recommençant cette manœuvre plusieurs fois, elle accumule au fond de l'eau une bulle d'air assez considérable, pour construire sur cette espèce de moule une coque ovale, grosse comme la moitié d'une très-petite noix, remplie d'air, tapissée de soie et fixée par des fils aux plantes aquatiques : c'est là qu'elle s'établit ; elle s'y met en embuscade pour guetter sa proie, qui consiste en petits crustacés, zoophytes, etc. Elle les transporte dans cette habitation, puis elle y dépose son cocon qu'elle garde assidûment, et s'y renferme pour passer l'hiver. Elle habite plus particulièrement les eaux dormantes ou coulant très-lentement. On la trouvait autrefois fréquemment à la Glacière, à Charenton, près Paris ; mais depuis quelque temps elle en a disparu ; on la rencontre

encore en Champagne, mais surtout dans le nord de l'Europe. L'*Argyronète aquatique* (*Aranea aquatica*, Lin.), est longue de 0ᵐ,010 à 0ᵐ,012, brun noirâtre, légèrement velue, abdomen plus foncé, mou, ovale dans la femelle, ayant sur le dos quatre points enfoncés. Le genre *Argyronète* appartient aux *Arachnides pulmonaires*, famille des *Aranéides* ou *Fileuses*, grand genre *Araignée* de Cuvier. Ses caractères sont : huit yeux rapprochés, presque égaux entre eux, formant deux lignes transversales parallèles ; filières extérieures à peu près de la même longueur ; mâchoires inclinées sur la languette dont la forme est triangulaire ; mandibules robustes et verticales.

F. — N.

ARGYROSE (Minéralogie). — Sulfure d'argent naturel. Ce minerai est assez abondant : on en trouve dans les mines de Saxe, de Bohême et de Hongrie ; mais la plus grande partie de l'argent qui est en circulation provient des mines d'argent sulfuré exploitées au Mexique. Sa surface, d'un gris d'acier, ne tarde pas à s'altérer par l'action de la lumière et devient tout à fait noire. On connaît ce minéral sous forme cristalline, en morceaux amorphes et en dendrites : il se laisse entamer au couteau, fond très-facilement, se réduit au chalumeau en dégageant des vapeurs sulfureuses. Sa densité est 7 environ : il cristallise dans le système du cube et possède des clivages parallèles aux faces de ce solide. L'argyrose se rencontre en filons à gangue quartzeuse située dans les schistes argileux intermédiaires.

ARHIZES (Botanique), du grec *a* privatif, *rhiza*, racine. — L.-Claude Richard, ayant basé les caractères des plantes *Cryptogames* sur le défaut de corps radiculaire de leur embryon, avait créé ce terme pour désigner celles-ci qui ont déjà pour synonymes les mots *Acotylédones* et *Inembryonées* (voyez ACOTYLÉDONES et CRYPTOGAMES).

ARIANE (Zoologie), nom de la Fable. — Division d'*Arachnides* du genre *Dysdera* de Walckenaër, dont Savigny avait formé un genre. Elle appartient à la famille des *Fileuses*, ordre des *Pulmonaires* (voyez DYSDÈRE).

ARICIE (Zoologie), *Aricia* (nom mythologique). — Genre d'*Annélides dorsibranches*, voisin des Néréides, à corps grêle, allongé, portant sur le dos deux rangées de cirrhes lamelleux, pieds antérieurs garnis de crêtes dentelées. Plusieurs espèces habitent nos côtes, entre autres l'*A. Cuvierii*, Audoin et M. Edw. L'*A. sertulata*, Savig., est figurée dans l'ouvrage d'Égypte.

ARICIE (Zoologie). — Genre d'*Insectes diptères*, tribu des *Mouches*, section des *Anthomysides*, très-voisin du genre *Mouche* (*Musca*). On les trouve dans les lieux frais et humides ; les larves se développent sur les matières végétales en putréfaction. L'espèce la plus commune est l'*A. lardaria* ou *Musca*, Fab.

ARIA CATTIVA (Médecine), air contagieux. — Nom par lequel les Italiens désignent les émanations marécageuses de la campagne de Rome, nommées aussi *Malaria*.

ARILLE (Botanique). — Expansion du funicule que l'on remarque dans la graine de certaines plantes, et qui, quelquefois, outre le test, forme un tégument enveloppant complétement la semence, comme dans le *Nénuphar* et dans le *Fusain*, où cet arille est membraneux et coloré d'un jaune orangé vif. Dans le *Muscadier*, il est grand, charnu, ramifié, brodé à jour, et constitue cette enveloppe de la muscade que nous appelons le *macis*. Dans l'*Oxalide*, l'arille est mince, élastique, blanchâtre ; il se crève quand la graine est arrivée à la maturité, et la lance au dehors par l'effet d'une force contractile. Les *Boccania*, *Polygala*, *Sterculia* ont aussi avec leurs graines des arilles qui se présentent sous des aspects différents dans chaque plante.

ARION (Zoologie), *Arion*. — M. de Ferussac divise les *Limaces* proprement dites (qui sont des *Mollusques gastéropodes pulmonés terrestres*) en deux sections : les *Arions* et les *Limas* ; les premiers se distinguent par la présence d'un pore muqueux situé à l'extrémité de leur corps, et par l'orifice de la respiration situé vers la partie antérieure du bouclier ; il n'y a dans le bouclier que des grains calcaires ; les principales espèces sont : la *Limace rouge* (limace des empiriques) (*Limax rufus*, Lin.), la *Limace blanche* (*L. albus*, Müll.), la *Limace des jardins* (*L. hortensis*, Müll.) (voyez LIMACE).

ARISARUM (Botanique), *Arisarum*, Lin. Les Grecs nommaient *aris* et *aron*, le gouet. *Arisarum* résulte de la réunion de ces deux mots. — Genre de plantes de la famille des *Aroïdées*, tribu des *Dracunculinées* ; à spadice androgyne sans interruption ni organes rudimentaires comme dans les genres voisins ; anthères à 2 valves inégales; baie presque sphérique contenant de 2 à 8 graines. Les herbes de ce genre ont le rhizome tubéreux, la spathe colorée d'un pourpre livide. L'*A. commun* (*A. vulgare, Arum arisarum*, Lin.) se trouve dans l'Europe méridionale et dans l'Afrique septentrionale.

ARISTOLOCHE (Botanique), *Aristolochia*, Tourn., du grec *aristos*, très-bon, et *locheia*, accouchement, plante très-bonne pour l'accouchement. — Genre de plantes type de la famille des *Aristolochiées*. Il comprend des plantes herbacées, vivaces et souvent ligneuses inférieurement. Leurs feuilles alternes, entières, ont quelquefois, outre la côte médiane, deux fortes nervures latérales qui s'étalent dans un sens ou dans un autre. Parmi les espèces principales, on peut citer l'*A. serpentaire* ou *Serpentaire de Virginie* (*A. serpentaria*, Lin.), plante médicinale; aux États-Unis, les médecins emploient sa racine dans la fièvre typhoïde, contre les vers intestinaux, et surtout contre la morsure des serpents venimeux (voyez SERPENTAIRE). L'*A. siphon* (*A. sipho*, L'hérit.), vulgairement *Pipe de tabac*, est une superbe espèce grimpante, dont les grandes feuilles, les fleurs irrégulières, ornent les murs et les tonnelles de nos jardins. Elle est originaire de l'Amérique méridionale. L'*A. clématite, sarrasine, aristoloche* (*A. clematitis*, Lin.), est une plante indigène qui vient souvent dans nos cultures; il ne faut pas la confondre avec la clématite commune (voyez CLÉMATITE). Elle est employée en médecine comme apéritive, tonique et vulnéraire. Le genre Aristoloche, qui ne comprend pas moins de quarante espèces cultivées dans les jardins ou dans les serres, en possède dans ce nombre qui atteignent d'énormes dimensions en hauteur. Leurs fleurs présentent aussi des proportions gigantesques. C'est même dans ce genre que l'on rencontre les plus grandes fleurs du règne végétal. Telles sont surtout celles de l'*A. grandiflora* et de l'*A. labiosa*. Les aristoloches ont une corolle colorée, tubuleuse, 6 étamines, une capsule à 6 loges contenant des graines nombreuses. (Baier, *De aristolochia*. Altdorfi, 1819.)　　　　　　　　　G — s.

ARISTOLOCHIÉES (Botanique). — Famille de plantes *Dicotylédones* que différents auteurs placent comme intermédiaires entre les Monocotylédones et les Dicotylédones, et que M. A. Brongniart range dans sa classe des *Asarinées* entre celle des Santalinées et celle des Cucurbitinées. Ce sont des plantes à feuilles alternes, à fleurs axillaires, étamines 6 ou 12 gynandres, fruit capsulaire ou un peu charnu. La plupart des Aristolochiées habitent l'Amérique tropicale et la région méditerranéenne. Genres principaux : l'*Asaret*, et l'*Aristoloche*, type de la famille.

ARISTOTÈLE (Botanique), *Aristotelea*, établi par L'héritier en l'honneur d'Aristote. — Genre de plantes nommé vulgairement *Maqui*, au Chili où il croît spontanément. C'est un petit arbrisseau à feuilles persistantes; ses fleurs sont blanches, disposées en grappes axillaires, et ses baies, noirâtres, comestibles, légèrement acides, servent à préparer une boisson qui passe parmi les Chiliens pour un bon fébrifuge.

ARKOSE (Géologie). — Ce sont des roches dont les éléments très-divers, produits de fragments primitivement désagrégés, ont été de nouveau agglutinés et plus ou moins consolidés par différentes causes, telles que l'infiltration d'un ciment siliceux aidée de l'influence de la chaleur : on conçoit dès lors la variété et la nature des éléments qui les composent ; ainsi l'*A. friable* couvre des surfaces assez étendues de terrains à l'état d'arène ou sable granitique. Quelquefois ce sont des bancs solides formés de jaspes roulés, empâtés par la barytine ou spath pesant. D'autres fois, dans l'*A. granitoïde*, par exemple, l'empâtement offre des grains de quartz hyalin, de feldspath et de mica. L'extrême dureté de quelques arkoses de roches cristallines permet de les exploiter comme meules de moulin. On en a construit aussi des cheminées, des hauts fourneaux.

ARLEQUIN (Zoologie). — Ce nom a été donné à plusieurs animaux; ainsi, en ornithologie, il a servi à désigner une espèce de Colibri, le *C. arlequin* (*Trochilus multicolor*, Gm.) (voyez COLIBRI). Klein a aussi donné ce nom à un oiseau d'Asie, qu'il dit être un rossignol. En entomologie, 1° l'*A. de Cayenne* est un bel Insecte coléoptère de la tribu des *Lamiaires*, genre Acrocine; c'est l'*Acrocine longimane* (*Cerambyx longimanus*, Lin., Oliv.); 2° l'*A. doré* est le nom donné par Geoffroy à la *Chrysomèle céréale* (*Chrys. cerealis*) (voyez ce mot); 3° l'*A. velu* de Geoffroy est la *Cétoine velue* (*Cetonia hirta*) (voyez CÉTOINE). Enfin plusieurs coquilles ont reçu le nom d'*Arlequine*; ce sont deux porcelaines, la *Cyprœa histrio*, et

la *Cyprœa arabica*, nommée aussi *fausse Arlequine* (voyez PORCELAINE).

ARLES (Médecine) (EAUX MINÉRALES). — Voyez AMÉLIE-LES-BAINS.

ARMADILLE (Zoologie), *Armadillo*, Latr. — Genre de *Crustacés isopodes*, grand genre *Cloporte* de Linné, section des *Oniscides* de Latr., ou des *Cloportides* de Cuvier; ils ont de très-grands rapports de forme et de manières de vivre avec les *Cloportes* (voyez ce mot), dont ils se distinguent surtout parce que leur corps se roule en boule. L'*A. commun* (*Oniscus armadillo*, Lin.) est d'un gris plombé, le bord postérieur des anneaux blanchâtre; on le trouve très-souvent sous les pierres; l'*A. mélangé* (*Onisc. variegatus*, Villers.) est noir, avec des taches blanchâtres; midi de la France. L'*A. des boutiques*, espèce d'Italie, a été employé autrefois en médecine comme diurétique et pectoral.

ARMARINTHE (Botanique). — Voyez CACHRYS.

ARMATURES ou ARMURES. — Pièces de fer doux dont on munit ordinairement les aimants pour leur conserver leurs propriétés magnétiques. Dans tout aimant, les forces magnétiques tendent à disparaître par l'effet même des attractions qui s'exercent entre leurs deux pôles; elles ne se conservent qu'en vertu de l'inertie de l'acier, ou de ce qu'on appelle sa *force coercitive;* il en résulte que les chocs, les ébranlements quelconques, les variations de température les affaiblissent et les feraient peu à peu disparaître entièrement. On *arme* les aimants pour les faire mieux résister à ces influences fâcheuses.

Les aimants artificiels prismatiques sont réunis deux par deux, disposés parallèlement, les pôles de noms contraires en regard, dans des boîtes et réunis à leurs deux extrémités par des morceaux de fer doux. Ces fers s'aimantent, les pôles qui s'y forment, agissant par attraction sur les pôles des aimants, contribuent à leur conserver leur puissance.

Les aimants artificiels isolés sont ordinairement recourbés en forme de fer à cheval, et leurs deux extrémités réunies par un barreau de fer doux. Ils présentent dans cet état un phénomène curieux et encore inexpliqué. Si un aimant peut porter d'emblée 10 kilogrammes, par exemple, en le chargeant avec lenteur pendant plusieurs jours, on peut parvenir à lui en faire supporter 15 à 16; puis, si l'on dépasse la limite extrême et que l'armature se détache, l'aimant ainsi *nourri* retombe immédiatement même au-dessous de son intensité primitive, et pour lui rendre, il faut le nourrir de nouveau de la même manière.

Les aiguilles aimantées ne s'arment pas; on se contente de les laisser suspendues librement sur leur pivot et se diriger sous l'influence de la terre. Les aimants naturels sont garnis sur leurs deux faces polaires de lames de fer terminées par une masse de métal appelée *talon*. Les deux talons deviennent, par influence des pôles, de même nom que les faces qui leur correspondent. On obtient ainsi une espèce de fer à cheval que l'on arme à la manière ordinaire.

ARME A FEU (Médecine). — Voyez PLAIE PAR ARME A FEU.

ARMER (S') (Hippiatrique). — Par ce mot, on entend la résistance que met un cheval à se soumettre à l'action des mors de la bride, en se défendant contre son cavalier ou contre ses aides; on dit alors qu'*il s'arme*. Ce vice peu dangereux tient, ou à une mauvaise adaptation du mors, et dans ce cas il est facile d'y remédier, ou à un caractère craintif, et on vient à bout de le guérir par la douceur et la patience (voyez l'article HIPPOLOGIE).

ARMERIA (Botanique), *Armeria*, Willd., du celtique *ar mor*, au bord de la mer. — Genre de plantes gazonnantes de la famille des *Plombaginées* à feuilles linéaires, lancéolées, ou oblongues. L'*A. maritime* (*A. maritima*, Willd., *Statice maritima*, Laterr.) est une herbe gazonneuse à fleurs rosées. Elle est très-employée pour former des bordures dans les jardins où on la connaît sous le nom de *Gazon d'Olympe*, et offre un fait assez rare dans la géographie botanique; ainsi l'on a rencontré le Gazon d'Olympe aussi bien sur les côtes maritimes de l'Océan qu'au sommet des Alpes et des Pyrénées.

ARMES BLANCHES. — Voyez SABRE, BAÏONNETTE. — Voy. supplément.

ARMES A FEU. — *Fusil, Pistolet, Revolver*. Les canons obusiers, mortiers, pierriers s'appellent plutôt *Bouches à feu* (voyez ces divers mots).

ARMES (Botanique). — On nomme parfois ainsi en botanique ces pointes plus ou moins dures et aiguës, nommées *épines* ou *aiguillons* (voyez ces mots), qui nais-

sent sur différents organes de certains végétaux, tels que les rosiers. Ces armes servent en quelque sorte à préserver les plantes des attaques de leurs ennemis. Girardin pense « qu'on devrait aussi mettre au nombre des *armes* des végétaux ces enveloppes dures, solides et ligneuses qui recèlent entre leurs parois, comme dans un fort qui paraît inexpugnable, l'amande de certaines espèces de fruits. On pourrait également compter parmi les armes des plantes l'odeur de quelques-unes d'entre elles, qui souvent est si fétide, qu'elle repousse les animaux qui veulent en approcher. »
                                        G — s.

ARMILLAIRE (Sphère). — Voyez Coordonnées.

ARMOISE (Botanique), *Artemisia*, Lin., d'*Artémis*, nom que donnaient les Grecs à la Diane des Latins. Par corruption, nous en avons fait *armoise* en français. — Genre de plantes de la famille des *Composées*, tribu des *Sénécionidées*, sous-tribu des *Anthémidées*, ou, selon certains auteurs, type de la tribu des *Artémisiées*. Il comprend des herbes ou sous-arbrisseaux contenant un principe amer et une huile essentielle, aromatique, et dont les propriétés toniques sont utilisées en médecine. On compte plus de soixante espèces de ce genre. Les principales sont : l'*A. estragon* (*A. dracunculus*, Lin.), vulgairement *Estragon*, herbe de l'Europe méridionale dont une variété très-odorante est cultivée. On s'en sert surtout pour aromatiser le vinaigre et les salades. L'*A. aurone, citronelle, garde-robe* (*A. abrotanum*, Lin.), espèce d'Italie, que l'on cultive dans les jardins à cause de son odeur agréable. L'*A. commune* (*A. vulgaris*, Lin.) (*fig.* 207) est vivace et indigène. D'une odeur peu agréable, d'une saveur amère, cette plante a

Fig. 207. — Armoise commune (*artemisia vulgaris*).

passé pour un puissant emménagogue dans les temps les plus anciens ; elle a beaucoup perdu de sa vogue aujourd'hui ; on emploie ses sommités en infusion comme antispasmodiques et toniques. Elle passe aussi pour vulnéraire et détersive. L'*A. de Judée* (*A. Judaïca*, Lin.) donne, par ses capitules et ses pédoncules, le médicament connu sous le nom de *semen-contra* de Barbarie, lequel forme la base de plusieurs préparations vermifuges. L'*A. en épis* (*A. spicata*, Jacq. ; *A. rupestris*, Vil.) est une espèce très-estimée en Suisse pour ses propriétés vulnéraires. Enfin l'*A. absinthe* (*A. absinthium*, Lin. ; *Absinthium vulgare*, Lamk) pour laquelle nous renverrons au mot ABSINTHE. Le genre *Armoise* a des feuilles alternes diversement découpées, à capitules flosculeux, petits, disposés en épis ou en grappes paniculées. Ils sont en forme de disques ; les fleurs de la circonférence sont unisériées, celles du disque, à 5 dents, hermaphrodites ou stériles par avortement, involucre à écailles imbriquées, réceptacle plan ou convexe, dégarni de paillettes, quelquefois frangé ; akènes comprimés sans aigrettes.
                                        G — s.

ARMORACIA (Botanique), *Cochlearia armoracia*, Lin. Dérivé du mot *Armorique*, nom de la Basse-Bretagne où cette plante croît particulièrement. — Espèce du genre *Cochlearia* dans la famille des *Crucifères*, tribu des *Alyssinées*. Elle est désignée vulgairement sous les noms de *moutarde d'Allemagne, moutarde des Capucins, cochléaria rustique, cranson rustique, mérédick, raifort sauvage* (qu'il ne faut pas confondre avec le raifort cultivé, *rafanus sativus*). C'est une plante vivace à racines charnues ; sa tige atteint jusqu'à 1 mètre de hauteur ;

celle-ci est dressée et rameuse au sommet. L'armoracia croît dans les lieux humides, sur le bord des ruisseaux, dans le nord de l'Europe. Il est abondant en France et en Angleterre. La racine de cette plante est douée de propriétés antiscorbutiques. On l'a administrée comme stimulante et vermifuge. Dans certains endroits, on la mange comme de gros radis, ou bien on la râpe très-menue, et l'on s'en sert en place de moutarde pour l'assaisonnement. Sa saveur est si forte et si piquante que, mêlée avec du vinaigre, elle peut produire l'effet d'un vésicatoire. Elle se distingue par des feuilles radicales pétiolées, oblongues, crénelées, des feuilles caulinaires lancéolées, dentées, des fleurs blanches en grappe. Le fruit est une silique elliptique.
                                        G — s.

ARMURES (Arboriculture). — On donne ce nom aux appareils dont on entoure les arbres à haute tige pour les défendre, pendant leur jeune âge, contre les mutilations auxquelles ils sont exposés. Dans les vergers consacrés en même temps au pâturage, la tige des arbres fruitiers est souvent mutilée ou ébranlée par les animaux domestiques. Le meilleur mode d'armure est celui indiqué par les figures 208 et 209. Quatre lattes en bois de chêne A,

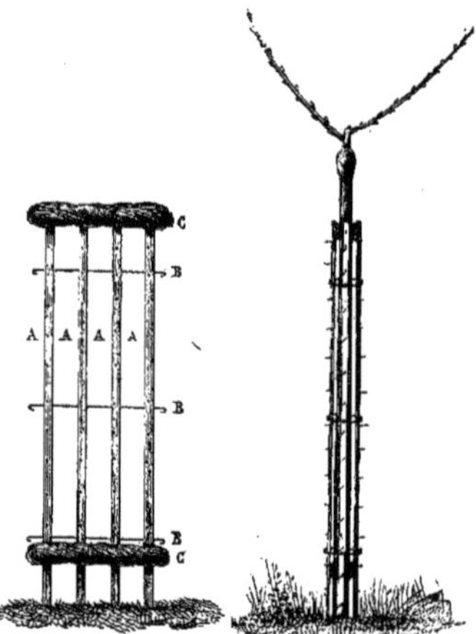

Fig. 208. — Armure Lelong déployée.

Fig. 209. — Armure Lelong placée autour d'une tige.

longues de 1^m,60 sur 0^m,03 de largeur et 0^m,015 d'épaisseur, garnies de quatorze pointes de Paris n° 16. Réunir entre elles ces quatre lattes, en les maintenant à 0^m,11 l'une de l'autre par trois fils de fer B n° 14. En former une sorte de cylindre dont on entoure la tige des arbres et qui s'appuie sur le sol. Un bourrelet en vieux chanvre C est fixé au sommet et à la base de l'armure pour empêcher l'arbre d'être blessé par le frottement. Cette armure coûte environ 1 franc et peut durer huit ans. Dans les terres labourées ou sur le bord des chemins très-fréquentés, les arbres à haute tige sont exposés au choc des instruments aratoires, des voitures ou à la malveillance des passants. Dans ce cas, la meilleure armure est celle que montre la figure 210. Deux pieux en bois dur, de 0^m,08 carrés sur une longueur de 1^m,80 et un peu cintrés à leur base. Les placer de chaque côté de la tige en les inclinant un peu l'un vers l'autre. Les maintenir à l'aide de six traverses A. Attacher une poignée de paille B sur la tige, au point où elle sort de l'armure, pour l'empêcher d'être meurtrie par le frottement. Cette armure peut se conserver en bon état pendant dix ans. Au bout de ce temps, les arbres plantés dans les terres labourées ont acquis assez de force pour ne plus être renversés par les instruments aratoires, mais leur écorce peut encore être déchirée par le choc. On remplace alors l'armure précédente par une corde en

paille roulée en spirale autour de la tige de l'arbre (*fig.* 211)
Enfin, si les arbres sont plantés dans des circonstances

telles qu'ils n'aient à redouter aucun des accidents précédents, il faudra encore les empêcher, au moins pen-

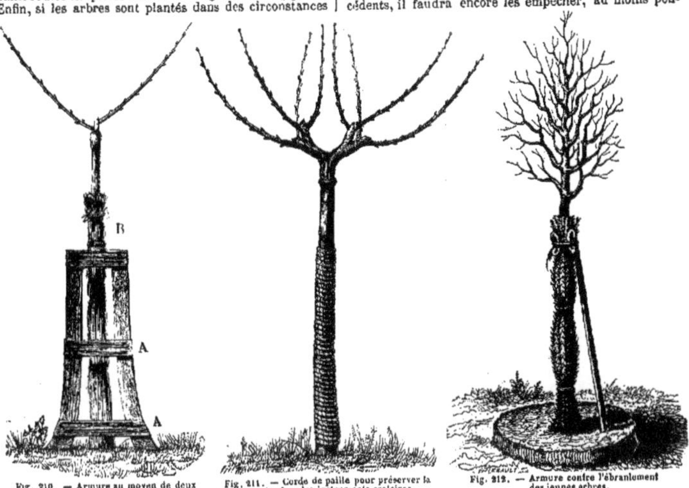

Fig. 210. — Armure au moyen de deux pieux.

Fig. 211. — Corde de paille pour préserver la tige du choc des instruments aratoires.

Fig. 212. — Armure contre l'ébranlement des jeunes arbres.

dant la première année de plantation, d'être ébranlés

Fig. 213. — Arnica (*arnica montana*).

par le vent. On les soutiendra alors au moyen d'un tuteur placé obliquement, du côté opposé au vent dominant

(*fig.* 212). Si la surface plantée devait être parcourue par les moutons ou les chèvres, il serait utile d'envelopper la tige de branches d'épine.　　　　　A. Du Br.

ARNICA (Botanique), *Arnica*, Lin., qu'on dit être une altération du grec *ptarmicos*, qui fait éternuer. — Genre de la famille des *Composées*, tribu des *Sénécionidées* ; plantes herbacées, à feuilles entières, opposées, garnies de capitules assez grands de fleurs jaunes, radiées, multiflores. L'*A. montana*, Lin. (*Doronicum arnica*, Desf.), ou simplement *arnica*, plante connue vulgairement sous les noms de *bétoine des montagnes, tabac des Vosges, doronic à feuilles de plantain*, croît sur les montagnes élevées de l'Europe, et surtout dans les Alpes ; on la cultive aussi dans nos jardins, où on la multiplie par l'éclat des vieux pieds. L'arnica est très-employé en médecine, comme vulnéraire surtout ; il est considéré aussi comme diurétique, tonique, fébrifuge, anti-arthritique ; on emploie sa racine en décoction et ses fleurs en infusion. Les paysans des montagnes le connaissent très-bien et s'en servent en guise de tabac à fumer. Il est devenu d'un usage très-fréquent entre les mains des homœopathes, qui s'en servent à tout propos, principalement dans les maladies que les médecins allopathes traitent par les saignées : telles sont les pneumonies, le rhumatisme aigu, l'apoplexie, etc. Il a la tige d'un vert pâle, poilue au sommet, feuilles fermes, sessiles, pubescentes en dessus, fleurs du rayon pistillées, celles du disque, hermaphrodites, involucre campanulé, réceptacle velu, corolle à tube velu, akènes cylindriques amincis aux deux bouts, tous ou du moins ceux du disque couronnés par une aigrette de soies assez roides.　　　　F. — N.

AROÏDÉES (Botanique). — Famille de plantes *Monocotylédones*, établie par de Jussieu et désignée depuis sous le nom d'*Aracées*, Schott. Elles habitent principalement les régions situées entre les tropiques ; on en trouve peu d'espèces dans le Nord. Genres principaux : *Gouet* (*Arum*, Lin.), *Arisarum*, Tourn., *Colocasia*, Ray, *Calladium*, Vent., *Richardia*, Kunth, *Calla*, Lin., *Acorus*, Lin., etc. Les Aroïdées sont en général des plantes herbacées, à rhizome souvent tubéreux, charnu. Leurs feuilles, engaînantes par le pétiole, présentent des nervures fortes et ramifiées de différentes manières. La hampe se termine par un spadice entouré d'une grande spathe ordinairement colorée. Elles ont des étamines à filets souvent très-courts ou nuls, anthères biloculaires ; stigmate sessile ; baie indéhiscente. M. Schott a donné

sur cette famille un important travail dans lequel elle est divisée en neuf tribus qui ont été adoptées depuis par les botanistes.
G—s.

AROMADENDRON (Botanique), *Aromadendrum*, Blume, du grec *arôma*, arome, et *dendron*, arbre. L'écorce de ce végétal renferme un arome très-agréable. — Genre de plantes de la famille des *Magnoliacées*, tribu des *Magnoliées*. Il comprend de très-grands arbres à feuilles alternes entières, coriaces et portées sur des pétioles assez courts. Leurs stipules sont linéaires et caduques. Leurs fleurs terminales et solitaires sont grandes, blanchâtres et très-odorantes. L'espèce connue, *A. élégant* (*A. elegans*, Blume), est un bel arbre croissant dans les forêts de Java. On le nomme *kelatrang* et *kilunglung* dans cette île, où le bois très-solide et très-résistant de l'Aromadendron est employé dans la construction. On tire aussi un parti avantageux de l'amertume et de l'arome contenus dans son écorce dont les propriétés passent pour toniques et stomachiques. Les feuilles un peu amères et très-aromatiques entrent également dans la médecine javanaise.
G—s.

AROMATE (Matière médicale), du grec *arôma*, arome, odeur. — On donne ce nom à des substances qui répandent des odeurs plus ou moins pénétrantes, plus ou moins suaves ; ils sont presque tous tirés du *Règne végétal*, et doivent leurs propriétés à des huiles essentielles et à des résines ; ils sont employés soit comme médicaments, soit comme assaisonnements, soit comme parfums ou cosmétiques. Les pays chauds, et particulièrement l'Arabie, les fournissent en quantité ; ceux dont on se sert le plus souvent en médecine sont : l'aloès, les baumes, les térébenthines ; plusieurs sont en même temps employés à d'autres usages signalés plus haut : ainsi la vanille, la cannelle, le poivre, la muscade, le piment, l'anis, le girofle, le gingembre, la cascarille, le benjoin, la myrrhe, la coriandre et une foule d'autres. Le musc, le castoréum, l'ambre gris, sont du petit nombre d'aromates qui appartiennent au règne animal. Les aromates agissent rapidement sur nos organes ; ils stimulent vivement l'estomac et tous les systèmes ; ils sont toniques, excitants, antispasmodiques, cordiaux ; les habitants des pays chauds en font un usage fréquent, surtout pour donner du ton aux organes languissants par l'effet de la chaleur et de l'humidité (voyez Aromatiques (Plantes), Castoréum, Musc, Succin.

AROMATIQUES (Plantes) (Matière médicale), du grec *arôma*, odeur. — On appelle ainsi les plantes qui exhalent, un arome plus ou moins agréable, plus ou moins piquant, par leur écorce, leurs feuilles, leurs racines, leurs fleurs, etc. Plusieurs ne deviennent odorantes qu'à la suite de certaines préparations : ainsi la racine de valériane fraîche est à peu près inodore ; elle devient aromatique par la dessiccation seule ; cette propriété tient à l'existence dans la plante ou au développement, par certaines circonstances particulières, d'une huile volatile, d'une résine, sécrétées par des glandes vésiculaires spéciales : la plupart de ces plantes sont employées en médecine, dans les arts, dans l'industrie ; soit qu'on ait recours à certaines parties de la plante ou aux produits qu'on en tire, tels que les huiles volatiles, les essences, les résines, etc. Certaines familles végétales sont presque exclusivement composées de plantes aromatiques, d'autres en renferment seulement quelques-unes ; il en est dans lesquelles on n'en rencontre aucune. Au premier rang se présentent les *Labiées*; on y trouve les menthes, les thyms, le basilic, les mélisses, les romarins, les lavandes, la marjolaine, le dictame, la sauge, la germandrée, etc. Viennent ensuite dans les *Ombellifères*, l'ache odorante, la coriandre, le fenouil, le carvi, le myrrhis odorant (cerfeuil musqué), l'aneth, l'angélique, l'anis (*anisum*), les férulas dont une espèce produit l'*assa fœtida*, une autre probablement la *gomme ammoniaque*, etc., dans les *Composées* ou *Synanthérées*, les camomilles, la matricaire, les pyrèthres, l'armoise, l'aunée, l'absinthe, la tanaisie commune, etc. Dans les *Légumineuses*, le mélilot, le fénugrec, le psoralier, la glycine de Chine, la gesse odorante, l'agalloche (bois d'aloès), le courbaril qui produit la *résine animée*, le copayer, le caroubier, le *myroxylum toluiferum*, etc. Parmi les *Burséracées*, le *balsamodendron kataf*, d'où provient la *myrrhe*, le *boswellia serrata*, qui donne l'*oliban*, le *balsamodendron gileadense*, d'où l'on tire le *baume de la Mecque*, l'*icica icariba* (*Balsam. elemi*), le *bursera gummifera* (*résine chibou*, etc.). Presque toutes les *Hespéridées* sont aromatiques ; ainsi le citronnier, l'oranger, le cédratier, le bigaradier, etc. Dans les

Myrtacées, les myrtes, le mélaleuca cajeputi, le giroflier, les eucalyptes, le piment des Antilles, le goyavier, etc. Dans les *Laurinées*, le *laurus nobilis*, le sassafras, le *laurus cinnamomum* (la cannelle), le *laurus camphora* (camphre), etc. Dans les *Anacardiacées*, le pistachier lentisque qui produit le *mastic*, le pistachier térébinthe (*térébenthine de Scio*), les sumacs, etc. Dans les *Orchidées*, la vanille, l'*angræcum fragrans* (thé de Bourbon), etc. Dans les *Euphorbiacées*, le *croton eluteria* (cascarille), le *croton balsamiferum* (une espèce d'encens), le *croton lacciferum* (une espèce de laque), etc. Enfin on trouve encore le muscadier (*Myristicées*) ; le piment ou *capsicum annuum* (*Solanées*) ; l'anis étoilé (*Magnoliacées*) ; le gingembre (*Zingibéracées*); le liquidambar (*Balsamifluées*); les pins et sapins (*Conifères*) ; l'amande amère, le laurier-cerise (*Rosacées*); le café (*Rubiacées*) ; le thé de Chine (*Ternstrœmiacées*) ; les ananas (*Broméliacées*) ; le poivre, le bétel, le cubèbe (*Pipéracées*) ; la citronnelle, l'ægiphile, le gattilier agnus-castus (*Verbénacées*); les styrax, le benjoin (*Styracées*) ; les valérianes (*Valérianées*); le safran, l'iris de Florence (*Iridées*) ; et une foule d'autres que nous ne pouvons nommer ici.
F — N.

AROMATITE (Minéralogie). — Pierre précieuse dont parle Pline, et qu'il disait venir de l'Arabie ou de l'Égypte ; elle avait la couleur et l'odeur de la myrrhe ; et il dit que les reines et les princesses en portent ordinairement. On ne sait pas aujourd'hui de quelle pierre Pline a voulu parler.

AROMIE (Zoologie), du grec *arôma*, parfum, à cause de l'odeur de quelques espèces. — Genre de *Coléoptères* établi par M. Serville et Dejean ; il répond presque au genre *Callichrome* de Latreille.

ARONDE (Zoologie), *Avicula*, Cuv., Brug. — Genre de *Mollusques acéphales testacés*, très-intéressant à cause de la production des perles et qui correspond à celui d'*Avicule* plus généralement adopté (voyez Avicule).

ARONDELLE, Aronde, Arondeau, Arondelet (Zoologie). — Noms donnés à l'hirondelle dans quelques provinces du Nord.

ARONDELLE (Pêche). — Espèce de ligne de pêche dont on se sert sur les bords de la mer.

ARONIE (Botanique), *Aronia*, Persoon. — Genre de plantes de la famille des *Pomacées*, dans la classe des *Rosinées* de M. Brongniart. Il est aujourd'hui presque totalement réparti dans le genre *Poirier* (*Pyrus*). Les arbres ou arbrisseaux qu'il comprend donnent des fleurs de couleur blanche disposées en cimes ou en corymbes. Ils habitent particulièrement l'Amérique septentrionale. Les espèces de ce genre sont cultivées pour l'ornement des bosquets. Leur bois a des qualités qui peuvent le faire employer dans la menuiserie. L'*A. rotundifolia* de Persoon est l'*amélanchier* commun de la plupart des auteurs modernes.

ARPENT (Mesure ancienne). — Unité de surface autrefois employée pour mesurer la superficie des terrains. On la divisait en 100 perches ; mais sa valeur variait d'une province à l'autre. Les trois principaux arpents étaient :

L'arpent d'ordonnance ou des eaux et forêts valant 100 perches de 22 pieds de côté, ce qui formait un carré de 220 pieds de côté ;

L'arpent commun valant 100 perches de 20 pieds de côté, ce qui formait un carré de 200 pieds de côté ;

L'arpent de Paris, plus petit, valant 100 perches de 18 pieds de côté.

Le tableau suivant donne en hectares la valeur de ces trois sortes d'arpents.

NOMBRE D'ARPENTS.	VALEURS EN HECTARES, ARES ET CENTIARES								
	des arpents d'ordonn.			des arpents communs.			des arpents de Paris.		
	h.	a.	c.	h.	a.	c.	h.	a.	c.
1	0	51	07	0	42	21	0	34	19
2	1	02	14	0	84	42	0	68	38
3	1	53	22	1	26	62	1	02	57
4	2	04	29	1	68	83	1	36	75
5	2	55	36	2	11	04	1	70	94
6	3	06	43	2	53	25	2	05	13
7	3	57	50	2	95	46	2	39	32
8	4	08	58	3	37	67	2	73	51
9	4	59	65	3	79	87	3	07	70
10	5	10	72	4	22	08	3	41	89

ARPENTAGE. — Se dit soit de l'ensemble des opérations qui ont pour but la mesure d'un terrain, soit de l'art qui enseigne à exécuter les diverses opérations qui s'y rapportent. voyez PLANS au supplément).

ARPENTEUR (Zoologie). — On appelle ainsi dans quelques provinces le *Grand Pluvier* (*Œdicnème ordinaire*, *Charadrius œdicnemus*, Lin.) (voyez PLUVIER).

ARPENTEUSES (Zoologie), *Phalœnites*, Latr. ; *Geometrœ*, Lin. — On donne ce nom (*Règne animal de Cuvier*) à la septième section du grand genre des *Phalènes* de Linné, appartenant aux *Insectes lépidoptères nocturnes.* On les appelle *arpenteuses*, parce que, lorsqu'elles marchent, elles se fixent d'abord par les pattes antérieures, elles élèvent ensuite leur corps en forme de boucle pour rapprocher l'extrémité postérieure de celle qui est fixée, et elles répètent ce mouvement, comme si elles mesuraient le terrain. Caractères : corps grêle ; trompe molle ou peu allongée ; palpes inférieures petites et presque cylindriques ; ailes amples, étendues ou en toit aplati ; thorax toujours uni. Les chenilles n'ont le plus souvent que dix pattes, et les anales existent toujours. Cette section ne comprend que le sous-genre *Phalène*, dans la méthode de Latreille.

ARQUÉ (CHEVAL) (Hippiatrique). — On dit qu'un cheval est *arqué* lorsque ses genoux sont portés en avant accidentellement, ce qui détermine une grande disposition à s'abattre et à se couronner, par suite du défaut d'aplomb qui en résulte ; ce défaut est presque toujours causé par une grande fatigue. Quelquefois cependant cette conformation est naturelle, et dans ce cas les conséquences en sont beaucoup moins graves : on dit alors qu'il est *brassicourt.*

ARQUEBUSADE, COUP D'ARQUEBUSE (Médecine). — On appelait autrefois *coups, plaies d'arquebusade*, les blessures faites par des armes à feu (voyez PLAIE D'ARME A FEU). L'*eau d'arquebusade* était une eau vulnéraire qu'on employait à l'extérieur contre les plaies d'armes à feu ; elle est encore usitée dans le peuple comme un bon résolutif. Voici la formule de l'*eau d'arquebusade de Theden* qui jouissait d'une grande vogue : alcool rectifié, 750 grammes ; vinaigre d'Orléans, 750 grammes ; acide sulfurique faible, 160 grammes ; sucre blanc, 190 grammes ; mêlez : on applique des compresses imprégnées de cette liqueur sur les parties nouvellement contuses.

ARRACACHA (Botanique), *Arracacha*, Bancroft. Nom que porte cette plante à la Nouvelle-Grenade. — Genre de plantes de la famille des *Ombellifères.* L'*A. comestible* (*A. esculenta*, Dec.), qui vient à Santa-Fé de Bogota, est une herbe vivace, à racines tubéreuses très-charnues, et qui a de précieuses qualités alimentaires dont on tire parti à la Nouvelle-Grenade. Aussi avait-elle paru d'une telle importance comme aliment, qu'on la regardait déjà comme propre à remplacer la pomme de terre dans un moment où la maladie sévissait avec force sur la précieuse solanée. On a tenté de l'introduire et de l'acclimater dans notre pays ; mais on a échoué dans sa culture et les essais ont été abandonnés ; ils pourront être repris. Cette espèce a pour caractères : ombelles de 7 à 14 rayons, munies d'un involucre à une seule foliole ; les ombellules munies d'un involucre à une seule foliole ; les ombellules de 15 à 20 rayons sont glabres, avec un involucelle à plusieurs folioles. Ses fleurs, qui s'épanouissent de juillet en octobre, sont d'un violet foncé ou jaunâtre. De Candolle, *Notice sur l'arracacha.* Genève, 1829.   G — s.

ARRACHEMENT (PLAIE PAR) (Médecine). — Voyez PLAIE PAR ARRACHEMENT.

ARRACHEMENT DES DENTS. — Voyez EXTRACTION. En chirurgie on pratique certaines opérations par arrachement. afin d'enlever les tissus morbides.

ARRACHEMENT DE POLYPES. — Voyez POLYPE.

ARRÉMON (Zoologie), du grec *arrémôn*, qui ne dit pas le mot. — Genre de *Passereaux dentirostres*, Cuv., très-voisin des Moineaux ordinaires, établi par Vieillot dans son ordre des *Sylvains*, famille des *Péricalles* ; correspondant aux *Tanagrinées* de Swainson. Il ne renferme qu'une espèce, l'*Oiseau silencieux* de Buffon ; *Tanagra silens* de Latham, *Arrémon à collier* de Vieillot, qui atteint de 0ᵐ,15 à 0ᵐ,16 de longueur. Cet oiseau a le bec un peu fort, à bords recourbés en dedans ; mandibule inférieure droite, supérieure échancrée et fléchie vers le bout ; il a les côtés d'un beau noir, un demi-collier sur le devant du cou ; la poitrine et le ventre blanchâtres ; les pieds d'un jaune verdâtre, les parties supérieures d'un vert olive foncé. Il habite la Guyane, où on le trouve ordinairement à terre dans les lieux couverts ; d'un naturel tranquille, solitaire et presque stupide, il se laisse prendre facilement. Sonnini prétend qu'il est constamment silencieux,

d'Azara dit lui avoir reconnu un chant agréable, différence qui tient peut-être à l'époque de l'année où les observations ont été faites.

ARRÊT DE DÉVELOPPEMENT (Physiologie). — On dit qu'il y a eu arrêt de développement dans une partie quelconque du corps, lorsque, dans le temps déterminé par la nature, elle n'a pas atteint ses dimensions ordinaires. Par une cause qu'il n'est pas toujours facile d'apprécier, le *mouvement de composition* ne l'emporte plus sur celui de *décomposition* (voyez NUTRITION) ; l'équilibre s'établit entre ces deux actes de la vie, et l'accroissement s'arrête ; c'est à ce fait qu'il faut rapporter un grand nombre de monstruosités.

ARRÊTE-BŒUF (Botanique). — Nom vulgaire d'une plante ainsi nommée parce que sa racine traçante fait souvent obstacle à la charrue ; c'est la Bugrane commune (*Ononis spinosa*, Lin., *O. procurrens*, Wallroth) (voyez BUGRANE).

ARRHÉNATHÈRE (*Arrhenatherum*, Palis.), du grec *Arrhén*, mâle, et *athér*, arête. (La fleur mâle de ce genre porte une arête.) — Genre de plantes de la famille des *Graminées*, tribu des *Avénacées*, et démembré des Avoines. Il comprend des herbes vivaces croissant en Europe. On la désigne souvent sous le nom de *Fromental.* L'*A. commune* ou *élevée* (*fig.* 214) (*A. avenaceum*, Palis.,

Fig. 214. — Arrhénathère élevé.

A. elatius, Mert. et Kock ; *Avena elatior*, Lin.) est une plante haute souvent de 1ᵐ,50 et répandue très-communément dans nos prés et nos bois. L'*A. commune à chapelet*, *A. bulbeuse.* (*A. avenaceum precatorium*, Palis. ; *A. precatorium*, Dietr. ; *Avena precatoria*, Thuill.) est considérée comme une variété de la précédente. Elle se distingue par sa tige renflée en petits tubercules. On la rencontre très-abondamment dans nos moissons. Ces plantes, que l'on nomme souvent *ray-grass de France*, sont employées comme fourrage.   G — s.

ARRIMAGE (Marine). — Arrangement, disposition, à bord d'un navire, de tous les objets qui servent à son armement, du matériel et des vivres nécessaires pour entreprendre une campagne, ainsi que du chargement ou de la cargaison, c'est-à-dire des marchandises qu'il doit embarquer. Au fond des flancs du navire, autrement au fond de la cale est premièrement arrimé le lest dont la quantité a été calculée d'avance de telle sorte que le bâtiment entièrement armé et ayant tout à bord, ait un tirant d'eau convenable, il est composé généralement de morceaux de fer appelés *gueuses*, parallélipipèdes rectangles très-allongés, du poids de 50 et de 25 kilos. Ces gueuses se placent dans le sens de la longueur, les unes à la suite des autres en se touchant, d'un bout à l'autre du bâtiment de chacun des côtés de la quille jusqu'à une certaine hauteur des flancs. L'intérieur du bâtiment est divisé en plusieurs compartiments variant de position, suivant sa construction et l'idée du constructeur. Un de ces compartiments et un des plus vastes, situé le plus souvent sur l'arrière, la cale au vin, reçoit le vin de campagne, contenu dans des fûts en bois de 8, 6, 4 et 2 hectolitres, ainsi qu'une partie des salaisons et autres denrées destinées à être consommées à la mer. Également sur l'arrière, la soute aux poudres renferme les poudres contenues actuellement dans des caisses en cuivre. De chaque côté des flancs se trouvent les soutes à biscuit pour les biscuits de mer, les soutes à légumes renfermant les haricots secs, les pois secs, et les gourganes ou fèves sèches, les soutes à charbon, etc. Sur l'avant la soute à voiles contient les voiles de rechange destinées à remplacer celles qui servent, si elles étaient enlevées par le vent, ainsi que la toile à voile nécessaire pour les réparations. Le plus grand de tous les compartiments, appelé la *grande cale*, et qui s'étend du grand mât presque sur l'avant, renferme les caisses en tôle de 2000, 1800 et 1000 litres contenant l'eau douce ; dans cette cale se trouvent les câbles et grelins en filin, les manœuvres de rechange et presque la totalité du matériel.

Les bâtiments de commerce, ménageant l'espace autant que possible dans l'intérêt du chargement, lui consacrent presque exclusivement la grande cale, et, ne prenant qu'un matériel fort restreint, le répartissent dans les autres parties du navire.

Il serait difficile, pour ne pas dire impossible, à une personne qui n'a jamais visité de bâtiment, et même à celle qui, en ayant déjà visité, n'a pas pu bien se rendre compte de l'arrimage, de s'imaginer ce que peut contenir le corps d'un bâtiment, tant le plus petit espace y est ménagé avec soin, tant chaque chose y trouve sa place. Un bon arrimage, c'est-à-dire une bonne disposition de tout à bord, est du reste essentiel pour ne pas nuire aux qualités du bâtiment, notamment à la stabilité mécanique, qui dépend de la position relative du centre de gravité et du centre de poussée, pour rendre ses mouvements à la mer le plus doux possible, et pour que la différence de son tirant d'eau soit la plus convenable pour la rapidité de sa marche.

ARROCHE (Botanique), *Atriplex*, Lin., dérivé du nom de cette plante en grec *atraphaxis*, qui n'est pas nourrissant ; parce que ce genre fournit des aliments insipides et relâchants. — Genre de plantes de la famille des *Chénopodées*, sous-ordre des *Cyclolobées*, tribu des *Spinaciées*, d'après M. Moquin-Tandon, ou type de la famille des *Atriplicées*, adoptée par Adrien de Jussieu dans sa classification. Les arroches sont des herbes souvent farineuses ou des sous-arbrisseaux à feuilles alternes pétiolées. L'*A. des jardins*, *Arroche-épinard*, *follette*, *bonne-dame* (*A. hortensis*, Lin.), est une herbe annuelle glabre, qui s'élève à la hauteur de 1 à 2 mètres. Ses tiges herbacées sont rameuses, anguleuses, et ses feuilles assez grandes sont d'un vert clair des deux côtés. Cette espèce, originaire de la Sibérie, est une plante potagère qui peut remplacer l'épinard. Elle a une variété (*A. rubra*, Lin.) colorée d'un rouge sang foncé sur ses tiges, ses feuilles et ses bractées. On la cultive souvent dans les jardins d'agrément à cause de cette particularité. L'*A. halime*, *Pourpier de mer* (*A. halimus*, Lin.) (*fig.* 215), est un arbrisseau vivace qui croît spontanément dans les haies sur nos côtes de France. Ce genre a pour caractères : fleurs unisexuées, les mâles ont un calice à 3 ou 5 sépales, et 3 à 5 étamines ; les femelles ont un calice semblable ; le fruit est un péricarpe membraneux.   G — s.

ARROSEMENT (Hygiène). — L'arrosement des rues a un double but : ou il est un complément, un auxiliaire du balayage, dans le but de les nettoyer et de les débarrasser des immondices ; ou bien il est destiné dans les grandes chaleurs à rafraîchir l'air, à abattre la poussière. Dans tous les cas, et conformément aux règlements de police sur la matière, il est expressément défendu de se servir pour cet usage de l'eau stagnante des ruisseaux ; il est également enjoint de faire écouler les eaux des ruisseaux, pour en éviter la stagnation ; sans ces sages précautions, l'arrosement des rues, laissé à la discrétion des propriétaires et des locataires, serait plus nuisible qu'utile ; en ce que, pendant les chaleurs de l'été, il convertirait les rues en flaques d'eau ou de boues plus ou moins liquides, qui ne manqueraient pas d'exhaler des miasmes cent fois plus dangereux que ne le seraient la sécheresse, l'aridité de l'air et la poussière qui en serait la conséquence.

ARROSEMENT, ARROSAGE (Horticulture). — Toutes les plantes ont besoin d'eau ; mais en général, celles qui ont des racines profondes, qui sont pourvues d'un chevelu abondant, résistent mieux à l'absence des pluies : ainsi les grands arbres, la vigne, etc. ; par opposition, les plantes herbacées, et surtout les plantes annuelles ayant des racines moins étendues, souffriraient de la privation d'eau pendant l'été, si l'on n'y suppléait par l'arrosement dans les jardins ; on conçoit qu'il ne peut être question d'arroser les plantes en pleine campagne ; ceci rentre dans le système des irrigations lorsqu'il est praticable (voyez IRRIGATION). Les arrosages se pratiquent depuis le printemps jusqu'aux pluies d'automne : en général les plantes à feuilles molles et velues doivent être arrosées en pluie ; celles dont les feuilles sont roides et lisses, comme les choux, le seront de préférence au pied. L'eau ne sera pas épargnée dans la première période de la germination, surtout s'il s'agit de plantes cultivées pour les tiges et les feuilles ; celles qui sont destinées à produire des fleurs ou des fruits en ont un peu moins besoin. Dans tous les cas, les meilleurs arrosages sont ceux du matin et du soir ; si on les pratiquait pendant la chaleur du jour, il faudrait que l'eau fût en rapport avec la température ambiante. On devra aussi de temps en temps

Fig. 215. — Arroche halime.

arroser la tête des arbustes pour laver les feuilles, et pour cela on aura recours à une petite pompe. Les plantes de serres auront besoin aussi d'être arrosées, pendant l'hiver, avec de l'eau qu'on y aura laissée séjourner, pendant au moins dix ou douze heures.

ARROSOIR (Zoologie), *Aspergillum*. — Genre de *Mollusques acéphales testacés*, famille des *Enfermés* de Cuvier, très-voisin des *Fistulanes* et des *Clavagelles*, (voyez ces mots). Il est caractérisé par une coquille formée d'un tube en cône allongé, fermé, au bout le plus large, par un disque percé d'un grand nombre de petits trous tubuleux, et ayant quelque ressemblance avec une pomme d'arrosoir. L'animal, enfermé dans cette coquille, ne communique avec l'eau que par les tubulures de son disque. L'espèce la plus connue est l'*A. de Java*, Martini, longue de 0ᵐ,18 à 0ᵐ,20.

Arrosoirs (Horticulture). — Tout le monde connaît les arrosoirs dont on se sert dans les jardins. Les plus solides se font en cuivre, quelques personnes se contentent d'arrosoirs en fer-blanc, on en fait même en zinc ; mais ils sont de peu de durée. Pour les arrosages des grandes planches, les jardiniers maraîchers se servent de pommes dont les trous sont assez grands, mais les amateurs d'horticulture délicate emploient de préférence des arrosoirs à petits trous, pour ne pas tasser la terre et coucher les plantes ; du reste ils imitent bien mieux la pluie. Les anciens arrosoirs étaient ronds, cylindriques ou à ventre plus ou moins saillant ; aujourd'hui on se sert de préférence de ceux qui ont les côtés plats et qui, par cette raison, sont plus faciles à transporter. Il y a encore une espèce d'arrosoir, dit *anglais*, muni d'un long tube qui supporte la pomme, et qu'on emploie surtout pour les serres et lorsqu'on veut porter l'eau sur les plates-bandes, à une assez grande distance, au pied même des plantes (voyez Arrosement).

ARROW-ROOT (Économie domestique), mot anglais qui signifie *racine à flèche*, parce que les naturels du pays attribuent à la racine qui produit cette substance, des propriétés pour guérir les blessures faites par les flèches empoisonnées. — On donne ce nom à une fécule que l'on extrait des rhizomes (racine) du *Maranta arundinacea*, et du *M. indica*. Pour l'obtenir, on râpe cette racine en laissant tomber la pulpe dans l'eau pour la laver, on recueille ensuite sur un tamis le dépôt qui s'est fait au fond de l'eau, dans laquelle le lavage a été opéré. La fécule qu'on en retire est moins blanche que celle de la pomme de terre ; mais elle se compose de grains plus fins ; elle est plus douce au toucher et plus compacte ; elle absorbe plus d'eau, est très-propre à préparer des bouillies pour les enfants et les convalescents ; c'est un aliment doux et de facile digestion ; on en fait aussi des mets sucrés, délicats et très-recherchés. L'arrow-root qui nous vient de la Jamaïque est le plus estimé ; mais il est souvent falsifié.

ARS (Anatomie vétérinaire). — On donne ce nom à un sillon peu marqué qui marque [la limite entre le poitrail et le membre antérieur du cheval : ce sillon longe la veine de l'*Ars*, et la peau dans cet endroit présente des plis formés par les mouvements étendus qui ont lieu dans cette partie. On dit qu'un cheval est *frayé aux ars*, lorsque cette partie s'est excoriée par suite de la fatigue et de la poussière, surtout pendant les grandes chaleurs ; le repos, des bains, ou seulement des lavages répétés, guérissent facilement ces petits accidents.

ARSÉNIATES (Chimie). — Sels formés par la combinaison de l'acide arsénique avec une base, et tous vénéneux à des degrés variables. Les arséniates sont généralement fusibles et indécomposables par l'action de la chaleur seule ; mais par l'intervention du charbon ils donnent lieu à un dégagement de vapeurs arsenicales reconnaissables à leur odeur alliacée. Le résidu est formé d'un sous-arséniure quand le métal du sel est réductible, ou d'un simple oxyde quand il ne l'est pas. Les arséniates dont la base est insoluble sont eux-mêmes insolubles dans l'eau ; mais ils peuvent se dissoudre dans les acides forts ou dans une solution bouillante de carbonate de soude qui les transforme en arséniates soluble de soude. Les arséniates solubles se reconnaissent aux caractères suivants : avec le nitrate d'argent ils donnent un précipité rouge brique d'arséniate d'argent ; avec les sels de cobalt, un précipité couleur de pêcher caractéristique ; avec les sels de plomb, de baryte, de chaux, un précipité blanc ; par l'hydrogène sulfuré, un précipité jaune de sulfure d'arsenic qui n'apparaît quelquefois qu'après plusieurs heures.

Le seul arséniate utilisé dans l'industrie est celui de potasse ; on le prépare en grand, en Saxe, en fondant un mélange d'acide arsénieux et de nitre dans des cylindres en fonte ; on l'emploie quelquefois dans l'impression des indiennes en bouillie avec de l'eau gommée et de la terre de pipe pour faire des *réserves*, sur lesquelles les mordants et par conséquent la couleur ne prennent pas. L'arséniate de soude est employé en médecine en dissolution dans l'eau, sous le nom de *solution de Pearson*, contre certains cas de fièvre intermittente rebelle.

On rencontre tout formés dans la nature les *arséniates* de chaux (pharmacolithe ou arsénicite), de cobalt (érythrine), de fer (sidérétine), de plomb (mimétèse), etc.

M. D.

ARSENIC (As = 75), d'*arrhénicon*, nom de l'orpiment ou sulfure d'arsenic chez les Grecs. — Métalloïde d'un gris d'acier quand il est pur, mais se ternissant rapidement à l'air et y devenant noir. Il est cristallin, cassant, volatil sans fondre sous la pression ordinaire, sans saveur ni odeur, combustible et répandant, par le grillage ou quand on le projette sur des charbons ardents, des fumées blanches d'une odeur alliacée caractéristique. On le rencontre dans la nature, à l'état *natif* ou métallique, soit pur, soit allié à l'antimoine, au cobalt, au nickel, au fer, etc. ; quelquefois à l'état d'acide arsénieux, mais surtout à l'état de sulfure jaune (*orpiment*) ou de sulfure rouge (*réalgar*). Il est surtout abondant sous ces diverses formes dans les dépôts métallifères de la Saxe, de la Bohême, de la Hongrie, du Hartz, de la Souabe. L'arsenic métallique a un emploi très-limité. En poudre il constitue la *mort aux mouches ;* il donne avec le cuivre et l'étain un alliage dont on fait les miroirs des télescopes, et entre dans la composition de quelques autres alliages. Mais ses combinaisons chimiques, toutes remarquables par l'énergie de leur action sur les êtres vivants, ont une certaine importance dans les arts et l'industrie. On en introduit dans la composition de certains verres et on les emploie dans la peinture et dans l'impression des indiennes et des papiers peints. Les principales sont les acides *arsénieux* et *arséniques* et leurs sels, les sulfures jaune et rouge, *orpiment* et *réalgar.*

Au point de vue purement chimique, il se fait remarquer par des analogies très-grandes avec le phosphore qu'il peut remplacer dans un grand nombre de composés sans en altérer ni les formes ni les propriétés.

L'arsenic était inconnu des anciens, qui donnaient ce nom à l'orpiment. Il paraît avoir été un des premiers qui, mais Brandt est le premier qui, en 1733, l'ait bien étudié. Dans le commerce on appelle souvent arsenic, l'acide arsénieux.

M. D.

ARSENIC (Préparations d') (Matière médicale). — Les personnes, étrangères à l'art de guérir, comprendront difficilement qu'un agent aussi redoutable que l'arsenic ait pu être employé en médecine. Rien n'est plus vrai, pourtant, et entre des mains habiles, il a rendu de très-grands services, tant à l'intérieur qu'à l'extérieur. C'est surtout en Allemagne, en Angleterre et bien plus tard en France, que ce médicament a été employé ; on a dit que dans quelques contrées de la basse Autriche et de la Styrie, les paysans avaient l'habitude de manger de l'arsenic pour entretenir la fraîcheur de leur teint et se donner de l'embonpoint. M. le professeur Trousseau, sans nier le fait, ne l'affirme pourtant pas ; voici comment il s'exprime : « Mais les données, *sinon les plus positives*, au moins les plus curieuses que la science possède, sont assurément celles qui ont été recueillies sur les mangeurs d'arsenic qu'on rencontre dans différentes parties de l'Allemagne. » Toujours est-il que, dans les fièvres intermittentes, il a procuré de grands succès à plusieurs médecins, entre autres à M. le docteur Boudin, en France et surtout en Algérie : au moyen de doses fractionnées d'acide arsénieux, il a pu guérir un grand nombre de fièvres intermittentes rebelles au quinquina (voyez *Trait. des fièvres intermitt. des contrées paludéennes*, suivi de *Recherches sur l'emploi des préparations arsénicales*, par le docteur Boudin. Paris, 1842). On l'a aussi administré avec succès contre les névralgies à type périodique, contre l'épilepsie, l'asthme, différentes espèces de dyspepsies ; il a été vanté aussi contre les maladies de la peau, et contre les vers. Les préparations employées de préférence à l'intérieur sont : 1° l'*Acide arsénieux, oxyde blanc d'arsenic*, vulgairement *arsenic*, qui entre dans la composition de la *liqueur de Fowler ;* de la *poudre de frère Cosme* ou de *Rousselot*, etc. ; 2° les *Arséniates d'ammoniaque*, de *fer*, de *potasse*, de *soude ;* ce dernier entre dans la composition de la *liqueur de Pearson ;* 3° les *Cigarettes arsenicales* du professeur Trousseau contre l'asthme (voyez son *Traité de thérapeutique*, 5ᵉ édit., t. Iᵉʳ, p. 319, etc.). A l'extérieur, les propriétés escharotiques de l'arsenic ont été utilisées de la manière la plus avantageuse, pour détruire des tumeurs de mauvaise nature, et surtout les cancers superficiels de la peau, les dartres rongeantes, etc. Dans ces différents cas, on a employé les poudres arsenicales de frère Cosme, de Rousselot, de Dubois, de Dupuytren ; la pâte arsenicale de frère Cosme, etc. Toutes les fois qu'on a recours aux préparations arsenicales, on doit agir avec la plus grande réserve, et le médecin seul doit être appelé à manier ce précieux, mais dangereux agent thérapeutique. Depuis une vingtaine d'années, on a découvert l'arsenic dans un grand nombre d'eaux minérales, d'abord de l'Algérie, puis de la France ; l'expérience pratique n'a pas encore prononcé son jugement sur un fait dont tout le monde comprendra l'importance au point de vue de la thérapeutique ; les eaux minérales qui contiennent de l'arsenic en proportions notables sont : 1° la Bourboule, (Puy-de-Dôme), 0gr,008 par litre ; 2° Bussang, 0gr,0036 ; 3° Vichy (source de l'Hôpital), 0gr,001 ; 4° Mont-Dor, 0gr,001 d'arséniate de soude ; et des traces dans un grand nombre d'autres sources, telles que Luxeuil, Plombières, Cusset, Bourbonne, Forges, Royat, etc. ; en Allemagne, Wiesbaden, Spa, Pyrmont, Kissingen, etc. L'arsenic a trop souvent été employé dans un but criminel, pour ne pas en dire ici quelques mots ; en effet, plus des neuf dixièmes des empoisonnements ont lieu avec l'arsenic du commerce (*acide arsénieux*) voyez pour les symptômes POISONS IRRITANTS) ; la première chose, dans ce cas, c'est de faire vomir le malade avec l'émétique, « puis de le gorger de peroxyde de fer hydraté en gelée, c'est-à-dire 1 ou 2 kilogrammes ; si on n'en a pas sous la main, on aura recours au safran de mars apéritif (*carbonate de fer*) encore à plus haute dose » (Bouchardat) ; quelle que soit la rapidité des secours, il est impossible qu'une partie du poison ne soit pas absorbée ; il se déclare alors des symptômes généraux : s'il y a fièvre, chaleur intense, ce qui est rare, on a recours à la saignée ; si au contraire il y a refroidissement, abattement, syncope, etc., on emploie les stimulants, le café, le punch, etc. (voyez POISON).

ARSÉNICITE (Minéralogie). — Nom donné aux *arséniates de chaux* naturels ; ils présentent de très-petits cristaux, ou des houppes blanches cristallines, le plus souvent accompagnées et même colorées par l'arséniate rose de cobalt. On lui a aussi donné le nom de *pharmacolithe* (poison-pierre).

ARSÉNIÉ (HYDROGÈNE) (Chimie). ARSÉNIURE D'HYDROGÈNE (AsH³). — Composé gazeux, formé par l'union de 1 proportion d'arsenic et 3 proportions d'hydrogène d'une densité égale à 2,695. Il est incolore, d'une odeur repoussante et très-vénéneux. Le chimiste Gehlen périt en 1815 pour avoir flairé un vase qui en renfermait. Il brûle avec une flamme blafarde, se décompose sous l'influence de la chaleur en hydrogène et en arsenic, abandonne à la lumière une partie de son hydrogène, et se convertit en une matière noire connue sous le nom d'*hydrure d'arsenic*. Le chlore, l'iode, le soufre, l'acide nitrique et l'acide sulfurique le décomposent également. On l'obtient à peu près pur et sans mélange d'hydrogène en traitant par l'acide chlorhydrique, l'arséniure d'étain préparé lui-même en fondant dans un creuset 3 parties d'étain et 1 partie d'arsenic. La propriété de l'hydrogène arsénié de se décomposer par la chaleur, sert de base au célèbre *appareil de Marsh* (voyez MARSH).

ARSÉNIEUX (ACIDE), ARSENIC BLANC, MORT AUX RATS (AsO³). — Combinaison d'une proportion (75) d'arsenic avec 3 proportions (24) d'oxygène. On l'obtient ordinairement comme produit accessoire du grillage des minerais de cobalt et d'étain, à Altenberg (Saxe). Quelquefois cependant, comme à Reichenstein (Silésie), on le prépare comme produit principal par le grillage du *mispickel* (fer arsenical). Ces deux localités livrent annuellement au commerce environ 150 000 kil. d'arsenic blanc, sous forme de masses compactes, vitreuses, transparentes, d'une densité 3,73, à cassure conchoïde, presque incolores, offrant seulement une légère teinte jaunâtre ; mais par le temps sa surface devient blanche, et de proche en proche la masse prend un aspect porcelanique jusque dans les parties centrales. Ces deux états moléculaires différents, n'entraînant aucun changement dans la composition chimique de la substance ; on peut les reproduire à volonté. L'arsenic vitreux est amorphe ; l'arsenic opaque est dû à la formation spontanée dans la masse d'un nombre infini de cristaux microscopiques, dont les facettes interceptent la lumière en la réfléchissant à la manière de la neige. Chacun de ces petits cristaux reste lui-même transparent. Sa densité n'est plus alors que 3,69.

L'acide arsénieux est dimorphe. Il cristallise par la voie sèche, en tétraèdres, et en octaèdres par la voie humide. Il est peu soluble ; il ne se dissout que dans 100 fois son poids d'eau froide, mais l'eau bouillante en prend 1/8. Il se dissout encore mieux dans de l'eau acidulée, par l'acide chlorhydrique.

L'acide arsénieux répand une odeur alliacée caractéristique, quand on le projette sur des charbons rouges ; mais sur une pierre chauffée au rouge, il se vaporise sans odeur. En répétant cette double expérience avec de l'arsenic métallique, l'odeur d'ail se manifeste dans les deux cas. Il n'y a point d'odeur, au contraire, quand on le vaporise dans un ballon plein d'azote. Il semblerait donc que cette odeur n'appartiendrait ni à l'arsenic ni à l'acide arsénieux, qu'elle serait un simple effet de l'oxy-

dation de la vapeur d'arsenic au contact de l'air.

L'acide arsénieux est très-employé dans les arts, dans les manufactures de toiles ou papiers peints, dans la fabrication du verre, de l'orpiment artificiel, du vert de Schéele, etc. La dissolution d'acide arsénieux est employée dans les essais des chlorures décolorants (voyez CHLORURE DE CHAUX). M. D.

ARSÉNIQUE (ACIDE), AsO⁵. — Combinaison d'oxygène et d'arsenic renfermant 2 proportions d'oxygène de plus que l'acide arsénieux. On l'obtient en traitant l'acide arsénieux par un mélange bouillant d'acide chlorhydrique et d'acide nitrique (eau régale). Anhydre, il est blanc et amorphe, et se dissout lentement dans l'eau ; hydraté, il est en gros cristaux, et immédiatement soluble. Dans les deux cas, la chaleur le décompose en acide arsénieux et oxygène.

L'acide arsénique est plus soluble, et cependant moins vénéneux que l'acide arsénieux ; il semble même qu'il n'acquière ses propriétés toxiques qu'à la condition de se transformer en acide arsénieux dans nos organes. L'acide arsénique a été découvert par Schéele en 1775. Il se rencontre dans la nature en combinaison avec plusieurs bases (voyez ARSÉNIATES).

ARSÉNITES. — Sels formés par la combinaison de l'acide arsénieux avec les bases. Ils se reconnaissent quand ils sont solubles au précipité d'un beau vert qu'ils forment avec le sulfate de cuivre, et au précipité jaune clair qu'ils forment avec l'azotate d'argent. Traités par un excès d'acide chlorhydrique, puis par l'acide sulfhydrique, ils forment presque instantanément un précipité d'un beau jaune d'orpiment (AsS³) soluble dans l'ammoniaque. La présence de l'arsenic peut être constatée dans tous les *arsénites* en les chauffant avec du charbon, ce qui donne lieu à l'apparition des vapeurs arsenicales et de leur odeur caractéristique, ou au moyen de l'*appareil de Marsh*.

L'*A. de cuivre* entre dans la composition du *vert de Schweinfurt* et forme le *vert de Schéele*, employés en peinture et dans l'impression des papiers peints. L'*A. de potasse* est un liquide visqueux, incristallisable, âcre et très-vénéneux ; il forme la base de la *liqueur de Fowler*, employée en médecine.

ARSÉNIURES. — Combinaison de l'arsenic avec un métal. Il en existe plusieurs, soit simples, soit complexes, dans la nature. Les arséniures simples principaux sont : l'arséniure de cobalt (smaltine ou cobalt arsenical), et l'arséniure de nickel (nickeline ou nickel arsénical).

ARTABÉ. — Mesure de capacité des Perses, évaluée à 51l,78. — Les Égyptiens avaient une mesure portant le même nom, mais qui ne valait que 25 litres.

ARTÉMISIÉES (Botanique). — Tribu de plantes de la famille des *Composées*, et ayant pour type le genre *Armoise* (*Artemisia*). Elle a beaucoup d'affinité avec les sections des Hélianthées et des Ambrosiées. Caractères : capitules en forme de disque, composés de fleurs d'un seul sexe ou des deux à la fois ; fruits dépourvus d'aigrettes. — Genres principaux : *Armoise*, genre type ; *Tanaisie*, etc.

ARTÈRE (Anatomie). — On fait dériver ce mot du grec *aér*, air, et *térein*, conserver, parce que les anciens pensaient, dit-on, que les artères contenaient de l'air. Quelques-uns d'entre eux les ont confondues avec les veines. Erasistrate paraît être le premier qui se soit servi de ce nom. Quoi qu'il en soit, les artères sont des vaisseaux qui naissent des ventricules du cœur, et qui portent le sang, soit aux poumons, soit à toutes les parties du corps : ce qui constitue deux systèmes d'artères ; l'une sort du ventricule droit, et porte aux poumons du sang *noir* qui a besoin d'être vivifié par l'oxygène de l'air, c'est l'*artère pulmonaire* ; l'autre tire son origine du ventricule gauche, et va distribuer dans tous les organes le sang *rouge* ou *sang artériel*, c'est l'*artère aorte*, la *grande artère* et ses nombreuses divisions. Les artères se présentent sous la forme de canaux cylindriques, d'une couleur jaune grisâtre, qui devient plus rouge dans les petites artères ; comme leurs parois ont plus d'épaisseur que les autres vaisseaux, leur calibre ne s'efface pas après la mort. Dans leur trajet, les artères subissent un grand nombre de divisions, et se terminent enfin en aboutissant au système capillaire, où elles se continuent avec les veines. C'est pendant ce trajet que les différentes divisions de l'arbre artériel communiquent entre elles par des branches qui tantôt se détachent de troncs différents et éloignés, tantôt unissent l'un à l'autre deux rameaux d'un même tronc ; c'est ce qu'on appelle *anastomose* (voyez ce mot). Les artères principales ont, en général, une direction rectiligne ; un grand nombre de ces vaisseaux présentent des flexuosités plus ou moins prononcées. Un des caractères distinctifs des artères, c'est le battement qui constitue le *pouls* (voyez ce mot) ; il est déterminé par l'impulsion que le cœur imprime au sang, et par l'élasticité des parois artérielles : lorsqu'une artère est ouverte par une simple piqûre, le sang s'en échappe en arcade, et le jet saccadé est en rapport exact avec les mouvements du pouls.

Trois tuniques superposées constituent les parois des artères : 1° la *tunique externe*, généralement nommée *celluleuse*, se continuant en quelque sorte avec le tissu cellulaire ambiant ; elle est formée par un tissu filamenteux, aréolaire, et M. Cruveilhier pense qu'on doit lui rapporter tous les phénomènes de contractilité attribués généralement à la membrane moyenne ; 2° la *tunique moyenne, tunique propre, tunique élastique, tunique artérielle;* c'est à elle surtout que les artères doivent leurs propriétés caractéristiques : elle est composée de fibres circulaires, élastiques, jaunes, non musculeuses ; elle est extensible, fragile, se coupe sous la ligature ; 3° la *tunique interne* est une pellicule transparente, mince, ténue ; c'est celle que Bichat a nommée *tunique commune du système vasculaire à sang rouge;* elle se continue avec l'endocarde (voyez ce mot) ou membrane interne du cœur ; dépourvue de vaisseaux, elle est lubréfiée par de la sérosité. Quelques auteurs l'ont appelée *séreuse des artères:* Haller et Morgagni lui ont donné le nom de *membrane nerveuse.* Les parois artérielles reçoivent des artères et des veines, peut-être des nerfs (voyez CIRCULATION). F — N.

ARTÈRE (TRACHÉE) (Anatomie). — Voyez TRACHÉE-ARTÈRE.

ARTÉRIEL (Anatomie), qui appartient aux artères. — *Canal artériel;* dans le fœtus, l'artère pulmonaire, après avoir donné deux petites branches aux poumons, se termine par un tronc nommé *canal artériel,* d'un calibre égal au sien, suivant la même direction, et qui va se joindre à l'aorte près de sa crosse ; lors de la naissance, il s'oblitère et se convertit en un cordon fibreux qu'on a aussi nommé *ligament artériel* et qui s'étend de la crosse aortique à l'artère pulmonaire.

ARTÉRIOTOMIE (Chirurgie), du grec *artéria,* artère, et *tomé,* coupure. — C'est la saignée pratiquée sur les artères, pour en tirer du sang artériel ; cette saignée, à peu près abandonnée aujourd'hui, ne se pratique guère que sur les artères temporales superficielles et auriculaires postérieures, parce que leur position superficielle permet de les atteindre facilement, et que les os du crâne sur lesquels elles rampent offrent un point d'appui sûr et facile pour exercer la compression lorsqu'on veut arrêter l'écoulement du sang.

ARTÉRITE (Médecine), du grec *artéria,* artère, avec la terminaison *ite.* — Inflammation des artères. Cette maladie dont la nature, la cause et les symptômes sont encore peu connus, est ordinairement bornée à la membrane externe ou tunique celluleuse, et peut dépendre d'une lésion externe ou du voisinage d'une partie enflammée. Quand il existe, dans une région traversée par une artère, une augmentation dans les battements, de la chaleur, qu'il y a un malaise indéfinissable, on peut soupçonner qu'il y a *artérite.*

ARTÉSIEN (PUITS). — Voyez SOURCES.

ARTHRITE (Médecine), du grec *arthron,* articulation, et de la terminaison *ite,* qui indique une inflammation. — Ce mot veut dire *inflammation d'une articulation;* cette inflammation peut dépendre d'une cause externe ou traumatique, ou d'une cause interne et constituer le rhumatisme articulaire et la goutte ; nous ne parlerons ici que de la première espèce, l'autre ayant reçu des noms spéciaux et offrant des caractères tout différents (voyez GOUTTE, RHUMATISME). L'*Arthrite par cause externe* ou *traumatique* est la phlegmasie des tissus fibreux et séreux de l'articulation déterminée par une blessure, un écartement violent, une chute, des coups, etc. Elle se manifeste par du gonflement, de la douleur, de la chaleur, la difficulté ou l'impossibilité d'exécuter les mouvements de cette articulation ; ce qui la distingue en général du rhumatisme articulaire, c'est qu'elle ne quitte pas l'articulation sur laquelle la cause a agi, elle est fixe, et parcourt ses périodes sur le même point. Le traitement consiste dans l'emploi du repos, des antiphlogistiques (sangsues, bains, cataplasmes émollients), d'une manière d'autant plus énergique que l'articulation est plus étendue, et que la violence extérieure a agi plus fortement ; lorsque les symptômes inflammatoires diminuent, lorsque la douleur, la chaleur ont

presque disparu, on a recours aux résolutifs. F — N.

ARTHROCACE (Médecine), du grec *arthron,* articulation, et *cacos,* mauvais. — On a donné ce nom à un grand nombre d'affections diverses, telles que carie, ostéosarcome, ulcère fongueux, ayant leur siége au voisinage des articulations ou sur les surfaces articulaires elles-mêmes. On l'a donné aussi à l'ostéite articulaire (voyez OSTÉITE) et à l'inflammation des surfaces articulaires.

ARTHRODIE (Anatomie), *arthrôdia* en grec ; genre d'articulation où les os sont peu emboîtés. — On appelle ainsi les articulations dans lesquelles les surfaces articulaires sont planes, en presque planes : ainsi les articulations des os du carpe, des apophyses articulaires des vertèbres ; elles sont maintenues par des fibres ligamenteuses irrégulièrement placées autour de l'articulation : leurs mouvements s'opèrent par glissement (voyez ARTICULATION).

ARTHRODIE (Zoologie, Botanique), du grec *arthrôdia,* articulation. — Ce sont des productions qui se présentent sous la forme de taches vertes flottant sur les eaux douces de la Sicile, et que M. Rafinesque considère comme un végétal, dont il avait fait un genre appartenant à la famille des *Arthrodiées.* Bory de Saint-Vincent les regarde comme des êtres intermédiaires entre les animaux et les végétaux, et en forme un groupe à part et tout à fait distinct (voyez ARTHRODIÉES).

ARTHRODIÉES (Botanique), du grec *arthron,* articulation. — Groupe très-considérable de végétaux *Cryptogames* dans la classe des *Algues,* établi par Bory de Saint-Vincent. Caractères : filaments généralement simples, formés de deux tubes dont l'un extérieur, transparent, contenant un filament intérieur articulé, rempli de la matière colorante. Cette famille se divise en quatre tribus : les *Frayillaires,* les *Oscillaires,* les *Conjuguées* et les *Zoocarpées.* On pense qu'elle réunit quelques infusoires et qu'elle pourrait bien entrer pour cette raison dans le règne intermédiaire des végétaux et des animaux, proposé et nommé *Règne psychodiaire* par Bory de Saint-Vincent. Il arrive en effet un point, dans l'étude des êtres, où l'on ne peut pas encore établir de limites bien prononcées entre les végétaux et les animaux.

ARTHRODYNIE (Médecine), du grec *arthron,* articulation et *oduné,* douleur. — On donne ce nom à des douleurs vagues, indéterminées, sans chaleur ni gonflement, dans une ou plusieurs articulations ; on peut tout au plus les rapporter ou au rhumatisme chronique ou à quelque névralgie.

ARTHROSPORÉES (Botanique), du grec *arthron,* articulation, et *spora,* semence. — Groupe de *Champignons* composés de filaments articulés dont chaque article peut se séparer et reproduire une nouvelle plante. Ces articles sont autant de spores. Les champignons ainsi organisés ont donc les organes de reproduction et de végétation confondus entre eux. Les principaux genres sont : *Penicillum, Aspergillus, Oïdium,* etc.

ARTHROSTEMME (Botanique), *Arthrostemma,* Pavon., du grec *arthroô,* j'ajuste, et *stemma,* couronne. L'ovaire de ce genre est muni de poils formant une couronne à son sommet ? (Étymologie douteuse). — Genre de plantes de la famille des *Mélastomacées,* tribu des *Mélastomées,* selon M. Brongniart, ou des *Osbeckiées,* suivant de Candolle. Il comprend des herbes ou des arbrisseaux habitant l'Amérique tropicale. L'*Arthrostemma à diverses couleurs* (*A. versicolor* DC.), est un élégant sous-arbrisseau au feuillage teinté de plusieurs couleurs et aux fleurs solitaires, terminales, colorées de rose et s'épanouissant en septembre. L'*A. luisante* (*A. nitida,* Grah.) a les fleurs d'un beau lilas pâle. Ces deux espèces sont de serre chaude. L'une vient du Brésil et l'autre de Buenos-Ayres. Caractères du genre : calice campanulé, persistant, à 4 lobes ; 4 pétales ; 8 étamines ; capsule à 4 loges polyspermes.   G — S.

ARTICHAUT (Botanique, Horticulture), *cinara,* nom grec de l'artichaut. — Genre de la famille des *Composées,* tribu des *Cinarées* (voyez ces mots), dont une espèce, le *Cinara scolymus* de Linné, est notre artichaut commun ; une autre espèce est l'artichaut cardon (*C. cardunculus,* Lin.) (voyez CARDON). L'artichaut commun est une plante potagère vivace qui vient suivant les uns de l'Éthiopie d'où elle s'est répandue en Égypte et chez les Hébreux, suivant d'autres de la Sicile, de la Toscane, etc. Quoi qu'il en soit, sa racine grosse, fibreuse, ferme, pourvue d'un long chevelu clair-semé, laisse échapper de son collet des feuilles longues, lancéolées, du milieu desquelles s'élève une tige droite, rameuse, surmontée d'un grand involucre évasé, formé d'écailles

charnues à leur base et terminées en pointe ; leur agglomération constitue une espèce de pomme, garnie à son
intérieur d'une masse d'aspect sétacé qu'on appelle vulgairement le *foin ;* ce foin est constitué par les fleurs
petites, serrées les unes contre les autres ; on y observe :
corolle quinquéfide, filets papilleux, style renflé en nœud
au sommet, stigmate cohérent, fleur d'un bleu violet. La
culture de l'artichaut exige une terre profonde, fraîche et

Fig. 216. — Artichaut montrant sa tête, ou inflorescence, non encore
épanouie.

fertile ; en raison de ses racines grosses et longues, elle
demande des arrosages et des binages fréquents ; à la
veille des gelées, on aura soin, après avoir coupé les plus
grandes feuilles à 0m,30 de terre, de ramasser et d'amon-
celer la terre autour de ces plantes, c'est ce qu'on appelle
butter : en général les hivers rigoureux leur sont très-
préjudiciables et en détruisent un grand nombre de pieds.
On les multiplie par *œilletons ;* ce sont des rejetons
qu'on enlève au printemps autour des gros pieds, et
qu'on replante dans de bonne terre, profondément labourée, bien fumée et bien ameublie. Un plan d'artichaut
ne donne guère que pendant quatre ans ; on en fait quelquefois des semis, mais rarement. Les principales variétés
sont : le *gros vert de Laon,* le meilleur de tous, le plus
estimé à Paris ; le *gros camus de Bretagne ;* l'*A. de
Provence,* hâtif, mais très-sensible à la gelée ; le *violet,*
hâtif, peu gros, bon à la poivrade, etc. On a essayé en
médecine l'emploi des feuilles d'artichaut comme toniques
et fébrifuges ; ces expériences étaient basées sur l'existence dans cette plante d'un principe amer ; elles auraient peut-être besoin d'être reprises.   F— N.
On sert sur nos tables le capitule de l'artichaut, avant
la floraison ; on y distingue : le *fond* ou *portefeuille,* qui
est le réceptacle charnu portant les fleurs ; les *feuilles*
ou bractées, à base charnue, de l'involucre ; le *foin* ou la
masse des fleurs non épanouies, mêlées à des poils.
ARTICLE (Zoologie). On nomme ainsi dans les insectes le mode de réunion des différentes parties qui les
composent ; le corps est divisé en un nombre d'articles très-variable, les myriapodes par exemple en offrent
le plus grand nombre. Dans la plupart des autres ordres
on distingue la tête, le corselet, le thorax, l'abdomen, qui
ont un nombre d'articles déterminé : les antennes, les
palpes, les tarses, sont aussi formés par des articles dont
le nombre et la disposition ont été utilisés pour la classification de ces animaux.
ARTICLE (Botanique). — On a appelé ainsi une série de
pièces placées à la suite les unes des autres et articulées
entre elles ; ainsi les Prêles, certaines Algues offrent un
article entre chaque nœud ; dans les Papilionacées, certains fruits sont formés de parties séparées par un étranglement, au niveau de la jonction : on dit alors qu'ils
sont *constitués de plusieurs articles.*

ARTICULAIRE (Anatomie), qui a rapport aux articulations. — *Capsules articulaires* (voyez CAPSULES).
— *Ligaments articulaires* (voyez LIGAMENTS), etc.
ARTICULATION (Anatomie), en latin *articulus,* en
grec *arthron.* — Mode d'union et de connexion des os
entre eux, quel que soit leur degré de mobilité l'un sur
sur l'autre ; on leur a encore donné le nom de *jointures,*
et on a appelé *arthrologie* ou *syndesmologie* l'étude des
articulations. On doit considérer dans cette étude plusieurs choses importantes, savoir : les *surfaces articulaires,* c'est-à-dire celles par lesquelles les os se touchent ;
les *ligaments* ou moyens d'union ; les *membranes* ou
capsules synoviales, qui favorisent le glissement des
surfaces ; enfin les *mouvements* dont jouit l'articulation. On a généralement distingué les articulations en
1° *A. mobiles* ou *diarthroses* (*dia,* préposition qui indique
le mouvement, et *arthron*) *immobiles* ou *synarthroses*
(*sun,* préposition qui indique l'union). A ces deux divisions, Winslow en a ajouté une troisième sous le nom
d'*A. mixtes* ou *amphiarthroses* (*amphi,* des deux, c'est-
à-dire qui participent des deux autres genres). Les
diarthroses ont été divisées par M. Cruveilhier en :
1° *énarthroses,* lorsqu'une tête est reçue dans une cavité : *A. coxo-fémorale ;* 2° *A. par emboîtements réciproques :* ainsi l'*A. du trapèze avec le premier métacarpien ;*
3° *A. condyliennes,* condyle reçu dans une cavité elliptique : l'*A. temporo-maxillaire ;* 4° *A. trochléennes* ou
ginglymes, engrènement réciproque des surfaces articulaires : *A. tibio-fémorale, A. cubito-humérale ;* 5° *A.
trochoïde,* axe reçu dans un anneau : *A. radio-cubitale,
A. de l'atlas ave l'axis ;* 6° *arthrodies,* surfaces articulaires planes ou presque planes : *A. des os du carpe.* Les
synarthroses sont des articulations par surfaces articulaires armées de dents qui s'engrènent réciproquement ;
on leur a donné aussi le nom de *sutures ;* ainsi les *articulations des os du crâne.* Les sutures sont *écailleuses,
dentées* ou *harmoniques,* suivant que les surfaces articulaires sont en écailles, disposées en dents, ou simplement
rugueuses. La *schindélèse,* ou articulation d'une lame
osseuse reçue dans une rainure, n'est pas admise par
Cruveilhier, non plus que la *gomphose,* qui n'est pas une
articulation, mais une implantation des dents dans les
alvéoles. Dans les *amphiarthroses,* les surfaces articulaires planes ou presque planes sont en outre contiguës et
en partie continues à l'aide d'un tissu fibreux : ainsi les
articulations du corps des vertèbres. Ce genre d'articulation a reçu le nom de *symphyse* dans certaines parties : ainsi on dit la *symphyse du pubis,* la *symphyse
sacro-iliaque.*

ARTICULATION ACCIDENTELLE, ARTICULATION CONTRE NA-
TURE, FAUSSE ARTICULATION, PSEUDARTHROSE (Chirurgie). —
On donne ces différents noms à une articulation anormale
qui s'établit soit entre les fragments d'une fracture non
consolidée, soit entre la partie articulaire d'un os luxé, et
la partie non articulaire de l'os voisin ou même les parties molles. De là naturellement deux espèces d'articulations accidentelles ; dans le premier cas, elle est dite *surnuméraire ;* elle reconnaît pour cause l'indocilité des
malades, des pansements trop multipliés qui dérangent
la situation respective des parties, l'âge avancé, quelques
maladies du système osseux, etc. Il arrive alors que tantôt les fragments ne tiennent l'un à l'autre que par des
liens fibreux, qui finissent par se convertir en fibro-cartilages et permettre aux pièces osseuses de jouer l'une sur
l'autre ; d'autres fois leurs extrémités s'arrondissent,
s'encroûtent de cartilages, ou bien l'un des fragments se
creuse d'une cavité articulaire qui reçoit l'extrémité de
l'autre fragment. Lorsque la maladie n'est pas très-ancienne, on tâche d'enflammer les extrémités des fragments, soit par le frottement, soit par un séton ; lorsqu'elle est ancienne, on a proposé la résection des
extrémités osseuses qu'on rapproche ensuite l'*une* de
l'autre, comme on le fait dans une fracture (voyez RÉSEC-
TION, FRACTURE). La seconde espèce d'*articulation accidentelle* s'appelle *surnuméraire ;* ici l'os luxé se creuse
une nouvelle cavité dont le fond repose ordinairement
sur une partie osseuse ; il se forme tout autour, aux dépens des parties molles, un bourrelet, d'abord fibreux,
fibro-cartilagineux, enfin osseux ; la cause de cet accident
est une luxation non réduite, et on conçoit qu'arrivée à
cet état, la maladie est incurable, et on ne concevrait la
possibilité de réduire la luxation que si le travail de la
nouvelle articulation ne faisait que commencer, c'est-à-
dire dans les premières semaines, ou à la rigueur dans
les premiers mois (voyez LUXATION).
ARTICULATIONS (MALADIES DES). — Les articulations

peuvent être le siége d'un grand nombre de maladies ; il en sera traité aux mots suivants auxquels nous renvoyons, ANKYLOSE, DIASTASE, ENTORSE, LUXATION, PLAIE, RHUMATISME, GOUTTE, HYDARTHROSE, TUMEUR BLANCHE, etc.
F—N.

ARTICULÉS (ANIMAUX) (Zoologie). — Ce nom avait été donné par Cuvier à sa troisième grande division du *Règne animal*, nommée aussi *Embranchement des Articulés* ; les Annélides s'y trouvaient naturellement compris, parce qu'ils offrent les caractères primordiaux de ce groupe et surtout la disposition du système nerveux. Cependant comme ils manquent du caractère qui a fait donner ce nom, c'est-à-dire qu'ils sont dépourvus de pieds articulés, les zoologistes modernes ont remplacé le mot *Articulés* par celui d'*Annelés*, c'est-à-dire offrant une série d'anneaux plus ou moins distincts, plus ou moins complets, existant chez tous les animaux de cet embranchement : puis ils ont divisé ce grand groupe en deux sous-embranchements, qu'ils ont nommés : 1° les *Articulés* ; 2° les *Vers*, qui comprennent les Annélides.

ARTICULÉS (Le sous-embranchement des) proprement dits, ou des *Arthropodaires* (de *arthron*, articulation, et du génitif *podos*, pied) renferme des animaux qui offrent les caractères suivants : Pieds articulés au nombre de six au moins ; chaque article est tubuleux et contient dans son intérieur les muscles de l'article suivant (*fig.* 217 et 218) ; le premier constitue la *hanche*, le second la *cuisse*, le

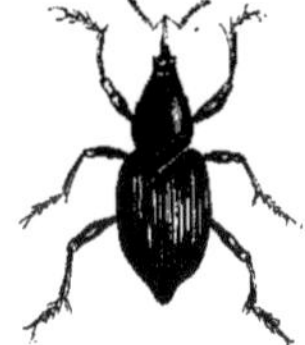

Fig. 217. — Articulé (insecte). —
Le charançon du blé.

Fig. 218. — Articulé (crustacé). —
Cloporte (Armadillo pustulata).

troisième la *jambe*, et les suivants réunis forment le *tarse* ; ils ont en général des yeux tantôt simples ou lisses, sous la forme d'une très-petite lentille ; tantôt composés ou à facettes, dont la surface est divisée en une infinité de lentilles différentes nommées *facettes* : un assez grand nombre d'animaux de ce groupe, les insectes surtout, ont des *antennes*, filaments articulés, dont il a été parlé au mot ANTENNES, qui tiennent à la tête et paraissent consacrés à un toucher délicat, et peut-être à quelque autre genre de sensation. Leur bouche, en apparence très-différente, offre cependant une grande analogie dans les divers groupes, comme l'a démontré Savigny, dans ses savants *Mémoires sur les animaux sans vertèbres*, qu'il faut consulter si l'on veut avoir une idée juste des nombreuses modifications que présente cette partie importante de l'organisation des Articulés. Leur peau est en général encroûtée d'une matière calcaire ou cornée tenant à une excrétion qui s'interpose entre le derme et l'épiderme, et dont l'analogue dans l'homme porte le nom de *tissu muqueux ;* c'est aussi dans ce tissu que sont déposées les couleurs souvent brillantes et si variées qui les décorent. (*Règne animal* de Cuvier, 1829, t. IV, p. 1re.)

Le sous-embranchement des Articulés est divisé par M. Milne-Edwards en quatre classes : 1° les *Insectes* ; 2° les *Myriapodes* ; 3° les *Arachnides* ; 4° les *Crustacés*, dans ces derniers sont compris maintenant les *Cirrhipèdes* ou *Cirrhopodes*, détachés des Mollusques depuis les travaux de M. le docteur Martin Saint-Ange.

ARTIFICE (FEUX D') (Arts chimiques). — Les feux d'artifice sont essentiellement formés avec les éléments de la poudre, nitre, soufre et charbon, que l'on mêle avec diverses substances destinées à donner plus d'éclat à la combustion et à colorer la lumière produite. On peut se servir pour leur préparation de poudre de guerre, soit en grains à moitié écrasés, soit réduite en poussière très-fine. La poudre de chasse n'est pas employée, seulement parce qu'elle est d'un prix trop élevé.

Le nombre des pièces d'artifice diverses employées dans les feux est très-considérable ; nous ne citerons que les plus communes en indiquant leur composition. Presque toutes sont formées d'une enveloppe extérieure ou *cartouche* en papier ou en carton, que l'on peut faire

soi-même en enroulant une feuille de fort papier enduit de colle sur un moule cylindrique en bois, puis en étranglant l'une des extrémités du cylindre qu'on lie avec une ficelle. On étrangle ordinairement aussi l'extrémité supérieure des cartouches, afin de donner plus de rapidité au jet de feu qui s'en échappe pendant la combustion ; on ne lui laisse toute son ouverture que lorsqu'on veut obtenir un feu lent et sans bruit. La charge est la plupart du temps fortement tassée dans la cartouche pour donner au feu plus de durée.

Fusée commune. — Poudre pulvérisée 16 parties, charbon 3 parties. Quand elles sont un peu grosses, on remplace le charbon par 4 parties de limaille de fer, de fonte ou d'acier, qui donne au feu plus d'éclat en brûlant à l'air.

Feu chinois. — Brûlant avec un bouquet d'étincelles couleur jasmin. Poudre à canon 16 parties, nitre 8 parties, charbon 3 parties, soufre 3 parties, tournure de fonte fine 10 parties.

Lances. — Longues fusées d'un petit diamètre faites avec des cartouches de papier chargées à la main sans aucun moule. Leur extrémité ouverte n'est pas étranglée et porte seulement une mèche. La composition de la charge est très-variable. D'après M. Ruggieri, pour les *feux blancs*, prenez : nitre 16, soufre 8, poudre à canon 4. Pour les *feux blanc bleuâtre*, prenez : nitre 16, soufre 8, antimoine 4. Pour les *feux bleus*, nitre 16, antimoine 8. Pour les *feux jaunes*, nitre 16, poudre à canon 16, soufre 8, succin 8 ; ou mieux nitre 16, poudre à canon 16, soufre 4, colophane 3, succin 4. Pour les *feux verdâtres*, nitre 16, soufre 6, antimoine 6, vert-de-gris 6. Pour les *feux œillet*, nitre 16, poudre à canon 3, noir de fumée 1.

L'emploi du chlorate de potasse au lieu de nitre produit des couleurs beaucoup plus belles. La base de la préparation, d'après M. Meyer, est alors un mélange de 80 parties de chlorate de potasse et de 20 parties de soufre (mélange n° 1), auquel on ajoute, pour produire une couleur

Rouge, 30 parties carbonate de strontiane en poudre.
Rose foncé, 40 parties craie (carbonate de chaux).
Rose clair, 30 parties spath-fluor (chaux fluatée, fluorure de calcium).
Jaune, 50 parties carbonate de soude fondu.
Bleu foncé, 30 parties sulfate ammoniacal de cuivre et 30 parties sulfate de potasse.
Bleu clair, 20 parties sulfate de potasse.
Vert, 20 parties carbonate de baryte.
Vert clair, 20 parties acide borique.
Violet, 20 parties sulfate de potasse, 20 parties craie.
Orange, 30 parties carbonate de soude, 10 parties craie.

Pour les *feux de théâtre* qui doivent être accompagnés d'une lumière blanche très-vive qui les fasse ressortir, on forme un second mélange (mél. n° 2) de 75 parties de nitre et 25 de soufre, que l'on combine au premier et à d'autres substances colorantes ainsi qu'il suit, toujours d'après M. Meyer :

Rouge clair, mélange n° 1, 50 parties, mélange n° 2, 50 parties, craie 20. Pulvérin ou poudre à canon pulvérisée 10.
Pourpre foncé, mélange n° 1, 50 parties, nitrate de strontiane desséché 76, soufre 24.
Bleu, mélange n° 1, 50 parties, mélange n° 2, 50 parties sulfate de cuivre ammoniacal 40, sulfate de potasse 20.
Vert, mélange n° 1, 35 parties, nitrate de baryte desséché 20, soufre 20.
Jaune, mélange n° 1, 50 parties, mélange n° 2, 50 parties, carbonate de soude fondu 40 parties.
Violet et *orange*, mélange de bleu et de rouge, de jaune et de rouge.

Feux de Bengale. — Ces feux, dont l'éclat est extrêmement vif, se font avec 7 parties de nitre, 2 parties de soufre et 1 partie d'antimoine. Le mélange est fortement tassé dans des écuelles de terre, et on jette quelques morceaux de mèche à sa surface. On peut colorer ces feux comme précédemment.

Fusées volantes. — Ces fusées, qui s'élèvent avec une rapidité extrême à de grandes hauteurs, ont une structure particulière. L'enveloppe ou cartouche est faite à la manière ordinaire ; mais, en la remplissant du mélange combustible, on a soin d'introduire dans son axe une petite broche en bois, que l'on retire ensuite de manière à laisser vide une cavité centrale appelée *âme* de la fusée. Cet espace est ensuite occupé par la mèche ou étoupille formée d'une mèche en coton trempée dans une pâte faite avec de la poudre pulvérisée, un peu d'eau-de-vie et de gomme arabique que l'on fait sécher et qu'on enroule dans une feuille de papier mince. La mèche a pour objet de conduire plus rapidement le feu dans le corps de la fusée et de donner ainsi lieu à une force ascensionnelle plus vive. La fusée porte en outre un pot ou tube de carton un peu plus large que la cartouche, ayant le tiers de sa longueur et servant à loger la *garniture*, c'est-à-dire les *étoiles*, les *serpents*, les *pétards*, les *pluies de feu*, etc. Une baguette, ordinairement en saule, sert à diriger l'appareil dans son vol. La composition de ces fusées est de nitre 16, charbon 8, soufre 4, limaille d'acier ou tournure de fonte 4. Les étoiles les plus ordinairement employées comme garnitures des fusées volantes sont de petits corps ronds ou cubiques qui prennent feu en s'éparpillant à la fin de la course de la fusée, et dont la préparation est analogue à celle des feux colorés indiqués précédemment.

Chandelles romaines. — Ce sont des fusées volantes dont la charge est mélangée d'étoiles qu'elles abandonnent pendant leur course.

La composition des feux d'artifice est connue des Chinois depuis la plus haute antiquité. Ce sont eux qui en apprirent l'usage aux Romains, qui les employèrent au IVe siècle dans leurs représentations théâtrales. Ce sont eux également qui transmirent à Callinicus, architecte d'Héliopolis, le *feu grégeois* qu'il apporta aux Grecs en 673, et qui différait peu de notre poudre à canon. Ces découvertes restèrent presque oubliées pendant le moyen âge, et les feux d'artifice ne reparurent qu'avec la poudre à canon. Les plus belles inventions dans ce genre de feux sont dues aux Ruggieri père et fils. M. D.

ARTIFICE DE GUERRE. — Voyez FUSÉE DE GUERRE et BOMBE.

ARTIFICIER. — Nom donné à celui qui confectionne les pièces d'artifice, soit de réjouissance, soit de guerre. A l'armée, la confection des artifices est confiée aux artilleurs. Le *maître artificier* est un sous-officier, ayant le grade de maréchal des logis, chargé dans chaque régiment d'artillerie de la direction des travaux pyrotechniques.

ARTISON, ARTUSON, ARTOISON (Zoologie). — Nom vulgaire donné à tous les *Insectes* qui détruisent les substances végétales et animales, et surtout les pelleteries et les étoffes. Ils appartiennent à des ordres et à des genres différents (voyez ANTHRÈNE, DERMESTE, TEIGNE, etc.).

ARTILLERIE. — Le nom d'*artillerie* était donné, avant l'invention de la poudre, aux anciennes machines de guerre. Outre le bélier, masse énorme qui agissait par le choc sur les obstacles à renverser, on se servit primitivement de machines fort compliquées, où l'on utilisait l'élasticité des corps pour lancer des projectiles énormes à des distances assez considérables. La vitesse de ces coups était bien inférieure à celle que donnent nos bouches à feu actuelles, mais enfin la masse suppléait à la vitesse et les effets produits étaient encore assez remarquables.

« Les *balistes* (Piobert, *Traité d'artillerie*) pouvaient « projeter des masses de 25 à 30 kilogrammes avec assez « de force pour tuer cinq à six hommes d'un seul coup à « la distance de 250 pas. Les *mangonneaux* lançaient des « projectiles du poids de 150 kilogrammes ; les *catapultes*, des pierres de 500 à 750 kilogrammes, à la distance de 400 pas. On dit même qu'avec de semblables « machines on lançait des blocs de 5 à 600 kilogrammes, « jusqu'à la distance de 1 000 mètres. »

Ces machines imparfaites et grossières luttèrent avec avantage pendant plus d'un siècle contre les premières bouches à feu, parce qu'on apprit très-lentement à se servir avantageusement de la poudre.

La découverte des propriétés balistiques de la poudre ne remonte pas au delà du XIVe siècle. Employée bien avant cette époque par les Indiens et les Arabes qui la connaissaient, assure-t-on, au VIIe siècle, elle ne servit d'abord qu'à confectionner des pièces d'artifice et à incendier. On croit que la poudre était connue en France dès le XIIe ou le XIIIe siècle, mais le fait est contesté.

Quoi qu'il en soit, vers 1320, un accident découvrit la propriété que possède la poudre de lancer de grandes masses. Un mélange de salpêtre et de matières combustibles ayant été laissé dans un mortier de laboratoire et recouvert d'une pierre, prit feu par hasard et la pierre fut projetée avec une forte explosion. Telle fut l'origine de la première bouche à feu. On l'appela *mortier* (*fig.* 219).

Cette bouche à feu eut d'abord une forme évasée et put recevoir des projectiles de différentes grosseurs ; on s'aperçut bientôt que la plus grande partie de la force de la poudre, était perdue parce que dès que le projectile

était soulevé, ce qui avait lieu avant que toute la poudre fût brûlée, une large issue était laissée au gaz provenant de la combustion. On commença donc par rétrécir l'âme du côté de la bouche et l'on finit par la faire entièrement cylindrique. Ces pièces s'appelèrent *bombardes*. On en construisit d'énormes, lançant des projectiles en pierre d'un poids très-considérable. En 1380, tous les États de l'Europe étaient armés de bouches à feu de cette espèce.

Fig. 219. — Mortier.

Les bombardes (*fig.* 220) étaient composées d'un canon en fer forgé, autour duquel on soudait entre elles des barres de fer longitudinales, qui étaient entourées ensuite

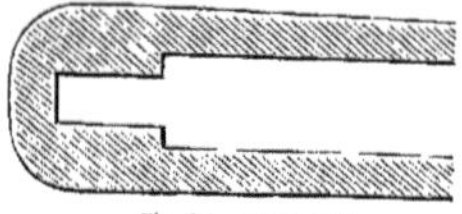

Fig. 220. — Bombarde.

de cercles en fer. La cavité qui recevait la poudre était cylindrique ainsi que l'âme, mais d'un diamètre moindre. Quand on commença à se servir de projectiles en fonte, il fut permis d'employer des charges plus fortes ; on augmenta les chambres dont le diamètre se rapprocha de celui de l'âme (1480), et finit par se confondre avec lui. C'est ainsi qu'on arriva, peu à peu, à la forme usitée aujourd'hui.

L'emploi des équipages d'artillerie considérables date de l'an 1500 environ. Tous les efforts tendirent depuis lors à alléger les pièces, à augmenter leur mobilité, à rendre leur service commode. Gustave-Adolphe et Frédéric le Grand se sont beaucoup occupés de la question, avec plus ou moins de succès. Sous Louis XIV enfin, le matériel de l'artillerie acquit un très-grand développement à cause des grandes armées qu'on mit en campagne et du nombre considérable de sièges qu'elles eurent à livrer.

Personnel. — A son origine, le service de l'artillerie fut d'abord confié à des maîtres bombardiers, artificiers, etc., formant des corporations qui avaient leurs compagnons et leurs apprentis comme un corps de métier ordinaire. Depuis et après Louis XI, ces maîtres furent soumis à l'autorité des *maîtres généraux* de l'artillerie.

Sous François Ier, le maître général prit le nom de *grand maître* de l'artillerie, et la charge de *grand maître des arbalétriers* lui fut réunie définitivement.

Depuis cette époque jusqu'en 1755 où la charge fut supprimée, on compte dix-neuf grands maîtres. Parmi eux se trouve Sully. Aux grands maîtres succédèrent les *inspecteurs-généraux d'artillerie*. Abolis en 1789, ils furent rétablis quelque temps après, et on en compte une dizaine environ depuis leur fondation jusqu'en 1815.

Avant Louis XIV, les canons furent servis en France par les maîtres canonniers brevetés du grand maître. On en formait des compagnies à la guerre, on les licenciait à la paix. Pendant longtemps on confia la garde des pièces à de l'infanterie. Charles VIII, le premier, confia son artillerie aux Suisses, réputés la meilleure infanterie de l'Europe ; plus tard ils devinrent ennemis de la France et furent remplacés par les lansquenets. Enfin, sous François Ier, les Suisses, redevenus nos amis, reprirent la garde des canons et la conservèrent jusqu'à Louis XIV. Ce prince est le premier organisateur de l'artillerie. Il créa en 1671 le régiment des *fusiliers du roi*, le premier qui ait fait usage de la baïonnette. Il y ajouta bientôt le régiment *royal des bombardiers* et douze compagnies de canonniers. Plus tard le régiment des fusiliers prit le nom de *royal artillerie*, et les canonniers lui furent incorporés.

Le 5 février 1720, Louis XV rendit une ordonnance par laquelle les bombardiers et les mineurs furent réunis à l'artillerie. Enfin, le 5 mai 1758, la dénomination de *régiment d'artillerie* fut remplacée par celle de *corps royal d'artillerie*. Le train d'*artillerie* prit naissance le 13 nivôse an VIII par un arrêté des consuls qui organisa en corps les charretiers d'artillerie.

Gribeauval, qui fut inspecteur général de l'artillerie, lui a fait faire des progrès immenses sous tous les rapports. Il prit, pour l'organisation de l'artillerie, une base différente de celle de l'infanterie. Les six hommes servant à

la manœuvre d'une pièce formèrent une escouade, et six
escouades composèrent une compagnie commandée par
un capitaine ayant quatre lieutenants sous ses ordres.

L'artillerie a été réorganisée en 1829. Pour donner une
idée nette de son organisation actuelle, nous empruntons
les lignes suivantes au *Traité d'artillerie* du général
Piobert.

« Un nouveau matériel d'artillerie de siége, de campa-
« gne, de montagne, de place et de côte, ayant remplacé
« en France l'ancien système, on changea aussi en 1829
« l'organisation du corps et on l'établit sur de nouvelles
« bases. Tous les hommes qui figuraient devant l'en-
« nemi soit en servant, soit en conduisant une bouche à
« feu, firent partie d'une classe de canonniers ; les uns et
« les autres eurent le même rang et le même droit à
« l'avancement. En temps de paix comme en temps de
« guerre, tout le personnel affecté à l'exécution des bou-
« ches à feu et à la conduite des chevaux nécessaires
« aux attelages, ne forma qu'un seul et même tout, dé-
« signé sous le nom de *batterie* et commandé par un ca-
« pitaine. Ces dispositions appliquées aux détachements
« de troupes d'artillerie chargées du service des bouches
« à feu sur le champ de bataille, firent composer ces
« batteries de canonniers servants, de canonniers con-
« ducteurs, de chevaux de selle pour monter les sous-
« officiers, brigadiers, etc., et de chevaux de trait pour
« l'attelage des bouches à feu, des caissons et des voi-
« tures qui les accompagnent.

« Des batteries à cheval, des batteries montées et des
« batteries non montées destinées au service des parcs
« et des places, mais pouvant au besoin remplacer les
« autres, entrèrent dans la composition des régiments ;
« ces régiments furent tous composés de la même ma-
« nière et chacun put fournir le personnel des batteries
« et de l'état-major d'artillerie nécessaire à une fraction
« d'armée, sans qu'aucune partie du corps dût changer de
« chef, en entrant en campagne, la constitution du per-
« sonnel et les rapports de service et de discipline res-
« tant les mêmes.

« En 1833, toutes les batteries à pied furent montées ;
« mais, depuis, on a rétabli les batteries non montées et
« l'état actuel de l'artillerie comprend 224 batteries dont
« 32 à cheval, 136 montées et 56 non montées. Elles
« sont réparties en 14 régiments de 16 batteries chacun.
« Les pontonniers forment actuellement un régiment de
« 12 compagnies ; les compagnies d'ouvriers sont restées
« séparées des autres troupes d'artillerie, et rien n'a été
« changé dans leur organisation. Elles sont au nombre
« de 12. Enfin il a été créé une compagnie d'armuriers.

« La portion du personnel destinée à conduire les at-
« telages des parcs de campagne, des équipages de siége
« et de ponts et de tous les transports d'approvisionne-
« ments d'artillerie, a pris le nom de *train des parcs* et
« est restée organisée en escadrons.

« Cette organisation donne au personnel de l'artillerie
« le caractère d'homogénéité et de spécialité que com-
« portent ses moyens de guerre et son mode de combat-
« tre. Elle le constitue pour le temps de paix, d'une
« manière analogue à ce qu'il doit être en temps de
« guerre, et elle lui donne le degré de célérité qu'exigent
« les perfectionnements du matériel. »

Disons en terminant, que depuis que ces lignes ont
été écrites, de légères modifications ont encore été faites.
En 1854, l'artillerie se composait de 17 régiments, 6 à
pied (pontonniers compris), 7 montés, 4 à cheval, plus
les deux régiments de la garde impériale. En 1860, en diminuant le nombre des batteries de chaque régiment, on
a, sans changer le nombre total des batteries, porté les
régiments à 20, non compris la garde impériale. Quant
au train d'artillerie, supprimé en 1854, il a été rétabli
en 1860. — Voyez le supplément ; voyez le *Dictionnaire de biographie et d'histoire*, et le *Dictionnaire
des lettres et arts*, de Dezobry et Bachelet.   BA.

ARTOCARPE (Botanique), *Artocarpus*, Lin., du grec
rtos, pain, et *karpos*, fruit : fruit-pain. — Genre de
plantes, type de la famille des *Artocarpées*, tribu des
Artocarpées vraies, établie par M. Trécul dans son travail monographique sur cette famille. L'espèce la plus
intéressante, l'*Arbre à pain*, *A. incisé de Jacquier* (*A. incisa*, Lin.) (*fig* 221), est un arbre d'environ 15 mètres, à
grandes feuilles trilobées ou pennatifides. Ses fruits, qui
ne sont autre chose qu'une masse commune formée par
une agglomérat'on d'achaines plus ou moins nombreuses,
succédant aux inflorescences femelles, atteignent jusqu'à
0ᵐ,30 de diamètre. Cet arbre se rencontre peu à l'état
sauvage ; il est cultivé dans les Moluques et dans l'O-

céanie ; on l'a naturalisé aussi dans les zones intertropicales de l'Amérique. C'est un végétal, sinon le plus précieux, du moins un des plus importants pour les habitants
des mers du Sud. On en tire une foule de produits utiles.
Ses fleurs mâles donnent un bon amadou. Sa seconde
écorce fournit des tissus durables ; son bois est employé
dans la construction ; ses feuilles servent à couvrir les

Fig 221. — Artocarpe (arbre à pain).

habitations ; le suc laiteux épais qui en découle, donne
une glu employée à différents usages. Enfin, son fruit
bouilli ou grillé est un aliment nutritif et sain, à saveur
rappelant la mie de pain frais mélangée avec des artichauts ou des topinambours. C'est la base de la nourriture d'un grand nombre de peuplades. L'*A. à feuilles
entières* (*A. integrifolia*, Lin.), vulgairement nommé *Jack*
aux Antilles, atteint aussi de fortes proportions ; il est
très-répandu dans les îles de l'océan Pacifique et des
Indes orientales. Ses fruits, souvent très-pesants, sont
portés par de grosses branches ordinairement étalées à peu
de distance de la terre. Leur pulpe est sucrée et se mange
crue ; mais on est obligé de la faire préalablement tremper
dans l'eau pour lui faire perdre une certaine odeur fort
désagréable. Les amandes sont bonnes grillées ou bouillies comme des châtaignes, et le suc laiteux épais qu'il
fournit sert aux mêmes usages que le précédent. Les habitants des îles de la mer du Sud nomment ce genre *Rimu*.
Nous le désignons en français sous le nom de *Jacquier*,
mot dérivé de *Tsjacamaram* en malabar. Les artocarpes
sont des arbres laiteux des parties tropicales de l'Inde et
de l'Océanie. Leurs fleurs sont monoïques, les mâles disposées en chatons, épais, cylindriques ; calice à 2, 3 ou
4 sepales ; une seule étamine centrale, saillante ; les
femelles sont composées d'un calice tubuleux, entier
(voyez URTICINÉES).   G — s

ARUM (Botanique). — Voyez GOUET.

ARUNDINE (Botanique), *Arundina*, Blume, du latin
arundo, roseau, parce que ces plantes ont par leur port
quelque ressemblance avec les roseaux. — Genre de
plantes de la famille des *Orchidées*. L'*A. à feuilles de
bambou* (*A. bambusifolia*, Lindl.) a les fleurs en grappe,
purpurines et présentant un labelle rouge pourpre. Cette
plante vient dans le Népal. L'*A. serrée* (*A. densa*,
Lindl.) croît à Singapore. Ses fleurs en grappe raccourcie, serrée, sont d'un beau rose violacé avec le labelle
bordé de rouge.

ARUNDINACÉES (Botanique). — Tribu de plantes établie par Kunth dans la famille des *Graminées*. Le genre

Arundo (roseau) lui a servi de type. Elle a des fleurs couvertes plus ou moins de longs poils mous. Genres principaux : *Calamagrostis, Roseau, Phragmite, Gynerium, Ammophila*.

ARUNDINAIRE (Botanique), *Arundinaria*, L. C. Richard, du latin *arundo*, roseau. — Genre de plantes de la famille des *Graminées*, tribu des *Festucacées*, sous-tribu des *Bambusées*. Grands végétaux arborescents des régions chaudes de l'Asie et de l'Amérique. On trouve cependant dans les parties méridionales des États-Unis, l'*A. à longues graines* (*A. macrosperma*, Michx). Il y croît dans les endroits humides, au bord des eaux, et atteint ainsi jusqu'à plus de 18 mètres de hauteur.

ARUNDO (Botanique), du celtique *aru*, eau, aquatique. Les plantes de ce genre croissent dans les lieux humides. — Nom botanique d'un genre de *Graminées* plus connu sous le nom de *Roseau*.

ARURA (*aroura*). — Mesure de superficie des Grecs (2ares,37559175).

ARVICOLA (Zoologie). — Nom donné par Lacépède au *campagnol* (voyez ce mot).

ARYTÉNOIDE (Anatomie), du grec *arutaina*, sorte de coupe, et *eidos*, apparence. — On donne ce nom à deux petits cartilages situés à la partie postérieure supérieure du larynx : ils ont la forme d'une pyramide, sont dirigés verticalement et déjetés un peu en arrière. Postérieurement ils présentent une face triangulaire concave remplie par le *muscle aryténoïdien* qui s'étend de l'un à l'autre; en avant, ils répondent à la *corde vocale supérieure :* leur base s'articule avec le cartilage cricoïde, et se termine par deux apophyses dont l'antérieure donne insertion à la *corde vocale inférieure :* le sommet, mince et recourbé en arrière et en dedans, est surmonté de deux petits appendices cartilagineux déliés, que l'on a appelés *tête du cartilage aryténoïde, tubercules de Santorini, cartilage corniculé.*

Glandes aryténoïdes. Elles sont situées au-devant des cartilages du même nom, dans l'épaisseur d'un repli de la muqueuse, soudées en un seul corps glanduleux, disposées sur deux lignes réunies à angle droit sous la forme d'une L.

AS. — Les Romains désignaient par ce mot une unité quelconque ; les sous-multiples de l'as portaient des noms particuliers, quelle que fût la nature de l'unité : as = 12 onces, deunx = 11, dextans = 10, dodrans = 9, bes ou des = 8, septunx = 7, semis = 6, quincunx = 5, triens = 4, quadrans ou ternacius = 3, sextans = 2, sescunx = 1 ½, uncia, *once.*

Les différentes espèces d'unités ou d'as étaient pour les longueurs le pied, pour les liquides l'amphore, pour les choses sèches le modius, pour les poids la livre, pour les monnaies l'assipondium. — On désignait plus spécialement sous le nom d'*as* les unités de poids et de monnaie.

ASAGRÆA (Botanique). — Plante dédiée par M. Lindley au botaniste américain Asa Gray. — Genre de la famille des *Mélanthacées*, tribu des *Vératrées*. Caractères : fleurs polygames ; divisions du périanthe présentant à leur base une glande nectarifère ; 6 étamines dépassant le périanthe; ovaire à 3 coques contenant chacune 4 à 6 ovules ; capsule munie de 3 pointes; graines, 2 dans chaque loge et accompagnées d'une aile membraneuse. L'*A. officinale* (*A. officinalis*, Lindl. ; *Veratrum officinale*, Schlecht) est une plante du Mexique. Elle s'élève souvent à plus de 2 mètres. Ses fleurs, en grappe allongée, sont d'un blanc jaunâtre. Cette espèce, confondue d'abord dans le genre *Veratrum*, s'en distingue par les segments excavés de son calice et par la forme de ses anthères (voyez VÉRATRUM). C'est cette plante qui fournit le médicament extrêmement énergique connu sous le nom de *cévadille* (voyez ce mot). G — s.

ASARET (Botanique), *Asarum*, Tourn., du grec *aséros*, rebuté, parce que les anciens ne faisaient point figurer cette plante dans leurs couronnes. — Genre de plantes de la famille des *Aristolochiées*. L'*A. d'Europe* (*A. Europæum*, Lin.) est vulgairement appelé *rondelle, oreille d'homme,* de la forme de ses feuilles, ou *cabaret,* à cause des propriétés qu'on lui attribuait de faire rejeter le vin pris avec excès. C'est une petite plante herbacée, vivace, croissant dans les lieux humides et ombragés de l'Europe. On la rencontre aussi, mais rarement, aux environs de Paris. Ses fleurs sont solitaires, portées sur des pédoncules courts, et colorées d'un pourpre noirâtre. Sa racine répand une odeur fortement pénétrante et aromatique ; la saveur en est âcre, amère et nauséeuse. Elle peut remplacer l'ipécacuanha comme émétique. Les feuilles possèdent aussi cette propriété, et de

plus elles sont très-purgatives. L'asaret d'Europe a longtemps passé pour être doué de précieuses vertus médicinales; mais aujourd'hui il n'est guère employé que comme sternutatoire. Il entre dans la composition de la poudre dite de *Saint-Ange.* On a retiré de l'asaret une couleur vert-pomme, qui, par ébullition prolongée,

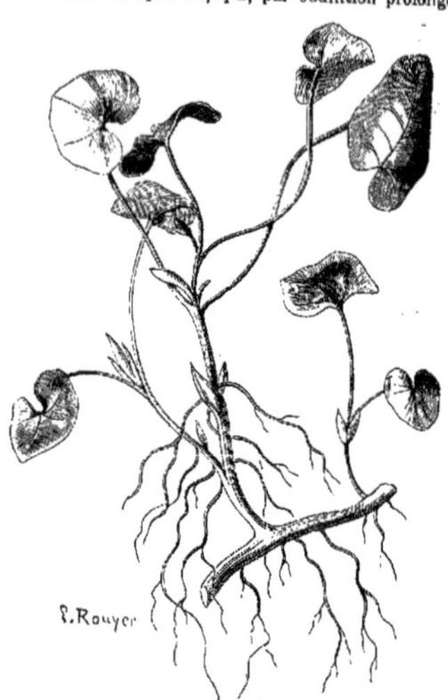

Fig. 222. — Asaret d'Europe.

devient brun clair et se communique facilement aux étoffes de laine préparées avec le bismuth, à titre de mordant. L'*A. du Canada* (*A. canadense*, Lin.) est une espèce plus grande, à grosses fleurs cotonneuses et fendues en 3 lobes. Caractères : calice campanulé à limbe trifide, 12 étamines, ovaire infère à 6 loges, style divisé en 6 branches, capsule coriace à 6 loges. (Græger, *De asaro Europæo.* Gœttingæ, 1830.) G — s.

ASARINÉES (Botanique). — M. Brongniart nomme ainsi dans son tableau des classes du *Règne végétal* la cinquante-septième classe ; ce sont des plantes à fleurs souvent diclines ; un calice à 3, 4 ou 5 sépales, corolle nulle. Les principales familles qui composent les Asarinées sont : les *Cytinées* et les *Aristolochiées*.

ASARUM (Botanique). — Nom latin du genre *Asaret* (voyez ce mot).

ASBESTE (Minéralogie), en grec *asbestos*, inextinguible, nommé aussi *Amiante* (incorruptible). — C'est une des substances les plus curieuses que nous fournisse le règne minéral ; par son aspect, sa texture, sa flexibilité, elle a pu en imposer aux anciens au point de la comparer aux substances végétales, de telle sorte qu'ils ont pensé que l'asbeste était un véritable lin fossile, desséché par l'ardeur d'un soleil brûlant (Pline). Mais la vérité est que c'est une substance minérale qui se présente sous la forme de fibres quelquefois un peu roides, élastiques, le plus souvent déliées, flexibles comme de la soie ou du lin, dont elles rappellent la souplesse et le brillant ; de couleur verte, grisâtre ou blanche. L'asbeste se fond assez facilement au chalumeau, lorsqu'on n'y expose qu'une petite quantité de ses filaments ; mais en masse il est très-difficile à fondre. Ces caractères suffisent pour le distinguer de toute autre matière minérale ; toutefois, par sa nature, ce n'est point une substance qu'on puisse classer d'une manière exacte dans le cadre minéralogique; et en effet la majeure partie des matières fibreuses qu'on désigne sous les noms d'*asbeste* et d'*amiante* se rapportent aux substances magnésiennes ; ainsi les *Serpentines* présentent souvent des fissures remplies de ces matières tantôt à fibres assez grossières, tantôt, au contraire, à fibres fines et souples comme de la soie. Les *Pyroxènes* offrent aussi des passages à des matières fibreuses, souples et soyeuses; mais ce sont surtout les *Trémolites* qui présentent fréquemment ces sortes de modifications (voyez ces mots). Parmi les matières alumineuses, l'*Épidote* forme quelquefois une espèce d'Asbeste qu'on a aussi nommée *amiantoïde*. D'après la nature singulière de cette substance, il n'est pas étonnant que les anciens aient cherché à l'utiliser : ainsi ils en ont fait des toiles pour brûler les morts, de sorte que les cendres des personnes qui leur étaient chères ne se mêlaient pas avec des corps étrangers; ils en faisaient aussi des mèches incombustibles pour des lampes qui ne devaient pas s'éteindre, et des toiles à leur usage qu'on jetait au feu pour les nettoyer. De nos jours, cette substance ne servait guère qu'à faire du papier et des dentelles, lorsque dans ces derniers temps on a eu l'idée d'en faire des vêtements incombustibles pour le service des pompiers. Assez rare autrefois, l'asbeste est devenu très-commun de nos jours. Ainsi l'*A. flexible*, en filaments longs, déliés, flexibles, à l'aspect soyeux et brillant, se trouve en Savoie, dans les montagnes de la Tarantaise; il nous en vient aussi du Brésil. C'est cette variété qu'on a surtout appelée *Amiante*. L'*A. entrelacé, cuir fossile, papier fossile, liége fossile*, dont les fibres entrelacées rappellent ces diverses substances, se rencontre en Saxe, en Carinthie, en Suède, etc., et en France dans plusieurs parties du département du Gard. Dans les Pyrénées, surtout près de Baréges, on en trouve dans les fissures d'une roche micacée. La Corse donne aussi en très-grande abondance une variété inférieure de l'*A. flexible*.

ASCAGNE (Zoologie), *Simia petaurista*, Gm. — Espèce de singe du genre des *Guenons*; il est brun olivâtre en dessus, gris en dessous; visage bleu, nez blanc, touffe blanche devant chaque oreille, moustache noire.

ASCALABOTES (Zoologie), *Ascalabotes*, Cuv. — Grand genre de *Reptiles sauriens*, famille des *Geckotiens*, et plus connus sous le nom de *Geckos*.

ASCALAPHE (Zoologie), *Ascalaphus*, Fab. — Sous-genre d'*Insectes névroptères*, du genre *Fourmilion* (voyez ces mots): antennes longues et terminées brusquement en bouton; abdomen ovale oblong; ailes proportionnellement plus larges et moins longues que celles des fourmilions. Ce sont de jolis insectes ayant assez l'aspect des libellules; le type du genre est l'*A. italicus*, de l'Europe méridionale, et qu'on trouve même en France, aux environs de Fontainebleau.

ASCARIDES (Zoologie), *Ascaris*, Lin. — On donne ce nom à un genre de *Vers intestinaux*, dont une espèce, connue de tout le monde, a la plus grande ressemblance avec les vers de terre, c'est l'*A. lombricoïde*. Les ascarides ont le corps rond, aminci aux deux bouts; la bouche garnie de trois papilles charnues, d'entre lesquelles saille de temps en temps un tube très-court. Ils constituent un genre très-nombreux en espèces. La plus connue est, comme nous venons de le dire, l'*A. lombrical*, vulgairement *Lombric des intestins* (*A. lombricoïdes*, Lin.), qu'on trouve sans différence sensible dans l'homme, le cheval, l'âne, le zèbre, l'hémione, le bœuf, le cochon. On en a vu qui avaient jusqu'à 0^m,40 de long. Sa couleur est blanchâtre; il peut causer des maladies graves, surtout chez les enfants (voyez pour le traitement le mot VERMIFUGES). Une autre espèce très-commune aussi est l'*A. vermiculaire* (*A. vermicularis*, Lin.; *Oxyurus vermicularis*, Bremser), connu généralement sous le nom d'*Oxyure vermiculaire*: c'est un petit ver, il a le corps rond, plus gros au milieu qu'aux extrémités; le mâle est long de 0^m,004 à 0^m,005, la femelle de 0^m,007 à 0^m,008. On le rencontre surtout chez les enfants, quelquefois chez les adultes à la marge de l'anus, où il cause des démangeaisons insupportables : il n'est pas toujours facile de s'en débarrasser; cependant on obtient de bons résultats de l'huile de ricin comme purgatif, des lavements d'infusion d'absinthe, de semen contra, des frictions mercurielles.

Fig. 233. — Ascaride lombricoïde.

Le genre *Ascaride* appartient à l'ordre des *Cavitaires*, classe des *Intestinaux*, embranchement des *Zoophytes* (*Règne animal* de Cuvier). — Voyez VERS INTESTINAUX.

ASCENDANT (Botanique), terme de botanique s'appliquant en général aux organes qui, étant horizontaux à leur base, se courbent pour devenir verticaux. — La tige est ascendante dans la véronique en épis, la circée des Alpes, le trèfle des prés, le thésium à feuilles de lin. La lèvre inférieure de la corolle bilabiée est ascendante lorsque, suivant d'abord la direction du tube, elle se relève vers son extrémité comme dans la stachyde annuelle, la bétoine officinale, la cataire à longues fleurs. Les pétales sont aussi dits ascendants lorsqu'ils se portent vers la partie supérieure de la fleur comme dans les espèces du genre *Cléome*. Les étamines sont également ascendantes dans un grand nombre de Labiées. La graine est ascendante quand le hile, de niveau avec le placenta ou à peu près, est situé un peu au-dessus du point le plus bas de la graine, dans la loge du péricarpe. Les graines du pommier, du néflier, etc., présentent cette direction dans le fruit.

ASCENDANT (Anatomie). — On désigne par cette épithète la direction plus ou moins verticale de bas en haut de quelque partie du corps; ainsi on appelle *aorte ascendante* le tronc supérieur de l'aorte; le *côlon ascendant* est la portion lombaire droite de cet intestin; la *veine cave ascendante* est celle qui rapporte le sang des parties inférieures au cœur.

ASCENSION DROITE. — Angle que le plan horaire d'une étoile fait avec le plan horaire mené par l'équinoxe du printemps. L'ascension droite se compte de 0 à 360°, d'occident en orient. On peut aussi l'exprimer en temps, de 0 à 24 heures, à raison de 15° par heure. On la mesure au moyen de la lunette méridienne et de l'horloge sidérale (voyez COORDONNÉES, CIEL, INSTRUMENTS D'ASTRONOMIE).

ASCIDIE (Zoologie), *Ascidia*, Lin., du grec *askidion*, petite outre. — Genre de *Mollusques acéphales*, ordre des *Acéphales sans coquilles*; première famille (celle dont les individus sont isolés). Ils ont le manteau, et son enveloppe cartilagineuse, souvent très-épaisse, en forme de sacs fermés de toute part, excepté à deux orifices dont l'un sert de passage à l'eau, l'autre d'issue aux excréments; les branchies forment un sac, au fond duquel est la bouche; manteau fibreux et vasculaire. Ces animaux se fixent sur les rochers et ne se déplacent nullement. On les trouve en grand nombre dans toutes les mers : quelques espèces sont comestibles. Cuvier et Savigny les ont divisés en quatre sous-genres : les *Cynthies*, les *Phallusies*, les *Clavellines*, les *Bolténies*, subdivisés en un grand nombre d'espèces.

ASCIDIÉES (Botanique), du grec *askidion*, petite outre. — Terme de botanique créé par de Mirbel pour qualifier les feuilles terminées par un appendice creux, dilaté en vase et surmonté d'un opercule mobile, comme dans les *Népenthes*.

ASCIDIENS (Zoologie). — Dans la classification de Lamarck, ce mot désigne le deuxième ordre de sa classe des *Tuniciers* ; dans celle du *Règne animal* de Cuvier, les *Ascidiens* forment le genre *Ascidie* (voyez ce mot).

ASCIES (Zoologie), *Ascia*, Meig., du grec *askion*, petite outre. — Genre d'*Insectes diptères athéricères*, tribu des *Syrphides*. Ils ont l'abdomen rétréci à sa base et en forme de massue; la palette des antennes est courte ou médiocrement allongée, soit presque orbiculaire, soit presque ovoïde. L'espèce la plus commune est l'*A. podagrica* qu'on trouve partout; c'est le *Syrphus podagricus* de Panzer.

ASCITE (Médecine), du grec *askos*, outre. — On appelle *ascite* ou *hydropisie du bas-ventre*, un amas de sérosité dans la cavité du péritoine (voyez ce mot). Cette maladie reconnaît les mêmes causes et présente les mêmes symptômes généraux que les autres *Hydropisies* (voyez ce mot). Le signe caractéristique de l'ascite consiste dans le développement du bas-ventre, égal et régulier quand le malade est debout ou couché sur le dos, et dans la fluctuation qu'on imprime au liquide, lorsqu'en frappant un petit coup sec sur un des points de l'abdomen, la main appliquée à plat sur un point éloigné perçoit la sensation du flot d'un liquide. Le traitement est le même que dans les autres hydropisies : lorsque, malgré ce traitement, le liquide continue à s'accumuler, les pieds, les jambes, les cuisses deviennent gonflés, œdémateux, le volume du ventre prend des dimensions telles qu'il faut donner issue au liquide; on a recours alors à la *ponction* ou *paracentèse* (voyez ce dernier mot).

ASCLÉPIADÉES (Botanique). — Famille de plantes *Gamopétales*, rangée par M. Brongniart dans sa classe des *Asclépiadinées* entre les Apocynées et les Gentianées. Ce sont des herbes laiteuses ou des sous-arbrisseaux quelquefois grimpants, rarement des arbres; feuilles simples et entières; calice quinquépartite; corolle hypogyne régulière; 5 étamines; 2 ovaires; 2 follicules dont un avorte quelquefois; graines ordinairement couronnées par une aigrette soyeuse. Cette famille assez nombreuse est divisée en tribus et sous-tribus. Les Asclépiadées habitent particulièrement les régions intertropicales. La plus grande partie paraît être répandue en Afrique, surtout au cap de Bonne-Espérance. Ces plantes ont souvent des racines âcres, stimulantes, quelquefois émétiques et sudorifiques et les écorces fréquemment purgatives.

Genres principaux : *Dompte-venin* (*Vincetoxicum*, Mœnch.); *Oxystelma*, R. Br., qui donne la *Scammonée de Smyrne*; *Cynanchum*, Lin.; *Asclepias*, Lin., type de la famille; *Hoya*, R. Br.; *Stapelia*, Lin., qui donne des fleurs appelées vulgairement *Fleurs de crapaud*. (Sonnini, *Traité des Asclépiadées*. Paris, 1810.)

Robert Brown a fait connaître le mode de fécondation de ces plantes. (*Transactions of the Linnean Society*, 1833, et *Prodr. fl. Nov. Holl.* 408—1810. G—s.

ASCLÉPIAS (nom grec d'Esculape, dieu de la médecine), *Asclepias*, Lin. — Genre de plantes type de la famille des *Asclépiadées*, tribu des *Asclépiadées vraies*, voisin des Apocynées. Les Asclépias sont des herbes vivaces à fleurs disposées en ombelles interpétiolaires. Calice profondément quinquépartite; corolle à 5 divisions et à préfloraison valvaire; les fruits sont des follicules parcheminés, lisses ou hérissés d'épines molles, inégales et renfermant des graines à aigrette. L'*A. de Syrie* ou *A. à ouate*, *Plante ou Apocyn à ouate*, *Coton sauvage*, *Plante à soie* (*A. Syriaca*, Lin.), qui s'élève à 1 ou 2 mètres. Il donne en juillet et août des fleurs pourprées disposées en ombelles multiflores. Aujourd'hui, pour ainsi dire naturalisée en France, cette espèce contient dans ses tiges une assez bonne matière textile. On a cherché, à des époques où le coton était rare, à le remplacer par les aigrettes longues, blanches et soyeuses de l'Asclépias de Syrie; mais on n'est pas parvenu à des résultats satisfaisants. Cette matière est peu résistante et on n'a guère pu l'employer que pour rembourrer les coussins et les canapés. La médecine a fait usage aussi pendant un certain temps du suc laiteux âcre et caustique que contiennent ses tiges, et ses graines ont servi de purgatif. L'*A. tubéreux* (*A. tuberosa*, Lin.) se cultive dans les jardins pour la beauté de ses fleurs d'un jaune orange et disposées en ombelles unilatérales; il est originaire de l'Amérique septentrionale et s'est très-bien naturalisé chez nous. L'*A. de Curaçao* (*A. currassa-vica*, Lin.) a des fleurs écarlates. Ses racines sont émétiques et employées pour cet usage par les nègres. Elles portent dans le commerce le nom de *faux ipécacuanha des Antilles*. G—s.

ASCOMYS (Zoologie), du grec *askos*, sac, et *mus*, rat, rat à sac. — Voyez GÉOMYS.

ASCOPHORE (Botanique), *Ascophora*, Tode, genre de *Champignons microscopiques*, voisin des Moisissures dans la tribu des *Hypomycètes*. — L'*A. mucedo* forme, sur les matières animales et végétales, sur la vieille colle, dans le pain, de petits groupes dont les individus sont distincts.

ASELLE (Zoologie), *Asellus*, Geof. — Ce nom a été donné par Geoffroy à un petit *Crustacé* d'eau douce, qui est devenu le type d'un sous-genre de la section des *Asellotes* (*Asellota*, Latr.), du grand genre *Cloporte*, des *Isopodes*. Ces Crustacés, indépendamment des caractères des Asellotes (voyez ce mot), sont remarquables par deux stylets bifides à l'extrémité postérieure du corps, les yeux écartés, les crochets du bout des pieds entiers. La seule espèce connue, l'*A. d'eau douce*, de Geof. (*Squille aselle*, Deg.; *Idotea aquatica*, Fab.), se trouve fréquemment dans les mares des environs de Paris; elle est longue de 0ᵐ,012 à 0ᵐ,015, brune, tachetée de gris et de jaunâtre en dessus, cendrée en dessous. Elle marche lentement, à moins qu'elle ne soit effrayée; au printemps, elle sort de la vase où elle a passé l'hiver.

ASELLIDES (Zoologie). — Leach avait établi sous ce nom un groupe de *Crustacés isopodes*, dans lequel se trouvait compris le genre *Aselle*; il correspondait, à peu de chose près, à la section des *Asellotes* (voyez ASELLE, ASELLOTE).

ASELLOTES (Zoologie), *Asellota*, Latr. — C'est la cinquième section du grand genre *Cloporte*, des *Crustacés isopodes*; caractérisée par quatre antennes très-appa-

rentes, sétacées, terminées par une tige à plusieurs articles, deux mandibules, quatre mâchoires, queue d'un seul segment, avec deux appendices au bout. Cette section comprend les sous-genres *Aselle* (*Asellus*, Geof.), *Oniscode* (*Oniscoda*, Latr.), *Jæra* (*Jæra*, Leach).

ASIDE (Zoologie), *Asida*, Latr. — Sous-genre d'*Insectes coléoptères hétéromères*, grand genre *Blaps* : corps ovale, peu allongé, étuis soudés; corselet transversal, presque carré, avec les bords latéraux arqués. Ces insectes se trouvent dans les lieux sablonneux; la seule espèce des environs de Paris est l'*A. grise* (*A. grisea*), longue de 0ᵐ,012, noire, mais paraissant d'un gris terreux.

ASILE (Zoologie), *Asilus*, Lin. Nom d'une mouche piquante, cité par Virgile. — Grand genre de l'ordre des *Diptères*, de la famille des *Tanystomes*. Caractérisé par une trompe saillante, dirigée en avant, la gaîne du suçoir presque cornée; palpes petits; ils volent en bourdonnant, sont carnassiers, très-voraces, et saisissent des mouches, des tipules, des coléoptères, etc., pour les sucer. Leurs larves vivent dans la terre. Suivant la méthode du *Règne animal*, on les divise en deux sections, les *Asiliques* (*Asilici*, Latr.) et les *Hybotinis*, Latr.

ASILE PROPREMENT DIT. — L'un des sous-genres de la section des *Asiliques* (voyez ce mot), distingué des autres par : antennes de la longueur de la tête, dont le premier article est plus long que le second; le dernier, pointu au bout, terminé par un stylet très-distinct en forme de soie; l'abdomen en cône allongé, très-pointu dans les femelles. La larve de ces insectes vit dans la terre et s'y transforme en nymphe. On trouve dans toute l'Europe, vers la fin de l'été et dans les lieux sablonneux, l'*A. frelon* (*A. crabroniformis*, Lin.), long de 0ᵐ,025, d'un jaune d'ocre, les trois premiers anneaux de l'abdomen d'un noir velouté, les ailes roussâtres; l'*A. cendré* (*A. forcipatus*, Lin.), long de 0ᵐ,015, gris cendré, balancier jaune, ailes obscures : il est très-commun dans les jardins et dans les bois en automne.

ASILIQUES (Zoologie), *Asilici*, Latr. — Première section du grand genre *Asile*, de l'ordre des *Insectes diptères*. Ils ont la tête transverse, les yeux latéraux et écartés entre eux, trompe aussi longue au moins que la tête. Épistome (partie située au-dessus de la bouche) toujours barbu. Ces insectes se trouvent dans les champs, les jardins, les prés, vers la fin de l'été; ils volent avec rapidité, surtout pendant les chaleurs, et font entendre un bourdonnement assez fort; tous sont carnassiers. Les principaux sous-genres de cette section sont : les *Laphries*, les *Dasypogons*, les *Dioctries*, les *Asiles proprement dits*, les *Gonypes*.

ASIMINIER (Botanique), *Asimina*, Adans. Nom canadien, synonyme *Orchidocarpum*, Mich. — Genre de plantes de la famille des *Anonacées*, dont les fruits bacciformes sessiles renferment plusieurs graines unisériées. Ils sont fondants et mangeables, quoiqu'un peu fades : Desvaux leur a donné le nom d'*asimines*. Les espèces de ce genre appartiennent en général à la Géorgie améric. et à la Floride. L'*A. à grandes fleurs* (*A. grandiflora*, Dun.) présente des rameaux garnis de poils roux en dessous. Ces arbrisseaux ont ordinairement des fleurs d'un pourpre très-brun. Quelques espèces sont cultivées comme plantes d'ornement.

ASIPHONOBRANCHES (Zoologie), du grec *asiphôn*, sans siphon, et *branchia*, branchie. — Ordre de *Mollusques gastéropodes*, établi par de Blainville, et qui est caractérisé par l'absence d'échancrure et de canal pour un siphon du manteau, l'animal n'en ayant pas; ils correspondent à la famille des *Trochoïdes* et à une partie de celle des *Capuloïdes* du *Règne animal* de Cuvier. Les Asiphonobranches forment le deuxième ordre de la sous-classe des *Paracéphalophores dioïques* de de Blainville, qui représentent les *Pectinibranches* de Cuvier.

ASLA. — Mesure de superficie des Juifs, équivalant à 127ᵐᵉ,80625135.

ASPALAX (Zoologie). — Voyez RAT-TAUPE, LEMMING.

ASPARAGÉES (Botanique). — Tribu de la famille des *Liliacées*, dans le sous-ordre des *Asphodélées*, d'après Endlicher. Elle comprend des herbes vivaces, des arbrisseaux et des arbres à racine tubéreuse ou fibreuse, à feuilles alternes, opposées ou verticillées, et remplacées quelquefois par des écailles. Le calice, souvent coloré, pétaloïde, est à 6 ou 8 divisions plus ou moins profondes; étamines en nombre égal à ces divisions et insérées à leur base; l'ovaire libre à 3 loges, plus rarement une seule; style simple; stigmate trilobé. Le fruit est une baie globuleuse ou une capsule à 3 loges. Cette tribu de plantes est répartie sur un grand nombre de points du globe.

Genres principaux : *Dragonnier* (*Dracæna*, Vandelli), qui donne le sang-dragon et qui renferme des arbres pouvant rivaliser avec le plus gros du règne végétal ; *Asperge* (*Asparagus*, Lin.), type de la tribu ; *Convallaria*, Desf., dont le muguet fait partie ; le *Fragon épineux* ou *petit Houx* (*Ruscus*, Tourn.) ; *Smilax*, Tourn., qui fournit la salsepareille, etc., etc.   G — s.

ASPARAGINE (Chimie), $C^8H^8AzO^5$. — Substance neutre qui se trouve toute formée dans les jeunes pousses d'asperges, dans la grande consoude, etc. Elle se montre sous la forme de cristaux prismatiques, incolores et transparents ; elle est soluble dans l'eau chaude, insoluble dans l'éther et l'alcool anhydre. Par sa constitution, on peut la considérer comme l'*amide* de l'acide *malique* $C^8H^4O^8,2HO$, qui est bibasique. En effet

$$C^8H^4O^8,2(AzH^3,HO) - 4HO = 2(C^4H^4AzO^3)$$

Bimalate d'ammoniaque.   Asparagine ou malamide.

On obtient facilement l'asparagine en concentrant, après l'avoir décoloré, le jus que fournissent par la pression les pousses d'asperges. La liqueur abandonnée à elle-même laisse déposer des cristaux d'asparagine.

ASPARAGINÉES (Botanique). — Famille de plantes *Monocotylédones* établie par de Jussieu. Aujourd'hui on en fait une tribu des *Liliacées*, sous le nom d'*Asparagées* (voyez ce mot).

ASPARTIQUE (Acide), $C^8H^5AzO^6,2HO$. — Produit par l'action des alcalis sur l'asparagine. On peut le considérer comme une amide acide dérivant du bimalate d'ammoniaque par la perte de 2 équivalents d'eau.

$$C^8H^4O^8,(AzH^3,HO),HO - 2HO = C^8H^5AzO^6,2HO$$

Bimalate d'ammoniaque.   Acide aspartique.

ASPERGE (Botanique, Horticulture), *Asparagus*, Lin., du grec *asparagos*, asperge. — Genre de la tribu des *Asparagées*, famille des *Liliacées* ; c'est une de nos meilleures plantes potagères, dont la culture se fait en grand dans presque toute la France ; l'espèce type, *A. officinale* (*A. officinalis*, Lin.), l'asperge, en un mot, dont les jeunes pousses ou *turions* sont si connus, offre deux variétés principales, la *verte* ou *commune*, et la *grosse violette* ou *asperge de Hollande*, à bourgeon violet ou rougeâtre : c'est la plus estimée et on y reconnaît des sous-variétés qui ne sont sans doute que des différences de terrain ; ainsi on connaît l'*A. de Vendôme*, l'*A. d'Ulm*, l'*A. de Pologne*, l'*A. de Besançon*, etc. L'asperge craint l'eau stagnante à sa racine ; aussi les terres légères, sablonneuses, perméables, lui conviennent, et cependant elle demande beaucoup de nourriture et d'engrais ; c'est ce qui fait que, dans les terrains humides, il faut faire des fosses profondes pour assainir le sol, et les remplir avec des terres tourbeuses, des gazons consommés, des curages de fossés, etc. L'asperge se multiplie par graines qu'on sème quelquefois en place, plus souvent en pépinières, afin de mieux former les planches en repiquant les *griffes* toutes venues ; du reste, les plants se font ou *à plat*, c'est-à-dire dans un terrain fortement fumé, labouré à fond et disposé en planche, ou en *ados*, c'est-à-dire dans des fosses dont on a retiré la terre qu'on dépose en butte sur les bords : au bout d'un an, et même mieux au bout de deux ans de semis, on établit son plant, et à la troisième année on peut couper quelques-unes des plus belles pousses ; mais il vaut mieux attendre encore une année. Un beau plant d'asperges bien cultivées, et cela demande beaucoup de soins, peut durer vingt à vingt-cinq ans, mais après dix ou douze ans il commence à diminuer de produits. L'asperge est un aliment sain et de bonne nature, mais son usage communique aux urines une odeur forte et désagréable. Cette plante a été et est

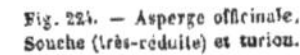

Fig. 224. — Asperge officinale. Souche (très-réduite) et turion.

encore tous les jours employée en médecine ; quelques praticiens lui reconnaissent des propriétés sédatives de l'action du cœur, et en cela ses effets se rapprocheraient de ceux de la digitale ; aussi l'a-t-on fréquemment recommandée dans les affections de cet organe (le sirop de pointes d'asperges) ; sa racine a été aussi vantée comme un puissant diurétique ; mais toutes ces propriétés n'ont pas toujours été confirmées par la pratique et l'observation exacte des faits.

Cette plante est caractérisée par une souche horizontale, à fibres épaisses, donnant tous les ans des pousses blanches terminées par un bourgeon verdâtre, rougeâtre, violet, et comestible : si on ne le coupe pas, il produit une tige rameuse, à feuilles minces, lisses, des fleurs jaunâtres ; calice à 6 sépales, 6 étamines ; ovaire à 3 loges, style simple ; baies d'un beau rouge contenant 3, ?, ou même 1 graine presque sphérique.

ASPÉRIFOLIÉES (Botanique), du latin *asper*, rude, *folium*, feuille. — Vingt-deuxième classe de plantes *Dicotylédones gamopétales hypogynes*, établie par M. A. Brongniart dans sa classification. Elles ont les feuilles alternes ; corolle à préfloraison imbriquée ; étamines en nombre égal aux divisions de la corolle et alternant avec elles. Pistil à 2 carpelles. Fruit : 4 akènes, drupes à 4 nucules ou capsules. Graines à périsperme nul, ou plus ou moins épais. Embryon droit. Cette classe comprend les familles des *Cordiacées*, *Borraginées*, *Hydrophyllées* et *Hydroléacées*. Quelques auteurs ont appliqué le nom d'*aspérifoliées* à la famille des *Borraginées*. Lehmann, dans sa *Monographie*, a désigné ainsi ces plantes (*Plantæ e familia Asperifoliarum*. Hamburgi, 1821). (Schrader, *De Asperifoliis Linnæi*. Gœttingæ, 1820.)

ASPÉRULE (Botanique), *Asperula*, Lin., du latin *asper*, âpre, parce que les feuilles de quelques espèces sont rudes. — Genre de plantes de la famille des *Rubiacées*,

Fig. 225. — Aspérule (herbe à l'esquinancie).

type de la tribu des *Aspérulées*, selon M. Brongniart. L'*A. des champs* (*A. arvensis*, Lin.) est une jolie petite plante indigène, à fleurs variant du bleu au lilas, dont la racine donne une couleur qui avait passé pour succédanée de la garance ; mais elle est loin de valoir celle-ci. L'*A. herbe à l'esquinancie* (*A. cynanchica*, Lin.) est aussi indigène et a passé longtemps, ainsi que son nom l'indique, pour posséder d'importantes propriétés médicinales. Aujourd'hui sa racine est seule employée pour teindre la laine en rouge, dans quelques pays du Nord. L'*A. odorante* (*A. odorata*, Lin.), *petit muguet, muguet des bois, reine des bois,* croît dans nos environs. Ses fleurs, campanulées et blanches, répandent une odeur suave qui la fait cultiver pour l'ornement. Cette espèce, autrefois préconisée en médecine, n'est plus guère employée. On la retrouve seulement dans la composition des vulnéraires suisses. Prise en infusion théiforme, elle est tonique et stimule avantageusement l'appareil digestif. On raconte que Stanislas, roi de Pologne, faisait tous les matins usage de cette boisson. Les caractères du genre sont : calice à 4 dents ; corolle en entonnoir ou campanulée, à tube plus ou moins allongé ; 4 étamines ; fruit sec non couronné par les dents du calice. G—s.

ASPHALTE, Bitume asphalte, Bitume solide (Minéralogie). — C'est une des quatre variétés établies par Brongniart dans l'espèce minéralogique connue sous le nom de *Bitume ;* ces quatre variétés sont : le *Bitume naphte,* le *Bitume pétrole,* le *Bitume malthe,* le *Bitume asphalte ;* il en sera traité au mot Bitume.

ASPHODÈLE (Botanique), *Asphodelus,* Lin. (*asphodelos* des Grecs). — Genre de plantes de la famille des *Liliacées,* tribu des *Alvinées* (Brongniart), ou type du sousordre des *Asphodélées* (Endlicher). L'asphodèle était en faveur chez les anciens ; ils la semaient autour des tombeaux. Lucien dit que les mânes, après avoir traversé le Styx, descendent dans une longue plaine remplie d'asphodèles. Homère dit qu'Ulysse vit aux enfers une grande prairie toute semée d'asphodèles. Ce genre comprend des plantes vivaces, à racines fasciculées ; les fleurs disposées en grappe ; 6 étamines insérées sur la base du périanthe ; ovaire sessile presque globuleux, à 3 loges biovulées. Capsule à 3 loges contenant ordinairement 2 graines. L'*A. rameuse* ou *bâton royal* (*A. ramosus,* Lin.) peut s'élever jusqu'à 1ᵐ,50. Elle croît abondamment dans toute l'Europe méditerranéenne, le nord de l'Afrique et les Canaries. Cette espèce est aujourd'hui l'objet d'une industrie très-importante, principalement en Algérie. Ses tubercules fournissent de l'alcool très-pur, et avec leur résidu, les tiges et les feuilles, on fait du carton et du papier. M. Dumas s'exprime ainsi sur les qualités de l'alcool de l'asphodèle. « Il est limpide et incolore ; son odeur franche est celle de l'alcool même ; mélangé avec deux fois son volume d'eau, il donne un liquide dont l'odeur offre quelque analogie avec celle que l'alcool de vin donne en pareille circonstance. Il ne contient ni acide, ni sel, ni matière huileuse ; il brûle sans résidu et sa flamme est parfaitement identique à celle de l'alcool pur. En résumé, l'alcool d'asphodèle est d'une qualité très-marchande, d'un titre élevé et d'une pureté qui ne laisse rien à désirer. » Un hectare, moyennement garni d'asphodèles, peut donner de 25 à 30 000 kilogrammes de tubercules représentant 20 à 25 hectolitres d'alcool. L'*A. Jeanne, verge de Jacob, bâton de Jacob,* que Reichenbach a classée dans son genre *Asphodéline,* est une plante dont la tige, de 1 mètre de haut, est garnie de petites feuilles triangulaires disposées en spirale, et terminées pendant l'été par un bel épi de fleurs d'un beau jaune. Elle est du midi de la France. G—s.

ASPHODÉLÉES (Botanique). — Premier sous-ordre de la famille des *Liliacées,* d'après l'arrangement d'Endlicher. Ses caractères sont : périanthe tubuleux ou partagé en 6 segments, régulier ; 6 étamines hypogynes ou périgynes par l'effet de leur insertion sur le périanthe ; ovaire à 3 loges contenant en général chacune de nombreux ovules. Fruit capsulaire ou en baie, renfermant des graines globuleuses ou anguleuses, couvertes d'un tégument crustacé noir. Herbes à bulbes, à tubercules ou à racine fibreuse fasciculée. Ce sous-ordre se subdivise en deux tribus : les *Asparagées* et les *Hyacinthées.*

ASPHYXIE (Médecine), du grec *sphuxis,* pouls, et *a* privatif, privation du pouls. — État de mort apparente provenant de la suspension de la fonction respiratoire, amenant successivement celle de toutes les autres, et enfin la mort réelle. Les différentes causes qui peuvent la produire ont fait distinguer l'asphyxie en : *A. par submersion, A. par strangulation,* ou *suspension,* ou *suffocation, A. par gaz non respirables,* mais *non délétères* (azote, hydrogène, protoxyde d'azote, air non renouvelé, etc.), *A. par gaz délétères* (le plomb des fosses d'ai-

sances) (voyez Plomb), la vapeur du charbon, les gaz provenant des cuves de raisin, ceux des marais, des mines de charbon ; *A. par la foudre, le froid ;* enfin *A. des nouveau-nés.* L'asphyxie provient de ce que le sang veineux n'a pas été changé en sang artériel, par son contact avec un air de bonne nature dans l'acte de la respiration. Dans le traitement, il faut donc d'abord éloigner toutes les causes qui ont pu amener cet état. Ainsi dans l'*A. par submersion,* on couchera le malade sur le côté, la bouche libre ; on tâchera qu'il rende l'eau qui pourrait obstruer les bronches, mais sans lui mettre la tête en bas, comme le font imprudemment quelques personnes ; on pressera légèrement et alternativement la poitrine et le bas-ventre dans le sens des mouvements respiratoires ; le corps sera essuyé avec soin, enveloppé de couvertures, la tête couverte d'un bonnet ; on reviendra de temps en temps à la pression de la poitrine ; si les mâchoires sont serrées, on les écartera et on les maintiendra dans cet état avec un bouchon de liége ; on réchauffera le noyé par tous les moyens possibles, sachets de sable, bassinoire, etc. On fera des frictions avec de la laine chaude sur les bras, les cuisses, le long de l'épine, sur la région du cœur ; on brossera fortement, et à plusieurs reprises, la plante des pieds et la paume des mains. Si le noyé donne quelques signes de vie, on continuera tous ces moyens ; si au bout d'une demi-heure on n'obtient rien, on aurait recours aux insufflations de fumée de tabac dans le rectum ; on pourrait les faire au moyen de deux pipes abouchées, l'une chargée de tabac et allumée, un des tuyaux placé dans le rectum et l'autre dans la bouche de la personne qui insufflerait : on les ferait du reste avec précaution. Toutes ces opérations seront répétées avec discernement jusqu'à ce que le malade ait respiré, ou jusqu'à ce qu'on ait perdu tout espoir. On en a vu revenir après six heures de tentatives (voyez Noyé). Les autres asphyxies ne demandent que quelques modifications tenant à la nature de la cause ; ainsi dans celle par les *gaz délétères,* outre les moyens indiqués plus haut et applicables à la circonstance, le malade sera porté au grand air ; si c'est par le *gaz des fosses d'aisances,* il sera arrosé d'eau chlorurée ; si c'est par un autre gaz, d'eau froide. Aussitôt qu'il pourra avaler, on lui fera boire de l'eau vinaigrée, etc. L'*A. par la foudre* réclame à peu près le même traitement, aussi bien que celle par *strangulation, suffocation.* Par le *froid,* ce sera l'emploi judicieux d'une température graduellement de plus en plus chaude, etc. Dans tous les cas, lorsque le malade aura donné des signes de vie bien évidents, si des accidents de pléthore locale surviennent, on pourra les combattre par les sinapismes, la saignée, les sangsues, etc. Dans l'*A. des nouveau-nés,* qui se distingue de l'apoplexie en ce que, dans le premier cas, l'enfant est pâle, flasque, on doit le ranimer par des frictions, des pressions légères sur la poitrine, etc., et ne pas se hâter de couper le cordon avant qu'il ait donné signe de vie. M. le préfet de police a fait publier et afficher, à la date du 17 juillet 1850, une ordonnance, suivie d'une longue instruction du conseil de salubrité, sur les secours à donner aux asphyxiés et aux noyés. Il est bien à regretter que cette instruction, ainsi que toutes celles du même genre, ne reçoivent pas une publicité encore plus grande et qu'elles ne soient pas affichées dans Paris le plus souvent possible. — Guerard, *Observations sur les secours à donner aux noyés et aux asphyxiés.* (Annales d'hygiène, etc. 1850, t. XLIV, p. 274.)

Chez nos animaux domestiques, l'asphyxie peut se produire à peu près dans les mêmes circonstances que dans l'homme ; cependant il est une cause particulière qui doit être signalée dans les Ruminants, et plus spécialement dans le bœuf et le mouton : lorsque ces animaux ont mangé une certaine quantité d'herbe fraîche (trèfle, luzerne), il peut se développer dans le rumen (la panse) (voyez Rumen) une quantité de gaz telle qu'elle refoule fortement le diaphragme (voyez ce mot) en avant, et, d'après la conformation en cône étroit de la poitrine de ces animaux, leurs poumons sont fortement comprimés et ils sont rapidement asphyxiés. La ponction du rumen au moyen d'un trocart les débarrasse ordinairement (voyez Ponction, Tympanite). F—n.

Asphyxie des arbres (Arboriculture). — Les racines des plantes ont besoin, pour remplir leurs fonctions, de recevoir l'influence de l'air atmosphérique. Si un arbre est planté trop profondément, ses racines pourrissent et il meurt bientôt. Si un terrain planté en arbres depuis plusieurs années est tout à coup surélevé par un remblai d'un mètre d'épaisseur, par exemple, les racines ne reçoivent plus qu'une action insuffisante de l'air, les arbres deviennent languissants et disparaissent bientôt. Ces accidents sont dus à une véritable asphyxie des racines. Parfois, cependant, quand il s'agit de jeunes arbres à bois mou, la base de la tige donne lieu à un nouvel appareil de racines qui viennent remplacer celles qui sont situées trop profondément. Mais c'est un fait trop exceptionnel pour qu'on puisse toujours y compter; il sera donc plus prudent d'enlever le remblai dès que les arbres présenteront ces signes de souffrance. A. Du Br.

ASPIC, Aspis (Zoologie). — Espèce de serpent très-venimeux et célèbre dans l'histoire de Rome et de l'Égypte, par la mort de Cléopâtre; on sait que cette reine d'Égypte, dont les charmes avaient subjugué César et Antoine, était tombée entre les mains d'Auguste après la bataille d'Actium : ne voulant pas servir à parer le triomphe du vainqueur qu'elle n'avait pu séduire, elle résolut de mourir et se fit apporter dans une corbeille de fruits, ou de fleurs, suivant d'autres, un *aspic* dont la morsure la fit périr à l'instant : de là vient le nom d'*aspic de Cléopâtre* donné à ce serpent. Il est difficile de savoir au juste quel était cet aspic des anciens; cependant les naturalistes s'accordent généralement à penser que c'est l'*Haje* (*Coluber haje*, Lin.), et c'est l'opinion bien arrêtée de Cuvier, qui s'exprime ainsi : « C'est incontestablement le serpent que les anciens ont décrit sous le nom d'aspic d'Égypte, de Cléopâtre, etc. » Et en effet, Lucain (*Pharsale*, liv. IX, vers 701), dans l'énumération qu'il fait des serpents de Libye, contrée, comme on sait, voisine de l'Égypte, regarde l'*aspis* comme la plus dangereuse espèce, et il le caractérise d'une manière remarquable par ce vers; *aspida somniferam tumida cervice levavit;* l'aspic somnifère au col gonflé : or il n'existe que deux serpents auxquels on puisse appliquer ce caractère, d'offrir un gonflement remarquable du cou, ce sont le *Naja de l'Inde* (*Coluber naia*, Lin.), dont la patrie, comme on voit, est bien éloignée de l'Égypte, et l'*Haje d'Égypte* (voyez NAIA, HAJE, VIPÈRE). L'haje dont il est ici question appartient au sous-genre *Naia*, genre *Vipère* (*Vipera*, Daud.). Ce sont des *serpents venimeux à crochets isolés*, ordre des *Ophidiens*. Ce mot *aspic* ou *aspis* employé encore par quelques naturalistes n'est cependant pas resté généralement dans la science; mais il continue encore à avoir cours dans le langage ordinaire : ainsi la Vipère cherséa de Lacépède est l'*Aspis* d'Aldrovande; la *Vipera ocellata* de Daudin et de Latreille est l'*Aspic* de Lacépède; le Céraste d'Égypte est l'*Aspic céraste* de Fitzinger; enfin, Linné désigne sous le nom de *Coluber aspis* une variété de la Vipère commune, chez laquelle les taches du dos et des flancs forment une bande longitudinale ployée en zigzag : on la nomme *Aspic* dans les environs de Paris. « C'est cette variété, dit Cuvier, qui s'était multipliée il y a quelques années dans la forêt de Fontainebleau. » Sa morsure est aussi dangereuse que celle de la Vipère commune (voyez VIPÈRE).

Aspic (Botanique). — Nom vulgaire de la *Lavande spic* (*Lavandula spica*) avec laquelle on prépare l'*huile d'aspic*.

Aspic (Huile d') (Matière médicale). — On désigne sous le nom d'*huile d'aspic* une substance oléagineuse, blanche, volatile, limpide, transparente, très-inflammable, d'une odeur et d'une saveur âcre, peu agréable, qu'on obtient de la distillation des fleurs de la *Lavande spic*, et qu'on prépare surtout en Provence. On l'emploie quelquefois en médecine, soit en frictions dans les paralysies, soit à l'intérieur, à la dose de deux ou trois gouttes. Comme celle de *toutes les autres Labiées, cette huile essentielle renferme du camphre et même en assez grande quantité.

ASPICARPA (Botanique), Rich., du grec *aspis*, bouclier, et *karpos*, fruit, à cause de la forme du fruit. — Genre de plantes de la famille des *Malpighiacées*, tribu des *Gaudichaudiées*. Il comprend des plantes qui présentent cette singularité, qu'elles ont des fleurs de deux sortes : dans les unes, disposées en ombelle, un calice à 5 divisions, corolle à 5 pétales onguiculés, 5 étamines, 1 style et 3 ovaires; les autres sont apétales, très-petites, verdâtres, ayant un calice aussi à 5 divisions, avec une seule étamine et 2 ovaires sans style. L'*A. urens*, Lagasca (*A. hortella*, Rich.) est un arbrisseau grimpant, presque ligneux, très-poilu. Il est originaire de la Nouvelle-Espagne. On le cultive en serre chaude.

ASPIDIÉES, Gaudichaud, ou ASPIDIACÉES, Presl (Botanique). — Tribu de *Fougères* ayant le genre *Aspidium* pour type. Presl la divise en deux sections : les *Néphrodiées*, qui ont le tégument réniforme et les *Aspidariées*, qui ont les capsules recouvertes par un tégument

arrondi ou ovale, ombiliqué et inséré par son milieu.

ASPIDIUM (Botanique) (voyez ASPIDIÉES). — Genre de plantes de la tribu des *Fougères*, section des *Aspidariées* de Presl; les sores sont recouverts d'un prolongement de l'épiderme de la fronde (indusie) : la *fougère femelle* faisait partie de ce genre.

ASPIDOPHORES (Zoologie), du grec *aspidophoros*, qui porte un bouclier. C'est l'*Agonus* de Block et de Schneider, le *Phalangista* de Pallas. — Genre de *Poissons Acanthoptérygiens*, famille des *Joues cuirassées*. Nos côtes de l'Océan en possèdent une espèce, l'*A. d'Europe* (*Cottus cataphractus*, Lin.), petit poisson qui n'atteint guère que $0^m,10$ à $0^m,15$, qui a la bouche ouverte en dessous et la membrane des ouïes garnie de petits filaments charnus. On le trouve dans les mers du Nord, à l'embouchure des grands fleuves; on le prend au filet et à l'hameçon et on le mange après lui avoir coupé la tête et enlevé la cuirasse.

ASPIRATEUR. — Voyez ÉCOULEMENT DES LIQUIDES.

ASPLÉNIACÉES (Botanique). — Tribu de la famille des *Fougères* ayant pour type le genre *Asplenium*. Caractérisée par des capsules généralement linéaires, quelquefois ovales ou arrondies, groupées le long d'une des nervures secondaires, rarement vers son extrémité; le tégument qui les recouvre, naît latéralement de cette nervure. Presl a divisé ce groupe en cinq sections dont les principales sont : les *Blechnacées*, les *Aspléniacées* et les *Scolopendriées*.

ASPLÉNIUM (Botanique).—Nom latin du genre DORADILLE (voyez ce mot).

ASPRÈDES ou PLATYSTES (Zoologie), *Aspredo*, Lin.; *Platystacus*, Bl. — Genre de *Poissons malacoptérygiens abdominaux*, famille des *Siluroïdes*, caractérisé surtout par la tête aplatie, la partie antérieure du corps large, la queue longue et grêle. L'espèce la plus connue est le *Silurus aspredo*, de Linné, *Platystacus lævis*, de Block, qui habite les fleuves de l'Inde; il est d'un brun violacé en dessus, blanchâtre en dessous.

ASPRO (Zoologie), Cuvier, du latin *asper*, rude. — Genre de *Poissons acanthoptérygiens* (voyez APRON).

ASSA FŒTIDA (Chimie). — Gomme-résine qui se présente en petites masses d'un brun rougeâtre, d'une odeur fétide; on en extrait un produit résineux de composition définie $C^{40}H^{26}O^{10}$. Par la distillation de l'eau sur l'*Assa fœtida*, on obtient une essence sulfurée, d'une odeur infecte, très-soluble dans l'alcool; sa formule serait $C^{15}H^8S^2O$. Cette essence, broyée avec l'oxyde de mercure, donne du sulfure de mercure; au contact du potassium, sous l'action de la chaleur, elle engendre du sulfure de potassium et abandonne une matière charbonneuse.

Assa-fœtida (Matière médicale), et mieux, suivant quelques-uns, ASA-FŒTIDA, du persan *asa*, résine, et du latin *fœtida*, puante. — Gomme-résine qui découle par incisions faites à la racine de la plante nommée *Ferula assa fœtida*, famille des *Ombellifères*. L'arbre qui la produit croît dans la Perse et dans l'Indoustan. Elle a une saveur âcre et une odeur fétide qu'on a comparée à celle de l'ail, mais elle est beaucoup plus repoussante; et pourtant les Asiatiques la recherchent comme assaisonnement en font grand cas : elle était aussi, dit-on, très-estimée des Romains. Quoi qu'il en soit, cette gomme-résine nous arrive de la Perse et de l'Inde, par la voie de Bombay et de Calcutta, en masses assez considérables, brunes, rougeâtres, d'une consistance un peu molle, laissant voir quelques petites larmes blanches un peu transparentes; elle répand une odeur forte, pénétrante, qui lui a fait donner le nom vulgaire de *stercus diaboli*. L'assa-fœtida se dissout facilement dans le vinaigre fort, l'alcool faible. Cette substance a été très en vogue autrefois en médecine, mais aujourd'hui elle est peu employée; cependant on la prescrit encore comme anti-spasmodique, surtout dans l'hystérie. Son odeur et sa saveur repoussantes ne permettent guère de l'employer en dissolution autrement qu'en lavement : on la prescrit en pilules (1 ou 2 grammes par jour) ou en teinture alcoolique.

ASSAINISSEMENT (Hygiène), du latin *sanus*, sain. — L'assainissement consiste dans la recherche et l'emploi des moyens propres à faire disparaître les causes d'insalubrité. C'est dans l'air, l'eau, le sol, que l'homme et les animaux puisent les principales sources de la vie, et leur altération peut amener la maladie et la mort; l'hygiène publique a pour but d'entretenir leur pureté par les grands travaux de défrichement, de dessèchemens, de culture, etc. Dans une sphère plus restreinte l'encombrement des hommes et des animaux domestiques dans des espaces trop limités, les camps, les hôpitaux, les salles d'assemblées, etc. ; la création des grands établissements industriels, l'exercice des professions insalubres, etc. ; sont des causes qui toutes peuvent vicier l'air, les eaux, imprégner même le sol de matières délétères et réclament pour l'assainissement, des mesures de police administrative propres à empêcher le développement des épidémies ou même des épizooties. La distribution et l'appropriation intelligente du calorique et de la lumière sont également d'une grande importance dans l'hygiène publique et privée, et il doit en être tenu grand compte, dans les différentes circonstances énumérées plus haut. Enfin l'assainissement peut avoir pour objet l'hygiène tout à fait privée, et le moyen de corriger les causes d'insalubrité de nos habitations : ainsi l'humidité, le défaut de renouvellement d'air, les procédés de chauffage, de ventilation, etc. (voyez DÉSINFECTION, DESSECHEMENT, ÉPIDÉMIE, ÉPIZOOTIE, HYGIÈNE, MARAIS, etc.).

ASSAISONNEMENT (Hygiène). — Substances destinées à ajouter à la saveur des aliments et à stimuler les fonctions digestives. Leur usage est si général qu'ils peuvent être regardés comme indispensables à l'homme : il faut pourtant en régler l'emploi, car leur abus peut être très-préjudiciable à la santé en introduisant en trop grande quantité dans l'économie des principes âcres et malfaisants. Le professeur Requin a divisé les assaisonnements en : 1° *salins*, comme le nitre et surtout le sel qui paraît indispensable à l'homme ; 2° *acides*, vinaigre, verjus, citron ; 3° *âcres*, ail, ciboule, civette, échalote, oignon, poireau, moutarde, câpres, capucines, cresson, radis, raiforts ; 4° *aromatiques*, anis, cannelle, cerfeuil, estragon, girofle, persil, serpolet, truffes, thym, vanille ; 5° *aromatico-âcres*, gingembre, muscade, piment, poivre ; 6° *aromatico-amers*, amandes amères, eau de fleurs d'oranger, safran ; 7° *sucrés*, sucre, miel ; 8° *gras*, huile d'olive, de noix, d'amandes douces, graisse, beurre. Quelques autres assaisonnements composés, tels que *viandes fumées*, *fruits confits dans le vinaigre*, poissons conservés et marinés, le *thon*, les *anchois*, etc., sont en même temps des aliments.

ASSEMBLAGE. — Liaison fixe ou mobile de pièces de bois ou de métal très-fréquemment employée dans les arts ou l'industrie.

Les modes d'assemblage sont extrêmement variés, et le but de cet article ne nous permet pas d'entrer dans de grands détails à ce sujet, nous nous bornerons à faire remarquer que les assemblages peuvent être fixes ou mobiles, qu'ils peuvent s'appliquer à des pièces de bois, ou à des pièces métalliques. On distingue aussi les assemblages *de bout* destinés à allonger les pièces, les assemblages *de champ* pour les élargir, les assemblages *angulaires* et les assemblages *articulés*. Nous citerons particulièrement parmi les assemblages fixes de bout usités dans la menuiserie et la charpente, l'assemblage à *traits de Jupiter*, représenté dans notre figure 226⁴. Le dessin représente l'épaisseur de la planche, on voit par le profil des deux pièces, qui peut être en *flûte* ou *équarri*, qu'il y a un espace vide en D et O formant une mortaise ; on chasse dans cette mortaise et en sens inverse, deux coins ou *clefs* en bois pour serrer le joint et le rendre plus solide. On emploie, en outre, généralement des anneaux ou *frettes* en fer pour ajouter encore à la solidité de ce système.

L'*A. de champ*, principalement usité en menuiserie pour élargir des planches trop étroites, se fait à *feuillure mi-bois*, à *rainure et languette* (fig. 226⁵) ou à *clef*. Dans ce dernier cas on consolide la clef dans les mortaises de chaque pièce, outre la colle forte, au moyen de chevilles en bois.

Les *A. angulaires* sont très-nombreux ; on les fait à *mi-bois* fixé avec de la colle, des clous ou des chevilles, à *queue d'aronde* ou *d'hironde* (fig. 226⁴), moyen fréquemment employé pour les boîtes ou tiroirs ; à *tenon et mortaise* (fig. 226⁶), à *onglet*, etc. Ce dernier mode, employé pour la réunion des pièces décorées de moulures, est en outre à clef ou bien les deux onglets sont simplement réunis par de la colle et des clous.

Les assemblages fixes des pièces métalliques se font partie comme ci-dessus, partie au moyen de chevilles rivées, de vis ou d'écrous et boulons.

L'*A. articulé* est à peu près exclusivement réservé aux pièces de bois. Quand on l'applique au bois, c'est presque toujours par l'intermédiaire de parties métalliques, telles que *charnières*. Dans les machines, l'une des pièces de l'assemblage articulé est terminée par une fourchette entre les deux bras de laquelle pénètre l'ex-

trémité de l'autre pièce ; le tout est traversé par une tige cylindrique pouvant tourner à frottement doux sur l'une des tiges ou bien (*fig.* 226⁷) l'une des pièces est

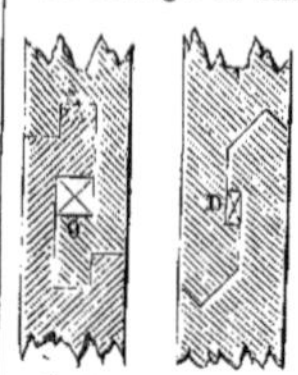

Fig. 226³. — Assemblage à rainure.

Fig. 226¹. — Assemblage à traits de Jupiter.

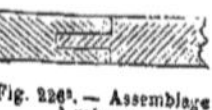

Fig. 226⁴. — Assemblage à queue d'aronde.

Fig. 226². — Assemblage articulé.

Fig. 226⁶. — Assemblage à tenon et mortaise.

Divers modes d'assemblage.

terminée latéralement par un bouton qu'embrasse à frottement doux l'extrémité *m* façonnée en anneau de l'autre pièce (voyez BIELLE, VAPEUR (MACHINES A) MOUVEMENT (TRANFORMATION DE).

ASSIMILATION (Physiologie), du latin *assimilare*, rendre semblable. — Les physiologistes donnent ce nom au phénomène de la transformation des substances empruntées au dehors en la substance propre de nos organes. L'animal, par cet acte, assimile à ses tissus des matières primitivement différentes et situées au dehors. Ces matières sont empruntées aux substances dont se nourrit l'animal, ou à celles qu'il absorbe à l'état liquide ou gazeux, et on y retrouve tous les éléments que renferment les tissus des animaux, le *carbone*, l'*hydrogène*, l'*oxygène* et l'*azote*. L'oxygène lui arrive par l'acte de la respiration, l'hydrogène par l'eau que le corps prend de tous côtés : l'origine de l'azote et du carbone ne peut être déterminée que par les aliments que l'animal digère. C'est le sang qui porte partout les éléments dont nous venons de parler ; or le sang (voyez ce mot), outre les graisses, le sucre, matières non azotées, est riche surtout en substances azotées, telles que la fibrine et l'albumine qui renferment de plus tous les éléments dont il a été question : comme il les transporte à l'état liquide, il est aisé de comprendre qu'il nourrit nos chairs qui sont, en quelque sorte, de la fibrine et de l'albumine solidifiées. C'est donc évidemment le sang qui effectue l'assimilation, et les principes azotés sont particulièrement propres à cette transformation et semblent être la matière première de nos tissus.

Nous n'avons rien à dire du travail physiologique qui s'opère dans le phénomène de l'assimilation ; il se passe dans nos organes une série de métamorphoses, de mutations des matières azotées empruntées à nos aliments pour venir prendre place parmi nos tissus, y jouer leur rôle et en être éliminées lorsqu'ils y ont vieilli. L'urine semble être le véhicule par lequel sont rejetés au dehors les résidus qui proviennent des mutations de ces matières azotées ; en effet, elle contient un corps spécial, riche en azote, et que l'on connaît sous le nom d'*urée* ; celle-ci forme près de moitié des parties solides de l'urine et contient environ 0,47 de son poids en azote.

Quant aux matières saccharoïdes et grasses, elles ne paraissent avoir aucune part dans l'assimilation qui reconstitue nos tissus, elles semblent plutôt fournir à la respiration les éléments de la *combustion* ou *oxydation* qui a lieu dans l'*hématose*.

Puisque c'est par l'assimilation que s'effectue le développement des animaux, on conçoit qu'il n'est jamais plus actif qu'aux premiers temps de la vie. A cette époque, en effet, l'organisme a le pouvoir de produire des parties nouvelles, et peu à peu l'animal se complète en transformant en ses organes les matériaux qu'il puise sans cesse au dehors. Chez les animaux les plus simples, cette force assimilatrice conserve son énergie première pendant toute la vie : il en est même chez lesquels elle se manifeste par la faculté de reproduire des parties plus ou moins considérables de leur corps lorsqu'ils les ont perdues; c'est ce qu'on remarque surtout chez certains Zoophytes. Beaucoup d'Annélides, et particulièrement les Lombrics ou Vers de terre, se prêtent à de semblables régénérations. Avec l'âge, l'énergie assimilatrice diminue dans les animaux et laisse prédominer les fonctions opposées qui rejettent hors de nous certains matériaux, et décomposent le corps que compose l'assimilation; c'est ainsi que ce corps s'épuise peu à peu et que la vie ne peut plus s'y exercer.

ASSIMINIER (Botanique). — Voyez Asiminier.

ASSIPONDIUM (*As. libella*). — Unité de monnaie chez les Romains; première monnaie employée par les Romains, fut primitivement une masse de cuivre d'une livre, sans effigie; plus tard on y représenta une brebis (*pecus, pecunia*). — Vers l'an 490 de Rome (264 av. J. C.) fut réduit à un sextant (2 onces rom.), puis en 537 (217 av. J. C.) à une once; l'effigie fut alors un char à deux ou quatre chevaux. L'an 563 de Rome, la loi Papiria réduisit l'as à une demi-once. Jusqu'en 536 sa valeur fut de 0ʳ,08 et de 0ʳ,05 de 536 à 720. Quand les monnaies d'argent devinrent communes, l'as tomba en désuétude et on compta par sesterces (voyez le *Dictionnaire général des Lettres et Beaux-arts*).

ASSOLEMENT (Agriculture), du mot français *sole*. — On nomme ainsi la division des terres d'une exploitation rurale en un nombre déterminé de parties égales qu'on appelle *soles*, la fixation de l'étendue qui doit être donnée à chacune d'elles, et l'ordre dans lequel les récoltes doivent s'y succéder, de manière que dans un cours de culture triennal, par exemple, la première partie soit en jachère, la deuxième en blé, la troisième en avoine, et qu'après ces trois années expirées, on reprenne pour les suivantes l'ordre que l'on a suivi pour les trois premières; c'est ce que l'on nomme encore *rotation*.

La nécessité de l'alternance de diverses sortes de récoltes sur le même terrain était parfaitement connue des anciens; mais jusqu'à ces derniers temps on n'avait pu expliquer les causes qui la rendent indispensable; depuis la fin du dernier siècle, les progrès de la chimie et de la physiologie végétale sont venus jeter quelques lumières sur cette question. On avait remarqué depuis longtemps l'insuccès de certaines récoltes se succédant à elles-mêmes ou à certaines autres espèces; qu'en général, par exemple, les produits du blé, du lin, du trèfle, de la luzerne, diminuaient dans une forte proportion, quelque soin qu'on prît de fumer convenablement; que le froment réussissait mal après les pommes de terre et les betteraves : on a enfin expliqué cela par l'état dans lequel ces plantes laissent le sol qui les a nourries, et qui ne convient plus aux besoins des nouvelles récoltes. Il suffit donc de replacer le sol dans des conditions convenables; ainsi le dépérissement du blé tient, en grande partie, à l'abondance toujours croissante des plantes nuisibles : la luzerne, le lin, le trèfle, se succédant à eux-mêmes, dépérissent, parce que leurs racines pivotantes et peu ramifiées épuisent le sol à une trop grande profondeur. Les pommes de terre et les betteraves sont un mauvais précédent pour le blé, parce que leur récolte tardive ne permet pas de semer à une époque convenable, et que ces racines ameublissant profondément la terre, celle-ci se tasse pendant l'hiver et déchausse le blé.

Il est bien prouvé que les racines des plantes absorbent indistinctement toutes les matières dissoutes dans l'eau, même celles qui leur sont nuisibles; cependant il est vrai de dire que la proportion des principes absorbés n'est pas la même pour les diverses espèces de plantes. Ainsi on trouve par l'analyse que la pomme de terre absorbe une plus grande quantité de potasse qu'en n'en contient habituellement le fumier, et que, quoique la terre reste chargée d'une quantité notable de principes azotés, elle ne réussira que difficilement, si on continue sa culture sans ajouter de la potasse aux engrais qu'on lui donnera. Le blé, au contraire, absorbe moins de potasse et une plus grande proportion des autres principes fertilisants. Mais les plantes ne vivent pas seulement aux dépens du sol, elles puisent aussi dans l'atmosphère au moyen de leurs feuilles une partie des éléments qui les font vivre; si cette fonction des feuilles est très-active et l'emporte sur celle des racines, on aura des plantes qui épuiseront moins le sol que dans le cas contraire. Une autre cause d'épuisement de la terre, c'est que la même espèce de plantes sera d'autant plus épuisante qu'on devra attendre pour la couper l'époque de la maturité. Enfin, les plantes puisent dans le sol, en raison directe

du poids de leurs produits. On conçoit par là l'importance de ces faits, dévoilés par les travaux chimico-physiologiques modernes dans la théorie des assolements, et on voit combien il est intéressant que le cultivateur se rende un compte exact de la perte d'engrais éprouvée par la terre après chaque récolte; de là découle aussi naturellement la connaissance de la quantité et de la nature des engrais qui devront être employés dans telle ou telle culture (voyez Engrais).

Les bornes qui nous sont imposées ne nous permettent pas d'énumérer toutes les données du problème à résoudre par l'agriculteur pour la détermination de son assolement. Ainsi la culture des plantes favorise plus ou moins la multiplication des herbes nuisibles, suivant qu'elle exige plus ou moins de façon, ou suivant que, par la nature de leur végétation, elles étouffent plus ou moins les plantes nuisibles. L'obligation de donner à la terre un degré d'ameublissement convenable pour chaque récolte annuelle, influe sur le choix des plantes qui doivent composer le cours de culture et sur l'ordre de leur succession. Il importe aussi d'adopter un assolement qui permette de répartir à peu près également les divers travaux de culture entre toutes les saisons de l'année. La quotité du capital d'exploitation, la réalisation des produits, les influences du sol et du climat, sont des considérations qui doivent être mûrement pesées par le cultivateur au moment d'opérer la division du terrain qu'il destine à une exploitation agricole. C'est sur ces idées, et sur un grand nombre d'autres, qu'il ne nous est pas possible d'exposer ici, qu'ont été formulées un certain nombre de propositions sur les assolements, dont voici les principales :

1° A une récolte d'une espèce en faire succéder une d'une espèce différente ; on évite ainsi la multiplication des plantes nuisibles et l'épuisement des couches profondes du sol.

2° A une récolte absorbant certains principes nutritifs, faire succéder une plante avide des éléments négligés par la récolte précédente.

3° Livrer aux récoltes fourragères la moitié des terres de l'exploitation, à moins qu'on ne puisse se procurer des engrais à un prix avantageux.

4° Faire succéder les récoltes nettoyantes, soit sarclées (betteraves, pommes de terre, carottes), soit étouffantes (pois, vesces), aux récoltes salissantes (blé, orge, etc.).

5° Choisir une succession de récoltes qui donne entre chacune d'elles un temps suffisant pour préparer convenablement le sol à recevoir un nouvel ensemencement.

6° Ne composer l'assolement que de plantes qui s'accommodent parfaitement du climat et de la nature du sol.

Il y a plusieurs systèmes d'assolement ou de rotation ; ce que M. de Gasparin appelle *cours de culture :* ainsi la rotation peut être biennale, triennale, quadriennale, etc. Dans l'assolement triennal, par exemple, la première année peut être en jachère pour détruire les mauvaises herbes, ou en plantes étouffantes (légumineuses) ; la deuxième année en blé ; la troisième, en avoine ou orge de printemps. Un des plus suivis en Angleterre, c'est l'assolement quadriennal : première année, racines binées et fumées (navets, carottes, féveroles, etc.) ; deuxième année, blé, orge d'hiver ; troisième année, trèfle, pois, vesce ; quatrième année, avoine, orge, blé d'hiver. Dans les terres argileuses où les plantes légumineuses réussissent mal, les assolements sont plus courts que ceux des terres légères : ainsi 1° fèves fumées et sarclées ; 2° blé. Nous n'avons pas besoin d'ajouter que les assolements varient à l'infini, et que leur étude pratique est un des objets qui doivent le plus occuper les méditations des cultivateurs sérieux. — Voyez, sur les assolements, les *Traités* de Thaër et Schwertz, les travaux de de Candolle, les ouvrages de Pictet, Yvart, Morel de Vindé, de MM. Boussingault, Joigneaux, et le *Manuel d'agriculture* de M. Moll.

ASSOUPISSEMENT (Médecine), en latin *sopor*. — C'est un état voisin du sommeil dans lequel, bien que les fonctions de relations soient suspendues, quelques-unes d'elles s'exercent encore imparfaitement. Ce phénomène s'observe dans un grand nombre de maladies, dans lesquelles il est souvent un symptôme fâcheux. La somnolence et le coma, le premier d'un degré moindre, le second plus profond, ont pourtant de grands rapports avec l'assoupissement.

ASTACUS (Zoologie). — Nom grec et scientifique de l'*Écrevisse* (voyez ce mot).

ASTARTÉ (Zoologie).—Belle coquille qui appartient à l'ordre des *Acéphales testacés* et, qui forme un sous-genre du genre *Vénus*. Elle est allongée, aplatie, seulement deux dents divergentes à la charnière, et un ligament extérieur, valves épaisses, compactes et parfaitement closes ; on en trouve plusieurs espèces dans les mers du Nord, et jusque dans la Méditerranée.

ASTATES (Zoologie), *Astata*, Latr. ; *Dimorpha*, Jur. ; du grec *astateô*, je change souvent de place. — Sous-genre d'*Insectes* de la famille des *Guêpes ichneumons*, genre des *Sphex* ; ils ont le corps assez court, la tête large. On les trouve dans les lieux sablonneux, en France et dans le midi de l'Europe ; leur nom vient de ce qu'ils sont toujours en mouvement. L'espèce la plus connue est l'*A. abdominale* (*A. abdominalis*, Latr.). La femelle, d'environ 0^m,000 de long, est noire, luisante, l'abdomen fauve.

ASTÈRE (Botanique), *Aster*, Nees, du grec *astér*, étoile. Toutes les fleurs de ce genre, élégamment radiées, ressemblent à des étoiles. — Genre de plantes de la famille des *Composées*, tribu des *Astéracées*, sous-tribu des *Astérées* (class. Ad. Brong.). Ce genre, qui renferme jusqu'à cent vingt espèces cultivées dans les jardins, a été séparé en plusieurs genres par les botanistes modernes. Il comprend, en général, des plantes d'un très-joli effet dans les parterres, qu'elles ornent élégamment par leurs grosses touffes de fleurs de différentes couleurs. L'*A. œil de Christ* (*A. amellus*, Lin.), est une espèce européenne, qui présente des fleurs en corymbe, à disque jaune couronnées de rayons d'un beau bleu. L'*A. de la Nouvelle-Belgique* (*A. Novi Belgii*, Nees) est originaire de l'Amérique septentrionale. Ses rayons sont d'un bleu pâle. Les espèces du genre *Aster* se cultivent presque toutes en pleine terre. La Reine-marguerite est aussi une Astère que Linné a nommée *Aster Chinensis*. Aujourd'hui cette belle plante, si répandue ainsi que ses variétés dans nos jardins, appartient au genre *Callistephus* ; elle a été désignée sous le nom de *Call. Chinensis* par Nees, et *Call. hortensis* par Cassini (voyez REINE-MARGUERITE). — (Nees von Esenbeck, *Genera et species Asterearum*. Vratislaviæ, (Breslau), 1832.)
G — s.

ASTÈRE (Zoologie), *Asterias*, Lin., du grec *astér*, étoile. — Famille de *Zoophytes échinodermes*, ordre des *Pédicelles*, ainsi nommés parce que leur corps est divisé en rayons, le plus souvent au nombre de cinq, comme des étoiles, ce qui leur a valu aussi le nom d'*Étoiles de mer :* au centre et en dessous est la bouche qui sert en même temps d'anus : de petites pièces osseuses, telles que des épines, des tubercules ou des écailles implantées dans une peau coriace et diversement combinées, composent la charpente de leur corps qui est déprimé et de forme orbiculaire. On les trouve en quantité sur toutes nos côtes, et quelquefois en si grande abondance, qu'elles servent d'engrais pour les terres. La famille des *Astéries* comprend les genres : 1° *Comatules*, Lamk (*Alecto*, Leach) ; 2° *Euryales*, Lamk (*Gorgonocephr'os*, Leach) ; 3° *Ophiures*, Lamk ; 4° *Astéries proprement dites*, Lamk ou *Étoiles de mer*.

ASTÉRIE proprement dite. — Dans ce genre, chaque rayon a en dessous un sillon longitudinal aux côtés duquel sont tous les petits trous qui laissent passer les pieds rétractiles, on y voit aussi des épines mobiles. La surface est également percée de pores qui laissent passer

des tubes plus petits que les pieds, destinés probablement à absorber de l'eau. Les principales espèces de ce genre sont : l'*A. vulgaire* ou *rougeâtre* (*A. rubens*, Lin.), la plus commune dans nos mers ; l'*A. glaciale* (*A. glacia-*

lis, Lin.), qui a souvent plus de 0^m,30 de diamètre ; l'*A. orangée* (*A. aurantiaca*, Lin.), la plus grande espèce de nos pays ; l'*A. à aigrettes* (*A. paposa*, Link), qui a plus de cinq rayons, etc.

ASTÉRIE, ASTÉRISME (Minéralogie). — On donne ce nom à un phénomène de réflexion d'une lumière vive devant une certaine variété de saphir, qui montre une étoile brillante à six rayons. On s'est aperçu qu'il en est de même en regardant la lumière d'une bougie à travers la pierre ; seulement ici c'est par réfraction. On s'est assuré depuis que plusieurs substances donnaient également des étoiles à branches plus ou moins nombreuses. M. Babinet a rattaché ces phénomènes à ceux des réseaux de stries parallèles, tracées sur une lame de verre à travers laquelle on regarde une bougie.

ASTÉRINÉES (Botanique). — Sous-tribu première de la tribu des *Astéroïdées*, dans la famille des *Composées* de de Candolle. Elle répond à présent à la sous-tribu des *Astérées* de M. Brongniart dans sa tribu des *Astéracées*. Caractères : capitules jamais dioïques, souvent radiés ; réceptacle souvent dépourvu de paillettes ; anthères dépourvues d'appendices à leur base. Les genres principaux compris dans les Astérinées sont : *Amellus*, Cassini ; *Astère* (*Aster*, Nees) ; *Bellium*, Lin. ; *Paquerette*, *Marguerite* (*Bellis*, Lin.) ; *œil d'or* ou *Verge d'or* (*Solidago*, Lin.) ; *Chrysocôme* (*Chrysocoma*, Lin.) ; et *Conyza*, Lin., etc., etc.

ASTERNAL (Anatomie), du grec *sternon*, et *a* qui marque l'absence. — On appelle *Côtes asternales*, celles qui ne s'articulent pas avec le sternum ; on les a improprement appelées *fausses côtes*.

ASTÉROIDÉES (Botanique). — Dix-septième classe de plantes dans la classification de M. Brongniart. Elle comprend des plantes *Gamopétales périgynes*. Corolle à préfloraison valvaire. Elle renferme la vaste famille des *Composées*.

ASTÉROÏDÉES (Botanique), *Asteroïdeæ*, Lessing. — C'est le nom donné à la troisième tribu des *Composées* dans la méthode de de Candolle. Ses caractères sont les suivants : capitules souvent radiés, rarement discoïdes ; style des fleurs hermaphrodites, cylindrique et bifide au sommet ; celui des fleurs du rayon à branches linéaires, un peu planes en dehors ; lignes stigmatiques saillantes, atteignant ou dépassant peu la partie moyenne des branches. Cette tribu se subdivise en quatre sous-tribus, savoir : les *Astérinées*, les *Tarchonanthées*, les *Inulées* et les *Buphthalmées*.

ASTÉROIDES. — On désigne ordinairement ainsi les petits corps planétaires auxquels on attribue le phénomène des *bolides*. Quelques astronomes continuent aussi à donner ce nom aux *petites planètes*, c'est-à-dire aux planètes découvertes depuis le commencement de ce siècle, dans l'intervalle qui sépare Mars de Jupiter. E. R.

ASTÉROPHYLLITES (Botanique fossile), du grec *astér*, étoile, et *phullon*, feuille. — Famille de *Plantes fossiles*, établie par M. A. Brongniart, et distinguée de toutes les autres par des feuilles nombreuses réunies en verticilles et disposées en étoiles. Ces plantes se rencontrent en grand nombre dans les terrains houillers de l'Europe et de l'Amérique septentrionale ; on n'en a encore trouvé aucune trace dans les terrains plus récents.

ASTHÉNIE (Physiologie), du grec *sthenos*, force, et *a* privatif. — Diminution, privation des forces. Ce mot, ainsi que l'indique son origine, désigne une diminution générale ou partielle des forces.

ASTHME (Médecine), du grec *asthma*, courte haleine, asthme. — C'est une affection spasmodique, ordinairement intermittente des organes de la respiration, qui revient par accès plus ou moins fréquents, avec une respiration habituellement gênée et haletante. L'asthme est souvent le symptôme d'une maladie du cœur, des poumons ou des gros vaisseaux ; dans ce cas, il suit les différentes phases de ces maladies (voyez EMPHYSÈME PULMONAIRE, HYDROTHORAX, ANÉVRYSME DU CŒUR). Lorsqu'il est essentiel, c'est une névrose de l'appareil respiratoire. Les principales causes prédisposantes sont l'hérédité, une conformation vicieuse de la poitrine, une vie sédentaire et oisive, la vieillesse, les travaux qui provoquent une accélération habituelle de la respiration, etc. Parmi les causes déterminantes, on doit ranger l'impression brusque d'un air froid, la colère, les exercices violents, un excès quelconque, la suppression d'une évacuation habituelle, la disparition subite d'une maladie cutanée ; quelquefois l'asthme survient à la suite de pleurésies, de pneumonies, de rhumes intenses. Lorsque la maladie est déclarée, les accès se renouvellent sous l'influence presque des mêmes causes; ainsi les changements de temps brusques, les brouillards, les dégels, les orages, les grands vents, l'humidité, les grandes chaleurs, le séjour au milieu d'une grande réunion, un accès de colère, l'usage des liqueurs alcooliques, la fumée de tabac, etc., suffisent pour les renouveler. Alors, le plus souvent aux approches ou dans les premières heures de la nuit, des bâillements, de la somnolence, le gonflement du ventre, une tristesse, une anxiété générale, des battements, des pulsations dans la région épigastrique, annoncent l'approche de l'accès; d'autres fois son invasion est subite : il survient une gêne plus grande dans la respiration, il y a des douleurs vagues, le malade est forcé de se tenir debout, assis ou penché sur ses genoux, il recherche l'air froid, il s'agite et craint d'étouffer; la respiration est précipitée, haletante, sifflante, la toux est pénible, suffocante, la parole est entrecoupée et à peine articulée, le visage est altéré, pâle, quelquefois gonflé et rouge, les lèvres livides, le pouls est petit, serré, rarement fréquent, l'expectoration est difficile, il y a souvent émission d'une urine abondante, aqueuse; quelquefois, les pieds et les mains se refroidissent, les épaules s'élèvent fortement à chaque inspiration : ces symptômes durent ordinairement plusieurs heures, avec plus ou moins d'intensité; enfin la respiration devient moins laborieuse, la toux s'humecte, l'expectoration est plus facile, le malade rend une urine plus foncée, et souvent sédimenteuse, et les accidents se calment; il y a cependant encore un sentiment de constriction du thorax, qui ne cesse que par le repos. Ces accès se renouvellent plus ou moins fréquemment, suivant la violence de la maladie et le retour des causes qui les ont déterminés. L'asthme essentiel est rarement mortel. Lorsqu'il est invétéré, et qu'il est héréditaire, il est presque incurable. Le traitement de la maladie, en général, consiste surtout dans l'emploi des moyens hygiéniques, l'air pur de la campagne, un pays tempéré, assez sec sans être trop élevé, des aliments doux, faciles à digérer, un exercice modéré, les voyages, une habitation saine, vaste, une température douce, des vêtements chauds, des frictions sur la peau, une vie calme et tranquille. Pour traitement médical, des boissons pectorales, légèrement aromatiques, quelques petites doses d'ipécacuanha, comme expectorant plutôt que comme vomitif; des frictions le long de la colonne vertébrale, avec des eaux distillées aromatiques (voyez AROMATIQUES (Plantes)) ; de légères saignées, s'il y a eu suppression d'hémorrhoïdes (voyez ce mot); des bains de pieds, etc. Pour le traitement des accès, il faut mettre le malade dans les meilleures conditions pour qu'il respire un air pur ; dans un lieu bien aéré, dans une position presque droite; on aura recours aux antispasmodiques, tels que les eaux distillées de chardon bénit, de tilleul, de fleurs d'oranger, quelques gouttes d'éther, une potion calmante ; l'ipécacuanha donné au commencement de l'accès l'a quelquefois arrêté ; on appliquera des sinapismes aux jambes; le malade fumera, s'il le peut, des cigarettes de feuilles de belladone, de stramoine, de jusquiame; les cigarettes dites d'*Espic* rendent souvent de grands services : les préparations de belladone surtout sont un des moyens les plus efficaces. On a employé avec succès l'eau distillée de laurier-cerise; enfin, si le malade est sanguin, s'il y a rougeur de la face, plénitude du pouls, on aura recours à la saignée du bras et même du pied. Il ne faut tenir aucun compte des dénominations d'*asthme sec* et d'*asthme humide;* elles ne sont dues qu'à la forme de l'accès dont le premier se termine sans expectoration. On a décrit sous le nom d'*asthme aigu des enfants* une affection qui n'est autre chose qu'un spasme nerveux, dont les symptômes débutent plus brusquement que dans l'asthme ordinaire.

ASTICOTS (Zoologie). — Voyez MOUCHE.

ASTRAGALE (Anatomie), du grec *astragalos*, osselet, talon. — C'est un des sept os du tarse dont il occupe la partie antérieure et supérieure; cet os, d'une forme à peu près cubique, s'articule en haut et en arrière avec le *tibia*, en bas avec le *calcanéum*, en avant avec le *scaphoïde;* en arrière, il offre une coulisse dans laquelle passe le tendon du *long fléchisseur* du gros orteil; en dehors, il répond au *péroné*, et en dedans, à la *cheville* ou *malléole* du tibia (interne).

Dans les *luxations* du pied, l'astragale abandonne quelquefois ses rapports avec les autres os du tarse; dans ce cas, il y a toujours un désordre considérable, et l'extirpation de l'astragale devient une ressource extrême.

ASTRAGALE (Botanique), *Astragalus*, Lin., du grec *astragalos*, vertèbre, talon. Allusion à la forme de la graine ou de la racine. — Genre de plantes de la famille des *Papilionacées*, tribu des *Lotées;* ses principaux caractères sont : Calice tubulé ou campanulé à 5 divisions; étamines diadelphes; gousse biloculaire. On en cultive à peu près une cinquantaine d'espèces. L'*A. à feuilles de réglisse* (*A. glyciphyllos*, Lin.) est une plante indigène qui donne en juin et en juillet des épis ovales oblongs de fleurs jaunâtres. Elle vient dans les bois, les prairies ombragées; on lui donne souvent les noms d'*Astragale réglissier*, *Réglisse sauvage*, *Réglisse bâtarde*. C'est un fourrage très-nourrissant. L'*A. baticus*, espèce de grande taille, donne une quantité considérable de gousses contenant chacune une dizaine de grains : quoique originaire

Fig. 228. — Astragale (1/2 grand. nat.).

du midi de l'Europe, elle réussit très-bien en Suède où on l'a cultivée comme succédanée du café. On mêle les deux graines dans la proportion de deux tiers de café, on brûle et on moud comme le café ordinaire; mais les espèces les plus intéressantes sont l'*A. gummifer*, Labill., et l'*A. verus*, Oliv., qui produisent la gomme adragante, surtout le dernier (V. au mot GOMME). Quant à l'*A. de Marseille* (*A. tragacantha*, Lin.), malgré son nom, il n'en donne pas et n'a d'autres rapports avec les deux autres qu'une grande ressemblance : ces trois espèces sont épineuses. On peut consulter, sur les plantes de ce genre, le beau travail de De Candolle sur les *Astragales*, Paris, 1802, in-4°, fig.

G. — S.

ASTRANCE (Botanique), *Astrantia*, Tourn., du grec *astér*, étoile. Les fleurs de ce genre ressemblent à une étoile. — Genre de plantes de la famille des *Ombellifères*, tribu des *Saniculées*. Il comprend des herbes vivaces aromatiques, à racine noirâtre, à feuilles radicales pétiolées ; les caulinaires peu nombreuses, sessiles; fleurs blanches ou roses, polygames, réunies en ombellules régulières ; ombelles irrégulières ; fruit comprimé sur la partie dorsale. Les espèces d'Astrance habitent principalement l'Europe. Elles sont d'un très-joli effet dans les jardins. L'*A. grande*, vulgairement *Radiaire*, *Sanicle femelle* (*A. major*, Lin.), croît dans les Alpes et les Pyrénées. Ses fleurs sont rosées ou rougeâtres. Sa racine a passé pour purgative, elle est âcre et amère. L'*A. mineure* (*A. minor*, Lin.), *Petite Radiaire*, est moitié plus petite que la précédente. On la trouve dans les Alpes. (Sievogt, *De Astrantiæ charactere.* Ienæ, 1721.)   G—s.

ASTRAPÉE (Zoologie), *Astropæus*, Gravenhorst. — Sous-genre d'*Insectes*, du grand genre *Staphylin*, de Linné ; ses palpes sont terminés par un article gros, presque triangulaire. Ce sont de petits insectes qui vivent en général sous les écorces des arbres. L'espèce la plus commune est l'*A. de l'orme* (*A. ulmi*, Panz. *Staphylinus ulmi*, Oliv.), noir, luisant, avec la base des antennes, la bouche, les étuis, l'avant-dernier segment de l'abdomen d'un fauve marron, corselet très-lisse. Sous les écorces d'orme en France et en Italie.

ASTRE, corps céleste. — Voyez ASTRONOMIE.

ASTRÉE, petite planète trouvée le 8 décembre 1845 par Hencke (de Driessen). — Il n'avait pas été découvert de planète depuis 1807, et l'on ne connaissait de ce groupe que Cérès, Pallas, Junon et Vesta. Aujourd'hui le nombre des *petites planètes* observées dépasse 100.

ASTRÉE (Zoologie), *Astrea*, Lamk, du grec *aster*, étoile. — Sous-genre de *Polypes*, du genre *Madrépore*, Lin., appartenant aux *Polypes parenchymateux* de Blainville. Ils se présentent sous la forme d'une large surface, pierreuse, épaisse, le plus souvent bombée et creusée d'étoiles lamelleuses et sessiles, dont chacune a un polype armé de bras nombreux, sur une seule rangée, au centre desquels est la bouche. Comme ces animaux se reproduisent le plus souvent par bourgeons, il arrive que, ne se séparant pas entre eux, ils forment alors des masses épaisses agglomérées, qui encroûtent souvent les corps marins solides auxquels ils adhèrent. Ces agglomérations peuvent affecter différentes dispositions : ainsi, si c'est une surface plane, ou en larges lames, on les nomme *Explanaires* ; si elles sont rameuses, on les nomme *Porites* ; si la surface est creusée de lignes allongées comme des vallons, ce sont les *Méandrines*, Lamk ; si les collines qui les séparent sont élevées, ce sont des *Pavonies* ; enfin, si ces collines sont en cônes, Lamarck les appelle *Monticulaires*. On les rencontre en abondance dans les mers intertropicales. L'*Astrée annulaire* de Lamarck est une belle espèce qu'on trouve dans les mers d'Amérique, ses étoiles sont cannelées en dehors ; elle est d'un blanc jaunâtre.

ASTRINGENTS (Matière médicale), du latin *astringere*, resserrer. — On donne le nom d'*astringents* à une classe de médicaments qui ont la propriété de resserrer les tissus avec lesquels ils sont mis en contact : on les emploie généralement pour arrêter les évacuations morbifiques sanguines ou humorales, et cette propriété de crisper les fibres de nos organes, de réveiller leur tonicité, les range naturellement dans la grande catégorie des toniques : ainsi ce sont des acides plus ou moins étendus ; l'alun, l'acétate de plomb, la bistorte, le cachou, la tormentille, le quinquina, le simarouba, les fleurs de roses rouges, le sumac, la ratanhia, la noix de galle, les préparations ferrugineuses et une foule d'autres substances.

ASTRODERME (Zoologie), *Astrodermus*, Bonnelli. — Genre de *Poissons acanthoptérygiens scombéroïdes*, voisin des Coryphènes, ils ont la tête élevée et tranchante comme eux ; la bouche peu fendue, des écailles découpées en étoiles ; la seule espèce est l'*A. tacheté* (*A. guttatus*, Bonn.), argenté, tacheté de noir, nageoires rouges ; il habite la Méditerranée.

ASTROÏTES (Zoologie), du grec *aster*, étoile. — Nom donné par quelques naturalistes aux *Polypiers à cellules étoilées*, tels que les *Astrées* (voyez ce mot). On donne encore le nom d'*Astroïtes* ou *Astrées fossiles* à ces madrépores fossiles, qu'on trouve souvent dans les marbres, dans les pierres calcaires tendres, d'où on peut les dégager assez facilement.

ASTRONOMIE. — Cette science a pour objet l'étude des mouvements, des distances, des dimensions et de la constitution physique des différents *astres* qui peuplent l'espace. Elle peut se diviser en trois parties : la *Cosmographie* ou description de l'univers, qui est l'exposition synthétique des divers phénomènes célestes ou un tableau du système du monde tel qu'il résulte de l'ensemble des découvertes anciennes et modernes ; l'*Astronomie proprement dite* comprenant la description des instruments, leur usage, et les méthodes d'observation et de calcul ; enfin l'*Astronomie mathématique* ou *Mécanique céleste* dans laquelle, en partant du principe de la gravitation universelle, on établit les lois du mouvement des différents astres, et les phénomènes qui résultent de leur attraction mutuelle. Ces divers sujets seront étudiés dans des articles spéciaux ; nous allons ici présenter un résumé de l'histoire de l'astronomie, en suivant l'*Exposition du système du monde*, par Laplace, à laquelle nous renvoyons pour plus de détails.

Le besoin de distinguer les saisons et d'en connaître la durée a conduit tous les peuples, dès la plus haute antiquité, à observer le lever et le coucher des astres, ainsi que la longueur de l'année par le retour du soleil à une même étoile. La durée du mois lunaire ou période des phases, la connaissance des planètes, et la division du ciel en constellations se rattachent à cette première époque de l'astronomie.

Les plus anciennes observations qui nous soient parvenues sont des observations chinoises sur l'obliquité de l'écliptique, qui datent de 1100 av. J. C., et les observations d'éclipses faites par les Chaldéens, 720 av. J. C. Ces derniers ont connu la période *Saros* de 223 lunaisons ou 18 ans et 11 jours, qui ramène la lune à la même position à l'égard de ses nœuds et du soleil, et qui permet de prédire les *éclipses* futures, au moyen de celles qui ont eu lieu dans une de ces périodes.

Les Égyptiens ont connu la durée (365 j. $\frac{1}{4}$) de la révolution tropique du soleil ; bien qu'aucune de leurs observations ne nous soit parvenue, il paraît qu'ils avaient quelques idées exactes sur la constitution de l'univers, puisque c'est chez eux que les Grecs ont puisé leurs principales connaissances astronomiques. Thalès, Pythagore, Eudoxe et Platon étudièrent en Égypte ; ils connurent la cause des phases de la lune, celle des éclipses, la rondeur de la terre, l'obliquité de l'écliptique, le mouvement des planètes. Pythagore alla plus loin : il admit le double mouvement de la terre sur elle-même et autour du soleil ; on enseignait dans son école que les comètes sont des astres analogues aux planètes, que celles-ci sont habitées, que les étoiles sont des soleils, etc. Mais ces grandes vérités manquaient de preuves, et elles étaient trop contraires aux illusions des sens pour ne pas rester méconnues.

Méton, 400 av. J. C., introduisit dans le calendrier grec, qui était basé sur le mouvement de la lune, le cycle de 19 ans correspondant à 235 lunaisons, au bout duquel le calendrier lunaire se retrouvait d'accord avec le mouvement du soleil, à $\frac{1}{4}$ de jour près.

Pythéas, vers le temps d'Alexandre, observait à Marseille la longueur méridienne de l'ombre du gnomon au solstice d'été, et en concluait l'obliquité de l'écliptique. C'est la plus ancienne observation de ce genre après celle de Tcheou-Kong en Chine ; elle confirme la diminution progressive de l'obliquité de l'écliptique.

L'école d'Alexandrie, qui commence à briller vers 300 av. J. C., nous présente un ensemble d'observations régulièrement exécutées avec des instruments propres à mesurer les angles, et calculées par les méthodes trigonométriques. Le système astronomique de cette école, réellement inférieur à celui de Pythagore, a été beaucoup plus utile, parce qu'il était fondé sur l'expérience, ce qui offrait un moyen de le rectifier et d'arriver par degrés au vrai système du monde.

Parmi les astronomes qui ont illustré cette école, nous citerons Aristarque de Samos, auteur d'une ingénieuse méthode pour trouver le rapport des distances du soleil et de la lune à la terre. Il admettait le mouvement de la terre, et la considération que ce mouvement n'affecte pas sensiblement la position des étoiles les lui fait juger incomparablement plus éloignées que le soleil. Ératosthène, auquel on doit la première mesure de la terre, fixa la latitude d'Alexandrie et de Syène.

Hipparque, de Nicée en Bithynie (IIe siècle av. J. C.), le plus grand astronome de l'antiquité, est remarquable par sa méthode, par le grand nombre et la précision de ses observations, par les conséquences qu'il a su en tirer. Il détermina la durée de l'année tropique, et reconnut l'avantage de se servir pour cela des observations d'équinoxes, ce qui lui donna lieu d'observer l'inégalité de durée des saisons, et par suite l'excentricité de l'orbite du soleil. Il donna des tables du soleil et de la lune. Par la comparaison de ses observations d'éclipses avec celles des Chaldéens, il trouva les durées des révolutions de la lune relatives aux étoiles, au soleil, à ses nœuds et à son périgée. Il détermina aussi la parallaxe de la lune, d'où il essaya de déduire la distance du soleil. Une nouvelle étoile qui parut de son temps lui fit entreprendre un catalogue qui renferme 1 625 étoiles. En comparant ses propres observations à celles d'Aristille et de Timocharis, il reconnut l'augmentation de toutes les longitudes, et il l'explique par un mouvement direct de la sphère céleste autour des pôles de l'écliptique, ce qui constitue le phénomène de la précession des équinoxes. Hipparque a enseigné à fixer la position des lieux de la terre par leur longitude et leur latitude ; il se servait des éclipses de lune pour déterminer les longitudes. Il perfectionna la trigonométrie sphérique, fit un grand nombre d'observations de planètes, etc. Malheureusement il ne nous reste de ses travaux que ce que Ptolémée nous en a transmis.

Ptolémée, né à Ptolémaïs en Égypte, vivait à Alexandrie vers l'an 130 de notre ère. Il suivit les idées d'Hipparque et essaya de donner un système complet d'astronomie. Il découvrit l'une des inégalités de la lune, et donna le moyen de la représenter par des épicycles, c'est-à-dire en faisant mouvoir la lune, non plus autour de la terre, mais sur un cercle dont le centre lui-même tourne autour de la terre. C'est par des systèmes analogues ou plus compliqués qu'ont été représentés tous les mouvements célestes jusqu'à Képler. Les progrès de l'astronomie fuirent par surcharger d'épicycles le *système de Ptolémée*, au point de justifier le mot bien connu du roi Alphonse de Castille. Copernic débarrassa le système de tous les épicycles qui tenaient au mouvement de la terre, mais il laissa subsister ceux qui expliquaient les inégalités de ce mouvement. Quant à ces derniers, Képler les fit disparaître en admettant l'ellipticité des orbites. Considéré comme un moyen de représenter les mouvements célestes et de les soumettre au calcul, le système de Ptolémée, dit Laplace, fait honneur à sa sagacité, et il a servi la science en permettant de lier entre eux les phénomènes et d'en déterminer les lois. Ptolémée a recueilli toutes les déterminations connues de longitude et de latitude, il a jeté les fondements de la méthode des projections pour la construction des cartes géographiques ; il a exposé le phénomène des réfractions, et il a rassemblé ses théories et ses tables dans l'*Almageste*, en négligeant malheureusement d'y consigner toutes les observations dont Hipparque et lui s'étaient servis.

Avec l'école d'Alexandrie finit l'astronomie ancienne, dont les Arabes nous ont conservé et transmis les connaissances, mais sans les augmenter notablement, sauf quelques perfectionnements dans les moyens d'observation.

L'astronomie reparaît dans l'Europe moderne, grâce aux écrits de Boëce et de Gerbert, et aux encouragements d'Alphonse X et de Frédéric II, qui fit traduire de l'arabe en latin l'*Almageste* de Ptolémée.

Copernic (1473-1544), né à Thorn, dans la Pologne prussienne, chanoine à Frauenberg, établit enfin sa théorie du mouvement de la terre par trente-six ans d'étude et d'observations. Choqué de l'extrême complication du système de Ptolémée, il chercha dans les anciens philosophes quelque hypothèse plus simple. Il y trouva que les Égyptiens supposaient Vénus et Mercure en mouvement autour du soleil, que Nicétas faisait tourner la terre sur son axe, affranchissant ainsi la sphère céleste de l'inconcevable vitesse qu'il fallait lui supposer pour accomplir en un jour une révolution complète ; enfin que les pythagoriciens faisaient mouvoir la terre et les planètes autour du soleil. Ces idées frappèrent Copernic : il les appliqua aux observations, et les vit se plier sans effort à la théorie du mouvement de la terre. Dès lors la révolution diurne du ciel ne fut plus pour lui qu'une illusion due à la rotation de la terre ; la précession des équinoxes, un mouvement de l'axe terrestre ; les mouvements rétrogrades des planètes, des apparences dues au mouvement de translation de la terre. Ce *système de Copernic*, aussi simple qu'évident pour un esprit non prévenu, avait malheureusement à combattre les illusions des sens, et ne pouvait être établi définitivement qu'après la découverte des lois fondamentales de la mécanique, lois dont les anciens n'eurent aucune idée.

Tycho-Brahé (1546-1601) observa pendant vingt ans à Uranibourg, dans la petite île d'Huène, à l'entrée de la mer Baltique. On lui doit un nouveau catalogue d'étoiles, de nombreuses observations des planètes, qui ont servi de base aux lois de Képler, une connaissance plus parfaite des réfractions, la découverte de l'équation annuelle et de la variation lunaire, la remarque que les comètes se meuvent fort au delà de la lune. Frappé des objections faites au système de Copernic, il en adopta un nouveau qui, dans l'ordre logique, aurait dû précéder celui de Copernic. Les apparences y sont les mêmes, seulement on transporte à tout le ciel les deux mouvements de la terre, qui redevient le centre immobile de l'univers.

L'ignorance absolue des lois de la mécanique justifie cette répulsion que l'on éprouvait pour le mouvement de la terre. Ainsi l'on ne concevait pas comment les corps détachés de la terre pouvaient en suivre les mouvements. Les partisans de Copernic eux-mêmes n'admettaient pas

qu'un corps pesant tombant d'une grande hauteur doit rencontrer le sol sensiblement au même point, quel que soit le mouvement de la terre. Pour établir ce principe, il suffisait cependant d'invoquer l'expérience de la pierre qu'on fait tomber du haut d'un mât sur un navire en mouvement.

Galilée (1564-1642), né à Pise, montra que tous les corps tombent dans le vide avec la même vitesse ; il trouva les lois de la chute des corps, des oscillations du pendule, du mouvement des projectiles. Il perfectionna les lunettes que le hasard venait de faire découvrir, et, les dirigeant vers le ciel, il reconnut les phases de Vénus, le système des quatre satellites de Jupiter ; il mesura les montagnes de la lune, reconnut la nature de la voie lactée, la rotation du soleil. Toutes ces découvertes tendaient à confirmer le mouvement de la terre. Aussi Galilée adopta-t-il les idées de Copernic, mais sans pouvoir encore les faire prévaloir.

Képler (1571-1631), élève de Tycho-Brahé, qui lui légua la collection précieuse de ses observations, s'occupa d'abord de la planète Mars : choix heureux, parce que l'orbite de Mars est une des plus excentriques, et qu'elle approche beaucoup de la terre dans ses apparitions. Képler essaya d'abord de représenter ce mouvement par des épicycles, comme Ptolémée et Copernic. Après un grand nombre de tentatives, il osa abandonner le mouvement circulaire que les anciens regardaient comme seul possible, et il reconnut alors que l'orbe de Mars est une ellipse dont le soleil occupe un foyer. Il constata également la loi des aires, qui consiste en ce que le rayon mené du soleil à la planète décrit des aires égales en temps égaux. Plus tard il étendit ces résultats à toutes les planètes, et publia en 1626 ses tables rudolphines. Pénétré des idées pythagoriciennes sur les nombres et leur rôle dans l'univers, Képler soupçonna que les distances moyennes des planètes sont liées entre elles, de même que les durées de leur révolution. Après dix-sept ans d'essais infructueux, il découvrit que les carrés des temps de révolution des diverses planètes sont entre eux comme les cubes des grands axes de leurs orbites.

Képler eut aussi quelques vues exactes sur la pesanteur des corps, leur gravitation mutuelle, la cause des marées. On lui doit un ouvrage sur l'optique, où il donne la théorie des lunettes et de la vision. Mais, séduit par des idées préconçues sur l'harmonie du système solaire, il s'égara dans la recherche de la cause motrice des planètes. Aussi ses contemporains, Descartes et Galilée, ont-ils méconnu l'importance de ses lois ; elles ne furent généralement admises que lorsque Newton en eut fait le fondement de ses théories.

Huyghens (1629-1695) perfectionna la construction et la théorie des lunettes ; il découvrit un satellite de Saturne, expliqua les apparences de son anneau. Il appliqua le pendule aux horloges ; et par ses théorèmes sur les développées et la force centrifuge, il ouvrit à la mécanique une voie nouvelle. S'il eût combiné ces principes avec les lois de Képler, il aurait enlevé à Newton la théorie des mouvements curvilignes et la loi de la gravitation.

La création de l'Académie des sciences de Paris en 1666 marque une époque importante dans l'astronomie d'observation. Louis XIV attire en France Helvétius, Cassini, Roëmer et Huyghens ; et c'est au sein de l'Académie que prennent naissance l'application du télescope au quart de cercle pour la mesure des hauteurs des astres, l'invention du micromètre et de l'héliomètre, la découverte de la propagation successive de la lumière, de la grandeur de la terre, de la diminution de la pesanteur à l'équateur.

Picard donne le premier une mesure exacte de la terre par des procédés que l'on suit encore aujourd'hui. Richer, à Cayenne, où il fut envoyé par l'Académie, constate la diminution de longueur du pendule à seconde. Roëmer mesure la vitesse de la lumière, et invente la lunette méridienne. Dominique Cassini détermine les mouvements des satellites de Jupiter ; il découvre quatre satellites de Saturne, constate la rotation de Jupiter et de Mars, signale le premier la lumière zodiacale ; il donne des tables de réfraction et une théorie complète de la libration de la lune.

Ces progrès de l'astronomie, et les progrès simultanés de l'analyse et de la mécanique, ne pouvaient laisser plus longtemps inconnues les lois fondamentales du mouvement des corps célestes. C'est à Newton qu'il était réservé de les reconnaître.

Newton (1642-1727), en possession à vingt-sept ans du calcul des fluxions et de sa théorie de la lumière, dirige ses pensées vers le système du monde. Il soupçonne que la pesanteur est la cause du mouvement de la lune autour de la terre et cherche à confirmer cette idée ; mais l'imperfection d'une mesure des dimensions du globe faite en Angleterre l'empêche de la vérifier. Plus tard, la mesure effectuée en France par Picard lui permet de constater l'exactitude de sa supposition, et d'affirmer que la lune tombe à chaque instant vers la terre en vertu d'une force 3 600 fois moindre que celle qui produit la chute des corps pesants à sa surface. En étudiant le mouvement d'un projectile qui serait lancé autour d'un centre, il reconnaît que sa trajectoire est effectivement une ellipse ayant ce centre pour foyer et satisfaisant à la loi des aires proportionnelles au temps. La comparaison de ces résultats avec les lois de Képler lui indique immédiatement que le mouvement des planètes autour du soleil est dû à leur vitesse initiale combinée avec une force par laquelle chaque planète *pèse* et tombe vers le soleil ; la nature elliptique de leurs orbites démontre l'égale pesanteur de toutes les planètes vers cet astre. On verra à l'article *Mécanique céleste* comment Newton a étendu la loi de la gravitation à toutes les parties de la matière, en établissant ce principe général, que chaque molécule attire toutes les autres en raison de sa masse, et réciproquement au carré de sa distance à la molécule attirée.

Parvenu à ce grand principe, Newton en voit découler les grands phénomènes du système du monde, l'attraction des sphères, l'aplatissement de la terre, les lois de la variation des degrés et de la pesanteur à sa surface, la cause des marées, la précession des équinoxes. Ces dernières découvertes ne sont, il est vrai, qu'ébauchées dans le livre des *Principes de la philosophie naturelle* publié en 1687 ; près d'un siècle devait s'écouler avant que ces conséquences du principe de la gravitation fussent développées par les successeurs de Newton.

L'astronomie pratique continue à se perfectionner : Flamsteed construit ses cartes et ses catalogues d'étoiles. Halley calcule, d'après les méthodes de Newton, l'orbite des comètes connues, et reconnaît ainsi la périodicité de la comète qui porte son nom, et dont il annonce le retour pour 1759. Il indique également le passage de Vénus sur le soleil en 1761 comme pouvant servir à déterminer la parallaxe du soleil.

Bradley découvre en 1727 l'*aberration* des étoiles et en donne l'explication. En 1745 il reconnaît la *nutation* de l'axe terrestre et ses lois.

Lacaille, l'un de nos meilleurs observateurs, vérifie la méridienne de France, construit des catalogues d'étoiles et de nébuleuses du ciel austral, des tables du soleil et de réfraction. Il mesure un degré du méridien au cap de Bonne-Espérance, et y observe la parallaxe de la lune.

C'est l'époque des grandes expéditions envoyées par la France en Laponie et au Pérou pour la mesure du globe terrestre dont l'aplatissement se trouve mis hors de doute. Quelques années plus tard, les passages de Vénus en 1761 et 1769 donnent lieu à d'autres voyages scientifiques auxquels diverses nations prennent part, et qui concourent aux progrès de la géographie et de la navigation.

Les télescopes de Newton et de Grégory avaient remplacé les lunettes depuis longtemps, lorsque la découverte de l'*achromatisme* par Dollond rend la supériorité à ces derniers instruments. Citons encore le perfectionnement des tables lunaires, celui des montres marines, la construction du cercle répétiteur de Borda, pour les services rendus à la navigation dont les progrès sont intimement liés à ceux de l'astronomie.

La fin du XVIIIe siècle est surtout célèbre par les travaux d'Herschell, dont on trouve une analyse détaillée dans l'*Annuaire du bureau des longitudes* pour 1842, et parmi lesquels nous mentionnerons seulement la découverte d'Uranus en 1781, et les recherches sur les nébuleuses et les étoiles doubles.

Le XIXe siècle s'ouvre par la découverte de Cérès par Piazzi à Palerme. C'est la première de ces petites planètes toutes comprises entre Mars et Jupiter, dont le nombre est sans doute très-considérable, puisqu'on en connaît déjà plus de 60.

La mesure de la méridienne occupe encore les astronomes. A l'occasion du nouveau système des poids et mesures dont le *mètre* devait former la base, Méchain et Delambre avaient repris la triangulation de la France de Dunkerque à Montjouy, près de Barcelone ; Biot et Arago la continuent jusqu'à Formentera. Depuis lors, de nouvelles mesures ont été effectuées en d'autres contrées, notamment en Russie. On a ainsi mis en évidence les irrégularités des divers méridiens et déterminé avec plus de précision l'aplatissement terrestre.

L'application de la télégraphie électrique à la détermination des longitudes a réalisé de nos jours un perfectionnement important pour la construction des cartes et la connaissance de la forme de notre globe ; mais on ne l'a utilisé jusqu'ici que pour le calcul des longitudes relatives de Paris, Greenwich et Bruxelles.

Nous n'avons pas à parler dans cet article des travaux de Lagrange, Laplace, Poisson, Le Verrier, travaux qui se rapportent particulièrement à la *mécanique céleste*. Nous signalerons seulement les recherches modernes sur les étoiles doubles, sur les parallaxes et la distance des étoiles, les comètes, les petites planètes, etc. ; elles seront exposées à chaque article spécial avec l'indication des principaux astronomes qui y ont pris part.

Il existe un très-grand nombre d'ouvrages consacrés à la science qui nous occupe ; nous citerons parmi les plus utiles à consulter le grand *Traité* de Lalande en 3 volumes in-4°, celui de Delambre et les *abrégés* qu'en ont donnés ces astronomes, l'*Exposition du système du monde*, par Laplace, le *Traité élémentaire d'astronomie* de Biot. Pour l'astronomie descriptive, l'*Astronomie populaire* d'Arago, et le *Cosmos* de Humboldt. Enfin, comme traités élémentaires, la *Cosmographie* de M. Faye, celle de M. Briot, le *Cours d'astronomie* de M. Delaunay, l'*Uranographie* et l'*Astronomie pratique* de Francœur, les ouvrages d'Herschell fils, de Quetelet, etc.   E. R.

ASYMPTOTES (Géométrie). — L'*asymptote* d'une courbe est une droite dont une branche de cette courbe se rapproche indéfiniment sans jamais l'atteindre. La figure 229 nous présente l'hyperbole comprise entre deux droites qui sont ses asymptotes. Cette particularité de deux lignes s'approchant constamment sans se rencontrer, étonne toujours les personnes peu familiarisées avec les notions mathématiques ; ce n'est, en réalité, autre chose qu'une forme de l'idée de la divisibilité d'une grandeur à l'infini. On conçoit que si un point, par exemple, se meut vers un autre, de façon que dans chaque unité successive de temps, il ne parcoure que la moitié ou en gé-

Fig. 229. — Hyperbole.

néral une fraction quelconque de l'espace qui lui reste à parcourir ; le mouvement se continuera toujours sans que le second point soit atteint. Le nom d'*asymptote* vient du grec *a* privatif, et *sympiptein*, se rencontrer.

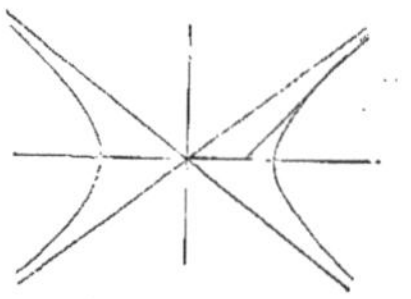

ATAXIE (Médecine), du grec *taxis*, ordre, et *a* privatif, sans ordre, désordre. — État de désordre des phénomènes nerveux dans certaines maladies, et particulièrement dans la *fièvre* dite *ataxique* (voyez ATAXIQUE). C'est toujours un symptôme fâcheux et qui indique une complication plus ou moins grave du côté du cerveau ; on observe alors une perversion des sensations ; des convulsions ou une immobilité anormale, l'irrégularité du pouls, les soubresauts dans les tendons, le délire, l'insomnie ou la somnolence, la stupeur, etc.

ATAXIQUE (Fièvre) (Médecine). — Pinel a consacré ce nom, qui avait déjà été employé par Sydenham, pour caractériser cet ensemble de phénomènes dont il a été question au mot *ataxie*, et qui s'applique aux fièvres nommées autrefois *malignes*, *nerveuses*, à cause des irrégularités et des anomalies qu'elles présentent dans leur marche. Aux symptômes cités plus haut, il faut ajouter une indifférence apathique, un air hébété, quelquefois une crainte excessive de la mort, absence de douleurs, fièvre irrégulière, langue aride et souvent sans soif, d'autres fois humide, quelquefois une soif ardente, sécheresse de la peau sans chaleur, etc.

ATÈLE (Zoologie). — Genre de *Mammifères quadrumanes*, établi par Et. Geoffroy Saint-Hilaire dans la section des *Singes* du nouveau continent, sous-genre *Sapajous*, caractérisés surtout parce que dans leurs mains antérieures le pouce manque, ou qu'il est caché en grande partie sous la peau ; c'est ce qui leur a valu leur nom (en grec *atélès*, imparfait) ; ensuite leur queue, très-longue et très-mobile, est essentiellement prenante et est tout à fait dépourvue de poils en dessous à son extrémité. Ils habitent tous l'Amérique méridionale, vivant en troupes sur les arbres, où ils se tiennent aussi bien avec leur queue qu'avec leurs mains. Ils se nourrissent de fruits, de racines, et même de vers et d'insectes. Leur naturel est plus doux, moins pétulant que celui des autres singes. En domesticité, ils s'attachent assez facilement ; ils sont très-frileux, et lorsqu'ils sont réunis, ils se tiennent serrés les uns contre les autres pour se tenir chaud. On leur a donné le nom de *Singes siffleurs*, parce qu'ils ont une voix faible et flûtée. Leur forme grêle leur a aussi valu celui de *Singes araignées*. On y trouve les espèces suivantes : 1° Le *Chamek* (*A. pentadactylus*, Geoff.). 2° Le *Mikiri* (*A. hypoxanthus* du prince Max). Ces deux espèces ont un très-petit pouce. 3° Le *Coaïta* (*Simia paniscus*, Lin.) couvert d'un poil noir ; il n'a pas de pouce non plus que les suivants. 4° Le *Belzébuth* (*Simia Beelzebuth*, Briss.), noir en dessus, blanc en dessous. 5° Le *Chuva*, Humb. (*A. marginatus*, Geoff.), noir, avec un bord de poils blancs autour de la face. 6° Le *Coaïta fauve* (*A. arachnoïdes*, Geoff.), gris fauve ou roux, sourcils noirs.

ATÉLÉCYCLE (Zoologie), *Atelecyclus*, Leach, du grec *atélés*, imparfait, et *cyclos*, cercle. — Sous-genre de *Crustacés décapodes brachyures*, faisant partie du grand genre *Crabe*, section des *Arqués*. Ils ont pour caractères : test presque orbiculaire ; antennes extérieures avancées, grosses et velues ainsi que les serres, qui sont fortes, avec les mains comprimées ; on n'en connaît qu'un petit nombre d'espèces ; l'une d'elles habite les côtes de France, tant de la Méditerranée que de l'Océan, c'est l'*A. ensanglanté* (*A. cruentatus*, Desm.), à test assez large. Ils habitent la mer à des profondeurs assez grandes.

ATEUCHUS (Zoologie), Web. et Fab., du grec a privatif, et *teuchos*, arme. — Genre de *Coléoptères pentamères*, tribu des *Scarabéides*, section des *Coprophages*, détaché par Weber du grand genre des *Scarabées* de Linné (voyez ces mots). Ces insectes diffèrent des *Bousiers* par la forme des jambes postérieures, qui sont longues, grêles, presque cylindriques : corps large, ovale ou arrondi ; les pattes postérieures garnies de poils au côté externe. Ces insectes, comme leurs larves, vivent dans les excréments. Au printemps, ils enferment leurs œufs dans une boule de fiente et même d'excréments humains ; ils la roulent avec leurs pieds de derrière, aidés souvent par d'autres, jusqu'à ce qu'ils trouvent un trou pour la placer et l'enfouir. Elle se grossit en route et forme une espèce de grosse pilule, d'où le nom de *pilulaires* qui leur a été donné par quelques auteurs. Ces insectes habitent les pays chauds ; deux espèces très-connues autrefois faisaient partie du culte religieux des anciens Égyptiens, et on les retrouve dans tous leurs hiéroglyphes ; leurs monuments nous les représentent quelquefois sous des dimensions gigantesques ; on employait même pour les représenter les substances les plus précieuses, comme l'or ; on en formait des cachets, des amulettes qu'ils suspendaient au cou ; on en a même trouvé renfermés dans leurs cercueils. La première espèce est l'*A. sacré* d'Oliv., *Scarabée sacré* de Linné, qu'on trouve en Égypte et dans l'Europe méridionale ; il est noir, le corselet et les élytres lisses ; une autre espèce, nommée par Cuvier *A. des Égyptiens* est verte avec une teinte dorée, corselet

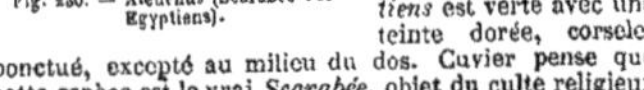

Fig. 230. — Ateuchus (Scarabée des Égyptiens).

ponctué, excepté au milieu du dos. Cuvier pense que cette espèce est le vrai *Scarabée*, objet du culte religieux des Égyptiens.

ATHAMANTHE (Botanique), *Athamantha*, Koch (de *Athamas*, roi de Thèbes, qui, le premier, dit-on, mit cette plante en usage, et de *Anthos*, fleur. Suivant d'autres étymologistes, ce nom aurait été donné à cette plante parce qu'elle croissait sur le mont Athamas, en Thessalie. — Genre de plantes de la famille des *Ombellifères*. Ses principales espèces, que Linné avait établies, rentrent aujourd'hui dans plusieurs autres genres. L'*A. de Crète* (*A. Cretensis*, Lin.; *Petrocarvi Cretensis*, Tausch.) est une plante des endroits montagneux. On la trouve en Crète, dans le Dauphiné, en Suisse, en Autriche, etc. Sa tige est élevée de 0m,30. Ses feuilles sont décomposées à segments en 3 lanières ; ses fleurs sont blanches, disposées en ombelles terminales à 8 ou 10 rayons. Cette plante possède une saveur aromatique piquante dans les graines, et âcre dans les autres parties. On a employé autrefois l'*A. de Crète* comme plante carminative, incisive, mais l'usage en est complétement abandonné aujourd'hui.

G — s.

ATHÉRICÈRES (Zoologie), *Athericeræ*, du grec *athér*, pointe, et *kéras*, corne. — C'est la cinquième famille des *Insectes diptères*, et la plus nombreuse de toutes. Les Athéricères, dont un très-petit nombre sont carnassiers, se tiennent sur les fleurs, les feuilles, quelquefois sur les excréments. Cette famille comprend les quatre tribus des *Syrphides*, des *Œstrides*, des *Conopsaires* et des *Muscides*, divisées elles-mêmes en genres et sous-genres. Ils ont une trompe ordinairement membraneuse, terminée par deux grandes lèvres ; larves à corps très-mou, contractile, annelé, pointu en devant ; elle ne change pas de peau, celle-ci devenant, en se solidifiant, une espèce de coque pour la nymphe.

ATHÉRINES (Zoologie), *Atherina*, Lin. — Genre de *Poissons acanthoptérygiens* établi par Cuvier et placé entre la famille des Mugiloïdes et celle des Gobioïdes, parce que, dit-il, il ne se laisse complétement associer à aucune autre. Ils ont le corps allongé, deux dorsales très-écartées, bouche protractile, garnie de dents très-menues ; une bande argentée le long de chaque flanc, six rayons aux ouïes. Les espèces les plus connues sont, dans la Méditerranée : le *Sauclet du Languedoc, Cabassous de Provence* (*A. hepsetus*, Cuv.) à tête pointue, neuf rayons épineux à la première dorsale ; le *Joël de Languedoc, Cabassouda d'Iviça* (*A. Boyer*, Risso), tête plus large, plus courte, sept épines à la première dorsale. Une autre espèce, qui habite l'Océan, est le *Prêtre, Abusseau* ou *Roseré* des côtes de l'Océan (*A. presbyter*, Cuv.), ainsi nommé parce que ses bandes argentées simulent une étole. Toutes ces espèces vont en troupes comme les Clupées, et leur chair est très-délicate (voyez CLUPE).

ATHÉRIX (Zoologie), Meig., Fab. — Sous-genre d'*Insectes diptères*, du genre *Leptis :* le premier article des antennes plus grand que le second, épais ; le troisième lenticulaire et transversal ; palpes avancées. L'*A. tacheté*, qui a des bandes noires aux ailes ; et l'*A. immaculé*, où elles sont transparentes, habitent nos pays.

ATHERMANE. — Se dit en physique d'une substance qui ne se laisse pas traverser par la chaleur rayonnante, de même que les substances *opaques* ne se laissent pas traverser par la lumière (voyez DIATHERMANE, CHALEUR RAYONNANTE).

ATHÉROME (Médecine), du grec *athéré*, bouillie. — Espèce de loupe enkystée (contenue dans une poche), sans bosselure, élastique, indolente, sans changement de couleur à la peau, qui contient une matière blanchâtre, une espèce de bouillie, comme l'indique son nom. On le rencontre principalement sur le cuir chevelu, et on peut facilement le confondre avec le lipôme et le stéatôme (voyez LOUPES, LIPÔME, STÉATÔME). Le traitement consiste dans l'emploi des caustiques, ou mieux dans l'excision avec enlèvement du kyste.

ATLAS (Anatomie), *Atloïde*, Chaussier. — On donne ce nom à la première vertèbre du cou, parce qu'elle supporte la tête comme Atlas supportait le monde, suivant la Fable. Cette vertèbre, qui ne ressemble pas aux autres, est une espèce d'anneau irrégulier divisé en deux parties : l'antérieure reçoit l'apophyse odontoïde de l'axis (2e vertèbre), la postérieure donne passage à la moelle épinière ; en haut cet os s'articule avec le condyle de l'*occipital*, en bas avec l'*axis*.

Les *luxations* de l'atlas, soit avec l'occipital, soit avec l'axis, sont mortelles.

ATLAS (Zoologie), *Bombyx atlas*, Fab. — *Insecte lépidoptère nocturne*, genre des *Phalènes*, section des *Bombycites*. C'est une grande et belle espèce, dont le corps est d'un rouge fauve, les antennes fauves et pectinées, les ailes étendues horizontalement dans le repos, et portant au milieu une grande tache triangulaire transparente, encadrée de noir, ce qui lui a fait donner par les marchands le nom de *Phalène porte-miroir de la Chine*. On le trouve en Chine et aux îles Moluques.

ATMOSPHÈRE (Physique), du grec *atmos*, vapeur sphaira, sphère. — Nom généralement donné à la couche gazeuse qui enveloppe la plupart des corps célestes, et particulièrement attribué à la couche d'*air* qui recouvre la surface de notre globe.

Quelque léger que nous paraisse l'air, il a un poids très-appréciable, un mètre cube de ce gaz sec, à la température de 0°, et sous la pression barométrique normale 0,76, pèse 1k,293. En raison de son immense étendue, l'atmosphère doit donc peser d'un poids énorme à la surface de la terre. Cette pression ne saurait être mesurée d'une manière directe, parce que, d'une part, le poids d'un mètre cube d'air va en diminuant à mesure qu'on le considère à une hauteur plus grande au-dessus du sol, et que, d'autre part, nous n'avons aucun moyen direct d'évaluer l'épaisseur totale de l'atmosphère. Mais le baromètre vient nous donner des indications que nous chercherions vainement ailleurs (voyez Baromètre). L'atmosphère pèse sur le sol d'un poids qui est en moyenne de 10 336 kil. par mètre carré. Cette pression, qui se transmet dans tous les sens, est environ de 17 500 kil. à la surface du corps d'un homme de taille ordinaire. Il n'en résulte aucune gêne dans nos mouvements, parce que cette pression se distribue uniformément autour de nous, et qu'elle s'y équilibre ; mais elle exerce une grande influence sur les gaz qui sont dissous dans les liqueurs dont sont baignés nos tissus. Si on fait le vide en un point de notre corps, nous sommes fixés par ce point à la machine qui a servi à faire l'opération ; le sang y est également refoulé par l'effet de la pression maintenue sur les autres points ; la peau s'y gonfle et rougit. Lorsque nous nous élevons à une grande hauteur dans l'atmosphère, la pression que nous supportons diminue dans une forte proportion ; elle n'est plus que de 8 750 kil. sur la surface du corps au sommet du mont Blanc dont la hauteur est de 4 800 mètres ; à ces grandes hauteurs nos gaz intérieurs se dilatent et produisent une turgescence de nos organes, et un suintement de sang par le nez, les oreilles, la bouche ; nous éprouvons en même temps des éblouissements, des vertiges, dus à l'afflux anormal du sang au cerveau, et auxquels contribue aussi pour une assez large part l'insuffisance de la respiration. A la surface même du sol, des variations journalières se produisent dans la pression atmosphérique, moins étendues il est vrai, mais suffisantes cependant, surtout lorsqu'elles sont brusques, pour produire quelques troubles dans des organisations déjà altérées.

La hauteur de l'atmosphère n'est pas connue exactement. Si sa densité était partout la même, cette hauteur serait $770 \times 10,3 = 7\,931$ mètres. On sait, en effet, que la pression atmosphérique peut être équilibrée par une colonne d'eau de $10^m,3$ d'élévation ; et comme l'air est environ 770 fois plus léger que l'eau, la hauteur de la colonne d'air équivalente doit être 770 fois plus grande. Mais cette limite est beaucoup trop petite, parce que, en vertu de la compressibilité de l'air, sa densité décroît à mesure qu'on s'élève. La loi de ce décroissement serait bien simple si la température était constante : en vertu de la loi de Mariotte, pour des hauteurs croissant en progression arithmétique, la densité décroîtrait en progression géométrique. Dans cette hypothèse, la hauteur de l'atmosphère serait illimitée, du moins en ne tenant pas compte de la force centrifuge due au mouvement de rotation de la terre, qui termine nécessairement l'atmosphère à une distance de 5 à 6 rayons terrestres. Mais l'abaissement de température, que l'on constate quand on s'élève, doit changer la loi du décroissement des densités, et cette loi n'est pas encore assez bien déterminée pour pouvoir en tirer des résultats certains.

Les phénomènes *crépusculaires* ont conduit à assigner à l'atmosphère une hauteur de 15 à 16 lieues (70 kilomètres). Certains astronomes ne lui accordent que 40 à 50 kilomètres, tandis que d'autres vont jusqu'à 300. A cette distance, l'air serait plus rare que le vide le plus parfait des machines pneumatiques, et incapable de réfléchir sensiblement la lumière. Quant à sa forme, elle doit être à peu près la même que celle de la terre, un peu exagérée, c'est-à-dire celle d'un sphéroïde aplati aux pôles et renflé à l'équateur.

La température de l'air est extrêmement variable à la surface de la terre, suivant les saisons et les climats ; mais elle varie également dans un même lieu avec la hauteur à laquelle on s'élève au-dessus du sol. Dans nos climats, cette variation est en moyenne de 1° par 150 ou 200 mètres d'élévation. Le 27 juillet 1850 la température de l'air a été trouvée de 40° au-dessous de zéro à la hauteur de 7 000 mètres, à laquelle étaient arrivés MM. Barral et Bixio dans leur ascension en ballon. Aussi rencontre-t-on sous toutes les latitudes, même dans les régions tropicales, des montagnes dont les sommets plongent dans la couche d'air dont la température moyenne annuelle est inférieure à zéro, et qui restent, par conséquent, toute l'année couverts de neige.

L'atmosphère joue un grand rôle en astronomie par son influence sur les observations. L'air est transparent, mais il absorbe une partie des rayons qui le traversent. De là résulte que les astres sont plus lumineux au zénith qu'à l'horizon, où les rayons ont une couche plus épaisse à traverser. L'air réfléchit la lumière, sans cela nous ne verrions la clarté des astres que sur la direction des rayons qu'ils nous envoient : le ciel nous paraîtrait comme un fond noir parsemé de points brillants. Au contraire, le soleil et même la lune éclairent l'atmosphère, surtout dans leur voisinage.

Le ciel paraît bleu, parce que l'air est bleu ; ou que, parmi les rayons des diverses couleurs qui constituent la lumière blanche qu'il reçoit du soleil, il réfléchit le bleu en proportion plus forte ; mais ce n'est qu'en grande masse que sa couleur est sensible : aussi, quand on s'élève, voit-on le ciel devenir bleu noir ; la clarté réfléchie par l'air diminue de plus en plus ; et en se plaçant à l'ombre, au sommet d'une très-haute montagne, on verrait les étoiles en plein jour. Mais si les rayons qui sont réfléchis par l'air sont bleus, ceux qui le traversent doivent manquer du bleu et présenter dès lors une teinte orangée qui devient en effet très-sensible au lever et au coucher du soleil. Si cette nuance disparaît dans le milieu du jour, c'est, d'une part, que l'épaisseur de la couche d'air traversée étant moindre, la coloration est moindre, et, en second lieu, que cette coloration est masquée par l'abondance de la lumière non modifiée (voyez Aurore, Crépuscule).

L'action *réfléchissante* de l'air produit encore d'autres effets : elle nous éclaire avant le lever du soleil et après son coucher. Enfin l'atmosphère, en retenant dans ses couches inférieures une grande partie des rayons calorifiques qu'elle reçoit du soleil, y maintient une température bien supérieure à celle des espaces interplanétaires, et y rend possible l'existence des êtres organisés.

L'air ne se borne pas à étendre une partie des rayons lumineux qui le traversent, il les dévie. De là le phénomène des *réfractions*. Un astre n'est jamais vu à sa véritable place : à moins qu'il ne soit au zénith, il doit paraître plus élevé qu'il ne l'est réellement. A l'horizon la réfraction est de plus de 33′ ; elle diminue rapidement à mesure que l'astre est plus voisin du zénith.

La réfraction nous fait jouir plus longtemps de la présence des astres : en les élevant de 33′, elle les rend visibles avant qu'ils aient réellement atteint le plan horizontal, et encore après qu'ils l'ont dépassé à leur coucher. Le diamètre du soleil est de 32′ environ ; il s'ensuit que lorsqu'il nous paraît toucher l'horizon par son bord inférieur, il est réellement au-dessous et le touche par son bord supérieur. L'influence de ce fait sur la durée du jour est variable suivant la déclinaison du soleil et la latitude du lieu. A Paris elle est de $4^m 6^s$ le matin et autant le soir, au solstice d'hiver.

C'est encore la réfraction atmosphérique qui fait paraître le soleil et la lune aplatis à leur lever et à leur coucher. Elle change les distances apparentes des étoiles, déforme les constellations. Ce phénomène avait conduit les anciens astronomes à soupçonner les réfractions, car, en mesurant, par exemple, la distance de la polaire à une étoile lorsque celle-ci est le plus près de l'horizon, et lorsqu'elle en est le plus loin, on trouve deux résultats différents, tandis qu'on ne saurait admettre que la distance réelle ait changé.

Ces effets ne deviennent sensibles que par des mesures assez précises. Il en est d'autres du même genre, et bien plus considérables, qui sont dus aussi à la présence de l'atmosphère, et où la réfraction ne joue aucun rôle. Par exemple, le soleil et la lune nous paraissent plus gros à l'horizon qu'au zénith ; mais ce n'est qu'une illusion, car, en mesurant au micromètre le diamètre du soleil, on trouve qu'il est le même au zénith qu'à l'horizon. Une illusion pareille a lieu pour les étoiles : leurs distances mutuelles paraissent plus grandes lorsqu'elles sont moins élevées ; et les constellations semblent alors occuper un plus grand espace dans le ciel. Cela est frappant pour la grande Ourse : le soir, en été, elle semble petite, parce qu'elle est très-haut ; en hiver, elle est très-bas et paraît immense.

Voici, d'après Laplace, la cause de ces apparences. Si l'œil pouvait distinguer et rapporter à leur vraie place les points de la surface extérieure de l'atmosphère, nous verrions le ciel comme une voûte surbaissée, puisque nous ne sommes pas au centre de cette surface, qui est sensiblement sphérique. Quoique nous ne puissions pas distinguer la limite de l'atmosphère, cependant les rayons qu'elle nous renvoie, venant d'une plus grande profondeur à l'horizon qu'au zénith, nous devons la juger plus étendue dans le premier sens. C'est ainsi, en effet, que nous paraît la voûte céleste : elle forme un rideau sur lequel les astres viennent se peindre, et un même objet paraît d'autant plus grand que nous l'y rapportons à une plus grande distance.

On a encore proposé d'autres explications pour rendre compte de cette illusion. Nous ne jugeons pas de la grandeur réelle des objets par leur diamètre apparent, mais aussi par la distance que nous leur supposons; et cette distance, nous l'estimons par celle des corps qui se voient à peu près sur la même direction. Quand l'astre est au-dessus de nos têtes, rien ne se trouve interposé; quand il est près de l'horizon, nous voyons, entre lui et nous, des maisons, des arbres, des montagnes, etc. Dans le second cas, nous le jugerons instinctivement plus éloigné, et nous l'estimerons plus grand. Cette cause peut concourir avec la précédente pour produire l'apparence qu'il s'agit d'expliquer. Ce qui prouve, du reste, que cette apparence est en partie une illusion, c'est que les observateurs ne s'accordent pas du tout sur la quantité dont la voûte céleste leur paraît surbaissée.

L'air, à cause de son extrême fluidité, de l'inégalité de sa température en ses divers points et des variations de poids qu'il éprouve, à égalité de volume, sous l'influence de la chaleur, doit être dans un perpétuel état d'agitation. De là en effet naissent tous les *vents* (voyez ce mot).
E. R.

Atmosphères des corps célestes. — Il y a lieu de croire que les différents corps célestes sont enveloppés, comme la terre, d'une atmosphère plus ou moins étendue qui participe à leur mouvement de rotation. Mais l'existence de ces atmosphères n'a pu être constatée que pour un petit nombre d'astres. Nous dirons, en parlant de chaque *planète*, ce que l'on sait à ce sujet.

Le *soleil* a une atmosphère très-étendue dans laquelle flottent des nuages lumineux. Jusqu'ici on n'a pas constaté sur la *lune* d'atmosphère appréciable. Enfin, chez les *comètes*, l'atmosphère atteint des proportions énormes : elle y donne naissance à la nébulosité ou chevelure, et à la queue dont plusieurs de ces astres sont accompagnés.

Atmosphère (Mécanique). — En mécanique le mot *atmosphère* est employé pour désigner l'unité de pression dans l'évaluation des fortes pressions, particulièrement des pressions dues à la vapeur d'eau. Ainsi, quand on dit qu'une machine à vapeur marche à la pression de 7 atmosphères, on veut exprimer que la force de la vapeur qui la met en mouvement est telle que cette vapeur presse sur les parois de la chaudière et la surface du piston avec une force égale à 7 fois la pression moyenne de l'atmosphère ou à 7 fois 10 336 kil. par mètre carré de surface (voyez Vapeur).

Atmosphère, Air atmosphérique (Physiologie, Hygiène). — C'est un fluide gazeux indispensable à l'entretien de la vie des animaux et des végétaux, et lorsqu'un être vivant en est privé pendant un certain temps, il périt; partout où il y a vie, il faut qu'il y ait de l'air atmosphérique. On pourrait croire, d'après cela, que les animaux qui vivent toujours au fond de l'eau, comme les poissons, et en général les animaux aquatiques, sont soustraits à cette loi; il n'en est rien, car l'eau contient en dissolution une certaine quantité d'air qu'ils peuvent en séparer au moyen d'organes spéciaux et qui suffit à l'entretien de leur vie; il ne leur est pas possible d'y exister, si l'eau a été purgée d'air, et ils y meurent promptement. Les rapports de l'air avec les êtres organisés constituent un des phénomènes les plus intéressants, la fonction de *respiration* (voyez ce mot). On a pu voir aux mots Air et Atmosphère (Physique), la composition de l'air que nous rappellerons en peu de mots; 100 parties d'air contiennent 79 d'azote et 21 d'oxygène, plus une très-minime partie d'acide carbonique ($\frac{6}{10000}$) et une plus ou moins grande quantité de vapeur d'eau dont on ne tient pas compte dans la formule. On sait qu'un seul de ces gaz est employé dans l'acte de la respiration, l'oxygène : en effet, si l'on place un animal dans un vase rempli de gaz azote, il y périt promptement; d'une autre part, si l'on en place un dans l'air pur et que celui-ci ne puisse pas se renouveler, il meurt au bout d'un certain temps, et par l'analyse chimique on trouve que cet air a perdu la majeure partie de son oxygène : au contraire, dans l'oxygène pur, l'animal respire avec plus d'activité même que dans l'air; c'est donc à la présence de l'oxygène que l'air atmosphérique doit ses propriétés vivifiantes. Mais la pureté de l'atmosphère, indépendamment de la vapeur d'eau

qu'elle contient, peut encore être altérée par la présence d'autres substances : on a signalé dans certains cas l'hydrogène proto carboné ou *gaz des marais*, que quelques observateurs ont considéré comme renfermant les *miasmes* palustres (des marais) dont les redoutables effets se font remarquer dans les contrées marécageuses par la production des fièvres de mauvais caractère; de récentes observations tendraient même à faire soupçonner, dans certains cas, l'existence de molécules animales de nature morbide, surtout dans le voisinage des hôpitaux, des prisons, etc. La science, qui poursuit ses recherches avec persévérance, n'a pas encore, sur toutes ces questions difficiles, de solutions bien précises. On a encore signalé dans l'atmosphère des animalcules qui ont même été décrits par Ehrenberg; les travaux de M. Chatin tendraient aussi à prouver qu'il y existe de l'*iode*. Enfin Schœnbein y a découvert un principe odorant, l'*ozone*, qui paraît n'être que de l'oxygène modifié par l'électricité. Tous les corps étrangers à l'air pur, et qui viennent d'être signalés, peuvent bien, au moyen de l'atmosphère agitée par les vents, être transportés à des distances plus ou moins grandes, et devenir ainsi des agents de transmission de certaines épidémies : aussi n'est-ce pas sans raison que les médecins recommandent d'éviter autant que possible les grandes agglomérations d'hommes, et tout au moins prescrivent le renouvellement fréquent de l'air (voyez Ventilation). On comprendra aussi d'après cela la différence qui existe entre l'air des pays de plaines, des plateaux, des montagnes, et celui des vallées, des contrées marécageuses : on comprendra encore combien il importe que l'hygiène publique, dans un grand pays, s'occupe de faire étudier sérieusement toutes les questions qui ont trait à l'assainissement de l'air et à sa pureté. L'atmosphère des bords de la mer offre au médecin un sujet sérieux d'observations, sur lequel il est bon de s'arrêter un instant; il est évident que l'air marin contient une quantité notable de vapeurs d'eau, ce qui avait fait penser à Keraudren que c'était une des causes du scorbut; le chlorure de sodium y a été constaté d'une manière certaine dans ces derniers temps, après avoir été annoncé déjà depuis longtemps par le médecin anglais Mead; si l'on joint à cela la plus grande densité de cette atmosphère et la pression plus considérable qu'elle exerce sur les organismes, de plus, quelques autres différences signalées dans sa constitution chimique, l'activité particulière que l'agitation des vents imprime aux influences atmosphériques, on aura une idée de l'ensemble des effets physiologiques, qui peuvent en être la conséquence. Toutefois il est bon de noter, comme un fait d'expérience, et de pratique, que le séjour des bords de la mer est favorable aux constitutions débiles et lymphatiques et qu'il est souvent nuisible aux tempéraments excitables, prédisposés aux affections nerveuses et inflammatoires (voyez Atmosphère]Physique]).
F — N.

ATOMES. — Nom donné aux dernières particules de la matière, celles auxquelles doit s'arrêter toute division des corps. Ce nom est quelquefois synonyme de *molécule*; cependant, le plus généralement, on considère les molécules comme formées par l'union d'un plus ou moins grand nombre d'atomes. Nous ne connaissons rien ni sur le poids ni sur le volume des atomes; on a cependant admis que les corps simples se combinent atome à atome, que la molécule d'eau, par exemple, est formée de 1 atome d'oxygène et de 2 atomes d'hydrogène; dans ce cas, les poids des atomes seraient proportionnels aux *équivalents* ou *nombres proportionnels* (voyez Équivalents), et cette hypothèse rend en effet très-simple l'explication de quelques lois fondamentales de la chimie; ce n'est toutefois qu'une hypothèse et on s'en préoccupe de moins en moins dans la science.

ATONIE (Médecine), du grec *tonos*, tension, *a* privatif, défaut de tension. — Ce mot, lorsqu'il signifie la *faiblesse*, s'applique plus spécialement, comme l'indique son étymologie, à celle des organes contractiles tels que les muscles; ce n'est véritablement qu'un relâchement, un défaut de fermeté des tissus. L'*atonie* diffère de l'*asthénie*, en ce que celle-ci est plutôt un défaut de forces en général (voyez Asthénie). On combat l'atonie par les *toniques* (voyez ce mot).

ATRABILE (Médecine), du latin *atra*, noire, et *bilis*, bile, bile noire. — Les anciens donnaient le nom d'*atrabile* à un liquide noirâtre, épais, formé selon eux par une partie limoneuse du sang et de la bile, et qu'ils croyaient engendrer la mélancolie et la manie; tout cela est bien obscur et bien hypothétique, et Bartholin n'a rien trouvé de mieux, pour l'expliquer, que de regarder comme organes sécréteurs de l'atrabile les *capsules surrénales*, auxquelles il a donné pour cela le nom d'*atrabilaires*. De nos jours l'existence de l'atrabile est regardée comme imaginaire, à moins qu'on ne veuille donner ce nom à un liquide plus ou moins âcre, et d'un brun foncé qu'on trouve quelquefois dans le tube intestinal, et qui n'est autre chose que de la bile elle-même altérée, d'une couleur plus noire, et qui a acquis des propriétés irritantes par son séjour dans l'intestin.

ATRAGÈNE (Botanique), *Atragenus*, DC. Théophraste employait ce nom pour désigner une plante offrant beaucoup de ressemblance avec la clématite. — Genre de plantes de la famille des *Renonculacées*, tribu des *Clématidées*. Il est caractérisé principalement par des fleurs sans involucre, à pétales nombreux. L'*A. des Alpes* (*Clematis alpina*, Lamk) et l'*A. de Sibérie* (*Clematis ochotensis*, Poiret) sont de très-jolis arbrisseaux. L'un a les fleurs blanches, grandes, velues en dessus; l'autre a les pétales également blancs.

ATRIPLICÉES (Botanique), de *Atriplex* (Arroche), genre type. — Famille de plantes *apétales* répondant aux *Arroches* de de Jussieu, aux *Chénopodées* de Ventenat et adoptée par Adrien de Jussieu qui la caractérise ainsi : calice 3-5-partite, herbacé; étamines en nombre égal, opposées; 4-5 stigmates distincts; ovaire à une seule loge renfermant une graine en embryon annulaire ou spiral, amphitrope sur le côté ou tout autour d'un périsperme farineux (voyez CHÉNOPODÉES).

ATROPA (Botanique), nom latin tiré du genre *Atropa belladona* (voyez BELLADONE).

ATROPHIE (Médecine), du grec *a* privatif et *trophé*, nourriture. — Arrêt de développement, ou décroissement sensible du mouvement de nutrition d'une partie, d'où résulte une disproportion dans le volume ou la masse de cette partie, dans ses rapports avec les autres organes à l'état normal : cette manière de définir l'atrophie s'applique particulièrement à celle qui est partielle; quand elle est générale, elle se révèle par une dimiunti n de tout le corps, qui constitue plutôt l'amaigrissement d'abord, la consomption, etc. Alors c'est un phénomène symptomatique de quelque affection grave que la sagacité du médecin doit chercher à découvrir. Quant à l'atrophie partielle, tout ce qui peut ralentir l'abord du sang dans une partie peut la déterminer : elle résulte ordinairement d'une compression prolongée, de la diminution de l'influence nerveuse, du défaut d'exercice d'un organe; elle peut être aussi la suite d'une maladie, ainsi le rhumatisme, la paralysie, etc. On conçoit, d'après ce qui vient d'être dit, que l'atrophie, étant l'effet d'une autre maladie, ne réclame du médecin aucun traitement spécial.

ATROPHIE MÉSENTÉRIQUE (Médecine). — Induration ou tuméfaction des glandes du mésentère, qu'on observe chez les enfants; cette maladie est plus généralement connue sous le nom de *carreau* (voyez ce mot).

ATROPHIE MUSCULAIRE PROGRESSIVE (Médecine). — Cette maladie, décrite récemment, est une affection partielle ou générale du système musculaire; elle commence par des contractions involontaires, légères, fibrillaires des muscles, accompagnées de tremblements et bientôt suivies d'un affaiblissement notable; ceux-ci cessent d'être sensibles à l'électricité. Les forces décroissent rapidement; les muscles diminuent de volume; peu à peu les malades ne peuvent se tenir debout, la paralysie augmente, et ils succombent parce qu'ils ne peuvent plus avaler, et surtout parce que la respiration ne peut plus se faire. A l'autopsie, on trouve les muscles d'une teinte jaune rosé, parsemés de granulations grisâtres; ils sont d'un volume très-sensiblement diminué, ayant abouti à une transformation définitive du tissu musculaire en tissu graisseux. La science n'a encore pu formuler aucune donnée pour le traitement de cette terrible maladie. — Consultez les travaux de M. le Dr. Duchenne (de Boulogne).

ATROPINE (Matière médicale). — Nom donné à une substance retirée de la belladone (*Atropa belladona*). Ce principe immédiat cristallise en aiguilles blanches, brillantes; il est très-peu soluble dans l'eau et dans l'éther sulfurique; mais il se dissout très-bien dans l'alcool. L'atropine est très-vénéneuse et dilate très-fortement la pupille, propriété qui a été mise à profit dans certaines maladies des yeux. M. le docteur Béhier a employé avec succès, contre les névralgies rebelles, une goutte d'atropine en injection sous-cutanée.

ATROPOS (Zoologie), nom spécifique du *Sphinx atropos*, Lin. (Voyez SPHINX).

ATTACE, ATTACIDE (Zoologie), *Attacus*, Lin. — *Insectes lépidoptères nocturnes*, qui forment, dans la classification de Linné, la première division de son grand genre *Phalæna* comprenant tous les *Nocturnes*. Leurs caractères étaient : ailes écartées, antennes pectinées ou sétacées; point de trompe, ou s'il en existe une, elle est roulée en spirale. Cette division, d'abord indiquée par Latreille, ne figure pas dans la classification du *Règne animal* de Cuvier (voyez PHALÈNE).

ATTAGÈNE (Zoologie), *Attagenus*, Latr. — Sous-genre d'*Insectes coléoptères*, du grand genre *Dermeste*; il diffère des *Dermestes* proprement dits par les antennes, dont la massue est allongée, presque en scie; par les palpes maxillaires plus allongées et plus grêles. Le corps est ovoïde, court, peu convexe. Parmi les espèces connues, on peut citer l'*A. ondé* (*Dermestes undatus*, Fab.), oblong, noir, une tache blanche de chaque côté du corselet, le présternum s'avançant sur la bouche : on le trouve sur les arbres aux environs de Paris.

ATTALÉE (Botanique), *Attalea*, Humb. et Bonpl., dérivé du nom d'Attale. — Genre de *Palmiers* de la tribu des *Cocoïnées*. Il renferme des arbres à tronc épais et plus ou moins élevés; leurs feuilles sont grandes et terminales. L'*A. à cordes* (*A. funigera*, Mart.) habite les forêts vierges du Brésil. Ses feuilles fournissent des fibres fréquemment employées en Amérique pour la fabrication des cordages. L'*A. magnifique* (*A. spectabilis*, Mart.) a le tronc très-court et les feuilles souvent longues de 7 mètres. Plusieurs autres espèces qui figurent dans les serres, renferment dans leurs graines une huile presque aussi précieuse que l'huile de coco.

ATTAQUE (Médecine). — On donne ce nom à toute invasion brusque et subite d'une maladie, avec le développement instantané de tous les symptômes qui la caractérisent; ainsi on dit une *attaque de nerfs* pour désigner des spasmes et divers phénomènes nerveux qu'on observe plus particulièrement chez les individus très-irritables; une *attaque d'apoplexie*, d'*épilepsie*, de *goutte*, de *rhumatisme*, d'*asthme :* cependant les retours de ces trois dernières maladies portent plutôt le nom d'*accès*, tandis que ceux des premières que nous avons citées gardent toujours celui d'*attaque*.

ATTE (Zoologie), *Atta*, Fab., du grec *attô, aissô*, je saute. — *Insectes hyménoptères* de la cinquième division du grand genre *Fourmi*, famille des *Hétérogynes* (voyez FOURMI), nommés aussi par Latreille *Œcodomes*, pour les distinguer des araignées qui portent ce nom. Les *attes* ont les palpes très-courtes, et les maxillaires de moins de six articles, du reste se rapprochant des *Myrmices* (voyez ce mot), parce qu'ils ont comme eux un aiguillon. L'espèce la plus connue est l'*A. grosse-tête* (*A. cephalotes*, Fab.), connue sous le nom de *fourmi de visite*, dont les ouvrières sont presque de la taille d'une petite guêpe; le corps brun, la tête luisante, très-grande, les pattes longues. Les femelles sont beaucoup plus grandes. Ces insectes font dans la terre, à une profondeur de plus de 2 mètres et demi à 3 mètres, des caves qui, suivant mademoiselle de Mérian, ont quelquefois près de 2m,50 de hauteur : c'est là qu'elles transportent les dépouilles des arbres dont elles enlèvent quelquefois toutes les feuilles en moins d'une nuit. Si l'on en croit les récits venus de Paramaribo, colonie hollandaise, et transmis par Hombert à l'Académie des sciences en 1701, ces fourmis, marchant en troupes, exterminent les rats, les souris, les kakerlacs et autres animaux nuisibles; au point que les habitants regardent leur passage comme un bienfait. Elles habitent la partie centrale de l'Amérique.

ATTE, ATTUS (Zoologie). — Nom donné par Walckenaër à un genre d'*Arachnides*, nommées vulgairement *araignées sauteuses*, et qui forment, dans le *Règne animal* de Cuvier, le sous-genre des *Sattiques*).

ATTEINTE (Vétérinaire). — On donne ce nom à des contusions, des blessures faites aux pieds des chevaux, sur la *couronne*, au *paturon* ou au *boulet;* soit par eux-mêmes avec leurs fers, ou contre un corps dur, soit par les autres chevaux, dans les marches, comme cela a lieu pour les chevaux d'armée. Cette atteinte prend le nom d'*encornée* lorsqu'elle pénètre au-dessous de la corne; on l'appelle *sourde* lorsque c'est une simple contusion. Le traitement consiste dans le repos, l'emploi des émollients d'abord, puis des résolutifs.

ATTÉLABE (Zoologie), *Attelabus*, Lin., Fab. — Genre d'*Insectes coléoptères tétramères*, famille des *Porte-bec* ou *Rhynchophores*. Ce sont les *Becmares* de Geoffroy; ils n'ont pas de lobes apparents; palpes très-petites, coniques; le prolongement antérieur de la tête représente un bec ou une trompe; antennes droites, les trois derniers articles réunis en une massue, trompe courte, point de cou apparent, jambes terminées par deux forts crochets. Ces insectes rongent les feuilles, les fleurs et les fruits, et causent souvent de grands ravages. On les a divisés en quatre sous-genres : 1° les *Apodéres* à tête rétrécie, avec une sorte de cou; l'espèce principale est l'*A. du noisetier* (*A. coryli*, Lin.), noir, le corselet, les élytres et les fémurs d'un rouge vif; 2° les *Attélubes proprement dits*, museau court, élargi au bout; espèce type, *A. charançon* (*A. Curculionides*, Lin.), long de 0ᵐ,005 à 0ᵐ,006, noir luisant, élytres et corselet rouges : on le trouve sur le bouleau, le chêne, en France et souvent aux environs de Paris. Sa larve, molle et dépourvue de pattes, dévore les feuilles et les jeunes tiges de ces arbres; 3° les *Rhynchites*, museau allongé, un peu élargi au bout; espèce type, *A. Bacchus*, Oliv., d'un rouge cuivreux, les antennes et le bout de la trompe noirs (*fig.* 231); ses larves, connues aussi sous les noms de *Lisette*, *Béche*, font de grands dégâts dans la vigne qu'elles dépouillent quelquefois de toutes ses feuilles; cet

Fig. 231. — Attélabe Bacchus.

insecte se laisse tomber comme s'il était mort lorsqu'on veut le prendre; 4° enfin les *Apions* (voyez ce mot).

ATTELLE (Médecine), en latin *assula*, *ferulo*. Ducange prétend que ce mot vient de *artula*, qui dans la basse latinité signifiait *copeau*. — Une attelle est une lame ordinairement de bois, qu'on enveloppe de linge et qu'on applique le long d'un membre fracturé, pour le maintenir dans sa rectitude naturelle, et empêcher le déplacement des fragments (voyez FRACTURE). La longueur, la largeur, la forme et l'épaisseur des attelles sont déterminées par l'usage auquel on les destine. Les plus légères peuvent être en bois blanc; mais lorsqu'il s'agit d'opposer une grande résistance, comme dans les fractures de la cuisse, du col du fémur, elles doivent être en hêtre et même en chêne. On les fait aussi, dans certains cas, en écorce d'arbre, en cuir, en fer-blanc, etc. Souvent on emploie à cet usage un carton épais, qu'on mouille afin qu'il se moule sur le membre fracturé, et ces attelles sont maintenues au moyen d'un bandage roulé; cet appareil devient d'une grande solidité lorsqu'il est mouillé avec une dissolution de dextrine (voyez DEXTRINE). Les *attelles* sont appelées aussi *ecclisses*. On donne le nom de *semelle* à une espèce d'attelle qui sert à soutenir le pied. Celle qu'on emploie pour la main s'appelle *palette*.

ATTERRISSEMENT (Zoologie), du latin *ad*, vers; *terram*, la terre. — On donne ce nom aux dépôts que les eaux agitées amènent et laissent accumuler lorsque leur mouvement se ralentit. Les fleuves se forment par les eaux des différents affluents qu'ils recueillent en descendant des hautes vallées vers les plaines; le resserrement et la pente de ces vallées convertissent en véritables torrents ces cours d'eau, que les orages ou la fonte des neiges enflent démesurément à certaines époques; mais ces torrents produisent sur les roches et les terres qui forment leur lit des dégradations qui nous expliquent la présence des débris sans nombre que roulent les fleuves dans leur cours; les galets et cailloux roulés, les graviers, les sables, les terres, le limon, etc. A mesure que la vitesse des eaux se ralentit, ces matériaux se déposent, les plus lourds d'abord; les sables fins, les terres, le limon, parviennent seuls jusqu'aux embouchures; à cet endroit il y a un arrêt provenant de la résistance de la mer, et cet arrêt détermine le dépôt de tous ces matériaux, qui produisent alors les bancs de sable, les barres, les alluvions, les *atterrissements* en un mot, si communs aux bouches des fleuves. C'est ce travail lent et continu des *atterrissements* qui a formé et accroît avec le temps les *deltas* des fleuves.

ATTRACTION UNIVERSELLE OU NEWTONIENNE. — Nom donné à la cause inconnue en vertu de laquelle deux molécules de matière tendent à se porter l'une vers l'autre. L'attraction est une propriété générale de la matière; elle existe dans tous les corps, qu'ils soient en repos ou en mouvement, et indépendamment de leur nature; elle se produit à toute distance ainsi qu'au travers de toutes les substances. Mais elle est quelquefois neutralisée par une tendance inverse attribuée à la *chaleur* ou à l'*électricité*, ou au *magnétisme*, ou à la *force centrifuge* (voyez ces mots).

Quand elle s'exerce entre les astres, l'attraction s'appelle aussi *gravitation universelle*; quand elle a lieu entre la terre et les corps qui sont à sa surface, elle prend plus particulièrement le nom de *pesanteur;* on lui donne le nom d'*attraction moléculaire* quand elle unit entre elles les particules des corps.

Les philosophes de l'antiquité, Démocrite, Épicure, avaient adopté l'hypothèse d'une tendance de la matière vers des centres communs, la terre et les astres; Képler admit une attraction réciproque entre lo soleil, la terre et les planètes; mais c'est Newton qui, le premier partant des lois de Képler, formula d'une manière nette les lois de la gravitation et démontra que *tous les corps de la nature s'attirent mutuellement en raison directe et composée de leurs masses, ou des quantités de matière qu'ils renferment, et en raison inverse du carré de leurs distances.* Depuis Newton, cette attraction a été vérifiée expérimentalement et mesurée par Cavendish entre deux sphères de plomb; son existence est universellement admise, sans qu'on puisse affirmer toutefois qu'elle ne soit pas elle-même la manifestation d'une force plus générale, encore imparfaitement entrevue. Dans l'esprit même de Newton, le mot *attraction* ne fut jamais que l'expression d'un fait général, et non d'une cause ayant une existence propre. Le mot *force* avec sa signification vague exprime la même pensée.

ATTRAPE-MOUCHE (Botanique), *Dionœa*, Ellis, l'un des noms de Vénus qu'on a appliqué par allusion à une plante qui a la propriété de saisir et de retenir ce qui l'approche. — Genre de plantes de la famille des *Droséracées*. L'*Attrape-mouche* proprement dit ou *Dionœa muscipula*, Lin., est une petite plante dont les feuilles sont douées d'une particularité qui lui a valu son nom. Leur surface est munie de cils et de glandes, et quand les insectes viennent s'y poser, les deux lobes se rapprochent, les tiennent emprisonnés et ne s'étendent que plus tard, lorsque déjà ceux-ci sont morts. Cette singulière plante se trouve dans l'Amérique septentrionale, et principalement dans la Caroline.

On donne aussi le nom vulgaire d'*Attrape-mouche* aux plantes suivantes : à l'*Apocyn à feuilles d'androsème,* parce que les mouches qui viennent sucer le pollen de cette plante se trouvent souvent prises entre les filets et les anthères de manière à n'en plus pouvoir sortir; au *Dracuncule chevelu, Gouet chevelu (Dracunculus crinitus,* Schott), à cause de l'odeur cadavéreuse que répand l'inflorescence de cette espèce et des soies de la spathe qui retiennent les mouches attirées en grand nombre par cette odeur; enfin au *Silene muscipula,* Lin., vulgairement *Gobe-mouche,* plante extrêmement visqueuse, dans les poils de laquelle les mouches se trouvent engagées sans pouvoir en sortir. G — s.

ATWOOD (MACHINE D'). — Appareil de physique imaginé par le physicien dont il porte le nom, et servant à étudier les lois de la chute des corps sous l'influence de la pesanteur (voyez CHUTE DES CORPS).

ATYPES (Zoologie), *Atypus*, Latr. — Genre d'*Arachnides pulmonaires*, famille des *Fileuses* ou *Aranéides*, qui se distingue des *Mygales* proprement dites par une très-petite languette presque recouverte par la base des mâchoires, les yeux très-rapprochés et insérés sur un tubercule. C'est l'espèce connue sous le nom d'*Aranea picea* de Sulzer, sous celui d'*Olétèra* de Walckenaër, qui a servi de type à Latreille pour établir ce genre sous le nom de *Atypus Sulzeri;* elle a le corps entier noirâtre, le thorax presque carré, déprimé en arrière, renflé, élargi et tronqué par devant. Cette araignée, longue de 0ᵐ,018, se creuse en terre un boyau cylindrique d'environ 0ᵐ,20, dans lequel elle se file un tuyau de soie blanche, et où le cocon est fixé. On la trouve en quantité, au mois de juillet, dans les environs de Paris.

ATYPIQUE (Médecine), du grec *tupos*, type, et de *a* privatif, sans type. — On nomme maladies *atypiques* celles qui, bien qu'affectant une forme périodique, comme les fièvres intermittentes, par exemple, ont des accès qui reparaissent sans aucune régularité de forme.

AUBÉPINE (Botanique), *Aube épine*, francisé de *alba Spina*, épine blanche. — Espèce d'arbrisseau de la famille des *Rosacées*. Gærtner la rangeait dans le genre *Néflier* (*Mespilus*); mais aujourd'hui elle est généralement adoptée comme espèce du genre *Épine* (*Cratœgus*, Lindl.), et l'on a ainsi conservé la synonymie linnéenne. C'est donc le *Cratœgus oxyacantha*, Lin. (*Mespilus oxyacantha*, Gærtn., du grec *oxus*, aigu, et *acantha*, épine). On l'a aussi appelée *Épine blanche*, *Bois de mai*. Tout le monde connaît cet arbrisseau auquel se rattachent quelques détails historiques et légendaires assez curieux. Chez les Grecs, l'aubépine présidait aux mariages, et les flambeaux destinés à éclairer les nouveaux mariés, dans la chambre nuptiale, devaient être faits en bois d'aubépine. La floraison d'un pied d'aubépine au cimetière des Saints-Innocents, le 25 août 1572, lendemain du massacre de la Saint-Barthélemy, fut diversement interprétée. La superstition y attribua une foule de causes ayant rapport à l'événement de l'époque. Il n'y a pas longtemps encore, les paysans étaient convaincus que l'aubépine gémissait pendant la nuit du Vendredi saint. On prétendait aussi que la suave odeur de cet arbuste hâtait la putréfaction du poisson. Toujours est-il que le nom de ce joli arbrisseau se lie à tout ce qu'il y a de gracieux ; il nous rappelle les beaux jours du printemps, le parfum des fleurs, le chant des oiseaux, et surtout celui du rossignol, qui le choisit souvent pour y faire son nid. On cultive fréquemment dans les jardins des variétés et sous-variétés de l'aubépine, qui diffèrent entre elles par la forme des feuilles, leur panachure et la couleur des fleurs. Les aubépines à fleurs roses ou pourpres, et quelquefois doubles, sont très-jolies. La variété *oxyacanthoïde* (*Cratægus oxyacantha obturata*, DC.; *C. oxyacanthoïdes*, Thuill.), qui croît communément aux environs de Paris, diffère du type par ses feuilles à lobes assez larges et ses calices glabres. L'aubépine s'élève à peu près jusqu'à 5 ou 6 mètres. Elle donne des fleurs le plus ordinairement blanches, très-odorantes, et d'un joli effet dans les buissons. Les baies rouges et ovales de cet arbuste ont une saveur douce ; elles sont astringentes et nourrissantes ; on en obtient une liqueur spiritueuse par la fermentation. Ces fruits ont été quelquefois recommandés contre la dyssenterie. L'aubépine forme de bonnes clôtures et se soumet très-bien, par la taille, aux formes qu'on veut lui donner. Son bois est un assez bon combustible. On l'emploie souvent pour les ouvrages de tour. G — s.

AUBERGINE (Botanique). — Variété d'une espèce de *Morelle* (*Solanum*, Lin.) appartenant à la famille des *Solanées*. C'est la *Morelle mélongène* (*S. melongena*, Lin., mot altéré du nom arabe de la plante), variété aubergine (*Esculentum* ou *Solanum esculentum*, Dunal). On lui donne encore le nom de *Méringeanne*, *Mélanzane*, *Mayenne*. Elle se distingue par ses tiges, ses feuilles et ses calices plus ou moins épineux et ses pé-

Fig. 232. — Aubergine (morelle mélongène).

doncules solitaires fertiles. Son fruit est une grosse baie allongée variant du violet au rouge, du blanc au jaune, et constituant ainsi plusieurs sous-variétés d'aubergine. Celle-ci est cultivée en Europe pour ce fruit qui donne un aliment très-agréable, que l'on prépare de différentes manières. On ne doit employer ces baies

que lorsqu'elles sont parfaitement mûres, sans quoi elles pourraient incommoder par leur âcreté et à cause de la *solanine* (v. Solanées) qu'elles contiennent en assez grande quantité. La *Morelle mélongène*, plante à œuf ou poule qui pond (*Solanum ovigerum*, Dunal), est une autre variété dont le fruit ressemble tout à fait à un œuf de poule. G — s.

AUBES. — Palettes dont on garnit le pourtour des *roues hydrauliques*, dites *roues à aubes* (voyez ces mots).

AUBE-VIGNE (Botanique), du latin *alba vitis*, vigne blanche. — C'est un des noms vulgaires de la *Clématite des haies* (*Clematis vitalba*, Lin.) (voyez **Clématite**).

AUBIER (Botanique), nom francisé d'*alburnum* ayant pour primitif *albus*, blanc. — Jeune bois, ordinairement blanc, qui se trouve immédiatement sous l'écorce et qui recouvre le bois parfait des arbres dicotylédonés. Il est imprégné de sucs liquides auxquels il est perméable ; il est plus tendre que le cœur du bois ou bois parfait, et se distingue parfaitement de celui-ci qui présente une teinte plus foncée. Ainsi, dans le palissandre, l'acajou, l'ébène, le bois parfait extrêmement coloré tranche sur l'aubier encore blanc. Dans les arbres de nos climats, le changement est moins brusque. Le peuplier et le saule, par exemple, offrent leur bois parfait sans coloration ; la transition de celui-ci à l'aubier qui le recouvre est donc à peine sensible. Mais ce dernier est plus poreux ; en un mot, il est imparfait. L'aubier est destiné à se changer en bois parfait avec le temps. Chaque année en produit une couche que l'on peut vérifier par la section horizontale d'un arbre. On voit ainsi des lignes concentriques qui servent à calculer l'âge du végétal. Ces couches sont d'une épaisseur fort inégale. Dans les arbres à bois tendre qui croissent avec rapidité, elles sont plus larges, tandis que dans les bois durs, qui ne se développent que lentement, l'épaisseur est beaucoup moins prononcée. Cette épaisseur, du reste, varie dans le même arbre, suivant les circonstances où il s'est trouvé placé. Les inégalités que l'on peut remarquer dans la section dont nous venons de parler, dépendent aussi des saisons pendant lesquelles le développement s'est plus ou moins bien effectué. Dans les arbres qui croissent très-lentement, quelques espèces des régions polaires, par exemple, les lignes concentriques sont très-peu visibles. Nous venons de dire que l'accroissement de chaque zone s'achevait dans le courant de l'année. Arrivée à ce point, elle forme une sorte de limite à laquelle viendra s'ajouter la zone de l'année suivante. A mesure que les organes élémentaires vieillissent, la proportion des liquides dont ils étaient remplis dans leur jeune âge diminue aux dépens de la formation des solides ; alors les parois de chaque organe s'épaississent à cause des matières qui se durcissent sous l'influence de l'évaporation des liquides, et par l'addition des couches qui s'emboîtent les unes dans les autres. On explique ainsi la formation du ligneux des plantes. L'aubier a aussi la faculté de perdre ou d'absorber très-facilement l'humidité. Il pourrit facilement lorsqu'on a enlevé l'écorce qui le protège. Celle-ci est, au contraire, peu hygrométrique. C'est une des causes qui font sortir par les fissures de l'écorce les gommes et les résines secrétées intérieurement dans le corps ligneux. G — s.

AUBIFOIN (Botanique). — L'un des noms vulgaires du *Bleuet* (voyez ce mot).

AUBIN (Hippiatrique). — On donne ce nom à une allure vicieuse d'un cheval, dans laquelle les membres antérieurs exécutent les mouvements du galop, tandis que les postérieurs font ceux du trot. C'est toujours un signe de faiblesse, d'usure ou de grande fatigue ; le cheval, après avoir enlevé le devant du corps, n'a plus la force de faire exécuter la détente des membres postérieurs pour rejeter le corps en avant (voyez **Hippologie**).

AUCUBA (Botanique), *Aucuba*, Thunb., nom japonais de cette plante. — Genre de la famille des *Cornées*. Caractères : fleurs dioïques ; calice à 4 dents ; corolle à 4 pétales ovales d'un pourpre vineux ; les mâles ont 4 étamines alternes avec les pétales ; les femelles, un ovaire adhérent au calice, à 4 facettes au sommet ; fruit monosperme, charnu. L'*A. du Japon* (*A. Japonica*, Thunb.) est un arbrisseau de 2 mètres. Ses feuilles toujours vertes sont lisses et panachées de jaune. Cette espèce, qui décore agréablement les bosquets, donne en mai et juin de petites fleurs brunes. Les Japonais croient que cet arbrisseau, dont les panachures sont souvent d'un jaune très-vif, contient de l'or. G — s.

AUDINAC (Médecine, Eaux minérales), village de France, arrondissement d'Et à 10 kilomètres de Saint-Girons (Ariége). — Eaux sulfatées calciques et ferrugineuses ;

température, 22°; diurétiques et laxatives, on les emploie contre les affections des organes digestifs, le catarrhe vésical, etc.

AUDITIF, Audition (Anatomie, physiologie). — Pour ce qui concerne ces mots, voyez Oreille, Ouie.

AUGETS. — Compartiments ménagés sur le pourtour des *roues hydrauliques*, dites *roues à augets* (voyez Roues hydrauliques, Roue a augets).

AUGIE (Botanique), *Augia*, Loureiro, du grec *augé*, éclat, à cause du brillant vernis produit par cet arbre. — Genre de plantes rapporté avec doute à la famille des *Térébinthacées*. L'augie de la Chine (*A. sinensis*, Lour.), la seule espèce connue, est un arbre de dimension moyenne. Ses fleurs sont grandes, en panicules lâches. D'après Loureiro, le véritable *vernis de la Chine* serait le produit résineux de cet arbre. G — s.

AUGITE (Minéralogie), du grec *augé*, éclat. — On désigne sous ce nom les variétés noires du genre *Pyroxène*, toujours à poussière brune, dont le clivage rhomboïdal est plus apparent, et qui se trouvent plus particulièrement dans les laves anciennes et modernes, dans les basaltes, rarement dans les roches trachytiques ; la composition en est généralement altérée, mais les caractères cristallographiques sont les mêmes, si ce n'est que ordinairement les formes sont plus simples.

AULNE (Botanique), *Alnus*, Tourn., ancien nom français de l'Aune (voyez ce mot).

AULOPES (Zoologie), *Aulopus*, Cuv. — Sous-genre de *Poissons malacuptérygiens abdominaux*, famille des *Salmones*; ils ont les nageoires ventrales presque sous les pectorales, douze rayons aux branchies ; la Méditerranée en fournit une espèce, l'*A. filamenteux* (*Salmo filamentosus*, Blok.), qui est d'un rouge violet sur le dos, avec le ventre d'un blanc argenté (voyez Saumon).

AULUS (Médecine, Eaux minérales). — Village de France, arrondissement et à 25 kilomètres de Saint-Girons à 10 S. de Massat (Ariége) et 6 kilomètres N. dela frontière d'Espagne. Eau minérale sulfatée calcique; température, 20° centigr.; un peu laxative ; employée contre l'atonie de l'estomac et des intestins : elle se rapproche des eaux de Contrexeville.

AUMALE (Médecine, Eaux minérales). — Ville du département de la Seine-Inférieure qui possède trois sources d'eau minérale ferrugineuse bicarbonatée.

AUNATRE (Botanique). — Nom vulgaire du genre *Alnaster*, démembré du genre *Aune* (*Alnus*) et établi par M. Spach, famille des *Bétulacées*. Ce sont des arbrisseaux qui tiennent le milieu entre les Aunes et les Bouleaux, dont ils se distinguent par les caractères suivants : Chatons mâles sortant de bourgeons latéraux et terminaux, ayant 2 à 2 fleurs à l'aisselle de chacune de leurs écailles ; calice formé de folioles, à la base de chacune d'elles s'attache une étamine ; chatons femelles disposés en grappes latérales, sortant de bourgeons latéraux. — Floraison ayant lieu au printemps lorsque les feuilles poussent. L'*Aunâtre vert* (*A. viridis*, Spach ; *Alnus viridis*, DC.) est un arbrisseau des Alpes. Ses branches ont une écorce d'un brun foncé, ses rameaux sont grisâtres et ses feuilles d'un vert foncé en dessus et pâle en dessous. G — s.

AUNE (Botanique), *Alnus*, Tourn., dérivé d'un mot celtique qui veut dire *bord de rivière*. Cet arbre croît dans les vallons au bord des eaux. — Genre d'arbres de la famille des *Bétulacées*, dont les espèces sont presque toutes propres aux parties tempérées de l'hémisphère boréal. L'*A. grisâtre* (*A. incana*, Willd.) s'élève quelquefois jusqu'à 6 mètres. Son écorce, longtemps d'un gris argenté et luisante, finit par brunir irrégulièrement. Il habite le nord de l'Europe et peut endurer les plus grands froids. Le bois de cette espèce est susceptible d'être travaillé. Il fournit aussi un excellent combustible qui rend de grands services dans les montagnes du Nord. L'aune grisâtre croît très-rapidement. En cinq ans, dit-on, il peut acquérir une hauteur de 5 mètres et un diamètre de 0^m,10 à 0^m,12 à sa base. L'*A. glutineux* (*A. glutinosa*, Gærtn., *Betula alnus*, Lin.), appelé aussi *A. commun Verne*, est l'espèce la plus importante du genre (*fig.* 233). C'est un arbre qui peut atteindre de grandes dimensions. Il est en général touffu et conique. Son écorce est d'un vert-olive foncé sur les tiges jeunes et sur les branches, elle devient d'un brun foncé sur les vieux troncs ; ses feuilles sont ovales, arrondies ou échancrées au sommet, plus ou moins visqueuses et d'un vert lustré sur les deux faces. Ses graines sont très-petites et très-légères. L'aune glutineux habite toute l'Europe, mais ne s'avance pas autant dans le Nord que l'aune grisâtre. Il croît aussi en

Sibérie, en Orient, voire dans l'Afrique septentrionale Le bois de cette espèce présente une couleur blanc verdâtre. Il donne un des meilleurs combustibles pour le chauffage des appartements. D'après M. Th. Hartig, il produit à poids égal une chaleur équivalente à celle que donne le bois de hêtre. Il a en outre l'avantage sur ce dernier de fumer et de pétiller moins ; il se conserve très-longtemps dans l'eau. Les pilotis de Venise sont, dit-on, faits de ce bois. Il s'imprègne très-bien de matières

Fig. 233. — Aune commun (*betula alnus*) avec chatons de fleurs et fruits.

noires, ce qui le rend utile dans certaines branches de l'industrie et surtout dans l'ébénisterie. Son écorce renferme du tannin en grande quantité ; on s'en sert quelquefois en guise de noix de galle. Elle a passé pour être douée de propriétés très-fébrifuges et digne ainsi de remplacer le quinquina ; mais elle est rejetée de la médecine actuelle. Ces arbres ont des feuilles tombantes, à bourgeons pédiculés n'ayant pour toute enveloppe que 2 ou 3 écailles. Leurs fleurs sont monoïques, en chatons ; les mâles ont un calice quadripartite et 4 étamines opposées à ses lobes ; les femelles sont réduites à un ovaire biloculaire et biovulé, surmonté de deux longs stigmates grêles ; le fruit est un strobile ovoïde consistant en nucules ligneuses pourvues d'une aile.

M. Spach, dans la deuxième série, t. XV, des *Ann. des sciences natur.*, a donné un très-bon travail sur les Aunes. G — s.

AUNE (Métrologie), du latin *ulna*, bras étendu, ancienne unité de longueur appliquée au mesurage des étoffes. — Elle variait d'une province à l'autre. L'aune de Paris avait 3 pieds 7 pouces 10 lignes 5/6 et équivalait à 1^m,1884. 5 aunes équivalaient donc approximativement à 6 mètres. Pour former la transition de l'ancienne aune au mètre, l'arrêté du 28 mars 1812 portait que l'on pourrait employer provisoirement pour les étoffes une mesure de 1^m,20 appelée *aune usuelle*.

L'unité de mesure correspondante à l'aune porte dans les divers États de l'Europe les noms *vare*, *brasse*, *canne*, *palme*, *yard*. Elle varie de 0^m,51, valeur qu'elle a dans la Dalmatie, à 2^m,0016, longueur de l'aune romaine.

Nous donnons dans le tableau suivant la valeur en mètres d'un certain nombre d'aunes et de fractions d'aune de Paris.

AUNE DE PARIS.	VALEUR EN MÈTRES.	FRACTIONS D'AUNE.	VALEUR EN MÈTRES.
1	1,1884	1/2	0,5942
2	2,3769	1/3	0,3961
3	3,5653	2/3	0,7922
4	4,7538	1/4	0,2971
5	5,9422	3/4	0,8913
6	7,1307	1/6	0,1981
7	8,3191	5/6	0,9904
8	9,5076	1/8	0,1485
9	10,6960	3/8	0,4456
10	11,8845	5/8	0,7427

Aune grecque ou Orgye, valait 6 pieds grecs, ou 1^m,85.

AUNÉE (Botanique), nom qui vient de ce que la plante croît dans la terre grasse et humide parmi les aunes. — Espèce de plantes du genre *Inula*, famille des *Composées*, sous-tribu des *Inulées*. C'est l'*Inula helenium* de Linné (*Corvisartia helenium*, Mérat). L'aunée, que l'on nomme vulgairement *inule campane, inule aunée*, est une herbe vivace s'élevant souvent à plus d'un mètre; ses feuilles sont aiguës, dentées, les radicales ovales, les caulinaires semi-amplexicaules; ses capitules sont pédonculés, disposés en corymbes; les akènes sont glabres. Cette belle espèce, qui ouvre ses capitules à disque d'un jaune d'or, en juillet et août, croît en Angleterre, en Hollande, en Allemagne, en France et en Italie. La racine d'aunée, qui est amère et aromatique, est employée en médecine. Elle contient un principe volatil et une sorte de fécule grise odorante découverte par le chimiste Rose et nommée, par Thompson, *Inuline* (voyez ce mot).

Sa décoction sert à faire un onguent employé contre certaines maladies de la peau. On a fait aussi avec cette racine un vin, un sirop et une sorte de confiture, dont les propriétés toniques ont été utilisées dans les fièvres ataxiques, dans la chlorose, les cachexies, l'asthme humide, etc. En outre on peut en extraire une belle couleur bleue propre à la teinture.   G—s.

AURA (Physiologie). — Mot latin employé en médecine pour désigner une vapeur, une exhalaison subtile qui s'élève d'un corps. Van Helmont croyait que le principe vital consistait dans une émanation gazeuse, un esprit volatil qu'il nommait *Aura vitalis*. Plusieurs ont désigné sous le nom d'*Aura sanguinis* la vapeur qui s'élève du sang. Enfin, il arrive souvent que, dans l'*épilepsie*, le point de départ de la maladie dépend de l'irritation d'un nerf du pied, de la cuisse ou de quelque autre partie, et que l'accès soit précédé d'une espèce de vapeur, de frémissement qui s'élève du point affecté vers la tête; on a désigné ce phénomène sous le nom d'*Aura epileptica* (voyez ÉPILEPSIE). Ce fait mérite attention, car il suffit pour avertir l'épileptique et lui faire éviter un danger auquel il serait exposé s'il était surpris par une invasion brusque de l'accès.

AURADE (Zoologie), et mieux DAURADE. — Nom du *Spare doré* (voyez SPARE, DAURADE).

AURANTIACÉES (Botanique). — Famille de plantes *Dialypétales hypogynes* que M. A. Brongniart range entre les Burséracées et les Cédrélées dans sa classe des *Hespéridées*. Elle comprend des arbres ou arbrisseaux dont toutes les parties sont ordinairement parsemées de petites glandes contenant une huile essentielle. C'est dans cette famille que nous trouvons les orangers, les citronniers, les cédratiers si précieux pour nous à tant de titres. Les Aurantiacées habitent principalement les Indes orientales et, en général, toutes les régions tropicales de l'Asie. On en rencontre aussi aux îles Bourbon, Maurice, Madagascar et en Australasie. On divise ordinairement cette famille en trois tribus : les *Limonées*, les *Clausénées* et les *Citrées*. Leurs propriétés sont importantes à signaler, surtout dans les orangers et les citronniers, dont les fruits renferment de l'acide malique et de l'acide citrique en fortes proportions. L'huile essentielle que contiennent leurs feuilles, leurs fleurs, et l'enveloppe de leurs fruits est très-employée comme antispasmodique. Indépendamment des oranges et des citrons, qui se recommandent par tant de qualités agréables, les fruits de plusieurs autres espèces de cette famille sont aussi comestibles. Les principaux genres de cette famille sont : *Atalante* (*Atalantia*, Corréa); *Triphasie* (*Triphasia*, Lour.); *Limonie* (*Limonia*, Lin.); *Glycosmis*, Corr.; *Bergère* (*Bergera*, Kœn.); *Oranger, Citronnier* (*Citrus*, Lin.); *Wampi* (*Cookia*, Sonn.); *Clausène* (*Clausena*, Burm.); *Féronie* (*Feronia*, Corr.). Les caractères de cette famille sont : feuilles alternes à une ou plusieurs folioles ponctuées, glanduleuses. Fleurs régulières et disposées en corymbes ou en grappes, quelquefois solitaires; calice libre, petit, urcéolé ou campanulé, plus ou moins denté ou presque entier. Corolle à 4 ou à 5 pétales, quelquefois à 3, libres ou légèrement soudés entre eux, à préfloraison imbriquée. Étamines, en nombre double ou multiple de celui des pétales, insérées sur le réceptacle; filets libres ou polyadelphes; anthères à 2 loges s'ouvrant longitudinalement; ovaire libre, à 5 loges ou plus; style terminal, simple, épais; stigmate simple et capité; le fruit est une baie sèche ou charnue, à 2 ou plusieurs loges, souvent uniloculaire, et contenant une ou plusieurs graines. L'épicarpe ou enveloppe externe, appelé vulgairement *écorce*, dans ce fruit, est d'ordinaire épais et rempli d'une huile essentielle.

Les principaux travaux monographiques sur cette famille, sont : Corréa, *Ann. du Muséum*, IV; — Mirbel, *Bullet. de la société philomat.*, 1813; — De Candolle, *Prodromus*, I, p. 535; — Poiteau et Risso, *Histoire naturelle des Orangers*.   G—s.

AURATES, du latin *aurum*, or. — Sels formés par l'union de l'oxyde d'or, jouant le rôle d'acide avec une base.

AURÉLIES (Zoologie). — C'est le nom que les anciens donnaient aux *Chrysalides* des insectes lépidoptères (voyez CHRYSALIDES).

AURÉLIES (Zoologie). — Sous-genre de *Zoophytes* établi par Péron dans le genre des *Cyanées*, famille des *Méduses*.

AURÉOLE (Médecine), du latin *aureolus*, couleur d'or, ou *aura*, lumière. — Chaussier désigne par ce mot ces cercles ou disques colorés et superficiels qui sont disposés autour d'une partie qui leur sert de centre : ainsi on appellera de ce nom ce cercle coloré qui entoure la base du mamelon, le cercle rouge qui entoure les boutons de vaccine; il préfère ce nom à celui d'*aréole* dont la signification est tout autre (voyez ARÉOLE).

AURÉOLE ACCIDENTELLE. — Coloration qui apparaît habituellement autour des objets vivement éclairés sur lesquels on fixe les yeux. L'impression de l'auréole est opposée à celle de l'objet, c'est-à-dire que l'auréole est obscure si l'objet se détache en clair, ou réciproquement; elle semble verte si l'objet est rouge, bleue s'il est orange, etc.

AUREUS ou SOLIDUS, monnaie romaine. — Son poids et sa valeur changèrent plusieurs fois; il ne pesa d'abord qu'un *scrupule*, puis deux et trois et varia continuellement jusqu'à Constantin, qui fixa son poids à quatre scrupules. Sous la république, sa valeur était de 20ᶠ,38; sous Galba et Domitien, elle n'était plus que de 17ᶠ,59.

AURICULAIRE (Anatomie). — Qui a rapport à l'oreille. *Doigt auriculaire*, petit doigt ou cinquième doigt de la main, ainsi nommé parce que sa petitesse permet qu'on l'introduise en partie dans le conduit auditif externe. — *Conduits auriculaires, muscles auriculaires, artères et veines auriculaires*, etc. (voyez OREILLE).

AURICULAIRE désigne aussi ce qui a rapport aux oreillettes du cœur (voyez CŒUR).

AURICULAIRE (Botanique), *Auricularia*, Persoon; diminutif d'*auris*, oreille. Les champignons de ce genre ont la forme d'une oreille plate. — Genre de *Champignons*, tribu des *Fonginées*, sous-tribu des *Agaricées*. Caractères : chapeau coriace, gélatineux, en entonnoir, ou seulement auriculé; membrane séminifère extérieure en grillage, contenant des sporules nus épars. L'*Auricularia mesenterica*, Pers., est un champignon gris rougeâtre à disque purpurin, plissé. On le trouve aux environs de Paris sur les vieilles souches, surtout celle des noyers en automne. En général les auriculaires changent de forme suivant les individus; aussi y a-t-il eu confusion dans leur classification.

AURICULE (Zoologie), *Auricula*, Lamk. —Genre de *Mollusques gastéropodes pulmonés aquatiques à coquille*. Il se distingue de presque tous les autres pulmonés aquatiques par une columelle marquée de grosses cannelures obliques; coquille ovale, oblongue, l'ouverture haute a paru avoir quelque ressemblance avec une oreille d'homme; on ne sait pas au juste si elles vivent dans les marais ou seulement sur les bords. On n'en connaît en France qu'une espèce, sur les bords de la Méditerranée : l'*A. myosotis*, Draparn.; *Carychium myosotis*, Férus., dont l'animal n'a que deux tentacules, et les yeux sont à leur base. On peut citer

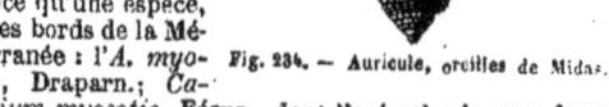

Fig. 234. — Auricule, oreilles de Midas.

encore l'*A. de Midas* (*Voluta auris Midæ*, Lin.), coquille terrestre de 0ᵐ,10 à 0ᵐ,12 de long, de l'Inde et des îles qui en dépendent.

Auricule (Zoologie), du latin *auricula*, qui veut dire petite oreille. — Nom donné, par les ornithologistes, à des espèces de crêtes formées sur les côtés de la tête de certains oiseaux par les pennes les plus élevées, comme cela se voit dans plusieurs espèces de chouettes.

Auricule (Botanique). — Espèce du genre *Primevère*, type de la famille des *Primulacées*. C'est le *Primula auricula* de Linné. On la nomme aussi vulgairement *Oreille d'ours*. Cette plante présente des feuilles épaisses, glabres, glauques, farineuses. Ses fleurs viennent à l'extrémité d'une hampe de 0ᵐ,08 à 0ᵐ,10. Elles sont disposées en ombelle munie d'un involucre composé de bractées ovales, obtuses ; corolle en forme d'entonnoir. L'auricule croît naturellement dans les Alpes et les Pyrénées. Ses fleurs s'épanouissent au printemps ; elles varient de couleurs suivant les variétés extrêmement nombreuses de la plante. Celles-ci ont été divisées en plusieurs sections principales : les *A. liégeoises* dont les fleurs sont glabres ; les *A. anglaises* à fleurs recouvertes d'une sorte de poussière blanchâtre, etc. Les Flamands ont été les premiers à cultiver les auricules ; ils en ont obtenu à fleurs doubles, à fleurs panachées, et d'une variété infinie de nuances.

Auricules. — Les botanistes désignent sous ce nom certains appendices arrondis en forme d'oreilles, qu'on rencontre à la base des feuilles de la sauge, par exemple : les pétioles de l'*oranger* et les stipules de quelques espèces d'*hépatiques*, sont garnis d'appendices foliacés auxquels on a donné le même nom.

AURICULO-VENTRICULAIRE (Anatomie). — On appelle orifices *auriculo-ventriculaires* ceux qui établissent la communication entre les oreillettes et les ventricules du cœur. On appelle quelquefois *Valvules auriculo-ventriculaires* : 1° la valvule centrale qui se trouve à l'ouverture *auriculo-ventriculaire gauche;* 2° les valvules tricuspides, à l'orifice *auriculo-ventriculaire droit* (voyez Cœur).

AURIQUE (Acide), Au²O³. — Combinaison d'or et d'oxygène que l'on obtient en traitant le sesquichlorure d'or par une dissolution de potasse que l'on porte à l'ébullition, puis, traitant la liqueur par un léger excès d'acide acétique. Il se forme un précipité jaune pulvérulent de sesquioxyde d'or jouant le rôle d'acide avec les bases (voyez Or).

AUROCHS (Zoologie), *Bos urus*, Gm. *Urus, Bison* des anciens, *Zubr*, des Polonais, *Bonasus*, d'Aristote. — Espèce du genre *Bœuf* (*Bos*, Lin.), appartenant à l'ordre des *Ruminants* (voyez ces mots). Au milieu de la confusion qui existe dans les auteurs et parmi les naturalistes, sur la synonymie de ces différents noms, il est difficile de se former une opinion bien arrêtée. Buffon pense que l'aurochs ou urus est le même animal que notre taureau commun, dans son état naturel et sauvage, que le bison ne diffère de l'aurochs que par des variétés accidentelles, et qu'il est de la même espèce que le bœuf (Buffon, article Buffle, etc.). Pour Cuvier l'*aurochs* est le même que le *bison* des anciens, mais ce n'est pas leur *urus*, et il n'est pas davantage la souche sauvage de nos bêtes bovines (Cuvier, *Règne animal*, 2ᵉ éd., t. Iᵉʳ, p. 279; Milne-Edwards, *Éléments de Zoologie*, 1834, p. 466). M. Roulin rejette absolument l'idée que l'*aurochs* puisse être l'*urus* de J. César (*Diction.* de D'Orbigny, article Aurochs; *Comment.* de César, *De bello gallico*, liv. VI). Voici, du reste, quels sont les caractères que Cuvier assigne à l'aurochs : « Il se distingue par son front bombé, plus large que haut, par l'attache de ses cornes au-dessous de la crête occipitale, par la hauteur de ses jambes, par ses côtes au nombre de 14 paires, par une espèce de laine crépue qui couvre la tête et le cou du mâle, et par sa voix grognante. C'est le plus grand des quadrupèdes de l'Europe. » En effet, il mesure 2 mètres de hauteur, au garrot, ce qui a sans doute amené Buffon à y reconnaître l'*urus* des forêts de la Gaule, car on lit dans César (*loc cit.*) : *hi sunt magnitudine paulo infra elephantos:* ils (les urus) sont, par la taille, peu au-dessous des éléphants. Du reste, c'est un animal farouche ; il habitait autrefois les grandes forêts marécageuses de l'Europe tempérée ; on assure qu'il n'en existe plus aujourd'hui que dans deux provinces de la Russie (P. Gervais, *Hist. nat. des Mammifères*), dans la forêt de Bialowieza, gouvernement de Grodno, d'où vient celui que possède la ménagerie du Muséum de Paris, et dans la province d'Awhasie (Caucase).

AURONE (Botanique). — Nom vulgaire d'une espèce d'*Armoise* (voyez ce mot) appelée aussi *Citronnelle, Aurone mâle*, et désignée par Linné sous le nom de *Artemisia abrotanum*. Dans certains endroits, on l'appelle encore *Garderobe*, parce que l'on met quelques-unes de ses tiges parmi les vêtements pour en éloigner les mites et autres insectes destructeurs. C'est un arbrisseau dressé, dépassant quelquefois un mètre de hauteur. Toute la plante jouit des propriétés de l'armoise commune, mais à un moindre degré ; elle est aromatique et s'emploie en médecine comme vermifuge. On la cultive dans les jardins pour son odeur pénétrante.

AURONE FEMELLE (Botanique). — Nom vulgaire de la *Santoline cyprès* (voyez ce mot).

AURORE. — Crépuscule du matin (voyez Crépuscule).

AURORE BORÉALE (Météorologie). — Phénomène lumineux extrêmement remarquable qui apparaît presque chaque nuit au pôle boréal et probablement aussi au pôle austral, et qui de là peut s'étendre à de très-grandes distances. Nous extrayons du *Traité de météorologie* de MM. Becquerel la description suivante des aurores boréales observées à Bossekop, dans la Laponie norvégienne, à 70° de latitude, dans l'hiver de 1838 à 1839.

Le soir, entre quatre et huit heures, la brume qui règne habituellement au nord de Bossekop se colore à la partie supérieure. Cette lueur se régularise peu à peu et forme un arc vague d'un jaune pâle tournant sa concavité vers le sol, et dont le sommet se trouve sensiblement dans le méridien magnétique. Bientôt des stries noirâtres séparent régulièrement les parties lumineuses de l'arc. Des rayons lumineux se forment, s'allongent et se raccourcissent lentement ou instantanément, leur éclat augmentant et diminuant subitement. Les pieds de ces rayons offrent toujours la lumière la plus vive et forment un arc plus ou moins régulier. La longueur de ces rayons est très-variée, mais tous convergent vers un même point du ciel indiqué par le prolongement du pôle austral de l'aiguille d'inclinaison. Parfois les rayons se prolongent jusqu'à leur point de concours et figurent ainsi une immense coupole lumineuse. L'arc continue à monter vers le zénith, présentant dans sa lueur un mouvement ondulatoire. Parfois un de ses pieds, ou tous les deux, abandonnent l'horizon ; l'arc ne forme plus qu'une longue bande de rayons qui se contourne et se sépare en plusieurs parties en formant des courbes gracieuses dont l'ensemble constitue la *couronne boréale*. L'éclat des rayons, variant subitement d'intensité, atteint celui des étoiles de première grandeur ; ces rayons dardent avec rapidité, les courbes se forment et se déroulent comme les replis d'un serpent ; puis les nappes se colorent, leur base est rouge, leur milieu est vert et leur bord supérieur, comme la bande à laquelle elles paraissent suspendues, conserve la couleur jaune pâle. Enfin l'éclat diminue, les couleurs disparaissent, tout s'affaiblit peu à peu ou disparaît subitement.

La commission scientifique du Nord a observé 150 aurores boréales dans un intervalle de 200 jours ; et il paraît qu'aux pôles les nuits sans aurores sont exceptionnelles. Ce météore peut être visible à la fois à des distances considérables du pôle et sur une immense étendue ; quelques-uns été vus en même temps à Moscou, à Varsovie, à Rome, à Cadix.

La nature des aurores boréales est encore assez mystérieuse. La direction constante de leurs arcs, par rapport au méridien magnétique, et les perturbations violentes qu'elles apportent pendant toute leur durée dans la direction de l'aiguille aimantée, leur ont fait attribuer une origine électrique. Il est probable qu'elles sont dues à l'énorme quantité d'électricité qui est versée journellement dans l'atmosphère par l'effet de l'évaporation très-rapide qui s'effectue à la surface du sol dans les régions équatoriales, et qui serait transportée par les vents *alizés supérieurs* vers les régions polaires, où elle retournerait au sol (voyez Électricité atmosphérique, Induction).

AUSCULTATION (Médecine), du latin *auscultare*, écouter. — Action d'écouter ; en effet l'*auscultation* est l'action d'écouter attentivement, et à l'aide de tous les moyens possibles, les bruits, normaux et anormaux, qui se produisent dans nos organes, à l'état de santé ou de maladie. C'est bien véritablement la *volonté dans l'audition*, ainsi que l'a définie Buisson dans sa thèse inaugurale. Indiquée déjà par Hippocrate, peu pratiquée pendant les longs siècles qui se sont écoulés depuis, ce n'est que de nos jours que Laënnec, en 1816, l'a remise en honneur pour préciser surtout le diagnostic des maladies de la poitrine ; depuis cette époque, étudiée et perfectionnée de plus en plus, l'auscultation est devenue entre les mains des médecins instruits une méthode d'apprécier les moindres nuances des bruits qui se produisent dans la poitrine, et de préciser avec une certitude presque mathématique les lésions des poumons, du cœur et des gros vaisseaux. Deux méthodes peuvent être employées : la première, qui porte le nom d'*auscultation médiate*, se pratique au moyen d'un instrument nommé *stéthoscope* (voyez ce mot), que le médecin interpose entre son oreille et la poitrine du malade, et qui sert d'intermédiaire pour transmettre le son ; la deuxième méthode, nommée *auscultation immédiate*, consiste dans l'application immédiate sur la poitrine du malade de l'oreille du médecin, qui perçoit directement, et sans intermédiaire, les sons qui se produisent dans les organes. Il existe encore un autre mode d'auscultation véritable, c'est la percussion directe, ou indirecte par l'intermédiaire du plessimètre de M. Piorry. Il en sera traité aux mots Percussion, Plessimètre.

On a employé encore l'auscultation dans d'autres cas que les maladies de poitrine : ainsi, dans les grossesses douteuses, elle peut faire reconnaître les battements des artères du fœtus, ou le bruit de ce qu'on a appelé le *souffle placentaire;* par les mêmes indications elle peut faire découvrir au médecin si le fœtus est vivant dans le sein de sa mère. Elle a servi quelquefois à préciser le diagnostic des fractures et de quelques maladies du bas-ventre, etc.   F—N.

AUSTRAL, du latin *auster*, vent du sud. — Se dit en astronomie, comme en géographie, de l'hémisphère sud, ou des astres qui y sont compris. En physique, on appelle *pôle austral* d'une aiguille aimantée celui qui se tourne vers le nord (voyez Aiguille aimantée, Aimant, Magnétisme).

AUTEUIL (Médecine). — Village qui fait partie aujourd'hui de la ville de Paris, 16ᵉ arrondissement ; il y a une source d'eau ferrugineuse froide qui contient, entre autres principes minéraux, 0ᵍʳ,715ᵉ de sulfate double d'alumine et de fer protoxydé, et un peu de manganèse ; employée contre les gastralgies, la chlorose, l'anémie.

AUTOMATE.—Machine qui, par l'effet d'un mécanisme caché, imite les mouvements des créatures vivantes. Dans la plupart des automates le moteur est un ressort d'acier agissant par un système de roues dentées, de leviers et de cordons sur les pièces mobiles de la machine. On la monte alors comme une montre ou une pendule ; toutefois, dans un certain nombre de jouets d'enfants, le mouvement est produit par du sable fin qui tombe d'un réservoir sur les palettes d'une petite roue. Pour les remonter il suffit de tourner la boîte sur elle-même de manière à reporter le sable dans le réservoir supérieur. Vers la fin du XIIIᵉ siècle plusieurs horloges, entre autres celles de Lubeck, de Prague, d'Olmütz, et surtout celle de Strasbourg, qui a été restaurée récemment par M. Schwilgué, faisaient mouvoir des mécanismes remarquables. Deux automates du célèbre mécanicien français Vaucanson excitèrent au plus haut point l'admiration publique dans le courant du siècle dernier. Le premier, qui fut terminé en 1738, était un joueur de flûte, de 1ᵐ,67 de hauteur, y compris son piédestal, et qui exécutait plusieurs airs par l'insufflation dans la flûte d'un courant d'air modifié par la langue et par un mouvement convenable des doigts sur les trous et les clefs de l'instrument. L'autre était un canard qui imitait plusieurs des mouvements de cet oiseau d'une manière surprenante. Vaucanson eut des imitateurs, parmi lesquels se distinguèrent Droz, de La Chaux-de-Fonds, et Frédéric de Knauss, de Vienne. Aujourd'hui on n'exécute plus de ces tours de force, l'industrie réclamant ou absorbant toute l'intelligence des mécaniciens pour la construction de ses automates, bien autrement utiles que les précédents. L'industrie des automates est restreinte à la confection des jouets d'enfants, dont il se fait un grand commerce dans la Suisse française, dans la Forêt-Noire et aux environs de Nuremberg. On doit citer à Paris maintenant les beaux automates de M. Théroude.

Les principaux automates connus sont, de Vaucanson :

Le *Joueur de flûte* (voyez plus haut).

Le *Joueur de flageolet*, qui s'accompagnait en outre du tambourin.

Le *Canard*, qui battait des ailes, nageait, barbotait et avalait des aliments. Ce chef-d'œuvre de mécanique n'a pas été conservé.

Les *Têtes parlantes*, de l'abbé Mical, qui mourut de misère.

Le *Dessinateur* et le *Pianiste*, de Droz.

Le *Joueur d'échecs*, de l'Allemand Compelen.

(Voir Borgnis, *Traité des machines imitatives*.) M. D.

AUTOMATIQUE. — Terme employé par le docteur Ure, et adopté en Angleterre, pour désigner tout système de manufactures dans lequel les produits sont fabriqués au moyen de machines marchant d'elles-mêmes par l'action de l'eau ou de la vapeur, et où le rôle de l'homme se borne à une surveillance destinée à éviter les arrêts accidentels ou à y remédier. L'invention des machines diverses appliquées à une même industrie n'est réellement complète que lorsque ce résultat est atteint dans toutes les parties du travail qui constitue cette industrie. C'est là le problème que l'industrie moderne tend chaque jour à résoudre dans toutes les directions, et qui a déjà reçu de nombreuses solutions partielles extrêmement remarquables. Les découvertes obtenues dans cette voie depuis moins d'un siècle sont devenues la source principale de cet accroissement prodigieux de puissance et de richesse qui s'est manifesté presque tout à coup en Angleterre, en Amérique, en France, en Allemagne... Nous en citerons un seul exemple. Lors de la réalisation du premier *système automatique* de la filature du coton, en 1770, par Arkwright, l'Europe entière ne consommait pas annuellement 5 000 000 kil. de coton, dont 2 000 000 pour l'Angleterre. Aujourd'hui ce nombre dépasse 300 000 000, dont près de 200 000 000 pour l'Angleterre seule. M. D.

AUTOMNE (Astronomie).— En astronomie, l'automne, troisième saison de l'année, commence le jour du deuxième équinoxe, le 23 et quelquefois le 22 septembre, au moment où le soleil entre dans le *signe de la Balance*, et finit le 21 ou le 22 décembre, lorsque le soleil entre dans le *signe du Capricorne*. Sa durée est de 89ʲ 16ʰ 30ᵐ (voyez Saisons). Les jours vont en diminuant pendant toute la durée de l'automne et y sont plus courts que les nuits, abstraction faite des crépuscules.

En météorologie l'automne commence au 1ᵉʳ septembre, fin de l'été, et se termine au 1ᵉʳ décembre, commencement de l'hiver.

Automne (Médecine), *Autumnus*. — Saison de l'année qui s'étend de l'équinoxe de septembre au solstice d'hiver, mais qui pour le médecin doit être restreinte et considérée comme intermédiaire entre la saison chaude et celle où le froid commence. C'est dans cette saison que la fraîcheur des nuits, l'humidité des matinées et soirées, l'alternative des pluies et des brouillards avec un temps chaud et orageux concourent à produire un grand nombre de maladies ; de là la nécessité de ne s'exposer que le moins possible à ces influences morbifiques, d'être bien vêtu, d'éviter les refroidissements, les changements brusques de température : d'autre part, il faut user avec modération des fruits de la saison, les choisir bien mûrs et surtout éviter les vins, cidres, poirés, nouvellement préparés.

Les principales maladies qui règnent en automne sont les *fièvres intermittentes*, les *diarrhées*, les *dyssenteries*, les *affections catarrhales*.

Automne (Travaux d') (Agriculture). — Les travaux des champs pendant cette saison sont très-variés et très-différents entre eux ; ainsi d'une part, les vendanges, la récolte des plus beaux fruits, des légumes secs, des pommes de terre, etc., d'autre part, les semailles de blé, de seigle, d'orge, embrassent un ensemble de considérations qui rendent préférable de renvoyer ce que nous avons à en dire à chaque mois de cette saison (voyez Septembre, Octobre, Novembre).

▸ AUTOPLASTIE (Médecine), du grec *autos*, soi-même, et *plastos*, modelé, modelé sur le malade même. — Opération chirurgicale qui consiste à remplacer une partie détruite, en prenant sur le malade lui-même les parties nécessaires à cette réparation. Ainsi, lorsqu'on prend sur le front un lambeau de peau pour refaire un nouveau nez, c'est de l'*autoplastie*, qui, dans ce cas, prend le nom de *rhinoplastie* (voyez ce mot).

AUTOPSIE (Anatomie pathologique), du grec *autos*, et *opsis*, vue, examen par soi-même. — En médecine ce mot n'a pas toujours eu la signification que nous lui donnons aujourd'hui ; suivant Galien, c'était l'observation et la mémoire des faits que chacun a examinés par soi-même. De nos jours le mot *autopsie*, même lorsqu'on n'y ajoute pas l'épithète *cadavérique*, veut dire *ouverture d'un cadavre*, examen de toutes les parties, à l'effet de constater les différentes altérations des organes dans un intérêt scientifique; ou, en médecine légale, pour connaître quelle a été la cause de la mort, afin d'éclairer l'autorité et la justice sur toutes les questions qui peuvent surgir à cette occasion. Lorsque l'autopsie est faite dans un intérêt scientifique, elle peut avoir lieu dans un hôpital, et il ne peut y être procédé que dans le cas où il n'y a pas d'opposition formulée par écrit de la part des parents, ou si le cadavre n'est pas réclamé. Si c'est dans l'intérieur des familles, elle ne peut être faite que du consentement des parents, après déclaration au commissaire de police, à Paris, et au maire dans les communes rurales, et lorsqu'il s'est écoulé vingt-quatre heures depuis la déclaration du décès. S'il s'agit d'un cas de médecine légale, l'autopsie sera faite à la réquisition du procureur impérial, qui, après avoir jugé qu'elle était nécessaire, sur le vu du procès-verbal constatant la *levée* du corps, aura délégué des hommes de l'art pour procéder à cette opération.   F — N.

AUTOSITÉ (Tératologie), du grec *autos*, soi-même, et *sitos*, qui se nourrit soi-même. — Is. Geoffroy Saint-Hilaire a donné ce nom au premier ordre des *monstres unitaires* (V. TÉRATOLOGIE. Les *Autosites* ont pour caractère principal d'être pourvus d'organes qui rendent la vie possible après la naissance pendant un temps dont la durée varie beaucoup suivant les espèces.

AUTOUR (Zoologie), Cuv., *Astur*, Bechstein ; *Dædelion*, Savig. — Genre de l'ordre des *Oiseaux de proie*, famille des *Diurnes*, formant la deuxième division de la section des *Ignobles*, du grand genre des *Faucons* (*Falco*, Lin.) (voyez ces mots). Ce genre se divise en deux sous-genres, les *Autours* proprement dits, et les *Éperviers* (voyez ce mot), et a pour caractères communs les ailes plus courtes que la queue, et le bec courbé dès sa base ; quant aux Autours proprement dits, ils ont le bec court, convexe en dessus, les doigts longs, les tarses écussonnés et plus courts que ceux des éperviers. La seule espèce connue en Europe est l'*A. ordinaire* (*Falco palumbarius*, Lin. ; *Falco gallinarius*, Gm.) ; il est brun en dessus, à sourcils blanchâtres, blanc en dessous, rayé en travers de brun dans l'adulte, et offrant sur son plumage des espèces d'étoiles, d'où lui vient son nom *astur*, du grec *asterias*, étoilé ; il habite nos montagnes et nos collines boisées, et se nourrit de pigeons, de poules, de lapins, de rats, etc. Son vol est bas et il fond obliquement sur sa proie. Comme dans tous les oiseaux de proie, la femelle de l'autour est beaucoup plus grosse que le mâle, ce qui a fait donner à celui-ci le nom de *tiercelet*, c'est-à-dire un tiers plus petit que la femelle, qui égale en grosseur un gros chapon ; ainsi on dit un *tiercelet d'autour*, un *tiercelet d'épervier*, etc., pour désigner le mâle de chacun de ces groupes. Outre l'espèce de nos pays, on en remarque une de la Nouvelle-Hollande, *Falco Novæ Hollandiæ*, qui est souvent tout entier d'un blanc de neige. On peut citer encore l'*A. multiraie* (*Falco striolatus*) du Brésil et de la Guyane ; l'*A. mélanope* (*Falco melanops*) de la Guyane. Pour la chasse avec l'autour, voyez AUTOURSERIE.

AUTOURSERIE (Chasse). — On a donné ce nom à la chasse qui se pratique au moyen des autours et des éperviers, et à l'art qui consiste à élever et à dresser ces oiseaux pour cet objet. On l'appelle encore du nom de *chasse du bas vol*, pour la distinguer de celle qui se fait avec le faucon, et qu'on appelle *chasse du haut vol* ou *fauconnerie*. Les autours, n'ayant pas un vol très-élevé, étaient employés à la chasse des perdrix et autres oiseaux de bas vol qu'ils faisaient lever devant eux, qu'ils poursuivaient jusqu'au milieu des buissons et des taillis, et qu'ils saisissaient même quelquefois avec leurs longues pattes ; et, comme ils étaient très-souvent sur le poing du chasseur et qu'ils revenaient aussitôt qu'ils étaient réclamés, ils étaient dits *oiseaux de poing*. Du reste, ils n'étaient pas chaperonnés. Les faucons, au contraire, dès qu'ils étaient déchaperonnés, s'élançaient au haut des airs où on les abandonnait à eux-mêmes ; on les voyait alors planer et tournoyer au-dessus des spectateurs, jusqu'à ce que, le gibier étant levé et parti, ils se laissaient, pour ainsi dire, tomber sur lui comme un trait ; cette dernière chasse par son importance, par le luxe et les prodigalités qu'on y déployait, était vraiment la chasse des rois et des princes, tandis que l'autourserie était réservée aux simples particuliers et aux gentilshommes. Pour avoir des autours propres à la chasse, il fallait les élever et les dresser d'une manière particulière ; ainsi on ne doit prendre les petits, qu'on appelle *niais*, que lorsque les plumes commencent à prendre une teinte noire ; on leur donne à manger de petits oiseaux qu'on a soin de plumer ; on les tient dans un lieu chaud, et, dès qu'ils commencent à se percher, on les habitue à se tenir sur le poing et à se laisser manier ; on les habituera aussi à voir le monde et à entendre le bruit ; on les mè-

nera à la chasse de bonne heure, et on commencera par leur laisser manger les premiers gibiers qu'ils prendront ; mais on se gardera de leur faire connaître la volaille et les pigeons ; enfin, lorsqu'à force de soins et de patience, on est venu à bout d'assouplir leur caractère farouche, on commence à les éprouver au vol ; mais on ne doit pas les perdre de vue dans les commencements, parce qu'ils pourraient bien manger leur chasse. On peut, avec les autours, chasser les perdrix, les faisans, les canards sauvages, les lièvres, les lapins, etc.

AUTRUCHE (Zoologie), *Struthio*, Lin. — La grande espèce des oiseaux de ce genre que nous voyons dans nos jardins zoologiques d'Europe est celle dont les longues plumes blanches des ailes et de la queue deviennent, par leur mollesse et leur flexibilité, un objet de parure recherché avec avidité, et dont il se fait une si grande consommation en Europe, aussi bien pour ombrager la tête des guerriers, que pour flotter mollement sur la chevelure de nos élégantes, et pour former des touffes légères au-dessus des riches ameublements. Les *autruches* forment pour Cuvier (*Règne animal*) un genre de la famille des *Brévipennes*, ordre des *Échassiers*. Ch. Bonaparte les range dans sa famille des *Struthioninæ*, ordre des *Struthiones* (*Rudipennes*), sous-classe des *Grallatores* ou mieux *Præcoces*. Plusieurs auteurs les ont classées parmi les *Gallinacés*. Elles sont caractérisées par des ailes courtes, et cependant encore assez longues pour accélérer leur course, revêtues, aussi bien que la queue, des plumes lâches, molles et flexibles dont il a été parlé plus haut : le bec est déprimé horizontalement, l'œil grand, les tarses et les jambes d'une hauteur remarquable ; entre leur jabot qui est énorme et le gésier, elles ont un ventricule considérable ; elles sont pourvues d'un vaste réservoir où s'accumule l'urine, comme dans une vessie ; ce sont en effet les seuls oiseaux qui urinent. Comme les autres Brévipennes, elles n'ont pas de pouce. On n'en connaît que deux espèces, et Cuvier pense qu'on pourrait en faire deux genres : 1° L'*A. de l'ancien continent*, *A. d'Afrique* (*Struthio camelus*, Lin.), nommée *A.-chameau*, à cause de la conformation de ses pieds, de sa manière de se coucher en trois temps, comme le chameau, de ses mœurs, de sa manière de vivre comme lui dans le désert, etc. (*fig.* 235). C'est le plus grand des

Fig. 235. — Autruche d'Afrique.

oiseaux vivants ; il peut atteindre 2ᵐ,50 de hauteur et peser 40 kil. Il se distingue par deux doigts à chaque pied, dont l'externe, de moitié plus court que l'autre, est dépourvu d'ongle. Ils vivent en troupes dans les déserts de l'Arabie et de l'Afrique : les femelles pondent de douze à quinze œufs du poids de 1 500 grammes environ, qu'elles déposent simplement au soleil dans le sable, si elles habitent un pays très-chaud ; ailleurs elles couvent alternativement avec le mâle. L'autruche vit d'herbage et de graines, etc. ; mais elle est si vorace qu'on l'a vue avaler des clous, des ferrailles, des morceaux de fil de fer, volés dans la boîte d'un treillageur au Jardin des Plantes. Aucun animal ne peut atteindre à la course l'autruche, et elle lance des pierres en arrière avec une grande vigueur. Plusieurs peuples de l'Arabie la chassent pour s'en nourrir ; mais, pour le plus grand nombre, c'est un objet de commerce, à cause de ses plumes. Dans quelques lieux de l'Afrique, on élève des troupeaux d'autruches, et on parvient à les apprivoiser de manière à s'en servir comme de montures. Depuis quelque temps, on a proposé d'acclimater l'autruche au Sénégal, en Algérie, où on a déjà obtenu de bons résultats. 2° L'*A. d'Amérique*, *Nandou* (*Struthio rhea*, Lin.), près de moitié moins grosse, plumes moins fournies, d'un gris uniforme ; elle se distingue par trois doigts, tous munis d'ongles (*fig. 238*). On la rencontre dans l'Amérique mé-

Fig. 238. — Autruche d'Amérique (*Nandou*).

ridionale ; elle court et nage avec rapidité, et vit moins en troupe que l'autre espèce. Ses plumes ne peuvent servir qu'à faire des balais à épousseter ; elle ressemble du reste à l'autruche d'Afrique, et vit de même.

AUVERGNATES (Races) (Agriculture). — Types de races de bœufs et de chevaux appartenant à l'Auvergne (voyez Races).

AVAL. — Côté vers lequel descend un cours d'eau ; *aller en aval*, c'est descendre un cours d'eau. Le *bief d'aval* est la partie du cours d'eau située au-dessous d'un barrage.

AVALURE (Vétérinaire), du vieux mot français *avaler*, descendre. — On donne ce nom au développement irrégulier, partiel ou général du *sabot* du cheval, par vice de sécrétion de la *corne*, à la suite d'une blessure ou d'une opération ; par le pus d'un furoncle ou de l'*enclouure*. Quand la maladie attaque la totalité du sabot, on dit que le cheval fait *pied neuf*. Des plumasseaux de térébenthine, d'onguent de pieds, suffisent pour aider la guérison, lorsque l'avalure est superficielle. Lorsqu'elle est profonde, il est bon d'amincir la corne pour en rendre la sécrétion plus régulière.

AVANCE du tiroir. — Voyez au mot Vapeur (*Machine à*). — Si l'arrivée ou *admission* de la vapeur dans le corps de pompe d'une machine à vapeur, et son évacuation ou *échappement* dans le condenseur ou à l'air libre se faisaient instantanément, l'admission devrait commencer au moment précis où le piston, arrivé à l'une des extrémités du corps de pompe, va revenir sur ses pas et l'échappement avoir lieu au moment même où le piston termine chacune de ses oscillations. Il n'en est pas ainsi, surtout pour l'échappement ; la vapeur met pour sortir du corps de pompe un temps toujours appréciable, et dont la durée est quelquefois une fraction importante de la durée de la course du piston lui-même. Sa force élastique, il est vrai, diminue rapidement ; mais il n'en résulte pas moins une pression qui, si elle persistait pendant le retour en arrière du piston, constituerait une *contre-pression* annulant une partie de la pression de la vapeur admise, et conséquemment très-nuisible. L'admission et surtout l'échappement doivent donc être en avance sur la marche du piston. Tel est le but de l'*avance du tiroir*. Ce résultat est obtenu par le *calage* ou l'ajustement, sur l'arbre moteur, de l'*excentrique* qui gouverne le tiroir ou les soupapes.

L'importance de cette disposition avait été pressentie par Watt dès 1805 ; mais la pratique suivie à cet égard dans ses ateliers avait été mystérieusement conservée par les constructeurs anglais, ses élèves. A la suite de recherches poursuivies avec persévérance, pour découvrir les causes de l'infériorité des machines françaises sur les machines anglaises, M. Rech, ingénieur de la marine de l'État, avait reconnu que ces causes résidaient dans l'avance du tiroir adoptée par les mécaniciens anglais, et non par nous, et l'avait signalé dans un mémoire adressé au ministre de la marine, le 5 décembre 1836. Quelques années plus tard, cette disposition, signalée par M. de Pambour dans son ouvrage sur la *Théorie des machines à vapeur*, était l'objet d'un travail approfondi de MM. Flachat et Petiet dans leur *Guide du mécanicien praticien*, publié en 1840. C'est à M. Clapeyron qu'est due la disposition généralement adoptée maintenant pour les *locomotives* (voyez ce mot).

AVANT-BRAS (Anatomie). — Partie du membre supérieur ou thoracique, comprise entre le bras et la main. Il y a deux os à l'avant-bras, le *radius* en dehors, correspondant au pouce, et le *cubitus* en dedans. Une vingtaine de muscles forment la partie charnue de l'avant-bras, et presque tous sont destinés aux mouvements qu'exécutent la main, le poignet, et surtout les doigts. Ceux qui occupent sa face antérieure servent, en général, à la flexion de ces parties ; ce sont le radial antérieur, le palmaire grêle, le cubital antérieur, le fléchisseur superficiel ou sublime, le fléchisseur profond, le long fléchisseur du pouce ; deux seulement, le rond pronateur et le carré pronateur, exécutent le mouvement de pronation qui porte la paume de la main en arrière et l'extrémité inférieure du radius vers la partie interne du corps ; c'est alors que deux autres muscles, le long et le court supinateur, situés tous les deux tout à fait à la partie externe du bras et de l'avant-bras, et agissant l'un sur l'extrémité inférieure du radius, l'autre sur la partie supérieure de cet os, autour duquel il s'enroule, ramènent cette extrémité dans la supination. Enfin en dehors, et surtout en arrière de l'avant-bras, d'autres muscles servent à l'extension de la main et des doigts ; ce sont les deux radiaux externes, l'extenseur commun des doigts, le cubital postérieur, l'anconé, le long abducteur du pouce, son long et son court extenseur, et l'extenseur propre de l'index. On rencontre à l'avant-bras les artères et les veines radiales et cubitales, et plusieurs veines superficielles ; des vaisseaux lymphatiques, des nerfs, complètent l'ensemble des parties qui le forment.

AVANT-CŒUR (Vétérinaire). — On a donné ce nom aux tumeurs de diverses natures qui peuvent se développer au poitrail du cheval. Ces tumeurs peuvent rester stationnaires, sans donner lieu à aucun accident. Souvent elles cèdent à un traitement simplement résolutif, ou à la médication iodée. Il peut arriver encore qu'elles aient un caractère charbonneux, et, dans ce cas, il faut s'empresser d'employer les moyens énergiques prescrits contre le *charbon* (voyez ce mot).

AVÉLANÈDE (Botanique). — Nom que l'on donne aux fruits d'une espèce de *Chêne* exotique (*Quercus Ægilops*, Lin. ; *Quercus velani*, Oliv.) (voyez Chêne). Ce sont des glands, longs de 0^m,04 à 0^m,06, enfoncés dans une cupule hémisphérique, épaisse, légère, sèche, résistante, d'un gris rougeâtre ; le gland, cylindrique et très-gros, présente à son sommet l'ombilic très-prononcé ; il est souvent creux et rempli d'une poussière noire qui n'est autre chose que le produit de la décomposition de sa partie charnue ; il est blanchâtre dans la partie cachée par la cupule, et rougeâtre en dehors. Les avélanèdes servent pour le tannage des cuirs et pour la teinture en noir. Ils sont même, en Orient, l'objet d'un commerce important surtout avec l'Italie, où la difficulté de trouver du tan en assez grande quantité force à recourir à celui qui vient du Levant, elles remplacent aussi sans inconvénient la noix de galle, qui est beaucoup moinscommune. On a déjà cherché à naturaliser l'arbre sous le climat de Paris, mais il n'a encore pu résister aux gelées de notre pays.   G — s.

AVELINE (Botanique), du latin *avellana*, noisette, dérivé lui-même d'*Avella*, aujourd'hui *Avellino*, ville du royaume d'Italie, près de Naples, où l'avelinier croissait en abondance.—On appelle ainsi le fruit de l'Avelinier, variété du *Noisetier* ou *Coudrier*. C'est une noix enveloppée par un involucre coriace, irrégulier, découpé sur ses bords ; elle est ligneuse, ovale, unie et présente à sa base une grande cicatrice ; l'amande qu'elle contient est enveloppée d'une pellicule (*testa*) lisse plus ou moins brune ou rouge, et formée, pour la plus grande partie, par un gros embryon contenant de l'huile et présentant une saveur douce. On distingue dans le commerce plusieurs espèces d'*Avelines*; les principales sont : les *A. de la Cadière*, nommées aussi tout simplement *Cadières* ou *Acadières*, parce que la localité où elles se récoltent le plus abondamment est le village de La Cardière, dans le département du Var, à 17 ou 18 kilomètres de Toulon. Elles sont remarquables par leur grosseur, et ce sont les plus belles qu'il y ait. Leur bois est épais, dur, plus ou moins arrondi, un peu rougeâtre, contenant une amande d'un blanc de cire, à pellicule blanchâtre, présentant intérieurement une cavité allongée et séparée en plusieurs endroits par une pellicule mince. Les *A. du Languedoc* se distinguent par l'épaisseur de leur bois, la tache de leur base qui est grisâtre, la couleur rouge brun de leur surface, le duvet qui les recouvre en dehors de l'involucre ; leur amande remplit ordinairement toute la cavité, et la pellicule qui recouvre celle-ci est à peu près de même teinte que le bois. Enfin les *A. du Piémont* sont petites, arrondies, luisantes, d'un jaune pâle avec une pubescence blanchâtre au sommet. Leur amande, assez pleine, est enveloppée par une pellicule grisâtre. On sait que les avelines sont un aliment agréable. L'huile qu'on en extrait est surtout employée par les luthiers.   G — s.

AVÉNACÉES (Botanique). — Tribu de plantes établie par Kunth dans la famille des *Graminées* et dont l'*Avoine* est le type. Caractères : épillets à 2 ou un plus grand nombre de fleurs ayant celle du sommet ordinairement rudimentaire ; glume à 2 folioles herbacées membraneuses ; glumelle inférieure, portant le plus souvent une arête qui est fréquemment dorsale et tordue. Genres principaux : Canche (*Aira*, Kunth), Lagure (*Lagurus*, Lin.), Avoine (*Avena*, Lin.), Fromental (*Arrhenatherum*, P. de Beauv.), *Danthonie* (*Danthonia*, DC.).   G — s.

AVENTURE (MAL D') (Médecine). — Nom vulgaire du *panaris* (voyez ce mot).

AVENTURINE (Minéralogie).— Minéral formé de quartz hyalin dans lequel sont disséminées des paillettes de mica jaune à reflet doré, qui, lorsque le quartz est poli, forment à sa surface une multitude de points scintillants. Quelquefois la scintillation est due, non plus au mica, mais à du quartz cristallisé en petits grains au milieu de la masse. La plupart des aventurines du commerce sont artificielles et sont produites par de petits cristaux tétraèdres de cuivre dispersés dans un émail de couleur variable (voyez VERRE, ÉMAUX).

AVERANO (Zoologie), *Casmarhynchos*, Tem. — Sous-division d'*Oiseaux* de l'ordre des *Passereaux*, du genre *Cotinga*; avec les *Procnias* proprement dits, ils forment le sous-genre *Procnias*. Les averanos, qui ont le bec plus faible et plus déprimé que les cotingas, l'ont fendu jusque sous l'œil ; ce sont des procnias à gorge nue. Une espèce connue sous le nom d'*Ampelis variegata*, Lin., n'est autre que l'*Averano* de Buffon ; le mâle a toute la partie nue de la gorge garnie d'un grand nombre de caroncules charnues, aplaties, bleuâtres, et qui deviennent rouges lorsque l'oiseau s'anime. Il a la tête rousse, les ailes noires et le reste d'un gris blanchâtre. Une autre espèce, *Casmarhynchos carunculata*, est blanche à l'état parfait ; les jeunes et la femelle sont verdâtres. Tous habitent les forêts du Brésil.

AVESNE (Médecine, Eaux minérales). — Village de France, arrond. et à 16 kilomètres O. de Lodève, et autant N. de Bédarieux (Hérault) ; eau minérale bicarbonatée mixte, température 28° cent., sels à base de soude, chaux et magnésie. Onctueuse au toucher ; employée à la fois comme sédative et tonique ; on la dit très-puis-

sante contre les affections cutanées humides, crustacées et pustuleuses.

AVEUGLE (Médecine), du vieux mot latin *aboculus*, dérivé lui-même de *oculus*, œil, et *ab* privatif ; privé des yeux. — La privation de la vue ou la *cécité* est *complète* ou *incomplète* : lorsqu'elle est incomplète, il est encore possible de distinguer le jour de la nuit, et même un peu de se conduire. La cécité est ou *native* ou *accidentelle* : lorsqu'elle est native, elle peut tenir à l'occlusion congénitale des paupières, à celle de la pupille, à l'adhérence de l'iris avec la cornée, à une cataracte de naissance, etc. Dans ces différents cas, elle n'est pas toujours incurable. Lorsqu'elle est accidentelle, elle peut provenir de certaines professions, telles que celle de graveur, d'horloger, de ciseleur, de verrier ; de blessures intéressant les deux yeux, ou un seul lorsque déjà l'autre est perdu ; ou être la suite de maladies propres de l'œil, telles que l'amaurose, la cataracte double, des ophthalmies répétées, des taies, des cicatrices, suites de blessures ou de la petite vérole, etc. : quelques-unes de ces causes peuvent être combattues avec succès ; mais le plus souvent la cécité est un accident incurable. La cécité accidentelle peut encore tenir à des causes générales qui agissent sur des masses d'individus à la fois ; ainsi, dans le Midi, l'éclat des rayons solaires, la vive réverbération de la lumière, les sables, la poussière ; dans le Nord, la blancheur, le brillant des glaces et des neiges éternelles sont autant de causes qui produisent de nombreuses cécités dans les climats de température extrême. La privation de la vue, native ou accidentelle, doit nécessairement amener des changements notables dans l'existence physique, morale et intellectuelle des aveugles ; on se ferait difficilement une idée du développement que prennent les autres sens, et surtout celui du tact, et même ceux de l'ouïe et de l'odorat ; et dans l'impossibilité où nous sommes de nous étendre sur un sujet aussi curieux et aussi intéressant, nous nous bornerons à citer : l'aveugle-né, auquel le chirurgien anglais Cheselden fit l'opération de la cataracte à l'âge adulte, et qui fut pour lui l'occasion des observations les plus neuves sur les impressions qu'éprouve l'aveugle lorsque l'œil s'ouvre pour la première fois à la lumière ; l'aveugle-né du Puisaux, petite ville du Gâtinais ; celui que Réaumur opéra en 1749 ; enfin l'illustre mathématicien anglais Saunderson, aveugle-né aussi, qui écrivit un *Traité sur les éléments d'algèbre*, traduit par de Joncourt en 1756 ; qui inventa une machine simple et ingénieuse à l'aide de laquelle il faisait tous ses calculs algébriques ; qui professa *les mathématiques dans l'université de Cambridge* avec un succès étonnant. Il donna des leçons d'optique ; il prononça *des discours sur la nature de la lumière et des couleurs* ; il expliqua *la théorie de la vision* ; il traita des effets des verres, des phénomènes de l'arc-en-ciel, et de plusieurs autres matières relatives à la vue et à son organe. Les lecteurs qui voudront plus de détails pourront consulter, la *Lettre sur les aveugles*, par Diderot, d'où nous avons tiré le passage souligné plus haut ; l'*Essai sur l'éducation des aveugles*, par V. Haüy ; l'*Essai sur l'instruction des aveugles*, par le docteur Guillé ; *Des aveugles, leur état physique, moral et intellectuel*, par P. A. Dufau, ouvrage couronné par l'Académie.

Malgré la commisération dont les aveugles avaient été l'objet dans tous les temps, saint Louis est le premier roi qui ait songé à leur ouvrir un asile. Ce fut en 1260, quelque temps après son retour de Palestine, qu'il fonda l'hospice des Quinze-Vingts pour recevoir 300 aveugles ; et ce n'est qu'en 1780, cinq cents ans après, que, pour la première fois, on osa envisager la possibilité de les faire jouir du bienfait de l'éducation. Valentin Haüy, frappé de la dégradation intellectuelle et morale des aveugles qui croupissaient dans une ignorance complète, eut l'heureuse idée de créer pour leur apprendre à lire tout un système de figures en relief ; il fit imprimer des alphabets, des ouvrages d'après ces modèles, et fonda, en 1784, l'institution des Jeunes Aveugles. En 1791 elle fut reconnue comme établissement d'utilité publique, et quelques mois après réunie à celle des Sourds-Muets : enfin, en thermidor an III (juillet 1796), le nombre des places gratuites fut augmenté, et elle reçut une nouvelle organisation. En 1838 cet établissement fut transféré de la rue Saint-Victor sur le boulevard des Invalides, où il existe aujourd'hui. L'institution reçoit 60 jeunes garçons et 30 jeunes filles. L'admission ne peut avoir lieu avant dix ans, ni après quatorze. La lecture, l'écriture, la géographie, l'histoire, les sciences, la littérature, la musique, les arts et métiers, sont enseignés aux jeunes aveugles. Mais malheureusement le nombre des admissions est beaucoup trop restreint, puisqu'à peine il est de 100 pensionnaires. Il y a en France 30 à 40 000 aveugles.

Le nombre proportionnel des aveugles varie suivant les différents pays. Ainsi, suivant M. de Gérando, en Angleterre, il serait de 1 sur 2 000 habitants, et, suivant le docteur Julien, de 1 sur 1 600 en Prusse, de 1 sur 1 000 en France et en Belgique, et de 1 sur 800 en Danemark.

L'Europe et l'Amérique possèdent aujourd'hui un grand nombre d'établissements destinés aux jeunes aveugles. Les plus considérables sont ceux de Londres, de Liverpool et d'Édimbourg. En France, où a eu lieu la première fondation, il n'en existe qu'un.   F—N.

AVICENNIE (Botanique), *Avicennia*, Lin. En mémoire d'Avicenne, fameux philosophe et médecin persan du XIᵉ siècle. — Genre de plantes de la famille des *Verbénacées*, type de la tribu des *Avicenniées*. Il comprend des arbres à feuilles persistantes, coriaces, blanchâtres en dessous. Leurs fleurs sont à pédoncules solitaires, accompagnés de bractées ciliées, la corolle est petite et un peu coriace. L'*A. brillante*, Palétuvier gris (*A. nitida*, Jacq.) est un petit arbre de la Guadeloupe. Ses fleurs sont rosées. L'*A. tomenteuse* (*A. tomentosa*, Lin.) croît au bord de la mer, dans les pays tropicaux. Cet arbre exsude une résine odorante que les nouveaux Zélandais emploient comme aliment. Sa racine contient beaucoup de mucilage et est regardée comme aphrodisiaque par les Arabes. Les graines de cette espèce sont aussi employées dans la médecine des Indiens. Ils les mangent quelquefois, lorsqu'elles sont bien mûres.   G—S.

AVICEPTOLOGIE (Zoologie), du latin *avis*, oiseau; *capere*, prendre; et du grec *logos*, discours. — C'est à proprement parler la chasse aux oiseaux. Nous renverrons aux différents *oiseaux* qui ont été ou qui seront traités dans ce dictionnaire, et aux mots VÉNERIE, OISEAUX.

AVICULE (Zoologie), *Avicula*, Brug., *Aronde* de Cuv., du latin *avicula*, petit oiseau. — *Mollusque acéphale testacé*, famille des *Ostracés* formant un genre que Cuvier a désigné sous le nom d'*Arondes*, à cause d'une certaine ressemblance de sa coquille avec une queue d'hirondelle. Les avicules ont une coquille bivalve, à charnière rectiligne, ligament étroit et allongé; une échancrure à la valve gauche; muscle transverse antérieur très-petit. Toutes ces coquilles sont marines et habitent presque toutes les mers. L'espèce la plus célèbre est l'*Aronde aux*

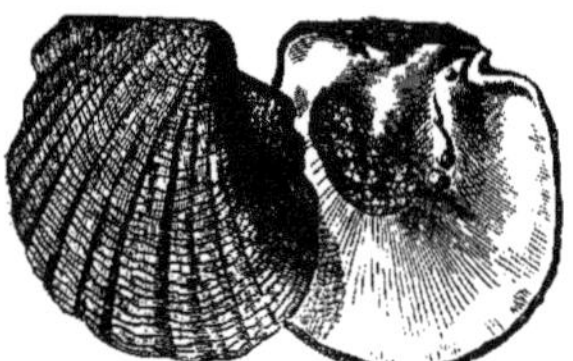

Fig. 237. — Avicule (*Pentadine perliére*).

perles (*Mytilus margaritiferus*, Lin.), dont la coquille, du diamètre de 0ᵐ,12 à 0ᵐ,15, presque demi-circulaire, verdâtre en dehors, est de la plus belle nacre en dedans. On emploie cette nacre pour toute sorte de bijoux. C'est dans l'intérieur de ces coquilles que se trouvent les *perles fines* ou perles d'Orient dont la pêche est faite par des plongeurs, à Ceylan, au cap Comorin, et dans le golfe Persique. Elle appartient au sous-genre *Pintadines* (*Margarita*, Leach.). Dans un second sous-genre, celui des *Avicules proprement dites*, se trouve l'*Aronde oiseau* (*Mytilus hirundo*, Lin.), remarquable par les oreillettes pointues de sa charnière; son byssus ressemble à un petit arbre. Cette espèce habite la Méditerranée.

AVIVES (Vétérinaire). — On donne ce nom à un engorgement qui a son siége dans la région parotidienne du cheval, et dans la glande parotide elle-même; il vient du latin *aqua viva*, parce qu'on prétendait que les chevaux contractaient cette maladie en buvant des eaux vives. On disait *battre les avives*, d'une opération barbare qui consistait à saisir, avec des tenailles, les parotides engorgées et à les frapper avec une verge (voyez PAROTIDE).

AVOCATIER (Botanique). — Nom vulgaire d'une espèce de *Laurier* (*Laurus persea*, Lin.), faisant partie

aujourd'hui du genre *Persea* (*Persea gratissima*, Gærtn.), famille des *Laurinées*. C'est un grand et bel arbre, croissant naturellement dans l'Amérique équatoriale et aux Antilles, mais cultivé, à cause de son fruit, dans toutes les colonies intertropicales. Ses feuilles sont alternes, longues, ovales, acuminées; les fleurs disposées en panicules corymbiformes. Le fruit est une baie à peu près grosse comme une belle poire dont il a la forme, et dont la chair est épaisse, succulente, très-estimée et recherchée. Les animaux en sont très-friands. Cette pulpe butyreuse et fondante est comparée pour le goût à une tourte à la moelle de bœuf; aussi semble-t-elle de prime abord assez fade aux Européens. On la mange ordinairement comme le melon avec des viandes et du sel. Parfois, aussi, on l'accommode avec du vinaigre ou du citron. L'amande, qui n'est pas bonne à manger, donne, quand on la broie, un suc qui rougit à l'air et sert à marquer le linge, pour ainsi dire, d'une façon indélébile. Le fruit de cet arbre porte le nom d'*Avocat* ou *Poire d'avocat*, aux Antilles. On a longtemps pensé que cette espèce était l'arbre désigné sous le nom de *Persea* par les botanistes de l'antiquité; mais Delile a prouvé, dans un mémoire lu à l'Académie des sciences en 1818, que le *Persea* ne pouvait être autre chose qu'une espèce des Olacinées, le *Ximenia Ægyptiaca*, Lin.   G—S.

AVOCETTE (Zoologie), *Recurvirostra*, Lin. — Genre d'*Oiseaux* de l'ordre des *Échassiers*, famille des *Longirostres*; ils tiennent à la fois des oiseaux nageurs par leurs pieds palmés presque jusqu'au bout des doigts, et des bécasses par le tarse élevé, les jambes à moitié nues, le bec long, grêle, pointu, lisse et élastique; mais ce qui les distingue particulièrement de tous les autres oiseaux, c'est la forme même du bec, dont la pointe membraneuse est fortement recourbée en haut, de manière à former une concavité très-marquée dans ce sens.

Fig. 238. — Avocette d'Europe.

C'est au moyen de ce bec si faible et si singulièrement conformé, que les avocettes vont chercher dans la vase des rivières qu'elles fréquentent les vers, les petits mollusques, les frais de poissons, etc., qui constituent leur nourriture; mais la faiblesse même de cet instrument qui est un moyen de défense dans d'autres espèces, explique la sauvagerie, la timidité et la défiance de cet oiseau. Aussi la chasse en est-elle très-difficile, et il est rare qu'on les prenne vivants. La femelle fait son nid sur la terre, et y pond trois ou quatre œufs.

Les avocettes recherchent les pays froids, et sont des oiseaux voyageurs; on les trouve le plus souvent au bord de la mer, près des embouchures des rivières. Parmi les espèces connues, une habite l'Europe; c'est l'*A. proprement dite* (*Recurvirostra avocetta*, Lin.); elle est blanche, avec une calotte noire et trois bandes de même couleur sur les ailes, elle a de 0ᵐ,40 à 0ᵐ,50 de longueur. Sa taille élancée et gracieuse, la blancheur éclatante de son plumage, en font un des plus jolis oiseaux des côtes de l'Océan, qu'elle fréquente de chaque côté du détroit, pendant l'hiver.

AVOINE (Botanique, Agriculture), *Avena* des Latins, *Bromos* des Grecs. — L'une des céréales les plus intéressantes pour la nourriture des chevaux, et même des bestiaux et de plusieurs autres espèces domestiques. Quoique les auteurs ne soient pas d'accord sur l'origine et la patrie de l'avoine, on la croit généralement originaire du nord de l'Europe, où elle croît en abondance. Il n'est pas bien sûr qu'elle ait été connue des anciens ; et Pline semble la dédaigner comme un blé dégénéré : il dit pourtant que les Germains l'employaient comme aliment : un peu plus tard on la donne à manger aux chevaux, et elle entre même dans la nourriture de l'homme. Maintenant l'a-t-on trouvée à l'état sauvage dans le Chili, dans les terrains incultes de la Perse? Cela paraît douteux ; ce qui ne l'est pas moins, c'est qu'elle provienne d'une avoine sauvage, telle que l'*A. folle* (*Avena fatua*, Lin.). Dans tous les cas elle forme la base essentielle de la nourriture du cheval, dans les pays du Nord surtout, où par le moyen de la substance aromatique et excitante qu'elle contient, elle contre-balance l'influence débilitante du froid, comme le fait chez l'homme l'usage de la viande et des liqueurs alcooliques dans les mêmes circonstances. Les races ardentes de chevaux du Midi éprouveraient de fâcheux effets de cette nourriture stimulante, aussi lui préfère-t-on l'orge. L'avoine entre aussi dans la nourriture des bestiaux et de la volaille : elle augmente le lait des vaches et des brebis ; elle donne une chair fine et savoureuse au cochon ; elle accroît la ponte des poules. L'homme en tire aussi quelque parti pour sa nourriture ; elle fournit un pain lourd, compacte et peu nourrissant à un certain nombre de populations du Nord ; on en fait de la bière, de l'eau-de-vie ; enfin elle sert surtout à faire le *Gruau*, bien connu de tout le monde. La paille d'avoine est une des plus riches en substances nutritives ; elle est employée à la nourriture des vaches ; et aussi à quelques autres usages domestiques et industriels (voyez PAILLE). On fait avec la balle d'avoine, des paillasses ou paillassons pour les enfants, pour les malades, pour les appareils de fractures.

L'avoine (*Avena*, Lin.) constitue, dans la grande famille des *Graminées*, un genre de la tribu des *Avénées* ou *Avénacées* dont les principaux caractères sont : Epillets de 2 à 5 fleurs stamino-pistillées dont la supérieure avorte le plus souvent; 2 glumes membraneuses ou herbacées ; 2 glumelles dont l'inférieure bidentée est munie sur son dos d'une arête coudée et tordue inférieurement; 3 étamines; stigmate terminal sessile ou subsessile, plumeux.

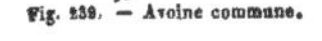

Fig. 239. — Avoine commune.

On cultive en grand quatre espèces d'avoine :

1° L'*A. commune* (*A. sativa*, Lin.), caractérisée par des épillets à 2 ou 3 fleurs, glumes plus longues que le grain, panicule lâche à embranchement rameux. C'est l'espèce la plus cultivée; on en a fait un certain nombre de variétés : *A. L'A. commune d'hiver*, qui supporte bien les froids de nos hivers; semée en automne, elle donne des grains pesants et nombreux. *B. L'A. commune du printemps*; variété la plus cultivée, moins rustique que la précédente, elle mûrit plus tard. *C. L'A. de Géorgie, de Sibérie, du printemps*, grains jaunes, pesants, gros, à écorce rude, la plus vigoureuse et la plus précoce de toutes. *D. L'A. patate, du printemps*, grains blancs, courts et ronds à écorce fine ; elle est souvent atteinte du charbon.

2° L'*A. de Hongrie* (*A. orientalis*, Schreber), panicule serrée, grains inclinés tous du même côté. *Du printemps*; une variété à grains blancs ; une à grains noirs très-productive.

3° L'*A. courte* (*A. brevis*), *A. à deux barbes, pied de mouche*. Panicule lâche, légère, unilatérale, grains petits, courts; barbes persistantes : culture dans les terrains médiocres et sur les montagnes; très-précoce,

Fig. 240. — Avoine courte.

4° L'*A. nue, A. de Tartarie* (*A. nuda*). Épillets de 4 à 5 fleurs en petites grappes, grains non attachés à la balle. D'un faible produit, elle est préférée pour faire du gruau.

L'avoine craint les grands froids ; aussi ne la sème-t-on guère en automne que dans les pays où l'on n'est pas exposé à un grand froid continu atteignant 10 à 12°. Mais elle s'accommode de tous les terrains ; ainsi, à l'exception des sables arides ou trop calcaires, tout lui convient ; les sols tourbeux, les argiles compactes, les étangs desséchés, les sables frais. Toutefois, dans les terrains qui manquent de l'élément calcaire, il est bon de lui donner des engrais alcalins, des marnages ou des chaulages, car les principes qui dominent dans l'avoine sont les silicates et les phosphates de potasse, de magnésie et de chaux. Elle peut succéder à toute espèce de culture ; cependant elle est mieux placée après les récoltes qui remuent profondément le sol, comme la plupart des plantes sarclées.

Le choix des semences de l'avoine doit être fait avec certaines précautions à cause de l'inégalité qu'on remarque dans le degré de maturité des grains d'une même panicule ; nous avons dit plus haut les circonstances qui doivent guider le cultivateur pour les époques de l'année auxquelles ces semailles doivent être faites suivant les pays et les variétés d'avoine employées ; nous dirons seulement ici que dans le midi de la France, on sème en septembre les variétés d'hiver; dans le Centre et le Nord on retarde jusqu'en février ou mars. La semence est ordinairement répandue à la volée et enterrée au moyen d'un labour superficiel, ou ce qui est mieux d'un hersage, précédé et même suivi du rouleau.

AVOINE FOLLE, FOLLE AVOINE, AVRON, AVOINE FOLLETTE, *Avena fatua*, Lin. — Une des plantes les plus nuisibles à l'agriculture : épillets à 3 fleurs; axe très-poilu; panicule lâche ; glumes dépassant les fleurs, glumelle inférieure bidentée et munie d'une arête dorsale longue, robuste, tortillée. Cette plante vigoureuse, rustique et plus précoce que les autres céréales, fait le désespoir des cultivateurs dans certaines contrées. Sa destruction est très-difficile, justement en raison de sa maturité précoce, qui fait que ses grains se répandent sur le sol avant la récolte. Les seuls moyens de la détruire sont : l'arrachement par les ouvriers qui sarclent au printemps; des labours un peu profonds donnés à la jachère ; enfin l'incinération par un temps sec du chaume et de la partie la plus superficielle de la terre après l'enlèvement des céréales.

AVOINE A CHAPELETS, CHIENDENT A CHAPELETS, *Avena bulbosa*, Wild. — Plante nuisible aux céréales et aux prairies artificielles ; remarquable par son chaume à nœuds inférieurs pubescents et surtout par les bulbes superposés à la base de sa tige. Pour la détruire, il faut par des labours et des hersages successifs rassembler les bulbes qui ont la faculté de reproduire, les faire sécher au soleil et les brûler.

AVORTEMENT (Economie rurale). — Mise au monde des petits par leur mère avant le terme naturel.

AVRIL (Agriculture), du latin *aperire*, ouvrir. — Le mois d'avril est un mois de sacrifice pour le cultivateur, il va être obligé de confier à la terre une partie des produits qu'il a recueillis en automne pour assurer la récolte prochaine ; ainsi il plantera les pommes de terre, à raison de 20 hectolitres par hectare, s'il les plante entières, ce qui est la meilleure manière ; on devra semer chacune des plantes suivantes dans les terrains convenables, et que nous ne pouvons expliquer ici, les luzernes, sainfoins, trèfles, vesces et autres plantes fourragères ; c'est aussi le temps de semer la moutarde blanche ; les betteraves le seront vers la dernière quinzaine ; dans les pays de production du houblon, c'est aussi le temps d'enlever et de planter les rejetons détachés des vieux pieds. On donnera un premier binage aux plantes semées en mars, telles que carottes, choux, etc., et on fera le premier labour des jachères. C'est à cette époque aussi qu'on interdit le pâturage des prairies pour laisser croître l'herbe qui doit être fauchée.

Il serait trop long d'énumérer seulement les travaux d'horticulture du mois d'avril, nou nous bornerons aux principaux ; ainsi c'est le moment d'achever les plantations de toute sorte, on plantera les œilletons d'artichaut, les choux-fleurs, fraisiers, oseille, ciboule, les tomates, les aubergines, les romaines, laitues, céleri, etc. On sèmera toutes les plantes cucurbitacées, les chicorées et autres salades, et légumes pour l'été, les salsifis, pois, fèves, carottes ; enfin les haricots, etc. Il faudra aussi prendre soin de couvrir au moyen des paillassons ou des *abris* (voyez ce mot), pendant la nuit et la matinée, les arbres en espalier qui seront en fleurs ; on s'occupera aussi des greffes en fente et par approche (voyez GREFFE). Pour tous ces travaux on n'aura encore dans ce mois que de minces récoltes ; ainsi des épinards, de l'oseille, des champignons, et sur couches des laitues, des radis, des choux-fleurs ; mais vers la fin du mois on sera dédommagé par la pousse des asperges.

AX (Médecine, Eaux minérales). — Petite ville de France, arrond. et à 35 kilomètres S.-E. de Foix (Ariége). On n'y compte pas moins de 53 sources d'eau sulfurée sodique, dont la température et la richesse en principes minéraux varient beaucoup. Au reste, les sources affectées au service sanitaire sont aménagées dans trois établissements : *Couloubret*, *Teich* et *Breilh*. La source des Canons a une température de 75° cent. On les emploie contre les dermatoses, les rhumatismes, les scrofules, les ulcères, les maladies des os, etc. Ces eaux n'ont pas toute la vogue qu'elles méritent.

AXE, du grec *axôn*, essieu, pivot. — Se dit en *astronomie* d'une ligne imaginaire autour de laquelle s'effectue le mouvement de rotation d'un corps céleste sur lui-même. La terre tourne autour d'un *axe* qui passe par son centre et dont les extrémités s'appellent *pôles terrestres*. Les effets du mouvement terrestre étant en apparence les mêmes que si, la terre étant immobile, l'univers tournait autour de son axe, l'axe terrestre s'appelle aussi *axe du monde*. On nomme encore *axe d'un cercle* la ligne perpendiculaire à son plan et passant par son centre. L'axe de la terre est incliné de 66° et demi sur l'écliptique (voyez TERRE).

En *géométrie* on appelle *axe* une ligne droite autour de laquelle tourne une figure plane pour produire ou engendrer une surface ou un solide de *révolution*. C'est ainsi qu'on suppose la sphère engendrée par la révolution d'un cercle autour de l'un de ses diamètres, le cône par la révolution d'un triangle rectangle autour de l'un des côtés de l'angle droit, etc. D'une manière plus spéciale et par extension on appelle *axe d'un cercle* ou *d'une sphère* une ligne passant par le centre du cercle ou de la sphère et venant se terminer à deux points de la circonférence du cercle ou de la surface de la sphère ; *axe d'un cône*, *d'une pyramide*... la ligne qui va de leur sommet au centre de leur base ; *axe d'un cylindre ou d'un prisme*, la ligne qui joint les centres de leurs bases. Dans l'*ellipse* et l'*hyperbole*, l'*axe principal* est une ligne qui passe par les deux foyers ; l'*axe conjugué* est perpendiculaire sur le milieu du premier ; l'*axe de symétrie* d'une figure est une ligne autour de laquelle est symétrique dans cette figure, c'est-à-dire telle que, si d'un point quelconque de la figure on mène sur l'axe une ligne d'une direction déterminée, et qu'on la prolonge au delà de l'axe d'une quantité égale à elle-même, l'extrémité de cette ligne prolongée appartiendra à la même figure. Tels sont les diamètres du cercle ou de la sphère.

En *mécanique* on nomme *axe* toute ligne autour de laquelle un corps peut tourner.

En *optique*, on appelle *axe d'un miroir* ou *d'une lentille*, une ligne droite passant par un point lumineux quelconque et par le *centre de courbure* du miroir ou le *centre optique* de la lentille. L'*axe principal d'un miroir* passe en outre par le centre de la surface du miroir, et l'*axe principal d'une lentille* passe par les centres de courbure de ses deux surfaces ; l'*axe optique ou visuel* est la ligne qui va du centre de l'œil à l'objet fixé par cet œil ; l'*axe d'un aimant* est la ligne qui passe par les *pôles*.

AXES (Cristallographie). — On donne en cristallographie le nom d'*axes* à des lignes imaginaires qui joignent deux parties terminales semblables d'un cristal, et qui passent par le centre : elles aboutissent, par exemple, à deux sommets d'angles solides égaux, à deux milieux d'arêtes égales, aux centres de deux faces opposées égales et parallèles. Pour faire comprendre l'importance de ces lignes, il n'y a qu'à considérer le système des axes d'un cristal simple, d'un octaèdre régulier, par exemple : si nous joignons les sommets opposés, nous aurons trois lignes égales et perpendiculaires entre elles. Ce seront, si l'on veut, les axes de première espèce ; en joignant les centres des faces opposées, on obtient quatre axes également inclinés entre eux. Enfin, par la jonction du milieu des arêtes opposées, on formera un troisième système de six axes égaux entre eux et également inclinés. Examine-t-on le cube : on retrouve les neuf axes égaux et rectangulaires dans les lignes qui joignent les centres des faces opposées ; le second système s'obtient en joignant les sommets des angles solides ; le troisième, en unissant les milieux des arêtes opposées. Ces deux cristaux offrent donc les mêmes systèmes d'axes considérés comme de simples lignes géométriques, il en serait de même dans tous les cristaux du système.

Mais les axes possèdent encore dans tous les cristaux d'un même système un autre caractère qui se transmet à la symétrie extérieure, et qu'il est important d'examiner. Ces axes ne sont pas, en effet, de simples lignes géométriques ; mais bien des files de molécules autour desquelles sont groupées celles du cristal. Si l'on considère, par exemple, les axes rectangulaires de l'octaèdre, on voit, dans la disposition du cristal autour de cet axe, les mêmes faces se reproduisant dans quatre directions, ce sont les quatre sommets ; cet axe est quadrilatéral. Il en sera de même de l'axe analogue dans le cube et dans tous ses dérivés. D'une forme à l'autre d'un système, les axes conservent donc avec eux leur caractère de polarité, et l'on peut dire que c'est là le principe de la classification des formes cristallines : des formes seront compatibles, elles appartiendront au même système cristallin, quand elles posséderont les mêmes systèmes d'axes, avec le même caractère de polarité. Il faut, toutefois, faire une remarque relativement aux formes hémiédriques. Le partage par moitié des parties terminales qui donne naissance à l'hémiédrie, atteint aussi la polarité des axes. Dans le tétraèdre, on retrouve les trois axes égaux et rectangulaires du cube ; ce sont les lignes qui joignent les milieux de deux arêtes opposées ; mais au lieu d'être quadrilatéraux, ils sont trilatéraux, l'axe est hémiédrique. Dans le prisme hexagonal, l'axe principal est à six faces, il n'en a plus que trois dans le rhomboèdre et ses dérivés. Pour terminer ce qui est relatif aux axes, il est nécessaire de définir une expression souvent usitée en cristallographie. Quand on veut étudier et comparer les cristaux d'un système, on les place de manière que les six axes soient parallèles ; on dit alors que les cristaux sont en position parallèle.

AXIE (Zoologie), *Axius*, Leach. — Sous-genre de *Crustacés décapodes*, du genre *Écrevisse* ; ils se distinguent par des serres presque égales et le carpe ne fait point partie de la pince. La seule espèce connue est l'*A. stirhynque* (*Axius stirhynchus*, Leach.), qu'on trouve sur les côtes d'Angleterre et de France.

AXIE (Botanique), *Axia*, Loureiro, du grec *axia*, mérite, valeur. — Genre de plantes peu connu et sur la place duquel on n'est pas encore d'accord. On l'a rapporté aux Nyctaginées et aux Valérianées. Loureiro n'a signalé qu'une espèce de ce genre. C'est un arbuste de la Cochinchine, dont les tiges sont rampantes, nombreuses, rougeâtres, à feuilles ovales, lancéolées, velues, inégales, opposées. Ses fleurs sont petites, en grappes et d'un blanc rosé. La racine de l'axie de la Cochinchine passe pour sudorifique et fortifiante. Elle remplace en Cochinchine le Gin-seng des Chinois.

AXILLAIRE (Anatomie), du latin *axilla*, aisselle, qui a rapport à l'aisselle. — *Artère axillaire*, suite de la *sous-clavière*. M. Cruveilhier lui assigne pour limite en haut la clavicule, en bas le bord inférieur du grand pectoral au niveau duquel elle prend le nom de *brachiale;* elle fournit cinq branches : l'*acromio-brachiale*, la *thoracique inférieure* ou *mammaire externe*, la *scapulaire inférieure*, une *circonflexe antérieure*, et une *postérieure*. — *Veine axillaire*, elle accompagne l'artère au-devant de laquelle elle est située. — *Nerf axillaire* ou *circonflexe;* fourni par le plexus brachial, ses rameaux se distribuent aux muscles voisins et surtout au deltoïde. — *Glandes axillaires*, glandes lymphatiques auxquelles aboutissent les vaisseaux absorbants du membre supérieur ; elles sont souvent le siége d'engorgements inflammatoires ou d'autre nature.

En botanique, le mot *axillaire* s'emploie pour désigner les organes placés à l'aisselle d'un autre organe : ainsi les *fleurs axillaires* sont placées entre la feuille et le rameau. F — N.

AXINITE (Minéralogie), du grec *axiné*, hache. — Substance minérale remarquable par la forme de ses cristaux tranchants comme une hache, et qui contient comme la tourmaline une petite quantité de bore ; de plus il entre dans sa composition plusieurs silicates, du fluor, du chlore et du soufre. C'est une belle substance de collection, surtout dans les variétés qui proviennent des montagnes de l'Oisan (Isère), où elle se trouve dans les fissures de protogynes : elle se distingue aussi par sa couleur le plus souvent violette, qu'elle doit au manganèse.

AXIS (Anatomie), *Axoïde*, Chaussier, du grec *axôn*, axe. — On donne ce nom à la deuxième vertèbre cervicale, qui s'articule en haut avec l'atlas et en bas avec la troisième vertèbre cervicale, elle est surtout remarquable par une éminence allongée qui surmonte le corps de l'os, et qu'on nomme *apophyse odontoïde*. C'est cette apophyse qui, reçue dans la portion antérieure de l'anneau de l'*atlas* (voyez ce mot), sert de pivot au mouvement de rotation de la tête.

Axis (Zoologie). — Espèce de mammifère du genre *Cerf* (voyez CERF).

AXOLOT Cuvier, AXOLOTL des Mexicains (Zoologie).— Animal vertébré qui forme un genre de l'ordre des *Reptiles Batraciens*, famille des *Pérennibranches*. La seule espèce connue est l'*Axolotl des Mexicains;* il ressemble tellement à une larve de triton, que longtemps on l'a pris pour un individu du premier âge de quelque espèce de ce genre ; voici comment Cuvier lui-même s'explique dans la 2ᵉ édition du *Règne animal* : « Ce n'est encore qu'avec *doute que je place l'axolot parmi les genres à branchies permanentes; mais tant de témoins assurent qu'il ne les perd pas, que je m'y vois obligé.* » Cuvier avait raison dans ses doutes sur l'axolot. En 1867 le prof. Aug. Duméril a vu des axolots se transformer en des animaux d'un genre de salamandres nommé *Amblystome* (voir URODÈLES). Les axolots ont comme les têtards des tritons : 4 doigts aux pieds de devant, 5 derrière, 3 branchies en forme de houppes suspendues et flottant sur les côtés du cou, sans être enfermées dans une tunique, queue comprimée latéralement ; les autres caractères sont : tête grande, déprimée, arrondie en avant, fortement fendue, langue courte, non protractile ; dents en velours aux mâchoires et à deux bandes sur le vomer ; yeux petits, dépourvus de paupières ; peau mince, garnie de granulations, d'une couleur gris d'ardoise ; l'axolotl parvient à 0ᵐ,20 ou 0ᵐ,25 de longueur ; il vit en grand nombre dans les lacs élevés du Mexique, et surtout dans celui de Mexico. Les habitants du pays s'en servent comme d'aliment.

AXONGE (Zoologie, Économie domestique), qui vient, dit-on, du latin *axis*, essieu, et *ungere*, graisser. — Matière molle, graisseuse, que l'on retire de l'épiploon ou panne des porcs ; celle qu'on obtient des moutons porte plutôt le nom de *suif*. Pour la séparer des portions de membranes, des fibres charnues et vasculaires et du sang qu'elle contient, on est obligé de la laver à l'eau chaude en la malaxant, puis on la fait fondre au bain-marie, on la passe à travers un tamis serré, et on la conserve dans un lieu frais ; elle se présente alors sous l'apparence d'un corps gras, mou, plus ou moins blanc ; c'est-à-dire que si elle contient un peu d'eau, elle est très-blanche, un peu opaque, et se conserve moins bien. Elle est composée d'un principe organique liquide, l'*oléïne*, et d'un principe solide, la *stéarine*, comme le suif ou graisse de mouton. Les principaux usages de l'axonge sont en pharmacie pour la préparation des onguents ; dans la parfumerie elle entre dans la composition d'une foule de cosmétiques ; et enfin on l'emploie dans la cuisine pour certaines préparations culinaires. L'axonge de qualité inférieure est aussi employée par les carrossiers, les corroyeurs, et pour le graissage des essieux de voitures.

AYAPANA (Botanique). — Nom donné par les naturels des bords du fleuve des Amazones à une espèce d'*Eupatoire* que Ventenat a décrite sous ce nom : *Eupatoria ayapana*, genre *Eupatoire*, famille des *Composées*. Elle est vivace et indigène de l'Amérique méridionale. Ses tiges s'élèvent jusqu'à un mètre environ, el'es sont glabres et sous-frutescentes à la base. Ses feuilles sont sessiles, opposées, lancéolées, acuminées, presque entières, glabres. Ses fleurs sont réunies en capitules pédonculés, rassemblés en petit nombre, en corymbes lâches. Cette belle espèce, qui donne d'août en octobre des fleurs lilacées, est employée en médecine comme sudorifique ; sous forme d'infusion, elle se rapproche beaucoup du thé pour le goût. Quant aux propriétés qu'on lui attribuait autrefois de guérir le choléra, la fièvre jaune et la morsure des serpents, on n'y croit plus aujourd'hui.

AYE-AYE (Zoologie), *Chéiromys*, Cuv. — Genre de *Mammifères* placé d'abord dans l'ordre des *Rongeurs*, comme appartenant au grand genre *Écureuil*, par Geoffroy et Cuvier. On s'aperçut au bout de quelque temps qu'il en différait beaucoup, et qu'il se rapprochait autant des Quadrumanes, par la conformation des membres ; les antérieurs ont 5 doigts comme les postérieurs, les doigts de devant sont allongés, surtout l'annulaire ; le pouce, quoiqu'il soit écarté de l'index, n'est pas réellement opposable ; mais les pouces postérieurs le sont complétement comme dans les Lémuriens ; d'un autre côté, il ressemble à l'écureuil par son port et par sa queue, par l'absence de dents canines, par la présence d'une paire de fortes incisives en haut et en bas, séparées des molaires par un espace vide. Quoi qu'il en soit, et après une appréciation exacte de tous ces caractères, la plupart des naturalistes sont convenus aujourd'hui de classer l'aye-aye, parmi les *Quadrumanes* et d'en faire le genre *Chéiromys*, voisin des Tarsiers et des Galagos. Cet animal, rapporté de Madagascar par le voyageur Sonnerat, est de la grosseur du chat, il a le fond du pelage formé d'un duvet fauve clair, traversé sur le dos par de longues soies rudes et brunes ; les membres sont bruns, la queue, noire ; il est d'un caractère doux, mais très-lent et paresseux ; il se nourrit d'insectes et de vers qu'il tire des trous des arbres avec ses longs doigts ; cette espèce est très-rare, et on n'en possède en Europe qu'un exemplaire qui est déposé au Muséum d'histoire naturelle de Paris, et qui est probablement celui de Sonnerat.

Son nom est une imitation de son cri ; propre à l'île de Madagascar, cet animal y est peu, même très-peu répandu.

AZALÉE (Botanique), *Azalea*, Lin., du grec *azaleos*, sec, aride. Les plantes de ce genre habitent ordinairement les endroits stériles. — Genre de plantes de la famille des *Éricacées*, tribu des *Rhododendrées*. Ce genre ne comprend guère qu'une vingtaine d'espèces, mais la culture en a obtenu une quantité considérable de variétés et d'hybrides. Ce sont des arbrisseaux à feuilles caduques et à fleurs extrêmement variables de coloration. L'*A. visqueuse* (*A. viscosa*, Lin.) est originaire de l'Amérique septentrionale et donne des fleurs en corymbes feuillés. Ses corolles sont poilues, glutineuses, à tube deux fois plus long que les lobes. L'*A. à fleurs nues* (*A. nudiflora*, Lin.) vient du Canada, et se distingue de la précédente par ses corymbes non feuillés et ses corolles dépourvues de viscosité. L'*A. remarquable* (*A. speciosa*, Willdw) est originaire de l'Amérique septentrionale. Ses fleurs, ordinairement écarlates, ont la corolle soyeuse, ciliée, à lobes obtus. L'*A. calendulacée* (*A. calendulacea*, Mich.) appartient aux mêmes contrées, présente des fleurs de couleur jaune foncé écarlate, et le tube de la corolle plus court que le limbe. L'*A. pontique* (*A. Pontica*, Lin.), originaire de Turquie, est caractérisée par ses bractées caduques, ses fleurs plus ou moins jaunes, ses étamines et son style saillants, courbés. Enfin, l'*A. de Chine* (*A. Chinensis*, Lood.) présente les lobes du calice ciliés, les étamines à peu près de la longueur du limbe et à file's un peu velus. Cette espèce, ainsi que son nom l'indique, nous vient de la Chine. Les azalées sont de charmantes plantes d'ornement dont la culture a fait peut-être plus de cent variétés. D'avril à juin, elles donnent une profusion de fleurs d'un éclat ravissant qui varient du blanc au rouge et à l'écarlate ; elles ont de plus l'avantage de se conserver très-bien dans les appartements. Elles réussissent dans la terre de bruyère, et demandent un arrosage modéré. Caractères du genre : calice à 5 dents ; corolle hypogyne en entonnoir à 5 lobes irréguliers ; 5 étamines non soudées sur la corolle ; anthères s'ouvrant par 2 pores au sommet; style allongé, saillant, non épaissi au sommet; fleurs en corymbe. G — S.

AZÉDARACH ou **Lilas des Indes** (Botanique médicale), en arabe, arbre vénéneux. — Genre de la famille des *Méliacées* qui ne contient que deux arbres ; l'*A. bipinne* est un joli arbre qui atteint 10 à 12 mètres de haut, originaire de l'Inde, de la Syrie et de la Perse, d'où il a été transporté avec succès en Espagne, en Portugal, dans les parties méridionales de la France et en Amérique; ses fleurs, de couleur bleuâtre, disposées en grappes au bout des rameaux, ressemblent à celles du lilas. Rien de plus gracieux que cet azédarach lorsqu'il commence à entrer en fleurs ; aussi les Américains l'appellent-ils l'*orgueil de l'Inde* : ses fruits sont disposés en grappe dont chaque grain de la grosseur d'une petite cerise, rond, pulpeux, d'une saveur amère, renferme un principe vénéneux et une matière grasse avec laquelle on fabrique des bougies dans quelques endroits; il contient un noyau allongé à cinq côtes, dont on se sert en Italie pour faire des chapelets. On l'a nommé aussi *lilas de la Chine, faux sycomore, arbre à chape et arbre, saint*. Les différentes parties de cet arbre ont été employées en médecine. Au rapport du botaniste Michaux, on fait usage en Perse de la pulpe du fruit mêlée à de la graisse, pour guérir la gale et la teigne. Depuis longtemps, en Amérique, les différentes parties de cette plante jouissent d'une grande réputation comme vermifuges, ainsi 6 à 8 grammes de la racine en décoction dans 250 grammes d'eau, édulcorez ; le docteur Valentin, de Nancy, pendant son séjour en Virginie, a eu plusieurs fois l'occasion d'en constater les bons effets. L'*A'. ailé, Melia azadirachta*, Lin., s'élève plus que le premier; ses fleurs sont plus petites et jaunâtres; ses fruits donnent par expression une huile dont les habitants du Malabar font un usage fréquent contre les plaies, les piqûres, etc. (Valentin, *Notice sur le Melia azedarach*, 1810, in-8o.)

AZEROLIER (Arboriculture fruitière), *Cratægus azerolus*. — Famille des *Rosacées* (fig. 241 et 242). Arbre de 7 à 8 mètres de hauteur, à rameaux courts, très-rameux,

Fig. 241. — Fleurs de l'azerolier.

velus; fleurs blanches en corymbe, comme celles de l'aubépine; fruit rond, à osselets, de saveur un peu acide.

Fig. 242. — Bourgeon fructifère de l'azerolier.

Ces fruits sont consommés frais, ou bien l'on en fait des gelées. Originaire de la zone méditerranéenne, il est cultivé en Provence, en Italie, en Espagne, comme arbre fruitier.

On distingue plusieurs variétés caractérisées par la couleur et la forme des fruits.

Azerole ronde, rouge, ou de Provence ; — grosse, rouge, ou du Val ; — longue, rouge ; — blanche ou de Florence ; — jaune.

Cet arbre ne donne de bons produits que sous le climat méditerranéen. Il préfère les sols légers, secs, un peu calcaires. Il redoute les terrains humides.

L'azerolier est cultivé le plus souvent au moyen de la greffe en *écusson à œil dormant* (voy. **Greffe**). On emploie l'*aubépine* comme sujet (voyez ce mot). Cet arbre est cultivé seulement dans les vergers. On lui donne là la forme d'arbre à haute tige. Sa végétation est abandonnée à elle-même, quant aux rameaux à fruit. Il commence à donner des produits abondants vers l'âge de vingt ans. Sa durée est très-longue. A. Du Br.

AZIMUT. — Angle compris entre le plan vertical mené par un astre et le plan du méridien. L'azimut se mesure au moyen du *théodolite* (voyez **Coordonnées, Astronomiques.**

AZOLLE (Botanique), *Azolla*, Lamk. — Genre de plantes aquatiques établi par Lamarck, dans la famille des *Naïades*. Il comprend de petites plantes aquatiques ayant le port des Jungermannes. Leurs tiges, pinnées ou bipinnées, s'étalent en rosette et flottent à la surface de l'eau. Leurs feuilles entièrement cellulaires sont très-petites, ovales, obtuses, ponctuées. Ce genre comprend quelques espèces croissant dans les eaux stagnantes de l'Amérique et à la Nouvelle-Hollande. Commerson, à la suite de son voyage au détroit de Magellan, avait rapporté la première espèce nommée, décrite par Lamarck dans l'*Encyclopédie*, lorsque plus tard Robert Brown recueillit à la Nouvelle-Hollande d'autres espèces qu'il fit figurer. M. Martins a donné une savante description du genre *Azolle* dans ses *Icones selectæ plantarum Cryptogamicarum Brasiliensis*, p. 125.

AZOTATES (Chimie). — Sels formés par la combinaison de l'acide azotique avec les bases. Les azotates sont tous solubles dans l'eau, fusent quand on les projette sur des charbons allumés, et parfois même détonent quand on les chauffe après les avoir mélangés avec du charbon en poudre. Mêlés avec de la limaille de fer, et chauffés avec l'acide sulfurique, ils donnent lieu à un dégagement de vapeurs rutilantes d'acide hypo azotique. La chaleur les décompose tous en laissant pour résidu, tantôt de l'oxyde pur, tantôt le métal à l'état de liberté, quand son oxyde est réductible lui-même par la chaleur. Tels sont ceux de mercure, d'argent, de platine.

Les principaux azotates sont les suivants :

Azotate d'argent. — Voyez **Argent.**

Azotate de chaux et de magnésie. — Sels qui forment la majeure partie des composés azotés des nitrières artificielles, et que l'on convertit ensuite en nitrate de potasse ou de soude (voyez **Nitre**).

Azotate de mercure. — Voyez **Mercure.**

Azotate de plomb. — Voyez **Plomb.**

Azotate de potasse, Nitre, Salpêtre. — Sel employé en grande quantité pour la fabrication de la poudre (voyez **Poudre, Potasse, Nitre**).

Azotate de soude, Nitre cubique, Salpêtre du Chili. — On le prépare comme l'azotate de potasse ; mais récemment on l'a découvert au Pérou, notamment à Atacama, sous de l'argile en couches d'une épaisseur variable, mais d'une étendue de plus de 500 kilomètres. On le trouve également dans quelques lacs d'Égypte avec le natron (carbonate de soude). On le substitue avec avantage au nitrate de potasse, principalement dans la fabrication des acides sulfurique et nitrique, parce qu'il coûte moins cher, et qu'à poids égal il renferme une plus grande quantité d'acide azotique; mais comme il est plus hygrométrique que l'azotate de potasse, il convient moins pour la préparation de la poudre qui doit rester sèche, même dans un air humide.

AZOTE (Chimie), **Nitrogène, Air déphlogistiqué**, du grec *a* privatif, *zoé*, vie. — Corps simple gazeux, non liquéfiable, incolore, sans odeur ni saveur, éteignant les corps en combustion, non susceptible d'entretenir la respiration, mais n'ayant du reste aucune propriété vénéneuse. Sa solubilité dans l'eau est très-faible, car un mètre cube d'eau n'en dissout que 25 litres.

Ce gaz est doué d'une grande inertie chimique, et ne se combine guère qu'à l'état naissant avec les autres corps ; il s'unit cependant directement avec l'*oxygène ozonisé* (voyez **Ozone**). Aucune de ses combinaisons ne

Jouit d'une bien grande stabilité, sauf l'ammoniaque. La densité de l'azote est les 0,972 de celle de l'air ; en sorte qu'à zéro et sous la pression barométrique normale 0,76 un litre de ce gaz pèse 1^{gr},256. Il forme en volume les 0,792 de l'air atmosphérique, est un des éléments essentiels des tissus des végétaux et des animaux, se rencontre dans la nature minérale, particulièrement à l'état d'azotate, et se dégage en abondance de certaines sources minérales, telles que celle de Link, près de Gemmi (Suisse), et dans quelques localités des Pyrénées, de l'île de Ceylan, et des deux Amériques.

On se procure ce gaz par plusieurs méthodes :

1° *Par le phosphore.* — On fait brûler un morceau de phosphore sous une cloche (*fig.* 243) reposant sur l'eau ; il se forme de l'acide phosphorique qui se dissout dans l'eau. Le résidu gazeux est formé d'azote renfermant encore quelques centièmes d'oxygène, des traces de vapeur de phosphore et l'acide carbonique de l'air. On le transvase dans des éprouvettes, où on le laisse quelques jours en contact avec des bâtons de phosphore, que l'on retire quand ils cessent d'être phosphorescents dans l'obscurité.

Fig. 243. — Appareil pour la préparation de l'azote par le phosphore.

Quelques bulles de chlore enlèvent les vapeurs de phosphore, et un peu de potasse dissoute enlève à son tour le chlore en excès et l'acide carbonique. Il reste de l'azote pur, mais humide.

2° *Par le cuivre métallique.* — A l'aide de l'appareil (*fig.* 244), un filet d'eau coule par le siphon S dans un

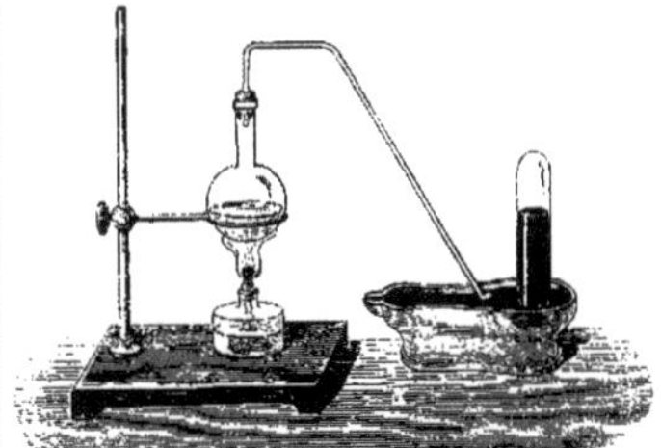

Fig. 244. — Appareil pour la préparation de l'azote à l'aide du cuivre métallique.

flacon F, primitivement plein d'air. L'air ainsi chassé peu à peu du flacon vient traverser : 1° deux tubes en U, *t* et *t'*, contenant, le premier *t*, de la pierre ponce imbibée de potasse caustique pour absorber l'acide carbonique ; le second *t'*, de la pierre ponce imbibée d'acide sulfurique concentré, pour arrêter la vapeur d'eau ; 2° un tube en verre peu fusible T, rempli de cuivre en copeaux et chauffé au rouge. Le cuivre absorbe entièrement l'oxygène ; l'azote pur continue seul sa route et est recueilli dans des éprouvettes E renversées sur le mercure ou l'eau.

3° *Par les azotites de potasse ou d'ammoniaque.* — On peut encore se procurer de grandes quantités d'azote, soit en décomposant l'azotite d'ammoniaque (AzO³AzH³,HO) par la chaleur, soit en traitant l'azotite de potasse par le chlorhydrate d'ammoniaque (Corinwinder) : dans le premier cas, il se forme de l'eau et de l'azote (AzO³AzH³HO = 2Az + 4HO) ; dans le second, du chlorure de potassium, de l'eau et de l'azote (AzO³KO + AzH³ClH = KCl -- 4HO + 2Az).

4° *Par le chlore et l'ammoniaque.* — Enfin, en mettant en présence du chlore et de l'ammoniaque liquide, il se forme de l'acide chlorhydrique et de l'azote ; mais si dans cette expérience le chlore est en excès, l'azote naissant se combine avec du chlore et forme du *chlorure d'azote* qui détone même spontanément et avec une extrême violence, et doit par conséquent être manié avec les précautions les plus rigoureuses.

Malgré ses affinités si peu prononcées, l'azote forme avec l'oxygène cinq combinaisons : acide azotique ou nitrique (AzO⁵), acide hypo-azotique (AzO⁴), acide azoteux (AzO³), bioxyde d'azote (AzO²), protoxyde d'azote (AzO). Il forme avec l'hydrogène l'ammoniaque (AzH³) ; il s'unit au chlore, au brome, à l'iode, pour produire des composés détonants ; il s'unit pareillement d'une manière peu stable à certains métaux, potassium, fer, cuivre, etc. Il a, au contraire, une très-grande affinité pour le bore auquel il se combine directement à l'aide de la chaleur, et avec lequel il forme des composés très-stables (voyez Bore). Il s'unit aussi assez facilement avec le charbon pour former du *cyanogène* et des *cyanures* (voyez ces mots).

L'azote n'a été reconnu comme gaz distinct et spécial qu'en 1772, par Rutterford. Jusque-là on l'avait confondu avec l'acide carbonique, qui éteint comme lui les corps en combustion.

Azote (Protoxyde d'), Gaz hilarant (AzO). — Gaz incolore, inodore, d'une densité égale à 1,3, inaltérable à l'air, se liquéfiant à 0° sous une pression de 30 atmosphères, devenant solide à 100° au-dessous de zéro, et produisant par son évaporation dans le vide, quand il est liquide, un froid excessivement intense.

Le protoxyde d'azote a une saveur légèrement sucrée ; l'eau à 15° en dissout la moitié de son volume. Il entretient la combustion des corps portés à une température assez élevée pour en opérer la décomposition, et dégageant assez de chaleur en brûlant pour être maintenus à ce degré. Quand il est parfaitement pur, il entretient quelque temps la respiration et produit une ivresse gaie, d'où son nom de *gaz hilarant, gaz du Paradis*. L'expérience, qui n'est pas sans danger, fut faite pour la première fois par Humphry Davy, le 11 avril 1799. Davy, dès cette année, avait reconnu que ce gaz possède des propriétés *anesthésiques*, qu'il pouvait suspendre les douleurs physiques, et avait entrevu la possibilité de l'employer avec avantage dans les opérations chirurgicales qui n'entraînent pas une grande effusion de sang. Au commencement de ce siècle, une société savante de Toulouse s'efforça de trouver un succédané à ce gaz dont l'emploi peut devenir mortel, et avait fait, à ce point de vue sur l'éther, des expériences qui, trente ou quarante ans plus tard, devaient être répétées en Amérique et nous revenir comme une découverte nouvelle.

Le protoxyde d'azote fut découvert en 1772 par Priestley, sous le nom de *gaz nitreux déphlogistiqué*. On le prépare en décomposant par la chaleur (*fig.* 245) l'azotate d'ammoniaque.

$$AzO^6AzH^3HO = 2AzO + 4HO.$$

Azote (Bioxyde d') (AzO²). — Composé gazeux, fixe, incolore, mais devenant tout à coup rouge par son contact avec l'air qui le transforme en acide

Fig. 245. — Appareil pour la préparation du protoxyde d'azote.

hypo-azotique (AzO⁴). Le chlore humide produit le même effet ; les deux gaz agissant simultanément chacun sur l'un des éléments de l'eau décomposent celle-ci. Il se forme de l'acide chlorhydrique et des vapeurs rouges. L'acide nitrique cède également de son oxygène au bioxyde d'azote, et reproduit les colorations auxquelles donne lieu la dissolution de l'acide hypo-azotique dans l'acide azotique.

Malgré cette affinité marquée pour l'oxygène, le bioxyde d'azote peut entretenir la combustion des corps comme le protoxyde, plus vivement même; mais, comme pour ce gaz, il faut que les corps y soient introduits à une température assez élevée pour que la décomposition du

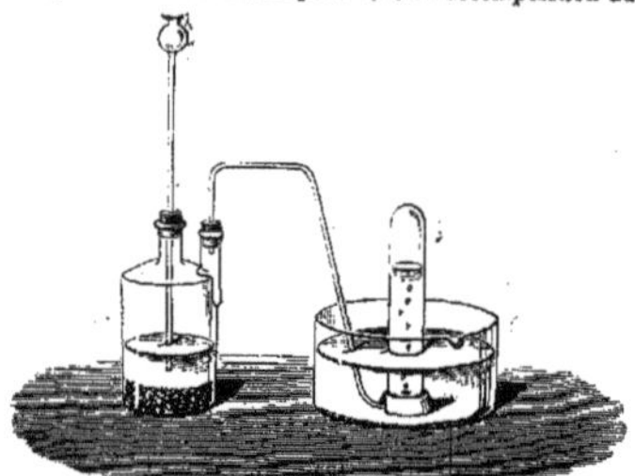

Fig. 216. — Appareil pour la préparation du deutoxyde d'azote.

bioxyde ait lieu. La combustion a donc lieu réellement dans un mélange d'azote et d'oxygène, très-riche en oxygène.

Le bioxyde d'azote est absorbé par les sels de protoxyde de fer, qu'il colore en rouge. Cette propriété sert à séparer ce gaz des autres gaz auxquels il pourrait se trouver mélangé.

On le prépare en traitant le mercure ou le cuivre par l'acide azotique étendu. Le métal s'oxyde aux dépens d'une portion de l'acide, et l'oxyde formé se combine avec l'autre. Au début, des vapeurs rouges apparaissent dans le flacon, à cause de l'oxygène de l'air qu'il contient.

$$4AzO^5 + 3CuO = 3AzO^5CuO + AzO^2.$$

Ce gaz fut découvert par Hales et étudié par Priestley, Davy et Gay-Lussac.

Azoteux (Acide) (AzO³). — Liquide très-instable, d'un bleu indigo foncé, bouillant au-dessous de — 10°, se décomposant par simple ébullition en acide hypo-azotique (AzO⁴) et bioxyde d'azote (AzO²). On l'obtient en faisant arriver dans un tube en U, refroidi à — 40°, un mélange de 4 volumes de deutoxyde d'azote et d'un volume d'oxygène; on l'obtient également, mais uni à l'eau, en décomposant par un peu d'eau l'acide hypo-azotique liquide. Il se forme de l'acide azotique et de l'acide azoteux qui se séparent, le dernier étant le plus dense des deux.

L'acide azoteux a été isolé récemment pour la première fois par M. Fritzsche. Avant lui on ne le connaissait qu'uni avec les bases dans les *azotites*.

Azotique (Acide hypo-) (vapeurs nitreuses, vapeurs rutilantes). — Liquide bouillant à 10° au-dessous de 0; se produit toutes les fois que l'acide azotique ou les azotates se décomposent au contact de l'air. On l'obtient à l'état de pureté en décomposant par la chaleur l'azotate de plomb. En présence des bases il se décompose en acide azotique et acide azoteux; ce n'est donc pas à proprement parler un acide, de là le nom d'*hypo-azotide* qu'on lui donne quelquefois.

Azotique (Acide), Acide nitrique, Eau-forte — Combinaison d'azote et d'oxygène plus ou moins hydratée. L'acide azotique au maximum de concentration ou *monohydraté* (AzO⁵,HO) est un liquide d'une densité de 1,51, incolore, mais jaunissant sous l'influence de la lumière qui le décompose partiellement en oxygène et en acide hypo-azotique (AzO⁴); fumant à l'air; il se congèle à — 55° et bout à 86°. Il est assez peu stable et se transforme facilement par la chaleur en oxygène et en acide hypo-azotique. C'est un des oxydants les plus énergiques. Il détruit la plupart des matières colorantes végétales, et en particulier l'indigo; il désorganise les tissus animaux en commençant par les jaunir, propriétés dont on se sert pour colorer en jaune les foulards de soie et les lisières des draps teints en pièce.

Tous les métalloïdes, à l'exception du chlore, du brome, du bore, du silicium et du carbone, le décomposent en s'emparant de son oxygène; les métaux produisent le même effet, à l'exception de l'or, du platine, de l'aluminium et de quelques autres. Mêlé à l'acide chlorhydrique, il constitue l'*eau régale* qui dissout l'or, le platine.

L'acide azotique du commerce plus ou moins étendu d'eau jouit des mêmes propriétés à des degrés divers. Le fer présente cependant une exception remarquable : il peut rester indéfiniment sans altération dans l'acide nitrique pur et concentré, tandis que l'eau-forte (acide azotique étendu) l'attaque rapidement.

Lorsque l'acide azotique, quel que soit son degré de concentration, est soumis à l'ébullition, sa température monte peu à peu jusqu'à 123° où elle devient stationnaire; sa composition est alors AzO³,4HO.

Acide azotique anhydre. — Il est solide, cristallisé en prismes droits, à base rhombe, fusible à 29°,5, bouillant à 45°. Il a été obtenu en 1851 par M. Deville en traitant du nitrate d'argent bien sec par un courant de chlore également sec. Cet acide est très-peu stable et difficile à conserver même dans des tubes fermés à la lampe, où il peut se décomposer spontanément avec explosion produite par l'oxygène qui s'en dégage.

L'acide azotique est un produit naturel; il se forme journellement dans l'air ou sur le sol en combinaison avec

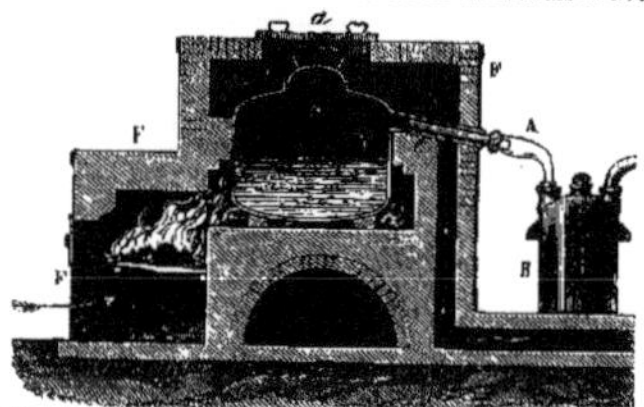

Fig. 217. — Appareil pour la fabrication en grand de l'acide azotique.

les bases, soude, potasse, chaux, ammoniaque... On le rencontre à l'état d'azotate de soude en couches quelquefois considérables, particulièrement en Amérique. On recueille ces sels que l'on utilise en nature pour les besoins de l'industrie, ou qui sont employés à la préparation de l'acide azotique libre. Nous donnons ici une coupe de l'appareil qui sert à cette préparation. Dans une chaudière en fonte C, dont le diamètre est de 1ᵐ,33 et la profondeur 0ᵐ,80, on introduit 350 kil. d'azotate de soude et 400 kil. d'acide sulfurique concentré. On ferme la chaudière avec son couvercle c qu'on lute avec soin, puis le fourneau lui-même au moyen de la plaque a; enfin on établit, au moyen d'une allonge en verre A, une communication entre la chaudière et une série de bonbonnes en grès B ... et on chauffe. L'acide azotique est chassé de la combinaison saline par l'acide sulfurique qui prend sa place; il distille et vient se condenser dans les bonbonnes; il reste dans la chaudière du bisulfate de soude. L'allonge de verre permet de suivre la marche de l'opération. Au commencement on voit se dégager d'abondantes vapeurs rutilantes qui reparaissent à la fin et qui sont dues dans le premier cas à ce que l'acide, se trouvant en contact avec un excès d'acide sulfurique, se déshydrate et se décompose en partie, et dans le second cas à ce qu'il faut donner un coup de feu pour terminer la réaction. Dans les laboratoires on opère avec une simple cornue de verre (*fig*, 218). L'acide livré par le commerce est étendu d'eau et rendu

Fig. 218. — Appareil pour la préparation de l'acide azotique dans les laboratoires.

impur par de petites quantités d'acide sulfurique entraîné, d'acide chlorhydrique provenant des chlorures mélangés au nitrate de soude du commerce, de vapeurs nitreuses provenant d'une décomposition partielle de l'acide nitrique pendant sa préparation. Pour l'obtenir pur et concentré, on y verse un peu de nitrate de baryte qui précipite l'acide sulfurique à l'état de sulfate de baryte insoluble, et un peu de nitrate d'argent qui précipite le chlore à l'état de chlorure d'argent insoluble ; on laisse reposer, on décante, puis on distille la liqueur éclaircie en y ajoutant 1 p. 100 de bichromate de potasse qui oxyde les vapeurs nitreuses et les transforme en acide nitrique. L'appareil distillatoire doit être en verre ou en platine, sans bouchons de liége qui seraient attaqués par les vapeurs acides. Le premier tiers du produit recueilli a pour densité 1,52 et pour composition AzO^5,HO ; c'est l'acide *monohydraté* ; il est à son maximum de concentration, le reste a une densité d'environ 1,42 et une composition se rapprochant de $AzO^3HO+3HO$. Pour transformer celui-ci en acide monohydraté, il suffit de le mélanger avec son volume d'acide sulfurique et de distiller avec précaution.

L'acide azotique est très employé dans les laboratoires et l'industrie comme oxydant. Il sert à la fabrication de l'acide sulfurique, du coton-poudre, de la dextrine, de l'acide oxalique, à l'entretien des piles dites de Bunsen, de Rhumkorff, etc. Les teinturiers, les graveurs sur cuivre et sur acier, les lithographes, les essayeurs, en font également un grand usage. La consommation de cet acide en France s'élève annuellement à plus de 4 500 000 kil.

Le chimiste arabe Geber au ixe siècle est le premier qui ait fait mention de l'acide azotique et de son emploi comme dissolvant. Raymond Lulle lui donna le nom d'*eau-forte* à cause de son action sur les métaux. Ce ne fut qu'en 1784 que Cavendish fit connaître sa composition. Son extraction du nitre (azotate de potasse) par l'acide sulfurique a été indiquée par Basile Valentin, à la fin du xve siècle.   **M. D.**

AZOTITES (Chimie). — Sels formés par l'union de l'*acide azoteux* avec une base. Ils sont reconnaissables à ce caractère que, traités par l'acide sulfurique, ils laissent dégager des vapeurs rutilantes (AzO^4) tenant à ce que l'acide azoteux (AzO^3) mis en liberté par l'acide sulfurique se décompose en acide azotique (AzO^5) et en bioxyde d'azote (AzO^2) qui par son contact avec l'oxygène de l'air se transforme en acide hypo-azotique (AzO^4).

Les azotites se décomposent par la chaleur comme les azotates ; comme eux ils fusent sur les charbons allumés et déflagrent quand on les chauffe avec du charbon en poudre.

Ils se produisent en calcinant avec précaution les azotates alcalins qui perdent une portion de leur oxygène et se transforment en azotites.

AZOTURE (Chimie). — Combinaison de l'azote avec un autre corps. — Ces composés s'obtiennent tous par des moyens détournés et à l'exception de l'*azoture d'hydrogène* (ammoniaque), ils sont tous remarquables par leur instabilité. Les principaux sont :

L'azoture d'hydrogène (voyez AMMONIAQUE).

L'azoture de carbone (voyez CYANOGÈNE).

Les azotures de chlore, iode, brome (voyez CHLORURES, BROMURES, IODURES D'AZOTE).

Pour les azotures métalliques (voyez les MÉTAUX correspondants).

AZUR, par corruption du mot arabe *Lazur*, bleu de ciel. Couleur d'un beau bleu clair. — Les principales matières colorantes bleu d'azur sont : l'*Azur de cuivre* (voyez AZURITE) ; la *pierre d'Azur* ou *Lapis Lazuli* (voyez LAZULITE et BLEU).

AZURITE (Minéralogie). — Cuivre carbonaté bleu naturel. — Ce minéral est reconnaissable à ses cristaux éclatants d'une belle couleur bleue. Sa densité est 3,83. Chauffé avec le borax, il donne un vert émeraude. Il cristallise dans le système du prisme oblique à base rhombe : l'inclinaison des faces latérales est de 98°42' : celle de la base sur chaque face est de 91°52'. La mine de Chessy, dans le département du Rhône, fournit à peu près tous les échantillons des cristaux d'azurite. Ce minéral constitue aussi quelquefois des masses concrétionnées dont la nature se reconnaît aisément à la couleur bleue et aux réactions chimiques du cuivre carbonaté.

AZYGOS (VEINE) (Anatomie), du grec *zeugos*, paire, couple, et *a* négatif, non paire. — Gros tronc veineux qui établit une communication entre les veines caves supérieure et inférieure. Située le long du côté droit antérieur de la colonne vertébrale, elle naît, soit directement de la veine cave inférieure, soit de la réunion des petits rameaux qui constituent la circulation veineuse vertébro-lombaire et vertébro-costale ; passe presque immédiatement dans la poitrine à travers l'ouverture aortique du diaphragme, et au niveau de la quatrième côte, et s'ouvre dans la veine cave supérieure, au moment où celle-ci pénètre dans le péricarde, après avoir contourné la bronche droite ; elle reçoit, dans son trajet, la bronchique droite, des œsophagiennes, médiastines, vertébro-costales droites.

Veine demi-azygos. — Au niveau de la sixième ou septième côte, la veine azygos reçoit à gauche une grosse branche nommée *demi-azygos;* née le plus souvent de la veine rénale gauche, quelquefois d'une lombaire, elle monte le long du côté gauche des vertèbres, et va s'ouvrir dans la veine azygos, soit perpendiculairement, soit obliquement, derrière le canal thoracique.

Muscle azygos. — Morgagni a donné ce nom à la réunion des deux muscles palato-staphylins, qu'il considérait comme un seul muscle (voyez LUETTE).

B

BABEURRE, LAIT DE BEURRE, LAIT BARATTÉ, BATTURE (Économie domestique). — On donne ce nom à une espèce de liquide blanc, d'un goût aigrelet assez agréable, qui se sépare du beurre dans le battage de la crème, qui ne se concrète pas, et qui ressemble à du lait écrémé. C'est un petit-lait qui tient encore en suspension une petite quantité de beurre et de fromage qu'on en extrait dans certains pays. Dans d'autres, il sert d'aliment aux paysans qui y font tremper du pain pour le manger. Il faut avoir soin dans la fabrication du beurre d'en séparer entièrement le babeurre, qui lui donnerait un mauvais goût en s'aigrissant ; on y parvient par des lavages à plusieurs eaux. Cette liqueur est laxative comme le petit-lait (voyez BEURRE, BARATTE).

BABICHON (Zoologie). — Espèce de *chien épagneul* (voyez RACES).

BABIROUSSA (Zoologie), *Sus Babirussa*, Lin., de deux mots malais qui signifient *cochon-cerf*, nom sous lequel on le désigne encore. — Cet animal placé par G. Cuvier dans le genre *Cochon* (*Sus*, Lin.), dont il ne serait qu'une espèce, en a été détaché par F. Cuvier, pour former un genre spécial, distingué du genre *Sus*, par les dents au nombre de quatre incisives en haut et six en bas, douze molaires à chaque mâchoire, et quatre canines : en arrière des incisives supérieures, à la place des canines, l'alvéole se dirige en haut et donne naissance, dans le mâle, à une dent qui se projette en avant, perce la peau du museau, s'élève de plusieurs pouces, se courbe en arrière sur elle-même en formant un demi-cercle, vient s'appuyer sur la peau du front, et s'implante sou-

Fig. 249. — Babiroussa (*Sus Babirussa*).

vent dans l'os frontal ; cette disposition singulière en avait imposé d'abord, et on avait pris ces défenses pour des cornes, d'où lui est venu le nom de *cerf* ajouté à celui de *cochon* : les canines de la mâchoire inférieure

14

s'allongent à la manière de celles du sanglier, et tout cet ensemble donne à la physionomie de l'animal un aspect des plus étranges. Le Babiroussa, du reste, a les formes trapues et arrondies, les pieds assez courts, déjetés en dehors, la peau rude et épaisse, la queue petite et non tortillée, le museau allongé et pointu, les oreilles petites. Il habite les forêts marécageuses de l'Archipel de l'Inde, les Moluques, les Célèbes : il vit très-bien en domesticité, se nourrissant à la manière du cochon ; et sa chair est très-bonne à manger. MM. Quoy et Gaimard en ont rapporté deux individus, mâle et femelle, qui ont vécu quelque temps au Muséum d'histoire naturelle, où la femelle mit bas six mois après. Il paraît avoir été connu des anciens.

BABLAH, **BABLAD**, **LABLAD**, **BALI-BOBOLAH**, **NEB-NEB** (Botanique). — On désigne sous ces différents noms, dans le commerce, les gousses et l'écorce de l'Acacie véritable (*Acacia vera*. Wildw). On s'en sert pour le tannage des cuirs et la teinture (voyez ACACIE).

BÂBORD (Marine). — Côté gauche d'un navire quand on regarde de l'arrière à l'avant. Le côté opposé s'appelle *tribord*.

BABOUIN (Zoologie), *Simia cynocephalus*, Cuv. — Genre de *Quadrumane*, famille des *Singes*, sous-genre des *Singes proprement dits* ou *Singes de l'ancien continent*. Ils sont caractérisés par cinq tubercules aux dernières molaires, les fesses calleuses, des abajoues, museau allongé et comme tronqué au bout ; queue d'une longueur médiocre, pelage verdâtre, touffes des joues blanchâtres, visage couleur de chair ; plusieurs naturalistes ont confondu le Babouin avec le Papion (*Simia sphinx*, Lin.) (voyez ce mot), dont il diffère cependant en ce que celui-ci a le visage noir, la queue longue, les touffes des joues fauves. En général les uns et les autres sont des singes d'assez grande taille, effrayants par leur férocité. Ils vivent en Afrique, surtout en Guinée.

BAC, mot d'origine celtique. — Bateau plat employé à la traversée des rivières dans les points où manquent les ponts. Comme il doit servir, non-seulement pour les hommes, mais encore pour les animaux et même les voitures, il doit présenter de grandes facilités à l'embarquement et au débarquement, quelle que soit la hauteur des eaux, avoir une grande solidité et un faible tirant d'eau. On lui donne donc une forme rectangulaire ; ses parois latérales sont verticales ; mais à l'avant et à l'arrière elles sont inclinées parallèlement aux rives, et sont munies de deux tabliers qu'on tient redressés pendant la traversée et que l'on abaisse sur le rivage pour faciliter l'entrée ou la sortie des bestiaux. Pour effectuer le passage, on utilise la force du courant tout en maintenant le bateau au moyen d'un cordage. Dans les cours d'eau peu rapides le cordage ou *grelin* est tendu d'une rive à l'autre, à demeure et assez lâche pour que, tombant au fond de l'eau, il n'entrave pas la navigation. Vers chacun des quatre coins du bac et sur les grands côtés sont situés deux rouleaux verticaux entre lesquels on place le grelin de manière qu'il aille d'un angle à l'autre du bateau. Celui-ci, se présentant obliquement au cours d'eau, en reçoit une pression qui le force à marcher en avant.

Quand le fleuve est très-large et le courant rapide, au lieu de tendre un grelin transversalement entre les rives, il vaut mieux planter au milieu du fleuve un pieu très-fort ou y jeter une ancre ; on y attache solidement un câble qui est soutenu au-dessus de l'eau par de petits *pontons* et dont l'autre extrémité se termine au bac. Ce câble doit avoir une longueur au moins égale à la largeur du fleuve. Pour opérer la traversée, il suffit de *dégraver* le bateau et d'en diriger le flanc au moyen du gouvernail de manière qu'il se présente obliquement au courant qui le pousse d'une rive à l'autre. La même obliquité peut être obtenue en terminant le câble par deux brins de longueurs inégales venant s'attacher aux deux extrémités du bateau. Le bac et son câble s'appellent *traille*. Les trailles sont très-usitées sur le *Rhin*, le *Pô*, l'*Escaut*... Mais malgré les avantages qu'elles présentent, elles sont rarement employées en France où on leur préfère des cordages dont les deux extrémités sont fixées aux sommets de deux pyramides tronquées situées en face l'une de l'autre sur les deux rives et assez élevées pour que le grelin n'entrave pas la navigation. Sur ce grelin roule une poulie dont la chappe retient l'extrémité supérieure d'une seconde corde partagée à son autre bout en deux brins inégaux qui servent à retenir le bac par les deux extrémités. La traversée s'opère du reste comme précédemment.

BACAR, **BACCAR**, **BACCARIS** (Botanique). — Plante citée

sous ces trois noms par les auteurs grecs et latins, et qu'on s'accorde aujourd'hui généralement à reconnaître pour l'*Asaret à feuilles rondes* (*Asarum rotundifolium*) (voyez ce mot). Théophraste et Dioscoride en parlent.

BACCHARIDE (Botanique), *Baccharis*, Lin. Nom que les anciens donnaient à une plante aromatique consacrée à Bacchus. — Genre de plantes de la famille des *Composées*. Il se distingue par des capitules multiflores dioïques, et des fleurs à corolles quinquéfides dans les hermaphrodites et à limbe entier dans les femelles. Les espèces très-nombreuses de ce genre croissent la plupart dans l'Amérique méridionale. La *Baccharid* ou *Bacchante de Virginie* (*B. halimifolia*, Lin.), appelée aussi *Seneçon de Virginie*, est un bel arbrisseau de 3 à 4 mètres ; ses feuilles, parsemées de points blancs argentés, ressemblent à celles de l'Arroche halime ; de là son nom spécifique.

BACCHARIDÉES (Botanique). — Sous-tribu de la famille des *Composées*, ayant pour type le genre *Baccharis* et classée la cinquième dans la tribu des *Astéracées*, par M. Brongniart. Genre type : *Baccharis*, Lin.

BACILE (Botanique). — Nom vulgaire du genre *Crithmum*, Tourn., appartenant à la famille des *Ombellifères*, tribu des *Sésélinées*, à racines charnues, pivotantes, à fruits cylindracés, spongieux. La *Bacile* ou *Bacile maritime* (*Crith. maritimum*, Lin.), que l'on désigne vulgairement sous les noms de *Perce-pierre*, *Passe-pierre*, *Criste marine*, *Fenouil de mer*, etc., s'élève quelquefois jusqu'à 0ᵐ,60 ; ses feuilles, dont la saveur est aromatique, piquante, salée, s'emploient fréquemment pour assaisonner les salades ou confites dans le vinaigre. Elle se trouve sur les rochers voisins de la mer dans l'Europe méridionale. On la cultive aisément dans les terrains secs et pierreux.

BACILLAIRE (Zoologie, Botanique), du latin *bacillus*, baguette, *Infusoire Polygastre*. — Genre de la famille des *Bacillariées*, dont il est le type. M. Ehrenberg les range parmi les animaux, tandis que d'autres naturalistes les regardent comme des productions végétales. Ce sont des corps microscopiques qu'on trouve dans les eaux douces, et même dans les eaux de la mer.

BACINET, **BASSINET**, **BASSIN D'OR** (Botanique). — Noms vulgaires donnés à diverses espèces de renoncules, la *Renoncule âcre*, la *Renoncule rampante*, la *Renoncule bulbeuse* (voyez RENONCULE).

BACTRIOLES. — Rognures ou feuilles d'or défectueuses provenant du travail du *batteur d'or* ; on les emploie quelquefois dans la dorure (voyez ce mot).

BACULITE (Zoologie fossile), du latin *baculus*, petit bâton. — Genre de coquilles fossiles, de la classe des *Céphalopodes*, que Bruguières avait placées dans son genre *Ammonite* et qui appartiennent aujourd'hui à la famille des *Ammonées*. Ces coquilles paraissent avoir appartenu à un mollusque d'assez grande taille, car on en trouve qui ont jusqu'à 1 mètre et 1ᵐ,40 : ses caractères sont : coquille multiloculaire, non spirale, droite, cylindro-conique, représentant une corne droite, la partie supérieure non cloisonnée, le reste partagé par des cloisons. Du côté dorsal, un siphon multilobé. Les Baculites se rencontrent dans les anciennes couches des terrains intermédiaires, au-dessus de la craie ; on les trouve très-rarement entières. L'espèce type de ce genre, peu nombreux du reste, est la *Baculite vertébrale* (*B. vertebralis*, Lamk.) qu'on rencontre en France et en Belgique.

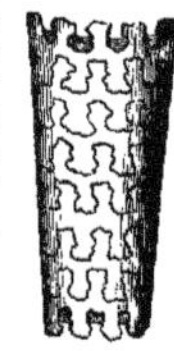

Fig. 250.
Baculite.

BADAMIER (Botanique), *Terminalia*, Lin. ; nom donné à cet arbre à cause des feuilles qui naissent à l'extrémité des rameaux et qui les terminent. Celui de *Badamier* est une corruption de *bois de Damier*. — Genre de plantes de la famille des *Combrétacées*, tribu des *Terminaliées*. Il comprend des arbres exotiques à fleurs souvent polygames ; calice campanulé ; corolle nulle ; étamines 10, plus longues que le calice ; un ovaire renfermant deux ovules ; le fruit est une drupe souvent sèche. Le *B. du Malabar* (*Terminalia Catappa*, Lin., (de *Catappan* nom que l'on donne à ce végétal aux îles Moluques), est un arbre qui s'élève jusqu'à 7 mètres environ. Ses feuilles sont obovales, ses fleurs blanches et disposées en épis axillaires. Ce beau végétal est originaire des Indes orientales, il est commun aussi dans les forêts des Moluques et du Malabar. Il sert d'ombrage sur les places publiques à Batavia. Ses fruits, connus sous le nom de *Myro-*

bolans, de couleur rousse, ont environ 0ᵐ,07 à 0ᵐ,08 de long sur moitié de large ; ils ont un côté concave et l'autre convexe ; le noyau contient une amande très-estimée des Indiens, et avec laquelle ils font de très-bonne huile et des émulsions. Elle peut être comparée pour le goût et la couleur à la noisette. Dans l'Inde, on emploie le suc des feuilles contre quelques affections de l'estomac. Le *B. à feuilles étroites* (*T. angustifolia*, Jacq. ; *Catappa benzoin*, Swrtn.) est un arbre à peu près de même grandeur que le précédent et à fleurs également blanches ; il habite les mêmes régions. C'est un des arbres qui fournissent la gomme-résine dite *Benjoin, Benzoin* (voyez ce mot) employée en médecine et en parfumerie ; on s'en sert quelquefois pour remplacer l'encens à Java, à Sumatra, dans le royaume de Siam et la Cochinchine. Cette substance s'obtient en faisant des incisions au tronc de l'arbre lorsqu'il est arrivé à peu près à sa sixième année. Le bois du *Badamier à feuilles étroites* est très-estimé dans la menuiserie. Il s'emploie aussi pour faire des charpentes. Les indigènes construisent des pirogues avec ce bois. L'écorce renferme une matière colorante et du tannin ; aussi on s'en sert souvent pour tanner les cuirs, et pour teindre en rouge. Selon Lamarck, un autre *Badamier* (*Terminalia vernix*, Lamk) fournit le vernis de Chine, qui est produit aussi par une espèce d'*Augie*, et qui ne paraît pas être le même que le vernis du Japon, lequel provient d'un *Sumac* (*Rhus vernicifera*).

BADEN (Autriche) (Médecine, Eaux minérales). — Petite ville à 24 kilomètres S.-O. de Vienne. Eaux sulfatées calciques, d'une température de 35° à 40° cent. Elles renferment des sels à base de chaux, de soude, de potasse et de magnésie, et des gaz sulfhydrique, acide carbonique, azote. Elles sont employées contre les paralysies, rhumatismes, maladies de la peau, scrofules, plaies, affections catarrhales. Il y a des piscines et des bassins pour la natation.

BADEN (Suisse) (Médecine, Eaux minérales). — Petite ville à 20 kilomètres N.-O. de Zurich. Célèbre par ses eaux minérales : les sources très-nombreuses donnent des eaux sulfatées calcaires, d'une température uniforme de 50° cent., employées contre les névroses, la goutte, les engorgements des viscères ; il y a aussi des malades de la poitrine qui viennent y respirer les gaz sulfureux qui y sont, du reste, en très-petite quantité.

BADEN-BADEN (Grand-duché de Bade) (Médecine, Eaux minérales). — Jolie ville, à 32 kilom. de Carlsruhe et 36 de Strasbourg. Il y a plusieurs sources thermales chlorurées sodiques, particulièrement celle de l'*Ursprung* (origine), dont la température est de 44° à 67° cent., et qui contient, sur 8ᵍʳ,010 de principes fixes par litre, 2ᵍʳ,080 de chlorure de sodium. Ces eaux redonnent du ton aux organes et stimulent doucement l'économie ; elles conviennent dans certaines affections rhumatismales ou goutteuses, les névralgies, les névroses, etc.

BADIANE (Botanique), nom vulgaire d'un genre de plantes appelé *Illicium*, de *illicio*, j'attire, parce que les espèces qui le composent attirent par une odeur agréable d'anis. — Ce genre est le type de la tribu des *Illiciées*, dans la famille des *Magnoliacées*. Quatre espèces cultivées en pleine terre dans les serres froides. La *B. sacrée* ou *des pagodes* (*Illicium religiosum*, Sieb.) est un bel arbre du Japon. Il s'élève jusqu'à 8 mètres, et donne en mai des fleurs d'un blanc verdâtre. Les Japonais le regardent comme une plante sacrée ; ils l'offrent à leurs idoles et en brûlent l'écorce sur leurs autels, comme un parfum. Ils en étendent même des branches sur les tombeaux de leurs amis. La *B. de la Chine* ou *Anis étoilé* (*I. anisatum*, Lin.) est un arbrisseau très-aromatique, s'élevant environ à la hauteur de 4 mètres. Il est remarquable par ses belles feuilles lancéolées, qui ressemblent à celles des lauriers, et par ses fleurs jaunâtres et odorantes qui s'épanouissent en mai. L'anis étoilé, dont les capsules aromatiques s'emploient ici pour donner à l'anisette de Bordeaux et à celle de Hollande son parfum si estimé, est en grande faveur chez les Chinois. Ils se servent de son bois dans les ouvrages de marqueterie et mangent ses graines pour se parfumer la bouche après le repas. Celles-ci sont aussi prises en infusion pour rétablir les forces abattues. La *B. rouge* ou *de la Floride* (*I. Floridanum*, Lin.) vient de la Floride occidentale, et donne des fleurs rouge brun et des fruits à odeur suave. La *B. à petites fleurs* (*I. parviflorum*, Vent.) a la même origine, mais diffère par ses fleurs petites, d'un blanc soufré et d'une odeur plus forte. Ses caractères sont : calice à 3-6 sépales pétaloïdes ; 9-30 pétales ; 6-30 étam nes ; en-

viron 20 ovaires, autant de styles et stigmates ; fruits : capsules en étoiles s'ouvrant supérieurement en 2 valves monospermes.   G — s.

BAF, BIF (Zoologie). — On a supposé que l'union du taureau avec la jument pouvait donner un produit qu'on a appelé du nom de *baf*. On a appelé *bif*, celui qui proviendrait du cheval avec la vache : l'un et l'autre indistinctement ont reçu le nom de *jumarts* (voyez ce mot). L'existence de ces mulets n'est pas admise par les naturalistes modernes.

BAGACES, BAGASSES (Botanique). — Nom donné dans les colonies aux cannes à sucre dont on a extrait le suc ou *vesou* au moyen de la presse. Les bagasses desséchées sont employées comme combustible dans le traitement ultérieur du vesou. On donne également ce nom aux tiges de l'indigo lorsqu'elles sont retirées des cuves après fermentation (voyez SUCRE, INDIGO).

BAGADAIS (Zoologie), *Prionops*, Vieil. ; *Le Geoffroy*, Vail. ; *Lanius plumatus*, Shaw. — Genre de l'ordre des *Passereaux*, établi par Vieillot dans la famille des *Dentirostres*, qui semble intermédiaire entre les Fourmiliers et les Pies-grièches, dans lesquelles Cuvier les avait placés. Ses caractères sont : bec allongé, à base large, aplati en dessous, garni en dessus de plumes dirigées en avant ; il est un peu recourbé, très-crochu, denté : mandibule inférieure amincie et redressée à la pointe ; narines oblongues, recouvertes par les plumes du front, qui se dirigent en avant ; le tour des yeux occupé par une peau nue, festonnée et formant rebord ; tarses médiocres, ailes moyennes, queue assez longue. On n'en connaît qu'une seule espèce du Sénégal, le *B. de Geoffroy* (*Prionops Geoffroii*, Vieil.), qui a la huppe et les joues d'un blanc pur, la tête et les plumes des oreilles d'un gris de fer, le cou, la gorge et les parties postérieures d'un blanc de neige, les pieds et les ongles jaunes, le bec noir. Il est de la taille d'une grive.

BAGASSIER (Botanique), de *bagassa*, nom que donnent à cet arbre les naturels de la Guyane. — Genre de plantes imparfaitement connu et paraissant appartenir à la famille des *Artocarpées*. On lui donne aussi le nom de *Bagau*. Aublet a le premier signalé ce végétal de la Guyane. C'est un arbre lactescent, dont les feuilles sont opposées, à 3 lobes. Le fruit, gros comme une orange, est composé de nucules ovales. Il est recherché comme aliment par les Indiens, qui se servent du bois de l'arbre pour faire des pirogues.

BAGNÈRES-DE-BIGORRE (Médecine, Eaux minérales). — Ville de France (Hautes-Pyrénées), chef-lieu d'arrondissement à 20 kilomètres S. de Tarbes, qui possède des sources d'eaux minérales : les unes, salines ferrugineuses, ferrugineuses sulfatées, ferrugineuses bicarbonatées, sont excitantes et conviennent pour relever les forces dans l'anémie, la chlorose ; les autres, salines simples (sulfatées calciques), sont calmantes et sont recommandées dans les névralgies rhumatismales, la chorée, les palpitations nerveuses, etc. M. Const. James pense que le peu de gaz sulfhydrique qu'elles contiennent ne suffit pas pour les ranger dans la classe des eaux sulfureuses, dont, au reste, elles ne possèdent pas les qualités.

BAGNÈRES-DE-LUCHON ou simplement **LUCHON** (Médecine, Eaux minérales). — Petite ville de France (Haute-Garonne), à 45 kilomètres S. de Saint-Gaudens : il y a de nombreuses sources d'eaux minérales, dont la température varie entre 20° et 68° cent., et la sulfuration entre 0ᵍʳ,005 et 0ᵍʳ,077 par litre. Elles sont classées dans les sulfurées sodiques et les ferrugineuses bicarbonatées. Elles conviennent dans les rhumatismes chroniques, les scrofules, les rétractions tendineuses, les caries, les nécroses, certaines dermatoses (eczémas, lichens, impétigos), les cachexies saturnines, etc.

BAGNOLES (Médecine, Eaux minérales). — Sources d'eaux minérales salines, légèrement sulfureuses, auprès de la forêt d'Andaine (Orne), à 3 kil. du village de Couterne, à 30 kil. O. d'Alençon, arrondissement et à 18 kil. S.-E. de Domfront. Elles contiennent des sels de chaux, et surtout du sulfate : employées contre les scrofules, les blessures, les ulcères, les maladies de la peau, quelquefois les gastralgies (maux d'estomac).

BAGNOLS (Médecine, Eaux minérales). — Village de France (Lozère), à 12 kilomètres E. de Mende. Eaux thermales sulfurées sodiques, température 40° cent., un peu onctueuses au toucher. Elles sont excitantes et possèdent, mais à un moindre degré, quelques-unes des propriétés des eaux sulfureuses des Pyrénées.

BAGUENAUDIER (Botanique), nom d'un genre d'arbrisseaux qui vient de *baghenodad*, signifiant *niaiser* en celtique d'Armorique, d'où baguenauder en français, parce que l'on s'amuse souvent à faire crever bruyamment les gousses du baguenaudier. En latin, *colutea*, dérivé du grec *colôaô*, faire du bruit. — Ce genre appartient à la famille des *Papilionacées*. Il a été rangé dans une division (*Galégées*) de la tribu des *Lotées* de M. Brongniart. Le *B. commun* (*Colutea arborescens*, Lin.), appelé aussi *Faux Séné*, parce qu'on avait prétendu, d'après l'autorité de Boerhaave, que ses feuilles et ses gousses purgatives pouvaient remplacer le séné du Levant, est très-commun en France et s'emploie pour l'ornement des jardins et des bosquets. C'est un arbrisseau très-rameux, pouvant s'élever à plus de 2 mètres. Son feuillage, composé de folioles imparipennées, est léger et très-élégant. Ses fleurs sont d'un beau jaune et disposées en grappes lâches. Ses gousses sont complètement closes. Loiseleur-Deslongchamps a employé comme émétique ses graines à la dose d'un scrupule (1ᵍʳ.25). Le *B. d'Orient* (*C. cruenta*, Ait.; *C. orientalis*, Lamk) s'élève à plus d'un mètre et donne des fleurs d'un rouge pourpre, marqué de deux taches jaunes. Ses gousses sont ouvertes au sommet, tandis qu'elles sont closes dans le *B. d'Alep* (*C. alepica*, Lamk), autre espèce qui donne pendant tout l'été des fleurs jaunes. Ses caractères sont : calice campanulé à 5 dents ; étamines diadelphes ; ovaire renfermant de nombreux ovules.

Baguette divinatoire. — Voy. Coudrier

BAGUETTE-D'OR, Baton-d'or. — Voy. Giroflée.

BAI (Zootechnie), de l'espagnol *bajo*, brun ; désigne la couleur rouge-brun de la robe du cheval.

BAIE (Botanique). — Terme par lequel on désigne une sorte de fruit *syncarpé* (ou formé par la réunion de plusieurs carpelles soudés ensemble) et *indéhiscent* (qui ne s'ouvre pas). Il est ordinairement succulent et contient ses graines dans une ou plusieurs loges situées au milieu d'une pulpe. Les baies peuvent cependant être dites sèches lorsqu'elles sont ligneuses ou foliacées. La baie est *sphérique, globuleuse,* dans les groseilles, le raisin, l'asperge, la tomate, la mandragore, la belladone; *adhérente* quand elle fait corps avec le calice comme dans les groseilliers ; elle est *couronnée* aussi dans ces plantes, parce qu'il y reste le limbe du calice. La baie peut être à 1 loge (cucubale), à 2 (troëne), à 3 (asperge), à 4 (parisette), ou plus, etc., etc. Elle est alors dite *uni, bi, tri, quadri, multiloculaire.*

BAILLARD (Botanique). — Nom vulgaire que l'on donne à une variété d'orge appelée aussi *baillarge, baillorge,* du vieux mot *bailler,* à cause de sa production abondante; d'autres disent, parce qu'autrefois le froment étant de droit réservé au maître, il ne restait au teneur de bail que l'orge pour faire son pain (voyez Orge).

BAILLEMENT (Physiologie). — On désigne sous ce nom un des actes mécaniques de la respiration, produit par une certaine modification des mouvements ordinaires de cette fonction. Il est tantôt un jeu expressif, tantôt un simple phénomène respiratoire : dans le premier cas, il dénote l'ennui, le désœuvrement ou le besoin de dormir; dans le second, il exprime la faiblesse, le malaise, il précède et suit la syncope, il accompagne les premiers symptômes d'un accès de fièvre. Le bâillement consiste dans une inspiration plus large et plus profonde qu'à l'ordinaire, avec un mouvement spasmodique des muscles de la bouche, du voile du palais et du gosier, accompagnés de l'écartement des deux mâchoires, de l'abaissement de la langue, du larynx et de l'os hyoïde; cette inspiration est suivie d'une expiration plus ou moins prompte. Le bâillement a pour but de porter dans les poumons une quantité d'air atmosphérique plus grande que dans les inspirations ordinaires, afin de remédier aux effets produits par les causes signalées plus haut, c'est-à-dire une altération plus ou moins profonde dans les conditions chimiques et physiologiques du sang (voyez Respiration, Circulation). F — N.

BAILLÈRE (Botanique), *Bailleria*, Aubl.; *Clibadium*, Lin. — Genre de plantes établi par Aublet dans la famille des *Composées*, tribu des *Sénécionidées*. Il comprend des herbes appartenant à la Guyane, et répond au genre *Clibadium* de Linné. La *B. franche* (*B. aspera*, Aubl.) est une espèce vivace, qui passe pour enivrer le poisson par sa saveur amère et son odeur aromatique. En l'employant à cet usage, les naturels prétendent rendre leur pêche abondante.

BAILLON (Médecine). — On appelle ainsi un morceau de bois, de liége, un tampon de linge ou de charpie, qu'on met entre les dents molaires d'un malade lorsqu'on veut tenir les mâchoires écartées pour inspecter le fond de la gorge, et surtout lorsqu'on veut y porter les doigts pour pratiquer quelque opération. M. Loiseau (de Montmartre) se sert avec avantage, dans ce cas, d'une espèce d'anneau en fer, large de 0ᵐ,025 environ, dont il arme le doigt indicateur lorsqu'il relève l'épiglotte avec ce doigt, pour cautériser la trachée-artère et les bronches dans le croup (voyez ce mot).

On donne le nom de *bâillon dentaire* à une plaque métallique, en or ou en platine, que l'on fixe sur une dent molaire pour tenir les mâchoires un peu écartées, lorsqu'on veut ramener en avant une ou plusieurs incisives ou canines (voyez Dent). Cet écartement a pour but d'empêcher la rencontre des dents déviées avec celles de l'autre mâchoire. F — N.

BAILLOQUES (Zoologie industrielle). — On appelle ainsi des plumes d'autruche, employées par les plumassiers telles qu'elles ont été tirées de dessus l'oiseau, après avoir été seulement savonnées pour leur donner de l'éclat; les plumes ordinairement ne se teignent pas ; elles sont naturellement mêlées de brun obscur et de blanc.

BAIN (Médecine, Hygiène), *balneum*, des Latins, *balaneion*, des Grecs. — L'idée du *bain*, c'est l'immersion et le séjour plus ou moins long du corps entier ou d'une partie du corps dans l'eau simple ou chargée de principes minéraux ou organiques ; qu'elle soit à l'état liquide ou à l'état de vapeur : on donne encore ce nom aux bains de boues minérales, de marc de raisin, de sable, de cendres, etc. Ils peuvent être pris dans un but d'hygiène et de propreté, ou dans un but thérapeutique : leur température varie beaucoup.

Les *bains froids* d'eau commune sont ceux dont la température est au-dessous de 26° cent.; au-dessous de 18°, ils sont *froids* proprement dits ; de 18 à 26°, ils sont *frais.* Lorsqu'on entre dans l'eau froide, il y a tout à coup soustraction d'une grande quantité de calorique et refoulement du sang de la circonférence au centre ; il se produit un ébranlement nerveux général d'autant plus marqué, que le bain est plus froid ou qu'on y est moins habitué, et qui se traduit par le spasme et la rougeur de la peau, par un léger tremblement convulsif ; la respiration devient irrégulière, le pouls s'accélère. Ces phénomènes s'observent bien dans l'eau vive et courante des rivières, mais surtout dans les *bains de mer* ; ici l'eau chargée d'une grande quantité de matières salines et organiques produit des effets bien plus énergiques, augmentés encore par le fouettement des lames et de la marée ; le bain froid pris dans ces conditions doit être tonique : il convient dans la chlorose, l'anémie, la chorée, les scrofules (voyez ces mots), etc. Mais s'il est prolongé au delà de cinq ou six minutes, et qu'on le prenne en repos, il est calmant; en effet, bientôt la respiration devient régulière, le pouls se ralentit, la peau cesse d'être rouge, tout annonce une diminution notable d'action dans tout le système; aussi le conseillera-t-on dans quelques inflammations, certaines névroses, les maladies mentales, le tétanos, etc. Toutefois, les personnes malades ne devront y avoir recours que sur la prescription de leur médecin ; car il peut devenir très-nuisible, surtout pour les personnes affectées de toux, de diarrhée habituelle, d'asthme, de maladies du cœur, d'hémorrhoïdes, de dartres, de dispositions apoplectiques, etc. (voyez ces mots). L'effet général des bains froids pris avec mesure, dans l'état de santé, est de donner au corps une force et une activité remarquables, de provoquer l'appétit, de rendre le sommeil calme et régulier, surtout si l'on s'agite dans l'eau avec modération, si l'on se livre à l'exercice de la natation ; cependant s'ils ne produisaient pas ce résultat, s'ils diminuaient les forces, il faudrait les cesser. Galien avait déjà dit, en parlant des bains froids : *Ou ils raniment les forces, ou ils les abattent et produisent l'affaissement.* Pour prendre un bain froid, surtout lorsqu'on n'en a pas l'habitude, il faut toujours laisser écouler au moins quatre ou cinq heures après le repas, ne pas y entrer en sueur, et, autant que possible, y plonger tout le corps à la fois, pour se mettre à l'abri des inconvénients dont il a été parlé plus haut.

La température du *bain tiède* ou *tempéré* doit être de 28 à 36° cent. Ce peut être de l'eau ordinaire ou chargée de principes médicamenteux : ceux-ci sont tellement nombreux, que nous en indiquerons seulement quelques-uns; ainsi, parmi les émollients, les décoctions de son, de guimauve, de graine de lin, le lait, les émulsions, la gélatine, etc. Parmi les toniques et les excitants, les préparations sulfureuses, iodées, le sel de cuisine, les décoctions de plantes aromatiques, toniques, excitantes (voyez ces mots). Les propriétés médicales de chacune de ces substances indiquent suffisamment dans quelles circonstances elles doivent être prescrites. Le *bain tempéré* d'eau commune ou chargée de principes émollients est le plus employé ; on y a recours toutes les fois qu'il s'agit de combattre des affections inflammatoires, nerveuses, etc. C'est en outre le bain hygiénique par excellence, et dans ce cas on y ajoute souvent quelques substances aromatiques, essence, pâte d'amande, eau de Cologne, etc.

Le *bain chaud* au-dessus de 30° cent. produit d'abord un premier effet qui a quelque ressemblance avec le bain froid, c'est le spasme et la rougeur de la peau ; bientôt celle-ci se gonfle ainsi que la face, le pouls s'accélère, il y a un malaise général, la peau ruisselle de sueur, on éprouve de la soif, les artères du cou et des tempes battent avec force, il y a des vertiges, la syncope, et enfin des accidents plus graves peuvent survenir. Ces effets doivent mettre en garde contre l'usage de ce bain, qui peut produire les résultats les plus fâcheux, s'il n'est pas indiqué et surveillé avec soin par le médecin.

Les *bains* peuvent être *partiels*, lorsqu'on ne plonge dans l'eau qu'une partie du corps quelconque ; comme dans le cas du bain entier, ils peuvent être, et ils le sont le plus souvent, chargés de principes médicamenteux, qui varient suivant les indications qu'on veut remplir ; nous n'insisterons pas sur ce point ; nous dirons seulement un mot des trois suivants : 1° le *bain de siége*, le plus souvent émollient, est indiqué dans les inflammations des organes situés au-dessous de la région ombilicale, et peut être prolongé plus ou moins longtemps suivant les cas spéciaux : on a encore recours au bain de siége chargé de principes aromatiques, sulfureux, iodés, etc., suivant qu'on a affaire à des affections lymphatiques, dartreuses, strumeuses, etc.; 2° le *bain de main* ou *manuluve*, et 3° le *bain de pieds* ou *pédiluve*, se prennent ordinairement très-chauds, comme dérivatifs, le bain de pieds, surtout, est souvent rendu plus actif par l'addition du sel de cuisine, du vinaigre, de la farine de moutarde, de l'acide chlorhydrique, etc. On les prescrit particulièrement dans les affections qui ont leur siége à la tête ou à la poitrine.

Les *bains de vapeur* sont ceux dans lesquels on expose tout le corps ou seulement une partie du corps, soit à la chaleur sèche (*étuves sèches*), soit à la vapeur d'eau seule (*étuves humides*), ou chargée de principes médicamenteux volatils, sulfureux, iodeux, aromatiques (voyez ces mots), etc. Ils se prenaient autrefois dans des chambres chauffées par des tuyaux qui parcouraient leurs parois, et portaient partout la chaleur sèche ou de la vapeur d'eau : aujourd'hui, ils sont administrés plus généralement au moyen d'appareils simples, portatifs, dans lesquels on introduit ordinairement le corps tout entier, excepté la tête. Les bornes de cet article ne permettent pas de décrire ces appareils ; nous dirons seulement qu'ils peuvent être transportés partout, que les malades peuvent recevoir la vapeur directement sur quelque partie du corps que ce soit, debout, assis, ou couchés dans un lit. En général, les bains de vapeur sont des agents toniques, comme on peut le supposer d'après leur température élevée, de 50 à 70° cent. Aussi les emploie-t-on avec succès dans le rhumatisme, la sciatique, les dartres et autres affections chroniques de la peau, etc. (voyez ces mots), et toutes les fois qu'on veut produire une réaction violente sur la peau.

Pour les pratiques accessoires des bains, voyez FRICTIONS, AFFUSIONS, LINIMENTS, ONCTIONS, MASSAGES, DÉPILATOIRES. Pour les bains d'eau et de boues minérales, voyez EAUX MINÉRALES, BOUES MINÉRALES. Tout ce qui a rapport à l'HYDROTHÉRAPIE, sera traité à ce mot.

Historique. — L'usage des bains remonte à la plus haute antiquité. L'homme sous les climats chauds a dû se baigner dans les rivières, et même dans la mer. Les Assyriens, les Égyptiens, les Perses, les Grecs, en ont fait usage. Homère met dans la bouche d'Ulysse une charmante description du bain qui lui fut préparé par les nymphes dans le palais magique de Circé. Hippocrate le prescrivait dans un grand nombre de maladies, et les Grecs, suivant Mercurialis, avaient auprès de leurs gymnases des bains qui en dépendaient.

Mais c'est surtout chez les Romains que cet usage devint un besoin général. Ils eurent d'abord de simples *piscines* où l'on venait nager et se laver (*lavatrina*) ; à la longue, ces établissements se multiplièrent au point que Pub. Victor en compte huit cent cinquante-six. Ces bains, d'abord gratuits, coûtèrent plus tard *un quadrans* (2 centimes). Ces établissements étaient pour le peuple ; les patriciens en possédaient dans leurs maisons particulières. Mais c'est sous les empereurs que se développèrent ces édifices somptueux, dont le luxe et la magnificence dépassent tout ce que l'imagination peut concevoir. Trois mille personnes pouvaient se baigner à la fois dans les thermes de Caracalla, et au temps de Constantin, il existait à Rome quinze de ces thermes magnifiques ; c'est au milieu de leurs ruines qu'ont été trouvés le Laocoon, l'Hercule Farnèse, le torse de l'Apollon du Belvédère, la Flore et les deux Gladiateurs ! Outre ces thermes publics, chaque maison riche avait ses bains particuliers, également décorés avec grand luxe. Ces établissements se composaient, en général, d'un *aquarium* ou réservoir, d'un *vasarium*, salle contenant des vases d'eau chaude, tiède et froide : venaient ensuite les salles pour les bains chauds et les étuves, précédées du *spoliatorium* où l'on se déshabillait ; puis on entrait dans le *frigidarium*, ensuite dans le *tepidarium*, où la température était douce et tiède ; on y passait quelquefois des heures, soit dans le bain tiède, soit assis sur les gradins. Puis le *caldarium*, étuves sèches, où la température était quelquefois suffocante ; en sortant de là, le corps ruisselant de sueur, on revenait dans le *tepidarium* ou dans le *frigidarium* ; là le baigneur se remettait aux mains des masseurs ou *tractatores* et des *unctores* ; il était essuyé, massé ; on lui ratissait la peau avec le *strigil*, puis il était frotté d'huiles et d'onguents parfumés : il y avait encore au milieu du *frigidarium* une piscine pour le bain froid. Tel était l'ensemble des thermes chez les Romains.

Les bains des Turcs et des Égyptiens se prennent également dans des salles chauffées progressivement, et dans lesquelles ils peuvent choisir le bain tiède, l'étuve humide ou l'étuve sèche ; les parties les plus essentielles de ces bains sont les frictions, les massages, les onctions, l'épilation, et surtout les parfums.

Le *bain russe*, qu'on a importé en France depuis quelque temps avec les modifications convenables, consistait simplement en une salle dans laquelle existe un large fourneau de fonte rempli de cailloux de rivière rougis ; les baigneurs sont assis sur des banquettes tout autour de la salle ; la chaleur y est suffocante ; on verse, de cinq en cinq minutes, de l'eau sur ces cailloux rougis, l'étuve, qui était sèche d'abord, devient humide, et une vapeur ardente environne les baigneurs. A la fin du bain, on se fait fouetter avec des verges de bouleau ; on est lavé à l'eau tiède, puis à l'eau froide, et souvent avec de la neige. Voyez, pour l'usage des bains chez les modernes, et pour de plus grands détails sur la partie historique, l'article BAIN du *Dictionnaire des lettres et des beaux-arts*, de MM. Dezobry et Bachelet. F—N.

BAINS. — Pour le chauffage de l'eau des bains, voyez BAINS CHAUDS (supplément).

BAIN-MARIE. — Bain d'eau chaude dans lequel on plonge les corps dont on veut élever la température d'une manière très-ménagée. Le bain-marie est particulièrement employé dans la distillation des plantes aromatiques, dont le parfum serait altéré si ces plantes, étant distillées à *feu nu*, venaient se déposer sur le fond de l'alambic. Leur température pourrait être portée à un degré assez élevé pour qu'elles subissent un commencement de décomposition ignée, donnant lieu à des huiles empyreumatiques d'une odeur désagréable. Lorsque la distillation doit se faire à une température supérieure à 100°, on dissout du sel dans l'eau du bain. Quelquefois, cependant, on se contente d'introduire dans l'alambic un double fond percé de trous ou formé d'une toile métallique qui

Fig. 25?. — Bain de sable de Berzelius.

soutient la substance aromatique à une certaine distance du fond de l'alambic (voyez DISTILLATION, ALAMBIC).

Le bain-marie est aussi fréquemment employé dans les laboratoires de chimie à l'évaporation des liquides et à la dessiccation des corps. On y emploie encore au même usage un *bain de sable chaud,* dont nous donnons la gravure (*fig.* 251).

BAINS (Médecine, Eaux minérales). — Petite ville du France (Vosges), à 14 kilomètres E. de Plombières, arrondissement à 22 kilomètres d'Épinal; Il y a deux principales sources d'eaux thermales légèrement salines (chlorurées sodiques), et d'une température de 50° cent. pour celle dite la *Grosse Source,* et 33° cent. pour la *Source tiède.* Elles sont fortifiantes et calmantes tout à la fois.

BAIONNETTE. — On a donné le nom de *baïonnette* à une lame pointue qu'on adapte au bout d'une arme à feu, afin d'en faire une arme de main. La baïonnette paraît avoir été employée pour la première fois au commencement du règne de Louis XIV, aux environs de Bayonne; c'était, dans l'origine, un simple poignard dont on enfonçait le manche dans le canon de l'arme. Quelque temps après, on souda la lame à une douille qui entourait le canon, ce qui permit de laisser la baïonnette pendant l'exécution des feux. Les lames de baïonnette ont beaucoup varié; la baïonnette française a une lame à section triangulaire aplatie, dont les côtés sont évidés; quelques puissances ont adopté une lame à section carrée dont les côtés sont évidés.

La baïonnette se compose de trois parties : la *lame* est en acier naturel, trempé et assez fortement recuit; la *douille* est en fer; c'est un cylindre creux qui reçoit le bout du canon ; le *coude,* qui relie la lame et la douille, ne forme qu'une pièce avec cette dernière. La douille est fabriquée avec du fer plat, de 0^m,16 sur 0^m,45 ; on étire au bout de la barre la partie qui doit former le coude, et on le confectionne au moyen d'étampes; on sépare de la barre le morceau nécessaire pour faire la douille ; on l'aplatit, on le roule et on le soude comme une lame à canon (voyez CANONS DE FUSIL.). Pour fabriquer la lame, on prend une barre d'acier en forme de pyramide quadrangulaire et on la soude au coude. La lame est étirée et ébauchée au moyen d'étampes; on la trempe en la chauffant au rouge-cerise et en la plongeant dans l'eau, et on la recuit au bleu. La douille est forée et tournée, et on pratique au burin et au poinçon les entailles qui donnent passage au tenon pour fixer la baïonnette. La lame est aiguisée au moyen de meules en grès, dont quelques-unes portent des cannelures pour aiguiser les parties évidées de la lame ; on la polit et on la brunit avec des meules en bois, recouvertes d'émeri ou de poudre de charbon. La douille est entourée d'une bague en fer, qui sert à fixer la baïonnette en se plaçant sous le tenon du fusil.

M. M.

BAJET (Zoologie). — On a désigné sous ce nom une espèce d'huître des côtes du Sénégal. Les uns pensent que c'est la *Plicatule,* Lamk, les autres l'*Ostrea cristata* de Poli (voyez HUITRE).

BAJOYERS. — Nom donné en architecture aux murs ou *ailes* des culées des ponts ou aux murs de revêtement d'une chambre d'*écluse* (voyez CANAL DE NAVIGATION).

BALÆNICEPS (Zoologie), du latin *balæna,* baleine; et *caput,* tête, tête de baleine. — Genre de l'ordre des *Échassiers.* C'est un oiseau de 1^m,30 de haut, ressemblant à une cigogne par le corps, les ailes et les pattes, mais qui sans la moindre palmure, se rapproche beaucoup des *Totipalmes.* On pourrait le prendre aussi pour un très-grand *Savacou.* Sa tête énorme, munie d'un bec très-massif, rappelle la tête de la baleine, et le voyageur Parkins qui l'a tué en remontant très-haut le Nil blanc en 1850, l'a comparée à celle d'un enfant. M. *Gould* l'a nommé *Balæniceps rex.* (*Communication de Ch. Bonaparte à l'Acad. des sciences,* 6 *janv.* 1851.)

BALANCE (Physique), du latin *bilanx,* ou *bis,* deux, *lanx,* bassin. — Instrument servant à déterminer le poids des corps, et connu dès la plus haute antiquité. Ses formes ont varié beaucoup suivant les époques et les usages auxquels on la destine. Les anciens en faisaient le signe de la justice.

BALANCE ORDINAIRE. — Elle se compose d'une barre horizontale, en cuivre, en fer ou en acier, qu'on appelle *fléau,* mobile autour d'un axe central formé par l'arête d'un couteau qui partage le fléau en deux parties égales appelées *bras,* et aux deux extrémités duquel sont suspendus deux *plateaux* ou *bassins* de même dimension (*fig.* 252). Le corps à peser est placé dans l'un des bassins, dans l'autre on ajoute successivement des poids jusqu'à ce que le fléau devienne horizontal. Si la balance est *juste,* la somme des poids marqués est précisément égale au poids du corps.

Justesse. — On s'assure de la justesse d'une balance de la manière suivante. Les deux plateaux étant vides,

le fléau doit se tenir horizontal ; et pour qu'on en puisse juger plus facilement, ce fléau porte une aiguille mobile avec lui au-devant d'une pièce fixée au support de la balance et sur laquelle est marqué un point de repère où doit s'arrêter l'aiguille. Si celle-ci incline à droite ou à gauche, c'est que le plateau de gauche ou de droite est trop léger ; il faut dans ce cas le recharger avec un peu d'étain qu'on applique en dessous, ou bien réduire le poids de l'autre au moyen de la lime. Cette première vérification faite, on prend deux poids égaux, on pose chacun d'eux dans l'un des plateaux ; la balance doit encore rester en équilibre ; s'il en est autrement, la balance est mauvaise et sa rectification est souvent difficile, parce que le défaut vient de l'inégalité de longueur des deux bras du fléau. Dans le cas où l'on n'aurait pas à sa disposition deux poids égaux, on peut placer dans un des bas-

Fig. 252. — Balance ordinaire.

sins un corps quelconque, lui faire équilibre avec des pièces de monnaie, des grains de plomb, du sable, etc. Puis quand l'équilibre est établi, sans changer les bassins de place, échanger entre eux leurs charges. L'équilibre doit encore exister après cet échange.

La *justesse* d'une balance dépend de l'égalité rigoureuse des deux bras de levier; c'est là justement la condition la plus difficile à remplir. On y satisfait grossièrement dans les balances communes, avec beaucoup plus de soin dans les balances fines ; mais il est rare qu'on puisse en approcher d'assez près quand on a besoin d'une extrême précision dans les pesées. Heureusement elle devient inutile dans ce cas, grâce à la méthode des *doubles pesées* imaginée par Borda.

Méthode des doubles pesées. — Pour peser un corps par ce procédé, on le met dans un des plateaux de la balance et on lui fait équilibre en versant dans l'autre de la grenaille de plomb, des barbes de plume, etc., puis on enlève le corps et on met à sa place des poids marqués jusqu'à ce que l'équilibre soit rétabli. Il est évident que les poids marqués, produisant rigoureusement le même effet que le corps, doivent peser autant que lui. Nous avons, il est vrai, deux fois l'équilibre à établir; mais lorsqu'on a un grand nombre de pesées à faire sur des corps dont le poids varie dans des limites assez restreintes, on peut avoir des *tares* faites à l'avance. On mettra dans le plateau de droite 50 grammes par exemple, dans celui de gauche on posera un petit flacon avec son bouchon et on versera dans le flacon de la grenaille de plomb, des fragments de liège ou de papier jusqu'à ce que l'équilibre ait lieu, puis le flacon sera bouché et numéroté. Si on veut peser un corps dont le poids sera moindre que 50 grammes, on le placera dans le bassin de droite et on complétera l'équilibre en y ajoutant des poids marqués; en retranchant ce nombre du poids de 50 grammes, on aura le poids du corps.

Si par la méthode de la double pesée la justesse de a balance cesse d'être nécessaire, il est de rigueur que sa *sensibilité* soit le plus grande possible. La sensibilité d'une balance est mesurée par le poids qui, placé dans un de ses plateaux après qu'elle a été mise en équilibre, suffit pour la faire trébucher. Il existe des balances assez sensibles pour perdre leur équilibre sous le poids d'une aile de mouche. Plusieurs conditions sont à remplir pour approcher de ce résultat.

1° Le *couteau* par lequel le fléau appuie sur son support doit être en acier très-dur, être aussi tranchant que le comporte la charge que doit porter la balance en moyenne ; il doit reposer sur un plan poli très-dur lui-même et ordinairement en agate.

2° Les bassins doivent appuyer par un seul point ou par une arête vive sur les extrémités des bras du fléau ; à cet effet, ses extrémités portent un couteau dont le tranchant généralement concave est tourné en haut ; les bassins portent de plus un crochet dont la concavité est elle-même taillée en couteau, ou une plaque d'acier ou d'agate qui appuie sur l'arête rectiligne du couteau.

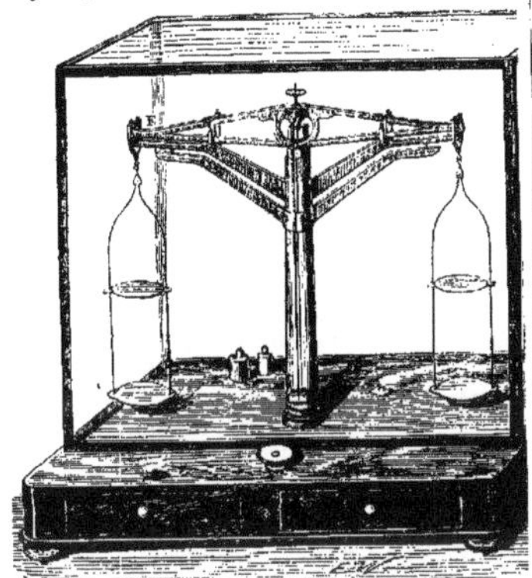

Fig. 253. — Balance de précision pour les analyses chimiques.

Dans le premier cas les deux tranchants se croisent à angle droit et appuient ainsi l'un sur l'autre par un seul point. C'est le second qui est représenté dans notre gravure (255, 256).

3° Le centre de gravité du fléau, toujours situé au-dessous du point d'appui de cette tige, doit en être le plus rap-

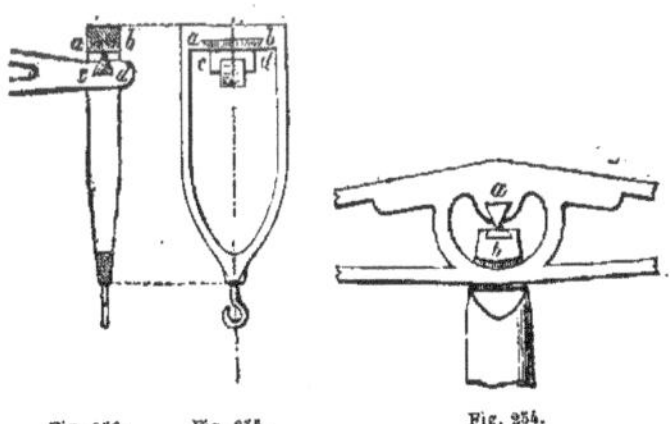

Fig. 256.   Fig. 255.   Fig. 254.

Détail des couteaux dans les balances de précision.

Fig. 254. *a*, Couteau central du fléau. — *b*, Son plan d'appui.
Fig. 255. *cd*. Couteau de l'une des extrémités du fléau. — *ab*, Plan d'appui du bassin correspondant (face)
Fig. 256. Mêmes pièces vues de profil.

proché possible, en sorte que la balance étant en équilibre chargée ou non, si on l'écarte un peu de cette position avec le doigt, elle y revienne par une série d'oscillations *très-lentes*. C'est pour satisfaire à cette condition que les fléaux des balances de précision sont surmontés en leur milieu d'une vis sur laquelle on peut faire mouvoir un écrou, en élevant ou abaissant celui-ci ; on fait mouvoir dans le même sens, mais beaucoup plus lentement, le centre de gravité du fléau.

4° Pour que la sensibilité d'une balance reste constante sous toutes les charges, il faut que le fléau ne puisse fléchir sous ces charges et que son point d'appui se trouve situé sur la ligne droite qui passe par les deux points de suspension des bassins, plutôt au-dessous qu'au-dessus de cette ligne.

5° Toutes autres choses égales d'ailleurs, une balance sera d'autant plus sensible qu'elle sera plus légère, que ses bras de levier seront plus longs, qu'elle sera destinée à peser des corps plus légers. On a fait en aluminium des balances sensibles à un dixième de milligramme, ou à la cinq-centième partie du poids d'un grain de blé.

Les balances de précision doivent toujours être renfermées dans des cages de verre qui les abritent contre les courants d'air ; au repos le fléau doit être suspendu sur un support à deux branches appelé *fourchette*, pour que le couteau ne se fatigue pas inutilement ; les bassins, par la même raison, doivent rester détachés du fléau.

La forme des balances a beaucoup varié suivant les temps et les usages auxquels on les emploie.

BALANCE DE ROBERVAL. — Elle jouit depuis quelques années d'une grande faveur dans le commerce de détail. Sous le rapport de la commodité de leur emploi, ces nouvelles balances présentent en effet d'assez grands avantages sur les anciennes ; mais leur usage est beaucoup moins sûr. Lors même qu'elles sont justes, elles peuvent fournir des pesées fausses à cause du jeu des tiges de fer sur le fléau supplémentaire. Dans ces balances, les bassins, au lieu d'être suspendus au-dessous du fléau AB, sont portés au-dessus de lui par des tiges de fer cylindriques

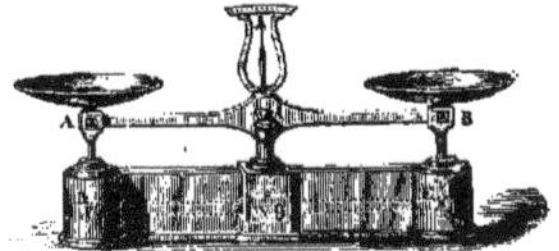

Fig. 257. — Balance de Roberval.

qui descendent verticalement dans le pied de l'appareil. La charge tend donc à faire basculer ces bassins. Pour obvier à cet inconvénient, les extrémités inférieures de ces tiges sont retenues par un second fléau DE parallèle au premier, situé au-dessous de lui et caché dans le pied. Malgré cette complication qui a pour effet d'abord de diminuer la sensibilité de l'appareil, une semblable balance, juste quand les poids sont placés bien exactement au centre des plateaux, devient quelquefois fausse quand ils sont écartés de cette position. On doit donc se tenir en garde contre leurs indications. Certaines balances de Roberval fabriquées à Lyon sont à l'abri de cet inconvénient. Leur prix est un peu plus élevé.

BALANCE BASCULE, BASCULE BALANCE DE QUINTENZ, nom de son inventeur. — Très-employée dans le commerce et les administrations de transport. Nous en donnons une vue (*fig.* 258), et une coupe (*fig.* 259) destinée à mieux faire

Fig. 259. — Bascule ou balance de Quintenz.

comprendre les détails de sa construction. Un plateau AB dont un des bords se relève en BC est destiné à recevoir les objets à peser. Ce plateau qui fait corps avec la pièce D s'appuie d'une part sur le levier FG, et d'une autre part il est accroché dans un anneau qui termine inférieurement la tringle K. Le levier FG construit en forme de fourche et que nous avons dessiné de profil est mobile en F autour des extrémités de ses deux branches ; celles-ci, après s'être réunies l'une à l'autre, viennent s'appuyer en G sur l'extrémité inférieure de la seconde tringle GL. Ces deux tringles à leur tour sont suspendues en L et K à l'un des bras d'un fléau de balance à bras inégaux mobile autour du couteau M et dont l'autre bras, le plus long, supporte à son extrémité N le plateau des poids. La distance KM est habituellement la dixième partie de la longueur MN ; LM en est la moitié. Il résulte de cette disposition que quand le poids P. descend de 0^m,10, les points K et H ne remontent que de

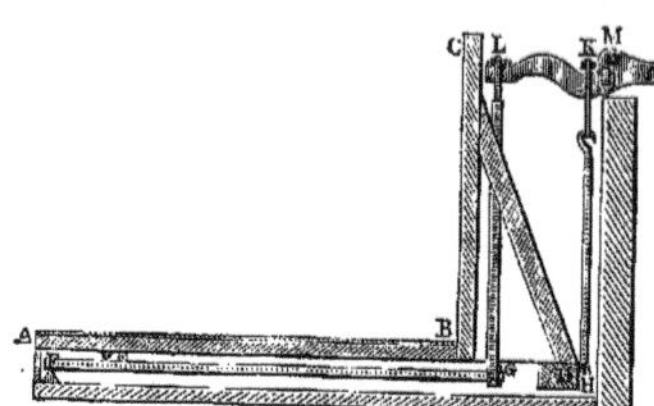

Fig. 259. — Même balance vue en coupe.

0^m,01, ou dix fois moins, tandis que les points L et G remontent de 0^m,05; mais le point E est situé à une distance du point fixe F, égale au cinquième de la longueur FG; les déplacements de F ne sont donc que le cinquième aussi des déplacements de G, et par conséquent le point F, comme le point H, ne montera que de 0^m,01. De cette manière, le plateau AB reste toujours horizontal, et ses mouvements sont réduits au dixième de ceux du plateau P. Cette balance conserve sa justesse en quelque point de AB que soit placé l'objet, et de plus l'objet y est équilibré par des poids réduits au dixième placés dans le plateau P. 10 kil. posés dans ce plateau y équivalent donc à 100 kil. posés sur la table AB, ce qui facilite beaucoup les fortes pesées.

Pour plus de facilité encore, le bras de levier MN est souvent transformé en bras de romaine. Il est alors divisé sur sa longueur, et c'est d'après la position qu'on doit y donner au poids mobile qu'on juge du poids de l'objet.

Dans la bascule comme dans la balance ordinaire, avant de faire une pesée il faut d'abord s'assurer qu'à vide la balance est juste et pour cela que les deux appendices b et c dont l'un est fixe et l'autre mobile avec le fléau restent en regard l'un de l'autre. Ils doivent encore se trouver en regard quand la balance chargée est en équilibre. Pour ne pas fatiguer inutilement les couteaux, quand la balance est au repos, le bras de levier MN reste soulevé par une manivelle. Dans cette position le plateau AB repose sur le pied de la bascule. Au reste cette machine destinée à évaluer de fortes charges ne saurait, à cause de la multiplicité des points de suspension, présenter le degré de sensibilité des bonnes balances ordinaires.

BALANCE ROMAINE, ROMAINE. — Espèce de balance très-

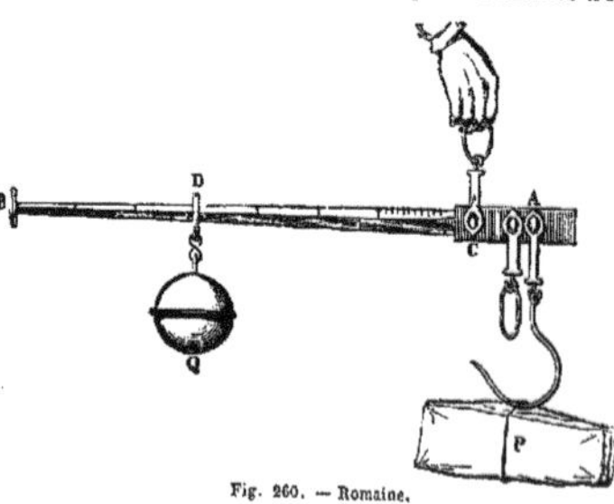

Fig. 260. — Romaine.

usitée chez les Romains qui l'appelaient *statera*. Elle se compose d'un levier prismatique en fer, suspendu par un point C autour duquel il peut tourner. Vers l'extrémité A du plus petit bras de levier se trouve suspendu un crochet, quelquefois un plateau destiné à recevoir l'objet à peser. L'autre bras de levier porte sur son arête supérieure des divisions équidistantes sur lesquelles peut glisser un anneau D supportant un poids constant Q. Pour peser un corps, après l'avoir suspendu au crochet, on fait glisser l'anneau sur le levier BC jusqu'à ce que le fléau se tienne horizontal. La division où il se trouve correspond au poids cherché. Pour vérifier l'exactitude de l'appareil, il faut pendre au crochet des poids marqués et opérer comme si on voulait les peser. La *balance romaine* est assez ordinairement munie de deux couteaux de suspension à chacun desquels correspond une division spéciale. L'emploi de ces deux couteaux donne plus de latitude pour les pesées.

La *balance romaine* peu sensible est peu employée en France, si ce n'est dans quelques contrées du Midi. Elle a reparu cependant dans les balances-bascules.

La *statère antique* était souvent remarquable par l'élégance de ses formes ; mais l'emploi d'anneaux là où nous faisons usage de couteaux à arêtes vives, ne permettait d'arriver qu'à une approximation assez grossière dans l'évaluation des poids.

La *balance danoise* est encore plus simple que la romaine. Elle se compose d'une tige en fer ou en bois dur terminée à l'une de ses extrémités par une masse de plomb et à l'autre par un crochet auquel on suspend le corps à peser. La tige passe dans un anneau qui sert à la suspendre et dans lequel elle peut glisser librement. Pour peser un corps suspendu au crochet, on fait glisser l'anneau sur sa tige jusqu'à ce que la masse de plomb fasse équilibre au corps. La division de la tige où s'arrête l'anneau fait connaître le poids cherché.

BALANCE PÈSE-LETTRE. — Balance à un seul plateau destinée à peser les corps sans poids marqués et graduée spécialement pour le tarifage des lettres. Il se compose d'un levier coudé mobile autour du point C, dont le bras le plus court se tient à peu près horizontal et porte à son extrémité A un petit plateau E, et dont l'autre bras oblique est muni d'une lentille G faisant contre-poids et se termine en aiguille B mobile sur un cercle divisé D. Quand on charge le plateau, le levier s'incline, l'aiguille monte le long du cercle gradué et s'y arrête en un point correspondant au poids du corps et pouvant servir à le mesurer. Cet appa-

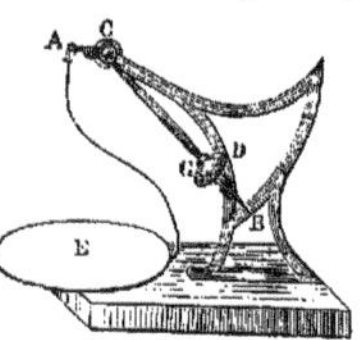

Fig. 261. — Pèse-lettres.

reil doit être gradué à l'avance. On place à cet effet dans le plateau successivement la série des poids tolérés par l'administration des postes, et aux points où s'arrête l'aiguille, on marque des divisions avec la valeur des poids correspondants ou le prix du port de la lettre. C'est un instrument commode et d'une précision suffisante pour l'objet auquel il est destiné.

Le *peson* est un appareil de pesage sans poids fondé sur le même principe que le *pèse-lettre*, qui n'est autre chose qu'un peson gradué pour un usage spécial. En dehors des applications de ce genre, le peson est un instrument qu'il faut rejeter.

BALANCES À RESSORT, PESONS. — Instruments de pesée fondés sur l'élasticité des lames ou spirales d'acier. (voyez DYNAMOMÈTRE.)

BALANCE DE TORSION, BALANCE DE COULOMB, BALANCE DE CAVENDISH, du nom de leurs inventeurs.

Appareil de physique destiné à mesurer des forces attractives ou répulsives d'une très-faible intensité, et fondé sur cette propriété qu'ont les fils métalliques tordus autour de leur axe, de tendre à reprendre leur première position avec une force appelée *force de torsion*, qui croît proportionnellement à l'angle dont ils ont été tordus (voyez ÉLASTICITÉ).

La *balance de torsion* a été employée par Coulomb pour étudier les lois suivant lesquelles se repoussent les corps électrisés ou aimantés de la même manière. Son appareil porte son nom (voyez ÉLECTRICITÉ, MAGNÉTISME.

La *balance de torsion* a été également employée par Cavendish, pour mesurer la force avec laquelle s'attirent deux sphères de plomb et en déduire le poids et la densité moyenne du globe terrestre (voy. Attraction).

Balance de Nicholson. — Voyez Aréomètre.

Balance hydrostatique. — Balance ordinaire à plateaux élevés imaginée par Galilée, pour peser les corps dans l'eau (voyez Archimède [*principe d'*], Densité).

Balance d'eau. — Machine hydraulique d'une extrême simplicité et pouvant dans certains cas être employée avec avantage à cause des frais peu considérables qu'exigent son établissement et son entretien. Elle est en particulier souvent usitée dans les usines à fer pour élever sur la plate-forme du haut fourneau le combustible et le minerai. Elle se compose d'une tonne munie à son fond d'une soupape à queue s'ouvrant de bas en haut et suspendue à l'extrémité d'un câble qui s'enroule sur un treuil. Sur le même treuil s'enroule en sens contraire un second câble à l'extrémité duquel on attache les fardeaux que l'on veut soulever. La tonne étant au haut de sa course, on y fait arriver l'eau d'un cours d'eau ; dès qu'elle en a reçu une quantité suffisante, elle descend en commençant dans son mouvement par fermer au moyen d'un mécanisme très-simple le robinet d'alimentation, et en entraînant le fardeau qu'elle soulève pendant sa chute.

Arrivée au bas de sa course, la queue de la soupape vient buter contre un obstacle ; cette soupape se soulève, la tonne se vide, remonte, et en revenant à sa première place rouvre le tuyau d'alimentation.   M. D.

BALANCEUR (Zoologie). — Nom vulgaire donné à une espèce d'oiseaux du genre des *Gros-becs* (*Coccothraustes*, Cuv.), de la famille des *Conirostres*, ordre des *Passereaux*, parce qu'il vole en se balançant. Il habite l'Amérique méridionale.

BALANCIER. — Voyez Échappement, Horlogerie.

Balancier (Mécanique). — En mécanique on appelle de ce nom une machine très-fréquemment employée dans l'industrie pour découper les métaux à l'emporte-pièce, ou pour leur donner des formes déterminées par une forte compression entre des moules de fonte ou d'acier.

Il se compose d'une forte vis en fer à filets carrés dont le pas est plus ou moins allongé suivant la puissance de la machine et dont la tête est munie d'un levier horizontal généralement terminé à ses deux extrémités par des masses pesantes C (*fig.* 262). C'est ce levier dont le mouvement de va-et-vient a donné son nom à toute la machine.

La vis est mobile dans un écrou en bronze porté à l'extrémité supérieure d'une pièce de fonte suffisamment résistante ; en tournant le levier dans le sens convenable, on fait remonter la vis dans son écrou. Quand elle est arrivée assez haut, on imprime à l'appareil un mouvement contraire qui, se trouvant favorisé par le poids de la vis et de son balancier, devient très-rapide jusqu'à ce l'extrémité inférieure de la vis, rencontrant un obstacle, le brise ou s'arrête brusquement. Dans ce dernier cas le choc et la compression sont extrêmement violents et proportionnés d'ailleurs aux dimensions de la machine et à la vitesse imprimée au balancier.

Quand on veut découper les métaux à l'emporte-pièce, l'extrémité inférieure de la vis porte un poinçon d'acier fortement trempé dont la face inférieure ou section a exactement la forme de la portion qu'on veut détacher de la plaque métallique. Sur la table du balancier est posée une pièce d'acier également trempée, percée dans son centre d'une ouverture reproduisant en creux la forme du poinçon, mais allant en s'évasant d'une manière sensible de la face supérieure à la face inférieure, afin de donner un dégagement plus facile aux parties métalliques enlevées. La plaque de métal appuie sur cette dernière pièce qui est du reste solidement fixée par des vis en fer. A chaque coup de balancier le poinçon, pénétrant dans la pièce inférieure, s'ouvre un passage au travers du métal et en détache une partie dont la forme est réglée par celle du poinçon.

Pendant longtemps, les médailles et monnaies ont été frappées par un procédé semblable : aujourd'hui, le balancier monétaire n'est plus employé que pour les médailles ; pour les monnaies proprement dites, il a été remplacé par la *presse monétaire* de M. Thonnelier (voyez Monnaies).

Quoi qu'il en soit, on comprend sans peine que le poinçon du balancier doive être dirigé dans sa marche avec une grande précision pour ne pas venir heurter contre sa plaque d'acier ; il ne doit pas non plus suivre la vis dans son mouvement de rotation sur elle-même. Aussi ce

poinçon, au lieu d'être porté directement par la vis, est-il ajusté dans une pièce à part appelée *boîte coulante*. Cette pièce est creusée latéralement dans le sens de sa hauteur de deux fortes rainures en forme de coin creux ;

Fig. 262. — Balancier monétaire.

la monture du balancier porte en relief deux coins verticaux semblables, en sorte que la boîte ajustée entre ces deux coins peut se mouvoir verticalement, mais que tout autre mouvement lui est interdit. Cette boîte porte en outre à sa partie supérieure un collier qui embrasse une rainure circulaire creusée sur le pourtour de l'extrémité inférieure de la vis. Celle-ci tourne dans le collier qu'elle soulève ou abaisse avec elle.

Il existe des balanciers qui peuvent percer des trous de plusieurs centimètres de diamètre dans des plaques de fer de 0m,01 d'épaisseur, et d'un autre côté, c'est avec des balanciers qu'on perce l'œil ou *chas* des aiguilles les plus fines. Ces machines peuvent donc servir aux usages les plus divers, comme machines à impression, emporte-pièces, etc.

Balancier des machines a vapeur. — Voyez Vapeur (Machines a).

Balancier hydraulique. — Machine de formes très-variables, mais composée en principe de deux vases oscillant aux deux extrémités d'un balancier et d'un système de soupapes disposées et manœuvrées par la machine de telle sorte que chaque vase reçoive l'eau quand il est au haut de sa course et se vide quand il est au bas. Il en résulte un mouvement alternatif qui peut être utilisé. C'est une assez mauvaise machine à peu près inusitée.   M. D.

Balanciers (Zoologie). — On a donné ce nom à deux petits filets mobiles, minces, terminés par une espèce de bouton arrondi, placés sous l'origine des ailes des *Insectes diptères*. Dans quelques genres on les trouve au-dessous des ailerons ; mais ceux-ci manquant souvent, les balanciers se trouvent à nu. On ne sait pas encore à quoi servent ces petits appendices ; on a pensé qu'ils avaient pour fonction de soutenir l'insecte en équilibre lorsqu'il vole, ainsi que son nom l'indique ; mais leur petitesse comparée à la puissance de l'aile dans le vol ne permet pas de s'arrêter à cette idée : d'autres ont avancé, avec aussi peu de raison, qu'ils servaient, en frappant sur les ailerons, à produire le bourdonnement que font entendre ces insectes en volant ; mais on répond à cela que ce bourdonnement existe dans les genres qui n'ont pas de balanciers. Tout ce qu'on sait, c'est qu'en volant l'insecte les agite avec beaucoup de vitesse. Linné les a donnés comme un des caractères de l'ordre des Diptères, et en effet, on ne les rencontre nulle part ailleurs.

BALANÇOIRE. — Voyez Escarpolette.

BALANE (Zoologie), *Balanus*, Brug., *Gland de mer*, Cuvier ; du grec *balanos*, gland. — Famille de *Crustacés*, ordre des *Cirrhipèdes*, placés d'abord comme tous ceux de cette section dans les Mollusques, par Cuvier, qui cependant écrivait qu'ils « établissent par plusieurs rapports une sorte d'intermédiaire entre cet embranchement et celui des Articulés. » Depuis cette époque, les travaux de M. Martin Saint-Ange sur l'*Anatife*, en justifiant cette réserve du grand naturaliste, ont éclairé la question, et aujourd'hui la section des Cirrhipèdes appartient au sous-embranchement des Articulés (voyez Cirrhipède). Les caractères de cette famille sont : coquille conique, souvent infléchie, composée de six valves articulées, et dont l'ouverture se ferme plus ou moins par un opercule de quatre valves mobiles, triangulaires; les branchies sont des appendices en forme d'ailes, semblables à celles des Anatifes. Ces animaux s'attachent aux corps sous-marins; et les rochers, les vaisseaux, sont souvent couverts de l'espèce dite *Lepas balanus*, Lin. L'espèce *Balanus tintinnabulum*, Lin., vulgairement nommée *Gland de mer*, *Tulipe*, est regardée en Chine comme un mets délicat.

BALANINE (Zoologie), *Balaninus*, du grec *balaninos*, qui provient du gland. — Sous-genre d'*Insectes coléoptères tétramères*, famille des *Rynchophores* ou *Porte-bec*, grand genre *Charançon* (*Curculio*, Lin.), démembré des *Rhynchœnes* de Fabricius. Il est caractérisé par un corps ovale, de forme presque naviculaire; la trompe grêle dépasse souvent la longueur du corps. L'espèce la plus remarquable est le *Churançon des noisettes* (*B. nucum*, Cuv.; *Rhynchœnus nucum*, Fab.). Avec sa trompe effilée, il perce les noisettes qui commencent à se former, à travers les enveloppes, et la partie déjà dure de la coquille, y introduit un œuf, et la jeune larve qui en sort vit aux dépens de l'amande; à sa métamorphose elle fait un trou au fruit pour en sortir, et pénètre en terre où elle se transforme en nymphe. Cette espèce, longue de 0^m,007, à 0,008^m, est noire, couverte d'un poil jaunâtre qui la fait paraître d'un gris vert.

Fig. 263. — Balanine ou charançon des noisettes.

BALANITE (Botanique), *Balanites*, R. Delile, du grec *balanos*, gland. — Genre de plantes appartenant à la petite famille des *Olacinées*. Le *B. d'Égypte* (*B. Ægyptiaca*, Delile; *Xymenia Ægyptiaca*, Lin.) est un arbre propre à l'Égypte, à la Nubie et à l'Abyssinie. Il y est aujourd'hui, dit-on, extrêmement rare. Rafeneau-Delile pense que l'on doit rapporter à ce végétal, le *Persea* des anciens, arbre célèbre décrit par Théophraste et que l'on a longtemps considéré à tort comme étant l'*Avocatier*. Le balanite porte dans sa patrie le nom de *Deglig*. Delile croit aussi que ce dernier n'est autre chose que le *Lebackh* dont les anciens Arabes parlent en vantant son fruit à saveur douce, agréable et présentant quelque analogie avec la datte.

BALARUC (Médecine, Eaux minérales). — Village de France à la pointe N.-E. de l'étang de Thau, arrondissement, et à 20 kil. S.-O. de Montpellier (Hérault). A 6 kilom. N. de ce village, existe une source d'eau thermale chlorurée sodique. Temp. 48° cent. Elle laisse dégager un peu d'acide carbonique, et renferme par litre 9^{gr},080 de principes fixes, principalement chlorure de sodium, 6^{gr},802; chlorure de magnésium, 1^{gr},074; bromure de magnésium et de sodium, 0^{gr},035. Ces eaux jouissent d'une grande réputation contre les paralysies, contre l'apoplexie même, le rhumatisme chronique, etc., en bains et en boissons.

BALAUSTE (Botanique). — Terme employé quelquefois pour désigner un fruit multiloculaire, indéhiscent, adhérent, à enveloppe dure et à graines entourées de pulpe sans perdre leurs points d'attache. Les loges sont superposées, ce qui provient, d'après M. Lindley, de ce que deux verticilles de carpelles existent, adhérents l'un au-dessus de l'autre, entre eux et avec le tube du calice, ce dont on ne peut se convaincre que dans la fleur. Le fruit du grenadier présente cette organisation. La grenade est donc, botaniquement parlant, une *balauste*.

Les fleurs du grenadier, employées en décoction pour certaines affections, portent aussi dans les pharmacies le nom de *Balaustes*.

BALBUSARD (Zoologie), *Pandion*, Savig. — Sous-genre de l'ordre des *Oiseaux de proie diurnes*, grand genre *Faucons*, section des *Oiseaux de proie ignobles*. Ils ont le bec grand, comprimé sur les côtés, les ongles forts, très-crochus, ronds en dessous, queue dépassée par les ailes, la seconde plume des ailes dépassant les autres. Ces oiseaux vivent de poissons, aussi ne quittent-ils les bords des lacs, des étangs, des rivières, que lorsqu'ils veulent nicher; alors ils vont établir leur aire dans des crevasses de rochers escarpés ou sur le haut des grands arbres. On n'en connaît bien qu'une espèce, le *Balbusard* (*Falco haliætus*, Lin.) (*fig.* 264): longueur totale, 0^m,60, bec noir, manteau brun, le dessous du corps blanc, taches brunes sur la tête et la nuque, tarses jaunes à écaille

brune. On le rencontre au bord des fleuves, des rivières, dans toute l'Europe; il saisit les poissons avec ses serres,

Fig. 264. — Balbusard. (*Falco haliætus*, Lin.).

à la surface de l'eau, souvent même il plonge pour les attraper; il attaque rarement les oiseaux d'eau.

BALEINE (Zoologie), *Balæna*, Lin. — Genre de *Mammifères cétacés*, que le vulgaire prend généralement pour un poisson à cause de sa forme extérieure, de ses habitudes, de son habitation constante dans les eaux de la mer, et qui pourtant, examiné scientifiquement, présente tous les caractères des Mammifères; en effet, la baleine est vivipare, elle respire par des poumons l'air extérieur, elle a le sang chaud, un cœur à deux ventricules, elle met bas un seul petit, rarement deux, qu'elle allaite au moyen de mamelles placées près de l'anus. Cet énorme cétacé, qui n'a pas moins de 25 à 30 mètres de long dans l'âge adulte, a une tête d'une grandeur démesurée, d'au moins le tiers de la longueur totale du corps; la bouche dépourvue de dents est garnie des deux côtés à sa mâchoire supérieure de grandes lames minces, transversales, serrées les unes contre les autres, au nombre de 8 à 900 de chaque côté et longues de 3 mètres environ, c'est ce qu'on appelle *fanons :* ils servent, lorsque la

Fig. 265. — Baleine franche.

baleine a englouti dans sa vaste gueule un grand volume d'eau contenant en quantité des vers, de petits mollusques, des zoophytes, de petits poissons dont elle se nourrit, à les retenir comme ferait un crible: lorsque l'animal veut se débarrasser de cette masse d'eau qui lui devient inutile, il le fait au moyen de deux ouvertures placées directement au-dessus de sa tête nommées *évents* et par la pression de sa langue, de ses muscles pharyngiens et d'un appareil musculaire spécial, il lance à une hauteur de 10 à 12 mètres deux colonnes d'eau qui suffisent souvent pour submerger des embarcations assez grandes. La baleine a une langue énorme, charnue, fort épaisse; son gosier étroit ne lui permet de se nourrir que de très-petits animaux, elle a les yeux de la grosseur de ceux du bœuf, et l'ouïe extrêmement fine : elle n'a que deux membres représentés par deux nageoires pectorales dans lesquelles on retrouve toutes les parties du membre antérieur des Mammifères; la partie postérieure de son corps est ter-

minée par une espèce de nageoire horizontale. La baleine
nage avec une extrême rapidité ; elle s'enfonce fréquemment dans les profondeurs de la mer, mais comme elle est
obligée de venir assez souvent respirer, elle se tient plus
généralement près de la surface des eaux. Autrefois ces
gigantesques cétacés fréquentaient nos côtes, et les pêcheurs basques les trouvaient en abondance dans le golfe de
Gascogne, dans la Manche et jusque dans la Méditerranée ; de nos jours la pêche a reculé successivement
vers les contrées septentrionales, les côtes d'Islande, du
Groënland, de la baie d'Hudson ; et le nombre des baleines diminuant même dans ces contrées, il a fallu rebrousser vers le pôle antarctique, à l'embouchure de la
Plata, sur les côtes de la Patagonie, du cap Horn, etc.
On a bien dit à la vérité que l'espèce qui vivait jadis sur
nos côtes n'était pas la Baleine franche, si recherchée de
nos jours à cause de la richesse de ses produits, et qui
ne se rencontre pas dans nos mers ; mais bien une autre
espèce voisine, beaucoup moins avantageuse pour les
pêcheurs, le Rorqual, dont il sera question plus loin.
Cette assertion peut être vraie, mais ce qui ne l'est pas
moins, c'est que le nombre de ces animaux de toutes les
espèces a considérablement diminué sur nos côtes depuis
les progrès toujours croissants de la navigation.

Parmi les espèces encore peu nombreuses que nous
connaissons, la plus intéressante est la *B. franche*
(*B. mysticetus*, Lin. ; *Nord-caper*, Lacép.). Elle n'a
point de nageoires sur le dos comme quelques autres
Cétacés. C'est cette espèce surtout que des flottes entières de pêcheurs vont poursuivre dans les mers du
Nord pour se procurer l'huile que produit en si grande
quantité son lard, épais quelquefois d'un demi-mètre, et
ces fanons noirâtres et flexibles connus sous le nom vulgaire de *baleines*. On dit qu'un seul individu peut donner jusqu'à 120 tonneaux d'huile ; on en retire 6 à 8 tonneaux de la langue seule. Sa peau, épaisse de près
de 0ᵐ,03, est souvent recouverte de coquillages qui s'y
attachent et y pullulent comme sur un rocher : il y en
a même, dit Cuvier, de la famille des Balanes qui pénètrent dans son épaisseur. Ses excréments, qui n'ont
point de mauvaise odeur, servent à teindre les toiles en
une belle couleur rouge bon teint.

Les autres espèces de Baleines ont été réunies par Lacépède sous le nom de *Balénoptères* ; elles se distinguent
de la première parce qu'elles ont une nageoire dorsale ;
on y trouve les espèces suivantes : le *Gibbar* (*B. physalus*, Lin.) ; la *Jubarte des Basques* (*B. Boops*, Lin.),
et le *Rorqual de la Méditerranée* (*B. musculus*, Lin.)
(voyez BALÉNOPTÈRE).

Les bornes d'un dictionnaire ne nous permettant pas
de donner une description détaillée de la pêche de la Baleine, pour laquelle les nations maritimes de l'Océan
arment de nombreux navires : nous dirons seulement
que lorsque les pêcheurs réunis en grand nombre sur les
embarcations aperçoivent une baleine, ils mettent aussitôt leur chaloupe à la mer, et s'avancent en silence.
L'un d'eux, le plus robuste et le plus adroit, se tient debout armé d'un *harpon*, espèce de dard attaché à une
longue corde ; aussitôt qu'il est à portée, il lui lance de
toute sa force cette arme qui pénètre plus ou moins profondément ; se sentant blessée, la baleine s'enfonce dans
l'eau avec la rapidité d'une flèche, emportant dans ses
flancs le harpon dont la corde se déroule et est entraînée
avec lui ; mais bientôt pressée par le besoin de respirer,
elle revient à la surface où son ennemi l'attend de pied
ferme ; on la harponne de nouveau, et le même manège se
renouvelle jusqu'à ce qu'épuisée par la lutte et par la
perte de son sang, elle ne peut plus fuir ni se défendre,
et est entraînée par les pêcheurs qui l'achèvent et la
dépècent ; toutefois, tant qu'elle n'est pas morte, ils évitent avec soin sa terrible queue, qui d'un coup ferait voler
en éclats leur frêle embarcation. Lorsqu'on s'est assuré
qu'elle est bien morte, on enlève par tranches le lard qui
la recouvre et on la fait fondre pour en extraire l'huile.
La pêche du cachalot, qui se fait plus particulièrement
dans la mer du Sud, offre les mêmes difficultés, les mêmes
dangers, elle a le même but (voyez CACHALOT).

L'huile de la baleine est employée pour l'éclairage,
pour la fabrication des savons, pour corroyer les cuirs,
pour détremper les couleurs, et pour mille autres usages
journaliers. Les fanons que le commerce livre à l'industrie ont subi plusieurs préparations tendant à les nettoyer, les assouplir, les dresser, en un mot à les rendre
propres aux usages auxquels ils sont destinés ; c'est-à-
dire les montures des parapluies, les corsets, les baguettes
de fusils, les cannes, etc. Quant au blanc de baleine,

connu sous le nom bizarre, dit Cuvier, de *sperma ceti*, il
est produit par le cachalot et n'a aucun rapport avec la
baleine (voyez CACHALOT). Dans certains pays , on se sert
des intestins de la baleine pour remplacer le verre des
fenêtres ; on fait aussi des filets avec ses tendons ; sa
chair fraîche ou salée, dont quelques peuplades du Nord
se nourrissent, a été souvent très-utile aux équipages des
pêcheurs basques.

L'homme n'est pas le seul ennemi des baleines ; malgré
l'énormité de sa taille, la force prodigieuse de sa redoutable queue, elle trouve à côté d'elle des ennemis terribles. Un des plus acharnés et des plus cruels est une
espèce de Squale (*Squalus pristis*, Lin.), connu vulgairement sous le nom de *Vivelle* ou *Poisson-scie ;* son museau
se prolonge en une lame solide, plate, garnie de chaque
côté de fortes dents et d'une longueur de 0ᵐ,50 à 0ᵐ,80 ;
c'est avec cette arme redoutable que ce poisson attaque
la baleine, elle la lui enfonce à plusieurs reprises dans les
chairs et la fait périr comme le ferait le harpon des pêcheurs. Un autre ennemi non moins à craindre pour elle
est le *Marsouin épaulard* des Saintongeois (*Delphinus
gladiator*, Lacép.), long de 7 à 8 mètres ; c'est en troupe
qu'ils attaquent leur proie, ils la harcellent jusqu'à ce
qu'elle ouvre la gueule ; alors un d'eux s'y enfonce hardiment, s'attache à son énorme langue, d'autres le suivent et font de même, et ils la déchirent, la lui arrachent
et la dévorent.

BALEINE (Zoologie industrielle). — Nom donné aux *fanons de la baleine* (voyez plus haut). Ces fanons nous
arrivent du Groënland en paquets de 10 à 12 et se vendent dans cet état de 125 à 375 fr. les 100 kil. suivant
leurs qualités et l'abondance de la pêche. Après les avoir
sciés de longueur convenable, on les ramollit dans l'eau
bouillante, on les fixe dans un étau de menuisier et on
les débite en baguettes dans le sens des fibres à l'aide
d'un outil qui se compose d'une plaque de fer munie de
poignées portant une entaille directrice et un couteau
circulaire à lame horizontale dont le tranchant descend
au-dessous du sommet de l'entaille d'une quantité égale
à l'épaisseur que l'on veut donner à la baguette.

La baleine ramollie par la chaleur peut se mouler
comme la corne et l'écaille en tabatières, cannes, pommes-
de cannes, etc. On en polit la surface avec du feutre imprégné de pierre ponce finement pulvérisée, et on termine
avec de la chaux éteinte à l'air libre et tamisée. A cause
de sa légèreté, de sa force et de sa souplesse, la baleine
est employée à un grand nombre d'usages.

BALÉNOPTÈRE (Zoologie), Cuv. ; *Balénoptère* de Lacépède. — Genre de *Mammifères cétacés*, détaché par
Lacépède des Baleines, dont elles ne diffèrent sensiblement que par la nageoire dorsale qu'elles ont vers la
partie postérieure ; elles offrent du reste tous les caractères des Baleines (voyez ce mot). On les a partagées en deux sous-genres, selon qu'elles ont le ventre *lisse*
ou *ridé*. Le premier sous-genre ne renferme qu'une espèce, le *Gibbar* des Basques (*Balæna physalus*, Lin.),
Finnfisch des Hollandais, aussi long, mais plus mince
que la Baleine franche : il est peu recherché des pêcheurs, parce qu'il donne peu d'huile, et qu'il est difficile à pêcher et même dangereux. Cuvier dit qu'il n'est
pas prouvé que ce n'est pas une *Jubarte* mal observée
et dont le nom a été altéré. Dans le second sous-genre, on
trouve la *Jubarte des Basques* (*Balæna Boops*, Lin.), plus
longue que la Baleine franche, et qui n'est pas plus avantageuse pour la pêche, et le *Rorqual de la Méditerranée*
(*B. musculus*, Lin.), qui en diffère très-peu. Pour tout ce
qui tient aux détails particuliers, voyez BALEINE.

BALI-SAUR (Zoologie), *Arctonyx*, Fr. Cuv. — Nom
indien d'un animal singulier, de la famille des *Plantigrades*, dont Fr. Cuvier a fait le genre *Arctonyx*, d'après
un individu observé par Duvaucel, et qu'il a placé à côté
des *Ours ;* son museau est en forme de boutoir ; il a six
incisives à chaque mâchoire, de fortes canines, des molaires plates ; son nom de *Bali-saur* veut dire *cochon des
sables*. La seule espèce connue, *Bali-saur de Duvaucel*
(*Arctonyx collaris*, F. Cuv.), a les oreilles courtes, le groin
couleur de chair, le poil rude, d'un blanc jaunâtre, la
gorge jaune ; il mange de tout. Si on l'irrite, il fait entendre une sorte de grognement, et se dresse sur ses
pattes de derrière comme les ours.

BALISIER (Botanique), du mot espagnol *balija*, enveloppe. Les larges feuilles de ces plantes sont employées
dans l'Amérique méridionale pour envelopper une foule
de denrées. — Nom vulgaire du genre *Canna*, Lin. (de
can, *cana*, roseau, en celtique), type de la famille des
Cannées ou *Cannacées*, entre les Orchidées et les Mu-

sacées. Les balisiers sont des plantes herbacées, à fleurs en grappe terminale. La corolle a le limbe extérieur trifide, et l'intérieur à deux lèvres. L'étamine est unique et présente son anthère sur un des bords du filet pétaloïde. Le fruit est capsulaire et présente des tubercules à sa surface. Ce genre comprend un nombre assez considérable d'espèces habitant en général l'Amérique, et plus rarement les Indes orientales. Elles sont spécialement cultivées pour l'ornement des jardins. Le *B. des Indes* (*Canna Indica*, Lin.) ne s'élève guère à plus d'un mètre. Ses feuilles sont grandes et larges, et ses fleurs d'un beau rouge mêlé de jaune à leur base. Les graines de cette plante, dures, globuleuses, d'un noir luisant, sont employées à faire des chapelets dans les Indes. Elles renferment, dit-on, une couleur pourpre assez vive. Le *B. de Lambert* (*B. Lamberti*, Bot. reg.) atteint jusqu'à 4 ou 5 mètres; originaire de l'île de la Trinité, il donne pendant l'été des fleurs d'un rouge écarlate magnifique. La plus jolie espèce du genre est le *B. à fleurs d'iris* (*C. iridiflora*, Ruiz et Pav.), qui croît spontanément au Pérou, et dont les corolles, longues de $0^m,16$, sont colorées du rose le plus vif avec quelques taches jaunes sur la lèvre inférieure.

G — s.

BALISTE (Zoologie), *Balistes*, Lin. — Genre de *Poissons*, ordre des *Plectognathes*, famille des *Sclérodermes*, caractérisé par un corps comprimé, huit dents sur une seule rangée à chaque mâchoire, peau écailleuse ou grenue, mais non absolument osseuse; première dorsale offrant un aiguillon articulé et se relevant brusquement à la volonté de l'animal. Cuvier les a divisées en quatre sous-genres : 1° les *Balistes proprement dits;* corps couvert de grandes écailles très-dures; la première dorsale à trois aiguillons, dont le premier est de beaucoup le plus grand; nous en avons une espèce dans la Méditerranée, *Balistes capriscus*, Lin., d'un gris brunâtre, tachetée de bleu ou de verdâtre, chair peu estimée; 2° les *Monacanthes* n'ont qu'une épine à la première dorsale, l'extrémité du bassin saillante et épineuse; 3° les *Alutères* ont une seule épine à la première dorsale, mais le bassin est caché sous la peau; 4° les *Triacanthes* ont une grande épine à la première dorsale, et trois ou quatre petites. Presque tous les Balistes habitent la zone torride.

BALISTE, CATAPULTE. — La *catapulte* était une machine de guerre employée avant l'invention des armes à feu; elle était en général destinée au tir courbe. Entre deux forts montants en bois (*fig.* 266), on plaçait un écheveau de cordes ou de nerfs de bœuf, fortement tordu; dans cet écheveau, on engageait l'extrémité d'une forte pièce de bois creusée à l'autre bout en forme de cuiller M; les deux montants étaient reliés à leur partie supérieure par une forte traverse. Pour employer la catapulte, on abattait, au moyen d'un treuil, la pièce de bois; on plaçait le projectile dans la cuiller, et par un déclic on laissait l'écheveau se détordre ; la pièce de bois venait frapper contre la traverse supérieure et le projectile était lancé.

Pour obtenir avec la catapulte un tir rasant, on supprimait la cuiller et on adaptait un auget perpendiculairement à la traverse; on plaçait le projectile dans l'auget de manière qu'il dépassât un peu, de sorte que, frappé par la pièce de bois, il était projeté horizontalement.

Fig. 266. — Catapulte.

Les balistes ont éprouvé pendant le moyen âge de nombreuses transformations, et leur nom a été successivement donné par les auteurs de la basse latinité à des machines qui en différaient beaucoup, *mangonneaux, trébuchets, arbalètes*, et même aux premiers canons, ce qui a donné lieu à de singulières méprises de la part des traducteurs des chroniques du moyen âge. — Voyez Louis-Napoléon, *Du passé et de l'avenir de l'artillerie.*

BALISTIQUE. — La *balistique* est la science du mouvement des corps pesants dans l'espace en général, mais elle s'applique plus particulièrement aux projectiles de l'artillerie. Il est nécessaire de déterminer toutes les circonstances du mouvement des projectiles pour arriver à une grande justesse dans le tir et à une grande efficacité. Ainsi il est nécessaire de connaître la vitesse d'un projectile en un point, afin d'apprécier les effets destructifs qu'il peut y produire, l'inclinaison de la trajectoire afin de savoir si le projectile peut ricocher, la durée du trajet pour pouvoir confectionner les fusées d'amorce des projectiles creux. Jusqu'au milieu du XVIe siècle, la trajectoire fut considérée comme une ligne droite pour le tir à grande vitesse et sous de petits angles, et comme composée de deux lignes droites réunies par un arc de cercle pour le tir sous de grands angles (bombes). *Tartaglia* démontra que la trajectoire était une courbe, et *Galilée*, que dans le vide elle serait une parabole.

Pour des projectiles gros et très-denses, lancés à petite vitesse, la trajectoire dans l'air est sensiblement une parabole, comme dans le cas du mortier-éprouvette employé aux épreuves des poudres, dont le projectile de $0^m,19$ de diamètre, pesant 29 kil., n'est lancé qu'à 225 ou 230 mètres. Dans tous les autres cas, la résistance de l'air influe d'une manière sensible sur la trajectoire ; on a résolu la question en supposant la résistance de l'air proportionnelle au carré de la vitesse ; mais les résultats de l'expérience ont encore été en désaccord avec la théorie pour les grandes vitesses et les petits projectiles; on n'a obtenu une solution satisfaisante qu'en faisant entrer dans l'expression de la résistance de l'air un terme contenant le cube de la vitesse. Dans l'air, la trajectoire des projectiles présente les propriétés suivantes.

La vitesse diminue dans la branche ascendante, et son minimum a lieu au delà du sommet; à partir de ce moment elle augmente; si le sol n'y mettait obstacle, elle augmenterait jusqu'à ce que la résistance de l'air fût égale au poids du projectile. Le rayon de courbure diminue dans la branche ascendante, et le minimum a lieu au delà du sommet, mais plus près que le minimum de la vitesse; au delà, le rayon de courbure augmente et tend vers l'infini. L'angle de plus grande portée est plus petit que 45°. La trajectoire calculée diffère très-peu de la trajectoire observée, comme le démontre le tableau suivant, qui donne la trajectoire calculée d'un boulet

DISTANCES.	200 m	400 m	600 m	666m,8
Ordonnées observées.	$3^m,917$	$4^m,305$	$- 0^m,003$	$- 2^m,759$
Ordonnées calculées.	$3^m,912$	$4^m,320$	$- 0^m,003$	$- 2^m,766$

de 16 tiré à la charge de $1^k,333$, imprimant une vitesse de 406 mètres par seconde, et sous l'angle de 1° 29′ 7″, et la trajectoire moyenne observée sur 100 coups. La trajectoire dans le vide diffère beaucoup, dans ce cas, de la trajectoire réelle, car aux mêmes distances les ordonnées de la parabole seraient $3^m,986$, $5^m,572$, $4^m,75$ et 0 à $864^m,3$. La figure 267 donne le tracé de la parabole et de la trajectoire observée :

Fig. 267. — Trajectoire des projectiles dans l'air et dans le vide

Les projectiles, en sortant des armes, battent contre les parois; ces battements leur communiquent un mouvement de rotation autour d'un axe très-variable. Ces mouvements de rotation influent d'une manière très-sensible sur la portée et la direction du projectile. Poisson a démontré que, par suite du frottement de la surface du boulet sur la couche d'air adjacente, lorsque la rotation a lieu autour d'un axe vertical, la déviation a lieu à gauche ou à droite du plan de projection, selon que l'hémisphère antérieur tourne de gauche à droite, ou de droite à gauche, par rapport à un observateur placé en avant de la bouche à feu et la regardant; si l'axe est horizon.

tal et dans le plan de projection, il n'y a plus de déviation ; si l'axe est horizontal et perpendiculaire à ce plan, le projectile est élevé ou abaissé, et par suite la portée augmentée ou diminuée, selon que l'hémisphère antérieur tourne du haut vers le bas ou du bas vers le haut. Mais cet effet du frottement est insuffisant pour expliquer l'étendue des déviations, et même leur sens qui a souvent lieu en sens contraire ; il faut faire intervenir l'inégalité de densité et par suite de pression du fluide ambiant (Didion). Les déviations qu'on observe sont donc le résultat de ces deux effets. Les faits ne se passent ainsi que lorsque l'axe de rotation est un des axes principaux d'inertie du projectile.

Le vent exerce une influence notable sur la trajectoire des petits projectiles ; cette influence est même sensible pour les plus gros, lorsqu'ils sont lancés à faible vitesse. Un boulet de 12, lancé avec la vitesse de 500 mètres par seconde à la distance de 600 mètres, soumis à l'action d'un vent d'une vitesse de 5 mètres par seconde et faisant avec la trajectoire un angle de 120°, éprouve une déviation latérale de 1ᵐ,35.

M. M.

BALISTIQUE (PENDULE). — Appareil destiné, soit à évaluer la force d'expansion de la poudre, soit à mesurer la vitesse avec laquelle un projectile sort de l'arme qui sert à le lancer. Il se compose (*fig.* 268) d'un bloc de bois ou de fonte suspendu par un cadre en bois ou en fer à un axe horizontal autour duquel il peut tourner, creusé dans sa masse d'une cavité qui doit recevoir le choc du projectile, et dont le fond est garni de matières

Fig. 268. — Pendule balistique.

compressibles. Le bloc est en outre muni à sa face inférieure d'une aiguille qui se meut en même temps que le pendule dans une rainure concentrique et qui pousse un *index* dont la position après l'expérience peut indiquer la longueur du chemin parcouru par l'appareil.

Au moment où le projectile vient frapper le pendule, sa vitesse se partage entre les deux masses en contact qui se meuvent d'un mouvement commun, de telle sorte qu'en multipliant la somme des masses du pendule et du projectile par leur vitesse après le choc, on obtient un produit sensiblement égal à celui du projectile multiplié par sa vitesse avant le choc (voyez CHOC DES CORPS). Or le calcul démontre que la vitesse du pendule à l'instant du choc est égale à celle que prendrait un corps en tombant verticalement dans le vide d'une hauteur égale, à la différence de niveau des deux extrémités de l'arc parcouru par ce pendule ; il suffit donc de multiplier cette vitesse, facile à calculer, par le rapport de la masse totale du pendule et du projectile à la masse du projectile pour avoir la vitesse de ce dernier. Nous observerons seulement que, dans ce calcul, ce n'est pas l'arc de cercle décrit par l'extrémité de l'aiguille qu'il faut considérer, mais celui qui est

parcouru par le *centre d'oscillation* du pendule. Voici un exemple. Le pendule balistique pèse 13ᵏ,5 ; sa longueur depuis l'axe de suspension jusqu'à l'extrémité de l'aiguille est de 1ᵐ,50, mais, en le faisant osciller librement, nous voyons qu'il bat une oscillation par seconde, et, comme nous savons que la longueur du pendule simple qui bat la seconde à Paris est de 0ᵐ,9938, soit 1 mètre (voyez PENDULE), nous en conclurons que la distance du centre d'oscillation de notre pendule balistique à l'axe de suspension est de 1 mètre. Cela posé, nous lançons contre ce pendule une balle du poids de 0ᵏ,033 ; sous l'impulsion reçue du choc de cette balle, l'aiguille décrit un arc de cercle dont les deux extrémités sont à une différence de niveau de 0ᵐ,0765. Cette différence est réduite du tiers ou égale à 0ᵐ,051 pour le centre d'oscillation. Si nous remontons maintenant aux lois de la *chute des corps*, nous trouvons qu'un corps qui tombe de cette hauteur acquiert une vitesse de 1 mètre. Le produit du poids du pendule et de la balle par sa vitesse $(13,5 + 0,033) \times 1 = 13,533$) est donc égal à 13,533, et, comme ce produit est égal au produit du poids de la balle 0,033 par sa vitesse, on doit avoir : $13,533 = 0,033 \times V$; nous en concluons que la vitesse V est égale à 13,533 divisé par 0,033, ou à 410 mètres, ce qui est la vitesse moyenne des balles lancées par les fusils de munition.

Pour les boulets, les pendules balistiques sont beaucoup plus lourds, et leur poids peut s'élever jusqu'à 4000 kil. On peut également construire des pendules balistiques servant eux-mêmes de bouche à feu. Les gaz qui se forment pendant la déflagration de la poudre prennent leur point d'appui sur le fond de la culasse pour lancer le projectile. Leur action sur l'arme est donc la même que sur le projectile lui-même, et par conséquent les vitesses des deux masses sont en raison inverse de leurs poids. On trouvera à l'article PROJECTILES la description d'appareils à l'aide desquels MM. Pouillet, Shultz, Navet, etc., ont résolu la même question d'une façon beaucoup plus précise. Consulter le *Traité théorique et pratique d'artillerie*, par Piobert.

M. D.

BALIVAGE, BALIVEAUX (Sylviculture). — On appelle *balivage* une opération au moyen de laquelle, au moment d'une coupe de bois, on désigne un certain nombre de pieds d'arbres qui doivent être réservés et auxquels on donne le nom de *baliveaux*. Cette désignation se fait au moyen du *martelage*, c'est-à-dire qu'avec une hachette dont le talon se prolonge de quelques centimètres et porte à son extrémité une empreinte en creux, on fait d'abord une petite entaille qui intéresse une partie de l'épaisseur de la peau, et d'un coup frappé vigoureusement avec le talon de l'instrument, on grave l'empreinte. Le balivage se fait suivant certains principes qui ont pour but la conservation des bois : ainsi, la production des graines qui tombent et constituent un semis sans cesse renouvelé ; l'ombrage que portent les baliveaux sur un sol dénudé après la coupe et qui y entretient une certaine fraîcheur surtout dans les terrains arides. On devra conserver des arbres de toutes les essences et de différents âges, veiller à ce que des jeunes soient réservés près des vieux, afin que, si dans la coupe suivante on veut abattre ceux-ci, ils se trouvent remplacés de suite ; sur un terrain plat les réserves se feront d'une manière uniforme ; sur les coteaux exposés au midi on veillera à ce qu'il y ait le plus d'ombrage possible : enfin, dans le choix des jeunes baliveaux, on donnera la préférence à ceux qui viennent de semis ; les rejets de souches ne seront réservés que faute de mieux. Une précaution importante, c'est de veiller, pendant les premières années qui suivent la coupe, à faire détruire les bourgeons ou branches gourmandes qui pullulent sur le tronc du baliveau, et qui nuisent à la végétation des branches qui forment la tête.

BALLE (Technologie). — Les *balles* sont les projectiles lancés par les armes à feu portatives. Elles sont en plomb ; leur forme a beaucoup varié dans ces derniers temps, récemment encore quatre modèles étaient en service dans l'armée française : la *balle sphérique*, la *balle Nessler* formée d'une demi-sphère, et d'un cylindre de même diamètre terminé par un plan perpendiculaire à l'axe. Cette balle a un petit évidement à la partie postérieure, au fond de l'évidement se trouve un petit *téton*. La *balle cylindro-conique*, composée d'un cône à profil ogival se raccordant avec un cylindre légèrement aminci en arrière et terminé par un plan perpendiculaire à l'axe de la balle ; le cylindre porte trois rainures circulaires. La *balle évidée* (*fig.* 269) : elle a à peu près la même forme que la précédente, mais la pointe du cône est abattue, et il n'existe qu'une seule rainure ; cette balle est évidée à l'intérieur, elle offre une cavité présentant à peu près la forme d'un tronc de pyramide triangulaire dont la grande base serait inscrite à la face postérieure de la balle. Ce dernier mo-

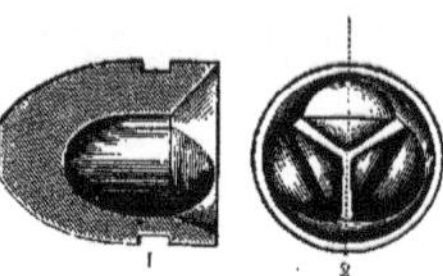

Fig. 269. — Balle évidée adoptée par l'armée française. La balle des chasseurs à pied ne diffère que par les dimensions (32 grammes). — 1. Coupe par le milieu de la balle. — 2. Projection de l'évidement. (Grandeur naturelle.)

dèle a été adopté exclusivement pour toute l'armée française, depuis que toutes les armes à feu ont été rayées ; lors de la déflagration de la poudre, la pression des gaz fait agrandir la cavité de la balle et force le métal à entrer dans les rayures en se dilatant. Cette balle pèse 32 grammes, et la balle sphérique de même calibre 27. Les balles sont fabriquées au moyen de moules ; les moules pour balles sphériques et cylindro-coniques se composent de deux parties présentant en creux la forme d'une demi-balle ; les moules pour balles Nessler et évidées sont formés de trois pièces, deux destinées à mouler l'extérieur de la balle et la troisième l'évidement.

— *Balles en fonte et en fer.* — L'artillerie emploie comme mitraille des balles en fonte de plusieurs calibres, les plus petites se font en fer forgé, elles ont 26ᵐᵐ,5 de diamètre. Les balles en fonte se fabriquent comme les boulets, on en moule 12 à 16 dans un même châssis. Les balles en fer sont fabriquées avec du fer en barreau rond de 26ᵐᵐ,5 ; on chauffe l'extrémité du barreau au blanc soudant, on le place entre deux étampes présentant en creux une calotte sphérique et on le bat fortement jusqu'à ce que la balle soit façonnée ; on la détache alors et on la finit en la tournant entre les étampes.

Ces balles sont quelquefois appelées *biscaïens*. Pour les employer, on les place en nombre variable suivant le calibre de la pièce dans des cylindres de fer-blanc fermés aux deux bouts par des rondelles de tôle ; dans les interstices des balles on tasse fortement de la sciure de bois pour empêcher le ballottement ; ces projectiles portent le nom de *boîtes à balles.*

Balles à feu. — Dans les siéges, pour éclairer les travaux de l'ennemi, on emploie des matières inflammables enveloppées de manière à pouvoir être lancées au loin ; dans un sac en toile on place une composition de 8 parties de salpêtre, 2 de soufre pulvérisé et 1 d'antimoine humectées avec ¹⁄₁₀ de leur poids d'eau ; au fond du sac on fixe un obus chargé de manière à défendre l'approche de la balle à feu, le tout est enveloppé de fils de fer et goudronné, et des trous d'amorce sont percés en des points convenables. Les balles à feu sont lancées au moyen des mortiers jusqu'à 600 et 700 mètres (voir au supplément). **M. M.**

BALLE ou **BALE** (Botanique), du celtique *bal*, signifiant *enveloppe*). — Nom donné aux deux bractées qui enveloppent la fleur des Graminées. L'une est extérieure et se termine souvent par une arête plus ou moins allongée ; l'autre est opposée, légèrement intérieure, disposée du côté du rachis, bifide et formée de deux parties unies par une membrane. Linné donnait à ces deux bractées le nom de *corolle*, de Jussieu celui de *calice*, Robert Brown avait proposé le mot *perianthium* pour les désigner ; mais aujourd'hui cette enveloppe est généralement nommée *glumelle*, expression beaucoup plus simple et beaucoup plus facile à retenir lorsqu'on emploie déjà *glume* et *glumellule* pour désigner d'autres organes de la fleur des Graminées. Palisot de Beauvois appelait *bâle* ou *tegmen* la glume que forment les deux bractées écailleuses situées à la base de chaque épillet. La glumelle était alors, selon cet auteur, la *stragule*. On connaît l'usage de la balle d'avoine pour faire des coussins, des paillassons pour les enfants. On en donne aussi à manger aux bestiaux.   **G — s.**

BALLON (augmentatif de *balle*). — On les formait autrefois en gonflant avec de l'air comprimé une vessie renfermée dans une enveloppe de peau. La vessie est actuellement remplacée par une enveloppe mince en caoutchouc, gonflée de la même façon. Cette enveloppe même a reçu une épaisseur assez grande pour pouvoir se passer de l'enveloppe protectrice en peau.

BALLON AÉROSTATIQUE (voyez AÉROSTAT).

BALLOTTE (Botanique), *Ballota*, Lin., nom de cette plante en grec. — Genre de la famille des *Labiées*, tribu des *Stachydées*. Plantes qui ont en général une odeur repoussante. Les ballottes sont des herbes vivaces, quelquefois des sous-arbrisseaux à feuilles rugueuses, à fleurs subverticillées garnies de bractées souvent épineuses. Ces plantes sont généralement assez insignifiantes. Une espèce est indigène, c'est la *B. noire*, vulgairement *Marrube noir* (*B. nigra*, Lin. ; *B. fœtida*, Lamk) ; on la rencontre communément dans les lieux incultes sur le bord des chemins ; fleurs blanches ou rougeâtres : on l'a recommandée comme stimulante.

BALSAMIER (Botanique), *Balsamodendron*, Kunth, du grec *balsamon*, baume, et *dendron*, arbre. — Genre de plantes de la famille des *Burséracées*. Il comprend des arbres dioïques à calice campanulé, à corolle composée de 4 pétales, étamines au nombre de 8. Le fruit est une baie ovoïde pulpeuse à 2 noyaux renfermant chacun une graine. Le *B. de Giléad* (*B. gileadense*, Kunth ; *Amyris gileadensis*, Lin. ; *A. opobalsamum*, Forsk.) est un arbre de moyenne grandeur. Son écorce est brunâtre et ses rameaux, de couleur moins foncée, sont divergents : feuilles alternes, entières, à 3-5 folioles : fleurs terminales, solitaires ; pétales oblongs, ouverts et les 8 étamines aussi longues que ces derniers. La baie est ovale, pointue, glabre et renferme une pulpe visqueuse. On a rencontré ce balsamier dans divers lieux de l'Arabie. Ce fut Pierre Belon qui donna les premiers renseignements sur ce végétal qui tire son nom d'une région de Judée appelée région de Giléad, Galaad ou Galéad. Le nom d'*opobalsamum*, employé par beaucoup d'auteurs, vient du grec *opos*, suc. C'est Forskahl qui a créé ce mot après avoir trouvé, près de Médine, en 1763, l'arbre dont il envoya un rameau à Linné. Le balsamier, ainsi que plusieurs espèces d'*Amyris*, fournit les *baume de la Mecque*, *baume d'Égypte*, *baume blanc*, *baume de Judée*, *baume de Constantinople*, etc. C'est pendant les grandes chaleurs que s'écoule, à l'aide d'incisions, ce suc résineux d'une odeur très-suave. On lui fait ensuite subir différentes préparations suivant l'usage qu'on veut en faire. Il passe pour avoir de grandes propriétés. Les Turcs y voient un remède infaillible contre la peste. Suivant les Égyptiennes, c'est un cosmétique et un parfum qui conserve la beauté en en relevant l'éclat. Elles pensent qu'il fait cesser la stérilité. Le bois se brûle comme de l'encens dans les temples et les palais de Judée. Le balsamier a donné naissance à une foule de dissertations, de notes, de monographies. Voir pour les principales la liste que donne la *Flore médicale* de Chaumeton. Le *B. de Ceylan* (*B. Zeilanicum*, Kunth ; *Amyris Zeilanica*, Retz) est un arbre plus élevé que le précédent ; il atteint jusqu'à 10 mètres. Ses fleurs sont disposées en grappes interrompues, tomenteuses. Le calice est petit. La baie est sèche, à 3 noyaux. Cette espèce produit aussi un baume de la même nature que celui de la précédente et qui doit être souvent confondu avec lui.   **G — s.**

BALSAMIFLUÉES (Botanique). — Petite famille de plantes apétales pérignes établie par M. Blume et rangée par M. Brongniart entre les Platanées et les Hamamélidées. Elle comprend un seul genre, le *Copalme* (*Liquidambar*, Lin.) qu'Antoine L. de Jussieu réunissait à ses Amentacées à fleurs monoïques. Les Balsamifluées sont de grands arbres contenant dans leur écorce un suc très-balsamique qui en découle par incision, et que l'on connaît sous les noms de *liquidambar*, *huile de copalme*, *styrax liquide* (voyez ces mots). Leurs feuilles sont alternes. Les fleurs sont, dans les mâles, composées uniquement d'un grand nombre d'étamines, et dans les femelles, d'un ovaire à deux carpelles multiovulés. Les fruits sont des capsules réunies en une sorte de cône. Cette famille habite l'Amérique septentrionale, l'Asie Mineure et l'île de Java (voyez aussi BAUME).

BALSAMINE (Botanique), de *balsamum*, baume, parce que les anciens employaient la balsamine dans la composition d'un baume bon pour les plaies. — Nom vulgaire d'un genre de plante appelée en latin *Impatiens*, par métaphore, à cause de l'élasticité de la capsule qui s'ouvre comme par un ressort et lance ses graines avec vivacité dès qu'on y touche. Les Balsamines sont le type de la famille des *Balsaminées*. Les vingt et quelques espèces qu'elles comprennent sont partagées en deux sections : l'une (*Balsamina*, Rivin) est caractérisée par des pédoncules axillaires uniflores ; anthères bilobées, stigmates distincts ; l'autre (*Impatiens*, Rivin) se distingue par ses pédoncules axillaires multiflores, 5 anthères dont 2 uniloculaires, stigmates soudés. Dans la première, section l'espèce la plus répandue est la *B. des jardins* (*I. balsamina*, Lin.), originaire des Indes orientales et rapportée en 1596. La culture en a fait une foule de variétés, soit à fleurs simples, soit à fleurs doubles, rouges, roses, violettes, panachées et blanches. C'est une plante annuelle dont la multiplication est facile par graines. De fréquents et abondants arrosements lui sont favorables. Dans la seconde section, on trouve la *B. des bois* (*Imp. noli tangere*, Lin. ; *Imp. pallida*. Nutt.). Elle est vivace et croit spontanément en Europe. Son nom de *noli tangere* (n'y touchez pas) lui a été donné parce qu'elle est encore plus impatiente que les autres, et l'on ne saurait toucher à sa capsule mûre qu'elle ne saute en l'air. Ses feuilles, quoique prétendues vénéneuses, sont mangées, comme des épinards, dans quelques contrées du Nord, avec les fleurs ; elles ont aussi la propriété de teindre la laine en jaune. Elle est aussi remarquable que l'autre par la variété de ses fleurs. G—s.

BALSAMINÉES (Botanique), famille de plantes phanérogames placée la première dans la classe des *Géranioïdées*, établie par M. Brongniart. — Ce sont des herbes généralement annuelles, à feuilles le plus souvent alternes, à fleurs irrégulières ; 5 étamines ; styles nuls ; 5 stigmates sessiles, distincts ou soudés ; capsules à 5 loges polyspermes, s'ouvrant avec élasticité. L'irrégularité de la corolle rapproche ces plantes des *Tropéolées*, famille des *Capucines*. Les Balsaminées ne composent que deux genres : *Impatiens*, Lin., et *Hydrocera*, Blum. Elles croissent dans les lieux humides et ombragés et habitent principalement les parties chaudes ou tempérées de l'Asie orientale. On n'en compte qu'un petit nombre d'espèces répandues en Afrique et dans l'Amérique du Nord. Une seule espèce croit spontanément en Europe, c'est l'*Impatiens noli tangere*.

Ouvrages principaux sur cette famille : Kunth, *Mém. Soc. d'hist. nat.* Par., III, 1827. — Lindley, *Intr. to the natur. syst.*, 1830. — Rœper, *De flor. et affin. balsam.* Bâle, 1830.

BALSAMIQUE (Matière médicale), qui tient des baumes. — Ainsi il y a les *pilules balsamiques* de Morton ; le *sirop balsamique* de Tolu ; la *teinture balsamique* ou *baume du commandeur*, le baume du Pérou, le baume tranquille (voy. BAUME).

BALSAMITE (Botanique), *Balsamita*, du grec *balsamon*, baume, parce que cette plante répand une odeur très-aromatique. — Genre de plantes établi par Desfontaines et appartenant à la famille des *Composées*, tribu des *Sénécionidées*, sous-tribu des *Anthémidées*. Il se trouve aujourd'hui réparti dans les genres *Chrysanthème*, *Tanaisie*, *Plagius* et *Pentzia*. L'espèce principale est vivace, herbacée, veloutée, à capitules jaunes. Voici ses synonymes : *Chrysanthemum tanacetum*, *Pyrethrum tanacetum*, de Cand., *Tanacetum balsamita*, Lin., *Balsamita vulgaris*, Willd., *B. suaveolens*, Pers. Cette plante habite la France méridionale.

Il y a aussi une espèce de *Chrysanthème* qu'on appelle la *Balsamite* ; c'est le *Chrysanthemum balsamita*, Lin. (*Pyrethrum balsamita*, Willd. ', qui est une plante velue, blanchâtre, à capitules rayonnants blancs. Elle nous vient d'Orient. G—s.

BALSAMODENDRON (Botanique). — Voyez BALSAMIER.

BALZANES (Hippiatrique). — On donne ce nom à des taches blanches qu'on remarque quelquefois à la partie inférieure des membres des chevaux. C'est un signe important à consigner dans les signalements, et on ne doit jamais y manquer. Elles peuvent être plus ou moins grandes ; elles peuvent même faire le tour de la couronne ; elles peuvent être mouchetées ou herminées ; elles peuvent varier beaucoup en nombre.

BAMBOU (Botanique), *Bambusa*, Schreber, mot latinisé de l'indien *bambos*. — Genre de plantes de la famille des *Graminées*, tribu des *Festucacées*, type de la sous-tribu des *Bambusées*. Il comprend des végétaux arborescents très-élevés ; leurs rameaux, nombreux et divisés, naissent des nœuds de leurs grosses tiges. Les épillets sont sessiles et formés de 3 ou un plus grand nombre de fleurs. Le caractère principal de ce genre est de présenter 6 étamines. Le *B. roseau* (*B. arundinacea*, Willd. ; *Arundo bambos*, Lin.) s'élève souvent à plus de 20 mètres. Ses rameaux sont très-nombreux, flexibles, portant aux nœuds 2 ou 3 épines fortes qui avortent souvent par la

culture. Ses feuilles sont oblongues, lancéolées, arrondies à la base, aiguës au sommet et à gaine un peu poilue. Ses épillets sont oblongs, comprenant de 2 à 6 fleurs. Cette espèce est très-abondante aux bords des eaux dans les Indes orientales. Le *B. guadua* (*B. guadua*, Humb. et Bonp. : *Guadua* est le nom que donnent à ce bambou les habitants de l'Amérique méridionale) s'élève à 12 mètres environ. Ses entre-nœuds sont longs de 0^{m},30 et pleins d'une liqueur agréable au goût, qui porte le nom de *tabashir*. Le *Guadua* forme des forêts situées principalement dans les endroits un peu élevés et présentant une température douce. Le *B. agrestis*, mentionné par Loureiro dans sa *Flore de Cochinchine*, est aussi une très-belle espèce garnie de fortes épines, qui la font employer pour former des palissades. On signale aussi comme espèce cochinchinoise le *B. mitis*, qui s'élève souvent à plus de 15 mètres. Il est probable qu'il existe une grande quantité d'espèces de bambous, mais elles sont peu connues au point de vue botanique ; car leurs tiges arrivent toutes coupées en Europe, et dénuées ainsi de tout caractère distinctif. Les usages de ces végétaux sont nombreux. La liqueur mielleuse qui se coagule sous l'influence de la chaleur, et que l'on extrait des tiges de toutes les espèces, était le sucre des anciens. Le bois, qui est très-dur et très-résistant, est employé à toute sorte d'ouvrages ; ainsi les jeunes tiges servent à faire des cannes, des manches de parapluies, d'ombrelles, etc. Plus tard, il entre dans la construction des maisons, et enfin avec son écorce on tresse des corbeilles, des nattes et des paniers élégants. C'est en frottant rapidement deux morceaux de bambou l'un contre l'autre, que les Indiens obtiennent du feu. La pellicule des tiges de bambou s'emploie à faire du papier chez les Chinois. Auguste Saint-Hilaire a parlé du ver du bambou nommé par les indigènes *bicho de tacuara*, et que Latreille a reconnu pour une chenille du genre *cossus* ou du genre *hépiale*. Il est regardé au Brésil comme un aliment délicieux. D'après les indigènes, le tube intestinal de cet insecte contient un principe narcotique qui a sur le cerveau une influence telle que ceux qui en font usage, tombent dans un sommeil extatique, accompagné de songes merveilleux. G—s.

BANANIER (Botanique), du mot *banana*, que les habitants de la Guinée donnent au fruit de ce végétal ; il désigne en français le genre *Musa*, Tourn. (de *mauz*, *mouz*,

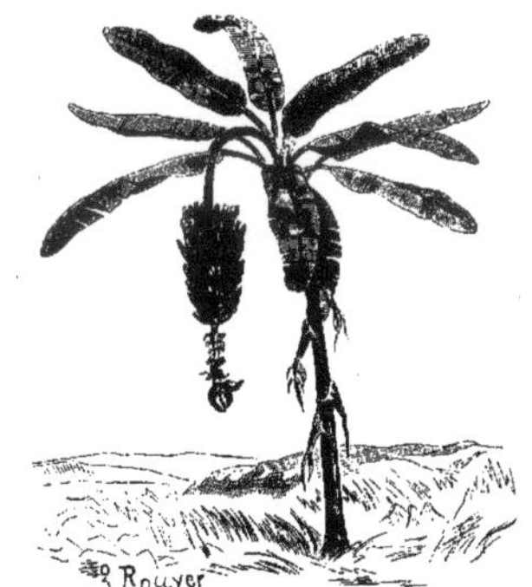

Fig. 270. — Bananier.

nom arabe d'une espèce, selon Forskahl, ou, selon Linné, dédicace faite à Musa, médecin de l'empereur Auguste), appartenant à la famille des *Musacées*, à laquelle il a servi de type. — Ce genre comprend de grandes herbes vivaces, à hampes entourées de gaines de feuilles emboîtées, constituant ainsi les tiges. Les Bananiers habitent les régions tropicales et subtropicales. Le *B. commun* (*M. paradisiaca*, Lin., nom métaphorique donné à ce végétal pour exprimer à la fois le goût de son fruit et la magnificence de son feuillage), appelé aussi *figuier d'Adam*, parce qu'on a supposé que le premier homme se couvrit de ses feuilles en sortant du paradis terrestre, s'élève à 4 ou 5 mètres. Ses tiges sont épaisses, coniques, et terminées par un très-gros bouquet de feuilles, longues quelquefois de plus de 2 mètres du centre desquelles naît une hampe terminée par une grappe couverte de larges bractées charnues, les supérieures stériles et les inférieures se changent en fruits (*bananes*), qui se mangent cuits et ont un goût de beurre frais légèrement sucré. On dit avec raison que, grâce à ce bananier, personne ne meurt de faim dans les contrées où la culture en est possible. En effet, chaque pied, par an, produit 50 kil. de fruits ; et une bananerie rapporte cent trente-cinq fois plus qu'un champ de blé. La cosse du fruit n'est pas comestible et s'enlève facilement ; dans l'intérieur, se trouve la pulpe molle, partie alimentaire qui, suivant les différents degrés de maturité, est plus ou moins farineuse, ou acide, ou sucrée. Cette substance donne par la fermentation une liqueur vineuse. Les feuilles sont employées pour une foule d'abris. Le *B. des sages* (*M. sapientium*, Lin.) a les fruits plus sucrés que ceux de l'espèce précédente ; aussi sont-ils servis de préférence en dessert, ils se mangent crus ou rotis sur le gris et ont une chair fraîche et abondante. On les nomme *figues-bananes*, *bacoves* ou *camburi* en Amérique. Le *B. de la Chine* (*M. Chinensis*, Swet.) arrive à mûrir en serre. Son régime porte de cinquante à quatre-vingts fruits. Le *B. textile* (*M. textilis*, Née), appelé *chanvre de Manille*, présente dans sa tige des fibres qui donnent une bonne filasse et qui servent à faire des tissus précieux. Il croit dans les Philippines. Ses fruits ne sont pas comestibles. Caractères : fleurs en groupes nombreux à l'aisselle de grandes bractées. Étamines au nombre de 5. Fruits en baies, renfermant un grand nombre de graines au milieu d'une pulpe abondante, où elles avortent souvent. G — s.

BANC À TIRER (Mécanique industrielle). — Machine servant à faire passer les métaux au travers d'ouvertures de formes très-diverses, et à leur donner la forme même de ces ouvertures, soit par l'effet de leur malléabilité, soit parce que les bords de l'ouverture, étant taillés en arêtes vives, découpent le métal à sa surface. Cette machine se compose d'un banc en bois formé de madriers assemblés et solidement fixés au sol. A l'un des bouts du banc se trouve une forte pièce de fonte sur laquelle on ajuste la plaque d'acier trempé, appelée *filière*, dans la-

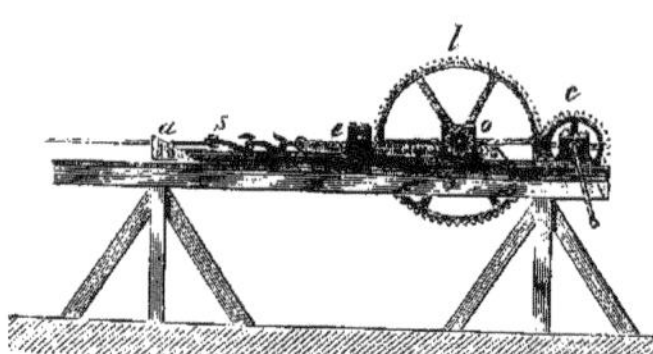

Fig. 271 — *Banc à tirer.*

quelle est pratiquée l'ouverture indiquée plus haut. A l'autre bout se trouve un système d'engrenages *c*, *l* mû à la main ou à la vapeur, et engrenant avec une crémaillère ou une chaîne en fer articulée. La tige métallique est apointie, à l'un de ses bouts, à la lime ou au marteau. Cette extrémité passée au travers de la filière *a* est saisie par une pince *s* fixée à la chaîne ou à la crémaillère, et la traction s'opère avec lenteur pour que le métal ne se fatigue pas trop. A mesure qu'il passe au travers de la filière, il prend extérieurement la forme et les dimensions de celle-ci, soit par un *étirage*, soit par une espèce de *rabotage* qui enlève l'excédant du métal.

BANC À EMBOUTIR. — Nouvelle machine imaginée dans le but d'augmenter les ressources que présente le banc à tirer. Dans ce nouvel appareil, le métal, au lieu d'être tiré au travers de la filière, y est, au contraire, poussé au moyen d'un mandrin d'acier logé dans son intérieur. On est ainsi parvenu à transformer des rondelles de cuivre ou de fer en tubes creux, de longueur presque indéfinie et sans soudure. Le travail est d'abord préparé au balancier (voyez BALANCIER, EMBOUTISSAGE), puis, quand le tube a acquis une certaine longueur, on le monte sur un mandrin cylindrique en acier poli, et on le force par la pression à passer à travers des filières de plus en plus étroites. Les tubes obtenus de cette manière peuvent rester fermés à l'une de leurs extrémités : c'est

ainsi que sont fabriqués les tubes de fer étamé pour le moulage des bougies et chandelles, les porte-plumes creux en métal, etc. Mais lorsqu'ils ont acquis une certaine longueur, on les crève par le bout et on continue à les étendre au banc à tirer. L'usage de ces tubes se répand de plus en plus à mesure que leur fabrication s'étend, se perfectionne et devient plus économique.

Le cuivre rouge supporte facilement le travail de l'emboutissage et de l'étirage ; le laiton, et surtout le fer et l'acier, exigent plus de précautions. Tous ces métaux doivent être recuits après avoir passé deux ou trois fois à la filière. M. D.

BANC D'HIPPOCRATE (Médecine), *Scamnum Hippocraticum*. — Machine inventée par Hippocrate pour la réduction des luxations et la coaptation dans les fractures de la cuisse. Elle est complètement abandonnée aujourd'hui ; cependant Scultet l'a figurée dans son *Armamentarium chirurgicum*.

BANDAGE (Chirurgie). — Application méthodique des bandes, compresses, et autres pièces destinées à maintenir un appareil sur une partie du corps. Il désigne aussi tout ce qui compose cet appareil lui-même : ainsi les bandes, les compresses, les bandelettes, la charpie, les attelles, les planchettes de bois, les coussins, les fanons, etc. On y ajoute même les tourniquets, le brayer (voyez ces mots), tous les bandages à hernies et beaucoup d'autres. L'art d'appliquer les bandages n'a rien d'absolu, il est tout entier dans l'habileté manuelle du chirurgien et dans sa facilité de conception. La forme de la partie malade, la région du corps où le bandage doit être fait, la disposition des surfaces, le but qu'on veut atteindre, sont autant d'éléments du problème qu'il s'agit de résoudre, et font de cette partie de l'art une branche importante de la chirurgie. Toutefois, il en est quelques-uns dont les pièces sont tellement déterminées qu'elles ne peuvent être employées que d'une seule manière. La matière première des bandages est la toile de chanvre ou de lin ; le coton peut aussi être employé, mais dans les circonstances où on ne craint pas de maintenir une trop grande chaleur : le linge doit être demi-usé et blanc de lessive. Les différentes pièces qui composent un bandage doivent être appliquées méthodiquement, en faisant le moins de plis possible ; le degré de constriction doit être modéré, à moins que l'on n'ait besoin d'une forte compression ; en général, il doit être également compressif dans toutes ses parties ; les bandages peuvent être appliqués à sec ou imprégnés d'eau simple ou chargée de substances diverses, telles que du sel commun, de l'eau-de-vie simple ou camphrée, des décoctions de quinquina, de plantes émollientes, de l'amidon, etc. Suivant le but qu'on se propose, ils peuvent être *contentifs*, *compressifs*, *unissants*, etc. Les bandages ont reçu des noms tirés soit de leurs formes, de leurs usages, de leurs directions, etc. Ainsi il y a le bandage *étoilé*, le *renversé*, le *circulaire*, le *spica* (en épi), bandage croisé dont les tours de bande sont disposés autour d'un membre, comme les épillets des Graminées le long de leur axe, le *gantelet*, le *couvre-chef*, le *suspensoir*, l'*étrier*, le *scapulaire*, dont les noms indiquent les usages ; les bandages en T, en 8 *de chiffre*, l'*écharpe*, le *monocle* pour un seul œil, le *binocle* pour les deux yeux, le *nœud d'emballeur*, le *bandage de corps* destiné à maintenir les appareils sur le tronc, le *bandage de Galien* ou *des pauvres*, qui entoure la tête du sinciput au menton, le *bandage à dix-huit chefs* ou *de Scultet*, pour les fractures des membres, etc. Il y a encore les bandages pour contenir les *hernies*. Il en sera parlé à ce mot. F. — N.

BANDE (Chirurgie). — On appelle ainsi une pièce de toile dont la longueur surpasse de beaucoup la largeur ; ainsi une bande peut avoir de 1 à 4, 5, 8, 10 mètres de longueur ; en général, elles doivent être d'autant plus longues qu'elles sont plus larges ; ainsi les bandes de *corps*, de *cuisse*, pourront avoir 7 à 8 mètres de long et jusqu'à 0m,08 ou 0m,10 de largeur ; celles qui servent pour la *jambe*, le *pied*, le *bras*, l'*avant-bras*, le *poignet*, auront de 2 à 5 mètres de longueur sur 0m,05 à 0m,06 ; enfin, celles qui serviront pour les *doigts* auront une longueur de 1 à 3 mètres sur 0m,02 ou 0m,03 environ de largeur. Les bandes doivent être en toile un peu usée, ou même en coton, coupées droit fil et non déchirées, sans ourlet. Les différents bouts qui seront réunis pour former une bande seront cousus à plat.

BANDE (Anatomie). — Une aponévrose en lanière allongée porte le nom de *bande aponévrotique* ; on en dit autant d'une lanière ligamenteuse : c'est une *bande ligamenteuse* (voyez APONÉVROSE, LIGAMENT).

BANDEAU (Chirurgie). — Espèce de bandage qu'on emploie pour maintenir un appareil sur le front, les yeux, les tempes ou l'occiput; c'est ordinairement une pièce de toile longue de 1ᵐ,25, et d'une largeur qui permette de la plier en deux ou même en quatre, ou bien une bande de 2 à 3 mètres de long; on fait ce bandage en appliquant d'abord le milieu sur le front et en portant les deux chefs sur l'occiput où ils sont croisés, puis ramenés en avant, etc. On les fixe avec des épingles, sur les côtés de la tête autant que possible.

BANDELETTE (Chirurgie). — On a donné ce nom quelquefois à de petites bandes longues de 1 mètre à 1ᵐ,50 et de 0ᵐ,02 de large, qui servent pour panser les parties peu volumineuses, telles que les doigts, les orteils. On appelle *bandelettes agglutinatives* de petites lanières d'une largeur de 0ᵐ,01 à 0ᵐ,02, que l'on coupe dans un morceau de toile enduite de diachylon (sparadrap) ou de taffetas d'Angleterre, etc. (voyez ces mots), et dont on se sert en général pour tenir rapprochées les parties divisées qu'on veut réunir par *première intention* (voyez RÉUNION). Ces bandelettes doivent être de longueur et de largeur différentes, suivant les parties où on doit les appliquer; en général, elles seront moins larges au milieu que dans le reste de leur longueur. Pour les appliquer, on les exposera au-dessus d'un fourneau de braise ou de charbon, afin qu'elles adhèrent mieux (voyez AGGLUTINATIF).

BANDOLINE, de *bandeau*. — Substance mucilagineuse extraite des pepins de coing ou des graines du psyllium, et aromatisée par les parfumeurs. Elle sert à maintenir les cheveux lisses.

BANIANS (ARBRE DES) (Botanique). — Espèce de figuier (*Ficus Indica*, Lin. ; *Ficus Benghalensis*, Lin.) qui rentre aujourd'hui dans le genre *Urostigmate*, sous le nom de *U. Benghalensis*, Gaspar. C'est un grand arbre à branches horizontales, à écorce d'un gris cendré, à feuilles longuement pétiolées, coriaces, couvertes de petites ponctuations. Son réceptacle est à peu près de la grosseur d'une prune. Le figuier des Banians ou Banyans est l'objet d'une grande vénération de la part des Indiens. Les branches de cet arbre émettent des racines aériennes qui viennent s'implanter dans la terre et produire des rejetons. Un seul arbre peut donc se multiplier de manière à couvrir une grande étendue. Il arrive souvent que les oiseaux viennent déposer sur un palmier, le *Borassus flabelliformis*, des graines de ce singulier végétal; celles-ci y germent alors. Des racines se développent et bientôt de nouveaux individus arrivent à entourer complètement le palmier. De là le culte des indigènes, qui regardent cette particularité comme une union sainte faite par la Providence. G—s.

BAOBAB (Botanique), de *bahobab*, nom de cet arbre en Égypte. — Genre de plantes appelé *Adansonia*, Lin. (dédicace faite par Bernard de Jussieu à Michel Adanson, botaniste français, qui donna le premier de justes notions sur cet arbre); il appartient à la famille des *Sterculiacées*, tribu des *Bombacées*. Caractères principaux : 5 pétales; étamines indéfinies, monadelphes; style très-long, terminé par plusieurs stigmates; capsule indéhiscente à 10 loges ou plus, renfermant plusieurs graines au milieu d'une pulpe farineuse. Le *B. digité* (*Adansonia digitata*, Lin.), appelé aussi *Pain de singe*, parce que sa capsule est remplie d'une substance farineuse, aigre, très-recherchée des singes, est un des plus gros végétaux que l'on connaisse. Il s'élève à 30 mètres environ; son tronc a 4 mètres au plus; mais la circonférence de celui-ci acquiert jusqu'à 25 à 30 mètres. Les branches extrêmement volumineuses s'étendent presque horizontalement, et, entraînées par leur poids, elles penchent leur extrémité jusqu'à terre; de sorte que l'arbre prend une forme hémisphérique qui est du plus singulier effet. Les feuilles sont composées à 5-7 folioles inégales, ovales, aiguës. Les fleurs sont solitaires, axillaires, pendantes et blanches. Elles ont 0ᵐ,20 de diamètre. Le fruit est une capsule ovale, ligneuse, atteignant souvent 0ᵐ,40 de longueur; il est couvert d'un duvet épais, verdâtre, et contient de 10 à 14 loges renfermant de 50 à 60 graines osseuses, noirâtres, luisantes, réniformes et entourées d'une chair spongieuse qui devient farineuse. Le baobab croît dans les terres sablonneuses de l'Afrique occidentale, et principalement au Sénégal. On l'a transporté en Amérique, où il se développe parfaitement. On en signale de très-gros individus à la Martinique, à Saint-Domingue. Dans son jeune âge, le Baobab s'accroît très-rapidement, tandis qu'à l'âge adulte son accroissement devient très-lent. Ainsi, d'après un tableau dressé par

Adanson, à 1 an le Baobab a 0ᵐ,03 à 0ᵐ,04 de diamètre au plus; à 20 ans, 0ᵐ,30; à 30 ans, 0ᵐ,60; à 100 ans, 1ᵐ,30; à 1 000 ans, 5 mètres; à 2 400 ans, 6 à 7 mètres; et enfin à 5 150 ans, 10 mètres. « Il est vraisemblable, dit Adanson dans son magnifique mémoire présenté à l'Académie des sciences (*Mém. de l'Acad. des sciences de Paris*, 1761, p. 218), que son accroissement, qui est très-lent relativement à sa monstrueuse grosseur, doit durer plusieurs milliers d'années, et peut-être remonter jusqu'au déluge, fait assez singulier pour faire croire que le baobab serait le plus ancien des monuments vivants que puisse fournir l'histoire du globe terrestre. » Le célèbre naturaliste a observé aux îles du cap Vert un baobab sur lequel des voyageurs anglais, trois cents ans auparavant, avaient gravé des lettres. En entaillant le tronc, il a retrouvé au-dessous de trois cents couches ligneuses ces mêmes inscriptions, et il a mesuré l'épaisseur des couches qui les recouvraient. C'est ainsi qu'il a pu se rendre compte de l'accroissement de l'arbre. Le Baobab présente des propriétés émollientes mucilagineuses analogues à celles des mauves. Les feuilles séchées et pulvérisées constituent le *lalo*, que les nègres mêlent à leurs aliments, surtout au *couscous*, pour arrêter l'excès de la transpiration. La tisane faite avec ces feuilles est calmante. Adanson l'a employée avec succès contre les fièvres ardentes du Sénégal. L'écorce du fruit est employée par les nègres pour faire du savon. Enfin, ceux-ci creusent souvent l'arbre de manière à former de vastes cavernes où ils viennent pendre les cadavres de ceux qu'ils jugent indignes de sépulture. G—s.

BAQUET MAGNÉTIQUE (Médecine). — Espèce de petit réservoir autour duquel Mesmer et ses adeptes faisaient leurs pratiques de magnétisme : c'était une petite cuve ronde, ovale ou carrée, de 1ᵐ,50 environ de diamètre, de 0ᵐ,50 de profondeur, fermée par un couvercle en deux pièces qui s'enchâssait dans la cuve. On plaçait au fond des bouteilles couchées, de manière à former des rayons convergents, tous les goulots étant tournés vers le centre du baquet. D'autres, placées au centre, étaient disposées en sens contraire; toutes étaient remplies d'eau, bouchées, magnétisées par la même main, autant que possible; on mettait souvent plusieurs lits de ces bouteilles; on remplissait la cuve de manière à les recouvrir. Le couvercle était percé de trous pour laisser passer des tringles en fer, mobiles, plus ou moins longues, afin de pouvoir diriger sur différentes parties du corps des malades : c'était autour de ce baquet, dans un appartement mystérieux, éclairé par un demi-jour, que les malades venaient s'asseoir pour être magnétisés; ils devaient se rapprocher le plus possible entre eux pour se toucher par les genoux, les pieds, afin de faire circuler plus aisément le fluide magnétique (voyez MAGNÉTISME ANIMAL). Ce fameux baquet, d'abord simplifié, fut bientôt abandonné tout à fait. F—N.

BAQUOIS, VAQUOIS (Botanique). — Voyez PANDANUS.

BAR, BARS (Zoologie), *Labrax*, Cuv. — Genre de *Poissons* établi par Cuvier parmi les *Acanthoptérygiens*

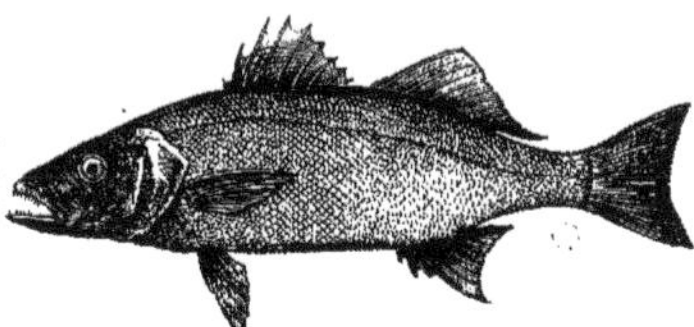

Fig. 272. — Bar ou Bars commun.

percoïdes, très-voisin des Perches, dont il ne diffère que par ses opercules écailleux terminés en deux épines, et par sa langue couverte d'âpreté (dans la Perche, l'opercule est osseux, la langue lisse). Le Bars est d'une couleur gris bleu d'acier, avec des reflets argentés sur le dos et tout à fait blanc sous le ventre; il atteint 0ᵐ,70 à 0ᵐ,80 de longueur. Le *B. commun*, *Loup*, *Loubine des Provençaux* (*Labrax lupus*, Cuv.; *Perca labrax*, Lin.), qui a neuf rayons aiguillonnés à la première dorsale; est un beau et grand poisson dont la chair est excellente; on le pêche souvent sur nos côtes de l'Océan, mais il abonde surtout dans la Méditerranée; en Normandie, en Bretagne comme en Provence, il a reçu le nom de *Loup*, ce

15

qui ne laisse guère de doute que ce ne soit le *Lupus* des anciens Romains, le *Labrax* des Grecs. Il existe aux États-Unis une autre belle et grande espèce de *Bars*, dont la chair délicate est encore supérieure. Il est plus grand que le nôtre ; il a le museau plus aigu, les dents plus fortes et le dos rayé longitudinalement de noirâtre, c'est le *B. rayé des Américains* (*Labrax lineatus*, Cuv.) (voyez PERCHE).

BARATTE (Économie rurale). — On désigne sous ce nom un instrument au moyen duquel on réunit en masses plus ou moins considérables, les molécules de beurre contenues dans le lait ou dans la crème. On sait que la matière grasse du lait est renfermée dans des espèces d'enveloppes très-minces de caséine ; le problème du barattage consiste donc par un moyen quelconque à déchirer ces petites enveloppes, afin que les globules puissent se réunir, adhérer entre eux et former le beurre. Le procédé le plus simple, celui que l'expérience a enseigné de temps immémorial, est une agitation rapide et violente du lait ou de la crème qui, produisant un frottement incessant des globules les uns sur les autres, finit par déchirer leurs enveloppes, et détermine l'agglomération du beurre en petites masses, qui se réunissent pour constituer les masses plus grosses que tout le monde connaît. Le *bat-beurre* ordinaire (*fig.* 273) remplissait bien ces conditions pour de petites quantités ; mais, outre qu'il est très-fatigant à manier pour un mince résultat, il est encore insuffisant pour les grandes exploitations ; voici du reste en quoi il consiste : c'est une espèce de seau très-allongé, de 0ᵐ,80 à 0ᵐ,90 de haut, plus étroit en haut qu'en bas,

Fig. 273. — Baratte ou bat-beurre.

en cône tronqué. On le remplit au quart environ de crème ; alors un disque de bois percé d'une multitude de trous et d'un diamètre moindre que la baratte est agité dans son intérieur par des mouvements rapides de haut en bas au moyen d'un bâton auquel il est emmanché et qui sort par un trou à l'aise pratiqué dans le couvercle ; ce manche dépasse en longueur la baratte d'environ 0ᵐ,50 et sert à manœuvrer l'instrument. Il n'est pas possible de citer ici tous les perfectionnements qui ont été apportés depuis quelques années à cette machine primitive, il ne sera question que des principaux. La *baratte Touzet* a une grande analogie avec la précédente, seulement l'agitateur est composé de quatre petites ailes percées de trous, fixées sur un arbre en fer, et mises en mouvement par une petite roue à manivelle agissant sur un pignon conique qui termine en haut l'arbre en fer. C'est un bon instrument. La *baratte de M. Scignette* est horizontale, c'est une caisse, plus longue que large, dans laquelle se meut avec une grande rapidité un double piston percé de trous qui ne se correspondent pas, et mis en mouvement par une espèce de roue excentrique qui a certaines analogies avec celles qu'on remarque dans les locomotives de chemin de fer : au moyen de cette baratte on extrait le beurre directement du lait dans un temps très-court, trois ou quatre minutes par exemple. On peut citer encore comme curiosité la petite *baratte de M. Houdaille*, au moyen de laquelle on peut faire du beurre sur table : c'est un vase en verre dans lequel tourne avec rapidité un agitateur évidé en forme de lyre et mis en mouvement à l'aide d'un archet semblable à celui qui se servent les serruriers. Il serait trop long de citer toutes les autres barattes, qui ont été inventées dans ces derniers temps. On pourra en voir les détails dans les traités spéciaux. Consultez le *Livre de la ferme* (voyez BEURRE).

BARBACOU (Zoologie), Cuv., *Monasa*, Vieil. — Genre d'*Oiseaux* de l'ordre des *Grimpeurs*, classé par Cuvier parmi les *Coucous*, mais que Vieillot et Lesson ont placé avec raison dans leur famille des *Barbus ;* ils diffèrent des coucous par les narines cachées par les soies du front, le tour des yeux nu, les tarses robustes, les deux doigts internes les plus courts, la queue plus longue que les ailes ; ces oiseaux nommés *Barbacous*, parce qu'ils ressemblent à la fois aux *barbus* et aux *coucous*, habitent l'Amérique méridionale, ont des mœurs nocturnes, vivent d'insectes et nichent dans des trous d'arbres. On en connaît plusieurs espèces.

BARBARÉE (Botanique), *Barbarea*, R. Brown. Plante ainsi appelée parce qu'une espèce porte vulgairement le nom d'*herbe de Sainte-Barbe.* — Genre de la famille des *Crucifères*, tribu des *Arabidées*. La *Barbarée, Herbe de Sainte-Barbe* (*B. vulgaris*, R. Brown), appelée aussi *Barbarée commune, Julienne jaune*, est une plante haute de 0ᵐ,65 environ, à tige dressée, striée, rameuse, à feuilles lisses et lyrées. Ses fleurs, disposées en thyrse terminal, s'épanouissent en mai et sont d'un beau jaune. Cette plante est indigène. Elle se développe de préférence dans les lieux humides. On la cultive quelquefois dans les jardins à cause des fleurs doubles qu'elle y donne. Ses propriétés sont amères et antiscorbutiques. Elle est employée parfois dans certains pays pour assaisonner les salades. La *B. printanière* (*B. præcox*, R. Brown) a la tige plus petite et les fleurs plus pâles. Elle est également indigène. Les Barbarées faisaient autrefois partie du genre *Erysimum*. G—s.

BARBAZAN (Médecine, Eaux minérales). — Village de France, arr. et à 8 kil. S.-O. de Saint-Gaudens (Haute-Garonne). Il y a trois sources d'eau sulfurée calcique contenant une assez forte quantité de fer. Elles sont toniques et astringentes. (Bains et boissons.)

BARBE (Anthropologie), *Barba*. — On désigne sous ce nom la réunion des poils qui garnissent le menton, les joues et la lèvre supérieure chez l'homme : c'est en quelque sorte l'emblème de sa force et de sa puissance, puisque les jeunes garçons en sont privés jusqu'à la puberté, et que les femmes, à quelques rares exceptions près, n'en ont jamais. La barbe offre de grandes variétés de couleur, de densité, de longueur, qui se rapportent en général aux tempéraments, aux climats, à l'âge, à l'état de force et de vigueur, à la nature des aliments, etc. Noirs, durs, secs, rares dans les tempéraments bilieux et dans les pays méridionaux, les poils de la barbe sont blonds, épais, plus doux au toucher chez les hommes lymphatiques, dans les pays froids et humides ; avec une nourriture bonne, succulente, avec les soins du corps, les lotions fréquentes, la propreté, la barbe devient douce, molle ; elle est rude, âpre au toucher, dure, dans les conditions contraires.

Quant à la structure des poils de la barbe, à leur production, à leur mode d'accroissement et de vitalité, etc., voyez au mot PEAU.

BARBE (Zoologie). — Par analogie on a donné le nom de *barbe* à de longs poils qui recouvrent le dessous de la mâchoire inférieure de certains singes, du bouc, de la chèvre ; aux longs crins qui dépassent les fanons des baleines. Chez les oiseaux les filaments qui garnissent les deux côtés d'une plume portent aussi le nom de *barbe*, aussi bien que les faisceaux de petites plumes qui garnissent la base du bec dans certaines espèces.

BARBE, (Botanique). — On nomme ainsi la pointe qui termine l'enveloppe extérieure de la fleur ou glume dans un grand nombre de Graminées. C'est un prolongement piquant et ferme de la nervure médiane. On l'appelle souvent *arête*.

Un organe est dit *barbu* quand il est recouvert de poils réunis en touffe en nombre indéfini. Ainsi le filet des étamines est barbu dans l'éphémère de Virginie, dans les genres *Mouron, Bouillon blanc, Lyciet, Anthéric*, etc. L'anthère est barbue dans l'acanthe, la pédiculaire, la plupart des lobélies, le charme, etc. Le style présente aussi ce caractère dans plusieurs sauges.

BARBE-DE-BOUC (Botanique). — Nom vulgaire du salsifis. On appelle aussi *Barbe-de-bouc* ou *Barbe-de-chèvre*, une espèce de *Spirée* (*Spiræa aruncus*, Lin.).

BARBE-DE-CAPUCIN (Botanique). — Nom de la salade blanche d'hiver qui fournit la *Chicorée sauvage*.

BARBE-DE-JUPITER (Botanique). — Nom que l'on donne à une espèce du genre *Anthyllide* (*Anthyllis barba Jovis*, Lin.), à cause des feuilles très-fines et très-soyeuses de cette plante. On l'appelle BARBE-DE-DIEU, le *Barbon* (*Andropogon*, Lin.). G—s.

BARBE (CHEVAL) (Hippiatrique). — Cheval de Barbarie, très-estimé, comme cheval de guerre surtout (voyez RACES).

BARBEAU (Zoologie), *Barbus*, Cuv. — Sous-genre de *Poissons* de l'ordre des *Malacoptérygiens abdominaux*, famille des *Cyprinoïdes*, genre *Cyprin*. Les *Barbeaux* sont caractérisés par une nageoire dorsale et une anale courtes, une forte épine pour second ou troisième rayon de la dorsale, quatre barbillons dont deux sur le bout et deux aux angles de la mâchoire supérieure. L'espèce la plus connue est le *Barbeau commun* (*Cyprinus barbus*, Lin.), il a la tête oblongue, le corps allongé et arrondi comme le brochet, olivâtre en dessus, bleuâtre sur les côtés. Il habite les eaux claires et vives des rivières de l'Europe; sa longueur ordinaire est de 0m,40 à 0m,50. Cuvier dit qu'il atteint quelquefois plus de 3 mètres. Sa chair est blanche, délicate et de bon goût. On a dit que ses œufs étaient un purgatif dangereux; Bloch s'est assuré qu'ils étaient aussi bons que ceux de la carpe.

BARBEAU (Botanique), l'un des noms vulgaires du *bleuet.* — On nomme aussi *Barbeau vivace*, la *Centaurée* ou *Jacée des montagnes* (*Centaurea montana*, Lin.); *Barbeau jaune*, la *Centaurée odorante* (*C. Amberboi*, Lamk); *Barbeau musqué*, la *Centaurée musquée* ou *Bleuet du Levant* (*C. moschata*, Lin., *Amberboa moschata*, de Cand.) (voyez **Centaurée**). G — s.

BARBET (Zoologie). — Nom donné vulgairement aux *Mulles* de Cuvier, surtout au *Rouget* et au *Barbeau commun* (voyez ces mots).

BARBET (Zoologie). — Variété de *Chien* à longs poils (voyez **Races**).

BARBETTE. — Une *barbette* est un massif de terre qu'on élève contre le talus intérieur d'un parapet de fortification, afin de pouvoir tirer le canon par-dessus les crêtes de l'ouvrage dans un champ de tir plus étendu.

BARBICAN (Zoologie), *Barbican*, Buffon, *Pogonias*, Ilig. — Genre d'*Oiseaux grimpeurs*, famille des *Barbus*, caractérisé par une ou deux dents fortes de chaque côté de la mandibule supérieure, dont l'arête est mousse et arquée; le bec garni à sa base, sur les côtés, en dessus et en dessous, de barbes très-fortes. Ils habitent l'Afrique et les Indes, et vivent de fruits plus spécialement que les autres *Barbus*. Leur nom vient de ce qu'ils tiennent à la fois des *Barbus* et des *Toucans.*

BARBILLON (Zoologie). — Nom donné par Broussonnet à une espèce de *Squale* (*Squalus Barbillon*, *Squale pointillé*, Lacép.) (voyez **Squale**). On a aussi appelé ainsi les petits *Barbeaux.*

Barbillons (Zoologie). — Espèces de filaments qui se trouvent autour de la bouche de beaucoup de poissons, et qui sont probablement des organes de *toucher*. On les remarque surtout chez les *silures*, les *loches*, les *cyprins*, les *esturgeons.*

Barbillons (Zoologie). — Quelques entomologistes ont désigné sous ce nom les antennules ou les palpes de certains insectes : ce sont des filets articulés de forme et de consistance différentes qui accompagnent la bouche de presque tous les insectes.

Barbillons (Vétérinaire). — Les vétérinaires donnent ce nom à de petits corps cartilagineux qui protégent, de chaque côté, l'orifice des canaux partant des glandes sous-maxillaires chez les chevaux et les bœufs. Quelques ignorants, sous prétexte que ces corps qu'ils regardent comme des excroissances les empêchent de boire et de manger, les coupent avec des ciseaux. C'est une opération qui ne peut être d'aucune utilité si elle n'est pas nuisible.

BARBOTAN (Médecine, Eaux minérales). — Village de France, arr. et à 30 kil. O. de Condom (Gers), 14 S.-E. d'Eauze. Il y a de nombreuses sources minérales d'eau ferrugineuse bicarbonatée, d'une température de 32° à 38° cent.; elles dégagent un peu de gaz sulfhydrique, auquel elles doivent leur propriété médicale. On emploie surtout les boues, qui renferment des carbonates, des sulfates de potasse et de chaux, des chlorures, du fer, et une matière analogue à la barégine. On les prescrit surtout contre l'atrophie des membres, les rétractions musculaires, la roideur des articulations, etc.

BARBIER (Zoologie), *Anthias*, Bloch. — Sous - genre de *Poissons* de l'ordre des *Acanthoptérygiens*, famille des *Percoïdes*, du genre *Serran* (*Serranus*, Cuv.). Ils ont, comme les perches, le préopercule dentelé, l'opercule osseux, terminé en une ou plusieurs pointes, et se distinguent des autres *Serrans* en ce que les deux mâchoires et le bout du museau sont armés d'écailles très-sensibles; c'est de là que vient leur nom de *Barbiers.* Une charmante espèce existe dans la Méditerranée, le *Barbier de la Méditerranée* (*Anthias sacer*, Bl.), c'est un joli poisson, d'un beau rouge de rubis, changeant en or et en argent, avec des bandes jaunes sur la joue.

BARBION (Zoologie), *Micropogon*, Temm. — Sous-genre d'*Oiseaux grimpeurs*, famille des *Barbus* (voyez ce mot), caractérisé par le bec long, aigu, faiblement courbé, les barbes qui sont à sa base très-courtes; les doigts antérieurs sont réunis jusqu'à la dernière phalange; ailes et queue médiocres. Ces oiseaux, très-peu connus, habitent l'Afrique, particulièrement l'Abyssinie et le cap de Bonne-Espérance.

BARBOTE (Zoologie). — Nom vulgaire donné à la *Loche franche* (*Cobitis barbatula*, Lin.); et à la *Lotte commune* (*Gadus lota*, Bl.) (voyez ces mots).

BARBOTINE (Matière médicale). — On donne souvent ce nom dans le commerce au *Semen-contra*, qui n'est qu'un mélange des sommités de l'*Artemisia judaica*, de l'*Artemisia contra*, et souvent de quelques autres plantes du même genre (voyez **Semen-contra**).

BARBOUQUET (Médecine vétérinaire). — Espèce de dartre qui affecte les moutons (voyez **Bouquet**, **Noir Museau**).

BARBUE (Zoologie), *Pleuronectes Rhombus*, Lin. — Espèce de *Poissons* du sous-genre *Turbot*, grand genre *Pleuronecte*, famille des *Poissons plats*, ordre des *Malacoptérygiens subbrachiens*, sous - embranchement des *Poissons osseux*. La *Barbue* a le corps plus ovale que le *Turbot* (voyez ce mot) (le turbot est presque

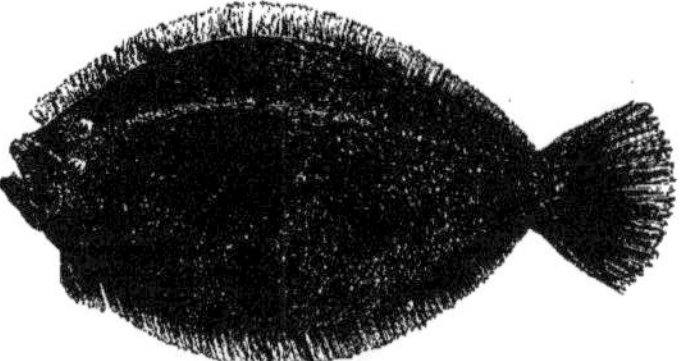

Fig. 274. — Barbue (*Pleuronectes Rhombus*, Lin.).

aussi haut que long), la peau lisse et sans tubercules, de plus les premiers rayons de la nageoire dorsale sont à moitié libres, et ont leur extrémité divisée en plusieurs lanières. Ce poisson, que l'on trouve dans toutes les mers où on pêche le *Turbot*, a une chair moins délicate, presque aussi estimée que celle de ce poisson (voyez **Turbot**, **Pleuronectes**).

BARBUS ou **Bucconées** (Zoologie), *Bucco*, Lin. — Ce sont des *Oiseaux* de l'ordre des *Passereaux grimpeurs*, dont Cuvier avait fait un genre divisé en trois sous-genres : les *Barbicans*, les *Barbus* proprement dits, les *Tamatias*. Aujourd'hui, d'après Lesson, les Barbus constituent une famille comprenant cinq genres : les *Barbus* proprement dits, les *Barbicans*, les *Coucoupics*, les *Barbacous*, les *Tamatias*, et caractérisée par un bec conique, renflé sur les côtés et garni à sa base de plusieurs faisceaux de barbes roides dirigées en avant, qui lui ont valu son nom; les ailes courtes, le vol lourd. Ces Grimpeurs habitent les parties chaudes des Amériques; ils se nourrissent de fruits, d'insectes; mais les grandes espèces attaquent quelquefois les petits oiseaux : ils vivent solitaires ou en troupes peu nombreuses, dans les forêts les plus sombres, et restent souvent des heures entières perchés sur la même branche.

Barbus proprement dits (*Bucco*, Cuv.; *Capito*, Vieil.); ils ont le bec simplement conique, légèrement comprimé, l'arête mousse, un peu relevée au milieu, et garnie de soies longues et serrées. Il y a des espèces de ce genre dans les deux continents, et plusieurs sont peintes de couleurs vives. Lesson subdivise ce genre en quatre sous-genres : 1° les *Pogonias*, qui ont le bec dilaté et renflé sur le rebord de la mandibule supérieure : ils sont tous d'Afrique; 2° les *Vrais Barbus;* bec à bords lisses, la base renflée et arrondie : on y trouve un grand nombre d'espèces, toutes d'Asie; 3° les *Barbions* (voyez ce mot); 4° les *Barbuseries;* bec triangulaire à la base, pointu, queue un peu fourchue, ailes très-courtes : ils habitent tous l'Amérique méridionale.

Barbus (Poissons), *Barbus*, Cuv. — Nom latin du genre *Barbeau* (voyez ce mot).

BARDANE (Botanique), de l'italien *barda*, couverture de cheval, à cause de l'extrême largeur de ses feuilles. — Nom vulgaire du genre *Lappa*, Tourn. (de *llap*, main, en celtique : le fruit de ce genre est hérissé et s'accroche à tout ce qu'il touche), appartenant à la famille des *Composées*, tribu des *Cinarées*, sous-tribu des *Carduinées*. Il comprend des herbes rameuses à feuilles pétiolées, cordiformes, plus ou moins tomenteuses en dessous. La *B. tomenteuse* (*Lappa tomentosa*, Lamk; *Arctium bardana*, Willdw) est une plante bisannuelle, élevée de 1 mètre environ et se distinguant spécialement par ses involucres chargés d'une pubescence qui ressemble à des toiles d'araignée. La *B. grande* (*L. major*, Gœrtn.) et la *B. petite* (*L. minor*, DC.) ont : la première, son involucre glabre, à folioles vertes, même les intérieures ; la seconde, son involucre glabre, à folioles, au moins les intérieures, colorées en violet purpurin. Ces Bardanes croissent dans les mauvais terrains et sont toutes trois indigènes. Plusieurs auteurs considèrent toutes ces plantes comme des variétés d'une seule et même espèce. La *B. commune* (*L. communis*, Germ., Cosson ; *Arctium lappa*, Lin.), connue vulgairement sous les noms de *Bardane*, *Glouteron*, etc., a une racine longue, charnue, grosse comme le pouce, vantée comme sudorifique dans les rhumatismes ; Alibert la recommandait dans les maladies de la peau, et surtout dans les dartres squammeuses et furfuracées avec sécheresse de la peau ; on l'a aussi prescrite comme succédanée de la salseparelle dans les maladies vénériennes. Percy a employé avec succès le suc et les feuilles dans les excoriations légères, les croûtes de lait, la teigne squammeuse ; c'est cette dernière propriété, bien connue des anciens, qui lui avait valu le nom d'*Herbe-aux-teigneux*. On la trouve sur le bord des chemins.   G—s.

BARDOT, Acad. Bardeau, Buff., Milne-Edwrds (Zoologie domestique), *Hinnus*. — Mulet qui provient d'un cheval et d'une ânesse ; comme les métis ressemblent plus à leur mère qu'à leur père, le bardeau se rapproche plus de l'âne que du cheval : il est assez rare, et on le regarde généralement comme plus robuste et plus sobre que le mulet ordinaire qui vient d'un âne et d'une jument.

Bardeau (Terme de bâtiment). — Morceaux de bois que l'on dispose à côté les uns des autres sur les solives, pour recevoir le terré ou terre argileuse qui sert à donner de l'épaisseur aux planchers et à former le lit sur lequel on établit le carrelage.

BARDOTTIER (Botanique). — Nom vulgaire d'une espèce d'*Imbricarie* appartenant à la famille des *Sapotées*. C'est l'*Imbricarie pétiolée* (*Imbricaria petiolaris*, Alp. de Cand.), appelée aussi *bois de natte*. Cette espèce est un arbre à rameaux cendrés, roux au sommet et pubescents. Ses feuilles sont longuement pétiolées, ovales-arrondies ; ses fruits sont gros et bons à manger. Le *Bardottier* est originaire de l'île Maurice, où on l'emploie à faire des lattes (*nattes* dans le pays) ou bardeaux pour couvrir les maisons ; la nature de son bois le rend très-propre à cet usage.

BARÉGE. — Étoffe de laine légère et non croisée qui tire son nom de la ville de Baréges, quoique ce soit à Bagnères-de-Bigorre (Pyrénées) que sa fabrication ait pris le plus d'extension.

BARÉGES (Médecine, Eaux minérales). — Établissement thermal, arr. et à 18 kil. S.-E. d'Argelès, à 36 kil. S. de Tarbes (Hautes-Pyrénées). Il y a neuf sources sulfurées sodiques d'une température de 31º à 45º cent., et qui contiennent de 0ᵍʳ,020 à 0ᵍʳ,040 de sulfure de sodium ; de plus une substance azotée, connue sous le nom de *barégine*. Ces eaux sont très-excitantes ; elles sont vantées dans les vieilles blessures, dans les paralysies, dans les vieilles entorses, dans les ulcérations herpétiques, et autres variétés des maladies de la peau.

BARÉGINE ou Glairine. — Substance gélatineuse, de nature organique, que l'on rencontre dans certaines eaux minérales sulfureuses, particulièrement celles de Baréges. Cette substance, à laquelle on attribue une partie des bons effets des eaux de Baréges, n'est pas encore bien connue. Dans les eaux artificielles, on la remplace par la gélatine.

BARÊME. — Livre de calculs tout faits à l'usage de la comptabilité domestique et du petit commerce. Il tire son nom de *Barrème*, auteur du premier livre de ce genre. Ces sortes d'ouvrages sont aujourd'hui très-nombreux.

BARGE (Zoologie), *Limosa*, Bechst. — Sous-genre d'*Oiseaux échassiers*, famille des *Longirostres*, grand genre des *Bécasses* (*Scolopax*) ; caractérisé par un bec droit, quelquefois même légèrement arqué vers le haut, et encore plus long que chez les bécasses ; une palmure entre les bases des doigts externes ; une taille beaucoup plus élancée et des jambes plus élevées que les bécasses. Elles se plaisent autour des marécages, des marais salés et des bords de la mer ; elles aiment la boue, y plongent leur long bec pour y chercher des vers, de petites plantes dont elles se nourrissent : ce sont des oiseaux timides, soupçonneux, qui ne se laissent point approcher ; on les rencontre en bandes, et les chaleurs de l'été les chassent dans les contrées froides et humides. On a observé que le mâle est toujours plus petit que la femelle. Les espèces les plus connues sont : la *B. aboyeuse* ou *à queue rayée* (*Scolopax leucophœa*, Lath. ; *Sc. laponica*, Gm.), qui est d'un gris brun foncé, à plumes bordées de blanchâtre en hiver ; rousse et à dos brun en été ; la *B. à queue noire* (*Sc. ægocephala* et *belgica*, Gm. ; *Limosa melanura*, Leisler) ; en hiver, gris cendré, ventre blanc ; en été, tête, cou, poitrine, roux. Ces deux oiseaux ont le double de hauteur de la bécasse.

BARIGOULE (Botanique). — Espèce de champignon du genre *Agaric* (voyez ce mot).

BARIL. — Petit tonneau de bois destiné à contenir des produits secs ou liquides, et dont la capacité varie beaucoup suivant la nature de ces produits. Pour l'ancien baril français, cette capacité était d'environ 30 litres, le huitième d'un muid ou 18 boisseaux de Paris. Le baril de poudre contient 50 kil., le baril de savon, 126 kil., le baril de harengs, 1 000 de ces poissons.

BARILLET (voyez Horlogerie).

BARITE, Barium. — Voyez Baryte, Baryum.

BAROCENTRIQUE (Courbe) (Géodésie). — La terre n'étant pas exactement sphérique, les verticales élevées sur le même méridien ne se rencontrent pas en un même point ; leurs intersections successives donnent lieu à une certaine courbe indiquée pour la première fois par Maupertuis ; cette courbe a reçu le nom de *courbe barocentrique*.

BAROMÈTRE (Physique). — Instrument de physique destiné à mesurer la pression exercée par l'atmosphère à la surface du sol en un lieu quelconque. Sa forme extérieure est très-variable ; quelle qu'elle soit cependant, on peut la rattacher à deux types principaux, le *baromètre à cuvette* et le *baromètre à siphon*, qui tous deux reposent sur le même principe d'hydrostatique.

Baromètre a cuvette. — Il se compose d'un tube de verre de 0ᵐ,010 à 0ᵐ,015 de diamètre et de 0ᵐ,90 de hauteur, que l'on a rempli exactement de mercure et purgé d'air, et que l'on a renversé, l'ouverture en bas, dans

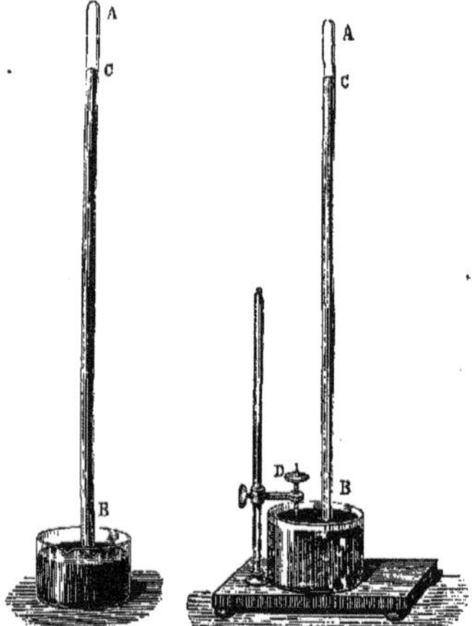

Fig. 275. — Baromètre à cuvette.   Fig. 276. — baromètre à cuvette et sa pointe.

une cuvette contenant elle-même du mercure. La figure 275 représente ce baromètre dans sa plus grande simplicité. La colonne de mercure BC qui reste suspendue dans le tube s'appelle *colonne barométrique* ; la hauteur du sommet C au-dessus du niveau du mercure dans la cuvette, *hauteur barométrique* ; l'espace vide AC, *chambre barométrique*.

Dans les laboratoires, le baromètre est ordinairement libre, le tube soutenu seulement par une pince près d'un mur. On mesure sa hauteur au moyen d'un cathétomètre (voyez ce mot), et, pour y parvenir plus sûrement et n'être pas gêné par les parois de la cuvette, on dispose au-dessus de celle-ci une vis à deux pointes D (*fig*. 276); on fait affleurer à la surface du mercure la pointe inférieure de cette vis, et on mesure au cathétomètre la distance verticale du sommet de la pointe supérieure au sommet C de la colonne barométrique. Il suffit d'ajouter à cette distance la longueur connue à l'avance de la vis D.

Ce baromètre n'est pas portatif; pour le rendre usuel, on le fixe généralement sur une planche en bois qui porte en outre une échelle divisée, dont le zéro correspond au niveau moyen du mercure dans la cuvette. La division de cette échelle, à laquelle correspond le sommet C de la colonne, indique immédiatement la hauteur approchée du baromètre.

On conçoit, en effet, que ce procédé de mesure ne saurait fournir des résultats bien précis. Alors même que l'on déterminerait avec exactitude la division ou fraction de division à laquelle correspondrait le sommet C, on n'aurait que la distance de ce sommet au-dessus du zéro de l'échelle, et pour que cette distance mesurât en même temps la hauteur du baromètre, il faudrait que le niveau du mercure dans la cuvette correspondît exactement et toujours à ce zéro. Or le baromètre est sans cesse variable; quand il monte, du mercure passe de la cuvette dans le tube, le niveau baisse dans la cuvette; ce niveau monte, au contraire, quand le baromètre descend; il est donc perpétuellement changeant. Pour diminuer ses oscillations, on se sert de très-larges cuvettes qui donnent en effet plus de précision à l'appareil.

Ce palliatif, cependant, ne suffit pas encore quand on veut atteindre au degré d'exactitude exigé dans les opérations scientifiques; on a recours alors au baromètre de Fortin.

Baromètre de Fortin, a cuvette mobile. — Dans ce baromètre, la cuvette est à fond mobile; elle y est formée par un cylindre de verre (*fig*. 277) fermé supérieurement par un plateau en bois ou en fer évidé en son centre, pour donner passage au tube de verre qui y est fixé par une peau de chamois et portant une pointe d'ivoire o, dont l'extrémité inférieure plonge dans la cuvette et correspond au zéro de l'échelle graduée. Ce cylindre est en outre fermé inférieurement par une peau blanche en forme de sac, dont le centre porte un petit plateau de bois qui vient appuyer sur l'extrémité d'une vis V. Cette vis elle-même traverse le fond d'un cylindre de cuivre qui enveloppe la peau et la protége en même temps qu'il sert de point d'appui à la vis. En tournant celle-ci dans un sens ou dans l'autre, on abaisse ou soulève le fond de la cuvette, on fait descendre ou monter le mercure qu'elle contient, en sorte que l'on peut toujours à volonté faire affleurer le niveau du liquide à l'extrémité de la pointe, et par suite au zéro de l'échelle graduée. Dans ce genre de baromètres appelés *baromètres de Fortin* ou *de Ernst*, du nom de son inventeur ou du mécanicien qui l'a ramené à des dimensions plus portatives, le tube de verre est renfermé dans un étui en cuivre, vissé à la table supérieure de la cuvette, et portant dans ses deux tiers supérieurs une double rainure longitudinale au travers de laquelle on peut apercevoir l'extrémité supérieure de la colonne. Sur l'un des bords de cette rainure est tracée l'échelle graduée en millimètres; un curseur mobile sur l'étui (*fig*. 278), et dont l'extrémité supérieure a bien dressée, est abaissée jusqu'à ce qu'on cesse de voir le jour entre son bord inférieur et le sommet de la colonne mercurielle. Il suffit alors de lire sur l'échelle à quelle division et fraction de division de cette échelle correspond le point de repère z du curseur pour

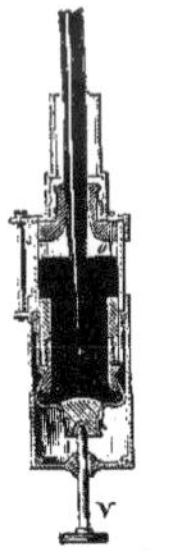

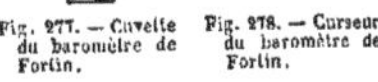

Fig. 277. — Cuvette du baromètre de Fortin.

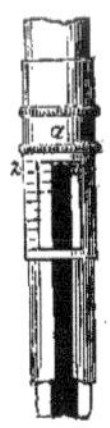

Fig. 278. — Curseur du baromètre de Fortin.

avoir la hauteur cherchée. Enfin, ce baromètre est muni d'un thermomètre qui indique la température. La figure 279 représente le baromètre de Fortin avec son pied

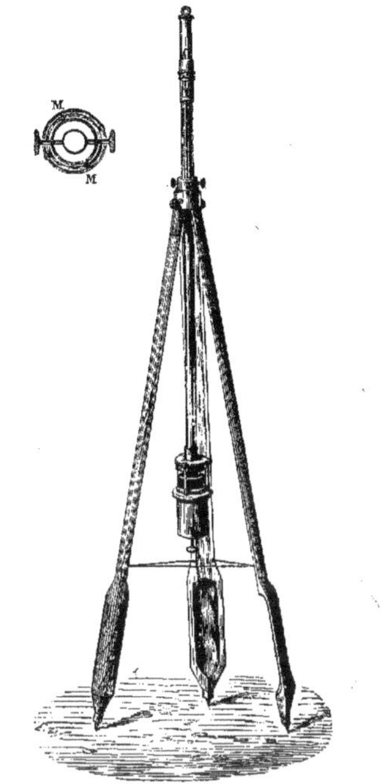

Fig. 279. — Baromètre de Fortin et son pied. — MM, suspension à la Cardan du baromètre de Fortin.

et le mode de suspension qui lui permet de se tenir verticalement.

Baromètre a siphon. — Le tube barométrique, au lieu de s'ouvrir dans un réservoir distinct, se recourbe verticalement comme un siphon (*fig*. 280) en une branche courte B, ouverte supérieurement et faisant elle-même fonction de cuvette. Dans les baromètres communs, cette courte branche doit être large, afin que les variations de niveau du mercure y soient aussi faibles que possible; le zéro de l'échelle correspond à la position moyenne de ce niveau.

Dans les baromètres à siphon, de précision, construits sur le modèle imaginé par Gay-Lussac (*fig*. 281), la courte branche a les mêmes dimensions en largeur que la grande et en est séparée par un tube étroit destiné à empêcher l'air de pénétrer dans la chambre barométrique. Bunten, pour rendre cet accès encore plus difficile, a disposé sur le milieu de ce tube de jonction un réservoir de garde CD, destiné à loger les bulles d'air qui pourraient, par accident, franchir l'espace BC. Dans l'un et l'autre cas, la courte branche du baromètre ne communique avec le dehors que par une ouverture O, assez large pour laisser passer l'air, trop étroite pour laisser écouler le mercure; l'échelle est double; le zéro commun est situé sur la partie moyenne du baromètre; l'une des échelles va en montant vers la partie supérieure du tube, l'autre descend vers la courte branche; deux curseurs servent à mesurer la distance de chacune des deux colonnes de mercure à ce zéro commun : la somme de ces distances forme la hauteur totale du baromètre. Le baromètre à siphon de Gay-Lussac ou de Bunten est du reste tantôt fixé sur une table en bois garnie de règles divisées en cuivre, tantôt abrité dans un étui en cuivre percé de rainures longitudinales dont les bords sont gradués, et

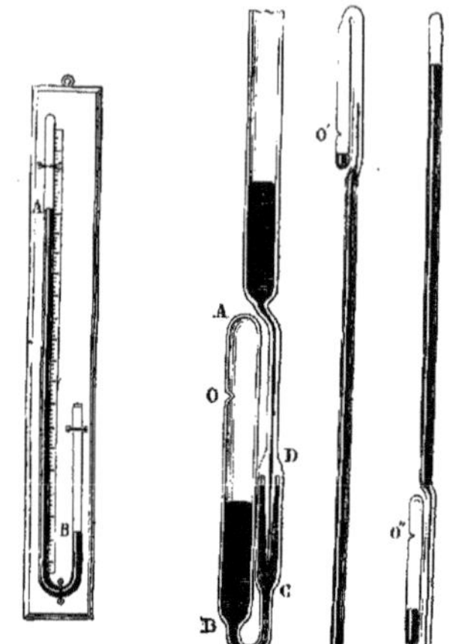

Fig. 281. — Baromètre à siphon ordinaire.

Fig. 281. — Tubes du baromètre à siphon de Gay-Lussac, modifié par Bunten.

sur lequel glissent les deux curseurs. Dans l'un et l'autre cas, le baromètre est toujours muni de son thermomètre.

Baromètre a cadran. — C'est un baromètre à siphon dont les variations sont indiquées par une aiguille mobile sur un cadran (*fig.* 282). Dans la branche ouverte A, plonge un petit tube lesté par de la grenaille ou du mercure, et qui flotte à la surface du mercure du baromètre. Ce tube est suspendu à un fil de soie qui s'enroule sur la gorge d'une poulie très-mobile P, et dont l'autre extrémité est tendue par un petit contre-poids B, moins lourd que le premier poids ; sur l'axe de la poulie est fixée l'aiguille. Quand le baromètre monte ou descend, le mercure descend ou monte dans la branche ouverte et entraîne dans ses mouvements le poids qui flotte à sa surface, et par lui la poulie et son aiguille. Le baromètre à cadran est toujours un instrument assez grossier, quel que soit le luxe de sa monture.

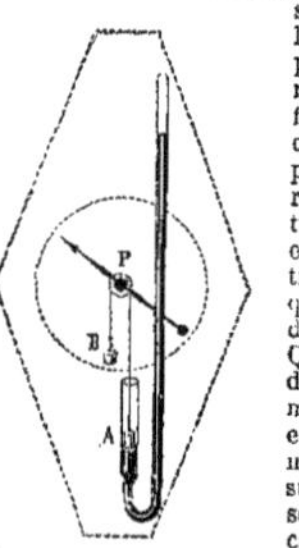

Fig. 282. — Baromètre à cadran.

Théorie du baromètre. — C'est la pression exercée par l'air atmosphérique à la surface du mercure situé dans la cuvette des baromètres à cuvette, ou dans la branche ouverte des baromètres à siphon, qui tient suspendue la colonne barométrique. Dans un baromètre bien construit, la hauteur de cette colonne est telle que le poids du mercure qui la compose soit juste égal à la pression exercée par l'air sur une surface de même étendue que la base de la colonne barométrique. Ainsi, au niveau de la mer, la hauteur barométrique moyenne est de $0^m,76$; la pression atmosphérique moyenne sur une surface de 1 mètre carré y est donc égale au poids d'une colonne de mercure de 1 mètre carré de base et de $0^m,76$ de hauteur. Le volume de cette colonne serait de $0^{mc},760$ ou de 760 litres, et, comme 1 litre de mercure pèse $13^k,6$, cette pression est de 10 336 kil.

Mais pour que cette assimilation des pressions soit exacte, il est nécessaire que rien ne vienne peser sur le sommet de la colonne barométrique, attendu que cette pesée diminuerait d'autant la hauteur de cette colonne. Il est donc nécessaire que la chambre barométrique soit vide d'air ou de tout autre gaz ou vapeur, et qu'elle se conserve dans cet état.

Pour satisfaire à cette condition, on remplit le tube barométrique, avant de le monter, avec du mercure bien pur ; puis on le place dans une position inclinée, l'ouverture en haut, au-dessus d'un fourneau allumé, de manière à faire bouillir le mercure dans toute sa longueur, en allant graduellement de l'extrémité fermée à l'extrémité ouverte du tube. Les vapeurs du mercure en ébullition balayent le tube et le dépouillent exactement de toutes les substances volatiles ou gazeuses qui pourraient adhérer à sa surface interne. On met le tube en place dans le baromètre quand il a été complétement refroidi.

Si on penche peu à peu un baromètre ainsi construit, la colonne de mercure s'allonge graduellement dans le tube pour conserver sa même hauteur verticale et finit par venir en contact avec le sommet de ce tube. Elle fait entendre alors un bruit sec et métallique dû au choc du mercure contre le verre. Dès que la moindre bulle de gaz a pénétré dans la chambre barométrique, le choc devient mou et sourd, parce que le gaz forme un coussin qui amortit le choc. Lorsque cette modification se produit, le baromètre est hors de service ; il faut remplir son tube à nouveau. Ce remplissage est assez facile dans les baromètres à cuvette pour que chaque physicien puisse l'opérer partout ; le baromètre à siphon de Gay-Lussac présente des difficultés plus grandes ; aussi a-t-on pris dans sa construction des précautions particulières pour y empêcher la rentrée de l'air.

Usages du baromètre. — Le baromètre sert directement à mesurer les pressions atmosphériques, et subsidiairement à étudier les variations qui se produisent dans l'état de l'atmosphère, ou à mesurer les hauteurs des divers points de la surface du globe au-dessus du niveau de la mer.

Lorsqu'on suit attentivement les indications du baromètre, on s'aperçoit bientôt qu'elles varient perpétuellement. Les vents sont la cause la plus active de ces variations dans nos contrées. A Paris, et d'une manière générale, c'est par le N. 24° E. que le baromètre est moyennement le plus haut, et par le S. 5° O. qu'il se tient le plus bas. Ces directions changent un peu avec les saisons. Ainsi, en hiver elles sont N. et S.-S.-O. ; en automne, N.-O. et S.-S.-O. ; au printemps, N.-E. et S.-S.-E. Ces faits nous expliquent l'intérêt que l'on accorde vulgairement en France aux variations barométriques comme pronostics du temps. La hausse ou la baisse du baromètre n'indique pas d'une manière directe le beau temps ou la pluie, mais la prédominance des vents du N. ou du S. Comme la pluie, à Paris, est le plus souvent amenée par le S. ou S.-O., l'abaissement du baromètre la présage d'une manière assez exacte. A Pétersbourg, où il pleut indifféremment par tous les vents, les indications barométriques sont sans valeur. Au reste, à Paris même, le baromètre se trompe une fois sur cinq environ. Supposons que le vent du N. règne dans l'atmosphère, le baromètre est haut ; s'il baisse lentement, d'une manière progressive, on peut annoncer avec une grande probabilité que le vent du N. cède la place à un vent du S. ou S.-O. ; souvent même on remarque déjà qu'il règne dans les hautes régions ; ce vent étant très-chargé de vapeur, la pluie est probable ; elle peut cependant ne pas tomber si l'air était primitivement très-sec et que les vents du S. ne durent pas trop longtemps ; d'un autre côté, il peut pleuvoir par un vent du N. quand il arrive brusquement dans une atmosphère chaude et chargée de vapeur ; mais, dans ce cas, la pluie dure généralement peu.

Les cultivateurs qui ont le plus d'intérêt à prévoir les changements de temps, acquièrent souvent une grande intelligence des signes météorologiques, et le baromètre les trompe beaucoup moins souvent que les habitants des villes.

Les variations brusques et considérables du baromètre ont une signification plus positive encore ; elles sont un indice de perturbation dans le temps et un présage de tempête. Les grandes tempêtes sont toujours précédées d'un abaissement du baromètre d'autant plus grand qu'on s'éloigne plus de l'équateur. Lors de l'ouragan qui dévasta une partie de l'Europe, en février 1783, le baromètre avait baissé brusquement de 0ᵐ,031 en Angleterre, de 0ᵐ,018 à 0ᵐ,030 en France et en Allemagne, de 0ᵐ,007 seulement à Rome. En dehors de ces variations dites *accidentelles*, parce qu'elles ne sont soumises à aucune règle connue dans leur succession, le baromètre éprouve chaque jour deux oscillations régulières qui dans nos climats sont perdues dans les variations accidentelles, mais qui deviennent d'autant plus apparentes qu'on s'approche de plus l'équateur. Dans les régions intertropicales, elles ont assez d'amplitude et de régularité pour qu'elles puissent presque servir à indiquer les heures; par contre, les variations accidentelles y sont presque nulles, et un écart de 0ᵐ,001 ou 0ᵐ,002 suffit pour y présager les plus violents ouragans. Au reste, comme le poids total de l'atmosphère est invariable ou à peu près, à cause de la très-faible proportion d'eau qu'elle contient, si le baromètre baisse en un lieu, il faut qu'il monte en d'autres lieux. C'est, en définitive, la distribution inégale et changeante de la chaleur à la surface du globe qui est la cause première de ces oscillations.

La suspension de la colonne de mercure dans le baromètre étant due à la pression de l'air, on comprend que sa hauteur doit diminuer à mesure qu'on s'élève dans l'atmosphère; la pression atmosphérique diminue en effet, dans ces circonstances, de tout le poids des couches d'air qu'on laisse au-dessous de soi. Aussi un baromètre réglé à Paris restera-t-il obstinément à *tempête*, s'il est transporté sur une montagne élevée. Au niveau de la mer, une ascension de 10 mètres entraîne une diminution de 0ᵐ,001 environ dans la hauteur du baromètre, le mercure étant 10000 fois environ plus dense que l'air. On conçoit donc que le baromètre puisse servir à mesurer la hauteur des montagnes. Deux baromètres situés l'un au pied, l'autre au sommet d'une montagne y auront deux hauteurs inégales, dont la différence permettra de conclure la différence de hauteur des deux stations. Le calcul s'effectue au moyen de formules que l'on trouvera dans les traités spéciaux auxquels nous renvoyons. Le calcul se trouve d'ailleurs singulièrement simplifié et mis à la portée de tout le monde, par l'usage des tables d'Oltmans qui se trouvent reproduites, chaque année, par l'*Annuaire du bureau des longitudes*, où elles sont accompagnées d'une explication détaillée sur la manière de s'en servir.

Quoi qu'il en soit, pour ce genre de déterminations, il est nécessaire que la mesure de la pression acquière une grande exactitude. On ne devra donc faire usage que de baromètres de précision, tels que ceux de Fortin ou de Bunten; de plus, comme, sans que la pression barométrique change, la hauteur du baromètre varie avec sa température par l'effet de la dilatation du mercure et de l'échelle, il faut toujours *corriger* les observations des effets de la chaleur, en les ramenant à ce qu'elles seraient si la température du baromètre était invariablement à 0°. Ces corrections se font aussi au moyen de tables calculées d'avance. C'est pour connaître la température du baromètre au moment de l'observation, que cet instrument est toujours muni d'un thermomètre. Enfin, par l'effet de la *capillarité*, le sommet de la colonne mercurielle affecte une forme convexe qui tend à déprimer cette colonne. Il faut encore écarter cette cause d'erreur en faisant usage de tables spéciales.

Galilée paraît avoir eu le premier l'idée du baromètre. Des fontainiers de Florence ayant été amenés à construire une pompe dont le tuyau d'aspiration dépassait 10 mètres, et très-surpris de voir que l'eau ne pouvait arriver jusqu'au cylindre, étaient venus le consulter sur ce fait dont ils ne se rendaient pas compte. On attribuait alors l'ascension de l'eau dans les pompes à l'horreur de la nature pour le vide. Galilée leur répondit que la nature n'avait horreur du vide que jusqu'à 32 pieds; mais, comprenant la futilité de cette réponse évasive, il chercha la cause du fait qui lui était signalé dans la pesanteur de l'air et la pression qui en était la conséquence. Mais ce fut Torricelli, son disciple, qui construisit le premier baromètre en 1643. Depuis, on a fait subir à cet instrument des perfectionnements qui en font un de nos appareils les plus précis.

BAROMÈTRE MÉTALLIQUE ANÉROÏDE. — Baromètre sans mercure et à parois métalliques. Ce genre de baromètres, fondé sur l'élasticité des métaux, principe essentiellement différent de celui sur lequel repose le baromètre ordinaire, a été inventé en 1847 par M. Vidy. La forme adoptée par l'inventeur était un peu compliquée. Un habile constructeur français, M. Bourdon, mettant à profit l'idée de Vidy et la propriété découverte par le Prussien Linz, que présentent les tubes courbes à section elliptique de se déformer sous l'influence de pressions intérieures ou extérieures, réalisa une forme plus pratique, adoptée généralement aujourd'hui.

Le baromètre de Bourdon (*fig.* 283) se compose d'un tube de cuivre, large et fortement déprimé, de manière que sa section transversale ait la forme d'une ellipse très-allongée, et que le tube lui-même ait l'apparence d'un épais ruban de cuivre. Ce ruban est courbé en arc de cercle formant un cercle presque complet; il est fixé par sa partie moyenne *m* dans une boîte circulaire; il est fermé à ses deux extrémités et le vide y est fait exactement à l'intérieur. Les deux extrémités *a* et *b* de ce tube sont en outre réunies par de petites tiges de cuivre aux deux extrémités d'un petit levier mobile autour de son centre, et

Fig. 283. — Baromètre de Bourdon.

auquel est fixé un secteur de roue dentée *gh* à grand rayon qui vient engrener avec un pignon *o* portant une aiguille *c d*, dont les déplacements sur un cercle gradué servent à indiquer la pression atmosphérique. Dès que la pression augmente, le tube s'aplatit d'une quantité correspondante, sa courbure s'accroît, ses deux extrémités se rapprochent et l'aiguille tourne dans un sens; quand la pression diminue, cette série d'effets se produit en sens contraire et l'aiguille marche dans une direction opposée. Ce baromètre a l'avantage d'être léger, peu volumineux, point fragile; il est exact et sensible; mais, comme l'élasticité du métal peut changer avec le temps, il est nécessaire de vérifier de temps en temps son zéro. Ce joli baromètre de cabinet ne pourrait pas remplacer le baromètre à mercure dans les observations de précision; mais, associé à ce baromètre, il peut rendre de grands services dans les excursions scientifiques.   **M. D.**

Roses barométriques des vents, ou hauteur moyenne du baromètre en divers lieux sous l'influence des huit principaux vents.

Vents.	Paris.	Londres.	Vienne.	Pétersbourg	Moscou.
N.	759,09	759,20	749,88	759,72	743,07
N.-E.	759,49	760,71	749,14	761,97	745,06
E.	757,24	758,93	745,78	762,00	743,90
S.-E.	754,03	756,83	748,30	762,25	741,74
S.	753,15	754,37	747,74	759,90	740,63
S.-O.	753,52	755,25	745,89	759,88	740,34
O.	755,57	757,23	745,84	759,43	741,06
N.-O.	757,78	759,04	749,16	757,58	741,76
Moyenne.	756,22	757,58	747,79	760,64	742,19

BAROSCOPE. — Voy. ARCHIMÈDE (*principe d'*).

BARRAGE (Hydraulique). — Obstacle temporaire ou permanent à l'écoulement naturel des eaux. Les barrages ont tantôt pour but d'élever le niveau des eaux en un point de leur cours pour créer une chute d'eau que l'on puisse utiliser comme force motrice; tantôt, comme cela a lieu sur les cours d'eau peu profonds, de diminuer la pente en la rachetant par des chutes convenablement espacées. En diminuant ainsi la vitesse de l'eau, on en accroît le volume dans le même rapport. L'établissement des barrages, en effet, ne change pas sensiblement le débit du cours d'eau ; la même quantité d'eau continuant à passer en chaque section du lit du cours d'eau, si elle y coule moins vite, sa section sera nécessairement plus grande. C'est ainsi qu'on parvient à rendre navigables certaines rivières, et c'est sur le même principe qu'est fondé l'établissement des *canaux*. Les barrages fixes sont ordinairement construits en maçonnerie à double talus, celui d'aval beaucoup plus prolongé que celui d'amont. Ces barrages sont souvent une cause de désastres pendant les inondations ; aussi doit-on toujours leur préférer les barrages mobiles formés tantôt par des portes d'écluse suffisamment résistantes, et qu'un seul homme peut manœuvrer, tantôt par des madriers en bois couchés horizontalement les uns au-dessus des autres, et retenus à leurs extrémités par des obstacles en maçonnerie... Leur forme, du reste, est assez variable (voyez CANAL).

BARRAS (Botanique industrielle). — Espèce de *térébenthine* qui recouvre les parties latérales des incisions faites aux pins, et qui se concrète sous l'influence de l'air ; on l'enlève à la fin de chaque saison par un grattage, et on la met à part : cette térébenthine consistante est rendue impure par les différents corps étrangers qu'elle contient, surtout les débris de bois et d'écorce entraînés par le grattage (voyez GALIPOT, TÉRÉBENTHINE).

BARREAU AIMANTÉ. — Voyez AIMANT.

BARRES (Hippiatrique). — On appelle *barres* dans le cheval un grand espace vide qui existe entre les dents canines et les molaires, et dans lequel on place le mors de la bride. Lorsque les barres sont minces et tranchantes, la membrane des gencives se trouve comprimée sur la crête saillante de l'os maxillaire, et il en résulte une douleur plus ou moins vive, qui exige beaucoup de légèreté dans la main du cavalier : cela a lieu surtout pour les jeunes chevaux ; on dit alors que ces chevaux ont la *bouche tendre, délicate*: on aura soin, dans ce cas, d'avoir des mors très-gros; en général, les vieux chevaux ont la bouche moins sensible, parce que les barres se sont arrondies par suite de l'action prolongée de la bride. Lorsqu'elles ont été blessées par un mors mal fait, il faut laisser le cheval au repos. Lorsque, par une violence quelconque du cavalier, la bouche a été déchirée et fendue, il peut se faire que le mors sorte des barres et se porte en arrière sur les molaires; alors le cheval ne peut plus être maîtrisé, il *prend le mors aux dents*; c'est de là que vient cette locution.

BARTAVELLE (Zoologie). — C'est la perdrix grecque (voyez PERDRIX).

BARTONIA (Botanique), dédié par Sims au docteur B. S. Barton, professeur de botanique à Philadelphie. — Genre de plantes de la famille des *Loasées*. Calice à 5 lobes; 10 pétales; étamines indéfinies, distinctes. Le *B. blanchâtre* (*B. albescens*, Gill. et Arnott.) est une herbe du Chili ; ses feuilles sont sinuées et ses fleurs jaune pâle. Le *B. orné* (*B. ornata*, Nutt.), plante bisannuelle qui croît au bord du Missouri, est, comme la précédente, une plante de serre tempérée, à feuilles lobées et à fleurs blanches.

BARYTE, BARYTE CAUSTIQUE (Chimie) (BaO), du grec *barus*, pesant. — Combinaison d'une proportion (68,6) de baryum et d'une proportion (8) d'oxygène. Découverte par Schéele en 1774, la baryte se présente sous forme d'une masse spongieuse, friable, infusible, d'une couleur grisâtre. Elle est vénéneuse ; sa saveur est âcre et urineuse ; elle forme une base puissante, soluble dans 2 parties d'eau bouillante et 20 parties d'eau froide. Son affinité pour ce liquide est telle que si l'on en verse quelques gouttes sur elle, il se produit un bruit analogue à celui d'un fer rouge plongé dans l'eau. Aussi, exposée à l'air, elle en absorbe l'humidité, se délite et tombe en poussière ; elle s'empare également de son acide carbonique, et la dissolution de baryte se trouble à l'air, parce que le carbonate de baryte qui se forme est insoluble.

La dissolution de baryte évaporée dépose des cristaux qui retiennent 10 proportions d'eau, dont 9 seulement peuvent être chassées par la chaleur ; la dernière est fixée avec une grande énergie et ne peut être éliminée que par les acides. Cet hydrate fond à la chaleur rouge.

La baryte forme avec l'acide sulfurique et l'acide chromique des composés insolubles qui permettent de distinguer ces substances l'une par l'autre; la combinaison, surtout avec l'acide sulfurique, se fait avec assez d'énergie pour que l'alcali devienne incandescent. La baryte jouit en outre de la propriété de se combiner au rouge sombre avec l'oxygène de l'air, d'en fixer ainsi une proportion égale à celle qu'elle contenait d'avance, et de se transformer en *bioxyde de baryum* (BaO^2). Ce bioxyde à son tour, chauffé au rouge vif, laisse dégager son oxygène en excès. Cette propriété, constatée pour la première fois par M. Boussingaul, fournira peut-être le moyen de se procurer industriellement l'oxygène à bon marché (voyez OXIGÈNE).

La baryte se rencontre en assez grande abondance dans la nature à l'état de sulfate et de carbonate qui servent à préparer tous les sels de baryte et la baryte elle-même. Le *carbonate de baryte* (BaO,CO^2), chauffé au rouge blanc, perd son acide carbonique ; la décomposition est rendue plus facile si au carbonate on mélange du charbon. On peut également dissoudre le carbonate dans l'acide nitrique qui le transforme en nitrate de baryte, et décomposer le nitrate par la chaleur. Pour retirer la baryte de son sulfate, on mélange celui-ci avec du charbon en poudre et de l'huile ou des graisses, de l'amidon, de la résine, et on le calcine fortement. Le charbon s'empare de l'oxygène du sulfate qui est transformé en sulfure. Si l'on veut obtenir de l'hydrate de baryte, on peut laver le résidu de la calcination et faire bouillir la lessive sur de l'oxyde de cuivre ; il se forme du sulfure de cuivre insoluble et de l'oxyde de baryum hydraté qui se dissout et qu'on fait cristalliser par évaporation. Mais si on veut avoir la baryte anhydre, il faut traiter le sulfure de baryum par l'acide nitrique qui le transforme en nitrate de baryte, et calciner ce dernier sel.

BARYTE (SELS DE). — Sels blancs, à moins que l'acide ne soit coloré par lui-même. On les distingue aux caractères suivants : lorsqu'ils sont solubles, les carbonates alcalins y donnent un précipité blanc, très-peu soluble, de carbonate de baryte, tandis que l'ammoniaque pure n'y donne rien, ce qui les distingue des sels d'alumine et de magnésie. Les sulfates alcalins et l'acide sulfurique y donnent un précipité blanc de sulfate de baryte complétement insoluble.

Les chromates solubles y forment un précipité jaune de chromate de baryte, ce qui les distingue des sels de strontiane.

Les sulfures alcalins n'y produisent rien, ce qui les distingue des sels de plomb.

Dissous dans l'alcool ou mélangés avec ce liquide, ils donnent une flamme jaune verdâtre, tandis que les sels de strontiane donnent une flamme d'un beau rouge pourpre.

Lorsque le sel de baryte n'est pas soluble, il faut le rendre soluble en traitant, par exemple, le carbonate par les acides nitrique ou chlorhydrique, et le sulfate par le charbon.

Tous les sels solubles de baryte sont vénéneux à dose assez faible. Ils ont peu d'usages dans l'industrie.

BARYTE (AZOTATE DE) (BaO,AzO^5). — Sel anhydre soluble dans 8 parties d'eau froide, dans 3 parties d'eau bouillante et moins soluble dans un excès d'acide. On l'obtient en traitant le carbonate de baryte ou le sulfure de baryum par l'acide azotique. C'est un réactif assez employé en chimie, mais très-peu dans les arts.

BARYTE (CARBONATE DE), BARYTE CARBONATÉE, WITHÉRITE (BaO,CO^2). — Combinaison naturelle d'acide carbonique et d'oxyde de baryum. Minéral blanc fibreux, d'une densité égale à 4,3. Il est vénéneux, ce qui le fait désigner en Angleterre sous le nom de *pierre contre les rats*.

BARYTE (SULFATE DE), BARYTE SULFATÉE. — Combinaison d'acide sulfurique et de baryte caustique (BaO,SO^3). Son poids considérable et son très-bas prix le font souvent employer pour frauder les produits de l'industrie, et en particulier la céruse ou carbonate de plomb. Pour démasquer cette fraude, il suffit de verser sur la céruse de l'acide nitrique étendu qui doit la dissoudre en entier, si elle est pure, et qui est sans action sur le sel de baryte (voyez BARYTINE).

BARYTINE (Minéralogie). — Sulfate de baryte naturel; sa pesanteur spécifique, qui est environ de 4,4, le distingue d'un grand nombre de minéraux et lui a valu le nom de *spath pesant*; on l'appelle encore *pierre puante*, à cause de l'odeur fétide que lui communique la présence du bitume. Le sulfate de baryte naturel est ordinairement pur ou quelquefois mélangé de sulfate de chaux; on le rencontre en cristaux ou bien en masses fibreuses, compactes ou terreuses. A l'état cristallin, la barytine offre un très-grand nombre de formes dérivant d'un prisme droit rhomboïdal dont l'angle est de 101° 42'. La barytine est quelquefois hyaline, et alors elle possède la double réfraction à deux axes optiques faisant entre eux un angle de 37° 42'.

Le sulfate de baryte est essentiellement un minéral de filon ; on le trouve dans les mines du Cumberland, en Angleterre ; en France, à Royat (Puy-de-Dôme) ; mais la Hongrie fournit les plus beaux échantillons. Ce minéral s'y rencontre dans des filons qui fournissent du tellure argentifère : les mines d'étain sont les seules où on le trouve plus rarement. Sa présence dans un filon est, comme celle du spath-fluor, un indice presque certain de l'existence de minerais métalliques.

BARYUM (Ba = 68,6), du grec *barus*, pesant. — Métal d'un blanc d'argent, assez malléable, fusible avant la chaleur rouge, difficilement volatil, très-oxydable à l'air, décomposant l'eau avec rapidité pour se transformer en baryte (BaO), et d'une densité égale à 4,97 ; du reste, peu connu à cause de la difficulté de sa préparation et de sa conservation qui le rend sans usage. Ses combinaisons avec l'oxygène, le chlore, le soufre, etc., sont au contraire assez fréquemment employées dans les laboratoires.

Le baryum fut découvert en 1807 par **H.** Davy, à l'aide de la pile. On forme avec de la baryte hydratée une petite capsule que l'on met en communication avec le pôle positif d'une forte pile, et on verse dans la capsule un peu de mercure dans lequel on fait plonger le pôle négatif de la pile. La baryte est décomposée peu à peu, et son métal se dissout dans le mercure. En soumettant ensuite l'amalgame à la distillation, on volatilise le mercure, et le baryum reste dans la cornue. On l'obtient aujourd'hui plus facilement en chauffant au rouge vif de la baryte dans un courant de vapeur de potassium ou de sodium qui s'empare de son oxygène.

BARYUM (OXYDES DE). — On en connaît deux :

Le *protoxyde de baryum* (BaO), ou *Baryte.* — Voyez ce mot.

Le *bioxyde de baryum* (BaO²), *Baryte oxygénée.* — Combinaison d'une proportion (68,6) de baryum avec 2 proportions (16) d'oxygène. Substance poreuse, grise, d'un aspect semblable à celui de la baryte, et que l'on obtient en chauffant de la baryte au rouge sombre dans un courant d'oxygène, ou simplement d'air sec. Cette substance peut se combiner aisément à l'eau pour former un hydrate peu soluble qui se décompose même à la température de l'eau bouillante, en oxygène qui se dégage, et en baryte qui se dissout. Le même effet a lieu au rouge vif par l'action seule de la chaleur. La baryte oxygénée n'a que des usages limités dans les laboratoires : on s'en sert pour préparer l'*eau oxygénée.*

BARYUM (SULFURES DE). — On en connaît plusieurs :

Le *monosulfure* (BaS), analogue à la baryte et jouant le rôle d'une base énergique en présence de *sulfacides.* Il fournit un grand nombre de *sulfosels.* On l'obtient en calcinant le sulfate de baryte en présence du charbon qui lui enlève son oxygène. La matière obtenue est lavée à l'eau, la lessive est évaporée et laisse déposer des cristaux lamelleux blancs de monosulfure.

Le *pentasulfure* (BaS⁵) que l'on obtient en faisant bouillir du soufre dans une dissolution de monosulfure. En réglant convenablement la quantité de soufre sur laquelle on opère, on obtient des sulfures intermédiaires aux précédents. Ces sulfures peuvent également être produits en calcinant un mélange de soufre et de baryte.

BARYUM (CHLORURE DE) (BaCl). — On le prépare aisément en dissolvant le carbonate de baryte naturel dans l'acide chlorhydrique, ou bien en dissolvant dans le même acide le sulfure de baryum résultant de la calcination d'un mélange de charbon et de sulfate de baryte, ou enfin en calcinant dans un four à réverbère du sulfate de baryte en poudre avec la moitié de son poids de chlorure de calcium provenant de la fabrication de l'ammoniaque. La masse retirée du four est agitée vivement avec de l'eau froide, décantée rapidement et évaporée. Le contact un peu prolongé de l'eau détruirait le composé obtenu par l'action du feu. Le chlorure de baryum est soluble dans 2,3 parties d'eau froide, 1,3 partie d'eau bouillante ; par l'évaporation ou le refroidissement on obtient des cristaux d'apparence nacrée, d'une saveur piquante, âcre et désagréable, d'un hydrate contenant 2 proportions d'eau (BaCl,2HO) qu'il perd à 100°.

Le chlorure de baryum est un *réactif* souvent employé dans les laboratoires. Les autres combinaisons du baryum avec les métalloïdes sont sans usage. **M. D.**

BAS (MÉTIER A). — Voyez BONNETERIE.

BASALTE (Minéralogie). — Roche d'origine ignée, analogue par sa composition aux dolérites et formée, par conséquent, de cristaux de pyroxène (silicate de chaux, de magnésie, d'alumine et de fer) et de labrador (silicate d'alumine et de chaux) intimement mélangés. Ces cristaux sont d'une si grande ténuité que la roche a l'air tout à fait compacte. Le basalte est toujours d'un noir bleuâtre ; il renferme des cristaux de pyroxène isolés, mais peu de labrador sous cette forme. La présence du péridot (silicate de magnésie et de fer) est caractéristique de cette roche qui contient, en outre, du fer oxydulé, de l'amphibole, des pyrites, du zircon et du mica noir. La densité du basalte est environ 3,3. Il est répandu en grandes masses qui affectent souvent des formes très-remarquables et d'un aspect tout particulier dû à son mode d'origine. On ne peut douter, en effet, que cette roche n'ait été produite par des actions analogues aux éruptions volcaniques et qu'elle n'ait été poussée au dehors à l'état liquide sous l'action de forces intérieures puissantes. La forme de nappes plus ou moins puissantes, ou de filons qui, en pénétrant dans les fissures des roches stratifiées, les ont plus ou moins modifiées, assimile en tout point les basaltes aux laves des volcans modernes. Répandue ainsi à l'état liquide, la roche s'est refroidie, et, pendant ce refroidissement, elle s'est fissurée dans plusieurs directions perpendiculaires à la surface de refroidissement, il en résulte que la masse semble partagée en colonnes prismatiques qui ressemblent au premier abord à de gigantesques cristallisations. Cette disposition se retrouve dans les chaussées de géants (comté d'Antrim en Irlande), nappes de basalte répandues à la surface du sol et qui semblent formées de pavés prismatiques accolés les uns aux autres. Les masses de basaltes prismatiques forment aussi des grottes dont la plus remarquable est la grotte de Fingal, île de Staffa, l'une des Hébrides. Quelquefois ces colonnes sont divisées en petits tronçons et ressemblent alors à des disques empilés : telle est la grotte des Fromages (*Käsegrotte*), sur les bords du Rhin, entre Trèves et Cologne. Dans les filons verticaux, le refroidissement s'opère par les parois latérales, aussi la division en prismes est-elle horizontale au lieu d'être verticale comme dans les cas précédents. Les dispositions les plus curieuses du basalte s'observent en Écosse et en France dans le Vivarais.

BASANE. — Peau de mouton, brebis ou bélier, travaillée au tan ou à l'alun.

Les usages de la basane sont très nombreux, et les apprêts qu'on lui fait subir varient avec les qualités qu'on veut lui donner. La *basane tannée* ou de *couche*, préparée comme le veau, est plus particulièrement destinée à faire les tapisseries de cuir doré, les dessus de banquettes ou de fauteuils. La *basane alute* préparée à l'alun au lieu de tan est *préférée* pour les couvertures de livres ou de portefeuilles.

La France fabrique annuellement une grande quantité de basanes pour sa consommation intérieure et pour l'exportation. On les prépare dans les départements, surtout ceux du centre, et on les termine à Paris.

BAS-BORD. — Terme de marine (voyez BÂBORD).

BASCULE. — Instrument de pesage (voyez BALANCE).

BASE (Chimie). — Nom donné en *chimie* aux combinaisons des métaux avec l'oxygène, jouissant de la faculté de s'unir aux acides et d'en neutraliser les propriétés caractéristiques, en formant avec eux des sels. Ainsi les bases, quand elles sont solubles dans l'eau, bleuissent la teinture de tournesol rougie par un acide et brunissent la teinture de curcuma que les acides, au contraire, ramènent au jaune clair : un sel, combinaison en proportions convenables d'un acide et d'une base, restera sans action sur le tournesol et le curcuma. Toutefois, tous les acides et toutes les bases ne peuvent pas produire d'une manière complète ce dernier résultat. Les bases, comme les acides, ne sont pas toutes également puissantes.

Un petit nombre de bases sont très-solubles dans l'eau pure ; on les appelle *alcalis* (potasse, soude, lithine) ; d'autres le sont peu, ce sont les bases *alcalino-terreuses* (baryte, strontiane, chaux). Les autres *bases* sont insolubles ; ce sont les plus nombreuses. Il est cependant des bases qui, dans certains cas, peuvent jouer le rôle d'acides : telle est, par exemple, l'alumine. L'eau est basique en présence des acides et acide en présence des bases (voyez OXYDES).

Le mot *base* s'étend aussi à des composés que l'on ne peut considérer comme des oxydes et qui jouissent cependant de la propriété de former des sels avec les acides : tels sont en particulier les *alcalis organiques* (voyez ce mot).

BASE (Mathématiques) ; dans le *levé des plans*, on appelle *base* une ligne droite mesurée avec soin et servant de point de départ dans la construction des diverses lignes qui serviront à déterminer les distances ou les positions des

points à relever, ou des superficies à évaluer (voyez
LEVÉ DES PLANS, au supplément).

En *astronomie*, la distance mesurée sur la terre entre
deux points très-éloignés pour en déduire la longueur
des degrés du méridien, et par suite les dimensions de
la terre, ou ses distances au soleil ou aux diverses planètes (voyez TRIANGULATION).

En *géométrie*, celle des lignes ou surfaces d'une figure
géométrique servant à évaluer la superficie ou le volume
de cette figure. C'est ainsi que l'on dit que la surface
d'un triangle a pour mesure le produit d'un de ses côtés
servant de base par la moitié de la perpendiculaire abaissée du sommet opposé à la base sur cette base elle-
même; que le volume d'une pyramide est égal au produit
de sa base (surface opposée au sommet) par le tiers de
la distance de ce sommet à la base (voyez SURFACES,
AIRES, VOLUMES et le supplément).

En *arithmétique*, le nombre qui exprime le rapport
existant entre les différentes unités successives d'un
système de numération. Ainsi notre système usuel, dont
la base est 10, est appelé *système décimal*, parce que
chaque unité ne vaut 10 de l'ordre immédiatement inférieur. Si, au contraire, chaque unité en valait 12 de l'ordre précédent, on aurait ce qu'on appelle le *système
duodécimal* dont la *base* serait 12 (voyez NUMÉRATION).

Dans le calcul des *logarithmes*, on nomme base le
nombre qui a pour logarithme l'unité (voyez LOGARITHMES).

BASELLE (Botanique), *Basella* (d'après Rheede, ce
nom est malabar). — Genre de plantes type de la famille
des *Basellées*, voisine de celle des Chénopodées. Il se distingue par un calice double, des étamines soudées entre
elles par leur base et un fruit globuleux enveloppé par
le calice devenu charnu. La *B. rouge* (*B. rubra*, Lin.),
appelée aussi *Épinard du Malabar*, *Brède d'Angole* ou
Gandole, est une herbe qui atteint souvent plus d'un
mètre. Ses tiges sont grimpantes et teintées d'un pourpre
fauve, et ses fleurs en épis sont d'un rose plus ou moins
vif. Cette espèce, originaire des Indes orientales, donne
par ses fruits d'un pourpre foncé une belle couleur rose,
qu'on n'est pas encore parvenu à fixer. Les indigènes emploient pour leur alimentation les feuilles de cette plante
en guise d'épinards. La *B. blanche* (*B. alba*, Lin.), vulgairement *Épinard blanc du Malabar*, diffère par ses tiges
verdâtres, ses fleurs blanches et ses fruits de même couleur. Les racines de cette plante, qui croît aussi au Japon,
contiennent, dit-on, un principe laxatif. La *B. tubéreuse*
(*B. tuberosa*, Humb.) est cultivée comme herbe potagère à
cause de ses racines alimentaires.   G — s.

BASILAIRE (Anatomie), qui sert de base. — Cette épithète a été donnée à plusieurs objets : ainsi *os basilaire*
ou *sphéno-occipital*, plusieurs anatomistes ont décrit
sous ce nom l'occipital et le sphénoïde réunis. L'apophyse basilaire ou *angle inférieur de l'occipital* est un
prolongement de cet os qui s'articule avec le sphénoïde;
sa face inférieure rugueuse forme la voûte osseuse du
pharynx, sa face supérieure porte le nom de *gouttière
basilaire*. — *Artère basilaire*, c'est le tronc artériel qui
résulte de l'anastomose par convergence des vertébrales.
Logé dans la gouttière basilaire sur laquelle il repose,
il commence vers le bord postérieur de la protubérance
annulaire, et finit au-devant de son bord antérieur en
se bifurquant pour former les artères cérébrales postérieures : l'artère basilaire fournit la cérébelleuse antérieure et inférieure et la supérieure.

En *botanique*, le mot *basilaire* sert à indiquer qu'un
organe est à la base d'un autre : ainsi un style est *basilaire* quand il naît de la base de l'ovaire.

BASILÉE (Botanique), *Basilœa*. — Genre de plantes
établi dans la famille des *Liliacées* par Zuccagni, et
fondu aujourd'hui dans le genre *Eucomide*.

BASILIC (Zoologie), *Basiliscus*, Daudin. — Genre de
Reptiles Sauriens, famille des *Iguaniens*, section des
Iguaniens propres; les Basilics se rapprochent des
Ophryesses en ce qu'ils manquent, comme eux, de pores
aux cuisses, qu'ils ont des dents au palais, et le corps
couvert de petites écailles; mais ils en diffèrent par leur
crête qui est continue, élevée et soutenue par les apophyses épineuses des vertèbres : leurs membres sont allongés, leurs doigts grêles, ceux de derrière garnis en dehors
d'une frange dentelée. L'espèce connue est le *B. à capuchon* (*Lacerta basiliscus*, Lin.), long d'environ 0ᵐ,60 à
0ᵐ,70, dont la queue fait à peu près les trois quarts; il se
distingue par une proéminence membraneuse conique
qu'il porte sur l'occiput, en forme de capuchon, soutenue par du cartilage. Il se nourrit de graine; on le
trouve à la Guyane.

Le basilic des anciens était un animal fabuleux, aussi
redoutable que le nôtre est innocent : il causait la mort
non-seulement par sa piqûre, mais encore par son regard
seul, à tel point qu'il se foudroyait lui-même, lorsque
pour le prendre on lui présentait un miroir dans lequel
il voyait son image. Les charlatans d'autrefois montraient
dans les rues et vendaient comme *basilics* de petites raies
auxquelles ils rompaient la colonne vertébrale, et qu'ils
façonnaient d'une manière bizarre.

BASILIC (Botanique), du grec *basilikos*, royal, à cause
de son odeur suave et des plus agréables. — Nom français
du genre *Ocimum*, Lin.), appartenant à la famille des
Labiées et type de la tribu des *Ocimoïdées*. Les basilics
sont des herbes ou des arbrisseaux à fleurs composées
d'un calice quinquédenté, d'une corolle à limbe bilobé, de
4 étamines à filets libres et d'un disque hypogyne. Les
fruits sont des akènes renfermant souvent à la maturité
une sorte de mucilage. Le *B. blanc* (*O. canum*, Sims.) de
l'Afrique tropicale, le *B. très-agréable* (*O. gratissimum*,
Lin.) des Indes orientales, sont des espèces vivaces ou
sous-ligneuses qui se cultivent en serre chaude. Le *B.
commun* (*O. basilicum*, Lin.), vulgairement appelé *Oranger de savetier*, est annuel et ne s'élève guère à plus de
0ᵐ,30. Ses tiges sont très-rameuses et pubescentes. Ses
feuilles ovales, glabres, sont un peu dentées et ponctuées
en dessus. Les feuilles florales, souvent colorées, sont
garnies de cils et dépassent un peu le calice en longueur.
Cette jolie espèce, qui nous vient d'Asie et d'Afrique,
est très-répandue et se cultive à cause de son excellente
odeur. On l'a recommandée souvent en infusion théiforme
pour les maux de tête. Sa saveur est très-piquante et
aromatique. On connaît d'assez nombreuses variétés de
cette plante. Le *B. nain*, vulgairement *Petit-Basilic* (*O.
minimum*, Lin.) est l'espèce la plus ornementale, et par
conséquent la plus répandue dans les jardins d'agrément.
Elle est originaire du Chili et donne en été des fleurs
blanches disposées en grappes simples.   G — s.

BASILICUM ou BASILICON (Matière médicale), du grec
basilikos, royal. — On donne ce nom généralement à
tous les médicaments auxquels on attribue de grandes
vertus; cependant il a été réservé spécialement à un onguent que l'on croit propre à favoriser la formation du
pus. L'onguent *basilicon* est composé de quatre substances : résine de pin, 60; poix noire, 60; cire jaune, 60;
huile d'olive, 235 : le nom de *tetrapharmacum* (en grec
tettara pharmaca, quatre drogues) lui a été donné à
cause des quatre éléments dont il est composé.

BASILIQUES (VEINES) (Anatomie), du grec *basilikos*,
royal, parce que les anciens pensaient qu'elles jouaient
un rôle important dans l'économie animale. — Ce nom a
été donné à deux troncs veineux du bras : 1° la *V. basilique* propre est une de celles sur lesquelles on pratique
la saignée : née à la partie interne du pli du coude, au-
devant de l'artère humérale, de la réunion des veines cubitales et de la médiane basilique, elle se dirige d'abord
obliquement d'avant en arrière, puis verticalement en
haut le long de la partie interne du bras, au-devant du
nerf cubital, et va se terminer dans la veine brachiale
ou dans l'axillaire; 2° la *V. médiane basilique*, tronc
situé superficiellement, qui monte de dehors en dedans
de la médiane commune à la cubitale pour former la
basilique. C'est sur une de ces deux veines qu'on pratique
très-souvent la saignée du bras; la disposition et les
rapports des veines du pli du coude seront exposés plus
au long à l'article SAIGNÉE.

BASIQUE (Chimie). — Nom donné, soit aux combinaisons qui jouissent de la propriété de s'unir aux acides
et d'en neutraliser plus ou moins complétement les propriétés (la chaux est une base ou un composé basique),
soit aux sels qui contiennent une proportion de base supérieure à celle qui correspond au *sel neutre* (le sous-
acétate de plomb est un sel basique). Un sel bibasique
contient 2 proportions de base pour 1 d'acide; un sel
tribasique en contient 3, etc. On dit encore qu'un acide
est *monobasique*, *bibasique* ou *tribasique*, suivant qu'il
lui faut 1, 2 ou 3 proportions de base pour former un
sel neutre. L'acide phosphorique ordinaire est tribasique;
par la calcination, il devient bibasique; un degré de
chaleur plus élevé le rend monobasique (voyez SELS, BA-
SES, ACIDES).

BASSET (Zoologie). — Race de chiens de chasse très-
estimés : la plupart ont les *jambes torses*; il y en a aussi
à *jambes droites* (voyez RACES).

BASSIE (Botanique), *Bassia*, Kœn., dédicace faite à
Bassi ou Bassus, professeur de l'université de Bologne. —
Genre de plantes de la famille des *Sapotées*, comprenant

des arbres de l'Asie et de l'Afrique tropicale, de 10 à 15 mètres de hauteur. Leurs tiges contiennent un suc laiteux; les feuilles sont entières, alternes; les fleurs, axillaires, fasciculées ou disposées en ombelle; la corolle, campanulée tubuleuse; le fruit est une baie oblongue ou globuleuse renfermant de 1 à 5 graines. La *B. à longues feuilles* (*B. longifolia*, Lin.) est un grand arbre à rameaux velus présentant une couleur rousse au sommet. Ses feuilles sont lancéolées, acuminées, un peu ondulées, molles; les étamines, au nombre de 16 à 20, présentant des anthères très-allongées et se terminant par 3 dents; le fruit est une baie grosse comme une belle prune, elle est recouverte d'une légère villosité. Cette espèce, qui porte dans le Malabar le nom indien de *Illupei*, est employée à différents usages chez les indigènes; ainsi on mange les corolles que l'on fait rôtir; elles ont, dit-on, une saveur analogue à celle du raisin. On extrait des graines une huile grasse comestible. L'écorce et les baies contiennent un suc très-astringent dont on a fait usage contre les maladies de la peau. Le fruit, soit mûr, soit avant sa maturité, se mange en bouillie. Enfin, le bois est précieux pour sa dureté, sa solidité, et pour la résine qu'il contient en abondance. La *B. à larges feuilles* (*B. latifolia*, Roxb.) a des feuilles oblongues-elliptiques ou ovales, aiguës; baie oblongue, de la grosseur d'une petite pomme. Cette espèce, qui croît spontanément dans l'Inde ainsi que la précédente, fournit par ses graines une huile propre à remplacer celle du palmier. Son bois est aussi très-dur, et ses fleurs, dont les écureuils sont très-friands, sont recherchées par les indigènes pour préparer une sorte de liqueur alcoolique. Le *B. butyracea* de Roxb. (*Arbre à beurre*) renferme dans ses graines une substance analogue au beurre, mais qui durcit promptement; les indigènes la regardent comme un bon remède contre les rhumatismes, c'est le beurre de *Galam*. Cet arbre croît au Népaul.   G — s.

BASSIN (Anatomie et Zoologie). — On appelle ainsi cette ceinture osseuse qui forme dans l'homme la base du tronc; il termine l'abdomen à sa partie inférieure ou postérieure et s'appuie sur la région sacrée de la colonne vertébrale. Les vertèbres sacrées, au nombre de cinq, soudées ensemble forment le sacrum, de forme pyramidale dont le sommet situé en bas s'articule avec le coccyx; de chaque côté il s'unit à un os considérable, aplati et contourné en une sorte de demi-cercle très-irrégulièrement figuré; les deux extrémités antérieures se joignent en avant l'une à l'autre par une espèce de soudure qu'on appelle la *symphyse du pubis*. Ces deux os se nomment les *os iliaques* (*ilia*, entrailles), les *os coxaux* (*coxa*, hanche), ou *os de la hanche*. On distingue dans chacun de ces os trois parties qui, dans le jeune âge, formaient trois os séparés; l'*ilium*, partie élargie qui constitue proprement la hanche; le *pubis*, qui, en s'unissant à son analogue du côté opposé, ferme le bassin en avant; et enfin l'*ischion*, tubérosité osseuse dirigée en arrière et en bas chez l'homme, et qui fait saillie du côté de l'anus. Le point de jonction de ces trois portions est remarquable par son épaisseur et son rétrécissement en forme de col; c'est dans cette épaisseur qu'est creusée en dehors la cavité cotyloïde qui reçoit la tête du fémur. Le bassin donne attache aux muscles de l'épine, du bas-ventre, des cuisses; il contient une partie des organes de la digestion, et ceux de la sécrétion urinaire etc.; il les protège contre les corps extérieurs.

L'homme seul a un bassin large, évasé, et pourvu de masses musculaires aussi puissantes, capable d'assurer le maintien de la station verticale; aussi est-il déjà beaucoup plus étroit chez les autres mammifères : chez certains carnassiers, tels que la taupe, les os iliaques sont très-resserrés et le détroit antérieur est d'une petitesse extrême; on peut en dire autant de la roussette et de quelques autres. Dans les marsupiaux ou animaux à bourse, le bassin est d'une petitesse remarquable; mais ce qui le distingue surtout, c'est l'existence d'un os particulier et mobile sur le pubis; il soutient la poche dans laquelle l'animal porte ses petits après la mise-bas. Le bassin des cétacés n'est formé que de deux osselets suspendus dans les chairs. Les oiseaux ont le bassin très-grand et ouvert par-devant, excepté dans l'autruche. Les poissons qui n'ont pa. de nageoires ventrales n'ont pas de bassin. Chez les reptiles, il manque dans la famille des Serpents vrais, parmi les Ophidiens.

BASSINET du REIN, Petit Bassin (Anatomie). — Petite poche membraneuse située derrière l'artère et la veine rénale, au niveau de l'échancrure postérieure de la scissure du rein; ce n'est, à proprement dire, que l'ori-

gine en forme d'entonnoir de l'uretère; on ne l'observe que chez les Mammifères (voyez Rein, Uretère).

Bassinet ou Bacinet. — Nom vulgaire de la renoncule rampante ou bassin d'or (voyez Renoncule).

Bassinet. — Terme d'arquebuserie (voyez Fusil).

BASSORINE (Chimie). — Mucilage qui forme en grande partie la *gomme adragante*; au contact de l'eau froide, il augmente considérablement de volume sans se dissoudre; par l'ébullition longtemps prolongée de ce liquide, il se convertit en arabine. La bassorine sèche ressemble à la gomme ordinaire; mais sa transparence est moindre et elle n'est point pulvérisable. Ses caractères distinctifs sont : 1° de bleuir par la teinture d'iode; ce qui tient à la présence à peu près constante de granules d'amidon dans sa masse; 2° de donner une solution limpide dans l'eau par l'action des alcalis ou du verre soluble; 3° de ne donner aucun précipité dans la dissolution de sulfate de sesquioxyde de fer.

La bassorine a été étudiée, pour la première fois, par Vauquelin et Bucholz.

BASTINGAGE. — Système de chandeliers de fer et de filières disposés sur les plats-bords et le long des gaillards d'arrière des vaisseaux de guerre, et supportant des filets garnis de toile peinte auxquels on suspend les hamacs de l'équipage durant le jour.

Pendant un engagement, les bastingages garnis de leurs hamacs forment une espèce de rempart qui protège, contre les effets de la mousqueterie, les hommes de service sur le pont.

Les navires de commerce n'ont généralement pas de bastingage.

BASTINGUE. — Toile matelassée dont on se servait autrefois pour le bastingage.

BASTION (Artillerie). — Un *bastion* est un ouvrage de fortification, en général de forme pentagonale (*fig.* 288); *ab* et *de* sont les deux *flancs*, *bc* et *cd* les deux *faces*, *ae* la gorge généralement ouverte du côté de la place; *c* est l'*angle saillant* ou *flanqué*; *b* et *d* sont les *angles d'épaule*, *a* et *e* les *angles de flancs*. A l'origine de la fortification, les remparts étaient tracés en ligne droite; mais on sentit bientôt le besoin d'élever des tours en saillie sur l'enceinte, afin de défendre le pied des murailles; lorsque, à cause

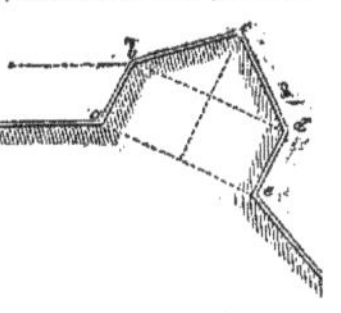

Fig. 284. — Bastion.

des effets de l'artillerie, on fut obligé de terrasser les remparts, ces tours devinrent trop petites; mais en les agrandissant, par suite de leur convexité, une de leurs parties ne fut plus vue de la place; on imagina alors de les terminer par deux plans tangents, vus par les tours voisines; on eut ainsi les *bastions*. On attribue leur invention à Achmet-Pacha, qui fortifia Otrante en 1480. Les premiers bastions étaient très-petits; mais on les agrandit successivement jusqu'à pouvoir établir dans leur intérieur un retranchement. Le bastion est l'ouvrage d'une place qui est le dernier attaqué, et dont la prise entraîne celle de la ville, à moins que le retranchement qui doit exister dans son intérieur, ou qu'on a dû y élever pendant le siège, ne puisse supporter un nouvel assaut, ou au moins permettre d'obtenir une capitulation honorable (voyez Fortification).   M. M.

BAS-VENTRE (Anatomie). — Voyez Abdomen, Ventre.

BATARA (Zoologie), *Thamnophilus*, Vieil. — Genre de l'ordre des *Passereaux*, établi par Vieillot, famille des *Dentirostres*, du genre *Pies-grièches* de Cuvier (*Lanius*, Lin.). Ces oiseaux ont le bec robuste, élargi à la base, resserré à la pointe, l'arête supérieure droite dans sa longueur, et crochue seulement au bout; les tarses allongés, la queue longue et très-étagée. « Leur forme, dit Cuvier, passe par des degrés insensibles à celle des fauvettes et des autres becs-fins. » Très-voisins des Vangas, ils n'en diffèrent guère que par leurs tarses plus longs et leur queue beaucoup plus étagée. Leurs espèces qui habitent les régions chaudes de l'Amérique, vivent dans les broussailles, où elles se tiennent cachées; elles se nourrissent d'insectes; les principales sont : la *Pie-grièche rayée*, de Cayenne (*Lanius doliatus* ou *radiatus*, Spix.), longue de 0m,15 à 0m,16; le *Grand Batara d'Azzara* ou *Th. magnus*, qui a plus de 0m,20 de long; le *B. Tchagra* de Vaillant, etc.

BATARDEAU. — Encaissement temporaire construit

en pilotis dans le lit d'une rivière pour empêcher l'eau d'arriver en un point de ce lit, où l'on veut exécuter quelques travaux de construction. On les établit ordinairement, soit au moyen d'une double rangée de pieux réunis par des planches formant une double paroi que l'on remplit de terre battue, soit surtout quand il doit avoir peu de hauteur, au moyen d'une seule rangée de piquets réunis par des branchages en forme de claie, le long de laquelle on amasse la terre. Dans les fortifications, on nomme *batardeau* un massif de maçonnerie qui sert à retenir l'eau d'un fossé.

BATATE (Botanique). — Voyez PATATE.

BATEAU A VAPEUR, PYROSCAPHE. — Nom assez généralement étendu aux bâtiments de transport sur mer, aussi bien qu'aux bateaux qui desservent les fleuves, rivières ou canaux, lorsque les uns et les autres sont mus par la vapeur.

Moteur. — Les machines les plus généralement employées sur les bateaux à vapeur sont encore les machines à balancier, système de Watt (voyez VAPEUR, MACHINES A); seulement le balancier est double pour chaque corps de pompe, et rejeté au pied de la machine pour en diminuer la hauteur, en condenser davantage les diverses pièces, offrir plus de résistance aux déformations inévitables dans les bateaux à vapeur par suite du tangage et du roulis, et abaisser, autant que possible, le centre de gravité du système. Ces machines sont ordinairement couplées; les deux pistons agissent sur deux manivelles d'un même arbre, disposées à angle droit pour aider à franchir les points morts et donner plus de régularité à la marche. Elles offrent le grave inconvénient d'être encombrantes par leur volume et leur poids, et de trop restreindre le volume et la charge disponibles du bâtiment; aussi a-t-on fait de nombreux essais pour leur substituer des machines plus simples et plus légères. Les machines oscillantes imaginées par Maudslay, de Londres, importées en France et perfectionnées par M. Cavé, avaient d'abord paru satisfaire aux conditions exigées; mais, dès qu'on voulut atteindre des forces un peu considérables, on fut arrêté par les énormes frottements éprouvés par les tourillons du cylindre. Il convient mieux, quand on veut faire agir directement la tige du piston sur l'arbre de l'appareil propulseur, ce qui présente un avantage réel, de disposer les corps de pompe dans une position inclinée et même horizontale, pour donner aux bielles une suffisante longueur sans que la machine fasse trop saillie au-dessus du pont du bateau. Cette disposition est d'ailleurs la seule praticable dans les bateaux à hélice, où les machines doivent marcher avec une grande rapidité, à cause de l'obliquité de l'impulsion.

La *basse pression*, avec *détente* et *condensation*, est exclusivement employée en France et en Angleterre dans la marine de l'État; les dépôts de matière saline que produit l'eau de mer, les déplacements de l'eau dans les chaudières par l'effet du tangage et du roulis, et, par suite, la mise à sec d'une portion de la surface de chauffe qui se recouvre d'eau quelques moments après, rendraient une pression élevée trop dangereuse sur mer; aussi les accidents sont-ils très-fréquents en Amérique, où on ne craint pas de l'employer. Il n'est pas douteux, cependant, que l'usage de la vapeur à 2 ou 3 atmosphères ne produisit des avantages réels sous le rapport de la vitesse, et cette pratique est assez généralement adoptée dans la navigation fluviatile.

Les chaudières à vapeur sont à *tombeau* (Voyez CHAUDIÈRE A VAPEUR) pour les basses pressions, leur nettoyage et leur entretien offrant une grande simplicité. Cependant, pour les grands bâtiments de la marine de l'État, on préfère généralement, surtout en Angleterre, les chaudières carrées à foyers intérieurs multiples et dans l'intérieur desquelles circulent l'air et les gaz du foyer dans des conduits en tôle repliés sur eux-mêmes, soit horizontalement, soit verticalement. Ces chaudières ont une grande puissance de vaporisation, mais elles sont d'un nettoyage difficile et d'un entretien coûteux; or, ce nettoyage doit être fréquent en mer, à cause de la grande quantité de sel que contient l'eau de mer.

Les cheminées des bateaux à vapeur sont peu élevées; elles sont faites en tôle qui se laisse facilement traverser par la chaleur, on ne peut donc y produire un tirage suffisant qu'à la condition de laisser aux gaz provenant de la combustion une température élevée, ce qui occasionne une perte notable de chaleur, ou de produire un tirage artificiel au moyen de ventilateurs, ce qui a été essayé, puis abandonné.

Propulseur. — L'impulsion est donnée aux bateaux à vapeur, tantôt par l'intermédiaire de *roues à aubes* (*fig.* 285) ou *palettes* disposées de chaque côté du bateau et plongeant dans l'eau par leur extrémité inférieure de 0^m,08 à 0^m,10 au-dessus du bord intérieur de palettes, tantôt par une roue unique à palettes hélicoïdales placée à l'arrière du navire, entièrement submergée et appelée *hélice*.

Les roues à aubes sont à peu près exclusivement employées sur les rivières, où elles ont, pour la marche, un

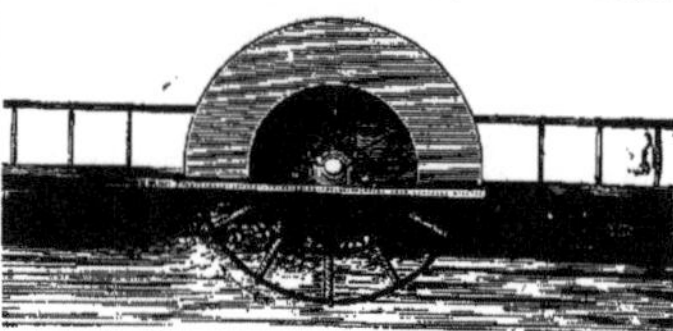

Fig. 285. — Propulseur d'un bateau à vapeur à aubes.

avantage réel sur l'hélice; elles ont été conservées également jusqu'à ce jour par les compagnies maritimes françaises, quoiqu'une grande partie de leurs avantages disparaissent quand la mer grossit. Sur les bâtiments de l'État, l'hélice, au contraire, se substitue de plus en plus aux roues à aubes. Tout l'appareil propulseur est alors situé au-dessous de la ligne de flottaison et, par conséquent, à l'abri des boulets. L'hélice a un autre avantage précieux pour les voyages au long cours et pour la marine militaire, c'est qu'elle permet de ne rien changer aux formes extérieures du navire et de le faire marcher concurremment à la voile et à la vapeur. Ces bâtiments, appelés *mixtes*, et dont le *Napoléon* offre le type le plus parfait, prennent de jour en jour une plus grande extension dans les marines militaire et marchande. L'hélice, de plus, est à peu près seule praticable sur les canaux, à cause des ondulations de la surface de l'eau qui suivent les bateaux à roues et dégraderaient rapidement les berges.

La première idée de l'hélice comme agent propulseur appartient à deux Français, Du Quet et Panneton, et remonte à 1727. Le capitaine du génie Delisle l'avait reprise en 1823 et en avait fait l'objet d'une proposition au ministère de la marine, mais nous ne l'avons expérimentée qu'après que les Anglais l'eurent déjà fait passer dans la pratique. C'est l'ingénieur suédois Éricson qui, en 1836, en obtint le premier des résultats satisfaisants. La forme des hélices est assez variable; elles se composent, cependant, toujours d'un axe horizontal parallèle à la quille du bâtiment, mis en mouvement par la vapeur et portant vers son extrémité libre en dehors du bateau des ailes inclinées sur l'axe à la manière des ailes d'un moulin à vent, ou des lames spirales analogues à celles que l'on rencontre dans la vis d'Ar-

Fig. 286. — Hélice d'un bateau à vapeur.

Fig. 287. — Hélice système de Sauvage.

chimède. Dans le système proposé par Sauvage et appliqué par MM. Smith et Rennie au navire (*l'Archimède* l'hélice est composée de deux segments hélicoïdaux, formant chacun une demi-révolution autour de l'axe et inclinés sur lui d'un angle moyen de 45° environ. Sur le *Napoléon*, avec lequel on a obtenu la vitesse considérable

Fig. 283. — Hélice du *Napoléon*.

de 10 *nœuds* (18ᵏⁱˡ,56) à l'heure, en navigant sans voile, et de 13,5 nœuds (25 kilomètres) à l'heure avec l'aide de voiles, l'hélice est formée de trois ailes inclinées sur l'axe et formant chacune moins d'un quart de révolution. L'hélice entièrement submergée tourne rapidement sur son axe de manière à refouler l'eau en arrière, tout en lui imprimant un mouvement de tourbillonnement sur elle-même ; la résistance du fluide due à son inertie donne lieu à une réaction qui pousse le bâtiment en avant.

Force des machines. — En général, on calcule la force à donner aux machines d'après le *tonnage* du bateau et la vitesse moyenne qu'on veut lui faire prendre, et à raison de 1 cheval-vapeur par 2 tonneaux pour les bateaux de rivière qui sont à grande vitesse. Un bateau pouvant recevoir 200 tonneaux ou 200 000 kilogrammes de charge devrait donc avoir une machine de 100 ches vaux-vapeur. Sur mer, où la vitesse est généralement moindre et les proportions des bateaux plus grandes, la force est environ de 1 cheval par 4 tonneaux ; sur les bâtiments mixtes et les remorqueurs, elle est encore moindre. Le tonnage, en effet, pour des bâtiments semblables de forme, croît comme le cube de leurs dimensions linéaires, tandis que la résistance qu'ils rencontrent dans leur marche ne croît que comme le carré de ces mêmes dimensions. Un bâtiment d'une longueur, d'une largeur et d'une profondeur doubles pourra prendre un chargement huit fois plus lourd et n'exigera qu'une force quatre fois plus grande pour se mouvoir avec la même vitesse. Il y a donc de sérieux avantages à employer des bâtiments d'un très-fort tonnage pour la navigation au long cours. Le paquebot anglais *le Persia* jauge 3 657 tonneaux, sa machine, qui est double, est de 1 200 chevaux, il fait 16 nœuds ou 30 kilomètres à l'heure, vitesse énorme pour la mer. L'ingénieur Brunel a mis en chantier, à Londres, un paquebot géant dont le tonnage est de 23 000 tonneaux et la force motrice de 2600 chevaux, soit de 1 cheval pour 9 tonneaux environ. Après de nombreuses vicissitudes, ce bâtiment, connu sous le nom de *Great-Eastern*, a pu effectuer sa première traversée ; mais à son deuxième voyage pour l'Amérique, il a été assailli par une tempête qui l'a désemparé complétement et mis, pour quelque temps du moins, hors de service.

Forme. — Les bateaux à vapeur, comme les barques à rames, ont une forme plus effilée que les bâtiments ou bateaux à voile. La pression du vent contre les voiles, presque toujours oblique par rapport à l'axe du bâtiment, oblige à donner à celui-ci une plus large assiette pour qu'il ne puisse être renversé ; tandis que dans les bateaux à vapeur proprement dits la voile n'est qu'un accessoire et ce qu'on cherche avant tout c'est à diminuer la résistance qu'ils éprouvent à se mouvoir dans l'eau. Cette résistance croît sans doute avec la longueur de leurs parois, à cause du frottement de l'eau contre leur surface, mais ce frottement est très-faible. Au contraire, le bateau, pour s'ouvrir un passage, est obligé de rejeter devant lui ou de chaque côté une masse d'eau proportionnelle à sa largeur, ou mieux, proportionnelle à l'étendue de son *maître couple*, portion de la plus grande section transversale du bâtiment située au-dessous de la ligne de flottaison ; de là résulte la plus grande résistance au mouvement. Cette section doit donc être le plus faible possible, sauf à gagner en longueur ce que l'on perd en largeur. Sur les rivières et sur le Rhône en particulier, la longueur des bateaux à vapeur n'a d'autres limites que celles qui naissent de la nécessité de pouvoir tourner dans toutes les parties du fleuve. De semblables proportions seraient impraticables en mer, où les inégalités de la surface de l'eau, faisant porter à faux le bateau, soit par le centre, soit par les deux extrémités, en amèneraient inévitablement la rupture. On a donc dû se restreindre à une longueur cinq ou six fois plus grande que la largeur ; mais le rapport de ces deux dimensions, mesurées à la ligne de flottaison, n'est que de 3,50 à 3,75 pour les bâtiments à voiles.

En dehors de ces dimensions, l'avant et l'arrière d'un bateau à vapeur doivent être terminés en forme de coin : à l'avant, pour que l'eau soit divisée sans être refoulée ; à l'arrière, pour que l'eau puisse graduellement reprendre la place que vient de quitter le bateau sans donner lieu à des remous, qui retarderaient singulièrement la marche. M. Barlow a, en effet, déduit d'un grand nombre d'expériences que, pour un navire bien construit, la résistance à la progression est environ de quinze à vingt fois moindre qu'elle ne le serait pour une surface plane de mêmes dimensions que le maître couple ; tandis que pour d'autres elle n'est que six ou huit fois plus faible. C'est là une des causes principales de l'inégalité souvent énorme que présentent sous le rapport de leur vitesse deux bâtiments semblables en apparence. Dans tous les cas, cette résistance croît d'ailleurs comme le carré de la vitesse ; elle devient quatre fois plus grande pour une vitesse double, ce qui explique le haut prix des transports par eau à grande vitesse, la force motrice et, par conséquent, la dépense devant croître dans le même rapport que la résistance à vaincre.

Nature des matériaux. — Les bateaux à vapeur sont généralement construits en fer ; leur coque est ainsi plus légère, plus solide, moins exposée aux incendies ; ils coûtent plus cher, mais ils font un plus long usage, et quand ils sont hors de service, leurs matériaux sont d'une vente plus avantageuse. Leur grand défaut est dans le manque de la souplesse qui fait les bons voiliers. On croyait autrefois que les vaisseaux mixtes construits en bois souffraient moins du boulet que les bateaux en fer, mais de nouvelles recherches relatives aux vaisseaux dits *cuirassés*, paraissent devoir modifier profondément les anciennes idées à ce sujet ; on a réussi en effet à construire des vaisseaux cuirassés tout à fait inattaquables par les projectiles les plus puissants.

Historique. — La première idée de la navigation par la vapeur remonte à Denis Papin (1695). Le bateau qu'il avait construit et qui avait marché sur la Fulda, près Cassel, fut détruit par les bateliers de Munden au moment où Papin voulait le faire passer en Angleterre pour y continuer ses expériences. Le marquis de Jouffroy reprit ces essais un siècle plus tard ; un bateau à vapeur long de 46 mètres et construit par lui put marcher sur la Saône en 1781 ; mais la machine à vapeur était encore trop imparfaite, l'art du constructeur trop peu avancé pour qu'on pût obtenir des résultats sérieux. Ce n'est qu'après l'apparition de Watt que le problème pouvait recevoir une solution définitive. Un Américain nommé Fulton, qui avait assisté aux expériences de Jouffroy sur la Saône, s'associant avec un autre Américain, Livingston, auteur de semblables essais faits en 1798 à New-York et chargé par son gouvernement d'une mission en France, reprit le problème de la navigation à vapeur. Le début fut désastreux ; leur premier bateau, trop faible pour supporter sa machine, se rompit en son milieu ; un second, essayé le 9 août 1803, devant d'une commission de l'Académie des sciences, se comporta si bien qu'un témoin oculaire le qualifiait dès lors de brillante invention. Le premier consul attacha néanmoins peu d'importance à un procédé de navigation que Fulton lui-même, à cette époque, ne croyait applicable que sur les rivières; il ne voulut pas même consulter l'Académie des sciences. On a donc tort d'accuser sans cesse cette compagnie d'avoir méconnu une invention sur laquelle elle n'eut pas à se prononcer. Il est juste d'ajouter que la France ne pouvait guère en tirer parti en ce moment; nous ne possédions alors ni usines ni ouvriers capables d'exécuter les travaux nécessaires. Un matériel comme celui qui eût été nécessaire est long à créer et le temps pressait. Fulton retourna dans sa patrie, et après plusieurs tâtonnements, il réussit à construire le premier bateau à vapeur qui ait fait un service régulier. Ce bateau, appelé *Claremont*, avait 50 mètres de long, jaugeait 150 tonneaux et était monté par une machine de 18 chevaux, sorti des ateliers de Watt. Son premier voyage eut lieu le 16 août 1807, entre New-York et Albany, avec une vitesse de 7 500 mètres par heure. La navigation à vapeur était créée, mais c'est seulement en 1816 qu'elle fut appliquée aux transports sur mer (voyez L. Figuier, *Decouv. scient. mod.*). L'Angleterre fut la première à imiter l'exemple des Etats-Unis, puis vint la France; mais notre marche fut lente, et tandis qu'en 1838 l'Angleterre possédait 906 bateaux à vapeur, nous en avions à peine 160, tous d'un petit tonnage. Depuis cette époque, la puissance industrielle de la France a considérablement grandi, et nos bateaux ou bâtiments à vapeur se sont multipliés. Ce n'est cependant qu'en 1838 qu'un service régulier par bateaux à vapeur fut établi entre l'Angleterre et l'Amérique. Aujourd'hui ces bateaux parcourent les mers les plus lointaines, et au mois d'avril 1862 le service des paquebots transatlantiques français a été inauguré à Saint-Nazaire.

M. D.

BATELEUR (Zoologie), Le Vaillant; *Falco ecaudatus*, Shaw; *Terathopius*, Lesson. — Espèce du sous-genre *Circaëtes*, tribu des *Aigles*, de l'ordre des *Oiseaux de proie ignobles*. Le bateleur a la queue d'un roux vif, très-courte, rectiligne, tronquée, dépassée par les ailes; il est remarquable par la belle variété de son plumage; la cire (membrane) de son bec est rouge. Le Vaillant lui a donné ce nom parce qu'il fait des cabrioles en volant. Il habite l'Afrique et se nourrit le plus souvent de proie vivante. On ne connaît que l'espèce *Bateleur à courte queue* (*Terathopius ecaudatus*, Lesson).

BATH (Médecine, Eaux minérales). — Ville d'Angleterre (Sommerset) à 20 kilomètres E. de Bristol et à 250 kilomètres O. de Londres. Il y a trois sources d'eaux minérales sulfatées calciques, d'une température de 41° à 46° cent. Elles contiennent du gaz acide carbonique, des sels de soude, de la silice et un peu d'oxyde de fer. Ces eaux sont toniques et conviennent dans la goutte et le rhumatisme atoniques.

BATITURES ou **Battitures**. — Écailles qui se détachent d'un métal que l'on forge. Les batitures de fer sont formées d'un oxyde de fer de composition mal déterminée et comprise entre celles du protoxyde (FeO) et du sesquioxyde (Fe^2O^3).

BATON de Jacob (Botanique). — Nom vulgaire de l'*Asphodelus luteus*, Lin. (voyez Asphodèle).

Baton blanc (Botanique). — C'est l'*Asphodèle rameux*.

Baton royal, ou **pastoral**. — Voyez Asphodèle.

Baton de Saint-Jean. — C'est la *Persicaire* ou *Renouée d'Orient*.

Baton d'or. — Nom d'une variété de *Giroflée* (*Cheiranthus fruticulosus*).

BATRACIENS (Zoologie), du grec *batrachos*, grenouille, type de ce groupe d'animaux. — Cuvier avait donné ce nom au quatrième ordre de sa classe des *Reptiles*. Mais, d'après les idées émises par de Blainville et Duvernoy, et adoptées généralement par les naturalistes modernes, la classe des Reptiles a été démembrée; on en a retiré les Batraciens, dont on a formé la quatrième classe des Vertébrés, sous le nom de *Amphibies* ou *Batraciens*. Très-semblables aux Reptiles proprement dits par beaucoup de dispositions de leur organisme, ils s'en distinguent cependant nettement par les caractères suivants : leur cœur est encore à trois cavités, mais les oreillettes ne se montrent pas bien distinctement doubles, elles communiquent avec le ventricule par un orifice unique placé entre les deux. La circulation est incomplète, le sang froid, et il charrie des globules elliptiques très-volumineux comparativement

à ceux des autres vertébrés. A l'âge adulte, les Batraciens respirent par des poumons; ceux-ci sont des sacs celluleux peu compliqués, dont les deux bronches vont s'ouvrir dans le larynx sans avoir formé une trachée-artère.

Fig. 289. — La Grenouille verte (Batracien).

Dans le jeune âge, il existe une respiration branchiale, les poumons ne sont pas encore développés : l'animal vit comme un poisson, respirant l'air dissous dans l'eau. Puis, en arrivant à l'âge adulte, il développe ses poumons en même temps que ses formes extérieures se modifient : alors les branchies se flétrissent et finissent par disparaître, excepté dans quelques espèces qui les conservent toute leur vie (les Protées, les Sirènes). Avant l'apparition des poumons, l'aorte se partageait au sortir du cœur en autant de rameaux qu'il y a de branchies de chaque côté; les veines branchiales ramenaient de ces organes le sang oxygéné et le rassemblaient dans un vaisseau unique le long du dos, comme cela a lieu chez les Poissons. Au moment où paraissent les poumons, les veines branchiales se mettent en communication directe avec les ramifications de l'artère qui portait le sang aux branchies; celles-ci se flétrissent; les crosses multiples de l'aorte se forment à la base des branchies atrophiées, qui bientôt ne laissent plus de traces. Une petite branche née de l'artère principale qui sort du cœur, se développe avec le poumon, et prend le rôle d'artère pulmonaire. A l'âge adulte, les Batraciens possèdent donc des poumons et respirent l'air en nature; mais, comme les tortues, ils ne peuvent l'inspirer par la dilatation de la poitrine, car ils manquent de côtes, et le font pénétrer dans les poumons par une véritable déglutition.

La peau des Batraciens est nue, c'est-à-dire dépourvue de poils, plumes ou écailles. Un épiderme mince et perméable la recouvre, et, grâce à l'état humide où ils maintiennent leurs téguments, la respiration cutanée est chez eux très-active. Ils ont généralement quatre membres, rarement deux; leurs doigts sont presque toujours dépourvus d'ongles. Les uns manquent de queue comme les grenouilles, les autres en ont une fort longue comme les salamandres. Ils vivent dans les mares, la vase des marais, où ils s'enfoncent l'hiver pour demeurer engourdis jusqu'au printemps; l'humidité est une condition essentielle de leur genre de vie. Le petit n'a pas de membres et possède pour organe de locomotion une

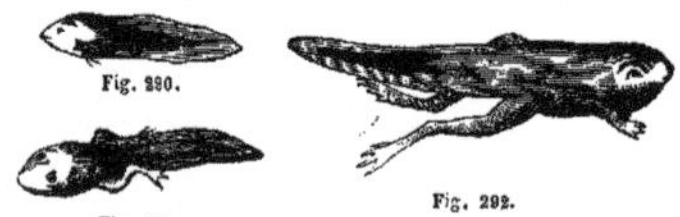

Fig. 290.

Fig. 291.

Fig. 292.

Métamorphoses ou formes diverses de la grenouille verte pendant son jeune âge.

grande queue comprimée en nageoire verticale (*fig. 292*); il est connu généralement sous le nom de *têtard*, et peuple nos mares et nos marais. C'est là que s'opère le curieux phénomène de ses *métamorphoses*; lorsqu'arrive le moment où se fait le changement qui va le transformer en animal aérien, les pattes commencent à se montrer ; chez les grenouilles (*fig.* 292, ce sont d'abord les pattes postérieures, elles acquièrent tout de suite une longueur considérable ; chez les salamandres ce sont les antérieures qui paraissent les premières. La queue s'allonge dans les salamandres et les protées ; dans les grenouilles, au contraire, elle s'atrophie peu à peu et finit par disparaître complétement.

BATTAGE des grains (Agriculture). — Opération agricole qui a pour but d'extraire de leurs enveloppes ou épis les graines des céréales et de quelques autres espèces. Il y a différentes manières de l'exécuter suivant les pays, l'usage auquel on destine les tiges et les graines, et la nature elle-même de ces graines.

Dans la plus grande partie de la France, et en général dans le Nord, le battage ne s'exécutait autrefois guère qu'au fléau, avant l'invention des machines à battre. Dans le midi de la France et de l'Europe, on fait fouler les grains par les pieds des animaux ; mais on y joint souvent aussi le fléau. Cet instrument se compose de deux morceaux de bois de longueur inégale réunis par un système de courroie qui leur permet une grande mobilité l'un sur l'autre ; le plus court, beaucoup plus gros que l'autre, est celui qui est destiné à frapper sur le grain ; le plus long ou le manche est manœuvré par le batteur. Le battage au fléau se fait, dans les granges, sur des *aires* (voyez ce mot) préparées à cet effet ; quelquefois aussi, dans le Midi, on dispose des aires en plein air. Le battage par les pieds des animaux n'est guère pratiqué que dans les grandes exploitations ; il se fait ordinairement au moyen des mules d'après certains procédés qui seront indiqués au mot Egrenage. On exécute quelquefois aussi cette opération au moyen de rouleaux en bois ou en pierre. Enfin, lorsqu'on veut conserver la paille des céréales pour les usages domestiques, on bat sur une table ou au tonneau défoncé d'un bout ; ce dernier procédé s'emploie aussi pour battre le chanvre (voyez Battre (*machine à*).

BATTANT brocheur. — Machine à l'aide de laquelle sont tissées les étoffes de soie à bouquets ou dessins séparés.

Si on examine des deux côtés les étoffes brochées, telles que les châles, on reconnaîtra que le dessin en est obtenu en faisant passer le fil de couleur destiné à le former sur certains fils de la *trame* et en dessous de tous les autres (voyez Jacquart, supplément). Il en résulte que pour une petite partie du fil utilisé tout ce qui passe en dessous du tissu est perdu et que dans les dessins compliqués cette dernière partie, augmentant considérablement le poids de l'étoffe, il faut la couper. Le dessin n'est plus alors formé que de bouts de fils isolés et retenus seulement par le serrage. Dans les châles de laine cet inconvénient n'est pas très-grand, parce que la laine se feutre ; mais pour les étoffes de soie il n'en est plus de même ; les fils coupés s'échapperaient facilement par l'usage, et l'étoffe serait promptement hors de service. Le battant brocheur imaginé par M. Meynier, de Lyon, remédie à cet inconvénient. Les fils colorés de la chaîne n'ont, dans le broché fait avec cette machine, que la longueur du dessin qu'ils sont destinés à former ; ils sont utilisés en revenant sur leurs pas comme dans leur trajet direct et sont formés d'un seul bout dans toute la longueur de chaque dessin. Ce résultat est obtenu en disposant dans le sens de la largeur de l'étoffe autant de porte-navettes d'une construction particulière que le dessin s'y trouve reproduit de fois, et comme chaque porte-navette peut être garni de fils d'une couleur particulière, tous ces dessins peuvent être teints de nuances différentes. Le battant brocheur est déjà utilisé pour faciliter le tissage des cachemires français, et il est probable qu'il fournira le moyen de fabriquer par des procédés mécaniques le cachemire façon de l'Inde jusqu'à ce jour obtenu à la main.

M. D.

BATTEMENT. — Oscillation périodique et régulière dans l'intensité de deux sons rendus simultanément à une petite distance l'un de l'autre, et ayant quelque analogie avec le *trille*, quoiqu'elle ait une autre origine. Le phénomène des battements ne peut se produire que lorsque les deux sons simultanés sont très-voisins. Les renflements du son se manifestent à des intervalles d'autant plus éloignés que les deux sons primitifs diffèrent moins l'un de l'autre. Tous les instruments sonores ne peuvent pas leur donner naissance ; les instruments à embouchure de flûte sont ceux qui permettent de l'obtenir le plus facilement, puis viennent les instruments à anche. En examinant avec attention deux anches qui font entendre des battements, on voit que l'ampleur de leur mouvement vibratoire, qui reste constante quand chaque anche parle seule, est soumise à des variations périodiques alternant entre les deux anches, l'une étant à son maximum quand l'autre est à son minimum, et réciproquement. C'est donc dans l'instrument lui-même, beaucoup plus que dans l'oreille et par l'influence réciproque des deux mouvements vibratoires, que les battements sont engendrés. Les battements peuvent être assez rapides pour constituer un véritable son que l'on a quelquefois utilisé dans les jeux d'orgues. Mais pour que ce son composé soit juste, il faut que les sons composants aient une très-grande précision ; aussi s'altère-t-il très-facilement. **M. D.**

Battement (Physiologie). — On donne ce nom au phénomène produit par les contractions et les dilatations, ou autrement les mouvements de *systole* et de *diastole* du cœur. Ces battements ne se succèdent pas à intervalles égaux : on entend ou on sent d'abord un battement assez fort, bien marqué, et qui heurte manifestement la paroi antérieure de la poitrine ; on peut l'attribuer à la dilatation des ventricules ; la pointe du cœur, se relevant et se déjetant vers la gauche, frappe la paroi thoracique, en même temps que le sang poussé par l'oreillette heurte les parois ventriculaires. Le second bruit se fait entendre un peu plus haut ; il est sourd et profond et doit être occasionné par le choc du sang qui rentre dans l'oreillette lors de sa dilatation. Ces deux battements successifs répondent à une *diastole* (*diastolé*, dilatation) ; mais après vient un moment de silence qui marque la *systole* (*systolé*, contraction) ; puis les deux battements se renouvellent, et ainsi de suite (voyez Cœur, Circulation).

On remarque quelquefois des battements accidentels dans certains muscles, tels que ceux des paupières, des cuisses, des bras, ou dans les muscles intérieurs : tels que le diaphragme, l'estomac, la vessie, etc. ; d'autres fois dans différentes parties du corps pendant le cours des maladies aiguës.

BATTERIE (Artillerie). — L'artillerie donne au mot *batterie* des sens très-différents (voyez Artillerie). Nous ne considérerons que le cas où il signifie un emplacement disposé pour recevoir des pièces qui doivent tirer sur sa place et de manière à abriter le mieux possible les hommes et le matériel. Les batteries prennent différents noms : 1° suivant l'espèce de pièces dont elles sont armées, *batterie de canons*, *d'obusiers* ou *de mortiers* ; 2° suivant leur destination, *batterie de siége*, *de place*, *de côte*, ou *de campagne* ; 3° suivant leur construction, *batterie à barbette*, *à embrasures*, *blindée*, *casematée* (voyez Barbette, Embrasure, Blindage, Casemate) ; 4° suivant le genre de tir auquel elles sont destinées, *batterie de plein fouet*, *à ricochet* (voyez Tir) ; 5° suivant la direction de leur ligne de tir avec l'objet à battre : une batterie est *directe* lorsque sa ligne de tir est à peu près perpendiculaire au front de la troupe ou à la face de fortification qu'elle doit battre ; d'*écharpe*, lorsque sa ligne de tir est sensiblement oblique ; d'*enfilade*, lorsqu'elle est presque parallèle, et enfin on dit qu'elle bat à *revers* lorsqu'elle est établie en arrière du prolongement du front de la troupe ou de la face de fortification.

Une batterie se compose de deux parties principales : une masse couvrante, appelée en général *épaulement* ; elle est presque toujours en terre, et un *terre-plein*, sur lequel sont établies les pièces. Dans les places, la masse couvrante est fournie par le parapet de la fortification ou par les murs des casemates. Mais dans tous les autres cas, il faut l'élever au moment où on veut établir la batterie et en général sous le feu de l'ennemi. Les terres nécessaires pour faire la masse couvrante sont fournies par des fossés que l'on creuse en avant et en arrière du trou de l'épaulement, lorsqu'il n'y a pas d'inconvénient à ce que le terre-plein soit plus bas que le terrain naturel, et par un fossé creusé seulement en avant dans le cas contraire ; dans le premier cas, il faut 10 à 11 heures pour construire une batterie et l'armer, en employant 8 canonniers et 14 soldats d'infanterie par pièce ; dans le second, le travail dure au moins 36 heures. Les pièces sont établies sur des plates-formes, afin de rendre le tir plus certain et la manœuvre plus commode ; ces plates-formes sont faites avec des madriers pour les canons et obusiers, et avec des lambourdes pour les mortiers. Les dimensions de l'épaulement varient avec la nature des terres ; l'épaisseur entre les deux crêtes doit être de 6 mètres pour les terres sablonneuses et de 7 mètres pour les terres argileuses ; le talus extérieur varie de 2 mètres de base sur 3 mètres de hauteur, pour les terres fortes, à

3 mètres de base pour 2 mètres de hauteur, pour les terres légères ; le talus intérieur a, dans tous les cas, 2 mètres de base pour 7 mètres de hauteur, et il est revêtu en gabions, saucissons ou gazons (voyez GABION); la crête intérieure doit être au moins à 2ᵐ,30 au-dessus du terre-plein pour protéger les hommes et le matériel.

Lorsque le terrain sur lequel la batterie doit être construite ne peut pas fournir la terre nécessaire, on l'apporte d'ailleurs dans des sacs; 60 sacs font environ 1 mètre cube. Dans ce cas, on construit la batterie soit en faisant les revêtements en sacs fermés et en vidant la terre à l'intérieur, soit en faisant tout l'épaulement en sacs fermés. Par la première méthode, une batterie de 2 pièces exige 2500 sacs fermés et 8000 ouverts ; 100 hommes la construisent en 8 ou 10 heures, en supposant que le remplissage des sacs n'apporte aucun retard ; par la deuxième méthode, il ne faut que 8000 sacs fermés : aussi doit-on l'employer quand on a des sacs en quantité suffisante.   M. M.

BATTERIE ÉLECTRIQUE. — Voyez BOUTEILLE DE LEYDE, CONDENSATEUR, ÉLECTRICITÉ.

BATTEUR D'OR, D'ARGENT ET DE CUIVRE. — Artisan qui bat les lames d'or, d'argent ou de cuivre pour les réduire au marteau en feuilles minces destinées à la dorure, à l'argenture ou à leur imitation. Les procédés employés pour ces trois métaux étant les mêmes, nous ne nous occuperons que du battage de l'or.

L'or fondu en lingots est étiré au marteau, puis au laminoir en rubans de 0ᵐ,001 d'épaisseur environ, puis on le découpe en *quartiers* de 0ᵐ,027 de largeur sur 0ᵐ,040 de longueur. On assemble ces quartiers par paquets de 24 que l'on bat sur une enclume en fer jusqu'à ce qu'ils soient réduits à l'épaisseur d'une feuille du papier le plus mince et aient atteint les dimensions d'un carré de 0ᵐ,060 de côté. Les feuilles ainsi obtenues sont superposées au nombre de 60 et séparées l'une de l'autre par des carrés de vélin de 0ᵐ,10 à 0ᵐ,12 de côté ; au-dessus et au-dessous du carré sont en outre disposées 20 feuilles de vélin destinées à amortir le coup du marteau. Le tout est renfermé dans deux fourreaux de fort parchemin disposés de telle sorte que l'ouverture du premier fourreau corresponde au fond du second. On a ainsi formé le *premier caucher*, que l'on bat sur un bloc de marbre poli avec un marteau à manche très-court, du poids de 7 kil. environ et dont la panne circulaire légèrement convexe a 0ᵐ,12 à 0ᵐ,13 de diamètre. On *défourre* de temps en temps le caucher pour examiner l'état des quartiers qui ne s'étendent jamais tous également, séparer ceux qui sont arrivés au point voulu et continuer de battre les autres. Les feuilles du premier caucher sont coupées en quatre au moyen d'un couteau à pointe mousse, et les nouveaux quartiers sont réunis au nombre de 112 pour former un second caucher semblable au premier ; ce caucher, battu, donne de nouvelles feuilles que l'on coupe encore en quatre et qui servent à faire un troisième assemblage appelé *chaudret* et dans lequel les carrés de vélin sont remplacés par des carrés de baudruche. Les feuilles du chaudret, après le battage, sont encore coupées en quatre et assemblées au nombre de 800 pour former une *moule*. Enfin, les feuilles de la moule, convenablement battues, sont coupées en quatre et placées dans les *quarterons*, petits livrets dont le papier de couleur rouge-orange donne un plus beau reflet à la feuille d'or et qu'on a eu soin de frotter préalablement avec un peu de terre bolaire, espèce d'argile douce au toucher, de même couleur et destinée à prévenir l'adhérence du métal. En somme, chaque quartier de 0ᵐ,001 d'épaisseur est étendu sur une surface 832 fois plus grande et est réduit à une épaisseur de 1/800 de millimètre environ. L'amincissement de l'or au marteau pourrait être poussé plus loin encore ; mais le peu de durée de la dorure et les difficultés d'emploi des feuilles couvriraient largement la légère économie qu'on réaliserait sur la matière première. Les déchets obtenus dans le battage de l'or sont employés à faire l'*or en coquille* (voyez OR).

M. Favrel, batteur d'or, a imaginé une batteuse mécanique pour réduire les métaux en feuilles ; le marteau est mis en mouvement par la vapeur et frappe avec une grande régularité ; les cauchers ou chaudrets sont eux-mêmes mis en mouvement sur le bloc de marbre au moyen d'un châssis dans lequel ils sont maintenus et mis en mouvement par la machine elle-même, de manière à présenter successivement leurs divers points au choc du marteau. Si cette machine n'a pas encore reçu son dernier degré de perfection, elle présente cependant déjà des avantages considérables sur le battage à la main.   M. D.

BATTRE (MACHINES A) (Mécanique agricole). — Les machines à battre le blé sont connues depuis longtemps ; mais leur emploi, jusqu'ici, réservé seulement aux grandes exploitations ne s'était pas généralisé. Depuis quelques années ces machines ont pris un grand degré d'extension et ont été singulièrement perfectionnées ; il y en a de forces très-diverses ; on peut d'ailleurs les mettre en mouvement soit à bras, soit par un manége, soit par une chute d'eau ou une machine à vapeur. Le cadre de notre ouvrage ne nous permet pas d'entrer à ce sujet dans de grands détails ; nous nous bornerons à donner ici la gravure et la description succincte d'une des machines à battre les plus connues et les plus simples.

A est un tambour *batteur* formé de douze barres en bois fixées sur deux cercles de fonte ; l'axe de ce tambour peut éprouver de légers déplacements de manière à faire varier sa distance au contre-batteur B. Ce dernier est formé d'une série de dents à rochet dont l'ensemble constitue une surface concave concentrique au tambour. Le

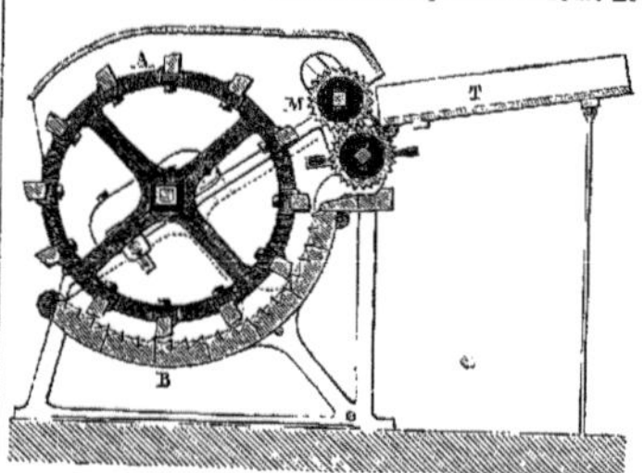

Fig. 293. — Machine à battre.

blé ou les céréales qu'on veut battre sont placés sur une table inclinée T et poussés par un homme entre les deux cylindres cannelés M ; de là ils passent entre le batteur et le contre-batteur et s'échappent à l'extrémité de celui-ci.

Le mouvement de la machine s'obtient de la façon suivante : l'axe du cylindre cannelé inférieur porte une grande roue dentée qui engrène avec un pignon situé sur l'axe du batteur ; ces deux roues, placées sur les flancs de la machine, ne se voient pas sur la figure. Il suffit dès lors, pour faire fonctionner l'appareil, d'utiliser un moteur quelconque pour mettre en mouvement la grande roue dentée (V. EGRENAGE, INSTRUMENTS AGRICOLES).

BATTUE (Chasse). — Espèce de chasse organisée pour la destruction des loups, des renards, des sangliers et autres bêtes fauves nuisibles, et dans laquelle on bat avec des bâtons, et à grand bruit, les bois et les taillis pour en faire sortir les animaux. De tout temps, le gouvernement a eu à cœur de veiller à délivrer les campagnes des animaux qui portent préjudice à l'agriculture. Le Directoire, par un arrêté du 7 février 1797, a renouvelé cette prescription, et a organisé, par l'autorité des préfets, ces battues auxquelles doivent prendre part les habitants valides des communes soit comme tireurs, soit comme rabatteurs : une ordonnance du 20 août 1814; une instruction ministérielle du 9 juillet 1818 ; l'instruction de l'administration forestière du 23 mars 1821 ; enfin, la loi du 3 mai 1844, sur la police de la chasse, tel est l'ensemble des mesures qui ont réglé la manière de procéder aux battues pour la destruction des animaux nuisibles ; nous y renvoyons les lecteurs désireux d'avoir des renseignements spéciaux (voyez VÉNERIE).

BAUBI (Zoologie). — Variété du chien domestique, qu'on emploie pour la chasse du sanglier, du renard. Il a le corps plus épais, la tête plus courte et les oreilles moins longues que le *chien français*; on l'appelle aussi *chien normand* (voyez RACES).

BAUD (Zoologie). — On donne ce nom à une variété du chien domestique propre à la chasse des bêtes fauves et du cerf : on le dit originaire de Barbarie. On le désigne aussi sous les noms de *chien-cerf*, *chien muet* (voyez RACES).

BAUDET (Zoologie). — Nom qu'on donne vulgairement à l'*âne*, et particulièrement à l'âne entier, à l'âne étalon (voyez ANE).

BAUDRIER de Neptune (Botanique). — Espèce de varech, la *Laminaire saccharine* (voyez ce mot) (*Fucus saccharinus, Laminaria saccharina*), qui croît dans les mers de l'Europe. La forme rameuse des larges et très-longues frondes simples et membraneuses de cette algue lui a valu ce nom.

BAUDROIE (Poisson), *Lophius*, Lin. — Genre de l'ordre des *Acanthoptérygiens*, famille des *Pectorales pédiculées* (voyez ce mot), caractérisé par une tête très-grande, grosse, large, déprimée, épineuse, queue très-fendue, dents pointues sur les palatins, les mâchoires et le vomer, de nombreux barbillons à la mâchoire inférieure, deux dorsales distinctes, l'antérieure détachant en avant quelques rayons qui sont libres et mobiles sur la tête, au-dessus de laquelle l'animal les fait flotter : la membrane des ouïes soutenue par six rayons branchiaux très-allongés. Ce poisson atteint jusqu'à près de 2 mètres, il habite la Méditerranée et l'Océan, et est aussi remarquable par sa laideur que par sa voracité. On dit qu'il s'enfonce dans la vase, et que, laissant flotter les rayons qui surmontent sa tête, il attire ainsi les poissons, qui les prennent pour des vers; parmi les espèces qui habitent nos mers on peut citer la *B. commune, Raie pécheresse, Diable de mer* (*Lophius piscatorius*, Lin.), et la *B. à petites nageoires* (*Lophius parvipennis*, Cuv.).

BAUDRUCHE (Zoologie industrielle). — Espèce de parchemin très-mince que l'on prépare en dégraissant avec soin une fine pellicule tirée du gros intestin du bœuf et du mouton. La baudruche est employée par les batteurs d'or pour former les deux derniers moules dans lesquels ils réduisent l'or et l'argent en feuilles excessivement minces (voyez Batteur d'or). La baudruche est quelquefois employée par les chirurgiens pour soustraire certaines plaies au contact de l'air. On en fait aussi de petits ballons ou *aérostats* très-petits et qu'on remplit de gaz hydrogène.

BAUFFE (Pêche). — On donne ce nom à une grosse corde le long de laquelle sont distribuées un certain nombre de lignes garnies d'hameçons; les pêcheurs la nomment aussi la *maîtresse corde*. La *bauffe* sédentaire est simplement enfouie dans le sable au bord de la mer, ou retenue par de grosses câblières.

BAUHINIE (Botanique), *Bauhinia*. Linné a créé ce genre en l'honneur des deux frères Bauhin, célèbres botanistes du XVIᵉ siècle. Les feuilles des Bauhiniers présentent deux folioles soudées à leur base; en nommant ainsi ces plantes, l'illustre Suédois a donc fait ingénieusement allusion aux deux frères. — Genre de plantes de la famille des *Césalpiniées*, à calice cylindrique, à 5 longues divisions, 5 pétales insérés au sommet du tube du calice, 10 étamines soudées en un seul faisceau, ovaire stipité, gousse linéaire, comprimée, bivalve et renfermant plusieurs graines. Les arbres ou arbrisseaux que comprend ce genre sont la plupart originaires de l'Amérique méridionale ou des Indes orientales. Ils se cultivent chez nous dans les serres chaudes; et donnent en juillet de grandes et belles fleurs blanches et en grappes. Plusieurs sont épineux.

BAUME (Chimie), de *balsamon, balsamum*. — Ce mot ne s'applique pas à des composés chimiques définis, mais à des mélanges. On l'étendait, dans l'ancienne pharmacopée, à une foule de matières résinoïdes, semi-fluides, durcissant à l'air, ainsi les *B. de copahu, du Canada* et *de la Mecque*, etc. Actuellement ce nom a une acception plus restreinte, il s'applique à des substances résineuses, primitivement liquides lorsqu'elles découlent par incision des végétaux, mais s'épaississant peu à peu à l'air et se colorant par transformation de leurs huiles essentielles en résines et en deux acides définis. Dans les baumes de la première classe, cet acide est l'acide benzoïque ($C^{14}H^5O^3$,HO) : tels sont le *Benjoin*, les *Storax*; dans ceux de la seconde classe, cet acide est l'acide cinnamique ($C^{18}H^7O^3$,HO): ainsi le *B. du Pérou*, le *Styrax liquide*, le *B. de Tolu*. Quelques baumes paraissent offrir à la fois ces deux acides, ainsi les *Liquidambars*, peut-être le *B. de Tolu*, car il donne à la distillation un mélange des deux acides. Tous ces baumes offrent une odeur douce et suave qui est due, non pas à ces deux acides, produits d'oxydation et inodores à l'état de pureté, mais à diverses huiles essentielles formées sous l'action de la vie dans les végétaux divers, pas toujours bien déterminés, d'où l'on tire la plupart des baumes. On peut donner comme caractère chimique commun de ces substances qu'elles sont insolubles dans l'eau, solubles dans l'alcool et l'éther, que l'eau les en précipite en même temps qu'elle leur enlève les acides benzoïque ou

cinnamique. Ces deux acides volatils se rencontrent dans les produits de la distillation des baumes. Les baumes sont inflammables et dégagent en brûlant une odeur agréable. Si on les fait bouillir pendant quelques heures avec un lait de chaux, on obtient un benzoate ou un cinnamate de chaux, sels qui, décomposés par l'acide chlorhydrique, donnent à l'état de pureté l'acide du baume.

Baume du Pérou (Chimie). — Substance extraite, par incision, du *Myroxylum balsamiferum* qui croît au Pérou et dans la province de Carthagène. Elle est tantôt solide, tantôt liquide; sous cette dernière forme, qui est la plus habituelle, elle contient deux produits immédiats : la *cinnaméine* ($C^{54}H^{26}O^8$), corps liquide d'une odeur agréable, tachant le papier comme le fait une huile fine, et la *métacinnaméine* ($C^{18}H^8O^2$), corps solide, cristallin, isomérique de l'hydrure de cinnamyle. La cinnaméine, sous l'action des alcalis hydratés, se dédouble en acide *cinnamique* et *péruvine*.

$$C^{54}H^{26}O^8 \ = \ 2(C^{18}H^7O^3) \ + \ C^{18}H^{12}O^2$$

Cinnaméine.   Ac. cinnamique.   Péruvine.

La cinnaméine et la métacinnaméine en s'oxydant, produisent l'acide cinnamique; cette réaction explique la présence de ce dernier acide dans le baume du Pérou.

L'étude chimique du baume du Pérou est due à M. Fremy.   B.

Baume de Tolu (Chimie). — Corps résinoïde qui découle du *myroxylum toluiferum*, qui croît en abondance aux environs de la ville de Tolu; il contient, en même temps que l'acide cinnamique ($C^{18}H^7O^3$), deux résines qu'on sépare facilement l'une de l'autre, en se fondant sur leur inégale solubilité dans l'alcool froid.

$$\text{Résine } \alpha \ \ C^{12}H^{38}O^6$$
$$\text{Résine } \beta \ \ C^{36}H^{20}O^{10}$$

Ces résines soumises à l'influence des agents d'oxydation, notamment l'acide azotique, donnent de l'hydrure de benzoïle; soumises à la distillation sèche, elles donnent les acides benzoïque et cinnamique et un hydrogène carboné, le *benzoène*.

C'est M. H. Deville qui a étudié, avec une grande sagacité, tous les produits que fournit le baume de Tolu.   B.

Baume (Botanique). — On donne ce nom vulgairement à diverses plantes odorantes : ainsi, au *Mimulus moschatus* (*Scrophulariées*), dont les fleurs jaunes exhalent une forte odeur de musc; à l'*Ocimum basilicum*, aux *Mentha sylvestris, pulegium, aquatica* (*B. des champs, B. aquatique*), Labiées dont les fleurs et les feuilles, criblées de vésicules pleines d'une huile essentielle, dégagent des odeurs agréables et pénétrantes; au *Tanacetum vulgare*, à la *Balsamita suaveolens* (*B. des jardins, Menthe-coq*), plantes de la famille des Composées.

Baume (Matière médicale), du grec *balsamon*, baume, parfum. — Substance végétale, résineuse, liquide ou solide et d'une odeur agréable. Pendant longtemps il a régné une grande confusion dans ce qu'on devait entendre par *baume*; toutes les résines liquides, une foule de préparations pharmaceutiques différentes les unes des autres, portaient ce nom; appliquées d'abord dans la pratique des embaumements pour empêcher la putréfaction après la mort, on a pensé que ces substances avaient des propriétés analogues pour éloigner les causes qui tendent à amener la décomposition des éléments organiques pendant la vie; de là, sans doute, leur réputation chez tous les peuples, de là le titre de *baumes* donné à une foule de médicaments vantés par le charlatanisme, et acceptés par la crédulité publique. Aujourd'hui, et surtout depuis les travaux de Buquet, on a établi une différence nette et tranchée entre les baumes proprement dits et les substances naturelles ou pharmaceutiques auxquelles on avait donné ce nom : on n'appellera *baumes* que des produits végétaux qui présenteront les caractères suivants : sucs colorés liquides ou concrets, résineux, très-odorants et aromatiques, solubles en entier dans l'alcool, dans les huiles, et surtout dans les huiles volatiles, à la manière des résines dont ils se rapprochent beaucoup, mais dont ils diffèrent particulièrement en ce que, lorsqu'on les expose au feu, ils dégagent une vapeur blanche d'une odeur pénétrante, qui est de l'acide benzoïque, ou de l'acide cinnamique dans les baumes de Tolu et du Pérou, d'après M. Fremy. Les liqueurs alcalines chaudes dissolvent cet acide et forment avec lui des benzoates, et alors le résidu ne diffère plus des résines. Les baumes découlent de l'écorce des arbres ou naturellement ou par incision, ils prennent de la consistance à l'air et se colorent davantage. Les principaux baumes sont ceux du *Pérou*, de *Tolu*, le *Benjoin*, le *Styrax*, les *B. de cannelle*, de *vanille*, etc.; et d'après les principes posés plus haut, il faut mettre dans la division des térébenthines, les *B. de la Mecque, de copahu, de Hongrie*, etc. (voyez RÉSINES, TÉRÉBENTHINE). Cependant, dans la suite de cet article et pour nous conformer à l'usage, nous serons forcés de conserver le nom de *baume* à des substances qui ne sont connues dans le monde que sous cette dénomination. Les baumes sont employés en médecine dans les circonstances où on vent une action stimulante sur les tissus capillaires et muqueux, surtout sur l'estomac et les poumons; on a recours aussi à leurs propriétés aromatiques et antispasmodiques pour ranimer l'énergie du système nerveux.

B. acétique. — Employé en frictions contre les douleurs rhumatismales; il est composé de : savon animal râpé, 10 grammes; camphre, 18 grammes; éther acétique, 80 grammes; huile volatile de thym, 30 gouttes; faire dissoudre à une douce chaleur dans un flacon bien bouché.

B. d'acier ou *d'aiguilles.* — Employé comme le précédent; on fait dissoudre 8 grammes de limaille d'acier dans 30 grammes d'acide azotique et on ajoute huile d'olive et alcool rectifié, de chaque 30 grammes. On chauffe et on triture, on a une pommade d'un rouge brun.

B. acoustique. — Contre les surdités accidentelles : il y entre plusieurs huiles, essences, teintures, etc. On peut y ajouter un peu de créosote.

B. d'ambre, ambre liquide. — Voyez LIQUIDAMBAR.

B. anodin de Bath. — Contre les névralgies et les rhumatismes chroniques; il est composé de savon blanc, opium brut, qu'on fait digérer dans l'alcool camphré et aromatisé.

B. d'Arcæus. — Très-vanté contre les coups, les contusions, et pour hâter la cicatrisation des plaies; c'est une sorte d'onguent mou, composé de suif de mouton, 60 gr.; térébenthine pure et résine élémi, de chaque, 45 grammes; graisse de porc, 30 grammes. Faites fondre ensemble.

B. du Canada. — C'est une espèce de térébenthine d'une odeur moins désagréable que celle de copahu dont elle a les propriétés médicales; elle coule naturellement ou par incisions d'une espèce de pin du Canada.

B. de Chiron. — Tonique et adoucissant, ce baume est composé d'huile d'olive, de térébenthine, de cire jaune, de baume noir du Pérou, de camphre, le tout coloré avec de l'orcanette; son nom vient, dit-on, du centaure Chiron, célèbre autrefois par son savoir en médecine.

B. du Commandeur. — Ce baume stimulant, qu'on administre à l'intérieur à la dose de 12 à 15 gouttes, s'emploie surtout à l'extérieur; voici sa formule : racine d'angélique, 15 grammes; hypericum, 30 grammes; alcool à 31°, 1 000 grammes; myrrhe, 15 grammes; oliban, 15 grammes; baume de Tolu, 90 grammes; benjoin, 90 grammes; aloès, 15 grammes.

B. de copahu. — C'est une térébenthine qui coule du *Copaifera officinalis*, Lin., arbre du Pérou et du Mexique, de la classe des *Légumineuses*; elle est liquide, transparente, s'épaissit un peu et prend une teinte jaune; elle a une odeur forte, une saveur âcre, amère, très-désagréable. C'est un stimulant très-actif, et l'expérience a prouvé qu'elle avait une action spéciale sur certaines inflammations des membranes muqueuses; aussi en fait-on un grand usage en médecine. On l'emploie liquide, en potion, dans de l'eau sucrée, ou bien on la solidifie au moyen de la magnésie fortement décarbonatée; on peut encore la prendre liquide, enveloppée dans des capsules de gélatine ou de gluten.

B. de copalme, B. d'ambre, Ambre liquide. — Matière liquide, recueillie, par incision, du *Liquidambar styraciflua*, Lin. C'est un vrai baume; il est liquide, jaunâtre, d'une odeur agréable, d'une saveur âcre et aromatique; il devient solide en vieillissant. Très-employé autrefois, non-seulement en médecine, mais même par les parfumeurs, il est aujourd'hui presque abandonné (voyez LIQUIDAMBAR, STYRAX).

B. de Fioraventi. — Stimulant très-énergique, recommandé en frictions contre les douleurs rhumatismales. On s'en sert aussi dans quelques cas d'ophthalmies chroniques; pour cela, on en met quelques gouttes dans la main, dont la chaleur suffit pour le réduire en une vapeur à laquelle on expose l'œil. Voici sa composition : térébenthine, 150 grammes; résine élémi, résine tacamaque, succin, styrax liquide, galbanum, myrrhe, de chaque de ces six substances, 30 grammes; aloès, 10 grammes; baies de laurier, 40 grammes; galanga, zédoaire, girofle, gingembre, cannelle, muscade, de chaque, 15 grammes; feuilles de dictame de Crète, 10 grammes; alcool à 31°, 1 000 grammes. Après avoir fait macérer pendant quelques jours, on fait distiller au bain-marie; le premier produit de la distillation est ce qu'on appelle le *B. de Fioraventi spiritueux*, le seul qu'on emploie aujourd'hui; il est liquide, piquant et sent fortement la térébenthine. En poursuivant la distillation, sur le marc de ce produit, on obtient encore un *B. de Fioraventi huileux*, et un autre *noir*, qui sont inusités aujourd'hui.

B. de Geneviève. — Employé comme le baume d'Arcæus et dans les mêmes circonstances. En voici la formule : huile d'olive, 360 grammes; cire jaune, 60 grammes; poudre de santal rouge, 15 grammes; térébenthine, 120 grammes. Faites digérer à une douce chaleur, et ajoutez : camphre, 2 grammes.

B. de Giléad, de Judée, de la Mecque. — C'est la térébenthine du Canada (*B. du Canada*).

B. hypnotique. — C'est une dissolution huileuse plus ou moins aromatique, préparée avec des sucs de plantes narcotiques, de l'opium, du safran, de l'huile de muscade; il a beaucoup d'analogie avec le baume tranquille, et a les mêmes propriétés.

B. hystérique. — Très-employé autrefois, on en faisait respirer et on l'appliquait sur le ventre dans les accès d'hystérie; c'était un mélange d'huiles essentielles et de substances résineuses fétides; il était composé de bitume de Judée, aloès, galbanum, labdanum, de chacun, 5 grammes; assa fœtida, 15 grammes; castoréum et opium, de chaque, $2^{gr},50$; battez exactement dans un mortier; incorporez-y ensuite : huiles volatiles de rue et de succin, de chaque, 12 gouttes; huiles volatiles d'absinthe, de sabine et de pétrole, de chaque, 15 gouttes; beurre de muscade, $1^{gr},60$. On formait du tout une masse demi-solide, qu'on conservait dans une boîte d'étain.

B. des Jardins, plante. — On a donné ce nom à plusieurs espèces de *Menthes*.

B. de Laborde ou *de Fourcroy.* — Employé contre les gerçures de la peau, les douleurs, et pour hâter la cicatrisation des plaies : il est composé d'oliban, de térébenthine, de storax, de benjoin, de plantes aromatiques, de genièvre, de thériaque, le tout infusé dans de l'huile d'olive.

B. de Lectoure, de Condom. — C'est un stimulant très-actif; on le prend par gouttes, sur du sucre, comme sudorifique; il sert aussi comme aromate, c'est un mélange de safran, de musc et d'ambre gris, tenus en dissolution dans des huiles essentielles.

B. de Lucatel. — Employé utilement pour panser les plaies et les ulcères atoniques, il a été recommandé dans la phthisie pulmonaire; il est composé de : huile d'olive, 45 grammes; cire jaune, 30 grammes; vin de Malaga, 10 grammes; faites chauffer sur un feu doux, retirez ensuite et ajoutez : térébenthine, 45 grammes; poudre de santal rouge, 5 grammes; baume noir du Pérou, 8 grammes. On peut voir qu'il a beaucoup d'analogie avec le baume de Geneviève.

B. de Marie. — Résine liquide qu'on obtient par incision du *Calaba balsamaria*, de la famille des *Guttifères*; il est employé en médecine (voyez BAUME VERT.)

B. de la Mecque. — Voyez TÉRÉBENTHINE DE JUDÉE.

B. Nerval. — Employé en frictions contre les rhumatismes et les entorses; en voici la formule : moelle de bœuf, huile épaisse de muscade, de chaque 60 grammes; huile volatile de romarin, baume de Tolu, de chacun 4 grammes; huile volatile de girofle, camphre pulvérisé, de chaque 2 grammes; alcool à 34° Cartier, 8 grammes.

B. opodeldoch. — Voyez OPODELDOCH.

B. du Pérou. — Il est souvent employé comme excitant pour fortifier le système nerveux, ranimer et exciter les vieux ulcères; il convient dans les catarrhes pulmonaires anciens, à la dose de $0^{gr},10$ à $0^{gr},50$ par jour dans un jaune d'œuf ou en pilules : il entre dans beaucoup de médicaments composés. (Voyez B. DU PÉROU [*Chimie*]).

B. du Samaritain. — Composé d'un mélange par parties égales de vin et d'huile qu'on fait bouillir à petit feu : il a des propriétés relâchantes corrigées par l'action légèrement tonique du vin. On s'en sert souvent et avec succès dans les ulcères douloureux, suites des plaies d'armes à feu ou d'amputations. On en fait aussi des embrocations.

B. de Sanchez ou anti-arthritique. — Employé en frictions contre les douleurs articulaires ; est composé de, savon animal, 20 grammes ; faites dissoudre dans ; esprit de lavande, 30 grammes ; camphre, 5 grammes ; huiles essentielles de menthe poivrée, de cannelle, de lavande, de muscade, de girofle, de sassafras, de chaque 10 gouttes ; éther acétique, 20 grammes.

B. de soufre. — Il est composé d'huile de noix, 80 grammes ; soufre sublimé, 15 grammes ; faites dissoudre au bain de sable. Si on se sert d'huile d'anis, on a le *baume de soufre anisé*, qui a une belle couleur rouge ; on l'employait comme stimulant et carminatif. Le *baume de soufre térébenthiné* est préparé avec l'huile de térébenthine ; il était prescrit dans les maladies des reins et de la vessie.

B. de Tolu. — C'est le plus précieux de tous les sucs balsamiques. Il est très-employé dans les affections catarrhales, et même dans la phthisie, dans quelques entérites chroniques, dans la colique des peintres, etc. On l'administre en sirop, en teinture, en pilules, en fumigations, etc. (Voyez B. DE TOLU [*Chimie*]).

B. saxon. — Mélange à froid d'huile concrète de muscade avec des huiles essentielles de lavande, de succin, d'origan, de sauge, de menthe, de rue, etc. Il est âcre et très-odorant ; on l'emploie en frictions, quelquefois trois ou quatre gouttes sur du sucre dans les dyspepsies.

B. tranquille. — Très-employé en frictions dans les rhumatismes chroniques avec douleurs ; en voici la formule : faites cuire à un feu doux dans 1 kilogramme d'huile d'olive, feuilles de belladone, de jusquiame, de morelle, de tabac, de pavot, de stramonium, de chaque 45 grammes. Laissez digérer pendant deux heures, passez avec expression, et versez cette huile chaude sur : sommités d'hysope, d'absinthe, de lavande, de menthe aquatique, de menthe-coq, de marjolaine, de millepertuis, de rue, de sauge, de thym, de fleurs de sureau, de fleurs de romarin, de chaque 10 grammes. Laissez macérer pendant un mois en vase clos et au soleil ; passez, décantez et conservez à l'ombre ; il a une odeur aromatique et une couleur vert foncé.

B. vert, B. de Calaba, B. de Marie. — Il y a deux sortes de baume vert, l'un découle du *Calaba à fruits ronds*, arbre des Indes : il est verdâtre, d'une odeur agréable et passe pour vulnéraire et anodin ; c'est la résine *tacamahaca* ou *tacamaque* de Maurice. L'autre est produit par une variété du *Calaba*, qui croît à Saint-Domingue, c'est un suc gommeux verdâtre, qui s'épaissit et devient d'un vert foncé. Les Espagnols en font, dit-on, un si grand cas, qu'ils l'ont appelé pour cela *Balsamum della Maria.*

B. vert de Metz ou de Feuillet, Huile verte. — On l'emploie pour panser les ulcères atoniques avec chairs baveuses. C'est un mélange pharmaceutique d'huile de lin et d'olive, de térébenthine, d'huile volatile de genièvre, d'huile volatile de girofle, de carbonate de cuivre, de sulfate de zinc et d'aloès.

B. de vie d'Hoffmann. — Dissolution alcoolique dans laquelle entrent les huiles volatiles de lavande, marjolaine, girofle, macis, cannelle, citron, baume du Pérou, de chaque 2 grammes ; ambre gris, huile volatile de rue, de succin, de chaque 1 gramme. Alcool à 37°, 400 grammes ; 10 à 20 gouttes dans un verre d'eau sucrée contre les coliques venteuses.

B. de vie de Lelièvre. — Voyez ÉLIXIR DE LONGUE VIE.

B. vulnéraire. — C'est le baume du Samaritain dans lequel on a fait macérer des plantes vulnéraires. F — N.

BAUMIER (Botanique). — On donne quelquefois ce nom à des végétaux qui fournissent des produits balsamiques ; tels que le *balsamier*, les *mélilots*, le *sapin baumier* ou *de Giléad* (voyez ces mots).

BAVAROISE. — Infusion de thé chaude additionnée d'un peu de lait et sucrée avec du sirop de capillaire. Elle tire son nom des princes de Bavière qui la mirent à la mode à Paris au commencement du siècle dernier. C'est une boisson agréable qui favorise la transpiration, calme la toux et provoque le sommeil.

BAVE (Médecine). — Liquide gluant composé de salive et de mucus qui s'échappe quelquefois involontairement de la bouche des vieillards, et très-souvent de celle des enfants pendant le travail de la dentition (voyez ce mot). On donne aussi ce nom au liquide écumeux qui sort quelquefois de la bouche dans certaines maladies, comme l'épilepsie, la salivation mercurielle. Enfin c'est un symptôme à peu près constant de la *rage* voyez ce mot), et c'est dans la bave des chiens enra-

gés que se trouve le véhicule de cette terrible maladie.

BDELLIUM (Matière médicale), en grec *bdellion*. — Gomme-résine qui nous vient de l'Arabie et des Indes orientales par le commerce du Levant. Les botanistes ne sont pas d'accord sur l'arbre qui le produit ; cependant on pense généralement, d'après Lamarck, que c'est un balsamier de la famille des *Térébinthacées*. On rencontre dans le commerce plusieurs espèces de gommes-résines distinctes connues sous le nom de *bdellium* ; la première qui vient de l'Inde est très-rare et la plus recherchée ; elle est en fragments irréguliers, ou en grains arrondis d'un rouge foncé, d'une cassure vitreuse, elle se ramollit par la chaleur et répand partout en brûlant une odeur agréable analogue à celle de la *myrrhe* (voyez MYRRHE). Une deuxième espèce qui vient du Sénégal, mêlée avec de la gomme, de couleur jaune ou rougeâtre, à cassure vitreuse et grasse, n'a point d'odeur, elle adhère sous la dent, et est d'une saveur fade et amère ; enfin une troisième espèce offre souvent dans sa cassure des yeux remplis d'un liquide transparent, et a une odeur un peu alliacée, qui a fait penser qu'elle était mêlée avec d'autres gommes-résines provenant des Ombellifères. Les anciens employaient le bdellium comme excitant et résolutif à l'extérieur et à l'intérieur, dans les catarrhes chroniques de la poitrine, de l'intestin, de la vessie. Son usage se borne aujourd'hui à entrer dans la composition du diachylon gommé, et de quelques autres préparations (voyez DIACHYLON).

BDELLOMÈTRE (Médecine), du grec *bdella*, sangsue, et *metron*, mesure. — C'est le nom d'un instrument inventé par le docteur Sarlandière en 1819, pour remplacer les sangsues, et à l'aide duquel on connaît exactement la quantité de sang tiré. Cet instrument se compose d'un verre en forme de ventouse, contenant dans son intérieur un appareil armé de lancettes qu'on fait jouer au moyen d'une tige pénétrant par une tubulure placée en haut : un peu sur le côté est une autre tubulure à laquelle est adaptée une pompe aspirante pour faire le vide : à la partie inférieure une troisième tubulure reçoit un robinet pour faire écouler le sang contenu dans le verre. Lorsque l'on a appliqué la ventouse (voyez ce mot), la pompe est mise en jeu pour faire le vide, la peau se gonfle, elle est incisée au moyen des lancettes placées dans l'intérieur ; la ventouse étant graduée, il est facile d'apprécier la quantité de sang évacué. Cet instrument est peu employé. Le scarificateur le remplace.

BEC (Chirurgie). — Par comparaison avec le bec de certains oiseaux, on a donné ce nom à plusieurs espèces de pinces recourbées sous différentes formes, et qui servaient à l'extraction des dents ou des corps étrangers : ainsi il y avait le *bec de perroquet*, le *bec de grue*, le *bec de cane*, le *bec de vautour*, etc. (voyez DENTS [*Extraction des*], CORPS ÉTRANGERS).

BEC (Zoologie). — Organe particulier aux oiseaux et qui diffère essentiellement de la bouche des Mammifères dont il est l'analogue : à l'extérieur il n'y a plus de lèvres ni de joues charnues ; à l'intérieur plus de dents ; les deux mâchoires, plus ou moins prolongées en pointe, sont recouvertes chacune d'une lame cornée qui prend le nom de *bec*. On y distingue une mandibule supérieure à la base de laquelle se voient les deux narines, et une mandibule inférieure ordinairement plus courte et plus faible que la première. Elles se modifient dans leurs formes et leurs dimensions pour constituer un organe de préhension approprié aux aliments, ou une arme pour se défendre ou attaquer. L'extrémité de la mandibule supérieure est quelquefois crochue et coupante (*aigle balbuzard*), elle est droite et perforante (*cigogne, héron*), d'autres fois elle est recourbée et disposée de manière à faire l'office d'une patte pour grimper et s'accrocher aux arbres (*perroquets*). Dans tous les cas sa conformation est partout en rapport avec le régime alimentaire de l'animal, et fournit les meilleurs moyens pour juger de son genre de vie et de ses habitudes.

BEC (Zoologie). — Ce mot désigne aussi, chez les *tortues*, la bouche qui est conformée en un bec court comparable, quant à la structure, à celui des oiseaux. On donne encore le nom de *bec* aux mandibules cornées des *sèches* et des *poulpes*, et en général à celles des *mollusques céphalopodes* qui ressemblent beaucoup à un bec de perroquet. Certains insectes coléoptères (le *charançon*) se font remarquer par une tête prolongée en forme de *bec*. Les hémiptères, tels que les punaises des bois, les cigales, les pucerons, etc., ont la bouche armée d'un *bec* tubulaire et cylindrique, compliqué, dirigé en bas et en arrière. Dans ceux qui vivent aux dépens des animaux, le bec est très-robuste, il est grêle chez ceux qui se nourrissent du suc des plantes.

Bec (Botanique). — On nomme ainsi certains prolongements plus ou moins consistants et aigus des organes des plantes et dont la forme se rapproche de celle du bec des oiseaux; ainsi Jacquin a donné le nom de *bec* à la pointe qui termine les cornes intérieures de la couronne staminale des Stapélies. Ce sont surtout les feuilles et les fruits qu'on trouve le plus souvent terminés en bec, ainsi dans le genre *Carex*. La forme du fruit a même valu au *géranium* le nom de *bec-de-grue*, au *pelargonium* celui de *bec-de-cigogne*, enfin à l'*erodium* le nom de *bec-de-héron*. On a nommé aussi *bec-de-pigeon* une espèce de *géranium* (G. *colombinum*).

BEC-CROISÉ (Zoologie), *Loxia*, Bris., du grec *loxos*, oblique. — Genre d'oiseaux de l'ordre des *Passereaux*, famille des *Conirostres* de Cuvier; famille des *Fringillidæ*, tribu des *Oscines*, ordre des *Passeres*, de Ch. Bonaparte; caractérisé par un bec comprimé, les deux mandibules tellement courbes en sens inverse, que leurs pointes se croisent; il est d'ailleurs fort, élevé, et assez allongé, et cette forme leur sert admirablement à arracher les semences de dessous les écailles des pommes de pin. Ces

Fig. 294. — Tête du bec-croisé.

oiseaux habitent en général les forêts de pins des contrées septentrionales. Les principales espèces sont : le *B. commun* ou *des pins* (L. *curvirostra*, Lin.), plumage verdâtre en-dessus, jaunâtre en dessous; on le trouve dans le nord de l'Europe; dans les premières années de ce siècle, il en parut aux environs du Havre, une quantité prodigieuse, qui firent beaucoup de tort aux pommes; ils les mettaient en morceaux pour manger les pepins. Cet oiseau a 0m,16 de long. Le *B. leucoptère* (L. *leucoptera*, Vieil.), un peu plus petit, le bec noirâtre; se trouve dans l'Amérique septentrionale. On cite encore le *B. des sapins* (L. *pityopsittacus*, Bechst.) et le *B. de Sibérie* (L. *Sibirica*, Lath.).

BEC-CROCHE (Zoologie). — Nom vulgaire de l'*Ibis rouge* (voyez ce mot).

BEC-DE-CUILLER (Anatomie). — Lame osseuse très-mince qui sépare la portion osseuse de la *trompe d'Eustache*, du canal par lequel passe le muscle interne du marteau. Selon M. Huguier, le prétendu bec-de-cuiller n'est autre chose que le conduit réfléchi du muscle interne du marteau.

BEC-DE-LIÈVRE (Chirurgie), en latin *labium leporinum*. — On donne ce nom à une difformité caractérisée par la division d'une des lèvres, le plus souvent la supérieure, parce qu'en effet elle offre quelque ressemblance avec la fente qui existe naturellement à la lèvre supérieure du lièvre. Le bec-de-lièvre est le plus souvent *naturel*; il peut être *accidentel*, et résulter d'une plaie qui n'a pas été réunie, et dont les bords se sont cicatrisés. Il peut être *simple*, c'est-à-dire à une seule division, ou *double*, à deux divisions. Il peut être compliqué de l'écartement des os maxillaires supérieurs et de la voûte palatine ou de la saillie des dents. Le traitement consiste à rafraîchir, à aviver avec l'instrument tranchant les bords de la division, ensuite à les rapprocher et à les maintenir en contact au moyen de la suture entortillée (voyez SUTURE) et d'un bandage unissant. Le bec-de-lièvre naturel est très-rare à la lèvre inférieure.

BEC-EN-CISEAUX (Zoologie), *Rhyncops*, Lin., nommé aussi *Coupeur d'eau*, genre d'*Oiseaux palmipèdes*, famille des *Longipennes* ou *Grands voiliers*, Cuv.; famille des *Laridæ*, ordre des *Anseres*, de Ch. Bonaparte. — Les Bec-en-ciseaux, voisins des Hirondelles de mer, auxquelles ils ressemblent par leurs petits pieds, leurs longues ailes et leur queue fourchue, en diffèrent, et se distinguent particulièrement par un bec extraordinaire, aplati latéralement; la mandibule supérieure beaucoup

Fig. 295. — Tête de bec-en-ciseaux.

plus courte que l'inférieure, a ses deux bords rapprochés en dessous de manière à former, depuis sa base, une rainure étroite comme le manche d'un rasoir, dans laquelle entre un peu la mandibule inférieure plus longue et brusquement rétrécie dès sa base. En volant mollement à la surface de la mer, ils tiennent le plus souvent dans l'eau cette mandibule inférieure, afin d'attraper le poisson et

d'autres animaux marins, qu'ils serrent entre les lames de leur bec; c'est aussi ce qui leur a fait donner le nom de *Coupeurs d'eau*. On les trouve sur les côtes de l'Amérique. On n'en connaît qu'un petit nombre d'espèces; le *B. proprement dit* (R. *nigra*, Lin.), long de 0m,50, noir sur les parties supérieures, blanc sur les inférieures et sur le front; le bec rouge à sa base, noir au bout, les pieds rouges. On peut citer encore le *R. flavirostris*, Vieil.

BEC-FIGUE (Zoologie). — Buffon et Brisson ont décrit sous ce nom un oiseau, qu'ils ont présenté comme une espèce particulière; de son côté, Cuvier, à l'article FARLOUSE ou ALOUETTE DES PRÉS (*Alauda pratensis*, Gm.; *Anthus pratensis*, Bechst.) dit : « Elle engraisse singulièrement en automne, en mangeant du raisin, et se recherche alors, dans plusieurs de nos provinces, sous les noms de *bec-figue* et de *vinette*. — Buffon avait déjà dit que son *bec-figue*, qu'il désigne sous le nom de *Motacilla ficedula*, Gm., portait en Bourgogne le nom de *vinette*. Vieillot pense que ce bec-figue n'est autre que le gobe-mouche noir, d'autres le gobe-mouche à collier, etc. Il résulte de tout ce qui précède, d'un examen attentif et de l'observation des faits que les différentes espèces de fauvettes, et presque tous les oiseaux à bec mince et effilé, qui pendant l'été vivent d'insectes, mangent en automne des raisins, des figues surtout, dans le Midi et en Italie, ce qui leur a valu à tous sans distinction le nom de *bec-figue*; que cette nourriture les engraisse et communique à leur chair un goût exquis, qui en fait un mets très-recherché dans le Midi, où ils deviennent l'objet d'une chasse assidue, soit au filet, soit avec des nappes ou des lacets. Il paraît donc douteux qu'il y ait une espèce particulière à laquelle on puisse donner le nom de *bec-figue*, et il faut se borner à renvoyer aux articles FAUVETTE, BEC-FIN, ALOUETTE, etc.

BEC-FIN (Zoologie), *Motacilla*, Lin. — Groupe de *Passereaux dentirostres*, composant une très-nombreuse famille reconnaissable à son bec droit, effilé et en alêne, dont la base est plus élevée que large; la mandibule supérieure quelquefois échancrée à sa pointe, l'inférieure toujours droite. On y trouve presque tous les petits oiseaux chanteurs de nos bois; elle est comprise tout entière dans la tribu des *Oscines* (*chanteurs*), de Ch. Bonaparte; Cuvier la divise en genres, sous les noms de *Traquets* (*Saxicola*, Bechst.); *Rubiettes* (*Sylvia*, Wolf et Meyer; *Ficedula*, Bechst.); *Fauvettes* (*Curruca*, Bechst.); *Roitelets* ou *Figuiers* (*Regulus*, Cuv.); *Troglodytes* (*Troglodytes*, Cuv.); *Farlouses* (*Anthus*, Bechst.). *Hoche-queue* (*Motacilla*, Bechst.), comprenant les *Hoche-queue* proprement dits ou *Lavandières* (*Motacilla*, Cuv.), et les *Bergeronnettes* (*Budytes*, Cuv.). On a, depuis, détaché des fauvettes, l'*Accenteur* (*Accentor*, Tem.), pour en faire un nouveau genre. Tous ces oiseaux vivent d'insectes, de petites graines et de fruits (voyez les différents genres cités plus haut).

BEC-JAUNE ou **BÉJAUNE** (Fauconnerie). — Ce terme, qui vient de ce que les très-jeunes oiseaux de proie ont le *bec jaune*, est employé en fauconnerie pour désigner les oiseaux *niais* qui ne savent encore rien faire; il est passé dans le langage vulgaire; on dit, d'un jeune homme simple et sans expérience, qui a fait une étourderie : *Il a eu son bec-jaune* ou *béjaune*.

BEC-OUVERT (Zoologie) (*Ilians*, Lacép.; *Anastomus*, Ilig.). — Genre d'*Oiseaux échassiers*, famille des *Cultrirostres*, tribu des *Cigognes* (*Règne animal*); de la famille des *Ardeidæ*, tribu des *Anseraceæ*, ordre des *Grallæ*, de Ch. Bonaparte. Les Becs-ouverts, très-voisins des Cigognes propres, s'en distinguent parce que les deux mandibules de leur bec ne se joignent que par la base et par la pointe, laissant dans le milieu un intervalle vide; du reste, ce bec est plus long que la tête, comprimé latéralement; les doigts sont allongés; le pouce portant à terre sur toute sa longueur; les ongles courbés, pointus; on n'en connaît que deux ou trois espèces qui se trouvent aux Indes orientales, ils se tiennent dans les marais et au bord des rivières; où ils guettent les poissons et les reptiles, le *B.* ou *Anastome blanc* (*Ardea Coromandeliana*, Sonnerat; *Anastomus albus*, Vieil.); le *B. de Pondichéry*, *Anastome cendré* (*Ardea Pondiceriana*, *Anastomus cinereus*, Vieil.). La plupart des ornithologistes pensent que ce n'est qu'une seule espèce prise à des âges différents, peut-être le dernier n'est-il que le jeune âge, dit Cuvier. Le *B. à lames* (*Anastomus lamelliger*, Temm.) est remarquable parce que chacune de ses plumes a sa tige terminée par une lame cornée qui dépasse les barbes.

BÉCARD (Zoologie). — Nom vulgaire du *Harle commun* (voyez HARLE).

Bécard (Zoologie). — Espèce de *Saumon*.

BÉCARDE (Zoologie), Buffon ; *Psaris*, Cuv. — Sous-genre d'*Oiseaux* du grand genre des *Pies-grièches* (*Lanius*, Lin.), de l'ordre des *Passereaux*. Les Bécardes ont le bec conique, très-gros, rond à sa base, la pointe légèrement comprimée et crochue, la queue égale et arrondie. On n'en connaît qu'un petit nombre d'espèces, toutes de l'Amérique méridionale; la plus connue est la *Pie-grièche grise de Cayenne* (*Lanius Cayanus*, Gmel.), cendrée, la tête, les ailes et la queue noires.

BÉCASSE (Zoologie), *Scolopax*, Lin. et Lath.; *Rusticola*, Vieill. — Cuvier, dans son *Règne animal*, avait fait des Bécasses un grand genre d'*Échassiers*, qui comprenait presque toute la famille des *Longirostres*, moins le genre peu nombreux des *Avocettes*; il divisait ensuite ce genre en 16 sous-genres, dont les principaux sont : les *Ibis*, les *Courlis*, les *Barges*, les *Maubèches*, les *Alouettes de mer*, les *Combattants*, les *Tourne-pierres*, les *Chevaliers*, les *Échasses*, enfin les *Bécasses proprement dites*; il ne sera question ici que de ce dernier sous-genre. Voici les caractères que lui donne Cuvier : bec long, droit, dont le bout, renflé en dehors pour dépasser la mandibule inférieure, est mou et très-sensible; pieds sans palmure; un caractère particulier à ces oiseaux, c'est d'avoir la tête comprimée, et de gros yeux placés fort en arrière, qui donnent à cet oiseau un air stupide que justifient parfaitement ses habitudes; du reste, les bécasses ont la queue courte, cependant plus longue que les ailes, les doigts libres à leur base, offrant dans quelques espèces des vestiges de membrane interdigitale. Ce sous-genre comprend plusieurs espèces de *Bécasses* et de *Bécassines* (voyez ce mot). La *B. commune* (*Scolopax rusticola*, Lin.; *Rusticola vulgaris*, Vieill.) est assez connue par son plumage varié en dessus de taches et de

Fig. 296. — Bécasse commune.

bandes grises, rousses et noires; gris en dessous avec des lignes noirâtres : on la distingue surtout par quatre larges bandes noires, qui se succèdent sur le derrière de la tête. Elle habite l'été sur les hautes montagnes boisées et descend chez nous aux premiers froids; le jour, elle fait la chasse aux vers dans les bois, en retournant les feuilles avec son bec; mais le soir, elle se dirige vers les champs fraîchement remués pour y chercher d'autres vers; elle reste peu dans les plaines pendant l'été et nous quitte au mois de mars pour retourner sur les montagnes. La bécasse est un gibier très-estimé, surtout de novembre à février où elle est grasse et charnue; sa chair est fine, noire et n'est pas fort tendre, ce qui fait qu'on la garde assez longtemps avant de la manger afin qu'elle prenne le fumet qui la fait rechercher. Elle est peu défiante et se laisse approcher assez facilement, aussi sa chasse est-elle productive surtout au mois de novembre; elle peut se faire au fusil, au collet, au filet, etc. C'est surtout le jour, à la brune, en temps de brouillard, qu'elle réussit le mieux; cependant, lorsqu'on a reconnu les lieux que fréquentent ces oiseaux à leurs fientes qui sont de larges taches blanches et sans odeur, on peut les guetter au clair de lune, c'est le moment qu'elles choisissent pour venir chercher leur nourriture. Les endroits qu'elles fréquentent de préférence sont les bois feuillés et touffus et quelquefois les bords des fontaines et des mares. Le plus souvent, elles se tiennent cachées sous les feuilles pendant le jour, et il faut des chiens pour les faire lever, autrement elles partent sous les pieds du chasseur.

BÉCASSE (Zoologie). — Nom donné à plusieurs *Poissons* de genres différents; on l'a aussi appliqué à plusieurs *Coquilles*.

BÉCASSE DE MER (Zoologie). — Deux oiseaux sont appelés ainsi vulgairement l'*Huîtrier* et quelquefois le *Courlis* (voyez ces mots).

BÉCASSEAU (Zoologie). — Ce sont des oiseaux de rivage qui se tiennent sur les bords de la mer, des lacs ou des étangs et qui se nourrissent de vers, de larves et d'insectes. Leur classement dans le cadre ornithologique est loin d'être bien déterminé; quelques zoologistes en ont fait un genre sous le nom de *Tringa*, en y comprenant seulement les *Bécasseaux* et les *Combattants* (voyez ce mot). Lesson, en adoptant ce genre, l'a considérablement étendu et l'a divisé en quatre sous-genres. Cuvier et Vieillot ont tout simplement fait des Bécasseaux des espèces du genre des *Chevaliers* (*Totanus*, Cuv.). Ainsi considéré, le *Bécasseau* est un *Échassier longirostre*, du genre des *Bécasses*, du sous-genre des *Chevaliers*. On distingue le *B. ou Cul-blanc de rivière* (*Tringa ochropus*, Lin.; *Tot. ochropus*, Cuv.), noirâtre, bronzé en dessus, blanc en dessous, moucheté de gris au-devant du col, la queue rayée transversalement de blanc et de noir, pieds cendrés verdâtres, longueur totale, 0ᵐ,20; il niche dans le sable au bord de l'eau et vit isolément : c'est un fort bon gibier qu'on trouve dans toute l'Europe. Le *B. des bois* (*Tringa glareola*, Gm.; *Tot. glureola*, Cuv.) diffère du précédent par sept à huit rayures sur la longueur de la queue; il est un peu plus petit, habite les bois marécageux et niche dans les marais boisés du Nord.

BÉCASSINE (Zoologie). — Les Bécassines forment dans la classification de Vieillot un genre, et dans celle de Lesson un sous-genre; pour Cuvier (*Règne animal*), ce ne sont que des espèces du sous-genre des *Bécasses proprement dites*, grand genre des *Bécasses*. Les espèces principales sont : la *B. proprement dite* (*Scolopax gallinago*, Lin.), plus petite et le bec plus long que la bécasse, deux larges bandes longitudinales noirâtres sur la tête, le cou moucheté de brun et de fauve, le dessus noirâtre, le ventre blanchâtre, le bas de la jambe dénudé, les formes élancées, l'ongle du pouce plus long que le doigt lui-même. Elle se tient dans les prairies marécageuses, sur le bord des étangs, dans les herbages. En France, elles paraissent en automne; presque toujours seules, elles partent de loin d'un vol rapide, et, après trois crochets, elles filent horizontalement ou s'élèvent à perte de vue; au printemps, on les trouve en grand nombre; elles nous quittent pendant l'été, en général, et nichent à terre dans des racines d'arbres. La bécassine a environ 0ᵐ,25 de longueur, on la trouve presque partout. La *Double Bécassine* (*Sc. major*, Gmel.), d'un tiers plus grande, a les ondes grises ou fauves de dessus plus petites et les brunes de dessous plus grandes et plus nombreuses; elle a le vol moins rapide que la précédente, droit et sans crochets; elle préfère les eaux claires aux eaux vaseuses. On la trouve en France et surtout en Picardie, en Provence. La *Petite Bécassine* ou la *Sourde* (*Scolop. gallinula*, Gm.), presque de moitié moindre que la première, n'a qu'une bande noire sur la tête, elle reste dans nos marais presque toute l'année et se cache dans les roseaux, sous les joncs secs au bord de l'eau; il faut presque marcher dessus pour la faire lever, ce qui lui a fait donner le nom de *sourde*. Son vol est moins rapide et plus direct que celui de la bécassine commune, elle est plus délicate à manger que celle-ci. Elle habite l'Europe et l'Amérique septentrionale. La *B. grise* (*Sc. grisea*, Gm.; *Macroramphus*, Ch. Bonap.) a une demi-palmure entre les doigts externes; on la trouve aussi en Europe. Les bécassines se chassent au fusil, au collet. La chasse au fusil exige une certaine habitude à cause de la manière dont l'oiseau se lève, file et fait ses crochets. Du reste, il tombe au moindre grain de plomb qu'il reçoit.

BECCABUNGA (Botanique). — Espèce de plante vivace du genre *Véronique*, famille des *Scrofulariées*, qui a pour caractères : souche rampante, tige glabre, feuilles pétiolées, ovales, obtuses, arrondies à la base, fleurs en grappes axillaires, corolle un peu plus longue que le calice, capsule orbiculaire, renflée, graines petites, biconvexes. Cette plante, qui croît au bord des eaux et qui a quelque ressemblance avec le cresson, a été nommée, pour cette raison, *Véronique cressonnée*. Elle a une saveur légèrement acerbe et amère, et agit à la manière des Crucifères, aussi l'emploie-t-on comme *antiscorbutique*, *antidartreuse*, etc.

BÊCHE (Agriculture). — Instrument de labourage employé surtout pour les jardins maraîchers et autres et quelquefois dans la grande culture, pour les endroits inaccessibles à la charrue. La bêche se compose d'un manche fort et solide long de 1 mètre à 1ᵐ,50, terminé en haut par une partie renflée en forme de pomme, quelquefois par une manette ou une béquille; en bas, ce manche, plus effilé, est reçu dans une douille pratiquée dans l'épaisseur du bord supérieur de la lame ou fer. Celui-ci est un quadrilatère plus ou moins régulier présentant des deux côtés une surface plane et dont l'épaisseur doit être calculée de manière à ne pas rendre l'instrument trop lourd, et cependant, lui donner assez de force pour pénétrer dans un sol quelquefois dur, et supporter le poids d'une motte de terre de 8 à 10 kil. La longueur du fer de la bêche variera entre 0ᵐ,25 et 0ᵐ,35, quelquefois plus, sa largeur est d'environ 0ᵐ,20 à 0ᵐ,25. Le bord supérieur mousse est assez épais pour supporter le pied de l'ouvrier surtout lorsqu'il laboure une terre forte, le bord inférieur est tranchant, les bords latéraux le sont souvent. Quant à la forme du fer de la bêche, il présente aussi de grandes différences ; celle des environs de Paris, par exemple, est un quadrilatère presque régulier, tandis que dans les pays à terres fortes, le bord inférieur va en diminuant de plus en plus de longueur, et on arrive ainsi successivement à la bêche hollandaise à tranchant triangulaire, ce qui lui donne une grande facilité pour pénétrer dans les sols tenaces et durs (voyez Labour).

BÊCHE-LISETTE (Zoologie). — Nom sous lequel on désigne, dans quelques provinces de France, une espèce d'*Insecte* du genre *Attélabe*, le *Rhynchite Bacchus* (voyez Attélabe, Rhynchite). C'est encore le nom qu'on donne vulgairement à l'*Eumolpe de la vigne* (voyez ce mot et Animaux nuisibles).

BÉCHIQUES (Matière médicale), du grec *bêx, béchos* toux. — Médicaments contre la toux ; ce sont, en général, des émollients, des adoucissants, des pectoraux (voyez Pectoral, Toux, Bronchite). — Les *espèces béchiques* sont les fleurs sèches de guimauve, de pied-de-chat, de pas-d'âne et les pétales de coquelicot. — Les *fruits béchiques* ou *fruits pectoraux* sont les dattes débarrassées de leurs noyaux, les jujubes, les figues sèches et les raisins secs.

BÉCUNE (Poisson). — Ce nom a été donné vulgairement à plusieurs poissons, et entre autres à une espèce du genre *Sphyrène*, de Cuvier.

BÉDEAU ou **Bédeaube** (Zoologie). — Nom donné vulgairement à plusieurs insectes dont le corps présente deux couleurs : ainsi la chenille d'une espèce de *Vanesse* (*Vanessa gamma*), dite aussi *Robert-le-Diable*, a les quatre premiers anneaux fauves et le reste du corps blanc ; de même la *Cigale bédeaude*, Geof., *Cercope écumeuse* (*Cercopis spumaria*, Lin.), est brune avec deux taches blanches sur les élytres.

· Bédeaude (Zoologie). — C'est aussi le nom vulgaire de la *Corneille mantelée*.

BÉDÉGAR ou **Bédéguar** (Botanique). — On appelle ainsi une tumeur ou excroissance spongieuse produite sur diverses espèces de rosiers, et notamment sur l'églantier, par la piqûre d'un insecte parasite, *Cynips rosæ*, Lin. (voyez Églantier, Cynips). Cette excroissance, d'une forme ovale, quelquefois du volume d'un œuf de poule, d'une couleur verte rougeâtre, naît et se développe sur diverses parties de la plante, le fruit, la tige, les feuilles, etc., et c'est dans son intérieur que l'insecte dépose ses œufs ; les larves s'y développent et y vivent jusqu'à leur métamorphose. On a beaucoup vanté les vertus du bédégar comme astringent ; mais aujourd'hui il est à peu près tombé dans l'oubli.

BÉGAIEMENT ou **Bégayement** (Médecine), en latin *linguæ hœsitatio*, hésitation, embarras dans la parole, répétition saccadée de la même syllabe et quelquefois de certaines syllabes spéciales, suivie parfois de suspension et d'empêchement complet d'articuler les mots. — Le bégaiement est quelquefois si léger qu'il ne constitue pas véritablement une infirmité ; d'autres fois il est porté à un point tel que les malheureux qui en sont affectés ne peuvent prononcer deux mots de suite sans des efforts inouïs et sans que presque tous les muscles de la face participent aux contractions de ceux qui font mouvoir la langue et donnent à la physionomie une expression pénible. Cette infirmité paraît être plus fréquente dans l'homme que dans la femme. Les causes n'en sont pas faciles à saisir ; il est certain qu'il ne tient que rarement à un vice de conformation de la langue, et en effet celui-ci donne plutôt lieu à une mauvaise prononciation, à un grasseyement exagéré (voyez ce mot), etc. Dire que sa cause réside dans la faiblesse des muscles, dans un état nerveux et spasmodique, c'est en quelque sorte avouer notre ignorance à cet égard, et c'est pour n'avoir pas voulu en convenir, c'est parce qu'on n'a considéré que quelques données anatomiques, sans se rendre compte du rôle physiologique et de l'influence cérébrale, qu'on a proposé une série d'opérations dont le succès n'a pas répondu aux bonnes intentions de leurs inventeurs : ainsi on a fait la section horizontale de la base de la langue, avec différentes modifications, l'excision d'une partie de la pointe de la langue, la sec-

tion des muscles génio-glosses, etc. Ces opérations, pratiquées surtout il y a une vingtaine d'années, sont aujourd'hui abandonnées. Plusieurs autres modes de traitement ont été employés pour remédier au bégaiement ; déjà, en 1817, on connaissait la *Méthode d'Itard*, qui avait eu quelques succès, lorsqu'en 1825 M. Malbouche importa en France et perfectionna la *Méthode de Mᵐᵉ Leig*, de New-York, dite *Méthode américaine*. Basée sur une observation exacte et minutieuse des mouvements de la langue pendant le bégaiement, cette méthode en reconnaît plusieurs espèces, soit que la langue reste abaissée derrière les dents, soit que, portée en haut, elle reste appliquée au palais ; ou bien, ce qui arrive le plus souvent, qu'elle se rétracte sur elle-même. Ces différentes espèces de bégaiement sont combattues par un ensemble d'exercices de la langue, des lèvres et des muscles de la bouche, en rapport avec la nature de la maladie, le tout sous l'empire d'une volonté forte, d'une constance et d'une fermeté qui ne se démentent pas. Colombat (de l'Isère) et M. Serres (d'Alais) sont partis de la même idée et sont arrivés à des résultats satisfaisants. Colombat, qui en a fait l'étude de toute sa vie, divise le bégaiement en *labio-choréique* et en *gutturo-tétanique*, suivant la partie de l'appareil vocal qui lui semble affectée et la nature de cette infirmité, qu'il regarde dans le premier cas comme ayant de l'analogie avec la *chorée* (voyez ce mot), et dans le second avec le *tétanos* (voyez ce mot). Ces principes posés, le traitement consiste à remédier à ces mouvements tumultueux de la parole par une série d'exercices qu'il divise en quatre espèces, *pectorale, gutturale, linguale* et *labiale*, et auxquels le malade doit se livrer avec une volonté incessante. Cette méthode compte un grand nombre de succès ; on peut en voir tous les développements dans le *Traité complet de tous les vices de la parole*, ouvrage couronné en 1833 par l'Académie de médecine et l'Académie des sciences.   **F — N.**

BÉGONIACÉES (Botanique). — Famille de plantes à pétales périgynes que M. Brongniart, ainsi que la plupart des auteurs modernes, rangent à côté des Cucurbitacées. La place qu'elle doit occuper dans la méthode naturelle est cependant très-incertaine. Les *Bégoniacées* sont des herbes annuelles ou vivaces. Les tiges sont noueuses, articulées ; les feuilles alternes, pétiolées, simples. Les fleurs, unisexuées, se composent, dans les mâles, de 4 sépales colorés, pétaloïdes, dont 2 extérieurs plus grands, et de plusieurs étamines insérées au centre ; dans les femelles, d'un calice à 4-9 divisions et d'un ovaire à 3 loges et 3 ailes, surmonté de 6 styles courts, épais, cylindriques, bifides. Le fruit est une capsule à 3 loges et munie de 3 ailes membraneuses. Les graines qu'elle renferme sont nombreuses, très-petites et striées. Cette famille, qui ne comprend qu'un seul genre, duquel elle tire son nom (*Begonia*, Lin.), habite les lieux humides, les régions chaudes des deux continents, mais plus spécialement l'Amérique équatoriale.   **G — S.**

BÉGONIE (Botanique), *Begonia*, dédicace faite par Linné à Michel Bégon, intendant général de Saint-Domingue et promoteur de la botanique. — Genre de plantes type de la famille des *Bégoniacées*. Il renferme un grand nombre d'espèces cultivées dans les serres chaudes à cause de leurs feuilles bizarrement irrégulières et présentant de très-remarquables couleurs, ainsi que de jolis dessins de panachures. Les Bégonies se divisent en deux sections : d'un côté, celles qui ont le calice simple et les sépales de même couleur, et de l'autre, celles qui ont un calice à sépales presque égaux, les intérieurs blancs, les extérieurs rouges. Dans la première, on remarque la *B. à feuilles de géranium* (*B. geranifolia*, Hook.), la *B. à feuilles de potiron* (*B. peponifolia*, Ad. Brong.), la *B. à feuilles de vigne* (*B. vitifolia*, Schott), la *B. à feuilles de platane* (*B. platanifolia*, Schott), la *B. blanchâtre* (*B. incana*, Lindl.), la *B. sanguine* (*B. sanguinea*, Raddi), la *B. coccinée* (*B. coccinea*, Hook.), la *B. toujours fleurie* (*B. semperflorens*, Link et Otto), etc., etc. ; et dans la seconde, la *B. à tiges rouges* (*B. rubricaulis*, Hook.), la *B. blanche et rouge* (*B. alba coccinea*, Hook.), etc., etc. La culture a obtenu, en outre, une grande quantité d'hybrides de ces plantes.   **G — S.**

BÈGUE (Médecine). — Celui qui est affecté de bégaiement (voyez ce mot).

BÉHEN (Botanique, Matière médicale). — Les Arabes appelaient *Behmen abiad* ou *Béhen blanc* une racine gris cendré à l'extérieur, blanche à l'intérieur, ridée, de la grosseur du doigt. La plante qui la produit, peu connue, vient du mont Liban. Tournefort pense que c'est le *Centaurea behen* de la famille des *Composées*. On attribuait diverses propriétés à cette racine : ainsi, elle a été considérée comme tonique, antispasmodique, vermifuge. Aujourd'hui elle est peu usitée.

Le *Béhen rouge* est une autre racine, sèche, compacte, qui nous arrive coupée en tranches d'un rouge foncé ; elle est aussi d'une odeur aromatique, d'une saveur styptique. On ne connaît pas au juste la plante qui la produit : on a dit que c'était le *Statice limonium* de Linné ; d'autres pensent que c'est le *Statice latifolia*, de la famille des *Plombaginées*. On l'apporte du Levant, où elle est regardée comme tonique et astringente. On ne l'emploie plus aujourd'hui.

BÉHEN BLANC (Botanique). — Nom vulgaire de la *Silénée gonflée* (*Cucubalus behen*, Lin.), de la famille des *Caryophyllées*, tribu des *Silénées*, de Cand., genre *Silénée*. C'est une plante à feuilles oblongues lancéolées ; pétales blancs ou purpurins ; capsules ovoïdes. Ses feuilles se mangent comme salade ou comme légumes cuits ; elle vient dans les pâturages secs.

BÉHEN ROUGE (Botanique). — C'est le *Centranthe rouge* (*Centranthus ruber*, de Cand.), vulgairement *Valériane rouge*, *Barbe-de-Jupiter*, qu'on trouve sur les vieux murs (voyez CENTRANTHE).

BÉJAUNE (Chasse). — Voyez BEC-JAUNE.

BÉLEMNITES (Zoologie fossile), du grec *belemnon*, flèche. — On a donné ce nom à un groupe de coquilles fossiles qui ont la forme d'un doigt, d'une flèche ou d'un fer de lance et qu'on trouve en très-grande quantité dans les différentes couches terrestres depuis le lias jusqu'aux régions supérieures du terrain crétacé, sans qu'on en ait jamais retrouvé aucune trace dans les bassins tertiaires ; elles se composent d'un osselet corné, élargi en avant, et pourvu de deux petites expansions latérales qui se réunissent postérieurement et forment une vaste cavité conique, divisée en un grand nombre de petites loges percées latéralement d'un siphon et contenant de l'air, puis en dehors un dépôt calcaire également conique, quelquefois très-long. Les Bélemnites étaient des animaux céphalopodes dont la coquille devait être logée dans le corps de l'animal. Ces coquilles ont été l'objet des fables les plus ridicules : ainsi on les a regardées comme des *pierres de foudre*, des *pierres de tonnerre* ; d'autres, s'imaginant que c'étaient des pétrifications de l'urine du lynx, les ont appelées *pierres de lynx*, dont les savants avaient fait *lyncurion* (du génitif grec *lunkos* et *ouron*, urine). (Voyez le *Mémoire* de de Blainville, *Sur les Bélemnites*, Paris, 1827, in-4°, et celui de J. S. Miller, dans les *Transactions géologiques*, Londres, 1826. (Voyez FOSSILES).

BELETTE (Zoologie), *Mustela vulgaris*, Lin. — Espèce de *Mammifères carnassiers digitigrades*, appartenant au grand genre des *Martes*, sous-genre des *Putois*. On l'a souvent confondu avec l'*Hermine* ; mais des différences nombreuses l'en distinguent. Ainsi la belette se trouve indistinctement sous tous les climats ; l'hermine, au contraire, habite les pays froids : il est vrai que parmi les belettes il en est quelques-unes qui deviennent blanches

Fig. 297.
Belemnites
mucronatus.

Fig. 298. — Belette

en hiver ; mais l'hermine, qui est rousse en été et blanche en hiver, a toujours le bout de la queue noir, tandis que la belette a toujours le bout de la queue jaune foncé ; celle-ci, du reste, un peu plus petite que la première, mesure de 0m,15 à 0m,25. Elle est généralement d'une couleur fauve, à l'exception d'une teinte jaune clair sous le ventre. La belette, contrairement à l'hermine, vit auprès de nos habitations ; l'hiver, elle s'établit même dans les dépendances de nos maisons, dans des trous de vieux murs, dans des greniers, des granges ; elle vient même quelquefois faire ses petits dans le foin de nos écuries ;

l'été, elle s'éloigne un peu et se loge souvent dans quelque vieux tronc d'arbre. Cet animal, dont les allures sont vives, légères, qui ne va qu'en bondissant par petits sauts inégaux et précipités, est la terreur des basses-cours et des colombiers ; lorsqu'elle peut entrer dans un poulailler, la belotte tue tous les jeunes et les emporte les uns après les autres ; elle fait aussi la guerre aux jeunes lièvres et lapins, aux rats, aux souris, etc. C'est un des animaux les plus carnassiers ; elle choisit la nuit pour faire ses expéditions ; et elle dort presque tout le jour. Comme le putois et le furet, elle a une odeur très-forte, surtout en été. On chasse les belettes au fusil, mais ce moyen est peu sûr à cause de la difficulté de les surprendre ; le meilleur moyen est de leur tendre des piéges qu'on amorce avec des morceaux de viande. On ne les détruit du reste qu'en raison du dégât qu'elles causent, leur fourrure n'ayant presque pas de valeur.

BÉLIER (Économie rurale). — Le mâle de la brebis. Tout ce qui a rapport à l'espèce *ovine* sera traité au mot MOUTON et au mot RACES OVINES.

BÉLIER HYDRAULIQUE (Mécanique). — Machine destinée à l'élévation des eaux et imaginée par Montgolfier en 1796. La gravure que nous donnons ici (*fig.* 299) est une coupe du bélier hydraulique qui existe au château de la Celle-Saint-Cloud, près Paris, et qui y a été établi par Montgolfier lui-même pour l'élévation de l'eau nécessaire aux besoins du château.

L'eau d'un réservoir alimenté par des sources est amenée au bélier par le tuyau A et s'écoule librement, comme l'indique la figure, par une ouverture au-dessous de laquelle est suspendue une soupape B suffisamment pesante. Lorsque l'écoulement a acquis une rapidité assez grande, la soupape entraînée par l'eau est soulevée et vient brusquement fermer l'orifice d'écoulement. La colonne d'eau contenue dans le tuyau A se trouve donc arrêtée au moment où sa vitesse était maximum ; elle presse alors fortement contre toutes les parties des parois qui la contiennent et soulève les soupapes E, E. Une partie de l'eau monte ainsi dans le réservoir F et de là dans le tuyau d'ascension G. Ce réservoir F est formé, comme l'indique la figure, de deux cloches en fontes concentriques et renversées, l'ouverture en bas. C'est vers l'extrémité inférieure de la plus petite cloche C que sont pratiquées les ouvertures à soupape E, E. Elle retient donc toujours une certaine quantité d'air à sa partie supérieure. Cet air joue un rôle important dans la marche du bélier. Si, au moment où a lieu la fermeture de B, la colonne d'eau ne rencontrait que des parois solides, son

Fig. 299. — Bélier hydraulique.

arrêt serait trop brusque, le coup de bélier serait trop sec et la machine se détériorerait trop rapidement ; l'air, faisant fonction de ressort, amortit le choc sans en amoindrir l'effet quant à l'ascension de l'eau qu'il favorise au contraire. Les soupapes E, E ont, en effet, le temps d'obéir à la pression. L'air contenu dans la grande cloche F joue un rôle semblable ; il empêche que l'impulsion ne soit trop brusquement transmise à la colonne ascendante G.

L'eau affluente se loge en F, dont elle comprime le gaz, et celui-ci, réagissant à son tour, refoule l'eau dans le tuyau d'ascension G. Pendant ce temps, la soupape B reste appliquée sur l'orifice d'écoulement; mais quand le coup de bélier a été produit, que l'équilibre s'est rétabli, cette soupape retombe, l'écoulement recommence avec une vitesse croissante jusqu'à ce que la soupape soit de nouveau soulevée et qu'un second coup de bélier soit donné.

L'air des deux cloches C, F disparaîtrait assez promptement, entraîné par l'eau dans laquelle il se dissout, s'il n'était renouvelé à mesure. Le tuyau latéral H est destiné à ce renouvellement. L'air comprimé en C à chaque coup de bélier réagit sur la colonne liquide à laquelle il imprime une vitesse rétrograde. Sous l'influence de cette vitesse, son élasticité descend au-dessous même de l'élasticité de l'air extérieur. La soupape intérieure qui ferme le conduit H s'ouvre alors et livre passage à quelques bulles d'air qui viennent remplacer l'air dissous.

Le bélier hydraulique marche de lui-même, presque sans surveillance; quand il a été établi dans de bonnes conditions, il peut donner jusqu'à 60 p. 100 du travail moteur (voyez TRAVAIL MACHINES). L'effet qu'il produit est supérieur à celui de toutes les autres machines élévatoires; malheureusement, il ne doit avoir que de faibles dimensions, parce que les secousses qui résultent du jeu même de l'appareil amènent la destruction rapide des assemblages des diverses pièces qui le composent dès que ces dimensions sont un peu grandes.   M. D.

BÉLIER. — Machine de guerre des anciens. Cette machine, qui servait à abattre les portes ou les murailles des places assiégées, n'était primitivement qu'une poutre d'une longueur et d'une grosseur considérables. L'une de ses extrémités était armée d'une masse de fer, le plus souvent en forme de tête de bélier, ce qui lui fit donner son nom (*aries*). Des soldats, quelquefois au nombre de cent, la portaient sur leurs bras et la poussaient avec violence contre les murs auxquels ils voulaient faire brèche. C'est ainsi qu'on le voit représenté sur la colonne Trajane. Plus tard, la machine se perfectionna

Fig. 300. — Bélier.

un peu ; on suspendit la poutre à l'aide de gros câbles ou de chaînes de fer à un châssis de bois, de façon que les soldats employés à la manœuvrer n'avaient qu'à lui imprimer un mouvement de vibration en la retenant en arrière, puis en l'abandonnant ou même en la poussant avec force. Enfin, on recouvrit la machine avec une toiture de planches (*fig.* 300) pour garantir les soldats contre les traits de l'ennemi, et l'on monta le tout sur des rouleaux ou sur des roues qui permettaient de l'avancer plus facilement jusqu'au pied des remparts attaqués. C'est ainsi que cette machine est représentée sur l'arc de Septime Sévère.

Les Romains se servaient aussi sur mer d'une espèce de bélier nommé *asser;* c'était encore une poutre, mais moins grosse et moins longue que sur terre, dont les deux extrémités étaient garnies de pointes de fer. On la suspendait comme une vergue aux mâts des navires. Poussée avec violence du côté où les ennemis tentaient l'abordage, elle trouait leurs vaisseaux, en entamait le gréement ou renversait les hommes qui les montaient. (Voyez Vitruve, x ; Végèce, *De re mil.* iv.)

BELLADONE (Botanique), *Belladona*, mot italien qui veut dire *belle dame.* En Italie, on tirait de la plante une eau qu'on regardait comme infaillible pour faire disparaître les taches de la peau et entretenir la blancheur du teint. — Espèce de plantes de la famille des *Solanées* et appartenant au genre *Atropa*, Lin., du nom mythologique *Atropos*, celle des trois Parques qui tranchait le fil de la vie des hommes ; (l'Atropa porte un fruit mortel). La *Belladone commune* (*Atropa belladona*, Lin.) est une herbe vivace qui s'élève quelquefois à plus d'un mètre. Ses tiges sont herbacées, bifurquées, ses feuilles ovales, elliptiques, aiguës; ses fleurs solitaires et colorées d'un rouge ferrugineux. Ses baies pulpeuses et sphériques sont d'un violet livide et de la grosseur d'une petite

cerise. En général, toute la plante présente un aspect sombre, triste et une odeur nauséabonde qui semblent annoncer des propriétés malfaisantes; et, en effet, elle recèle un des poisons indigènes les plus violents. La

Fig. 301. — Tige de belladone.

belladone habite les lieux montueux et ombragés des climats tempérés et fleurit en juin et juillet. Indépendamment de ses nombreux usages en médecine, cette plante renferme dans le suc de ses baies cueillies avant leur maturité, un beau vert dont les peintres en miniature tirent un parti avantageux. Lorsqu'elles sont mûres, leur suc est d'un beau pourpre. Caractères : calice quinquépartite; corolle hypogyne campanulée; 5 étamines à filets filiformes et insérés au fond du tube; anthères à déhiscence longitudinale; ovaire à 2 loges renfermant un grand nombre d'ovules; le fruit est une baie accompagnée par le calice étalé.   G — s.

BELLADONE (Toxicologie, Matière médicale). — Toutes les parties de cette plante sont vénéneuses; mais ce sont les baies qui offrent le plus de danger à cause de leur ressemblance avec une cerise et de leur saveur douce; les propriétés les plus actives se trouvent dans la racine ; le suc exprimé des feuilles est aussi très-énergique. Les principaux symptômes de l'empoisonnement par la belladone sont les suivants : nausées, sécheresse de la bouche et du gosier, éblouissements, dilatation et immobilité de la pupille, embarras de la tête, vertiges, confusion de la vue, regard fixe, hébété, quelquefois cécité complète, délire extravagant, hallucinations, etc. ; très-rarement de la fureur. Quelle que soit la gravité de ces symptômes, on cite très-peu d'exemples de mort. Le traitement est celui de l'empoisonnement par les narcotiques : ainsi les vomitifs, les purgatifs en lavements, si on espère évacuer une partie du poison; sinon, les acides, le café, les excitants extérieurs, les bains, enfin les émissions sanguines s'il y a congestion vers la tête.

Il n'y a guère qu'un siècle et demi qu'on a commencé à utiliser les propriétés de la belladone en médecine. Aujourd'hui, c'est un des médicaments les plus précieux de la thérapeutique, mais son usage ne doit être confié qu'au médecin, à cause de ses propriétés toxiques; à dose modérée, la belladone a été employée avec succès dans quelques cas d'épilepsie, dans les gastralgies et les entéralgies, dans les maladies des yeux, dans la colique de *miserere*, dans la dysménorrhée, dans les vomissements qui accompagnent la grossesse, dans la scarlatine, dans les douleurs en général; elle a aussi réussi quelquefois dans le rhumatisme, la goutte, quelques cas de paralysie : mais elle a été efficace surtout contre la coqueluche et l'asthme, et même dans toutes les maladies qui sont accompagnées de gêne de la respiration. Dans ces derniers cas, on fait fumer aux malades de petites cigarettes de feuilles de belladone; du reste, on l'a employée en infusion (à l'extérieur), en poudre, en extrait, en sirop, etc., à l'intérieur.   F — N.

BELLE-DAME (Zoologie), *Papilio cardui*, Lin. — Geoffroy a désigné sous ce nom une espèce de *Papillon diurne* du genre *Vanesse*, caractérisé par des ailes dentées, le dessus rouge, varié de noir et de blanc, le dessous marbré de gris, de jaune et de brun ; cinq taches en forme d'yeux, bleuâtres sur leurs bords. Sa chenille vit sur le chardon ; il y en a de brunâtres ou de roussâtres, avec des raies jaunes. On trouve ce joli papillon à la fin de l'été, presque partout, sans que la différence des climats le fasse varier.

BELLE-DAME (Botanique). — On donne vulgairement ce nom à l'*Amaryllis belladone* et à l'*Arroche des jardins* (voyez AMARYLLIS et ARROCHE).

BELLE-DE-JOUR (Botanique). — Nom vulgaire du *Liseron tricolore* (*Convolvulus tricolor*, Lin.). — Cette espèce, qui est annuelle, présente des tiges velues, hautes de 0ᵐ,50, des feuilles sessiles, ciliées à leur base. Les fleurs sont solitaires et s'épanouissent pendant tout l'été. Elles sont bleues sur les bords, blanches au milieu et jaunes au centre. La Belle-de-jour croît spontanément dans l'Afrique australe et dans l'Europe méridionale. Elle forme dans les jardins des touffes et des bordures d'un agréable effet. Son abondante floraison la rend surtout très-précieuse pour l'ornement des jardins. On en cultive aussi plusieurs variétés qui diffèrent par la nuance des corolles.

BELLE-DE-NUIT (Zoologie). — C'est l'oiseau nommé *Rousserole* (voyez ce mot).

BELLE-DE-NUIT (Botanique). — Nom vulgaire d'un genre de plantes de la famille des *Nyctaginées*, type de la tribu des *Mirabilées* et nommé *Mirabilis*, Lin. (admirable par son odeur). De Jussieu a nommé ce genre *Nyctago* (du génitif grec *nuctos*, nuit, parce que les fleurs de ces plantes s'épanouissent la nuit). Les Belles-de-nuit sont des herbes à tiges articulées, à feuilles opposées, à fleurs munies d'un involucre monophylle. Le calice est corolliforme, tubuleux, à limbe étalé ; les étamines, au nombre de 5, sont soudées inférieurement en disque annulaire. Le fruit est enveloppé par la base du tube calicinal. La *B. jalap* (*M. jalapa*, Lin.), faux jalap, est une belle plante du Pérou dont les fleurs varient du pourpre au jaune ou ou au blanc et s'épanouissent vers le soir, entre six et sept heures. De là le nom de *belle-de-nuit*. La *B. hybride* (*M. hybrida*, Lepell.) a les fleurs rouges ou roses, et la *B. à longues fleurs* (*M. longiflora*, Lin.) des fleurs blanches panachées de pourpre ; elle est du Mexique. Ces plantes possèdent, en général, dans leurs racines des propriétés purgatives.   G — s.

BELLE-D'ONZE-HEURES, DAME-DE-ONZE-HEURES (Botanique). — Nom vulgaire de l'*Ornithogale*, Lin., en ombelle.

BELLE-D'UN-JOUR (Botanique). — Nom donné dans quelques pays à l'*hémérocalle*.

BELLIS (Botanique), du latin *bellus*, joli, mignon. — Genre de plantes généralement connues sous le nom de *Pâquerette* (voyez ce mot).

BELLOTE ou **BALLOTE** (Botanique). — Nom vulgaire d'une espèce de chêne (*Quercus ballota*, Desf.) On le donne cependant plus communément à ses fruits qui sont comestibles et qu'on emploie souvent, torréfiés et moulus, pour falsifier le café. Cette espèce, qui a beaucoup de rapports avec le chêne-yeuse, est un arbre de 7 à 10 mètres, à feuilles elliptiques, coriaces et roides, glabres en dessus, cotonneuses en dessous. Ses fruits sont allongés, cylindriques, longs de 0ᵐ,02 à 0ᵐ,05, épais de 0ᵐ,010 à 0ᵐ,012. Ce chêne croît spontanément en Espagne et en Algérie où ses fruits servent de nourriture à un grand nombre d'habitants de l'Atlas (voyez CHÊNE).

BEMBEX (Zoologie), en grec *bembex*. — Genre d'Insectes hyménoptères, de la famille des *Fouisseurs*, section des *Porte-aiguillon*, du grand genre *Sphex*, de Linné ; ils ont un corps allongé terminé en pointe. Ces insectes ont un vol rapide, s'arrêtent sur chaque fleur et font entendre un bourdonnement aigu et coupé ; plusieurs répandent une odeur de rose ; on ne les trouve qu'en été. Les femelles se creusent dans le sable des trous où elles déposent leurs œufs ; elles y entassent des cadavres de mouches et d'autres petits insectes. Les principales espèces sont : le *B. à bec* (*B. rostrata*, Fab.), long d'environ 0ᵐ,015 à 0ᵐ,018, noir, avec des bandes de jaune-citron : le Parnopès incarnat (*Parn. carnea*, Fab.) vient faire sa ponte dans son nid ; mais le Bembex le découvre quelquefois auparavant, alors il le poursuit, et s'il l'atteint, il cherche à le percer de son dard, que celui-ci évite en se mettant en boule et en lui présentant ainsi sa peau dure et solide. Le *B. tarsier* (*B. tarsata*, Lat.) est un peu plus petit et a les épaules jaunes ; il exhale une odeur de rose.

BEMBIDION (Zoologie), *Bembidium*, Gyllenhab. — Genre de *Coléoptères carnassiers*, tribu des *Carabiques*, genre *Carabe*, qui a pour caractères : l'avant-dernier article des palpes extérieures grand, renflé en forme de toupie, et le dernier grêle et fort court. Ces insectes ont de grands rapports avec les élaphres ; ils ont le corps oblong, luisant, souvent tacheté de jaunâtre. On en connaît de nombreuses espèces presque toutes d'Europe : le *B. à pieds jaunes* (*B. flavipes*; *Éla phre flavipède*, Oliv.), long de 0ᵐ,004 à 0ᵐ,005, a le dessus du corps bronzé, marbré de cuivre ; il est très-commun aux environs de Paris, sur le bord des eaux, dans le sable, ou courant très-vite sur la vase ; on peut citer encore le *B. littoral* (*B. littorale*, Lat.), le *B. riverain* (*B. riparium*, Lat.), le *B. mélangé* (*B. varium*, Lat.).

BEN OLÉIFÈRE (Botanique). — Espèce d'arbre de la famille des *Moringées* et appartenant au genre *Moringa*. C'est le *Moringa pterygosperma*, Gærtn.; *M. oleifera*, Pers.; *Guilandina moringa*, Lin.; *Hyperanthera moringa*, Wahl. Le ben s'élève à une hauteur de 5 à 8 mètres. Son tronc est droit, à écorce brunâtre, ses rameaux ont le bois très-blanc et l'écorce verte. Ses feuilles sont pennées, avec impaire ; les folioles, de 5 à 9, sont petites, ovales, inégales, courtement pétiolées. Ses fleurs, disposées en panicules axillaires et terminales, sont blanches, à calice quinquéfide, à corolle de 5 pétales oblongs linéaires, périgynes, à 10 étamines insérées sur un disque et dont 5 sont ordinairement dépourvues d'anthères ; celles des 5 autres sont jaunes et orbiculaires ; enfin, l'ovaire est pédicellé, uniloculaire. Le fruit est une longue capsule en forme de silique uniloculaire, bosselée, présentant trois angles et s'ouvrant en trois valves. Cet arbre croît sur les côtes du Malabar, dans plusieurs contrées de l'Inde et dans l'Amérique méridionale, à Ceylan, en Égypte. On pense que c'est lui qui donne le *bois néphrétique* des pharmacies, ainsi nommé à cause des propriétés énergiques qu'on lui attribuait dans les affections calculeuses des reins. Ce bois, répandu dans le commerce sous la forme de gros fragments de couleur jaunâtre à l'extérieur et d'un rouge brun à l'intérieur, a une saveur amère et âcre et répand une odeur agréable lorsqu'on le ratisse. Son fruit, connu sous le nom de *noix de ben*, renferme une amande blanche dont on extrait une huile dite *huile de ben*, qui ne rancit point et dont les parfumeurs se servent pour conserver l'odeur des fleurs dont elle s'imprègne facilement, sans la modifier, étant elle-même inodore : elle a été employée aussi en médecine comme purgative, emménagogue et aussi, contre certaines maladies cutanées ; mais les mauvais effets qu'elle produit sur l'estomac l'ont fait proscrire de la médecine. L'écorce de la racine et du tronc offre une saveur forte qu'on utilise dans quelques assaisonnements, et sa décoction a été vantée contre le scorbut. On emploie dans l'Inde presque toutes les parties de cet arbre contre différentes maladies.   G — s.

BENGALI (Zoologie). — Nom donné à plusieurs oiseaux du genre *Fringille* et du sous-genre des *Linottes*, parce qu'ils nous venaient du Bengale ; ainsi *Fringilla Bengalus* (voyez LINOTTE, FRINGILLE).

BÉNITIER (Zoologie). — On désigne vulgairement sous ce nom deux espèces de coquilles : l'une, le *Grand Bénitier* ou la *Tuilée* (*Chama gigas*, Lin.), fameuse par sa grande dimension, appartient au genre *Tridacne* (voyez ce mot) troisième famille des *Acéphales testacés*, celle des *Camacées*. L'autre appartient au genre *Peigne*, de la famille des *Ostracés* (voyez PRIGNE).

BENJOIN (Matière médicale), *Benzoin*, *Assa dulcis*. — C'est un baume qui découle par incision du *Styrax benzoin*, de Dryander, famille des *Styracées*, et probablement de plusieurs autres arbres des espèces voisines ; il nous vient en général de Sumatra, de Siam, de Java, en masses solides, fragiles, d'un rouge brun. On donne le nom de *Benjoin amygdaloïde* à celui dont les morceaux contiennent dans leur intérieur des larmes blanches que l'on a comparées à des amandes liées par un suc brun. Une autre espèce, le *Benjoin en sortes*, est moins pure, d'une teinte brunâtre presque uniforme ; celui-ci nous vient de Santa-Fé, de Popayan, dans l'Amérique méridionale. Le benjoin est composé d'une résine, d'une huile volatile et d'un acide particulier, l'*acide benzoïque* (voyez BENZOÏQUE [acide]), dit aussi *fleurs de benjoin* ; il a une odeur suave, une saveur aromatique, et lorsqu'on en jette quelques fragments sur des charbons ardents, il répand une fumée épaisse, blanche, d'une odeur très-agréable. Le cosmétique connu sous le nom de *lait virginal* se fait en mettant dans de l'eau quelques gouttes de teinture alcoolique de benjoin. Cette substance joue un certain rôle en médecine comme agent thérapeutique ; ainsi il possède au suprême degré les propriétés excitantes qui se trouvent dans toutes les substances balsamiques, soit qu'on veuille agir sur les organes de la circulation, sur les sécrétions ou sur les organes digestifs ; c'est surtout contre les maladies des organes respiratoires qu'on a vanté son emploi, au point de le nommer le *baume du poumon*. Ainsi il a été prôné dans l'asthme humide, dans les toux chroniques, etc. On l'a conseillé aussi en vapeur contre le rhumatisme. On peut le donner en bols, en électuaire, en sirop à l'intérieur ; à l'extérieur, en teinture, en vapeur. F — N.

BENJOIN (Chimie). — Appartient à la classe des *Baumes-résines*. Il contient l'acide benzoïque tout formé ; on l'en sépare par voie de volatilisation. Il renferme, en outre, trois résines différentes qui ont été isolées et analysées par M. Van der Vliot.

$$\text{Résine } \alpha \ldots\ldots\ldots\ldots\ldots\ldots\ldots\ldots\ldots \quad C^{70}H^{42}O^{14}$$
$$\text{Résine } \varsigma \ldots\ldots\ldots\ldots\ldots\ldots\ldots\ldots\ldots \quad C^{40}H^{22}O^{9}$$
$$\text{Résine } \gamma \ldots\ldots\ldots\ldots\ldots\ldots\ldots\ldots\ldots \quad C^{30}H^{20}O^{5}$$

Le benjoin est en partie soluble dans l'alcool (teinture de benjoin) (voyez ACIDE BENZOÏQUE).

BENOITE (Botanique), de *herba benedicta*, herbe bénite, à cause des propriétés salutaires qu'on avait attribuées à cette plante. — Nom vulgaire du genre *Geum* (du grec *geuma*, goût, parce que les racines de cette plante ont un goût amer prononcé). Il appartient à la famille des *Rosacées*, tribu des *Dryadées*, et se distingue par un calice tubuleux, concave à la base, à 5 divisions, accompagné de 5 bractées ; une corolle de 5 pétales ; des étamines indéfinies ; des akènes nombreux, secs, terminés par le style persistant, disposés sur un réceptacle presque globuleux. On cultive une dizaine d'espèces de benoîtes, toutes des climats tempérés. La *B. officinale*, *B. commune* (*Geum urbanum*, Lin.), est une espèce indigène. Ses fleurs, petites et jaunes, sont communes pendant tout l'été. Longtemps employée en médecine comme vulnéraire et sudorifique, sa racine, amère et aromatique, a une odeur agréable qui se rapproche du girofle ; elle est presque abandonnée aujourd'hui, quoiqu'elle ait été beaucoup vantée par Frank, qui l'a employée avec succès en 1804, comme fébrifuge. Dans certains pays du Nord, on mélange sa racine avec le houblon dans la fabrication de la bière, afin de donner à celle-ci un goût agréable et de l'empêcher d'aigrir. Les feuilles de la benoîte urbaine se mangent quelquefois en guise de salade. Sa racine est aussi employée à tanner le cuir ; elle donne une teinture brune mêlée de rouge. La *B. coccinée* ou *écarlate* (*G. coccineum*, Sibth.), originaire d'Orient, a des fleurs pourpres qui décorent agréablement les parterres. La *B. intermédiaire* (*G. intermedium*, Ehrh.) donne aussi des fleurs jaunes et croit en Europe dans les endroits ombragés, ainsi que la *B. des ruisseaux* (*G. rivale*, Lin.), qui affectionne les endroits humides. G — s.

BENZAMIDE. — Substance chimique de la classe des *Amides*. Sa composition peut être représentée par celle du benzoate d'ammoniaque moins les éléments d'une proportion d'eau (voyez AMIDES).

BENZINE (C¹²H⁶) (Chimie). — Hydrogène carboné liquide incolore d'une odeur empyreumatique éthérée quand il est pur, entrant en ébullition à 83°. Sa densité est 0,85, celle de sa vapeur 2,77. C'est un dissolvant précieux pour les hydrogènes carbonés solides, pour le soufre, l'iode et les matières grasses ; aussi, depuis quelques années, l'emploie-t-on de préférence à l'ammoniaque pour dégraisser les habits. Le chlore, le brome, l'acide azotique, en réagissant sur la benzine, engendrent des dérivés par voie de substitution. L'acide azotique donne la nitro-benzine.

$$C^{12}H^6 + AzO^5,HO = C^{12}H^5(AzO^4) + 2HO$$

(Nitro-benzine.)

Celle-ci, à son tour, par son contact avec l'hydrogène à l'état naissant, produit de l'aniline (C¹²H⁷Az) (voyez ce mot) et de l'eau. La benzine se produit quand on soumet la vapeur d'essence d'amandes amères à l'action d'une température élevée ; elle fait partie des produits volatils de la calcination du benzoate de chaux ; mais, pour les besoins des arts, on l'extrait en grand du goudron de houille. L'huile de goudron distillée donne une foule de produits différents ; on recueille les plus volatils, on procède ensuite à des distillations fractionnées, et c'est le liquide qui bout vers 83° qui est seul conservé. Ce dernier,

placé dans un mélange réfrigérant, se prend en masse comme le camphre ; dans cet état, il est soumis à l'action de la presse, qui en élimine un liquide non encore congelé qui altérait la pureté de la benzine. La benzine ainsi obtenue conserve toujours une odeur manifeste de goudron. B.

BENZOATES. — Sels formés par l'union de l'acide benzoïque avec les bases. Les principaux sont : le benzoate d'ammoniaque (AzH³,HO,C¹⁴H⁵O³), employé comme réactif pour doser les sels de sesquioxyde de fer et les séparer des sels de protoxyde ; le benzoate de chaux, qui, par la calcination, donne la benzone (C²⁶H¹⁰O²), sorte d'*acétone* (voyez ce mot).

BENZOILE. — Composé hypothétique que certains chimistes supposent entrer dans la composition de produits chimiques dérivant de l'acide benzoïque et de l'essence d'amandes amères (voyez AMANDES AMÈRES [*Essence d'*]).

BENZOINE (C¹⁴H⁵O²). — Ce corps est isomérique avec l'essence d'amandes amères (voyez ce mot) ; mais le groupement moléculaire est tout à fait distinct. L'acide azotique employé à chaud et le chlore transforment la benzoïne en un corps C¹⁴H⁵O², qui n'en dérive pas par voie de substitution : ce corps n'est pas le benzoïle, mais il est isomère avec lui ; on l'a nommé le *benzyle*. Par une forte chaleur, la benzoïne éprouve une modification dans la disposition de ses atomes élémentaires ; elle se transforme partiellement en essence d'amandes amères ; réciproquement cette dernière se convertit en benzoïne, quand on la mélange d'abord avec une petite quantité d'acide cyanhydrique et qu'on la soumet ensuite à l'action de la potasse à chaud. B.

BENZOIQUE (ACIDE) (C¹⁴H⁵O³,HO). — Corps solide cristallisant en lames blanches et nacrées ou en aiguilles, sans odeur à l'état de pureté, avec une odeur balsamique quand on l'extrait du benjoin, très-soluble dans l'eau chaude, l'alcool et l'éther. Il fond à 120°, bout à 240°. Sa densité de vapeur est 4,275. Soumis à l'action du chlore, il peut perdre successivement 1, 2, 3 équivalents d'hydrogène qui sont remplacés par un nombre égal d'équivalents de chlore ; de même, traité par l'acide azotique, le radical AzO⁴ se substitue à l'hydrogène.

$$\underbrace{C^{14}H^5O^3,HO}_{\text{Ac. benzoïque.}} + AzO^5,HO = \underbrace{C^{14}H^4(AzO^4)O^3,HO}_{\text{Acide nitro-benzoïque.}} + HO$$

L'acide benzoïque dérive de l'essence d'amandes amères (voyez ce mot) par voie d'oxydation. Il existe tout formé dans le benjoin, d'où on l'extrait à l'aide de la sublimation. Le benjoin pulvérisé est introduit dans une marmite en fonte close avec une feuille de papier à filtre collée sur ses bords ; un cône en carton est posé sur la marmite. On chauffe ; l'acide benzoïque dépose, en tamisant à travers le papier, les traces d'huile empyreumatique qui altéreraient sa pureté ; il vient se condenser contre les parois du cône. On en obtient une plus forte proportion en décomposant le benzoate de soude par l'acide sulfurique. L'acide benzoïque ingéré dans l'économie animale s'y convertit en acide hippurique qu'on retrouve dans l'urine ; réciproquement, ce dernier, traité par l'acide sulfurique et la chaleur, donne de l'acide benzoïque. Gerhardt l'a obtenu à l'état anhydre. B.

BER ou BOR, BORI et PERIN-TODDALI. — Noms indiens du *Jujubier commun* (*Ziziphus jujuba*, Willd.) (voyez ce mot).

BERBÉRIDÉES (Botanique). — Famille de plantes dicotylédones dialypétales qui sert de type à la classe des *Berbérinées*, établie par M. Brongniart. Les Berbéridées, qui ont pour type le genre *Berberis* ou *Épine-Vinette*, sont des plantes herbacées ou des arbrisseaux à feuilles alternes ; leurs étamines sont en nombre égal aux pétales (4 ou 6) et opposées avec ceux-ci ; leurs anthères s'ouvrent par des valves élastiques de bas en haut ; il n'y a qu'un seul ovaire renfermant de 1 à 3 graines. Les Berbéridées habitent spécialement la zone tempérée de l'hémisphère boréal. On en rencontre aussi au Chili. Leurs propriétés sont quelque peu astringentes dans certaines écorces et acides dans leurs baies. Genres principaux : *Berberis*, Lin. ; *Mahonie* (*Mahonia*, Nutt.) ; *Nandine* (*Nandina*, Thunb.) ; *Épimède* (*Epimedium*, Lin.) ; *Leontice*, Lin. Voir pour une bonne monographie de cette famille le second volume du *Regni vegetabilis systema naturale*, par de Candolle (Paris, 1821). G — s.

BERBÉRIS (Botanique). — Voyez ÉPINE-VINETTE.

BERCE (Botanique), *Heracleum*, Lin. (plante consacrée à Hercule). — Genre de plantes appartenant à la famille des *Ombellifères*, tribu des *Peucédanées*. Les Berces sont de grandes herbes à feuilles pennatiséquées dont le pétiole forme une forte gaîne. La *B. branc-ursine* (*Heracleum sphondylium*, Lin.) nommée vulgairement *panais des vaches*, *angélique sauvage*, *acanthe d'Allemagne*,

Fig. 302. — Berce branc-ursine.

est très-commune dans nos climats au bord des ruisseaux. Elle est bisannuelle, sa tige est droite, velue, rameuse, haute de plus d'un mètre, ses fleurs sont blanches, et forment de larges ombelles en juin et juillet. Elle aime les prairies fraîches, qu'elle envahit quelquefois un peu trop, parce qu'elle ne fournit un bon fourrage que lorsqu'elle est jeune, et à la fauchaison, ses tiges étant dures, le bétail ne peut les manger lorsqu'elles sont fanées. Cette plante sert d'aliment à certains habitants du Nord. Ses racines sont incisives et carminatives. Ses feuilles et ses graines sont employées à faire une boisson alcoolique chez les Polonais et les Lithuaniens. C'est ce qu'ils appellent le *barszoz* ou *parst*.   G — s.

BERCEAU DE LA VIERGE (Botanique). — C'est un des noms vulgaires de la *Clématite des haies* (voyez ce mot).

BERGAMOTIER et BERGAMOTE. — On nomme *Berga-*

Fig. 303. — Bergamotier ordinaire.

motier un type du genre *Oranger-citronnier*, et *Berga-*

motes les fruits qu'il produit. Le Bergamotier ordinaire est désigné sous le nom de *Citrus bergamia vulgaris*, par Risso et Poiteau, et sous celui de *Citrus limetta bergamia*, par Duhamel. C'est un arbre à rameaux menus ou munis d'épines courtes. Ses feuilles, à pétioles quelquefois ailés, sont oblongues, dentées, acuminées, obtuses; ses fleurs, petites, très-odorantes, ont 30 étamines; ses fruits d'un jaune pâle, à vésicules concaves, sont souvent en forme de poire; leur pulpe est un peu acide et d'un goût très-agréable. Il y a plusieurs variétés de Bergamo-

Fig. 304. — Coupe du fruit.

tier, entre autres celle à fruit rugneux, celle à petit fruit, puis la mellarose, et enfin la mellarose à fleurs doubles. L'écorce de la bergamote est douée d'une odeur particulière, mais très-agréable. On en extrait, ainsi que des fleurs, une huile essentielle, qu'on nomme *huile de bergamote*, qui entre dans une foule de préparations de parfumerie. L'écorce vidée et séchée sert aussi à faire de petites boîtes qui conservent très-longtemps leur parfum. Consultez le *Cours d'arboriculture* de M. du Breuil, 5ᵉ édition, 1862, article ORANGER.   G—s.

BERGAMOTE (Arboriculture). — Variété de poire, dont le goût parfumé se rapproche de celui de l'orange de ce nom. On en a fait plusieurs sous-variétés : ainsi la *B. d'Avranches*; la *B. Fiévée*; la *B. lucrative*; la *B. crassane*; la *B. royale*; la *B. de Pentecôte*, etc.

BERGER (Économie rurale). — On appelle *berger* celui qui est chargé de soigner un troupeau de bêtes à laine et de le conduire au pâturage. Modestes en apparence, ces fonctions sont des plus importantes dans une exploitation agricole, et le berger devrait être certainement le premier domestique de la ferme, et par la nature des devoirs de toute sorte qu'il a à remplir, et par les connaissances spéciales qu'on doit exiger de lui; aussi le prix rémunérateur de ses services devrait être une question bien secondaire pour un cultivateur intelligent, lorsqu'il est assez heureux pour rencontrer un bon berger. En effet, à lui incombe toute la responsabilité d'un troupeau, et lorsqu'il est composé de bêtes de prix, sa bonne ou sa mauvaise gestion est d'une importance considérable. Un bon berger ne doit être ni trop jeune ni trop vieux, de trente à cinquante ans; trop jeune, il n'a pas toute l'expérience nécessaire, trop vieux, il n'est plus capable de supporter les fatigues d'un métier aussi rude; il faut qu'il soit doux et patient pour vivre dans un contact continuel avec des animaux dont l'intelligence bornée met souvent sa patience à une rude épreuve, ferme pour dresser ses chiens, s'en faire obéir et les rendre dociles; il doit être fort pour transporter et établir son parc sans l'aide de personne, pour parcourir quelquefois une assez grande distance chargé d'un mouton malade ou blessé qu'il faut rentrer à la bergerie; d'une constitution robuste pour braver l'intempérie des saisons; il sera courageux pour défendre son troupeau et ses chiens contre l'attaque des loups; il faut encore qu'il soit instruit dans la pratique de quelques petites opérations chirurgicales, telles que la saignée, la clavélisation, les pansements, tous les soins, en un mot, qui n'exigent pas que l'animal soit rentré à la bergerie; il sera obligé quelquefois aussi d'aider ses brebis dans le travail de l'agnelage. L'observation journalière aura donné au berger des connaissances pratiques de météorologie qu'il mettra à profit pour rapprocher de la ferme et rentrer son troupeau lorsque le temps sera menaçant. Un bon berger connaît toutes ses bêtes; il étudie leurs habitudes particulières, leur aptitude à contracter certaines indispositions; il saura les petits soins qu'il faut donner à tels ou tels de ses moutons, les précautions dont il devra user à leur égard, etc. Il est à peine nécessaire de dire que le portrait que nous venons d'esquisser n'a peut-être son original dans aucune ferme; mais un agriculteur intelligent mettra tous ses soins à choisir et surtout à conserver à tout prix celui qui se rapprochera le plus de ce modèle. C'est surtout dans les pays de montagne que cette considération devient capitale ; ici, en effet, il arrive souvent que le troupeau, après avoir passé l'hiver dans la bergerie sous l'œil du maître, est confié entièrement aux soins du berger pour être conduit pendant la belle saison au pâturage de la montagne, où il passe quelquefois plusieurs mois ; on conçoit quelle responsabilité lui est imposée, et combien il importe qu'il soit doué tout au moins des principales qualités que nous avons énumérées. Lorsque le berger est dans ces conditions, ou seulement que ses moutons doivent être parqués, il est utile qu'il soit armé d'un fusil, qu'il laisse dans sa cabane, pour s'en servir au besoin : il doit surtout, comme on sait, porter une *houlette* long bâton de 2 mètres environ, terminé à un de ses bouts par une espèce de petite bêche en forme de cuiller qui lui sert à jeter de la terre à ses bêtes ; il aura aussi avec lui un bissac, ou un panier contenant un couteau, une lancette, quelques pots d'onguent, un flacon d'alcali volatil, un peu de linge, une éponge, etc. Il aura aussi pour mettre par-dessus ses vêtements un surtout, autant que possible, imperméable.

On consultera pour plus de détails le *Dictionnaire d'agriculture*, à l'article BERGER, et surtout l'*Instruction pour les bergers*, par Daubenton, publiée en 1782, et à cet égard qu'on nous permette de citer le curieux certificat de civisme, délivré à l'auteur par la section des sans-culotte, l'an II de la République. On y lit : *Appert* que, d'après le rapport *faite* de la société. . . . . sur le bon civisme et faits d'humanité qu'a *toujour* témoignés le *berger* Daubenton, l'assemblée. . . . . arrête qu'il lui sera accordé un certificat de civisme, et le président *suivie* de plusieurs *membre* lui donna *ldcolade.* . . . . . Signé : DARDEL, président.

BERGERIE (Économie rurale). — C'est la partie des bâtiments d'une ferme, qu'on destine à l'habitation des animaux de la race ovine. Lorsque l'on a à choisir l'emplacement d'une bergerie, il ne faut pas perdre de vue ce principe que, de tous les animaux domestiques, les moutons sont ceux qui redoutent le plus l'humidité, et auxquels elle est le plus préjudiciable : ainsi on devra la placer dans un endroit un peu élevé ; le sol sera nivelé avec une pente légère pour faciliter l'écoulement des liquides ; elle sera mise à l'abri des eaux voisines, etc. Pour le reste, on ne peut mieux faire que de transcrire les sages préceptes donnés par Tessier dans le *Dictionnaire d'agriculture* : « Les dimensions d'une bergerie sont subordonnées au nombre de bêtes à laine qu'elle doit contenir ; elles seront calculées *suivant la position des crèches*, de manière que toutes les bêtes puissent y prendre aisément leur nourriture en même temps, sans qu'il y ait de terrain perdu. La position des crèches n'est pas la même dans toutes les bergeries : ainsi dans celles qui ont peu de largeur, on fixe les râteliers le long des murs de côtières, ou on les place dos à dos au milieu, dans le même sens ; mais lorsqu'elles sont assez larges pour y placer un plus grand nombre de rangs de crèches, on les dispose tantôt dans le sens de la longueur, tantôt dans celui de la largeur ; on les nomme alors *bergeries doubles*. La meilleure disposition est de placer les crèches dans le sens de la longueur, parce qu'il y a moins de terrain perdu et que le service est plus facile. Voici maintenant les données pour les dimensions des bergeries. Une bête à laine en mangeant à la crèche y tient une place d'environ $0^m,4$, suivant sa grosseur ; la longueur développée à donner aux crèches sera donc autant de fois $0^m,4$ qu'il y aura de moutons ; d'un autre côté, les crèches, râteliers compris, ont une largeur de $0^m,50$, et la longueur moyenne d'une bête à laine est d'environ $1^m,50$; d'après ces chiffres dont il sera facile de faire l'application, on trouvera qu'une bergerie à deux rangs de crèches et deux longueurs de moutons devra avoir 4 mètres de large ; celle à quatre rangs de crèches, 8 mètres ; celle à six rangs de crèches (deux doubles et deux simples), 12 mètres. Maintenant la longueur développée qu'il faudra donner aux crèches étant connue par le nombre de moutons que la bergerie doit contenir, il sera facile d'en calculer la longueur définitive. Il ne sera pas plus difficile, d'après ce qui vient d'être dit, de déterminer les dimensions de la bergerie, si les crèches devaient être placées dans le sens de la largeur. Quant à la hauteur des bergeries, elle doit être, sous planchers, de 4 mètres d'hivernage et de 3 mètres pour les bergeries supplémentaires. » L'emplacement à donner à chaque mouton, toujours d'après Tessier, doit être de 1 mètre carré et $0^m,75$ pour un agneau.

Les bergeries bien ordonnées devront être placées à l'exposition du midi, pour éviter les brusques change-ments de température ; mais comme, d'un autre côté, les moutons souffrent beaucoup de la chaleur, il est nécessaire que l'air puisse s'y renouveler facilement et fréquemment, et par conséquent les ouvertures y seront nombreuses. La bergerie de Rambouillet, fondée vers 1786 par les soins de Daubenton, et celle de Gévrolles, de création beaucoup plus récente, sont des modèles à tous les points de vue.

BERGERONNETTE, BERGERETTE (Zoologie), *Budytes*, Cuv. — Sous-genre détaché du genre *Hoche-queue*, tribu des *Bec-fin*, famille des *Passereaux dentirostres* (*Règne animal* de Cuvier), famille des *Motacillidæ*, tribu des *Oscines*, ordre des *Passeres* de Ch. Bonaparte. Caractérisé par un bec grêle, la queue longue et mobile des *Hoche-queue*, les plumes des scapulaires longues et couvrant le bout de l'aile repliée ; l'ongle du pouce allongé, peu arqué, ce qui les rapproche des farlouses et des alouettes. L'espèce la plus commune est la *B. du printemps* (*Motacilla flava*), cendrée en dessus, olive au dos, jaune dessous, les quatre pennes latérales de la queue, blanches, le bec et les pieds noirâtres, l'ongle du pouce presque droit, plus long que le doigt : tout le monde connaît la grâce des formes sveltes de cet oiseau, la légèreté et la prestesse de ses mouvements, lorsqu'il poursuit dans nos prairies, au milieu des troupeaux de bestiaux, sur lesquels il se pose souvent, les petits moucherons et autres insectes ailés qui viennent voltiger autour d'eux ; qui ne l'a vu suivre de près le laboureur, et, dans le sillon qu'il vient de tracer, saisir dans la terre fraîchement remuée les petits vers qu'il a mis à découvert, et pourtant cet oiseau, qui semble rechercher la société de l'homme, ne peut vivre en esclavage ; il y meurt bientôt. Répandue dans toute l'Europe, cette espèce pose son nid dans les prairies ou sous une racine d'arbre ; la femelle y pond six à huit œufs. C'est un oiseau voyageur qui nous vient dès les premiers jours du printemps. La *B. jaune* (*M. boarula*, Lath.), malgré son nom, est moins jaune que la précédente ; elle reste chez nous toute l'année, mais elle est moins commune et vit solitaire.

BÉRIBÉRI (Médecine), d'un mot indien qui signifie *brebis*, suivant Bontius, parce que ceux qui en sont affectés marchent péniblement en imitant la brebis. — On a donné ce nom à une maladie particulière à quelques contrées des Indes orientales, spécialement au Malabar et à Ceylan ; c'est dans la saison pluvieuse qu'on la remarque, à cause de la différence de température du jour et de la nuit. Elle arrive quelquefois subitement lorsque, après avoir souffert de la chaleur, on boit en abondance la liqueur tirée du palmier ; alors surviennent une lassitude spontanée, de la difficulté dans les mouvements, l'engourdissement des membres, un trouble général de la sensibilité et de la motilité, une titillation violente et douloureuse dans les doigts et les orteils. Les causes et les symptômes de cette maladie lui donnent une grande ressemblance avec le *rhumatisme*, et surtout avec le *lumbago*. Le traitement établit encore une nouvelle analogie ; il consiste dans l'exercice, les frictions stimulantes, des bains aromatiques ; enfin, quand la maladie est devenue chronique, dans les tisanes de bois sudorifiques.

BÉRICHON, BÉRICHOT (Zoologie). — Nom vulgaire donné dans quelques pays au *Troglodyte* (*Motacilla troglodytes*, Lin.) (voyez TROGLODYTE).

BERLE (Botanique), *Sium*, Koch, du mot celtique *siw* qui veut dire eau. — Genre de plantes appartenant à la famille des *Ombellifères*, tribu des *Amminées*. Les Berles sont des herbes à feuilles pennatiséquées, ombelles terminales à rayons nombreux, fleurs blanches. Le *Chervis* ou *Berle des potagers*, *Sium sisarum*, est une espèce cultivée dans les jardins en Europe pour ses racines, que l'on mange comme celles du céleri. Deux autres espèces croissent au bord de nos étangs, l'une à *larges feuilles* (S. *latifolium*, Lin.), et l'autre à *feuilles étroites* (S. *angustifolium*, Lin.). nommée aussi *ache d'eau*. Leurs racines peuvent être dangereuses pour l'homme. G — s.

BERLUE (Médecine). — On donne ce nom à une aberration du sens de la vue, dans laquelle on a la perception de corps imaginaires qui ne sont pas devant les yeux ; on peut s'en faire une idée par les sensations de lumière brillante, ou de couleurs variées qu'on éprouve lorsqu'on reçoit un coup sur le globe de l'œil, ou qu'une pression subite est exercée sur lui, on dit alors qu'on a la *berlue*. Souvent, en fixant un objet éclatant, on aperçoit des bulles lumineuses qui montent, descendent, voltigent ; quelquefois ce sont des taches, des lignes, des insectes, qui volent ; les objets paraissent tronqués, etc. On a donné aussi à ces phénomènes les noms d'*imaginations*, de *mouches volantes* (voyez ces mots). On a dit que la berlue était un symptôme de l'amaurose commençante, de la cataracte, de l'apoplexie ; cela peut être quelquefois ; mais le plus souvent elle tient à une névrose de la vision, et il n'est pas rare de la voir disparaître après avoir tourmenté les malades pendant un temps plus ou moins long ; des collyres frais et légèrement résolutifs, les bains de pieds, le repos, une lumière douce, sont les moyens les plus rationnels à employer. Il peut arriver que la berlue tienne à un état variqueux de quelques vaisseaux de la rétine (voyez ce mot). Dans ce cas, elle est beaucoup plus grave : pour les autres cas, voyez les mots Amaurose, Cataracte, Apoplexie.

BERNACHE (Zoologie), *Anas leucopsis*, Bechst.—Sousgenre d'*Oiseaux* du grand genre des *Canards* (*Anas*, Lin.), famille des *Lamellirostres*, ordre des *Palmipèdes* ; caractérisé par un bec plus menu, plus court que celui

Fig. 305. — La bernache (hauteur sur le dos = 0m,23).

des oies ordinaires, et dont les bords ne laissent pas voir les extrémités des lamelles ; ces oiseaux, qui habitent les parties les plus froides de l'Europe septentrionale, de la Sibérie, etc., viennent quelquefois en France pendant l'hiver. Les principales espèces sont : *Anas erythropus*, Gm., et mieux *Anas leucopsis*, Bechst., qui a le manteau cendré, le cou noir, le front, les joues, la gorge et le ventre blancs, le bec noir, les pieds gris : c'est cette espèce qui vient en France ; elle est célèbre par la fable ridicule qui la fait naître d'un animal de l'ordre des *Cirrhipèdes*, l'*Anatife ;* ou bien sur les arbres dont elle serait le fruit. Le *Cravant* (*A. bernicla*, Gm.), du même pays, est plus petit que l'oie et que l'*A. leucopsis*, moins épais et plus léger, le bec un peu large, tête petite. La *B. armée* ou *d'Afrique, du Cap, d'Égypte* (*A. Ægyptiaca*, Gm.), etc., un peu moins grande que l'oie sauvage, se distingue par l'éclat de sa parure, où se mêlent les couleurs marron clair, cendré, roussâtre, blanc, vert à reflets bronzés, changeant en violet, etc. Enfin, elle est remarquable par le petit éperon de ses ailes. L'*Oie renard* (*Chenalopex*) vénéré par les anciens Égyptiens. Ces deux dernières espèces se voient rarement aux environs de Paris.

Bernache (Zoologie). — Nom vulgaire de l'*Anatife tisse*, genre de *Cirrhipède*. Comme toutes les espèces du genre, celle-ci s'attache aux rochers, aux quilles des vaisseaux, quelquefois en si grande quantité qu'elles couvrent entièrement les flancs des navires (voyez Anatife).

BERNARD L'hermite (Zoologie). — On a donné le nom d'*Hermite* à tous les animaux du genre *Pagure*, de la famille des *Macroures*, ordre des *Crustacés décapodes :* cependant il a été plus spécialement employé pour désigner une espèce de ce genre, le *Bernard l'hermite, Cancer Bernhardus*, de Lin., *Pagurus streblonyx*, Leach., qui a les serres hérissées de piquants, avec les pinces en cœur, la droite plus grande ; les derniers articles des pieds suivants sont également épineux. On les trouve en quantité dans toutes les mers de l'Europe (voyez Pagure).

BERNE (Marine). — Se dit de l'état du pavillon dont les plis sont serrés à la hampe par des liens, de manière que la pointe inférieure flotte seule au vent. Mettre le *pavillon en berne* est un signe de détresse ou de deuil pour toutes les nations maritimes et compris de tous les navires, qui s'empressent de porter secours, quelle que soit leur nationalité. Les navires munis de canons appuient ce signal d'un coup de canon. Les navires du commerce se servent encore de ce signal pour rappeler leur équipage à bord au moment du départ, ou pour demander un pilote.

BERNOUILLI (Lois de). — (Voyez Tuyaux sonores).

BÉROÉS (Zoologie). — Genre de *Zoophytes* de la classe des *Acalèphes*, ordre des *Acalèphes simples*, voisin des Méduses, dont il a été détaché par Müller, caractérisé par un corps ovale ou globuleux, garni de côtes saillantes, hérissées de filaments allant d'un pôle à l'autre ; la bouche est à une extrémité, elle conduit dans un estomac qui occupe l'axe du corps. Ces animaux, composés d'une sorte de gélatine transparente, se résolvent en eau lorsqu'on les blesse en les touchant ; ils ne peuvent vivre un instant hors de l'eau. On les rencontre quelquefois en si grande quantité, qu'ils forment des espèces de bancs qui couvrent la mer à plusieurs lieues, et, comme ils sont très-phosphorescents, ils produisent un effet des plus merveilleux ; lorsqu'ils sont isolés, la lumière qu'ils projettent ressemble à des étoiles. Le *B. globuleux* (*B. pileus*, Gm.), est commun dans la Manche, sur nos côtes.

BERTHELOTIE (Botanique), *Berthelotia*, Deless., dédiée à Berthelot, botaniste français. — Genre de plantes de la famille des *Composées*, tribu des *Astéracées*. Il se rapproche du genre Conize et comprend des plantes propres aux régions chaudes de l'ancien continent. Une espèce a les corolles hermaphrodites velues ; elle croit dans le Sénégal. Une autre présente, au contraire, des fleurs glabres ; elle habite l'Inde tropicale.

BERTHOLLET (Lois de) (Chimie), du nom du chimiste français qui le premier les a établies. — Ces lois résument d'une manière simple les conditions dans lesquelles les bases, les acides et les sels peuvent réagir sur les sels pour donner lieu à de nouveaux composés. D'une manière générale, si on met en contact avec un sel un autre sel, un acide ou une base, il se fait un partage des éléments acides et basiques entre eux dans la proportion de leurs affinités mutuelles ; mais s'il arrive que l'un des nouveaux composés disparaisse, ou parce qu'il se volatilise ou parce qu'il est insoluble, l'équilibre toujours détruit tend toujours à se reformer jusqu'à épuisement des éléments capables de le produire. C'est ainsi que si nous versons une dissolution de carbonate de soude dans une dissolution de nitrate de chaux, il se forme un abondant précipité de carbonate de chaux insoluble ; que l'acide chlorhydrique décompose le carbonate de chaux et en chasse l'acide carbonique gazeux pour prendre sa place ; que l'acide sulfurique précipite l'acide silicique insoluble des dissolutions des silicates alcalins, tandis que sous l'influence d'une chaleur rouge ce sera l'acide silicique qui chassera l'acide sulfurique volatil à cette haute température. L'influence des affinités chimiques est donc loin d'être absolue dans les réactions qui nous occupent ; les conditions de fixité et de solubilité, variables d'ailleurs avec la température et le dissolvant, peuvent la masquer d'une manière presque complète et donner lieu à des résultats qui lui semblent étrangers. Nous ajouterons qu'il en est de même des conditions de masse entre deux corps ayant des affinités à peu près égales. C'est ainsi que l'acide carbonique et l'acide sulfhydrique, tous les deux gazeux, peuvent se déplacer mutuellement suivant que l'un ou l'autre se trouvera en quantité prépondérante (voyez Sels).

BERTHOLLÉTIE (Botanique), Humb. et Bonpl., dédicace faite à Berthollet, chimiste français. — Genre de plantes de la famille des *Lécythidées*, voisine des Myrtacées. Caractères : calice à 2 divisions caduques ; corolle à 6 pétales ; étamines monadelphes ; ovaire infère à 4 loges ; fruit capsulaire, ligneux, charnu intérieurement. La *B. gigantesque* (*B. excelsa*, Humb. et Bonpl.) est un arbre qui atteint, dans l'Amérique méridionale, sur les bords de l'Orénoque, jusqu'à 30 mètres de hauteur (voyez figure 306, p. 254). Ses feuilles sont alternes, oblongues, coriaces. Ses fleurs, disposées en grappes, sont jaunes avec les filets des étamines blancs. Cet arbre, que l'on appelle vulgairement *châtaignier du Brésil* ou *Juvia*, et qui est cultivé à Cayenne sous le nom de *touka*, donne de longues grappes de fruits dont les graines, au nombre de 16 à 20, triangulaires, se vendent souvent dans les rues de Paris sous le nom de *noix d'Amérique*. Les amandes qui sont comestibles rappellent un peu le goût de la chair du coco. Poiteau a publié, dans le treizième volume des *Mémoires du Muséum*, une note avec figures sur cet intéressant végétal.   G — s.

BÉRULE (Botanique), *Berula*. — Genre de plantes établi par Koch dans la famille des *Ombellifères*. On le fait généralement rentrer dans les *Berles* (*Sium*, Koch). Il répond à la *Berle à feuilles étroites* (*Sium angustifolium*, Lin.) (voyez Berle).

BERUS (Zoologie). — Nom scientifique de la *Vipère commune* (*Coluber berus*, Lin.) (voyez Vipère).

BÉRYL (Minéralogie).—Nom que l'on donne aux émeraudes transparentes, et surtout aux belles émeraudes du Pérou (voyez Émeraude).

BÉRYX (Poisson), *Beryx*, Cuv. — Genre de *Poissons*

Fig. 306. — Bertholíétie gigantesque.

acanthoptérygiens, famille des *Percoïdes*, voisins des Holocentrums et des Myripristis, ayant, comme ces poissons, plus de sept rayons aux branchies, et à leurs nageoires ventrales une épine et au moins sept rayons mous. Ces poissons sont d'un beau rouge brillant, mêlé de teintes dorées; on en connaît deux ou trois espèces : l'une, *B. decadactylus*, Cuv. et Val., habite la partie nord de l'Atlantique intertropicale, elle est ainsi nommée du nombre des rayons mous de sa ventrale; une autre espèce, *B. lineatus*, Cuv., rouge rayée d'or, des mers de la Nouvelle-Guinée.

BERZELITHE (Minéralogie). — Nom donné à la pétalite, en mémoire de Berzelius (voyez Pétalite).

BESAIGRE (Économie domestique). — Maladie qui attaque le vin dans certaines circonstances données; ainsi, lorsqu'il a été déposé dans une cave peu fraîche, ou qu'il est mal soigné, ou encore lorsque la qualité n'en est pas bonne : on dit alors qu'il tourne au *besaigre*, c'est-à-dire qu'il devient presque comme du vinaigre.

BESICLES, du latin *bis oculi*, doubles yeux. — Lunettes dont se servent les presbytes et les myopes pour corriger leur vue et acquérir une vision distincte des objets à la distance moyenne de $0^m,25$ à $0^m,30$. Les verres des presbytes sont convergents, à long foyer, et fonctionnent comme de faibles *loupes*; ils éloignent et grossissent les images des objets (voyez Loupe). Les verres des myopes sont divergents, au contraire; ils rapetissent et rapprochent les objets. Les uns et les autres doivent avoir une forme telle que l'objet étant placé à une distance de l'œil égale à la distance ordinaire de $0^m,25$ ou $0^m,30$, son image soit éloignée pour le presbyte, rapprochée pour le myope à la distance de la vision distincte sans lunette pour l'un ou pour l'autre (voyez Lentilles, Vision).

L'invention des besicles est attribuée à Roger Bacon ou à Alexandre de Spina, dominicain (1280-1311); mais on les trouve mentionnées dans un poëme grec dès 1150. Elles sont usitées de temps immémorial en Chine, et les anciens connaissaient déjà la loupe.

BESLÉRIE (Botanique), *Besleria*, Mart., dédié à Besler, pharmacien à Nuremberg. — Genre de plantes de la famille des *Gesnériacées*, type de la tribu des *Beslériées*. Il comprend des arbrisseaux à tiges quadrangulaires, à feuilles opposées; corolle campanulée; 4 étamines didynames; fruit charnu, globuleux. La *B. jaune* (*B. lutea*, Lin.) a des tiges un peu ligneuses et qui s'élèvent à 1 mètre environ. Cette espèce, originaire de la Guyane, donne, de juillet en août, des fleurs jaunes. La *B. à grandes feuilles* (*B. grandifolia*, Schott) se distingue par ses feuilles molles, poilues en dessous et ses fleurs à corolle tubuleuse dont les lobes inférieurs sont roulés en dessous. Elle est originaire du Brésil. La *B. élégante* (*B. pulchella*, Don) croît dans l'île de la Trinité. Ses fleurs sont jaunes et striées de rouge. La *B. sanguine*

(*B. incarnata*, Aubl.) a les fleurs pourprées, ses fruits sont rouges et peuvent être mangés. Elle vient du Brésil. Toutes les besléries sont de serre chaude.   G — s.

BÉTAIL, Bestiaux (Économie rurale). — Tessier définit ainsi le bétail : Tous les animaux d'une ferme, métairie, grange, bergerie et des autres exploitations rurales, excepté les chiens et les volailles (*Dictionnaire des sciences naturelles*). Il distingue le bétail en gros et menu. Gros bétail : 1° les *bêtes chevalines*, le cheval, l'âne et le mulet; 2° les *bêtes bovines*, taureau, bœuf, etc.; 3° les *buffles*; 4° les *chameaux* et *dromadaires*. Menu bétail : 1° les *bêtes à laine*; 2° les *bêtes à poils*, boucs, chèvres, etc. cochons (voyez chacun de ces mots).

L'élevage du bétail est un des points les plus importants dans l'exploitation agricole, non-seulement par le travail que donnent plusieurs espèces des animaux qui le constituent, tels que le cheval, le mulet, l'âne, le bœuf, etc., par les engrais qu'on en retire et qui fournissent une des ressources les plus précieuses pour l'agriculture, mais encore par les bénéfices que peuvent donner l'élevage lui-même et la vente des produits, tels que les laines, le laitage, par exemple. Un cultivateur actif et intelligent s'efforcera donc d'avoir dans sa ferme un aussi grand nombre de têtes de bétail qu'il pourra en nourrir, choisi avec discernement, suivant le climat, la nature du sol, la disposition des lieux, parce qu'au moyen des engrais qu'ils lui donneront, d'une part, il se procurera des herbages, des prairies artificielles indispensables à la réussite de son élevage, et, d'autre part, des céréales d'autant plus abondantes que ses terres auront été mieux fumées; en effet, pas de bétail, pas d'engrais; pas d'engrais, pas ou peu de produits agricoles, et à la suite, la stérilisation de la terre et la ruine du cultivateur. Ces vérités, peut-être un peu trop négligées en France jusqu'à ces derniers temps, sont entrées depuis longtemps dans les pratiques agricoles de quelques pays étrangers, et surtout en Angleterre (voyez Races).

BÉTEL (Botanique). — Nom, probablement d'origine malabare, du *Piper betel*, Lin., du genre *Piper*. Le bétel est un arbrisseau sarmenteux grimpant que l'on croit originaire des îles de la Sonde; il est abondamment cultivé dans les parties chaudes de l'Asie à cause de ses feuilles qui constituent un masticatoire que les Orientaux désignent sous le nom de *siri daun*. Ses feuilles, trop amères lorsqu'on les mâche seules, sont mêlées avec de la noix d'arec et un peu de chaux. Ainsi préparées, elles excitent les facultés digestives affaiblies par la chaleur. L'abus de ce masticatoire, tel qu'il existe malheureusement dans l'Inde, nuit considérablement aux facultés intellectuelles; d'ailleurs, il altère les dents, les noircit, les gâte et les fait tomber (voyez Arec).   G — s.

BÊTES A CORNES. — Tessier comprend dans ce nombre les bêtes bovines, les bêtes à laine, les buffles, les chèvres (voyez ces mots).

BÊTE A DIEU, BÊTE A BON DIEU, BÊTE A MARTIN (Zoologie). — Voyez Coccinelle.

BÊTE A FEU. — Quelques *Lampyres*, des *Taupins*, le *Fulgor porte-lanterne*.

BÊTE (GRANDE). — Nom donné par quelques voyageurs au *Tapir*, sur lequel ils racontaient des particularités fabuleuses; ainsi le P. Gumilla dit que la *grande bête* coupe aisément les arbres avec un gros os qui lui sort entre les deux yeux, etc. (voyez Tapir).

BÊTE A LA GRANDE DENT. — Voyez Morse.

BÊTE A LAINE. — Voyez Mouton.

BÊTE DE LA MORT. — Nom vulgaire de l'*Effraie*.

BÊTE NOIRE DES BOULANGERS. — Voyez Blatte, Ténébrion.

BÊTE PUANTE. — Petit animal carnassier du genre *Marte* (voyez Mouffette).

BÊTE ROUGE. — Espèce de *Tique* (*Acarus*) qui cause de vives démangeaisons. (voyez Lepte).

BÉTOINE (Botanique), *Betonica*, Tourn., de *betonic* en langue celtique, *ben*, tête; *ton*, bon, bonne, à cause des propriétés céphaliques et sternutatoires de la principale espèce. — Genre de plantes de la famille des *Labiées*, tribu des *Stachydées*. Il comprend des herbes vivaces à fleurs composées d'un calice campanulé à 5 dents, d'une corolle à tube égalant ou dépassant légèrement le calice et garni intérieurement d'un anneau oblique; lèvre supérieure concave; lèvre inférieure étalée, trifide à lobe médian plus grand; étamines placées sous la lèvre supérieure; anthères à loges parallèles ou divergentes. La *B. officinale* (*B. officinalis*, Lin.) est une herbe poilue s'élevant à $0^m,40$ environ. Ses fleurs, disposées en faux verticilles rapprochés en épis oblongs interrompus à la base, sont rouges ou blanches et s'épanouissent en juillet et août. Cette espèce est indigène; elle répand une odeur pénétrante qui monte à la tête; la racine pulvérisée se donne comme émétique et purgative; toute la plante est astringente, un peu tonique. Ses feuilles ont une saveur désagréable, un peu amère; elles sont quelquefois fumées en guise de tabac. Dans quelques localités, on boit l'infusion théiforme de cette plante. Réduite en poudre, elle est employée souvent comme sternutatoire. On obtient aussi de la bétoine officinale une *teinture* brune qui se communique très-bien aux laines imprégnées d'une dissolution de bismuth. La *B. queue de renard* (*B. alopecuros*, Lin.) est cultivée dans les jardins à cause de ses beaux épis de fleurs jaunes. Elle croît spontanément dans les Pyrénées. La *B. du Levant* (*B. Orientalis*, Lin.), originaire du Caucase, qui donne des fleurs d'un rouge pourpre, et la *B. à grandes fleurs* (*B. grandiflora*, Willd.), de Sibérie, à fleurs rouge violacé, sont aussi d'un joli effet.   G — s.

BÉTON, de l'anglais *bietong*, poudingue factice. — Mélange de mortier hydraulique et de cailloux concassés en fragments de la grosseur d'une noix. Le béton s'emploie pour garnir le fond d'un canal, d'une écluse, pour asseoir les fondations des constructions exécutées sur l'eau ou dans les terres humides ou pour former le lit sur lequel on pose le bitume des trottoirs. On en faitégalement des blocs de pierres artificielles pour les travaux maritimes. Le béton rend d'immenses services dans toutes les constructions hydrauliques. Il est d'autant plus résistant qu'il a été plus fortement tassé ou *pilonné* au moment de la pose (voyez CHAUX, MORTIERS).

BETTE (Botanique), *Beta*, Tourn., de *bett*, qui veut dire *rouge* en langue celtique; les racines de ce genre sont en général de cette couleur. — Genre de plantes de la famille des *Chénopodées*, tribu des *Cyclolobées*. Il comprend des herbes à racines charnues, à feuilles alternes entières. Les fleurs sont sessiles, hermaphrodites; calice à 5 divisions et se durcissant à la maturité; 5 étamines presque périgynes; ovaire déprimé, semi-infère, entouré d'un disque annulaire ou obscurément pentagone; un seul style surmonté de 2 ou 3 stigmates subulés, la *B. cultivée* (*B. vulgaris*, Moquin; *B. vulgaris et maritima*, Lin.), que l'on désigne aussi sous le nom de *betterave*, est la seule espèce importante du genre. Elle comprend trois principales variétés qui chacune se subdivisent encore en de nombreuses sous-variétés. Ces variétés sont : 1° la *Bette* proprement dite (*B. maritima*, Lin.), dont les racines sont cylindriques, ténues et dures et les fleurs solitaires ou réunies par deux; 2° la *Poirée* (*B. cycla*, Lin.), dont la racine est cylindroïde, un peu épaisse, à peine charnue et les fleurs agglomérées par 2 ou 3; 3° enfin la *Betterave* (*B. rapa*, Dumort.), à racine fusiforme charnue, saccharifère, rouge, jaune ou blanche, à fleurs glomérulées par 2 ou 4. Elle constitue un aliment d'un usage journalier; tantôt, ses jeunes pousses, ses feuilles se mangent comme des épinards; sa racine cuite fait partie de nos salades, ou bien, desséchée, torréfiée et réduite en poudre, on la mêle quelquefois au café, soit pour en mitiger la force, soit dans un but frauduleux. Enfin l'histoire de ses propriétés saccharines et de ses autres applications industrielles est trop intéressante pour ne pas être traitée à part (voyez BETTERAVE).   G — s.

BETTERAVE (Botanique industrielle), *Beta rapa*, Dumort.). — Une des variétés de la *Bette commune* (*B. vulgaris*, Moq.), dont la culture, assez négligée jusqu'au commencement de ce siècle, est devenue tout à coup une plante agricole de premier ordre par suite de l'extraction du sucre de sa racine. On la dit originaire de l'Europe méridionale et notamment de l'Espagne et du Portugal. Olivier de Serres nous apprend que c'est vers la fin du XVI° siècle que la betterave rouge fut importée d'Italie en France, et il est à remarquer qu'elle ne se trouve plus à l'état sauvage. On en cultive plusieurs sous-variétés qui se distinguent surtout par la couleur de leur racine; ainsi la *B. rouge ordinaire*, *B. rouge de Castelnaudary*, dont la chair est fine et serrée; la *B. rouge ronde précoce*, *B. rose* ou *de Bassano*, dont la chair blanche est veinée de rose; la *B. jaune ordinaire*; la *B. jaune à chair blanche*; la *B. jaune d'Allemagne*; enfin la *B. blanche*, dite de *Prusse* ou de *Silésie*, qu'on a nommée *beta saccharina* (fig. 307) : c'est la plus riche en matière sucrée, dans tous les sols et, par conséquent celle qu'on cultive de préférence pour l'extraction du sucre; on peut citer encore la *B. champêtre* (fig. 308), introduite d'Allemagne, et connue également sous les noms de *Racine de disette* ou d'*abondance*, *Betterave sur terre*; cette dernière s'emploie surtout pour nourrir le bétail. Considérée comme plante alimentaire pour l'homme, la betterave est

nourrissante et de facile digestion; on mange sa racine cuite sous la cendre ou dans l'eau, assaisonnée de diverses manières, et en salade, seule ou avec la chicorée. On en fait aussi une liqueur vineuse que plusieurs personnes ont comparée au vin, et dans ces dernières années, surtout pendant la grande cherté des vins et eaux-de-vie, on a établi en grand des distilleries de betterave qui ont procuré de beaux bénéfices. Enfin on a même essayé de faire du papier avec la pulpe de la betterave.

Fig. 307. — Betterave de Silésie.

Ce sont les Allemands qui ont commencé à cultiver cette plante pour la nourriture des bestiaux, dès le milieu du siècle dernier; mais ce n'est que vers la fin qu'elle fut introduite en Lorraine sous le nom de *Betterave champêtre*, *racine de disette*. Aujourd'hui elle est considérée comme une des plantes fourragères les plus importantes, bien supérieure aux navets et aux carottes et aussi précieuse que la pomme de terre pour ses qualités nutritives; elle favorise merveilleusement la formation de la chair et de la graisse. Mais, comme nous l'avons dit, c'est surtout au point de vue de l'industrie sucrière que la betterave mérite d'être envisagée, et, sous ce rapport, c'est la variété dite *B. blanche de Silésie* qui doit avoir la préférence. Contrairement à ce qu'on aurait pu croire, elle est d'autant plus riche en sucre qu'elle croît dans les pays plus septentrionaux; aussi est-ce en France, en Belgique, en Allemagne, en Prusse, en Pologne et même en Russie qu'elle réussit le mieux. Une terre meuble et riche en humus lui est favorable; elle doit avoir au moins une profondeur de 0^m,50, afin que sa racine pivotante ne soit pas gênée dans son développement. On conseille généralement de ne pas employer pour cette culture un engrais trop chaud, tel que le bon fumier de bœuf ou de cheval dont l'effet serait d'introduire dans la plante de l'ammoniaque et de la potasse nuisibles à la fabrication du sucre. Des récoltes enfouies en vert lui sont particulièrement favorables; aussi le mieux est de semer après l'avoine ou toute autre céréale qui suit le défrichement des trèfles, des luzernes, etc., et sans nouvel engrais. Les semailles de betterave se font en France du 15 avril au 15 mai, en rayons, en pépinières ou à la volée; cette dernière méthode, où l'on emploie, suivant M. Bailly de Merlieux, 10 à 12 kil. de graines par hectare, suivant d'autres seulement la moitié, cette méthode, disons-nous, est presque généralement abandonnée dans les bonnes cultures. Pour semer en rayons, il faut moitié moins de graines; on trace des sillons de 0^m,06 de profondeur et espacés de 0^m,40 à 0^m,50, dans lesquels on dépose quatre ou cinq graines ensemble, en laissant 0^m,30 entre chaque groupe. Si l'on sème en pépinière, il faut repiquer quand la racine a acquis la grosseur du petit doigt, du 1er au 15 juin environ : on choisit pour cela un temps pluvieux, et on a la précaution de couper les feuilles extérieures à 0^m,10 du collet. On doit faire des sarclages et des binages répétés, afin d'éviter l'envahissement des mauvaises herbes étrangères et le durcissement de la terre. La récolte se fera vers le milieu d'octobre et même plus tard, si on n'a pas à craindre les gelées un peu fortes, c'est-à-dire jusque vers le 15 novembre; c'est, en général, à cette époque qu'elles sont le plus riches en matière sucrée. C'est par l'arrachement qu'on

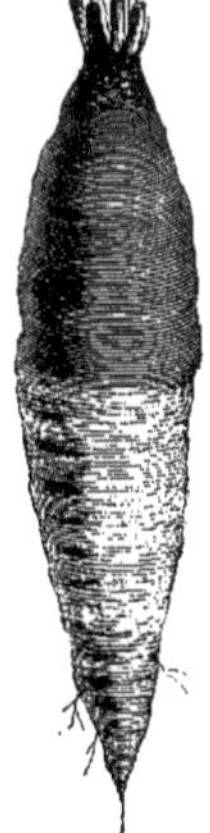

Fig. 308. — Betterave champêtre.

y procède; il se fera, s'il est possible, par un temps sec, afin que la terre se détache facilement. C'est aussi à ce moment qu'on choisit les *porte-graines*; ce sont les racines les plus vigoureuses, celles qui ont les plus belles proportions, mais sans ramifications ; après les avoir débarrassées des feuilles, sans nuire au collet, on les place debout, recouvertes de sable sec, dans un cellier frais, pour passer l'hiver. Au printemps, on les replante dans un bon sol, non récemment fumé, à 1 mètre de distance l'une de l'autre en tous sens. En automne, on recueille les graines, qui peuvent conserver leur vertu germinative pendant quatre ou cinq ans.

Les betteraves sont sujettes à quelques maladies et particulièrement à celle qu'on nomme *pied-chaud* ; la plante cesse de croître, et la racine brunit, se dessèche et se flétrit en tout ou en partie, elle guérit quelquefois spontanément, Un insecte redoutable pour cette plante, c'est la larve du *hanneton*, connue vulgairement sous le nom de *ver blanc*, et ses dégâts sont d'autant plus nuisibles qu'elle attaque la racine lorsque celle-ci a déjà un certain développement et qu'il est presque toujours trop tard pour la remplacer par le repiquement. C'est au milieu du siècle dernier, vers 1745, que Margraf, chimiste prussien, découvrit du sucre cristallisable dans les racines de navets, de carottes et surtout de betterave ; mais ce ne fut que beaucoup plus tard que cette belle découverte fut appliquée en grand par Achard, autre chimiste de Berlin. Depuis cette époque l'extraction du sucre de betterave a pris une extension prodigieuse, nonseulement en France, mais en Belgique, en Allemagne, en Pologne, etc. (voyez, pour tout ce qui regarde cette industrie, au mot SUCRE).

G — s.

BÉTULINE, de *betula*, bouleau. — Huile volatile concrète, ou espèce de camphre qu'on extrait de l'épiderme du bouleau blanc. Sans usages.

BÉTULINÉES (Botanique), *Bétulacées* des auteurs. — Petite famille de plantes *Dicotylédones apétales*, que M. Brongniart range dans sa classe des *Amentacées*, entre les Quercinées et les Myricées. Elle comprend des arbres et des arbrisseaux à fleurs monoïques disposées en chatons. Les fleurs mâles ont un calice régulier, ou seulement de petites écailles et 4 étamines ; les fleurs femelles sont nues et formées d'un ovaire à 2 loges. Les fruits agglomérés consistent en nucules anguleuses ou ailées. Les Bétulinées habitent principalement les contrées froides et tempérées de l'hémisphère boréal. Elles ne se composent que de deux genres : *Bouleau* (*Betula*, Tourn.) et *Aune* (*Alnus*, Tourn.).

BEURRE, du grec *boutyron*, du latin *butyrum*. — Substance grasse, de couleur citrine, que l'on trouve sous forme de globules très-fins en suspension dans le lait de tous les animaux à mamelles. Le beurre ordinaire est fourni par la vache. Lorsqu'on regarde une goutte très-mince de lait, soit au moyen d'une très-forte loupe, soit mieux au microscope, on voit très-distinctement ces globules arrondis nager au milieu d'un liquide transparent. Ils ne semblent cependant pas y être complétement libres, car l'éther qui dissout bien le beurre ne peut pas enlever au lait son principe gras, si on n'a pas eu le soin à l'avance d'ajouter au lait quelques gouttes d'acide acétique concentré et de porter le mélange à l'ébullition. On admet généralement qu'ils y sont renfermés dans une enveloppe très-mince d'albumine coagulée, analogue à la membrane des tissus adipeux. Ils ne constituent le beurre que lorsque la rupture de cette membrane leur a permis de s'agglutiner entre eux. C'est par le *battage du beurre*, effectué au moyen de *barattes* (voyez ce mot), que l'on obtient ce résultat.

On extrait le beurre soit directement du lait, soit, plus ordinairement, de la crème.

Plusieurs conditions sont nécessaires pour que la crème donne un produit de bonne qualité. Il importe d'abord qu'elle ait été obtenue à une température de 10 à 12° d'un lait provenant d'une vache saine, ayant vêlé depuis au moins quatre mois ; il faut en outre que le lait n'aigrisse pas pendant la séparation de la crème ; condition difficile à réaliser, mais que l'on favorise néanmoins en ajoutant au lait une faible quantité de carbonate de soude. D'après M. Villeroy, 1 p. 100 de carbonate de soude en hiver, 1, 1/2 p. 100 du même sel en été, empêchent le lait de s'aigrir, accélèrent beaucoup la séparation des globules graisseux, et rendent cette séparation beaucoup plus complète. Enfin, il faut battre la crème pendant qu'elle est fraîche, vingt-quatre heures au plus après sa formation en été. Ce n'est qu'en observant ces règles, que la Normandie, la Bretagne, la Hollande, fabriquent des beurres si savoureux et si fins. Ajoutons toutefois que l'introduction de certaines plantes dans la nourriture des vaches laitières peut altérer d'une manière très-fâcheuse la qualité des produits, en dehors des soins donnés à leur préparation.

Le moment que l'on doit préférer pour le battage est, pendant l'été, le matin ou le soir, et pendant l'hiver le milieu du jour. La température est seule à considérer dans ce cas. La plus favorable est celle de 11 à 12°, et, comme pendant le battage la température de la crème s'élève de 2° environ, on peut dire que dans les conditions les plus soignées le beurre se forme à 14° ; à 18°, le beurre est mou, spongieux et moins abondant ; au-dessous de 10°, la prise serait difficile ; aussi convient-il d'entourer la baratte d'eau à la température convenable, à quelque époque que l'on opère.

L'opération même du battage exige une certaine habitude ; il doit être modéré, uniforme, non interrompu. Si le mouvement de la crème est irrégulier, le beurre formé se divise de nouveau dans la masse du liquide (*babeurre*, *beurrée*, *lait de beurre*) ; s'il est violent ou trop accéléré, le beurre acquiert une saveur désagréable, et, surtout pendant l'été, il perd de sa couleur, de sa consistance et de son goût.

On reconnaît que le travail marche bien, au son que rend le battage. Dans les barattes ordinaires, ce son est grave, sourd et profond, puis il devient plus fort et plus éclatant ; c'est le signe que le beurre commence à se former. Dans les barattes tournantes, on est averti de ce résultat par le bruit que rendent les grains en frappant les palettes de l'instrument. La durée du battage est très-variable ; elle peut aller de quelques minutes à plusieurs heures, suivant la forme de la baratte et la manière dont elle est conduite, et suivant la saison et l'état de la crème. Quelquefois le beurre ne prend pas ou prend très-mal ; on accélère l'opération en ramenant la température à de meilleures conditions, ou en ajoutant à la crème un peu de jus de citron, de présure, d'eau-de-vie, ou simplement de crème acide, ce qui a fait dire à des praticiens qu'un peu d'acidité de la crème était nécessaire à la prise du beurre. C'est une erreur fâcheuse, car la crème aigrie ne peut jamais donner que des beurres de qualité inférieure et d'une conservation peu prolongée. Les beurres si fins de la Prévalaie sont même obtenus généralement en barattant directement le lait dès qu'il est trait ; mais il est cher, parce qu'il est moins abondant et qu'il s'altère vite. En Hollande, en Danemark, en Suède et en Norwége, presque tout le lait est ainsi battu directement sans attendre que la crème s'en soit séparée. En Angleterre, dans les comtés de Somerset, Cornwall et Devon, la crème est portée à une température voisine de l'ébullition avant d'être battue, et, à ce qu'on assure, le beurre est abondant et de bonne qualité.

Au sortir de la baratte, le beurre est en grumeaux nageant dans un liquide blanc, appelé *babeurre*, *lait de beurre* ou *beurrée ;* on le réunit en une seule masse que l'on doit pétrir avec soin dans de l'eau fraîche, que l'on renouvelle jusqu'à ce qu'elle reste claire. Cette opération, appelée *délaitage*, a pour but de priver le beurre de son lait de beurre. Cette dernière substance, en effet, entrant facilement en fermentation, ferait rapidement rancir le beurre. Le pétrissage doit avoir lieu avec des rouleaux ou des battoirs de bois, et non avec la main. Il ne doit pas être trop prolongé, car le beurre trop lavé perd de son parfum, et pourvu qu'il ne tarde pas trop à être consommé, il n'est que plus agréable au goût, s'il contient un peu de lait de beurre. Aussi, en Bretagne, le délaitage a-t-il lieu à sec, au moyen de rouleaux. Cette dernière opération est plus délicate à exécuter.

En Amérique, on prépare le beurre sans battage et sans baratte. Ce procédé, que l'on commence à pratiquer dans plusieurs localités de la Normandie et du Berry, est le suivant : La crème, au sortir des pots, est versée dans un sac de toile ni trop fine, ni trop épaisse; le sac est lié, puis enterré à une profondeur de $0^m,40$ à $0^m,50$. Après vingt-cinq heures, on retire la crème qui est fort dure ; on l'écrase avec un pilon après y avoir ajouté un peu d'eau. Le beurre se sépare immédiatement du petit-lait. On peut opérer dans une cave avec du sable. Ce procédé si simple donnerait un produit abondant et d'excellente qualité.

Le beurre bien préparé doit avoir une belle couleur jaune, bien qu'il existe des beurres presque blancs, de bonne qualité ; son odeur est légèrement aromatique, sa saveur douce, délicate, agréable ; son aspect est mat, sa consistance moyenne, sa pâte fine, se laissant couper nettement en lames minces.

Les causes qui influent sur les qualités du beurre sont nombreuses et souvent difficiles à saisir. Il y a des races de vaches qui paraissent privilégiées pour donner de bon lait, et conséquemment de bon beurre, et cependant, sous l'influence de causes qui échappent, souvent leurs produits perdent de leurs qualités.

On attache aussi, et avec raison, une grande importance à la nature des pâturages, bien que l'on ne soit pas encore parvenu à préciser nettement le genre de plantes qui convient le mieux aux vaches laitières. Le beurre du printemps ou de mai est le plus aromatique et le plus substantiel ; les herbes de certains bois donnent un beurre d'excellente qualité. D'un autre côté, depuis que le *turneps* ou *rave du Limousin* est devenu en Angleterre la base de l'alimentation des bestiaux, la détérioration du beurre y a été reconnue d'une manière évidente. Dans les environs de Rennes, où se fabrique le beurre de la Prévalaie, on a reconnu que les fleurs de châtaignier, dont les vaches sont très-avides, donnent au lait et au beurre un goût détestable. On blâme l'usage pour les vaches des feuilles avariées, du chou, des fanes de pommes de terre, des cosses de pois verts, de trèfle blanc, de luzerne, de renoncules et de fourrages avariés ; au contraire, les prairies naturelles, la spergule, les feuilles de maïs, les carottes, constituent la nourriture qui convient le mieux aux vaches laitières.

La bonne qualité du lait est donc une des conditions dont on doit le plus se préoccuper ; mais les soins, l'intelligence et la propreté jouent également un grand rôle dans la qualité du beurre obtenu.

Pour conserver le beurre, il faut éloigner les causes qui peuvent amener la fermentation du babeurre dont on n'a pu le dépouiller d'une manière absolue. Ces causes sont la chaleur et le contact de l'air. La fonte du beurre, en faisant disparaître toute trace de lait de beurre, rend la fermentation impossible ; le sel paralyse le ferment et empêche également la fermentation de se produire.

L'effet de la fermentation est de développer dans le beurre un acide particulier (acide butyrique), doué d'une odeur très-forte, d'une saveur brûlante, et qui, à dose très-faible, produit le goût de rance. Ce défaut ne peut disparaître que par la fusion avec un peu de carbonate de soude ; on le masque en lavant et pétrissant le beurre dans de l'eau froide, le salant et y ajoutant une demi-once de sucre en poudre par livre. L'addition d'un peu de sel de nitre au sucre et au sel permet au beurre de se conserver très-longtemps en vase clos.

La proportion de beurre contenue dans un litre de lait est très-variable suivant l'animal dont il provient, et aussi suivant le régime auquel il est soumis et l'espace de temps qui s'est écoulé depuis qu'il a vêlé. Il faut, en moyenne, de 20 à 25 litres de lait pour 1 kilogr. de beurre. La production moyenne d'une bonne vache à lait est de 90 à 100 kil. de beurre par an (voyez LAIT).

Les meilleurs beurres de France sont : les beurres de Gournay et d'Isigny, en Normandie, ou *beurres en mottes*, parce qu'on les expédie à Paris en mottes de 50 à 100 kil. Ces beurres ne se salent pas et sont consommés frais ; les beurres de Bretagne, salés à demi-sel à raison de 30 grammes de sel par kilogr. de beurre ; le beurre de Flandre, complétement salé. Autrefois, on fondait beaucoup de beurre dans le centre de la France. Cet usage commence à s'y perdre.

L'usage du beurre était inconnu de l'antiquité grecque. Il existait, au contraire, de temps immémorial chez les Germains, qui le transmirent aux Romains. Pline dit que le beurre est un mets très-estimé des Barbares, ce qui prouve qu'ils n'avaient pas encore su l'apprécier. Du reste, aujourd'hui même il est médiocrement estimé dans le midi de la France.

Le beurre n'est pas un produit simple ; il est composé par un mélange de plusieurs matières grasses réunies en proportions inégales. Si l'on abandonne à la température de 20° du beurre fondu, on voit se former dans sa masse des grumeaux blancs cristallins de *margarine* (voyez ce mot), dont la proportion est de 65 p. 100. Le reste se compose d'*oléobutyrine* et de petites quantités de *butyrine, caprine* et *caproïne*.

Le beurre fond à 35° environ ; chauffé avec une lessive de potasse, qui le *saponifie*, il donne beaucoup d'acide margarique, une quantité moindre d'acide oléobutyrique, et des traces d'acides butyrique, caprique et caproïque, tous les trois doués d'une odeur vive et désagréable.

Le nom de *beurre* a été étendu à certaines matières grasses de nature végétale : *B. de cacao, B. de muscade, de coco, de Galam, de palme*, etc.

Les anciens chimistes donnaient le même nom à certains chlorures liquides, ou d'une consistance analogue à celle du beurre : *B. d'antimoine, B. de bismuth, B. de zinc B. d'étain*, etc.   M. D.

B. de cire, composé d'acides et de corps gras obtenus par distillation de la cire.

B. de Bamboug, B. de Galam. — Huile végétale concrète, blanche, qu'on retire du *Bassia butyracea*, arbre du Népaul (voyez BASSIE).

B. de cacao. — Matière végétale huileuse, concrète, qu'on extrait des semences du *Theobroma cacao* (voyez CACAO).

B. de coco. — Voyez COCOTIER.

B. de muscade ou plutôt SUIF. — Voyez MUSCADIER, c'est le *M. porte-suif*.

B. de palme. — Plus connu sous le nom d'*huile de palme*. Substance d'apparence oléo-butyreuse qu'on extrait d'une espèce de *cocotier* (voyez ce mot).

B. de mango, matière grasse qu'on peut retirer des poires du *Manguier*, arbre de la famille des *Anacardiacées*.

BEURRIÈRE (Industrie agricole). — Nom vulgaire de la *baratte* (voyez ce mot).

BÉVUE (Médecine), du latin *bis visus*, vu deux fois. — Maladie des yeux dans laquelle on aperçoit les objets doubles, ou plusieurs fois répétés : il est synonyme de *diplopie* (voyez ce mot).

BÉZOARD (Zoologie). — Mot arabe qui sert à désigner une concrétion calculeuse, que l'on rencontre dans les intestins et dans l'estomac de certains animaux, et surtout des ruminants; on en a recueilli aussi de très-volumineux dans les éléphants, les hippopotames, les rhinocéros, les chevaux, etc. Il y en a de deux espèces : le *B. oriental*, que l'on trouve dans l'antilope des Indes, dans la chèvre sauvage (*ægagre*), le porc-épic ; et le *B. occidental*, qui vient du chamois, du bouquetin, de la chèvre d'Amérique ou du Pérou, du caïman, du castor, etc. On attribuait aux bézoards des vertus merveilleuses : ainsi les chassaient, disait-on, tous les venins, ils étaient des antidotes pour tous les poisons, ils préservaient de la contagion ; aussi étaient-ils arrivés à un prix excessif : on cite un bézoard de porc-épic qu'un juif d'Amsterdam voulait vendre 2 000 écus ; en Portugal, on les louait 10 à 12 francs par jour pour les porter au cou ; cet engouement de la crédulité publique pour les propriétés surnaturelles des bézoards, engagea bientôt les charlatans empiriques à inventer des *bézoards factices*. Ils réussirent assez bien dans leur coupable industrie, en composant une pâte avec des yeux d'écrevisse porphyrisés (ce sont des concrétions pierreuses qu'on trouve sur les côtés de l'estomac des écrevisses), du musc ou de l'ambre gris et de la gomme ; mais on découvre facilement la fraude : ainsi lorsqu'on scie en deux les vrais bézoards, ils paraissent formés de couches concentriques et feuilletées, et on remarque des couches cristallines dans leurs fractures ; les bézoards factices, au contraire, paraissent homogènes.

Aujourd'hui on ne croit plus à la puissance médicatrice des bézoards, qui ne figurent plus que comme objets de curiosité dans les collections d'histoire naturelle, et sont seulement des sujets d'observation et de comparaison pour la médecine. On les regarde comme le produit d'une maladie analogue à celle qui donne naissance dans l'homme aux calculs biliaires ou à ceux des reins. Il existe bien encore une autre sorte de bézoards; mais ce ne sont que des concrétions formées par les poils que les animaux ruminants avalent en se léchant, et que les mouvements de l'estomac ont pelotonnés en boules; il s'y est joint des débris de végétaux et des matières calcaires : on les rencontre principalement dans l'estomac de la chèvre sauvage ou *œgagre*, d'où leur est venu le nom de *œgagropile*, sous lequel on les a désignés. On les a aussi appelés *bézoards d'Allemagne*.

Bézoard minéral. — Ancien nom de l'acide antimonique (voyez **Antimoine**).

BIBERON (Médecine), du latin *bibere*, boire. — On appelle ainsi un petit vase en terre, en faïence, en verre, en argent, en fer-blanc, pourvu d'un col plus ou moins long, plus ou moins recourbé, au moyen duquel on fait boire les malades. On s'en sert aussi pour faire boire les enfants au berceau. Nous avons dit notre avis à l'article *allaitement*, sur l'emploi du biberon, et nous ne saurions trop répéter que c'est une pratique à laquelle il ne faut avoir recours que dans les cas où il est impossible de faire autrement. Plusieurs espèces de biberons ont été inventées dans ces derniers temps; tous se composent d'une petite bouteille à goulot et d'un petit appareil par où le lait doit être humé par l'enfant, cette dernière partie se compose en général d'un bouchon de liége, de bois ou de métal terminé par un bout en forme de sein, qui est tantôt en caoutchouc (biberon de Salmer), ou bien en tétine de vache préparée (Mme Breton) : quelquefois, c'est une petite fiole dont on bouche l'ouverture avec une petite éponge fine coiffée d'un linge, retenu autour du goulot par un fil. Mais le meilleur de tous est incontestablement celui de M. Charrière, il est des plus simples et son embout ou bouchon est en bois terminé par une espèce de mamelon en ivoire ramolli (voyez **Ivoire**); cette substance, devenue molle et flexible comme de la gélatine, est douce à la bouche de l'enfant, elle est inaltérable, ne contracte jamais de mauvaise odeur, et on pourrait dire qu'elle offre presque toutes les qualités du bout de sein maternel. Dans les derniers temps M. Charrière a remplacé la vis en bois qui par la dilatation pouvait devenir difficile à dévisser, et se fendre par une vis métallique; nous devons dire que pendant longtemps nous avons employé le biberon Charrière sans le moindre inconvénient de ce genre; du reste, une précaution sur laquelle on n'insiste pas assez, c'est de maintenir le bout *constamment* dans l'eau fraîche et non pas seulement une demi-heure avant de s'en servir, comme le dit le rapport de l'Académie de médecine. Dans tous les cas, il faut le nettoyer très-souvent, et une extrême propreté est de rigueur.

BIBIONS (Zoologie), *Bibio*, Geoff.; *Hirtea*, Fab. — Genre d'*Insectes diptères*, famille des *Némocères*, du grand genre *Tipule* de Linné; caractérisé, parce qu'il a neuf articles aux antennes, formant une massue presque cylindrique et perfoliée. Ces insectes ont de la ressemblance avec les Tipules propres; ils sont lourds, volent peu et restent longtemps en place : très-communs dans nos jardins, ils y sont connus par des noms qui rappellent les époques de leur apparition; ainsi : les *mouches de Saint-Marc*, les *mouches de Saint-Jean*. Le *B. précoce* (*Tipula hortulana*, Lin.; *Hirtea hortu- lana*, Fab.), dont le mâle est noir, et la femelle avec le thorax et l'abdomen rouges, le reste du corps noir; abonde sur les fleurs au printemps. Le *B. caniculaire* (*B. Joannis*) a les pattes rousses, les ailes blanches, marquées d'un point noir. Les larves de ces insectes vivent dans le fumier ou dans la terre. Quoi qu'en pensent les gens de la campagne, la conformation de leur trompe s'oppose à ce qu'ils soient nuisibles aux plantes.

BICARBONATE. — Sel formé par la combinaison d'une *base* avec une proportion d'acide carbonique double de celle qui entrerait dans la formation d'un *carbonate neutre* (voyez **Carbonate**).

BICÉPHALE (Tératologie), qui a deux têtes. — Monstre à deux têtes (voyez **Tératologie**).

BICEPS (Anatomie), du latin *bis*, et *caput*, qui a deux têtes. — Nom de deux muscles, l'un au bras et l'autre à la cuisse, ainsi nommés parce qu'ils ont deux portions supérieurement. *Biceps brachial* ou *huméral*, situé à la région antérieure superficielle du bras; de ses deux portions supérieures, l'une plus courte s'attache au sommet de l'apophyse coracoide, l'autre à la partie supérieure de la cavité glénoide de l'omoplate; en bas à la tubérosité bicipitale du radius (*scapulo-radial*, Ch.). Il fléchit l'avant-bras sur le bras et le porte dans la supination. *Biceps crural* ou *fémoral*; situé à la région postérieure

de la cuisse, il s'insère en haut par l'une de ses portions à la tubérosité de l'ischion, par l'autre à la ligne âpre du fémur, en bas à la tête du péroné (*ischio-fémoro-péronier*, Chauss.). Il fléchit la jambe sur la cuisse.

BICHE (Zoologie). — Femelle du cerf (voyez **Cerf**).

BICHET. — Ancienne mesure de capacité spécialement employée au mesurage des grains. Cette mesure variait d'une province à l'autre. Le bichet de Lyon, employé dans la Bourgogne et le Lyonnais, contenait environ 40 litres.

BICHON (Zoologie). — Variété du *chien* (voyez **Races**).

BICIPITAL (Anatomie), qui appartient au *biceps*. — On donne le nom de *gouttière* ou *coulisse bicipitale* à une espèce de sillon placé en avant de la tête de l'humérus, et dans lequel glisse un des tendons du muscle biceps.

BICORNES (Botanique), du latin *bis*, deux fois, et *cornu*, corne. — Nom que Linné avait donné aux bruyères, parce que les anthères de la plupart de ces plantes sont fourchues, se renversent et présentent alors une espèce de croissant.

On appelle aussi *bicornes* les espèces du genre *Martynie*, parce que la capsule de ces plantes est terminée par un long bec qui, à la maturité, se sépare en deux cornes arquées.

En général, ce mot s'applique aussi aux organes des plantes qui présentent deux prolongements en forme de cornes.

BIDENT (Botanique), *Bidens*, Lin., de *bis*, deux fois, et *dens*, dent. — Genre de plantes de la famille des *Composées*, tribu des *Sénécionidées*, sous-tribu des *Hélianthées*, ainsi nommé parce que les akènes sont couronnés par deux arêtes. Il comprend des herbes le plus souvent annuelles, à feuilles inférieures opposées, les supérieures alternes. Leurs capitules sont presque toujours jaunes. Ce genre compte une vingtaine d'espèces environ, qui sont de peu d'effet pour l'ornement. Le *B. tripartite* (*B. tripartita*, Lin.), vulgairement *Chanvre d'eau*, répand une odeur forte, et donne aussi une teinture jaune, et le *B. penché* (*B. cernua*, Wildw), *Eupatoire aquatique*, est commun dans les fossés, les marais, au bord des ruisseaux; elle donne, pour la teinture, diverses nuances de jaune aurore très-solide.   G — s.

BIDET (Hippiatrique). — Petit cheval de selle, trapu, solide pour la course, très-commun autrefois avant les perfectionnements des moyens de transport; le fermier, le maquignon, le petit propriétaire campagnard, le médecin, etc., avaient leur bidet; celui-ci, sauf quelques rares exceptions, n'avait pour ainsi dire pas de type, c'était un cheval ordinaire du pays. Mais le vrai bidet, c'était le bidet de poste, celui qui précédait les équipages des gens riches, en voyage; celui qui servait pour les estafettes, avec lequel on courait à franc étrier; il était solide plutôt qu'élégant, d'une qualité de membres parfaite, bien assuré sur ses aplombs, allant presque toujours au galop et pouvant soutenir longtemps cette allure. Les meilleurs bidets de France se tiraient de Bretagne, de Normandie et d'Auvergne.

BIEF ou **Biez** (Hydraulique). — Nom donné en hydraulique à un canal servant à détourner ou à soutenir à une certaine hauteur l'eau d'un cours d'eau pour produire une chute. On appelle également *bief* la portion d'un canal ou d'une rivière canalisée, comprise entre deux *écluses* ou deux *pertuis* (voyez **Barrage**, **Canal**). Le bief compris au-dessus de l'écluse du pertuis ou de la chute d'eau est le *bief d'amont*; le bief compris au-dessous est le *bief d'aval*.

BIELLE (Mécanique). — Tige rigide en fonte ou en fer, articulée par ses extrémités à deux points mobiles, les tenant à la même distance, unissant leurs mouvements et servant ainsi à transmettre la puissance d'un point à l'autre. Les bielles sont employées en mécanique : 1° à transformer un mouvement rectiligne ou circulaire alternatif en un mouvement circulaire continu (ex. : machines à vapeur, rouet des fileuses), ou inversement (ex. : scieries mécaniques); 2° à transformer un mouvement rectiligne continu en un mouvement circulaire continu (ex. : roues couplées des locomotives).

Dans ces diverses transformations, la bielle agit toujours à l'extrémité d'une manivelle qui est ou conducteur ou conduite. Pendant son mouvement de rotation, la manivelle forme avec la bielle des angles sans cesse variables de 0° à 90° et de 90° à 0°. L'efficacité de la transmission varie dans les mêmes limites, quand c'est la bielle qui commande la manivelle; maximum quand la bielle et la manivelle sont à angle droit, elle devient nulle quand ces deux organes sont situés sur la même ligne : on dit alors qu'ils sont à un *point mort*. Les points morts sont toujours doubles et ordinairement situés aux deux extrémités d'un même diamètre du cercle décrit par le bouton de la manivelle ; ils sont *franchis* au moyen de la

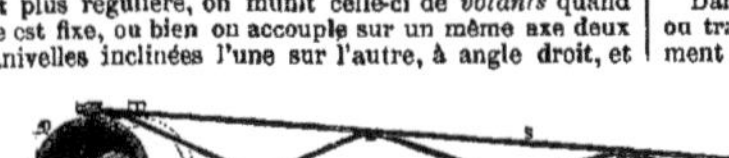

Fig. 310. — Bielle et manivelle.

vitesse acquise de la machine. Pour que ce résultat soit obtenu plus facilement et que la marche de la machine soit plus régulière, on munit celle-ci de *volants* quand elle est fixe, ou bien on accouple sur un même axe deux manivelles inclinées l'une sur l'autre, à angle droit, et

commandées par deux bielles à mouvements croisés (voyez Vapeur [Étude générale des machines a].

Dans plusieurs machines à vapeur, la tige du piston est animée d'un mouvement rectiligne alternatif, qui se transforme sur l'arbre de cette machine en un mouvement de rotation continu au moyen d'une bielle et d'une manivelle (*fig.* 310) ; cet arbre, à son tour, transmet à la tige du *tiroir* V un mouvement rectiligne alternatif au moyen d'un *excentrique* Q et d'une bielle S,S (*fig.* 311) (voyez Excentrique). L'excentrique, qui joue ici le rôle d'une manivelle commandant le mouvement au lieu de le recevoir, ne présente plus les inconvénients précédemment signalés pour les points morts ; l'effort transmis pourrait être, au contraire, infini dans le voisinage de ces points, et cette particularité est utilisée dans les machines à *emporte-pièce* et dans la *presse monétaire*, en particulier.

Dans l'un et l'autre cas, le mouvement alternatif direct ou transmis diminue peu à peu pour s'éteindre entièrement au moment où il va changer de sens, ce qui est une

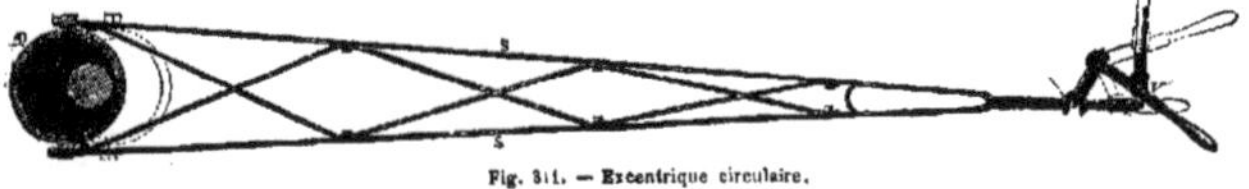

Fig. 311. — Excentrique circulaire.

condition favorable pour que la quantité de travail utile transmise soit le plus grande possible.

Les locomotives destinées au transport des marchandises sont portées par deux ou trois paires de roues d'un diamètre exactement pareil, et réunies l'une à l'autre au moyen de deux bielles. Ces roues, dont les mouvements sont invariablement liés l'un à l'autre, deviennent alors toutes des roues motrices. On utilise ainsi tout le poids de la locomotive pour produire l'adhérence aux rails qui doit déterminer son mouvement de progression. Mais cette liaison donne lieu à des frottements que l'on évite généralement dans les locomotives à grande vitesse qui n'ont qu'une paire de roues motrices, l'adhérence étant toujours assez grande pour la faible charge qu'elles ont à traîner. M. D.

BIÈRE (Chimie industrielle). — Boisson fermentée, préparée avec de l'orge germée et aromatisée avec du houblon qui contribue en outre à sa conservation. On a également étendu le nom de *bière* à plusieurs autres boissons de qualité inférieure, telles que : les bières de sapin, de genièvre, de sarrasin, de mélasse, etc., qui toutes consistent en une liqueur sucrée ayant éprouvé une fermentation vineuse, plus ou moins avancée et aromatisée avec des substances diverses.

Toutes les céréales pourraient être employées à la fabrication de la bière ; pendant la germination, les principes azotés qu'elles contiennent fournissent un ferment particulier appelé *diastase*, qui jouit de la propriété de transformer leur amidon en sucre, de le rendre soluble, et par conséquent absorbable par la jeune plante qui s'en nourrit, en attendant que ses racines puissent lui permettre de puiser ses aliments dans le sol. Ce sucre, par une nouvelle fermentation, fournit l'alcool de la bière. Mais la bière, non plus que le vin, n'est pas de l'alcool étendu d'eau ; les matières nombreuses qui entrent dans la composition des céréales contribuent en même temps que le houblon à lui donner ses qualités particulières ; aussi l'introduction directe de matières sucrées dans les cuves des brasseurs, dans le but d'économiser l'orge, est-elle une habitude fâcheuse que les lois interdisent en Angleterre dans un but fiscal, il est vrai ; mais cette habitude, assez générale dans nos brasseries, n'en est pas moins la cause principale de l'infériorité de nos produits sur les produits similaires anglais ou allemands.

De toutes les céréales, l'orge est sans contredit celle qui fournit la bière la plus parfaite ; aussi est-elle presque exclusivement employée à cet usage.

La fabrication de la bière embrasse trois séries d'opérations principales, qui sont : 1° le *maltage* ou *germination de l'orge* ; 2° le *brassage* proprement dit, *formation du moût sucré et houblonnage* ; 3° la *fermentation du moût*.

Maltage. — L'orge est jetée dans des cuves avec quatre fois son poids d'eau ; elle s'y gonfle peu à peu ;

lorsque les grains sont uniformément gonflés et se laissent facilement écraser sous l'ongle, on les égoutte et on les porte au *germoir*. L'orge y est déposée en couches de 0ᵐ,50 à 0ᵐ,60 d'épaisseur. Sous l'influence de l'eau qu'elle contient, de l'air et d'une température de 15 à 16°, la germination commence et s'annonce par l'apparition d'une proéminence blanchâtre (radicule) à la surface du grain ; on étale alors peu à peu l'orge en diminuant l'épaisseur de la couche, de manière qu'elle ne soit plus que de 0ᵐ,10 lorsque la germination est arrivée au degré convenable. Le printemps est la saison la plus favorable à cette opération ; c'est en mars et avril que la germination parcourt le plus régulièrement toutes ses phases ; aussi la meilleure bière est-elle appelée *bière de mars*.

Lorsque la radicelle a atteint les 2/3 de la longueur des grains d'orge, on transporte ceux-ci d'abord sur le plancher d'un grenier à l'air libre, puis dans une étuve à courant d'air chaud, appelée *touraille*. La température de cet air doit s'élever graduellement à mesure que la dessiccation de l'orge fait des progrès jusqu'à 100°, où elle est complète. Après le *touraillage*, les radicelles sont devenues cassantes ; on les détache et on les sépare au moyen du *tarare* ; elles sont employées comme engrais sous le nom de *touraillons*. L'orge germée, séchée, débarrassée de ses radicelles, est concassée entre des cylindres de fonte et constitue alors le *malt*, qui renferme de la diastase en quantité suffisante pour les opérations qui vont suivre. Le malt peut se conserver longtemps.

Brassage. — Lorsqu'on veut fabriquer la bière, on introduit du malt dans de grandes cuves en bois A (*fig.* 312), appelées *cuves-matières*, munies d'un double fond B, C

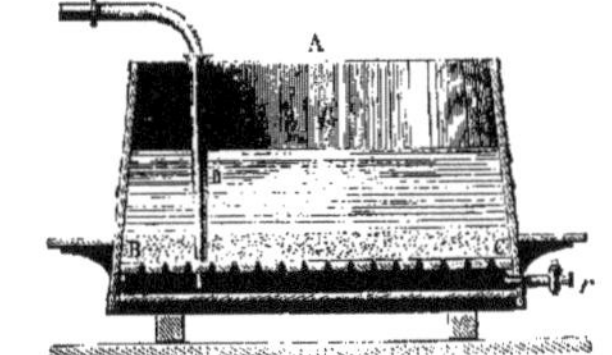

Fig. 312. — Cuve de brassage.

percé de trous. Le faux fond destiné à supporter l'orge est placé à quelques centimètres au-dessus du véritable fond ; entre les deux se trouvent le robinet de vidange *r* et le tube DE destiné à amener l'eau chaude qui doit être le plus pure possible. On introduit d'abord dans la cuve de l'eau à 60°, en quantité égale à une fois et demie le poids du malt ; on *brasse* fortement le mélange avec des espèces de fourches, appelées *fourquettes* ; puis, après une demi-heure de repos, on introduit de l'eau à 90° jusqu'à ce que la masse ait atteint 70 ou 75°. On brasse de nouveau, on ferme la cuve et on laisse reposer pendant trois heures. La liqueur qui prend le nom de *moût* est soutirée et · transportée dans des chaudières pour être soumise au *houblonnage*. Cette première opération n'épuise pas le malt. Après le soutirage, on introduit dans la cuve de l'eau à 80°, on brasse, on laisse reposer une heure, on soutire et on ajoute la liqueur à la précédente. Un troisième et même un quatrième traitement donnent un moût plus pauvre, employé à la fabrication des *petites bières*. Le malt épuisé et bien égoutté est employé sous le nom de *drèche* à l'alimentation des bestiaux, et particulièrement des vaches laitières.

La première addition d'eau à 60° a pour effet d'hydrater l'amidon du malt et de dissoudre la diastase ; sous l'influence de la température de 70°, la diastase agit sur cet amidon hydraté et le transforme d'abord en *dextrine*, puis peu à peu en *glucose* ou *sucre d'amidon* qui donnera de l'alcool pendant la fermentation.

Le houblon est une plante de la famille des *Orties*, qui produit des cônes formés par l'agglomération de *bractées* renfermant un principe amer, appelé *lupuline*, et une huile aromatique exerçant une certaine influence sur la conservation de la bière. Le moût étant porté à 100° dans les chaudières à houblonner (*fig.* 313), on y introduit 1 kil. de houblon par hectolitre de liqueur pour

Fig. 313. — Cuve à houblonner.

les bières de table et 2 kil. par hectolitre pour les bières de garde ; on ferme les chaudières pour éviter l'évaporation de la substance huileuse, et on agite la liqueur pour faciliter l'infusion. Quand elle est terminée, le moût est versé dans des bacs peu profonds, où il doit se refroidir très-rapidement pour éviter qu'il ne s'altère. On préfère actuellement le faire écouler dans des conduits entre lesquels circule en sens contraire un courant d'eau froide, qui le ramène plus promptement à une température convenable.

Fermentation. — Le moût refroidi est versé dans une cuve appelée *guilloire* et placé dans une pièce maintenue à une température de 20° environ. On y verse de 2 à 400 grammes de *levure de bière* par hectolitre de moût ; la fermentation s'établit rapidement et dure de 24 à 48 heures. Elle est accompagnée d'un abondant dégagement d'acide carbonique, qu'il faut expulser de l'atelier par une bonne ventilation, et d'écumes qui débordent et sont conduites au moyen de rigoles dans un réservoir particulier. Pour faciliter cet écoulement, la cuve doit toujours être maintenue pleine. Le moût fermenté est soutiré dans des cuves plus petites ou dans des tonneaux de 100 ou 200 litres, appelés *quarts*, où la fermentation reparaît bientôt ; il s'en écoule alors une mousse abondante et épaisse qui, exprimée dans des sacs, constitue la *levure de bière*.

Les bières faibles que l'on prépare à Paris sont livrées au consommateur presque immédiatement après la fermentation dans les *quarts*. Comme elles ne peuvent guère se conserver plus de cinq à six semaines, on est obligé de les clarifier rapidement ; on y parvient en y versant une dissolution de colle de poisson ou quelques blancs d'œuf battus pour rompre les cellules qui enserrent l'albumine. La gélatine ou l'albumine agitées dans la bière pour opérer le mélange s'y coagulent, y forment un réseau de mailles larges qui, en se contractant par l'action du ferment ou de l'alcool, entraîne toutes les substances non dissoutes dans la liqueur. Comme elle contient toujours une certaine proportion de sucre non décomposé et de ferment, la fermentation se continue dans les bouteilles, et l'acide carbonique produit, ne pouvant se dégager, se dissout et rend la bière mousseuse. Mais, la fermentation continuant son cours, l'alcool se transforme peu à peu lui-même en acide acétique : la bière aigrit.

Dans la préparation de l'ale de Preston-Pans (Écosse) et de la bière de Bavière, la fermentation s'effectue dans de grandes salles basses, fraîches, maintenues à la température de 8 ou 10° seulement ; elle se fait lentement, dure longtemps, et le liquide reçoit le contact de l'air sur une très-grande étendue ; le gluten de l'orge dissous dans le moût s'altère alors peu à peu, devient insoluble et se précipite sous forme de lie. Le moût fermenté se trouve ainsi privé des matières albuminoïdes qui forment le principe du ferment, et son alcool est soustrait aux chances d'acétification. Ces bières se conservent très-longtemps.

La bière de bonne qualité est tonique par le houblon ; elle est en même temps rafraîchissante et nutritive ; mais l'introduction du glucose lui fait perdre ces qualités et peut même lui en donner de contraires.

La bière, ou du moins une liqueur fermentée, préparée avec l'orge et d'autres céréales, est connue de la plus haute antiquité. Les anciens Égyptiens en faisaient leur boisson habituelle ; il en était de même des Ibères, des Thraces, des nations qui habitaient le nord de l'Asie Mineure, et de tous les peuples du nord de l'Europe. En Grèce et en Italie, au contraire, elle était peu usitée, comme on le voit du reste encore de nos jours. Les Romains l'appelaient *cervisia*, vin de Cérès, d'où est venu le nom français de *cervoise*. La bière est, après le vin, la boisson fermentée la plus saine. Ses qualités, comme son goût, varient du reste beaucoup, suivant son mode de préparation et les proportions des ingrédients qui entrent dans sa fabrication. Les principales bières anglaises sont : l'*ale*, le *porter*, le *stout*, le *ginger beer* ; les bières belges sont : le *faro*, la *lambic*, la *bière blanche*.   M. D.

Table des quantités d'alcool contenues dans les principales bières.

Vins de Bourgogne, de............	9	à 14	0/0
Cidre...........................	4	à 9	—
Poiré...........................	6	à 7	—
Bière de Strasbourg.............	3	à 5	—
Bière de Lille..................		3	—
Bière de Paris.................	1	à 2,5	—
Bourton ale....................		8,2	—
Edimburgh ale.................		5,7	—
Porter.........................	4	à 4,5	—
Petite bière anglaise.........		1,2	—

BIÈVRE (Zoologie). — Ancien nom du *Castor d'Europe* (voyez CASTOR).

BIEZ. — Voyez BIEF.

BIGARADIER (Botanique). — C'est un des types du genre *Citronnier-oranger*, désigné par Poiteau et Risso sous le nom de *Citrus bigaradia* (*C. vulgaris*) ; il se distingue par ses rameaux épineux, ses feuilles elliptiques et son fruit de moyenne grosseur, à surface tourmentée, un peu rude, rouge orangé foncé, présentant une écorce amère et odorante, un suc acide amer. Le Bigaradier comprend une trentaine de variétés. Le *B. franc*, originaire de la Chine et de l'Inde, se cultive particulièrement en Andalousie, d'où l'écorce des bigarades est envoyée en Hollande pour y fabriquer la liqueur connue sous le nom de *curaçao*. Les fleurs de cette variété sont fort recherchées pour la préparation d'eau distillée et d'huile essentielle. Il existe à Versailles dans l'orangerie, un *B. franc*, dont l'âge peut être évalué à plus de 400 ans. C'est le premier qui fut introduit en France. Sa hauteur est de 8 mètres environ. Il a plus de 15 mètres de circonférence. Le *B. chinois* a les fruits petits. On les cueille d'ordinaire avant leur maturité pour les faire confire au sucre. Ils sont alors connus sous le nom de *chinois*. Le *B. bizarrerie* est une des curiosités végétales les plus extraordinaires. Il porte sur le même individu jusqu'à cinq sortes de fruits : cédrats, oranges, bigarades et des fruits mélangés moitié cédrat, moitié orange. Cette variété a été découverte en 1644 par un jardinier de Florence, qui la multiplia par la greffe. Le *B. à fruit corniculé*, Poit., fleurs grandes, très-odorantes, fruit arrondi, plus large au sommet qu'à la base, muni latéralement d'appendices en forme de cornes ;

Fig. 314. — Bigaradier à fruit corniculé.   Fig. 315. — Coupe du fruit.

écorce rugueuse, d'un jaune rougeâtre; pulpe jaune, acide, peu amère. (Consultez le *Cours d'arboriculture* de M. Du Breuil, article ORANGER.)   G — s.

BIGARREAU (Arboriculture.) — Variété de cerises qui provient, suivant M. Du Breuil, de la deuxième espèce de cerisier, le *Merisier* (*Prunus avium*) et qu'il désigne

Fig. 316. — Bigarreau de mai.

sous le nom de *Bigarreau de mai*. Cette cerise est grosse, rouge ou blanche, d'une chair ferme et *bigarrée* de rouge et de blanc; en pleine maturité, il est rare qu'elle ne renferme pas de ver. C'est une cerise de qualité médiocre, mais qui donne beaucoup.

BIGNONIACÉES (Botanique). — Famille de plantes *Gamopétales hypogynes*, appartenant à la classe des *Personnée* dans la classification de M. Brongniart. Caractères : calice à 5 lobes ; corolle hypogyne, caduque, quinquélobée ; étamines, 4 à 5 insérées dans le tube de la corolle; anthères biloculaires; ovaire libre, biloculaire; capsule bivalve, biloculaire, rarement à 4 loges; graines nombreuses aplaties. Les Bignoniacées sont des plantes dressées ou grimpantes, à feuilles opposées, le plus souvent dépourvues de stipules. Elles habitent la plupart les régions équatoriales de l'Amérique. On n'en rencontre aucune en Europe. Genres principaux : *Bi-*

gnonie (*Bignonia*, Tourn.); *Millingtonia*, Lin.; *Spathodea*, Pal., Beauv.; *Tecoma*, Juss.; *Catalpa*, Scop.; *Jacaranda*, Juss.; *Calebassier* (*Crescentia*, Lin.), etc.

BIGNONIE (Botanique) (*Bignonia*, Tourn., dédiée à l'abbé Jean-Paul Bignon, bibliothécaire du roi Louis XIV). — Genre de plantes type de la famille des *Bignoniacées*. Il comprend des arbres et des arbrisseaux grimpants à feuilles opposées. Calice à 5 dents; corolle bilabiée ou presque régulière; anthères glabres; capsule à cloisons parallèles aux valves. Les espèces assez nombreuses de ce genre se cultivent dans les serres chaudes, où leurs fleurs et leur feuillage sont d'un joli effet. La *B. orangée* (*R. capreolata*, Lin.) résiste seule à la culture en pleine terre. Elle est originaire de la Caroline. La *B. chica* (*B. chica*, Kunth.), espèce propre à l'Amérique méridionale et donnant de belles fleurs pourprées, contient dans ses feuilles une sorte de fécule d'un très-beau rouge que les femmes de la Nouvelle-Grenade emploient pour se farder. La *B. équinoxiale* (*B. æquinoctialis*, Lin.), plante des Antilles qui donne des fleurs pourpres souvent veinées de rose, renferme aussi dans son écorce une teinture rouge. Ses rameaux sont utilisés par les indigènes pour faire des paniers ou des instruments de pêche.   G — s.

BIGORNE, **BIGORNEAU**, **BIGOURNEAU** (Zoologie). — Sur les côtes de l'Océan, on donne vulgairement ces noms au *Vigneau* (*Turbo littoreus*, Lin.), mollusque du genre des *Littorines* (voyez LITTORINE, VIGNEAU).

BIGORNE (Technologie). — Petite enclume dont les deux extrémités sont amincies en pointe. L'une de ces extrémités est co nique, à section arrondie; l'autre est à quatre faces, en forme de pyramide.

BIJOU (Technologie). — Objet de luxe et de parure, tirant son prix, soit de la matière employée, soit du travail que cette matière a subi. Les substances employées à la confection des bijoux sont très-variables, la finesse du travail pouvant suppléer au défaut de valeur de la matière première. Les *bijoux fins* sont en or ou argent, seuls ou ornés de pierres précieuses; les *bijoux faux* sont en chrysocale, espèce de laiton doré ou argenté, et les pierres qu'on y emploie sont artificielles, ordinairement en strass blanc ou coloré. Les bijoux, surtout les bijoux faux, dont la forme est le seul mérite, sont devenus pour la France la base d'une immense industrie dans laquelle, grâce au goût de ses artistes, elle ne reconnaît pas de rivaux. Depuis quelque temps on fait en aluminium des bijoux qui peuvent être considérés comme occupant une place intermédiaire entre les deux espèces précédentes.

L'or et l'argent, à cause de leur éclat et de leur inaltérabilité, ont été de tout temps employés à la confection des bijoux; ils y sont toujours alliés avec un peu de cuivre qui leur donne la dureté qui leur manque. Les dernières lois prescrivent trois titres légaux pour les bijoux d'or et deux pour les bijoux d'argent. Ce sont, pour l'or :

1er titre, Or	920 part.	Cuivre.	80 part.	
2e titre, —	840 —	—	160 —	
3e titre, —	750 —	—	250 —	

Pour l'argent :

1er titre, Argent.	950 part.	Cuivre	50 part.	
2e titre, —	800 —	—	200 —	

Avec une tolérance de 5 parties en moins pour l'argent et 3 pour l'or.

Ces titres sont vérifiés à la Monnaie par des procédés particuliers (voyez ESSAIS), et à chacun d'eux correspond un poinçon particulier que l'on applique à chaque bijou.

Moulage. — On a quelquefois encore recours à la fusion pour donner leur forme aux bijoux. Le moulage se fait ordinairement dans des os de sèche. La partie tendre de deux os est dressée par frottement sur une pierre plane; puis le modèle, préparé à l'avance, de l'objet à mouler est placé entre les deux os que l'on presse l'un contre l'autre. Le modèle s'y incruste en y dessinant exactement sa forme. Avant de les séparer, on perce ces os de part en part de deux ou trois trous qui serviront de repères pour remettre bien en place les deux parties du moule au moyen de chevilles. Chaque os est ensuite desséché au-dessus d'une lampe et se recouvre ainsi d'une très-légère couche de noir de fumée qui, sans nuire en rien à la finesse des empreintes, bouche les pores de la sèche. On creuse les rigoles qui doivent servir à l'introduction du métal, on réunit les deux pièces du moule et on y coule le métal fondu en se mettant au-dessus d'un vase rempli d'eau, afin de recueillir plus facilement et sans perte les jets de matière. La fusion donne des bijoux lourds et coûteux auxquels on préfère les bijoux creux. Autrefois, le travail des bijoux creux se faisait au *repoussé*, espèce de sculpture au marteau à laquelle prenaient part de grands artistes, tels que Benvenuto Cellini ; mais ce procédé, long et délicat, a été peu à peu délaissé pour des méthodes plus expéditives, dont la principale est l'*estampage* (voyez ce mot). Chaque bijou est ainsi formé d'au moins deux parties qui sont ensuite soudées par leurs bords. Pour les bijoux qui représenteraient, par exemple, des fleurs, chaque feuille est estampée séparément et unie au tout par la soudure. La soudure est un alliage de même couleur que le bijou, mais d'une nature différente et plus fusible. On en emploie trois pour l'or contenant 1/4, 1/3, 1/2 d'alliage et dites au quart, au tiers, au demi. Cet alliage est formé lui-même de 2/3 d'argent fin et de 1/3 de cuivre. Les soudures d'argent sont formées d'argent et de cuivre jaune et contiennent 1/6, 1/4, 1/3 de cuivre jaune. On soude les pièces à la méthode ordinaire au moyen du *borax*, comme fondant, et du *chalumeau* (voyez CHALUMEAU).

Mise en couleur. — L'alliage d'or ou d'argent qui forme les bijoux fins est loin d'avoir l'éclat du métal pur ; on le lui rend par la *mise en couleur*, qui consiste à tremper le bijou poli dans des liqueurs qui rongent superficiellement le cuivre et laissent à la surface une mince couche d'or ou d'argent pur. Pour les bijoux faux, cette couche est appliquée après coup (voyez DORURE, ARGENTURE).

Sertissement des pierres. — Les pierres fines ou fausses sont montées sur le bijou dans de petits chatons qui y ont été pratiqués par soudure ou par enlèvement et qui présentent un petit rebord mince. Lorsque la pierre est mise en place, on refoule sur elle ce rebord ou on la pince en quatre ou cinq endroits.   M. D.

BIJUGUÉ (Botanique), du latin *bis*, deux fois, et *jugum*, joug. — Se dit des feuilles qui portent deux paires de folioles sur le même pétiole, comme dans plusieurs espèces de *Mimosa*.

BILABIÉ (Botanique), de *bis*, deux fois, et *labium*, lèvre. — Terme qui désigne certains organes floraux présentant deux principales découpures, l'une supérieure, l'autre inférieure, un peu inégales et entr'ouvertes comme deux lèvres. Le calice et la corolle sont bilabiés dans les plantes de la famille des *Labiées*, ainsi nommée, comme on voit, de cette forme des enveloppes florales. Les pétales sont aussi dits *bilabiés* lorsqu'ils sont tubulés avec un limbe à deux lèvres, comme dans les *Hellébores*, les *Nigelles*, l'*Isopyre*, etc.

BILATÉRAL (Botanique). — Terme de botanique qui s'applique à la direction que prennent certains organes des végétaux. Les feuilles sont bilatérales quand elles se rejettent de deux côtés opposés, comme dans l'*If* et plusieurs *Sapins*. Les lobes de l'anthère sont bilatéraux lorsqu'ils sont attachés des deux côtés opposés du filet, comme dans le *Podophyllum*, le *Begonia dichotoma*. Dans l'*Éphémère de Virginie* ces lobes sont attachés aux deux côtés opposés du connectif. Cette direction se présente aussi pour les graines dans les péricarpes. Les parties sur lesquelles elles sont attachées et que l'on nomme *placentas*, peuvent donc être aussi bilatérales ; ce caractère se rencontre dans les *Groseilliers*.

BILE (Anatomie, Physiologie), *bilis*, des Latins ; *cholé*, des Grecs. — Liquide sécrété par le foie ; d'un vert sombre, d'une odeur nauséabonde, la bile a une saveur amère qui laisse un arrière-goût fade et douceâtre ; elle est rendue visqueuse et filante par le mucus qu'elle contient. Versée dans l'eau, elle gagne d'abord le fond du liquide, et si on l'agite, elle se dissout presque totalement en formant une liqueur mousseuse ; elle dissout facilement les matières grasses acides, ce qui l'a toujours fait considérer comme une espèce de savon ; elle a une réaction alcaline, et c'est, suivant Berzelius, une combinaison des acides gras (oléique et margarique) et de certains acides résineux avec la soude et une base organique, la *biline*. Dans un travail remarquable (1838), H. Demarçay dit que la bile résulte de la combinaison de la soude avec un acide résineux et azoté qu'il a nommé *acide choléique*. Strecker (1848 et 1849) regarde la bile comme une combinaison de soude avec deux acides organiques azotés, l'*acide cholique* et l'*acide choléique* ; la plupart des chimistes ont adopté ces résultats. Dans la bile du porc, il a trouvé un acide particulier qu'il a nommé *acide hyocholéique* ; cet acide est uni avec la soude et n'a encore été rencontré que dans la bile de cet animal. On trouve encore dans la bile d'autres parties moins essentielles, telles

que : une petite quantité d'une substance grasse cristallisable, la *cholestérine*, des acides gras et divers sels à base de potasse, de soude, d'ammoniaque et de magnésie. Il ne faut pas oublier, dans cette énumération, l'eau, le mucus et surtout une matière colorante verte qui se rapproche de l'hématosine, et que Berzelius a nommée la *biliverdine* ; c'est elle qui, dans l'ictère, se concentre dans le sérum du sang et colore en jaune les humeurs et les tissus. Du reste, il importe de dire que, quoiqu'un grand nombre de chimistes se soient occupés de l'analyse de la bile, on n'est pas encore bien fixé sur sa nature ; cela tient en grande partie aux métamorphoses que peuvent subir ses principes en présence des agents chimiques.

Actions physiologiques. — A mesure que les matières alimentaires pénètrent dans le duodenum, elles sont mises en contact avec la bile ; celle-ci arrive par un tronc partant du foie et communiquant dans son trajet avec une poche membraneuse qui lui est adhérente, nommée la *vésicule du fiel*, habituellement distendue par de la bile ; il suit de là qu'il y a véritablement deux sortes de bile : l'une qui vient directement du foie et qu'on nomme *bile hépatique* ; l'autre qui a séjourné plus ou moins longtemps dans la vésicule du fiel, la *bile cystique*, plus épaisse, plus jaune et plus amère.

Le rôle de la bile dans l'acte de la digestion n'a pas encore pu être déterminé d'une manière précise, et il paraîtrait même résulter d'expériences nombreuses qu'*elle n'est pas indispensable* au travail de la digestion, que pourtant son écoulement continuel au dehors n'est compatible avec l'entretien de la vie que si une copieuse alimentation compense cette perte incessante. Quoi qu'il en soit, à son arrivée dans le duodenum, le chyme (voyez ce mot) est arrosé par la bile et le suc pancréatique ; la première lui communique une coloration jaune légèrement verdâtre, bien tôt apparaissent à sa surface des filaments d'une matière blanche lactescente, très-riche en graisse, et que l'on nomme le *chyle*. Dans ce travail, il paraît bien qu'il y a une véritable incorporation de la bile, que celle-ci n'est pas un simple *liquide d'excrétion*, et qu'elle concourt à la digestion d'une classe entière d'aliments, les matières grasses (voyez CHYLE, DIGESTION). La bile peut être altérée dans sa constitution et subir des influences morbides relativement à sa quantité, à ses qualités physiques et chimiques, ces altérations constituent des états pathologiques nombreux que nous ne pouvons exposer dans un article de dictionnaire (voyez FOIE).

Depuis longtemps la matière médicale a enregistré dans son catalogue la bile de certains animaux comme agent thérapeutique : ainsi, la bile de bœuf a été surtout vantée pendant un grand nombre d'années comme médicament stomachique, stimulant, contre les faiblesses d'estomac, l'engorgement des organes digestifs, etc. On ne s'en sert plus aujourd'hui. Dans l'industrie, on emploie encore le fiel de bœuf pour enlever les taches d'huile ou de graisse sur les étoffes de laine. La bile entre aussi dans la préparation de plusieurs couleurs.

La bile est toujours plus ou moins alcaline au papier de tournesol ; elle se décompose promptement à l'air, ne se coagule pas par l'ébullition et donne lieu à un précipité abondant par les acides. La constitution chimique de la bile est très-complexe et peu connue. D'après les travaux les plus récents, la bile serait formée par une combinaison de soude avec les deux acides *cholique* et *choléique* ; le second de ces acides est sulfuré. On trouve, en outre, dans la bile, en petite quantité, une matière grasse neutre (cholestérine), des acides gras, des sels de potasse, de magnésie et d'ammoniaque. Le principe colorant de la bile a été nommé *biliverdine*.   F—N.

BILIAIRE (Anatomie, Médecine), qui a rapport à la bile. — *Appareil biliaire* : c'est l'ensemble des parties qui concourent à la sécrétion et à l'excrétion de la bile (voyez FOIE, BILE). — *Canaux biliaires* : ce sont les radicules qui, en se réunissant, constituent le canal hépatique. Ils se distinguent des autres conduits vasculaires du foie par leur couleur jaunâtre, par le liquide qu'ils contiennent et par l'aspect de leurs parois. — La *vésicule biliaire* ou *vésicule du fiel* est un réservoir membraneux, pyriforme, situé au-dessous du lobe droit du foie, dans un enfoncement nommé *fossette cystique*. Maintenue par le péritoine qui la recouvre presque en entier, elle est tapissée à l'intérieur par une membrane muqueuse, teinte en vert ou en jaune suivant la coloration de la bile ; elle communique avec le foie par le *canal cystique*, qui lui-même s'ouvre dans le *canal hépatique* pour former le *canal cholédoque* ; ainsi la bile arrive à la vésicule par le canal cystique et en sort par la même voie (voyez FOIE, BILE). Cet organe manque dans l'éléphant, le cheval, le chameau, le cerf, le surmulot, les perroquets, les pigeons, le coucou, la grue, le merlan, la lamproie, etc. — *Calculs biliaires;* ils se développent dans la vésicule, dans le foie ou dans le canal cholédoque (voyez CALCUL).

BILIEUX (Médecine, Physiologie), qui a beaucoup de bile. — *Tempérament bilieux* dans lequel la bile prédomine; il est caractérisé par une peau d'un brun jaunâtre, des cheveux noirs ou bruns, des muscles bien accusés, des formes durement exprimées, une charpente forte, un embonpoint médiocre, un pouls fort et dur, la vivacité, l'audace, la disposition à la colère, une volonté forte, une imagination vive, etc.; les individus bilieux sont sujets aux affections de l'estomac, du foie, aux fièvres, etc. Leur régime doit être rafraîchissant, léger, peu substantiel (voyez TEMPÉRAMENT). Les *maladies bilieuses* sont celles dans lesquelles il y a surabondance ou altération dans la sécrétion de la bile, coïncidant presque toujours avec un dérangement des fonctions digestives; ainsi l'*embarras gastrique*, l'*embarras intestinal*, les *fièvres* dites *bilieuses* (voyez ces mots), etc. La *fièvre bilieuse simple* est une des formes de l'inflammation de la muqueuse gastrique, de celle du duodenum, de l'inflammation du foie, avec sécrétion abondante de bile; la *fièvre bilieuse des pays chauds* ou le *causus*, avec vomissements bilieux, peau jaune, fièvre ardente, etc., est encore une forme de maladie bilieuse (voyez FIÈVRE, CAUSUS).

BILIN (Médecine, Eaux minérales). — Ville de Bohême, à 8 kilomètres S. de Tœplitz, célèbre par ses eaux minérales froides, les plus alcalines de l'Allemagne et peut-être de l'Europe. Elles sont bicarbonées sodiques et contiennent, d'après M. Redtenbacher, par litre : carbonate de soude, 3g,0085; carbonates de chaux et de magnésie, 0g,5455; sulfate de soude, 6g,8269; du chlorure de sodium et quelques traces de fer. Cette eau est piquante et aigrelette, saturée d'acide carbonique. Son usage se rapproche beaucoup de celle de Vichy (voyez ce mot).

BILLARD, du français *bille*. — Table longue de 3 à 4 mètres, large à peu près de moitié, recouverte d'un tapis de drap bien exactement tendu, bordée tout autour de bandes en bois garnies à l'intérieur d'une lame de caoutchouc recouverte de drap et percée généralement de trous ou *blouses*, quatre aux quatre coins et deux au milieu des deux grands côtés. Nom également donné au jeu qui s'exécute sur cette table au moyen de billes lancées par des tiges en bois appelées *queues*.

Le mouvement des billes peut se déduire facilement des lois du *choc des corps* (voyez CHOC) toutes les fois que l'on peut négliger les frottements des billes sur le tapis ou les bandes; mais les effets obtenus se compliquent beaucoup quand ces frottements y jouent un rôle; les joueurs habiles savent en tirer un grand parti en frappant la bille de manière à lui imprimer, en outre de son mouvement de translation, un mouvement de rotation sur elle-même approprié à l'effet qu'ils veulent produire. On se fera une idée de l'influence de ces frottements en considérant un jeu d'enfant qui consiste à lancer en avant un cerceau auquel on imprime en même temps un mouvement de rotation inverse sur lui-même. Si le frottement du cerceau sur le sol use son mouvement de translation avant son mouvement de rotation, il revient en arrière en vertu de ce dernier mouvement. On trouvera dans le savant ouvrage de Coriolis (*Théorie mathématique du jeu de billard*) l'explication des phénomènes complexes et curieux que présentent les mouvements des billes par suite du frottement.

Le jeu de billard est très-anciennement connu en Angleterre où il fut probablement inventé. Il fut mis à la mode en France par Louis XIV, auquel il avait été recommandé comme exercice après le repas.   **M. D.**

BILLARDER (Hippologie). — On dit qu'un cheval billarde lorsque dans la marche, et surtout le trot, il porte ses jambes de devant en dehors de la ligne du corps. Outre ce que cette allure a de disgracieux, il est clair qu'il y a là l'emploi en pure perte d'une force qui fatigue l'animal pendant sa progression.

BILLON, BILLONNAGE (Agriculture). — On appelle ainsi un labourage en ados plus ou moins large et bombé qu'on pratique ordinairement dans les terrains plats, surtout lorsque la présence de l'argile rend le sous-sol imperméable. On donne le nom de *petits billons* à ceux qui ne sont formés que par un petit nombre de raies de charrue et qui n'ont qu'une largeur de 0m,50 à 0m,80. Ce procédé est en usage surtout dans les contrées où les terres sont pauvres, mais perméables. Les *billons larges* varient entre 3 et 5 mètres de largeur. En général, les billons sont d'autant plus élevés qu'ils sont plus larges : cette hauteur varie entre 0m,15 et 0m,40. On emploie beaucoup ce mode de labourage dan la Brie, dans les plaines sableuses de la Basse-Bourgogne, etc.

BILLON (Chimie appliquée), étymologie incertaine, de *vellon*, monnaie de cuivre (*moneda de vellon*, espagnol), ainsi appelée de *vellus*, toison de brebis, animal dont la figure était marquée sur la monnaie de cuivre des Romains; ou, suivant Ménage, de *bulla*, bille, petite boule. — On donne ce nom, en chimie appliquée, à des alliages où domine le cuivre et qui rentrent par là dans la famille générale des bronzes. Ces alliages servent à faire des monnaies destinées aux achats minimes et journaliers et qui ne peuvent servir que d'appoint aux monnaies principales d'or ou d'argent. Le décret du 18 août 1810 ne rend obligatoire la monnaie de billon que comme appoint de la pièce de 5 francs. Les monnaies de billon ont été d'abord des monnaies d'argent à bas titre. La dernière monnaie de ce genre est la pièce de 10 centimes du poids de 2 grammes, au titre de $\frac{200}{1000}$ (loi du 15 septembre 1807), portant en effigie la lettre N couronnée. Beaucoup de ces pièces, reconnaissables à leur teinte rouge, n'eurent pas le titre légal. On applique aussi le nom de billon à des monnaies de cuivre dont les métaux étrangers sont autres que l'argent. Avant le décret du 12 mars 1856, on comptait en France diverses monnaies de ce genre, à savoir : les sous rouges de Louis XV et de Louis XVI, en cuivre du commerce, ne contenant que 0,50 ou 0,75 p. 100 de métaux étrangers; les sous de cloches simples et doubles, en métal des cloches provenant de la fonte des cloches des églises et des couvents sous la Révolution, contenant environ 86 p. 100 de cuivre et 14 p. 100 d'étain, avec un peu de zinc, de fer, de plomb, des traces d'arsenic, de soufre, d'antimoine. Ce billon était très-beau, très-dur, et s'est à peine oxydé pendant plus de soixante ans d'usage. On a ensuite frappé des sous de 10 et de 5 centimes, à tête de la Liberté, et des centimes (lois des 24 octobre 1796 et 17 février 1790), avec les poids de 20 grammes pour 10 centimes, 10 pour 5 centimes, 4 pour 2 centimes et 2 pour 1 centime, la tolérance étant des $\frac{1}{100}$ du poids. Ces monnaies provenaient du métal des cloches affiné par la liquation et contenant en moyenne 96 p. 100 de cuivre et 4 d'étain. Il y avait encore des pièces de *six liards*, en alliage blanchâtre à $\frac{1}{100}$, des *deux liards* et des *liards*, en cuivre, monnaies à effigies généralement détruites, très-anciennes et dont la circulation impliquait de la part du public une extrême tolérance. Sous Charles X furent frappés des sous pour les colonies françaises, formés de 94 à 96 cuivre, 4 à 6 étain et $\frac{1}{100}$ à $\frac{5}{100}$ de zinc. Un belle monnaie de billon, recherchée des numismates par la délicatesse des empreintes, était constituée par les *monnerons* ou *médailles de confiance*, faites à la fin du règne de Louis XVI et destinées à être échangées contre les assignats. Les monnerons contiennent $\frac{88}{100}$ à $\frac{94}{100}$ de cuivre et $\frac{6}{100}$ à $\frac{12}{100}$ de zinc et d'étain, en proportions à peu près égales. Toutes ces monnaies ont été retirées en exécution de la loi du 19 avril 1852, promulguée le 6 mai, et remplacées par un alliage de billon contenant 95 cuivre, 4 étain, 1 zinc. Les pièces destinées à ne servir que de faible appoint n'ont pas la valeur intrinsèque selon le principe en usage dans divers pays et dont les sous de Monaco, à l'effigie d'Honoré V, avaient déjà donné un exemple. Le tableau suivant indique les conditions légales de la seule monnaie de billon actuellement reconnue en France :

DÉNOMINATION DES PIÈCES.	POIDS EXACT.	TOLÉRANCE EN MILLIÈMES du poids en plus ou en moins.	DIAMÈTRE ou MODULE en millimètres.
Centimes.	grammes.	»	»
10	10	10	30
5	5		25
2	2	15	20
1	1		15

La plupart des monnaies de billon étrangères sont en cuivre rouge presque pur. Très-brillantes d'abord, ainsi que notre billon actuel, toutes ces monnaies, trop riches en cuivre, noircissent promptement par formation d'oxyde de cuivre et finissent par se couvrir de taches vertes de

sous-carbonate. On a frappé récemment en Belgique et en Suisse des basses monnaies où entre le nickel. On a aussi fait usage en Suisse de monnaies de cuivre argenté à la surface.
M. G.

BILOBÉ (Anatomie en général). — Se dit d'un organe séparé en deux lobes ; il s'emploie surtout en botanique. Ainsi on dit un stigmate bilobé ; l'épisperme est bilobé dans les graines à deux cotylédons ; dans ce cas, il est synonyme de *dicotylédone* (voyez ce mot).

BILOCULAIRE (Botanique), du latin *bis*, deux, et *loculus*, loge. — On emploie ce mot pour désigner le caractère de deux loges ou cavités de certains organes. Ainsi l'anthère est quelquefois biloculaire. L'ovaire est biloculaire lorsque sa cavité est divisée en deux loges par une cloison générale ; exemple : la *giroflée*, le *lilas*. En un mot, un grand nombre de fruits peuvent présenter ce caractère. On dit aussi d'une espèce de lobélie (*Lobelia dortmanna*) que ses feuilles sont biloculaires, parce qu'elles sont creuses et divisées en deux loges par une cloison.

BIMANES (Zoologie), du latin *bis*, deux, et *manus*, main. — Cuvier a donné ce nom à son premier ordre de la classe des *Mammifères*, qui ne comprend qu'un genre, et, suivant la plupart des physiologistes, qu'une espèce, l'*Homme* : on sait qu'aujourd'hui beaucoup de naturalistes ont renoncé à classer l'homme parmi les animaux, et qu'ils en ont fait le type d'un règne à part, le *règne humain* ; cette manière de voir est plus vraie et plus conforme aux principes d'une saine philosophie et aux doctrines de la foi chrétienne. Toutefois, il est bon de donner ici les principaux caractères assignés à l'homme, soit qu'on en fasse un ordre des Mammifères, ou bien qu'on en constitue un règne humain : le premier et le plus important est l'existence de deux mains aux membres antérieurs seulement comme instruments de préhension et de toucher ; les doigts sont longs, flexibles, soutenus à l'extrémité par un ongle plat ; un de ces doigts, le pouce, est disposé de façon à pouvoir être opposé aux autres, et à constituer avec eux une sorte de pince. Cette disposition suffirait pour caractériser extérieurement l'espèce humaine (voyez HOMME).

BIMANES (Zoologie), *Chirotes*, Cuv. — Genre de *Reptiles Sauriens*, famille des *Scincoïdiens*, établi pour un petit reptile du Mexique, long de 0^m,26, gros comme le petit *doigt*, et qui n'a que les membres antérieurs.

BINAGES (Agriculture). — Espèces de labours très-superficiels que l'on donne aux terres postérieurement à leur ensemencement, dans le but d'entretenir leur ameublissement et de les débarrasser des mauvaises herbes. Peu usités dans la grande culture autrefois, ils sont aujourd'hui fort appréciés et ils s'y propagent tous les jours davantage ; l'expérience ayant prouvé que non-seulement ils rendent de grands services par la destruction des plantes nuisibles, mais encore que leur effet sur l'ameublissement des terres est des plus efficaces par la rupture de la croûte dure et plus ou moins compacte et imperméable qui se forme à la surface du sol, et qui est extrêmement nuisible au développement des jeunes plantes qu'elle soustrait ainsi aux influences bienfaisantes de l'atmosphère ; cette espèce de labour se fait avec des instruments à main, ou mis en mouvement par des animaux. Le binage à la main, le meilleur, mais le plus long et par conséquent le plus coûteux, exige une certaine habileté afin de ménager les jeunes plantes tout en enlevant avec soin toutes les mauvaises herbes ; il se pratique avec la *ratissoire*, la *binette* ou la *houe* (voyez ces mots). On bine de cette façon les vignes, les pommes de terre, les betteraves, les carottes, les colzas, et la majeure partie des plantes potagères, rarement les céréales ; le binage par le moyen des animaux se fait avec des *houes à cheval* (voyez ce mot), dont il existe plusieurs variétés ; mais il est bon d'avertir que, pour rendre possible l'usage de ces instruments, il est indispensable que les plantes soient disposées en lignes régulièrement espacées, pour que les lames des instruments puissent passer sans toucher aux jeunes plantes ; et par conséquent il ne peut plus être question de ce procédé pour les plantes qui ont été semées à la volée (voy. LABOUR).

BINAIRE, du latin *bini*, deux à la fois. — En *arithmétique* se dit du système de numération proposé par Leibnitz, et d'après lequel tous les nombres seraient représentés par deux chiffres 1 et 0, au lieu des dix chiffres 0, 1, 2, 3, 4, 5, 6, 7, 8, 9, presque universellement employés dans le système décimal. Dans le système binaire, chaque unité d'un ordre quelconque équivaudrait à deux unités de l'ordre immédiatement inférieur. En dehors du bouleversement que l'adoption du système binaire ou *dyadique* apporterait dans les habitudes de tous les peuples civilisés, il présenterait cet autre inconvénient d'allonger démesurément les nombres écrits ou parlés.

En *chimie*, on appelle binaire ou *composé binaire* un composé formé par la combinaison de deux corps simples. Ex. : eau (HO), chlorure de sodium (ClNa), acide sulfureux (SO²), sulfure d'antimoine (Sb²S³). Le sulfate de baryte (SO³BaO) serait un *composé ternaire*, parce qu'il renferme trois éléments, soufre (S), baryum (Ba), oxygène (O). L'alcool (C⁴H⁶O²) serait également un *composé ternaire*.

BINETTE ou SERFOUETTE (Agriculture). — Instrument bien connu et dont on fait un très-fréquent usage, en horticulture surtout. Son manche est très-long, et le fer porte d'un côté de la douille une lame étroite et plate, et de l'autre, deux et quelquefois trois dents ; on se sert de la lame pour détruire les mauvaises herbes, et du bident pour travailler et remuer la terre entre les plantes que l'on doit respecter. En agriculture, elle ne s'emploie guère que pour les plantes semées à la volée et pour celles qui sont en lignes très-rapprochées.

BINOCLE (Chirurgie). — On donne ce nom à un bandage destiné à maintenir un appareil sur les deux yeux. Il représente un double ✕ couché, dont les croisés se font l'un en arrière sur l'occiput, et l'autre en avant sur le bas du front et la racine du nez. On l'appelle aussi *diophthalme*, du grec *dis*, deux fois, et *ophthalmos*, œil (voyez BANDAGE).

BINOCLE, de *bis*, deux fois ; *oculus*, œil. — Espèce de lunette de myope ou presbyte que l'on tient à la main pour s'en servir et dont les deux verres se replient l'un sur l'autre entre deux lames de corne, d'ivoire, d'écaille ou de métal qui leur servent de gaîne et les préservent des accidents. On a également étendu ce nom aux lorgnettes doubles plus ordinairement appelées *jumelles* et particulièrement employées dans les salles de spectacle. Leur nom de binocle vient de ce qu'elles permettent de regarder avec les deux yeux à la fois. On l'applique aussi aux lunettes pince-nez.

BINOIR, BINOT (Agriculture). — Sorte de charrue dont le soc est en fer de lance, et qu'on emploie surtout en Flandre et en Belgique ; elle a quelques rapports avec la houe à cheval et sert principalement pour recouvrir les semences.

BINOME, de *bis*, deux ; *nomé*, partie. — Se dit en algèbre d'une quantité composée de deux parties ou *termes* réunies entre elles par le signe + ou le signe — ; exemples : $a + b$, $ax - \dfrac{2b}{x}$; etc.

BINÔME DE NEWTON. — Formule découverte par Newton et propre à développer une puissance quelconque $(x + a)^m$ d'un binôme. Sa démonstration repose sur la théorie des *combinaisons*. Commençons par former le produit de plusieurs binômes $x + a$, $x + b$, $x + c$..., ayant le même premier terme, mais différant par le second terme, nous trouvons successivement :

$$(x + a)(x + b) = x^2 + (a + b)x + ab$$
$$(x+a)(x+b)(x+c) = x^3 + (a+b+c)x^2 (ab + ac + bc)x + abc, \text{ etc.}$$

En examinant attentivement la loi de formation de ces produits, on reconnaît aisément que : 1° le nombre des termes est égal à celui des facteurs plus un ; 2° l'exposant de x va en diminuant d'une unité depuis le premier terme jusqu'au dernier ; 3° le coefficient du premier terme est l'unité, celui du second terme est la somme des seconds termes des binômes, le coefficient du troisième terme est la somme des produits différents de ces seconds termes pris deux à deux, le coefficient du quatrième terme est la somme de leurs produits trois à trois et ainsi de suite.

Cette loi reconnue, concevons que les binômes multipliés soient en nombre m et que leurs seconds termes deviennent tous égaux à a, nous devrons ainsi obtenir le développement de $(x + a)^m$, qui renferme, par conséquent, $m + 1$ termes dans lesquels les exposants de x décroissent d'une unité jusqu'au dernier où cet exposant est nul. Quant au coefficient, celui de x^m est l'unité, celui de x^{m-1}, la somme des seconds termes, se réduit à a répété m fois ; le coefficient de x^{m-2} se réduit à a^2 répété autant de fois que l'on peut former de produits deux à deux avec m lettres, c'est-à-dire à $\dfrac{m(m-1)}{1.\,2.}a^2$. Le coefficient de x^{m-3} sera de même $\dfrac{m(m-1)(m-2)}{1.\,2.\,3.}a^3$... Donc enfin

$$(x + a)^m = x^m + m\,a\,x^{m-1} + \frac{m(m-1)}{1\,.\,2}\,a^2 x^{m-2}$$
$$+ \frac{m(m-1)(m-2)}{1\,.\,2\,.\,3}\,a^3 x^{m-3}. + \text{etc.}$$

On peut remarquer qu'un coefficient de rang quelconque se forme au moyen du coefficient précédent en le multipliant par l'exposant de x dans ce terme, et divisant par le nombre de termes qui précèdent celui que l'on considère.

À l'aide de cette loi, on développera sans peine une puissance quelconque. Ainsi, par exemple :

$$(x + a)^5 = x^5 + 5ax^4 + 10a^2x^3 + 10a^3x^2 + 5a^4x + a^5.$$

Si l'on forme les coefficients des puissances successives d'un binôme et qu'on les écrive en colonnes verticales, à la suite les uns des autres, on obtient le tableau suivant,

```
1  1  1  1  1   1   1  1 . . .
   1  2  3  4   5   6  7 . . .
      1  3  6  10  15 21 . . .
         1  4  10  20 35 . . .
            1   5  15 35 . . .
                1   6 21 . . .
                    1  7 . . .
                       1 . . .
```

qui porte le nom de *triangle arithmétique* de Pascal et qui, une fois formé, pourra servir à faciliter la formation des puissances. La septième colonne, par exemple, donne immédiatement les coefficients du développement de $(x + a)^6$. Or, on voit aisément sur ce tableau qu'un terme quelconque se forme en ajoutant le terme correspondant de la colonne verticale qui précède avec le terme qui est au-dessus.

Si l'on considère le tableau par bandes horizontales, on y trouve ce qu'on appelle les *nombres figurés*. La première ligne ne renferme que l'unité, la seconde les nombres naturels, la troisième les nombres dits triangulaires, la quatrième les nombres pyramidaux, etc. (voyez COMBINAISONS).

La formule générale de Newton a été gravée sur son tombeau à l'abbaye de Westminster comme une de ses plus grandes découvertes ou mieux comme synthétisant de la manière la plus simple le génie de ce grand mathématicien.   E. R.

BIOLOGIE, du grec *bios*, vie, et *logos*, discours, c'est-à-dire science de la vie. — Envisagée de cette manière, qui paraît rationnelle, la biologie embrasse dans sa généralité la connaissance de tout ce qui a trait aux animaux et aux végétaux, aux êtres organisés en un mot. Quelques savants ont cru devoir donner à cette expression un sens plus restreint et n'en ont pour ainsi dire fait qu'une synonymie du mot *physiologie générale*, qui s'occuperait exclusivement de l'étude des actes manifestés par les êtres organisés. Cette manière de voir n'a pas paru logique à la majeure partie des naturalistes qui ont vu dans la création de ce mot une idée heureuse dont l'application réunissait dans un seul faisceau tout ce qui a rapport à l'étude et à la science de la vie.

BIOXYDE, deux fois oxyde. — Oxyde renfermant pour la même quantité de métal deux fois autant d'oxygène que le premier oxyde ou protoxyde (voyez OXYDE).

BIPÈDE (Zoologie), du latin *bi-pes*, à deux pieds. — On appelle de ce nom les animaux à deux pieds ; l'homme est essentiellement bipède et ne se sert véritablement de ses pieds que pour marcher. Les oiseaux sont aussi bipèdes, mais il y en a quelques-uns pour lesquels ces membres sont en même temps des instruments de préhension.

BIPÈDES. — Cuvier a donné ce nom à un petit genre de *Reptiles sauriens*, qui diffèrent des Scinques et des Seps en ce qu'ils manquent absolument de pieds de devant, leurs pieds de derrière seuls étant visibles ; il n'y a qu'un pas d'eux aux *Orvets*. Il y en a une petite espèce du Cap (*Anguis bipes*, Lin. ; *Lacerta bipes*, Gmel.), dont les pieds se terminent chacun par deux doigts inégaux. Le Brésil en produit une autre (*Pygopus cariococca*, Spix) verdâtre, avec quatre lignes longitudinales noirâtres.

BIPÈDE. — En économie du bétail, on entend par bipède la réunion des deux pieds, soit de côté, soit de devant ou de derrière ou en diagonale ; on dit le bipède antérieur pour les deux pieds de devant, etc.

BIPENNÉE (Botanique), deux fois pennée. — Terme de botanique qui s'applique aux feuilles composées dont les folioles sont rangées comme les barbes d'une plume (pennées) sur des pétioles secondaires attachés eux-mêmes sur un pétiole commun. Les feuilles du carvi, de la fumeterre, du févier monosperme, du mimosa julibrissin et d'une foule d'autres plantes de la classe des *Légumineuses* présentent cette disposition.

BIRMENSTORF (Médecine, Eaux minérales).— Source d'eaux minérales purgatives froides (sulfatées magnésiques) à 2 kilomètres de Bade, en Suisse (Argovie), à 20 kilomètres N.-O. de Zurich ; elles contiennent par litre : sulfate de magnésie, 14^{gr},30 ; sulfate de soude, 4^{gr},55 ; sulfate de chaux, 0^{gr},67. Ces eaux minérales, par leur richesse en sulfate de magnésie, qui les place parmi les plus actives, peuvent être appelées à une grande vogue. Elles ne s'emploient que transportées.

BISAILLE (Économie rurale) ou PISAILLE — Voyez POIS GRIS.

BISANNUEL (Botanique). — On applique cette qualification aux plantes qui naissent et produisent des feuilles dans la première année, fructifient et meurent dans la seconde ; exemple : plusieurs campanules, l'onagre ou œnothère bisannuelle, le bouillon blanc, etc. On les désigne par ce signe ♂ ou ☉.

BISCAIEN. — Voyez BALLES EN FER.

BISCUIT (cuit deux fois). — Nom donné à du pain en forme de galette et passé au four deux ou un plus grand nombre de fois, afin qu'il soit d'une conservation plus prolongée.

C'est la nourriture ordinaire des marins dont la ration est de trois biscuits par jour ; on en fait usage aussi quelquefois pour les armées de terre en campagne.

Le biscuit était connu des Romains et fut introduit dans l'alimentation des armées en campagne sous le règne des Antonins.

BISCUIT DE MER (Zoologie). — On désigne vulgairement sous ce nom une espèce de coquille ovale, épaisse, bombée, composée d'une infinité de lames calcaires très-minces, parallèles, jointes ensemble par de petites colonnes creuses, qui y constituent des espèces de cellules ; cette coquille, à laquelle on a donné le nom d'*os de la sèche*, se trouve dans l'épaisseur du dos de cet animal, auquel elle sert de soutien ; on la rencontre plus ou moins développée, quelquefois seulement rudimentaire, dans la plupart des mollusques céphalopodes ; mais les plus grandes se trouvent dans la *Sèche* (*Sepia*, Lamk) ; elle est très-commune sur les bords de la mer ; on s'en sert pour polir certains ouvrages et on la donne aux petits oiseaux en cage pour s'aiguiser le bec.

BISE. — Nom donné vulgairement au vent sec et froid qui souffle du nord-est. Dans le midi de la France et en Italie, on l'appelle *tra montane* (de *tra*, à travers ; *montana*, montagne), parce qu'il passe au-dessus des Alpes ou des Apennins.

BISERRULE (Botanique), *Biserrula*, Lin., du latin *bis*, deux fois, et *serrula*, petite scie. — Genre de plantes de la famille des *Papilionacées*, tribu des *Lotées*, sous-tribu des *Astragalinées*. Caractères : calice campanulé à 5 divisions partagées en deux lèvres ; étendard plus grand que les ailes et la carène ; étamines diadelphes ; ovaire sessile, multiovulé ; gousse à 2 loges et dentées des deux côtés ; de là l'origine du nom générique. La *B. commune* (*B. vulgaris*, Lin.) est une herbe annuelle qui donne des fleurs pourpres et qui croît spontanément dans l'Europe méridionale.

BISET (PIGEON) (Zoologie). — Voyez PIGEON.

BISMUTH (Chimie) (Bi = 106). — Métal d'un blanc gris un peu rougeâtre, d'une structure lamelleuse, cristallisant en trémies pyramidales dérivées du cube et formant ainsi des cristaux très-grands et magnifiquement irrisés, ce qui tient à une très-mince couche d'oxyde qui se forme à leur surface. On obtient ces beaux cristaux en faisant fondre plusieurs kilogrammes de bismuth bien pur, puis les laissant refroidir lentement. Dès qu'il s'est formé une légère croûte solide à la surface du bain, on la perce à l'aide d'un charbon rouge, on fait écouler la portion encore liquide du métal et on enlève la croûte avec précaution ; les parois du vase restent tapissées de cristaux d'une netteté parfaite. Mais la pureté complète du métal est indispensable au succès de l'opération.

Le bismuth a une densité égale à 9,8 ; il est cassant et se laisse facilement réduire en poudre, il fond à 264°, se ternit lentement à l'air humide, s'oxyde par le grillage, et si la chaleur est assez élevée, il brûle avec une flamme bleue en répandant des fumées jaunes. Il est peu attaquable par les acides même concentrés, à l'exception de l'acide nitrique qui le dissout assez rapidement. Comme la glace et quelques autres substances, il est plus dense à l'état liquide qu'à l'état solide ; il se dilate en se congelant.

Le bismuth métallique et pur est à peu près sans usages, mais il entre dans la composition de plusieurs alliages utilisés dans les arts ou l'industrie ; il abaisse toujours d'une manière très-notable la température de fusion des métaux auxquels il s'allie. Avec le mercure, il forme un amalgame coulant employé à l'étamage des verres courbes.

Le bismuth se rencontre fréquemment à l'état natif ou métallique dans la nature ; ses minerais sont, au contraire, très-rares ; son traitement métallurgique est donc des plus simples. La roche qui lui sert de gangue est concassée, triée et introduite dans des tuyaux en tôle ou en fonte disposés dans un four suivant une direction inclinée. Une température peu élevée fait couler le métal que l'on recueille dans des capsules chauffées et que l'on verse ensuite dans des moules. Les résidus de ce traitement sont ordinairement *cobaltifères* et servent à la préparation du verre de cobalt. Le métal ainsi obtenu contient du soufre, de l'arsenic et quelques métaux étrangers ; on le purifie en le fondant avec un dixième de son poids de nitre (azotate de potasse). Pour l'avoir chimiquement pur, il faut fondre dans un creuset de terre un mélange de sous-azotate de bismuth et de flux noir. Le bismuth peut s'unir à la plupart des métalloïdes.

Le bismuth était confondu par les anciens avec d'autres métaux analogues, étain, plomb. Ce n'est qu'au XVI° siècle qu'il a été distingué et décrit par Agricola.

BISMUTH (OXYDE, SESQUIOXYDE DE) (Bi^2O^3). — A l'état *anhydre*, il est pulvérulent, jaune clair, fusible au rouge, et donne un verre jaune plus foncé attaquant avec une grande énergie les creusets de terre cuite. Sa densité est de 8,45. On l'obtient en brûlant le bismuth à l'air ou en décomposant le sous-azotate de bismuth par la chaleur.

A l'état *hydraté*, il est en poudre blanche et s'obtient en décomposant le sous-azotate de bismuth par un alcali. Si on le fait bouillir avec une dissolution de potasse, il perd son eau et se transforme en une poudre cristalline jaune qui est de l'oxyde anhydre.

BISMUTH (SOUS-OXYDE DE). — Poudre noire, de composition mal connue, se produisant quand on chauffe du bismuth à l'air à une température de 300°. A une température plus élevée, cet oxyde brûle comme de l'amadou et se transforme alors en acide bismuthique (Bi^2O^5).

BISMUTHIQUE (ACIDE) (Bi^2O^5). — Poudre d'un rouge clair perdant une partie de son oxygène par l'action d'une température peu supérieure à 100° qui le transforme en oxyde salin (BiO^2). On obtient cet acide soit en faisant passer un courant de chlore dans la potasse contenant de l'oxyde de bismuth en suspension, soit en chauffant longtemps au contact de l'air un mélange de potasse et d'oxyde de bismuth additionné ou non d'un peu de chlorate de potasse dont la présence abrége la durée de l'opération.

BISMUTH (CHLORURE DE) (Bi^2Cl^3). — A l'état anhydre, il forme une poudre blanche facilement fusible, attirant promptement l'humidité et se transformant en un chlorure qui cristallise. On l'obtient anhydre soit en traitant directement le bismuth par un courant de chlore gazeux, soit en distillant dans une cornue un mélange de bismuth en poudre et de bichlorure de mercure. Le même chlorure hydraté se prépare en dissolvant le bismuth dans l'eau régale et évaporant la liqueur.

Le chlorure de bismuth se dissout sans altération dans de l'eau chargée d'acide chlorhydrique ; dans l'eau pure en excès, il se décompose en partie ; il se forme de l'acide chlorhydrique et un oxychlorure de bismuth (Bi^2Cl^3, Bi^2O^3, $3HO$) employé comme *blanc de fard* et appelé *blanc de perle*.

BISMUTH (SULFURE DE) (Bi^2S^3). — Composé gris doué d'un éclat métallique et présentant une cassure fibreuse. Il se rencontre tout formé dans la nature ou se prépare directement en fondant ensemble un mélange de soufre et de bismuth en poudre. Le sulfure artificiel est employé en médecine.

BISMUTH (SELS DE). — L'oxyde de bismuth (Bi^2O^3) est une base faible, qui forme cependant avec plusieurs acides des sels susceptibles de cristalliser. On les reconnaît aux caractères suivants : généralement incolores, ils supportent mal le contact de l'eau quand ils y sont solubles (voyez

CHLORURE et NITRATE). Leur dissolution peu étendue traitée par la potasse ou l'ammoniaque donne un *précipité blanc* d'oxyde hydraté de bismuth insoluble dans un excès d'alcali et devenant *jaune* par l'ébullition. Les carbonates alcalins donnent également un *précipité blanc* de carbonate à peu près complétement insoluble dans un excès d'alcali carbonaté ; l'hydrogène sulfuré et le sulfhydrate y donnent un *précipité noir* de sulfure insoluble ; le ferrocyanure, un précipité blanc l'iodure de potassium, un *précipité brun noir* ; le chromate de potasse un précipité *jaune*.

Enfin le bismuth n'est pas précipité de ses dissolutions par l'acide sulfurique, ce qui le distingue du plomb dont il se rapproche le plus.

BISMUTH (AZOTATE ou NITRATE DE). — Le seul des sels de bismuth qui présente quelque intérêt. L'azotate de bismuth, que l'on prépare en dissolvant le bismuth dans de l'acide nitrique, est décomposé par l'eau et y forme un précipité de *sous-azotate* dont la composition varie avec la proportion d'eau employée. Ce précipité blanc est appelé *sous-nitrate de bismuth, magistère de bismuth* et employé en médecine. On l'emploie aussi comme *blanc de fard* ; mais comme il est très-impressionnable à l'action de l'hydrogène sulfuré, les personnes qui en font usage s'exposent à voir leur teint devenir blafard ou même noir, et cette coloration ne disparaît que très-lentement avec l'épiderme ; d'ailleurs, l'emploi fréquent d'un pareil fard flétrit la peau et la vieillit avant le temps.

M. D.

BISMUTH (SOUS-NITRATE ou SOUS-AZOTATE DE) (Matière médicale). — L'usage de ce médicament date du siècle dernier et son introduction dans la thérapeutique est due à Odier de Genève (1786), cependant il était tombé dans l'oubli lorsque Bretonneau et le professeur Trousseau l'ont remis en honneur. La déconsidération qui l'avait frappé tenait probablement à ce que, lorsqu'il n'a pas été bien préparé, il contient une certaine quantité d'arsenic qui a pu donner lieu à quelques accidents (voyez BISMUTH) ; mais lorsqu'il est pur, il est tout à fait innocent et peut même être donné à des doses très-considérables, et d'après les indications de M. Monneret, nous avons pu en donner avec avantage jusqu'à une cuillerée à café et plus. Il a surtout rendu des services dans les affections de l'estomac avec disposition à la diarrhée, dans les cholérines, dans le choléra ; dans les diarrhées des enfants débiles, surtout au moment du sevrage et dans les dentitions ; il réussit aussi contre les spasmes, les crampes d'estomac, etc. La dose ordinaire de ce médicament varie de 1 à 3 ou 4 grammes donnés par moitié avant chaque repas.

BISON DES ANCIENS (Zoologie). — Voyez AUROCHS.

BISON D'AMÉRIQUE, *Buffalo* des Anglo-Américains, *Bos americanus*, Gm. — Espèce de *Mammifères ruminants* du genre *Bœuf*, qu'on rencontre dans toutes les parties tempérées de l'Amérique septentrionale. On a

Fig. 317. — Bison d'Amérique.

dit, à tort, que c'était le même que l'*Aurochs*, ou tout au moins que c'étaient deux variétés d'une même espèce ; mais il en diffère assez pour constituer une espèce à part, par le plus grand développement de sa crinière, par la plus grande longueur des apophyses épineuses des vertèbres dorsales, par sa couleur plus brune et surtout par l'existence de 15 paires de côtes, tandis que l'aurochs n'en a que 14 (voyez AUROCHS). En admettant donc que l'aurochs soit le bison des anciens, ce qui paraît probable, il est certain qu'il existe en Amérique un animal appartenant au même genre, auquel on a donné le nom de bison d'Amérique et qui constitue une espèce à part. Il a la tête osseuse très-semblable à celle de l'aurochs et couverte de même, ainsi que le cou, d'une laine crépue qui devient fort longue en hiver; mais ses jambes et surtout sa queue sont plus courtes. Il produit avec nos vaches dans l'état de demi-domesticité. Les bisons sont d'un naturel farouche, surtout pendant le temps du rut et lorsqu'ils traversent en troupes innombrables les vastes plaines de l'Amérique pour aller chercher de nouveaux pâturages à dévorer. Cependant, pris isolément, ils ne sont pas très-redoutables, et toute la ville de New-York a pu voir, il y a une quarantaine d'années, le voyageur français Milbert faisant conduire par les rues de la ville, avec une simple corde, un bison qu'il envoyait baigner dans l'Hudson ; c'est le même que les Parisiens ont vu plus tard au Jardin des Plantes. La viande de bison peut fournir une nourriture de bonne qualité; les voyageurs vantent beaucoup, comme un mets délicieux, la bosse qu'il porte sur le garrot.

BISSECTRICE (Géométrie), du latin *bis*, deux fois; *secare*, couper. — Ligne qui passe par le sommet d'un angle et partage celui-ci en deux parties égales.

Les principales propriétés géométriques de la bissectrice sont les suivantes :

La bissectrice de l'angle intérieur ou extérieur d'un triangle coupe le côté opposé en segments proportionnels aux côtés adjacents.

Les trois bissectrices des angles d'un triangle se coupent en un même point qui est le centre du cercle inscrit dans le triangle, etc.

BISSEXTILE, du latin *bis*, deux ; *sextilis*, sixième. — Année de 366 jours ou comptant un jour de plus que l'année ordinaire. Dans la réforme julienne opérée dans le calendrier romain par Jules César, 47 ans avant J.-C., ce jour intercalaire se plaçait 6 jours avant les calendes de mars et s'appelait *bissexto calendas*, d'où le nom d'année *bissextile*. Dans le calendrier grégorien, toutes les années dont le millésime est divisible par 4 sont bissextiles, à l'exception des années séculaires dont les centaines ne forment pas un nombre divisible par 4. Ainsi l'année 1900 ne sera pas bissextile, 2000 le sera (voyez CALENDRIER).

BISTORTE (Botanique), *Bistorta*, du latin *bis*, deux fois, et *tortus*, tordu, à cause des racines entrelacées de la plante. — Espèce du genre *Renouée*, famille des *Polygonées*. La Bistorte (*Polygonum bistorta*, Lin.) présente un rhizome épais, replié sur lui-même plusieurs fois. Ses feuilles sont ovales-lancéolées. Ses fleurs, disposées en une sorte d'épi, sont purpurines. Elle est indigène, et habite spécialement les prairies et les pâturages des endroits montagneux. Sa racine, très-astringente, contient du tannin et de l'acide gallique ainsi qu'une matière tinctoriale. Les feuilles de cette plante se mangent quelquefois comme les épinards.   G — S.

BISTOURI (Chirurgie). — Le savant Huet prétend que ce mot vient de la ville de *Pistoria*, aujourd'hui *Pistoie*, en Toscane, où était la meilleure fabrique de ces instruments. Le bistouri est une espèce de petit couteau très-souvent employé en chirurgie soit pour pratiquer les petites opérations telles que ponctions, ouvertures d'abcès, incisions, etc., soit dans presque toutes les grandes opérations, où son usage est réclamé à chaque instant. Cet instrument se compose d'une lame de 0ᵐ,06 à 0ᵐ,08 de longueur, montée sur un manche. Ordinairement, cette lame est mobile et se ferme entre les deux châsses du manche; lorsqu'elle est ouverte, elle est retenue au moyen d'un ressort ou d'un autre mécanisme plus ou moins ingénieux. Dans tous les cas, le chirurgien devra choisir celui qui maintiendra le mieux l'instrument ouvert; ceci est un point important pour la manœuvre des opérations : c'est pour éviter cet inconvénient qu'on a imaginé des bistouris à lames dormantes, c'est-à-dire fixées sur le manche, de véritables *scalpels* (voyez ce mot). Mais ils ont l'inconvénient de ne pouvoir entrer dans une *trousse* (voyez ce mot), que le chirurgien doit toujours porter sur lui. La forme de la lame est la partie la plus importante de la construction d'un bistouri ; elle est généralement droite, pointue et pyramidale, c'est le bistouri ordinaire. Elle peut être convexe par le tranchant ; on s'en sert pour faire des incisions sans ponction ; c'est avec ce bistouri que Dupuytren débridait dans la hernie crurale; cette forme de bistouri est peut-être la plus utile, et à l'exception des cas où on doit commencer par une ponction, il n'y en a pas où il ne mérite la préférence. La lame peut avoir son tranchant sur le bord concave, c'est le bistouri de Pott, auquel Astley Cooper a fait subir une modification heureuse ; la partie tranchante commerce

à 0ᵐ,012 ou 0ᵐ,013 de la pointe et n'a que 0ᵐ,015 à 0ᵐ,018 d'étendue ; elle servait aussi pour le débridement dans les hernies (voyez DÉBRIDEMENT, HERNIE, KÉLOTOMIE). En général, tous ces bistouris sont boutonnés, c'est-à-dire que la pointe est remplacée par un renflement ou bouton, à la manière des fleurets boutonnés ; les bistouris droits le sont aussi très-souvent. Le *bistouri royal* était à lame étroite courbe, à tranchant concave, terminé par un stylet boutonné ; c'est celui dont se servait Félix pour pratiquer l'opération de la fistule à l'anus à Louis XIV. Il y a encore le *bistouri gastrique* dont se servait Morand pour dilater les plaies du bas-ventre; le *lithotome* (voyez ce mot), etc.   F — N.

BISTRE. — Couleur brune que l'on emploie de la même manière que la *sépia* et l'*encre de Chine*, à l'eau, et jamais à l'huile. On la prépare avec la suie de bois, particulièrement de hêtre. La suie broyée, passée au tamis, est lavée à l'eau froide, puis à l'eau chaude pour en extraire les sels solubles et incorporée avec un peu de gomme pour lui donner du liant.

BISULFATE (Chimie), *Sulfate acide*. — Sulfate contenant pour une même quantité de base une quantité d'acide double de celle qui entre dans la composition des sulfates neutres, tels que le sulfate de chaux ou plâtre (voyez SULFATE).

BISULFURE D'HYDROGÈNE (Chimie), *Acide sulfhydrique sulfuré*. — Composé de soufre et d'hydrogène (HS²) correspondant à l'eau oxygénée (HO²) et renfermant, pour la même quantité d'hydrogène, le double de la quantité de soufre qui entre dans la composition de l'acide *sulfhydrique* ou *protosulfure d'hydrogène*. C'est un liquide oléagineux jaunâtre très-peu stable que l'on obtient en versant une dissolution de polysulfure de calcium ou de potassium dans de l'acide chlorhydrique. Il se décompose promptement au contact de l'eau pure et de l'air en soufre et acide sulfhydrique (voyez SULPHYDRIQUE).

BITESTACÉS (Zoologie), du latin *bis*, deux fois, et *testa*, coquille. — Quelques naturalistes ont donné ce nom aux crustacés de l'ordre des *Branchiopodes*, dont le test est formé de deux pièces ou valves comme celles de la coquille d'une moule, c'est ce qui a lieu dans les Cypris, ou bien encore lorsque ce test est plié en deux sans charnière, comme dans les Daphnies.

BIT-NOBEN (Médecine). — C'est le nom que donnent les Indous à une préparation dont la composition nous est complétement inconnue, et dont ils font un usage fréquent. C'est une substance blanche, saline ; ils la regardent comme un spécifique dans les obstructions du foie et de la rate, et presque dans toutes les maladies chroniques.

BITUME, *Asphalte*. — Substance minérale noire ou brune, d'une composition mal définie, formée de carbone, d'hydrogène et d'oxygène, comme les matières végétales dont elle est originaire, et toujours mélangée avec du sable et du calcaire. On la sépare de ces dernières substances par l'eau bouillante, et il porte alors le nom de *brai gras*, qu'il ne faut pas confondre avec le *brai*, résidu de la distillation du goudron. Sa cassure est brillante, analogue à celle de la poix, d'où le nom de *poix minérale* qui lui est quelquefois donné ; sa densité varie de 1,07 à 1,16 ; il fond à 100°, s'enflamme aisément et brûle avec vivacité en répandant beaucoup de fumée. Chauffé à 280°, il donne une huile volatile particulière, appelée par M. Boussingault *pétrolène* (C⁴⁰H³²), un peu d'eau, une petite quantité de gaz combustibles, des traces d'ammoniaque et un résidu charbonneux renfermant, outre le charbon, l'asphaltène (C⁴⁰H³²O⁴), et une très-petite quantité de substances minérales, silice, alumine, chaux, oxydes de fer, de manganèse, etc.

Le bitume a été employé dès la plus haute antiquité à la confection de ciments d'une grande dureté ; on le rencontre à cet état dans les vestiges de la tour de Babel. Il entre dans la composition des vernis noirs, appelés *vernis du Japon*, qui servent à couvrir les boîtes à thé. On prépare un vernis très-beau en dissolvant 12 parties de succin fondu, 2 parties de résine, 2 parties de bitume dans 6 parties d'huile de lin siccative et 12 parties d'essence de térébenthine.

Les gisements de bitume sont très-nombreux ; le plus anciennement connu est le *lac Asphaltite* ou *mer Morte* (Judée), qui en contient des quantités immenses que les flots rejettent sur le rivage, et qui constituent la plus grande partie du bitume livré au commerce. Le plus remarquable est le *lac de Poix*, qui en est rempli, dans l'île de la Trinité (Antilles) ; ce bassin situé au point culminant de l'île, et d'où s'exhale à 15 ou 16 kilomètres à la ronde une odeur extrêmement forte, a 5 kilomètres de tour et est entièrement rempli d'un bitume solide à une profondeur inconnue. On rencontre également un bitume noir, très-fusible et mou, à *Aniches* (département du Nord), à *Lobsann* (Bas-Rhin), à *Seyssel* (Ain), au *Puits-de-la-poix* (Puy-de-Dôme). Dans ces localités, près du gisement de bitume proprement dit, se trouve un calcaire poreux imprégné de bitume qu'on exploite à part, qu on laisse sécher, qu'on pulvérise et qu'on mélange intimement avec un cinquième de son poids de bitume fondu. La matière est ensuite coulée dans des moules rectangulaires en pains, qui sont livrés au commerce et employés pour la confection des trottoirs en asphalte. A cet effet, le bitume fondu est mélangé avec la plus forte proportion possible de sable, et coulé en plaques minces sur une aire plane et sablée, où il est étalé au moyen de pelles en bois après avoir été recouvert de sable fin. Le bitume est quelquefois remplacé par le goudron provenant de la distillation de la houille, et rendu suffisamment résistant par l'adjonction de matières calcaires ou sableuses.

M. D.

BIVALVES (Zoologie), du latin *bis*, deux fois, et *valvæ*, portes. — On a donné ce nom aux coquillages composés de deux pièces nommées *valves* ou *battants*, jointes ensemble par un ligament et une charnière. Les coquilles bivalves peuvent être *équivalves*, c'est-à-dire composées de valves égales, ou *inéquivalves* lorsqu'elles sont inégales. Les animaux qui vivent dans ces coquilles sont des Mollusques qui appartiennent à la classe des *Acéphales* (voyez Mollusques, Acéphales).

BIXA (Botanique), Lin., nom américain adopté par les botanistes. — Genre de plantes, type de la famille des *Bixacées*, et plus connu sous le nom vulgaire de *Rocou* (voyez ce mot). G—s.

BIXACÉES, Kunth, ou **Bixinées** (Botanique). — Petite famille de plantes *Dicotylédones dialypétales*, nommée *Flacourtianées* par L. Richard. Elle comprend des herbes et des arbrisseaux à feuilles alternes, simples et accompagnées de stipules géminées, très-caduques; étamines indéfinies, hypogynes; ovaire à 1 loge; fruit capsulaire ou charnu, à plusieurs graines. Les Bixacées, qui sont rangées entre les Cistinées et les Ternstrœmiacées, dans la classification de M. Brongniart, habitent les régions tropicales du globe, et plus particulièrement celles de l'Amérique et de l'Afrique. On les trouve en abondance à l'île Maurice. Genres principaux : *Rocou* (*Bixa*, Lin.), *Ramontchi* (*Flacourtia*, L'Hérit.), etc. (voyez Rocou). Consultez : Kunth, *Nov. gen. amer.*, V, p. 331 ; — de Candolle, *Prodromus*, I, p. 259. G—s.

BLACK-DROPS (Matière médicale), mots anglais qui signifient *gouttes noires*. — C'est un médicament fort usité en Angleterre ; il se prépare de diverses manières, qui se réduisent toutes au mélange de l'opium avec un acide végétal, tels que les acides citrique, malique, etc. Pelletier a proposé de les imiter avec une solution aqueuse de suc de réglisse et une quantité déterminée d'acétate de morphine. Les médecins qui les prescrivent prétendent qu'elles n'irritent pas l'estomac, qu'elles ne causent pas de vertiges, de nausées ; enfin qu'elles n'ont pas les propriétés excitantes de l'opium.

BLAIREAU (Zoologie), *Meles*, Storr.; *Taxus*, Geoff. — Genre de *Mammifères carnassiers plantigrades*, que Linné plaçait dans le genre des *Ours*, et qui en a été détaché avec raison pour en former un à part, à côté des Gloutons. Ce sont des animaux grands comme un chien de taille moyenne, bas sur jambes, et ayant la physionomie du mâtin. Le blaireau a les yeux très-petits ; à chaque pied, cinq doigts armés d'ongles forts et crochus ; sa tête est blanche, excepté le dessous de la mâchoire inférieure, et deux taches noires qui commencent au museau pour aller se terminer derrière l'œil; la plus grande partie du corps est noire ou d'un gris roussâtre ; les côtés, la queue et les alentours de l'anus sont d'un blanc sale. Il porte, entre l'anus et la queue, une poche d'où suinte une matière grasse, très-fétide. Il a six dents incisives à chaque mâchoire et deux canines ; cinq molaires à la mâchoire supérieure et six à la mâchoire inférieure ; la composition et la disposition de ces dents indiquent que le blaireau se nourrit à la fois de fruits et de viande. C'est un animal solitaire ; il se creuse avec ses ongles un terrier oblique et tortueux, où il passe la plus grande partie de sa vie, et d'où il ne sort que la nuit pour chercher de la nourriture, ou une femelle dans le temps du rut. Il vit de miel, de fruits, de petits quadrupèdes. La femelle met bas trois ou quatre petits

auxquels elle a préparé un lit d'herbes et de mousse au fond de son terrier, qui, du reste, est toujours tenu très-proprement. Le blaireau est un animal paresseux, défiant, rusé, et qui pourtant s'apprivoise assez facilement. Sa chair est mangeable, et on fait avec sa peau des fourrures grossières, des colliers pour les chiens, et avec son poil des brosses pour les peintres en bâtiments et pour la barbe; sa peau est aussi employée par les bourreliers.

La chasse au blaireau se fait au fusil et avec l'aide d'un chien basset qui s'introduit dans son terrier comme pour le renard ; celui-ci, du reste, s'empare souvent de celui du pauvre blaireau qu'il en chasse impitoyablement.

Le genre Blaireau ne renferme véritablement qu'une espèce : le B. *d'Europe* (*Ursus meles*, Lin. ; *Meles taxus*, Schreb.), vulgairement *Taisson*. Il est grisâtre en dessus, noir en dessous, une bande noirâtre de chaque côté de la tête. Il existe une variété dont quelques naturalistes ont voulu faire une espèce, c'est le B. *d'Amérique* (*Meles hudsonius*), qui n'en diffère pas beaucoup.

BLANC (Pathologie végétale). — On appelle vulgairement *blanc* ou *meunier* une maladie des végétaux dans laquelle ils sont recouverts dans une étendue plus ou moins considérable d'une couche de poussière blanche, comme s'ils avaient été saupoudrés avec de la farine; examinée au microscope, cette poussière présente une multitude de petits champignons du genre *Erysiphe*, très-voisin du genre *Oïdium* (voyez ce mot). C'est principalement sur les feuilles qu'on a observé le blanc; il peut attaquer les deux surfaces, mais plus souvent la supérieure : plusieurs moyens ont été proposés pour guérir cette maladie, et aucun de ceux qui ont été conseillés n'a donné des résultats aussi avantageux que le soufrage, qui a pour effet de détruire le petit champignon, cause apparente de la maladie ; nous disons apparente, parce qu'il est probable que le champignon ne pullule que sur des végétaux déjà malades, et qui lui offrent toutes les conditions favorables à son développement. Et en effet, il y a cinquante ans, bien avant qu'il fût question de ces champignons parasites qui sont aujourd'hui la terreur de l'agriculture, Mirbel avait observé que *les arbres que l'on rogne, que l'on pince, ou qui sont couverts de mousse, de chicots, de chancres, etc., y sont plus sujets que les autres*.

BLANC DE CHAMPIGNON (Botanique). — Espèce de filaments blanchâtres, feutrés, qui constituent la plante du champignon de couches, *Agaric comestible* (A. *edulis*), on les trouve dans le fumier qui a servi à la culture des champignons. C'est avec lui que l'on prépare les couches destinées à le reproduire, et il a la propriété de revivre après avoir été conservé à sec pendant plusieurs années. Le meilleur est celui qui se trouve dans les couches qui n'ont pas porté fruit ; on l'appelle *blanc vierge*. On en trouve encore quelquefois de bon quand on défait les couches à melons (voyez Champignons). G—s.

BLANC D'ARGENT. — Céruse ou blanc de plomb, de qualité supérieure (voyez Blanc de plomb).

BLANC DE BALEINE, *Sperma ceti*. — Substance blanche à texture cristalline, sans odeur, fusible à 49°, et se figeant en une masse à larges lames entre-croisées. Elle est insoluble dans l'eau, très-soluble dans l'alcool bouillant, les essences et l'éther. Purifiée par l'alcool, elle prend le nom de *cétine*, et sa formule chimique est $C^{64}H^{64}O^{5}$. C'est une substance combustible, brûlant avec une belle flamme; aussi l'emploie-t-on à la confection des bougies de luxe (voyez Bougies).

Les vastes cavités de la tête du cachalot (*physeter macrocephalus*) sont remplies d'une huile qui tient en dissolution le spermaceti ; cette matière s'en sépare sous forme cristalline après la mort de l'animal. Quelques autres animaux marins contribuent, avec le cachalot, à nous fournir le blanc de baleine; mais la baleine n'en donne pas, contrairement à ce que semblerait indiquer le nom donné par erreur à cette substance (voyez Cachalot).

L'importation annuelle du blanc de baleine est de 150 000 kil. environ. Il est presque entièrement employé à la confection des bougies.

BLANC DE CÉRUSE. — Voyez Céruse.

BLANC D'ESPAGNE. — Argile blanche, très-fine, purifiée par lavage, puis moulée, après dépôt, en pains qu'on sèche à l'air.

BLANC DE FARD, *Sous-azotate* ou *sous-nitrate de bismuth* (voyez Bismuth).

BLANC DE HAMBOURG, DE HOLLANDE, DE VENISE. —

Blanc de plomb, plus ou moins mélangé de sulfate de baryte, employé en peinture (voyez Céruse).

Blanc de Meudon. — Craie ou carbonate de chaux très-pur. On le prépare pour Paris, à Bougival, en broyant la craie, la lavant avec soin, recueillant les eaux de lavage après quelques instants de repos pendant lesquels se séparent les grains de sable, puis laissant déposer et moulant la matière en pains qu'on fait sécher à l'air.

Blanc de plomb (Céruse). — Voyez ce mot.

Blanc de zinc. — Oxyde de zinc que l'on obtient en brûlant du zinc au contact de l'air. Il présente ce double avantage de ne pas noircir au contact de l'acide sulfhydrique, comme le fait le blanc de plomb, et d'être presque sans aucune action fâcheuse sur l'économie, tandis que le blanc de plomb est très-vénéneux et occasionne souvent chez les ouvriers qui l'emploient la terrible maladie appelée *colique des peintres*. Déjà, à la fin du siècle dernier, Guyton de Morveau, préoccupé du sort des nombreuses victimes de l'emploi du plomb dans la peinture et la fabrique des papiers peints, avait préconisé l'oxyde blanc de zinc; mais, d'une part, le prix de cette substance était trop élevé, et, d'une autre, on restait encore dans l'obligation de faire usage de siccatifs *lithargyrisés*, dans la composition desquels entre le plomb, de sorte que le problème n'était que très-imparfaitement résolu. M. Leclaire a repris cette question, et les couleurs qui sont livrées au commerce par son procédé, outre qu'elles sont à peu près complétement inoffensives, peuvent encore lutter sans trop de désavantage, au point de vue de l'économie de l'emploi, avec les couleurs anciennes, bien que plusieurs peintres reprochent encore au blanc de zinc de couvrir moins bien que le blanc de plomb quand il n'a pas été assez fortement calciné.

Le blanc de zinc se prépare le plus ordinairement avec le métal dans des appareils analogues, soit aux fours servant à la préparation du zinc métallique (voyez Zinc), soit aux fours montés pour la fabrication du gaz d'éclairage (voyez Éclairage). Les moufles ou cornues sont portées au rouge vif, puis on y introduit une charge de zinc; le métal fond rapidement, puis distille, et les vapeurs qu'il fournit sont brûlées, à leur sortie de l'appareil, dans un courant d'air déterminé par une cheminée d'appel ou un ventilateur. Cette opération pourrait évidemment être produite dans les usines mêmes où on extrait le zinc de son minerai. En dehors de son application à la peinture, le blanc de zinc peut encore être substitué au *minium* (oxyde salin de plomb) dans la fabrication des cristaux. Comme les silicates de zinc sont moins fusibles que ceux à base de plomb, il faut ajouter de l'acide borique à la matière fondue. On obtient ainsi de très-beaux cristaux.

BLANCHARD (Le) (Zoologie), *Falco albescens*, Shaw. — Levaillant a désigné sous ce nom un *oiseau de proie*, du genre *Aigle autour* (*Morphnus*, Cuv.). Il a le plumage blanchâtre, une huppe sur l'occiput, le bec bleuâtre et les plumes soyeuses. C'est un oiseau vorace et belliqueux; il habite les forêts de l'intérieur dans le voisinage du cap de Bonne-Espérance.

BLANCHIMENT (Chimie appliquée). — Opération plus ou moins compliquée dont l'objet est d'enlever aux matières textiles : coton, chanvre, lin, laine, soie... brutes ou tissées, les substances étrangères qui les colorent ou qui pourraient avoir une influence préjudiciable sur les opérations ultérieures de teinture. Chaque espèce de matière textile est soumise à des procédés particuliers de blanchiment appropriés à sa nature et à sa destination; ces procédés ont cependant un fonds commun, qui varie seulement suivant que la matière est d'origine végétale ou animale.

I. — Parmi les matières végétales, le lin, le chanvre et le coton sont les plus généralement employés en Europe. Leur substance colorante est insoluble, mais, en se combinant avec l'oxygène, elle devient soluble dans les alcalis étendus, et peut être entraînée par le lessivage. Le plus ancien procédé suivi à leur égard consiste à les étendre sur un pré exposé au soleil, et dont l'herbe soit assez longue pour que l'air puisse circuler librement sur les deux faces du tissu entretenu dans un état d'humidité constante. Sous l'influence simultanée de l'air, de l'eau et de la lumière, la matière colorante s'oxyde peu à peu, puis on lessive. L'exposition au pré et le lessivage doivent être répétés plusieurs fois pour arriver à une suffisante blancheur du tissu, ce qui entraîne de grandes pertes de temps et exige des espaces considéra-

bles. On accélère beaucoup le blanchiment en exposant le tissu à l'action du *chlore* dissous, ou mieux de l'*hypochlorite de chaux* (voyez Chlore). Le chlore agit dans ce cas comme un oxydant énergique; mais, pour qu'il n'attaque pas le tissu lui-même, il doit être manié avec précaution, et surtout l'étoffe doit être lavée avec le plus grand soin après l'action du chlore.

Blanchiment du coton. — Les étoffes de coton, en sortant des ateliers de tissage, sont imprégnées : 1° d'une matière résineuse inhérente aux filaments du coton; 2° de la matière colorante propre à ce végétal; 3° du *parou* ou *parement* du tisserand, composé de matières farineuses qu'on laisse ordinairement fermenter avant de les employer, et qui ont pour but de faciliter le glissement et d'augmenter la solidité des fils pendant l'opération du tissage; 4° d'une matière grasse avec laquelle le tisserand assouplit les fils quand le parou est trop sec; 5° d'un savon cuivreux résultant de l'action de la matière grasse sur les dents de cuivre des peignes employés au tissage; 6° de saletés provenant des mains des ouvriers; 7° d'oxydes de fer, de quelques substances terreuses et de poussière. Pour enlever parmi toutes ces substances celles qui sont solubles dans l'eau, on commence par faire tremper les tissus dans ce liquide bouillant; on les lave ensuite par un procédé mécanique, généralement au moyen de *la roue à laver* (voyez Lavage). Ce lavage est d'une grande importance pour les opérations ultérieures du blanchiment et doit être répété plusieurs fois, surtout en hiver, où il devient plus difficile. Dans ces deux opérations, le tissu perd environ 16 p. 100 de son poids, tandis que dans les opérations suivantes il n'en perdra plus guère que 0,4 p. 100.

Au sortir de la roue à laver, on fait bouillir l'étoffe avec un lait de chaux qui dissout le parou et forme avec les matières grasses un savon calcaire, que le tissu retient à sa surface. Ce savon, ainsi que le savon cuivreux, et la partie des matières colorantes qui s'est déjà oxydée dans les opérations précédentes, sont enlevés par une lessive alcaline faible, marquant tout au plus 1,25 à l'aréomètre.

A ces opérations succède l'exposition au pré ou, plus ordinairement, un traitement à l'hypochlorite de chaux en dissolution marquant au plus 2°, et que l'on maintient à une température de 30° environ au moyen d'un courant de vapeur d'eau; traitement que l'on fait suivre d'une immersion dans de l'acide sulfurique ou chlorhydrique étendu. Les matières colorantes oxydées par le chlore sont enlevées par une dernière lessive alcaline, que l'on fait suivre d'une dernière immersion dans l'eau acidulée, et on finit par un bain de savon et un rinçage. L'action du chlore doit être très-ménagée, et il vaut mieux la répéter plusieurs fois que de la mener trop rapidement. Les tissus doivent également être lavés à grande eau et avec le plus grand soin, pour leur enlever l'alcali ou l'acide qu'ils pourraient retenir entre leurs fibres et qui les altéreraient à la longue; mais quand ces opérations sont bien conduites elles, ne diminuent en rien la résistance des tissus.

Blanchiment du lin et du chanvre. — Les opérations sont en général les mêmes que pour le coton; toutefois leur nombre est plus considérable, parce que la quantité du principe colorant à faire disparaître est beaucoup plus grande. Dans les bonnes blanchisseries françaises, on fait succéder jusqu'à douze lessivages à autant d'expositions sur le pré; on passe deux fois au chlorure de chaux et à l'acide sulfurique étendu, puis on lave au savon noir, et ensuite à l'eau pure.

Toutefois, nous devons ajouter que le traitement que nous venons d'indiquer d'une manière générale subit, de la part de chaque blanchisseur, de nombreuses modifications qu'il serait impossible de préciser; mais, quel que soit le procédé adopté, le blanchissage est toujours suivi d'un apprêtage (voyez Calandre).

II. — Les matières textiles, d'origine animale, telles que la laine et la soie, ne supporteraient pas l'action du chlore. On substitue à cet agent l'acide sulfureux.

Blanchiment de la soie. — La soie brute ou *écrue*, telle qu'elle vient du cocon, est blanche ou jaune, et recouverte d'un vernis qui lui donne de la roideur et une sorte d'élasticité. La plupart des usages auxquels on la destine exigent qu'on la dépouille de cet enduit naturel par une série d'opérations qui constituent le *décreusage* et qui comprennent le *dégommage*, la *cuite* et le *blanchiment*.

Le *dégommage* s'opère en maintenant pendant une

demi-heure la soie en écheveaux, supportée par des bâtons appelés *lisoires*, dans un bain de savon chauffé à 95°, et contenant pour 10 kil. de soie, 3 kil. de savon et 250 kil. d'eau.

Au sortir de ce bain, la soie est introduite dans des *poches*, sortes de sacs en gros canevas, et plongée dans un bain savonneux, moins chargé de savon, et où on la fait bouillir une heure et demie. C'est ce que l'on nomme la *cuite*.

Enfin, la soie est transportée de nouveau dans un bain chauffé à 95°, et contenant de 700 à 750 grammes de savon blanc de Marseille par 300 kil. d'eau, et une très-petite quantité de rocou ou d'indigo fin, suivant la nuance du blanc que l'on veut obtenir. Quand la soie est destinée à rester blanche, on la transporte au soufroir où elle subit l'action de l'acide sulfureux.

Les soies destinées à la fabrication des blondes et des gazes, devant conserver leur roideur naturelle, ne sont pas soumises à ce décreusage. On choisit à cet effet les soies écrues les plus blanches, on les fait tremper et on les rince dans de l'eau claire ou dans une très-légère dissolution de savon, on les tord, on les soufre et on les azure. Les Chinois, pour obtenir leurs plus belles soies blanches, n'emploient pas le savon, qu'ils remplacent par de la farine, du sel marin et une espèce particulière de fèves blanches, très-petites.

Blanchiment de la laine. — La laine est recouverte aussi d'un enduit particulier, qu'on nomme *suint*, mélange de matières solubles dans l'eau et de matières grasses, d'autant plus abondant que la laine est plus belle. Le *désuintage* peut s'effectuer en partie par de simples lavages effectués sur le dos de l'animal. On appelle *laine lavée au dos* celle qui a été ainsi traitée, et *laine surge* celle qui provient d'animaux non lavés. Dans l'un et l'autre cas, on ne peut compléter le désuintage que par l'action de l'eau mêlée d'urine putréfiée, ce qui revient à dire dans de l'eau ammoniacale. Les laines surge et lavée sont traitées concurremment. A cet effet, on plonge pendant dix minutes 3 ou 4 kil. de laine surge dans un bain chauffé à 65°, composé de 300 litres d'eau et de 75 d'urine putréfiée ; on répète cette opération jusqu'à ce qu'on ait fait passer 40 kil. de laine; on ajoute alors au bain 6 à 7 kil. d'urine putréfiée, et l'on y passe en deux fois 90 kil. de laine lavée, après quoi on ajoute une nouvelle dose de 6 à 7 kil. d'urine, et on y lave 20 kil. de laine surge. Le désuintage a lieu dans ces conditions, et par le carbonate d'ammoniaque de l'urine putréfiée, et par les matières savonneuses abandonnées par la laine. La perte de poids est, dans cette opération, de 45 p. 100 pour les belles laines et de 36 p. 100 pour les laines communes.

Après le désuintage, les laines sont soumises au lavage en rivière dans des paniers d'osier ; celles qui doivent rester blanches sont soumises à l'action de l'acide sulfureux ; toutefois, cette dernière opération donne un produit plus blanc quand elle a lieu sur la laine filée. La laine soufrée est devenue rude au toucher; on lui rend sa souplesse par des immersions réitérées dans de l'eau de chaux, suivies de lavages à l'eau pure.

BLANCHISSAGE ou NETTOYAGE DU LINGE (Économie domestique). — Cette opération si importante, et qui constitue, même pour les ménages aisés, un article de dépense assez considérable, est généralement exécutée d'une manière grossière, amenant rapidement la destruction du linge le plus solide.

Le blanchissage comprend neuf opérations principales, qui sont :

1° Le *triage* ayant pour but de distribuer le linge à blanchir en plusieurs tas, suivant son degré de finesse ou de malpropreté.

2° Le *trempage* ou première imbibition d'eau froide, que l'on fait ordinairement subir au linge dans des baquets.

3° L'*essangeage* ou premier lavage du linge dans de l'eau froide, pour enlever tout ce qui peut être dissous ou entraîné par l'eau. Cette opération se fait en tordant et battant brutalement le linge avec des *battoirs* en bois, ce qui le fatigue beaucoup.

4° Le *coulage*, qui consiste à faire passer au travers du linge entassé dans un tonneau une dissolution alcaline de soude ou de potasse obtenue au moyen des soudes du commerce, ou par l'emploi des cendres de bois. C'est l'opération la plus importante du blanchissage domestique. Elle se fait ordinairement dans un *cuvier* en bois, percé en son fond d'une ouverture à moitié bouchée par de la paille. Quand le cuvier est plein presque jusqu'au bord de linge mouillé, on étend à la surface de celui-ci une forte toile appelée *charrier*, sur laquelle on étend une épaisse couche de cendre de bois. On verse également à la surface de ces cendres, de l'eau que l'on chauffe graduellement jusqu'à la fin de l'opération. L'eau traverse les cendres dont elle dissout la potasse, filtre au travers du linge, s'écoule par l'ouverture du cuvier et est recueillie dans un cuvier plus petit, d'où on la retire à mesure pour la verser dans la chaudière. Cette eau, chargée de carbonate de potasse, et entraînant peu à peu avec elle les impuretés du linge qui lui communiquent une teinte plus ou moins brune, s'appelle *eau de lessive* ou *lessive*. Cette opération peut durer une journée tout entière.

5° *Savonnage.* — Après le coulage, le linge est repris pièce à pièce et savonné, frotté, battu, tordu, pour achever d'enlever les impuretés qui auraient échappé aux opérations précédentes, et comme cette opération ne marche pas assez vite, les blanchisseuses l'abrègent en frottant le linge avec des brosses, à l'action desquelles il ne résiste guère longtemps.

6° *Rinçage.* — Complément du savonnage pour enlever le savon, et qui s'applique ordinairement au gros linge dès sa sortie du cuvier sans passer par le savonnage.

7° *Égouttage.*

8° *Séchage.*

9° Enfin, *étirage, repassage, pliage.*

Depuis longtemps on emploie dans toute la Belgique flamande et sur notre frontière du nord des *lavandières*, appareils généralement très-simples, dans lesquelles le linge est soumis à une agitation régulière, qui en opère le lavage avec rapidité et sans fatigue pour lui. En remplaçant l'eau pure par de l'eau de savon chaude, on opère de même un savonnage qui peut tenir lieu du coulage et du savonnage ordinaires. Une lavandière semblable figurait à l'exposition de 1855. Elle se compose d'une caisse en bois, doublée de zinc intérieurement, dans laquelle plonge verticalement un cadre en bois dont la traverse inférieure est formée de deux règles entre lesquelles on pince le linge, et qui peut recevoir d'un balancier ou d'une manivelle un mouvement plus ou moins rapide d'oscillation verticale. En versant de l'eau de savon dans la caisse et y introduisant 100 ou 200 boules de bois, et agitant le linge au moyen de son cadre, le nettoyage se fait rapidement.

L'égouttage se fait également avec une extrême rapidité au moyen des appareils *à force centrifuge.*

Quant au coulage, l'appareil le plus parfait pour le produire est encore celui de M. René Duvoir, qui a été adopté dans plusieurs établissements publics ou blanchisseries particulières, et dont notre gravure figure une coupe verticale.

En B (*fig.* 318) est une chaudière en cuivre dont le couvercle est maintenu exactement fermé au moyen d'une vis de pression. Sur ce couvercle est disposée une soupape à flotteur o qui s'ouvre d'elle-même quand le liquide est descendu au-dessous d'un certain niveau dans la chaudière. En C est un cuvier dont les douves en bois de chêne sont maintenues réunies par des cercles en fer, et que l'on peut fermer par un couvercle en cuivre mobile au moyen d'une corde et d'une poulie. A une petite distance du fond de ce tonneau est disposé un faux fond I en forme de grille en bois supportée par des tasseaux, de manière à ménager au-dessous d'elle un espace où la lessive puisse se réunir. C'est sur cette grille ou faux fond qu'on entasse le linge après l'essangeage. La chaudière et le cuvier sont réunis : 1° par un tuyau H qui vient déboucher au fond du tonneau où qui se ferme au moyen d'une soupape d s'ouvrant de haut en bas ; 2° par un second tuyau plus long F s'élevant jusqu'au sommet du cuvier. La marche de cet appareil est simple, a lieu d'elle-même et n'exige presque aucune surveillance. On met le sel de soude ou de potasse au fond du cuvier, et on y verse de l'eau jusqu'à ce que la chaudière soit remplie, et que le niveau du liquide soit arrivé à la hauteur de la grille supportant le linge. Le cuvier étant chargé, on chauffe. La pression de la vapeur d'eau dans la chaudière force cette eau à monter par le tuyau A et à se déverser en nappe circulaire sur le linge. Mais pendant ce temps la chaudière se vide, sa soupape s'ouvre. La vapeur ayant une issue, sa pression sur l'eau et l'expulsion de celle-ci cessent aussitôt. C'est alors au tour de la soupape du petit tuyau d de s'ouvrir ; la lessive qui a traversé le linge se rend dans la chaudière qui se remplit et dont la soupape se ferme, et le même effet se reproduit. L'emploi de cet appareil donne économie de main-d'œuvre, de chauffage et de savon, parce que le linge mieux chauffé s'y nettoie plus facilement. Les *buanderies* ordinaires contiennent généralement deux cuviers alimentés par la

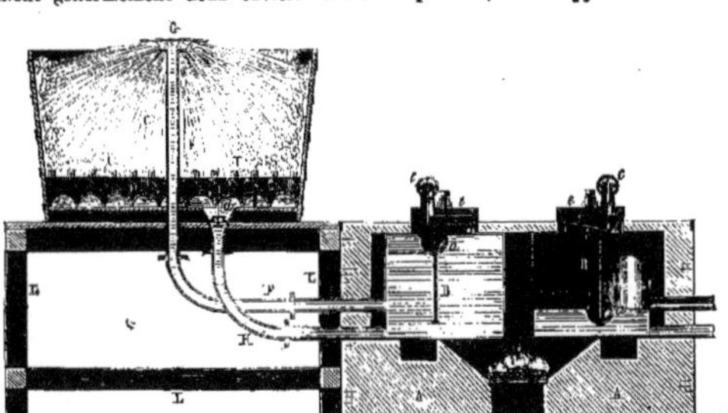

Fig. 318. — Buanderie de M. René Duvoir.

même chaudière ; on renouvelle la charge de l'un pendant qu'on lessive l'autre.

C'est Chaptal qui, le premier, tenta de substituer au procédé primitif de lessivage du linge le blanchissage à la vapeur, depuis longtemps employé pour le blanchiment du coton écru. Cette méthode fut perfectionnée par Curandeau, qui la recommanda au public dans un essai sur le *blanchissage à la vapeur* (1806). Il a été adopté pour l'armée par un décret du 10 décembre 1853. La méthode de M. René Duvoir lui est cependant préférée dans les établissements à poste fixe.

Depuis quelques années on préconise un procédé de blanchissage facile à réaliser dans les ménages, et qui peut y rendre de grands services. Avec 1 kilogramme de savon noir et un peu d'eau chaude, on fait une bouillie que l'on étend de 45 litres d'eau ; on ajoute une cuillerée d'essence de térébenthine et deux cuillerées d'ammoniaque, et l'on fouette avec un petit balai. L'eau doit être chaude au point qu'on y puisse à peine tenir la main. On y introduit le linge sec, on bouche le vase et on fait macérer pendant deux heures. Après ce temps on savonne le linge, on le rince à l'eau tiède et on passe au bleu. Le bain réchauffé avec addition d'une demi-cuillerée d'essence et d'une cuillerée d'ammoniaque peut servir une seconde fois. **M. D.**

BLANCHISSERIE. — Établissement destiné au *blanchiment* des étoffes ou matières textiles. Le *blanchissage* du linge se fait dans les *buanderies*.

BLANC-MANGER (Matière médicale). — Espèce de crème alimentaire recommandée quelquefois aux convalescents et aux gens valétudinaires qui ont l'estomac délicat : c'est une nourriture douce, légère, assez substantielle, et qui ne fatigue pas les organes digestifs ; elle est composée d'émulsion d'amandes douces, de gelée de viande, qu'on remplace quelquefois par la gelée de corne de Cerf ; on y ajoute du sucre et on aromatise avec de l'eau de fleurs d'oranger, ou quelques gouttes d'essence de citron ou de vanille, etc.

BLANC-RAISIN ou **BLANC-RHASIS** (Matière médicale). — Espèce d'onguent siccatif employé contre les brûlures, quelques plaies et certaines maladies de la peau. En voici la formule : Faites dissoudre 20 grammes de cire blanche dans 100 grammes d'huile ; faites couler le mélange dans un mortier de marbre, et agitez jusqu'à ce qu'il soit refroidi et qu'il ne paraisse aucun grumeau ; incorporez 24 grammes d'oxyde blanc de plomb ; agitez jusqu'à ce que le mélange soit exact.

En peinture, on appelle *blancs* des matières colorantes de natures diverses employées, soit à blanchir les surfaces, soit à étendre les autres couleurs pour dégrader leurs teintes.

BLANQUETTE, **BLANCHETTE** (Botanique). — Nom vulgaire d'une espèce d'*Ansérine* (*Chenopodium maritimum*, Lin. ; *Suæda maritima*, Moquin Tand.). C'est une plante herbacée, rameuse, diffuse, à rameaux droits, quelquefois couchés. Ses feuilles sont longues, convexes, terminées en pointe, charnues, succulentes, molles. Ses fleurs sont sessiles, réunies par 2-3 glomérules axillaires ; le calice est renflé à la maturité. Cette espèce croît

au bord de la mer. Elle se rencontre surtout sur les côtes de l'Océan et de la Méditerranée.

On appelle aussi blanquette une variété de *Figuier* (*Ficus carica*, Lin.) qui donne un fruit de qualité médiocre, du diamètre de 0ᵐ,026 à 0ᵐ,030 ; il mûrit vers le milieu du mois d'août. Cette variété à figues blanches est une des plus cultivées au nord de la région des oliviers, et surtout à Paris.

La Mâche, *Valérianelle des maraîchers* (*Valerianella olitoria*, Mœnch), porte aussi le nom vulgaire de *blanquette* ou *blanchette*. **G — s.**

BLANQUETTE (Viticulture). — On donne ce nom à une espèce de vin blanc produit par un cepage importé, dit-on, du Levant, et qui se distingue par les caractères suivants : feuilles un peu cotonneuses en dessous, grains un peu allongés, blancs, à goût agréable ; grappes fortes, abondantes, se desséchant promptement sur la souche ; il mûrit dans le Midi, vers la fin d'août. C'est ce cepage qui produit le vin connu sous le nom de *blanquette de Limoux* (Aude). La récolte de cette contrée ne donne pas moins de 2 500 à 3 000 hectolitres dans les bonnes années.

BLANQUETTE, **BLANQUET** (Horticulture). — Variété de poires d'été : on distingue le *Gros Blanquet*, *Roi Louis*, fruit jaunâtre, parfois légèrement rosé, chair cassante, bonne qualité, qui mûrit en juillet ; et le *Petit Blanquet*, bon à manger vers la fin d'août.

BLAPS (Zoologie). — Genre d'*Insectes coléoptères*, tribu des *Blapsides*, famille des *Mélasomes* ; caractérisé par des antennes filiformes, plus courtes que la moitié du corps, le troisième article long, les derniers globuleux ; la bouche munie de deux lèvres, de mandibules à peine dentelées, de mâchoires bifides ; ils ont le corselet presque carré, l'abdomen ovalaire, tronqué à sa base ; la plupart manquent d'ailes. Ces insectes ne courent pas très-vite ; on les trouve dans des trous, sous les pierres, dans des caves, etc. Ils répandent une odeur fétide. Parmi les espèces d'Europe, on doit citer le *B. mucroné*, *B. portemalheur* (*B. mortisaga*, Oliv. ; *Tenebrio mortisaga*, Lin.), long de 0ᵐ,02, d'un noir peu luisant, sans ailes ; on le trouve dans les lieux sombres, malpropres, près des latrines ; il habite le nord de l'Europe : le *B. lisse* (*B. lævigata*, Fab.) est beaucoup plus court, très-convexe. Fabricius dit que les femmes turques mangent cet insecte, cuit avec du beurre, dans le but de s'engraisser.

BLASTÈME (Botanique), du grec *blastêma*, qui pousse, qui pullule. — Nom donné par de Mirbel à l'embryon végétal, moins les cotylédons, comprenant les deux germes principaux (radicule et plumule) fixés base à base par une partie intermédiaire nommée *collet*. **G — s.**

BLATTE (Zoologie), *Blatta*, Lin. — Genre d'*Insectes orthoptères*, famille des *Coureurs*, **caractérisé par** des antennes longues, en forme de soies, insérées près du bord interne des yeux, articles très-courts, peu distincts, palpes longues, corselet en forme de bouclier ; cinq articles à tous les tarses ; ailes pliées seulement dans leur longueur ; corps ovale ou orbiculaire et aplati ; jambes garnies de petites épines ; pattes très-longues, surtout les postérieures ; hanches et cuisses larges et aplaties : ce sont des insectes nocturnes, auxquels les anciens avaient donné le nom de *lucifugœ*, qui fuient la lumière ; ils sont très-agiles et vivent dans

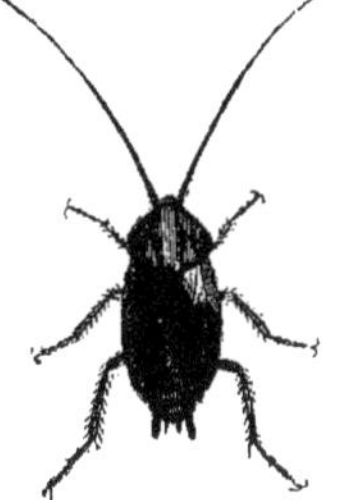

Fig. 319. — Blatte des cuisines.

les cuisines, dans les boulangeries, dans les magasins à farine ; quelques-uns habitent la campagne. Ils sont extrémement voraces et dévorent non-seulement nos comestibles, mais encore les étoffes de laine, de soie, et même le cuir. On en connaît un assez grand nombre d'espèces, parmi lesquelles cinq ou six habitent l'Europe : la *B. orientale*, *B. des cuisines* (*B. orientalis*, Lin.) (*fig. 319*), longue de plus de 0^m,02, d'un brun marron roussâtre, antennes composées d'un grand nombre d'articles ; pattes épineuses ; abdomen terminé par deux appendices. Originaire de l'Asie, et suivant d'autres de l'Amérique méridionale, importée dans le nord de l'Europe, où elle est un fléau pour les habitants ; la *B. de Laponie* (*B. laponica*, Lin.), d'un brun noirâtre ; elle mange le poisson dont les Lapons font provision ; la *B. kakerlac* ou *kakkerlac* (*B. americana*, Lin.) a près de 0^m,03 de long ; on ne la connaît que trop dans nos colonies, où elle cause les plus grands dégâts en rongeant les étoffes et gâtant les provisions de bouche : elle a une odeur infecte.

BLÉ, FROMENT (Botanique), *Triticum*, Lin. — Genre de plantes *Monocotylédones*, de la famille des *Graminées*. Le blé est une plante herbacée, à tige cylindrique, creuse, à nœuds pleins : les feuilles naissent des nœuds, elles sont alternes, à pétiole en gaine fendue, embrassant la tige ; 3 étamines, 2 styles ; il est caractérisé par des épillets stamino-pistillés, des épis simples, solitaires, 2 glumes presque opposées, glumelle inférieure convexe, aristée au sommet, ou mucronée ou mutique ; 2 glumellules entières ; ovaire poilu au sommet ; 2 stigmates subsessiles. Caryopse oblong, libre ou soudé avec les glumelles. On y distingue plusieurs espèces dont la culture a fait un grand nombre de variétés intéressantes au point de vue de l'alimentation.

BLÉ (Agriculture). — L'étude des nombreuses espèces, variétés, sous-variétés du genre *Blé* ou *Froment* offre de grandes difficultés ; plusieurs classifications ont été proposées pour faciliter cette étude, et nous adopterons celle qui nous paraît présenter le moins d'imperfections ; c'est celle de L. Vilmorin. Les espèces et variétés de ce groupe sont d'abord distribuées en deux genres : les *Froments* et les *Épeautres* ; les froments renferment toutes les espèces dont les grains se détachent nus de l'épi par le battage. Ils forment deux grandes sections : la section des grains tendres et la section des grains durs. La section des grains tendres comprend les *touselles*, les *seizettes* et les *poulards*.

1° Les *touselles*, froments sans barbes ou à barbes très-courtes et peu nombreuses, et à paille creuse ; elles renferment un grand nombre de variétés ou de sous-variétés en froments d'automne ou froments de mars connus sous le nom de *trémois*. Dans le nombre infini des variétés d'automne, on trouve entre autres : A. Le *froment d'hiver commun* (*fig.* 320) : épi jaunâtre, pyramidal, grain roussâtre et long : c'est le plus cultivé dans le nord et le centre de la France ; il en existe une sous-variété, dite *blé anglais*, *blé rouge d'Écosse* ; elle est plus productive. — B. Le *froment blanc de Flandre*, *froment de Bergues* : épi blanc, fort et bien nourri, grain blanc, oblong ; une des variétés les plus belles et les plus productives dans les bonnes terres. — C. Le *froment de Hongrie*, ou *blé anglais* des environs de Blois (*fig.* 321) : épi blanc, ramassé, presque carré, grain blanc, arrondi, de très-bonne qualité, plus lourd que le précédent. — D. La *touselle blanche de Provence* : épi très-blanc, à épillets écartés, grain long, jaunâtre, de première qualité ; c'est la meilleure variété pour le midi de la France, trop délicate pour le nord, où elle dégénère. — E. La *richelle blanche de Naples* : épi blanc avec quelques arêtes courtes, grain oblong, remarquable par sa beauté et sa qualité ; terre un peu légère ; craint les grands froids. — F. Le *froment d'Odessa*, *sans barbes*, *touselle rousse de Provence*, *blé meunier du Comtat* : épi un peu irrégulier, d'une teinte rougeâtre ou cuivrée, craint le froid, résiste à la sécheresse et réussit dans les terrains à seigle. — G. Le *froment de Saumur* (*fig.* 322) : grain gros, bien plein, paille très-blanche ; variété assez délicate, donne beaucoup dans les bonnes terres de l'Anjou. — H. Le *froment de haies*, *blé de Tunstall* : épi carré, épais, régulier, couvert d'un duvet blanc velouté ; grain court, blanc jaunâtre, de bonne qualité ; cette variété est une des plus précoces. Parmi les touselles de mars, on peut citer : *a*. Le *froment de mars commun* ; épi plus court que celui d'automne, grain plus court aussi et presque dur : c'est le *trémois* du nord et du centre de la France. — *b*. Le *froment du Cap* ; grain blanc, gros et à paille ferme. — *c*. Le *froment bleu* ou *de l'île de Noë*, qui, en raison de sa précocité, est propre aux deux saisons.

2° Les *seizettes* sont des variétés en général colorées,

dont la paille est plus ferme que celle des touselles, mais moins estimée pour le bétail, à cause des arêtes ou bar-

Fig. 320. — Blé d'hiver commun. Fig. 321. — Blé de Hongrie. Fig. 322. — Blé de Saumur.

bes ; les plus connues sont : A. Le *froment barbu d'hiver*, à épi comprimé, grain rougeâtre ou jaunâtre, moins recherché que le froment d'hiver commun. — B. Le *froment barbu de printemps* (*fig.* 323), connu sous le nom de *trémois* : épi blanchâtre à barbe très-développée ; grain gros, renflé, demi-tendre ; s'accommode du terrain à seigle. — C. Le *froment à chapeau*, *de Toscane*, sous-variété appauvrie du précédent ; paille fine, allongée, recherchée pour la fabrication des chapeaux d'Italie, mais peu estimée pour son épi peu productif. — D. La *seisette de Provence*, la première de cette section pour la qualité, hâtive, quoique d'automne ; craint le froid du nord de la France ; elle occupe la région des oliviers. — E. Le *froment hérisson* (*fig.* 324) : épi compacte, à barbes divariquées, variété très-productive, grain court, petit, rougeâtre ; craint l'hiver.

3° Les *poulards* ou *pétaniettes* ont le chaume vigoureux, la feuille très-développée ; ces variétés conviennent aux sols humides et aux défrichés riches en terreau ; elles tallent beaucoup, produisent abondamment, mais se vendent moins cher, parce que leur grain rend beaucoup de son, et que sa farine est médiocre. Elles ont les barbes persistantes ou caduques, la paille dure et peu estimée ; les principales sont : A. Le *poulard carré* (*épeautre blanc du Gâtinais*), à épi blanc ou rouge, lisse ; cultivé dans la Savoie, où il sert à faire du gruau. — B. Le *poulard carré à barbes noires*, *garagnon*, *reyagnon* du Languedoc : épi blanc, barbes blanches ou noires, paille longue et forte ; cultivé dans le Midi. — C. Le *froment de miracle* (*froment de Smyrne*) (*fig.* 325) : épi rameux, productif dans les terrains riches, sensible au froid, farine rude et grossière.

La section des grains durs comprend les aubaines et les froments ou blés de Pologne : 1° Les *aubaines*, variétés de froments durs des climats chauds, tels que les *blés d'Afrique* et *de Taganrock*, sont partagées en *aubaines à barbes rousses*, *noires*, *blanches*, parmi lesquelles se trouve le *trémois barbu* de Sicile ; et en *aubaines à épi comprimé*, très-beau type cultivé en Égypte, à épi large, aplati, lancéolé, couvert de poils, épillets très-étalés ; 2° les *froments ou blés de Pologne*, appelés aussi *seigles de Pologne*, ont de grands et longs épis, des balles d'une dimension extraordinaire, des grains très-allongés, glacés et comme transparents : on les cultive dans l'Ukraine et la Valachie. En général, les blés durs, riches en gluten et en amidon, mais difficiles à pétrir, sont réservés pour la préparation des vermicelles et autres pâtes d'Italie.

Les *épeautres* sont des blés dont le grain ne se sépa.e pas de la balle au battage ; ils se partagent naturelle-

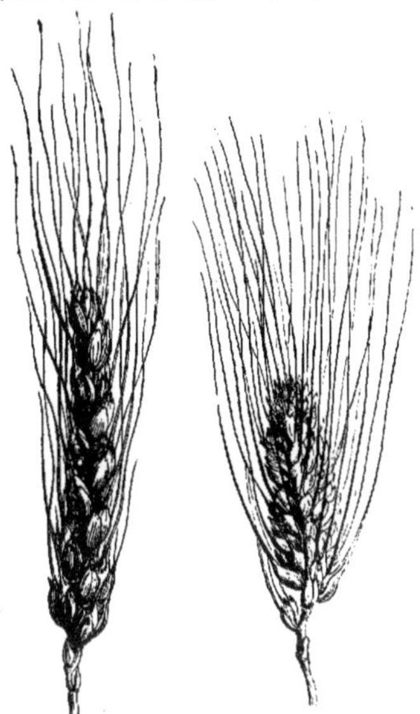

Fig. 323. — Blé barbu du printemps.   Fig. 324. — Blé hérisson.

ment en deux espèces : le *grand épeautre* et le *petit épeautre*. 1º Le *grand épeautre* (*fig.* 326), plus robuste que les froments nus, est cultivé surtout dans les provinces des bords du Rhin ; il y a des variétés blanche et rouge, barbue et sans barbe, d'automne et de printemps. L'*épeautre blanc barbu* et l'*amidonnier blanc* se sèment en mars. 2º Le *petit épeautre* (*engrain, locular*) croît dans les sols les plus mauvais ; il mûrit tardivement.

Quant à la qualité des froments pour le commerce, les *blancs* sont les plus estimés, parce qu'ils rendent moins de son ; les *rouges*, à leur tour, passent pour avoir une farine qui a plus de corps ; il y a encore dans le commerce une sorte de blé composée d'un mélange de plusieurs variétés : on l'appelle *blé bigarré* ; les meuniers en font assez de cas.

En général, le blé aime les terres fortes ; quelques rares variétés réussissent dans les terres légères. Tous les engrais favorisent le développement du froment. Cependant, un des meilleurs est un mélange de fumier d'écurie avec de la charrée (cendre de lessive), des os pulvérisés, de la colombine, etc. ; mais il est préférable de fumer copieusement la récolte qui précède, la fumure directe donnant une végétation trop fougueuse et amenant la verse. Le choix des semences est une chose très-importante ; en général, il faut qu'elles soient prises dans le pays même ; elles doivent provenir d'une bonne variété ; elles doivent être d'une maturité complète, être restées le plus longtemps possible dans les épis après la récolte, avoir été battues légèrement, parce que ce sont toujours les plus beaux grains qui tombent les premiers au battage ; enfin, il faut qu'elles soient de la dernière, ou tout au moins de l'avant-dernière récolte. Avant de confier le grain à la terre, il est assez d'usage de le passer à la chaux (voyez CHAULAGE) pour le préserver, dit-on, de la carie ou du charbon ; mais une pratique qu'il faut condamner, c'est celle qui consiste à passer le blé au

sulfate de cuivre ou à l'arsenic ; elle est dangereuse. Le procédé des *semailles* sera exposé à ce mot.

Le blé est sujet à quelques maladies, parmi lesquelles on doit noter le *miellat*, sorte de sueur visqueuse, la *rouille*, l'*ergot*, le *charbon* ; mais les plus dangereuses sont la *pourriture du collet* ou *mal de pieds* dans les terrains trop humides ; et la *carie*, qui attaque l'intérieur

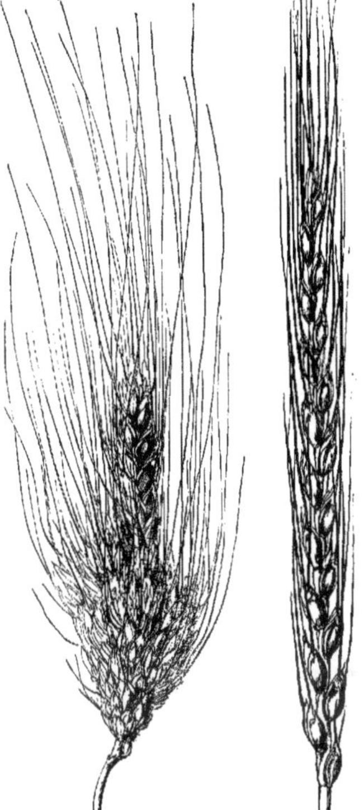

Fig. 325. — Blé de miracle.   Fig. 326. — Blé grand épeautre.

du grain et répand une odeur détestable.

Sur les marchés on admet quatre classes de blés : blés de choix pesant au moins 80 kil. l'hectol. ; blés de 1ʳᵉ qualité, 78 à 79 kil. ; blés de 2ᵉ qualité, 76 à 77 kil. ; blés de 3ᵉ qualité, 75 kil. et au-dessous.

BLECHNE (Botanique), *Blechnum*, Smith, en grec *bléchnon*. — Genre de plantes de la classe des *Fougères*, famille des *Polypodiacées*. Il se distingue par ses organes reproducteurs en ligne solitaire, placés de chaque côté et parallèlement à la côte moyenne de la fronde. Une espèce est commune aux environs de Paris, c'est le *blechnum spicant*, Sm.   G — s.

BLEIME (Vétérinaire), du grec *bléma*, coup. — On donne ce nom à une maladie de la sole (voyez ce mot) du pied, produite par la pression, ou une brûlure du fer, un coup. Elle amène la boiterie du cheval, et pourrait causer des ravages si on n'y portait remède. Pour cela, on déferre le cheval, on amincit la partie de la sole qui est le siège de la maladie, on donne issue au pus, s'il y en a, on panse avec des étoupes imbibées d'un peu d'eau-de-vie étendue d'eau, et la guérison ne tarde pas à arriver.

BLENDE (Minéralogie), *Sulfure de zinc naturel.* — Ce minéral est presque toujours associé aux mines de plomb et d'argent. On le rencontre le plus ordinairement cristallisé ou en masses lamelleuses et grenues. La densité de la blende est 4,16; elle est infusible au chalumeau. Ses cristaux appartiennent au système régulier et surtout au dodécaèdre rhomboïdal. La forme la plus ordinaire est le tétraèdre. La couleur des cristaux présente toutes les teintes de jaune et de brun : leur éclat considérable a valu son nom au minéral. Dans les variétés lamellaires, l'éclat est toujours très-grand, mais la couleur est généralement plus foncée. La blende accompagne souvent les filons de plomb et d'argent; on la trouve dans les Cévennes, à la surface de séparation des roches anciennes et des terrains secondaires. La blende a été longtemps sans usage, mais on est parvenu à pratiquer le grillage de ce minerai dans des fours particuliers, et elle entre maintenant pour une proportion notable dans la fabrication du zinc, notamment en France (voyez ZINC).

BLENNOPHTHALMIE (Médecine), du grec *blenna*, morve, mucus nasal, et *ophthalmia*, inflammation des yeux. — Quelques médecins donnent ce nom à ces inflammations de la conjonctive, qui ont pour principal caractère une sécrétion abondante de fluide muco-purulent, telles que l'ophthalmie des nouveau-nés, l'ophthalmie d'Égypte ou ophth. épidémique, l'ophthalmie catarrhale (voyez OPHTHALMIE).

BLÉPHARITE (Médecine), du grec *blepharon*, paupière. — Inflammation de la paupière, soit en totalité, soit seulement par son bord libre en y comprenant les follicules pileux et muqueux. Dans l'inflammation aiguë du corps de la paupière, il y a gonflement, tension, rougeur, chaleur, souvent sécrétion de liquide âcre, irritant. Le traitement consiste dans les émollients, les bains de pieds, les boissons délayantes, la diète; quelquefois des saignées et mieux des sangsues, enfin peu à peu des résolutifs. Lorsqu'elle affecte le bord libre des paupières et les follicules dont nous avons parlé, elle devient souvent chronique, et se lie le plus souvent à un vice scrofuleux : le traitement, d'abord *antiphlogistique*, doit devenir promptement résolutif; on en viendra aux astringents, aux toniques, aux antiscrofuleux (voyez ces mots). C'est cette variété de la maladie qu'on a appelée aussi *lippitude, psorophthalmie*, teigne des paupières.   F — N.

BLESSURES (Médecine), en latin *læsio*; du grec *pléssein*, frapper. — Cayol définit la blessure, une lésion locale produite subitement par une violence extérieure. D'après cette définition, on ne pourra pas confondre la *plaie* avec la *blessure*; celle-ci, en effet, donne l'idée générale d'une lésion; la plaie donne l'idée particulière d'une blessure avec solution de continuité de la peau ou d'un autre organe. Du reste, la loi confirme parfaitement cette distinction, et partout le mot *blessure* exprime l'idée d'une lésion en général; ainsi, les *blessures* comprendront les *plaies*, les *contusions*, les *distensions*, les *arrachements*, les *brûlures*, les *luxations*, les *fractures*, etc.; elles peuvent être déterminées par le feu, les caustiques, les armes à feu, les coups, les chutes, les instruments piquants, tranchants, contondants, dilacérants, etc.

Médecine légale. — Les médecins légistes avaient divisé les blessures en : 1º *Lésions mortelles*, qui se subdivisaient elles-mêmes en *lésions de nécessité mortelles*, et *lésions mortelles par accidents*; ces dernières comprenaient les *lésions directement mortelles par accidents*, et les *lésions indirectement mortelles par accidents*. 2º *Lésions non mortelles*, subdivisées à leur tour en *lésions complétement curables* et *lésions incomplétement curables*. Les termes mêmes par lesquels on a établi ces divisions et subdivisions, expliquent suffisamment ce qu'on doit entendre par chacune d'elles. — La législation pénale de la France a surtout pour but de juger et de punir ceux qui se rendent coupables de blessures, lorsqu'ils ont agi volontairement, et d'aggraver la peine lorsqu'il y a eu préméditation. Ainsi, l'art. 309 du Code pénal porte : *Sera puni de la peine de la réclusion, tout individu qui aura fait des blessures ou porté des coups, s'il est résulté de ces actes de violence une maladie ou incapacité de travail de plus de vingt jours.* (La loi de 1832 a ajouté : *ou au moins une année d'emprisonnement.*) S'il y a eu préméditation, l'art. 310 élève la peine aux *travaux forcés à temps.* L'art. 311 porte que l'auteur des blessures, etc., qui *n'auront occasionné aucune maladie ou aucune incapacité de travail, sera puni d'un emprisonnement d'un mois à deux ans et d'une amende de seize à deux cents francs. S'il y a eu préméditation, l'emprisonnement sera de deux à cinq ans, et l'amende de cinquante à cinq cents francs.* Dans tous ces cas, le coupable a agi volontairement. Mais si les blessures ont été faites involontairement, l'emprisonnement sera de six jours à deux mois, et l'amende de seize à cent francs. Les art. 321 et 463 portent ensuite des peines plus rigoureuses à raison de la qualité des personnes blessées, et spécifient les cas où les blessures sont excusables. Indépendamment des peines portées par le Code pénal, sur la demande de la personne blessée, l'auteur des blessures, qu'il les ait causées directement ou indirectement, pourra être condamné à lui payer des dommages-intérêts, qui seront appréciés par les tribunaux, et dont les considérants seront basés sur les circonstances de la cause et sur les rapports des hommes de l'art (art. 1382 à 1386 du Code civil).   F — N.

BLÈTE ou **BLITE** (Botanique), nom français d'un genre de plantes appelé en botanique *blitum, bliton* en grec. — Les *Blètes* appartiennent à la famille des *Chénopodées*. Elles se distinguent par les caractères suivants : calice à 3 divisions, corolle nulle; une seule étamine et un ovaire surmonté de deux styles. Le fruit n'est qu'une seule graine recouverte par le calice devenu succulent, coloré, et donnant ainsi l'apparence d'une baie. Réunies en pelotons de la grosseur d'une fraise, les baies sont d'un assez joli aspect dans les jardins et font cultiver souvent les blètes comme ornement. Plusieurs espèces croissent en Europe. La *B. en tête* (*B. capitatum*, Lin.) et la *B. effilée* (*B. virgatum*, Lin.). Toutes deux ont des propriétés émollientes et peuvent être mangées comme les épinards. On emploie quelquefois la teinture rouge de leurs fruits pour donner de la couleur aux vins trop pâles.   G — S.

BLEU (Chimie industrielle). — Nom donné soit à la couleur en elle-même, soit aux substances qui présentent cette couleur. Les substances colorantes bleues employées dans les arts et l'industrie sont très-nombreuses; les unes sont exclusivement minérales, les autres sont végétales ou extraites de matières végétales, telles que l'*indigo* et le *tournesol*.

BLEU D'AZUR, ou simplement AZUR, d'un beau bleu de ciel; on l'obtient par la pulvérisation d'une pierre naturelle appelée *lazulite* (voyez ce mot). On fabrique de l'azur artificiel au moyen du cobalt (voyez BLEU COBALT).

BLEU COBALT. — S'obtient en faisant fondre ensemble du minerai de cobalt grillé, du sable blanc et du carbonate de potasse. Pendant la fusion, il se réunit ordinairement au fond du creuset une certaine quantité de *speiss* (sulfo-arséniure de nickel), parce que le minerai renferme toujours d'autres métaux mélangés avec lui; mais la masse principale est formée d'une espèce de verre bleu appelé *smalt*, qu'on pulvérise sous des meules et qui forme l'azur artificiel ou bleu cobalt. On le prépare ainsi en grand dans la Saxe, la Hesse et la Silésie. Suivant que la poudre est plus ou moins fine, on l'appelle *azur d'émail* ou *azur à poudrer*; il est également dit de *premier, deuxième, troisième* ou *quatrième feu*, suivant le degré de vivacité de sa teinte. On peut obtenir de très-bel azur de la manière suivante : on dissout dans l'eau 100 parties d'alun, on y ajoute 2 parties d'oxyde de cobalt préalablement dissous dans un acide, puis on verse dans le mélange du bicarbonate de potasse. Il se forme un précipité qui doit être chauffé à une très-forte chaleur pour acquérir toute la vivacité de sa couleur. On emploie le bleu cobalt dans la peinture à l'huile, dans la peinture sur porcelaine, dans la fabrication des émaux, dans l'impression des tissus ou papiers peints; dans le blanchiment des étoffes ou des pâtes à papier, afin de leur enlever la teinte jaunâtre qu'elles conservent ordinairement. Employé à l'huile, le bleu cobalt a l'inconvénient de sécher trop vite.

BLEU DE COMPOSITION, *bleu en liqueur.* — Dissolution d'indigo dans l'acide sulfurique fumant, employée en teinture.

BLEU DE MONTAGNE. — Carbonate tribasique de cuivre hydraté que l'on rencontre dans la nature sous forme de beaux cristaux bleus. Cette substance, réduite en poudre, porte le nom de *cendre bleue naturelle*, et est employée dans l'impression des papiers peints. Elle est habituellement remplacée par une cendre bleue artificielle que l'on prépare en précipitant une dissolution d'azotate ou de chlorure de cuivre par de la chaux pure, et en triturant avec de la chaux le dépôt presque sec. Cette belle couleur, malheureusement peu stable, est donc un mélange de chaux et d'oxyde de cuivre hydraté. En Angleterre, on prépare, par un procédé tenu secret, une variété de *cendres bleues* remarquables par leur stabilité, et dont la composition est la même que celle du *bleu de montagne.*

Bleu d'outremer. — De même nature que le bleu d'azur, et obtenu par la pulvérisation des plus belles qualités de *lazulite outremer*, tirées de Perse, de Chine et de Boukarie. On prépare également de l'outremer factice ou *bleu Guimet.*

Bleu guimet, du nom de son inventeur. — C'est un bleu d'outremer artificiellement préparé par l'union des éléments qui entrent dans la composition de l'outremer naturel. On l'obtient en faisant agir par des procédés particuliers et tenus secrets, du sulfure de sodium sur de l'argile très-alumineuse. Ce produit ne saurait remplacer dans tous les cas l'outremer naturel; cependant, par sa teinte éclatante, il rend de grands services aux arts et à l'industrie. Il s'en consomme annuellement des quantités considérables pour la peinture, pour la teinture et pour l'impression des toiles et papiers peints.

Bleu de Prusse, Bleu de Paris. — Substance d'une composition assez variable obtenue en versant une dissolution de sulfate de fer dans une dissolution de *prussiate de potasse* (voyez l'article **Cyanures.** Les bleus purs sont appelés *bleus de Paris;* les *bleus de Berlin* sont mélangés d'alumine. La beauté du produit dépend du degré de pureté des matières employées à sa fabrication. Pour les sortes les plus fines, on se sert de prussiate de potasse purifié par une ou plusieurs cristallisations; pour les bleus communs, on se contente habituellement de la dissolution brute de prussiate, et pour les variétés inférieures, on utilise les eaux-mères, résidus de la cristallisation du sel. Le sulfate de fer suroxydé par une exposition prolongée au contact de l'air est à peu près exclusivement employé à la fabrication du bleu de Prusse; mais le nitrate de peroxyde de fer donne un produit de beaucoup supérieur. Dans tous les cas, le sel de fer doit être rigoureusement exempt de cuivre. Les prussiates de potasse impurs contiennent toujours du carbonate de potasse qui, au contact du sel de fer, donnerait lieu à un précipité d'oxyde de fer dont l'effet serait d'altérer la couleur; d'un autre côté, le sel de fer employé n'étant jamais entièrement suroxydé, la suroxydation se complète par le contact de l'air sur le précipité, ce qui donne encore lieu à un dépôt d'oxyde de fer. Pour obvier à ces inconvénients, dans la fabrication des bleus de Berlin communs, on mélange de l'alun au prussiate, ce qui introduit dans le précipité de l'alumine. Cette dernière substance donne plus de consistance au bleu, mais diminue son pouvoir colorant en augmentant inutilement son poids; il vaut mieux traiter le précipité par de l'acide chlorhydrique étendu. Qcel que soit le procédé de fabrication employé, le bleu de Prusse doit être lavé avec beaucoup de soin et à grande eau.

Le bleu de Prusse du commerce est en masse plus ou moins compacte, à cassure terne; il est d'un bleu foncé à reflet rougeâtre, et prend par le frottement un bel éclat métallique bronzé ayant quelque analogie avec l'indigo; il est complètement insoluble dans l'eau et l'alcool, et inattaquable par les acides étendus; l'acide nitrique concentré le décompose entièrement; l'acide sulfurique le transforme en une masse blanche qui revient à sa couleur primitive par l'action de l'eau. Sous l'action de la lumière ou d'une chaleur modérée, il dégage du cyanogène et devient d'un brun jaune, d'un bon service en peinture; mais le contact de l'air dans l'obscurité lui rend sa couleur qui cependant s'affaiblit à chaque intermittence. Après avoir été pendant 24 ou 48 heures en contact avec l'acide chlorhydrique ou sulfurique, il devient soluble dans l'acide oxalique étendu de 25 fois son poids d'eau. C'est ainsi qu'on prépare l'*encre bleue.*

Le bleu de Prusse est employé dans la fabrication des papiers peints, dans la peinture à l'huile, dans l'azurage des pâtes de papier, dans l'impression des indiennes et des tissus de laine et de soie et dans la teinture de ces tissus; mais dans ce dernier cas, la couleur est ordinairement produite sur place, en mordançant les tissus avec un sel de fer et les trempant ensuite dans une dissolution de prussiate. La découverte du bleu de Prusse fut faite, par hasard, en 1710, par D es bach, fabricant de couleurs à Berlin. C'est Wodwar qui, le premier, rendit p blic en 1724 le procédé de préparation jusque-là tenu secret.

Bleu Thenard, du nom de son inventeur. — On le prépare en calcinant le phosphate ou l'arséniste de cobalt

avec de l'alumine en gelée. Ce très-beau bleu noircit malheureusement sous l'influence de la lumière.

Bleu de Tournesol. — Voyez **Tournesol.**
Bleu d'indigo. — Voyez **Indigo.**   M. D.
Bleue (*maladie*). — Voy. **Cyanose.**

BLEUET, Bleuet (Botanique), *Centaurea cyanus*, Lin., nom vulgaire d'une espèce de centaurée; *cyanus*, du grec *cyanos*, bleu. — On sait que le bleuet est remarquable par ses fleurs d'un beau bleu qui décorent si agréablement nos campagnes aux premiers jours de l'été. Linné a donné aussi à cette plante le nom de *Jacea segetum.* On la nomme communément *barbeau, aubifoin,* de *album fœnum,* foin blanc, parce que sa tige est blanchâtre, *blavelle,* et quelquefois *casse-lunettes,* à cause des propriétés ophthalmiques qu'on lui attribuait autrefois en prescrivant l'eau distillée de bleuet pour rendre la vue plus claire. Le bleuet appartient à la grande famille des *Composées* dans la tribu des *Cinarées,* section des *Centaurées.* C'est une herbe annuelle couverte d'un duvet flocconneux; ses tiges sont dressées, rameuses, et peuvent atteindre un mètre; ses feuilles linéaires, entières, sessiles : les inférieures plus larges atténuées en pétiole, dentées ou pennatifides; ses capitules sont dépourvus de bractées, les aigrettes plus courtes que les akènes. Cette jolie plante indigène croît abondamment dans les champs cultivés, et plus particulièrement avec les blés. Elle fleurit de juin en août. La culture produit des variétés doubles. On en rencontre quelquefois à fleurs blanches ou roses. Ses fleurs peuvent donner une belle couleur violette qui, traitée par l'alun, devient bleue, mais se passe très-vite. Aussi n'emploie-t-on d'habitude cette teinture que pour la coloration de certaines crèmes.   G — s.

Fig. 327. — Bleuet.

Bleuet (Zoologie). — Nom qu'on donne vulgairement en Provence au *Martin-pêcheur* (*Alcedo hispida*) (voyez **Martin-pêcheur**).

BLINDAGE (Fortification), de l'allemand *blenden,* aveugler). — On appelle *blindages* des abris faits avec des pièces de bois et du *fascinage,* et le plus souvent recouverts de terre, établis dans le but de se préserver de la chute et de l'explosion des bombes. Les blindages sont horizontaux ou inclinés; les blindages horizontaux résistent mieux à l'explosion que les blindages inclinés. Un blindage horizontal, composé de poutres de chêne de $0^m,30$ d'équarrissage, espacées de $0^m,20$ et recouvertes d'un lit de saucissons de $0^m,32$ de diamètre, jointifs et placés transversalement aux poutres, résiste bien aux effets de chute et d'explosion des bombes.

On blinde également le pont et les flancs des navires de guerre au moment de l'action, et on se sert à cet effet de matelas ou de vieux cordages.   M. M.

BLOCAGE (Technologie), diminutif de *bloc.* — Éclats de pierres ou pierrailles dont on garnit dans un mur l'intervalle existant entre les pierres qui forment les parements du mur.

En *typographie,* on appelle aussi *blocage* des lettres renversées destinées à tenir provisoirement la place de celles qui n'ont pu y être mises pour une cause quelconque au moment de la composition.

BLOCKHAUS (Fortification). — Un *blockhaus* est une petite maison en bois, organisée de manière à fournir à une troupe le moyen de résister à un ennemi plus nombreux. On donne aux blockhaus des formes différentes, suivant le résultat qu'on veut en obtenir; en général quelle que soit leur forme, ils n'ont que des angles droits, saillants ou rentrants, ce qui facilite beaucoup leur défense et leur construction.

Le blockhaus a été, pendant nos campagnes d'Afrique, un des ouvrages de fortification passagère les plus employés ; chaque colonne expéditionnaire portait avec elle un ou plusieurs blockhaus démontés, et en très-peu de temps les troupes du génie les avaient construits. Ils servaient, soit de postes isolés pour occuper des points importants, soit de *réduit* à des ouvrages de fortification passagère dans lesquels on les enfermait. Les blockhaus que l'armée d'Afrique employait étaient de forme carrée, et avaient un étage qui débordait le rez-de-chaussée. Les parois d'un blockhaus sont formées d'un ou deux rangs de poutres de 0^m,30 d'équarrissage ; dans le second cas, les poutres sont jointives ou séparées par une couche de terre de 1^m,30. Des créneaux sont percés au rez-de-chaussée et à l'étage ; de plus, dans la partie de l'étage qui déborde, on fait des *mâchicoulis* ou créneaux qui permettent de voir le pied du blockhaus. Les blockhaus sont capables d'une grande résistance, tant qu'ils ne sont pas attaqués par de l'artillerie ; ils ont de plus l'avantage de fournir un logement aux troupes qui les défendent.

M. M.

BLOCS (Géologie). — On appelle ainsi des fragments de roches plus ou moins considérables, de formes variées, que l'on remarque à la surface du sol, dans le lit ou au bord des torrents, des rivières ou des lacs et qui ont été détachés par les courants, transportés, charriés par les eaux, par les torrents boueux, par des masses de glaciers brisés qui, en se fondant, ont laissé déposer ces fragments qu'ils avaient enfermés. Ceux qui ont été transportés et déposés par les eaux sont roulés par les frottements qu'ils ont éprouvés pendant leur migration ; il ne prennent, du reste, le nom de blocs que lorsqu'ils dépassent la grosseur de 0^m,20 à 0^m,25 de diamètre ; ceux d'un volume moindre prennent le nom de *cailloux roulés*, de *galets* ; ceux qui ont été transportés par les torrents boueux ou par des fragments de glaces sont ordinairement à arêtes vives et on en trouve d'une grosseur qui va quelquefois à 6 ou 800 mètres de diamètre. En raison de leur nombre, de leur dispersion sans ordre, sans arrangement aucun, on leur a donné le nom de *blocs erratiques*. Mais comment sont venus à des hauteurs quelquefois de plus de 800 mètres et paraissant souvent avoir traversé des vallées profondes, ces nombreux débris qui couvrent certaines parties des avant-postes des Alpes et le Jura même, et qu'on retrouve dans les Pyrénées, dans les Vosges, dans les Ardennes, en Angleterre, aux États-Unis, etc. ? Ce phénomène encore inexpliqué a soulevé de graves discussions parmi les savants. Toutefois, c'est en général le long des bords des glaciers, contre les flancs des vallées qu'ils s'accumulent, puis, lorsque plusieurs vallées viennent s'aboucher avec la première, tous ces blocs s'entassent en collines allongées auxquelles on a donné le nom de *moraines* (voyez ce mot).

BLUTAGE. — Voyez Mouture.

BOA (Zoologie). — Nom donné autrefois à un grand serpent d'Italie, probablement la couleuvre à quatre raies, ou le serpent d'Épidaure, parce qu'il suçait, disait-on, le pis des vaches (*bos*). — Aujourd'hui, il forme un genre de *Reptiles ophidiens*, tribu des *Serpents proprement dits*, non venimeux, famille des *Serpents vrais* ; caractérisé par un crochet de chaque côté de l'anus, le corps plus gros dans son milieu, la queue prenante, de petites écailles, au moins sur la partie supérieure de la tête. Une circonstance anatomique particulière, c'est que le boa a un petit poumon qui n'est que moitié plus court que le grand, tandis que presque tous les autres serpents de cette tribu n'ont qu'un grand poumon avec un petit vestige d'un second. Ce genre renferme les plus grands serpents connus ; quelques-uns atteignent 10 à 12 mètres. L'espèce la plus remarquable est le *B. devin* (*B. constrictor*, Lin., *B. empereur*, Daud.). Il est reconnaissable par une large chaîne de grandes taches noirâtres, alternant avec des taches pâles qui règnent tout le long du dos et y forment un dessin très-élégant. Les déterminations de ce genre présentent une assez grande confusion dans les auteurs ; ainsi, l'un de ceux qui font autorité dans cette matière, Lacépède, nous parait s'être trompé, lorsqu'il dit que le devin habite les plaines sablonneuses du nord de l'Afrique, et qu'il prend pour un boa le fameux serpent de 120 pieds cité par Pline, et qui fut tué auprès du fleuve Bagrada par l'armée de Régulus, au moyen de balistes. Cuvier, dont l'opinion parait plus près de la vérité, affirme que ce ne pouvait être qu'un *python* (voyez ce mot) :

et en effet, le boa a été rapporté de la Guyane par Le Vaillant et Humboldt, et le prince de Wied l'a trouvé de son côté au Brésil ; c'est donc un serpent d'Amérique, et il habite particulièrement les rivages noyés de la Guyane et les parties basses et humides des forêts de l'Amérique méridionale. « Le devin, dit Lacépède, est, parmi les serpents, comme l'éléphant ou le lion parmi les quadrupèdes. Il surpasse les animaux de son ordre par sa grandeur comme le premier, et par sa force comme le second. » Il atteint, disent les voyageurs, jusqu'à 15 ou 16 mètres de longueur, et se fait remarquer par la beauté de ses écailles et la vivacité des couleurs dont il est peint. Si l'on réfléchit un instant à la longueur prodigieuse de ce serpent, à son diamètre, qui dépasse quelquefois 0^m,50, à la puissance musculaire d'un corps souple, flexible, dont les mouvements peuvent exercer une pression exacte sur toutes les parties du corps qu'il a saisi, on concevra qu'il ose attaquer presque tous les animaux, depuis les plus petits jusqu'aux gazelles, aux chèvres, aux cerfs, et même aux taureaux ; il les enlace, les enveloppe, les étouffe dans les replis de son corps, et sous la pression de ses muscles puissants. Lorsque sa proie est d'un volume considérable, il l'entraîne ordinairement contre un arbre, et, se servant de celui-ci comme d'un point d'appui, il la comprime contre son tronc, après avoir enroulé l'un et l'autre dans les anneaux de son vaste corps ; c'est alors que, par des mouvements répétés et ondulatoires, il pétrit, malaxe, allonge cette proie qu'il arrose en même temps de son abondante salive, et enfin il l'avale en continuant à l'allonger de plus en plus pour en faciliter le passage à travers son large gosier. Mais quelquefois il arrive que cette proie est trop considérable pour être engloutie en une seule fois ; c'est alors qu'on a vu le devin, dans cet état d'engourdissement qui accompagne sa digestion, tenir dans sa hideuse gueule ouverte, une proie dont une partie est encore au dehors, tandis que l'autre subit déjà le travail de la digestion dans son estomac. Dans l'état de torpeur où est plongé le serpent après son horrible repas, il n'est plus à craindre, et il reste dans une immobilité complète pendant plusieurs jours, jusqu'à ce que la faim vienne de nouveau le réveiller et lui redonner son agilité ; alors ses mouvements reprennent toute leur souplesse, et il se met en chasse ; il s'avance au milieu des broussailles ou des hautes herbes, semblable à une grosse et longue poutre poussée rapidement par une force invisible. Les animaux fuient à son approche ; mais rien ne l'arrête : ni les fleuves qu'il traverse à la nage, ni les arbres, dont il atteint les cimes les plus élevées, ne sont un refuge contre sa poursuite. La puissance redoutable du boa avait inspiré aux peuples de l'Amérique, et surtout aux Mexicains, une terreur superstitieuse qui l'avait fait regarder comme un être surnaturel et un ministre de la puissance divine ; aussi était-il devenu l'objet de leur adoration et de leur culte religieux, de là son nom de *devin*.

BOCARD (Mécanique industrielle). — Appareil généralement employé pour broyer les minerais servant à l'extraction des métaux. Il se compose d'un certain nombre de *pilons* périodiquement soulevés par une *roue à cames*, puis abandonnés à eux-mêmes et retombant ainsi par leur propre poids sur les matières qu'on veut pulvériser (voyez Minerais).

Le bocard dont nous donnons le dessin est celui de la mine de plomb de Huelgoat, en Bretagne. Un cours d'eau est amené par un canal de bois au-dessus du sommet d'une roue hydraulique à augets, dont l'arbre se prolonge d'un côté de la roue et passe devant les pilons qui sont rangés, au nombre de douze, verticalement à la suite les uns des autres dans un plan parallèle à l'arbre, et partagés en trois groupes ou batteries de quatre chacune. En face de chacun des pilons, on a fixé sur l'arbre un anneau portant quatre *cames* en fonte A, A. Chaque pilon est formé lui-même d'une pièce de bois prismatique C, mobile verticalement entre ses glissières et armée à son extrémité inférieure d'une masse de fonte ; il porte en outre vers son milieu une pièce de bois B, appelée *mentonnet*. Pendant le mouvement de l'arbre, chacune des quatre cames vient successivement frapper contre son mentonnet, soulève le pilon, puis l'abandonne. Pour que les résistances soient distribuées à peu près uniformément sur toute la circonférence de la roue, les anneaux sont disposés de manière que les quatre pilons de chaque batterie soient soulevés tour à tour à des intervalles de temps égaux entre eux. Au-dessous de chaque batterie existe une auge dans laquelle on introduit le minerai ; un courant d'eau pris sur le canal qui aboutit à la roue arrive dans cette auge par le tuyau D et la rigole E et s'échappe ensuite en **F** par une ouverture grillée, entraînant avec lui les portions du minerai qui sont réduites en poudre assez fine.

Fig. 328. — Roue hydraulique et son arbre à cames, mettant les pilons en mouvement.

Une disposition semblable met en mouvement les pilons de bronze qui servent à la fabrication de la poudre. M. D.

BOCKLET (Médecine, Eaux minérales).— Petit village de Bavière, à 60 kilomètres N. de Wurtzbourg et 8 de Kissingen; il renferme plusieurs sources ferrugineuses bicarbonatées froides; elles contiennent en outre jusqu'à $1^l,481$ d'acide carbonique : excellent tonique.

BODE (Loi de). — Voyez PLANÈTES.

BŒUF (Zoologie), *bos* des Latins, *bous* des Grecs. — Genre de *Mammifères ruminants*, tribu des *Cornes creuses* (*Règne animal*, Cuv.); ordre des *Bisulques*, sous-ordre des *Ruminants*, famille des *Bovidés*, tribu des *Bovins*, dans la classification de M. le professeur Gervais. Ce genre a pour caractères : des cornes revêtues d'une gaîne cornée et formées intérieurement par un prolongement de l'os du front, dirigées de côté, puis recourbées en haut et en avant en forme de croissant. Ce sont de grands animaux à mufle large, à taille trapue, à jambes robustes et à pieds fourchus. Les principales espèces du genre sont : 1° le *B. ordinaire* (*B. taurus*, Lin., Buff.), nom spécifique qui désigne collectivement le jeune (veau), le mâle (taureau) et la femelle (vache). Il se distingue par un front plat, plus long que large, et des cornes rondes placées aux deux extrémités de la ligne qui sépare le front de l'occiput. Cuvier dit que c'est à tort qu'on a dit qu'il venait de l'aurochs, et, en effet, ce dernier a le front bombé, plus large que haut et, entre autres caractères différentiels, il a une paire de côtes de plus que le bœuf (voyez AUROCHS). Indépendamment de l'utilité qu'on retire du bœuf comme animal domestique, presque toutes les parties de son corps sont employées par l'industrie; on fait de la colle forte avec les rognures de sa peau bouillies; tout le monde connaît l'excellence de son cuir; ses poils servent à faire de la bourre; les cornes sont exploitées par la tableterie pour faire des peignes, des encriers, etc. Sa graisse, son sang, ses os, la membrane qui recouvre ses intestins entrent dans le domaine de l'industrie, etc.; 2° l'*Aurochs* (voyez ce mot); 3° le *Bufle* (voyez ce mot); 4° l'*Yack* ou *vache grognante de Tartarie* (voyez YACK); 5° Le *Gyall* ou *bœuf des jongles* (*B. frontalis*), qui ressemble au *bœuf* domestique et rend les mêmes services dans les contrées montagneuses du N.-E. de l'Inde; 6° le *Bufle du Cap* (*Bos caffer*), animal très-grand et très-féroce, habite les bois de la Cafrerie. Le *Bœuf musqué d'Amérique* (*Bos moschatus*), considéré par Cuvier comme une espèce, forme aujourd'hui, d'après les travaux de de Blainville, un genre auquel ce savant a donné le nom d'*Ovibos* (voyez ce mot).

BŒUF DOMESTIQUE (Économie rurale). — D'après la signification exacte du mot, le *bœuf domestique* est un animal de l'espèce du taureau, soumis à une opération par suite de laquelle il n'est plus apte à la reproduction, mais il est devenu, sauf de rares exceptions, d'un caractère doux, patient, facile au travail et suscep-

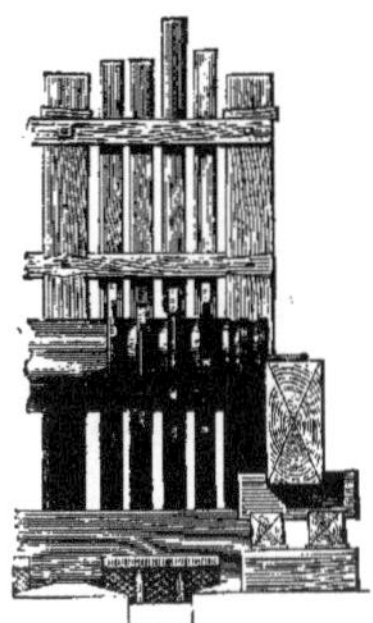

Fig. 329. — Batterie de pilons.

tible de mieux s'engraisser et donner de la viande de boucherie. Considéré dans une acception plus générale, ce mot désigne les animaux compris, en langage d'économie agricole, sous les dénominations de *race* ou *espèce bovine*, *bêtes bovines*. Le bœuf est un animal cosmopolite, qu'on retrouve dans toutes les parties du monde, et qui présente un nombre infini de variétés qu'on désigne généralement sous le nom de *races*; il comprend du reste dans sa généralité : 1° le bœuf proprement dit; 2° la vache; 3° le taureau. Tout ce qu'il y a à dire du premier peut s'appliquer aux deux autres, sauf les modifications que la fonction laitière imprime à la vache, et celles que le rôle de reproducteur détermine chez le taureau. On peut dire que le bœuf est un des animaux, sinon les plus précieux, au moins un des plus utiles à l'agriculture; et l'on pourrait presque mesurer avec certitude la richesse agricole d'un pays, et partant d'une exploitation rurale, au nombre et surtout à la qualité des bêtes bovines qui s'y trouvent. Autrefois la destination principale du bœuf était le travail, la consommation de la viande de boucherie était très-limitée, les populations ayant partout une nourriture presque exclusivement végétale; alors la machine organisée qu'on appelle bœuf développait, par un exercice journalier et continué pendant plusieurs années, les parties de son corps qui ne donnent à la boucherie que des viandes de qualité inférieure, telles que la tête, le cou, des membres démesurément allongés par le travail, et surtout une ossature grosse et lourde. Aujourd'hui un grand changement s'est opéré : d'une part, la viande entre pour une quantité considérable dans l'alimentation publique; d'autre part, le cheval fait une partie des travaux de la campagne; et enfin l'invasion d'un nouveau moteur agricole, la vapeur, va réduire de plus en plus le rôle du bœuf comme travailleur. Aussi commence-t-on à concevoir que le vrai progrès doit consister aujourd'hui à élever le bœuf comme animal de boucherie, et non plus comme animal de travail, qu'il faut mettre tous ses soins à lui faire produire de la viande par une bonne nourriture, pas ou peu de travail, et donner par ce perfectionnement des bénéfices assurés au cultivateur et à l'éleveur. Voici à quels signes on reconnaîtra le *bœuf de boucherie* (*fig.* 330); il aura les membres courts, la taille relativement peu élevée, le cou mince et peu musclé, la tête fine, courte, les cornes peu développées, l'ossature mince, légère, le tronc ample dans tous les sens; la peau fine, souple, le poil luisant, doux; pas ou très-peu de fanon, contrairement à l'opinion erronée de quelques éleveurs; la physionomie calme, placide; en un mot, sa forme extérieure sera d'autant plus avantageuse, qu'il se rapprochera plus de la figure d'un parallélogramme; ce sera là le type de la beauté du bœuf de boucherie, bien éloigné de l'idéal de la beauté artistique; mais qui réalisera toutes les données du problème dont la solution est, la plus forte proportion de viande livrable à la consommation. Quant au *bœuf de travail*, celui que nous venons de décrire sera toujours capable de fournir une somme suffisante de travail pour le but auquel il sera destiné dans les nouveaux modes d'exploitations rurales : sans doute, et les données physiologiques nous l'apprennent assez, la nature-

Fig. 330. — Choix de bœuf de boucherie (Durham).

du pays, le genre de travail, la constitution de l'animal, la nourriture qui lui sera donnée et le temps que durera la période de labeur auquel il sera soumis, imprimeront quelques modifications à la machine organisée; mais si l'on a de bons types primitifs, ces modifications seront d'une médiocre importance et n'altéreront pas d'une manière sensible les qualités essentielles de l'animal de boucherie. Du reste, avec les progrès de l'agriculture, le travail du bœuf tend à diminuer et finira probablement par disparaître tout à fait. Ce qui vient d'être dit peut s'appliquer à la vache, quant à la production de la viande, et, après avoir été mère, nourrice et laitière pendant un certain nombre d'années, après avoir même, dans certains pays, un peu travaillé, la vache prend très-bien l'engraissement et produit une viande de bonne nature, en dépit du préjugé qui la frappe d'un discrédit immérité. Mais c'est surtout en raison de ses qualités de laitière qu'elle est précieuse et qu'elle fournit un appoint considérable aux bénéfices de l'agriculteur. On peut dire, en général, que le rendement du lait est en rapport avec l'abondance et la richesse des herbages : la grande vache flamande, qui vit dans les plaines fertiles de la Flandre, du Boulonais, de la Picardie, et surtout la belle et robuste normande, nourrie dans les gras et frais pâturages du Cotentin, donneront jusqu'à 30 ou 40 litres de lait, tandis que la petite, mais vigoureuse bretonne, qui vit au milieu des maigres herbes de la lande, ne donnera que 3, 4 ou 5 litres de lait, mais à la vérité d'une délicatesse exquise pour la confection du beurre. Les bornes qui nous sont imposées ne nous permettent que de dire quelques mots sur les principales variétés de l'espèce bovine. 1° La *race des Pyrénées*, assez bonne pour le travail, le lait et la viande, présente pourtant ces qualités en rapport avec la nature un peu maigre de ses pâturages. Elle a la robe jaune ou rouge pâle, les cornes fortes, toujours très-relevées, les membres solides, le corps un peu long. Elle est apte au travail. 2° La *race garonnaise*, grande, belle, bonne pour le travail, prend bien la graisse ; elle est médiocre pour la production du lait. Elle s'étend à toute la vallée de la Garonne, et contient un grand nombre de sous-variétés, le type de la race a porté jusque dans ces derniers temps le nom de *race agénaise*. Elle est haute de taille, fortement mem-

bré, le corps allongé, la poitrine vaste, la tête courte, de grosses cornes aplaties et dirigées en avant et en bas : elle est couleur fauve clair, souvent nuancé de brun à la tête. 3° La *race limousine*, une des meilleures, bonne au travail, mais excellente surtout pour la boucherie depuis qu'on l'a perfectionnée en la retirant du travail. Elle a la robe jaune, la taille haute chez le bœuf, petite chez la vache, le corps assez long, le train de derrière peu développé, la tête forte, les cornes grosses, dirigées en avant et souvent en bas. 4° La *race de Salers* ou *auvergnate*, qui a perdu de son ancienne réputation depuis qu'elle a été mise en concours avec d'autres bonnes races ; elle a pourtant des qualités ; mais elle s'engraisse avec peine et sa viande est peu estimée. Haute de 1m,40 à 1m,50, elle a la robe rousse, son poil est doux, luisant, presque toujours d'un rouge vif; la tête courte, le front large, cornes courtes, grosses, luisantes, ouvertes; l'encolure forte; les épaules grosses, le poitrail large, le corps épais, ramassé, le ventre volumineux, la croupe et les fosses larges, l'allure pesante. Cette race est douce et docile. 5° La *race ardennaise*, très-bonne laitière, médiocre pour la boucherie. Elle tient des races *flamande* et *hollandaise*; elle a le corps long, la poitrine étroite, la tête légère; ses cornes sont petites et recourbées en avant, son poil est couleur pie blanc et noir. 6° La *race bretonne*, très-nombreuse, petite, mais solide, peu travailleuse, engraisse assez bien, donne peu de lait, mais d'une qualité supérieure. Elle est sobre et vigoureuse. On la trouve dans toute la Bretagne, et elle compte plus d'un million d'individus. Cette race a la tête fine, les cornes minces et longues, arquées et relevées, les membres grêles, le corps un peu long, le fanon peu prononcé, l'encolure mince. 7° La *race flamande*, très-bonne laitière, est essentiellement travailleuse, peu productive pour la viande. Elle est extrêmement nombreuse et ne donne pas moins de 800 000 individus, sa robe est d'un rouge plus ou moins brun; d'une taille moyenne, elle a la tête fine, les cornes écartées à leur naissance, se projetant en avant et en bas, pour se relever ensuite; la poitrine est un peu étroite, l'épaule un peu plate et médiocrement musclée. 8° La *race normande*, grande, forte, bonne sous tous les rapports; se subdivise en variété *cotentine* et variété *augeronne* : cette race tenait la tête des marchés par sa force et sa corpulence (*fig.* 331), laitière supérieure par la quantité et par la qualité du beurre qu'elle produisait, elle était sans rivale; et l'éleveur normand, comptant trop sur sa supériorité, n'avait rien fait pour l'améliorer, se fiant seulement à la richesse de ses pâturages; mais stimulé enfin par les résultats qui se produisaient autour de lui, désabusé par quelques signes d'infériorité dans les con-

Fig. 331. — Bœuf normand.

cours, il a enfin compris qu'il était temps de se mettre à l'œuvre, et, éclairé par une récente expérience, il a vu que la première chose à faire était la suppression du travail dont l'effet devait être de diminuer la grosse et puissante ossature de son bœuf, défaut capital de la race au profit du développement de sa viande et de sa graisse. 9° La *race charolaise*, inconnue, il y a cent ans, hors de son pays natal, est aujourd'hui une des plus importantes, sinon la plus précieuse des races françaises. Originaire du Charolais (Saône-et-Loire), elle a bientôt pénétré dans

Fig. 332. — Race charolaise améliorée.

les pays voisins, particulièrement dans la Nièvre, le Cher, l'Allier, et a pris une extension considérable, grâce à la nature et à la qualité des herbages. Dans l'origine, cette race était uniformément blanche; elle avait le corps cylindrique et pesant, les membres courts; une tête courte, large, des naseaux bien ouverts, des cornes de longueur moyenne, lisses, légèrement relevées vers la pointe, le regard doux, exprimant la confiance et une certaine énergie; le poil fin, lisse et peu tassé, presque pas de fanon; les croisements opérés avec les races voisines et particulièrement avec la nivernaise, ont bien introduit quelques modifications dans le type des anciens

Charolais; mais le fond est resté le même, et telle qu'elle est constituée aujourd'hui, cette race offre les principaux traits suivants: très-peu laitière, mais éminemment propre à l'engrais à l'herbe, très-apte et très-vigoureuse au travail, chose qui paraît d'abord contradictoire, mais confirmée par les faits. Comparée à la race cotentine, la race charolaise est supérieure sous le rapport du rendement et de la qualité de la viande. (Rapport de la commission choisie en 1856 dans le syndicat de la boucherie de Paris.) Il existe encore en France bien d'autres races estimées, mais que nous ne pouvons même citer faute de place; nous en excepterons pourtant, la race d'*Aubrac* (Aveyron); la race *bressane*; la race *landaise*; la race *morvaudelle*; la race *parthenaise*, etc. Les principales races étrangères sont celles de la Suisse et de l'Angleterre, parmi ces dernières celle de Durham surtout (voyez RACES BOVINES: elles nous ont fourni dans ces derniers temps un grand nombre de reproducteurs précieux, mais dont il ne faut se servir qu'avec beaucoup de discernement. Les personnes qui voudront des détails plus étendus consulteront avec fruit les travaux des professeurs Grognier, Magne, de MM. le marquis de Dampierre, Lefour, Bodin, Riessel, l'*Encyclopédie de l'agriculture*, le *Livre de la ferme*, etc. (voyez VACHE, VEAU, LAIT, TAUREAU, RACES).

BŒUF D'AMÉRIQUE. — Voyez BISON.

BŒUF A BOSSE. — Nom vulgaire du *bison d'Amérique* et du *zébu* (voyez ces mots).

BŒUF DES MARAIS (Zoologie). — Nom vulgaire du *Butor* (*Ardea stellaris*) (Oiseau) (voyez BUTOR, HÉRON).

BŒUF MARIN (Zoologie). — On a donné ce nom aux *Lamantins*, aux *Dugongs* et, en général, aux animaux de la famille des *Cétacés herbivores*, parce qu'ils sortent de l'eau et viennent paître l'herbe sur la rive comme les *Ruminants*.

BOGUE (Zoologie), *Boops*, Cuv. — Genre de *Poissons acanthoptérygiens*, famille des *Sparoïdes*, voisin des Oblades, avec lesquels ils forment une tribu caractérisée par ses dents tranchantes; ils en diffèrent seulement parce qu'ils ont les dents du rang extérieur tranchantes, sans dents en velours comme les Oblades, la bouche petite et non protractile. On trouve dans la Méditerranée plusieurs espèces de ce genre; ainsi le *B. vulgaire* (*Sparus boops*, Lin.), qui a le corps rayé en long de couleur d'or sur un fond d'argent; sa chair est délicate; le *Spare saupe* (*Sparus salpa*, Lin.), plus ovale; les raies d'or sont plus brillantes, courant sur un fond d'acier bruni; sa longueur est de 0m,30 environ; sa chair est moins estimée : ces deux espèces se nourrissent de très-petits poissons et de plantes marines.

BOIS (Zoologie). — On donne ce nom aux cornes rameuses et caduques que portent les animaux du genre *Cerf*, de Cuvier; c'est-à-dire les *Cerfs proprement dits*, les *Elans*, les *Daims*, les *Chevreuils*, les *Rennes*. En même temps qu'elles sont un ornement, ces cornes servent d'armes défensives et offensives à l'animal. Les femelles en sont dépourvues, excepté celle du renne. Au commencement du printemps, on voit poindre sur l'os frontal, dans les jeunes, deux proéminences qui végètent, s'allongent rapidement en soulevant la peau dont elles restent couvertes pendant quelque temps; elles ont à leur base un anneau de tubercules osseux qui, en grossissant, oblitèrent les vaisseaux nourriciers; alors cette peau se dessèche et tombe; les proéminences, mises à nu, se séparent elles-mêmes, au printemps, du crâne auquel elles tenaient, tombent aussi et l'animal reste sans armes. Mais pendant l'été, il pousse un nouveau bois destiné aussi à tomber et habituellement plus grand chaque année que le bois précédent. Chez beaucoup d'espèces, le bois porte des rameaux ou, en termes de vénerie, des *andouillers*. Le bois des cerfs diffère des cornes des autres animaux du groupe des *Ruminants à cornes* en ce qu'il est purement osseux et solide. Aussi a-t-il été exploité par l'industrie pour de nombreux usages; ainsi on le travaille comme toutes les autres substances dures et solides; on en fait des manches pour une multitude d'objets de coutellerie, des pommes de canne, des tuyaux de pipe, etc. *La corne de cerf* râpée, souvent employée en médecine, entre dans plusieurs composés pharmaceutiques, la *décoction blanche de Sydenham*, par exemple.

BOIS. — Nom donné à la partie de l'arbre qui est recouverte par l'écorce. — Au point de vue chimique, la nature du bois est assez complexe. Chaque fibre ou cellule y est extérieurement formée par de la *cellulose* (voyez ce mot), et intérieurement tapissée par une *matière incrustante* dont la composition est mal connue et semble assez variable. Les matières textiles, et en particulier le coton, le vieux linge, sont formés de cellulose presque pure ($C^{12}H^{10}O^{10}$); dans les bois blancs et légers, la cellulose joue encore le principal rôle; mais la matière incrustante devient d'autant plus abondante que le bois est plus âgé, qu'il est plus dur et plus compacte, et, comme elle est plus riche en carbone et en hydrogène que la cellulose, elle dégage généralement plus de chaleur par la combustion (voyez LIGNEUX).

En dehors de ces deux substances principales, le bois renferme en outre des matières gommeuses ou résineuses, et des matières colorantes ou azotées tenues en dissolution ou en suspension dans la sève qui imprègne tout végétal à l'état frais, et jouent un grand rôle dans l'altération ou la conservation des bois. Enfin, les bois, quand ils sont verts, contiennent de 30 à 50 p. 100 d'eau; après un an de coupe, ils en gardent encore 20 à 25 p. 100; ils sont tous plus ou moins hygrométriques, et quand on est parvenu à les dessécher complètement dans une étuve chauffée à 120 ou 130°, ils reprennent 8 à 10 p. 100 d'eau par leur simple exposition à l'air dans une chambre sans feu. Ces variations dans les quantités d'eau contenues dans le bois en produisent de très-marquées dans son volume. Le bois change peu dans le sens de ses fibres, mais ses dimensions transversales aux fibres s'accroissent ou diminuent d'une manière très-marquée par l'humidité ou la sécheresse.

Le bois se conserve indéfiniment dans l'air sec et dans l'eau privée d'air; mais quand il est soumis alternativement ou simultanément à l'action de l'air et de l'humidité ou de l'eau, il s'altère peu à peu, absorbe l'oxygène de l'air, dégage de l'acide carbonique, se désagrège et se transforme en une poudre grise ou brunâtre : on dit qu'il se pourrit. Le chlore blanchit le bois sans le dissoudre; l'acide nitrique le jaunit ou le rougit; à l'état de concentration et bouillant, il détruit sa cohésion et finit par le transformer en acide oxalique. L'acide sulfurique le noircit rapidement, et quand il est en excès, il le transforme en une matière gommeuse qui, sous l'influence de l'eau bouillante, se change elle-même en *sucre de raisin*. La potasse chaude et en dissolution concentrée dissout également le bois en formant ainsi une liqueur brune qui renferme des acides *oxalique*, *acétique* et *ulmique*. Le bois est plus dense que l'eau; mais comme il est très-poreux et que ses pores, surtout quand il est sec, se trouvent remplis d'air, le plus souvent il surnage l'eau. On ne peut fixer d'une manière précise ni sa composition ni sa densité, l'un et l'autre variant, pour un même bois, avec son âge, avec la nature du terrain qui l'a produit, avec son état de dessiccation. Quoi qu'il en soit, l'*Annuaire du bureau des longitudes* donne pour densité moyenne apparente des bois, obtenue en négligeant leurs pores, les nombres suivants, celle de l'eau étant égale à 1 :

Chêne	0,885	Tilleul	0,604
Hêtre	0,852	Cyprès	0,598
Frêne	0,845	Cèdre	0,561
If	0,807	Peuplier blanc	0,529
Orme	0,800	Sassafras	0,482
Pommier	0,738	Peuplier ordinaire	0,383
Sapin jaune	0,659	Liége	0,240

Le poids du bois cordé ou du mètre cube de bois de chauffage dépend en outre de la grosseur et de la forme des morceaux, et surtout du soin plus ou moins grand avec lequel ils sont rangés. Plus les morceaux sont gros, plus le poids du mètre cube augmente; mais un mélange convenable de gros et de petits morceaux l'augmente encore. En général, on peut admettre que le rapport du vide au plein est de 44 à 56, ce qui donne pour le poids du mètre cube environ 495 kilogr. (voyez DENSITÉ).

On divise les bois en *bois blancs, bois durs, bois de travail* et *bois résineux*. A chaque dénomination se rattachent des idées de propriétés et d'applications différentes. Le peuplier, à cause de sa légèreté, est réservé particulièrement à la fabrication des enveloppes grossières, caisses, tonneaux, et des panneaux des menuiseries communes. Cependant le peuplier de la Caroline serait supérieur aux bois les plus durs pour la menuiserie. Le *bouleau*, dont le tissu est plus serré que celui du peuplier, sert à faire des objets plus soignés, boîtes, tabatières, etc. On l'emploie également à la confection de cercles pour cuves, tonneaux... On le distille également pour en tirer une matière goudronneuse qui, mêlée avec des jaunes d'œuf et appliquée aux cuirs par le corroyage, leur communique l'odeur et les qualités des cuirs de Russie. D'autres bois légers, tels que *aunes*, *bourdaines*, *tilleuls*, *fusains, saules*, tiges écorcées de *chanvre*, sont employés à la préparation des allumettes ou d'un charbon très-combustible. (voy. ESSENCES LIGNEUSES. FORÊTS.

Les *bois durs* indigènes, que l'on utilise le plus communément pour le chauffage et pour la menuiserie, sont ceux de *chêne*, de *hêtre*, de *charme*, d'*orme*, de *frêne*, de *cormier*, de *noyer*, de *châtaignier* et d'*acacia*. Ce dernier bois, remarquable par la rapidité de sa croissance et par son facile accommodement aux terres les plus médiocres, ne l'est pas moins par sa grande dureté et par sa résistance au frottement et à la pourriture. Ainsi les dents des *roues d'engrenage*, les *bobines des filatures de lin*, les *chevilles*, les *gurnables* (chevilles des navires), les *rais des roues*, les *coins des rails*, les *traverses des chemins de fer*, les *échalas des vignes*, les *tuteurs des pépinières*, etc., d'acacia offrent le double avantage de la bonne qualité et de l'économie. On doit donc regretter que ce bois ne soit pas plus cultivé en France.

A ces *bois de travail* viennent s'ajouter les bois exotiques employés surtout par l'ébénisterie pour le placage ou le plein : l'*acajou*, l'*ébène*, le *citronnier*, le *palissandre*, le *gaïac*, le *bois de férole* ou de *feroë*, de *Cayenne*, le *thuya*, et autres bois d'Afrique. Leur beauté tient aux matières colorantes et incrustantes qui ont injecté leur tissu. Ils peuvent se débiter en lames très-minces et prennent un beau poli.

Plusieurs de ces bois répandent une odeur agréable, qui les fait rechercher pour la confection de petits meubles et pour garnitures et objets de luxe : tels sont les bois d'*aloès*, de *cail-cédrat*, de *citronnier*, de *cèdre*, de *girofle*, de *cannelle giroflée*, de *gayac*, de *rose*, de *sassafras*, de *santal citrin*, etc., qui sont tous pour nous des bois exotiques.

Les *bois dits résineux*, tels que le *pin*, le *mélèze*, le *cèdre*... doivent à la résine dont ils sont imprégnés de résister longtemps aux agents atmosphériques, et de donner en brûlant plus de chaleur que les bois blancs.

Le prix du bois varie essentiellement suivant les usages auxquels on le destine et les qualités qu'il présente, eu égard à ces usages. Comme combustible, il doit se payer surtout en raison de la quantité de chaleur qu'il dégage en brûlant. Il résulte des expériences comparatives du général Morin, que, sous ce rapport, l'usage et la pratique avaient équilibré d'une manière assez exacte les valeurs vénale et réelle de chaque bois.

Le bois, quelles que soient sa dureté et sa compacité, subit tôt ou tard une altération profonde sous l'influence combinée de l'air et de l'eau. Le principe azoté qu'il contient est le point de départ de cette transformation ; il se modifie et devient par rapport aux autres un véritable *ferment* (voyez FERMENTATION). Un travail lent s'établit, qui a pour effet la désorganisation du bois, la décomposition de la cellulose et de la matière incrustante, et leur transformation en une poudre brune de composition incertaine, renfermant de l'*humus* ou *acide humique* et du bois non encore entièrement transformé en *humus* (voyez ce mot). Ce même principe azoté exerce encore une autre influence également fâcheuse : pouvant servir de nourriture aux insectes, il les attire sur le bois qu'ils pénètrent en tous sens et qu'ils détériorent rapidement ; il forme également l'un des aliments principaux de diverses végétations cryptogamiques qui, se développant à la surface et jusque dans le centre des bois les plus résistants, y occasionnent des dégâts aussi grands que ceux produits par les insectes. Le *Foudroyant*, vaisseau de 80 canons, lancé en 1798, dut être radoubé et refondu presque en entier en 1802 ; les cryptogames l'avaient tellement envahi qu'il tombait en pourriture. Il y a quelques années, les *termites* se propagèrent avec une telle rapidité dans les ports de Rochefort et de la Rochelle, qu'en peu de temps des travaux considérables furent détruits. C'est surtout dans les pays sans hiver que les insectes font les plus grands ravages (V. EMPLOI DES BOIS).

Conservation des bois. — La destruction rapide du bois dans des conditions où sa conservation serait si importante, a fait rechercher de tout temps les moyens qui pourraient en accroître la durée. Les anciens semblent être parvenus, à cet égard, à des résultats assez remarquables, si l'on en juge par les échantillons de bois présentés récemment à l'Académie, et qui proviennent du quai de Carthage dont la construction remonte à plusieurs milliers d'années. Pline et Vitruve décrivent l'un et l'autre le procédé employé dans l'antiquité. L'arbre étant debout et en pleine séve, on pratiquait en son pied un trait de scie intéressant tout l'aubier et s'arrêtant au cœur, et on l'abandonnait à lui-même. La séve coulait en abondance par la blessure, entraînant avec elle la plus grande partie des matières solubles et azotées. Puis quand l'écoulement avait cessé, l'arbre était abattu ; il se séchait rapidement et résistait beaucoup plus longtemps aux causes de destruction. On arrive à un résultat à peu près pareil en laissant le bois séjourner quelques mois dans l'eau. C'est ce qui se pratique dans nos ports de mer pour les bois de construction des navires, et on sait à Paris que le bois de charpente flotté se garde mieux que le bois neuf amené par terre ou par bateaux. L'exposition du bois à la vapeur d'eau produit encore le même effet, et les luthiers traitent souvent de cette manière les bois destinés à la confection des tables de leurs instruments à cordes, qu'ils rendent ainsi plus sonores et plus durables. Ces procédés, toutefois, ne constituent que des palliatifs ; aussi les bois qui sont exposés aux intempéries sont-ils recouverts à leur surface de préparations ayant pour but de les préserver de l'action de l'air et de l'eau. Tel est un des objets principaux de la peinture à l'huile, du goudronnage, etc. Dans quelques chantiers de constructions navales, on applique au pinceau sur toutes les surfaces des pièces de bois à conserver une solution bouillante de soude ou de potasse caustique ; douze heures après, la première application étant sèche, on la recouvre d'une dissolution de pyrolignite de fer ou de plomb, et quelquefois ces préparations sont remplacées par une dissolution de sublimé corrosif, à raison de 2 kil. de sublimé par hectolitre d'eau. Ces diverses applications ont une grande utilité, mais elles ont un défaut dont on saisit sans peine la gravité ; elles s'arrêtent à la surface du bois qui seule est préservée ; qu'elle se fissure, et les parties intérieures, rendues accessibles aux causes de destruction, pourront s'altérer ; aussi voit-on assez souvent des bois peints qui extérieurement paraissent intacts, tandis que l'intérieur en est pourri.

Le problème de la conservation des bois n'a été résolu d'une manière complète que dans ces dernières années. Les premiers essais, dus à M. Boucherie, datent de 1832. Des billes de bois injectées dans toute leur masse de substances salines diverses furent enterrées dans la forêt de Compiègne, en même temps que d'autres billes de même nature, mais sans préparation. Au bout de dix ans, les premières étaient intactes et les secondes entièrement pourries. Les procédés d'exécution de M. Boucherie sont très-simples. Lorsqu'il peut opérer sur l'arbre encore sur pied, il pratique vers son extrémité inférieure deux incisions à quelques centimètres de distance, de manière que par elles deux il intéresse presque toute l'épaisseur du sujet, en ayant soin de le consolider par des cordes sur sa base ainsi affaiblie. Puis il enveloppe le tronc au-dessous de l'incision avec une toile goudronnée, formant ainsi un sac dans lequel il fait rendre la liqueur conservatrice contenue dans un tonneau. L'aspiration qui s'effectue par les feuilles fait monter la liqueur jusqu'au sommet des branches au travers de toute la masse du bois. L'opération se fait aussi rapidement et d'une manière commode sur un arbre récemment abattu, pourvu qu'on lui ait conservé une partie de ses feuilles, surtout celles du sommet. Ce procédé, toutefois, ne réussit d'une manière complète que pour les bois tendres et l'*aubier* des bois durs. Le cœur ne se laisse pénétrer que difficilement et d'une manière irrégulière, les canaux y étant presque entièrement obstrués par la matière incrustante. Pour les billes des chemins de fer et les poteaux des lignes télégraphiques, on se contente de les placer dans une position inclinée et de garnir leur extrémité la plus élevée d'une toile goudronnée formant réservoir dans lequel on verse la liqueur à injecter. C'est alors le seul poids du liquide qui le fait pénétrer dans le bois. L'opération est plus lente, mais elle donne encore de très-bons résultats. Les substances généralement employées sont : le *pyrolignite de fer*, le *sulfate de cuivre*, les *chlorures de calcium*, de *zinc*, de *mercure*, etc.

Le procédé de M. Payne, imaginé par M. Bréant, donne encore de meilleurs produits ; mais il exige le concours d'appareils dispendieux. M. Payne se sert de grands cylindres très-résistants, en tôle de fer, dans lesquels il introduit le bois à injecter ; il en chasse l'air au moyen d'un courant de vapeur d'eau, puis il le ferme. Le vide s'y fait par la condensation de la vapeur. Au bout de quelque temps, en tournant un robinet il met son cylindre en communication avec le réservoir de la liqueur conservatrice qu'il y refoule à une pression de dix atmosphères, au moyen d'une pompe foulante. Au bout de six à douze heures, suivant la nature du bois, la pénétration du liquide a eu lieu jusque dans le cœur.

En faisant usage de liqueurs préservatrices colorées, on conçoit que tout en rendant le bois inaltérable, on puisse encore lui donner des qualités dont les arts de luxe puissent profiter. La coloration du bois s'effectue, soit par des couleurs végétales s'incorporant au ligneux, soit par des couleurs minérales insolubles. Dans ce dernier cas, on injecte successivement deux sels en dissolution dans l'eau, qui, réagissant l'un sur l'autre, donnent l'effet désiré. C'est ainsi que le prussiate de potasse et le sulfate de fer donnent un beau bleu; l'acide arsénieux et l'acétate de cuivre, une riche coloration verte. Une seule dissolution peut même suffire. C'est ainsi que le *platane* injecté de pyrolignite de fer prend des teintes très-recherchées dans l'ébénisterie.

Pour les effets de la chaleur sur le bois, voyez CARBONISATION, COMBUSTIBLE.
M. D.

BOISSEAU. — Ancienne mesure de capacité pour les grains ou matières sèches. Le boisseau de Paris contenait 655ᵖ,78, et se subdivisait en 16 litrons. Le boisseau était formé d'un cylindre en bois de 8ᵖ,21,5 de haut et 10 pouces de diamètre; on employait des mesures d'un demi-boisseau, un quart et un demi-quart. Le boisseau de Paris valait à peu près 13 litres actuels.

Par arrêté du 8 mars 1812, on créa une mesure provisoire, appelée *boisseau*, valant 12 litres 1/2. Actuellement, on désigne souvent le décalitre sous le nom de boisseau.

BOISSONS (Physiologie). — On appelle ainsi les substances liquides que nous introduisons dans l'estomac par un mécanisme spécial qui constitue l'action de *boire*. La quantité d'eau que nous prenons avec nos aliments solides est déjà très-considérable, et pourtant elle ne suffirait pas à maintenir et renouveler journellement la proportion de liquides nécessaires à l'entretien de la vie (70 sur 100), si les animaux aériens supérieurs, particulièrement, n'y ajoutaient les boissons. L'eau seule constitue la boisson des animaux; l'homme et les animaux domestiques y ajoutent d'autres liquides dont nous dirons un mot plus loin. Quant à l'*eau* elle-même, on ne saurait oublier qu'elle ne se trouve pas dans la nature à l'état de pureté parfaite (oxygène et hydrogène); qu'au contraire l'eau pluviale, la plus pure des eaux douces naturelles, contient aussi une certaine proportion de matières étrangères minérales pour la plupart (carbonates alcalins, sulfates, chlorures, etc.), qui, avec beaucoup d'autres, entrent dans la composition des parties solides et liquides de l'organisme; on se rappellera aussi que l'eau pure, l'eau distillée, est difficile à digérer parce qu'elle est privée d'air, condition indispensable à sa bonne qualité et que toutes les fois que, par une cause quelconque, par l'ébullition, par exemple, on l'a privée d'une partie de cet air, on l'a rendue plus rebelle au travail de la digestion. Il est donc bien évident que, d'après sa nature complexe, l'eau joue dans l'économie un rôle important et qu'elle favorise, par l'entremise des substances salines ou organiques qu'elle contient, le développement de l'être organisé à la manière d'engrais ou d'aliments; voilà pourquoi la privation de boissons aqueuses est suivie, au bout de peu de temps, d'une série de phénomènes d'une gravité telle que la mort en serait bientôt la conséquence, si ce besoin impérieux n'était pas satisfait. La quantité d'eau introduite en boisson dans le corps de l'homme ou des animaux, dans un temps donné, varie suivant une foule de circonstances d'âge, de sexe, de tempérament, d'habitude; on ne peut rien établir de général à cet égard, la nature des aliments ayant aussi une grande influence sur le plus ou moins grand besoin de boissons. Mais indépendamment de l'eau, au moyen de laquelle les animaux remplacent incessamment les parties liquides expulsées par les différentes voies excrétoires et compensent les pertes que fait le sang pendant son trajet, nous avons dit que l'homme ingérait encore d'autres boissons; ce sont d'abord le vin, la bière, le cidre et les autres liquides fermentés et en première ligne la base de tous, l'*alcool*, qui prend le nom d'*eau-de-vie* lorsqu'il contient seulement $\frac{16}{100}$ à $\frac{50}{100}$ d'alcool, seule forme sous laquelle il peut devenir potable. Ces boissons ont pour effet de faire pénétrer dans l'organisme des *substances amylacées* ou *saccharoïdes*, et constituent par là de véritables *aliments non azotés*, c'est-à-dire *respiratoires*, suivant l'expression de Liebig. D'autres boissons, telles que le *thé*, le *café*, le *chocolat*, etc., renferment, au contraire, des matières *albuminoïdes* ou *azotées* et ventrent dans la classe des *aliments plastiques* du même auteur. De sorte que ces liquides, bien que contenant une forte proportion d'eau, sont compris dans la catégorie des *aliments*. Enfin une dernière

boisson, sur laquelle on a beaucoup disserté dans ces derniers temps, c'est le *bouillon de viande*. Voici comment s'exprime à cet égard M. le professeur Longet : « Sans admettre qu'on puisse appeler le bouillon la *quintessence de la viande*, nous croyons qu'on ne pourrait lui refuser, indépendamment de sa sapidité, un certain pouvoir nutritif qui semble, *en partie* au moins, être dû à l'intervention d'une légère quantité de gélatine et aussi surtout à la présence d'éléments salins, médiateurs indispensables de diverses transmutations organiques » (voyez VIN, EAU, BIÈRE, CIDRE, ALCOOL, BOUILLON, CAFÉ, THÉ, CHOCOLAT, ALIMENT).
F—N.

BOISSONS FERMENTÉES. — Voyez FERMENTATION ALCOOLIQUE.

BOITERIE, CLAUDICATION (Vétérinaire). — C'est l'irrégularité du mouvement des membres dans la marche d'un animal; elle est plus ou moins intense, suivant la cause qui la produit; et celle-ci n'est pas toujours facile à découvrir. De tous les animaux domestiques, le cheval est celui qui est le plus souvent affecté de *boiterie*; c'est aussi celle qui a le plus d'importance; car elle est classée dans les vices *rédhibitoires*, et le temps de la garantie est de neuf jours. Parmi les boiteries, les unes sont permanentes, d'autres sont intermittentes : ainsi on voit quelquefois des chevaux boiter en sortant de l'écurie, et au bout d'un certain temps de marche, ils ne boitent plus; ce genre de boiteries s'appelle *à froid*; d'autres fois, c'est le contraire, ils ne boitent qu'après avoir un peu travaillé. C'est la boiterie *à chaud*. Quoi qu'il en soit, la cause de la claudication existe presque toujours dans le pied, qu'il faut examiner avec le plus grand soin en nettoyant la corne et en en sondant bien toutes les parties. M. le général Jacquemin, ancien commandant en second de l'École de cavalerie de Saumur, est un des auteurs qui ont le mieux étudié la question des boiteries dans son *Traité d'hippiatrique à l'usage des officiers et sous-officiers de cavalerie*.

BOL (Matière médicale), en grec *bôlos*. — On donne ce nom à une préparation pharmaceutique dont la consistance molle tient le milieu entre celle de la *pilule* et celle de l'*électuaire* (voyez ces mots). Le bol diffère encore de la pilule en ce qu'il est d'un volume plus considérable; on lui donne une forme globuleuse ou quelquefois ovoïde pour en rendre la déglutition plus facile; il se prend roulé le plus souvent dans une poudre inerte et enveloppé dans du pain azyme. La consistance molle de cette préparation a une certaine influence sur l'action des médicaments; ils se délayent plus facilement dans les liquides que contient l'estomac et sont mis plus facilement et plus immédiatement en contact avec les surfaces gastro-intestinales.

BOLS, TERRES BOLAIRES, TERRES SIGILLÉES (Matière médicale). — Espèce de terres argileuses, douces au toucher, savonneuses, que les anciens employaient comme absorbantes, alexipharmaques, et auxquelles ils attribuaient des propriétés merveilleuses comme médicaments; le nom de terre *sigillée*, sous lequel on connaissait la *terre de Lemnos* et le *bol d'Arménie*, lui venait de l'empreinte (sigillum) appliquée sur les petits gâteaux de cette terre qui parvenaient en Europe, de Perse et d'Arménie; on en trouve aussi dans plusieurs contrées de l'Europe, en Toscane, en Silésie et même en France. Cette substance est en masse compacte, pesante; son tissu est terreux, sa couleur rouge (oxyde de fer). Elle est grasse au toucher, et happe à la langue; on l'employait comme *astringente* et *hémostatique* (voyez ces mots). Les médecins les plus célèbres l'ont préconisée à l'envi; ainsi Van Swieten, Boërhaave, Cullen, Sydenham. Pline en avait déjà parlé avec éloges. Les chirurgiens ne dédaignaient pas de s'en servir dans les ulcères atoniques, les plaies avec hémorrhagies, etc. La dose de la terre bolaire, lavée et décantée, est de 6 à 8 grammes dans une potion de 120 à 150 grammes qu'on prend de deux en deux heures. Le bol d'Arménie entre dans la composition de la thériaque, du diascordium, etc.

BOL ALIMENTAIRE (Physiologie). — On donne ce nom à la masse que forment les aliments lorsqu'ils ont été soumis à la mastication et à l'action de la salive. Ramené sur la face supérieure de la langue, le bol alimentaire glisse sur ce plan incliné, parvient au pharynx et est précipité dans l'œsophage et de là dans l'estomac; c'est l'acte de la déglutition (voyez MASTICATION, DÉGLUTITION, DIGESTION).

BOLET (Botanique), *Boletus*, du grec *bôlos*, boule, parce que le chapeau de la plupart de ces plantes est globuleux; de là vient que les Italiens les nomment en général *ovoli*, dérivé d'*uovo*, œuf). — Genre de *Champignons* classé dans la tribu des *Hyménomycètes*, et établi par Persoon avec ces caractères : chapeau hémisphérique étalé, à surface inférieure formée de tubes libres, cylindriques, distincts, rapprochés et adhérents entre eux, dont la masse peut se séparer du chapeau, contenant dans leur intérieur de petites capsules cylindriques (organes reproducteurs que l'on nomme thèques). Ce sont des champignons à chapeau charnu, stipité, central, souvent réticulé. Ils diffèrent des Polypores par l'absence de la membrane qui enchâsse les tubes. Parmi les nombreuses espèces, on distingue les suivantes : le *B. comestible* (*B. edulis*, de Cand.), appelé aussi vulgairement *Ceps* ou *Cèpe, Potiron, Bruguet, Gyrolle*, à pédicule épais, surtout à la base, et marqué de roux et de blanc pâle. Son chapeau est épais aussi, fauve, glabre. Les tubes, très-petits, arrondis, sont blancs et passent au jaune verdâtre. Il vient à terre dans les bois pendant tout l'été. Sa chair, ferme et épaisse, est douée d'une agréable saveur qui rappelle la noisette. On en fait un assez grand commerce dans le midi de la France, principalement aux environs de Bordeaux. Le *B. b ronze, Ceps* ou *Gendarme noir* (*B. œreus*, Bull.) est également comestible. Certains amateurs le préfèrent même au précédent. Son pédicule est solide, long, jaune clair. Son chapeau est épais, compacte, non bronzé, à tubes courts et d'un jaune soufré. La chair, blanche ou légèrement jaunâtre, verdit un peu à l'air. Le *B. rude Roussille, Gyrolle* (*B. scaber*, Fries) présente un pédicule allongé, garni à sa partie supérieure de petites squammes tantôt noirâtres, tantôt de couleur cinabre plus ou moins foncée. Sa chair est blanche, mollasse, acidulée. Son chapeau est cendré ou fauve. Il est également comestible. Le *B. aurantiacus*, Bull., l'est aussi lorsqu'il est jeune. Sa chair prend une teinte vineuse quand on l'entame. Le *B. pernicieux* (*B. luridus*, Schœff. ; *B. perniciosus*, Roques) (*fig.* 333) acquiert quelquefois jusqu'à 0m,20 de diamètre. Son pédicule est long, marqué de lignes rouges à sa partie supérieure. Son chapeau, à surface un peu cotonneuse, est d'un brun olivâtre. Sa chair, jaunâtre, devient bleue quand on la casse. Cette espèce, quoique suspecte, est souvent mangée dans

Fig. 333. — Bolet pernicieux.

sa jeunesse sans qu'il y ait à craindre d'accidents. Le *B. indigotier* (*B. cyanescens*, Bull.) a le pédicule roux pâle et renflé à la base. Son chapeau, de même couleur, est un peu cotonneux et très-large. Ses tubes sont libres, arrondis, blancs ou jaunâtres. Il a les mêmes propriétés que le précédent. Il faut s'en défier. On le mange en Piémont. Le *B. tubéreux* (*B. tuberosus*, Bull. ; *B. bovinus*, Lin. ; *B. mitis*, Pers.) présente un pédicule court, très-renflé à sa base. Le chapeau est livide, à surface sèche et les tubes d'un vert rougeâtre. Il acquiert d'assez grandes dimensions. Comestible, il peut servir de nourriture aux bêtes bovines ; enfin, le *B. ungulatus*, *Agaric du chêne* ou *Amadouvier*, d'où on tire l'amadou (voyez AMADOU, AMADOUVIER, AGARIC, CHAMPIGNON). G — s.

BOLIDES (Météorologie). — Corps lumineux qui traversent parfois l'atmosphère comme des étoiles filantes, mais en diffèrent en ce qu'ils possèdent un disque sensible. On a vu des bolides éclairer le ciel d'une lumière assez vive pour être appréciable même en plein jour. Ils sont quelquefois accompagnés de traînées lumineuses, de fumée et de détonation. Si leurs débris tombent à terre, ils constituent ce qu'on nomme les *aérolithes*.

On ne considère pas aujourd'hui les bolides et les *étoiles filantes* comme deux ordres de phénomènes distincts ; il n'y aurait entre eux de différence que par les dimensions. On pense généralement que les étoiles filantes, les bolides, les pierres météoriques, sont des *astéroïdes*, c'est-à-dire de petits corps qui se meuvent autour du soleil, en décrivant des sections coniques et obéissant, comme les planètes, aux lois de la gravitation. S'ils viennent à s'approcher de la terre et à pénétrer dans son atmosphère, ils s'échauffent assez par leur frottement contre les molécules d'air pour devenir incandescents (voyez AÉROLITHE, ÉTOILES FILANTES).

BOMBACÉES (Botanique). — Tribu de plantes de la famille des *Sterculiacées*. Ses caractères sont : tige ligneuse ; feuilles palmées, très-rarement simples ; calice à 5 divisions ; corolle irrégulière, très-rarement nulle ; fruit capsulaire ; graines entourées de filaments laineux ou de matière pulpeuse. Les Bombacées habitent les régions intertropicales. Plusieurs espèces donnent autour de leurs graines un duvet qui sert à faire des coussins. Genres principaux : *Baobab* (*Adansonia*, Lin.); *Pachira*, Aubl.; *Fromager* (*Bombax*, Lin.): *Eriodendron*, de Cand.; *Durio*, Lin., etc. Certains auteurs font une famille de cette tribu. G — s.

BOMBARDE (Artillerie), de *bombe*. — Bouche à feu courte et d'un très-fort calibre en fer forgé, destinée à lancer d'énormes pierres ou des bombes contre les remparts. Ces armes, difficiles à manœuvrer, et crevant assez souvent, ont été remplacées par les *mortiers*.

Dans la marine, on donne le nom de *bombarde* à des bâtiments à fond plat, d'un faible tirant d'eau, à bordages croisés diagonalement pour augmenter leur résistance et destinés à porter un ou plusieurs mortiers. Duquenne fit le premier essai des bombardes au bombardement d'Alger en 1682.

BOMBAX (Botanique), *Ceïba*, Lin. — Nom latin du *Fromager* (voyez ce mot).

BOMBE (Artillerie). — Les *bombes* sont des projectiles creux en fonte, qu'on remplit de poudre et de matières incendiaires ; le feu est communiqué à la charge intérieure par une fusée d'amorce dont on règle à volonté la durée (voyez FUSÉE). Les bombes sont lancées par les mortiers ; elles produisent trois effets distincts ; tirées sous de grands angles, 45° ou 60°, et à forte charge, elles écrasent les édifices et les abris, elles font explosion et causent l'incendie. On n'est pas d'accord sur l'époque de l'invention des bombes ; les uns prétendent que Jean Bureau, maître général de l'artillerie de France, les inventa en 1452 au siège de Bordeaux ; d'autres attribuent leur découverte à un bourgeois de Vanloo, vers 1588. Dans l'origine, pour lancer les bombes, on les séparait de la charge du mortier au moyen d'un gazon, on allumait la fusée d'amorce et ensuite on mettait le feu au mortier ; cette méthode était très-dangereuse par suite des explosions fréquentes des bombes dans le mortier ; on remarqua plus tard que la flamme produite par la poudre enveloppait le projectile et mettait le feu à la fusée lors même que celle-ci était opposée à la charge.

Les bombes sont sphériques, la cavité intérieure est une sphère concentrique à la surface extérieure, mais dont on a enlevé une calotte ; cette partie plus épaisse se nomme *culot*. A l'extrémité du diamètre qui passe par le centre du culot se trouve la *lumière* ; c'est l'ouverture qui permet de charger la bombe et qui reçoit la fusée d'amorce ; les bombes portent deux mentonnets dans lesquels sont engagés des anneaux. Le culot a pour objet de renforcer la partie la plus exposée au choc des gaz et qui, dans le tir à forte charge, pourrait être défoncée, et d'empêcher la bombe de tomber sur la fusée.

Le moule des bombes s'exécute, comme celui des boulets (*fig.* 334), au moyen de deux demi-modèles ; un d'eux porte les modèles des mentonnets qui sont composés de deux pièces et peuvent se retirer du moule en laissant les anneaux de la bombe qui y sont placés ; le même demi-modèle est percé d'un trou circulaire dans lequel on engage une tige qui réserve dans le moule la place de l'arbre sur lequel est fait le moule du vide intérieur de la bombe et de la lumière. Autour d'une tige *ab*, au moyen d'un modèle, on fait en sable à mouler le moule de la lumière *cd*, on enroule en dessus une chaîne ou des torons de paille, et au moyen d'un nouveau modèle, on construit le moule du vide intérieur *mn* : ces deux mou-

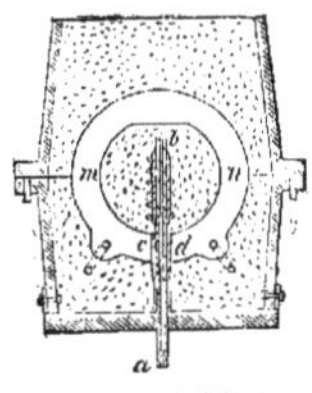

Fig. 334. — Moule de bombe.

les terminés, on les place dans le moule de l'extérieur de la bombe, et au moyen des points de repère situés sur le châssis à mouler, on les établit au centre de la bombe. Lorsque la fonte est refroidie, on dégage les bombes du moule et on les ébarbe comme les boulets, mais on ne les lisse pas et on ne les rebat pas ; enfin, on alèse la lumière afin de lui donner ses dimensions réglementaires.

Les bombes, dans l'artillerie française, sont désignées

par leurs diamètres exprimés en centimètres. Le tableau suivant indique les différentes bombes et leurs poids.

	BOMBE			
	de 32 c. de côté	de 31 c.	de 27 c.	de 22 c.
	kil.	kil.	kil.	kil.
Poids..	90	72	49	22

M. M.

BOMBICITES, Bombiliers, etc. — Voyez Bombycites, Bombyliers, etc.

BOMBYCITES (Zoologie), *Bombycites*, Cuv. — Deuxième section des *Insectes* du grand genre *Phalène* (*Phalæna*, Lin.), de la famille des *Nocturnes*, ordre des *Lépidoptères*; caractérisé par une trompe toujours courte et simplement rudimentaire, ailes étendues ou en toit, les inférieures débordant latéralement les supérieures, antennes des mâles entièrement pectinées; les chenilles vivent sur les végétaux dont elles rongent les parties tendres; la plupart font une coque de soie dans laquelle elles se changent en chrysalide. Cette section se divise en trois sous-genres : le premier, dont les ailes sont étendues et horizontales; ce sont les *Saturnies* de Schrank. Le second a les palpes inférieurs en forme de bec, ce sont les *Lasiocampes*. Dans le troisième, les palpes inférieures n'ont point de saillies, ce sont les *Bombyx*.

BOMBYLIERS (Zoologie), *Bombyliarii*, Latr.; *Bombylii*, Lin.; *Bombilles* (sic), Cuv. — Tribu d'*Insectes* de l'ordre des *diptères*, famille des *Tanystomes*, qui a pour caractères : antennes de trois articles, trompe saillante, filiforme ou sétacée, corps ramassé, court, ailes écartées, balanciers nus; ces insectes ont les palpes petites, grêles, les pieds longs et déliés; ils volent avec rapidité, sucent le miel sur les fleurs avec leur trompe, et font entendre un bourdonnement en volant, d'où vient leur nom (du grec *bombos*, bourdonnement). Cette tribu comprend les genres *Bombilles* (sic) propres Cuv., *Usies*, l'*hthiries*, *Ploas*, *Gérons*, etc.

BOMBYLLES proprement dits (Zoologie), *Bombylla*, Miln. Ed., *Bombylius*, Moig. — Genre d'*Insectes diptères*, de la tribu précédente, se distingue par la longueur de sa trompe, qui surpasse de beaucoup celle de la tête, le premier article des antennes beaucoup plus long que le suivant; ils ont les palpes très-apparentes, le corps garni d'un duvet abondant et laineux; ces insectes sont très-agiles; ils volent au-dessus des fleurs, et sans s'y poser, ils y introduisent leur trompe pour en tirer la liqueur sucrée dont ils se nourrissent. Plusieurs espèces habitent l'Europe. Le *B. bichon* (*B. major*, Lin.), long de 0^m,010 à 0^m,012, couvert de poils gris fauve, a une trompe longue et noire, les pattes longues, grises, les tarses noirs; on le trouve aux environs de Paris. Le *B. ponctué*, *B. peint*,

Fig. 335. — Bombylle ou Bombyle peint.

Miln. Ed. (*B. medius*, Lin.) (*fig.* 335), couvert de poils roux, a les pattes noires, habite les environs de Paris. Le *B. brillant* (*B. nitidulus*, Macq.) long de 0^m,009, noir, ailes teintées, pattes blanchâtres, des environs de Paris.

BOMBYX (Zoologie), en grec, *bombux*, ver à soie, espèce type de ce groupe. — Sous-genre d'*Insectes Lépidoptères nocturnes*, du grand genre *Phalæna* de Linné, section des *Bombycites* de Cuvier. Ils se distinguent par une trompe très-courte, tout à fait rudimentaire, des ailes entières formant un triangle avec le corps, des antennes pectinées, un abdomen très-volumineux dans la femelle; ils ont pour caractère spécifique que les palpes inférieures n'ont point de saillie remarquable. A côté des espèces les

plus précieuses au point de vue de leur utilité, celles qui produisent la soie, les bombyx nous en offrent qui sont un vrai fléau pour nos vergers et nos forêts dont elles dépouillent quelquefois complétement les arbres de leurs feuilles, dans l'espace de quelques jours. Les limites de cet article ne nous permettront de citer que quelques-unes des espèces les plus intéressantes à ces deux points de vue. Nous trouvons d'abord en première ligne le *B. de la soie, ver à soie* (*B. mori*, Lin.); il est blanchâtre, avec deux ou trois raies obscures, transverses et une tache en croissant sur les ailes supérieures; sa chenille est connue sous le nom de *ver à soie* (voyez ce mot). On a beaucoup étudié et on a fini par acclimater, dans ces dernières années, une autre espèce, le *B. du ricin* (*B. Cynthia*), originaire de l'Inde.

Fig. 336. — Bombyx processionnaire.

Depuis longtemps déjà, dans plusieurs districts de ce pays, on fabrique avec la soie de son cocon des étoffes pour vêtements d'hommes et de femmes. C'est surtout à MM. Milne-Edwards et Guérin-Menneville qu'on doit l'introduction en France de ce précieux auxiliaire du *B. mori*. Enfin le même M. Guérin-Menneville s'occupe activement de l'acclimatation d'un nouveau ver à soie, le *B. de l'ailante*, et les résultats qu'il a déjà obtenus permettent d'espérer que ses efforts seront couronnés de succès (voyez, pour tout ce qui concerne ce sujet, au mot Ver a soie).

Fig. 337. — Larve du bombyx processionnaire.

Parmi les espèces nuisibles, nous mentionnerons le *B. processionnaire* (*B. processionnea*, Réaum.) (*fig.* 336 et 337), assez petit, d'un gris cendré, avec deux raies obscures et une noirâtre; la chenille, d'un gris bleuâtre ou rougeâtre, est hérissée de poils fort longs; elle vit sur les chênes en quantité quelquefois si prodigieuse qu'elle les dépouille entièrement de leurs feuilles. Le *B. à cul doré* (*B. chrysorrhœa*), espèce toute blanche, à antennes jaunes; sa chenille, couverte de poils, est d'un brun foncé, avec plusieurs raies longitudinales. Elle attaque les arbres fruitiers et les jeunes chênes. Le *B. livrée* (*B. neustria*, Fab.) (*fig.* 338 et 339), de moyenne grandeur, d'un rouge brun; une bande ou deux raies obscures au milieu des ailes supérieures. La chenille est rayée longitudinalement de blanc, de bleu et de rougeâtre, d'où lui vient le nom de *livrée*; elle est très-nuisible aux vergers et même aux arbres des forêts. Le *B. feuille morte* ou *feuille de chêne* (*B. quercifolia*, Geoff.), jaune feuille morte,

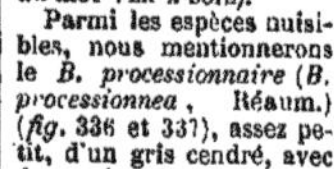

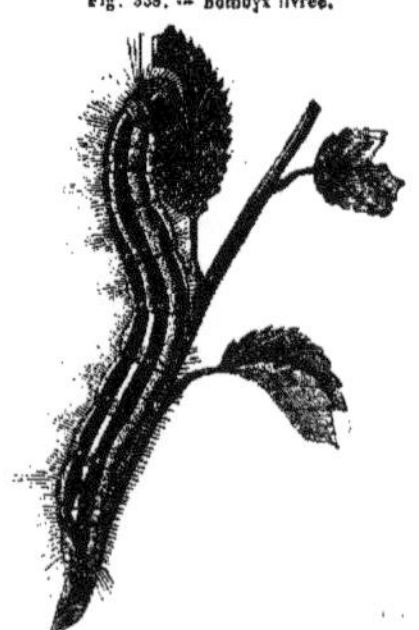

Fig. 338. — Bombyx livrée.

Fig. 339. — Larve du bombyx livrée.

antennes, palpes et jambes noires; chenille très-grosse,

longue de plus de 0^m,06, avec deux taches transversales
bleues en arrière de la tête ; on la trouve en septembre
sur les arbres fruitiers auxquels elle fait beaucoup de
tort. Le *B. grand paon* (*B. pavonia major*, Fab.), le plus
grand de ceux qu'on trouve en Europe, a jusqu'à 0^m,18
de largeur, les ailes étendues. Ailes grises à large bande
brune, bordées de blanc, tache œillée sur chacune. Sa
chenille est très-belle ; à sa dernière mue, elle est d'un
très-beau vert d'émeraude, et chaque anneau est garni
de huit tubercules élevés, de couleur bleu de cobalt. On
la trouve sur les arbres fruitiers et surtout sur l'orme.
Le *B. petit paon de nuit* (*B. pavonia minor*, Geoff.)
(*fig.* 340), ailes supérieures rougeâtres, inférieures jau-

Fig. 340. — Bombyx petit paon de nuit (grand. natur.).

nâtres, une tache œillée sur chaque, une rouge et blanche à l'angle externe de la supérieure : de moitié plus
petit que le précédent ; sa chenille a des tubercules roses
ou jaune-aurore ; on la trouve, aux environs de Paris,
sur l'aubépine et le prunier sauvage. Le *B. du pin* (*B.
pini*), le *B. du saule* (*B. salicis*), le *B. pudibond* (*B. pu-
dibunda*), le *B. moine* (*B. monaca*), etc., sont encore des
espèces plus ou moins nuisibles. — Voyez Insectes
nuisibles aux forêts, aux jardins. — Consultez : Godard et Duponchel, *Hist. nat. des Lépidopt. de France.*

BON-CHRÉTIEN (Poire de) (Arboriculture). — On appelle ainsi une variété de poires dont la culture a fait
quelques sous-variétés ; elle est de très-bonne qualité
(*fig.* 341), et mûrit tout à fait dans l'arrière-saison, en

Fig. 341. — Bon-Chrétien d'hiver.

mars et avril. Sa chair est cassante, son eau sucrée et un
peu parfumée. On la nomme encore, *Poire d'angoisse*,
de *Saint-Martin*, *Bon-chrétien de Tours* ; cette poire demande un sol riche, profond et un peu frais ; elle était
déjà cultivée dans l'ancienne Rome sous le nom de
Crustumium ou de *Volemum* (de la Quintinye). Le
Bon-chrétien Napoléon, obtenu en 1808, a été apporté
en France en 1824 ; il mûrit en octobre et novembre.
On a encore obtenu en Angleterre un bon-chrétien qui
mûrit en septembre. On l'appelle *Bon-chrétien Wil-
liams.*

BONDE, Bondon. — Bouchon légèrement conique en
bois destiné à fermer les tonneaux. Lorsque toute fermentation alcoolique est épuisée dans le vin, la bonde est en
bois plein et destinée à empêcher autant que possible
l'accès de l'air dans l'intérieur du tonneau. Mais pendant
la fermentation prolongée des vins blancs, il faut que la
bonde laisse échapper le gaz acide carbonique formé. On
fait alors usage assez généralement, en Champagne et
en Bourgogne, d'une bonde hydraulique composée d'un
cylindre de fer-blanc ouvert à ses deux bouts et garni
sur son pourtour d'un petit réservoir d'eau dans lequel on renverse un capuchon également en fer-blanc.
À mesure que le gaz acide se dégage, il déprime l'eau

dans l'intérieur du capuchon pour s'échapper par les
trous dont ce couvercle est percé vers son rebord inférieur.

M. Sebille-Auger et M. Maumené remplacent cette
bonde par une bonde ordinaire en bois percée en son
centre d'une ouverture qui la traverse de part en part.
Une soupape à ressort ferme cette ouverture de manière
à laisser échapper l'acide carbonique et à empêcher la
rentrée de l'air.

BON-HOMME (Botanique). — Nom vulgaire du *Bouillon blanc* et du *Narcisse faux-narcisse* (voyez Bouillon
blanc et Narcisse).

Bon homme miserere (Zoologie). — Nom vulgaire du
Rouge-gorge (Oiseau).

BONDRÉE (Zoologie), *Pernis*, Cuv. — Sous-genre d'*Oiseaux de proie diurnes*, du grand genre des *Faucons*,
section des *Oiseaux de proie ignobles* ; caractérisé par
un bec faible, noirâtre, jaune sur les ongles ; la cire d'un
brun noir, large, très-courte, et ce qui distingue particulièrement cet oiseau, c'est que l'intervalle entre l'œil
et le bec, qui est nu chez tous les autres faucons, est ici
couvert de plumes serrées et coupées en écailles ; du
reste, les tarses sont à demi emplumés vers le haut ; la
queue égale, les ailes longues. Nous n'avons, en France,
que la *B. commune* (*Falco apivorus*, Lat. ; *Buteo apivorus*, Vieill.), plus petite que la buse ; elle a environ 0^m,65
de long, elle est brune en dessus, ondée de brun et de
blanchâtre en dessous. La bondrée vole peu, mais elle
court très-vite ; elle chasse les mulots, les grenouilles, les
lézards ; elle nourrit ses petits avec des chrysalides d'insectes, surtout celles de guêpes ; c'est donc un animal qui
a son utilité et qu'il ne faut pas détruire, comme on le
fait en Auvergne, si l'on en croit Belon. La *B. huppée
de Java* (*Pernis cristata*, Cuv. ; *Buteo cristatus*, Vieill.),
toute brune, à queue noire, avec une bande blanchâtre
au milieu, une huppe brune à l'occiput. On la trouve à
Java et à la Nouvelle-Hollande.

BONGARE (Zoologie). — Genre de *Reptiles ophidiens*,
famille des *Vrais Serpents*, tribu des *Serpents proprement dits* ; ils sont venimeux et présentent une organisation particulière des mâchoires, en ce que les os maxillaires sont armés de dents fixes, comme dans les serpents
non venimeux, à la différence que la première dent, plus
grande que les autres, est percée pour conduire le venin
sécrété par une glande, et sans qu'il y ait de crochet isolé
et mobile, comme cela a lieu chez les autres serpents venimeux : ce sont donc des serpents dangereux ; du reste,
ils ont, comme les boas, les crotales, des plaques simples
sous le ventre et sous la queue ; la tête courte, couverte
de grandes plaques ; et comme caractère distinctif, ils
ont le dos caréné et garni d'une rangée longitudinale d'é-
cailles plus larges que les latérales. Ils habitent l'Inde,
où on les appelle *serpents de roche*. Le *B. à anneaux*
(*Bongarus annularis*, Daud., *Boa fasciata*), long de 2 mètres à 2^m,50, a le corps annelé alternativement de bleu
noirâtre et de jaune clair. Le *B. bleu* (*Boa lineata*), noir
bleuâtre, est beaucoup plus petit ; ces deux espèces se
trouvent dans l'Inde. Le *B. à demi-bandes*, assez voisin
du premier, est de Java.

BONITE des tropiques, ou Thon a ventre rayé (Zoologie) (*Scomber pelamys*, Lin.). — Espèce de poissons du
genre *Thon*, famille des *Scombéroïdes*, ordre des *Acanthoptérygiens*, caractérisée par quatre bandes longitudinales sur chaque côté du ventre (voyez Thon). On a encore donné le nom de *Bonite* à d'autres poissons du genre
des *Scombres.*

BON-HENRI (Botanique). — Nom vulgaire d'une
espèce de *Blète* (*Blitum Bonus-Henricus*, Reichenb.). On
la nomme aussi *épinard sauvage* et *toute-bonne*. C'est
une herbe indigène vivace qui a les tiges anguleuses et
les feuilles alternes, pétiolées, triangulaires-hastées. Le
Bon-Henri est employé dans quelques pays comme plante
potagère. On mange ses jeunes pousses comme les asperges, et ses feuilles comme les épinards. Toute la
plante a des propriétés émollientes (voyez Blète).

G — s.

BONDUC (Botanique). — Nom vulgaire du genre *Guilandina* de Linné, de la famille des *Césalpiniées*, dans
la grande classe des *Légumineuses*. Il comprend des arbres et des arbrisseaux à tiges et pétioles armés d'aiguillons hérissés, et à fleurs disposées en épis ou en grappes.
Parmi les quelques espèces de Bonduc, la plus importante est le *B. jaune* ou *Guénic*, *Cniquier*, (*Œil-de-chat
(Guilandina bonduc*, Ait.). Il est originaire des Indes
orientales ; c'est un arbre de 4 mètres, à fleurs petites et
jaunâtres. On extrait de son fruit une huile inodore qui

ne rancit pas, et qui est employée pour conserver l'arôme des parfums. G — s.

BONNES (EAUX) (Médecine).— Eaux minérales (voyez Eaux-Bonnes).

BONNE-DAME (Botanique).— C'est l'*arroche* des jardins (voyez ce mot).

BONNET (Anatomie comparée). — C'est le nom qu'on donne au second estomac des animaux ruminants ; il est placé à droite de l'œsophage et en avant de la *panse* (premier estomac), dont il ne semble au premier coup d'œil qu'un appendice. La membrane muqueuse qui le tapisse forme une multitude de replis disposés de façon à constituer des mailles ou cellules semblables à des rayons d'abeilles. Il est beaucoup plus petit que la panse.

Bonnet (Zoologie). — Ce nom a été donné vulgairement à un certain nombre d'animaux de groupes très-différents : ainsi le *B. chinois* est un singe du genre *Macaque* ; le *B. noir* est la *Fauvette* à tête noire ; le *B. de dragon* est une espèce de *Patelle* ; le *B. de Neptune* est le *Madrépore fongite*, etc.

Bonnet (Botanique). — Le *B. de l'électeur, B. de prêtre* est la *Courge mélopépon* ; une autre plante, nommée aussi *B. de prêtre* est le *Fusain d'Europe*, etc.

BONNET D'HIPPOCRATE (Médecine). — Bandage, appelé aussi *capeline de tête* (voyez Capeline).

BONNETERIE (de Bonnet) (Technologie). — Industrie qui comprend tous les tissus tricotés, tels que *bas, bonnets de coton, maillots, caleçons, gilets de laine, jupons, mitaines*, etc. Le tricot, autrefois exclusivement fait à la main, s'exécute aujourd'hui toujours au métier pour les objets commerciaux. Nous donnons ici (*fig.* 342) une vue perspective du métier à tricoter le plus ancien et le plus gé-

Fig. 342. — Métier à bas.

néralement employé. Il se compose d'une série d'aiguilles disposées parallèlement entre elles dans un même plan, et écartées l'une de l'autre d'une quantité constante en rapport avec le degré de finesse du travail qu'on veut obtenir. Ces aiguilles sont fixées sur une traverse en étain, et recourbées à leur extrémité, comme le montre le dessin (*fig.* 343), en un crochet assez souple pour que, sous une faible pression, il puisse

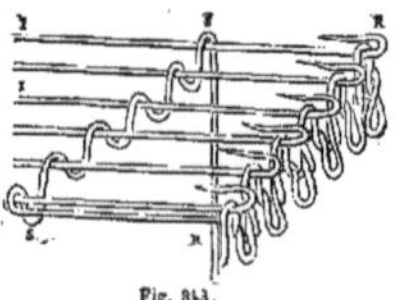

Fig. 343.

s'appliquer sur l'aiguille, et sa pointe pénétrer dans une petite entaille pratiquée à cet effet dans la tige même.

Entre ces aiguilles, sont intercalées des pièces de bois S (*fig.* 344) très-minces, appelées platines, pouvant s'élever ou s'abaisser à volonté à une hauteur déterminée. Voici quel en est l'objet : les mailles de la dernière rangée de tricot sont montées chacune sur une aiguille, et repoussées jusque vers la base de ces aiguilles. On étend transversalement sur celles-ci un fil lâche ; on abaisse successivement toutes les platines dans le sens du

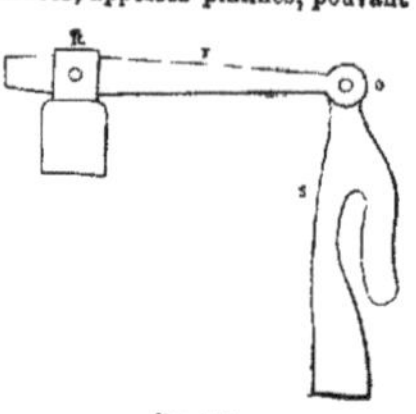

Fig. 344.

développement du fil, de manière à produire sur sa longueur une série d'ondulations convenable, puis, ce fil ainsi plié par l'effet même des platines, est glissé sous le crochet qui se ferme; enfin, les mailles sont repoussées de l'aiguille, passent par-dessus les crochets fermés et viennent tomber dans les plis du dernier fil.

Le mouvement des platines s'obtient de la manière suivante. La corde *e f* fait un tour complet autour de la poulie V, laquelle est mise en mouvement par les deux pédales correspondantes *b* et *c*. A cette corde est fixé un curseur métallique qui peut être ainsi poussé alternativement de droite à gauche et de gauche à droite. Ce déplacement s'opère au-dessous des pièces I (*fig.* 344) appelées *oudes* tenant aux platines et à gauche de la charnière R ; la position ainsi obtenue persiste, jusqu'à ce que la barre F abaisse toutes les oudes à la fois ; l'abaissement de F est obtenu par le mouvement de la pédale intermédiaire *a*. Voici maintenant en peu de mots la disposition générale du métier indiquée par notre figure. M M sont les montants en bois du bâti, présentant en haut plusieurs traverses, notamment les *têtes* N. L, L sont les leviers en forme de croissant qui soutiennent la presse F. Ces leviers sont réunis par une tringle en fer qu'un ressort en arc de cercle S soutient à l'aide d'une corde *m*, tandis qu'à l'aide de la pédale *a* on peut l'abaisser. En R sont deux poteaux unis par une entretoise, au sommet desquels passent les tourillons de l'axe, centre du mouvement des platines et des oudes. Un système de leviers angulaires et de bielles O permet à l'ouvrier d'obtenir à volonté un mouvement vertical ou d'avant en arrière ; tout le système étant équilibré par le ressort T, il n'y a pas plus de difficulté à obtenir un mouvement que l'autre. X est le banc sur lequel l'ouvrier est assis et d'où il fait mouvoir dans l'ordre convenable les diverses parties de la machine.

Le métier à bas ne fait, comme on voit, que du tricot en nappe ; pour confectionner les bas, il faut tailler et coudre aussi solidement qu'on peut les deux bords du tissu. Depuis quelques années cependant, on a monté des métiers à tricoter circulaires automatiques ; il suffit, au moyen d'une manivelle, d'imprimer au métier un mouvement de rotation sur son axe pour que le travail s'y opère de lui-même d'une manière continue. Le tissu est alors cylindrique, sans couture, et pont être immédiatement employé comme jupon ou taillé pour confectionner divers objets.

Le métier à tricoter fut inventé sous Louis XIV par un serrurier bas-normand qui, le premier, put offrir au roi une paire de bas tricotée au métier. Les marchands bonnetiers, alarmés de cette découverte, parvinrent à gagner un de ses valets de chambre, qui coupa quelques mailles, de sorte que le roi, chaussant ses bas, chaque maille coupée fit un trou, et l'invention fut rejetée. L'auteur passa en Angleterre où il fut au contraire accueilli avec empressement. William Lee fut le premier qui établit une fabrique de bas mécanique à *Calverton*, près *Nottingham*, et ce n'est que quelques années après, qu'un nommé Cavellier, de Nîmes, s'étant gravé dans la tête la composition du métier dont les Anglais étaient très-jaloux, parvint à le réimporter en France. Depuis cette époque, et surtout depuis le commencement de ce siècle, le métier a reçu des perfectionnements nombreux, qui permettent de varier à l'infini son travail. M. L.

BORACITE, Borate de magnésie (Minéralogie). — Substance minérale qui cristallise en cubes remarquables par leur défaut de symétrie ; on la rencontre en cristaux disséminés dans le gypse de Lunebourg, en Brunswick, et de Sageberg, en Holstein ; c'est, du reste, un minéral assez rare.

BORATES (Chimie). — Sels formés par la combinaison de l'acide borique avec les bases. Ils sont reconnaissables à la coloration verte qu'ils donnent à la flamme de l'alcool. Pour obtenir cette coloration, on réduit le sel en poudre, on le mélange avec un peu d'acide sulfurique concentré, et on le délaye dans l'alcool. Il existe des borates neutres et des borates acides. Le borate acide de soude est le seul employé dans les arts (voyez BORAX). On rencontre tout formés, dans la nature, les borates de soude (*Borax*), de magnésie (*Boracite*), de magnésie et de chaux (*Hydroboracite*)

BORAX (Chimie), TINKAL, BORATE DE SOUDE, (?BO³, NaO), de l'arabe *baurach.* — Combinaison d'acide borique avec la soude contenant en outre, quand il est cristallisé, 5 ou 10 proportions d'eau par proportion de sel, suivant qu'il est en cristaux octaédriques ou prismatiques.

Le *borax prismatique* est un sel natif que l'on trouve abondamment dans l'Inde, la Chine, la Perse, l'île de Ceylan et l'Amérique du Sud ; on en a même rencontré en Europe dans le royaume de Saxe. Recueilli sur le bord de petits lacs dans lesquels il est dissous, on l'importait autrefois en Europe en grande quantité, sous le nom de *tinkal;* mais aujourd'hui l'industrie préfère le préparer elle-même au moyen de l'*acide borique* de Toscane, ce qui lui a permis d'abaisser des trois quarts le prix de ce produit.

Dans une grande cuve en bois, doublée de plomb, contenant 7 à 800 litres d'eau et chauffée à la vapeur, on fait dissoudre 1 200 kil. de carbonate de soude cristallisé, puis on y introduit par fractions 1 000 kil. d'acide borique de Toscane ; celui-ci chasse l'acide carbonique et s'unit à la soude. La saturation étant complète, on laisse reposer pendant douze heures, puis on décante la liqueur claire dans des cuves peu profondes, également doublées en plomb, et où la cristallisation ne tarde pas à s'opérer. En laissant refroidir la masse avec lenteur, on obtient des cristaux très-volumineux prismatiques à 10 proportions d'eau. On peu, au contraire obtenir des cristaux octaédriques analogues au *tinkal*, en forçant la cristallisation à se faire entre les limites de température de 79° et de 56° par une plus grande concentration de la liqueur mère ; ils ne contiennent plus alors que 5 proportions d'eau, et par conséquent, sous un même poids, renferment plus de matière utile. Cette découverte est due à M. Payen. Quelle que soit d'ailleurs sa forme cristalline, le borax perd toute son eau par l'action de la chaleur, devient anhydre, blanc, spongieux, pulvérulent ; et si la chaleur est poussée plus loin, il se transforme en un liquide visqueux, transparent et incolore, et dissolvant les oxydes métalliques avec une extrême facilité. Sur cette double propriété reposent l'emploi du borax dans l'industrie et son usage dans les essais au chalumeau.

Il sert dans la brasure du fer avec le cuivre, et de l'or avec divers alliages. La soudure, pour qu'elle puisse se faire, exige que les surfaces métalliques en contact soient parfaitement décapées ; tel est l'effet produit par le borax, qui s'empare des oxydes métalliques en formant avec eux un verre fusible, et qui forme de plus à leur surface un vernis qui s'oppose à une oxydation ultérieure. Le borax est également employé depuis longtemps comme fondant, dans la préparation des couvertes pour la porcelaine anglaise ; il commence à entrer dans la fabrication des glaces et cristaux fins. Le verre, formé par la dissolution à chaud des oxydes métalliques dans le borax est facilement fusible au chalumeau ordinaire, et présente des colorations nombreuses qui servent à distinguer les métaux les uns des autres. Ainsi, le manganèse lui donne une teinte violette, le cobalt le colore en bleu intense, le fer en vert bouteille, le chrome en vert émeraude, le cuivre en vert clair ou en rouge vif. **M. D.**

BORBORYGME (Médecine), en grec, *borborugmos*, de *borboruzéin*, bruire.— On donne ce nom à une espèce de bruit qui semble parcourir les *circonvolutions* (voyez ce mot) de l'intestin, et qui est produit par les déplacements des gaz : ce bruit se lie en général à l'état des organes digestifs, et au plus ou moins de régularité de leurs fonctions ; ainsi, dans l'intestin grêle, il est ordinairement *pur*, *sonore* et *aérien*, comme dit Galien, et indique que l'intestin est vide ; dans le gros intestin, celui-ci contenant des liquides, des résidus de la digestion plus ou moins liés entre eux, ce bruit présente à notre oreille la sensation que nous connaissons lorsque les gaz traversent des liquides : c'est le plus souvent lorsque

la digestion a été pénible, imparfaite ; on observe encore cette espèce de borborygme dans les *entérites*, les *diarrhées*, la *dyssenterie*, le *choléra*, etc. (voyez ces mots).

BORDAGE (Terme de marine). — **Assemblage** de planches très-épaisses qui recouvrent extérieurement la membrure d'un navire.

BORDÉE (Terme de marine). — Espace parcouru par un navire sans virer de bord. Lorsque, ce qui est le cas général, le vent ne souffle pas dans la direction même que doit suivre le navire, on oriente successivement les voiles de façon à suivre des chemins qui font de part et d'autre un certain angle avec la route à suivre ; le navire décrit ainsi une sorte de chemin en zigzag, formé de portées successives qui sont chacune une *bordée*. C'est ce qu'on appelle *courir des bordées, louvoyer*.

BORE (Chimie). — Corps simple qui, par sa combinaison avec l'oxygène, donne l'*acide borique*, puis les *borates*. C'est à peu près uniquement à ces deux états qu'on le trouve dans la nature. Au point de vue physique, cette substance est remarquable par ses analogies avec le charbon. Le charbon existe sous trois états bien distincts : l'état amorphe (charbon ordinaire), l'état graphitoïde (graphite, plombagine), l'état octaédrique (diamants noirs ou blancs). Le bore peut être également obtenu sous ces trois états.

Le *bore amorphe* a été découvert par MM. Gay-Lussac et Thenard, en traitant l'acide borique anhydre par le potassium, il forme une poudre brune prenant feu à l'air ou dans un courant de bioxyde d'azote, sous l'influence d'une chaleur rouge, et infusible au feu de forge.

Le *bore graphitoïde* a été obtenu par M. Deville, en dissolvant du bore dans l'aluminium fondu, puis attaquant ce dernier métal par une lessive bouillante de soude, de la même manière qu'on obtient le charbon graphitoïde en dissolvant du charbon dans de la fonte en fusion, puis traitant le mélange par un acide. Le bore obtenu est en lamelles ou paillettes offrant une grande résistance aux agents d'oxydation.

Le *bore cristallisé, diamant de bore*, a été découvert également par M. Deville, en exposant pendant cinq heures, à une haute température, 80 parties d'aluminium en poids, et 100 parties d'acide borique fondu. On obtient ainsi du bore cristallisé dans la masse de l'aluminium en excès. Une lessive de soude concentrée et bouillante enlève le métal et laisse le bore en cristaux transparents, de couleur grenat, due au cuivre que contient l'aluminium, doués d'un grand pouvoir réfringent et d'un éclat adamantin. Ces cristaux sont d'une dureté comparable à celle du diamant noir, et leur poudre a pu être employée avec avantage à la place d'*égrisée*, ou poudre de diamant, pour la taille de cette pierre précieuse.

Le bore cristallisé résiste avec une énergie extrême à l'oxydation, mais il s'enflamme au rouge dans un courant de chlore et donne du chlorure de bore gazeux.

BORE (CHLORURE DE) (BCl3). — Composé gazeux que l'on obtient, soit en brûlant directement le bore dans un courant de chlore gazeux sec, soit en faisant passer le chlore sur un mélange de charbon et d'acide borique chauffé au rouge. L'affinité du carbone pour l'oxygène de l'acide vient s'ajouter dans ce dernier cas à l'affinité du chlore pour le bore insuffisante à elle seule pour opérer la décomposition de l'acide borique. Le chlorure de bore est gazeux et fumant à l'air, parce qu'au contact de l'humidité de l'air il se décompose en acide chlorhydrique et acide borique solide.

BORE (FLUORURE DE) (BFl3).—Gaz tellement avide d'eau, qu'il charbonne et noircit les matières organiques avec lesquelles il se trouve en contact ; aussi répand-il à l'air d'abondantes fumées blanches. L'eau peut en dissoudre 7 à 800 fois son volume. Mais si l'on étend d'eau sa dissolution concentrée, il se décompose en *acide borique* et en *acide hydrofluorique* composé peu connu.

BORE (SULFURE DE) BS3). — Composé amorphe grisâtre que l'on obtient en faisant passer un courant de sulfure de carbone en vapeur sur un mélange de charbon et d'acide borique chauffé au rouge. Au contact de l'eau, il régénère de l'acide borique et dégage de l'acide sulfhydrique.

BORÉAL. — Se dit en astronomie comme en géographie, de l'hémisphère nord et des astres qui y sont contenus. Le *pôle boréal* d'une aiguille aimantée est celui qui contient le fluide magnétique supposé exister dans l'hémisphère nord de la terre. Ce pôle se dirige vers le sud et s'appelle aussi pôle sud (voyez MAGNÉTISME, AIMANT, BOUSSOLE).

BORGNE (Médecine). — Qui n'a qu'un œil, qui ne voit que d'un œil. On a rencontré des fœtus monstrueux qui n'avaient qu'un œil, quelquefois au milieu du front. Certains enfants viennent au monde aveugles ou borgnes, et cette infirmité est plus ou moins grave suivant la maladie qui l'a produite. La perte d'un œil peut venir d'un accident, coup, blessure, etc., ou d'une maladie propre de l'œil ; dans ce cas, on peut toujours craindre que l'autre ne soit affecté de la même manière, et on doit prendre le plus grand soin d'éviter les causes qui ont pu déterminer la maladie du premier.

Borgne (Anatomie). — Cette dénomination s'applique à certains conduits qui n'ont qu'un orifice. Ainsi, dans l'os frontal, le *trou borgne* ou *épineux* est situé au bas de la crête frontale, sur la ligne médiane, à la face interne de cet os. A l'angle de réunion des deux branches du V formé par les grosses papilles de la langue, en arrière du sillon superficiel, se voit un *trou borgne* (*foramen cæcum* de *Morgagni*).

Borgne (Chirurgie). — Les fistules à l'anus qui n'ont qu'une ouverture sont appelées *fistules borgnes* ; si l'ouverture est externe, la *fistule* est dite *borgne externe* ; lorsque l'orifice unique est dans l'intestin, c'est une *fistule borgne interne* (voyez FISTULE).

BORIQUE (ACIDE) (Chimie) BO³). — Composé naturel formé par la combinaison d'une proportion de bore et de trois proportions d'oxygène et produisant les *borates*, par son union avec les bases.

Découvert en 1702 par Homberg, cet acide s'extrayait autrefois exclusivement du borate de soude naturel ou *tinkal*, que l'on traitait par l'acide sulfurique, et prenait en médecine, où il était usité, le nom de *sel sédatif de Homberg*. Les *lagoni* de Toscane en fournissent aujourd'hui des quantités telles qu'il sert, au contraire, à la production du tinkal artificiel ou *borax* (voyez ce mot).

Dans certaines localités de la Toscane, il s'échappe des crevasses du sol des courants très-chauds d'un mélange complexe de gaz et de vapeurs entraînant avec elles des substances ordinairement solides, des sulfates d'ammoniaque, de fer, de chaux, d'alumine et d'acide borique. Autour de ces crevasses soufflantes appelées *soffioni*, on a construit des bassins circulaires A (*fig.* 345) appelés

Fig. 345. — Esquisse des lagoni où l'acide borique se forme naturellement.

lagoni (petits lacs), et disposés par gradins les uns au-dessous des autres ; on fait arriver dans le plus élevé l'eau des sources voisines. Dès que l'eau est assez abondante pour pénétrer dans les crevasses, elle est refoulée par le mélange gazeux, soulevée en petits cônes qui se déchirent pour donner passage à une colonne de vapeurs blanchâtres ; elle se charge en même temps d'acide borique. Au bout de vingt-quatre heures, l'eau est devenue presque bouillante et contient une quantité notable d'acide. On la fait écouler dans le bassin immédiatement inférieur et on recharge d'eau celui qui vient d'être vidé. A mesure qu'elle descend vers les bassins inférieurs, l'eau s'enrichit de plus en plus d'acide. Quand elle

marque 1,3 à l'aréomètre Baumé, on la fait passer dans des bassin B, D où, par le dépôt, elle abandonne une grande quantité de matière terreuse, puis quand elle est éclaircie, elle passe successivement dans une série de bacs en plomb a, b, c, d, larges, peu profonds et pareillement disposés en étages ; au-dessous de ces bacs, on dirige les mélanges gazeux qui s'échappent de soffioni trop mal situés pour qu'on puisse y former des lagoni, et ces courants suffisent pour produire l'évaporation du liquide. Ce liquide, suffisamment concentré, s'écoule finalement dans des cristallisoirs C où il dépose de l'acide borique brut employé à la fabrication du borax. La préparation de cet acide n'exige donc ni force mécanique ni combustible ; l'inclinaison du terrain et les courants de vapeur chaude font tout le travail. 100 000 000 de kil. d'eau sont ainsi évaporés annuellement et produisent 1 000 000 de kil. d'acide borique cristallisé.

L'acide borique cristallise en écailles nacrées (BO³+3HO) contenant 4,36 p. 100 d'eau qu'il perd au rouge en fondant. Il se dissout dans 25 fois son poids d'eau à la température ordinaire. Il se dissout un peu dans l'alcool et dans l'esprit de bois dont il colore la flamme en vert. Cette coloration verte, qui est surtout très-marquée avec l'esprit de bois, sert à reconnaître de petites quantités d'acide. L'acide borique se volatilise à une très-haute température, surtout dans un courant de gaz ou de vapeur. Cette particularité explique la présence de ce corps dans les soffioni de la Toscane et a été mise à profit par Ebelmen pour la fabrication artificielle des pierres précieuses. En dissolvant de l'alumine et de la magnésie dans de l'acide borique fondu et évaporant celui-ci par la chaleur, on obtient des cristaux de spinelle identiques aux beaux spinelles de la nature. La vaporisation de l'acide borique est singulièrement facilitée par la vapeur d'eau, et c'est évidemment là la source de l'acide borique dans les lagoni. Cette substance existe dans les profondeurs du sol ; elle en est tirée par la vapeur d'eau qui l'entraîne pour la déposer dans l'eau des bassins. M. D.

BORRAGINÉES (Botanique). — Famille de plantes *Dicotylédones gamopétales hypogynes* (de Juss.). Elle comprend des herbes et des arbrisseaux, plus rarement des arbres, à feuilles alternes, simples, ordinairement couvertes de poils plus ou moins longs et roides. L'inflorescence est en épi, en cyme scorpioïde ou roulée en forme de crosse. Calice à 5 lobes ; corolle ordinairement quinquélobée ; 5 étamines, 4 ovaires uniovulés ; fruit composé de 4 akènes à une seule graine dépourvue de périsperme. Les Borraginées se rapprochent des Labiées, elles habitent les région extratropicales des deux continents. Le genre *Bourrache* est le type de cette famille. Elles se rencontrent surtout abondamment dans la région méditerranéenne et l'Asie centrale. Leurs propriétés sont, en général, émollientes par le mucilage qu'elles renferment. Genres principaux : *Héliotrope* (*Heliotropium*, Lin.), *Mélinet* (*Cerinthe*, Lin.), *Vipérine* (*Echium*, Lin.), *Bourrache* (*Borrago*, Tourn.), *Consoude* (*Symphytum*, Tourn.), *Anchuse* ou *Buglosse* (*Anchusa*, Lin.), *Lycopside* (*Lycopsis*, Lin.), *Pulmonaria*, Tourn. ; *Myosotis*, Lin. ; *Cynoglossum*, Tourn. G — s.

BOSSE (Anatomie), en latin, *gibbus*. — On désigne sous ce nom certaines proéminences qu'on observe à la surface de quelques os du crâne ; ainsi : les B. *frontales*, au-dessus des sourcils ; la B. *nasale*, entre les arcades sourcilières ; les B. *pariétales*, au centre des pariétaux ; la B. *occipitale*, sur la ligne médiane de l'os occipital, un peu au-dessus du trou occipital (voyez ces différents mots). On donne aussi, vulgairement, le nom de *bosses* aux protubérances du crâne qui servent de base à la *crâniologie* dans le système de Gall (voyez CRANIOLOGIE, PHRÉNOLOGIE).

Bosse (Pathologie). — Les médecins ont donné le nom de *bosse* à toute déviation, tout vice de conformation des os qui constituent le tronc, et particulièrement de la colonne vertébrale et du sternum. Ces déviations peuvent être congénitales ou ne se produire que plus ou moins longtemps après la naissance ; elles dépendent généralement des scrofules, du rachitisme, de la syphilis constitutionnelle héréditaire ou d'une maladie particulière des cartilages, des os, etc. Quand cette difformité est en arrière, elle prend le nom de *gibbosité* ; en avant, celui de *cambrure*, *lordose* ; sur les côtés, on l'appelle *obstipation*. On donne encore le nom de *bosses* aux tumeurs qui s'élèvent subitement après une contusion sur les parties molles qui recouvrent les os du crâne ; elles peuvent avoir lieu aussi, quoique rarement, sur d'autres parties du corps par la même cause. Elles sont formées de sang épanché ou simplement infiltré ; il est rare qu'elles ne cèdent pas rapidement aux *résolutifs* (voyez ce mot).

Bosse (Zoologie). — On appelle *bosses* certaines grosseurs que quelques animaux ont naturellement sur le dos ; ainsi le dromadaire (*chameau d'Arabie*) en a une ; le chameau proprement dit (*chameau de Bactriane*) en a deux ; le bison d'Amérique en a une sur les épaules ; le zébu une ou deux sur le garrot. Ces bosses qui sont des dépôts graisseux, sont recherchées comme très-bonnes à manger (voyez CHAMEAU, BISON, ZÉBU).

BOSWELLIE (Botanique), *Boswellia*, Roxb., dédié au docteur Boswel, d'Édimbourg. — Genre de plantes de la famille des *Burséracées*, qui a pour caractères : fleurs hermaphrodites ; calice à 5 dents ; 5 pétales étalés ; 10 étamines ; capsule drupacée à 3 loges monospermes. La *B. dentelée* (*B. serrata*, Stackh.) est un arbre élevé, à feuilles pennées avec impaire. Ses fleurs sont petites et blanchâtres. Elle croît dans les montagnes des Indes orientales. C'est, selon Roxburgh, cette espèce qui produit le véritable *encens* ou *gomme d'Oliban* sous forme de gomme résineuse odorante, qu'on obtient au moyen d'incisions faites au tronc. La *B. glabre* (*B. glabra*, Roxb. ; *Canarium balsamiferum*, Willd.) est un arbre du Coromandel. Elle donne aussi une résine abondante, que les habitants du Bengale emploient comme de la poix. Ces espèces sont de serre chaude.   G — s.

BOTAL (TROU DE) (Anatomie). — On donne ce nom à une ouverture qui existe chez le fœtus, en arrière et en bas de la cloison qui sépare les deux oreillettes du cœur ; de sorte qu'il y a à cette époque de la vie une communication entre les deux oreillettes et le sang peut passer dans l'oreillette gauche sans traverser le poumon (voyez CIRCULATION). Cette ouverture s'oblitère après la naissance et il n'existe plus aucun mélange du sang noir avec le sang rouge ; cependant, quelquefois cette occlusion n'a pas lieu complétement, et alors presque toujours cet accident donne lieu à une maladie connue sous le nom de *cyanose* ou *maladie bleue* (voyez CYANOSE). Le nom de *trou* de Botal a été donné à cette ouverture à cause de Botal, célèbre médecin du XVIe siècle, qui, dit-on, en a parlé le premier, quoiqu'elle ait déjà été connue de Galien (voyez CŒUR).

BOTANIQUE, du grec *botané*, plante, ou PHYTOLOGIE, du grec *phuton*, plante. — Science qui s'occupe de l'étude, de la description et de la classification des végétaux (voyez PHYTOLOGIE et VÉGÉTAL (*Règne*).

BOTANIQUE (JARDIN). — Voyez JARDIN.

BOTHRION (Médecine), du grec *bothrion*, petite fosse. — C'est un ulcère de la cornée, commençant par une phlyctène, comme l'*argéma*, dont il ne diffère que parce qu'il est plus profond (voyez ARGÉMA).

BOTRIOCÉPHALE (Zoologie). — Voy. TÉNIA.

BOUC (Zoologie). — C'est le mâle de la *Chèvre*.

BOUCAGE (Botanique), du goût des boucs pour cette plante. — Genre de plantes appelé *Pimpinella*, Lin. (altéré de *bipennula*, à cause des feuilles deux fois pennées) ; elle appartient à la famille des *Ombellifères*, tribu des *Amminées*, et a pour caractères : calice entier ; pétales entiers, réfléchis ; fruit ovale, oblong, strié ; carpelles à 5 côtes égales ; vallécules à plusieurs bandelettes. Le *B. anis* (*P. unisum*, Lin.) est l'espèce la plus importante de ce genre à cause de ses graines aromatiques, si connues sous le nom d'*anis* et employées dans la confiserie et la parfumerie pour leur huile essentielle. Dans la fabrication de l'anisette, l'anis étoilé est préférable. La médecine fait aussi usage de ces graines comme cordiales et stomachiques. Originaire de l'Égypte, cette espèce se cultive dans quelques départements méridionaux de la France. Le *Grand Boucage* (*P. magna*, Lin.) est une grande herbe indigène dont les racines passaient autrefois pour diurétiques et résolutives. Il fournit un bon fourrage ainsi que le *B. saxifrage* (*P. saxifraga*, Lin.), espèce très-commune dans nos prairies. Elle a les fleurs blanches, les tiges grêles et rameuses, et vient sur les pelouses arides.   G — s.

BOUCANAGE. — Procédé grossier de conservation des viandes en les enfumant sur un gril nommé *boucan*.

BOUCHE (Anatomie), *bucca*, des Latins ; *stoma*, des Grecs. — On appelle ainsi une cavité située à l'entrée des voies digestives, entre les deux mâchoires, limitée en haut par la voûte palatine, en bas par une grande partie de la langue, en arrière par le voile du palais, en avant par les lèvres et par les arcades alvéolaires et dentaires. Ses parois latérales sont formées par ces mêmes arcades et par les deux joues : une ouverture postérieure la fait communiquer avec le pharynx ; en raison de son étroitesse, elle a reçu le nom d'*isthme* du gosier ; enfin, l'ouverture antérieure est ce qui doit véritablement porter le nom de bouche (du grec *buô*, je bouche). La capacité de la bouche varie à l'infini, depuis l'état d'occlusion complète où les mâchoires étant rapprochées ne laissent aucun vide entre elles, jusqu'à l'état d'écartement extrême où cette cavité représente une pyramide dont la base est l'ouverture buccale. C'est dans la bouche que s'opère la fonction qui constitue le sens du *goût*, ainsi que la mastication, l'insalivation des aliments, première phase du travail chimique de la digestion et le commencement de la déglutition. C'est là aussi que l'articulation des sons a lieu.

Bouche (ZOOLOGIE). — Cette cavité varie beaucoup de formes dans la série animale, et les principales différences qu'on y remarque tiennent en général au genre de vie ; ainsi, les animaux Carnivores ont une bouche plus large, plus grande que les Herbivores. Dans les Vertébrés, elle est toujours formée de deux mâchoires se mouvant verticalement l'une vers l'autre ; presque tous les Mammifères ont des dents ; les Oiseaux ont un bec qui offre de nombreuses modifications ; parmi les Reptiles et les Poissons, les uns ont des dents, les autres en sont dépourvus. Dans les Mollusques, la diversité des aliments a dû déterminer de nombreuses modifications dans la bouche ; ainsi, les Céphalopodes ont un bec formé de deux mâchoires de corne semblables au bec d'un perroquet ; plusieurs Gastéropodes ont dans la bouche une masse musculaire et une langue garnie de petits crochets ; d'autres ont une bouche en forme de trompe plus ou moins allongée. Dans la plupart des insectes, la bouche est composée de six pièces (*fig.* 346 et 347) ; quatre sont placées par paires, deux de chaque côté, et se meuvent latéralement ; la paire supérieure s'appelle les *mandibules*, la paire inférieure retient le nom de *mâchoires* ; des deux

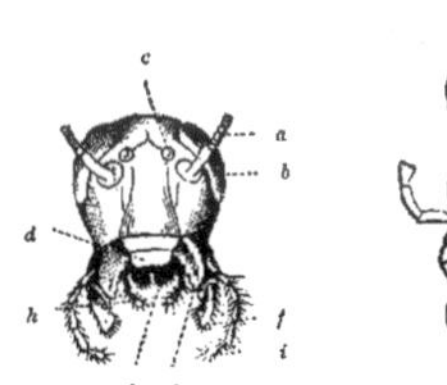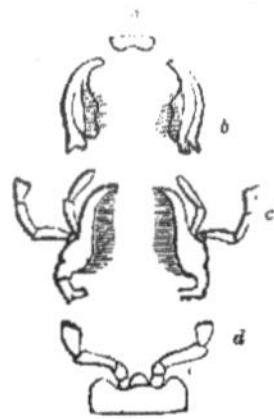

Fig. 346. — Tête de blatte vue devant (1).   Fig. 347. — Appendices buccaux d'un carabe (2).

autres pièces, l'une qu'on appelle *labre*, est située au-dessus de la paire des pièces supérieures ou mandibules, et l'autre au-dessous de la paire inférieure ; elle porte le nom de *lèvre*, elle est elle-même formée de deux parties, l'une, plus solide et inférieure, est le *menton*, la supérieure, qui porte souvent deux palpes, est la *languette*. Parmi les Insectes suceurs, les uns ont de petites lames en forme de soies ou de lancettes, reçues dans une gaîne tenant lieu de lèvres : tels sont les *punaises*, les *puces*, etc. D'autres fois, on ne trouve que deux palpes supportés par la lèvre, les mâchoires ont acquis une longueur extraordinaire, et forment une espèce de trompe, se roulant en spirale, et qu'on nomme *langue*. Les Crustacés ont plusieurs mâchoires transversales qui ont quelque analogie avec celles des Insectes. Dans les Arachnides, la

(1) *a*, Antennes. — *b*, yeux composés. — *c*, ocelles. — *d*, labre. — *e*, mandibules. — *f*, mâchoires. — *g*, languette. — *h*, palpes labiales.
(2) *a*, labre. — *b*, mandibules. — *c*, mâchoires. — *d*, menton.

bouche est armée de mâchoires. Chez les Annélides, la bouche est souvent armée d'une trompe protractile et de mâchoires ayant la forme de crochets cornés. Les vers intestinaux ont des suçoirs ou ventouses souvent armées de pointes dures. Enfin, les Zoophytes ont rarement la bouche munie de pièces dures (Oursins), mais souvent entourée de tentacules (polypes, holothuries). AD. F.

BOUCHE D'ARGENT (Zoologie). — Nom vulgaire du *Turbo argyrostomus*, espèce de mollusque du genre *Subot*.

BOUCHE SANGLANTE (Zoologie). — Nom vulgaire du *Buccinum hæmastoma* (voyez BUCCIN).

Plusieurs autres coquilles portent encore le nom de *bouche*.

BOUCHE-EN-FLUTE (Zoologie). — Famille de *Poissons acanthoptérygiens*, caractérisée par un long tube au-devant du crâne, prolongement de l'ethmoïde, du vomer, des préopercules, inter-opercules, ptérygoïdiens et tympaniques et au bout duquel se trouve la bouche; les intestins n'ont point de grandes inégalités; les côtes sont courtes ou nulles; ils comprennent les genres *Fistulaire* et *Centrisque*.

BOUCHER, BOUCHERIE (Hygiène publique). — La viande étant un des éléments les plus importants de l'alimentation publique, on conçoit que la question de la boucherie ait dû préoccuper de tout temps les gouvernements, et qu'ils aient senti la nécessité de réglementer cette industrie, non-seulement pour assurer les approvisionnements dans les grandes villes, mais surtout au point de vue de l'hygiène publique et de la salubrité: aussi l'existence d'une espèce de corporations des bouchers se trouve-t-elle déjà à Rome, où ils avaient leurs lois, leur police, leurs tribunaux spéciaux. Dès les premiers temps de l'histoire de Paris, on trouve que tout ce qui regarde le service de la boucherie, les achats, les approvisionnements, le débit, est confié à un certain nombre de personnes qui élisent ce qu'on appelait le *maître des bouchers*. On sait le rôle que joua cette corporation puissante dans les troubles qui ensanglantèrent Paris pendant la démence de Charles VI, lors des terribles luttes des Armagnacs et des Bourguignons; plus tard, au lendemain de l'assassinat de Henri III, le 12 janvier 1590, intervint une sentence du Châtelet qui règle le mode d'élection des *quatre jurés* chargés de gouverner la communauté des bouchers; enfin, la révolution de 1789 ayant eu pour conséquence l'abolition des corporations, le commerce de la boucherie devint libre par toute la France; plus tard, cependant, la boucherie fut de nouveau réglementée à Paris, et le nombre des bouchers limité (en 1811). Aujourd'hui, par l'ordonnance du 24 février 1858, on est revenu, après divers essais d'assez courte durée, à un régime de liberté, quant au nombre des bouchers et au prix de la viande tempéré par des mesures de polices, protectrices de la salubrité publique: ainsi à Paris, un étal de boucher n'aura pas moins de 2^m,50 de hauteur, 3^m,50 de largeur et 4 mètres de profondeur; il ne doit y avoir ni âtre, ni cheminée, ni fourneau; elle sera séparée de toute chambre à coucher par un mur, sans pouvoir communiquer directement avec elle; elle ne doit être fermée sur la rue, et seulement pendant la nuit, que par une grille en fer. Les boucheries seront construites de manière à n'admettre qu'une faible lumière, et à avoir toujours une température au-dessous de l'atmosphère en été, afin d'en écarter les insectes et les mouches qui peuvent nuire à la conservation de la viande; elles seront tenues avec une propreté telle qu'elles n'exhalent aucune mauvaise odeur, grâce à l'abondance des eaux qu'elles reçoivent et qu'elles peuvent laisser écouler avec facilité. Une autre question intéressante pour l'hygiène publique est celle qui a rapport au transport des animaux de boucherie; on a reconnu que lorsque les animaux étaient surmenés, il pouvait en résulter des accidents graves pour la salubrité; aujourd'hui on amène dans des voitures les porcs, les veaux et souvent d'autres bestiaux dont la chair est bien plus susceptible de s'altérer; et on fait en sorte de faire voyager les bœufs et les moutons à plus petites journées. On a beaucoup disserté aussi sur les inconvénients que présentent les viandes déjà avancées et en état de décomposition au point de vue hygiénique; la science a naguère proclamé l'innocuité de ces viandes comme aliments; mais il est probable que de longtemps l'opinion publique ne sanctionnera cette décision (voyez ABATTOIR, VIANDE, etc.). Consultez sur cette matière: Bizet, *Du commerce de la boucherie et de la charcuterie de Paris, et des commerces qui en dépendent*, Paris, 1847; — Guérard, *Sur le transport des animaux destinés à la boucherie*, Annales d'hygiène, etc., t. XXXV, p. 65, 1846; — *Notice sur le régime du commerce de la boucherie*, publiée par le ministre de l'agriculture et du commerce, Paris, 1850; — E. Millon, *De la liberté du commerce de la boucherie*, 1851. — Pour les produits de boucherie, voy. VIANDE.

BOUCHES A FEU (Artillerie). — On a donné le nom de *bouches à feu* aux armes à feu de gros calibre et d'un poids considérable, en réservant celui d'armes à feu pour les armes de faible calibre et facilement maniables pour un seul homme. A notre époque, on distingue trois espèces de bouches à feu : les canons, les obusiers et les mortiers.

C'est vers la fin du XIIIe siècle (voyez ARTILLERIE) qu'apparaissent les armes à feu; dès l'origine on trouve des armes de petit calibre, c'étaient les arquebuses dont l'arc avait été supprimé et remplacé par une boîte mobile s'ajustant au tube et renfermant la poudre et le projectile; elles tiraient des balles ou de petits boulets en plomb. Ces armes prirent différents noms : canons, serpentines, arquebuses; leur poids était trop considérable pour qu'un homme pût les porter; elles étaient placées sur de petits chariots et manœuvrées par un ou deux hommes. On employait en même temps une pièce complétement différente, c'était la bombarde; elle était composée de lames de fer et même de bois reliées fortement entre elles et solidement assujetties sur de fortes charpentes. Le calibre de la bombarde était très-considérable, le boulet de pierre pesait quelquefois jusqu'à 1 500 livres; l'âme était divisée en deux parties : la partie antérieure, destinée à recevoir le boulet, était tronconique et cylindrique; la partie postérieure ou *chambre*, destinée à recevoir la charge, était cylindrique et d'un diamètre beaucoup plus petit.

Vers 1400, l'arquebuse fut remplacée par la *coulevrine*, fondue en bronze d'une seule pièce, pesant 18 à 24 livres et manœuvrée par un homme; cette pièce devint rapidement l'arme de l'infanterie. Les services que cette pièce rendit décidèrent à augmenter son calibre et sa longueur; on obtint ainsi une excellente pièce ayant un tir suffisamment précis et une grande portée. En même temps, l'emploi des boulets de fonte permit de diminuer le calibre des bombardes, qui furent faites en bronze et un peu allongées; on put alors employer une plus forte charge et supprimer la chambre; on obtint ainsi le *canon*.

L'artillerie ne se composa bientôt plus que de la coulevrine de poids et de calibre moyens et de grande longueur, du canon de gros calibre, de petite longueur et plus lourd que la couleuvrine, et enfin du mortier ressemblant aux anciennes bombardes et que Jean Bureau employa au tir des bombes en 1542. La plus grande confusion régnait dans la fabrication de ces pièces et dans les calibres. Louis XI réussit le premier à établir un peu d'uniformité et fit établir par Jean Bureau des pièces types; aussi l'artillerie française fut-elle bientôt la première, et lorsque Charles VIII partit pour l'Italie, il emmena avec lui un parc remarquable par le nombre des pièces et leur uniformité.

A partir de cette époque, tous les pays s'efforcèrent d'imiter la France; pendant la paix, l'uniformité s'établissait, mais durant les guerres étrangères ou civiles de nouveaux calibres s'introduisaient; suivant le genre de guerre les bouches à feu variaient de poids et de calibre; dans les guerres de siége, l'artillerie devenait lourde et grosse, dans les guerres actives légère et de petit calibre. Au commencement du XVIIe siècle, le tir à mitraille se répandit; de 1601 à 1604, au siége d'Ostende, un Français inventa les obusiers.

Gustave-Adolphe donna à son artillerie une légèreté qu'on ne connaissait pas encore. Sa principale artillerie se composait de pièces de 12 et de 8, courtes et légères; il donna aux bataillons de son infanterie de petites pièces de 4 en fonte pesant 525 livres, destinées à tirer à mitraille, et, quelque temps après, il leur donna des canons du même calibre. Après les guerres de Louis XIV, l'artillerie française se trouva dans une grande confusion; elle fut réorganisée par Vallière en 1732; le système était très-simple, les pièces bien construites, suffisamment légères et de 5 calibres différents, 24, 16, 12, 8 et 4; on adopta l'obusier de 8 pouces (le calibre des obusiers et des mortiers est exprimé par le diamètre de l'âme) et les mortiers de 8, 10 et 12 pouces et un pierrier de 15 pouces; le pierrier est un mortier de grande dimension destiné à lancer des paniers de pierres, de grenades ou d'obus. Ce système ne dura que jusqu'en 1765 et fut remplacé par celui de Gribeauval, qui, avec quelques modifications, a été le système français jusqu'en 1853. Gribeauval avait établi la séparation complète de l'artillerie de siége et de l'artillerie de bataille : pour la première, il admettait les calibres de 24, 16, 12 et 8, un obusier de 8 pouces et les mortiers de même calibre que ceux de Vallière ; pour l'artillerie de campagne, les calibres de 12, 8 et 4 et un obusier de 6 pouces. Ce qui distingua ce système, ce fut le soin apporté à la construction des affûts, qu'on avait négligée jusqu'alors, et l'uniformité complète de toutes les parties du matériel. Les affûts furent changés en 1825, mais les bouches à feu ont été conservées, sauf le 8 de siége, le 4 de campagne, les obusiers de 8 et de 6 pouces.

En 1853, l'empereur Napoléon III apporta une simplification considérable à notre artillerie de campagne ; on adopta le canon-obusier de 12 et on supprima le canon de 8 et l'obusier de 0ᵐ,15. L'artillerie de campagne fut alors composée du canon de 12, qui prit le nom de 12 de réserve, de l'obusier de 0ᵐ,16, formant avec ce canon les batteries de réserve et de position, et du canon-obusier de 12 employé dans toutes les circonstances ordinaires. Enfin, en 1858, tout le système d'artillerie fut changé en France, sauf les mortiers.

L'artillerie de campagne se compose du canon de 4 rayé de campagne et du canon de 12 rayé de réserve qui est l'ancien canon-obusier de 12 rayé.

L'artillerie de montagne se compose du canon de 4 rayé de montagne.

Les canons de siége ont été remplacés par le canon de 12 rayé de siége, qui est l'ancien canon de 12 de réserve rayé. — Voir au supplément. **M. M.**

BOUCHON, Bouchon de liége. — Les bouchons de liége sont fabriqués avec l'écorce du *Chêne liége* (*Quercus suber*), qui croît en Espagne, en Italie, en Algérie et dans le midi de la France. Leur forme est légèrement conique ; ils doivent être bien arrondis, élastiques, unis, secs, sonnants et sans défauts. Du reste, leur qualité est extrêmement variable et, par suite, aussi leur prix.

Les bouchons sont fabriqués à la main par un ouvrier appelé *bouchonnier*. Le liége est d'abord coupé en bandes plus ou moins étroites, puis débité en morceaux quadrangulaires dont on abat les angles pour dégrossir le bouchon.

Dans cet état, chaque morceau de liége est pris par le bouchonnier armé d'un long couteau à lame large, mince et bien affilée. Le couteau est fixé sur le bord d'un établi, le tranchant en haut ; le bouchonnier, tenant son bouchon des deux mains, le présente sur le tranchant, sur lequel il le fait glisser longitudinalement en le tournant sur lui-même entre ses doigts de manière à couper le liége en le sciant, ce qui donne une section plus nette. Cette opération marche très-vite entre les mains d'un ouvrier exercé.

On a imaginé plusieurs machines destinées à fabriquer les bouchons par des procédés mécaniques. Le travail est ainsi plus rapide et plus régulier ; mais le déchet est tel qu'on a dû y renoncer. Le liége, en effet, n'est pas un produit homogène ; il est sillonné par de nombreuses veines, dures, friables et perméables aux liquides et aux gaz. La machine passe au travers de ces défauts sans aucun choix, et les bouchons qui les présentent doivent être mis au rebut ou taillés à neuf ; l'ouvrier les évite, au contraire, et passe à côté ; il obtient un bouchon plus petit, mais de bonne qualité.

Les bouchons de qualité très-médiocre suffisent encore pour les boissons ordinaires. Les vins non mousseux que l'on met en bouteilles pour la consommation ordinaire ne donnent pas de pression sur le bouchon, et pour peu que celui-ci soit un peu serré et qu'il ne soit pas trop défectueux, la fermeture est suffisante ; mais pour les vins fins, de garde, et surtout pour les vins mousseux, on ne doit faire usage que de bouchons de premier choix. La cire ne pourrait être utilement employée, comme pour les vins rouges, à compléter la fermeture.

BOUCHOT. — Voyez Moule.

BOUCLE (Vétérinaire). — Anneau en fer ou en cuivre que l'on passe à travers le boutoir du porc pour l'empêcher de fouir la terre.

On donne le nom de boucle à des vésicules qui se développent dans l'intérieur de la bouche du porc affecté de stomatite aphtheuse ; ces vésicules se terminent par la formation d'une eschare. On emploie contre cette maladie les lotions avec l'eau aiguisée d'acide sulfurique, les boissons rafraîchissantes, etc.

BOUCLÉ, Bouclée (Poisson). — On a ajouté cette épithète au nom de certains genres de poissons pour indiquer des espèces particulières qui présentent sur le corps de gros tubercules osseux garnis d'un aiguillon recourbé nommé *boucle*, comme dans la *Raie bouclée* (*Raia clavata*, Lin.), ou qui ont la peau toute garnie de petites épines, tel que le *Squale bouclé*, Lacép. (*Squalus spinosus*, Bloch) (voyez Raie, Squale).

BOUCLIER (Zoologie), *Silpha*, Lin. ; *Peltis*, Geoff. — Genre d'*Insectes coléoptères pentamères*, famille des *Clavicornes*, tribu des *Silphales* ; caractérisé par : le corps en forme de bouclier, un peu déprimé ; corselet grand, dilaté ; élytres fortement rebordées ; palpes filiformes ; tarses composés de 5 articles. La plupart de ces insectes vivent dans les matières en putréfaction et exhalent une odeur infecte ; quelquefois ils laissent échapper par la bouche et par l'anus une liqueur très-fétide ; ils recherchent les lieux sombres et retirés, où ils trouvent les cadavres ou les excréments des animaux. Il y en a qui vont souvent sur les arbres à la recherche des chenilles ; leurs larves, qui sont aussi agiles, vivent de la même manière ; parmi les espèces d'Europe, on remarque : le *B. thoracique* (*Silpha thoracica*, Lin.), le corps noir, le corselet rouge, qui habite nos bois ; il est long de 0ᵐ,015. Le *B. quatre points* (*S. quadripunctata*, Lin.), noir, le corselet jaune, qui vit de chenilles sur les jeunes chênes. Le *B. obscur* (*S. obscura*), d'un noir obscur, long de 0ᵐ,015, très-commun. Le *B. réticulé* (*S. reticulata*, Lin.), d'un noir opaque ; aux environs de Paris.

BOUE (Médecine), en latin *cœnum*. — Mélange de détritus minéraux, végétaux et animaux qui se forme dans les rues et sur les places publiques, dans les villes et les campagnes et sur les routes et les chemins. L'enlèvement des boues dans les rues des grandes villes constitue un point très-important dans l'hygiène publique et dans le service de la police de salubrité ; les substances végétales et animales qu'elles contiennent et qui sont en voie de décomposition, dégagent des gaz et des exhalaisons très-nuisibles à la santé dans les temps humides et chauds. Il faut donc, comme cela se pratique à Paris et dans les grandes villes, que l'autorité veille avec le plus grand soin à ce que le balayage, l'arrosement et l'enlèvement des boues soient faits le plus souvent possible et que les habitants secondent efficacement l'administration dans l'exécution des mesures qu'elle prend à cet égard. Mais, à un autre point de vue, les boues des villes, mélange de substances animales, telles que résidus de cuisine, de boucheries et autres et de détritus végétaux de toute espèce, deviennent un engrais très-énergique et très-fertilisant ; aussi, dans presque toutes les villes, elles sont affermées à des cultivateurs ou à des industriels qui en font une spéculation ; mais c'est dans les villages, dans les petites localités, que l'on voit avec peine une masse de ces *boues* presque perdues pour l'agriculture par l'incurie et l'ignorance de nos paysans, qui non-seulement, en les utilisant, assainiraient leurs villages, mais encore feraient tourner au profit de l'agriculture des principes funestes à la santé publique ; dans les campagnes, les boues des marais, des mares, des fossés, des canaux appellent aussi la surveillance des magistrats, et il est bien à désirer que, par une mesure générale, ce remuement des boues, ces curages, en un mot, se fassent à une époque où les miasmes qu'ils dégagent soient moins dangereux ; ainsi jamais au printemps ni en été, à moins que les boues ne soient enlevées immédiatement, mais vers la fin de l'automne et au commencement de l'hiver. **F — N.**

Boue des couteliers (Matière médicale). — Voyez Cimolée (Terre).

Boues minérales (Matière médicale). — On donne ce nom à des dépôts des eaux minérales, ou à des terres imprégnées des matières que les eaux charrient et qu'elles abandonnent soit sur le sol, soit dans les réservoirs. Elles sont assez peu consistantes pour qu'on puisse y entrer comme dans un bain ordinaire. Les boues minérales diffèrent suivant qu'elles sont composées exclusivement d'éléments minéraux, ou qu'il y entre une plus ou moins grande proportion de matières végéto-thermales ou de conferves. En général, ces bains n'ont pas de propriétés spéciales autres que celles des eaux minérales dont les boues sont le produit ; seulement elles doivent posséder une plus grande énergie d'action, en raison de la pression plus considérable, du frottement plus fort subi par la peau, de la forme plus concentrée des principes minéralisateurs, des matières organiques qui y existent quelquefois en quantité notable, des gaz nouveaux qui se produisent et de la fermentation qui y a lieu : on obtient donc une médication plus excitante et plus tonique que par les eaux minérales ordinaires. Les principales boues de France sont celles de Saint-Amand (Nord), d'un brun noirâtre et répandant une odeur prononcée d'acide sulfhydrique ; on les prend ordinairement à la température du bain ordinaire tempéré, et on y reste plusieurs heures ; en en sortant on se plonge dans un bain dit *de propreté*. Il y a aussi des boues minérales à Bourbonne. Celles où prédomine l'élément végétal se trouvent à Néris, à Bagnères-de-Luchon, à Dax. Mais c'est surtout en Allemagne qu'on trouve les boues minérales en plus grande quantité.   F — N.

BOUÉE (Marine). — Corps flottant attaché à un *orin* ou cordage mince, servant à marquer la place où a été jetée l'ancre d'un navire, et à la retrouver dans le cas où le câble de l'ancre viendrait à se rompre par accident. La bouée est formée, pour les navires marchands, d'un morceau de bois de sapin ou d'un tonneau vide ; et pour les gros navires, de doubles cônes en bois ou en tôle formant un vase creux qui surnage l'eau de mer. Des bouées de dimensions plus grandes sont employées dans le voisinage des côtes à signaler un écueil, un danger quelconque, ou la direction d'un chenal ou d'une passe difficile. L'orin est alors muni à son extrémité inférieure d'une ancre de bouée qui le fixe au lieu marqué.

La *bouée de sauvetage* est un grand plateau de liège ou un cylindre creux en tôle, lesté sur une de ses faces et portant sur l'autre une hampe de drapeau destinée à le faire voir de loin, et qu'on jette à la mer lorsqu'un homme y est tombé. Elle a pour but de donner au naufragé un point d'appui en attendant qu'une barque aille à son secours.

BOUFFISSURE (Médecine), en latin *inflatio*. — Gonflement, le plus souvent partiel, occasionné par une infiltration de sang, de sérosité, et même de gaz dans le tissu cellulaire ; quelquefois la bouffissure est tout à fait accidentelle et tient à de la fatigue. La bouffissure sanguine peut être la suite de fortes contusions. L'emphysème traumatique (voyez **Emphysème**) détermine une bouffissure plus ou moins considérable du tronc ou de la face ; c'est de l'air échappé du poumon. Il y a souvent bouffissure dans les hydropisies par infiltration séreuse.

BOUGIE (Chimie industrielle). — De *Bougie*, ville du littoral de l'Afrique algérienne, d'où la France retirait la plus grande partie de la cire nécessaire à sa consommation.

Le nom de bougie fut d'abord exclusivement réservé aux chandelles *de cire*, puis il fut successivement étendu à celles que l'on fabrique avec le *blanc de baleine* et avec l'*acide stéarique*.

Bougies de cire. — L'usage de la cire comme moyen d'éclairage paraît avoir été connu des Arabes dès la plus haute antiquité ; il fut importé en Europe au viiie siècle par les Vénitiens, alors maîtres du commerce de l'Orient ; mais le prix élevé de la cire en fit toujours un objet de luxe.

Les bougies de cire se fabriquent soit *à la cuiller*, soit *au moule*. Par le premier procédé, on fixe les mèches sur le pourtour d'un châssis circulaire suspendu au-dessus d'un bain de cire fondue dans une chaudière de cuivre étamé ; on verse avec une cuiller la cire fondue successivement au sommet de chaque mèche, le long de laquelle elle coule et se solidifie. Lorsque, par des dépôts suffisamment répétés, la bougie a acquis une grosseur convenable, on la détache et on lui donne la régularité convenable en la roulant sur une table en noyer poli, au moyen d'une planche rectangulaire également en noyer poli. Pour la fabrication des cierges, on procède un peu différemment ; la mèche étant suspendue verticalement, on ramollit simplement la cire dans l'eau chaude ; on la prend par portions que l'on pétrit avec les doigts, que l'on applique sur la mèche et que l'on roule entre les mains. La régularité est ensuite donnée à l'ensemble entre deux plateaux de bois. Les dessins dont les cierges sont ordinairement chargés sont faits à la main.

On fabrique également les bougies de cire au moule, en coulant de la cire fondue dans des cylindres en métal ayant intérieurement la forme que doivent avoir les bougies, et dans l'axe desquelles on a tendu les mèches à l'avance. Ce procédé exige d'assez grandes précautions à cause de la difficulté avec laquelle la bougie se détache du moule ; on est cependant parvenu à vaincre cet obstacle assez complètement.

Il existe une autre espèce de bougie, appelée *bougie silée*, *rat de cave*, que l'on obtient en faisant plonger une mèche d'une longueur indéfinie dans un bain de cire fondue, puis la faisant passer dans une filière qui régularise la couche de cire déposée. Cette opération est répétée autant de fois qu'il est nécessaire pour donner à la bougie la grosseur convenable. C'est de cette manière que l'on prépare le corps des allumettes-bougies.

Bougies de blanc de baleine, Bougies diaphanes. — Elles sont remarquables par leur blancheur, leur transparence, la pureté et l'éclat de leur lumière. Les plus belles sont obtenues au moyen du blanc de baleine raffiné, que l'on trouve dans le commerce en grosses masses à texture fortement lamellaire, et sèches au toucher. On les obtient toutes par le moulage à une température de 60°. Le blanc de baleine, toutefois, ne peut être employé pur ; sa texture cristalline rendrait les bougies trop fragiles ; on le mélange toujours avec une proportion variable de cire très-blanche. La matière coulée dans le moule se contracte beaucoup en se refroidissant ; en sorte qu'il se forme dans chaque bougie et autour de la mèche, un vide qui peut atteindre la moitié de sa longueur et que l'on doit remplir après coup. Les bougies froides sont retirées des moules, et on leur donne le dernier poli en les roulant entre les doigts avant de les mettre en paquets.

Les bougies diaphanes sont assez souvent colorées en jaune, en rose ou en bleu. A cet effet, on ajoute à la matière en fusion de petites quantités de carmin, de chromate de plomb ou de bleu de Prusse, préalablement broyés à l'huile, et on mélange intimement avant la coulée. Les matières colorantes sont en quantité si faible, qu'elles ne peuvent nuire à la pureté et à l'éclat de la flamme (voyez **Blanc de baleine**).

Bougies stéariques. — La fabrication des bougies stéariques, qui a reçu depuis quelques années une extension considérable, a pris naissance à Paris, des travaux de M. Chevreul sur les corps gras. M. Chevreul, associé à M. Gay-Lussac, prit un brevet en France et en Angleterre, et fonda une fabrique de bougies qui, malgré l'excellence des procédés de fabrication, n'eut qu'un médiocre succès ; les mèches se charbonnaient et avaient besoin d'être mouchées fréquemment. L'un des successeurs de ces deux éminents chimistes imagina de substituer aux mèches cylindriques les mèches plates, tressées, employées actuellement, et cette simple modification suffit pour assurer l'avenir industriel de la fabrication nouvelle. Par cette disposition, la mèche en se charbonnant se recourbe, son extrémité sort de la flamme, et, se trouvant ainsi en contact avec l'air, se brûle d'une manière complète en laissant quelques cendres, que l'on réunit en petits globules brillants, au moyen d'un peu de borax dont la mèche est en outre préalablement imprégnée. Les procédés de fabrication, qui, à part la confection des mèches, n'ont subi aucune modification importante depuis leur origine, peuvent se diviser en douze opérations dont voici l'analyse.

1° *Saponification.* — La matière première employée est le suif de bœuf : le suif de mouton, plus dur et d'un prix un peu plus élevé, est généralement réservé à la fabrication des chandelles. Le suif, déjà purifié par une première fusion, est introduit dans une cuve en bois AA (*fig.* 348) au fond de laquelle est disposé un tube annulaire, percé de trous et mis en communication avec une chaudière à vapeur. Cette cuve est recouverte par un couvercle fermant exactement, et traversée exactement dans son axe par un arbre *b* muni de bras *cc*, servant d'agitateur et mis en mouvement au moyen d'un manége. Le suif est fondu par la vapeur ; on verse alors peu à peu dans la cuve, pour 100 parties de suif fondu, un lait de chaux composé de 12 parties de chaux vive, éteinte dans 100 parties d'eau, en ayant soin d'agiter continuellement la masse et d'entretenir l'arrivée de la vapeur. La masse est d'abord pâteuse ; mais au bout de deux heures l'eau commence à se séparer du savon calcaire, et la matière prend la consistance d'une pâte molle et graisseuse. On cesse d'agiter tout en continuant à chauffer. Le savon calcaire prend alors une consistance de plus en plus grande et finit par acquérir une cassure terreuse ; on cesse alors de chauffer, on laisse reposer et refroidir lentement, la cuve étant exactement fermée, puis on fait écouler la liqueur qui s'est séparée du savon. Cette liqueur est formée par de l'eau tenant en dissolution de la *glycérine* (voyez ce mot et l'article **Savons**). Il reste dans la cuve un mélange de *stéarate*, de *margarate* et d'*oléate de chaux* sous forme de savon très-dur. La durée totale de la saponification pour 500 kil. de suif est de six à huit heures. La qualité de la chaux exerce une grande influence sur la réussite de l'opération ; elle doit être aussi pure que possible, et surtout exempte de fer ; le lait de chaux est filtré dans un tamis très-fin qui retient les grumeaux avant d'être introduit dans la cuve.

2° Les savons calcaires sont *pulvérisés* entre des cy-

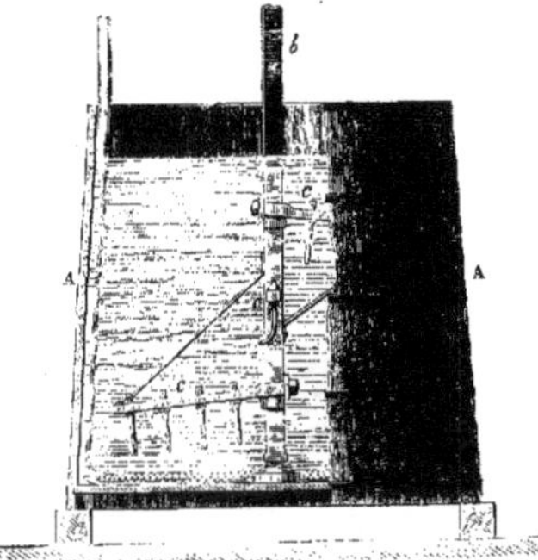

Fig. 348. — Cuve à saponification.

lindres broyeurs ou sous des meules verticales, puis introduits dans les cuves à décomposition.

3° La *décomposition* du savon s'opère par l'acide sulfurique ; elle a lieu dans des cuves analogues à celles qui servent à la saponification, mais doublées de plomb à l'intérieur. Le savon pulvérisé y est agité avec de l'eau froide, de manière à former une bouillie claire, puis on y ajoute 25 kil. d'acide sulfurique étendu préalablement de 100 litres d'eau pour 100 kil. de suif saponifié ; on laisse reposer la masse pendant plusieurs jours en agitant fréquemment. L'acide sulfurique s'empare de la chaux pour former du sulfate de chaux, et met en liberté les acides stéarique, margarique et oléique. Lorsque cette réaction est terminée, on fait arriver dans la cuve un courant de vapeur d'eau ; sous l'influence de la chaleur, le sulfate de chaux se rassemble au fond de la cuve, les acides gras fondent et viennent surnager la liqueur ; ils sont décantés dans une troisième cuve.

4° Les acides ainsi séparés sont *lavés* d'abord avec de l'eau légèrement acidulée par de l'acide sulfurique pour enlever l'excès de chaux, puis introduits dans une quatrième cuve, où ils sont lavés de nouveau à l'eau pure pour les débarrasser de l'acide sulfurique.

5° Ils sont enfin soutirés dans des moules en fer-blanc où, en se congelant, ils forment des pains du poids de 25 kil. environ, d'une couleur jaunâtre et d'un aspect désagréable.

6° Ces pains sont *coupés* par un couteau mécanique en fragments minces, et introduits dans des sacs en forte serge, on les étend en couche peu épaisse.

7° Les sacs sont ensuite superposés sur le plateau d'une presse hydraulique, et soumis à une première *compression* à froid.

8° Une seconde *compression* à chaud est opérée au moyen d'une seconde presse hydraulique chauffée à la vapeur. Dans ces deux dernières opérations, l'acide oléique qui est liquide se sépare d'une manière presque complète des acides stéarique et margarique solides.

9° Ces derniers subissent enfin une *épuration* finale qui les rend propres à la fabrication des bougies ; à cet effet, on les fond au bain-marie, on les filtre dans une chausse de laine, puis on les transporte dans les cuves d'épuration où ils sont lavés d'abord à l'eau acidulée par l'acide sulfurique et ensuite à l'eau pure. Le suif, après toutes ces manipulations, est réduit aux 0,45 de son poids.

10° Le *moulage* des bougies exige certaines précautions à cause du retrait considérable éprouvé par les acides au moment où ils se congèlent, et de leur tendance à la cristallisation. On est parvenu de la manière suivante à éviter ces inconvénients. Les moules sont formés par des tubes de fer étamés B (*fig.* 349) obtenus sans soudure par les procédés d'*emboutissage* ; ces tubes sont fixés au nombre de 30 par trois rangées de 10 au fond d'une auge commune *b*, ainsi que le montre notre gravure ; dans

l'axe de chacun d'eux est tendue une mèche de coton tressée, préalablement trempée dans une dissolution de borax et séchée. Chaque appareil est en outre posé dans une caisse à double enveloppe CC, maintenue à une température un peu inférieure à la température de fusion des acides au moyen de vapeur d'eau qui circule entre les deux enveloppes. Les acides fondus sont coulés à une température très-voisine de leur point de congéla-

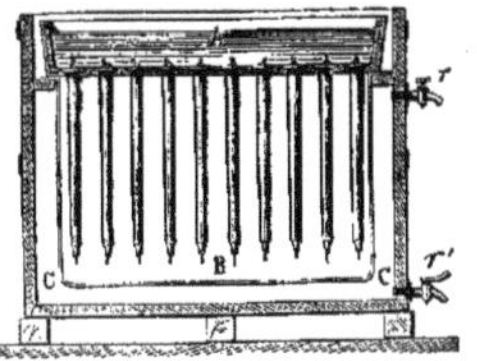

Fig. 349. — Moulage des bougies.

tion, puis les moules sont enlevés et transportés dans un endroit frais où la prise des acides se fait assez promptement pour que la cristallisation ne puisse avoir lieu. Pour combattre les effets du retrait de la matière, on en verse dans l'auge une quantité beaucoup plus grande que celle qui est nécessaire pour remplir les moules ; le retrait porte alors sur cet excédant que l'on enlève ensuite.

On fait avec des graisses communes et de très-peu de valeur, telles que les graisses d'os, les dépôts d'huiles, les résidus des cuisines, etc., une espèce de bougie inférieure à la précédente et beaucoup moins chère, en employant un autre procédé de saponification dit par distillation. Ce procédé consiste à traiter les matières grasses par l'acide sulfurique à la température de 100°. L'acide forme, après diverses réactions intermédiaires, des composés doubles avec les acides gras : ce sont les acides *sulfo-oléique, sulfo-margarique, sulfo-stéarique.* Ces acides, devenus libres par l'action de l'eau et de la chaleur, sont soumis à la distillation sous l'action de la vapeur surchauffée et à faible tension ; ils sont ensuite séparés de l'eau et traités comme il a été dit précédemment.
                                               M. D.

BOUGIE (Chirurgie). — On a donné, à cause de quelque analogie de forme, le nom de *bougie* à un instrument de chirurgie plus ou moins flexible, destiné soit à dilater l'*urètre* (voyez ce mot), soit à porter dans son intérieur des substances médicamenteuses ou des caustiques, soit à explorer l'état du canal ou de la vessie et de son col ; cet instrument, dont le diamètre varie de 0^m,001 à 0^m,005 0^m,006 et même plus, est d'une longueur de 0^m,15 à 0^m,20 environ ; les bougies peuvent être en cire, en matière emplastique, en gomme élastique ; la base est presque toujours une bandelette de toile roulée, et trempée dans de la cire fondue, ou recouverte de couches successives d'huile siccative (huile de lin et litharge), de succin, d'huile de térébenthine, de résine, de gomme élastique, etc. Les bougies de métal, de baleine, de corde à boyau, ne sont plus guère usitées, à cause de leur rigidité et de leur dureté : celles en cire et en gomme élastique sont bien préférables ; leur mollesse et leur flexibilité en rend l'usage beaucoup plus facile et moins douloureux. Quant à leur forme, elles peuvent être coniques, cylindriques ou fusiformes. Les *bougies* diffèrent des *sondes* en ce que les premières sont pleines, tandis que les autres sont creuses (voyez SONDE). Les *bougies médicamenteuses* sont celles dans la composition desquelles il entre certaines substances propres à agir sur les tissus, ou bien celles au moyen desquelles on peut transporter des matières médicamenteuses ; les bougies de Daran, entre autres, ont eu une grande vogue dans le siècle dernier. Ces bougies ont été pour la plupart abandonnées. Il est difficile de savoir aujourd'hui à qui on doit l'invention des bougies ; toutefois, il paraît bien positif qu'elle ne remonte pas au delà du milieu du xvi° siècle : maintenant l'honneur en revient-il au médecin espagnol André Lacuna, au charlatan portugais Philippe, au médecin Amatus Lusitanus, au professeur Aldereto, de Salamanque, ou au médecin napolitain Alphonse Ferri ou Ferrius ? bien plus, faut-il remonter jusqu'à Alexandre de Tralles (vi° siècle), suivant le même Ferri et Astruc ?
                                    F — N.

BOUGRAINE, Bougrane (Botanique). — Nom vulgaire de la *bugrane*.

BOUILLEURS. — Longs cylindres de tôle disposés au-dessous des chaudières à vapeur, parallèlement à ces chaudières et communiquant avec elles chacun par deux ou trois tubulures. Les bouilleurs sont destinés à augmenter l'étendue de la *surface de chauffe*, à recevoir la principale action de la chaleur du foyer et à ménager ainsi le corps principal de la chaudière. Ils doivent pouvoir être remplacés facilement quand ils sont usés (voyez Chaudière).

BOUILLIE (Hygiène). — Espèce d'aliment composé de farine de froment, de seigle, de maïs, d'avoine (gruau), que l'on délaye et que l'on fait cuire dans du lait jusqu'à une certaine consistance; on en prépare aussi quelquefois à l'eau en y ajoutant des jaunes d'œufs, avec ou sans sucre. Cette nourriture, lorsqu'elle est bien préparée, qu'elle est cuite à point, est un excellent aliment pour les petits enfants dès l'âge de quatre ou cinq mois. Et cependant elle a rencontré de nombreux et puissants détracteurs, qui n'ont pas manqué d'arguments pour appuyer leur opinion; c'est ainsi qu'ils ont regardé la bouillie comme une cause fréquente du *carreau* (voyez ce mot). On pourrait peut-être trouver l'explication d'une pareille antipathie, d'une part dans l'usage exclusif et trop abondant d'une seule espèce de bouillie chez les mêmes enfants, d'autre part dans la négligence apportée dans la cuisson de cet aliment; il faut en effet qu'il soit cuit à point, comme il a été dit plus haut, sans quoi il fatiguera ces petits estomacs et les prédisposera certainement aux affections des organes digestifs. Il faudra donc, pour obtenir de bons résultats, varier autant que possible les farines qui devront être employées. On pourra même ajouter à celles dont nous avons parlé la farine de riz, la fécule de pomme de terre, le sagou, le salep, le tapioka, etc., et même la croûte de pain bouillie dans l'eau, avec un peu de beurre et de sel ou du sucre; mais, nous le répétons, tout le secret consiste à bien préparer la bouillie et à en changer souvent la nature.

BOUILLON (Hygiène). — C'est véritablement une décoction, le plus souvent de viande de bœuf dans une quantité déterminée d'eau; cette décoction ou ce bouillon se prend seul, comme une boisson, chaud, quelquefois mais rarement froid; d'autres fois avec du pain il constitue la soupe, ou bien il sert de véhicule de coction pour certaines pâtes, et prend le nom de potage. L'ébullition dépouille la chair de bœuf d'un certain nombre de principes qui lui sont enlevés par l'eau et lui communiquent une saveur et des propriétés nutritives présentant quelques différences, suivant la manière dont il est préparé. Ces principes sont en général l'albumine, la créatine, une matière grasse, puis des sels à base de baryte, de potasse, de magnésie, etc., enfin la gélatine : il est bien difficile de se rendre exactement compte du rôle que peuvent jouer ces différents principes dans la confection du bouillon; il en est un qu'il faut d'abord mettre hors de cause, c'est la gélatine préconisée par les travaux de Darcet, dont le nom est resté attaché à son histoire; on sait aujourd'hui que non-seulement sa présence dans le bouillon n'est pas nécessaire, mais encore qu'elle « dérange les fonctions digestives chez un grand nombre d'individus » (termes du rapport de Bérard). Quant aux autres principes, faut-il croire avec les chimistes que l'albumine, la fibrine et l'hématosine, matières coagulables par la chaleur et insolubles dans l'eau, ne sauraient passer dans le bouillon? Je le veux bien, puisque les chimistes le disent; mais alors que devient l'observation sur la puissance nutritive et réparatrice du bon *bouillon*, que les médecins ont eu l'audace d'appeler la *quintessence de la viande*; il pourrait bien en être de cette question comme de celle des eaux minérales, dont la puissance thérapeutique n'est pas toujours en rapport avec ce qu'y découvre la chimie. M. le professeur Longet s'exprime ainsi : « Sans admettre qu'on puisse appeler le bouillon la *quintessence de la viande*, nous croyons qu'on ne saurait lui refuser, indépendamment de sa sapidité, un certain pouvoir nutritif qui semble, *en partie* au moins, être dû à l'intervention d'une légère quantité de gélatine, et aussi surtout à la présence d'éléments salins, médiateurs indispensables de diverses transmutations organiques. » Indépendamment du bouillon de bœuf, on fait encore des bouillons de veau, de poulet, de grenouilles, de tortue, d'écrevisses, de limaçons, etc. Ils sont, en général, prescrits dans les maladies inflammatoires et dans toutes celles qui ont un caractère d'irritation. Voyez *Rapport* de Bérard (*Bulletin de l'Académie de médecine*, t. XV, Paris, 1851).

F — N.

BOUILLON-BLANC (Botanique). — Espèce de plante appartenant au genre *Molène* (*Verbascum*, Lin.), dans la famille des *Scrophularinées*, tribu des *Verbascées*. Elle est désignée sous le nom de *Verbascum Thapsus*, Lin. (de *Thapsos*, dans la mer de Sicile, dont la plante est originaire); on la désigne aussi vulgairement sous les noms de *molène*, *bon-homme*. C'est une herbe vivace ou bisannuelle, revêtue sur ses organes de végétation d'un duvet blanc ou jaunâtre. Sa tige, haute souvent d'un mètre,

Fig. 350. — Bouillon-blanc. (Molène médicinale.)

est droite; ses fleurs jaunes, disposées en grappes souvent interrompues à la base, s'épanouissent de juin en août; on la trouve dans les terrains secs et arides, au bord des chemins. Le calice est tomenteux, à lobes lancéolés aigus, la corolle à gorge concave, et les étamines à filets couverts de poils blanchâtres. Le bouillon blanc croît spontanément en France. Ses feuilles sont émollientes, et ses fleurs souvent employées en infusion dans les bronchites. On extrait de celles-ci, depuis peu, un principe colorant qui peut teindre le coton en un jaune solide. G — s.

BOULANGER, Boulangerie (Hygiène publique). — On ne sait pas bien quelle est l'étymologie de ce mot. Vient-il de *buccellarius* (d'après Ménage), celui qui avait la garde du pain dans les armées romaines? ou de *bulla* (d'après Ducange), parce qu'en pétrissant on tourne la pâte en boule? Dans tous les cas, la profession de *boulanger* est une des plus anciennes que l'on connaisse. Dans l'ancienne Rome, on appelait les boulangers *pistores*, parce qu'ils étaient d'abord chargés de piler dans des mortiers le blé préalablement torréfié, avec lequel les femmes pétrissaient et faisaient cuire le pain; plus tard, près de six cents ans après la fondation de Rome, ces *pistores* durent aussi faire le pain, et les établissements dans lesquels s'opéraient ces deux industries prirent le nom de *pistrinæ*. Elles devinrent très-nombreuses à Rome, et du temps de Pub. Victor, il y en avait jusqu'à deux cent trente. Le pain qu'on fabriquait était fermenté et le levain était fait de pâte pétrie avec du vin doux. Au rapport de Pline, les Romains pensaient que ceux qui mangeaient du pain fermenté étaient plus vigoureux. Du reste, les pisteurs romains faisaient le pain la nuit comme nos boulangers; et on leur avait accordé certains priviléges qui en faisaient un corps assez important; ils étaient constitués en un collège jouissant de grands biens. En France, dès l'origine de la monarchie, l'administration persévéra à peu près dans le système romain, toutefois en soumettant la boulangerie à une réglementation qui avait pour but de conjurer les crises alimentaires et de maintenir le pain au meilleur marché possible; cet état se maintint avec des changements variés jusqu'à la révolution de 1789, où les corporations furent abolies avec les priviléges et les charges qui en étaient la conséquence. Mais, le 19 vendémiaire an X, le gouvernement consulaire, frappé des abus introduits successivement dans cette industrie au détriment du bien public, la réglementa de nouveau, sans pourtant limiter le nombre des boulangers, en leur imposant toutefois des conditions d'approvisionnement pour empêcher qu'elle ne fût abordée par le premier venu ; par suite des nombreuses modifications apportées successivement à la police de la boulangerie, le nombre de ces établissements fut limité et la taxe du pain établie ; de plus, l'approvisionnement de la ville de Paris dut être garanti par une réserve de 128 583 quintaux de farine de première qualité, soit trente deux jours de consommation (ancien Paris). Ce système a été discuté naguère par le conseil d'État, à la suite d'un rapport de l'un de ses membres, M. Le Play. Conformément aux conclusions de ce travail, le régime de la liberté a été adopté pour cette industrie ; le nombre des boulangeries n'est plus limité ; le prix du pain n'est plus fixé par une taxe officielle ; la réserve des farines a été supprimée (Décr. du 2 juillet 1863). Plusieurs questions d'hygiène se rattachent à la profession de boulanger ; nous dirons un mot sur chacune d'elles. Autrefois le travail se faisait dans une chambre au rez-de-chaussée, le plus souvent aérée des deux côtés ; aujourd'hui il se fait presque généralement dans des caves étroites, mal aérées, dont les murs suintent le plus souvent, et dans les dégradations desquelles s'abritent une foule d'insectes plus ou moins dégoûtants ; sous ce rapport nous sommes loin du progrès ; peut-être, à la vérité, serons-nous débarrassés avant peu du mode de pétrissage que le pétrin mécanique, bien perfectionné, ne peut manquer de remplacer bientôt. La profession de boulanger est-elle plus malsaine qu'une autre ? Sans contredit elle résume en elle plusieurs causes d'insalubrité ; ainsi le travail de nuit, la chaleur excessive du feu du four et celle que détermine le dur travail du pétrissage, la poussière de la farine, sont des causes incessantes qui doivent produire des rhumatismes, des affections de la poitrine, etc. On a parlé aussi du danger des réservoirs en plomb dans lesquels les boulangers conservent les eaux ; mais la question examinée, il a été reconnu qu'il n'en pouvait résulter aucun danger, surtout si l'on pose les robinets à 0m,08 du fond du réservoir, les sels de plomb qui peuvent se former étant insolubles (voyez Blé, Pain, etc.). On consultera : *Notice sur le régime du commerce de la boulangerie de Paris*, par M. Julien, Paris, 1850 ; — *Question de la boulangerie de Paris ; Deuxième rapport au conseil d'État*, par M. Le Play, conseiller d'État.

BOULE-DE-MARS (Médecine). — Boules vulnéraires qui sont un proto-tartrate de potasse et de fer : elles se préparent avec : limaille de fer, 1 partie, tartrate acidule de potasse, 2 parties, qu'on fait chauffer avec de l'eau-de-vie ; on a soin d'en ajouter à mesure qu'elle se volatilise ; puis on forme, avec la pâte qui en résulte, des boules de différentes grosseurs. On les appelle aussi *boules de Nancy*, parce qu'on en fabrique beaucoup dans cette ville. Elles s'emploient à la suite des coups, des entorses, des chutes, etc. Pour cela, on agite une de ces boules, pendant quelque temps, dans une certaine quantité d'eau, jusqu'à ce que le liquide soit d'un brun rougeâtre, et on recouvre la partie malade de compresses trempées dans ce liquide, qui est astringent et résolutif. C'est ce qu'on appelle *eau de boule*.

BOULE-DE-NEIGE (Botanique). — Jolie variété cultivée de *Viorne aubier* (voyez ce mot) (*Viburnum opulus*, Lin.), du genre *Viorne*, famille des *Caprifoliacées*. On l'appelle aussi *rose de Gueldres, pain-blanc*. C'est un arbrisseau de 3 à 4 mètres de hauteur. Ses feuilles sont à 3 lobes acuminés ; ses fleurs à corolle amplifiée, en corymbe serré, s'épanouissent en mai et juin, elles sont toutes stériles et ramassées en boule.   G — s.

BOULEAU (Botanique), *Betula*, Tourn., de *betu*, bouleau, en langue celtique ; suivant d'autres, du latin *batuo*, je frappe). — Genre de plantes type de la famille des *Bétulinées*. Il renferme des arbres et des arbrisseaux à feuilles alternes non persistantes. Leurs fleurs sont monoïques, en chatons cylindriques ; les mâles sont nues pendant l'hiver, tandis que les femelles sont abritées par des écailles. Les fruits consistent en nucules lenticulaires, ailées des deux côtés. Le *B. rouge* (*B. rubra*, Michx), est un arbre qui atteint jusqu'à 20 mètres. Son tronc présente alors 1 mètre environ de diamètre. Il est abondant dans les parties méridionales des États-Unis, et sa végétation devient plus vigoureuse sous l'influence de la chaleur, aussi recommande-t-on sa propagation dans le midi de la France et l'Italie. Le *B. verruqueux* (*B. verrucosa*, Ehrh.), désigné aussi sous le nom de *B. blanc*, *B. commun* (*fig.* 351) des auteurs (*B. alba*, non Lin.), est un arbre un peu moins grand que le précédent. Il est élancé, grêle ; il croît de préférence dans les terres sablonneuses de l'Europe et de la Sibérie. La couleur blanche de son écorce et d'un effet très-pittoresque dans les jardins paysagers. Ce bouleau est important comme arbre forestier, parce qu'il végète dans les terres maigres ; sa culture est des plus faciles, et il croît naturellement dans beaucoup de forêts ; son accroissement assez rapide permet qu'on en fasse la coupe à peu près tous les dix ans, eu égard à l'usage auquel on le destine. L'écorce, qui contient un principe résineux et qui, pour cette raison, est presque incorruptible, est employée par les habitants du Nord à couvrir leurs cabanes, à faire des corbeilles, des chaussu-

Fig. 351. — Bouleau blanc.

res nattées, des cordes, etc. Son bois est solide, moins dur dans nos pays que dans le Nord. On en fait des ustensiles de ménage, des sabots, du charronnage, etc. Il donne du reste un bon combustible employé souvent pour le chauffage des fours. Son charbon est recherché pour les forges. Il sert aux dessinateurs et entre dans la composition de la poudre à canon. La sève de cette espèce est un peu sucrée, et donne par la fermentation une liqueur vineuse et un bon vinaigre. Les feuilles servent à nourrir les bestiaux et contiennent une matière colorante jaune. Le suc de bouleau a été vanté comme diurétique et vermifuge ; l'écorce a été administrée comme fébribuge. Le *B. pubescent* (*B. pubescens*, Ehrh.) est encore moins élevé que le précédent. Il croît dans les parties froides et humides de l'Europe ; ses branches sont plus fortes, étendues et formant une large cime ; ses jeunes pousses sont recouvertes d'une sorte de matière séreuse. Cette espèce se rencontre fréquemment en forêts dans le Nord. Le *B. à papier* (*B. papyracea*, Willd.) s'élève souvent à 20 mètres. Il croît dans l'Amérique septentrionale, où on le nomme *B. à canot*. Son bois est rougeâtre vers le centre ; son écorce, pour ainsi dire indestructible, est employée à faire des canots, précieux par leur légèreté. C'est par la soudure et la couture de grandes lames détachées adroitement de l'arbre, que les Canadiens excellent dans cette fabrication. La grande résistance que présente cette écorce, fait qu'on peut s'en servir en guise de papier,

Fig. 352. — Bouleau merisier.

on peut encore l'employer à une foule d'autres usages. Le *B. merisier*, *B. odorant* (*B. lenta*, Lin.) (*fig.* 352) est un grand arbre d'Amérique. Sa cime est pyramidale ; son bois, qui peut recevoir un beau poli, a une odeur aromatique agréable ; il possède une qualité supérieure à celle des autres espèces ; aussi l'emploie-t-on beaucoup en menuiserie. Les jeunes pousses de ce bouleau sont aromatiques ; mâchées, elles laissent un bon goût dans la bouche. On les prend souvent en infusion mélangée avec du lait. Le *B. jaune* (*B. lutea*, Michx) est également américain. Il donne un bois de charpente et d'ébénisterie moins estimé que le précédent ; son écorce est estimée pour le tannage.   G — s.

BOULET (Vétérinaire). — On appelle ainsi, dans le cheval, le renflement formé par l'articulation du *canon* avec la première phalange ou l'os du *paturon* (voyez ces mots). Le boulet doit être arrondi, son diamètre doit être plus long d'avant en arrière que dans l'autre sens; il ne doit pas avoir de bosselures. Les engorgements du boulet sont toujours longs à guérir : ils déterminent des boiteries (voyez ce mot) qui demandent souvent l'emploi du feu. Un cheval qui a le boulet trop flexible ne peut résister à un travail pénible, il est bientôt fatigué et usé. — Comparé avec le pied ou la main de l'homme, le boulet représente l'articulation du métacarpe ou du métatarse (*le canon*) avec la première phalange (*paturon*).

Boulet (Artillerie). — On appelle *boulet* les projectiles pleins lancés par les canons; en général, ils sont sphériques. Dans l'origine, les boulets étaient de pierre dure, et quelquefois de très-gros calibre; il en existait du poids de 100 à 150 livres; Mahomet II, au siége de Constantinople, avait une bombarde qui lançait un boulet de pierre pesant environ 1200 livres, mais elle éclata après quelques coups. Les boulets en fer commencèrent à être employés sous Charles VII. Les boulets actuellement en usage dans l'artillerie sont en fonte de fer; la fonte qu'on emploie pour leur fabrication doit être teintée ou légèrement grise; la fonte blanche donnerait des boulets très-durs mais très-cassants, et la fonte grise des boulets trop mous. Les boulets sont moulés en sable; on se sert, pour confectionner le moule, d'un modèle composé de deux pièces hémisphériques s'assemblant par emboîtement; ce modèle est légèrement ellipsoïdal, le poids de la fonte, dans le coulage, tendant à agrandir le diamètre qui se trouve vertical. Le moulage et le coulage s'opèrent par les procédés ordinaires. Lorsque la fonte est refroidie, on démoule, et on débarrasse les boulets du sable, des jets et des coutures, à la main, ce qui constitue l'ébarbage. Ensuite on les fait tourner dans un tonneau en fonte, faisant quinze tours par minute; enfin, pour polir les boulets, on les chauffe au rouge brun ou blanc, suivant la qualité de la fonte, et on les frappe à coups de marteau; le marteau et l'enclume portent des pièces mobiles ayant la forme de calottes sphériques. Ces opérations prennent le nom de *lissage* et de *rebattage*. Les boulets ont été jusqu'ici désignés par leurs poids exprimés en livres : ainsi, le boulet de huit pèse 8 livres.

On appelle *boulets rouges*, des boulets qu'on a chauffés au rouge blanc, et qui sont destinés à incendier; ces projectiles étaient employés avec avantage contre les vaisseaux, mais on les a abandonnés pour les obus, qui produisent des effets d'explosion en même temps que d'incendie; pour tirer les boulets rouges, il suffit de les séparer de la charge par un bouchon en foin et un bouchon en argile, ou simplement par un bouchon de foin mouillé.

On désignait autrefois sous le nom de *boulets enchaînés*, deux demi-boulets creux réunis par une chaîne de fer qui se renfermait dans leur concavité, et sous le nom de *boulets ramés*, deux demi-boulets ou boulets traversés par une barre de fer au bout de laquelle ils se plaçaient dans le mouvement : ces projectiles sont abandonnés.   M. M.

BOULETÉ, Bouté (Hippiatrique). — On dit qu'un cheval est *bouleté*, lorsque le boulet est porté en avant de l'axe du membre (voyez Boulet) par le raccourcissement du tendon du muscle perforant ou fléchisseur profond; il est *bouté*, quand cette déviation est considérable; alors, le boulet étant fortement en avant, le point d'appui ne peut plus avoir lieu que sur la *pince* (voyez ce mot). Dans l'état normal, le *boulet*, le *paturon* et le *canon* doivent former une ligne droite (voyez ces mots). Ce vice est déterminé par la fatigue, et surtout par un travail prématuré des jeunes chevaux; si le sujet est jeune, le repos peut le remettre en partie; mais, s'il est vieux, il n'y a pas de remède.

BOULIMIE (Médecine), du grec *limos*, faim, et *bou*, particule augmentative). — Appétit vorace; c'est une anomalie des fonctions digestives, dans laquelle les personnes qui en sont affectées sont tourmentées par une faim insatiable. En général, la boulimie doit être regardée comme une névrose des organes de la digestion, ou bien elle n'est qu'un symptôme d'autres maladies : ainsi on l'observe dans plusieurs affections vermineuses, et surtout dans le *tænia* (voyez Ver, Tænia). Elle accompagne quelquefois la grossesse; mais il peut arriver aussi qu'elle ne tienne à aucune de ces causes, et dépende d'une disposition particulière de l'estomac, ou d'un développement anormal de l'intestin, etc. Lorsque la boulimie persiste depuis quelque temps, la surcharge d'aliments qu'elle impose à l'estomac entraîne la maigreur, la fièvre hec-

tique, l'hydropisie, etc. Il faut donc combattre les maladies dont elle est une complication, et régler le régime du malade de manière à ne pas donner à l'estomac plus d'aliments qu'il n'en peut digérer (voyez Appétit, Faim,   F — N.

BOUQUET ou Noir-Museau (Médecine vétérinaire). — C'est le nom d'une espèce de dartre qui affecte le nez des moutons; elle s'étend quelquefois sur les côtés jusqu'aux tempes et aux oreilles. Le traitement consiste dans l'emploi des pommades soufrées et de l'huile de Cade (voyez ce mot), etc. Cette maladie a reçu différents noms suivant le pays: ainsi, *bouquin*, *barbouquet*, *faux-museau*, *charbon*, *verveine*, *feu sacré*, etc.

BOUQUETIN (Zoologie), *Capra ibex*, *Bouquetin des Alpes* ou *Bouquetin* proprement dit. — Espèce de *Mammifère ruminant* du genre *Chèvre*, remarquable par la forme de ses cornes, très longues chez le mâle, très-grosses, recourbées, carrées en avant; la face antérieure plate, ridée, avec des arêtes longitudinales et des côtes

Fig. 362. — Bouquetin des Alpes (femelle).

transversales saillantes; la tête est courte, le museau épais, comprimé, les yeux petits, vifs; les cornes d'une couleur livide; la queue très-courte, d'un brun noir en dessus, blanche en dessous; pelage gris brunâtre, avec une raie noire le long du dos; en hiver, ils sont recouverts de poils longs et rudes, entremêlés de poils fins et touffus. Ces animaux ont environ 1 mètre à 1^m,20 de longueur sur 0^m,80 à 0^m,90 de hauteur. Selon Pallas, les bouquetins de Sibérie ont jusqu'à 1^m,40 à 1^m,50 de longueur. On trouve les bouquetins sur toutes les grandes chaînes de montagnes de l'ancien continent et plus particulièrement sur les rochers les plus escarpés et les plus arides; d'où vient leur nom, en allemand *Stein bock*, bouc des rochers. Une autre espèce, le *B. du Caucase* (*Capra caucasica*, Guld.), se distingue par de grandes cornes triangulaires obtuses et non carrées en avant. On en connaît encore deux ou trois autres espèces.

BOUQUIN (Zoologie). — Nom vulgaire, donné quelquefois au *bouc*, et surtout au *vieux bouc*. Les chasseurs donnent aussi le nom de *bouquin* au *lièvre mâle* (voyez Chèvre, Lièvre).

BOURBILLON (Médecine). — Corps blanchâtre, grumeleux, tenace, plus ou moins volumineux, qu'on rencontre au fond des *furoncles* ou *clous* parvenus à l'état de suppuration. C'est une portion de tissu cellulaire frappé de mortification par l'inflammation. S'il ne sort pas seul, une pression plus ou moins forte parvient à l'expulser; il en résulte un trou assez profond que le remplit bientôt, et la guérison s'opère (voyez Furoncle).

BOURBON-LANCY (Médecine, Eaux minérales). — Petite ville de France (Saône-et-Loire), arr. et à 30 kil. N.-O. de Charolles, 30 E. de Moulins. Sources d'eaux minérales faiblement salines, chlorurées sodiques; six sont thermales, d'une température de 40° à 60° cent. Une est froide (28°). Elles contiennent par litre : chlorure de sodium, 1^{gr},170; carbonate de chaux, 0^{gr},210; sulfate de soude, 0^{gr},130; un peu d'acide carbonique mélangé d'azote. Leurs propriétés médicales sont assez analogues à celles de Néris (voyez ce mot).

BOURBON-L'ARCHAMBAULT (Médecine, Eaux minérales). — Petite ville de France (Allier), arr. et à 20 kil. O. de Moulins. Eaux thermales salines, chlorurées sodiques;

température, 60° cent. Elles contiennent: chlorure de sodium, 2ᵍʳ,240; bicarbonates alcalins, 1ᵍʳ,244; bromure alcalin, 0ᵍʳ,025; 1/6 en volume d'acide carbonique. Ces eaux, très-excitantes, sont ordonnées contre les maladies scrofuleuses des os, les paralysies, le rhumatisme, les engorgements articulaires, etc.

BOURBONNE-LES-BAINS (Médecine, Eaux minérales). — Petite ville de France (Haute-Marne), arr. et à 30 kil. E. de Langres. Il y a trois sources salines thermales chlorurées sodiques, d'une température de 48° à 58° cent. qui contiennent : chlorure de sodium, 5ᵍʳ,783; sel de magnésium, 0ᵍʳ,392; bromure de sodium, 0ᵍʳ,065, et quelques autres sels de potasse, de chaux, de fer. Elles sont excitantes. On les prescrit surtout contre les paralysies, les plaies d'armes à feu, les engorgements des viscères, suite des fièvres intermittentes, les fausses ankyloses, les caries, les nécroses, etc.

BOURBOUILLES (les) (Médecine). — Nom donné dans l'Inde à la maladie connue sous le nom de *lichen tropicus* de Johnson (voyez LICHEN). Cette maladie, qui cause des démangeaisons insupportables, est très-commune dans l'établissement français de Karikal (Côte-de-Coromandel), surtout parmi les Européens, dans les premiers mois qui suivent leur arrivée.

BOURBOULE (la) (Médecine, Eaux minérales). — Petit village de France (Puy-de-Dôme), à 6 kilom. du Mont-Dore, arr. et à 30 kilom. O. de Clermont. Eaux salines gazeuses thermales (chlorurées sodiques) d'une température de 52° cent. Un litre d'eau contient jusqu'à 1ˡⁱᵗ,237 d'acide carbonique, et chlorure de sodium 2ᵍʳ,791; sulfate de soude, 1ᵍʳ,777; bicarbonate de soude, 1ᵍʳ,356 et 0ᵍʳ,008 d'arsenic ; ce sont les plus arsenicales qu'on connaisse. Toniques et fortifiantes, elles réussissent dans les maladies de la peau, les scrofules, les fièvres intermittentes rebelles, les engorgements articulaires.

BOURDAINE (Botanique).—Nom vulgaire d'une espèce de *Nerprun* (*Rhamnus frangula*, Lin.), appelée aussi *Bourgène*, *Bois à poudre* et *Aune noir*. Cette plante est

Fig. 354. — Bourdaine ou Bourgène.

un arbrisseau de 3 à 4 mètres, très-commun dans les fonds humides de nos bois. Son écorce est noirâtre, ponctuée de blanc ; sa tige unie ; ses feuilles sont alternes, entières, ovales, marquées de veines parallèles. Ses fleurs sont hermaphrodites, petites, verdâtres, réunies en petits bouquets. Ses fruits sont des baies globuleuses longtemps rouges, puis noirâtres. Le bois de cet arbrisseau est blanc et fragile. Son charbon est un de ceux qu'on préfère pour la fabrication de la poudre à canon. Son écorce amère et âcre passe pour un purgatif assez violent ; elle donne, ainsi que les baies, une couleur rougeâtre dont la teinte varie suivant le degré de maturité ; mais c'est la couleur verte qu'on en obtient le plus communément. G — s.

BOURDON (Zoologie), *Bombus*, Lat. ; *Bremus*, Jur. — Genre d'*Insectes hyménoptères*, de la famille des *Mellifères*; distingué des autres genres de cette famille par les caractères suivants : il y a trois sortes d'individus, les *mâles*, les *femelles*, les *neutres* ou *mulets*: pieds postérieurs, excepté dans les mâles, ayant à la face extérieure de la jambe un enfoncement nommé *corbeille*, pour recevoir le pollen des fleurs, et une brosse sur le côté interne du premier article de leurs tarses ; ils ont les mâchoires et la lèvre prolongées en une espèce de trompe qui se replie en dessous, les jambes terminées par deux épines. Les bourdons, qui ne sont pas les mâles de nos abeilles, comme le croient certains cultivateurs, sont généralement plus grands ; ils ont le corps plus épais, plus élevé et hérissé de poils. Les femelles et les mulets sont armés d'un aiguillon ; ces insectes font entendre en volant un bourdonnement d'où vient leur nom. Les bourdons vivent dans des habitations souterraines, réunis en sociétés de cinquante à soixante individus, quelquefois plus : les mâles d'une petite taille, la tête moins forte; les femelles plus grandes que les deux autres sortes; enfin les mulets ou les ouvrières, d'une taille intermédiaire. Cette société dure jusqu'aux premiers froids, auxquels ils ne résistent pas; ils périssent tous, à l'exception d'un certain nombre de femelles, qui se cachent dans les fissures des murs ou dans les trous des arbres; aux premiers beaux jours, elles font leur nid, pondent, les œufs éclosent, et une nouvelle société recommence. On trouve dans nos environs les espèces suivantes : le *B. terrestre* (*B. terrestris*, Lin.), noir, long de 0ᵐ,016, une bande jaune-citron au corselet; le *B. des pierres* (*B. lapidarius*, Lin.)(*fig.* 355), tout noir, long

Fig. 355. — Bourdon des pierres (grossi).

de 0ᵐ,020, fait son nid dans la terre, dans les pierres ; le *B. des mousses* (*B. muscorum*, Lin.), fauve, ventre jaune, long de 0ᵐ,012 ; le *B. des rochers* (*B. ruderatus*, Fab.), ressemble au *B. des pierres*, mais ses ailes sont noirâtres.

BOURDONNEMENT (Médecine). — On donne ce nom à la sensation d'un bruit semblable à celui que produisent certains insectes en volant. Itard distingue le bourdonnement en *vrai* et en *faux*; le *B. vrai* est celui qui est déterminé par une cause réelle existant dans l'organe auditif: ainsi une dilatation anévrysmatique, un état congestif de la tête, un corps étranger, une accumulation de *cérumen*(voyez ce mot), etc. Le *B. faux* est *idiopathique* lorsqu'il dépend d'un ébranlement violent du sens de l'ouïe, qui a laissé une impression profonde dans le cerveau. Il est *symptomatique*, lorsqu'il dépend d'une névrose, de l'hystérie, des aliénations mentales et d'une multitude d'autres affections éloignées.

BOURDONNET (Chirurgie). — On appelle ainsi un petit paquet de charpie de forme olivaire, de la grosseur d'une noix, que l'on fait en roulant mollement la charpie entre les paumes des deux mains, et dont on se sert pour remplir les plaies, en maintenir les bords écartés, lorsque cela est indiqué, ou absorber le pus qui en découle. Quand la plaie a une certaine profondeur, on attache le bourdonnet par le milieu avec un fil afin de pouvoir le retirer plus facilement. On y a recours aussi pour faire le tamponnement (voyez ce mot) dans certaines hémorrhagies, et souvent pour le premier pansement d'un membre amputé (voyez AMPUTATION).

BOURGÈNE (Botanique). — Nom vulgaire de la *Bourdaine* (voyez ce mot).

BOURGEON (Botanique). — Le *bourgeon* est le premier âge d'une branche dont les feuilles rudimentaires sont rapprochées sur un axe très-court. On peut le comparer à un germe adhérent au végétal, à un embryon se développant sur la plante dont il fait partie ; on l'a quelquefois nommé pour cette raison un *embryon fixe*. Le bourgeon est d'abord un petit globule de tissu cellulaire qui soulève l'écorce, puis des vaisseaux s'y organisent, et sa surface se divise en lobules multiples dont chacun est l'ébauche d'une feuille ; les vaisseaux se mettent en rapport et en continuité avec ceux de la tige, et il est alors à ce premier état où on le nomme vulgairement un *œil*. Le bourgeon naît ordinairement dans l'*aisselle* d'une feuille, et chacune en abrite ainsi un ou plusieurs ; mais il y en a souvent qui naissent isolés, indépendamment de toute feuille. Parmi eux, on distingue le *bourgeon terminal*, situé constamment à l'extrémité de l'axe primaire du végétal, et dont les analogues se retrouvent ordinairement à l'extrémité de chaque branche ; d'autres bourgeons, nommés *adventifs* ou *latents*, se montrent, soit sur la tige et ses ramifications déjà anciennes, soit sur des racines exposées à l'air, soit sur les bords ou même sur la surface de certaines feuilles ; enfin on distingue sous les noms de *turions*, *bulbes*, *bulbilles* (voyez ces mots), diverses modifications de bourgeons dont il sera traité ailleurs. Les bourgeons spéciaux qui contiennent une ou plusieurs fleurs sont désignés vulgairement sous le nom de *boutons*. Les bourgeons axillaires et terminaux ont, en général, la même structure. A l'état d'œil, c'est un petit corps arrondi, conique ou ovale, dont la structure est en harmonie avec les influences qu'il doit subir ; en général, développé pendant que la feuille épanouie remplit ses fonctions, il doit, après sa chute, résister aux rigueurs de l'hiver, pour se développer au printemps en une branche chargée de feuilles et produisant de nouveaux bourgeons. Dans la prévision de cette épreuve, les feuilles les plus extérieures du bourgeon, rapprochées entre elles, enveloppent les autres et les protégent ; ces feuilles extérieures sont modifiées en *écailles* dures et sèches, souvent imprégnées d'une matière résineuse et par cela même insoluble dans l'eau et propre à conserver la chaleur (peuplier) ; quelquefois leur face inférieure est doublée d'un duvet moelleux (saule). Ces écailles sont ordinairement imbriquées comme les tuiles d'un toit. Linné avait donné à ces feuilles protectrices le nom poétique d'*hibernacula* (logements d'hiver). Entre elles se trouve la jeune pousse qui s'allonge et se couvre de feuilles. Cette nouvelle branche reçoit souvent le nom de *scion*. Lorsqu'elles ont atteint un certain développement, les feuilles renfermées dans les écailles se plient, s'enroulent pour se conformer à la capacité du bourgeon ; la disposition qu'elles affectent alors se nomme *préfoliaison ou vernation*. Dans les pays chauds, où les végétaux n'ont pas à redouter l'hiver, les bourgeons n'ont pas d'écailles protectrices ; ils sont *nus* et ne peuvent résister aux rigueurs de nos hivers. Quant aux bourgeons adventifs, comme leur développement est complet en une saison, ils sont également nus et s'épanouissent immédiatement en un rameau chargé de feuilles.

BOURGEONS CHARNUS (Pathologie). — On a donné ce nom à de petites élevures ou granulations coniques rougeâtres, qui se montrent sur la surface d'une plaie suppurante et précèdent la formation de la cicatrice. On les a appelés ainsi, parce qu'on leur a trouvé de l'analogie avec les bourgeons d'un végétal ; on les croyait comme eux le germe d'une production nouvelle, mais on sait aujourd'hui que les chairs ne se régénèrent pas. Les bourgeons charnus sont des productions qui se forment d'autant plus vite que le tissu sur lequel existe la plaie, est plus celluleux et plus vasculaire ; d'abord mous et saillants, ils s'affaissent bientôt et forment une vraie membrane pourvue de vaisseaux sanguins ; ils sont composés surtout de tissu cellulaire, d'un élément fibroplastique, de capillaires, et constituent le tissu des cicatrices (voyez CICATRICE).

On appelle aussi *bourgeons* ou *boutons*, certaines élévations tuberculeuses de la surface de la peau du visage ; on dit des personnes qui en ont qu'elles sont *bourgeonnées* (voyez BOUTONS, COUPEROSE).

BOURRACHE (Botanique), *Borrago*, Tourn. — Altéré, dit-on, de *corago* ; *cor*, cœur ; *ago*, je donne, à cause de ses effets cordiaux, selon Apulée. — Genre de plantes type de la famille des *Borraginées* et de la tribu des *Borraginées vraies*. Caractères : calice quinquépartite ; corolle rotacée ou presque campanulée, à tube court ou nul, à gorge garnie d'appendices échancrés alternant avec les étamines ; étamines à filets épais, courts, 4 akènes ovoïdes implantés dans le réceptacle. La *Bourrache officinale* (B. *officinalis*, Lin.) est une herbe qui ne s'élève guère à plus de 1 mètre ; elle est hérissée sur ses tiges et ses feuilles de poils hispides. Ses fleurs, disposées en grappes unilatérales, sont d'un beau bleu et s'épanouissent pendant tout l'été. On soupçonne que cette plante est originaire d'Asie Mineure, quoiqu'elle se soit naturalisée depuis un temps immémorial dans nos climats. Elle est sudorifique, précieuse dans les maladies inflammatoires, et facilite l'expectoration. Ses propriétés émollientes et rafraîchissantes sont dues à l'abondant mucilage et au nitrate de potasse qu'elle renferme. La plante à l'état sauvage est employée de préférence, parce que la culture diminue la force de ses propriétés. Dans certains pays, on mange les jeunes feuilles de bourrache dans les potages, ou bien on les fait frire. On se sert souvent des fleurs pour orner les salades. Quelques personnes prennent la bourrache en infusion comme boisson d'agrément et l'apprécient autant que le thé. On cultive encore la *B. laxiflora*, à fleurs petites, bleues. On appelle vulgairement *Petite Bourrache*, la *Cynoglosse printanière* (*Cynoglossum omphalodes*, Lin.). G — s.

BOURRELET (Hygiène). — Espèce de couronne qu'on met sur la tête des enfants qui commencent à marcher pour amortir les coups qu'ils peuvent se donner à la tête en tombant ; c'était d'abord un coussin circulaire fait avec de la ouate de soie ou de coton et couvert ordinairement avec du velours, du taffetas ou du satin ; il fallait qu'il fût d'une certaine épaisseur pour remplir le but auquel il était destiné ; de là un inconvénient grave à cause de la chaleur qu'il portait à la tête de l'enfant déjà prédisposé aux affections cérébrales. Aujourd'hui, on leur substitue avec avantage des bourrelets à claire voie, en osier, en baleine ou en acier, qui sont légers et n'ont aucun des inconvénients des anciens.

BOURRELET DU CORPS CALLEUX (Anatomie). — Partie du corps calleux (voyez CERVEAU, CALLEUX [*Corps*]).

BOURRELET (Vétérinaire). — Renflement de la peau de l'extrémité inférieure du membre au point où commence le sabot du cheval, des ruminants et du porc. Ce bourrelet, pourvu de glandes qui sécrètent le sabot et les onglons, est logé dans une cavité particulière nommée *biseau* ou *cavité cutigérale*.

BOURRELET (Botanique). — Maladie des arbres que M. Léveillé classe dans la quatrième section, dite des lésions physiques, de la pathologie végétale. Les bourrelets se rencontrent à la surface des troncs et des branches sous forme de tumeurs allongées plus ou moins volumineuses. Ils résultent de contusions ou d'incisions. Les lianes qui s'enroulent sur les arbres produisent sur ceux-ci des bourrelets par la constriction. On voit même dans nos climats ces accidents résulter de plantes grimpantes assez faibles, le chèvrefeuille, par exemple. On provoque souvent le développement de ces tumeurs pour former des dessins ou des spirales sur des branches destinées à être travaillées en canne. A cet effet, on applique des fils de fer sur la branche, et on les dispose de façon à produire les dessins que l'on veut obtenir. Quand les bourrelets résultent d'incisions, les fibres prenant une direction parallèle à l'axe du végétal, et l'accroissement ayant lieu au point de contact avec le bois, dans la partie entamée, il y a recouvrement par la partie extérieure dont le développement est arrêté. Une chose digne de remarque, c'est que, quel que soit l'obstacle qui arrête le mouvement naturel de la sève, celle-ci s'accumule au-dessus, y développe de nouveau bois et une nouvelle écorce en plus forte proportion que partout ailleurs, et y forme le bourrelet dont nous parlons ; ce qui prouve que la sève descendante est la sève nourricière qui a été élaborée dans les feuilles au contact de l'air par un acte analogue à celui que subit le sang, chez les animaux (voyez RESPIRATION DES PLANTES). G — s.

BOURSES (Anatomie). — On appelle *bourses muqueuses* de petits sacs membraneux formés par du tissu cellulaire condensé, et humectés par un liquide plutôt séreux que synovial, qu'on rencontre sous la peau dans les points où il y a de grands frottements : ainsi au genou, au coude.

BOURSES SYNOVIALES. — Petites capsules membraneuses placées sur le trajet des tendons pour faciliter leur glissement au moyen de la *synovie* qu'elles contiennent ; elles sont vaginales lorsqu'elles accompagnent les gaines des tendons ; dans les autres points, ce sont de petites ampoules arrondies.

BOURSE (Botanique). — Membrane qui enveloppe certains champignons avant leur entier développement ; synonyme de *volva* (voyez ce mot).

BOUSAGE (Technologie). — Opération importante de l'impression des indiennes, succédant au mordançage et ayant pour objet :

1° De fixer complétement le mordant aux places où il a été déposé et de l'empêcher ainsi de couler sur les autres points où il produirait des taches ;

2° De saturer ou d'enlever les acides du mordant ;

3° D'enlever une partie des matières employées pour épaissir le mordant ;

4° D'enlever l'excès de mordant.

Le bousage s'effectue en trempant l'indienne dans un bain formé de 1 200 à 1 500 litres d'eau et de 30 kil. de bouse de vache pouvant servir pour 20 ou 60 pièces d'indienne, suivant la qualité et la quantité du mordant. La bouse de vache agit principalement par son albumine, qui, s'unissant à l'alumine ou à l'oxyde de fer, les rend insolubles et les fixe au tissu. L'alcali contenu dans la bouse contribue aussi à neutraliser l'acide du mordant.

Dans l'application de certaines couleurs claires, on substitue le son à la bouse de vache ; mais celle-ci est plus efficace. MM. Mercer et Blythe, de Manchester, sont parvenus à fabriquer économiquement en grand un sel propre au bousage et composé de phosphate de soude et de chaux. M. D.

BOUSIERS (Zoologie), *Copris*, Geoff., Fab. ; *Scarabæus*, Lin. — Genre de *Coléoptères pentamères*, famille des *Lamellicornes*, tribu des *Scarabéides*, du grand genre *Scarabæus*, de Linné, section des *Coprophages* (mangeurs d'excréments) ; caractérisé ainsi : antennes terminées par une massue à trois feuillets, labre caché sous le chaperon, palpes labiales à trois articles distincts, dont le premier plus grand, les quatre jambes postérieures en forme de cône allongé, fortement dilatées, tronquées à leur extrémité, ni écusson ni vide à sa place. Ce sont des insectes à corps toujours épais et dont les mâles ont souvent sur la tête ou sur le corselet des élévations en forme de cornes ; plusieurs espèces étrangères sont remarquables par la bizarrerie de la forme de leur corselet et par leurs proéminences ; quelques-unes sont ornées de couleurs brillantes et riches. Les bousiers font leur séjour ordinaire dans le fumier, les bouses de vache, etc. On en connaît un grand nombre d'espèces, surtout exotiques ; parmi les indigènes, on peut citer le *B. lunaire* (*Sc. lunaris*, Lin.), long de 0ᵐ,015 à 0ᵐ,018 , noir, très-luisant, chaperon échancré en devant, portant une corne élevée, plus longue et pointue dans le mâle ; c'est le seul qu'on trouve aux environs de Paris ; le *B. espagnol* (*Cop. hispanus*, Fab.), noir, une corne longue et recourbée sur la tête, corselet coupé obliquement en devant ; il est long de 0ᵐ,020 à 0ᵐ,025. On le trouve dans le midi de la France et en Espagne.

Fig. 356. — Bousier lunaire.

BOUSSOLE (Physique). — Instrument de physique servant à reconnaître la direction des forces magnétiques terrestres et à étudier leurs variations. Comme la direction de ces forces est à peu près celle du nord au midi, la boussole est aussi vulgairement employée à trouver le nord d'un lieu ; en mer, elle sert au marin à se guider dans sa route.

La boussole est essentiellement formée d'une aiguille aimantée mobile autour de son centre ; mais l'appareil dans lequel elle est installée varie dans ses formes générales suivant le but spécial qu'on se propose d'atteindre.

BOUSSOLE D'ARPENTEUR. — L'aiguille aimantée y a la forme d'un losange très-allongé ; elle est suspendue sur un pivot très-court situé au centre d'un cercle gradué ; le tout est logé dans une cavité cylindrique, creusée dans une planche de bois carrée et fermée par un verre qui permet de suivre les mouvements de l'aiguille. Sur l'un des côtés de la planche est fixée une *alidade* ou une lunette ordinaire que l'on peut mouvoir dans un plan vertical. Cette boussole est employée par les arpenteurs de la manière suivante : supposons qu'il existe sur un terrain dont on veut lever le plan et que l'on ne peut aborder dans toutes ses parties, trois points que nous désignerons par les lettres A, B et C. Nous voulons mesurer l'angle que font entre elles les directions AB et AC. Nous établirons notre boussole au point A, sommet de l'angle ; nous dirigerons la lunette ou l'alidade dans la direction AB et nous lirons sur le cercle gradué à quel degré correspond l'extrémité nord de l'aiguille : soit 15°. Cela fait, nous tournerons l'alidade dans la direction AC ; l'extrémité nord de notre aiguille se trouvera en regard d'une autre division, 50° par exemple. L'aiguille aura donc marché, *relativement* au cercle, de 50° moins 15 ou de 35°, et comme, en réalité, l'aiguille est restée sensiblement immobile, c'est le cercle qui a tourné de 35°, et cet arc mesure l'angle formé par les lignes AB et AC. Cette boussole, peu compliquée et d'un transport facile, est d'une grande utilité dans le levé des plans.

BOUSSOLE DE DÉCLINAISON (voyez DÉCLINAISON, MAGNÉTISME). — Instrument servant à mesurer pour chaque lieu la déclinaison de l'aiguille aimantée, c'est-à-dire l'angle que fait la ligne qui passe par ses pôles avec le méridien terrestre. Cette mesure est d'une grande importance en mer, où l'on n'a souvent que la boussole pour se diriger dans sa route ; aussi est-elle depuis longtemps et fréquemment l'objet des recherches des officiers de la marine des divers États. La boussole ordinairement employée sur mer à cet usage est représentée dans notre gravure 357.

Fig. 357. — Boussole marine.

Elle est disposée de telle sorte que, malgré les oscillations du navire, elle se tienne toujours dans un plan horizontal. Elle se compose d'une boîte hémisphérique AA′ lestée au fond et suspendue, suivant le système de Cardan, par le moyen de deux axes indépendants et croisés à angle droit. Dans l'intérieur de cette boîte est suspendu, sur un pivot d'acier, un disque de talc ou mica D au-dessous duquel est collée l'aiguille aimantée. Le disque est divisé en degrés ; à son niveau, dans l'intérieur de la boîte, est un trait vertical servant de repère. Enfin, sur le bord de la boîte s'élèvent, aux deux extrémités d'un même diamètre, deux pinnules F et K. L'une F est percée d'une ouverture assez large qui se trouve divisée en deux parties par un fil à plomb fixé à son rebord supérieur. L'autre, au contraire, n'est fendue que d'un trait de scie très-fin parallèle au fil à plomb. Contre cette seconde pinnule s'appuie un miroir incliné L, dont le poli est tourné vers le bas et à la partie supérieure duquel une petite bande d'étamage a été enlevée dans la direction du rayon qui va de la fente K au fil à plomb.

Pour faire une observation avec cet instrument, on place l'œil en K et on dirige le plan des deux pinnules vers un astre connu près de l'horizon ; on regarde en même temps, par réflexion sur le miroir, la division du limbe qui passe dans ce plan. Le numéro de cette division donne l'angle que fait le plan vertical de l'astre avec le plan du méridien magnétique ; puis, en consultant les tables de la *connaissance des temps*, publiées chaque année par le *Bureau des longitudes* de Paris, on trouve la valeur de l'angle formé dans le lieu et à l'heure de l'observation par le plan de l'astre avec le plan méridien terrestre. La somme ou la différence de ces deux angles donne la valeur de la déclinaison cherchée.

Sur terre, on préfère à la boussole précédente celle que représente notre gravure 358.

L'aiguille aimantée y est suspendue sur un pivot d'acier situé au centre d'un cercle gradué HH′ renfermé dans une caisse cylindrique A en cuivre et fermée supérieurement par une glace. Sur cette caisse sont fixés deux montants en cuivre B, B′, dont le premier B s'élargit inférieurement en un arc de cercle gradué BD et qui tous deux servent à supporter l'axe horizontal FF' d'une lunette astronomique remplaçant avec avantage les deux pinnules de la boussole marine. L'axe de rotation de cette lunette passe par le centre du cercle gradué BD; son horizontalité est constatée par le moyen d'un niveau à bulle d'air O. L'ensemble de toutes ces pièces est porté sur un cercle gradué CC' horizontal et peut tourner autour de son centre.

Pour faire une observation avec cet instrument, on dirige la lunette vers un astre connu. Les tables de la *Connaissance des temps* donnent, pour le lieu et l'heure de l'observation, l'angle que fait le plan vertical de l'astre

Fig. 358. — Boussole de déclinaison

avec le méridien terrestre; on tourne la caisse A d'un angle pareil, afin d'amener dans le plan du méridien terrestre la ligne 0-180 du cercle gradué HH'. Il suffit alors, pour avoir la déclinaison cherchée, de lire sur le même cercle l'angle dont l'aiguille s'écarte de cette ligne.

M. Gambey a construit une boussole de déclinaison beaucoup plus précise que la précédente et dont voici la disposition générale. L'aiguille aimantée y est remplacée par un barreau d'acier aimanté suspendu par un faisceau de fils de soie sans torsion et portant à chacune de ses extrémités un petit anneau de cuivre garni de deux fils fins croisés à angle droit. La lunette supérieure est construite de manière que l'on puisse y voir les objets très-voisins aussi bien que les astres. L'ensemble des pièces qui supportent cette lunette et l'aiguille est monté sur une plaque de cuivre munie d'un vernier et mobile sur un cercle gradué fixé au pied de l'instrument.

On commence par disposer l'appareil de manière que l'axe de la lunette soit dirigé sur le point de croisement des fils; on note la division du cercle gradué en regard de laquelle est alors le vernier; puis on tourne la lunette vers un astre connu et on note l'angle dont l'appareil a tourné sur le cercle pour obtenir ce dernier résultat. Cet angle est l'angle formé par le plan vertical qui passe par l'astre avec le plan du méridien magnétique. Les tables faisant connaître, pour l'heure et le lieu de l'observation, l'angle du plan vertical de l'astre avec le méridien terrestre, une simple addition ou soustraction des deux angles donne la déclinaison cherchée.

BOUSSOLE D'INCLINAISON. — Boussole servant à mesurer l'*inclinaison* ou l'angle que fait l'aiguille aimantée librement suspendue avec l'horizon. — Cette boussole, représentée figure 359, se compose d'un cercle gradué vertical AA', au centre duquel est situé l'axe horizontal d'une aiguille aimantée *ab* qui ne peut se mouvoir que dans le plan du cercle. Celui-ci, ainsi que la cage BB' qui l'enveloppe, est porté sur une table horizontale mobile sur le centre d'un second cercle gradué horizontal CC'. Ce dernier sert à déterminer avec la boussole même la direction du plan du méridien magnétique et à tourner le cercle gradué vertical dans ce plan. On lit alors sur l'appareil l'angle dont l'aiguille s'incline au-dessous de l'horizon. Seulement, comme l'aiguille présente toujours quelque léger défaut de centrage ou d'aimantation, il faut recommencer à quatre reprises l'observation en tournant son axe bout pour bout, puis réaimantant l'aiguille en sens inverse et

prendre la moyenne des quatre observations (voyez INCLINAISON, MAGNÉTISME TERRESTRE).

BOUSSOLE MARINE, COMPAS DE VARIATION. — Boussole très-employée sur mer, où elle sert à guider les marins dans leur marche. Cette boussole est semblable à celle que nous avons représentée dans notre figure 357, à quelques modifications près. Chaque bâtiment possède ordinairement deux boussoles, une qui est établie dans la chambre du capitaine, l'autre qui est installée sur le pont sous les yeux du timonier qui tient en main la barre du gouvernail. Cette dernière est sans pinnules; mais la caisse est percée inférieurement d'une ouverture au-dessous de laquelle est situé un miroir incliné à 25°, le poli dirigé vers le haut. En avant de ce miroir et sous le pont du bâtiment est placée une lampe dont les rayons réflé-

Fig. 359. — Boussole d'inclinaison.

chis verticalement viennent éclairer par-dessous le disque de talc gradué qui porte l'aiguille aimantée, de telle sorte que les divisions de ce disque restent visibles pendant la nuit. En dehors des 300 divisions de ce disque gradué, on l'a partagé en 32 parties égales appelées *aires de vent* ou *rumbs*, séparées par autant de *points* dont l'un porte l'indication *Nord*. L'ensemble s'appelle la *rose des vents*. Enfin, dans l'intérieur de la caisse et sur sa paroi dirigée vers l'avant du bâtiment, est un trait vertical situé dans le plan qui passe par le pivot de l'aiguille et par l'axe du bâtiment. Le timonier, l'œil fixé sur sa boussole, peut donc lire à chaque instant du jour et de la nuit l'angle que fait la direction de sa boussole avec l'axe du bâtiment, et si, d'un autre côté, on connaît l'angle que fait la boussole avec le méridien terrestre, on peut en conclure la direction du navire ou lui donner celle qu'il convient qu'il prenne.

On ne peut, toutefois, en mer, se fier d'une manière absolue aux indications de la boussole. Le navire, au lieu de suivre exactement la direction de son axe, dérive toujours plus ou moins sous l'action du vent ou des courants marins dont il faut pouvoir apprécier l'influence; d'un autre côté, la déclinaison de l'aiguille aimantée variant d'un point à l'autre du globe, il est nécessaire de consulter les cartes qui font connaître ces variations; enfin, la direction de l'aiguille aimantée est encore influencée sur un bâtiment par les masses de fer qui entrent dans sa construction ou son chargement. Toutes ces causes d'erreur ont peu d'importance dans les voyages de peu de durée, ou tant que l'on reste dans des parages connus et fréquentés; l'habitude permet de s'y soustraire assez aisément. Mais dans les voyages de très-long cours, ou d'exploration, il est indispensable de faire usage de toutes les ressources que la science met à la disposition du marin pour assurer sa marche. On corrige alors l'influence du navire sur la direction de sa boussole au moyen du *compensateur de Barlow* (voyez ce mot).

BOUSSOLE DES VARIATIONS. — Instrument de précision servant à observer et à mesurer les variations très-faibles que l'aiguille aimantée subit journellement dans sa direction, soit d'une manière régulière, soit accidentellement (voyez Déclinaison, Magnétisme terrestre). Le plus parfait des instruments de ce genre est celui qui a été imaginé et construit par Gambey. Il se compose d'un barreau d'acier de 0ᵐ 60 de long, suspendu en son milieu par un faisceau de fils de soie sans torsion et renfermé dans une caisse rectangulaire. Les deux extrémités du barreau sont munies de plaques d'ivoire portant des divisions angulaires très-fines, au-dessus desquelles sont deux lunettes verticales portées par la caisse et mobiles dans une direction transversale au moyen de vis micrométriques. C'est au moyen de ces lunettes qu'on peut suivre avec une précision très-grande les oscillations du barreau.

L'origine de la boussole est des plus obscures. Suivant quelques auteurs, le P. Gaubil, *Histoire de l'Astronomie chinoise;* Barrow, Nouveau *Voyage en Chine;* Hager, *Mémoire sur la boussole orientale,* etc., l'usage de la boussole remonterait en Chine à un temps immémorial. Les Chinois auraient communiqué cette invention aux Arabes, qui l'auraient importée eux-mêmes en Occident vers le xiiᵉ siècle. On peut s'étonner, si cette opinion est exacte, que la boussole, employée 1000 ou 2000 ans avant J. C. dans les mers de l'Inde, n'ait été connue ni des navigateurs égyptiens, ni des Grecs de Constantinople. D'ailleurs, des doutes très-sérieux ont été élevés sur l'authenticité des textes dans lesquels quelques-uns des auteurs précités ont puisé les éléments de leur opinion. (Consulter le XLVIᵉ vol. des Mémoires de l'Académie des inscriptions.) On peut donc admettre comme vraisemblable, qu'en cette circonstance ainsi qu'en bien d'autres, on a fait aux Chinois un honneur immérité. La prétention qui attribue aux Arabes l'invention de la boussole ne paraît pas mieux fondée, et les érudits les plus autorisés supposent au contraire que ceux-ci ont emprunté l'instrument à l'Europe. En effet, dans aucun des ouvrages arabes antérieurs à l'époque où la boussole était connue en Occident, il n'en est fait mention.

Les Grecs et les Romains ne connurent certainement pas la boussole, car plusieurs de leurs auteurs, notamment Lucrèce et Pline, ont parlé avec détails de la pierre d'aimant, et leur silence sur une propriété aussi curieuse que celle de sa force directrice, prouve surabondamment qu'elle leur était inconnue. On ne saurait préciser au juste l'époque où, en Europe, il a été question pour la première fois de cet instrument, encore moins lui attribuer un inventeur proprement dit. Toutefois il est incontestable que le célèbre Albert le Grand (né en 1193, mort en 1280) indique comme un fait connu, dans son traité *de Mineralibus,* les propriétés de la pierre d'aimant. Le cardinal de Vitry, dans son *Historia orientalis,* publiée vers 1215, parle en termes non équivoques de la boussole, comme d'un instrument indispensable aux marins et d'un usage déjà répandu vers 1204. Nous citerons encore un document devenu classique dans cette discussion ; ce sont les vers de Guyot de Provins, tirés du poëme satirique appelé *Bible,* ouvrage qui fut composé vers l'année 1200. L'opinion généralement accréditée qui suppose que la boussole était déjà répandue vers le commencement du xiiᵉ siècle, paraît donc fondée. A cette époque, la boussole était formée d'une aiguille aimantée qu'on faisait nager sur l'eau en la soutenant par deux brins de paille ou par un morceau de liége. Ce procédé, très-incommode, devait se trouver souvent impraticable par suite de l'agitation de la mer. C'est Flavio Gioia, d'Amalfi, né vers la fin du xiiiᵉ siècle, qui eut l'idée de la suspendre sur un pivot ; mais c'est à tort qu'on lui a attribué l'invention même de la boussole. **M. D.**

BOUT de sein (Médecine). — On donne ce nom à un petit instrument en caoutchouc ou en ivoire ramolli, que l'on adapte au mamelon des femmes enceintes ou nouvellement accouchées pour former le bout que l'enfant doit saisir pour téter. Souvent aussi, lorsque le sein devient malade, ou que le mamelon se crevasse, pendant l'allaitement on l'applique sur le sein, et l'enfant saisit le mamelon artificiel de l'instrument pour téter (voyez Crevasse, Allaitement).

BOUTÉ (Hippiatrique).—Cheval *bouté* (voyez Boulété).

BOUTEILLE (Médecine vétérinaire). — On donne ce nom à une tumeur molle, produite par l'infiltration du tissu cellulaire qui se forme sous la gorge des moutons dans la *cachexie aqueuse* (voyez ce mot).

BOUTEILLES (Fabrication des) (Technologie). *Matières premières.* — Le verre à bouteilles se prépare avec du sable ferrugineux, des cendres neuves, des cendres lavées, des soudes brutes de varech, du sel, du sulfate de soude, de l'argile jaune et des morceaux de verre

(groisil). Le sable ferrugineux renferme de la silice et de l'oxyde de fer ; les cendres fournissent de la potasse, l'argile de l'alumine. La fusion de toutes ces matières donne un verre qui est une combinaison de silice avec diverses bases, c'est-à-dire un composé de silicates alcalins (de potasse ou de soude), alcalino-terreux et terreux (de chaux et d'alumine), de silicate d'oxyde de fer. Les matières premières qui fournissent les éléments du verre sont de peu de valeur, à cause du bas prix auquel il importe de livrer les bouteilles.

Quant aux proportions suivant lesquelles ces diverses matières entrent dans le mélange, elles sont nécessairement variables. Voici la composition de l'un de ces mélanges :

Sable	82ᵏ41
Chaux	10 97
Sulfate de soude	1 07
Soude et sel	3 11
Groisil	2 44
	100ᵏ00

Principes. — Le verrier doit connaître les propriétés des différents silicates qui composent le verre. Les silicates alcalins sont les plus fusibles de tous. Plus ils renferment d'alcali, plus ils sont fusibles, mais plus aussi ils sont attaquables par l'eau ; plus ils renferment de silice, moins ils sont attaquables par l'eau et les acides, mais plus ils sont difficiles à fondre. Ils ont aussi la propriété de ne pas cristalliser par le refroidissement. Les silicates terreux ne sont pas attaqués par l'eau, mais ils ne fondent qu'à des températures élevées et ont une certaine tendance à la cristallisation. Le silicate d'oxyde de fer fond très-facilement.

Le silicate multiple qui résulte de l'association de ces silicates simples peut avoir un point de fusion inférieur à celui du silicate le plus fusible, être peu altérable par l'eau et par les acides et ne pas cristalliser par le refroidissement, toutes conditions recherchées par l'industriel.

L'oxyde de fer, qui donne de la fusibilité au verre, donne aussi aux bouteilles une couleur verdâtre que l'on fait disparaître presque complétement, en ajoutant au mélange une quantité convenable de peroxyde de manganèse.

Fabrication. — Le four de fusion, rectangulaire et chauffé à la houille, renferme ordinairement quatre creusets placés sur deux banquettes disposées latéralement de chaque côté de la grille. Au-dessus de chaque pot est une embrasure qui sert à le charger et à *cueillir* (prendre) le verre.

Les matières mélangées sont toujours calcinées (*frittées*) avant d'être introduites dans les creusets de fusion. Quand la fusion est terminée, on *écume,* on ralentit le feu et on règle la chaleur de manière que le verre s'épaississe et se calme, puis on commence le travail.

Avec une *canne* (tube) de fer longue de 1 mètre environ, et percée dans sa longueur d'un canal de 0ᵐ,003 de diamètre, un ouvrier *cueille* du verre à plusieurs reprises jusqu'à ce qu'il ait ramassé à l'extrémité de la canne une pelote de verre suffisante pour faire une bouteille. Il passe alors la canne au maître verrier, qui façonne sur une plaque de fer le goulot de la bouteille, souffle ensuite dans la canne pour gonfler le verre et lui donner la forme d'un poire (*fig.* 361), puis l'introduit dans un moule qui lui donne enfin la forme et les dimensions voulues (*fig.* 362). Lorsque la bouteille est bien formée, le souffleur la retire du moule, la relève en haut et pousse le fond en dedans avec une

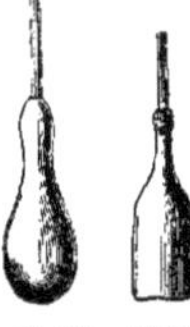
Fig. 361.   Fig. 362.
Bouteille   Bouteille
commencée.   formée.

petite feuille de tôle rectangulaire dont il appuie un des angles au centre de la bouteille, pendant qu'il tourne celle-ci avec la canne. Enfin il détache la bouteille, la retourne, la reprend par le fond avec le sabot qu'il tient de la main gauche, cueille dans le creuset du verre qu'il allonge en filet autour du goulot pour faire la bague, puis il réchauffe le goulot et façonne l'embouchure.

Recuit. — Comme la différence entre la température de la bouteille et celle du milieu où elle se refroidit est considérable, elle subirait un refroidissement brusque qui la rendrait très-fragile, si on ne faisait recuire.

A cet effet, les bouteilles sont placées dans des fours spéciaux, chauffés au rouge sombre et dont le refroidissement est très-lent. Pour éviter le dépôt des matières charbonneuses qui se produisent dans le chauffage à la houille, on chauffe au bois les fours à recuire.

Essai des bouteilles. — Les bouteilles doivent présenter plus ou moins de résistance, suivant l'usage auquel elles sont destinées. Les bouteilles à vin de Champagne peuvent être soumises à une pression intérieure et continue de 12 atmosphères. Aussi, avec les bouteilles ordinaires, la casse s'élève dans les celliers jusqu'à 20 et 30 p. 100. Dans certaines usines, on fabrique des bouteilles spéciales, qu'on essaye avant de livrer au commerce. L'usine de Châlon-sur-Saône fabrique des *champenoises* qui, soumises à la machine de M. Collardeau, résistent à une pression moyenne de 25 atmosphères (voyez VERRE.

L.

BOUTEILLE DE LEYDE (Physique). — Instrument de physique destiné à *condenser* une quantité plus ou moins considérable d'électricité, que l'on puisse ensuite employer à tel objet qu'on se propose.

Elle se compose (*fig.* 363) d'un flacon ou bouteille de verre à parois minces et d'une épaisseur uniforme, dont la surface extérieure est recouverte jusqu'à une certaine distance du col, d'une feuille d'étain que l'on appelle *armature externe.* L'intérieur est rempli de feuilles de clinquant, froissées et légèrement tassées, qui constituent l'*armature interne.* Quand le col du flacon est assez large pour qu'on puisse aisément y passer la main, le clinquant est remplacé par une seconde feuille d'étain qui produit le même effet. Dans l'un et l'autre cas, la bouteille est fermée par un bouchon de liége que traverse une tige de cuivre recourbée en forme de crochet, terminée à son extrémité supérieure par une boule de cuivre, et communiquant par son extrémité opposée avec l'armature interne dont elle forme la continuation et dont elle porte également le nom. Toute la partie extérieure du verre qui n'est pas recouverte d'étain, l'est d'une couche de vernis à la gomme laque qui la préserve de l'humidité et la rend plus isolante.

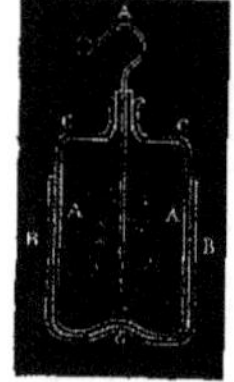

Fig. 363. — Bouteille de Leyde.

Pour charger d'électricité cette bouteille, on la tient ordinairement à la main par l'armature externe, et on met le crochet en contact avec le conducteur d'une machine électrique en activité. L'électricité positive ou vitrée de la machine se répand sur l'armature interne, agit par influence au travers du verre sur l'armature externe, et en attire elle l'électricité négative ou résineuse; celle-ci, retenue à la surface du verre qui s'oppose à son passage, réagit à son tour sur l'électricité de l'armature interne qu'elle condense en l'attirant, et permet ainsi à cette armature de se charger d'une quantité d'électricité positive, beaucoup plus grande qu'elle ne le ferait si elle était seule.

Si, tenant toujours la bouteille d'une main, on touchait le crochet avec l'autre main, les deux électricités empêchées par le verre de se réunir se recombineraient au travers du corps; une étincelle jaillirait, et on éprouverait une secousse brusque, d'autant plus violente que la bouteille serait de dimensions plus grandes et plus fortement chargée. En réunissant ensemble plusieurs bouteilles, on forme ce que l'on appelle une *batterie électrique* dont la puissance peut devenir redoutable (voyez CONDENSATEUR, ÉTINCELLE).

BOUTEILLE DE LANE. — C'est une bouteille de Leyde ordinaire D (*fig.* 364), fixée sur un pied portant en outre une tige de verre A mobile au moyen d'une vis micrométrique V. Au sommet de cette tige de verre s'en trouve une seconde en cuivre, terminée par une boule de cuivre *a*, qui se trouve ainsi élevée à la hauteur de la boule *b* de l'armature interne de la bouteille. Les deux boules *a* et *b* peuvent donc être placées à une distance variable l'une de l'autre, et mesurée au moyen de la vis. Si on met cet appareil en communication avec une batterie que l'on charge, chaque fois que la quantité d'électricité sera suffisante, une étincelle jaillira entre les deux boules *a* et *b*; le nombre des étincelles ainsi produites pendant la charge totale des batteries sera proportionnel à la quantité d'électricité employée. La bouteille de Lane fournit donc un moyen de mesurer des quantités d'électricité et devient un véritable *électromètre* (voyez ce mot).

Ce fut en 1746 que Musschenbroek et deux autres

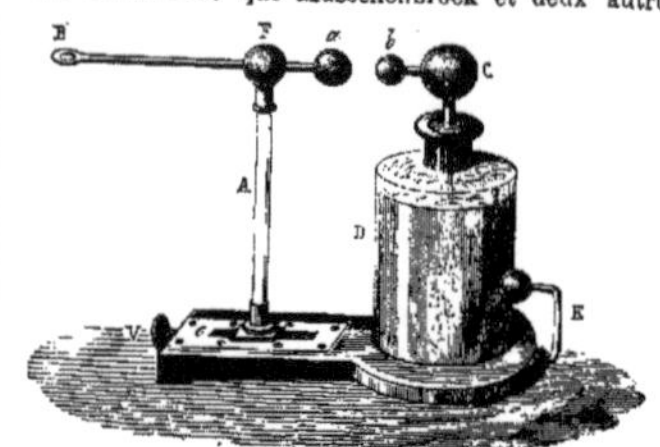

Fig. 364. — Bouteille de Lane.

physiciens hollandais, Cunéus et Allaman, observèrent pour la première fois et fortuitement à Leyde les effets de la bouteille de Leyde. L'un de ces physiciens, Cunéus, voulait électriser, en présence des deux autres, de l'eau contenue dans un vase de verre qu'il tenait à la main, et, pour y arriver, il faisait plonger au milieu du liquide une pointe qui communiquait aux conducteurs d'une machine. Lorsqu'il jugea la charge suffisante, il approcha le doigt de la surface de l'eau. A l'instant il reçut une commotion incomparablement supérieure à celle qu'il pensait recevoir. L'eau et la main avaient fait l'office des deux armatures de la bouteille. Musschenbroek répéta l'expérience, l'étudia avec soin et la fit connaître à l'Europe savante, qui l'accueillit avec un vif intérêt. On remplaça ultérieurement l'eau et la main par des feuilles métalliques; mais l'appareil conserva le nom de la ville où il avait été découvert.

M. D.

BOUTEILLE INÉPUISABLE (Physique amusante). — Voyez ENTONNOIR MAGIQUE.

BOUTOIR (Zoologie). — Le museau ou groin du sanglier et du cochon domestique, après s'être aminci sensiblement, est tronqué à son extrémité et terminé audevant de la mâchoire supérieure par un cartilage plat, arrondi, nu, marqué de petits points et qui déborde par les côtés, et surtout par le haut, la peau de la mâchoire, c'est ce qu'on nomme le *boutoir.* Il est percé par les deux ouvertures, petites et rondes, des narines, entre lesquelles existe, dans le milieu du boutoir, un petit os qui sert de base et de point d'appui à cette partie et qui contribue à lui donner de la solidité et de la force pour fouiller la terre. On remarque une disposition à peu près analogue dans le museau du tapir, du bali-saur, du coati, etc.

BOUTOIR (Vétérinaire). — On donne ce nom à un instrument au moyen duquel les maréchaux-ferrants enlèvent l'excédant de la corne du pied du cheval lorsqu'ils le *parent* pour le ferrer. C'est une espèce de lame ou gouge aplatie, qui termine une forte tige en fer coudée et fixée solidement dans un manche de bois. Les maréchaux s'en servent aussi pour couper la queue d'un cheval; pour cela, ils l'appuient sur le tranchant du boutoir et frappent dessus avec un bâton; c'est une mauvaise pratique.

BOUTON (Conchyliologie). — Ce mot sert à désigner plusieurs espèces de coquilles : ainsi on a nommé *Bouton de camisole* ou *Bouton de Pharaon*, le *Trochus Pharaonis;* Grand *Bouton de Chine*, le *Trochus maculatus; Bouton de Chine*, le *Trochus niloticus*, tous trois du genre *Toupie* (*Trochus*, Lin.) (voyez ce mot) : *Bouton de rose*, le *Bulla amplustra*, du genre *Bullée* (*Bullæa*, Lin.) (voyez ce mot); *Bouton terrestre*, l'*Helix rotundata*, du genre des *Escargots* (*Helix*, Lin.) (voyez ce mot).

BOUTON (Médecine). — La signification de ce mot est loin d'être déterminée d'une manière absolue; cependant Alibert en a circonscrit le sens d'une manière assez rigoureuse pour qu'on l'adopte. Suivant lui, les *boutons* sont de petites tumeurs cutanées, tuberculeuses, isolées, plus ou moins dures, à peine douloureuses, ne se terminant jamais par suppuration, mais par *desquammation* (voyez ce mot) : réduits à ces termes, ce qu'on appelle *boutons* est une affection légère, qui guérit presque seule, mais qui peut se renouveler souvent. Pour les autres affections avec lesquelles ils pourraient être confondus, voyez PRURIGO, PAPULE.

Bouton d'Alep. — Maladie particulière à la Syrie, et entre autres aux villes d'Alep et de Bagdad, et qui n'affecte, dit-on, qu'une seule fois dans la vie ; les renseignements les plus complets que nous ayons sur cette maladie sont renfermés dans un mémoire envoyé à la Société royale de médecine, par M. Bo, médecin. Elle attaque indistinctement les indigènes et les étrangers ; quelquefois il n'y a qu'un seul bouton, on l'appelle alors *bouton mâle;* quelquefois il y en a plusieurs, et cette variété se nomme *bouton femelle.* Les enfants sont sujets à cette maladie; le bouton d'Alep est un tubercule intéressant l'épaisseur de la peau et croissant pendant quatre ou cinq mois ; alors il devient douloureux et la suppuration commence ; puis il se forme une croûte qui se dessèche, tombe et se reforme jusqu'à la guérison ; la maladie dure environ un an. Le traitement est nul; on se borne à quelques applications émollientes.

Bouton (Chirurgie). — Instrument dont on se sert dans l'opération de la *taille* (voyez ce mot), et qui consiste en une tige d'acier d'une longueur de 0ᵐ,20 à 0ᵐ,25. Une de ses extrémités est terminée par un bouton olivaire ; il est armé sur toute sa longueur d'une crête sur laquelle on fait glisser les *tenettes* (voyez ce mot) ; l'autre extrémité de l'instrument est une espèce de curette avec laquelle on s'assure qu'il n'y a plus rien dans la vessie, lorsque l'opération est terminée.

Bouton de feu. — Espèce de cautère actuel, dont l'extrémité cautérisante se termine en un bouton de forme olivaire (voyez **Cautère**).   **F. — N.**

Bouton (Anatomie végétale), *gemma.* — On désigne sous ce nom un petit corps arrondi, un peu allongé, quelquefois pointu, qui se forme aux aisselles des feuilles ou à l'extrémité des rameaux dans quelques plantes herbacées et dans les arbres et les arbrisseaux. Lorsque le bouton commence à paraître, on lui donne le nom d'*œil.* Dans nos climats, les boutons des arbres sont protégés par des écailles extérieures, sèches et dures, par un duvet particulier, un suc visqueux, etc., dont l'usage est de les défendre contre le froid et la pluie. Les boutons peuvent être *à fleurs :* alors ils sont plus gros, plus courts, moins pointus; ou bien *à feuilles :* dans ce cas, ils sont minces, allongés et pointus; dans quelques espèces cependant, ils sont arrondis, comme dans le *noyer,* et très-gros, comme dans le *marronnier d'Inde.* Quelquefois le bouton est *mixte,* et il produit des feuilles et des fruits. Les boutons reçoivent encore différents noms, suivant leur position sur l'arbre ou les produits auxquels ils donnent lieu ; ainsi on nomme *boutons radicaux,* ceux qui naissent près de la racine, et qui, comme dans le framboisier, par exemple, doivent recevoir une destination particulière lors de la taille. D'autres sont nommés *boutons stipulaires,* etc. La plupart des boutons s'épanouissent au printemps ; à cette époque, l'ascension de la séve commence à se faire avec force, la base du bouton se gonfle, l'enveloppe écailleuse s'entr'ouvre, les feuilles commencent à paraître, et le bouton passe à l'état de *bourgeon* (voyez ce mot).

Bouton (Botanique). — Ce nom a été donné à plusieurs plantes de groupes très-différents, et surtout d'après la forme et la couleur de la fleur ; ainsi on a appelé :

Bouton d'argent, l'Achillée sternutatoire (*Achillea ptarmica,* Lin.) ; la Camomille romaine (*Anthemis nobilis,* Lin.); la Matricaire commune (*Matricaria parthenium,* Lin.) ; la Renoncule à feuilles d'aconit (*Ranunculus aconitifolius,* Lin.).

Bouton de bachelier, Bouton de la mariée, la Lychnide visqueuse (*Lychnis viscaria,* Lin.) (voyez **Lychnide**).

Bouton noir, la Belladone (*Atropa belladona,* Lin.).

Bouton d'or, l'Immortelle jaune (*Gnaphalium orientale,* Lin.) ; la Renoncule âcre, variété à fleurs pleines (*Ranunculus acris,* Lin.); la Renoncule rampante (*Ranunculus repens,* Lin.).

Bouton rouge, le Gainier du Canada (*Cercis canadensis,* Lin.).

Bouton (Technologie). — Petite pièce du vêtement remplaçant les agrafes, cordons, rubans, aiguillettes, épingles, usitées par nos ancêtres. Les premiers boutons étaient formés d'une petite pelote recouverte de la même étoffe que les parties du vêtement qu'ils devaient réunir. Cette forme incommode a été ultérieurement remplacée par la forme plate ou légèrement concave ou convexe adoptée aujourd'hui.

Les boutons sont fabriqués avec des matières très-diverses. Ceux qui doivent être recouverts de soie ou de toute autre étoffe, sont ordinairement en bois ; pour les autres, on emploie l'os, l'ivoire, la corne, l'écaille, la nacre, les métaux. Tous les boutons, à l'exception des boutons métalliques et des boutons en corne, sont découpés et percés au *tour.* L'outil varie suivant que la pièce doit avoir un seul trou en son centre ou en avoir plusieurs; mais, dans l'un et l'autre cas, la matière première doit être débitée à l'avance en petites planchettes d'une épaisseur égale à celle des boutons.

Boutons à un seul trou. — L'arbre du tour porte à l'une de ses extrémités une mèche de vilebrequin ; l'autre extrémité est creusée d'une gorge qui est embrassée par un levier que l'on gouverne à la main, au moyen d'une manivelle ; de cette manière, l'arbre du tour peut être à volonté poussé de droite à gauche ou retiré de gauche à droite; il reçoit en outre un mouvement de rotation rapide d'une roue de rémouleur. En face de la mèche est un petit plateau sur lequel est appliquée la planchette, la mèche est avancée, sa pointe centrale fore le trou, et les deux ailes découpent circulairement la planche à moitié de son épaisseur. On recommence la même opération du même côté, jusqu'à ce que la planche ait été travaillée ainsi dans toute son étendue, puis on la retourne. La pointe centrale de la mèche étant introduite successivement dans les divers trous, et la matière étant de nouveau découpée circulairement jusqu'à mi-épaisseur, les boutons se détachent et viennent tomber dans une caisse destinée à les recevoir.

Boutons à plusieurs trous. — Ces boutons sont d'abord découpés au tour, comme précédemment avec une mèche dépourvue de pointe centrale et intéressant d'un seul coup toute l'épaisseur de la planche ; ils sont ensuite percés au moyen d'un tour composé de quatre arbres portés sur un même support et terminés par des crochets. Les quatre mèches, simplement accrochées aux extrémités de ces quatre arbres, sont soutenues à leurs bouts libres par un chevalet en cuivre qui les traverse librement. Les boutons, disposés en pile sur un support cylindrique, sont poussés peu à peu sur les mèches; celles-ci, mises en mouvement toutes à la fois, forent en même temps les quatre trous.

Quelques boutons en os ou en ivoire sont en outre ornés de dessins que l'on grave à la main.

Boutons en corne. — Ces boutons sont quelquefois traités comme précédemment ; mais le plus souvent ils sont moulés, grâce à cette propriété qu'a la corne de se ramollir dans l'eau bouillante et de reprendre sa dureté primitive en se refroidissant. La corne est d'abord taillée en plaques d'une épaisseur uniforme ; ces plaques sont ensuite découpées en petits carrés dont on abat les angles pour en former des octogones ; puis ensuite on les introduit entre les deux mors d'une large pince portant chacun six coins d'acier ayant en creux le relief à donner aux boutons. Les octogones ayant été ramollis dans l'eau bouillante et posés sur les coins, on serre les mors de la pince et on introduit ces mors sous une presse à vis très-puissante. Au bout de quelques minutes le moulage est terminé. On retire les boutons, on abat les angles avec des pinces à couper et on arrondit à la lime. La queue de ces boutons est ordinairement formée d'un demi-anneau de laiton placé à l'avance dans le coin correspondant à la face inférieure du bouton, et ses deux extrémités s'incrustent solidement dans la corne pendant le pressage.

Boutons métalliques. — Les boutons métalliques étaient primitivement coulés dans des moules de sable à la manière ordinaire ; puis la queue, formée d'un demi-anneau métallique, était soudée à leur face inférieure ; on les polissait enfin sur le tour. Ces opérations ont été considérablement simplifiées par l'emploi du balancier. Le métal employé, ordinairement formé d'un alliage d'étain, de cuivre et de zinc, est d'abord laminé en feuilles d'une épaisseur convenable, coupé en bandes d'une longueur arbitraire et d'une largeur peu supérieure à celle du bouton, puis introduit sous le poinçon du balancier. Chaque coup de l'instrument détache de la bande le disque qui doit former un bouton, et perce les trous du bouton suivant. Les boutons ainsi enlevés à l'emporte-pièce sont introduits entre les poinçons d'un autre balancier semblable à celui qui sert à frapper la monnaie et en reçoivent la courbure qu'ils doivent avoir et en même temps la légende du fabricant de boutons, ou plus souvent du confectionneur de vêtements. Ces boutons sont ensuite polis au rouge d'Angleterre et légèrement dorés ou argentés. Les *boutons militaires* ou *de livrée* sont généralement formés de deux pièces ; l'une d'elles, qui est en laiton mince et a reçu la légende d'un coup de balancier, est un peu plus grande que ne doit être le bouton terminé ; elle s'applique sur une autre pièce formant moule, à laquelle a été soudée la queue, puis ses bords sont repliés ou *sertis* sur le moule. C'est encore par un procédé semblable - que sont fabriqués les boutons *semi-métalliques*, composés de deux rondelles métalliques entre lesquelles est pincé un disque de coutil, et sertis l'un sur l'autre, de manière qu'ils restent intimement unis.

Boutons en pâte céramique. — Ces boutons, destinés à remplacer les boutons de nacre employés dans la lingerie, ont été imaginés en 1840 par M. Prosser. Dans le procédé de fabrication dû à l'inventeur, des matières légèrement fusibles, telles que le feldspath, le phosphate de chaux, étaient réduites en poudre, mélangées, à une douce chaleur, à une petite quantité d'un corps gras, tel que le lait, et destiné à donner un peu de liant à la pâte, puis la poudre ainsi préparée était moulée à l'aide de petites machines à balancier qui frappaient les boutons un à un. Ces boutons étaient ensuite placés à la main sur des rondeaux en terre cuite, et introduits dans des manchons que l'on superposait dans un four à cuire la porcelaine tendre. Ce procédé a été amélioré et la fabrication amenée à un degré fabuleux de bon marché par un fabricant français, M. Bapterosse.

M. Bapterosse fabrique deux espèces de boutons : les boutons dits *agate* et les boutons *strass*. La pâte des premiers est formée de feldspath lavé aux acides pour le débarrasser de l'oxyde de fer qu'il pourrait contenir, et additionné d'un peu de phosphate de chaux ; celle des seconds est composée de feldspath pur. Dans l'un et l'autre cas, un peu de lait sert à donner le liant nécessaire. Le moulage a lieu dans des presses pouvant donner 500 boutons à la fois et 2 ou 3 coups par minute. En tombant de la presse, les boutons viennent se ranger sur une feuille de papier tendue sur un cadre rectangulaire en fer et servant à les transporter. La cuisson s'effectue dans des fours circulaires contenant chacun une soixantaine de *moufles* autour desquelles circule la flamme, et contenant chacune une plaque en terre réfractaire, de la grandeur de la feuille de papier qui porte les boutons. Lorsque l'une de ces plaques est rouge, on la retire, on pose dessus la feuille de papier garnie de ses boutons ; cette feuille brûle, et les boutons sont ainsi déposés sur la plaque dans l'ordre où ils sont sortis de la presse ; on enfourne, et au bout de 10 minutes la cuisson est terminée. On retire la plaque, on enlève avec un râble les boutons qui la garnissent, et comme elle est rouge elle peut recevoir immédiatement une nouvelle charge. Les boutons ainsi obtenus peuvent évidemment recevoir toutes les formes exigées par les caprices de la mode et par des mélanges de divers oxydes à la pâte, être colorés de nuances diverses.

M. D.

BOUTURE, Bouturage (Horticulture). — On donne le nom de *bouture* à une partie d'un végétal qui, séparée de son pied-mère, est mise en terre pour y développer des racines si c'est un fragment de la tige (racines adventives), ou des bourgeons si c'est un fragment de racine : ainsi, prenez un rameau de saule ou de peuplier et placez-en une extrémité quelconque dans l'eau ou dans la terre humide, cette extrémité se couvrira promptement de filets radiculaires, qui sont des racines adventives, et transforment le végétal en un nouveau plant capable de devenir un arbre comme celui dont il a été primitivement détaché ; cette opération constitue ce qu'on appelle le *bouturage*, et le rameau prend le nom de *bouture*. On fait des boutures de diverses manières : tantôt, on opère comme il vient d'être dit ; c'est le bouturage simple. Si le végétal appartient à une espèce qui développe moins facilement ses racines adventives, on enterre partiellement une branche flexible et tenant encore au végétal ; c'est ce qui se pratique lorsqu'on *couche* la vigne, ou bien on passe cette branche dans un pot à fleurs rempli de terre, et l'on ne sépare la bouture de la plante-mère que lorsqu'elle a poussé ses racines. Cette opération porte encore le nom de *marcottage*. Certains végétaux émettent des racines adventives sur des parties qui ne sont pas plongées dans le sol ; ces racines, poussées dans l'atmosphère, pendent vers la terre, où elles vont s'enfoncer après un trajet plus ou moins long ; on les nomme racines *aériennes*. M. Du Breuil, distingue de la manière suivante les principales espèces de bouture (*Cours d'arboriculture*) : 1° par *rameaux* : c'est le mode dont il a été parlé plus haut ; 2° par *rameaux avec talon* ; ici on coupe le rameau tout près du point où il s'unit à la branche et on l'enlève avec le talon qui est à sa base ; 3° par *crossettes* : on enlève avec le rameau une certaine étendue de la branche qui lui a donné naissance. Cette méthode offre plus de chances de succès que les précédentes ; 4° par *plançons* : c'est une branche de trois à cinq ans, droite et vigoureuse, de 2 à 3 mètres, que l'on taille en pointe aiguë et qu'on enfonce dans la terre à 0ᵐ,50 de profondeur (peuplier, saule, aune, etc.) ; 5° par *étranglement* ; on place une ligature au-dessous d'un bouton ; il s'y forme un bourrelet ; au bout d'un an, on coupe la branche au-dessous du bourrelet et on la met en terre ; 6° par *ramées* : on enterre une branche garnie de rameaux que l'on redresse et que l'on coupe hors de terre en laissant deux boutons à chacun ; 7° *bouture semée* : on coupe par petits fragments munis chacun d'un œil une branche de l'année précédente et on les sème en rigole, en terre légère, au printemps (mûrier) ; 8° *bouture au moyen de fragments de racine* : on divise par tronçons de 0ᵐ,10 à 0ᵐ,15 des racines détachées du pied-mère ; on les plante en laissant leur gros bout sortir légèrement de terre.

BOUVIER (Zoologie). — On a donné ce nom, 1° au *Gobe-mouche gris*, parce qu'il a l'habitude de voler autour des bœufs dans les prairies pour attraper les mouches ; 2° à la *Bergeronnette* ou *Lavandière*, parce qu'elle voltige dans les prés autour des bestiaux ; 3° quelquefois en Provence au *Motteux*, espèce de *Traquet*.

BOUVIER (Économie agricole). — On désigne sous ce nom le domestique chargé de soigner et de conduire les bœufs de travail ou ceux de l'engrais. Par extension, on a aussi donné ce nom à celui qui fait le service des marchés de bêtes bovines et qui est chargé le plus souvent de les soigner et de les conduire jusqu'au moment où ils arrivent à l'abattoir. Une grande partie des qualités du berger doivent être aussi celles du bouvier (voyez Berger) ; ainsi la vigilance, l'exactitude, la ponctualité et surtout l'égalité de caractère, soit qu'il s'agisse de conduire les animaux au travail, soit qu'il ait à dresser de jeunes bœufs ; et qu'il se persuade bien qu'il ne fera rien s'il ne montre pas une grande douceur, car la brutalité n'engendre que la résistance. Il devra aussi distribuer la nourriture à des heures régulières et en quantité convenable ; il veillera à entretenir la propreté de ses bêtes et il mettra tous ses soins à avertir son maître des moindres indispositions qui pourraient leur arriver, aussi bien qu'à leur donner tous les secours nécessaires jusqu'à l'arrivée du vétérinaire, s'il est appelé. Les bœufs à l'engrais devront être l'objet d'une attention toute particulière, et le bouvier devra veiller encore avec plus de précaution à la bonne distribution de la nourriture ; on devra, à cet égard, lui recommander une sage réserve, une nourriture trop abondante pouvant compromettre le but qu'on se propose. Enfin, le bouvier chargé du service des marchés n'oubliera pas que, indépendamment de la nourriture et des soins particuliers qu'il doit donner aux animaux qui lui sont confiés, il faut qu'il évite avec soin de les surmener, de les faire marcher trop vite et surtout de les frapper brutalement, comme cela se voit trop souvent.

BOUVREUIL (Zoologie), *Pyrrhula*, Bris., Cuv., du grec *purros*, rougeâtre. — Sous-genre d'*Oiseaux* du grand genre des *Moineaux*, famille des *Conirostres*, ordre des *Passereaux* de Cuvier ; de la famille des *Fringillidæ*, tribu des *Oscines*, ordre des *Passeres* de Ch. Bonaparte ; caractérisé par un bec très-court, très-gros, très-bombé, également renflé partout, et assez fort pour pouvoir briser les semences les plus dures. Parmi les espèces de ce sous-genre, nous citerons : 1° le *B. ordinaire* (*Loxia pyrrhula*, Lin.), cendré dessus, rouge vineux dessous, calotte noire ; c'est un des oiseaux les plus charmants de notre pays, remarquable par son joli plumage, sa belle voix, son gosier flexible ; il ne l'est pas moins par la facilité avec laquelle il devient familier, par les chants harmonieux qu'on parvient à lui faire répéter, et par l'attachement dont il est susceptible pour ceux qui l'ont élevé ; cependant, avec toutes ces qualités, le bouvreuil est un oiseau assez nuisible à l'agriculture par les dégâts qu'il fait en mangeant les bourgeons des arbres fruitiers. Son chant naturel est un sifflement très-pur d'abord, suivi bientôt d'un gazouillement enroué terminé en fausset ; il n'est composé que de trois notes. Il y en a une variété plus grande d'un tiers. Parmi les espèces exotiques, on peut citer : 2° le *B. vert brunet* (*Fringilla butyracea*, Gm.), qui a le front, les tempes, le ventre jaune d'or, le dessus vert olivâtre ; on le trouve au cap de Bonne-Espérance, etc.

BOYAU (Anatomie). — Nom vulgaire de l'*intestin*.

Boyau pollinique (Botanique). — Lorsqu'un grain de *pollen* est déposé sur le *stigmate*, il se gonfle, l'enveloppe extérieure (*exhyménine*) se rompt, et alors la membrane interne (*endhyménine*) fait saillie, s'allonge, pénètre dans le style, forme un véritable boyau fermé contenant la *fovilla*; c'est là ce qu'on nomme le *B. pollinique*, filament très-délié, visible seulement au microscope; arrivé dans la cavité de l'ovaire, il rencontre le *micropyle* de l'ovule, le traverse; arrivé au sommet du *nucelle*, il s'applique contre le *sac embryonnaire*, et c'est là que s'opère la *fécondation*.

BOYAUDERIE (Technologie). — Industrie dont l'objet est la transformation des intestins (boyaux) des animaux, bœuf, cheval, âne, chien, mouton, en divers produits dont les principaux sont les *boyaux soufflés* pour charcutiers, la *baudruche*, et les diverses espèces de *cordes à boyau*. Cette industrie est une des plus fétides qu'on puisse imaginer; M. Labarraque est cependant parvenu à faire disparaître presque entièrement l'épouvantable infection qu'elle répand, et à accroître en même temps la qualité des produits obtenus. Il est arrivé à ce résultat au moyen du chlorure de soude, dont nous indiquerons l'emploi et dont les propriétés sont expliquées à l'article CHLORURE. La boyauderie est une industrie complexe qui se partage en plusieurs branches que nous examinerons séparément.

Boyaux insufflés servant d'enveloppe aux saucisses et aux saucissons. — Les boyaux employés sont ordinairement les intestins grêles des bœufs ou vaches, qui ont été débarrassés par le boucher de la plus grande partie du suif qui les enveloppait. Ces intestins doivent être, le plus tôt possible, dégraissés d'une manière plus complète. A cet effet, après les avoir trempés dans l'eau, on les attache par un de leurs bouts à un anneau, et l'ouvrier, les tendant avec la main gauche, râcle leur surface de haut en bas avec un couteau de charcutier. Cette opération conduite d'un bout à l'autre du boyau, et toujours dans le même sens, en chasse en même temps la plus grande partie des matières fécales qu'ils contiennent. La graisse ainsi obtenue est lavée, séchée, puis fondue, et donne des suifs de qualité inférieure.

Les intestins, dégraissés à l'extérieur, sont retournés de manière que la membrane interne vienne en dehors, puis soumis au ratissage, dont le but est de séparer la muqueuse interne de la tunique fibreuse qui doit seule être conservée. Cette opération du ratissage ne peut se faire sur les intestins frais; il faut que ceux-ci aient déjà subi un commencement de putréfaction, après laquelle la muqueuse, en partie décomposée, s'enlève aisément sous la pression de l'ongle.

Les intestins, ratissés et lavés avec soin, sont noués par un fil à l'une de leurs extrémités, tandis que l'autre est passée sur le bout d'un tuyau dont l'ouvrier se sert pour les gonfler d'air. La seconde extrémité est alors nouée comme la première, et la membrane ainsi tendue est portée au séchoir. Après la dessiccation, les boyaux sont percés à un bout, dégonflés, réunis par paquets de 15 à 20 mètres, puis exposés dans un lieu où ils puissent s'imprégner d'humidité et portés ensuite dans le soufroir; là, ils sont exposés pendant 4 heures à la vapeur d'acide sulfureux qui les blanchit et empêche la fermentation de s'y établir ultérieurement; ils sont de nouveau séchés, puis emballés dans des sacs avec du camphre et du poivre pour être livrés au commerce. Pendant cette série de manipulations, les boyaux répandent une odeur infecte que l'on peut détruire en très-grande partie en se servant pour la macération des intestins, au lieu d'eau pure, d'une dissolution de 1 kil. de chlorure de soude par 100 kil. d'eau. L'opération marche d'une manière plus régulière et moins pénible pour les ouvriers, qui peuvent travailler d'une manière plus continue, et les produits ont un meilleur aspect.

Cordes à boyaux. — Elles sont de grosseurs et de qualités très-diverses, suivant les usages auxquels on les destine. — Les principales espèces sont les *cordes des rémouleurs*, dites des *Lorrains*. Les cordes à *raquette*, à *fouet* et d'*archet*, et les cordes des instruments de musique.

Cordes des rémouleurs ou *cordes de tour.* — Elles se font avec les boyaux de cheval, débarrassés de leur graisse et de leur membrane muqueuse, comme il a été dit plus haut. Le boyau, encore fétide, est passé par un de ses bouts sur une boule en bois fixée à l'extrémité d'un couteau à 4 lames convexes, disposées de manière à former 4 angles droits. Le boyau est ainsi coupé dans toute sa longueur en 4 lanières d'égale largeur. On réunit ensuite 4, 6, 8, 10 lanières, suivant la grosseur que l'on veut donner à la corde, on les tend parallèlement entre elles par bouts de 10 mètres, puis on donne à l'ensemble

un premier degré de torsion. La corde ainsi tordue est tendue entre deux chevilles et abandonnée à elle-même pendant 4 heures; après quoi on donne une nouvelle torsion, puis une troisième 15 heures après la seconde, et la corde est frottée dans sa longueur avec une corde de crin humide qui l'unit, ce qu'on nomme *étricher*. Un dernier tordage est effectué 3 heures après, et la corde est séchée tendue.

Cordes de raquette et d'archet. — Elles se font avec les intestins de mouton. Ces intestins doivent être vidés avec soin dès qu'ils sont extraits du ventre de l'animal, à l'abattoir même, et apportés dans cet état à la boyauderie. Là, on les plonge pendant un jour ou deux dans de l'eau que l'on renouvelle de temps en temps. Une ouvrière prend alors un des intestins qu'elle râcle vers l'un de ses bouts avec le dos d'un couteau. Si la macération est assez avancée, la membrane péritonéale doit s'en détacher aisément; l'ouvrière prend alors le bout libre de cette membrane, et l'enlève ordinairement dans toute la longueur du boyau en deux lanières ayant chacune une largeur égale à la moitié du pourtour du boyau. Cette opération, qu'on nomme *filer*, ne réussit bien toutefois qu'à la condition de commencer par le petit bout de l'intestin. La partie membraneuse détachée est la *filandre*, dont on se sert comme de fil pour coudre les boyaux, et que l'on emploie également dans la confection des cordes à raquette.

Les boyaux filés sont remis dans l'eau, et le lendemain on les ratisse dans toute leur longueur, en les faisant glisser sur un banc de bois incliné sous la lame mousse d'un couteau, ce que l'on nomme *curer*. On les replonge dans l'eau de puits, et le lendemain on remplace cette eau par une eau alcaline formée par la dissolution de 1 kil. de potasse dans 60 ou 70 litres d'eau. Le traitement par la potasse dure quelques heures, est suivi d'un ratissage sur toute la longueur du boyau, et se renouvelle un plus ou moins grand nombre de fois, suivant la qualité du produit qu'on veut obtenir.

La *corde à raquette* est fabriquée avec les boyaux de qualité inférieure préparés comme il est dit précédemment; s'ils ne sont pas assez longs, on les coupe de biais à leurs extrémités, et on les coud bout à bout avec de la filandre, on donne un premier degré de torsion, puis on réunit parallèlement deux, trois, quatre boyaux que l'on tord ensemble en une seule corde que l'on étriche avec soin, et que l'on met en couleur en la trempant à une ou deux reprises dans du sang de bœuf; puis on donne une dernière torsion, et on laisse sécher la corde tendue. Pour les cordes parfaites, on ne prend qu'un boyau que l'on renforce avec des filandres.

La *corde à fouet* se fait avec un seul boyau, rarement deux ou trois; on la soufre une fois ou deux, et quelquefois on met en couleur noir, rouge ou verte: les boyaux prennent bien la teinture.

Corde des chapeliers ou d'*arçon.* — Beaucoup plus grosse et plus soignée que la précédente, elle se fait avec les boyaux de mouton les plus gros et les plus longs, que l'on réunit pour les tordre au nombre de 6, 8, 10 ou 12, selon la grosseur de la corde qui a de 8 à 10 mètres de long, et ne doit présenter ni coutures ni nœuds. La corde est soufrée deux fois, et à chaque fois mouillée à l'eau de potasse et étrichée avec beaucoup de soin.

Corde des horlogers. — Cette corde, extrêmement mince, est faite avec les plus petits intestins, bien travaillés par la potasse et tordus seuls, ou le plus souvent avec des intestins coupés en deux dans le sens de leur longueur. Les horlogers emploient cependant aussi des cordes plus grosses que l'on prépare comme les cordes des instruments, mais avec moins de soin.

Cordes des instruments. — Pendant longtemps, Naples eut le privilége de la fabrication de ces cordes; cependant celles que l'on prépare à Paris ne le cèdent sous aucun rapport aux cordes d'Italie, bien que l'on continue à les vendre sous ce dernier nom. Il n'y a que pour les chanterelles que nous ne puissions encore lutter avantageusement avec Naples, ce qui tient uniquement à ce que les moutons que l'on consomme à Paris sont plus gros que les napolitains. Pour obtenir de bonnes cordes, les boyaux doivent être vidés encore chauds et avant d'être portés à l'atelier. Là, on les met dégorger dans de l'eau de Seine fréquemment renouvelée, et on *cure* le plus tôt possible avec le dos arrondi d'un couteau. On fait ensuite macérer le boyau dans des eaux alcalines renouvelées deux fois par jour, et d'une force progressivement croissante, afin de les débarrasser le plus possible de leur matière grasse, et à chaque renouvellement d'eau, on les ratisse avec un ongle en cuivre formé d'un dé ouvert que l'on met au pouce. Le soin avec lequel ces opérations sont exécutées, et le choix du moment où il faut y mettre fin pour filer la corde, exercent une grande influence sur la finesse et la qualité du produit. Avant de filer la corde, on lave les boyaux à l'eau courante ou fréquemment renouvelée, puis on les réunit au nombre de trois ou quatre pour les tordre ensemble. On les soufre et on les huile avec de bonne huile d'olives. Elles prennent de la qualité en vieillissant, aussi doit-on les conserver longtemps en magasin avant de les livrer au commerce.

Baudruche. — Elle se prépare avec la membrane péritonéale de l'intestin *cœcum* du bœuf ou du mouton. Cette membrane, détachée par les charcutiers, est livrée sèche aux boyaudiers ; ceux-ci la font détremper dans de l'eau de potasse faible, la ratissent, la font dégorger dans de l'eau, puis l'étendent sur une planche en ayant soin de poser en dessus la surface qui était en contact avec la membrane musculeuse de l'intestin, et l'autre surface ou la *fleur du boyau* en dessous. Sur cette première membrane, ils en étendent une seconde la *fleur en dessus.* Ces deux membranes se collent intimement l'une à l'autre et se sèchent avec rapidité, puis on les détache de la planche en en coupant les bords, et on les livre à un autre ouvrier qui leur fait subir un second apprêt pour les rendre propres au battage de l'or (voyez BATTEUR D'OR). A cet effet, la baudruche est collée sur les bords d'un châssis en bois, lavée avec une dissolution d'alun, puis, quand elle est sèche, recouverte au moyen d'une éponge d'une dissolution de colle de poisson dans du vin blanc, dans laquelle on a fait macérer des substances aromatiques telles que girofle, muscade, gingembre, camphre, qui préserve la baudruche des insectes ; enfin, cette baudruche est recouverte d'une couche de blancs d'œufs. Il ne reste plus qu'à la couper en carrés de 0ᵐ,13 de côté, que l'on soumet à la presse pour les aplatir, puis à les mettre en tas ou livrets qu'on vend aux batteurs d'or.

Crin à pêcher, crin de Florence. — Sa fabrication n'est pas bien connue. Selon M. Regnart, on obtiendrait de bons crins de la manière suivante : on prend des vers à soie au moment où ils vont filer leur cocon, et on les met macérer 24 heures dans de bon vinaigre. Au bout de ce temps on leur rompt la tête, et en tirant celle-ci, on la voit suivre d'un fil qui s'allonge de plus en plus, et qu'il suffit de sécher à l'air entre des bâtons pour lui faire acquérir une grande consistance.   **M. D.**

BRACHÉLYTRES (Zoologie), du grec, *brachus*, court, et *elutron*, étui, à cause du peu de longueur de ses élytres qui ne recouvrent qu'une partie de l'abdomen.—Deuxième famille d'*Insectes coléoptères pentamères*, qui présente les caractères suivants : ils n'ont qu'une palpe à chaque mâchoire, quatre en tout ; les antennes le plus souvent filiformes, composées d'articles lenticulaires, les étuis beaucoup plus courts que le corps ; celui-ci étroit, allongé ; deux vésicules près de l'anus ; l'animal les fait sortir et rentrer à volonté, et il s'en échappe une liqueur subtile qui se volatilise rapidement et a le plus souvent une odeur d'éther sulfurique. La plupart des espèces ont la tête grande et aplatie, les mandibules fortes, les antennes courtes ; ils vivent en général dans la terre, le fumier, sous les pierres ; quelques-uns habitent les lieux aquatiques ; ils sont voraces et vivent d'autres insectes, marchent très-vite, et pour peu qu'on les touche, ils relèvent avec force le bout de leur abdomen ; leurs larves sont longues, ressemblent en quelque manière à l'insecte parfait et se nourrissent de même. Cette famille ne comprend que le grand genre *Staphylin* (*Staphylinus*, Lin.), que Cuvier subdivise en cinq sections et en plusieurs genres : 1° section des *Fissilabres*, genres *Oxypores, Staphylins propres*, etc. ; 2° section des *Longipalpes*, genres *Pédères, Stènes*, etc. ; 3° section des *Denticrures*, genres *Zirophores, Coprophiles*, etc. ; 4° section des *Aplatis*, genres *Omalies, Protéines, Aléochares*, etc. ; 5° section des *Microcéphales*, genres *Loméchuses, Tachines, Tachipores*, etc.

BRACHIAL (Anatomie), qui a rapport au bras. — *Muscle brachial antérieur*, situé profondément sous le biceps, à la partie antérieure et inférieure du bras, embrassant en bas l'articulation du coude. Ce muscle s'attache en haut aux faces interne et externe et aux bords antérieur, interne et externe de l'humérus et en bas à l'apophyse coronoïde du cubitus (*huméro-cubital*, Chaus.). Il fléchit l'avant-bras sur le bras. — L'*artère brachiale* ou *humérale*, continuation de l'*axillaire*, commence au bord inférieur de l'aisselle, est placée d'abord en dedans de l'humérus, descend le long du bord interne du biceps, se trouve en bas placée au-devant de l'humérus ; arrivée au pli du coude, elle en occupe la partie moyenne, devient superficielle et n'est séparée de la peau que par l'aponévrose du biceps et par la veine médiane basilique qui la croise à angle très-aigu ; cette disposition est très-importante à considérer dans la *saignée* (voyez ce mot) ; enfin, elle se bifurque en radiale et cubitale. L'artère brachiale donne de nombreuses branches à tous les muscles du bras ; on remarque surtout l'*humérale profonde* et la *collatérale interne.* — L'*aponévrose brachiale*, formée d'expansions des tendons du grand dorsal, du grand pectoral et du deltoïde, enveloppe tout le bras. — Les *nerfs brachiaux* tirent leur origine du *plexus brachial*, ce sont l'*axillaire*, le *cutané*, le *musculo-cutané*, le *radial*, le *cubital* et le *médian* (voyez BRAS).   **F — N.**

BRACHINE (Zoologie), *Brachinus*, Fab. Web., du grec *brachein*, craquer, faire du bruit. — Sous-genre de *Coléoptères pentamères*, famille des *Carnassiers*, tribu des *Carabiques*, du grand genre *Carabe*, section des *Étuistronqués* ; caractérisé par les palpes filiformes un peu plus grosses au bout, jambes antérieures échancrées au côté interne, élytres tronquées à leur extrémité ; tête et corselet plus étroits que l'abdomen ; voisins des Aptines, dont ils se distinguent seulement parce qu'ils sont pourvus d'ailes et qu'ils n'ont pas de dents à l'échancrure du menton ; ils s'en rapprochent par leur abdomen ovale et assez épais, renfermant des organes sécréteurs d'un liquide caustique qui s'échappe de l'anus avec explosion en se vaporisant aussitôt et laissant exhaler une odeur pénétrante. On trouve ces insectes sous les pierres, dans les décombres, souvent en grand nombre. Les plus grandes espèces sont exotiques ; tel est le *B. aplati* (*B. complanatus*, Fab.), long de 0ᵐ,015 à 0ᵐ,018, jaune roux, les élytres noires ; il est commun à Cayenne et aux Antilles. On trouve aux environs de Paris le *B. pétard* (*B. crepitans*, Fab.), long de 0ᵐ,008 à 0ᵐ,010, fauve, élytres bleues ou vertes ; le *B. pistolet* (*B. sclopeta*, Fab.), qui a les élytres d'un rouge fauve ; le *B. bombarde* (*B. bombarda*, Ilig.) ; le *B. exhalans* et le *B. causticus* sont deux jolies espèces qu'on trouve aux environs de Montpellier.

BRACHIO-CÉPHALIQUE (TRONC) (Anatomie). — Appelé encore *tronc innominé* ; c'est le tronc commun des artères sous-clavière et carotide primitive droites ; il naît de l'aorte au moment de sa première courbure ; sa longueur est de 0ᵐ,028 à 0ᵐ,030, situé en avant et à droite des autres artères formées par la crosse de l'aorte ; derrière le sternum, en avant de la trachée-artère, ce tronc se dirige obliquement de bas en haut et de dedans en dehors.

BRACHIONIDES (Zoologie). — Famille d'animaux *infusoires, microscopiques*, placée entre les Crustacés et les Zoophytes. Ils vivent indifféremment dans les eaux douces et salées.

BRACHIOPODES (Zoologie), du grec *brachión*, bras, et *pous, podos*, pied. — Classe de *Mollusques* établie par M. Duméril et adoptée par Cuvier dans la *Méthode du Règne animal*. De Blainville, sans admettre cette dénomination, en a fait l'ordre des *Palliobranches* de sa classe des *Acéphalophores* et mieux *Acéphalés*. Quoi qu'il en soit, la classe des *Brachiopodes*, de Duméril et de Cuvier, est caractérisée de la manière suivante : animaux à coquilles bivalves, fixés à des corps solides, dépourvus de locomotion ; ils ont, comme la classe des *Acéphales*, de Cuvier, un manteau à 2 lobes, toujours ouvert ; la bouche située entre les bases de 2 bras charnus, qu'ils ont au lieu de pieds, et pourvus de nombreux filaments ; ils peuvent les faire sortir ou rentrer en les enroulant en spirale. On les trouve rarement vivants, parce qu'ils habitent les eaux de la mer à de grandes profondeurs ; mais on en connaît un grand nombre de fossiles. Cuvier les divise en trois genres : les *Lingules* (*Lingula*, Brug.), les *Térébratules* (*Terebratula*, Brug.) et les *Orbicules* (*Orbicula*, Cuv.).

BRACHIOPTÈRES (Zoologie). — Dans sa division des *Poissons*, de Blainville donne ce nom à la quatrième famille de la sous-classe des *Gnathodontes hétérodermes*, elle correspond en grande partie à celle des *Pectorales pédiculées*, de l'ordre des *Acanthoptérygiens*, de Cuvier.

BRACHYPTÈRES (Zoologie), du grec *brachus*, court ; *ptéron*, aile. — Cuvier a donné à la première famille de son ordre des *Oiseaux palmipèdes* le nom de *Plongeurs* ou *Brachyptères*. Duméril a donné le même nom à la troisième famille de ses *Gallinacés*, Vieillot à la sixième famille de son ordre des *Nageurs*.

BRACHYURES (Zoologie), du grec *brachus*, court, et *oura*, queue. — Famille de *Crustacés décapodes*, établie par Latreille et dont M. Milne-Edwards a fait une section, qu'ils ont nommée tous deux *Décapodes brachyures;* ils comprennent tous les Crustacés nommés généralement *Crabes* (grand genre *Craba*, Cuv.; *Cancer*, Lin.). Ils

Fig. 363. — Décapode brachyure (le crabe tourteau).

ont pour caractères : une queue plus courte que le tronc, sans nageoire à son extrémité, et se reployant en dessous dans le repos; les branchies en une seule pyramide à deux rangées de feuillets vésiculeux; le tronc, recouvert d'une carapace d'une seule pièce, portant les yeux, les antennes et les parties supérieures de la bouche, est tantôt en segment de cercle ou presque carré, tantôt arrondi, ovoïde ou triangulaire; les antennes sont petites, formées d'un pédoncule de trois articles et les extérieures insérées près du côté interne des yeux; les quatre pieds mâchoires inférieurs sont courts, larges et très-comprimés; les pieds mâchoires extérieurs recouvrent toute la bouche comme une sorte de lèvre; la première paire de pieds se termine par une serre. Latreille divise cette famille en sept sections : 1° les *Nageurs;* 2° les *Arqués;* 3° les *Quadrilatères;* 4° les *Orbiculaires;* 5° les *Triangulaires;* 6° les *Cryptopodes;* 7° les *Notopodes;* sous-divisées en cinquante-six sous-genres. L'auteur, frappé de quelques rapprochements peu naturels dans cette distribution, changea plus tard l'ordre des sections et leur donna le nom de tribus, répondant à autant de genres partagés en sous-genres; ainsi, première tribu : 1° les *Quadrilataires;* 2° les *Arqués (fig.* 365); 3° les *Crytopodes;* 4° les *Orbiculaires;* 5° les *Triangulaires;* 6° les *Notopodes;* les *Nageurs* furent supprimés et répartis dans les autres tribus. M. Milne-Edwards a divisé les brachyures en quatre familles : les *Oxyrhinques,* les *Cyclométopes (fig.* 365), les *Catométopes,* les *Oxystomes.*

BRACHYSTOCHRONE, ou courbe de plus vite descente. — On nomme ainsi la courbe que doit suivre un point matériel pesant pour descendre d'un point à un autre dans le temps le plus court possible. La recherche de cette courbe fut proposée aux géomètres par Jean Bernouilli au mois de juin de l'année 1696. Il donnait six mois pour résoudre la question. Peu de temps après, Leibnitz lui envoya une solution. Le délai fixé ayant été prolongé jusqu'à Pâques, Jacques Bernouilli, L'Hôpital et Newton donnèrent de nouvelles solutions. Euler a aussi étudié cette courbe et en a trouvé plusieurs propriétés remarquables.

Le calcul des variations permet de trouver très-simplement cette courbe. C'est une cycloïde dont la base est horizontale et dont l'origine se trouve au point le plus élevé. Si les deux points donnés, au lieu d'être fixes, sont simplement assujettis à rester sur deux courbes données, la trajectoire est toujours une cycloïde et, de plus, cette dernière est perpendiculaire aux deux courbes données aux points de départ et d'arrivée.

La question peut être généralisée et posée de la manière suivante : *Trouver la courbe que doit suivre un point matériel soumis à des forces quelconques pour aller dans le temps le plus court possible d'un point à un autre.* Euler, dans sa *Mécanique,* a traité le cas où la force donnée est dirigée vers un centre fixe et proportionnelle à la distance. La courbe suivie par le mobile est, dans ce cas, une épicycloïde dont le cercle générateur roule, soit à l'intérieur, soit à l'extérieur du cercle fixe suivant que la force est attractive ou répulsive (voyez le *Dictionnaire des sciences mathématiques,* par Montferrier; l'*Histoire des mathématiques,* par Montucla; *Acta erud.,* Lips., 1696 et 1697 ; *Mémoires de l'Acadé-*

mie des sciences de Paris, 1718 ; Jean Bernouilli, *Opera,* t. II; *Commercium epistolicum,* Leibn. et Bern., epist. 28 ; *Philosoph. Trans.,* 1697 ; Euler, *Mech.,* t. II).

BRACONNAGE, BRACONNIER (Chasse). — Le braconnier est, à proprement parler, celui qui chasse contrairement aux prescriptions de la loi ; autrefois ce mot s'appliquait aux valets chargés d'entretenir et de conduire les chiens (du mot *braque,* nom d'une variété de chien), mais aujourd'hui il se prend toujours en mauvaise part et désigne indistinctement l'homme qui chasse en temps prohibé, ou sans permis de chasse, ou sur les propriétés d'autrui. A ces différents points de vue, le braconnier est un être dangereux, et le moindre mal qu'il puisse faire, c'est de contrevenir à la loi et de s'habituer au mépris de son autorité et de ses prescriptions, et de plus de détruire le gibier en toute saison ; mais ce qui est bien plus grave, c'est que le braconnier contracte des habitudes d'oisiveté, de paresse, souvent de maraude, et que plus d'une fois le garde auquel est confié le soin de faire respecter la loi est tombé sous ses coups. Aussi, de tout temps, le braconnage a-t-il été sévèrement puni, et l'ancienne législation avait édicté contre lui, selon les circonstances, les peines les plus sévères, depuis l'amende jusqu'aux galères, et même la mort. La loi actuelle est infiniment plus douce; elle n'établit pas une catégorie de braconniers et ne prononce de peine que contre les délits de chasse ; en cas de récidive, par exemple, ils peuvent être punis d'une amende et même de l'emprisonnement, suivant les circonstances énoncées dans la loi; cette amende peut être portée à 1 000 francs, et la prison à deux ans, si le délit a été commis pendant la nuit ; et, dans ce cas, le délinquant peut être privé du droit d'obtenir un permis de chasse jusqu'au délai de cinq ans. Voyez, pour tous les renseignements, la *loi du 3 mai* 1844.

BRACTÉE (Botanique), du latin *bractea,* lame, corps mince ; les bractées sont les plus fines et les plus délicates des feuilles. — Terme de botanique s'appliquant aux feuilles qui accompagnent les fleurs et qui offrent en quelque sorte la transition entre les feuilles proprement dites et le calice, composé ordinairement de parties foliacées. Quelquefois même, les bractées prennent la coloration de la fleur. A mesure qu'elles s'élèvent sur la plante (ainsi, du reste, que les feuilles ordinaires), les bractées deviennent plus petites. C'est à leur aisselle que naissent les axes floraux ; les bractées sont dites *stériles* lorsque ceux-ci ne se développent pas. Dans certaines plantes, telles que les crucifères, les bractées avortent complétement. Souvent elles sont extrêmement caduques et ont ainsi donné lieu à des méprises dans les descriptions qui signalaient leur absence alors qu'elles avaient réellement existé. Quant à la forme des bractées, elle se rapporte à peu près à celle des feuilles. Dans le mélampyre des prés, les bractées sont pennatifides et pectinées ; dans le mélampyre crête de coq, ainsi que dans certaines espèces de sauge et de moutarde, elles sont trèsvivement colorées. Les bractées sont un peu épineuses dans la soude, la molucelle, etc. Les *spathes* qui entourent les fleurs d'un grand nombre de plantes monocotylédones, l'*involucre* et l'*involucelle* qui accompagnent l'inflorescence des Ombellifères, le *calicule* qui n'est en quelque sorte qu'un calice extérieur, comme dans les Malvacées, la *cupule* qui accompagne les fleurs femelles de certains arbres amentacés, enfin les organes connus sous les noms de *glume, glumelle* et *glumellule* et entourant les fleurs des Graminées, ne sont autre chose que des bractées. G — s.

BRADYPE (Zoologie), du grec *bradupous,* qui marche lentement, de *bradus,* lent, et *pous,* pied. — C'est le paresseux, genre de *mammifères,* aussi remarquable par la singularité de ses formes extérieures que par ses habitudes de lenteur qui lui ont valu ce dernier nom. Du reste, cette lenteur dans les mouvements provient de sa bizarre construction ; ses cuisses sont toujours écartées à cause de l'extrême largeur du bassin, les membres antérieurs plus longs que les postérieurs, les pieds de derrière articulés obliquement sur la jambe et n'appuyant que par le bord externe, les doigts réunis ensemble et ne se marquant au dehors que par d'énormes ongles crochus; tout cela constitue un ensemble qui rend les mouvements trèslents, en sorte que quand ils marchent ils sont obligés de se traîner sur les coudes ; aussi sont-ils essentiellement grimpeurs; ils vivent sur les arbres au milieu des branches, où ils se tiennent souvent suspendus en se cramponnant au moyen des puissants crochets formés par leurs ongles. Trompés par une certaine analogie de conformation, quelques zoologistes, et entre autres Linné et de Blainville, les avaient classés parmi les *Primates* ; mais cette opinion n'a pu se soutenir devant un examen sérieux. Les *Bradypes* appartiennent à l'ordre

Fig. 366. — Bradype Aï (paresseux).

des *Edentés*, tribu des *Tardigrades*, de Cuvier. Outre qu'ils manquent de dents sur le devant des mâchoires, ils ont des molaires cylindriques et des canines aiguës ; deux mamelles sur la poitrine ; la femelle ne fait qu'un petit qu'elle porte sur le .dos. Ils vivent d'herbes et de fruits. M. le professeur P. Gervais fait des bradypes une famille qu'il divise en deux genres : 1° Les *Cholépes* (*Cholæpus*, Ilig. ; *Unau*, Buffon [voyez UNAU]) ; 2° les *Bradypes* proprement dits. Le *Bradype* (*B. tridactylus*, Lin. ; *Aï*, de Buffon) (*fig.* 366) a trois ongles très-longs à tous les pieds ; ses bras ont le double de la longueur de ses jambes ; le poil long et grossier qui le recouvre tout entier, est presque comme de l'herbe fanée ; sa couleur est grise ; il est de la grosseur d'un chat. C'est l'espèce où la lenteur et les détails d'organisation qui la produisent sont portés au plus haut degré. On rencontre ces animaux, ainsi que tous ceux du même groupe, dans les parties les plus chaudes de l'Amérique, au Brésil, au Pérou, à la Guyane.

BRAI (Botanique industrielle). — On appelle ainsi la poix que l'on retire du pin et du sapin, et qui, par l'action de l'air, se solidifie et devient cassante et vitreuse. Le brai se présente sous plusieurs aspects différents ; tantôt il résulte de la distillation de la térébenthine, dont on veut extraire l'huile essentielle, alors le résidu prend le nom de *brai sec, colophane, arcanson* ; dans cet état, il est employé à une foule d'usages industriels, tels que la cire à cacheter commune, le mastic dur, et en pharmacie pour la confection de certains emplâtres ; enfin, les musiciens s'en servent pour frotter les crins de leurs archets, d'où vient son nom d'*arcanson*. Les vieux bois de sapins, brûlés dans un fourneau, donnent le *goudron* ou *brai liquide*, qui est un mélange de séve et de suc résineux (voyez GOUDRON). Enfin, le *brai gras, poix noire, peg*, provient d'addition de brai sec pendant la combustion qui produit le brai liquide, ou de l'évaporation des goudrons de pin ; on le prépare aussi au moyen d'un mélange de brai sec, de goudron, de poix noire, qu'on fait fondre dans une chaudière de fonte ; les brais sont employés surtout pour le service de la marine, dans les constructions navales. Ils se fabriquent surtout dans les pays du Nord et sont l'objet d'un grand commerce international.

BRANCHES (Anatomie). — On donne ce nom à certaines divisions des vaisseaux et des nerfs : ainsi, tandis que les principales divisions portent le nom de *tronc*, et les plus petites celles de *rameaux*, de *ramuscules*, les moyennes s'appellent *branches*. On désigne encore sous ce nom certains prolongements des os ; ainsi les *branches du pubis*, la *branche montante du maxillaire*, etc.

BRANCHES (Botanique). — On appelle ainsi les divisions principales et secondaires de la tige d'un végétal ; on réserve toutefois presque exclusivement ce nom pour les arbres et les arbrisseaux. Elles résultent de l'évolution et de l'allongement des bourgeons qui ont d'abord constitué des rameaux, dont chacun, à son tour, se couvrira de bourgeons nouveaux, se développant en ramifications nouvelles et préparant une troisième, une quatrième génération. Du reste, ces branches et ces rameaux sont composés des mêmes parties que la tige, et il ne leur manque que la racine pour être un petit arbre ; aussi a-t-on imaginé de couper les plus jeunes branches pour les mettre en terre et avoir un nouvel arbre, et on a souvent réussi. On distingue plusieurs sortes de branches dans les arbres fruitiers soumis à la taille : les *B. maîtresses* ou *mères-branches*, qui tiennent au tronc et d'où partent les autres ; les *B. à bois, B. sous-mères*, qui forment les extrémités des branches ; elles ne doivent pas porter de fruits l'année suivante ; les *B. tertiaires*, qui naissent sur les précédentes ; les *B. à fruits, B. coursonnes*, plus faibles, à boutons ronds, qui naissent des branches à bois de l'année précédente : on peut encore citer les *B. folles, chiffonnes*, courtes et menues ; les *B. gourmandes*, qui prennent trop de nourriture et qu'il faut couper ; enfin, les *B. aoûtées*, qui ont acquis après le mois d'août la consistance nécessaire pour l'opération de la greffe et résister à la gelée.

BRANCHIES (Zoologie), du grec *branchia*, branchies. — Les *branchies* sont des organes de respiration aquatique caractérisés par ce fait, qu'ils sont en général saillants à la surface du corps et baignés dans l'eau aérée, sans que celle-ci, comme l'air dans les poumons, soit obligée de pénétrer dans une cavité intérieure où le sang

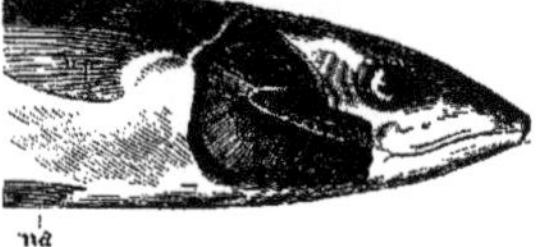

Fig. 367. — Tête du maquereau commun, préparée pour montrer les branchies (l'opercule a été enlevé) (1).

et l'élément respirable vont pour ainsi dire au-devant l'un de l'autre. La forme des branchies varie extrêmement. Chez les poissons, ce sont des lames arquées exactement disposées comme des peignes, et dont chaque dent contient une portion du réseau capillaire respiratoire. Ces lames sont situées de chaque côté du cou, et leurs interstices communiquent avec la cavité buccale. Le poisson attire l'eau dans sa bouche en l'ouvrant largement, puis en la refermant il chasse ce liquide vers la partie postérieure de cette cavité. A droite et à gauche, cette eau rencontre les fentes qui séparent les arcs branchiaux et glisse entre eux pour aller s'échapper par les ouvertures extérieures de l'appareil branchial. Cet appareil est en effet recouvert par une lame plus ou moins mobile, nommée l'*opercule*, et communique avec le dehors de chaque côté du cou par une fente unique ou multiple, que l'on nomme l'*ouïe* ou les *ouïes*. Quant au sang, il est amené aux branchies par l'artère née du ventricule uni-

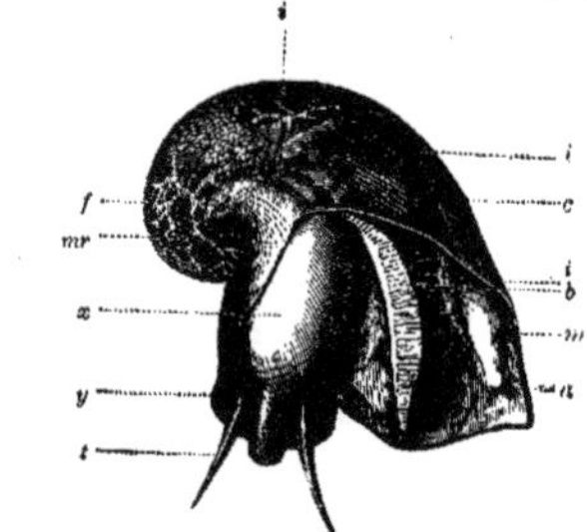

Fig. 368. — Appareil branchial d'un mollusque gastéropode (la littorine littorale) *Turbo littoreus*, Lin. (2).

que du cœur. Un très-grand nombre d'animaux invertébrés respirent par des branchies : ainsi parmi les Arti-

(1) *c*), branchies du maquereau commun. — *b*, branchies. — *np*, nageoire pectorale. — *na*, nageoire ventrale.
(2) Cette figure représente au double de la grandeur naturelle une littorine littorale tirée entièrement de sa coquille, et dont le manteau a été fendu pour montrer la cavité branchiale. — *m*, le manteau fendu et rejeté de côté. — *b*, la branchie. — *a*, l'anus et le rectum. — *x*, masse musculaire contenant la bouche et la première partie du tube digestif, et qui forme le pied en dessous. — *t*, un des tentacules situés de chaque côté au-dessus de la bouche. — *y*, un des yeux, à la base du tentacule. — Organes vus par transparence à travers le manteau. — *mr*, muscle rétracteur par lequel l'animal rentre dans sa coquille. — *c*, le cœur aortique placé à la base de la veine branchiale et recevant le sang oxygéné. — *i*, le canal intestinal. — *f*, le foie.

culés ; les crustacés, les cirrhopodes, la plupart des annélides ; presque tous les mollusques ont la respiration branchiale. Du reste, ces organes présentent de très-grandes différences dans ces animaux.

BRANCHIOPODES (Zoologie), du grec *branchia*, branchies, et *pous, podos*, pied. — Premier ordre de la division des *Crustacés entomostracés* (dans le *Règne animal*), qui renferme des animaux presque microscopiques, pour la plupart, et caractérisés par des pieds propres à la fois à la nage et à la respiration, ou garnis soit de petits feuillets ciliés, soit d'appendices branchiaux ; la bouche est composée d'un labre, de deux mandibules, d'une languette, d'une ou deux paires de mâchoires : beaucoup n'ont qu'un seul œil ; le corps du plus grand nombre est recouvert d'un test corné, souvent membraneux : la tête est rarement distincte du tronc. Ces animaux sont aquatiques, les uns habitent la mer, les autres les eaux douces ; ils nagent très-bien, et presque toujours sur le dos ; ceux qui sont suceurs vivent surtout dans la mer, où ils s'attachent à la peau des grands poissons dont ils sucent le sang. Ils sont sujets à des métamorphoses comme les batraciens. L'ordre des *Branchiopodes* ne comprend que le genre des *Monocles*, de Linné, qui a été divisé par Cuvier en deux sections : 1° Les *Lophyropes* subdivisés en trois groupes : les *Carcinoïdes*, où l'on trouve les genres *Zoé, Cyclopes*, etc.; les *Ostracodes*, genres *Cythérée, Cypris*; les *Cladocères*, genres *Polyphème, Daphnies, Lyncée*; 2° les *Phyllopes*, subdivisés aussi en deux groupes : les *Cératophthalmes*, genres *Limnadie, Branchippe*, et les *Aspidophores*, genre *Apus*. Latreille joignait aux *Branchiopodes* une troisième section, celle des *Bœcilopes*, dont Cuvier fait le deuxième ordre des *Entomostracés*.

BRANCHIOSTÈGE (Anatomie comparée), du grec *branchia*, branchie, et *stegô*, je couvre. — Terme par lequel on désigne, chez les poissons, l'*opercule* osseux et membraneux qui recouvre l'orifice extérieur de la cavité branchiale et des muscles qui le meuvent.

BRANCHIOSTOME (Zoologie). — Voy. AMPHIOXUS.

BRANC-URSINE, BRANCHE-URSINE (Botanique). — On a donné ce nom presque indistinctement à des plantes différentes : ainsi ou on a appelé *branc-ursine* ou *Fausse Branc-ursine*, la berce branc-ursine (*Heracleum spondylium*, Lin.) ; *Branc-ursine* ou *Branche-ursine*, l'acanthe molle (*Acanthus mollis*, Lin.) ; *Branche-ursine sauvage*, le chardon des prés (*Carduus* ou *Cnicus oleraceus*, Lin.) et une autre espèce de chardon (*Carduus tuberosus*).

BRANDES (Botanique). — Voyez LANDES.

BRAQUE (CHIEN) (Chasse). — Race de chiens de chasse à museau épais, à poil ras, à oreilles larges et pendantes ; ils sont bons pour la plaine et pour les broussailles, sont légers et vigoureux, ont beaucoup de finesse d'odorat et une quête brillante. La chaleur ne les incommode pas autant que les autres chiens de plaine, et ils sont moins sensibles aux épines. Ils ne font véritablement qu'une seule et même race avec le *chien courant* et le *basset* ; car dans la même portée on trouve quelquefois des chiens courants, des braques et des bassets, le père étant indistinctement un des trois. Le *braque du Bengale* ne diffère de celui-ci que par sa robe qui est mouchetée.

BRAS (Anatomie), *brachium*, des Latins. — Dans le langage ordinaire, on appelle ainsi tout le membre supérieur ; il ne doit désigner cependant que la portion comprise entre l'épaule et le coude ; sa forme est à peu près cylindrique, plus arrondie chez la femme dont la graisse est plus abondante et les muscles plus faibles. Un seul os, qu'on nomme *humérus*, en constitue la partie centrale (voyez HUMÉRUS). Divers muscles l'entourent et s'insèrent sur lui, mais quatre seulement appartiennent en propre au bras ; ce sont les muscles *triceps brachial* (*scapulo-olécranien*) Chaus. en arrière, *coraco-brachial* (*coraco-huméral*) en dedans, *brachial antérieur* (*huméro-cubital*), et *biceps* (*scapulo-radial*) en avant. Un muscle qui s'attache à la clavicule et à l'omoplate, le *deltoïde* (*sous-acromio-huméral*), après avoir contribué au relief que forme l'épaule, se termine en pointe et vient s'insérer sur l'humérus en formant une dépression à la partie moyenne et externe du bras. Cette dépression est utile à connaître ; les médecins choisissent ce point pour vacciner et appliquer des cautères, à cause de l'abondance de la graisse qui existe au-dessous de la peau dans cette région. L'artère principale du bras est l'artère *humérale* ou *brachiale*, qui fait suite à l'artère axillaire ; sa direction est celle d'une ligne qui s'étendrait obliquement du creux de l'aisselle à la partie moyenne du pli du coude ; on peut sentir ses battements à la partie interne du membre, au-dessous de l'aisselle. Dans ce point, l'artère humérale repose immédiatement sur l'os, ce qui permet de la comprimer et d'arrêter ainsi une hémorrhagie qui résulterait de la blessure de quelques-unes des branches situées au-dessous. Le bras possède deux veines principales sous-cutanées, la *basilique* en dedans et la *céphalique* en dehors, deux veines profondes accompagnant l'artère. Les nerfs sont au nombre de cinq : les nerfs *médian, radial, cubital, musculo-cutané* et *brachial cutané interne*.　　　　S — Y.

BRASAGE (Technologie). — Opération qui a pour objet de souder ensemble et par leurs bords des pièces de fer, de cuivre ou de laiton, au moyen d'un alliage ordinairement composé de cuivre et de zinc additionné quelquefois d'un peu d'étain, ou plus rarement d'un alliage de cuivre et d'argent.

Les surfaces que l'on veut braser doivent être nettoyées avec soin à la lime ou au burin ; on les rapproche et on les tient réunies au moyen de quelques tours de fil de fer fin et recuit ; puis on applique sur le joint une bouillie faite de borax en poudre et d'eau avec l'alliage appelé *soudure*, que l'on trouve dans le commerce tout préparé et réduit en grains ou grenaille. La pièce est alors mise au feu et chauffée jusqu'à ce que l'on voie couler la soudure. Le borax fond bien avant ce moment en formant à la surface du métal un vernis qui le préserve de l'oxydation, et qui dissout en même temps l'oxyde qui aurait pu se former avant que le sel ne fût fondu.

On soude le plus ordinairement le fer au fer sans métal intermédiaire. A cet effet, on chauffe les deux pièces au blanc étincelant, en projetant à leur surface un peu de sable siliceux qui, en fondant, produit le même effet que le borax ; on applique l'un sur l'autre les bouts à réunir et on martelle rapidement, afin que la jonction soit bien complète avant que la température se soit notablement abaissée, et aussi pour expulser les scories ferrugineuses provenant de l'action de la silice sur l'oxyde de fer.

BRASQUE. — Mélange d'argile humide et de charbon en poudre dont on garnit l'intérieur des creusets dans lesquels on veut réduire les minerais oxydés ou les oxydes.

BRASSE. — Ancienne mesure de longueur employée dans la marine pour mesurer la profondeur de la mer ; elle valait 5 pieds, à peu près la longueur des deux bras étendus, d'où lui est venu son nom. Estimée en nouvelle mesure, la brasse vaut 1^m,624.

BRASSICA (Botanique). — Voyez CHOU.

BRASSERIE (Technologie). — Voyez BIÈRE.

BRASSICAIRES (Zoologie). — Geoffroy a donné ce nom à un petit groupe d'*Insectes* qui forment aujourd'hui parmi les *Lépidoptères*, le sous-genre *Piéride*, du genre *Papilio*, de Linné, famille des *Diurnes*, dont les chenilles se nourrissent plus spécialement de plantes crucifères, et dont quelques-unes dévorent les choux de nos jardins (voyez pour les caractères du genre, le mot PIÉRIDE). On y remarque les espèces suivantes : la *Piéride du chou*, le grand, *Papillon blanc du chou* (*Papilio brassica*, Lin.) ; ailes blanches en dessus, les supérieures tachées de noir, avec un peu de jaune pâle aux inférieures ; la chenille est rayée de jaune et de bleuâtre, avec des points noirs, d'où il sort un poil ; long. 0^m,027, larg. 0^m,065 ; elle dévore les choux et autres crucifères. La *Piéride de la rave* (*P. rapæ*, Lin.), *Petit Papillon blanc du chou*, Geoff., semblable à la précédente, mais plus petite ; sa chenille vit sur le chou, sur d'autres crucifères, sur le réséda. On l'a nommée *ver du cœur*, parce qu'elle s'introduit dans leur intérieur ; elle est verte, une ligne plus pâle sur le dos. La *Piéride du navet* (*P. napi*, Lin.), *Papillon blanc veiné de vert* ; cette espèce est moins répandue ; elle habite les prairies près des bois. La *Piéride de la moutarde* (*P. sinapis*, Lin.), *Papillon blanc de lait* ; il est petit, les ailes plus allongées ; on le trouve dans les bois ; sa chenille est peu connue. On peut encore citer le *Papillon blanc marbré de vert*, Geoff. (*P. daplidiæ*, Lin.), le *Papillon aurore*, Geoff. (*P. cardamines*, Lin.). Presque toutes ces espèces se trouvent au printemps (voyez PIÉRIDE, pour les autres espèces du genre).

BRASSICÉES (Botanique). — Tribu de plantes de la famille des *Crucifères*, et ayant pour type le genre *Chou* (*Brassica*). Les divisions généralement adoptées aujourd'hui (méthode de M. Endlicher), pour la famille des *Crucifères*, rejettent cette tribu. Ses principaux genres étaient : *Moutarde* (*Sinapis*, Lin.) ; *Roquette* (*Eruca*, Tourn.) ; *Chou* (*Brassica*, Lin.) (voyez CHOU).　　G — S.

BRASSICOURT (Hippiatrique). — On donne ce nom à un cheval qui a le membre *arqué* naturellement et non par suite de fatigue ou d'usure, ce dernier cas est beaucoup plus grave que le premier (voyez ARQUÉ).

BRAYER (Médecine), en latin *bracherium*. — Ducange prétend que ce mot vient de *braccæ*, braies, parce qu'il se met sous les *braies*; quoi qu'il en soit, on donne ce nom à une espèce de bandage destiné à contenir les hernies inguinales et crurales (voyez HERNIE). Ce ne fut d'abord qu'une ceinture de toile ou de laine, montée sur une plaque de fer par une de ses extrémités et terminée par une courroie; la plaque était garnie d'un morceau de liége ou même de plomb creusé pour servir de pelote. Aujourd'hui on se sert de bandages élastiques qui offrent bien plus de résistance : ils consistent dans une lame d'acier très-élastique, contournée sur sa largeur, garnie d'une substance molle recouverte d'une peau de chamois, et dont une extrémité se termine par une plaque de fer que l'on garnit d'une substance molle; c'est la *pelote*; celle-ci peut être creuse dans les cas où la hernie est irréductible, on l'appelle alors *brayer à cuiller*. Dans les *brayers à raquette*, la pelote est remplacée par un simple cercle de fer, dans lequel est cousu un morceau de toile recouverte de peau. Frappé des nombreux inconvénients du bandage ordinaire, un mécanicien anglais, affecté lui-même de hernie, confectionna le bandage dit *anglais*; il embrasse le corps du côté opposé à la hernie et prend un point d'appui en arrière sur la colonne vertébrale, au moyen d'une pelote qui fait opposition à celle qui est en avant sur la hernie; celle-ci est montée sur un pivot qui la rend mobile. Ce bandage, qui peut se passer de courroies et de souscuisses, offre des avantages incontestables dans beaucoup de cas. Pour appliquer le *brayer*, il faut être couché sur le dos, à plat, les jambes pliées, les cuisses relevées; lorsque la hernie peut être réduite, il faut qu'elle le soit entièrement avant d'appliquer la pelote; celle-ci doit être à nu sur la peau, et non pas sur la chemise, comme le font certaines personnes; lorsque la pelote est appliquée, il faut bien s'assurer que la hernie est contenue exactement et qu'elle ne s'échappe pas; car dans ce cas, il faut la réduire de nouveau et *ne jamais laisser le bandage en place sur une hernie non réduite* : ce serait le moyen d'amener des accidents qui pourraient devenir graves. F — N.

BRAYÈRE (Botanique), *Brayera*, Kunth, dédié au médecin botaniste allemand Brayer. — Genre de plantes de la famille des *Rosacées*, tribu des *Spirées*. La *B. anthelmintique* (*B. anthelmintica*, Kunth) est un arbre d'Abyssinie qui s'élève à 6 ou 7 mètres au plus. Ses feuilles sont composées, à folioles finement dentées; ses fleurs ont un calice d'un vert passant au rouge pourpre; les pétales, au nombre de 5, sont blancs. Cet arbre paraît être le *cusso* des Abyssins que James Bruce figure dans son *Voyage en Nubie*, sous le nom de *Banksia Abyssinica*, mais qu'il ne faut pas confondre avec le genre *Banksia* de la famille des *Protéacées*. Les fleurs de la brayère passent pour être un puissant anthelmintique. Bruce raconte les heureux effets de ce médicament dans les maladies vermineuses dont sont affligés les Abyssins. G — S.

BRÉBIS (Zoologie), *Ovis*, des Latins. — La femelle du bélier; il en sera traité au mot RACES OVINES.

BRÈCHE (Artillerie). — Une *brèche* est l'ouverture qu'on exécute dans les remparts d'une place, afin de pouvoir donner l'assaut. On fait brèche, soit en minant une partie des murs et les faisant sauter (voyez MINES), soit en les détruisant à coups de canon.

Lorsque l'artillerie employait des boulets en pierre, on aurait perdu beaucoup de projectiles en tirant de prime abord en plein mur; aussi faisait-on brèche en commençant par la crête du mur et descendant peu à peu; lorsque l'usage des boulets en fonte de fer se fut répandu, on reconnut l'avantage de couper le mur à une certaine hauteur; la partie coupée entraîne dans sa chute le terrassement placé en arrière, et la brèche est tout de suite praticable.

On emploie pour faire brèche les canons de 24 et de 16, et exceptionnellement ceux de 12, tirant à la charge du tiers, et même de la moitié du poids du projectile. On coupe ordinairement le mur au tiers de sa hauteur à partir du sol; les pièces du centre de la batterie de brèche font une tranchée horizontale, en tirant leurs premiers coups espacés de 5 à 8 diamètres du projectile, afin de profiter de l'ébranlement produit autour du logement du boulet; les deux pièces extrêmes commencent chacune une tranchée verticale limitant la brèche; lorsque la tranchée horizontale est arrivée aux terres du rempart, on travaille activement aux tranchées verticales; si le mur ne s'écroule pas, on en commence une troisième à égale distance des deux premières; cette nouvelle tranchée est presque toujours nécessaire dans les parties circulaires ou polygonales; lorsque le mur s'est écroulé, il ne reste plus qu'à abattre les parties des terres qui tiennent encore. Une brèche a ordinairement de 20 à 25 mètres d'ouverture. Avec le canon de 24, la brèche s'exécute plus rapidement qu'avec le canon de 16, mais avec ce dernier, on dépense moins de poudre et de fonte; dans un mur de 2ᵐ,20 d'épaisseur, le canon de 24 tiré à la charge de la moitié du poids du projectile, consomme 52ᵏ,90 de poudre par mètre courant de brèche, et le canon de 16, 47ᵏ,70.

On peut faire brèche en tirant obliquement, jusqu'à l'angle de 25° à 30°; dans ce cas, on commence la tranchée par l'extrémité la plus rapprochée de la batterie, et la pièce la plus éloignée du mur qui voit cette extrémité le moins obliquement tire la première; toutes les autres tirent successivement sur le même point, afin de profiter du trou fait par la première. M. M.

BRÈCHE (Minéralogie), de l'italien *breccia*, brèche; rupture. — Nom donné à un aggrégat pierreux de fragments anguleux, non arrondis comme les poudingues, tout au plus émoussés et disséminés sans ordre dans une pâte; ces fragments ont rarement l'aspect cristallin dans leur cassure, et ne l'ont jamais dans leur forme; et du reste ils ne se pénètrent jamais et ont toujours leurs contours nets. On observe encore que la pâte et les fragments qui composent ces roches n'ont pas la même origine et n'ont pas été formés dans le même temps. Parmi les nombreuses variétés de brèches connues, on peut citer les divisions suivantes : *B. siliceuse*; elle appartient en général à la variété qu'on désigne sous le nom de *silex agate*. *B. silicéo-calcaire*, composée de fragments anguleux, de craie durcie réunie par un silex pyromaque, voisin du silex agate. *B. calcaire*, variété la plus commune à laquelle on doit rapporter tous les marbres nommés brèche, marbre d'Alet, près d'Aix (Provence), marbre brocatelle, etc. (voyez MARBRE). *B. granitique*, composée de fragments de granit, même de porphyre (brèche dure d'Égypte). *B. schisteuse*, formée de fragments anguleux de divers schistes agglutinés par un ciment à peine visible; A. Brongniart l'a trouvée près de Saint-Jean-de-Luz (Basses-Pyrénées).

BRÈCHES OSSEUSES (Géologie). — On appelle ainsi des amas formés d'ossements brisés ou intacts, mais unis par un ciment rouge et ferrugineux, et qui, dans une multitude de lieux, remplissent les fentes des rochers et les cavernes qui ont jadis communiqué avec la surface du sol. Elles ont sans doute été formées par ces grandes inondations, ces immenses courants qui, en charriant les débris rencontrés sur leur passage, ont trouvé des fentes plus ou moins considérables, surtout dans les terrains jurassiques, ont pénétré dans ces cavernes contenant des débris organisés, s'y sont mêlés, accumulés avec certains produits minéraux, et remplissent aujourd'hui ces fentes et ces cavernes. Tout le bassin de la Méditerranée offre à son pourtour des brèches de ce genre.

BRÉCHET (Zoologie). — On désigne généralement sous ce nom la partie antérieure du sternum et l'appendice xiphoïde chez les oiseaux, principalement lorsque ces os présentent une espèce de carène saillante et longitudinale, destinée à donner plus de force aux muscles abaisseurs de l'aile, qui s'y insèrent; c'est ce qui a lieu chez ceux dont le vol est puissant; au contraire, cette carène manque chez ceux qui ne peuvent pas s'élever dans les airs et qui n'ont que des ailes rudimentaires, tels sont le casoar et l'autruche : quelquefois ce nom sert à désigner seulement l'appendice xiphoïde.

BRÈDES (Botanique). — Nom collectif que l'on donne dans les îles Maurice et de la Réunion, aux plantes herbacées qu'on mange en guise d'épinards. La *Brède* par excellence est la *Morelle noire* (*Solanum nigrum*, Lin.), dont on fait un grand usage en la préparant cuite dans l'eau, assaisonnée de saindoux, de sel, de piment, de gingembre, etc.; la variété sauvage, dite *B. Martin*, est plus âcre. La *B. de Malabar*, ou *Épinard de Malabar*, est une espèce d'*amarante* armée d'épines à l'aisselle des feuilles, l'*Amarante épineuse* (*Amarantus spinosus*, Lin.). Elle est annuelle et s'élève jusqu'à 1 mètre. Ses feuilles sont longuement pétiolées, ovales ou oblongues-lancéolées. Ses fleurs, de couleur verte, sont en épis cylindriques aigus, et ses fruits, un peu rugueux, sont terminés par deux ou trois pointes. Cette espèce croît dans l'Inde : il y a encore bien d'autres plantes potagères qui portent le nom de *Brèdes.* G — s.

BRÈME (Zoologie), *Abramis,* Cuv. — Sous-genre de *Poissons malacoptérygiens abdominaux,* famille des *Cyprinoïdes,* du grand genre des *Cyprins,* qui a pour caractères : absence d'épines et de barbillons, dorsale

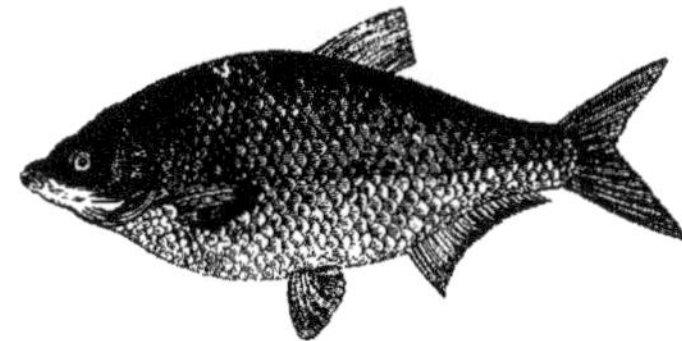

Fig. 369. — Brème commune.

courte placée en arrière des ventrales, nageoire anale très-longue ; ces poissons habitent les eaux douces de toutes les rivières de l'Europe, et même des grands lacs ; leur chair, sans être très-délicate, est assez bonne à manger, et comme ils multiplient beaucoup, ils constituent un des genres les plus précieux sous le rapport de l'alimentation ; on n'en connaît que deux espèces : la *B. commune* (*Cyprinus brama,* Lin.) (*fig*. 369), très-abondante dans la Seine, où l'on a dit qu'il en existait trois ou quatre variétés ; elle a 29 rayons à sa nageoire anale : la *Petite Brème,* la *Bordelière* ou *Hazelin* (*C. blicca, C. latus,* Gm.) a 24 rayons à l'anale, les pectorales et les ventrales sont rougeâtres ; elle est plus petite que l'autre ; sa chair est peu estimée.

BRÈME DE MER (Zoologie), *Sparus brama,* Lin. — Voyez CANTHÈRE.

BRÉSILINE. — Matière cristallisable qui s'extrait du bois de Brésil (*Cæsalpinia echinata Brasiliensis*). Elle se présente sous la forme de cristaux aiguillés d'une couleur orange, volatilisables partiellement par la chaleur, solubles dans l'eau, l'alcool et l'éther. Sa réaction caractéristique, c'est de se colorer en pourpre violet au contact des alcalis. Sous l'influence de l'ammoniaque et de l'air, elle se transforme en *brasiléine.* La découverte et l'étude en sont dues à M. Chevreul, qui a pu l'extraire aussi des bois de Fernambouc, de Sainte-Marthe, etc. ; aussi la nomme-t-on quelquefois *rouge de Fernambouc.*

BRÉSILLET (Botanique). — On donne ce nom à plusieurs espèces du genre *Césalpinie* (*Cæsalpinia,* Lin.). Ainsi, le *B. de Fernambouc* est le *Cæsalpinia echinata,* Lamk ; le *B. des Indes* est le *Cæsalpinia Sappan,* Lin. (voyez CÉSALPINIE).

BRETELLES. — Les *bretelles élastiques* ont été pendant longtemps formées au moyen de fils de laiton enroulés sur eux-mêmes en spires égales et serrées composant autant de petits ressorts à boudin. Ces petits ressorts, tendus parallèlement d'une certaine quantité, étaient cousus entre deux bandes d'étoffe qui se fronçaient dès que les ressorts étaient abandonnés à eux-mêmes de manière à ce que l'enveloppe ne gênât pas leur élasticité ; ils étaient ensuite cousus par leurs extrémités à des lanières de peau qui portaient les boutonnières.

Depuis que MM. Rattier et Guibal ont imaginé de filer le caoutchouc et d'en composer d'excellents élastiques, ceux-ci ont presque entièrement remplacé les élastiques de laiton (voyez CAOUTCHOUC).

BRÈVE (Zoologie), Buffon, Cuv. ; *Pitta,* Vieil. — Genre d'oiseaux aussi mal déterminé qu'il est mal connu ; ainsi, Lesson en fait une famille, Temminck un genre, d'autres en placent les espèces dans différents genres ; nous suivrons la méthode de Cuvier qui en fait un genre détaché de la division des *Fourmiliers* (*Myothera,* Ilig.), famille des *Dentirostres,* ordre des *Passereaux,* caractérisé ainsi : bec allongé, fort, robuste, crochu ; queue courte, rectiligne ou légèrement cunéiforme ; formes lourdes, massives, en général plumage fort brillant. Ces oiseaux habitent les parties reculées de l'Afrique, de l'Asie et de l'Australie ; ils vivent d'insectes, et surtout de fourmis. Ses principales espèces sont : la *B. commune* (*Corvus brachyurus,* Gm.), de la côte d'Angola ; la *B. à ventre rouge* (*Pitta erythrogaster,* Cuv.), de Manille ; l'*Azurin* (*Turdus cyanurus,* Gm.), de Java.

BREVETS D'INVENTION. — On nomme *brevet d'invention* le titre que celui qui prétend avoir fait une découverte ou une invention industrielle obtient du gouvernement, à l'effet de s'assurer sous diverses conditions, et pour un certain temps, le droit exclusif d'exploiter ou de faire exploiter cette découverte ou invention.

Cette dénomination de *brevet* (du latin *breve,* court), s'appliquait d'abord à une sorte d'expédition, non scellée, par laquelle les rois accordaient autrefois certaines grâces, certains avantages ou certains titres. On appelle encore aujourd'hui actes en brevet, des actes, comme une obligation, une transaction, une procuration, dont le notaire ne garde pas minute, et qu'il délivre sans y mettre la formule exécutoire. Le nom de brevet a été depuis étendu à tous les titres et diplômes délivrés au nom d'un gouvernement, d'un prince souverain, etc., comme le titre d'un grade dans l'armée, le titre d'une pension, et enfin certaines déclarations qui établissent les droits et les priviléges des inventeurs, des importateurs de quelque découverte industrielle, dont la nature est déterminée par des règlements spéciaux à chaque nation.

L'usage de concéder de pareils titres date des temps modernes.

Dans l'antiquité, tout travail industriel était regardé comme avilissant et ne pouvant être le partage que des esclaves, des vaincus et des serfs. Il s'ensuit qu'il était sans aucune protection de la part des lois. Ce n'est que bien plus tard qu'il a conquis enfin le respect et les garanties qui sont dus à cette application si utile et si féconde de l'activité humaine, à cette source légitime de propriété de laquelle dépend aujourd'hui à un si haut point la prospérité des États.

En France, par exemple, avant 1790, les lois offraient plutôt des entraves qu'une juste protection à l'esprit de découverte et de perfectionnement dans l'industrie. L'institution des jurandes et des maîtrises, qui put être utile à son origine, eut bientôt pour résultat d'exclure les inventeurs eux-mêmes de l'exploitation de leurs découvertes, s'ils n'avaient point acquis le droit et la liberté du travail par leur affiliation aux corps d'arts et métiers, affiliation souvent très-onéreuse et très difficile à obtenir. Ces jurandes et maîtrises prirent naissance dans les corporations que les artisans adonnés à un même métier durent former pour se protéger au moyen âge contre les violences des seigneurs, des gens de guerre et même du clergé. Simples statuts d'abord, elles se transformèrent peu à peu en institutions tyranniques, dont les abus criants sont si bien dépeints dans le préambule du fameux édit de 1776. Plusieurs rois de France, parmi lesquels Henri III, trouvant dans l'existence de ces corporations une source de revenus certaine, en encouragèrent et en régularisèrent même la formation. On prétend même qu'on alla jusqu'à poser en principe que le droit de travailler était un droit royal, que le prince pouvait vendre et que les sujets devaient acheter.

Voici les réflexions que cet état de choses inspirait au vertueux Turgot dans cet édit de 1776 que nous venons de rappeler :

« Dieu, en donnant à l'homme des besoins, en lui ren-
« dant nécessaire la ressource du travail, a fait du droit
« de travailler la propriété de tout homme, et cette pro-
« priété est la première, la plus sacrée et la plus impres-
« criptible de toutes. — Nous regardons comme un des
« premiers devoirs de notre justice et comme un des actes
« les plus dignes de notre bienfaisance, d'affranchir nos
« sujets de toutes les atteintes portées à ce droit inalié-
« nable de l'humanité ; nous voulons, en conséquence,
« abroger ces institutions arbitraires, qui ne permettent
« pas à l'indigent de vivre de son travail ; qui repoussent
« un sexe à qui sa faiblesse a donné plus de besoins et
« moins de ressources, et semblent, en le condamnant à
« une misère inévitable, seconder la séduction et la dé-
« bauche ; qui éloignent l'émulation et l'industrie, et
« rendent inutiles les talents de ceux que les circons-
« tances excluent d'une communauté ; qui privent l'État
« et les arts de toutes les lumières que les étrangers y
« apporteraient ; qui retardent le progrès des arts par les
« difficultés multipliées que rencontrent les inventeurs
« auxquels les différentes communautés disputent le droit
« d'exécuter les découvertes qu'elles n'ont point faites ;
« qui, par les frais immenses que les artisans sont obligés
« de payer pour acquérir la faculté de travailler, par les
« exactions de toute espèce qu'ils essuient, par des saisies
« multipliées pour de prétendues contraventions, par les
« dépenses et les dissipations de tout genre, par les pro-
« cès interminables qu'occasionnent entre toutes ces com-
« munautés leurs prétentions respectives sur l'étendue
« de leurs priviléges exclusifs, surchargent l'industrie

« d'un impôt énorme, onéreux aux sujets sans aucun
« fruit pour l'État ; qui, enfin, par la facilité qu'elles
« donnent aux membres des communautés de se liguer
« entre eux, de forcer les membres les plus pauvres à
« subir la loi des riches, deviennent un instrument de
« monopole, et favorisent les manœuvres dont l'effet est
« de hausser au-dessus de leur proportion naturelle le
« prix des denrées les plus nécessaires à la subsistance
« du peuple... »

Cet édit si sage n'eut pas de durée, il fit, dès la même
année, place à un autre édit tout contraire ; mais la révolution de 1789 vint bientôt faire triompher les idées de
Turgot.

Dans la nuit du 4 au 5 août 1789, l'Assemblée consti-
tuante, proclamant le grand principe de la liberté du
commerce et de l'industrie, supprima les corporations
d'arts et métiers, les jurandes et les maîtrises, et si elle
méconnut d'abord les droits des inventeurs, elle ne tarda
pas à réparer cette erreur par les décrets du 31 décembre 1790-7 janvier 1791, qui assurèrent une juste protection aux auteurs de découvertes industrielles. Un décret
du 25 mai suivant réglementa l'obtention des brevets.

L'idée fondamentale de ces lois peut se résumer en
quelques mots :

Garantir à tout inventeur, non un droit de propriété
perpétuelle, mais, pendant un temps donné, la jouissance
exclusive de sa découverte, à la condition de la livrer à
la société à l'expiration de son monopole.

Ce principe précieux avait été adopté en Angleterre
depuis 1623, et aux États-Unis depuis l'acte constitution-
nel de 1787.

Une loi des 9-12 septembre 1791 interdit d'accorder des
récompenses nationales à ceux qui ont pris des brevets
pour leurs inventions.

Un arrêté du 17 vendémiaire an VII (1798) ordonna
la publication de plusieurs brevets dont la durée était
expirée.

Un arrêté du 5 vendémiaire an IX déclare que sur
chaque brevet sera indiqué que le gouvernement, dé-
livrant les brevets d'invention sans examen préalable,
n'entend garantir en aucune manière ni la priorité, ni
le mérite, ni le succès d'une invention.

Divers autres règlements s'ajoutèrent aux précédents,
mais l'expérience ayant fait voir, dans les lois relatives
aux brevets d'invention, des lacunes et même quelques
erreurs, on dut se proposer la révision de la législation
sur cette matière. Depuis le 13 octobre 1828, sous le ministère de M. de Saint-Cricq, jusqu'au 10 janvier 1843,
le nouveau projet de loi fut à l'étude ; enfin, le 10 janvier 1843, M. Cunin-Gridaine, ministre du commerce, le
présenta à la chambre des pairs et en exposa les motifs
dans un travail très-remarquable. Le 5 juillet 1843,
M. Philippe Dupin fit son rapport au nom de la commission. Un nouveau rapport fut fait à la chambre des pairs
le 4 juin suivant par M. Barthélemy, et cette chambre
adopta le projet le 13 juin suivant. La sanction royale
ayant été donnée le 5 juillet 1844, la loi a gardé le nom
de cette date. Ce n'est pas une création nouvelle, mais
plutôt une amélioration sérieuse à la législation, qui la
fait classer parmi les lois les plus achevées produites à
cette époque.

Les limites de cet ouvrage ne nous permettent pas
d'en rapporter le texte complet, que toutes les personnes
qui en auront besoin pourront trouver au *Bulletin des
lois*, dans le Code, ou dans les ouvrages spéciaux traitant de cette matière.

Nous nous bornerons à en indiquer quelques points
fondamentaux :

Sont considérées comme inventions ou découvertes nouvelles :

L'invention de nouveaux produits industriels ;

L'invention de nouveaux moyens, ou l'application nouvelle de moyens connus pour l'obtention d'un produit ou
d'un résultat industriel.

Ne sont pas susceptibles d'être brevetés :

Les compositions pharmaceutiques, ou remèdes de toute
espèce ;

Les plans et combinaisons de crédit ou de finances.

La durée des brevets est de cinq, dix, ou quinze années,
à la volonté du breveté, et chaque brevet donne lieu à
une taxe de 500 francs pour cinq ans, 1 000 francs pour
10 ans, et 1 500 francs pour quinze ans ; cette taxe doit
être payée par annuités de 100 francs, sous peine de déchéance, si le breveté laisse écouler un terme sans l'acquitter.

La demande en brevet est déposée au secrétariat de la

préfecture du département où est le domicile du deman-
deur, accompagnée d'une description et des dessins ou
échantillons nécessaires à l'intelligence de la description.

Les brevets dont la demande aura été régulièrement
formée, sont délivrés, sans examen préalable, aux risques
et périls des demandeurs, et sans garantie, soit de la réalité, de la nouveauté ou du mérite de l'invention, soit de
la fidélité ou de l'exactitude de la description.

Un arrêté du ministre constitue le brevet.

Une ordonnance publiée au *Bulletin des lois*, proclame,
tous les trois mois, les brevets délivrés.

La durée des brevets ne peut être prolongée que par
une loi.

Le breveté ou les ayant-droit au brevet ont, pendant
toute la durée du brevet, le droit d'apporter à l'invention des changements, des perfectionnements ou additions qui sont constatés par des certificats délivrés dans
la même forme que le brevet principal avec lequel ils
prennent fin. La taxe est de 20 francs.

Nul autre que le breveté ou ses ayant-droit ne peut,
pendant une année, prendre un brevet pour un changement, addition ou perfectionnement à une découverte
déjà brevetée.

Quiconque a pris un brevet pour une découverte, invention ou application se rattachant à l'objet d'un autre
brevet, n'a pas le droit d'exploiter l'invention déjà brevetée,
et réciproquement, le titulaire du brevet primitif ne peut
exploiter l'invention, objet du nouveau brevet.

La cession totale ou partielle d'un brevet, soit à titre
onéreux, soit à titre gratuit, ne peut être faite que par
acte notarié et après le payement intégral de la taxe.

Les descriptions, dessins, échantillons et modèles des
brevets délivrés restent, jusqu'à l'expiration des brevets,
déposés au ministère de l'agriculture et du commerce,
où ils sont communiqués, sans frais, à toute réquisition.

Un recueil des descriptions et dessins, et le catalogue
des brevets, sont publiés et déposés au ministère de l'agriculture et du commerce, ainsi qu'au secrétariat de la
préfecture de chaque département, où ils peuvent être
consultés sans frais.

A l'expiration des brevets, les originaux des descriptions et dessins sont déposés au Conservatoire des arts et
métiers.

Les étrangers peuvent obtenir des brevets en France,
même quand la découverte serait déjà brevetée à l'étranger ; mais, dans ce cas, la durée du brevet ne pourra excéder la durée des brevets pris antérieurement à l'étranger.

Sont nuls, et de nul effet, les brevets délivrés dans les
cas suivants :

1° Si la découverte n'est pas nouvelle ;

2° Si la découverte n'est pas susceptible d'être brevetée ;

3° Si elle ne porte que sur des conceptions théoriques
dont on n'a pas indiqué les applications industrielles ;

4° Si elle est contraire à l'ordre, à la sûreté publique,
aux bonnes mœurs ;

5° S'il y a eu fraude dans la demande ;

6° Si la description n'est pas suffisante ;

7° Si le brevet n'a pas été pris dans le temps voulu.

Le ministre de l'intérieur annule le brevet, lorsque les
annuités ne sont pas payées régulièrement ; si l'invention
n'est pas mise en exploitation dans le délai de deux ans,
ou reste sans exploitation pendant deux ans, sans que le
breveté puisse justifier son inaction.

Une amende de 50 francs à 1 000 francs est applicable
à quiconque se dit breveté sans l'être, ou mentionne sa
qualité de breveté ou son brevet sans y ajouter ces mots :
sans garantie du gouvernement.

L'action en nullité et l'action en déchéance peuvent
être exercées par toute personne y ayant intérêt.

La contrefaçon est punie d'une amende de 100 à
2000 francs.

Dalloz, *Répertoire méthodique et alphabétique de législation.*

Homberg, *Guide de l'inventeur.*

Perpigna, *Traité des brevets.*

A. Ch. Renouard, *Traité des brevets d'invention.*

L. Nouguier, *Traité des brevets d'invention et de la
contrefaçon*, 1856.

Loiseau et Vergé, *Loi sur les brevets.*

Tardieu, *La législation en matière d'invention.*

Varlet, *Recueil des lois et règlements en usage en
Belgique sur les brevets d'invention.*   R.

BRÉVIPENNES (Zoologie). — Famille d'*Oiseaux* de
l'ordre des *Échassiers* de Cuvier, dont de Blainville et Ch.

Bonaparte ont formé un ordre, le premier sous le nom de *Coureurs* (*Cursores*), le second sous celui de *Struthiones*. Bien que semblable sous plusieurs rapports aux autres familles de cet ordre, celle-ci s'en distingue par un caractère tranché, la brièveté des ailes, qui ôte à ces oiseaux la faculté de voler ; du reste, ils ont le corps massif ; le sternum, en simple bouclier, est dépourvu de l'arête qui s'observe chez tous les autres, et qui sert d'insertion aux muscles de l'aile, si puissants dans les espèces à grand vol ; par contre, les muscles des cuisses et des jambes ont une épaisseur énorme, qui explique la rapidité de leur marche. Leurs plumes sont formées de barbes et de barbules d'une disposition et d'un aspect tout particuliers, qui les font rechercher pour la toilette des dames : ils sont privés de pouce. La nourriture de ces oiseaux se compose de graines, de fruits, d'herbes, de jeunes pousses, et même d'insectes, etc., ce qui leur donne de nombreux rapports avec les Gallinacés. On les divise en deux genres : les *Autruches* et les *Casoars*.

BRIDES (Chirurgie). — On désigne sous ce nom des filaments membraneux, qu'on rencontre au centre de certains abcès, où ils s'opposent à l'écoulement libre du pus et déterminent souvent des adhérences vicieuses. On trouve aussi des *brides* dans le trajet des plaies d'armes à feu ; elles proviennent des lamelles de tissu cellulaire ou des portions d'aponévrose qui n'ont pas été détruites par le projectile. On donne encore ce nom aux filaments cellulo-vasculaires qui forment les adhérences qu'on rencontre après les inflammations des séreuses. Enfin, on appelle *brides* certaines adhérences qui surviennent quelquefois dans l'urètre à la suite d'ulcérations de ce canal; elles sont beaucoup plus rares qu'on ne le croyait autrefois.

BRIGHT (Maladie de) (Médecine). — Voyez Maladie, Albuminurie.

BRINDONIER ou **Brindaonier** (Botanique). — Noms sous lesquels les anciens botanistes voyageurs dans l'*Inde* ont désigné plusieurs espèces de *Garcinia*, Lin., et entre autres le *Mangoustan*. G — s.

BRIONE (Botanique). — Voyez Bryone.

BRIQUES (Technologie). — Prismes de terre cuite, de formes et de dimensions variables, employés aux constructions.

Les briques destinées aux constructions ordinaires se fabriquent en quantités énormes, dans les pays surtout où la pierre à bâtir est rare. Elles sont faites avec des argiles plus ou moins sableuses, ou des marnes argileuses, calcaires ou limoneuses.

Les briques employées à la construction du revêtement interne des fours et fourneaux ou foyers, devant supporter une température très-élevée sans fondre, sont fabriquées avec des argiles particulières, appelées *réfractaires*, qu'on lave et qu'on dégraisse, pour les briques de premier choix, par une addition de un ou deux volumes de *ciment* de la même argile, c'est-à-dire d'argile cuite, puis pulvérisée plus ou moins finement ; et pour les briques de deuxième qualité, avec des sables siliceux, beaucoup moins chers que le ciment réfractaire.

Préparation des terres. — Les terres à briques ordinaires varient dans chaque localité. Lorsqu'elles sont trop argileuses, elles sont sujettes à se fendre et à se déformer pendant la dessiccation et la cuisson ; il faut alors les mélanger ou les *dégraisser* avec des matières sableuses et calcaires ; lorsqu'au contraire elles sont trop pauvres en argile, elles manquent de *liant*, se façonnent difficilement et s'émiettent à la dessiccation. On leur donne du liant par l'addition de marne ou de chaux, rarement d'argile plastique. Toutefois, ces mélanges rendent les terres facilement fusibles, ce qui empêche d'en pousser bien loin la cuisson. Les briques restent donc poreuses, friables et faciles à se désagréger sous l'influence des agents atmosphériques. Dans quelques fabriques cependant, et particulièrement en Angleterre, on pousse la cuisson jusqu'à la vitrification des briques, et on favorise même ce phénomène par l'addition aux terres de marnes calcaires, d'escarbilles ou cendres de coke. Les briques ainsi préparées sont plus compactes, plus sonores et plus durables ; mais, pour une même quantité de terre, elles ont moins de volume, parce que la terre y a subi une rétraction plus grande.

La préparation des terres exerce une grande influence sur la qualité des produits ; on la rend beaucoup plus facile quand on prend la précaution d'extraire l'argile en automne et de la laisser exposée tout l'hiver à la gelée pour ne l'employer qu'au printemps. La gelée la désagrége et en améliore ainsi beaucoup la qualité. Quand on veut employer cette terre, on la détrempe peu à peu

avec un peu d'eau et on l'étend sur un sol uni, où un ouvrier la pétrit avec ses pieds, ce qui s'appelle *marcher* la terre. Cette opération fatigante a en outre l'inconvénient d'être très-défectueuse ; le mélange des diverses parties est incomplet, le pétrissage imparfait, et si la terre contient des fragments de pierre calcaire, ces fragments y restent avec leur volume et se transforment en chaux pendant la cuisson ; puis, dès que l'humidité la pénètre, la chaux s'hydrate, se gonfle et fait éclater la brique. Aussi, dans les tuileries un peu mieux installées, remplace-t-on le *marchage* par le passage plus ou moins répété de la terre entre des cylindres cannelés ou unis, qui la réduisent en pâte plus fine et plus homogène, ou même par un broyage entre des meules tournantes. On emploie au même usage des *tinnes* ou tonneaux corroyeurs munis d'un axe de rotation vertical, armés de couteaux obliques disposés en plans inclinés, qui divisent la terre, la coupent, la recoupent un grand nombre de fois, et l'obligent en même temps de descendre, parce qu'ils agissent à peu près comme une vis pour la pousser de haut en bas, et la faire sortir par une ou plusieurs ouvertures pratiquées à la partie inférieure de la tinne. Le mélange de la terre avec du ciment, du sable, des escarbilles, etc., se fait par les mêmes procédés.

Façonnage des briques. — La plus grande partie des briques se façonnent encore à la main au moyen de moules ordinairement tout en bois, quelquefois doublés intérieurement en métal. Ces moules ont la forme d'un cadre allongé, sans fond supérieur ni inférieur et de dimensions variables suivant la grandeur des briques et le retrait que subit la terre en cuisant. L'ouvrier mouleur sable son moule intérieurement pour empêcher l'adhérence de l'argile, puis il le pose à plat sur une table, le remplit de terre à brique à l'état de pâte demi-dure, comprime cette terre et en enlève l'excédant à la main, et l'unit à la surface au moyen d'un couteau de bois appelé *plane*. Il transporte ensuite le moule et sa brique sur une planche sablée que tient un apprenti, détache le moule par un choc léger, puis l'apprenti porte la brique sur l'aire de la *tuilerie*, dont le sol est bien uni par le battage et sablé.

Aux environs de Paris, une compagnie de briquetiers se compose de quatre ouvriers : un qui mêle, marche et prépare la terre ; deux mouleurs, dont l'un se détache de temps en temps pour aller chercher la terre préparée ; et un garçon pour transporter les briques sur l'aire. Cette compagnie fait, en moyenne, 7000 briques ordinaires par 12 heures de travail effectif, ce qui fait environ 5 briques par minute pour chaque mouleur.

Les briques éprouvent à plat sur l'aire un premier degré de dessiccation, qui leur donne assez de fermeté pour qu'on puisse les mettre sur champ et hâter leur assèchement. Quand elles ont pris assez de consistance pour être transportées à la main sans se déformer, un ouvrier les *pare*, c'est-à-dire qu'il les prend une à une sur un banc et les bat sur toutes les faces avec une *batte* pour leur donner plus de cohésion, et en même temps régulariser leur forme. On les met alors en *haie*, en les disposant de champ les unes sur les autres, de manière à en former une espèce de muraille à claire voie pour que leur dessiccation s'achève. Il ne reste plus qu'à les faire cuire.

Cuisson des briques. — La cuisson des briques se fait tantôt en plein air, tantôt dans des fours. Dans le premier cas, les briques sont disposées par lits alternant avec du combustible ; le tout est recouvert de terre qui empêche la trop rapide déperdition de la chaleur et permet aux briques superficielles de recevoir un degré de cuisson à peu près suffisant. Ce procédé n'a d'autre avantage que de permettre la fabrication des briques à l'endroit même où elles doivent être employées ; il est usité dans quelques pays, comme la Belgique, aux environs de Bruxelles, où le combustible est à bas prix, et où, immédiatement au-dessous de la couche arable, on rencontre la terre à brique.

Les fours à briques sont à section ordinairement carrée ou rectangulaire, et formés de murs épais, afin de concentrer autant que possible la chaleur. Ces fours sont quelquefois entièrement découverts ou simplement abrités contre la pluie par un toit ordinaire, placé à une hauteur suffisante pour que la charpente ne puisse prendre feu ; d'autres fois on les recouvre d'une voûte cylindrique, percée d'un grand nombre de trous destinés à donner issue à la fumée et aux gaz provenant de la combustion ; ces ouvertures doivent être disposées de telle sorte que la chaleur se répartisse aussi exactement que possible dans toute la masse. A la partie inférieure de ce fourneau se trouvent les foyers, que l'on charge de houille, de tourbe ou de menu bois. Les briques sont disposées dans le fourneau au-dessus de voûtes qui les séparent des foyers, et qui tantôt font partie du fourneau, tantôt se construisent à chaque opération au moyen de briques simplement séchées à l'air. Dans l'un et l'autre cas, ces voûtes sont percées de trous nombreux pour laisser passer la flamme. Les briques à cuire doivent également être séparées par de petits intervalles ménagés entre chacune d'elles, toujours dans le même but de permettre une diffusion plus facile et plus complète de la chaleur.

La mise en feu du fourneau doit être très-ménagée et très-lente. En effet, les briques simplement séchées à l'air conservent encore beaucoup d'eau et subissent un retrait considérable pendant la cuisson, et, d'un autre côté, la terre dont elles sont formées est un mauvais conducteur de la chaleur ; elles se trouveraient donc sous l'influence d'une chaleur trop rapidement croissante, dans un état d'inégale tension dans leurs divers points, qui amènerait la rupture d'un grand nombre d'entre elles.

Les combustibles à longue flamme sont les meilleurs pour la cuisson des briques, parce qu'ils chauffent plus également. On se sert donc de menu bois, de tourbe ou de houille grasse. La durée de la mise en feu varie suivant les conditions dans lesquelles on opère et la masse de produits que l'on traite à la fois. Dans un bon fourneau en maçonnerie, 48 heures suffisent pour 20 000 briques environ ; au bout de ce temps, on bouche toutes les ouvertures du fourneau pour permettre à la chaleur de s'y répartir uniformément, et on laisse refroidir lentement. Le défournement n'a guère lieu qu'au bout de quinze jours, trois semaines.

Dans quelques briqueteries fonctionnant sur une grande échelle, on remplace les fours rectangulaires par six ou huit fours prismatiques, qui, par leur réunion, forment une galerie circulaire divisée verticalement par six ou huit murs, dont la direction passe par le centre de l'espace compris dans l'intérieur de l'anneau. Ce fourneau composé travaille d'une manière continue ; l'un des compartiments est en chargement, tandis que les autres sont en feu ou en voie de refroidissement, ou en voie de défournement. Ce système économise la place, et aussi le combustible, parce que les gaz chauds qui s'échappent du compartiment mis en feu peuvent être conduits au travers des compartiments voisins et commencer à les échauffer ; on utilise ainsi la chaleur perdue dans les fourneaux ordinaires.

Le caractère que présentent les briques bien cuites et celui auquel on les reconnaît, est le son clair qu'elles rendent à la percussion. Quand le son est voilé, la brique est fendue, ou bien la cuisson est incomplète, et la brique ne résiste pas à la gelée. Ce grave défaut, du reste, est plus ou moins prononcé, suivant la nature des terres employées à leur confection.

On nomme *briques réfractaires* celles qui peuvent résister sans se fondre aux températures les plus élevées. Elles sont d'un prix notablement plus élevé que les briques ordinaires et sont exclusivement employées à la construction des fourneaux. Leur fabrication est la même que celle des briques ordinaires ; toute leur qualité réside dans le choix de la terre employée, et aussi dans les soins apportés à sa préparation. Les argiles réfractaires sont des argiles pures, ne contenant que de la silice, de l'alumine et de l'eau. La magnésie n'augmente pas la fusibilité de l'argile, mais la chaux, et surtout le fer et les alcalis, produisent ce résultat à un haut degré ; aussi les briques qui forment le revêtement intérieur des foyers fondent-elles peu à peu à leur surface, parce qu'elles s'y combinent avec les cendres fournies par le combustible.

BRIQUET. — Instrument destiné à se procurer du feu.

Briquet ordinaire. — Il se compose tout simplement d'un fragment de silice appelée *pierre à fusil*, à cause de son ancienne destination et qu'on *bat* avec un morceau d'acier de forme variable dont on fait glisser vivement le bord sur l'arête de la pierre. Ce frottement détache de l'acier de petites parcelles qui se trouvent en même temps portées à une température assez élevée pour s'enflammer dans l'air. Ces parcelles incandescentes venant toucher l'amadou qui recouvre la pierre y mettent le feu. Dans les anciens fusils à pierre, c'était, au contraire, le silex qui venait frapper vivement la platine d'acier, mais le résultat était le même.

Le nom de briquet a été ultérieurement étendu à des appareils qui n'ont avec le précédent d'autre rapport que celui de fournir du feu.

Briquet a gaz hydrogène. — Ce briquet, imaginé par Gay-Lussac, était assez répandu avant l'invention des allumettes chimiques.

Il se compose d'une petite cloche de verre ouverte par le bas et communiquant par son extrémité supérieure avec un tube de cuivre recourbé horizontalement et que l'on peut ouvrir ou fermer à volonté au moyen d'un robinet. Dans l'intérieur de cette cloche est suspendue, par un fil de cuivre, une masse de zinc descendant un peu au-dessous de l'ouverture inférieure de la cloche. Celle-ci est placée au milieu d'un vase de verre que l'on remplit en partie d'eau acidulée par de l'acide sulfurique. Enfin, en face de l'ouverture du tube à robinet, se trouve une petite colonne creusée à son sommet d'une cavité latérale contenant de la *mousse de platine* (voyez Platine).

Lorsqu'on veut monter cet appareil, on ouvre le robinet en masquant la mousse de platine au moyen d'un couvercle de cuivre ou d'un morceau de papier. L'eau acidulée prend dans la cloche le même niveau qu'à l'extérieur et baigne conséquemment le zinc. Une action très-vive se manifeste ; le zinc est attaqué. On voit se former à sa surface de nombreuses bulles d'un gaz qui est de l'hydrogène à peu près pur (voyez Hydrogène). Lorsqu'on juge que ce gaz a chassé de la cloche l'air qu'elle contenait, on ferme le robinet. L'hydrogène continue à se dégager, mais, ne trouvant plus d'issue au dehors, il s'accumule à la partie supérieure de la cloche, d'où il refoule l'eau acidulée, de sorte qu'au bout de quelque temps le zinc est à sec et que la production de l'hydrogène est suspendue. L'appareil est monté. Lorsqu'on veut s'en servir, on découvre la mousse de platine et on ouvre le robinet. Un jet d'hydrogène vient frapper la mousse, qui rougit, et bientôt le jet s'enflamme et brûle avec une flamme pâle, mais pouvant très-aisément allumer une petite bougie ou une petite lampe. Pendant ce temps, la cloche s'est en partie vidée d'hydrogène, mais l'eau acidulée qui s'y est élevée, venant au contact du zinc, compense promptement la perte éprouvée. L'appareil est donc toujours prêt. De temps en temps seulement il faut ajouter un peu d'acide ou renouveler à neuf l'eau acidulée quand des cristaux de sulfate de zinc commencent à y apparaître, ou enfin remplacer le zinc lorsqu'il est usé.

Briquet phosphorique. — Également moins employé depuis l'invention des allumettes chimiques. On le fabrique de plusieurs manières. Le plus ordinairement, on fait fondre, à une très-douce chaleur, un peu de phosphore dans un tube de verre long et étroit ; lorsque le phosphore est en fusion, on plonge dans le flacon une petite tige de fer rougie au feu ; le phosphore s'enflamme ; on agite pendant quelques instants, et lorsque la couleur est devenue bien rouge, on retire la tige, on bouche le flacon et on laisse refroidir. Il ne reste plus qu'à fixer le flacon dans un étui métallique pouvant contenir, en outre, quelques allumettes bien soufrées. Pour faire usage du briquet, on introduit une allumette dans le flacon ; on lui imprime un mouvement de rotation sur elle-même en appuyant sur le phosphore dont on détache ainsi quelques parcelles, et on la retire ; l'inflammation de ces parcelles a lieu aussitôt et se communique au soufre.

Souvent, au lieu du fer rougi, on projette dans le flacon renfermant le phosphore fondu de la magnésie calcinée que l'on agite avec une tige de fer jusqu'à ce que tout le phosphore soit réduit en poudre ; on bouche alors et on laisse refroidir. Le phosphore ainsi divisé devient spontanément inflammable à l'air et sert comme précédemment.

Enfin, on se contente quelquefois de faire fondre le phosphore dans le flacon, de boucher et de laisser refroidir. Le briquet est alors de plus de durée ; mais les parcelles de phosphore qu'on détache de l'allumette n'étant plus spontanément inflammables, il faut les frictionner sur un corps doux, tel que le liège, le drap, le feutre.

Les allumettes chimiques sont de véritables briquets phosphoriques, chaque allumette portant avec elle sa provision de phosphore (voyez Allumette).

Briquet pneumatique. — Instrument de physique servant à démontrer que la compression des gaz développe en eux de la chaleur. Il se compose d'un tube de verre AB (*fig.* 370) fermé par un bout et dans l'intérieur duquel se meut un piston D. Lorsqu'on introduit le piston dans le tube, une cer-

Fig. 370.
Briquet à air.

taine quantité d'air s'y trouve emprisonné. Si on le pousse rapidement, cet air est comprimé brusquement, et dégage une quantité de chaleur suffisante pour porter le gaz au rouge et enflammer de l'amadou qu'on place préalablement dans une petite cavité ménagée sous le piston. M. D.

BRIQUETTES. — Prismes ou cylindres de charbon servant de combustible dans les fourneaux où l'on n'a pas besoin d'un feu très-vif, ou lorsqu'on veut l'entretenir longtemps sans veiller à son entretien.

Ces briquettes se fabriquent avec la poussière de charbon mélangée avec une bouillie claire d'argile grasse ou *terre glaise*. On en forme une pâte épaisse que l'on moule en briques et qu'on fait sécher à l'air. Les *buches économiques*, pour former la partie postérieure des feux de cheminée, se fabriquent de la même manière. — Les briquettes peuvent très-bien servir au chauffage des appartements si l'on a soin de les y associer au bois.

Il y a encore, pour allumer ou ménager les feux de locomotives de chemins de fer, de grosses briquettes quadrangulaires, longues de 0ᵐ,28, larges de 0ᵐ,19, épaisses de 0ᵐ,14. Elles sont faites avec du poussier de houille et des résidus de charbon mal brûlé, repris sous la grille des fourneaux. Le tout est agglutiné avec du goudron provenant de la distillation du charbon, dans les grands appareils à gaz, et fortement pressé dans un moule.

BRISE. — Nom donné à un vent frais et léger, mais spécialement réservé par les marins aux vents qui règnent sur les côtes aux différentes heures du jour. En l'absence de vents généraux, il s'élève sur les côtes, vers dix ou onze heures du matin, une *brise de mer* allant de la mer vers la côte et qui tient à ce que la surface du sol est plus fortement échauffée par les rayons solaires que la surface de la mer. L'air chauffé par le sol, tendant toujours à monter, glisse le long des côtes vers l'intérieur des terres et donne lieu à un appel d'air de la mer. Cette brise dure jusque vers le soir. Quelques heures après le coucher du soleil, elle est remplacée par une *brise de terre* allant de la terre à la mer et due à ce que c'est alors la terre qui s'est plus refroidie que la mer par l'effet du rayonnement nocturne. L'air froid tendant, au contraire, à descendre, un effet inverse au précédent se produit.

Des effets analogues ont lieu dans les pays montagneux, surtout dans les principales gorges. Les *brises de montagnes* vont de la plaine à la montagne pendant le jour, et de la montagne à la plaine pendant la nuit. C'est à ces brises qu'il faut attribuer le froid que l'on éprouve en traversant une gorge ou vallée pendant la nuit. Dans certaines vallées des Alpes elles acquièrent une intensité suffisante pour former de véritables vents.

Les brises marines sont d'un grand secours aux marins dans les pays chauds pour pénétrer dans les ports ou pour en sortir. Le mot *brise* a été peu à peu étendu à tout vent qui n'est pas très-violent, quelle qu'en soit d'ailleurs l'origine.

BRISE-PIERRE (Chirurgie). — On donnait ce nom à une espèce de pinces ou de tenettes, qui servaient à briser la pierre en plusieurs fragments lorsqu'elle était d'un volume trop considérable pour sortir à travers l'ouverture pratiquée par l'opérateur; son usage est abandonné aujourd'hui (voyez TAILLE). Dans l'opération de la *lithotritie*, on s'est servi aussi, pendant quelque temps, d'un brise-pierre avec lequel on écrasait par la pression les petites pierres ou les fragments de pierres. Amussat eut le premier l'idée d'employer cette méthode; en 1822, il proposa un brise-pierre droit, qui, d'après l'expérience, ne pouvant agir sur des calculs entiers, fut réservé, aussi bien que le brise-coque de M. le baron Heurteloup, pour les fragments résultant de la perforation et de l'évidement. Plus tard, en 1829, M. Jacobson fit connaître un brise-pierre qui a joui pendant quelque temps d'une importance méritée, surtout après les améliorations et les perfectionnements que lui avaient fait subir MM. Leroi, Amussat, Charrière, etc. Mais l'expérience ayant révélé l'insuffisance de la pression seule appliquée au broiement de la pierre, M. Heurteloup eut l'idée d'employer la percussion, et inventa son *percuteur à marteau;* ce fut un progrès réel dans cette partie de la chirurgie. Construit sur le principe du podomètre des cordonniers, cet instrument a la forme d'une sonde à courbure terminale un peu brusquée; il se compose de deux tiges glissant facilement l'une sur l'autre et terminées chacune par cette partie recourbée qui, en se séparant à la volonté de l'opérateur, laisse entre chaque courbure un espace dans lequel vient se loger la pierre; lorsqu'elle est solidement

fixée à cette place, le chirurgien frappe avec le marteau sur un bouton qui termine l'instrument au dehors et qui communique le choc au calcul ; celui-ci se brise plus ou moins vite, et on s'en aperçoit au rapprochement des deux mors de l'instrument. Plusieurs modifications ont été encore apportées au percuteur par MM. Amussat, Ségalas et Charrière (voyez LITHOTRITIE).   F — N.

BRISÉES (Chasse). — Marques que l'on fait en chasse pour indiquer l'endroit où est la bête et de quel côté on l'a détournée. Ce sont ordinairement de petites branches que les chasseurs cassent aux arbres et qu'ils sèment sur leur chemin, en ayant soin de tourner le gros bout du côté où va l'animal. Lorsqu'elles ne sont pas faites avec cette précaution, elles détournent de la voie, et on les appelle *fausses brisées.*

BRIZE (Botanique). — Genre de plantes de la famille des *Graminées* (voyez AMOURETTE).

BROCARD, BROQUART (Vénerie). — Les chasseurs donnent souvent ce nom au *chevreuil mâle.* « Tous les chevreuils mâles qui ont passé deux ans, dit Buffon, et que nous appelons vieux *brocards*, sont durs et d'assez mauvais goût. »

BROCATELLE (Minéralogie). — On a donné ce nom à des variétés de *brèches calcaires* (voyez BRÈCHE) dont les fragments sont petits et à peu près de la même couleur que le fond, mais ils sont moins foncés; ils constituent un marbre précieux dont la couleur générale est jaune doré, et qui a quelque ressemblance avec ces anciennes étoffes brochées d'or, d'argent et de soie, connues sous le nom de *brocart.* Le plus remarquable se trouve à Tortose en Catalogne ; sa couleur générale tire sur le rouge vineux, tacheté de jaune isabelle, de gris et de blanchâtre. Quelquefois aussi on a donné ce nom à des *lumachelles* ou marbres composés de fragments de coquilles réunies par un ciment calcaire (voyez LUMACHELLE).

BROCHET (Zoologie), *Esox*, Lin. — Genre de *Poissons Malacoptérygiens abdominaux*, famille des *Ésoces*, dont il est le type ; c'est un grand poisson, caractérisé par une ouverture de la bouche grande, de petits intermaxillaires garnis de petites dents pointues au milieu de la mâchoire supérieure ; mais les maxillaires des côtés n'ont pas de dents ; tout le reste de la bouche et même les arceaux des branchies sont hérissés de dents en carde ; le museau oblong, obtus, large, déprimé, le corps allongé, fusiforme, couvert de petites écailles oblongues et dures; une seule nageoire dorsale vis-à-vis de l'anale; estomac

Fig. 371. — Brochet ordinaire.

ample, plissé, se continuant avec un intestin mince et sans cœcum ; vessie natatoire très-grande. On ne connaît que trois espèces de ce genre : le *B. ordinaire* (*Esox lucius*, Lin.) (*fig.* 371), qu'on trouve abondamment dans toutes les eaux douces de l'ancien et du nouveau continent, si connu pour sa voracité et dont la chair est assez estimée ; ses dents sont fortes, acérées, inégales ; les unes immobiles et implantées dans les alvéoles, les autres mobiles et attachées seulement à la peau. Le brochet parvenu à une certaine grosseur, a le dos noirâtre, le ventre blanc, avec des points noirs ; ces teintes varient, du reste, suivant la nature et la pureté des eaux, et aussi suivant les époques de l'année ; il parvient communément à la longueur de 1 ou 2 mètres, et on en a vu de beaucoup plus grands; on raconte l'histoire d'un brochet qui fut pris à Kaiserslautern, en 1497, et qui pesait, dit-on, 350 livres, et avait plus de 6 mètres de long; son squelette est à Manheim; mais on prétend qu'il y a dans sa colonne vertébrale des vertèbres qui ne lui appartiennent pas. On lui trouva au cou un anneau extensible, avec la date de 1230 ; il le portait par conséquent depuis 267 ans. Le brochet grandit très-vite: ainsi, à la fin de la première année, il a ordinairement 0ᵐ,30 de long; à deux ans, 0ᵐ,40; à six ans, près de 2 mètres, etc. Il vit de poissons; mais il est si vorace qu'il s'élance même sur des oiseaux d'eau, des rats, de jeunes chats, et même de petits chiens tombés à l'eau. La chair du brochet est assez agréable au goût ; elle est blanche, ferme et de facile digestion ; mais comme elle prend facilement le goût de vase, on concevra que les brochets qui habitent les eaux limpides, et où leur nourriture abonde, sont bien meilleurs que les autres; on les reconnaît surtout à ce qu'ils ont le dos vert, et la chair qui avoisine l'épine dorsale de même couleur. Les œufs sont difficiles à digérer, malsains ; ils excitent les nausées et purgent assez violemment. On pêche le brochet avec toutes espèces de filets ; on le pêche aussi à la nasse, à la ligne ; il mord assez facilement à l'hameçon amorcé d'un petit poisson, et surtout de goujon. Dans certaines contrées, et surtout dans le Nord, on sale, on sèche et on fume le brochet, comme on fait du saumon ou du maquereau. Les pêcheurs donnent aux petits brochets les noms de *lançons*, *lancerons* ; ils appellent les moyens, *poignards* ; les gros, *brochets-carreaux* ou *poissons-loups*. La seconde espèce, l'*E. reticularis*, Lesueur ; *E. americanus*, Lacép., a, sur les flancs, des lignes brunâtres qui forment quelquefois un réseau ; la troisième, l'*E. estor*, Lesueur, a le corps semé de taches rondes et noirâtres : ces deux espèces habitent les eaux douces de l'Amérique septentrionale.

BROCOLI (Horticulture), en italien *broccolo*. — Variété de *chou-fleur*, qui se distingue par ses feuilles plus ondulées, par ses dimensions plus grandes et par ses couleurs ; les principales variétés sont : Le *B. blanc*, qui donne une pomme semblable à celle du chou-fleur, mais de meilleure qualité ; on a fait en Angleterre, sous le nom de *mammouth*, une sous-variété de brocoli blanc, d'un volume aussi considérable que les plus gros choux-fleurs et qui paraît complètement rustique. Le *B. violet nain*, semé en mai ou juin, pomme dès l'automne suivant. Il y a aussi des *B. rouges, verts, jaunâtres* ; mais les meilleurs sont le violet et le blanc.   G—s.

BROIEMENT (Chirurgie). — Broiement de la pierre (voyez Lithotritie).

BROMATES. — Sels formés par la combinaison de l'acide bromique avec une base. Les bromates ont une grande analogie avec les chlorates ; ils fusent comme eux sur les charbons ardents, et se décomposent en abandonnant leur oxygène sous l'influence de la chaleur ; mais ils s'en distinguent en ce que, traités par l'acide sulfureux ou l'eau de chlore, ils se colorent en jaune rougeâtre par du brome mis en liberté (voyez Brome).

BROME (Chimie) (Br = 80), du grec *brómos*, fétide. — Corps simple présentant de grandes analogies avec le chlore et que l'on rencontre en petite quantité dans certaines eaux minérales (Bourbonne-les-Bains, Lons-le-Saulnier), dans les mines du Chili à l'état de bromure d'argent, dans les plantes marines et dans l'eau de la mer, également à l'état de bromures alcalins. C'est un liquide d'un rouge brun ou pourpre, très-vénéneux, d'une saveur repoussante, d'une odeur forte et pénétrante rappelant celle du chlore. Il attaque fortement la peau qu'il corrode et colore en jaune. Sa densité est près de trois fois celle de l'eau (2,966) ; il se congèle à 22° au-dessous de zéro, bout à 62° et se volatilise rapidement à la température ordinaire en donnant des vapeurs d'un jaune orangé. Sa solubilité dans l'eau est très-faible, bien qu'il forme avec ce liquide un hydrate. Ce composé cristallisé brun rouge se détruit à 15 ou 20°. Ses dissolvants naturels sont l'alcool et l'éther.

Le brome n'a qu'un petit nombre d'usages. En médecine, il exerce une action assez énergique sur les appareils glanduleux et est employé contre les scrofules concurremment avec l'iode ; en photographie, il accroît la sensibilité des plaques daguerriennes ou des papiers impressionnables à la lumière et paraît modifier d'une manière favorable le ton des épreuves.

Le brome a été découvert en 1826 par M. Balard dans les eaux mères des marais salants à l'état de bromure de magnésium. Ces eaux mères, résidus de l'extraction du sel par l'évaporation de l'eau de mer, sont traitées par la chaux, qui précipite la magnésie, et filtrées ; la chaux en est précipitée à son tour à l'état de sulfate de chaux par le sulfate de soude. On filtre une seconde fois, et on obtient une liqueur qui ne contient plus que du bromure, de l'iodure et du chlorure de sodium. La concentration de la liqueur en élimine presque entièrement le sel marin ; puis on la distille avec du peroxyde de manganèse et de l'acide sulfurique. Les bromure et iodure sont décomposés. Le brome mis en liberté se dégage le premier ; puis, quand les vapeurs d'iode commencent à apparaître, on change de récipient pour ne pas mélanger les deux substances. La totalité du brome livrée actuellement au commerce provient du traitement des eaux mères des soudes de varech (voyez Varech, Soude).

Le brome forme avec l'oxygène et l'hydrogène des composés analogues à ceux que donne le chlore ; mais son affinité pour l'hydrogène est un peu moindre et son affi-

nité pour l'oxygène un peu plus forte que celle du chlore pour ces mêmes gaz.   M. D.

BROME (Botanique), *Bromus*, Lin., de *bromos*, nom que les Grecs donnaient à une sorte d'avoine ; du mot *brómé*, nourriture. — Genre de plantes de la famille des *Graminées*, tribu des *Festucacées*. Il comprend des herbes annuelles ou vivaces, qui croissent dans les climats tempérés de l'hémisphère boréal. Leurs feuilles sont

Fig. 372. — Brome des prés.   Fig. 373.

planes. Leurs épillets contiennent de cinq à dix fleurs, ou même davantage. Les glumes sont herbacées et mutiques. La glumelle inférieure est convexe, non carénée, bidentée ou bifide, et munie d'une arête, ou plus rarement mutique par avortement, les 2 stigmates naissant vers le milieu de l'une des faces de l'ovaire. Les bromes, considérés comme plantes fourragères, donnent en général un foin dur qui se dessèche promptement et que leurs longues barbes, leurs valves acérées et leurs feuilles coupantes font rejeter par les bestiaux. On recommande pourtant le *B. des prés* (*B. pratensis*, Lam., Kœeler) (*fig. 372* et 373), remarquable par ses panicules droites, ses épillets oblongs à 8 ou 10 fleurs terminées par des barbes droites ; les feuilles inférieures légèrement velues ainsi que les tiges ; c'est une espèce vivace, haute de 0^m,65, qui donne un fourrage tardif ; c'est la plus utile du genre, et elle dure jusqu'à quinze ans dans les sols sablonneux, calcaires ou siliceux. Il est bon cependant de la faire faucher ou pâturer de bonne heure, *B. de Schrader* (*B. Schraderi*, Kunth) Voy. Schrader.) Les autres espèces qui se trouvent aux environs de Paris sont les suivantes : le *B. stérile* (*B. sterilis*, Lin.) et le *B. des toits* (*B. tectorum*, Lin.) qui ont leurs fleurs latérales munies d'arêtes très-longues, et dépassant ou égalant celles des fleurs supérieures. La

première a les épillets glabres ; la seconde les a pubescents. Les arêtes des fleurs latérales sont plus courtes
dans le *B. dressé* (*B. erectus*, Huds.), qui a les feuilles
étroites, pliées, carénées, et dans le *B. rude* (*B. asper*,
Murr.), dont les feuilles sont larges et planes. Ces deux
bromes sont vivaces. Les suivants sont annuels : le *B. des
champs* (*B. arvensis*, Lin.) a les épillets étroits, lancéolés, ce qui le distingue des trois derniers, qui ont les épillets ovoïdes ou oblongs ; le *B. seigle* (*B. secalinus*, Lin.)
a les gaînes des feuilles glabres ; et enfin le *B. mollet*, *B.
mollis*, Lin.) et le *B. à grappe* (*B. racemosus*, Smith)
sont caractérisés l'un principalement par ses épillets
mollement pubescents, l'autre par ses épillets glabres ou
presque glabres. Les *B. dressé*, *rude* et *mollet* sont aussi
recommandés comme plantes fourragères ; quelques espèces ont des graines assez grosses pour qu'on puisse les
mêler à des céréales pour faire du pain.   G — s.

BROMÉLIACÉES (Botanique). — Famille de plantes
monocotylédones établie par A. L. de Jussieu et rangée
par M. Brongniart dans la classe des *Bromélioïdées*. Elle
comprend des herbes quelquefois sous-frutescentes propres aux régions chaudes de l'Amérique. Leurs fleurs
sont hermaphrodites, composées d'un calice libre ou plus
ou moins adhérent, à 3 sépales, d'une corolle de 3 pétales,
de 6 étamines. L'ovaire est à 3 loges contenant les ovules
ordinairement en grand nombre. Le fruit est une baie ou
une capsule s'ouvrant en 3 valves. Les graines ont un
périsperme abondant. En attendant une meilleure classification de cette famille, on divise les Broméliacées en deux
sections, ainsi que A. L. de Jussieu l'a fait dans son *Genera*. La première comprend les genres à fruits en baie
et à ovaire infère, et la seconde ceux dont le fruit est
une capsule. L'ovaire de ceux-ci est aussi infère, à l'exception des Pitcairnies dans lesquelles il est demi-infère.
Genres principaux section A : *Ananas* (*Ananassa*, Lindl.),
Bromélie (*Bromelia*, Lin.), *Bilbergie* (*Bilbergia*, Thunb.).
Section B : *Pitcairnie* (*Pitcairnia*, L'Hérit.), *Tillandsie*
(*Tillandsia*, Lin.), *Bonapartea*, Ruiz et Pav., *Gusmannie*
(*Gusmannia*, Ruiz et Pav.).   G — s.

BROMÉLIE (Botanique), *Bromelia*, Lin. ; dédié à Olaus
Bromel, botaniste suédois. — Genre de plantes type de
la famille des *Broméliacées*. Caractères : fleurs accompagnées de bractées ; sépales dressés carénés ; pétales
convolutés sans écailles basilaires ; 6 étamines courtes à
filets connés ; ovaire à 3 loges contenant un grand nombre d'ovules ; style à 3 angles ; 3 stigmates, courts et
charnus ; baie ovale ou oblongue. Les espèces de ce genre
habitent principalement l'Amérique tropicale. Elles présentent souvent un beau feuillage épineux teint d'un rouge
plus ou moins éclatant et qui est d'un très-joli effet dans
les serres chaudes. On a retiré des bromélies les ananas
pour en faire un genre à part (voyez ANANAS).

BROMES ou BROSMES (Zoologie), *Brosmius*, Cuv. —
Grands poissons du genre *Gade*, qui habitent les mers
du Nord ; les gens du pays les salent et les font sécher.

BROMHYDRATES (Chimie). — Sels formés par la combinaison de l'acide bromhydrique avec les bases. Le brom-
hydrate d'ammoniaque est le seul que l'on soit en droit
de considérer comme renfermant de l'acide bromhydrique ; les autres sels métalliques sont confondus avec les
bromures.

BROMHYDRIQUE (ACIDE) (Chimie) (HBr). — Combinaison de brome avec l'hydrogène. C'est un gaz incolore,
d'une odeur piquante analogue à celle de l'acide chlorhydrique, avec lequel cet acide présente les plus grandes
analogies, sauf qu'il est moins stable que lui et qu'il est
décomposé par le chlore. L'acide bromhydrique est très-
soluble dans l'eau, mais sa dissolution s'altère peu à peu
au contact de l'air : l'hydrogène de l'acide est brûlé, du
brome devient libre et colore la liqueur en brun.

Si l'on verse de l'acide sulfurique sur un bromure, il
se forme de l'acide bromhydrique qui se dégage, mais
est décomposé en partie par l'acide sulfurique. Il vaut
donc mieux, pour le préparer, remplacer l'acide sulfurique par de l'acide phosphorique ou faire passer des
vapeurs de brome sur des fragments de phosphore humide, ou enfin traiter l'essence de térébenthine ou une
essence quelconque par le brome.

BROMIQUE (ACIDE) (BrO⁵,HO). — Combinaison de
brome avec l'oxygène. Liquide incolore, sans odeur, très-
acide et très-altérable. Il donne des bromates en s'unissant aux bases. On l'obtient en versant du brome dans
une dissolution de potasse. Il se forme du bromure de
potassium et du bromate de potasse que l'on sépare, par
voie de cristallisation, du bromure beaucoup plus soluble
que lui. Le bromate est traité par l'*acide hydrofluosili-*

cique, qui forme un hydrofluosilicate de potasse insoluble
que l'on sépare par filtration. Mais, comme on a été obligé
d'introduire un excès d'acide, on traite la liqueur par de
la baryte. Il se forme un hydrofluosilicate de baryte insoluble et un bromate de baryte soluble. Ce dernier est
enfin décomposé par l'acide sulfurique. L'acide mis en
liberté est concentré dans le vide.

Le brome forme encore avec l'oxygène deux combinaisons : les acides *bromeux* et *hypobromeux*, analogues
aux acides chloreux et hypochloreux, mais ils sont peu
connus.

BROMOFORME (C²HBr³). — Substance analogue par
ses propriétés et sa préparation au *chloroforme* (C⁴HCl³).
C'est un corps liquide d'une grande densité (2,1), faiblement volatil, se transformant facilement, par l'action de
la potasse, en formiate de potasse et bromure de potassium.

$$C^2HBr^3 + 3(KO) = KO,C^2HO^3 + 3(KBr)$$

Bromo-	Formiate	Bromure
forme.	de potasse.	de
		potassium.

On peut le considérer comme dérivant de l'acide formique anhydre par la substitution de 3 équivalents de
brome à 3 équivalents d'oxygène.

$$C^2HO^3\dots\dots\dots\text{ Acide formique anhydre.}$$
$$C^2HBr^3\dots\dots\dots\text{ Bromoforme.}$$

On le prépare en faisant réagir à chaud l'hypobromite
de chaux sur l'alcool. Le bromoforme a été découvert par
M. Dumas.   B.

BROMURE. — Combinaison de brome avec un autre
corps. Les bromures ont les plus grandes analogies avec
les chlorures ; ils ont presque tous les mêmes caractères
et s'obtiennent de la même manière ; mais ils sont assez
généralement colorés. On les distingue des chlorures quand
ils sont blancs par la coloration jaune rougeâtre qu'ils
prennent quand on les met en contact avec une dissolution de chlore ; du brome est alors mis en liberté. Le bromure d'argent se rencontre dans quelques mines ; le bromure de magnésium existe avec les iodures et chlorures
dans l'eau de la mer et dans plusieurs eaux minérales ;
les bromures de fer, de mercure et de potassium sont utilisés par la médecine.

BRONCHES (Anatomie), du grec *bronchos*, gosier. —
Ce sont les deux branches de bifurcation de la *trachée-
artère*, avec laquelle elles ont la plus grande analogie de

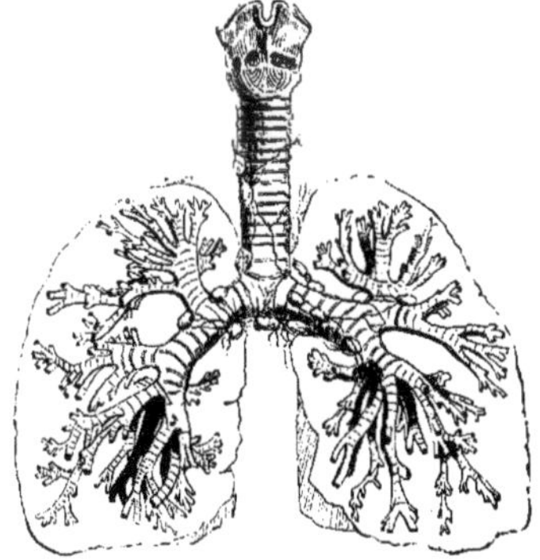

Fig. 374. — Distribution des bronches dans les poumons

forme et de structure (voyez TRACHÉE-ARTÈRE). Ces deux
divisions vont l'une au poumon droit, l'autre au poumon
gauche ; la bronche droite est plus grosse, mais plus courte
que la gauche ; celle-ci est embrassée par la crosse de
l'aorte, l'autre par la veine azygos ; à la racine des poumons, les bronches se divisent de nouveau en deux branches, et successivement chaque branche se bifurque à
son tour ; dans ce trajet, les bronches sont formées par

une série d'arceaux cartilagineux incomplets en arrière et séparés par autant d'anneaux fibreux ; elles sont, en outre, pourvues de fibres musculaires et tapissées par une membrane muqueuse à l'intérieur ; enfin, dans les dernières ramifications des bronches, on ne trouve plus d'arceaux cartilagineux ; celles-ci continuent à se diviser, et chaque ramuscule se termine dans un *lobule pulmonaire* (voyez POUMON). F — N.

BRONCHIALES, BRONCHIQUES (Anatomie), qui a rapport aux bronches. — *Artères bronchiques* : ordinairement deux de chaque côté ; elles naissent de la sous-clavière, ou de la mammaire interne, ou des intercostales ; elles accompagnent les bronches. — *Cellules bronchiques* : ce sont de petites vésicules formées d'un tissu cellulaire lâche, qui, par leur réunion, constituent les lobules pulmonaires où aboutissent les ramuscules des bronches et où s'accomplit le phénomène chimique de la respiration (voy. RESPIRATION). — *Glandules bronchiques* : petites glandes ovoïdes, aplaties, accolées à la face externe de la membrane fibreuse, entre celle-ci et la couche musculaire et dans l'intervalle des arceaux cartilagineux ; leurs fonctions sont inconnues. — *Nerfs bronchiques*, fournis par le *pneumo-gastrique* (voyez ce mot).

BRONCHITE (Médecine), du grec *bronchos*, gosier ; d'où *bronchia*, les bronches. — On donne ce nom à l'inflammation de la membrane muqueuse qui tapisse les *bronches* (voyez ce mot). Cette affection s'appelait autrefois *catarrhe pulmonaire*, et simplement *rhume*, lorsqu'elle était légère. Les causes qui prédisposent à la bronchite sont : une constitution débile, le tempérament lymphatique, les temps froids, humides, les variations brusques de température, les saisons pluvieuses ; puis viennent comme causes déterminantes, un refroidissement subit, le froid humide aux pieds, etc. Que ces causes soient appréciables ou non, la bronchite débute ordinairement par du frisson, des lassitudes spontanées, la fièvre, le mal de tête, un picotement à la gorge, qui provoque une toux sèche, sifflante, sans expectoration ; la peau est sèche, aride ; il y a de l'oppression, de la gêne dans la respiration, perte de l'appétit, quelquefois de la soif, etc. Cet état dure ordinairement deux ou trois jours, avec plus ou moins d'exacerbation vers le soir ; alors la toux, qui a été plus ou moins fatigante et sans expectoration, devient moins déchirante, elle est plus humide, les crachats sont moins rares, la peau s'humecte, il se fait peu à peu une détente générale, la fièvre diminue, et tout rentre dans l'ordre dans un espace de huit à dix jours. Voilà l'histoire générale de la grande majorité des *bronchites* ; quelquefois la nuance est plus légère, les symptômes moins violents et la santé revient en deux ou trois jours : c'est le *rhume simple*. Mais souvent la *bronchite* est plus *intense* et présente une série de symptômes plus graves ; il y a une grande difficulté de respirer, les crachats sont souvent un peu sanguinolents, la fièvre est plus intense, etc. La maladie alors peut se prolonger jusqu'à cinq ou six semaines, se compliquer de *pneumonie*, de *pleurésie* (voyez ces mots) ; dans quelques cas particuliers, ce peut être l'origine ou plutôt le commencement d'une *phthisie* (voyez ce mot). Le traitement d'un *rhume simple* consiste dans le repos, la diète, des boissons pectorales, etc. Si la bronchite est un peu plus intense, on joint à ces moyens les bains de pieds, les loochs blancs, les potions pectorales, les infusions de mauve, de violettes, de coquelicot, le séjour au lit, etc. Enfin, si elle est intense, on aura recours aux saignées, aux sangsues, aux sinapismes, aux cataplasmes émollients sur la poitrine ; puis, vers la fin, les vésicatoires, les emplâtres de poix de Bourgogne, etc. A cette époque de la maladie, quelquefois très-efficaces. La *bronchite* capillaire est une variété dans laquelle aux symptômes de la bronchite intense se joignent comme signes caractéristiques par l'auscultation les râles sibilants, muqueux et sous-crépitants, quelquefois une sonorité exagérée. La *grippe* est une maladie épidémique dans laquelle la *bronchite* joue un très-grand rôle (voyez GRIPPE). F — N.

BRONCHOCÈLE (Médecine), du grec *bronchos*, gorge, et *kélé*, tumeur. — Tumeur au-devant de la gorge, plus connue sous le nom de *goître* (voyez ce mot).

BRONCHOTOMIE (Chirurgie), du grec *bronchos*, gorge, et *tomé*, division, coupure. — On donne aujourd'hui le nom générique de *bronchotomie* aux opérations par lesquelles on ouvre le canal aérien dans la région du cou ; parmi les causes nombreuses qui peuvent nécessiter ces opérations, on doit citer en première ligne : 1° la présence d'un *corps étranger* engagé dans les voies aériennes, qu'il est urgent d'en extraire sans retard, si l'on veut éviter une suffocation imminente ; 2° le *croup* ; ici la question est moins facile à trancher, et un grand nombre de bons esprits hésitent à tenter une opération aussi chanceuse, malgré les rares succès qu'on a cités. On peut donc dire aujourd'hui que la question est encore à l'étude ; nous ne parlerons pas des autres cas où elle est réclamée. On admet généralement qu'elle peut être pratiquée sur quatre points différents : 1° sur les premiers anneaux de la trachée ; c'est véritablement la trachéotomie ; 2° sur le cartilage cricoïde et les premiers anneaux de la trachée ; elle prend le nom de trachéo-laryngotomie ; 3° ici le cartilage thyroïde peut être seul intéressé ; c'est la laryngotomie thyroïdienne, ou bien c'est la laryngotomie crico-thyroïdienne, lorsque l'incision porte seulement sur la membrane de ce nom ; 4° enfin, lorsqu'on traverse la membrane thyro-hyoïdienne, on l'appelle bronchotomie sus-laryngienne. F — N.

BRONZAGE (Technologie). — Nom donné à deux opérations bien distinctes : l'une a pour but de recouvrir des objets d'une nature quelconque d'une couche ou enduit qui leur donne l'apparence du bronze ; l'autre a pour objet de modifier la surface de certains métaux de manière à les préserver de l'influence des agents atmosphériques.

L'opération du bronzage varie suivant la nature du corps à bronzer et suivant le résultat que l'on veut obtenir.

Bronzage du bois. — On recouvre d'abord le bois d'une couche uniforme de colle forte ou d'huile siccative, et quand l'enduit est sur le point de sécher, on le saupoudre à l'aide d'un petit sachet avec la poudre à bronzer, formée d'étain, de laiton, d'or, d'or mussif porphyrisé, ou de cuivre métallique obtenu sous forme pulvérulente par sa précipitation par le fer de ses dissolutions salines. On frotte ensuite la surface des objets avec un linge humide. On peut aussi mélanger à l'avance les poudres métalliques avec de l'huile siccative et les appliquer au pinceau.

Bronzage du papier. — La gomme remplace la colle ou l'huile dans le bronzage du papier. Après dessiccation, la poudre est alors soumise à l'action du brunissoir qui lui donne plus d'éclat.

Bronzage du plâtre. — Pour recouvrir les statuettes et autres objets en plâtre d'un enduit vert très-durable, qui les protège bien contre les agents atmosphériques et leur donne une couleur imitant le bronze antique, on se sert d'un savon ferro-cuivreux que l'on obtient de la manière suivante. On prépare un savon ordinaire avec de l'huile de lin et une lessive de soude caustique ; on y ajoute ensuite une dissolution concentrée de sel marin et on évapore jusqu'à ce que le savon vienne nager en grains à la surface. On filtre alors au travers d'une chausse de toile, on dissout les grumeaux de savon ainsi recueillis dans de l'eau bouillante, et on filtre de nouveau pour enlever les impuretés. D'un autre côté, on dissout dans de l'eau chaude 4 parties de sulfate de cuivre et 1 partie de sulfate de fer, puis on verse la liqueur dans la dissolution de savon, lentement et en agitant constamment jusqu'à ce qu'il ne se forme plus de précipité. Ce précipité est le savon ferro-cuivreux indiqué plus haut, c'est-à-dire un mélange de savon ferrugineux, rouge brunâtre, et de savon cuivreux, d'un assez beau vert. Ces deux couleurs mélangées donnent une teinte vert brunâtre, assez semblable au vert antique. Pour purifier le savon, on le recueille sur un filtre, on le fait bouillir quelques instants dans la dissolution de fer et de cuivre, puis on lave à l'eau pure bouillante, puis à l'eau froide ; on l'égoutte et on le sèche le mieux possible.

Pour bronzer un plâtre, on fait un mélange au bain-marie de 300 grammes huile de lin cuite et épurée, 160 grammes savon ferro-cuivreux, 100 grammes cire blanche ; on fait fondre le mélange et on l'applique au pinceau sur le plâtre chauffé à l'étuve à 90°. On répète au besoin l'application et on termine par un séjour de quelques instants à l'étuve. La préparation pénètre en entier dans le plâtre dont elle remplit les pores sans changer en rien la finesse de détails du dessin. Lorsqu'on veut préparer soi-même un sujet d'une petite dimension, on peut se contenter de le plonger dans le mélange en fusion, de le laisser égoutter et de le placer devant le feu jusqu'à ce que la composition ait pénétré dans le plâtre. On termine en frottant doucement la surface avec un tampon de coton.

On argente quelquefois les figurines de plâtre en les frottant avec un amalgame formé de parties égales de mercure, de bismuth et d'étain, puis les recouvrant d'un vernis ; on leur donne une couleur gris de plomb métallique en les frottant avec de la plombagine réduite en poudre fine.

Bronzage du fer. — Pour bronzer le fer ou la fonte, on commence par le décaper avec soin au moyen des acides étendus, puis on les plonge dans une dissolution de sulfate de cuivre à laquelle on a ajouté un peu d'acide sulfurique. Le métal se recouvre rapidement d'une pellicule de cuivre rouge que l'on peut brunir. L'intervention de l'électricité donne plus de durée au produit (voyez l'article GALVANOPLASTIE). Le fer cuivré peut être ensuite bronzé comme le cuivre ; mais on le bronze aussi directement à l'aide de procédés très-variés. On se contente quelquefois d'exposer le fer à la vapeur d'acide chlorhydrique, ou de le mettre en contact avec de l'eau régale très-étendue. Le plus souvent on chauffe légèrement le métal et on le frotte vivement avec un mélange d'huile d'olive et de *beurre d'antimoine*, et, répétant plusieurs fois l'opération, on lave ensuite à l'eau seconde ; puis à l'eau pure ; on fait sécher et on polit avec un brunissoir d'acier ; enfin on frotte l'objet avec de la cire blanche ou on le recouvre d'un vernis formé en dissolvant dans de l'esprit de vin 16 parties de gomme laque et 3 parties de sang-dragon.

Bronzage du cuivre. — Il a pour objet de développer à la surface du cuivre une pellicule extrêmement mince d'oxydule, qui lui donne une teinte mate, brun rougeâtre, très-agréable à l'œil.

Le bronzage des médailles s'effectue de la manière suivante, que l'on peut appliquer également aux objets plus volumineux. On dissout dans du vinaigre 2 parties de vert de gris et 1 partie de sel ammoniac ; on fait bouillir la dissolution, on l'écume et on l'étend d'eau jusqu'à ce qu'elle ne forme plus de précipité blanchâtre par une addition nouvelle d'eau. Cette dissolution est mise de nouveau sur le feu, et on la verse bouillante sur les médailles que l'on retire, dès qu'elles ont pris la teinte désirée, pour les laver immédiatement à l'eau pure. La couche d'oxydule est très-adhérente quand l'opération a été bien conduite et arrêtée à point. Les Chinois emploient dans le même but le procédé suivant : ils pulvérisent et mélangent 2 parties de vert de gris, 2 parties de cinabre, 5 de sel ammoniac, 5 d'alun, et 2 parties de bec et foie de canard ; puis ils en forment avec du vinaigre une pâte qu'ils répandent sur le cuivre bien décapé. Ils exposent celui-ci quelques instants sur le feu, laissent refroidir, essuient et recommencent autant de fois qu'il est nécessaire pour arriver au ton désiré. En ajoutant au mélange un peu de sulfate de cuivre, on obtient une couleur plus brune ; plus jaune, au contraire, par l'addition de borax. L'enduit ainsi obtenu est extrêmement résistant et conserve sa beauté à l'air et à la pluie.   M. D.

BRONZE (Chimie industrielle). — Alliage très-dur de cuivre et d'étain, auquel on ajoute quelquefois du zinc et du plomb en quantité variable, et même du fer. La composition du bronze n'a rien de fixe ; elle varie avec la nature ou les usages des objets qu'on veut couler ; elle change d'un fondeur à l'autre, et même d'un moment à l'autre dans une même fusion. Cependant la composition chimique de l'alliage et l'ordre dans lequel les métaux sont introduits pendant la fonte, sont d'une grande importance pour les qualités du produit. Les frères Keller, fondeurs bien connus du temps de Louis XIV, dirigeaient toute leur attention sur ce point, et leurs bronzes sont restés justement célèbres.

Bronze des statues. — Les statues coulées à Versailles par les frères Keller ont donné à l'analyse :

	En moyenne.	Statue de Louis XV.
Cuivre	91,40	82,45
Étain	1,70	4,10
Zinc	5,53	10,30
Plomb	1,37	3,15

Bronze des médailles. — L'alliage le plus convenable pour les médailles que l'on doit frapper est : cuivre, de 88 à 90 ; étain, 8 à 10 ; zinc, 2 à 3. Le zinc fait prendre au bronze sous l'action de l'air une plus belle *patine* (teinte verdâtre si admirée dans les bronzes antiques).

Bronze des canons. — L'alliage employé généralement est formé de cuivre, 90 à 91 ; étain, 9 à 10. Mais il est très-difficile que, pendant le refroidissement de ces grandes masses, l'alliage ne se sépare en parties inégalement denses ou fusibles, et que l'homogénéité de la substance ne soit détruite. On cherche à obvier à ce très-grave inconvénient en fondant le canon debout, la culasse en bas et en lui donnant une longueur beaucoup plus grande

que celle qu'il doit conserver, afin que le métal utile soit soumis à une forte pression au moment où il se fige (voyez CANONS).

Bronze ou métal des cloches. — La proportion d'étain est encore accrue ; elle est de 22 pour 78 de cuivre. Cet alliage a un grain compacte, est très-fusible et très-sonore. L'introduction d'autres métaux est plutôt nuisible qu'avantageuse.

Bronze des tamtams et des cymbales. — Cuivre, 78 à 80 ; étain, 20 à 22. C'est à M. Darcet que l'on doit la découverte du procédé à l'aide duquel on peut travailler cet alliage. Après la fusion, il est fragile comme du verre. Mais si on le porte au rouge-cerise et qu'on le plonge dans l'eau froide pour le tremper, après l'avoir placé entre des plaques de fer, s'il est besoin, pour l'empêcher de se voiler, il devient malléable et se travaille au marteau ; en le chauffant de nouveau et le laissant refroidir lentement, il reprend toute sa rigidité et sa sonorité. Cette particularité de la trempe du bronze, si opposée à celle de l'acier, se retrouve dans tous les alliages de cette nature à des degrés divers.

Bronze pour la dorure. — Cette espèce de bronze doit être très-fusible, devenir très-fluide pour bien prendre la forme du moule, et présenter assez de compacité pour ne pas absorber trop d'or à la dorure. Une des compositions qui paraît la plus favorable est : cuivre, 82,57 ; zinc, 17,481 ; étain, 0,238 ; plomb, 0,024.

Bronze des timbres de pendule. — Cuivre, 71 ; étain, 27 ; fer, 2.

Le bronze s'oxyde comme le cuivre, mais moins rapidement, et le composé qui se forme, appelé par les numismates *patine*, de l'italien *patina*, contribue à sa conservation en lui formant une espèce de vernis. On imite cette couleur sur les bronzes modernes, au moyen de vernis dont on les recouvre, ou bien on leur donne une teinte vert bleuâtre en les chauffant avec une solution composée d'oxyde de cuivre, 500 grammes ; ammoniaque, 4ᵍʳ,75 ; acide acétique, 2 litres ; eau, 10 litres.

Pour analyser le bronze, on le traite par l'acide nitrique. Le cuivre, le zinc, le plomb, etc., se dissolvent à l'état de nitrates ; l'étain forme, au contraire, un précipité d'oxyde d'étain que l'on recueille et que l'on pèse. En multipliant son poids par 0,735, on a le poids de l'étain qu'il renferme. La présence du plomb est accusée par l'acide sulfurique qui, versé dans la dissolution des nitrates, donne un précipité de sulfate de plomb dont le poids multiplié par 0,684 donne le poids du plomb. Le cuivre est précipité de sa dissolution par une lame de zinc ou de fer et pesé. Le poids du zinc est obtenu par différence.

Le bronze fut employé par les Égyptiens et les Grecs pour la confection de leurs armes et de leurs outils, avant que la manière de travailler le fer fût généralement répandue. L'art de fondre des statues de bronze remonte également à la plus haute antiquité et avait acquis déjà un certain degré de perfection entre les mains de Théodoros et de Rhœcus de Samos, environ 700 ans av. Jésus-Christ ; mais ce fut sous Alexandre que Lysippe parvint, par de nouveaux procédés de moulage, aux résultats remarquables qui se sont en partie transmis jusqu'à nous. Bientôt après on coula de véritables colosses, dont l'île de Rhodes ne possédait pas moins d'une centaine ; et les statues de bronze devinrent tellement communes, que le consul romain Mutionus en trouva 3 000 à Athènes, 3 000 à Rhodes, autant à Olympie et à Delphes, quoique dans cette dernière ville on en eût déjà enlevé un grand nombre.   M. D.

BROSIME (Botanique). — Genre de plantes de la famille des *Urticées*, établi par Swartz et auquel, suivant Kunth, doit être réuni le *Galactodendron*, de de Humboldt (voyez ce mot).

BROSSES (Zoologie). — On appelle ainsi des houppes ou paquets de poils plus longs que les autres, bruns ou noirs, que l'on remarque au haut du canon des jambes de devant de quelques mammifères ruminants du genre *Antilope*.

On donne aussi le nom de *brosses*, en entomologie, à de petits poils courts, serrés et roides qui se trouvent sous les tarses de quelques insectes ; vus à la loupe, ces poils paraissent crochus à leur extrémité, et c'est par leur moyen que l'insecte peut marcher et se soutenir dans toutes les positions et souvent sur les corps les plus lisses. Les petits poils serrés qui se trouvent sur les jambes postérieures et le premier article des tarses des abeilles et qui leur servent à transporter la poussière des étamines, ont encore reçu le nom de *brosses*.

BROU (Botanique). — On donne souvent ce nom à l'enveloppe plus ou moins fibreuse qui revêt certains fruits. C'est la partie nommée *mésocarpe* en organographie végétale. Ainsi, la partie sèche et fibreuse qui entoure la coque de l'amande est le *brou*. Certains botanistes donnent aussi indistinctement ce nom à la partie charnue et succulente qui constitue la pulpe des drupes, ainsi l'abricot, la pêche, la cerise ; quoique d'une autre consistance que celle de l'amande, cette partie est également le mésocarpe du fruit.

Depuis longtemps, et avant les différentes acceptions qui précèdent, on a donné à l'écorce de la noix, fruit du noyer, le nom de *brou*, et aujourd'hui encore on n'emploie plus guère ce nom que pour désigner cette enveloppe et ses produits. On obtient du brou de noix une couleur brune, très-solide, dont les menuisiers et les charpentiers se servent pour donner au bois blanc une couleur de *noyer*. Par son infusion dans l'eau-de-vie, on obtient une liqueur connue sous le nom de *brou de noix*, employée souvent en médecine comme stomachique, et que l'on sert quelquefois aussi sur nos tables. G — s.

Brou, Brou (Mal de), Bois (Mal de) (Médecine vétérinaire). — Maladie qui attaque les bestiaux (bœufs), et qui est considérée par les vétérinaires comme une gastro-entérite et dont elle présente tous les caractères ; elle attaque les animaux qui ont mangé de jeunes feuilles d'arbre, et surtout des bourgeons de chêne, d'où lui vient les noms de *mal de bois, mal de brou* (de brouter). La soif, la chaleur de la bouche, la rareté des urines, la constipation, une fièvre ardente, la rougeur des yeux, etc., sont les premiers symptômes ; puis viennent l'abattement, quelques selles dures, teintes d'un sang noirâtre, fétide, l'intermittence du pouls ; le frisson ; enfin la peau froide, la bouche écumeuse, les selles liquides, sanguinolentes ; et la mort qui survient du douzième au quinzième ou vingtième jour. Les saignées abondantes, les boissons émollientes, les lavements, la diète, de fréquents bouchonnements, constituent la base du traitement. Les soins préservatifs consistent à n'envoyer les animaux dans les bois qu'avec modération et avec les plus grandes précautions. Cette maladie est très-grave : elle attaque aussi, mais rarement, les moutons et les solipèdes.

BROUILLARD (Météorologie). — Ordinairement formé dans nos climats par un amas de vapeur incomplétement condensée, ou de globules d'eau d'une dimension excessivement petite, mais cependant visibles à la loupe. Dans les pays froids, au contraire, vers les régions polaires, ils sont composés de lamelles ou aiguilles de glace excessivement ténues.

Le brouillard apparaît toutes les fois que la température de l'air descend assez bas, ou que cet air devient assez humide pour que toute la vapeur d'eau qu'il tient en suspension ne puisse y garder l'état gazeux. Si la température de l'air est supérieure à zéro, le brouillard est aqueux ; il est formé par des aiguilles de glace lorsque cette température est inférieure à zéro.

La vapeur qui s'échappe d'une locomotive ou d'une machine à vapeur forme un brouillard limité et fugitif, parce qu'il se redissout dans de l'air non saturé d'eau. Les nuages sont des brouillards situés à une grande hauteur, ou bien les brouillards sont des nuages en contact avec le sol.

On rencontre quelquefois cependant des *brouillards secs*. Ils sont généralement formés par des cendres lancées par quelque volcan et entraînées au loin par les vents ; d'autres ont une origine et une nature inconnues.

La vapeur, en se condensant pour former les brouillards, balaye l'atmosphère de toutes les émanations qu'elle contient ; aussi répandent-ils souvent une odeur fétide, surtout dans les grandes villes ou les contrées marécageuses ; ce qui, joint à la grande humidité qui les accompagne, les rend toujours plus ou moins malsains. M. D.

BROUSSIN (Botanique). — On donne ce nom à une espèce de tumeur bosselée, inégale, qui se développe sur les tiges, les branches et les rameaux des arbres, particulièrement des frênes, des buis, des ormes, des érables ; ces derniers étaient surtout recherchés et payés fort cher dans l'ancienne Rome, qui n'avait pas nos bois de marqueterie. Les broussins sont quelquefois veinés et colorés d'une manière très-agréable, et servent à faire de petits meubles d'ébénisterie ou de marqueterie : les souches de buis dont on a coupé plusieurs fois les branches, constituent des broussins diversement veinés dont les tabletiers font une grande consommation pour la confection des tabatières. Ces tumeurs résultent de l'agglomération de noyaux de substance ligneuse, développée dans l'épaisseur de l'écorce, et qu'on appelle *nodules* ; elles sont déterminées ou par un état maladif, ou par un accident, tel qu'une constriction, un coup, etc. Les *loupes* et les *exostoses* sont des maladies du même genre : les plus remarquables sont celles qu'on rencontre sur les racines du *Taxodier distique* (*Taxodium distichum*, Rich.), vulgairement le *Cyprès chauve*.

BROUSSONÉTIA (Botanique), Vent., dédié à V. Broussonet, naturaliste et voyageur français. — Genre de plantes de la famille des *Morées*. Il comprend des arbres à fleurs dioïques : les mâles, disposées en épi serré, ont 4 étamines ; les femelles, ramassées en capitule globuleux serré, présentent un pistil posé sur un support qui s'allonge à mesure que le fruit se forme ; celui-ci se compose d'achaines charnus enchâssés dans le gynophore devenu rouge, succulent, et enveloppant les achaines par ses bords. Le *B. à papier* (*B. papyrifera*, Willd. ; *Morus papyrifera*, Lin.), nommé aussi *Mûrier à papier*, est un arbre élevé, à feuillage sombre, et découpé de diverses manières. Il croît dans la Chine, le Japon et la Polynésie. Les peuples de ces pays font bouillir la couche corticale de cet arbre et préparent une pâte qui sert à fabriquer du papier, fort en usage dans le pays. Sous ce rapport, il pourrait peut-être devenir d'une grande utilité en France, s'il y était cultivé en grand. On en fait aussi des étoffes propres aux vêtements. G — s.

BROWNISME (Médecine), doctrine de Brown, célèbre médecin. — Né en Écosse en 1736, mort à Londres en 1788, Brown fut un médecin systématique, dont les doctrines ont eu un grand retentissement en Europe pendant la dernière moitié du xviiie siècle. Il attribuait tous les phénomènes de la vie à une propriété qu'il nommait *incitubilité* ; tout ce qui était capable d'agir sur le corps vivant était des *puissances incitantes*, et le résultat de l'action de ces puissances était l'*incitation*. La mort devait arriver si les *puissances incitantes* cessaient d'agir sur l'*incitabilité* ; la maladie résultait de l'action en plus ou en moins de ces puissances : de là deux classes de maladies, celles par excès d'incitation (*maladies sthéniques*), et celles par défaut d'incitation (*maladies asthéniques*) : le traitement consiste à diminuer ou à augmenter l'action des puissances incitantes ; en un mot, à rétablir l'équilibre. Comme tous les systèmes basés sur des idées théoriques, et celle de l'*incitabilité* est du nombre, le brownisme n'a eu qu'une influence éphémère sur les doctrines médicales, et la vivacité, la violence même que son auteur mettait à le propager et à le défendre, n'ont pu le garantir du discrédit dans lequel il est tombé. Voici comment s'exprime M. le professeur Trousseau à cet égard : « Brown a la présomption, l'audace, la brutalité même au service d'un talent géométrique aussi bref et aussi exclusif qu'une ligne droite ; il discute peu, affirme beaucoup, etc. » L'ouvrage où il a exposé ses idées a pour titre : *Elementa medicinæ*. Édimbourg, 1780, in-12 ; traduit en français par Fouquier. Paris, 1805, in-8. F — N.

BRUANTS (Zoologie), *Emberiza*, Lin. — Genre de *Passereaux*, de la famille des *Conirostres*, de Cuvier, formant, dans la méthode de Ch. Bonaparte, le genre *Emberizinæ*, famille des *Fringillidæ*, tribu des *Oscines*, ordre des *Passeres* : ils ont un bec conique, court, droit ; un peu comprimé latéralement, pointu ; mais le caractère distinctif des bruants, c'est que la mandibule supérieure, plus étroite et rentrant dans l'inférieure, a au palais un tubercule osseux, saillant, longitudinal ou arrondi ; du reste, ils ont les narines ouvertes, les tarses médiocres, la queue fourchue. Ce genre se compose d'oiseaux assez petits, mais nombreux dans chaque espèce. Ils vivent de grains, de semences, d'insectes qu'ils tuent avant de les avaler. Plusieurs de leurs espèces sont recherchées comme un gibier délicat. Ces oiseaux se tiennent en général sur la lisière des bois, dans les haies, dans les champs ; la plupart émigrent pendant la saison froide pour gagner des climats plus doux ; quelques espèces, cependant, restent chez nous, et pendant l'hiver se mêlent aux moineaux et aux pinsons qui vivent près de nos habitations. Leur chant n'est remarquable ni par sa variété, ni par son étendue et sa grâce, et les couleurs de leur plumage sont peu brillantes. Ils nichent ordinairement à terre au milieu d'une touffe d'herbe, ou sur un buisson peu élevé. Les bruants sont les plus imprévoyants de tous les oiseaux, et se laissent prendre à tous les piéges qu'on leur tend ; du reste, ils s'accoutument facilement à la domesticité et vivent très-bien en cage. On a cru devoir établir deux divisions dans ce genre : la première, composée des *B. propre ent dits*, est caractérisée par l'ongle du pouce qui est court et crochu ; les principales espèces de cette division sont : 1° le *B. commun, Verdier des oiseleurs, Verdier paillet* (*Emberiza citrinella*, Lin.), long de 0ᵐ,14 à 0ᵐ,15 ; le dos fauve tacheté de noir ; la tête et tout le dessous du corps jaunes ; du blanc au bord interne des pennes externes de la queue. Très-commun en France et dans toute l'Europe, il fait son nid dans une touffe d'herbes, il fréquente les haies, la lisière des bois. 2° Le *B. des haies*, ou *Zizi, Verdier des haies* (*E. cirlus*, Lin.), la gorge noire, côtés de la tête jaunes ; habite le midi de la France. Il ne faut pas confondre ces oiseaux avec le *Verdier* proprement dit (*Loxia chloris*, Latth.). 3° Le *B. fou* (*E. cia*, Lin.), le dessous gris roussâtre, côtés de la tête blanchâtres ; habite le centre de l'Europe, il est de passage. Son nom lui vient de ce qu'il donne dans tous les piéges qu'on lui tend ; on l'a aussi nommé *oiseau bête*. 4° Le *Proyer* (*E. miliaria*, Lin.), la plus grande espèce de notre pays (voyez PROYER). 5° L'*Ortolan* (*E. hortulana*, Lin.) (voyez ORTOLAN). 6° Le *B. des roseaux* (*E. schœniclus*, Lin.) a sur la tête une calotte noire, le os roux ; il niche au bord de l'eau, entre les racines des arbustes. 7° Le *B. crocotes* ou *à tête noire* (*E. melan cephala*, Scopoli), la tête noire, fauve en dessus, jaune en dessous. D'Italie. 8° Le *B. des pins, à couronne lactée* (*E. pityornis*, Pallas), d'un roux marron. En O ent, en Turquie, en Hongrie, etc. La deuxième division comprend les *B. éperonniers*, ils ont l'ongle du pouce long et peu arqué ; Meyer les désigne sous le nom de *Plectrophanes*. On y trouve : 9° le *B. de neige* (*E. nivalis*, Lin.) ; il habite le nord et devient presque tout blanc en hiver. 10° Le *B. montain* (*E. calcarata*, Pall.), tacheté de noir sur fond fauve. Du même pays.

BRUCÉE (Botanique), *brucea*, Mill. Dédiée par Joseph Banks au voyageur James Bruce, qui le premier introduisit cette plante d'Abyssinie en Angleterre en 1772. — Genre de plantes de la famille des *Zanthoxylées*. Il comprend des arbrisseaux dioïques, à calice quadripartite et à 4 pétales ; les fleurs mâles sont à 4 étamines, les fleurs femelles à 4 ovaires ; le fruit se compose de 4 capsules à une seule graine. La *B. ferrugineuse* (*B. ferruginea*, L'Hérit. ; *B. antidyssenterica*, Mill.), s'élève à 4 mètres environ. Sa tige est grisâtre, et ses rameaux sont chargés d'un duvet couleur de fer. Ses feuilles sont persistantes, éparses, composées de 9 à 13 folioles poilues. Les fleurs, qui s'épanouissent au printemps, sont verdâtres et disposées sur un long pédoncule par petits paquets presque sessiles. Bruce raconte, dans son *Voyage en Nubie et Abyssinie*, comment il fut guéri d'une violente dyssenterie à l'aide de la poudre d'écorce de cet arbrisseau qu'un indigène lui fit prendre. Pendant un certain temps, on crut que son écorce était la *fausse angusture* (voyez ce mot), et c'est pour cela qu'on donna à tort le nom de *brucine* à l'alcali végétal qu'on retire de celle-ci. La brucée ferrugineuse porte dans son pays natal le nom de *Wooginoos*, et croît surtout sur le bord des vallées du Kolla ; elle est cultivée depuis longtemps dans nos serres, où on la multiplie de boutures et de marcottes. G — s.

BRUCHE (Zoologie), *Bruchus*, Lin., du grec *bruko*, je ronge. — Genre d'*Insectes coléoptères tétramères*, famille des *Porte-bec* ou *Rynchophores*, établi par Linné et adopté par Cuvier dans son *Règne animal* avec les caractères suivants : un labre apparent, le prolongement antérieur de la tête court, large, déprimé, en forme de museau ; des palpes très-visibles, filiformes, ou plus grosses à leur extrémité. Leurs larves, oblongues, semblables à un petit ver mou, blanc, dépourvues généralement de pieds, rongent les végétaux et causent souvent de grands ravages ; plusieurs de ces insectes nous nuisent, même à l'état parfait ; souvent ils piquent les bourgeons ou les feuilles, et se nourrissent de leur parenchyme : le genre *Bruche* se divise en deux sous-genres, les *Anthribes* et les *Bruches proprement dites* (voyez ANTHRIBES).

LES BRUCHES proprement dits, *Bruchus*, Fab., *Milabres*, Geof.; elles forment un sous-genre caractérisé par les antennes en scie ou pectinées, les yeux échancrés, deux ailes membraneuses, repliées ; élytres un peu plus courtes que l'abdomen ; bouche munie de lèvres, de mandibules, de mâchoires bifides ; cuisses postérieures très-grosses, quatre articles aux tarses. Très-voisines des Charançons, elles s'en distinguent par l'absence de trompe, la tête distincte du corselet ; leurs larves ont le corps gros, renflé, très-court, la tête petite, garnie de mandibules très-dures ; elles exercent de grands ravages sur nos plantes légumineuses. La *B. du pois* (*B. pisi*, Lin.), longue de 0ᵐ,004 ou 0ᵐ,005, est noire, avec des poils cendrés ;

l'extrémité de l'abdomen blanchâtre ; sa larve vit dans les pois, les lentilles, etc. En France, en Allemagne.

BRUCINE (Chimie) ($C^{46}H^{26}AzO^8$). — Alcaloïde naturel contenu dans la noix vomique, d'où on l'extrait mélangé avec la strychnine. On le sépare de cette dernière base en se fondant sur la solubilité plus grande de la brucine dans l'alcool ; la strychnine se dépose de la solution en cristallisant, tandis que la brucine reste dissoute. Ses caractères distinctifs sont : coloration rouge de sang par l'acide azotique, devenant violette par l'addition du chlorure d'étain ; coloration en blanc sous l'influence du brome ; production de vapeurs d'esprit de bois quand on la chauffe avec la potasse. Elle est vénéneuse, mais moins que la strychnine. Elle a été découverte par Pelletier et Caventou (voyez ALCALOÏDE).

BRUCKÉNAU (Médecine, Eaux minérales). — Petite ville de Bavière, à 70 kilom. N. de Würtzbourg, et 15 kilomètres N. de Kissingen. Il y a trois sources d'eaux minérales, dont l'une ferrugineuse bicarbonatée froide et très-chargée d'acide carbonique libre ; les deux autres sont carbonatées mixtes ; elles sont fortifiantes.

BRUINE, du latin *pruina*, pluie froide. — Petite pluie résultant de la condensation des vapeurs dans les brouillards.

BRUGNON (Arboriculture). — Variété de *pêches* très-commune dans le midi de la France ; elle a la peau lisse, la chair adhérente au noyau, plus ferme et moins succulente que celle de la pêche proprement dite. Le *B. musqué, B. violet*, est un fruit moyen, violet, à chair vineuse, musquée, sucrée si le fruit est parfaitement mûr. Il mûrit en septembre et doit être gardé pendant quelques jours à la fruiterie. Le *B. de Stanwick*, à amandes douces, a été importé depuis peu de Syrie en Angleterre, puis en France en 1851.

BRULAGE, BRULÉS (Agriculture). — Nom vulgaire par lequel on désigne cette opération, qui consiste à brûler la croûte superficielle du sol couverte d'herbes ou de plantes ligneuses, pour en répandre les cendres sur le sol ; c'est ce qui constitue la pratique connue sous le nom d'*écobuage* (voyez ce mot).

BRUIT (Physique). — Impression exercée sur l'oreille, sans que celle-ci puisse en apprécier directement le ton.

Un bruit est tantôt formé par le mélange de sons qui n'ont entre eux aucun rapport simple, comme le bruit de la mer, le bruit d'une chute d'eau, le sifflement du vent ou de la vapeur. Dans ce cas, on peut parvenir à isoler ces sons les uns des autres, ainsi que M. N. Savart l'a fait pour le bruit de la mer. Un mur étant élevé parallèlement au bord de la mer, si l'on applique l'oreille à sa surface, puis qu'on s'en éloigne peu à peu jusqu'à une distance de 3 mètres, par l'effet des réactions qui s'exercent entre les sons directs et les mêmes sons réfléchis par le mur, à chaque distance un des sons prédomine sur tous les autres et peut ainsi être séparé et noté. Ces sons ont une énergie remarquable.

Il arrive aussi très-souvent qu'un bruit n'est qu'un son trop bref pour que l'oreille puisse en apprécier le ton. Ainsi, les explosions, le claquement du fouet, le bruit résultant d'un choc ou de la rentrée de l'air dans une bouteille qu'on débouche, ne sont pas ordinairement des sons appréciables à l'oreille ; mais si l'on reproduit à de petits intervalles une série de bruits semblables entre lesquels existent des rapports convenables, l'oreille peut très-bien avoir la perception d'un accord ou d'une gamme. Cette expérience peut se faire aisément en prenant une série de tubes de longueurs assorties, et que l'on débouche successivement. Il n'existe donc pas de limite absolue entre le bruit et le son. Du reste, la sensibilité d'une oreille exercée est d'une grande influence sur la facilité avec laquelle un bruit peut être apprécié musicalement, et M. Savart a trouvé par l'expérience qu'il suffisait qu'un son durât $\frac{1}{1000}$ de seconde pour qu'il en reconnût le ton.

BRULURE (Médecine), en latin, *ustio*. — On appelle ainsi une lésion produite sur les tissus vivants par l'action plus ou moins prolongée du calorique. La brûlure varie beaucoup suivant la nature du corps brûlant, le temps du contact, l'étendue de la partie brûlée, l'intensité, la profondeur, etc. La grandeur et l'étendue des effets du calorique avaient fait diviser la brûlure en trois degrés ; Dupuytren en a admis six ; les deux premiers degrés sont les mêmes dans les deux classifications. — 1ᵉʳ *degré* : Irritation superficielle de la peau avec rougeur, chaleur, tuméfaction sans phlyctènes (cloches). — 2ᵉ *degré* : Afflux des liquides, exhalation séreuse, soulèvement de l'épiderme, phlyctènes. — 3ᵉ *degré* des anciens auteurs : Désorganisation de la peau, du tissu cellulaire, des muscles, etc. C'est ce troisième degré que Dupuytren a subdivisé avec raison en quatre autres ; ainsi, il distingue d'abord comme 3e *degré*, désorsorganisation du corps papillaire de la peau (voyez PEAU) ; puis, 4e *degré :* Destruction complète du derme. — 5e *degré :* Brûlure des autres tissus jusqu'aux os. — 6e *degré :* Enfin, désorganisation et carbonisation complète d'un membre. Cette manière d'envisager la brûlure nous paraît bien plus rationnelle, et elle a le mérite d'être plus pratique au point de vue thérapeutique. La gravité de la brûlure est en raison de la profondeur à laquelle elle a pénétré, et surtout de l'étendue de la surface sur laquelle a agi le calorique. Ainsi, une brûlure seulement du deuxième degré, sur une large surface, peut être très-grave, en raison de l'étendue de l'épiderme enlevé et de l'abondance de la suppuration qui s'ensuivra. Le traitement, dans les deux premiers degrés, consistera à atténuer l'inflammation et à empêcher l'afflux des liquides par l'emploi des réfrigérants et des astringents. Ainsi, si la disposition des parties le permet, on les plongera dans de l'eau froide ou dans de l'eau blanche (*eau végéto-minérale*), et on les y maintiendra plusieurs heures ; les cloches seront percées pour évacuer la sérosité, mais sans enlever l'épiderme ; on peut encore recouvrir les brûlures avec des compresses trempées dans le même liquide. En général, on devra s'abstenir d'avoir recours aux moyens irritants, tels que l'éther, l'alcool, l'eau de Cologne, etc. S'ils ont pu réussir quelquefois, ils ont souvent déterminé des accidents graves. Un très-bon moyen encore, c'est, après avoir évacué la sérosité et avoir bien nettoyé la partie brûlée, de la couvrir de coton cardé, qu'on laisse en place en ayant seulement la précaution d'enlever et de remplacer les couches superficielles du coton, jusqu'à la guérison. Si les moyens indiqués plus haut ont échoué, ou s'ils n'ont pas été appliqués dans le commencement, il faut avoir recours aux émollients. Le traitement au troisième degré diffère peu ; on ajoutera seulement au pansement avec un linge fenêtré enduit de cérat, des sangsues autour de la partie brûlée s'il y a beaucoup d'inflammation. Au quatrième et au cinquième degré, on couvrira les brûlures de cataplasmes émollients, afin de calmer les douleurs et de détendre les parties ; lorsque les escarres (voyez ce mot) seront tombées, on pansera avec un linge fenêtré enduit de cérat simple ou mêlé avec l'extrait de saturne, le tout recouvert de charpie pour absorber la suppuration qui est très-abondante. On n'oubliera pas que dans les brûlures, pour peu qu'elles soient profondes, il y a destruction de tissus, par conséquent la cicatrisation se fait par le rapprochement des parties saines, et les cicatrices seront toujours vicieuses et avec rétraction, si dès le début on n'a pas soin de tenir les parties dans la plus grande extension possible, et de maintenir séparés les organes qui doivent l'être naturellement, comme les doigts, etc. Les brûlures du sixième degré exigent presque toujours l'amputation du membre.　　　　　　　　　　　　F — N.

BRULURE DES BLÉS (Agriculture). — Voyez CHARBON.

BACLURE (Arboriculture). — Souvent il arrive que, vers le mois de juillet, les feuilles et les jeunes bourgeons des arbres fruitiers, et particulièrement des poiriers, prennent une couleur jaune plus ou moins prononcée ; c'est à cette maladie qu'on a donné le nom de *brûlure ;* elle est due à une atonie du tissu cellulaire des parties vertes chargé de préparer les fluides nourriciers. Cette altération a toujours pour cause l'état maladif des racines et résulte, dans ce cas particulier, de la mauvaise qualité du sol, qui est ou trop sec ou trop humide ; le seul remède est de changer la nature du sol, soit en l'assainissant, soit en le défonçant profondément.

BRUME, du latin *bruma*, brouillard. — Se dit, surtout en marine, de toute espèce de brouillard ; mais on appelle particulièrement ainsi le voile de vapeur qui s'élève par un temps calme de l'horizon de la mer. La brume peut naître par un temps sec et chaud quand l'air est très-calme ; elle apparaît le plus ordinairement le soir pour continuer la nuit, le matin, et se dissiper au lever du soleil, mais aussi elle se forme quelquefois pendant la plus forte chaleur du jour. Dans ce dernier cas, sa cause est assez complexe et assez mal connue.

BRUNELLE (Botanique), *Brunella*, Lin., du mot allemand *bräune*, qui signifie esquinancie, à cause des propriétés qu'on lui attribuait en Allemagne pour guérir cette maladie ; certains auteurs écrivent *prunella*, mais l'étymologie indique assez qu'il faut dire *brunella*. — Genre de plantes de la famille des *Labiées*, tribu des *Scutellariées*.

Il comprend des herbes vivaces indigènes à fleurs réunies par six en faux verticilles et composées d'un calice ordinairement à 10 nervures et à 2 lèvres, d'une corolle à lèvre inférieure réfléchie divisée en 3 lobes et d'étamines à filets bifides au sommet. La *B. à grandes fleurs* (*B. grandiflora*, Moench) est souvent admise dans les jardins à cause de ses belles fleurs en épis, grandes, bleu pourpre, rosées ou blanches. La *B. commune* (*B. vulgaris*, Lin.), à corolle violette, est astringente et vulnéraire ; c'est celle qu'on a vantée contre l'esquinancie et les aphthes ; on la trouve dans les prés et les bois.　　　G — S.

BRUNSFELSIE (Botanique), *Brunsfelsia*, Swartz ; dédicace à Othon Brunsfels, botaniste allemand du xvie siècle. — Genre de plantes de la famille des *Scrophularinées*, tribu des *Salpiglossées*. Il comprend de jolis arbrisseaux très-recherchés pour la beauté de leurs feuilles et surtout pour leurs fleurs grandes et odorantes ; ils sont désignés souvent dans le commerce sous le synonyme de *Franciscea*. Leurs feuilles sont alternes, entières, souvent luisantes. Leurs fleurs, à corolle hypocratérimorphe, sont disposées en cimes terminales. Les brunsfelsies habitent principalement le Brésil et sont cultivées dans les serres chaudes. On distingue surtout la *B. des Antilles* (*B. americana*, Lin.), dont les fleurs longues, blanches, répandent pendant tout l'été l'odeur la plus suave ; la *B. à larges feuilles* (*B. latifolia*, Lin.), à grandes fleurs d'un bleu tendre, odorantes ; la *B. remarquable* (*B. eximia*, Lin.), à fleurs d'un bleu pourpre qui passe au bleu pâle ; elles ont 0m,06 à 0m,07 de diamètre.　　　G — S.

BRUNIA (Botanique), *Brunia*, Lin. ; dédié au voyageur hollandais Corneille Bruyn, plus connu sous le nom de Lebrun. — Genre de plantes type de la petite famille des *Bruniacées*. Il comprend des arbrisseaux du Cap. Leur feuillage épars ressemble à celui des bruyères. Ces plantes ont des fleurs blanches ramassées en capitules globuleux dans un involucre commun. On en cultive une dizaine d'espèces dans les serres froides.

BRUNIACÉES (Botanique). — Petite famille de plantes *Dialypétales périgynes* que M. Brongniart range la dernière dans sa classe des *Hamamélinées*. Elle renferme des arbrisseaux ou des arbustes à fleurs hermaphrodites et feuilles linéaires alternes qui ont quelque ressemblance avec celles des bruyères ; le fruit est sec indéhiscent, ou capsulaire se divisant en deux coques. Les plantes de cette famille habitent toutes le cap de Bonne-Espérance.

BRUNONIA (Botanique), Smith ; dédié à Robert Brown, célèbre botaniste anglais. — Genre de plantes type et unique de la famille des *Brunoniacées*. La *B. de l'Australie* (*B. australis*, R. Brown) est une herbe vivace dont les hampes pubescentes et terminées par un seul capitule s'élèvent à 0m,30 environ. Ses feuilles sont entières et spatulées et ses fleurs sont bleues. Cette espèce, ainsi que son nom l'indique, habite la Nouvelle-Hollande, ainsi que la *B. sericea*.

BRUNONIACÉES (Botanique). — Petite famille de plantes *Gamopétales périgynes* que M. Brongniart rapproche de la famille des Composées. Elle comprend des herbes qui ont le port des scabieuses, avec des feuilles radicales très-rapprochées et des fleurs hermaphrodites disposées en capitule ; calice à tube court quinquéfide ; corolle hypogyne infundibuliforme ; 5 étamines ; ovaire libre ; fruit sec à une seule loge, contenant une graine unique ; graine dépourvue de périsperme. Les Brunoniacées, qui ne renferment que le genre *Brunonia*, Smith, habitent l'Australie.

BRUYÈRE (COQ DE) (Zoologie). — Voyez TÉTRAS.

BRUYÈRE (Botanique), dérivé du celtique *brug*, synonyme de *grug*, qui veut dire arbuste ; bruyère, en celtique, se dit aussi *frych ;* de là l'expression de terre en friche pour terre inculte. — Genre de plantes type de la famille des *Éricacées*, et désigné en botanique sous le nom d'*Erica*, Lin., du grec *ereicô*, je brise, à cause de la propriété qu'on lui attribuait de rompre la pierre dans la vessie. Ce genre renferme des sous-arbrisseaux rameux, à rameaux roides et cassants, à feuilles très-souvent linéaires, acéreuses, bords enroulés en dessous, à fleurs pédicellées, accompagnées de bractées. Caractères : calice à 4 divisions ; corolle à 4 lobes ; étamines ordinairement à 8 anthères souvent munies d'arêtes ou de crêtes s'ouvrant par des pores ou une fente longitudinale ; ovaire à 4 ou rarement 8 loges ; capsules s'ouvrant en 4 valves emportant avec elles une partie des cloisons. Ce genre est, dans le règne végétal, un des plus nombreux en espèces. Pendant longtemps, on ne connut qu'un très-petit nombre de bruyères, c'est-à-dire les dix à douze espèces qui croissent spontanément en Europe. On avait déjà rapporté du cap de Bonne-Espérance une grande quantité de végétaux et la riche collection de bruyères qui s'y trouvent avait été à peine entrevue. Mais les voyages si célèbres de Hermann, Bergius, Thunberg, Wendland, Andrews, Salisbury, dans cette importante partie de l'Afrique, firent découvrir, surtout aux trois derniers, la profusion de diversité de formes et de couleurs que la nature a mise dans ces belles plantes. En 1787, cependant, les jardins anglais et hollandais ne réunissaient guère plus d'une vingtaine de bruyères, y compris les espèces indigènes. En 1789, Aiton en indiquait 41 en Angleterre ; douze ans après, ce nombre s'élevait à 130. Hibbert, grand amateur de ce genre, en accusait 238 dans son *Jardin de Clapham;* mais il est probable que, parmi elles, il comptait les très-nombreuses variétés et hybrides. Quelques auteurs ont confondu plusieurs espèces entre elles ; de là est résulté un chaos dans la classification. Le genre *Erica* est devenu ainsi un des plus litigieux, et la détermination des espèces offre beaucoup de difficultés, à cause des variations, souvent à peine sensibles, et des caractères extrèmement polymorphes de celles-ci. Dans le *Prodrome* de de Candolle, Bentham a cependant réussi à en donner une bonne classification. Il y décrit 421 espèces, sans compter les variétés et hybrides. Cet auteur divise d'abord le genre en quatre sous-genres : 1° *Ectasis*, anthères terminales ; 2° *Syringodea*, anthères latérales, corolle tubuleuse ; 3° *Stellanthe*, anthères latérales, corolle hypocratérimorphe ; 4° *Enerica*, anthères latérales ; corolle urcéolée ou campanulée. Ces sous-genres constituent quaranteneuf sections. En France, nous ne possédons guère qu'une dizaine d'espèces de ce genre remarquable. La *B. en arbre* (*E. arborea*, Lin.) peut s'élever jusqu'à 15 mètres ; ses rameaux sont tomenteux ; ses fleurs, très-nombreuses, sont en grappes paniculées ; la corolle est blanche, campanulée. Cette plante habite les lieux stériles de l'Europe méridionale. Elle est aussi très-commune en Barbarie. La *B. à balai*, que les Provençaux appellent *Bruse*, et qui sert, ainsi que son nom l'indique, à confectionner des balais vendus en Provence sous le nom de *scoudo de bruse*, a les rameaux blanchâtres et les fleurs vertes. Cette espèce, qui couvre des localités très-étendues de certaines parties de la France, est fort rare aux environs de Paris. La *B. cendrée* (*E. cinerea*, Lin.) se distingue par ses feuilles et son calice glabres et par sa corolle urcéolée d'un pourpre foncé, avec des reflets bleuâtres. La *B. tétralix* (*E. tetralix*, Lin.) habite les marais tourbeux et donne de jolies fleurs purpurines ; ses feuilles et ses calices sont longuement ciliés, ainsi, du reste, que ceux de la *B. ciliée* (*E. ciliaris*, Lin.), espèce des terrains sablonneux et présentant de belles et grandes corolles purpurines ou violettes. La *B. vagabonde* (*E. vagans*, Lin.) présente une corolle campanulée et des étamines saillantes, tandis que celles des espèces précédentes sont incluses; elle croît sur les rochers arides qu'elle décore agréablement de ses fleurs nombreuses et d'un beau rose. La bruyère la plus commune, et que Linné a nommée *Erica vulgaris*, fait aujourd'hui un genre spécial sous le nom de *Calluna* et établi par Salisbury principalement à cause de sa corolle plus courte que le calice. Cette bruyère, extrêmement répandue dans toute l'Europe, couvre les plateaux arides des environs de Paris. Dans certains endroits, on l'utilise pour tanner le cuir et pour remplacer le houblon dans la fabrication de la bière. Elle est astringente, et c'est elle qui passait autrefois pour dissoudre les calculs. Ce n'est guère qu'au commencement de ce siècle qu'on a commencé à cultiver et à multiplier les bruyères en France ; depuis cette époque, des insuccès nombreux ont fait renoncer à la culture des espèces difficiles pour s'en tenir à celles qui, par leur beauté, répondent aux soins qu'on leur donne. Très-recherchées par les jardiniers comme plantes d'agrément, elles ne le sont pas moins par les amateurs comme plantes d'appartement, à cause de l'élégance de leur feuillage, des couleurs et des formes variées de leurs fleurs ; une terre particulière, dite *terre de bruyère*, composée d'un sable très-sec et très-fin mêlé avec des détritus de végétaux, est indispensable pour la réussite de cette culture. Leur multiplication se fait par *semis*, par *marcottes* et par *boutures* (voyez ces mots). G — s.

Bᴿᵁʸᴱᴿᴱ ᴅᵁ Cᴀᴾ (Botanique). — C'est la *Phylique à feuilles de bruyère* (voyez PʜʏʟɪQᵁᴱ).

BRY (Botanique), *Bryum*, du grec *bruon*, mousse ; d'où on nomme aujourd'hui *bryologie* la science qui traite de ces plantes. — Genre de *Mousses* qui présente, tel qu'il a été constitué par Hooker et Taylor, les caractères suivants : urne ovoïde ou oblongue, terminale, pédicellée,

pendante ; péristome double, l'extérieur à 16 dents aiguës, l'intérieur membraneux à la base, plissé, déchiré en lanières entières ou perforées, placées alternativement ; coiffe cuculliforme. On compte à peu près une vingtaine de brys aux environs de Paris. C'est le genre type de la famille des *Bryacées*.

BRYACÉES, Bᴿʏᴱᴱˢ (Botanique). — Groupe de plantes *Cryptogames*, de la grande famille des *Mousses*, dont M. Payer a fait une tribu sous le nom de *Bryées*, renfermant des mousses terrestres, vivaces, à feuilles disposées sur deux ou plusieurs rangs ; coiffe en capuchon ; péristome simple à 32 dents à un rang de cellules et portées sur une membrane basilaire. Les principaux genres sont : *Bryum*, Dill.; type de cette tribu : *Mnium*, Dill.; *Cinclidium*, Swartz, etc.

BRYONE (Botanique), *Bryonia*, Lin., du grec *bruô*, je végète vite, à cause de l'accroissement très-rapide de cette plante. — Genre de plantes de la famille des *Cucurbitacées*, tribu des *Cucurbitées*. Caractères : fleurs mâles ; calice campanulé à 5 dents ; corolle à 5 dents ; 5 étamines en trois faisceaux insérés au fond de la corolle ; anthères à lobes courbes : fleurs femelles ; calice presque globuleux ; ovaire infère à 3 loges ; fruit globuleux à 6 graines ou moins par avortement. Les bryones sont des plantes vivaces, grimpantes, ordinairement à fleurs d'un blanc verdâtre. La *B. dioïque* (*B. dioica*, Jac.) présente de très-longues tiges, avec des feuilles à 5 lobes palmés. Ses fleurs sont en grappes ; son fruit est globuleux rouge. Cette espèce, connue vulgairement sous les noms de *Vigne blanche, Couleuvrée, Navet du diable, Navet fou, Navet galant*, etc., croît en abondance dans les haies qui entourent les jardins ; elle possède une racine très-volumineuse, blanche, charnue, succulente, qui contient un principe amer, âcre, vénéneux, désigné sous le nom de *bryonine;* il est purgatif à dose modérée. La quantité notable de fécule qu'elle renferme aussi a récemment appelé l'attention de certains cultivateurs. On a proposé de séparer par des moyens

Fig. 375. — Bryone dioïque.

très-simples le principe vénéneux de la fécule, en faisant ainsi de la bryone, qui croît très-facilement partout, une importante ressource pour l'alimentation. Les graines, très-nombreuses, peuvent aussi être utilisées pour l'huile qu'elles contiennent et qui peut servir à l'éclairage. A l'état frais, la racine de bryone est nauséabonde. Sa saveur est très-désagréable. On l'a employée en médecine comme purgatif dans les hydropisies, l'asthme, la goutte, etc. Pilée et appliquée sur la peau, elle fait l'effet du vésicatoire. Ses propriétés médicales ont peut-être été un peu trop négligées. La *B. à fleurs blanches* (*B. alba*, Lin.) est la plus répandue dans le Nord. Ses feuilles sont rudes, marquées de petites callosités, cordiformes, à 5 lobes dentés. Ses fleurs sont monoïques et son fruit est noir. La *B. à feuilles laciniées* (*B. laciniosa*), est une plante de Ceylan. Elle est remarquable par ses fleurs poilues, tomenteuses, et ses fruits de la grosseur d'une cerise, striés de blanc. Enfin la *B. d'Afrique* (*B. africana*, Thunb.) possède une racine tubéreuse que l'on pourra peut-être utiliser. G — s.

BRYOPHYLLE (Botanique), *Bryophyllum*, Salisb., du grec *bruô*, je végète, et *phullon*, feuille, parce que les feuilles de cette plante émettent facilement des bourgeons. — Genre de plantes de la famille des *Crassulacées*. Caractères : calice quadrifide ; corolle à tube cylindrique très-long, presque tétragone à sa base ; limbe à 4 lobes triangulaires ; 8 étamines incluses, insérées au fond du calice ; 4 ovaires, munis à leur base de 4 glandes ; les fruits sont des follicules en renfermant plusieurs. Le *B. à grand calice* (*B. calycinum*, Salisb.; *Kalanchoe pinnata*, Pers.) est un sous-arbrisseau à tige charnue de 0ᵐ,65, originaire de l'Inde et des Moluques, que l'on cultive en serre chaude pour ses fleurs d'un jaune rougeâtre qui s'épanouissent depuis avril jusqu'en juillet, et même en août et septembre, et son feuillage à segments crenelés. Il existe à l'aisselle des crénelures de petits mamelons qui émettent des bourgeons lorsqu'on fixe la feuille sur la terre et reproduisent ainsi très-facilement cette espèce. Ses fleurs en panicules étagées, pendantes, tubuleuses, grandes, lavées de pourpres à la base, rouge fauve au sommet, sont d'un très-bel effet.   G — s.

BRYOPSIS (Botanique), Lamouroux. — Genre d'*Algues* de la famille des *Zoospermées*, et renfermant une quinzaine d'espèces qui habitent les mers des deux hémisphères tempérés. Leur port est élégant et leurs frondes membraneuses, tubuleuses, cylindriques et composées de ramules comme les barbes d'une plume, sont d'un très-joli effet. La Méditerranée en fournit beaucoup.   G — s.

BRYOZOAIRES (Zoologie), du grec *bruon*, mousse, et *zóon*, animal. — Ordre établi dans la classe des *Polypes* pour les mieux organisés de ces animaux ; ceux dont les tentacules sont garnis de cils vibratils sur leurs bords, dont le canal digestif, composé de dilatations et de rétrécissements alternatifs, a une bouche et un anus distincts. On a plus récemment placé les *Bryozoaires* parmi les *Mollusques*, dans la classe des *Tuniciers* (V. ce mot). Genres principaux : les *Eschares*, les *Flustres*, les *Cristatelles*, les *Alcyonelles*, les *Plumatelles*.

BUBALE (Zoologie), *Bubalis* d'Aristote, *Bubalus* de Pline, *Vache de Barbarie.* — Espèce de *Mammifères ruminants* du grand genre des *Antilopes;* caractérisé par des proportions plus lourdes que les autres espèces (voyez **ANTILOPES**); la tête longue et grosse, ayant quelque ressemblance avec celle de la vache, la taille, la forme du corps et surtout la conformation des jambes et de la queue comme le cerf; le pelage fauve, excepté le bout de la queue, terminé par un flocon noir. On la trouve en Barbarie. On lui a encore donné les noms de *Vache-biche, Taureau-cerf,* etc.

BUBO (Zoologie), Cuv. — Nom scientifique du sous-genre des *Ducs,* genre *Strix,* Lin., famille des *Nocturnes,* ordre des *Oiseaux de proie* (voyez **Duc**).

BUBON (Médecine), du grec *boubón,* aine. — Les anciens avaient donné ce nom non-seulement à la région que désigne ce mot, mais encore à toutes les maladies des glandes qu'on y rencontre. Plus tard, on étendit cette expression à toutes les tumeurs glanduleuses de l'aisselle, du col, auxquelles, de nos jours, on a donné le nom d'*adénites cervicales, axillaires, inguinales.* Parmi les différentes espèces de bubons, on peut distinguer : le *B. simple, sympathique, d'irritation,* engorgement inflammatoire déterminé le plus souvent par l'irritation d'un organe éloigné, qui se propage aux glandes voisines par les vaisseaux lymphatiques ; ainsi une petite plaie, une simple écorchure à la main, au pied, peut déterminer l'engorgement des glandes de l'aisselle ou de l'aine. Cette tumeur peut aussi dépendre d'une irritation directe, de la fatigue, d'une convalescence pénible, chez une personne lymphatique. Le *B. pestilentiel,* qui se développe pendant la *peste* (voyez ce mot). Le *B. scrofuleux,* qui accompagne quelquefois les affections de ce nom (voyez **SCROFULES**). Le traitement du bubon simple, d'irritation, consiste d'abord à faire cesser la cause éloignée qui le produit; souvent alors la guérison ne se fait pas attendre ; dans le cas contraire, si l'inflammation est vive, on emploiera le repos, les cataplasmes émollients, les applications de sangsues, la diète, les boissons adoucissantes; si, malgré ce traitement, la suppuration était imminente, on aurait recours aux *maturatifs,* aux *fondants* (voyez ces mots); ainsi des frictions avec la pommade iodurée, les emplâtres de *Vigo cum mercurio;* enfin on ouvrira avec le bistouri, si le siége du bubon faisait redouter une cicatrice vicieuse, comme au col, autrement on le laisserait s'ouvrir naturellement. Il y a encore une autre espèce de bubon qui accompagne souvent certaines formes de maladies de caractère virulent.   F — N.

BUBON (Botanique), Koch, du grec *boubón,* aine, parce que les anciens croyaient cette plante bonne pour guérir les tumeurs de l'aine. — Genre de plantes de la famille des *Ombellifères,* tribu des *Peucédanées.* Il se distingue principalement par son fruit lenticulaire, à bords dilatés formant une aile circulaire. Les arbrisseaux qu'il comprend sont glabres et produisent un suc résineux odorant. Leurs fleurs sont jaunes, disposées en ombelles à rayons nombreux. Le *B. galbanifère* (*B. galbanum,* Lin.), d'un mot celtique qui veut dire gras, onctueux, s'élève à 2 mètres environ. Il est originaire du Cap et cultivé en abondance dans le Levant. Le suc gommo-résineux qu'il produit par les incisions faites à sa tige possède une odeur ammoniacale très-prononcée et une saveur amère. Le galbanum est tonique et stimulant. On l'emploie dans différentes préparations pharmaceutiques. Le *B. de Macé-*

doine ou *Persil de Macédoine* (*B. Macedonicum*), à folioles rhomboïdales fortement dentées, tige herbacée, ombellules très-nombreuses, semences hérissées ; elles ont une odeur aromatique assez agréable ; on les regarde comme diurétiques, apéritives, etc. Les anciens les prescrivaient dans les inflammations de l'aine, d'où lui est venu son nom. De la Grèce et des côtes de Barbarie.   G — s.

BUBONOCÈLE (Médecine), du grec *boubón,* aine, et *kélé,* tumeur dans l'aine. C'est le nom que plusieurs chirurgiens ont donné à la *hernie inguinale* (voyez **HERNIE**).

BUCAIL (Botanique). — Voyez **SARRASIN**.

BUCARDE (Zoologie), *Cardium,* Lin., du grec *bous,* bœuf; *cardia,* cœur. — Genre de *Mollusques acéphales testacés* de la famille des *Cardiacés;* caractérisé par une coquille à valves égales, bombées, à sommets saillants et présentant assez bien la forme d'un cœur; cette coquille est surtout remarquable par 4 dents à la charnière, sur chaque valve, 2 petites au milieu, de part et d'autre, et à quelque distance une en avant et une en arrière, plus fortes et qui ont l'aspect de lames saillantes. L'animal a une ample ouverture au manteau, le pied très-grand et deux tubes de médiocre longueur. On les trouve en général enfoncées dans le sable, près des côtes, excepté les espèces épineuses; elles existent dans toutes les mers; plusieurs sont fossiles. Parmi les nombreuses espèces qui habitent nos côtes, on mange la *B. Sourdon* (*C. edule,* Lin.) ou vulgairement la *Coque,* qui est presque ronde et a vingt côtes ridées en travers; elle est fauve ou blanchâtre.

BUCCALE (Anatomie), qui appartient à la bouche. — *Artère buccale :* elle naît de la maxillaire interne au niveau de l'angle de la mâchoire inférieure. — *Glandes buccales,* situées entre le buccinateur et la membrane interne de la bouche ; elles sécrètent une humeur qui lubrifie la bouche. — *Nerf buccal,* fourni par le maxillaire inférieur.

BUCCINATEUR (**MUSCLE**) (Anatomie), *Alvéolo-labial,* Chaussier. — Ainsi nommé à cause du rôle essentiel qu'il remplit dans le jeu des instruments à vent. C'est le muscle propre de la joue; il est large, mince, quadrilatère; ses fibres insérées à la face externe des bords alvéolaires supérieur et inférieur, et à une aponévrose étendue de l'apophyse ptérygoïde au maxillaire inférieur, se portent en avant; arrivées au niveau de la commissure des lèvres, elles s'entre-croisent et vont se terminer à l'orbiculaire des lèvres : c'est ainsi que le buccinateur devient antagoniste de l'orbiculaire, en allongeant transversalement la bouche.

BUCCINOÏDES (Zoologie). — On a donné ce nom, dans la méthode du *Règne animal* de Cuvier, à la troisième famille des *Mollusques gastéropodes pectinibranches,* qui ont une coquille spirale dont l'ouverture a, près de la columelle, une échancrure ou un canal pour le passage du siphon au moyen duquel l'animal peut respirer sans sortir de son abri; dans la plupart des mollusques de cette famille, on remarque une sécrétion particulière d'un liquide visqueux, verdâtre et susceptible de passer au pourpre le plus éclatant; c'est ce qui a fait penser que la pourpre des anciens était due à l'un d'eux, d'où lui est venu le nom de *Purpura,* que lui a donné Bruguières, quoique plusieurs naturalistes pensent qu'elle vient d'une autre espèce, et en particulier d'un *Rocher* (*Murex brandaris,* Lister.) (voyez **POURPRE**, **ROCHER**). Cuvier a divisé les Buccinoïdes en un grand nombre de genres et de sous-genres. Les genres qu'il a établis sont : les *Cônes,* vulgairement *Cornets,* les *Porcelaines,* les *Ovules,* les *Turières,* les *Volutes,* les *Buccins,* les *Cérithes,* les *Rochers,* les *Strombes.* M. Milne-Edwards les a aussi divisés en trois tribus : les *Buccins,* les *Murex* ou *Rochers,* les *Angiostomes,* sous-divisés ensuite en plusieurs genres.

BUCCOÏDÉS (Zoologie). — On a constitué en famille, sous le nom de *Buccoïdés,* les oiseaux composant le genre des *Barbus* de Cuvier (voyez **BARBU**).

BUCCINS (Zoologie), *Buccinum,* Lin., du latin *buccinum,* cornet, parce qu'un grand nombre de ces coquilles ont la forme d'un cornet. — Ce nom a été donné autrefois à plusieurs espèces de coquilles univalves, très-différentes; aujourd'hui les travaux des naturalistes modernes, et entre autres de Lamarck et de Cuvier, en ont restreint et mieux déterminé le sens, et dans la méthode du *Règne animal* il sert à désigner un grand genre ou une tribu de *Mollusques pectinibranches,* famille des *Buccinoïdes,* comprenant toutes les coquilles de cette famille, qui n'ont pas de plis à la columelle, qui sont pourvues d'une échancrure ou d'un canal court, ordinairement à grande ouverture, et infléchi vers la gauche. Bruguières les avait divisés en quatre genres : les *Buccins propres,* les *Pour-*

près, les *Casques* et les *Vis*. Cuvier a établi les sous-genres suivants : les *Buccins*, les *Nasses*, les *Éburnes*, les *Ancillaires*, les *Tonnes*, les *Harpes*, les *Pourpres*, les *Concholépas*, les *Casques*, les *Heaumes* et les *Vis*.

Buccins *proprement dits*, *Buccinum*, Brug. — Sous-genre de *Mollusques*, du grand genre des *Buccins* (voyez plus haut). Caractérisé par une coquille échancrée, sans canal, ovale ainsi que son ouverture ; columelle convexe, nue, le bord sans rides ni bourrelet ; pied de grandeur médiocre, trompe longue et grosse ; l'animal n'a pas de voile sur la tête ; deux tentacules écartés, portant des yeux sur le côté externe ; un opercule et un siphon qui s'allonge hors de la coquille. On trouve les buccins dans toutes les mers ; mais les espèces qui habitent les eaux tièdes des contrées intertropicales sont assez recherchées des amateurs, à cause de la variété et de la vivacité de leurs couleurs. Les coquilles sont de médiocre grandeur, plusieurs même sont très-petites. Une espèce très-commune sur nos côtes, le *B. ondé* (*B. undatum*, Lin.) est une coquille de moyenne grosseur, finement striée à sa surface, avec les tours de la spire supérieure plissés.

BUCÉROS, Buceros (Zoologie). — Nom scientifique de l'oiseau nommé *Calao*, genre de *Passereaux syndactyles*, ainsi nommé du grec *bous*, bœuf, et *keras*, corne, parce qu'il a le bec surmonté d'une proéminence en forme de corne (voyez Calao).

BUDDLÉA, Buddleia (Botanique), *Buddleia*, Lin., dédicace faite par Houston à Buddle, amateur de botanique anglais. — Genre de plantes de la famille des *Scrophularinées*, type de la tribu des *Buddlées*. Il comprend des arbres ou arbrisseaux souvent duvetés. Leurs feuilles sont opposées, et leurs fleurs à corolle campanulée, allongée, sont disposées en cimes multiflores. Les espèces de *Buddlea* sont de très-jolies plantes, la plupart de serre chaude. La *B. globuleuse* (*B. globosa*, Lamk), espèce du Chili, à fleurs odorantes, jaune orangé ; et la *B. de Lindley* (*B. lindleyana*, Fortune), espèce de la Chine, à fleurs d'un pourpre violacé, sont les seules cultivées en pleine terre sous le climat de Paris.   G—s.

BUFFLE (Zoologie), *Bos bubalus*, Lin. ; *Bœuf sauvage d'Arachosie*, Aristote. — Espèce de *Mammifères ruminants* du genre *Bœuf*, originaire de l'Inde et amené en Égypte, en Grèce, en Italie dans le commencement du moyen âge ; c'est vers la fin du VIᵉ siècle que les Lombards l'introduisirent dans ce dernier pays et, plus tard, une seconde importation eut lieu par les Arabes. Le buffle a le front bombé, plus long que large, les cornes dirigées on arrière et un peu de côté et marquées en avant d'une arête longitudinale, plus courtes et moins arquées que celles du bœuf ; il n'a presque point de fanon ; ses oreilles sont longues et pointues ; ses jambes courtes et épaisses ; il a le port et la physionomie durs et ignobles ; il est presque en entier noirâtre. La femelle porte plus de dix mois, ce qui établit une différence remarquable avec la vache, qui porte neuf mois. Les buffles sont nombreux dans les climats chauds, dans les contrées marécageuses et voisines des rivières ; ils aiment à se vautrer dans la fange des marais. Malgré sa sauvagerie, ses violences, sa brusquerie et ses habitudes grossières et brutes, le buffle est pourtant utilisé dans certains pays : ainsi dans les marais Pontins, il naît et est élevé en troupeau, et lorsqu'on a dompté sa férocité naturelle, on l'utilise aux travaux des champs. A l'âge de quatre ans, on commence à les marquer avec un fer chaud, puis on opère la castration et, peu de temps après, on leur passe un anneau de fer dans les narines ; on les conduit au moyen d'une corde passée dans cet anneau et peu à peu ils deviennent assez dociles pour qu'on puisse s'en servir. Nous ne pouvons résister au désir de citer quelques fragments de ce que Tessier a écrit sur la domestication du buffle et sur le parti qu'on pourrait en tirer en agriculture. « Depuis quelque temps, écrivait-il il y a plus de cinquante ans, on a établi dans la ferme nationale de Rambouillet un troupeau de buffles venu d'Italie ; ces animaux y ont été aisément domptés et rendus faciles à conduire ; ils y vivent bien, y multiplient et y travaillent. Ce troupeau m'a fourni l'occasion de faire les observations suivantes : ce genre d'animal est plus craintif et plus susceptible de s'effaroucher qu'il n'est méchant..... On accoutume le buffle même indompté à être attaché à la mangeoire, à se soumettre au joug et à traîner des voitures et des charrues comme les bœufs..... On n'emploie pour les faire travailler que la voix et la baguette à aiguillon. Ces animaux, attelés parallèlement, labourent seuls ou avec des bœufs. Le buffle aime à se plonger dans l'eau et surtout dans l'eau bourbeuse, vraisemblablement à cause de la sécheresse et de la dureté

de sa peau. Quand l'eau commence à être froide, il n'en approche pas..... On peut lui donner le plus mauvais fourrage sans qu'il le refuse. Si on lui en donne de bon,

Fig. 376. — Le Buffle.

il profite davantage. A Rambouillet, les buffles qu'on élève deviennent plus hauts et plus gros que leurs pères et mères nés en Italie. Le lait n'est pas abondant ; il est plus blanc que celui de la vache et de moitié à peu près plus crémeux. On a dit qu'il était impossible de traire une femelle buffle sans la présence de son petit ; cette assertion n'est pas exacte. Du reste, ce petit tette sa mère en se plaçant entre ses jambes de derrière et point de côté, comme le veau de la vache. Les essais tentés pour obtenir des croisements avec la vache et le taureau ordinaire n'ont donné aucun résultat. Malgré toute l'utilité dont pourraient être les buffles, je doute qu'on s'occupe en France de les multiplier pour le service de l'agriculture. On est trop accoutumé au profit plus avantageux sans doute des vaches et des bœufs pour adopter un genre d'animal qui n'est utile presque que pour son travail et pour sa peau. » Le temps a donné raison aux prévisions du savant, et il n'est plus question aujourd'hui que du perfectionnement de l'espèce du bœuf ordinaire. Du reste, le cuir du buffle est épais, fort et souple ; on en fait des buffleteries. « Il y a aux Indes une race de buffles dont les cornes ont jusqu'à 3ᵐ,30 d'envergure ; on l'appelle *Arni* dans l'Indoustan. C'est le *Bos arni* de Shaw. » Ainsi parle Cuvier. On trouve, en effet, une grande quantité de buffles sauvages dans les contrées de l'Afrique et des Indes qui sont arrosées de rivières et où il se trouve de grandes prairies. Leur taille est gigantesque ; ils vont en troupeaux et font des dégâts considérables ; ils sont même très-dangereux pour les hommes, et on ne les chasse qu'avec de grandes précautions.

BUFO (Zoologie). — Nom latin du genre *Crapaud*.

BUFONIFORMES (Zoologie). — C'est le nom donné à une famille de *Batraciens anoures*, dans la classification de MM. Duméril et Bibron ; les caractères que lui assignent ces auteurs sont de n'avoir pas de dents aux deux mâchoires ; en général même, ils n'en ont pas au palais ; leur langue n'est pas échancrée en arrière. Cette famille renferme douze genres, parmi lesquels se trouve le genre *Crapaud*.

BUFONIE (Botanique), *Bufonia*, Sauvages, de *bufo*, crapaud, *Herbe à crapaud*. Cette plante passait pour croître dans les eaux stagnantes habitées par ce batracien. On a accusé Linné d'avoir fait une épigramme contre *Buffon*, en adoptant ce nom ; mais la présente étymologie dément cette assertion. — Genre de plantes de la famille des *Paronychiées*, tribu des *Polycarpées*. Caractères : 4 sépales ; 4 pétales plus courts que ceux-ci ; 4 étamines ; 1 ovaire ; 2 styles ; capsule comprimée, uniloculaire, contenant 2 graines et s'ouvrant en 2 valves ; elles croissent dans les lieux humides de l'Europe méridionale et donnent de petites fleurs blanches. On cultive dans les jardins la *B. annua* et la *B. perennis*.

BUFONOIDES (Zoologie). — Nom donné par Fitzinger à la deuxième famille des *Batraciens*, dans sa classification des reptiles : il ne lui donne que les deux genres *Bufo* et *Rhinella*.

BUGLE (Botanique), sorte de diminutif de *buglosse*, parce que cette plante en possède un peu les propriétés. — Nom vulgaire du genre *Ajuga*, Lin., altération du latin *abigo*, j'expulse, à cause de sa prétendue action pour faciliter l'accouchement. Appartenant à la famille des *Labiées*, type de la tribu des *Ajugoïdées*, ce genre a pour caractères : calice à 5 dents ; corolle à 2 lèvres, la supérieure très-courte, l'inférieure allongée, étalée, trifide, à divisions latérales oblongues ; celle du milieu plus grande ; étamines dépassant la lèvre supérieure. La

B. rampante, vulgairement *Consoud emoyenne* (*Ajuga reptans*, Lin.), est une espèce indigène, très-commune, celle à laquelle on attribuait jadis tant de vertus, qu'il y avait un dicton ainsi conçu : *Avec la bugle et la sanicle on fait au chirurgien la nique.* Elle est aujourd'hui tombée dans l'oubli. La *B. pyramidale* (*A. pyramidalis*, Lin.), qu'on trouve dans les bois montagneux et secs, est très-velue, sa corolle est petite et bleu pâle. On remarque encore la *B. petit-pin*, vulgairement *Yvette*; la *B. musquée* ou *Yvette musquée*, etc.   G—s.

BUGLOSSE (Botanique), du grec *bous*, bœuf, et *glossa*, langue, à cause de la ressemblance de ses feuilles avec une langue de bœuf. — Nom vulgaire du genre *Anchusa*, Lin., du grec *anchusa*, fard, appartenant à la famille des *Borraginées*, tribu des *Borragées*. Caractères : calice à 5 dents; corolle à 5 lobes un peu inégaux, à tube droit; 4 achaines rugueux tuberculeux. Les buglosses sont des herbes hispides, à fleurs disposées en grappes terminales. La *B. officinale* (*B. officinalis*, Lin.), celle qu'on appelle plus particulièrement *Langue de bœuf*, donne pendant tout l'été des fleurs à corolle en entonnoir, au tube plus long que le calice et variant du pourpre au bleu et au rose. Les propriétés médicinales de cette plante sont les mêmes que celles de la bourrache. On voit depuis quelque temps dans les jardins une espèce de buglosse assez commune en France, mais jusqu'alors négligée : c'est l'*Anchusa italica*, Retz., dont les fleurs bleues, disposées en grappes paniculées, sont d'un très-joli effet, et ont été utilisées pour la décoration des parterres. On classait encore dans le genre *Buglosse*, l'*Orcanette* (*Lithospermum tinctorium*, Lin.; *Alcanna tinctoria* ; Tausch *Alc. anchusa*, Dest.) (voyez ORCANETTE).   G—s.

BUGRANE, BOUGRAINE (Botanique), en grec *boucranion*; *Ononis*, Lin., du grec *onos*, âne, parce que les ânes recherchent cette plante épineuse. — Genre de plantes appartenant à la famille des *Papilionacées*, tribu des *Lotées*, sous-tribu des *Génistées*. Caractères : calice à 5 divisions; étendard très-ample, plus long que les ailes; carène prolongée en bec et égalant celles-ci; style géniculé; gousse renflée. Ce genre renferme un assez grand nombre d'espèces dont quelques-unes seulement sont employées pour l'ornement, entre autres la *B. à feuilles rondes* (*O. rotundifolia*, Lin.) et la *B. frutescente* (*O. fruticosa*, Lin.), toutes deux à fleurs pourpres et croissant dans la France méridionale. La *B. épineuse* ou *arrête-bœuf* (*O. spinosa*, Wallr.) a passé autrefois pour une plante apéritive.

BUIS (Botanique), *Buxus*, Tourn., mot altéré de *puxos*, nom de la plante en grec. — Genre de plantes de la famille des *Euphorbiacées*, type de la tribu des *Buxacées*. Il renferme des arbrisseaux toujours verts, appartenant principalement aux régions méridionales de l'Europe. Leurs feuilles sont opposées, entières; leurs fleurs monoïques disposées en glomérules, sont composées dans les mâles d'un calice à 4 sépales et de 4 étamines à filets assez épais; dans les femelles, d'un calice semblable et d'un ovaire bossué au sommet entre 3 styles épais, terminés par des stigmates recourbés, aigus. Le fruit est une capsule coriace en dehors, à 3 pointes et s'ouvrant en 3 valves, mettant ainsi à nu 3 coques à 2 graines. Le *B. commun* (*B. sempervirens*, Lin.) est un arbrisseau de 4 ou 5 mètres, à tronc tortueux, à rameaux opposés. Son feuillage est d'un vert foncé, et ses fleurs jaunâtres exhalent une odeur assez désagréable. Cette espèce croît abondamment dans les terrains secs et montagneux de plusieurs provinces méridionales et centrales de la France. Elle est répandue aussi dans le Caucase, l'Asie Mineure, la Grèce, etc. On en distingue plusieurs variétés et sous-variétés. Le *B. à feuilles étroites* (*B. semperv. angustifolia*), le *B. à feuilles de myrte* (*B. semp. myrtifolia*), et le *B. sous-frutescent* (*B. semp. suffruticosa*), qui est le *B. nain*, le *B. à bordure*, le *B. d'Artois*; chacune de ces variétés présente des sous-variétés à feuilles plus ou moins panachées ou bordées. Le bois de buis est d'un grain fin et serré, qui le rend précieux pour la tabletterie et la fabrication d'une foule d'objets réclamant de la solidité et du poli. C'est au buis que la gravure sur bois doit la perfection qu'elle a atteinte de nos jours. La médecine a longtemps employé le buis comme sudorifique et purgatif; mais aujourd'hui elle en fait fort peu usage. Enfin, le buis est très-utile dans les jardins pour former des bordures ou des palissades. Il se prête, par la taille, à toutes les formes qu'on veut lui donner. Cet arbre atteint parfois des dimensions assez considérables. Haller cite comme existant aux environs de Genève un individu qui mesurait 2 mè-

tres de circonférence. Le *B. de Mahon* (*B. balearica*, Lamk) est une espèce beaucoup plus grande que la précédente; aussi l'emploie-t-on de préférence pour la gravure sur bois, à cause des plus grandes planches qu'elle fournit. Elle croît dans les régions plus chaudes, surtout en Turquie et en Asie. On cultive aussi le *B. de la Chine* (*B. sinensis*, Link.), arbrisseau élevé de 1 mètre, se distinguant par ses feuilles oblongues et ses fleurs solitaires à l'aisselle des feuilles.   G—s.

BUISSON ARDENT (Botanique), nom vulgaire d'une espèce nommée *Néflier épineux* (*Cratægus pyracantha*, Pers.; *Mespilus pyracantha*, Lin.), du grec *pur*, feu, et *acantha*, épine, épine de feu.— Les fruits de cette espèce sont d'un rouge très-éclatant qui les fait paraître comme du feu. Par le nom de *Buisson ardent*, on a fait allusion au buisson de feu dans lequel Dieu apparut à Moïse, d'où le nom de *Buisson de Moïse* qu'on lui a donné. Cette espèce est un arbrisseau qui s'élève à 3 ou 4 mètres; ses feuilles sont persistantes, glabres, ovales, lancéolées; les divisions du calice sont obtuses, les styles au nombre de 5 et les fruits rouges et globuleux. Le buisson ardent fleurit en mai et croît dans l'Europe méridionale, surtout en Provence et en Italie.

BUISSON (Arboriculture). — On donne ce nom, en *langage forestier*, à une touffe d'arbrisseaux, ou bien à un arbre qui, à force d'avoir été brouté par le bétail, est resté rabougri et a poussé de petites branches sans ordre. En termes de *jardinier*, c'est un arbre fruitier que l'on a taillé de manière à l'évider dans le milieu ; il présente alors à l'œil la forme d'un cône renversé plus ou moins évasé! L'avantage du buisson sur l'espalier, c'est d'offrir une grande surface et d'avoir toujours une partie de ses branches et de ses fruits garantis du vent dominant et exposés au soleil.

BULBE (Anatomie), du grec *bolbos*, oignon, bulbe. — En anatomie, ce mot est employé pour désigner plusieurs corps qui ont plus ou moins d'analogie avec les bulbes végétaux. — *B. dentaire* (*fig.* 377), renflement arrondi, saillant dans la cavité dentaire, formé d'une substance granuleuse, dans laquelle se ramifient des vaisseaux et des nerfs, c'est un petit noyau pulpeux, semblable à un bourgeon, renfermé dans un petit sac membraneux logé lui-

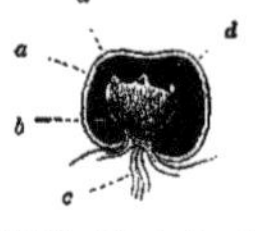

Fig 377.—Bulbe dentaire (1).

même dans l'épaisseur de l'os maxillaire, et nommé la *capsule dentaire*. Ce petit noyau, qu'on appelle encore *pulpe* ou *germe* de la dent, sert à former celle-ci, qui grandit peu à peu, et qui, en s'allongeant, remonte vers le bord de la mâchoire, qu'elle perce bientôt pour se montrer en dehors (voyez DENT). — Le *B. pileux* (*fig.* 378), offre beaucoup d'analogie avec le précédent; c'est un renflement placé au fond du follicule pileux, dans la cavité duquel il fait saillie, sous forme de cône. Il est constitué par une disposition spéciale de la peau autour de la base d'un poil : en effet le derme s'enfonce en une cavité tubulaire dans laquelle l'épiderme un peu aminci le suit et le recouvre encore; au fond de ce tube le tissu épidermique se forme avec

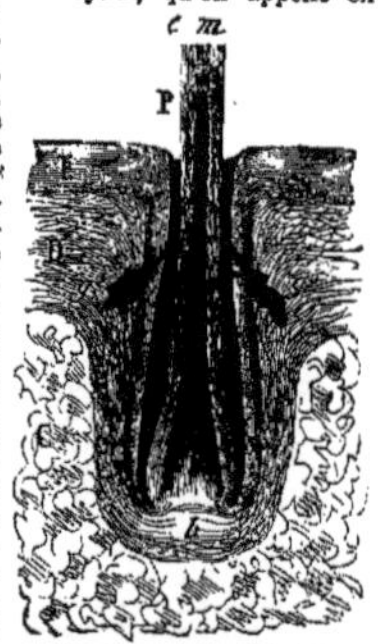

Fig. 378. — Bulbe pilifère (2).

une énergie et une abondance toute particulière et s'accumule en un prolongement saillant filiforme qui, s'accroissant toujours par sa base, fait bientôt saillie au dehors et peut s'allonger ainsi considérablement; c'est le *poil* (voyez ce mot). — *B. de l'œil*, c'est le globe de

(1) Coupe d'une capsule dentaire grossie pour montrer la disposition du bulbe et la manière dont la matière pierreuse se dépose à la surface. — *a*, capsule. — *b*, bulbe ou germe. — *c*, vaisseaux sanguins et nerfs qui pénètrent dans le bulbe. — *dd*, premier rudiment de l'ivoire de la dent.

(2) E, épiderme qui descend dans le bulbe jusqu'à la base du

l'œil (voyez ŒIL). — *B. rachidien*, *B. crânien*, etc., renflement conoïde qui constitue l'extrémité supérieure de la moelle épinière et l'unit au cerveau et au cervelet ; situé dans la gouttière basilaire, il est plus généralement connu sous le nom de *moelle allongée*.

BULBE (Botanique), en grec *bolbos*, oignon, bulbe. — C'est une modification de la tige, très-commune chez les *Monocotylédonés*. Il se compose de trois parties : 1° le *plateau*, ou tige souterraine ; 2° les *fibres radicales* ; 3° le *bourgeon*. Le *plateau* est une véritable tige, très-courte, très-déprimée, qui donne naissance aux *fibres radicales*, cylindriques, tantôt simples, tantôt ramifiées. Enfin le *bourgeon* naît de la face supérieur du plateau, il est charnu à son centre, recouvert de feuilles épaissies. Ce bourgeon est connu vulgairement sous le nom d'*oignon*, de celui de l'espèce la plus vulgaire des plantes bulbifères. Il est composé d'écailles disposées sur plusieurs rangs, qui sont tantôt des feuilles avortées, tantôt des débris de feuilles des années précédentes.

On nomme *bulbes tuniqués* (*fig.* 380) ceux dont les

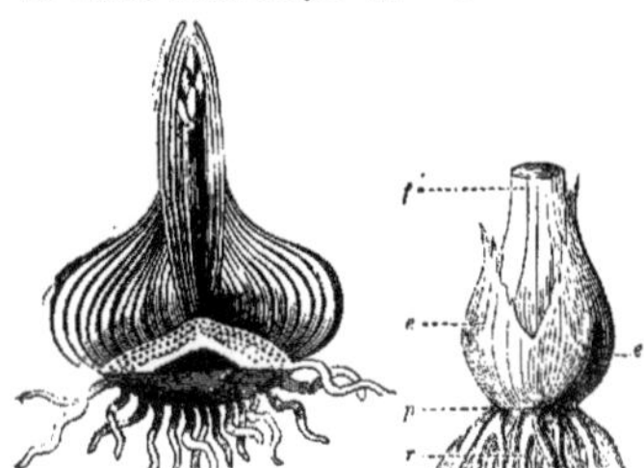

Fig. 379. — Bulbe ou oignon de jacinthe coupé verticalement.

Fig. 380. — Bulbe tuniqué du poireau (1).

feuilles les plus extérieures enveloppent complétement la base de la tige et lui forment une sorte de tunique (*oignon*, *jacinthe*, famille des *Liliacées*). Ils appartiennent à des végétaux dont les feuilles sont engaînantes.

On nomme *bulbe écailleux* (*fig.* 381) ceux dont les

Fig. 381. — Bulbe écailleux du lis blanc (2).

feuilles les plus extérieures courtes, imbriquées forment à leur surface comme de petites écailles charnues (*lis blanc*, famille des *Liliacées*). Les végétaux qui ont des bulbes écailleux n'ont pas de feuilles engaînantes.

Enfin, on appelle *bulbes solides* (*fig.* 382) ceux qui, recouverts d'un petit nombre de feuilles en tunique, offrent un renflement charnu et plein qui n'est autre chose qu'un épaississement de la tige elle-même. Souvent ces bulbes

poil. — D, derme qui forme le bulbe en s'enfonçant sur lui-même. — C, tissu cellulo-graisseux sous-cutané. — P, poil. — *b*, tubercule du derme placé au fond du bulbe, et sur lequel le poil se développe. — *gs*, glandes sébacées dont la matière grasse se répand sur le poil. — *c*, substance corticale du poil. — *m*, substance médullaire.

(1) Bulbe tuniqué du poireau (*allium porrum*). — *f*, feuilles coupées. — p, plateau. — *r*, racines. — *e*, *e*, écailles qui forment la tunique.

(2) Bulbe écailleux du lis blanc (*lilium candidum*). — *t*, tige coupée. — *r*, racines. — *e*, *e*, *e*, *e*, écailles.

reproduisent de côté, et alternativement à droite et à gauche, le bulbe de chaque année (*colchique*, *safran*, famille des *Colchicacées*, des *Iridées*).

Certains bulbes produisent, à l'aisselle des feuilles modifiées qui les recouvrent, des bourgeons secondaires nommés *caïeux*, qui se développeront successivement sur la plante même, ou qui, dans d'autres espèces, pourront en être séparés et se développer d'une manière indépendante. L'ail vulgaire est ainsi conformé.

En résumé, dans les bulbes, quelle que soit leur forme, on distinguera toujours :

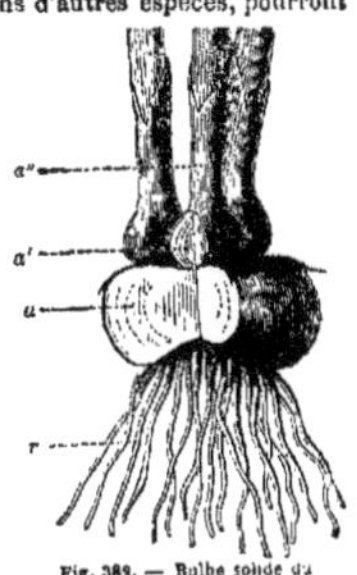

1° Le *bulbe* proprement dit, qui est un bourgeon épais recouvert de feuilles charnues ; 2° le *plateau*, qui est véritablement la tige ; 3° la *racine*, qui est fibreuse et naît de la face inférieure du plateau.

Voilà pourquoi beaucoup de botanistes ont dit que le bulbe est un végétal complet ; il renferme un axe qui est le plateau, un bourgeon, des feuilles et des fibres radicales.

Fig. 382. — Bulbe solide du safran d'automne (3).

Le rôle du bulbe est de reproduire, chaque année, une branche aérienne sur la tige vivace, souterraine et réduite au plateau. C'est donc un organe assez analogue au rhizome, et, comme lui, il appartient à des plantes vivaces.

BULBILLES (Botanique), *bulbilli*. — On appelle ainsi certains bourgeons organisés pour se développer indépendamment de la tige mère, et produire de la sorte, non pas une simple branche, mais bien un nouveau végétal. C'est un bourgeon charnu, dont les écailles sont peu nombreuses, mais épaisses, et quelquefois soudées ensemble en une seule masse. Peu adhérent à l'aisselle de la feuille, il s'en détache bientôt ; il peut alors être replanté et produire un nouveau végétal. Le lis bulbifère offre un exemple bien connu de ce mode de reproduction. Le *bulbille*, qu'on appelle encore *gemme*, a des analogies remarquables avec

Fig. 383. — Bulbilles du Lis bulbifère.

le *bulbe*, dont il est un diminutif (voyez BULBE).

BULIMES (Zoologie), genre de *Mollusques gastéropodes pulmonés terrestres* du grand genre *Escargot* (*Helix*. Lin.), caractérisé ainsi : coquille ovale, oblongue, le croissant de l'ouverture plus haut que large ; celle-ci, garnie d'un bourrelet dans l'adulte, mais sans dentelure ; l'animal, pourvu d'un collier sans cuirasse, a le pied comme les hélices, il n'a pas d'opercule. Parmi les nombreuses espèces, on trouve l'*Helix decollata*, Gm., qui a la singulière habitude de casser successivement les tours du sommet de sa spire. De France.

BULLAIRE (Botanique), *Bullaria*, genre de *Champignons épiphytes* établi par de Candolle dans la famille des *Urédinées*, pour de petits parasites qui viennent sous l'épiderme des plantes mortes qu'ils soulèvent et finissent par rompre. Le *Bullaria umbelliferum*, de Cand. (*Uredo bullata*, Pers.), forme, sur les tiges des ombellifères, de petits groupes vésiculeux grisâtres et toujours recouverts par l'épiderme.

BULLE (Médecine). — On appelle ainsi de petites tumeurs formées par l'accumulation, sous l'épiderme, d'un liquide séreux ou séro-purulent ; elles se développent quelquefois instantanément, d'autres fois, elles sont précédées d'une rougeur plus ou moins vive ; elles s'ouvrent

(3) Bulbe solide du safran d'automne (*crocus sativus*). — *f*, feuilles. — *r*, racines. — *a*, ancien axe flétri et provenant de l'année précédente. — *a'*, axe secondaire bulbiforme de l'année présente. — *a''*, point où se développe le bourgeon qui formera le bulbe de l'année suivante.

pour donner issue au liquide qu'elles contiennent, et sont remplacées par des croûtes, quelquefois par de petites ulcérations superficielles. Le rupia, le pemphigus, que les Allemands ont appelés *maladie bulleuse*, sont caractérisés par des bulles (voyez RUPIA, PEMPHIGUS).

BULLE (Zoologie). — Genre de mollusques (voyez BULLÉENS).

BULLÉENS (Zoologie). — Lamarck a établi sous ce nom une famille de *Mollusques gastéropodes tectibranches*, dont Cuvier (*Règne animal*) fait un genre sous le nom d'*Acéres* (voyez ce mot), et qui a les mêmes caractères. Il a divisé cette famille en trois genres : les *Acéres*, les *Bullées* et les *Bulles*, tous habitant les eaux de la mer. Les *Acéres proprement dites* sont des Bulléens pour Lamarck, des Acéres pour Cuvier, qui n'ont pas de coquille du tout, ou n'en ont qu'un vestige en arrière, quoique leur manteau en ait la forme extérieure. La *Bulla carnosa*, Cuv., est le type de ce genre. Les *Bulléees* ont une coquille cachée dans l'épaisseur du manteau ; elle fait peu de tours, et l'animal est trop gros pour y rentrer. L'*Amande de mer* (*Bullæa aperta*, Lamk) est une espèce de ce genre. Les *Bulles* ont une coquille recouverte seulement d'un léger épiderme ; elle se contourne un peu plus, et est assez grande pour contenir l'animal. L'*Oublie* (*Bulla lignaria*, Lin.) et la *Goutte d'eau* (*Bulla hydatis*, Lin.), sont des espèces de ce genre.

•BUMÉLIE (Botanique), *Bumelia*, Swartz. Nom que les anciens donnaient à notre frêne. — Swartz l'a employé pour désigner un genre de la famille des *Sapotées*, qui n'a aucun rapport avec cet arbre. Il comprend des arbustes à feuilles ordinairement entières, à bois dur, ils sont originaires la plupart de la Caroline et de la Géorgie. Caractères principaux : calice quinquépartite ; corolle quinquéfide, accompagnée d'appendices étroits ; 10 étamines, dont 5 stériles ; ovaire à 5 loges ; baie à péricarpe un peu charnu, renfermant des graines lisses sans périsperme. La *B. réclinée* est un arbrisseau très-épineux et très-difficile à casser, dont les rameaux sont inclinés vers la terre ; dans la Caroline et le midi de la France, on en fait des haies impénétrables ; elle gèlerait sous le climat de Paris.

BUNIAS (Botanique), *Bunias*, Lin., du grec *bounias*, espèce de navet. — Genre de plantes de la famille des *Crucifères*, tribu des *Buniadées*. Caractères : calice ouvert ; pétales longs, à onglets droits ; style presque sessile ; silicule indéhiscente, tétraèdre, hérissée d'angles inégaux, acuminés, ou sphérique et ridée, à 2 et 4 loges. On rencontre aux environs de Paris, le *B. piquant fausse roquette*, vulgairement *Masse au bedeau*. (*B. erucago*, Lin. ; *Myagrum erucago*, Lamk), ainsi nommé à cause de sa saveur piquante dans le genre de celle de la roquette.

•BUNION (Botanique), *Bunium*, Koch. Nom grec d'une plante ombellifère. — Genre de plantes de la famille des *Ombellifères*, tribu des *Amminées*. Il comprend des herbes vivaces à racines souvent tubéreuses, et se distingue spécialement par son fruit comprimé latéralement ovoïde, ou oblong linéaire, composé de carpelles à côtes obtuses. Le *B. verdâtre* (*B. virescens*, de Cand.), qui se trouve en France, et le *B. sans tige* (*B. acaule*, Hoffm.), qui croît dans le Caucase, sont deux espèces sans intérêt pour l'ornement. Le *B. bulbocastanum*, de Linné, rentre dans le genre *Carvi* (voyez ce mot).

BUPHTHALME (Botanique), *Buphthalmum*, Neck., du grec *bous*, bœuf ; *ophthalmos*, œil : allusion aux larges capitules de ce genre. — Genre de plantes de la famille des *Composées*, tribu des *Astéracées*, sous-tribu des *Buphthalmées*. Caractères : capitules solitaires à involucre composé d'un petit nombre d'écailles ; ligules larges ; fleurs du centre à tube arrondi un peu évasé ; anthères accompagnées de soies très-fines ; achaines du disque couverts de dents, ceux de la circonférence présentant trois ailes peu apparantes. On cultive dans les jardins le *B. à feuilles de saule* (*B. salicifolium*, de Cand.). Le *B. à grandes fleurs* (*B. grandiflorum*, Lin.) est une belle plante herbacée, s'élevant à peu près à 0m,50. Elle se distingue par ses feuilles oblongues lancéolées, dentées, variant de largeur, et par ses larges capitules jaunes. Cette espèce croît spontanément en Europe.

BUPHTHALMIE (Médecine), du grec *bous*, bœuf, ou de la particule augmentative *bou*, et *ophthalmos*, œil), c'est-à-dire, gros œil ou œil de bœuf ; augmentation du globe de l'œil. — C'est un des symptômes les plus évidents de l'*hydrophthalmie* (voyez ce mot). Sabatier donne aussi ce nom à une turgescence du corps vitré (voyez VITRÉ [*corps*], ŒIL), qui pousse l'iris et le cristallin en

avant. C'est aussi un état normal de certains individus qui ont les yeux volumineux et saillants, ce qui occasionne le plus souvent la *myopie*, à cause de la trop grande sphéricité du globe de l'œil (voyez MYOPIE).

BUPLÈVRE (Botanique), *Bupleurum*, en grec *boupleuron*. — Genre de plantes de la famille des *Ombellifères*, tribu des *Amminées*, et comprenant des plantes désignées communément sous le nom de *perce-feuilles*, parce que les feuilles de plusieurs espèces semblent être percées par la tige. Caractères : pétales arrondis à languette large, émoussée ; carpelles à 5 côtes ailées, aiguës, filiformes, un peu saillantes. Les buplèvres sont des herbes ou des sous-arbrisseaux à feuilles presque toujours entières et à fleurs jaunes. Le *B. frutescent* (*B. fruticosum*, Lin.) possède un beau feuillage lisse et brillant persistant, qui le fait admettre souvent dans les jardins pour l'ornement des bosquets. Le *B. en faucille* (*B. falcatum*, Lin.), appelé aussi vulgairement *Oreille-de-lièvre*, à cause de la forme de ses feuilles linéaires, lancéolées et recourbées, commun en France et en Allemagne, passe pour vulnéraire et fébrifuge. On attribue à peu près les mêmes propriétés au *B. à feuilles rondes* (*B. rotundifolium*, Lin.) et au *B. perfoliatum*, Lamk, plante indigène, comme la précédente.

G—S.

BUPRESTE (Zoologie), *Buprestis*, Lin. — Genre de *Coléoptères* pentamères, famille des *Serricornes*, section des *Sternoxes*, tribu des *Buprestides*, établi par Linné pour désigner des insectes auxquels Geoffroy a donné le nom de *Richards*, par lequel il a voulu exprimer la richesse de leur parure et l'éclat des couleurs d'or et de rubis dont ils sont ornés, réservant le nom de *Bupreste* au genre *Carabus* de Linné, dans lequel il crut avoir retrouvé l'insecte dont parle Pline sous ce nom. Mais Latreille a prouvé que le *Bupreste* de Pline appartient au genre *Méloé* des modernes (*Cantharides*), dont les propriétés vésicantes sont connues ; il existe encore dans la Grèce moderne une espèce du genre *Méloé*, qui porte le nom de *Voupresty*. Quoi qu'il en soit, les caractères du genre Bupreste de Lin., Richard de Geoffr. sont : corps ovale, allongé, un peu plus large et obtus en devant, rétréci en arrière ; yeux ovales, antennes insérées entre eux, mâchoires robustes, corselet court et large ; ils marchent lentement, volent avec facilité, surtout par un temps chaud. Quand on veut les saisir, ils se laissent tomber à terre ; on les trouve sur les feuilles, les fleurs, dans les bois, les chantiers, etc. Latreille divise ce genre en trois sous-genres : 1° Les *Buprestes* propres ; 2° les *Aphanistiques* ; 3° les *Mélasis*.

BUPRESTES propres. — Ce sous-genre nous offre les plus beaux insectes que nous ayons ; il renferme un grand nombre d'espèces qu'on distingue en ce que *les unes n'ont pas d'écusson* : on doit citer parmi elles : le *Richard à faisceaux* (*B. fasciculata*, Lin.), long de 0m,025, ovoïde, convexe, du cap de Bonne-Espérance ; le *R. sternicorne* (*B. sternicornis*, Lin.), un peu plus grand, d'un vert doré très-brillant, des Indes orientales ; le *R. bande dorée* (*B. vittata*, Fab.), long de 0m,04, plus étroit, plus allongé, d'un vert bleuâtre, des Indes orientales, etc. *Les autres ont un écusson* : le *R. géant* (*B. gigas*, Lin.), long de 0m,050 à 0m,060, corselet cuivreux, mêlé de vert brillant, de Cayenne. Parmi ceux de France qui appartiennent à cette section, nous citerons : le *R. doré à stries* (*B. rustica*, Fab.), d'un vert doré, quelquefois bleu, long de plus de 0m,02, du Piémont, on le trouve aussi à Paris ; le *R. mariana* (*B. mariana*, Fab.), la plus grande espèce de notre pays, long de 0m,03, vert bronzé, cuivreux en dessus, rouge cuivreux en dessous, sur les pins coupés dans le Midi ; le *R. manca* (*B. manca*, Fab.), long de 0m,008 à 0m,010, dessous du corps rouge cuivreux, élytres bronze terne, de Paris ; le *R. vert* (*B. viridis*, Fab.), de même longueur, bronze vert en dessous, élytres vertes ou bleuâtres ; sur les arbres aux environs de Paris.

BUPRESTIDES (Zoologie). — Ce nom a été donné par Cuvier à la première tribu d'*Insectes* de la section des *Sternoxes*, famille des *Serricornes*, ordre des *Coléoptères pentamères*. Ils sont caractérisés par : saillie postérieure du présternum peu développée et simplement reçue dans une dépression ou échancrure du mésosternum, organisation qui les rend impropres au saut, ce qui les distingue des Taupins ; angles postérieurs du corselet point ou très-peu prolongés, le dernier article des palpes souvent presque cylindrique, quelquefois globuleux ou ovoïde ; ils composent le grand genre *Bupreste* de Linné, sous-divisé comme il a été dit à l'article BUPRESTE.

BUREAU DES LONGITUDES. — Cet établissement, créé

en 1795, et dont l'organisation a été modifiée en 1854, est chargé de rédiger la *Connaissance des temps*, à l'usage des astronomes et des navigateurs, et de publier un *Annuaire* qui en résume les données les plus usuelles. L'Observatoire de Paris a été longtemps sous la dépendance du bureau des longitudes, qui désignait annuellement le directeur des observations. Ces deux établissements sont aujourd'hui distincts. Le bureau des longitudes n'a plus d'action directe sur l'Observatoire; il constitue une sorte d'académie des sciences astronomiques, destinée à éclairer les questions qui se rattachent à l'astronomie, à la géodésie, à la géographie, à la navigation et à la construction des instruments dont ces sciences réclament l'emploi. — Voir au supplément.   E. R.

BURETTE GRADUÉE. — Voyez ALCALIMÈTRE, ACIDES (essai des).

BURGAUDINE (Zoologie). — Espèce de nacre très-estimée, fournie par l'écaille d'un limaçon à bouche ronde qu'on trouve aux Antilles et qui appartient au genre *Sabot* (*Turbo*, Lin.); c'est le *Sabot limaçon*, nommé vulgairement *Burgau* (voyez PERLE, TURBO).

BURSAIRE (Botanique), *Bursaria*, Cav., de *bursa*, bourse, à cause de la forme du fruit. — Genre de plantes de la famille des *Pittosporées*. Caractères : calice à 5 divisions; 5 pétales; capsule à 2 loges et s'ouvrant en 2 valves; graines munies d'arille. La *B. épineuse* (*B. spinosa*, Cavanilles), espèce rangée dans les genres *Cyrilla* par Sprengel et *Itea* par Andrews, est un arbrisseau épineux s'élevant de 2 à 3 mètres; ses rameaux sont grêles; ses feuilles sont persistantes, luisantes, petites, oblongues; ses fleurs, disposées en grappes paniculées, sont blanches et répandent une odeur très-agréable. Ses fruits capsulaires, qui ressemblent assez aux silicules du *Thlaspi*, *Bourse-à-pasteur* (voy. THLASPI), avaient d'abord fait croire à Labillardière, lorsqu'il trouva cette espèce à la Nouvelle-Hollande, qu'il avait affaire à un arbre appartenant à la famille des *Crucifères*. La bursaire vient aussi dans la Nouvelle-Galles du Sud. On la cultive en pleine terre dans la serre tempérée. Elle vient moins bien cultivée en pots.   G—s.

BURSAIRES (Zoologie). — Genre d'*Infusoires* établi par Ehrenberg dans la famille des *Trachelinæ*, classe des *Polygastriques*; ils sont caractérisés par un corps en forme de bourse, terminé par une bouche bordée d'une rangée de cils en spirale, servant comme d'organes de locomotion, généralement disposés en rond; ceux qui entourent la bouche sont plus longs que les autres; canal alimentaire courbé en avant et pourvu de petites poches. Ils habitent les eaux douces, stagnantes; leur longueur est de 0ᵐ,0002 à 0ᵐ,0008.

BURSÉRACÉES (Botanique). — Famille de plantes *Dialypétales hypogynes* que M. Brongniart range dans sa classe des *Térébenthinées*. Elle comprend des végétaux résineux à feuilles alternes composées. Leurs fleurs sont régulières, à calice libre, à pétales en nombre égal aux divisions du calice; l'ovaire est libre, à loges biovulées; le fruit est une drupe à un ou plusieurs noyaux renfermant une seule graine dépourvue de périsperme; quelquefois, mais rarement, il est capsulaire. Cette famille habite les parties chaudes des deux continents, mais principalement de l'ancien. La plupart de leurs espèces produisent des gommes, des résines, des baumes. On divise les Burséracées en deux tribus : les *Bursérées* et les *Amyridées*. Genres principaux : *Boswellie* (*Boswellia*, Roxb.), *Balsamier* (*Balsamodendron*, Kunth.); *Iciquier* (*Icica*, Aubl.); *Canarium* Lin.; *Pimelea*, Lour.; *Gomart* (*Bursera*, Jacq.); *Amyris*, Lin.; *Elemifera*, Plum., etc.   G—s.

BURSÈRE (Botanique), *Bursera*, Jacq., dédié au médecin et botaniste Joachim Burser. — Genre de plantes type de la famille des *Burséracées* et de la tribu des *Bursérées*. Caractères : fleurs polygames; calice caduc; 3 pétales; 6-10 étamines; ovaire sessile à 3 loges; capsule charnue s'ouvrant en 3 valves; 3 noyaux à une graine. Ce genre porte vulgairement le nom de *Gomart*. Le *B. porte-gomme* (*B. gummifera*, Jacq.), que l'on appelle aussi *Sucrier-de la montagne* ou *Gommier*, *Chibou*, *Cachibou*, *Bois à cochon*, est un grand arbre des Antilles. Ses fleurs sont petites et ses fruits, gros comme une noisette, sont résineux, odorants et verdâtres, avec une teinte pourpre. Cette espèce donne par incision un suc balsamique qui s'épaissit à l'air et dont les propriétés vulnéraires sont estimées dans les pays où elle croît. On fait avec son bois des tonneaux dans lesquels on expédie le sucre en Europe; de là le nom vulgaire de *Sucrier de la montagne*.

BURTONIE (Botanique), *Burtonia*, R. Brown, dédiée à David Burton, botaniste collecteur. — Genre de plantes de la famille des *Papilionacées*, tribu des *Poda...iées*, renfermant des arbrisseaux ou des sous-arbrisseaux le la Nouvelle-Hollande; leurs feuilles sont entières, épar es, simples ou trifoliolées, et leurs fleurs, jaunes ou pourpr es, sont rassemblées au sommet des rameaux ou dispo sées en corymbes. La *B. gentille* (*B. pulchella*, Meisn.) est un arbuste à fleurs rouges disposées en épi très-dense. La *B. velue* (*B. villosa*, Bot. mag.) se distingue par ses pédicelles plus longs et ses fleurs pourpres marquées d'une tache jaune à la base de l'étendard. On les cultive en serres froides ou tempérées.

BUSAIGLE (Zoologie), *Butaetes*, Lesson. — Lesson a établi sous ce nom un sous-genre d'*Oiseaux* dans sa tribu des *Buses*, paragraphe des *Rapaces ignobles*, famille des *Falconidées*, section des *Accipitres diurni*; il le caractérise par un bec très-recourbé dès la base; narines obliques; ailes aussi longues que la queue; tarses emplumés jusqu'aux doigts. La seule espèce qu'il indique, le *Busaigle* ou *Buse pattue* (*Butaetes buteo*, Less.; *Falco lagopus*, Gm., Cuv.), a le sourcil noir, le plumage varié de blanc et de brun, cuisses brunâtres, doigts jaunâtres, queue blanchâtre en dessous, terminée de brun; longueur du mâle, 0ᵐ,55; la femelle un peu plus grande. Cet oiseau habite surtout l'Europe; on le trouve aussi en Afrique et en Amérique, dans les plaines, les forêts marécageuses; il se nourrit de petits mammifères et de reptiles; il est sauvage et féroce.

BUSARD (Zoologie), *Circus*, Bechst. — Sous-genre d'*Oiseaux* de la section des *Ignobles*, du grand genre *Faucons*, ordre des *Oiseaux de proie* (*Règne animal*); caractérisé par les tarses plus élevés que dans les buses et par une espèce de collerette de plumes disposées en demi-cercle de chaque côté du cou et formée par les auriculaires. Ils ont le corps svelte, la queue longue et arrondie et sont du reste plus agiles et plus rusés que les buses. Ils se nourrissent de petits oiseaux, de petits quadrupèdes, de reptiles, d'insectes; ils se plaisent dans les marais et nichent dans les buissons marécageux. On les trouve dans toutes les parties du monde. Les espèces que nous avons en France sont : 1° la *Soubuse* (*F. pygargus*, Lin.), brune dessus, fauve tacheté de brun dessous, croupion blanc; 2° l'*Oiseau de Saint-Martin* (*F. cyaneus*), cendré, à pennes des ailes noires, ce n'est que le mâle de la seconde année; cette espèce se trouve dans les champs; elle niche à terre; 3° le *B. cendré* (*F. cineraceus*, Montagu), plus grêle, a les ailes aussi longues que la queue, celle-ci barrée de roux; 4° la *Harpaye* (*F. rufus*, Lin.), brunâtre et rousse, poitrine jaune, variée de brun roux, queue rousse ou blanche, sans tache; 5° le *B. des marais* (*F. æruginosus*, Savig.) est regardé comme le même, plus âgé; cependant plusieurs ornithologistes le décrivent comme une espèce particulière.

BUSE (Zoologie), *Buteo*, Bechst. — C'est un des oiseaux de proie les plus connus et en même temps des plus nuisibles de notre pays. L'espèce qui abonde chez nous, la *B. commune*, fait une chasse active au petit gibier, tel que lapereaux, lapins, lièvres, perdrix, cailles, etc., et la patiente immobilité avec laquelle elle guette sa proie, quelquefois des heures entières, lui a valu la réputation de stupidité, devenue le type d'une bêtise proverbiale. Les *Buses* forment dans le *Règne animal* de Cuvier un sous-genre de la section des *Ignobles*, du grand genre des *Faucons* (*Falco*, Lin.), ordre des *Oiseaux de proie*, et dans la classification de Ch. Bonaparte, elles appartiennent au genre *Buteoninæ*, famille des *Falconidæ*, de l'ordre des *Accipitres*. Elles ont pour caractères : les ailes longues, la queue égale, le bec recourbé dès sa base, à bords un peu flexueux, à arête arrondie, l'espace entre l'œil et les narines sans plumes; les pieds forts : 1° la *B. commune* (*F. buteo*, Lin.), se distingue par les tarses nus et écussonnés; elle est brune, ondée de blanc au ventre et à la gorge; elle habite nos forêts, et, au lieu de poursuivre sa proie, elle tombe dessus du haut d'un arbre, d'où elle l'épie depuis un temps infini; indépendamment des gibiers dont il a été question, elle dévaste aussi les nids des petits oiseaux; elle place son nid sur de vieux arbres morts, sur des chênes, des bouleaux et y pond trois ou quatre œufs; 2° la *B. pattue*, *Busaigle* ('t Lesson (*F. lagopus*, Gm.) diffère des aigles par les tarses recourbé dès la base; elle est aussi très-répandue parmi les espèces étrangères. On doit citer : 3° la *Bacha*, de Levaillant (*F. bacha*, Shaw), oiseau d'Afrique très-cruel.

BUSON (Zoologie), *Buteogallus*, Less. — Lesson a détaché, sous ce nom, du genre des *Butes* (*Oiseaux de proie*), un sous-genre au bec long, d'abord droit, à bords renflés, simulant une dent, mandibules inférieures échancrées au bout, bec comprimé sur les côtés; ailes concaves, n'atteignant que le milieu de la queue, celle-ci courte, rectiligne; tête petite; corps lourd et massif. La seule espèce de ce sous-genre est le *Buteogallus cathartoïdes*, Less. (*Falco buso*, Lath.; *Buson*, de Levaillant); toutes les parties supérieures brunes, les inférieures rousses, tachées de brun, il a les formes des *Cathartes* et des *Urubus* (voyez ces mots). Il habite la Guyane et le Paraguay.

BUSSANG (Médecine, Eaux minérales). — Village de France (Vosges), arrond. et à 28 kilom. S.-E. de Remiremont. Eaux minérales ferrugineuses bicarbonatées froides gazeuses; elles contiennent par litre 0^{gr},410 d'acide carbonique, 0^{gr},017 de carbonate de fer, quelques autres sels et un peu d'arsenic; elles sont excitantes et toniques; elles perdent beaucoup par le transport.

BUSSEROLLE (Botanique). — Nom vulgaire du *Raisin d'ours* (*Arbutus uva ursi*, Lin.), appartenant aujourd'hui au genre *Arctostaphylos*, Gal., du grec *arctos*, ours; *staphulé*, raisin. Cette espèce est un sous-arbrisseau couché; ses feuilles sont persistantes, coriaces, luisantes; ses fleurs sont en grappes, blanches, avec la gorge de la corolle rouge; ses fruits, d'un beau rouge, en grappes, très-recherchés, dit-on, par les ours, sont d'une saveur agréable au goût. Cette espèce croît en Europe, particulièrement dans les régions méridionales. On en trouve sur le mont Cenis. Ses feuilles sont employées en médecine comme diurétiques et dans les inflammations chroniques de la vessie et dans les diarrhées atoniques; elles ont passé aussi pour anticalculeuses.

G — s.

BUTOMÉES ou **BUTOMACÉES** (Botanique). — Petite famille de plantes *Monocotylédones*, établie par Louis-Claude Richard, et rangée par M. Brongniart dans la classe des *Fluviales*, entre la famille des Hydrocharidées et celle des Alismacées. Elle comprend des herbes vivaces, croissant dans les eaux et les marais de l'Europe et de l'Amérique méridionale. Leurs feuilles sont alternes, entières, avec le pétiole engaînant à la base. Leurs enveloppes florales se composent d'un calice à 3 sépales persistants, verdâtres, et d'une corolle à 3 pétales colorés et souvent caducs. Les étamines, en nombre défini ou indéfini, sont hypogynes. Les ovaires, au nombre de six ou plus, sont uniloculaires. Le fruit est formé de carpelles coriaces, terminés par un bec et contenant des graines nombreuses. Celles-ci sont dépourvues de périsperme. Les Butomées ont le plus souvent leurs fleurs disposées en ombelle. Genres : *Butome* (*Butomus*, Lin.); *Hydrocléide* (*Hydrocleis*, L.-C. Rich.); *Limnocharis*, Humb. et Bonpl.

G — s.

BUTOR (Zoologie), *Ardea stellaris*, Lin. — Espèce de *Héron* dont le cri rappelle le mugissement du taureau, mais plus intense et plus perçant (d'où lui vient son nom du latin *bos taurus*); c'est au printemps, le matin et le soir, qu'il fait entendre cinq ou six fois de suite ce cri terrible et effrayant qui, répété par les échos des bois, va retentir à plus de 2 kilomètres; si l'on joint à cela ses habitudes solitaires au milieu des marais où, caché dans les roseaux, il guette les petits poissons, les

Fig. 384. — Le Butor d'Europe.

grenouilles et autres petits animaux aquatiques, sa sauvagerie et sa défiance pour se soustraire à l'œil du chasseur, le courage presque brutal qu'il déploie lorsqu'il est attaqué, se défendant contre les oiseaux de proie, contre les chiens, et même contre les chasseurs qu'il attaque avec son bec pointu, et qu'il semble toujours viser aux yeux, on comprendra le sens de l'épithète de *butor* donnée à un homme grossier et brutal. Le butor forme un petit genre de la tribu des *Hérons*, famille des *Cultrirostres*, ordre des *Échassiers*, du *Règne animal* de Cuvier; et de la famille des *Ardeidæ*, tribu des *Anse-*

racæ, ordre des *Grallæ* de Ch. Bonaparte. Caractères: les plumes du cou lâches et écartées; le plumage ordinairement tacheté ou rayé; du reste, le bec assez court, aigu, la jambe emplumée, les tarses gros et robustes. Le *B. commun*, *B. d'Europe* (*A. stellaris*, Lin.) a environ 0^m,75 de long; il est d'un brun fauve, tacheté et pointillé de noirâtre, le sommet de la tête noir, de larges moustaches de la même couleur, le bec et les pieds verdâtres; le fond du plumage est légèrement varié de jaune ferrugineux, de lignes et de traits noirs en zigzags, les plumes du cou sont longues et bien fournies, ce qui fait qu'il paraît beaucoup plus gros qu'il ne l'est réellement; le cri ordinaire du butor est beaucoup moins fort et moins retentissant que celui qu'il fait entendre au printemps et dont nous avons parlé; il est aussi moins désagréable. Cet oiseau se tient dans les roseaux, au bord des marais solitaires, où il passe des jours entiers, levant de temps en temps sa tête pour voir ce qui se passe autour de lui; il fait son nid au milieu des roseaux, presque sur l'eau. La femelle y pond de trois à cinq œufs, et l'incubation dure de vingt-quatre à vingt-cinq jours. On le trouve en France, en Suisse, en Angleterre et dans tous les pays coupés de marais, où il peut trouver la solitude. Le *B. à bandes noires* (*A. minor*, Wils.; *A. mokoko*, Vieil.) n'a pas plus de 0^m,65 de long; il se distingue par des raies transversales noires sur le dessus du corps; il habite le nord de l'Amérique.

BUTYRATES (Chimie). — Les butyrates alcalins, le butyrate de chaux, de baryte, sont solubles dans l'eau; ceux de plomb et d'argent sont insolubles. Ils cristallisent tous sous des formes facilement déterminables; placés sur l'eau, ils prennent, comme le camphre, un mouvement giratoire.

BUTYRIQUE (Acide) (Chimie), Acide du beurre, du latin *butyrum*, beurre. — Acide monobasique composé de carbone, d'hydrogène et d'oxygène ($C^8H^8O^4$ ou $HO,C^8H^7O^3$). Liquide incolore, d'une saveur âcre et brûlante, d'une odeur piquante et en même temps fétide, un peu analogue à celle du beurre rance. Il ne se solidifie que par un froid intense, celui que produit un mélange d'acide carbonique solide et d'éther. Il bout à 162° sans se décomposer; sa densité à 0° est de 0,988; sa densité de vapeur, 3,7; sa formule correspond à 4 volumes. L'acide butyrique se convertit en acide succinique et en eau par l'action oxydante, longtemps prolongée, de l'acide azotique bouillant.

$$C^8H^8O^4 + 6O = C^8H^6O^8 + 2HO$$

Ac. butyrique.   Ac. succinique.

Le chlore se substitue partiellement à l'hydrogène de l'acide butyrique et donne deux acides nouveaux. Au contact de l'alcool et de l'acide sulfurique, l'acide butyrique s'éthérifie avec une grande facilité. L'éther produit a une odeur semblable à celle de l'ananas, et on l'emploie pour parfumer les bonbons dits *anglais*. Sa formule est : $C^4H^5O,C^8H^7O^3$.

L'acide butyrique, qui se montre comme un produit constant dans la saponification du beurre, peut être obtenu artificiellement par la fermentation de matières sucrées et amylacées, en présence d'un ferment azoté spécial, du fromage ou du gluten en décomposition. Le glucose dissous dans l'eau et mélangé avec du caséum et de la craie, est exposé pendant plusieurs mois à une température de 25 à 30°. Bientôt la fermentation s'établit, et l'on peut y constater deux phases distinctes. Dans la première, il se dégage de l'acide carbonique, et le glucose est transformé en acide lactique, qui se combine à la chaux formant une bouillie épaisse de lactate de chaux. Dans la seconde phase, la masse redevient fluide, il se dégage de l'acide carbonique et de l'hydrogène. L'acide lactique déjà formé s'est transformé en acide butyrique. Le butyrate de chaux ainsi obtenu est ensuite décomposé par l'acide chlorhydrique; l'acide butyrique liquide vient surnager, et c'est ensuite par des distillations répétées qu'on le concentre. Il est pur quand la température d'ébullition se fixe à 162°.

L'acide butyrique a été découvert par M. Chevreul. Sa préparation artificielle est due à MM. Pelouze et Gélis.

B.

BUTYRINES (Chimie). — Composés analogues aux acétines, résultant de l'union de l'acide butyrique avec la glycérine, avec élimination d'un certain nombre d'équivalents d'eau, de même que les acides s'unissent aux alcools avec élimination d'eau pour produire les éthers. On connaît :

La monobutyrine. $C^{14}H^{14}O^8 = C^8H^8O^4 + C^6H^8O^6 - 2HO$

A. butyrique. Glycér.

La dibutyrine..... $C^{22}H^{22}O^{12} = 2(C^8H^8O^4) + C^6H^8O^6 - 2HO.$

La tributyrine.... $C^{30}H^{26}O^{12} = 3(C^8H^8O^4) + C^6H^8O^6 - 6HO.$

Ces corps sont tous des liquides incolores, huileux, odorants, régénérant, par le contact de la chaux et de la baryte, la glycérine et les butyrates correspondants, et produisant, sous l'action simultanée de l'alcool et de l'acide chlorhydrique, l'éther butyrique et la glycérine. M. Chevreul a isolé dans le beurre une substance qu'il a nommée *butyrine*, et qui est probablement identique à l'une des précédentes, la tributyrine. La production de la butyrine artificielle, cette synthèse directe d'un corps gras neutre, est due à M. Berthelot.   B.

BUTYRONE (Chimie). — Produit liquide, incolore, d'une odeur vive, entrant en ébullition à 140°, dérivant, comme les *acétones*, de l'acide générateur, par la perte d'une portion du carbone et de l'oxygène, dans les proportions qui constituent l'acide carbonique.

$$2(C^8H^8O^4,CaO) = C^{14}H^{14}O^2 + 2(CaO,CO^2) + 2HO$$

Butyrate de chaux.   Butyrone.

BUXACÉES ou **Buxées** (Botanique). — Tribu de la famille des *Euphorbiacées*, établie par Bartling, adoptée par Adrien de Jussieu dans sa *Monographie de la famille*, et par les auteurs. Caractères principaux : étamines insérées sous un rudiment du pistil; ovaire à 3 loges biovulées; fruit à 3 coques, ordinairement à chacune 2 graines. Le *Buis* (*Buxus*, Tourn.) est le type de cette tribu. Les quelques autres genres qu'elle renferme sont peu connus (voyez Buis).

BUXBAUMIE (Botanique), *Buxbaumia*, Lin., dédiée au botaniste bryologue russe Buxbaum. — Genre de *Mousses* qui se distinguent par une urne grande, pédicellée, munie d'un péristome double, formé de cils nombreux à l'extérieur et présentant l'intérieur membraneux. La coiffe est mitriforme. La *B. sans feuilles* (*B. aphylla*, Lin.) est une mousse très-singulière, qu'on croirait de prime abord dépourvue de feuilles; mais celles-ci existent à l'état de poils très-courts et très-serrés. Son pédicelle est noir et son urne jaune. On trouve quelquefois cette espèce aux environs de Paris; mais elle y est rare.

BUXTON (Médecine. Eaux minérales). — Village d'Angleterre (comté de Derby), à 50 kilomètres N.-O. de Derby et 230 N.-O. de Londres. Eaux minérales bicarbonatées calciques gazeuses, avec un peu d'oxyde de fer. Elles sont toniques (voyez Bath).

BYSSUS (Zoologie), *bussos*, en grec. — On appelle ainsi une touffe de filaments, une espèce de pied soyeux, qui sort de la coquille de certains *mollusques*, et qui leur sert pour s'attacher aux corps sous-marins. La matière du *byssus* est fournie par une glande particulière, et il est filé par un pied rudimentaire, contractile, conformé de manière à être *prenant* à son extrémité, et l'animal peut même en reproduire des fils quand on lui en a coupé. On le trouve dans un assez grand nombre de *Mollusques acéphales testacés :* ainsi les *Marteaux*, les *Vulselles*, les *Pernes*, les *Avicules*, les *Jambonneaux*, les *Moules*, les *Tridacnes ;* mais celui qui présente le plus d'intérêt est celui que produit le *Jambonneau* (*Pinna*, Lin.), et surtout le *P. nobilis*, Lin. ; long, fin et brillant comme de la soie, il est employé par les Maltais, les Siciliens et les Calabrais, pour faire divers tissus avec lesquels on confectionne des gants, des vêtements, etc., d'une finesse et d'une beauté merveilleuses, mais qui, en raison de la rareté de la matière première, ne sont plus que des objets de curiosité. Le *B. du tridacne bénitier* (*Chama gigas*, Lin.) est si gros et si tenace, qu'il faut le trancher à coups de hache. Il est douteux que le byssus des anciens soit le même que le nôtre; les Romains en tiraient de l'Élide et de la Judée; quelques-uns prétendent que le byssus des Romains était le produit d'une plante dont la culture diminua à mesure que la soie du bombyx prit de l'extension ; d'autres ont pensé que c'était tout simplement une espèce de coton; toujours est-il que ces étoffes précieuses fabriquées avec le byssus étaient très-recherchées, qu'elles offraient l'éclat et les couleurs de l'or, et qu'il est difficile d'accorder cela avec la couleur brune du byssus de la pinne marine ou les teintes ternes du coton. C'est donc un point qui est loin d'être éclairci.

Byssus (Botanique), du grec *bussos*, lin très-fin. Les plantes de ce genre consistent en filaments cotonneux, qui recouvrent les pierres et en général les vieux bâtiments. — Genre de *Champignons* de la famille des *Mucédinées*. On n'est pas encore d'accord sur sa nature. Dutrochet pense qu'on devrait le supprimer comme comprenant des végétaux qui sont le premier état des Agarics. D'autres l'ont presque entièrement réparti parmi les Lichens. En définitive, Mérat ne lui a conservé qu'un nombre très-restreint d'espèces. Ce botaniste caractérise ainsi le genre : filaments rameux, couchés, mêlés, très-ténus, non cloisonnés, demi-transparents, diffluents au moindre contact. Productions filamenteuses croissant dans les lieux souterrains. Le *B. argentea*, Duby, qui se présente sous la forme de filaments rayonnants, et développe une grande plaque jaune pâle ou argentée, se développe dans les endroits humides des bâtiments, sur les murailles des caves.

BYSTROPOGON (Botanique), du grec *bustra*, bouchon, et *pógon*, barbe; l'entrée de la corolle dans ce genre est obstruée par des poils. — Genre de plantes de la famille des *Labiées*, tribu des *Saturéiées*. Il comprend des arbrisseaux à fleurs petites, composées d'un calice à 5 dents, d'une corolle à tube non saillant, à lèvre supérieure presque dressée, échancrée ou bifide, à lèvre inférieure étalée, trifide, tous les lobes plans, celui du milieu plus large, et de 4 étamines plus courtes que la corolle. Les espèces de ce genre n'atteignent guère plus de 0^m,50 de hauteur. Elles ont en général les fleurs d'un pourpre pâle. Le *B. ponctué* (*B. punctatus*, L'Hérit.) croît à Madère; le *B. canariensis*, L'Hérit., et le *B. à feuilles d'origan* (*B. origanifolius*, L'Hérit.; *Mentha plumosa*, Lin.) se trouvent aux Canaries.   G—s.

BYTTNÉRIACÉES, ou mieux **Buttnériacées** (Botanique), puisque le genre type a été dédié au botaniste Buttner. — Famille de plantes *Dialypétales hypogynes*, rangée dans la classe des *Malvoïdées*, par M. Brongniart. Elle comprend des végétaux à feuilles simples, alternes et stipulées; leurs fleurs sont régulières, à calice divisé en 4-5 parties, à pétales en nombre égal à ces divisions ou souvent nuls ; les étamines, en nombre égal aussi, ou double des pétales, ont les filets soudés en un tube ou, rarement, distincts ; l'ovaire est libre, à plusieurs loges. Le fruit est capsulaire, déhiscent ou indéhiscent. Les byttnériacées habitent les régions équatoriales et voisines des tropiques. On les divise en cinq tribus, les *Dombeyacées*, les *Hermanniées*, les *Buttnériées*, les *Lasiopétalées* et les *Philippodendrées*, ces tribus se subdivisent en un grand nombre de genres.

C

CABARET (Zoologie). — Nom vulgaire du *Siserin* ou *Petite Linotte* (oiseau).

Cabaret (Botanique). — Espèce de plantes du genre *Asaret*.

Cabaret des murailles (Botanique). — (Espèce du genre *Cynoglosse*).

Cabaret des oiseaux (Botanique). — Nom vulgaire de la *Cardère sauvage* (*Dipsacus sylvestris*).

CABASSOU (Zoologie). — Espèce du genre *Tatou*.

CABÉLIAU ou **Cabillaud** (Zoologie). — On appelle ainsi en France la *Morue fraîche* (*Gadus Morrhua*), d'après son nom hollandais (voyez Morue).

CABESTAN (Mécanique). — Treuil à axe vertical, particulièrement employé sur les navires à lever l'ancre ou *dérâper*, et se manœuvrant généralement au moyen de leviers ou *barres* horizontales, qui permettent aux hommes de service d'agir sans retirer et remettre les barres comme dans le treuil ordinaire.

Le câble soulevé par le cabestan étant et très-gros et très-long, il serait impossible de l'enrouler entièrement autour du treuil ; on se contente donc de lui faire faire deux ou trois circonvolutions, de telle sorte qu'il se déroule d'un bout tandis qu'il s'enroule de l'autre. Il suffit que le bout libre soit tendu par deux ou trois hommes, pour que le frottement de ces quelques circonvolutions s'oppose au glissement du câble. Comme, à chaque tour du treuil, une spire nouvelle vient s'ajouter à côté de la précédente, ce qui tendrait à faire marcher le câble dans le sens de l'axe du cylindre, celui-ci, au lieu d'être cylindrique, est légèrement creusé en son milieu en forme de gorge de poulie, de façon que les spires tendent toujours à glisser verticalement vers le fond de cette gorge.

Les barres du cabestan sur un navire d'un fort tonnage doivent être nombreuses et très-longues, ce qui nécessite un emplacement considérable. Pour obvier à cet

Fig. 385. — Cabestan.

inconvénient, on commence à garnir la tête du cabestan d'une roue dentée, dans laquelle vient engrener une vis sans fin portant à ses deux extrémités deux manivelles.

Pour éviter les accidents et le déroulement des cabestans, ceux-ci sont toujours munis à leur extrémité inférieure d'un encliquetage, qui permet le mouvement dans un sens et empêche tout mouvement de retour en sens opposé.

CABIAI (Zoologie), *Hydrochœrus*, Erxleben. — Genre de *Mammifères rongeurs*, que Linné avait réuni aux genres *Cobaye*, *Agouti*, *Paca*, et dont il avait formé un groupe sous le nom de *Cavia*. On n'en connaît qu'une espèce, le *Cavia capybara*, Lin., *Cabiai*, Buffon. C'est le plus grand des rongeurs connus, et il ne mesure pas moins de 1 mètre de longueur sur 0m,50 de hauteur ; le castor seul en approche par la taille ; il se distingue par un museau très-épais, des jambes courtes, un poil rude d'un brun jaunâtre ; il est dépourvu de queue. On le rencontre en troupes dans les rivières de la Guyane et des Amazones ; c'est un très-bon gibier.

CABLE (Technologie). — Gros cordage de chanvre, ordinairement composé par la réunion de trois cordages moins forts, appelés *aussières*. Les câbles sont employés, dans la marine, pour tenir les vaisseaux au mouillage, et dans l'industrie pour traîner ou soulever de très-lourds fardeaux. Les câbles pour la marine sont de diverses grosseurs, variant avec la force du bâtiment et les dimensions des ancres auxquelles ils sont attachés. Leur longueur est de 120 brasses (200 mètres), et leur épaisseur, ou diamètre, varie de 0m,032 à 0m,065.

Aujourd'hui, les câbles sont généralement abandonnés sur mer, pour les câbles en fer, appelés *câbles-chaînes*, et la même tendance se manifeste dans l'industrie. Pour la fabrication des câbles de chanvre (voyez CORDAGES).

CABLES EN FER, CABLES-CHAINES. — Les câbles-chaînes présentent pour la marine de sérieux avantages sur les câbles de chanvre anciennement employés. Ils ont d'abord plus de résistance et plus de durée ; d'un autre côté, quand un vaisseau est tenu au mouillage par un câble de chanvre, ce câble, dont la densité surpasse peu celle de l'eau de mer, est tendu dans une position presque rectiligne ; il ne peut donc s'allonger lorsque la vague vient frapper le navire, et celui-ci éprouve à chaque lame un choc qui le fatigue, et peut finir par briser l'ancre ou son câble. Le câble en fer, au contraire, étant beaucoup plus dense que l'eau, forme dans celle-ci, malgré la tension, une courbe très-prononcée qui laisse une grande élasticité aux mouvements du navire.

La première idée de l'emploi des câbles en fer dans la marine est due à M. Slater, qui prit à ce sujet, en 1808, un brevet qui ne fut pas exploité faute de fonds. Ce n'est qu'en 1811 que le premier câble apparut sur la *Pénélope*, capitaine Brown ; depuis ce moment, ils se sont généralisés de plus en plus. Leur forme a également changé dans cette période, et aujourd'hui on a adopté partout le mode de construction inventé par M. Brunton.

La première condition à remplir dans la fabrication d'un câble-chaîne, est d'employer le fer le plus doux et le plus nerveux qu'il soit possible ; mais il faut aussi donner aux mailles une forme telle, qu'elles n'aient pas trop de jeu, qu'elles ne puissent se déformer par la traction, et que la traction sur le fer de chaque maille s'exécute dans le sens des fibres du métal. La forme reconnue la meilleure est celle dans laquelle les flancs des mailles sont soutenus par un étai. On choisit du fer en barre rond et d'une grosseur convenable, on le porte au rouge dans un fourneau à réverbère, puis, avec de fortes cisailles, on le coupe par bouts d'égale longueur, en terminant les deux extrémités par deux biseaux parallèles, puis, chaque morceau étant encore rouge, on le porte sur un mandrin en fonte, sur lequel on le replie suivant la forme que doit avoir l'anneau, les deux faces des biseaux en regard, mais séparées verticalement l'une de l'autre par un intervalle assez grand pour que le fer de l'anneau suivant puisse passer entre elles. Les mailles ainsi ployées sont apportées aux forgerons pour les souder et y mettre l'étai, deux opérations qui se font en une seule chaude. La maille portée au rouge soudant, est passée dans la dernière maille du bout de chaîne terminé, on rapproche au marteau les deux bouts de la maille nouvelle, puis quand la soudure est faite, on porte cette maille sous une forte presse. On introduit entre ses deux flancs l'étai de fonte, et on comprime fortement. Le refroidissement du fer augmente encore le serrage. Nous donnons ici le tableau comparatif des résistances des câbles de fer et de chanvre.

CABLES-CHAINE. Diamèt. du fer des mailles.	CABLES EN CHANVRE. Diamètre du câble.	SUPPORTEMENT en kilogrammes.
21mm,34	65mm,55	12188
25 ,40	80 ,30	18282
28 ,45	89 ,90	26407
31 ,50	97 ,50	32501
33 ,03	105 ,70	35548
34 ,55	115 ,95	38595
38 ,10	129 ,05	44689
41 ,15	137 ,25	52814
44 ,25	148 ,30	60939
47 ,30	160 ,60	71095
50 ,40	186 ,00	81252

Les nombres contenus dans la troisième colonne, représentent les charges qu'il n'est pas prudent de dépasser avec les câbles de chanvre, mais que l'on peut doubler sans danger dans un cas pressant avec les câbles-chaînes. Ils expriment néanmoins les charges maximum normales.

CABLES EN FILS DE FER. — Le fer a été employé avec succès dans ces dernières années à la fabrication de véritables cordages. Ces câbles, exécutés par des procédés mécaniques, sont à la fois solides et réguliers. A force égale, ils occupent trois fois moins de place, pèsent moitié et ne coûtent que les deux tiers du prix des cordes de chanvre ; il en résulte donc sur le prix d'achat une économie notable, augmentée encore par un accroissement de durée et par la valeur qu'ils conservent quand ils sont usés. C'est surtout dans le gréement des navires qu'ils rendent de grands services. Le premier navire qui ait été ainsi gréé, le *Marshall*, a conservé pendant sept ans les mêmes cordages, et au bout de ce temps, l'inspection a montré qu'ils étaient presque aussi bons que le premier jour. Ces câbles, construits par MM. Colliau et C*, peuvent être appliqués également à l'industrie. Il existait sur le chemin de fer de Saint-Étienne à Roanne un câble en fil de fer d'un seul bout et d'une longueur de 900 mètres, qui a longtemps fonctionné avec régularité sur un des plans inclinés de la voie.

Les cordes en fer présentent toutefois une raideur qui restreint leur emploi. On est parvenu à diminuer beaucoup cet inconvénient des câbles de fer, en plaçant à leur centre une *âme de chanvre goudronné* qui les rend presque aussi flexibles que les cordes de chanvre, et contribue par le goudron à leur conservation.

CABOCHON (Zoologie), *Capulus*, Montf. — Genre de coquilles univalves de l'ordre des *Gastéropodes pectini-*

branches. Une belle espèce habite nos côtes de la Méditerranée, où elle est connue sous le nom de *Bonnet hongrois, Bonnet de dragon.*

CABOSSE (Botanique). — Nom donné dans les Antilles au fruit du *Cacaoyer.*

CABRI (Zoologie). — Nom vulgaire du jeune *chevreau.*

CABRIL (Botanique), *Ægiphila,* Jacq., du génitif grec *aigos,* chèvre, et *philein,* aimer, parce que les chèvres broutent ses feuilles. — Genre d'arbrisseaux de la famille des *Verbénacées,* commun aux Antilles et à la Guyane, où il est connu sous le nom de *bois de fer, bois cabril.* Ses feuilles, opposées, sont ovales, lancéolées, pointues; ses fleurs sont blanches en panicules axillaires ou terminales, elles ont un calice court à 4 dents, corolle monopétale à 4 divisions; 4 étamines un peu saillantes hors du tube; ovaire supérieur; une baie arrondie jaunâtre, 4 semences.

CACALIE (Botanique), *Cacalia,* de Cand. Ce nom a été employé par Dioscorides pour désigner une plante qu'on n'a pas reconnue. Les modernes l'ont appliqué à un genre qui se rapporte à peu près à la description du naturaliste ancien. Certains étymologistes font venir le mot *cacalia,* du grec *kakos,* méchant, et *lian,* beaucoup. — Genre de plantes de la famille des *Composées,* tribu des *Sénécionidées.* Il comprend une soixantaine d'espèces qui sont des herbes vivaces originaires, pour une moitié environ, du cap de Bonne-Espérance, et pour l'autre de l'Amérique septentrionale. Les fleurs en capitules disposées en corymbes, sont ordinairement blanches ou jaunes. La *C. odorante* (*C. suaveolens,* Lin.), qui vient dans la Virginie, est une herbe glabre, à feuilles sagittées, dentelées; ses capitules, composés de 25 à 30 fleurs, ont les corolles blanches. G — s.

CACAO (Botanique). — (Voyez CACAOYER).

CACAOYER (Botanique). De *cacao,* nom que les peuples de la Guyane ont donné aux fruits de cet arbre. — Nom vulgaire du genre *Theobroma,* Lin., du grec, *theos,* dieu, et *brôma,* nourriture : aliment céleste, parce que de sa graine on tire le chocolat; appartenant à la famille des *Buttnériacées.* Caractères : 5 sépales; 5 pétales courbés, se prolongeant en une sorte de ligule spathulée; stigmate à 5 lobes; le fruit est une capsule indéhiscente à 5 loges. On compte actuellement environ une dizaine d'espèces de cacaoyer; quelques-unes seulement sont cultivées pour leurs graines. Le *C. commun,* le plus répandu (*Theobroma cacao,* Lin.; *C. theobroma,* Tuss.; *C. minor,* Gaertn.; *C. sativa,* Lamk.), est un arbre qui s'élève jusqu'à 10 ou 15 mètres; ses rameaux sont droits et grêles à écorce brune; ses feuilles, longues de 0ᵐ,30 à peu près, sont ovales, oblongues, acuminées, glabres, lisses, de même couleur sur les deux faces; ses fleurs sont assez petites, d'un jaune rougeâtre, ponctuées dans le fond. Son fruit, qui présente la forme d'un concombre, a une longueur de 0ᵐ,15 à 0ᵐ,20. Il est lisse, jaune rougeâtre; ses graines sont souvent un peu plus grosses que des amandes. Cette espèce est originaire de l'Amérique méridionale. Elle se cultive principalement au Mexique, à Caracas, à Vénézuéla, dans les Antilles. C'est aux Mexicains, qui font depuis un temps immémorial usage de boissons au cacao, que nous devons l'idée première de l'emploi de cette graine. Ce ne fut qu'en 1506 que d'Estiaca importa le cacao à Saint-Domingue, et en 1520 que les Espagnols, s'en emparant à leur tour, inventèrent différentes préparations de bouillies au cacao et à peu près analogues à celles de nos chocolatiers actuels. De l'Espagne, où la fabrication du chocolat demeura longtemps secrète, la connaissance des propriétés du cacao passa en France, et l'usage de la *boisson des dieux* fut introduit à Paris au retour du mariage de Louis XIV avec l'infante Marie-Thérèse d'Autriche en 1660, c'est-à-dire trois ans après l'introduction de cette autre graine non moins importante, le *café.* A cette époque, un nommé Chaillou, officier de la reine, et possesseur d'un privilège qui lui permettait d'être le seul débitant de la préparation à la mode, devint le premier chocolatier. Il était établi près de la fontaine de la rue de l'Arbre-Sec. Parmi les espèces les plus importantes de *Cacaoyer,* on distingue le *C. de Guyane* (*Theobroma Guyanensis,* Willd.) qui n'atteint guère plus de 5 mètres; il se distingue de la première espèce par ses fruits couverts d'un léger duvet, de couleur rousse, et munis de 5 angles, tandis que le fruit du *C. commun* en présente 10. Cette espèce habite les forêts marécageuses de la Guyane. Ses graines, fraîches, sont estimées des naturels, et recherchées aussi par les Européens. La pulpe est fondante et s'emploie quelquefois pour préparer une liqueur agréable. Le *C.*

bicolore (*T. bicolor,* Humb. et Bonpl.) est un arbrisseau de 3 à 4 mètres. Ses fleurs sont d'un pourpre noirâtre; ses fruits sont globuleux et couverts d'un duvet soyeux au toucher. Cette espèce est une des plus communes; des forêts de la Colombie et du Brésil en sont quelquefois entièrement formées. Les naturels la connaissent sous le nom de *cacao.* Ses graines sont d'une qualité inférieure. Le *C. sauvage* (*T. sylvestris,* Willd.) est très-abondant dans la Guyane; il se distingue par ses fruits cotonneux. Ses graines sont bonnes à manger fraîches, et, quoique de très-bonne qualité, peu répandues dans le commerce. Les variétés commerciales des graines du cacaoyer sont extrêmement nombreuses. Elles se distinguent par leur forme, leur grosseur et leur coloration. Ainsi, il y a le *cacao des îles* qui a le *testa,* ou enveloppe de la graine, assez épais et qui est aplati; le *cacao berbiche,* à graines plus courtes, arrondies et très-onctueuses, le *cacao de Surinam,* qui est allongé; enfin, le *cacao caraque,* qui est le plus estimé, et qui se distingue par ses graines beaucoup plus grosses que les autres, plus onctueuses et plus amères. La récolte de ces différentes variétés a lieu en juin, puis en décembre; la dernière récolte est la plus considérable. Les fruits, arrivés à complète maturité, sont cueillis, et l'extraction de leurs graines a lieu aussitôt. Celles-ci subissent quelques préparations avant d'être livrées au commerce. Encore toutes fraîches, elles sont mises dans des sortes de grands canots en bois, puis recouvertes de grandes feuilles de bananier. Quand ces canots sont remplis, on les ferme avec de grandes planches sur lesquelles on pose des pierres. Les graines ainsi renfermées restent à fermenter pendant quatre ou cinq jours. On a soin de les remuer souvent, et lorsque leur testa prend une couleur rougeâtre, on les retire; elles sont séchées au soleil, après quoi elles peuvent être livrées à la fabrication du chocolat. Quelquefois on enfouit dans la terre, pendant quarante jours au maximum, les graines de cacao, afin de leur enlever leur âcreté. Le cacao est ainsi dit *terré* et bon pour le commerce. 1 000 pieds de cacaoyer rapportent de 7 à 800 kil. de graines. G — s.

CACATOES (Zoologie). — Genre d'*Oiseaux grimpeurs* faisant partie du grand genre des *Perroquets,* Cuv. (*Psittacus,* Lin.). Ce sont des oiseaux à bec gros, dur, solide, entouré à sa base d'une membrane où sont percées les narines; aux autres caractères des perroquets, ils joignent les suivants : ils portent une huppe formée de plumes longues et étroites, rangées sur deux lignes, se couchant ou se redressant au gré de l'animal, le plus souvent blanche, quelquefois jaune, rose, rouge ou bleue; la queue courte et égale; le plumage le plus souvent blanc; ils vivent dans les parties les plus reculées des Indes; ce sont les espèces les plus dociles; on les trouve surtout dans les pays marécageux. Quelques espèces de la Nouvelle-Hollande ont des huppes plus simples et moins mobiles; elles vivent surtout de racines. Il y en a d'autres qui ont pour toute huppe quelques plumes pendantes et garnies seulement vers le bout de barbes effilées. L'espèce la plus connue pour sa facilité à apprendre à parler est le *Perroquet gris* ou *Jaco* (*Psittacus erythacus*), tout cendré, à queue rouge. Il vient d'Afrique. Un grand nombre d'espèces de cacatoës ont le plumage vert. Ces oiseaux s'apprivoisent très-facilement et deviennent d'une humeur très-familière; ils aiment la société de l'homme et, dans l'état de liberté, ils posent volontiers leur nid sur les cabanes des habitants. Ils aiment qu'on les caresse et ils battent des ailes de joie lorsqu'on leur passe la main sur le dos. Ils semblent être, en général, les plus intelligents des perroquets.

CACHALOT (Zoologie), *Physeter,* Lin. — Genre de *Mammifères cétacés,* famille des *Cétacés ordinaires,* d'une taille égale à celle de la baleine, ayant, comme elle, une tête démesurément grande, renflée surtout en avant, mais en différant en ce que la mâchoire supérieure n'a point de *fanons,* comme la baleine, et que l'inférieure, au lieu d'être nue, est armée de chaque côté d'une rangée de dents cylindriques ou coniques qui entrent dans des cavités correspondantes de la mâchoire supérieure quand la bouche se ferme. La partie supérieure de leur énorme tête ne consiste presque qu'en grandes cavités recouvertes et séparées par des cartilages et remplies d'une huile qui se fige en refroidissant et que l'on connaît dans le commerce sous le nom bizarre de *sperma ceti,* substance qui fait le principal profit de leur pêche, leur corps n'étant pas garni de beaucoup de lard; mais ces cavités sont très-différentes du véritable crâne, lequel est assez petit, placé sous leur partie postérieure et contient le cerveau comme à l'ordinaire. Il paraît que des canaux remplis de ce *sperma ceti*, autrement nommé *blanc de baleine* ou *adipocire*, se distribuent dans plusieurs parties du corps en communiquant avec les cavités qui remplissent la masse de la tête; ils s'entrelacent même dans le lard ordinaire qui règne sous toute la peau.

La seule espèce de cachalot bien déterminée est le *C. macrocéphale*, *C. à grosse tête* (*Phys. macrocephalus*, Shaw), qui paraît le plus commun de ces cétacés; il n'a qu'une éminence calleuse au lieu de nageoire dorsale. Son évent est unique et non double, et une chose remarquable, c'est qu'il n'est pas tout à fait symétrique, mais se dirige vers le côté gauche et se termine de ce côté sur le devant du museau, dont la figure est comme tronquée. Sa langue est courte, carrée, rouge; c'est, selon les marins, une chair délicieuse. Les cachalots nagent très-vite. On les rencontre généralement dans toutes les mers et il n'est pas rare d'en voir échouer sur nos côtes; ainsi, à la suite d'une tempête, le 14 mars 1784, trente-un de ces cétacés demeurèrent à sec sur la côte occidentale d'Audierne, en Basse-Bretagne; leurs affreux mugissements, entendus à plus de trois quarts de lieu, le fracas épouvantable de leurs queues battant l'onde et la lançant dans les airs avec sifflement par leurs évents, répandirent la terreur de tous côtés; on fuit, on cherche un asile dans l'église voisine; enfin on s'enhardit, on s'approche et on les voit couchés pêle-mêle et mourants; ils palpitèrent pourtant encore plus de vingt-quatre heures. Comme ces animaux sont beaucoup mieux armés que la baleine, ils se nourrissent plus particulièrement de poissons, de poulpes; ils mangent jusqu'à des veaux marins. La substance odorante si connue sous le nom d'*ambre gris* paraît être, selon Cuvier, une concrétion qui se forme dans les intestins des cachalots, surtout lors de certains états maladifs et, à ce qu'on dit, principalement dans leur cœcum. D'après les travaux de Swédiaur, ce sont les excréments durcis du cachalot à grosse tête.   AD. F.

CACHEXIE (Médecine), du grec *kachexia*, mauvaise disposition. — État particulier qui n'a jamais été bien défini, et qui nous représente l'idée d'une constitution profondément altérée. Sauvage l'avait fait entrer dans son cadre nosologique, comme type de la classe des *Cachexies*, qui comprenait les consomptions, les hydropisies, plusieurs affections cutanées, etc. De nos jours, cette dénomination est un peu abandonnée, et cependant elle répond à l'idée de dépérissement qui suit les maladies longues, ou qui accompagne certaines affections dont le développement s'est fait d'une manière complète : ainsi, le scorbut, le cancer, les scrofules; c'est ce qu'on appelle *C. scorbutique, cancéreuse, scrofuleuse*, etc. Cet état est caractérisé par la bouffissure, un teint jaune ou plombé, la langueur de toutes les fonctions, un sang plus ou moins vicié ou appauvri, etc. On a quelquefois confondu la *cachexie* avec la *diathèse;* cependant, il semble que la première est un état acquis plus confirmé, tandis que la diathèse serait plutôt une disposition imminente à tel ou tel état maladif.

CACHEXIE AQUEUSE (Médecine vétérinaire). — Maladie caractérisée par l'infiltration du tissu cellulaire, l'hydropisie des séreuses, etc. Elle attaque surtout les moutons d'une manière épizootique, quelquefois les bœufs. Cette maladie se développe sous l'influence de l'humidité, des brouillards, des pluies, des habitations insalubres, des pays marécageux; on lui a donné aussi le nom de *pourriture*. Elle est caractérisée par un affaiblissement progressif, puis l'hydropisie, l'écoulement par le nez d'un mucus abondant. Le traitement consiste dans l'emploi des toniques, mais le dépaysement est le meilleur moyen. Du reste, lorsque la cachexie se déclare sur un troupeau, il vaut mieux, dès le début, engraisser les moutons et s'en défaire. Dans l'espèce bovine, elle offre les mêmes caractères et demande le même traitement.   F — N.

CACHIMAN, Chérimolier, Corossol (Botanique). — Espèce d'*Anone*.

CACHICAMES (Zoologie). — Subdivision du genre *Tatou* (voyez ce mot).

CACHOU (Matière médicale). — Nom d'une substance qui nous vient des Indes, toute préparée, et que l'on extrait des différentes parties, mais surtout des gousses d'un arbre appelé par les Indiens *cat-che, cat, catéchu*, et une espèce d'*Acacie* (*Mimosa catéchu*, Lin.). On a regardé longtemps le cachou comme une terre venant, disait-on, du Japon, ce qui lui avait valu le nom de *Terra Japonica*. Le commerce nous l'apporte sous différentes formes. Le *C. brun*, en petits pains ronds du poids de 60 à 100 grammes; le *C. terne*, en pains carrés de 0^m,05 de long sur 0^m,025 d'épaisseur; un autre

C. brun, en pains carrés, qui pèsent jusqu'à 500 grammes; c'est le cachou ordinaire du commerce; il contient beaucoup de parties terreuses, etc. Le meilleur cachou est inodore, d'un brun rougeâtre, d'une saveur astringente particulière, suivie d'un goût sucré très-agréable. Lorsque le cachou nous est livré, il est souvent mêlé à de la terre, de l'amidon, etc. En le dissolvant dans l'eau chaude, on le débarrasse facilement de ces corps étrangers. A cet état, il est connu sous le nom d'*extrait de cachou;* il contient beaucoup de tannin. Le cachou est employé dans les Indes pour la teinture. Depuis quelque temps, nos fabriques d'indiennes et nos teintureries en font usage pour teindre le coton et la laine. Par le tannin qu'il contient, ce produit est très-astringent et a une grande valeur en médecine; on l'emploie dans les diarrhées, les dyssenteries chroniques, dans les débilités de l'estomac, pour combattre la mollesse et l'atonie des gencives, dans les hémorrhagies atoniques, etc. Le cachou peut se prendre en poudre, en extrait; on connaît sous le nom de *C. de Bologne*, des grains employés comme bonbons par les fumeurs et les personnes qui ont l'haleine mauvaise; ils jouissent d'ailleurs des propriétés toniques et astringentes du cachou.

CACHRYS (Botanique), Tourn. Les anciens donnaient ce nom au *romarin*. La plante à laquelle Tournefort a appliqué ce nom, répand une légère odeur de romarin quand on la froisse. — Genre de plantes de la famille des *Ombellifères*, tribu des *Smyrnées*, et désigné aussi sous le nom vulgaire de *Armarinte*. Caractères : fruit renflé, arrondi ou presque didyme; carpelles à 5 côtes épaisses, à commissure large; canaux résinifères nombreux. Les cachrys sont des herbes vivaces à fleurs jaunes. Le *Cachrys* ou *Armarinte lisse* (*C. lævigata*, Lamk), est une herbe à feuilles glabres, divisées en segments et en lanières linéaires. Ses fruits sont globuleux, lisses, gros, jaunâtres, ses fleurs jaunes. Cette espèce habite l'Europe méridionale. Elle croît en Provence. Elle a une forte odeur aromatique; ses semences sont très-âcres. Le *C. romarin* (*C. cicuta*, Lin.) présente les lanières de ses feuilles un peu piquantes, et les fruits plus ou moins tuberculeux. On trouve cette plante en Sicile.   G — s. 30

CACHUNDÉ (Matière médicale). — Espèce de pastilles que les Indous et les Chinois emploient comme masticatoire, et qui, si l'on en croit certains auteurs, « donnent à leur haleine une odeur si agréable, que tous ceux qui les approchent en sont frappés. » Elles sont composées de terre bolaire, succin, musc, ambre gris, bois d'aloès, de santal rouge et jaune, de mastic, de calamus aromaticus, de galanga, de cannelle, de rhubarbe, de myrobolans belliriques et indiques, et de quelques pierres précieuses qui n'y ajoutent aucune propriété. On en prépare à Paris, et c'est un bon stomachique et un antispasmodique.

CACIQUE (Zoologie). — Voyez CASSIQUE.

CACOCHYME (Médecine), du grec *kakos*, mauvais, et *chumos*, suc, humeur, qui a les humeurs mauvaises. — Ce mot est à peu près synonyme de *cachectique* (voyez CACHEXIE), et désigne une personne dans un état de maladie sans caractère précis, et dans lequel les humoristes voyaient une altération primitive des humeurs. Ces individus, faibles, languissants, sans énergie, plus disposés que d'autres à contracter les maladies régnantes, sont tristes, abattus, ont parfois l'humeur bizarre, et sont en général difficiles à vivre.

CACODYLE (Chimie) (C^4H^6As). — Radical isolé par M. Bunsen, et qu'on n'avait connu jusqu'à lui qu'à l'état d'oxyde dans la liqueur dite *liqueur fumante de Cadet*. Ce corps, composé de carbone, d'hydrogène et d'arsenic, se comporte comme un métal dans toutes ses réactions. A la température ordinaire, c'est un liquide visqueux, incolore, spontanément inflammable, d'une odeur nauséabonde. A quelques degrés au-dessous de zéro, il se solidifie en cristallisant; il bout à 170°; la densité de sa vapeur est 7,2. En faisant circuler l'air avec lenteur dans ce liquide, il absorbe successivement assez d'oxygène pour se transformer d'abord en oxyde de cacodyle (C^4H^6As)O, puis en acide cacodylique (C^4H^6As)O³. Le premier est une base salifiable susceptible de se combiner aux acides pour former des sels; le second, un acide engendrant avec les bases des sels de la forme $MO,(C^4H^6As)O^3$. On a pu l'unir au soufre, au chlore, au brôme, à l'iode et obtenir les produits

$$(C^4H^6As \begin{Bmatrix} S \\ S^2 \\ S^3 \end{Bmatrix} - (C^4H^6As \begin{Bmatrix} Cl \\ Cl^3 \end{Bmatrix} - (C^4H^6As)I, \text{ etc.}$$

Le cacodyle représente le point de départ d'une série

très-nombreuse de composés découverts par M. Bunsen et qu'on peut considérer comme formés par l'union d'un ou plusieurs équivalents d'un radical avec une molécule simple. Ainsi le cacodyle peut être regardé comme la combinaison de deux équivalents de méthyle (C^2H^3) avec une molécule d'arsenic. — On prépare le *cacodyle* en distillant un mélange d'acétate de potasse sec et d'acide arsénieux ; il se dégage plusieurs gaz parmi lesquels se trouvent l'acide carbonique et l'hydrogène bicarboné, et il passe dans le récipient un mélange d'eau, d'acétone et d'oxyde de cacodyle ; il reste dans la cornue du carbonate de potasse :

$$AsO^3 + 2(KO,C^4H^3O^3) = (C^4H^6As)O + 2CO^2 + 2(KO,CO^2)$$

Acide arsénieux.   Acétate de potasse.   Oxyde de cacodyle.

L'oxyde de cacodyle forme dans le récipient une couche huileuse plus lourde que l'eau ; après l'avoir lavé à l'eau distillée récemment bouillie, on le convertit en chlorure de cacodyle, en traitant d'abord une dissolution alcoolique de ce corps par le bichlorure de mercure, et distillant ensuite le précipité obtenu ($C^4H^6As)O,2HCl$ avec l'acide chlorhydrique ; il passe à la distillation le corps ($C^4H^6As)Cl$. Celui-ci traité par le zinc ou le fer dans un tube fermé, rempli d'une atmosphère dépourvue d'oxygène, donne un chlorure métallique et le *cacodyle*. — Le cacodyle et ses composés sont très-vénéneux et ne doivent être maniés qu'avec précaution. Quelques chimistes doublent la formule du cacodyle et prennent pour la représenter $C^8H^{12}As^2$ correspondant à 4 volumes.　B.

CACTÉES (Botanique). — Famille de plantes *Dicotylédones périgynes*, comprenant des plantes charnues, à tiges affectant les formes les plus diverses. Leurs feuilles sont nulles ou remplacées par des écailles, des poils ou des aiguillons. Leurs fleurs sont hermaphrodites, à calice adhérent avec l'ovaire, à corolle composée de pétales nombreux, à étamines indéfinies, à ovaire uniloculaire renfermant des ovules nombreux. Leur fruit est une baie pulpeuse et charnue. Les Cactées, appelées aussi *Cactacées*, habitent principalement les régions tropicales du nouveau continent. On en rencontre aussi, mais peu abondamment, dans l'Europe méditerranéenne, la Chine et l'Afrique méridionale. Cette famille, l'une des plus considérables du règne végétal, fournit un grand nombre d'espèces pour l'ornement. Elles sont très-recherchées pour leurs formes bizarres. Leurs propriétés sont peu importantes. Dans quelques espèces seulement, le fruit est comestible. D'autres produisent une sorte de gomme. Genres principaux : *Mamillaria*, Haw.; *Melocactus*, C. Bauh. ; *Echinocactus*, Link et Otto ; *Pilocereus*, Lem. ; *Echinopsis*, Zucc. ; *Cierge* (*Cereus*, Haw.) ; *Raquette* (*Opuntia*, Tourn.).

Travaux monographiques : Haworth, *Synopsis plantarum succulentarum.*—De Candolle, *Histoire des plantes grasses*, 1799-1803. — *Revue de la famille des Cactées*, Mém. du Muséum, vol. XVII, 1829. — *Mémoire sur les Cactées*, 1834. — Salm-Dyck, *Cactæ in horto Dyckensi cultæ*. — Labouret, *Cactées*. — Lemaire, *Iconographie des Cactées*.　G—s.

CACTIER (Botanique). — Nom français du genre *Cactus*, Lin., que les anciens donnaient à une plante épineuse. Il a donné son nom à la famille des *Cactées*. Ce genre, très-nombreux en espèces, est aujourd'hui réparti par la plupart des botanistes entre plusieurs genres, et principalement les genres suivants : *Mamillaire*, *Echinocactier*, *Pilocereus*, *Cierge*, *Mélocactier* et *Raquette* (voyez ces mots).　G—s.

CACTUS (Botanique). — Nom botanique du genre *Cactier* (voyez ce mot).

CADAVRE (Médecine légale), du latin *cadere*, tomber. Corps mort. Ce mot s'emploie particulièrement pour l'espèce humaine. — Un cadavre est donc un corps humain privé de vie ; les signes qui indiquent la mort réelle seront exposés à l'article Mort (voyez ce mot). Lorsqu'un cadavre est trouvé sur la voie publique ou partout ailleurs, à moins qu'il n'y ait des signes bien évidents de mort, tel que la putréfaction commençante, etc., on doit tenter par tous les moyens possibles de le rappeler à la vie, soit en ayant recours aux hommes de l'art, soit en prodiguant soi-même et en provoquant des secours ; en même temps, on en fera donner avis sur-le-champ au commissaire de police ou au maire, ou à tout autre officier de police judiciaire (adjoint, juge de paix, officier de gendarmerie). Celui-ci se rendra aussitôt sur les lieux, assisté d'un homme de l'art

qu'il aura requis à cet effet. Après avoir constaté, par l'inspection extérieure, les signes de la mort réelle (voyez Mort), il sera fait un détail exact de l'état dans lequel aura été trouvé le cadavre, du lieu, de la position, s'il était vêtu ou non, s'il existe autour de lui des circonstances qui peuvent expliquer la mort, s'il y a quelque instrument vulnérant, etc. Cet examen terminé et fait minutieusement, le cadavre sera transporté dans un endroit convenable pour être procédé, s'il y a lieu, à l'*autopsie cadavérique* (voyez Autopsie), et placé sous la garde de l'autorité judiciaire : l'ensemble de ces premières opérations constitue ce qu'on appelle la *levée du cadavre*. A la suite de cela, l'*autopsie* pourra être requise par l'officier municipal (C. civ., art. 81) et par le procureur impérial (C. instr. crim., art. 46) ; elle pourra aussi être demandée par les familles qui, dans ce cas, auront à se conformer aux prescriptions de l'autorité, qui ont été exposées au mot Autopsie.　F — N.

CADE (Botanique). — Nom vulgaire que l'on donne au *Genévrier oxycèdre* (*Juniperus oxycedrus*, Lin., de *oxus*, signifiant en grec *aigu, piquant* : cèdre à feuilles épineuses). Cette espèce est un arbrisseau, quelquefois un arbre atteignant 6 mètres. Il habite l'Europe méridionale et la Barbarie. On le trouve communément dans le midi de la France. Ses fruits bacciformes sont assez agréables au goût. Son bois résineux produit l'huile de cade employée dans la médecine vétérinaire, et principalement pour combattre la gale des moutons. Pour l'obtenir, on fait brûler l'extrémité de branches fraîches coupées, et l'huile ne tarde pas à découler par l'autre bout. La résine de cet arbre sert aussi à faire de la sandaraque.　G—s.

CADÉAC (Médecine, Eaux minérales). — Village de France, à 2 kilomètres S. du bourg d'Arreau, arrondissement, et à 25 kilomètres S.-E. de Bagnères-de-Bigorre, on y trouve plusieurs sources d'eaux minérales froides sulfurées sodiques ; elles sont riches surtout en sulfure de sodium.

CADELLE ou **Chevrette brune** (Zoologie). — C'est le nom donné dans le midi de la France à la larve du *Trogosite propre* (*Tenebrio mauritanicus*), qui attaque les blés et en ronge la substance farineuse (voyez Trogosite).

CADIE (Botanique), *Cadia*, Forskahl, de *qadhy*, son nom arabe. — Genre de plantes de la famille des *Césalpiniées*. Caractères : calice à 5 lobes triangulaires, glanduleux intérieurement ; pétales dépassant le calice ; étamines à filets épais, coudées à leur base ; ovaire stipité, légèrement arqué ; gousse linéaire renfermant plusieurs graines. La *C. rose* (*C. varia*, L'Hérit.) est un arbrisseau atteignant ordinairement 2 mètres ; ses feuilles sont pennées avec impaire. Ses fleurs solitaires, d'abord blanches, deviennent roses. Cette espèce est originaire d'Arabie. On la cultive en serre chaude.　G — s.

CADMIE (Métallurgie), du latin *cadmia*, calamine. — Nom donné par les anciens chimistes à plusieurs substances. La *cadmie fossile* était un minerai de cobalt ; la *cadmie naturelle* est un oxyde de zinc jaune ou rougeâtre formant le principal minerai de zinc. La *cadmie artificielle* ou *des fourneaux* est formée par l'oxyde de zinc qui se produit pendant la fonte de ce métal et vient se déposer sur les parois intérieures des fourneaux. On étend assez souvent ce mot à toutes les suies métalliques résultant de la fonte des métaux.

CADMIUM (Chimie) ($Cd = 55,7$). — Métal grisâtre, que l'on rencontre dans presque tous les minerais de zinc. Comme le cadmium est plus volatil que le zinc, il se dégage dans les premiers moments de la distillation du minerai zincifère et va brûler à l'air. Il forme ainsi une poudre brunâtre contenant 5 à 6 p. 100 de cadmium. En lui faisant subir de nouvelles réductions et sublimations convenablement ménagées, on finit par l'obtenir presque pur. Pour le purifier complétement, on chauffe dans une cornue un mélange d'oxyde ou de carbonate de cadmium et de charbon. Le cadmium se dépose en gouttelettes cristallines dans le col de la cornue.

Ce métal jouit d'une ductilité et d'une malléabilité assez grandes quand il est pur ; on peut le réduire en feuilles minces et l'étirer en fils très-fins ; mais il suffit qu'il soit mélangé avec une très-petite quantité de zinc, pour qu'il perde cette propriété. Sa densité est 8,7 ; il fond avant la chaleur rouge ; il ne s'oxyde pas sensiblement à la température ordinaire, mais sa vapeur s'enflamme et brûle avec éclat. Il ne donne qu'un seul oxyde (CdO) qui, étant anhydre, est brun et infusible.

Le cadmium est précipité de ses dissolutions salines par le zinc. Les alcalis séparent de ces mêmes dissolutions un oxyde hydraté blanc insoluble dans les alcalis fixes, mais soluble dans l'ammoniaque.

Les sels de cadmium sont incolores quand leur acide n'est pas coloré par lui-même. Ils se reconnaissent tous au précipité jaune vif qu'ils donnent par l'hydrogène sulfuré, et qui est caractéristique du cadmium. Ce sulfure de cadmium (CdS) est employé dans la peinture à l'huile et le serait beaucoup plus, s'il était d'un prix moins élevé. Ce prix élevé et l'intensité de son pouvoir colorant font que bien souvent on le trouve dans le commerce mélangé avec 20 ou 25 p. 100 de craie. On découvre cette fraude qui pourrait échapper à l'œil, en traitant le mélange par de l'acide chlorhydrique étendu. La craie est dissoute, tandis que le sulfure reste en entier sans altération. L'acide chlorhydrique concentré l'attaquerait, au contraire, avec dégagement d'hydrogène. On obtient le sulfure artificiel soit en faisant passer un courant d'hydrogène sulfuré dans un sel de cadmium, soit en calcinant un mélange d'oxyde de cadmium et de soufre.

Tous les autres composés cadmiques sont jusqu'à présent sans importance, à l'exception de l'iodure de cadmium que quelques photographes emploient à la place de l'iodure de potassium.

CADRAN (Zoologie), *Solarium*, Lin. — Sous-genre de *Mollusques gastéropodes pectinibranches*, du grand genre des *Toupies*, Cuv. (*Trochus*, Lin.), à ouverture anguleuse à son bord externe, caractérisé par une spire en cône très-évasée, dont la base est creusée d'un ombilic extrêmement large. Le *C. infundibuliforme* (*T. infundibuliformis*, Lin.) a un grand ombilic crénelé ; il est de couleur ventre de biche. On peut encore citer le *C. varié* (*T. variegatus*, Chemn.) ; le *C. perspective* (*T. perspectivus*, Chemn.), etc. Toutes ces coquilles sont de la mer des Indes.

CADRAN, CADRANURE OU GÉLIVURE (Arboriculture). — Lorsque le tronc des arbres renferme beaucoup d'humidité et qu'il se fait subitement un grand abaissement de température, il se produit dans toute l'épaisseur du corps ligneux des fentes qui partent du centre, rayonnent vers la circonférence et déchirent même l'écorce ; de là leur nom de *cadran*. On remarque souvent à la suite de cet accident et par ses fentes des écoulements de liquides qui se transforment en ulcères et qui sont connus sous le nom de *gouttières*. Pour remédier à cet accident, il faut enlever avec un instrument bien tranchant les deux côtés de la plaie et la recouvrir de mastic à greffer.

CADRAN SOLAIRE. — Surface sur laquelle sont tracées des lignes qui indiquent l'heure par l'ombre d'un style ou par un rayon solaire. Un cadran n'est autre chose qu'un *gnomon* dont le sytle est dirigé suivant l'axe du monde (voyez GNOMON, GNOMONIQUE).

CADRE DU TYMPAN (Anatomie). — On donne ce nom à un cercle osseux qui termine le méat auditif externe du côté de la caisse du tympan, et auquel s'attache la membrane du même nom. Sa forme varie chez les divers animaux : ainsi il est presque circulaire chez l'homme, très-ovale chez les carnassiers ; il l'est beaucoup moins chez les herbivores. Il est peu marqué chez les oiseaux ; dans les reptiles, il ne présente aucun bord saillant (voyez OREILLE).

CADUC (Botanique), de *cadere*, tomber. — Terme de botanique s'appliquant aux parties végétales des organes qui tombent avant l'époque où les autres parties se détachent ordinairement des plantes. Les feuilles sont caduques dans plusieurs cactiers et dans la raquette commune, parce qu'elles tombent très-peu de temps après leur apparition. Les stipules sont caduques dans le laurier-rose, ainsi que celles qui ont la forme d'épines comme dans l'acacia. On les dit souvent fugaces, lorsqu'elles tombent avant les feuilles, comme dans les tilleuls, les féviers, les caroubiers et le figuier. On leur réserve la qualification de caduques lorsqu'elles tombent avec les feuilles, ce qui est le cas le plus commun. En ce sens, les stipules du laurier-rose seraient plutôt fugaces, puisqu'elles tombent si tôt de la plante, qu'on a été longtemps sans les observer. Du reste, l'adjectif *fugace* s'emploie très-souvent comme synonyme de *caduc*. Le style est caduc dans les amandiers, les pêchers, les pruniers ; aussi n'en voit-on aucune trace sur les fruits de ces plantes. Le calice est caduc dans les pavots et autres espèces de cette famille. Il se détache avant même l'épanouissement, alors que ses sépales ne se sont pas encore écartés ; quelquefois aussi ceux-ci sont soudés de façon à ce que le calice tombe en forme de cone. L'arête des enveloppes florales des Graminées est caduque dans le *stipa*.   G — a.

CADUC (MAL) (Médecine). — Voyez ÉPILEPSIE.

CADUCITÉ (Physiologie). — C'est cette seconde partie de la vieillesse qui précède la décrépitude (voyez ces mots). Elle commence vers 70, 72 ans, et dure environ jusqu'à 80 ; elle se caractérise par la lenteur et l'incertitude de la marche, par la roideur des mouvements, par l'affaiblissement général des fonctions de l'intelligence, etc. A cette époque de la vie, les forces s'affaiblissent et ne se réparent plus ; toute la machine marche vers la décrépitude.

CÆCAL (APPENDICE), APPENDICE VERMICULAIRE (Anatomie). — Voyez CŒCUM.

CÆCUM (Anatomie). — Partie du gros intestin terminée par un cul-de-sac. Ce mot vient de *cœcus*, aveugle, c'est donc à tort qu'on écrit *cæcum* ; mais pour nous conformer à l'usage, nous renverrons aux mots CŒCUM, INTESTIN.

CÆLESTINE, CÉLESTINE, et mieux CŒLESTINE (Botanique), *Cœlestina*, Cass. — Genre de plantes de la famille des *Composées*, tribu des *Eupatoriacées*, que la plupart des botanistes font rentrer dans le genre *Ageratum* de Linné. Il est caractérisé principalement par l'aigrette en couronne, membranacée, inégalement dentée. L'espèce que l'on cultive communément dans nos parterres est la *C. bleue* (*C. cærulea*, Cass. ; *Ageratum corymbosum*, Zucc. ; *Eupatorium cæruleum*, Lin.). C'est une herbe qui s'élève quelquefois jusqu'à 1 mètre. Ses feuilles sont ovales, aiguës, un peu scabres. Ses fleurs, d'un bleu magnifique, s'épanouissent de juillet à septembre. Cette espèce est originaire du Mexique.   G — s.

CÆSALPINIA (Botanique). — (Voyez CÉSALPINIA, etc.).

CAFARD (Zoologie). — (Voyez TÉNÉBRION.

CAFÉ (Economie domestique). — A l'article CAFIER, il sera parlé de ce qui a rapport au café, au point de vue botanique. Il ne sera guère question ici que de ce qui a trait à l'économie domestique et un peu à la partie historique. Ce sont les Orientaux qui nous ont transmis l'usage du café, et quelques historiens, sans s'arrêter à ce qu'on raconte du prieur d'un monastère d'Arabie (voyez CAFIER), prétendent qu'un mollah musulman, nommé Chadely, fut le premier Arabe qui prit du café pour se délivrer d'un assoupissement continuel qui ne lui permettait pas de vaquer convenablement à ses prières nocturnes. Ses derviches l'imitèrent, et on s'aperçut bientôt que cette boisson égayait l'esprit et dissipait les pesanteurs de l'estomac. L'usage s'en répandit ; il passa à Médine, à la Mecque et dans tous les pays mahométans. Bientôt on établit des maisons publiques où on le vendait. A Constantinople, ces maisons furent fréquentées avec fureur ; on y parlait politique, religion, au point que, sous Amurat III, le gouvernement fit fermer les lieux publics et ne permit l'usage du café que dans les maisons particulières ; des cheiks de la loi prêchèrent contre le café ; et vers 1525, on en vint aux mains ; cependant l'opinion publique, bien arrêtée, finit par l'emporter et l'usage de cette boisson triompha. Environ un siècle après, le café fit son apparition à Londres et à Paris (1669), et dans cette dernière ville surtout il ne tarda pas à devenir un besoin au moins pour les riches. Le premier endroit public où on vendit du café fut établi à la foire Saint-Germain par un Arménien nommé Pascal ; c'est quelque temps auparavant que madame de Sévigné, pour manifester son opposition à l'introduction du café en France et dans son admiration exclusive pour le grand Corneille, avait lancé sa fameuse prédiction que le café passerait comme Racine. Las de faire son commerce en plein vent, Pascal ouvrit un café quai de l'École ; il le vendait six blancs (deux sous et demi) la tasse ; puis un nouveau fut installé rue de Bussy, un autre rue Mazarine ; enfin, vers 1680, le Sicilien Procope, frappé de l'aspect dégoûtant de ces bouges infects décorés du nom de *cafés*, après avoir établi à la foire Saint-Germain une boutique propre et élégante, ouvrit dans la rue des Fossés-Saint-Germain, en face de la Comédie-Française, un café orné de glaces, garni de tables de marbre, où l'on servit promptement et proprement du café de bonne qualité ; c'est la maison qui porte encore le même nom aujourd'hui. C'était à la fin du XVIIe siècle. Cependant on pensa à planter et à naturaliser le café hors de son pays natal, l'Arabie. Un Français introduisit à Cayenne des graines fraîches tirées de la Guyane hollandaise. Vers 1714, les magistrats d'Amsterdam en envoyèrent un pied à Louis XIV ; il fut soigné au Jardin des Plantes, d'où un capitaine du nom de Déclieux, Declieux ou de Clieux en reçut un qu'il transporta à la Martinique ; c'est de ce pied que sont sortis tous les cafés qui font une des principales richesses des Antilles.

Le café croît et réussit très-bien dans tous les pays situés entre les tropiques ; mais c'est l'Arabie qui fournit le plus estimé, surtout les environs d'Aden et de Moka. On le cultive ordinairement à mi-côte ; dans la plaine, on est obligé de l'abriter au moyen d'autres arbres placés dans le voisinage, parce que la chaleur excessive le dessécherait. Il faut aussi qu'il ait le plus possible le pied dans un terrain souvent arrosé. Une caféirie, c'est-à-dire un champ planté en cafier, si elle est bien soignée, bien nettoyée d'herbes, commence à donner un produit au bout de deux ans ; à trois ans, on arrête la croissance de l'arbre en cassant le sommet de la tête ; en général, cette culture demande beaucoup de soins pour l'étêtement, la taille, le nettoyage des mauvaises herbes, le remplacement des pieds qui viennent à périr, la destruction des insectes. Dans nos colonies et en Arabie, les cafiers fleurissent presque pendant toute l'année ou tout au moins deux fois l'année, au printemps et en automne, et le temps de chaque floraison dure pendant six mois consécutifs. Les fleurs du cafier sont blanches, odoriférantes, elles durent deux ou trois jours dans toute leur beauté et garnissent de guirlandes chaque nœud des branches de ce charmant arbrisseau ; elles sont remplacées par des fruits verts, tenant par une petite queue très-courte au nœud de la branche ; trois mois après la fleur, les fruits commencent à blanchir, puis à jaunir, bientôt ils sont rouges et ressemblent parfaitement à des cerises (c'est du reste le nom qu'on leur donne); sous cette première enveloppe, il y a toujours deux de ces grains qui sont dits *grains de café*. Alors commence la première cueillette, suivie bientôt d'une autre, et ainsi de suite. Les bornes qui nous sont imposées ne nous permettent pas d'entrer dans plus de détails sur la récolte et la culture du café. Voir sur cet intéressant sujet, indépendamment des traités spéciaux, le *Dictionnaire d'histoire naturelle*, de Deterville ; le *Dictionnaire des sciences naturelles*, de Levrault ; l'*Encyclopédie nouvelle*, de P. Leroux et J. Reynaud, etc.

Les principaux cafés du commerce sont : le *café moka*, le premier de tous, qu'on récolte dans les contrées de l'Yémen et qui compte, année moyenne, pour 6 à 7 000 000 kil. Son grain est petit, arrondi, roulé, de couleur jaunâtre, ayant la consistance de la corne, d'un parfum très-prononcé et très-agréable ; il nous vient par Marseille et Alexandrie.

. Le *café de Bourbon et de Java* tient le second rang pour la qualité ; jaune un peu blanchâtre, sa fève est moins arrondie, plus allongée que le moka ; elle n'a presque pas d'odeur. Le *café des îles ou des Indes occidentales* vient en troisième rang ; il est verdâtre et a une saveur herbacée ; celui de la Martinique et de la Guadeloupe est un des meilleurs, ainsi que celui de Surinam, de la Guyane-Hollandaise. (voyez THÉ).

Le café torréfié et infusé (voyez CAFÉ [chimie]), tel qu'on le prend ordinairement, détermine une sensation agréable de chaleur dans l'estomac dont il favorise les fonctions ; il peut, dans certaines constitutions nerveuses, très-irritables, occasionner de l'anxiété, des palpitations, un véritable mouvement fébrile ; mais il est à croire qu'on a exagéré ses inconvénients lorsqu'on a dit qu'il pouvait produire des vertiges, des exanthèmes de la peau, la paralysie, l'apoplexie, etc. ; et, en effet, l'observation prouve que, dans la plupart des cas, à dose modérée, il favorise la digestion, excite les fonctions de l'entendement et donne de l'activité à tout l'organisme. Sous le rapport de ses propriétés thérapeutiques, le café mérite l'attention du médecin ; il est certain qu'il calme souvent instantanément les céphalalgies sympathiques qui tiennent à la débilité des organes digestifs. Les effets narcotiques de l'opium sont parfaitement neutralisés par le café. Il a été avantageux pour combattre des diarrhées opiniâtres, au rapport de Lanzoni. Des fièvres intermittentes rebelles ont été guéries au moyen d'une décoction de café. Musgrave, Pringle, Percival l'ont employé avec succès contre l'asthme. Plusieurs médecins prétendent en avoir obtenu de grands avantages contre le choléra. Depuis quelques années, on fait aux troupes en campagne des distributions régulières de café, et les médecins militaires se louent beaucoup de cet usage pour entretenir et soutenir les forces du soldat. Le café non torréfié en infusion a été conseillé par Audry et surtout par le professeur Grindel de Dorpat, comme un bon succédané du quinquina. Ce dernier, sur plus de quatre-vingts cas de fièvres intermittentes, n'en a vu que quelques cas résister à l'action du café. Enfin, dans ces derniers temps, on a vanté comme diurétique la décoction de café non torréfié.

CAFÉ (Chimie organique). — Semences du *Coffea arabica*, dont on distingue les diverses variétés par l'indication de la provenance , *Café Moka, café de la Martinique*, etc.

Elles contiennent : une partie ligneuse qui est comme le squelette solide de la graine, une matière grasse s'élevant jusqu'à 8 p. 100 du poids de la graine, qu'on en extrait avec l'éther, et qui se compose d'une huile liquide servant de dissolvant à un corps gras cristallin ; une substance albuminoïde, une espèce de cire, un produit résinoïde, une matière gommeuse, la caféine, l'acide caféique, des malates acides, différents sels à base de potasse, de chaux, de magnésie, etc. Les cendres du café renferment, indépendamment des carbonates ordinaires, du phosphate de chaux, du sesquioxyde de fer, de l'oxyde de manganèse. Le café concassé abandonne à l'eau les produits solubles dans ce liquide, les malates acides, la caféine, etc. Mais si la température est maintenue entre 20° et 30°, et que le contact des semences avec l'eau soit suffisamment prolongé, une fermentation spontanée se déclare avec dégagement d'acide carbonique et même d'acide sulfhydrique ; le soufre est ici fourni par la matière albuminoïde qui se décompose. Pour utiliser le café dans les usages domestiques, on commence par le torréfier. Il perd alors 12 p. 100 de son poids ; cette torréfaction engendre plusieurs phénomènes chimiques. Il se dégage en effet de l'acide acétique et une huile empyreumatique d'une odeur agréable ; cette dernière provient évidemment de la décomposition du corps gras contenu dans la graine ; c'est par cette décomposition que l'arome se développe. Il s'est produit, dans les mailles du tissu ligneux, un corps huileux particulier qu'on a pu extraire ensuite du café torréfié, et qu'on a nommé *caféone*. Si la torréfaction est poussée trop loin, la caféone est elle-même détruite, et le café n'a plus d'arome. En outre, la matière gommeuse dont nous avons déjà signalé la présence, subit, par la chaleur, une modification analogue à celle qu'éprouve l'amidon ; elle s'est convertie en un corps brun, amer, soluble dans l'eau. Le café a été principalement étudié au point de vue chimique par MM. Boutron, Robiquet, Payen et Rochleder (voyez CAFIER). B.

CAFÉINE ou **THÉINE** ($C^8H^5Az^2O^3$). — Alcaloïde, à propriétés basiques peu prononcées, qu'on extrait du café, du thé et des fruits du *Paullinia sorbilis*. Il se présente sous la forme de cristaux aiguillés, soyeux, renfermant 2 équivalents d'eau de cristallisation qu'ils perdent à la température de 100°, fusibles à 175°, sublimables sans décomposition à 360°, solubles dans l'eau, l'alcool et l'éther. La caféine forme avec les acides des combinaisons mal définies, qui rendent difficile la fixation de son équivalent. M. Payen adopte la formule $C^{16}H^{10}Az^4O^3$, qui, à un équivalent d'oxygène près, correspond à un équivalent double de celui que représente la formule généralement admise. La solution aqueuse n'est point précipitable par les réactifs ordinaires des alcaloïdes, à l'exception pourtant du tannin. Pour l'extraire, les graines de café concassées sont épuisées par l'eau bouillante ; puis, la solution est traitée par le sous-acétate de plomb qui en précipite l'état de malate de plomb l'acide malique existant à l'état de combinaison dans les graines. La liqueur, filtrée, est ensuite additionnée d'acide sulfurique ou soumise à un courant d'hydrogène sulfuré, pour enlever les dernières traces de plomb à l'état de sulfate de plomb ou de sulfure de plomb ; la caféine, qui reste dissoute, cristallise ensuite en concentrant convenablement la liqueur. On l'extrait des feuilles du thé par une méthode semblable. La caféine n'exerce qu'une action très-faible sur l'économie, cependant elle semble se comporter dans quelques cas comme un stimulant modéré des fonctions vitales. La proportion est très-faible dans le thé et le café.

Elle a été découverte par Runge dans le café, par Oudry dans le thé, par T. Martins dans le guarana, médicament préparé avec la graine du *paullinia*, puis successivement étudiée par MM. Payen, Boutron, Robiquet, Péligot et Stenhouse. B.

CAFETIÈRE (Économie domestique). — Appareil pour préparer l'infusion du café. Le but de notre dictionnaire ne nous permet pas de décrire et de discuter les divers procédés à l'aide desquels on prépare le café ; toutefois nous en mentionnerons un qui, fondé sur les principes physiques relatifs à la force élastique de la vapeur, permet de préparer l'infusion de café à la température exacte de 100°, condition reconnue indispensable pour la bonne qualité de l'infusion elle-même. C'est d'ailleurs comme un reste des anciennes machines élévatoires par l'action de la vapeur (voy. MACHINES A VAPEUR), et à ce titre il mérite une mention spéciale. L'appareil dont il s'agit peut varier de forme, notre gravure représente l'une des

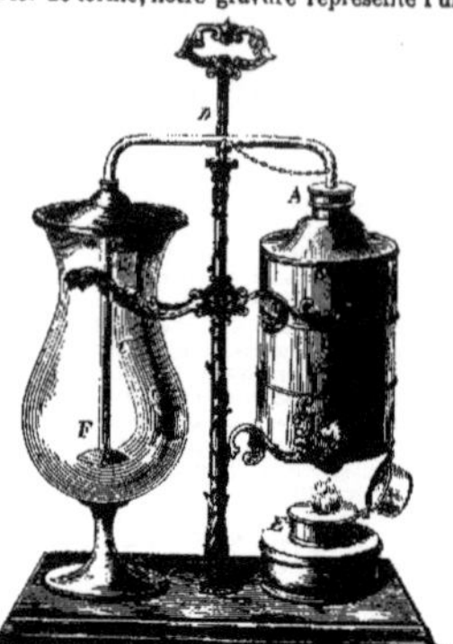

Fig. 386. — Cafetière hydrostatique.

dispositions les mieux conçues. B est un vase en porcelaine contenant de l'eau, il est fermé par un bouchon que traverse un tube D partant de son fond et allant se terminer par une plaque percée de trous F, au fond d'un second vase en verre C, ouvert à sa partie supérieure. Les deux vases sont supportés par une pièce fixée au support général de l'appareil et pouvant basculer légèrement autour du point d'appui. On place le café en poudre au-dessous de la plaque F et on le recouvre d'une seconde plaque également percée de trous; on remplit B d'eau, puis on chauffe avec la lampe à alcool E, dont le couvercle est maintenu par le rebord même du vase. Dès que la température a atteint 100°, la pression de la vapeur fait passer l'eau dans C, le poids de ce dernier vase fait alors basculer un peu l'appareil et le couvercle retombe sur la lampe. Mais aussitôt que la température s'est un peu abaissée, la pression atmosphérique refoule l'eau qui a traversé la poudre de café dans le premier vase B; le café est alors préparé et on peut le soutirer par un robinet qu'on voit en avant de la figure. Nous ajouterons que ces appareils doivent être entretenus dans un grand état de propreté, sans quoi le tube D pourrait s'obstruer et la force élastique de la vapeur croissant dans le vase B donnerait lieu à une explosion dangereuse.

CAFIER ou **CAFÉYER** (Botanique), *Coffea*, Lin. — Ce mot, d'après certains étymologistes, serait altéré de l'arabe *qahoüeh*, qui exprime la force, la vigueur; d'après d'autres, il viendrait de Caffa, pays d'Afrique, où le café croît spontanément. — Genre de plantes de la famille des *Rubiacées*, type de la tribu des *Coffiacées*. Il comprend des arbrisseaux à feuilles opposées, stipulées. Calice à 4 ou 5 dents; corolle tubuleuse à 4-5 divisions étalées; fruit charnu à 2 nucules membranacées, indéhiscent, renfermant une seule graine plane sur la face intérieure et marquée d'un sillon profond. Le café est originaire de l'Arabie. Nairoui (Fauste), professeur de langues au collége de Rome, raconta le premier, en 1671, dans quelles circonstances se fit la découverte des propriétés du café : « Un gardien de chameaux, dit-il, selon le sentiment de quelques-uns, ou de chèvres, suivant l'avis de quelques autres, se plaignit à des moines que parfois ses chèvres ou ses chameaux veillaient et sautaient toute la nuit contre leur ordinaire; le prieur se douta aussitôt que ce ne pouvait être qu'un effet de leur pâturage. Pour s'en assurer, il se rendit sur les lieux, et considéra que celui où le bétail avait passé le jour était plein de certains arbrisseaux dont il mangeait le fruit. Il en emporta pour tâcher d'en découvrir les qualités, et en fit bouillir dans l'eau. Après avoir bu de cette infusion, il s'aperçut qu'elle faisait veiller, ce qui lui donna l'idée d'en faire prendre à ses moines pour les empêcher de dormir pendant les offices de la nuit. Les suites répondirent à son attente, et bientôt après, on découvrit que ce fruit avait beaucoup d'autres propriétés fort salutaires, qui lui acquirent sans peine une estime extraordinaire (voyez CAFÉ). » A la suite de cette découverte, l'usage du café se répandit bientôt dans toute l'Arabie. Plusieurs érudits ont recherché une origine plus ancienne; mais rien ne prouve que le café ait été employé avant l'incident raconté par Naironi dans le *Journal* italien *des savants*. Rauwolf est le premier qui ait parlé du café dans la relation de son *Voyage en Orient* en 1583, et ce n'est qu'en 1615 que l'usage en fut introduit à Venise, d'où il ne tarda pas à se répandre en Europe. Le cafier fut transporté par les Hollandais en 1690 à Batavia. Brancas, en 1714, en offrit un pied à Louis XIV. Le Jardin des plantes de Paris cultiva cet individu qui donna bientôt de nouveaux sujets. En 1720, le capitaine Desclieux s'en procura un qu'il transporta à la Martinique. Un fragment de lettre de Desclieux à Aublet, en 1774, montrera combien la France doit être reconnaissante envers ce brave voyageur, qui dota nos colonies de la précieuse plante, objet d'un commerce qui s'est toujours accru depuis. « Dépositaire de cette plante, dit-il, je m'embarquai sur un bâtiment marchand. La traversée fut longue, et l'eau nous manqua tellement, que je fus obligé de partager la faible portion qui m'était délivrée avec le pied de café sur lequel je fondais les plus heureuses espérances; il avait tellement besoin de secours qu'il était extrêmement faible, n'étant pas plus gros qu'une marcotte d'œillet. » A grande peine, Desclieux parvint à le cultiver dans son jardin. « Le succès, ajoute-t-il, combla mes espérances. Je recueillis environ 2 livres de graines, que je partageai entre toutes les personnes que je jugeai les plus capables de donner les soins convenables à la prospérité du café. » Le *C. cultivé*, *C. d'Arabie* (*C. Arabica*, Lin.), est un arbrisseau de 4 à 5 mètres, à feuilles persistantes, glabres, ovales, oblongues, acuminées. Ses fleurs sont blanches et réunies en faisceaux axillaires. Ses fruits sont ovales et rouges. Le *C. de Mauritanie*, *C. marron*, *C. Bourbon* (*C. Mauritanica*, Lamk), dont quelques auteurs ne font qu'une variété de la précédente espèce, se distingue principalement par ses fleurs solitaires et ses fruits oblongs, à base aiguë. Le *C. paniculé* (*C. paniculata*, Aubl.) est caractérisé par ses fleurs en panicules et ses fruits bleuâtres. Il faudrait un volume pour donner la liste des ouvrages auxquels le café a donné lieu; nous renvoyons donc à la bibliographie qu'en a donnée le *Dictionnaire des sciences médicales*. (V. RUBIACÉES et au mot THÉ, la fig. du CAFIER). G—s.

CAGNIARDELLE (Mécanique industrielle) (du nom de son auteur). — Espèce de machine soufflante, imaginée par M. Cagniard de la Tour. C'est une *vis d'Archimède* d'un grand diamètre, assez courte et assez peu inclinée pour que ses deux extrémités plongent dans l'eau, et que l'on fait tourner sur son axe dans un sens contraire à celui qui ferait monter l'eau dans l'intérieur. A chaque révolution de l'appareil, un certain volume d'air est emprisonné dans la spire supérieure, et par la continuation du mouvement de rotation, cet air passe successivement dans les spires inférieures, où son volume diminue de plus en plus en même temps que sa pression augmente. Cet air s'échappe ensuite de la dernière spire, par un tuyau qui y débouche après avoir pénétré dans l'appareil par l'ouverture centrale située à l'extrémité inférieure de la vis. L'air suit donc dans cet appareil une marche inverse à celle qui est suivie par l'eau dans la vis d'Archimède.

CAGOTS (Anthropologie). — Race flétrie et dégénérée, injustement réprouvée par la haine et le mépris publics, qu'on trouve dans quelques parties de la France méridionale (voyez CRÉTIN; voyez aussi au mot CAGOT du *Dictionn. général de biogr., d'histoire*, etc.).

CAIÉPUT, **CAJÉPUT** et **CAJU-PUTI** (HUILE DE) (Matière médicale). — Nom malais d'une huile volatile obtenue par la distillation des feuilles et des rameaux du *Melaleuca cajeputi*, de la famille des *Myrtacées*, arbuste des îles Moluques. L'huile de caiéput a une couleur verdâtre qu'elle doit aux vases de cuivre dans lesquels on a l'habitude de la distiller; on la dépouille du reste facilement de cette petite quantité de cuivre qu'elle contient, par une rectification convenable; son odeur est vive et pénétrante; elle peut être comparée aux odeurs réunies de la térébenthine, de la menthe, de la rose et du camphre; elle est soluble dans l'alcool et l'éther sulfurique. L'huile de caiéput est stimulante; on l'a employée dans ces derniers temps contre le choléra; en frictions, soit pure, soit mêlée avec l'huile d'olives, d'amande douce, ou l'alcool; à l'intérieur, dans une potion, ou à la dose de quelques gouttes dans une infusion chaude. On l'a employée aussi dans les fièvres intermittentes pernicieuses.

CAIEUX, **CAYEUX** (Botanique). — On appelle ainsi des

bourgeons secondaires développés à l'aisselle des feuilles ou écailles des bulbes solides et qui, enlevés et replantés en temps utile, servent à multiplier la plante (voyez **Bulbe**).

CAILLE (Zoologie), *Coturnix*, de Cuvier. — La caille forme, dans le *Règne animal*, un sous-genre du grand genre *Tétras* (*Tetrao*, Lin.), très-voisin des perdrix, appartenant à l'ordre des *Gallinacés; elle se distingue des perdrix proprement dites par sa queue courte, penchée vers la terre et cachée par les plumes du croupion, par son bec en général plus mince, par l'absence de sourcils rouges, et par les tarses dépourvus d'éperons. Les cailles ont d'ailleurs le bec court, le plus souvent grêle, aussi large que haut ; la tête parfaitement emplumée; les ailes pointues ; les pennes caudales n'outre-passent pas leurs couvertures supérieures. La *C. commune* (*Tetrao coturnix*, Lin.; *Coturnix vulgaris*, Cuv.) (*fig.* 387), a le

Fig. 387. — La caille commune (longueur : 0m,20).

dos ondé de noir, une raie pointue blanche sur chaque plume ; gorge brune ; sourcils blanchâtres ; on la trouve l'été dans tous nos champs ; elle est célèbre par ses migrations, et elle parcourt, suivant les saisons, l'Europe, une partie de l'Asie et de l'Afrique. Il existe entre elle et la perdrix grise assez de rapports pour que, dans certains pays, on l'ait appelée *perdrix naine; elles se nourrissent des mêmes aliments, construisent leurs nids dans les mêmes endroits, mènent leurs petits à peu près de même, à la manière des poules, mais elles en diffèrent en ce qu'elles ont des mœurs moins douces, un naturel plus rétif ; elles ne se réunissent point par *compagnies*, comme font les perdrix, ne se rassemblent que fortuitement à leur départ ou à leur retour, encore ce n'est véritablement qu'un attroupement qui résulte de leur migration simultanée, mais qui n'a rien de durable. Du reste, cet instinct de migration est tellement puissant chez les cailles, que celles qui sont en captivité éprouvent à cette époque des inquiétudes, des agitations singulières ; elles n'ont plus de repos pendant la nuit, s'élèvent dans leurs cages avec une telle violence, qu'elles retombent étourdies si on n'a pas eu la précaution d'en garnir les couvercles avec de la toile ; c'est en automne et aux premiers jours du printemps qu'on peut faire cette observation. La caille est un oiseau lourd et qui paraît mal conformé pour voler, et cependant elle traverse la Méditerranée pour aller passer l'hiver en Afrique ; comme nous l'avons dit, elles se réunissent en troupes nombreuses, et volent de concert, le plus souvent au clair de lune ou pendant le crépuscule. Quand elles rencontrent sur leur route une île ou quelque rocher, elles en profitent pour se reposer, et en automne elles s'abattent en si grand nombre dans différents points de l'archipel du Levant, que le produit de leur chasse devient un revenu considérable. Le mâle de la caille ne prend aucun soin de sa couvée; bien plus, il repousse ses petits à coups de bec, et ne s'occupe nullement du soin de sa progéniture. Les petits se séparent de leur mère aussitôt qu'ils peuvent se suffire à eux-mêmes. C'est à terre, et le plus souvent dans les blés, que celle-ci dépose ses œufs, dont le nombre varie de huit à quatorze. Ces oiseaux se tiennent dans les champs, jamais dans les bois, et se nourrissent de grains et d'insectes, surtout pendant leurs nichées. On sait qu'ils engraissent facilement, que leur chair est très-délicate, et que c'est un de nos meilleurs gibiers. La chasse des cailles se fait souvent au filet, dit *hallier* ou *tramail*, parce qu'en l'étendant, il forme une espèce de haie. Pour y attirer les cailles, dans le courant de mai, époque de leur arrivée, on se sert d'un *appeau* spécial au moyen duquel on contrefait le chant de la femelle, que connaissent bien toutes les personnes qui ont habité la campagne pendant les moissons. On se sert encore, et avec plus d'avantage, d'une caille femelle qui chante, et qu'on nomme *chanterelle*. Cette chasse, à l'arrivée des cailles, se nomme *aux cailles vertes*, mais aux mois d'août et de septembre, on la nomme *à la bourrée*, parce qu'on bourre le gibier pour le faire entrer

dans le hallier. On chasse encore les cailles *à la tirasse* ou *au traineau*, comme l'alouette (voyez ce mot), enfin *au fusil*, et c'est là un vrai exercice de chasseur. Les autres moyens ne sont réellement qu'un métier.

Il existe encore plusieurs autres espèces de cailles, parmi lesquelles on peut citer la *petite C. de Chine* (*Tetrao Chinensis*, Lin.; la *C. de Madagascar* (*Perdix grisea*, Lath.); la *C. australe* (*Perdix australis*, Tem.), etc. Quelques zoologistes ont aussi rangé parmi les cailles, les *Colins*; la majeure partie en font un genre à part (voyez **Colin**).

             Ad .F.

CAILLEBOT, **Caillebotte** (Botanique). — Nom vulgaire de la *Viorne aubier* (voyez **Viorne**).

CAILLE-LAIT ou **Gaillet** (Botanique), *Galium*, Scop. (Voyez **Gaillet**).

CAILLETTE (Zoologie). — C'est le nom qu'on donne au quatrième estomac des Mammifères ruminants, situé dans le flanc droit, au-dessus du sac droit de la *panse*, à droite du *feuillet*; il a un volume intermédiaire entre ces deux estomacs. Sa surface interne, irrégulièrement plissée, est humectée par un liquide acide qui est le suc gastrique, et c'est à cause de la propriété que possède cette humeur de faire cailler le lait, que l'on donne à l'organe qui le renferme, le nom de *caillette*; le liquide lui-même s'appelle la *présure*, bien connue dans les laiteries. La caillette communique par son extrémité antérieure avec le feuillet et par son extrémité postérieure avec le duodenum (voyez **Estomac**, **Ruminants**).

CAILLEU-TASSART (Zoologie), *Chatœssus*, Cuv. — Sous-genre du grand genre *Harengs*, dont Cuvier dit : « Ce sont des *Harengs* proprement dits, dont le dernier rayon de la dorsale se prolonge en un filament. » Ils ont la bouche petite et sans dents. C'est aussi, suivant M. Valenciennes, le nom vulgaire de la *Savalle*, espèce du genre *Mégalope* et qu'on trouve dans la mer des Antilles. Ces espèces sont comestibles.

CAILLOT (Physiologie). — On appelle ainsi cette masse plus ou moins consistante qui résulte de la coagulation du sang. La formation du caillot est une des propriétés physiques les plus importantes de ce liquide. Après un intervalle de 10 ou 12 minutes, le sang tiré de la veine se prend en une masse cohérente et gélatiniforme qui revient peu à peu sur elle-même et laisse échapper un liquide jaune citrin très-limpide, qu'on nomme le *sérum*. La masse coagulée porte le nom de *caillot*, qui dans cet état contient tous les globules du sang. Mais si on le lave longtemps dans de l'eau, les globules se détachent peu à peu, sont entraînés dans le liquide, le caillot se décolore, et il ne reste bientôt plus qu'une masse blanchâtre filamenteuse qui les renfermait, c'est la *fibrine* (voyez **Sang**, **Sérum**, **Fibrine**, **Globules**).

CAILLOUX, **Cailloux roulés** (Géologie). — Dans les ravages que produisent les eaux courantes, les débris arrachés aux montagnes sont transportés plus ou moins loin, suivant l'inclinaison du sol et la force des courants; à mesure que les pentes diminuent, les vitesses décroissent, et successivement les plus gros blocs restent en arrière au fond de la vallée, puis ceux de moindre dimension, et ainsi de suite jusqu'aux sables et limons qui sont transportés à d'énormes distances. Dans ce roulis de matières différentes tous ces fragments se heurtent, se frottent les uns contre les autres, et contre la paroi du terrain, ils perdent successivement leurs arêtes, et leurs angles, finissent par être tout à fait arrondis, et forment ce qu'on appelle des *cailloux roulés* plus ou moins volumineux. Toute la partie inférieure des torrents se trouve généralement couverte de ces cailloux, qui s'amassent quelquefois en quantité immense. Les rivières et les lacs dans lesquels les torrents se jettent, s'encombrent aussi journellement de ces cailloux, et c'est, par exemple, la cause de l'élévation continuelle du lit du Pô. Ces cailloux sont formés en général de silex, de quartz, de roches dures en un mot, et nous en avons des échantillons nombreux dans le bassin de la Seine tout autour de Paris. Il se fait aussi des cailloux roulés ou *galets*, en quelque sorte sur place, par l'action des flots sur les roches éboulées. Ainsi, sur les côtes de France et d'Angleterre, les silex sont arrondis, usés les uns par les autres, et constituent des bancs de galets considérables.

    Caillou d'Alençon, Diamant d'Alençon. — Ce sont de petits cristaux de *quartz transparent*.

    Caillou d'Angleterre. — Poudingue siliceux.

    Caillou de Bristol, de Cayenne, de Médoc, du Rhin. — Ce sont des *quartz roulés*.

    Caillou d'Égypte. — C'est une variété de *jaspe*.

    Caillou de Rennes. — Poudingue jaspeux.

Caillou du Rhin. — Ce sont des *quartz roulés.*

Caillou de roche. — On a donné ce nom à quelques variétés de *Petrosilex.*

CAIMAN, Caïman (Zoologie). — Nom donné par les nègres de Guinée à l'*Alligator* de Cuvier, sous-genre du grand genre *Crocodile* (voyez Alligator, Crocodile).

CAISSE DU TYMPAN, Tympan (Anatomie), du latin *tympanum*, tambour. — C'est une cavité qui occupe la partie antérieure de la base du rocher, au-devant de l'apophyse mastoïde; elle est située entre le conduit auriculaire et le labyrinthe, et communique avec l'arrière-bouche par la trompe d'Eustache; elle est traversée par la chaîne des osselets de l'ouïe, qui paraissent destinés à transmettre les ondes sonores dans les parties profondes de l'oreille interne (voyez Oreille).

CAKILE (Botanique), *cakile,* Tourn., de l'arabe *kakaleh,* nom qu'Avicenne avait donné à une plante purgative. — Genre de plantes de la famille des *Crucifères,* type de la tribu des *Cakilées.* Caractères : pétales obovales, entiers, onguiculés; silicule à 2 loges articulées et ne renfermant qu'une seule graine. Le *C. maritime* (*C. maritima,* Scop.; *Bunias cakile,* Lin.) est une plante annuelle à tiges diffuses et un peu charnues. Ses fleurs sont rougeâtres, en bouquets terminaux. Cette espèce croît sur les bords de la mer en Europe, en Asie et dans le nord de l'Afrique.

CAL (Pathologie), en latin *callum.* — On désigne par ce mot le moyen par lequel la nature opère la réunion et la cicatrisation des os fracturés. Les anciens n'avaient pas, sur la formation du cal, les mêmes idées que les modernes. On avait d'abord pensé qu'une matière coulante, nommée *suc osseux,* déposée entre les fragments d'une fracture, se consolidait, et servait à les réunir. Galien, et après lui Duhamel, ont regardé le périoste et la moelle comme les seuls agents de cette consolidation, en formant autour d'une fracture une double *virole* qui en assujettit les fragments. D'autres ont comparé le travail de formation du cal à celui de la réunion des plaies des parties molles, etc. Enfin Dupuytren, et après lui Bréchet, Villermé et d'autres, ont expliqué la formation du cal de la manière suivante : à la suite d'une fracture simple, il s'épanche entre les fragments une certaine quantité de sang, par la rupture des petits vaisseaux, et bientôt après, un liquide visqueux, qui semble venu du périoste et des parties molles environnantes. Ce liquide plastique augmente de quantité, s'épaissit, se change, par suite du mouvement inflammatoire qui se développe, en une substance concrète qui unit de plus en plus les parties divisées, forme une espèce d'enveloppe aux fragments. Le gonflement général résultant de tout ce travail, a pour conséquence le rétrécissement du canal médullaire, et la production d'une masse homogène, solide, rougeâtre et élastique qui unit le périoste aux parties molles voisines; bientôt pourtant, le cal se dégage de cette masse; d'abord mou, comme fibro-cartilagineux, il ne tarde pas à prendre une couleur rouge, à cause des vaisseaux sanguins qui s'y développent; le phosphate de chaux qui s'y dépose, lui donne de la solidité; enfin, après un temps plus ou moins long, il devient osseux, diminue de volume, aussi bien que les parties voisines, qui reviennent à leur état naturel; le canal médullaire se rétablit peu à peu et reprend ses dimensions normales; cependant les liquides épanchés à la suite de la fracture, et qui ont envahi les tissus voisins, y ont formé de minces couches cartilagineuses qui, s'étant ossifiées graduellement, ont déterminé à la surface de l'os et sur le cal des prolongements osseux, ceux-ci, à la longue, sont résorbés, et alors, avec le temps, la surface de l'os reprend son aspect primitif.

CALADION (Botanique), *Caladium,* Vent.; nom emprunté à Rumphius. — Genre de plantes de la famille des *Aroïdées,* tribu des *Colocasiées,* ou, d'après Schott, type de la tribu des *Caladiées.* Il comprend des herbes vivaces à feuilles peltées, hastées et appartenant à l'Amérique tropicale. Caractères : étamines uniloculaires, s'ouvrant au sommet par un pore et réunies par groupes verticillés autour d'un support tronqué en massue; baies à une ou deux loges contenant quelques graines anguleuses. Spathe enroulée droite, blanchâtre. Les *Caladium* sont souvent cultivés dans les serres chaudes à cause de leur feuillage orné quelquefois de teintes très-vives. Le *C. bicolore* a les feuilles d'un rouge vif au centre, bordées d'une bande verte. Le *C. cordifolium* et le *C. odorum* ont des feuilles en cœur d'un très-bel effet. Ces plantes offrent, comme toutes les aroïdées, ce phénomène remarquable de développer une élévation de température qui varie de 9° à 22° et au delà (voyez Aroïdées, Gouet). G—s.

CALALOU (Botanique). — On donne généralement, dans les colonies, ce nom à différentes espèces d'herbes, dont on fait un ragoût très en usage, surtout parmi les nègres. Le ragoût porte aussi le même nom. Les plantes qui entrent dans sa confection sont en premier lieu la morelle noire (*Solanum nigrum*), la ketmie comestible (*Hibiscus esculentus*), puis ensuite presque toutes les amarantes, surtout l'*A. verte* et l'*A. blanche* : on y ajoute du piment, du girofle, de la graisse de porc, etc.

CALAMAGROSTIS (Botanique), *Calamagrostis,* Adanson, du grec *kalamos,* roseau, et de *agrostis,* nom qu'on donnait autrefois aux graminées en général. — Genre de la famille des *Graminées,* tribu des *Arundinacées.* Il renferme des plantes indigènes qui s'étendent jusque dans des contrées assez froides. Caractères : épillets disposés en panicule rameuse; fleurs entourées de longs poils à leur base; glumes beaucoup plus longues que les glumelles. Le *C. commun* (*C. epigeios,* Roth.; *Arundo epigeios,* Lin.), croît sur la terre et non dans l'eau, comme les vrais roseaux et est une plante rampante qui atteint jusqu'à 1 mètre et 1ᵐ,50. Elle se distingue par sa tige feuillée même dans sa partie supérieure et par sa glumelle inférieure, sur le dos de laquelle l'arête prend naissance. Le *C. lancéolé* (*C. lanceolata,* Roth.; *Arundo calamagrostis,* Lin.) est une herbe souvent plus petite que la précédente. Elle se distingue par sa tige nue dans la partie supérieure et par l'arête de la glumelle inférieure qui naît dans l'échancrure de celle-ci. Ces deux espèces sont communes aux environs de Paris. G—s.

CALAMBAC, Calambourg (Bois de) (Botanique). — Bois odorant de couleur verdâtre qu'on tire de l'Inde, d'où il nous vient en bûches; il sert aux ouvrages de tour et de marqueterie. C'est une variété de *bois d'aloès* ou *aquilaire* (voyez ce mot).

CALAMENT ou Calamenthe (Botanique), *Calamintha,* Benth., du grec *kalos,* beau, et *mentha,* menthe. — Genre de plantes de la famille des *Labiées,* tribu des *Saturéiées.* Caractères : calice tubuleux à 13 nervures, bilabié; corolle à tube droit, nu intérieurement; akènes lisses. Le *C. acinos* (*C. acinos,* Benth.; *Thymus acinos,* Lin.; nom grec d'une plante balsamique); le *C. nepeta,* Link et Hoffm. (*Melissa nepeta,* Lin.), et le *C. officinal* (*C. officinalis,* Moench.; *Melissa calamintha,* Lin.), sont indigènes et très-communs aux environs de Paris. La dernière espèce répand une odeur aromatique très-agréable; elle possède à peu près les propriétés de la mélisse. On l'emploie aux mêmes usages que celle-ci. Le *C. à grandes fleurs* (*C. grandiflora,* Moench.; *Melissa grandiflora,* Lin.) est une plante vivace que l'on cultive quelquefois dans les jardins à cause de ses grandes et belles fleurs pourpres. Elle est aussi indigène. Le *C. de la Caroline* (*C. caroliniana,* Shaw) est un sous-arbrisseau de l'Amérique septentrionale. Ses fleurs rouges sont d'un assez joli effet. G—s.

CALAMINE. — Carbonate de zinc que l'on rencontre en grandes quantités dans la nature, particulièrement près d'Aix-la-Chapelle (à la *Vieille-Montagne*), près de Tarnowitz, en Silésie, et dans quelques localités d'Angleterre.

La calamine n'est presque jamais pure; elle est souvent accompagnée par de l'oxyde ou du silicate de zinc; elle renferme aussi de l'oxyde de fer en quantité quelquefois très-notable et se trouve toujours associée à de la gangue. On l'appelle généralement minerai ou mine de zinc, parce que c'est elle qui fournit la plus grande partie du zinc consommé par le commerce (voyez Zinc et Minerais). On en connaît deux variétés : l'une blanche et l'autre rouge. La première contient moins de fer, mais elle est plus difficile à traiter.

CALAMITA (Zoologie). — Nom donné par Schneider et Merrem aux *Batraciens* du genre *Rainette.*

Calamita bianca (Minéralogie). — Nom donné par les Italiens à une terre blanche, argile ou marne, qui happe fortement à la langue et attire la salive comme un aimant (en italien, *calamita*).

CALAMITE (Botanique). — On appelle ainsi la qualité la moins estimée du *storax,* gomme-résine extraite du *styrax* ordinaire (voyez Aliboufier, Styrax).

CALAMITE (Géologie). — On a désigné sous le nom de *calamites,* certaines tiges fossiles cannelées sur leur longueur, et qui présentent de distance en distance des articulations plus ou moins marquées, d'où naissent quelquefois des rameaux. Elles appartiennent très-vraisemblablement au genre *Prêle* (*Equisetum,* Lin.), de la famille des *Équisétacées,* et n'ont, malgré leur nom, aucun rapport avec le *Calamus* ou *Rotang,* de la famille des

Palmiers. Ces tiges se trouvent souvent converties en matières argileuses qui ont pris de la solidité, ou en carbonate de fer, rarement en matière siliceuse. Le tissu végétal extérieur, qui a laissé son empreinte sur la masse minérale, est fréquemment passé à l'état de matière charbonneuse.

CALAMUS (Botanique), *Calamus*, Lin. — Nom botanique du genre *Rotang* (voyez ce mot).

CALANDRE (Zoologie). — C'est le nom vulgaire de plusieurs espèces d'*Alouettes*, et entre autres de l'*Alauda calandra*, de Naumann (voyez **ALOUETTE**).

CALANDRE (Zoologie), *Calandra*. — Genre d'*Insectes coléoptères tétramères*, famille des *Rynchophores (porte-bec)*, caractérisés par : antennes insérées à la base d'un prolongement antérieur, en forme de trompe, coudées, de huit articles, dont le dernier en massue ou en bouton. Séparés par M. Clairville des charançons par les caractères cités plus haut, ils s'en distinguent encore par les cuisses, qui ne sont pas propres au saut. Les Calandres ont le corps elliptique, rétréci aux deux bouts, déprimé en dessus ; la tête se termine par une trompe longue, cylindrique, avancée, un peu courbée, sans sillons sur les côtés ; la bouche très-petite, avec les mandibules dentelées. L'extrémité postérieure de l'abdomen, non couverte par les étuis, finit en pointe. Les pieds robustes, les jambes terminées par un fort crochet. Ces insectes marchent lentement, mais ils se cramponnent avec force sur différents corps. Cuvier les partage en six sous-genres ; les deux premiers sont *aptères ;* ce sont les *Anchones* et les *Orthochœtes :* les quatre autres sont pourvus d'ailes ; ce sont les *Rhines*, les *Calandres* proprement dites, les *Cossons* et les *Dryophthores*. Ils se nourrissent en général, du moins dans leur premier état, de graines ou de substances ligneuses.

CALANDRES proprement dites, *Calandra*. — Sous-genre du genre précédent ; les antennes insérées près de la base de la trompe ; le huitième article, formant une massue triangulaire ou ovoïde. La *C. du blé, Charançon du blé* (*C. granaria*, Ol.; *Curculio granarius*, Lin.), a le corps brun, très-ponctué ; c'est l'espèce la plus commune et la plus redoutable, surtout par sa larve, longue de 0ᵐ,002 environ, blanche, ayant la forme d'un ver allongé, mou, le corps composé de neuf anneaux. Ces insectes existent quelquefois en si grande quantité dans un tas de blé, qu'ils n'y laissent exactement que l'enveloppe du grain ; une larve est toujours seule dans un grain de blé, elle s'y développe aux dépens de la farine dont elle se nourrit ; parvenue à sa grosseur, elle reste dans le grain, où elle se métamorphose en nymphe d'un bleu clair et transparent. Huit ou dix jours après, l'insecte rompt l'enveloppe qui le tenait emmaillotté, perce la peau du blé, et la calandre paraît sous sa dernière forme. La *C. du riz* (*C. oryzo*, Oliv.), presque semblable à la précédente, avec deux taches fauves aux élytres ; sa larve s'attaque au riz et au grain de mil. La *C. palmiste* (*C. palmarum*, Oliv.), *Charançon palmiste;* corps très-noir, long de 0ᵐ,04.

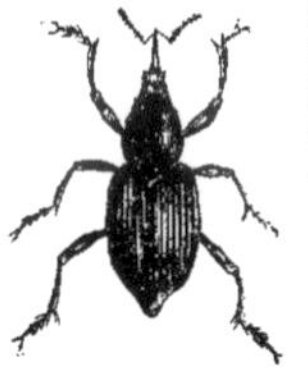

Fig. 388. — Calandre ou Charançou du blé (grossi 14 fois en longueur).

Sa larve, nommée *ver palmiste*, est regardée par les naturels de la Guyane, de Surinam, comme un mets très-délicat lorsqu'elle est rôtie. La *C. raccourcie* (*C. abbreviata*, Oliv.), la plus grande d'Europe, a jusqu'à 0ᵐ,018 de longueur. Elle est d'un noir luisant. On la trouve à terre dans les champs sablonneux.

CALANDRE (Mécanique industrielle). — Machine destinée à lisser et à lustrer les étoffes, soit pour leur donner le dernier apprêt avant la vente, soit pour les préparer à recevoir plus complètement l'impression. Ces machines sont toujours formées d'un système de cylindres dont on peut faire varier la distance et que l'on met en mouvement à l'aide d'un moteur quelconque. Ordinairement le moteur s'applique à un seul des cylindres ; le frottement suffit pour déterminer le mouvement des autres. Souvent aussi l'un des cylindres au moins est en bronze ou en fonte ; il est creux et reçoit dans son intérieur de la vapeur d'eau ou un corps chaud, de manière à produire la dessiccation du tissu ; les autres cylindres sont en bois ou formés par des disques de carton réunis et serrés entre deux disques de fonte.

Notre dessin représente une calandre simple formée seulement de deux cylindres. Le cylindre inférieur est mis en mouvement par un pignon muni d'une manivelle qui engrène avec une roue dentée formant la tête du

Fig. 389. — Calandre.

cylindre. On voit dans le haut de la figure une vis destinée à faire varier la distance des cylindres.

CALANDRINIE (Botanique), *Calandrinia*, Humb., Bonpl. et Kunth, dédiée au mathématicien botaniste genevois, J. L. Calandrini. — Genre de plantes de la famille des *Portulacées*, type de la tribu des *Calandrinées*. Il comprend des herbes ou des sous-arbrisseaux appartenant la plupart au Chili. Ils ont un calice persistant ; 3-5 pétales ; 4-15 étamines ; un ovaire à une seule loge ; un style divisé en 3 branches et une capsule s'ouvrant en 3 valves. On cultive environ une douzaine d'espèces de ce genre pour leurs fleurs à coloration souvent très-vive. Parmi les plus remarquables, on signale la *C. à grandes fleurs* (*C. grandiflora*, Lindl.). Ses fleurs sont pourpres, en grappes simples, avec leur calice maculé.

CALAO (Zoologie), *Buceros*, Lin. — Genre de grands *oiseaux* d'Afrique et des Indes, ordre des *Passereaux*, famille des *Syndactyles*, rapprochés des Toucans par leur énorme bec dentelé, surmonté souvent de proéminences fort grandes, et des Corbeaux par leur port et leurs habitudes ; ils ont les pieds courts et gros comme les guêpiers et les martins-pêcheurs. Les calaos sont des oiseaux taciturnes qui vivent en troupes nombreuses ; leur nourriture se compose de fruits, d'insectes, de reptiles, de petits quadrupèdes ; ils ne dédaignent pas même les cadavres, dit Cuvier. Celui des Moluques se nourrit surtout de noix muscades et même, si l'on en croit Bontius, de noix vomiques. Du reste, ces oiseaux ont les ailes courtes, ils marchent très-mal, sautent sur les deux pieds et se tien-

Fig. 390. — Calao à casque en croissant (long. : 1ᵐ,28).

nent ordinairement sur les grands arbres. Le *C. à casque en croissant* (*B. sylvestris*, Vieill.) (*fig*. 390), de Java et des Moluques, est remarquable par la conformation de son bec ; il est surmonté par un casque qu'on peut comparer à un diadème en croissant qui occupe plus des deux tiers du bec. Cette excroissance alourdirait beaucoup le bec, si elle n'était formée d'un tissu spongieux très-léger ; elle est tout à fait rudimentaire dans le jeune âge ; on ignore l'usage de cette excroissance.

CALAPPE ou **Migrane** (Zoologie), *Calappa*, Fab. — Genre de *Crustacés décapodes brachyures*, de la tribu des *Crabes cryptopodes*. Une espèce très-bonne à manger se trouve sur les côtes de la Méditerranée, en Provence, en Languedoc et en Algérie, c'est le *C. migrane*, *C. granulé*, de Fabrice, vulgairement *Coq de mer*, *Crabe honteux*.

CALANTHE, **Chalanthe** (Botanique), du grec *kalos*, beau; *anthos*, fleur. — Genre de plantes de la famille des *Orchidées*. La *C. à feuilles de varaire* est une jolie espèce dont les fleurs blanches, en grappes pyramidales, terminent une hampe qui s'élève du milieu d'un faisceau de grandes feuilles. On la cultive en serre chaude.

CALATHE (Botanique), *Calathus*, Bonel., du grec *kalathos*, corbeille. — Genre de *Coléoptères pentamères*, de la famille des *Carnassiers*, grand genre *Carabe*, et caractérisé par les crochets des tarses fortement dentelés en dessous. Ils sont très-vifs et de couleurs sombres. Le *C. cistéloïde* est une espèce qu'on trouve à la fois en France et en Perse; il habite les lieux humides, sous les pierres ou les écorces des arbres.

CALATHIDE (Botanique), du grec *kalathis*, petit panier. — Terme de botanique par lequel on désigne la disposition de fleurs très-serrées, entremêlées quelquefois de soies et de bractées sur un pédoncule élargi entouré d'un involucre. Cette inflorescence, qui simule ainsi une petite corbeille de fleurs, comme son nom l'indique, est commune à la grande famille des *Composées*. La calathide, composée de fleurons dans le centre et de demi-fleurons à la circonférence, est dite *radiée*, comme dans la reine-marguerite, le soleil et tous les asters. Elle est *flosculeuse* lorsqu'elle n'est formée que de fleurons, comme dans les centaurées, les chardons, les artichauts, et *semiflosculeuse* quand elle ne présente que des demi-fleurons, les pissenlits, les salsifis. On emploie souvent à la place du mot calathide celui de *capitule*, qui est synonyme pour certains auteurs; mais, pour d'autres, le capitule est une inflorescence à part (voyez Capitule). G — s.

† CALCAIRE (Minéralogie), du génitif latin *calcis*, chaux. On appelle *roches* ou *terres calcaires*, celles qui sont composées de chaux ou dans lesquelles prédomine essentiellement la chaux carbonatée; les roches calcaires les plus importantes sont : 1° le *C. carbonifère*, *C. de montagne*, *C. métallique*, qui se trouve très-développé en Angleterre, en Belgique et dans le nord de la France. Il nous fournit les marbres noirs de Dinan, remplis de fragments d'encrinites, et quantité de marbres veinés et coquilliers. C'est ce qu'on appelle marbres de Flandre. Ils renferment un grand nombre de polypiers, de Madrépores, et même des débris de mollusques. 2° Le *C. magnésien*, le *C. cellulaire*, qu'on rencontre dans les terrains pénéens, au-dessus des schistes bitumineux dont ils sont séparés cependant par des calcaires compactes divisés en plusieurs assises par des marnes. Ils ont de remarquable, qu'on y rencontre pour la première fois des débris de reptiles *sauriens*, et même de *poissons*. 3° Le *C. conchylien*, situé au-dessus du grès bigarré, et se confondant en haut avec les marnes qui le recouvrent; il est en général compacte, grisâtre, verdâtre ou jaunâtre. Il renferme une grande quantité de coquilles, telles que, *ammonites à nœuds*, *avicules sociales*, *encrinites moniliformes* (fig. 391), etc. On trouve ce calcaire en Lorraine, dans les Vosges, puis sur la rive droite du Rhin et en Allemagne; on le retrouve en France dans le département du Var, depuis Toulon jusqu'à Antibes. 4° Le *C. siliceux*, *Meulière* et *Gypse subordonnés*; matière ordinairement compacte, ainsi nommée parce qu'elle renferme une grande quantité de silice, tantôt disséminée dans la masse, tantôt formant çà et là des amas qui constituent la meulière sans coquilles, exploitée pour la confection des meules de moulin : il s'étend dans la Brie, d'où il se prolonge en couches minces au-

Fig. 391 — Encrinite moniliforme du calcaire conchylien).

tour de Paris, à Saint-Ouen, sur la rive droite de la Marne et le long de la Seine. Dans ces différents gisements, il faut traverser le calcaire siliceux pour arriver au *gypse*, *pierre à plâtre*, qu'on exploite à Montmartre par des galeries horizontales (voyez Plâtre, Gypse). 5° La *pierre lithographique* est un calcaire compacte, à grain fin et serré, capable de se laisser imbiber légèrement d'eau, et qui est fourni surtout par les dépôts jurassiques : les plus renommées sont celles de Pappenheim, en Bavière; on en tire aussi, en France, de Châteauroux, de Belley, de Dijon, de Périgueux, etc. 6° Les marbres sont aussi une variété de calcaire à grain fin, susceptible de poli (voyez Marbres). 7° La *chaux carbonatée*, *pierre à chaux*, qui donne la chaux vive par la calcination, est une des substances les plus utiles et les plus précieuses (voyez Chaux). 8° La *craie*, autre substance très-usitée dans l'industrie, et composée pour une très-grande proportion de chaux carbonatée (voyez Craie). On peut encore citer parmi les substances plus ou moins calcaires, les *tufs calcaires*, les *pierres à bâtir*, les *marnes*, etc. (voyez ces différents mots).

Calcaire (terre) (Agriculture). — La terre calcaire est très-répandue dans la nature, elle forme une grande partie du sol de la France; lorsqu'elle est pure, peut-être bien à cause de sa perméabilité, on ne peut y cultiver aucune plante utile. C'est en la mêlant avec de l'argile et du sable, qu'on obtient une bonne terre, et c'est par des expériences bien faites qu'on vient à bout de constater quel est le mélange convenable pour une terre cultivable; il est bien entendu que ces mélanges doivent varier suivant les diverses plantes qu'on veut cultiver. La chimie organique moderne est appelée à jouer un grand rôle dans cette question, par les lumières qu'elle nous fournit sur les éléments qui doivent être assimilés par les différents végétaux; on conçoit combien l'application de ces connaissances, venant éclairer les expériences dont il a été parlé, jetterait de lumières sur cette partie de l'agriculture et découvrirait de vérités inconnues; on serait conduit ainsi à établir d'une manière presque certaine une théorie des différents sols. Si les mélanges dont il vient d'être parlé n'étaient pas possibles, ou s'ils devenaient trop coûteux, on pourrait, jusqu'à un certain point, remédier à cette trop grande perméabilité de la terre calcaire, par des plantations, dans le but de favoriser l'humidité, de déposer annuellement une couche de feuilles qui auraient le même effet, et de plus formeraient à la longue une masse d'humus propre à retenir les eaux et à rendre la terre plus compacte.

CALCANÉUM (Anatomie), du latin *calcare*, fouler aux pieds. — C'est le plus grand des os du tarse, celui qui forme le talon, ainsi nommé parce que c'est sur lui que porte tout le poids du corps dans la station; il est situé au-dessous et en arrière de l'astragale, avec lequel il s'articule, et donne attache à plusieurs muscles, dont trois font partie de la jambe; ce sont les *jumeaux*, le *soléaire* et le *plantaire grêle*; cinq appartiennent exclusivement au pied, ce sont le *court extenseur des orteils*, l'*adducteur du gros orteil*, le *court fléchisseur commun*, l'*abducteur du petit orteil*, et le *court fléchisseur du gros orteil*. La partie inférieure de sa face postérieure donne attache au *tendon d'Achille* (voyez ce mot).

CALCÉDOINE (Minéralogie).—Nom donné à une espèce de pierres, dont on prétend que les premières ont été trouvées près de *Calcédoine*, en Bithynie.— La *calcédoine* est une espèce d'*agate* (voyez ce mot) d'une translucidité laiteuse, tantôt pure, tantôt avec une teinte rose, orange, jaune, bleuâtre et même verdâtre, comme si l'on avait délayé une de ces couleurs dans du lait. Ce sont les plus grosses agates à couleur simple qu'on rencontre; elles sont quelquefois en couches de plusieurs décimètres en tous sens; d'autres fois, elles sont mamelonnées, œillées, lisses, ou ondoyantes. Les calcédoines se trouvent dans presque tous les terrains où se rencontrent les autres variétés d'agates, mais plus particulièrement dans les îles Féroë, en Islande, d'où l'on en a rapporté des boules de la grosseur de la tête. Celles de Torda et de Madgyar, en Transylvanie, sont d'un bleu de ciel laiteux. Les tufs basaltiques d'Auvergne offrent quelquefois, mêlées avec les bitumes, des calcédoines du plus joli effet.

CALCÉOLAIRE (Botanique), *Calceolaria*, Lin., de *calceolus*, en latin petit soulier; allusion à la forme de la corolle, qui a quelque analogie avec un sabot. — Genre de plantes de la famille des *Scrophularinées*, type de la tribu des *Calcéolariées*. Il comprend des espèces que l'on trouve presque toutes au Chili et se caractérise principalement par sa corolle à tube très-court, à limbe concave bilabié, à lèvres entières, concaves ou en forme de capuchon, la supérieure très-petite, l'inférieure ordi-

nairement renflée. Les horticulteurs divisent les calcéo-
laires en deux sections : l'une comprenant des herbes
annuelles, et l'autre des sous-arbrisseaux. Elles jouent un
grand rôle dans la floriculture. Les collections que l'on
compose avec leurs variétés jardinières, qui sont extrêmement nombreuses, produisent un très-joli effet. On
obtient principalement des hybrides de ces plantes par
la *C. araignée* (*C. arachnoïdea*, Grah.) ; la *C. en corymbe* (*C. corymbosa*, R. et Pav.), et la *C. à fleurs crénelées* (*C. crenatiflora*, Cav.).

CALCÉOLE (Zoologie), *calceolus*, petit soulier. —
Genre de coquilles fossiles, voisin des *Cranies*, classe des
Brachiopodes, du grand genre *Térébratule :* une valve
conique, libre, l'autre plane, un peu concave, rappellent
la forme d'un soulier. Quelques espèces ont été trouvées
en Allemagne.

CALCINATION, du latin *calx*, chaux. — Traitement
d'une substance quelconque par le feu. Elle s'effectue
tantôt en vase clos, à l'abri du contact de l'air, tantôt au
contraire, et le plus souvent, à l'air libre ; elle a pour
objet, soit de modifier la nature chimique d'une substance,
soit d'en changer la cohésion.

La calcination d'un métal au contact de l'air lui fait
perdre son éclat, et le transforme en une poudre diversement colorée, suivant la nature du métal. Cette poudre
portait autrefois le nom de *chaux métallique*, d'où le
nom de *calcination*, signifiant transformation en chaux ;
aujourd'hui, on l'appelle *oxyde*.

On calcine, pour en séparer l'eau, les hydrates de fer,
de zinc, et tous les minerais à gangue argileuse ; pour en
séparer l'acide carbonique, les carbonates de chaux, de
fer, de zinc ; pour en séparer une portion du soufre et de
l'arsénic, les sulfures et les sulfo-arséniures (voyez Mi-
NERAIS, CHAUX, FER, ZINC).

On calcine les quartz et toutes les pierres très-dures
pour diminuer leur cohésion et faciliter leur broiement
(voyez VERRERIES, POTERIES). A cet effet, on les chauffe
au blanc et on les projette dans une grande masse d'eau
froide. Le changement brusque de température les fendille dans tous les sens ; on dit alors qu'on les *étonne*. La
calcination des argiles, au contraire, a pour effet de les
durcir (voyez BRIQUES, POTERIES).

Quant à la forme des appareils où s'effectue la calcination, elle varie avec la nature des matières à traiter.

« CALCITRAPPA (Botanique). — Nom scientifique de la
centaurée chausse-trappe (voyez CENTAURÉE).

CALCIUM (Chimie) (Ca = 20), du latin *calx*, chaux. —
Métal dont l'oxyde est la chaux. C'est un des corps simples les plus répandus dans la nature, puisqu'il entre
dans la composition du carbonate de chaux des marnes
et des calcaires, du sulfate de chaux des gypses, du silicate
de chaux de la plupart des roches primitives ; qu'il entre
également à l'état de carbonate ou de phosphate de chaux
dans la composition des parties solides des animaux. Cependant c'est un métal très-peu connu et très-rare à
l'état de pureté, à cause de la difficulté de sa préparation,
et surtout de sa facile altération qui le rend impropre à
tout usage. On l'obtient en chauffant de la chaux dans un
courant de vapeurs de potassium ou de sodium. C'est un
métal blanc, brillant, qui ressemble à l'argent, et ne
fond qu'à une haute température. Il absorbe promptement
l'oxygène de l'air, et se change en oxyde. Il décompose
vivement l'eau, en dégage l'hydrogène pour s'unir à son
oxygène, et se transforme en chaux hydratée. Il peut
s'unir avec la plupart des métalloïdes.

Le calcium a été découvert en 1807 par Seebeck, et
isolé par Humphry Davy, en 1808, au moyen de la pile
électrique.

CALCIUM (OXYDES DE). — On en connaît deux.

Protoxyde de calcium ou *chaux*, formé par la combinaison de 1 proportion de calcium (20) avec 1 proportion d'oxygène (8) ; sa formule est CaO (voyez CHAUX).

Bioxyde de calcium. — Composé très-peu stable, formé
par l'union de 2 proportions d'oxygène (16), avec 1 proportion de calcium (20) ; sa formule est CaO². On l'obtient en versant de l'eau oxygénée dans de l'eau de chaux ;
il se dépose sous la forme de petites lamelles cristallines.
Une température peu élevée lui fait perdre la moitié de
son oxygène, et le transforme en chaux.

CALCIUM (SULFURES DE). — On en connaît plusieurs.

Monosulfure de calcium (CaS), l'homologue de la
chaux. — Il s'obtient en calcinant le sulfate de chaux
avec le charbon. C'est une substance blanche presque
insoluble dans l'eau. Ce sulfure se forme aussi spontanément lorsque des matières organiques, telles que le
bois, des plantes, sont mises en contact avec des eaux

chargées de sulfate de chaux, comme le sont les eaux
des puits de Paris. La matière organique en décomposition enlève son oxygène au sulfate de chaux, et le transforme en sulfure qui se décompose lui-même en chaux
et en acide sulfhydrique. La mauvaise odeur que répand ce gaz, fait dire que l'eau s'est *pourrie*. Bientôt, le
gaz sulfhydrique lui-même est brûlé partiellement par
son contact avec l'air ; il se forme de l'eau, du soufre se
dépose, et la désinfection s'opère d'elle-même avec le
temps.

Bisulfure de calcium (CaS²), l'homologue du bioxyde
de calcium.—S'obtient en faisant bouillir du lait de chaux
avec de la fleur de soufre et filtrant la liqueur chaude.
La liqueur jaune obtenue contient de l'hyposulfite de
chaux et du bisulfure de calcium, qu'elle abandonne par
le refroidissement, sous forme de cristaux en aiguilles
orangées, très-peu solubles dans l'eau.

Pentasulfure de calcium (CaS⁵). — Se prépare comme
le précédent, en employant un excès de soufre et prolongeant plus longtemps l'ébullition. En réglant convenablement les doses de soufre et la durée de l'ébullition, on
peut obtenir des sulfures intermédiaires aux deux derniers.

CALCIUM (CHLORURE DE) (CaCl). — On n'en connaît
qu'un , le protochlorure. On l'obtient, dans les laboratoires, en dissolvant de la chaux hydratée ou du carbonate de chaux dans de l'acide chlorhydrique, mais il se
produit en grande quantité dans la préparation de l'ammoniaque par le chlorhydrate d'ammoniaque et la chaux.
Le résidu de cette opération est du chlorure de calcium
mélangé avec une petite quantité de chaux en excès. On
traite ce produit par l'eau, qui dissout le chlorure, on
évapore, et on laisse cristalliser par refroidissement. On
obtient ainsi de gros cristaux de chlorure hydraté, dont
la formule est CaCl + 6aq. Ces cristaux sont très-déliquescents ; ils fondent à l'air, dont ils absorbent l'humidité ; ils se dissolvent rapidement dans l'eau, dont ils
abaissent notablement la température ; et quand ils
sont mélangés avec de la glace pilée, ils produisent un
froid très-intense pouvant descendre jusqu'à 45° au-dessous de zéro. Chauffé, l'hydrate fond facilement dans
son eau de cristallisation ; à 200°, il abandonne les deux
tiers de son eau (4 proportions), et forme une masse
poreuse, très-avide d'humidité et éminemment propre
à dessécher les gaz. Chauffé plus fortement, il abandonne le reste de son eau, et fond enfin à la chaleur
rouge. On le coule alors en plaques que l'on concasse en
fragments, et que l'on renferme dans des vases bien bouchés. On l'emploie en cet état en chimie, soit pour dessécher les gaz, soit pour enlever leur eau à certaines substances organiques.

Si l'on fait bouillir un excès de chaux hydratée dans une
dissolution concentrée de chlorure de calcium, puis que
l'on filtre et qu'on laisse refroidir, on obtient des cristaux d'un oxychlorure de calcium dont la formule est
CaCl + 3CaO + 15aq.

L'alcool forme également un *alcoolate* de chlorure de
calcium cristallisé.

CALCIUM (FLUORURE DE), *Spath Fluor*, *Fluorine* ,
Chaux fluatée (CaFl). — Se rencontre dans la nature en
masses compactes de couleurs variées , ou en cristaux
nettement déterminés. Cette substance présente un phénomène de phosphorescence assez remarquable. Quand
on l'a réduite en poudre et qu'on la chauffe dans une
cuiller de fer, bien avant la chaleur rouge, il s'en dégage
une lumière tantôt violette, tantôt verte, suivant les
échantillons du fluorure. L'exposition de la poudre aux
rayons solaires, produit également une phosphorescence
qui se conserve quelque temps dans l'obscurité.

Le fluorure de calcium est employé à la préparation de
l'acide *fluorhydrique* et de l'acide *fluosilicique* (voyez ces
mots).   M. D.

CALCUL (Médecine). — On appelle ainsi des concrétions qui se forment dans différentes parties du
corps des animaux ; cependant, on a plus généralement
réservé ce nom pour désigner ces corps étrangers accidentels qui se développent, soit dans les canaux, soit dans
les cavités tapissées par des membranes ; réservant celui
de *concrétions* (voyez ce mot) pour ceux qu'on rencontre
au milieu des tissus des organes. La formation des calculs en général est encore environnée d'une grande obscurité ; leurs causes varient, du reste, suivant le lieu où
ils se développent, et la nature des fonctions que les
organes sont appelés à remplir ; c'est donc en parlant de
chacun d'eux qu'il sera dit un mot de ces causes, et du
traitement qui leur convient.

Les *C. arthritiques* sont des dépôts de matières tophacées (voyez Tophus) friables qui se forment dans les articulations chez les goutteux ; ils sont composés, on général, d'acide urique et d'urate de soude, d'après Schéele et Fourcroy (voyez Goutte).

Les *C. biliaires* peuvent se rencontrer dans la *vésicule du foie*, dans le *foie* même, ou dans le *canal cholédoque* (voyez ces mots). Ils sont le plus souvent formés de *cholestérine* (voyez ce mot) et des matières colorantes de la bile. On ne peut rien dire de précis sur les causes de ces calculs. Les symptômes les plus ordinaires sont une douleur dans la région droite de l'estomac, quelquefois très-vive, la jaunisse, les nausées, les vomissements, des coliques aiguës, extrêmement violentes, des déjections alvines fréquentes, des vomissements suivis quelquefois d'un calme plus ou moins long ; dans ce cas, il n'est pas rare de trouver quelques petits calculs dans les matières fécales. Le traitement consiste dans l'emploi des calmants, des émollients. D'autres ont employé les solutions de chlorhydrate d'ammoniaque, de soude, de potasse, les extraits ou les sucs de saponaire, de fumeterre ; les eaux de Vichy, de Plombières, de Contrexeville, etc. ; des bains, un régime approprié sévère. Le traitement de Durande, médecin de Dijon, a été vanté par plusieurs praticiens célèbres, et entre autres par Sœmmering, Richter, etc. Voici en quoi il consistait : le malade était mis à l'usage des émollients pendant quelques jours, puis on lui administrait la préparation suivante : essence de térébenthine, 10 grammes, faites dissoudre dans 15 grammes d'éther sulfurique, à la dose de 2 à 4 grammes par jour dans du bouillon ; le malade buvait par-dessus quelques tasses de petit-lait ou de bouillon de veau ; du reste, ce remède doit être employé avec beaucoup de circonspection.

Les *C. intestinaux* sont rares chez l'homme, à moins qu'on ne considère comme tels ceux qui, après avoir franchi les canaux biliaires, sont descendus dans l'intestin ; on en a cependant trouvé quelques-uns de formation calcaire. Chez les animaux, on rencontre souvent des calculs intestinaux d'une espèce particulière, connus sous le nom de *bézoards* (voyez ce mot). Il faut citer encore les *C. des voies lacrymales*, les *C. du pancréas*, les *C. de la prostate*, les *C. pulmonaires*. Les *C. salivaires*, composés de phosphate de chaux, occupent les glandes parotides et sublinguales ; lorsqu'ils s'engagent dans les canaux excréteurs, ils peuvent donner lieu à une maladie connue sous le nom de *Grenouillette* (voyez ce mot).

♦Les *C. urinaires* sont les plus importants de tous, ils peuvent se rencontrer dans les *reins*, dans les *uretères*, dans la *vessie* ou dans l'*urètre* ; c'est ce qu'on appelle vulgairement *la pierre*. Ils sont composés le plus souvent d'acide urique, d'oxalate de chaux, de différents phosphates, de cystine (parfois seule), puis viennent ceux d'urate d'ammoniaque, de soude, de potasse, de chaux et de plusieurs autres sels. Les calculs des reins présentent des symptômes qui les distinguent difficilement de la *néphrite* (voyez ce mot), des *coliques néphrétiques* (voyez ce mot), nerveuses ou rhumatismales ; cependant, leur présence s'annonce plus particulièrement par une pesanteur dans la région du rein, une douleur obtuse, tensive, aiguë, pongitive, qui survient tout à coup et s'exaspère par les mouvements, les secousses ; qui diminue si le malade se couche sur le dos, etc. ; il rend souvent des graviers anguleux, grenus, d'acide urique ou d'oxalate de chaux. Le traitement consistera en général dans les antiphlogistiques ; dans quelques cas rares et bien précis on pourra avoir recours à la *néphrotomie* (voyez ce mot). Quant aux calculs de la vessie, ils diffèrent de formes : les uns sont lisses, polis, les autres rugueux, hérissés d'aspérités, semblables à des mûres (pierres mûrales) ; ils sont quelquefois petits comme des grains de sable ; il y en a d'autres qui remplissent la vessie et pèsent jusqu'à 2 kil. ; on en voit de blancs, de jaunes, de bruns. Ordinairement uniques, on en rencontre quelquefois en très-grand nombre. Leur cause est généralement ignorée ; une seule bien appréciable, c'est la présence d'un corps étranger dans la vessie : ainsi, un gravier descendu des reins, un caillot de sang, une balle de fusil, un fragment d'os à la suite d'une blessure, un fragment de sonde, etc., peuvent former le *noyau* d'un calcul. Les symptômes sont une pesanteur dans la vessie, une démangeaison et même une douleur vive au prépuce et en urinant ; souvent, pendant l'émission de l'urine, le jet s'arrête tout à coup, un faux pas détermine quelquefois une douleur subite, etc. ; enfin, la sonde portée dans la vessie, vient confirmer les soupçons du chirurgien

(voyez Cathétérisme). On a proposé différents moyens pour dissoudre la pierre dans la vessie ; jusqu'ici, aucun n'a réussi (voyez Lithontriptiques). Le seul traitement employé aujourd'hui est le traitement chirurgical, la *taille*, la lithotritie (voyez ces mots). Quelquefois de petits calculs s'engagent dans le canal excréteur de l'urine ; le plus souvent, ils sont rejetés au dehors plus ou moins facilement, mais quelquefois leur expulsion ne peut se faire, si on les néglige ils continuent à grossir, dilatent la portion du canal où ils sont logés, et donnent lieu à des accidents qui obligent d'avoir recours à une opération chirurgicale.   F—N.

CALCUL (Mathématiques). — Expression générale qui désigne ordinairement l'ensemble des opérations qui ont pour but d'obtenir soit un résultat numérique, soit une expression littérale répondant à une question déterminée (opérations arithmétiques, calcul algébrique, résolution des équations, etc.). Plusieurs parties spéciales de l'analyse mathématique portent le nom de calcul suivi d'une épithète qui particularise la branche de mathématiques dont il s'agit.

CALCUL DIFFÉRENTIEL. — Pour faire comprendre l'objet du calcul différentiel, il est nécessaire de recourir à quelques définitions. On nomme *infiniment petite* une quantité variable qui tend vers la limite zéro : ainsi, lorsque dans la géométrie élémentaire, on considère un cercle et un polygone régulier inscrit, si l'on augmente indéfiniment le nombre des côtés du polygone, la grandeur de ce côté décroît indéfiniment, et peut devenir aussi petite qu'on voudra ; le côté est dit alors infiniment petit, parce qu'il a pour limite zéro.

De même, lorsqu'une quantité croît d'une manière continue, et passe d'une grandeur à une autre, on peut toujours concevoir que ce passage s'effectue par degrés aussi petits qu'on voudra, de sorte que l'accroissement total ou fini soit considéré comme une somme d'accroissements infiniment petits. Ces derniers, qu'on nomme des *différentielles*, sont l'objet du calcul différentiel. Mais on précisera encore mieux le sens qu'il faut attacher à ce mot de *différentielle* en recourant à des considérations géométriques.

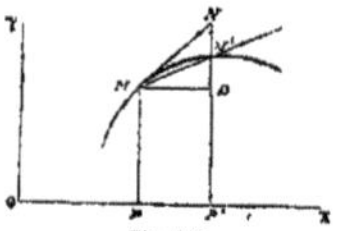

Soit $y = f(x)$ une fonction de la variable indépendante x. Prenons des axes rectangulaires Ox, Oy (*fig.* 392) et construisons la courbe que représente cette équation. Soit un point M dont les coordonnées sont OP $= x$, MP $= y$. Si l'on donne à x un petit accroissement dx, de sorte que OP' $= x + dx$, l'ordonnée correspondante sera M'P' $= y + dy$, et l'on aura :

$$MQ = dx \text{ et } M'Q = dy.$$

Fig. 392.

dx est l'accroissement de la variable indépendante x, dy, celui de la fonction y. Le rapport entre l'accroissement de la fonction et l'accroissement correspondant de la variable sera :

$$\frac{dy}{dx} = \frac{f(x + dx) - f(x)}{dx},$$

et, sur la figure, il représente la tangente trigonométrique de l'angle M'MQ. Or, si l'on fait tendre dx vers zéro, il devient le coefficient angulaire de la tangente menée à la courbe au point M. La limite de ce rapport est la dérivée y', de sorte que l'on a :

$$y' = \frac{dy}{dx}.$$

On verra à l'article Dérivée, comment on calcule la dérivée d'une fonction quelconque, et nous supposons ici que l'on ait présente à l'esprit toute cette théorie.

L'accroissement infiniment petit dy de la fonction correspondant à l'accroissement de la variable dx se nomme *différentielle ;* on voit qu'elle est égale au produit de la dérivée par ce dernier accroissement, ce qu'exprime la relation

$$dy = y' dx.$$

Le *calcul différentiel* a pour but de calculer les différentielles, et de les appliquer à diverses questions d'analyse et de géométrie.

Différentiation des fonctions. — D'après ce qui est

exposé à l'article Dérivée, on peut écrire immédiatement la différentielle des fonctions simples. Ainsi :

$$y = x^m \qquad dy = mx^{m-1}\, dx$$
$$y = \log x \qquad dy = \log e\ \frac{dx}{x}$$
$$y = a^x \qquad dy = a^x l.\, a\, dx$$
$$y = \sin x \qquad dy = \cos x\, dx\dots \text{etc.}$$

La différentielle d'une *fonction composée* est la somme des différentielles calculées, en considérant successivement comme variable chacune des lettres dont elle dépend, et toutes les autres comme constantes. Ainsi, par exemple, la différentielle d'une somme de quantités est la somme des différentielles de ces quantités.

Différentielles successives. — De même qu'on peut prendre les dérivées successives y', y''..... d'une fonction $y = f(x)$; on peut aussi prendre la différentielle d'une différentielle. On l'appelle la différentielle seconde; celle-ci donne une différentielle troisième, et ainsi de suite. De sorte que chacune des variables possède une suite de différentielles, qu'on écrit comme il suit :

$$dx \qquad d^2x \qquad d^3x.....$$
$$dy \qquad d^2y \qquad d^3y.....$$

Il existe des relations faciles à apercevoir entre les différentielles et les dérivées du même ordre. Ces dernières sont les quotients des différentielles du même ordre de la fonction et de la même puissance de la différentielle de la variable; on a donc :

$$y' = \frac{dy}{dx} \quad y'' = \frac{d^2y}{dx^2} \quad y''' = \frac{d^3y}{dx^3} \dots, \text{etc.}$$

Fonctions de plusieurs variables indépendantes. — Lorsqu'une fonction dépend de deux ou plusieurs variables indépendantes, on en peut calculer la différentielle par rapport à chacune de ces variables, toutes les autres étant traitées comme des constantes; on les appelle les *différentielles partielles* de la fonction. Quant à la *différentielle totale* de la fonction, elle est, par définition, la somme de ses différentielles partielles. La différentielle totale d'une fonction $u = f(xyz...)$ sera donc :

$$du = \frac{du}{dx}\, dx + \frac{du}{dy}\, dy + \dots$$

Maintenant que nous savons calculer les différentielles des diverses fonctions, nous allons indiquer rapidement l'usage que l'on en peut faire.

De la méthode infinitésimale. — L'emploi du calcul différentiel, dans les questions d'analyse ou de géométrie, peut être présenté de diverses manières. Celle qui conduit le plus rapidement aux résultats est la méthode infinitésimale, qui contient comme cas particulier celle qu'on désigne sous le même nom en géométrie élémentaire, et où l'on considère une courbe comme un polygone formé d'un nombre infini de côtés infiniment petits.

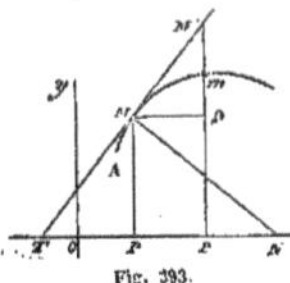

Fig. 393.

Rapportons la courbe $y = f(x)$ (*fig.* 393) à des axes rectangulaires, et prenons sur cette courbe deux points M et m infiniment voisins; l'arc qui les joint pourra être confondu avec une droite qui n'est autre chose que la tangente MM'. Si l'on mène MQ parallèle à Ox, Mm Q est le *triangle différentiel* ou infinitésimal, dans lequel

$$MQ = PP' = dx \quad \text{et} \quad mQ = dy.$$

Appelons s l'axe compté sur la courbe à partir d'un certain point fixe, Mm sera l'accroissement infiniment petit de s, c'est-à-dire sa différentielle ds. On a donc

$$ds = \sqrt{dx^2 + dy^2}.$$

Toutes les questions relatives à la tangente ou à la normale peuvent être résolues à l'aide de ce triangle. Ainsi le coefficient angulaire de la tangente, ou la tangente trigonométrique de l'angle MTx est égal à tang mMQ $= \frac{dy}{dx}$. Celui de la normale est $-\frac{dx}{dy}$.

Prolongeons la tangente et la normale jusqu'à la rencontre de Ox; MT s'appelle la longueur de la tangente, TP la sous-tangente, MN la normale, NP la sous-normale. L'expression de ces quatre lignes s'obtient aisément. En comparant le triangle différentiel au triangle semblable MTP, on trouve

$$MT = y\, \frac{ds}{dy}, \qquad TP = y\, \frac{dx}{dy}.$$

En le comparant au triangle MPN, on a de même

$$MN = y\, \frac{ds}{dx}, \qquad NP = y\, \frac{dy}{dx}.$$

Ces formules servent à démontrer certaines propriétés des sections coniques ou d'autres courbes usuelles.

Ainsi l'équation de la parabole $y^2 = 2px$, rapportée à son sommet et à son axe, donne $ydy = pdx$, d'où $y\frac{dy}{dx} = p$. La sous-normale est donc constante.

Dans la courbe logarithmique $x = \log y$, on a $dx = \log e\, \frac{dy}{y}$; d'où $y\frac{dx}{dy} = \log e$. C'est ici la sous-tangente qui est constante.

Le calcul différentiel sert encore à reconnaître les *points singuliers* des courbes et à mesurer leur *courbure.* Enfin on l'applique à la théorie des *surfaces.*

La recherche des *maxima* et des *minima*, celle de la vraie valeur des fonctions qui se présentent sous une forme *indéterminée*, le développement des fonctions par les *séries* de Taylor ou de Maclaurin sont autant d'applications importantes du calcul différentiel que l'on trouvera développées en leur lieu.

Voici des formules dont on se sert en arithmétique et qui résultent immédiatement des premiers principes du calcul différentiel.

Soit à ajouter deux quantités dont on connaît les valeurs approchées a et b; l'*erreur* de la somme est la somme des erreurs δa, δb que comportent a et b : car $\delta(a + b) = \delta a + \delta b$.

Si ces nombres sont multipliés entre eux, l'erreur du produit est $\delta ab = b\delta a + a\delta b$.

L'erreur de leur quotient est

$$\delta.\frac{a}{b} = \frac{b\delta a - a\delta b}{b^2}.$$

Pour les puissances et les racines, on a la formule générale $\delta a^m = ma^{m-1}\delta a$; et comme cas particuliers

$$\delta.a^2 = 2a\delta a, \qquad \delta.\sqrt{u} = \frac{\delta a}{2\sqrt{a}}.$$

On calcule ainsi l'erreur *absolue.* Si l'on voulait avoir l'erreur *relative*, il faudrait prendre le quotient de l'erreur absolue du résultat par ce résultat lui-même :

$$\frac{\delta(a+b)}{a+b} = \frac{\delta a + \delta b}{a + b}, \qquad \frac{\delta.ab}{ab} = \frac{\delta a}{a} + \frac{\delta b}{b}$$

$$\delta.\frac{a}{b} : \frac{a}{b} = \frac{\delta a}{a} - \frac{\delta b}{b}, \qquad \frac{\delta.a^m}{a^m} = m\frac{\delta a}{a},$$

formules bien connues et dont l'usage est fréquent (voyez Dérivées, Calcul intégral, Calcul infinitésimal).

E. R.

Calcul intégral. — Le calcul intégral est l'inverse du calcul *différentiel*; il a pour objet de remonter d'une dérivée ou d'une différentielle donnée à la fonction d'où elle a pu être déduite. Soit $u = F(x)$ une fonction de la variable x et $f(x)dx$ sa différentielle; on a par définition $du = f(x)dx$. La fonction u est dite l'*intégrale* de $f(x)dx$, et on la représente par le signe $\int f(x)dx$.

Une différentielle a une infinité d'intégrales, lesquelles ne diffèrent que par une constante. Si $F(x)$ a pour différentielle $f(x)dx$, $F(x) + C^{te}$ sera l'expression la plus générale qui possède cette différentielle. C'est l'*intégrale générale*, ainsi par exemple : $\int 3x^2 dx = x^3 + C^{te}$. Les intégrales *particulières* sont celles qui se déduisent de l'intégrale générale pour une valeur particulière attribuée à la *constante arbitraire.*

On sait toujours différencier une fonction $f(x)$ exprimée au moyen des signes ordinaires de l'analyse. Au contraire, on ne sait que rarement intégrer une différentielle $f(x)dx$ prise au hasard. Toutefois, on conçoit que l'intégrale existe toujours, et on peut se proposer ou de de la trouver ou d'en connaître les propriétés.

Procédés d'intégration. — Lorsqu'on reconnaît dans l'expression proposée la différentielle exacte d'une fonction connue, il suffit d'écrire cette fonction en lui ajoutant une constante arbitraire. Exemple : $\int x^m dx = \frac{x^{m+1}}{m+1} + C.$ L'intégrale se déduit ici de la dérivée en augmentant l'exposant de x d'une unité et divisant par l'exposant ainsi augmenté. Ceci s'applique à un polynôme algébrique.

$$\int (Ax^m + Bx^{m-1} + \ldots)\, dx = \frac{Ax^{m+1}}{m+1} + \frac{Bx^m}{m} + \ldots + C.$$

L'intégration immédiate conduit aussi aux résultats suivants :

$$\int \frac{dx}{x} = lx + C \qquad \int a^x\, dx = \frac{a^x}{la} + C$$
$$\int \cos x\, dx = \sin x + C \qquad \int \sin x\, dx = - \cos x + C.$$

Intégration par substitution. — Si l'on reconnaît dans la différentielle proposée la forme d'une différentielle connue avec quelque léger changement, on tâche d'y remplacer la variable par une autre qui puisse simplifier l'expression. Soit, par exemple :

$$u = \int \frac{dx}{a - bx},$$

on posera $a - bx = z$, d'où $dx = - \frac{dz}{b}$, et la valeur de u devient

$$- \frac{1}{b} \int \frac{dz}{z} = - \frac{lz}{b} + C.$$

Remettant enfin pour z sa valeur,

$$u = - \frac{l(a - bx)}{b} + C.$$

On voit immédiatement par la même méthode que

$$\int \frac{dx}{x+a} = l(x+a) + C, \qquad \int e^{ax}\, dx = \frac{e^{ax}}{a} + C.$$

Intégration par décomposition. — Ce procédé consiste à décomposer la dérivée en plusieurs parties dont chacune soit séparément intégrable. Ainsi

$$\int \frac{\sqrt{1-x}}{\sqrt{1+x}}\, dx = \int \frac{1-x}{\sqrt{1-x^2}}\, dx$$
$$= \int \frac{dx}{\sqrt{1-x^2}} - \int \frac{x\, dx}{\sqrt{1-x^2}}$$
$$= \arcsin x + \sqrt{1-x^2} + C.$$

Intégration par parties. — Ce procédé, qui est d'un fréquent usage, repose sur une formule du calcul différentiel : $d.\ uv = udv + vdu$. D'où $uv = \int udv + \int vdu$, et, par suite

$$\int udv = uv - \int vdu.$$

Ce qui s'énonce ainsi : $\int udv$ est égal au premier facteur u multiplié par l'intégrale du second facteur dv, moins l'intégrale de ce facteur intégré v, multiplié par la différentielle du du premier facteur. On fait donc dépendre l'intégrale proposée d'une autre qui peut être plus facile à obtenir. Exemple.

$$\int xe^x\, dx = \int x\, d\left(e^x\right) = xe^x - \int e^x\, dx = xe^x - e^x + C$$
$$\int x \cos x\, dx = \int x\, d\left(\sin x\right) = x \sin x - \int \sin x\, dx$$
$$= x \sin x + \cos x + C.$$

Les explications qui précèdent ne donnent qu'une idée fort incomplète du mécanisme du calcul intégral, et sont complètement muettes sur ses immenses applications ; le lecteur trouvera quelques détails particuliers aux articles qui, comme celui des Quadratures, comportent l'emploi des intégrales.

Nous le renvoyons, du reste, aux différents traités de calcul différentiel et intégral, et particulièrement à ceux de Sturm, M. Duhamel, l'abbé Moigno, etc.

CALCUL INFINITÉSIMAL. — Le calcul infinitésimal ou *analyse infinitésimale* comprend le *calcul différentiel*, le *calcul intégral*, et s'applique d'ailleurs par ses principes généraux à toutes les formes diverses de l'analyse mathématique (voyez Calcul des probabilités, Calcul des variations, etc.).

La découverte du calcul infinitésimal ne remonte qu'au XVIIe siècle, mais les questions par lesquelles on y a été conduit s'étaient présentées dès l'origine de la géométrie. Lorsque les anciens ont voulu comparer les figures curvilignes, soit entre elles, soit à des figures rectilignes, ils se sont trouvés en présence d'une difficulté qu'ils n'ont pu résoudre que par des artifices particuliers. Euclide et Archimède possédaient certainement une méthode propre à étudier les lignes courbes, mais ils ne l'employaient que pour l'invention. Dans leurs leçons et leurs écrits, ils préféraient le procédé de la *réduction à l'absurde*, qui s'est conservé jusqu'à nos jours dans l'enseignement de la géométrie. Ce procédé, lent et pénible, avait du moins l'avantage de mettre la science à l'abri des objections des sophistes les plus subtils. C'est sous cette forme qu'Archimède nous a transmis ses plus importantes découvertes, telles que le rapport des surfaces et des volumes du cylindre et de la sphère, la quadrature de la parabole, les propriétés des spirales.

Ces questions, qui se rapportent surtout à la mesure de l'étendue, furent négligées après Archimède. Les travaux des autres grands géomètres de l'antiquité, de Pappus, d'Apollonius, de Ptolémée, appartiennent plutôt aux propriétés des figures et n'exigent pas absolument l'emploi des méthodes infinitésimales.

Pour retrouver quelques essais dans cette voie, il faut arriver à Viète, à Descartes, à Fermat, c'est-à-dire au commencement du XVIIe siècle. Après une longue interruption, les écrits d'Euclide et d'Archimède avaient été traduits et commentés. On s'aperçut bientôt que leurs méthodes ne sont pas propres à inventer ; mais un immense progrès s'était déjà fait dans une autre science. L'algèbre apportait aux géomètres modernes des ressources inconnues aux anciens. C'est à Viète principalement que nous devons la création de cette science, dont la puissance réside dans les signes, où des combinaisons abstraites conduisent au résultat par une voie indirecte et pour ainsi dire mystérieuse. Viète aperçut aussi les premiers rapports de la géométrie avec l'algèbre ; mais la géométrie analytique proprement dite appartient à Descartes. Cet art de représenter les lignes et les surfaces par des équations a donné un essor prodigieux à la géométrie, et il n'a pas produit une moindre révolution dans les autres parties des mathématiques. »

Parmi les conséquences que Descartes sut tirer de sa méthode (1637), il faut citer le problème de mener des tangentes aux courbes algébriques, problème que les anciens avaient résolu par des considérations toutes particulières. Les tangentes sont l'élément le plus indispensable de la théorie des courbes ; aussi Descartes dit-il, dans une de ses lettres, que c'est le problème qu'il a le plus désiré de connaître.

Dans le même temps, Fermat, conseiller au parlement de Toulouse et l'un de nos plus grands géomètres, résolut de son côté le problème des tangentes. Sa solution s'étend aux courbes transcendantes tout aussi bien qu'aux courbes algébriques. Elle repose sur des considérations qui impliquent la méthode infinitésimale, et les plus illustres géomètres, d'Alembert, Lagrange, Laplace, Fourier, y ont vu la véritable origine du calcul différentiel. Fermat a encore résolu d'autres questions du même genre, et notamment un problème relatif à la réfraction de la lumière, qui dépend de la théorie des maxima et des minima. Malheureusement, il se bornait à faire part de ses découvertes à ses amis, sans les publier, et les détails de sa méthode ne nous sont pas tous parvenus.

Roberval, l'émule de Descartes et de Fermat, donna aussi une règle pour comparer les grandeurs curvilignes, règle qu'il avait puisée dans les travaux d'Archimède. L'esprit de ces divers procédés, que Cavalieri avait déjà répandus sous le nom de *méthode des indivisibles*, ne diffère guère de la méthode infinitésimale proprement dite. Le grand avantage de celle-ci devait être dans la notation imaginée par Leibnitz.

Pascal applique cette méthode des indivisibles à l'étude de la *cycloïde* ou roulette. C'est aussi sous la forme synthétique des anciens qu'il a publié ses solutions, et non d’après le système de Descartes, qui n’était pas encore devenu d’un usage familier. Dans le même temps, Wallis et Barrow, en Angleterre, s’occupaient de recherches analogues et préparaient la voie à Newton et à Leibnitz, les véritables inventeurs du calcul infinitésimal.

Ces deux grands génies se sont longtemps disputé l’honneur de cette découverte. Dès l’année 1656, c’est-à-dire à l’âge de vingt-quatre ans, Newton paraît avoir possédé l’idée fondamentale de sa théorie. Il résolut dès lors diverses questions dépendant du calcul différentiel et même certains problèmes de quadrature, questions d’un ordre inverse appartenant au calcul intégral. Peu empressé d’assurer ses droits, Newton se borna à communiquer de vive voix ses découvertes. Cependant Leibnitz, dans un voyage en Angleterre, fut informé des résultats obtenus par Newton. Son émulation étant excitée par leur nouveauté et leur importance, il chercha à les démontrer et trouva de son côté une méthode équivalente à celle de Newton.

En 1684, il publia, dans les *Actes de Leipsick*, la méthode différentielle avec la notation qui lui est propre et de nombreuses applications à l’analyse et à la géométrie. Il s’assura ainsi un droit incontestable à l’invention de ce calcul que, le premier, il a rendu public, tandis que Newton, préférant son repos à sa gloire et à l’intérêt de ses contemporains, semblait oublier ses propres découvertes.

Pendant près de vingt ans, Leibnitz développa sans contestation toutes les parties du calcul infinitésimal et sut en tirer une multitude de conséquences. C’est au commencement du xviiie siècle seulement que commença le débat entre Newton et Leibnitz, débat très-animé qui a eu pour résultat d’assurer à chacun d’eux un droit égal à la découverte. L’antériorité de Newton est incontestable, mais Leibnitz est arrivé séparément à sa méthode et a même l’avantage de lui avoir donné la forme qu’elle a conservée depuis. Grâce à sa notation, ce calcul présente une application facile, des règles générales et simples, des analogies d’un immense secours. C’est dans cette invention que se développe dans tout son éclat le génie de Leibnitz. On le voit en saisir dès l’origine les applications à la géométrie pour la recherche des osculations de courbes, les applications à la mécanique dans le problème de la chaînette, et une foule d’idées heureuses que ses travaux si nombreux et si variés ne lui ont pas permis de développer, mais dont ses successeurs ont profité.

De son côté, Newton n’a disposé que de procédés lents et embarrassés ; il n’a pas donné à sa méthode la perfection dont elle est susceptible, mais il a su, néanmoins, par la puissance de son génie, l’appliquer à des questions jusqu’alors inaccessibles, et qui sont traitées dans le livre célèbre des *Principes de la philosophie naturelle*, publié en 1686. L’importance et la généralité des découvertes, les vues originales et profondes assurent à ce livre, comme l’a dit Laplace, la prééminence sur les autres productions de l’esprit humain. On a reproché à Newton de cacher fréquemment la méthode qui le dirige, préférant se laisser deviner plutôt que d’éclairer ses lecteurs. Aussi son ouvrage resta-t-il pendant longtemps dans une sorte d’obscurité. On ne commença à l’étudier et à le bien entendre que vers le milieu du xviiie siècle. On vit alors que l’analyse infinitésimale est la clef des découvertes de Newton ; c’est par elle qu’il a acquis cette gloire scientifique que personne, dit Lagrange, n’égalera jamais, parce qu’il n’y a qu’un seul système du monde à trouver.

La méthode infinitésimale, comme toutes les découvertes récentes, trouva d’abord des contradicteurs. On l’attaqua sur la certitude de ses principes ; on prétendit même la montrer en erreur. Mais les ressources que présentait pour la solution des problèmes, la concordance de ses résultats avec ceux déjà connus, ne tardèrent pas à exciter l’émulation des géomètres. On vit les deux frères Jacques et Jean Bernouilli, de Bâle, fixer l’attention du monde savant par les problèmes qu’ils se proposaient comme défi. En Angleterre, c’est Taylor et Maclaurin, en France, le marquis de l’Hôpital, qui propagent et développent le calcul infinitésimal.

Le génie se montre héréditaire dans la famille des Bernouilli. Nicolas et Daniel devinrent bientôt aussi habiles que leur père. Ils eurent pour condisciple Euler, qui devait s’élever si haut comme analyste. Doué d’une fécondité prodigieuse, Euler a traité toutes les questions et les a éclairées d’un jour nouveau. La liste seule de ses mémoires compose un volume. Ses divers traités, avec l’*Introduction à l’analyse des infiniment petits*, forment un ensemble complet qu’aujourd’hui encore il est indispensable de consulter.

C’est à cette époque que l’on commence à s’occuper du problème des isopérimètres. Euler a écrit sur ce sujet un bel ouvrage que les travaux postérieurs n’ont pas fait oublier. Mais il était réservé à Lagrange de créer, pour la solution des problèmes de ce genre, une méthode générale, dite *calcul des variations*, qui a contribué aux progrès de la mécanique tout autant qu’à ceux de la géométrie (voy. VARIATIONS (calcul des).

Depuis la mort de Pascal et de Fermat, la France n’avait pas produit de géomètre hors ligne. Elle reparaît au milieu du xviiie siècle avec Clairaut et d’Alembert. Ce dernier, à qui l’on doit un célèbre principe de mécanique et une théorie de la précession des équinoxes, a donné une remarquable solution du problème des cordes vibrantes, que Taylor avait ébauché avant lui, et a créé ainsi une branche de l’analyse qu’Euler et ses successeurs ont encore étendue.

On doit à Clairaut un traité des *Lignes à double courbure*. Euler avait déjà publié sa belle théorie de la *Courbure des surfaces*. Plus tard, Monge a encore étendu les applications de l’analyse à la géométrie des surfaces.

Il est difficile, sans entrer dans des détails techniques, d’énumérer les progrès que l’analyse proprement dite a faits depuis un siècle. Qu’il nous suffise de citer les noms de Lagrange, Laplace, Legendre, Monge, Fourier, et de leurs élèves et émules Gauss, Ampère, Poisson, Cauchy, etc. C’est dans les ouvrages originaux de ces savants qu’il faut étudier l’esprit des méthodes et la langue des mathématiques. Non-seulement on leur doit d’avoir étendu et perfectionné les connaissances de leurs prédécesseurs, mais ils ont enrichi la science de branches toutes nouvelles.

Les équations aux dérivées partielles, sur lesquelles Euler et d’Alembert n’avaient pu s’accorder, ont donné lieu à des recherches nombreuses. Lagrange, Poisson, Fourier, Jacobi, ont développé cette théorie, qui est d’un usage continuel dans la physique mathématique. L’usage des intégrales définies indiqué par Euler est devenu une mine féconde entre les mains de Fourier, Poisson, Cauchy, Dirichlet. Rappelons aussi la théorie des fonctions elliptiques sur lesquelles Legendre a composé d’immenses travaux et qui, depuis, a rendu célèbres les noms d’Abel, de Jacobi et de Cauchy. Enfin, il faut citer le calcul des différences finies qui est la base de la théorie des probabilités.

Lorsqu’une science commence à se développer, les esprits, entraînés d’abord par la nouveauté des résultats, s’appliquent à en étendre les usages plutôt qu’à en éclaircir les principes. C’est ce qui est arrivé pour le calcul infinitésimal. Leibnitz crut sans doute que ceux qui en feraient usage en saisiraient d’eux-mêmes l’esprit. Aussi ne s’est-il pas arrêté à en établir rigoureusement les bases. On lui a reproché d’avoir considéré les grandeurs comme formées d’un nombre infini d’éléments infiniment petits, sans définir ce qu’il entend par *infiniment petit*. On lui a reproché encore, en traitant ces infiniment petits comme des quantités seulement très-petites, de faire de simples calculs d’approximation et de ne pouvoir démontrer que le résultat auquel il arrive est rigoureusement exact. Ces difficultés ont occupé longtemps les géomètres et même les philosophes. Euler et d’Alembert ont cherché à les éluder, le premier en considérant les infiniment petits comme des zéros absolus, le second en évitant leur emploi par l’usage de la méthode des limites et l’introduction du rapport différentiel. Enfin Lagrange, dans ses *Leçons sur le calcul des fonctions*, a développé une théorie célèbre où il prétend ramener au calcul algébrique tous les procédés du calcul infinitésimal, en écartant rigoureusement toute idée de l’infini.

Malgré l’autorité de son nom, la méthode de Lagrange n’a pas prévalu. On a reconnu que l’emploi des séries qu’il prend pour point de départ n’est pas suffisamment exact. Cauchy a rendu un éminent service en proscrivant l’emploi des séries divergentes dans la démonstration des principes fondamentaux qu’il a su établir directement. C’est sa méthode qui est aujourd’hui généralement suivie ; elle a dissipé tous les doutes qu’on avait pu concevoir à l’origine sur la rigueur des principes du calcul différentiel.

Une autre méthode très-remarquable, et qui paraît se rapprocher davantage de celle de Leibnitz, a été proposée par Carnot dans ses *Réflexions sur la métaphysique du calcul infinitésimal*. Dans ces derniers temps, Poisson a tenté d’introduire dans l’enseignement la *méthode infinitésimale* proprement dite. Il considérait les infiniment petits non-seulement comme un moyen d'investigation précieux en géométrie, mais aussi comme ayant une existence réelle. On doit reconnaître que cette méthode est presque indispensable pour résoudre les questions compliquées, mais il est souvent nécessaire d'en vérifier les résultats par celle des *limites*. Nous ne pouvons ici insister sur ce point, mais il importait de montrer que les difficultés qu'entraîne la considération de l'infini et des infiniment petits ne sont pas inhérentes au calcul différentiel et ne sauraient jeter d'incertitude sur les résultats que l'on en tire.

Parmi les ouvrages où l'on peut apprendre le calcul infinitésimal, nous citerons le *Grand Traité du calcul différentiel et du calcul intégral*, de Lacroix; le *Traité élémentaire de la théorie des fonctions et du calcul infinitésimal*, par M. Cournot; les *Leçons de calcul différentiel et de calcul intégral*, rédigées par M. l'abbé Moigno, principalement d'après les méthodes de Cauchy; le *Calcul infinitésimal*, de M. Duhamel; le *Cours d'analyse de l'École polytechnique*, par Navier; celui de Sturm, etc. Pour l'histoire de la découverte de ce calcul, on consultera la dernière édition du *Commercium epistolicum*, publiée par MM. Biot et Lefort. Enfin on ne devra pas négliger d'étudier les ouvrages de Lagrange, ceux de Cauchy, et il conviendra même de remonter aux ouvrages plus anciens, tels que l'*Analyse des infiniment petits*, de l'Hôpital; les *Traités* de Maclaurin, d'Euler, etc.

E. R.

CALCUL DES DIFFÉRENCES. — Voyez DIFFÉRENCES.
CALCUL DES PROBABILITÉS. — Voyez PROBABILITÉS.
CALCUL DES VARIATIONS. — Voyez VARIATIONS BRACHYSTOCHRONE, TAUTOCHRONE.

CALCULER (MACHINES A). — Appareils destinés à effectuer mécaniquement des calculs plus ou moins compliqués; il en existe de plusieurs sortes reposant sur des principes différents. La plus usitée d'entre elles est fondée sur les propriétés de l'échelle logarithmique; elle constitue la règle à calcul (voyez LOGARITHMES).

Un autre genre de machines permet d'obtenir d'une manière graphique, sans la mesure d'aucune longueur ou d'aucun contour, la valeur de l'aire superficielle d'une figure : ce sont les planimètres; le plus employé est dû à M. Beuvière (voy. Sonnet, *Dict. des Math. appliq.*)

Enfin les machines à calculer proprement dites sont celles où les opérations sont effectuées par une disposition mécanique spéciale, le résultat étant indiqué par des chiffres qui apparaissent en un point déterminé de l'appareil; telle est l'ancienne machine arithmétique de Pascal, celle du docteur Roth, la machine de M. Thomas de Colmar (arithmomètre), la machine de MM. Maurel et Jayet (arithmaurel), etc. Il est difficile, sans sortir du cadre d'un article de dictionnaire, de décrire clairement ces divers appareils dont le mécanisme est souvent fort compliqué; nous nous bornerons à donner une idée des principes qui servent à leur construction.

Les machines à compter, telles que celles de Pascal et du docteur Roth, sont formées par un système de roues à rochet ne pouvant tourner que dans un sens. Il y a autant de ces roues que d'ordres d'unités dans le plus grand nombre qui puisse être écrit, et chacune des dents correspond aux différents chiffres 1, 2, 3..., qui peuvent apparaître sur une ouverture spéciale de l'instrument. En outre, à chaque révolution complète de l'une des roues, un taquet fait marcher d'un cran la roue correspondant aux unités de l'ordre supérieur, ce qui permet de faire une addition quelconque. La soustraction s'effectue par un système de chiffres placés dans l'ordre inverse sur chacune des roues, de façon que la somme des deux chiffres voisins soit constamment égale à 9. Cette disposition mécanique a été utilisée dans les compteurs à gaz et les divers compteurs de machines (voyez COMPTEURS).

La machine de MM. Maurel et Jayet et celle de M. Thomas permettent d'effectuer une multiplication et les opérations qui en dérivent; avec cette dernière en particulier, au point de perfection où elle est arrivée aujourd'hui, on peut multiplier 8 chiffres par 8 chiffres en 18 secondes; diviser 16 chiffres par 8 chiffres en 24 secondes, extraire une racine carrée de 16 chiffres en moins d'une minute. Ce résultat s'obtient par un système de roues et de pignons numérotés et dont les rapports de vitesse correspondent précisément aux différents chiffres du multiplicande et du multiplicateur (voyez le *Dictionnaire des arts et manufactures* de Laboulaye).

Le boulier compteur, décrit à l'article ABAQUE, est une sorte de petite machine à calculer (voyez ABAQUE).

CALEBASSE (Botanique). — On donne ce nom au fruit du *Cucurbita lagenaria* (*Lagenaria vulgaris*, Lin.) (Cucurbitacées), appelé aussi, lorsqu'on en a extrait la pulpe et les graines, *Courge vidée* et *séchée*, ou tout simplement *Gourde* (voyez ce mot). Le nom de calebasse s'applique également au fruit des *Calebassiers* (voyez ce mot), de la famille des Bignoniacées, désigné aussi vulgairement sous le nom de *Coreis*. On doit remarquer que ces deux genres de plantes n'ont de rapport entre eux que par l'usage que l'on fait de l'écorce de leur fruit et qu'ils appartiennent à des familles de plantes très-éloignées dans la classification.

CALEBASSE. — Espèce de fourneau à creuset servant à la fusion de petites quantités de fonte ou d'autres métaux destinés au moulage. Les calebasses des plus grandes dimensions et pouvant fondre jusqu'à 500 kil. de métal, sont formées d'une poche en forte tôle garnie intérieurement d'argile et munie d'un double bras de levier en fer servant à la manœuvrer. Cette poche, qui porte plus particulièrement le nom de *calebasse*, est recouverte d'un *tour de feu* cylindrique, en tôle également, garni d'argile à l'intérieur. Le tout est disposé contre un mur en briques traversé par la tuyère d'un ventilateur venant déboucher dans l'appareil immédiatement au-dessus de la poche, et, pour que la chaleur se conserve mieux, l'appareil est enveloppé à sa partie extérieure, jusqu'à moitié environ de sa hauteur, d'une épaisse couche de sable. Le métal à fondre est introduit dans le fourneau avec une charge convenable de charbon ou de coke et on donne du vent. Lorsque la fusion est complète, ce dont on s'assure en sondant avec un ringard, on déblaye le sable, on enlève le tour du feu, on retire le coke avec un râteau et on l'éteint avec de l'eau, puis on saisit la calebasse par son support pour faire la coulée.

D'après Réaumur, la calebasse était employée en France dès le commencement du dernier siècle; elle est encore très-répandue en Belgique, tandis qu'en France on paraît l'avoir totalement oubliée pour les *cubilots*, malgré ses avantages incontestables au moins pour la fonte de fer. Les fondeurs ambulants doivent leur nom de *calebassiers* à l'usage qu'ils faisaient de la calebasse.

CALEBASSIER (Botanique), *Crescentia*, ainsi nommé parce que les habitants des Antilles se servent des fruits de ces arbres en guise de vases, comme nous employons les *gourdes-calebasses* (voyez ce dernier mot). — Nom vulgaire du genre *Crescentia*, Lin., appartenant à la famille des Bignoniacées et type de la tribu des *Crescentiées*. Les caractères principaux de ce genre sont : calice caduc à 2 divisions; corolle à limbe divisé en 5 lobes ondulés; 4 étamines didynames; fruit à écorce ligneuse et renfermant, dans une seule loge, une pulpe abondante. Les calebassiers sont des arbres appartenant aux parties chaudes de l'Amérique. Leurs feuilles sont alternes, simples, rarement à 3 folioles; dans ce cas, le pétiole est ailé. Leurs fleurs sont le plus souvent solitaires ou réunies en grappes. Le *C. à longues feuilles* (*C. cujete*, Lin.; nom brasilien) a les rameaux allongés, les feuilles fasciculées, à pétiole court et terminées en pointe à leurs deux extrémités. Les fleurs sont tachées de pourpre et de jaune sur un fond verdâtre. Son fruit est plus ou moins globuleux et atteint souvent trente centimètres de diamètre; l'écorce en est ligneuse, solide et recouverte d'un épiderme lisse et mince, d'un jaune verdâtre; la pulpe, où se trouvent nichées un grand nombre de petites graines cordiformes, est jaunâtre et d'un goût aigrelet. Les indigènes des Antilles, où croît en abondance cette espèce, font du péricarpe des calebasses, après en avoir retiré la pulpe à l'aide de l'eau bouillante, des vases, des plats, des bouteilles, des gourdes et autres ustensiles qu'ils polissent et ornent de dessins et de peintures. Avec la pulpe on fait aussi un sirop qu'on dit être très-bon dans les maladies de poitrine. Il est également préconisé comme un bon vulnéraire. Enfin, le bois du calebassier, estimé pour sa dureté, sa blancheur et le beau poli qu'on peut lui donner, est employé quelquefois à faire des meubles. Chez certaines peuplades de l'Amérique du Sud, on creuse des calebasses, puis on les remplit de maïs ou de petites pierres; en agitant ces fruits ainsi préparés, les indigènes croient s'entretenir avec leur dieu *Toupan*. Ils gardent ces calebasses avec un grand soin et leur rendent chaque jour un culte religieux. Parmi les autres espèces les plus connues, on distingue aussi le *C. acuminé* (*C. acuminata*, Kunth.), originaire du Brésil et principalement caractérisé par ses feuilles élargies à la base et ses fruits à écorce fragile; le *C. à feuilles larges* (*C. cucurbitina*, Lin.; *C. latifo-*

lia, Lamk), qui présente des feuilles éparses, coriaces, assez semblables à celles du citronnier, et des fleurs d'un blanc roux; cette espèce vient à la Jamaïque); enfin le *C. ailé* (*C. alata*, Kunth.), qui diffère surtout des précédents par ses pétioles ailés terminés par 3 folioles et par ses fleurs rouges à lobes crispés.   G — s.

CALÉFACTION (Physique). — Évaporation d'un liquide au milieu de circonstances toutes spéciales.

Un liquide est versé en petite quantité et doucement sur une plaque métallique chauffée au rouge vif; il s'y rassemble en une masse régulière aplatie, tranquille ou simplement animée d'un mouvement de vibration sur elle-même, et peut y rester plusieurs minutes avant qu'elle se soit évaporée complétement. Mais si pendant l'intervalle le métal s'est *refroidi* à un degré convenable, un sifflement se fait entendre, l'ébullition se fait très-activement et le liquide disparaît en un instant. Ce phénomène, examiné pour la première fois par Leidenfrost, l'a été récemment et avec les plus grands soins par M. Boutigny, qui a nommé *état sphéroïdal* l'état particulier dans lequel se trouve un liquide en contact avec un corps chauffé à un assez haut degré pour que l'ébullition cesse de s'y produire.

Pendant la caléfaction, le contact du métal et du liquide n'a, en réalité, jamais lieu, car on peut apercevoir la lumière entre eux deux; ce contact est empêché par une couche de vapeur émanant du liquide, ou par l'influence inconnue qu'exerce la chaleur dans ce cas. Toujours est-il que la chaleur se transmet difficilement du métal au liquide, et à mesure qu'elle y passe, elle est emportée à l'état de chaleur latente par la vapeur formée, en sorte que la température du liquide ne s'élève pas jusqu'à l'ébullition.

Des nombreux phénomènes observés par M. Boutigny, celui qui frappe le plus est la congélation de l'eau dans une capsule chauffée au rouge. Pour obtenir ce résultat, on verse dans la capsule de l'acide sulfureux liquide qui y prend l'état sphéroïdal et, comme l'acide sulfureux, bout à 10° au-dessous de zéro, sa température y est nécessairement inférieure à ce degré; aussi, si on plonge pendant quelques instants dans cet acide une petite ampoule de verre remplie d'eau, et qu'on la retire, on la trouve remplie de glace. On se contente quelquefois de verser quelques gouttes d'eau dans l'acide. On en retire une espèce de givre très-blanc, qui est de l'hydrate d'acide sulfureux congelé.

Une autre expérience montre toute l'importance pratique de la caléfaction comme cause d'explosion des chaudières à vapeur. A l'aide d'une lampe, on chauffe jusqu'au rouge le fond d'une petite chaudière, et on y verse, au moyen d'une pipette, 2 grammes d'eau distillée; on retire la lampe et on bouche fortement. La chaudière se refroidit. Bientôt un léger bruissement se fait entendre; c'est l'eau qui abandonne l'état sphéroïdal et touche la paroi. Aussitôt une violente explosion a lieu, et le bouchon est lancé au loin.

D'après M. Boutigny, l'eau prendrait l'état sphéroïdal dès 171°, l'alcool absolu à 134°, l'éther à 64°. Ces températures sont, comme on voit, bien éloignées du rouge.   M. D.

CALENDRIER (Astronomie). — Le calendrier a pour objet de diviser le temps conformément aux besoins de l'agriculture et des relations civiles. Le retour périodique des *saisons* est la base fondamentale du calendrier. Or, la période des saisons est l'*année tropique*, dont la durée est de 365j,24222. Si l'année se composait d'un nombre entier de jours, il serait tout simple de faire l'*année civile* égale à ce nombre de jours; on la subdiviserait ensuite en fractions plus petites, en mois et en semaines.

Mais l'année ne renfermant pas un nombre rond de jours, il n'a pas été possible de prendre l'année civile exactement égale à l'année tropique. Toutefois, il suffit que la différence entre ces deux années ne devienne pas appréciable; et c'est à quoi l'on est parvenu à l'aide de la méthode des intercalations.

Le premier calendrier où se trouve assez bien réalisée cette concordance de l'année civile et de l'année solaire est le calendrier *Julien*, qui doit son nom à Jules César : il fut établi quarante-six ans avant Jésus-Christ, par l'astronome Sosigène, que César avait fait venir à cet effet d'Alexandrie. Dans ce calendrier, l'année est de 365 jours, mais tous les quatre ans il y a une année *bissextile* ou de 366 jours. Cette intercalation d'un jour en quatre ans, revient évidemment à ajouter ¼ de jour chaque année, ou à supposer l'année tropique de 365j,25.

Or, la durée de l'année tropique est de 365j,2422;

l'année julienne est donc trop longue de 0j,0078, ou de 11 minutes environ. Cette différence paraît très-faible, mais en s'accumulant elle fait un jour au bout de 130 ans. Il résulte de là que l'équinoxe du printemps qui, à la réforme du calendrier par Jules César, avait lieu le 25 mars, arriva le 24 mars au bout de 130 ans, puis le 23 mars, et enfin en 325, lors du concile de Nicée, il arrivait le 21 mars.

Le calendrier Julien fut adopté par le concile de Nicée pour servir à régler la date des fêtes de l'Église. L'équinoxe du printemps fut également fixé au 21 mars, et la fête de Pâques au dimanche qui suit la première pleine lune postérieure au 20 mars; de sorte que cette fête peut être célébrée au plus tôt le 22 mars, et au plus tard le 25 avril. On admit encore que la durée de l'année était de 365j,25, de sorte que l'époque de l'équinoxe continua de rétrograder d'un jour tous les 130 ans.

A la fin du XVIᵉ siècle, l'erreur était de 10 jours, c'est-à-dire que l'équinoxe du printemps avait lieu le 11 mars, et non plus le 21. Si l'on eût laissé aller ainsi les choses, la fête de Pâques aurait fini par être célébrée en été, puis en automne, etc. Pour remédier à cet inconvénient, le pape Grégoire XIII, sur l'invitation du concile de Trente, consulta les astronomes et substitua à l'ancien calendrier celui qu'on nomme *Grégorien*. Voici en quoi consiste la réforme grégorienne.

On ramena l'équinoxe au 21 mars en supprimant 10 jours, et le lendemain du 4 octobre 1582 s'appela le 15 octobre. Puis, afin d'éviter dans l'avenir le retour d'un pareil désordre, on décida que chaque 100 ans une bissextile serait supprimée, mais que cette bissextile serait maintenue chaque 400 ans. Ainsi l'année 1600 fut bissextile, 1700, 1800, 1900 ne le sont pas, 2000 le sera, etc. Il est évident que supprimer une bissextile tous les cent ans revient à diminuer de 0j,01 la durée de chaque année; et restituer cette bissextile tous les 400 ans, c'est ajouter à la durée de l'année ¼ × 0j,01 = 0j,0025. De sorte qu'en définitive la durée de l'année civile dans le calendrier grégorien est

$$365,25 - 0,01 + 0,0025 = 365,2425;$$

Elle ne diffère de l'année tropique 365,2422 que d'une quantité insignifiante faisant à peine un jour en 4000 ans.

Les années bissextiles sont celles dont la date est divisible par 4 : ainsi 1860. Les années séculaires non bissextiles sont celles dont les centaines du millésime ne sont pas divisibles par 4 : ainsi 1800, parce que 18 n'est pas divisible par 4.

La réforme grégorienne fut adoptée en France en décembre 1582; elle le fut bientôt après dans les autres pays catholiques. Mais les États protestants de l'Allemagne ne l'ont adoptée qu'en 1700, et les Anglais en 1752. Les Russes et les Grecs suivent encore le calendrier Julien; aujourd'hui la différence entre les deux calendriers est de 12 jours, à cause des bissextiles supprimées en 1700 et 1800, de sorte que le jour que nous appelons 20 décembre est chez eux le 8 décembre; et quand ils sont au 1ᵉʳ janvier, nous sommes déjà au 13 janvier.

Les années se comptent à partir de la naissance de Jésus-Christ, qui est l'*ère chrétienne* ou vulgaire. Le commencement de l'année civile est fixé au minuit qui sépare le 31 décembre du 1ᵉʳ janvier. Cette époque du commencement de l'année a varié suivant les temps et les lieux. Elle a été fixée à Pâques, à la Noël, au 25 mars. C'est sous le règne de Charles IX (1563) que la date du 1ᵉʳ janvier a été définitivement adoptée en France, comme point de départ de l'année (voyez ANNÉE, ASTRONOMIE, RÉPUBLICAIN, SAISONS).   E. R.

CALENDRIER DE FLORE (Botanique). — Linné a nommé ainsi le tableau des floraisons qu'il dressa à Upsal. Mais on comprend que, suivant les climats, les floraisons des mêmes plantes ont lieu à des époques différentes. Aussi le calendrier de Flore doit-il varier selon les localités. Un seul exemple suffira pour faire apprécier ces variations. La floraison de l'amandier a lieu dans la première quinzaine de février, à Smyrne ; dans la seconde quinzaine d'avril en Allemagne, et dans le commencement de juin à Christiania. On trouvera des études fort intéressantes sur l'époque de la floraison dans un mémoire allemand de Schubler (*Flora*, 1830, p. 353), et une autre de Gœppert dans les *Mémoires des curieux de la nature*, t. XV, part. 2. Voici, — sauf quelques modifications, — un calendrier de Flore, dressé par Lamarck pour le climat de Paris.

Janvier.

L'hellébore noir.

Février.

Aune.	Noisetier.	Perce-neige.
Saule marceau.	Daphné bois-gentil.	

Mars.

Cornouiller mâle.	Hellébore d'hiver.	Primevère officinale
Hépatique à 3 lobes.	Amandier.	Corydalis bulbeux.
Androsace carnée.	Pécher.	Narcisse faux nar-
Soldanelle.	Abricotier.	cisse.
Buis.	Groseillier.	Anémone en forme
Thuya.	Tussilage pétasite.	de renoncule.
If.	Tussilage pas-d'âne.	Safran printanier.
Arabette des Alpes.	Renoncule tête-d'or.	Saxifrage à feuilles
Ficaire.	Giroflée jaune.	Alaterne. [charn.

Avril.

Prunier épineux.	Jacinthe.	Orme.
Tulipe.	Lamier blanc.	Fritillaire impériale
Draba aizoïde.	Les pruniers.	Lierre terrestre.
Draba printanière.	Anémone des bois.	Jonc des bois.
Saxifrage granulée.	Orobe printanier.	Jonc champêtre.
Saxifrage à 3 point.	Petite pervenche.	Céraiste des champs
Asaret d'Europe.	Frêne commun.	Les érables.
Parisette à 4 feuill.	Charme.	Prunier Mahaleb.
Pissenlit.	Bouleau.	Les poiriers, etc.

Mai.

Les pommiers.	Pivoine.	Bourrache.
Lilas.	Alliaire.	Fraisier.
Marronnier d'Inde.	Coriandre.	Potentille argentine.
Arbre de Judée.	Bugle.	Chêne.
Merisier à grappes.	Aspérule odorante.	Iris, etc., et le plus
Frêne à fleurs.	Bryone.	grand nombre des
Faux-ébén. (Cytise)	Muguet.	plantes.
Spirée filipendule.	Épine-vinette.	

Juin.

Les sauges.	Berce des prés.	Blé.
Coqueret alkékenge	Les nénuphars.	Digitale.
Coquelicot.	Brunelle.	Pied-d'alouette.
Cardiaque officinale	Lin.	Millepertuis.
Ciguë.	Cresson de fontaine.	Bleuet.
Tilleul.	Seigle.	Amorpha.
Vigne.	Avoine.	Azédarach.
Les nigelles.	Orge.	

Juillet.

Hysope.	Petite centaurée.	Verge d'or.
Les menthes	Monotropa hypopi-	Catalpa.
Origan.	Les laitues. [tys.	Céphalanthe d'Occi-
Carotte.	Les inules.	Houblon. [dent.
Tanaisie.	Salicaire.	Chanvre, etc.
Les œillets.	Chicorée sauvage.	

Août.

Les scabieuses.	Euphraise jaune.	Rudbeckie.
Parnassie.	Plusieurs asters.	Le silphium.
Gratiole.	Viorne.	etc., etc.
Balsamine des jard.	Coreopsis.	

Septembre.

Fragon à grappes.	Lierre.	Amaryllide jaune.
Aralie épineuse.	Cyclamen.	Colchiq. — Safran.

Octobre.

Aster à grand. fleur.	Topinambour.	Aster grêle.

Novembre.

Chrysanthèmes de l'Inde, etc.

G— s.

CALENTURE (Médecine), en espagnol *calentura*, du latin *calere*, être chaud, enflammé. — Délire frénétique qui frappe spontanément les marins, sous les latitudes très-chaudes. Elle est due moins à la chaleur directe des rayons solaires, qu'à cette atmosphère embrasée qui se montre en permanence dans l'intérieur des vaisseaux, et au milieu de laquelle vivent les personnes qui sont à bord. L'invasion de la maladie a lieu pendant la nuit ; elle est caractérisée par un délire furieux, et surtout par une envie irrésistible de se jeter à la mer, si on n'emploie pas la force pour s'y opposer. La saignée paraît être le moyen de traitement par excellence, puis les calmants, les évacuants, les boissons rafraîchissantes, telles que petit-lait, limonades, etc. Ce traitement bien dirigé amène ordinairement une prompte guérison.

CALFAT. — Ouvrier chargé de *calfater* ou de boucher avec des étoupes goudronnées les jointures par lesquelles l'eau pourrait pénétrer dans l'intérieur des bâtiments en

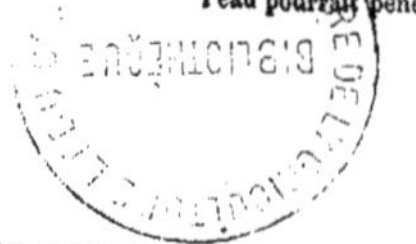

mer. Cette opération se fait avec un marteau et un ciseau appelé aussi *calfat*.

CALICE ou **Calyce** (Botanique), du grec et du latin *calyx*, calice ou bouton de fleur. — On donne ce nom à l'enveloppe extérieure de la fleur, qui est de nature analogue aux feuilles. Linné lui donne quelquefois le nom poétique de *thalamus* ou de *lit nuptial* ; Mœnch regarde comme calice l'enveloppe verte des fleurs, qu'elle soit extérieure ou solitaire. Tournefort considère comme appartenant au calice l'enveloppe externe, lorsqu'il y en a deux, et celle qui adhère avec le fruit quand il n'y en a qu'une. C'est aujourd'hui l'avis de la plupart des botanistes, et lors même que les enveloppes florales sont de même nature, comme dans le lis, on distingue par l'insertion le calice et la corolle : l'un est le verticille extérieur, et l'autre le verticille intérieur. De Jussieu réunit, au contraire, ces deux enveloppes sous le nom commun de *calice*. Il donne également ce nom à l'enveloppe externe, lorsqu'il y en a deux, et aux enveloppes solitaires ou périgones simples. Les pièces dont est composé le calice se nomment *sépales* ou *phylles*. Lorsque ces parties sont libres entre elles, le calice est dit *dialysépale* (*fig.* 394) ; quand, au contraire, ces parties sont plus ou moins soudées de manière à n'en former qu'une seule en apparence, le calice est dit *gamosépale* ou *gamophylle* (*fig.* 395). A l'appui de cet aperçu théorique, des observations ont prouvé que les sépales ainsi que les pétales naissaient sous la forme de petits mamelons distincts qui ne tardent pas à se souder dans les plantes où le calice est gamophylle. Le calice est ordinairement vert, mais il peut être parfois coloré comme dans l'ancholie, le fuchsia, un grand nombre

Fig. 394.
Calice dialysépale
du lin vivace.

Fig. 395.
Calice gamosépale
du silène pendant.

de monocotylédones. Il est dit alors *pétaloïde*. Le calice peut aussi être réduit, quant à son limbe, à une *aigrette* (voyez ce mot), comme dans les plantes de la famille des *Composées*. Il est dit *caduc* lorsqu'il tombe avec la corolle, *fugace* quand il tombe avant la fécondation, comme dans le pavot. Il est, au contraire, *persistant* lorsqu'il subsiste après la floraison, comme dans les Labiées, les Borraginées, un grand nombre de Rosacées. Quand il persiste, mais qu'il se dessèche, il est *marcescent*, comme dans le mouron, la ronce, etc. Enfin, il peut non-seulement persister, mais s'accroître après la floraison : ainsi, dans plusieurs coquerets (*physalis*), il se développe de manière à abriter le fruit comme dans une petite lanterne.   G— s.

CALICULE (Botanique). — On nomme ainsi une sorte d'involucre qui, ne contenant qu'une fleur, adhère à la base du calice. Cet organe tire son nom de ce qu'il représente un second calice comme on peut l'observer dans les mauves, les guimauves, les *hibiscus* et d'autres encore. Dans le genre *Pileanthus* (myrtacées), établi par La Billardière, ce calicule est parfaitement clos ; au moment de l'épanouissement, il s'ouvre en travers et se détache en manière d'opercule, laissant voir ainsi la fleur avec ses enveloppes et ses organes sexuels.   G— s.

CALIDRIS (Zoologie). — Cuvier a emprunté ce nom scientifique à Aristote et à Brisson pour désigner les *maubêches*, sous-genre du grand genre *Bécasse* (voyez Maubêche).

CALIGE (Zoologie), *Caligus*, Müll. — Genre de Crustacés de l'ordre des *Pœcilopodes*, famille des *Siphonostomes*, tribu des *Caligides*, Latr. Désignés d'abord sous le nom de *Poux de poissons*. Ce sont des animaux parasites qu'on trouve cramponnés sous les écailles des requins, des saumons, des merlans, etc., longs de 0^m,007 à 0^m,008 ; leur abdomen porte à son extrémité, dans la plupart, deux longs filets, et chez d'autres des appendices en forme de nageoires.

CALIMERIS (Botanique). — Espèce du genre *Aster* (voyez Astère).

CALLE (Botanique), *Calla*, Lin., du grec *kallaia*, caroncule qui pend sous le bec des coqs. Nom donné à ces plantes à cause de la spathe de la fleur qui ressemble en grand à ces appendices charnus. — Genre de plantes de la famille des *Aroïdées*, type de la tribu des *Callacées*. Il comprend des herbes à spathe persistante et à spadice entremêlé de pistils et d'étamines. La *C. des marais* (*C. palustris*, Lin.) a le rhizome épais, renfermant un principe âcre et de la fécule, qui devient comestible par la cuisson. Sa spathe est blanchâtre et son spadice est jaune. Cette plante est abondante dans les régions septentrionales de l'hémisphère boréal, où on mange ses racines cuites. On l'a naturalisée dans quelques mares de la forêt de Marly, aux environs de Paris. La *C. d'Éthiopie* (*C. Æthiopica*, Lin.) appartient aujourd'hui à un genre voisin (voyez RICHARDIA).

CALLEUX (CORPS) (Anatomie). — On appelle ainsi, dans le cerveau, une espèce de traverse blanche, étendue d'un hémisphère à l'autre, et qu'on aperçoit au fond de la scissure médiane, lorsqu'on écarte les deux hémisphères ; c'est le *mésolobe* de Chaussier. Cette partie du cerveau, entièrement formée de substance médullaire, couvre les deux ventricules latéraux. Lapeyronie y plaçait le siége de l'âme (voyez CERVEAU).

CALLICARPA (Botanique), *Callicarpa*, Lin., du grec *kallos*, beauté, et *karpos*, fruit. Les drupes de la plupart des espèces de ce genre sont souvent colorées d'une teinte pourprée très-vive. — Genre de plantes de la famille des *Verbénacées*, tribu des *Viticées*. Caractères : calice persistant ; corolle à 4-5 divisions égales ; étamines saillantes ; ovaire à 4 loges, à un seul ovule ; le fruit est une drupe bacciforme renfermant 4 noyaux. Les espèces de ce genre, à peu près au nombre d'une vingtaine, sont des arbres ou des arbrisseaux à rameaux ordinairement tomenteux, blanchâtres ou roux. Leurs feuilles sont opposées et leurs fleurs, quelquefois polygames, forment des cimes axillaires. Elles habitent les Indes orientales, les régions chaudes de l'Amérique, la Nouvelle-Hollande, etc. L'espèce la plus rustique est la *C. américaine*, *Burcardie* de Duhamel (*C. americana*, Lin.) ; elle réussit aux États-Unis et se cultive très-bien en pleine terre sous le climat de Paris.   G—s.

CALLICHROME (Zoologie), *Callichroma*, du grec *kalli-chrôma*, beauté de couleur. — Genre de *Coléoptères tétramères*, famille des *Longicornes*, tribu des *Cérambycins*, grand genre *Capricorne*. Ce sont, en général, des insectes remarquables par les couleurs vives et brillantes dont ils sont parés. Le *C. musqué*, qu'on trouve sur les saules, long de 0^m,025, est entièrement vert ou bleu foncé ; il répand une forte odeur de rose.

CALLICOME (Botanique), *Callicoma*, Andr., du grec *kallos*, beauté, et *komé*, cheveu, poil, à cause des poils qui couvrent plusieurs organes de la plante, principalement l'ovaire. — Genre de plantes de la famille des *Saxifragées*, tribu des *Cunoniacées*. La *C. à feuilles dentelées* (*C. serratifolia*, Andr.) est un arbrisseau à feuilles simples, opposées, lancéolées, dentelées, blanchâtres en dessous, ressemblant assez à celles du châtaignier. Ses fleurs sont jaunes et disposées en capitules globuleux d'un très-joli effet. Cette espèce, qui ne s'élève guère à plus de 1^m,50, est originaire de la Nouvelle-Hollande et se cultive en serre tempérée.

CALLIDIE (Zoologie), *Callidium*, du grec *kallos*, beauté, et *idea*, forme. — Genre d'*Insectes coléoptères tétramères*, famille des *Longicornes*, tribu des *Cérambycins*, grand genre *Capricorne*. On trouve les callidies dans les bois sur les troncs des vieux arbres, dans les chantiers et jusque dans nos appartements ; quelques espèces fréquentent les fleurs. Quand on les inquiète ou qu'on les saisit, ces insectes font entendre un bruit particulier qui résulte du frottement du prothothorax sur la base de l'écusson. La *C. sanguine*, le *C. porte-faix* et la *C. arquée*, se trouvent communément dans nos bois et nos chantiers ; elles ont environ de 0^m,010 à 0^m,012 de longueur.

CALLIMORPHE (Zoologie), *Callimorpha*, Latr., du grec *kallé-morphé*, beauté de forme. — Genre d'*Insectes lépidoptères nocturnes*, tribu des *Faux-Bombyx*. Quoique appartenant à la famille des *Nocturnes*, on les voit voltiger en plein jour dans les endroits les plus exposés au soleil. Une espèce très-commune dans notre pays est celle dont la chenille se trouve sur le séneçon (*Bombyx jacobea*). Elle est noire et ses ailes supérieures ont une ligne et deux points d'un rouge carmin. Sa chenille est jaune avec des anneaux noirs.

CALLIONYME (Zoologie), *Callionymus*, Lin., du grec *kalliônumos*, beau nom. — Genre de *Poissons acanthoptérygiens*, famille des *Gobioïdes*. Ce sont de jolis poissons à peau lisse, nue et sans écailles, remarquables parce que les ouïes sont ouvertes seulement par un trou de chaque côté de la nuque ; une espèce très-commune dans la Manche est le *Savary* ou *Doucet* (*C. lyra*, Lin.), de couleur orangée, tacheté de violet. Bonne à manger.

CALLIOPSIS (Botanique). — Genre établi par Reichenbach aux dépens du genre *Coreopsis*, appartenant à la famille des *Composées*, tribu des *Sénécionidées*, sous-tribu des *Hélianthées*. La plupart des botanistes en font un sous-genre du *Coréopsis* (voyez ce mot), et le caractérisent ainsi : style à 2 branches tronquées, terminées par un pinceau de poils ; akènes tronqués au sommet, dépourvus d'aigrettes. Le *C. des teinturiers* est plus connu sous le nom de *Coréopsis* (voyez ce mot). Le *C. d'Atkinson* (*C. atkinsoniana*, Hook. ; *C. Atkins.*, Douglas) est une herbe vivace qui ne s'élève guère à plus de 1 mètre. Ses feuilles sont profondément découpées. Ses ligules sont à 3 dents et présentent une tache brune au centre. Cette espèce est originaire de la Colombie.

CALLISTÉMON (Botanique), *Callistemon*, Rob. Brown, du grec *kallistos*, très-beau, et *stémon*, étamine, à cause de l'élégance des étamines de ces plantes. — Genre de plantes de la famille des *Myrtacées*, tribu des *Leptospermées*. Il comprend des arbrisseaux de la Nouvelle-Hollande, cultivés pour leur joli feuillage et leurs fleurs ordinairement d'un beau rouge et disposées en épis couronnés par des feuilles. Leurs étamines sont longuement saillantes, nombreuses et colorées. Le *C. à feuilles lancéolées* (*C. lanceolatum* de Can.) est l'espèce la plus répandue. Ses fleurs sont d'un beau rouge, et les filets des étamines d'une belle teinte ponceau.

CALLISTÈPHE (Botanique), du grec *kallos*, beauté, *stephos*, couronne. — Nom générique de la *reine-marguerite* (voyez MARGUERITE).

CALLITRICHE (Zoologie), *Simia sabœa*, Lin. — Espèce du genre *Guenon* ; joli petit singe qui n'a pas plus de 0^m,30 à 0^m,40 de longueur, la tête comprise. Sa couleur est d'un vert vif mêlé d'un peu de jaune sur le corps. C'est le *callitriche* ou *singe vert* de Buffon ; il se trouve au Sénégal (voyez SAGOUIN).

CALLITRICHE (Zoologie). — Poli a établi sous ce nom un genre de *Mollusques* pour l'animal des *moules*, des *modioles* et des *lithodomes* (voyez ces mots), parce qu'il a les bords de son manteau garnis de tentacules branchus vers l'angle arrondi.

CALLITRICHE (Botanique), *Callitriche*, Lin., du grec *kallos*, beauté ; *thrix*, chevelure. — Genre de plantes aquatiques, ainsi nommées à cause de leurs longues racines et de leurs tiges menues flottant à la surface des eaux dans les marais. Classé d'abord parmi les Naïadées, il est aujourd'hui le type d'une petite famille, les *Callithrichinées*, dont il est le genre unique. Le *C. aquatique* (*C. aquatica*, Hudson) et le *C. printanier* (*C. verna*, Lin.) couvrent quelquefois complétement les eaux des petites rivières qui coulent lentement.

CALLITRIS et mieux CALLITHRIS (Botanique), *Callitris*, Ventenat, allusion à la beauté de ses rameaux, en grec *callithrix*, belle chevelure. — Genre d'arbres de la famille des *Cupressinées*, établi par Ventenat aux dépens du genre *Thuya*. Il est caractérisé principalement par le fruit (*strobile*), ovale, globuleux, tétragone, composé de 4 valves ligneuses, carénées sur le dos, brièvement mucronées sous le sommet. Le *C. à 4 valves* (*C. quadrivalvis*, Vent. ; *Thuya articulata*, Wahl.), est un arbre de forme pyramidale. Ses rameaux, pennés ou bipennés, sont comprimés, fragiles, articulés. Ses feuilles sont petites, inégales, et présentent des glandes à leur base. Cette espèce croît dans le nord de l'Afrique. « J'en ai vu, dit Desfontaines, des forêts sur les montagnes du royaume d'Alger, qui avoisinent celui du Maroc. Les plus grands individus n'avaient guère que 8 à 9 mètres de hauteur sur 1 mètre de circonférence ; mais Broussonnet m'a assuré qu'il en avait vu de plus grands au Maroc, et que c'est cet arbre qui donne la résine que l'on connaît dans le commerce sous le nom de *sandaraque*. » La résine de cette espèce est d'une odeur pénétrante et d'une saveur amère un peu âcre.   G—s.

CALLORHYNQUE (Zoologie), *Callorhynchus*, Gronovius, du grec *kallos*, beauté ; *rhynchos*, bec. — Sous-genre de *Poissons* du grand genre *Chimère* (voy. ce mot).

CALLOSITÉ (Médecine). — On donne ce nom, chez l'homme, à une dureté, une induration qui se forme dans certaines parties molles, comme à la plante des pieds, aux mains. Elle résulte de l'épaississement de plusieurs couches superficielles de l'épiderme (voyez ce mot), causé par la compression de chaussures trop étroites dans le premier cas, et de travaux manuels rudes dans le second. Le nom de *callosités* désigne encore certaines excroissances de chairs blafardes, sèches, dures et indolentes, qu'on remarque quelquefois dans les plaies anciennes ou autour des vieux ulcères (voyez ce mot) ou à l'orifice des fistules (voyez ce mot).

CALLOSITÉS (Zoologie). — Chez les *Mammifères*, on appelle *callosités*, certaines parties dépourvues de poils, et où la peau est plus épaisse ; ainsi, les chameaux en ont sur la poitrine et aux genoux ; mais les plus remarquables sont celles qui existent aux fesses chez la plupart des singes de l'ancien continent. Aucun de ceux de l'Amérique ne présente ce caractère.

CALMANT (Médecine). — En *médecine*, ce mot embrasse dans sa signification les médicaments adoucissants, anodins, antiphlogistiques, antispasmodiques, narcotiques.

CALMAR (Zoologie), Lacép. ; *Coluber calamarius*, Merr. — Espèce de *Serpent* non venimeux du genre *Couleuvre*, tribu des *Serpents* proprement dits. Cette couleuvre est d'une couleur livide, avec des bandes transversales brunes ; le dessous de son corps présente des taches brunes ; on voit sur la queue une raie longitudinale couleur de fer. Elle n'est du reste remarquable ni par ses couleurs ni par sa conformation. On la trouve en Amérique.

CALMAR (Zoologie), *Loligo*, Lamk. Connu vulgairement sur les bords de la Manche sous les noms de *Cornet*, *Encornet*, qui indiquent la forme d'un encrier (*calamarius*), propre à recevoir des plumes à écrire ; de plus, l'animal répand une espèce d'encre autour de lui à la manière de toutes les *sèches*. — Les calmars forment un genre de *Mollusques céphalopodes* et appartiennent au grand genre des *Sèches*. Ils sont remarquables par une lame de corne en forme d'épée ou de lancette qu'ils ont dans le dos au lieu de coquille ; leur tête est pourvue de 8 pieds et de 2 tentacules beaucoup plus longs, armés de suçoirs seulement vers le bout qui est élargi. Ils s'en servent pour se tenir comme à l'ancre. Leur sac à noir est enchâssé dans le foie. Ce sont des animaux côtiers, qui nagent à reculons avec une si grande vitesse, que parfois ils s'élancent hors de l'eau, et restent échoués sur le rivage. En Chine, dans l'Inde, et même en France, on les recherche comme une nourriture agréable. On en connaît plusieurs espèces : le *C. commun* (*Sepia loligo*,

Fig. 396. — Calmar commun. (Long. = 0ᵐ,11.)

Lin.), à nageoires formant ensemble un rhombe au bas du sac. Le *Grand C.* (*Loligo sagittata*, Lam.), dont les nageoires forment ensemble un triangle au bas du sac, à bras plus courts que le corps. Le *Petit C.* (*Loligo media*, Lin.), à nageoires formant ensemble une ellipse au bas du sac qui se termine en pointe aiguë (voy. POULPE).

CALMARET (Zoologie), *Loligopsis*. — Sous-division des *Calmars*, établie par Cuvier, qui dit seulement : « Ils n'auraient que huit pieds comme les poulpes, mais on ne les connaît que par des dessins peu authentiques. » Suivant M. Milne-Edwards dont les travaux sont plus récents, ils sont remarquables par la longueur démesurée de deux de leurs bras, qui sont filiformes et élargis seulement au bout ; du reste ils ne diffèrent que peu des calmars ; on les trouve dans la Méditerranée.

CALOBATE (Zoologie), *Calobata*, Meig. et Fab., du grec *kalos*, bien, et *bateô*, je marche, à cause de la marche élégante et mesurée de la plupart de ces insectes. — Genre de *Diptères*, de la famille des *Athéricères*, tribu des *Muscides*, grand genre *Musca*, Lin. Ces mouches se trouvent souvent sur les feuilles de certains arbrisseaux, où on les voit marcher légèrement. Plusieurs d'entre elles ont la faculté de courir sur les eaux, d'où leur est venu le nom de *Pétronelle* ou *Mouche de saint Pierre*, par allusion à la marche sur les eaux du saint apôtre.

CALODROME (Zoologie), du grec *kalos*, beau, et *dromeus*, coureur. — Genre de *Coléoptères tétramères*, famille des *Porte-bec*, grand genre *Charançon*, remarquable par les pieds de derrière d'une longueur démesurée ; l'espèce type, qui habite Manille, a été dénommée *C. Harrisii* par M. Schœnherr, et décrite par M. Guérin, *Magasin de zoologie*, 1832, pl. 33.

CALOMEL (Chimie), *Mercure doux*, *Protochlorure de mercure*. — Combinaison de 2 proportions de mercure (200) avec 1 proportion de chlore (35,5), sa formule chimique est Hg²Cl.

Le calomel est un corps blanc, que l'on rencontre quelquefois dans le commerce sous forme de gros cristaux transparents, mais le plus ordinairement sous forme de poudre blanche insipide, volatile sans résidu, complètement insoluble dans l'eau, l'alcool et l'éther, mais très-soluble dans l'eau de chlore. L'acide nitrique l'attaque rapidement en le transformant en *sublimé corrosif* (HgCl), et en nitrate de mercure. L'eau régale et l'eau de chlore le transforment également en sublimé ; il en est de même de l'acide chlorhydrique, dont l'action est cependant plus lente et donne lieu à un dépôt de mercure. Les chlorures alcalins, tels que le *sel marin*, produisent le même résultat, quoique avec lenteur. MM. Mialhe et Selmi ont même démontré que cette transformation du calomel en sublimé s'effectuait à la température du corps humain, pourvu que l'on fît intervenir des matières organiques, ce qui a précisément lieu lorsque l'on introduit du calomel dans l'estomac.

Le calomel est employé en médecine comme purgatif et vermifuge pour les enfants et dans quelques autres maladies des adultes. Sous la triple influence de la chaleur du corps, des matières organiques et des chlorures que contiennent les sucs sécrétés par l'appareil digestif, le calomel s'y transforme peu à peu en sublimé soluble, et est absorbé en cet état. Son action est d'autant plus prompte et énergique que sa transformation est moins lente ; aussi évite-t-on de l'administrer associé avec des chlorures alcalins.

Le sublimé étant un poison très-énergique, le calomel doit en être dépouillé avec beaucoup de soin.

Les alchimistes préparaient le calomel en broyant longuement un mélange formé de 4 parties de sublimé corrosif et de 3 parties de mercure, imbibant le mélange d'un peu d'alcool pendant sa trituration pour éviter la formation de poussière dangereuse à respirer, puis chauffant le mélange dans une grande fiole sur un bain de sable chaud. Le calomel se sublime et vient se condenser sur les parois supérieures de la fiole. Le calomel ainsi obtenu était broyé, lavé à l'eau bouillante et sublimé de nouveau. Ce n'est qu'à la sixième sublimation qu'il prenait le nom de *calomel* ou *calomélas* ; à la neuvième, il devenait la *panacée universelle* ou *mercurielle*.

On a substitué à ce procédé le suivant qui donne des produits plus purs. On prend 8 parties en poids de mercure, que l'on traite par l'acide sulfurique pour le transformer en sulfate ; on mêle au produit 8 autres parties de mercure et 3 de sel marin ; on introduit le tout dans une cornue que l'on chauffe ; le produit de la sublimation se rend dans un grand réservoir, ordinairement une fontaine en grès, où la condensation s'effectue au milieu même de la masse d'air contenue dans le réservoir, ou de la vapeur d'eau dont on le remplit. Le produit obtenu est immédiatement réduit en poudre impalpable qu'on lave encore à l'eau bouillante.

Le calomel se décompose lentement sous l'influence de la lumière, et prend une teinte grise. De là son sous-nom de *calomelas* du grec *calos*, beau et *melas*, noir. Du chlore se dégage et du mercure reprend l'état métallique. Cette altération, toutefois, s'arrête à la surface. L'ammoniaque le noircit immédiatement, et forme avec lui un composé que l'on peut regarder comme une combinaison d'amidure de mercure et de calomel (Hg²Cl,HgH²Az).

Lorsque le calomel a été mal lavé, il renferme des traces de bichlorure de mercure ou sublimé ; on le constate en faisant digérer le calomel dans de l'alcool, décantant, puis versant dans la liqueur un peu d'ammoniaque. La plus légère trace de sublimé est accusée par le nuage blanc qu'elle forme avec l'alcali. Le calomel préparé par voie humide en traitant le sous-nitrate de mercure par un chlorure alcalin, contient quelquefois du nitrate de mercure non décomposé. On s'en assure en chauffant dans un tube de verre une certaine quantité du produit douteux ; s'il est impur, il s'en dégagera une odeur nitreuse caractéristique. Enfin, on falsifie quelquefois le calomel avec du sulfate de baryte ; on peut constater la fraude en chauffant la substance dans une cuiller en fer ; si elle est pure, elle doit se vaporiser sans résidu. **M. D.**

CALOPE (Zoologie), *Calopus*, Fab., du grec *kalos pous*, beau pied). — Genre de *Coléoptères hétéromères*, famille des *Sténélytres*, grand genre des *Œdémères*, dont la seule espèce connue, le *C. serraticorne*, d'un brun clair, pointillé, long d'environ 0ᵐ,02, habite surtout les bois de la Suède. On le trouve aussi dans les Alpes.

CALOPHYLLE (Botanique), *Calophyllum*, Lin., du grec *kalos*, beau, *phullon*, feuille, à cause du feuillage d'un beau vert et agréablement veiné. — Genre de plantes de la famille des *Clusiacées*, type de la tribu des *Calophyllées*. On lui donne vulgairement le nom de *Calaba*, mot américain transmis par Plumier. Caractères : fleur polygames ; 2-4 sépales colorés ; le plus souvent 4 pétales ; étamines indéfinies ; ovaire à une seule loge ; drupe ovale ou globuleuse, contenant un noyau à une seule graine. Les espèces de ce genre sont en petit nombre. Ce sont des arbres à feuilles persistantes et à fleurs blanches. Le *C. à fruits allongés* (*C. calaba*, Lin.) croît au Malabar. Ses fruits sont rouges, comestibles. Les Indiens en extraient une huile qu'ils emploient pour l'éclairage. Le *C. à fruits ronds* (*C. inophyllum*, Lin., du génitif grec *inos*, fibre, *phullon*, feuille, parce que du milieu de sa feuille part une côte saillante, qui se ramifie en une infinité de petites fibres), est un arbre de 30 mètres, à feuilles lisses, luisantes, coriaces. Ses fleurs répandent une odeur agréable, et ses fruits sont d'un jaune verdâtre. Cette espèce est originaire des Indes orientales. Elle donne une résine connue sous le nom de *baume vert*, qui est vulnéraire et résolutive. Le *C. tacamahaca*, Willd., croît à Madagascar et à Bourbon ; sa résine est connue dans le commerce sous le nom de *résine tacamaque*. Le bois du calophylle d'une assez grande dureté est souvent employé dans la construction. **G—s.**

CALORICITÉ (Physiologie). — Production de chaleur par les animaux et les végétaux vivants, ou faculté qu'ils ont de produire de la chaleur (voyez CHALEUR ANIMALE).

CALORIE. — Unité adoptée dans l'évaluation des quantités de chaleur. Elle est égale à la quantité de chaleur nécessaire pour élever d'un degré la température de 1 kil. d'eau, c'est aussi la quantité de chaleur dégagée par 1 kil. d'eau, dont la température s'abaisse de 1 degré. (Pour le travail mécanique dû à une calorie, voyez CHALEUR, TRAVAIL, et au supplément, ÉQUIVALENT MÉCANIQUE.)

CALORIFÈRE. — Voyez CHAUFFAGE.

CALORIMÈTRE. — Instrument de physique servant à évaluer les quantités de chaleur absorbées ou dégagées par les corps, soit lorsque leur température monte ou descend, soit lorsqu'ils changent d'état, soit lorsqu'ils se combinent entre eux ou dans une autre circonstance quelconque (voyez CALORIMÉTRIE, CHALEUR SPÉCIFIQUE, CHALEUR LATENTE, CHALEUR DE COMBINAISON).

CALORIMÉTRIE. — Branche de la physique qui a pour objet la mesure des quantités de chaleur nécessaires pour produire un phénomène donné ou résultant de la production de ce phénomène.

Comme nous ne connaissons point la chaleur, nous ne pouvons pas la mesurer d'une manière directe ; mais, nous appuyant sur les faits auxquels elle donne lieu, nous admettons qu'il faut toujours une même quantité de chaleur pour élever d'un même degré la température d'une même masse d'eau ; qu'il en faut une quantité double pour élever d'un même degré la température d'une masse double ; puis l'expérience est venue nous apprendre qu'entre certaines limites de température de 10 à 20°, par exemple, il faut à 1 kil. d'eau pour monter de 2° autant de chaleur qu'à 2 kil. pour monter de 1°. En nous appuyant sur ces bases, il nous suffira de faire passer dans une masse connue d'eau la chaleur que nous voulons mesurer et de noter avec soin la quantité dont la température de l'eau a varié. Nous en allons donner un exemple, en notant qu'on a pris pour unité de chaleur et appelé *calorie* la quantité de chaleur nécessaire à 1 kil. d'eau pour que sa température s'élève de 1°.

Une certaine quantité de chaleur donnée à $3^{kil},500$ d'eau à 10° élève la température de cette eau jusqu'à 12°,3, c'est-à-dire de 2°,3, quelle est cette quantité de chaleur ? $3^{kil},500$ d'eau, pour s'échauffer de 1°, absorbent 3,5 calories ; pour s'échauffer de 2,3, elles absorberont 3,5 multipliés par 2,3 ou 7,75 calories. Quant aux moyens de faire passer dans l'eau la chaleur qu'on veut mesurer, ils diffèrent suivant les circonstances.

Il n'est cependant pas toujours possible d'opérer de cette manière ; on a recours alors à des moyens détournés qui conduisent au même but. On recherchera, par exemple, avec quelle vitesse s'échauffe ou se refroidit une masse connue d'eau, et on en conclura la quantité de chaleur qu'elle reçoit ou perd pendant l'unité de temps, ou bien on emploiera cette chaleur à fondre de la glace, sauf à déterminer par l'expérience la quantité de chaleur nécessaire pour la fusion de ce corps (voyez CHALEUR SPÉCIFIQUE, CHALEUR LATENTE, CHALEUR DE COMBINAISON).

CALORIQUE. — Nom scientifique donné à la cause physique, au fluide impondérable, qui produit en nous les sensations de *chaleur*, et de *froid*.

CALOSOME (Zoologie), *Calosoma*, Fab., du grec *kalonsôma*, beau corps. — Genre de *Coléoptères pentamères*, famille des *Carnassiers*, tribu des *Carabiques*, grand genre *Carabe*, section des *Grandipalpes*. Le *C. sycophante*, long de $0^m,015$, d'un noir violet, les élytres d'un vert doré ou cuivreux très-brillant, fait la chasse aux chenilles, principalement sur les chênes. Sa larve, d'un beau noir lustré, qui a jusqu'à $0^m,03$ ou $0^m,04$ de longueur, vit surtout dans les nids des chenilles *Processionnaires* dont elle est l'ennemi le plus redoutable. Du reste, les calosomes ressemblent beaucoup aux carabes ; mais ils sont encore plus agiles qu'eux, et d'une voracité dont rien n'approche.

CALOTTE (Chirurgie). — On donnait ce nom à une méthode de traitement de la teigne, dite *traitement par la calotte* (voyez TEIGNE). Cette méthode consistait à couper les cheveux le plus court possible, avec des ciseaux, et non pas à les raser, comme on l'a dit, à recouvrir toute la tête d'un emplâtre agglutinatif, qu'on enlevait avec violence au bout de quelques jours, en extirpant les bulbes des cheveux. L'auteur de cet article ne peut se rappeler sans douleur l'impression pénible qu'il éprouvait, il y a plus de quarante ans, lorsqu'il était obligé, comme élève, d'enlever la calotte à de malheureux enfants teigneux.

CALTHA (Botanique). — Nom donné par les Latins à une espèce de *Souci* (voyez POPULAGE).

CALUMET (Botanique), de *calamus*, roseau. — Nom que l'on donne dans les colonies à plusieurs espèces de *Roseaux* et autres *Graminées* dont les tiges sont employées par les nègres à confectionner des tuyaux de pipe. On nomme aussi *Calumet de Cayenne* le *Mahier* (*Mabea piriri*, Aublet), espèce des *Euphorbiacées*.

CALUS (Médecine). — Ce mot s'emploie dans le langage vulgaire pour désigner ce gonflement, cette saillie apparente au toucher que l'on remarque au point de réunion des fractures (voyez CAL, FRACTURES). On l'emploie aussi improprement pour désigner la dureté, l'épaississement de la peau qui constituent les callosités aux pieds et aux mains (voyez CALLOSITÉ).

CALVILLE (Horticulture). — Variété de pommes dont on a fait plusieurs sous-variétés, les principales sont : 1° *C. d'été*, ronde un peu conique, sujette à devenir cotonneuse ; fin de juillet. 2° *C. Saint-Sauveur*, obtenue en 1843 ; novembre. 3° *C. rouge d'automne*, beau fruit, peau lisse, luisante, d'un rouge foncé du côté du soleil, chair verdâtre autour des pépins, rosée partout ailleurs ; saveur sucrée, avec une légère odeur de violette ; commencement de l'hiver, elle peut aller jusqu'en mai. 4° *C. blanche d'hiver*, très-beau fruit, à côtes saillantes ; peau très-unie, jaune pâle ; chair blanche, tendre, sucrée, un peu parfumée, une des meilleures du genre ; depuis décembre jusqu'en mars (voyez POMMIER).

CALVITIE (Médecine). — Dénudation de la tête par suite de la chute des cheveux ; elle est rarement complète ; elle peut être *accidentelle* et la conséquence d'une maladie grave ou d'une affection du cuir chevelu ; les chagrins, les veilles prolongées, les travaux de l'esprit la produisent souvent ; elle est *naturelle* quand elle est due aux progrès de l'âge. On est convenu d'établir entre l'*alopécie* et la *calvitie* cette différence que la première est temporaire, tandis que la seconde est permanente (voyez ALOPÉCIE).

CALYCANTHE (Botanique), *Calycanthus*, Lindl., du génitif grec *kalucos*, calice, et *anthos*, fleur. Le calice de ces plantes est coloré et ressemble à une corolle. — Genre de plantes type de la famille des *Calycanthées*. On le nommait aussi *Pompadoura*, en l'honneur de madame de Pompadour. Caractères : calice à lobes lancéolés, un peu coriaces et disposés sur plusieurs séries étagées ; étamines caduques, inégales, les douze extérieures fertiles. Le *C. de la Floride* (*C. floridus*, Lin.) forme un buisson de 2 à 3 mètres. Ses rameaux sont tomenteux, ses feuilles le sont aussi en dessous, leur forme est ovale. Les fleurs de cette espèce sont d'un rouge brun et répandent, surtout le soir, une odeur très-agréable de pomme de reinette. Il s'est très-bien naturalisé en Europe. Le *C. glauque* (*C. glaucus*, Willd.) et le *C. lisse* (*C. lævigatus*, Willd.) sont un peu moins élevés que la précédente espèce. Ils se distinguent, l'un par ses feuilles pubescentes en dessous, l'autre par ses feuilles entièrement glabres et un peu rugueuses en dessus. Ces deux plantes croissent dans l'Amérique septentrionale. **G—s.**

CALYCANTHÉES (Botanique). — Petite famille de plantes *Dicotylédones dialypétales périgynes* que M. Brongniart range à la fin de sa classe des *Myrtoïdées*, en quelque sorte comme intermédiaire entre cette classe et celle des *Rosinées*. Elle se distingue par des stipules, son calice coloré, l'absence de corolle et ses étamines dispo-

23

sées en plusieurs verticilles. Les plantes de cette famille sont toutes exotiques ; elles constituent deux genres : le *Calycanthus*, Lindl. (voyez ce mot) et le *Chimonanthus*, Lindl., de *cheimon*, hiver, et *anthos*, fleur, parce qu'il fleurit en plein hiver. Ce dernier a été nommé *Meratia* par Loiseleur-Deslonchamps (dédicace faite à Mérat, médecin floriste parisien). Il est originaire du Japon et se distingue principalement par la forme des bractées que présentent les lobes extérieurs de son calice.   G—s.

CALYCÉRÉES (Botanique). — Petite famille de plantes *Dicotylédones gamopétales* qui tient le milieu entre les Dipsacées et les Composées. M. Brongniart la fait cependant servir d'intermédiaire entre ses Campanulinées et ses Astéroïdées. Caractères : calice à 5 lobes inégaux, corolle régulière ; 5 étamines monadelphes ; anthères soudées par la base ; ovaire adhérent à une seule loge ; embryon renversé placé au milieu d'un périsperme charnu. Les Calycérées habitent les régions tropicales de l'Amérique. Genres principaux : *Acicarpha*, de Juss.; *Boopis*, de Juss. Robert Brown, dans le douzième volume des *Transactions de la Société linnéenne de Londres*, et Richard, dans le tome VI des *Mémoires du Muséum*, ont publié des travaux monographiques sur cette famille.

CALYCIFLORES (Botanique). — Terme employé par de Candolle pour désigner dans sa méthode une division des *Exogènes* ou *Cotylédones*. C'est une sous-classe comprenant les familles qui ont le calice gamosépale, le torus ou réceptacle soudé au calice, les pétales et les étamines naissant en apparence sur le calice, en théorie sur le réceptacle, là où il est soudé au calice. Exemple : les *Papilionacées*, les *Rosacées*.

CALYPTRE (Botanique), du grec *kaluptra*, couverture, enveloppe. — Organe des mousses souvent appelé *coiffe*. C'est une sorte de couvercle qui recouvre la fructification femelle ou urne de ces plantes. Cet organe peut être membraneux, entier ou denté, échancré, velu ou glabre, lisse ou strié. Lorsque la calyptre est en forme de cloche, elle est dite *campaniforme* ; en forme de cornet, elle est *cuculliforme*.

CALYPTRÉE (Zoologie), *Calyptræa*, Lam., du grec *kaluptra*, coiffe. — Genre de *Mollusques gastéropodes pectinibranches*, famille des *Capuloïdes*, de Cuvier. Ce sont de jolies petites coquilles marines, en cône, incolores, fragiles, de formes variables et qui se distinguent par une pièce lamelleuse qui est au fond de leur cavité. Les branchies de l'animal se composent d'une rangée de filets longs et minces comme des cheveux. Une ou deux espèces seulement se trouvent dans nos mers. On en trouve à l'état fossile en France.

CALYSTÉGIE (Botanique), *Calystegia*, R. Brown, du grec *calux*, calice ; *stegô*, je couvre, parce que le calice est enveloppé par deux grandes bractées. — Genre de plantes de la famille des *Convolvulacées*, tribu des *Convolvulées*. Il se distingue principalement des Liserons (genre *Convolvulus*), dont il faisait autrefois partie, par ses deux grandes bractées opposées qui enveloppent le calice et par son ovaire à une loge ou incomplétement à deux. Le *C. des haies* (*C. sepium*, R. Brown ; *Convolvulus sepium*, Lin.) est une plante grimpante indigène dont les grandes fleurs blanches en entonnoir sont d'un joli effet. C'est le *Grand Liseron, Chemise de Notre-Dame*. On en cultive une variété à fleurs roses qui croît dans l'Amérique septentrionale. Le *C. pubescent* (*C. pubescens*, Lindl.) est une fort belle plante à fleurs très-grandes et roses. Cette espèce vient de la Chine.

CAMACÉES (Zoologie). — Nom donné par Cuvier à sa troisième famille des *Mollusques acéphales testacés*, qui ont le manteau fermé, et percé de trois ouvertures dont une pour la sortie du pied, la seconde pour l'entrée et la sortie de l'eau nécessaire à la respiration ; la troisième est l'issue des excréments : ces deux dernières ne se prolongent point en tubes. Cette famille ne comprend que le genre *Came* (*Chama*, Lin.).

CAMARE (Botanique), de *camara*, nom américain. — Espèce de plante du genre *Lantana*. C'est la *C. commune* (*L. camara*, Lin.). Elle est originaire du Brésil. Cette espèce est un arbrisseau qui peut s'élever jusqu'à 2 mètres. Ses feuilles sont scabres et rugueuses ; ses fleurs, disposées en corymbes, à inflorescence centripète, c'est-à-dire s'épanouissant du centre à la circonférence. Elles sont d'abord dorées, puis deviennent orangées, et enfin de couleur vermillon, et persistent assez longtemps. La camare est une belle plante d'ornement.

CAMARINE (Botanique), de *camarinhas*, nom que les Portugais donnent à cette plante dans leur pays. — On appelle ainsi vulgairement les espèces du genre *Empetrum* (voyez ce mot), mais ce nom ne doit s'appliquer véritablement qu'à l'*Emptreum album*, Lin., pour lequel Don a fondé le genre *Corema*, du grec *koréma*, balai, parce que le port de cet arbuste a quelque analogie avec un balai. Cette espèce (*Corema alba*, Don) a les rameaux pubescents parsemés de petits points de résine. Ses fleurs sont blanches, assez grandes, agglomérées, disposées à l'extrémité des rameaux. Son fruit est une drupe blanche, à chair molle et renferme trois noyaux. La camarine croît sur les côtes du Portugal.

CAMBIUM (Botanique), du latin *cambio*, j'échange. Expression de basse latinité, qu'on trouve dans un ouvrage attribué à tort au médecin Apulée. — On donne le nom de *cambium* à une sève élaborée, mucilagineuse, plastique, d'abord semi-fluide, et peu consistante, puis bientôt organisée en une couche de tissu utriculaire, qu'on rencontre entre le liber (écorce), et l'aubier (bois). On verra aux mots LATEX et SÈVE, comment ces deux liquides circulent dans des vaisseaux qui constituent un réseau de mailles nombreuses ; c'est là, à la faveur de ce mouvement circulatoire du latex, connu sous le nom de *cyclose*, que se forment les premières ébauches du cambium aux dépens de ce même latex, pendant ses détours nombreux à travers les mille ramifications du système capillaire. Les botanistes sont loin d'être d'accord sur le rôle physiologique du cambium dans l'accroissement des végétaux ligneux. Voici en résumé ce que démontrent les faits : durant la période de végétation qui suit celle de sa formation, le tissu utriculaire du cambium se transforme du côté externe en une nouvelle couche de liber, du côté interne en une nouvelle couche d'aubier. A mesure que se complète ce travail d'organisation, la sève descendante développe entre les deux nouvelles couches un cambium qui formera celles de l'année suivante, et ainsi de suite. Cette solidification du cambium en bois et en fibres corticales, s'effectue en même temps sur tous les points de la tige. Les bourgeons, en développant les feuilles, exercent sur ce phénomène une puissante influence, parce qu'ils agissent énergiquement sur la circulation de la sève à laquelle il est étroitement lié.

CAMBO (Médecine), Eaux minérales l. — Bourg de France, arr. et à 12 kilomètres S.-E. de Bayonne (Basses-Pyrénées), où l'on trouve deux sources minérales, l'une d'eaux sulfureuses, l'autre d'eaux ferrugineuses, celles-ci n'ayant que 15° à 16°. Ces eaux sont classées parmi les sulfurées calciques.

CAME (Zoologie), *Chama*, Lin. — Grand genre de *Mollusques acéphales testacés*, famille des *Camacées* ; coquilles bivalves ; la valve gauche, munie d'une dent près du sommet, oblique, épaisse, crénelée ou raboteuse, et articulée dans une cavité de la valve opposée. Ce grand genre a été subdivisé par Cuvier de la manière suivante : 1° les *Tridacnes*, dans lesquelles on trouve le *Bénitier* (voyez TRIDACNE, BÉNITIER) ; 2° les *Cames* proprement dites, qui ont la coquille irrégulière, les valves inégales, le plus souvent lamelleuses et hérissées, et se fixent aux rochers, aux coraux, etc. L'animal a un petit pied coudé, presque comme celui de l'homme. On trouve dans la Méditerranée la *Feuilletée*, vulgairement *Gâteau feuilleté* (*C. Lazarus*, Chemn.), de couleur jaune ou rougeâtre ; la *C. gryphoïde, Huître écailleuse* (*C. gryphoïdes*, Chemn.). On mange partout les cames cuites ou crues. Il y en a plusieurs de fossiles. 3° Les *Hippopes*, coquille fermée et aplatie en avant. 4° Les *Dicérates* ressemblent aux cames, dent cardinale très-épaisse, et spirales de leurs valves très-saillantes. 5° Les *Isocardes* ont une coquille libre, régulière, bombée : l'animal a le pied plus grand que celui des cames. On en trouve une assez grande espèce dans la Méditerranée, le *C. cor*, Lin.

CAME. — Nom donné en mécanique à de très-fortes dents implantées sur le pourtour d'un arbre de rotation mis en mouvement par une machine hydraulique ou une machine à vapeur. Les cames viennent rencontrer d'autres dents fixées sur les tiges de pilons dans les *bocards*, ou à l'extrémité de lourds marteaux dans les *forges*. Les pilons ou marteaux sont d'abord soulevés par les cames, puis abandonnés par eux, et retombent de tout leur poids pour produire le choc (voy. BOCARDS, MARTEAUX DE FORGES). Dans les marteaux de forges, l'action des cames qui, au moment où elles rencontrent le marteau, donnent lieu à un choc et à un ébranlement nuisible au bon emploi de la force, commence à être remplacée par l'action directe de la vapeur, plus facile à graduer suivant les besoins.

CAMÉLÉE (Botanique), *Cneorum*, Lin., du mot grec *kneôros*, par lequel Théophraste désignait une plante ressemblant à l'olivier. Le genre nommé ainsi actuellement a quelque rapport avec celui-ci par son feuillage. Plusieurs auteurs l'ont nommé *Chamælæa*, mot qui signifie en grec *olivier nain;* de là le nom vulgaire de *Camelée*. D'autres étymologistes font venir *cneorum* de *cnaô,* je pique, parce que les plantes de ce genre ont des propriétés caustiques. — Genre de plantes de la famille des *Connaracées*. Il se distingue par des fleurs hermaphrodites, un calice à 3-4 dents, 3-4 pétales, 3 étamines, les lobes de l'ovaire, les loges et les coques drupacées en même nombre. La *C. à trois coques* ou *Garoupe (C. tricoccum,* Lin.) est un petit buisson rameux à fleurs jaunes solitaires. Elle croît dans l'Europe méridionale et renferme un suc âcre et caustique qui passe pour un violent purgatif. La *C. pulvérulente (C. pulverulentum,* Vent.) est un arbrisseau plus élevé et couvert d'une poussière cendrée. Il se distingue surtout par ses fleurs solitaires et son fruit à 4 coques. Cette plante croît à Ténériffe. Son écorce passe pour fébrifuge.   G — s.

CAMÉLÉON (Zoologie), *Chamæleo,* Cuv., en grec *Chamailéôn,* qu'on trouve dans Aristote. — Genre de *Reptiles sauriens* de la famille des *Caméléoniens,* caractérisé par un corps comprimé et le dos comme tranchant, à peau chagrinée, tête anguleuse, langue protractile vermiforme, cinq doigts à tous les pieds, divisés en deux paquets; la queue ronde et prenante comme celle de certains singes, recourbée en dessous, les yeux grands mais presque couverts par la peau. Ils ressemblent aux lézards, mais leur corps n'est pas couvert d'écailles; la langue est presque aussi longue que le corps de l'animal, elle est terminée par un tubercule visqueux, sur lequel se collent les insectes dont ils se nourrissent; c'est la seule partie de leur corps qu'ils meuvent avec vitesse; ils sont pour out le reste d'une lenteur excessive. Beaucoup d'erreurs, des fables ridicules ont été répandues sur les caméléons, les basilics et les salamandres, il importe de mettre la vérité à la place des préjugés du vulgaire; la grandeur des poumons dans les caméléons est probablement ce qui leur donne la propriété de changer de couleur, non pas, comme on l'a cru, selon les corps sur lesquels ils se trouvent, mais selon leurs besoins et leurs passions. En effet, leur poumon est si vaste, que quand il est gonflé, leur corps paraît plus ou moins transparent; il contraint le sang à refluer vers la peau, colore même ce fluide plus ou moins vivement, selon qu'il se remplit ou se vide d'air; son développement considérable leur permet de suspendre leur respiration pendant des heures entières; ils se gonflent alors, ils restent immobiles et comme des statues, souvent dans les situations les plus bizarres; ils reflètent aussi des couleurs diverses, suivant que leur sang est mis plus ou moins rapidement en contact avec du nouvel air inspiré; « cette particularité du changement de couleur, presque dépendant de leur volonté, du mouvement bizarre et de l'immobilité de leurs yeux, leur allure compassée, lente et comme réfléchie, sont probablement les causes qui ont fait du caméléon le symbole de l'hypocrisie, et l'emblème du flatteur qui prend ainsi, pour arriver à son but, la couleur des circonstances. » (Duméril.) Les caméléons habitent les contrées les plus chaudes de l'Afrique et de l'Asie. Ils se tiennent constamment sur les arbres où ils grimpent facilement, grâce à la disposition de leurs doigts, qui est avantageuse pour saisir les branches. Les principales espèces sont : le *C. ordinaire (Lacerta Africana,* Gm., *Lacerta chamæleo,* Lin.) (*fig.* 397), occiput en pyramide; une carène jaunâtre sur le ventre et sur le dos;

Fig. 397. — Caméléon ordinaire.

crête supérieure dentelée jusqu'à la moitié du dos, l'inférieure jusqu'à l'anus. C'est l'espèce commune d'Algérie et d'Égypte; elle a 0ᵐ,40 à 0ᵐ,50 de long. Le *C. du Sénégal (Lacerta chamæleo,* Merr.); occiput ou capu-

chon en pyramide, mais aplati et presque sans arête bords du Sénégal, du Niger, Guinée; le *C. nain (Chamæleo pumilus,* Daud.); capuchon couché en arrière; petite espèce du cap de Bonne-Espérance, des Séchelles, de l'Ile de France. Le *C. des Moluques, à nez fourchu (Chamæleo bifurcus,* Al. Brong.), à casque plat, demi-circulaire, deux proéminences, comprimées, saillantes en avant du museau. On trouve encore, aux Séchelles, le *C. tigris,* Cuv., assez semblable au *C. ordinaire;* à Bourbon, le *C. verrucosus,* Cuv.; à l'Ile de France, le *C. pardalis,* Cuv., qui a le casque plat comme celui du Sénégal.

CAMÉLÉON minéral (Chimie) (MnO³,KO). — Combinaison d'acide manganique et de potasse, de couleur verte quand elle est dissoute dans une petite quantité d'eau, et qui passe au violet et au rouge quand on l'étend de beaucoup d'eau ou qu'on la fait bouillir, ou qu'on y verse un acide, tandis qu'elle redevient verte si on y ajoute un alcali. Ce sont ces divers changements, inexplicables pour les alchimistes, qui lui ont fait donner son nom. On sait aujourd'hui qu'ils tiennent à ce que le manganate de potasse, qui est vert, peut facilement se transformer en permanganate, qui est rouge.

CAMÉLÉONIENS (Zoologie). — Cuvier divise les *Reptiles sauriens* en six familles, dont les *Caméléoniens* forment la cinquième. Elle ne comprend que le genre *Caméléon.*

CAMÉLOPARD (Zoologie). — Voyez Girafe.

CAMÉLIA (Botanique). — Voyez Camellia.

CAMÉLIDÉS, Caméliens (Zoologie). — Noms sous lesquels on a désigné une famille de l'ordre des *Ruminants,* qui comprend les deux genres *Chameau* et *Lama* (voyez ces mots).

CAMÉLINE (Botanique), *Camelina,* Crantz, du grec *kamai linon,* petit lin? parce que la graine de ce genre ressemble à celle du lin. — Genre de plantes de la famille des *Crucifères,* type de la tribu des *Camélinées.* Caractères : calice un peu ouvert, silicule obovale ou presque globuleuse, à valves ventrues, loges à plusieurs graines oblongues. La *C. cultivée (C. sativa,* Crantz; *Myagrum sativum,* Lin.) est une plante annuelle, s'élevant souvent à près d'un mètre et donnant en juillet des fleurs jaunâtres disposées en grappes paniculées. Cette espèce, qui est indigène, se cultive pour l'huile qu'on extrait de ses graines. Celle-ci est bonne à brûler et donne moins d'odeur que l'huile de colza.

Fig. 398. — Caméline cultivée.

CAMELLIA (Botanique). Linnée a nommé ainsi cette plante en mémoire du jésuite Camelli, auteur d'une description assez étendue des plantes des Philippines, imprimée dans le grand ouvrage de Rai. — Genre de la famille des *Ternstrœmiacées,* caractérisé par un calice coriace, à 5 divisions, 5-9 sépales imbriqués, 5-7 pétales ovales, hypogynes, imbriqués; étamines nombreuses, plus ou moins cohérentes à la base; ovaire à 3-5 loges, style simple; capsule ligneuse monosperme, en forme de poire. C'est un arbrisseau toujours vert, cultivé depuis longtemps en Chine et au Japon pour la beauté de ses fleurs. Ses feuilles sont alternes, ovales, pointues, dentées, coriaces, luisantes, ses fleurs grandes, d'un rouge vif, sessiles, et réunies de 3 à 6 ensemble au sommet des rameaux : on retire de ses amandes une huile fort estimée, attendu qu'elle est odorante et ne rancit pas facilement. Le *C. du Japon,* dit aussi vulgairement *Rose du Japon (C. Japonica,* Lin.), croît naturellement au Japon ; c'est un arbre qui peut atteindre 6 à 7 mètres dans les pays tempérés; son élégance, le vert brillant de son feuillage persistant, ses larges fleurs, qui s'épanouissent de novembre en avril, l'ont fait rechercher, pour l'ornement de nos serres, dès l'année 1786. Déjà, en 1739, le *C. du Japon* avait été introduit en Europe; mais il perdit bien vite son importance, dès que la culture eut produit les belles variétés à fleurs doubles et de diverses couleurs, que nous possédons aujourd'hui ; seulement il est devenu le sujet sur lequel on greffe toutes les nouvelles variétés fournies par les semis, et qui ne se perpétuent promptement que par la greffe. En Italie, dans le midi de la France, le camellia vit en plein air et y atteint de grandes dimensions, mais à Paris et dans le Nord, on ne l'obtient qu'en serres. Cependant, comme le camellia fleurit en hiver ; dans le Midi même, les fleurs ne peuvent résister aux intempéries de la saison et se fanent promptement ; on est obligé de les cultiver dans les serres, si l'on veut jouir de la durée de la floraison. Le camellia, quoi qu'on en ait dit, aime le soleil ; la nature de la terre qui lui convient n'est pas chose bien arrêtée ; les uns veulent une terre compacte, d'autres une terre très-légère ; en France, on se sert d'une terre de bruyère plus ou moins pure. Le *Bon Jardinier* conseille d'employer une terre de bruyère un peu sableuse, mais cependant riche en détritus de végétaux. C'est au moyen de la greffe qu'on multiplie les camellias ; autrefois, on n'employait que la greffe en approche, puis après, la greffe en fente sous cloche, enfin la greffe à un seul œil. Les sujets employés pour cette opération s'obtenaient d'abord par boutures prises sur des camellias simples, avec les précautions les plus minutieuses ; mais depuis que les amateurs d'horticulture ont réussi à faire produire aux fleurs simples des fruits et des graines, on n'a pas tardé à avoir, au moyen de ces graines, de belles et nombreuses variétés. Les arrosements des camellias doivent être assez fréquents, ils doivent être faits à l'eau de pluie ou de rivière, autant que possible, et toujours à une température douce ; on aura recours aussi à de fréquents bassinages. Pendant l'hiver, on arrosera peu.

CAMÉRISIER, ou mieux **Chamécerisier** (Botanique). — Nom sous lequel on désigne la section des *Chèvrefeuilles* dont la tige est droite et rameuse et non volubile, par opposition aux chèvrefeuilles grimpants. On donne aussi spécialement ce nom au *Chèvrefeuille de Tartarie* (*Lonicera Tatarica*, Lin.) (voyez **Chèvrefeuille**). G — s.

CAMION. — Nom donné à une voiture montée sur quatre roues très-basses et très-solides, et servant à transporter dans l'intérieur des villes des marchandises d'un grand poids ou d'un fort volume. Le camion est très-favorable au chargement et au déchargement, à cause de la faible élévation de son tablier ; mais la petitesse de ses roues augmente beaucoup le tirage. Aussi n'est-il employé que pour parcourir de petites distances.

On appelle aussi *camion*, mais plus généralement *diable*, une petite voiture très-solide, montée sur deux petites roues également très fortes et servant au transport des pierres de taille dans les chantiers de construction. Le *diable* est presque toujours conduit à bras d'homme au moyen d'une pièce de bois centrale, appelée *aiguille*, et sur laquelle sont implantées des traverses en bois. Lors même qu'on y attelle un cheval, deux hommes au moins doivent rester à l'aiguille pour la soutenir et la diriger.

Le nom de *camion* s'applique encore aux épingles de la plus petite dimension, et aux vases de terre dans lesquels les peintres en bâtiment délayent leur badigeon.

CAMISOLE (Médecine). — Espèce de gilet long et large, qui sert souvent de vêtement du matin. Par analogie, on a appelé *camisole de force* un vêtement long, qui ressemble à un gilet à manches et qui est ouvert par derrière au lieu de l'être par devant ; les manches, prolongées au delà de la longueur des mains, sont fermées et terminées souvent par une bride dans laquelle on peut passer des liens. On s'en sert pour contenir les aliénés ou les malades affectés de délire furieux. On la met aussi à certains prisonniers qu'on soupçonne de vouloir attenter à leurs jours ou commettre des actes de violence.

CAMOMILLE (Botanique), en grec *chamaimélon*, *mélon* signifie pomme ; allusion faite à l'odeur de pomme ou de coing que répand une espèce. Nom vulgaire du genre *Anthemis* (dérivé du grec *anthemon*, fleur). — Genre de plantes de la famille des *Composées*, tribu des *Sénécionidées*, type de la sous-tribu des *Anthémidées*. Les camomilles sont des herbes souvent un peu frutescentes à leur base. Toutes leurs parties sont ordinairement odorantes, et leurs capitules solitaires et sans bractées ont le plus communément le disque jaune et les ligules blanches. La plus grande partie de ces plantes habitent la région méditerranéenne. La *C. romaine* ou *C. noble* (*Anthemis nobilis*, Lin. ; *Ormenis nobilis*, Gay) est une herbe vivace, à tiges rameuses, velues, à feuilles un peu pubescentes, sessiles, à réceptacle muni de

paillettes légèrement rongées sur leurs bords. Cette espèce est indigène et très-usitée en médecine, comme plante fortifiante. Elle est prescrite pour combattre les faiblesses d'estomac. On l'a souvent employée aussi dans les fièvres intermittentes. La culture en obtient une variété *flore pleno*, c'est-à-dire dont les fleurs sont toutes développées en ligules. La *C. des champs* (*A. arvensis*,

Fig. 399. — Camomille des champs.

Lin.) (*fig.* 399) se distingue par ses paillettes oblongues, linéaires, brusquement acuminées. Elle est annuelle, très-commune dans nos moissons ; on lui donne souvent le nom vulgaire d'*herbe de mai*, de *fausse camomille*. La *C. des teinturiers* (*A. tinctoria*, Lin.) est également annuelle ; elle est caractérisée par ses ligules jaunes ; elle teint les laines en cette couleur. La *C. puante* (*A. cotula*, Lin. ; *Maruta cotula*, de Cand.), appelée aussi *Maroute*, est une herbe fétide, se distinguant de la *C. des champs*, avec laquelle elle croît souvent, par des paillettes étroites et subulées dès la base. Cette espèce est anti-hystérique : Peyrilhe l'a vantée contre les fièvres intermittentes rebelles. La *C. mixte* (*A. mixta*, Lin. ; *Ormenis mixta*, de Cand.) se rencontre aussi très-communément dans les champs. Elle présente les fleurons du centre à tube prolongé au-dessous du sommet de l'akène, en une couronne complète ou en une coiffe unilatérale ; ce qui est, du reste, le caractère principal sur lequel Cassini s'est fondé pour extraire son genre *Ormenis* du genre *Anthemis*, de Linné. La *C. puante* se distingue en outre par ses ligules blanches, marquées de jaune à leur base. Indépendamment des quelques espèces que nous venons de signaler, l'horticulture tire parti de plusieurs autres camomilles pour la décoration des plates-bandes. Caractères du genre : fleurs de la circonférence ligulées ou irrégulièrement tubuleuses, ordinairement femelles ; fleurs du disque, hermaphrodites, tubuleuses, à 5 dents ; réceptacle convexe, muni de paillettes ; style à branches non appendiculées au sommet ; akènes lisses sans aigrettes ou accompagnés de courtes membranes qui les représentent.   G — s.

CAMPAGNE (Médecine, Eaux minérales). — Village de France, arr. et à 15 kilomètres S. de Limoux (Aude). On y trouve des sources d'eaux minérales gazeuses, ferrugineuses et un peu salines (ferrugineuses bicarbonatées), qui contiennent par litre 0^{gr},767 de principes fixes, et de plus une quantité notable d'acide carbonique. Elles sont toniques et fortifiantes.

CAMPAGNOL (Zoologie), *Arvicola*, Lacép. — Genre de *Mammifères* de l'ordre des *Rongeurs*, famille des *Rats*, à laquelle on peut assigner les caractères suivants : trois mâchelières partout, mais sans racines, et formées chacune de prismes triangulaires placés alternativement sur deux lignes. Cette famille comprend les genres : 1° *Ondatra* (*Fiber*, Cuv.) ; *Rat musqué* (voyez **Ondatra**) ;

2° *Lemming*, Cuv. (*Georychus*, Ilig.) (voyez LEMMING) ;
3° *Campagnol*.

Genre CAMPAGNOL (*Arvicola*, Cuv. *Hypudæus*, Ilig.) a la queue velue, à peu près de la longueur du corps, sans palmure aux pieds ; la tête grosse, des proportions épaisses, les doigts armés d'ongles longs, crochus et propres à fouir, quatre devant et cinq derrière comme les rats ; pelage long, épais et moelleux. Les espèces les plus communes sont : le *C.* ou *Petit Rat des champs* de Cuvier, *C. ordinaire* de Milne-Edwards (*Mus arvalis*, Lin.) (fig. 400), nommé improprement dans quelques provinces

Fig. 400. — Campagnol ordinaire.

Mulot. (Le mulot appartient au sous-genre des rats proprement dits, c'est le *Mus sylvaticus*, Lin.). Grand comme une souris, cendré roussâtre, blanc sale en dessous, la queue un peu moins longue que le corps. Cet animal, trop connu par les ravages qu'il cause, se trouve dans tous les pays de l'Europe. Il choisit pour son séjour les jardins et les champs où il peut trouver facilement des grains, et n'entre pas dans les maisons ; il habite des trous qu'il se creuse dans les champs, et il y amasse du grain pour l'hiver. Sa demeure est composée de plusieurs cellules en communication entre elles et ayant différentes issues. Lorsque les circonstances sont favorables, ces animaux pullulent d'une manière effrayante, et deviennent le fléau des contrées qu'ils ont choisies pour leur établissement. Les femelles mettent bas au printemps et en automne, de six à dix petits par portée ; avec cela, les campagnols sont d'une voracité extrême ; ils détruisent le grain que l'on vient de mettre en terre, aussi bien que celui qui vient de mûrir. A la veille de la moisson, ils coupent la tige par la racine, vident l'épi, mangent une partie du grain, et emportent le reste dans leurs trous. C'est lorsque l'été est sec qu'ils sont le plus à craindre, car ils n'ont pas d'ennemis plus redoutables que les pluies, et surtout celles d'automne, et, par-dessus tout, la fonte des neiges, qui, en inondant leurs galeries, en détruisent des quantités considérables. Heureusement qu'ils servent de pâture aux oiseaux de proie, aux renards, aux chats, aux fouines, aux putois, aux belettes, aux couleuvres, qui leur font une guerre incessante. Lorsque ces animaux envahissent une contrée, on n'a guère de moyens de s'opposer à leurs ravages, et on ne peut travailler à leur destruction qu'à l'époque des labours et des semis. On peut bien en détruire quelques-uns en leur tendant des piéges ; mais ce moyen est insuffisant lorsqu'ils sont en grand nombre ; dans le cas contraire, le meilleur moyen consiste à faire un labour profond à l'automne, on atteint ainsi leurs retraites, et des personnes qui suivent la charrue, les tuent à mesure qu'ils cherchent à s'échapper. On a dit que les campagnols avaient l'habitude de se précipiter dans les trous ou dans les fosses qu'ils rencontrent devant eux ; on a profité de cela pour faire des trous parfaitement cylindriques de 0ᵐ,50 à 0ᵐ,55 de profondeur, dont les bords et les parois étaient parfaitement lisses, on en a pris ainsi une grande quantité. On a proposé aussi d'empoisonner tout un champ avec du grain trempé dans une décoction de noix vomique, d'euphorbe, ou même dans une solution d'arsenic, mais ce moyen peut offrir des dangers, et il ne doit être employé qu'à la dernière extrémité. Il a fait périr, à la vérité, un grand nombre de campagnols, mais il a empoisonné aussi beaucoup de gibier, lièvres, perdrix, etc. Le *Rat d'eau* (*Mus amphibius*, Lin.), un peu plus grand que le rat commun, gris brun foncé, la queue de la longueur du corps, habite au bord des eaux, et creuse dans les terrains marécageux pour chercher des racines ; il mange aussi de petits poissons ; il nage et plonge mal. Le *C. des prés*, *C. économe* (*Mus œconomus*, Pallas), qui habite la Sibérie. On croit l'avoir trouvé aussi en Suisse et dans le midi de la France, principalement, dit-on, dans les champs de pommes de terre. Un peu plus foncé, et à queue plus courte que le campagnol ordinaire, il habite une petite chambre en forme de four, creusée sous le gazon, avec des canaux conduisant dans diverses directions, communiquant avec une seconde cavité où il amasse des provisions. Ils ont l'habitude d'émigrer d'une contrée à l'autre du Kamtchatka et de la Sibérie en bandes nombreuses, et leur direction au printemps est vers l'ouest, pour revenir vers le mois d'octobre au Kamtchatka.

CAMPANELLE (Botanique). — Nom vulgaire du *Liseron des haies* (*Convolvulus sepium*, Lin.) et du *Liseron des champs* (*Convolvulus arvensis*).

CAMPANIFORME, CAMPANULÉ ou **CAMPANULR** (Botanique). — Termes par lesquels on désigne les organes eu forme de cloche ; d'où le nom donné à la famille des *Campanulacées*. Ainsi, lorsque le calice est concave et se dilate de la base à l'orifice, il est dit campaniforme comme dans le cucubale, le mélitis, le gazon d'Olympe, etc. La corolle est campaniforme dans la belladone, le myrtille *vitis idœa*, la gentiane pneumonanthe ; inutile d'ajouter, dans les campanules. Enfin, l'involucre peut être aussi campaniforme comme dans les lampsanes et la chrysocome (chevelure dorée).

CAMPANULACÉES (Botanique). — Famille de plantes *Dicotylédones gamopétales périgynes*. Elle comprend des herbes ou des sous-arbrisseaux généralement laiteux, à feuilles dépourvues de stipules. Caractères : calice adhérent ; corolle régulière, alternant avec les lobes du calice et en nombre égal ; étamines à filets libres, à anthères à 2 loges s'ouvrant avant la floraison par des sillons longitudinaux ; pollen granuleux, hérissé de petites papilles ; le fruit est une capsule s'ouvrant en plusieurs valves et renfermant des graines nombreuses, à périsperme charnu. Les Campanulacées habitent particulièrement les régions tempérées de l'ancien continent. On les divise en deux tribus : les *Wahlenbergiées*, caractérisées par une capsule déhiscente au sommet, et les *Campanulées* présentant une capsule déhiscente latéralement ou à la base. Les genres principaux de la première sont : *Jasione*, Lin. ; *Wahlenbergia*, Schrad, ; *Prismatocarpus*, A. de Cand. ; *Roëlla*, Lin. ; et ceux de la seconde : *Phyteuma*, Lin. ; *Campanula*, Lin. ; *Specularia*, Heist. ; *Trachelium*, Lin., etc.

M. Alphonse de Candolle a publié, en 1830, à Paris, une *Monographie des Campanulacées* (in-4° avec : 0 planches). G—s.

CAMPANULE (Botanique), *Campanula*, Lin., diminutif du latin *campana*, cloche. Allusion à la corolle de ce genre. — Genre de plantes type de la famille des *Campanulacées*. Il est très-nombreux en espèces. M. Alph. de Candolle, dans le *Prodromus*, en a décrit cent quatre-vingt-deux. Nous nous contenterons de citer celles qui sont le plus communément répandues dans les jardins. La *C. des jardins* (*C. medium*, Lin.), appelée aussi *Violette marine*, croît spontanément dans la France méridionale et donne de grandes fleurs bleues. La *C. noble* (*C. nobilis*, Lindl.) vient de la Chine. Ses fleurs sont d'un beau violet pourpre. La *C. de Sibérie* (*C. Sibirica*, Lin.) est bisannuelle et présente la corolle velue en dedans. La *C. remarquable* (*C. speciosa*, Pourr.) croît dans les Pyrénées et donne de belles fleurs pourpres. La *C. à larges feuilles* (*C. latifolia*, Lin.) est une herbe vivace, se distinguant par ses grandes fleurs solitaires, bleues ou blanches. La *C. trachelium*, Lin., s'élève souvent jusqu'à 1ᵐ,30 ; ses feuilles sont rudes au toucher et grossièrement crénelées, dentées. La *C. à feuilles de pêcher* (*C. persicæfolia*, Lin.) vient en Orient ; ses corolles sont larges, blanches ou bleues. Enfin, la *C. raiponce* (*C. rapunculus*, Lin., diminutif de *rapa*, rave), plante indigène, qui n'est pas sans mérite pour l'ornement, se cultive comme plante potagère. Ses jeunes feuilles, et sa racine, se mangent en salade avant la pousse des tiges. Caractères du genre : calice à 5 divisions, rarement 3 ; corolle divisée en lobes qui atteignent rarement la moitié de la longueur du tube ; étamines libres ; style non saillant, poilu ; stigmates étalés ; capsule s'ouvrant en autant de valves qu'il y a de loges ; ces valves portent les cloisons sur leur milieu. G—s.

CAMPANULÉ (Botanique). — Voyez CAMPANIFORME.

CAMPÊCHE (Bois de), BOIS D'INDE (Botanique), *Hæmatoxylum campechianum*, Lin. — Arbre épineux, toujours vert, haut de 12 à 15 mètres, famille des *Papilionacées*, tribu des *Cæsalpiniées*. Originaire de la baie de Campêche (Mexique), il a été transporté à la Jamaïque, à Saint-Domingue et aux Antilles. La couleur rouge foncé de son bois a été utilisée dans l'art de la teinture, et il est devenu l'objet d'un grand commerce; il nous arrive dépouillé de son aubier, qui est de couleur jaunâtre, en bûches plus ou moins grosses, pesant quelquefois jusqu'à 200 kil. et longues de $1^m,50$. L'espèce la plus recherchée nous vien. des côtes du Mexique et est connue dans le commerce sous le nom de *coupe d'Espagne;* les coupes d'*Haïti*, de *la Martinique* et de *la Guadeloupe* sont de qualité inférieure, surtout les deux dernières.

CAMPHORIQUE (Acide). — Acide bibasique composé de carbone, d'hydrogène et d'oxygène $(2HO,C^{20}H^{14}O^6)$, provenant de l'oxydation du camphre par l'acide azotique bouillant. Le produit de cette oxydation est transformé en camphorate de potasse en faisant intervenir le carbonate de cette base afin d'éliminer le camphre non oxydé. On enlève ensuite la potasse à l'acide camphorique en employant un acide minéral. C'est un corps blanc, cristallisé, à saveur amère, soluble dans l'eau chaude, l'alcool et l'éther. Il perd par la chaleur ses 2 équivalents d'eau. Il est remarquable que la formule du camphorate d'ammoniaque représente de la *cinchonine*, plus les éléments de l'eau.

$$2(C^{20}H^{14}O^6,AzH^3,HO) = C^{40}H^{21}Az^2O^2 + 12HO$$

Camphorate d'am-   Cinchonine.
moniaque.

Les deux corps dévient tous les deux à droite le plan de polarisation de la lumière.

L'acide camphorique a été découvert par M. Kosegarten et étudié par MM. Laurent, Walter et Malaguti. B.

CAMPHRE (Matière médicale).— Substance dont nous devons la connaissance aux Arabes (voyez CAMPHRE, chimie); ils la nomment *Caphur*, *Camphur*, d'où les Grecs de Constantinople ont fait le mot *Camphora*, les Français *Camphre*. Les écrivains arabes ont été les premiers qui en aient parlé, et ils paraissent avoir eu une connaissance exacte de ce corps, dont les Grecs et les Romains ne font aucune mention. Le camphre nous vient de différents pays, et il est le produit de plusieurs plantes diverses; en effet, indépendamment de celui de Chine et du Japon, qu'on tire du *Laurus camphora* (voyez CAMPHRIER), il nous en vient de Sumatra, de Bornéo, produit par un arbre que les Malais appellent *Capour barros*, c'est-à-dire *Camphrier barros;* celui-ci est beaucoup plus estimé en Orient, et il passe pour ne jamais perdre de sa force, tandis que celui de la Chine s'altère avec le temps. On ne sait pas au juste quel est l'arbre qui donne ce camphre; seulement son fruit, envoyé à la Société royale de Londres, a été disséqué, et on soupçonne que l'arbre qui le produit est très-voisin du *Shorea robusta*, et probablement, selon Corréa, une espèce de ce genre *Shorea*, établi par Roxburgh. On a aussi retiré du camphre d'un grand nombre d'autres plantes; ainsi, d'un *Cassia canelifera*, cité par Kæmfer; d'un *Schœnanthus* de Perse et d'Arabie; de différentes plantes labiées, etc. C'est encore par les Arabes que le camphre a été introduit dans la thérapeutique; ils lui reconnaissaient déjà une puissance réfrigérante et sédative; tour à tour niée et affirmée par des hommes également distingués, cette action a pourtant fini par être généralement reconnue. Aujourd'hui, il est employé comme antispasmodique, calmant, antiseptique, stimulant, diffusible, etc. dans une infinité de circonstances: ainsi, dans la goutte et le rhumatisme; dans les fièvres typho-putrides, dans la peste; les fièvres éruptives; il a été assez efficace dans quelques maladies des voies urinaires, accompagnées de dysurie et de strangurie. On l'a employé avec succès dans presque toutes les maladies nerveuses. On voit, d'après cette énumération, qui pourrait être beaucoup plus longue, qu'il ne faut, pour l'usage d'un pareil médicament, rien moins que la science et les lumières d'un médecin instruit; avec d'autant plus de raison qu'il possède des propriétés toxiques bien évidentes et bien reconnues, qui pourraient en faire un agent dangereux dans des mains inexpérimentées. A l'extérieur, le camphre a rendu de grands services contre les ulcères de mauvaise nature, scorbutiques, dartreux, les gangrènes, la pourriture d'hôpital; dans ces différents cas, on associe avec avantage le camphre et le quinquina en poudre. Dissous dans l'alcool, il constitue, sous le nom d'*eau-de-vie camphrée*, un des meilleurs résolutifs. On fait usage aussi de l'huile de camomille camphrée; les médecins prescrivent tous les jours de saupoudrer les vésicatoires de camphre pulvérisé pour neutraliser l'action irritante des cantharides sur la vessie. Dans ces derniers temps, M. Raspail, ayant émis une théorie d'après laquelle toutes les maladies ont pour cause la présence d'insectes dans l'économie, avança que le camphre était le plus sûr moyen de les détruire, et par conséquent de guérir les maladies; de là vient l'invention de ces petites cigarettes de camphre. Nous n'avons pas besoin de dire que les médecins n'ont pas adopté ces idées; on dira, et on a déjà dit, nous le savons bien, que c'était parce que cela lésait leurs intérêts; mais les médecins n'ont qu'à répondre par la vaccine, dont ils sont les plus zélés propagateurs.   F — N.

CAMPHRE (Chimie) $(C^{20}H^{16}O^2)$. — Produit odorant exsudé par certaines plantes de la famille des *Laurinées*, et en particulier par le *Laurus camphora*, qui croît en Chine et au Japon. C'est un corps solide, blanc, formé de lamelles cristallines, élastiques, d'une odeur caractéristique, répandant des vapeurs à la température ordinaire, prenant un mouvement giratoire quand on le projette à la surface de l'eau, ce qui tient à la production inégale de vapeur sur les divers points de sa périphérie. Il fond à $175°$, se volatilise sans altération à 205; sa densité à l'état solide est $0,99$; à l'état de vapeur, $5,32$. Soumis à l'action de nombreuses étincelles électriques, il perd momentanément son odeur. Il est peu soluble dans l'eau, très-soluble dans l'alcool et l'éther. De là un moyen simple de l'obtenir en poudre très-ténue; il suffit d'imprégner un linge de sa dissolution alcoolique concentrée et de l'exposer ensuite à l'air; l'alcool s'évapore et le camphre, très-divisé, peut être recueilli en secouant le linge vivement. On peut aussi le précipiter par l'eau de sa dissolution alcoolique. Il brûle avec une flamme très-fuligineuse. Par les déshydratants énergiques, l'acide phosphorique anhydre par exemple, il perd 2 équivalents d'eau et donne un carbure d'hydrogène, le *camphogène*.

$$C^{20}H^{16}O^2 - 2HO = C^{20}H^{14}$$

Camphre.   Camphogène.

Sous l'influence des bases hydratées, la vapeur de camphre fixe au rouge 2 équivalents d'eau et donne l'acide *campholique*, qui s'unit à l'alcali.

$$C^{20}H^{16}O^2 + 2HO = C^{20}H^{18}O^4$$

Camphre.   Ac. campholiq.

Le camphre s'unit aux acides minéraux, mais en constituant avec eux des combinaisons qui ne paraissent pas bien définies; ainsi, il absorbe des proportions variables avec la température et la pression des gaz chlorhydrique et sulfureux. A froid, l'acide azotique le dissout sans altération; à chaud, il l'oxyde en le transformant en acide *camphorique* $(C^{20}H^{14}O^8)$. La vapeur de camphre, en passant sur la chaux incandescente, donne un corps huileux, le *camphrone* $(C^{30}H^{22}O)$. En passant sur le fer au rouge, elle produit des traces de benzine.

L'incision de l'écorce du *Laurier camphrier* permet l'écoulement d'un liquide qui, en se concrétant, n'est autre que le camphre; mais ce procédé d'extraction serait fort coûteux. On fendille les branches de l'arbre et l'on fait bouillir l'eau mise en contact avec elles dans la cucurbite d'un alambic. La vapeur d'eau entraîne le camphre, qui vient se condenser dans le chapiteau sur des pailles de riz qu'on y a placées. Le camphre brut est ensuite raffiné dans des fioles à fond plat, où il prend cette forme de pains hémisphériques sous laquelle on le rencontre dans le commerce. Le *Dryabalanops camphora* qui croît à Bornéo, fournit une autre espèce de camphre nommé, à cause de sa provenance, *camphre de Bornéo;* il diffère du précédent par 2 équivalents d'hydrogène en plus. Son odeur est analogue, mais cependant un peu poivrée; il fond à $200°$ et bout à $215°$. Par l'acide phosphorique anhydre, il donne un carbure d'hydrogène, la *bornéene* $(C^{20}H^{16})$, isomère de l'essence de térébenthine. Par l'acide azotique, une portion de son hydrogène est brûlé et le camphre ordinaire reparaît.

$$C^{20}H^{18}O^2 + 2O = C^{20}H^{16}O^2 + 2HO$$

Camphre   Camphre
de Bornéo.   ordinaire.

Certaines essences fournissent aussi un principe concret, un *stéaroptène*, identique au camphre des Laurinées pour la composition; telle est l'essence de lavande. Traitées par l'acide azotique, les essences de valériane, de tanaisie, de semen-contra, donnent aussi du camphre. Il existe aussi certains produits obtenus par l'action de l'acide chlorhydrique sec sur les essences hydrocarburées qu'on a nommées *camphres artificiels* : ($C^{10}H^{16}$,HCl), *camphre de térébenthine*; ($C^{13}H^{12}$,HCl), *camphre de cubèbe*; ($C^{10}H^8$,HCl), *camphre de citron*. Les principaux chimistes qui se sont occupés des camphres sont MM. Dumas, Blanchet, Sell, Delalande, Pelouze, Fremy, Gerhardt et Cahours. B.

CAMPHRÉE ou **Camphorée** (Botanique), *Camphorosma*, Lin., voyez **Camphre**. Une espèce exhale une odeur de camphre très-prononcée. — Genre de plantes de la famille des *Chénopodées*, tribu des *Cyclolobées*. La *C. de Montpellier* (*C. Monspeliaca*, Lin.), qu'on n'avait d'abord trouvée qu'aux environs de cette ville et qui croît dans l'Europe méridionale et le nord de l'Afrique, est un sous-arbrisseau poilu, à feuilles linéaires et élevé de 0^m,50 environ. Il suffit d'en froisser légèrement les feuilles pour qu'elles dégagent une odeur complétement analogue à celle du camphre. Cette espèce passe pour vulnéraire, diurétique et sudorifique. On l'emploie quelquefois en sirop ou en infusion avec du miel. Caractères : fleurs hermaphrodites ; calice à 4 dents dont 2 opposées plus grandes ; 4 étamines saillantes, 2 ou 3 styles soudés par leur base ; fruit utriculaire dans le calice durci et complétement fermé. G — s.

CAMPHRIER (Botanique), *Camphora*, Bauh., Nées; pour l'étymologie, voyez **Camphre**. — Genre de plantes de la famille des *Laurinées*, type de la tribu des *Camphorées*, et qui faisait autrefois partie du genre *Laurier*, dont il se distingue par des fleurs hermaphrodites, des anthères à 4 loges et à 4 valvules, les intérieures extrorses et le périanthe à limbe caduc. Les camphriers sont des arbres de l'Asie équatoriale, appartenant surtout à la Chine et au Japon. Leurs feuilles sont persistantes, longuement pétiolées, présentant des glandes aux angles des nervures principales, ponctuées à la face inférieure. Le *C. officinal* (*C. officinarum*, Bauh. ; *Laurus camphora*, Lin.) est un arbre de 10 à 15 mètres. Cette espèce paraît être une des plantes qui produisent le plus de camphre. Pour obtenir cette substance, on coupe le bois et mieux les racines de camphrier par copeaux, puis on les met dans un grand vase recouvert d'un opercule et rempli de paille de riz ; on procède à la distillation, le camphre se sublime et vient se condenser sur la paille de riz. Le bois de cet arbre est, en outre, très-estimé dans l'ébénisterie ; il est blanchâtre, veiné, et conserve longtemps son odeur aromatique. G — s.

CANAL. — Cours d'eau artificiel creusé dans le but, soit de dessécher des marais ou terrains inondés en écoulant les eaux dans la direction de la plus grande pente, soit, au contraire, d'amener l'eau nécessaire aux irrigations des terres ou à l'approvisionnement des villes, soit enfin de suppléer aux cours d'eau navigables pour le transport des marchandises.

Dans le premier cas, l'évacuation de l'eau doit être aussi prompte que possible. Dans le second, la pente doit être très-ménagée pour porter l'eau sur les terrains élevés et l'utiliser d'une manière plus complète. La même condition doit être remplie par les canaux de dérivation destinés à alimenter les chutes d'eau. Dans le troisième cas, il faut réduire la dépense en eau aux quantités strictement nécessaires pour faire franchir les écluses. Le canal est alors partagé dans sa longueur en segments dont la pente est nulle ou presque nulle, et, pour racheter l'inclinaison du terrain, ces segments sont reliés les uns aux autres par des *écluses à sas* (voyez **Canal de navigation**).

On a souvent besoin de connaître la vitesse moyenne de l'eau dans un canal pour évaluer la quantité d'eau qu'il débite, ou bien, au contraire, de fixer la pente qu'il doit avoir pour débiter une quantité déterminée d'eau. Voici les principaux résultats connus à cet égard.

La vitesse de l'eau dans un canal dont le *profil* est constant dépend : 1° de la différence de niveau de l'eau à ses deux extrémités, ce qu'on appelle la *pente* ou *charge* totale ; 2° des frottements que l'eau éprouve dans sa marche, soit de la part de l'air, soit de la part des parois du canal. Pour s'assurer de l'influence de l'air, même calme, sur la vitesse de l'eau, il suffit de lier ensemble par un fil court deux petits boules de cire mélangée avec d'autres substances, de telle sorte que l'une des boules soit un peu plus légère, l'autre un peu plus dense que l'eau et que l'ensemble de ces deux boules puisse flotter sur l'eau sans que la plus légère dépasse sensiblement le niveau de l'eau. Dans une eau calme, les deux boules se

tiendront verticalement au-dessous l'une de l'autre ; mais si on les jette dans de l'eau courante, la boule inférieure devancera toujours l'autre. La vitesse est donc un peu plus grande à une petite distance au-dessous de la surface qu'à la surface même, ce qui est dû au frottement de l'eau contre l'air. Le frottement contre les parois solides est beaucoup plus considérable.

Pour mesurer la vitesse V de l'eau à la surface dans un canal à pente et à profils réguliers, il suffit d'y plonger des flotteurs lestés de manière à ne pas dépasser sensiblement la surface du fluide et à mesurer le temps employé par ces flotteurs à parcourir une longueur déterminée du canal. On peut ensuite passer aisément de cette vitesse à la vitesse moyenne ou de régime de l'eau dans le canal. M. de Prony, en discutant les résultats de dix-sept expériences de Dubuat, où la vitesse V à la surface et la vitesse moyenne U étaient exactement connues, est arrivé à la formule suivante :

$$U = \frac{V(V + 2,372)}{V + 3,153}$$

Au lieu de cette formule, on peut recourir au tableau ci-dessous, qui donne pour diverses valeurs de la vitesse V les valeurs du rapport $\frac{U}{V}$.

Vitesse de l'eau à la surface.	$\frac{U}{V}$	Vitesse de l'eau à la surface.	$\frac{U}{V}$
0,01	0,754	1,00	0,812
0,05	0,756	1,50	0,833
0,10	0,760	2,00	0,848
0,20	0,767	2,50	0,861
0,30	0,774	3,00	0,873
0,40	0,780	4,00	0,891
0,50	0,786	5,00	0,904

Quoique la vitesse à la surface soit un peu moins grande qu'un peu au-dessous, elle est cependant supérieure à la vitesse moyenne, à cause des frottements sur les parois du canal. L'usage du tableau qui précède est facile. Si l'expérience a démontré que la vitesse à la surface est, par exemple, 0^m,50, comme le rapport $\frac{U}{V}$ correspondant est 0,786, la vitesse moyenne U sera égale à 0^m,50 $\times$ 0,786 ou 0^m,393.

Connaissant la vitesse moyenne de l'eau, pour évaluer le débit du canal ou la quantité d'eau qui passe par chacun de ses points en une seconde, il suffira de multiplier cette vitesse par la section transverse du canal. En désignant par D le débit, par A la section transverse, on a :

$$D = AU.$$

Il est encore utile, dans l'établissement d'un canal, de connaître la vitesse de l'eau au fond, soit pour que cette vitesse n'atteigne pas la limite au delà de laquelle les matériaux qui constituent le sol du canal pourraient être entraînés, soit, au contraire, pour dépasser cette limite, comme, par exemple, lorsqu'on veut conserver libres ou dégager des sables qui les obstruent les embouchures des canaux ou des rivières dans la mer. Les expériences de Dubuat, citées plus haut, ont conduit M. de Prony à la formule approximative suivante :

$$W = 2U - V,$$

pour exprimer la vitesse W au fond de l'eau.

Nous avons réuni dans le tableau suivant les vitesses auxquelles le fond d'un canal commencerait à éprouver des dégradations.

NATURE DU FOND.	Limites de la vitesse.
Terres détrempées brunes................	0^m,076
Argiles tendres........................ ...	0 ,152
Sables.................................	0 ,305
Graviers.............................. ...	0 ,609
Cailloux..............................	0 ,674
Pierres cassées, silex..................	1 ,220
Cailloux agglomérés, schistes tendres	1 ,520
Roches en couches	1 ,830
Roches dures..........................	3 ,050

Jusqu'à présent nous avons déduit la vitesse moyenne de la vitesse à la surface dans un canal déjà en exercice. On a traité la question d'une manière plus générale, et on est arrivé aux résultats suivants :

En désignant par I la pente par mètre qui mesure en chaque point l'inclinaison du lit du canal et par R le rayon moyen du canal, c'est-à-dire le rapport de la section transverse du canal à son périmètre, en ne comprenant pour l'une et l'autre de ces deux quantités que la portion du lit du canal immergée sous l'eau, M. de Prony est arrivé à la formule suivante :

$$(a)\ldots\ldots\ RI = 0{,}0000444\,U + 0{,}000309\,U^2$$

dont nous allons indiquer les usages.

Veut-on jauger le canal, on détermine par des nivellements exacts sa pente totale H sur une longueur L où le régime, la profondeur, la largeur et la section transverse soient constants autant que possible. Le rapport $\frac{H}{L} = I$ donne la pente par mètre. On mesure le périmètre mouillé S, et, d'après son profil, on évalue son aire A ; le rapport $\frac{A}{S} = R$ donne le rayon moyen. Ces quantités étant connues, la formule (a) donne

$$(b)\ldots\ldots\ U = 56{,}85\ \sqrt{RI} - 0^m,072$$

Nous avons réuni dans une table ces valeurs de U toutes calculées.

Table relative au mouvement de l'eau dans les canaux et rivières.

VITESSE moyenne.	VAL. DE RI.	VITESSE moyenne.	VAL. DU RI.	VITESSE moyenne.	VAL. DE RI.
0,01	0,0000005	0,70	0,0001827	1,80	0,0010822
0,05	0,0000030	0,75	0,0002073	1,90	0,0012011
0,10	0,0000075	0,80	0,0002335	2,00	0,0013262
0,15	0,0000136	0,85	0,0002613	2,10	0,0014574
0,20	0,0000213	0,90	0,0002906	2,20	0,0015949
0,25	0,0000304	0,95	0,0003214	2,30	0,0017385
0,30	0,0000412	1,00	0,0003538	2,40	0,0018883
0,35	0,0000534	1,10	0,0004232	2,50	0,0020443
0,40	0,0000673	1,20	0,0004988	2,60	0,0022065
0,45	0,0000826	1,30	0,0005805	2,70	0,0023749
0,50	0,0000996	1,40	0,0006685	2,80	0,0025495
0,55	0,0001180	1,50	0,0007626	2,90	0,0027302
0,60	0,0001380	1,60	0,0008630	3,00	0,0029172
0,65	0,0001596	1,70	0,0009695		

La formule $D = AU$ donne ensuite la dépense.

Veut-on, au contraire, savoir à l'avance quel sera le débit d'un canal dont les dimensions sont données, il faudra recourir encore à la même formule. Le profil d'un canal pouvant varier à l'infini, nous supposerons le cas le plus favorable à la dépense, celui d'un canal à parois latérales verticales et dans lequel l'eau atteint une hauteur égale à sa largeur B. La formule $D = AU$ nous donne, dans ce cas, pour la dépense D, en mètres cubes :

$$(c)\ldots\ldots\ D = 28{,}43\ \sqrt{B^3 I} - 0{,}72 B^2.$$

Pour éviter les calculs auxquels entraîne cette formule, nous donnons une table des résultats qu'elle fournit.

Table des valeurs comparées de la dépense, de la largeur et de la pente par mètre dans un canal à parois verticales et dans lequel la hauteur de l'eau égale sa largeur.

Largeur B du canal en mètres	PENTE PAR MÈTRE EN MILLIMÈTRES.				
	0,1	0,5	1,0	2,0	3,0
0,01	0,000319	0,001603	0,002565	0,003921	0,004961
0,25	0,007678	0,020380	0,029870	0,041096	0,053374
0,50	0,039830	0,110740	0,165570	0,234510	0,299840
0,75	0,119400	0,339570	0,465200	0,665970	0,835510
1,00	0,256500	0,584800	0,963600	1,467500	1,799080
2,00	1,567700	3,882200	5,556500	8,018800	9,890100

Pour se servir de cette table, sachant, par exemple, que la largeur est de $0^m,75$ et la pente $0^m,001$, descendez dans la première colonne de gauche jusqu'au nombre 0,75, puis avancez sur la ligne horizontale jusqu'à la colonne 1. Vous trouverez le nombre $0^m,4652$.

CANAL DE NAVIGATION. — Il existe un assez petit nombre de cours d'eau naturels, qui réunissent toutes les conditions désirables aux transports par eau. Si leur courant offre aux marchandises qui descendent des facilités très-grandes, il est, au contraire, pour celles qui montent un obstacle que l'on ne peut le plus souvent vaincre qu'à très-grands frais. Ils sont d'ailleurs soumis à des débordements, des débâcles, des sécheresses, dont l'arrivée et la durée échappent aux prévisions, et laissent planer sur les arrivages une incertitude très-préjudiciable au commerce. Enfin, les dispositions du lit et de ses rives, les ponts qui les traversent, les usines qui les bordent, créent souvent des dangers auxquels toute l'habileté des mariniers ne peut pas toujours parer.

D'importants travaux ont pu considérablement améliorer le cours de plusieurs rivières, telles que l'Oise, la Sambre, la Somme. Mais ces travaux seraient impraticables ou entraîneraient à des dépenses extrêmement élevées, sans certitude de succès pour nos grandes rivières, et on a dû recourir à des canaux creusés à côté de ces cours d'eau : tels sont le *canal latéral* de la Marne, le *canal latéral* de la Loire, le *canal latéral* de la Garonne.

D'un autre côté, il est souvent d'une grande utilité de réunir entre eux deux cours d'eau navigables, afin que l'on puisse passer de l'un dans l'autre sans quitter la voie par eau. Dans ce cas, on est obligé de traverser les contre-forts plus ou moins élevés qui séparent les deux bassins, et de donner au canal une double pente dont le point le plus élevé s'appelle *point de partage*. Ces canaux à point de partage sont nombreux en France ; tels sont : le canal des Ardennes reliant la Meuse à la Seine, le canal du Centre reliant la Loire à la Saône, le canal du Midi reliant, par la Garonne, la Méditerranée à l'Océan, le canal du Briare, etc.

Dans le premier cas, la prise d'eau nécessaire à l'alimentation du canal est faite sur le cours d'eau lui-même ; dans le second, elle a lieu au point de partage dans des réservoirs alimentés par des cours d'eau secondaires. Dans ce dernier cas surtout, la dépense en eau doit être le plus faible possible à cause de la faiblesse des ressources dont on dispose pour l'alimentation. La vitesse de l'eau dans le canal doit donc être presque nulle : dans tous elle est très-faible, et comme la pente générale est souvent considérable, il faut la racheter par des chutes convenablement espacées. Le canal est donc partagé en segments à pente nulle, appelés *biefs*, et comme l'eau atteint des niveaux différents dans deux biefs successifs, on réunit ceux-ci par des *écluses à sas* destinées à permettre aux bateaux de franchir l'intervalle. Toute l'économie de ce système de navigation repose donc sur l'écluse à sas dont nous donnons la description sommaire.

Chaque écluse C (*fig.* 401) formée latéralement par des parois verticales est fermée à ses deux extrémités par des portes mobiles D, D, E, E, munies de vannes à leur extrémité inférieure. Son plafond est au même niveau que celui du bief d'aval B, et l'eau peut s'y élever au même niveau que dans le bief d'amont A. Dans notre figure, les portes d'amont sont fermées et celles d'aval entr'ouvertes ; l'eau est au même niveau en C et en B. Si dans ces conditions nous voulons faire monter un bateau de B en A, nous le ferons passer d'abord en C, ce qui ne présente aucune difficulté, puis nous fermerons les portes E, E. Nous établirons alors une communication entre A et C au moyen des vannes. Le niveau de l'eau montera en C et le bateau s'élèvera en même temps ; puis, quand l'eau sera à la même hauteur en C qu'en A, on ouvrira les portes D et le bateau pourra passer. Si le bateau devait, au contraire, descendre de A en B, on fermerait les portes E, E, on ferait communiquer A avec C, et quand l'eau aurait atteint au même niveau dans ces deux points, on ouvrirait les portes D, D, on ferait passer le bateau dans l'écluse, on refermerait les portes D, D, et on établirait la communication entre l'écluse et le bief d'aval. L'eau s'écoulerait de C, y atteindrait bientôt le même niveau qu'en aval, et on pourrait alors ouvrir les portes E, E pour pousser le bateau plus loin. La perte en eau est, comme on voit, pour chaque écluse, égale à la capacité de cette écluse, mais cette eau peut servir à toutes les écluses *inférieures*. Notre gravure 402 montre en perspective les portes dont l'éclusier est en train d'ouvrir les vannes. Les portes sont d'un grand poids, mais surtout elles supportent de la part de l'eau une pression considérable quand le niveau n'est pas le même des deux côtés, en sorte qu'il serait alors presque absolument impossible de les ouvrir, et, le pût-on, que l'eau s'écoulant trop rapidement briserait infailliblement le bateau. Les vannes ne laissent que lentement remplir ou vider l'écluse, quoique chaque passage d'écluse ne dépasse guère dix minutes.

Tracé du canal. — Le tracé d'un canal de navigation est un travail important et difficile, parce qu'un plus ou moins grand nombre des points de son parcours sont déterminés par la position de centres commerciaux, de rivières à traverser ou à desservir, etc. En partant de ces données, il faut choisir le tracé qui réunit au plus haut degré les conditions d'économie dans l'exécution et l'entretien, de facile circulation et d'alimentation suffisante; se tenir en dehors de la zone des inondations à craindre et s'élever assez pour donner une issue facile sous le canal aux cours d'eau des vallées latérales. Il faut également, pour les canaux de partage, choisir le point de partage dans une position telle que l'alimentation des deux branches soit toujours assurée; pour les canaux de partage et les canaux latéraux, établir les points extrêmes de manière que l'entrée et la sortie soient toujours faciles.

La section transverse d'un canal est toujours le plus petite possible; sa profondeur est telle que la hauteur n'y dépasse pas de plus de 0^m,40 le tirant d'eau des bateaux en charge, et sa largeur est réglée de manière que deux bateaux seulement puissent passer en travers l'un de l'autre. Mais sous l'action de l'eau ce profil s'altère, le lit du canal s'ensable ou s'envase peu à peu; il faut donc le curer de temps en temps. Cette réparation a, en général, lieu chaque année à la fin de l'été, époque ordinaire du chômage du canal.

L'établissement d'un canal donne presque toujours lieu à des travaux d'art importants, en dehors même des écluses : ce sont des *réservoirs d'alimentation*, des *aqueducs*, des *ponts-canaux*, des *souterrains*, etc. La multiplicité plus ou moins grande de ces travaux, ainsi que les difficultés inégales qu'il a fallu surmonter pour établir le lit des divers canaux, font varier dans d'assez grandes proportions leurs frais de construction. Ainsi le canal du Berry a coûté, en moyenne, 80 000 francs par kilomètre, tandis que le canal latéral de la Garonne a exigé 309 000 francs. La France possède près de 15 000 kilomètres de canaux qui ont coûté environ 800 millions de francs; elle a en outre près de 8 000 kilomètres de rivières canalisées au moyen de barrages, écluses et autres travaux exécutés dans leur lit.

Pour entreprendre de pareilles dépenses, il faut que les canaux procurent au commerce de bien grands avantages; c'est qu'en effet sur l'eau dormante la résistance à la traction est extrêmement faible; un cheval suffit pour y mouvoir un bateau chargé. Les nombres suivants auront d'ailleurs une signification plus claire. Sur une bonne route macadamisée, les frais de transport sont de 20 centimes par tonne et par kilomètre; sur un canal, ils atteignent à peine 1 centime et demi ou treize fois moins, en ne comptant pas les frais de péage. On conçoit donc que les canaux dépossèdent partout le roulage pour les marchandises lourdes et encombrantes qui n'ont pas besoin de vitesse. Avec les chemins de fer, la lutte est beaucoup moins inégale, parce que sur les voies ferrées les frais de transport ne s'élèvent qu'à 5 ou 6 centimes par tonne et par kilomètre, et que le chemin de fer présente des conditions de régularité et de vitesse que ne peut donner un canal.

Sur la plupart des canaux, le transport des marchandises est soumis à un péage destiné à couvrir les frais d'administration et d'entretien du canal en même temps que l'intérêt et l'amortissement du capital engagé dans sa construction. Ce péage est très-variable, certains canaux ayant été construits par des compagnies qui les exploitent, d'autres étant administrés par l'État. Sur ces derniers, le péage est très-réduit et ne s'élève guère, en moyenne, qu'à 2 centimes environ par tonne et par kilomètre. Ces tarifs ne sont nullement rémunérateurs; ainsi la recette de dix canaux administrés par l'État, et for-

mant ensemble une ligne de navigation de 1 970 kilomètres, n'a produit en six ans, de 1844 à 1851, que 25 297 327 francs. Les frais d'administration et d'entretien ont été de 21 921 852 francs. L'excédant n'a donc été que de 3 375 475 francs pour six ans ou 562 579 francs par an, ou ⅛ p. 100 du capital de 270 millions qu'a coûté leur établissement. Ce serait là, sans doute, une mauvaise spéculation si l'accroissement de richesses qu'ils ont produit ne venait compenser et bien au delà les avances. On estime la circulation sur ces canaux à 100 000 tonnes par an parcourant le réseau dans toute sa longueur.

Sauf le canal qui relie le Rhin au Danube et quelques canaux en Suède, il n'existe pas dans les contrées de l'Europe situées à l'est et au midi de la France, de la Belgique et de la Hollande, de ligne de navigation artificielle qui mérite d'être citée. Mais tandis que la France compte 125 kilomètres environ de canaux par million d'habitants, l'Angleterre en compte 164 kilomètres, et les États-Unis 332. Le réseau américain a 8 000 kilomètres environ. La Hollande et la Belgique sont sillonnées de canaux.

Fig. 401. — Écluse de canal vue en plan.

Fig. 402. — Manœuvre des vannes d'écluse.

Historique. — L'établissement des canaux remonte à une haute antiquité; les Égyptiens en avaient construit un grand nombre, dont les plus importants sont le canal du Nil à Alexandrie et au lac Maréotis, et le canal de l'isthme de Suez. Ces grands travaux étaient entièrement ruinés faute d'entretien dès le siècle dernier. Les Français rétablirent le canal d'Alexandrie pendant la campagne d'Égypte, et la reconstruction du canal de Suez, en projet depuis plusieurs années, est en voie d'exécution. Les Chinois ont également depuis des siècles construit des canaux; leur plus célèbre est le canal Impérial traversant la Chine du nord au sud, sur une longueur d'environ 1 300 kilomètres. Alexandre, chez les Grecs, forma le projet non exécuté de percer l'isthme de Corinthe. Les Romains creusèrent le canal des Marais pontins, et les *émissaires* destinés à assurer le niveau de plusieurs lacs en Italie. Le plus important, dû à l'empereur Claude, avait pour but de dessécher le lac Fucin. 30 000 hommes furent pendant dix ans employés à ces travaux qui furent détruits par les eaux du lac, lâchées trop brusquement dans leur nouveau lit. Ils n'ont pas été repris depuis.

Charlemagne fit commencer un canal qui devait réunir le Rhin au Danube. Il fut obligé, par suite des difficultés d'exécution, d'abandonner ce projet réalisé depuis 1845 par le canal Louis, qui réunit le Danube au Mein par l'Altmühl.

C'est au commencement du xvᵉ siècle que deux ingénieurs italiens imaginèrent les écluses à sas. Cette importante innovation fut bientôt appliquée à Venise, en Hollande, en France, où elle fut importée par Léonard de Vinci au commencement du xvıᵉ siècle. C'est alors qu'on commença à en comprendre toute l'importance et qu'on en tira tout le parti possible. Dès ce moment, la construction des canaux prit une grande extension ; les projets surgirent de toutes parts. De 1605 à 1610, Bouteroue et Guyon exécutent le canal de Briare ; celui du Languedoc est creusé par Paul Riquet de Bonrepos, de 1666 à 1684. Le mouvement ne se ralentit pas jusqu'à la révolution, où il fut suspendu pour recevoir une nouvelle impulsion sous l'empire et les gouvernements qui se sont succédé jusqu'à ce jour. Plusieurs canaux commencés ne sont point encore complétement terminés ; mais il est peu probable qu'on en ouvre dorénavant de nouveaux quelque peu importants, toute l'attention se concentrant actuellement sur notre réseau de chemins de fer. **M. D.**

CANAL (Anatomie). — On appelle ainsi toute cavité étroite et allongée, qui donne passage soit à un liquide, soit à un organe quelconque dans le corps des animaux. — *C. de Bichat* (nié par la plupart des anatomistes), repli de l'arachnoïde, situé au-dessus des tubercules quadrijumeaux. — *C. de Ferrein*, prétendu canal qui devait résulter de l'occlusion des paupières. — *C. crural*, *C. inguinal* (voyez CRURAL, INGUINAL). — *C. nasal*, conduit qui succède au sac lacrymal, et qui transmet les larmes dans les fosses nasales. — *C. médullaire*, conduit qui occupe le corps des os longs, et dans lequel est logée la moelle. — *C. thoracique*, tronc auquel viennent aboutir presque tous les vaisseaux lymphatiques. — *C. vertébral*, conduit formé par la succession des trous des vertèbres, et qui donne passage à la moelle épinière. — *C. demicirculaires*, nom donné à trois canaux creusés dans l'intérieur de la portion pierreuse du temporal, et qui s'ouvrent dans le vestibule. — *C. salivaires*, qui transmettent la salive des glandes où elle est produite jusque dans la cavité buccale ; ce sont le *C. de Sténon* pour la parotide, le *C. de Warthon* pour la glande sous-maxillaire. — Les *C. hépatique*, *cystique* et *cholédoque*, par lesquels s'écoule la bile, etc.

CANAL (Botanique). — Nom que l'on donne à certaines parties de plantes creusées en gouttières ou formant un espace vide plus ou moins long dans leur intérieur. — Le *canal médullaire* est une lacune cylindrique ou prismatique que l'on trouve au centre des tiges dicotylédones et rempli dans les premières années par un tissu à cellules arrondies qui n'est autre chose que la moelle. — Les *canaux résinifères* sont des intervalles qui se développent dans l'épaisseur du péricarpe de la famille des Ombellifères. Ils sont colorés, sécrètent une sorte de résine et sont placés plus ou moins au niveau de l'épiderme. Ils sont souvent visibles extérieurement sous forme de bandelettes.

CANALICULÉ (Botanique). — Terme qui s'emploie plus particulièrement comme une qualification de certains organes dont les parties sont creusées en gouttière. Ainsi, il y a des feuilles, des légumes, des graines, etc., *canaliculés*. Exemple : les feuilles de l'éphémère de Virginie, de l'ornithogalle des Pyrénées, de la soude, du pin sylvestre, etc., sont allongées et creusées, ou pliées en gouttières dans toute leur longueur ; le légume du pois à fleur jaune pâle (*Pisum ochrus*) est relevé d'une double marge qui forme un canal le long de la suture ; enfin, la graine du dattier est aussi canaliculée.

CANAMELLE (Botanique). — Voyez CANNE A SUCRE.

CANARD (Zoologie), *Anas*, Lin. — Genre nombreux d'*Oiseaux* qui, avec le genre *Harle* (*Mergus*, Lin.), constitue toute la famille des *Lamellirostres*, la quatrième de l'ordre des *Palmipèdes*. Les canards sont caractérisés par le bec grand, large et garni sur ses bords d'une rangée de lames saillantes, minces, transversales, qui paraissent destinées à laisser écouler l'eau quand l'oiseau a saisi sa proie. Cuvier et Milne-Edwards les divisent en trois sous-genres dont les limites ne sont pourtant pas trop précises. Ce sont les *Oies*, les *Cygnes*, les *Canards* proprement dits. Le sous-genre des *Oies* (*Anser*, Brisson) a pour caractères : bec médiocre ou court, plus étroit en avant qu'en arrière, et plus haut que large à sa base ; les jambes plus élevées que chez les canards, et plus rapprochées du milieu du corps, leur facilitent la marche. Plusieurs vivent d'herbes et de graines. On les sous-divise en plusieurs sections qui sont : 1° Les *Oies* proprement dites ; 2° les *Bernaches* ; 3° les *Céréopsis* (voyez ces mots). Le sous-genre des *Cygnes* (*Cycnus*, Meyer) a pour carac-

tères : le bec aussi large en avant qu'en arrière, plus haut que large à sa base ; les narines à peu près au milieu de sa longueur, le cou fort allongé. Ce sont les plus grands oiseaux de ce genre (voyez CYGNE).

CANARDS proprement dits, *Anas*, Meyer. — Ce sous-genre se distingue par un bec moins haut que large à sa base, et autant ou plus large à son extrémité que vers la tête ; les jambes plus courtes et plus en arrière qu'aux oies, leur rendent la marche facile ; ils ont aussi le cou moins long ; leur trachée-artère se renfle à sa bifurcation, en capsules cartilagineuses. La première section des canards comprenant les *Macreuses*, les *Garrots*, les *Eiders*, les *Millouins*, est caractérisée par : le pouce bordé d'une membrane, les doigts plus longs, les palmures plus entières, les tarses plus comprimés, la queue plus roide, les ailes plus petites, le cou plus court, les pieds plus en arrière ; ces espèces marchent plus mal, vivent plus exclusivement de poissons et d'insectes, et plongent plus souvent. 1° Les *Macreuses* ont le bec large et renflé ; la *Macreuse commune* (*Anas nigra*, Lin.) (*fig.* 403), est

Fig. 403 — Macreuse commune. (Long. 0ᵐ,40.)

noire, grisâtre dans sa jeunesse, le bec très-large, garni sur sa base d'une protubérance ; elle vit en grandes troupes, le long de nos côtes, principalement de moules ; sa longueur totale est de 0ᵐ,40 à 0ᵐ,45. Les macreuses arrivent en bandes nombreuses sur nos côtes ; lorsqu'elles descendent au midi pour y passer l'hiver, et lorsque, au printemps, elles regagnent les pays froids, elles nagent avec une grande agilité et courent sur les vagues comme les pétrels. La *Double Macreuse* (*Anas fusca*, Lin.) est beaucoup plus grosse et a une tache blanche sur l'aile. Elle est moins commune. Il y en a encore quelques autres espèces que nous ne pouvons citer. 2° Les *Garrots* ont le bec court et plus étroit en avant, les uns ont la queue pointue, tels sont le *C. de Terre-Neuve* (*Anas glacialis*, Lin.) ; le *C. arlequin* (*Anas histrionica*, Lin.) ; les autres, ou les *Garrots ordinaires*, ont la queue ronde ou carrée ; nous citerons le *Garrot commun* (*Anas clangulæ*, Lin.), qui est blanc, la tête, le dos et la queue noirs ; l'hiver, il vient du Nord, et niche quelquefois sur nos étangs. 3° Les *Eiders* ont aussi le bec étroit en avant, mais plus long que les garrots, et remontant plus haut sur le front, où il est échancré par un angle de plumes. L'*Eider commun* (*Anas mollissima*, Lath.) est blanchâtre, à calotte, ventre et queue noirs ; la femelle est grise maillée de brun ; il mesure de 0ᵐ,60 à 0ᵐ,65 de longueur sur 0ᵐ,85 d'envergure. Cet oiseau est célèbre par le précieux duvet qu'il nous fournit, et qui est connu sous le nom d'*édredon* (*fig.* 404). Il habite les mers glaciales, et abonde surtout en Islande, en Laponie, au Groënland ; on le trouve aussi aux Orcades et aux Hébrides, et même en Suède. Ils ne descendent pas, au midi, plus loin que la côte nord de l'Angleterre, encore n'y rencontre-t-on que des individus isolés. Les eiders nichent au milieu des rochers baignés par la mer, et les familles du pays se transmettent comme une propriété assez importante, les points de la côte qu'elles possèdent, lorsqu'elles sont fréquentées par ces oiseaux au moment de la ponte ; c'est là qu'on récolte l'édredon ; la femelle en garnit son nid, et lorsqu'on a enlevé cette précieuse dépouille, elle arrache de son ventre une nouvelle provision de duvet pour la remplacer. On s'en

Fig. 404. — L'Eider commun. (Long. 0ᵐ,60.)

procure aussi une certaine quantité arrachée après la mort, mais il est beaucoup moins estimé. 4° Les *Millouins* ont le bec large et plat, sans particularité notable. Le *Millouin commun* (*Anas ferina*, Linné) est cendré, finement strié de noirâtre, la tête et le haut du cou roux ; le bas du cou et la poitrine bruns ; le bec plombé clair. Il niche quelquefois dans les joncs de nos étangs. Son cri est un sifflement grave, et ce caractère qu'on retrouve dans plusieurs autres espèces, lui a fait donner, ainsi qu'à celles-ci, par quelques ornithologistes, le nom de *C. siffleur*. Le *Millouin huppé* (*Anas rufina*, Lin.), dit aussi *C. siffleur huppé*, est noir, le dos brun, la tête rousse. Il habite les bords de la mer Caspienne, et est quelquefois porté par les vents jusqu'en nos contrées (Cuv.). Le *Morillon* (A. *fuligula* Lin.), noir, les plumes de l'occiput prolongées en huppe, le ventre blanc et une tache pareille à l'aile. Il nous vient assez régulièrement tous les hivers ; 0ᵐ,43 de longueur.

La seconde section des canards proprement dits se distingue par : le pouce non bordé d'une membrane, les pattes moins reculées, la marche plus facile, la tête plus mince, le cou plus court ; ils plongent rarement, et se nourrissent de plantes et de graines aquatiques autant que de poissons ; ce sont les *C. communs*, les *Souchets*, les *Tadornes*, les *Sarcelles*. 1° Les *C. communs*, parmi lesquels figure en première ligne le *C. ordinaire* (*Anas boschas*, Lin.). Il est reconnaissable à ses pieds aurore, à son bec jaune, au beau vert changeant de la tête et du croupion chez le mâle, et aux quatre plumes du milieu de la queue, qui chez lui sont recourbées en demi-cercle. La femelle, comme dans toutes les espèces de ce genre, est privée des couleurs qui ornent le mâle. C'est la souche de la plupart des races que nous élevons, et il comprend en même temps le *C. sauvage* et le *C. domestique*. Vers la mi-octobre, les sauvages commencent à se montrer par petites bandes dans nos campagnes ; quelques semaines plus tard, ils deviennent plus abondants, et on les reconnaît à leur vol élevé, aux lignes inclinées, et aux triangles réguliers qu'ils forment dans l'air ; c'est surtout le soir qu'ils voyagent, et le sifflement de leur vol signale leur passage. Ils se tiennent sur les étangs et les rivières, et y vivent de petits poissons, de grenouilles, de graines, etc. Ils vont ensuite passer l'été dans le nord. Au printemps, ils se séparent par paires et nichent dans les marais sur une touffe de jonc. Leur ponte est, en général, de dix à quinze œufs, qu'ils couvent pendant trente jours. Les petits vont à l'eau avec leur mère dès le jour de leur naissance, mais ils ne peuvent voler que vers l'âge de trois mois ; dans cet état, ils portent le nom de *Hallebrans*. Il est à remarquer que les petits canards provenant d'œufs de canards sauvages, sont farouches, et ont quelque peine à s'apprivoiser ; mais cet instinct cesse au bout de quelques générations. La chair du canard est un aliment agréable, et celle du sauvage est bien plus recherchée. On plume ces oiseaux aux mois de mai et de septembre, et cette récolte est un objet de commerce d'une certaine importance. La voix du canard est bruyante et rauque, et cette résonnance est due à la conformation de la trachée artère qui, avant sa bifurcation pour arriver au poumon, se dilate en une sorte de vase osseux et cartilagineux Les femelles ont la voix plus forte, plus suscep-

tible d'inflexions, et elles sont plus loquaces que les mâles. La chasse aux canards sauvages se fait à la *glanée*, à la *pince*, à la *hutte*, aux *filets*, etc. ; mais la chasse au *fusil*, comme exercice et amusement de chasseurs, est la plus intéressante ; elle se fait ordinairement en bateau, et lorsqu'on est plusieurs, et que les étangs sont de médiocre grandeur, il est bon qu'il y ait quelques chasseurs sur le bord de l'étang pour tirer ceux qui s'écartent. Il est à peine besoin de dire qu'un chien est indispensable pour cette chasse. On élève aussi dans nos basses-cours une autre espèce, le *C. musqué* (*Anas moschata*, Lin.), désigné mal à propos sous le nom de *C. de Barbarie*, car il est originaire d'Amérique, où on le trouve encore sauvage ; il se mêle aisément à nos canards ordinaires ; il est beaucoup plus gros ; on lui donne jusqu'à 0ᵐ,65 de longueur, et il se distingue par les caroncules rouges dont sa tête est couverte. Il répand une odeur de musc très-prononcée. Ces deux espèces se mêlent facilement. 2° Les *Souchets* sont remarquables par leur long bec, dont la mandibule supérieure est élargie au bout. Les lamelles en sont si longues et si minces, qu'elles ressemblent plutôt à des cils. Ils vivent de vermisseaux, qu'ils recueillent dans la vase au bord des ruisseaux. Le *Souchet commun* (*Anas clypeata*, Lin.), est un très-beau canard à tête et cou verts, blanc sur la poitrine, roux au ventre, qui nous vient du Nord vers le printemps, et se répand dans nos marais. Sa chair est très-recherchée (0ᵐ,50 de long). C'est, suivant Cuvier, le *Chenerotes* de Pline ; la Bretagne, dit l'auteur latin, ne connaît pas de mets plus délicat (*lautior*) que les *Chénalopèces* (Bernache armée, Oie d'Égypte) et les *Chénerotes*. 3° Les *Tadornes* ont le bec très-aplati vers le bout, relevé en bosse saillante à sa base. Le *Tadorne commun* (*Anas tadorna*, Lin.) est le plus vivement peint de tous nos canards ; blanc, à tête verte ; une ceinture cannelle autour de la poitrine, l'aile variée de noir, de blanc, de roux et de vert pourpré. Très-commun sur les bords de la mer dans le nord de l'Europe ; il se montre aussi en assez grand nombre au printemps sur nos côtes ; il est un peu plus grand que le canard commun. 4° Les *Sarcelles* sont un groupe de petites espèces de canards, qui ne diffèrent guère du canard commun que par la taille. La *Sarcelle ordinaire* (*Anas querquedula*, Lin.) est maillée de noir sur un fond gris, un trait blanc autour et à la suite de l'œil ; elle est commune sur nos étangs au printemps et en automne, et se porte dans le Nord pour couver. Sa taille ne dépasse pas 0ᵐ,41. La *Petite Sarcelle* (*Anas crecca*, Lin.) est beaucoup plus commune dans nos contrées, où elle fait sa ponte. Elle est finement rayée de noirâtre, la tête rousse, une bande verte à la suite de l'œil. On la trouve aussi dans l'Amérique du Nord. Elle atteint à peine 0ᵐ,38 de longueur. Nous n'avons pu citer dans cet article qu'un petit nombre d'espèces du grand sous-genre des *Canards* proprement dits ; nous sommes obligés de renvoyer aux *Traités spéciaux* de Temminck, de Lesson, etc. ; aux *Dictionnaire d'histoire naturelle* de Déterville ; *Dictionnaire des sciences naturelles* de Levrault, etc.

AD. F.

CANARD (Économie rurale). — On doit ranger au nombre des oiseaux utiles le canard devenu domestique (voyez l'article précédent) ; il se multiplie avec la plus grande facilité, exige peu de soins, même dans le premier âge ; mais comme il a besoin d'eau, et qu'il ne profite que dans les lieux aquatiques, il ne faut pas trop penser à l'élever avec avantage dans les lieux secs et arides. Il n'y a guère que deux et tout au plus trois variétés qu'on élève dans nos basses-cours ; savoir : le *C. commun* ou *barboteur* ; le *C. musqué*, improprement dit de *Barbarie* ; puis, lorsque la basse-cour est peuplée de ces deux espèces, le *C. métis* qui en est le produit. Le canard sauvage a fourni le canard domestique auquel il se mêle volontiers ; souvent la cane sauvage niche sur la crête d'un arbre, et descend ses petits en les portant avec son bec dans l'eau voisine. Le canard musqué, étant un peu sauvage, s'avance quelquefois très-loin dans les cours d'eau, et souvent il ne peut pas retrouver le chemin de la ferme. Il importe donc de ne l'élever que dans des propriétés closes, et d'où il ne puisse sortir. Le canard barboteur pourrait se diviser en deux variétés : la première, plus grosse, se trouve en Normandie, en Picardie et dans d'autres provinces, on préfère une espèce moyenne encore plus barboteuse que l'autre ; celle-ci est plus féconde, exige moins de soins, et n'a pas le défaut de déserter la ferme pendant plusieurs jours de suite. Lorsque les canes ont une nourriture suffisante, et qu'elles sont dans un endroit qui leur plaît, elles commencent leur ponte dès les premiers jours de mars, et la continuent jusqu'à la fin de mai. Il faut alors les surveiller de près, parce qu'elles pondent dans le premier endroit venu, et si l'on ne trouve pas leurs œufs, elles les couvent, et amènent un beau jour à la ferme leur jeune famille. Elles n'abandonnent pas le nid où elles ont pondu une fois. Une cane pourrait pondre de suite cinquante à soixante œufs, si la couvaison ne venait interrompre la ponte ; le meilleur moyen de retarder ce moment, c'est d'enlever les œufs à chaque ponte. Les œufs de cane, plus gros que ceux de la poule, sont aussi délicats à manger. Leur coque paraît plus lisse, ils sont de couleur verdâtre ; le jaune est gros, assez foncé. La cane n'est pas naturellement disposée à couver, et pour l'y inviter, on laisse vers la fin de la ponte quelques œufs dans le nid. Elle peut en couver de huit à douze. Pendant le couvage, elle demande quelques soins ; ainsi, on devra lui mettre sa nourriture devant elle ; il faut qu'elle soit suffisante, mais pas en trop grande quantité, elle couverait moins bien. La couvaison dure trente jours, et les premières couvées de l'année sont toujours les meilleures. Du reste, la couvaison des canes a quelques inconvénients résultant, soit de leur négligence, soit de ce qu'elles conduisent trop tôt leurs petits à l'eau ; aussi, arrive-t-il souvent dans les fermes, de faire couver les œufs de cane par des poules ou des poules d'Inde. L'éducation des canetons ne demande pas des soins minutieux ; ainsi, leur nourriture se composera d'abord de pain émietté, imbibé de lait, d'eau, d'un peu de vin ou de cidre ; quelques jours après, on leur fera une pâte avec une pincée de feuilles d'orties cuites, hachées, mêlée d'un tiers de farine de blé de Turquie, de sarrasin ou d'orge ; puis des herbes potagères crues et hachées, etc. Les canards sont très-gloutons, et on peut dire qu'ils mangent de tout ; ainsi, les balayures, les criblures de greniers, les racines, les fruits, tout leur est bon, pourvu que cela soit humecté. Mais c'est surtout dans les eaux des rivières, des étangs et des mares, qu'ils trouvent leur nourriture. La plume des canards est un revenu d'une certaine importance dans les fermes ; mais elle est infiniment moins estimée que celle des oies.

Ad. F.

CANARDIÈRE (Chasse). — On a donné ce nom 1° à un grand fusil, avec lequel on peut tirer de loin les canards, qui sont difficiles à approcher ; 2° à un lieu couvert et préparé dans un étang ou un marais, pour prendre ces oiseaux.

CANARI (Zoologie). — Nom vulgaire du *serin de Canarie* (voyez Serin).

CANCELLAIRES (Zoologie), *Cancellaria*, Lamk. — Genre de *Mollusques gastéropodes pectinibranches*, famille des *Buccinoïdes*, détaché par Lamarck du genre *Volute*. Ce sont des coquilles marines, testacées, univalves, dont presque toutes les espèces d'une forme élégante sont très-recherchées dans les collections.

CANCER (Médecine). — Ce nom tout latin, et qui, dans cette langue, signifie crabe, a été donné à la maladie qu'il désigne, soit parce que les vaisseaux dilatés et engorgés qui rampent à la surface des tumeurs cancéreuses du sein, ont donné l'idée d'une ressemblance avec cet animal, soit parce que, cette maladie désorganisant et détruisant tous les tissus, on a pensé qu'un animal de cette espèce dévorait les parties malades : quoi qu'il en soit, le cancer attaque tous les tissus, excepté l'épiderme et peut-être les cartilages articulaires ; cependant le sein, l'utérus, la vessie, l'estomac, le rectum, sont les organes où on l'observe le plus souvent ; puis la peau, et surtout la peau du visage, des lèvres, le foie, les reins, la vessie, la prostate, etc. ; enfin, les os eux-mêmes où il constitue l'*ostéosarcome* (voyez ce mot) ; du reste, il faut dire qu'on a confondu sous le nom de cancer une multitude d'affections qui présentent entre elles des différences assez notables : l'on est en droit d'espérer que les travaux d'anatomie pathologique et les recherches microscopiques qui se poursuivent viendront éclairer ce point encore si obscur de la pathologie. Aujourd'hui donc on considère les tumeurs cancéreuses comme formées, soit de la *matière squirreuse*, soit de la *matière encéphaloïde* ou *cérébriforme* (voyez Encéphaloïde). Cette dernière a surtout pour caractère de laisser écouler par la pression un liquide crémeux connu sous le nom de *pus cancéreux*, qu'on rencontre aussi mais d'une manière moins constante, dans la forme squirreuse. Au reste, le cancer se substitue à tous les tissus au sein desquels il se développe, et il se reproduit, lorsqu'il a été enlevé, en vertu d'une cause tout à fait inconnue. Il est facile de concevoir, d'après ce qui vient d'être dit, combien sont obscures les causes du cancer ; signalons seulement les faits : il n'apparaît pas avant l'âge de trente à trente-cinq ans. Il est plus fréquent chez les femmes que chez les hommes, dans les climats chauds que dans les pays froids ; on le remarque plus souvent à la suite des grandes commotions politiques ; les chagrins, les privations, semblent favoriser son développement ; enfin l'hérédité paraît jouer un grand rôle dans sa production. Dans l'ignorance où l'on est de la cause du cancer, les auteurs ont admis en général une *diathèse cancéreuse* (voyez Diathèse), un *vice* général de l'économie qui vient produire ses effets de dégénérescence spéciale dans telle ou telle partie.

Une tumeur se développe lentement avec un accroissement progressif : elle est d'abord dure, peu ou pas douloureuse, sans chaleur, sans changement de couleur ; elle est plus ou moins inégale, les glandes voisines se tuméfient ; de temps en temps il survient des élancements douloureux, vifs, lancinants ; l'accroissement devient plus rapide, les douleurs sont plus vives, plus persistantes ; nous supposerons pour plus de clarté qu'il s'agit d'un cancer du sein : la malade commence à maigrir, son teint devient d'un jaune paille. Ici se manifeste cette altération profonde de l'organisation, connue sous le nom de *cachexie cancéreuse* (voyez Cachexie), caractérisée par l'air de souffrance, la pâleur, l'amaigrissement progressif, etc. Bientôt la tumeur commence à faire plus de saillie, la peau, qui est devenue adhérente, prend une teinte rougeâtre, livide, les veines superficielles s'engorgent, se gonflent ; alors, à l'endroit où la couleur de la peau est plus vive, il se fait une petite fente d'où s'écoule une sérosité sanieuse ; *le cancer est ulcéré* ; les bords de la petite plaie s'écartent, des végétations s'y forment, l'ulcère fournit un pus sanieux, fétide, les douleurs sont cuisantes, la plaie s'agrandit tous les jours ; il survient des hémorrhagies, une fièvre de consomption mine les forces de la malade, la mort vient plus ou moins vite terminer ce drame de souffrance ; voilà le cancer dans toute sa laideur, et malheureusement la science n'a que peu de moyens à opposer à un mal aussi redoutable. Comme *traitement local*, on a proposé successivement les *résolutifs* en *topiques*, tels que cataplasmes de toutes espèces résolutives, pommades mercurielles ou iodées, ou d'iodure de potassium, emplâtres fondants, de ciguë, de *vigo* ; les *antiphlogistiques*, sangsues, ventouses, cataplasmes émollients ; les *narcotiques*, tels que cataplasmes, fomentations, embrocations, onctions avec les préparations d'opium, de belladone, de jusquiame, de datura, etc. La *compression méthodique* au moyen de disques d'amadou convenablement appliqués sur la tumeur, maintenus et serrés avec une bande de toile. La *cautérisation* a eu des partisans nombreux, plusieurs caustiques ont été mis en usage pour enlever les tumeurs cancéreuses : ainsi la *pâte de Rousselot* ou de *frère Côme*, ou *pâte arsenicale*, qu'on doit employer avec la plus grande circonspection, à cause de l'arsenic qu'elle contient ; la *pâte de Canquoin* au chlorure de zinc ; le *caustique de Vienne*, à la potasse caustique ; le *caustique sulfo-safrané*, de M. Velpeau, à l'acide sulfurique, etc. Tous ces moyens comptent quelques succès. Enfin, l'*enlèvement* de la tumeur par l'instrument tranchant est le moyen le plus efficace, et le succès sera d'autant plus sûr que la tumeur sera moins ancienne et moins volumineuse, qu'elle sera plus localisée, que les glandes lymphatiques voisines ne seront pas engorgées, que les douleurs lancinantes seront plus rares, que le malade, en un mot, sera dans de meilleures conditions de santé, et ne présentera aucun des symptômes qui caractérisent la *cachexie cancéreuse* ; cependant il est des circonstances où il ne faudrait pas reculer devant une opération avec des conditions moins favorables ; et la science est riche de faits qui doivent encourager dans cette voie un chirurgien habile et dévoué : dans tous les cas, lorsqu'on se décide à enlever une tumeur cancéreuse, il ne faut rien laisser qui puisse reproduire la maladie, et toute partie suspecte doit être enlevée impitoyablement. Dans le *traitement général* du cancer, la ciguë tient le premier rang ; on l'a donnée en poudre, en extrait ; mais dans ces derniers temps, MM. Devay et Guillermond, considérant que les *semences de ciguë mûres et récoltées dans le Midi* contiennent plus de conicine (principe actif de la ciguë) que les feuilles, ont employé ces semences mêmes contre les affections cancéreuses : on a fait usage aussi de la belladone, de la jusquiame, de l'aconit, du laurier-cerise, de l'acétate de cuivre, de l'arséniate de soude, de l'hydrochlorate de baryte, de l'iode ; enfin, devons-nous citer le lézard gris, vanté par J. Florès, médecin de Guatimala ? l'eau pure employée par Pouteau, de Lyon ? et l'eau distillée, que

William Lambe, médecin anglais, conseillait de donner aux malades pour toute nourriture?   F — N.

CANCER, CANCRE (Zoologie). — Voyez CRABE [Crustacé]).

CANCHE (Botanique), *Aira*, Kunth.— Genre de plantes de la famille des *Graminées*, tribu des *Avénacées*. Il comprend des herbes gazonnantes appartenant aux régions tempérées. La *C. caryophyllée* (*A. caryophyllea*, Lin.) est une plante annuelle que quelques auteurs font entrer dans le genre *Avoine*, à cause de sa glumelle inférieure bidentée ou bifide au sommet. Elle ne s'élève guère à plus de 0^m,25. Ses tiges sont grêles, dressées, et ses panicules sont étalées après la floraison. La *C. flexueuse* (*A. flexuosa*, Lin.) est vivace et plus grande. Ses feuilles sont très-étroites et son arête plus longue de moitié que la glumelle, tordue à la base. Elle fournit un bon pâturage. D'après M. de Gasparin, son produit par hectare est de 3 559 kilog. de foin. La *C. gazonnante* (*A. cespitosa*, Lin.) a les feuilles larges et l'arête presque droite. Ces trois espèces sont indigènes; elles sont très-répandues sur un grand nombre de points du globe. Les deux dernières font partie, suivant quelques auteurs, du genre *Deschampsia*, établi par Palissot de Beauvois et présentant, entre autres caractères, l'arête de la glumelle inférieure insérée à la base de celle-ci. Caractères du genre : épillets composés de 2 fleurs, rarement de 3; glumelle inférieure tronquée à 3-5 dents; arête tordue à sa base et naissant sur le dos de cette glumelle.   G — S.

CANCRELAS, KAKERLAC (Zoologie). — Nom vulgaire de la *Blatte d'Amérique* (voyez BLATTE).

CANCROÏDE (Médecine), du latin *cancer*, et du grec *eidos*, aspect). — Ce nom avait d'abord été donné par Alibert à la maladie connue aujourd'hui sous celui de *kéloïde* (voyez ce mot). Aujourd'hui, on appelle *cancroïdes* les tumeurs d'apparence cancéreuse qui affectent la peau et les muqueuses et qui, une fois ulcérées, envahissent successivement les tissus tant en largeur qu'en profondeur; ces noms nouvelles, basées sur les travaux de M. Lebert, tendraient à distinguer d'une manière tranchée les cancroïdes des affections cancéreuses (voyez CANCER).

CANDI (Économie domestique). — Ce mot vient-il du latin *candidus*, blanc, ou de ce que c'est dans l'île de Candie que cette préparation a été faite pour la première fois ? — Quoi qu'il en soit, on donne le nom de *sucre candi*, au sucre cristallisé régulièrement; pour l'obtenir on prend du sirop de sucre qu'on laisse évaporer par la chaleur, jusqu'à ce qu'une goutte versée sur un corps froid se fige sans s'étaler; alors on le verse dans un vase qui aura été préparé à cet effet, et dans lequel on aura disposé des fils en différents sens. Les cristaux viendront se former autour de ces fils. On donne le nom de *fruits candis*, à des fruits confits, entiers ou coupés par morceaux, sur lesquels on verse une couche de sucre qu'on a fait cuire et refroidir.

CANE (Zoologie). — Femelle du *Canard*.

CANÉFICIER (Botanique), *Cassia fistula*, Lin. — Espèce du genre *Casse*.

CANEPÉTIÈRE (Zoologie). — Nom vulgaire de la petite *Outarde*.

CANETON (Zoologie). — C'est le nom qu'on donne au petit *Canard*.

CANICHE (Zoologie). — Nom vulgaire du *Chien barbet* (voyez RACES CANINES).

CANICULE ou SIRIUS (Astronomie), étoile du *Grand Chien*, la plus brillante du ciel. — Les anciens appelaient *jours caniculaires* ceux où Sirius se levait le matin en même temps que le soleil : c'était alors l'époque de la plus grande chaleur (voyez SAISONS).

CANIN Anatomie, Physiologie), du latin *caninus*, de chien, qui tient du chien. — On appelle *faim canine*, une faim que rien ne peut apaiser (voyez BOULIMIE). — On nomme *dents canines*, ou *angulaires* ou *œillères*, celles qui sont placées entre les incisives et les petites molaires, il y en a deux à chaque mâchoire dans l'homme. — La *fosse canine* est une dépression qu'on remarque à l'extérieur de l'os maxillaire supérieur, un peu au-dessus de la dent canine. Le *muscle canin* s'insère sur cette branche et va se terminer à la commissure des lèvres, c'est le *sus maxillo-labial*, Chauss., ce muscle élève la commissure et la porte un peu en dedans, il produit par ses contractions, le mouvement particulier qu'on exécute dans cette espèce de sourire qui marque le dédain et qu'on nomme *ris moqueur, ris sardonique* ou *ris canin*; il est surtout remarquable lorsque la contraction n'a lieu que d'un côté.

CANITIE (Médecine), du latin *canus*, blanc. — Par ce mot on entend la blancheur des poils et surtout des cheveux. La canitie présente des variétés infinies; on a vu des canities partielles, d'un seul côté de la tête, par exemple (Cullerier). On l'a vue commencer à quinze ou dix-huit ans, tandis qu'il y a des vieillards de plus de soixante ans qui n'ont pas un cheveu blanc. Elle est *originelle* chez les *Albinos* (voyez ce mot). On a dit que les femmes blanchissaient plus tôt que les hommes, les roux plus tôt que les bruns; il ne manque à ces assertions que des faits bien établis. Les causes de la canitie sont peu appréciables, et à part quelques exemples de commotions, de terreurs très-vives qui ont fait blanchir les cheveux presque instantanément, on en est réduit à de simples conjectures sur l'influence que peuvent exercer les excès de table, les maladies, les travaux de l'esprit, etc. Plusieurs moyens ont été employés, et on peut dire sans succès, pour ramener les cheveux à leur couleur naturelle; nous ne parlerons pas des nombreux médicaments internes dont l'efficacité est tout à fait nulle; quant aux moyens externes, qui consistent tous en des topiques plus ou moins liquides appliqués sur les cheveux, nous dirons que ceux qui, par l'énergie de leur action, pourraient avoir quelque efficacité, ont de graves inconvénients, et que les moyens doux sont sans effet.

CANNA (Botanique) (voyez BALISIER).

CANNABINE (Zoologie) (voyez LINOTTE).

CANNABINE (Botanique). — Nom donné à plusieurs espèces de plantes; ainsi : l'*Eupatoire chanvrine* (*Eupat. cannabinum*, Lin.); la *Guimauve à feuilles de chanvre* (*Althæa cannabina*, Lin.); le *Chanvre du Canada* (*Apocynum cannabinum*, Lin.); le *Galeopsis tetrahit* ou *Cannabina*; enfin et plus particulièrement la *Cannabine de Crète* (*Datisca cannabina*, Lin.) (voyez DATISQUE et les autres mots cités plus haut).

CANNABINÉES (Botanique). — Petite famille de plantes *Dicotylédones* qui faisait autrefois partie des *Urticées* et qu'Endlicher en a extraite à cause principalement de ses 5 étamines insérées au bas du calice, son ovaire libre avec un ovule suspendu, son fruit qui est un caryopse indéhiscent, son embryon en crochet ou contourné en spirale et dépourvu de périsperme. Cette famille habite les régions tempérées et ne comprend que deux genres, le *Chanvre* et le *Houblon*.   G — S.

CANNABIS (Botanique). — Nom botanique du *chanvre*.

CANNAMELLE. — Voyez CANNE A SUCRE.

CANNE A SUCRE, CANNAMELLE, CANNAMELLE (Botanique), de *canna*, roseau, et *mel*, miel; canne mielleuse. — Nom vulgaire du genre *Saccharum*, Lin.; de l'arabe *soukor*, d'où les Grecs ont fait *sakchar*, les Latins *saccharum*, les Anglais *sugar*, les Allemands *sucker*, et enfin les Français *sucre*, appartenant à la famille des *Graminées*, tribu des *Andropogonées*. Les canamelles sont de grandes plantes à panicule rameuse, composées d'épillets portant à leur base de longs poils. Ces épillets sont géminés et biflores, à fleur inférieure neutre, à une seule glumelle, à fleur supérieure hermaphrodite à deux glumelles; celles-ci sont hyalines, c'est-à-dire présentant la transparence du verre. La *C. officinale* (*S. officinarum*, Lin.), qui est la *canne à sucre* proprement dite, est une plante qui s'élève souvent à 4 mètres. Ses feuilles, qu'on ne voit guère qu'à la partie supérieure, parce qu'à la base elles se dessèchent au fur et à mesure que la plante grandit, sont allongées, étalées. Sa panicule, qui atteint quelquefois jusqu'à 1 mètre de long, est très-soyeuse. On s'accorde généralement aujourd'hui à penser que cette espèce est originaire des Indes orientales. Les Chinois, dit-on, ont connu l'art de la cultiver et d'en extraire le sucre près de 2000 ans avant les Européens. Selon Robertson, les Égyptiens, après l'établissement de leur monarchie, furent les premiers peuples qui firent connaître à l'Europe les productions de l'Orient. Ils introduisirent ainsi la canne à sucre par leur commerce. La canne d'Otahiti est la variété la plus importante et la plus généralement cultivée dans les colonies. Apportée de l'île de France par Bougainville, elle a passé de là aux Antilles et ensuite sur le continent du nouveau monde. Les propriétés du suc qu'on extrait des tiges de la canne se retrouvent à peu près semblables dans la *C. violette* (*S. violaceum*, Tussac.), cultivée dans l'Inde et en Amérique, et dans la *C. de Chine* (*S. sinense*, Roxb.); l'une est employée spécialement pour la fabrication du rhum, l'autre contient encore plus de sucre que la canne ordinaire.   G — S.

CANNE A SUCRE (Économie domestique). — Voyez SUCRE.

CANNEBERGE (Botanique), *Airelle des Marais*, *Vaccinium oxycoccus*, Lin. — Voyez AIRELLE.

CANNELLE (Matière médicale), et non pas CANELLE

comme quelques-uns l'ont écrit. — Seconde écorce des jeunes branches du cannelier (*Laurus cinnamomum*), qui croît surtout dans l'île de Ceylan ; cet arbre, qui s'élève à 7 ou 8 mètres, appartient à la famille des *Laurinées*, de de Jussieu. Ses feuilles ressemblent à celles du laurier commun ; ses fleurs dioïques situées à l'extrémité des rameaux exhalent une odeur suave. Le fruit est une drupe ovale, d'un brun bleuâtre. La cannelle se tire des branches de trois ou quatre ans ; après l'avoir enlevée, on l'étend sur des linges et on l'expose au soleil, où elle sèche en se roulant ; sa couleur est jaune rouge ; elle a une saveur très-aromatique. On distingue dans le commerce plusieurs espèces de cannelle dont la qualité dépend de l'âge, de la culture, de l'exposition. La première espèce, dite *C. fine* ou *de Ceylan*, est mince comme une carte, roulée, d'une couleur fauve, d'un goût agréable et doux, sans arrière-goût. La seconde, la *C. moyenne* ou *de Cayenne*, se rapproche de celle-ci par l'odeur et le goût ; elle est plus pâle et plus épaisse ; enfin la dernière espèce, la moins estimée, c'est la *C. grossière* ou *de Chine* ; celle-ci est encore plus épaisse, rougeâtre, d'une odeur plus forte, d'une saveur moins agréable. On préfère la cannelle fine pour les usages médicinaux. On distingue encore la *C. mate*, qui provient du tronc du cannelier de Ceylan ; c'est une variété de la première espèce ; sa cassure est fibreuse et brillante ; elle est d'une qualité inférieure. Le prix élevé de la cannelle de Ceylan rend son usage assez rare en médecine, et on lui substitue le plus souvent celle de Chine, qui est beaucoup moins aromatique et moins sucrée. La cannelle est un médicament éminemment tonique et cordial ; on l'emploie en poudre, son huile essentielle et son eau distillée entrent dans la composition des potions, etc. La grande quantité d'huile essentielle que contient la cannelle l'a fait rechercher comme aromate et comme condiment.

On trouve encore dans le commerce, sous le nom de *cannelle*, des écorces dont l'odeur et la saveur se rapprochent de la véritable ; ainsi on appelle *C. blanche* celle qui est fournie ou par le *Drimys aromatique*, suivant les uns, ou par le *Winteriana cannella*. La *C. de Cochinchine* ou *de Malabar* est l'écorce du *Laurus cassia* ; enfin on désigne encore sous le nom de *C. giroflée* une écorce qui provient d'une espèce de myrte, le *Myrtus caryophyllata*, nommé aussi *bois de crabe* ou *Capelet*.

CANNELURE (Chirurgie). — On donne ce nom à une espèce de sillon creusé dans un instrument dans le but de servir de guide à un autre instrument ; ainsi on appelle **cannelure** du *cathéter*, le sillon qui existe dans la partie convexe de cet instrument et qui sert à guider ceux qu'on veut introduire dans la vessie pour opérer l'extraction de la pierre à travers l'ouverture faite avec l'instrument tranchant.

CANNELURE (Botanique). — Ce sont des sillons arrondis, plus ou moins profonds qui séparent les côtes longitudinales dont sont pourvues certaines tiges ; dans ce cas on les appelle *tiges cannelées*.

CANON (Hippologie). — On appelle ainsi chez les bestiaux et chez le cheval l'article des membres qui représente la paume de la main de l'homme, ou la plante du pied. Selon les espèces, on y trouve un ou plusieurs os parallèles, entourés des tendons des muscles extenseurs et fléchisseurs. Ces os sont, aux membres antérieurs, les *métacarpiens* ; aux membres postérieurs, les *métatarsiens*. Le *canon* fait suite à l'*avant-bras* ou à la *jambe*, et précède le *paturon*, auquel il s'unit par l'articulation nommée *boulet*. Ses formes et ses dimensions importent pour les aptitudes des races (voyez HIPPOLOGIE, RACES).

CANON (Artillerie). — Un canon est une bouche à feu destinée à lancer des projectiles pleins. Nous ne parlerons que des canons français.

Tout canon se compose de deux parties : la culasse de M en A et le corps de A en D. La culasse comprend le

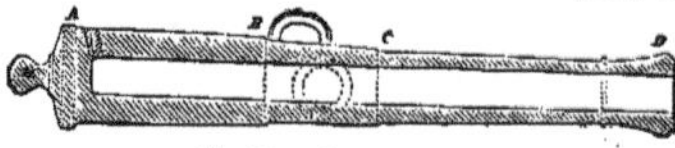

Fig. 405. — Canon ordinaire.

bouton et le *cul-de-lampe*. Le corps comprend le *premier renfort* de A en B, le *deuxième renfort* de B en C, la *volée* de C en D. Les accessoires sont les anses, les tourillons et le grain de lumière. Toutes les parties de la pièce sont reliées par des moulures. On donne un renfle-

ment à l'extrémité de la volée pour appuyer la ligne de mire. La portion de la pièce qui reçoit la charge se nomme *âme*.

On distingue les canons en canons de campagne, de siége, de place et de côte, de marine. Dans les pièces à âme lisse le *calibre* ou nom de la pièce était le poids du projectile en livres. Depuis le commencement du siècle dernier, les calibres ont subi bien des remaniements.

Consulter sur ce point les traités spéciaux d'art militaire.

Quant au système actuel, il diffère surtout des précédents par suite de l'adoption générale, en 1858, des canons rayés. Il se compose de six bouches à feu, savoir : un canon de 24 rayé de siége et de place ; deux canons de 12 rayé, *id.* ; un canon de 4 rayé de campagne, un canon de 4 rayé de montagne. Dans ce système les pièces sont dénommées par le poids *approximatif* de leurs projectiles en *kilogrammes*.

Les canons rayés ne diffèrent des anciennes pièces à âme lisse que par les rayures. Celles-ci sont formées par des canaux plus ou moins profonds, creusés sur les parois de l'âme. Toutes les pièces possèdent six rayures égales et également espacées ; la forme de ces rayures est la même pour tous les calibres, les dimensions seules diffèrent. La courbe suivant laquelle elles sont tracées est une hélice de pas très-allongé, de gauche à droite et de dessus en dessous, pour un observateur placé à la culasse et regardant la bouche du canon. Le pas de l'hélice et la profondeur de la rayure varient avec le calibre ; pour le canon de 4 rayé de campagne, la rayure a à peu près un centimètre de profondeur.

Les projectiles lancés par les canons rayés ont tous la même forme ; ce sont des projectiles creux, pouvant être employés comme boulets ou comme obus, et munis d'ailettes de zinc qui s'engagent dans les rayures.

Leur vitesse initiale est bien moins forte que dans les canons lisses, elle ne dépasse pas 300 ou 325^m par seconde ; mais, par suite de leur forme, ils subissent une déperdition notablement moindre, et finalement ils portent plus loin et avec plus de sûreté (voy. PROJECTILES, AFFÛT).

OBUSIER. — Un obusier est une bouche à feu qui lance un projectile creux appelé *obus*, destiné à agir surtout par son éclatement. La différence essentielle qui existe entre le canon et l'obusier, c'est que, dans le canon, le rayon intérieur est partout le même, tandis que, dans l'obusier, la portion AB qui reçoit la charge est d'un diamètre

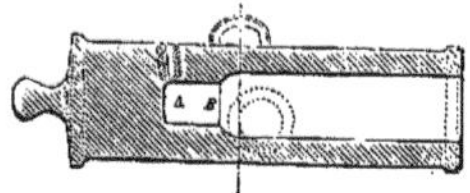

Fig. 406. — Obusier.

plus petit que le diamètre de la pièce. On la nomme *chambre*.

Les obusiers employés par l'artillerie française ont toujours été désignés par le diamètre extérieur de l'obus. Ceux qu'on employait tout récemment étaient :

Les obusiers en bronze de 0^m,22, 0^m,16, 0^m,12 ;

Les obusiers en fonte de 0^m,22 de côté, de 0^m,22 de place.

Quand l'obusier est chargé, l'obus a sa fusée (voyez FUSÉE) tournée du côté de la bouche de la pièce, sans quoi il courrait le risque d'éclater dans l'âme au moment du coup.

CANON-OBUSIER. — On a adopté, en 1853, un canon de 12 lançant à la fois des boulets et des obus ; comme le diamètre d'un boulet de 12 livres se trouve être de 0^m,12, les obus lancés par cette pièce étaient de 0^m,12. On l'a appelée *canon-obusier* de 12.

Comme mesure transitoire pour les batteries à cheval, on a en même temps adopté un ancien canon de 8, foré au diamètre 0^m,121, et on l'a nommé *canon-obusier* de 12 léger.

MORTIER. — Un mortier lance de gros projectiles creux appelés *bombes*.

Tout mortier est formé d'une bouche à feu très-courte reposant par deux tourillons sur deux flasques en fonte (voyez AFFÛT) réunis par deux entretoises en bois. Une anse faisant corps avec le mortier permet de le séparer des flasques. Tous les mortiers français sont en bronze, excepté le mortier à plaque de 0^m,32 de la marine, qui est en fonte.

L'artillerie française emploie cinq mortiers qu'on distingue par le diamètre des bombes qu'ils lancent. Ce sont les mortiers de 0ᵐ,32, 0ᵐ,27, 0ᵐ,22, 0ᵐ,15, 0ᵐ,32 en fonte.

Comme les obusiers, les mortiers ont une chambre, c'est-à-dire que l'âme se rétrécit en une cavité où on met la poudre. Les mortiers de 0ᵐ,32, 0ᵐ,27, 0ᵐ,22 qui ont une chambre tronconique sont dits *à la Gomer*. Ceux qui ont une chambre cylindrique sont dits *à la Gribeauval*.

Mortier-éprouvette. — Il sert à éprouver la poudre en lançant un globe en fonte. Il est également en fonte et a 0ᵐ,19 de diamètre intérieur.

Canons (Fabrication des). — Le métal employé pour les canons est le bronze, alliage fusible de 100 parties de cuivre et 11 parties d'étain, avec une tolérance de 1 partie d'étain en plus ou en moins. Le bronze est plus tenace et moins dur que le cuivre. Pour prolonger la durée des pièces, on y visse un cylindre en cuivre dans lequel est percée la lumière.

On moule le bronze en terre, en sable, en coquille.

Moulage en terre. — Les canons sont coulés massifs; les mortiers seuls sont coulés à noyau, de manière à être obtenus creux; leur *forage* serait trop long et trop pénible. En moulant un canon, les dimensions étant impossibles à obtenir exactement par la coulée, et devant être pourtant *réglementaires*, on se sert d'un moule plus grand que la pièce, en indiquant à peine les moulures, et l'on dégrossit ensuite jusqu'à la dimension voulue. On a soin de faire en outre un moule beaucoup plus long que ne doit l'être la pièce, et cela pour plusieurs raisons : le métal subit un retrait par le refroidissement; les crasses viennent nager à la surface; enfin la densité du métal refroidi ne serait pas assez considérable si une masse de bronze ne pesait pas sur lui pendant son refroidissement. Cette masse additive, qui peut aller en longueur jusqu'à 1 mètre ou 1ᵐ,50, se nomme la *masselotte*.

Le moule est fait en terre argileuse, mélangée de bourre de vache et imbibée de jus de crottin de cheval. La dernière de ces substances donne du liant; la bourre de vache sert à rendre solidaires les diverses couches du moule. Le moule est formé de trois parties réunies ensuite : le moule de la masselotte, celui du corps du canon, celui de la culasse. Pour chacune de ces parties, on construit un modèle, soit en terre, soit en plâtre, en entourant un *trousseau* conique en bois de paille d'abord, et ensuite de couches successives de terre ou de plâtre. Le trousseau est conique pour qu'on puisse facilement l'enlever après la confection du moule, retirer ensuite la paille et briser le modèle dans l'intérieur du moule.

Pour opérer commodément, on dispose le trousseau sur deux coussinets. Une manivelle permet de lui donner un mouvement de rotation et de faire sécher les diverses couches de terre au fur et à mesure de leur pose, en allumant du feu sous le modèle. Sans cette précaution, le rétrécissement postérieur de la terre détruirait le modèle. Une fois qu'il est achevé, on l'entoure de couches successives de terre, et on le consolide par des frettes et des tringles en fer. Le moule se trouve ainsi formé; on brise le modèle dont on le débarrasse, puis on le fait cuire entièrement par parties. Le moule de la culasse est placé dans un culot en fer, portant des crochets qui servent à le relier à celui du corps du canon. Les trois moules sont alors transportés dans une fosse profonde, voisine du métal en fusion. On les réunit ensemble en les plaçant verticalement, puis on comble avec de la terre l'espace resté vide autour d'eux. Le bronze est alors amené jusqu'à la masselotte.

Les détails de la fabrication du modèle comportent quelques opérations délicates. On arrive à faire un modèle convenable en approchant un gabarit comportant la dimension voulue et faisant tourner le trousseau. Le moule du corps du canon est le plus difficile et le plus long à cause des anses et des tourillons. Les anses placées à l'aide d'un instrument nommé *selle*, sur le modèle même, sont en cire ou en plâtre. Si elles sont en cire, une fois le moule fait, on les fait fondre et on vide ainsi la cavité qu'elles remplissent; si elles sont en plâtre, on n'attend pas que le moule soit fini pour les enlever. Dès qu'une légère couche de 0ᵐ,01 ou 0ᵐ,02 est appliquée sur elles, on les scie parallèlement à l'axe de la pièce, on retire les deux parties du plâtre (*fig.* 407) et l'on remet avec soin la calotte de terre à sa place. Pareille opération se fait pour les tourillons. Seulement, il n'est besoin de rien scier; on se contente, dès que les premières couches du moule sont placées sur le modèle, de retirer le tourillon

et de boucher l'ouverture ainsi formée par une plaque circulaire, appelée *rondelle de tourillon*.

Fig. 407. — Moulage des anses du canon.

Moulage au sable. — Dans ce moulage, les diverses parties du moule sont faites avec un modèle en cuivre qui sert toujours. Il en résulte une bien plus grande rapidité d'exécution et beaucoup d'économie. Mais il présente plusieurs inconvénients dont voici le principal. Le sable, au moment de la coulée, subit un retrait sensible; dans les petites cavités qui se produisent alors aux jointures du moule, viennent se loger des parties du métal en fusion, très-riches en étain; après le refroidissement, l'endroit où les moules s'emboîtent l'un dans l'autre est alors formé d'un métal d'une densité et d'une résistance moindres que le mélange. Néanmoins, ce procédé a bien des avantages sous d'autres rapports; il peut être perfectionné, et s'il n'a pas encore été adopté, c'est qu'il est toujours à l'étude, et que, de plus, on y réfléchit à deux fois avant de faire de nouvelles éducations d'ouvriers et de s'exposer à des écoles inévitables.

Moulage en coquille. — Il a été employé dans des cas très-pressés; mais il est mauvais et doit être rejeté. Le moule est formé de deux parties obtenues avec deux modèles dont chacun est la moitié de la pièce. Celle-ci est coulée horizontalement; or, d'après ce que nous venons de voir pour le moulage au sable, le même inconvénient se produit pour celui-ci, avec cette différence que le défaut d'homogénéité et de résistance se produit sur deux génératrices opposées de la bouche à feu et dans toute leur étendue.

La pièce étant séparée de son moule, on en exécute le *forage*, le *tournage* et le *ciselage*, opérations dont le sens est assez clair pour que nous n'insistions pas sur leur utilité. On confectionne le grain de lumière en cuivre et on le visse sur la pièce. Elle est ensuite soumise à des visites répétées, et aux épreuves du tir et de l'eau. Cette dernière consiste à comprimer de l'eau jusqu'à 4 atmosphères dans l'intérieur de la pièce. Ba.

Canons de fusil. — Le canon de fusil est un tube en fer forgé, d'une forme exactement cylindrique à l'intérieur et dont la surface extérieure présente *sensiblement* la forme d'un tronc de cône, de manière que l'épaisseur vers le fond soit plus grande qu'à l'ouverture. Le vide intérieur s'appelle *âme*. Vers la partie antérieure du canon ou *bouche* se trouvent brasés : un *guidon* qui fournit un des points de la ligne de mire, et un *tenon* qui sert à fixer la baïonnette ; sur la partie postérieure ou *tonnerre* est soudée la *masselotte*, petite pièce en acier naturel trempé très-dur, dans laquelle est percé le canal de la lumière et qui reçoit la cheminée. Le tonnerre est fermé par la *culasse*, qui porte une vis de droite à gauche, afin que les chocs du chien sur la cheminée placée sur la droite du canon ne puissent la dévisser. La culasse porte la *visière*, qui fournit le second point de la ligne de mire.

Le plus simple des canons de fusil est formé d'une lame de fer enroulée et soudée suivant une des génératrices du tube. La fabrication des autres canons diffère par quelques détails que nous indiquerons ci-après.

On doit employer dans la fabrication des canons de fusil du fer *fort* et *doux*. On prend une quantité de fer un peu supérieure au poids définitif du canon et on l'étire sous le martinet en *maquette*, barre mince, d'épaisseur uniforme, qui, vue à plat, présente la forme d'un trapèze très-allongé. La maquette, soumise à un nouvel étirage, fournit la *lame à canon*, plaque mince en forme de trapèze allongé, présentant plus d'épaisseur à la grande base qui doit former le tonnerre. La lame à canon, chauffée au rouge-cerise, est roulée en la plaçant sur une fourche de manière que la hauteur du trapèze se trouve en porte-à-faux; on obtient, en forçant la lame à entrer dans la fourche, une espèce de tube creux, et on en rapproche complétement les bords en les frappant alternativement sur l'enclume. Pour souder le canon, on se sert d'une enclume présentant des cannelures et d'une broche, tige en fer qu'on introduit dans le canon. On ne peut souder plus de 0m,05 à 0m,06 en deux chaudes et il en faut une troisième pour parer l'ouvrage; un canon de fusil d'infanterie de 1m,08 de longueur ne reçoit pas moins de soixante à quatre-vingts chaudes. En soudant le canon, l'ouvrier a soin de répartir également le métal sur le pourtour. On soude ensuite la masselotte et le canon est prêt pour le forage. Pour forer le canon, on se sert d'un banc de forerie ordinaire; les forets sont fixes; les lames ont la forme d'un tronc de pyramide quadrangulaire. On enlève très-peu de métal à la fois pour éviter plus sûrement les défauts de forage; on emploie de vingt à vingt-deux forets, qui n'agrandissent le rayon de l'âme que de 0mm,1 en moyenne. Le travail de la forge et celui du forage ont rendu le fer aigre et cassant; on est obligé de le recuire recuit de passer au polissage intérieur et extérieur. Le avant donné, il faut dresser le canon, c'est-à-dire faire disparaître les renflements ou les dépressions et les ploiements qui ont pu survenir pendant le travail. On polit l'âme et on l'amène au calibre définitif en faisant passer une série de forets qui enlèvent environ 0m,001 de métal. On enlève les irrégularités et les ondes produites par le tour; ce travail s'exécute au moyen d'une meule en grès et prend le nom d'*émoulage*. Pour que le canon soit terminé, il ne reste plus qu'à tarauder l'intérieur du tonnerre, y visser la culasse, braser le guidon et le tenon, percer la lumière dans la masselotte et donner à ces pièces leurs formes définitives au moyen de la lime et du burin.

Les considérations théoriques indiquent que la résistance d'un tube à la pression intérieure est la plus faible dans le sens des génératrices et la plus forte dans la section droite. Or, d'après la fabrication, les fibres du fer sont dirigées dans le sens des génératrices et la résistance dans ce sens n'est produite que par la cohésion des fibres, tandis que dans la section perpendiculaire elle est produite par la résistance à la rupture de tout le faisceau des fibres. Il peut, de plus, arriver que des défauts dans la soudure amènent un affaiblissement dans le sens des génératrices. On a cherché à diriger les fibres du fer et la soudure obliquement aux génératrices, afin de remédier à ces inconvénients, et on a fait les canons *tordus*, à ruban, à rubans triangulaires.

Canons tordus. — On fabrique un canon ordinaire, mais après chaque soudure, on tord la partie soudée sur elle-même; on arrive ainsi petit à petit à faire faire à peu près vingt tours aux fibres du fer. Les fibres et la soudure sont alors enroulés en hélice.

Canons à ruban. — La torsion qu'on fait subir au fer lui enlève une partie de ses qualités et peut faire changer le sens des fibres; on a enroulé autour d'un tube en tôle un ruban en fer de 0m,015 à 0m,018 de largeur sur 0m,006 d'épaisseur au tonnerre, et on l'a soudé suivant l'hélice dont le pas est de 0m,018 à 0m,020. Le tube en tôle disparaît dans le forage. Ces canons sont plus résistants que les canons tordus. On obtient d'excellents canons en formant le ruban de languettes de fer et d'acier superposées.

Canons à rubans triangulaires. — On a obtenu de très-bons canons en employant deux rubans en forme de prismes triangulaires légèrement amincis d'un bout à l'autre; on enroule un ruban, ce qui donne une vis triangulaire, dans les filets de laquelle on soude l'autre ruban. Le forage et le tournage de ces canons s'effectuent de la même manière que pour le canon simple. Si l'on trempe un canon à ruban de fer et d'acier dans une liqueur acide, les deux métaux sont diversement attaqués et on obtient des dessins variés; ces canons s'appellent *canons damas* ou *damassés*. **M. M.**

CANSTADT (Médecine, Eaux minérales). — Petite ville d'Allemagne, à 10 kilomètres de Stuttgard (Wurtemberg). Il y a plusieurs sources d'eaux salines gazeuses chlorurées sodiques, d'une température de 18 à 20° cent.; elles contiennent jusqu'à 5gr,030 de principes fixes par litre, dont le chlorure de sodium et le carbonate de chaux forment la majeure partie; de plus, 0lit,983 de gaz acide carbonique libre. Elles sont fondantes et franchement laxatives.

CANTALOUP (Horticulture). — Variété de *Melons*.

CANTHARIDES (Zoologie médicale), *Cantharis*, Geoff., Oliv.; *Meloë*, Lin., *Lytta*, Fab. — L'étymologie de ce mot n'est pas connue; seulement on sait qu'il a été employé par Aristote pour désigner un insecte qui a ses ailes dans un étui. — Sous-genre d'*Insectes coléoptères hétéromères*, du grand genre *Meloë*, de Linné, tribu des *Cantharidies*, famille des *Trachélides*; caractérisé par un corselet pres-

que ovoïde, un peu allongé et rétréci antérieurement et tronqué postérieurement, la tête un peu plus large que le corselet. Dans le petit nombre d'espèces de ce sousgenre, on remarque particulièrement la *C. des boutiques* (*Meloë vesicatorius*, Lin.), nommée aussi *C. vésicante*, *Mouche d'Espagne*, ou simplement *Mouche* (*fig.* 408). On la reconnaît à la belle couleur vert doré dont elle brille; ses élytres sont de la longueur du corps, qui est oblong, subcylindrique; ses antennes sont noires et filiformes. Ces insectes paraissent dans nos climats vers le milieu de juin; ils vivent en grandes familles dans les régions chaudes et tempérées, sur les frênes le plus souvent, ou sur les lilas, les troënes, les saules, les chèvrefeuilles, et répandent au loin une odeur particulière, vive et pénétrante, qui affecte désagréablement l'odorat. C'est au mois de juin et de juillet qu'on en fait la récolte, en secouant

Fig. 408. — Cantharide vésicante. (Long. == 0m,018.)

les arbres qu'elles habitent. On les fait périr par la vapeur du vinaigre, et, après les avoir séchées au soleil, on les conserve dans des bocaux de verre ou de faïence exactement fermés. Le corps de la cantharide est long de 0m,015 à 0m,020; elle est très-commune en Espagne, en Italie, et même en France, et, quoiqu'elle ne vive guère que huit ou dix jours, elle mange les feuilles des arbres avec une telle voracité que bientôt on les voit dépouillés de leur verdure. Leurs larves, qui vivent de racines dans la terre d'où elles ne sortent qu'à l'état parfait, ont le corps mou, d'un blanc jaunâtre; elles ont six pattes courtes et écailleuses. Une autre espèce, que Fabricius désigne sous le nom de *Villata*, se trouve aux États-Unis d'Amérique, où on l'emploie aux mêmes usages. Elle se trouve en abondance sur les pommes de terre. L'analyse chimique des cantharides, ébauchée par Thouvenel, faite avec plus d'exactitude par le docteur Beaupoil, a acquis un nouveau degré de perfection dans les mains de Robiquet, qui y a découvert, entre autres éléments, une substance particulière blanche, cristalline, insoluble dans l'eau, soluble dans l'alcool bouillant, dans l'éther et dans les huiles, et à laquelle on a donné le nom de *Cantharidine*.

Les cantharides ont été employées en médecine de temps immémorial; Hippocrate déjà les faisait prendre à l'intérieur. Elles entrent dans la composition d'un grand nombre de préparations externes surtout; ainsi, en première ligne, les *vésicatoires* (voyez ce mot), la *pommade épispastique verte*, le *taffetas vésicant*, la *teinture alcoolique*, le *vin de cantharides*, l'*huile de cantharides*, etc. Quelques-uns de ces médicaments ont été employés à l'intérieur, mais il faut qu'ils soient maniés par des mains habiles, leur usage pouvant déterminer des accidents formidables du côté de la vessie. **F—N.**

CANTHARIDIES (Zoologie). — C'est la sixième tribu de la famille des *Insectes trachélides* (voyez **CANTHARIDES**), qui forme le seul genre *Meloë*, de Linné. Elle se distingue par les crochets des tarses qui sont profondément divisés et paraissent comme doubles. La tête est généralement grosse, large et arrondie postérieurement. Ces insectes contrefont les morts lorsqu'on les saisit, et plusieurs font alors sortir par les articulations de leurs pattes une liqueur jaunâtre, caustique et d'une odeur pénétrante. Diverses espèces, les *Meloës*, les *Mylabres*, les *Cantharides*, sont employées comme vésicatoires, et quelquefois à l'intérieur comme un puissant stimulant; mais ce dernier usage est très-dangereux (voyez **MELOE**).

CANTHÈRE (Zoologie), *Cantharus*, Cuv. — Genre de *Poissons acanthoptérygiens*, de la famille des *Sparoïdes*, distingués par un corps élevé, épais, le museau court, la bouche peu fendue, mâchoires non protractiles, dents en velours ou en cardes serrées. Parmi les espèces qu'on trouve dans la Méditerranée, on peut citer le *C. vulgaire* (*Sparus cantharus*, Lin.), gris argenté, rayé longitudinalement de brun. C'est le *Canthero* de Rondelet. Sa chair est peu estimée. Une autre espèce à peu près de même couleur, connue sous le nom de *Brème de mer* (*S. brama*, Lin.), *Carpe de mer*, a une chair blanche et légère.

CANTHUS (Anatomie), du grec *kanthus*, le coin de l'œil où se forment les larmes. — On a donné le nom de *Canthus* aux *angles de l'œil* ou *commissures des pau-*

pières. Le *Petit C.* (*C. minor*) est l'angle externe. L'angle interne, *commissure interne* ou *nasale*, nommé *grand angle de l'œil*, est le *Grand C.* (*C. major*); il répond au bord postérieur de l'apophyse montante de l'os maxillaire.

CANULE (Médecine), en latin *cannula*, diminutif de *canna*, roseau. — Tube plus ou moins cylindrique, ouvert aux deux extrémités, dont on se sert dans un grand nombre d'opérations chirurgicales; les canules peuvent être en métal, en bois, en cuir, en caoutchouc; elles peuvent être flexibles, droites, courbes, etc.

CAOUANE (Zoologie). — Espèce du sous-genre des *Tortues de mer*, du grand genre *Tortues*, appartenant aux *Reptiles chéloniens :* c'est la *Testudo caretta* de Gmelin; elle a, comme les tortues franches, la carapace recouverte de plaques simplement juxtaposées; sa tête est plus grosse, et sa couleur est brune ou marron foncé; elle habite la Méditerranée aussi bien que l'océan Atlantique, et n'atteint pas des dimensions aussi considérables que la tortue franche. Sa longueur est d'environ 1^m,30, et son poids s'élève à 150 ou 200 kil. Elle est très-vorace; sa nourriture consiste principalement en mollusques; sa chair est mauvaise, et son écaille peu estimée; mais elle fournit une huile bonne à brûler.

CAOUTCHOUC (Chimie et Technologie). — Vulgairement *gomme élastique*, s'obtient par la dessiccation du suc laiteux qui s'écoule d'incisions faites à divers arbres, tels que le *Siphonia cahucha* ou *Hevea guianensis*, le *Ficus elastica*, le *Cecropia peltata*, etc., qui croissent à Java, au Brésil, à la Guyane. D'autres plantes encore peuvent en fournir; on en trouve même quelques traces dans nos Euphorbiacées indigènes; mais le caoutchouc du commerce provient presque exclusivement du *Siphonia cahucha*. Il est importé en Europe sous forme de poires lisses ou tatouées de divers dessins, et généralement de couleur brune, quoique, à l'état de pureté, il soit blanc translucide. Pour former ces poires, on fabrique d'abord des moules en terre ayant à peu près la forme d'une poire; quand ils sont secs, on les trempe dans le suc et on les expose au soleil, ou le plus souvent au-dessus d'un feu dont la fumée donne au caoutchouc sa couleur. On applique successivement de la même manière autant de couches qu'il est nécessaire pour atteindre une épaisseur convenable, puis on met la poire dans l'eau. La terre du moule se détrempe et peut être facilement expulsée.

Depuis quelques années cependant on commence à expédier en Europe le suc lui-même renfermé dans des flacons exactement remplis et bien bouchés. Ce suc, tel qu'il nous arrive, est jaune grisâtre pâle; il offre la consistance de la crème; sa pesanteur est de 1,012. Le caoutchouc s'y trouve en *émulsion*, c'est-à-dire en petits globules nageant au milieu d'une liqueur d'une autre nature. Quand le suc dans cet état est chauffé jusqu'à 100°, l'albumine végétale qu'il contient se coagule en entraînant avec elle le caoutchouc qui vient nager à la surface de la liqueur. L'alcool produit le même effet. Appliqué en couche mince sur un corps solide, il se coagule encore en une membrane de caoutchouc élastique, de couleur brun jaunâtre, pesant les 0,45 du poids du suc employé. Malheureusement, une fois qu'il est pris en masse, nous ne connaissons aucun moyen économique de le ramener à l'état d'émulsion, ce qui rendrait son emploi plus facile et plus sûr.

Le caoutchouc pur est solide, blanc, translucide. Pour l'obtenir en cet état, on mêle le suc avec 4 fois son volume d'eau additionnée d'un peu de sel marin ou d'acide chlorhydrique, et on l'introduit dans un vase profond percé en son fond d'une ouverture que l'on peut fermer à volonté. Au bout de vingt-quatre heures, le caoutchouc est monté comme une crème à la surface du liquide; on écoule celui-ci, et on le remplace par de nouvelle eau, en continuant ainsi jusqu'à ce que l'eau ne dissolve plus rien. Il ne reste plus qu'à dessécher la crème obtenue.

Le caoutchouc a une densité égale à 0,925. A une température douce, il est souple et élastique; ses surfaces exemptes de tout corps étranger et coupées récemment adhèrent et se soudent entre elles dès qu'on les met en contact les unes avec les autres, sous une faible pression. Près de 0° et au-dessous, il subit une contraction notable, devient dur, très-peu adhésif, à peine extensible, et ne reprend ses caractères primitifs qu'à 35° ou 40°.

Le caoutchouc perd beaucoup de sa ténacité et se ramollit lorsqu'il est exposé à la vapeur d'eau bouillante : chauffé de 45° à 120°, il perd sa consistance et ses morceaux deviennent de plus en plus susceptibles de s'agglu-

tiner entre eux; entre 148 et 155°, il devient visqueux et adhère aux corps durs et secs; vers 200°, il fond en répandant une odeur forte et particulière; entre 200° et 230°, il est huileux et très-brun, et conserve cet état pendant plusieurs années après le refroidissement. Une température plus élevée, à l'abri du contact de l'air, le décompose et donne lieu à la formation de plusieurs carbures d'hydrogène; l'un d'eux, l'*hevééne* ($C^{10}H^{10}$), bout à 350°; un autre bout vers 170°; c'est la *caoutchine* ($C^{10}H^{16}$). Ce dernier est, pour le caoutchouc lui-même, un des meilleurs dissolvants connus. Il présente ce caractère, de former, comme l'essence de térébenthine, avec laquelle il est d'ailleurs isomérique, une combinaison avec l'acide chlorhydrique, une espèce de camphre artificiel. Au contact de l'air, le caoutchouc prend feu et brûle avec une flamme lumineuse et enfumée.

En examinant au microscope des lamelles très-minces de caoutchouc, on y observe des pores très-multipliés, irrégulièrement arrondis, communiquant entre eux, qui se dilatent par l'absorption des liquides qui sont d'ailleurs sans pouvoir dissolvant sur cette substance. C'est ce qui explique la facile perméabilité du caoutchouc par des liquides sans action chimique sur lui.

Le caoutchouc est complétement insoluble dans l'eau et l'alcool; il l'est très-peu dans les huiles grasses. Plusieurs carbures d'hydrogène liquides obtenus par la distillation du goudron de houille, l'essence de térébenthine parfaitement anhydre, et la benzine en particulier, le sulfure de carbone et l'éther, le gonflent et le dissolvent en partie. Son meilleur dissolvant, question de prix à part, serait l'huile volatile obtenue de sa distillation; celui que l'on emploie dans l'industrie est un mélange de 6 à 8 parties d'alcool anhydre avec 100 parties de sulfure de carbone.

L'action partielle des dissolvants montre que le caoutchouc du commerce n'est pas formé d'une substance unique; en effet, M. Payen l'a trouvé composé : 1° d'un caoutchouc facilement soluble, ductile, adhésif; 2° d'une matière tenace, élastique, dilatable, peu soluble; 3° de matières grasses; 4° d'une essence; 5° d'une substance colorante; 6° de matières grasses; 7° d'une quantité d'eau qui peut s'élever à 26 p. 100. Pur, il est formé par la combinaison de 8 proportions de carbone avec 7 proportions d'hydrogène; sa formule chimique est donc C^8H^7.

L'acide chlorhydrique, tous les acides faibles, la plupart des gaz et les solutions alcalines n'exercent aucune action appréciable sur le caoutchouc; le chlore, liquide ou gazeux, l'attaque à peine; mais l'acide sulfurique et l'acide nitrique concentrés l'altèrent rapidement, surtout quand ils sont mélangés en proportions égales.

Le soufre se combine directement avec le caoutchouc, pourvu que la température soit de 140 à 160°; cette combinaison a même lieu à froid, à l'aide de dissolvants spéciaux. Suivant les conditions de l'expérience, le produit obtenu est sec, dur, fragile, ou, au contraire, d'une souplesse et d'une élasticité que les différentes températures ne changeront plus désormais. Dans ce dernier cas, il porte le nom de *caoutchouc volcanisé.*

Usages. — Les usages du caoutchouc sont très-nombreux et se multiplient chaque jour : on emploie le caoutchouc ordinaire à effacer les traces de crayon et à adoucir le papier; il entre dans la composition de quelques vernis, de colles, de mastics, après avoir été fondu et uni soit à la chaux, soit au minium; il entre en particulier dans la composition de la *colle navale* ou *glu marine*, employée au calfatage des bâtiments, et dans les constructions marines. On en fabrique des étoffes douées d'une élasticité très-grande, des instruments de chirurgie, tels que sondes, canules, bouts de sein, etc. Son inaltérabilité en présence de la plupart des réactifs chimiques, son élasticité, sa souplesse, l'ont rendu précieux et même indispensable dans les laboratoires; on en fait des tubes imperméables aux gaz et qui servent surtout à relier les tubes en verre dans les analyses; dans ce cas, le caoutchouc ordinaire a été remplacé par le caoutchouc volcanisé qui conserve mieux ses propriétés; mais ce dernier a l'inconvénient que, bien qu'inodore par lui-même, il acquiert, par son contact avec la peau, une odeur prononcée d'acide sulfhydrique, tenant à ce que la sueur réagit sur le soufre qu'il contient; aussi la plupart des nombreux appareils chirurgicaux confectionnés avec cette substance sont-ils en caoutchouc naturel. Au contraire, dans les cas où l'élasticité du caoutchouc, jointe à sa faible densité, en fait le principal mérite, comme dans les élastiques, les ressorts et tous les tissus dans la composition desquels entre le *caoutchouc filé*, c'est le caoutchouc volcanisé qu'on préfère.

Depuis quelques années on emploie le caoutchouc durci par la pression à la confection de cylindres pour la filature du lin. En l'unissant à la magnésie, au brai sec et au soufre, on lui donne assez de dureté pour qu'on ait pu l'employer avec avantage à la fabrication de peignes, de tabatières, de boîtes, et même d'objets d'ameublement, comme tables, secrétaires, commodes, etc.; c'est ce qu'on appelle le *caoutchouc durci*. Mais une des applications, jusqu'à présent la plus importante peut-être, est celle qu'on fait de cette substance à la fabrication de chaussures ou vêtements imperméables.

Les tissus imperméables sont simples ou doubles.

Les tissus simples se préparent en enduisant l'étoffe d'une couche de caoutchouc liquide ou, mieux, dissous dans un mélange de sulfure de carbone et d'alcool, et laissant sécher. Les tissus doubles sont plus difficiles à préparer. Il paraîtrait que M. Besson fabriquait de ces tissus dès 1793; M. Champion s'en occupa également en 1811; mais cette industrie était restée à l'état d'essai en France jusqu'au moment où MM. Rattier et Guibal, en important d'Angleterre le procédé de M. Mackintosh, de Glasgow, dont ils s'étaient rendus acquéreurs, lui eurent fait subir de grandes améliorations. Ces habiles fabricants emploient l'enduit de caoutchouc à l'état pâteux, afin qu'il ne puisse pas traverser l'étoffe et en salir l'extérieur; un cylindre règle l'épaisseur de la couche, et aussitôt que celle-ci a été appliquée, une seconde étoffe est appliquée dessus, et un second cylindre compresseur l'y fait adhérer, tout en égalisant encore la couche de caoutchouc dont l'excédant s'écoule par les bords du tissu. Une dessiccation lente et un apprêt convenable terminent la préparation de ces étoffes, que l'on emploie à la fabrication de paletots, de manteaux, de matelas ou coussins que l'on gonfle en y insufflant de l'air.

Le grand inconvénient de ces étoffes imperméables, employées comme vêtement, c'est qu'en préservant de la pluie elles arrêtent la circulation de l'air autour du corps, et empêchent ainsi l'écoulement des vapeurs fournies par la transpiration cutanée; aussi voit-on, dès que le temps est un peu froid, ces vapeurs se condenser sur la surface interne du vêtement qui se mouille rapidement. Cette humidité, d'une part, et de l'autre l'obstacle à la transpiration cutanée, sont deux inconvénients très-graves, et le caoutchouc n'a pas encore donné la véritable solution du problème de la fabrication de tissus imperméables. Cette solution ne sera réellement trouvée que lorsqu'on sera parvenu à faire des étoffes qui, comme le duvet de cygne, de canard ou d'oie, soient à la fois imperméables à l'eau et perméables à l'air.

Caoutchouc volcanisé. — Caoutchouc combiné avec une petite quantité de soufre qui augmente son élasticité et surtout lui donne la propriété de conserver cette élasticité par le froid et la chaleur.

MM. Hancock, de Birmingham, inventeur du procédé, et son associé Broding, volcanisent le caoutchouc à chaud, soit en immergeant des feuilles pendant dix à quinze minutes dans du soufre fondu à 120°, soit en le triturant à chaud avec 10 à 12 p. 100 de soufre, ou avec 7 p. 100 de soufre auquel on a ajouté 5 p. 100 de carbonate de plomb.

M. Parkes, de Birmingham, a imaginé un autre procédé à peu près généralement suivi aujourd'hui, et qui a l'énorme avantage de pouvoir s'appliquer à des objets tout confectionnés et de ne pas leur donner d'odeur désagréable. Les objets en caoutchouc sont plongés dans une liqueur formée par un mélange de 25 parties de chlorure de soufre liquide avec 1 000 parties de sulfure de carbone. Au bout d'une minute, ces objets sont retirés, séchés dans une étuve à 22 ou 25° traversée par un courant d'air. Dès qu'ils sont secs, ils sont plongés de nouveau dans la liqueur où ils restent une minute et demie, séchés à l'étuve, puis lavés dans une dissolution alcaline, et enfin à l'eau pure. La durée de l'immersion varie du reste un peu avec l'épaisseur des objets; mais elle doit être toujours très-courte, car si le caoutchouc prenait plus de 15 p. 100 de son poids de soufre, il deviendrait dur et cassant.

Caoutchouc en feuilles. — L'industrie fait une grande consommation de caoutchouc en feuilles et, comme cette substance est toujours d'un prix assez élevé, que l'on doit par conséquent pouvoir l'utiliser sans perte, M. Nickel a imaginé en 1837 de la traiter de la manière suivante.

Les poires livrées par le commerce, ainsi que les déchets et rognures, sont d'abord ramollis à l'eau bouillante dans une chaudière chauffée à la vapeur; elles sont ensuite laminées entre deux cylindres constamment chauffés par un filet d'eau chaude, qui, en maintenant la mollesse du caoutchouc, rendent le laminage plus facile; après trois ou quatre laminages successifs, le caoutchouc a pris la forme de longues plaques feutrées, que l'on fait dessécher à une douce température. Lorsque les plaques sont sèches, on en introduit 25 kil. dans un pétrin en fer, très-solide, et on les pétrit énergiquement pendant trois heures, de manière à en former une pâte molle, homogène, que l'on introduit immédiatement dans un moule en fonte, à parois très-épaisses, où on la soumet à la pression d'une presse hydraulique très-puissante. On obtient ainsi un gâteau dur, compacte, que l'on découpe en lames au moyen d'un couteau bien tranchant, constamment mouillé d'un filet d'eau et animé d'un mouvement de va-et-vient très-rapide, à la manière des scies des scieries mécaniques.

Caoutchouc filé. — C'est à Vienne que l'on a, dit-on, fabriqué pour la première fois des tissus avec du caoutchouc. Cette substance était découpée à la main et chaque ouvrier pouvait produire en une journée de travail de 90 à 100 mètres d'un fil irrégulier et d'un prix très-élevé, dont les usages étaient conséquemment très-bornés. Ce n'est que depuis l'importation de cette industrie en France et les perfectionnements qu'elle reçut particulièrement de MM. Rattier et Guibal, qu'elle a acquis le développement qu'on lui voit aujourd'hui.

Pour filer le caoutchouc, on coupe en deux parties égales une poire dont on a enlevé le goulot, on ramollit ces deux parties en les plongeant dans de l'eau bouillante, et on les soumet à une très-forte pression, de manière à les transformer en disques suffisamment résistants. Chaque disque est monté sur un axe en fer qui lui imprime un double mouvement de rotation lente sur lui-même, et de transport encore plus lent dans son propre plan. La machine qui produit ce double mouvement porte un arbre horizontal, sur lequel est montée la lame d'un couteau circulaire qui plonge constamment dans de l'eau froide en même temps qu'elle tourne sur elle-même avec une très-grande rapidité. Chaque rondelle de caoutchouc est découpée par cette machine en un ruban mince, dont la largeur est égale à l'épaisseur du disque et dont l'épaisseur est réglée par la quantité dont le disque avance parallèlement à lui-même à chacune de ses révolutions. Chaque ruban est ensuite découpé en lanières uniformes sur une autre machine formée par deux axes horizontaux, dont les mouvements de rotation sont dépendants l'un de l'autre et qui portent un égal nombre de couteaux circulaires faisant fonction de cisailles circulaires. L'écartement des couteaux montés sur un même arbre règle la largeur des lanières.

Une fois amené dans cet état, le caoutchouc est introduit dans de l'eau chaude qui le ramollit, puis étiré au quintuple ou au décuple par la traction d'un dévidoir sur lequel il s'enroule. Le dévidoir ainsi chargé de fil est introduit dans une chambre dont la température est maintenue aussi basse que possible. Au bout de quelques jours de cette exposition au froid, le fil a perdu son élasticité; il peut être dévidé sans reprendre sa longueur première et soumis aux opérations du tissage; puis quand le tissage est opéré, en passant sur le tissu un fer chauffé à un degré convenable, le caoutchouc reprend son élasticité et sa longueur primitive, et le tissu se rétracte d'autant.

Le filage du caoutchouc peut encore s'opérer d'une autre manière fondée sur une autre propriété de cette substance découverte par M. Gérard. On prépare une pâte de caoutchouc en employant le sulfure de carbone mêlé avec 5 p. 100 d'alcool ordinaire : celui-ci contient de l'eau qui s'oppose à une véritable dissolution. Le caoutchouc ramolli par cette liqueur se malaxe et peut être passé facilement à la filière. On obtient ainsi des fils d'un diamètre encore trop fort; mais si on les allonge au sextuple et qu'on les soumette à une température de 100°, ils conservent cette longueur qui vient de leur être donnée, et peuvent supporter de nouveau un pareil étirage. En réitérant l'opération un nombre de fois convenable, on parvient à donner aux fils un degré de finesse extrême.

Les fils de caoutchouc sont ordinairement entourés d'une gaîne en coton ou en soie au moyen d'un métier à lacets, et servent immédiatement dans cet état pour colliers ou bracelets, ou bien sont tissés aux métiers ordinaires; depuis quelque temps, cependant, on supprime cette enveloppe et on emploie, au moyen du métier à la Jacquart, le caoutchouc filé nu, en ayant soin que l'étoffe, de coton, fil ou soie, le recouvre complétement.

Mastic au caoutchouc. — L'invention du mastic au caoutchouc est due à **M.** Maissiat; il le prépare en mélangeant du caoutchouc fondu à 210° avec de la chaux éteinte, en quantité égale à la moitié du poids du caoutchouc ou égale à ce poids, suivant que le mastic doit être plus ou moins mou, tout en restant ductile. Si l'on voulait que le mastic séchât à l'extérieur, on mélangerait deux parties de caoutchouc avec une de chaux et une de minium.

Le caoutchouc n'est connu en Europe que depuis un siècle environ; un nommé Fresneau en fit la découverte à Cayenne, mais les Indiens savaient fabriquer avec lui de véritables tissus imperméables. La première description scientifique qui nous parvint du caoutchouc est due à La Condamine, en 1751.　　　**M. D.**

CAPACITÉ. — Se dit, en *géométrie*, du volume d'un corps; mais on emploie plus communément ce mot pour désigner le volume intérieur d'un vase. C'est en ce sens que l'on appelle *mesures de capacité*, le *litre* et ses dérivés, le *stère* ou mètre cube et ses dérivés qui servent d'unités pour la mesure des volumes.

En *chimie*, la *capacité de saturation* d'un acide se mesure par la quantité pondérale d'oxygène contenue dans la portion de base qui sature 100 parties en poids de l'acide. Ainsi 100 grammes d'acide sulfurique supposé anhydre, exigent pour être saturés une quantité de potasse, de soude, d'oxyde de fer, etc., telle qu'il y entre 20 grammes d'oxygène; 20 est donc la capacité de saturation de l'acide sulfurique. De même, celle de l'acide azotique, également supposé anhydre, sera 14,8; celle de l'acide carbonique, 36,36... La connaissance de cette capacité est souvent invoquée et utilisée dans la pratique (voyez Acides, Sels).

En *physique*, la *capacité calorifique* d'un corps a pour mesure la quantité de chaleur qui est absorbée par 1 kil. de ce corps, lorsque sa température monte de 1°. Cette quantité de chaleur elle-même s'appelle *chaleur spécifique* (voyez ce mot). Ces deux expressions, chaleur spécifique et capacité calorifique, sont souvent prises l'une pour l'autre.

CAPELET (Vétérinaire), du latin *caput*, tête, petite tête. — On donne ce nom à une tumeur qui se développe sur la pointe du jarret du cheval; elle peut être le résultat de chocs, de frottements contre des parties dures, ou de la fatigue, de l'usure par suite de travaux prématurés; dans ce dernier cas, le capelet est souvent incurable. Quoi qu'il en soit, c'est une tumeur arrondie, plus ou moins volumineuse, molle, sans fluctuation, indolente, le plus souvent sans *boiterie*, et qui peut exister sur un seul jarret, ou sur les deux. Le traitement consiste d'abord dans l'emploi des émollients, puis des résolutifs, des astringents; s'il devient chronique, les vésicatoires, les pommades mercurielles, iodurées, etc.; enfin, le feu, mais avec beaucoup de prudence, à cause de la dépréciation qui peut en résulter. Cette maladie passe pour difficile à guérir.

CAPELINE (Médecine), du latin *caput*, tête. — Espèce de bandage dont le but est de coiffer une partie du corps comme un bonnet coiffe la tête. On distingue la *C. des amputations*, qu'on emploie à la suite des amputations du bras, de l'avant-bras, de la cuisse et de la jambe; la *C. de la clavicule*, qu'on a surtout conseillée dans les fractures de l'apophyse acromion (voyez ce mot) et de l'épine de l'omoplate; enfin, la *C. de la tête* ou *bonnet d'Hippocrate*, employée autrefois dans les plaies du crâne, et surtout pour rapprocher les sutures écartées; il se fait avec une bande roulée à deux globes inégaux; on applique le milieu sur le front, et, au moyen des croisés et des renversés, on recouvre entièrement la tête du malade.

CAPENDU, Court-pendu, Reinette des Belges (Horticulture). — Variété de *Pomme* à laquelle on a aussi donné le nom de *Bardin*; c'est un fruit de grosseur moyenne, gris rougeâtre d'un côté, assez chargé de vermillon de l'autre; la chair en est très-fine, et l'eau très-douce et fort agréable; elle se mange de décembre à la fin de février; plus tard, lorsqu'elle est ridée, elle devient insipide. Son nom lui vient de ce qu'elle a la queue grosse et courte. Le pommier qui la produit se nomme le *fenouillet rouge*. Pline désigne déjà cette variété sous le nom de *Malum curtipendulum*.

CAPILLAIRE (Réseau), Capillaires (Vaisseaux) (Anatomie, Physiologie). — Entre les dernières ramifications des artères dans chaque partie du corps et les origines des veines qui en remportent le sang, le système circulatoire est continué par une quantité de vaisseaux excessivement fins, visibles seulement à la loupe ou au microscope,

et qui établissent la communication entre les artères et les veines; ce sont les *vaisseaux capillaires*. C'est dans leurs tubes si déliés et si ténus, que le sang éprouve les phénomènes physiologiques et chimiques qui changent sa co-

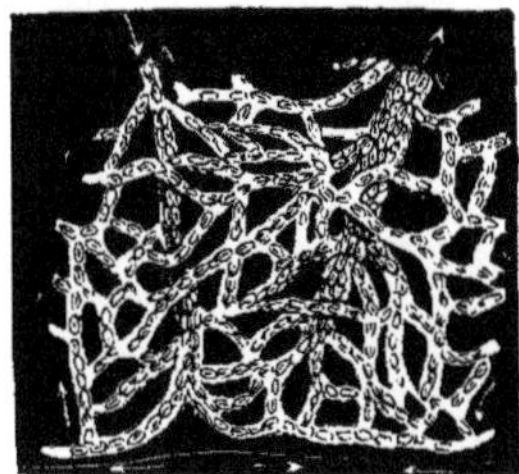

Fig. 409. — Un réseau capillaire grossi environ 200 fois en diamètre (1).

loration. Les vaisseaux capillaires, placés entre les extrémités de l'artère pulmonaire et les origines des veines pulmonaires, forment le *réseau capillaire respiratoire* où, *par la respiration, le sang noir se change en sang rouge.* Les vaisseaux capillaires répandus dans tous nos organes entre les derniers rameaux des branches de l'aorte, et les premières racines destinées à former les veines caves, constituent le *réseau capillaire nutritif;* c'est là qu'en nourrissant nos organes *le sang rouge devient sang noir.* La figure 409 montre un point de ce dernier réseau observé au microscope pendant la vie, dans la membrane qui unit les doigts de la patte postérieure d'une grenouille. Les globules que l'on voit dans l'intérieur des vaisseaux sont les corpuscules organisés que contient le sang et que l'on nomme *globules du sang;* leur mouvement même permet de suivre le courant du sang dans les vaisseaux. Pour donner une idée juste de leur calibre, je dirai que les plus fins vaisseaux de notre figure n'ont guère dans la nature que 0mm,015 de largeur. On voit en A le rameau artériel qui amène le sang; en V est la racine veineuse qui le remporte après qu'il a traversé le réseau.

CAPILLAIRE (Botanique), de *capillus*, cheveu. — Nom vulgaire d'une espèce de *Fougère*, qui est l'*Adiante cheveu de Vénus* (*Adianthum capillus Veneris*, Lin.), ainsi nommée parce que ses tiges et ses feuilles sont très-fines et simulent, jusqu'à un certain point, des cheveux. Pline prétend qu'on la désignait ainsi parce qu'on l'avait reconnue propre à faire croître et à embellir la chevelure. Cette espèce est aussi communément appelée *Capillaire de Montpellier.* C'est une plante qui habite les endroits couverts et humides de l'Europe méridionale et du nord de l'Afrique. Ses feuilles sont longues de 0m,25 à 0m,30, bipinnées, glabres, d'un beau vert, et exhalant un léger arôme dont on a tiré parti en médecine. Beaucoup trop vanté autrefois, il ne faut pourtant pas le regarder comme tout à fait inerte; le *C. de Canada* (*A. pedatum*, Lin.), jouit des mêmes propriétés. Actuellement encore on les emploie, soit en infusion, soit en sirop, pour faciliter l'expectoration dans de légères affections de poitrine. Ils forment la base du sirop de capillaire souvent prescrit dans les bronchites légères.

On donne souvent le nom de *Capillaire* à d'autres espèces de *Fougères*, telles que le *C. commun noir* (*A. nigrum*, Lin.), et le *C. blanc du polytric* (*Asplenium trichomanes*, Lin.).

Les organes des plantes fins comme des cheveux sont dits *capillaires.*

CAPILLAIRES (Physique), du latin *capillus*, cheveu. — Se dit des tubes d'un très-petit calibre intérieur, comme ceux que l'on emploie à la confection des thermomètres; se dit aussi des phénomènes auxquels les divers liquides donnent lieu dans ces tubes.

Si nous plongeons un *tube capillaire* dans de l'eau, nous verrons celle-ci s'élever dans l'intérieur du tube,

(1) Portion très-grossie du réseau sanguin capillaire de la membrane interdigitale d'une grenouille. — A, dernier ramuscule artériel. — V, premier ramuscule veineux né des vaisseaux capillaires. — *c, c,* rameaux de communication avec les autres vaisseaux capillaires.

notablement au-dessus de son niveau extérieur; nous aurons un *phénomène capillaire*. On appelle *capillarité* la force qui le produit.

Par extension, on donne le nom de *phénomènes capillaires* à des faits auxquels sont étrangers les tubes étroits, mais qui se rattachent cependant à la même cause, la capillarité.

Voici les lois auxquelles sont soumis les phénomènes capillaires :

1° Quand un tube est plongé dans un liquide qui le mouille, ce liquide est soulevé dans le tube et sa surface terminale y est concave.

2° Quand le liquide ne mouille pas le tube, ainsi que le fait le mercure, il est au contraire déprimé, et sa surface terminale est convexe.

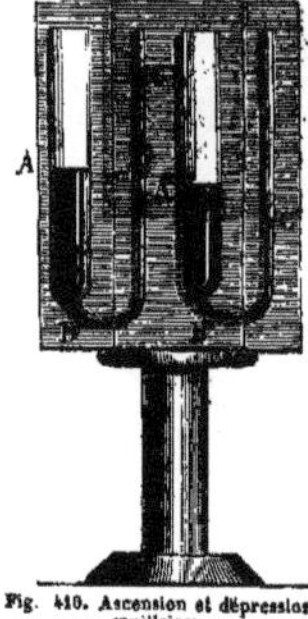

Fig. 410. Ascension et dépression capillaires.

De même, si un liquide est renfermé dans un système de vases communiquants dont l'une des branches soit capillaire, suivant que le tube sera mouillé ou non, le liquide s'élèvera ou se déprimera par rapport à son niveau naturel. C'est ce qu'on voit dans la figure 410 : le tube ABC contient de l'eau et le tube A'B'C' du mercure.

3° La hauteur à laquelle un liquide est soulevé dans un tube dont il a mouillé les parois est indépendante de la nature de ces parois; la couche excessivement mince qu'il forme à la surface, constitue le véritable tube capillaire qui produit l'ascension du liquide. Il n'en est plus ainsi quand les parois ne sont pas mouillées.

4° La hauteur de la colonne soulevée ou déprimée est d'autant plus grande que le tube est plus étroit, et lorsque le diamètre de celui-ci ne dépasse pas 0^m,002 ou 0^m,003, on peut admettre que la hauteur du liquide intérieur au-dessus ou au-dessous de son niveau extérieur est en raison inverse de ce diamètre.

5° Il n'existe aucun rapport entre les densités des liquides et les grandeurs des phénomènes capillaires qu'ils produisent.

6° Cependant, quand il s'agit d'un même liquide dont la température change, on voit la hauteur de la colonne diminuer à mesure que la température s'élève et que le liquide se dilate, et cette hauteur varier *à peu près* dans le même rapport que la densité.

7° En chauffant convenablement un liquide, on peut changer son ascension en une dépression dans un même tube.

8° Les ascensions ou les dépressions capillaires se produisent aussi bien entre des lames rapprochées, parallèles ou inclinées l'une sur l'autre, que dans l'intérieur des tubes cylindriques.

9° Toutes les fois qu'un liquide touche à un corps solide, sa surface s'infléchit vers le corps et y prend une forme concave ou convexe; elle n'est plane qu'à partir d'une certaine distance du corps. Si deux corps sont éloignés l'un de l'autre d'une quantité moindre que le double de cette distance, les deux courbures se joignent, se prolongent mutuellement en une courbe continue, et les phénomènes capillaires apparaissent.

10° La courbure de la surface d'un liquide dans le voisinage d'un corps solide est due à l'intervention de deux forces : d'une part, l'attraction du solide sur le liquide; de l'autre, l'attraction du liquide sur lui-même. C'est ensuite la courbure de la surface qui détermine l'ascension ou la dépression du liquide dans les espaces capillaires. A l'époque où Pascal rédigea son *Traité sur l'équilibre des liqueurs*, il ignorait encore l'existence des phénomènes capillaires, et cependant c'est à peu près vers cette époque qu'ils furent, pour la première fois, soumis à des observations régulières par Rho, Bonelli, Fabri, Sturmius..., et par les académiciens de Florence. Ce fut Newton qui, le premier, les rattacha à l'attraction de la matière sur la matière, à l'aide de laquelle il avait expliqué les lois du système du monde. Ce n'est, toutefois, qu'en 1808 que la théorie de ces phénomènes fut réellement établie par Laplace dans deux suppléments au X° livre de son *Traité de la mécanique céleste*.

Nous réunissons ici quelques nombres qui pourront donner une idée de l'étendue des phénomènes capillaires.

INFLUENCE DE LA NATURE DU LIQUIDE ET DU DIAMETRE DU TUBE.

Résultats obtenus par Gay-Lussac.

NOMS DES LIQUIDES.	DENSITÉ	Élév. dans un tube d'un diam. égal		
		1,294	1,904	10,508
Eau	1,0000	23,16	15,59	»
Alcool	0,8196	9,18	6,40	»
»	0,8595	9,30	»	»
»	0,9415	10,00	»	»
»	0,8135	7,08	»	0,38
Essence de térébenth..	0,8695	9,85	»	»

Table des hauteurs auxquelles s'élèvent divers liquides à la température zéro dans un tube de 0^m,001 de diamètre.

NOMS DES SUBSTANCES.	Densité.	Hauteurs.
Eau	1,000	30,73
Acide formique	1,105	20,40
Chlorure de zinc	1,364	20,12
Acide acétique	1,290	17,02
Acide sulfurique	1,840	16,80
Solution de potasse	1,274	15,40
Essence de citron	0,838	14,46
Essence de citron (2me espèce)..	0,866	13,90
Pétrole	0,847	13,90
Essence de térébenthine	0,890	13,52
Éther acétique	0,905	12,20
Alcool	0,821	12,10
—	0,927	12,82
—	0,967	14,54
Éther	0,737	10,80
Sulfure de carbonne	1,290	10,20

La capillarité influe certainement sur l'ascension de la séve dans les plantes. Il ne faudrait pas, toutefois, lui attribuer un rôle trop important. Pour qu'il y ait force capillaire, il faut que le filet liquide soulevé ait une surface terminale concave. Dès que cette concavité disparaît, la capillarité cesse. La capillarité ne pourrait donc exister dans des tubes fermés et pleins, quelque déliés qu'ils fussent, et elle ne peut suffire à expliquer la circulation de la séve dans les végétaux, ni en particulier le double phénomène que l'on observe sur une branche de vigne coupée transversalement. La séve s'élève dans le bout supérieur à l'encontre des forces capillaires qui prennent naissance à l'extrémité inférieure des vaisseaux : dès qu'ils commencent à se vider, la séve monte également dans le bout inférieur pour se déverser au dehors par la surface de la section, bien qu'il ne puisse y exister aucune force capillaire, tous les canaux plongeant, par leur extrémité supérieure, dans une goutte de séve à surface convexe. C'est l'*endosmose* et l'*aspiration* des feuilles qui interviennent dans ce cas. Il y a aussi l'action très-puissante, mise en évidence par les expériences de M. Jamin, provenant de ce que la colonne liquide n'est pas continue, mais interrompue par des bulles d'air de façon à former un véritable chapelet liquide.

La capillarité n'en joue pas moins un rôle marqué dans la nature; c'est elle qui produit l'imbibition des corps poreux mis, par leur surface, en contact avec un liquide qui les mouille, et qui fait, par exemple, monter l'huile dans nos mèches de lampe. C'est elle également qui fait monter peu à peu à la surface du sol, à mesure que cette surface se dessèche, l'humidité des couches inférieures. Si cette eau qui imprègne le sol tient en dissolution des substances salines, ces substances sont entraînées avec elle, puis abandonnées par elle à la surface du sol à mesure que l'évaporation s'effectue. C'est ainsi que se produisent par exemple une foule d'efflorescences salpêtrées qui apparaissent dans certaines contrées, comme aussi à la surface des murs humides. Le salpêtre de *houssage*, des pays orientaux, est porté à la surface de la terre par un effet du même genre.

Dans les observations barométriques très-précises, il est nécessaire de tenir compte de la capillarité qui tend généralement à déprimer la colonne de mercure soulevée (voyez BAROMÈTRE). M. D.

CAPILLARITÉ. — Voyez CAPILLAIRES.

CAPILLUS VENERIS (Botanique). — Voyez ADIANTE, CAPILLAIRE.

CAPISTRUM (Zoologie). — Mot latin qui signifie muselière; c'est, dans les oiseaux, la partie de la tête qui entoure la base du bec.

CAPITAINE (Zoologie), nom donné à plusieurs animaux très-différents. Ainsi, parmi les *Oiseaux*, on a désigné ainsi un *Gros-bec* d'Afrique (voyez ce mot); parmi les *Poissons* : 1° les *Lachnolaimes*, de Cuvier, genre d'*Acanthoptérygiens labroïdes*, qui viennent d'Amérique; 2° l'*Érémophile mutisien*, de l'ordre des *Malacoptérygiens apodes*, famille des *Anguilliformes*, poisson de l'Amérique méridionale, très-bon à manger, et nommé ainsi dans le pays. Enfin, quelques *Mollusques* des genres *Cone* et *Came* sont désignés vulgairement sous ce nom.

CAPITALE (Poudre), *Poudre de Saint-Ange*, *Poudre sternutatoire* (voyez Poudre).

CAPITÉ (Botanique). — Terme qui s'applique aux organes des plantes réunis ou renflés en tête à leur sommet. Les poils sont capités sur la tige de la fraxinelle, etc. Le stigmate épais, arrondi, est captivé dans la belladone, les balisiers, les volubilis, la perveuche, etc.

CAPITO (Zoologie).—Nom donné par Vieillot au genre d'oiseaux nommé *Barbu* (*Bucco*, Cuv.) (voyez Barbus).

CAPITULE (Botanique). — Ce nom s'applique à une sorte d'inflorescence ou disposition des fleurs résultant du non-prolongement des axes des fleurs ; c'est-à-dire que celles-ci se trouvent disposées en tête ou en boule. Si l'axe était prolongé, les fleurs extérieures se trouveraient au bas de l'inflorescence, et celles du centre par conséquent au sommet. Ce qui a fait dire à de Mirbel que le capitule est une sorte d'épi très-peu développé. Le capitule, dont la *Scabieuse fleur des veuves* offre un bon exemple, est presque toujours accompagné de bractées et garni d'un involucre. La *calathide* n'est qu'une modification du capitule (voyez ce mot).

CAPOTE (Vétérinaire). — Espèce de bandage matelassé en toile, dont on recouvre la tête d'un cheval pour pouvoir le maintenir pendant certaines opérations. On appelle *capote fumigatoire* un conduit en toile qu'on fixe au nez de l'animal pour lui donner une fumigation.

CAPPARIDÉES (Botanique).—Petite famille de plantes *Dialypétales hypogynes*, voisine des Crucifères. Elle comprend des végétaux à feuilles alternes, simples ou composées. Calice à 4 sépales libres ou soudés ; pétales 4 ou quelquefois nuls ; étamines en nombre quaternaire ou indéfini, insérées sur un réceptacle allongé ou globuleux, et souvent glanduleux; ovaire libre à une seule loge; fruit siliqueux ou bacciforme. Cette famille se divise en deux tribus, celle des *Cléomées*, qui comprend des herbes ou sous-arbrisseaux à fruits secs déhiscents, et celle des *Capparées*, comprenant des arbres ou arbrisseaux à fruits charnus indéhiscents. Les Capparidées habitent les régions tropicales et subtropicales, plus particulièrement de l'Afrique et de l'Amérique. — Genres principaux : *Cléomé* (*Cleome*, Lin.) ; *Polanise* (*Polanisia*, Rafin.) ; *Câprier* (*Capparis*, Lin.) G — s.

CAPRAIRE (Botanique), *Capraria*, Lin., dérivé de *capra*, en latin, chèvre. Les feuilles d'une espèce passaient pour être très-recherchées de cet animal.— Genre de plantes de la famille des *Scrophularinées*, tribu des *Siôthorpiées*. Il comprend des plantes vivaces, quelquefois sous-arborescentes, à feuilles alternes, dentelées. Le calice est à 5 divisions ; la corolle est campanulée ; les étamines, au nombre de 4 ou 5, sont sagittées ; la capsule est à 2 sillons, et s'ouvre en 2 valves. La *C. à deux fleurs*, vulgairement *thé du Mexique* (*C. biflora*, Lin.) est une herbe à feuilles oblongues, lancéolées et à fleurs blanches. On s'en sert en guise de thé. G — s.

CAPRES (Botanique). — On appelle ainsi les boutons à fruits du *câprier*, confits au sel et au vinaigre, et vendus comme condiments (voyez Câprier).

CAPRICORNE (Zoologie), *Cerambyx*, Lin. — Grand genre d'*Insectes coléoptères*, famille des *Longicornes*, tribu des *Cérambycins*, ainsi nommés à cause de la longueur de leurs antennes qu'on a comparées aux cornes des chèvres (*capra*). C'est là, en effet, un de leurs caractères les plus remarquables (*fig.* 411); ces antennes ont des articulations nombreuses ; elles sont ordinairement plus longues que le corps, qui est lui-même très-allongé, supporté par des pattes grêles. Outre l'élégance de leurs formes, la vivacité de leurs mouvements, et souvent la richesse de leurs couleurs, quelques espèces se distinguent encore par une odeur très-agréable, ou par le son qu'elles produisent lorsqu'elles éprouvent quelque contrariété. Leurs larves vivent en général sous les écorces; leur corps est mou, allongé, aplati, presque quadrangulaire ; chaque espèce paraît attachée à une nature de bois en particulier, et c'est toujours aux vieux arbres qu'elles s'attaquent. Dans la classification du *Règne animal*, ce genre se trouve subdivisé en sous-genres dont

les principaux sont : les *Callichromes* (*Callichroma*, Latr.) (voyez ce mot) ; les *Acanthoptères* (*Acanthoptera*, Latr.) dont une des plus jolies espèces est le *C. des Alpes*, *Acanthoptère rosalie* (*C. alpinus*, Lin.), d'un bleu cendré, avec des taches noires sur les élytres, dont deux au-de-

Fig. 411. — Capricorne des Alpes. (Long. 0ᵐ,033.)

vant du corselet, et deux au milieu, plus grandes et formant une bande. C'est la plus belle espèce que nous ayons en France; elle est fort rare à Paris, et on la trouve quelquefois dans les chantiers où elle est apportée avec les bois qui viennent du Midi. Viennent ensuite les *Capricornes* proprement dits (*Cerambyx*, Lin.), dont il sera parlé tout à l'heure ; enfin, les *Callidies* (*Callidium*, Fabr.) (voyez ce mot) constituent encore un sous-genre très-intéressant.

CAPRICORNE PROPREMENT DIT. — Sous-genre du grand genre précédent, caractérisé par des antennes longues, sétacées, le corselet tantôt presque carré et un peu dilaté au milieu, tantôt oblong et presque cylindrique, souvent rugueux. On y distingue surtout le *C. héros* (*C. heros*, Fab. Oliv.), le *Grand C. noir chagriné;* c'est la plus grande espèce de notre pays; long de 0ᵐ,04, noir, le bout des élytres brun et prolongé en une petite dent; il a le corselet très-ridé, les antennes simples; on le trouve fréquemment aux environs de Paris. Sa larve creuse des trous profonds dans le tronc des gros chênes et leur fait beaucoup de tort. Cuvier pense que c'est peut-être le *Cossus* des anciens.

CAPRIER (Botanique), *Capparis*, Lin. — Ce nom vient du mot arabe *kabar*; les Grecs en ont fait *kapparis*, puis les Français *câpre*. — Genre de plantes type de la famille des *Capparidées*, dont les espèces sont des arbres ou des arbrisseaux à feuilles simples; fleurs blanches ou verdâtres. Parmi les nombreuses espèces de ce genre, le *C. commun* (*C. spinosa*, Lin.) est la plus importante. C'est un arbuste très-rameux, élevé à peu près de 1 mètre ; ses tiges sont souples, glabres, ses stipules épineuses, et ses feuilles entières, arrondies, lisses. Les fleurs de ce câprier, axillaires et solitaires, sont blanches, avec des étamines purpurines. Originaire de l'Asie, cette espèce se cultive beaucoup dans l'Europe méridionale. Elle est très-abondante dans la Provence, où elle est désignée sous le nom de *Tapenier*. Plusieurs autres espèces donnent de belles fleurs qui sont d'un joli effet dans les serres chaudes. On cultive le câprier pour les jeunes boutons de ses jolies fleurs, que l'on nomme *câpres*. Lorsqu'ils sont frais, ils sont légèrement odorants et ont une saveur piquante à cause de l'huile volatile qu'ils contiennent. On les cueille et on les passe au crible pour choisir les plus petits, qui sont les plus estimés ; puis on les met dans le vinaigre pendant une quinzaine de jours, et on les conserve dans des vases clos. On fait aussi confire de même les jeunes fruits du câprier qui sont des siliques ; dans cet état, on leur donne le nom de *cornichons de câprier*. Ces deux préparations sont employées comme assaisonnements, et sont douées de propriétés excitantes qui facilitent la digestion chez les individus d'une constitution molle ; elles entrent dans plusieurs préparations culinaires. L'écorce de la racine de câprier était employée en médecine et placée au nombre des cinq racines apéritives mineures; elle a été employée aussi dans la chlorose, les cachexies, etc. Ce médicament est abandonné aujourd'hui, peut-être à tort. Caract. du genre : sépales concaves; 4 pétales ouverts; étamines longues et nombreuses; ovaire longuement pédicellé ; stigmate sessile, obtus; fruits siliqueux pulpeux. G — s.

CAPRIFICATION (Économie domestique). — Très-ancien procédé pratiqué encore aujourd'hui dans le Levant, pour hâter ou faciliter la maturité des *figues*. Ce nom vient de *caprificus*, figuier sauvage (voyez Figue, Figuier).

CAPRIFOLIACÉES (Botanique). — Famille de plantes *Dicotylédones gamopétales périgynes* renfermant en général des arbrisseaux à feuilles opposées, entières, sans stipules, ou découpées et munies alors de stipules. Elles habitent particulièrement les régions tempérées et froides de l'Amérique septentrionale, de l'Asie et de l'Europe. On les divise en deux tribus : 1° les *Lonicérées*, caractérisées par une corolle tubuleuse à limbe régulier ou irrégulier et un style filiforme. Genres principaux : *Symphorine* (*Symphoricarpos,* Dill.), *Dierville* (*Diervilla,* Tourn.), *Chèvrefeuille* (*Lonicera,* Desf.), *Linnée* (*Linnæa,* Gron.) ; 2° les *Sambucinées,* caractérisées par une corolle régulière, rotacée, à 5 lobes plus ou moins profonds et 3 stigmates sessiles. Genres principaux : *Sureau* (*Sambucus,* Tourn.), *Viorne* (*Viburnum,* Lin.). Caract. de la famille : calice adhérent avec l'ovaire, à 5 dents ; corolle épigyne, quinquéfide, étamines insérées sur la corolle et en nombre égal à celui des lobes, ovaire infère à 2-5 loges ; fruit bacciforme souvent pulpeux.　　G — s.

CAPRILIQUE, Caprique, Caproïque (Acides) (Chimie). — Ces trois acides se montrent à l'état de combinaison saline quand le beurre est saponifié. Lorsqu'on emploie la potasse pour cette saponification, on obtient un mélange de *butyrate,* de *caproate,* de *caprate* et de *caprilate de potasse.* En précipitant la potasse par l'acide tartrique à l'état de bitartrate de potasse, et saturant la liqueur devenue acide par l'eau de baryte, on obtient les quatre sels de baryte correspondants. Il n'y a plus qu'à les séparer les uns des autres, en se fondant sur leur inégale solubilité dans l'eau, et à les décomposer individuellement par l'acide sulfurique pour avoir chacun des acides à l'état de liberté. Ainsi, le mélange de quatre sels, traité par un peu d'eau froide, lui abandonne le butyrate et le caproate ; cette première dissolution abandonnée à elle-même dans un lieu chaud, laisse cristalliser le caproate à peu près pur. Le résidu, caprate et caprylate, est dissous dans l'eau bouillante qui, par une concentration convenable, laisse déposer le caprate et retient le caprylate. Voici les principales propriétés des trois acides indiquées parallèlement.

ACIDE CAPROÏQUE.	ACIDE CAPRIQUE.	ACIDE CAPRILIQUE.
Liquide aux températures ordinaires, bout à 200°. Odeur piquante de la sueur.	Solide jusqu'à 120°, bout au-dessus de 250°. Odeur de bouc.	Solide jusqu'à 150°, bout à 240°. Odeur de l'acide sébacique.

Ces acides se retrouvent aussi parmi les produits de l'oxydation de l'acide oléique par l'acide azotique, et dans la saponification du beurre de cacao. L'acide caprique a été aussi obtenu en oxydant l'essence de rue par l'acide azotique. Les acides caproïque et caprilique ont été obtenus à l'état anhydre par M. Chiozza. Les principaux chimistes qui ont découvert et étudié ces acides, sont MM. Chevreul, Chiozza, Lerch, Brazier, Gossleth, Gerhardt, Fehling, Gluckelberger.　B.

CAPRIMULGIDÆ (Zoologie). — Dans la classification de Ch. Bonaparte, c'est une famille de la tribu des *Volucres,* ordre des *Passeres ;* parmi les genres dont se compose cette famille, on trouve le genre *Caprimulginæ,* c'est le grand genre *Engoulevent* de Cuvier.

CAPRIMULGUS (Zoologie), *Caprimulgus,* Lin. — C'est l'*Engoulevent* de Cuvier (voyez ce mot). Les mots *Caprimulgus, Tette-vache, Ægothelas,* viennent de l'idée populaire que ces oiseaux tettent les chèvres.

CAPROMYS (Zoologie), Desm., du latin *capra,* chèvre, *mus,* rat; *Houtia,* Cuv. — Genre de *Mammifères Rongeurs,* du grand genre *Mus* de Linné, ayant la forme et l'ensemble de structure de rats énormes, qui atteindraient la taille du lièvre et du lapin ; ils se distinguent par quatre molaires partout à couronne plate ; cinq doigts aux pieds de derrière, et quatre avec un rudiment de pouce à ceux de devant ; leur queue est ronde et peu velue ; les deux espèces connues habitent Cuba. Le *C. de Fournier* (*Houtia Congo*), de la taille d'un lapin, est brun mêlé de fauve ; il est connu à Cuba sous le nom de *Chemis.* Le *C. prehensilis* (*Houtia Caravalli*) est plus rare et plus petit ; il est roux, mêlé de gris. Ils étaient regardés autrefois par les indigènes comme un de leurs meilleurs gibiers avec les *agoutis.*

CAPRON, Caperon (Botanique). — Fruit du *Capronier,* espèce de *Fraisier.*

CAPSICUM (Botanique), *Capsicum,* Lin. — Nom latin du *piment.*

CAPSULAIRE (Botanique). — Terme qui s'applique à un fruit sec présentant la nature de la capsule. Certains botanistes comprennent, sous le nom général de fruits capsulaires, les fruits simples qui s'ouvrent à la maturité comme le légume, la silique et la silicule, la pyxide et la capsule.

CAPSULE (Anatomie). — Ce nom a été donné à des parties qui ne se ressemblent nullement, ainsi qu'on va le voir. — *Capsules articulaires, capsules fibreuses, ligaments capsulaires ;* ce sont des appareils ligamenteux disposés par couches membraneuses, qui enveloppent certaines articulations, comme celles de l'épaule, de la hanche, du genou, etc. — *Capsule du cœur ;* c'est le nom que Paracelse donnait au *péricarde.* — *Capsule cristalline* (voyez Cristallin). — *Capsule de Glisson,* espèce de membrane décrite par Glisson ; c'est un tissu cellulaire très-dense, qui environne les ramifications de la veine porte (voyez Foie). — *Capsules surrénales* ou *atrabilaires, reins succenturiaux,* corps aplatis, triangulaires, situés au-dessus des reins qu'ils recouvrent comme ferait un casque. Ce sont des espèces de sacs sans ouverture, à parois épaisses, d'un tissu granulé, grisâtre tout particulier ; leur cavité renferme un liquide visqueux, peu abondant, d'une couleur brune, jaunâtre ; on croit que c'est l'*atrabile* des anciens, à laquelle ils ont fait jouer un si grand rôle dans un grand nombre de maladies. — *Capsules synoviales ;* sacs sans ouvertures, en manière de membranes séreuses destinées à sécréter la *synovie,* et placées aux articulations et au voisinage de certains tendons.

Capsule (Botanique), du grec *kapsa,* boîte. — Terme par lequel on désigne un fruit sec dont les carpelles s'ouvrent d'eux-mêmes à la maturité. Ce nom s'applique en général à tout fruit sec qui ne rentre pas parmi les légumes, comme dans le pois ; parmi les siliques ou silicules, comme dans les Crucifères, parmi les pyxides, comme dans le mouron rouge. A vrai dire, ces différentes sortes de fruits sont des modifications bien caractérisées de la capsule. Suivant le nombre de loges dont elle est formée, la capsule est dite *uni-bi-tri-quadriloculaire,* etc., et *multiloculaire* si ses loges sont nombreuses. Il en est de même pour le nombre de valves qu'elle forme en s'ouvrant à la maturité ; on fait précéder le mot *valve* des expressions *uni, bi, tri,* etc.

Capsule (Pharmacie). — Espèce de bols ou grosses pilules composés d'une enveloppe plus ou moins solide dans laquelle on renferme des médicaments liquides, très-désagréables au goût. On a employé les capsules surtout pour administrer le baume de copahu ; les premières ont été faites en gélatine ; plus tard, on a employé le gluten, dont la digestion se fait plus rapidement dans l'estomac, ce qui permet une absorption plus rapide du médicament. Depuis lors, on a fait usage des capsules pour plusieurs autres médicaments.

Capsules de guerre (Artillerie). — On appelle *capsules* les amorces fulminantes employées pour les armes portatives ; ce sont en général de petits cylindres en cuivre embouti, fermés par un bout, ouverts par l'autre. Pour prévenir les éclats, on pratique des fentes suivant des génératrices du cylindre, de manière à rendre plus facile l'épanouissement du métal.

On place au fond du cylindre une matière fulminante composée de deux parties de fulminate de mercure et d'une partie de salpêtre ; le salpêtre n'a d'autre but que de rendre le fulminate moins explosif.

Les capsules de guerre sont toutes fabriquées à la capsulerie de Paris ; elles présentent à l'ouverture un petit rebord qui les rend plus faciles à manier. On se sert, pour la confection des capsules, de bandes de cuivre de 0ᵐ,0004 d'épaisseur ; ces bandes, sous l'action de trois balanciers, sont d'abord découpées en étoiles à six branches ; ensuite, les étoiles sont embouties en cylindres, et enfin les rebords sont rabattus. Les capsules vides sont placées sur une plaque de fer percée de petits trous, et sont chargées de 0ᵍ,04 de composition fulminante ; on introduit dans les capsules des poinçons, et à l'aide d'une espèce de laminoir, on presse la matière fulminante afin de lui donner une certaine consistance ; pour la préserver de l'humidité, on verse dessus une goutte de vernis à la gomme laque (500 grammes gomme laque, dissous dans un litre d'alcool à 95° à l'alcomètre).

A l'exposition universelle de Paris, en 1855, on avait exposé une machine qui découpait les bandes de cuivre en étoiles et fabriquait la capsule.　M. M.

CAPUCHON (Botanique). — On donne ce nom aux sépales ou pétales présentant un prolongement redressé et ouvert antérieurement comme un capuchon ou un casque. Cette forme se rencontre à la partie postérieure de la fleur dans l'ancolie et l'aconit.

CAPUCINE (Botanique), de la forme de capuce ou capuchon que présente l'éperon de cette plante. Nom vulgaire du genre *Tropæolum*, Lin., du grec *tropaion*, trophée. La feuille des capucines ressemble à un bouclier et leur fleur à un casque vide. — Les capucines constituent le seul genre de la famille des *Tropéolées*. Ce sont des herbes grimpantes, à saveur âcre et piquante, qui a valu à la petite et à la grande capucine (*T. minus*, Lin., et *T. majus*, Lin.) le nom de *Cresson du Pérou*. Ces deux plantes ont des variétés à fleurs doubles ou colorées d'un pourpre mordoré. Elles sont non-seulement employées dans l'ornement, mais elles sont utiles en économie domestique. On sait que les boutons et les fruits verts de la capucine sont un assez agréable assaisonnement lorsqu'ils sont confits dans le vinaigre. On raconte que, par un soir de forte chaleur, la fille de Linné observa une lumière très-vive qui se dégageait, comme des étincelles électriques, des fleurs de la grande capucine. La *C. tubéreuse* (*T. tuberosum*, Ruiz et Pavon) et la *C. azurée* (*T. azureum*, Bot. mag.), originaires du Chili, ont des racines amylacées, qui peuvent servir d'aliment. La première est d'un usage assez fréquent dans le Pérou. On connaît aujourd'hui plusieurs variétés de capucines, toutes fort remarquables par l'élégance de leur forme, la beauté et la singularité de leurs fleurs. Au moyen des semis, on a obtenu quelques individus à fleurs doubles; mais surtout des fleurs plus grandes et diversement colorées, ainsi, brunes, pourpres, panachées, jaunes, blanches, etc. Caract. du genre : calice à 5 sépales inégaux, plus ou moins soudés, et prolongés en un éperon; 5 pétales irréguliers, tordus en spirale avant l'épanouissement, les 3 inférieurs petits ou nuls; 8 étamines distinctes; 1 style; fruit de 2-3 coques ou akènes indéhiscents. G—s.

CAPULOIDES (Zoologie). — Famille de *Mollusques gastéropodes pectinibranches*, établie par Cuvier et caractérisée ainsi : coquille largement ouverte, à peine turbinée, sans opercule, sans échancrure ni siphon; elle comprend les genres *Cabochons, Crépidules, Navicelles, Calyptrées, Siphonaires*.

CAPULUS (Zoologie), *Capulus*, Montf. — Nom latin du *Cabochon* (voyez ce mot).

CAPVERN (Médecine, Eaux minérales). — Village de France, arrondissement et à 13 kilomètres E. de Bagnères-de-Bigorre, où il existe des eaux sulfatées calciques, contenant une quantité sensible de fer. Température, 24° cent., fondantes et diurétiques; on les emploie dans les engorgements du foie, de la rate, dans la gravelle, etc.

CAQUE-SANGUE (Médecine), des deux mots latins *cacare* et *sanguis*. — On désignait autrefois par ce nom, en médecine, toutes les déjections alvines sanguinolentes, qu'on appelle aujourd'hui *dyssenterie* (voyez ce mot).

CARABES (Zoologie), *Carabus*, Latr. — Genre d'*Insectes coléoptères pentamères*, famille des *Carnassiers*, tribu des *Carabiques*, section des *Grandipalpes*; caractérisé par des élytres terminées en pointe; un labre bilobé ou fortement échancré, abdomen ovale, ailes nulles ou rudimentaires. Ces insectes, qui se trouvent surtout dans toutes les contrées froides et tempérées, ont le corps allongé, souvent bronzé ou d'un vert doré en dessus, cuivreux ou violet dans d'autres, deux yeux arrondis et saillants; les antennes filiformes un peu plus longues que la moitié du corps; les mandibules fortes; ils comptent parmi les plus grands coléoptères que nous ayons; ils sont voraces, fort agiles, et on les voit souvent courant à terre dans les champs, dans les jardins, dans les bois. Ils se nourrissent, en général, à l'état de larves comme à l'état

Fig. 412. — Carabe doré.

parfait, de larves, de chenilles ou d'autres insectes qu'ils saisissent avec leurs fortes mandibules, et souvent même ils se dévorent entre eux. Ils répandent une odeur forte et désagréable, et lorsqu'on les prend ils font sortir par la bouche ou par l'anus une liqueur noirâtre, très-âcre et très-irritante, d'une odeur

fétide. Les anciens paraissent avoir regardé ces insectes comme un poison pour les bœufs qui en avalaient avec l'herbe qu'ils mangeaient; voilà pourquoi Geoffroy leur donna le nom de *Buprestes*. Le vulgaire confond, en général, les carabes avec les cantharides, et leur attribue les mêmes vertus. Le *C. doré* (*C. auratus*, Lin.), qu'on nomme vulgairement le *Jardinier* (*fig.* 412), long de 0ᵐ,025, d'un vert doré en dessus et noir en dessous, a les premiers articles des antennes et les pieds fauves; ses élytres sont sillonnées, avec trois côtes unies sur chaque. On ne trouve plus ce carabe au midi de l'Europe, à moins que ce ne soit quelquefois dans les montagnes. On peut encore citer parmi les espèces le *C. violet*, le *C. enchaîné*, le *C. granulé*, etc.

CARABIQUES (Zoologie), *Carabici*, Latr. — Nombreuse tribu d'*Insectes coléoptères pentamères*, famille des *Carnassiers*. Ils se nourrissent de proie vivante et surtout d'insectes qu'ils attrapent à la course; ils ont le corps oblong, les yeux saillants, la tête ordinairement plus étroite que le corselet, et les mandibules, qui sont entièrement découvertes, le plus souvent simples ou sans fortes dentelures. Ils répandent presque tous une odeur désagréable (voyez CARABE). Les larves ont le corps allongé, presque cylindrique, la tête grande, écailleuse, armée de deux fortes mandibules; deux antennes courtes et coniques. Ils se cachent dans la terre, sous les pierres, sous les écorces des arbres, et sont, pour la plupart, très-agiles; cette tribu très-nombreuse est d'une étude difficile; Cuvier y établit d'abord deux divisions : la première se distingue par les palpes extérieurs qui ne sont point terminées en manière d'alène; leur dernier article n'est point réuni avec le précédent. Ils se subdivisent en six sections qui renferment plus de quatre-vingt-dix genres. — Première section : les *Troncatipennes*, vingt-quatre genres dont les principaux sont : les *Aptines*, les *Brachines*, les *Odacanthes*, les *Dryptes*, les *Lébies*. — Deuxième section : les *Bipartis*, quinze genres; les principaux sont : les *Encélades*, les *Carénums*, les *Scarites*, les *Oxygnathes*, les *Ditómes*. — Troisième section; les *Quadrimanes*, six genres, les principaux sont : les *Daptes*, les *Harpales*. — Quatrième section : les *Simplicimanes*, quatorze genres, parmi lesquels on remarque, les *Féronies*, les *Myas*, les *Calathes*. — Cinquième section : les *Patellimanes*, dix-sept genres, dont les principaux sont : les *Chlænies*, les *Loricères*, les *Panagées*. — Sixième section : les *Grandipalpes*, quinze genres; les principaux sont : les *Procrustes*, les *Carabes* proprement dits, les *Calosômes*, les *Omophrons*, les *Élaphres*. — La seconde division est distinguée de la précédente par la forme des palpes extérieurs dont l'avant-dernier article, en forme de cône renversé, se réunit avec le suivant; elle forme une septième section, celle des *Subulipalpes*, divisée en deux genres, les *Bembidions* et les *Tréchus*.

CARACAL (Zoologie), *Felis caracal*, Lin. — Espèce de *Mammifères carnassiers*, du genre *Chat*, très-voisin des *Lynx*; il est roux vineux, presque uniforme; Cuvier dit que c'est le vrai Lynx des anciens. De Perse et de Turquie. Les Turcs l'appellent *karrah-kulak*, d'où Buffon a fait caracal.

CARACARA (Zoologie), nom indigène; *Polyborus*, Vieillot; *Falco*, Lath. — Genre d'*Oiseaux de proie*, du grand genre *Faucon*, section des *Ignobles*. Voici comment s'exprime Cuvier à leur sujet. « L'Amérique produit des aigles à longues ailes, à tarses nus, écussonnés, où une partie considérable des côtés de la tête, et quelquefois de la gorge, est dénuée de plumes; on leur a donné le nom de *Caracara*, » qui vient d'un cri particulier que ces oiseaux poussent en renversant la tête en arrière; celui de *Polyborus* vient du grec *polu*, très, et *boros*, gourmand; ils sont en effet très-voraces, mangent de tout, et ne redoutent pas le voisinage de l'homme dont ils dévorent avec avidité tout ce qu'il a pu laisser à la suite de ses repas; ils se nourrissent de reptiles, de mollusques, d'insectes même, d'oiseaux aquatiques et autres, de petits quadrupèdes, etc. Le *C. ordinaire*, *Falco brasiliensis*, Gm.; *Polyb. vulgaris*, Vieill. (0,65 de long), rayé en travers de blanc et de noir, des plumes effilées, blanches à la gorge, une calotte noire, un peu prolongée en huppe; les couvertures des ailes, les cuisses et le bout de la queue noirâtres. C'est l'oiseau de proie le plus nombreux au Paraguay et au Brésil. Lorsqu'il est poussé par sa gourmandise, il est assez courageux pour enlever aux autres oiseaux de proie les chairs qu'ils dévorent, et pourtant il est lâche au point de se laisser harceler et mettre en fuite par les petits oiseaux, tels que les moqueurs, les hirondelles, les petits passereaux de toutes espèces. Il fait son nid, en général, à la cime des grands arbres, et la femelle y pond deux œufs. D'Azzara, qui a établi une famille des *Caracaras*, a ajouté à l'espèce citée plus haut deux autres espèces; l'une, qu'il a nommée *Chimanzo*, est le *C. chimango* (*P. chimango*, Vieill.); et l'autre, *Chimachima* d'Azzara, est le *P. chimachima*, de Vieillot.

CARACOLE, Caracolle ou Caracalla (Botanique), de *car*, tête, et *cal*, couverture, en celtique. La caracalle était un vêtement à capuchon.— Les Portugais ont nommé ainsi cette plante à cause de sa fleur en forme de capuchon. Les Français en ont fait caracolle, espèce de *Haricot* des Indes orientales. C'est le *Phaseolus caracalla*, Lin. Cette plante est un arbrisseau grimpant, que l'on cultive en serre chaude et qui donne de très-jolies fleurs lilas et odorantes très-belles, mais peu nombreuses, grosses, légèrement lavées de rose sur un fond blanc. On la sème sur couche pour repiquer, ou on la multiplie de boutures.

CARACTÈRE (Histoire naturelle). — On nomme *caractère* une disposition particulière qu'un être possède en commun avec ceux du même groupe que lui, mais par laquelle il diffère de tous ceux des autres groupes. Les caractères servent donc à *réunir* les êtres pour former les groupes et à les *séparer* de ceux auxquels ils n'appartiennent pas. Les classifications en histoire naturelle reposent sur l'étude des caractères. Or, en zoologie et en botanique, ils sont fournis par la grandeur, la forme, le nombre des organes, leur structure, leur consistance, leur position et leur grandeur respectives, etc. Dans les minéraux, ils sont fournis par la forme, la cristallisation, la cassure, le grain, la couleur, etc. Les caractères sont simples lorsqu'ils sont considérés chacun séparément et propres à la partie la plus simple du corps naturel; composés, s'ils sont formés de la réunion de plusieurs caractères simples : les caractères universels embrassent tous les signes propres au corps entier, soit brut, soit organisé. C'est ce caractère universel qui constitue véritablement la nature de chaque corps, nature fondée sur la composition élémentaire des minéraux et sur l'organisation des végétaux et des animaux.

CARACTÉRISTIQUE (Arithmétique). — Partie entière d'un logarithme (voyez Logarithmes).

CARAGAN, Caragana, Caragdana (Botanique). — Espèce du genre *Robinier* (voyez ce mot).

CARAGATE, Caraguate (Botanique). — Voyez Tillandsie.

CARAGNE (Botanique). — Nom que l'on donne à l'espèce de *Gomme-résine* produite par l'*Amyris carana*, arbre du Mexique, appelé communément *arbre à la folie*. Cette gomme se présente sous la forme de masses brunes. Elle répand une odeur très-balsamique et s'enflamme à l'approche de la lumière. Elle était employée autrefois comme vulnéraire et résolutive.

CARAMBOLIER (Botanique), de *carambolas*, nom malabare. — Genre de plantes de la famille des *Oxalidées* nommé en botanique *Averrhoa*, Lin., dédié à Averrhoës, médecin arabe, qui vivait vers le milieu du xie siècle. Les caramboliers sont des arbres propres aux Indes orientales. Le *C. cylindrique* (*A. Bilimbi*, Lin.) s'élève à 3 mètres environ; sa forme est arrondie, ses tiges sont diffuses, ses feuilles composées de 19 ou 21 folioles; ses fleurs disposées en grappes et de couleur purpurine, et son fruit a la forme d'un petit concombre. Le *C. à angles aigus* (*A. carambola*, Lin.) est un peu plus élevé que le précédent; son fruit à angles aigus est de la grosseur d'un œuf de poule, et comestible ainsi que celui de la première espèce. On le confit ordinairement dans le vinaigre. Les Indiens les mangent quelquefois cuits. Ils sont considérés comme rafraîchissants et servent à composer un sirop employé aux Antilles dans les fièvres bilieuses. Les baies du dernier surtout contiennent une matière colorante dont on tire parti. Caractères : calice à 5 divisions; corolle à 5 pétales droits; 10 étamines dont 5 sont quelquefois stériles; ovaire présentant 5 angles et surmonté de 5 styles persistants; le fruit est une grosse baie ovale, sillonnée, pulpeuse, acide, à 5 loges renfermant des graines anguleuses.　　　　　G — s.

CARANX (Zoologie), *Caranx*, Cuv. — Genre de *Poissons acanthoptérygiens*, de la famille des *Scombéroïdes* (*Règne animal*). Caractérisé par une ligne latérale cuirassée sur une étendue plus ou moins grande; deux dorsales distinctes, une épine couchée en avant de la première; pectorales longues et pointues. On les distingue des maquereaux dont ils sont voisins, parce que ceux-ci ont de fausses nageoires au-dessus et au-dessous de la queue. On y trouve, entre autres espèces, le

Saurel, Maquereau bâtard, Gascon, Chicharon (*Scomber trachurus*, Lin.), assez semblable au maquereau par la forme générale, avec une chair moins délicate; les bandes ou plaques qui garnissent leur ligne latérale commencent dès l'épaule. On en trouve dans la Méditerranée qui ont jusqu'à 1 mètre de longueur; dans la Baltique, il atteint rarement 0^m,35 ; le *C. glauque* (*Scomber glaucus*, Lin.), de la Méditerranée, dont la chair est blanche et de bon goût ; on le nomme encore sur nos côtes méridionales, *Derbio, Biche, Cabrole, Damo*. « Nos marins, dit Cuvier, nomment *Carangues* des poissons de ce genre, à corps élevé, à profil tranchant, courbé en arc convexe et descendant rapidement; il y en a de nombreuses espèces dans les deux océans. »La *Carangue des Antilles* (*Scomber carangus*, Bl.) est argentée; elle pèse jusqu'à 10 ou 12 kil. C'est un bon poisson et très-sain. La *Carangue bâtarde* (*Guaratereba*, Séb.) est, au contraire, selon Cuvier, très-sujette à être empoisonnée.

CARAPACE (Zoologie). — Nom que l'on donne à la partie supérieure de cette boîte solide et résistante dans laquelle se trouvent enfermés les *Reptiles* de l'ordre des *Chéloniens* (Tortues); la partie inférieure se nomme le *Plastron* (voyez ce mot); et la réunion de ces deux pièces constitue cette espèce de coffre naturel, recouvert par la peau écailleuse et qui n'offre nulle part la consistance charnue. C'est qu'en effet l'os est sous la peau. On comprendra facilement cette remarquable conformation en jetant un coup d'œil sur la carapace d'une espèce de *Chélonien* (fig. 413) dans laquelle les modifications du squelette n'ont pas atteint leur plus grande intensité; de telle

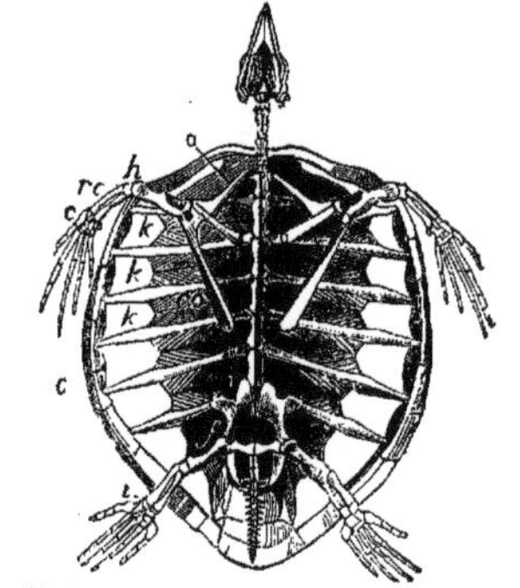

Fig. 413. — Squelette d'un reptile chélonien (tortue marine).

sorte que les rapports de celui-ci avec ceux des autres vertébrés n'en seront que plus facilement aperçus. La *carapace* des Chéloniens est formée par les côtes *k, k, k*, ramenées sous la peau, élargies et soudées entre elles par leurs bords. Sur la ligne médiane du dos, elles sont réunies par des plaques qui surmontent les vertèbres et représentent les apophyses vertébrales que celles-ci portent ordinairement à leur face dorsale. Enfin, des pièces osseuses *c', c'* (fig. 413), analogues aux cartilages sternaux de l'homme, entourent la carapace à droite et à gauche, et en forment le bord entre chacune des échancrures par où sortent les autres parties de l'animal (voyez Chélonien, Tortue, Plastron).

Quelques naturalistes ont encore donné le nom de *carapace* à des pièces solides qui recouvrent la tête et le dos des crustacés, des tatous, et qui sont plus généralement appelées *test*; et à des parties écailleuses qui recouvrent plus ou moins complétement certains poissons.

CARBAZOTIQUE (Acide), ou acide *trinitrophénique*, ou acide *picrique* (Chimie) (C^{12}H^{5}Az^{3}O^{14}). —*Acide provenant d'une oxydation par l'acide azotique de la fibrine, de l'indigo, de la salicine et des produits que renferme l'huile de goudron de houille. C'est un corps solide, cristallisé d'une manière très-régulière, en gros prismes à six pans, terminés par des octaèdres à base rhombe; sa saveur est amère; sa couleur, jaune citron. Il est soluble dans l'eau, l'alcool et l'éther. Chauffé avec précaution, il fond et se volatilise; si la température devient subitement trop élevée, ses éléments se séparent en produisant une détonation. Il est monobasique; ses sels ont tous une coloration jaune; quelques-uns détonent par le choc (carbazotate de plomb). Celui de potasse est très-peu soluble dans l'eau; cette propriété permet de distinguer facilement les sels de potasse des sels de soude. L'acide carbazotique teint en jaune la laine et la soie sans l'intermédiaire d'aucun mordant; aussi l'utilise-t-on aujourd'hui, en notable proportion, dans l'industrie de la teinture. Son goût amer l'a fait introduire par fraude dans la fabrication de la bière pour y remplacer le houblon. — On prépare l'acide carbazotique en traitant la partie de l'huile de goudron qui passe à la distillation entre 160 et 190°, et qui renferme une notable proportion d'*acide phénique* ($C^{12}H^6O^2$), par l'acide azotique à l'ébullition; il se dégage de l'acide carbonique et des vapeurs nitreuses. La liqueur concentrée et refroidie se prend en masse; on lave celle-ci à l'eau froide et on la traite par l'ammoniaque qui forme du carbazotate d'ammoniaque; il n'y a plus qu'à décomposer ce sel par un acide et à faire cristalliser plusieurs fois l'acide carbazotique dans l'eau.

Cet acide a été découvert en 1788 par Hausmann, étudié ensuite par Welter, Laurent, Dumas, Liebig, Gerhardt, et appliqué à la teinture de la soie, en 1845, par Guinon, teinturier à Lyon. B.

CARBONATES (Chimie). — Substances formées par la combinaison de l'acide carbonique avec une base, telle que la chaux, la potasse, la soude, les oxydes de plomb, de fer, etc. On les reconnaît tous à la propriété qu'ils ont de faire effervescence quand on verse sur eux un acide fort, comme l'acide chlorhydrique ou nitrique. L'effervescence est due au dégagement de l'acide carbonique mis en liberté par le nouvel acide qui prend la place du premier.

Trois carbonates seulement sont solubles : ce sont les carbonates d'ammoniaque, de potasse et de soude. Le carbonate de chaux est insoluble dans l'eau pure, mais il se dissout en quantité très-appréciable dans de l'eau chargée d'acide carbonique; d'autres jouissent également de la même propriété. Au contact de l'air, l'eau perd peu à peu son acide carbonique et le carbonate se dépose en même temps. C'est à ce phénomène qu'il faut rattacher les incrustations auxquelles certaines eaux donnent lieu.

Le carbonate d'ammoniaque est seul volatil.

Tous les carbonates, à l'exception de ceux de baryte, de potasse et de soude, sont décomposés par la chaleur rouge; les bicarbonates sont même réduits à l'état neutre à la température de 100°. Tous, sans exception, sont décomposés au rouge par le charbon quand ils supportent cette température sans se décomposer seuls; il se forme de l'oxyde de carbone, et l'oxyde ou même le métal est mis en liberté. La vapeur d'eau produit le même effet; l'acide carbonique est entraîné en abandonnant l'oxyde.

Les carbonates sont abondamment répandus dans la nature, particulièrement le carbonate de chaux.

Carbonate d'ammoniaque. — Voyez Ammoniaque.

Carbonate de baryte. — On ne le rencontre guère que dans quelques cantons de l'Angleterre. S'il était plus commun, on pourrait l'employer quelquefois à la place du carbonate de plomb auquel il ressemble un peu par ses propriétés physiques (voyez Baryte).

Carbonate de chaux. — Sel neutre, insoluble dans l'eau pure, légèrement soluble dans l'eau chargée d'acide carbonique. Il est tellement abondant dans la nature, qu'à lui seul il forme peut-être la moitié de l'écorce du globe. On le reconnaît à ce que, soumis à la calcination, il donne de la chaux en abandonnant son acide carbonique; mais si la calcination a lieu en vase clos, le carbonate fond sans se décomposer et produit par le refroidissement du marbre artificiel. Cette propriété, toutefois, n'a pu être utilisée pour l'industrie.

Le carbonate de chaux présente un grand nombre de variétés parmi lesquelles les plus importantes sont : la *chaux carbonatée spathique* ou *spath d'Islande*, la *chaux carbonatée fibreuse*, le *marbre*, le *calcaire compacte*, le *calcaire oolitique*, la *craie*, etc. (voyez ces divers mots et Calcaire).

Carbonate double de chaux et de magnésie, appelé aussi *dolomie* (voyez ce mot).

Carbonate de magnésie. — Se rencontre dans la nature à l'état neutre. Il sert, en le dissolvant dans l'acide sulfurique, à préparer le sulfate de magnésie ou sel d'Epsom. Ce dernier, dissous dans l'eau et précipité à 100° par un carbonate alcalin, donne le carbonate du commerce, appelé *magnésie blanche*. C'est un sous-carbonate hydraté, en poudre blanche très-légère. Ce pro-

duit est très-employé en médecine, surtout comme contrepoison des acides minéraux (voyez Magnésie).

Carbonate de fer. — Voyez Fer carbonaté.

Carbonate de zinc. — Voyez Calamine.

Carbonate de plomb. — Voyez Céruse, Plomb.

Carbonate de cuivre, appelé quelquefois *vert-de-gris.* — Voyez Cuivre.

Carbonate de potasse. — Voyez Potasse.

Carbonate de soude. — Voyez Soude.

CARBONE (Chimie), du latin *carbo*, charbon. — Ne se rencontre dans la nature à l'état de pureté que dans le *diamant*; mais il forme la presque totalité du charbon ordinaire, où il se trouve uni à quelques sels minéraux qui restent à l'état de cendres après la combustion du carbone. Le diamant et le charbon noir sont donc un seul et même corps sous deux états physiques divers. Le premier est cristallisé; le second ne l'est pas. Autour de ces deux types principaux viennent se ranger d'autres espèces de charbons. Le *noir de fumée*, le *noir animal*, la *houille*, le *coke*, le *lignite*, appartiennent au second; le *graphite*, le *charbon des cornues à gaz*, la *plombagine*, le *diamant noir*, appartiennent au premier.

C'est Newton qui, le premier, soupçonna la nature combustible du diamant. Depuis, Davy reconnut qu'à la chaleur d'un feu de forge, il brûle en se transformant en acide carbonique comme le charbon ordinaire. M. Jacquelain est d'ailleurs parvenu à transformer le diamant en véritable coke. En plaçant un diamant entre les deux cônes de charbon d'une forte pile de Bunsen, on le voit devenir incandescent, jeter une lumière telle que l'œil ne peut en supporter l'éclat, et si on l'observe au travers d'un verre noirci, on le voit se boursoufler, se fendre, et après le refroidissement présenter l'aspect d'une masse poreuse, d'un gris métallique, friable, entièrement semblable au coke. On conçoit, d'après cela, l'inutilité des efforts tentés jusqu'à présent pour transformer, par la chaleur seule, le charbon en diamant. On ignore par quels procédés ce dernier corps s'est formé dans la nature. Sa densité est de 3,50. (Voyez Diamant.)

Le *graphite*, dont la densité est de 2,20, au contraire, peut être produit artificiellement. Le fer fondu jouit, en effet, de la propriété de dissoudre le charbon. Quand il en a dissous très-peu, il le conserve pendant son refroidissement et devient de l'acier ou de la fonte; mais quand il en a absorbé une quantité plus considérable, le charbon vient, par un refroidissement lent, cristalliser à sa surface sous forme de lames noires, brillantes, d'un éclat métallique : c'est le graphite.

La *plombagine*, qui sert à fabriquer les crayons dits *mine de plomb*, n'est autre chose que du graphite ordinaire, en paillettes extrêmement fines, et ne contient aucune trace de plomb.

Dans l'intérieur des cornues où on distille la houille pour la fabrication du gaz à éclairage, on trouve adhérentes aux parois du vase des masses grises très-brillantes, très-dures et sonores, formées par un agrégat compacte de petites paillettes cristallines de charbon. Ce charbon est appelé *charbon métallique*, parce que, par sa conductibilité électrique et calorifique, ainsi que par son éclat, il ressemble à un métal. Le graphite et la plombagine sont dans le même cas.

Les charbons du premier groupe proviennent tous de la calcination ou combustion incomplète des matières organiques végétales ou animales. Leur aspect varie suivant la nature de la matière carbonisée. Si cette matière est infusible, le charbon conservera la forme de la substance, ainsi qu'on le voit pour le charbon de bois; si elle est fusible comme la houille, le sucre, la plume, elle laissera un charbon boursouflé, poreux; si elle est volatile, ainsi que le sont les huiles, elle fournira un charbon très-divisé comme le noir de fumée. La densité du charbon amorphe le plus compacte ne dépasse pas 2.

Mais de quelque source qu'il vienne, le charbon ne peut être ni fondu ni volatilisé, il est complétement inaltérable par la chaleur, du moins quand il se trouve à l'abri du contact de l'air.

Les divers charbons brûlent très-inégalement à l'air; les plus légers sont ceux qui brûlent le plus facilement et le plus vite. Tous, à poids égaux, donnent la même quantité de chaleur quand ils ne renferment pas trop de matières étrangères et que la combustion est complète; mais dans la pratique il est loin d'en être ainsi. Un brasier alimenté au coke donne plus de chaleur que s'il était alimenté au charbon de bois; cette différence tient d'abord à ce que, à volumes égaux, le coke, étant plus dense, contient plus de combustible que le charbon de bois; mais, en outre, le charbon de bois donne beaucoup d'oxyde de carbone en même temps que d'acide carbonique, sa combustion est incomplète, tandis que le coke n'en donne presque pas; or, les quantités de chaleur fournies par un même poids de charbon, pour se transformer en oxyde de carbone et en acide carbonique, sont entre elles comme les nombres 1 et 5,7.

Le charbon au rouge peut même décomposer l'eau pour s'emparer de son oxygène, en donnant ainsi de l'acide carbonique, de l'oxyde de carbone, de l'hydrogène et des hydrogènes carbonés. Il est attaqué à l'aide de la chaleur par les alcalis caustiques, dont il décompose l'eau d'hydratation et forme des carbonates; il décompose également par la chaleur tous les acides, à l'exception des acides borique et silicique; il réduit enfin la plupart des oxydes métalliques et ramène les autres au minimum d'oxygénation. En dehors de la chaleur qu'il nous donne par sa combustion, ce corps est donc extrêmement précieux comme réducteur, soit en chimie, soit surtout en métallurgie. Il entre d'ailleurs dans un très-grand nombre d'autres combinaisons que celles qu'il donne avec l'oxygène. Au rouge, il s'unit avec le soufre pour former une substance très-volatile, d'une odeur caractéristique, appelée *sulfure de carbone* ou *acide sulfocarbonique*, et dont l'industrie fait actuellement un grand usage pour la préparation des caoutchoucs volcanisés. Il s'unit également au chlore pour former divers *chlorures de carbone*; il s'unit à l'azote pour former le *cyanogène* et les *cyanures*. Enfin, il n'est pas de composé organique qui n'en renferme une quantité plus ou moins grande.

En outre de ses propriétés chimiques et calorifiques, le charbon en possède encore une autre dont on a su tirer un grand parti : c'est sa propriété absorbante qu'il possède à un degré d'autant plus élevé qu'il est plus poreux et plus divisé. Sous ce rapport, les charbons peuvent être classés dans l'ordre suivant : *charbon animal d'os* ou *noir animal*, *charbon de bois*, *braise*, *noir de fumée calciné*, *coke*. Voici le tableau des volumes de divers gaz qui peuvent être absorbés par un volume égal à 1 de charbon de bois calciné et refroidi dans le vide.

Gaz ammoniac	90,00
— acide chlorhydrique	85,00
— acide sulfureux	65,00
— acide sulfhydrique	55,00
— protoxyde d'azote	40,00
— oxygène	9,25
— azote	7,05

Le charbon absorbe aussi avec une grande énergie certaines substances solides, particulièrement les matières colorantes. Aussi le considère-t-on comme *désinfectant* et *décolorant*. C'est cette propriété remarquable qui le fait employer, dans les raffineries de sucre, à la clarification et à la décoloration des sirops; dans les établissements de filtration des eaux potables, à la purification de ces eaux. C'est elle également qui le fait servir à la préparation des noirs animalisés, mélange de matière fécale et de terreau calciné dont l'agriculture tire un si grand parti. Le terreau renferme beaucoup de matière végétale; par la calcination en vase clos, il se transforme en une terre absorbante qui renferme en même temps du charbon, par le secours duquel il enlève aux matières fécales leur mauvaise odeur et rend très-aisée leur application.

A l'aide du charbon, on peut enlever complétement l'acétate de plomb, le bichlorure de mercure (sublimé corrosif), l'acétate de cuivre (verdet), le sulfate de cuivre (couperose bleue), et un grand nombre d'autres sels dissous dans l'eau. On peut enlever de la même manière l'amertume à une décoction de quinquina, d'absinthe et d'autres plantes amères qui perdront en même temps leurs propriétés médicales; mais, en revanche, on pourra retirer au charbon les principes qu'il aura enlevés en le faisant bouillir dans un liquide approprié.

C'est enfin à cette propriété absorbante du charbon qu'est due cette augmentation de poids qu'il éprouve quand il reste exposé quelque temps à l'air humide dont il absorbe l'humidité. Une chaleur ménagée lui fait perdre cette humidité; mais une chaleur intense et brusquement appliquée donne lieu à la décomposition de l'eau par le charbon et à la formation de gaz combustibles. Ces gaz, en brûlant, donnent une flamme à température extrêmement élevée, ce qui fait que, dans certaines industries, on préfère au charbon sec le charbon qui a séjourné dans l'eau, et qui donne aussi, il est vrai,

moins de cendre; mais la chaleur totale qu'il fournit en brûlant se trouve diminuée de toute celle qui est nécessaire pour transformer l'eau en vapeur. Ce dernier inconvénient disparaît, tout en laissant subsister le premier avantage, quand on projette un jet de vapeur d'eau dans un foyer bien embrasé. La formation de ces gaz combustibles explique en même temps pourquoi une quantité d'eau trop faible est plus propre à activer l'incendie qu'à l'éteindre. — Pour les diverses espèces de charbons, voyez au nom de chacun d'eux, voyez en même temps CARBONISATION. **M. D.**

CARBONE (OXYDE DE) (Chimie). — Gaz incolore, sans odeur ni saveur, formé par l'union d'une proportion (6) de carbone et d'une proportion (8) d'oxygène. Sa formule chimique est CO. Il prend naissance toutes les fois que la combustion du charbon est incomplète, ou que l'air se trouve en contact avec un excès de charbon.

L'oxyde de carbone est non-seulement impropre à la respiration, mais encore il est fortement vénéneux, et c'est lui particulièrement qui tue dans l'asphyxie par le charbon; $\frac{1}{11}$ de ce gaz dans l'air suffit pour tuer subitement un oiseau. Une très-faible proportion de ce gaz dans une atmosphère confinée suffit pour produire des maux de tête et un malaise général, que l'on attribue vulgairement à la *vapeur de charbon*. Aussi l'usage des fourneaux alimentés au charbon du bois, qui fournit de l'oxyde de carbone plus facilement que les autres charbons, doit-il être l'objet de précautions continuelles. Il en est de même des *braseros* usités presque partout en Espagne, en Italie, et même dans le midi de la France. Il faut savoir les gouverner et y être habitué. C'est encore à ce gaz qu'il faut attribuer cette maladie redoutable qui décime les repasseuses, et qu'elles désignent ordinairement en disant qu'elles ont le sang brûlé par la chaleur du fer. Cette altération lente du sang et la consomption qui en est la suite sont dues à un empoisonnement produit par la respiration habituelle d'un air contenant de faibles quantités d'oxyde de carbone qui s'échappe de fourneaux mal établis ou mal conduits.

L'oxyde de carbone est combustible; il brûle à l'air avec une flamme bleue et produit alors ces flammelles que l'on voit apparaître au-dessus d'un fourneau qu'on vient de recharger de charbon noir. Son affinité pour l'oxygène est telle, qu'il joue le rôle de réducteur comme le charbon (voyez FER).

L'oxyde de carbone, sous l'influence de la lumière, se combine directement avec le chlore et produit ainsi un corps gazeux, appelé *phosgène* ou *acide chloroxycarbonique* COCl.

L'oxyde de carbone est absorbé avec une grande facilité par la dissolution ammoniacale de protochlorure de cuivre, ainsi que l'ont découvert MM. Doyère et Leblanc. On le prépare en faisant passer un courant d'acide carbonique sur du charbon chauffé au rouge. L'acide carbonique prend ainsi un poids de charbon égal au sien, et double en même temps de volume. On l'obtient encore en calcinant un mélange de craie et de charbon, ou en traitant de l'acide oxalique par de l'acide sulfurique. Dans ce dernier cas, l'acide oxalique C^2O^3 se dédouble en oxyde de carbone CO et en acide carbonique CO^2. Pour obtenir le premier gaz, il suffit de faire passer leur mélange au travers d'une dissolution de potasse ou de soude qui retient l'acide carbonique.

L'oxyde de carbone a été découvert par Priestley, mais ce n'est qu'en 1802 que la nature de ce gaz fut reconnue en même temps à peu près par Cruikshank en Écosse, et Clément Désormes en France. **M. D.**

CARBONIFÈRES (TERRAINS) (Géologie). — Voyez HOUILLER (TERRAIN).

CARBONIQUE (ACIDE) (Chimie). — Gaz incolore, presque sans odeur, d'une saveur légèrement aigrelette, piquante, quand il est dissous, et communiquant cette saveur aux eaux de Seltz et autres boissons gazeuses. Il n'est ni combustible ni comburant; il est impropre à la respiration, et même, suivant quelques auteurs, sensiblement vénéneux; il produit rapidement l'asphyxie quand il est mélangé avec l'air en proportion trop forte; mais sous ce rapport il est beaucoup moins actif que l'oxyde de carbone. Une atmosphère ne cesse d'être respirable que quand elle renferme plus de 30 p. 100 d'acide; à ce moment, une bougie s'éteindrait dans cette atmosphère. Introduit dans l'estomac, en dissolution dans l'eau, il le stimule et favorise en général le travail de la digestion.

L'acide carbonique rougit légèrement la teinture de tournesol à laquelle il communique une teinte vineuse;

toutefois, quand on le comprime sur cette teinture, la coloration devient rouge-pelure d'oignon, comme avec les acides les plus énergiques, et cet effet dure autant que la compression elle-même.

La densité de l'acide carbonique est de 1,5 ; un litre de ce gaz à zéro, et sous la pression normale 0^m,760, pèse 1^{gr},977. M. Faraday est parvenu à le liquéfier sous une pression de 30 atmosphères à 0°. A 30° au-dessous de 0°, une pression de 18 atmosphères serait suffisante, et à 30° au-dessus de 0°, il en faudrait une de 73. M. Thilorier a fait plus : il a congelé l'acide carbonique en utilisant le froid extrêmement intense que fournit l'acide carbonique liquide, quand il se vaporise et reprend l'état gazeux. Nous donnons, dans notre figure 414, la coupe de l'appareil imaginé par M. Thilorier pour l'obtenir sous l'un et l'autre état. La première partie, le *générateur* A, se compose d'une chaudière cylindrique en plomb, recouverte de cuivre rouge et renforcée par des cercles et des bandes de fer qui lui donnent une énorme résistance. Sa capacité est de 6 à 7 litres. Il est suspendu entre deux pointes d'un support en fonte. Le *récipient* est formé d'une manière analogue et reste couché sur une table à roulettes. L'ouverture O du générateur est fermée par un bouchon B à vis, percé dans le sens de son axe et muni d'un robinet *r*; ce bouchon se manœuvre au moyen d'un double manche *b, b*. Le récipient porte de même une ouverture *u* dans laquelle est engagé un tube de cuivre T portant au dehors un robinet *r'*. Les deux compartiments se relient entre eux au moyen d'un tube de cuivre T, qui se fixe à l'aide de deux brides sur les tubulures *i, i'*.

Pour préparer l'acide carbonique liquide, on enlève le bouchon B et l'on verse dans la chaudière A 1 800 grammes de bicarbonate de soude et 4,15 litres d'eau à 40°;

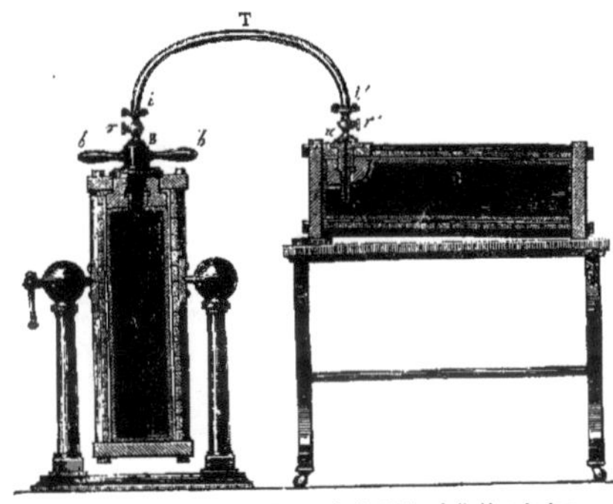

Fig. 414. — Appareil de Thilorier pour la liquéfaction de l'acide carbonique.

puis on y introduit un vase cylindrique de cuivre contenant environ 1 kil. d'acide sulfurique concentré. Ce vase étant vertical, son acide n'agit point encore sur le sel de soude. On ferme alors le générateur avec son bouchon et on le renverse. L'acide s'écoule, se mêle au bicarbonate qu'il décompose, et l'acide carbonique se dégage. Mais le volume qu'il prendrait sous la pression ordinaire est au moins 100 fois plus grand que celui du récipient. Ce gaz se liquéfie en partie. Lorsque la réaction est à peu près terminée, on ouvre les communications entre le générateur et le récipient. L'acide carbonique distille du premier dans le second, où il se condense. On recommence l'opération jusqu'à ce que l'on ait dans le récipient une suffisante quantité d'acide carbonique, que l'on porte ordinairement à 2 litres.

L'acide carbonique liquide est incolore, très-mobile; sa densité serait de 0,72 à 27° et de 0,98 à 0° ; son point d'ébullition serait à 78°,26 au-dessous de 0°. Sa dilatabilité par la chaleur serait énorme, car un volume de cette substance à 0° deviendrait 1,4 à 30°.

L'acide liquide contenu dans le récipient est surmonté d'une atmosphère gazeuse d'une élasticité égale à 50 atmosphères à 15°. Si donc, après avoir enlevé le tube T,

on vient à ouvrir le robinet *r'*, le gaz s'échappera avec une grande violence. Mais en repassant ainsi brusquement à l'état de vapeur ou de gaz, il absorbera une énorme quantité de chaleur latente qu'il prendra en grande partie à lui-même, de sorte que sa température s'abaissera d'une manière considérable. Cet abaissement de température est tel que le jet de gaz forme dans l'air un nuage produit par des flocons d'acide carbonique congelé. En dirigeant ce jet dans une boîte cylindrique à minces parois, ces flocons tourbillonnent, s'agglomèrent, et la boîte en peu d'instants est remplie par une neige d'acide carbonique congelé. Cette neige, étant très-mauvais conducteur de la chaleur, peut se conserver quelques instants, parce que son évaporation est très-lente; on peut même la déposer sur la main sans en éprouver une impression de froid bien vive; si on la comprime entre les doigts, la peau est désorganisée comme par le contact d'un fer rouge. Si, de même, on verse dessus un peu d'éther qui la dissout, l'évaporation devient très-active et le froid peut descendre en quelques instants à 90° au-dessous de zéro. On peut de cette manière congeler en quelques instants plusieurs kilogrammes de mercure.

L'acide carbonique est soluble dans un volume d'eau égal au sien ; l'eau en prend autant qu'il en pénétrerait dans l'espace qu'elle occupe, si elle n'y était pas. La quantité qu'elle dissout augmente donc avec la pression que l'on donne au gaz lui-même, en sorte que, sous une pression de ce gaz égale à 5 atmosphères, l'eau en dissout cinq fois plus que sous la pression d'une seule atmosphère. C'est sous cette pression que se préparent ordinairement les eaux gazeuses. Dès qu'elles sont à l'air libre, l'acide s'en dégage rapidement sous forme de bulles très-fines et très-nombreuses; au bout d'un temps plus ou moins long, elles en sont complétement privées, la pression de l'acide carbonique dans l'air étant sensiblement nulle : on dit qu'elles sont *éventées*.

L'acide carbonique est inaltérable à la chaleur seule ; mais l'hydrogène et le carbone le transforment en oxyde de carbone; il est également décomposé, mais seulement d'une manière partielle, par une série d'étincelles électriques.

La préparation de l'acide carbonique dans les laboratoires se fait au moyen du carbonate de chaux sur lequel on verse un acide étendu. Cet acide se substitue à l'acide carbonique qui se dégage; à la place du carbonate de chaux, on peut employer le bicarbonate de soude comme dans l'appareil de M. Thilorier ; mais ce procédé est plus dispendieux. On préfère cependant dans quelques cas, particulièrement dans la préparation des eaux gazeuses par les gazogènes ; dans ce cas, on emploie souvent pour acide de l'acide *tartrique* ou *citrique*. Dans l'industrie, notamment dans le raffinage du sucre, on se contente de faire passer un courant d'air au travers d'une couche de charbon incandescent.

L'acide carbonique existe tout formé dans la nature. Il entre dans la composition de tous les calcaires ; on le rencontre dans un grand nombre d'eaux minérales et même dans toutes les eaux potables ordinaires ; l'air en contient environ 0,0004 de son poids ; il est le produit incessant de la respiration des animaux; il se développe dans la germination des graines, dans la fermentation alcoolique, dans la désorganisation spontanée des matières végétales, dans la combustion de toutes les matières charbonneuses; enfin il se dégage naturellement des fissures du sol volcanique de certaines contrées. Il existe dans les environs de Naples une grotte appelée *Grotte du chien*, qui doit sa célébrité à un dégagement de ce genre. L'acide carbonique, qui est plus dense que l'air, y forme à la surface du sol une couche assez épaisse pour qu'un chien qui y pénètre périsse asphyxié, tandis qu'un homme peut impunément s'y tenir debout, mais non s'y coucher. On suppose aussi que les convulsions des *pythonisses* étaient dues à un phénomène de ce genre.

L'acide carbonique est la source où les plantes puisent la presque totalité de leur carbone ; en aidant à la dissolution des phosphates, des silicates, des carbonates, il favorise leur absorption par les racines.

Paracelse et Van Helmont s'aperçurent les premiers que, dans certaines circonstances, il s'échappe un gaz de la pierre calcaire; ils appelèrent ce gaz *esprit des bois, esprit sauvage, gaz sylvestre.* Frédéric Hoffmann en constata l'existence dans les eaux minérales; mais ce n'est qu'en 1755 que Black reconnut l'identité du gaz des calcaires avec le gaz provenant de la combustion du bois et de la fermentation, et en 1776 que Lavoisier établit sa composition chimique, et lui donna le nom qu'il porte encore aujourd'hui. **M. D.**

CARBONISATION. — Transformation en charbon. Cette opération ne fut d'abord exécutée que sur le bois; on l'étendit successivement à la tourbe et à la houille. Elle a pour objet d'enlever à ces combustibles les matières volatiles qu'ils peuvent contenir; le résidu que l'on obtient s'appelle *charbon de bois, charbon de tourbe, coke.*

CARBONISATION DU BOIS. — Les procédés de carbonisation du bois sont très-nombreux. On peut cependant les ranger en trois classes. Dans la première, ou *carbonisation en vase clos,* le bois est renfermé dans une enveloppe métallique chauffée à l'extérieur, de sorte qu'il ne reçoit jamais le contact direct du feu ni de l'air. Dans la seconde, le bois est généralement renfermé dans une enceinte en maçonnerie; la chaleur nécessaire à la carbonisation est également produite au dehors de cette enceinte, dans un ou plusieurs foyers qui lui sont accolés; mais les produits gazeux de la combustion qui s'échappent de ces foyers sont introduits dans la masse du combustible à carboniser et opèrent sa distillation. Enfin, dans la dernière méthode, la plus ancienne et encore la plus généralement répandue, le bois à carboniser est assemblé en tas recouvert d'une couche de terre; le feu est introduit dans la masse même du bois auquel on laisse arriver de l'air avec ménagement, de manière à brûler du combustible juste ce qu'il faut pour carboniser le reste. C'est le *procédé* dit *des forêts.*

Procédé des forêts. — La première chose à faire est de bien choisir la place où la carbonisation doit avoir lieu. L'emplacement exerce en effet une influence très-grande sur la quantité et la qualité des produits obtenus. On cherche autant que possible un endroit où le charroi du bois soit facile, où le chargement du charbon soit commode, où l'on ait l'eau à proximité pour les divers besoins de l'opération, où le sol soit sec sans être trop léger ni trop compacte, et où on puisse être à l'abri des courants d'air.

L'emplacement choisi, on y empile le bois. Dans l'ancienne méthode, employée surtout pour les bois résineux et dans les pays de montagnes, où il est difficile de trouver des abris convenables, le bois empilé forme des tas rectangulaires sur un plan légèrement incliné. Leur largeur varie entre 2 et 3 mètres et leur longueur est au maximum de 12 à 13 mètres. Des pieux sont enfoncés verticalement autour de l'aire; des planches sont adossées à ces pieux à 0ᵐ,50 de distance des côtés des tas et servent à retenir la couche de fraisil qui enveloppe latéralement les faces verticales de ces tas. La hauteur de ceux-ci va en augmentant de la partie antérieure, où elle n'est que de 0ᵐ,60, à la partie postérieure, où elle peut s'élever à 5 mètres pour les tas de plus grande longueur, de telle sorte que leur face supérieure forme un plan incliné à l'horizon d'un angle de 15 à 20°. Cette face est également recouverte de fraisil. Ce fraisil est appliqué humide et battu avec soin, de manière à former une couche le moins perméable à l'air qu'il soit possible. Les planches qui la retiennent sont arrosées de temps en temps, de peur qu'elles ne s'enflamment.

Chaque tas s'allume en plaçant des charbons enflammés avec un peu de petit bois à la partie antérieure entre les bûches de la rangée inférieure. A cet effet, on a pratiqué avec un pieu une ouverture au bas du tas pour l'entrée de l'air et une seconde au-dessus pour la sortie de la fumée. Dès que le feu est bien pris, on ferme l'ouverture qui a servi à l'allumer et on en perce dans la couverture, toujours vers le *commencement du tas,* trois ou quatre de 0ᵐ,02 à 0ᵐ,03 de diamètre; on les laisse ouverts jusqu'à ce que la fumée noire et épaisse qui s'en dégage d'abord soit remplacée par une fumée légère et bleuâtre; on bouche tous ces trous pour en ouvrir d'autres plus avant, tant sur les côtés que sur le dessus, et on continue ainsi jusqu'à ce que l'on ait atteint l'extrémité postérieure. On commence à retirer les charbons de la partie antérieure lorsque la carbonisation s'est étendue à 2 ou 3 mètres de distance, en ayant soin de les refroidir à mesure avec de l'eau. Par ce procédé, un stère de bois de sapin donne en moyenne 0ᵐᶜ,778 de gros charbon et 0ᵐᶜ,027 de menu charbon, pesant ensemble 84 kil.

Ce procédé a été remplacé par un autre exigeant plus de soins dans la conduite du feu, mais donnant plus de charbon et que l'on appelle *carbonisation en meules.* Sur une aire bien battue, on construit, avec trois ou quatre grosses bûches, une espèce de cheminée de 0ᵐ,25 à 0ᵐ,30 de largeur; autour de cette cheminée on range le bois debout et sur trois ou quatre étages superposés allant en se rétrécissant de la base au sommet (*fig.* 415), et on recouvre le tout, à l'exception du sommet, d'une couche de fraisil humide bien battu; on peut aussi recouvrir de bûches successives, de feuilles sèches, de gazon retourné et de terre battue. Sur le pourtour et à la base de la meule, on pratique des *évents d'admission* régulièrement espacés de 0ᵐ,60 à 0ᵐ,80 et destinés à l'introduction de l'air. On jette alors du charbon embrasé et de petit bois dans la cheminée par l'ouverture qu'on a laissée à la partie supérieure de la meule; puis, quand le feu est bien pris, on ferme cette ouverture avec quelques mottes de gazon et du fraisil et, au bout de quelque temps, on commence à percer dans la couverture, à partir du sommet, des *évents de dégagement* pour la sortie de la fumée. Il en sort d'abord une fumée blanche et épaisse; lorsque cette fumée devient peu abondante, d'un bleu clair et presque transparente, c'est un signe que la carbonisation est terminée dans cette zone. On bouche les évents de dégagement et on en perce d'autres plus bas que l'on fermera à leur tour quand on y verra apparaître la fumée bleue, et l'on continuera ainsi jusqu'à ce que les évents de dégagement soient arrivés près des évents d'admission. On bouche alors tous les

Fig. 415. — Meule pour le charbon de bois.

évents et on recouvre la meule d'une couche de terre humide que l'on arrose au besoin et qu'on laisse refroidir pendant vingt-quatre heures. Souvent, surtout quand

Fig. 416. — Meule recouverte et évents.

il fait du vent et que la meule est mal abritée, l'opération est loin de marcher avec la régularité que nous avons supposée dans ce qui précède. On s'en aperçoit à ce que l'affaissement de la meule, à mesure que la carbonisation marche, ne se fait pas d'une manière égale sur tout son pourtour. Le charbonnier bouche alors les évents d'admission et de dégagement du côté où le feu va trop vite pour les multiplier dans les autres points;

mais, malgré tous ses soins, dans les grands vents, il ne parvient qu'à grande peine à maîtriser le feu, et, dans ces cas, il se forme de la braise; le rendement en charbon peut se trouver réduit à moitié.

Le diamètre ordinaire des meules de carbonisation est de 4 à 6 mètres, et ces meules contiennent de 4 à 5 décastères de bois; dans certaines forêts, on les porte à 10 ou 15 décastères. Théoriquement, le rendement en charbon des grosses meules est plus considérable que celui des petites, mais aussi le fourneau est plus difficile à conduire, et si le charbonnier n'apporte pas à son travail la plus active surveillance ou si le vent s'élève, le charbon est de qualité inférieure et les pertes considérables. La carbonisation d'une meule de 15 décastères et son étouffage durent une douzaine de jours pour les bois verts et tendres et seize ou dix-huit jours pour les bois verts et durs. Le dressage des meules se paye à raison de 1ᶠ,50 à 1ᶠ,75 le décastère. La carbonisation se paye à prix fait à tant par mètre cube de charbon obtenu.

Le charbon bien *cuit* se reconnaît à ce qu'il est dur, compacte, sonore et à cassure brillante. Le charbon trop cuit ou *braise* est tendre, friable, nullement sonore; sa surface est couverte d'une couche blanche de cendre. Enfin le charbon qui n'est pas assez cuit est terne, un peu *roux*, se casse difficilement; il donne, en brûlant, une flamme blanche ou de la fumée, d'où lui vient le nom de *fumeron*. A l'exception des usages domestiques, le charbon roux convient mieux que le charbon trop cuit; il donne plus de chaleur.

C'est à Ebelmen que l'on doit la théorie de la carbonisation en meules. L'oxygène de l'air qui pénètre dans la meule par les évents d'admission se change complétement en acide carbonique sans mélange d'oxyde de carbone. Cet oxygène porte en entier son action sur le charbon déjà formé et nullement sur les produits de la distillation du bois qui s'opère de la même manière qu'en vase clos. La carbonisation s'effectue de bas en haut et du centre à la circonférence. L'expérience faite en démolissant une meule en partie carbonisée a montré que la surface qui sépare le charbon tout formé et le bois non encore carbonisé est celle d'une espèce de tronc de cône renversé ayant le même axe et la même hauteur que la meule et dont la base tournée vers le haut s'élargit de plus en plus à mesure que la carbonisation fait des progrès. C'est à cette surface de séparation même que la combustion s'effectue, et l'absorption de chaleur latente produite par la formation des produits gazeux de la distillation du bois, jointe à la lenteur de la combustion, ne permet ni à ces produits de se brûler, ni à l'acide carbonique formé de se transformer en oxyde de carbone par son contact avec le charbon. C'est d'ailleurs à cette surface que la circulation des gaz doit être le plus active, parce que le charbon y a déjà pris tout son retrait et que n'étant pas encore séparé du bois, il ne s'est pas encore tassé; c'est donc là que les vides sont le plus grands; c'est là aussi que la température est le plus élevée; c'est enfin à cette région que correspondent les évents de dégagement.

M. Marcus Bull, afin de donner à la combustion un aliment peu dispendieux et d'économiser d'autant le charbon produit, a imaginé de remplir les interstices laissés dans le dressage des meules par du fraisil ou menu charbon. Ce procédé est employé avec succès depuis 1827 à l'usine d'Elende dans la fabrication courante du charbon de bois et donne un rendement notablement plus considérable. A Audincourt, la cheminée centrale est supprimée; mais au milieu de la place à charbon est creusée une chaudière en briques que l'on remplit de menu bois et de fumerons et que l'on recouvre d'une plaque de tôle qui elle-même est couverte d'une couche épaisse de fraisil. On dispose ensuite la meule à l'ordinaire, sans cheminée centrale et en ayant soin que les vides laissés entre les bûches soient aussi petits que possible. On met le feu à la chaudière par des conduits en briques destinés à fournir l'air nécessaire et à laisser dégager les produits de la combustion. La plaque de tôle rougit et met en feu le fraisil et par lui la meule.

Voici le tableau des résultats comparatifs obtenus à Audincourt: 1° par la carbonisation en meules de 15 à 18 décastères de bois, procédé ordinaire; 2° par la carbonisation de meules de 2,8 à 3,5 décastères, méthode ordinaire également; et enfin 3° par la carbonisation de meules de 2,8 à 3,5 décastères sur une aire munie d'une chaudière en briques.

	Volume des meules en décastères.	Produit en charbon p. 100 de bois.
Places simples.	15,0 à 18,0	36,52
Places simples.	2,8 à 3,5	30,55
Places à chaudières.	2,8 à 3,5	43,73

Malgré ses avantages, l'emploi des places à chaudière est peu praticable en forêts.

Le procédé de carbonisation dit des forêts ne donne que du charbon; il laisse perdre d'autres produits, tels que *goudron*, *acide pyroligneux*, dont l'industrie tire aujourd'hui un bon parti. On a donc cherché à recueillir ces produits et à modifier dans ce sens le procédé primitivement employé. — (Voyez Vinaigre).

CARBONISATION DU BOIS EN VASE CLOS. — M. Mollerat imagina le premier de carboniser le bois en vase clos au moyen d'une chaleur appliquée extérieurement au vase. Ce procédé fut appliqué par M. Kestner à Thann et des usines semblables s'élevèrent successivement dans d'autres localités.

Toutefois, dans cette industrie intéressante, et dont la première idée est due à Lebon, le charbon de bois ne forme qu'un produit accessoire, le produit principal étant l'acide pyroligneux (voyez Vinaigre où il est parlé de l'acide PYROLIGNEUX).

CHARBON ROUX ou BOIS TORRÉFIÉ. — Dans plusieurs usines, on préfère au charbon de bois le bois simplement torréfié, à l'emploi duquel on trouve une économie notable. La torréfaction se fait ordinairement en vases clos chauffés au moyen des flammes perdues des fourneaux, ce qui donne lieu à une économie de combustible en dehors de la plus-value calorifique du bois torréfié sur le charbon.

CARBONISATION DE LA TOURBE. — Elle a lieu tantôt en meules, à la manière du bois, et donne alors un charbon dur, compacte, pouvant à poids égal remplacer le charbon de bois dans les hauts fourneaux du pays. On l'opère aussi en vase clos, et nous donnons la description d'un appareil employé à cet effet à Crouy-sur-l'Ourcq, près de Meaux. Un cylindre ouvert supérieurement pour le chargement et inférieurement pour le déchargement est chauffé au moyen de la flamme des foyers, qui circule autour de lui dans un carneau en spirale. Le tout est entouré d'une enceinte destinée à prévenir la déperdition de la chaleur. Les produits de la distillation s'échappent par un tuyau, qui les conduit dans le réfrigérant. Lorsque la carbonisation est complète, on ouvre un registre; le charbon tombe dans un réservoir fermé, où il se refroidit; on ferme ce registre, on introduit une nouvelle charge et on recommence. On carbonise à la fois 2ᵐᵉ,500 de tourbe et chaque opération dure vingt-quatre heures; on brûle environ 35 p. 100 de tourbe de qualité inférieure dans les foyers et on obtient 25 à 30 p. 100 du poids total de la tourbe en charbon de tourbe. C'est dans un appareil de ce genre qu'a lieu la production du charbon roux employé dans la fabrication de la poudre.

CARBONISATION DE LA HOUILLE. — Elle se fait beaucoup plus facilement et exige moins de soins que la carbonisation du bois, parce que le coke oppose à la combustion une résistance beaucoup plus grande que le charbon de bois.

Le procédé suivi dans le Straffordshire consiste à construire sur une aire plane (*fig.* 417) une cheminée conique en briques sur champ, laissant entre elles un grand nombre d'intervalles et terminée par un tuyau de fonte que

Fig. 417. — Carbonisation de la houille.

l'on peut fermer à volonté. Autour de la cheminée, on range la houille en une meule circulaire que l'on couvre de menu charbon ou de menu coke. On met le feu par la cheminée que l'on ferme quand il est pris, en ménageant sur le pourtour du tas des ouvertures pour l'admission de l'air et la sortie des gaz. Quand la carbonisation est terminée, on éteint le coke en versant de l'eau par les ouvertures supérieures dans le but de le désulfurer. Le soufre y semble être, en effet, à l'état de sulfure de calcium que l'eau décompose en chaux et acide sulfhydrique qui se dégage. L'opération s'effectue sur 120 mètres cubes de houille environ; elle dure trois jours et le refroidissement quatre jours. On obtient 50 à 60 p. 100 de coke.

Dans le pays de Galles, la carbonisation a lieu en tas rectangulaires très-allongés, atteignant souvent 40 à 50 mètres; tantôt le feu y est mis en divers points à la fois, tantôt seulement par une extrémité.

Dans le bassin de la Loire, la méthode employée par les ouvriers marchands de coke établis près des puits d'extraction diffère un peu des précédentes. La menue houille sur laquelle on opère est entassée en longs prismes rectangulaires, très-allongés et tronqués à leur sommet, ayant 2^m,75 à la base inférieure, 1^m,75 à la base supérieure, et de 15 à 20 mètres de long. Dans sa masse, on a pratiqué des ouvertures coniques dirigées horizontalement vers l'axe et appelées *ouvreaux* et quelques *cheminées maîtresses* verticales pour la mise en feu. L'opération dure de sept à quinze jours, suivant qu'elle est plus ou moins pressée. La houille grasse ainsi traitée rend 45 à 50 p. 100 de coke en gros morceaux, en forme de choux-fleurs d'un gris d'acier métallique et de très-bonne qualité. Le seul arrondissement de Saint-Étienne en fournit annuellement 170 000 quintaux métriques environ.

La carbonisation de la houille peut s'effectuer également dans des fours; c'est même le procédé le plus généralement employé pour les houilles menues qui forment une proportion considérable du produit des houillères et qui ne peut, la plupart du temps, trouver de débouché que quand elle a été convertie en coke. Les fours usités en France sont à sole circulaire ou légèrement elliptique, d'un diamètre égal à 2^m,50; leur voûte est surbaissée et a à la clef 1 mètre. Cette voûte est percée d'une cheminée de 0^m,30 de largeur, par laquelle on enfourne la houille et qui sert à l'écoulement des produits gazeux. L'air nécessaire à la combustion y pénètre par trois ouvertures latérales, et le défournement s'opère par une porte située à la partie antérieure du fourneau et fermée avec des briques réfractaires. Un certain nombre de fours semblables sont disposés en avant d'une plate-forme s'élevant à la hauteur des cheminées et sur laquelle on apporte la houille en tombereaux.

Au commencement d'une campagne, on commence par allumer dans le four un feu de grosse houille en comptant à peu près pour rien le coke fourni. Cette première opération a pour but d'échauffer le four; il faut même ordinairement la répéter pour que l'opération marche d'une manière ordinaire. A mesure qu'une opération régulière avance, on rétrécit peu à peu les ouvreaux et on juge que l'opération est terminée lorsque, la fumée ayant disparu, la flamme se raccourcit et devient claire. On défourne immédiatement quand on est pressé et on éteint le coke avec de l'eau. Dans le cas contraire, on étouffe pendant quelques jours avant de défourner. Les houilles grasses menues du bassin de la Loire carbonisées en four donnent 60 à 62 p. 100 de coke.

Les gaz qui s'échappent de ces fours peuvent être allumés et servir soit à la cuisson de la chaux, soit à tout autre usage.

Enfin la carbonisation de la houille a lieu en vase clos dans les villes dans le but de recueillir les produits de la distillation que l'on emploie à l'éclairage (voyez ÉCLAIRAGE AU GAZ). Le coke obtenu dans ce cas est de qualité très-inférieure et n'est employé qu'aux usages domestiques.

CARBURE (Chimie). — Nom générique donné à la combinaison neutre du carbone avec un corps quelconque autre que l'oxygène.

Les *carbures d'hydrogène* sont très-nombreux; ceux qui offrent le plus d'intérêt sont le *gaz de l'éclairage*, le *gaz oléfiant*, le *gaz des marais*. Mais le caoutchouc, les essences de térébenthine, de citron, de cédrat, d'orange, de poivre... le naphte, le pétrole... sont également des carbures d'hydrogène.

La simple distillation suffit généralement pour isoler les carbures qui se trouvent tout formés dans la nature minérale ou organique; mais on en obtient aussi un grand nombre par la calcination, en vase clos, des matières organiques telles que les résines et les huiles. Dans la nomenclature usitée en France, les carbures d'hydrogène ont assez souvent leur nom terminé en *ène*. Exemples : camphogène ($C^{20}H^{14}$), dérivé du camphre; benzène ($C^{12}H^6$), dérivé de l'acide benzoïque; cumène ($C^{16}H^8$), dérivé de l'acide cuminique, etc.

La fonte et l'acier sont des *carbures de fer* (voyez FER, FONTE, ACIER).

CARCAJOU (Zoologie), *Meles labradoria*, Sabine. — Espèce de *Mammifères carnassiers*, du genre *Blaireau*, famille des *Carnivores*, tribu des *Plantigrades*; très-semblable au blaireau d'Europe, il s'en distingue extérieurement par une couleur plus claire du dessus du corps et par la bande blanche de la partie supérieure de la tête qui est plus étroite; du reste, Lahontan, qui en a parlé le premier, dit qu'ils vivent dans des tanières comme nos blaireaux, mais qu'ils sont plus gros et plus méchants. Cet animal, originaire de l'Amérique septentrionale, n'a pas été retrouvé ailleurs.

CARCÉRULE (Botanique), du latin *carcer*, prison. — Nom donné par de Mirbel à des fruits secs, multiloculaires, indéhiscents. C'est l'*utricule* et la *samare* de Gærtner; tels sont les fruits des Amarantes, des Urticées, de la Belle-de-Nuit, du Frêne, de l'Orme, etc.

CARCHARIAS (Zoologie), *Carcharias*, Cuv. — Nom scientifique du genre *Requin*.

CARCIN (Zoologie). — *Crabe commun de nos côtes, Portune ménade* (*Cancer mœnas*, Lin.). — Espèce de *Crustacés décapodes brachyures*, du grand genre *Crabe*, sous-genre *Étrille* ou *Portune*. On l'appelle encore vulgairement *Crabe enragé* sur les côtes du Calvados. Leach en a fait un genre. Il a une carapace verdâtre, plus large que longue, fortement dentelée sur les côtés; la région branchiale très-développée, le front avancé, horizontal. On a beaucoup trop vanté ses propriétés médicales contre la phthisie et la morsure des animaux enragés. Très-commun sur nos côtes, on le trouve à marée basse entre les pierres ou enfoncé dans le sable; il court avec rapidité sur la plage : quoique sa chair ne soit pas très-bonne, on en expédie pourtant une certaine quantité pour l'intérieur, dans les mois de juin et de juillet. Sa femelle dépose ses œufs, qui sont d'un brun verdâtre, dans des endroits bourbeux, en avril et en mai. Le carcin n'a guère plus de 0^m,08 de large.

CARCINOME (Médecine), du grec *carkinos*, crabe. — Ce mot, qu'on peut considérer comme synonyme de *cancer*, était employé autrefois pour désigner différents états de cette maladie; les uns l'appliquaient au premier état, au *squirre* (voyez ce mot), d'autres à la dernière période du *cancer* (voyez ce mot).

CARCINOME DU TISSU RÉTICULAIRE DU PIED (Vétérinaire). — Vatel a appelé ainsi une maladie du pied chez quelques espèces domestiques, maladie regardée comme cancéreuse, et bien plus connue sous les noms de *crapaud*, *piétin* (voyez ces mots).

CARDAMINE (Botanique), *Cardamine*, Lin., en grec *kardaminé*. — Genre de plantes de la famille des *Crucifères*, tribu des *Arabidées*. Caractères : siliques linéaires à valves planes, sans nervure et s'ouvrant avec élasticité du sommet à la base; stigmate entier. La *C. des prés*, vulgairement *Cresson des prés* (*C. pratensis*, Lin.) (*fig.* 418) est une herbe indigène, commune dans les prairies humides qu'elle émaille agréablement de ses jolies fleurs blanches ou purpurines disposées en bouquets terminaux. La saveur piquante de cette espèce la fait quelquefois substituer au cresson de fontaine. La *C. à feuilles d'asaret* (*C.*

Fig. 418. — Cardamine des prés.

asarifolia, Lin.) et la *C. trifoliée* (*C. trifolia*, Lin.), l'une d'Italie, l'autre de Laponie, pourraient figurer dans les jardins à cause de leurs fleurs élégantes. **G — s.**

CARDAMOME (Botanique), en grec *kardamômon*, nom d'une plante aromatique. — Espèce du genre *Amomum*, appartenant à la famille des *Zingibéracées*; c'est l'*A. cardamomum*, Lin. (*A. racemosum*, Lamk), qui se distingue par une capsule charnue, à 3 valves, renfermant des graines petites, roussâtres, et exhalant une odeur aromatique. La saveur de celles-ci est amère, légèrement camphrée, et les fait employer dans les assaisonnements par les Indiens. On les mêle souvent aussi au bétel pour faciliter la digestion. Cette espèce, qui croît au Malabar et à Java, présente plusieurs variétés connues dans le commerce, par leurs graines, sous les noms de *Grand*, *Petit*, *Moyen Cardamome*, et de *Cardamone rond* ou *en grappe*. Ces graines étaient autrefois préconisées en médecine comme toniques et stimulantes. **G — s.**

CARDE (Horticulture). — Voyez CARDON.

CARDÈRE (Botanique), *Dipsacus*, Tourn., du grec *dipsa*, soif; plante utile à ceux qui sont pressés de la soif, parce que les feuilles opposées et soudées forment une concavité qui retient l'eau. — Genre de plantes, type de la famille des *Dipsacées*, appelée autrefois *Cuvette de Vénus*, parce que l'eau contenue dans ses feuilles passait pour un puissant cosmétique. Les Cardères sont des plantes hérissées d'aiguillons ou poilues; leurs fleurs sont en capitules garnis de paillettes et entourés d'un involucre. La *C. sauvage* (*D. sylvestris*, Mill.) s'élève environ à 2 mètres et donne des fleurs d'un bleu rougeâtre. La *C. féroce* (*D. ferox*, Lin.) est hérissée de nombreux aiguillons très-durs. Ses fleurs sont d'un rose lilas. La *C. poilue* (*D. pilosus*, Lin.), appelée aussi *Verge à pasteur*, présente de nombreux aiguillons en forme de poils. Ses fleurs sont d'un blanc jaunâtre. La *C. à foulon* (*D. fulonum*, Mill.) (*fig.* 419), désignée vulgairement sous les noms de *Chardon à foulon*, *Chardon à bonnetier*, se distingue essentiellement par un réceptacle chargé de pail-

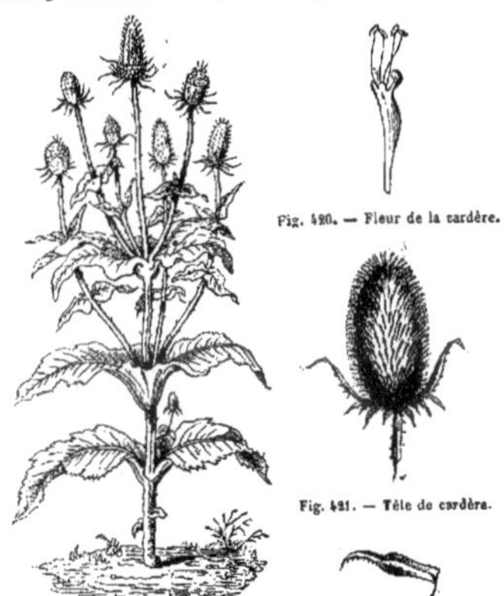

Fig. 420. — Fleur de la cardère.

Fig. 421. — Tête de cardère.

Fig. 419. — Cardère à foulon.

Fig. 422. — Paillette de cardère.

lettes roides, terminées en une pointe épineuse recourbée au sommet. Cette organisation des capitules fait employer cette espèce pour carder, peigner les draps et les couvertures. Elle est cultivée en grand pour cet usage dans certains pays. Ses racines, ainsi que celles de la première espèce, passent pour diurétiques et sudorifiques. Ces plantes sont indigènes. Caract. du genre : involucelle tétragone à 8 sillons; calice à limbe presque en forme de gobelet ou de disque; corolle à 4 lobes; étamines, 4; stigmate longitudinal. **G — s.**

CARDIA (Anatomie), du grec *kardia*, cœur. — C'est le nom que l'on donne à l'orifice par lequel l'*œsophage* aboutit dans l'estomac; il est situé un peu au-dessous de la pointe du cœur (d'où lui vient son nom), mais en est séparé par le diaphragme; en face du cardia, se voit la portion la plus dilatée de l'organe, ce qu'on nomme le *grand cul-de-sac stomacal* (voyez ESTOMAC).

CARDIALGIE (Médecine), du grec *cardia*, orifice su-

périeur de l'estomac, et *algos*, souffrance, douleur dans la région du cardia. — On a défini la cardialgie, une douleur rongeante qui se fait sentir sous l'appendice *xiphoïde* (voyez ce mot). Cette douleur est accompagnée d'un sentiment d'anxiété, de défaillance et d'oppression; elle est en général plus bornée et plus circonscrite que celle que détermine la *gastralgie*, avec laquelle, du reste, elle a été confondue, quoiqu'il semble plus rationnel de la considérer seulement comme un symptôme de cette dernière maladie (voyez GASTRALGIE).

CARDIAQUE (Anatomie, Médecine). — Ce mot a été employé le plus ordinairement pour exprimer ce qui a rapport au cœur, en grec *kardia*; cependant, par extension, il a servi à désigner l'orifice œsophagien de l'estomac, auquel on a donné le nom d'*orifice cardiaque*, ou simplement *cardia*. — Les *artères cardiaques*, autrement dites *coronaires*, sont au nombre de deux et naissent de l'aorte au-dessus des valvules semi-lunaires; elles sont destinées à former le réseau artériel qui fournit au cœur le sang nécessaire à l'accomplissement de ses fonctions. — Les *veines cardiaques* suivent à peu près les diverses ramifications du réseau artériel, et finissent par se réunir pour former deux troncs principaux, l'un antérieur et l'autre postérieur, qui viennent aboutir dans l'oreillette droite. — Les *vaisseaux lymphatiques cardiaques*, après avoir suivi à peu près le trajet des vaisseaux sanguins et avoir traversé les glandes du col, viennent se terminer partie dans le canal thoracique, partie dans les veines sous-clavières et jugulaires internes. — Les *nerfs cardiaques*, le plus souvent au nombre de six, sont fournis par les trois ganglions cervicaux de chaque côté; cependant, à gauche, il n'y a ordinairement que deux ganglions qui en fournissent. — Le *plexus cardiaque* qui résulte du réseau formé par les nerfs cardiaques, est placé à la partie postérieure de l'aorte, près de son origine. — On a donné le nom de *remèdes cardiaques* ou *cordiaux* à des médicaments auxquels on a attribué la propriété spécifique de réveiller l'action du cœur. C'étaient, pour la plupart, des substances aromatiques, alcooliques, des amers, des toniques diffusibles, etc. **F — N.**

CARDIAQUE (Botanique). — Voyez AGRIPAUME.

CARDINAL (Zoologie). — Ce nom a été donné à un certain nombre d'oiseaux, parce qu'il y a beaucoup de rouge dans leur plumage; tous ou presque tous appartiennent à l'ordre des *Passereaux*, mais à des genres différents, ce qui a jeté une assez grande confusion dans la nomenclature et dans la distinction des noms. Ainsi, dans le genre *Tangaras*, on trouve le *C. d'Amérique*, *Tangara rouge cap* (*Tanagra gularis*, Lin.); — le *C. de Virginie* et le *C. du Canada*, *Pyranga rouge* (*T. œstiva et mississipensis*, Lath.) (probablement la même espèce à des âges différents); — le *C. du Mexique*, *Scarlatte* (*T. rubra*, Lath.); — le *C. pourpré*, *Jacapa bec d'argent* (*T. jacapa*, Lath.). — Parmi les *Troupiales*, le *C. commandeur*, *Troupiale commandeur* (*Oriolus phœnicus*, Lath.). — Parmi les *Gros-becs*, plusieurs ont aussi reçu ce nom, tels sont le *C. huppé*, *Gros-bec de Virginie* (*Loxia cardinalis*, Lin.); — le *C. dominicain*, *Gros-bec paroare huppé* (*L. dominicaria*, Lin.); — le *C. de Madagascar*, *Gros-bec fondi*, *Moineau de Madagascar* (*L. madagascariensis*, Lin.); — le *Petit C. du Volga*, *Gros-bec érythrin*, *Moineau rouge* (*L. erythrina*, Gm.). — Le chardonneret, le guêpier, le cotinga rouge, et un grand nombre d'autres oiseaux ont encore été appelés ainsi; on ne peut les citer tous.

CARDINAL (SPARE) (Zoologie). — Nom donné à un poisson du genre *Spare*. Il a le dos rouge foncé et le ventre rouge clair. On le trouve dans les mers de la Chine.

CARDINAL (ARGYNNE) (Zoologie). — Le *Cardinal*, Engr. (*Papilio cynara*, Fab.), est un insecte *Lépidoptère*, famille des *Diurnes*. Il a la moitié de la surface inférieure des ailes de dessus de couleur pourpre.

CARDINAL (CÔNE) (Zoologie), *Conus cardinalis*, Hwass). — Espèce de *Mollusques gastéropodes*, de la famille des *Buccinoïdes*, dont la coquille a 0^m,027 de long, remarquable par sa couleur incarnat ou d'un rouge de corail.

CARDINAL (Botanique). — Nom spécifique d'un *Glaïeul* (*Gladiolus cardinalis*, Curt.), ainsi nommé du rouge éclatant de ses fleurs grandes et disposées en épi.

CARDINALE (Zoologie), *Pyrochroa*, couleur de feu. — Genre d'*Insectes coléoptères*, remarquable par sa couleur de feu (voyez PYROCHRE).

CARDINALE (PÊCHE) (Horticulture). — Variété qui tient de la *sanguinole* (voyez PÊCHE), mais plus grosse, meilleure, avec moins de duvet.

CARDINALE (Botanique). — Nom spécifique d'une *Lobélie* (*Lobelia cardinalis*, Lin.) à fleurs écarlates, et d'une

Sauge (Salvia fulgens, Cavan.) dont la corolle écarlate a jusqu'à 0ᵐ,06 de long.

CARDINALES (Dents) (Zoologie). — On désigne par là des espèces d'apophyses disposées en forme de pivot pour réunir les deux valves des coquilles et leur permettre les mouvements. Leur nombre et leur forme ont fourni des caractères pour distinguer les genres (voyez Coquille).

CARDINAUX (Points). — Ce sont le Nord et le Sud, extrémités de la *méridienne*; l'Est et l'Ouest sont déterminés par une perpendiculaire à cette méridienne (voyez Ciel).

CARDITE (Zoologie), *Cardite*, Brug. — Genre de *Coquilles bivalves*, appartenant aux *Mollusques acéphales testacés*, famille des *Mytilacés*, dont Lamarck a séparé le genre *Isocarde*. L'animal est généralement inconnu : la coquille est allongée, presque toujours équivalve ou à peu de chose près; charnière dorsale composée de deux dents, l'une courte cardinale, l'autre lamelleuse longitudinale; ligament externe dorsal et postérieur. Toutes les espèces sont marines et n'adhèrent jamais aux corps sous-marins. La *C. jéson* (*C. calyculata*, *Chama calyculata*, Chemn.), longue de 0ᵐ,04, est brune; elle est rose lorsqu'elle est dépouillée de son épiderme. Méditerranée, côtes du Sénégal. La *C. trapézoïde* (*C. trapezia*, Brug.), longue de 0ᵐ,009; avec la forme que son nom indique, elle est très-épaisse, rougeâtre. Des mers de Norwége. La *C. brune* (*C. semi-orbiculata*, Brug.), de la grosseur d'une petite huître, longue de 0ᵐ,08, est brune. On ignore sa patrie.

Cardite (Médecine), du grec *kardia*, cœur, et de la terminaison *ite*, par laquelle on désigne l'inflammation. Inflammation du cœur. — Cette maladie a été considérée pendant longtemps dans son ensemble, sans examiner si elle affectait le cœur lui-même seul, la membrane séreuse qui le recouvre (*péricarde*), ou celle qui tapisse son intérieur (*endocarde*). Bientôt pourtant on distingua l'inflammation du péricarde de celle du cœur (voyez Péricardite); mais ce n'est que dans ces derniers temps que celle de la membrane interne a été étudiée séparément, surtout par M. Bouillaud, sous le nom d'*endocardite* (voyez ce mot), de *endon*, dedans, *kardia*, cœur. Le nom de *cardite* a donc été réservé exclusivement pour désigner l'inflammation du tissu musculaire du cœur, bien que cette distinction soit souvent difficile à établir, et que même la maladie reste rarement à cet état de simplicité sans passer d'un tissu à l'autre; ce qui, du reste, n'a pas une grande importance au point de vue du traitement qui est le même dans tous les cas. Les causes de la cardite sont toutes celles qui produisent ordinairement la *pneumonie* ou la *pleurésie* (voyez ces mots). Ainsi les variations atmosphériques, les refroidissements subits, les fatigues, l'abus des boissons alcooliques; puis quelques causes spéciales : ainsi certains poisons tels que l'arsenic. Les symptômes spéciaux sont : la difficulté de respirer, les palpitations, la fréquence, l'irrégularité, la dureté du pouls, une douleur vive, poignante, anxieuse dans la région du cœur, des spasmes, des défaillances, l'impossibilité de rester couché. Le traitement consiste dans l'emploi énergique des antiphlogistiques; ainsi les saignées générales et locales, répétées suivant le besoin, le calme, le repos, les boissons émollientes, les laxatifs doux, la diète absolue, etc. F — N.

CARDIUM (Zoologie), *Cardium*, Lin. — Nom scientifique des *coquilles* du genre *Bucarde*.

CARDON (Botanique), *Cinara*, Vaill., du grec *kinara*, artichaut; ou *Cynara* (selon quelques auteurs), de *kiôn*, chien, à cause des dents pointues du calice. — Genre de plantes de la famille des *Composées*, tribu des *Cynarées*, sous-tribu des *Carduinées*. Il comprend des plantes vivaces, épineuses, à feuilles profondément découpées, à capitules souvent très-volumineux et renfermant des fleurs bleues ou pourpres. Il se distingue principalement par un involucre à folioles terminées en épines, des anthères munies d'un appendice très-obtus, et les aigrettes à plusieurs rangées de poils plumeux. Les deux espèces les plus importantes du genre sont l'*Artichaut* (*C. scolymus*, Lin.) dont on mange la base des folioles de l'involucre avec le réceptacle (voyez Artichaut), et le *C. proprement dit* (*C. cardunculus*, Lin.), qui se distingue du précédent par ses feuilles toutes bipennatipartites, et par son involucre à folioles acuminées, épineuses au sommet, tandis que celles de l'artichaut sont ordinairement échancrées. C'est la culture qui a fait du cardon une très-bonne plante alimentaire. Les feuilles ont acquis leur saveur agréable, parce qu'on les fait blanchir en les rapprochant et en les couvrant de paille. Elles perdent ainsi l'âcreté que leur donne la matière verte. On distingue plusieurs variétés de cardons dont les plus estimées sont : le *Cardon de Tours*, qui est épineux et qui présente les côtes pleines et épaisses, et le *Cardon d'Espagne*, qui, au contraire, est sans épines et dont les côtes sont creuses ou demi-creuses. G — t.

CARDUACÉES (Botanique). — Famille de plantes *Dicotylédones gamopétales*, correspondant aux Flosculeuses de Jussieu dans les *Composées*. Aujourd'hui l'étendue des *Composées* étant devenue considérable et les subdivisions nécessaires, les classifications n'adoptent plus cette famille. Les *Carduinées*, selon M. Brongniart, forment une sous-tribu dans la tribu des *Cynarées*; leurs genres principaux sont : *Bardane*, *Chardon*, *Cardon*, *Artichaut* et *Opopordon*. G — s.

CARÈNE (Botanique), du latin *carina*, quille de vaisseau. — Expression qui s'applique aux pétales inférieurs des fleurs papilionacées, dont la forme arquée rappelle la carène ou quille d'un vaisseau. La carène, lorsqu'elle est formée d'une seule pièce, résulte de la soudure de deux pétales par leur bord antérieur. Quelquefois ces deux pétales se touchent seulement. C'est dans cette partie que sont abrités les organes sexuels. On peut facilement se rendre compte de la carène dans les fleurs du pois de senteur et du robinier (faux-acacia). On dit de certains organes qu'ils sont carénés lorsqu'ils ont la forme d'une nacelle.

CARET (Zoologie), *Testudo imbricata*, Lin. — Espèce de *Reptiles chéloniens*, du grand genre des *Tortues*, sous-genre des *Tortues de mer*. Bien moins grande que la tortue franche, qui atteint quelquefois un poids de 400 kil., elle pèse rarement plus de 100 kil.

Fig. 423. — Caret. (Long. 1ᵐ,18.)

Elle a le museau allongé, les mâchoires dentelées, et porte treize écailles fauves et brunes, épaisses de 0ᵐ,006 à 0ᵐ,007, qui se recouvrent comme des tuiles. Sa chair est désagréable et malsaine, mais ses œufs sont très-délicats. C'est elle qui fournit la plus belle écaille employée dans les arts et dans l'industrie (voyez Écaille). Le caret se nourrit de l'*herbe à tortue*, espèce de *fucus*, de la mousse des rochers, qui croît sous l'eau. On le trouve dans les mers des pays chauds.

CAREX (Botanique). — Nom scientifique du genre *Laiche*.

CARIACOU (Zoologie). — On donne ce nom à deux cerfs de Cayenne, dont les bois sont simples, droits et pointus. Cuvier pense que le *Cariacou* de Buffon est la femelle du *Cerf de Virginie* (*Cervus virginianus*, Gm.).

Cariacou ou **Palinot** (Économie domestique). — On appelle ainsi, à Cayenne, une boisson fermentée faite avec un mélange de cassave, de patates et de sirop de canne.

CARIAMA (Zoologie), *Microdactylus*, Geoff. — Genre d'*Oiseaux échassiers*, de la famille des *Pressirostres*, caractérisé par un bec plus long que la tête, crochu, fendu jusque sous l'œil; ce qui leur donne quelque chose de la physionomie et du naturel des oiseaux de proie, et les rapproche des hérons. Leurs jambes se terminent par des doigts extrêmement courts, un peu palmés à leur base. Leur pouce ne peut atteindre la terre. On n'en connaît qu'une espèce, le *Cariama proprement dit* (*M. cristatus*, Geoff.; *Saria*, d'Azz.), plus grand que le héron; il se nourrit d'insectes et de lézards, et se trouve dans les lieux élevés, sur les lisières des bois, et non pas près des marais, où il vivrait de poissons et de reptiles aquatiques, comme on l'a dit par erreur. Il vole mal et rarement, et comme sa chair est estimée, on l'a domestiqué en plusieurs endroits. Il habite l'Amérique méridionale. Son plumage est gris fauve, ondé de brun; il porte sur la base du bec une huppe légère qui revient en avant. D'Azzara pense qu'il ne boit jamais; on le rencontre par paires ou en petites troupes.

CARIE (Botanique agricole), *Uredo caries*, de Cand. —

Maladie redoutable de certains végétaux, en particulier des céréales et surtout du blé; elle se rapproche beaucoup du *charbon*, en ce que l'une et l'autre sont dues à une espèce de *Champignons*, de la tribu des *Ustilaginées*, famille des *Urédinées*, l'*Uredo caries* de de Candolle, *Tilletia caries* de M. Tulasne : l'une et l'autre aussi finissent par produire une poussière noirâtre qui, dans la carie, exhale une mauvaise odeur de poisson gâté, qu'on ne trouve pas dans le charbon. Le blé carié se distingue par

Fig. 425. — Coupe longitudinale
d'un grain carié.

Fig. 426. — Grains cariés.
c, côté dorsal.
b, côté de la rainure.

Fig. 424. — Blé carié.

Fig. 427.—Poussière de carie vue à la lentille n° 3.

Fig. 428.—Poussière de carie vue à la lentille n° 1.

les caractères suivants : l'épi malade est d'un vert bleuâtre; il est plus étroit que l'épi sain, ses balles sont plus serrées, il reste toujours droit, il semble mûrir plus vite que les autres, ses balles sont blanchâtres, ses grains plus nombreux sont colorés en gris brun. La propagation de la carie est due principalement aux spores qui restent attachés au blé de semence; le meilleur moyen de les détruire, c'est, avant de le semer, de soumettre le grain à l'opération du *chaulage* par la chaux et le sulfate de soude, par le sulfate de cuivre ou par l'arsenic; mais ces deux derniers moyens peuvent être dangereux (voyez Chaulage). Le blé carié ne peut être employé.

Carie (Médecine), *caries* des Latins. — Maladie des os, consistant en une altération particulière de leur tissu avec suppuration, et qui a une grande analogie avec les ulcérations des parties molles. Ramenée à ces termes, la carie se trouve nettement séparée de la *nécrose* (voyez ce mot) avec laquelle on l'a confondue pendant longtemps, en donnant à cette dernière le nom de *carie sèche*, par opposition à celui de *carie humide*, qu'on avait réservé pour la première. C'est surtout aux travaux de Monro que la science doit cette distinction si importante au point de vue du traitement. La carie attaque de préférence les parties spongieuses des os; ainsi les extrémités des os longs, les os courts du carpe, du tarse, du métacarpe, du métatarse, les vertèbres, les os du bassin, le sternum, sont ceux où on la rencontre le plus souvent. Les causes externes de la carie sont toutes les violences qui peuvent déterminer une contusion du tissu osseux et y développer une inflammation plus ou moins vive : les causes internes sont ces dispositions constitutionnelles, connues sous les noms de *diathèses* ou de *vices*, parmi lesquels *les* vices scorbutique, vénérien, mais surtout scrofuleux, jouent le plus grand rôle. Quelles que soient les causes de la carie, son point de départ peut être une *exostose* (voyez ce mot), ou elle peut survenir sans aucune affection accidentelle et être, suivant l'opinion des meilleurs pathologistes, la terminaison d'une inflammation de l'os (voyez Ostéite); ainsi une douleur profonde,

constante, se fait sentir dans l'os; celui-ci se gonfle, les parties molles s'engorgent, la tuméfaction augmente, la peau devient rouge, douloureuse; bientôt il y a de la fluctuation, l'abcès est ouvert de lui-même ou par le chirurgien; il s'en écoule un pus sanieux, gris noirâtre, mêlé de quelques particules osseuses; il s'y établit des ulcères fistuleux : une sonde portée dans ces abcès rencontre au fond une surface dure, rugueuse, inégale; c'est l'os carié. Quelquefois ces phénomènes se passent profondément; dans le corps des vertèbres, par exemple, le pus alors chemine dans les tissus et vient former dans une partie éloignée un abcès dit *abcès par congestion* (voyez Abcès). Dans tous les cas, la substance osseuse a changé d'aspect, le périoste est devenu fongueux, le tissu de l'os s'est ramolli, il est devenu friable, poreux, vermoulu, il laisse écouler un pus sanieux, gris sale, etc. Le traitement consiste à ouvrir largement l'abcès; lorsque l'inflammation combattue a cédé, on a recours aux bains, aux douches, aux irrigations d'eaux alcalines, sulfureuses, iodurées, ferrugineuses, aux pansements avec la térébenthine, la myrrhe; puis à la cautérisation avec le cautère actuel (voyez Cautère); enfin à la résection de la partie malade ou à l'amputation, comme dernière ressource. A tout cela on joindra un traitement interne et un régime de vie approprié à la nature de la cause diathésique de la carie.   F — N.

Carie des Dents. — Voyez Dents.

Carie des Arbres (Arboriculture). — Altération de la substance ligneuse des arbres avec ramollissement; elle reconnaît souvent pour cause l'existence d'ulcères (voyez ce mot) qui restent longtemps abandonnés à eux-mêmes. Le corps ligneux mis à nu, restant exposé à l'influence de l'air qui le décarbonise et à celle de l'humidité des pluies, finit par se corrompre. Si la maladie fait des progrès, il se décompose tout entier de proche en proche; de sorte qu'au bout de quelques années, l'arbre devient entièrement creux, et si l'on veut essayer de prolonger son existence, on doit aviser au moyen d'empêcher l'action de l'air et de l'humidité sur les parois de la cavité qui s'est produite : pour cela il faut la combler jusqu'à l'orifice, avec du mortier ordinaire composé de chaux et de sable, fermer complètement l'ouverture avec l'onguent de Forsyth dont voici la formule : Bouse de vache, 500 gr.; plâtre, 250 gr.; cendres de bois, 350 gr.; sable siliceux, 30 gr. Criblez exactement ces trois dernières substances et ajoutez-y la bouse de vache de manière à en former une pâte. Avant d'appliquer cet onguent, il faudra enlever avec soin les parties d'écorce et de bois desséchées, de manière que les bords de la plaie mis à vif puissent développer des *bourrelets* (voyez ce mot), qui devront fermer l'ouverture.

CARILLON (Botanique). — Nom spécifique de la *Campanule carillon*, *Campanula medium*, vulgairement *Violette Marine* (voyez Campanule).

CARILLON électrique (Physique). — Petit instrument de physique servant à annoncer la présence de l'électricité. Il se compose de trois timbres suspendus à une tige de cuivre horizontale, les deux timbres O et D des deux extrémités par deux petites chaînes métalliques, le timbre B du milieu par un cordon de soie. Ce dernier timbre communique avec le sol par une chaîne pendue en son centre. Enfin, entre les timbres se trouvent deux petites balles de cuivre suspendues par des cordons de soie. Lorsque la tige de cuivre est mise en communication avec un corps électrisé, les deux timbres O et D s'électrisent; ils attirent les pendules

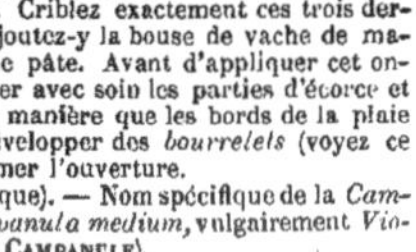

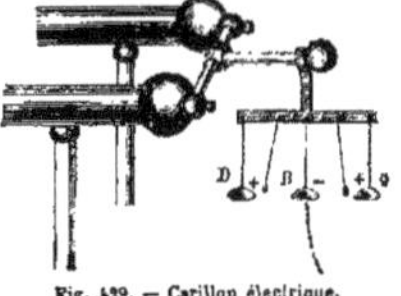

Fig. 429. — Carillon électrique.

qui, venant en contact avec eux, les font vibrer. Après leur contact, ces pendules sont repoussés et viennent frapper le timbre central sur lequel ils se déchargent de leur électricité, et la même oscillation recommence. Cet appareil est employé dans les observatoires consacrés à l'étude de l'électricité atmosphérique; on le suspend à l'extrémité inférieure de la tige de fer destinée à constater l'existence et les variations de cette électricité.

CARINAIRE (Zoologie). — Genre de *Mollusques gastéropodes*, de l'ordre des *Hétéropodes*, dans lequel l'animal est recouvert par une coquille menue, symétrique, conique, à pointe recourbée en arrière ; elle est fort mince et transparente ; très-rare dans les collections, en raison de sa fragilité. La *C. vitrée, Argonaute vitrée* (*C. vitrea*, Lmx), est extrêmement mince, translucide, d'un blanc laiteux, légèrement nacrée ; longue de 0^m,08, elle n'a encore été rapportée que des mers de l'archipel indien. Elle est très-rare. On n'en connaît que trois ou quatre individus dans les collections, dont un superbe au Muséum d'histoire naturelle de Paris. La *C. cymbium* est une espèce de la Méditerranée. La *C. fragilis* est de la mer des Indes (voy. HÉTÉROPODES).

CARLIN (Zoologie). — Variété de chien fort à la mode vers la fin du siècle dernier et au commencement de celui-ci. C'était une espèce de petit doguin au nez écrasé et court ; son masque noir comme celui d'Arlequin lui avait fait donner ce nom, à cause de l'acteur Carlin qui, dans ce rôle ainsi que dans beaucoup d'autres, a fait les délices de Paris, à la Comédie-Italienne, pendant plus de quarante ans, jusqu'à sa mort, en 1783. Ces chiens ne sont remarquables ni par leur intelligence, ni par leur odorat ; c'est une variété qui n'existe presque plus (voyez RACES CANINES).

CARLINE (Botanique), *Carlina*, Tourn. Selon Olivier de Serres, ce nom viendrait de Charlemagne, parce que l'armée de cet empereur fut guérie de la peste par cette plante ; selon Linné, il s'appliquerait à Charles-Quint dont l'armée, atteinte de la peste en Barbarie, éprouva du soulagement par le secours de cette plante. — Genre de plantes de la famille des *Composées*, tribu des *Cinarées*, sous-tribu des *Carlinées*. Caractères : involucre à folioles intérieures rayonnantes, colorées, scarieuses, beaucoup plus longues que les fleurons ; aigrette à soies réunies par 3-5 à la base. Les carlines sont des herbes garnies d'épines dures. La *C. commune* (*C. vulgaris*, Lin.) est une plante indigène, très-abondante dans les lieux arides. Elle est haute de 0^m,50 environ. Ses tiges sont pubescentes, sèches, et restent longtemps droites après que la vie a cessé. Les capitules de cette espèce sont jaunâtres. La *C. à feuilles d'acanthe* (*C. acanthifolia*, All.) est une herbe vivace, qu'on appelle vulgairement *Chardousse* dans la France méridionale, où elle croît. Elle est dépourvue de tige ; de là, le nom spécifique de *Acaulis*, que Lamarck lui a donné. La *C. à tiges courtes* (*C. subacaulis*, de Cand.) a la tige presque nulle et les capitules pourprés comme ceux de la précédente. La *C. à feuilles de saule* (*C. salicifolia*, Less.) est originaire de Madère ; elle se distingue par son involucre bordé de bractées foliacées et étalées, plus longues que les écailles de cet involucre. On mange quelquefois les réceptacles de ces trois dernières espèces.   G — s.

CARLSBAD ou **KARLSBAD** (Médecine, Eaux minérales). — Petite ville de Bohême, à 100 kilomètres N.-O. de Prague. Il y a plusieurs sources d'eaux sulfatées sodiques, thermales, d'une température de 50° à 80° cent. Elles contiennent de l'acide carbonique, du sulfate de soude, du carbonate de soude, du chlorure de sodium, des carbonates de chaux et de magnésie, de la silice, des carbonates de fer, de manganèse, de strontiane, du fluate de chaux, quelques autres sels, puis des traces d'iode, de brome, d'arsenic, d'acide borique. Ces eaux sont laxatives, fondantes et résolutives ; elles conviennent dans les maladies du foie, de la rate, du mésentère ; dans la gravelle, les calculs biliaires, etc.

CARMANTINE (Botanique), *Justicia*, du nom de *Justi*, amateur de botanique, Écossais, auquel Houston a dédié cette plante. — Genre de la famille des *Acanthacées*, formé d'abord par Linné, mais assez mal défini ; il avait reçu successivement un assez grand nombre de plantes monopétales labiées, à 2 étamines, etc., lorsque Nees d'Esenbeck, dans sa *Revue des Acanthacées*, le resserra dans des limites beaucoup plus étroites, en établissant un grand nombre de genres nouveaux. Aujourd'hui le nombre des espèces très-réduit constitue un genre à calice quinquépartite ; corolle bilabiée en entonnoir à tube allongé, 2 étamines insérées à la gorge de la corolle, anthères saillantes, ovaire à 2 loges, style simple ; ce sont des plantes en arbrisseaux, de l'Asie tropicale, à feuilles opposées, les fleurs disposées en épis terminaux, accompagnées de bractées herbacées, larges, et de petites bractéoles subulées. Quelques-unes sont cultivées dans nos jardins comme plantes d'ornement ; ainsi la *C. osier* (*J. coccinea*, Cav. ; *J. anisacanthus*, Nees), à corolle écarlate ; du Mexique. La *C. adhatoda* vulgairement *Noyer des Indes* (*J. adhatoda*, Lin.), corolle grande, pâle, marquée de lignes purpurines : fruit lançant ses graines au dehors avec violence. De Ceylan.

CARMIN (Chimie industrielle). — Matière colorante, d'un rouge éclatant, que l'on prépare avec la cochenille. Cette couleur, précieuse pour le peintre et le coloriste, paraît avoir été découverte, par hasard, à Pise, par un moine franciscain. Les principes sur lesquels repose sa préparation sont aussi peu connus que sa composition ; aussi, quoiqu'elle ait été formulée dans plusieurs recettes, aucune d'elles ne suffit pour assurer la réussite de ce travail délicat. Dans la fabrication du carmin, comme, du reste, dans celle de presque toutes les couleurs, le succès dépend beaucoup de certains détails qu'on ne peut transmettre par écrit, et qu'on n'apprend à connaître que par une longue expérience.

On trouve dans le commerce trois espèces de carmin qui ont des valeurs très-différentes. Les dernières qualités sont souvent falsifiées par du vermillon (sulfure de mercure) ou de la laque carminée (combinaison de carmin avec l'alumine). Dans le premier cas, la nuance n'a pas le même éclat ; dans le second, elle est plus pâle. On peut d'ailleurs aisément reconnaître la fraude en faisant digérer le carmin dans de l'ammoniaque caustique. Le carmin pur est dissous ; le vermillon et la laque carminée restent comme résidu.

Carmin ordinaire. — On prend :

Cochenille en poudre	1000 gr.
Carbonate de potasse..............	30
Alun pulvérisé....................	60
Colle de poisson..................	30

On fait bouillir modérément la cochenille avec le carbonate de potasse dans une chaudière en cuivre contenant 20 litres d'eau. Au bout de quelques minutes d'ébullition, on enlève la chaudière et on la place sur une table en l'inclinant de manière à pouvoir transvaser commodément la liqueur. On y jette l'alun pulvérisé et on remue le tout avec précaution. La liqueur d'un rouge cerise foncé devient d'un rouge vif de carmin. Au bout d'un quart d'heure, la cochenille s'est complètement déposée au fond du vase et la liqueur est tout aussi claire que si elle avait été filtrée. On la décante alors dans une autre chaudière, que l'on met sur le feu après y avoir versé de la colle de poisson, préalablement dissoute dans une grande quantité d'eau et filtrée. Au moment de l'ébullition, le carmin monte à la surface sous la forme d'un coagulum. On retire alors la chaudière ; on en agite le contenu avec une spatule, puis on laisse déposer pendant quinze à vingt minutes ; on décante, on fait égoutter le carmin sur un filtre en toile fine ; on le lave et on le fait sécher à l'ombre. L'eau d'où s'est précipité le carmin est encore fortement colorée en rouge. On la fait servir à la préparation des laques carminées. Le carbonate de potasse peut être remplacé par du carbonate de soude ou de la crème de tartre, la colle de poisson par du blanc d'œuf.

Carmin superfin de Mme Cenette, à Amsterdam. — On fait bouillir six seaux d'eau de source, on y ajoute 1 kil. de cochenille de première qualité, réduite en poudre ; après deux heures d'ébullition, on verse 95 grammes de nitre raffiné, et quelques minutes après, 125 grammes de sel d'oseille (bioxalate de potasse). On laisse encore bouillir pendant dix minutes, puis on retire la chaudière du feu et on laisse reposer quatre heures. La cochenille épuisée se dépose au fond et on transvase, à l'aide d'un siphon, la liqueur claire qui surnage dans des vases plats, en porcelaine, où on la laisse déposer pendant trois semaines. Au bout de ce temps, il s'est formé à sa surface une pellicule de moisissure qu'on enlève avec une petite éponge, puis on fait écouler l'eau au moyen d'un siphon. La couche de carmin qui recouvre le fond des vases est ensuite desséchée à l'ombre ; elle est d'une beauté remarquable et son éclat est si vif qu'il fatigue la vue. Le carmin ordinaire peut être beaucoup amélioré, en le faisant digérer à une douce chaleur dans de l'ammoniaque caustique qui le dissout, filtrant pour séparer les matières étrangères, puis précipitant le carmin en ajoutant de l'alcool et sursaturant l'alcali par de l'acide acétique, lavant le carmin précipité par de l'alcool étendu d'eau et le séchant à l'ombre.

Le carmin est la plus belle des couleurs rouges. Son éclat et sa fraîcheur le font rechercher dans la peinture en miniature, dans la fabrication des fleurs artificielles. Les confiseurs et les pharmaciens s'en servent également pour colorer certaines de leurs préparations. Tantôt on le mélange simplement avec les substances à colorer, tantôt on le dissout dans de l'ammoniaque en excès, et on laisse évaporer l'excès d'alcali. La dissolution est bonne à employer quand elle a perdu son odeur alcaline.   M. D.

CARMINATIF (Matière médicale), du latin *carminare*, carder, nettoyer. — On donne ce nom à des médicaments qui ont la propriété de chasser au dehors les gaz contenus dans le canal intestinal : ils appartiennent à la classe des *excitants aromatiques*; les *espèces* dites *carminatives* occupent le premier rang ; ce sont les fruits d'anis, de carvi, de coriandre, de fenouil. Viennent ensuite la camomille, la cannelle, la menthe, la mélisse, la sauge, et la plupart des Labiées et des Ombellifères (voyez ces mots).

CARMINE. — Matière colorante rouge contenue dans la *cochenille du nopal* (*coccus cacti*), insecte hémiptère qui vit sur les cactus et qui est originaire du Mexique. La cochenille se trouve dans le commerce sous la forme de petits grains arrondis, sur lesquels il est encore possible de reconnaître la structure annelée de l'animal. Pour en extraire la carmine, on débarrasse d'abord la cochenille de la matière grasse qu'elle contient par des lavages à l'éther qui ne dissout point la carmine. Il n'y a plus alors qu'à traiter le résidu par l'alcool bouillant et à laisser refroidir la liqueur alcoolique ; la carmine se dépose en grains rouges cristallins. On emploie rarement dans les arts la matière colorante de la cochenille à l'état de pureté sous la forme de carmine. Généralement on se sert du *carmin* ou de la *laque carminée* (voyez CARMIN). — La carmine a été découverte par Pelletier et Caventou, en 1818.

CARNASSIERS (Zoologie), du génitif latin *carnis*, chair; animaux qui se nourrissent de chair. — On a donné ce nom à un groupe considérable de Mammifères dont les limites n'ont pas été déterminées d'une manière bien précise par les naturalistes. Linné les a divisés en dix genres dénommés ainsi : *Phoca, Canis, Felis, Viverra, Mustela, Ursus, Didelphis, Talpa, Sorex, Erinaceus.* Pour Cuvier, les carnassiers forment le troisième ordre des mammifères. C'est une réunion variée de quadrupèdes onguiculés, à trois sortes de dents et sans pouce opposable à leur pied de devant. Ils vivent de matières animales d'autant plus exclusivement que les mâchelières sont plus tranchantes. L'articulation de la mâchoire inférieure est serrée comme un gond, et ne lui permet pas de mouvement horizontal ; elle ne peut que se fermer et s'ouvrir. Le sens qui domine chez eux est celui de l'odorat. Leurs intestins sont peu développés, à cause de la nature de leurs aliments et pour éviter la putréfaction, par le séjour dans un canal prolongé. La variété de leurs formes, les détails de leur organisation entraînent des différences dans leurs habitudes, ce qui a obligé d'en former plusieurs familles. Cuvier en établit trois : 1° les *Cheiroptères*; 2° les *Insectivores*; 3° les *Carnivores*. Dans la dernière édition du *Règne animal*, il en a retiré les *Marsupiaux*, qui avaient d'abord formé une quatrième famille, et dont il a fait depuis le quatrième ordre des *Mammifères*. Quelques zoologistes, à la tête desquels J. Geoffroy Saint-Hilaire, ont cru devoir réduire l'ordre des *Carnassiers* aux seules familles des *Insectivores* et des *Carnivores*. Enfin, M. Milne Edwards et la plupart des zoologistes modernes ont constitué en ordres les trois familles de *Carnassiers* de Cuvier, de sorte que le mot de *Carnassiers* aurait disparu de la science, si quelques naturalistes ne désignaient pas très-souvent sous ce nom l'ordre des *Carnivores*.

CARNASSIERS (Zoologie), *Carnivora*, Cuv. — Grande famille d'*Insectes* qui forme dans le *Règne animal* la première des *Coléoptères pentamères*. Ils ont deux palpes à chaque mâchoire, ou six en tout ; les antennes presque toujours simples ; les mâchoires terminées par une pièce écailleuse en griffe ou crochue. Leurs larves sont aussi très-carnassières. Les insectes de cette famille sont *terrestres* ou *aquatiques*. Les *terrestres* comprennent deux tribus, les *Cicindélètes* et les *Carabiques*, subdivisés en nombreux genres et sous-genres. Les *aquatiques* ne forment qu'une tribu, celle des *Hydrocanthares* ou des *Nageurs*, divisée en deux genres et plusieurs sous-genres. Déjean, qui n'a pas conservé le nom de *Carnassiers*, en

a formé deux familles, les *Carabiques* et les *Hydrocanthares* (voyez ces mots).   AD. F.

CARNEAUX. — Conduits par lesquels s'échappent la fumée ou les produits de la combustion dans les *foyers* des machines à vapeur. Les carneaux sont en maçonnerie (briques) dans les chaudières à foyers extérieurs ; ils sont au contraire, en métal (tôle) dans les chaudières à foyers intérieurs (voyez CHAUDIÈRE). Leur section est généralement égale au quart de la surface de la grille sur laquelle repose le combustible (voyez COMBUSTION).

CARNIFICATION (Médecine), du latin *caro*, chair, et *fio*, je deviens. — Transformation de certains tissus, de certains organes, en une substance rougeâtre, d'apparence, de forme et de consistance charnues. J.-L. Petit est le premier qui ait donné le nom de *carnification* à certains ramollissements des os ; ce nom, d'abord adopté par la plupart des pathologistes, a été remplacé par celui d'*ostéo-sarcôme*, plus connu aujourd'hui (voyez CANCER, OSTÉO-SARCÔME). Le tissu pulmonaire peut aussi, dans certaines inflammations, prendre une apparence de *carnification*, plus connue cependant sous le nom d'*hépatisation* (voyez ce mot).

CARNIVORES (Zoologie), *Carnivora*. — Troisième famille de l'ordre des *Carnassiers* de Cuvier, qui constitue aujourd'hui un ordre; leur nom vient du latin *caro*, chair, et *vorare*, dévorer ; ce sont, en effet, les plus essentiellement carnassiers de tous les *Mammifères*. « C'est dans cette famille, dit Cuvier, que l'appétit sanguinaire se joint à la force nécessaire pour y subvenir. » Ils sont d'autant plus carnivores que leurs dents sont plus tranchantes, et la nature de leur régime peut presque se calculer d'après l'étendue de la surface tuberculeuse de leurs dents, comparée à la partie tranchante ; ainsi, les ours qui peuvent se nourrir de végétaux ont

Fig. 430. — Mammifère carnivore (Tigre Royal, hauteur 1^m,10.)

presque toutes leurs dents tuberculeuses. Les différents genres qui composent cette famille ont été établis d'après les différences des dents divisées en *carnassières, fausses molaires* et *tuberculeuses*. La considération du pied de derrière a fourni aussi des caractères qui ont permis de former d'abord deux tribus : 1° Les *Plantigrades* qui appuient sur la terre la plante entière du pied, lorsqu'ils marchent ou qu'ils se tiennent debout, divisés en huit genres : les *Ours*, les *Ratons*, les *Panda*, les *Benturongs*, les *Coatis*, le *Kinkajou* ou *Potto*, les *Blaireaux*, les *Gloutons*. 2° Les *Digitigrades* qui marchent sur le bout des doigts en relevant le tarse; on les a séparés en trois subdivisions : dans la première se trouvent les carnivores qui n'ont qu'une dent tuberculeuse en arrière de la carnassière d'en haut ; on les a nommés *Vermiformes*, à cause de la longueur de leur corps ; ils forment le genre des *Martes*, divisé en quatre sous-genres, les *Putois*, les *Martes* propres, les *Mouffettes* et les *Loutres*. Dans la deuxième subdivision, il y a deux dents tuberculeuses, plates derrière la carnassière supérieure ; on y trouve le genre des *Chiens* avec le sous-genre *Renard*, et le genre des *Civettes* divisé en sous-genres, des *Civettes* propres, des *Genettes*, du *Paradoxure*, des *Mangustes*, des *Suricates* et des *Mangues*. Dans la troisième subdivision, on trouve des digitigrades qui n'ont point de petites dents du tout derrière la grosse molaire d'en bas; elle contient les animaux les plus cruels et les plus carnassiers de la classe. Il y en a deux genres, les *Hyènes* et les *Chats* (fig. 430). Les *Amphibies*, qui formaient une troisième tribu dans le *Règne animal*, forment aujourd'hui un petit ordre à part (voyez AMPHIBIE). AD. F.

CARNOSITÉ (Médecine), du génitif latin *carnis*,

chair. — On a donné ce nom à certaines végétations charnues qu'on rencontre quelquefois dans le canal de l'urètre.

CARONCULE (Médecine), diminutif du latin *caro*, chair ; petite chair. — La *caroncule lacrymale* est un petit groupe de follicules, occupant l'angle interne des paupières. Recouverte d'un repli de la conjonctive, elle présente plusieurs pertuis et plusieurs petits poils qui deviennent souvent causes d'ophthalmie. Il arrive quelquefois, en effet, qu'en s'inclinant vers la conjonctive, les petits poils dont nous venons de parler, et qu'on n'aperçoit qu'avec peine, donnent lieu à des ophthalmies. Dans ce cas, en s'aidant d'une loupe, il faut les arracher avec une pince fine.

La caroncule lacrymale a été souvent le siége d'une dégénérescence cancéreuse (voyez CANCER).

CARONCULE (Botanique). — On nomme ainsi des renflements pulpeux ou coriaces qui sont produits par un développement particulier du tissu à la surface de certaines graines. Au-dessus du hile des graines de plusieurs légumineuses, telles que le haricot, existe une caroncule sèche et dure en forme de cœur. Dans les graines de la chélidoine, cette caroncule se présente sous la forme d'une crête blanche et succulente. On regarde la caroncule comme une sorte d'*arille* (voyez ce mot).

G — s.

CAROTIDES (Anatomie), du grec *karos*, sommeil lourd ; les anciens avaient pensé que les artères auxquelles ils avaient donné ce nom étaient cause de l'assoupissement. — On appelle *carotides primitives* deux artères, l'une à droite et l'autre à gauche, qui portent le sang aux différentes parties de la tête ; celle de droite qui naît d'un tronc qui lui est commun avec la sous-clavière du même côté, nommé *tronc innominé* ou *brachio-céphalique* (voyez ce mot), et qui se détache de l'aorte ; celle de gauche naît directement de l'aorte ; elles montent le long des parties latérales et antérieures du cou, laissant entre elles un espace rempli par la trachée-artère et l'œsophage en bas, le larynx et le pharynx en haut ; arrivées au niveau du cartilage thyroïde, sans avoir donné aucune branche dans leur trajet, chacune d'elles se divise en deux branches connues sous les noms de *C. externe* et de *C. interne*. La première (*faciale*, Chauss.) est presque entièrement destinée à la face ; elle monte de son point de bifurcation jusqu'au niveau du col du condyle de la mâchoire inférieure, et se divise en *temporale* et *maxillaire interne*, qui envoient des branches à toute la face et aux parties extérieures du crâne. La *C. interne* monte vers la base du crâne dans lequel elle pénètre par le canal carotidien ; elle fournit l'artère *ophthalmique* et se divise bientôt en *cérébrale antérieure*, *cérébrale moyenne* et *communiquante postérieure*. Elle est plus particulièrement destinée aux parties antérieure et moyenne du cerveau, à l'œil et à ses dépendances. F. — N.

CAROTTE (Botanique), de *car*, rouge, en celtique, à cause de la couleur de la racine. Nom vulgaire du genre *Daucus*, Tourn. — Genre de plantes de la famille des *Ombellifères*, type de la tribu des *Daucinées*. Caractères : pétales extérieurs des rayons profondément bifides ; carpelles à 5 côtes primaires filiformes et à 4 côtes secondaires découpées presque jusqu'à la base en longues soies disposées sur un seul rang. On en connaît une quinzaine d'espèces, dont la *C. commune* (*Daucus carotta*, Lin. ; *D. vulgaris*, Neck.) (*fig.* 431) est la seule importante. Elle est connue de toute antiquité comme plante alimentaire. La *C. des jardins*, dont on obtient des racines grosses et à saveur douce et sucrée, est regardée généralement comme ayant pour type la *C. sauvage* que l'on rencontre souvent dans les lieux arides et pierreux et dont la racine, petite et dure, est souvent ramifiée. Cette espèce est une plante bisannuelle à tige hispide élevée environ de 1 mètre. On cultive plusieurs variétés de la carotte commune. Les principales sont : la *rouge longue*, la *rouge pâle de Flandre*, la *rouge courte hâtive*, dont les racines, bonnes à récolter à la fin de mars, sont tendres et douces, mais de peu de saveur ; la *jaune longue* ou d'*Achicourt*, qui possède des qualités supérieures ; la *blanche de Breteuil* (*fig.* 432), qui est très-grosse, en forme de toupie ; la *blanche des Vosges*, une des plus estimées pour la grande culture ; la *blanche à collet vert* (*fig.* 433), qui est très-grosse et très-longue, cylindrique et dont le collet s'élève au-dessus du sol. La variété dite *violette*, envoyée, il y a quelque temps, d'Espagne, est très-souvent jaune ; son volume est considérable et sa saveur est très-sucrée. On possède aussi la *C. noire de l'Inde*. La nature des terrains influe consi-

dérablement sur les propriétés des carottes. Les cultivateurs recommandent, pour obtenir de bons produits, un sable gras et profond ou une terre franche et douce. En général, la saveur des carottes rouges est plus prononcée que celle des carottes blanches. La variété habituelle-

Fig. 431. — Carotte commune.

ment cultivée par les maraîchers pour l'économie domestique est la *rouge courte*, dite de *Hollande* ; on en obtient des sous-variétés se distinguant par la grosseur. Lorsque cette carotte est jeune, à moitié formée, elle est très-tendre,délicate, possède une saveur douce et constitue, accommodée à la crème, un mets très-agréable. Les carottes sont une grande ressource pour l'alimentation des bestiaux. En Angleterre, on cultive les rouges pour cet usage ; en Flandre, c'est plus souvent la *rouge pâle à grosse tête*. La *blanche de Breteuil* est très-estimée à cause de sa grosseur et parce qu'elle se conserve longtemps. M. Vilmorin a obtenu, par la culture de la carotte sauvage, une racine à chair plus serrée, un peu plus ferme, moins aqueuse que celle des variétés anciennes et acquérant un volume considérable. Pour la conservation des carottes, jusque vers le mois de mai, le procédé de M. Bailly paraît être préférable à tous les autres. Il consiste en une fosse munie d'un ventilateur et de cheminées établies de distance en distance à la surface du sol. Les racines sont entassées dans cette fosse, puis recouvertes de paille et ensuite de terre. Toutes les issues sont ouvertes à

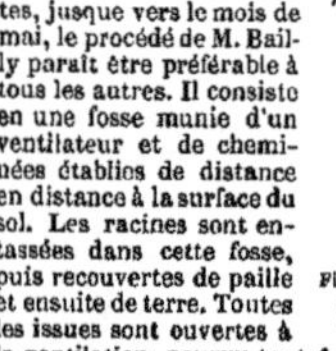

Fig. 432.—Carotte blanche de Breteuil.

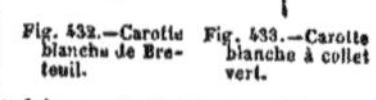

Fig. 433.—Carotte blanche à collet vert.

la ventilation, pourvu toutefois que le froid n'excède pas 2 ou 3°. On extrait par incision une gomme résine très-odorante de la *C. d'Espagne* (*D. hispanicus*, de Cand. ; *D. gummifer*, Lamk).

G — s.

CAROUBIER (Botanique), de l'arabe *kharroub*. — Genre de plantes appelé *Ceratonia*, Lin., du grec *keras*, corne ; allusion faite à la forme de la gousse de ce genre, qui appartient à la famille des *Césalpiniées*. Caractères : calice à 5 divisions caduques ; corolle nulle ; étamines distinctes, insérées sous un disque hypogyne ; ovaire un peu arqué et porté sur un pédicule ; gousse allongée, indéhiscente, coriace, à sutures épaisses, marquées de deux sillons. Le *C. à siliques* (*C. siliqua*, Lin.) est un arbre de 5 ou 6 mètres. Ses feuilles sont persistantes, composées de 6 à 10 folioles coriaces obtuses. Son calice est rougeâtre. Le fruit de cette espèce est pendant, brun et renferme une pulpe de couleur souvent très-foncée, entourant des graines dures et luisantes. Le caroubier croît spontanément sur les rochers des côtes de Pro-

Fig. 435. — Fleurs mâle et femelle du caroubier.

Fig. 434. — Caroubier. (Algaroba des Espagnols).

Fig. 436. — Fruit du caroubier.

vence, d'Italie, d'Espagne. Il est surtout abondant en Algérie, où son fruit, qui est comestible, était déjà l'objet d'un commerce important au moyen âge dans le port de Bougie. Les anciens ont connu cette espèce. Théophraste, Pline et Dioscoride la signalent, mais sans apprécier les qualités de son fruit. La pulpe des caroubes est douce et sucrée. Dans différents endroits de la Turquie, de la Syrie et de l'Égypte, elle sert de nourriture aux enfants et aux pauvres ; mais habituellement, dans le midi de l'Europe, les caroubes sont données aux animaux. Elles ont l'inconvénient d'avoir des propriétés laxatives assez prononcées. Les musulmans les emploient souvent avec la racine de réglisse dans la préparation de certains sorbets. Les Maures de Barbarie en font simplement une décoction qui leur sert de boisson rafraîchissante. Les confitures de tamarin et de myrobolan sont préparées, en Égypte, avec le principe sucré qu'on extrait des caroubes. Dans la médecine orientale, la pulpe de ces fruits est recommandée comme béchique et ordonnée contre les toux convulsives. Les feuilles et l'écorce du caroubier sont quelquefois employées pour tanner les cuirs ; quant au bois de cet arbre, connu dans les arts sous le nom de *carouge*, il possède des qualités importantes qui le font servir dans la menuiserie et même la marqueterie. Il acquiert en vieillissant une grande dureté qui l'a fait passer pour incorruptible. Malheureusement, il est très-sujet à se carier. Son aubier est blanchâtre, épais et tendre.   G — s.

CAROUGE (Zoologie), *Oriolus*, Lath. ; *Pendulinus*, Vieil. ; *Xanthornus*, Briss., Cuv., du grec *xanthos*, jaune, *ornis*, oiseau. — Sous-genre d'*Oiseaux passereaux*, du genre des *Cassiques* de Cuvier ; très-voisins des Troupiales, dont ils ne diffèrent que par leur bec qui est tout à fait droit, tandis qu'il est arqué dans les Troupiales. On ne les trouve qu'en Amérique, où la plupart vivent par paires ; ils aiment les taillis, les endroits fourrés et ne fréquentent pas les plaines ; ils se nourrissent d'insectes et de baies. En général, ils construisent des nids remarquables par leur forme et par la manière dont ils sont suspendus le plus souvent à l'extrémité des branches, et tissés plus ou moins ingénieusement, suivant les espèces. Du reste, ils ont le bec conique, droit, gros à la base, aiguisé en pointe ; leurs pieds sont conformés comme ceux des oiseaux percheurs, avec des ongles épais, courts, très-arqués et peu propres à la marche. Le *C. banana* (*Oriolus banana*, Lath.) a 0m,18 de longueur, la tête, le cou et la poitrine d'un brun rougeâtre ; on le trouve à la Marti-

nique. La femelle fait, avec de petites fibres de feuilles entrelacées, un nid qui a la forme du quart d'un globe creux ; elle le suspend au-dessous d'une feuille de bananier qui lui sert d'abri. Le *C. à nid pendant* (*Pendulinus nidipendulus*, Vieil. ; *Oriolus nidipendulus*, Lath., Gm.) est une espèce très-voisine du précédent, de la même taille et des mêmes formes ; plumage brun rougeâtre ; la poitrine, l'abdomen et les côtés du cou d'une teinte ferrugineuse ; une ligne noire dans le milieu. La femelle place aux branches des plus grands arbres son nid qui a la forme d'un petit sac, et qu'elle suspend au moyen d'un fil à l'extrémité des rameaux. Cette espèce a un chant agréable. De la Jamaïque.

CAROUGE (Botanique). — Synonyme de *Caroubier*.

CARPE (Zoologie), *Cyprinus*, Cuv. — Ce mot, employé par Pline, est formé primitivement du grec *kuprinos*, qu'on trouve dans Aristote. La carpe est un des poissons alimentaires les plus connus ; sa chair est assez délicate quand l'animal a vécu dans des eaux courantes ; dans les eaux bourbeuses, il contracte un goût de vase. La carpe constitue un sous-genre du grand genre des *Cyprins*, appartenant aux *Poissons malacoptérygiens abdominaux*, famille des *Cyprinoïdes* (*Règne animal*). Ce poisson se distingue par la bouche petite ; mâchoires faibles, sans dents ; trois rayons aplatis à la membrane branchiale, le pharynx garni de grosses dents ; une seule dorsale longue, ayant, ainsi que l'anale, une épine plus ou moins forte pour deuxième rayon. Toutes les espèces de carpes sont des poissons d'eau douce, vivant de larves d'insectes, de vers, et souvent d'herbages, de graines et même de limon. On a divisé le sous-genre des carpes en deux sections : 1° Celles qui ont des barbillons aux angles de la mâchoire supérieure. Parmi elles on distingue la *C. vulgaire* (*Cyprinus carpio*, Lin.) (*fig.* 437), poisson connu de tout le monde, d'un vert olivâtre, jaunâtre en dessous, dont les épines dorsales et anales sont fortes et dentelées, les barbillons courts, les dents pharyngiennes plates et striées à la couronne. Originaire des contrées tempérées et méridionales de l'Europe, elle s'est répandue, par l'industrie des hommes, dans les pays du Nord. Ainsi, ce n'est qu'en 1514 qu'un nommé Pierre Maschal l'apporta en Angleterre ; plus tard, en

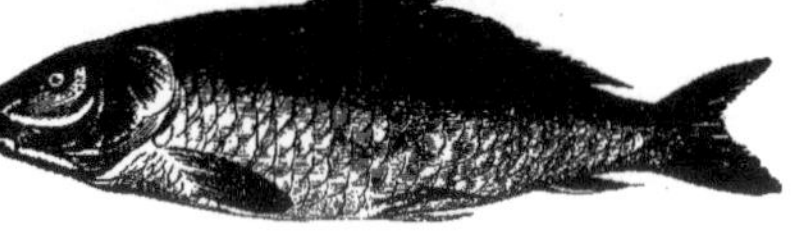

Fig. 437. — Carpe vulgaire.

1560, Pierre Oxe commença à en peupler les eaux du Danemark, sous Frédéric II. Les Suédois et les Hollandais ne la possédèrent que plusieurs années après ; mais ces climats ne paraissent pas lui convenir, car plus on s'approche du nord, plus sa grosseur diminue. C'est dans les eaux tranquilles des parties tempérées et méridionales qu'elles se plaisent le plus. Elles acquièrent alors des dimensions moyennes de 0m,50 à 1 mètre et plus ; ainsi, Pallas assure que dans le Volga elles atteignent souvent jusqu'à 1m,60, et tout le monde connaît l'histoire de celle qui, au rapport de Block, fut prise en 1711, près de Francfort-sur-l'Oder, à Bischofshausen, qui pesait 35 kil. et mesurait 3 mètres de longueur. Quoique leur croissance soit assez rapide, leur longévité est cependant extrême ; Buffon en a vu dans les fossés de Pont-Chartrain qui avaient cent cinquante ans ; et il y en avait à Chantilly et à Fontainebleau auxquelles on donnait près d'un siècle. Pendant l'hiver, les carpes s'enfoncent dans la vase et passent ainsi plusieurs mois sans prendre d'aliments. Mais, dans la saison chaude, elles deviennent voraces et mangent avec gloutonnerie. Leur fécondité est extrême, et on a trouvé dans le corps d'une carpe de 5 kil. jusqu'à sept cent mille œufs ; il est vrai qu'une grande partie de ces œufs et des petits qui en naissent deviennent la proie d'autres poissons, mais il en survit encore assez pour que, dans les viviers, on soit obligé quelquefois d'en arrêter la multiplication en leur adjoignant des brochets, des perches, des truites, etc. La *Reine des carpes* (*C. rex cyprinorum* Bl.) et la *C. à cuir* (*C. nudus*, Bl.) sont des espèces qu'on trouve en Allemagne. Cette dernière se pêche quelquefois en Lorraine. 2° La deuxième section des carpes comprend celles qui manquent de barbillons. Ainsi on trouve en Europe : Le *Carreau* ou *Carassin* (*C. carassius*, Lin.), à tête petite, caudale coupée carrément. Très-commune dans le Nord. La *Gibèle* (*C. gibelio*, Gm.) à caudale coupée en croissant. Assez commune autour de Paris. La *Dorade de la Chine* (*C. auratus*, Lin.) est une espèce importée chez nous, et qui s'est fort multipliée à cause de l'éclat et de la variété de ses couleurs qui font l'ornement de nos bassins : elle acquiert souvent un beau rouge doré. Il y en a aussi d'argentées (voyez PISCICULTURE. VIVIER).

CARPE (Anatomie). — On appelle ainsi cette portion de la main chez l'homme, par exemple, qui succède à l'avant-bras et constitue ce qu'on appelle vulgairement le *poignet*; il est formé de deux rangées de petits os unis très-intimement entre eux, légèrement mobiles les uns par rapport aux autres, et qui donnent la plus grande variété aux mouvements de la main sur l'avant-bras. On compte huit os du carpe, quatre pour la rangée supérieure ; ce sont le *pisiforme*, le *cunéiforme* ou *pyramidal*, le *semi-lunaire* et le *scaphoïde*; la rangée inférieure se compose de l'*unciforme* ou *os crochu*, du *grand os*, du *trapèze* et du *trapézoïde*. Sur cette dernière rangée viennent s'articuler les cinq os du *métacarpe*.

CARPELLE (Botanique), du grec *karpos*, fruit. — Le carpelle est une feuille repliée sur elle-même suivant sa nervure médiane, pour constituer le pistil d'une fleur; voici la théorie qu'en donnent les botanistes : lorsque la feuille carpellaire se replie sur elle-même, sa face inférieure est en dehors, la supérieure en dedans ; dans ce

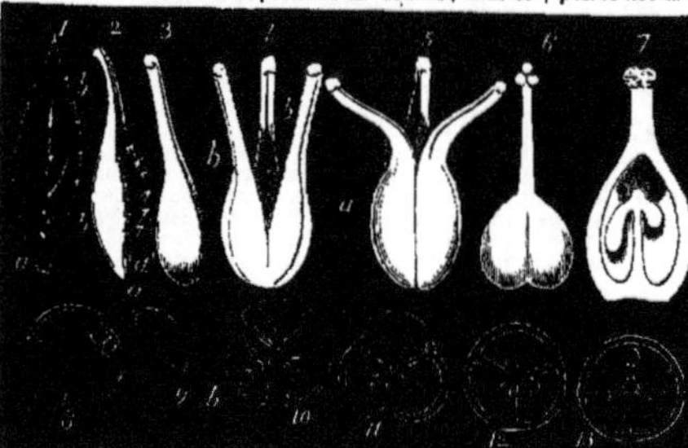
Fig. 438. — Théorie du carpelle (1).

mouvement, la feuille se réfléchit donc vers l'axe qui lui a donné naissance, en rapprochant de cet axe les deux bords de la feuille, jusqu'à ce qu'ils viennent se souder pour fermer ainsi la cavité ou *loge* du carpelle (*fig.* 438). L'*ovaire* est donc formé par le limbe de la feuille carpellaire; le *style* est un prolongement de la nervure médiane, et le *stigmate* une modification glanduleuse de l'extrémité de cette nervure. Ce mode de formation du carpelle nous y fait considérer, à part une face correspondant à la nervure médiane et qui sera *extérieure* ou *dorsale*, deux faces *latérales* correspondant aux côtés du limbe, et un *angle de soudure* qui regarde l'axe de la fleur. La loge que forme la feuille carpellaire en se refermant du côté de son axe doit enfermer le bourgeon que la feuille porte normalement à son aisselle ; au lieu d'avorter comme ceux des sépales, des pétales et des étamines,

(1) Théorie du carpelle. — 1, une feuille : *a*, nervure médiane; *bb*, bords. — 2, cette feuille se repliant pour former le carpelle. — 3, le Carpelle formé avec cette feuille : *b*, les bords. — 4, verticille pistillaire de trois carpelles libres : *a*, nervure médiane; *b*, bords formant la suture. — 5, verticille pistillaire de trois carpelles soudés par les ovaires. — 6, un verticille analogue, où les trois carpelles sont soudés par les ovaires, et les styles. — 7, pistil unique en apparence, à stigmate trilobé, résultant de la soudure à peu près complète de trois carpelles. — 8, coupe d'un ovaire formé de trois Carpelles soudés entre eux par leurs bords, formant une seule loge à placentation pariétale. — 9, coupe transversale avec la position des ovules : *a*, suture dorsale ; *b*, suture ventrale. — 10, coupe transversale des trois carpelles de la figure 4. — 11, coupe transversale des trois carpelles de la figure 5. — 12, coupe transversale de l'ovaire tricarpellé de la figure 6 : placentation axile. — 13, coupe d'un ovaire à trois loges, dont les cloisons se sont détruites par le développement, et qui présentent une placentation centrale.

ce bourgeon prend un développement tout spécial et devient l'*ovule*; mais de même que l'on trouve sur certaines plantes plusieurs bourgeons à l'aisselle d'une feuille (le noyer, certains chèvrefeuilles); ainsi, la loge d'un seul carpelle pourra, dans certaines fleurs, renfermer plusieurs ovules. Chacun de ces bourgeons ou ovules est uni par des vaisseaux à l'axe de la fleur et au reste de la plante; d'autres, qui descendent du style vers l'ovule, se joignent à eux, et tous ces tissus nourriciers réunis forment sur un point variable de l'intérieur du carpelle une saillie sur laquelle s'insèrent, en quelque sorte, les ovules ou l'ovule unique; c'est ce qu'on nomme le *placenta*. Celui-ci est situé en général le long des bords de la feuille carpellaire, dans la partie de la loge tournée du côté de l'axe. Dans ce cas, on dit que le carpelle a une *placentation axile* (*axis*, axe). Dans les ovaires à plusieurs loges, la placentation peut varier (voyez PLACENTA).

CARPHOLOGIE (Médecine), du grec *karphologia*, action de ramasser des brins de paille. On a donné ce nom à des mouvements continuels et désordonnés que fait un malade qui semble vouloir ramasser tout ce qui l'entoure et même des corpuscules qu'il croit voir, ramener ses couvertures, chercher à saisir des flocons dans l'air, etc. On remarque souvent la *carphologie* dans les fièvres typhoïdes graves, et c'est un symptôme d'un très-mauvais présage.

CARPINUS (Botanique). — Nom latin du genre *Charme*.

CARPOCAPSA (Zoologie). — Genre d'*Insectes lépidoptères nocturnes*, créé par M. Treitschke aux dépens des genres *Teigne* et *Pyrale* : on y trouve entre autres la *Pyrale des pommes* (voyez ce mot).

CARPOLOGIE (Botanique), de *karpos*, fruit, *logos*, description. — On nomme ainsi l'étude du fruit dans son ensemble. Les ouvrages les plus importants sur cette intéressante question d'organisation et de classification du fruit sont : Joseph Gærtner, *De fructibus et seminibus plantarum*, etc. Stuttgard, 1788-1791, 2 vol. in-4. — Gærtner fils, *Supplementum carpologiæ*. Leipsick, 1805, 3 volumes. — L. C. Richard, *Analyse du fruit considéré en général*. Paris, 1808, 1 vol. in-18.

CARASSIN ou CARREAU (Zoologie). — Espèce de *poisson* du sous-genre *Carpe* (voyez ce mot).

CARRÉ (Anatomie). — Plusieurs muscles ont été appelés ainsi à cause de leur forme. Ainsi : le *carré des lèvres*, qui a plutôt la forme d'un losange; il est plus connu sous le nom d'*abaisseur de la lèvre inférieure* (portion du *mento-labial*, Chauss.). — Le *carré pronateur*, muscle de l'avant-bras qui, avec le rond pronateur, exécute les mouvements de pronation (*cubito-radial*, Chauss.). — Le *carré des lombes* (*ilio-costal*, Chauss.) va de la crête de l'os des îles à la dernière côte qu'il abaisse, lorsqu'il se contracte. — Le *carré de la cuisse* (*ischio-sous-trochantérien*, Chauss.) de la tubérosité ischiatique à la ligne oblique qui descend des trochanters; il fait tourner le fémur sur son axe et porte le pied en dehors.

CARRÉ (Arithmétique). — Seconde puissance d'un nombre, c'est-à-dire produit obtenu en multipliant ce nombre par lui-même; ainsi 121 est le carré de 11, parce que $11 \times 11 = 121$; on exprime cela de la manière abrégée suivante $11^2 = 121$.

Le carré d'une somme de deux nombres est égal au carré du premier, plus deux fois le produit du premier par le second, plus le carré du second ; ainsi $(57 + 33)^2 = 57^2 + 2 \times 57 \times 33 + 33^2$, ce qui s'exprime généralement en posant : $(a + b)^2 = a^2 + 2ab + b^2$.

Le carré d'un produit de facteurs est égal au produit des carrés des facteurs; ainsi $(5 \times 7 \times 12)^2 = 5^2 \times 7^2 \times 12^2$.

Le carré d'une fraction s'obtient en élevant au carré chacun de ses termes; ainsi $\left(\frac{5}{7}\right)^2 = \frac{25}{49}$; quand on a affaire à une fraction proprement dite, le carré est plus petit que la fraction.

CARRÉ (Géométrie). — Parallélogramme ayant ses quatre côtés égaux et ses quatre angles droits. Par suite, le carré appartient à la famille des *losanges*, comme ayant les côtés égaux, et à celle des *rectangles*, à cause de ses angles. Il en résulte que toutes les propriétés de ces deux figures conviennent au carré ; ainsi, les diagonales sont égales (voyez RECTANGLE), et de plus, perpendiculaires l'une sur l'autre (v. DIAGONALE) ; en outre, comme dans tout parallélogramme, elles se coupent en parties égales.

Pour avoir la surface d'un carré, il suffit d'élever au carré le nombre qui mesure son côté, sous la condition que l'on prendra pour unité de surface celle du carré construit sur l'unité de longueur. Ainsi, soit le côté $= 7^m,6$, on aura pour la surface $= 7,6 \times 7,6 = 57,76$ mètres carrés, puisque l'unité de longueur était le mètre. Le carré, ayant des côtés égaux et des angles égaux, est un polygone régulier. Le point de rencontre des diagonales est le centre du polygone, c'est-à-dire le centre commun du cercle inscrit ou tangent intérieurement aux quatre côtés du carré, et circonscrit, c'est-à-dire passant par les quatre sommets. En désignant par C le côté du carré, par R le rayon du cercle circonscrit, et par r celui du cercle inscrit, on aura $R = \dfrac{C\sqrt{2}}{2}$ et $r = \dfrac{C}{2}$.

CARREAU (Médecine). — C'est le nom sous lequel on désigne vulgairement l'*atrophie mésentérique*, maladie qui consiste dans la dégénérescence tuberculeuse des glandes du mésentère (voyez ce mot). Elle attaque presque exclusivement les enfants depuis la première enfance jusqu'à huit ou neuf ans. Les causes principales sont un mauvais allaitement, l'abus d'une alimentation substantielle, de la bouillie, un lait trop consistant, et en général une nourriture trop abondante. A ces causes prédisposantes, viennent se joindre les causes occasionnelles suivantes : ainsi, l'habitation dans des lieux humides, dans un pays marécageux, dans des quartiers trop resserrés ; une nourriture trop grossière ou mauvaise, l'abus des farineux, les fruits verts, l'usage des mauvaises boissons, etc. ; le carreau peut être souvent l'effet d'un vice scrofuleux dont il n'est alors pour ainsi dire qu'un symptôme ; il peut résulter aussi de la répercussion d'un exanthème (voyez ce mot). Les premiers symptômes de la maladie sont un gonflement plus ou moins douloureux du ventre, perte de l'appétit ou faim dévorante, soif continuelle, malaise après le repas, sommeil agité, selles irrégulières, tantôt dures, tantôt liquides : bientôt le ventre se tuméfie davantage, les glandes mésentériques s'engorgent, deviennent dures, douloureuses au toucher ; il y a des vomissements glaireux, une diarrhée continue, l'amaigrissement marche rapidement, il y a de la pâleur, la langue est couverte de saburre, les malades rendent des aliments non digérés, il y a de la fièvre, et quelquefois l'hydropisie ascite survient (voyez ASCITE). D'après cette exposition des symptômes de la maladie, on peut y reconnaître deux périodes distinctes, l'une *inflammatoire*, l'autre de *tuberculisation* (voyez TUBERCULE). Le pronostic de la première est moins grave, si l'on peut éloigner les causes de la maladie ; mais celui de la seconde période est des plus sérieux, et la guérison est très-problématique. Le traitement de la période inflammatoire consiste dans l'emploi des saignées locales, des cataplasmes émollients, des bains, d'un régime doux et peu substantiel, le tout sagement dirigé, suivant les forces du malade et l'intensité de la maladie ; bientôt on aura recours à un régime un peu analeptique (voyez ce mot), aux tisanes de saponaire, de houblon, de chicorée, aux bains salés, indurés, sulfureux, au sirop de quinquina, au sirop antiscorbutique ; puis à l'huile de foie de morue, aux ferrugineux ; dans le cours du traitement, il sera bon de temps en temps de donner quelques laxatifs, et même des purgatifs, parmi lesquels la rhubarbe tient le premier rang. Les enfants soumis à ce traitement devront être privés de laitage et de crudité ; le bouillon gras, les viandes rôties et grillées, un peu de vin, peu de légumes, voilà quelles doivent être les bases de leur régime alimentaire. A tout cela il faut joindre la suppression, si cela est possible, des causes d'insalubrité signalées plus haut ; le changement d'air, et surtout l'habitation à la campagne dans un pays sain.   F — N.

CARRÉE (Racine). — Voyez RACINES.

CARRELET (Zoologie). — Nom vulgaire de la *Plie franche* (*Pleuronectes platessa*, Lin.), espèce de *Poisson* du sous-genre *Plie*, genre *Pleuronecte*, appartenant aux *Malacoptérygiens subbrachiens*, famille des *Poissons plats*. On reconnaît le carrelet à six ou sept tubercules formant une ligne sur le côté droit de la tête, entre les yeux, et aux taches aurore qui relèvent le brun du corps de ce côté. Cette espèce est trois fois aussi longue que haute ; parmi les plies, le carrelet est le poisson dont la

chair est le plus tendre. Il est très-commun sur les marchés de Paris. Quelques auteurs ont attribué ce nom à la *Barbue* (*Pleuronectes rhombus*, Lin.).

CARRIÈRE (Géologie industrielle). — On a dit que ce mot venait de la forme carrée des pierres qu'on en tire. Quoi qu'il en soit, on appelle *Carrières* des excavations que l'on fait dans la terre pour en extraire en masses plus ou moins considérables les différentes espèces de pierres ordinairement employées à la construction, les marbres et albâtres, les grès, granits, porphyres et laves, la pierre à plâtre, les ardoises, et même toutes les espèces de sables existant dans la terre ; cependant on a restreint plus spécialement ce mot à ce qui regarde les différentes sortes de pierres à bâtir. On renverra pour les autres aux mots *marbre, ardoise, plâtre, sable, grès, porphyre*, etc. L'exploitation des carrières se fait à ciel ouvert, lorsqu'il n'y a pas trop de déblai à enlever pour arriver à la *masse* ; autrement, ce qui arrive surtout dans les plaines, on est obligé d'aller la chercher à une profondeur plus ou moins considérable, et alors on exploite par cavage, c'est-à-dire par des puits et des galeries souterraines ; on peut encore, si la pierre est dans une colline et qu'on ne puisse l'exploiter à ciel ouvert, y arriver par galeries horizontales. Lorsqu'on pratique des galeries, on est obligé d'avoir de distance en distance des piliers pour soutenir les terres ou pierres des toits ; ils peuvent être pris dans la masse même que l'on exploite, et doivent en général être consolidés par des travaux de maçonnerie ; on leur donne dans ce cas le nom de *piliers de masse*. Lorsqu'ils sont construits avec des matériaux étrangers superposés, on les appelle *piliers à bras*. Nous allons donner une idée succincte de ce qui se pratique dans les carrières des environs de Paris, d'après un travail récent dû à MM. E. Avalle et A. Focillon, annoté par M. Delesse, ingénieur des mines, et M. Michau, docteur en droit, maître carrier à Paris.

Conformément à une loi du 21 avril 1810 et à un décret du 4 juillet 1813, l'exploitation de ces carrières est astreinte à certaines formalités peu nombreuses, ayant pour but de sauvegarder la sûreté publique et les propriétés voisines des carrières : ainsi tout propriétaire d'un fonds peut ouvrir une carrière sur son terrain ; mais il ne peut fouiller sous le terrain d'autrui : il ne peut ouvrir de carrière sur le bord des grands chemins, à moins de 60 mètres de distance du bord de ces chemins, et les galeries des carrières ne peuvent être poussées jusque sous les routes, etc. Lorsqu'on veut établir une exploitation par galeries, on fore un puits de 3 ou 4 mètres de diamètre. A l'orifice supérieur, on établit un dallage élevé à la hauteur des voitures de transport et offrant une assez large surface nommée la *forme* ou le *chantier* ; c'est là qu'on installe une roue ou treuil en bois destiné à élever la pierre du fond du puits ; tout le monde connaît ces roues des carrières, de 9 à 10 mètres de diamètre, dont la jante est garnie sur ses côtés d'échelons en bois, sur lesquels les ouvriers montent en faisant tourner la roue par leur propre poids. Sur l'arbre de couche qui la supporte, s'enroule un câble au moyen duquel la pierre est élevée lentement vers la surface du sol ; ce câble, qui a $0^m,09$ environ de diamètre, soutient quelquefois jusqu'à 8 ou 9 000 kil. On place dans ce puits une *échelle* verticale, formée d'une poutre scellée aux parois et portant des échelons ou *ranches*. Le puits est ensuite continué à travers la masse, de manière à pouvoir l'exploiter horizontalement. Cette opération, nommée *affranage*, une fois terminée, on perce dans la masse, suivant trois ou quatre directions, des galeries de 40 à 50 mètres de longueur sur 1 mètre de largeur et $1^m,50$ à 2 mètres de hauteur. La masse à exploiter constitue le *calcaire grossier parisien* et comprend de haut en bas quatre couches principales, dont l'ensemble mesure en moyenne 15 mètres d'épaisseur. Ce sont : 1° Le *banc de roche*, dur, résistant, d'une texture fine, se taillant bien. C'est de la pierre de choix ; il mesure au plus un mètre d'épaisseur ; il se termine en bas par des assises de moindre qualité, qu'on nomme *banc franc, banc d'argent, plaquette, moellon, grignard* ou *petit moellon*. 2° Le *banc vert*, couche de calcaire argileux, propre à la fabrication des chaux hydrauliques. On y trouve quelques bancs plus durs employés pour les dallages ; ainsi, le *liais* de Créteil, le *banc royal* ou *liais* de Bagneux et de Châtillon, le *banc bleu*. 3° La *lambourde* ou *calcaire à milioliles* des géologues, nommé par les ouvriers *banc de son*, à cause de son peu de cohésion ; on l'emploie en moellons ou pierre grossièrement taillée ; ce banc a une épaisseur considérable, mais variable de 8 à 10 mètres en moyenne. 4° Enfin vient un banc de calcaire grossier, inférieur, qu'on exploite à Gentilly sous le nom de *banc Saint-Jacques*; c'est une pierre tendre, remplie de coquilles et qui fournit des moellons de qualité inférieure. Ce banc est moins épais que la lambourde. Au-dessus de tous ces lits, il en existe un de couches marneuses, nommé vulgairement *caillasse*.

Il existe sur la rive gauche de la Seine environ trois cents carrières qui occupent de deux mille cinq cents à trois mille ouvriers, divisés en six catégories : 1° les *hommes de bricole*; 2° les *hommes d'atelier*; 3° les *trancheurs*; 4° les *soucheveurs*; 5° les *équarrisseurs*; 6° les *conducteurs*. Les *hommes de bricole* ou *arricandiers* sont les ouvriers les moins habiles; ils sont chargés des travaux de terrassement, des transports de pierres; ce sont, en quelque sorte, les apprentis du métier; ils gagnent de 1f,50 à 2 francs, et même 3 francs par jour. Les *hommes d'atelier* sont les véritables ouvriers de la carrière, pour faire tous les travaux accessoires, ainsi : transporter la pierre, faire tourner la roue, creuser les galeries, construire les supports, etc. Ils gagnent en général 4 francs. Les *trancheurs* attaquent la masse; de 20 en 20 mètres ils ouvrent des *tranchées* verticales de toute la hauteur de la galerie, mesurant 0m,50 de largeur sur 2 ou 3 mètres de profondeur; lorsque ces énormes blocs de 19 mètres de long sont séparés de la masse, ils sont chargés de les débiter en pierres marchandes. Ils sont payés à la tâche, et une journée de dix heures leur vaut environ 4f,50. Maintenant qu'on se représente cet énorme bloc de 20 mètres de long, limité par deux tranchées de 2 mètres de profondeur qui l'isolent en partie de la masse : il est ce qu'on appelle *défermé*; le *soucheveur* alors se couche tout de son long devant le bloc, armé d'un marteau en fer à deux tranchants, avec un manche de bois plat, dur et long de 2 mètres; il creuse dans la couche terreuse qui supporte inférieurement le bloc de pierre, et il arrive ainsi à l'isoler complétement en bas, en ayant soin, à mesure qu'il avance, de placer de petits supports en bois ou en pierre pour le soutenir. Enfin, avec l'aide de ses camarades, il enlève successivement ces supports, et, à un moment donné, l'énorme masse qui peut mesurer 60 à 70 mètres cubes et peser 1 700 000 kil. se trouve suspendue sans appui; elle se détache enfin en haut et en arrière et tombe sur le sol de la carrière, où elle se casse habituellement en plusieurs fragments; les trancheurs alors viennent la diviser. Les soucheveurs travaillent à la tâche; ils gagnent environ 5 francs par jour. Les *équarrisseurs* sont chargés d'équarrir et de *paver* la pierre sur la plate-forme de la carrière; ils peuvent gagner de 4f,50 à 5 francs. Le *conducteur* est chargé de diriger les travaux; il représente le maître; son salaire est de 5 francs à 5f,50. L'exploitation de la lambourde qui fournit le moellon est un travail moins pénible. Le produit moyen des carrières de la rive gauche s'élève actuellement (1857) à 1 464 000 mètres cubes, dont l'extraction coûte 19 915 000 francs, et qui donnent un produit vénal de 29 070 000 francs (MM. Delesse et Michau). En 18 5, le produit total était 485 902 mètres cubes représentant, aux prix de l'époque, une valeur de 1 863 608 francs de matière extraite. Les catacombes de Paris sont d'anciennes carrières de pierres à bâtir, dans lesquelles on a fait depuis un certain nombre d'années des travaux de consolidation. Voyez le *Carrier des environs de Paris*, par MM. Avalle et Focillon, publié dans le t. II des *Ouvriers des Deux-Mondes*; Paris, 1858, au siége de la Société internationale.

CARTES A JOUER. — La fabrication de ces cartes est soumise à des droits considérables et entourée par la régie de certaines précautions destinées à prévenir la fraude. Le carton des cartes est formé de trois feuilles de papier superposées, dont le grain doit être bien uni, sans tache et sans nœud, afin que la carte ne présente aucun signe qui la fasse reconnaître par derrière. La feuille du milieu, appelée *maimbrune*, est un papier gris, bien uni, d'une teinte bien uniforme, que l'on met en double, et qui sert, tant à détruire la transparence qu'à donner à la carte une certaine raideur à cause de la propriété qu'il possède de prendre beaucoup de colle. Ce papier est recouvert d'un côté par le papier *cartier*, ordinairement blanc ou de couleur unie, bleue, jaune ou rose. Ce papier doit être encore plus rigoureusement uniforme dans sa pâte et dans sa teinte que le premier. Il forme le dos de la carte. Il est cependant quelquefois *taroté*, c'est-à-dire moucheté de dessins variés. Ces cartes doivent être rejetées dans les parties qui sont intéressées d'une manière sérieuse. La troisième feuille, ou *papier pot, papier de face*, sur laquelle sont tracés les signes et figures, est un papier blanc à filigranes, fourni par la régie elle-même. Ces trois sortes de papier sont livrées en feuilles ouvertes de 0m,405 de long sur 0m,311 de large, qui forment chacune la grandeur de 24 cartes. L'impression du trait des figures se fait ordinairement avec des planches en bois. Chaque fabricant a les siennes déposées dans les bureaux de la régie où il fait ses impressions en noir sous les yeux d'un préposé; l'enluminure et les cartes sans tête se font chez les cartiers. On a exposé à Londres une machine à imprimer les cartes typographiquement et à l'huile.

On emploie, dans l'enluminure des cartes, cinq couleurs en détrempe qui sont : le *noir*, noir de fumée délayé dans de la colle claire d'amidon ou de gélatine; le *bleu*, indigo délayé dans de la colle de gélatine; le *gris*, qui est la même couleur que le bleu, mais moins teinté et étendu avec de l'eau de gomme; le *jaune*, décoction de graine d'Avignon avec ¼ d'alun ou de gomme gutte; le *rouge* ou *mine orange* (voyez PLOMB) ou le *vermillon* très-gommé (voyez MERCURE). Ces couleurs sont appliquées successivement dans l'ordre suivant : rouge, jaune, noir, bleu et gris, à l'aide de brosses dures et de *patrons* découpés à jour; chaque couleur a sa brosse et son patron à part. Les patrons sont taillés pour une feuille entière de cartes, dans une feuille de papier épais recouverte de chaque côté de plusieurs couches de vernis à l'huile qui lui donne de la transparence et de la fermeté.

Les cartons enluminés sont séchés sur un poêle, frottés sur chaque face avec un feutre enduit de savon sec, et lissés au moyen d'un caillou arrondi, nommé *lissoir*. On les met ensuite en presse pour les redresser; puis on les porte au découpoir. La machine imaginée à cet effet par M. Dickinson, se compose d'une série de cisailles circulaires montées sur des axes en fer, sur lesquels elles sont assujetties au moyen de manchons en bois, et que l'on met en mouvement avec le pied par un mécanisme semblable à celui du tour. Les cartons sont ainsi partagés en bandes parallèles exactement de même largeur, contenant chacune six cartes, et qui sont ensuite coupées transversalement. Après le découpage, il ne reste plus qu'à trier les cartes pour éliminer celles qui sont défectueuses, qu'à les assortir et les mettre en paquets de 52 cartes pour le jeu entier, de 42 pour le jeu d'ombre, et de 32 pour le jeu de piquet.

Paris et Nancy sont les deux centres de fabrication des cartes à jouer. On en consomme annuellement à l'intérieur pour une somme d'environ 1 500 000 fr. La France en fournit en outre à l'étranger, surtout aux colonies espagnoles, américaines, portugaises et anglaises, pour une valeur d'environ 1 000 000 de francs. La part de l'État sur ce produit est de 5 à 600 000 francs, ou de 20 à 25 p. 100. La vente des cartes ne peut avoir lieu que par les fabricants patentés ou par des commissionnés de la régie. Les infractions à cette prescription entraînent la confiscation des produits mis en vente, un emprisonnement d'un mois et une amende de 1 000 à 3 000 francs.

On attribue généralement l'invention des cartes à jouer à Jacquemin Gringonneur, peintre de la fin du XIVe siècle; mais elles sont mentionnées dès 1328 par un vieux poëte français. Après avoir amusé la démence de Charles VI, elles ne tardèrent pas à devenir un jeu à la mode. C'est sous Charles VII qu'elles reçurent les noms qu'elles ont conservés jusqu'à ce jour et qui, pour la plupart, couvrent des allégories guerrières du temps. M. D.

CARTES GÉOGRAPHIQUES. — Le but des cartes géographiques est de représenter sur une surface plane une portion plus ou moins grande du globe terrestre. Quand elles représentent un hémisphère tout entier, elles portent le nom de *mappemondes*. On emploie pour tracer les cartes divers modes de *projection*, dont les principaux sont la projection orthographique et la projection stéréographique.

Imaginons un plan passant par l'axe de la terre, c'est-à-dire un méridien, et des divers points de l'un des hémisphères, abaissons des perpendiculaires sur ce méridien, nous aurons une représentation plane de cet hémisphère. Dans ce système dit *orthographique*, l'équateur et les parallèles se projettent suivant des droites parallèles entre elles et perpendiculaires à la ligne des pôles. Quant aux méridiens, ils se projettent suivant des ellipses ayant la ligne des pôles pour grand axe. C'est le mode de projection qu'on emploie dans les cartes *sélénographiques* ou dans les représentations de la lune; c'est ainsi, en effet, que nous voyons le disque lunaire se projeter sur la voûte céleste.

Si, au lieu de projeter sur un méridien, on projette

sur l'équateur, les méridiens deviennent sur la carte des rayons partant du centre; et les parallèles, des cercles concentriques. Dans ce système, les parties du globe situées vers le milieu de l'hémisphère projeté sont représentées à peu près en vraie grandeur; vers les bords, au contraire, la déformation est très-grande et les surfaces projetées sont extrêmement réduites.

La projection *stéréographique* présente cet inconvénient à un moindre degré. C'est la *perspective* sur le plan d'un grand cercle, l'œil étant supposé en O sur la sphère à l'extrémité du diamètre perpendiculaire à ce grand cercle M.M, et du côté opposé à l'hémisphère qu'on veut représenter; ainsi, dans la figure, *a* est la projection stéréographique de A, *cd* celle de CD, et *b* celle de B. Ce mode de projection jouit de propriétés remarquables reconnues par Ptolémée, et qui servent dans la construction des cartes : 1° les projections de deux lignes se coupent sous un angle

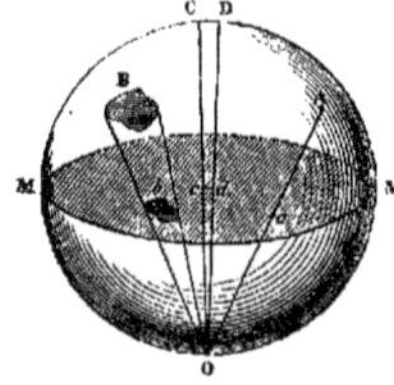

Fig. 439. — Projection stéréographique.

égal à celui de ces deux lignes; 2° tout cercle tracé sur la sphère se projette suivant un cercle; 3° le centre de la projection d'un cercle est la projection du sommet du cône circonscrit à la sphère suivant ce cercle.

Il résulte de ces propositions qu'une petite surface tracée sur la sphère et sensiblement plane a pour perspective une figure semblable. Mais ses dimensions sont un peu altérées : vers le centre, les lignes sont réduites à moitié et les surfaces au quart; les portions situées vers les bords conservent à peu près leur grandeur. Ainsi,

dans les mappemondes ordinaires, il n'y a pas déformation des contours, mais les figures sont dilatées vers les bords de la carte.

Si l'on prend pour plan de projection un méridien, l'équateur est représenté par un diamètre perpendiculaire à l'axe, les parallèles sont des cercles ayant leur centre sur l'axe, et les méridiens des arcs de cercle passant par les pôles (*fig.* 440).

Comme nous l'avons dit tout à l'heure, les parties de la carte situées vers les bords sont dilatées, et en particulier, si l'on considère des méridiens équidistants, on verra qu'ils sont de plus en plus espacés sur la mappemonde à mesure qu'ils s'éloignent du centre. Pour éviter cet inconvénient, M. Babinet emploie un autre système, dit *homalographique*, dans lequel (*fig.* 441) les parallèles sont représentés par des droites parallèles, et les méridiens par des ellipses coupant l'équateur en des points équidistants. Les figures sont, il est vrai, un peu déformées, mais elles conservent leur vraie grandeur.

En résumé, une sphère, et à plus forte raison l'ellipsoïde terrestre, ne pouvant se développer sur un plan, une carte géographique ne saurait reproduire exactement les surfaces, les distances et les directions des lieux correspondants de la surface de la terre. Les configurations sont maintenues dans les cartes stéréographiques, mais les aires et les longueurs sont altérées. Dans le *développement conique* de Flamsteed modifié, tel qu'il est adopté pour la *carte de France*, que lève et publie le dépôt de la guerre, le rapport des aires est conservé, les directions et les distances le sont aussi exactement entre certaines limites.

Voici en quoi consiste ce mode de projection qui est très-apte à représenter une petite partie de la surface terrestre. On suppose un cône circonscrit à la sphère suivant le parallèle moyen du pays que l'on veut représenter, puis, à partir de la ligne du contact, on prend sur les arêtes du cône des points dont les distances soient précisément les mêmes que sur la sphère, en développant le cône pour avoir la carte, ces points correspondent

Fig. 440. — Mappemonde.

Fig. 441. — Système homalographique.

à des cercles qui sont les parallèles. Quant aux méridiens, ils sont formés par un rayon du secteur circulaire formant le développement du cône, c'est le méridien moyen, les autres sont des courbes telles que les arcs de parallèle compris entre deux d'entre eux sur la carte soient égaux en longueur à ce qu'ils sont sur la sphère. Dans ce système, si la surface à représenter n'est pas trop grande, les figures sont très-peu déformées et les aires conservent la même grandeur, ce qui est essentiel dans les cartes topographiques.

CARTES MARINES. — Le développement de *Mercator* (*fig.* 442), que l'on suit dans les cartes marines, consiste à représenter les méridiens par des droites parallèles équidistantes, et les parallèles par des perpendiculaires aux méridiens, dont les distances croissent à mesure qu'on s'écarte de l'équateur, suivant une loi telle que l'angle de deux lignes projetées soit égal à l'angle de leur projection. Les surfaces sont ici énormément altérées; elles se dilatent indéfiniment quand on approche des pôles. Mais, pour les marins, cela a peu d'inconvénients, tandis qu'elles jouissent d'une propriété qui les rend très-commodes pour fixer la route du navire. Cette propriété est la suivante : une courbe qui, sur la sphère, coupe tous les méridiens sous le même angle, est représentée par une ligne droite sur la carte, puisque cette ligne fait le même angle avec tous les méridiens qui, sur la carte, sont des droites parallèles entre elles,

Or, en mer, on connaît sans peine, à chaque instant, la direction du méridien sur lequel on se trouve, direction indiquée par la *boussole;* c'est donc au méridien qu'on rapporte la direction à suivre pour aller d'un point à un autre. Si l'on suivait l'arc de grand cercle, comme étant le plus court chemin, cette direction changerait à chaque instant, parce qu'en général un arc de grand cercle fait avec les méridiens qu'il traverse des angles différents. A cause de cela, les marins ne suivent pas la route la plus courte, mais bien la courbe qui fait partout le même angle avec les méridiens : c'est une sorte de spirale à double courbure, qu'on appelle *loxodromie.*

Si donc, sur une carte marine, on mène une droite du point de départ au point d'arrivée, elle coupera la direction constante des méridiens suivant un certain angle. Cet angle étant connu, il suffira, pour amener le navire à sa destination, de le diriger de manière à faire constamment cet angle avec les méridiens qu'on traverse. Les courants pouvant dévier le navire de sa route, il importe toutefois de déterminer de temps en temps la position exacte où l'on se trouve. Puis on la rapporte sur la carte, et l'on détermine de nouveau l'angle à suivre pour arriver au but.

CARTES CÉLESTES. — La construction de ces cartes est fondée sur les mêmes principes que la construction des cartes géographiques. Elles peuvent représenter, soit un hémisphère entier, soit une petite portion du ciel, soit une zone entière ; telles sont les cartes écliptiques et les cartes équatoriales. On y figure les étoiles par des signes qui désignent leur grandeur, et on les accompagne de la lettre ou du chiffre sous lequel elles sont connues dans les *catalogues*. On y trace le contour des diverses constel-

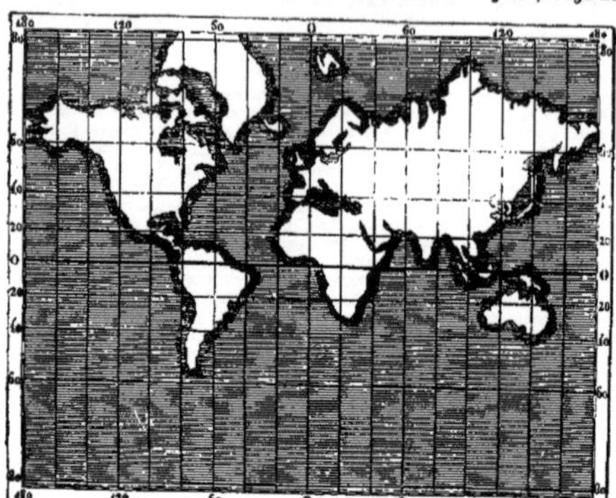

Fig. 442. — Carte de Mercator.

lations, et quelquefois les figures de convention à l'aide desquelles les anciens groupaient les étoiles (voyez Constellations).

Les *atlas* célestes les plus connus sont ceux de Bayer, d'Hévélius, de Flamsteed, de Lemonnier, et, dans ce siècle, l'atlas de Harding, auquel on doit la découverte de Junon, et qui a consigné dans ses vingt-sept cartes plus de 50 000 positions d'étoiles extraites de l'*Histoire céleste française* de Lalande. Bessel et Argelander ont publié des zones qui s'étendent depuis le parallèle de — 15° jusqu'à celui de 80°. Enfin, l'académie de Berlin a entrepris la publication de vingt-quatre cartes qui doivent représenter une zone comprise entre les parallèles de 15° de chaque côté de l'équateur, en y comprenant toutes les étoiles des neuf premiers ordres de grandeur.

L'objet de ces cartes est de servir à reconnaître les planètes et à les distinguer au milieu des étoiles fixes, par la comparaison de la carte avec le ciel. C'est dans le même but que M. Valz a proposé l'emploi de cartes équinoxiales, et que M. Chacornac publie des cartes écliptiques dans l'*Atlas des Annales de l'Observatoire de Paris*.   E. R.

CARTHAME (Botanique et Chimie), du grec *catharsis*, purgation, parce que la graine de carthame passe pour très-purgative ; suivant quelques auteurs, d'un mot arabe qui exprime l'action de teindre. — Fleur du carthame des teinturiers (*Carthamus tinctorius*). Plante qui croît dans le midi de la France, la Hongrie, l'Espagne, l'Égypte, l'Amérique du Sud et les Indes. Il en existe deux variétés, l'une à grandes et l'autre à petites fleurs. La première est particulièrement cultivée en Égypte, où elle forme l'objet d'un commerce considérable. Aussitôt après la floraison, on cueille les fleurs que l'on fait sécher à l'ombre, soit immédiatement, soit après les avoir pétries dans l'eau pour leur enlever une grande partie de leur principe colorant jaune. Ce genre, qui appartient à la famille des *Composées*, a pour caractères : involucre à écailles extérieures foliacées, les intermédiaires terminées par un petit appendice et bordées de petites épines, les intérieures oblongues, acuminées, piquantes. Le *C. tinctorial* ou *officinal* (*C. tinctorius*, Lin.) (*fig. 443*), appelé aussi *safran bâtard*, à cause de ses propriétés, et *graine de perroquet*, parce que sa graine fournit à cet oiseau un aliment salutaire, est une herbe annuelle qui s'élève quelquefois à un mètre. Sa tige est blanchâtre, glabre, rameuse ; ses feuilles sont ovales, bordées de dentelures épineuses ; ses fleurs, d'une teinte jaune, un peu safranée s'épanouissent de juin en août. Cette espèce est originaire des Indes orientales. On la trouve aussi spontanée en Égypte. Elle donne, par ses fleurs, une belle teinture jaune ou rouge ; mais la matière rouge est seule utilisée ; celle-ci sert à teindre les étoffes de soie, de coton et de

laine, et s'extrait en prenant les fleurs arrosées d'eau salée et broyées entre deux pierres meulières. On prépare aussi avec ces fleurs la substance connue, en peinture et dans l'art cosmétique, sous les noms de *rouge végétal*, *rouge de toilette*, *vermillon d'Espagne*. C'est par expression, puis mélangée avec la soude, et précipitée par le suc de citron, que cette substance est obtenue. La matière colorante du carthame est très-brillante, elle se dissout facilement, mais elle passe rapidement à l'exposition au soleil. Les graines de cette plante contiennent un principe huileux qui peut être employé aussi bien pour l'éclairage que pour l'économie domestique ; les tiges servent pour le chauffage dans certaines localités où le carthame se cultive en grand. Les feuilles fraîches fournissent un aliment qu'on prépare en salade, ou comme les épinards. Elles ont en outre la propriété de coaguler le lait ; aussi les emploie-t-on en Égypte pour préparer les fromages. En Angleterre, on tire quelquefois parti, pour les *puddings*, des fleurs de carthame en place de safran ; mais le principe purgatif assez prononcé qu'elles renferment, présente des inconvénients.

Le carthame contient deux principes colorants, l'un jaune, l'autre rouge et appelé *carthamine* ; ce dernier seul est employé en teinture. La matière jaune étant soluble dans l'eau, on l'enlève en introduisant dans un sac de toile le carthame que l'on malaxe sous l'eau. La fleur, qui était jaune rougeâtre, devient d'un rouge clair en perdant la moitié de son poids. On le traite alors par une dissolution étendue de carbonate de soude qui dissout la carthamine, et on précipite cette dernière substance en saturant l'alcali par un acide.

La carthamine est une couleur d'une beauté remarquable, mais qui, malheureusement, est extrêmement al-

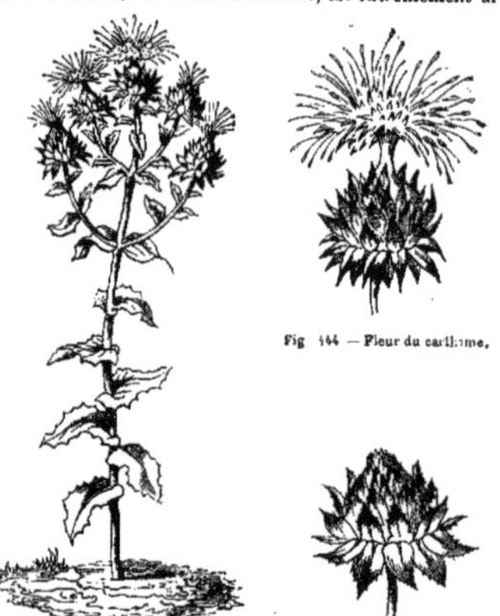

Fig. 444 — Fleur du carthame.

Fig. 443. — Carthame des teinturiers.   Fig. 445. — Fruit du carthame.

térable ; aussi ne l'emploie-t-on que dans la teinture des soies pour lesquelles on tient plus à la fraîcheur et à la beauté du coloris qu'à la solidité. C'est avec elle aussi que l'on prépare le *rouge d'assiette*, magnifique couleur rouge employée au coloris des fleurs. Elle sert enfin à la préparation du rouge végétal employé pour la toilette.

Le *bain de carthame*, pour la teinture, se prépare ainsi qu'il suit : on saupoudre vingt parties en poids de carthame bien lavé, avec une partie de carbonate de soude, et on mélange le tout avec soin. Le mélange est ensuite placé sur un tamis en toile très-serrée, et on le lave à l'eau froide jusqu'à ce que l'eau passe incolore. On achève d'épuiser le résidu au moyen d'une nouvelle quantité très-faible d'alcali. Pour précipiter ensuite la couleur sur la soie, on se sert d'acide citrique (voyez Teinture). Cette teinture doit être faite à froid, et l'étoffe séchée à l'ombre.

Le *rouge d'assiette* s'obtient en lavant d'abord le carthame avec de l'eau acidulée par du vinaigre, afin d'enlever tout le principe colorant jaune. La substance est ensuite malaxée dans quinze parties d'eau de pluie contenant en dissolution une partie de carbonate de soude. On exprime et on achève de laver avec une petite quantité d'eau. La carthamine s'est dissoute dans la liqueur que l'on filtre pour la purifier. On place alors dans cette liqueur des écheveaux de coton, et on la sature par de l'acide citrique. La matière colorante se précipite dans un grand état de pureté sur le coton. On sèche le coton, puis on le lave et on le traite par une nouvelle dissolution de carbonate de soude, pour lui enlever sa carthamine. La liqueur, de nouveau saturée par de l'acide citrique, est versée dans des assiettes où la couleur se dépose en pellicules d'un bel éclat métallique rouge cuivré, quand elles sont sèches.

Le *rouge végétal* se prépare en pulvérisant finement du talc, que l'on mélange avec un peu de rouge d'assiette non gommé. On broie ensuite le mélange avec un peu de blanc de baleine; on l'humecte avec un peu d'éther et on le met en pots. On prépare un rouge végétal de qualité inférieure, en remplaçant le carthame par du carmin. La carthamine a été étudiée au point de vue chimique par Beckman, Dœbereiner, Chevreul et Schlieper.

CARTHAMINE. — Voyez Carthame.

CARTILAGE (Anatomie), *cartilago* des Latins, *chondros* des Grecs. — Tissu animal, souple, élastique, d'un blanc opalin, qui n'est évidemment qu'un état transitoire par lequel passe le système osseux avant de s'encroûter de matières terreuses (phosphate de chaux). Cet état cartilagineux se prolonge plus ou moins longtemps dans les différentes parties du squelette, et ce n'est que successivement et peu à peu qu'on voit la matière osseuse apparaître dans le cartilage. Elle se montre dans des points isolés du même os, s'irradie dans toutes les directions, et à la fin l'os tout entier ne présente plus aucun point cartilagineux. Mais il y a dans le squelette des parties qui restent plus ou moins complétement à cet état; tels sont les cartilages des côtes; en outre, il y a aussi des cartilages qui existent isolément et qui n'ont aucune connexion avec le système osseux, comme ceux du larynx, de la trachée-artère, des bronches, du nez, de l'oreille, etc. Quelquefois, avec les progrès de l'âge, ils finissent par s'ossifier, et l'identité des tissus osseux et cartilagineux est telle qu'on voit des cartilages devenir os, et dans certaines circonstances, comme le rachitisme, les os devenir cartilagineux. Dans les articulations mobiles, on remarque aussi des cartilages qui revêtent les surfaces articulaires des os, dont les fonctions consistent à amortir les chocs par leur élasticité et à résister aux frottements qui tendent à détruire ces parties; ils portent les noms de *cartilages articulaires*, de *revêtement* ou d'*encroûtement*; ils adhèrent à l'os par une de leurs faces, et dans les articulations très-mobiles, comme celles des membres, par exemple, ils ont la forme de lames aplaties, plus minces sur les bords qu'au centre sur les extrémités articulaires convexes, et plus épaisses sur les bords qu'au centre dans les cavités articulaires; leur face libre est lisse et tapissée par la *membrane synoviale*. Les cartilages sont tapissés par une membrane fibreuse analogue au périoste, et qu'on nomme *périchondre*. Voilà ce qui existe chez l'homme, et en général chez les mammifères. Dans la classe des Oiseaux, l'ossification est rapide; le squelette se complète promptement à l'état osseux, et la composition chimique des parties cartilagineuses offre certaines différences avec ce qu'on observe dans les Mammifères. La classe des Reptiles et celle des Batraciens présentent un système cartilagineux hors de proportion avec le système osseux; l'ossification s'y fait lentement, et sous ce rapport comme sous beaucoup d'autres, il semble que l'activité vitale n'est pas suffisante pour compléter le développement physique, et que l'animal reste à un état presque rudimentaire; ces animaux se rapprochent à cet égard des Poissons chondroptérygiens ou cartilagineux, et même, dans ces derniers, le squelette est mou, flexible et presque entièrement composé de cartilages; il ne s'y forme point de fibres osseuses et on n'y trouve que quelques petits grains de matière calcaire. Parmi les Invertébrés, on ne retrouve plus que chez les Mollusques une espèce de tissu cartilagineux dans le ligament articulaire de la charnière des valves. Les *fibro-cartilages* sont une des modifications du tissu cartilagineux à trame membraniforme; ils présentent une plus grande flexibilité que les cartilages vrais; on en trouve des exemples dans les ligaments intervertébraux, la trompe d'Eustache, l'épiglotte, les cartilages des paupières, etc. Les anatomistes pensent que les cartilages n'ont pas de vaisseaux sanguins; la membrane seule qui revêt la surface libre des cartilages indépendants en est pourvue, et ce n'est que lorsque le tissu cartilagineux passe à l'état d'os, que des vaisseaux s'y développent. De là vient que les cartilages ne sont pas susceptibles de s'enflammer ni de s'hypertrophier; ils peuvent seulement se ramollir, s'user et se détruire par le frottement, comme cela a lieu dans certaines tumeurs blanches; et si les plaies, les divisions de ces parties peuvent se guérir ou se réunir, c'est par le moyen du *périchondre* qui s'enflamme et s'organise.

Parmi les productions morbides, on a donné le nom de *cartilages accidentels* à certaines modifications de tissus qui offrent une grande analogie avec les cartilages; c'est surtout dans le tissu fibreux que cette dégénérescence a été observée; ainsi la tunique externe de la rate ou du foie, le péricarde, les fausses membranes de la plèvre et du péritoine, etc.   F—N.

CARTILAGINEUX (Poissons) (Zoologie). — Ils forment, dans le *Règne animal*, la deuxième série de la classe des *Poissons*. Cuvier les désigne mieux sous le nom de *Chondroptérygiens*.

CARTON, de l'italien *cartone*, fort papier, dérivé lui-même du latin *charta*, papier.

Le *carton de collage* est formé de plusieurs feuilles de papier collées l'une sur l'autre.

Le *carton de pâte* se prépare avec de vieux papiers que l'on humecte, que l'on fait pourrir et que l'on désagrège à l'eau sous des meules verticales tournant dans une auge. La pâte est mise en feuilles dans une forme spéciale, puis pressée et séchée à l'air libre (voyez Papeterie, Papier). La pâte des cartons communs est souvent mélangée de chiffons, de laine, de poils, d'étoupe, de débris de paille et même de matières minérales, telles que plâtre, le tout broyé ensemble.

Les *cartons fins* sont recouverts sur chaque face de papier blanc que l'on applique tout humide avant le pressage.

Les principaux centres de fabrication du carton sont en France: Annonay, Bordeaux, Carcassonne, Dijon, le Havre, Lille, Lyon, Marseille, Metz, Paris, Rouen. Strasbourg et Vienne. Le carton anglais est très-estimé.

Le carton est employé à une foule d'usages et d'objets appelés *cartonnage*. Avec de la pâte de carton solidifiée par une solution de gélatine et recouverte d'un vernis imperméable, on fait des tabatières, des vases d'ornement, des socles de pendules, etc. En Angleterre, on en fait même des meubles, tels que tables, nécessaires, etc.

Le *carton pierre*, imaginé en Suède et devenu depuis quelques années d'un usage très-répandu, se prépare avec un mélange de pâte de carton, de terre bolaire, de craie et d'huile de lin, qui prend en séchant une grande dureté. J. A. Romagnesi en a fait, en France, la plus heureuse application à la sculpture. On en fait des ornements légers et solides pour la décoration des appartements. On fabrique aussi avec cette composition des briques et des tuiles qui, dans le commerce, portent le nom d'*ardoises artificielles*.

CARTONNIÈRE (Guêpe) (Zoologie), *Vespa nidulans*, Fab. — Espèce d'*Insectes* du grand genre des *Guêpes* (voyez ce mot). Elle est petite, d'un noir soyeux, avec des taches et le bord postérieur des anneaux de l'abdomen jaunes. Son nid, suspendu aux branches d'arbres par un anneau, est composé d'un carton très fin et a la forme d'un cône tronqué. Les gâteaux sont circulaires, concaves en dessus et convexes en dessous, ou en forme d'entonnoir et percés d'un trou au milieu. L'inférieur est uni en dessous et n'a point de cellules; son ouverture sert d'issue. A mesure que la population s'accroît, elles construisent un nouveau fond et garnissent de cellules la surface inférieure du précédent.

CARTOUCHE (Art militaire). — Rouleau de papier renfermant le projectile et la poudre qui forment la charge du fusil.

Pour fabriquer les cartouches des fusils de munition, on prend chaque feuille de papier ouverte destinée à faire les enveloppes; on la coupe d'abord carrément en six morceaux, puis chacun de ceux-ci est coupé obliquement en deux, de manière à donner douze morceaux égaux ayant 0m,145 de hauteur, 0m,115 de largeur à un bout et 0m,059 à l'autre.

Un de ces morceaux de papier étant étendu sur une table, on le roule sur un mandrin cylindrique en bois dur et sec de 0m,190 de longueur et 0m,013 de diamètre et creusé en un de ses bouts d'une cavité hémisphérique où on loge la balle. Le papier dépasse un peu la balle sur laquelle on doit le replier d'abord à la main pour le presser ensuite sur la balle en l'introduisant dans un trou hémisphérique pratiqué à cet effet dans la table. L'ouvrier retire alors le mandrin et passe la cartouche garnie seulement de la balle à un second ouvrier qui y verse une charge de poudre s'élevant à 12gr,5 et mesurée dans un godet conique en fer-blanc. Le papier est enfin replié sur la poudre aussi près que possible.

On trouve actuellement dans le commerce des enveloppes de cartouche en laiton destinées aux fusils qui se chargent par la culasse. Ces cartouches peuvent servir plusieurs fois et sont garnies par le tireur lui-même.

Les enveloppes des cartouches destinées aux canons sont en parchemin, carton, bois ou fer-blanc; on les appelle *gargousses*.   M. M.

CARUM (Botanique). — Voyez CARVI.

CARUS (Médecine), du grec *karos*, assoupissement.— C'est le dernier degré de l'assoupissement, dont on ne peut tirer les malades avec les stimulants les plus forts; on a dit qu'il ne différait du *coma* que parce qu'il est sans fièvre.

CARVI (Botanique), ce mot est altéré de *carum*, Lin., qui, selon Pline, vient de l'origine de la plante, de la Carie. — Genre de plantes de la famille des *Ombellifères*, tribu des *Ammiuées*. Les carvis sont des herbes glabres, à racines tubéreuses comestibles et à feuilles pennatiséquées dont les segments sont multifides. Le *C. commun, anis des Vosges* (*Carum carvi*, Lin.) est une espèce indigène, bisannuelle, qui habite les prés montueux. Sa racine a été employée comme aliment dans les temps les plus reculés. La culture lui donne une saveur assez agréable. C'est surtout dans le nord qu'elle est le plus répandue. On la mange de différentes manières. Les Germains en préparaient une boisson vineuse. Les graines sont huileuses et aromatiques. Les Allemands les mêlent souvent à la farine destinée au pain. En médecine, ces graines sont regardées comme carminatives et excitantes. Le *C. noix de terre* (*C. bulbocastanum*, Koch), mot qui signifie *bulbe-châtaigne*, a une racine dont la saveur se rapproche de celle de la châtaigne; appelé aussi vulgairement *Moinson, Juron*, il appartenait autrefois au genre *Bunium*; c'est une espèce vivace à racines globuleuses employées comme aliment; celles-ci sont assez riches en bonne fécule. Caract. du genre : carpelles à 5 côtes filiformes égales; columelle bifurquée seulement au sommet.   G — s.

CARYOCATACTES (Zoologie), Cuv. — Sous-genre d'*Oiseaux passereaux*, du genre *Corbeau*, connus sous le nom de *Casse-noix*.

CARYOPHYLLAIRES (Zoologie), *Caryophillaria*, Lmx. — Ordre de *Polypes à polypiers pierreux*, établi par Lamouroux, et comprenant les genres *Caryophyllie, Turbinolopse, Turbinolie* et *Cyclolithe*. Ce mode de classification n'a pas prévalu.

CARYOPHYLLÉES (Botanique). — Famille de plantes *Dicotylédones dialypétales périgynes*. M. Brongniart, sous le nom de *Caryophyllinées*, en fait une classe qui sert de transition entre les plantes dialypétales à insertion hypogyne et celles à insertion périgyne, et qui comprend les *Chénopodées*, les *Amarantacées*, les *Silénées*, les *Alsinées*, les *Paronychiées*, etc. Ce sont les deux avant-dernières familles qui constituent les *Caryophyllées* des auteurs. Celles-ci sont des plantes herbacées rarement sous-frutescentes à la base; leurs tiges sont articulées, noueuses; leurs feuilles opposées, entières; leurs fleurs régulières, composées d'un calice à 5 ou rarement 4 sépales, de 5 ou 4 pétales, d'étamines en nombre égal ou double. Le fruit est capsulaire, à une ou plusieurs loges incomplètes, s'ouvrant soit par des dents au sommet, soit par des valves; sa placentation est centrale. Les plantes de cette famille habitent principalement les régions tempérées de l'hémisphère boréal. Elles se plaisent en général dans les régions montagneuses. De Candolle les divise en deux tribus : 1° les *Silénées*, qui se distinguent par un calice monosépale et des pétales à onglet aussi long que le tube du calice. Genres principaux : *Gypsophile* (*Gypsophila*, Lin.), *OEillet* (*Dianthus*, Lin.), *Saponaire* (*Saponaria*, Lin.), *Silène* (*Silene*, Lin.), *Cucubale* (*Cucubalus*, Gœrtn.), *Lychnide* (*Lychnis*, de Cand.); 2° les *Alsinées*, qui ont le calice à 4-5 sépales libres ou à peine soudés par leur base. Genres principaux : *Bufonie* (*Bufonia*, Lin.), *Spargoute* (*Spergula*, Lin.), *Holostée* (*Holosteum*, Lin.), *Sagine* (*Sagina*, Lin.), *Stellaire* (*Stellaria*, Lin.), *Sabline* (*Arenaria*, Lin.), *Céraiste* (*Cerastium*, Lin.). Endlicher fait rentrer comme deux nouveaux sous-ordres dans la famille des *Caryophyllées*, les *Paronychiées* et les *Scléranthées* (voyez OEILLET).   G — s.

CARYOPHYLLIE (Zoologie), *Caryophyllia*. — Genre de *Polypes à polypiers pierreux*, établi par Lamouroux pour un assez grand nombre d'espèces. Ils sont de la même famille que les *Astrées*. Plusieurs espèces sont fossiles et se trouvent dans des terrains marins dont l'ancienneté varie; d'autres sont vivantes. Leurs polypiers sont fixés tantôt isolément, tantôt en faisceaux, mais jamais soudés en masse comme ceux des Astrées. Ils n'ont qu'un seul orifice intestinal, habituellement entouré de tentacules. Il y en a dans nos mers.

CARYOPHYLLUS (Botanique), nom spécifique de l'*œillet girofle* (*Dianthus caryophyllus*, Lin.), vulgairement *œillet des fleuristes* (voyez OEILLET).

CARYOPSE (Botanique), et non *Cariopse*, à cause de l'étymologie grecque *karuon*, noix, et *opsis*, apparence. — Mot créé par L. C. Richard et qui s'applique à une sorte de fruit monosperme, sec, indéhiscent, résultant de la soudure de la graine aux parois de l'ovaire, de façon à ce que le péricarpe, en paraissant faire partie de ses enveloppes, semble disparaître. Les fruits des Graminées appelés vulgairement *grains*, comme dans le seigle, l'orge, le blé, le maïs, etc., sont des caryopses. Le péricarpe est alors très-mince et se détache sous forme de son par le broiement de ces fruits. On prenait autrefois le caryopse pour une graine nue; mais la présence du style ou de son rudiment, qui ne peut exister que sur l'ovaire, a bientôt fait reconnaître un véritable fruit à graine et péricarpe intimement unis.

CARYOTE (Botanique), *Caryota*, Lin. ; nom sous lequel les anciens désignaient une sorte de datte cultivée. — Genre de *Palmiers* de la tribu des *Arécinées*. Fleurs ordinairement monoïques, sessiles; étamines nombreuses; pistil à stigmates souvent soudés en pyramide; baies renfermant une ou deux graines. Ce genre comprend de grands arbres à feuilles terminales, bipennées en forme de demi-éventail; leurs spadices, grands, pendants, ramifiés, sortent d'entre ces feuilles. Le *C. caustique* (*C. urens*, Lin.) est un grand palmier des Indes orientales. Ses feuilles, qui atteignent jusqu'à 5 et 6 mètres de longueur, donnent des fibres très-tenaces employées à Ceylan dans la fabrication des câbles. Sa sève donne une matière sucrée très-abondante. On a vu des individus en produire jusqu'à 100 litres en vingt-quatre heures. Le tronc de cette espèce contient une fécule analogue à celle du sagou. Son fruit, de la grosseur d'une petite prune, qui est à deux graines, possède une saveur très-caustique. Ce caryote est un de ces palmiers dont on utilise toutes les parties. Le *C. à rejets* (*C. sobolifera*, Wall.) vient de l'île de France; il diffère peu de l'espèce précédente; sa baie n'a qu'une graine. Le *C. farineux* (*C. furfuracea*, Blum.) croît à Java et ne contient aussi qu'une seule graine dans son fruit.   G — s.

CAS RÉDHIBITOIRES, VICES RÉDHIBITOIRES (Économie rurale), du latin *redhibere*, rendre. — On appelle ainsi des maladies ou défauts dont l'existence entraîne la nullité de la vente des animaux domestiques. Les art. 1641 et suivants du Code civil, en abolissant les coutumes particulières à chaque province, quant à la nomenclature des cas rédhibitoires, avaient cependant laissé quelques lacunes, que la loi du 20 mai 1838 est venue combler. Suivant cette loi, et sans avoir égard aux localités où les ventes et échanges auront eu lieu, sont réputés vices rédhibitoires, les maladies ou défauts suivants :

POUR LE CHEVAL ET LE MULET, la *fluxion périodique des yeux*; l'*épilepsie* ou *mal caduc*; la *morve*; le *farcin*, les *maladies anciennes de poitrine* ou *vieilles courbatures*; l'*immobilité*; la *pousse*; le *cornage chronique*; le *tic sans usure des dents*; les *hernies inguinales intermittentes*; la *boiterie intermittente pour cause de vieux mal*.

POUR L'ESPÈCE BOVINE, la *phthisie pulmonaire* ou *pommelière*; l'*épilepsie* ou *mal caduc*; les *suites de la non-délivrance*; le *renversement du vagin* ou de l'*utérus*, ces deux derniers cas, lorsque le part a eu lieu chez le vendeur.

DANS L'ESPÈCE OVINE, la *clavelée* et le *sang de rate*. la clavelée, chez un seul animal, entraînera la rédhibibition de tout le troupeau. Voilà l'ensemble de la législation sur cette matière. Pour les détails, voyez la loi du 20 mai 1838.

CASCARILLE (Botanique), de l'espagnol *cascara*, écorce, à cause des propriétés de l'écorce de cette plante. — Espèce de plantes du genre *Croton*, famille des *Euphorbiacées*. C'est le *Croton cascarilla* de Linné, arbrisseau qui habite la Floride et les îles de Bahama, d'Eleuthéra. On lui donne quelquefois le nom vulgaire de *Sauge du port de paix*, et son écorce était appelée dans le commerce *Quinquina gris aromatique*, à cause de ses propriétés fébrifuges que l'on comparait à celles du quinquina, ou écorce *éleutérienne*. La cascarille a les feuilles, lancéolées obtuses, pubescentes à la face inférieure, et accompagnées de trois glandes à leur base. Son écorce, qui nous vient sous la forme de petits fragments roulés, exhale une odeur musquée lorsqu'on la brûle (voyez CROTON). G—s.

CASÉINE (Chimie). — Principe immédiat, sulfuro-azoté, qu'on trouve en abondance dans le lait, et qui forme la base des fromages. Sèche, la caséine constitue une masse blanche, amorphe, opaque, sans odeur ni saveur, donnant par la combustion des cendres riches en phosphate de chaux. Humide, elle a une faible réaction acide ; elle est peu soluble dans l'eau, insoluble dans l'alcool, soluble dans les liqueurs alcalines et acides. On admet que, dans le lait, la caséine est dissoute à la faveur d'un peu de carbonate alcalin ; aussi, l'introduction d'un acide dans le lait amène-t-elle sa coagulation, surtout quand la température est un peu élevée. La *présure*, la matière extractive du *gaillet* ou *caille-lait*, celle qu'on retire des fleurs de l'*artichaut sauvage* (*Cynara carduncellus*), provoquent aussi la précipitation de la caséine dans le lait. Un caractère distinctif de la caséine, c'est de se dissoudre dans l'acide chlorhydrique concentré, en donnant à la liqueur une belle teinte violacée. La potasse fondue, en réagissant sur la caséine, engendre un nouveau corps neutre, la *tyrosine* ($C^{18}H^{11}AzO^6$). Pour extraire la caséine du lait, on fait cailler ce liquide par un moyen quelconque. Le coagulum, lavé avec soin à l'eau distillée, est dissous à la faveur du carbonate de soude, et la solution placée dans un vase profond pour faciliter la séparation du beurre. On précipite de nouveau la caséine par l'acide sulfurique, on la lave avec le plus grand soin, et enfin on l'épuise de toutes les matières solubles étrangères par l'éther et l'alcool. — L'étude de la caséine est due principalement à MM. Braconnot, Berzelius, Dumas, Cahours et Rochleder. B.

CASEMATE (Artillerie). — On appelle *casemates*, des voûtes établies dans les remparts, et disposées de manière à recevoir des pièces d'artillerie. Les embrasures des casemates sont de deux sortes, ou bien percées dans le mur du rempart, mais dans ce cas, chaque boulet qui atteint l'embrasure brise la pierre et en fait une véritable mitraille très-dangereuse pour les servants de la pièce, ou bien on fat une grande ouverture dans le mur du rempart, et on y établit une embrasure en terre.

CASEUM. — Voyez CASÉINE.

CASIA (Botanique). — Les anciens, et entre autres Dioscorides, Pline, Virgile, ont désigné sous ce nom une plante sur l'identité de laquelle les botanistes ne sont pas d'accord ; quelques-uns pensent que c'est l'*Osyris blanc*, vulgairement nommé *Rouvet* (Santalacées). Il paraît plus probable que c'est une plante du genre *Daphné* (Thyméléées), voisin des Lauriers.

CASOAR (Zoologie), *Casuarius*, Bris. — Genre d'*Oiseaux échassiers*, famille des *Brévipennes* qu'il forme seul avec les *Autruches*. Ils ont les ailes encore plus courtes que celles-ci, tout à fait inutiles pour la course ; leurs pieds ont trois doigts, comme les autruches d'Amérique, tous garnis d'ongles ; leurs plumes ont des barbes si peu garnies de barbules que de loin elles ressemblent à du crin. Ils vivent par couples. On en connaît deux espèces : 1° le *C. à casque* ou *Emeu* (*Struthio casua- rius*, Lin. ; *Casuarius emeu*, Lath.), de l'archipel indien ; il a le bec comprimé latéralement, la tête surmontée d'une proéminence osseuse qui part de la base du bec et forme une espèce de casque comprimé sur les côtés, elle est recouverte d'une substance cornée ; la peau de la tête et du haut du cou nue, teinte en bleu céleste avec des caroncules, comme le dindon. L'aile a quelques tiges roides, sans barbes, qui lui servent d'armes ; c'est le plus grand des oiseaux après l'autruche. Il vit de fruits, d'œufs, mais pas de grains. Il pond des œufs verts en petit nombre, dont chacun équivaut à une dizaine au moins d'œufs de poule ; il les couve, comme l'autruche, et ne les abandonne pas, comme on l'a dit, à la chaleur naturelle ; 2° le *C. de la Nouvelle-Hollande* (*Casuarius Novæ-Hollandiæ*, Lath.), plus connu

aujourd'hui sous le nom de *Dromée* (*Dromaïus Novæ Hollandiæ*, Vieil.) ; bec déprimé, sans casque sur la tête, nu seulement autour des oreilles, plumage brun, plus fourni, les plumes plus barbues, point de caroncules, ni d'éperons à l'aile ; il est plus rapide à la course que le meilleur levrier ; sa chair, d'un goût assez agréable, ressemble à celle du bœuf. Le premier individu fut apporté

Fig. 446. — Casoar à casque (hauteur sur la tête, 1ᵐ,10).

par Péron, qui indique déjà que l'acclimatation de cette espèce est désirable ; il est des plus robustes et supporte bien le froid. Le C. à casque y est beaucoup plus sensible. Depuis l'époque de son introduction en France, le dromée a été l'objet de beaucoup de travaux et de soins ; et aujourd'hui, en France, en Angleterre, en Belgique, on a plusieurs exemples de la reproduction de cet oiseau. Il est bien à désirer que les efforts tentés soient couronnés d'un plein succès, car indépendamment de sa chair, qui lui avait fait donner le nom d'*Oiseau de boucherie* par I. Geoffroy-Saint-Hilaire, il faut encore compter parmi ses produits ses plumes étroites et légères, auxquelles la mode a parfois donné un prix très-élevé.

CASQUE (Zoologie), *Cassis*, Brug. — Sous-genre de *Mollusques gastéropodes pectinibranches*, du grand genre *Buccin*, à coquilles univalves ovales ; l'ouverture est oblongue ou étroite, terminée à la base par un canal court recourbé vers le dos de la coquille. L'animal ressemble à celui des *Buccins* proprement dits, mais son opercule corné est dentelé. Le *C. baudrier* (*C. vibex*, Brug.), des mers de l'Amérique, se trouve aussi dans la Méditerranée. Le *C. hérisson* (*C. erinaceus*, Brug., *C. à tubercules*) vient des mers des Indes. Le *C. treillissé* (*C. decussata*, Brug.) (*fig.* 447), coquille ovale, un peu allongée, striée longitudinalement et transversalement, à ouverture étroite, dentée des deux côtés ; couleur

Fig. 447. — Casque treillissé.

vert-olive, quelquefois rousse ou blanchâtre, Méditerranée et mer d'Afrique ; longueur, 0ᵐ,05. Beaucoup de casques donnent de la pourpre.

CASQUE (Botanique). *Galea*. — On appelle ainsi les pétales plus ou moins concaves, arrondis en forme de casque comme dans l'aconit. On nomme aussi casque la lèvre supérieure de certaines *Scrophularinées*, telle que celle de la plante connue sous le nom de *Muflier* ou *Gueule-de-loup* (*Antirrhinum majus*, Lin.). G—s.

CASSAVE (Botanique), de *cassavi*, mot américain usité dans les îles. — On nomme ainsi des espèces de biscuits très-minces, faits avec la racine de manioc débarrassée de son suc laiteux, puis râpée, pressée et cuite sur une plaque de fer. Les indigènes de l'Amérique méridionale sont très-friands de cette galette, qu'ils mangent en guise de pain avec leurs aliments. La cassave est assez nutritive et de saveur agréable. Elle peut se conserver plusieurs années, pourvu qu'elle soit à l'abri de l'humidité. Les vers ne l'attaquent pas.

CASSE (Botanique médicale), *Cassia*, Lin. — Genre de la famille des *Légumineuses*, composé d'un grand nombre d'espèces, presque toutes purgatives ; calice à

5 folioles, corolle à 5 pétales, 10 étamines. Ce sont des arbres, des arbustes ou des plantes herbacées. La *C. des boutiques*, *C. en bâton*, *Canéficier* (*C. fistula*, Lin.), est un arbre haut de 12 à 15 mètres, originaire de l'Égypte et de l'Inde, et transporté en Amérique. Les fleurs grandes, d'un jaune foncé, et à pétales veinés, sont réunies en grand nombre sur de belles grappes un peu lâches, et offrent un coup d'œil charmant. Le fruit est une gousse noirâtre, cylindrique, d'une longueur de 0^m,50, offrant à l'intérieur des espaces cloisonnés dans lesquels se trouve une matière pulpeuse, acidule, sucrée, entourant une seule graine arrondie ; c'est ce qu'on appelle la *pulpe de casse* ; après l'avoir retirée des gousses ou *bâtons*, et séparée des graines et des cloisons, on la passe à travers un tamis de crin, et on la conserve dans des vases de faïence en un lieu sec. Elle entre dans la composition du catholicon double et de la marmelade de Tronchin. A la dose de 60 grammes, la casse purge doucement, mais on la mêle ordinairement, en moindre dose, à un autre purgatif plus énergique, la *C. de Thébaïde* (*C. senna*, Lin.) (voyez Séné).

CASSE-LUNETTES (Botanique).—Un des noms du *Bluet*.

CASSE-NOIX (Zoologie), *Caryocatactes*, Cuv. ; *Nucifraga*, Briss. — Sous-genre d'*Oiseaux passereaux*, famille des *Corbeaux* (que Cuvier ne distingue pas des *Conirostres*, genre *Corbeaux*) ; à bec fort, les deux mandibules également pointues, droites et sans courbure. Il n'y en a qu'une espèce, le *C. ordinaire* (*Corvus caryocatactes*, Lin.), brun, tacheté de blanc sur tout le corps. Il niche dans des trous d'arbres, grimpe, frappe du bec contre l'écorce pour en faire sortir les larves d'insectes ; il se nourrit aussi de fruits, d'insectes et même de petits oiseaux ; ils viennent quelquefois en troupes dans les plaines, mais ils restent plutôt dans les bois épais des montagnes. Cet oiseau est renommé pour son peu de défiance. Il habite les pays de montagne, l'Auvergne, la Savoie, la Suisse, en général, les montagnes couvertes de sapins, dont il mange les graines. Sa longueur totale est de près de 0^m,35.

CASSE-PIERRE (Botanique), nom vulgaire de la *Saxifrage granuleuse* (*Saxifraga granulata*, Lin.). — Jolie espèce qui habite communément les bois de nos contrées. Toute la plante est glanduleuse, visqueuse, et ses racines sont garnies de petits tubercules assez nombreux. Les fleurs de cette espèce, doubles dans une variété cultivée, sont disposées en une ombelle paniculée ; elles sont blanches et s'épanouissent au printemps. On appelle aussi cette saxifrage *Sanicle de montagne*.

CASSICAN (Zoologie), *Cassican*, Buff. ; *Barita*, Cuv. ; *Cracticus*, Vieil. — Sous-genre d'*Oiseaux passereaux*, famille des *Dentirostres*, du grand genre des *Pies-grièches*. Ils ont le bec grand, conique, droit, rond à sa base, qui forme un angle arrondi dans les plumes du front. Ils appartiennent tous à l'Asie méridionale et à la Nouvelle-Hollande ; les naturalistes les ont dispersés arbitrairement dans plusieurs genres. Ils ont en général des habitudes très-bruyantes et une voix criarde ; ils poursuivent les petits oiseaux. Le *C. flûteur* (*Coracias tibicen*, Lath.), ainsi nommé parce qu'il a une voix douce et flûtée, d'un beau blanc mêlé de noir, a une longueur totale de 0^m,45. Il est d'un naturel rapace et fait souvent sa proie des petits oiseaux. Le *C. réveilleur* (*Coracias strepera*, Lath.) est très-commun à l'île de Norfolk, dans la mer du Sud. Il est un peu plus grand que le précédent. Son nom de *réveilleur* lui vient de ce que, pendant la nuit, il a l'habitude de s'agiter et de faire retentir l'air de ses cris.

CASSIDAIRES (Zoologie), *Cassidaires*, Lamk. Ce sont les *Heaumes* de Cuvier ; *Morio* de Monf. — Petit sous-genre de *Mollusques*, du genre *Buccins*, très-voisin des Casques, dont il a été détaché par Lamarck ; ils ont le canal moins brusquement courbé et conduisent tout à fait à certains *Murex*. L'animal ressemble à celui des buccins, mais son pied se développe davantage. Toutes les espèces sont marines. Le *C. échinophore* (*Buccinum echinophorum*, List.) (*fig.* 448) est une coquille qui a de 0^m,06 à

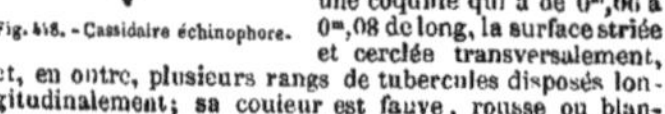

Fig. 448.—Cassidaire échinophore.

0^m,08 de long, la surface striée et cerclée transversalement, et, en outre, plusieurs rangs de tubercules disposés longitudinalement ; sa couleur est fauve, rousse ou blanchâtre ; elle vient des mers d'Amérique, de la Méditerranée, surtout de l'Adriatique.

CASSIDAIRES (Zoologie), *Cassidariæ*. — Tribu d'*Insectes coléoptères tétramères*, famille des *Cycliques*, qui se distingue par des antennes insérées à la partie supérieure de la tête, rapprochées, courtes et presque filiformes, la bouche située tout à fait en dessous, la tête cachée sous le corselet (de là le nom de *cassida*, casque), ou même dans son échancrure antérieure ; leurs couleurs sont très-variées et en général agréables à la vue. Celles de leurs larves qui nous sont connues se recouvrent de leurs excréments. Ils composent deux genres, celui des *Hispes* et celui des *Cassides*.

CASSIDES (Zoologie), *Cassida*, Lin., Fab. — Genre d'*Insectes* de la tribu précédente ; corps orbiculaire presque ovoïde ou carré, le corselet caché et recouvre entièrement la tête ; elles vivent sur les plantes. La *C. verte* (*C. viridis*, Lin.), longue de 0^m,003, verte en dessus, noire en dessous, les cuisses noires ; sa larve vit sur les chardons et les artichauts. La *C. équestre* (*C. equestris*, Fab.) est un peu plus grande.

CASSIE (Botanique).—Nom que l'on donne dans le midi de la France à une espèce d'*Acacie* (*Mimosa Farnesiana*,

Fig. 451.— Semences.

Fig. 450. — Gousse contenant les semences.

Fig. 449. — Rameau de cassie garni de ses fleurs.

Wild.), *Cassie de Farnèse*, *Casse du Levant*. C'est un arbrisseau de la famille des *Légumineuses*, originaire de l'Inde et qui s'élève à une hauteur de 5 mètres environ. Ses rameaux épineux se couvrent vers la fin de l'été de petites fleurs jaunes, odorantes, en capitules. On ne peut le cultiver en pleine terre que dans le midi de la France, pour ses fleurs qui jouent un rôle assez important dans la parfumerie en formant la base de certains parfums. C'est seulement aux environs de Cannes (Var) que la culture en grand est possible. La récolte des fleurs de cet intéressant arbrisseau commence aux premiers jours de septembre et dure à peu près deux mois. Le produit est livré frais aux parfumeurs de Grasse ; toutefois, ces fleurs conservent leur arome et une grande partie de leur valeur lorsqu'elles sont séchées. Le prix moyen du kilogramme de fleurs est de 5 francs. La cassie se multiplie au moyen des semences ; mais celles-ci sont si dures que pour les faire germer on est obligé de les faire tremper dans l'eau pendant deux jours, après les avoir entaillées ou usées par le frottement sur un de leurs côtés ; elles germent ensuite facilement.

CASSIER (Botanique). — Voyez Casse.

CASSIOPÉE. — Voyez Constellation.

CASSIQUE (Zoologie), *Cassicus*, Cuv. — Genre d'*Oiseaux passereaux*, famille des *Conirostres*; caractérisé par un bec exactement conique, plus long que la tête, gros à sa base, singulièrement aiguisé en pointe; ce sont des oiseaux d'Amérique de mœurs assez semblables à celles de nos étourneaux, vivant en troupes, construisant souvent leurs nids avec beaucoup d'artifice et près les uns des autres. Ils vivent d'insectes et de grains; leur chair est mauvaise. Cuvier les divise en cinq sous-genres: les *Cassiques propres*; les *Troupiales*; les *Carouges*; les *Oxyrinques* (sic); les *Pit-pits*.

Cassiques proprement dits. — Ils se distinguent par un bec dont la base remonte sur le front et y entame les plumes par une large échancrure demi-circulaire, d'où vient le nom de ces oiseaux, du latin *cassis*, casque. Ce bec, du reste, est droit, convexe en dessus, robuste, pointu. Les principales espèces sont : le *C. huppé* (*C. cristatus*, Vieil.; *Oriolus cristatus*, Lath.), connu à Cayenne sous le nom de *Cul-jaune des palétuviers*. Le *C. Yapou* (*Oriolus persicus*, Lath.), de Cayenne, est, dit Sonnini, un oiseau très-facile et en même temps très-agréable à élever; il est doué d'une voix aussi belle que flexible.

CASSIS (Botanique), nom vulgaire du *Groseillier noir* (*Ribes nigrum*, Lin.). — Arbrisseau élevé environ d'un mètre, et croissant spontanément dans plusieurs contrées de l'Europe. Il est commun dans les bois montueux de la Suisse et de l'Auvergne. Le cassis se distingue par ses feuilles à 3-5 lobes, ponctuées en dessous, et ses fleurs d'un blanc verdâtre, disposées en grappes lâches garnies de bractées plus courtes que les pédicelles. Cette espèce se reconnaît encore mieux par ses fruits noirs et l'odeur aromatique spéciale qu'elle répand. On cultive dans les jardins plusieurs variétés de cassis, entre autres, une à feuilles panachées et une autre à feuilles saupoudrées de blanc. Le fruit du cassis est, comme on sait, aromatique, sucré, et passe pour tonique et stomachique. Les baies de cassis, infusées dans l'alcool, donnent une liqueur de table aromatique très-agréable, on lui attribue des propriétés stomachiques (voyez Groseillier). G—s.

CASSITÉRITE (Minéralogie), *Beudant*; du grec *kassiteros*, étain. — C'est le peroxyde d'étain naturel, matière ordinairement brune, cristallisant dans le système des prismes à quatre pans, terminés par des pyramides. Infusible au chalumeau, la cassérite se réduit difficilement, son aspect a quelque chose de gras, sa cassure est inégale et raboteuse. A l'état de pureté, cet oxyde est composé de 1 atome d'étain et 2 atomes d'oxygène, et en poids de 79 d'étain et 21 d'oxygène, sa pesanteur spécifique est de 6.9 au moins. Cette substance se trouve dans les terrains de cristallisation, quelquefois dans la partie inférieure des terrains de sédiment, on la rencontre aussi en cailloux roulés dans certains dépôts d'alluvion. C'est de ce minerai que partout on retire l'étain. L'Angleterre et surtout le pays de Cornouailles le fournissent en abondance; on y paye livre au commerce environ trois millions de kilog. d'étain; la Saxe et la Bohême en donnent un peu; il en vient aussi beaucoup de différentes contrées de l'Asie où il paraît être très-abondant. La France n'en possède que des indices en Bretagne et près de Limoges, trop peu importants pour être exploités.

CASSUVIUM (Botanique). — Voyez Acajou, Anacardier.

CASTAGNOLE (Zoologie), *Brama*, Blainv. — Genre de *Poissons acanthoptérygiens squammipennes*, à nageoires écailleuses, profil élevé, museau très court, bouche presque verticale quand elle est fermée. On en connaît une espèce, dans la Méditerranée, qui s'égare quelquefois dans l'Océan, c'est la *C. de Ray* (*Brama Raii*, Schneid.; *Parus Raii*, Bl.). Sa chair est tendre et délicate; il a une teinte brillante d'acier bruni; sa hauteur égale presque sa longueur. Il a une taille de 0^m,70 à 0^m,80, et on en a pris du poids de 5 kil.

CASTANÉES (Botanique). — Nom qu'Adanson donnait à un groupe d'arbres ayant pour type le genre *Châtaignier*, ainsi que son nom l'indique. Ce groupe comprenait aussi dans cette méthode les *Orties* et les genres qui s'en rapprochent le plus.

CASTELA (Botanique), dédié par Turpin à Richard Castel, auteur d'un poëme sur les plantes. — Genre de plantes de la famille des *Ocnnacées*, type de la tribu des *Castélées*. Il comprend des arbrisseaux des Antilles. Leurs rameaux sont épineux; leurs feuilles, alternes, elliptiques, presque sessiles, sont coriaces et luisantes; leurs fleurs sont ordi-

nairement axillaires et d'un jaune safran; leurs fruits sont rouges. Le *C. de Nicholson* (*C. Nicholsoni*, Hook.) se cultive quelquefois dans les jardins.

CASTÉRA-VERDUZAN (Médecine, Eaux minérales), entre Auch et Condom (Gers), à égale distance de ces deux villes (20 kilomètres). — Ces eaux minérales sont: les unes, sulfurées calciques; les autres, ferrugineuses sulfatées; d'une température de 19° cent. Les premières conviennent dans les maladies de la peau, le rhumatisme; les autres, dans la chlorose, l'anémie, etc.

CASTINE, de l'allemand *kalkstein* (pierre calcaire). — Nom donné dans la métallurgie au calcaire que l'on ajoute au minerai dans les hauts fourneaux quand sa gangue est trop silicieuse, afin de saturer la silice et d'empêcher qu'une trop forte proportion du métal à extraire ne passe dans les scories à l'état de silicate. Voyez Fer (Métallurgie du).

CASTOR (Zoologie), *Castor*, Lin. — Genre de *Mammifères rongeurs*, à clavicules très-prononcées; la queue aplatie horizontalement, de forme presque ovale et couverte d'écailles; cinq doigts à tous les pieds, ceux de derrière réunis par des membranes; les mâchelières, au nombre de quatre partout et à couronne plate, ont l'air d'être faites d'un ruban osseux replié sur lui-même, en sorte qu'on voit une échancrure au bord interne et trois à l'externe dans les supérieures et l'inverse dans les inférieures. Ce sont des animaux d'assez forte taille et bas sur jambes, dont les formes sont lourdes et ramassées; ils ont les yeux petits; leurs oreilles peuvent s'abaisser contre la tête et fermer le conduit auditif lorsqu'ils plongent dans l'eau; leurs doigts de devant, courts, sont garnis d'ongles propres à fouir. On trouve sous leur queue deux glandes qui sécrètent une sorte de pommade d'une odeur très-forte, employée en médecine sous le nom de

Fig. 452. — Castor du Canada. (longueur du corps, 0^m,65).

castoréum (voyez ce mot). La vie de ces animaux est aquatique, leurs pieds et leur queue les aident également bien à nager. Comme ils vivent principalement d'écorces et de matières dures, leurs incisives sont très-vigoureuses et repoussent fortement de la racine à mesure qu'elles s'usent en avant; aussi s'en servent-ils pour couper toutes sortes d'arbres. Le *C. du Canada* (*Castor fiber*, Lin., Buff.) est un animal dont l'intelligence paraît assez obtuse, mais c'est certainement l'animal le plus remarquable par son industrie instinctive. Pendant l'été les castors vivent isolés et solitaires dans des terriers qu'ils se creusent sur le bord des lacs et des rivières; mais à l'approche de la saison des frimas, ils quittent leurs retraites et se réunissent quelquefois au nombre de deux ou trois cents pour construire leur demeure d'hiver. C'est dans les lieux les plus solitaires de l'Amérique septentrionale qu'ils vont l'établir; ils choisissent un lac ou une rivière assez profonde pour que l'eau ne gèle pas jusqu'au fond et, autant qu'ils le peuvent, des eaux courantes, afin de s'en servir pour le transport des matériaux nécessaires à leurs constructions; ils soutiennent l'eau à une égale hauteur au moyen d'une digue en talus qui est vraiment un travail admirable; ils lui donnent une forme courbe dont la convexité est dirigée contre le courant et la construisent de branches entrelacées, mêlées de pierres et de limon, qu'ils renforcent tous les ans et qui finit par germer et se changer en une véritable haie; elle peut avoir de 3 à 4 mètres de largeur à sa base. Lorsque la digue est achevée, ou bien lorsqu'ils ont choisi pour leur demeure une eau stagnante et qu'il n'est pas nécessaire d'en construire, les castors se divisent par groupes de trois ou quatre familles et s'occupent à élever des huttes qu'ils doivent habiter ou à réparer celles qu'ils ont occupées l'année précédente. Établies sur le bord de l'eau ou contre la digue, ces huttes sont de forme ovalaire ; elles ont environ 2 mètres de diamètre à l'intérieur et sont construites avec les mêmes matériaux que la digue ; on y trouve deux étages : le supérieur, à sec, est destiné à l'habitation des castors ; l'inférieur, sous l'eau, pour les provisions d'écorce. Il n'y a d'ouverture qu'à celui-ci, et la porte donne sous l'eau, sans communication directe avec la terre. On a cru longtemps que la queue ovalaire et aplatie des castors leur servait comme une truelle pour bâtir ces cabanes ; il est cependant vrai qu'elle ne leur sert que pour nager : quant aux travaux qui ont pour but la construction de leurs huttes, ils les exécutent avec leurs dents, leurs mâchoires et leurs pattes. Le castor coupe le bois avec ses fortes incisives ; il creuse avec ses pattes au fond de l'eau ou sur le rivage la terre qu'il emploie, transporte le tout avec ses mâchoires ou avec ses pattes de devant, et ce sont encore ses pattes et ses dents qui lui servent à préparer et à arranger ces matériaux. Avec leurs fortes incisives ces animaux coupent les branches et même les troncs d'arbre dont ils ont besoin, et lorsqu'ils sont établis sur le bord d'une eau courante, ils vont couper le bois au-dessus de leur établissement, le mettent à flot et le dirigent vers le point où il leur est nécessaire. Leurs travaux du reste ne s'exécutent que la nuit. Leur nourriture se compose d'écorces d'arbres, surtout de bouleaux, de saules et de racines de plantes aquatiques. Ils habitent le nord de l'Amérique du 30° au 60° degré de latitude. Les femelles mettent bas vers la fin de l'hiver deux à quatre petits. Les castors, dont le pelage est ordinairement d'un brun roussâtre, quelquefois d'un beau noir, et d'autres fois blancs, sont pourvus d'un duvet grisâtre, moelleux, très-abondant et d'une finesse extrême ; cette fourrure est très-recherchée, et pour se la procurer on fait à ces animaux une chasse des plus actives. Les peaux de castors tués en hiver sont les plus belles et ne sont employées que comme fourrures ; on les désigne sous le nom de *castors neufs*. Celles qui proviennent des chasses d'été s'appellent *castors secs* ; elles ont perdu une partie de leur poil et ne servent qu'aux feutrages pour la chapellerie. Enfin on emploie encore au même usage une troisième espèce, ce sont les *castors gras*, dont les sauvages se sont habillés et qui ont été imbibés de sueur. On apprivoise aisément le castor. Le *Bièvre* ou *Castor de France* (*C. Galliæ*, Geoff.), qui vit dans des terriers sur les bords du Rhône, du Danube, du Weser, n'a pas été classé comme une espèce distincte par Cuvier, ni par la plupart de ses successeurs (voyez P. Gervais, *Hist. nat. des Mammifères*) ; est-ce le voisinage de l'homme qui l'empêche de bâtir ? C'est l'opinion de Buffon et de plusieurs autres naturalistes. Du reste, il est plus grand, son poil est plus rude, sa queue plus longue. Il vit solitaire ; on le trouve en France sur les bords du Rhône inférieur. A D. F.

CASTORÉUM (Matière médicale). — On appelle ainsi une matière animale particulière, jaune, fétide et sirupeuse à l'état frais, fournie par le castor (voyez ce mot) ; elle est sécrétée par deux glandes situées sous la peau, entre l'origine de la queue et la partie postérieure des cuisses chez le mâle et la femelle ; ces glandes la versent dans deux petites poches placées près de l'anus. Ce sont ces deux poches desséchées et pleines que l'on trouve dans le commerce sous le nom de *castoreum*, qui ne doit convenir véritablement qu'à la matière qu'elles contiennent. Le castoréum est d'une couleur brune à l'extérieur, d'un jaune fauve à l'intérieur, où l'on rencontre le plus souvent des espèces de cloisons blanchâtres ; il a une odeur forte, pénétrante, fétide, une saveur âcre ; il est composé de résine, d'une huile volatile semblable à la *créosote* (voyez ce mot), d'albumine, de mucus, etc. Le plus estimé nous vient de Sibérie ; le castoreum du commerce est souvent sophistiqué, ce qui se reconnaît surtout à l'absence des cloisons dont nous avons parlé. Cette substance est employée en médecine, spécialement dans l'hystérie, l'hypochondrie, les affections nerveuses en général ; cependant, d'après Thouvenel, qui a particulièrement étudié les effets de ce médicament, on l'a vu augmenter les accidents chez les femmes faibles et sensibles, et il conseille, dans ce cas, de le mêler avec l'opium. On l'administre en poudre sous forme pilulaire, en suspension dans une potion, en teinture alcoolique ou éthérée.

CASUARINE (Botanique), *Casuarina*, Rumph., dérivé, suppose-t-on, de *casoar*, parce que le feuillage des Casuarines ressemble au plumage de cet oiseau. — Genre unique de la famille des *Casuarinées*. Les Madécasses le nomment *Filao*, et les insulaires de la mer du Sud *Bois de massue*, à cause de l'usage qu'ils font du bois de certaines espèces pour la fabrication de leurs armes de guerre. Les espèces de ce genre, à peu près au nombre d'une vingtaine, habitent généralement les lieux humides, soit les bords de la mer, soit les bords des fleuves. Elles sont intéressantes surtout au point de vue anatomique. Leur bois ne présente pas, comme celui des autres arbres dicotylédones, des couches concentriques se rapportant au nombre d'années du végétal ; ce sont des cercles nombreux présentant des cellules analogues à celles des rayons médullaires. La *C. à feuilles de prêle* (*C. equisetifolia*, Forst.) cultivée à Java est commune aujourd'hui en Algérie ; son écorce, nommée *tshomorro* par les Javanais, est légèrement astringente. La casuarine est un grand arbre qui vient dans les Indes orientales, les Moluques et les îles de l'océan Pacifique. Il serait à désirer que ces végétaux s'acclimatassent dans nos régions. Leur bois, extrêmement dur et tenace, serait un riche produit de plus. G — s.

CASUARINÉES (Botanique). — Petite famille de plantes *Dicotylédones apétales*, que M. Brongniart range à la fin de sa classe des *Amentacées*, comme transition des Myricées aux Conifères. Les plantes de cette famille remarquables par l'absence de feuilles remplacées par des gaînes entourant la tige ont quelque analogie avec les prêles ; mais un de leurs caractères principaux est d'avoir les fleurs femelles composées de bractées et d'un pistil que l'on prenait pour une graine recouverte d'une enveloppe prolongée en une aile terminale, mais qui devient à la maturité un véritable caryopse. Les Casuarinées ne renferment que le genre *Casuarina*, Rumph. (voyez CASUARINE), comprenant des arbres et des arbrisseaux presque tous de la Nouvelle-Hollande. Mirbel (*Ann. du Muséum*, XVI) et Robert Brown (*Append. au voyage Flinders*) ont étudié cette famille. G — s.

CATACOUA (Zoologie). — Synonyme de *cacatoès*.

CATACOUSTIQUE, du grec *catacouô*, j'entends. — Branche de la physique qui traite de la réflexion des sons et de ses effets, tels que les échos, etc. (voyez ACOUSTIQUE, ÉCHO).

CATADIOPTRIQUE. — Composé des deux mots *catoptrique* et *dioptrique*, et résumant les deux branches de la physique qui ont pour objet l'étude de la réflexion de la lumière à la surface des corps et l'étude de la transmission de la lumière au travers des corps transparents. La *catadioptrique* s'applique à tout ce qui appartient à la fois à ces deux branches et particulièrement à l'étude des instruments d'optique qui réunissent les effets combinés de la *réflexion* et de la *réfraction* (voyez ces mots).

CATAIRE ou CHATAIRE (Botanique), *Nepeta*, Lin., de Nepet, ville de Toscane, dont une espèce est, dit-on, originaire. — Genre de plantes de la famille des *Labiées*, type de la tribu des *Népétées* dont les espèces assez nombreuses sont des herbes à fleurs disposées en faux verticilles compactes et réunies ordinairement en épis terminaux. Ces plantes habitent principalement l'Europe méridionale et l'Asie. Une des plus communes, la seule qui se rencontre aux environs de Paris, est la *C. vulgaire* (*N. cataria*, Lin. ; *Cataria vulgaris*, Moench.), plus connue sous le nom d'*herbe au chat*. C'est une plante qui ne s'élève guère à plus d'un mètre. Elle est dressée et couverte d'une pubescence blanchâtre. Ses feuilles sont pétiolées, ovales, cordiformes, dentées, crénelées, tomenteuses à la face inférieure. Ses fleurs sont blanches ou purpurines en faux verticilles serrés, à corolles moitié plus longues que les calices. Cette espèce croît sur les bords des chemins, dans les endroits un peu humides. Elle a la propriété d'attirer les chats qui se roulent et se frottent avec frénésie sur son feuillage ; de là ses noms. On a prétendu que ces animaux ne s'attaquaient qu'à la chataire qu'on plante et laissaient indifféremment celle qui n'a point été déplacée. De cette idée est résulté le proverbe anglais suivant :

If you set it, the cats will eat it ;
If you sow it, the cats will not mowit.

« Si vous la plantez, les chats la mangeront ; si vous la semez, ils n'y toucheront pas. » La chataire contient dans toutes ses parties une huile volatile abondante utilisée autrefois en médecine comme excitante, tonique et stomachique. On lui attribuait aussi de puissantes propriétés antihystériques ; mais elle est aujourd'hui complètement abandonnée. Caractères : calice à 5 dents égales et à gorge oblique ; corolle à tube nu dans l'intérieur ; lèvre supérieure droite un peu concave et échancrée, l'inférieure étalée à 3 lobes, celui du milieu très grand ; étamines rapprochées, à anthères réunies par paires, à 2 loges, le plus souvent divergentes ; style bifide.

G — s.

CATALEPSIE (Médecine), en grec *katalèpsis*, saisissement, du grec *katalambanô*, je saisis. — Affection nerveuse caractérisée par la suppression complète ou incomplète de la sensibilité et des mouvements volontaires et par une roideur des muscles qui les maintient immobiles dans la position où se trouvait le malade au moment de l'invasion ou dans celle qu'on leur a donnée ; les muscles de la respiration continuent leur mouvement, seulement celle-ci est plus faible. Cette maladie est rare ; les femmes mélancoliques, atrabilaires, d'un tempérament nerveux, y sont plus sujettes. Les causes qui la déterminent le plus souvent sont les affections morales vives, les chagrins, une violente frayeur, la colère, la contemplation extatique (voyez EXTASE), l'ivresse, la vue d'objets qui inspirent l'horreur ; quelquefois on l'a observée dans les affections vermineuses ; elle a aussi été déterminée par la suppression d'un flux habituel ou par la rétrocession d'un *exanthème* (voyez ce mot). L'invasion de l'accès est souvent précédée de maux de tête, de roideur dans les muscles du cou, de bâillements, de palpitations, de légers mouvements convulsifs ; d'autres fois, elle est si prompte, qu'elle surprend le malade au milieu de ses occupations ; tout à coup il est pris d'une roideur convulsive des muscles, générale ou partielle ; l'action des sens se suspend ; les yeux, s'ils sont ouverts, sont fixes, dirigés en avant ou en haut, mais insensibles à la lumière ; l'ouïe est dans le même état d'abolition, le goût et l'odorat semblent conserver plus d'aptitude à être excités par les agents extérieurs. Les muscles sont dans une contraction permanente, la coloration de la face est ordinairement plus animée, la respiration et la circulation conservent leurs mouvements naturels, quelquefois plus lents et plus faibles, les facultés intellectuelles sont éteintes. La catalepsie peut affecter un seul côté du corps, quelquefois même un seul membre. Les accès sont plus ou moins longs, plus ou moins complets ; ils peuvent durer depuis quelques minutes jusqu'à plusieurs jours. Ainsi, le docteur Fournier rapporte une observation curieuse de catalepsie survenue chez une femme vingt-quatre heures après la suppression d'une diarrhée habituelle par de violents astringents en potion et en lavement administrés par un charlatan : « Je fus appelé, dit Fournier (par ce charlatan), le cinquième jour ; le pouls était concentré, fréquent, dur, mais régulier. Pendant notre visite, qui fut longue, cet homme ayant éternué, la malade se leva sur son séant et lui dit : *Dieu vous bénisse, monsieur*, en l'appelant par son nom ; puis elle se recoucha et rentra dans sa catalepsie. » (*Dictionnaire des sciences médicales.*) Elle cessa par l'emploi des lavements purgatifs qui rétablirent la diarrhée. La catalepsie est sujette à des retours le plus souvent réguliers ; leur nombre est plus ou moins rapproché, mais ils peuvent se multiplier lorsque les causes se reproduisent. Le malade, qu'il ait eu ou non la conscience de ce qui s'est passé pendant l'accès, n'en conserve pas le souvenir ; il oublie même quelquefois ce qui a précédé l'attaque. Cette maladie est rarement mortelle, malgré le pronostic sévère que portait sur elle Boerhaave ; mais elle peut être suivie d'affections graves, telles que la manie, les convulsions, une maladie des centres nerveux, etc. On a dit que cet état pouvait être confondu avec la mort et qu'on avait enterré vivants des individus affectés de catalepsie intense ; peut-être a-t-on confondu dans ce cas la léthargie avec la catalepsie (voyez LÉTHARGIE). Quoi qu'il en soit, ce sujet intéressant sera traité aux mots LÉTHARGIE, MORT, INHUMATION. Le traitement d'un accès de catalepsie consiste dans l'emploi des stimulants sous toutes les formes : ainsi l'éther, l'ammoniaque, les chiffons brûlés, la titillation des narines avec les barbes d'une plume, le chatouillement, la fustigation de la plante des pieds et de la paume des mains, les odeurs suaves ; la musique a souvent produit des effets remarquables, l'électricité, l'acupuncture ; enfin, lorsqu'il s'agit de la suppression d'une évacuation, quelquefois la saignée ou des purgatifs, comme dans l'exemple cité plus haut. Dans l'intervalle des accès, il faut avec soin rechercher les causes qui ont pu déterminer la maladie et les faire cesser si cela est possible ; on pourra avoir recours, suivant les circonstances, aux émissions sanguines, aux purgatifs, aux vésicatoires, aux sétons, aux cautères, aux réfrigérants sur la tête, aux bains, aux affusions froides, etc.

F — N.

CATALOGUE D'ÉTOILES. — Table des positions des étoiles par longitude et latitude, ou ascension droite et déclinaison. Le plus ancien des catalogues est celui qui fut construit par Hipparque, 130 ans avant J. C., à l'occasion de l'apparition subite d'une nouvelle étoile et qui nous a été transmis par Ptolémée dans son *Almageste*. Il comprend 1 022 étoiles ou à peu près le quart de celles que l'on voit à l'œil nu. C'est aussi l'apparition d'une étoile brillante dans Cassiopée qui détermina Tycho Brahé à entreprendre un catalogue. En 1712 parut l'*Historia cœlestis* de Flamsteed, qui renferme les positions de 2919 étoiles. Ce catalogue a été la base de tous les calculs et de toutes les théories des astronomes jusqu'au temps où Lemonnier et Lacaille entreprirent de donner de nouveaux catalogues pour l'année 1750. Ce dernier observateur a donné à lui seul les positions de 9 700 étoiles australes, jusqu'à la septième grandeur inclusivement, qu'il observa en moins de dix mois au cap de Bonne-Espérance en 1751.

Vers le même temps (1750-1762), Bradley déterminait à Greenwich, avec une précision qu'on n'a pas encore dépassée, les positions d'un certain nombre d'étoiles dites *fondamentales*, dont Bessel a fait connaître toute l'importance et qui ont été tout récemment encore l'objet d'une discussion approfondie de la part de M. Leverrier, dans les *Annales de l'Observatoire de Paris*.

Enfin on doit citer les catalogues de Tobie Mayer, de Cagnoli, de Piazzi, de Zach, de Groombridge, d'Argelander, d'Airy, de Rumker, de Harding, de Bessel, etc. Mais l'un des plus importants est l'*Histoire céleste française*, de Jérôme de Lalande, fondée sur les observations faites de 1789 à 1800 par le Français de Lalande et Burkardt. Ce grand travail, revu avec soin en Angleterre par F. Baily, contient 47390 étoiles jusqu'à la neuvième grandeur inclusivement : il a servi à construire le bel atlas céleste de Harding. D'autres travaux du même genre sont aujourd'hui en cours d'exécution, dans le but principal de faciliter la découverte de nouvelles planètes (voyez CARTES CÉLESTES).

Il existe aussi des catalogues de *nébuleuses*, d'*étoiles doubles*, de *comètes* (voyez ces mots).

E. R.

CATALPA (Botanique), *Catalpa*, Scop., nom américain. — Genre de plantes de la famille des *Bignoniacées*, tribu des *Bignoniées*. Corolle à 5 lobes, à tube ventru ; étamines 5, dont 3 stériles ; anthères ayant un lobe situé inférieurement et l'autre supérieurement ; capsule en forme de longue silique, cylindrique, à 2 valves séparées par une cloison assez épaisse ; graines nombreuses, ailées. Les espèces de catalpa sont des arbres à feuilles simples et à fleurs disposées en panicules. Le *C. de la Caroline* (*C. bignonioides*, Walt. ; *Bignonia catalpa*, Lin.) est un arbre très-élégant que Catesby découvrit le premier en 1726 dans la Caroline. Il peut atteindre 10 mètres de hauteur ; sa tête est arrondie ; ses feuilles sont amples, ovales-acuminées, échancrées en cœur, et ses fleurs, blanches, ponctuées de jaune et de pourpre, s'épanouissent de juin en août et font un très-bel effet dans les grands jardins. Cette belle espèce a parfaitement réussi chez nous. Cependant, au delà du climat de Paris, dans le Nord, elle souffre de la gelée. Le *C. à longues siliques* (*C. longissima*, Sims.) est de serre chaude et moins important pour l'ornement. Il est originaire de Saint-Domingue.

G — s.

CATALYSE, du grec *catalysis*, dissolution. — Nom donné par M. Berzelius au phénomène qui a lieu quand un corps, par sa seule présence et sans y participer, met en jeu certaines affinités chimiques ou détruit certaines combinaisons déjà formées. C'est ainsi que le bioxyde de manganèse, le bioxyde de cuivre, le platine, l'argent en poudre détruisent l'*eau oxygénée* sans rien perdre ni gagner dans cette action ; que la mousse de platine fixe l'oxygène de l'air sur l'alcool, qu'il transforme en acide acétique, etc. On a rangé les causes de ces divers phénomènes sous le nom de *force catalytique*, personnifiant pour ainsi dire une cause entièrement inconnue et dont l'origine est probablement aussi variable que les effets qu'elle produit. Aussi remplace-t-on généralement le mot *force catalytique* par les mots *action de présence*, qui ont le grand avantage d'exprimer simplement un fait sans rien préjuger sur sa cause ignorée.

CATANANCHE (Botanique), nom scientifique de la *Cupidone*.

CATAPLASME (Médecine), en grec *kataplasma*, enduit, de *kataplassô*, j'enduis, j'applique dessus. — On appelle ainsi un médicament externe d'une consistance molle, pulpeuse, une espèce de bouillie qu'on applique sur quel-

ques points de l'extérieur du corps. En général, le cataplasme étendu en couche de 0^m,015 à peu près sur un morceau de linge, sera appliqué chaud et à nu, si la disposition des parties le permet et s'il n'y a à la peau aucune solution de continuité; autrement il sera recouvert d'une gaze ou d'un linge fin. Les *cataplasmes* les plus ordinaires sont *émollients;* ce sont des espèces de bains locaux, c'est dire qu'ils doivent être d'une consistance assez molle pour qu'ils se conservent humides longtemps, c'est même ce qui constitue leur principal mérite; aussi on préférera, pour les faire, les matières qui retiendront le mieux l'humidité : ainsi la farine de lin au premier rang, ensuite la farine de riz, la fécule de pommes de terre, la mie de pain, délayées dans de l'eau, dans une décoction de guimauve, dans du lait, etc. Ce cataplasme sera renouvelé au moins trois fois dans les vingt-quatre heures. Pour faire un *cataplasme tonique,* on ajoute au précédent de la poudre de quinquina, de l'alun, de l'extrait de saturne, etc. Les *cataplasmes excitants* se feront avec la poudre d'absinthe, de menthe, de sauge, de mélisse, d'écorce d'orange; on pourra aussi les faire avec du vin, de l'alcool, etc. C'est à cette section qu'il faut rapporter le cataplasme de Pradier contre la goutte (voyez Remède *(de Pradier),* Goutte). Les *cataplasmes irritants* sont composés de substances âcres, plus ou moins caustiques, telles que les bulbes d'ail, d'oignons, la farine de moutarde, le poivre (voyez Sinapismes), etc. Les *cataplasmes narcotiques* (voyez ce mot) se font en ajoutant au cataplasme émollient une préparation quelconque d'opium, de jusquiame, de belladone, de stramoine, etc. On peut encore préparer des *cataplasmes acides* avec le vinaigre, le suc de citron, l'oseille, pour exciter sur la peau un picotement qu'on veut quelquefois rendre douloureux. Enfin on a donné le nom de *cataplasme galvanique* à un appareil à courant électrique imaginé par Récamier, composé de deux ou quatre disques contenant chacun seize éléments et enveloppés de plastrons en soie; il l'employait contre certaines névroses, les gastralgies et autres névralgies.
                                      F.— N.

CATAPPA (Botanique), *Terminalia catappa,* c'est le *Badamier ordinaire.*

CATARACTE (Médecine). — On donne le nom de *cataracte* à une maladie caractérisée; par l'opacité du cristallin; par celle de sa capsule, d'où résulte une cécité plus ou moins complète; ou par celle du liquide contenu dans la capsule, connu sous le nom d'*humeur de Morgagni,* qui peut aussi perdre sa transparence, et produire ainsi une troisième espèce de cataracte. On a aussi, à tort, désigné sous le nom de *C. noire,* l'*amaurose* (voyez ce mot). On distinguera donc : 1° la *C. lenticulaire* ou *cristalline;* 2° la *C. capsulaire* ou *membraneuse;* 3° la *C. laiteuse* ou *interstitielle.* On pourrait dire que la cataracte est la maladie des vieillards. Les causes en sont à peu près ignorées; cependant on a signalé, à juste titre, des contusions, des blessures avec des instruments piquants, des inflammations profondes du globe de l'œil; ces causes, en effet, ont été admises par tous les bons auteurs, et on a même reconnu qu'elles avaient déterminé la cataracte chez de jeunes sujets. On a admis aussi, mais sans leur donner la même importance, l'insolation, une lumière trop intense, les impressions morales vives. Cette maladie attaque indistinctement les hommes et les femmes, elle est rare chez les adultes, plus rare encore chez les enfants, quoiqu'elle soit quelquefois de naissance. On a dit qu'elle pouvait être héréditaire. On est en droit de craindre la cataracte, lorsque chez un sujet déjà avancé en âge, la vue devient trouble, qu'elle est offusquée par des images informes; le malade voit voltiger des mouches, des toiles d'araignées, il croit voir les objets à travers un nuage, il se frotte les yeux pour détourner un obstacle qui persiste toujours; quelquefois, il y a des maux de tête, bientôt la maladie augmente, les brouillards s'épaississent de plus en plus, et enfin, en examinant avec attention, on aperçoit derrière la pupille, à la place occupée par le cristallin, une tache grise ou blanchâtre. La pupille est plus dilatée que dans l'état naturel; elle est quelquefois insensible à la lumière, et ne se contracte pas sous son influence; dans ce cas, on a lieu de soupçonner la complication d'une *amaurose* (voyez ce mot), ce qui diminue les chances de l'opération dont il va être question. La cataracte débute ordinairement d'un seul côté, mais le plus souvent, au bout d'un temps plus ou moins long, le second œil commence à s'obscurcir à son tour. La maladie marche quelquefois rapidement ; d'autres fois, elle

n'arrive à un développement complet qu'après plusieurs années. La cataracte peut être compliquée d'amaurose, d'ophthalmie, d'hydrophthalmie, d'adhérence de l'iris, d'oblitération de la pupille : la plus grave est celle qui est compliquée d'amaurose. Pendant longtemps, le traitement de la cataracte a consisté dans l'emploi des narcotiques, des fondants, des antiphlogistiques ; les purgatifs, les pommades ammoniacales, stibiées, les sétons, les moxas, ont été mis en usage ; enfin, on finit par reconnaître qu'il n'y avait d'autre moyen de guérison que d'enlever l'obstacle qui s'opposait au passage des rayons lumineux, et cet obstacle étant le cristallin (voyez ce mot), c'était lui qu'il fallait déplacer, enlever ou broyer ; de là, trois procédés opératoires.

Le premier, le plus ancien en date et le plus simple, est celui par *abaissement, dépression,* ou *déplacement;* Celse, qui vivait sous Auguste et sous Tibère, le connaissait et le pratiquait. Cette méthode consiste à abaisser, à enfoncer le cristallin dans la partie inférieure du corps vitré ; l'opération se fait au moyen d'une aiguille, dite *aiguille à cataracte* (voyez Aiguille). On plonge l'instrument au côté externe de l'œil dans la sclérotique (blanc de l'œil), à 0^m,003 de son union avec la cornée (voyez Sclérotique, Cornée) ; on le dirige transversalement vers la partie supérieure du cristallin, ce qui est facile, puisqu'on voit l'instrument à travers la pupille; on déprime alors le cristallin, et on le maintient dans cette position pour que le corps vitré, qui s'est déplacé pour le recevoir, revienne en avant et l'empêche de remonter ; on retire l'aiguille, et tout est terminé.

La seconde méthode, ou la méthode par *extraction,* ne remonte pas au delà de 1737, où elle fut exécutée pour la première fois par Daviel. Elle consiste à faire à la cornée une incision oblique, à travers laquelle on extrait le cristallin et sa membrane ; cette incision est faite au moyen d'un scalpel ou couteau fixé sur un manche, et auquel on a donné le nom de *kératotome* (voyez ce mot) ; le couteau étant tenu comme une plume à écrire, le tranchant en bas, on en porte la pointe à la partie supérieure externe de la cornée transparente, tout près de sa réunion avec la sclérotique, on l'enfonce en le dirigeant de manière que l'instrument ressorte au-dessous de l'extrémité du diamètre transversal de la cornée; on continue la section de toute la circonférence inférieure de cette membrane, de l'angle externe à l'angle interne, puis on incise la capsule du cristallin ; bientôt le cristallin se présente à l'ouverture, et on le retire avec la pointe du couteau.

La prééminence de l'une de ces méthodes sur l'autre, a été un grand sujet de controverse parmi les chirurgiens, et, pour prouver l'importance de ce débat, il suffira de citer parmi les partisans de l'abaissement, dans ces derniers temps, Dupuytren et la plupart de ses élèves, et parmi ceux qui opéraient exclusivement par extraction, Boyer et Roux.

Le troisième procédé est celui du *broiement;* il consiste à détruire, à déchirer, à broyer, en un mot, le cristallin et sa membrane au moyen d'une aiguille, et cela sur place. Deux moyens ont été imaginés, le premier n'est autre chose que le premier temps de l'abaissement, et lorsque l'aiguille est arrivée au cristallin, on divise et le cristallin et la capsule par des mouvements en tous sens, et on en dissémine les parties dans le corps vitré. Le second moyen, nommé *kératonyxis* (voyez ce mot), remonterait, dit-on, jusqu'au xvii° siècle; par ce procédé on pénètre jusqu'au cristallin, à travers la cornée transparente, et on le détruit comme il a été dit tout à l'heure. Après ces différents procédés opératoires, l'œil doit être soustrait à la lumière avec le plus grand soin, le malade sera soumis à un régime sévère; ainsi, la diète, les boissons délayantes, le calme le plus parfait, etc. Ce qu'on doit redouter surtout, c'est l'inflammation, plus à craindre après la méthode par abaissement qu'après l'extraction; si elle survenait, il faudrait la combattre avec énergie par les saignées, les sangsues, les purgatifs la diète sévère, etc.
                                      F.— N.

Médecine vétérinaire.— On observe la cataracte chez les animaux domestiques à tous les âges, sur un ou sur les deux yeux à la fois ; du reste, ce qui a été dit pour l'homme leur est en grande partie applicable; nous y ajouterons seulement ce qui suit : elle est une des terminaisons ordinaires de l'ophthalmie périodique sur le cheval, l'âne et le mulet. Le pronostic, fâcheux pour l'homme, l'est encore plus pour les animaux, à cause du peu de succès qu'on obtient. Enfin, pour le traitement, dans les essais faits sur les animaux, on a employé les trois méthodes recommandées pour l'homme. Pour l'*abaissement*, on se sert de l'aiguille de Scarpa (voyez Aiguille), dont les dimensions sont augmentées suivant le volume de l'animal, et on procède comme chez l'homme. L'*extraction* se pratique avec le *kératotome*, ou couteau de Wenzel (voyez Kératotome). Quant au *broiement*, s'il peut être employé chez les animaux d'une taille moyenne, en considérant que dans le cheval, le cristallin offre une grande résistance, on fera bien d'y renoncer; c'est l'opinion de Gohier. Les vétérinaires n'ont pas eu de succès complets par le procédé d'*extraction*; d'un autre côté, quelle que soit la méthode, cette opération est difficile chez le cheval à cause de la présence du corps clignotant, qui gêne l'action des instruments; de plus, un cheval auquel on rend une vision imparfaite est ombrageux, et peut causer des accidents; autant vaut le laisser aveugle. L'opération de la cataracte n'est donc pas réellement avantageuse pour les animaux.   F — N.

CATARRHE (Médecine), du grec *kata*, en bas, et *rheó*, je coule, parce qu'on pensait que le catarrhe était un flux d'humeur qui descendait de la tête. — On donne le nom de *catarrhe* à toute inflammation aiguë ou chronique des membranes muqueuses, qui a toujours pour résultat une sécrétion plus abondante, et une altération particulière du mucus qui lubrifie ces membranes; on distinguait autrefois le catarrhe suivant les organes dont la muqueuse était affectée : en *C. nasal*, *C. pulmonaire*, *C. guttural*, *C. intestinal*, *C. vésical*, etc. Aujourd'hui, en prenant le nom de l'organe ou de la muqueuse malade, on y ajoute la terminaison *ite*, par laquelle on est convenu de désigner l'inflammation, et on a les noms de *bronchite*, *laryngite*, *entérite*, *cystite*, etc. Plusieurs causes prédisposent plus ou moins aux affections catarrhales; ainsi, dans les climats froids et humides, elles sont pour ainsi dire endémiques, et y deviennent souvent épidémiques dans certaines saisons (voyez Épidémie et Contagion. Les individus qui travaillent dans une atmosphère humide y sont sujets; on les rencontre aussi de préférence chez les femmes, les enfants, les personnes lymphatiques, les vieillards. Parmi les causes déterminantes, il faut signaler le temps froid, le passage subit de la sécheresse à l'humidité, les vicissitudes brusques de l'atmosphère, l'exposition à un air frais lorsque le corps est en sueur; quelquefois, la rétrocession d'un flux habituel, d'un exanthème, d'une dartre, d'un rhumatisme, la coexistence de certaines maladies, comme la rougeole, qui entraîne le catarrhe bronchique, la scarlatine, qui produit le catarrhe guttural. Une cause beaucoup controversée, et qui cependant, d'après l'observation journalière des faits, ne peut être tout à fait révoquée en doute, c'est la contagion; quelle que soit l'influence du contact, de la cohabitation, du séjour dans une localité, dans un appartement où il existe un ou plusieurs individus atteints d'affection catarrhale, il est certain que les personnes qui séjournent, qui vivent habituellement avec eux, sont très-souvent pris de la même maladie. Les symptômes généraux que déterminent les catarrhes, ont beaucoup d'analogie avec ceux des autres inflammations; ainsi, une douleur ordinairement peu intense, mais obtuse, gravative, une chaleur tantôt modérée, tantôt âcre et brûlante, une tuméfaction légère, une rougeur plus ou moins vive. La sécrétion du fluide muqueux se supprime d'abord, puis devient bientôt abondante; le mucus incolore, fluide, âcre, s'épaissit, devient opaque, gris, verdâtre, visqueux. Une fièvre plus ou moins intense se développe, la peau est sèche, il y a du frisson, mal de tête, insomnie, agitation. Puis viennent des symptômes dépendants de l'organe affecté, et auxquels on fera facilement l'application, sans les désigner autrement; ainsi, larmoiement, tintement d'oreilles, enchifrènement, éternument, difficulté d'avaler; d'autres fois, c'est de la toux, une expectoration difficile, de l'oppression, ou bien des coliques, des tranchées avec constipation ou dévoiement, etc. Tous ces symptômes appartiennent à l'état aigu, mais si la fièvre s'éteint, si la soif est moins vive, et que les douleurs, les désordres dans les fonctions persistent, si les forces ne se relèvent pas, si l'appétit ne revient pas, etc., c'est que l'état chronique a succédé à l'état aigu. La gravité du catarrhe est en raison de l'importance de l'organe affecté; ainsi, le *C pulmonaire* est plus grave que le *C. nasal*, et ainsi des autres; il offre, en général, plus de danger chez les vieillards, dans les saisons froides et humides, dans les grandes épidémies.

Le traitement du catarrhe à l'état aigu est, en général, celui des inflammations; ainsi, dans les cas les plus simples, on aura recours à la diète, aux boissons adoucis-

santes, aux bains de pieds, aux lavements, au repos général, et surtout au repos de l'organe malade. Lorsqu'il est plus intense, on joindra à ces moyens les émissions sanguines, les ventouses, les cataplasmes, si cela est possible; dans les inflammations de la muqueuse des voies aériennes, on emploiera les aspirations de vapeurs émollientes; dans celles de l'estomac et de l'intestin, on pourra avoir recours aux bains tièdes, émollients, etc. Lorsque la maladie prendra une marche chronique, on pourra prescrire les astringents dans les catarrhes oculaire, guttural; les toniques, les amers, les vomitifs, les purgatifs, les dérivatifs, tels que vésicatoires et autres, dans le catarrhe pulmonaire; les toniques, dans les catarrhes intestinal, vésical, etc. On entend ordinairement par le mot de *catarrhe*, sans désignation, le catarrhe pulmonaire (voyez Bronchite).   F — N.

CATARRHINIENS, CATARRHININS (Zoologie), *Catarrhinius*, du grec *kata*, au-dessous, *rhis*, *rhinos*, narine. — Grande famille de *Singes*, établie par Et. Geoffroy, et qui comprend ceux de l'ancien continent (*Pithecus*, Blainv.; *Simina*, Ch. Bonap.). Ils ont pour caractères communs : nombre et arrangement des dents comme chez l'homme, narines ouvertes au-dessous du nez, obliquement, et séparées par une cloison étroite, dents canines plus ou moins développées; en général, des callosités fessières, quelquefois une queue longue, mais non prenante. Et. Geoffroy les avait divisés en onze groupes, réduits aujourd'hui à sept, subdivisés en différents genres. Ces groupes sont : les *Chimpanzés*, les *Orangs*, les *Gibbons*, les *Semnopithèques*, les *Cercopithèques* (les *Guenons* de Cuv.), les *Macaques*, les *Cynocéphales*. On voit que ce sont à peu près les divisions de Cuvier (*Règne animal*); seulement, ici les *Magots* sont réunis aux *Macaques* dont Cuvier les avait séparés avec réserves (voyez tous ces mots).

CATARTISME (Chirurgie), du grec *katartismos*, réparation. — Ancienne expression par laquelle on désignait la réduction d'un os luxé.

CATHARTE (Zoologie), du grec *kathartes*, qui nettoie, parce que ces oiseaux rendent des services en mangeant les débris putréfiés. — Genre d'*Oiseaux de proie diurnes*, du grand genre des *Vautours*; ce sont les *Gallinazes* ou *Catharistes* de Vieillot; ils ont la tête et une partie du cou dénudés, le bec droit, grêle, courbé seulement vers la pointe, les narines percées de part en part. Ils habitent l'Amérique; on n'en connaît que deux espèces : 1º l'*Urubu* (*Vultur jota*, Ch. Bonap.), de la taille d'un petit dindon, il a le corps entier d'un noir brillant, la tête nue; ces oiseaux sont répandus dans toutes les contrées chaudes et tempérées de l'Amérique, où ils vivent en troupes dans les villes, sous la protection des lois, à cause des services qu'ils rendent en dévorant toutes les immondices des rues; 2º l'*Aoura*, Cuv. (*Vultur aura*, Lin.), du Brésil, du Paraguay, etc., de la taille du précédent; noir roux, la queue étagée; les mêmes mœurs que l'urubu. Cuvier, qui place l'*Urubu* dans le genre *Gypaète*, met dans les *Catharthes* le *Vultur californianus*, qu'il nomme *C. vautourien*, de la Nouvelle-Californie; il approche du condor pour la taille; plumage brun.

CATHARTIQUE (Matière médicale), du grec *kathairó*, je purge, je nettoie. — Nom donné aux médicaments qui ont la propriété de provoquer des évacuations alvines. Les médecins français les désignent sous le nom de *purgatifs*, que l'on a divisés en *laxatifs*, *cathartiques*, *drastiques*. Les cathartiques seront donc des purgatifs moyens, dont l'activité est modérée et irrite doucement la surface intestinale; ce sont les sulfates de potasse, de soude, de magnésie, le tartrate acidule de potasse, les eaux minérales salines, purgatives, etc. Le sulfate de magnésie est quelquefois désigné sous le nom de *sel cathartique amer:* on appelle *poudre cathartique* un mélange de poudre de Jalap, 1 gram.; de scammonée, 1 gram.; crème de tartre, 2 gram., mêlez : dose, 2 à 4 gram. Ces médicaments seront employés de préférence lorsqu'on a affaire à des sujets faibles, à des femmes délicates, à des enfants; dans les cas de constipations, avant d'avoir recours aux purgatifs plus énergiques.

CATHÉRÉTIQUE, du grec *cathairéó*, je détruis, je réprime. — On a donné ce nom à des caustiques faibles (voyez Caustiques), ou qu'on emploie légèrement, de manière à ne produire qu'une irritation un peu vive, et à n'avoir qu'une eschare très-superficielle (voyez Eschare). Les cathérétiques s'emploient spécialement pour détruire les chairs fongueuses, les végétations qui se forment autour de certains ulcères, ou aux orifices des trajets fistuleux, et pour réprimer l'exubérance des bourgeons charnus dans les plaies en voie de cicatrisation, ou pour déterminer une inflammation adhésive dans les parois des kystes (voyez ce mot). La pierre infernale (azotate d'argent), est celui qu'on emploie le plus ordinairement ; on fait souvent usage aussi de l'alun calciné, des acides minéraux affaiblis, etc.

CATHÉTER (Chirurgie), mot grec qui signifie *sonde de chirurgien*. — On appelle ainsi une sonde métallique à laquelle on donne à peu près la courbure qu'on suppose à l'urètre ; elle présente une cannelure sur sa convexité. Elle sert à explorer l'urètre, l'intérieur de la vessie et à diriger les instruments qu'on veut introduire dans cet organe, lorsqu'on pratique l'opération de la taille, par exemple (voyez Lithotomie).

CATHÉTÉRISME (Chirurgie). — Opération chirurgicale qui a pour but de faire pénétrer un *cathéter* dans la vessie ; cette opération porte encore le même nom lorsqu'elle est faite au moyen de sondes creuses ou algalies, de bougies pleines, en gomme élastique, en cire, etc. Elle offre une assez grande difficulté et demande une main exercée. C'est, sans contredit, une des opérations les plus délicates de la chirurgie. On y a eu recours pour explorer l'urètre et la vessie, pour reconnaître l'état de la prostate, pour rechercher un calcul, pour tenter la dilatation d'un rétrécissement, pour faire évacuer l'urine lorsqu'elle est retenue dans la vessie par une cause quelconque, etc.

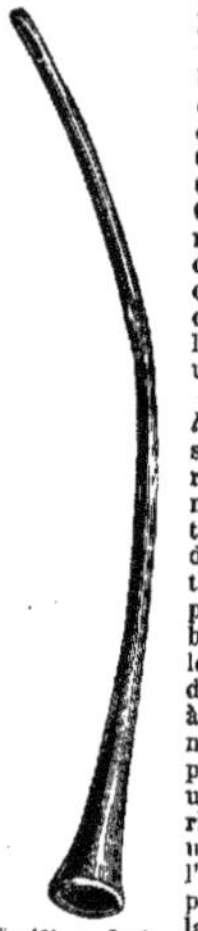

Le *cathétérisme du pharynx et de l'œsophage* sert à reconnaître la présence d'un corps étranger, à en opérer l'extraction ou la propulsion, à donner passage à des substances alimentaires ou médicamenteuses, ou enfin à dilater, cautériser ou faire saillir certains points de ce conduit. Il peut se pratiquer par les narines ou par la bouche. L'instrument le plus simple et le plus commode est une longue sonde de gomme élastique (*fig.* 453), de 0ᵐ,008 à 0ᵐ,010 de diamètre, connue sous le nom de *sonde œsophagienne*. Dans le premier cas, on introduit la sonde par une des narines, jusqu'au pharynx, arrivé là, on la dégage avec le doigt ou un crochet, pour la faire pénétrer dans l'œsophage. L'opération est préférable par la bouche, il suffit de déprimer la langue avec l'index gauche, le long duquel on glisse la sonde jusqu'au pharynx, et on l'introduit dans l'œsophage ; on doit agir avec précaution et rapidité, afin de ne pas gêner la respiration. On pratique encore le cathétérisme de la trompe d'Eustache dans certaines maladies de l'oreille. Il se fait par les narines.

Fig. 453. — Sonde œsophagienne.

CATHÉTOMÈTRE (Physique), du grec *cathetos*, vertical, et *métron*, mesure. — Instrument de physique servant à mesurer, avec une très-grande précision, la différence de hauteur verticale de deux points. Il se compose : 1° d'une règle CC' (*fig.* 454), divisée avec beaucoup de soin en millimètres ou demi-millimètres, et mobile, verticalement, autour d'un pivot GHK, planté verticalement lui-même sur un pied très-solide, à vis calantes L, L' ; 2° d'une lunette horizontale à court foyer DD', pouvant glisser le long de la règle, et être arrêtée en un point quelconque de sa course par la vis de pression *v″*.

Un niveau à bulle d'air EE', parallèle à l'axe de la lunette, permet de s'assurer de l'horizontalité de celle-ci, de même que les niveaux à bulle d'air disposés en croix sur le pied de l'appareil, permettent de vérifier ou d'établir la verticalité du pivot.

La lunette, fixée en un point de la règle, peut donc se mouvoir dans un même plan horizontal, et être dirigée vers un point quelconque de ce plan. Elle peut, à volonté, passer d'un plan horizontal à un autre quelconque compris dans les limites de longueur de la règle. Afin que l'ajustement de la lunette à chaque plan puisse se faire d'une manière plus facile, le chariot qui la porte, se compose de deux parties distinctes A et B, réunies par une vis de rappel *v'*. La pièce B peut être fixée sur la

règle au moyen de la vis de pression *v″* ; c'est alors au moyen de la vis *v'* que la pièce A est déplacée d'un mou-

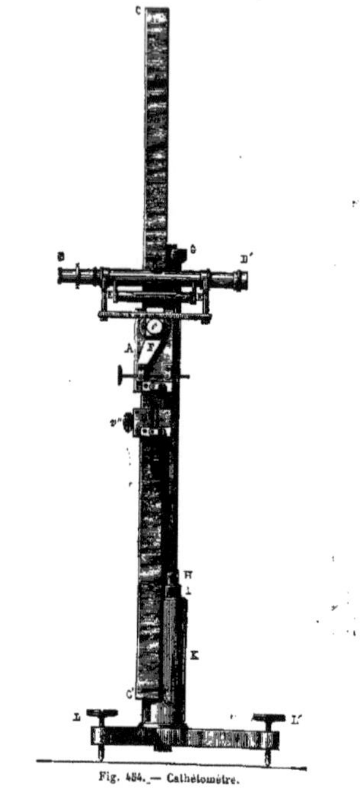

Fig. 454. — Cathétomètre.

vement très-doux. L'usage de cet instrument est dû à Dulong et Petit.

CATHOLICON ou **Catholicum** (Matière médicale), du grec *katholicos*, universel. — *Electuaire catholicon double* ; c'est une préparation très-ancienne et très-usitée autrefois, comme un purgatif doux ; on l'administrait dans certaines diarrhées et dyssenteries, à la dose de 8, 10 à 15 grammes ; on le donnait aussi en lavements. Parmi les nombreuses substances qui entrent dans sa composition, nous citerons la casse, la rhubarbe, le séné et le tamarin.

CATOBLEPAS (Zoologie), du grec *kata*, en bas, et *blepô*, je lance des regards. — Animal extraordinaire cité par Pline : « En Éthiopie, dit cet auteur, on trouve le catoblepas ; il porte avec peine sa lourde tête, toujours baissée vers la terre ; autrement, comme on ne peut voir ses yeux sans expirer à l'instant, il causerait la destruction du genre humain. » Cuvier pense que cet animal pourrait être le *Gnou*, espèce d'*Antilope* (voyez Gnou), qui, en effet, porte la tête basse comme les Ruminants pour combattre, mais qui n'expose pas aux dangers dont parle Pline. M. H. Smith a proposé ce nom pour un genre de *Ruminants à cornes creuses*, qui comprend le *Gnou*.

CATODONTES (Zoologie), du grec *kata*, en dessous, et du génitif *odontos*, dent. — Linné avait donné ce nom au genre *Cachalot*, parce qu'ils ont seulement à la mâchoire inférieure des dents, qui entrent dans des cavités correspondantes de la mâchoire supérieure.

CATOPTRIQUE (Physique), du grec *catoptron*, miroir. — Branche de la physique qui traite des lois et des effets de la réflexion de la lumière, particulièrement à la surface des miroirs plans ou courbes (voyez Lumière, Réflexion, Miroirs).

CATTLÉIE (Botanique), *Cattleya*, Lindl. , dédiée à William Cattley. — Genre de plantes de la famille des *Orchidées*, tribu des *Épidendrées*. Il comprend de très-belles plantes épiphytes, à feuilles coriaces et à fleurs sortant d'une grande spathe. Ces plantes habitent l'Amérique du Sud, et particulièrement le Brésil. La *C. superbe* (*C. superba*, Lindl.) a les fleurs odorantes très-larges, colorées d'un rouge lilacé, avec un labelle pourpre, jaune au milieu. Cette espèce vient à la Guyane anglaise. On cultive aussi dans les serres chaudes la *C. élégante* (*C. elegans*, Morren), dont les fleurs sont roses avec le labelle violet pourpre; la *C. labiée* (*C. labiata*, Lindl.), dont les fleurs présentent souvent un diamètre de plus de 0ᵐ,20, et sont colorées en rose lilas avec le labelle pourpre vif. Il y a plusieurs variétés de cette plante, et elles se distinguent principalement par la coloration de leurs fleurs. En résumé, on connaît une vingtaine d'espèces de ce genre qui offrent, pour ainsi dire, une égale beauté dans leurs fleurs.

CAUCALIDE (Botanique), *Caucalis*, Lin. — Genre de plantes de la famille des *Ombellifères*, tribu des *Caucalinées*. Caractères : carpelles à 5 côtes primaires, filiformes, garnies de quelques tubercules épineux : 4 côtes secondaires, plus en saillie, et munies d'une rangée de gros aiguillons subulés, recouvrant chacune un canal résinifère. Ce genre comprend des herbes à feuilles deux et trois fois pennatiséquées. La *C. fausse carotte* (*C. daucoïdes*, Lin.) est une plante indigène dont les fruits sont hérissés d'aiguillons en forme d'hameçon au sommet. La *C. à feuilles grêles* (*C. leptophylla*, Lin.) est de l'Europe méridionale et n'a qu'un intérêt botanique, comme la précédente.

CAUCHEMAR, Incube, Asthme nocturne, Éphialte (Médecine). — Sentiment d'oppression, de suffocation, pendant le sommeil, comme s'il y avait sur l'épigastre (l'estomac) un poids incommode, avec une impossibilité de se réveiller, qui finit cependant par un réveil en sursaut, accompagné d'une anxiété extrême; les anciens croyaient cet état produit par des démons dont les uns, nommés *incubes*, attaquaient les femmes, les autres, nommés *succubes*, attaquaient les hommes. Les causes du cauchemar sont ou la pléthore sanguine, ou une affection des organes digestifs, et surtout de l'estomac qui rend les digestions pénibles; ainsi, on l'observe chez les gens sédentaires, qui ont une nourriture trop succulente, chez ceux qui, après avoir mangé le soir, se couchent sur le dos, avant que la digestion soit faite. Il peut être déterminé aussi par la suppression d'une saignée habituelle. Les enfants peureux, les individus nerveux, d'un esprit faible, et auxquels on raconte des histoires de revenants, de fantômes, y sont très-sujets, aussi bien que les hommes qui se livrent aux travaux de cabinet et à de longues méditations. L'invasion de l'accès est ordinairement brusque; le malade est suffoqué par l'objet qu'il croit placé sur sa poitrine; c'est ordinairement un homme difforme, un cheval monstrueux, un singe, un chat furieux, une vieille femme, un fantôme, un démon; il se joint à cela un rêve fatigant, pénible; le patient est au bord d'un précipice, il va tomber dans l'eau, il veut fuir, mais il est retenu par une force irrésistible; il pousse des cris confus, des gémissements; enfin, il se réveille en sursaut, couvert de sueur et accablé de fatigue. Cet état ne se renouvelle guère, à moins que la cause qui l'a déterminé ne continue à agir. Quant au traitement, si l'on a affaire à un individu sanguin, replet, et surtout si l'on a négligé une saignée habituelle, il faut se hâter d'y avoir recours; on adresse ce moyen par des bains de pieds, des purgatifs, et surtout un régime sévère; si on remarque qu'il y ait dérangement dans les fonctions digestives, s'il y a embarras gastrique, on aura recours aux évacuants, vomitifs ou purgatifs; on recommandera la sobriété, de s'abstenir du repas du soir, de vin, de liqueurs, et en général de toute alimentation succulente; dans tous les cas, on devra ne se coucher que lorsque la digestion est faite, et toujours la tête élevée. F — N.

CAUDAL (Zoologie), du latin *cauda*, queue. — On applique cette épithète à tout ce qui a rapport à la queue. En ichthyologie, on appelle *nageoire caudale* celle qui termine la queue de presque tous les poissons. Verticale dans presque tous, elle est horizontale dans une variété de daurade de la Chine. Les Cétacés ont aussi une nageoire caudale; mais elle est horizontale.

CAUDEX (Botanique), mot latin qui signifie *tronc d'arbre, tige*. — Ce terme est employé en botanique pour désigner la partie analogue à une tige qui, dans beaucoup de plantes, est souterraine ou couchée. Dans ce sens, on emploie plus souvent le mot *rhizome*. Dans l'embryon, on distingue deux parties principales, que l'on nomme le *C. ascendant*, le *C. descendant*. L'un est constitué en partie par la gemmule et s'élève; l'autre, par la radicule et s'enfonce dans la terre.

CAUDIMANES (Zoologie), du latin *cauda*, queue, et *manus*, main. — On a désigné par cette dénomination les singes du nouveau continent, qui ont la queue prenante comme une main.

CAULESCENT (Botanique), du grec *kaulos*, tige. — Se dit d'une plante qui présente une tige; on dit *plante caulescente*, par opposition à celles qui en sont dépourvues. Dans ce cas, la plante est *acaule*.

CAULICOLE (Botanique). — De Candolle nomme ainsi les plantes parasites qui vivent sur les tiges. Elles ont quelquefois des suçoirs qui, dans les cuscutes, par exemple, se présentent sous forme de fils déliés et blanchâtres, s'entortillent autour de plusieurs plantes, telles que le trèfle, la luzerne, etc. Le gui est aussi un parasite caulicole; il s'implante dans le corps ligneux d'un arbre et s'y greffe intimement.

CAULICULE (Botanique), *Cauliculus*. — On donne ce nom à la partie de l'embryon de la graine qui est la petite tige située au-dessous des cotylédons, et que l'on appelle plus ordinairement *tigelle*.

CAULINAIRE (Botanique), *Caulinus*, qui s'applique aux parties des plantes appartenant à la tige. — Il y a des racines aériennes qui naissent sur la tige; alors elles sont dites *caulinaires*. Généralement, on dit les feuilles caulinaires pour les distinguer de celles qui naissent immédiatement du collet de la racine, et qu'on appelle *radicales*. Dans le pissenlit, par exemple, on voit ces deux situations de feuilles qui donnent à celles-ci une forme différente. Les stipules sont caulinaires dans l'aune, la passiflore glauque, etc. Les épines sont caulinaires dans les cactus, les féviers, etc. Les aiguillons le sont également dans la rose, les ronces. Les fleurs sont situées directement sur la tige, et par conséquent caulinaires dans le cacaoyer, les cuscutes, les cierges, la vesce cultivée, etc., etc.

CAURALE (Zoologie). — Espèce d'*Oiseaux échassiers*, du genre *Grue*; *Râle à queue* (*Euripiga*, Ilig.), vulgairement *Petit paon des roses*, *Oiseau du soleil* (*Ardea helias*, Lin.). Il se distingue par un bec plus long que la tête, plus grêle que celui de la grue commune, fendu jusque sous les yeux comme aux hérons; il est de la taille d'une perdrix, et son cou long et mince, sa queue large et étalée et ses jambes peu élevées lui donnent un air tout différent de celui des autres oiseaux de rivage. Son plumage, nuancé de brun, de fauve, de roux, de gris et de noir, rappelle les plus beaux papillons de nuit; on le trouve le long des rivières de la Guyane, dans l'intérieur des terres, au centre des grands bois. Il vit solitaire; sa nourriture consiste en poissons, en insectes, en larves, en mollusques qu'il tire de la vase. Son caractère est défiant et sauvage.

CAURIS (Zoologie). — Nom spécifique de la coquille *Porcelaine cauris* (*Cyprœa moneta*, Lin.), vulgairement la *Monnaie de Guinée*, parce qu'elle est employée par les nègres comme monnaie. Elle appartient au genre *Porcelaine* et à la famille des *Buccinoïdes*, des *Mollusques gastéropodes pectinibranches*; c'est une petite coquille ovale, déprimée, plate en dessous, à bords très-épais un peu onduleux; d'un blanc jaunâtre; elle est de la mer des Indes, de l'océan Atlantique.

CAUSTICITÉ (Médecine), du latin *causticus*, brûlant, qui vient lui-même du grec *kaiô*, je brûle. — C'est la propriété de certains corps de brûler plus ou moins, d'avoir une saveur irritante comme une brûlure. La causticité tient à la tendance de certains corps à se combiner avec les substances animales, de manière à les détruire et à former avec elles des combinaisons chimiques particulières. Cette action est beaucoup plus marquée sur les tissus vivants que sur le cadavre; lorsqu'elle n'est point arrêtée, elle produit certains phénomènes remarquables, tels que la rougeur, la tuméfaction, le soulèvement de l'épiderme (voyez Caustique, Cautère, Brûlure).

CAUSTIQUE (Médecine), même étymologie que le précédent. — On donne le nom de *caustiques* à des corps qui, mis en contact avec des tissus animaux, les modifient, détruisent leur texture et forment avec eux une nouvelle combinaison. On en distingue de deux sortes : les *caustiques* ou *cautères actuels*; ce sont ceux dont le principe d'activité, le calorique libre, peut agir sur-le-champ, comme le *feu*, le *fer rouge*, etc.; et les *causti-*

ques ou *cautères potentiels*. Nous ne parlerons ici que de ces derniers, renvoyant au mot *cautère*, sous lequel ils sont plus spécialement désignés, tout ce qui regarde les premiers (voyez CAUTÈRE, FEU, MOXA).

Le *caustique* ou *cautère potentiel* a été ainsi nommé, parce que sa propriété de brûler est inhérente, qu'elle existe en puissance, et qu'il n'emprunte pas au calorique l'action caustique dont il jouit par lui-même lorsqu'il se trouve en contact avec une substance animale, surtout lorsqu'elle est vivante. D'après leur degré d'activité, on divise les caustiques en *escharotiques*; ce sont les plus actifs et ils produisent immédiatement des eschares; et en *cathérétiques* dont l'action est plus faible (voyez ces mots). Les cautères potentiels les plus employés sont : la pierre à cautère ou potasse caustique; le beurre d'antimoine ou chlorure d'antimoine; la pierre infernale ou azotate d'argent; l'alcali volatil ou ammoniaque liquide; l'alun calciné ou sulfate d'alumine et de potasse desséché; l'arsenic blanc ou acide arsénieux; les acides sulfurique, nitrique ou azotique, chlorhydrique, etc. Il existe un grand nombre de caustiques composés, dont on fait souvent usage : ainsi la *poudre* et la *pâte de Rousselot*, de *frère Côme*, dans laquelle entre l'arsenic (voyez POUDRE, PÂTE); le *caustique de Vienne*, avec la potasse caustique et la chaux vive; la *pommade de Gondret* avec l'ammoniaque; le *caustique sulfo-safrané* de M. Velpeau, avec l'acide sulfurique, etc. Quel que soit le caustique employé, par sa combinaison avec les tissus vivants, il perd sa puissance à mesure qu'il agit, et il arrive un moment où il n'a plus d'effet; alors, au delà de sa sphère d'activité, les propriétés vitales se développent davantage, il y a un mouvement de réaction, et il s'établit une ligne de démarcation et par suite une suppuration abondante qui détache l'*eschare* formée (voyez ESCHARE).   F — N.

CAUSTIQUE (Chimie), du grec *causticos*, venant de *kaïo*, brûler. — Nom donné en *chimie* aux alcalis qui jouissent de la propriété de désorganiser la peau ou, comme on dit vulgairement, de la brûler. On l'emploie assez ordinairement pour distinguer ces alcalis à l'état de pureté de leurs combinaisons avec l'acide carbonique. On dit potasse, soude ou chaux caustique, par opposition à potasse, soude ou chaux carbonatée.

CAUSTIQUE (Physique), on donne le nom de caustique à la ligne lumineuse formée par l'intersection des rayons partis d'un point lumineux et réfléchis par un miroir, ou réfractés par une lentille d'une ouverture trop grande pour que ces rayons viennent converger exactement en un même point ou foyer. La caustique produite par réflexion s'appelle *catacoustique*, et la caustique par réfraction *diacaustique*. L'existence de ces courbes et leur nature ont été reconnues par Tschirnhausen, en 1682 (voyez RÉFLEXION, RÉFRACTION, ENVELOPPES).

CAUSUS, en grec *kausos*, chaleur extrême. — Hippocrate désigne sous ce nom une espèce de fièvre caractérisée par une fièvre et une soif ardentes; la langue âpre, sèche, la région épigastrique très-douloureuse, des déjections liquides et pâles; le teint est un peu bilieux, etc. Les modernes ne l'ont point admise comme une espèce distincte, et Pinel la regarde comme une complication de la fièvre bilieuse avec la fièvre inflammatoire (voyez FIÈVRE).

CAUTÈRE (Médecine), du grec *kaiô*, je brûle. — Ce mot désigne l'agent employé par le médecin pour brûler une partie vivante; c'est aussi le nom qu'on donne à la petite plaie produite par cet agent, et dont on entretient la suppuration en l'empêchant de se guérir, au moyen d'un corps étranger; nous considérerons donc successivement le *cautère* sous ces deux points de vue.

1° On nomme *cautère, caustique*, toute substance qui, mise en contact avec un tissu animal, le détruit, le désorganise, en formant avec lui un nouveau composé, une *eschare* : nous ne reviendrons pas sur la division qui a été établie de *cautère actuel* et de *cautère potentiel*; ce dernier ayant conservé plus spécialement le nom de *caustique* a été exposé ailleurs (voyez CAUSTIQUE). Il ne sera question ici que du *cautère actuel*. Ce nom lui a été donné, parce que le calorique libre qui est la cause de son activité agit sur-le-champ et qu'il brûle immédiatement. Les cautères actuels sont le feu sous toutes les formes; ainsi les charbons allumés, les métaux rougis au feu, le cautère électro-galvanique, le moxa, la poudre à canon, etc. L'acier est, de tous les agents, celui qui est préférable, en raison de sa grande capacité pour le calorique et de la facilité avec laquelle on reconnaît le degré de température, selon les différentes teintes qu'il est susceptible de prendre.

On a donné en chirurgie le nom de *cautères* aux instruments dont on se sert pour pratiquer la *cautérisation*. On y distingue ordinairement le *manche*, de buis, d'ébène, de corne ou d'ivoire; la *tige* longue de 0ᵐ,0 à 0ᵐ,25, recourbée souvent vers son extrémité qui doit recevoir la partie cautérisante, de manière à former un angle de 90° environ; et enfin l'*extrémité cautérisante*, dont la forme et les dimensions peuvent varier beaucoup. Les principaux sont: le *C. olivaire* ou *bouton de*

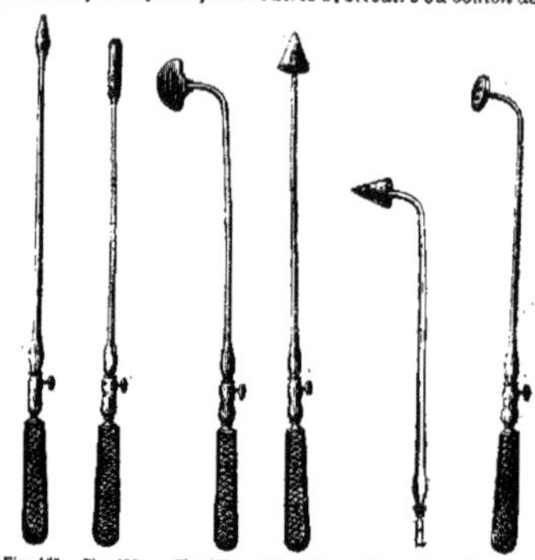

feu (*fig.* 455), en forme d'olive; le *C. en roseau* ou *cylindrique* (*fig.* 456), semblable à un fer à papillotes, destiné à cautériser certains trajets fistuleux; le *C. en rondache* ou *couteau de feu* (*fig.* 457), avec lequel on fait les cautérisations linéaires; le *C. conique* ou *pointe de feu*, dont l'extrémité a la forme d'un cône tronqué; on ne l'applique que par la pointe, la tige est droite (*fig.* 458) ou coudée (*fig.* 459); le *C. annulaire* ou *couronne de feu*, pour la cautérisation sincipitale (voyez SINCIPUT); le *C. nummulaire* qui est un disque légèrement bombé à sa surface (*fig.* 460), le *C. réniforme* ou *en haricot*, etc. Ces différents agents cautérisent plus ou moins profondément, suivant qu'on les fait rougir plus ou moins; ce qui a fait distinguer les différents degrés de chaleur par les mots de *rouge brun* ou *obscur, rouge cerise* et *rouge blanc* ou *incandescent*. Pour la médecine vétérinaire (voyez CAUTÉRISATION).

2° Le nom de *cautère* désigne encore un petit ulcère artificiel, arrondi ou elliptique, dont on entretient la suppuration au moyen d'un corps étranger; on l'a encore appelé *fonticule, exutoire*. Le cautère peut se placer sur presque toutes les parties du corps, mais particulièrement aux membres, le long et sur les côtés de la colonne vertébrale, sur la poitrine, sur les flancs, à la nuque; mais c'est particulièrement au bras, à la cuisse et à la jambe. Au bras, c'est dans l'enfoncement qui correspond à l'insertion du deltoïde; à la cuisse, dans la dépression qui existe au-dessus de la partie interne du genou; à la jambe, à trois ou quatre travers de doigt au-dessous et en dedans du genou, entre le muscle jumeau interne et le tendon du couturier. Le cautère peut s'établir par une incision avec le bistouri, de 0ᵐ,015 à 0ᵐ,018 de longueur, pénétrant jusqu'au tissu cellulaire sous-cutané; on place dans la petite plaie une boulette de charpie, pour la tenir ouverte; au bout de trois ou quatre jours, on panse avec un *pois* ou un morceau de racine d'*iris* préparé à cet effet. D'autres fois, on le fait avec un morceau de pierre à cautère gros comme une lentille, que l'on place dans l'ouverture d'un petit emplâtre fenêtré, appliqué sur le point où on veut ouvrir le cautère, trois ou quatre heures après, on lève l'appareil et on a une tache grisâtre de 0ᵐ,015 de diamètre; c'est l'eschare qui tombera en laissant une petite plaie dans laquelle on mettra tous les jours un pois à cautère pour entretenir la suppuration (voyez POIS A CAUTÈRES). Ce dernier procédé pour ouvrir un cautère est préférable à l'incision; comme il y a une certaine perte de substance, il a moins de tendance à se guérir.   F — S.

CAUTERETS. — Petite ville de France (Hautes-Pyrénées), arrondissement et à 12 kilom. S. d'Argelès, célèbre par le nombre et l'importance de ses sources minérales. Ces eaux sont thermales sulfureuses (sulfurées sodiques); leur température varie de 30° à 69° cent., et leur sulfuration de 0ᵍʳ,0055 à 0ᵍʳ,0308 de sulfure de sodium, par conséquent, modérément sulfureuses; elles sont riches en silice et en barégine. Les eaux de Cauterets sont fort usitées en boissons, on les administre également en bains; l'usage des *demi-bains* est particulier à la pratique de cette station; on les emploie encore en douches, gargarismes, injections, pédiluves, inhalations. Les applications thérapeutiques peuvent être rangées dans l'ordre suivant: Maladies catarrhales de l'appareil respiratoire, maladies de la peau, rhumatismes, affections utérines, scrofules, syphilis.

CAUTÉRISATION (Médecine), *Adustion*, du grec *kaiô*, je brûle. — Emploi des caustiques dans la vue de brûler plus ou moins profondément une partie animale vivante, et de produire une *eschare*. La cautérisation, comme il a été dit, peut se faire avec les *caustiques potentiels*, et on peut les porter dans toutes les parties accessibles; ainsi, toute la surface de la peau, les végétations, les excroissances de toute espèce, les loupes, les tumeurs cancéreuses, les lipômes, peuvent être cautérisés de cette manière; on peut porter aussi les caustiques sur les paupières, sur le globe de l'œil, dans les fosses nasales, dans la bouche, dans le pharynx, dans le larynx, la trachée-artère, et même les bronches dans certains cas de croup; on peut cautériser des trajets fistuleux, des cancers ulcérés, des morsures d'animaux enragés ou venimeux, etc. Quant au *cautère actuel*, son usage est plus limité, la difficulté de le manier en a restreint l'emploi à des cas plus déterminés et plus précis; à cet effet, on a distingué : la *C. inhérente*, qui a pour but de désorganiser les tissus par une application soutenue du feu sur la partie malade; on y a recours pour les morsures des animaux enragés ou venimeux, contre la carie, dans les hémorrhagies, lorsqu'on ne peut lier les vaisseaux qui donnent du sang; le voisinage des gros vaisseaux et des grandes articulations, aussi bien que celui du cerveau, doivent faire rejeter ce genre de cautérisation. La *C. transcurrente*, qui se fait en promenant rapidement sur la peau un bouton de fer chauffé à blanc; on y a recours souvent dans les tumeurs blanches. La *C. objective*, qui consiste à présenter à une distance plus ou moins grande de certains ulcères atoniques, un *cautère nummulaire* (en forme de pièce de monnaie) pendant quelques minutes, afin d'échauffer, de ranimer les chairs amollies, et les disposer à se cicatriser. La *C. par pointes*, dans laquelle on ponctue, pour ainsi dire, la peau de distance en distance, avec la pointe incandescente du cautère conique. Enfin, dans ces derniers temps, on a employé l'électricité pour porter la cautérisation dans des parties inaccessibles au feu.

Cautérisation des dents. — Cette opération a pour objet de détruire le nerf dentaire, et par là, de faire cesser les douleurs, dans le cas, par exemple, où la carie a pénétré jusqu'à la cavité centrale (voyez DENTS [*Maladies des*]). On peut employer les caustiques ou le feu; les caustiques dont on se sert sont : la potasse caustique, les acides nitrique et sulfurique, qu'on introduit dans la cavité formée par la carie, au moyen d'une boulette de coton qui en est imbibée; un petit morceau de potasse caustique introduit avec précaution dans cette même cavité, est peut-être préférable. En général, ces substances doivent être maniées avec beaucoup de discrétion ; car elles entraînent souvent des accidents inflammatoires graves. L'emploi d'un bouton de feu est donc bien préférable; on se sert pour cela d'une petite sonde pointue ou mousse, légèrement courbée, qu'on fait chauffer jusqu'au blanc; alors on l'introduit profondément dans la racine par l'ouverture de la carie; on est obligé quelquefois de répéter l'opération. Lorsqu'en passant de l'eau froide sur la dent, on n'éprouve plus de douleur, on est assuré que l'opération a réussi. On enlève ensuite les parties brûlées avec la rugine, et on plombe la dent s'il y a lieu. Il ne faut employer la cautérisation que lorsque les douleurs ont cessé.

CAUTÉRISATION (*Médecine vétérinaire*). — On résumera ici tout ce qui a trait aux *caustiques*, aux *cautères* et à la *cautérisation* en médecine vétérinaire. Comme dans la médecine humaine, on emploie, quoique moins fréquemment, les *caustiques*; ainsi, on y a recours pour réprimer les bourgeonnements des plaies, des fistules, pour arrêter les progrès des ulcères morveux, farcineux, galeux, dartreux; pour détruire les tissus de mauvaise nature, tels que le crapaud, le piétin, les boutons de farcin (voyez ces mots), pour détruire les tumeurs qui se forment dans le charbon, le glossanthrax, la clavelée confluente. Mais c'est surtout le *cautère actuel* qui rend à la médecine vétérinaire les services les plus signalés; nous citerons surtout : le *C. olivaire* ou *à bouton*, pour les abcès et les tumeurs farcineuses; le *C. circulaire* ou *brûle-queue*, pour les hémorrhagies qui sont la suite de l'amputation de la queue du cheval. La *C. transcurrente* est très-employée dans les maladies chroniques des os, des articulations. Un autre genre de cautérisation est celle qu'on a appelée *napolitaine*; elle consiste à inciser la peau et à porter le cautère sur les tissus sous-jacents; elle a l'avantage de ménager les bulbes des poils et les téguments; on l'emploie contre les anciennes claudications coxo-fémorales et scapulo-humérales ; on appelle encore *C. anglaise*, le *séton à rouelle* (voyez SÉTON). Enfin, on donne le nom de *marques* à un cautère qui forme des lettres ou d'autres figures, destinées à marquer les animaux pendant les maladies contagieuses (voyez CAUSTIQUES, CAUTÈRES).
F — N.

CAVE (VEINE) (Anatomie). — Ce nom a été donné aux deux veines principales du corps humain ; l'une est la *veine cave supérieure, descendante* ou *thoracique*, formée par la réunion des deux sous-clavières, derrière le cartilage de la première côte; elle descend de droite à gauche, traverse le péricarde et pénètre dans l'oreillette droite du cœur par sa paroi supérieure ; elle reçoit la veine azygos et quelques autres petites veines. L'autre *veine cave*, nommée *inférieure, ascendante* ou *abdominale*, a beaucoup plus d'étendue; elle commence vers la quatrième vertèbre lombaire, monte à droite, traverse le bord postérieur du foie, pénètre dans le péricarde par le centre nerveux du diaphragme, et de là dans le ventricule droit où elle se termine. Elle reçoit toutes les veines qui rapportent le sang des parties inférieures et moyennes du corps. Les fonctions des veines caves consistent à rapporter au cœur le sang de toutes les parties du corps, la lymphe, le chyle et les produits de l'absorption veineuse des intestins.

CAVERNES (Géologie). — On appelle ainsi des cavités irrégulières; sinueuses, souvent étendues et profondes, qui pénètrent dans le sein de la terre. Elles peuvent offrir des directions très-irrégulières, des dimensions très-variables; en général, ces irrégularités, ces inégalités, contrastent d'une manière frappante avec les galeries ou puits creusés par les hommes. Les terrains cristallisés, les terrains très-durs et très-compactes dans leurs parties, les terrains primordiaux n'en renferment presque pas ; non plus que les terrains de transport, en raison de leur peu de cohérence. Ceux où l'on en remarque le plus souvent sont : les *terrains calcaires compactes;* les *terrains gypseux*; les *terrains volcaniques*; les *terrains de grès*. 1° Les *cavernes des terrains calcaires compactes* sont de beaucoup les plus nombreuses et les plus vastes; quelques-unes ont plusieurs kilomètres d'étendue; elles suivent toutes sortes de directions, même la verticale ; on en trouve de cette espèce dans quelques montagnes calcaires de la Provence, dans les Pyrénées, etc. Une chose digne d'être notée dans ces cavernes, ce sont des sillons profonds, à rebords arrondis, parallèles, creusés dans leurs parois, et qui semblent être les indices du passage d'un courant d'eau. Les plus remarquables de ces cavernes sont : celles de la *montagne de Gibraltar;* elles contiennent des amas de fossiles mêlés de coquilles; les *grottes du pays de Foix*, revêtues intérieurement de stalactites; les *grottes d'Arcy sur-Cure* (Yonne), célèbres par leur étendue et les belles stalactites qu'elles contiennent; celle de *la Bahue*, entre Grenoble et Lyon; il y coule un torrent qui a près de 2 kilomètres de cours souterrain. Il y en a également en Angleterre, en Allemagne, en Hongrie. Une des plus célèbres est celle d'*Antiparos*, dans l'Archipel. 2° Les *cavernes des terrains gypseux* sont moins nombreuses; elles sont très-profondes, on y éprouve un froid très-vif; quelquefois elles n'ont pas d'issue à la surface du sol; on attribue leur formation à des masses de sel gemme qui auront été dissoutes par les eaux ; la plus remarquable est celle qui porte le nom de *labyrinthe de Koungour*, en Sibérie; elle est d'une grande étendue et offre de nombreuses sinuosités. 3° Les *cavernes des pays volcaniques* ne renferment point de stalactites; on n'y observe ni cours d'eau ni empreinte du passage d'un torrent, mais elles renferment souvent du gaz acide carbonique ; telle est la fameuse *Grotte du chien*, près de Naples (voyez GROTTE). 4° Les *cavernes des terrains de grès* sont ordinairement de simples grottes peu profondes et très-larges à leur ouverture, différents en cela des cavernes de tous les autres terrains (voyez OSSEMENTS, GROTTES).

CAVERNES (Médecine). — On appelle ainsi les cavités ulcéreuses qui se forment dans la substance des poumons, par la fonte des tubercules ramollis et l'évacuation du pus qui en résulte, ou par le développement et la suppuration d'un abcès (voyez TUBERCULES).

CAVERNEUX (Anatomie). — On ajoute cette épithète à un certain nombre de mots désignant des parties du corps qui renferment un tissu spongieux, ou qui se présentent sous l'aspect de petites cavités, etc. — On appelle *ganglion* ou *plexus caverneux*, un petit corps ganglionnaire nerveux, situé au côté interne de l'artère carotide interne au moment où elle pénètre dans le sinus caverneux. — Les *sinus caverneux*, ainsi nommés à cause de leur texture spongieuse, sont deux canaux veineux logés sur les côtés de la selle turcique, dans les gouttières de la face supérieure du sphénoïde, l'une à droite et l'autre à gauche, entre deux lames de la dure-mère. Les deux sinus caverneux communiquent entre eux par le sinus coronaire. — On donne le nom de *respiration caverneuse* à celle qu'on perçoit au moyen de l'auscultation, lorsque l'air traverse les *cavernes* du poumon chez les phthisiques.

CAVIAR (Zoologie). — Voyez ESTURGEON.

CAVIENS (Zoologie). — Nom donné par quelques zoologistes à une tribu de *Mammifères rongeurs*, dont le *Cabiais* (*Cavia*) est le type.

CAVITÉS (Anatomie). — On appelle *cavités splanchniques* (du grec *splanchna*, les entrailles) celles qui renferment les viscères; ce sont le *crâne*, le *thorax* et l'*abdomen*. On dit encore la *cavité pelvienne* pour le bassin, les *cavités nasales* pour les fosses nasales, etc. On trouve encore dans les os des cavités qui sont tantôt articulaires, ce sont la *cavité cotyloïde* creusée dans l'épaisseur de l'os de la hanche, les *cavités glénoïdes* du temporal et de l'omoplate, etc. D'autres fois elles ne servent pas aux articulations, ce sont alors des *fosses*, des *sinus*, des *rainures*, des *antres* (l'antre d'Hygmore *sinus maxillaire*), des *sillons*, etc.

CAYEUX (Botanique). — On donne ce nom à des bourgeons secondaires produits par certains bulbes à l'aisselle des feuilles qui les recouvrent; ils se développeront successivement sur la plante même, ou dans d'autres espèces ils pourront en être séparés et se développer d'une manière indépendante. L'ail vulgaire est ainsi conformé (voyez BULBE).

CAYOU (Zoologie). — Les naturels de l'île de Maragnon appellent ainsi, au dire du P. d'Abbeville, une espèce de *Singes* du genre des *singes du nouveau continent*. Buffon a pensé que c'était son *Coaïta* (*Simia paniscus*, Lin). Dans le *Règne animal*, on trouve cette désignation parmi les espèces du genre *Atèles*, à côté du genre *Coaïta*. « Le *Cayou*, F. Cuvier (*Ateles ater*), a la face noire comme le reste du corps. »

CÉANOTHE (Botanique), *Ceanothus*, Lin. Les Grecs avaient donné le nom de *Keanôthos* à une plante épineuse. — Genre de plantes de la famille des *Rhamnées*, dont très-peu d'espèces sont épineuses. Il comprend des arbrisseaux à feuilles simples, alternes. Parmi les espèces assez nombreuses de ce genre, et toutes dignes d'être cultivées pour l'ornement, on distingue surtout le *C. de Delisle* (*C. Delilianus*, Spach), avec ses feuilles assez larges, légèrement pubescentes en dessous, et ses fleurs d'un joli bleu pâle. Cette plante parait n'être qu'une variété du *C. à fleurs bleues* (*C. azureus*, Desf.). Le *C. d'Amérique* (*C. Americanus*, Lin.) a les feuilles trinervées et les fleurs blanches. Il est originaire de la Virginie, où l'on prend ses feuilles en guise de thé. On extrait des racines de cette plante une matière colorante jaune nankin. Caract. du genre : calice campanulé à 5 divisions; ordinairement, pétales 5, onguiculés; 5 étamines; ovaire trigone; baie à 3 loges, renfermant une graine, rarement 2-4.

G — s.

CÉBIENS (Zoologie), de *Cebus*, sajou. — Nom d'une tribu de *Singes* établie dans la classification de I. Geoffroy Saint-Hilaire, adoptée presque en entier par M. le professeur Gervais ; elle renferme une grande partie des singes du nouveau continent ; ils ont les narines ouvertes latéralement, trois paires d'avant-molaires à chaque mâchoire, les ongles courts; en général, la queue longue et prenante ; aucun d'eux n'a de callosités aux fesses. Cette tribu comprend les genres suivants : *Sajou, Saïmiri, Callitriche, Atèle, Hurleur, Saki, Lagotriche, Brachyure, Ériode. Nyctipithèque*.

CÉBRION (Zoologie), d'un nom de géant dans la mythologie. — Genre d'*Insectes coléoptères pentamères*, famille des *Serricornes*, section des *Malacodermes*, tribu des *Cébrionites*. Ces insectes, d'une assez grande taille (les plus grands peuvent avoir 0^m,025 de longueur), se trouvent plus particulièrement dans les contrées les plus méridionales de l'Europe et du nord de l'Afrique. Ils volent avec impétuosité, souvent le soir ou la nuit, surtout après les pluies d'orage, et quelquefois en grand nombre; ils entrent dans les maisons et se précipitent en bourdonnant sur les lumières. Très-voisins des Cistèles et des Taupins, ils se distinguent des premières par leurs tarses de cinq articles, et des autres par leurs palpes filiformes, leurs mandibules en pointe, leur sternum antérieur dont l'extrémité ne s'enfonce point dans une cavité de l'arrière-poitrine. Ils ont la tête saillante, les antennes longues, le corselet en forme de trapèze, les pieds assez longs avec les tarses filiformes, ce qui les distingue des Buprestes. L'espèce principale, le *C. géant* (*C. gigas*, Fab.; *Longicornis*, Oliv.), long de 0^m,025, habite l'Italie et les départements les plus méridionaux de la France. La femelle diffère essentiellement du mâle; celui-ci est noirâtre, pubescent, les élytres, l'abdomen et les cuisses sont d'un brun fauve.

CÉBRIONITES (Zoologie). — Tribu d'*Insectes coléoptères* (voyez CÉBRION), à mandibules pointues, palpes filiformes, corps arqué ou bombé en dessus, tête sans étranglement à sa partie postérieure. Leurs habitudes sont à peu près inconnues. Beaucoup se tiennent sur les plantes dans les lieux aquatiques. Ils renferment les douze genres suivants : *Physodactyles, Cébrions, Anélastes, Callirhipis, Sandalus, Rhipicères, Ptylodactyles, Dascilles, Elodes, Scyrtes, Nyctées, Euhries*.

CÉBUS ou **CEPUS** (Zoologie), probablement du grec *képos*. Nom d'un singe d'Éthiopie, cité par Élien et que Cuvier croit être le *Patas*, espèce de *Macaque*. — C'est le nom scientifique donné au *Sajou*, espèce de *Singe*, type de la tribu des *Cébiens*, de I. Geoff.

CÉCIDOMYIE (Zoologie), *Cecidomyia*, Meig. — Genre d'*Insectes diptères*, de la famille des *Némocères*, tribu des *Tipules* ; il est composé de très-petits insectes, à antennes filiformes, grenues; bouche faiblement avancée, palpes courbées, ailes couchées sur le corps avec trois nervures longitudinales. La femelle a l'abdomen pourvu d'un dard au moyen duquel elle enfonce ses œufs dans les boutons à feuilles et à fleurs de plusieurs végétaux; il s'y développe une sorte de gale qui sert de retraite et de nourriture aux larves de ces insectes. Ce sont surtout les jeunes pousses du genévrier, du saule, du lotier, etc., qui présentent ce phénomène. La *C. grande* (*C. grandis*, Meig.) est d'un noirâtre cendré, avec les pieds gris. La *C. du lotier* (*C. loti*, Meig), dont les larves vivent en société dans les fleurs du *lotus corniculatus*, qui se transforment en des vessies pointues au sommet, a le corps d'un jaune blanchâtre, un peu aplati, pointu en devant, arrondi par derrière.

CÉCILIE (Zoologie), *Cœcilia*, Lin., du latin *cœcus*, aveugle. — Genre de *Reptiles ophidiens*, famille des *Serpents nus*, ainsi nommé parce que les yeux excessivement petits sont à peu près cachés sous la peau, et manquent quelquefois. Peau lisse, visqueuse, sillonnée de plis ou de rides annulaires, pourvue d'écailles minces qui ne paraissent que lorsqu'on la dissèque, d'où vient qu'elle semble être nue. Tête déprimée; l'anus est rond et situé à peu près au bout du corps, disposition très-rare dans les serpents et qui rapproche les cécilies des Batraciens; en effet, malgré leur forme, on est tenté de les classer près des Tritons; comme eux, ils sont aquatiques et se tiennent dans les endroits marécageux; leurs maxillaires supérieurs ne sont pas mobiles; leurs vertèbres sont conformées comme celles des Tritons, leur langue n'est pas bifurquée, etc. Il y a donc de nouvelles études à faire sur ces animaux. La *C. tentaculée* (*C. tentaculata*, Lin.), noirâtre, avec des marbrures blanches sous le ventre. De Surinam et du Brésil; environ 0^m,33 de longueur. La *C. glutineuse* (*C. glutinosa*, Lin.), à stries transversales serrées, allongée, grêle, cylindrique; Amérique méridionale. Environ 0^m,35 à 0^m,40 de longueur.

CÉCITÉ (Médecine), du latin *cœcus*, aveugle. — Voyez AVEUGLE.

CÉCROPIE (Botanique), *Cecropia*, Lin. Suivant les uns, ce nom viendrait de *Cécrops*, fondateur et premier roi d'Athènes ; suivant d'autres, du grec *kekrux*, crieur. Nom donné à ce genre, dont par son tronc et ses branches, creux par intervalles, ont reçu vulgairement le nom de *Bois-trompette*. — Genre de plantes de la famille des *Artocarpées*, tribu des *Conocéphalées*. Il renferme de :

arbres laiteux de l'Amérique tropicale. Fleurs dioïques ; 2 étamines ; fruit pulpeux, enfermé dans le calice persistant. La *C. peltée* (*C. peltata*, Lin.), appelée aussi *Coulequin*, est un grand et bel arbre de la Jamaïque et de Saint-Domingue. Son bois, mou et léger, est employé à différents usages. Les naturels s'en servent pour obtenir du feu en faisant tourner rapidement un morceau de bois dur et pointu dans le bois de sa racine. Les fruits de cette espèce sont comestibles.

CÉCROPS (Zoologie), *Cecrops*, Leach. — Genre de *Crustacés entomostracés*, ordre des *Pœcilopodes*, famille des *Siphonostomes*, tribu des *Caligides* ; créé par Leach et adopté par tous les zoologistes, il ne comprend encore qu'une seule espèce, le *C. de Latreille*, Leach, trouvé sur les branchies du thon et du turbot ; le corps de cet animal n'est pas prolongé comme dans les argules et les caliges, il est ovale, formé de quatre pièces qui se reçoivent postérieurement chacune dans une sorte d'échancrure. On lui donne jusqu'à 0ᵐ,025 de longueur.

CÉCUM (Anatomie). — Voyez CÆCUM, CŒCUM.

CEDONULLI (Zoologie). *Je ne le cède à aucune*, traduction des deux mots latins *cedo nulli*. — C'est le nom marchand et vulgaire d'une des espèces les plus belles et les plus recherchées du genre *Cône*, appartenant aux *Mollusques gastéropodes pectinibranches*, famille des *Buccinoïdes*. Le *C. nulli* (*C. cedo nulli*) est une coquille couronnée, couleur fond de cannelle, avec deux cordons réguliers de taches de couleur bleuâtre, difformes, circonscrites de brun. Il existe un *faux cedo nulli* qui n'a point de cordons doubles et réguliers au milieu de la coquille ; on en a plusieurs variétés. Elles habitent toutes les mers de l'Amérique méridionale et celle des Antilles.

CÉDRATIER (Botanique), *Citrus medica*, Risso. — L'un des types du genre *Citronnier-oranger*. Il a beaucoup de rapport avec le limonier, dont il diffère par ses rameaux plus courts et raides et son fruit, ordinairement

Fig. 461. — Cédratier à gros fruit.

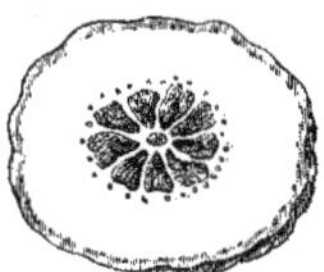

Fig. 462. — Coupe du cédrat.

plus gros et plus verruqueux, à chair plus épaisse, plus tendre, et moins acidulée. On compte plusieurs variétés de cédratier. Le *C. ordinaire* (*Citrus medica vulgaris*,

Risso et Poit.) a les rameaux raides, munis de longues épines ; ses jeunes pousses sont anguleuses et un peu violettes ; ses feuilles à pétioles non ailés, sont oblongues, épaisses, pointues, et d'un vert foncé ; ses fleurs sont roses ou à teinte un peu violacée. Le cédrat, ou fruit de cette variété, est ovale, plus renflé vers le sommet que vers la base, profondément sillonné à la surface, et se termine par un mamelon au sommet. Il est gros, d'abord d'un rouge pourpre, passe ensuite par le vert, et devient jaune à la maturité. Sa saveur est légèrement acidulée ; sa chair épaisse, blanche, tendre, douce ; pulpe verdâtre, peu considérable. Les cédrats étaient connus de l'antiquité. Théophraste en parle sous le nom de *Pomme de Médie, de Perse* ou *d'Assyrie*. On ne connaît pas exactement la patrie du cédratier. Cet arbre est naturalisé dans beaucoup d'endroits de la région méditerranéenne. On a attribué jadis aux cédrats d'importantes propriétés médicinales. La magie les employa aussi dans les enchantements. Le *Cédratier à gros fruit*, *Poncire* (*Malum citreum vulgare*, Ferraris ; *C. medica tuberosa*, Risso et Poit.) (*fig.* 461) est une des plus remarquables variétés de cédratier. Ses fleurs sont grandes, violettes en dehors. La grosseur de son fruit est surtout considérable. On voit souvent des poncires peser jusqu'à 15 kil. Ils sont oblongs, bosselés, marqués de sillons longitudinaux interrompus, terminés par un mamelon plus ou moins détaché d'un côté, chair très-épaisse, ferme, pulpe verdâtre, presque sèche, acide. Le *C. à gros grains* (*C. medica maxima*, Risso et Poit.) est très-rugueux et sillonné. Les cédrats s'emploient ordinairement comme conserves, confits dans du sucre.   G—s.

CÈDRE (Botanique), *Cedrus*, Mill., en grec *kedros*. Théis pense que plusieurs villes d'Orient, en Carie, ayant porté les noms de *Cedren, Cedropolis*, il est à croire que les Grecs, après avoir rapporté le bois de cèdre de ces pays, et n'en ayant reçu aucune dénomination, désignèrent cet arbre par le nom de l'endroit où ils l'avaient trouvé. — Genre de plantes de la famille des *Abiétinées*, classe des *Conifères* ; d'après M. Brongniart ou d'après Endlicher, famille des *Conifères*, tribu des *Abiétinées*. Caractères : cônes dressés, à écailles fortement appliquées dans toute leur longueur ; feuilles persistantes aciculaires ou presque tétragones aiguës ; chatons mâles, solitaires, à l'extrémité de petits rameaux très-courts. Le *C. du Liban* (*C. Libani*, Barrel. ; *Pinus cedrus*, Lin. ; *Larix*

Fig. 463. — Une branche de cèdre du Liban.

cedrus, Mill.) (*fig.*463), est un arbre qui peut atteindre jusqu'à 25 mètres d'élévation et 12 à 13 de circonférence. Ses branches sont étalées horizontalement, et prennent un grand développement en longueur. Il a plusieurs variétés, qui se distinguent par la disposition des branches. L'une les a dressées, une autre pendantes. Il y a aussi la variété à feuilles glauques argentées. Ce végétal, que l'on avait longtemps considéré comme une espèce propre au Liban, se trouve en Afrique, et très-abondamment dans l'Asie Mineure, où il forme des forêts considérables. Cultivé pour la première fois en Angleterre dès 1684, ce n'est qu'en 1734 que Bernard de Jussieu apporta de ce pays en France celui qui est si connu aujourd'hui au

Jardin des Plantes de Paris, dans le *grand Labyrinthe* ; son diamètre est d'environ 1 mètre.

L'histoire rapporte une grande quantité de faits touchant le cèdre. Ainsi : les Juifs avaient la coutume de planter un cèdre lorsqu'il leur naissait un fils ; pour une fille, ils plantaient un pin, et quand les enfants se mariaient, on faisait le lit nuptial avec le bois de ce cèdre, symbole naturel de la constance et de la pureté, parce qu'il passait pour incorruptible. On raconte que le temple d'Apollon, à Utique, renfermait un tronc de cèdre qui durait depuis près de deux mille ans. Les anciens croyaient aussi que ce bois avait la propriété de préserver de la corruption ; c'est pourquoi ils déposaient les manuscrits précieux dans des coffres de bois de cèdre. Le temple, bâti par Salomon, était décoré de bois de cèdre, qui lui fut envoyé par le roi Hiram. La plus grande partie du temple d'Éphèse était en bois de cèdre. Le cèdre se cultive de plus en plus sous nos climats ; il peut résister à des froids rigoureux.

Le *C. de l'Himalaya* (*C. Deodora*, Loudon ; *Pinus Deodora*, Roxb.) atteint jusqu'à 40 et 50 mètres. Son bois est résineux, ses branches réfléchies à l'extrémité ; son feuillage est glauque. Ce majestueux végétal, qui a des variétés à feuilles épaisses, à feuilles vertes, et une autre appelée *robuste*, à cause de la vigueur de ses branches et de ses feuilles, nous vient de l'Himalaya. Il a été introduit chez nous vers 1822. Le *C. de l'Atlas* (*C. Atlantica*, Manet.) ne date que de 1842 dans nos jardins. Il se distingue du *C. du Liban* par sa cime droite et ses branches étalées, plus courtes ; de sorte qu'il présente une forme pyramidale élancée. Cette espèce est originaire de l'Afrique.   G—s.

CÉDRELE (Botanique), *Cedrela*, Lin., dérivé de *Cèdre*. Une espèce fournit une résine aromatique présentant de l'analogie avec celle du cèdre. — Genre de plantes, type de la famille des *Cédrélées*, comprenant des arbres à feuilles persistantes, fleurs petites, blanches, en panicule terminale. Le *C. faux-acajou* (*C. odorata*, Lin.) est un grand arbre de l'Amérique australe. Son bois est tendre, brun, à odeur agréable. Il est connu dans les colonies sous le nom de *cèdre acajou*. Les Anglais le nomment *cèdre bâtard*. On construit avec ce bois des canots et des pirogues. L'ébénisterie l'emploie avec avantage. Le *C. toon* (*C. toona*, Roxb.) habite principalement l'Indoustan. Le *C. velouté* (*C. velutina*, de Cand.) est à peu près de la même taille que les précédents. Ses rameaux sont pubescents, veloutés. Son écorce, dont les propriétés sont fébrifuges, est désignée, à Java, sous le nom de *bois de toon*. En général, les autres espèces de cédrèle possèdent des qualités analogues et ont un bois coloré et odorant. Leur écorce, leurs feuilles et leurs fruits répandent une odeur alliacée qui rappelle l'*assa fœtida*. Caract. du genre : 5 pétales dressés ; étamines, 5, insérées sur le réceptacle ; capsule à 5 loges, s'ouvrant au sommet en 5 valves ; graines ailées.

CÉDRELÉES ou CÉDRÉLACÉES (Botanique). — Famille de plantes *Dicotylédones dialypétales*, rangée par M. Brongniart entre les Aurantiacées et les Méliacées. Elle comprend des arbres et des arbrisseaux à bois souvent dense et coloré. Leurs feuilles sont alternes, sans stipules. Caractères : calice libre à 4-5 divisions ; pétales, 4-5 ; étamines en nombre égal, distinctes ou doubles et monadelphes ; ovaire à 4-5 loges ; capsule ligneuse à 4-5 loges, renfermant des graines souvent ailées. Les plantes de cette famille habitent les régions chaudes de l'Amérique, de l'Asie et de l'Afrique. Endlicher les divise en deux tribus : 1° les *Swiéténiées*, caractérisées par des étamines monadelphes et par leur corolle à préfloraison contournée. Genre principal : *Acajou* ou *Mahogon* (*Swietenia*, Jacq.) ; 2° les *Cédrelées*, qui se distinguent par des étamines libres et par la préfloraison de la corolle imbriquée. Genre principal : *Cédrèle* (*Cedrela*, Lin.). Cette famille est importante par les beaux bois qu'elle fournit. Ceux-ci sont, en général, colorés, aromatiques, et possèdent des qualités astringentes et fébrifuges.

CÉDRIE (Botanique). — *Cedria*, nom de la *manne mastichine*, ou résine qui découle du *cèdre du Liban*. C'est un baume salutaire que les Égyptiens employaient dans leurs embaumements.

CEINTURE (Hygiène), en latin, *cingulum*. — On donne ce nom à une bande de toile, de soie, de laine, de cuir ou de toute autre matière, au moyen de laquelle on soutient le torse à la hauteur des lombes. Chez les hommes qui sont exposés à faire de grands mouvements du corps, il est bon de donner un point d'appui aux muscles qui meuvent le tronc, au moyen d'une ceinture modérément serrée ; aussi, sont-elles d'un usage presque général chez les peuples guerriers et chasseurs, chez les habitants des montagnes, etc. La ceinture est aussi très-utile aux hommes qui montent habituellement à cheval, pour soutenir et préserver des chocs les intestins et tous les organes contenus dans l'abdomen ; enfin, dans les pays marécageux et les temps froids et humides, une ceinture de laine est un excellent moyen hygiénique pour préserver de l'humidité les mêmes organes. Elle convient aux personnes qui ont les intestins délicats.

CEINTURE DE HILDEN. — Machine inventée par Fabrice de Hilden, pour réduire les luxations et les fractures des membres. Elle est abandonnée aujourd'hui.

CEINTURE DARTREUSE. — Affection exanthématique, plus connue sous le nom de *Zona* (voyez ce mot).

CÉLASTRE (Botanique), *Celastrus*, Lin. Du grec *kélastron*, sorte d'arbrisseau toujours vert. Les anciens donnaient ce nom à certains arbres dont les fruits mûrissent tard. On croit que le *Célastron* des Grecs se rapporte à notre fusain. — Genre de plantes type de la famille des *Célastrinées*. Ce sont des arbrisseaux à feuilles alternes, simples, et à fleurs blanches. Le *C. grimpant* (*C. scandens*, Lin.), appelé aussi *Bourreau des arbres*, parce qu'il les entoure au point de les étouffer, est un grand arbrisseau du Canada à feuilles alternes, très-entières ou dentées en scie, fleurs dioïques, petites, pédicellées, disposées en grappes axillaires et terminales, style court, épais, à stigmate tubulé. Ses fruits sont rouges, à 3 cornes, son écorce est émétique. Caract. du genre : 5 pétales ouverts en étoile, plus longs que le calice ; 5 étamines ; ovaire à demi plongé dans le disque ; capsule anguleuse, charnue, à 2-3 loges.

CÉLASTRINÉES (Botanique). — Famille de plantes *Dicotylédones dialypétales hypogynes*, elle a des analogies avec les Hippocratéacées, dont elle se distingue par le nombre des étamines et avec les Pittosporées. Elle comprend des arbrisseaux à fleurs régulières, disposées en cimes axillaires. Caractères : calice persistant ; 4-5 pétales caducs ; étamines insérées au bord d'un disque annulaire, hypogynes, et en nombre égal à celui des pétales ; périsperme charnu. Les Célastrinées habitent les régions subtropicales de l'hémisphère austral, et principalement le cap de Bonne-Espérance. Les propriétés de ces plantes sont en général âcres, amères et purgatives. Genres principaux : *Fusain* (*Evonymus*, Tourn.), *Célastre* (*Celastrus*, Lin.), *Olivetier* (*Elæodendron*, Jacq.).

CÉLERI (Horticulture), *Apium graveolens*. — Nom d'une espèce du genre *Ache* (voyez ce mot), à laquelle la culture a fait perdre sa saveur repoussante et ses propriétés souvent malfaisantes. Le *C. cultivé* (*Apium dulce*, Mill.) appartient à la famille des *Ombellifères*, et joint aux autres caractères du genre *Ache*, d'avoir ses feuilles dressées, fermes ; les pétioles très-longs et étiolés ; on en a obtenu un certain nombre de variétés dont les principales sont : le *C. creux* ; le *C. plein, blanc* ; le *C. court, hâtif*, dont les côtes pleines blanchissent facilement ; le *C. à couper*, dont les feuilles s'emploient comme fourniture de salade ; le *C. nain frisé*, tendre et cassant ; le *C. gros violet de Tours*, à côtes épaisses, à pieds plus gros que dans les autres variétés ; enfin, le *C. rave* (*A. rapaceum*, Mill.), qui se distingue par ses feuilles étalées, ses pétioles plus courts, sa racine arrondie et charnue, qui se mange cuite ou crue et coupée en rond dans les salades. Le céleri est très-répandu dans les parties septentrionales de la France et dans toute l'Allemagne. C'est une plante alimentaire, saine et fort agréable ; on mange ses jeunes tiges, la base des pétioles et une partie de la racine. La culture du céleri se fait, au moyen des semis de janvier, en mars sur couche et sous cloche ou châssis ; on repique sur couche avec abris pour mettre en pleine terre en avril. Les semis suivants peuvent se faire jusqu'en juin en pleine terre, sans repiquage. Il doit toujours être replanté sur un terrain bêché profondément, plutôt humide et frais que sec. Celui qu'on garde pour l'hiver sera paillé et butté avant les fortes gelées auxquelles il est très-sensible ; quant à celui qui doit servir aux besoins journaliers, aussitôt qu'il est assez fort, on le lie de trois liens, par un temps sec, pour le faire blanchir, puis on amoncelle au pied, de la terre ou de la paille pour le butter.

CÉLESTINE (Minéralogie). — C'est un sulfate de strontiane naturel.

CELLAIRES (Zoologie). — Genre compris autrefois dans l'embranchement des *Zoophytes*, et qui aujourd'hui fait partie du sous-embranchement des *Molluscoïdes* ou *Tuniciers*, classe des *Bryozoaires*, famille des *Cellariées*.

Il avait déjà été bien caractérisé par Pallas, qui lui donna le nom de *Cellularia* (cellulaire), adopté par Linné ; ce sont des animaux marins dont le canal digestif a deux orifices, et dont les espèces sont communes même dans les mers d'Europe : ils se fixent aux corps marins solides, au moyen d'un grand nombre de petits tubes flexueux ; leurs tiges sont souvent branchues. La *C. velue* (*C. hirsuta*, Lmx), haute de 0ᵐ,10, couleur jaune paille, est des mers d'Amérique. La *C. salicor* (*C. salicornis*, Pall.) habite les mers d'Europe et d'Asie.

CELLARIÉES (Zoologie). — Nombreuse famille de *Molluscoïdes* ou *Tuniciers*, *Bryozoaires*, dans laquelle se placent les *Flustres*, les *Cellaires* et plusieurs autres genres. Ce sont des animaux marins, tentaculés ; leurs polypiers sont membraneux, divisés en loges articulées ou jointes entre elles, et dans chacune desquelles réside un polype. Il en existe à l'état fossile.

CELLÉPORES (Zoologie). — Genre de *Molluscoïdes* ou *Tuniciers* (Mill. Ed.), de la classe des *Bryozoaires*, à polypiers membraneux et operculifères ; caractérisé ainsi par Lamarck : Cellules complètes, distinctes, ouverture terminale ronde, formant, par leur accumulation, une sorte de polypier fragile, comme spongieux, poreux, appliqué ou encroûtant. Les cellépores vivent dans la mer ; on en cite une vingtaine d'espèces.

CELLULAIRE (Tissu) (Anatomie). — On appelle ainsi l'un des tissus élémentaires qui entrent dans la composition des animaux. C'est le plus universellement répandu, et il se distingue surtout par sa structure aréolaire et spongieuse ; il se présente, ou sous sa forme élémentaire ou diversement modifié, dans presque toutes les parties du corps des animaux ; à l'œil nu, il se montre formé de lamelles membraneuses minces, transparentes et molles (tissu lamelleux de Chaussier), qui, en s'entre-croisant dans divers sens, circonscrivent une série de *cellules* assez comparables, lorsqu'on les insuffle avec de l'air, aux bulles accumulées d'un liquide mousseux. Elles communiquent entre elles, peuvent être vides et simplement humectées ou remplies par un dépôt de *graisse* qui les rend opaques et volumineuses ; c'est ce qu'on appelle alors tissu *adipo-cellulaire*. Au microscope, une de ces lamelles paraît formée d'une quantité de fibres incolores, flexibles et résistantes, entre-croisées en tous sens au milieu d'une matière transparente et amorphe (sans formes déterminées) qui les réunit (*fig.* 464). Ce tissu est

Fig. 464. — Fibres du tissu cellulaire vues au microscope.

susceptible de se laisser distendre par l'accumulation de cette matière graisseuse, car il est très-extensible, mais ne revient pas sur lui-même et n'est pas élastique. Les fibres ne sont pas susceptibles de s'allonger ; elles ne peuvent pas non plus se *contracter*. Lorsque ce tissu est en voie de formation, on trouve dans ses lamelles, non plus des fibres, mais des cellules microscopiques, nommées *utricules*, qui sont les vrais éléments constitutifs des tissus organisés ; ce sont de petits sacs arrondis, qui, par leur juxtaposition, forment la continuité du tissu, lames et fibres. Les *membranes séreuses* et les *muqueuses* (voyez MEMBRANE) ne sont autre chose que les lamelles du tissu cellulaire se rangeant parallèlement entre elles, se superposant sur une assez faible épaisseur et arrivant à constituer de vastes surfaces ou feuillets cellulaires. C'est par une modification analogue que se forme la *peau* (voyez ce mot) qui est une espèce de muqueuse destinée à s'adapter au contact continuel des objets extérieurs. Enfin, le tissu *cartilagineux* et le tissu *osseux* résultent aussi d'une transformation du tissu cellulaire.

CELLULAIRE (Tissu) (Botanique). — Les organes qui constituent un végétal sont formés d'un petit nombre de parties élémentaires ; et le microscope nous les montre composés de *cellules* ou *utricules*, petits sacs variables dans leurs formes et dans leurs dimensions ; ces cellules, accolées en tous sens les unes aux autres, forment un tissu général qui est la matière première de tout organe. On distingue dans les végétaux trois tissus élémentaires, tous trois composés d'utricules ou de cellules, et tous trois *cellulaires*, distingués seulement par la forme des cellules, très-différente, et qui leur donne un aspect, des propriétés et des usages distincts ; ce sont : le tissu *cellulaire* propre ; le *tissu fibreux* ; le *tissu vasculaire* (voyez CELLULES, ANATOMIE VÉGÉTALE). Le *tissu cellulaire*

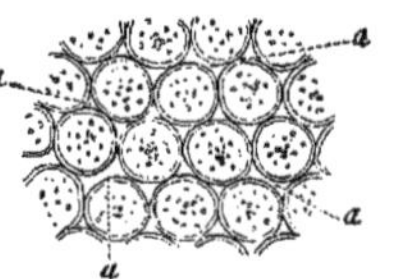

Fig. 465. — Tissu cellulaire ou utriculaire.
a, a, méats intercellulaires.

propre, auquel on donne souvent le nom de *moelle, tissu médullaire, parenchyme*, est caractérisé par les dimensions égales en tous sens de ses utricules. Elles conservent leur forme globuleuse, arrondie ou ovale dans les organes, où elles ne sont pas serrées les unes contre les autres ; mais, dès qu'elles se pressent entre elles, elles prennent l'aspect de polyèdres réguliers ou irréguliers. Lorsque le tissu peu serré laisse aux cellules leurs formes arrondies, on observe entre elles des intervalles que l'on nomme les *méats intercellulaires* (*a, fig.* 465) ; parfois on trouve au milieu des cellules des espaces vides plus considérables, auxquels on a donné le nom de *lacunes*. Ces cellules présentent quelquefois des différences dans l'aspect de leurs parois, alors elles sont *ponctuées*, *rayées*, *spirales*, *annulaires*, *réticulées*. Dans certains tissus cellulaires, les parois s'épaississent peu à peu, de façon que leur cavité s'amoindrit ou même s'oblitère complétement : la chair des fruits, la farine, sont des tissus de ce genre.

CELLULAIRES (Zoologie), *Cellularia*, Pall., Lin. — Nom donné autrefois au genre *Cellaires*.

CELLULES (Anatomie animale). — On donnait ce nom, naguère, à ces espaces visibles à l'œil nu, circonscrits par les lamelles membraneuses du tissu cellulaire, qui s'entre-croisent en divers sens et qui sont assez comparables, lorsqu'on les insuffle avec de l'air, aux bulles accumulées d'un liquide mousseux. Aujourd'hui nous nommons *cellules* ou *utricules* les éléments primitifs presque constants des tissus organisés ; ce sont de petits sacs arrondis, polyédriques ou diversement comprimés qui, par leur juxtaposition, forment la continuité du tissu ; souvent leur capacité contient, outre une matière qui la remplit et varie d'aspect, un ou plusieurs corps opaques placés vers le centre de la cellule, et qu'on nomme les *noyaux* (*nuclei*). Ce sont des cellules élémentaires de ce genre qu'on trouve dans la texture même des lamelles du tissu cellulaire aux premiers temps de son développement ; peu à peu les fibres se montrent et envahissent les tissus, où bientôt on les trouve seules (voyez CELLULAIRE [*Tissu*].

CELLULES ou **UTRICULES** (Anatomie végétale). — On appelle ainsi de petits sacs variables dans leurs formes ou dans leurs dimensions, mais toujours beaucoup trop petits pour être aperçus à l'œil nu. Accolées en tous sens les unes aux autres, ces cellules forment un tissu général, qui est la matière première de tout organe ; mais il résulte de leur forme très-différente dans chacun d'eux un aspect, des propriétés et des usages parfaitement distincts (voyez l'art. ANATOMIE VÉGÉTALE), qui constituent trois sortes de tissus végétaux élémentaires : le *tissu cellulaire*, le *tissu fibreux* et le *tissu vasculaire*. 1° Dans le *tissu cellulaire*, les cellules ont des dimensions égales en tous sens ; on les aperçoit à peu près pareillement distendues dans toutes les directions, ou tout au moins elles n'offrent aucun allongement marqué dans un sens uniforme. Les cellules conservent leur forme arrondie, globuleuse ou ovale dans les organes où elles ne sont pas serrées les unes contre les autres ; mais dès qu'elles se pressent entre elles, on les voit prendre l'aspect de polyèdres réguliers et irréguliers ; on trouve des parenchymes formés de cellules cubiques, parallélipipèdes, octaédriques, etc. ; les faces ne sont pas également planes ; leur courbure est même parfois très-marquée (voyez CELLULAIRE [*Tissu*]). 2° *Tissu fibreux* ; ici les cellules qui forment ces fibres sont allongées toutes dans un même sens, et atteignent dans cette direction une longueur égale à plusieurs fois leur largeur. Ordinairement effilées aux deux bouts, et souvent assez longues pour former de véritables tubes fermés en pointe aux deux extrémités, elles constituent, en s'accolant, une masse fibreuse dont le bois, par exemple, est essentiellement composé. 3° Dans le *tissu vasculaire*, les cellules sont aussi très-allongées dans un même sens, et même beaucoup plus que celles du tissu fibreux. Ici, chacune de ces cellules effilées peut former déjà par elle-même un long tube, et ordinairement elles communiquent entre elles, de façon à constituer de longs canaux d'une finesse généralement capillaire ; c'est ainsi que sont formées les *trachées*, les *vaisseaux spiraux*, les *fausses trachées*, etc.

CELLULOSE (Chimie) ($C^{12}H^{10}O^{10}$). — Corps neutre qui constitue le squelette solide des végétaux. Il se présente avec des structures et des degrés de consistance très-variés, suivant son origine. Tantôt en fibres allongées, résistantes, tenaces, comme dans le lin, le chanvre ; tantôt en filaments plus délicats, constituant de véritables cloisons, comme dans le tissu cellulaire des plantes ; tantôt en lamelles étroites, à peine agrégées, comme dans le parenchyme de certains cryptogames. Dans tous les cas, sa composition et ses propriétés chimiques demeurent les mêmes. Il est insipide, inodore, de couleur blanche, insoluble dans l'eau, l'éther, l'alcool, les essences ; sa densité moyenne est 1,5. Avec une composition tout à fait semblable à celle de l'*amidon*, de la *dextrine* et du *glucose*, la cellulose se distingue nettement du premier, en ce qu'elle ne bleuit pas par l'iode, à moins qu'elle ne soit fortement désagrégée ou modifiée partiellement par le contact de l'acide sulfurique ; des deux autres, par son insolubilité dans l'eau. Cependant, elle se transforme successivement par l'action de l'acide sulfurique, d'abord en amidon, puis en dextrine, et finalement en glucose. La charpie, les vieux chiffons, traités par l'acide sulfurique, deviennent solubles. Il suffit de neutraliser la liqueur par une base, la chaux, par exemple, pour précipiter l'acide et mettre en liberté la dextrine et le glucose qui ont pris naissance. Par l'acide azotique concentré, la cellulose se change en *pyroxyle* (coton-poudre). La cellulose se trouve à l'état de pureté presque complète dans le vieux linge, le *papier de Berzelius*, qui sert de papier à filtre dans les laboratoires. dans la fibre du coton, dans le papier de riz, dans la moelle de sureau. Pour l'obtenir à un degré de pureté absolue, il suffit de traiter l'un des corps précédents successivement par tous les dissolvants : eau, acides faibles, alcool, éther. Le résidu, bien lavé à l'eau distillée, est la cellulose pure. Elle est associée dans le ligneux proprement dit avec une matière incrustante, de composition fort variable ; souvent avec de l'amidon ou avec des matières azotées. La cellulose a été étudiée par Prout, Schleiden, Braconnot, Payen, Hofmann, Béchamp. B.

CÉLOSIE (Botanique), *Celosia*, Lin., du grec *kêleos*, brûlant. Les fleurs scarieuses de ces plantes semblent desséchées par le feu. — Genre de plantes de la famille des *Amarantacées*, tribu des *Célosiées*, qui comprend des herbes dressées, à feuilles alternes, à fleurs disposées en épis ou en panicules. Celles-ci sont élégantes, scarieuses, accompagnées de trois bractées colorées. La *C. à crête* (*Celosia cristata*, Moq.), appelée vulgairement *Amarante crête-de-coq*, *Passe-velours*, est une herbe vivace, remarquable par ses fleurs rouges ou jaunes, disposées en épis presque sessiles, quelquefois dilatés au sommet, de manière à former de larges crêtes étoffées. Cette espèce, originaire des Indes orientales, est communément cultivée comme plante d'ornement. Elle comprend plusieurs variétés, qui diffèrent presque spécialement par la couleur de leurs épis. La *C. argentée* (*C. argentea*, Lin.) est annuelle, et se distingue de la précédente par ses fleurs d'un blanc argenté, et disposées en épis cylindriques. Elle croît dans les mêmes régions que la célosie à crête. Caractères du genre : calice, 5 sépales, étalés, glabres ; 5 étamines soudées en cupule par leur base ; ovaire à une seule loge, contenant plusieurs ovules ; fruit utriculaire s'ouvrant circulairement. G—s.

CELSIE (Botanique), *Celsia*, Lin., dédiée par Linné à son ami Olaus Celsius, naturaliste suédois, professeur à Upsal. — Genre de plantes de la famille des *Scrophularinées*, tribu des *Verbascées*. Il comprend généralement des herbes exotiques, à corolle plane, rotacée ou concave, à lobes un peu inégaux ; 5 étamines, dont une stérile ; style dilaté, comprimé au sommet. La *C. à feuilles de bétoine* (*C. betonicæfolia*, Desf.) est une herbe bisannuelle, qui croît en Algérie ; ses fleurs sont jaune orange. La *C. à longs pédoncules* (*C. arcturus*, Murs.), *queue d'ours* ; allusion faite à la grappe allongée de cette plante, est originaire de Crète.

CELTIDÉES (Botanique). — Voyez ULMACÉES.

CELTIS, Tourn. (Botanique). — Nom scientifique du *Micocoulier*.

CÉMENT (Chimie, Métallurgie). — En chimie et métallurgie, on appelle ainsi toute substance dont on enveloppe un corps métallique avant de le soumettre au feu, soit pour en changer la composition, soit pour en modifier la surface. La nature des céments varie selon le but que l'on veut atteindre. Le cément employé à transformer le fer en acier est composé principalement de matières charbonneuses ; dans celui que l'on emploie pour bronzer le cuivre, on fait entrer du vert-de-gris, du sel ammoniac et du vinaigre. On le compose de brique en poudre fine, de nitre, de sulfate de fer calciné, et d'un peu d'eau pour aviver le ton des objets formés d'un alliage d'or et d'argent ou de cuivre, etc. Voyez les diverses opérations de cémentation à chaque métal où on en fait usage.

CÉMENTATION. — Traitement d'un métal par un *cément* ; ce mot se dit particulièrement de la transformation du fer en acier (voyez ACIER, ACIER DE CÉMENTATION).

CENDRES (Chimie). — Résidu pulvérulent de la combustion des substances combustibles. La composition des cendres est variable, suivant la nature et l'origine des corps d'où elles proviennent ; celles des végétaux contiennent de la silice, de l'alumine, des sels de chaux, de fer, et surtout de potasse et de soude, la potasse, dominant dans les plantes terrestres, et la soude dans les plantes marines. C'est sur l'existence de ces alcalis dans les cendres de bois, qu'est fondé l'usage de celles-ci dans les lessives. Les cendres ont une grande importance dans l'agriculture ; outre qu'on en tire un excellent parti comme amendement, leur analyse fait connaître la nature des substances minérales qui interviennent dans la constitution des végétaux, et sans lesquelles ceux-ci ne pourraient prospérer, et sert de guide dans le choix des matières qu'il est nécessaire d'introduire dans le sol quand elles ne s'y trouvent pas naturellement en quantité suffisante. Nous donnons ici le tableau des quantités de cendres fournies par les divers combustibles, en ajoutant que, pour les charbons fossiles, ces quantités peuvent augmenter considérablement, suivant le point de la veine où le combustible a été pris.

Quantités de cendres fournies par la combustion de 100 parties des divers combustibles.

Combustibles des terrains de transition.

Anthracites	0,94	4,67
Houilles grasses dures	1,41	2,06
Houilles grasses maréchales	1,40	1,78
Houilles grasses à longue flam.	0,24	3,68
Houilles sèches à longue flam.	2,28	»

Combustibles des terrains secondaires.

Anthracites	4,57	26,47
Houilles	1,00	19,20
Jaïet	0,89	4,08

Combustibles des terrains tertiaires.

Lignites parfaits	1,77	13,43
Lignites imparfaits	2,19	9,02
Lignites passant au bitume	3,94	4,96
Asphalte	2,80	»

Combustibles de formation contemporaine.

Tourbes	4,61	5,38
Bois	2,04	»

CENDRES BLEUES. — Couleur d'un beau bleu, employée dans la peinture, et surtout dans la fabrication des papiers peints. Il en existe de naturelles et d'artificielles.

Cendre bleue naturelle. — S'obtient par la pulvérisation du *bleu de montagne*, carbonate tribasique hydraté de cuivre, que l'on rencontre dans la nature sous forme de beaux cristaux bleus. Quoique la nuance de cette couleur soit agréable et bien fixe, on l'a généralement remplacée par une autre couleur plus éclatante, mais malheureusement très-peu stable, appelée *cendre bleue artificielle* (voyez BLEU DE MONTAGNE).

Cendre bleue artificielle (hydrate d'oxyde de cuivre, mêlé à de la chaux). — La fabrication de ce produit est délicate, et ne réussit bien qu'entre les mains d'ouvriers très-exercés.

Pour préparer les cendres bleues en pâte, on introduit dans un tonneau défoncé par un bout, 60 litres d'une dissolution de sulfate de cuivre marquant 35° à l'aréomètre de Baumé; on y ajoute 40 litres d'une dissolution bouillante de chlorure de calcium marquant 40° au même aréomètre. On brasse le mélange, et on l'abandonne douze heures à lui-même. Une réaction a lieu entre les deux liqueurs; il se forme du sulfate de chaux qui se précipite, et du chlorure de cuivre qui colore la liqueur en vert. On décante celle-ci, on la filtre, on lave le dépôt, et on ajoute à la première la liqueur filtrée provenant de ce lavage. On obtient ainsi 170 litres de *liqueur verte à 2° Baumé.*

D'un autre côté, on prend 25 kil. de chaux, que l'on délaye dans 75 kil. d'eau; on passe la bouillie sur un tamis en cuivre, et on en prend 18 à 20 kil. que l'on verse dans la liqueur verte. On agite fortement et on laisse déposer. Une nouvelle réaction a lieu; du chlorure de calcium se reforme et reste dissous, tandis que de l'oxyde de cuivre hydraté se produit et se dépose. Ce dépôt, ou *pâte verte,* lavé par décantation, est versé dans un baquet et mêlé avec de la chaux, de l'eau, et une dissolution de potasse perlasse du commerce marquant 15° Baumé, dans la proportion de 1 kil. de chaux, 20 kil. d'eau, et 0ᵏ,7 d'eau de potasse pour 27 kil. de pâte sèche. On agite et on broie rapidement dans un moulin à couleurs, la promptitude de cette opération influant beaucoup sur la qualité du produit.

La pâte, broyée, est introduite dans une bouteille avec 500 grammes de sulfate de cuivre et 250 grammes de sel ammoniac ou chlorhydrate d'ammoniaque dissous dans 8 litres d'eau; on bouche, on secoue fortement, et on laisse déposer. On achève la réaction dans une futaille défoncée par un bout; on décante le liquide surnageant, on lave ce dépôt bleu, on le fait égoutter sur des filtres, et on le vend tout humide aux fabricants de papiers peints.

Les *cendres bleues en pierre* s'obtiennent par la dessiccation de la pâte précédente à l'ombre et à une faible chaleur.

CENDRE GRAVELÉE. — Voyez POTASSE.

CENDRES VOLCANIQUES (Géologie). — Ce sont des matières pulvérulentes, des poussières incandescentes que rejettent les volcans dans certaines circonstances; elles sont ordinairement précédées par des torrents de fumée et forment une pluie tellement épaisse, qu'elle dérobe la clarté du jour, quelquefois pendant des semaines. Ces cendres peuvent être très-abondantes, et dans l'éruption du Vésuve de 1794, elles couvrirent la terre d'une couche de plus de 0ᵐ,35 d'épaisseur. En 1787, l'Etna avait vomi une telle quantité de cendres et de sables, qu'il y en avait une couche de 0ᵐ,08 à la distance de 4 lieues. A ces cendres se joignent plus ou moins promptement les pierres poreuses, également incandescentes, nommées *rapilli* ou *lapilli, ponces* et *pouzzolanes.* La quantité de ces divers produits d'une éruption dépasse tout ce que l'imagination pourrait concevoir. Le 29 août 79 de notre ère, la ville de Pompeia, près du Vésuve, fut ensevelie sous une pluie de cendres et de pierres. (Voyez *Dict. d'histoire, de biograph.,* par *Dezobry et Bachelet,* art. POMPEIA.) Les vapeurs ou fumées et les cendres sont emportées par les vents, souvent jusqu'à 200 et même 800 kilomètres. Au dire de Procope, lors de l'éruption de 452, les nuages de cendres du Vésuve furent poussés jusqu'à Constantinople; en 1794, elles se répandirent jusqu'au fond de la Calabre. En 1811, les cendres du volcan de Sumbawa (îles de la Sonde) furent portées à 1160 kilomètres (290 lieues), jusqu'à Amboine et Banda (îles Moluques).

CÉNOBION (Botanique), *cœnobium,* du mot grec *koinobion,* communauté. — Nom donné à un fruit composé de plusieurs péricarpes secs ou succulents, et presque toujours uniloculaires. Le style, au lieu d'être la prolongation de ces péricarpes, paraît naître du centre du réceptacle. Ainsi les Labiées, la bourrache, la buglosse, la vipérine. Mais cette structure du cénobion est celle des akènes; aussi nomme-t-on habituellement ainsi chacun des carpelles de ce fruit. G — s.

CÉNOMYCE (Botanique), *Cenomyce,* Achar., du grec *kenos,* vide, et *mukês,* champignon; allusion faite à l'aspect de ce lichen. — Genre de *Lichens* auquel Acharius réunit les genres *Scyphophorus, Helotium, Cladonia.* Le *C. en forme de boîte* (C. *pyxida,* Achar.; *Lichen pyxidatus,* Lin.) a la forme de petites feuilles légèrement crénelées et imbriquées, desquelles naissent des tiges élevées de quelques millimètres, ayant la forme d'entonnoirs et portant sur leurs bords des tubercules roussâtres. Cette espèce est commune dans les bois, en hiver. Le *C. des rennes* (C. *rangiferina,* Achar.; *C. rangiferina,* de Cand.) a les frondes droites, rameuses, molles, quand elles sont fraîches; fragiles, cassantes, lorsqu'elles sont sèches; hautes de 0ᵐ,05 à 0ᵐ,06; elles offrent à l'aisselle des rameaux, des ouvertures, et sont blanchâtres farineuses. Les fructifications situées à l'extrémité de ces frondes se présentent sous la forme globuleuse, colorées d'un brun roux. On rencontre cette espèce par larges touffes sur la terre, au milieu des mousses. Mais elle est surtout extrêmement abondante dans les pays du Nord, où elle fait la nourriture presque exclusive des rennes. On en a même fait parfois du pain en temps de disette, entre autres exemples, lors de la disette de 1816-1817, à Genève.

CENTAURÉE (Botanique), *Centaurea,* Lin. Selon Pline, ce nom viendrait du centaure Chiron, qui se servit d'une espèce de ce genre pour se guérir d'une blessure qui lui avait été faite au pied par une flèche d'Hercule. — Genre de plantes de la famille des *Composées,* tribu des *Cynarées,* type de la sous-tribu des *Centaurées.* Ce sont des herbes vivaces ou annuelles, à feuilles tantôt simples, tantôt ailées; fleurs de la circonférence plus grandes que celles du disque, stériles, rayonnantes; akènes surmontés d'une aigrette courte, à soies rudes, ou à paillettes oblongues, distinctes. Ce genre est très-nombreux en espèces et ne fournit que peu de plantes pour l'ornement. La *C. musquée* (C. *moschata,* Lin.; *Amberboa moschata,* de Cand.) est une herbe annuelle, originaire de l'Orient. On la nomme quelquefois *Amberette.* Ses capitules sont amples et pourpres. Cette plante répand une agréable odeur qui rappelle celle de l'ambre et qui lui a valu son nom. La *Grande centaurée* (C. *centaurium,* Lin.) est vivace. Ses tiges s'élèvent souvent à plus d'un mètre. Elle donne de grandes fleurs jaunes, d'un joli effet, et se trouve dans les endroits montueux du Piémont, de l'Italie, dans les Alpes. Cette plante a des propriétés amères. La *C. jacée* (C. *jacea,* Lin., de *jacere,* être couché) est indigène et vivace. Elle se distingue par les folioles de son involucre, brusquement terminées par un appendice scarieux, lacéré

Fig. 466. — Centaurée jacée.

ou cilié, et croît de préférence dans les terrains incultes et les prés secs. Elle fleurit tout l'été et est bonne dans les pâturages pour être mangée tendre par les bestiaux; mais trop dure pour être mêlée avec avantage au foin. Elle fournit, comme la *sarrette,* une belle teinture jaune. Ses fleurs sont purpurines comme celles de la *C. noire* (C. *nigra,* Lin.), espèce qui n'est souvent considérée que comme une de ses variétés, se distinguant par des fleurons tous égaux et hermaphrodites. La *C. bleue* vulgairement *Bleuet* (voyez ce mot). La *C. des montagnes* (*C. montana*. Lin.), *Barbeau des montagnes*, est une très-belle espèce spontanée dans l'Auvergne, le Dauphiné, la Suisse, et souvent cultivée pour l'ornement; ses capitules ont les fleurons de la circonférence d'un beau bleu, et ceux du disque un peu plus pourprés. On obtient, par la culture de cette plante, des fleurs toutes pourprées, ou des fleurs jaunes à la circonférence et fauves au disque; dans une autre sous-variété, elles sont blanches. La *C. chausse-trappe* (*C. calcitrapa*, Lin.; *Calcitrapa stellata*, Lamk), appelée aussi *Chardon étoilé*, à cause de la disposition en étoiles des épines de son involucre, est une herbe très-commune dans les lieux stériles et pierreux de l'Europe tempérée; ses tiges sont diffuses; ses feuilles sessiles, pennatilobées, molles, et ses fleurs pourpres. Cette espèce passait pour diurétique et fébrifuge. Malgré sa saveur amère, les Arabes en mangent les jeunes pousses. Elle entrait chez les Juifs dans l'assaisonnement de l'agneau pascal.— *Petite Centaurée*, voyez ÉRYTHRÉE.   G—s.

CENTAURELLE (Botanique), *Centaurella*, Michaux, diminutif de centaurée. — Genre de plantes de la famille des *Gentianées*, tribu des *Chironiées*, aujourd'hui fondu dans plusieurs genres de cette famille.   G—s.

CENTÉSIMALE. — Division en centièmes ou ayant pour base le nombre 100. Se dit surtout de la division du quart de cercle en 100 parties égales proposée pendant la révolution, adoptée pendant quelque temps en France, puis abandonnée pour la division antérieure du quart de cercle en 90°.

CENTI (Arithmétique). — Mot employé dans le système métrique; placé devant le nom d'une des unités principales, il indique un sous-multiple cent fois plus petit. Ainsi, *centilitre* indique $\frac{1}{100}$ de litre, *centimètre*. $\frac{1}{100}$ de mètre, *centiare*, $\frac{1}{100}$ d'are, etc. (voyez l'article POIDS ET MESURES).

CENTIGRADE. — Division *centigrade*, division en 100°. Le *thermomètre centigrade*, ou à échelle ou division centigrade, est un thermomètre sur lequel on a marqué 100 au point où il s'arrête, lorsqu'il est plongé dans de la vapeur d'eau bouillante sous la pression barométrique ordinaire 0ᵐ,76, tandis que dans le thermomètre dit de Réaumur, ce degré de chaleur est marqué 80 (voyez THERMOMÈTRE).

CENTIME. — Centième partie du franc. Les pièces de 1 centime, faites avec l'alliage constitutif de la monnaie de cuivre, pèsent 1 gramme.

CENTRANTHE (Botanique), *Centranthus*, de Cand., du grec *kentron*, éperon, et *anthos*, fleur, parce que les fleurs ont de grands éperons à la base. — Genre de plantes de la famille des *Valérianées*. Il faisait autrefois partie du genre *Valeriana* de Linné. Caractères : calice à limbe d'abord roulé en dedans, puis, après la floraison, se développant en une aigrette plumeuse caduque; corolle munie d'un éperon à la base et divisée en 5 lobes irréguliers; une étamine; fruit indéhiscent à une loge et à une graine. Le *C. rouge* (*C. ruber*, de Cand.; *Valeriana rubra*, Lin.), appelé vulgairement *Valériane rouge*, *Behen rouge*, *Barbe de Jupiter*, est une herbe indigène qui s'élève à 0ᵐ,50 environ. Ses feuilles sont ovales, lancéolées. Ses fleurs sont rouges ou blanches, ou rouge très-foncé dans deux variétés. Sa racine est odorante et possède à peu près les mêmes propriétés que celle de la *Valériane officinale* (voyez ce mot). On cultive aussi dans les jardins le *C. à feuilles étroites* (*C. angustifolium*, de Cand.), plante vivace également de France, et dont l'éperon est de la longueur de l'ovaire; le *C. chausse-trappe* (*C. calcitrapa*, Dufr.) à éperon très-court. Enfin, on a introduit depuis peu dans les jardins une jolie espèce originaire d'Espagne, le *C. macrosiphon*, Boiss., dont les tiges sont fistuleuses et les fleurs disposées en corymbes denses.   G—s.

CENTRE ÉPIGASTRIQUE (Anatomie). — On donne généralement ce nom aux ganglions et aux plexus nerveux formés par le grand sympathique et le nerf pneumo-gastrique autour du tronc céliaque, au-devant des piliers du diaphragme, dans la partie la plus profonde de l'épigastre.

CENTRE NERVEUX (Anatomie). — On appelle ainsi les organes où les nerfs prennent leur origine; ainsi l'encéphale, la moelle épinière et les ganglions du grand sympathique, sont les centres nerveux qui donnent naissance à tous les nerfs (voyez CÉRÉBRO-SPINAL, SYMPATHIQUE (grand)).

CENTRE PHRÉNIQUE (Anatomie). — C'est le centre tendineux du diaphragme ou l'aponévrose trilobée qui occupe la partie postérieure et moyenne de ce muscle.

CENTRE (Géométrie). — Le centre d'une courbe est un point tel que, pour un rayon mené de ce point à la courbe, il en existe un autre qui lui est égal et directement opposé; en sorte que tous les points sont deux à deux symétriquement placés par rapport au centre. Le caractère analytique d'une courbe qui possède un centre, c'est que si l'on y porte l'origine des coordonnées, l'équation étant satisfaite par $x=a$, $y=b$, devra l'être aussi par $x=-a$, $y=-b$. En d'autres termes, si l'on change dans l'équation x en $-x$ et y en $-y$, elle devra conserver les mêmes solutions. Or, pour cela il faut, si elle est algébrique, que ses termes soient tous de degré pair, ou bien tous de degré impair et sans terme connu; dans ce dernier cas, le centre est sur la courbe. Cette dénomination de centre est empruntée à la théorie du cercle dans lequel tous les rayons sont égaux. Il n'en est pas toujours ainsi. Dans une ellipse, par exemple, il y a un centre, mais les rayons qui en émanent n'ont pas tous la même longueur; toutefois deux rayons opposés sont toujours égaux (voyez ELLIPSE, HYPERBOLE).   E. R.

CENTRE DE GRAVITÉ (Physique et Mécanique). — On désigne ainsi dans les corps un point tel que l'action de la pesanteur est exactement la même que si toute la matière y était condensée. Ce point, qui n'est d'ailleurs qu'une conception abstraite, peut se trouver dans l'intérieur du corps; il peut aussi se trouver en dehors, ainsi que cela arrive pour un anneau, un cylindre creux, etc.

Tout corps est formé par la juxtaposition de particules dont chacune est pesante. La somme des poids de toutes ces particules, ou ce qu'on appelle leur *résultante*, constitue le poids du corps. Or, cette résultante, qui à elle seule produirait le même effet que tous les poids élémentaires réunis, passe constamment par le centre de gravité du corps, quelle que soit la position de ce dernier. Aussi, toutes les fois que le centre de gravité d'un corps est fixé ou soutenu, ce corps est il en équilibre, s'il n'est soumis qu'à l'action de la pesanteur.

Dans un corps homogène ou dont toutes les parties sont de même nature, le centre de gravité coïncide avec le centre de figure : il est au centre d'une sphère ou d'un cube, sur le milieu de l'axe d'un cylindre ou d'un prisme, etc. Dans tous les cas, on peut le déterminer expérimentalement en se fondant sur ce principe qui vient d'être rappelé que toutes les fois qu'un corps est en équilibre sous l'action de la pesanteur, c'est que son centre de gravité est soutenu. Ainsi, par exemple, si l'on suspend un corps par un point de sa surface (*fig.* 467), il prend une position d'équilibre pour laquelle le centre de gravité est soutenu ; par conséquent, si l'on prolonge dans l'intérieur du corps la direction du fil de suspension suivant la ligne AB, cette ligne contiendra le centre de gravité ; en répétant l'expérience pour un autre point de la surface du corps (*fig.* 468), on obtiendra une nouvelle ligne CD devant aussi contenir le centre de gravité, et par suite ce dernier se trouvera à leur point d'intersection G. C'est par ce procédé plus ou moins modifié, que dans les arts

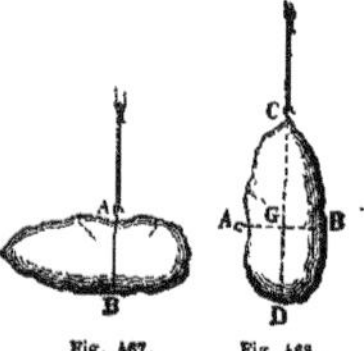
Fig. 467.   Fig. 468.
Détermination du centre de gravité.

on cherche le centre de gravité des pièces qui doivent être assemblées pour former un appareil quelconque. Veut-on savoir par exemple où se trouve le centre de gravité d'une canne cylindrique terminée par une masse de densité dif-

Fig. 469. — Détermination du centre de gravité.

férente : on la posera sur une arête vive (*fig.* 469), et on la fera glisser jusqu'à ce que l'équilibre ait lieu; le centre de gravité est nécessairement au point de l'axe qui correspond au point d'appui. Dans chaque cas particulier on recherchera d'ailleurs le mode d'équilibre le plus propre à l'application de la méthode.

La connaissance du centre de gravité des corps est extrêmement importante dans l'étude du mouvement et de l'équilibre des corps pesants ; elle simplifie notablement toutes les questions qui s'y rapportent, puisqu'elle permet de concentrer tout le corps par la pensée dans un point unique exclusivement soumis à l'action de la pesanteur (voyez ÉQUILIBRE).

Au point de vue de la mécanique générale, le centre de gravité jouit de plusieurs propriétés importantes, parmi lesquelles nous mentionnerons seulement la suivante. Le mouvement du centre de gravité d'un corps ou d'un système de corps ne peut éprouver aucune modification par suite des actions mutuelles des diverses parties du corps ou du système : ce principe important porte le nom de *Conservation du mouvement du centre de gravité* (voyez INERTIE, ACTION ET RÉACTION).

CENTRIFUGE (FORCE) (Physique et Mécanique). — Nom donné à la tendance qu'ont les corps qui se meuvent suivant une ligne courbe, à quitter cette courbe. Cette expression a pour origine une *interprétation défectueuse* des phénomènes qui accompagnent le mouvement de rotation ; en réalité, la force centrifuge est purement fictive, elle est un simple effet de l'inertie des corps. En effet, en vertu de cette inertie, un corps libre dans l'espace et soustrait à l'influence de toute force ne pourrait s'y mouvoir qu'en ligne droite ; toutes les fois que son mouvement s'infléchit d'une manière quelconque, on peut affirmer qu'une force dirigée vers le centre de la courbe agit sur le corps. Cette force est la force *centripète*. Quand nous faisons tourner une fronde, c'est la résistance du cordon et de la main qui retient la pierre dans le cercle qu'elle décrit ; c'est l'attraction du soleil sur la terre, de la terre sur la lune, qui maintient la terre et la lune dans leurs orbites. Que le cordon casse ou que l'attraction cesse tout à coup, la pierre, la lune et la terre prendront la tangente à la courbe qu'elles décrivaient et continueront leur route en ligne droite. Mais si la main tire sur le cordon de la fronde, le cordon tire sur notre main ; il n'y a pas d'action sans une réaction égale et contraire. Cette réaction, due à l'action de la force centripète, est précisément la *force centrifuge*. La force centrifuge n'a donc pas d'existence propre ; elle naît et disparaît avec la force centripète. Son introduction dans le langage est cependant consacrée par l'habitude ; elle est commode et doit être conservée avec les restrictions citées plus haut. Ce sera donc la force centrifuge qui diminue la pesanteur vers l'équateur ; c'est elle qui force les chevaux de cirque à s'incliner fortement vers le centre du cercle qu'ils parcourent, qui oblige dans les courbes des chemins de fer à tenir le rail extérieur plus élevé que l'intérieur ; c'est elle qui donne l'impulsion à l'air dans le *turare* et les ventilateurs du même ordre, et qui produit l'égouttement rapide des tissus dans les nouvelles *machines à sécher* ou *essoreuses*, dites à force centrifuge. Dans les ateliers où des meules de grès sont animées d'un mouvement de rotation très-rapide, il arrive quelquefois qu'une meule se brise en éclats par l'effort de la force centrifuge qui anime toutes ses parties, et que les fragments en sont lancés avec violence à de grandes distances.

Sur un cercle, la force centrifuge croît proportionnellement au carré de la vitesse du mobile et en raison inverse du rayon du cercle. Il en est ainsi des objets situés à la surface de la terre dans le mouvement de rotation diurne de cette planète. Mais si l'on veut comparer les intensités de cette force centrifuge sur les divers points d'une sphère tournant autour de son axe, on trouve qu'elle varie proportionnellement au rayon du cercle décrit par chaque point et en raison inverse du carré du temps que dure chaque révolution. A l'équateur, la force centrifuge est égale à la 289ᵉ partie de la pesanteur ; comme 289 est le carré de 17, on en conclut que si la terre tournait 17 fois plus vite, la pesanteur des corps serait nulle à l'équateur. Pour les autres points, la force centrifuge varie comme le carré du *cosinus de leur latitude*.

Notre gravure 470 est la représentation d'un appareil généralement employé dans les cours de physique pour montrer les effets de la force centrifuge. Il se compose de deux cercles de ressort d'acier, que l'on peut faire tourner rapidement autour d'un axe vertical qui passe par leur centre. A mesure que la rotation s'accélère, les ressorts s'aplatissent pour s'allonger dans le sens perpendiculaire à l'axe, de manière à simuler le renflement produit par la même cause à l'équateur terrestre.

Une application curieuse de la force centrifuge a été faite par M. Clavières dans son chemin de fer aérien : deux barres de fer disposées parallèlement forment d'abord un plan incliné, puis elles se recourbent en forme d'anneau pour se terminer par un second plan incliné,

opposé au premier et plus court. Un chariot monté par une personne et placé au sommet du premier plan in-

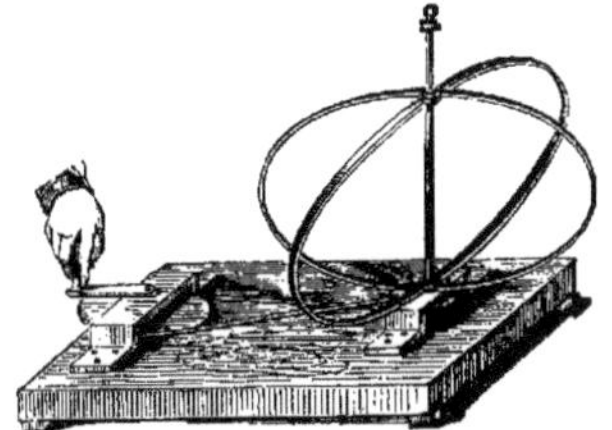

Fig. 470. — Aplatissement d'une sphère produit par la rotation.

cliné descend rapidement, fait le tour de l'anneau et remonte le second plan incliné où il s'arrête. L'expérimentateur a donc un instant la tête en bas et ressent dans cet exercice une indéfinissable impression.

CENTRISQUE (Zoologie), *Centriscus*, Lin., du grec *kentris*, aiguillon. — Genre de *Poissons acanthoptérygiens*, famille des *Bouches en flûte* ; avec le museau tubuleux de cette famille, ils ont un corps non allongé, mais ovale ou oblong, comprimé par les côtés et tranchant en dessous ; première nageoire dorsale fort en arrière, ayant une première épine longue et forte (d'où vient son nom), supportée par un appareil qui tient à l'épaule. Le *C. bécasse de mer* (*C. scolopax*, Lin.), dont le dos est garni de petites écailles, abonde dans la Méditerranée ; sa chair est tendre, mais on en fait peu de cas à cause de sa petite taille ; il n'a pas plus de 0ᵐ,08 à 0ᵐ,10.

CENTRONOTE (Zoologie), *Centronotus*, Lacép. — Genre de *Poissons acanthoptérygiens scombéroïdes*, qui se distingue par une seule nageoire du dos, précédée d'aiguillons (en grec *kentron*), quatre rayons au moins aux ventrales. Ce sont, au rapport de Risso, les poissons les plus féconds des côtes de la Méditerranée. Lacépède les divise en quatre sous-genres : 1° Les *Pilotes*, qui ont le corps en fuseau, une carène aux côtés de la queue ; l'espèce commune, le *Fanfre des Provençaux*, *P. conducteur* (*Scomber ductor*, Blainv.), est bleu ; on l'appelle *Pilote*, parce qu'il suit les vaisseaux pour s'emparer de ce qui en tombe, et, comme c'est aussi l'habitude du requin, quelques voyageurs ont pensé que ce poisson lui sert de guide (0ᵐ,30 de long). 2° Les *Élacates*, qui ont la tête aplatie et pas de carène à la queue. 3° Les *Liches* (*Lichia*, Cuv.), le corps comprimé, la queue sans carène ; on en trouve trois espèces dans la Méditerranée : la *Liche propre* ou *Vadigo* (*Scomber amia*, Lin.) atteint plus de 1ᵐ,30, et pèse jusqu'à 50 kil. La *Liche sinueuse* (*L. sinuosa*, Cuv.), bleue sur le dos, argentée au ventre. 4° Les *Trachinotes*, Lacép., diffèrent peu des liches.

CENTROPOGON, Presl. (Botanique), du grec *kentron*, aiguillon, et *pôgôn*, barbe, à cause des aiguillons et des faisceaux de poils qui accompagnent les anthères inférieures à leur sommet. — Genre de plantes de la famille des *Lobéliacées*, tribu des *Délissées*. Le *C. de Surinam* (*C. Surinamensis*, Presl.; *Lobelia Surinamensis*, Lin.) est un élégant sous-arbrisseau, glabre, dont les feuilles elliptiques sont dentelées, calleuses. Ses fleurs sont accompagnées de 2 bractées, et présentent une corolle arquée un peu ventrue au sommet ; son fruit est une baie globuleuse. Cette plante se cultive en serre chaude, où ses fleurs, d'un jaune ocre, sont d'un joli effet.

CENTROPOME (Zoologie), *Centropomus*, Lacép. — Genre de *Poissons acanthoptérygiens percoïdes* ; ils ont le préopercule denté, mais leur opercule est obtus et sans armure. Des dents en velours sur les mâchoires et le palais. On n'en connaît qu'une espèce, le *C. brochet de mer* (*C. undecimalis*, Cuv. ; *Sciæna undecimalis*, de Blainv.), grand et bon poisson connu dans toute l'Amérique chaude sous le nom de *brochet*, parce qu'il a le museau déprimé comme notre brochet ; il est argenté, teint de verdâtre. « Lacépède, dit M. Valenciennes, avait réuni dans ce genre un grand nombre de percoïdes qui étaient loin d'avoir tous les caractères génériques assignés à ce genre. » Aussi Cuvier n'y a-t-il laissé que la seule espèce citée plus haut.

CENTROTE (Zoologie), *Centrotus*, Fab. — Sous-genre

d'*Insectes hémiptères*, famille des *Cicadaires*, genre des *Cicadelles*; elles ont l'écusson découvert, du moins en partie, les élytres libres, n'étant point engagées sous le prothorax. Ces insectes ont la faculté de sauter à l'aide de leurs pattes postérieures; ils vivent sur les plantes, dans les endroits humides. Le *C. petit diable* (*Cicada cornuta*, Lin.), long de 0ᵐ,009, est le type du genre; on le trouve aux environs de Paris, dans les bois, sur les fougères et d'autres plantes. Il a une corne de chaque côté du corselet, qui est prolongé postérieurement en une pointe de la longueur de l'abdomen.

CENURE (Zoologie). — Voyez VERS, TOURNIS.

CEP, CÉPAGE (Agriculture). — Voyez VIGNE.

CEPE ou CEPS (Botanique), du latin *cæpe*, ognon. — Espèce de *Champignon* du genre *Bolet*.

CÉPÉE (Sylviculture). — On donne ce nom aux repousses d'un arbre dont le tronc a été coupé ras terre, comme on le voit dans les peupliers, les saules, etc. A mesure que ces pousses grandissent, on en retranche la plus grande partie pour n'en laisser que quelques-unes des plus belles.

CÉPHAELIS (Botanique), *Cephaelis*, Swartz, du grec *képhalé*, tête; allusion faite aux petits bouquets arrondis en tête que forment les fleurs de ce genre par leur réunion. — Genre de plantes de la famille des *Rubiacées*, tribu des *Cofféacées*. Il comprend des arbrisseaux de l'Amérique méridionale. Caractères : feuilles opposées, fleurs en capitules, accompagnées de bractéoles et entourées d'un involucre; calice à 5 dents; corolle presque infundibuliforme; étamines à filets très-courts; baie ovale, couronnée par les restes du calice, à loges contenant chacune une graine. Les quelques espèces que renferme ce genre, se cultivent dans les serres. On distingue le *C. violet* (*C. violacea*, Willd.), qui vient spontanément dans la Guyane française, et le *C. pourpre* (*C. purpurea*, Willd.), qui croît dans les îles de la Trinité. Le *C. ipécacuanha*, Willd., est un arbrisseau du Brésil et de la Nouvelle-Grenade. Sa racine, qui est un puissant émétique, est connue dans les pharmacies sous le nom d'*ipécacuanha gris*. Sur 100 parties de cette racine, on extrait 16 parties du principe appelé *émétine* (voyez IPÉCACUANHA).

                         G—s.

* CÉPHALACANTHE (Zoologie), du grec *képhalé*, tête, et *acantha*, épine. — Genre de *Poissons acanthoptérygiens*, famille des *Joues cuirrasées*, établi par Lacépède pour désigner un poisson qui ressemble beaucoup à un *Dactyloptère*, ou poisson volant, moins les nageoires surnuméraires ou les ailes; le derrière de la tête est garni de chaque côté de deux piquants dentelés et très-longs, d'où vient leur nom. Le *C. spinarelle* (*Gasterosteus spinarella*, Lin.) est la seule espèce connue; c'est un très-petit poisson de Surinam.

CÉPHALALGIE (Médecine), du grec *képhalé*, tête, et *algeô*, je souffre. C'est donc une douleur de tête. — La céphalalgie varie dans sa durée, dans son intensité, suivant les parties qu'elle affecte; ainsi, elle prend le nom de *céphalée* (voyez ce mot), lorsqu'elle est chronique, qu'elle revient plus ou moins périodiquement, et qu'elle est intense; on l'appelle *carebaria*, de *karé*, tête, et *barus*, pesant, lorsqu'elle est caractérisée par la pesanteur de tête. Le *clou hystérique* est une céphalalgie qui se rencontre chez les femmes hystériques, et qui n'affecte qu'un point de la tête, le sinciput (voyez ce mot), par exemple, comme s'il y avait un clou; enfin, la *migraine* (*hemicrania*) est encore une autre forme de céphalalgie (voyez MIGRAINE). La céphalalgie, du reste, est un symptôme presque constant dans les maladies aiguës.

CÉPHALANTHE (Botanique), *Cephalanthus*, Lin., du grec *képhalé*, tête, et *anthos*, fleur. — Genre de plantes de la famille des *Rubiacées*, tribu des *Céphalanthées*. Il comprend des arbrisseaux à rameaux cylindriques, à fleurs sessiles, disposées en capitule. Caractères : calice à 4 dents; corolle à 5 lobes; étamines à peine saillantes; fruit coriace, conique, renversé, à 2-4 loges, renfermant chacune une graine; graines munies d'un appendice mamelonné. Le *C. d'Occident* (*C. occidentalis*, Lin.), appelé aussi *Bois-bouton*, est un arbrisseau qui s'élève souvent à plus de 2 mètres. Il donne, en août, des fleurs jaunes, sessiles, agglomérées.

CÉPHALARTIQUES (Matière médicale). — On a donné ce nom, autrefois, à des médicaments auxquels on attribuait la propriété de purger la tête, de la débarrasser des humeurs qu'on supposait la tourmenter. Les purgatifs jouaient le plus grand rôle dans cette médication.

CÉPHALÉE (Médecine), du grec *képhalé*, tête. — Espèce de céphalalgie opiniâtre, quelquefois chronique, et affectant un retour périodique, intermittent. Elle survient le plus souvent sans fièvre; la céphalée n'affecte quelquefois qu'un seul côté de la tête, et il faut avouer qu'il est difficile, dans ce cas, de la distinguer de la *migraine* (voyez ce mot).

CÉPHALÉS (Zoologie), du grec *képhalé*, tête. — Ce nom a été donné par Lamarck, dans sa classification des *Mollusques*, aux animaux qui ont une tête plus ou moins distincte, en opposition avec les *Acéphalés* (*Acéphales*, Cuv.), qui en sont privés.

CÉPHALIQUE (Anatomie). — Se dit de ce qui appartient à la tête; ainsi la *veine céphalique* est la grande veine superficielle externe du bras; elle résulte de la réunion de la radiale et de la médiane basilique vers la partie inférieure du bras; elle monte le long du bord externe du biceps, puis dans le sillon de séparation des muscles deltoïdes et grand pectoral et va se jeter dans l'axillaire sous la clavicule. Cette veine est importante pour la *saignée* (voyez ce mot), parce qu'on la choisit parfois pour la pratiquer; les anciens avaient coutume de l'ouvrir dans les affections de la tête, d'où elle a pris son nom. L'*artère céphalique*, ou *tronc céphalique* de Chaussier, est la *carotide primitive* (voyez CAROTIDE).

CÉPHALIQUE (Remède) (Matière médicale). — On appelait ainsi certains médicaments employés dans les affections nerveuses de la tête; c'étaient en général des substances balsamiques, volatiles, aromatiques, etc.

CÉPHALITE (Médecine), du grec *képhalé*, et de la terminaison *ite*, qui désigne l'inflammation : inflammation de la tête en général (voyez ENCÉPHALITE).

CÉPHALOPODES (Zoologie), du grec *képhalé*, tête, et du pluriel *podes*, pieds, c'est-à-dire pieds à la tête. — Classe de *Mollusques* qui contient les animaux les mieux organisés de ce groupe. Ils sont caractérisés par une tête distincte, pourvue de deux grands yeux d'une structure très-analogue à celle des yeux des vertébrés et couronnée, à l'entour de la bouche, de huit ou dix prolongements mous, très-mobiles, nommés *pieds* ou *tentacules*.

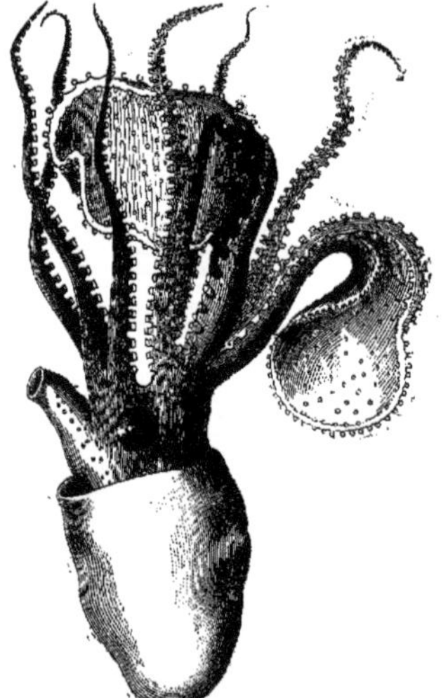

Ces tentacules sont garnis de suçoirs nombreux à l'aide desquels l'animal saisit les objets et s'attache à eux pour se mouvoir. A la suite de la tête vient un corps ramassé en forme de sac, tantôt presque sphérique, tantôt plus ou moins allongé qui renferme tous les viscères. Ce sont tous des animaux marins, et, par conséquent, ils respirent par des branchies. Quelques-uns ont des coquilles très-apparentes ; d'autres n'en ont que des rudiments invisibles. La seule espèce de ce groupe qui puisse être considérée comme utile est la *Seiche officinale* (*Sœpia officinalis*, Cuv.), si commune sur nos côtes et dont la coquille, que l'animal porte cachée sous la peau du dos, est connue dans le commerce sous le nom de *biscuit de mer* (voyez SEICHE). On trouve encore sur les plages de notre pays quelques espèces de *Poulpes* (*Octopus*, Lamk) désignés par les pêcheurs de la Manche sous le nom de *Sarpouilles*, plusieurs espèces de *Calmars* ou *Encornets des pêcheurs* (*Loligo*, Lamk). Les populations pauvres s'en nourrissent parfois. Toutes ces espèces ont près de l'anus une poche où s'accumule un liquide noir connu sous le nom d'*encre de seiche* ou *sépia*. On pense que l'*encre de Chine*, qui nous vient de l'Asie orientale, est faite avec ce liquide. C'est dans la classe des *Céphalopodes* qu'on trouve les plus grands mollusques connus. La classe des *Céphalopodes* avait été divisée par Cuvier en cinq groupes principaux, sous-divisés en un grand nombre de genres ; ces groupes sont : les *Seiches*, les *Nautiles*, les *Bélemnites*, les *Ammonites*, vulgairement *Cornes d'Ammon*, les *Camérines* ou *Nummulites*. M. Milne-Edwards les divise d'abord en deux familles : 1° les *C. dibranchiaux*, qui comprennent du groupe des *Poulpes*, les *Argonautes*, les *Calmars*, les *Calmarets*, les *Onycholeutes* ; 2° les *C. tétrabranchiaux*, dans lesquels on trouve les *Nautiles* et les *Ammonites* (ceux-ci tous fossiles). D'après l'examen qui a été fait des autres à l'état vivant (Nummulites, Camérines), on s'est convaincu qu'ils se rapprochent plus des Polypes (voyez POULPE, KRACKEN, SEICHE).

CÉPHALOPTÈRE (Zoologie), *Cephalopterus*, Et. Geoff., du grec *képhalé*, tête, et *ptéron*, aile, tête ailée, à cause de la grande et magnifique huppe dont sa tête est ornée. — Genre formé par Et. Geoffroy d'*Oiseaux passereaux dentirostres*, du groupe des *Gobe-mouches*, qui se distingue par un bec puissant, allongé, triangulaire, à pointe crochue et dentée, pieds courts assez robustes des oiseaux percheurs. A la base du bec garnie de plumes s'épanouissant à leur partie supérieure et produisant un large panache en forme de parasol. La seule espèce connue, *Cephalopterus ornatus*, Geoff., est de la taille d'un geai, tout le plumage noir, et les plumes du bas de la poitrine lui forment une sorte de fanon pendant. Il habite les bords de l'Amazone.

CÉPHALOPTÈRE (Zoologie), *Cephaloptera*, Dumér. — Genre de *Poissons chondroptérygiens à branchies fixes*, famille des *Sélaciens*, grand genre des *Raies*, caractérisé par le corps déprimé, tête tronquée en avant, bouche transversale, narines situées sous le museau, dents très-menues, queue longue, conique et très-grêle, souvent armée d'un aiguillon. Ce sont des poissons d'une grande taille. On en pêche plusieurs espèces dans la Méditerranée. Le *C. giorna* (*Raia giorna*, Lacép. ; *C. giorna*, Dum.) a au moins 2 mètres de long sur 1^m,50 de large. Le *C. massena* décrit par Risso avait 4 mètres. Le *C. fabronien* (*Raia fabroniana*, Lacép.), pêché près de Livourne et étudié par Fabroni, avait 4 mètres de large et 2 de long.

CÉPHALOTE (Zoologie), du grec *képhalé*, tête, à cause de la grosseur de sa tête. — Petit genre de *Mammifères chéiroptères*, du grand genre des *Chauves-souris*, détaché par Et. Geoffroy du sous-genre des *Roussettes*, dont il le distingue parce que son index manque d'ongle et que les membranes des ailes, au lieu de se joindre au flanc, se réunissent l'une à l'autre au milieu du dos auquel elles adhèrent. La *C. de Péron* (*C. Peronii*, Geoff.) est brune ou rousse. Elle a 0,65 d'envergure. De Timor.

CÉPHALOTE (Zoologie), *Cephalotes*, Bon. — Sous-genre d'*Insectes coléoptères carnassiers* de la nombreuse tribu des *Carabiques*, section des *Simplicimanes*. Le *C. vulgaire* (*Carabus cephalotes*, Lin.) est une espèce de moyenne taille, toute noire, qui se trouve communément sous les pierres dans toute l'Europe.

CEPS (Botanique). — Voyez BOLET.

CÉRAISTE (Botanique), *Cerastium*, Lin., du grec *keras*, corne. Les capsules de ces plantes sont allongées et ressemblent en petit, jusqu'à un certain point, à une corne de bœuf. — Genre de plantes de la famille des *Caryophyllées*, tribu des *Alsinées*. Caractères : 5 sépales ; 5 pétales bifides ; 10 étamines ; 5 styles ; capsule à une loge cylindrique ou globuleuse, s'ouvrant au sommet en dix dents. Les céraistes sont des plantes herbacées, assez nombreuses en espèces. Plusieurs sont indigènes, et leurs caractères très-peu tranchés établissent souvent la confusion dans leur détermination. Quelques-unes méritent d'être cultivées dans les jardins. Ce sont : le *C. campa-*

mulé (*C. campanulatum*, Viviani), plante velue donnant des fleurs blanches campanulées, et recueillie dans les environs de Rome ; le *C. tomenteux* (*C. tomentosum*,

Fig. 472. — Céraiste à grandes fleurs.

Lin.), désigné vulgairement sous les noms de *Myosotis des jardins*, *Oreille de souris* (ce qui est la traduction française du mot *myosotis*) et *Argentine* ; c'est une plante généralement recouverte de poils courts ; le *C. à grandes fleurs* (*C. grandiflorum*, Wallds. et Kit.) donne aussi des fleurs blanches d'un assez joli effet dans les bordures.

CÉRAMBYCINS (Zoologie), *Cerambycini*, Cuv.—Tribu d'*Insectes coléoptères tétramères*, famille des *Longicornes*, caractérisée par un labre très-apparent ; les mandibules de grandeur ordinaire ; les yeux toujours échancrés et entourant du moins en partie la base des antennes, qui sont ordinairement de la longueur du corps ou plus longues, les cuisses en massue ; la tête avancée ou penchée, mais pas entièrement verticale. Latreille (*Règne animal*) a divisé cette tribu en un assez grand nombre de genres et de sous-genres augmenté encore beaucoup par les travaux de Serville. Plusieurs de ces insectes se font remarquer par leur couleur et leur odeur agréables ; tel est le *Callichrôme musqué* (*Cerambyx moschatus*, Lin.), long d'environ 0^m,025, entièrement vert ou d'un bleu foncé et un peu doré dans quelques individus. Il répand une forte odeur de rose. On le trouve sur les saules.

CÉRAMBYX (Zoologie), *Cerambyx*, Lin. — Nom scientifique du genre *Capricorne*.

CÉRAMIAIRES ou CÉRAMIÉES (Botanique). — Tribu de la famille des *Floridées*, classe des *Algues*, caractérisée ainsi par Agardh : fronde tubuleuse, articulée, rarement celluleuse et continue ; fructification double ; conceptacles nus ou involucrés, renfermant de nombreuses spores dans un périspore hyalin, souvent mucilagineux ; se rompant irrégulièrement à la maturité ; consultez les trois mémoires de M. Duby, insérés dans les *Mémoires de la Société d'histoire naturelle de Genève*, et le travail de M. Agardh, intitulé *Algæ Medit. et Adriat.*, p. 89. Le genre type de ce groupe est le *Ceramium* (du grec *keramion*, vase en terre).

CÉRAMIQUE (Chimie industrielle). — Voy. POTERIES.

CÉRAPTÈRES (Zoologie), *Cerapterus*, Swed. — Sous-genre d'*Insectes coléoptères tétramères*, de la famille des *Xylophages*, genre *Paussus*, établi par Sweder, sur une espèce de la Nouvelle-Hollande. Cet insecte est parfaitement brun. Son corps est de forme carrée, longue et déprimée, les antennes sont composées de dix articles et entièrement perfoliées. Il paraît se rapprocher des paussus quant à la forme du corps.

CÉRASINE (C^{12}H^{10}O^{10},HO). — Gomme provenant des exsudations de quelques arbres fruitiers indigènes, pruniers, cerisiers, amandiers. Le produit gommeux obtenu dans ce cas renferme un peu d'*arabine* mélangée à la *cérasine* ; l'eau froide dissout l'arabine et gonfle seulement la cérasine ; cette dernière, desséchée, constitue une matière transparente, facilement pulvérisable ; ce qui la distingue nettement de la *bassorine*. Comme la bassorine, la cérasine éprouve par l'eau bouillante une transformation isomérique et se convertit en arabine. — Cette gomme a été principalement étudiée par Guérin.

CÉRASTE, VIPÈRE CORNUE (Zoologie), *Coluber cerastes*,

Lin., du grec *kéras*, corne. — Espèce de *Vipère*, groupe des *Serpents venimeux*, appartenant aux *Reptiles ophidiens*; elle se distingue par une petite corne pointue sur chaque sourcil. Le céraste est grisâtre, marqué de taches noirâtres irrégulières. Il habite l'Algérie, l'Égypte, les contrées chaudes de l'Afrique septentrionale, où il se tient dans le sable. Sa taille est d'environ 0ᵐ,65. On le trouve cité dans les auteurs anciens et entre autres dans Lucain : *Cornua prætendens immania fronte cerastes.* Il est très-venimeux.

CÉRAT (Matière médicale), du grec *kéros*, ou du latin *cera*, cire. — Les cérats sont des préparations pharmaceutiques, d'une consistance plus ou moins molle, qui ont pour base la cire et l'huile. Ils diffèrent des *onguents* en ce que ceux-ci contiennent des résines; et ces mêmes pommades en ce que ces dernières contiennent des graisses animales. On distingue : le *cérat blanc* ou *cérat de Galien*, composé de 250 grammes d'huile d'olive, 60 grammes de cire blanche et 180 grammes d'eau. On fait liquéfier la cire dans l'huile, on met dans un mortier de marbre, on agite et, quand il est à demi refroidi, on y incorpore l'eau peu à peu. Ce cérat est émollient et on en fait un très-grand usage pour les pansements. Le *cérat simple* est composé d'une partie de cire et de trois parties d'huile d'olive ou d'amandes douces. On connaît encore le *cérat à la rose*, dans lequel il entre de l'essence de roses ; on s'en sert pour les lèvres affectées de gerçures. On prépare encore des *cérats composés* : ainsi le *cérat de Saturne* ou *de Goulard*, dans lequel entre l'acétate de plomb ; le *cérat soufré* qui se fait en y incorporant 2 parties de soufre ; le *cérat ammoniacal* dit de Réchoux, en ajoutant du carbonate d'ammoniaque. Le *cérat de quinquina* se fait en ajoutant à 8 parties de cérat simple, 1 partie d'extrait alcoolique de quinquina. Le *cérat opiacé* se fait avec 30 grammes de cérat simple et 4 grammes de laudanum ; ou bien opium brut 0ᵍʳ,50 triturés avec du jaune d'œuf et incorporés dans 30 grammes de cérat de Galien.

CÉRATINE (Zoologie), *Ceratina*, Latr. — Sous-genre d'*Insectes hyménoptères porte-aiguillon*, famille des *Mellifères*, grand genre *Abeille*, caractérisé par le corps étroit et oblong; antennes insérées dans de petites fossettes et presque en massue allongée; languette filiforme; palpe maxillaire de six articles. Les cératines ont de grands rapports avec les abeilles charpentières; leur abdomen est dépourvu de brosse soyeuse; le labre, assez court, a la forme d'un quadrilatère allongé. La *C. calleuse* (*C. callosa*, Fab.) est longue d'environ 0ᵐ,007, bronzée ou bleuâtre, luisante, pointillée, des poils grisâtres aux pattes. Cette espèce se trouve, mais rarement, aux environs de Paris. La *C. albilabre* (*C. albilabris*, Fab.) est d'un noir luisant, avec une tache blanche sur le museau. Midi de la France.

CÉRATITE, **CÉRATOCÈLE**, **CÉRATOTOME** (Médecine). — Voyez **KÉRATITE**, etc.

CÉRATOCÈLE (Médecine). — Voyez **KÉRATOCÈLE**.

CERATONIA (Botanique). — Nom scientifique du *Caroubier*.

CÉRATOPHYLLE (Botanique), *Ceratophyllum*, Lin., du grec *kéras*, corne, *phullon*, feuille. Les ramifications fourchues des feuilles de ces plantes ressemblent à de petites cornes. — Genre de plantes type de la petite famille des *Cératophyllées*, famille sur la place de laquelle on n'est pas généralement d'accord. De Candolle en fait un groupe de la famille des *Haloragées*, voisin des Callitrichinées. Les cératophylles sont des plantes submergées qui vivent dans les eaux douces et les marais tourbeux. Elles ont les feuilles verticillées par 6-10 sessiles et finement découpées. Le *C. noyé* (*C. demersum*, Lin.), appelé aussi *Cornifle*, a les feuilles à segments linéaires, filiformes, fortement denticulées. Son fruit est noirâtre et muni de 2 épines à sa base. Le *C.* ou *Cornifle submergé* (*C. submersum*, Lin.) diffère du précédent par des feuilles très-peu denticulées. Son fruit noirâtre est aussi dépourvu d'épines au-dessus de sa base. Ces plantes, abandonnées à la décomposition, servent quelquefois d'engrais. Caract. du genre : fleurs monoïques sans calice ni corolle; involucre à 10-12 divisions égales, disposées sur un seul rang; fleur mâle : étamines 10-25 à anthères sessiles; fleur femelle : ovaire à une seule loge et à un seul ovule; fruit coriace, indéhiscent, surmonté du style persistant.   G—s.

CERBÈRE (Zoologie), *Cerberus*, Cuv. — Sous-genre du genre *Couleuvre* (*Reptiles ophidiens*). Il a, comme les pythons, presque toute la tête couverte de petites écailles ; mais il s'en distingue par des plaques entre et devant les yeux et manque de crochets à l'anus. Le *Coluber cerberus* de Daudin appartient à ce groupe.

CERBÈRE (Botanique), *Cerbera*, Lin. Allusion à ses fruits très-vénéneux et souvent mortels, dont on a comparé l'effet à la morsure de Cerbère, le gardien des enfers. — Genre de plantes de la famille des *Apocynées*, tribu des *Ophioxylées*. Il comprend des arbrisseaux exotiques. On a réparti dans le genre *Thevetia*, Lin. (André Thevet, voyageur du xvıᵉ siècle), plusieurs de ses espèces. Le *C. ahoui*, Lin. (nom brésilien) (*Thevetia ahoui*, de Cand.), est un arbrisseau de l'Amérique méridionale (Brésil). Son fruit donne la mort presque instantanément. La fumée même qui s'exhale de ce végétal est, dit-on, mortelle pour les hommes et les animaux. On raconte à ce sujet que les habitants de Saint-Domingue, en 1510, voulant se venger des Espagnols par lesquels ils étaient maltraités, et profitant d'un vent qui se dirigeait vers les habitations de ces derniers, allumèrent une grande quantité de bois d'ahoui. Les fumigations qui en résultèrent n'eurent que peu de succès, les Espagnols s'étant hâtés de quitter leur retraite ; mais cette circonstance servit de prétexte aux Espagnols pour faire un massacre général des indigènes. Le *C. thevetia*, de Linné, qui est le *Thevetia neriifolia* (à feuilles de laurier-rose), de Jussieu, est un petit arbrisseau de la Jamaïque. Son écorce est purgative. En général, les espèces de ces deux genres sont extrêmement dangereuses.   G—s.

CERCAIRES (Zoologie), *Cercaria*, Müll. — Genre d'animaux *infusoires*, de la famille des *Microzoaires apodes* de de Blainville, établi par Müller. Ils ont le corps ovale, gélatineux, contractile et terminé par un filet ou sorte de queue. On en trouve dans les eaux douces ou salées. Une espèce, le *C. tenace*, se rencontre, dit-on, dans l'infusion du tartre des dents. L'histoire de ces petits animaux laisse encore beaucoup à faire, malgré les travaux de M. Nitzsch, qui ont profondément modifié ce qu'avait fait Müller.

CERCIS (Botanique). — Nom scientifique du *Gaînier*.

CERCLE (Géométrie). — Portion de plan comprise dans l'intérieur d'une *circonférence*.

On appelle *centre du cercle* le centre de la circonférence qui le limite ;

Cercle inscrit, celui dont la circonférence est tangente intérieurement à tous les côtés d'un polygone; le rayon du cercle est appelé souvent *apothème* du polygone, qui est dit circonscrit au cercle.

Cercle circonscrit, cercle dont la circonférence passe par tous les sommets d'un polygone que l'on dit inscrit dans le cercle.

Les surfaces des cercles sont entre elles dans le même rapport que le carré des rayons ; ainsi le rayon devenant 2, 3, 4 fois plus grand, la surface devient 4, 9, 16 fois plus grande.

La surface d'un cercle s'obtient en multipliant le nombre π par le carré du rayon, ce qui s'exprime en posant $S = \pi R^2$, formule dans laquelle S représente la surface du cercle, R son rayon et π le rapport de la circonférence au diamètre ou 3,1415. Ainsi, soit à évaluer la surface d'un cercle dont le rayon est 0ᵐ,48, nous aurons $S = 3,1415 \times 0,48^2$ ou $S = 0$ᵐ𐞥,7238. Nous donnons ici un tableau des surfaces des cercles dont le rayon varie de 0ᵐ,1 à 5 mètres.

RAYONS.	SURFACES.	RAYONS.	SURFACES.
0ᵐ ,1	0mq,0314	1ᵐ ,0	3mq,1416
0 ,2	0 ,1257	1 ,5	7 ,0686
0 ,3	0 ,2827	2 ,0	12 ,5664
0 ,4	0 ,5027	2 ,5	19 ,6349
0 ,5	0 ,7854	3 ,0	28 ,2743
0 ,6	1 ,1309	3 ,5	38 ,4845
0 ,7	1 ,5394	4 ,0	50 ,2655
0 ,8	2 ,0106	4 ,5	63 ,6172
0 ,9	2 ,5446	5 ,0	78 ,5398

Quand on coupe une sphère par un plan, l'intersection est un cercle. Lorsque le plan passe par le centre de la sphère, on a ce qu'on appelle *un grand cercle*; si le plan ne passe pas par le centre de la sphère, on a un *petit cercle.*

CERCLE (Astronomie). — On considère en astronomie divers cercles, tels que l'*équateur*, le *méridien*, etc. Ce sont les intersections des plans de même nom par la *sphère céleste.* Ces plans coupent la terre, supposée sphérique, suivant d'autres cercles qui prennent encore le même nom (voyez CIEL, TERRE).

Plusieurs instruments d'astronomie portent aussi le nom de *cercles,* à cause du cercle divisé qui en est une partie essentielle ; tels sont le cercle *mural,* le cercle répétiteur, le cercle de réflexion, etc.

CERCODIÈNES (Botanique). — Famille de plantes *Dicotylédones,* établie par Jussieu et désignée depuis par Robert Brown sous le nom de *Haloragées.* Richard en a fait les *Hygrobiées ;* mais le mot *Haloragées* est seul employé. Cette famille faisait partie des *Onagrées* et tirait son nom du genre *Cercodia.*

CERCOPE (Zoologie), *Cercopis,* Fab., en grec *kerkópé.* — Genre d'*Insectes hémiptères,* famille des *Cicadaires,* du grand genre *Cicadelles.* Elles ont les antennes fort courtes, la tête en forme de museau plat en dessus, deux petits yeux lisses sur la tête et assez rapprochés. La *C. sanguinolente* ou *ensanglantée* (*C. sanguinolenta,* Fab.), la *Cigale à taches rouges* de Geoffroy, longue de 0ᵐ,009, est d'un beau noir avec six taches d'un rouge de sang sur les étuis. C'est la plus grande des espèces indigènes ; on la trouve dans la forêt de Saint-Germain en Laye, mais rarement ailleurs dans les environs de Paris. La *C. écumeuse, Cigale écumeuse* de Geoff. (*C. spumaria* de Geer), presque aussi longue que la précédente, le corps d'un brun plus ou moins foncé ; c'est sa larve qui rend par l'anus des bulles écumeuses qu'on trouve assez communément sur les plantes, surtout sur les luzernes, et qui sont connues sous le nom vulgaire de *crachat de coucou.*

CERCOPITHÈQUE ou GUENONS (Zoologie), *Cercopithecus,* du grec *kerkos,* queue, et *pithékos,* singe ; singe à queue. — Genre de *Mammifères quadrumanes,* de la famille des *Singes* (*Règne animal*) ; à museau médiocrement proéminent, des abajoues, une queue, les fesses calleuses, le même nombre de mâchelières que l'homme. Ce genre, établi d'abord par Buffon, adopté par Cuvier, a été modifié par Geoffroy Saint-Hilaire, Erxleben, et en dernier lieu par M. P. Gervais ; on en a retranché quelques espèces, tels que les Mangabeys, qui ont été réunies à d'autres genres. Ce sont des singes sauteurs, grimpeurs et grimaciers, d'un naturel querelleur et turbulent ; et quoiqu'ils soient doux lorsqu'ils sont jeunes, ils deviennent souvent méchants et intraitables ; et comme ils sont armés de canines longues et tranchantes avec lesquelles ils font des blessures profondes, il ne faut ni les caresser ni les irriter. Ils vivent en troupes dans les forêts, sautant d'arbre en arbre, de branche en branche, descendant rarement à terre ; ils sont dans un mouvement et une agitation continuels. Leur nourriture se compose de feuilles, de racines, d'insectes et surtout de fruits de toutes espèces, et à cet égard ils causent quelquefois des dégâts considérables dans les champs cultivés pendant la saison des récoltes. On dit même qu'ils organisent leurs maraudes de manière que, tandis que quelques-uns font sentinelle, les autres vont butiner, mangent, remplissent leurs vastes abajoues et, continuant leur pillage et leur dévastation, ils se passent de main en main le butin qu'ils font. Les espèces connues sont au nombre d'une trentaine, dont nous citerons les principales, en commençant par les plus douces et les plus sociables, suivant la méthode de M. P. Gervais : 1° le *Talapoin* (*C. Melarhinas,* F. Cuv.), d'un caractère doux ; il est verdâtre dessus, nez noir, face couleur de chair. Du Gabon ; 2° la *Mone* (*C. mona,* Erxl.), plus grande que le précédent ; elle est d'un caractère gai et facile ; corps brun, membres noirs, tour de la tête blanchâtre, un bandeau noir sur le front. Côte occidentale d'Afrique ; 3° l'*Ascagne, Blanc nez* (*C. petaurista,* Gm.) ; visage bleu, nez blanc, moustache noire, pelage verdâtre, tiqueté de roux. De Guinée, ainsi que le suivant ; 4° le *C. hocheur, Guenon à long nez proéminent,* de Buffon (*C. nictitans*), noir ou brun pointillé, nez seul blanc au milieu du visage noir ; il est petit comme le précédent et aussi d'un naturel doux ; 5° le *Moustac* (*C. cephus,* Erxl.), d'une petite taille et plein de gentillesse, cendré bleuâtre, une touffe jaune au-devant de chaque oreille ; 6° le *Grivet* (*C. griseus,* F. Cuv.), jolie espèce de moyenne taille ; il a le scrotum vert, entouré de poils fauves. Isid. Geoffroy Saint-Hilaire pense que c'est le vrai *Simia sabæa* de Linné, désigné par Cuvier comme étant le *Callitriche ;* ce serait alors le singe de Saba qu'on trouve sur les monuments égyptiens ; 7° le *Callitriche* (*C. callitrichus,* Isid. Geoff., et non pas le *Simia sabæa,* Lin.), presque entièrement vert olivâtre, face noire avec de longs poils blancs sur les côtés ; il vit dans les forêts du cap Vert et du Séné-

gal ; 8° le *Vervet* (*C. pygerythrus,* F. Cuv.) a le scrotum entouré de poils, des poils roux autour de l'anus ; 9° le *Malbrouc* (*C. cynosurus,* Geoff.), verdâtre en dessus, face couleur de chair, scrotum couleur d'outre-mer ; ils sont défiants, irritables, ne s'apprivoisent pas complétement et sont dangereux ; ce sont les singes les plus agiles ; 10° le *Patas* (*C. ruber,* Geoff.), fauve roux assez vif en dessus, les jambes et les mains blanchâtres ; on l'apporte souvent en Europe, mais il y vit plus difficilement que les autres espèces. Il est du Sénégal.

CÉRÉALES (Agriculture), du latin *cerealia,* les dons de Cérès, déesse des moissons). — On désigne sous ce nom un certain nombre de plantes renfermant dans leurs graines une farine plus nourrissante que celle fournie par les autres groupes de végétaux féculents et avec laquelle les divers peuples font le pain ou les préparations diverses qui en tiennent lieu. Les véritables céréales appartiennent toutes à la grande famille des *Graminées.* On ne comprend en outre sous ce nom que le *blé noir* ou *sarrasin,* dont les graines remplacent dans quelques contrées celles des vraies céréales ; le sarrasin appartient à la famille des *Polygonées ;* c'est le *Polygonum fagopyrus* de Linné.

Énumération des céréales. — On compte parmi les céréales, en procédant des plus estimées aux plus viles :

Le froment et ses variétés. — *Triticum sativum.*
L'épeautre et ses variétés. — *Triticum Spelta.*
Le seigle et ses variétés. — *Secale cereale.*
Plusieurs espèces d'orge. — *Hordeum.*
Plusieurs espèces d'avoine. — *Avena.*
Le maïs ou blé de Turquie. — *Zea maïs.*
Le riz et ses variétés. — *Oriza sativa.*
Le millet commun. — *Panicum miliaceum.*

On peut joindre à cette liste des céréales les plus répandues : le *Millet d'Italie* (*Panicum italicum*), l'*Alpiste* (*Phalaris canariensis*), le *Sorgho, grand mil* ou *douhra* (*Holcus sorghum*), le *Mil commun* (*Holcus spicatus*), le *Petit Mil* ou *Dikhn* (*Pennisetum spicatum*), le *Tef* (*Poa abyssinica*), etc.

Importance des céréales. — Les sauvages adonnés à la chasse ou les peuples exclusivement pasteurs et nomades sont les seuls qui s'abstiennent de cultiver les céréales. Tous les peuples sédentaires et, par conséquent, agriculteurs, ont pris pour base de leur alimentation le pain ou des préparations analogues qui exigent la culture des céréales. La farine des céréales, dépourvue de toute saveur tranchée, renferme, outre l'élément féculent, un principe azoté particulièrement nourrissant pour l'homme et les animaux et une matière grasse qui complète sa composition nutritive (voyez ALIMENTS). Les céréales les plus estimées, les froments, par exemple, sont celles où les proportions de ces divers principes sont les plus convenables pour l'alimentation de l'homme ; les autres, de plus en plus pauvres en matière azotée et en matière grasse, sont trop exclusivement farineuses. Aucun autre groupe de plantes ne pourrait les remplacer dans l'alimentation des hommes.

Il semble aussi que la providence divine ait voulu assurer ces précieuses ressources à tous les peuples et à peu près en tous pays. Tous les sols et tous les climats se prêtent à la culture de l'une ou l'autre espèce de céréales. Les mauvais temps diminuent sans doute les récoltes des céréales, mais sans les supprimer jamais totalement, comme on le voit pour d'autres produits de la terre. Enfin, si une culture savante accroît notablement leur rendement, les céréales peuvent s'accommoder de la culture la plus imparfaite.

Dans ces précieuses plantes, tout est utile et de premier usage. Dès que les grains mûris contiennent leur farine, le cultivateur fait la *moisson,* fête séculaire des campagnes, qui se place dans la belle saison et couronne les travaux de l'année. Les céréales, coupées et enlevées du champ, peuvent être emmagasinées ; plus tard et dans la saison où d'autres travaux manquent, on détache le grain par le *dépiquage* ou le *battage ;* les tiges forment la paille qui, employée comme aliment ou comme litière pour le bétail, se transforme en fumier, engrais de première nécessité pour la culture des céréales.

Enfin le grain qui provient de cette récolte est une denrée dont l'écoulement est assuré, dont la conservation ne présente que de médiocres difficultés, dont la qualité s'apprécie sans peine au jour de la vente. Les céréales l'emportent à tous les titres sur tous les autres produits agricoles.

Origine des céréales. — En laissant de côté les récits fabuleux des poëtes et des historiens de l'antiquité ; en admettant, si l'on veut, que Cérès ait enseigné aux hommes à cultiver le blé, on est forcé de convenir que le froment est une espèce dont on ne connaît plus le pays natal. Il paraît seulement qu'il nous vient de la haute Asie, d'où il s'est répandu en Égypte, en Grèce, en Sicile et enfin dans l'Europe occidentale et en Amérique. Sa culture en Chine remonte à la plus haute antiquité. Dans ces derniers temps, on a prétendu avoir retrouvé le *froment* sauvage dans l'*ægilops ovata*, très-répandu en Sicile, et que Cæsalpin avait nommé *triticum sylvestre*; mais l'erreur a été démontrée par des savants, parmi lesquels figure en première ligne Vilmorin (voyez ÆGILOPS). L'*épeautre* croît naturellement en Perse, ainsi que Michaux père et Olivier l'ont découvert l'un et l'autre; les botanistes ignoraient son pays natal, et le premier de ces voyageurs, dit-on, l'y trouva à l'état sauvage. On la cultive surtout en Allemagne, en Italie, en Suisse et dans quelques pays montagneux en France. Quant au *seigle*, on ignore son pays natal, quoiqu'il passe pour originaire du Levant; on le cultive depuis longtemps dans toute l'Europe, surtout dans les pays montagneux. On peut en dire autant de l'*orge*, dont la patrie originelle est aussi difficile à déterminer. Heyne prétend qu'elle nous vient de l'Attique; d'autres lui assignent pour patrie la Tartarie ou la Russie. Aujourd'hui, elle est abondamment cultivée dans tous les pays de montagnes. L'*avoine* vient-elle naturellement, comme le prétend le navigateur Anson, dans l'île Juan-Fernandès, sur les côtes du Chili? Cela n'est guère probable, si les Germains, d'après Pline, la cultivaient déjà pour s'en nourrir sous forme de bouillie; d'un autre côté, était-ce bien l'avoine qu'ils employaient, elle était connue sous le nom de *brôme?* Olivier dit l'avoir vue croître spontanément en Perse; d'autres pensent qu'elle est indigène dans le nord de l'Europe. Le *riz* est connu dès la plus haute antiquité dans l'Inde, dont il paraît originaire. Bien longtemps après, il fut connu en Égypte et en Grèce; il est mentionné dans Théophraste, Pline, Dioscorides; on le tirait de l'Inde et on ne l'employait guère que pour faire des tisanes. Ce n'est que plus tard qu'il entra dans l'alimentation; répandu aujourd'hui partout, il est cultivé dans notre Europe méridionale, surtout en Espagne et en Italie. Originaire de l'Amérique, le *maïs* paraît y avoir été cultivé très-anciennement. Amouroux a prétendu qu'il venait de l'Inde, d'où il avait pénétré en Turquie et en Égypte; il paraît bien démontré aujourd'hui qu'il existait dans notre ancien monde bien avant la découverte de l'Amérique. En France, il était déjà connu sous le règne de Henri II. Une grande partie des peuples de l'Asie, de l'Afrique et de l'Amérique en font leur nourriture. Le *millet* et le *sorgho* sont originaires de l'Inde; le premier est cultivé surtout en Italie et en Allemagne. Depuis quelques années, la culture du second a pris un grand développement à cause de ses propriétés saccharines.

Culture des céréales.—Les céréales se nourrissent surtout aux dépens de la terre et tirent peu de l'atmosphère; aussi épuisent-elles beaucoup le sol qui a besoin de bonnes fumures pour continuer à les produire avec des rendements satisfaisants. Elles se plaisent en général dans des terres assez riches, surtout celles qui figurent en tête de notre liste donnée ci-dessus; néanmoins, si la terre est trop forte ou trop fumée, elles *versent*, c'est-à-dire se couchent sur le sol avant maturité, ce qui diminue beaucoup leur produit. Quant à la place des principales céréales dans la rotation des cultures, on peut dire, mais d'une façon très-générale, que le froment succède bien à la rupture des prairies de trèfle ou de sainfoin ou à la jachère. Le seigle succède bien à une récolte de racines, de pommes de terre, à une avoine, à un sarrasin. Bien que cette céréale se plaise à être cultivée plusieurs fois de suite sur le même terrain, il ne faut pas abuser de cette pratique qui épuise le sol. L'orge vient bien après les pommes de terre, les carottes, la féverole, le trèfle ou une prairie naturelle. On fait volontiers succéder l'avoine au froment ou au seigle; peut-être vaut-il mieux la faire venir après un colza, des féveroles ou des pois. Quant au maïs, il réussit, avec une large fumure, après les féveroles et les pommes de terre. Le riz est une céréale d'une culture particulière indiquée à l'article spécial qui la concerne (voyez RIZ).

Emploi des céréales.—Dans son livre des *Ouvriers européens*, M. Le Play a donné sur l'emploi des céréales des renseignements aussi précis que peu connus et que je vais résumer ici. Les céréales occupent la première place dans l'alimentation des peuples de l'Europe; plus cette alimentation est simple, plus elles y prédominent; à me-

sure que le bien-être se développe, les corps gras, les viandes, les boissons fermentées en remplacent une partie, et les céréales qui, chez les populations pauvres, absorbent la moitié ou le tiers de la dépense totale d'une famille, se réduisent alors au huitième ou même au douzième. La nature des céréales consommées varie beaucoup et le nom de *blé* désigne, selon les pays, presque toutes les sortes de céréales. L'Europe, à cet égard, peut se partager en trois zones parallèles s'étendant du sud-ouest au nord-est, depuis l'Atlantique jusqu'aux monts Ourals. — *Première zone* ou *zone septentrionale :* Iles de l'océan Glacial, Écosse et ses îles, Jutland, Norwége, majeure partie de la Suède, Finlande, nord de la Russie et des monts Ourals jusqu'au 59e degré; elle a pour blé l'avoine. — *Deuxième zone* ou *zone centrale :* Angleterre, Irlande, France septentrionale et centrale, Allemagne, Pologne; elle a pour blés le seigle, l'orge, le froment, cultivés ensemble ou séparément et associés, çà et là, vers le nord à l'avoine et vers le sud au maïs. — *Troisième zone* ou *zone méridionale :* Espagne, France méridionale, Italie, Carniole, Grèce, Turquie, principautés danubiennes, Hongrie, Russie méridionale et Crimée; elle a pour blé le maïs et, dans une moindre proportion, le froment.

La forme sous laquelle se consomment les céréales est loin d'être toujours la même. D'abord le blé est tantôt réduit en *farine;* tantôt simplement concassé pour constituer le *gruau;* tantôt enfin, décortiqué plus ou moins complétement, il forme le *grain mondé.* La farine sert habituellement à la préparation de ce que l'on nomme le *pain* (voyez ce mot). La France est le pays du monde où prédomine le plus ce mode de préparation, très-répandu aussi en Angleterre, dans la basse Écosse, en Espagne, dans le nord de l'Allemagne et en Scandinavie. Dans l'Allemagne méridionale et dans les provinces slaves de l'empire d'Autriche, on observe un autre mode de préparation désigné par M. Le Play sous le nom collectif de *knotes* ou *nouilles* (non fermentées). Les *vermicelli* ou pâtes alimentaires d'Italie sont un autre mode de préparation d'un emploi restreint. Les farines de sarrasin et de maïs sont volontiers préparées, chez les Bretons français, les Basques, les Italiens du nord, en *bouillies* (voyez ce mot), qui sont très-employées partout dans l'alimentation des enfants. Les gruaux ou les grains mondés sont surtout en usage en Afrique et en Asie et dans certaines parties de l'Europe méridionale.

Les céréales servent encore à la préparation de certaines boissons fermentées, eaux-de-vie, bières, etc. An. F.

CÉRÉBELLEUX (Anatomie), de *cerebellum*, le cervelet, qui appartient au cervelet. — On distingue plusieurs artères cérébelleuses : 1° la *Grande C. inférieure* naît de la vertébrale et se porte en dehors et en avant de la surface inférieure du cervelet, où elle se divise en deux branches; 2° la *C. antérieure* et *inférieure*, qui n'existe pas toujours, est fournie par la basilaire; 3° la *C. supérieure* naît de la basilaire derrière sa bifurcation terminale. — Les veines cérébelleuses sont : 1° les *C. latérales* et *inférieures*, qui viennent de la face inférieure du cervelet; 2° la *C. médiane supérieure*, qui va s'ouvrir dans le sinus droit.

CÉRÉBELLITE (Médecine), de *cerebellum*, cervelet.— Inflammation du cervelet (voyez ENCÉPHALITE).

CÉRÉBRAL (Anatomie, Médecine), de *cerebrum*, cerveau, qui appartient au cerveau, synonyme d'encéphalique. Il y a des membranes cérébrales, connues sous le nom de *Méninges;* ce sont, la dure-mère, l'arachnoïde, et la pie-mère; il y a aussi des vaisseaux et des nerfs cérébraux. — Les artères cérébrales sont : 1° la *C. antérieure* (artère du corps calleux), une des trois branches terminales de la carotide primitive; 2° la *C. moyenne* (artère de la scissure de Sylvius), qui est aussi une des branches terminales de la carotide interne, est plus grosse que la précédente; 3° la *C. postérieure* (branche terminale du tronc basilaire) se dirige vers les lobes postérieurs du cerveau. — Les veines *C. latérales* et *inférieures* versent le sang dans le sinus latéral. Les veines *C. internes* se jettent dans les veines cérébrales supérieures. Les *C. supérieures* s'ouvrent dans le sinus longitudinal. Les *C. médianes inférieures* se terminent dans le sinus droit. — Les *nerfs cérébraux* sont ceux qui sortent par les trous de la base du crâne; on les désigne mieux sous le nom de *nerfs crâniens.*

CÉRÉBRALES (AFFECTIONS) (Médecine). — On a donné le nom d'affections cérébrales à celles qui ont ou paraissent avoir leur siége au cerveau; ainsi l'apoplexie, l'épilepsie, les délires, le carus, etc. Plusieurs auteurs ont désigné sous le nom de *fièvre cérébrale*, tantôt la fièvre ataxique, tantôt la forme de la fièvre typhoïde, qui est accompagnée de symptômes cérébraux d'une nature spéciale et qui se montre avec une marche confuse, désordonnée, tumultueuse, accompagnée de délire, de coma, quelquefois de paralysie; mais la maladie à laquelle on a le plus généralement donné ce nom est l'inflammation *des méninges* (voyez MÉNINGITE).

CÉRÉBRIFORME (Médecine). — Voyez ENCÉPHALOÏDE.

CÉRÉBRITE (Médecine). — Nom donné quelquefois à l'inflammation du cerveau (voyez ENCÉPHALITE).

CÉRÉBRO-SPINAL (SYSTÈME NERVEUX ou AXE), *Système nerveux céphalorachidien, système nerveux de la vie animale.* — On appelle ainsi l'ensemble des organes qui constituent cette partie du système nerveux dans laquelle réside la faculté de sentir, de vouloir, de se mouvoir. Ce système présente un tout tellement complet, tellement homogène, que nous serons obligés de traiter dans cet article de toutes les parties qui le composent, afin d'en offrir un aperçu plus facile à saisir.

Le système nerveux cérébro-spinal se compose essentiellement d'un renflement nerveux, nommé *encéphale* (du grec *en*, dans, *képhalé*, tête), qui remplit le crâne, et dont les parties principales sont le *cerveau* et le *cervelet;* par sa face inférieure, l'encéphale donne naissance à un gros cordon nerveux qui se prolonge dans le canal vertébral et que l'on nomme la *moelle épinière.* Les *nerfs* émanent de l'encéphale et de la moelle épinière, et se portent de là vers les muscles et les organes des sens.

Système nerveux cérébro-spinal. — On doit considérer d'abord l'encéphale, puis la moelle épinière.

L'*encéphale* est l'ensemble des renflements nerveux qui remplissent la cavité du crâne; il se compose de plusieurs parties dont les trois principales sont le *cerveau,* le *cervelet,* la *moelle allongée.* Cette dernière partie est le tronc, qui joint la moelle épinière aux autres parties contenues dans le crâne, et elle se plonge dans la face inférieure du cervelet et du cerveau qu'elle rencontre successivement d'arrière en avant.

Le *cerveau* est, chez l'homme, le plus volumineux des renflements encéphaliques; il remplit toute la partie supérieure du crâne, et, chez les animaux les plus rapprochés de l'homme, il conserve encore longtemps cette prédominance (*fig.* 473). Le cerveau humain a une forme ovale plus effilée en avant qu'en arrière; voûté en forme d'hémisphéroïde à sa face supérieure, il est aplati intérieurement. Il se compose de deux moitiés semblables que sépare, suivant le plan médian du corps, un sillon très-profond, nommé la *grande scissure médiane du cerveau;* chaque moitié porte le nom d'*hémisphère*, bien qu'elle ait plutôt la forme d'un quart de sphère. A sa partie inférieure et médiane, la grande scissure est interrompue, chez l'homme et la plupart des mammifères, par une lame transversale et horizontale de substance blanche qui unit les deux hémisphères, c'est le *mésolobe* (lobe médian), ou *corps calleux.* Il n'existe pas chez les oiseaux, et en général chez tous les vertébrés ovipares. Dans l'espèce humaine et dans la plupart des mammifères, le cerveau se distingue par les nombreux sillons qui creusent sa surface en divers sens et lui donnent l'aspect d'une masse de petits boyaux contournés et serrés les uns contre les autres. On a nommé ces sillons *anfractuosités*, et les éminences qui font saillie entre eux se nomment les *circonvolutions du cerveau.* Elles sont plus développées à l'âge adulte qu'aux premiers temps de la vie; il est beaucoup de mammifères qui montrent à peine quelques anfractuosités à la surface de leur cerveau; d'autres l'ont absolument lisse. A sa face inférieure, le cerveau présente, dans chacune de ses moitiés, deux lobes séparés par une scissure transversale; le lobe antérieur est moins grand que le postérieur, et celui-ci présente deux saillies: l'une à sa partie antérieure, l'autre en arrière; on les a souvent nommées lobe moyen et lobe postérieur; mais elles ne sont réellement pas séparées l'une de l'autre. Dans l'intérieur du cerveau se voient diverses parties distinctes que je ne puis décrire ici; ces parties circonscrivent certaines cavités qui communiquent entre elles, c'est ce qu'on appelle les *ventricules du cerveau;* une semblable cavité existe dans le cervelet, et a reçu le nom de *quatrième ventricule.*

Le *cervelet* est un autre renflement placé en arrière et en dessous du cerveau dont la partie postérieure le recouvre complétement chez l'homme (*fig.* 473, *cerv*). Il est beaucoup moindre que le cerveau, et s'en distingue immédiatement par sa configuration et son aspect. Considéré par la face postérieure chez l'homme, ou supérieure chez les animaux, il offre deux lobes latéraux qu'on a nommés

les *hémisphères du cervelet.* Un sillon les sépare; mais au fond, en arrière et en bas, se trouve un lobe moyen

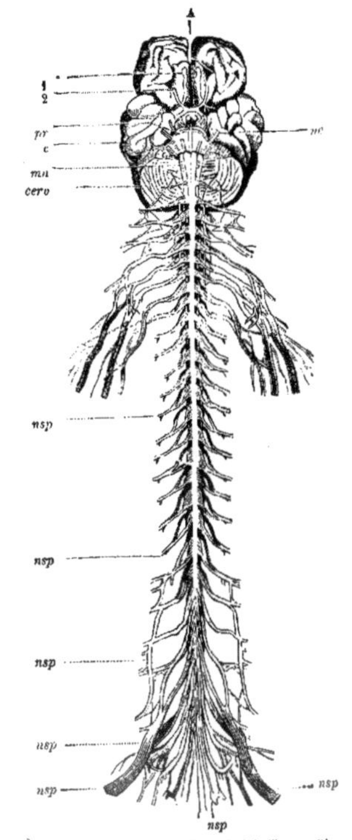

Fig. 473. — Système nerveux cérébro-spinal de l'homme (1).

qui souvent, chez les animaux, est très-développé. Le cervelet ne possède pas à sa surface de véritables circonvolutions; il présente des stries parallèles qui accusent l'existence d'un nombre considérable de lamelles de substance nerveuse, remplaçant réellement dans le cervelet les circonvolutions plus arrondies et plus capricieusement repliées du cerveau. La moelle allongée, dont je vais dire tout à l'heure quelques mots, naît de la face inférieure du cerveau, un peu en avant du cervelet, par deux gros pédoncules de matière nerveuse qui semblent en être les racines; elle passe bientôt devant cet organe et en reçoit deux autres pédoncules qui s'unissent immédiatement à la face postérieure de la moelle (*fig.* 473, *pr*); en même temps, le cervelet entoure la moelle allongée d'une bandelette épaisse qui lui forme en avant une espèce de bracelet, qu'il complète en arrière; cette bandelette a reçu le nom de *protubérance annulaire* ou *pont de Varole* (de l'anatomiste Varoli). Cette protubérance manque chez les derniers vertébrés.

La *moelle allongée* ou *bulbe rachidien* est véritable-

(1) A, grande scissure qui sépare le cerveau en deux hémisphères. — *c*, cerveau. — 1, nerf de l'odorat. — 2, nerf de la vision. — *nc*, un des nerfs qui naissent de l'encéphale. — *pr*, protubérance annulaire qui réunit en avant les deux moitiés du cervelet. — *cerv*, cervelet. — *ma*, moelle allongée, origine de la moelle épinière. — *nsp*, nerfs spinaux, émanant de la moelle épinière.

ment la portion encéphalique du prolongement nerveux qui, sous le nom de moelle épinière, remplit la plus grande partie du canal vertébral. Elle naît du cerveau par les *pédoncules cérébraux* qui se dégagent de sa masse, vers le milieu de sa face inférieure, entre les deux éminences antérieures des lobes postérieurs (*fig.* 473, *ma*). Elle se dirige immédiatement vers le trou vertébral, en passant devant le cervelet qui lui fournit deux autres *pédoncules* nommés *cérébelleux*. A ce moment, elle pénètre dans l'anneau formé par le cervelet et le pont de Varole (*pr*), et immédiatement au-dessous, elle se renfle légèrement et présente quatre paires de saillies longitudinales, symétriquement placées de chaque côté de la ligne médiane, et séparées par des sillons *médians* et *latéraux*; ces saillies sont les *pyramides antérieures* ou *éminences pyramidales* en avant, les *corps olivaires* plus en dehors, les *corps restiformes* sur les côtés, et enfin en arrière les *pyramides postérieures*.

La *moelle épinière* proprement dite commence au niveau du trou vertébral, bien qu'en réalité elle ne constitue avec la moelle allongée qu'un seul et même organe (*fig.* 473, *mp*). C'est, d'un bout à l'autre, un cordon à peu près cylindrique, mais renflé une première fois au niveau de la naissance des nerfs qui se rendent aux membres thoraciques, et une seconde fois à son extrémité postérieure où elle fournit les nerfs des membres abdominaux et du bas-ventre. Un sillon médian antérieur et un postérieur la partagent en deux moitiés symétriques réunies vers le centre de la moelle par des fibres transversales. Chacune de ces moitiés est, en outre, marquée de deux autres sillons moins profondément empreints, mais qui permettent de la concevoir comme formée de trois faisceaux longitudinaux accolés. Jamais la moelle épinière ne s'étend dans toute la longueur du canal vertébral; chez l'homme, elle ne va pas au delà des premières vertèbres lombaires. Là elle se termine en donnant naissance de chaque côté à une série de nerfs qui poursuivent leur trajet dans le canal vertébral, et en sortent successivement pour se rendre aux divers organes de la partie postérieure du corps. La longueur relative de la moelle épinière varie beaucoup d'ailleurs chez les diverses espèces de vertébrés.

Telle est la configuration générale des centres nerveux encéphalo-rachidiens. De cet axe cérébro-spinal naissent des nerfs dont les nombreuses origines sont régulièrement coordonnées. Aucun nerf du système rachidien ne prend naissance sur la ligne médiane; tous se montrent symétriquement disposés par paires; les uns proviennent de l'encéphale et se nomment *nerfs crâniens*; les autres, appelés *nerfs spinaux*, procèdent, au contraire, de la moelle épinière (voyez Nerfs).

Structure du système nerveux cérébro-spinal. — On reconnaît, à la première inspection dans le cerveau et dans le cervelet, deux substances : l'une très-blanche, semblable à celle des nerfs, et qu'on nomme la *substance nerveuse blanche*; une autre, qu'on trouve particulièrement dans les centres, est nommée, à cause de sa couleur, la *substance nerveuse grise*; celle-ci est surtout caractérisée par des globules grisâtres, mêlés aux fibres nerveuses. Avec un peu d'attention, on retrouve ces deux substances dans la moelle épinière, mais les nerfs ne contiennent que de la substance blanche. L'une et l'autre sont constituées par la *fibre nerveuse*, élément organique spécial doué de propriétés toutes particulières; ces fibres sont de petits tubes remplis d'un liquide visqueux et gras qui se coagule rapidement après la mort; dans la substance grise et dans les ganglions, elles sont associées à des corpuscules pleins ou *granulés* très-menus. Les nerfs, comme les centres nerveux, sont donc constitués par des fibres; les centres ou les ganglions ne se distinguent que par les éléments spéciaux nommés granules et cellules. Il n'est donc pas possible de dire si les nerfs convergent vers les centres pour s'y réunir, ou s'ils en partent pour s'irradier dans l'organisme. En tout cas, il est toujours possible de suivre les fibres d'un nerf plus ou moins loin dans la profondeur des centres nerveux, et cette étude a un certain intérêt physiologique.

Les nerfs sont exclusivement constitués par la substance blanche, sauf les ganglions qu'ils peuvent montrer sur quelques points de leur trajet (*fig.* 474). Dans le cerveau et dans le cervelet, la substance blanche se voit au centre, et la surface est constamment formée par une couche assez épaisse de substance grise, aussi nommée *substance corticale* (*fig.* 474). Le corps calleux, la protubérance annulaire, sont constitués par la substance blanche; enfin, la moelle épinière ne renferme aussi que cette dernière substance; mais au centre on observe un tractus de

substance grise qui s'étend d'un bout à l'autre de ce cordon. De cette disposition des deux substances et de

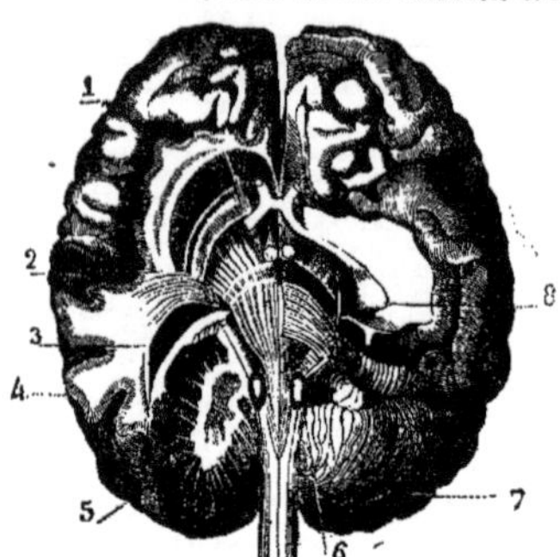

Fig. 474. — Distribution des fibres de la moelle dans l'encéphale (1).

plusieurs autres faits anatomiques et physiologiques, il est naturel de conclure que la substance grise est spécialement le siége des fonctions nerveuses; la substance blanche semble plutôt un agent de transmission.

L'encéphale et la moelle épinière sont protégés par des enveloppes membraneuses, désignées sous le nom de *méninges*; ce sont de dehors en dedans : la *dure-mère*, l'*arachnoïde* et la *pie-mère* (voyez ces mots et Méninges).

Fonctions de l'axe cérébro-spinal. — Trois mots peuvent, à la rigueur, résumer ces fonctions, *sentir, vouloir, penser*, c'est-à-dire : 1° *Phénomènes de sensibilité*; il est bien établi par de nombreuses expériences, que l'organe essentiel de la sensibilité est le centre nerveux encéphalique; les nerfs sont les conducteurs de l'impression produite par l'agent extérieur; la moelle épinière joue aussi le rôle d'agent conducteur. 2° *Phénomènes d'activité* ou *de volition*; la volonté et la force motrice sont deux facultés distinctes; la volonté a surtout pour organe central le cerveau; la force motrice a pour organe toutes les parties centrales du système cérébro-spinal. Les nerfs sont les conducteurs de l'excitation motrice. 3° *Phénomènes d'intelligence* ou *de perception*; le cerveau est l'organe spécial des fonctions intellectuelles. Mais, hâtons-nous de le dire, tous ces organes ne sont que des instruments au service de ce principe supérieur, immatériel, qu'on appelle l'âme, ce n'est pas le cerveau qui veut, sent ou pense, ce n'est pas de la matière que peuvent dériver ces phénomènes. Mais comment se fait cette communication incompréhensible du principe spirituel et immatériel avec l'organe matériel central qui lui sert d'instrument? Quel est le lien mystérieux par lequel l'âme commande à la matière? Nous n'en savons absolument rien. Nous n'avons rien à répondre à ces questions. Le *cervelet* paraît chargé de la *coordination des mouvements*. Ainsi les oiseaux privés de cervelet ne peuvent voler, marcher, se tenir debout; ils n'exécutent que des mouvements brusques, désordonnés.

On a voulu pousser un peu plus loin la localisation des fonctions intellectuelles, en admettant qu'en général l'intelligence proprement dite, raisonnement, faculté de comprendre, etc., avait pour organes les lobes antérieurs du cerveau, tandis que les sentiments et les passions résidaient dans les lobes postérieurs. Mais il est impossible d'aller au delà sans tomber dans de pures hypothèses, dans des inductions trop peu légitimées par des faits

(1) 1, hémisphères cérébraux. — 2, fibres de l'hémisphère droit, s'épanouissant dans les pédoncules du cerveau, après avoir passé sous la protubérance annulaire qui a été enlevée; on les voit naître des pyramides antérieures où elles s'entre-croisent, avant de passer entre les corps olivaires, avec les fibres de l'autre hémisphère. — 3, ventricule latéral droit ouvert dans la coupe qui a mis les fibres en évidence. — 4, substance grise ou corticale. — 5, coupe du cervelet montrant la disposition de la substance blanche et de la substance grise, qu'on nomme souvent *arbre de vie*. — 6, corps olivaires. — 7, cervelet. — 8, nerf optique contournant les pédoncules gauches pour aller s'unir aux lobes optiques.

contradictoires et peu concluants ; en un mot, le système de Gall et tous ceux qui ont été conçus sur le même plan n'ont aucune base scientifique solide.

•Ne pouvant faire ici une histoire des fonctions intellectuelles, nous nous bornerons en terminant à une distinction importante, principalement due aux études de Frédéric Cuvier et de M. Flourens sur les mœurs et le caractère des animaux. On y doit distinguer deux ordres de phénomènes intellectuels, sous les noms d'*intelligence* et d'*instinct*. L'intelligence est la faculté de comprendre et de se décider à certains actes d'après les notions acquises; elle a pour caractère essentiel la spontanéité et la variété des actions. L'instinct est la faculté d'exécuter certains actes parfois très-compliqués, non par une libre volonté, mais par une sorte de nécessité de nature, et sans se rendre compte de leur but. Consultez l'*Anatomie du Système nerveux* de Leuret et Gratiolet ; le *Traité de l'Anat. et de la Phys. du Syst. nerveux*, et le *Traité de Physiologie* de Longet (2ᵉ édit.).

CÉRÉBROTE (Chimie organique), de *cerebrum*, cerveau. — M. Couerbe a désigné par ce nom une des quatre graisses de la substance cérébrale. C'est une matière blanche, solide, soluble dans l'alcool bouillant. Elle contient du soufre et du phosphore, outre les quatre éléments ordinaires : carbone, oxygène, hydrogène et azote.

CÉRÉOPSIS (Zoologie), *Cereopsis*, Lath. — Sous-genre d'*Oiseaux palmipèdes*, famille des *Lamellirostres*, du grand genre des *Canards*. Fort semblable aux bernaches, à bec encore plus petit, dont la membrane a beaucoup plus de largeur et se porte un peu sur le front. Cet oiseau a la tête entièrement couverte d'une peau nue et ridée, ou cire (d'où vient son nom, du grec *kéreos*, cire) il a un éperon obtus au pli de l'aile. Il est de la Nouvelle-Hollande. La seule espèce connue est le *C. cendré* (*C. cinereus*, Lath.), de la taille d'une petite oie, de couleur cendrée dont la teinte est plus foncée sur les parties supérieures. Les doigts et les ongles sont noirs, ainsi que le bec. On ne connaît rien de leurs mœurs et des circonstances de leur vie; il est probable qu'ils diffèrent peu des bernaches.

CÉRÈS (Astronomie). — C'est la première des petites planètes ; elle fut découverte à Palerme par Piazzi, le 1ᵉʳ janvier 1801. Piazzi s'occupait de la construction d'un catalogue d'étoiles, lorsqu'il découvrit ce petit astre, qui circule en 1681 jours autour du soleil, dans l'espace compris entre l'orbite de Mars et celle de Jupiter (voyez PETITES PLANÈTES).

CERF (Zoologie), *Cervus*, Lin., Briss., Cuv., etc. — Genre de *Mammifères ruminants*, nettement distingué par les caractères suivants : des cornes pleines, de nature osseuse, caduques, qui ornent la tête des mâles seulement (la femelle du renne fait exception, elle est pourvue de cornes) ; ces cornes ne sont d'abord que des pointes molles, sensibles, recouvertes d'une peau velue, et sans division. C'est ce qu'on appelle *dague*. A leur base existe un bourrelet ou anneau auquel on a donné le nom de la *meule*; il devient peu à peu osseux, comprime les vaisseaux qui apportent la nourriture à ces parties et y arrête la vie; la peau velue se dessèche et est enlevée ; la corne, qui a pris aussi la consistance osseuse, se sépare au bout de quelque temps du crâne auquel elle tenait ; elle tombe et l'animal reste sans armes. Bientôt il en repousse de nouvelles, plus grandes que les précédentes; celles-ci tombent à leur tour. Pendant plusieurs années, le même phénomène se renouvelle, et les cornes, qui alors prennent le nom de *bois*, reparaissent périodiquement avec quelques rameaux de plus ; c'est ce qu'on appelle les *andouillers*. Dans certaines espèces, ces bois, au lieu d'être cylindriques comme dans le cerf commun, s'aplatissent en une partie plus large, qu'on appelle *empaumure* (le daim, l'élan). Les cerfs ont la taille svelte, les jambes fines et nerveuses, la queue courte; ils habitent les deux continents; on n'en a point trouvé à la Nouvelle-Hollande. Ils sont timides et sauvages; mais dans le moment du *rut*, les mâles entrent dans une sorte de fureur qui peut même les rendre dangereux. Dans nos pays, c'est pendant les mois de novembre, décembre, janvier, février que le cerf est à craindre. Plusieurs zoologistes, et entre autres M. P. Gervais ont donné ce groupe le nom de famille des *Cervidés*, et l'ont divisé en quatre genres : les *Rennes*, les *Élans*, les *Cerfs*, les *Cervules*. Nous suivrons la méthode du *Règne animal*, qui divise son genre *Cerf* en espèces distinguées seulement de la manière suivante. — A. *Espèces à bois aplati en tout ou en partie :* 1° L'*Élan* (*C. alces*, Lin.), *Original des Canadiens* (voyez ÉLAN) ; 2° le *Rhenn* ou *Renne C. tarandus*, Lin. (.) (voyez RENNE) ; 3° le *Daim* (*C. dama*, Lin.) (voyez DAIM). — B. *Espèces à bois ronds.* Celles-ci sont plus nombreuses et celles des pays tempérés changent plus ou moins de couleur en hiver. 1° Le *C. commun* (*C. elaphus*, Lin.) (*fig.* 475), pelage en été fauve brun, une ligne noirâtre le long de l'épine, et de chaque côté une rangée de petites taches fauve pâle. Des forêts de toute l'Europe et de l'Asie tempérée. Dans le premier âge, on l'appelle *faon*. A six mois environ, les premières pointes du bois paraissent sur l'os du front; le jeune animal prend alors le nom de *hère*. Ce n'est que la seconde année que les bois se développent réellement sous le nom de *dague*. L'année suivante commencent à paraître les branches ou *andouillers*. Enfin, la quatrième année les bois se couronnent d'une sorte d'empaumure garnie de pointes dont le nombre augmente avec les années. C'est donc à sa troisième année que le cerf pousse ce qu'on appelle sa seconde tête, et ainsi d'année en année jusqu'à la cinquième où il a sa quatrième tête. A six ans, c'est le *dix cors jeunement*; à sept ans, il est *dix cors*; après cela, il prend le nom de vieux cerf. C'est au printemps que la chute des cornes arrive, et c'est pendant l'été qu'elles repoussent. Au moment de la chute, ils se cachent dans les taillis et n'en sortent que lorsqu'ils ont déjà la tête ornée d'un bois nouveau. On suppose que les cerfs ne vivent pas plus de vingt ans. La femelle du cerf s'appelle *biche*. Elle ne porte que huit mois et quelques jours ; elle met bas en mai un seul petit ou faon, très-rarement deux. Leur nourriture, dans la belle saison, se compose de jeunes pousses, de feuilles, de fleurs de bruyères, etc. En hiver, ils pèlent les arbres et se nourrissent d'écorces et de mousse. Tout le monde sait que les cerfs, dont l'œil porte un larmier très-grand, pleurent dans leurs détresses ; leur vitesse n'est pas moins connue; Buffon a tracé des mœurs de ces animaux un tableau justement célèbre. La peau du cerf donne un cuir souple et fort, son bois est employé en tabletterie. Les médecins font préparer avec ce bois ou corne une gelée aromatisée et sucrée propre aux convalescents. Cette corne est aussi em-

Fig. 475. — Cerf commun (hauteur 1ᵐ,20).

ployée pour faire la *décoction blanche* (voyez ce mot) prescrite surtout contre les diarrhées. L'*esprit volatil de corne de cerf* est un produit de la distillation.

La chasse au cerf est un des exercices les plus intéressants et les plus nobles; elle demande des connaissances spéciales très-variées, et un appareil d'hommes, de chevaux, de chiens dressés, qui en font un amusement et un exercice réservés seulement aux existences princières. Elle se fait aux chiens courants. Avant tout, il faut d'abord savoir *juger* le cerf, c'est-à-dire connaître son âge et son sexe, par le *pied* et les *allures*, etc. C'est ce qu'une longue pratique seule peut apprendre; ainsi l'animal appuie le pied plus ou moins sur la *pince* ou sur l'*éponge* (le talon), suivant sa hauteur, son sexe, son âge, etc. Les *foulées* sont les empreintes que le cerf laisse sur l'herbe, sur les feuilles ; il faut les chercher en se traînant sur les mains, sur les genoux, le long du chemin que le cerf aura suivi. Les *portées* sont les branches que le cerf touche et place avec sa tête dans la *coulée* par laquelle il se *rembuche*. Un indice assez sûr se tire des *fumées* ou fientes. Nous ne pouvons qu'indiquer ici sommairement ces objets dont on trouvera le développement dans les traités spéciaux. Après avoir *jugé* le cerf, il faut s'assurer de l'endroit où il se repose, et alors on est à peu près sûr de le trouver pour le lancer. Lorsqu'on est convenu de l'instant du lancer, qui se fait à l'aide de limiers; avec de bons chiens dressés à cet usage, on lasse le cerf en ne lui laissant ni repos ni trêve, jusqu'à ce qu'il tombe enfin de lassitude; il est alors aux *abois* et on le tue à coups de fusil. Après sa mort, on en fait la *curée*, puis on le dépouille de sa peau à laquelle on laisse tenir la tête; cette dépouille se nomme la *nappe*; on découpe ensuite le cerf. La pièce d'honneur est le pied droit *de* devant, qu'on présente au maître de la chasse aussitôt que l'animal a été tué. Les différents actes de la chasse, depuis le *lancer* du cerf, sont accompagnés des fanfares des cors, qui annoncent successivement les phases de ce drame pendant lequel l'animation des chasseurs, des chevaux et des chiens va toujours croissant jusqu'au moment où la victime est à bas.

2° Le *C. du Canada* (*C. canadensis*, Gm.) ressemble au nôtre, mais il est plus grand. 3° L'*Axis*, *C. tacheté de l'Inde* (*C. axis*, Lin.), est fauve en tout temps, tacheté de blanc pur; queue fauve; bois ronds, devenant très-grands avec l'âge, ne portant jamais qu'un andouiller vers la base et la pointe fourchue. On le trouve au Bengale; il propage très-bien dans nos pays. Les axis vivent en grandes troupes sur les rives du Gange, d'où ils ont pris le nom de *Cerf du Gange*; ils sont d'un naturel doux et leur odorat est très-subtil. Ils étaient connus des anciens sous le même nom d'*Axis*. 4° Le *C. cochon* (*C. porcinus*, Lin.) habite l'Inde, le Bengale; il est de couleur fauve semée de taches blanches : il n'a pas plus de 1ᵐ,10 de long; ses jambes sont courtes et grosses comme celles du cochon, d'où lui vient son nom; ses pieds et ses sabots très-petits. Son bois n'a guère que 0ᵐ,35; il est grêle, bifurqué à son extrémité, un petit andouiller à sa base. On ne sait rien sur les habitudes naturelles de cette espèce. 5° Le *Chevreuil* (*C. capreolus*, Lin.) (voyez Chevreuil, Vénerie).

Il existe un assez grand nombre de *cerfs fossiles*; Cuvier en cite sept espèces, parmi lesquelles une des plus remarquables est le *C. megaceros* (à grandes cornes) ou *cerf à bois gigantesque* de Cuvier, dont les bois ne mesuraient pas moins de trois mètres d'envergure, les perches de ces bois étaient palmées et dirigées horizontalement vers leur extrémité. On en a trouvé dans les tourbières en Irlande, et même, suivant Cuvier, des fragments dans la forêt de Boudy; le *Daim fossile d'Abbeville*, trouvé près de cette ville; le *Renne d'Étampes*; le *Chevreuil fossile d'Orléans*; le *Chevreuil de la Somme*, ont fourni différents débris qui sont, en général, des bois et quelques ossements.

CERFEUIL (Botanique), de *chærophyllum*, du grec *chairo*, je me réjouis, et *phullon*, feuille, c'est-à-dire feuille dont l'odeur est agréable. — Nous réunissons sous ce nom vulgaire les deux genres *Anthriscus*, Hoffm., et *Chærophyllum*, Hoffm., appartenant à la famille des *Ombellifères*, tribu des *Scandicinées*, et se distinguant, l'un par ses carpelles rétrécis au sommet en un bec et présentant 5 côtes primaires, apparentes seulement dans la partie supérieure du carpelle, et l'autre par ses carpelles non rétrécis en bec, à 5 côtes primaires obtuses, prolongées jusqu'à la base du carpelle. Le *C. cultivé* (*Anthriscus cerefolium*, Hoffm.; *Scandix cerefolium*, Lin.; *Chærophyllum sativum*, Lamk; *C. cerefolium*, Crantz, etc.) est une herbe annuelle que les anciens paraissent avoir connue dans leur économie domestique. On connaît son odeur aromatique et sa saveur agréable qui nous fait employer tous les jours cette espèce comme assaisonnement. Le cerfeuil cultivé possède des propriétés diurétiques, incisives et résolutives; on l'emploie en pharmacie pour faire des sucs d'herbe. L'extrait qu'on en obtient entre dans la tisane dite *royale* (tisane purgative). Suivant différents médecins, il résout les engorgements laiteux. Dans ces derniers temps, la culture maraîchère s'est occupée de propager le *C. bulbeux* pour ses racines comestibles. Cette espèce, qui est le *Chærophyllum bulbosum* de Linné, et le *Scandix bulbosa* de Roth, est une espèce bisannuelle, à racine turbinée et à tige poilue à la base. Les segments de ses feuilles sont divisés en lanières linéaires. Cette plante est depuis longtemps cultivée en Allemagne, où elle croît même spontanément. Les racines atteignent par la culture la grosseur d'un œuf de poule et pèsent jusqu'à 30 grammes. Elles donnent un excellent légume, très-nutritif, exhalant une délicieuse odeur de vanille qui le fait distinguer de tous les autres et en fait un mets très-délicat. Le cerfeuil bulbeux a, de plus, l'avantage d'arriver précisément à l'époque où les provisions de pommes de terre s'épuisent et où les chaleurs de l'été

diminuent la production et la qualité des légumes verts. L'amidon qu'on extrait de sa racine est de bonne qualité. On trouve aux environs de Paris le *C. sauvage* (*Anthriscus sylvestris*, Hoffm.; *Chærophyllum sylvestre*, Lin.), et le *C. enivrant* (*C. temulum*, Lin.) qui passe pour vénéneux.

G.—s.

CERF-VOLANT (Zoologie). — Insecte (voyez Lucane).

CÉRINTHE (Botanique). — Voyez Mélinet.

CERISE (Vétérinaire). — On appelle ainsi des excroissances charnues qu'on rencontre surtout dans les plaies des animaux. On les observe dans la sole du cheval après les enclouures, dans les cas de carie ou de nécrose de l'os du pied. On est obligé quelquefois de les exciser (voyez Enclouure, Fourbure).

CERISE (Botanique). — Fruit du *cerisier*.

CERISIER (Botanique), *Cerasus*, de Juss. — Sous-genre du genre *Prunier* (*Prunus*, Lin.), famille des *Rosacées*, tribu des *Amygdalées*. Caractérisé par des feuilles pliées en long avant leur épanouissement, fleurs pédonculées, tantôt solitaires ou en fascicules, ombelliformes; tantôt en corymbes ou en grappes; pétales blancs; drupe glabre; noyau à peine caréné sur son bord dorsal, le ventral caréné et longé par deux petites côtes. Les cerisiers sont des arbres de grandeur moyenne, qui ont les plus grands rapports avec les pruniers et les abricotiers. On dit (Pline), que cet arbre fut rapporté à Rome, l'an 680 de sa fondation, par Lucullus qui l'avait trouvé à Cérasonte, ville du Pont, pendant la guerre où il vainquit Mithridate; mais il est plus que probable qu'avant cette époque on voyait croître dans les forêts de la Gaule et de la Germanie plusieurs sortes de merisiers; par la culture, elles ont dû produire à la longue un grand nombre des variétés de cerises qui enrichissent maintenant nos vergers. La cerise est un des fruits les meilleurs et les plus utiles; sa venue précoce, au moment où les jardins et les vergers ne nous ont encore rien donné, en augmente beaucoup le prix; aussi la consommation en est-elle considérable à l'état frais. On la conserve encore sous forme de confitures, dans l'eau-de-vie; on en fait des liqueurs, telles que le marasquin, le kirschen-wasser, etc. Les cerisiers cultivés aujourd'hui peuvent se rapporter, suivant M. Du Breuil, à deux variétés : 1° le *Cerisier* proprement dit (*Prunus cerasus*, Lin.), *Cerisier de Cérasonte*; 2° le *Merisier* (*Prunus avium*, Lin.; *Cerasus avium*, de Cand.), originaire d'Europe. Le premier a donné, par la culture, toutes les variétés à fruits plus ou moins acides, à chair molle, à fruits sphériques, et connues sous le nom de *Cerises* à Paris, et sous celui de *Griottes* dans le Midi; le second a produit les variétés connues sous le nom de *Guignes* à Paris, et de *Cerises* dans le Midi, puis les *Bigarreaux* (fig. 477). Enfin, le croisement de ces deux variétés·a donné

Fig. 476. — Cerise Belle de Choisy.

lieu à une troisième série de sous-variétés fruits doux, de forme un peu moins sphérique, à chair plus ferme que celle de ces dernières, mais moins compacte que celle des guignes : telle est la *Belle de Choisy* (fig. 476). Voici, selon M. Du Breuil, quelques-unes des meilleures variétés de ces divers groupes : 1° *Angleterre hâtive*, fin de mai, juin ; fruit moyen, très-fertile. 2° *Montmorency à longue queue*, juin ; fruit moyen, fertile. 3° *Belle de Choisy*, *doucette, cerise ambrée* (*fig.* 476), juin ; fruit d'un rouge tendre, couleur de rose, fondant, sucré, presque pas du tout acide, très-délicat ; les oiseaux en sont très-friands. L'arbre est sujet à fort peu rapporter. 4° La *Royale*, *Cherry-Duck*, fin de juin ; fruits gros, peau d'un beau rouge brun, chair rouge, un peu ferme, eau très-douce ; c'est la *cerise anglaise*. 5° La *Griotte de Portugal, Royale de Hollande*, commencement de juillet ; fruit gros, peau cassante, rouge brun, chair ferme, eau abondante, noyau petit, pointu à son sommet ; à confire. 6° La *Reine Hortense, Belle suprême, Cerise d'Aremberg*, commencement de juillet ; fruit gros, obtenue en Belgique en 1821, introduite en France en 1830. 7° *Montmorency courte queue, gros gobet*, juillet ; fruit gros, queue courte, grosse, d'un beau rouge vif, peu foncé, chair délicate, eau abondante, agréable, peu acide. 8° Le *Bigarreau de mai, Bigarreau rouge hâtif* (*fig.* 477) ; fruits tout à fait en cœur, un peu comprimés, marqués d'un sillon longitudinal sur une de leurs faces, chair ferme, cassante, très-adhérente à la peau, qui est d'un beau rouge du côté du soleil, marbrée de rouge et de blanc du côté opposé : donne beaucoup. 9° La *Grosse merise noire*, à longue queue, peau fine, luisante, chair tendre, d'un rouge foncé, douce, sucrée. C'est le produit de la culture du *merisier* des bois. C'est avec ce fruit qu'on fait le *ratafia de cerises* et le *kirschen-wasser* (voyez MERISIER).

Le cerisier s'accommode des divers climats de la France ; il redoute les terrains humides et argileux, les terres légères et un peu calcaires lui conviennent. On le reproduit par greffes sur le *merisier*, sur le *prunier de Sainte-Lucie* ou *mahaleb*, et le *cerisier franc*. Le merisier est le plus vigoureux. Le Sainte-Lucie l'est moins, mais il est plus rustique ; le cerisier franc tient le milieu : il est assez rarement employé. On greffe à œil dormant vers la fin d'août, et au printemps en couronnes, ou en fente

Fig. 477. — Cerise-Bigarreau rouge hâtif.

anglaise, les sujets qui n'ont pas réussi. Les cerisiers se cultivent dans les jardins fruitiers ou dans les vergers. Dans le premier cas, on peut leur donner les formes en vase, en cône, en espalier, etc. Dans les vergers, ils reçoivent les soins qu'on donne généralement aux arbres fruitiers. Le bois du cerisier est naturellement roussâtre ; il est très-employé en ébénisterie, surtout le merisier dont le bois est plus dur et plus serré.

CERISIER DU CANADA (Botanique), *Cerasus canadensis*, Mus. — *Ragouminier néga* ou *Minet du Canada* ; arbrisseau qui s'élève rarement au-dessus de 1ᵐ,30 ; fleurs petites, portées par des pédoncules longs et minces ; fruits ressemblant à ceux du *petit cerisier sauvage*; saveur amère. Mûrissant en juillet. Arbrisseau à fleurs et d'ornement. Il croît naturellement au Canada.

CERISIER DE LA CAROLINE (Botanique), *Cerasus caroliniana*, Mich. — Arbre en forme de pyramide, feuilles toujours vertes, luisantes, fleurs en grappes axillaires, fruits ronds qui restent sur l'arbre pendant tout l'hiver.

CERISIER TOUJOURS FLEURI (Botanique), *Cerasus semperflorens*, de Cand. — *Cerisier de la Saint-Martin* ; fleurs naissant sur les pousses de l'année, blanches, solitaires

dans les aisselles des fleurs. Les premières paraissent en juin et se succèdent pendant tout l'été.

CERISIER A GRAPPES (Botanique), *Cerasus padus*, de Cand. — Vulgairement *Merisier à grappes, Putiet, Faux Sainte-Lucie*, à fleurs blanches, en petites grappes serrées aux côtés et à l'extrémité des branches ; fruit rond, petit, amer. Son bois est prisé pour l'ébénisterie.

CERISIER LAURIER-CERISE (Botanique). — Voyez LAURIER-CERISE.

CERISIER LUISANT (Botanique), *Cerasus chamæcerasus*, Lin. — Arbrisseau très-touffu, s'élevant à un peu plus de 1ᵐ,50 ; fleurs blanches, assez petites, fruits d'un rouge vif, très-acides. Très-propre à former par la greffe des cerisiers nains.

CERISIER MAHALEB, SAINTE-LUCIE (Botanique), *Cerasus Mahaleb*, Mill. — Il s'élève à 6 mètres et plus; fleurs blanches disposées, au nombre de six ou huit ensemble, en petites grappes ; fruits moitié d'une cerise ordinaire, noirâtres, très-amers. Cet arbre est très-commun dans les Vosges, aux environs de Sainte-Lucie, d'où il a reçu son nom ; se plante en bosquets. Il sert aussi très-bien pour greffer les cerisiers ; son bois est roussâtre, assez dur, susceptible de prendre un beau poli ; il a une odeur agréable. Il ne faut pas le confondre avec le bois de palissandre, qui nous vient de Sainte-Lucie, et auquel on a quelquefois donné ce nom (voyez PALISSANDRE).

CERISIER DE PORTUGAL (Botanique), *Cerasus lusitanica*, Lois., *Azarero*. — Il nous vient du Portugal ; grand arbrisseau toujours vert ; fleurs blanches disposées en épis longs et serrés ; fruits ovales, d'un rouge foncé, presque noirs.

CERISIER DE VIRGINIE (Botanique), *Cerasus virginiana*, Mich. — Arbre de 8 à 10 mètres, qui conserve longtemps sa verdure en automne ; ses fleurs sont blanches et ses fruits, assez gros, sont noirs lorsqu'ils sont mûrs ; les oiseaux les mangent. On le cultive en pleine terre en France pour l'ornement. Son bois rougeâtre, veiné de noir et de blanc, est très-odorant ; il prend un beau poli.

CÉRITE (Minéralogie). — Voy. CÉRIUM.

CÉRITHE (Zoolog.), *Cerithium*, Fab. — Genre de *Mollusques gastéropodes pectinibranches*, famille des *Buccinoïdes*, démembré des *Murex* de Linné, caractérisé par une coquille univalve, à spire turriculée, à tours de spire nombreux, l'ouverture ovale et un canal court. Les animaux portent un voile sur la tête, le pied très-court, un opercule corné. La *C. moluccanum* de Renieri est une coquille de 0ᵐ,065 de long, dont la spire, composée de treize tours, est couverte de stries transversales ; c'est une espèce européenne ; on la trouve dans l'Adriatique.

Fig. 478.—Cérithe géant (long. 0ᵐ,50).

Il existe un grand nombre de cérithes fossiles, parmi lesquelles une des plus remarquables est la *C. gigantesque* (*C. gigas*, Lamk) ; coquille turriculée, très-longue, de trente à trente-cinq tours ; ouverture oblongue et un peu oblique (*fig.* 478). Elle porte deux plis à la columelle ; cette espèce est remarquable pour sa taille et par le saut brusque de sa grandeur au-dessus des autres espèces de son genre. Elle a jusqu'à 0ᵐ,50 de long. On la trouve à Hauteville (Manche), à Grignon et à Courtagnou (Seine-et-Oise), et dans toutes les couches du calcaire coquillier des environs de Paris. Il y en a tellement à Hauteville, que dans quelques endroits on en ferre les chemins.

CÉRIUM (Chimie), de *cérite*, nom du minéral dans lequel il a été découvert. — Métal simple, que l'on rencontre dans quelques minéraux très-rares de Suède et de Sibérie (la *cérite*, l'*allanite*, l'*orthite*, la *gadolinite*, etc.) à l'état de silicate, de carbonate ou de fluorure. C'est un métal rare, peu connu, sans importance, découvert en 1803, à peu près simultanément par Klaproth, Hisinger et Berzelius.

CÉROÈNE, CÉROUÈNE, CIROUÈNE (Matière médicale), du latin *cera*, cire. — C'est le nom d'un emplâtre regardé comme résolutif et fortifiant, dont la composition est due aux religieuses du couvent des Miramiones de Paris. Les substances qui le constituent sont : poix de Bourgogne, 360 ; poix noire, 90 ; cire jaune, 120 ; suif de mouton, 40 ; bol d'Arménie, 100 ; myrrhe en poudre, 20 ; encens pulvérisé, 20 ; minium, 20. On étend sur une toile.

CÉROPÉGIE (Botanique), *Ceropegia*, Lin., du grec *kéros*, cire, et *péghé*, fontaine, source ; ce qui signifie dans le sens littéral *fontaine de cire*, ou dans le sens usité *lustre*. Nom donné suivant les uns, à cause des rameaux penchés et redressés à leur extrémité, où ils portent des bouquets de fleurs ressemblant très-bien à un lustre, et suivant les autres, il résulte d'une allusion faite à la couronne staminale divisée en 10 et 15 lobes. — Genre de plantes de la famille des *Asclépiadées*, tribu des *Pergulariées*. Il comprend des plantes de l'Inde et de l'Afrique. Leurs tiges sont ordinairement grimpantes. On cultive à peu près une douzaine d'espèces de ce genre dans les serres chaudes.

CÉROPHORE (Zoologie), du grec *kéras*, corne, et *phoros*, porteur. — De Blainville, a établi sous ce nom une tribu de *Mammifères ruminants ;* ceux à cornes creuses. (Antilopes, Chèvres, Moutons, Bœufs.)

CÉROXYLE (Botanique), *Ceroxylum*, Humb. et Bonpl., du grec *kéros*, cire, et *xulon*, bois ; bois qui donne de la cire. — Genre de la famille des *Palmiers*, tribu des *Arécinées*, réparti aujourd'hui dans le genre *Iriartea* (à Jean Iriarte, botaniste espagnol) de Ruiz et Pavon. Le *C. des Andes* (*C. andicola*, Humb. et Bonpl. ; *Iriartea andicola*, Spreng.) est un arbre dont on a vu des individus atteindre 60 mètres de hauteur. Il croit au Pérou, dans les Andes de Quindin, où il habite jusqu'à près de 3 000 mètres au-dessus de l'Océan. Son tronc est sensiblement plus épais vers le haut ; ses feuilles, ordinairement recouvertes d'une poussière argentée, sont formées d'un grand nombre de divisions linéaires, coriaces, plissées. Ses spadices sont pendants, à fleurs hermaphrodites en haut, et souvent accompagnés de fleurs mâles ; les femelles sont en bas. Le fruit de ce végétal est une baie globuleuse qui se colore de violet à sa maturité. Le céroxyle des Andes est non-seulement un des plus majestueux de la famille, mais encore il donne un intéressant produit. La surface de son tronc est recouverte dans toute son étendue d'une couche de cire mêlée de résine, qui lui donne, dit-on, l'apparence d'une colonne de marbre. Cette cire est employée à faire des bougies, et se vend dans le pays où elle provient à raison de 30 centimes le kil. Un pied peut donner 12 kil. de cette matière. Le bois et les feuilles de cet arbre, comme ceux de tous les palmiers, servent aussi à différents usages.

G — s.

CERTHIADÉES (Zoologie). — Famille d'*Oiseaux* qui répond au genre des *Grimpereaux* de Cuvier.

CÉRUMEN (Anatomie), du grec *kéros*, cire. — Humeur particulière fournie par les follicules qui garnissent les parois du conduit auditif externe, et qui sert à lubrifier la peau qui le tapisse et à entretenir sa souplesse. Elle est visqueuse, jaunâtre, d'une saveur amère, d'une odeur assez forte ; l'alcool et l'éther la dissolvent en partie. Cette humeur, qui coule liquide des follicules qui la produisent, s'épaissit à l'air et devient assez semblable à de la cire molle, d'où vient son nom. Lorsqu'on la laisse s'accumuler, elle finit par prendre une consistance telle qu'elle forme quelquefois un bouchon très-dur, qui intercepte les sons et détermine une surdité plus ou moins complète. Lorsque cet accident arrive, il faut ramollir ce bouchon au moyen des injections tièdes, tenir pendant quelques jours dans l'oreille un bourdonnet imbibé d'huile, et enfin enlever cette masse de cérumen avec une petite curette ou un fort cure-oreille.

CÉRUSE (Chimie), *blanc de plomb, blanc de Krems, blanc d'argent, carbonate de plomb*. — Substance blanche, friable ou pulvérulente, dont la peinture fait annuellement une immense consommation. Elle est formée par la combinaison de l'acide carbonique avec l'oxyde de plomb ; sa formule chimique est (PbO, CO^2) quand elle est pure, mais elle contient toujours un excès d'oxyde de plomb hydraté, de sorte qu'on peut la considérer comme un carbonate basique.

Le carbonate de plomb est décomposé par la chaleur à l'abri du contact de l'air en acide carbonique et protoxyde de plomb ou *litharge ;* mais quand l'air intervient, il donne du *minium* de très-belle qualité, appelé *mine orange*. Comme tous les sels de plomb, l'acide sulfhydrique le noircit en le transformant en sulfure de plomb. C'est la principale cause qui fait noircir par le temps la plupart des peintures, la céruse étant employée comme excipient de presque toutes les couleurs.

Le carbonate de plomb est complétement insoluble dans l'eau pure et très-peu soluble dans l'eau chargée d'acide carbonique ; quand il est pur, il est entièrement soluble avec effervescence dans l'acide nitrique ou l'acide acétique (*vinaigre*). Mais dans le commerce il est souvent fraudé avec des substances d'un prix moins élevé, telles que le sulfate de baryte, le sulfate de plomb, le sulfate de chaux ou plâtre. Comme ces substances sont insolubles dans le vinaigre, la fraude est facile à constater ; il n'en est plus tout à fait ainsi lorsque la fabrication est opérée avec de la craie ou carbonate de chaux, qui est également soluble dans cet acide. Il convient alors de traiter la dissolution par un excès d'acide sulfhydrique ; tout le plomb se précipite à l'état de sulfure, tandis que la craie, s'il y en a, reste dans la liqueur ; il suffit alors d'y verser un peu d'oxalate d'ammoniaque pour voir apparaître un précipité blanc d'oxalate de chaux.

La céruse était connue des anciens qui s'en servaient dans la peinture à l'huile, dans la médecine, et même comme objet de toilette, en guise de fard. Sa préparation, retrouvée ou conservée par les Arabes, fut importée d'abord à Venise, puis à Krems en Autriche, puis en Hollande, qui pendant longtemps garda le privilége de fournir presque exclusivement le commerce de cette substance ; mais depuis le commencement de ce siècle, un grand nombre de fabriques de céruse se sont élevées successivement dans les divers pays de l'Europe. Deux procédés principaux ont été mis en pratique dans la fabrication de ce produit, le procédé hollandais et le procédé de Clichy, le premier beaucoup plus généralement employé que le second.

Procédé hollandais. — Dans une fosse en maçonnerie, de 4 mètres de large sur 4 de long et 6 de haut, et ayant par conséquent 96 mètres cubes de capacité, on étend sur le sol une couche de fumier ou de tannée de $0^m,40$ d'épaisseur. Sur cette couche, on place à côté les uns des autres 1 200 pots renfermant chacun un demi-litre de vinaigre ; on place dans chaque pot une feuille de plomb roulée sur elle-même et supportée par deux mentonnets au-dessus de la surface du vinaigre ; chaque pot est en outre recouvert par une feuille de plomb.

Sur cette rangée de pots, on établit parallèlement entre elles des traverses de bois de $0^m,12$ d'équarrissage, que l'on recouvre de planches sur lesquelles on construit une couche semblable à la première, et on continue ainsi jusqu'à ce que la fosse soit remplie. On la ferme alors avec une couche de fumier ou de tannée, et on l'abandonne à elle-même pendant un mois, si on a fait usage de fumier, un mois et demi si on a employé de la tannée ou tan épuisé provenant des tanneries. La réaction qui se produit alors est assez complexe. Les couches entrent bientôt en fermentation et leur température s'élève à 35 ou 40°, ce qui donne lieu dans toute la masse à un courant d'air que l'on favorise au moyen de quelques ouvertures pratiquées au bas de la fosse. Sous l'influence de cet air et des vapeurs d'acide acétique fournies par les pots, le plomb s'oxyde et se combine avec l'acide pour former un acétate basique. Mais la fermentation des couches donne en même temps lieu à un dégagement d'acide carbonique. Ce gaz arrivant au contact de l'acétate de plomb, le décompose pour produire du carbonate de plomb. L'intervention de ces trois substances, air, acide acétique, acide carbonique, est indispensable au succès de l'opération.

Lorsque l'action des couches est épuisée, on vide la fosse pour la reconstruire. Les lames de plomb en sortent recouvertes d'une épaisse couche de carbonate de plomb, qu'on en détache en les déroulant et pliant en divers sens, opération appelée *épluchage*, ce qui détache la céruse en lamelles, puis soumettant les lames épluchées au *décapage*. Cette dernière opération, des plus dangereuses pour les ouvriers quand elle est faite à la main, s'effectue généralement par des procédés mécaniques. Les lames de plomb à décaper sont apportées près de la machine ; un ouvrier les prend une à une et les pose doucement sur une toile sans fin mobile, qui les amène à la tête d'un plan incliné sur lequel elles glissent entre deux paires de cylindres cannelés longitudinalement, puis dans l'intérieur d'un crible cylindrique incliné, et de là sur une seconde toile mobile, où un second ouvrier les vient prendre. Sous l'influence des deux paires de cylindres, la céruse est détachée des lames de plomb, tombe dans un chariot placé dans une chambre fermée par une double porte. Tout le mécanisme est contenu dans des compartiments exactement fermés, que l'on n'ouvre que lorsque la poussière est suffisamment abattue, pour qu'elle ne puisse pénétrer dans les voies respiratoires.

La céruse ainsi obtenue doit subir une première pulvérisation à sec, généralement opérée sous des meules verticales en pierre, tournant dans des auges à fond horizontal ; de là elle passe dans un second crible métallique, à mailles très-fines, qui en sépare les parcelles de plomb aplaties en lamelles par l'action de la meule ; ensuite elle est délayée dans l'eau et passe sous d'autres meules horizontales qui en achèvent la trituration. La pâte molle ainsi obtenue est versée dans des pots coniques exposés à l'air, et où elle se dessèche en subissant un retrait qui permet de l'en sortir aisément. Ces pains sont quelquefois directement livrés au commerce, mais le plus souvent ils sont soumis à un second broyage à sec sous des meules verticales ou horizontales, en marbre blanc, fonctionnant à la manière des moulins à farine, puis à un blutage dans un bluteur en soie. La céruse en farine est alors tassée dans des tonneaux dans lesquels on les expédie.

Tant que la céruse est mouillée d'eau ou d'huile, sa manipulation est à peu près sans danger ; mais les opérations qu'on lui fait subir à sec exposent les ouvriers à une maladie très-grave, appelée *maladie saturnine, colique de plomb, colique des peintres*, parce que les peintres, au moment où ils prennent la couleur en poudre pour l'empâter, en respirent quelquefois la poussière. Bien qu'elle soit beaucoup trop commune encore, cette maladie est devenue moins fréquente par suite des précautions hygiéniques adoptées dans les fabriques de carbonate de plomb, et aussi par l'usage qui tend à se répandre de plus en plus de livrer dans le commerce la céruse non plus en poudre sèche, mais déjà mélangée de 7 ou 8 p. 100 d'huile dans un pétrin mécanique, puis broyée entre deux ou trois paires de cylindres broyeurs qui l'amènent à un état convenable.

Procédé de Clichy. — Ce procédé, imaginé par Thenard et appliqué pour la première fois à l'usine de Clichy, devait réaliser d'importants avantages dans la fabrication de la céruse. De la litharge est mise en digestion dans de l'acide acétique produit de la distillation du bois ; il se forme de l'acétate de plomb tribasique. La dissolution de ce sel est versée dans de grands bassins en bois, doublés de cuivre étamé, et on la fait traverser par un courant d'air chargé d'acide carbonique, par son passage au travers d'un foyer alimenté au charbon de bois ou au coke. L'excès d'oxyde de plomb du sous-acétate passe à l'état de carbonate neutre ; ce dernier sel réagit sur la portion de l'acétate basique non encore décomposée, et passe à son tour à l'état de carbonate basique ; de sorte que le sous-acétate primitif est attaqué tout à la fois et par l'acide carbonique et par le carbonate neutre de plomb. L'acétate ainsi privé de son excès de base était ramené à l'état de sous-sel par son action sur une nouvelle quantité de litharge, et servait ensuite à une nouvelle préparation de céruse.

La céruse ainsi obtenue est en poudre assez fine pour être livrée à la consommation après une dessiccation convenable ; mais on lui a longtemps reproché de *couvrir moins que la céruse obtenue par le procédé hollandais.* Cela tenait à ce qu'elle se présentait sous forme de petits grains cristallins, translucides, tandis que l'autre est en grains irréguliers et opaques. On a fait disparaître à peu près complètement cette cause d'infériorité, soit en faisant bouillir avec un peu de carbonate de soude la céruse obtenue par précipitation, ce qui la ramenait en partie à l'état de carbonate neutre de plomb et désagrégeait les cristaux, soit en faisant agir à chaud l'acide carbonique sur de l'acétate tribasique en dissolution concentrée.

La variété de céruse appelée *blanc d'argent* ou *blanc de Krems* s'obtient en choisissant les écailles les plus blanches et les plus compactes, obtenues par le procédé hollandais, et les soumettant à un broyage plus long et plus soigné.

Le blanc de céruse ou blanc de plomb s'emploie rarement seul. On adoucit ordinairement sa teinte trop vive par un peu de noir ou d'autre couleur ; on le mêle également à la plupart des couleurs, soit pour leur donner du liant et les rendre plus siccatives, soit pour les amener au ton désiré.   **M. D.**

CERVEAU (Anatomie, Physiologie), *Cerebrum.* — Il en a été traité au mot *cérébro-spinal.* Pour les différentes maladies dont il peut être affecté aussi bien que les autres parties de l'axe cérébro-spinal, voyez ENCÉPHALITE, FIÈVRE CÉRÉBRALE, MÉNINGITE, MYÉLITE, etc.

CERVELET (Anatomie, Physiologie). — Voyez CERVEAU, CÉRÉBRO-SPINAL.

CERVELLE (Anatomie). ..om vulgaire de l'*encéphale* (voyez CERVEAU, CÉRÉBRO-SPINAL).

CERVICAL (Anatomie), du latin *cervix*, région postérieure du cou. — Ce sont les parties situées dans la région postérieure du cou. Ainsi il y a les *vertèbres cervicales*,

au nombre de sept chez l'homme et chez les mammifères.

— Les ligaments *cervical antérieur* et *cervical postérieur*, qui unissent les vertèbres cervicales à l'occipital.

— L'artère *cervicale ascendante*, rameau de la thyroïdienne inférieure ; la *cervicale transverse*, branche de la sous-clavière ou de l'axillaire ; la *cervicale postérieure* ou *profonde*, fournie aussi par la sous-clavière.

— Les *nerfs cervicaux*, au nombre de huit paires communiquant entre elles et avec le grand sympathique ; ils forment plusieurs plexus remarquables. — Il y a aussi des *glandes cervicales*, etc.

CERVULE (Zoologie), *Cervulus*, de Blainv. — Genre de *Mammifères ruminants*, établi par de Blainville et adopté par M. Gervais, comme un démembrement du genre *Cerf* de Cuvier ; il a pour caractère essentiel que les pédoncules ou chevilles osseuses de l'os frontal sont plus longs que le bois qui est fort petit. La principale espèce est le *Chevreuil des Indes, C. muntjac* (*Cervus muntjac*, Gm. ; *Cervulus muntjac*, de Blainv.), plus petit que notre chevreuil, pelage d'un roux marron brillant. Vit en petites troupes à Ceylan, Sumatra, Java.

CÉSALPINIE ou **CÆSALPINIE** (Botanique), *Cæsalpinia*, dédié par Plumier à André Cæsalpini, célèbre botaniste, médecin italien du xvie siècle. — Genre de plantes type de la famille des *Cæsalpiniées*, comprenant des arbres à feuilles bipennées sans impaire. Caractères : pétales onguiculés, le supérieur plus court ; étamines à filets velus à la base ; style dilaté au sommet ; gousse ligneuse, comprimée, sans épines, divisée intérieurement par des cloisons transversales. Les Césalpinies habitent presque toutes les régions chaudes de l'Amérique. On a introduit et on cultive dans nos jardins la plupart de ces beaux arbres ; ils sont ordinairement armés d'aiguillons, et leurs fleurs jaunes disposées en grappes terminales sont d'un joli effet. Plusieurs d'entre eux offrent un certain intérêt. La *C. bois de sappan, Brésillet des Indes* (*C. sappan*, Lin.) est la seule qui soit originaire des Indes orientales. Son bois tinctorial rouge est très répandu dans le commerce, ainsi, du reste, que celui de la *C. du Brésil* ou *Brasiletto* (*C. brasiliensis*, Lin.), qui fournit une couleur jaune. La *C. des corroyeurs* (*C. coriaria*, Willdw) vient à Saint-Domingue, où sa gousse sert à tanner les cuirs. Elle y est connue sous le nom de *Libidibi*. La *C. Crista* fournit le *bois de Fernambouc*, qui donne un principe colorant nommé *brésiline*, dans lequel M. Chevreul a trouvé du tannin, une huile volatile et différents sels alcalins.   **G—s.**

CÉSALPINIÉES (Botanique), *Cæsalpinieæ*, R.B. — Famille de plantes *Dicotylédones*, voisine des Papilionacées. Certains auteurs en font même un sous-ordre de la famille des *Légumineuses.* Elle comprend des arbres ou, moins communément, des herbes à feuilles composées, alternes, accompagnées de stipules. Leurs fleurs sont irrégulières, mais non papilionacées ; ce qui les distingue de la famille de ce nom. Calice à 5 divisions ; corolle à 5 pétales onguiculés, inégaux ; 10 étamines distinctes, inégales ; ovaire libre, solitaire ; style terminal ; gousse souvent divisée intérieurement par des cloisons transversales, renfermant plusieurs graines sans périsperme. Cette famille, qui est très-importante par les bois tinctoriaux et les substances médicinales qu'elle fournit, habite principalement les régions chaudes des deux continents. On la divise en sept tribus : Les *Leptolobiées*, les *Eucæsalpiniées*, les *Cassiées*, les *Amherstiées*, les *Bauhiniées*, les *Cynométrées.*

CÉSARIENNE (OPÉRATION) (Médecine), de *cædere*, couper. — On appelle ainsi une opération dans laquelle on incise les parois de l'abdomen pour en extraire le fœtus. Il paraît qu'un des ancêtres de César vint au monde de cette manière, d'après le passage suivant de Pline : *Primus Cæsarum a cæso matris utero dictus,* « le premier des Césars, ainsi nommé, parce qu'il fallut pour l'extraire ouvrir le sein de sa mère ; » et déjà le premier Scipion l'Africain était venu au monde de la même manière. Cette opération avait toujours été pratiquée sur des femmes mortes récemment, afin de soustraire leurs enfants à une mort certaine, lorsqu'en 1581 Rousset osa proposer et décrire un procédé pour extraire le fœtus chez une femme vivante, dans un ouvrage qui a pour titre : *Traité nouveau de l'hystérotomotokie ou enfantement césarien.* Paris, 1581, in-8°. Cette opération est indiquée lorsque la femme meurt dans les derniers temps de la grossesse, ou à une époque postérieure au terme de la viabilité du fœtus, ou bien sur le vivant lorsque l'étroitesse du bassin, l'existence de tumeurs qui rétrécissent les voies naturelles, ne permettent pas la délivrance par ce moyen. Dans le premier cas, l'opération sera faite assez tôt pour ne pas compromettre la vie de l'enfant, et pourtant pas avant qu'on soit à peu près sûr de la mort de la femme ; cependant, quel que soit le temps écoulé, il ne faut pas hésiter à faire l'opération : la malheureuse princesse de Schwartzenberg, qui périt à Paris en 1810 dans un incendie au milieu d'une fête, était enceinte ; on ne l'ouvrit que le lendemain, l'enfant était vivant. C'est par cette raison que les mêmes précautions doivent être prises, et le même procédé opératoire suivi, que s'il s'agissait d'une femme vivante. On ne décrira pas ici les procédés opératoires proposés pour les différents cas qui peuvent se présenter ; ils rentrent tout à fait dans la pratique de la grande chirurgie.   F—N.

CESTOÏDES (Zoologie). — Voyez VERS INTESTINAUX.

CESTREAU (Botanique). — Nom vulgaire du genre *Cestrum* de Linné, du grec *kestra*, marteau pointu. Les Grecs donnaient ce nom à la bétoine, parce que les fleurs de cette plante réunies en pelote imitaient assez bien, selon eux, un marteau. Aujourd'hui on nomme *Cestrum* un genre dont les fleurs ont quelque analogie avec cette disposition. Ce genre est le type de la famille des *Cestrinées*, voisine des Solanées, suivant la classification de M. Brongniart. D'autres auteurs font des Cestrinées une simple tribu de cette dernière famille. On ne connaît pas moins d'une quarantaine d'espèces de *Cestrum* appartenant presque tous à l'Amérique méridionale. Ce sont des arbrisseaux à feuilles alternes, à corolle en entonnoir, allongée, à 5 étamines dont les anthères s'ouvrent longitudinalement, à ovaire biloculaire, à placentas globuleux, munis d'un petit nombre d'ovules. Leur fruit est une baie entourée ou renfermée dans le calice. Les *cestreaux* sont de belles plantes d'ornement dont les fleurs exhalent un arome agréable. On distingue surtout le *C. roseum*, Kunth., arbrisseau du Mexique, qui donne de jolies fleurs roses sessiles, et le *C. orangé* (*C. aurantiacum*, Lindl.), arbrisseau spontané dans le Guatémala, et donnant de juin en août des fleurs d'un beau jaune orangé.   G—s.

CÉTACÉS (Zoologie), en grec *kétos*, baleine. — C'est le neuvième ordre de *Mammifères* de Cuvier ; caractérisé surtout par l'absence de pieds de derrière, le tronc se continuant en une queue épaisse, terminée par une nageoire horizontale ; la tête se joint au tronc sans ce rétrécissement qui constitue le col. Ils ont presque en tout la forme des poissons ; aussi se tiennent-ils constamment dans l'eau ; mais, comme ils respirent par des poumons, ils sont obligés de venir souvent à la surface pour y prendre de l'air ; du reste, ils sont pourvus de mamelles pour allaiter leurs petits. La pêche des cétacés est un des grands mobiles du développement maritime de toutes les nations. Chaque année, des milliers de navires baleiniers partent des ports d'Europe ou d'Amérique, pour aller, dans les mers de l'un ou l'autre pôle, rechercher les immenses mammifères marins qui constituent cet ordre. Dans la plupart des espèces de cétacés, les fosses nasales, au lieu de venir s'ouvrir un peu au-dessus de la bouche, à l'extrémité du museau, font, avec la cavité buccale, un angle plus ou moins grand et vont former leurs narines à la face supérieure de la tête. Cet appareil, qu'on nomme *évent*, a, de plus, dans sa portion terminale, un sac contractile où l'eau qui s'introduit dans la bouche lorsque l'animal avale, et qui est rejetée par les fosses nasales, s'amasse pour être ensuite projetée en jets d'écume quand l'animal est à la surface de l'eau. Tous les cétacés qui offrent cette disposition forment la famille des *Cétacés souffleurs* ou *C. ordinaires*. Ils vivent d'animaux marins ; tandis qu'une autre famille, formée des genres dépourvus d'évent, et dont les espèces vivent de matières végétales, porte le nom de *Cétacés herbivores*. Tous les cétacés sont d'ailleurs, comme les amphibies, des animaux marins.

C'est parmi les *souffleurs* que se rencontrent les genres les plus intéressants. Nous citerons particulièrement :

Fig. 479. — Un Cétacé (le marsouin commun).

1° Les *Dauphins* (*Delphinus*, Lin.), dont les deux mâchoires sont armées de dents coniques toutes semblables entre

elles, et dont le régime est très-carnivore, ont dû aux anciens une célébrité peu justifiée par ce que les modernes ont pu en observer. Ce sont, en général, les moins grands des cétacés, bien que certaines espèces atteignent jusqu'à 8 mètres de longueur. Le *Dauphin commun* (*Delphinus delphis*, Lin.) n'a guère plus de 3 mètres ; il peuple en abondance toutes les mers : c'est le fameux dauphin des anciens. Le *Marsouin commun* (*D. phocœna*, Lin.) (*fig.* 479) est le plus petit cétacé ; il ne dépasse pas 1ᵐ,80. On le distingue du dauphin, parce que son museau n'est pas prolongé en bec, mais simplement arrondi. On le voit souvent sur nos côtes (voyez DAUPHIN).

2° Les *Cachalots* (*Physeter*, Lin.) n'ont de dents qu'à la mâchoire inférieure. Leur tête volumineuse est renflée à sa partie supérieure et antérieure par un vaste dépôt d'une matière huileuse qui, figée par le refroidissement, est connue sous le nom de *sperma-cœti*, *blanc de baleine* ou *adipocire* ; elle sert, comme la cire, à faire des bougies. L'*ambre gris* paraît être une concrétion formée dans leurs intestins. Ces animaux ont, en général, des dimensions énormes ; on les chasse très-activement pour en extraire le *blanc de baleine* et la petite couche de lard qu'ils portent sous la peau. On trouve des cachalots à peu près dans toutes les mers (voyez CACHALOT).

3° Les *Baleines* (*Balœna*, Lin.), non moins grandes que les cachalots, fournissent au commerce une huile précieuse et la substance cornée, désignée sous le nom de *fanons de baleine* ou simplement *baleines*. Mais ce qui rend les baleines célèbres dans le monde, c'est moins leur importance commerciale que leur taille monstrueuse. La *B. franche* (*B. mysticetus*, Lin.) dépasse tout ce qu'on peut imaginer : c'est le plus grand des animaux connus. Sa longueur va jusqu'à 30 mètres ; la circonférence de son vaste corps, à 28 ou 30 ; l'ouverture de sa gueule mesure près de 7 mètres (voyez BALEINE).

Les cétacés herbivores forment trois genres (*Règne animal* de Cuvier), 1° les *Lamantins* ou *Manates* (*Manatus*, Cuv.) ; 2° les *Dugongs*, Lacép. (*Halicores*, Illig.) ; 3° les *Stellères*, Cuv. (*Ritina*, Illig.).

CÉTÉRACH (Botanique), de *chetherak*, mot par lequel les médecins arabes et persans désignent cette plante.— Genre de la famille des *Fougères*, tribu des *Polypodiacées*. Ses caractères sont : capsules en groupes épars ou diversement agrégés, recouverts d'écailles membraneuses ou filiformes. Le *C. officinal* (*C. officinarum*, Willdw ; *Gymnogramma ceterach*, Spreng. ; *Asplenius ceterach*, Lin.) est une petite plante que l'on appelle vulgairement *doradille*, de l'espagnol *doraditha*, à cause des reflets dorés que présentent ses feuilles. Celles-ci sont profondément pinnatifides, à lobes alternes, triangulaires, très-obtus, aussi longs que larges. Cette espèce vient sur les murailles, dans les fentes de rochers des régions tempérées. On la rencontre en différents endroits des environs de Paris. Elle passait autrefois pour dissoudre les calculs, guérir les maladies de rate et une foule d'autres affections. Aujourd'hui, c'est à peine si elle figure dans les officines comme pectorale. Aussi se contente-t-on de prescrire ses feuilles en infusion.   G—s.

CÉTIOSAURES (Zoologie), *Cetiosaurus*, Owen. — Genre de *Reptiles sauriens*, famille des *Crocodiliens* (fossile), caractérisé par des os spongieux et l'absence de cavité médullaire dans les os longs. Deux espèces indiquées, l'une à Meudon, l'autre dans le New-Jersey, dans l'étage crétacé sénonien ; d'autres, réparties dans les étages tertiaires d'Auteuil et de Provence. Ces reptiles égalaient en grosseur les plus grandes baleines actuelles. M. Owen pense qu'ils étaient marins.

CÉTOINE (Zoologie), *Cetonia*, Fab. — Genre d'*Insectes coléoptères pentamères*, famille des *Lamellicornes*, tribu des *Scarabées*, section des *Mélitophiles* ; caractérisé par des antennes de 10 articles, labre membraneux caché sous le chaperon, mandibules en forme d'écailles membraneuses, menton presque aussi long que large, corps ovale déprimé, corselet en trapèze. On trouve les cétoines en été sur les fleurs en ombelle, sur les peupliers, les buissons fleuris ; elles ne font presque aucun tort aux plantes à l'état de larves, bien différentes en cela des hannetons avec lesquels il ne faut pas les confondre. A l'état parfait, elles se contentent de la liqueur miellée des fleurs. Un grand nombre d'espèces sont remarquables par les couleurs métalliques variées qui les parent. La *C. brillante* (*C. nitida*, Fab.), de l'Amérique septentrionale, d'un vert mat en dessus ; corselet et élytres d'un jaune obscur. La *C. dorée* (*Scarabæus auratus*, Lin. ; *C. aurata*, Fab.), longue de 0ᵐ,02, d'un vert doré brillant en dessus, rouge cuivreux en dessous ; se trouve dans toute l'Europe, sur les fleurs surtout du rosier et du sureau. La *C. drap mortuaire* (*S. sticticus*, Lin. ; *C. stictica*, Fab.), longue de 0ᵐ,01, d'un noir luisant, un peu velue, avec des points blancs. Très-commune sur les chardons, en Europe.

CÉTRAIRE (Botanique), *Cetraria*, Achar. — Genre de la famille des *Lichens*, que certains auteurs fondent ou dans les *Physcia*, ou dans les *Lobaria* et *Borvera*. Le *C. d'Islande* (*C. islandica*, Achar. ; *Physcia islandica*, de Cand. ; *Lichen islandicus*, Lin.), appelé aussi *Mousse d'Islande*, est caractérisé ainsi : thallus un peu cartilagineux, olive châtain, à laciniures canaliculées, dentelées, munies de cils concolores, à bords très-entiers. Cette espèce est roulée à sa base, agglutinée. Ses fructifications sont sessiles, arrondies, planes, d'un brun foncé. Elle croît en touffes sur la terre, dans les bois montueux et rocailleux, et sa base offre comme des taches sanguinolentes. Le lichen d'Islande se prend en tisane dans les maladies de poitrine (voyez LICHEN) ; il entre dans plusieurs préparations pharmaceutiques et renferme de l'amidon et des principes amers. Berzelius y a trouvé 80,8 p. 100 de matière amylacée. Réduit en poudre, on en fait dans certains pays une bouillie agréable et saine ; on en fait aussi du pain, ou même on l'emploie dans le potage sons forme de gruau.

CÉVADILLE ou **CÉBADILLE** (Botanique). — On donne dans le commerce ces noms aux fruits et graines pulvérisés d'une plante qui n'est pas encore bien déterminée ; les uns pensent que c'est l'*Asagrée officinale* (*Asagræa officinalis*, Lindl. Le botaniste Retzius les a attribués à un *Veratrum*, auquel il a donné le nom de *Veratrum sabadilla*. Cette substance a été nommée vulgairement aussi *poudre de capucin*. La cévadille possède des propriétés vénéneuses énergiques, c'est un vermifuge très-puissant, dont on pourrait faire usage, si on n'avait à craindre les dangers qui peuvent résulter de son emploi. Les graines qui portent ce nom sont renfermées dans des capsules longues d'environ 0ᵐ,014, inodores, mais d'un goût âcre ; les semences elles-mêmes sont noirâtres, rugueuses ; elles ont une saveur caustique et brûlante. C'est dans ces graines que Pelletier et Caventou ont découvert le principe alcaloïde nommé *vératrine*. On prétend que l'usage même externe de ce principe peut occasionner la mort (voyez VÉRATRINE).

CEYX (Zoologie), *Ceyx*, Lacép. — Sous-genre d'*Oiseaux passereaux*, section des *Syndactyles*, genre des *Martins-pêcheurs*. Ce ne sont, dit Cuvier, que des martins-pêcheurs à bec ordinaire, mais où le doigt interne n'existe pas. On en a plusieurs espèces des Indes. Le *C. tridactyle* (*Alcedo tridactyla*, Pall. et Gm.) a, dans la forme de son bec, de l'analogie avec les *martins chasseurs*. Le *C. tribrachys* (*A. tribrachys*, Sh.), et le *C. meninting* (*A. meninting*, Horsf.).

CHABOT (Zoologie), *Cottus*, Lin. — Genre de *Poissons acanthoptérygiens*, famille des *Joues cuirassées* ; caractérisé par une tête large et déprimée, cuirassée et diversement armée d'épines ou de tubercules ; deux dorsales, six rayons aux branchies ; ils n'ont pas de vessie natatoire. Les espèces d'eau douce ont la tête presque lisse, seulement une épine au préopercule ; la première dorsale est très-basse ; la plus connue est le *C. de rivière*, vulgairement *Tête d'âne*, *Meunier*, *Testard* (*C. gobio*, Lin.), petit poisson de 0ᵐ,10 à 0ᵐ,12 ; il est noirâtre, très-commun dans toutes nos rivières et nos ruisseaux, et nage avec rapidité ; il vit d'insectes aquatiques, de vers, de très-petits poissons : quelques personnes répugnent à le manger parce qu'il a la peau visqueuse et couverte de petits tubercules, et enfin à cause de la ressemblance de sa tête avec celle des têtards de crapauds ; mais c'est à tort, parce que sa chair est très-délicate. Les espèces marines sont plus épineuses ; quand on les irrite, elles renflent encore leur tête ; nos côtes en ont deux : le *Cotte chaboisseau* (*C. bubalis*, Euphrasen), qui a quatre épines dont la première très-longue ; et le *C. scorpion de mer* (*C. scorpius*, Lin.), qui a trois épines au préopercule.

CHACAL (Zoologie), *Canis aureus*, Lin. — Espèce de *Mammifères carnassiers* du genre *Chien* ; sa taille est entre celle du loup et celle du renard commun. Il ressemble au premier par les couleurs ; mais il a la queue touffue comme le renard, et bien plus courte. Le chacal de l'Inde et celui de Barbarie ne diffèrent point par les couleurs. Le chacal, répandu dans toutes les parties chaudes de l'Asie et de l'Afrique, vit en troupes nombreuses, dans des terriers qu'il se creuse. Ces animaux sont très-voraces et causent des dégâts dans les contrées où ils se sont multipliés, soit en déterrant les morts, soit en pénétrant dans les étables où ils dévorent jusqu'aux cuirs des harnais, lorsqu'ils ne trouvent pas d'autre nourriture. Ils font entendre la nuit une sorte de hurlement tout à fait particulier dont les voyageurs ont été frappés. En général, ils n'attaquent pas l'homme ; cependant, lorsqu'ils sont pressés par la faim, ils peuvent devenir dangereux. Ils se nourrissent ordinairement de charognes ; aussi exhalent-ils une odeur forte et désagréable. On a voulu rapporter le chien domestique au chacal ; il faut convenir qu'il y a entre le caractère du chacal et celui du chien beaucoup de ressemblance, et il ne serait pas impossible de trouver de bonnes raisons pour regarder le chien domestique comme une race de chacal soumise à l'homme et modifiée par une longue servitude. Au reste, et c'est l'opinion de Fréd. Cuvier, c'est seulement par une expérience directe qu'on pourrait établir la faculté du chacal à acquérir la domesticité du chien. On trouve des chacals depuis les Indes et les environs de la mer Caspienne jusqu'en Guinée ; mais il n'est pas sûr qu'ils soient tous de la même espèce : ceux du Sénégal, par exemple (*C. anthus*, Fréd. Cuv.), sont plus élevés sur jambes, et paraissent avoir le museau plus fin et la queue un peu plus longue.

CHAIA DU PARAGUAI, d'Azz. (Zoologie), *Chauna*, Ilig. ; *Parra chavaria*, Lin. — Genre d'*Oiseaux échassiers*, famille des *Macrodactyles*, tribu des *Kamichi*, caractérisé par le bec moins long que la tête, l'occiput orné d'un cercle de plumes qui peuvent se relever, la tête et le haut du cou revêtus seulement de duvet, un collier noir ; ils n'ont point de corne sur le vertex, comme une espèce de Palamedea, très-voisine. Ils mangent des herbes aquatiques. Le *Chaia* ou *Chavaria fidèle* (*Parra chavaria*, Lin., Lath.) est de la grosseur d'un coq commun ; on utilise, dans le pays de Carthagène, en Amérique, son intelligence et son activité pour en faire un gardien et un protecteur de la volaille dans les basses-cours ; on dit même qu'il les préserve des attaques du vautour sur lequel il s'élance et qu'il met en fuite au moyen de ses longues et fortes ailes. Haut monté sur jambes, il peut vivre dans les marais et les traverser. Cet oiseau est encore remarquable par la longueur de son cou et la membrane rouge qui occupe une partie des côtés de sa tête. La ponte de la femelle est de deux œufs. La longueur totale de l'oiseau est de 0ᵐ,80.

CHAINES (Technologie). — On distingue trois espèces de chaînes dont la fabrication et les usages sont très-différents.

1° Chaînes plates à mailles régulières non soudées, flexibles seulement dans deux sens opposés et employées au lieu de courroies ou de cordes dans la transmission des mouvements.

2° Chaînes ordinaires, à mailles soudées, qui remplacent les cordes et câbles dans les grues, chèvres, cabestans, etc.

3° Les chaînes à mailles étançonnées pour le service de la marine.

Pour les dernières, voyez CABLES EN FER.

Pour fabriquer les secondes, on prend une tige de fer rond, de la grosseur voulue, on l'enroule à chaud en spirale sur un mandrin en fer, et on coupe obliquement toutes les spires sur une même génératrice du mandrin. On a ainsi une série d'anneaux ouverts ayant tous les mêmes dimensions. On soude successivement chacun de ces anneaux en une seule chaude, après l'avoir passé dans le dernier chaînon de la portion de chaîne déjà faite. Quelque soin que l'on apporte à cette opération, on ne peut répondre de la solidité de la chaîne qu'après l'avoir soumise à un effort de traction au moins double de celui qui doit constituer sa charge habituelle ; les chaînes offrent une grande résistance et ont une grande durée, mais comme organe de transmission elles usent beaucoup de force.

L'invention des chaînes plates est due à Vaucanson, dont elles portent encore généralement le nom. Le mode de construction adopté par ce mécanicien est simple, mais n'est applicable qu'aux chaînes d'une faible puissance ; pour les chaînes sans fin des machines à draguer, des norias, des bancs à tirer..., on adopte la disposition suivante. Des pièces de tôle ayant la forme d'un 8 sont taillées dans des feuilles de tôle au moyen d'un emporte-pièce mû par un balancier, et percées en même temps vers leurs deux extrémités. Ces pièces sont réunies par paires au moyen de cylindres de fer rivés à leurs deux extrémités et formant une charnière, autour de laquelle peuvent se mouvoir deux chaînons successifs. Chaque chaînon est d'ailleurs formé par 2, 4, 6, 8... pièces, suivant la force qu'on veut donner à la chaîne. Cette disposition est particulièrement adoptée pour les chaînes sans fin remplaçant les courroies. Les poulies sont alors munies sur leur circonférence de saillies distantes l'une de l'autre de quantités égales à l'écartement des cylindres charnières, de manière que tout glissement soit impossible.

Les chaînes de montre sont construites d'une manière semblable.

Les chaînes à la Vaucanson et de Galle sont impropres au service des treuils, à cause de leur roideur dans le sens transversal ; les chaînes à mailles ordinaires y deviennent embarrassantes quand elles ont une grande longueur M. Neveu a fort heureusement levé la difficulté par la. modification qu'il a apportée au treuil. Son nouveau treuil peut recevoir trois ou quatre chaînons à plat, séparés par autant de chaînons placés de champ. Ceux-ci sont embrasés par deux saillies du treuil qui prennent point d'appui sur les extrémités des chaînons à plat, de manière à former une espèce d'engrenage. La chaîne se déroule d'un côté, tandis qu'elle s'enroule de l'autre ; elle peut donc avoir une longueur presque indéfinie. **M. D.**

CHAÎNE D'ARPENTEUR (Géométrie). — Instrument destiné à mesurer la longueur d'une droite sur le terrain ; il est formé par la réunion de cinquante petites tiges de fer ayant un peu moins de 0ᵐ,2 ; chaque tige est bouclée à ses deux extrémités, et deux tiges consécutives sont jointes par un anneau en fer ; la distance des centres de chaque anneau au suivant est rigoureusement 0ᵐ,2 ; les deux tiges extrêmes n'ont pas la même longueur que les autres et sont terminées par deux poignées ; la chaîne a ainsi une longueur de 10 mètres quand elle est tendue, mais comme il est difficile de la tendre bien exactement, on lui donne quelques millimètres de plus ; pour faciliter la lecture, on a séparé les mètres par des anneaux en cuivre au lieu d'anneaux en fer ; celui du milieu porte une petite fiche en fer ou en cuivre qui permet facilement de voir une longueur de 5 mètres.

Pour mesurer avec la chaîne une droite AB jalonnée sur le terrain, il faut deux personnes que l'on désigne ordinairement sous les noms d'arpenteur et d'aide. L'arpenteur se place au point A et y fixe une des poignées de la chaîne, tandis que l'aide s'éloigne dans la direction AB, en tendant la chaîne jusqu'à ce qu'elle soit complétement déroulée ; ce dernier porte dans la main dix tiges de fer pointues, qu'on appelle des *fiches* ; quand la chaîne est bien tendue, il plante une de ces fiches de manière à ce qu'elle touche intérieurement la poignée qu'il a de son côté ; alors on enlève la chaîne et les deux opérateurs se remettent en marche dans le même sens ; quand l'arpenteur est arrivé à la fiche plantée par l'aide, il y place extérieurement sa poignée, tandis que l'autre agit comme la première fois ; il en résulte que l'on n'a pas à tenir compte de l'épaisseur des fiches, que l'arpenteur a successivement relevées sur son passage ; alors chaque fiche passée dans les mains de l'arpenteur correspond à une distance de 10 mètres, et à la longueur ainsi obtenue, il faut ajouter celle qui sépare la dernière fiche du point B, et que l'on peut évaluer, à l'aide des subdivisions de la chaîne, à 0ᵐ,1 près et même à 0ᵐ,05, quand on a un peu d'habitude. Si, avant d'être arrivé en B, tout le jeu de fiches était épuisé, l'arpenteur le rendrait à l'aide et marquerait sur un carnet un trait que l'on appelle souvent une portée ; chaque portée correspond ainsi à 100 mètres et on ajoute la longueur restante après la dernière portée complète, comme il a été indiqué plus haut.

CHAIR (Anatomie), du latin *caro*. — Ce mot désigne : chez les animaux, les parties molles et surtout les masses musculaires ; chez les végétaux, les masses de tissu cellulaire remplies d'amidon ou fécule.

CHALAZE (Botanique). — On appelle *chalaze*, dans la graine, le point où le *funicule* franchit l'épaisseur du *tegmen* ou tunique interne du *nucelle*. Elle correspond souvent au *hile* et se trouve sous lui, mais souvent aussi elle est au niveau d'un autre point de la graine. La *chalaze* et le *micropyle* sont toujours situés à deux points extrêmes et opposés de la graine ; aussi a-t-on considéré ces deux points comme déterminant un *axe* dans la graine ; la *chalaze est la base*, le *micropyle le sommet*, l'axe est la ligne qui les joint (voyez GRAINE).

CHALAZE (Zoologie). — On donne ce nom en zoologie à deux espèces de cordons qui maintiennent le jaune sus-

pendu dans l'œuf des oiseaux : ce sont des couches d'*albumine* ou de *blanc d'œuf*, qui sont tordues sur elles-mêmes en spirale par les mouvements de l'œuf dans l'*oviducte*.

CHALAZIE (Médecine), du grec *chalaô*, je relâche. — Plusieurs oculistes, et entre autres Wenzel, ont donné ce nom à une séparation peu étendue de la cornée d'avec la sclérotique, et qui peut être déterminée, soit par le relâchement de fibres de la cornée, soit par une petite plaie, soit par suite d'un *hypopyon* ou abcès survenu à la suite d'une ophthalmie.

CHALCIDES (Zoologie), *Chalcides*, Daud., nom qu'on trouve déjà dans Pline. — Genre de *Reptiles sauriens*, famille des *Scincoïdiens*, très-voisin des Seps, caractérisé par un corps fort allongé, presque cylindrique, rampant ; quatre pattes à peine apparentes, très-courtes, à trois

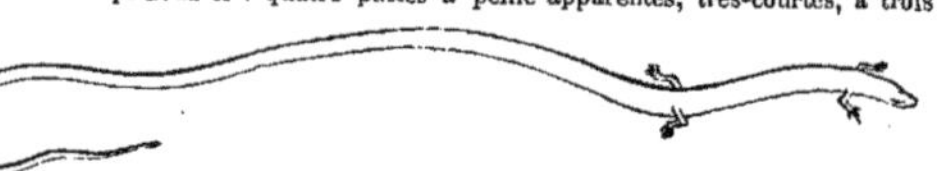

Fig. 480. — Chalcide.

ou cinq doigts, langue courte, échancrée à son extrémité. Quoique rapprochés des lézards par les pattes, ils ont toute l'apparence des serpents et se roulent sur eux-mêmes : leurs pattes si petites touchent à peine la terre ; mais leur tête ressemble à celle des lézards. On en connaît une espèce à cinq doigts, des Indes orientales (*C. lacerta seps*, Lin.) ; une à quatre doigts (*Lac. tetradactyla*, Lacép.).

CHALCIDITES (Zoologie), *Chalcidiæ*, Spin. — Tribu d'*Insectes hyménoptères*, famille des *Pupivores*, distinguée par les ailes inférieures sans nervures, antennes de 12 articles, palpes très-courtes. La cellule radiale manque ordinairement ; une seule cellule cubitale. Cette tribu comprend le grand genre *Chalcis* de Fabricius.

CHALCIS (Zoologie), *Chalcis*, Fab. — Grand genre de la tribu des *Chalcidites* (voyez plus haut), caractérisé par une tarière souvent composée de trois filets, ainsi que celle des ichneumons, saillante ; les larves sont également parasites. Quelques-unes très-petites se nourrissent de l'intérieur d'œufs d'insectes ; d'autres vivent dans les galles et les chrysalides des Lépidoptères. Ces insectes sont fort petits, ornés de couleurs métalliques très-brillantes, et ont, pour la plupart, la faculté de sauter. Ils ont été divisés dans le *Règne animal* en une quinzaine de sous-genres, dont les principaux sont : les *Chalcis* propres ; les *Leucopsis* ; les *Misocampes*.

CHALCIS proprement dits, *Chalcis*; *Vespa sphex*, Lin. — Se distinguent par les cuisses très-grosses, comprimées, dentelées, les jambes aussi très-fortes, arquées, ailes toujours étendues, tarière droite et inférieure. Ils se tiennent dans les lieux aquatiques. Le *C. clavipède* (*C. clavipes*, Fab.), long de 0ᵐ,007, est très-commun aux environs de Paris. Le *C. nain* (*C. minuta*, Fab. ; *Vespa minuta*, Lin.) a environ 0ᵐ,005 de long, très-commun sur les fleurs ombellifères ; il est noir avec les pieds jaunes.

CHALEF (Botanique), *Elæagnus*, du mot arabe *khaléf*, nom que les Arabes donnent au saule, et que l'on a appliqué à un genre offrant le port de cet arbre. — Nom vulgaire du genre *Elæagnus* de Linné (du grec *elaia*, olivier, et *agnos*, gattilier). On a cru trouver dans ces plantes de l'analogie avec l'olivier et avec le gattilier. Ce genre de plantes type de la famille des *Eléagnées*, comprend des arbres et des arbrisseaux à feuilles alternes qui doivent leur coloration, quelquefois de teintes très-vives, à des écailles qui les recouvrent. Calice tubuleux à 4 ou 6 lobes ; disque annulaire ou conique, proéminent à la gorge du calice ; akène recouvert par le calice devenu charnu. Le *C. à feuilles étroites* (*E. angustifolia*, Lin.), souvent appelé *olivier de Bohème*, est un arbre à branches dressées, à feuilles argentées, luisantes, et à fleurs jaunâtres répandant une odeur très-agréable. Cette espèce est indigène dans quelques-uns de nos départements méridionaux. Elle habite spécialement l'Europe et l'Asie méridionale. Cultivée dans les jardins paysagers, elle y produit un très-joli effet. Son fruit drupacé, de la forme d'une petite olive, est, dit-on, comestible en Perse et dans la Turquie d'Asie.

CHALEUR (Physique). — Nom donné soit à l'impression que nous ressentons en présence d'un corps chaud, soit à la cause physique qui produit en nous cette impression. C'est cette dernière acception que nous adoptons dans les articles suivants.

Les corps peuvent contenir des quantités inégales et variables de chaleur, donnant lieu à des modifications diverses de ces corps, soit dans leur volume, soit dans leur état (voyez DILATATION, FUSION, CONGÉLATION, ÉBULLITION, VAPEURS, CHALEUR SPÉCIFIQUE, CHALEUR LATENTE, CALORIMÉTRIE).

La chaleur considérée en elle-même jouit également de propriétés spéciales qu'il importe de connaître (voyez CHALEUR RAYONNANTE, THERMO-ÉLECTRICITÉ, CONDUCTIBILITÉ CALORIFIQUE).

La nature de la chaleur nous est inconnue. On la considère encore assez généralement comme un fluide subtil, impondérable, immatériel, inégalement répandu dans les espaces et uni en proportions variables avec les particules des corps. Mais il se produit parmi les physiciens une tendance de plus en plus manifeste à assimiler la chaleur à la lumière et à la considérer comme un mouvement vibratoire imprimé à l'*éther* qui remplit les espaces et transmis aux parties pondérales des corps.

Le rôle de la chaleur dans la nature est immense. Cet agent tient en effet sous sa dépendance immédiate tous les phénomènes de vitalité chez les animaux et les végétaux ; il est la cause première de tous les phénomènes météorologiques qui nous entourent ; la plupart des transformations physiques ou chimiques subies par les corps lui sont dues ou exigent son intervention, et enfin chaque jour nous pouvons démontrer d'une manière plus évidente que la chaleur, résultat d'un travail moléculaire, n'est elle-même que du travail sous un certain état et qu'elle forme la source principale sinon unique du travail mécanique à la surface du globe.

Malgré l'universalité d'action de cet agent, les physiciens ne se sont occupés que très-tard de ses effets, de ses propriétés et de sa nature. L'invention du thermomètre et les perfectionnements apportés à cet instrument au commencement du XVIIIe siècle par Fahrenheit et Réaumur marquent les premiers pas sérieux de la science dans cette voie. Les *dilatations* des corps par la chaleur furent mesurées par Lavoisier et Laplace, Petit et Dulong, Hallstrom, Dalton, Rudberg, Gay-Lussac, et récemment par MM. Regnault, Magnus, Pierre..... Les *chaleurs spécifiques* ou *latentes*, dont Stahl, Crawford, Wilkes et Black avaient démontré l'existence, furent évaluées avec précision par Lavoisier et Laplace, Delaroche et Bérard, Dulong et Petit, de La Rive et Marcet, Regnault, Person..... Les quantités de chaleur dégagées dans les combinaisons des corps ou pendant la vie des animaux ont été étudiées par Lavoisier et Laplace, Rumford, Dulong, Despretz, par M. Regnault, et plus particulièrement par MM. Favre et Silbermann. Les tensions des vapeurs aux diverses températures ont été déterminées par M. Œrsted et Perkins, Dulong et Arago, Regnault..... Les lois de la propagation et de la distribution de la chaleur dans les corps ont été étudiées par Leslie Rumford, Nicholson, Bérard, Arago, Dulong, Despretz, Pictet, Melloni, Forbes, et tout récemment par MM. La Provostaye et Desains. Fourrier, Laplace et Poisson ont abordé ces mêmes questions avec le secours des mathématiques les plus élevées. Les efforts actuels des mathématiciens, physiciens et mécaniciens semblent faire entrer l'étude de la chaleur dans une nouvelle voie en mettant de plus en plus en évidence le rôle mécanique de cet agent.

CHALEUR ANIMALE. — Chaleur produite par les animaux et servant à maintenir la température de leur corps dans les limites les plus favorables à l'entretien de la vie, limites qui varient beaucoup d'ailleurs dans les divers groupes de la série animale.

Des expériences nombreuses faites sur l'homme à l'état de santé ou de maladie, par MM. Breschet et Becquerel, ou exécutées sous les climats les plus variés par John Davy, ont montré que la température varie peu, du moins dans nos principaux organes. La température des hommes d'un même équipage montait à peine de 1° en passant des pays froids aux contrées de la zone torride. En opérant sur des naturels de Ceylan, sur des Hottentots, des nègres de Madagascar et de Mozambique, sur des Albinos, des Malais, sur des Cipayes, sur des prêtres de Bouddha, qui ne mangent que des légumes, et sur des Vaidas, qui ne mangent que de la viande, les résultats ont été sensiblement les mêmes. Le degré de chaleur le plus bas (35°,8) a été trouvé chez deux Hottentots du Cap. La plus élevée (38°,9) appartient à deux enfants européens nés à Colombo, l'un de huit ans, l'autre de douze ans. La température moyenne de l'homme est de 37° cen-

tigrades environ. John Davy a également observé les températures d'un grand nombre d'animaux. Nous avons réuni les résultats obtenus par lui dans le tableau suivant :

NOM DE L'ANIMAL.	la température en degrés centigrades.	TEMPÉR. du milieu dans lequel vit l'animal, air ou eau.	LIEU de L'OBSERVATION.
Mammifères.			
Singe	+ 39,7	+ 30°	Colombo
Pangolin	26,7	27,0	—
Chauve-souris	37,8	28,0	—
—	38,3	28,0	—
V. Vampirus	37,8	21,0	—
Écureuil	38,8	27,0	—
Rat commun	38,8	26,5	—
Lièvre commun	37,8	26,5	—
Ichneumon	39,4	27,0	—
Tigre	37,2	26,5	—
Chien	39,0	26,5	Kandy.
	39,6	»	—
Jackal	38,3	29,0	Colombo.
Chat commun	38,3	15,0	Londres.
—	38,9	26,0	Kandy.
Panthère	38,9	27,0	Colombo.
Cheval (race arabe)	37,5	26,0	Kandy.
Mouton	39,3 à 40,0	En été.	Ecosse.
—	39,5 à 40,0	19,0	Cap de B.-Espér.
—	40,0 à 40,5	26,0	Colombo.
Bouc	39,5	26,0	—
Chèvre	40,0	26,0	—
Bœuf	38,9	En été.	Edimbourg.
—	38,9	26,0	Kandy.
Élan femelle	39,4	25,6	Colombo.
Porc	40,5	25,6	Dans le Doombera
Éléphant	37,5	26,7	Colombo. [23' N.
Marsouin	37,8	23,7	En mer, latit. 8°
Oiseaux.			
Milan	+ 37,2	25,3	Colombo.
Chat-huant	40,0	15,6	Londres.
Perroquet	41,1	24,0	Kandy.
Choucas	42,1	31,5	Ceylan.
Grive commune	42,8	15,5	Londres.
Moineau commun	42,1	26,6	Kandy.
Pigeon commun	42,1	15,5	Londres.
	43,0	25,5	Colombo.
—	43,3	25,5	—
—	42,0	25,5	Ceylan.
Poule de jungles	42,5	25,5	—
—	42,5	4,5	Edimbourg.
Poule commune	43,3	25,5	Colombo.
—	42,2	25,5	—
—	43,3	25,5	—
Coq vieux	43,9	25,5	—
Coq adulte	43,9	25,5	Près de Colombo.
Poule de Guinée	42,7	25,5	— [N.
Coq d'Inde	40,3	26,0	En mer, lat. 2° 3'
Pétrel	40,8	15,0	— latit. 34° S.
P. capensis	41,7	25,5	Près de Colombo.
Oie commune	43,9	25,5	—
Canard commun			
Reptiles.			
Tortue	+ 28,9	26,0	En mer, latit. 2°
—	29,4	32,0	Colombo [27' N.
T. geometrica	16,9	16,0	Cap de B.-Espér.
—	30,5	26,6	Colombo.
Iguana	29,0	27,8	—
Serpent	31,4	27,5	—
—	29,2	28,1	—
—	32,2	28,3	—
Batraciens. — Amphibies.			
Rana ventricosa	+ 25,0	26,7	Kandy.
Poissons.			
Requin	+ 25,0	30,7	En mer, lat. 8° 23'
Bonite, au cœur	27,8	27,2	— lat. 4° 14' S. [N.
Bonite dans les musc. intérieurs	37,2	27,2	— lat. 4° 14' S.
Truite commune	14,4	13,2	Près d'Edimb.
Poisson volant	25,5	25,3	En mer l. 6° 27' N.
Mollusques.			
Huître commune	+ 27,8	27,8	Près de Colombo.
Limaçon	24,6	»	Kandy.
Crustacés.			
Écrevisse	+ 26,1	26,7	Colombo.
Crabe	22,2	23,2	Envir. de Kandy.

NOM DE L'ANIMAL.	Sa température en degrés centigrades.	TEMPÉR. du milieu dans lequel vit l'animal, air ou eau.	LIEU de L'OBSERVATION.
Insectes.			
Scarabée............	5,0	24,3	Kandy.
Ver luisant............	+ 23,3	22,8	—
Blatta orientalis.....	23,9	28,3	—
—	23,9	23,3	—
Grillon.............	22,5	16,7	Cap de B.-Espér.
Guêpe.............	24,4	23,9	Kandy.
Arachnides.			
Scorpion	+ 25,3	26,1	Kandy.
Myriapodes.			
Iulus................	+ 25,3	26,6	Kandy.

De tous ces animaux, comme on voit, ce sont les oiseaux dont la température est la plus élevée.

La chaleur animale prend sa source dans la série des réactions chimiques qui se produisant incessamment en nous, constituent une des conditions essentielles de notre existence et sont intimement liées à leur tour à la température de nos organes, en sorte que la vie s'allanguit et s'éteint lorsque notre température baisse au delà d'un certain degré, qu'elle s'active outre mesure quand notre température interne s'élève au contraire trop haut. Aussi notre organisme est-il sans cesse en travail pour se maintenir à un degré convenable. Les besoins d'alimentation deviennent plus impérieux et demandent, pour être satisfaits, des aliments plus copieux ou plus riches en hiver qu'en été, afin de fournir les matériaux d'une combustion plus active; par la même raison, la respiration et la circulation du sang s'accélèrent, le besoin de mouvement devient plus marqué. En hiver nous devons produire plus de chaleur, parce que nous en perdons davantage. Il arrive même souvent en été que nous avons peine à dépenser tout ce que nous produisons, ce qui arrive surtout lorsque l'air est calme et chargé de vapeurs, parce que l'évaporation se fait mal à la surface de notre peau et dans l'intérieur de nos poumons. Nous nous habituons peu à peu à un état permanent lorsqu'il n'est pas trop éloigné des conditions normales de la vie humaine, bien qu'à cet égard notre organisme soit doué d'une souplesse merveilleuse; mais les transitions brusques ou souvent répétées sont toujours laborieuses. C'est ce qui rend souvent les acclimatations si dangereuses et ce qui augmente dans une si forte proportion la mortalité dans les passages de l'été à l'hiver ou de l'hiver à l'été.

CHALEUR DE COMBINAISON. — Chaleur dégagée pendant la combinaison des corps. Les combinaisons chimiques sont la source principale de la chaleur que nous pouvons produire à la surface du globe ; et parmi ces combinaisons la plus importante, à ce point de vue, la *combustion*, fera l'objet d'un article spécial. Nous nous occuperons ici d'une manière plus particulière de la mesure des quantités de chaleur produites. Les premières expériences qui aient été faites sur la chaleur de combinaison remontent à Lavoisier et Laplace, qui se servirent à cet

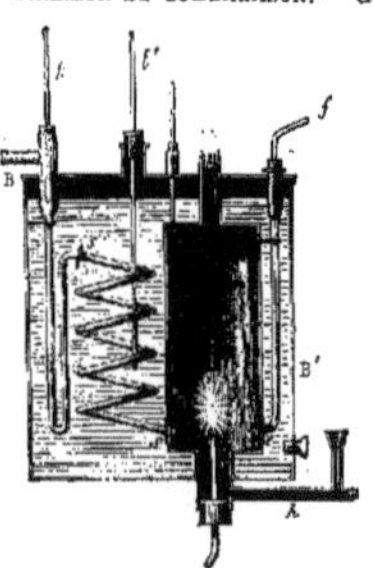

Fig. 481. — Calorimètre de Dulong.

effet de leur calorimètre de glace (voyez CHALEUR SPÉCIFIQUE). Le comte de Rumford lui substitua un appareil plus exact dans lequel les produits de la combinaison

traversaient un serpentin plat couché au fond d'un vase plein d'eau froide dont un thermomètre indiquait la température. M. Despretz, puis M. Dulong, perfectionnèrent cet appareil, auquel ce dernier physicien donna

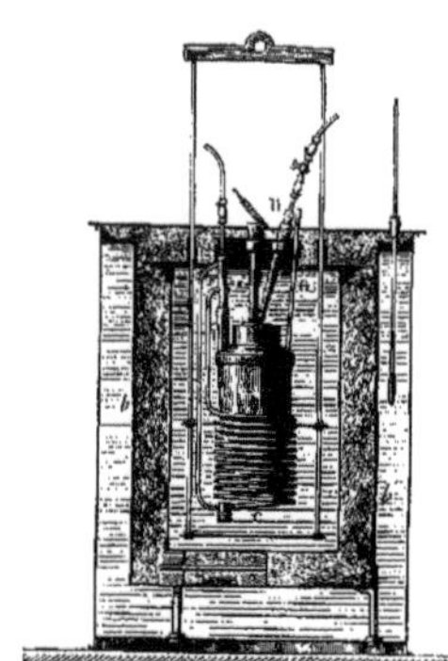

Fig. 482. — Calorimètre de MM. Favre et Silbermann.

la disposition indiquée (*fig.* 481), dans laquelle A représente la chambre à combustion, *fe* le tube d'arrivée de l'air, *ss'* le tube en serpentin par lequel s'échappaient les produits de la combustion après qu'ils avaient cédé

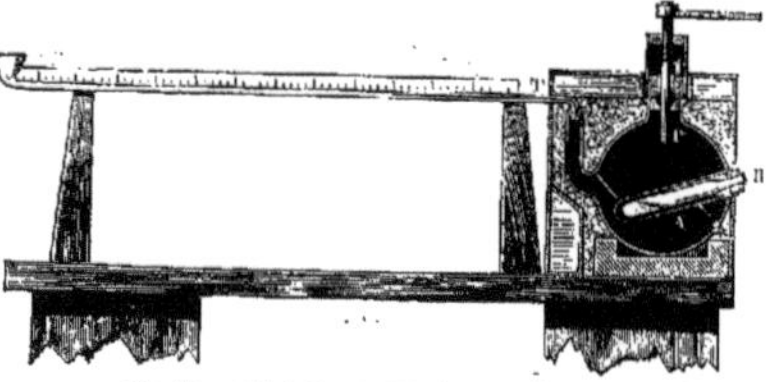

Fig. 483. — Calorimètre de MM. Favre et Silbermann.

leur chaleur à l'eau contenue dans le vase BB', t,t' sont des thermomètres donnant la température du calorimètre. Mais le travail le plus complet qui ait été fait en ce genre est dû à MM. Favre et Silbermann, dont nous représentons les appareils dans les figures 482 et 483. La figure 482 représente l'ensemble de la chambre à combustion AB, des tubes D, G d'introduction des gaz comburants, du serpentin FC donnant issue aux résidus ou produits gazeux de la combinaison. Un premier vase contenant l'eau destinée à recueillir la chaleur dégagée entoure l'appareil à combustion, son enveloppe *dd'* de duvet et le second vase *bb'* rempli d'eau servent à abriter l'appareil des variations de température extérieures. La figure 483 nous montre la coupe d'un second appareil employé par ces deux physiciens pour l'examen des combinaisons par voie humide. Cet appareil, considéré dans ses dispositions essentielles, peut être envisagé comme un gros thermomètre à mercure susceptible de loger dans une cavité close AB les substances qui dégagent ou absorbent de la chaleur. Les tableau suivant renferme quelques-uns des résultats obtenus.

Noms des substances.	Chaleur dégagée par 1 gr. de combustible.
Hydrogène......................	34462
Hydrogène avec chlore............	23783,3
Oxyde de carbone................	2403
Gaz des marais..................	13063
Charbon de bois.................	8080
Graphite........................	7796,6
Diamant........................	7770
Soufre natif....................	2261,8
Soufre mou.	2258

Noms des Substances.	Chaleur dégagée par 1 gr. de combustible.
Sulfure de carbone...............	3400,5
Gaz oléfiant.....................	11857,8
Éther...........................	9027,6
Alcool..........................	7184
Acide stéarique.................	9616
Essence de térébenthine.........	10852
Huile d'olive...................	9862

L'étude des quantités de chaleur dégagées dans les réactions chimiques présente un très-grand intérêt, surtout depuis que l'on commence à mieux comprendre la nature des courants électriques et le rôle de la chaleur dans les machines à vapeur. La chaleur produite est la manifestation du travail moléculaire qui accompagne toute action chimique. La chaleur n'est elle-même que du *travail* sous un certain état (voyez TRAVAIL). Ce travail de combinaison peut se manifester en même temps sous un autre état, sous forme de courant électrique, par exemple, et l'intensité du courant d'une pile ou la quantité d'électricité qui la traverse dans l'unité de temps est exactement en rapport avec la quantité de chaleur fournie dans l'unité de temps par la somme totale des réactions chimiques qui s'opèrent dans cette pile. Nous ignorons encore quelle est la relation qui existe entre la chaleur et l'électricité ; peut-être la première n'est-elle qu'une conséquence ou une transformation de la seconde (voyez PILE). Nous ajouterons seulement que la quantité de chaleur dégagée par la combustion d'un corps est indépendante de la vitesse avec laquelle s'effectue la combinaison, pourvu que la nature du produit obtenu reste la même. Souvent, comme lorsque le fer se rouille à l'air, la combustion a lieu avec une telle lenteur que la chaleur se perd à mesure qu'elle se produit sans qu'il en résulte une élévation appréciable de température, mais cette chaleur reste la même en quantité.

CHALEUR LATENTE, du latin *latere*, être caché. — Quantité de chaleur que 1 kilogramme de chacun des corps absorbe ou dégage quand il change d'état sans que sa température en subisse de variation apparente. La glace, en fondant, par cela seul qu'elle fond, absorbe une quantité considérable de chaleur, et cependant l'eau qui provient de sa fusion est au même degré de température que la glace elle-même ; de même, la vapeur qui est contenue dans l'air contient beaucoup plus de chaleur qu'un même poids d'eau au même degré.

La détermination des chaleurs latentes est importante au double point de vue théorique et pratique ; aussi a-t-elle été l'objet d'un grand nombre de recherches dont nous citerons les principales.

CHALEUR LATENTE DE FUSION. — Ce fut Black qui l'évalua le premier. Wilcke, Lavoisier et Laplace, puis dernièrement MM. de La Provostaye et Desains, s'en occupèrent successivement. Ces derniers, en projetant des fragments de glace fondante dans de l'eau et observant l'abaissement de température produit par la fusion de cette glace, constatèrent qu'un kilogramme de glace à zéro, pour fondre sans s'échauffer, absorbe 79,25 calories. Ce procédé, qui n'est autre chose qu'une application de la méthode des mélanges pratiquée par M. Regnault pour la mesure des chaleurs spécifiques, jointe à la méthode du refroidissement employée par Petit et Dulong (voyez CHALEURS SPÉCIFIQUES), a conduit aux résultats suivants :

Tableau des chaleurs latentes de divers corps.

SUBSTANCES.	POINT de fusion.	CHALEURS SPÉCIFIQUES à l'ét. solid.	CHALEURS SPÉCIFIQUES à l'état liq.	CHALEUR latente de fusion.
Eau.	0	0,5040	1,0000	79,250
Phosphore............	+ 44°,20	0,2000	0,2000	5,400
Soufre...............	+ 115 ,00	0,2020	0,2340	9,368
Brome................	— 7 ,32	0,0840	0,1070	16,185
Nitrate de soude.....	+ 310 ,50	0,2780	0,4130	62,975
Nitrate de potasse...	339 ,00	0,2330	0,3310	47,371
Chlorure de calcium hydraté.	28 ,50	0,3450	0,5520	40,700
Étain................	232 ,00	0,0560	0,0640	14,252
Bismuth..............	266 ,80	0,0308	0,0363	12,640
Plomb................	326 ,00	0,0314	0,0402	5,369
Zinc.................	415 ,00	0,0955	»	28,130
Mercure..............	— 41 ,00	0,0319	0,0333	2,820

CHALEUR LATENTE DE VOLATILISATION. — La quantité de chaleur absorbée par l'eau pour se vaporiser sans changement de température est beaucoup plus grande encore que la chaleur de fusion de la glace. Dès que de l'eau pure est arrivée au point où elle bout, elle reste au même degré, quelle que soit l'ardeur du foyer, jusqu'à ce que la dernière goutte en ait disparu. L'énorme quantité de chaleur qu'elle reçoit est emportée à l'état latent par la vapeur.

C'est encore Black, et après lui Watt, son élève, qui s'occupèrent les premiers de cette chaleur latente ; mais les résultats les plus précis sont dus à M. Despretz, et surtout à M. Regnault.

Dans les expériences de M. Despretz, la vapeur d'eau bouillante provenant d'une cornue chauffée, pénétrait dans un serpentin entouré d'eau froide, où elle se condensait ; la chaleur qu'elle perdait était reçue par l'eau dont la température montait d'une quantité correspondante. En comparant le poids de la vapeur condensée au nombre de degrés dont l'eau du calorimètre s'échauffait, M. Despretz en conclut que 1 kil. d'eau à 100°, pour se transformer en vapeur à 100°, absorbe 533 calories qu'elle abandonne quand elle revient à l'état d'eau à 100°.

Les expériences de M. Regnault furent faites à des températures très-variées, à l'aide d'un appareil qui lui permettait d'opérer sur de grandes quantités de vapeur. Le tableau suivant résume les résultats obtenus par ce savant et contient, outre les chaleurs latentes, la quantité totale de chaleur qu'il faut donner à 1 kil. d'eau à 0°, pour la porter à une température quelconque et la vaporiser à cette température. Du reste, que de l'eau se transforme en vapeur à 80°, par exemple par simple évaporation ou par ébullition, elle emporte toujours la même quantité de chaleur.

Chaleurs latentes de la vapeur d'eau, à diverses températures.

TEMPÉR.	CHALEUR latente.	CHALEUR totale.	TEMPÉR.	CHALEUR latente.	CHALEUR totale.
0	606	606	120	522	642
10	600	610	130	515	645
20	593	613	140	508	648
30	586	616	150	501	651
40	579	619	160	494	654
50	572	622	170	486	656
60	565	625	180	479	659
70	558	628	190	472	662
80	551	631	200	464	664
90	544	634	210	457	667
100	537	637	220	449	669
110	529	639	230	442	672

Ces résultats peuvent être assez exactement représentés par la formule

$$C = 606 + 0{,}305\,T.$$

dans laquelle C représente la quantité totale de chaleur qu'il faut donner à 1 kil. d'eau à la température 0, pour le transformer en vapeur à la température T. Cette chaleur totale croît avec T ; mais la chaleur latente de vaporisation diminue à mesure qu'augmente la température à laquelle a lieu la vaporisation.

Les nombres suivants sont dus à MM. Favre et Silberman.

Chaleurs latentes de vaporisation de divers liquides à la température de leur ébullition.

LIQUIDES.	TEMPÉRAT. d'ébullition.	CHALEUR latente.	CHALEUR spécifique.
Eau..................	100°,0	537	1,00
Carbure d'hydrogène......	200 ,0	60	0,49
—	250 ,0	60	0,50
Esprit de bois............	66 ,5	264	0,67
Alcool absolu.............	78 ,0	208	0,59
Alcool valérique..........	»	121	0,64
Alcool éthalique..........	38 ,0	91	0,50
Ether sulfurique..........	»	58	0,51
Ether valérique..........	113 ,5	69	0,51
Acide formique...........	100 ,0	109	0,65
Acide acétique.	120 ,0	102	0,51
Acide butyrique..........	164 ,0	115	0,41
Acide valérique.	175 ,0	104	0,48
Ether acétique...........	74 ,0	106	0,48
Butyrate de méthylène....	93 ,0	87	0,49
Essence de térébenthine...	156 ,0	69	0,47
Térébène.	156 ,0	67	0,52
Essence de citron.........	165 ,0	70	0,50

De tous les corps, c'est l'eau dont la chaleur latente est la plus considérable. Voyez à l'article MACHINES A VAPEUR les résultats de ce fait (voyez VAPEUR).

L'absorption de la chaleur latente qui accompagne toujours la transformation d'un liquide en vapeurs nous fournit l'explication d'un grand nombre de phénomènes naturels. C'est elle qui produit le sentiment de fraîcheur et même de froid que nous éprouvons quand nos mains sont mouillées d'eau, d'alcool ou d'éther qui s'y vaporisent plus ou moins rapidement. L'abaissement de température observée dans les alcarazas, vases poreux qui laissent suinter au travers de leurs parois de l'eau qui se vaporise à leur surface est dû à la même cause ; c'est elle encore qui nous aide à maintenir constante la température de notre corps, même au milieu des chaleurs les plus vives de l'été, lorsque la transpiration cutanée peut s'effectuer chez nous sans entraves. Le froid produit par l'évaporation de l'eau dans le vide peut être assez intense pour congeler ce liquide. Dans les mêmes conditions, l'acide carbonique liquide produit un froid de près de 90° au-dessous de zéro ; l'oxyde d'azote un froid de 110° au-dessous de zéro.

Chaleur rayonnante. — Chaleur qui émane ou *rayonne* des corps chauds, et se propage au travers du vide ou de certains corps (air, eau, verre...) comme le fait la lumière. La propriété qu'ont les corps d'émettre ainsi de la chaleur rayonnante s'appelle *pouvoir émissif* ou *rayonnant* ; la propriété qu'ont certains corps de se laisser traverser par la chaleur rayonnante est nommée *diathermanie*, et ces corps eux-mêmes sont dits *diathermanes*, tandis que les corps qui ne jouissent pas de cette propriété sont dits *athermanes*.

La chaleur rayonnante se comporte dans l'espace exactement comme la lumière ; elle se propage en ligne droite dans les milieux homogènes ; elle peut traverser le vide, puisqu'elle nous arrive du soleil en quantité considérable ; elle s'y propage avec une rapidité comparable à celle de la lumière qui est de 70 000 lieues par seconde, puisque dans toutes les éclipses de soleil, on n'a jamais remarqué que les rayons de chaleur aient disparu ou reparu après l'éclipse plus tôt ou plus tard que les rayons lumineux, et cette conclusion a été vérifiée par des expériences directes.

L'intensité de la lumière rayonnante en divers points de son parcours, varie d'une manière inversement proportionnelle au carré des distances comptées à partir de la source de chaleur. Ainsi, par exemple, si nous placions le réservoir d'un thermomètre successivement à des distances 1, 2, 3,... de la flamme d'une bougie, les quantités de chaleur qu'il recevrait décroîtraient comme les nombres 1, 1/4, 1/9,... pourvu toutefois que l'on puisse négliger la chaleur absorbée par l'air pendant le trajet. Le soleil n'est pas plus loin de nous quand il se couche que lorsqu'il est au zénith, et cependant ses rayons sont beaucoup moins chauds dans le premier cas que dans le second. C'est que, dans le premier cas, ces rayons ont traversé avant d'arriver jusqu'à nous une couche d'air plus épaisse, dans une direction plus oblique et qu'une plus forte proportion en ont été éteints ou déviés de leur direction.

Le pouvoir échauffant d'un faisceau de rayons de chaleur est d'autant plus faible que la surface qui les reçoit est plus inclinée sur leur direction ; aussi, les terrains en pente dont l'inclinaison est dirigée vers le midi sont-ils plus chauds que ceux dont l'inclinaison est dirigée vers le nord. C'est également une des causes de la diminution graduelle de la température à la surface du sol, à mesure qu'on s'éloigne de l'équateur ou que, dans un même lieu, on s'éloigne de l'heure de midi. Nous devons ajouter, toutefois, que l'absorption de chaleur solaire par la couche atmosphérique joue le principal rôle dans ces deux derniers phénomènes.

La chaleur rayonnante se réfléchit à la surface des corps polis, suivant les mêmes lois que la lumière, car si on expose un miroir concave aux rayons solaires, là où viendront converger les rayons lumineux viendront aussi converger les rayons de chaleur (voyez Miroirs, Miroirs ardents).

La chaleur rayonnante en traversant les corps diathermanes est déviée de sa direction rectiligne ou *réfractée* comme la lumière, et suivant les mêmes lois ; car si nous exposons aux rayons solaires une lentille convergente, là ou viendront se concentrer les rayons de lumière viendront également converger les rayons de chaleur.

Enfin, la chaleur rayonnante éprouve les mêmes effets de *polarisation*, de *double réfraction*, d'*interférence*, que la lumière (voyez ces mots).

La chaleur rayonnante n'est pas plus homogène que la lumière blanche ; elle se compose, comme elle, d'une infinité de rayons de chaleur jouissant de propriétés distinctes et doués en particulier de *réfrangibilités* inégales ; aussi, lorsque nous faisons tomber un faisceau de rayons solaires sur un *prisme*, tous les rayons de chaleur qui composent le faisceau, inégalement déviés, se séparent et produisent un *spectre* calorifique, occupant toute l'étendue du spectre lumineux et le dépassant même, du côté du rouge, d'une quantité égale environ à la longueur du spectre lumineux, quand le prisme est en sel gemme. Les rayons qui forment cette dernière partie du spectre calorifique sont dits *rayons de chaleur obscure*, et les autres, *rayons de chaleur lumineuse*, sans qu'on soit en droit d'en conclure que les rayons de lumière et les rayons de chaleur lumineuse soient une seule et même chose, ces deux espèces de rayons se réfractant de la même manière ; mais on peut les isoler les uns des autres par l'interposition de certains milieux qui arrêtent les premiers et laissent passer les seconds, ou réciproquement. On n'est pas plus en droit d'affirmer que les rayons de chaleur et les rayons de lumière aient une origine distincte ou soient d'essences différentes. Les différences capitales qu'ils présentent, sous le rapport de leurs propriétés physiologiques et physiques, pouvant tenir à un mode particulier de vibration de l'éther par lequel ils se propagent.

De même que certains corps (les corps colorés) réfléchissent ou laissent passer au travers de leur substance certains rayons de lumière, tandis qu'ils arrêtent les autres (voyez Couleurs) ; de même la plupart des substances diathermanes se laissent plus facilement traverser par certains rayons de chaleur que par d'autres ; ce qui constitue le *thermochroïsme*. Toutefois, les rayons de chaleur sont généralement d'autant plus transmissibles, que dans le spectre ils se rapprochent plus de la lumière bleue, et d'autant moins qu'ils s'en éloignent davantage ; en sorte que la plupart des corps seraient *bleus* pour la chaleur. L'expérience démontre, de plus, qu'un faisceau de rayons de chaleur de même intensité thermométrique renferme une proportion de rayons facilement transmissibles d'autant plus forte qu'il émane d'une source de chaleur à température plus élevée. Ce fait, dont les conséquences sont pour nous de la plus haute importance, peut être mis en évidence de la manière suivante : Une boîte en bois à parois épaisses et noircies intérieurement est fermée par une glace de verre que l'on expose perpendiculairement à l'action des rayons solaires. La chaleur solaire, émanant d'une source à température extrêmement élevée, traverse facilement le verre. En tombant sur les parois noircies de la boîte, elle est absorbée par elles, transformée en chaleur obscure qui ne peut plus traverser le verre qu'avec une extrême difficulté. La chaleur s'accumule donc dans la boîte jusqu'à ce que la perte par les parois égale le gain par la glace. La température peut s'élever ainsi jusqu'à 60 ou 65°. Un effet analogue, quoique moins marqué, se manifeste sous les cloches ou châssis des jardiniers, dans les serres. L'air lui-même jouit de la même propriété que le verre ; et c'est à cette circonstance que nous devons de jouir à la surface du sol dans nos climats d'une température moyenne de 10 à 12° au-dessus de zéro, tandis que les espaces dans lesquels se meut la terre ont une température de 80 à 100° au-dessous de zéro. Sans cette protection de notre atmosphère ou sans la particularité que présente sa chaleur rayonnante, la terre serait gelée sur toute la surface.

La chaleur rayonnante a été étudiée particulièrement par Newton, Leslie, Rumford, mais surtout par Melloni, qui a apporté dans ses recherches un degré de précision inconnu avant lui dans ce genre de phénomènes, grâce à la pile thermo-électrique de Nobili qu'il sut perfectionner et adapter à ses besoins. Ses expériences ont été reprises et continuées par MM. La Provostaye et Desains.

Chaleur solaire. — Chaleur qui nous est envoyée par le soleil. Elle entre pour une large part dans les variations de température et de climats que nous rencontrons à la surface du globe.

M. Pouillet est parvenu, dans un beau travail, à évaluer avec un certain degré d'approximation la quantité totale de chaleur qui nous est versée annuellement par le soleil, et il est arrivé à ce résultat que si cette chaleur était uniformément répartie à la surface de la terre, elle serait capable d'y fondre une couche de glace de 30^m,89 d'épaisseur ; il a conclu des mêmes expériences que la chaleur totale qui émane du soleil serait suffisante pour fondre chaque jour une couche de glace de 16 962 mètres ou de quatre lieues et quart.

La chaleur solaire n'est pas la seule qui arrive jusqu'à

nous. Bien que la température des espaces planétaires soit, toujours d'après M. Pouillet, d'environ 140° au-dessous de zéro, ces espaces nous enverraient encore annuellement une quantité de chaleur capable de fondre sur toute la surface du globe une couche de glace de 26 mètres d'épaisseur, c'est-à-dire presque autant que le soleil, ce qui tient à ce que le soleil n'occupe, par rapport à la terre, que les cinq millionièmes de la voûte céleste, et qu'il doit, par conséquent, à égalité de surface, envoyer 200 000 fois plus de chaleur pour produire le même effet.

Enfin, la terre elle-même possède encore à l'intérieur une portion notable de sa chaleur primitive, et cette chaleur, pénétrant peu à peu jusqu'à sa surface, contribue aussi pour sa part à en élever la température (voyez Chaleur terrestre, Atmosphère, Climat).

Chaleur spécifique. — Quantité de chaleur absorbée par 1 kil. d'un corps pendant que sa température monte de 1° et qu'il restitue, quand sa température redescend, au contraire, de 1°.

Black et Irwine, de Glascow, paraissent avoir constaté les premiers que les divers corps, sous le même poids, absorbent des quantités très-inégales de chaleur pour s'échauffer d'un même nombre de degrés, et cherchèrent à préciser ces différences. Crawford, en Angleterre, et Wilke, en Suède, s'occupèrent en même temps de la même question; mais les physiciens qui l'ont traitée avec le plus de soin sont Lavoisier et Laplace, Petit et Dulong, Delaroche et Bérard, de La Rive et Marcet, et plus récemment M. Regnault.

Lavoisier et Laplace employèrent à cet effet leur *calorimètre de glace*, dont nous donnons une coupe (*fig.* 484). Le corps, préalablement chauffé à 100°, était plongé dans l'intérieur d'un vase A contenant une double enceinte garnie de fragments de glace fondante. L'enceinte intérieure BB, destinée à recueillir la chaleur perdue par le corps chaud communiquait au dehors par un robinet E servant à écouler l'eau provenant de la fusion de la glace ; l'enveloppe extérieure CC, servant simplement à préserver la première du contact de l'air, communiquait également au dehors par un second robinet F. De la quantité de glace fondue par le corps et recueil-

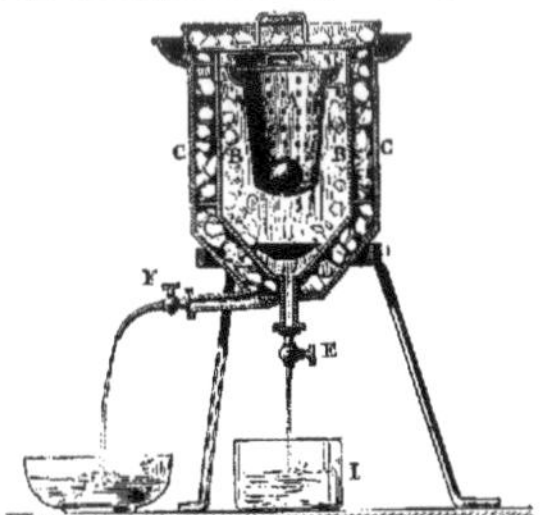

Fig. 484. — Calorimètre de Laplace et Lavoisier.

lie dans le vase I, on déduisait la quantité de chaleur abandonnée par celui-ci, sachant que 1 kil. de glace à 0° absorbe 79,25 calories pour fondre sans changement de température.

Dulong et Petit opéraient d'une manière moins directe. La substance qu'ils voulaient soumettre à l'expérience était renfermée dans un petit vase d'argent ou dans un réservoir de verre à surface argentée, dans l'axe duquel était placé un thermomètre. Le tout était introduit dans un vase de cuivre dans lequel le vide était fait aussi exactement que possible. L'appareil ainsi disposé était plongé dans de l'eau chaude jusqu'à ce que le thermomètre in-

térieur marquât 20°, puis dans la glace fondante, et on mesurait le temps nécessaire pour que le thermomètre descendît de 15 à 10°. Plus le corps contenait de chaleur, plus il mettait de temps à se refroidir, sa surface et le milieu restant les mêmes. Ce procédé est généralement peu exact.

Il en est autrement du procédé suivi par M. Regnault.

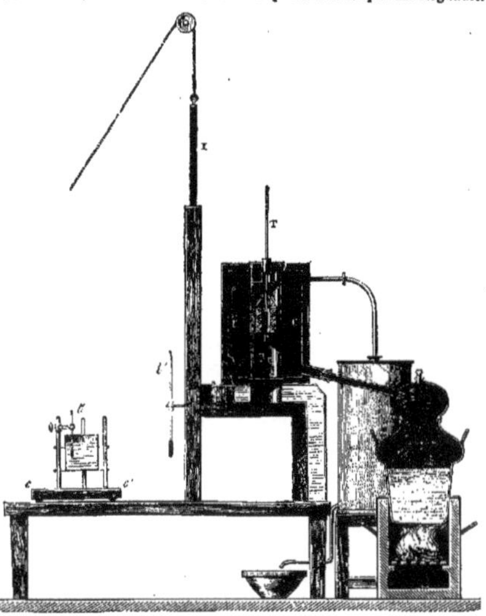

Fig. 485. — Appareil de M. Regnault, pour les chaleurs spécifiques.

Nous donnons ici une coupe de l'appareil dont s'est servi ce dernier physicien. La substance à essayer est renfermée dans un petit panier P en fils de laiton très-fins, formé par une double enveloppe cylindrique de manière à laisser en son centre un espace vide dans lequel pût se loger le réservoir d'un thermomètre T. Ce panier est suspendu au milieu d'un cylindre de fer-blanc D fermé à ses deux extrémités par deux bouchons mobiles de même métal et entouré d'une double enveloppe CC dans laquelle circule de la vapeur d'eau bouillante. C'est là que le corps s'échauffe jusqu'à un degré voisin de 100°. Sur la gauche est placé un petit chariot cc' portant un vase de cuivre V très-mince rempli d'eau dont la température est très-exactement marquée par un petit thermomètre t. Ce chariot est abrité contre la chaleur de la première partie de l'appareil par un écran mobile en bois I.

Lorsque la température du panier est stationnaire, on soulève l'écran, on fait glisser le chariot sous le cylindre D, on laisse tomber le panier dans l'eau, on ramène le chariot dans sa première place et on suit la marche du thermomètre t. De l'élévation de température de l'eau on déduit la chaleur perdue par le corps.

Le tableau suivant renferme quelques-uns des résultats obtenus.

Ces résultats mettent en évidence une loi remarquable reconnue d'abord par MM. Dulong et Petit pour les corps simples, puis étendue aux corps composés d'abord par Newman, puis par M. Regnault. Cette loi consiste en ce que *les chaleurs spécifiques des corps simples sont en raison inverse de leurs poids atomiques*, de sorte que le produit de ces quantités est constant ou à peu près. D'après les derniers travaux de M. Regnault, les chaleurs spécifiques des corps composés ayant même formule seraient également en raison inverse de leurs poids atomiques. Ces lois, toutefois, ne peuvent pas être vérifiées d'une manière absolue, la capacité calorifique d'un même corps variant d'une manière très-sensible avec sa température et son état d'agrégation, comme l'ont montré les expériences de M. Regnault.

Tableau des chaleurs spécifiques des solides et des liquides.

Eau. 1,90000

SOLIDES.

Antimoine.	0,05077	Laiton.	0,09391
Argent.	0,05601	Mercure.	0,03332
Arsenic	0,08140	Or.	0,03244
Bismuth.	0,03084	Phosphore.	0,18870
Cadmium	0,05669	Platine.	0,03243
Charbon de bois.	0,24150	Plomb	0,03140
Cuivre.	0,09515	Plombagine.	0,21800
Diamant.	0,14680	Soufre.	0,20259
Etain	0,05623	Verre.	0,19768
Fer.	0,11379	Zinc.	0,09555
Iode.	0,05412		

LIQUIDES.

Acide acétique ..	0,6589	Esprit de bois ...	0,8009
Alcool à 36°.	0,6725	Ether.	0,5157
Benzine	0,3952	Térébenthine. . . .	0,4269

CHALEURS SPÉCIFIQUES DES GAZ ET VAPEURS. — Elles sont le plus souvent rapportées à l'unité de volume, et non à l'unité de poids. Les premières déterminations précises qui en aient été faites sont dues à MM. Delaroche et Bérard. Le gaz traversait un tube où il se trouvait chauffé par de la vapeur d'eau, puis il pénétrait dans un serpentin entouré d'eau froide, où il perdait la chaleur qu'il avait reçue et qu'on pouvait ainsi mesurer.

Ces expériences ont été reprises par MM. Delarive et Marcet, et tout récemment par M. Regnault, avec toute la précision qu'exigeait un sujet dont l'importance est devenue capitale pour la théorie des machines à vapeur.

Voici le tableau des résultats obtenus pour les gaz simples; ils sont rapportés aux volumes.

Tableau des chaleurs spécifiques des gaz simples.

	Chal. spécif. C.	Densité D.	Produit CD.
Oxygène.	0,2182	1,1036	0,2412
Azote.	0,2440	0,9713	0,2370
Hydrogène.	3,4045	0,0692	0,2356
Chlore	0,1214	2,4400	0,2982
Brome.	0,0355	5,39	0,2992

Les nombres de la quatrième colonne sont proportionnels aux quantités de chaleur qui élèveraient de 1° l'unité de volume des différents gaz; pour avoir ces quantités elles-mêmes, il faudrait multiplier ces nombres par $\frac{1}{773}$ qui représente le rapport de la densité de l'air à celle de l'eau.

Dans toutes les expériences dont les résultats sont relatés plus haut, les gaz ou vapeurs se sont dilatés en même temps qu'échauffés; mais en augmentant convenablement la pression qu'ils supportent, on peut empêcher cette dilatation d'avoir lieu. On trouve alors que la chaleur absorbée par un même gaz pour une même variation de température est moindre que précédemment. Les gaz ou vapeurs absorbent donc de la chaleur pour se dilater simplement sans changement de température; et en effet, si on comprime fortement un gaz, on le voit s'échauffer au rouge (V. BRIQUET PNEUMATIQUE); si on le dilate au contraire brusquement, sa température baisse par l'absorption d'une portion de sa chaleur sensible. Ce dernier phénomène joue un rôle important dans le travail de la vapeur par détente (voy. VAPEUR [MACHINES A], DÉTENTE). C'est grâce à lui que l'on peut plonger sans danger la main dans un jet de vapeur qui s'échappe avec violence d'une chaudière où l'eau bout à une température de 150 à 200°, ce que l'on ne pourrait pas faire avec de l'eau bouillant à 100°. La vapeur comprimée dans la chaudière se dilate brusquement en arrivant à l'air libre, et sa température y descend en même temps jusqu'à 30 ou 40°.

CHALEUR TERRESTRE. — Chaleur accumulée dans le sein de la terre. L'examen des faits géologiques a conduit à cette opinion, aujourd'hui généralement admise, que la terre a été jadis dans un état d'incandescence et de fusion. Une grande partie de cette chaleur s'est dispersée dans les espaces interplanétaires, et son départ de notre globe a donné naissance à des phénomènes d'un grand intérêt. Le refroidissement s'opérant par la surface, une croûte solide s'est formée autour du noyau central resté liquide jusqu'à nos jours et l'enveloppe comme d'un vêtement qui l'abrite du froid extérieur. Cette croûte solide a d'abord perdu de sa chaleur propre; elle se contractait à mesure que sa chaleur baissait, tandis que le noyau central conservait sensiblement son volume. L'immense vase clos formé par elle devenait donc peu à peu trop petit pour la masse liquide qu'il tenait enserrée; il a dû

éclater à certaines époques, et d'énormes quantités de matière en fusion se sont écoulées par les fractures et déversées à sa surface. Par les progrès du refroidissement, ces matières se sont solidifiées à leur tour; elles ont cicatrisé les plaies de la croûte terrestre, rétabli sa continuité jusqu'à ce que la même cause, reprenant son cours, ait ramené les mêmes effets.

Mais il est arrivé une époque où l'équilibre des températures s'est trouvé constitué dans l'enveloppe solide et où d'elles a cessé pour faire place à l'autre. Les déchirures fournie par le noyau central; les phénomènes ont alors changé d'aspect. Dans ces conditions, qui se sont perpétuées jusqu'à nos jours, c'est au contraire sur le noyau central que l'action du refroidissement s'est fait surtout sentir. Ce noyau s'est donc contracté plus vite que l'enveloppe qui le recouvre, et il s'est présenté des époques où celle-ci, imparfaitement soutenue, s'est plissée de manière à suivre les décroissements de volume de la masse liquide. Les plissements ont dû être accompagnés de rupture de la croûte et de rebroussement ou *soulèvement* des bords de la plaie.

Les causes des phénomènes géologiques ont donc été doubles; mais il est difficile d'établir la limite où l'une d'elles a cessé pour faire place à l'autre. Les déchirures suivies d'éruptions plutoniques, ont pu être accompagnées de soulèvements déterminés par le courant des matières fondues. A la suite des plissements produits sous l'influence de la seconde cause, des fragments de l'enveloppe solide n'étant plus soutenus par la cohésion du système, ont pu plonger dans la masse fluide et faire monter celle-ci à leur surface. Cependant, dans la série des époques géologiques, il s'en présente où l'un des deux ordres de faits prédomine nettement sur l'autre.

Grâce à l'atmosphère, sorte de vêtement qui a une large part dans la conservation de la chaleur terrestre; grâce à l'influence du soleil qui verse chaque année une énorme quantité de chaleur à la surface de notre globe, le refroidissement de la terre est aujourd'hui d'une lenteur excessive; mais la cause la plus puissante des révolutions du globe n'en agit pas moins sourdement sous nos pas, produisant de temps à autre, comme pour nous faire toucher du doigt la perpétuité de son action, ces terribles secousses qui renversent nos villes.

Il n'est pas nécessaire de descendre bien avant dans le sein de la terre pour y acquérir des preuves de l'existence de la chaleur qu'elle y conserve encore. La température varie à sa surface à chaque instant du jour; mais si nous pénétrons au-dessous, nous voyons ces variations diminuer de plus en plus et devenir nulles à une profondeur de 25 à 30 mètres. Les caves de l'Observatoire de Paris, qui vont à 30 mètres au-dessous de la surface du sol, sont rigoureusement au même degré, 11°,82, d'une extrémité à l'autre de l'année. Au-dessous de ce niveau, la température monte de plus en plus à mesure qu'on s'enfonce davantage. C'est ainsi que les eaux du puits de Grenelle, qui jaillissent d'une profondeur de 548 mètres, ont une température de 27°,7, ce qui correspond à un accroissement de 1° par 33 mètres de profondeur. En supposant que cette progression se maintînt, on atteindrait une température de 1 500° ou du rouge blanc à une profondeur de 49 kil. L'épaisseur de la croûte solide serait donc à peine la centième partie du rayon terrestre. M. D.

CHALLES (Médecine, Eaux minérales). — Village de France (Savoie), arrondissement et à 4 kilomètres de Chambéry, où l'on trouve une source d'eau minérale froide, sulfurée sodique. Elle contient par litre : chlorure de magnésium, 1gr,010; iodure de potassium, 0gr,009; bromure de sodium, 0gr,100; sulfure de sodium, 0gr,295, et quelques sels alcalins. Elle convient dans les scrofules et les accidents tertiaires de la syphilis.

CHALOUPE CANNELÉE (Zoologie). — Nom vulgaire de l'*Argonaute argo* (Mollusques).

CHALUMEAU (Chimie, Technologie). — Tube de cuivre ou de fer-blanc ABCD (*fig.* 486) terminé à son extrémité supérieure par une embouchure F en ivoire ou en corne et à son extrémité inférieure E par un *bout* de platine ou de cuivre percé dans son axe d'une ouverture très-étroite. Si l'on tient cet appareil à la bouche et qu'on en approche le bout de la flamme d'une bougie (*fig.* 487), le courant d'air qui s'en échappe dévie la flamme et l'allonge en un *dard abc* d'une température très-élevée. On obtient ainsi une source de chaleur très-limitée, mais très-active. On l'emploie en chimie à fondre des corps, à oxyder ou réduire les combinaisons métalliques et même à les analyser pour en reconnaître la nature. Berzelius et plus récemment M. Platner ont écrit des traités spéciaux sur la chimie ainsi faite au chalumeau. Les orfèvres, les émailleurs, les bijoutiers, les essayeurs de monnaie font également un fréquent usage de cet instrument pour des soudures de peu d'étendue, pour fondre des émaux ou faire des essais de tout genre.

CHALUMEAU A VAPEURS COMBUSTIBLES. — Le chalumeau à bouche, très-commode tant qu'on opère sur de très-petits objets, devient trop faible ou trop fatigant dans un grand nombre de cas. On a recours alors au *chalumeau à vapeurs combustibles* brûlant des vapeurs d'essence de térébenthine chauffée, et imaginé par le comte Desbassayns, de Richemont. Un flacon de verre à niveau constant alimente d'essence de térébenthine une petite chaudière en cuivre sous laquelle brûle une petite lampe à esprit de vin. Un thermomètre, dont le réservoir plonge dans la chaudière, sert à indiquer la température convenable pour opérer. Un soufflet fournit un courant d'air forcé à deux tubes de caoutchouc, munis chacun d'un robinet. Le premier tuyau conduit l'air dans la chaudière à la surface de l'essence de térébenthine d'où il ressort chargé de vapeurs combustibles. En allumant le jet, on a d'abord une flamme molle et blanchâtre, mais si on fait arriver l'air par le second robinet, la flamme acquiert aussitôt une couleur bleuâtre vive et une température extrêmement élevée. Cette flamme est en forme de dard quand on veut l'employer aux soudures ou au travail du verre; mais si on

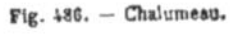

Fig. 486. — Chalumeau.

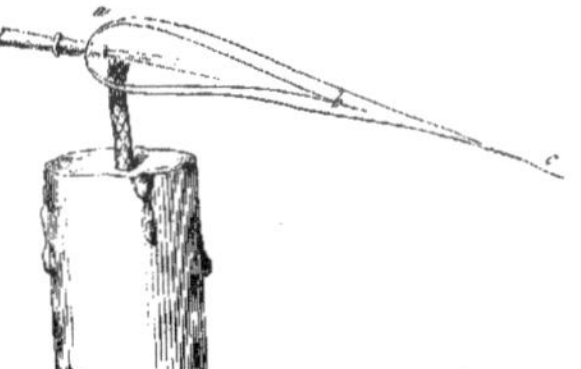

Fig. 487. — Dard produit par le chalumeau.

veut la faire servir à fondre ou calciner des corps en chimie, on peut lui donner la forme d'une couronne enveloppant le corps à traiter.

CHALUMEAU AÉRHYDRIQUE. — Dans ce chalumeau, d'une très-grande énergie, la vapeur d'essence de térébenthine est remplacée par de l'hydrogène. Voici l'appareil imaginé à cet effet par M. Desbassayns. Une première caisse inférieure, munie d'un double fond, est remplie de rognures de zinc par une porte que l'on ferme ensuite hermétiquement. Au-dessus de cette caisse s'en trouve une seconde dans laquelle on introduit un mélange d'eau et d'acide sulfurique manquant 20° à l'aréomètre Baumé. Cette seconde caisse communique avec la première au moyen d'un tube plongeant jusqu'au fond de celle-ci. Un second tube à robinet part au contraire du sommet pour venir déboucher dans un compartiment distinct, dans lequel on verse à l'avance un peu d'eau, et débouchant à l'extérieur par une tubulure. Lorsqu'on veut se servir de cet appareil après l'avoir chargé de zinc et d'acide, on établit la communication entre les deux caisses, l'acide descend, en chassant devant lui l'air qui se trouve avec

le zinc; en même temps, l'acide, arrivant au contact du zinc, donne lieu à un dégagement très-rapide d'hydrogène. Tout l'air est rapidement chassé; on ferme alors le robinet. Le dégagement d'hydrogène continuant, ce gaz refoule l'eau acidulée dans le vase supérieur jusqu'à ce qu'il ne touche plus le zinc et que son action sur lui cesse. L'appareil est alors prêt à fonctionner.

Le chalumeau proprement dit est formé par un tube de cuivre à calibre intérieur très-étroit auquel viennent aboutir deux tubes de caoutchouc munis à leur jonction de deux robinets. L'un des tubes est monté sur la tubulure du générateur d'hydrogène. L'autre vient communiquer avec un soufflet donnant un courant d'air forcé. L'hydrogène arrive donc à l'extrémité du chalumeau tout mélangé d'air, et quand on y met le feu, il donne un dard allongé d'une température extrêmement élevée. Pendant que l'appareil fonctionne, l'eau acidulée vient mouiller le zinc de manière que l'hydrogène qui se forme puisse alimenter le chalumeau, pour remonter ensuite dans le réservoir supérieur. Ces deux appareils ont singulièrement perfectionné l'industrie des soudures; on peut ainsi, par exemple, facilement souder le plomb directement (soudure autogène). Le bec du chalumeau étant placé à l'extrémité d'un tube de caoutchouc, l'ouvrier tient à la main un véritable *outil de feu* capable de produire les effets les plus variés et les plus intenses.

CHALUMEAU A GAZ OXYHYDROGÈNE. — Dans ce chalumeau, plus énergique que tous ceux qui précèdent, l'air mélangé à l'hydrogène est remplacé par de l'oxygène pur, ce qui permet à la flamme d'acquérir une température encore plus élevée. Le soufflet du chalumeau aérhydrique est alors remplacé par un gazomètre à oxygène. Les deux gaz sont quelquefois mélangés à l'avance dans un seul gazomètre dans la proportion de 2 volumes d'hydrogène et 1 volume d'oxygène. Dans le but de prévenir les effets de l'explosion terrible qui se produirait inévitablement par la transmission du feu de l'extrémité du chalumeau au gazomètre, on loge dans le tube, vers son extrémité, une dizaine de toiles métalliques transversales très-fines destinées à arrêter la flamme. On préfère cependant ne réunir les deux gaz qu'en un point voisin de celui où la combustion a lieu.   M. D.

CHAMÆCERASUS (Botanique). — Nom d'une espèce de *Chèvrefeuille* et de *Cerisier*.

CHAMÆDORÉE (Botanique), *Chamædorea*, Wildw, du grec *chamai*, à terre, et *dôrea*, don. — Genre de *Palmiers*, tribu des *Arécinées*. Il comprend de petits arbres habitant les régions chaudes de l'Amérique, et particulièrement le Mexique et la Colombie. Caractères principaux : fleurs dioïques; les mâles ont un calice en cupule, 3 pétales arrondis; 6 étamines; les femelles, un calice à 3 lobes; 3 pétales; ovaire à 3 loges; 3 stigmates petits, aigus; baie arrondie, et ne renfermant qu'une graine. On compte environ une quarantaine d'espèces de ce genre. Jusqu'à présent, les serres chaudes d'Europe n'en possèdent guère que vingt-six. Plusieurs sont cultivées au Jardin des Plantes.

CHAMÆDRYS (Botanique), du grec *chamai*, par terre, et *drus*, chêne : petit chêne. — Nom spécifique donné à deux plantes herbacées dont le feuillage ressemble en petit à celui du chêne. L'une est une *Véronique indigène* (*Ver. chamædrys*, Lin.), petite plante vivace à tiges rampantes et poilues, et à fleurs bleues ou carnées, disposées en grappes lâches (voyez VÉRONIQUE); l'autre est la *Germandrée petit chêne* (*Teucrium chamædrys*, Lin.), petite herbe un peu aromatique et à saveur amère, un peu âcre, fleurs disposées par 2-6 en faux verticilles d'un rouge pourpre (voyez GERMANDRÉE). Le mot *chamædrops* à la même signification.

CHAMÆROPE (Botanique), *Chamærops*, Lin., du grec *chamai*, à terre, et *rôpes*, broussailles : petit arbre. Ce genre possède les palmiers les plus petits. — Genre de la famille des *Palmiers*, tribu des *Coryphinées*. Ils ont 2-4 spathes incomplètes; les fleurs mâles ont un calice tripartit, corolle à 3 pétales, 6-9 étamines; fleurs hermaphrodites; 3 ovaires distincts; 3 baies ou moins, à une graine. Les chamæropes sont ordinairement des palmiers presque sans tige. Le *C. Palmiste, palmier nain* (*C. humilis*, Lin.), est souvent à peine élevé de 2 mètres; mais il peut atteindre jusqu'à 10 mètres, peut-être par l'influence du climat. Ses feuilles sont palmées, multifides, roides. Ce palmier est le seul qui croisse en Europe. On le rencontre assez communément en Espagne et même à Nice. En Algérie, il est très-abondant. L'économie domestique des Arabes tire parti de cette espèce. Avec les feuilles, on fabrique des paniers et des nattes. Les jeunes pousses et les fruits à pulpe douce et mielleuse se mangent. Le tronc donne de la fécule.

CHAMBRE NOIRE, CHAMBRE OBSCURE. — Instrument servant à produire sur un plan l'image réelle des objets extérieurs. Dans sa construction la plus simple, elle se compose d'une *lentille convergente* adaptée à l'ouverture du volet d'une chambre d'ailleurs complétement fermée à la lumière. Tous les rayons lumineux émanant des objets extérieurs et qui traversent la lentille, viennent peindre en arrière d'elle les images de ces objets eux-mêmes (voyez LENTILLES CONVERGENTES). Lorsqu'on peut faire abstraction de cette inégalité de distance et qu'on place une feuille de papier blanc en un lieu convenable en arrière de la lentille, toutes les images s'y dessinent avec netteté et avec les couleurs des objets eux-mêmes; mais elles y sont renversées.

La chambre noire, employée autrefois seulement comme la chambre claire à la reproduction des objets par le dessin, a acquis une très-grande importance depuis la découverte de la *photographie* (voyez ce mot). Aussi sa construction a-t-elle reçu successivement d'importants perfectionnements.

Dans la photographie, ce n'est pas, à proprement parler, l'image lumineuse des objets qui doit se peindre sur la plaque ou la feuille de papier sensibilisée, mais leur image chimique ou formée par les rayons chimiques de la lumière. Or, avec les lentilles simples ordinaires, ces deux images ne coïncident pas, n'occupent pas le même lieu de l'espace, et comme on ne peut voir que la première, on ne peut trouver le lieu exact de la seconde que par tâtonnement. Tout en travaillant les lentilles avec tout le soin possible pour que leurs effets eussent toute la netteté désirable, il a donc fallu les composer d'une manière spéciale pour l'objet proposé. D'un autre côté, comme la distance d'une image à la lentille qui la produit varie avec la distance de son objet à cette même lentille, on a dû construire la caisse de la chambre obscure et la monture de sa lentille, de telle sorte que la distance de cette lentille au fond de l'appareil où se trouve disposée la lame impressionnable pût être variée dans les limites convenables et avec assez de lenteur pour que la *mise au point* fût toujours facile. Les instruments livrés par les bons constructeurs ont acquis, sous ces divers rapports, un degré de perfection remarquable.

On attribue l'invention de la chambre noire à Baptiste Porta, qui en donne une description dans sa *Magia naturalis* (1587). Elle semble, toutefois, avoir été connue, bien antérieurement, par Roger Bacon.

CHAMBRES DE L'ŒIL (Anatomie). — On distingue dans l'œil la *chambre antérieure* et la *chambre postérieure*. La première est l'espace compris entre l'iris et la cornée transparente. La seconde est située derrière l'iris, entre cette membrane et celle qui renferme l'humeur vitrée; elle est très-petite : quelques anatomistes appliquent ce nom à tout l'espace circonscrit par la sclérotique et l'iris; dans ce cas, elle est beaucoup plus grande que la chambre antérieure (voyez ŒIL).

CHAMBRE CLAIRE, *Camera lucida.* — Petit instrument servant, aux dessinateurs ou paysagistes, à reproduire l'image exacte des objets, d'un édifice ou d'un paysage.

Il se compose d'un prisme de verre à quatre faces dont deux AB et AC se coupent à angle droit, tandis que les

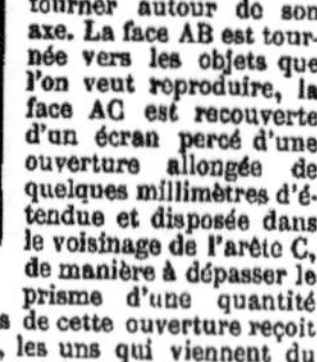
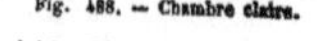

Fig. 488. — Chambre claire.

deux faces opposées BD et DC se rencontrent sous un angle obtus de 135°. Ce prisme est porté horizontalement sur un pied et peut librement tourner autour de son axe. La face AB est tournée vers les objets que l'on veut reproduire, la face AC est recouverte d'un écran percé d'une ouverture allongée de quelques millimètres d'étendue et disposée dans le voisinage de l'arête C, de manière à dépasser le prisme d'une quantité variable. L'œil placé au-dessus de cette ouverture reçoit donc deux espèces de rayons, les uns qui viennent du prisme, les autres qui ont passé à côté. Les premiers émanent des objets extérieurs, et après avoir subi sur les surfaces DB et DC deux réflexions, comme sur de véritables miroirs, ils se relèvent à peu près verticale-

ment pour donner lieu à une image située dans la direction qu'ils possèdent en quittant le prisme. Cette image vient donc se projeter sur le papier P où on veut la reproduire. En même temps des rayons lumineux venant de ce papier et du crayon qui s'y promène et rasant l'arête C du prisme pénètrent dans l'œil O qui se trouve alors impressionné simultanément par deux images superposées. Le dessinateur peut donc suivre avec son crayon les contours qu'il veut reproduire. Toutefois, comme notre œil a besoin de s'approprier aux diverses distances des objets pour que nous puissions les voir avec netteté, ces deux images superposées et très-inégalement distantes produisent rapidement un sentiment de fatigue prononcé. Pour faire disparaître ou diminuer cet inconvénient, la chambre claire est ordinairement munie de verres colorés ayant pour but d'égaliser la teinte ou l'éclat des deux images et de verres divergents pour égaliser les distances auxquelles sont vues par l'œil ces deux mêmes images ou pour égaliser la divergence des rayons lumineux qui les produisent en pénétrant dans l'œil.

La chambre claire a été imaginée par Wollaston, modifiée par Amici, de Modène, perfectionnée en dernier lieu par M. Ch. Chevalier et M. Lauseda. C'est un instrument très-portatif et très-commode pouvant servir par tous les jours possibles (voyez DISPERSION, LENTILLES, RÉFLEXION).

CHAMEAU (Zoologie), *Camelus,* Lin.; *kamélos* des Grecs. — Genre de *Mammifères ruminants, sans cornes.* Dans la classification adoptée par M. P. Gervais, ils forment, avec le genre *Lama,* la famille des *Camélidés.* Ils se rapprochent plus que les autres de l'ordre voisin, les Pachydermes. Non-seulement les chameaux ont toujours des canines aux deux mâchoires, mais encore deux dents pointues enfoncées dans l'os incisif; six incisives en bas, dix-huit ou vingt molaires; les os scaphoïde et cuboïde du tarse séparés. Ces caractères les distinguent très-nettement des autres ruminants. « Leur lèvre renflée et fendue, dit Cuvier, leur long cou, leurs orbites saillants, la faiblesse de leur croupe, la proportion désagréable de leurs jambes et de leurs pieds, en font des êtres en quelque sorte difformes; mais leur extrême sobriété et la faculté qu'ils ont de passer plusieurs jours sans boire les rendent de première utilité. Ils ont à cet effet les côtés de la panse garnis de cellules dans lesquelles il se retient ou se produit continuellement de l'eau. » Ce sont de grands animaux de l'ancien continent dont on connaît deux espèces, toutes deux réduites depuis longtemps à l'état domestique. Le *C. à deux bosses, C. de Bactriane,* ou simplement *Chameau* (*C. bactrianus,* Lin.), originaire du centre de l'Asie, est plus grand que la seconde espèce, le *Dromadaire,* ses jambes sont moins hautes; son museau plus gros et plus renflé, son poil plus brun, sa démarche plus lente. Sans parler de cette forme disgracieuse du chameau que tout le monde connaît, ce cou long et arqué vers le bas, cette tête petite, ce dos chargé de deux bosses, etc., nous dirons seulement qu'il se fait remarquer par une large callosité au-dessous du poitrail, et de petites au coude, au genou des jambes de devant, à la rotule et au jarret de celles de derrière; la femelle porte douze mois. Cette espèce habite le Turkestan, le Thibet, les frontières de la Chine; on l'emploie comme bête de somme, et son pas est plus sûr que celui du dromadaire. Le chameau descend beaucoup moins vers le Midi que ce dernier. Le *Dromadaire, C. d'Arabie, C. à une seule bosse* (*C. dromedarius,* Lin.), originaire d'Arabie, d'où il s'est répandu dans tout le nord de l'Afrique, et dans une grande partie de la Syrie et de la Perse, etc., est celui des deux qui porte le plus loin la sobriété; il est plus léger et plus propre à la course; sa bosse, placée sur le milieu du dos, n'est jamais tombante comme on le remarque dans le chameau; son poil est doux et laineux; d'un blanc sale dans la jeunesse, il devient, avec l'âge, d'un gris roussâtre; il a des callosités comme l'autre espèce; sa taille mesurée au garrot varie de 1^m,10 à 2^m,30. Elle est moindre que celle du chameau. Les Arabes regardent cet animal comme un présent du ciel, sans le secours duquel ils ne pourraient ni subsister, ni commercer, ni voyager. Le lait des dromadaires leur sert de nourriture ordinaire; leur poil doux et moelleux sert à faire des étoffes pour leurs vêtements; avec ces animaux, ils savent franchir le désert qui, sans cela, serait inaccessible; ils peuvent établir des communications avec des contrées qui seraient absolument isolées du reste de la terre; ils peuvent parcourir des distances de 40 à 50 lieues, dit-on, en un jour. Le transport des marchandises se fait par le moyen des dromadaires, et chacun d'eux peut porter une charge qui varie de 400 à 600 kil., et faire, ainsi chargé, 10 à 12 lieues par jour. Les dromadaires de course et ceux de charge peuvent marcher ainsi dix à douze jours de suite; ils se reposent seulement le soir; alors on leur ôte leur charge et on les laisse paître; mais le désert ne leur fournit pas toujours dans ses oasis mêmes une nourriture abondante. L'absinthe, l'ortie, le genêt, l'acacia et les autres végétaux épineux, forment la base de leur alimentation, qu'ils prennent ordinairement pour vingt-quatre heures. Cet animal peut se passer de boire pendant sept à huit jours; mais alors il sent l'eau de fort loin et il y court rapidement, si elle est à sa portée. Le dromadaire de course rend aussi de grands services, comme il a été dit plus haut, et tout le monde se rappelle que, dans la campagne d'Égypte, le général en chef monta avec ces animaux un régiment qu'on appela le *régiment des dromadaires*. Depuis notre conquête de l'Algérie, les dromadaires et les chameaux sont devenus des auxiliaires précieux, et on les emploie non-seulement dans le Sahara, mais même dans l'intérieur pour les charrois et les transports. Mais il est vrai de dire que c'est dans le Sahara, pour le service des caravanes, qu'ils jouent un rôle important. M. le général Carbuccia, qui a publié un excellent travail sur cette matière, reconnaît deux races de dromadaires, l'une à formes massives, employée surtout comme bête de somme; l'autre à formes plus sveltes, ce sont les *Mahri* ou *Méhari* qui fournissent ces courses fabuleuses dont nous avons parlé tout à l'heure. « Les farouches *pères du sabre* (les Touaregs), dit M. Félix Mornan, montés sur le merveilleux *mehari*, franchissent en un jour des distances énormes et fondent, par un bond qu'on ne saurait mieux comparer qu'à celui du tigre, sur la caravane qu'ils ont pressentie de loin, avec un flair véritablement prestigieux et qu'ils suivent souvent à la piste, etc. »

CHAMEAU (Zoologie). — Nom vulgaire d'une coquille du genre *Strombe* (*Strombus lucifer*, Lin.).

CHAMEAU LÉOPARD, ou plutôt CAMÉLÉOPARD (Zoologie). — Voyez GIRAFE.

CHAMEAU MARIN (Zoologie). — Espèce de *Poisson* du genre *Coffre*.

CHAMEAU DE RIVIÈRE (Zoologie). — Les Égyptiens avaient donné ce nom au *Pélican* (voyez ce mot).   AD. F.

CHAMOIS (Zoologie), *Antilope rupicapra*, Lin.; *Isard* dans les Pyrénées. — Espèce de *Mammifères ruminants*, du genre *Antilope* (voyez ce mot). C'est le seul ruminant de l'Occident de l'Europe que l'on puisse comparer aux antilopes. Ses cornes sont lisses, recourbées brusquement en arrière près de leur pointe; elles sont creuses et persistantes. Le chamois est de la taille d'une grande chèvre; son poil, d'un gris cendré au printemps, est d'un fauve roussâtre en été. Derrière chaque oreille, sous la peau, existe un sac qui ne s'ouvre au dehors que par un petit trou. Cet animal, d'une légèreté et d'une agilité remarquables, vit en troupes, au milieu des rochers les plus escarpés, où l'on ne peut l'approcher qu'avec la plus grande difficulté; sa peau, ferme et douce, était employée autrefois pour faire des vêtements; mais elle est devenue rare et on a été obligé de la remplacer par d'autres. La chasse au chamois est une des plus dangereuses, et pourtant elle devient une passion insurmontable. Voyez-vous le chamois, sautant avec une légèreté incroyable sur les neiges glacées et les pointes des rochers? Il a aperçu le chasseur; il fait entendre une espèce de sifflement aigu, prolongé, qui va retentir au loin dans les rochers et les forêts; tous les autres chamois accourent à ce bruit. Le chasseur, lui, traverse les glaces, il grimpe, il saute de roches en roches, il ne connaît pas le danger; la nuit le surprend, il attendra le lendemain matin, sans abri, sans feu; l'espoir le soutient, il mange un morceau de pain dur, puis il se couche et s'endort. Avant l'aube il est debout : c'est l'instant de surprendre le chamois; il boit une goutte d'eau-de-vie et court à de nouveaux dangers; enfin il arrive assez près de lui pour distinguer ses cornes, il appuie le canon de son fusil contre un rocher, il vise sans se presser, le coup part, et presque toujours le chamois tombe, rarement le chasseur manque son coup. Il se retourne alors, mesure le chemin qu'il a parcouru, examine comment il pourra franchir les obstacles, les précipices qui le séparent de son village, se met en route chargé de son fardeau, qu'il a jeté sur ses épaules et arrive sain et sauf à son chalet; ou bien le pied lui a manqué, il a glissé..... et alors..... C'est ainsi que se termine le plus souvent la vie du chasseur de chamois.

CHAMOISAGE. — Préparation des peaux de chamois, de daim, de buffle, de bouc, de chèvre, pour la fabrication des gants. Le chamoiseur se borne à priver les peaux de leur humidité et à les *passer en huile*, c'est-à-dire à les pénétrer d'une matière huileuse qui leur donne de la souplesse, sans altérer leur force et sans leur communiquer d'odeur incommode (voyez TANNAGE).

CHAMP DE LA VISION. — Voyez LUNETTES, TÉLESCOPES, MICROSCOPES.

CHAMPIGNONS (Botanique), *mukès* des Grecs; *fungi*, des Latins. — Groupe très-nombreux de plantes *cryptogames*, constituant une grande famille ou plutôt une classe, comprenant des végétaux terrestres qui se développent sur les matières organiques en décomposition ou dans la terre. Ils ne présentent jamais ni feuilles, ni tiges, ni racines, mais on y observe toujours, même dans les espèces les plus simples, des organes distincts pour la végétation et pour la reproduction. Ils sont essentiellement formés de filaments ordinairement blanchâtres, connus sous les noms de *mycelium*, *blanc de champignon*, s'enchevêtrant les uns avec les autres; ce sont les organes de végétation. De ce mycelium s'élèvent les organes de fructification qui constituent souvent des réceptacles charnus ou spongieux, portés sur des pédicules et formant avec eux des organes beaucoup plus apparents que le reste de la plante. Les champignons que nous mangeons sont des réceptacles de ce genre conformés en espèces de chapeaux pédiculés; ils portent, du reste, diversement disposées, les *spores*, ou corps reproducteurs des champignons. Le mycelium a d'ailleurs une puissance de végétation telle que la dessiccation complète n'y éteint pas la vie, et M. Léveillé assure en avoir fait l'expérience avec des échantillons conservés dans son herbier depuis plus de vingt-cinq ans.

On a fait plusieurs subdivisions dans cette nombreuse famille : les unes comprennent des espèces très-simplement organisées, à peine visibles à l'œil nu; les autres ont une structure plus compliquée et affectent de plus grandes dimensions; quelques espèces peuvent être mangées et sont même très-recherchées; il y en a qui entrent pour une part considérable dans l'alimentation de certaines populations; beaucoup sont éminemment vénéneuses et occasionnent assez fréquemment des accidents funestes.

Malgré la simplicité de leur structure, les champignons ne laissent pas que d'être composés de plusieurs organes différents; ainsi : 1° le *mycelium*, dont il a été question; 2° un *pédicule*, ou *stipe*, qui supporte le réceptacle; 3° le *réceptacle*, partie qui renferme l'appareil de la fructification, situé à sa surface, dans son intérieur ou dans des conceptacles particuliers; 4° les *capsules* ou *thèques*, petits sacs microscopiques contenant les spores; 5° les *spores*, *sporidies*, *sporilles*, *séminules*, corps reproducteurs ordinairement réunis plusieurs ensemble dans les capsules, mais qui quelquefois sont nus; 6° le *chapeau*, partie plus large qui couronne le stipe; 7° le *volva*, ou *bourse*, qui enveloppe tout le champignon dans sa jeunesse et qui se rompt ensuite pour le passage du chapeau et du pédicule, mais en laissant des traces à la base de ce dernier et quelquefois au sommet du chapeau; 8° le *voile*, *cortine*, *anneau*, qui unit les bords du chapeau au sommet du stipe et laisse, en se rompant, une espèce d'anneau ou de collerette autour de ce dernier; 9° la *membrane sporulifère* (*hymenium*), sur laquelle reposent immédiatement les organes de la fructification. Du reste, l'organisation des champignons a quelque analogie avec celle des plantes à fleurs distinctes. Ainsi, en prenant pour exemple l'*Agaric comestible* (*Agaricus edulis*), on observe : 1° un épiderme mince, difficile à séparer; 2° une substance fibreuse, analogue au bois, mais souvent molle dans les champignons fugaces, formée de filaments ou de fibres enlacés les uns dans les autres et faisant fonction de tubes capillaires; 3° souvent, à l'intérieur, une substance médullaire composée d'utricules ou de petites vessies placées à la suite les unes des autres.

Les champignons aiment les lieux humides; la chaleur ombragée favorise leur développement; c'est pour cela qu'on les trouve dans les endroits sombres, dans le creux des arbres, dans les caves; il y en a qui naissent sur les liquides contenant des principes fermentescibles que leur présence suffit souvent à développer; c'est pourquoi l'idée de moisissure entraîne souvent celle de pourriture. L'existence des champignons est extrêmement délicate; on ne peut les toucher sans les meurtrir, et un champignon desséché sur pied, et humecté de nouveau, ne végète plus, comme on peut le remarquer dans les lichens, par exemple. Il n'est pas de végétaux dont la croissance et le développement soient aussi rapides; une seule nuit voit éclore des milliers de champignons; il y en a qui, en moins d'une heure, naissent et parviennent au terme de leur existence; ordinairement, pourtant, la durée de leur vie est plus longue, et il y en a, comme les bolets amadouviers, qui persistent plusieurs années; il est vrai qu'ici ce sont des générations successives comme on le voit dans les coraux. Nous avons déjà parlé des spores, sporules, séminules; ce sont de petits corpuscules ronds qui paraissent être les graines de ces végétaux. Il semble que le but principal de la nature soit de perfectionner le développement, la maturité de ces semences pour les répandre au dehors, soit par leur chute propre, mais bien plus encore en les lançant au loin par une force impulsive du végétal, soit à l'aide des vents qui les transportent partout, de sorte qu'on peut dire que l'atmosphère en est rempli; leur petitesse et leur légèreté expliquent comment ils échappent à la vue et par quel mécanisme ils peuvent s'introduire partout, même dans la profondeur des organes des animaux, et comment ils peuvent, à un moment donné et quelquefois en très-peu de temps, couvrir des nappes d'eau ou la surface des végétaux.

Les champignons nous présentent un grand nombre d'espèces utiles, surtout au point de vue de l'alimentation; ainsi: les bolets, les agarics, les oronges, les polypores, les truffes, etc., et beaucoup d'autres offrent à l'homme tantôt une nourriture, tantôt un assaisonnement qui constitue un des luxes de la table; mais à côté de ce parfum délicieux, de cette chair suave de certains champignons, il y a le poison que peut verser dans nos veines le champignon vénéneux dont les nombreuses espèces végètent près des autres et se rencontrent souvent sous l'imprudente main d'un quêteur inconsidéré et peu versé dans la connaissance de ces plantes; la ressemblance est quelquefois désespérante et défie les plus habiles, surtout lorsqu'ils vont à la recherche des champignons dans un pays qu'ils ne connaissent pas et où ils sont exposés à rencontrer des espèces trompeuses pour eux; aussi nous ne nous hasarderons pas à donner à la légère quelques-uns des caractères auxquels on peut distinguer les bonnes espèces des mauvaises, et nous croyons être plus sage en recommandant, dans cette matière, de ne pas être un demi-savant, ou alors de ne pas s'en mêler; donc il ne faut aller à la recherche des champignons que lorsqu'on les connaît parfaitement. Les champignons de bonne qualité peuvent aussi devenir dangereux lorsqu'ils auront été gardés à l'état frais, c'est-à-dire non desséchés; il est donc prudent de ne pas les conserver longtemps.

C'est pour garantir les habitants de Paris contre les accidents qui pourraient résulter de leur imprudence ou de leur incurie que l'administration de la police a édicté une ordonnance (renouvelée du reste de celle du 13 mai 1782), à la date du 12 juin 1820, ainsi conçue:

1° Tous les champignons destinés à l'approvisionnement de Paris devront être apportés sur le marché aux poirées; 2° il est défendu d'exposer et de vendre aucun champignon suspect et des champignons de bonne qualité qui auraient été gardés d'un jour à l'autre, sous les peines portées par la loi; ils seront visités et examinés avec soin avant l'ouverture de la vente; 3° les seuls champignons achetés en gros au marché aux poirées peuvent être vendus au détail dans le même jour sur tous les marchés aux fruits et aux légumes et dans les boutiques de fruiterie; 4° tout jardinier qui aura été condamné par les tribunaux pour avoir exposé en vente des champignons malfaisants ou de mauvaise qualité, sera expulsé des halles et remplacé; 5° il est défendu de crier, vendre et exposer des champignons sur la voie publique et d'en colporter dans les maisons. Les contraventions seront constatées par des procès-verbaux qui seront adressés au préfet de police. — Les seuls champignons dont la vente soit tolérée sont les suivants: le *C. de couche* (*Agaricus edulis*), la *Morille comestible* (*Morchella esculenta*) et la *Chanterelle comestible* (*Cantharellus cibarius*), qui tous les deux croissent dans les bois.

Le nombre infini des espèces de champignons a donné lieu à un grand nombre de classifications plus ou moins claires et plus ou moins commodes pour l'étude; les principales sont celles de Bulliard, de Persoon, de Link, de Fries, de M. A. Brongniart, et dans ces derniers temps celles de MM. Léveillé et Payer. Nous exposerons très-brièvement celle de M. Brongniart; pour lui, les champignons forment une classe qu'il divise en cinq familles.

1re FAMILLE : les *Hypoxylées* (*Hypoxyla*, *Pyrenomycetes*, Fries), à réceptacles coriaces ou ligneux, contenant une espèce de noyau mou, formé de spores enveloppées de mucus ou contenues dans les cellules allongées. Végé-

taux petits, le plus souvent noirs, qui presque tous viennent sur le bois mort ou sur les plantes vivantes dont ils rompent l'épiderme. On en a formé trois tribus; les principaux genres sont : *Sphæria*, Lin., dont Fries a décrit plus de 500 espèces; *Phacidium*, Fr.; *Histerium*, Pers.; *Rhytisma*, Fr., etc.

2e FAMILLE : *Champignons* proprement dits (*Hymenomycetes*, Fr.). Hymenium étalé à la surface extérieure du végétal, les spores renfermées le plus souvent dans des capsules; on les a divisés en trois tribus : A, les *Funginées*; B, les *Trémellinées*; C, les *Clathroïdes*. Les *Funginées*, qui se distinguent par une membrane fructifère limitée et bien distincte, ont été subdivisées en trois soustribus : les *Agaricées*, les *Clavariées*, les *Helvellacées*. On a encore subdivisé les *Agaricées* en quatre sections : les *Agaricinées*, les *Polyporées*, les *Hydnées*, les *Auricularinées*. Parmi les genres nombreux que forment toutes ces divisions, on doit citer particulièrement les suivants. — Genre *Agaric* (voyez ce mot). — Genre *Amanite* ou *Oronge* (voyez ces mots). — Genre *Chanterelle* (*Cantharellus*, Adans), distingué par des plis dichotomes, spores blanches, point de voile. L'espèce la plus intéressante de ce dernier genre, la *C. comestible* (*C. cibarius*, Lin.), croît en été dans presque toutes les forêts et surtout dans celles de pins; elle est d'un goût un peu poivré, mais agréable, se distingue par sa couleur jaune d'or ou jaune chamois; d'une consistance ferme; ce champignon, charnu, presque en entonnoir, a ses lames épaisses, turgescentes, son pédicule épais en haut, aminci en bas. — Genre *Bolet* (voyez ce mot). — Genre *Polypore* (*Polyporus*, Lin.), qui nous offre les espèces *P. squammosus*, *P. ovinus*, des forêts de pins de l'Allemagne; *P. tuberaster*, qui se vend dans les marchés à Naples; *P. pied-de-chèvre*, champignon dur des forêts des Vosges, comestible; *P. en bouquet* (*P. frondosus*, Lin.), ainsi nommé parce qu'ils sont réunis plusieurs ensemble et serrés les uns contre les autres au pied des vieux chênes, aussi comestibles. Il y a des polypores qui ont le chapeau sessile et latéral; on y distingue ceux dont la chair est blanche, ferme, élastique; tels sont le *P. officinal* (*P. officinalis*), connu sous le nom d'*Agaric du Mélèze*, arrondi, attaché par un de ses côtés sur le tronc du mélèze, d'une saveur d'abord douceâtre, puis amère et nauséabonde. C'est un purgatif drastique violent qu'on emploie quelquefois à la dose de 0^{gr},10 à 0^{gr},30 dans quelques hydropisies; *P. fomentarius*, grande espèce qui croît en abondance sur les troncs des hêtres et dont la substance spongieuse peut faire un très-bon amadou; *P. igniarius*, qu'on recueille sur le cerisier, le prunier, sert aussi à faire de l'amadou; quoiqu'il soit plus dur et moins bon que le précédent, il n'en a pas moins reçu le nom d'*Amadouvier* (voyez ce mot). C'est celui qui, dans le commerce, est appelé *Agaric des chirurgiens*. — Genre *Hydne* (*Hydnum*, Lin.), dont l'*Hymenium* est garni d'aiguillons en alène, libres et clos. On l'a aussi divisé en cinq sections dans lesquelles on remarque quelques espèces comestibles : ainsi le *H. repandum*, dans les bois, en automne, et le *H. imbricatum*. Le *H. coralloïdes*, également comestible, dépourvu de chapeau, est très-rameux, et ses aiguillons pendent tous d'un même côté. — Le genre *Fistulina* nous fournit une espèce, le *F. buglossoïdes*, Bull., *Langue-de-bœuf*, qui croît à l'ombre des vieux chênes; sa chair, zonée de rouge, ressemble aux betteraves coupées; cette espèce est comestible. — Dans le genre *Clavaire* on trouve plusieurs espèces comestibles bonnes à noter : ainsi le *Sparasis crispa* est très-beau et très-délicat; il croît en Silésie; le *Clavaria botrytis*, le *C. flava*, le *C. coralloïdes*; enfin le *C. cendré* (*C. cinerea*) est une des espèces les plus communes des environs de Paris; le genre *Clavaire* se distingue par un réceptacle dressé, cylindrique, homogène, confondu avec le stipe; l'hymenium occupe toute la surface de la plante. — Dans le genre *Helvelle* on distingue les espèces *H. esculenta*, *H. infula*, *H. monachella*, comestibles; d'Italie. — Le genre *Morille* (*Morchella*, Lin.), plus intéressant pour nous, est caractérisé par un réceptacle arrondi en forme de massue ou de chapeau, traversé par le pédicule auquel il adhère; il renferme une douzaine d'espèces toutes comestibles; mais les plus estimées sont la *M. comestible* (*M. esculenta*, Pers.) et la *M. délicieuse* (*M. deliciosa*, Fries) (voyez MORILLE).

3e FAMILLE : Les *Lycoperdacées* (*Angiocarpes*, Pers.; *Gasteromycetes*, Fries) ont des sporules mêlées de filaments dans l'intérieur d'un peridium (réceptacle membraneux et sec) fibreux, d'abord clos, mais d'où ils sortent ensuite sous la forme de poussière. On les divise en quatre tribus : 1° les *Lycoperdées*, c'est ici qu'on trouve le *Lycoperdon* ou *Vesse-de-loup* (voyez LYCOPERDON) ; 2° les *Fuliginées*, ne présentant aucun intérêt d'utilité ; 3° les *Angiogastres*, divisés en trois sous-tribus dont une nous intéresse, celle des *Tubérées*, qui renferme le genre des *Truffes* (*Tuber*, Lin.) (voyez TRUFFES) ; enfin 4° les *Sclérotiées*, dans lesquelles on trouve l'*Ergot du seigle* (*Sphalia*, Lév.) (voyez ERGOT).

4° FAMILLE : Les *Mucédinées* ou *Moisissures* (*Hyphomycetes*, Fr. ; *Trichomyci*, Pers. [voyez MUCÉDINÉES]).

5° FAMILLE : les *Urédinées* (*Coniomycetes*, Fr.) (voyez URÉDINÉES, CHARBON DE BLÉ, CARIE).

En 1843, M. Brongniart a fait quelques changements à cette classification ; il a partagé les champignons en quatre ordres :

1° Les *Hyphomycées*, comprenant les *Mucédinées*, les *Mucorées*, les *Urédinées*.

2° Les *Gustéromycées*, comprenant les *Tubéracées*, les *Lycoperdacées*, les *Clathracées*.

3° Les *Hyménomycées*, où l'on trouve les *Agaricinées*, les *Pézizées*.

4° Les *Scléromycées*, renfermant les *Hypoxylons*.

Comme beaucoup d'espèces de champignons entrent dans l'alimentation de l'homme, on a cherché à les reproduire, mais on n'a réussi que pour un petit nombre d'entre elles. Le *C. de couche*, *Agaric comestible* (*Agaricus campestris*, Lin.) est celui qu'on obtient le plus facilement. Dans une cave ou dans d'anciennes carrières, on fait des couches de 0ᵐ,60 avec un mélange de terreau, de fumier et de crottin de cheval ; on étend à la surface de ces couches du blanc de champignon (mycelium), que l'on recouvre ensuite de terreau ; on arrose de temps en temps pour entretenir la fermentation, la chaleur et l'humidité ; en très-peu de temps la couche se couvre de filaments blancs sur lesquels naissent en très-grand nombre de petits tubercules qui croissent et se succèdent rapidement. Quand le nombre des champignons diminue, il faut faire une nouvelle couche ; les éléments de la fermentation n'existant plus dans celle-ci, la chaleur n'est plus suffisante, malgré les arrosements. On trouve quelquefois, avec le champignon comestible, quel-

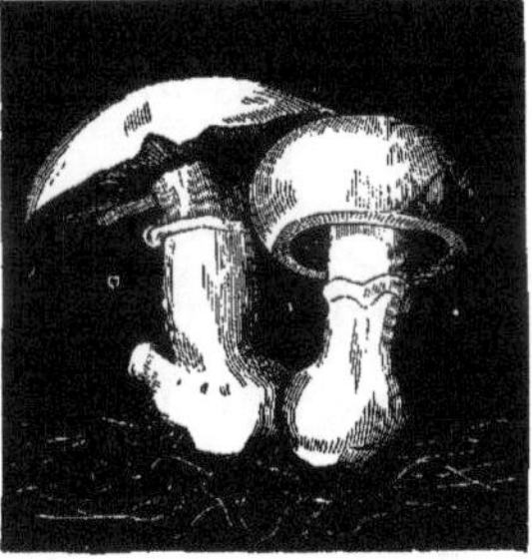
Fig. 489. — Agaric champêtre (Champignon comestible).

ques espèces très-suspectes ; ainsi : l'*Agaricus volvaceus*, Bull. ; le *Fuligo vaporaria*, Pers. Dans ce cas, il ne faut pas hésiter à détruire les couches et à en faire de nouvelles. Parfois aussi elles se remplissent de scolopendres, de cloportes et de différentes autres espèces d'insectes. Il faut aussi en faire le sacrifice et nettoyer parfaitement la place, l'enfumer et même l'abandonner pendant quelque temps. Dans les circonstances ordinaires, le produit d'une couche ou meule dure ordinairement deux ou trois mois lorsqu'elle est établie dans un hangar. Dans une cave ou une carrière, il peut se prolonger jusqu'à quatre ou cinq mois.

Quoique le nombre des champignons comestibles soit assez considérable, il n'y en a pourtant qu'un petit nombre d'espèces dont on use généralement. Voici celles qui sont le plus souvent employées : 1° l'*Oronge franche*, *Oronge jaune d'œuf*, *Dorade*, *Cadran*, *Jazeran*, etc. (*Amanita aurantiaca*, Pers. ; *Agaricus aurantiacus*, Bull.), qui, dit-on, faisait les délices des empereurs romains et avait mérité le nom de *Prince des champignons* ; 2° la

Chanterelle comestible (*Cantharellus cibarius*, Lin.), joli champignon qui a l'odeur de la violette ; 3° la *Clavaire coralloïde*, *Barbe de chèvre ou de bouc*, *Pied de coq*, *Ganteline*, *Tripette*, *Mainotte*, etc., couleur jaune paille rouge oranger ou blanchâtre, saveur très-agréable ; 4° les *Morilles* en général, dont plusieurs espèces sont très-recherchées (voyez MORILLE) ; 5° les *Mousserons*, groupe du genre *Agaric*, très-estimés des amateurs ; 6° les *Bolets*, les *Ceps* (voyez ces mots) ; 7° l'*Hydne rameux*, de Bulliard ; *Corne de cerf*, *Chevelure des arbres* (*Hydnum coralloïdes*, Pers.) ; très-grand, rameux, ressemble à un *chou-fleur*. On mange encore plusieurs autres espèces d'hydnes ; 8° plusieurs espèces de *Russules*, section des *Agarics*, nommés vulgairement *Rougeole*, *Rougeote*, *Rougillon*, *Rousselet*, *Roussile*, etc. Dans la même section des *Agarics*, nous avons le *C. de couche* (*Agaricus edulis*), dont il a été question plus haut. En général, ces champignons sont remarquables par leur réceptacle disposé en parasol charnu et dont la face inférieure porte des lamelles ou de petits tubes logeant les spores dans leurs intervalles (*fig.* 489) ; 9° la *Truffe comestible* (*Tuber cibarium*, Lin.), de la famille des *Lycoperdacées*.

Nous n'irons pas plus loin dans cette énumération des champignons comestibles ; mais il convient de citer aussi quelques-unes des espèces nuisibles connues, les *Moisissures* ou *Mucédinées*, le trop fameux *Oïdium Tuckerii*, auquel on attribue la maladie de la vigne ; le *Penicillium*, qui se développe souvent sur les confitures ; les *Mucors* ou *Moisissures communes*. Parmi les espèces de la famille des *Urédinées*, qui vivent en général sur d'autres végétaux, l'*Uredo carbo* produit le charbon des grains ; l'*U. caries* occasionne leur carie ; l'*U. rubigo vera* constitue la rouille des céréales ; enfin le *Sphacelia segetum*, de M. Léveillé, est un état pathologique du seigle, connu sous le nom d'*ergot*. La maladie des végétaux, connue sous le nom de *blanc* (voyez ce mot), est produite par un champignon parasite du genre *Erysiphe*. Il y a d'autres champignons qui s'attaquent aux animaux ; ainsi tout le monde connaît la maladie des vers à soie connue sous le nom de *Muscardine* (voyez ce mot). Il n'est pas possible d'ajouter ici la liste des nombreux champignons auxquels il faut se garder de toucher, et dont la plupart renferment un poison redoutable. Aussi, en raison de la profusion de ces plantes, de la consommation que l'on en fait pour l'alimentation et de la difficulté de distinguer les bonnes espèces, on conçoit facilement la fréquence des accidents d'empoisonnementf. Nous allons en dire un mot.

Les symptômes qui caractérisent l'empoisonnement par les champignons sont l'oppression, le vomissement, la tension de l'estomac et du bas-ventre, l'anxiété, les tranchées, une soif ardente, etc. ; puis la dyssenterie, un tremblement général ; et souvent la mort vient terminer cette série de souffrances ; ces symptômes paraissent ordinairement plusieurs heures après l'ingestion des champignons. La première chose à faire, en pareil cas, c'est d'administrer au malade 0ᵍʳ,15 de tartre stibié (émétique) dans un bon demi-verre d'eau, pris en trois fois, à dix minutes d'intervalle, pour faire évacuer tout ce qui est dans l'estomac ; on agira de même sur les intestins, au moyen de lavements purgatifs avec le séné ou 40 grammes de sulfate de soude ou de potasse. Après avoir provoqué de larges évacuations, on aura recours aux boissons mucilagineuses, adoucissantes, aux calmants, pour parer aux douleurs et à l'irritation produite par le poison ; ainsi les cataplasmes, les fomentations, les lavements, etc. En général, l'empoisonnement par les champignons est grave et le traitement doit être suivi avec énergie et persévérance. Il est du reste quelques précautions que l'on doit prendre lorsqu'on a affaire à des champignons un peu suspects ; ainsi on aura le soin, après les avoir coupés en deux ou trois morceaux, de les faire macérer dans de l'eau fortement chargée de vinaigre pendant deux heures, de les laver ensuite à grande eau, et enfin de les faire blanchir dans l'eau bouillante pendant dix minutes (voyez MYCOLOGIE).

CHANCRE (Médecine). — Voyez CANCER.

CHANCRE (Botanique). — On appelle ainsi une maladie qui attaque fréquemment les arbres à fruits à cidre. La surface des branches ou de la tige se couvre d'abord de plaques brunes ; l'écorce désorganisée vers ces points se déchire irrégulièrement et laisse apparaître sur la circonférence de ces plaies une sorte de renflement spongieux et pulvérulent, de couleur brune (*fig.* 490). Le corps ligneux est quelquefois attaqué lui-même jusqu'à la moelle. La plaie, grandissant toujours, finit par entamer toute la circonférence de la branche ou de la tige, et la partie placée au-dessus de cette plaie se dessèche et meurt. Le meilleur moyen de remédier à cette maladie, c'est de retrancher les branches malades, si elles sont jeunes. Lorsqu'on a affaire à de grosses branches ou à des tiges, il faut enlever toute la partie malade avec un instrument bien tranchant, puis cautériser la plaie avec un peu d'acide sulfurique; on la recouvre après cela avec du mastic à greffer. Cette maladie tient souvent à ce qu'on fait à un arbre vigoureux des retranchements trop considérables et trop multipliés pendant plusieurs années.

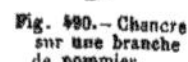

Fig. 490.— Chancre sur une branche de pommier.

CHANDELLES. — Voyez Suif.

CHANFREIN (Hippiatrique). — Nom qu'on donne à la partie antérieure de la tête du cheval limitée en haut par le front, sur les côtés par les joues, et en bas par les os sus-nasaux et les sus-maxillaires. Sa forme se lie à celle de la tête, il doit être droit et large; lorsqu'il est rétréci et busqué, il annonce un animal commun. Par analogie, ce nom a été donné à cette même région de la tête dans un certain nombre d'animaux, dans les ruminants surtout.

CHANTERELLE (Botanique), *Cantharellus*, Fries, du grec *cantharos*, vase, coupe; son chapeau ressemble très-bien à un petit vase. — Genre de *Champignons*, tribu des *Agaricées*, section des *Agaricinées*; recouvert sur une de ses faces d'un hymenium formé de lames en forme de plis, charnues, épaisses, rameuses et à tranche obtuse; pédicule nu, manquant quelquefois. La *C. ordinaire* (*C. cibarius*, Fries; *Agaricus cantharellus*, Lin.) a le chapeau de couleur chamois, il est fumeux et irrégulier; son pédicule est plein, charnu, épais, en entonnoir et à bords déchiquetés. Cette espèce croît sur le sol, dans les bois. Elle est comestible, un peu coriace, et répand une odeur particulière qui n'est pas désagréable. Sa saveur est piquante et se prolonge assez longtemps dans la bouche. Dans certains pays, elle constitue la base de la nourriture des habitants.

CHANTEUR (Épervier) (Zoologie), *Faucon chanteur*, Vail.; *Falco musicus*, Daud. — Espèce d'*Oiseaux de proie*, du grand genre *Faucon*. Il est grand comme l'autour, cendré dessus, blanc rayé de brun dessous et au croupion. On le trouve en Afrique et il fait sa proie des perdrix, des levrauts et autres petits quadrupèdes; il fait son nid sur les arbres. C'est le seul oiseau de proie connu qui chante agréablement.

Chanteurs (Oiseaux) (Zoologie), *Canori*, Vieil. — On comprend sous cette dénomination tous les oiseaux qui se font remarquer par un chant plus ou moins étendu, plus ou moins agréable. Dans sa classification ornithologique, Vieillot a établi sous ce nom sa vingtième famille de la tribu des *Anisodactyles*, ordre des *Sylvains*; caractérisée ainsi : bec comprimé, le plus souvent échancré, fléchi en arc, ou droit et courbé à la pointe et l'ongle postérieur quelquefois plus long que le pouce. Cette famille n'a pas été admise par les ornithologistes, parce que les caractères qui lui ont été assignés n'ont pas paru de nature à pouvoir constituer un groupe naturel. On a donné quelquefois le nom de *Chanteur* au *Chantre Pouillot* (*Motacilla trochilus*, Lin.) et à quelques autres espèces remarquables par leur chant.

CHANVRE (Botanique), *Cannabis*, Tourn., du celtique *can*, roseau; *ab*, petit. — La tige de ce genre est droite et légère comme une petite canne. La langue française a tiré de ce nom les mots *canevas*, *chènevis* et *chanvre*. Il est bon de remarquer, toutefois, dit Théis, que les Arabes, qui connaissaient cette plante de temps immémorial, l'appellent en leur langue *ganeb*. Le *C. cultivé* (*C. sativa*, Lin.) est l'unique espèce de ce genre. On le reconnaît à sa tige droite, simple, ou un peu rameuse vers le haut et couverte de poils roides, à ses feuilles pétiolées, digitées, à 5-7 folioles terminées en pointe et largement dentées, d'un vert plus pâle en dessus qu'en dessous. Le chanvre est originaire des Indes orientales. Suivant les différents climats où il croît, il affecte certaines formes et acquiert des propriétés spéciales qui ont fait croire à l'existence de plusieurs espèces; mais, en réalité, ces différences ne peuvent constituer que des variétés dont on distingue les suivantes : le *C. de Chine* (*C. gigantea*, Delile), qui acquiert une très-grande taille et donne une fibre très-belle, longue, résistante et soyeuse; mais ses graines sont plus petites que dans le type; le *C. de*

l'Inde, appelé *C. indica* par plusieurs auteurs, paraît analogue à la variété précédente. C'est lui qui forme la

Fig. 491. — Chanvre mâle.

base de cette matière narcotique et extraordinairement enivrante connue sous le nom de *hachich* ou *hashish*

Fig. 492. — Chanvre femelle.

(voyez ce mot); enfin le *C. du Piémont*, qui s'élève aussi beaucoup plus que le *C. commun*, mais dont la matière textile est plus grossière; il est naturalisé depuis un temps immémorial dans notre climat. Chez les anciens, la fibre du chanvre servait à confectionner des objets grossiers, tels que des câbles, des cordages ; mais il n'est pas prouvé qu'ils en fabriquaient de la toile. Ce ne fut, dit-on, que du temps de Catherine de Médicis que l'on arriva à faire, avec le chanvre, une toile assez fine. Caract. du genre : fleurs dioïques ; les mâles en grappes ayant leurs sépales légèrement inégaux, leurs 5 étamines à filets grêles et courts, à anthères pendantes marqués de 4 sillons longitudinaux ; les femelles accompagnées d'une bractée et d'un seul sépale en cornet renflé à la base ; le fruit est un cariopse indéhiscent.

Pour obtenir la matière textile propre à être travaillée, on fait subir au chanvre une suite de préparations telles que le rouissage, le broyage ou le teillage, puis le peignage. Les pieds mâles, improprement appelés pieds femelles par les cultivateurs parce qu'ils sont en général moins vigoureux, donnent 26 p. 100 de chanvre teillé, tandis que les pieds femelles, appelés par conséquent pieds mâles, n'en donnent que de 16 à 22 p. 100 et de qualité inférieure. La matière textile du chanvre est plus grossière, mais plus tenace que celle du lin ; elle se distingue, en outre, de cette dernière en ce qu'elle est jaunâtre. Le chanvre qui croît dans nos climats est, comme celui des pays chauds, quoiqu'à un degré moins fort, une plante malsaine. C'est surtout la préparation du rouissage qui devient funeste à ceux qui s'y livrent à cause de l'exhalaison infecte qu'elle produit ; ce danger est du reste beaucoup moindre lorsqu'il a lieu dans une eau courante, mais alors il devient funeste pour le poisson qu'il tue infailliblement : aussi l'autorité l'a-t-elle défendu dans l'intérêt de la conservation du poisson. Il est aussi un important produit du chanvre, c'est sa graine, connue sous le nom de *chènevis*, qui sert, comme on sait, à la nourriture des volatiles et dont on extrait une huile grasse employée dans les régions du nord pour la préparation des aliments. Quand on a rendu cette huile siccative, elle peut être employée dans la peinture à la place de l'huile de lin. Enfin, l'huile de chènevis forme en médecine la base d'émulsions adoucissantes. La culture du chanvre demande un terrain riche en humus, ni trop sec, ni trop humide. Il doit être fumé tous les ans, et labouré trois fois dans l'année. Les semis se feront à la volée vers le mois d'avril. Vers le mois d'août, on arrache brin à brin le mâle (femelle des cultivateurs) qui jaunit le premier. Vers la fin de septembre, on arrache la femelle, on récolte la graine le plus souvent en battant le chanvre dans un tonneau défoncé d'un bout ; et lorsqu'il est sec on le porte au *Routoir*, où il reste de douze à quinze jours (voyez ROUISSAGE.)

On a encore donné le nom de *chanvre* à des plantes appartenant à des familles différentes ; ainsi l'on a appelé :

CHANVRE D'AMÉRIQUE, l'*Agave mexicana*.
CHANVRE DU CANADA, l'*Apocynum cannabinum*.
CHANVRE DE CRÈTE, le *Datisca cannabina*.
CHANVRE DE LA NOUVELLE-ZÉLANDE, le *Phormium tenax*.
CHANVRE PIQUANT, l'*Urtica cannabina*.   G—s.

CHAODINÉES (Botanique). — Famille d'*Algues*, établie par Bory de Saint-Vincent, et renfermant des végétaux composés d'un mucus modifié par des corpuscules de diverses formes. Cette famille est fondue, principalement aujourd'hui, dans les *Protococcoïdées*.

CHAOS (Botanique). — Genre d'*Algues*, établi par Bory de Saint-Vincent, et dont les espèces se rapportent aux genres *Protococcus*, *Pleurococcus*, etc.

CHAPE. — Nom donné d'une manière générale, en physique et mécanique, aux pièces qui supportent les extrémités des pivots sur lesquels peuvent tourner les corps. La *chape d'une poulie* est la fourchette qui porte son axe ; la *chape d'une aiguille aimantée* est une petite pièce en cuivre ou mieux en agate, creusée d'un trou conique renversé sur la pointe du pivot et sur laquelle est portée l'aiguille.

CHAPELET (Médecine vétérinaire).— On désigne sous ce nom des suros (petites tumeurs osseuses) placés à côté les uns des autres, comme les grains d'un chapelet. On appelle *farcine en chapelet* une variété du farcin, dans laquelle les boutons sont placés sur une même ligne, et plus ou moins séparés (voyez SUROS, FARCIN).

CHAPELET HYDRAULIQUE (Mécanique).— Machine destinée à élever l'eau à une petite hauteur ; on l'emploie particulièrement pour épuiser l'eau dans les constructions faites au-dessous du niveau d'une masse d'eau quelconque. Il se compose d'une chaîne sans fin, verticale ou inclinée, munie de disques perpendiculaires et passant sur deux roues A et B. Cette dernière, ainsi qu'une por-

tion de la chaîne, plonge dans l'eau à épuiser. En faisant tourner la roue A à l'aide d'un moteur quelconque, on entraîne la chaîne dont la partie ascendante passe dans un tube d'un diamètre égal à celui des disques, de sorte que l'eau placée au-dessus de ceux-ci au moment de leur entrée dans le tube est élevée jusqu'à la hauteur du réservoir. Les dimensions des disques permettent un certain jeu dans le tuyau, afin d'éviter le frottement; mais ce jeu doit être le plus petit possible.

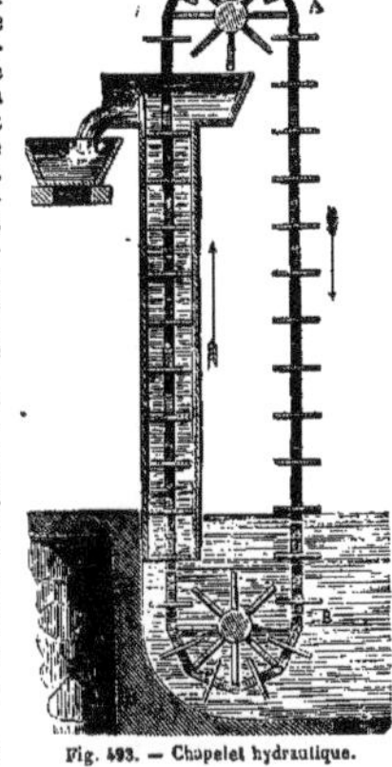

Fig. 493. — Chapelet hydraulique.

CHAPELLE-GODEFROY (LA) (Médecine, Eaux minérales). — Village de France (Aube), arrondissement et à 4 kilom. de Nogent-sur-Seine ; où il y a des sources d'eaux minérales ferrugineuses, bicarbonatées, froides, acidules, d'une saveur styptique.

CHAPELLERIE (Technologie). — La fabrication des chapeaux constitue une des branches de commerce les plus importantes de notre pays ; elle embrasse une immensité de détails dont la plupart sont étrangers au but de notre dictionnaire ; toutefois, nous pensons rester dans le cadre que nous nous sommes tracé en donnant quelques explications sur la mise en œuvre des matières premières employées dans cette intéressante industrie.

Chapeaux de feutre. — On emploie, pour cette qualité de chapeaux, les poils de castor, de lièvre, de lapin, de chameau, etc. Ces poils jouissent de la propriété de former, quand on les agite et qu'on les presse dans des sens divers, une sorte de tissu entrelacé et d'une solidité suffisante pour qu'on ne puisse le défaire sans le déchirer. Ce tissu porte le nom de *feutre*, et l'opération qui sert à le produire s'appelle *feutrage*. Certains poils, comme ceux de laine d'agneau, de vigogne, se feutrent naturellement ; aussi en met-on toujours une petite quantité pour former la trame de tous les feutres. D'autres poils, au contraire, ont besoin de subir une opération particulière appelée *secrétage*, et qui consiste à les brosser avec une solution étendue de nitrate de mercure, à laquelle on ajoute ordinairement quelques centièmes d'acide arsénieux et de sublimé corrosif. Sous l'action du secrétage, les poils se crispent et se tordent dans des sens très-divers, et deviennent ainsi plus aptes à contracter cet entrelacement complexe qui constitue le feutrage. L'opération qui détermine le feutrage consiste, après avoir convenablement choisi et assorti les poils, à les placer sur une toile humide (feutrière) et à les rouler dans tous les sens en les humectant de temps à autre. On se sert d'abord d'eau pure, puis d'eau acidulée, et on augmente graduellement la pression en se servant d'abord de la main seule, puis de rouleaux de bois, enfin de la main garnie de *manches*, sortes de semelles de cuir qui permettent d'obtenir une pression énergique.

On fait ordinairement deux formes, l'une qui doit rester au-dessous et servir de *carcasse*, renferme des poils feutrants communs ; l'autre, qui doit la recouvrir, est formée des poils fins qui servent à désigner l'espèce particulière du chapeau.

Les formes terminées sont passées un certain nombre de fois aux bains de teinture, et enfin apprêtées à la gomme ordinaire.

Chapeaux de soie. — Les chapeaux de soie sont formés d'une carcasse feutrée, comme il vient d'être dit, recouverte d'une série de couches de colle ou de vernis qu'on fait sécher séparément. C'est sur cette forme qu'on met une coiffe en peluche de soie, qu'on mouille et qu'on passe au fer jusqu'à ce qu'elle ait le lustre désiré.

Chapeaux de paille, de bois, etc. — Les matières employées pour la fabrication de ces différents chapeaux ne subissent guère d'autre mise en œuvre chimique que le *soufrage* destiné à les blanchir; mais cette opération est assez délicate, et il arrive quelquefois, quand la combustion est mal dirigée, qu'il se produit des taches indélébiles, ou que les lanières perdent la flexibilité nécessaire pour les opérations ultérieures de tresse ou d'assemblage.

CHAPERON (Chasse). — On appelle ainsi une espèce de bonnet de cuir dont on coiffe les oiseaux de proie employés pour la chasse. Lorsqu'ils ne sont pas encore dressés, on les nomme *chaperon du rust*. On appelle *bon chaperonnier*, le faucon qui supporte bien le chaperon.

CHAPERON (Zoologie). — C'est le nom par lequel Linné désigne la partie la plus avancée du front des insectes, celle qui touche immédiatement la bouche ou la lèvre supérieure. Dans les scarabées, les cétoines, les hannetons, la forme constante du chaperon a fourni de bons caractères pour l'établissement de groupes. Un grand nombre d'auteurs ont aussi désigné par ce mot la partie postérieure du corselet dans les boucliers, les cassides, etc., qui déborde la tête, en forme de chapeau.

CHAPON (Zootechnie). — Voyez Coq.

CHARA (Botanique). — Voyez Charagne.

CHARACÉES (Botanique). — Famille de plantes *Acotylédones acrogènes*, comprenant des plantes aquatiques submergées, ordinairement incrustées d'une matière calcaire. Leurs rameaux sont verticillés. La reproduction de ces plantes a lieu par des fructifications situées à l'aisselle des rameaux, et se présente, d'une part, sous la forme de disques lenticulaires (anthéridies), renfermant des globules rouges, et, d'une autre part, de sporanges contenant une spore renfermant un grand nombre de granules striés. Les plantes de cette famille habitent les eaux douces et stagnantes de tous les pays. La substance calcaire qui accompagne plusieurs *chara*, rend ces plantes rudes au toucher; aussi les emploie-t-on, dans certains pays, pour écurer les ustensiles.

Travaux monographiques : — Vaucher, *Mém. Soc. phys. et d'hist. nat.* (de Genève, I, 1821). — Brongniart, *Dict. class. sc. nat. III.* — Bischof, *Die Kryptog. Gew. Deutschl.*, liv. I (1828). G—s.

CHARACINS (Zoologie), *Characinus*, Artedi. — Groupe de *Poissons*, du grand genre *Saumon* (voyez ce mot) établi par Artedi, pour classer tous les saumons qui n'ont pas plus de quatre ou cinq rayons aux ouïes, ils ont tous les nombreux cœcums des salmones, avec la vessie divisée par un étranglement, comme les cyprins. Cuvier pense que leurs formes, et surtout leurs dents, varient assez pour qu'on en fasse plusieurs subdivisions; il les partage en treize sous-genres, qui sont : 1° les *Curimates*, Cuv.; 2° les *Anostomes*, Cuv.; 3° les *Serpes*, Lacép.; 4° les *Piabuques*, Cuv.; 5° les *Serra-salmes*, Lacép.; 6° les *Tétragonoptères*, Artedi; 7° les *Chalceus*, Cuv.; 8° les *Raïs*, (*Myletes*, Cuv.); 9° les *Hydrocyons*, Cuv.; 10° les *Citharines*, Cuv.; 11° les *Saurus*, Cuv.; 12° les *Scopèles*, Cuv.; 13° les *Aulopes*, Cuv.

CHARADRIÉES (Zoologie), *Charadriea*, Less. — Famille d'*Oiseaux échassiers*, établie par Lesson, qui a pour type le genre *Pluvier* (*Charadrius*, Lin.), et qui comprend en outre les genres *Glaréole*, *Vanneau*, *OEdicnème* et *Huîtrier*; adopté en partie par Swainson, sous le nom de *Charadriadées*; il est devenu les *Charadridées* pour Ch. Bonaparte, qui a donné le nom de *Charadrinées* à une division de ce groupe; nous ne parlons pas des modifications introduites dans cette division par MM. Gray et Kaup; et nous renverrons au mot Pluvier, type du genre tel que l'a établi Cuvier, et qui nous paraît bien plus naturel.

CHARAGNE (Botanique), *Chara*, Lin. — Genre de plantes *Acotylédones*, type de la famille des *Characées*. Il comprend des plantes aquatiques, submergées, à tiges dépourvues de feuilles articulées; les rameaux ont des ramuscules disposés par verticilles, et portent le long de leur face interne les organes de la fructification, composés de sporanges et d'anthéridies. La *C. vulgaire* (*Chara vulgaris*, Lin.) est souvent recouverte d'une croûte calcaire qui la fait employer pour écurer la vaisselle; de là son nom vulgaire d'*herbe à écurer*. Cette espèce répand une odeur marécageuse nauséabonde. On lui attribue les effets pernicieux des marais pontins. Les charagnes se composent d'une grande quantité d'espèces. On les désigne quelquefois sous les noms vulgaires de *Lustres d'eau*, *Charapots*, *Herbes à grenouille*, etc. G—s.

CHARANÇON (Zoologie), *Curculio*, Lin. On a écrit aussi *Charençon*, *Charanson*. — Genre d'*Insectes coléop-*

tères tétramères, famille des *Porte-bec* ou *Rhinchophores*, établi d'abord par Linné, d'après ce caractère principal, que les antennes en massue sont insérées près du bout de la trompe; ce qui lui donnerait aujourd'hui une extension considérable. Les entomologistes, tout en adoptant ce groupe, ont été obligés, pour y mettre de la clarté, de le sous-diviser en plusieurs autres genres, qui forment aujourd'hui, par leur réunion, une des divisions de la famille des *Porte-bec* de Latreille, des *Curculionides* de Schœnherr. Réduit ainsi à un moindre nombre d'espèces, d'après les travaux d'Olivier, et surtout de Clairville, adoptés à peu près dans la méthode du *Règne animal* (deuxième édition), ce genre est ainsi caractérisé : antennes de 11 articles insérées près de l'extrémité libre d'une trompe courte, formée par le prolongement de la tête, qui le reçoit dans une sorte de rainure oblique creusée de chaque côté. Le premier article de ces antennes est très-long, et les trois derniers, rapprochés et courts, forment une espèce de massue; l'avant-dernier article des tarses est bilobé. Ce sont des insectes à corps arrondi, ovale, plus ou moins allongé : les élytres bombées, les pattes très-fortes, les cuisses gonflées ou en fuseau. D'après ce qui vient d'être dit, ce genre ne renferme plus ces espèces intéressantes à connaître, à cause des dégâts qu'elles causent et qui, longtemps encore, porteront pour le vulgaire le nom de *charançon*; aussi, pour le charançon du blé, du riz (voyez Calandre); pour celui de la noisette (voyez Balanine); pour celui de la vigne (voyez Attelabe, Rhynchite, etc.). Tel qu'il existe aujourd'hui, le genre *Charançon* se compose des plus grandes espèces, de celles surtout qui sont recherchées à raison de leurs formes, de leurs couleurs variées et brillantes; les plus belles nous viennent du Brésil et du Pérou, celles de l'ancien continent sont plus petites et moins ornées. Le *C. impérial* (*C. imperialis*, Fab.), qui a souvent près de 0^m,04 de long, est d'un vert d'or brillant, deux bandes noires sur le corselet, des rangées de pointes enfoncées, d'un vert doré sur les élytres, les intervalles noirs. Au Brésil et au Pérou. Le *C. royal* (*C. regalis*, Lin.), nommé aussi *fastueux*, *somptueux*, *noble*, n'a guère que 0^m,012 à 0^m,015 de long; c'est le plus joli insecte connu. D'un vert bleu, avec des bandes cuivreuses ou dorées très-éclatantes sur les étuis. On le trouve à Saint-Domingue, et aussi, dit-on, à Cuba. La plus belle espèce de notre pays est le *C. vert* (*C. viridis*, Oliv.; *Chlorima viridis*, Dej.), long d'environ 0^m,011; il a le dessus du corps d'un vert obscur, avec les côtés et les parties inférieures jaunes : très-rare aux environs de Paris, on le trouve dans le midi de la France, en Piémont, etc.

CHARANÇONITES (Zoologie), *Curculionites*, Latr. — Tribu d'*Insectes coléoptères tétramères*, famille des *Rhynchophores* (voyez ce mot), dont Latreille avait d'abord fait une famille qu'il a détachée depuis, sous le nom de *Fracticornes* ou de *Charançonites*, et qu'il a divisée en deux sections : 1° les *Brévirostres*, qui ont les antennes, à leur origine, de niveau avec la base des mandibules; on les divise en trois sous-tribus et en une trentaine de genres; 2° les *Longirostres*, dont l'insertion des antennes a lieu en arrière de la base des mandibules et plus près de la tête; ils sont partagés en deux sections, les *Phyllophages* et les *Spermatophages*, toutes deux subdivisées en sous-tribus et en un grand nombre de genres (voyez Rhynchophores). Les *Charançons* font partie de la section des *Brévirostres*.

CHARAXE (Zoologie). — Genre d'*Insectes lépidoptères diurnes*, du grand genre *Papillon* de Linné, détaché du sous-genre *Nymphale* par Ochsenheimer pour une seule espèce, la *Nymphalis Jasius*, Latr.; *Papilio Jason*, Lin. Sa chenille, qui vit sur l'arbousier, habite les parties méridionales de la zone tempérée; elle s'est propagée sur les côtes de la Méditerranée. Les charaxes ne diffèrent des *apatures* que parce que leurs ailes inférieures sont terminées par deux queues avant l'angle anal. Le *C. Jasius* a le vol extrêmement rapide, et est très-difficile à approcher, c'est un des plus beaux et des plus grands papillons d'Europe (voyez Nymphale).

CHARBON. — Voyez Carbone, Carbonisation, Combustibles, voyez aussi le nom de chaque combustible en particulier, Anthracite, Houille, etc.

CHARBON, Anthrax malin ou pestilentiel (Médecine). — Tumeur inflammatoire peu saillante, peu profonde, très-dure, fort douloureuse, résistante, d'une chaleur brûlante, d'un rouge vif éclatant vers la circonférence, mais toujours livide et noire dans le centre, sur lequel il s'élève bientôt une ou plusieurs phlyctènes qui se déchirent et laissent écouler une sérosité roussâtre, très-âcre, qui détermine une chaleur et une démangeaison insupportables. La base de la tumeur est toujours entourée d'un cercle enflammé, luisant, qui prend ensuite différentes couleurs et s'étend rapidement. A la même place, on aperçoit bientôt une croûte noirâtre gangréneuse, qui lui a valu le nom de *charbon*. Le mal s'étend de plus en plus, la gangrène envahit les parties voisines, celles-ci deviennent mollasses, livides, noires, il se développe de nouvelles pustules, remplies d'une sanie fétide qui, par son contact, peut propager la maladie, et la mort arrive rapidement si l'on n'arrête ces ravages. Pendant ce temps, se développe successivement une série de symptômes généraux, ainsi : abattement, prostration des forces, anxiété, fièvre très-vive, pouls fréquent, développé, le plus souvent petit, concentré ; peau aride, soif, anxiété précordiale, palpitations, etc. Le charbon peut affecter toutes les parties du corps. Il reconnaît pour cause, les grandes chaleurs de l'été, les aliments de mauvaise nature, les eaux malsaines, le voisinage des mares, des étangs à demi desséchés ; on l'observe chez les bouchers, les pâtres, les équarrisseurs, chez les personnes qui lavent les laines, les tanneurs, les cardeurs de matelas, etc. Le charbon peut être facilement confondu avec la *pustule maligne* (voyez ce mot) ; cependant, le premier est précédé de prodromes ou symptômes précurseurs qui annoncent une affection générale, tandis que celle-ci est une affection locale qui provient le plus souvent du contact, ou de l'inoculation du virus charbonneux ; la pustule maligne n'est point entourée d'un cercle luisant comme le charbon : du reste, arrivées à une certaine période, les deux maladies ont la plus grande analogie. Le traitement local consiste à extirper le plus promptement possible la tumeur et toutes les parties gangrenées, par des scarifications profondes et des incisions dans le tissu cellulaire tuméfié autour de la tumeur. La cautérisation avec la pierre à cautère, le fer rouge, a aussi des résultats avantageux ; on panse avec les onguents stimulants. Quant au traitement général, la saignée pourra être indiquée dans le début chez des individus sanguins, si le pouls est fort ; on y joindra un régime sévère, parfois des vomitifs, des purgatifs. Lorsqu'il y aura prostration des forces, on aura recours au quinquina, aux toniques, un peu de vin, quelques aliments, etc.

CHARBON (Médecine vétérinaire), *Anthrax, avant-cœur.* — Chez les animaux, on rencontre de grands traits de ressemblance avec ce qui se passe chez l'homme ; il y a pourtant à signaler quelques particularités. Ainsi, on observe assez souvent le charbon à la langue, et il prend le nom de *glossanthrax* (voyez ce mot). Dans le cheval, on n'observe qu'une tumeur unique à la langue, au poitrail, sur l'encolure, les cuisses, la partie inférieure des membres. Dans l'espèce bovine, les tumeurs sont ordinairement multiples ; ici, on distingue plusieurs variétés, le *charbon blanc*, qui pénètre dans les chairs sous forme de tumeur ; une autre variété présente en peu de temps un volume énorme. On a observé aussi le charbon sur des volailles, entre autres sur les oies. Chez les bêtes à laine, il se manifeste souvent à l'état d'épizootie. Les tumeurs paraissent sous le ventre, près des mamelles, à la face interne des membres ; la peau devient violacée, noirâtre, et présente des phlyctènes remplies de sérosité. Le traitement est absolument le même que dans l'espèce humaine : la raison et la pratique indiqueront les légères modifications qu'il devra subir. Le charbon est contagieux, il se transmet des carnivores aux herbivores, et réciproquement, et même à l'homme ; la période d'incubation peut n'être que de quelques heures.

L'arrêt du conseil d'État de 1784, et les dispositions des art. 459, 460, 461, 462 du Code pénal exigent, pour le charbon, la déclaration, la séquestration, l'abatage, l'enfouissement, etc. L'usage du lait et de la chair des animaux charbonneux devra être proscrit ; on défendra aussi les manipulations des débris cadavériques, surtout dans les charbons épizootiques.　　　　　F — N.

CHARBON ou NIELLE (Botanique agricole). — On appelle ainsi une maladie des céréales, produite par une espèce de petit champignon du genre *Uredo* (*Uredo carbo*, de Cand.). Cette maladie attaque l'avoine, l'orge, le blé, le maïs, le millet, le sorgho. La présence du mal est indiquée par une poussière noire qui lui a fait donner le nom de *charbon*. Cette poussière, qui remplace la farine dans le grain, est l'élément de la reproduction de ce parasite, et annonce le terme de sa végétation. Il recouvre les fleurs d'une poudre très-fine, noire, inodore, se laissant emporter par le vent quand elle est sèche ; ce sont des capsules sphériques, très-petites et demi-transpa-

rentes ; le blé frappé du charbon est rare sur tige, grêle, les épis sont noirâtres, et avant leur apparition, la feuille

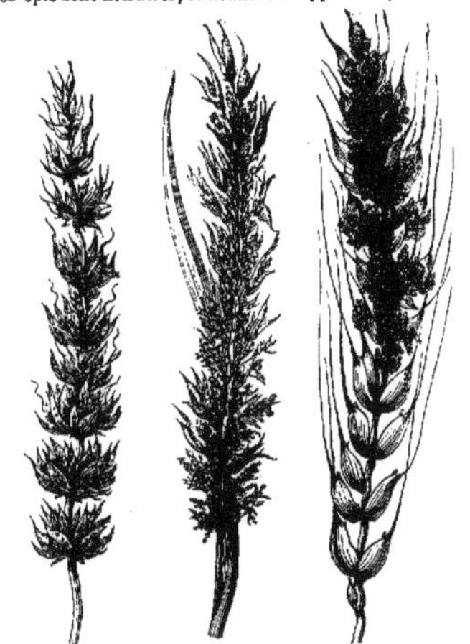

Fig. 494. — Blé charbonné.　　Fig. 495. — Charbon de l'avoine, dernier état d'altération.　　Fig. 496. — Charbon de l'orge à deux rangs.

supérieure est jaune et sèche à son extrémité. Dans l'avoine, les pieds sont d'un vert pâle, chétifs, les épis ne s'épanouissent pas. Dans cette dernière, ainsi que dans l'orge, les dégâts sont plus considérables que dans le blé. Les blés de mars et les blés sans barbes y sont plus sujets que les autres. C'est surtout dans les climats chauds et humides, qu'on observe le plus souvent le charbon. Du reste, cette maladie ne paraît pas communiquer de qualités délétères à la farine, qui seulement donne un pain d'une couleur peu agréable ; il ne faut pas confondre le *charbon* avec la *carie*, qui est d'une couleur moins noire, d'une consistance moins sèche, d'une odeur nauséabonde, et qui a une influence nuisible sur la santé ; elle attaque plus souvent le blé que le charbon (voyez CARIE).

CHARBON (Chimie). — Corps combustible formé de *carbone* uni ou mélangé à des quantités variables de diverses autres substances, suivant sa nature, sa provenance et son degré de pureté. On les distingue en charbons fabriqués et charbons naturels ou fossiles. Les premiers sont produits par la calcination des matières organiques, et particulièrement du bois ou de la tourbe (*charbon de bois, charbon de tourbe*) (voyez CARBONISATION). Les autres s'extraient du sein de la terre où ils sont tout formés (*anthracite, houille, lignite*). La houille est fréquemment elle-même soumise à la calcination, soit dans le simple but de la transformer en *coke*, soit pour en retirer des gaz employés à l'*éclairage* (voyez ces divers mots et COMBUSTIBLES).

CHARBONNAGE. — Menu branchage employé à la fabrication du charbon de bois.

On désigne également de ce nom un terrain houiller en exploitation, ou l'exploitation elle-même, ou le produit qu'on en retire.

CHARBONNIÈRE (Zoologie). — Espèce d'*Oiseaux* du genre *Mésange* (voyez ce mot).

CHARBONNIÈRES (Médecine, Eaux minérales). — Village de France (Rhône), arrondissement et à 8 kilomètres O. de Lyon. Il y a deux sources d'eaux ferrugineuses bicarbonatées froides, contenant par litre 0ᵉʳ,041 de bicarbonate de protoxyde de fer, 0ᵍ,034 d'acide carbonique libre, et des traces d'acide sulfhydrique. Conseillées dans les dyspepsies (pertes d'appétit), la chlorose, les engorgements du foie, les scrofules.

CHARCUTERIE (Hygiène) (de *chair cuite*). — Les viandes de charcuterie sont très-susceptibles de s'altérer, sans qu'on puisse savoir au juste quelle est la nature du principe toxique qui se développe ; c'est surtout en Allemagne que ces faits ont été observés ; les uns ont pensé qu'il se formait de l'acide pyroligneux, d'autres de l'acide hydrocyanique ; Kerner a dit que c'était un acide gras, etc. Ces altérations ont été observées surtout dans le boudin, le fromage de cochon, les pâtés de viande. Quoi qu'il en soit, des accidents graves ont été signalés, et, dans l'espace de trente ans, Kerner en a observé cent trente-cinq dans le Wurtemberg, dont quatre-vingt-quatre morts.

CHARDON (Botanique), *Carduus*, Gærtn., de *ard*, pointe en celtique, d'où *ardis* en grec, pointe de flèche, *arduus*, épineux en latin ; chardon est francisé de *carduus*. — Genre de plantes de la famille des *Composées*, tribu des *Cynarées*, sous-tribu des *Carduinées*. Les chardons sont des herbes dressées, à tiges plus ou moins ramifiées, à capitules presque globuleux ou oblongs, étamines à filets poilus et à anthères, accompagnées d'un appendice linéaire à leur sommet ; akènes terminés par

Fig. 497. — Chardon des champs.

une aigrette à plusieurs rangées de soies plus ou moins scabres. On a extrait du genre *Carduus* de Linné plusieurs genres, tels que le *Cirsium* et le *Silybum*. Parmi les espèces indigènes du genre *Carduus*, admis par Gærtner, nous citerons les suivantes : le *C. des champs, Chardon hémorroïdal* (*C. arvensis*, Lamk ; *C. serratula*, Lin.) (*fig.* 497), à feuilles lancéolées, irrégulièrement dentées, épineuses, fleurs ramassées plusieurs ensemble, calice non épineux ; il se trouve dans les champs de moissons et fait le désespoir des cultivateurs qui parviennent difficilement à s'en débarrasser, parce que les semences sont transportées au loin par les vents, et qu'elles poussent partout où elles trouvent un terrain qui leur est favorable. On l'a appelé *hémorroïdal*, parce que la piqûre d'un insecte fait naître sur ses tiges des renflements rougeâtres, semblables à une veine gonflée. Le *C. à fleurs grêles* (*C. tenuiflorus*, Smith), caractérisé par ses capitules oblongs, cylindriques, sessiles et réunis en petits bouquets au sommet des rameaux. Le *C. crispé* (*C. crispus*, Lin) présente, au contraire, les capitules pédonculés ; et ses pédoncules sont chargés d'épines. Le *C. penché* (*C. nutans*, Lin.), a ses pédoncules tomenteux presque nus. Ses fleurs sont pourpres ou blanches. Ses aigrettes plumeuses ont été quelquefois mêlées avec du coton dans la fabrication des tissus. Le *C. à feuilles d'acanthe* (*C. acanthoïdes*, Lin.) paraît n'être qu'une variété de l'espèce précédente. Toutes ces plantes habitent les terrains secs et pierreux, principalement sur le bord des chemins. Le chardon a servi d'emblème de la résistance dans l'institution d'un ordre militaire d'Écosse, connu sous le nom d'*Ordre de Saint-André* ou du *Chardon*. C'est un collier d'or entrelacé de fleurs de chardon et de branches de rue. Il a pour devise : *Personne ne m'offense impunément.* On donne le nom de *Chardon* à d'autres plantes qui n'appartiennent pas au même genre ; ainsi le *C. à bonnetier ou à foulon* (voyez CARDÈRE) ; le *C. bénit* (*Centaurea benedicta*) ; le *C. roland* (*Eryngium campestre*), etc. G—s.

CHARDONNERET (Zoologie), *Carduelis*, Cuv. — Sous-genre d'*Oiseaux* du grand genre *Moineaux* (*Fringilla*, Lin.), qui ont le bec conique sans être bombé en aucun point, un peu plus long et plus aigu que la linotte, avec une pointe grêle et allongée, et les deux mandibules droites et entières. Ils vivent, en général, de grains. Le *C. ordinaire* (*Fring. carduelis*, Lin.) est un de nos plus jolis oiseaux d'Europe ; c'est aussi un des plus dociles et des

meilleurs chanteurs : il est brun en dessus, blanchâtre en dessous, le masque d'un beau rouge et une belle tache jaune sur l'aile. Il tire son nom de la graine de chardon qu'il recherche particulièrement. Il se plaît dans les jardins, dans les vergers, et c'est le plus souvent sur les arbres fruitiers que la femelle fait son nid, auquel elle donne une forme plus arrondie et plus élevée que le pinson ; elle le garnit à l'intérieur de crin, de laine, de duvet, et c'est sur cette couche qu'elle dépose cinq ou six

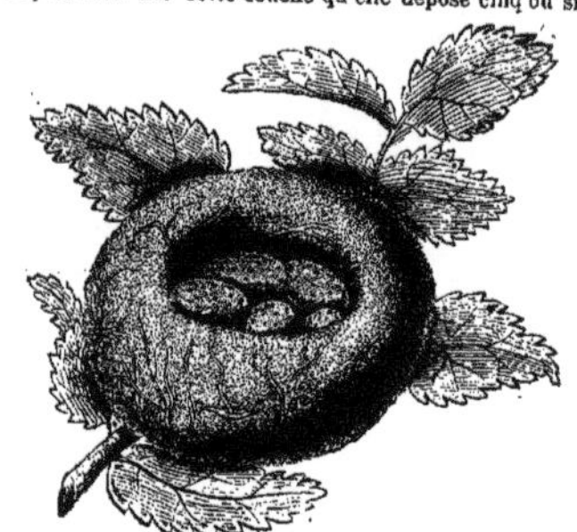

Fig. 498. — Nid du chardonneret.

œufs tachetés de brun rougeâtre. Son vol est peu élevé ; en hiver, ils se réunissent en troupes nombreuses à la manière de presque tous les petits oiseaux. Dans nos volières, on le croise souvent avec le serin.

CHARDONNETTE (Botanique). — Nom d'une variété d'*artichaut* (voyez ARTICHAUT, CARDON).

CHARGE (Médecine vétérinaire). — On donne ce nom à des matières poisseuses qui se maintiennent d'elles-mêmes sur la partie où on les place comme topiques. Les *charges* sont composées de térébenthine, de goudron, de poix noire ou de Bourgogne, auxquels on ajoute des essences, des teintures, etc. On rase la peau, et on les applique seules ou mêlées avec des étoupes hachées. Les charges sont excitantes, résolutives et fortifiantes. On les applique autour des articulations, sur les épaules ou sur la région des reins dans les *efforts*.

CHARGÉ D'ÉPAULES, DE GANACHE (Hippiatrique). — Par ces expressions, on indique qu'un cheval a ces régions trop fortes, trop développées.

CHARIÉIS (Botanique), du grec *charieis*, gracieux ; allusion faite au port de la plante. — Genre de plantes de la famille des *Composées*, tribu des *Astéracées*. Il comprend des herbes originaires du cap de Bonne-Espérance. Le *C. à feuilles diverses* (*C. heterophylla*, Cass.) est une jolie plante annuelle, haute de $0^m,20$ et donnant pendant tout l'été des capitules de fleurs d'abord jaunâtres, puis bleues.

CHARME (Botanique), *Carpinus*, Lin., de *car*, bois, *pin*, tête, en langue celtique ; c'est-à-dire bois propre à faire des jougs pour les bœufs. Son nom grec *zugia*, de *zugos*, joug, présente absolument la même signification. — Genre de plantes de la famille des *Quercinées* ou des *Cupulifères*, suivant différents auteurs. Il comprend des arbres de moyenne hauteur, et habitant les régions tempérées de l'Europe et de l'Amérique septentrionale. Le *C. commun* (*C. betulus*, Lin.) est l'espèce la plus importante du genre. On la connaît souvent dans les jardins sous le nom de *Charmille*. C'est un arbre qui peut atteindre à 12 mètres, et même plus. Son écorce est lisse, grisâtre. Ses feuilles sont ovales ou oblongues, dentées, d'un vert gai et marquées de nervures saillantes. La propriété qu'il a de se beaucoup ramifier, de se plier de toutes manières, et de prendre, par la taille aux ciseaux, toutes les formes qu'on veut lui donner, le rendit très-précieux autrefois pour former ces palissades et ces décorations de verdure qu'on employait pour l'embellissement des jardins, et que l'on connaissait sous le nom de *Charmilles*. Le charme commun habite les endroits frais et un peu humides de l'Europe moyenne. On en distingue plusieurs variétés caractérisées principalement par la forme de leurs feuilles. Cet arbre est une de nos meilleures essences forestières. Son bois est blanc, dur, pesant, d'un grain uni et serré, et 'emploie dans le charronnage, la fabrication des manches d'outils ; les mécaniciens s'en servent aussi pour

Fig. 499. — Branche de charme commun.

faire des roues de moulins, des vis de pressoirs, etc. Il a surtout de grandes qualités comme bois de chauffage. Il donne une belle flamme et dégage beaucoup de chaleur. La quantité de calorique qu'il produit est même supérieure à celle que donne le hêtre. L'écorce du charme peut servir pour la teinture en jaune et le tannage des peaux. On distingue encore deux espèces intéressantes dans ce genre : le *C. d'Amérique* (*C. americana*, Michx), qui s'étend du Canada jusqu'aux Florides ; et le *C. d'Orient* (*C. orientalis*, Lamk), qui est un arbrisseau de 4 à 5 mètres. Caractères du genre : fleurs monoïques en chatons ; les mâles allongés, composés de fleurs accompagnées chacune d'une écaille imbriquée, acuminée, ciliée à la base ; étamines barbues à leur sommet ; les femelles en chatons lâches et raboteux ; ovaire infère à 2 loges ; fruits secs et durs, ovoïdes et formant un strobile.　　G—s.

CHARMILLE (Horticulture). — Voyez CHARME.

CHARNIÈRE (Zoologie). — On appelle ainsi en conchyliologie la partie la plus solide et la plus saillante des coquilles bivalves, celle où elles sont attachées ensemble et sur laquelle se font les mouvements. Elle est presque toujours munie de dents (voyez COQUILLE).

CHARPENTE OSSEUSE (Zoologie). — Voyez SQUELETTE.

CHARPIE (Médecine), du latin *carptum*, cardé, sous-entendu *linteum*. — On donne ce nom à un amas de fils provenant de morceaux de toile de 0ᵐ,08 à 0ᵐ,09 carrés, que l'on a *effilés* ; c'est ce qu'on appelle *charpie brute* : on connaît encore la charpie *râpée*, qui se fait en raclant avec un couteau un morceau de toile ; on obtient une espèce de duvet moelleux qui peut être employé dans certaines circonstances. Pour faire de bonne charpie, il faut employer du linge qui ait déjà servi, mais qui ne soit pas trop usé ; il doit être blanc de lessive, sans empois et non coloré : avec la charpie brute, on fait les plumasseaux, les bourdonnets, les boulettes, les tampons, dont on se sert pour panser les plaies, les ulcères, etc. On fait des mèches avec de la charpie longue de 0ᵐ,15 à 0ᵐ,20 ; la charpie râpée se pelotonne davantage et est moins absorbante. La charpie de coton n'a d'autre inconvénient que d'être moins absorbante ; elle a, du reste, toutes les autres qualités de celle de fil. On peut remplacer la charpie par du chanvre en étoupes, peigné, blanchi et cardé. Dans tous les cas, la charpie ne doit pas être conservée trop longtemps ; elle ne doit pas être entassée dans des caisses ou dans des tonnes, comme cela a lieu quelquefois pour le service des grands établissements. Pelletan attribuait à de la charpie conservée pendant des années, dans l'intérieur de l'Hôtel-Dieu, les cas nombreux de *pourriture* d'hôpital (voyez POURRITURE) qui se décla-

rèrent chez les blessés de l'une des sanglantes journées de la révolution. Les Anglais et les chirurgiens du Nord remplacent notre charpie par une espèce de préparation de lin ou de chanvre soigneusement arrangée, mollette sur une de ses faces et gommée sur l'autre, ou moelleuse sur les deux : ce tissu est en pièces roulées ; on en coupe des morceaux suivant les besoins.　　F — N.

CHARRÉE (Agriculture). — C'est le nom qu'on donne aux cendres lessivées. Par les différents sels solubles qu'elles contiennent, les cendres sont très-utilement employées en agriculture ; mais on se sert plus particulièrement de la *charrée* ou cendres lessivées, d'abord parce qu'elles sont moins chères, ensuite parce qu'étant moins riches en sels solubles, elles n'ont pas une action aussi énergique et ne brûlent pas les plantes, comme cela arrive souvent avec les cendres vives et récentes qu'on répand sans précaution sur le sol. Le silicate de potasse est un de ces sels qui résiste le plus à l'action de l'eau, et c'est pour cela que la charrée exerce pendant si longtemps des effets marqués sur la végétation. La charrée convient à tous les sols, mais surtout aux sols argileux et compactes. Elle est également utile à toutes les récoltes, et pendant toutes les saisons, mais surtout au printemps. C'est l'engrais par excellence pour les prés non arrosés. On la répand à la main ou à la pelle.

CHARRUE (Agriculture), *Carruca* des Latins. — Machine avec laquelle on laboure la terre. Parmi les différents modes de labourage que les hommes ont employés pour la culture, celui qui se fait au moyen de la charrue, s'il n'est pas le meilleur, est de beaucoup le plus économique et surtout le plus prompt. Les diverses sortes de charrues peuvent se rapporter à deux types principaux, les *araires* ou *charrues simples* et les *charrues à avant-train* ou *composées*.

L'*araire*, employé dès la plus haute antiquité par les

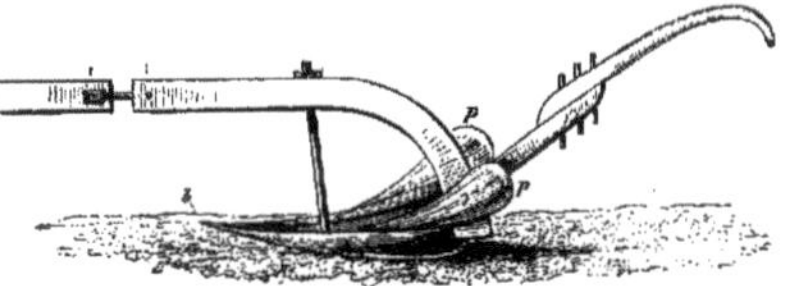

Fig. 500. — Araire de Provence.

peuples primitifs qui se sont occupés de culture, différait peu de celui qui est encore en usage dans quelques parties du midi de la France, de l'Italie et de l'Afrique. Ainsi cette dernière, à quelques légères modifications près, se compose d'un *soc* pointu, avec deux *oreilles* ou *versoirs* en bois en forme de coins. Ce soc coupe seulement des tranches horizontales que les deux oreilles rejettent plus ou moins sur les côtés. C'est encore aujourd'hui l'araire de Provence (*fig.* 500). Mais peu à peu et avec le temps des perfectionnements ont été apportés, et enfin on en est arrivé à l'araire perfectionné de Mathieu de Dombasle. Il se compose de sept parties principales : le *coutre*, le *soc*, le *sep*, le *versoir* ou oreille, l'*age* ou *flèche* ou *haie*, les *manches*, le *régulateur*. Le *coutre* (*culter*, couteau) (*g*, *fig.* 501) est une espèce de couteau adapté en avant du soc, à l'âge de la charrue, et destiné à couper la terre verticalement en avant. En général il est droit, quelquefois en faucille ou bien à tranchant convexe ; il n'est pas perpendiculaire, mais incliné, la pointe en avant. Le *soc* (*e*, *fig.* 501) est la partie importante de la charrue ; il coupe horizontalement la tranche de terre

Fig. 501. — Côté gauche de la charrue de de Dombasle.

que le coutre a coupée verticalement ; il se compose d'une *aile*, partie qui va en s'élargissant depuis la pointe et qui constitue une espèce d'appendice à droite du soc tranchant, qui va en se relevant vers sa partie la plus large pour aller former avec le versoir un plan incliné destiné à soulever et à renverser la tranche de terre. L'autre partie du soc est la *douille* ou *souche*, qui sert à le fixer au corps de la charrue. Le *sep* (*d*, *fig.* 501) est une solide pièce de bois garnie d'un talon *d'* qui pèse et glisse sur le fond du sillon ; il doit être muni de bandes de fer sur la face inférieure et sur le côté gauche. Le *versoir* ou *oreille*, pièce située à droite et contournée de telle sorte que l'instrument, débarrassé plus tôt du poids de la terre, est allégé dans sa marche. Autrefois c'était de chaque côté une planche droite (*p*, *fig.* 500), s'écartant obliquement de la partie postérieure de la charrue. L'*age*, *flèche*, *haie* ou *perche* (*a*, *fig.* 501), c'est véritablement le corps de la charrue ; cette pièce sert à fixer le coutre, à contenir l'appareil régulateur et les mancherons ou manches ; elle est assujettie à la partie postérieure et antérieure à l'aide de deux étançons *c* et *c'*. L'age, quelquefois en fer, le plus souvent en bois, a une longueur variable de 2ᵐ,50 à 3 mètres. Les *manches* sont ces morceaux de bois que le laboureur tient de chaque main pour diriger la charrue. Le *régulateur* (*i*, *fig.* 501) est une branche verticale qui glisse dans une mortaise à l'extrémité antérieure de l'age et qui permet d'élever ou d'abaisser la ligne de tirage et de soulever, par exemple, la pointe du soc en abaissant cette ligne.

La *charrue à avant-train* n'est autre chose que celle qui vient d'être décrite et à laquelle on ajoute un avant-train composé d'une paire de roues, à l'essieu desquelles vient s'adapter une chaîne en fer fixée à la partie inférieure de l'age par un crochet solide. C'est sur cette chaîne que se fait le tirage au moyen d'un système d'attelage fixé également sur l'essieu ; au-dessus de celui-ci s'élève un châssis dont les deux montants verticaux, percés de trous, reçoivent une traverse qui glisse du haut en bas et qu'on fixe à volonté ; au milieu de cette traverse existe une boîte à coulisse que l'on peut faire aller à droite et à gauche et qui reçoit, au moyen d'un crochet, l'extrémité de l'age. Il existe une multitude de modifications de charrues des deux modèles dont il vient d'être question ; on ne peut ici entrer dans de plus grands détails à ce sujet. Mais nous devons faire mention d'une espèce de charrue dite *polysoc*, c'est-à-dire à plusieurs socs accouplés ; cette machine, dont on trouvera la description dans l'ouvrage de Gasparin, et qui est due à M. Godefroy, ne peut être employée que dans les grandes exploitations. Dans ces conditions, elle paraît offrir quelques avantages dont un des principaux est qu'un seul laboureur peut la diriger sans difficulté, etc.

Nous n'avons donné ici qu'une idée générale de la charrue et de sa construction ; quant aux divers genres de charrues et d'araires, et quant aux divers travaux qui en réclament l'emploi, voyez le mot LABOUR.

CHARTRE (Médecine), *Tabes*. — Par ce mot, on entend en général un état de marasme, de consomption qui accompagne le plus souvent le rachitisme : on dit d'un enfant qu'il est en chartre, lorsque, par les progrès de cette maladie ou du carreau, de l'atrophie mésentérique, il est réduit à une maigreur qui annonce une fin plus ou moins prochaine. On a pensé que ce mot venait du vieux mot français *chartre*, dérivé lui-même par corruption de *carcer*, prison, parce que cette affection était très-fréquente dans les prisons.

CHASSE (Zoologie), *Venatio* des Latins. — C'est l'art de prendre les quadrupèdes et les oiseaux, soit vivants, au moyen de ruses et d'engins de toutes espèces, soit en les tuant le plus ordinairement avec le fusil. On donne le nom de *Vénerie* à la chasse qui se fait en grand avec des chiens, soit à pied, soit à cheval, surtout pour les bêtes fauves. La grande chasse aux oiseaux, qui se faisait autrefois avec des faucons, portait le nom de *Fauconnerie*. On appelle *pipée* la chasse des petits oiseaux au moyen de gluaux ; on distingue encore pour les oiseaux la chasse au *miroir*, à la *traînasse*, à la *passée*, etc. (voyez *aux différents animaux qui sont le but de la chasse* et aux mots FAUCONNERIE, VÉNERIE, etc.).

CHASSELAS (Horticulture). — On appelle ainsi cette variété de raisin si connue et si appréciée des amateurs, et dont la culture est une des industries les plus productives des environs de la ville de Fontainebleau. On sait que les variétés de vigne cultivées pour la table diffèrent généralement de celles que l'on choisit pour les vignobles ; leurs fruits ont une saveur plus douce et plus agréable. Parmi ces différentes variétés, le chasselas tient le premier rang. Le *C. de Fontainebleau, chasselas doré,*

a les grains ronds, blancs, teintés de roux d'un côté, de grosseur moyenne (*fig.* 502) ; c'est la variété qu'on devra le plus multiplier. Elle mûrit à Paris, du milieu à la fin de septembre. La treille du château de Fontainebleau a servi de modèle à tous les horticulteurs qui ont voulu cultiver en grand le chasselas, et aux auteurs qui ont écrit sur cette matière. Créée il y a une centaine d'années et restaurée au commencement de ce siècle, elle a une longueur de 1 384 mètres de développement. Mais c'est à Thomery, village situé à 8 kilomètres de Fontainebleau, que la culture du chasselas a été faite avec un plein succès ; commencée il y a plus de cent vingt ans, continuée avec une intelligence et un soin persévérants par un agriculteur du nom de Charmeux, dont les descendants ont conservé avec respect les bonnes traditions, cette culture fait aujourd'hui la richesse du village de Thomery et de toute la contrée ; elle comprend actuellement 120 hectares et produit en moyenne un million de kilos de raisin. Les bornes de cet article ne nous permettent pas d'entrer dans les développements que comporterait la culture du chasselas de Fontainebleau. Nous renverrons aux traités spéciaux (voyez RAISIN, VIGNE). Comme sous-variétés on cite : 1° le *Gros Coulard, Damas blanc, Précoce de Rouen*, à grains inégaux, gros, blancs, coulant souvent. Mûrit fin d'août à Paris ; 2° le *Queen Victoria*, à grains très-gros, blancs, ronds ; 3° le *Rose* (Pó), *Royal rosé*, grains ronds, rosés, assez gros. Il mûrit vers la fin de septembre. On appelle vulgairement *Chasselas musqué* le *Muscat blanc précoce*, à grains blancs, un peu allongés, assez gros. Apporté de la Calabre, il mûrit difficilement à Paris. On donne aussi vulgairement le nom de *Chasselas Napoléon, Chasselas d'Alger*, à une sous-variété de

Fig. 502. — Chasselas de Fontainebleau.

raisin connue dans le Midi sous le nom de *Panse commune jaune* (Bouches-du-Rhône), à grains gros, longs, jaunes ; il mûrit difficilement sous le climat de Paris.

CHASSIE (Anatomie). — Humeur grasse, onctueuse et jaunâtre, sécrétée par les follicules sébacés des paupières, connus sous le nom de *glandes de Meïbomius*. Elle sert à empêcher les paupières d'irriter le globe de l'œil par leur frottement et à s'opposer à ce que les larmes tombent sur la joue. Lorsque ces follicules sont malades, ils sécrètent une grande quantité de chassie, et cette maladie porte le nom de *lippitude* (voyez ce mot).

CHAT (Zoologie), *Felis*, Lin. — Genre de *Mammifères*, ordre des *Carnassiers*, famille des *Carnivores*, tribu des *Digitigrades*, dont il contient les espèces les plus carnivores ; le chat commun ou ordinaire, le lion, le tigre, la panthère, le lynx, etc. Toutes ces espèces présentent entre elles une ressemblance qui ne permet guère de les distinguer que par leur taille, leur couleur, la longueur de leur poil et de leur queue. Ce sont, de tous les carnivores, les plus féroces et les plus puissamment armés ; leurs mâchoires, courtes, sont mues par des muscles très-forts ; elles portent à chacune deux fausses molaires comprimées et tranchantes, suivies d'une grande carnassière pointue, une très-petite tuberculeuse supérieure, et enfin des canines énormes. Leurs ongles rétractiles se redressent ou se cachent, à la volonté de l'animal, sous la peau repliée du bout des doigts, par l'effet de ligaments

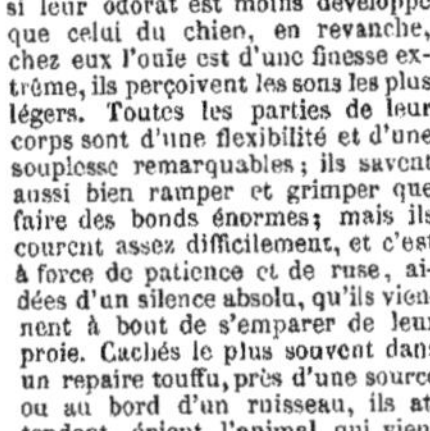

Fig. 503. — Disposition des ongles dans le genre Chat.

élastiques (fig. 503) ; ils ne perdent jamais leur pointe ni leur tranchant, et cette conformation en fait des animaux très-redoutables, surtout les grandes espèces. Ils ont la vue d'une portée médiocre, mais ils voient aussi bien la nuit que le jour; si leur odorat est moins développé que celui du chien, en revanche, chez eux l'ouïe est d'une finesse extrême, ils perçoivent les sons les plus légers. Toutes les parties de leur corps sont d'une flexibilité et d'une souplesse remarquables ; ils savent aussi bien ramper et grimper que faire des bonds énormes; mais ils courent assez difficilement, et c'est à force de patience et de ruse, aidées d'un silence absolu, qu'ils viennent à bout de s'emparer de leur proie. Cachés le plus souvent dans un repaire touffu, près d'une source ou au bord d'un ruisseau, ils attendent, épient l'animal qui vient se désaltérer, fondent sur lui d'un seul bond, le déchirent de leurs ongles, et assouvissent pour quelque temps leur appétit sanguinaire. Ils ont le pelage en gé-

Fig. 504. — La panthère (genre Chat).

néral doux et fin, et des moustaches qui paraissent leur transmettre des impressions très-délicates. Ce genre renferme plus de vingt-cinq espèces, dont les principales sont : 1° le *Lion* (*F. leo*, Lin.), le plus fort et le plus courageux des animaux de proie; distingué par sa couleur fauve uniforme, le flocon de poil du bout de la queue, et la crinière qui revêt la tête, le cou et les épaules du mâle (voyez LION). 2° Le *Tigre royal* (*F. tigris*, Lin.), aussi grand que le lion, plus allongé, la tête plus ronde; le plus cruel des quadrupèdes : c'est le fléau des Indes orientales ; la force et la rapidité de ses mouvements sont prodigieuses (voyez TIGRE). 3° Le *Jaguar* ou *Tigre d'Amérique*, la *grande Panthère des fourreurs* (*F. onca*, Lin.), presque aussi grand que le précédent et presque aussi dangereux (voyez JAGUAR). 4° La *Panthère* (*F. pardus*, Lin.) (fig. 504), c'est le *Pardalis* des anciens, répandue dans toute l'Afrique et l'Asie méridionale (voyez PANTHÈRE). 5° Le *Léopard* (*F. leopardus*, Lin.). Ces deux espèces sont plus petites que le jaguar. Les voyageurs et les fourreurs les désignent indistinctement sous les noms de *léopard, panthère, tigre d'Afrique*, etc. (voyez LÉOPARD). 6° Le *Couguar, Puma*, ou prétendu *Lion d'Amérique* (*F. discolor*, Lin.) (voyez COUGUAR). 7° Les *Lynx* (*F. lynx*, Lin.) ; le *Loup cervier* (*F. cervaria*, Temm.), etc. (voyez LYNX, LOUP CERVIER). 8° L'*Ocelot* (*F. pardalis*), un peu plus bas sur jambes que les autres (voyez OCELOT). 9° Le *Serval* (*F. serval*, Lin.) (voyez SERVAL). 10° Le *Guépard* ou *Tigre chasseur* des Indes (*F. jubata*, Schreb., ou mieux *F. guttata*, du même) ; ses ongles ne sont pas rétractiles (voyez GUÉPARD). 11° Le *Chat ordinaire* (*F.*

cattus, Lin.), se trouve à l'état sauvage dans les forêts de l'Europe ; son pelage, d'un gris brun, avec des ondes transversales plus foncées en dessus, est d'un gris blanc en dessous. Sa queue est très-velue, annelée de noir, les oreilles sont plus roides que celles du chat domestique. Il est d'un tiers plus grand que celui-ci; et sa longueur, depuis le bout du museau jusqu'à la naissance de la queue, peut aller à 0m,60. Le chat sauvage n'existe pas en Amérique ; il est même devenu rare dans nos climats. Les chats domestiques varient beaucoup par la longueur, la couleur et la finesse de leur poil ; ce sont des animaux propres, légers, adroits; ils aiment leurs aises, se plaisent à se coucher sur des coussins chauds et moelleux. Lorsque le chat veut exprimer le contentement et l'affection, il fait entendre une espèce de murmure sourd qui se renouvelle et se prolonge indéfiniment. Ils ne vivent guère que douze à quinze ans. La femelle porte 55 à 56 jours, et met bas quatre à cinq petits.

Les chats domestiques offrent quelques différences dans leur taille, la couleur et la longueur de leur pelage. Kolbe prétend qu'il y a, au cap de Bonne-Espérance, des chats bleus, ou plutôt couleur d'ardoise; on les retrouve en Asie ; leur poil est fin, lustré, délicat comme de la soie, et long de cinq à six doigts sur la queue. Ils ressemblent par la couleur à ceux que nous appelons *chats chartreux*, et ne diffèrent guère de nos *chats d'Angora*. Ceux-ci ont les poils longs et soyeux, ceux du ventre descendent quelquefois jusqu'à terre et ceux du col forment une large fraise, ils sont en général blancs, on en rencontre cependant de gris, de fauves, de tachetés, etc. Ils ont les lèvres et la plante des pieds couleur de chair ; originaires de l'Anatolie, ils doivent leur beauté, dit Desmarest, à l'influence du climat; il en est de même des *chats d'Espagne*, qui sont roux, blancs et noirs, et dont le poil est aussi très-doux et très-lustré. En Chine, il y a des chats à long poil extrêmement luisant avec les oreilles pendantes (V. RACES).

CHAT. — Petit groupe de *Poissons* du genre *Silure*, sous-genre des *Pimélodes* (voyez ces mots) ; ils ont la tête nue, mais très-large, leurs barbillons sont au nombre de huit. Le *Silure chat* (*S. catus*, Lin.), se trouve dans la mer et les rivières de la Caroline ; sa chair est peu agréable, on la mange frite.

CHAT-HUANT (Zoologie), *Syrnium*, Savig. — Sous-genre d'*Oiseaux de proie nocturnes* du grand genre *Strix* (Chouette). Ils se distinguent de ceux du même genre, parce qu'ils ont le disque qui entoure leurs yeux, composé de plumes effilées ; la collerette de plumes écailleuses, et, entre deux, une ouverture d'oreilles qui se réduit à une cavité ovale n'occupant pas moitié de la hauteur du crâne : ils n'ont point d'aigrette, et leurs pieds sont emplumés jusqu'aux ongles. Le *Chat-huant*, *Hulotte*, *Chouette des bois*, etc. (*Strix aluco* et *Stridula*, Lin.) (fig. 505) a environ 0m,40 de long. Cet oiseau est couvert partout de taches longitudinales brunes ; aux scapulaires et vers le bord antérieur de l'aile, des taches blanches. Le fond

Fig. 505. — Le chat-huant, hulotte.

du plumage est grisâtre dans le mâle, roussâtre dans la femelle, ce qui les a fait considérer longtemps comme deux espèces. « Il est bon de savoir, dit Cuvier, que dans tout ce genre, les femelles sont plus rousses que les

mâles, ce qui a fait quelquefois multiplier les espèces. »
Le chat-huant habite les bois, où il niche, et se tient
dans les vieux troncs d'arbres ; il chasse pendant la nuit,
et fait une guerre acharnée aux mulots et aux campagnols, et, sous ce rapport, les services qu'il rend à l'a-
griculture devraient bien modérer la manie de destruction qui anime les paysans à son égard. C'est, du reste,
un reproche qu'on peut leur adresser pour beaucoup
d'autres animaux (voyez Chouette).

CHATAIGNE (Botanique). — Voyez Chataignier.

Chataigne d'eau (Botanique). — Nom vulgaire de la
Macre flottante (voyez Macre).

CHATAIGNIER (Botanique), *Castanea*, Tourn., du
nom de la ville de *Castanea*, en Thessalie, dans les environs du fleuve Pénée. — Genre de plantes que Linné
considérait comme faisant partie du genre *Hêtre* (*Fagus*).
Il appartient à la famille des *Quercinées*, dans la classe
des *Amentacées*. Les châtaigniers sont, en général, des
arbres des régions tempérées de l'Europe, de l'Asie
moyenne et de l'Amérique. Le *châtaignier commun*

Fig. 506. — Branche de châtaignier commun.

(*C. Vesca*, Gaertn. ; *C. vulgaris*, Lamk ; *Fagus Castanea*,
Lin.) (*fig.* 506) est un arbre pouvant acquérir une élévation de 20 à 25 mètres, et une énorme épaisseur de tronc.
On a souvent cité le châtaignier de l'Etna, qui mesure 53 mètres de circonférence, et dont l'âge est évalué à 4 000 ans. L'immense branchage de cet arbre,
appelé *Châtaignier aux cent chevaux*, peut servir à
abriter des troupeaux tout entiers. On raconte, à ce sujet,
que la reine Jeanne d'Aragon, surprise un jour d'orage
au mont Etna, put s'abriter avec tous ses cavaliers sous
ce colosse végétal. Le châtaignier qui existe près de San-
cerre, dans le département du Cher, est célèbre aussi par
ses dimensions ; à un mètre au-dessus du sol, il mesure
3 mètres de diamètre. D'après certaines évaluations,
son âge pourrait être de plus de 1 000 ans. Le châtaignier
commun habite principalement l'Europe méridionale,
l'Asie Mineure et le Caucase. Il était connu dans la plus
haute antiquité pour ses fruits, que l'on nommait *balani*.
Son bois a beaucoup d'élasticité et de ténacité. Il est
employé spécialement dans certains pays, pour la fabrication des échalas, des tonneaux, des cercles de cuves.
Ce genre se distingue par des fleurs mâles en chatons
grêles interrompus ; involucre fructifère épais, coriace,
hérissé de piquants, et s'ouvrant irrégulièrement en 2 ou
4 valves ; 1-3 fruits de forme variable.

Le châtaignier était, dit-on, plus commun autrefois en
France qu'il ne l'est aujourd'hui. On en trouve encore
des forêts dans les Vosges, dans le Jura, aux environs de
Lyon, dans le Limousin ; mais on en dépouille tous les
jours les collines sablonneuses des environs de Paris qui
en étaient couvertes. Les châtaigniers se multiplient de
graines qu'on sème surtout au printemps, quelquefois en
automne ; lorsqu'ils ont acquis 2 mètres à 2ᵐ,50 de hauteur, on les plante dans la place qu'ils doivent occuper, et,
quelque temps après, on peut les greffer en flûte, si l'on
veut obtenir des fruits plus gros et plus abondants (voyez
Marron). Le bois de châtaignier est peu estimé pour le
chauffage ; mais comme il fait de bon bois de charpente,
on l'emploie souvent dans la construction. Le *C. d'Amérique* (*C. Americana*, Sweet.), que certains botanistes
regardent comme une variété du précédent, acquiert aussi
de belles proportions et peut résister aux grands froids.

Les châtaignes sont un produit intéressant au point de
vue de l'alimentation dans les pays de montagnes dépourvus presque complètement de céréales. La récolte
est plus ou moins abondante, mais elle manque rarement ;

c'est une excellente nourriture pour les hommes et les
animaux. Dans plusieurs parties de la France, le Limousin, les Cévennes, la Corse, etc., les habitants des campagnes et la classe indigente en font presque leur unique
nourriture ; il en est de même dans les régions montagneuses de l'Espagne, de la Suisse, de l'Italie. La conservation des châtaignes demande certaines précautions,
qui varient suivant les pays. Dans les Cévennes, par
exemple, on a des bâtiments dans lesquels sont disposées
de grandes claies, sur lesquelles on peut mettre à la fois
jusqu'à 600 kil. de châtaignes ; on entretient sous ces
claies un feu doux pendant plusieurs jours, en les retournant de temps en temps avec une pelle, jusqu'à ce que
les châtaignes soient bien sèches ; on les retire ensuite et
on les bat, pour les dépouiller de leur enveloppe, en les
mettant dans de grands sacs de forte toile, sur lesquels
deux hommes frappent chacun avec un bâton, pour briser
l'écorce extérieure et en même temps détacher la peau
intérieure. On vanne ensuite les châtaignes pour enlever
tous les débris de leur écorce, et, après cette préparation,
on les serre pour s'en servir au besoin. On peut manger
la châtaigne cuite sous la cendre ou dans du lait, ou
bien la convertir en farine dont on fait des bouillies, des
galettes qui tiennent lieu de pain, comme on fait en Corse
et en Italie, et même une espèce de pain d'une saveur
douce et agréable, qui se digère facilement et peut se
conserver plusieurs jours. La plus belle variété de châtaignes, connue sous le nom de *marrons*, est produite
surtout par les châtaigniers qui ont été greffés ; elle constitue un mets presque de luxe, qui se mange ordinairement rôti dans une poêle percée de trous, et que l'on
sert sur les meilleures tables (voyez Marron).   G—s.

CHATEAU-NEUF-LES-BAINS (Médecine, Eaux minérales). — Village de France (Puy-de-Dôme), arrondissement et à 24 kilom. de Riom, où l'on trouve des sources
ferrugineuses bicarbonatées froides, dont la température
varie de 15° à 37° cent. Elles contiennent notamment de
l'acide carbonique libre, des bicarbonates de soude, de
potasse, de chaux, de protoxyde de fer, du chlorure de sodium, de la silice, etc. Ces eaux minérales, encore peu
utilisées, ont paru efficaces dans les rhumatismes, quelques névroses, dans les gastralgies, etc.

CHATELDON (Médecine, Eaux minérales). — Village
de France (Puy-de-Dôme), arrondissement et à 16 kilom.
de Thiers et de Vichy (Allier). On y trouve plusieurs
sources d'eau ferrugineuse bicarbonatée froide. Elles contiennent une quantité notable d'acide carbonique libre
dissous, environ 2ᵍ,429 par litre, des bicarbonates alcalins, etc. Ce sont surtout des eaux digestives. Elles ont
aussi été avantageuses dans la gravelle, le catarrhe vésical, etc.

CHATEL-GUYON (Médecine, Eaux minérales). — Village de France (Puy-de-Dôme), arrondissement et à
7 kilom. N. E. de Riom, qui possède des eaux acidules
thermales (chlorurées, sodiques et ferrugineuses bicarbonatées). Température, 30° cent. Elles contiennent de
l'acide carbonique libre, des bicarbonates, et une certaine
quantité de sulfate de soude qui explique leurs propriétés
purgatives.

CHATENOIS (Médecine, Eaux minérales). — Bourg de
France (Bas-Rhin), arrondissement et à 2 kilom. O. de
Schelestadt, qui renferme deux sources minérales (chlorurées sodiques) froides. Elles contiennent par litre 4ᵍ,214
de principes fixes, dont 3ᵍ,200 de chlorure de sodium.
Employées avec succès contre les maladies asthéniques
(de faiblesse).

CHATON (Botanique). — Nom que l'on donne à certaine disposition de fleurs en épis ressemblant à une
queue de chat. Le chaton diffère de l'épi, en ce qu'il se
compose de fleurs mâles ou femelles, qu'il est articulé,
se dessèche et tombe après la floraison. On n'emploie
guère ce nom que pour désigner l'inflorescence de la
classe des *Amentacées*. Le chaton est *pendant* dans le
bouleau, le noisetier (*fig.* 507) ; *simple* dans les peupliers
et les saules. Il est *composé*, quand son axe produit
de courtes ramifications, comme dans le noyer. Le chaton est *sphérique*, *globuleux* dans les platanes ; *ovoïde*
dans le cèdre, l'aulne. Il est *interrompu* dans plusieurs
espèces de chênes, etc., etc.

CHATOUILLEMENT (Physiologie). — On appelle ainsi
l'excitation que produisent sur certaines parties du corps
des titillations légères, pratiquées d'une manière plus ou
moins rapide. Les régions les plus pourvues de nerfs,
telles que la plante des pieds, la paume des mains, les
lèvres, les orifices du nez, des oreilles, sont les plus sensibles au chatouillement. Le premier effet qu'il produit,

est une sensation de plaisir qui porte au rire; si le chatouillement est continué plus longtemps, il détermine des

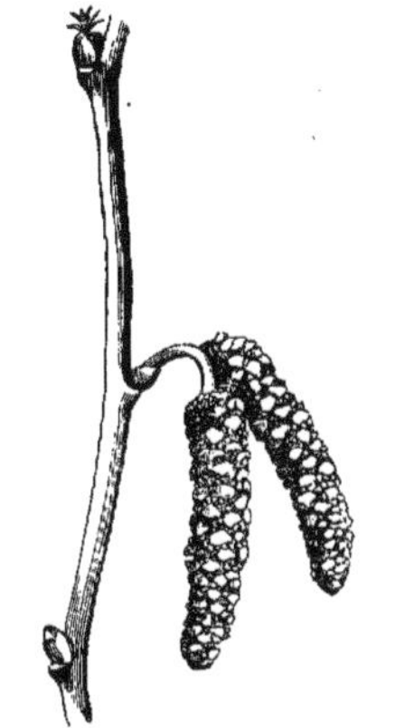

Fig. 507. — Deux chatons à fleurs mâles du noisetier. — Au-dessus se
voit un chaton de fleurs femelles.

cris, des mouvements convulsifs; enfin on l'a vu suivi
quelquefois de convulsions violentes et prolongées, et
même de la mort. Pendant les guerres religieuses des
Cévennes, un des supplices les plus usités était le chatouillement sous la plante des pieds. Le chatouillement
est quelquefois employé en médecine, surtout dans les
cas de syncopes, d'asphyxie, etc. Ainsi, l'on excite avec
la barbe d'une plume l'intérieur des narines, dans le but

de réveiller la sensibilité. On chatouille la luette pour
produire le vomissement.

CHAUDES-AIGUES (Médecine, Eaux minérales). —
Bourg de France (Cantal), arrondissement et à 32 kilom.
de Saint-Flour. Sources thermales; température de 57° à
80° cent. (bicarbonatées sodiques). Ce sont les plus chaudes
de France; elles contiennent différents sels à bases alcalines, un peu de fer et des traces d'arsenic, en tout 0s,811
de principes fixes. Employées dar : les rhumatismes, certaines maladies de la peau, les rétractions musculaires, etc.

CHAUDIÈRE A VAPEUR ou GÉNÉRATEUR. — Partie essentielle d'une machine à vapeur, le générateur peut
exister seul (voyez CHAUFFAGE A LA VAPEUR).

Les chaudières à vapeur ont éprouvé dans leurs formes
des modifications très-nombreuses ayant pour but, soit
d'économiser le combustible, soit d'augmenter leur puissance de vaporisation et leur force de résistance. Les
conditions générales qu'elles doivent remplir sont de présenter une surface de chauffe étendue, d'offrir une résistance suffisante à la pression de la vapeur, d'être d'un
nettoyage facile à l'extérieur et à l'intérieur, de pouvoir
être visitées sans difficultés dans tous leurs points, de
n'exiger que des réparations rares et peu dispendieuses,
d'être d'un poids, d'un volume et d'un prix peu élevés,
d'utiliser enfin le mieux possible le combustible. Suivant
le but qu'on se propose d'atteindre, l'une de ces conditions peut toutefois être subordonnée aux autres. Les
principaux générateurs sont les suivants :

CHAUDIÈRE DE NEWCOMEN, hémisphérique à fond concave du côté du foyer. — Ce dernier est placé au-dessous
de la chaudière et occupe le tiers ou la moitié de la *sole*.
La flamme et la fumée, après s'être étalées sur tout le
fond de la chaudière, font latéralement le tour de celle-ci,
dans des conduits appelés *carneaux*, avant de s'échapper
par la cheminée. Quelquefois elles pénètrent dans l'intérieur même de la chaudière au moyen de carneaux en
tôle ayant la forme d'un U. Elles peuvent, dans les conditions les plus favorables et avec de bonne houille, vaporiser de 7 à 8 kil. d'eau par kilogramme de charbon
brûlé.

CHAUDIÈRE DE WATT ou CHAUDIÈRE A TOMBEAU, de forme
prismatique allongée terminée par des fonds plats. —
Cette chaudière est toujours à basse pression ; la face inférieure en est concave du côté de la sole et du foyer;

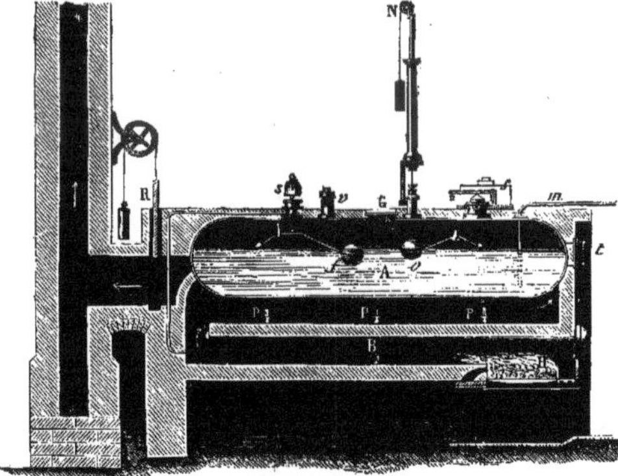

Légende explicative de la figure 508.

H, foyer.
A, corps cylindrique de la chaudière.
B, bouilleurs.
P P, tubes de communication entre
la chaudière et les bouilleurs.
R, registre pour le tirage de la cheminée.
f, s, flotteur d'alarme.
v, tuyau de prise de vapeur.
G, trou d'homme.
m, tuyau d'alimentation.
f, soupape de sûreté.
N, o, flotteur indicateur.
t, indicateur de niveau.

Fig. 508. — Chaudière à bouilleurs.

elle est léchée dans toute sa longueur par la flamme et
les gaz qui font ensuite un circuit complet longitudinalement autour de ses flancs, et souvent même pénètrent
dans son intérieur en suivant des carneaux longitudinaux
en tôle. Pour diminuer le poids de ces chaudières et supprimer le fourneau en maçonnerie dans lequel elles sont
ordinairement encastrées, on dispose assez généralement,
surtout dans les *bateaux à vapeur*, le foyer dans la chau-

dière même ; le feu est alors entouré d'eau de tous côtés,
à l'exception des ouvertures destinées à l'introduction de
l'air et du combustible. Ces chaudières peuvent donner
également de 7 à 8 kil. de vapeur d'eau par kilogramme
de charbon brûlé.

CHAUDIÈRE CYLINDRIQUE, *avec ou sans bouilleurs*, terminée à ses deux extrémités par des calottes sphériques,
la plus favorable à la résistance et la plus généralement

adoptée en France pour les machines à haute pression. — Les chaudières cylindriques sans bouilleurs sont disposées et chauffées comme les chaudières à tombeau; elles donnent de 6,5 à 7 kil. de vapeur par kilogramme de charbon brûlé. L'introduction du foyer à l'intérieur diminue leur résistance, exige plus de soins dans leur construction et nécessite l'usage de pièces intérieures de renforcement; aussi dans les machines fixes leur préfère-t-on les chaudières à bouilleurs (*fig.* 508). Les bouilleurs sont formés par deux cylindres B, B un peu plus longs que le corps de la chaudière, d'un diamètre beaucoup plus petit, disposés côte à côté parallèlement au-dessous du cylindre principal A avec lequel ils communiquent par quatre ou six tubulures et fermés à l'une de leurs extrémités par une calotte sphérique et fixe et à l'autre par une forte plaque de fonte mobile pour le nettoyage intérieur. La chaudière est encastrée horizontalement, les bouilleurs en dessous, dans un fourneau en briques réfractaires, au moins dans les parties qui avoisinent le feu, et de manière que les extrémités mobiles des bouilleurs soient situées hors du fourneau. La flamme et les gaz lèchent d'abord les bouilleurs d'avant en arrière et sur leur face inférieure, puis reviennent d'arrière en avant entre le cylindre et les bouilleurs et retournent enfin à la cheminée en suivant les flancs du cylindre. Dans ce long circuit, ils cèdent une grande portion de leur chaleur au générateur; le reste les tenant dilatés produit le tirage. Les bouilleurs augmentent l'étendue de la surface de chauffe, mais en diminuent l'efficacité moyenne. Étant plus exposés à l'action du feu, ils donnent plus de vapeur que le corps de la chaudière, mais ils s'usent plus vite; aussi les ajuste-t-on généralement de manière à pouvoir les renouveler sans détruire le fourneau et sans déplacer le gros cylindre dont ils accroissent la durée. Ces chaudières, dans les conditions les plus favorables, donnent de 6 à 7 kil. de vapeur par kilogramme de charbon. Voici les dimensions généralement adoptées pour elles d'après la force nominative des machines qu'elles doivent alimenter.

FORCE NOMINATIVE de LA MACHINE en chevaux vapeur.	CORPS DE CHAUDIÈRE.		BOUILLEURS.	
	Longueur.	Diamètre.	Longueur.	Diamètre.
2	1,65	0,66	1,75	0,28
4	2,10	0,70	2,20	0,30
6	2,45	0,75	2,60	0,35
8	2,80	0,80	2,95	0,35
10	3,25	0,80	3,40	0,38
15	5,00	0,80	5,15	0,44
20	6,80	0,85	7,00	0,50
25	8,50	0,85	8,65	0,50
30	9,20	1,00	9,50	0,60
40	10,00	1,10	10,30	0,60

Au delà de ces limites, il vaut mieux accoupler plusieurs chaudières.

CHAUDIÈRES TUBULAIRES. — Voyez VAPEUR (MACHINES A).

Les chaudières à vapeur sont construites en cuivre, en fonte ou en tôle de fer. Le cuivre, étant trop cher, n'est employé que dans les cas exceptionnels où les seules eaux d'alimentation qu'on puisse se procurer sont trop corrosives pour le fer. La fonte est d'un prix peu inférieur à celui de la tôle à cause de l'épaisseur plus grande qu'on est obligé de lui donner, et les dangers d'explosion des chaudières en fonte étant sérieux, on les a presque entièrement abandonnées. Les générateurs sont donc formés de feuilles de tôle rivées l'une à l'autre et dont l'épaisseur est fixée par les règlements. Pour les parties plates, l'épaisseur est déterminée à part et la résistance doit être augmentée par des tirants intérieurs. Au reste, toute chaudière à vapeur doit être au préalable essayée au moyen d'une pompe foulante à eau, en présence d'un ingénieur désigné par le préfet, et résister à une pression triple pour les chaudières en tôle et en cuivre, quintuple pour les chaudières en fonte, de celle qu'elle doit supporter pendant la marche régulière. Dans les locomotives, toutefois, l'épreuve n'est faite qu'au double de la pression normale. La pression d'épreuve est faite avec de l'eau et non de l'air, pour éviter les accidents en cas de rupture. Un timbre est apposé sur la chaudière à la suite de cet essai.

La puissance de vaporisation d'une chaudière dépend de ses dimensions, mais elle dépend aussi beaucoup de son mode de construction, de la disposition de son fourneau, de la nature du combustible et de la conduite, lente ou rapide, du feu. Les chaudières sans bouilleurs peuvent donner de 35 à 40 kil. de vapeur par mètre carré de surface de chauffe et par heure. Les chaudières à bouilleurs n'en donnent en service courant que 25; mais celles-ci ont, à volume égal, une surface de chauffe plus étendue, ce qui compense et au delà leur infériorité sous le premier point de vue. Cette infériorité tient à une étendue relativement moindre de la surface de chauffe *directe* et à un obstacle plus grand à la formation des courants de vapeur et d'eau dans les bouilleurs et leurs tubulures. Les chaudières sans bouilleurs, préférables pour les machines de faible puissance, conduiraient pour de fortes machines à des longueurs inadmissibles de fourneaux.

L'étendue de la grille à combustion doit toujours être la plus grande possible, sans en rendre cependant le service trop difficile, afin d'accroître la surface de chauffe directe qui est de beaucoup la plus active dans la production de la vapeur. La rapidité de la combustion, sans influence notable sur la quantité de vapeur produite par 1 kil. de houille, en exerce une au contraire considérable sur la quantité de vapeur fournie par une même surface de chauffe, et par conséquent sur la puissance d'une chaudière. Sous le rapport de l'économie de construction, il y a donc avantage à employer une combustion vive.

De tous les générateurs, les chaudières dites tubulaires, et en particulier celles des locomotives, sont celles qui présentent la puissance de vaporisation la plus énergique.

Bien que la quantité totale de chaleur emportée par la vapeur augmente avec sa température et sa pression, il n'en résulte aucune différence sensible dans la pratique; il est avantageux, au contraire, d'alimenter la chaudière avec de l'eau déjà chaude. C'est cette pensée qui a guidé M. Farcot dans la modification qu'il a apportée à ses chaudières (*fig.* 509). Le tuyau par lequel arrive l'eau d'alimentation est très-long et replié quatre ou cinq fois sur lui-même en segments d'une longueur égale à celle des bouilleurs ordinaires. Le dernier segment, le plus voisin du corps de la chaudière, communique avec celui-ci par une tubulure située au-dessous du niveau de l'eau; il communique également par une seconde tubulure supérieure avec la chambre à vapeur, afin que la vapeur qui s'y produit puisse s'ajouter à la vapeur de la chaudière. Les gaz provenant de la combustion, après avoir épuisé leur action sur la chaudière, suivent le tube d'alimentation dans toute sa longueur, et, comme dans ce trajet ils rencontrent de l'eau de plus en plus froide, ils se dépouillent de plus en plus de leur chaleur, et n'en conservent que juste ce qui est nécessaire pour produire le tirage dans une haute cheminée (voyez ALIMENTATION).

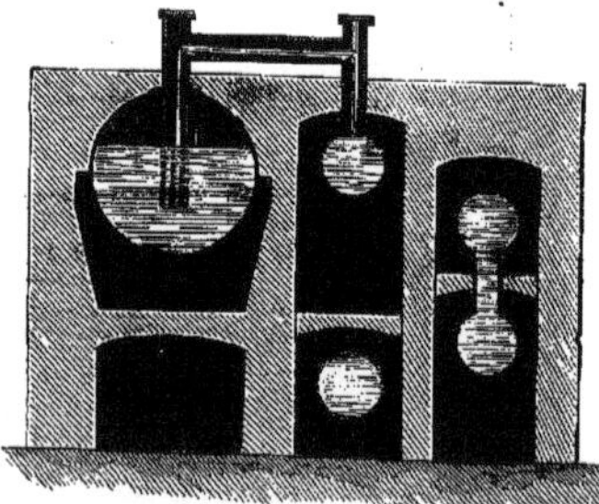

Fig. 509. — Chaudière de Farcot.

Pour les pièces accessoires dont sont munies les chaudières pour en régulariser la marche ou pour prévenir les accidents, voyez les diverses parties de l'article spécial consacré à la description des machines à vapeur (VAPEUR (MACHINES A), MANOMÈTRES).

Table des épaisseurs des lames de fer dont sont formées les chaudières.

DIAMÈT. des chaudières en centimèt.	TENSION DE LA VAPEUR exprimée en atmosphères et diminuée de la pression atmosphérique.						
	2 at	3 at	4 at	5 at	6 at	7 at	8 at
50	3,90	4,80	5,70	6,60	7,70	8,40	9,30
55	3,99	4,98	5,97	6,96	7,95	8,94	9,93
60	4,08	5,16	6,24	7,32	8,40	9,48	10,56
65	4,17	5,34	6,51	7,68	8,85	10,02	11,19
70	4,26	5,52	6,78	8,04	9,30	10,56	11,82
75	4,35	5,70	7,05	8,40	9,75	11,10	12,45
80	4,44	5,88	7,32	8,76	10,20	11,64	13,08
85	4,53	6,06	7,59	9,12	10,65	12,18	13,71
90	4,62	6,24	7,86	9,48	11,10	12,72	14,34
95	4,71	6,42	8,13	9,84	11,55	13,26	14,97
100	4,80	6,62	8,40	10,20	12,00	13,80	15,60

CHAUFFAGE (Physique industrielle). — Le chauffage des appartements dans nos climats tempérés occasionne pour chaque ménage une dépense quelquefois assez lourde, et exerce une influence considérable sur notre bien-être et sur notre santé. Il constitue donc une des questions les plus graves de l'économie domestique, et il a donné lieu à une foule d'appareils plus ou moins ingénieux, destinés à la produire à moins de frais et d'une manière plus régulière. Nous allons passer en revue les principaux systèmes de chauffage actuellement connus. Chacun présente certains avantages qui lui sont particuliers. Le chauffage, en effet, est une question complexe à cause des conditions variables auxquelles il doit satisfaire suivant les lieux et suivant l'état de fortune et les habitudes de chacun de nous.

CHAUFFAGE DIRECT PAR COMBUSTION. — Ce système est connu et pratiqué de toute antiquité. Les sauvages allument le feu au milieu de leur hutte percée en son sommet d'une ouverture par laquelle s'échappe la fumée. Chez les peuples civilisés de l'antiquité, du combustible brûlant sans fumée était placé dans des vases ouverts au milieu de la pièce à chauffer, dans laquelle se déversaient, en même temps que la chaleur, les produits gazeux de la combustion. Ce système, encore pratiqué en Espagne, en Italie, et même dans le midi de la France, où on fait usage de *braseros*, est sans inconvénients graves dans les contrées où il est employé. Chez les sauvages, l'air afflue de tous les points du pourtour de la hutte par les portes mal fermées et par les fissures des murs en terre; il gagne la partie centrale où est le foyer pour s'élever ensuite verticalement et s'échapper par l'ouverture supérieure; chaque habitant est donc enveloppé d'un courant d'air pur suffisant pour le garantir de l'asphyxie. Quant aux braseros, ils sont garnis de quelques charbons entièrement allumés et à moitié enfouis dans de la cendre, de manière que la combustion se fait sans production d'*oxyde de carbone* : l'*acide carbonique* se forme seul ; or, on sait que l'asphyxie par le charbon se produit surtout par le premier de ces deux gaz. Les lumières qui nous éclairent la nuit versent dans l'air d'énormes quantités d'acide carbonique sans nous incommoder d'une manière bien sensible. De plus, les pièces à chauffer sont en général grandes, élevées; leur fermeture est incomplète, et le climat étant peu rigoureux, le chauffage est en général très-léger. Les accidents sont donc à peu près inconnus, à moins que le brasero ne soit chargé de charbons noirs. Il est vrai d'ajouter, toutefois, que les personnes qui ne sont pas habituées à ce mode de chauffage très-économique en éprouvent souvent des maux de tête assez intenses. Dans nos climats plus rigoureux, dans nos appartements bien clos, ce système deviendrait extrêmement dangereux. Il est indispensable d'y faire usage d'appareils qui emportent la fumée et les gaz provenant de la combustion.

CHAUFFAGE PAR CHEMINÉES. — La France et l'Angleterre sont presque entièrement chauffées par des foyers ouverts, logés dans l'intérieur de cheminées et chargés d'un combustible qui n'échauffe la salle que par son rayonnement. Ce système est éminemment agréable et hygiénique. La vue du feu récrée ; l'air se renouvelle rapidement et conserve une température modérée. Devant une cheminée bien construite, nous pouvons donc avoir les pieds chauds et le reste du corps à une température moindre, condition nécessaire d'un bon travail et d'une bonne santé, et en même temps respirer un air frais et pur, ce qui est non moins indispensable ; mais aussi ce système est de tous le moins économique. La chaleur rayonnante est seule utilisée dans une cheminée ordinaire ; or, la chaleur rayonnante n'est, pour le bois, que les 25 p. 100 de la chaleur totale fournie par ce combustible, et pour le coke elle ne dépasse pas 50 p. 100. De plus, le quart seulement de la chaleur rayonnante pénètre dans l'appartement ; le reste est absorbé par les parois du foyer et perdu. Il en résulte donc que les cheminées ordinaires n'utilisent, en réalité, que de 6 à 12 p. 100 de la chaleur totale fournie par le combustible brûlé. Un autre inconvénient très-grave vient s'ajouter à cette faiblesse du résultat utile obtenu. Les cheminées les mieux construites absorbent, au minimum, 60 mètres cubes d'air par kilog. de combustible brûlé ; il faut rendre cet air à l'appartement, soit par des ventouses, soit par les joints des portes et des fenêtres. Il en résulte qu'il s'établit dans la pièce un courant d'air froid rayonnant de tous les points accessibles de la circonférence vers le foyer, et cet air emporte encore avec lui une proportion très-notable de la petite quantité de chaleur rayonnante utilisée. Les constructeurs habiles sont heureusement parvenus à supprimer une grande partie des défauts reprochés aux cheminées ordinaires, tout en leur conservant leurs avantages, et cela au moyen de dispositions d'un établissement, en général facile et peu dispendieux.

L'objet qu'on doit se proposer dans la construction d'une cheminée est quadruple. Il faut :

1° Disposer le foyer de manière qu'il envoie dans la pièce la plus forte proportion possible de chaleur rayonnante ;

2° Réduire le volume de gaz absorbé par la cheminée à la quantité strictement nécessaire au renouvellement de l'air, pour que la respiration se fasse dans de bonnes conditions ;

3° Remplacer cet air non plus par de l'air froid, mais par de l'air préalablement chauffé ;

4° Utiliser, pour chauffer l'air introduit dans la pièce, la chaleur perdue dans la combustion.

C'est à Rumford que sont dues les premières recherches importantes sur la meilleure forme à donner aux cheminées. Avant lui, elles étaient d'une dimension considérable et dévoraient d'énormes quantités d'air ; il les réduisit à des proportions plus raisonnables. Depuis cette époque, des essais de tout genre ont été tentés, et presque toujours on a été obligé de revenir aux principes qu'il avait posés. Des résultats importants sont toutefois sortis de toutes ces tentatives.

La figure 510, nous donnera une idée nette du système généralement adopté d'après Rumford. Lhomond les a encore améliorées en y adaptant un cadre en cuivre, à coulisse, dans lequel monte et descend un tablier ou rideau (*fig.* 511) ayant pour effet, soit de concentrer l'action

Fig. 510. — Cheminée de Rumford.   Fig. 511. — Rideau.

de l'air sur le foyer pour allumer ou aviver le feu, soit de fermer complètement la cheminée quand le feu est éteint, et conserver ainsi plus longtemps la chaleur de la pièce. Ces cheminées sont très-bonnes et très-répandues, surtout à Paris, mais elles consomment beaucoup.

Les cheminées à foyer mobile de Bronzac ont pour objet de ramener le feu en avant dès qu'il est bien allumé, et d'augmenter ainsi l'étendue de son champ de rayonnement ; mais les galets sur lesquels roule le foyer donnent lieu à des réparations fréquentes, et la cendre qui tombe du foyer et qui doit y être conservée dans une certaine proportion gêne ses mouvements.

La cheminée de Millet a pour but de régler à volonté l'ouverture du passage de la fumée dans le tuyau par où elle s'échappe. L'extrémité inférieure du coffre où est établi le foyer est en fonte et fermée à sa partie supérieure; mais ce coffre est percé à sa paroi postérieure de deux ouvertures, l'une supérieure, large et d'une petite hauteur, l'autre inférieure et située à une très petite distance au-dessus du combustible. La première est toujours ouverte et ne peut suffire qu'au minimum d'échappement de la fumée pour de petits feux. La seconde peut être fermée à volonté au moyen d'une trappe que l'on manœuvre avec un levier. Ce système présente des avantages réels. Dans les conditions ordinaires de la combustion, l'air qui l'entretient traverse le combustible de bas en haut; c'est donc à la face inférieure du foyer que la combustion est le plus vive, que le rayonnement est le plus intense; or, le rayonnement de cette face est à peu près entièrement perdu pour l'appartement. En obligeant l'air à raser la surface supérieure du combustible pour gagner l'ouverture inférieure par laquelle il s'échappe en grande partie, on rend cette surface incandescente elle-même, et on augmente ainsi sa puissance de rayonnement. Aussi la cheminée de Millet réalise-t-elle une économie notable de combustible.

Pour satisfaire à la troisième condition, on a souvent recours dans les habitations aisées à des calorifères pla-

Fig. 512. — Cheminée de Péclet.

cés dans des pièces centrales, telles que vestibules, salles à manger... dans lesquelles on établit ensuite les prises d'air qui doivent servir à l'alimentation des cheminées; l'air entraîné par celles-ci est donc remplacé par de l'air chaud. La température de chaque pièce devient, par cela même, plus uniforme et plus facile à maintenir à un degré convenable, et on réalise en même temps une économie notable sur la quantité et la qualité du combustible consommé. Il est toutefois beaucoup plus avantageux, soit sous le rapport de l'économie, soit sous le rapport de la pureté de l'air offert à la respiration, de fournir à chaque pièce de l'air directement puisé au dehors et chauffé par la chaleur perdue du foyer. Il est d'autant plus regrettable que cette amélioration ne se généralise pas davantage, que, surtout dans les maisons nouvellement construites, elle ne donnerait lieu qu'à une dépense de premier établissement tout à fait insignifiante. Imaginons qu'un conduit établi dans l'épaisseur des planchers ou des murs contre lesquels sont adossées les cheminées, aille puiser l'air au dehors et l'amène dans l'un des compartiments disposés de chaque côté

du foyer dans les cheminées ordinaires; que dans ce compartiment vienne aboutir l'extrémité d'un simple tuyau de poêle disposé horizontalement dans la cheminée, en arrière du tablier supérieur, et s'ouvrant dans l'appartement par le côté de la cheminée. Il est facile de comprendre la nature des effets qui vont se produire. Le tuyau sera traversé par un courant d'air venant du dehors et appelé par le tirage de la cheminée. Ce tuyau, d'un autre côté, sera fortement chauffé par la flamme ou les produits gazeux de la combustion ainsi que par le rayonnement du foyer. Il échauffera donc l'air avant de le verser dans la pièce, et on n'aura plus les vents coulis si désagréables dans une chambre chauffée par une cheminée sans ventouse. Ce système très-rationnel a reçu divers perfectionnements que l'on trouvera décrits dans les traités spéciaux. Nous donnons ici la figure de la cheminée de Péclet (*fig.* 512), l'une des mieux conçues; c'est une caisse à air froid, placée derrière le foyer, communiquant par des tubes en quinconce T avec la caisse supérieure B à air chaud.

Depuis quelques années, l'emploi de la houille ou du coke comme combustible dans les cheminées prend une assez grande extension en France. Il convient dès lors d'y appliquer le système de construction adopté en Angleterre et en Amérique, où ce mode de chauffage est presque universel. Le combustible est placé dans une grille en forme de coquille entièrement libre et ouverte devant, dessous et sur les côtés. De chaque côté sont deux tablettes en fonte, situées au niveau du sommet de la grille et servant à recevoir les vases à chauffer; en arrière et un peu au-dessus, est une ouverture de la largeur de la grille sur $0^m,25$ au plus de hauteur, formant l'extrémité inférieure de la cheminée de dégagement des gaz. Enfin, une feuille de fonte ou de tôle, peut être, à volonté, appliquée sur la grille, afin de forcer l'air à traverser celle-ci quand on veut allumer le feu ou l'aviver. Si on voulait adapter à cette cheminée le système de ventouses à air chaud indiqué plus haut, il suffirait de faire l'extrémité inférieure du tablier de la cheminée en fonte creuse, et de la faire traverser par l'air affluant du dehors. Dans tous les cas, les ventouses doivent être largement ouvertes de manière à fournir aisément le volume d'air absorbé par la cheminée. Il convient également d'ouvrir ces ventouses d'air chaud, le plus bas possible et non près du plafond, l'air chaud ayant toujours assez de tendance à monter.

Il est rare qu'une cheminée fume à Paris, où l'air est presque toujours assez calme. Il n'en est pas ainsi partout, et il est quelquefois très-difficile de corriger ce défaut. On peut être assuré cependant qu'il provient ou d'un obstacle qui s'oppose à la sortie de la fumée par l'extrémité supérieure du tuyau de la cheminée et la force à refluer par le bas dans la salle, ou bien, au contraire, d'une action par en bas supérieure à la force ascensionnelle de la fumée, et qui, aspirant l'air de la chambre, force la fumée à rebrousser chemin dans la cheminée.

Dans les cheminées d'usine, il ne passe guère par kilog. de combustible brûlé que 8 à 10 mètres cubes d'air porté par la combustion à 200° ou 300°, et dont la force ascensionnelle est par conséquent considérable; dans nos cheminées d'appartement, pour la même quantité de combustible, il en passe 60 mètres cubes au moins dont la température n'est dès lors guère supérieure à 40 ou 50°, et dont la vitesse ascendante est par conséquent très-faible. On conçoit donc qu'il suffise de circonstances extérieures peu puissantes pour arrêter ou changer le cours naturel de la fumée. La principale cause qui agisse par en haut pour faire fumer, est l'action des vents qui quelquefois sont animés d'une grande vitesse horizontale, et que la colonne d'air chaud n'a pas la force de refouler pour s'échapper au dehors; à plus forte raison, en est-il ainsi quand le vent tombe sur la cheminée avec une vitesse oblique de haut en bas, qu'il doit aux obstacles qu'il rencontre à la surface du sol. Pour écarter ou combattre cette influence, il faut rétrécir le sommet de la cheminée et la terminer par une buse conique, de manière à donner au courant de fumée la plus grande vitesse possible à la sortie; disposer au-dessus des plaques de tôle qui garantissent de la pression du vent; ouvrir le tuyau latéralement; surélever celui-ci pour porter son extrémité au-dessous des remous qui gênent la sortie de la fumée, etc. Il convient également de rétrécir la cheminée par le bas comme par le haut, afin de donner à la fumée à son entrée une vitesse assez grande pour lutter contre la cause déprimante dans le cas où le rétrécissement supérieur n'aurait pas donné un résultat complet.

Il faut éviter également de faire rendre deux cheminées dans le même tuyau ou coffre, à moins que ce coffre ne soit très-large, ainsi qu'on le voit dans les anciennes cheminées. Dans ce cas, si la cheminée supérieure a un coffre particulier s'élevant de quelques mètres avant de déboucher dans le coffre commun, le tirage de l'une des cheminées peut être favorable à l'autre au lieu de lui nuire.

Les causes qui font fumer les cheminées en agissant par le bas sont très-souvent, surtout à Paris, l'insuffisance d'arrivée de l'air dans la salle pour répondre à l'appel de la cheminée, parce que les portes et les fenêtres sont trop bien jointes, et qu'il n'y a pas de ventouse ou que la ventouse est trop petite. Mais le même effet peut être produit par une cheminée voisine qui, placée dans des conditions meilleures, produit un appel plus énergique et fait servir l'autre de ventouse, ou bien encore par les vents régnants qui tendent à faire circuler l'air dans l'appartement en sens opposé à celui que produirait un tirage régulier. Pour remédier à cet état de choses, il faut d'abord en bien connaître la cause. Pour cela, quand le feu est bien allumé, on ferme toutes les portes et fenêtres, et avec une bougie allumée que l'on présente aux joints des fenêtres et des portes, en entre-bâillant même ces dernières pour y présenter la bougie, on reconnaît par la direction que prend la flamme la direction des courants d'air. Si tous les courants viennent du dehors au dedans de la chambre, et qu'en ouvrant légèrement une fenêtre ou une porte la cheminée cesse de fumer, c'est évidemment que l'arrivée d'air est trop petite. Il faut ou agrandir les ventouses, ou en créer s'il n'en existe pas. Dans le cas, au contraire, où le courant sortirait par une des portes, il faudrait le suivre de chambre en chambre jusqu'à l'endroit où il prendrait naissance, et satisfaire à cette aspiration par des ventouses, et en même temps fermer plus hermétiquement, au moyen de bourrelets, les portes par lesquelles le courant se propage jusqu'à la cheminée qui fume.

La fumée est quelquefois versée dans la pièce à chauffer, simplement par des remous qui sont dus à une dimension trop grande du coffre à son extrémité inférieure. Il suffit de le rétrécir en ce point pour corriger ce défaut.

CHAUFFAGE PAR CHEMINÉES POÊLES. — Les cheminées poêles forment un intermédiaire entre les cheminées ordinaires et les poêles. Celle que l'on appelle *cheminée à la prussienne* consiste en un coffre carré en tôle, largement ouvert par devant où il est muni d'une trappe également en tôle, que l'on peut abaisser ou soulever à volonté au moyen d'un treuil sur lequel s'enroulent deux chaînes fixées à l'extrémité inférieure de la trappe. Cette cheminée se place dans l'intérieur de la salle à chauffer, ou bien on l'encastre dans le coffre d'une cheminée ordinaire, en ayant soin de ménager autour de la tôle un espace où vient s'échauffer un courant d'air qui pénètre ensuite dans la salle.

On construit aujourd'hui un grand nombre de cheminées analogues pour la combustion de la houille ou du coke ; elles sont toutes en fonte, sont très-durables et chauffent bien, tout en laissant jouir de la vue du feu. Les cheminées *Desarnod* en fonte sont déjà bien anciennes, mais elles sont construites avec des soins et une solidité si remarquables, que, malgré leur complication, beaucoup de ces cheminées fonctionnent après cinquante ans aussi bien que le jour de leur installation. Ce sont encore de bons appareils.

CHAUFFAGE PAR POÊLES. — C'est le plus simple et le plus économique ; aussi prend-il une extension de plus en plus grande, surtout dans les petits ménages ou dans les antichambres et les salles à manger des ménages plus aisés ; mais ses avantages sont le plus souvent compensés par de graves inconvénients dont le principal est de ne donner lieu qu'à un renouvellement insuffisant de l'air dans la pièce où on en fait usage.

Les *poêles en fonte*, les plus généralement employés dans les petits ménages, sont en même temps disposés pour cuire les aliments, et, sous ce rapport, ils rendent d'immenses services à la classe nécessiteuse. On peut leur donner sans difficulté et à très-peu de frais les formes les plus commodes pour le but qu'ils doivent atteindre, et ils se fabriquent aujourd'hui par milliers et à très-bas prix dans nos forges. Ces poêles chauffent rapidement et avec une grande énergie et permettent d'utiliser presque toute la chaleur dégagée du combustible ; mais ils se refroidissent aussi très-vite, et il est malheureusement difficile d'obtenir avec eux une chaleur douce et uniforme sans arrêter presque complètement le renouvellement de l'air, ils répandent d'ailleurs une odeur désagréable. Les conditions hygiéniques sont toujours mal observées avec eux, et il est nécessaire, pour l'entretien de la santé, d'en combattre les fâcheux effets par des promenades à l'air libre. La grande chaleur qu'ils produisent accroît aussi dans une forte proportion la capacité de saturation de l'air et sa faculté de se charger de vapeur, ce que l'on exprime vulgairement en disant qu'ils dessèchent l'air. L'évaporation trop rapide à la surface du corps et dans les organes de la respiration devient alors très-fatigante ; mais on peut la combattre aisément en plaçant sur le poêle un vase contenant de l'eau qui rend à l'air un degré d'humidité convenable.

Les *poêles en terre cuite*, vernissés ou non, s'échauffent plus lentement, mais ils se refroidissent aussi moins vite et donnent une chaleur plus douce et plus uniforme. Ils sont exempts de mauvaise odeur ; malheureusement ils se fendillent et se détruisent rapidement, et on ne peut guère y brûler que du bois, la houille et le coke donnant une chaleur trop vive qui augmenterait encore la rapidité de leur destruction. Dans ce cas, il faut garnir le foyer de briques réfractaires, et modérer l'intensité du feu.

Depuis longtemps on a cherché à diminuer les inconvénients des poêles en les garnissant de bouches de chaleur qui versent de l'air chaud dans la pièce et en renouvellent l'atmosphère d'une manière plus complète ; mais, pour atteindre ce résultat, il est nécessaire que la prise d'air ait lieu au dehors, et aussi que les ventouses aient une section suffisante. Les poêles en terre cuite des salles à manger, dont le foyer est entouré de tuyaux de fonte pour le passage de l'air qui s'y échauffe pèchent en général par l'insuffisance de leurs ventouses. M. Darcet a démontré que, pour une salle à manger ordinaire, la section de l'ouverture intérieure et extérieure devait être au moins de 0m,20 à 0m,25. Il convient aussi de disposer derrière le grillage de la ventouse une boîte à eau que l'on alimente régulièrement tous les jours.

Les maisons russes et suédoises sont chauffées par de très-grands poêles construits entièrement en briques et occupant tout un pan de mur. La fumée et les produits de la combustion y circulent dans des conduits ménagés dans leur épaisseur en y faisant un grand nombre de circuits. Un feu de bois y est allumé chaque matin pendant quelques heures et est renouvelé le soir dans les très-grands froids, puis, quand le bois est transformé en braise, on ferme toutes les issues du poêle. Celui-ci s'échauffe lentement, et comme sa chaleur ne peut l'abandonner qu'en traversant ses parois, il se refroidit aussi avec une extrême lenteur. On obtient ainsi dans les appartements une température uniforme de 14° à 15°, mais à la condition que l'appartement soit hermétiquement clos et que l'air ne puisse s'y renouveler ; de fréquentes promenades à l'air libre obvient aux inconvénients de cette vie en serre chaude.

Poêles calorifères. — On rencontre actuellement dans le commerce un grand nombre de poêles appelés *calorifères*, construits en terre et métal, ou en métal seulement, et auxquels on donne les formes les plus élégantes. Ces formes sont trop variables pour que nous songions à les décrire. Nous nous bornerons à en indiquer un petit nombre des plus répandus. Voici les conditions les plus générales auxquelles on doit chercher à satisfaire dans leur construction.

1° Présenter la plus grande surface de chauffe possible en conservant la plus grande simplicité de forme et d'ajustement et en donnant aux conduits de fumée une forme qui ne gêne pas le tirage et permette un nettoyage facile ;

2° Faire passer sur cette surface de chauffe, en sens contraire du mouvement de la fumée qui doit d'abord monter, puis redescendre verticalement avant de se rendre dans la cheminée, un rapide courant d'air frais, puisé au dehors et pénétrant dans la salle après s'être échauffé par son contact sur la surface de chauffe ;

3° Conserver aux conduits de ce courant d'air une section au moins égale à celle du dégagement de la fumée ;

4° Donner un degré suffisant d'humidité à l'air chaud, soit en plaçant sur le poêle un vase plein d'eau, soit en disposant un réservoir d'eau sur le trajet du courant d'air chaud et alimenté chaque jour à raison de 1 litre environ pour une salle de 60 à 80 mètres cubes ;

5° Compter en pratique environ 1 mètre carré de surface de chauffe par 100 mètres cubes de capacité de la chambre à chauffer.

Le poêle calorifère de M. Chevalier est un des meilleurs calorifères que l'on construise aujourd'hui. Il se compose d'un foyer métallique central dont la fumée traverse une série de carneaux concentriques avant de s'échapper par le tuyau de fumée, tandis que de l'air circule abondamment entre les carneaux, et après s'être échauffé par son contact avec eux, s'échappe par de larges ouvertures grillagées disposées sur le pourtour de la caisse cylindrique qui enveloppe tout l'appareil.

Le calorifère de M. Réné Duvoir, dont notre gravure 513 représente une coupe, est plus simple et donne aussi de bons résultats. Il est formé d'un foyer central C, d'une grille et de quatre plaques de fonte qu'on peut facilement remplacer quand elles sont usées. Les produits de la combustion s'élèvent jusqu'en D, d'où il se divisent par six tuyaux, HG et EF, qui les conduisent en A et de là dans une cheminée.

M. Péclet a proposé avec raison de construire des poêles dont le foyer serait placé au milieu d'une masse d'eau

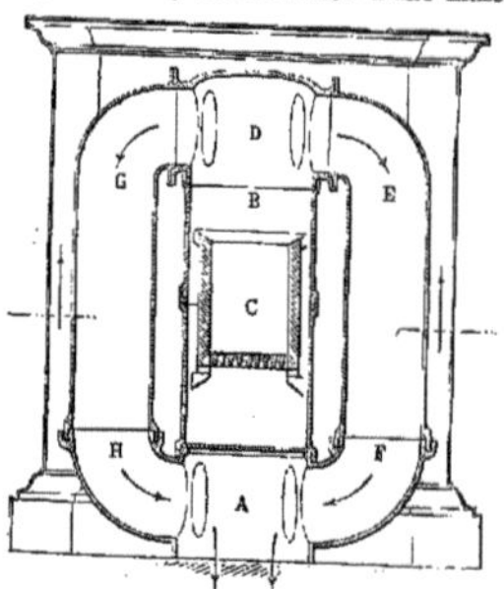

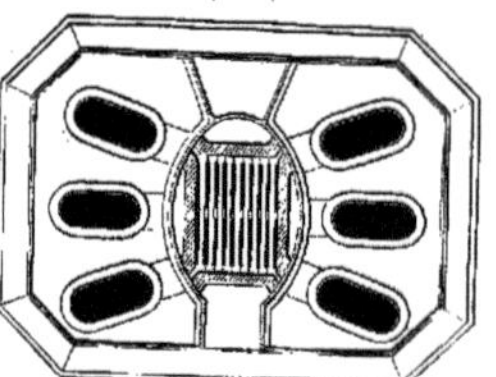

Fig. 513. — Calorifère de M. Réné Duvoir.

traversée en outre par des carneaux de circulation pour la fumée et l'air fourni par la ventouse. En combinant ce système avec une combustion lente, on obtiendrait ainsi une chaleur très-douce pouvant aisément se conserver pendant vingt-quatre heures à cause de la grande capacité calorifique de l'eau. Le danger de ce système serait dans les fuites d'eau qui pourraient survenir et qui, une fois produites, deviendraient difficiles à arrêter.

CHAUFFAGE PAR CALORIFÈRES. — Les calorifères diffèrent des poêles en ce que, construits sur une assez grande échelle, ils sont toujours établis en dehors de la pièce à chauffer, tandis que les poêles sont placés dans cette pièce même. Le transport de la chaleur du foyer à la pièce peut avoir lieu, soit au moyen d'air chaud, soit au moyen d'eau chaude, soit enfin au moyen de vapeur d'eau, ce qui constitue trois classes bien distinctes de calorifères. Quelques règles cependant leur sont communes et nous allons les énoncer d'abord.

L'éloignement du calorifère des pièces à chauffer exige que l'on enveloppe l'appareil dans une construction en maçonnerie suffisamment épaisse et mauvais conducteur pour qu'elle le laisse perdre que le moins possible de chaleur au travers de ses parois. On y emploie ordinairement la brique. Au contraire, l'appareil intérieur est en métal pour ménager la place, multiplier les surfaces de chauffe et faciliter les assemblages. Cette condition devient même indispensable dans le chauffage à l'eau ou à la vapeur. Il est également très-important, soit pour di-

minuer les frais de premier établissement, soit surtout en vue des réparations possibles, que l'appareil soit simple, facile à exécuter, à démonter et à reposer, facile aussi à visiter et à nettoyer.

Calorifère à air chaud. — Ces appareils sont généralement formés d'un foyer logé dans une sorte de cloche renversée et doublée intérieurement vers le bas d'une chemise en briques réfractaires destinées à recevoir la plus forte impression du feu et à ménager la cloche. Celle-ci est percée supérieurement de deux larges ouvertures pour l'issue des produits de la combustion. Ces deux ouvertures correspondent chacune avec l'extrémité supérieure d'un conduit en fonte composé d'un certain nombre de tuyaux horizontaux et parallèles et communiquant successivement l'un avec l'autre par des tubulures verticales. L'extrémité inférieure de ce conduit se réunit à celle du conduit voisin pour se rendre dans la cheminée destinée à l'expulsion de la fumée. La cloche et les deux rangées de tuyaux sont enveloppées chacune d'une chemise en briques laissant entre elle et la fonte un intervalle suffisant pour une large circulation d'air. Il convient de donner à cette cloche des dimensions assez grandes pour qu'elle ne rougisse que faiblement; on évite ainsi de communiquer une mauvaise odeur à l'air chaud. Un premier courant d'air s'établit verticalement autour de la cloche; deux autres courants semblables se produisent autour des deux rangées de tuyaux allant des tuyaux inférieurs les moins chauds aux tuyaux supérieurs qui le sont plus; la fumée, par cette disposition, se dépouille plus complétement de sa chaleur. Ces trois masses d'air inégalement chaudes se réunissent et se mêlent dans une chambre à air d'où partent les tuyaux de distribution. Il est important que la circulation de l'air soit assez active pour que la température de cet air ne s'élève pas trop haut; on assure ainsi la salubrité des pièces desservies, on opère plus complétement le refroidissement de la fumée et on économise le combustible. Il est également important d'introduire dans la chambre à air chaud une quantité d'eau suffisante pour donner à l'air chaud un degré d'humidité convenable.

Les calorifères doivent être construits à un niveau inférieur à celui des pièces à chauffer, afin que l'air chaud tende à monter naturellement dans celles-ci; dans le cas contraire, il faudrait donner lieu à des appels toujours incertains et incommodes. L'installation des tuyaux de distribution de l'air est une question extrêmement importante et difficile, surtout quand il faut chauffer des étages différents, l'air chaud tendant toujours par sa légèreté à monter aux étages supérieurs au détriment des étages inférieurs qui restent froids; on n'a quelquefois d'autre ressource que de partager le calorifère en compartiments distincts pour chaque étage. Les tuyaux de conduite d'air doivent être entourés avec soin de corps mauvais conducteurs pour éviter qu'ils ne se refroidissent; ils ne doivent jamais avoir horizontalement une grande longueur, parce que l'air y circulerait avec peine; les bouches de chaleur doivent être larges, et enfin chaque pièce à chauffer doit présenter des ouvertures assez grandes pour l'écoulement de l'air froid à mesure que de l'air chaud est versé par la bouche de chaleur.

Calorifère à vapeur d'eau. — La vapeur d'eau bouillante est employée depuis très-longtemps au chauffage des ateliers et manufactures, et c'est là qu'on a puisé l'idée de la faire servir au chauffage des édifices publics et des maisons particulières. La quantité de chaleur que la vapeur d'eau bouillante emporte avec elle et qu'elle abandonne en se condensant est considérable; 1 kil. de vapeur à 100° perd en effet 620 calories en retournant à l'état d'eau à 16°. On comprend dès lors tout l'avantage que l'on peut retirer de la substitution de la vapeur à l'air chaud dont la puissance calorifique est au contraire si faible. Cette substitution présente encore des avantages d'une autre nature. La force ascensionnelle de l'air chaud dans les tuyaux de distribution est toujours très-faible, et il suffit du plus léger obstacle pour la détruire. Il en résulte des difficultés très-graves quand on veut chauffer en même temps un certain nombre de pièces placées à la suite les unes des autres et surtout à des niveaux différents. La vapeur, au contraire, est poussée par derrière par l'effet même de sa production dans la chaudière et se trouve ainsi obligée de suivre toutes les issues qui lui sont ouvertes et que l'on peut régler à volonté; ses tuyaux de conduite sont également moins volumineux et d'une installation plus facile au travers des murs et des planchers; toutefois l'installation d'un appareil de chauffage à la vapeur est toujours assez dispendieux pour qu'on n'y ait guère recours que dans des établissements d'une certaine étendue, des édifices publics ou des administrations importantes. Nous en dirons cependant quelques mots.

Un appareil de ce genre se compose essentiellement d'un *générateur* destiné à produire la vapeur, de tuyaux de distribution et de transport, enfin de récipients à grandes surfaces extérieures destinés à condenser la vapeur et à transmettre à l'air au travers de leur enveloppe la chaleur provenant de cette condensation.

Les *générateurs* ne présentent rien de particulier dans leur disposition (voyez CHAUDIÈRES A VAPEUR). Les *tuyaux de distribution* doivent être en métal, le meilleur est le cuivre, et assemblés avec beaucoup de soin pour éviter les fuites. Ce sont ces deux parties de l'appareil qui occasionnent la plus forte dépense d'installation à cause des précautions qu'elle exige et de la perfection avec laquelle ces parties doivent être exécutées.

Les *récipients* ou appareils de condensation reçoivent des formes très-variables selon les localités où ils sont établis. Ce sont de simples tuyaux dans les ateliers et même les édifices publics, quand ces tuyaux peuvent être facilement cachés à la vue sous des tables, des planchers ou des chaufferettes, ainsi que l'a fait M. Grouvelle à la bibliothèque de l'Institut ; mais au milieu des salles habitées et décorées, ces récipients doivent faire eux-mêmes décoration ; on leur donnera la forme de piédestaux, de consoles... ainsi que l'a fait le même ingénieur pour les salles de l'Institut et des Néothermes. La forme intérieure de ces appareils est d'ailleurs très-simple : ce sont des vases métalliques creux dans lesquels vient déboucher un tuyau de vapeur ; un second tuyau sert pour la sortie de l'air chassé par l'arrivée de la vapeur ; un troisième ramène au générateur l'eau provenant de la condensation.

Calorifère à eau chaude. — Le chauffage à la vapeur est énergique et prompt ; mais il porte immédiatement la température au maximum, et dès que l'afflux de vapeur cesse, la température tombe. Le chauffage par circulation d'eau chaude est remarquable, au contraire, par la

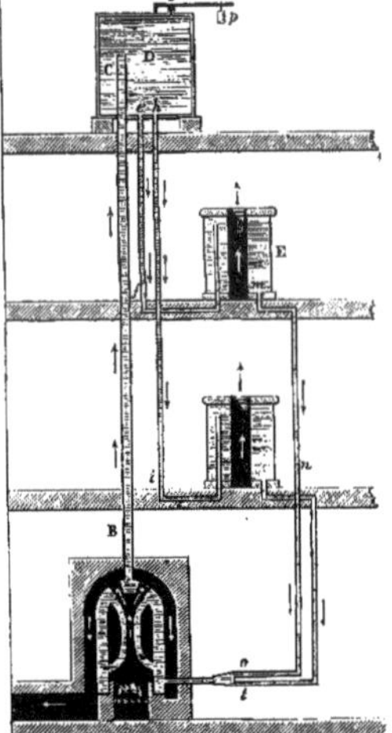

Fig. 514. — Calorifère à eau chaude.

régularité et la durée de ses effets, l'extrême facilité avec laquelle on peut modérer la chaleur et en régler l'intensité suivant les besoins du moment, par la seule conduite du feu. Ce système n'exige ni alimentation, ni nettoyage, ni surveillance ; le feu peut être négligé pendant plusieurs heures sans produire un abaissement de température notable. De tous les systèmes, c'est donc celui

qui convient le mieux au chauffage des appartements. Ce procédé, du reste, était mis en usage par les Romains dans leurs étuves et leurs thermes ; de nos jours encore les eaux thermales de Chaudes-Aigues sont employées au chauffage des habitations sous lesquelles elles circulent dans des conduits ; mais ce que l'on appelle *circulation d'eau*, la disposition de l'appareil qui sert à conduire l'eau chaude sur les points que l'on veut chauffer et à ramener l'eau refroidie à son point de départ pour lui rendre la chaleur perdue, est de l'invention de Bonnemain, qui l'employa dès 1777 à l'incubation artificielle des œufs de poule. Ce procédé fut porté à un tel degré de perfection qu'un appareil monté par Bonnemain lui-même fonctionne encore au Pecq (voyez INCUBATION). De France il passa en Angleterre, où il reçut, de 1830 à 1836, un immense développement pour le chauffage des appartements, et Perkins lui ouvrit encore une nouvelle voie, en imaginant, en 1837, la circulation d'eau à haute pression. Ce procédé revint alors en France, où M. Léon Duvoir lui donna une très-grande impulsion. Notre gravure 514 donnera une idée suffisante de l'ensemble des appareils employés généralement par cet ingénieur. Ils se composent d'une chaudière en fonte ou en tôle à foyer intérieur et enfermée dans une construction en briques pour la préserver du refroidissement. De cette chaudière, en son sommet, part un tuyau BC qui s'élève directement jusqu'au plus haut point où l'on veuille porter la chaleur. Il y débouche dans un vase d'*expansion* D ou de niveau d'eau librement ouvert à l'air ou simplement fermé par un couvercle à volonté quand le chauffage doit être fait à la pression ordinaire, ou bien exactement clos quand on veut forcer la température et la faire monter au-dessus de 100°, ce qui n'a lieu que dans les grands appareils de chauffage et exige l'addition d'un manomètre et d'une soupape de sûreté sp. Du vase d'expansion partent autant de tuyaux ef, hi, qu'il y a de pièces à chauffer par étage. Chacun d'eux vient déboucher à l'extrémité supérieure d'un poêle d'eau E ordinairement en fonte. Un tuyau de retour mn part de l'extrémité inférieure de ce poêle pour descendre à l'étage inférieur ou aboutir à la chaudière, à l'extrémité inférieure de celle-ci. Tout l'appareil est exactement rempli d'eau, sauf l'espace nécessaire dans le vase d'expansion pour la dilatation de l'eau par la chaleur. Quand on allume le feu sous la chaudière, l'eau qu'elle contient s'échauffe, se dilate, devient moins dense et tend à monter ; elle s'élève en effet par le tuyau direct BC, tandis que l'eau descend par les tuyaux de retour pour prendre la place de celle qui s'élève. Une circulation d'eau assez active ne tarde pas à s'effectuer dans tout l'appareil qui, au bout de quelque temps, se trouve à peu près également chaud en tous ses points, les poêles d'eau et les tuyaux de retour étant cependant toujours de quelques degrés au-dessous du tuyau direct, que l'on préserve avec soin du refroidissement. Les poêles d'eau placés chacun dans une pièce à chauffer y versent une chaleur douce et bien soutenue. Ils peuvent ainsi en échauffer directement l'air, ou bien être traversés par des ventouses qui servent à renouveler l'atmosphère respirable.

Dans le système imaginé par Perkins, l'appareil de circulation est formé par un long tube de fer replié sur lui-même en spirales remplaçant, d'une part, les poêles d'eau, et, d'autre part, la chaudière où l'eau reçoit l'action du feu. Cette disposition donne plus de puissance aux appareils de Perkins ; mais, comme l'eau y acquiert des températures pouvant s'élever jusqu'à 200°, et qu'à cette température la pression de l'eau est énorme, on y est toujours exposé à des dangers d'explosion qui sont nuls quand on opère à la pression ordinaire.

CHAUFFAGE A CIRCULATION COMBINÉE DE VAPEUR ET D'EAU CHAUDE. — M. Ph. Grouvelle a fait la plus heureuse association des deux derniers procédés de chauffage à la *nouvelle Force de Paris*, dite prison *Mazas*. 1 220 cellules divisées en six corps de bâtiments, les corridors où elles s'ouvrent, les parloirs, les services généraux, les bâtiments de l'administration, en un mot un cube de 50 000 mètres divisé en un nombre considérable de compartiments différents, sont chauffés et ventilés par un seul foyer et un seul homme pour la conduite du feu. Chacun des dix-huit étages de 68 cellules a un vase chauffeur d'où part une circulation en tuyaux de fonte indépendante des autres, complétement close, et dont le tuyau supérieur se bifurque pour courir devant chaque rang de cellules de l'étage.

Chaque cellule a un appareil qui lui appartient, indépendant de tous les autres et pris cependant sur l'appareil commun de l'étage. Cet appareil est composé de

2ᵐ,33 de tuyau d'aller et de 2ᵐ,33 de tuyau de retour, qui, avec 0ᵐ,081 de diamètre donnent 1ᵐ,20 de surface de chauffe par cellule. Ces tuyaux sont renfermés dans un coffre en plâtre adossé aux cloisons des cellules. De l'air déjà chaud, pris dans les corridors, les parcourt dans toute leur longueur, pénètre ensuite dans la cellule par des ouvertures grillagées et y opère une ventilation suffisante tout en y maintenant une température uniforme de 13 à 15°.

Chaque vase chauffeur est chauffé par de la vapeur d'eau qui y est amenée par un tuyau gagnant successivement tous les étages et qui communique avec un serpentin logé dans le vase chauffeur. Un second tube sert à évacuer l'eau provenant de la condensation de la vapeur et à la ramener dans le générateur. Ce générateur, formé de plusieurs chaudières accouplées et fonctionnant comme une chaudière unique, est disposé dans des caveaux situés au centre de l'édifice. La dépense de houille est évaluée à 2 000 kil. par jour moyen de chauffage, avec une ventilation de 25 mètres cubes par cellule et par heure, et l'ouverture facultative des fenêtres pour chaque détenu ; ce qui donne environ 4 kil. par jour pour 100 mètres cubes de pièces chauffées et ventilées. C'est de tous les résultats le plus économiquement obtenu jusqu'à ce jour.

M. D.

CHAULAGE (Agriculture). — On donne ce nom a une opération ayant pour but de prévenir certaines maladies des céréales, au moyen de substances assez caustiques, assez corrosives, pour altérer la poudre de la carie, par exemple, sans désorganiser le grain que l'on va confier à la terre. La chaux vive, pris le sel marin, l'alun, le sulfate de soude, le sulfate de cuivre, l'acide arsénieux, etc., ont été employés. Mais on doit voir, par la nature des moyens, que plusieurs offrent des dangers, et celui qui paraît aujourd'hui le plus efficace et sans inconvénient pour la santé des semeurs, c'est le procédé de Mathieu de Dombasle (1835). On place le grain dans un baquet, on l'arrose, en le remuant, avec une solution de 640 grammes de sulfate de soude dans 8 à 9 litres d'eau chaude pour un hectolitre de grain, de manière que celui-ci soit bien humecté partout ; c'est alors qu'on répand sur la masse du blé de la poudre de chaux éteinte, en continuant toujours à remuer jusqu'à ce que tous les grains soient exactement couverts de chaux. La dose de chaux vive pour un hectolitre est de 2 kil. pesée avant l'extinction. Cette opération, ainsi faite, porte le nom de *sulfatage* ; mais le nom de *chaulage* est encore généralement usité.

CHAULIODE (Zoologie), *Chauliodus*, Schn., du grec *chauliodous*, qui a des dents saillantes. — Sous-genre de *Poissons malacoptérygiens abdominaux*, genre *Esoce* (brochets) ; deux dents à chaque mâchoire qui croisent sur la mâchoire opposée. Ils ont beaucoup de rapports avec les stomias. Le *C. de Sloane* (*C. Sloani*, Schn.), la seule espèce connue, a été trouvé près de Gibraltar ; d'un vert foncé ; il a de 0ᵐ,40 à 0ᵐ,45 de longueur.

CHAULIODE (Zoologie), *Chauliodes*, Latr. — Genre d'*Insectes névroptères*, famille des *Planipennes*, tribu des *Hémérobins* ; ils ont cinq articles à tous les tarses, quatre palpes filiformes ; trois petits yeux lisses ; antennes pectinées. Des États-Unis. Ce genre a été établi par Latreille sur l'*hémérobe pectinicorne* de Linné et de Fabricius.

CHAUME (Botanique), *culmus*. — Nom sous lequel on désigne la tige des *Graminées* ; herbacée, simple, garnie de plusieurs nœuds, elle est remplie d'une moelle légère, centrale, dépourvue de faisceaux fibro-vasculaires, qui, en général, ne se développe pas aussi vite que la tige, se détruit lorsque celle-ci s'accroît, et laisse à son centre un canal vide, qui lui vaut le nom de *tige fistuleuse* (*fistula*, petit tube) (voyez MONOCOTYLÉDONÉS, TIGE).

CHAUME (Agriculture). — On appelle chaume, cette portion de la tige des céréales qui reste au-dessus de la surface du sol, après la moisson ; sa hauteur varie, suivant les localités, de 0ᵐ,15 à 0ᵐ,48 ; quelquefois même, on coupe le blé ras-terre. C'est surtout dans les grosses terres argileuses qu'on laisse de grands chaumes, et immédiatement après la moisson, on les enterre afin de diviser le sol, et de l'ameublir. Mais c'est là une mauvaise spéculation, parce qu'on retranche ainsi de la récolte une quantité de paille qui dépasse la valeur de ce que coûterait un autre amendement. Quelques cultivateurs emploient aussi cette méthode, lorsque le pied des blés est surchargé d'herbes dont on évite ainsi de mélanger les graines avec le blé ; dans ce cas, on fauche ce chaume quinze jours après, et l'on en fait du fourrage, ou bien on le fait pâturer sur place par les moutons ; mais comme **cette** abondance de plantes nuisibles peut disparaître par un meilleur mode de culture, il est bien prouvé que le cultivateur n'a pas intérêt à perpétuer cette pratique ; le fourrage obtenu ainsi ne compense pas les inconvénients qui en résultent, et surtout celui de rendre impossibles les labours d'automne, si nécessaires, dans les terres compactes, pour ouvrir le sol aux influences de l'air. Il y a donc avantage à tenir les terres nettes par un bon mode de culture, à couper le blé ras-terre, et à faire des prairies artificielles pour nourrir les bestiaux, mieux qu'on ne l'eût fait avec les chaumes réservés lors de la moisson. Si pourtant l'abondance des plantes nuisibles obligeait accidentellement à laisser des chaumes longs, il faudrait, par un temps bien sec, y mettre le feu ; toutes les mauvaises graines seraient brûlées.

CHAUSSE (CHAUSSE D'HIPPOCRATE), (Médecine). — Espèce de sac conique, d'entonnoir, en étoffe de laine, dont on se sert pour passer les sirops, les décoctions épaisses et muqueuses, et toutes les liqueurs trop denses pour passer au filtre de papier (voyez FILTRE). La chausse ressemble exactement à un pain de sucre, dont elle semble être la forme ou le moule.

CHAUSSE-TRAPPE (Botanique). Allusion faite au calice épineux de cette plante, qui ressemble à cet instrument de guerre, à plusieurs pointes qui servaient autrefois à arrêter la cavalerie, et que l'on nommait *chausse-trappe*. *Calcitrapa*, de *calcis*, pied, et *trappa*, de *trapp*, signifiant *piége*, en celtique. — Espèce de plante du genre *Centaurée* (voyez ce mot).

CHAUVE-SOURIS (Zoologie), *Vespertilio*, Lin , du latin *vesper*, le soir. — Tribu de *Mammifères*, ordre des *Chéiroptères*, qu'elle forme tout entier avec la petite tribu des *Galéopithèques*. On distingue les chauves-souris par les caractères suivants : doigts des membres antérieurs excessivement longs et formant, avec la membrane remplissant les intervalles qui les séparent, des ailes autant et plus étendues que celles des oiseaux. Aussi, les chauves-souris volent-elles très-haut et très-rapidement. Les muscles pectoraux sont très-développés, et le sternum a, dans son milieu, une arête pour leur donner attache comme dans les oiseaux. Les yeux sont excessivement petits, mais les oreilles, souvent très-grandes au point de former quelquefois avec les ailes une énorme surface membraneuse presque nue, et tellement sensible, que les chauves-souris se dirigent dans tous les recoins de leurs sombres retraites, probablement par la seule diversité des impressions de l'air. Ce sont des animaux nocturnes qui passent l'hiver en léthargie, suspendus par les pattes de derrière. Les femelles mettent bas deux petits qu'elles tiennent cramponnés à leurs mamelles. Cette tribu, très-nombreuse, a été subdivisée en un grand nombre de genres, partagés eux-mêmes quelquefois en sections. Les *Roussettes* (*Pteropus*, Briss.) constituent une section de grandes chauves-souris de l'Asie méridionale et de l'archipel des Indes ; leur membrane est échancrée profondément entre les jambes ; elles ont des incisives tranchantes à chaque mâchoire, et des mâchelières à couronne plate ; aussi vivent-elles en grande partie de fruits, dont elles détruisent beaucoup. Cependant, elles poursuivent aussi les petits oiseaux et les petits quadrupèdes. Ce sont les plus grandes chauves-souris, on en mange leur chair. Elles n'ont point ou presque point de queue ; parmi les premières, on peut citer : la *R. édule* (*P. edulis*, Geoff.) des îles de la Sonde et des Moluques ; la *R. Kalou*, *Kaloug* (*P. javanicus*, Desm.), un peu plus grande que la précédente (1ᵐ,60 d'envergure), elle habite Java ; la *Roussette vulgaire* (*P. vulgaris*, Geoff.) des îles de France et de Bourbon. Le *Kaloug*, nom qu'on donne vulgairement à toutes les Roussettes dans le pays, se trouve en abondance à Java particulièrement. Ces animaux vivent en sociétés nombreuses, s'accrochant la tête en bas aux branches des arbres, serrés les uns contre les autres, immobiles, silencieux, et semblant faire corps avec la branche ; à peine le soleil a-t-il disparu, qu'ils quittent la branche et s'élancent dans la campagne pour chercher leur nourriture. Ils dévorent indistinctement toutes espèces de fruits, et font des dégâts considérables, dont on ne préserve les plus recherchés qu'en les enveloppant comme nous faisons pour nos raisins de table. Leur chair est estimée, et on leur fait une chasse assez active (voyez ROUSSETTE). Parmi les Roussettes qui ont une petite queue, on distingue : la *R. d'Egypte*, (*P. Ægyptiacus*, Geoff.), laineuse et grise, qui vit dans les souterrains en Égypte. A côté des Roussettes, on peut placer les *Céphalotes* (voyez ce mot). Après les Roussettes, viennent le genre *Molosses* (*Molossus*, Geoff.) à museau simple, oreilles larges et courtes, s'unissant l'une à l'autre sur le museau.

Des deux continents (voyez Molosse) ; le genre *Noctilion* (*Noctilio*, Lin.) d'Amérique (voyez ce mot); le genre *Phyllostome* (*Phyllostoma*, Cuv. et Geoff.), dont la langue peut s'allonger beaucoup, et se termine par des papilles qui paraissent disposées pour former un organe de succion. Ils sont d'Amérique, courent mieux que les autres chauves-souris, et ont l'habitude de sucer le sang des animaux. C'est dans ce genre que se trouve le fameux *Vampire* (*Vampirus spectrum*, Lin.), qui attaque surtout le bétail (voyez Vampire). Les *Oreillards* (*Plecotus*, Geoff.)

Fig. 515. — Oreillard vulgaire (long. du corps, 0ᵐ,05).

forment un genre qui a les oreilles plus grandes que la tête, unies l'une à l'autre sur le crâne ; avec un oreillon grand et lancéolé et un opercule sur le trou auditif; l'*O. d'Europe* (*P. vulgaris*, Ét. Geoff.) (*fig.* 515) habite les ruines de nos vieux édifices, il n'est pas rare aux environs de Paris (voyez Oreillard).

Les *Chauves-souris communes* ou *Vespertilions* (*Vespertilio*, Cuv. et Geoff.) constituent un genre caractérisé par des oreilles séparées, quatre incisives en haut, six en bas, la queue comprise dans la membrane. Les nombreuses espèces de ce genre sont distribuées dans toutes les parties du monde. On en compte six ou sept en France. On les trouve en général dans les vieilles ruines, dans les cavernes, les souterrains, les creux des vieux arbres. Elles vivent en général d'insectes, et à ce point de vue, elles rendent de très-grands services, qui mériteraient d'être récompensés par un peu plus de sympathie de la part de l'homme. Elles chassent pendant la nuit, et dans quelques pays on les a nommées, à cause de cela, *Hirondelles de nuit*. Le jour, elles demeurent immobiles dans le urs retraites, accrochées par leurs griffes, la tête en bas, 'serrées et tassées les unes contre les autres ; c'est dans cette position aussi qu'elles passent l'hiver pour ne se réveiller qu'au printemps. Ces animaux cherchent à mordre lorsqu'on veut les saisir.

Les principales espèces sont : La *C. ordinaire* (*V. murinus*, Lin.), la plus connue et la plus grande du genre; elle a les oreillons en forme d'alène, les oreilles oblongues, poil brun-marron dessus, gris clair dessous ; 0ᵐ,40 d'envergure. La *C. sérotine* (*V. serotinus*, Lin.), marron foncé, ailes et oreilles noirâtres. On la trouve sous les toits des églises. Un peu plus petite que la précédente, c'est la plus commune aux environs de Paris. La *C. noctule* (*V. noctula*, Lin.), un peu plus grande, on la trouve dans les creux des vieux arbres; Et. Geoffroy l'a vue souvent dans les chantiers qui avoisinaient le Jardin des Plantes. La *C. pipistrelle* (*V. pipistrellus*, Gm.), la plus petite de notre pays (0ᵐ,17 d'enverg.), brune noirâtre, oreilles triangulaires.

La répulsion qu'on éprouve pour ces animaux, dont l'aspect n'est pas gracieux, n'a pas empêché quelques personnes de chercher à les apprivoiser. Ainsi, le naturaliste anglais White raconte qu'il avait une chauve-souris qui prenait les mouches dans la main, et elle en épluchait les ailes qu'elle rejetait. Elle mangeait aussi très-bien de la viande crue. On a vu, dans des fermes anglaises, des chauves-souris privées qui vivaient avec la famille et venaient prendre des mouches entre les lèvres.

Les genres établis par Et. Geoffroy Saint-Hilaire dans la tribu des *Chauves-souris*, sont au nombre de quinze ; en voici les noms : *Glossophage*, *Mégaderme*, *Mulot-volant*, *Myoptère*, *Noctilion*, *Nyctère*, *Nyctinome*, *Oreillard*, *Phyllostome*, *Rhinolophe*, *Rhinopome*, *Roussette*, *Sténoderme*, *Taphien*, *Vespertilion* (voyez les mots qui ne sont pas traités dans cet article).

CHAUX (Chimie), Chaux vive, Protoxyde de calcium anhydre. — Combinaison d'un métal appelé *calcium* avec l'oxygène dans la proportion de 20 de calcium avec 8 d'oxygène. La formule est CaO.

C'est un corps blanc caustique, très-alcalin, d'une densité égale à 1,3. Exposée à l'air, elle en absorbe l'humidité, se gonfle et se réduit en poussière ; on dit qu'elle s'est *délitée* ou *amortie*. Mise en contact avec l'eau, elle s'échauffe et foisonne beaucoup en donnant lieu à un hydrate CaO,HO. Si la quantité d'eau est peu considérable, la température peut s'élever à 300°, et d'abondantes vapeurs d'eau se dégagent avec sifflement ; dans le cas contraire, la chaleur, se répartissant sur une plus grande masse d'eau, en élève moins la température. Il se forme alors une bouillie plus ou moins claire appelée *lait de chaux*, employée au blanchissage des murs à la chaux.

La chaux, d'après Dalton, se dissout dans 778 fois son volume d'eau à 15° et dans 1 270 fois son volume d'eau à 100° ; elle est donc moins soluble à chaud qu'à froid, et sa dissolution froide se trouble par la chaleur. Cette dissolution, appelée *eau de chaux*, est fréquemment employée en chimie comme *réactif*. Quand on veut la rendre plus chargée en chaux, il faut y ajouter du sucre qui augmente la solubilité de cette substance. L'eau de chaux est également employée en médecine pour hâter la cicatrisation de plaies trop lentes à se guérir. On l'obtient pure en introduisant dans un flacon de la chaux et de l'eau, agitant, laissant déposer et versant l'eau qui surnage l'excès d'alcali pour la remplacer par de l'eau pure, puis renouvelant cette opération deux ou trois fois pour ne garder que la dernière eau. Cette eau très-limpide se trouble peu à peu à l'air ; la chaux qu'elle contient absorbe l'acide carbonique de l'air et forme du carbonate de chaux blanc et insoluble.

La chaux vive ou amortie jouit de la même propriété que sa dissolution ; elle se carbonate à l'air, mais d'une manière qui n'est jamais complète ; il se forme une combinaison de carbonate et d'oxyde hydraté dont la formule est CaO,CO² + CaO,HO.

La chaux pure est complétement infusible, mais quand elle est mélangée de silice ou d'argile, elle peut se *fritter* au feu et même y éprouver une fusion complète.

La chaux est employée dans l'industrie à la fabrication de certains produits chimiques ; on en fait usage pour la clarification des sirops de sucre, pour la purification du gaz de l'éclairage, dans la préparation de divers *luts* ou *ciments* pour fermer les joints des conduits de vapeur de gaz ou d'eau. Elle est employée annuellement en quantités immenses à la confection des mortiers. L'agriculture commence à en tirer un excellent parti comme amendement des terres trop argileuses. Sous ce dernier rapport surtout sa production économique est d'une très-grande importance.

Cuisson de la chaux. — Un des procédés les plus anciennement employés pour *cuire la chaux* et que l'on trouve encore usité dans quelques localités, consiste à stratifier dans un four circulaire, *four à chaux*, la pierre calcaire ou *pierre à chaux* avec du bois, de la tourbe ou du charbon de terre sur un lit de fagots qui sert à allumer. Lorsque le feu est arrivé à la moitié de la hauteur du tas, on en recouvre la partie supérieure avec du gazon pour que la cuisson soit plus lente et plus régulière.

Plus tard on employa le four à cuisson intermittente dont nous donnons une coupe par notre gravure 516. Ce four, dont la hauteur est d'environ 3 mètres, est construit en briques, avec revêtement intérieur en briques réfractaires ; il porte inférieurement une ou plusieurs ouvertures destinées à l'introduction du combustible et à l'extraction de la chaux cuite. Pour charger le four on construit au-dessus du foyer une voûte grossière avec les plus grosses pierres à chaux disposés sans ciment et on remplit la cuve au-dessus de la voûte de pierres plus petites. Dans le foyer on brûle des fagots, des broussailles ou de la tourbe. Le feu est d'abord ménagé, puis, au bout de douze heures, poussé plus vivement jusqu'à ce que toute la masse soit rouge. On arrête alors le feu, on laisse refroidir et on défourne. Cette calcination intermittente entraîne une perte considérable de chaleur et de temps pendant le refroidissement du fourneau ; aussi a-t-on pu réaliser une économie très-notable par l'emploi de fours marchant d'une manière continue et dans lesquels la pierre calcaire est chargée par la partie supérieure (gueulard), tandis que l'on retire la chaux cuite par des portes ménagées à la partie inférieure du fourneau. Ces fours continus, dits *fours coulants*, sont de deux sortes. Dans les uns, on stratifie le combustible et le calcaire ; on défourne la chaux à mesure qu'elle est cuite et on ajoute à chaque fois de nouvelles charges par l'orifice supérieur. Ce sont de grands cylindres ouverts inférieurement pour l'entrée de l'air et la sortie de la chaux. Dans les fours coulants de la seconde espèce, le

Fig. 516. — Four à chaux intermittent.

combustible est introduit à part dans des foyers disposés latéralement autour du four de manière que la flamme et les produits gazeux de la combustion traversent la pierre à chaux. Nous donnons (*fig.* 517) la coupe d'un four de ce genre. *a* est l'un des trois foyers qu'il possède ; on

Fig 516 *bis*. — Four coulant.

peut y brûler du bois, de la tourbe ou de la houille. La flamme pénètre dans la cuve du four par un carneau *bc* qui y débouche à 1ᵐ,50 au-dessus de la sole. En *d* se trouve une porte que l'on ouvre seulement au moment où l'on veut défourner. La forme intérieure du fourneau permet à la charge de descendre facilement à chaque extraction de chaux cuite, et celle-ci est réglée de manière que les fragments de pierre incomplétement

calcinés qui tomberaient au-dessous du niveau des ouvertures des carneaux puissent achever de cuire par le rayonnement des parties supérieures portées au rouge.

Pendant la cuisson, la pierre à chaux, qui n'est autre chose que du carbonate de chaux, se décompose et l'acide carbonique s'en dégage. Cette séparation de l'acide est notablement favorisée par l'intervention de la vapeur d'eau ; aussi l'opération marche-t-elle plus rapidement par un temps humide que par un temps sec, et surtout est-il plus avantageux d'employer le calcaire humide immédiatement à sa sortie de la carrière que de le laisser sécher par une exposition prolongée à l'air. La cuisson serait également difficile et incomplète si le calcaire n'était pas enveloppé dans un courant d'air. Dans un vase clos elle n'aurait pas lieu, le carbonate de chaux fondrait et cristalliserait par le refroidissement.

La chaux du commerce n'est jamais pure ; elle renferme toujours des substances étrangères qui se trouvaient dans les calcaires employés à sa fabrication. La chaux faite avec le marbre blanc ou les calcaires les plus purs est celle qui foisonne le plus par l'action de l'eau et qui donne le plus de chaleur en s'hydratant ; on l'appelle *chaux grasse*. Suivant la nature et la proportion des matières qu'elle contient, elle est plus ou moins *maigre*, plus ou moins *hydraulique*.

La *chaux maigre* foisonne peu et lentement et dégage peu de chaleur par son immersion dans l'eau ; elle donne une pâte courte et sèche, tandis que la chaux grasse donne une pâte forte et liante et, à poids égal, une plus grande quantité de mortier. Aussi, dans les constructions ordinaires, préfère-t-on généralement la seconde à la première ; mais la moindre solidité des mortiers que l'on obtient avec elle compense largement l'économie que l'on réalise ainsi (voyez MORTIERS). Les chaux maigres s'obtiennent par la calcination de calcaires mélangés en forte proportion de magnésie, d'oxyde de fer ou de sable quartzeux, mais peu ou point d'argile. Elles durcissent beaucoup à l'air, mais non sous l'eau.

CHAUX HYDRAULIQUE. — Chaux argileuse jouissant de la propriété remarquable de durcir sous l'eau, ce qui lui a valu son nom. Le degré d'hydraulicité d'une chaux dépend de la plus ou moins forte proportion d'argile qu'elle contient : 8 à 12 p. 100 d'argile communiquent à la chaux la propriété de durcir sous l'eau dans l'espace de deux à trois semaines. Avec 15 à 18 p. 100 d'argile, la prise a lieu en huit jours ; 25 p. 100 et plus font prendre la chaux en quelques jours et même en quelques heures. Dès que la proportion atteint 30 ou 40 p. 100, la chaux prend le nom de *ciment*. Les *pouzzolanes* ordinairement renferment presque 5 parties d'argile pour 1 partie de chaux ; ce sont donc des argiles presque pures. Du reste, la chaux grasse peut devenir éminemment hydraulique par son simple mélange avec des argiles cuites telles que de la brique pilée (voyez MORTIERS).

Les chaux hydrauliques ne sont pas généralement obtenues, comme les ciments, par la cuisson de calcaires argileux naturels. Ces calcaires, en effet, ne se rencontrent que dans certaines localités et les frais de transport élèveraient dans une trop forte proportion le prix du produit. On les prépare donc à l'aide de mélanges faits en proportions convenables d'argiles et de calcaires, ce qui donne les chaux de *première cuisson*, ou d'argiles et de chaux déjà cuites, ce qui donne les chaux de *seconde cuisson*.

Dans la fabrique de M. de Saint-Léger, établie près de Paris, la craie de Meudon est mélangée avec 14,3 p. 100 d'argile de Vanves. Les matières sont délayées dans l'eau et broyées sous des meules verticales. La bouillie claire qui en résulte s'écoule dans de grands bassins en maçonnerie où la terre se dépose, tandis que l'eau surabondante est évacuée. La pâte, convenablement durcie, est moulée en briquettes que l'on cuit à la manière ordinaire, en prenant toutefois certaines précautions indispensables à la réussite de l'opération. Cette chaux se vend à Paris 60 francs le mètre cube.

Dans les localités où les calcaires sont trop compactes pour être traités économiquement de cette manière, on les remplace par de la chaux éteinte que l'on mélange à de l'argile. La manipulation reste d'ailleurs la même que précédemment.

On rencontre souvent dans la nature des couches de marne qui ne sont autre chose qu'un mélange de calcaire et d'argile. Il suffit d'ajouter à ces marnes, qui se délayent facilement dans l'eau, soit de l'argile, soit le plus souvent de la chaux, suivant leur nature, pour obtenir une pâte convenable.

Le mélange moulé en briquettes doit être chauffé à un degré convenable pour que le calcaire soit entièrement décarbonaté ; mais on doit s'arrêter exactement à ce point. Une température plus élevée ferait subir à la masse un commencement de fusion qui ferait perdre à la chaux ses propriétés hydrauliques. La fabrication des chaux hydrauliques artificielles est le résultat des recherches de M. Vicat, dont les belles découvertes ont rendu un immense service à l'art des constructions. Les économies qu'elles ont permis à l'État de réaliser dans ses grands travaux hydrauliques s'élèvent à plus de 200 millions de francs depuis 1818, époque où ces découvertes ont commencé à recevoir une application en grand.

CHAUX (SELS DE). — La chaux peut s'unir à tous les acides et forme avec eux des sels bien définis, où l'on peut constater la présence de la chaux, quand ils sont solubles dans l'eau, par le précipité auquel ils donnent naissance avec l'acide oxalique ou un oxalate alcalin. Ce précipité blanc grenu est un oxalate de chaux insoluble dans l'eau et l'acide acétique et soluble au contraire dans l'acide nitrique.

Quelques sels de chaux naturels ou artificiels ont une grande importance dans l'industrie.

CHAUX (SULFATE DE). — *Pierre à plâtre, gypse, albâtre gypseux* (voyez ces mots et PLATRE).

CHAUX (CARBONATE DE). — De tous les composés salins le plus universellement répandu dans la nature, où il affecte les formes les plus variées (V. CRAIE, CALCAIRE, MARBRES, ALBATRE, SPATH D'ISLANDE, DOLOMIE).

CHAUX (AZOTATE DE). — Produit naturel, que l'on rencontre surtout dans les matériaux salpêtrés et que l'on utilise dans la fabrication du sel de nitre (voyez NITRE, NITRIFICATION, NITRIÈRES). On le trouve aussi quelquefois dans les eaux de source, sans doute parce qu'elles ont traversé des terrains salpêtrés.

CHAUX (PHOSPHATE DE). — Il se rencontre dans la nature en rognons ou en roches formant des montagnes élevées. On a essayé sans beaucoup de succès de l'employer comme engrais minéral dans l'agriculture. Il entre en proportion considérable dans la composition des os de tous les vertébrés et devient par la calcination de ceux-ci un engrais très-énergique (voy. les mots Os, NOIR ANIMAL).

CHAUX (HYPOCHLORITE DE). — V. CHLORURE DE CHAUX.

CHAVARIA (Zoologie).— Nom d'un *Oiseau échassier* (voyez CHAIA).

CHEILANTHE (Botanique), *Cheilanthes*, Swartz, du grec *cheilos*, lèvre, et *anthos*, fleur.—Genre de la famille des *Fougères*, tribu des *Polypodiacées*. Il comprend des espèces presque toutes herbacées et appartenant principalement aux régions tropicales des deux continents. Le *C. roussâtre* (*C. rufescens*, Link) est une jolie espèce qui peut figurer comme plante d'ornement ; ses feuilles sont longues, tripennées et d'un vert gai. Le *C. à petites feuilles* (*C. microphylla*, Swartz) et le *C. visqueux* (*C. viscosa*, Link) sont aussi dignes d'être cultivés. G—s.

CHEIRANTHE (Botanique), *Cheiranthus*, Lin. Les Arabes donnaient le nom de *kheyry* à une plante odorante à fleurs rouges. On a ajouté à ce mot *anthos*, fleur, en grec ; ou du grec *cheir*, main, et *anthos*, fleur, c'est-à-dire fleur ou bouquet à la main. — Genre de plantes de la famille des *Crucifères* et dont le nom vulgaire *Giroflée* est bien plus connu (voyez ce mot).

CHÉIROGALE (Zoologie), *Cheirogaleus*, Geoff., du grec *cheir*, main, et *galé*, chat. — Genre de *Mammifères quadrumanes*, tribu des *Makis*. « Ils paraissent avoir la tête ronde, le nez et le museau courts, les oreilles courtes et ovales ; la queue longue, touffue, cylindrique, se ramenant en devant ; quatre mains véritables, le pouce aussi écarté que dans les Makis proprement dits. » Ces caractères, établis par Geoffroy Saint-Hilaire sur trois dessins de Commerson, ont fait présumer à l'illustre savant qu'on pourrait en former une petite famille particulière qui conduirait naturellement des makis aux carnassiers, et il a reconnu provisoirement trois espèces sur les trois dessins de Commerson. Depuis cette époque, plusieurs chéirogales ont vécu à la ménagerie : le *C. de Milius* (*C. Milii*, E. Geoff.), long de 0m,35, avec les principaux caractères des Makis, a été observé et décrit par F. Cuvier ; il a les yeux très grands, à pupille ronde ; le corps couvert d'un pelage épais, très-doux au toucher, d'un gris fauve, uniforme en dessus, blanc en dessous ; les mains et la face couleur de chair ; treize paires de côtes au lieu de douze comme les makis. C'est un animal nocturne ; à la ménagerie, il s'était fait un nid avec du foin, s'y roulait en boule et y passait tout le jour à dormir. F. Cuvier en a fait le genre qu'il nomme *Myspithecus*.

CHEIROMYS (Zoologie), *Cheiromys*, Cuv., du grec *cheir*, main, et *mus*, rat, rat à main ; *Aye-aye*, Sonn. et Geoff. — Nom donné à un *Mammifère* singulier découvert par le voyageur français Sonnerat sur la côte de Madagascar et auquel il donna le nom de *Aye-aye*, à cause de l'exclamation que firent entendre à sa vue les habitants d'une autre partie de l'île. Classé d'abord sous le nom de *Sciurus madagascariensis*, Gm., parmi les *Rongeurs*, dans le genre *Ecureuil*, dont il se rapproche sous certains rapports, il fut ensuite nommé par Schreber *Lemur psilodactylus* et placé dans le genre *Maki*. Puis Et. Geoffroy en fit un genre qu'il dédia à Daubenton et qui fut accepté par G. Cuvier sous le nom de *Cheiromys* et considéré comme un sous-genre du genre *Ecureuil*. Sonnerat pendant son voyage, avait eu deux de ces animaux vivants qu'il put conserver pendant deux mois ; il les nourrissait avec du riz cuit, et ils se servaient, pour le manger, des doigts grêles des pieds de devant, comme les Chinois se servent de leurs baguettes. Ils étaient comme assoupis, se couchant la tête placée entre leurs jambes de devant ; ce n'était qu'en les secouant plusieurs fois qu'on parvenait à les faire remuer. Un de ces individus est dans les galeries du Muséum d'histoire naturelle de Paris, qui en possède encore un autre trouvé à Madagascar et préparé par M. de Lastelle. En 1862, le Jardin zoologique de Londres en a reçu un individu vivant, le premier qui ait paru en Europe. Aujourd'hui, on range généralement l'Aye-aye parmi les *Quadrumanes*, famille des *Makis* (*Lémur*), où il forme un genre distingué par cinq doigts longs et grêles, le pouce de derrière opposable ; ces animaux ont partout une molaire de moins que les écureuils ; la position des yeux est moins latérale ; ils ont deux mamelles placées à la région inguinale. Leur démarche est pénible et lente.

CHÉIROPTÈRES (Zoologie), *Cheiroptera*, Cuv., du grec *cheir*, main, et *pteron*, aile (main, aile). — Ces animaux forment le troisième ordre des *Mammifères* et viennent immédiatement après les Quadrumanes, avec lesquels ils ont encore quelques affinités : ainsi les mamelles placées sur la poitrine. Mais ils se distinguent surtout par un repli de la peau qui, partant des côtés du cou, s'étend entre les quatre pieds et les doigts, les soutient dans l'air et permet même de voler à ceux qui ont les doigts des mains assez développées pour cela. Ils ont quatre grandes canines ; le nombre de leurs incisives varie. On divise cet ordre en deux tribus : 1° Les *Chauves-souris* qui ont les doigts des mains prolongés et réunis par la membrane qui se détache de leurs flancs ; 2° les *Galéopithèques*, dont les doigts ont la même longueur aux

Fig. 517. — Ordre des Chéiroptères : le Galéopithèque roux (long. 0m,30).

quatre membres ; la membrane des flancs ne se continue pas avec celle des doigts (voyez CHAUVES-SOURIS, GALÉOPITHÈQUES).

CHÉLIDOINE (Botanique), *Chelidonium*, Lin. D'après Pline, ce mot viendrait du mot grec *chelidôn*, hirondelle, parce qu'elle fleurit à l'arrivée des hirondelles. — Genre de plantes de la famille des *Papavéracées* ; elles sont herbacées et croissent dans les régions tempérées. Caractérisées par un calice à 2 sépales ; 4 pétales ; étamines nombreuses ; capsule allongée, siliquiforme, à une loge, à 2 valves et s'ouvrant de la base au sommet. La *C. commune* (*C. majus*, Lin.), appelée vulgairement *Éclaire*, *Grande éclaire*, parce que son suc passait autrefois pour guérir certaines maladies d'yeux, est une plante vivace, indigène, dont les feuilles, pennatiséquées, arrondies et velues, sont d'un vert jaunâtre à la face supérieure et glauque à la face inférieure. Ses fleurs sont jaunes, disposées en ombelles terminales. Lorsque l'on casse une partie quelconque de cette plante, il s'en écoule un suc jaune et nauséabond qui corrode la peau en la tachant en jaune comme l'acide nitrique. Aussi emploiet-on avec succès la grande éclaire pour faire disparaître les verrues (*Herbe aux verrues*). La *C. à grandes fleurs* (*C. grandiflorum*, de Cand.) est une espèce de la Daourie (partie de la Sibérie) et se distingue par ses pétales arrondis et crénelés. Le *C. glaucium*, Lin., que l'on appelle aussi *Pavot cornu*, et la *C. à fleurs rouges* (*C. corniculatum*, Curt.) rentrent dans le genre voisin, *Glaucium*, caractérisé principalement par un stigmate à 2 lamelles et une capsule à 2 loges. Ces deux plantes peuvent figurer avec avantage dans les jardins.   G — s.

CHÉLIDONS (Zoologie), *Chélidons*, du grec *chelidôn*, hirondelle. — Ce nom, emprunté à Aristote par Vieillot et adopté par Temminck et Lesson, désigne une famille d'oiseaux qui renferme les genres *Hirondelles, Martinets, Engoulevent, Ibijau*, et *Podagre;* ce sont les *Fissirostres* de Cuvier (voyez FISSIROSTRES).

CHÉLONE (Botanique), *Chélone*, Lin., du grec *chelônê*, tortue. On a comparé à la carapace de cet animal la lèvre supérieure et voûtée de la fleur de ces plantes. — Genre de plantes de la famille des *Scrophularinées*, type de la tribu des *Chélonées* et connu vulgairement sous le nom de *Galane*. Il renferme des espèces propres à l'Amérique septentrionale qui se distinguent principalement par une corolle tubuleuse, ventrue, bilabiée, à lèvre supérieure ample, concave ; les anthères laineuses, s'ouvrant de la base au sommet, et la capsule à déhiscence septicide. Les chélones sont des herbes vivaces à feuilles opposées, dentelées. La *C. glabre* (*C. glabra*, Lin.) a les feuilles oblongues, lancéolées et les fleurs pourpres, roses ou blanches. La *C. des bois* (*C. nemorosa*, Dougl.) présente des feuilles ovales, arrondies à la base, aiguës au sommet, et des fleurs pourpres, disposées en panicules lâches. Les chélones sont des plantes rustiques d'un très-joli effet dans les plates-bandes des jardins. Une partie des anciennes espèces a contribué à la formation du genre *Pentastemon*, établi par L'Héritier.   G — s.

CHÉLONÉE (Zoologie), *Chelonia*. — Al. Brongniart a donné ce nom aux tortues de mer qu'il a réunies en un genre distinct (voyez au mot TORTUE).

CHÉLONIENS (Zoologie), *Chelonia*, du grec *Chelônê*, tortue. — Nom par lequel on désigne le premier ordre des *Reptiles*. Ces animaux ont une organisation des plus singulières, et il suffit de citer comme exemple la *Tortue grecque* (*fig.* 518). L'animal semble enfermé dans une boîte solide et résistante d'où sortent, par une échancrure exté-

Fig. 518. — Ordre des Chéloniens : **Tortue grecque** (long. 0ᵐ,30).

rieure, la tête et les membres thoraciques, et par une échancrure postérieure, la queue et les membres abdominaux. La partie supérieure ou solide de cette espèce de coffre est plus ou moins voûtée ; on la nomme la *caparace* (voyez ce mot) ; en dessous est, au contraire, une pièce aplatie qui traîne presque sur le sol pendant la marche, c'est le *plastron* (voyez ce mot). Tout cet appareil singulier est recouvert par la peau écailleuse, mais n'offre nulle part la consistance charnue. Il résulte de la conformation singulière que nous venons d'indiquer, mais que nous ne pouvons pas décrire ici, et de ses rapports avec les parties mobiles de l'animal, que sa poitrine, convertie en une boîte osseuse, a perdu toute mobilité ; elle ne peut plus se resserrer et se dilater, de sorte que les chéloniens respirent véritablement en avalant l'air extérieur ; et comme on ne peut avaler sans que la bouche soit fermée, on étoufferait ces animaux, si on leur tenait pendant quelque temps la bouche ouverte. Tous les chéloniens ont quatre membres bien développés ; la tête pe-

tite, la bouche dépourvue de dents ; les mâchoires recouvertes d'un bec corné analogue à celui des oiseaux ; ils ont la queue courte, de larges plaques d'épiderme écailleuses qui chez deux ou trois espèces constituent l'*écaille* employée par les tabletiers. On a divisé l'ordre des *Chéloniens* en quatre familles : 1° les *Tortues terrestres*, 2° les *T. paludines;* 3° les *T. fluviatiles;* 4° les *T. marines* (voyez TORTUE).

CHEMINÉE. — Conduit en métal ou en maçonnerie servant à l'écoulement des produits de la combustion des divers combustibles. On donne également ce nom de cheminée, soit à l'extrémité inférieure du conduit, soit à l'encadrement en pierre ou en marbre au milieu duquel il débouche dans nos appartements. Dans ce cas, la cheminée proprement dite s'appelle *coffre ou tuyau de cheminée* (voyez CHAUFFAGE).

L'invention des cheminées remonte au moyen âge : elles étaient inconnues à l'antiquité. Les premières ont été construites en Angleterre au XIIIᵉ siècle. Ce fut Montgolfier l'inventeur des ballons, qui s'occupa le premier de leur *tirage* et qui l'attribua à la différence des températures de l'air intérieur et de l'air extérieur. Toutes choses égales d'ailleurs, une cheminée tire d'autant plus que l'air y est plus chaud, qu'il fait plus froid au dehors, et aussi qu'elle est plus haute et que l'air y éprouve moins de frottements ou de résistances à son mouvement. Les tuyaux des cheminées de nos habitations sont ordinairement trop larges, ce qui tient au procédé généralement employé pour les ramoner. Il en résulte que la colonne d'air ascendante ne peut y acquérir qu'une vitesse très-faible, et que le moindre vent en refoulant cette colonne les fait fumer. A Paris cependant, surtout depuis quelques années, l'emploi de briques à section intérieure circulaire, ou de tuyaux cylindriques en terre cuite ou même en plâtre, a permis de les améliorer beaucoup sous ce rapport. Dans les anciennes cheminées à tuyaux trop larges, on obtiendrait des résultats très-avantageux de diaphragmes mobiles, disposés vers leurs extrémités et percés en leur centre d'une ouverture circulaire d'un diamètre convenable. Ces diaphragmes diminueraient le volume d'air exagéré qu'elles débitent, et auraient surtout pour effet de donner à la colonne de fumée qui les traverserait une vitesse assez grande pour résister à l'influence du vent.

Les cheminées des usines ou des machines à vapeur sont en briques ; les plus favorables au tirage sont circulaires. Dans leur intérieur sont encastrées de 0ᵐ,60 en 0ᵐ,60 des barres de fer sur lesquelles se tient l'ouvrier qui les construit, et qui servent ensuite d'échelle pour les réparations. Leur hauteur varie de 20 à 30 mètres. Il en existe une à Manchester qui a 125 mètres. C'est la plus haute qui existe ; 4 000 000 de briques ont été employées à sa construction.

La vitesse avec laquelle l'air s'élève dans une cheminée est donnée théoriquement par la formule

$$v = \sqrt{2g\alpha(t' - t)h}$$

dans laquelle g est l'intensité de la pesanteur, égale à 9ᵐ,8088, α est le coefficient de la dilatation de l'air ou 0,00366, t' est la température moyenne de la colonne d'air contenue dans la cheminée, t la température de l'air extérieur, et h la hauteur totale de la cheminée. Cette vitesse théorique est singulièrement diminuée par le frottement de l'air contre les parois internes de la cheminée et par le refroidissement graduel de cet air ; la vitesse vraie n'en est guère que le quart ou le cinquième ; mais elle ne doit pas descendre au-dessous de 3 ou 4 mètres par seconde, afin que le courant puisse résister à l'action des vents extérieurs et ne soit pas refoulé dans la cheminée.

CHEMINS DE FER. — *Historique.* — C'est en Angleterre que les chemins de fer prirent naissance. Pendant longtemps ils furent exclusivement consacrés au service des usines, et surtout des houillères. Les moteurs étaient des chevaux ou des hommes. Vers le milieu du XVIIIᵉ siècle, plusieurs essais furent tentés pour appliquer la vapeur comme moteur des voitures. Un ingénieur français, nommé Cugnot, construisit le premier une voiture à vapeur en 1769. Cet essai infructueux fut suivi de ceux de l'Américain Évans (1779), de George Watt (1784). En 1804, on construisit une première machine destinée au transport des voitures sur un chemin de fer, après avoir essayé en vain de diriger sur les routes ordinaires les voitures à vapeur. La première locomotive qui fonctionna utilement est celle de Blenkinsop ; elle servit pendant douze ans au transport de la houille. Elle se composait de deux cylindres faisant mouvoir un engrenage qui, s'engageant dans les dents d'une crémaillère, remorquait les waggons ; on croyait alors cet engrenage indispensable pour empêcher les roues de glisser sur les rails, et, jusqu'en 1813, ce système fut le seul appliqué. A cette époque, Blackett démontra que l'adhérence des roues de la machine suffisait pour atteindre le même but. Depuis lors, les progrès furent rapides. En 1825, Hackworth établissait une locomotive pouvant faire le service des transports avec une vitesse notable. L'invention de la chaudière tubulaire par M. Seguin, ingénieur du chemin de Saint-Etienne à Lyon (1829), permit d'augmenter la puissance de vaporisation des machines ; et l'année suivante, Robert Stephenson présentait la locomotive complète avec tous ses organes. Jusque-là l'absence d'un moteur suffisant avait arrêté le développement des chemins de fer, qui dès lors prirent un accroissement rapide. Le premier chemin de fer à grande vitesse qui fut construit est celui de Liverpool à Manchester, en 1830, établi par George Stephenson. En 1832, on commençait celui de Londres à Birmingham. La Belgique suivit de près l'Angleterre. C'est en 1834 que fut promulguée la loi qui décréta la création du réseau aujourd'hui terminé.

Ce n'est qu'en 1842 que fut promulguée la loi concernant la création des chemins de fer en France ; nous possédions déjà pour le transport de la houille ceux de Saint-Etienne à Lyon et à Andrézieux.

Aujourd'hui tous les États de l'Europe possèdent au moins quelques tronçons de voies ferrées.

La Russie, l'Italie et l'Espagne ont commencé et poursuivent activement l'exécution de leur réseau.

Un projet général a même été arrêté pour les Indes orientales.

Tracé. — Le tracé n'est pas absolument abandonné aux ingénieurs ; certaines considérations commerciales ou stratégiques fixent les points importants que doit desservir la ligne ; les ingénieurs relient ensuite ces points par un tracé convenable et économique, en prenant pour base la carte du dépôt de la guerre à $\frac{1}{80000}$. L'ingénieur ne s'occupe pas seulement du point de vue technique ; il doit aussi calculer le trafic probable du chemin dans le tracé qu'il adopte. On trace ainsi un polygone reliant les points principaux dont on raccorde ensuite les côtés par des arcs de cercle. Ce tracé sommaire étant fait, on étudie le terrain par des opérations de nivellement la ligne définitive qu'on devra suivre. Cette nouvelle étude est très-coûteuse ; elle modifie presque toujours le premier tracé. Lorsqu'il a été arrêté définitivement, on calcule le cube de remblais et de déblais, les pentes, etc., et on met les travaux en adjudication. Il faut dans le tracé éviter, autant que possible, les rampes trop roides et les courbes à petit rayon. Les pentes maxima étaient dans l'origine fixées à 0ᵐ,005 ; aujourd'hui on admet ordinairement jusqu'à 0ᵐ,010 ou 0ᵐ,012, et quelquefois même, dans les régions montagneuses, jusqu'à 0ᵐ,025 (chemin de Turin à Gênes). Les courbes doivent avoir au moins 300 mètres de rayon ; la moyenne convenable est 800 mètres.

On doit, en même temps qu'on étudie le tracé ou immédiatement après, fixer l'emplacement des gares. Il importe de les éloigner des tranchées et des souterrains courbes, afin qu'on puisse faire facilement des signaux aux trains qui arrivent, dans les cas d'encombrement de la voie.

Les dimensions de la voie sont fixées en France, en Belgique, et sur presque tous les chemins anglais, à 1ᵐ,50 ou 1ᵐ,51 d'axe en axe des rails, ou de 1ᵐ,44 à 1ᵐ,46 de bord en bord. On a essayé de construire des voies plus larges pour augmenter la force des machines. En Russie, on a des voies de 1ᵐ,83 ; en Espagne, 1ᵐ,70 ; mais ces voies larges n'offrent aucun avantage et rendent la communication avec les réseaux voisins impossible.

Les chemins de fer ont généralement deux voies ; la largeur de l'entre-voie est de 1ᵐ,80 à 2ᵐ,20.

Au lieu de faire des remblais ou des tranchées, on est conduit, dans certaines circonstances, à établir des viaducs ou des souterrains quand on a à traverser un terrain glissant, argileux, qu'on craint les éboulements ou que la hauteur est trop considérable ; en général, on ne fait pas de tranchée d'une profondeur supérieure à 20 mètres. Quant au viaduc, on sera également conduit à le préférer d'après la nature et le cube des matériaux à déplacer, les frais d'entretien et de construction, etc.

Toutes les conditions que doit remplir la voie étant indiquées, les plans et les devis de tous les travaux étant faits, les entrepreneurs commencent l'exécution de la voie,

des terrassements et des travaux d'art. Les travaux de terrassement ont pris dans les chemins de fer un tel développement qu'ils constituent un art nouveau. Nous indiquerons sommairement en quoi ils consistent.

Les terres provenant des tranchées sont portées sur l'axe de la voie pour composer les remblais, ou déposées à une distance plus ou moins grande des bords. Dans le premier cas, on opère par *compensation ;* dans le second, par voie de *dépôt.* On peut aussi élever des remblais avec des terres empruntées dans le voisinage. On travaille alors par voie d'*emprunt.* Il est très-rare que les terrains dans lesquels on ouvre des tranchées considérables soient assez solides pour résister aux influences atmosphériques sans travaux de soutènement. Quand le terrain renferme des couches glaiseuses intercalées dans des couches perméables, des éboulements sont souvent déterminés par l'affluence des eaux. Il faut alors chercher à assécher le terrain. Les travaux d'assèchement consistent en galeries souterraines remplies de pierres sèches. On les recouvre de terres rapportées et bien damées. Pour que les terres ne soient point entraînées par les eaux pluviales, on fait des semis de gazon sur les tranchées.

Remblais. — Quand ils sont faits sur une grande hauteur, le sol s'affaisse quelquefois, surtout s'il est aquifère. Il faut alors élargir la base du remblai pour diminuer la pression, assécher le sol par des tranchées et des puits absorbants, et souvent maintenir le remblai par des pieux ou des murs qui l'empêchent de glisser.

Ponts et viaducs. — Les ponts et viaducs employés dans les chemins de fer sont de différentes espèces. Les ponts sont rarement en bois. On les fait de préférence en pierre quand les matériaux sont à bon marché ; mais depuis quelques années, le bas prix du fer et la rapidité d'exécution qu'il permet font adopter les ponts en tôle et en fer presque partout. Les ponts en tôle et en fer ont l'avantage d'être plus légers que les ponts en pierre, et de pouvoir franchir des portées immenses. Le pont tubulaire de Britannia, en Angleterre, se compose de quatre travées : deux de 90 mètres d'ouverture et deux de 180 mètres. On a aussi cherché à employer la fonte, mais ce mode de construction s'est peu répandu (voyez Ponts). Les viaducs se font, autant que possible, en pierre ou en pierre et en fer combinés. Les viaducs deviennent nécessaires partout où l'on a à racheter une grande hauteur pour passer une vallée (les remblais dépassent rarement 25 mètres) et quand le terrain est peu solide. Le plus bel ouvrage de ce genre que nous possédions en France est le viaduc de Chaumont sur le chemin de fer de Mulhouse ; l'arche du milieu est aussi élevée que les tours de l'église de Notre-Dame à Paris.

Souterrains. — Ils sont nombreux sur les chemins de fer. Les plus remarquables sont : celui de La Nerthe, entre Avignon et Marseille, long de 4000 mètres, et celui de Blaisy-bas sur le chemin de Lyon, dont la longueur est de 4200 mètres. On a récemment percé le tunnel du mont Cenis, le plus long jusqu'ici ; il a près de 12 kilomètres. Ces ouvrages sont très-longs et très-coûteux. Pour abréger le travail, on perce des puits suivant l'axe du souterrain, et on établit deux chantiers à chaque puits. Au souterrain de Blaisy, on avait vingt-deux puits, soit quarante-six chantiers ; le percement a duré trois ans.

Les méthodes employées pour le percement de ces souterrains sont celles usitées depuis longtemps pour les travaux du même genre.

Tantôt on commence le muraillement par les pieds droits, puis on mène une galerie au sommet de la voûte. On s'élargit à droite et à gauche en maintenant les terres par un barrage en éventail. Quand le terrain est peu solide, il est préférable de commencer par la voûte et de creuser une galerie dans l'axe de la voûte elle-même.

Ballast. — Quand tous ces travaux sont terminés, il ne convient pas de poser immédiatement les rails sur le sol. S'il est argileux, il s'imprégnerait d'eau et n'offrirait plus une base assez stable aux traverses des rails ; dans tous les cas il se dégraderait promptement ; les maçonneries et les travaux d'art éprouveraient, d'ailleurs, des trépidations qui compromettraient leur stabilité et détérioreraient le matériel roulant. On recouvre la voie d'une matière élastique, faisant fonction de ressort et perméable à l'eau (*ballast*) afin que les traverses ne se pourrissent pas ; le sable ou la pierre concassée sont les seuls matériaux qu'on emploie pour cet usage.

Pose de la voie. — Les rails sont généralement posés sur des traverses en bois.

On les fait ordinairement en chêne. En Angleterre,

elles sont en sapin. Les traverses sont en bois équarri ou simplement scié en deux, suivant l'axe et posé suivant son diamètre. Les rails sont aujourd'hui exclusivement en fer laminé. On en emploie de divers systèmes. Les plus usités sont : les rails à double champignon maintenus par des coussinets (*fig.* 519); les rails Brunel posés directement sur les traverses (*fig.* 521); et les rails à patins ou à champignon simple (*fig.* 520), qu'on peut également poser d'une manière directe sur les traverses à l'aide d'un empattement inférieur. Aujourd'hui, sur tous les

Fig. 519. — Rail à double champignon.

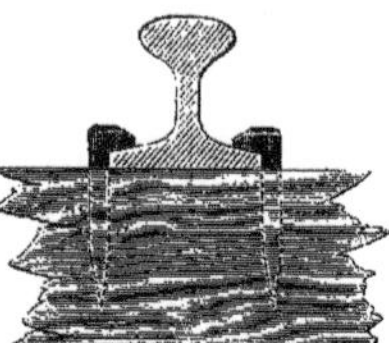

Fig. 520. — Rail à patins.

Fig. 521. — Rail Brunel.

chemins nouveaux les rails sont éclissés, c'est-à-dire que deux bouts de rails sont réunis par deux platines de fer qui, en établissant une solidarité parfaite entre eux, empêchent les flexions des extrémités et rendent les mouvements beaucoup plus doux. On semble également aujourd'hui adopter pour les nouvelles lignes le rail à patins.

Accessoires de la voie. — On a fréquemment, dans les

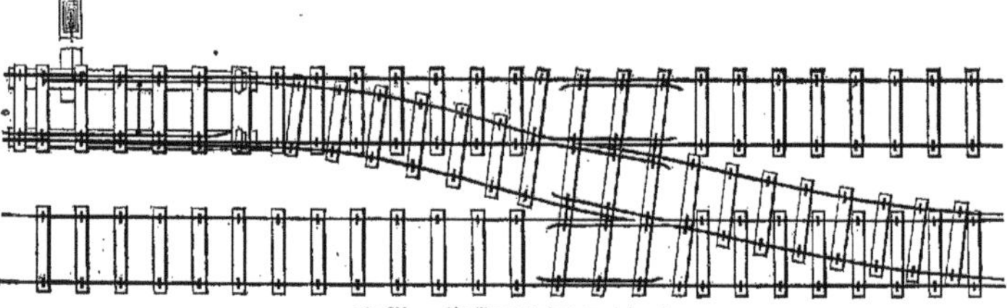

Fig. 522. — Aiguilles pour changement de voie.

manœuvres des gares ou aux embranchements, à faire passer les voitures ou les machines d'une voie sur une autre. On y arrive à l'aide des *changements de voie*, des *plaques tournantes*, ou des *chariots de service*.

Les *changements de voie* se composent de l'appareil placé au point de rencontre des deux voies; il se compose de deux bouts de rails mobiles ou *aiguilles* pouvant être placés, à l'aide d'un levier, dans le prolongement de l'une ou l'autre voie, à volonté (*fig.* 522). Les changements de voie sont très-importants au point de vue de l'entretien du matériel; aussi a-t-on essayé beaucoup de systèmes qu'il serait trop long de décrire ici.

Les *plaques tournantes* sont des portions de voie mobile autour d'un axe vertical placé au milieu. On peut amener les rails de la plaque dans la direction de l'une ou de l'autre voie et faire prendre au véhicule placé sur la plaque la direction qu'on veut (*fig.* 523).

Les *chariots de service* peuvent remplacer les plaques, quand on veut transporter un waggon sur une voie parallèle. Ils se composent d'un chariot se mouvant sur une voie inférieure à la voie principale et perpendiculaire en direction à cette voie. Ce chariot porte des rails parallèles à ceux de la voie et au même niveau. C'est sur ces rails que repose le waggon ou la machine qu'on veut transporter. On peut encore ranger dans les accessoires de la voie les grues hydrauliques et les appareils destinés à l'alimentation des machines.

Ces différents travaux et l'installation des appareils que nous avons décrits sommairement constituent l'établissement de la voie proprement dite. C'est la partie la plus coûteuse de la création d'un chemin de fer, et la plus importante. La construction du matériel roulant et d'exploitation est d'un intérêt beaucoup moindre que celui de la voie proprement dite. Nous citerons quelques prix de revient d'un kilomètre de chemin de fer, pour faire apprécier l'importance de ces travaux.

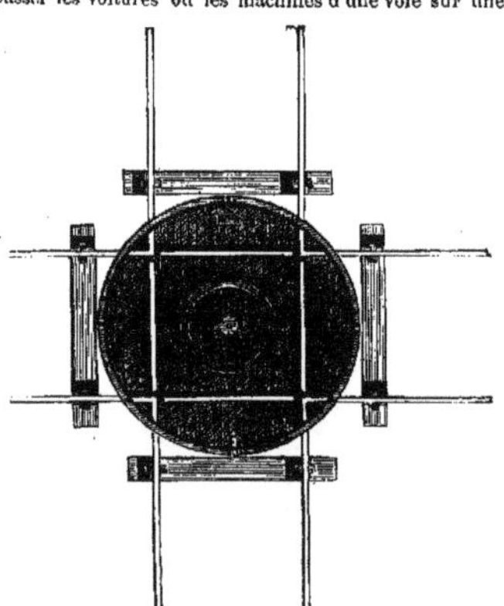

Fig. 523. — Plaque tournante.

	Terrassements et ouv. d'art.	Total du prix de revient.
Chemin du Gard (Alais, Nîmes, Grand-Combes)	49,260	184,580
Chemin du Nord	66,740	284,540
Paris à Orléans	67,110	400,000
Paris à Lyon. — Paris à Châlons.	198,710	471,000
Châlons à Lyon	218,270	578,000
Lyon. — Avignon	183,760	393,000

CHEMINS ANGLAIS.

Great-Western	807,800
Manchester. Birmingham	896,060
Londres, Birmingham	770,500
Newcastle, Carlisle	272,000
Bristol, Exeter	376,000

CHEMINS ALLEMANDS.

Autriche	233,000
Prusse	199,000
Hanovre	212,500
Bade	216,000

Les chemins anglais coûtent généralement un peu plus que les chemins français. Cela tient surtout à ce qu'ils sont forcés d'acheter la dispense du parlement qui coûte très-cher.

En Allemagne, le bas prix tient à ce que les chemins sont à une seule voie, que le trafic est peu considérable et les travaux d'art peu importants.

Matériel roulant. — Il se compose du matériel à voyageurs, des fourgons, wagons-écurie et des trucs ou wagons à plate-forme découverte. Les wagons se distinguent des voitures ordinaires en ce qu'ils ont au moins quatre roues ; les essieux sont parallèles et les roues sont calées dessus ; les essieux tournent dans des boîtes fixées sur les ressorts qui supportent la voiture. Le wagon se compose de deux parties, du train et de la caisse ; celle-ci est portée sur le train ; sa disposition varie suivant le genre de transport auquel elle est destinée. Le train se compose d'un *châssis* en charpente, formé de quatre pièces formant un rectangle, reliées par une croix de Saint-André et deux traverses. Ce châssis repose sur les *ressorts de suspension* sur lesquels sont fixées les *boîtes à graisse* dans lesquelles tournent les essieux. Les châssis portent en outre des appareils destinés à relier entre eux les wagons ; ce sont les attelages et les *tampons* ; ils sont munis de ressorts pour adoucir les chocs. Ces appareils ont reçu une foule de modifications qu'il est impossible de décrire ici. Nous nous bornerons à indiquer le rôle que joue chacune des pièces du train. Les ressorts du châssis sont appelés *ressorts de choc* ou *de traction* ; leur fonction est la suivante : quand un train se met en marche, le ressort s'aplatit et le deuxième wagon n'est entraîné par le premier que quand la tension du ressort a atteint une certaine limite ; de cette façon, le démarrage se fait graduellement et presque sans choc ; dans l'arrêt, le fait inverse a lieu, les tampons du deuxième wagon viennent presser ceux du premier, et le ressort se tend. Il est maintenu en son milieu par une tige de traction. On a employé pour tampon de choc des ressorts en caoutchouc ; mais le résultat a été assez mauvais, et on a dû y renoncer généralement.

Les ressorts de suspension sont construits comme les ressorts de voiture ; ils sont portés sur la boîte à graisse.

Le graissage des wagons est un des éléments les plus importants pour la conservation et l'entretien du matériel ; aussi a-t-on cherché à le perfectionner autant que possible. Le mode le plus parfait est le graissage à l'huile. Toutefois il peut arriver que par suite d'un échauffement excessif, celle-ci devienne trop fluide et ne demeure plus interposée entre les surfaces dont elle est destinée à adoucir le frottement. Dans ce cas il pourrait y avoir grippement, élévation de température et danger de rupture de l'essieu. C'est pour obvier à cet inconvénient qu'on place dans un compartiment supérieur de la graisse qui, parvient à l'essieu par des trous ordinairement bouchés par de l'alliage fusible, mais rendus libres par la fusion de celui-ci. Les wagons sont réunis les uns aux autres par des tendeurs à vis destinés à éviter les chocs au démarrage, en tendant constamment les ressorts. Deux chaînes de sûreté sont attachées aux châssis et les réunissent pour remplacer le tendeur en cas de rupture.

Les essieux sont en fer forgé ; les extrémités (fusées) sont tournées avec soin ; c'est sur elles que repose la boîte à graisse.

Les roues sont en fer ou en fonte. Les roues en fer sont seules employées pour le matériel à voyageurs ; le moyeu de la roue est souvent fait en fonte coulée après l'assemblage des rais.

Les trains, sauf quelques modifications, sont toujours composés des éléments décrits plus haut. Les caisses, au contraire, varient beaucoup suivant l'usage auquel elles sont destinées.

On distingue les wagons à voyageurs et le matériel des marchandises qui comprend trois types de voitures :

1° Le wagon fermé, pour les marchandises de grande valeur qui peuvent s'avarier ou qui sont soumises aux droits de douane ;

2° Le wagon à hausse servant au transport des marchandises en baril ou en sac (farines, liquides) ;

3° Les wagons à plate-forme pour les pierres, charbons, fers, etc.

Il y a encore des wagons spéciaux pour les bestiaux, les bois, les houilles, le lait, les chevaux, etc.

Le matériel des voyageurs et le matériel des marchandises sont différents à plusieurs points de vue. Dans le train des wagons à marchandises, les ressorts de choc manquent généralement ; on se borne aux ressorts de traction ; il faut aussi faire en sorte que le matériel des voyageurs soit assez lourd pour offrir par lui-même une grande stabilité. Les wagons à marchandises, au contraire, doivent être aussi légers que possible, pour diminuer le poids mort que doit remorquer la machine. Le peu de stabilité qu'ils offrent à vide est, du reste, un inconvénient peu important à cause de la faible vitesse des trains de marchandises. Les voitures à voyageurs pèsent à peu près 5 500 kil. ; celles à marchandises ne dépassent pas 3 500 kil.

Les voitures à voyageurs américaines diffèrent des voitures adoptées en Europe ; elles sont très-longues, reposent sur deux trains de quatre roues chacun, et sont élargies au-dessus des roues ; elles contiennent des bancs de deux personnes placées de chaque côté. On peut circuler au milieu du wagon. A chaque extrémité se trouve une plate-forme permettant aux voyageurs de passer d'un wagon à l'autre.

Moteurs. — *Machines locomotives.* — Les locomotives sont des machines à vapeur avec tous leurs accessoires, montées sur un chariot placé à la tête du train (voyez VAPEUR (MACHINE A).

La chaudière est portée sur le châssis sur lequel s'appuie aussi le mécanisme. La vapeur agit sur les pistons et leur communique un mouvement de va-et-vient, qui, par l'intermédiaire des bielles, transmet à l'essieu moteur un mouvement de rotation. Cette rotation détermine la marche de la machine, pourvu qu'il existe entre les rails et les roues une adhérence assez forte. Cette *adhérence* dépend du poids de la machine, et surtout de la charge de l'essieu moteur.

Le poids énorme qu'on est conduit à donner aux locomotives pour obtenir la force nécessaire au remorquage des trains, permet d'avoir une *adhérence* beaucoup plus forte que celle qui est nécessaire pour vaincre la *résistance* au *roulement* qu'opposent les voitures à remorquer.

Il y a plusieurs types de locomotives. Chaque chemin de fer en a un certain nombre qu'il serait trop long d'énumérer. On peut diviser les machines locomotives en trois classes :

1° Les machines à voyageurs, grande vitesse ; 2° les machines mixtes ; 3° les machines à marchandises.

1° Les machines à grande vitesse sont presque toujours du système *Crampton*, à deux roues motrices de 2 mètres à 2ᵐ,70 de diamètre. Le mécanisme est extérieur. Les cylindres sont vers le milieu de la machine.

2° Machines mixtes destinées à remorquer les trains de voyageurs à petite vitesse ; elle a quatre roues motrices couplées. Les cylindres sont tantôt intérieurs, tantôt extérieurs. L'adhérence dans ces machines est plus forte que dans celles qui n'ont qu'un essieu moteur, puisqu'elle est produite par la charge de deux essieux.

3° Machines à marchandises, à six roues couplées. Les cylindres, dans ces machines, sont presque toujours à l'intérieur et les essieux coudés ; il serait très-difficile d'accoupler les huit essieux en laissant le mécanisme moteur à l'extérieur. Toutes ces machines sont à six roues ; depuis quelques années, on a employé des machines à huit et dix roues. Ces dernières sont celles d'Engerth ; elles ont huit essieux moteurs et peuvent remorquer des charges très-considérables.

Il y a encore un quatrième type de machines qui portent leur *tender* ou magasin d'approvisionnement en eau et charbon, lequel est ordinairement distinct de la locomotive ; ce sont les locomotives tender, machines de gare, quelques-unes font le service de la banlieue au chemin de fer de Saint-Germain et de Versailles.

Puissance des machines. — Elle dépend de la quantité de vapeur qu'une machine peut dépenser dans un temps donné, par conséquent de la surface de chauffe.

Voici les surfaces de chauffe de quelques machines.

VOYAGEURS.	m. c.	MARCHANDISES.	m. e.
Nord	74,12	Lyon.	96,58
Lyon.................	96,50	Creuzot....	125,24
Crampton (Nord).....	102,56	Engerth.	147,72
Great-Western (Angl.).	178,00	— (à 6 roues cou-	
Great-Northern..... .	213,24	plées).	196,39

On compte, en moyenne, que la chaudière produit 30 kil. de vapeur par heure et par mètre carré de surface de chauffe. On peut aller jusqu'à 100 kil. Les machines développent un travail soutenu de 250 à 300 chevaux. Cette puissance est énorme sous un aussi petit volume ; cela tient à la rapidité de vaporisation qu'on peut obtenir à l'aide du tirage produit par la vapeur.

Les résistances que les machines ont à vaincre se composent de la résistance au roulement des voitures qu'elles remorquent, et de la résistance de l'air. C'est généralement cette dernière qui l'emporte. Les machines locomotives ne consomment que 2 kil. de coke par cheval et par heure; c'est moins que la plupart des machines fixes.

Exécution des chemins de fer en France (législation et statistique). — L'État concède l'exécution et l'exploitation d'une ligne de chemin de fer à une compagnie. Quand un chemin de fer doit être exécuté, la compagnie adresse une demande à l'empereur qui ordonne une enquête pour que les populations donnent leur avis sur le tracé indiqué par le conseil des ponts et chaussées. L'empereur donne la concession du chemin de fer par un décret. La compagnie obtient la concession du chemin de fer pour une durée de quatre-vingt-dix-neuf ans. D'après la loi de 1842, l'État livrait à la compagnie les travaux de la voie complètement terminés ; la compagnie n'avait à supporter que les frais d'achat et d'entretien du matériel et ceux de l'exploitation. C'est d'après ce système que la ligne principale du Nord a été exécutée ; mais la compagnie a remboursé l'État. Cette loi a été abandonnée en 1845. Aujourd'hui, l'État accorde à la compagnie le droit d'établir et d'exploiter à ses frais un certain nombre de kilomètres de chemin de fer ; il n'intervient que pour approuver les travaux à faire, et pour exercer un contrôle sur le mode d'exploitation.

L'État se substitue à la compagnie dans les droits qu'il tient de la loi. Celle-ci peut faire exproprier les terrains qui lui sont nécessaires.

La police du chemin de fer a été fixée d'une manière définitive par la loi de 1845, à la suite de l'accident de la ligne de Versailles (rive gauche).

Cette loi a établi le contrôle de l'État exercé par les ingénieurs des mines, des ponts et chaussées, et les inspecteurs commerciaux.

Le contrôle est centralisé par un ingénieur en chef (des mines ou des ponts et chaussées indifféremment).

Les ingénieurs des ponts et chaussées sont chargés de surveiller l'exécution de la voie, son entretien, et de s'assurer si le cahier des charges est suivi dans l'exécution et l'exploitation du chemin de fer. Les ingénieurs des mines s'occupent spécialement du matériel roulant et contrôlent l'exploitation technique. Les inspecteurs commerciaux s'occupent des *tarifs de l'exploitation commerciale.*

Les tarifs sont fixés par le cahier des charges qui impose un maximum. Le maximum est appliqué aux voyageurs, mais on ne l'atteint que pour un petit nombre de marchandises. Les tarifs ne peuvent être modifiés qu'avec l'autorisation du gouvernement.

État actuel des chemins de fer. — L'exécution du réseau étant trop lente, si on le confiait à de petites compagnies, l'État les a fusionnées en six grandes compagnies auxquelles il a imposé l'achèvement des voies les moins productives (loi du 3 avril 1857). L'exécution de cette nouvelle partie du réseau pouvant entraîner des dépenses que l'exploitation ne couvrirait pas, l'État a garanti aux actionnaires, pendant cinquante ans pour ces nouvelles lignes, un minimum d'intérêt de 4 p. 100 et 0f,65 p. 100 pour l'amortissement (11 juin 1859). Chaque concession est divisée en deux réseaux, l'ancien réseau étant administré à part. Quand l'intérêt du capital de l'ancien réseau dépasse un certain taux, l'excès est destiné à couvrir les dépenses de l'État pour le nouveau réseau. Si cette combinaison permet aux compagnies de toucher un revenu de plus de 8 p. 100 du capital engagé, l'État partage l'excédant avec la compagnie. Telle est la loi qui régit les chemins de fer sous le rapport des finances.

En 1859, la France possédait au 1er février 8 701 kilomètres exploités ; il restait 7 651 kilomètres à construire.

On avait dépensé, au 31 décembre 1857, 3 milliards 660 millions ; il restait à dépenser 2 milliards 500 millions pour l'achèvement du réseau.   M — X.

CHEMIN DE FER ATMOSPHÉRIQUE. — Chemin de fer dans lequel les convois, au lieu d'être traînés directement par une machine à vapeur, sont poussés par la pression de l'air sur un piston contenu dans un tube et en avant duquel est fait le vide au moyen de machines aspirantes.

La première idée de ce moyen de propulsion est due à un Anglais nommé *Vallance*, qui le conçut dès 1824 ; mais elle ne fut mise à exécution que beaucoup plus tard par MM. Clegg et Samuda, qui établirent un chemin atmosphérique de 2 722 mètres entre Kingstown et Dakley, en Irlande. Un chemin de fer semblable a été établi sur une longueur de 2 500 mètres à l'extrémité du chemin de fer de Saint-Germain pour gravir la rampe qui conduit au plateau dans le parterre de Saint-Germain. Une différence de niveau de 51m,50 est rachetée par une pente de 1 950 mètres, d'immenses machines pneumatiques établies vers le haut de la rampe sont mises en mouvement

Fig. 524. — Chemin de fer atmosphérique.

par des machines à vapeur et font le vide dans un tube disposé entre les deux rails dans toute la longueur du plan incliné. Notre gravure 525 représente une coupe transversale de ce tube et la gravure 524 en donne une coupe longitudinale en même temps que du piston moteur.

Ce piston se compose de deux pistons proprement dits A et B, réunis par une même tige et pouvant se suppléer l'un l'autre ; ils sont garnis sur leur pourtour d'une bande de cuir qui vient s'appliquer sur la paroi du tube et fermer d'autant plus hermétiquement que le vide étant plus avancé à l'avant

Fig. 525.

du piston l'air qui est à l'arrière fait plus d'effort pour s'échapper. Ces deux pistons sont fixés à l'extrémité d'un châssis long et étroit CC porté lui-même par une large plaque de tôle qui vient s'attacher au premier wagon du train. Cette plaque sort nécessairement du tube ; aussi celui-ci est-il percé, dans toute sa longueur, d'une fente que recouvre une soupape H régnant également dans toute la longueur du tube. Pour que cette soupape soit soulevée graduellement et donne passage à la plaque de tôle. Le châssis porte des galets mobiles F, G de grandeur croissante de l'extrémité antérieure jusqu'en son milieu, puis décroissante du milieu à l'extrémité opposée qui porte un contre-poids servant en même temps de guide au piston.

Les machines pneumatiques ont 2m,53 de diamètre intérieur, 2 mètres de course et une vitesse de 0m,40 par seconde. Elles aspirent 2 mètres cubes d'air par seconde et sont mises en mouvement par quatre machines à vapeur représentant ensemble une force de 400 chevaux-vapeur et consommant environ 3 000 kil. de charbon par vingt-quatre heures. Le feu y est constamment allumé, mais étouffé dans l'intervalle du passage des convois ; un ventilateur à vapeur lui donne l'activité nécessaire pendant les quelques minutes que dure l'ascension de chaque convoi, la pompe ne fonctionnant qu'au moment où le piston est accroché au wagon qu'il doit traîner. La vitesse obtenue régulièrement depuis l'ouverture du chemin atmosphérique, qui a eu lieu le 14 avril 1847, varie, suivant la pesanteur du convoi, de 32 à 70 kil. par heure. La descente a lieu librement ou avec l'emploi des freins modérateurs.

Les frais d'établissement du chemin atmosphérique de Saint-Germain ont été de 1 800 000 francs par kilomètre. Les frais d'entretien journalier sont considérables ; aussi, malgré le succès relatif obtenu, ce système a-t-il été abandonné et est-il condamné sans retour.   **M. D.**

CHÉMOSIS (Médecine), du grec *chêné*, enfoncement. — Ophthalmie dans laquelle l'afflux du sang ou des liquides a distendu le tissu cellulaire sous-muqueux de la conjonctive de manière à former tout autour de la cornée un bourrelet élevé plus ou moins rouge, qui la fait paraître comme dans un enfoncement. Le plus souvent, le chémosis est l'expression d'une inflammation intense ; cependant il arrive quelquefois que celle-ci n'est pas très-vive et que cet engorgement a quelque chose d'atonique tenant au relâchement des vaisseaux ; dans ce cas, la rougeur est peu prononcée, le chémosis offre un aspect mollasse et la résolution s'en fait très-bien par les astringents ; les antiphlogistiques conviennent plutôt dans le premier cas.

CHÊNE (Botanique), *Quercus*, Tourn., de *quer*, beau, en celtique ; *cuez*, arbre ; l'arbre par excellence. *Chêne* se disait anciennement *quesne*, de *quernus*, que l'on a dit en basse latinité pour *quercus*. — Genre de plantes type de la famille des *Quercinées*, dans la classe des *Amentacées*, de M. Brongniart, ou de la famille des *Cupulifères*, tribu des *Cupulifères-types*, section des *Quercinées*, d'après les divisions de M. Spach. Les chênes sont des arbres qui habitent principalement les régions tempérées de l'hémisphère boréal. Leurs feuilles sont alternes, stipulées. Les anciens croyaient que de tous les arbres le chêne naquit le premier ; ils prétendaient, en outre, que, parmi les hommes, les Arcadiens étaient nés les premiers ; aussi les comparaient-ils à cet arbre. — La Bible raconte que Josué écrivit les ordonnances et les préceptes de Dieu dans le livre de la loi, qu'il prit une très-grande pierre et qu'il la mit sous un chêne placé dans le temple, afin qu'elle servît de témoignage au peuple des paroles qu'il venait d'entendre. On suppose que c'est de cette coutume des Hébreux que les païens adoptèrent celle de mettre aussi des arbres dans leurs temples. — On trouve dans la Fable que la plus fameuse forêt de chênes était celle de Dodone, en Épire ; les chênes dont elle était composée étaient consacrés à Jupiter et rendaient des oracles en produisant de certains sons interprétés par les Dodonides, ou prêtresses du temple de Jupiter, édifice somptueux élevé dans cette même forêt. — Sur le mont Lycée, en Arcadie, était un temple de Jupiter avec une fontaine ; quand on désirait de la pluie, on espérait l'obtenir du dieu en jetant dans la fontaine une branche de chêne. — Diodore de Sicile prétend que les chênes des monts Héréens, en Sicile, étaient extraordinairement grands et portaient des glands deux fois plus gros que ceux des autres chênes. — Ce fut un chêne qui coûta la vie au plus célèbre athlète de la Grèce, Milon de Crotone. On raconte qu'ayant trouvé sur son chemin un vieux chêne entr'ouvert par des coins qu'on y avait enfoncés à coups de hache et de marteau, il entreprit d'achever de le fendre avec ses mains ; mais, dans cet effort, il dégagea les coins, ses mains se trouvèrent prises et serrées par le ressort que formaient les deux parties de l'arbre qui se rejoignirent, de manière qu'il ne put se débarrasser et que les loups vinrent le dévorer. — On a longtemps montré dans le bois de Vincennes un chêne sous lequel saint Louis s'asseyait pour y écouter les plaintes ou les demandes de ses sujets et leur rendre justice. — En Angleterre, à un mille de Shrewsbury, est le *C. royal* (*Royal Oak*), où, pour éviter les poursuites de ses ennemis, Charles II se tint caché. L'arbre a été depuis garanti par une muraille de briques. — Comme grosseur extraordinaire, on cite plusieurs individus. En France, dans le département de la Seine-Inférieure, nous avons le chêne-chapelle d'Allouville. Sa circonférence est de 11 mètres environ au-dessus des racines ; à hauteur d'homme, elle en mesure à peu près 9. La partie intérieure détruite est transformée en une chapelle d'environ 2 mètres de diamètre, lambrissée et marbrée. L'image de la Vierge décore l'autel. Une porte grillée clôt cet humble sanctuaire. Son sommet, couronné depuis bien des années et qui offre, au point où il se termine,

le diamètre d'un très-gros arbre, est couvert d'un toit ou pointe formant clocher, surmonté d'une croix de fer qui s'élève d'une manière pittoresque au milieu du feuillage. Ce magnifique végétal est âgé de 8 ou 900 ans. — Enfin, dans le blason, le chêne est l'emblème de la force et de la puissance. Cela vient sans doute de ce que la couronne civique accordée autrefois, lorsqu'on avait sauvé la vie d'un citoyen, était de feuilles de chêne. Celui qui l'avait reçu jouissait alors à jamais de grands priviléges. Caractères du genre : fleurs monoïques ; les mâles en chatons grêles pendants ; calice divisé en 4-8 segments ; étamines en nombre égal et saillantes. Les femelles ordinairement solitaires ; calice à 6 dents ; ovaire à 3-5 loges renfermant chacune 2 ovules ; style gros, court, conique ; 3-5 stigmates ; cupule munie d'écailles ou d'épines ; le fruit est un gland à une graine renfermée dans un testa mince et contenant un embryon composé presque entièrement de 2 cotylédons cohérents et rugueux.

Les espèces du chêne s'élèvent à peu près au nombre de 70 bien connues. Nous signalerons les plus importantes. Le *C. pédonculé* (*Quercus pedunculata*, Ehrh. ; *Quercus*

Fig. 526. — Chêne pédonculé.

robur, Lin.), vulgairement *chêne commun, gravelin, chêne à grappes* (*fig. 526*), se distingue principalement par ses pédoncules fructifères très-longs et ses feuilles brièvement pétiolées ou presque sessiles. C'est l'espèce la plus commune et la plus importante de nos forêts. Elle croît abondamment dans l'Europe moyenne et s'avance même jusqu'en Suède. Le chêne pédonculé comprend plusieurs variétés qui diffèrent par leur port, leurs rameaux, et surtout par leur feuillage. Il peut vivre très-longtemps et atteindre de grandes dimensions. Le chêne-chapelle d'Allouville est de cette espèce. Lorsqu'il est dans une bonne terre franche et sableuse, son accroissement est assez rapide. A l'âge de cinq ans, il peut avoir déjà 3^m,30 de hauteur. Nous n'avons besoin, croyons-nous, que de passer très-légèrement sur les usages si nombreux et si bien connus de ce végétal précieux. Son bois est le meilleur de tous ceux que produisent les autres chênes indigènes. La menuiserie et même l'ébénisterie en tirent un grand parti, comme on sait. Comme combustible, il est inférieur au bois de hêtre. L'écorce de cet arbre, désignée sous le nom de *tan*, s'emploie pour le tannage des cuirs et sert ensuite à fabriquer des mottes. La médecine l'utilise aussi comme astringent. Enfin les glands qui ne sont pas employés pour le semis servent à la nourriture des porcs. Le *C. à glands doux* (*Q. esculus*, Mill.) est une espèce qui ne dépasse guère 8 à 10 mètres de hauteur. Son écorce est rougeâtre. Ses feuilles sont d'un vert foncé en dessus et blanchâtres en dessous. Il habite l'Europe méridionale et l'Asie Mineure. Ses fruits, très-gros, comparativement à ceux des autres espèces, peuvent être mangés bouillis ou rôtis comme les marrons. On en extrait quelquefois une farine propre à faire du pain. Le *C. blanc* (*Q. alba*, Lin.) est un grand et bel arbre atteignant quelquefois jusqu'à 30 mètres. Son écorce est blanche, tachée de noir ; ses feuilles sont sinuées, pinnatifides. Aux États-Unis et généralement dans l'Amérique septentrionale, on emploie le bois de cet arbre, rougeâtre, moins compacte que celui de nos espèces, dans la marine, le charronnage, la menuiserie. Le *C. prin* (*Q. prinus*, Lin.), de *prinos*, nom que les Grecs donnaient à l'*ilex* des Latins, est aussi un grand arbre des mêmes régions que le précédent. Il est remarquable par son port et s'élève quelquefois sans ramifications jusqu'à 15 ou 17 mètres. Ses feuilles sont grandes, obovales et présentent de larges dents sur leurs bords. Cette espèce habite les lieux marécageux. Le *C. sessile* (*Quercus sessiliflora*, Smith. ; *Q. robur*, Mill.) est appelé aussi *Durlin*, *Chêne rouvre*, de *robur*, latinisé de *rove*, chêne en celtique (*fig.* 527). Par allusion à la dureté de son bois, les Latins avaient exprimé la force, la

Fig. 527. — Chêne rouvre.

vigueur par ce même mot *robur*. Il se distingue principalement du précédent par ses feuilles pétiolées et ses pédoncules fructifères plus courts que les pétioles. Il a le bois moins compacte, moins tenace, et s'emploie aux mêmes usages que le *C.* pédonculé. Le *C. noir* (*Q. nigra*, Lin.), arbre de plus petite dimension, a les feuilles grandes, rétrécies dans le bas, glabres en dessus et couvertes en dessous d'un duvet léger de couleur ferrugineuse. Il donne un bon combustible aux États-Unis. Le *C. rouge* (*Q. rubra*, Lin.) et le *C. écarlate* (*Q. coccinea*, Wangenh.) sont deux beaux arbres du Canada d'un très-bel effet dans les jardins paysagers à cause de leur feuillage qui, en automne, se colore d'un rouge plus ou moins vif. Le *C. chevelu* (*Q. cerris*, Lin.), appelé aussi *C. de Bourgogne*, est une espèce indigène qui se distingue particulièrement par ses cupules munies d'écailles linéaires, subulées, libres, recourbées en dehors et contournées dans leur moitié supérieure. Cet arbre habite de préférence les coteaux. Son bois est surtout estimé comme combustible. Ses glands sont doux et peuvent être mangés, surtout dans les parties méridionales de l'Europe. Le *C. à galles* (*Q. infectoria*, Oliv.) est un arbrisseau précieux pour la substance qu'il produit et qui provient de la piqûre d'un insecte hyménoptère, du genre *Cynips* (voyez ce mot) ; en un mot, c'est sur lui principalement qu'on recueille les *noix de galle* employées si souvent à cause de la grande quantité d'acide gallique et de tannin qu'elles renferment. Cette espèce est très-commune dans l'Asie Mineure. Le *C. yeuse* (*Q. ilex*, Lin.) est un arbre également important pour l'ornement et pour le bois, l'écorce et les fruits qu'il donne (voyez YEUSE). Pour le *C. ballote*, voyez GLAND. Le *C. liège* (*Q. suber*, Lin.), arbre de la région méditerranéenne, est celui qui fournit cette écorce si importante dans une foule d'usages et qu'on appelle *liége* (voyez ce mot). Le *C. au kermès* (*Q. coccifera*, Lin.), espèce des mêmes localités que la précédente, sert de refuge à un insecte fournissant une matière colorante rouge écarlate beaucoup employée autrefois, mais aujourd'hui presque complétement remplacée par la cochenille (voyez KERMÈS, COCHENILLE).

              C — S.

CHENEVIS (Botanique). — Voyez CHANVRE.

CHENILLE (Zoologie), *Eruca*, de Pline. — On nomme ainsi plus particulièrement les larves des *Insectes lépidoptères* sous leur premier état, depuis leur sortie de l'œuf jusqu'au moment où elles se changent en *chrysalides* (voyez ce mot). On appelle encore *fausses chenilles* les larves de quelques hyménoptères. Le corps des chenilles est allongé, mou, divisé en douze anneaux mobiles, la tête non comprise, et muni de neuf trous ou *stigmates* servant pour la respiration. Elles ont toutes six *pattes écailleuses*, dures, fixes et terminées en pointe et un nombre indéterminé de tubercules courts, membraneux qui leur servent aussi de moyens de transport et que pour cela on a nommées *pattes intermédiaires*. Presque toujours elles n'ont que des yeux simples, et leur bouche est le plus souvent armée de mandibules et de mâchoires assez puissantes ; c'est ce qui explique les ravages qu'elles exercent et combien elles sont en général nuisibles à l'agriculture ; cette organisation rend raison aussi d'un fait important, c'est que ces larves, très-petites d'abord, croissent quelquefois avec une grande rapidité, au point que quelques-unes d'entre elles acquièrent tout leur développement dans l'espace d'une quinzaine de jours. Beaucoup de chenilles sont rases et de la couleur des plantes sur lesquelles elles vivent, de sorte qu'elles échappent souvent à la vue. Leur forme varie beaucoup ; la plupart sont demi-cylindriques ; cependant il y en a de quadrangulaires comme celles de certains sphinx. D'autres sont courtes, ovales : quelquefois elles ont la peau tuberculeuse, garnie de pointes cornées ; d'autres fois, elles sont velues, ce qui leur a fait donner le nom de *hérissonnes* (*fig.* 528). Les poils qui les recouvrent sont en

Fig. 528. — Chenille du papillon grand paon de jour.

aigrettes, en faisceaux, en brosses et diversement colorés. Quelques chenilles vivent isolées ; d'autres en société ; il y en a qui fuient la lumière. La plupart se nourrissent de feuilles, et le plus souvent sur des plantes spéciales pour chaque espèce ; elles sont en général très-voraces. Une des phases les plus curieuses de leur existence est la *mue*. À mesure qu'elles se développent, les chenilles ont besoin de changer de peau, afin que leurs parties puissent être contenues dans leurs téguments. Alors l'insecte se dépouille de toutes ses parties extérieures, et il en sort comme d'un fourreau. Cette opération, qui se renouvelle quelquefois jusqu'à huit ou neuf fois, lui fait éprouver une sorte de maladie pendant laquelle il ne mange pas ; il se gonfle, sa peau éclate et il en sort par la fente qui en résulte, en abandonnant sa dépouille. La chenille est alors dans un état de mollesse qui ne cesse que par son exposition à l'air. Lorsqu'elle est couverte d'une nouvelle peau, ses couleurs sont plus fraîches et plus belles ; quelquefois elle est tout à fait différente de ce qu'elle était auparavant. L'insecte est toujours très-faible au sortir de chaque mue ; mais bientôt il reprend des aliments, son accroissement continue, et, après avoir passé par toutes les évolutions qui lui sont propres, il arrive enfin au dernier vêtement dont il devra se dépouiller pour paraître sous une autre forme (chrysalide) et devenir après cela un insecte parfait. C'est alors que chaque espèce de chenille a recours à des procédés particuliers pour se préparer à cette métamorphose ; les unes, le ver à soie par exemple, se filent des coques de soie où elles se renferment pour subir leur transformation en sûreté. D'autres s'en fabriquent de terre et de soie ou de terre seulement. Quelques-unes vont se cacher sous terre, s'y changent en chrysalides et y restent jusqu'à ce qu'elles soient prêtes à paraître avec des ailes. Il en est qui se retirent dans des trous de murs, dans des creux d'arbres, accolées à de petites branches où elles vont opérer leurs changements. Dans ces différents endroits, les unes sont pendues en l'air, la tête en bas (*fig.* 529); d'autres sont attachées contre des murs, etc. Lorsque le temps de la métamorphose approche, les chenilles quittent souvent les lieux où elles ont vécu; elles cessent de prendre des aliments ; elles se vident; plusieurs changent totalement de couleur, et même

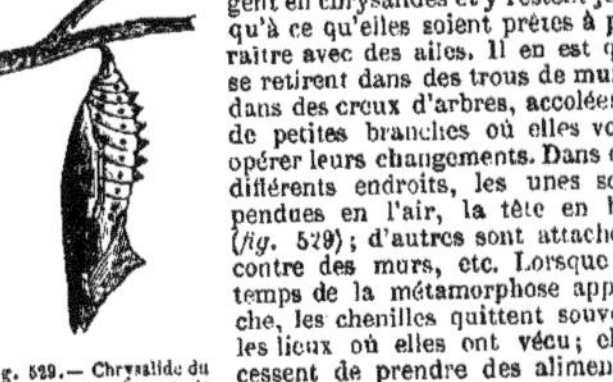

Fig. 529.— Chrysalide du papillon grand paon de jour.

celles-ci s'effacent complétement. Celles qui portent une corne sur le derrière présentent un phénomène singulier : elle était opaque, elle devient transparente.

La fécondité des insectes est prodigieuse ; aussi les dégâts que causent ces chenilles seraient bien plus grands si les fortes gelées d'hiver, et surtout les pluies froides du printemps, n'en faisaient pas mourir une partie; les oiseaux en détruisent aussi une grande quantité, et cependant on fait toujours à ces derniers une guerre incessante, malgré les enseignements des savants de tous les temps et de tous les pays. Voici, entre autres choses, ce qu'Olivier et Latreille écrivaient, il y a plus de cinquante ans : « Les oiseaux leur font (aux chenilles) continuellement la guerre ; ils en détruisent des quantités prodigieuses quand elles sont jeunes; elles sont un mets friand pour le rossignol, la fauvette, le pinson, etc. *Le moineau surtout en détruit un très-grand nombre pendant ses nichées.* » (Voyez LARVE, INSECTES, CHRYSALIDE, MÉTAMORPHOSES, NYMPHE).

CHENILLETTE ou CHENILLE (Botanique), *Scorpiurus*, Lin., du grec *skorpios*, et *oura*, queue. Le fruit est articulé, contourné et donne ainsi la figure de la queue du scorpion. Le nom vulgaire vient de ce que la plante portant ces fruits bizarres semble couverte de chenilles. — Genre de plantes de la famille des *Papilionacées*, tribu des *Hédysarées*. Il comprend quelques espèces habitant l'Europe méridionale. On les cultive quelquefois dans les jardins, plus pour la singularité de leurs fruits que pour leurs fleurs.

CHÉNOPODÉES ou CHÉNOPODIACÉES (Botanique). — Famille de plantes *Dicotylédones apétales*, que quelques auteurs désignent sous le nom d'*Atriplicées* (voyez ce mot). Elle a pour type le genre *Chenopodium* et fournit plusieurs plantes très-importantes pour l'économie. Les genres principaux sont : la Bette (*Beta*, T.); l'*Ansérine* (*Chenopodium*, Moq.); l'*Arroche* (*Atriplex*, Gærtn.); l'*Épinard* (*Spinacia*, T.); la Camphrée (*Camphorosma*, Lin.), etc. Un des meilleurs travaux qui existent sur ce groupe de plantes est dû à M. Moquin-Tandon et porte pour titre : *Chenopodearum monographica enumeratio.* Paris, 1840.

CHENOPODIUM, Moq. (Botanique), du grec *chén*, oie, et du génitif *podos*, pied. — Nom scientifique du genre *Ansérine* (voyez ce mot).

CHÉRAMÉLIER (Botanique). — Voyez CICCA.

CHÉRIMOLIER (Botanique). — Voyez ANONE.

CHERSITE (Zoologie), du grec *chersos*, de terre ferme. — Nom donné aux tortues de terre (voyez TORTUE).

CHERVIS (Botanique). — Espèce de plantes appartenant au genre Berle (*Sium*), dans la famille des *Umbellifères* et désignée en botanique sous le nom de *Sium sisarum*, Lin., altéré de *dyiser*, en arabe; ce mot signifie carotte. Elle porte aussi les noms vulgaires de *Chiron* ou *Giroule*. C'est une plante vivace à racines tubéreuses, fasciculées, charnues. Ses tiges sont cylindriques, atteignant quelquefois jusqu'à 1 mètre; ses feuilles sont pennatiséquées, les supérieures à 3 segments oblongs, aigus, dentelés. Cette plante est originaire de la haute Asie. Cultivée en Chine depuis très-longtemps, elle passe pour ranimer les forces vitales. C'est en 1548 que le chervis fut introduit dans nos jardins comme plante alimentaire. La chair de sa racine est blanche, tendre et très-farineuse. Selon M. Sacc, elle renferme plus de principes nutritifs que toutes les autres racines alimentaires. Sa saveur est douce et sucrée. Préparée en friture ou en purée, cette racine constitue des mets délicieux ; en bouillie, elle possède des qualités très-analeptiques. Enfin le chervis peut fournir de l'amidon, du sucre et de l'alcool. D'après les calculs de M. Sacc, cette plante aurait un rendement de 200 000 kil. par hectare.

G.-s.

CHÉTODON ou CHÆTODON (Zoologie), *Chætodon*, Lin., Arted., du grec *chaité*, crin, et *odous*, dent, dents comme des crins. — Genre de *Poissons acanthoptérygiens*, établi par Linné, formant une partie de la famille des *Squammipennes* de Cuvier ; ils ont le corps comprimé, à peu près ovale, elliptique, la queue courte et comme tronquée, les dents semblables aux crins d'une brosse ; leur bouche est petite ; leurs nageoires dorsales sont anales, garnies d'écailles semblables à celles du dos. Ils habitent les mers des pays chauds et sont peints des plus belles couleurs ; aussi sont-ils très-recherchés des amateurs : ils fréquentent les rivages rocailleux ; leur chair est bonne à manger.

Parmi les espèces de ce genre, au nombre d'une soixantaine, une des plus intéressantes est le *C. à bec* (*C. rostratus*, Lin.), à museau long et grêle, ouvert seulement au bout, dents en fin velours plutôt qu'en soie. De Java. Sa chair est saine et de bon goût. Ce poisson, très-joli, est fort remarquable par ses mœurs ; il vit surtout de mouches et d'autres insectes terrestres, et pour les attraper, il use d'un curieux stratagème; lorsqu'il aperçoit une mouche, par exemple, sur une plante ou sur une pierre au bord de l'eau, il s'en approche, et à la distance quelquefois d'un mètre, il lance de l'eau sur elle avec tant de force, qu'il la fait tomber dans l'eau. Les gens riches de l'Inde nourrissent de ces poissons dans des vases pour se donner le plaisir de ce spectacle.

CHÉTOPODES (Zoologie), *Chætopoda*, de Blainv., du grec *chaité*, crin, soie, et *pous*, pieds. — Groupe d'*Annélides* qui ont sur les côtés du corps de petits poils au moyen desquels ils se meuvent comme avec des pieds. Dans la méthode du *Règne animal*, ils correspondent aux deux ordres des *Tubicoles* et des *Dorsibranches*, et à la famille des *Sétigères* de l'ordre des *Abranches*.

CHÉTOPTÈRE ou CHÆTOPTÈRE (Zoologie), *Chætopterus*, Cuv. — Genre très-singulier d'*Annélides dorsibranches*, à bouche sans mâchoire ni trompe; une lèvre avec deux petits tentacules; neuf paires de pieds, puis une paire de longs faisceaux soyeux comme deux ailes, d'où vient son nom, du grec *chaité*, soie, *pteron*, aile ; le corps long et plus ou moins aplati. Ce sont des Annélides nageuses. Le *C. à parchemin* (*C. pergamentaceus*, Cuv.), des Antilles, a 0^m,20 à 0^m,25 de long, et le corps fort étroit. Cette espèce habite un tuyau de substance de parchemin. Le *C. de Norwége* (*C. norwegus*, Sars), a été trouvé par M. Sars, auprès de Bergen en Norwége ; M. Bouchard-Chantereaux l'a même rencontré à Boulogne-sur-Mer. Sa bouche est munie d'une paire d'antennes plus grandes que celles de l'espèce précédente.

CHEVAL (Zoologie), *Equus*, Lin. — Genre de *Mammifères*, ordre des *Pachydermes*, famille des *Solipèdes*, qu'il constitue à lui seul. Le nom de cheval, d'abord appliqué à l'animal auquel nous le donnons communément, est devenu le nom générique de tous les animaux qui lui ressemblent par leur organisation, et on peut voir qu'en effet ils forment un groupe très-naturel, mais très-isolé, qu'il est impossible de subdiviser ni de rattacher à aucun autre ; on a la preuve de ce que nous avançons dans la place qu'il occupe dans la méthode du *Règne animal*, après les cochons, les rhinocéros et les tapirs, et immédiatement avant l'ordre des Ruminants. Quoiqu'ils soient herbivores, les chevaux n'ont qu'un estomac; ils ne ruminent pas. Leurs pieds sont terminés par un seul doigt et un seul ongle (*fig.* 530). Ils ont des molaires à couronne plate, au nombre de six de chaque côté, aux deux mâchoires. Les trois premières tombent et sont remplacées; il y a huit incisives à chaque mâchoire ; en outre, deux canines chez les mâles, que l'on trouve aussi quelquefois chez les femelles dans les espèces privées. Entre ces canines et la première molaire se trouve cet espace vide, nommé

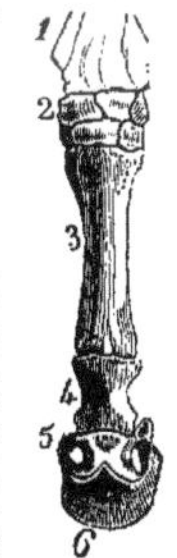

Fig. 530 (1).—Pied de devant d'un Solipède (Cheval).

(1) Fig. 530. — 1, avant-bras. — 2, poignet ou carpe. — 3, canon ou métacarpien. — 4, première phalange. — 5, deuxième phalange. — 6, troisième phalange enveloppée dans le sabot.

barres, qui répond à l'angle des lèvres où l'on place le mors dans les espèces domptées. Chez les animaux de ce genre, les yeux sont grands, à fleur de tête, la pupille a la forme d'un carré long ; ils ont une vue excellente. Leurs oreilles sont assez grandes, ils ont l'ouïe délicate ; c'est peut-être leur meilleur sens. Leurs narines sont très-mobiles ; l'intervalle qui les sépare est nu ; ils ont l'odorat fin ; la langue est douce et la lèvre supérieure a une grande facilité de mouvement ; ils boivent en humant. Leur peau est couverte de poils doux et flexibles ; le dessus du cou et la queue sont garnis de crins. Par leurs formes, leurs proportions, leurs mouvements, ils donnent une idée de la force et de l'agilité ; ils ont le corps épais, la croupe arrondie, le poitrail large, des cuisses musculeuses, des jambes sèches et élevées, une forte encolure, la tête un peu lourde, mais dont les traits expriment la douceur et la fierté, le courage et la prudence. Dans l'état de liberté, les chevaux vivent en troupes nombreuses, dans les pays de plaine ; des chefs qui les dirigent sont toujours à leur tête, et ont sur eux une assez grande autorité. Lorsqu'il faut combattre un ennemi, ils se réunissent, se serrent les uns contre les autres pour doubler leur force par l'union ; c'est surtout avec les pieds, et particulièrement ceux de derrière, et avec leurs dents qu'ils combattent et se défendent. Toutes les espèces du genre appartiennent à l'Asie et à l'Afrique ; on n'en a trouvé aucun ni en Amérique, ni à la Nouvelle-Hollande ; il paraît qu'on Asie même, ce sont les plaines de la Tartarie qui sont les contrées naturelles à ces animaux. Ce genre se divise naturellement en six espèces :

1° Le *Cheval* (*Equus caballus*, Lin.), qui se distingue parce qu'il a la queue garnie de crins dès sa racine ; couleur uniforme. Noble compagnon de l'homme, dit Cuvier, à la chasse, à la guerre, et dans les travaux de l'agriculture, des arts et du commerce ; c'est le plus important et le mieux soigné des animaux que nous avons soumis. Il

Fig. 531. — Le Cheval.

paraît qu'il n'existe plus à l'état sauvage que dans les lieux où l'on a laissé en liberté des chevaux auparavant domestiques, comme en Tartarie, en Amérique. C'est dans cette dernière contrée surtout que leur nombre s'est multiplié, à tel point qu'on les rencontre par troupes de dix mille individus ; mais ils ont perdu leur taille, de leur élégance et de la beauté du pelage de leur souche primitive. Chose remarquable ! lorsque ces troupes aperçoivent des chevaux domestiques, elles les appellent avec empressement, en passant à leur portée autant que la prudence le leur permet, et, s'ils ne sont pas gardés avec soin, ils s'enfuient et on tenterait en vain de les rattraper (F. Cuvier). Les Américains du Sud s'emparent de ces chevaux sauvages au moyen de longues cordes terminées par une boule à chaque bout, qu'ils lancent avec beaucoup d'adresse, et dans laquelle ils les enlacent.

La jument porte onze mois et met bas un seul poulain, qui tète six ou sept mois ; on commence à les attacher et à les panser à trois ans ; à quatre ans, on les monte et on les fait travailler. L'âge du cheval se connaît surtout aux dents incisives. Celles de lait poussent quinze jours après la naissance ; à deux ans et demi, les mitoyennes sont remplacées ; à trois et demi, les deux suivantes ; à quatre et demi, les deux extrêmes appelées les

coins. Toutes ces dents, à couronne d'abord creuse, perdent peu à peu cet enfoncement ; à sept ans et demi, huit ans, tous les creux sont effacés et le cheval ne marque plus. A trois ans et demi viennent les canines inférieures, les supérieures à quatre ; elles restent pointues jusqu'à six ; à dix, elles commencent à se déchausser. La durée de la vie du cheval ne dépasse pas trente ans.

2° Le *Dzigguetai* ou *Hémione* (*E. hemionus*, Pall.). Queue avec des crins à son extrémité seulement ; une ligne dorsale qui s'élargit sur la croupe (voyez HÉMIONE). 3° L'*Ane* (*E. asinus*, Lin.). Queue avec des crins à son extrémité seulement ; une ligne dorsale et une ou deux bandes en croix sur les épaules (voyez ANE). 4° Le *Zèbre* (*E. zebra*, Gm.). Des crins à l'extrémité de la queue ; une ligne dorsale, le reste du corps couvert de bandes transversales (voyez ZÈBRE). 5° Le *Couagga* (*E. quaccha*, Gm.). Des crins à l'extrémité de la queue ; une ligne dorsale, des bandes transversales sur les épaules et sur le dos seulement (voyez COUAGGA). 6° L'*Onagga* ou *Dauw* (*E. montanus*, Burchell). Espèce connue depuis peu ; la queue blanche, des raies noires alternativement plus larges et plus étroites sur la tête, le cou et le tronc (voyez DAUW). Is. Geoff. Saint-Hilaire a ajouté récemment deux nouvelles espèces, l'*Hémippe* et l'*Onagre* ; (voyez ces mots, et HIPPOLOGIE, RACES).

Les débris *fossiles* de chevaux se trouvent en grand nombre dans les couches d'alluvion qui renferment aussi des os d'éléphants, de rhinocéros, de tigres et d'autres animaux étrangers à nos climats.

CHEVAL DOMESTIQUE (Économie rurale et domestique) (voyez HIPPOLOGIE, RACES). — On consultera utilement le *Livre de la Ferme*, Paris, 1862 ; Dezobry, Ferd. Tandou et Cⁱᵉ, et V. Masson.

CHEVAL MARIN (Zoologie). — Voyez MORSE.

CHEVAL DE RIVIÈRE (Zoologie). — Voyez HIPPOPOTAME.

CHEVAL TIGRE (Zoologie). — Quelques-uns pensent que c'est la *Girafe*, d'autres le *Zèbre*.

CHEVALIER (Zoologie), *Totanus*, Cuv. — Sous-genre d'*Oiseaux échassiers longirostres*, appartenant au grand genre des *Bécasses* (*Règne animal*). Dans la classification de Ch. Bonaparte, il fait partie de la famille des *Scolopacidæ*, tribu des *Gallinaceæ*, ordre des *Grallæ*. Les chevaliers ont un bec grêle, rond, pointu, ferme, la mandibule supérieure un peu arquée vers le bout, ils ont la taille légère, les jambes élevées, la palmure externe bien marquée. Ce sont en général des oiseaux voyageurs, qui ne sont que de passage dans les pays tempérés de l'Europe et de l'Amérique. Les principales espèces sont : le *C. aux pieds verts* (*Scolopax glottis*, Lin.) ; c'est le plus grand que nous ayons en France, où il est assez rare ; il est long de 0ᵐ,33 ; le *C. noir*, *barge brune*, de Buffon (*Scolopax fusca*, Lin.), svelte comme une barge ; le *C. aux pieds rouges* ou *Gambette* (*Tringa gambetta*, Gm.), plus petit que les précédents ; le *C. à longs pieds* (*Totanus stagnatilis*, Bechstein) ; le *Bécasseau* (voyez ce mot) ; la *Guignette* (*Tringa hypoleuchos*, Lin.), le plus petit de nos chevaliers, il vit comme le bécasseau et dans les mêmes lieux. Il y a encore plusieurs chevaliers étrangers.

CHEVALIER (Zoologie), *Eques*, Bl. — Genre de *Poissons acanthoptérygiens*, famille des *Sciénoïdes* ; tête couverte d'écailles jusqu'au bout du museau, dents en velours ; corps comprimé, allongé, deux dorsales ; ce sont de très-beaux poissons qui habitent les mers d'Amérique. Le *C. américain* (*E. americanus*, Bl. ; *Chætodon lanceolatus*, Lin.), couleur d'un jaune d'or, le dos brun, trois bandes noires, bordées de blanc ; aux Antilles, on l'appelle *Gentilhomme*. Le *C. ponctué* (*E. punctatus*, Schn.) a le corps rayé de noir et de blanc. Il porte aux Antilles le singulier nom de *Maman baleine*.

CHEVAUCHEMENT (Médecine). — On appelle ainsi un déplacement des fragments d'une fracture dans laquelle ils sont placés à côté l'un de l'autre parallèlement, au lieu d'être bout à bout : c'est le *déplacement suivant la longueur* ; dans ce cas, il y a toujours raccourcissement du membre. Deux causes peuvent contribuer au chevauchement ; d'abord la forme de la fracture ; il a presque toujours lieu dans les fractures dites *en bec de flûte* ; la deuxième cause est l'action musculaire qui tend incessamment par la contraction à produire le raccourcissement de l'os, et par conséquent à faire chevaucher les fragments. Il est presque inutile de dire que lorsqu'il y a deux os et que l'un des deux seul est fracturé, il n'y a pas de chevauchement, l'autre servant à maintenir le membre dans sa longueur (voyez FRACTURE).

CHEVÊCHE (Zoologie), *Noctua*, Savig. — Sous-genre du grand genre *Chouette*, famille des *Oiseaux de proie nocturnes.* Les oiseaux de ce sous-genre n'ont pas d'aigrettes, le disque de plumes péri-ophthalmiques est moins complet que dans les autres groupes de cette famille, l'appareil auriculaire est presque comme dans les autres oiseaux. Quelques espèces ont une longue queue étagée. On les nomme *Chouettes éperviers* (*Surnia*, Dum.). La *C. commune* (*Strix passerina*, Gm.), de la grosseur d'un merle, plumage varié de noir et de blanc, queue roux foncé, courte, avec cinq barres pâles. Elle habite dans les masures écartées, dans les ruines d'anciens édifices abandonnés. Elle niche dans les vieux murs et pond quatre ou cinq œufs ronds et blancs. A l'automne, elle s'approche quelquefois des maisons, se pose sur les toits et fait entendre un cri lugubre qui est la terreur des gens superstitieux. Elle voit pendant le jour beaucoup mieux que les autres chouettes. La *C. harfang* (*S. nyctea*, Lin.) a environ 0ᵐ,65 de longueur; son plumage blanc de neige est marqué de taches transversales brunes, qui disparaissent avec l'âge. Cet oiseau habite les pays septentrionaux de l'Europe et de l'Amérique; on ne le trouve plus guère au midi de la Suède. Il s'avance rarement dans nos contrées, et il fait la chasse aux lièvres, aux lapins, aux gélinottes, etc.

CHEVELU (Botanique). — On donne le nom de *chevelu* aux dernières ramifications des racines, qui finissent, en devenant de plus en plus petites, par des espèces de fils ou *fibrilles*. Dans les racines indivises, vers le bout, la surface est souvent toute couverte de ces fibrilles; quelquefois elles paraissent seules constituer la racine; d'autres fois, au contraire, elle en est complétement dépourvue. L'existence des fibrilles est temporaire; elles se flétrissent sur les parties vieillies de la racine, et il s'en produit de nouvelles vers les extrémités plus jeunes. C'est à l'extrémité de ce chevelu que s'exerce le plus activement l'une des principales fonctions des racines, le passage des liquides de la terre environnante dans la plante. Les expériences les plus concluantes ont prouvé que l'absorption a lieu par l'extrémité des radicelles, et non par leurs surfaces latérales : en effet, cette extrémité est formée de cellules récemment organisées, molles, perméables et gonflées de sucs ou dissolutions aqueuses; l'épiderme ne les recouvre pas encore, et elles plongent dans les dissolutions aqueuses, beaucoup moins denses, que renferme la terre. Cette absorption s'explique par l'*endosmose* (voyez ce mot). Dutrochet a donné ce nom à une force qui fait passer à travers les membranes organisées, les liquides différents qui baignent chacune de leurs faces.

CHEVÊTRE, **Chevestre** ou **Capistre** (Médecine). — On désigne sous ce nom un bandage employé pour maintenir réduites les fractures et les luxations de la mâchoire inférieure. Ce bandage, assez embarrassant à appliquer, se déplace facilement; aussi lui préfère-t-on généralement la fronde du *menton.*

CHEVEUX (Anatomie, Physiologie, Hygiène), *capilli*, des Latins. — On appelle ainsi les poils qui recouvrent le crâne dans l'espèce humaine. Leur longueur varie beaucoup : en général, ils sont plus longs chez la femme que chez l'homme; ceux qui frisent et qu'on nomme crépus, sont toujours courts. Leurs couleurs présentent des différences non moins tranchées : noirs, blonds et même roux dans nos climats, ou présentant des nuances intermédiaires, telles que le brun, le châtain; ils sont en général noirs dans le Midi et blonds dans le Nord. Les cheveux naissent dans l'épaisseur de la peau, de l'intérieur de petites poches nommées *follicules pileux;* ils sont composés de deux couches, l'une superficielle, plus dure, formée de fibres parallèles accolées les unes aux autres, et d'une couche profonde, plus molle, logée dans le canal que lui forme la précédente; cette structure a une grande analogie avec celle de l'*ongle* (voyez **Ongle**, **Poil**). Les cheveux ont la propriété d'augmenter de longueur par l'humidité; aussi s'en sert-on pour construire des *hygromètres* (voyez ce mot). Ils ne paraissent doués d'aucune sensibilité, et si quelquefois on détermine de la douleur en touchant les cheveux, cela tient à l'état d'irritabilité du cuir chevelu; du reste, les passions exercent sur eux une telle influence, qu'on a vu des personnes blanchir dans une seule nuit passée dans les angoisses. Les cheveux sont un des ornements les plus nobles et les plus gracieux de la figure humaine. Les femmes les laissent croître et flotter en boucles ou les tressent de mille manières; la coiffure qui leur convient le mieux, sous le rapport de l'hygiène, est celle qui tient les cheveux le moins serrés possible, de manière qu'ils soient toujours aérés; il faut du reste les démêler matin et soir, et les brosser avec soin et d'une main légère. La frisure par le fer en altère profondément la nutrition. C'est une bonne pratique de les couper de temps en temps pour donner une nouvelle activité à leur croissance; mais il est bon de les ramener seulement à des dimensions qui n'incommodent pas. Il faut, en général, respecter la chevelure des enfants et se contenter de la rafraîchir, lorsque les cheveux viennent mal ou qu'ils tombent; cela peut tenir d'ailleurs à une maladie du cuir chevelu ou à la constitution de l'enfant; et on doit chercher à changer cet état. Dans tous les cas, c'est surtout à cet âge qu'il faut avoir le plus grand soin de tenir la tête propre, pour éviter la vermine et les démangeaisons, la crasse, les éruptions de toutes sortes qui sont les suites de la malpropreté. Il faut prendre garde aussi de ne pas dégarnir trop complétement la tête des personnes qui ont l'habitude de porter les cheveux longs; c'est ainsi que Percy observa un grand nombre de maladies dans l'armée, lorsque la coiffure à la *Titus* remplaça brusquement celle qui était alors en usage, et qu'on imposa aux soldats le sacrifice de leurs nattes et de leur queue. Les cheveux peuvent tomber d'eux-mêmes par les progrès de l'âge ou à la suite d'affections graves; quelques personnes, dans ce cas, sont obligées, pour raison de santé, d'avoir recours à la *perruque* ou au *toupet* (voyez ces mots). Les drogues que le charlatanisme préconise pour remédier à la chute des cheveux amenée par la vieillesse n'ont aucune efficacité; et contre celle qui arrive par d'autres causes, ils n'en ont qu'une fort problématique. Dans ce dernier cas, il peut être utile de raser les cheveux. De trente à soixante ans, les cheveux perdent leur matière colorante; ils blanchissent. On a eu recours à divers procédés pour s'y opposer et pour leur redonner leur couleur primitive, les uns inoffensifs, mais fugaces, infidèles et peu solides; les autres communiquant une couleur franche, solide, mais d'un usage dangereux pour la santé, et demandant beaucoup de temps et de soins. La malpropreté engendre dans les pays du Nord une maladie des cheveux et du cuir chevelu, à laquelle on a donné le nom de *Plique* (voyez ce mot).

Cheveux du diable (Botanique). — Nom vulgaire de la *cuscute à grandes fleurs* (voyez ce mot), à cause de ses filaments capillaires souvent très-mêlés.

Cheveux d'évêque (Botanique). — Nom vulgaire de la *raiponce orbiculaire.*

Cheveux de bois (Botanique). — On nomme ainsi vulgairement une plante parasite grisâtre, la *Caragate musciforme* (*tillandsia usneoides;* l'usnée est un lichen) dont les ramifications sont très-entrelacées.

Cheveux de mer (Botanique). — Nom vulgaire que l'on donne à plusieurs espèces d'algues filamenteuses, entre autres au *fucus filum* et à l'*ulva compressa.*

Cheveux des paysans (Botanique). — On nomme ainsi, dans certains endroits, la variété de chicorée dite *barbe de capucin* (voyez **Chicorée**).

Cheveux de Vénus (Botanique). — On appelle ainsi deux plantes bien différentes : l'*Adiante de Montpellier* (*Adiantus capillus Veneris*) et la *Nigelle bleue* (*Nigella damascena*, Lin.), à cause de leur feuillage très-finement découpé (voyez **Capillaire** et **Nigelle**).

Cheveux de la Vierge (Botanique). — Nom donné vulgairement à certaines plantes cryptogames du genre *Byssus* (voyez ce mot).

CHEVILLE DU PIED (Anatomie). — Voyez **Malléole**.

CHÈVRE (Zoologie), *Capra*, Lin. — Ce nom, dans le langage ordinaire, désigne la femelle du bouc; mais, dans la science, il a été donné à un genre comprenant les *Mammifères ruminants à cornes creuses*, qui ont paru avoir le plus d'analogie avec cet animal. Ce genre a pour caractères : des cornes dirigées en haut et en arrière, comprimées, ridées transversalement, le menton généralement garni d'une longue barbe, le chanfrein concave, le noyau osseux des cornes, creux intérieurement; du reste, une apparence extérieure assez semblable à celle des antilopes. Leur physionomie est fine et leur regard a de la vivacité, leurs yeux n'ont point de larmiers, les oreilles sont pointues, droites et mobiles, leur langue est douce. Ces animaux ont des poils soyeux très-lisses et des poils laineux très-fournis et très-fins; ils ont une queue très-courte. Les femelles ont en général des cornes, mais beaucoup plus petites que celles des mâles. La femelle porte cinq mois et met bas un ou deux petits. Les espèces de ce genre ont les sens délicats; elles voient et entendent de très-loin; elles ont une vigueur remarquable, habitent les chaînes de montagnes en petites familles et se plaisent dans les lieux les plus escarpés, au bord des précipices ; à la moindre apparence de danger, on les voit s'élancer de rochers en rochers avec une agilité surprenante et se défendre avec courage et souvent avec succès contre les chasseurs assez imprudents et assez téméraires pour les attaquer de front. On ne les trouve guère que dans les hautes chaînes granitiques de l'Europe et de l'Asie. On n'en compte qu'un petit nombre d'espèces. Le *Bouquetin* (*Capra ibex*, Lin.) (voyez Bouquetin), dont la chasse est pénible et dangereuse ; lorsqu'il est serré de près, on en a vu acculer un homme contre un arbre et l'y serrer à l'étouffer. Les chiens sont inutiles à cette chasse, dans les hauteurs escarpées où il faut l'aller chercher. Le *Bouquetin du Caucase* (*C. Caucasica*, Guldenst.), à peu près de la même taille que le précédent. La *C. sauvage*, Ægagre (*C. ægagrus*, Gmel., Cuv.), qui paraît la souche de toutes nos variétés de chèvres domestiques, a les cornes tranchantes en avant, très-grandes dans le mâle, courtes et quelquefois nulles dans la femelle. Elle habite en troupes dans les montagnes de la Perse, et c'est probablement le *Paseng* des Persans. Les concrétions connues sous le nom de *Bézoards*, qu'on retirait de leurs intestins, étaient les plus estimées (voyez Bézoard). Elle a environ 1ᵐ,15 de longueur sur 0ᵐ,80 de hauteur ; sa couleur est gris fauve sur le corps, avec une ligne dorsale et la queue noires, la tête noire en avant, rousse aux côtés, la gorge et la barbe brunes.

Chèvre domestique (la) et Bouc (le) (*C. hircus*, Lin.) paraissent, avons-nous dit, provenir de la *C. sauvage*, sans que pour cela on ait aucune expérience positive qui le prouve ; cependant, on les considère comme des variétés de cette espèce. Du reste, tout voisins qu'ils sont des moutons sous le rapport de l'organisation, ces animaux en diffèrent cependant beaucoup extérieurement par leur physionomie vive et animée, par leurs formes plus accusées, plus sveltes, par leur démarche, leur allure, etc. Les cornes, aplaties et marquées par des cannelures transversales, ne sont jamais contournées en bas comme celles du bélier. Le pelage de la chèvre et du bouc est le plus ordinairement noir ou blanc. Il y en a cependant qui sont mêlés de fauve, de marron ou de brun. Les chèvres ne sont pas toutes armées de cornes et, dans tous les cas, elles sont beaucoup moins longues que celles du bouc. La chèvre a plus de vie, plus d'animation, plus de sentiment que la brebis ; elle se familiarise aisément, vit très-bien de la vie d'intérieur. Dans la chaumière du pauvre, dont elle est la Providence, elle se fait la compagne, la commensale des enfants, dont elle partage presque les jeux ; plus forte, plus légère que la brebis, plus agile et moins timide, elle est vive, alerte, mais du reste plus capricieuse, plus vagabonde. « Ce n'est qu'avec peine, dit Desmarest, qu'on « la conduit en troupeau ; elle aime à s'écarter dans les « solitudes, à grimper sur les lieux escarpés, à se placer « et même à dormir sur la pointe des rochers et sur le « bord des précipices ; elle est robuste, aisée à nourrir, « presque toutes les herbes lui sont bonnes et il y en a

prairies marécageuses ne lui conviennent pas, elle s'y porte mal ; alors elle a besoin de plus de soin, d'être préservée du froid ; car si dans les climats chauds où l'on nourrit des chèvres en grande quantité, elles n'ont pas besoin d'étables, dans les climats plus froids, et en France particulièrement, elles périraient si on ne les mettait à l'abri pendant l'hiver. Nous venons de dire que la chèvre est la Providence du pauvre ; en effet, considéré dans l'économie rurale ou domestique, cet animal est, par rapport à la vache, ce que l'âne est par rapport au cheval ; et chacun d'eux rend des services importants dans les contrées montagneuses et arides. Les chèvres coûtent peu à nourrir et donnent un produit considérable relativement à leur taille ; le lait qu'elles fournissent en abondance, plus sain et de meilleure qualité que celui de la brebis, convient aux personnes affaiblies et aux estomacs délabrés. On dit qu'une chèvre bien nourrie peut donner jusqu'à trois ou quatre litres de lait ; comme il ne contient qu'une très-petite quantité de beurre, les fromages qu'on en fait dans le Midi sont employés en général comme appât pour prendre le poisson. Mais c'est dans ses fonctions de nourrice d'un enfant que la chèvre fait preuve d'un instinct et d'un attachement admirables ; on sait, en effet, que, dans quelques circonstances exceptionnelles, on a été obligé de faire nourrir des enfants par une chèvre. A peine a-t-elle commencé son service, qu'on la voit se dévouer tout entière à ses importantes fonctions ; la mère la plus tendre n'est ni plus vigilante ni plus empressée ; attentive au moindre cri de son cher élève, elle accourt à toutes jambes, se faisant annoncer par un léger bêlement, puis, si le petit enfant est à sa portée, elle se pose de manière à ce qu'il puisse saisir le mamelon de sa chère bouteille ; c'est vraiment quelque chose de merveilleux ! et, ce qui ne l'est pas moins, c'est de voir les mouvements inquiets, les allées et venues, les bêlements, je dirai presque les gestes de l'animal, si le nourrisson n'a pas été mis à sa portée.

La chèvre ne produit ordinairement qu'un seul, quelquefois deux, rarement trois petits. Elle porte cinq mois et met bas au commencement du sixième ; elle allaite ses petits pendant cinq ou six semaines, et à cette époque le petit chevreau peut commencer à paître.

Dans les pays où l'on n'élève qu'un petit nombre de chèvres, on les conduit ordinairement avec les moutons et, dans ce cas, on les voit toujours en avant et précédant le troupeau, qu'elles quittent avec la plus grande facilité pour vaguer en liberté ; aussi sont-elles un embarras pour le berger, qui ne les retient qu'avec peine. Il vaut mieux les mener séparément paître sur les collines, les lieux élevés, dans les bruyères, les friches, les terrains incultes. Mais il faut les tenir éloignées des cultures, des jardins, des vergers, des haies vives et à plus forte raison des bois, des taillis, où elles feraient des dégâts considérables, pour la répression desquels des peines ont été édictées dans différentes ordonnances de l'autorité. Les arbres dont elles broutent avec avidité les jeunes pousses et les écorces périssent presque toujours. L'une des dernières statistiques des chèvres en France en porte le nombre à 964 300.

Le poil de chèvre entre dans la fabrication de certaines étoffes, des chapeaux, etc. Avec la peau de chèvre, on fait du maroquin, du parchemin, des outres, etc. Les principales variétés sont : la *C. d'Angora*, qui a les oreilles pendantes ; son poil, très-long, très-fourré, est si fin qu'on en fait des étoffes aussi belles que nos étoffes de soie ; on en fait ces beaux tissus connus sous le nom de *camelots d'Angora*. Un troupeau de soixante-dix bêtes d'Angora et seize individus, donnés par Abd-el-Kader au maréchal Vaillant, ont été distribués dans nos montagnes de l'est en 1854, et le succès n'a pas encore répondu à ces diverses tentatives, sans qu'on puisse savoir jusqu'à présent quelle en est la cause. La *C. de Cachemire ou du Thibet* (*C. Thibetana*) (fig. 532) habite l'Himalaya ; introduite en France pour la première fois par M. Huzard,

Fig. 532. — Chèvre de Cachemire.

« peu qui l'incommodent ; elle mange la ciguë, les dif-
« férentes espèces d'aconit et d'autres plantes vénéneuses
« sans en être indisposée. » Mais, malgré sa rusticité, sa force et son énergie naturelles, la chèvre, pour prospérer, a besoin de la vie des plaines arides, des montagnes, des lieux secs et abruptes ; les pâturages humides, les

en 1818, puis l'année suivante, par MM. Jaubert et Ternaux, elle n'a guère mieux réussi chez nous que la chèvre d'Angora. A quoi cela tient-il? Si un nouveau Daubenton avait été chargé de ce travail, le succès eût peut-être été plus marqué; tout récemment, en effet, la Société d'acclimatation paraît avoir eu de meilleurs résultats; mais avec l'aide de la science vraie, et non pas de la science d'amateurs et de spéculateurs. Quoi qu'il en soit, ces chèvres ne diffèrent de la chèvre commune que par la toison, composée à la fois de poil et de duvet; plus le poil est long et abondant, plus le duvet est abondant. C'est avec ce duvet que se fabriquent les beaux cachemires de l'Inde, dont l'imitation est devenue une branche importante de la fabrique française. Le duvet tombe naturellement au printemps, au moment de la mue, vers le mois d'avril, et il suffit alors, pour le mieux recueillir, de peigner la toison avec un démêloir tous les deux jours, jusqu'à ce que le peigne n'amène plus de duvet. On peut encore citer la *C. d'Égypte*, au chanfrein busqué, aux oreilles larges, longues et pendantes; la femelle est toujours sans cornes; elle est douce et excellente laitière (voyez RACES).

CHÈVRE (Mécanique industrielle). — Appareil employé fréquemment dans les constructions pour soulever les matériaux à la hauteur où ils doivent être placés.

La chèvre la plus simple se compose de deux montants en bois réunis obliquement l'un à l'autre par des traverses

Fig. 533. — Chèvre.

et servant de support à une poulie C située en son sommet et à un treuil T placé vers son extrémité inférieure. Elle est simplement posée debout sur le sol ou sur un plancher situé à une certaine hauteur et maintenue dans une position légèrement inclinée au moyen de trois câbles attachés en son sommet et dont les autres extrémités sont liées à des points d'appui suffisants. Une autre corde A, dont l'un des bouts est fixé au treuil, est jetée sur la poulie supérieure et vient, par son extrémité pendante, saisir le fardeau. Le treuil que l'on manœuvre avec des leviers en bois étant mis en mouvement, la corde s'enroule et le fardeau monte. La poulie supérieure n'allège en rien le poids du fardeau; elle a simplement pour but de l'élever à une certaine hauteur au-dessus du point d'appui de la chèvre.

Lorsque la hauteur à laquelle doivent être élevés les matériaux est très-grande, on emploie avec avantage une autre espèce de chèvre dont nous donnons la gravure et que l'on désigne souvent du nom de *sapine*. Elle se compose d'un mât vertical terminé supérieurement en croix et fixé par un pivot en fer dans une crapaudine adaptée à un châssis de charpente qui porte en même temps un treuil. Le mât est en outre fixé dans sa position verticale par quatre cordages ou *haubans* qui, partant de son sommet, vont s'attacher à des points fixes situés dans le

voisinage. Une corde attachée à l'un des bras de la croix descend verticalement pour embrasser une poulie mobile à laquelle est suspendu le fardeau, puis remonte, se replie sur trois poulies fixes et redescend enfin du côté

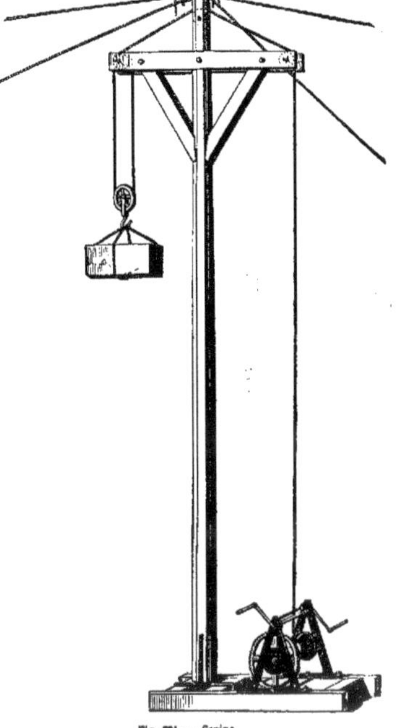

Fig. 534. — Sapine.

opposé pour s'enrouler sur le treuil. Ce treuil est à manivelle et engrenages, sa force est en rapport avec les dimensions relatives du pignon de la manivelle et de la roue dentée.

L'embarras occasionné par les cordages qui servent à soutenir la chèvre a fait presque entièrement abandonner cet appareil à Paris. On y fixe dans le sol quatre mâts dressés verticalement, on réunit ces mâts les uns aux autres par des planches clouées à leur surface dans des positions croisées de manière à en faire une espèce de tour se soutenant par elle-même et que l'on partage en divers étages. Cette tour est terminée par deux fortes traverses en croix auxquelles on suspend la poulie de renvoi. Le treuil est fixé à son pied. Le fardeau s'élève dans l'intérieur de la tour et, en cas de rupture du câble, risque moins d'occasionner quelque accident.

CHEVREAU (Zoologie). — On donne ce nom au petit de la chèvre, connu aussi vulgairement sous les noms de *Cabri, Biquet*. Le petit chevreau tète ordinairement un mois ou six semaines, après quoi il peut commencer à paître; il conservera ce nom jusqu'à six ou sept mois; pendant ce temps, sa chair sera tendre et il sera bon à manger. On fait avec la peau du chevreau tannée et chamoisée des gants très-estimés et des souliers pour femmes.

CHÈVREFEUILLE (Botanique), *Lonicera*, Desf., en mémoire d'Adam Lonicer, botaniste allemand du XVIe siècle). — Genre de plantes de la famille des *Caprifoliacées*, type de la tribu des *Lonicérées*. Il comprend des arbrisseaux à tiges quelquefois grimpantes, à feuilles opposées, à fleurs axillaires. Caractères : calice à 5 lobes petits; corolle campanulée, en tube ou en entonnoir, à 5 loges formant quelquefois 2 lèvres inégales; 5 étamines; style filiforme; stigmate capité; le fruit est une baie colorée à 3 loges contenant quelques graines à testa crustacé. On divise ordinairement les chèvrefeuilles en deux sections : 1ᵉ *Caprifolium*, De Cand. Caractères : arbrisseaux volubiles; fleurs disposées en capitules verticillés; baies solitaires couronnées par le tube du calice, à 3 loges dans le jeune âge, puis uniloculaires. 2° *Xylosteon*, de Cand. Caractères : arbrisseaux grimpants ou dressés, à feuilles non connées ; pédicelles axillaires munis de 2 bractées, portant 2 fleurs courtes; baies géminées, distantes ou plus ou moins rapprochées, à 3 loges dans le jeune âge, rarement à 2 dans l'âge adulte, jamais couronnées par le calice.

Dans la première section, on distingue les espèces suivantes : Le *C. des jardins* (*L. caprifolium*, Lin.), mot signifiant chèvrefeuille, c'est-à-dire arbrisseau qui grimpe comme une chèvre), que Miller nomme *Periclymenum italicum*, et Lamarck *Caprifolium hortense* ; c'est un arbrisseau qui s'élève souvent à plus de 3 mètres; ses rameaux sont longs et très-flexibles, grimpants, sarmenteux, à écorce grisâtre. Ses feuilles sont sessiles, ovales, aiguës, d'un vert glauque en dessous, les deux ou trois dernières paires au sommet, réunies chacune par leur base, ainsi que des feuilles perfoliées. Ses fleurs sont ramassées en gros bouquets de fleurs odorantes et d'un blanc jaunâtre; la corolle est à 2 lèvres. Cette espèce est une des plus répandues dans les jardins; elle garnit agréablement les bosquets et les treillages. On la trouve spontanée aux environs de Paris. Le *C. de Toscane* (*L. etrusca*, Santi ; *Caprifolium etruscum*, Rœmer et Schultz), appelé aussi vulgairement *C. d'Italie*, s'élève quelquefois jusqu'à 5 mètres. Il se distingue du précédent par ses fleurs disposées en verticilles capités, par ses feuilles pubescentes et ses corolles d'un beau jaune ocre. Le *C. des bois* (*L. periclymenum*, Lin.), est un arbrisseau à feuilles distinctes, obtuses, caduques, pubescentes à la face inférieure. Pendant tout l'été, cette espèce donne des bouquets de fleurs d'un blanc jaunâtre et odorantes. Elle a une variété à feuilles de chêne. Cette espèce est très-abondante dans nos forêts. Sa racine peut être employée comme donnant une matière tinctoriale bleu de ciel. Ses petites branches servent souvent à faire des peignes de tisserand et des tuyaux de pipe.

Dans la section des *Xylosteon*, on remarque le *C. du Japon*, *L. japonica*, Thunb.), qui s'élève souvent à la hauteur de 10 mètres. C'est un arbrisseau grimpant, un peu pubescent, et donnant en juillet et août des fleurs blanches répandant une odeur agréable. Le *C. de Tartarie*, *Chamécerisier rose*, *Cerisier nain* (*L. tatarica*, Lin.), a les fleurs roses ou blanches et les baies noires. L'horticulture en possède plusieurs variétés. Le *C. des haies*, *Cumérisier*, *Chamécerisier des haies* (*L. xylosteum*, Lin., du grec *xulos*, *bois*, et *osteon*, os, parce que le bois de cette espèce est blanc comme de l'os), est un arbrisseau indigène dont les pédoncules, plus courts que les feuilles, portent deux fleurs blanches auxquelles succèdent des baies rouges, globuleuses, soudées par leur base. Ces baies contiennent un suc amer, qui a passé pour émétique et purgatif. On tire parti, pour différents usages, du bois blanc et très-dur de ce chèvrefeuille. Le *C. des Alpes* (*C. alpigena*, Lin.; (*C. alpinum*, Lamk) donne, au printemps, des fleurs jaunes ou rougeâtres, le tube de la corolle est renflé à la base. Ses baies sont rouges avec deux points foncés. Enfin, on cultive encore dans les jardins le *C. des Pyrénées* (*C. pyrenaica*, Lin.), à feuilles oblongues, glauques et à fleurs blanches presque régulières, et le *C. d'Altaï* (*L. altaica*, Pall.), espèce à feuilles oblongues très-entières, à fleurs blanchâtres et à baies d'un bleu foncé, etc.   G—s.

CHEVRETTE (Zoologie). — Femelle du *Chevreuil*.

CHEVRETTE (Zoologie). — On nomme ainsi, dans plusieurs de nos ports de l'Océan, la *Crevette de mer* ; on donne aussi ce nom à la *Crevette des ruisseaux* (*Crustacés*) (voyez **CREVETTE**).

CHEVREUIL D'EUROPE (Zoologie). — *Cervus capreolus*, Lin. — Espèce de *Mammifères ruminants* du genre *Cerf*, caractérisé par les bois s'élevant perpendiculairement au-dessus de la tête, seulement deux *andouillers* (Cuvier), l'un à la face antérieure, dirigé en avant; le second plus haut à la face postérieure, dirigé en arrière; point de canines, un mufle. C'est le plus petit des cerfs d'Europe ; 1ᵐ,35 de long, 0ᵐ,80 de hauteur, de forme lé-

ljère ; gris fauve, à fesses blanches, sans larmiers, presque pas de queue. Il y en a des variétés de couleurs plus foncées. Cette espèce vit par couples dans les forêts de l'Europe tempérée, perd son bois à l'automne et le refait pendant l'hiver. Sa chair est beaucoup plus délicate que celle du cerf, c'est un des gibiers les plus estimés. Sa che-

Fig. 535. — Chevreuil d'Europe (hauteur, 0ᵐ,80).

vrette porte cinq mois et demi et met bas deux petits, qui restent huit à neuf mois avec leurs parents. Ils vivent douze à quinze ans. Le chevreuil est plus gai, plus leste, plus éveillé que le cerf; il est plus gracieux et reste presque toujours propre, parce qu'il ne se plaît que dans les pays élevés, les plus secs, où l'air est le plus pur, et qu'il ne se roule pas dans la fange. Il est plus rusé que le cerf et plus adroit à dépister le chasseur. Le *C. de Tartarie* (*C. pygargus*, Pall.) a les bois plus hérissés à la base, le poil plus long ; il ressemble au chevreuil, mais il est plus grand ; il habite les campagnes élevées au delà du Volga.

CHEVROTAIN (Zoologie), *Moschus*, Lin. — Genre de *Mammifères ruminants*, les seuls avec le genre *Chameau* qui soient sans cornes et ne différant des ruminants ordinaires que par une longue canine de chaque côté de la mâchoire supérieure, qui sort de la bouche dans les mâles, et par l'existence d'un péroné grêle qui n'existe pas même dans le chameau. Ils n'ont point de larmiers ; les oreilles sont de grandeur moyenne et pointues ; le poil est court, assez gros et très-sec. Du reste, très-semblables aux antilopes et aux cerfs par les formes extérieures, ayant la légèreté de la gazelle, ils paraissent être fort sauvages. On ne les trouve qu'en Asie. Le *C. musc* (*Moschus moschiferus*, Lin.) (*fig.* 536) est l'espèce la plus intéressante.

Fig. 536. — Chevrotain musc (hauteur, 0ᵐ,60).

Grand comme un petit chevreuil, presque sans queue, il est couvert d'un poil si gros et si cassant, qu'on pourrait presque lui donner le nom d'épines. On voit de chaque côté de la mâchoire inférieure et un peu au-dessous des coins de la bouche un bouquet de poils durs, roïdes et semblables à des soies. Mais ce qui rend surtout cet animal intéressant, c'est la poche située en avant du prépuce, chez le mâle, et qui contient cette substance si connue en médecine et en parfumerie sous le nom de *musc* (voyez ce mot). Le Musc habite particulièrement le Thibet et les provinces voisines, le Tonquin, la Chine, etc. Suivant Sonnini, il vit solitaire et ne se plaît que sur les hautes montagnes et les rochers escarpés. Très-farouche, leste et agile, il est très-difficile de l'approcher. Il est assez recherché pour sa chair, mais celle des jeunes seuls est tendre et de bon goût. Le *Chevrotain petite biche, petit cerf* des voyageurs (*Moschus pygmæus*, Lin) est le plus petit des ruminants ; ce joli animal ne dépasse pas la taille du lièvre, et ses formes ont une élégance et une délicatesse remarquables. Il est très-leste, mais se fatigue aisément. On n'a pu encore le transporter en Europe. Il n'a pas de poche à musc, non plus que les autres espèces du genre.

CHICHE (Pois) (Botanique). — Voyez Pois.

CHICON (Horticulture). — Nom vulgaire de la *Laitue romaine* (voyez Laitue).

CHICORACÉES (Botanique). — Tribu de plantes de la famille des *Composées*. Elle correspond aux *Semi-flosculeuses* de Tournefort et à la famille des *Chicoracées*, établie par Séb. Vaill. et admise par A. L. de Jussieu, ce sont les *Lactucées* de H. Cass. Des auteurs modernes en font les *Liguliflores*. Caractères : fleurs toutes ligulées, hermaphrodites, disposées en capitules rayonnants ; corolles à ligules planes, à 5 dents et 5 nervures ; style divisé en 2 branches, à lignes stigmatiques restant distinctes et n'atteignant pas la moitié de la longueur des branches ; pollen rugueux. Sous-tribus et genres principaux : — 1° Hiéraciées : *Epervière* (*Hieracium*, Tourn.). — 2° Lactucées : *Laiteron* (*Sonchus*, Cass.); *Crépide* (*Crepis*, Lin.); *Pissenlit* (*Taraxacum*, Juss.); *Laitue* (*Lactuca*, Tourn.). — 3° Scorzonérées : *Picride* (*Picris*, Lin.); *Scorzonère* (*Scorzonera*, Lin.); *Salsifis* (*Tragopogon*, Tourn.). — 4° Hyosérideés : *Chicorée* (*Cichorium*, Tourn.; *Hyoseris*, Juss.; *Arnoseris*, Gærtn.). — 5° Scolymées : *Scolyme* (*Scolymus*, Tourn.), etc., etc.

CHICORÉE (Botanique), *Cichorium*, Tourn., du mot arabe *chikoüzych*, d'où les Grecs, qui ont reçu cette plante des Égyptiens, ont fait *kichôrion*. — Genre de plantes de la famille des *Composées*, tribu des *Chicoracées*, soustribu des *Hyosérideés*. Les chicorées ont les feuilles irrégulièrement denticulées et les fleurs presque toujours bleues. La *C. sauvage* ou *C. commune* (*C. intybus*, Lin., mot altéré de son nom arabe) est une herbe vivace, à tiges dressées, anguleuses, rudes au toucher, à feuilles roncinées, les inférieures lancéolées ; ses capitules sont sessiles, réunis par 2 ou 3. La chicorée paraît avoir été connue de toute antiquité comme plante alimentaire. Les anciens auteurs en ont donné des descriptions au moyen desquelles il est facile de la reconnaître. Les Égyptiens faisaient grand cas de cette plante dans leurs repas. Il en était de même chez les Romains. « Pour moi, l'olive, la chicorée, la mauve légère, suffisent à mes festins, » dit Horace dans une ode à Apollon. La culture obtient plusieurs variétés de cette espèce. Leurs feuilles, comme on sait, fournissent de très-bonnes salades. La plante dite *Barbe-decapucin* n'est autre chose que la chicorée commune dont on a fait blanchir les feuilles, en la faisant pousser dans des caves à l'abri des courants d'air et éloignées de la lumière. Un usage qui commence heureusement à devenir moins répandu, est celui de la chicorée torréfiée de la chicorée employée comme succédané du café. Cette préparation, si trompeusement désignée parfois sous le nom de *moka*, ne présente que l'amertume de ce précieux produit. Le café de chicorée ne peut donc être considéré que comme une falsification altérant les propriétés du café véritable, lorsqu'on le mélange avec ce dernier. La chicorée sauvage s'emploie aussi en médecine comme dépuratif en tisane sous forme de sirop ou d'extrait; elle entre dans la composition du *catholicum double*. La *C. endive* ou *Scarole* (*C. endivia*, Wildw) est aussi, par ses variétés obtenues dans la culture, une plante alimentaire importante. Elle est originaire des Indes orientales et se distingue principalement par les deux petites oreillettes que présentent à leur base ses feuilles florales. La variété *Cosmia* est caractérisée par des feuilles rugueuses, pennatifides et des capitules réunis plusieurs ensemble ; la variété *Sativa*, de Cand. (*C. endivia*, Lin.), présente des feuilles simplement denticulées et des capitules solitaires ou rassemblés 2-4 à l'aisselle des feuilles supérieures. Les sous-variétés maraîchères à feuilles lacérées et frisées sont : la *Grande Chicorée*, la *ronde*, la *blonde*, la *C.*

d'Italie, la *C. de Meaux*, la *C. rouennaise* ou *Corne de cerf*. Toutes ces plantes constituent des aliments sains et digestifs; on les accommode, comme on sait, de différentes manières, soit en salades, soit cuites en potages, ou comme assaisonnement des viandes. Caract. du genre: involucre à deux rangées d'écailles; réceptacle dépourvu de paillettes ; akènes tétragones, comprimés; aigrette composée de soies courtes, membraneuses, obtuses, et ressemblant à des paillettes.   G—s.

CHICOT (Botanique), *Gymnocladus*, Lamk. — Genre de plantes, famille des *Légumineuses*, tribu des *Césalpiniées*, établi par Lamarck. Il ne renferme que deux espèces : le *C. du Canada* (*G. canadensis*, Lam. ; *Guilandina dioïca*, Lin.), joli arbre du Canada, cultivé dans quelques jardins à cause de la beauté de ses feuilles, qui atteignent quelquefois jusqu'à 0m,65 de long ; mais elles tombent tous les ans, et comme ses branches sont courtes, les Canadiens lui ont donné le nom de chicot. Le *C. d'Arabie* (*C. arabica*, Lam. ; *Hyperanthera*, Forsk.) s'élève très-haut ; ses rameaux sont verdâtres et cotonneux ; ses feuilles, situées à l'extrémité des rameaux, sont composées de folioles glabres, ovales et entières.

CHICOTIN (Botanique). — On donne quelquefois ce nom vulgairement à la *Coloquinte* (*Cucumis colocynthis*, Lin.) (voyez Coloquinte), d'où est venu le proverbe vulgaire : *Amer comme chicotin*, à cause de l'amertume bien connue de la coloquinte.

On trouve aussi, dans l'*Abrégé général des voyages*, qu'il existe au Groënland une plante nommée *Chirotin*, dont la racine a la forme d'une noisette allongée et qui est rapportée au genre *Telephium* (Paronychiées). Cette racine a une forte odeur de rose musquée.

CHIEN (Zoologie), *Canis*, des Latins ; *kuôn*, des Grecs ; *Canis*, Lin. — Genre de *Mammifères* de l'ordre des *Carnivores*, tribu des *Digitigrades*. Ce sont les moins sanguinaires de cette tribu, qui se compose des martes, des chiens et des chats ; ils attaquent cependant des proies plus grandes qu'eux ; mais ils recherchent souvent les cadavres déjà en décomposition. Leur dentition est le caractère essentiel et indique leur régime moins essentiellement carnivore ; ils ont à la mâchoire supérieure deux molaires tuberculeuses aplaties, en arrière de la molaire carnassière, qui, elle-même, montre une portion de sa couronne tuberculeuse. Cuvier classe dans son genre *Chien* le *C. domestique*, le *Loup* et le *Chacal* (voyez ces mots) et établit un sous-genre pour le *Renard* (voyez ce mot).

Le chien domestique (le) (*C. familiaris*, Lin.) présente les caractères suivants : à la mâchoire supérieure, trois fausses molaires, la molaire carnassière suivie de deux tuberculeuses; à la mâchoire inférieure, deux fausses molaires seulement et la carnassière également suivie de deux tuberculeuses ; leur langue est douce et dépourvue des papilles cornées qu'on trouve sur la langue des chats ; ils ont cinq doigts aux pieds de devant et quatre à ceux de derrière ; la queue recourbée ; ils offrent une variété infinie pour la taille, la couleur et la qualité du poil. Dès l'apparition de l'homme sur la terre, le chien a dû être son compagnon fidèle ; il l'a suivi dans ses migrations, dans ses voyages ; il l'a défendu contre les autres animaux, s'est associé à ses joies, à ses misères, et, par cet instinct de sociabilité et de domesticité développé chez lui à un point extrême, il est devenu son commensal, je dirai presque son ami. Aussi nous ne connaissons plus le chien dans son état primitif, et dans les contrées où il est devenu sauvage, il descend d'individus qui ont recouvré leur indépendance, après l'avoir perdue pendant bien des générations, et ce n'est pas seulement sous ce rapport que la puissance de l'homme s'est fait sentir sur ces animaux ; car le chien est l'exemple le plus remarquable de l'influence de la domesticité sur les formes physiques et sur les qualités de ces êtres. En effet, les différences qui les caractérisent sont immenses tant pour la taille que pour les dimensions relatives des parties, pour la nature, la couleur, la longueur, l'abondance du poil, les instincts, les degrés d'aptitude à être dressés pour la chasse, pour la garde des troupeaux, etc., et pourtant tout porte à croire que ces nombreuses variétés viennent d'une souche commune, qui n'est ni le loup, ni le chacal, comme quelques naturalistes l'ont pensé, mais bien un chien qui se rapproche beaucoup de notre chien de berger. On en trouverait au besoin un exemple dans le chien de la Nouvelle-Hollande, qui ressemble exactement au type que nous venons de désigner (voyez Domesticité).

La femelle du chien porte soixante-trois jours et met bas quelquefois jusqu'à douze petits, qui naissent les yeux formés. Ils ne les ouvrent qu'au bout de dix ou douze jours. Les dents commencent à changer le quatrième mois, et ils ont terminé leur croissance à deux ans. La vie du chien ne dépasse pas quinze ou vingt ans. Tout le monde connaît son aboiement, sa manière de témoigner sa joie en remuant la queue et le hérissement de son poil dans la colère. Le chien paraît être de tous les animaux le plus disposé à la domesticité et celui que l'homme a le premier soumis à sa puissance. On peut dire, avec l'immortel Buffon, que le chien est le seul animal dont la fidélité soit à l'épreuve, le seul qui connaisse toujours son maître et les amis de la maison, le seul qui, lorsqu'il arrive un inconnu, s'en aperçoive, le seul qui entende son nom et qui reconnaisse la voix domestique; aussi, l'attachement du chien pour son maître ne souffre pas de comparaison. Nous n'en citerons pour preuve entre mille que l'exemple rapporté par Sonnini, d'un chien qui resta pendant plusieurs années fixé sur le tombeau de son maître au cimetière des Innocents, sans qu'on pût l'en arracher par les caresses et les bons traitements, ni par la contrainte, et cela malgré l'intempérie des saisons et la rigueur des hivers. Nous avons déjà parlé des variétés nombreuses du chien domestique; on a essayé de les classer dans un certain nombre de groupes, surtout d'après la forme de la tête et le développement de certaines tendances instinctives, et c'est d'après ces caractères que Fréd. Cuvier a été conduit à former de ces races trois familles principales, qu'il désigne par le nom de leur race type; savoir : les *Mâtins*, les *Épagneuls*, les *Dogues*.

1° Les *Mâtins* ont pour caractères : les os pariétaux tendant à se rapprocher d'une manière insensible, en s'élevant des temporaux; les condyles de la mâchoire inférieure placés sur la même ligne que les dents molaires. On a remarqué que ces chiens se rapprochent plus que tous les autres de ce que nous avons lieu de croire le type primitif de l'espèce; leur intelligence n'est pas très-développée; on peut les dresser pour la chasse, surtout pour celle qui demande de la force et du courage. Le *Mâtin proprement dit*; ce chien est grand, vigoureux, léger, ses oreilles sont à demi pendantes. Il est de grande taille, le front aplati, le museau allongé, les jambes longues et fortes, la queue recourbée en haut, le poil assez court. Il est très-susceptible d'attachement pour son maître et précieux pour la garde. Le *Danois* diffère du mâtin par un corps et des membres plus fournis; il a les mêmes instincts que le mâtin. On remarque qu'il aime beaucoup les chevaux. Le *Lévrier* a les formes plus sveltes, plus minces, plus effilées; il y en a de taille et de couleur très-différentes. Leur intelligence est fort bornée, mais ils courent admirablement. On les dresse à chasser le lièvre en plaine. Leur attachement pour leur maître est médiocre. Le *C. de la Nouvelle-Hollande*, amené en France par Péron, et dont F. Cuvier nous a laissé une description remarquable, appartient à ce groupe; quoique ayant beaucoup de traits de ressemblance avec le chien de berger, il avait la tête du mâtin, telle qu'elle a été décrite. Ses mouvements étaient très-agiles, et son activité prodigieuse lorsqu'il était libre; ce cas excepté, il dormait toujours; chose remarquable, il ne savait pas nager. Il se jetait sur la personne qui lui déplaisait, et surtout sur les enfants, sans aucun motif apparent; il affectionnait particulièrement celui qui le faisait jouir le plus souvent de sa liberté. Il était du reste fort indocile, et le châtiment l'étonnait et le révoltait. La viande crue et fraîche était ce qu'il mangeait le plus volontiers; il ne refusait pas le pain et goûtait avec plaisir les matières sucrées.

2° La famille des *Épagneuls* se distingue par les pariétaux qui, au lieu de se rapprocher comme dans les mâtins, s'écartent et se renflent dès leur naissance au-dessus des temporaux, de manière à agrandir la boîte cérébrale, et les sinus frontaux prennent de l'étendue; le cerveau alors est plus développé et l'intelligence plus grande. Les principales races de ce groupe sont : l'*Épagneul*, qui est couvert de poils longs et soyeux; il a les oreilles longues et pendantes, les jambes peu élevées. Il y a de grands et de petits épagneuls, et cette variété est remarquable par ses qualités pour la chasse. Le *C. courant* a les oreilles longues et pendantes, les jambes charnues, le poil court la queue relevée. Il est en général blanc avec des taches noires ou fauves. C'est le chasseur par excellence (voyez VÉNERIE). Les *C. braques* ont les oreilles plus courtes, à demi pendantes, les jambes plus longues, le corps plus épais, la queue plus charnue et plus courte; ils sont blancs ou tachetés de noir et de fauve. Le *C. de berger* est de taille moyenne, ses oreilles sont courtes et droites, la queue horizontale ou pendante,

les poils longs. En général il est noir. Il est peu sociable, mais s'attache à son maître. On sait combien ils montrent d'intelligence pour la garde des troupeaux. C'est une des races les plus précieuses, et on pense que c'est celle qui se rapproche le plus du type primitif. Le *C. barbet* se reconnaît à ses poils longs, fins et frisés, à son museau court et épais, à ses oreilles larges et pendantes. C'est la race la plus susceptible de développement intellectuel. Il y en a de grands et de petits. On peut encore citer dans cette famille le *C. loup*, l'*Alco*, etc.

3° La famille des *Dogues* est caractérisée par le raccourcissement du museau, le rapetissement du crâne et le développement des sinus frontaux; ils ont les formes pesantes, l'intelligence bornée et sont en général d'une fidélité remarquable. Les races principales sont : le *Dogue de forte race*, à tête grosse, oreilles petites et demi-pendantes; leurs lèvres épaisses tombent de chaque côté de la gueule; leurs jambes sont courtes et fortes; ils ont la queue assez courte, le poil très-ras, blanc ou noir. Le *Dogue* ne diffère du précédent que parce qu'il est plus petit. Le *Doguin* ou *Carlin* est encore plus petit; ses lèvres ne sont pas aussi développées.

Il existe encore une multitude de variétés qui sont le résultat soit des différents croisements, soit des contrées qu'ils habitent, soit du milieu dans lequel ils vivent, soit enfin d'une multitude d'autres influences modificatrices (voyez RACES).

CHIENDENT (Botanique), *Cynodon*, Rich., ainsi nommé de ce que les chiens mangent de cette plante pour se faire vomir. — Nom vulgaire du genre *Cynodon*, Rich., appartenant à la famille des *Graminées*, tribu des *Chloridées*. Ils ont des stigmates sortant au-dessous du sommet des glumelles; épillets insérés sur le côté extérieur de l'axe, disposés en épis filiformes rapprochés au sommet de la tige en une panicule simple digitée. L'espèce principale de ce genre est le *C. commun*, *Pied-de-poule* (*C. dactylon*, Pers., d'un mot grec qui veut dire doigt; l'épi est divisé comme les cinq doigts de la main), nommé aussi *Panicum dactylon*, Lin.; *Puspalum dactylon*, de Cand. C'est une herbe longuement traçante, qui donne un bon pâturage, quoiqu'elle soit redoutée dans les terres cultivées. Elle est utile aussi au bord des rivières dont elle retient les terres. Le chiendent est indigène et presque cosmopolite. On emploie quelquefois cette espèce dans l'économie domestique et dans la pharmacie. Mais un autre chiendent plus estimé c'est le *Froment rampant* ou *C. officinal*, *Chiendent des boutiques* (*Triti-*

Fig. 537. — Chiendent des boutiques.

cum repens, Lin.) appartenant au genre *Froment*, tribu des *Triticées*. Les racines de cette plante sont vivaces, articulées, traçantes, et s'enfoncent profondément en terre. Elles sont en outre blanchâtres, douces, nutritives au point de servir à l'alimentation. Leurs propriétés médicinales sont apéritives, diurétiques, un peu rafraîchissantes. On nomme aussi chiendent, l'*arrhénathère bulbeuse* (voyez ARRHÉNATHÈRE).

G — s.

CHIFFRES (Arithmétique). — Caractères servant à représenter les nombres d'une façon abrégée. Les chiffres employés actuellement sont nommés *chiffres arabes*; ils sont au nombre de dix, savoir :

0	1	2	3	4	5	6	7	8	9
zéro	un	deux	trois	quatre	cinq	six	sept	huit	neuf

Dans un nombre écrit, chaque chiffre a deux valeurs : l'une qui lui est propre et qui porte le nom de *valeur absolue*; l'autre qui vient de la place que le chiffre occupe dans le nombre et que l'on nomme *valeur relative*; elle sert à indiquer l'espèce d'unités représentées par le chiffre, en se fondant sur ce principe que tout chiffre placé à la gauche d'un autre représente des unités dix fois plus fortes. (VOZ. NUMÉRATION).

CHIFFRES ROMAINS. — On emploie aussi d'autres caractères appelés *chiffres romains*, ainsi que l'indique le tableau suivant :

I	.... Un.	IX	....	Neuf.
II	.... Deux.	X	....	Dix.
III	.... Trois.	XL	....	Quarante.
IV	.... Quatre.	L	....	Cinquante.
V	.... Cinq.	C	....	Cent.
VI	.... Six.	D	....	Cinq cents.
VII	.... Sept.	M	....	Mille.
VIII	.... Huit.			

Pour écrire un nombre, on met à gauche les plus fortes unités du nombre, en continuant ainsi de gauche à droite; ainsi mil huit cent cinquante-huit s'écrira : MDCCCLVIII.

CHIGOMIER (Botanique), *Combretum*. — Voyez COMBRET.

CHILOGNATHES (Zoologie), *Chilognatha*, Latr., du grec *cheilos*, lèvre, et *gnathos*, mâchoire; ces animaux ont les mandibules garnies d'une espèce de lèvre inférieure. — Premier ordre de la classe des *Myriapodes*, dont le corps est généralement cylindrique et revêtu de téguments très-durs, et composé d'une suite ordinairement considérable d'anneaux; antennes au moins aussi grosses au bout qu'à la base et formées de sept articles; les pattes courtes terminées par un seul crochet, leur nombre augmente à chaque mue jusqu'à l'âge adulte, et va jusqu'à trente-neuf paires pour les mâles et soixante-quatre pour les femelles. Ces mues se renouvellent plu-

Fig. 838. — Ordre des Chilognates (un Iule).

sieurs fois dans le jeune âge. Le type de cet ordre est le genre *Iule*. Ces animaux marchent lentement, se roulent en spirale ou en boule; ils se nourrissent de débris végétaux et animaux en décomposition. Linné en avait formé le seul genre des *Iules*, que Latreille (*Règne animal*) a subdivisé en quatre sous-genres : 1° les *Iules propres*; 2° les *Gloméris*; 3° les *Polydèmes*; 4° les *Pollyxènes*.

CHILOPODES (Zoologie), *Chilopoda*, Latr., du grec *cheilos*, lèvre, et du génitif *podos*, pied, parce que ces animaux ont une espèce de lèvre et deux petits pieds onguiculés. — Deuxième ordre de la classe des *Myriapodes*, qui a pour type le genre *Scolopendre*. Ils ont le corps déprimé et membraneux, les antennes amincies vers le bout et composées de quatre articles ou plus. Chaque anneau, recouvert d'une plaque coriace, ne porte en général qu'une paire de pieds dont la dernière est rejetée en arrière en forme de queue; bouche armée de deux mâchoires munies de palpes, d'une espèce de lèvre et de deux petits pieds onguiculés; et d'une seconde lèvre formée par une seconde paire de pieds

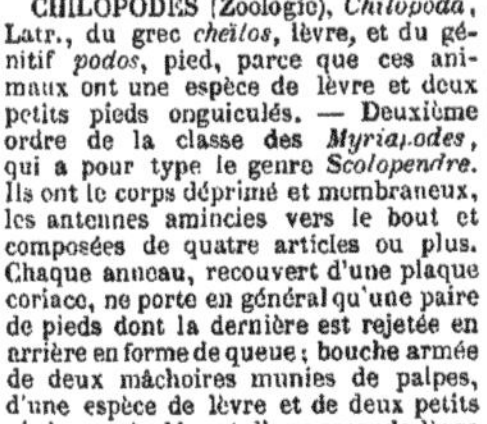

Fig. 839. — Ordre des Chilopodes (la Lithobie fourchue).

terminés par un fort crochet mobile; il est percé d'un trou pour la sortie d'une liqueur vénéneuse qui, chez les grandes espèces et dans les pays chauds, paraît très-active. Les chilopodes courent très-vite, sont carnassiers, recherchent l'obscurité et se cachent ordinairement sous les pierres ou les écorces des arbres. Latreille (*Règne animal*) les divise en trois genres : 1° les *Scutigères*; 2° les *Lithobies*; 3° les *Scolopendres*.

CHIMÈRE (Zoologie), *Chimæra*, Lin. Nom mythologique donné à ces poissons par Linné, à cause de la conformation singulière de leur tête. — Genre de *Poissons chondroptérygiens à branchies fixes*, dont le caractère consiste à avoir une seule ouverture branchiale de chaque côté du cou, et une queue terminée par un long filament. Ils montrent le plus grand rapport avec les squales par leurs formes générales et la position de leurs nageoires; au lieu de dents, ces poissons ont des plaques dures et non visibles qui garnissent les mâchoires, quatre à la supérieure, deux à l'inférieure : ils portent entre les yeux un lambeau charnu, terminé par un groupe de petits aiguillons. Cuvier les divise en deux sous-genres : 1° Les *Chimères* propres; le museau simplement conique; la deuxième dorsale commence immédiatement derrière la première et s'étend jusque sur le bout de la queue. On n'en connaît qu'une espèce, la *C. arctique* (*C. monstrosa*, Lin.), vulgairement *Roi des harengs*, qui atteint jusqu'à 1 mètre de long; de couleur argentée, tachetée de brun. Elle habite nos mers. Sa chair est trop dure à manger; les Norwégiens font des gâteaux avec ses œufs, et depuis longtemps ils tirent de son foie une huile dont ils font usage en médecine. 2° Le *Callorhynque* (*Callorhyncus*, Gronov.) a le museau terminé par un lambeau charnu. On n'en connaît aussi qu'une espèce, la *C. antarctique* (*C. callorhyncus*, Lin.). Elle habite les mers méridionales.

CHIMIATRIE (Médecine), du grec *chumeia*, mélange de sucs, amalgame, d'où l'on a fait *chume*, en grec moderne *cheimeia*, qu'on devrait peut-être écrire *chymie*, et de *iatriké*, médecine. — On a désigné sous ce nom l'usage que l'on a fait, à diverses époques, des théories chimiques dans leur application à la science médicale. En effet, la chimie a été appliquée à la médecine tant qu'on n'a pas connu les véritables principes de la science, et il est bon de remarquer que la chimiatrie ne fut qu'une branche de l'humorisme qui doit son existence à l'application qu'on voulut faire des influences chimiques aux altérations des humeurs, sans tenir compte des solides et des systèmes d'organes. On trouve déjà dans les écrits des anciens des traces de ces idées; mais ce n'est que dans le moyen âge qu'il faut chercher la véritable origine de la chimiatrie. Paracelse est l'auteur de la première théorie médicale basée sur la chimie : aux quatre éléments admis par les anciens, il avait substitué trois éléments chimiques, le sel, le mercure et le soufre. Van Helmont, qui vint après lui, fit entrer dans son système l'action des ferments, subordonnés toutefois à la puissance de ses archées. Après eux, Sylvius, Vieussens, Willis, et d'autres grands esprits, furent entraînés dans l'erreur commune; mollement combattue par des ennemis maladroits et trop faibles pour d'aussi rudes athlètes, cette doctrine trouva enfin dans Riolan un adversaire digne de ces grands noms, et la Faculté de médecine le soutint dans cette lutte, dans laquelle, ainsi que cela arrive toujours, on dépassa le but; ainsi on alla jusqu'à condamner le tartre stibié, parce qu'il avait une origine chimique. Enfin, la philosophie de Bacon et de Newton vint éclairer l'étude des sciences; la médecine prit part à ce mouvement, dans lequel Boerrhaave contribua à la chute de la chimiatrie, qui tomba alors comme secte dans le plus profond oubli. Toutefois, il ne faudrait pas confondre avec ces vaines théories, ce faisceau de lumières dont la chimie moderne a éclairé les sciences médicales, et surtout la physiologie; les sublimes travaux de Lavoisier sur la respiration, sur la chaleur animale, les recherches plus modernes sur la digestion, sur le sang et ses altérations, etc. Ces travaux et ces découvertes, comme toujours, ont inspiré des esprits moins justes, plus audacieux, plus avides de célébrité qu'amoureux de la vérité, et il en est qui ont voulu expliquer jusqu'au principe de la vie; mais c'est là le secret de Dieu, et nul mortel sensé ne doit élever ses prétentions jusque-là.   F—N.

CHIMIE. — Science toute moderne ayant pour objet l'étude des divers modes d'action que les corps exercent entre eux au contact et qui ont pour résultat des modifications profondes et permanentes dans leur nature; l'étude des changements dans leur composition que ces corps éprouvent sous l'influence des agents physiques, chaleur, électricité, lumière; l'étude enfin des lois qui président à toutes ces actions. En dehors de ces divers objets, la chimie est encore une science essentiellement descriptive énumérant les propriétés caractéristiques de chacun des produits qu'elle examine. Tandis que la physique n'embrasse que les phénomènes les plus généraux de la matière, qu'elle s'intéresse par-dessus tout aux grandes forces ou agents naturels, attraction, chaleur, électricité, lumière, qu'elle n'interroge les corps que pour mettre en évidence les effets de ces forces et découvrir les lois de leur action, la chimie étudie chaque corps en particulier, pour lui-même, recherchant son origine et son mode de formation, relatant sa physionomie propre et recherchant ce qu'il devient dans les diverses conditions où il peut être placé. Malgré ces différences capitales, la physique et la chimie n'en sont pas moins deux sciences sœurs ayant des rapports continuels et devant, un jour plus ou moins éloigné, se fondre en une seule science. La physique, en effet, est de plus en plus entraînée vers l'étude des phénomènes moléculaires qui sont en résumé la manifestation première des agents physiques et qui même quelquefois les constituent tout entiers. La chimie, de son côté, est poussée vers le même point, parce que les phénomènes chimiques ne sont au fond que des phénomènes moléculaires. A côté de ces deux sciences toutes spéculatives se rangent les applications que l'on en tire chaque jour au grand profit de la puissance et de la richesse de l'homme. De là la distinction de la *chimie théorique* et de la *chimie appliquée.*

La chimie théorique se divise en *chimie minérale,* qui s'étend à tous les corps que peut fournir la nature morte, et en *chimie organique,* qui embrasse tous les produits de la vie chez les animaux et les végétaux et tous les dérivés qu'on en peut obtenir. La chimie appliquée se divise à son tour en *chimie industrielle, chimie médicale, chimie agricole,* suivant la nature des applications qu'on en veut tirer. La *chimie pratique* s'entend de l'ensemble des opérations manuelles ou mécaniques exigées par la chimie.

La chimie est une des sciences les plus récemment constituées et peut-être celle dont les progrès ont été les plus rapides. Il est à peu près certain, cependant, que les anciens avaient, dès les temps les plus reculés, quelques notions des faits qu'elle enseigne. Les Égyptiens savaient préparer le vinaigre, le sel ammoniac, la soude, le savon, le verre et divers médicaments. Les Chinois possédèrent de bonne heure l'art de fabriquer le salpêtre, la poudre à canon, l'alun, le vert-de-gris, un certain nombre de matières colorantes, la porcelaine. Mais nous n'avons que des notions très-confuses sur l'étendue de ces connaissances isolées et restreintes. Les Grecs ne leur ajoutèrent aucun fait nouveau, et il faut remonter aux Arabes pour voir la chimie recevoir une certaine impulsion. Les efforts de ces premiers chimistes se portèrent particulièrement sur la préparation des médicaments et sur la transmutation des métaux vulgaires en métaux précieux. Avec eux commença pour la science cette longue période connue sous le nom d'*alchimie* (voyez ce mot), comprenant tout le moyen âge jusqu'aux temps modernes. Cette période fut loin cependant d'être complétement stérile. Geber, chimiste arabe du viiie siècle, connaissait déjà l'eau-forte, l'eau régale, la solution d'or, la pierre infernale, le sublimé corrosif, l'oxyde rouge de mercure, etc.; et si les efforts opiniâtres des alchimistes ne les conduisirent pas à la découverte chimérique de la *panacée,* ou remède universel, et de la *pierre philosophale,* nous leur devons du moins la connaissance d'un assez grand nombre de faits importants que la science moderne a conservés en les dégageant du langage obscur qui les recouvrait.

Ce fut à la fin du xviie siècle que Bécher, et un peu plus tard Stahl, firent les premières tentatives pour imprimer à la chimie une marche plus scientifique. Ce dernier réunit en un corps de doctrine les faits connus jusqu'à lui et chercha à les relier par la doctrine du *phlogistique.* Quelque erronée qu'ait été cette doctrine, elle n'en exerça pas moins une très-heureuse influence sur la marche de la chimie; elle prépara les grandes découvertes du xviiie siècle.

Geoffroy l'aîné publia, en 1718, les premières tables d'affinité; Hales, en 1724, et Black, en 1756, firent les premiers travaux sur les gaz; Marggraff, en 1759, distingua l'alumine et la magnésie et enseigna le premier les moyens d'extraire du sucre des plantes indigènes. En 1773 apparut Scheele, Suédois, qui fit faire à la chimie un très-grand pas par la découverte du chlore, de l'acide prussique, de l'acide fluorhydrique, de l'acide arsénique, de la baryte et d'un grand nombre d'acides organiques; puis Priestley, qui, vers la même époque, découvrit l'oxygène, le protoxyde d'azote, l'acide chlorhydrique; Cavendish, qui fit connaître l'hydrogène, la formation de l'acide carbonique par la combustion du charbon, la composition de l'eau et de l'acide nitrique, et enfin Lavoisier. Ce dernier chimiste opéra, de 1770 à 1793, une révolution profonde dans la chimie par ses études sur la combustion et par l'introduction, dans les recherches de la chimie, d'une précision jusqu'alors inconnue. Son influence fut telle que l'on est en droit de rattacher à lui la naissance de la chimie moderne, qui fut définitivement constituée sur ses bases actuelles, d'une part, par l'introduction de la première nomenclature chimique, par Guyton-Morveau, qui eut lieu à la même époque, et, de l'autre, par la théorie des affinités du Suédois Wenzel (1777). La découverte des proportions chimiques, par Richter de Berlin (1792); les innombrables analyses de Berzelius sur les sels; la découverte de la loi des proportions multiples pour les combinaisons binaires, par Dalton (1807); l'extension de cette loi aux combinaisons salines, par Wollaston; la découverte de la loi des volumes des gaz qui se combinent et des gaz produits de leur combinaison, par Gay-Lussac; la loi de l'isomorphisme, par Mitscherlich; les travaux de Berthollet, Fourcroy, Vauquelin, Klaproth; la décomposition des métaux alcalins opérée à l'aide de la pile, par Humphry-Davy, les nombreuses recherches de MM. Gay-Lussac, Thenard, etc., ont donné à la chimie minérale une impulsion extraordinaire égalée au moins par celle que la chimie organique reçut des travaux de MM. Chevreul, Liebig, Dumas, Laurent, Gerhardt, Malaguti, Cahours, etc., etc.

Les traités de chimie sont très-nombreux. Parmi les principaux, nous citerons ceux de Thenard, Dumas, Berzelius, Gerhardt, Liebig, Pelouze et Fremy, Malaguti, Cahours. (Pour les abréviations et les formules chimiques, voyez ÉQUIVALENTS, NOMENCLATURE CHIMIQUE.)

CHIMPANZÉ (Zoologie), *Troglodytes,* E. Geoff., qui veut dire en grec, qui habite dans les cavernes. — Genre de *Singes* de l'ordre des *Quadrumanes* de Cuvier et de Blainville, des *Primates* de I. Geoffroy Saint-Hilaire, et faisant partie, dans la classification de ce dernier mammalogiste, de la tribu des *Pithéciens,* groupe des *Anthropomorphes.* Les premières espèces de ce groupe (*Chimpanzé, Gorille, Orang, Gibbon*) doivent une certaine célébrité à leur prétendue ressemblance avec l'homme. Ce sont, en effet, de grands singes sans queue, à face nue, mais que l'imagination seule a pu représenter comme des *hommes des bois.* Leur corps ramassé, leurs membres postérieurs raccourcis comparativement aux bras, enfin leur face prolongée en une sorte de museau et dépourvue de front lorsque l'animal est adulte, impriment à leur extérieur tous les traits de la bestialité. Les jeunes, seuls, ont pu offrir quelques analogies lointaines avec les formes de nos enfants. Mais ils nous ont surtout inspiré des rapprochements de ce genre par un certain degré d'intelligence et par des instincts remarquables de sociabilité. Toutes ces qualités disparaissent avec l'âge, en même temps que les formes changent, et les adultes montrent une sauvagerie et une stupidité farouche qui, jointe à leur force prodigieuse et à leur faculté de saisir entre les quatre mains, en font des animaux très-redoutables. Jamais ils ne prennent la marche verticale, jamais ils n'élèvent leur regard vers le ciel, et c'est bien de l'homme seul que le poëte a pu dire :

> Levant un front altier, il dut porter les yeux
> Vers la voûte étoilée et contempler les cieux.

Ces singes vivent sur les arbres et n'ont à terre qu'une démarche embarrassée, pour laquelle ils s'aident des mains antérieures aussi bien que des postérieures. Les chimpanzés habitent les forêts de la côte occidentale d'Afrique, le Gabon, le Congo, etc.

Le *Chimpanzé* (*Simia troglodytes,* Lin.; *Troglodytes niger,* I. Geoff. Saint-Hil.) (*fig.* 540), espèce unique connue du genre, a le corps couvert de poils noirs, blancs auprès du coccyx; il a environ 1^m,50 de hauteur à l'âge adulte; sa face a presque la couleur de la chair; les oreilles grandes, membraneuses, arrondies et bordées, le front peu saillant, les arcades sourcilières très-développées, le museau allongé, mais moins que celui de l'orang-outang. Très-voisin du Gorille, avec lequel on l'a souvent confondu; il s'en distingue par des formes moins robustes, une face moins allongée, les canines supérieures moins saillantes; de plus, dans les gorilles, les doigts sont moins longs, et la peau n'est fendue aux membres inférieurs que jusqu'à la deuxième phalange. Ils vivent dans les vastes forêts de l'Afrique occidentale et au Gabon. Leurs mœurs sont peu connues ; on ne sait à

Fig. 540. — Jeune Chimpanzé.

cet égard que ce qu'on a pu observer dans les ménageries, sur les jeunes, qui n'ont pu y vivre longtemps.

CHINCAPIN (Botanique), *Fagus pumila*, de Linné. — Espèce de *Châtaignier*, qui est le *Castanea pumila* de Michaux. C'est un arbrisseau ordinairement élevé de 2 à 5 mètres, mais pouvant quelquefois acquérir les dimensions d'un arbre. Ses feuilles sont oblongues, aiguës, dentées en scies et couvertes en dessous d'une sorte de coton blanc. Son involucre fructifère s'ouvre en deux valves et contient un seul fruit velu au sommet, et présentant obscurément cinq angles. Le chincapin croit abondamment dans les bois sablonneux des États-Unis. Ses fruits, qui se développent bien sous le climat de Paris, ont une saveur sucrée très-agréable. Il est souvent cultivé comme espèce d'ornement. Son bois est dur, assez résistant, et même de meilleure qualité que celui du châtaignier d'Amérique, mais on ne peut obtenir que rarement des pièces de dimensions assez fortes.

CHINCHILLA (Zoologie), *Chinchilla*, Molina. — Genre de *Mammifères rongeurs* faisant partie d'un petit groupe nommé tribu des *Chinchilliens*, par M. Milne-Edwards, et famille des *Chinchillides* par M. Bennett. Cet animal, qui, il y a seulement une vingtaine d'années, ne nous était connu que par les élégantes et douces fourrures d'un beau gris perlé qui nous venaient du Chili, sa patrie, a pu être enfin étudié sur des types vivants qu'on a possédés à Londres et à Paris. La seule espèce connue, le *C. lanigera* (Bennett), qu'on ne trouve que dans les montagnes du Pérou et du Chili, se distingue par les caractères suivants : un peu plus petit que notre lapin de garenne, il a quatre dents molaires partout ; la tête, garnie de longues moustaches, ressemble à celle de l'écureuil ; les oreilles grandes, les pattes minces avec cinq doigts en avant, quatre en arrière ; pelage d'un beau gris, ondulé de blanc en dessus et d'un gris très-clair en dessous, d'une finesse et d'une douceur extrêmes ; il vit dans des terriers ; on lui fait la chasse avec des chiens dressés à le prendre sans déchirer sa fourrure. Ces animaux vivent de racines et de plantes bulbeuses. Si l'on en croit Molina, ils sont sociables et doux, aiment à être caressés ; ils sont très-propres, sans aucune odeur, et peuvent habiter les maisons sans aucun désagrément. La fourrure du chinchilla, très-recherchée chez nous autrefois, est beaucoup moins à la mode maintenant ; elle est encore assez portée en Angleterre, où il se vend quatre ou cinq mille peaux par an.

CHINCHILLIDES, **Chinchilliens** (Zoologie). — Petit groupe de *Mammifères rongeurs*, qui a pour type le *Chinchilla* (voyez ce mot). Ils ont des rapports avec les rats, les campagnols, les hélamys et les lièvres ; leurs clavicules sont complètes, leurs dents molaires sont dépourvues de racines ; ils comprennent les genres *Chinchilla* (Benn.) ou *Eriomys* (Licht), *Lagotis* (Benn.) ou *Lagidium* (Mey.), *Lagostomus* (Brook) ou *Viscache* (Mey.).

CHIONANTHE (Botanique), *Chionanthus*, Lin., du grec *chión*, neige, *anthos*, fleur. — Genre de plantes de la famille des *Oléinées*, tribu des *Oléées* ; à calice quadripartite ; corolle à 4 divisions ; 2 étamines à filets très-

courts ; drupe charnue, à une loge renfermant une seule graine. Les chionanthes sont des arbrisseaux d'Amérique. Leurs rameaux sont comprimés supérieurement ; leurs feuilles entières opposées et leurs fleurs disposées en grappes. Le *C. de Virginie* (*C. virginica*, Lin.), appelé aussi *Arbre de neige*, *Arbre à frange*, s'élève à 3-4 mètres. Ses feuilles sont grandes, oblongues, aiguës, et ses fleurs, d'une magnifique blancheur, sont en grappes pendantes. On distingue deux variétés de cette espèce, le *C. virginica montana*, Pursh, qui a des feuilles coriaces, glabres, et la drupe ovale, et le *C. virginica maritima*, Pursh, arbrisseau à feuilles molles, pubescentes, et à drupe ellipsoïde. Ces plantes sont d'un très-bel effet dans l'ornement.

G — s.

CHIONIS (Zoologie), *Chionis*, Forst., du grec *chión*, neige, à cause de la blancheur de son plumage ; c'est le *Vaginalis* de Latham, ainsi nommé, parce que son bec porte à sa base une lame cornée en forme de fourreau. — Genre d'*Oiseaux échassiers*, à jambes courtes, presque comme dans les Gallinacés, bec gros et conique ; sur la base, une enveloppe d'une substance dure qui paraît pouvoir se soulever et se rabaisser. Le *C. necrophaga*, Vieill, la seule espèce connue, est de la Nouvelle-Hollande ; il est de la taille d'une perdrix et a le plumage entièrement blanc. Il vit, sur les bords de la mer, des débris d'animaux morts que les flots rejettent sur le rivage.

CHIQUE (Zoologie), *Puce pénétrante* (*Pulex penetrans*, Lin.). — Espèce d'*Insectes suceurs*, du genre *Puce*, et qui, suivant Latreille (*Règne animal*), forme probablement un genre particulier. Son bec est de la longueur du corps ; elle est très-connue en Amérique. La femelle s'introduit sous la peau du talon et sous les ongles des pieds, et y acquiert bientôt le volume d'un petit pois, par le gonflement d'un sac membraneux placé sous le ventre et qui renferme les œufs. Leur éclosion amène un surcroît d'irritation dont la suite est un ulcère souvent difficile à guérir. Les soins de propreté préviennent ces accidents auxquels les nègres sont plus particulièrement sujets.

CHIRAGRE (Médecine), du grec *cheir*, main, et *agreô*, je prends. — Nom donné à la goutte aux mains, par opposition à *podagre*, la goutte aux pieds (voyez GOUTTE).

CHIRITE (Botanique), *Chirita*, Hamilt. — Genre de plantes de la famille des *Cyrtandracées*, tribu des *Didymocarpées*. Il comprend des herbes vivaces, poilues, presque toutes originaires de la Chine et de Ceylan. Leurs feuilles sont opposées, pétiolées, bordées de dents. Leurs fleurs sont grandes, rouges ou jaunes, et accompagnées de deux bractées. Les plus répandues dans les serres chaudes sont : la *C. de la Chine* (*C. sinensis*, Lindl.) dont les fleurs réunies par 2-4 sont d'une belle couleur lilas ; la *C. de Ceylan* (*C. zeylanica*, Hook.), à fleurs d'un bleu violet, avec des bractées un peu pourprées ; enfin, la *C. de Moon* (*C. Moonii*, Gardn.), et la *C. de Walker* (*C. walkeriæ*, Gardn.), l'une à tube de la corolle ventru et rose pâle, l'autre à tube d'un bleu pâle, avec un limbe d'un pourpre violet foncé. L'introduction de ces plantes chez nous ne date que de quelques années.

G — s.

CHIRONECTE (Zoologie), *Chironectes*, Ilig., du grec *cheir*, main, et *nectés*, nageur. — Genre de *Mammifères*, ordre des *Marsupiaux*, famille des *Sarigues*, confondu pendant quelque temps avec les loutres, auxquelles il ressemble par la palmature de ses pieds postérieurs et par ses habitudes aquatiques ; il appartient véritablement aux sarigues : ainsi, comme elles, il a une poche abdominale, et sa queue est nue, cylindrique et écailleuse ; les dents incisives sont aussi au nombre de dix en haut et huit en bas ; le reste comme les sarigues, etc. La seule espèce connue est le *C. Yapock*, *Petite Loutre de la Guyane* (*Didelphis palmata*, Geoff.) ; joli petit animal, long de 0ᵐ,25 environ pour le corps, et 0ᵐ,30 pour la queue ; brun en dessus, blanc en dessous ; ses mœurs sont peu connues, mais il est probable qu'il vit d'insectes aquatiques et de petits poissons ; il nage avec une grande agilité. On le trouve sur les bords de la rivière Yapock, dans la Guyane.

CHIRONECTE (Zoologie), *Antennarius*, Comm., même étymologie que le précédent. — Sous-genre de *Poissons acanthoptérygiens*, famille des *Pectorales pédiculées*, genre *Baudroie* (*Lophius*). Ils ont, comme ces dernières, des rayons libres sur la tête ; le corps et la tête comprimés, la bouche ouverte verticalement, les ouïes munies de quatre rayons ne s'ouvrant que par un canal et un petit trou derrière la pectorale. Ils se gonflent quelquefois comme un ballon, en remplissant d'air leur énorme estomac. Ils peuvent ramper à terre comme de petits quadrupèdes à l'aide de leurs pectorales, et peuvent vivre hors de l'eau pendant deux ou trois jours, ce qu'ils doivent à la petitesse de leur trou branchial. On les trouve dans les mers des pays chauds. Le *C. histrion* (*C. histrio*, *Lophius histrio*, Lin.; *L. timidus*, Osbek) est un poisson long de 0ᵐ,25 environ; il a la tête petite, des barbillons autour des lèvres, le dos doré, le ventre brun. Des mers du Brésil et de la Chine. Sa chair n'est pas bonne. Le *C. uni*, Lophie *unie* (*C. levigatus*, Cuv.), habite la haute mer entre l'Europe et l'Amérique.

CHIRONIE (Zoologie), *Chironia*, Desh.— Genre de coquilles bivalves, appartenant aux *Mollusques acéphales testacés*, famille des *Cardiacés*, voisine des Erycines de Lamarck; ce sont des coquilles équivalves, régulières, minces, à charnière étroite. On n'en connaît qu'une espèce rapportée pour la première fois par le capitaine Chiron, d'où lui vient son nom. Elle a près de 0ᵐ,027 de large et provient des mers de Californie.

CHIRONIE (Botanique), *Chironia*, Lin., dédiée au centaure Chiron, l'un des premiers propagateurs de la chirurgie, de la médecine et de la botanique. — Genre de plantes de la famille des *Gentianées*, type de la tribu des *Chironiées*. Les chironies sont de très-élégants arbrisseaux, ordinairement à fleurs rouges. La *C. à tiges nues* (*C. nudicaulis*, Lin.) a les feuilles lisses sur les bords, avec une ou 3 nervures. Sa corolle est à tube grêle, à lobes ovales, lancéolés. La *C. à feuilles de jasmin* (*C. jasminoïdes*, Lin.) a les feuilles coriaces et les corolles à lobes très-obtus. La *C. à feuilles de lin* (*C. linoïdes*, Lin.) présente des feuilles piquantes, et les corolles à tube deux fois plus court que les lobes. La *C. à feuilles de serpolet* (*C. serpyllifolia*, Lehm.) a les feuilles ovales, courtes, et la corolle à tube de la longueur du calice. Toutes ces plantes sont originaires du cap de Bonne-Espérance. G—s.

CHIROTE (Zoologie), *Chirotes*, Cuv., du grec *cheir*, main. On leur a aussi donné le nom de *Bimanes*. — Genre de *Reptiles sauriens*, famille des *Scincoïdiens*, voisins des Chalcides, auxquels ils ressemblent par leurs écailles verticillées; ils se rapprochent aussi des Amphisbènes par la forme obtuse de leur tête; ils manquent des pieds de derrière et ont encore ceux de devant. On n'en connaît qu'une espèce, la *Bimane cannelé*, *Bipède cannelé* de Lacépède (*C. caniculatus*, Cuv.; *Chamæsaura propus*, Schn.; *Lacerta lombricoïdes*, Shaw). Il a deux pieds courts, à quatre doigts chacun, et un vestige de cinquième, de forme cylindrique; il est long de 0ᵐ,25 à 0ᵐ,30, gros comme le petit doigt, couleur de chair; il vit d'insectes et sa langue peu extensible se termine par deux petites pointes cornées; son œil est très-petit; son tympan, recouvert par la peau, est invisible au dehors. Cuvier ne lui a trouvé qu'un grand poumon et un vestige de petit. Il est du Mexique.

CHIRURGIE, du grec *cheir*, main, et *ergon*, action, travail, c'est-à-dire l'action de la main employée seule ou armée d'instruments pour le traitement des maladies. — Le but de la chirurgie est de diviser certaines parties, d'en réunir d'autres, de retrancher quelquefois un membre, une tumeur, d'extraire des corps étrangers, de ramener dans leurs positions des parties déplacées, soit par des pansements, des appareils, soit au moyen d'instruments de toute espèce. Elle ne forme point un art distinct de la médecine dont elle n'est qu'un moyen, le plus puissant, à la vérité, et le plus efficace. Longtemps les mêmes hommes cultivèrent toutes les branches de la médecine, chez les peuples de l'antiquité, comme nous l'attestent les ouvrages d'Hippocrate, de Galien, de Celse, d'Albucasis, qui traitent successivement des fièvres, des fractures, des plaies, etc., sans distinguer les maladies en internes et en externes. Dans les temps les plus reculés, chez les Égyptiens, les Chaldéens, dans l'Inde, la médecine fut pratiquée par les ministres de la religion, chez les Hébreux par les lévites. Ce n'est qu'à dater de l'école d'Alexandrie qu'elle prend le titre de science; car, avant cette époque, l'anatomie n'avait pu être étudiée que sur des animaux, et ses progrès avaient été peu marqués. Cependant, quelques grandes opérations avaient été ou décrites ou pratiquées par Hippocrate, le trépan, par exemple : il est certain aussi que la lithotomie était usitée, puisque le même Hippocrate défend de faire cette opération qui était fort dangereuse, probablement à cause du défaut de connaissances anatomiques et des mauvais procédés opératoires. Mais bientôt, un siècle après, vers

l'an 300 avant J. C., Hérophile obtient de Ptolémée Soter la permission de disséquer des corps humains; et dès lors, l'étude de l'anatomie prend un grand développement; Érasistrate, son contemporain, et son émule Ammonius, s'y livrent avec ardeur. Sous cette puissante impulsion, la chirurgie ne pouvait rester en arrière, et, 100 ans avant J. C., Asclépiade vient apporter à Rome les connaissances chirurgicales. Celse paraît sous Auguste et sous Tibère; il décrit la cataracte, l'opération de la taille; puis, jusqu'à Paul d'Égine, on ne voit guère paraître que Galien, et enfin, vers le milieu du VIIe siècle de l'ère chrétienne, Paul d'Égine vient éclairer d'un dernier reflet l'art chirurgical, dans lequel il se montre supérieur à tous les autres médecins grecs par son expérience et par plusieurs méthodes curatives qui lui appartiennent : c'est à lui que se termine la liste des médecins grecs. Après la décadence de l'empire, les Arabes vinrent recueillir l'héritage des sciences; Averrhoës et Albucasis pratiquèrent la médecine et la chirurgie avec succès. Cependant, dans notre Occident, depuis l'établissement du christianisme, les moines et les ministres de la religion s'étaient emparés de l'exercice de la médecine et de la chirurgie en France; et c'est alors qu'elle tomba dans la routine et l'empirisme. Enfin, lorsque les sciences commencèrent à renaître, il s'éleva des écoles dans les couvents et dans les cathédrales : l'art de guérir y fut enseigné, mais on se borna à expliquer et à commenter les livres des Arabes. La chirurgie ne pouvait se relever dans ces enseignements voués aux discussions scolastiques; les moines qui l'exerçaient, et auxquels on donnait le nom de *myres*, n'avaient aucunes connaissances anatomiques et chirurgicales. Sous Louis VII, vers le milieu du XIIe siècle, en 1163, le concile de Tours interdit l'exercice de la chirurgie aux ecclésiastiques, à cause des opérations sanglantes qu'elle nécessite; elle fut alors abandonnée aux laïques, presque tous illettrés, et, tandis que la médecine jouissait des priviléges de l'Université, la chirurgie devenait une communauté confondue avec les professions mécaniques. On vit naître alors les *renoueurs*, les *rebouteurs*, les *chirurgiens barbiers* Cependant, quelques médecins cessant de faire partie de l'Université voulurent continuer à pratiquer la chirurgie; ils se rassemblèrent à Paris et formèrent une congrégation dans l'église de Saint-Côme et de Saint-Damien. Jean Pitard, premier chirurgien du roi saint Louis, esprit ardent, enthousiaste de la chirurgie qu'il illustrait par un rare génie, et par l'honneur qui rejaillissait sur elle de son illustre patronage, organisa cette corporation des chirurgiens, et leur donna un règlement les astreignant à des études sous des professeurs institués à l'école, qui prit le nom de *Collège royal de Saint-Côme*. Ce fut là, comme nous le verrons plus tard, l'origine de l'Académie de chirurgie. Ces chirurgiens, dits à longue robe, étaient bien distincts des *barbiers*, gens illettrés, réduits à une espèce de domesticité, examinés et autorisés à exercer par le Collège de Saint-Côme, et surveillés par ses membres. Par suite des rivalités existant entre cette dernière école et la Faculté, celle-ci fut par obtenir que les barbiers, qu'elle protégeait, fussent investis du titre de chirurgien; ceux de Saint-Côme les repoussèrent, obtinrent la révocation des lettres patentes, et exigèrent que ceux qui voudraient appartenir à leur ordre fussent lettrés; c'est pendant toutes ces luttes que nous voyons surgir vers le milieu du XIVe siècle, Guy de Chauliac, qui contribua à retirer la chirurgie des mains des barbiers, et enfin, deux cents ans après, vers 1550, paraît la grande figure de notre immortel Ambroise Paré, le père de la chirurgie française. Cependant celle-ci continuait à être humiliée par la prépondérance de son orgueilleuse rivale, et Louis XIV lui-même, ce monarque ami des lumières, laissait appesantir sur elle le joug de la Faculté. Ce roi faillit payer cher cet abandon dans lequel il laissa la chirurgie; car, atteint d'une fistule à l'anus, il appela les chirurgiens les plus célèbres, et aucun ne connaissait et ne pouvait pratiquer l'opération applicable à cette maladie. Ce ne fut qu'après des essais et des tâtonnements infinis que son premier chirurgien Félix osa l'opérer et le guérit. Enfin, le jour de la justice arriva, et, grâce aux sollicitations de La Martinière et de La Peyronnie, Louis XV institua, en 1731, l'Académie royale de chirurgie, et créa des professeurs dans le collège pour l'enseignement de cette science. Il faut bien le dire, jamais création ne fut mieux justifiée, car, à cette époque, la chirurgie française acquit en Europe un éclat inaccoutumé; indépendamment des deux illustrations que nous venons de nommer, on vit briller au premier rang Mareschal, Morand, Louis,

Quesnay, puis J. L. Petit, Garengeot, Ledran, Lafaye, Foubert, Hévin, Lecat, Puzot, Bordenave, Lamotte, Pouteau, Levret, Sabatier; en Angleterre, Cheselden, les deux Monro, Post, Smellie, les deux Hunter; en Italie, Moscati, Molinelli; en Allemagne, Heister, Richter. Enfin, Desault, le chef de la nouvelle école française, vint couronner ce passé déjà glorieux, Desault qui résumait à lui seul tout ce que l'art a de plus sublime et de plus digne de l'admiration de la postérité; ainsi la méthode et la précision basées sur ses connaissances en anatomie, la simplicité ingénieuse de ses appareils de fractures, l'enthousiasme pour la chirurgie qu'il savait communiquer à ses disciples, l'éclat de son enseignement clinique, tout en lui commandait le respect et la confiance. Bientôt, en 1795, les écoles de médecine furent créées, et là fut effectuée enfin cette union, depuis si longtemps désirée par tous les bons esprits, de la médecine et de la chirurgie. Depuis cette époque, l'enseignement chirurgical est donné simultanément avec l'enseignement médical dans les Facultés qui ont succédé aux écoles de médecine; les épreuves sont identiques pour tous, et si quelques candidats au doctorat ont choisi de préférence le titre de docteur en chirurgie, presque toujours ils ont été déterminés par une vocation spéciale et bien spontanée pour cette partie de l'art de guérir, et l'immense majorité des chirurgiens les plus illustres de notre époque, ont pris le diplôme de docteur en médecine. Aussi, depuis cette grande école de Desault, depuis surtout la constitution des écoles et des Facultés de médecine, combien d'hommes illustres ont honoré la chirurgie! Pelletan, Boyer, Percy, Dubois, Larrey, Dupuytren, Roux, Marjolin, Richerand, Lisfranc, Sanson, Blandin, Amussat, Aug. Bérard, et tant d'autres que nous ne nommons pas par discrétion; voilà pour Paris. Si les bornes de cet article nous le permettaient, nous aurions aussi de grands noms à citer dans les principales villes de France et à l'étranger, et surtout en Angleterre, en Italie, en Suisse, en Allemagne.

Mais nous serions coupables de ne pas dire un mot aussi de ces nobles et laborieux praticiens qui peuplent nos petites villes, nos bourgs, nos villages même; de ces honorables docteurs en médecine ou en chirurgie qui, après avoir puisé, aux savantes leçons des maîtres que nous venons de citer, une instruction solide, après avoir commencé l'apprentissage de la pratique médicale et chirurgicale dans les hôpitaux comme internes ou même comme externes, sont allés mettre une science, si chèrement acquise, au service de ces humbles populations des campagnes non moins précieuses que celles de nos opulentes cités. C'est là qu'on trouve le vrai médecin, le vrai chirurgien, celui qui, privé d'aides intelligents, de bandages, d'appareils, d'instruments, sait parer à tout, et, dans une circonstance donnée, utilise au profit de ses malades les faibles ressources qui sont à sa portée; il fera une opération de cataracte aussi bien que celle de la hernie étranglée, l'amputation d'un membre, comme le trépan, la lithotritie comme l'enlèvement d'un cancer; pour faire respirer et vivre un petit malade auquel il vient de pratiquer la trachéotomie, à défaut d'une canule de Charrière, il lui introduira dans la trachée un tube quelconque, fût-ce même un tube en bois; et c'est le même homme que vous verrez tout à l'heure aussi sagace à discerner une fièvre typhoïde, une fièvre pernicieuse, une pneumonie, une angine croupale, etc. Voilà ce qu'a produit cette heureuse union de la médecine et de la chirurgie. Nous ne parlerons pas ici des officiers de santé répandus à la fois dans les villes et dans les campagnes, ou confondus avec les docteurs; l'insuffisance de l'instruction qu'on exige d'eux, le peu de garanties qu'ils offrent à la société, d'autres raisons encore que nous n'avons pas à présenter ici, font désirer depuis longtemps qu'on fasse cesser cette anomalie qui n'a plus sa raison d'être; en effet, institués dans un moment de réorganisation générale, où il y avait pénurie de médecins et de chirurgiens, leur création fut un bienfait pour les temps où la guerre, par ses nécessités, devenait la vocation générale de la jeunesse de cette époque; mais aujourd'hui, la même nécessité ne semble plus exister. — Ouvrages à consulter: *Mémoires de l'Acad. roy. de Chirurgie*; ouvrages de J. L. Petit, Desault, Chopart, Sabatier, Boyer, Lisfranc, Gerdy, Sanson, Velpeau, Malgaigne, Nélaton; *Compendium de Chirurgie* de Bérard et Denonvilliers.

F — N.

CHIRURGIEN (Zoologie), nom vulgaire des genres *Acanthure* (Poissons), et *Racana* (oiseaux).

CHLÆNACÉES, CHLÉNACÉES (Botanique), du grec *chlaina*, manteau, de la forme de son involucre. — Famille de plantes *Dialypétales hypogynes*, comprenant des arbres ou des arbrisseaux à feuilles alternes, entières, et munies de stipules. Caractères : involucre à 1 ou 2 fleurs, calice à 3 sépales; 5 ou 6 pétales; étamines, 10 ou plus, soudées en un petit tube par leurs filets; ovaire à 3 loges; style simple; stigmate trifide; capsule enfermée dans un involucre et contenant 3 loges ou une seule par suite d'avortement; graines à cotylédons foliacés et à périsperme. Les Chlænacées ont de l'analogie avec les Guttifères. Elles habitent presque toutes l'île de Madagascar et renferment un petit nombre d'espèces fort peu répandues.

Du Petit-Thouars, dans son *Histoire des végétaux de l'Afrique australe*, a donné une étude sur cette petite famille.

G — s.

CHLAMYDOSAURE (Zoologie), *Chlamydosaurus*, Gray. — Genre de *Reptiles sauriens*, famille des *Iguaniens*, voisin des Sitanes. Établi par J. E. Gray sur une espèce curieuse apportée de la Nouvelle-Hollande, il se distingue surtout par une expansion cutanée de son cou, semblable à une grande collerette plissée et fendue en avant et en arrière; c'est de là que vient son nom, du génitif grec *chlamudos*, manteau, et *saura*, lézard. La seule espèce connue, le *C. Kingii*, ainsi nommé parce qu'il a été rapporté par le capitaine King, est long de 0^m,40 à 0^m,50; c'est la taille des plus grands lézards connus; il a la queue longue et grêle, et sur les cuisses une rangée de pores. On ne sait rien sur ses mœurs.

CHLAMYPHORE (Zoologie), *Chlamyphorus*, Harlan, du grec *chlamus*, manteau, et *phoros*, qui porte. — Sous-genre du genre *Tatou*, établi par Harlan (*Ann. du Lycée de New-York*, tome I, avec figure): 10 dents partout, 5 doigts à tous les pieds, les ongles de devant très-grands, crochus, tranchants, comme dans les cabassous; le dos couvert d'une suite de rangées transversales de pièces écailleuses, sans aucun test solide ni devant ni derrière, et formant une espèce de cuirasse qui n'est attachée au corps que le long de leur épine; leur queue aplatie tombe verticalement derrière l'animal. La seule espèce connue, le *C. tronqué* (*C. truncatus*, Harl.), long de 0^m,12 à 0^m,15, vient du Chili; il passe la plus grande partie du temps sous terre.

CHLORATES (Chimie). — Combinaisons de *l'acide chlorique* avec une base. Le plus important de ces sels est le *chlorate de potasse* dont l'industrie fait annuellement une consommation considérable.

CHLORATE DE POTASSE (ClO^3,KO) (Chimie). — Sel cristallisé en lames ou paillettes incolores, très-brillantes, d'une saveur fraîche et un peu acerbe. Il est insoluble dans l'alcool; 100 parties d'eau peuvent en dissoudre 60 à 100°, et seulement 6 à la température ordinaire. Il cristallise sans retenir d'eau; on l'obtient toujours *anhydre*.

Le chlorate de potasse fond à 400°; à une température plus élevée, il éprouve d'abord une décomposition partielle; une portion en est décomposée en chlorure de potassium et oxygène. De cet oxygène, partie se dégage en liberté, l'autre se porte sur le chlorate de potasse non décomposé, et le transforme en perchlorate (ClO^7,KO) plus stable que le chlorate. Ce sel finit cependant par se décomposer lui-même, et il ne reste plus, comme résidu de l'opération, que du chlorure de potassium (KCl). Cette décomposition du sel, que l'on utilise pour la préparation de l'oxygène, est favorisée par son mélange avec du bioxyde de manganèse, et mieux encore du bioxyde de cuivre, sans que ni l'une ni l'autre de ces dernières substances éprouvent aucune altération par elles-mêmes; elles n'exercent dans cette circonstance *qu'une action de présence* dont la nature est peu connue.

La grande quantité d'oxygène contenue dans le chlorate de potasse et sa facile décomposition par la chaleur font de ce corps un oxydant très-énergique. Projeté sur des charbons incandescents, il donne lieu, comme le sel de nitre, à une très-vive déflagration; mêlé avec des corps combustibles (soufre, charbon, phosphore, résines, métaux pulvérisés), il forme des poudres qui prennent feu plus ou moins facilement sous le choc ou l'action de la chaleur. Ces poudres, trop brisantes pour être employées comme poudre de guerre, sont utilisées dans la fabrication des *artifices*. Elles ont servi également, avant la découverte des allumettes chimiques, dans la préparation des *briquets* dits *oxygénés*. Des allumettes, garnies à l'une de leurs extrémités d'un mélange de chlorate de potasse, de résine et de soufre, s'enflamment quand on les plonge dans un flacon d'acide sulfurique qui eu mouille le bout. L'acide sulfurique décompose le chlorate de potasse, met en liberté l'acide chlorique qui cède aussitôt son oxygène à la matière inflammable. Depuis 1835, l'addition du phosphore au chlorate de potasse a donné lieu aux allumettes chimiques aujourd'hui si répandues, et qui s'enflamment par simple frottement.

Le chlorate de potasse a été découvert, en 1786, par Berthollet, qui lui donna le nom de *muriate suroxygéné de potasse*. On le prépare en grand dans l'industrie en faisant passer un courant de chlore dans une dissolution concentrée et chaude de potasse ou de carbonate de potasse aussi pur que possible. Il se forme du chlorure de potassium et du chlorate de potasse. On sépare ensuite ces deux produits par la cristallisation en s'appuyant sur ce double fait, que le chlorure de potassium est très-soluble à froid, tandis que le chlorate de potasse l'est très-peu. Ce dernier se déposera donc à peu près seul dans une opération bien conduite. Une nouvelle cristallisation le donne pur.

La préparation du chlorate de potasse peut être faite d'une manière plus économique à l'aide d'un procédé indiqué par Liebig. Au lieu de faire passer le chlore dans une dissolution de potasse qui ne donne guère que 10 p. 100 de son poids du sel, on le fait passer dans un lait de chaux ; il se produit du chlorure de potassium et du chlorate de chaux ; on dissout à chaud et on verse dans la liqueur une suffisante quantité de chlorure de potassium qui transforme le chlorate de chaux en chlorure de calcium, en se transformant lui-même en chlorate de potasse.

CHLORE (Chimie), du grec *chlôros*, jaune verdâtre. — Corps simple, gazeux à la température ordinaire, d'une couleur jaune verdâtre, d'une odeur particulière, désagréable, irritant fortement la poitrine et pouvant même occasionner des crachements de sang, quand, par inadvertance, on en respire des quantités un peu considérables. Sa densité est 2,44 ; un litre de ce gaz pèse $3^{gr},17$. Son équivalent est 35,5.

Le chlore n'est pas un gaz permanent. Comprimé jusqu'à ce qu'il soit réduit au quart ou au cinquième de son volume, il commence à se transformer en un liquide fortement coloré en jaune : c'est du *chlore liquide*. Si à la pression on joint une basse température, la liquéfaction devient encore plus facile. Le chlore est soluble dans l'eau qui en prend deux fois son volume. L'eau ainsi obtenue s'appelle *eau de chlore*. La dissolution saturée, plongée dans de la glace, laisse déposer une matière floconneuse qui est une combinaison définie de chlore et d'eau ou hydrate de chlore (Cl,10aq). L'hydrate peut être recueilli par décantation, séché entre deux feuilles de papier non collé, puis introduit dans un tube que l'on ferme à la lampe. A mesure que la *température* s'élève, les cristaux d'hydrate de chlore fondent, et on voit apparaître dans le tube deux couches liquides, l'une supérieure, jaune pâle, est de l'eau de chlore; l'autre située au-dessous, fortement colorée, est du chlore liquide. C'est le moyen le plus simple d'obtenir ce dernier produit.

Le chlore est remarquable par l'énergie de ses affinités chimiques; mélangé avec de l'hydrogène, il se combine brusquement avec ce gaz dès qu'il reçoit le contact des rayons solaires, ou qu'il est traversé par une étincelle électrique. Cette combinaison est accompagnée d'une explosion violente et assez souvent de la rupture du vase dans lequel elle a lieu. Cette expérience doit donc être faite avec précaution. L'explosion peut même avoir lieu à la lumière diffuse du jour, quand le chlore, avant son mélange avec l'hydrogène, est resté quelque temps exposé à l'action directe des rayons solaires. En dehors de cette condition, la combinaison a encore lieu, mais d'une manière lente. La flamme d'une bougie produit sur le mélange le même effet que la lumière solaire et l'étincelle électrique. Le résultat de la combinaison est, dans l'un et l'autre cas, de l'acide *chlorhydrique*.

L'affinité du chlore pour l'hydrogène est tellement grande que cette substance décompose peu à peu l'eau dans laquelle il est dissous. L'eau de chlore se décolore peu à peu et son chlore se transforme peu à peu en acide chlorhydrique, en même temps que de l'oxygène devient libre. Cet oxygène reste en partie dissous dans l'eau, mais la plus grande partie s'en dégage ou s'unit au chlore pour former de l'acide perchlorique (ClO7). On ne peut donc conserver quelque temps une dissolution de chlore qu'à la condition de la tenir constamment à l'abri de la lumière dans des flacons en verre noir, ou mieux, renfermés eux-mêmes dans un étui en carton fermé par un couvercle.

Le chlore enlève aussi l'hydrogène à la plupart des substances qui en renferment : c'est un déshydrogénant énergique ; c'est aussi un oxydant puissant, bien qu'il ne renferme aucune trace d'oxygène ; mais, en décomposant l'eau, il met de l'oxygène en liberté, et cet oxygène *naissant* se trouve dans les conditions les plus favorables pour entrer dans de nouvelles combinaisons. C'est à cette double propriété que le chlore doit d'être employé comme *désinfectant* et comme *décolorant*. Il est désinfectant, parce qu'il s'empare de l'hydrogène des matières organiques, quelles qu'elles soient, auxquelles l'infection peut être attribuée. Il est décolorant, parce qu'il déshydrogène la plupart des matières colorantes provenant du règne végétal, ou parce qu'il les oxyde indirectement, et que, dans l'un et l'autre cas, il en change la nature. Sous ce double rapport, le chlore est d'une grande importance en industrie. Il y est toutefois rarement appliqué en nature à cause des difficultés de transport et de conservation; on préfère généralement le condenser par la chaux, et c'est à l'état de *chlorure de chaux* (voyez ce mot) qu'il est livré au commerce.

Le chlore a autant d'affinité pour la plupart des métaux que pour l'hydrogène ; plusieurs prennent feu dans ce gaz dès qu'ils y sont versés. Il attaque rapidement le mercure, et, quand il est à l'état naissant dans l'eau

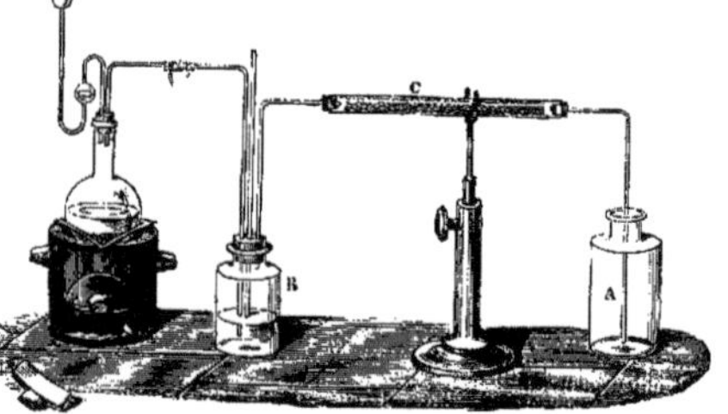

Fig. 541. — Préparation du chlore sec.

régale, il dissout promptement les métaux les plus rebelles, tels que l'or, le platine, etc. Il n'est pas de corps simple qui ne puisse être combiné avec lui; quelques-uns cependant ne s'unissent avec lui que d'une manière très-fugitive; tel est, en particulier, l'azote avec lequel il forme un composé redoutable par son instabilité (voyez CHLORURE).

Le chlore forme avec l'oxygène cinq combinaisons qui sont toutes acides. Ce sont : l'acide *hypochloreux* (ClO), l'acide *chloreux* (ClO3), l'acide *hypochlorique* (ClO4), l'acide *chlorique* (ClO5) et l'acide *perchlorique* (ClO7) (voyez ces mots).

Le chlore a été découvert en 1774 par Schoele, qui lui donna le nom d'*acide muriatique déphlogistiqué*. Plus tard, Lavoisier et Berthollet le considérèrent comme de l'acide chlorhydrique oxygéné, et l'appelèrent *acide muriatique oxygéné*. Gay-Lussac et Thenard en France, et Humphry Davy en Angleterre, établirent, vers 1811, que ce gaz est simple et non composé d'autres éléments connus. Dès 1785, Berthollet avait utilisé l'action du chlore sur les matières colorantes, en l'employant au blanchiment des tissus. Le professeur Hallé, de l'École de médecine de Paris, avait, à la même époque, signalé ses propriétés antiseptiques, et en 1791 Fourcroy le recommanda comme propre à désinfecter les cimetières, les salles de dissection, les écuries en cas d'épizootie, etc. Guyton Morveau en popularisa l'emploi sous ce rapport, par l'invention d'un petit appareil portatif propre aux fumigations.

Le chlore s'obtient à l'état gazeux en faisant agir l'acide chlorhydrique sur le bioxyde de manganèse que l'on trouve abondamment dans la nature. Il se produit ainsi de l'eau, du chlorure de manganèse et du chlore, comme l'indique la formule

$$MnO^2 + 2HCl = 2HO + MnCl + Cl.$$

On remplace quelquefois dans cette préparation l'acide chlorhydrique par un mélange d'acide sulfurique et de sel marin. Par la réaction mutuelle de ces deux composés, il se forme du sulfate de soude et de l'acide chlorhydrique qui joue le même rôle que précédemment. Mais si l'acide sulfurique est en quantité suffisante, le chlorure de manganèse est remplacé lui-même par du sulfate d'oxyde de manganèse; toutefois, pour le même poids de cette substance, on n'obtient toujours que la même quantité de chlore. Si on veut obtenir le chlore à l'état gazeux, les matières nécessaires à sa préparation sont introduites dans un ballon de verre (*fig.* 541) fermé par un bouchon que traversent deux

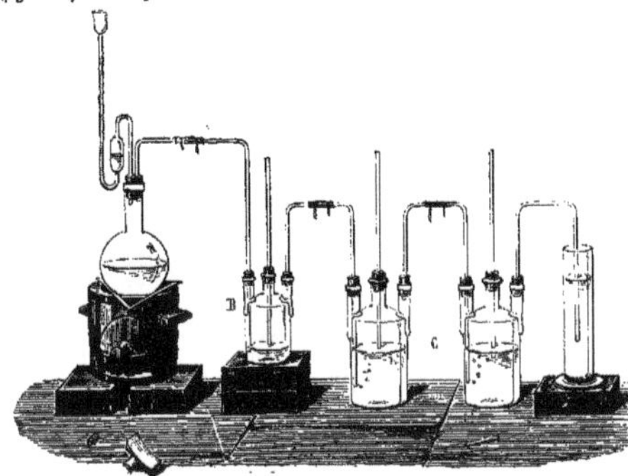

Fig. 542. — Préparation du chlore en dissolution dans l'eau.

tubes; l'un recourbé en S sert à recharger d'acide, l'autre se rend dans un premier *flacon laveur* B, contenant une couche d'eau que le gaz doit traverser, et où il se dépouille des vapeurs d'acide chlorhydrique qu'il entraîne toujours un peu avec lui. De là, il passe à travers un tube de verre C rempli de fragments de chlorure de calcium fondu, qui lui enlève son humidité. Il pénètre enfin au fond du flacon A ouvert à l'air libre. Le chlore, plus dense que l'air, forme au fond de ce flacon une couche de gaz qui, en s'épaississant, chasse devant lui l'air dont il prend la place. Le chlore, en effet, ne peut être recueilli ni sur l'eau qui le dissout, ni sur le mercure qu'il attaque.

Quand, au contraire, on veut une dissolution de chlore, on fait passer le chlore au travers d'une série de flacons B, C à moitié pleins d'eau, ainsi que le montre notre figure 542.

CHLOREUX (Acide). — Gaz jaune verdâtre, soluble dans l'eau, qui en prend cinq à six fois son volume et en reçoit une couleur jaune d'or. Il est formé par l'union d'une proportion de chlore (35,5) avec trois proportions d'oxygène (24). Il s'unit aux bases avec lesquelles il forme des sels (chlorites) bien définis. Il est peu stable par lui-même et se décompose très-facilement sous l'influence de la chaleur.

On l'obtient en chauffant avec ménagement un mélange de chlorate de potasse, d'acide azotique et d'acide arsénieux. Par l'intermédiaire de l'acide azotique, l'acide arsénieux (AsO³) passe à l'état d'acide arsénique (AsO⁵) en enlevant à l'acide chlorique (ClO⁵) du chlorate, deux proportions d'oxygène, ce qui le ramène à l'état d'acide chloreux (ClO³).

CHLOREUX (Acide hypo). — V. CHLORURES DÉCOLORANTS.

CHLORHYDRIQUE (Acide) (Chimie), appelé aussi *Acide hydrochlorique*, et autrefois *Esprit de sel fumant*, *Acide muriatique*. — C'est une combinaison de chlore et d'hydrogène à volumes égaux ou en poids de 35,5 de chlore pour 1 d'hydrogène. Sa formule est ClH.

A l'état de pureté, l'acide chlorhydrique est un gaz incolore, irrespirable, d'une odeur suffocante et d'une sa-

veur très-acide. On peut le liquéfier à la température ordinaire par une pression de 40 atmosphères, ou bien à la pression barométrique ordinaire, en l'exposant à un froid très-vif. Sa densité est 1,245. Son avidité pour l'eau est extrême. Si on débouche à l'air un flacon rempli de ce gaz, on voit apparaître d'abondantes fumées blanches dues à ce qu'il s'empare de l'humidité de l'air. Si on débouche le même flacon sous l'eau, l'eau s'y précipite comme s'il était vide, et avec une telle violence que le flacon peut être brisé. Toutefois, la moindre trace d'un gaz étranger suffit pour ralentir beaucoup cette absorption, à cause du voile que ce gaz forme à la surface de l'eau entre elle et l'acide. Lorsqu'on plonge la main dans une atmosphère d'acide chlorhydrique, on éprouve une sensation de chaleur due à la condensation du gaz sur la couche d'humidité qui recouvre la main et à sa combinaison avec cette couche. Les matières organiques finissent par y noircir, par suite de la perte d'eau que leur fait éprouver l'acide et du commencement de carbonisation qui en résulte.

L'eau peut absorber environ 500 fois son volume d'acide chlorhydrique. C'est la dissolution ainsi formée, que l'on appelle ordinairement *acide chlorhydrique* dans le commerce. Quand elle est concentrée, sa densité est 1,21. Elle contient 54 parties d'eau pour 36,5 d'acide chlorhydrique pur. Mais au contact de l'air, cette dissolution perd peu à peu la moitié de son acide en donnant des fumées blanches, et l'hydrate restant, a une densité égale seulement à 1,128. L'ébullition lui fait perdre encore une partie de l'acide, mais celui-ci ne disparaît pas entièrement, et il passe à la distillation un hydrate correspondant à la formule HCl + 16HO.

L'acide chlorhydrique seul ou mélangé avec de l'acide nitrique, ce qui constitue l'eau régale, peut dissoudre tous les métaux; un grand nombre d'entre eux sont même dissous par lui seul et à la température ordinaire, ce qui explique la grande importance qu'il possède dans les arts, où il sert en outre à la préparation du chlore et des chlorures décolorants. Du reste, si ce n'étaient les frais de transport et d'emmagasinage, il serait d'un prix extrêmement bas, car certaines industries, principalement la fabrication des soudes artificielles, en produisent des quantités énormes, supérieures aux besoins de la consommation, et dont elles ne se débarrassent quelquefois qu'avec peine en les faisant perdre, soit dans la mer, soit dans des montagnes de craie. On l'obtient en traitant le sel marin ou chlorure de sodium par de l'acide sulfurique; il se forme du sulfate de soude, d'où on retire la soude artificielle, et l'acide gazeux se dégage. Lorsqu'on veut recueillir celui-ci, on fait l'opération dans un cylindre de fonte A (*fig.* 543) dans lequel on introduit d'abord le sel marin par son fond mobile, puis ensuite l'acide au moyen d'un entonnoir en terre B, pénétrant dans une ouverture pratiquée sur le haut du même fond, et que l'on bouche ensuite au moyen d'un tampon d'argile. Le fond opposé du cylindre est percé d'une autre ouverture à laquelle on applique un tuyau de dégagement T pour le gaz acide, que l'on fait passer au travers d'une série de bonbonnes O, O', contenant de l'eau qui le dissolve. Comme les acides rongent assez rapidement le cylindre, on le retourne de temps en temps pour que l'usure se fasse régulièrement. Une cinquantaine de cylindres fonctionnent en même temps dans les grandes fabriques, et chaque cylindre fournit environ 200 kil. d'acide liquide marquant 21 à 22° à l'aréomètre de Baumé. C'est dans cet état qu'il est livré au commerce. Il est alors bien loin d'être pur. Il renferme d'abord tous les sels tenus en dissolution dans l'eau ordinaire, puis des acides sulfurique et sulfureux, du perchlorure de fer, et quelquefois même de l'acide arsénieux et de l'acide arsénique provenant des réactions effectuées ou des produits qu'on y emploie. Ces substances ne nuisent pas aux usages communs de l'acide; mais dans les laboratoires on a souvent besoin d'un acide complétement pur. On peut l'obtenir aisément à cet état au moyen d'un procédé imaginé par M. Lambert. L'acide à purifier est introduit dans un flacon communiquant avec une série de flacons de Woolf, garnis d'eau distillée, puis on fait arriver un très-mince filet d'acide sulfurique concentré au milieu de l'acide chlorhydrique. L'acide sulfurique s'empare de l'eau de l'acide en dissolution, et dégage en même temps assez de chaleur pour que le gaz s'échappe et aille se condenser dans l'eau distillée.

Fig. 543. — Préparation de l'acide chlorhydrique.

L'acide chlorhydrique était connu des alchimistes sous le nom d'*esprit de sel*. Son mode de préparation actuel remonte à la fin du xviie siècle, et est dû à Glauber. Mais ce fut Priestley qui, en 1772, le recueillit le premier sur le mercure à l'état gazeux, et MM. Gay-Lussac et Thenard qui en établirent les premiers la composition exacte.

CHLORHYDRATES (Chimie). — Combinaisons d'acide chlorhydrique avec une base. Tel est, par exemple, le *chlorhydrate d'ammoniaque* ou *sel ammoniac* (CIH,AzH^3) (voyez ce dernier mot).

Le chlorhydrate de soude serait une combinaison d'acide chlorhydrique avec l'oxyde de sodium ou soude (CIH,NaO); mais comme cette combinaison à l'état anhydre ne renferme plus ni l'hydrogène de l'acide, ni l'oxygène de la base, on lui donne plus ordinairement, en chimie, le nom de *chlorure de sodium* (voyez CHLORURES). Le mot chlorhydrate n'est donc guère conservé que pour les sels à base organique, comme les chlorhydrates de quinine, de morphine, de strychnine, etc., et pour le sel ammoniac.

CHLORIDE (Zoologie), *Chlorida*, Serv., du grec *chlóros*, vert. — Genre d'*Insectes coléoptères tétramères*, de la famille des *Longicornes*, tribu des *Cérambycins*, établi par Serville aux dépens du genre *Sténocore* de Fabricius, formé lui-même de différentes espèces de la même famille, entre autres des *Leptures*. Ce genre se distingue par le præsternum simple, par la tête horizontale et par l'extrémité de chaque élytre qui présente deux épines. Dejean en donne quatre espèces, toutes d'Amérique, parmi lesquelles le *C. costata*, Serv.; *Stenocorus costatus*, Fab., type du genre, il produit un son aigu en volant; on le trouve sur les feuilles ou le tronc des arbres. M. Buquet y a ajouté deux nouvelles espèces, dont le *C. costipensis*, Buq., de Cayenne, long de $0^m,028$, est d'un gris cendré : les antennes sont armées d'une forte épine au bord marginal.

CHLORIDÉES (Botanique). — Tribu de plantes établie par Kunth dans sa famille des *Graminées*. Ses caractères les plus saillants sont : épis unilatéraux; épillets à une ou plusieurs fleurs dont les supérieures sont incomplètes; glume à 2 folioles; 2 glumelles membraneuses herbacées. La glume persiste sur le rachis non articulé, et sa foliole supérieure regarde en dehors. Genres principaux : *Chloris*, Swartz; *Eleusine*, Gærtn.; *Cynodon*, Rich. (chiendent), etc.　　　　　　　G—s.

CHLORION (Zoologie), *Chlorion*, Latr., Fab. — Genre d'*Insectes hyménoptères*, section des *Porte-aiguillon*, tribu des *Fouisseurs*, famille des *Sphégimes*, distingués par : des antennes insérées près de la bouche, palpes maxillaires filiformes; languette à trois divisions courtes. Les chlorions sont verts, comme leur nom l'indique; ils ressemblent aux sphex et aux ammophiles, ont la tête petite, arrondie, rétrécie en arrière; on les trouve surtout dans les pays chauds; l'espèce la plus intéressante,

le *C. comprimé* (*C. compressum*, Fab.), bleu ou d'un vert bleuâtre, est une jolie mouche de forme élancée. Dans nos colonies et à l'île de France surtout, elle fait une guerre acharnée aux kakerlacs ou ravets, et rend par là de très-grands services aux habitants. On trouve dans le VIe volume des *Mémoires de Réaumur sur les insectes*, des observations fort curieuses de Cossigni sur la manière dont elle fait la chasse à ces hôtes incommodes des colonies.

CHLORIQUE (Acide) (Chimie). — Acide formé par l'union d'une proportion (35,5) de chlore et de cinq proportions (40) d'oxygène; sa formule est ClO^5; on ne peut l'obtenir qu'en dissolution dans l'eau ou en combinaison avec les bases. Sa dissolution concentrée est un liquide sirupeux, rendu un peu jaune par un peu de chlore dissous et très-peu stable. A 40°, il se décompose en acide perchlorique (ClO^7) et en acide chloreux (ClO^3). A une température un peu plus élevée, la décomposition est plus profonde et la substance ne tarde pas à se résoudre en ses éléments, chlore et oxygène. Sa richesse en oxygène et sa facile décomposition rendent l'acide chlorique un oxydant énergique employé quelquefois à ce titre en chimie. On le retire du *chlorate de potasse*.

CHLORIQUE (Acide per). — Acide provenant de l'oxydation de l'acide chlorique et ayant pour formule ClO^7.

CHLORIS (Botanique), *Chloris*, Swartz, du nom de la nymphe Chloris, femme de Nestor. — Genre de plantes de la famille des *Graminées*, type de la tribu des *Chloridées*. Il comprend des plantes habitant principalement les Indes orientales et le cap de Bonne-Espérance. Leur port est élégant; leur chaume est simple ou rameux avec des feuilles planes.

CHLORITES (Chimie). — Sels formés par la combinaison de l'acide chloreux avec les bases. Ils sont généralement colorés en jaune et peu stables.

CHLOROFORME (Chimie) (C^4HCl^3). — Liquide incolore, ayant une odeur éthérée, une saveur sucrée, volatil, mais s'enflammant avec difficulté; et donnant, quand il brûle, au sein d'une flamme, une teinte verte à celle-ci. Sa densité est 1,49; son point d'ébullition, 60°; sa densité de vapeur, 4,2. Peu soluble dans l'eau, très-soluble dans l'alcool, il constitue lui-même un dissolvant des plus importants pour le phosphore, l'iode, la gutta-percha, etc. La moindre trace d'iode lui donne une couleur violacée très-riche, qui est caractéristique. On peut le considérer, quoiqu'il ne rentre pas véritablement dans la même série, comme de l'acide formique (C^4HO^3) dans lequel l'oxygène est remplacé par le chlore; aussi, en le traitant par les alcalis, donne-t-il un formiate et un chlorure.

$$C^4HCl^3 + KO,HO = KO,C^4HO^3 + 3KCl + 4HO$$

Chloroforme.	Formiate de potasse.	Chlorure de potassium.

On l'obtient en traitant l'alcool vinique ou l'esprit de bois par les hypochlorites alcalins. On mélange dans la cucurbite d'un alambic 8 litres d'alcool vinique à 85 centièmes, étendu de 25 fois son volume d'eau avec 2 kil. d'hypochlorite de chaux de commerce et 1 kil. de chaux vive délitée à l'avance; on place le chapiteau et on distille. Quand la réaction a commencé sous l'influence de la chaleur du foyer, elle se poursuit avec rapidité et l'on recueille à l'extrémité du serpentin le chloroforme qui s'est précipité au fond du récipient, et au-dessus de lui une couche d'eau qu'il retient une petite proportion. Le chloroforme est séparé de l'eau à l'aide d'un entonnoir effilé, puis mis en contact avec du chlorure de calcium fondu, et enfin rectifié une dernière fois. Le chloroforme est un agent des plus précieux pour déterminer l'insensibilité. On utilise aujourd'hui cette propriété pour affranchir les malades des vives douleurs qu'entraîneraient les opérations chirurgicales. Il ne faut toutefois l'employer que sous la direction d'un médecin exercé, en prenant les précautions nécessaires pour que la respiration du malade s'effectue dans les conditions normales. La découverte du chloroforme est due à MM. Liebig et Soubeiran; son étude complète a été faite par M. Dumas.

CHLOROMÉTRIE (Chimie). — Elle a pour but l'évaluation des quantités de chlore contenues dans des dissolutions, et surtout dans les chlorures décolorants. La consommation énorme que l'industrie fait annuellement du chlorure de chaux, la facile altération de ce produit dont le chlore se dégage par son exposition à l'air, la nécessité d'opérer avec des chlorures d'une richesse en chlore bien connue, et la difficulté de reconnaître cette richesse par un examen extérieur du composé, rendent les essais chlorométriques d'une grande importance industrielle.

M. Gay-Lussac avait proposé de faire une dissolution d'un poids constant du chlorure à essayer dans un poids également constant d'eau, et d'y verser peu à peu une dissolution titrée d'*indigo*, jusqu'à ce que l'indigo cessât d'y être décoloré par le chlore. La quantité d'indigo nécessaire pour obtenir ce résultat, servait de mesure à la quantité de chlore contenue dans la dissolution à l'essai.

La dissolution d'indigo s'altérant avec le temps, les résultats obtenus par ce procédé ne pouvaient mériter quelque confiance qu'à la condition d'opérer avec une dissolution récemment préparée, ce qui devenait un embarras et une cause d'erreurs. M. Gay-Lussac a donc proposé un autre moyen plus constant. Pour former la liqueur d'essai, on dissout 4^{gr},439 d'acide arsénieux bien pur dans de l'acide chlorhydrique également pur, et on étend d'eau jusqu'à ce que l'on ait obtenu un litre de liqueur. Pour faire l'essai d'un chlorure, on en pèse 10 grammes que l'on dissout dans un litre d'eau. On prend 100 centimètres cubes de la liqueur arsenicale dans laquelle on verse quelques gouttes d'une dissolution quelconque d'indigo de manière à la colorer légèrement en bleu, puis on y verse peu à peu la dissolution de chlorure. Le chlore que contient celle-ci fait passer l'acide arsénieux à l'état d'acide arsénique par la vertu oxygénante qu'il possède (voyez CHLORE). Dès que la transformation est complète, le chlore en excès agit sur l'indigo qu'il décolore. L'indigo ne sert donc plus ici que pour constater que l'arsenic est saturé d'oxygène. Moins il faudra de la dissolution de chlorure pour y arriver, plus cette dissolution sera riche en chlore. S'il faut seulement 100 centimètres cubes, le chlorure de chaux est pur; mais s'il en fallait 133, le chlorure de chaux ne contiendrait que $\frac{100}{133}$ ou 75 p. 100 de chorure pur. Il est important pour le succès de l'opération qu'elle se fasse dans l'ordre indiqué plus haut.

CHLOROPHYLLE (Botanique), du grec *chlôros*, vert, et *phullon*, feuille. On appelle ainsi la *matière colorante verte*; la plus caractéristique de l'organisation végétale. C'est en même temps la plus importante par son rôle dans la nutrition. La chlorophylle paraît avoir une nature analogue à celle des résines; au moins est-elle soluble dans l'alcool. Elle circule souvent dans le liquide même qui remplit les cellules, et le colore en vert; mais elle forme aussi une couche sur les granules qui se trouvent habituellement dans leur cavité, et leur donne l'aspect de granules verts que l'on a regardés souvent comme les granules constitutifs de la chlorophylle elle-même. Ordinairement ces petits grains sont de nature amylacée, et la couche qui les revêt et les colore est extrêmement mince. Lorsqu'on essaie de séparer la matière colorante, elle se présente en une masse gélatineuse informe et de couleur verte. On conclut de ces faits que la chlorophylle est une matière résinoïde qui circule mêlée au liquide intracellulaire et qui forme de minces dépôts à la surface des granules communément répandus dans les cellules du tissu végétal. Une chose remarquable dans sa composition chimique, c'est que, comme l'*hématosine* des animaux, elle contient un composé ferrugineux. La production de la chlorophylle dépend de l'action de la lumière; maintenu dans l'obscurité, un végétal ne prend pas la teinte verte, il reste blanc jaunâtre. On a donc pu penser que la respiration diurne était pour quelque chose dans la production de la matière verte. Ces questions sont encore enveloppées d'une grande obscurité. De Candolle, ayant reconnu que la chlorophylle pouvait prendre différentes teintes et devenir même incolore, proposa de substituer à son nom celui de *chromule* (c'est-à-dire matière colorée quelconque), et cela avec d'autant plus de justesse que les feuilles ne sont pas les seuls organes qui contiennent de la chlorophylle. Voir, pour le développement de cette matière, *Recherches microscopiques sur la chlorophylle*, par M. Arthur Gris (*Annales des sciences naturelles*, 4e série, t. **VII**). G — s.

CHLOROSE (Médecine), du grec *chlôros*, jaune pâle, verdâtre. — La *chlorose* est une maladie caractérisée par la pâleur de la peau, un état de faiblesse générale, la dépravation des fonctions digestives, la gêne de la respiration. On la rencontre souvent chez les jeunes filles, quelquefois chez les femmes; on l'a même observée chez les jeunes garçons; et il est probable que l'ensemble de phénomènes qui la constituent, tient à quelque dérangement important dans les fonctions de nutrition qui altère profondément la composition du sang; les principales causes prédisposantes sont le tempérament lymphatique, une constitution faible, mélancolique, l'habitation dans des lieux bas, humides, des aliments peu nourrissants, indigestes, l'abus des boissons aqueuses, des bains chauds, le sommeil ou la veille trop prolongés, une vie sédentaire. Les principales causes déterminantes sont les passions tristes, l'ennui, la nostalgie, la suppression accidentelle des époques mensuelles survenant par une cause extérieure ou par une émotion vive, une frayeur, une colère; ou enfin une maladie longue qui a débilité la constitution. On voit une jeune malade devenir d'un jaune pâle, verdâtre; les lèvres sont blanches; les paupières livides, boursouflées; la conjonctive est d'un blanc mat; la peau est sèche, plombée; les chairs sont flasques; les pieds enflés; l'appétit se perd; il devient dépravé; elle désire des aliments salés, du vinaigre, des grains de café; puis des choses impropres à l'alimentation, du charbon, des cendres, de la craie; le pouls est petit, fréquent; il y a des palpitations, gêne de la respiration; elle ne peut courir, monter un escalier; il y a des lassitudes, l'exercice est pénible; il y a de la tristesse, des pleurs involontaires. Lorsqu'on applique le stéthoscope au-dessus de la partie interne des clavicules, à la région correspondant aux artères carotides et aux sous-clavières, on perçoit une vibration sonore, une espèce de roucoulement, qu'on désigne sous le nom de *bruit carotidien*, *bruit de soufflet*, *de diable*. Examiné au microscope, le sang des chlorotiques offre une diminution considérable dans la quantité des globules, par rapport à celle du liquide dans lequel ils nagent; sans que la quantité de fer ait diminué dans un même poids de ces globules. Il en est de même dans l'*anémie* (voyez ce mot). De tout ce qui vient d'être dit, il est résulté, pour quelques auteurs, un certain vague dans la distinction à établir entre la chlorose et l'anémie que plusieurs médecins ont confondues. La durée de la chlorose est très-variable, même lorsqu'elle est soignée convenablement; elle peut durer plusieurs mois. Les indications à remplir pour le traitement doivent tendre surtout à rétablir le jeu régulier des fonctions de nutrition et à combattre la débilité générale. On conseillera donc les vêtements de laine, une alimentation tonique, une habitation saine, bien aérée, bien éclairée, de l'exercice au grand air, la danse, l'équitation, les promenades en voiture, à pied, les bains de mer, les frictions sèches et aromatiques. A tous ces moyens, qu'on peut appeler hygiéniques, on ajoutera une médication plus spéciale; ici les ferrugineux jouent le principal rôle : on prescrira d'abord les préparations ferrugineuses insolubles dans l'eau, comme moins actives, l'oxyde noir (ethiops martial), le fer réduit par l'hydrogène, le sous-carbonate de fer; on en viendra ensuite aux préparations solubles : le lactate de fer (pilules, pastilles, dragées de Gélis et Conté), le citrate de fer, le chlorure, le valérianate, l'iodure de fer, etc.; ces différentes préparations, seules ou associées à d'autres toniques, tels que l'iode, le quinquina, la valériane, la gentiane, l'aloès : à tout cela on joindra utilement les eaux minérales de Spa, de Passy, d'Auteuil, de Vichy, et mieux encore les eaux sulfureuses de Bagnères de Luchon, de Cauterets, d'Amélie, etc. F — n.

CHLOROXYCARBONIQUE (ACIDE) (Chimie) (COCl). — Gaz acide formé par l'union de l'oxyde de carbone et du chlore à volumes égaux; on l'appelle quelquefois *phosgène*. Ce composé, analogue par sa composition à l'acide carbonique, est doué d'une odeur suffocante et se décompose, au contact de l'eau qui intervient par ses éléments dans la réaction, en acide carbonique et acide chlorhydrique.

CHLORURES (Chimie). — Nom générique donné aux combinaisons que le chlore peut former avec les corps simples, particulièrement les métaux. Les composés qu'il produit avec l'oxygène et l'hydrogène ont reçu des dénominations particulières; par contre, on a étendu improprement le nom de chlorures à certaines préparations décolorantes et désinfectantes popularisées par Labarraque, et qui renferment du chlore et de l'oxygène unis ensemble à un métal. Ce sont les chlorures de chaux, de soude, de potasse.

Les chlorures sont généralement solides; quelques-uns toutefois sont liquides et même fumants à l'air : telle est la *liqueur fumante de Libavius* (chlorure d'étain). Ils sont presque tous solubles dans l'eau; un petit nombre ne le sont pas; tels sont le chlorure d'argent, le protochlorure de mercure ou calomel. Ils sont tous fusibles, la plupart même à une température inférieure au rouge.

Les chlorures de bismuth, de zinc et d'antimoine fondent même au-dessous de 100°. La plupart sont volatils, et même d'une manière très-prononcée.

Les chlorures sont des composés très-stables. A l'exception des chlorures d'or, de platine, de rhodium, de palladium et d'iridium, ils résistent à l'action de la chaleur seule; quelques-uns cependant s'altèrent au contact de la lumière, tel est en particulier le chlorure d'argent. Mais si on ajoute à l'action de la chaleur celle de certains corps, une décomposition a lieu très-souvent. Ainsi, à chaud, l'oxygène de l'air décompose les chlorures de quelques métaux. Du chlore se dégage, entraînant avec lui une certaine quantité de vapeurs de chlorure non décomposé, et il reste un oxyde pur. A froid, l'air sec n'exercerait, au contraire, aucune action sur ces chlorures.

Il en est ainsi pour le soufre, quoique son action ne soit pas renfermée dans les mêmes limites que celle de l'oxygène.

L'hydrogène se comporte à peu près comme le soufre. Il réduit les chlorures des métaux des quatre dernières sections, donne de l'acide chlorhydrique et laisse le métal à nu. Cette réaction est mise à profit pour obtenir ces métaux dans un grand état de pureté.

Le carbone, qui, dans certains cas, se comporte comme l'hydrogène, est sans action sur les chlorures à froid et à chaud.

Les métaux se comportent avec les chlorures à peu près comme avec les oxydes et les sulfures; les métaux plus oxydables y prennent la place de ceux qui le sont moins. Quelquefois cependant l'action n'est pas complète. A ce point de vue, un métal moins oxydable peut déchlorurer partiellement un métal qui l'est plus. Cette propriété est utilisée dans la métallurgie de l'argent.

L'oxygène et l'hydrogène décomposant les chlorures, on conçoit que la vapeur d'eau produise le même effet : un grand nombre sont décomposés par elle au rouge. Plusieurs aussi sont décomposés par l'eau à froid quand leur dissolution est un peu étendue. Il se forme de l'acide chlorhydrique et un oxyde ou un oxychlorure. Tels sont les chlorures de silicium, d'antimoine, d'aluminium, de bismuth, etc.

Les acides fixes décomposent les chlorures dont ils dégagent de l'acide chlorhydrique par la décomposition simultanée de l'eau dont l'intervention est nécessaire. Les acides sulfurique, phosphorique, silicique sont dans ce cas; mais l'action devient plus difficile avec l'acide nitrique, qui est volatil lui-même à une température peu élevée. C'est sur la décomposition facile à la température ordinaire de certains chlorures, le sel marin en particulier, qu'est basée la préparation de l'acide chlorhydrique.

Plusieurs chlorures (protochlorure de cuivre, sesquichlorure d'or...) peuvent se combiner avec l'acide chlorhydrique en proportion définie, pour former des *chlorhydrates de chlorures*, avec les oxydes ou les sulfures correspondants pour former des oxychlorures ou des sulfochlorures, avec l'ammoniaque pour former des ammoniochlorures, et enfin entre eux pour former des chlorures doubles.

La plupart des chlorures sont anhydres, mais, quand ils sont dissous dans l'eau, on ignore s'ils conservent leur constitution binaire, ou s'ils s'assimilent les éléments de l'eau pour se transformer en chlorhydrates d'oxydes. Toujours est-il que les chlorures se comportent dans leurs réactions comme de véritables sels auxquels on les assimile ordinairement. Nous rappellerons seulement que certains chlorures sont décomposés par l'eau; nous ajouterons que d'autres qui s'y dissolvent sans décomposition apparente ne peuvent plus être ramenés à l'état anhydre; quand on veut les dessécher, ils laissent dégager de l'acide chlorhydrique et il ne reste plus qu'un oxyde. On peut donc supposer dans ce cas qu'il s'est formé un chlorhydrate, comme aussi on pourrait dire que c'est le chlorure et l'eau qui restent simplement juxtaposés. Cette question ne peut donc être résolue d'une manière certaine; heureusement elle est d'une importance toute secondaire.

Le chlore se combine directement avec presque tous les corps simples, et souvent même avec dégagement de chaleur et de lumière; aussi peut-on obtenir la plupart des chlorures par cette action directe. Toutefois, on ne peut obtenir que d'une façon indirecte les chlorures d'azote et de carbone.

Chlorure d'azote. — Liquide jaune oléagineux, détonant avec une violence extrême à une température peu élevée, ou par son simple contact avec certains corps, ou même sans cause appréciable; M. Dulong, qui l'a découvert, a été blessé grièvement deux fois en l'étudiant. On l'obtient en faisant passer du chlore en excès dans une dissolution d'ammoniaque ou d'un sel ammoniacal quelconque. Sa composition est mal connue. On la représente ordinairement par la formule $AzCl^3$.

Chlorures de soufre. — On en connaît plusieurs, dont deux ont été obtenus isolés.

Bichlorure de soufre (ClS) correspondant à l'acide hypochloreux (ClO) ou à l'acide hyposulfureux (S^2O^2). — On l'obtient en faisant passer un courant de chlore sur du soufre en fusion et saturant de chlore le produit ainsi obtenu. C'est un liquide rouge foncé, très-volatil, bouillant à 64° et répandant à l'air d'épaisses fumées blanches. Il se décompose au contact de l'eau et de la vapeur ; il se décompose en acide chlorhydrique, soufre, et acides sulfureux et sulfurique.

Protochlorure de soufre (ClS^2). — Liquide jaune rougeâtre, d'une odeur désagréable particulière, bouillant à 138°, se décomposant au contact de l'eau en acide chlorhydrique, soufre, et acides sulfureux et sulfurique, et répandant à l'air d'abondantes fumées blanches. On l'obtient en faisant arriver lentement un courant de chlore dans une cornue sur du soufre en fusion. Le produit qui distille renferme un excès de soufre, dont on le débarrasse par une seconde distillation.

Chlorures de carbone. — Ces corps s'obtiennent exclusivement par voie de *substitution*, en faisant agir le chlore sur un carbure d'hydrogène; ce gaz remplace successivement une, deux, trois... molécules d'hydrogène; quand ce dernier est épuisé, il reste un chlorure correspondant de carbone. On a préparé, en particulier, par cette méthode les chlorures C^2Cl^4, C^4Cl^4 correspondant au gaz des marais et au gaz oléfiant (voyez, pour les différents chlorures, au nom du métal ou du corps simple correspondant).

M. D.

Chlorures décolorants (Chimie industrielle). — On désigne sous ce nom les composés que l'on obtient en faisant passer un courant de chlore gazeux au sein d'un alcali. Ces composés sont d'une importance capitale dans l'industrie; ce sont les agents essentiels du blanchiment. Ils sont en outre employés en médecine pour désinfecter et détruire les miasmes putrides; dans ces différents cas, ils agissent comme le ferait le chlore gazeux, et semblent seulement destinés à emmagasiner ce gaz, à le rendre transportable et à le dégager ultérieurement au contact des substances qui doivent subir son action. La constitution de ces corps a été pendant quelque temps méconnue; en voyant l'absorption complète du gaz par les alcalis et son dégagement sous l'action des acides, on a été porté à les considérer comme des chlorures d'oxyde ; de là le nom qui leur est resté de chlorure de chaux, chlorure de potasse, chlorure de soude.

C'est à M. Balard, auteur de la découverte de l'*acide hypochloreux*, qu'est due l'interprétation aujourd'hui admise par tous les chimistes, et qui consiste à considérer les chlorures décolorants comme un mélange d'hypochlorite alcalin et de chlorure. Ainsi, vient-on à faire passer un courant de chlore dans une dissolution *étendue* de potasse, on aura un mélange de chlorure de potassium et d'hypochlorite de potasse, ainsi que le montre la formule suivante :

$$6KO + 6Cl = 5KCl + KO,ClO.$$

C'est ce mélange qui constitue le chlorure de potasse ou *eau de Javelle*; avec une dissolution étendue de soude, on aurait le chlorure de soude ou liqueur de Labarraque; avec la chaux, qu'on peut employer du reste, et qu'on emploie généralement à l'état solide, on obtient le chlorure de chaux ou poudre des blanchisseurs. Ce dernier produit est de beaucoup le plus important; la liqueur de Labarraque a des usages bien moins étendus, et quant à l'eau de Javelle, on ne la trouve véritablement plus dans le commerce, et ce qu'on vend sous ce nom n'est que du chlorure de soude.

Chlorure de chaux. — Quand le chlorure de chaux doit être employé sur place, on le prépare à l'état de dissolution en faisant passer un courant de chlore dans un lait de chaux; afin d'empêcher la chaux de se déposer sur le fond, on introduit dans la cuve où s'opère la réaction un agitateur que l'on met en mouvement par un moteur quelconque. Ordinairement, le chlorure devant être transporté, on emploie de la chaux éteinte, que l'on dispose dans une chambre pouvant avoir plusieurs étages. Notre figure représente une disposition de ce genre.

Le chlore produit dans des marmites en fonte C, C', chauffées par le foyer F, se lave d'abord dans les bonbonnes D, D', et ensuite dans des flacons à deux tubulures, d'où il se rend dans la chambre de condensation M. Comme le bois est attaqué par le chlore, celle-ci est construite en pierres dures et inattaquables, cimentées par un lut bitumineux qui n'éprouve lui-même aucune action de la part du gaz. A l'extrémité de la caisse se

Fig. 544. — Préparation du chlorure de chaux.

trouve une porte K, également en pierre, et qui sert au chargement et au défournement de la chaux. Dans cette fabrication, la chaux doit être choisie avec soin, car, outre que les impuretés qu'elle peut contenir altèrent la valeur commerciale du produit, il en est, comme le peroxyde de manganèse, par exemple, qui pourraient provoquer sa décomposition.

Liqueur de Labarraque, eau de Javelle. — Ces deux produits peuvent être obtenus directement, comme nous l'avons dit plus haut; on les prépare aussi par double décomposition, en faisant réagir le chlorure de chaux et le carbonate correspondant. L'eau de Javelle employée dans les ménages est ordinairement colorée légèrement en rose; cette couleur lui est étrangère; on l'obtient en ajoutant au liquide un peu du sel de manganèse qui forme le résidu des ballons où l'on prépare le chlore. P. D.

CHOC des corps (Physique, Mécanique).—Moyen fréquemment employé dans l'industrie pour produire des effets qui ne pourraient être obtenus par une simple pression. Les instruments du choc sont les *marteaux, pilons, moutons,* etc. Ses résultats varient suivant les conditions dans lesquelles il est produit et la nature des corps entre lesquels il a lieu. Afin d'embrasser tous les cas, nous allons envisager les deux extrêmes, celui où les corps sont complètement mous, et celui où ces corps sont, au contraire, doués d'une élasticité parfaite.

Choc des corps mous. — Pour plus de simplicité, supposons deux corps sphériques M et M' se mouvant tous les deux suivant la ligne qui passe par leurs centres, et tous les deux dans le même sens indiqué par la flèche. Pour que le choc ait lieu, il faut évidemment que M se meuve plus vite que M'; au moment où le premier rencontrera le second, il tendra à accélérer la marche des points qu'il touche, tandis que M' tendra à ralentir celle des points de M par lesquels il est poussé. M et M' se déformeront donc tous les deux en même temps. Les variations de

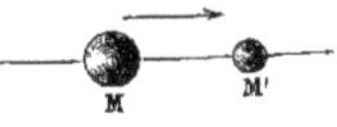

Fig. 545.

vitesse se transmettront successivement, dans un temps généralement extrèmement court, à tous les points des deux corps qui finiront par avoir même vitesse. A ce moment, la compression et la déformation cesseront de faire des progrès.

Quelle sera cette vitesse commune? En vertu de ce principe fondamental en mécanique, savoir : que tout corps exerçant une *action* quelconque sur un autre corps en éprouve une *réaction* égale et contraire, la masse M sera repoussée par M' avec la même force qu'elle la pousse en avant, et ce sont ces deux pressions en sens contraire, nées toutes deux du choc dont l'une accélérera la vitesse de M' et l'autre diminuera celle de M. Ces deux masses étant généralement inégales entre elles, les variations qu'elles éprouveront dans leurs vitesses seront pareillement inégales et dans le rapport inverse de ces masses.

Ce qu'exprime la formule suivante :

$$M(V - U) = M'(U - V')$$

dans laquelle V et V' représentent les vitesses des masses M et M' avant le choc, et U leur vitesse commune après le choc. De cette égalité, on tire la suivante :

$$U = \frac{MV + M'V'}{M + M'}.$$

La vitesse commune est donc égale à la somme des quantités de mouvement divisée par la somme des masses.

Choc des corps élastiques. — Le phénomène est le même que dans le cas précédent, jusqu'au moment où les deux masses ont acquis une même vitesse et où la période de compression cesse; mais, à partir de ce moment, l'élasticité des boules déformées par le choc donne lieu à une seconde période, dite de réaction, pendant laquelle ces boules se repoussent comme elles l'ont fait pendant la période de compression. Les choses se passent comme s'il existait un ressort entre les deux masses M et M', lequel, tendu pendant la compression, reviendrait sur lui-même avec une force égale et contraire. La masse M subira donc une perte de vitesse double de celle indiquée plus haut, et M', au contraire, aura un gain double aussi. Les vitesses après le choc deviennent alors pour la masse M, $x = U - (V - U) = 2U - V$, d'où en mettant à la place de U sa valeur $\frac{MV + M'V'}{M + M'}$, et faisant les réductions

$$x = \frac{2M'V' + V(M - M')}{M + M'}$$

on trouverait de même, pour la vitesse de masse M', $y = U + U - V'$, ou en réduisant $y = \frac{2MV + V'(M' - M)}{M + M'}.$

On peut tirer de ces deux dernières formules quelques conséquences assez remarquables vérifiées par l'expérience. Admettons, par exemple, qu'une bille élastique M vienne choquer contre un plan élastique en repos et d'une masse infinie par rapport à celle de M, x devient égal à $-V$; elle conserve sa valeur et change seulement de signe ou de sens. La bille sera repoussée par le plan avec une vitesse égale à celle qu'elle avait en le heurtant. Supposons, au contraire, que les deux masses soient égales, nous aurons après le choc $y = V, x = V'$, les deux billes auront échangé leur vitesse, et si M' était en repos, M s'arrêtera tout à coup après avoir transmis toute sa vitesse à M'. C'est ainsi, en effet, que les choses se passent, non pas d'une manière rigoureuse, parce que les corps ne sont jamais parfaitement élastiques, mais d'une manière très-approchée. Une balle élastique tombant sur un plan résistant rebondit presque à la hauteur d'où elle est partie; une bille de billard lancée contre la bande revient en arrière avec sa vitesse presque entière; si cette même bille vient en frapper bien en plein une autre en repos, elle s'arrête et l'autre part à sa place. Toutefois, le mouvement de rotation que prennent les billes sur le tapis ou qu'on leur imprime avec la queue change souvent ces résultats d'une manière très-sensible, par le même mécanisme qui fait revenir vers soi un cerceau d'enfant qu'on lance en avant en lui imprimant un mouvement de rotation sur lui-même. Le frottement du cerceau sur le sol change son mouvement de rotation en un mouvement de progression en rapport avec le premier.

Intensité du choc. — La transmission du mouvement n'est jamais instantanée dans le sens mathématique du mot; elle exige toujours un certain temps pour se produire; de là résultent des différences très-marquées dans les effets produits par le choc. Lorsqu'une force supposée constante agit sur un corps, la quantité de mouvement qu'elle lui imprime croît proportionnellement à l'intensité de cette force et à la durée de son action. Une masse M animée d'une vitesse V rencontre un obstacle; après le choc, sa vitesse est réduite à une valeur plus petite U. La quantité de mouvement qu'elle possédait est MV avant le choc; après le choc, elle devient MU; la perte est donc égale à la différence MV — MU. Or, cette perte est le résultat de la résistance ou réaction exercée par le corps choqué sur le corps choquant. Si donc nous désignons par F l'intensité moyenne de cette force de réaction, par θ la durée toujours très-courte du choc, nous aurons MV — MU = Fθ. Plus θ sera petit, plus F devra être grande. Prenons par exemple, un poids de 10 kil. tombant d'une hauteur de $4^m,9$ en une seconde; la quantité de mouvement que lui donne la pesanteur, ou MV a, dans ces conditions, pour valeur le poids même du corps 10, $\left(M = \frac{P}{g} \text{ et } V = gt, \text{ d'où } MV = \frac{P}{g} \times gt = Pt\right)$. Si le choc a lieu contre un corps mou ne se déplaçant que d'une quantité négligeable, toute cette quantité de mouvement sera détruite par la résistance de l'obstacle, et nous aurons $Fθ = 10$ kil., d'où $F = \frac{10}{θ}$ kil. Suivant que le choc durera $\frac{1}{10}$, $\frac{1}{100}$, $\frac{1}{1000}$ de seconde, l'intensité moyenne du choc sera donc de 100 kil., 1 000 kil., 10 000 kil. On comprendra, d'après cela, comment opère le choc d'un marteau et dans quelles conditions il faut se placer pour en retirer les meilleurs effets possible. Si le corps qui reçoit le choc n'est pas convenablement appuyé, s'il fuit sous le coup, la durée du choc s'accroît, F diminue : c'est ainsi qu'on enfonce difficilement un clou dans une plan-

Fig. 546.

che portant à faux ; l'opération est facilitée, au contraire, en opposant au choc du marteau (fig. 546) un obstacle qui abrège la durée de ce choc et en accroisse ainsi l'énergie. D'un autre côté, le branlement produit par le choc exige un certain temps pour se transmettre dans toute la longueur de la planche ; plus le choc sera rapide, moins la planche sera déformée, de sorte que l'effet paraît ici devenir la cause ; c'est qu'un second élément intervient dans la question. Sur un obstacle inébranlable, un marteau du poids de 5 kil., et animé d'une vitesse égale à 2, produira la même pression qu'un marteau du poids de 10 kil., animé d'une vitesse égale à 1, mais sur un obstacle pouvant céder, comme une planche portant à faux, le second marteau produira plus d'effet que le premier.

Cette influence de la vitesse du corps choquant est extrêmement marquée et produit des effets curieux. Un boulet de canon rencontrant à pleine vitesse l'un des barreaux d'une grille de fer emportera la pièce sans le tordre ; avec une vitesse moindre, le barreau sera encore coupé, mais les deux bouts seront tordus à petite distance ; il y aura eu commencement d'arrachement ; par une vitesse moindre encore, la déformation se sera étendue à tout le barreau. C'est ainsi qu'un boulet peut traverser une porte en chêne, parfaitement libre sur ses gonds, sans la mettre en mouvement, ou la chasser violemment devant lui ; qu'une balle peut briser un carreau en mille pièces, ou y faire simplement un trou sans le fendre ; qu'un corps mou comme une chandelle peut agir comme un corps dur et traverser une planche de chêne, si sa vitesse est assez grande.

Travail du choc. — Si on s'arrêtait aux considérations qui précèdent, on pourrait se faire des effets du choc une idée fausse. Nous voulons enfoncer un pieu dans le sol au moyen d'un mouton. Il est clair qu'il faut frapper sur le pieu avec assez de force pour vaincre la résistance qui s'oppose à sa progression. L'intensité du choc doit donc dépasser une certaine limite ; mais il faut se demander en outre de combien le pieu enfoncera à chaque coup de mouton. La pression, en effet, ne constitue pas en réalité un *travail* utile. Il faut joindre à cette pression l'étendue du chemin parcouru par l'obstacle pressé. Ce ne sont plus alors les quantités de mouvement MV, expression des forces, mais les *puissances vives* $\frac{MV^2}{2}$, expression du travail de ces forces, qu'il faut envisager. Or, examinons ce que devient ce travail après le choc. Pour cela, reprenons nos deux masses M et M' animées avant le choc des vitesses V et V', et que nous supposerons dépourvues d'élasticité. La somme des puissances vives est alors $\frac{MV^2}{2} + \frac{M'V'^2}{2}$. Après le choc, la vitesse commune est $U = \frac{MV + M'V'}{M + M'}$ et la puissance vive $\frac{(M + M')U^2}{2}$. Si nous comparons ces deux puissances, nous verrons que la première l'emporte sur la seconde de la quantité $\frac{MM'(V — V')^2}{2(M + M')}$. On dit généralement qu'il y a *perte* d'une certaine quantité de travail exprimée par cette dernière formule. C'est envisager les choses d'une manière incomplète. Il y a *transformation* de travail, mais jamais perte dans le sens rigoureux du mot. $\frac{MM'(V — V')^2}{2(M + M')}$ représente la portion du travail qui a été absorbée par les corps choquant et choqué pour opérer les déformations permanentes que les chocs produisent toujours. Aussi, dans les machines qui servent à transporter le travail de la force motrice du récepteur à l'outil (voyez MACHINES), les chocs ont-ils un double inconvénient : ils détériorent d'abord la machine, puis tout le travail consommé en route pour produire ces détériorations arrive nécessairement en moins à l'outil. Mais il est des cas, au contraire, où cette déformation est justement l'objet qu'on se propose, comme lorsqu'on forge le fer ou les autres métaux; on ne peut donc plus l'appeler *travail perdu.* Si nous supposons V' nul et M' infiniment grand, l'expression du travail absorbé devient $\frac{MV^2}{2}$, c'est-à-dire précisément égal au travail disponible du marteau; d'où on conclut que dans une forge, pour obtenir le plus d'effet possible de l'action du marteau, il faut que l'enclume soit inébranlable, et que l'enclume et le marteau soient le plus durs possible pour qu'ils ne s'usent pas, et aussi pour que tout le travail de la déformation porte sur le fer.

Dans le cas, au contraire, où le choc a lieu entre deux corps parfaitement élastiques, il n'y a plus de consommation de travail, parce qu'il n'y a plus de déformation permanente des corps qui se choquent. Tout ce que perd le marteau est gagné par le corps qu'il frappe. Si, par exemple, nous voulons enfoncer un pieu à l'aide du mouton, la base du mouton et la tête du pieu devront être aussi élastiques que possible; si, malgré cela, le mouton ne rebondit pas, auquel cas tout le travail du mouton a passé tout entier dans le pieu, ce qui est la condition la plus favorable, le produit de la résistance qui s'oppose à ce que le pieu avance, multiplié par la quantité dont il s'enfonce, est égal à $\frac{MV^2}{2}$, M et V étant la masse et la vitesse du mouton. On voit dès lors que la vitesse du mouton est plus influente que sa masse sur l'effet produit. La masse étant 10 et la vitesse 1, le travail sera 5 ; la masse étant 5 et la vitesse 2, le travail sera 10 ou le double. Ajoutons, pour être vrai, qu'il faudra deux fois plus de travail pour donner une vitesse 2 à une masse égale à 5, que donner une vitesse 1 à une masse égale à 10; de sorte qu'en somme, le travail produit par le marteau sur le pieu sera toujours dans la même proportion avec le travail produit par le moteur sur le marteau. Comme en réalité le marteau et le pieu ne sont pas parfaitement élastiques, cette dernière conclusion n'est pas exacte et on reconnaît aisément qu'il y a plus d'avantage à augmenter la masse du marteau que sa vitesse.   M. D.

CHOC EN RETOUR (Physique). — Commotion violente et quelquefois mortelle produite par la foudre à une distance souvent considérable du point directement atteint par elle.

Lorsqu'un nuage orageux s'est abaissé à une petite distance du sol, tous les objets terrestres sont fortement électrisés par influence et d'une manière inverse au nuage. Au moment où la foudre éclate en un point, le nuage, se trouvant brusquement déchargé de son électricité, tous les objets électrisés par lui se déséléctrisent brusquement à leur tour. C'est à ce mouvement tout interne du fluide électrique qu'est dû le choc en retour.

Les écarts brusques auxquels se livrent les animaux pendant les orages intenses sont dus beaucoup plus au choc en retour qu'à la terreur, qui n'est, d'ailleurs, ellemême souvent qu'un effet de l'électricité sur nos organes.

CHOCARDS, Choquarts, Choquards (Zoologie), *Pyrrhocorax*, Cuv., du grec *purros*, rouge; *korax*, corbeau; corbeau qui a les pattes rouges. — Genre d'*Oiseaux passereaux*, famille des *Dentirostres*, établi par Cuvier et Vieillot aux dépens de celui des Corbeaux, avec lesquels ils ont de grands rapports; ils ont le bec comprimé, arqué et échancré des merles, il est grêle, et les narines sont couvertes de plumes comme dans les corbeaux. On en connaît à peine deux espèces : le *C. des Alpes* (*P. alpinus*, Vieill.; *Corvus pyrrhocorax*, Lin.), tout noir, bec jaune, les pieds noirs d'abord, puis jaunes, enfin rouges à l'âge adulte; il niche dans les fentes des rochers des plus hautes cimes des Alpes, où il habite ordinairement; l'hiver seulement ils descendent en troupes dans les vallées. Il vit de limaçons, d'insectes, de grains et de fruits, et, à l'exemple du corbeau, il ne dédaigne pas la charogne. La femelle pond quatre ou cinq œufs. Cette espèce est très-nombreuse et fait souvent de grands dégâts dans les champs nouvellement ensemencés. Longueur totale, 0ᵐ,40. Le *C. sicrin.* (*P. hexanemus*, Cuv. Vaill.; *P. crinitus*, Vieill.) se distingue parce que, parmi les plumes qui couvrent son oreille de chaque côté, il y a trois tiges sans barbes aussi longues que le corps et qui ont l'apparence de crins, d'où le nom spécifique de *crinitus* que lui a donné Vieillot.

CHOCOLAT (Économie domestique). — Ce mot, qui paraît être d'origine mexicaine, nous a été apporté, en même temps que la substance alimentaire qu'il désigne, par les Espagnols, qui trouvèrent le chocolat en usage au Mexique, en 1520. Les Mexicains le prenaient simplement en le faisant mousser dans l'eau chaude. Mais ce n'est qu'en 1660 qu'il fut connu à Paris, à peu près à la même époque que le café (voyez Cacaoyer, Café). Le chocolat est une espèce de pâte alimentaire faite avec des amandes torréfiées de cacao, du sucre, et parfois quelques aromates, le tout broyé et malaxé avec le plus grand soin, tantôt à la main, tantôt à l'aide d'une machine. Plusieurs espèces de cacao sont employées à la fabrication du chocolat; mais la qualité la plus estimée est faite avec l'espèce connue sous le nom de *caraque*. Depuis quelque temps, l'industrie des chocolats a fait à Paris des progrès qui lui ont assuré une des premières places dans le commerce international. Mais aussi, la fraude a suivi la même progression, et le consommateur ne sait plus aujourd'hui où il doit placer sa confiance. Ainsi on emploie du cacao dont on a extrait le beurre, que l'on remplace par de l'huile d'olives ou d'amandes douces, par des graisses animales, etc. D'autres fois, pour augmenter le poids, on y ajoute de la farine, de la fécule de pomme de terre, des farines de riz, de lentilles, etc. Toutes ces fraudes ont pour but de pouvoir donner des chocolats à bon marché, tandis que c'est une marchandise qui doit toujours être assez chère, et dont le prix de revient varie, suivant les qualités, de 3 à 5 francs le kil. En général, le bon chocolat a une odeur de cacao prononcée ; sa cassure ne doit présenter rien de graveleux; il se fond dans la bouche en y laissant une espèce de fraîcheur. Lorsqu'il est cuit dans l'eau, il ne doit point s'épaissir et se prendre en gelée en refroidissant. Il ne doit point prendre un goût rance, ni exhaler en cuisant une odeur de colle.

Le chocolat fabriqué sans aromates est d'une digestion souvent difficile pour quelques estomacs; aussi a-t-on l'habitude de l'aromatiser parfois avec de la vanille ou de la cannelle, ce qui lui donne une saveur plus agréable et le rend plus facile à digérer. Du reste, c'est un aliment de bonne nature, réparateur, et une longue expérience avait démontré ses qualités nutritives bien avant que la chimie et la physiologie vinssent à leur tour confirmer et expliquer ces résultats. Les analyses chimiques ont trouvé, en effet, dans le cacao une matière grasse très-abondante (beurre de cacao), une forte proportion de matières azotées (albumine, fibrine, etc.), et si on joint à cela le sucre qui entre dans la fabrication du chocolat, on a les trois éléments qui, dans l'économie, concourent, à la production des graisses, aux combustions respiratoires et à la réparation des tissus musculaires. C'est donc sous une seule forme un aliment complet. En résumé, lorsque le chocolat a été fait sans fraude par de bons chocolatiers, qu'il a été bien cuit et bien préparé, c'est un aliment sain, très-bon pour les convalescents, et d'une digestion facile, surtout lorsqu'il a été cuit à l'eau. Celui que l'on prépare au lait ne convient qu'aux estomacs plus solides.

F—n

CHŒROPOTAME (Zoologie fossile), du grec *choïros*, cochon, et *potamos*, fleuve. — Nom donné par Cuvier à un *Mammifère pachyderme fossile* trouvé dans les terrains gypseux des environs de Paris, et qu'il a classé dans le genre *Cochon*; il avait des dents molaires coniques ressemblant à celles des Hippopotames, et à la mâchoire inférieure des canines courtes comme dans les Pécaris, mais moins aplaties et ressemblant davantage à celles des Carnassiers. Richard Owen a fait à peu près les mêmes observations sur une mâchoire inférieure de chœropotame trouvée dans les terrains tertiaires d'eau douce de l'île de Wight ; de sorte que cet animal paraît confirmer l'idée des zoologistes qui pensent que les pachydermes sont un groupe qui se lie par les chœropotames aux carnassiers, et par les éléphants et les mastodontes, aux rongeurs, peut-être même par d'autres grands fossiles aux ruminants et aux cétacés.

CHOIN (Botanique), *Schœnus*, Lin., du grec *schoïnos*, jonc. — Genre de plantes *Monocotylédones hypogynes*, de la famille des *Cypéracées*; fleurs à glume univalve, imbriquées de tous côtés ou distiques et formant des épillets groupés en tête ou en paquets serrés; 3 étamines et l'ovaire supérieur; graine ronde ou ovoïde, nue. Ce sont des plantes à tiges cylindriques ou triangulaires à feuilles jonciformes, fleurs écailleuses sans éclat. Ce genre est très-nombreux en espèces qui croissent en général dans les prairies humides et marécageuses; quelques-unes en Europe, la plupart sont exotiques. Linné les a divisées en deux sections, les unes à tiges cylindriques, les autres à tiges triangulaires. Le *C. marisque* (*S. mariscus*, Lin.) a les tiges dressées, garnies de feuilles linéaires, finement dentées en scie sur le bord; ses fleurs, roussâtres, sont réunies en petites têtes. On le trouve sur le bord des étangs et des eaux stagnantes. Le *C. brun* (*S. fuscus*, Lin.), tiges redressées, triangulaires, haut de 0ᵐ,15 à 0ᵐ,18 en général; ces deux espèces se trouvent en France dans les pâturages humides et les marais tourbeux.

CHOLÉDOQUE (Canal), *ductus choledochus*. — On donne ce nom à un canal qui résulte de la réunion des deux conduits cystique et hépatique et qui vient verser la bile dans le duodénum vers la partie postérieure de sa seconde courbure, en traversant très-obliquement les tuniques de cet organe. Logé profondément dans la cavité abdominale, il descend vers l'intestin en passant entre l'artère hépatique et la veine porte, derrière l'extrémité droite du pancréas. Il est composé d'une tunique extérieure assez épaisse et d'une tunique intérieure très-mince. On trouve quelquefois des calculs biliaires engagés dans le canal cholédoque (voyez Calcul, Bile).

CHOLÉRA-MORBUS (Médecine), du grec *cholé*, bile, *reô*, je coule, et du mot latin *morbus*, maladie. Maladie dans laquelle la bile s'écoule. — Le choléra morbus, trop connu de nos jours, est caractérisé par des vomissements opiniâtres, une diarrhée séreuse incessante et d'un caractère particulier; la diminution ou la suppression des urines; des spasmes; des crampes très-douloureuses dans les membres, etc. On le distingue en *choléra asiatique*, *choléra indien*, qui attaque épidémiquement des populations entières, et le *choléra sporadique* qu'on observe sur des individus isolés.

Le *C. asiatique*, nommé aussi *C. épidémique*, *C. indien*, est originaire de l'Asie. En 1817, ce fléau destructeur, franchissant le Delta du Gange, son berceau, et remontant ce fleuve, envahit successivement toute l'Asie occidentale, s'étendant même par l'Égypte dans l'Afrique septentrionale, il ravage la Perse, une partie de la Tartarie, gagnant au nord jusqu'aux frontières de la Russie d'Europe; pendant douze ans, il se renferme dans cette zone et semble arrêté par le fleuve Oural et par la chaîne des montagnes du même nom. Mais, en 1829, il pénètre en Europe par Orenbourg sur l'Oural, arrive à Moscou en septembre 1830, s'étend dans le reste de la Russie, en Pologne, en Hongrie, en Autriche, en Prusse, en Angleterre et éclate en France au commencement de 1832 (mars); pendant plus de six mois, il exerce ses ravages dans le nord de la France et surtout dans la capitale, sans épargner complétement les autres contrées; dans les années 1833 et 1834, on n'en observa que quelques cas isolés, et on commençait à penser que peut-être il ne reparaîtrait plus, lorsqu'en décembre 1831 il est signalé à Marseille et à Cette, et, quelques mois après, c'est-à-dire de juin à octobre, décime les populations dans six départements, dont cinq méditerranéens et celui de Vaucluse. Depuis cette époque, la France a encore eu à subir deux terribles épidémies cholériques en 1849 et en 1854.

Causes. — Les causes du choléra asiatique peuvent être générales, locales ou individuelles : ainsi, pour les premières, l'air et les eaux sont les principaux véhicules qui transportent et déposent dans certaines localités les effluves et les miasmes chargés des principes dont nous ne connaissons ni l'origine ni la nature, qui constituent l'essence de la maladie ; aussi voit-on, en général, l'épidémie envahir avec une certaine préférence les pays marécageux, bas, humides, sur le bord des rivières et des cours d'eaux un peu stagnantes, dans le voisinage des étangs fangeux, etc. Bien des arguments, bien des observations, plus ou moins spécieux, ont été opposés à cette assertion ; mais le fait n'en est pas moins réel pour tous les esprits non prévenus qui ont bien voulu l'observer, et ces exceptions, quelque nombreuses qu'elles paraissent, prouvent seulement que nous ne connaissons pas tous les éléments du problème à résoudre, et que d'autres causes, telles que la direction des vents, les différentes variations atmosphériques, la nature hygrométrique constante ou accidentelle du sol, du sous-sol, la situation sous le vent de quelque mare ou étang plus ou moins éloignés, etc., peuvent jouer un rôle immense, qu'il ne faudrait pas manquer d'étudier si, ce qu'à Dieu ne plaise, nous devions encore être visités par ce fléau. D'autres causes générales peuvent encore être signalées : ainsi, les disettes, les invasions, les guerres où de grandes masses d'hommes réunies sur un seul point sont soumises à toutes les causes de débilité et de maladie qu'entraînent les privations et les misères ; ainsi la guerre de Pologne en 1831, celle d'Orient en 1854 et 1855.

Les causes locales sont celles qui ont rapport aux habitations particulièrement : ainsi des maisons humides, des cours basses, mal pavées et peu aérées, des escaliers sombres et mal tenus, les immondices accumulées près des maisons, des ruisseaux infects, stagnants, le voisinage d'un puisart, d'une mare, des rues malpropres, des lavoirs mal construits, les voies publiques couvertes de débris végétaux ou animaux, etc.

Les causes individuelles tiennent à certaines professions insalubres, aux habitudes de vie irrégulière, au mauvais régime alimentaire, aux privations, à la misère, à la débauche, à l'abus de certains aliments, tels que les légumes frais, les fruits, des boissons alcooliques, de celles qui sont glacées, etc. On peut signaler aussi une mauvaise santé habituelle, un état maladif des organes digestifs, des dispositions aux vomissements, à la diarrhée, aux indigestions, les passions tristes. La peur joue souvent un très-grand rôle dans la production du choléra.

Symptômes — On a dit que le *choléra asiatique* se déclarait brusquement ; c'est, jusqu'à un certain point, une erreur qu'il est très-important de détruire : ainsi, constamment, il est précédé par une *diarrhée dite prodromique ;* à la vérité, cette diarrhée est quelquefois de courte durée, et, dans la période intense de l'épidémie cholérique, elle peut ne durer que deux ou trois heures ; mais le plus souvent elle dépasse un jour et peut aller jusqu'à quatre, cinq, six, dix jours et même plus. Cette diarrhée est ordinairement sans colique ; les malades se présentent sur le siége et rendent, pour ainsi dire sans s'en douter, des selles d'abord jaunâtres, bilieuses, quelquefois sanguinolentes, puis liquides comme de l'eau, blanchâtres, troubles, mêlées le plus souvent de petits grumeaux floconneux ; il y a des borborygmes, des gargouillements dans le ventre, des vomissements, perte de l'appétit, de l'abattement, un certain sentiment de faiblesse générale ; quelquefois la maladie se borne à ces prodromes, et soit qu'elle ait été combattue par des moyens rationnels, soit par les seules forces de la nature, la santé se rétablit sans autre accident ; on peut même dire que, pendant le cours d'une épidémie cholérique, l'immense majorité des individus éprouvent quelques-uns des symptômes dont nous venons de parler ; cette nuance légère de la maladie a reçu généralement le nom de *cholérine ;* et, depuis la grande épidémie de 1832, à plusieurs reprises la santé publique, dans certaines localités, a subi des dérangements de cette espèce sans que la maladie ait pris un plus grand développement ; ces faits ont été observés particulièrement en été, pendant les temps chauds et dans la saison des fruits.

Cependant les choses ne se passent pas toujours aussi bien ; à cette nuance légère succèdent des symptômes qui annoncent l'invasion véritable d'une première période de choléra grave, qu'on a désignée sous le nom de *période algide, asphyxique, période de cyanose, choléra bleu.* Les phénomènes précédents persistent et se développent avec plus d'intensité, la diarrhée augmente, les selles deviennent de plus en plus fatigantes ; les vomissements suivent la même marche : ils sont muqueux, quelquefois un peu bilieux, arrivent sans efforts et soulagent le malade pour un moment ; les matières rendues par les selles, aussi bien que par les vomissements, sont claires, blanchâtres, floconneuses, âcres, inodores, ressemblant à de l'eau de riz ou de gruau, à la sérosité du sang ; ceci est un des signes les plus caractéristiques du choléra asiatique, surtout pour ce qui est du liquide rendu par les selles. Bientôt les yeux s'enfoncent, un cercle noirâtre d'un aspect particulier se dessine autour des orbites, il survient des crampes très-douloureuses dans les membres, une soif inextinguible tourmente le malade, les urines sont supprimées, la voix, d'abord enrouée, se brise, se casse, jusqu'à ce que, s'éteignant tout à fait, il ne reste plus qu'une parole péniblement soufflée dans l'oreille des assistants ; cependant le malade est dans une agitation continuelle, les extrémités se refroidissent, les mains semblent maigrir, se dessécher, les doigts s'effilent, les ongles se bordent d'une auréole bleuâtre qui s'étend bientôt à la main tout entière, le nez devient froid, la teinte bleuâtre envahit toute la face ; la langue, souvent molle, couverte d'un enduit blanchâtre, se refroidit aussi, et rien ne peut donner une idée de la sensation pénible qu'on éprouve à sentir froide comme un glaçon cette langue qui s'agite et que le malade projette encore avec force hors de la bouche ; pendant ce temps, le pouls devient plus faible et finit même par être imperceptible ; un sang noir, épais, visqueux remplit tous les vaisseaux, aussi bien les artères que les veines, et finit par rendre la circulation impossible ; la respiration, sans paraître pénible pour le malade, se ralentit, les inspirations reviennent à des intervalles quelquefois assez éloignés, l'air expiré est froid ; une sueur visqueuse inonde le malade, les selles et les vomissements cessent quelquefois complètement. Cependant, au milieu de ces affreux désordres, les facultés intellectuelles se maintiennent dans toute leur intégrité ; le malade, fortement affaissé, indifférent pour ainsi dire à ce qui se passe autour de lui, entend, comprend et répond avec justesse : rien ne lui échappe, et, comme on l'a dit avec une effrayante vérité, c'est un cadavre conservant la parole. Lorsque ces symptômes persistent et s'aggravent, le malade succombe dans un intervalle de temps qui varie de deux ou trois heures à cinq ou six jours et même plus.

Si le malade ne succombe pas pendant cette première période, peu à peu les symptômes s'amendent et nous entrons dans la seconde, dite *période de réaction.* Les évacuations cholériques sont moins abondantes et moins fréquentes, la soif est moins vive, la langue s'humecte, prend une teinte rosée, le pouls redevient perceptible, la voix revient, la chaleur se rétablit, les urines commencent à couler de nouveau, les crampes diminuent, mais cessent quelquefois très-lentement, une sueur douce inonde la peau, la cyanose disparaît et est remplacée par une couleur d'un rouge plus ou moins vif, surtout au visage, le sommeil reparaît et au bout de quelques jours le malade entre en pleine convalescence.

Mais la réaction n'est pas toujours aussi régulière et aussi franche, et alors survient cette forme à laquelle on a donné le nom de *réaction typhoïde,* parce qu'en effet elle offre de nombreux traits de ressemblance avec la *fièvre typhoïde* (voyez ce mot) ; un hoquet opiniâtre remplace les vomissements, la langue devient rouge, sèche, râpeuse, quelquefois noirâtre, aussi bien que les lèvres et les dents ; la face est rouge, les yeux s'injectent, la peau s'échauffe, le pouls est petit, médiocrement fréquent, la voix reste faible, il y a un mal de tête souvent violent ; les malades sont dans un demi-coma ou dans la stupeur, ils ne répondent que difficilement aux questions qu'on leur adresse, le regard est stupide, ébahi, il y a un délire plus ou moins intense ; lorsque tous ces symptômes vont en s'aggravant, l'état comateux augmente et les malades succombent dans un espace de temps qui ne dépasse pas huit ou dix jours ; lorsqu'au contraire ils diminuent, les malades entrent en convalescence ; mais celle-ci est ordinairement très-longue, les fonctions digestives ne se rétablissent qu'avec une extrême difficulté et les forces ne se relèvent que très-lentement.

Pronostic. — Le pronostic du choléra est très-grave, surtout pendant la période meurtrière de l'épidémie; il est plus grave pour les enfants, les femmes, les gens valétudinaires, ceux qui sont sujets aux diarrhées, qui digèrent mal, qui sont convalescents d'une maladie longue et douloureuse, et en général pour tous ceux qui n'ont pas le cachet de la force, de la santé, qui n'ont pas des habitudes de sobriété, et pour ceux qui sont dans de mauvaises conditions hygiéniques d'habitations, d'alimentation et d'affections morales.

Nature de .a ma adie, mode de propagation. — En signalant parmi les causes générales les principes infectieux, les effluves, les miasmes, nous n'avons pas voulu dire qu'elles ont une action directe, essentielle pour la production de la maladie, elles agissent comme causes secondaires en favorisant l'action des causes principales dont l'essence, comme nous l'avons déjà dit, est des plus difficiles à saisir; en effet, ces causes détermineront bien et presque toujours des fièvres typhoïdes, des fièvres intermittentes, pernicieuses, sporadiques ou épidémiques, mais non pas le choléra, si la cause spéciale, immédiate qui lui donne naissance n'existe pas. Cette cause, quelle est-elle? est-elle transportable par les individus? est-elle de nature contagieuse? Pour résoudre la question, il faut dire un mot de ce qu'on entend par une épidémie contagieuse (voyez Contagion). C'est celle qui se reproduit par le contact médiat ou immédiat des individus en tous temps, en tous lieux, qui ne reproduit que la maladie primitive spéciale; qui a pour caractères de pouvoir agir d'une manière plus ou moins médiate, de pouvoir être transportée au loin dans tous les temps et dans tous les lieux, de se développer peu à peu, par suite des rapports même les plus légers et avec d'autant plus de certitude que ces rapports sont plus immédiats, de se retirer lentement et en laissant des cas isolés qui reparaissent de loin en loin. En appliquant ces principes au choléra-morbus, on trouve cette différence, qu'il débute presque toujours sur des personnes qui n'ont eu entre elles aucun rapport, et que, après quelques jours, il attaque tout à coup un grand nombre d'individus épars. Les personnes environnant les cholériques n'y sont pas plus exposées que d autres, *à moins qu'elles ne se trouvent dans des conditions de localité favorables au développement de la maladie.* L'épidémie ne s'étend pas de proche en proche, mais par sauts et par bonds, respectant un quartier, une commune, en envahissant une autre sans raisons appréciables; elle peut être transportée au loin sans distinction apparente de temps ni de lieu; elle cesse souvent brusquement sans qu'il en reste de traces. La conclusion à tirer de cet exposé, c'est que le choléra n'est pas contagieux. Nous ne reproduisons pas ici tous les systèmes par lesquels on a cherché à expliquer l'éclosion, le développement de la maladie; c'est de la théorie qui n'est pas encore suffisamment basée sur des faits. Quant à la nature, à l'essence même de la maladie, les uns (Broussais, Bouillaud) l'ont regardée comme une *inflammation de la membrane muqueuse des organes de la digestion;* d'autres, comme une *névralgie gastro-intestinale,* avec flux immodéré de liquides; d'autres (Rochoux), comme une névrose des organes placés sous l'influence du *grand sympathique;* on peut voir par ce qui a été dit plus haut, qu'il est difficile de ne pas y rattacher l'idée d'une forme quelconque d'*irritation gastro-intestinale.*

Traitement. — Dans le choléra-morbus, plus encore que dans d'autres maladies, il est difficile d'exposer une médication directe, mais seulement des indications curatives à remplir. Nous allons passer en revue les principaux moyens qui ont été employés. Dans la période dite *cholérine,* ou de diarrhée, les antiphlogistiques, tels que saignées locales ou générales, les cataplasmes sur le ventre, la diète absolue, les lavements laudanisés, les boissons légèrement stimulantes lorsqu'il n'y a pas de vomissements; les boissons fraîches, glacées, la glace lorsque ce symptôme existe, constituent l'ensemble du traitement le plus rationnel. Dans la période algide, tant que le pouls se conserve, que le refroidissement n'est pas complet, le même traitement pourra être employé si le malade est jeune, s'il est fort, s'il n'y a pas encore de prostration; on y joindra la glace par petits morceaux à l'intérieur, à l'extérieur en friction pour combattre les crampes; on continuera les opiacés en lavement; les vomitifs et surtout l'ipécacuanha, conseillé, même dans la période de diarrhée, par plusieurs médecins, ont été vantés avec raison par un grand nombre de praticiens. On doit aussi des succès au sous-nitrate de

bismuth; mais quand le refroidissement est presque général, que le pouls n'est plus perceptible, qu'il y a cyanose, etc.; tout en continuant la glace en frictions contre les crampes, on a recours aux excitants internes et externes; ainsi le café, le punch, les vins généreux, l'acétate d'ammoniaque, la menthe, l'huile de cajéput, les sudorifiques, etc. Il convient de faire observer que, dans cette période, l'absorption intestinale se fait très-imparfaitement, que l'action des médicaments internes est très-problématique, et que l'on doit tenir compte de cette circonstance. A l'extérieur, tous les excitants imaginables ont été tentés; ainsi le calorique sous différentes formes, aux extrémités, au tronc, le repassage avec un fer chaud de la colonne vertébrale au moyen d'une flanelle imbibée d'essence de térébenthine, les frictions ammoniacales, les vésicatoires, les sinapismes. Enfin, lorsque la période de réaction prend le caractère typhoïde, on combat la congestion cérébrale par les saignées, les sangsues, les dérivatifs, la glace, les boissons douces et l'ensemble des moyens qu'on oppose généralement aux fièvres typhoïdes. Voilà l'ensemble des idées qui dominent dans les travaux de la commission envoyée en Russie, en Prusse et en Autriche en 1831, dans ceux qui ont été faits pendant la grande épidémie de 1832 à Paris, en 1835 par la commission que la faculté de Montpellier chargea de visiter les départements du midi de la France, ravagés par le choléra. Nous avons traversé les épidémies de 1832, 1849 et 1854, nous avons vu et agi, nous avons pu comparer, et nous avouons que la réaction qui s'est opérée pendant les deux dernières, dans les idées d'un certain nombre de médecins, d'une manière absolue contre le traitement antiphlogistique, n'a en rien ébranlé et changé nos convictions.

Quant au *traitement prophylactique,* il doit tenir à un ensemble de mesures, les unes générales, les autres particulières; les premières regardent l'administration, qui doit mettre tous ses soins à l'assainissement des localités en temps ordinaire; en temps d'épidémie, à user sur une grande échelle des visites hygiéniques prescrites en 1854; à l'organisation de commissions temporaires de salubrité chargées de proposer d'urgence les mesures jugées nécessaires; enfin, à ce que le service des eaux, des boues, des immondices, du balayage; celui des marchés, quant à la surveillance des fruits, des viandes, des poissons, des légumes, etc., soient faits avec toute la célérité et le soin possibles. Les précautions individuelles consistent dans la sobriété, l'usage modéré des boissons fermentées, alcooliques, des fruits, des légumes verts; les individus valétudinaires surtout veilleront avec un soin extrême à leur régime alimentaire; ils éviteront le froid, l'humidité, les grandes réunions, les émotions vives, les veilles prolongées, le travail excessif, etc. Ils porteront de la laine sur la peau; si c'est en été, ils éviteront les refroidissements subits, les marches forcées, etc.

Le choléra asiatique est-il une maladie nouvelle pour l'Europe? On a dit que la fameuse *peste noire* de 1348 était une épidémie de choléra-morbus. Pour répondre à cette question, il faut dire un mot de la peste noire. Après avoir envahi l'Asie toute entière, les rives du Bosphore, les côtes du nord de l'Afrique, elle pénétra en Europe par l'Italie, et sévit d'abord à Florence, d'où les historiens lui donnèrent le nom de *peste de Florence;* elle reçut aussi des Italiens celui de *anguinalgia (mal des aines).* Simon de Couvain l'appelle *pestis inguinaria (peste des aines).* En France, les contemporains l'appellent *épydimie, mortalité des bosses;* enfin, plus tard, elle est désignée sous le nom de *pestis atra (peste terrible),* et non pas *peste noire,* comme on a traduit improprement le mot *atra.* Voici maintenant ce que disent quelques auteurs contemporains, et d'abord un médecin : « Pour la cure curative, dit Guy de Chauliac, on faisait des saignées ou évacuations,... et les *aposthèmes extérieurs* étaient meuris avec des oignons cuits, etc. » « Des *tumeurs,* dit Boccace, grosses, les unes comme une pomme, les autres comme un œuf, se développaient d'abord *aux aines et sous les aisselles...* » Le continuateur de Nangis n'est pas moins explicite : « Sitôt qu'une *tumeur se levait à l'aine ou aux aisselles,* on était perdu. » Écoutez aussi le poëte Guillaume de Machaut, narrateur contemporain de la *peste de 1348* :

... corrompus en devenoient
Et que leur *couleur en perdoient.*
Car tuit estoient maltraitié,
Descouluré et deshaitié,
Boces avoient, et grans clos (clous)
Dont on moroit,......
..... il en mourut cinq cent mil.

Voilà bien les caractères de la peste à bubons d'Orient ; rien ici ne ressemble au choléra, pas même la couleur ; les malades étaient *tuit descoulure, leur couleur en perdoient*. Voir un travail très-curieux de M. le docteur Joseph Michon, intitulé : *Documents inédits sur la grande peste de 1348*. Paris, 1860, chez Baillière et fils.

Il est difficile aussi de reconnaître le choléra-morbus asiatique dans les épidémies qui ont désolé l'Europe à différentes époques.

Le *choléra sporadique*, plus anciennement connu que l'autre, est ainsi défini par Galien · *Affection aiguë avec vomissements bilieux fréquents, déjections alvines répétées, contracture des membres et refroidissement des extrémités. Chez ces malades, le pouls devient aussi plus faible et plus obscur.* On peut voir, par cette définition nette, précise, la différence qui sépare les deux affections : ici, dans le choléra sporadique, la maladie attaque des individus isolés ; les vomissements sont bilieux d'abord, puis verdâtres, noirâtres ; il en est de même des selles ; il y a des crampes, souvent diminution et même suppression des urines ; mais pas de cyanose, pas de vomissements et de selles aqueuses, blanchâtres, etc. Il y a de l'anxiété, des défaillances et, du reste, presque tous les autres symptômes du choléra épidémique. Sa durée ne dépasse guère quarante-huit heures. Son pronostic est beaucoup moins grave que celui du choléra indien. Le traitement consiste dans l'emploi de boissons douces, acidules, fraîches, prises en petite quantité, de petits morceaux de glace, de cataplasmes émollients, laudanisés, sur le ventre, de demi-lavements avec l'amidon, la décoction de pavots ou quelques gouttes de laudanum ; on peut avoir recours aussi aux rubéfiants aux extrémités ; on a réussi souvent en appliquant un vésicatoire sur le ventre. — Consultez les *Traités du Choléra* de M. le prof. Bouillaud (1832) et de MM. Briquet et Mignot (1850), et un grand nombre de publications de ces deux époques.

F — N.

CHOLÉRINE (Médecine).— Nuance très-légère de choléra (voyez CHOLÉRA).

CHOLESTÉRINE (Chimie) ($C^{36}H^{22}O$). — Produit neutre qui se trouve dans la pulpe nerveuse du cerveau, dans la bile, dans le jaune d'œuf. C'est un corps solide, en lames nacrées cristallisées, d'un blanc éclatant, sans odeur ni saveur. Il fond à 137° et se volatilise à 300°. Par une chaleur plus forte, il se décompose en donnant plusieurs liquides huileux qui sont mal connus. La cholestérine, insoluble dans l'eau, est soluble dans l'alcool bouillant, l'éther, certains carbures d'hydrogène et quelques matières grasses. L'acide azotique bouillant la transforme presque complétement en acide cholestérique $C^8H^4O^4,HO$. Le chlore et le brome lui font éprouver des phénomènes de substitution. On prépare ce corps en épuisant par l'éther la pulpe cérébrale, évaporant la liqueur éthérée à la consistance d'extrait, chauffant l'extrait au contact d'une dissolution de potasse dans l'alcool et traitant le précipité qui se dépose dans la liqueur refroidie par l'éther qui ne dissout plus que la *cholestérine*. Les concrétions qui se déposent dans la vésicule biliaire sont quelquefois formées de cholestérine ; elles sont alors presque complétement solubles dans l'alcool bouillant. La cholestérine a été étudiée par MM. Chevreul, Couerbe, Kuehn, Pelletier et Caventou, Payen, Schwendler, Meissner et Fremy.

B.

CHONDRINE ($C^{32}H^{26}Az^4O^{14}$) (Chimie). — Espèce de gélatine qu'on obtient en faisant agir l'eau bouillante sur les cartilages des animaux, les cartilages costaux, ceux du nez, ceux des bronches, etc. La chondrine se distingue de la gélatine d'abord par sa composition chimique, puis par les précipités que forment dans sa solution aqueuse les acides, l'alun, le sulfate de fer, l'acétate de plomb, qui ne donnent rien dans la dissolution de gélatine. Elle se rapproche du reste beaucoup de ce dernier corps par ses autres propriétés : son aspect corné quand elle est sèche, sa transparence, sa solubilité dans l'eau chaude, son insolubilité dans l'alcool et l'éther, etc.

Sa découverte et l'étude de ses caractères chimiques sont dues à M. Muller.

CHONDROPTÉRYGIENS (Zoologie), Artedi. — Nom donné par Artedi pour désigner les *Poissons cartilagineux*. Adopté par Cuvier, il sert à désigner la deuxième série de la classe des *Poissons*, dont la première, infiniment plus nombreuse, forme celle des *Poissons proprement dits*. Le squelette des chondroptérygiens est essentiellement cartilagineux, c'est-à-dire qu'il ne s'y forme point de fibres osseuses ; leur crâne n'a pas de sutures, et le caractère le plus essentiel de ce groupe, c'est qu'on n'y trouve plus les os maxillaires et intermaxillaires, ou plutôt qu'ils n'existent qu'en vestiges cachés sous la peau. La colonne vertébrale est quelquefois formée en partie d'un seul tube percé de chaque côté pour le passage des nerfs, mais non divisé en vertèbres distinctes. Cette série se divise en deux ordres : 1° ceux dont les branchies sont

Fig. 547. — Esturgeon (*Acipenser*).

libres à leur bord externe, comme dans les poissons osseux. Ce sont les *C. à branchies libres*, qui forment un seul ordre, celui des *Sturioniens* (*Acipenser*, Lin.) (*fig.* 547) ; 2° ceux dont les branchies sont fixes, c'est-à-dire atta-

Fig. 548. — Requin (ordre des *Sélaciens*.)

chées à la peau par le bord externe aussi bien que par le bord interne ; en sorte que l'eau ne sort de leurs intervalles que par les trous de la surface ; ils constituent les *C. à branchies fixes* et se divisent en deux ordres, les *Sélaciens* (*Plagiostomes*, Dumér.) (*fig.* 548) et les *Suceurs* (*Cyclostomes*, Dumér.).

CHORÉE (Médecine), du grec *choreïa*, danse. — On a donné ce nom à une maladie caractérisée par certains mouvements désordonnés, partiels ou généraux, du système musculaire, sans fièvre, souvent avec une légère nuance d'idiotisme. Cette maladie a été désignée par Sauvages sous le nom de *scélotyrbe*, du grec *skelos*, jambe ; et *turbé*, désordre. On l'appelle vulgairement *danse de saint Guy* ou *de saint Vit*, du nom d'une chapelle de saint Vit, près d'Ulm, à laquelle se rendaient en pèlerinage les malades qui en étaient affectés, et c'étaient surtout des femmes qui, pour se guérir, dit-on, dansaient nuit et jour. Cette maladie attaque de préférence les enfants et surtout les jeunes filles ; elle est rare dans l'âge adulte, encore plus dans la vieillesse, à moins qu'elle ne soit la conséquence d'une apoplexie, de l'épilepsie, etc.; on a dit qu'elle était quelquefois héréditaire. Elle reconnaît encore pour cause prédisposante une constitution nerveuse très-irritable, l'âge de puberté, quelquefois une pléthore sanguine ; quant aux causes déterminantes, tout ce qui peut imprimer au système nerveux une secousse violente est capable de la produire : ainsi, au premier rang, la frayeur, puis la colère, les contrariétés, la jalousie, etc. La chorée peut aussi être liée à une autre maladie dont elle est alors dépendante : ainsi elle accompagne quelquefois l'épilepsie, l'hystérie, l'embarras gastrique, les vers intestinaux ; elle peut être la suite de l'apoplexie, de violences extérieures sur la tête, de maladies éruptives, de suppression de maladies de la peau, du rhumatisme, etc. La maladie est ordinairement précédée de malaise, il y a quelquefois décoloration de la face, souvent des maux de tête, des douleurs dans les articulations, perte de l'appétit, indolence de caractère ; bientôt on aperçoit quelques mouvements irréguliers dans un membre ou dans plusieurs, dans les muscles de la face ; l'intelligence diminue, il y a des tremblements, d'abord momentanés, puis permanents ; quelquefois des mouvements continuels des bras, des jambes, de la tête ; il peut y avoir gêne de la parole, de la déglutition, contraction involontaire des muscles du larynx et du pharynx ; les yeux, les joues, le col présentent aussi des mouvements désordonnés ; il y a des maux de tête, des étourdissements, le sommeil est léger, agité, interrompu par des rêves fatigants ; les malades sont capricieux, irascibles ; presque toujours ils sont maigres, pâles, sujets aux palpitations. La plupart du temps, les appareils d'organes de la nutrition fonctionnent régulièrement ; il n'y a pas de fièvre.

Les symptômes que nous venons d'énumérer peuvent se développer lentement mais souvent la maladie éclate tout à coup ; elle peut ne présenter qu'un petit nombre de ces phénomènes d'une manière légère, ou en offrir l'ensemble au plus haut degré. On la voit quelquefois n'affecter qu'un côté du corps. La chorée n'a pas en général une issue funeste ; et cependant le pronostic est assez fâcheux à cause des suites que la maladie laisse quelquefois après elle. Sa durée, qui peut n'être que de quelques jours, est quelquefois de plusieurs années, et après la guérison, qui est la règle générale, on voit certains malades conserver des tics (voyez ce mot) convulsifs dans les muscles des yeux, de la face, de la bouche, etc. Dans les cas les plus graves, les malades maigrissent, une fièvre lente se déclare, ils tombent dans la consomption et finissent par succomber. Cette affection a été considérée comme devant participer de la nature des convulsions et non de la paralysie qui présente des désordres plus graves dans les centres nerveux. Le traitement de la chorée, dans les cas ordinaires, consiste dans l'emploi des saignées, des sangsues et des purgatifs administrés dans une juste mesure et à différentes reprises ; après ces moyens, on a recours avec avantages aux antispasmodiques et aux toniques : ainsi la valériane, le quinquina, le fer dans certains cas. A ces moyens, on ajoutera les bains tièdes en hiver, froids en été, les affusions sur la tête, les boissons adoucissantes ou légèrement stimulantes, comme l'infusion de tilleul, de menthe, etc. Lorsqu'on soupçonnera que la chorée est sous la dépendance d'une autre maladie, comme lorsque, par exemple, on a des raisons de croire à l'existence des vers, le traitement sera modifié dans le sens de cette maladie.   F — N.

CHORION (Anatomie), du grec *chórein*, contenir. — On donne ce nom à une des membranes qui servent d'enveloppe au fœtus. C'est la plus extérieure, et elle renferme celle qui est connue sous le nom d'*amnios*. Celluleuse extérieurement, elle n'est formée que d'une seule lame lisse, transparente.

CHOROIDE (Anatomie), du grec *chórion* et *eidos*, apparence du chorion. Ce nom a été donné à plusieurs parties à forme membraneuse, pourvues d'un grand nombre de vaisseaux. — La *membrane choroïde* est une des enveloppes de l'œil située entre la sclérotique et la rétine ; en arrière elle est percée d'une ouverture qui donne passage au nerf optique ; en avant elle se termine par des adhérences assez fortes avec les procès ciliaires. Elle est très-mince, molle, facile à déchirer et tapissée intérieurement par une humeur noire donnant au fond de l'œil sa couleur foncée, et qui manque chez les albinos. Elle est formée par un tissu cellulaire très-fin et par une multitude de vaisseaux sanguins très-déliés. Une des principales fonctions de la choroïde paraît être d'absorber, au moyen de cette humeur noire qui la tapisse, les rayons lumineux qui ne doivent pas servir à la *vision* (voyez ce mot). — Les *plexus choroïdes* sont deux corps membrano-vasculaires formés par la pie-mère et que l'on trouve dans les ventricules latéraux du cerveau ; ils sont unis antérieurement par une membrane très-mince, située au-dessous de la voûte à trois piliers et que l'on nomme *toile choroïdienne*. C'est dans cette membrane que l'on trouve les veines de Galien, qui, après avoir reçu la plupart des veines des ventricules latéraux, vont s'ouvrir dans le sinus droit. — On donne aussi le nom de *veine choroïdienne* à la veine de Galien.   F — N.

CHOROIDIEN (Anatomie). — Voyez CHOROÏDE.

CHOU (Botanique, Horticulture), *Brassica*, Lin. — Genre de plantes de la famille des *Crucifères*, sous-ordre des *Orthoplocées* de Endlicher. Les choux diffèrent des radis par leurs siliques non articulées, et des moutardes par leur calice connivent. De ces plantes, les unes sont indigènes, les autres sont exotiques et nous offrent plusieurs espèces intéressantes, telles que le *Colza*, le *Navet*, etc., dont il sera question à leurs articles particuliers ; parmi elles, il en est une des plus utiles pour la nourriture de l'homme et des animaux domestiques, c'est le *Chou potager*, le *C. proprement dit* (*B. oleracea*, Lin.). Il est bien connu de tout le monde par ses qualités alimentaires qui le font figurer sur la table du riche comme sur celle du pauvre, et surtout du villageois dont il est une des principales ressources. Le chou a été cultivé de temps

immémorial, et les variétés de cette espèce sont si nombreuses qu'il est difficile aujourd'hui de reconnaître le type primitif. Seulement, on retrouve dans toutes une tige droite, charnue, cylindrique ; des feuilles alternes, glabres, d'un vert plus ou moins glauque, quelquefois teintes de rouge ou de violet ; des fleurs jaunâtres en grappes droites, terminales. Ce sont, en général, des plantes bisannuelles, trisannuelles, quelques-unes même sont presque vivaces. On peut ramener toutes les variétés du *C. potager* à cinq types ou races : 1° Le *C. cabus* ou *pommé* ; 2° le *C. de Milan* ; 3° le *C. vert* ou *sans tête* ; 4° le *C. à racine* ou *à tige charnue* ; 5° les *Choux-fleurs* et les *Brocolis*. Ce genre est caractérisé par un calice à 4 sépales, fermé, bossué à la base ; corolle à 4 pétales, 6 étamines hypogynes ; silique bivalve, allongée, presque cylindrique, un peu comprimée, partagée par une cloison longitudinale en deux loges qui contiennent chacune plusieurs graines globuleuses, à valves convexes veinées.

1° Les *C. cabus* ou *pommés* (*B. oleracea capitata*, Lin.) (*fig.* 549) ont les feuilles lisses et ordinairement glauques, peu découpées, arrondies, concaves, se recouvrant les unes les autres en se comprimant et formant une grosse tête arrondie, dure, massive, renfermant pendant quelque temps la tige et les branches qui finissent par percer cette espèce de pomme pour aller s'épanouir au dehors. Parmi ses nombreuses variétés, on peut citer : Le *C. cœur de bœuf*, petit et gros, très-cultivé et de bonne

Fig. 549. — Chou Cabus.

qualité. Le *C. de Saint-Denis*, pied court, pomme grosse, aplatie. Le *C. de Vaugirard*, variété tardive, d'hiver, pomme moyenne, souvent teinte de rouge en dessus. Le *Gros cabus d'Allemagne* ou *C. quintal*, tige courte, grosse, feuilles larges, d'un vert clair, pomme énorme dans les terrains riches et frais. Le *C. pommé rouge*, très-estimé dans le nord ; la pomme coupée en tranches minces est bonne en salade ; on le fait aussi confire.

2° Le *C. de Milan* ou *pommé frisé*, *C. de Savoie* (*B. bullata*, Lin.) (*fig.* 550) ; ici, la tête est plus petite en géné-

Fig. 550. — Chou de Milan.

ral, moins serrée, plus tendre. Les principales variétés sont : Le *Milan ordinaire*, *Gros milan*, pomme grosse. Le *Milan court* ou *nain*, trapu, vert foncé, bonne qualité.

A cette race se rattache le *C. de Bruxelles, C. à jets*, haut de tige et donnant à l'aisselle des feuilles de petites pommes frisées, tendres, que l'on cueille à mesure qu'elles viennent. Bonne variété.

3° Les *C. verts* ou *non pommés* (*B. oleracea viridis*, Lin.) sont cultivés, les uns dans les jardins pour la nourriture de l'homme, les autres dans les champs pour les bestiaux. En général, ils résistent aux froids de l'hiver, et on peut en manger les feuilles lorsque la gelée les a attendries. Les principales variétés sont : Le *Grand C. frisé du nord*, *Grand frisé rouge* et *frisé nain*, vert et rouge ; il résiste très-bien au froid. Le *C. cavalier*, *Grand C. à vache* (*fig.* 551), qui s'élève à 2 mètres ; ses feuilles grandes et minces sont bonnes à manger. Elles sont aussi employées pour la nourriture des bestiaux.

Fig. 551. — Chou Cavalier.

4° Le *C. à racine* ou *tige charnue*, à tige renflée au-dessus de terre. Le *C. rave* (sous-variétés, *blanc, violet, hâtif*) est un bon légume ; il résiste aux gelées assez fortes. Le *C. navet* (voyez RAVE, N VET).

5° Les *Choux-fleurs* (*B. oleracea botrytis*, Lin.) sont regardés comme une race à part ; ils semblent venir du chou vert ; quoi qu'il en soit, dans cette variété la surabondance de nourriture se porte sur les jeunes rameaux et les transforme en un renflement singulier qui produit une masse charnue, disposée en tête mamelonnée, granulée, blanche, fort bonne à manger. Quand on laisse pousser cette tête, elle s'allonge, se divise, se ramifie et porte des fleurs et des fruits comme les autres choux. Le *Chou-fleur dur commun*, à tête grosse et bien garnie, devient verdâtre en cuisant. Le *Chou-fleur tendre* est moins large, moins serré ; il se divise plus promptement. Les *choux-fleurs* les plus renommés sont ceux de *Malte*, de *Chypre*, d'*Angleterre*, etc. Le *C. brocoli* (*B. brocoli cynnosa*) diffère peu des choux-fleurs (voyez BROCOLI).

On peut encore rapporter aux choux, le *C. chinois* ou *Pe-trai* (*B. chinensis*, Lin.), qui ne pomme pas et dont les feuilles se mangent comme la laitue, les épinards. Le *C. marin*, *Crambé maritime* (*Crambe maritima*, Lin.). Excellent légume dont les jeunes pousses blanchies se mangent comme des asperges. Les choux, en général, se sèment au commencement de la saison, sur couches ou sur vieilles couches ou terreau, et on les repique, lorsqu'ils ont poussé quelques feuilles, dans une bonne terre un peu consistante et bien fumée ; un sol frais leur convient; aussi faut-il les arroser souvent et tant que la saison l'exige. La culture des choux-fleurs exige des soins tout particuliers, tant pour les semis que pour les repiquages et les abris contre les froids de l'hiver.

Plusieurs insectes dévorent les choux de nos potagers ; on peut citer surtout : la *Piéride du chou* (*P. brassicæ*, Lin.), insecte lépidoptère diurne, c'est un papillon dont la chenille, d'un vert bleuâtre, rayée de jaune, se trouve pendant tout l'été sur les choux. Il en est de même de la *Noctuelle du chou* (*Noctua brassicæ*), lépidoptère nocturne, dont la chenille est d'un gris jaunâtre, marbré de brun, ornée de cinq raies longitudinales (voyez PIÉRIDE, NOCTUA).

CHOU-CARAIBE (Botanique). — Voyez COLOCASE.

CHOUCAS (Zoologie), *Petite Corneille des clochers* (*Corvus monedula*, Lin.). — Cet *Oiseau*, qui forme un genre dans la méthode de Vieillot, ne constitue, pour Cuvier et pour plusieurs autres ornithologistes, qu'une espèce qui appartient au genre *Corbeau*, ordre des *Passereaux conirostres*. A peu près de la taille d'un pigeon, il a environ 0^m,35 de longueur et 0^m,70 d'envergure ; d'un noir gris foncé, qui tire même au cendré autour du cou et sous le ventre ; il vit en troupes et vole souvent avec les corneilles dont il a du reste le régime. Il y a des in-

Fig. 552. — Choucas (genre Corbeau).

dividus tout noirs, que Gueneau, de Montbéliard, imité en cela par Vieillot, a désignés sous le nom de *Chouc;* (*Corvus spermologus*). Les choucas vivent de graines, de fruits, de vers de terre, de larves, d'insectes ; rarement de viande. On les trouve dans toute l'Europe, ils se tiennent dans les clochers, les vieux châteaux, où ils nichent ; la femelle pond cinq à six œufs marqués de quelques taches brunes sur un fond verdâtre. Ces oiseaux, comme les corbeaux et les pies, aiment à emporter et à cacher les objets qui brillent aux yeux. Ils s'apprivoisent bien et apprennent à parler.

CHOUCROUTE (Économie domestique), de l'allemand *sauerkraut*, chou aigre ; espèce de conserve de chou dont on use beaucoup dans le Nord, et surtout en Allemagne. — La choucroute se prépare avec plusieurs espèces de choux pommés, mais surtout avec le *gros chou cabus d'Allemagne*, dit *C. quintal*, dont la pomme atteint quelquefois l'énorme poids de 40 kil. Après avoir coupé les têtes de chou par fines lanières, on les place dans un vase, un tonneau par exemple, au fond duquel on a d'abord étendu une couche de sel ; on alterne ainsi un lit de choux et un lit de sel, en aromatisant avec du poivre, des semences de carvi, de coriandre ou de genièvre, et recouvrant le tout d'une couche de sel. La fermentation s'établit et il en résulte un liquide verdâtre, qu'il faut vider tous les cinq ou six jours, et qu'on remplace par de la saumure, de manière que les choux ne soient jamais à l'air. Au bout de six semaines ou deux mois, elle est bonne à manger. Elle peut, du reste, se conserver fort longtemps dans cet état, surtout si on a la précaution de la tenir couverte et chargée d'un poids suffisant pour empêcher que la fermentation ne la soulève. Pour la manger, il suffit de la laver à plusieurs eaux, de la blanchir et de la faire cuire avec du lard ou de la graisse. C'est un aliment sain et agréable.

CHOUETTE (Zoologie), *Strix*, Lin., Cuv., du grec *strinx*, oiseau de nuit. — Grand genre d'*Oiseaux* qui comprend, dans la méthode du *Règne animal*, la famille ontière des *Oiseaux de proie nocturnes.* On peut dire que ce groupe est un des plus nettement tranchés qui existent dans la série zoologique ; en effet, ces oiseaux se reconnaissent, au premier coup d'œil, à leur grosse tête, à leurs grands-yeux dirigés en avant et entourés de plumes effilées, dont les antérieures recouvrent la cire du bec et les postérieures l'ouverture de l'oreille. Ils ont la pupille énorme, ce qui leur rend le grand jour insupportable, le col court, le corps trapu, des plumes à barbes douces, veloutées et finement duvetées, ce qui fait qu'ils font peu de bruit en volant. Les petits oiseaux ont contre eux une si grande antipathie qu'ils se réunissent de toutes parts pour les attaquer. L'appareil du vol n'a pas une grande force ; aussi, leurs clavicules sont peu résistantes. Ils vivent surtout de souris, de petits oiseaux et d'insectes, sur lesquels ils fondent la nuit à l'improviste ; car ce n'est qu'après le coucher du soleil qu'ils se mettent en chasse. Ces oiseaux se ressemblent tellement entre eux, qu'il a été difficile d'établir de bonnes sous-divisions génériques. Cependant Cuvier les a partagés en huit sous-genres, qu'il désigne dans l'ordre suivant : 1° Les *Hiboux* (*Otus,* Cuv.), qui ont sur le front deux aigrettes de plumes qu'ils relèvent à volonté ; la conque de l'oreille, munie d'un opercule membraneux, s'étend en demi-cercle du bec au sommet de la tête ; les pieds garnis de plumes jusqu'aux ongles (voyez HIBOUX). 2° Les *Chouettes proprement dites* (*Ulula,* Cuv.) ont le bec et les oreilles des hiboux, mais pas d'aigrettes. On en trouve dans le nord des deux continents. Parmi les espèces, on peut citer la *Grande C. grise de Laponie* (*S. laponica,* Gm.), qui a environ 0^m,60 de longueur, mélangée de gris et de brun dessus, blanchâtre, à taches longitudinales, gris brun en dessous ; elle habite les montagnes du nord de la Suède. La *C. grise du Canada* (*S. nebulosa,* Gmel.), un peu moindre que la précédente, habite la baie d'Hudson. 3° Les *Effrayes* (*Strix,* Savig.) ont l'oreille aussi grande que les hiboux ; leur bec allongé ne se courbe que vers le bout, tandis que dans tous les autres sous-genres, il est arqué dès la pointe ; elles manquent d'aigrettes (voyez EFFRAYE). 4° Les *Chats-Huants* (*Syrnium,* Savig.) ont le disque de plumes effilées et la collerette comme les précédents ; ils n'ont pas d'aigrettes (voyez CHAT-HUANT). 5° Les *Ducs* (*Bubo,* Cuv.) ont le disque de plumes moins marqué que les chats-huants ; ils possèdent des aigrettes (voyez DUCS). 6° Les *C. à aigrettes* de Vaillant ne sont, dit Cuvier, que des ducs dont les aigrettes plus écartées et plus en arrière ne se relèvent que difficilement. Il y en a dans les deux hémisphères. Le *S. griseata* de Levaillant, qui a environ 0^m,35 de longueur, a le bec jaune, les parties supérieures du corps d'un brun roux, le dessous d'un blanc roussâtre. 7° Les *Chevêches* (*Noctua,* Sav.) n'ont ni aigrettes, ni conque de l'oreille évasée et enfoncée ; quelques-unes ont une longue queue étagée (voyez CHEVÊCHE). 8° Les *Scops* (*Scops,* Sav.) ont les oreilles à fleur de tête, les disques imparfaits et les doigts nus : des aigrettes comme les hiboux et les ducs (voyez SCOPS).

CHOU-PALMISTE. — Voyez PALMISTE.

CHRÉTIEN (BON) (Horticulture). — Voyez ON CHRÉTIEN.

CHROMATES (Chimie). — Sels formés par la combinaison d'une proportion (50) d'acide chromique avec une proportion de base.

Tous les chromates sont colorés en jaune ou rouge plus ou moins foncé, et plusieurs d'entre eux sont employés dans la teinture ou la peinture. Chauffés avec de l'acide chlorhydrique alcoolisé ou traités par un courant de gaz sulfureux, les chromates dissous verdissent en passant à l'état de sesquichlorures ou de sels de sesquioxyde de chrome. Tous dégagent une vapeur rouge foncée d'acide *chlorochromique,* quand on les chauffe avec du sel marin fondu et de l'acide sulfurique concentré. Tous les chromates solubles sont des poisons assez violents.

CHROMATES DE POTASSE. — Les plus importants des sels de chrome, parce qu'ils servent à préparer tous les autres. Il en existe deux. Le *chromate neutre* (CrO^3,KO) est d'un beau jaune citrin soluble dans l'eau à laquelle il communique sa couleur, même quand il y est dissous en très-petite quantité. L'eau en prend la moitié de son poids à 15°. Sa saveur est fraîche, amère, désagréable et persistante ; il est vénéneux. On l'emploie à la préparation des chromates ; il sert aux indienneurs pour teindre les tissus en jaune avec le secours de l'acétate de plomb. On le prépare lui-même en saturant le bichromate de potasse avec une quantité de potasse égale à celle que contenait déjà ce dernier sel.

Le *bichromate de potasse* est d'une couleur orangé foncé ; sa poussière est jaune orange ; sa saveur est fraîche, amère et métallique ; il se dissout dans dix fois son poids d'eau froide et dans une quantité beaucoup moindre d'eau chaude ; sa composition est 2CrO^3,KO. Ce sel sert dans les laboratoires et dans les ateliers de teinture aux mêmes usages que le chromate neutre, mais sa plus grande richesse en acide chromique lui donne des qualités particulières. Il jouit à un plus haut degré que le premier sel des propriétés oxydantes de l'acide chromique ; aussi, l'emploie-t-on quelquefois dans la teinture comme rongeant (voyez TEINTURE). Il peut donc servir, soit comme principe colorant, soit comme substance décolorante.

Le bichromate de potasse s'extrait par le traitement direct de la mine de chrome.

Si on calcine dans un four à réverbère 2 parties de fer chromé avec 1 partie d'azotate de potasse, ce dernier sel se décompose, cède une portion de son oxygène au chrome et le transforme en acide chromique qui s'unit à la potasse pour former du chromate de potasse. Comme la gangue du minerai est quartzeuse, il se produit en même temps du silicate de potasse et le fer passe dans les scories. Les deux sels à base de potasse sont dissous dans l'eau, puis traités par l'acide acétique en excès. De l'acide silicique se dépose ; de plus, la moitié de la potasse est enlevée au chromate de potasse, et le bichromate qui en résulte cristallise par évaporation.

MM. Bécourt et Chevallier ont annoncé que les ouvriers qui travaillent à la fabrication du bichromate de potasse ont la peau fortement attaquée partout où elle est dénudée, et qu'ils sont sujets à la perte de la muqueuse du nez. Ceux qui font usage de tabac à priser paraissent préservés de cet accident.

CHROMATE DE MERCURE. — Précipité d'un beau rouge foncé, que l'on obtient en versant une dissolution de chromate de potasse dans une dissolution de nitrate de mercure. On l'emploie quelquefois à la préparation de l'oxyde de chrome.

CHROMATE DE PLOMB. — Sel d'un beau jaune dont on fait un grand usage dans la peinture sous le nom de *jaune de chrome.* On l'obtient en versant une dissolution de chromate de potasse dans une dissolution d'acétate de plomb. Sa teinte passe du jaune serin au jaune orangé, suivant que le chromate de potasse employé est neutre ou acide. Les teinturiers, qui en consomment également de grandes quantités, opèrent la précipitation sur l'étoffe même qu'ils veulent teindre (voyez PLOMB, TEINTURE).

CHROMATES DE SOUDE. — Se préparent comme les chromates de potasse avec lesquels ils ont une grande ressemblance, si ce n'est qu'ils sont encore plus solubles qu'eux.

CHROME (28) (Chimie), du grec *chrôma,* couleur. — Métal dont la couleur rappelle celle de l'étain ; il est très-cassant et très-peu fusible ; aussi n'est-il, par lui-même et à l'état de pureté, d'aucune application industrielle ; il n'en est plus de même des combinaisons qu'il forme et qui sont presque toutes remarquables par leur belle couleur. C'est de là que vient son nom.

On rencontre le chrome dans la nature en combinaison avec le fer et l'oxygène à l'état de *fer chromé,* en combinaison avec le plomb et l'oxygène dans le *plomb chromaté ou crocoïse;* on le rencontre aussi en petite quantité dans les *aérolithes* et dans la *serpentine,* l'*émeraude...*

Le principal minerai de chrome est le fer chromé que les minéralogistes considèrent comme une combinaison d'oxyde de fer et d'oxyde de chrome (FeO,Cr^{2}O^3). Ce minerai contient plus du tiers de son poids d'oxyde de chrome ; on l'a exploité pendant longtemps en France ; actuellement on le retire surtout des États-Unis, de la Suède et de l'Oural.

Le minerai sert à préparer directement le *chromate de potasse* (voyez ce mot) ; de ce sel on retire l'*oxyde de chrome* qui sert ensuite à préparer le métal à l'état de pureté. On calcine à cet effet au feu de forge un mélange d'oxyde de chrome et de charbon. On obtient par cette première opération une masse poreuse, qui est un carbure de chrome. Cette masse est pulvérisée dans un mortier, mélangée avec quelques centièmes d'oxyde de chrome et exposée dans un creuset brasqué à la plus haute température que l'on puisse obtenir d'un feu de forge. Le carbone du carbure est brûlé par l'oxygène de l'oxyde, et on obtient une masse grise susceptible d'un beau poli, ne s'altérant pas à l'air sec à la température ordinaire, mais s'y oxydant rapidement au rouge sombre et se dissolvant facilement dans l'acide chlorhydrique ; c'est précisément le chrome dont la découverte est due à Vauquelin en 1797.

CHROME (OXYDES DE). — Le chrome forme avec l'oxygène de nombreuses combinaisons dont voici les principales :

Le *protoxyde de chrome* (CrO), que l'on obtient en versant de la potasse dans une dissolution bleue de protochlorure de chrome, et qui, combiné avec l'eau, apparaît à l'état d'hydrate sous forme d'une poudre brun foncé. Cet oxyde est très-avide d'oxygène, s'empare promptement de l'oxygène de l'air et décompose même l'eau à la température ordinaire. Il forme une base puissante et donne avec les acides des sels bien définis, mais se suroxydant facilement à l'air.

Le *sesquioxyde de chrome* est, au contraire, un composé très-stable. Il est sans action sur l'air et l'eau, est indécomposable par la chaleur, irréductible par l'hydrogène, réductible par le charbon seulement, quand il est intimement mélangé avec lui ; le soufre même au rouge blanc est sans action sur lui ; mais à cette température le sulfure de carbone le transforme en sulfure de chrome.

Le sesquioxyde de chrome est vert ; il colore en vert les fondants et est employé pour donner cette couleur aux verres et aux émaux. On le prépare de diverses manières, dont la plus simple et la meilleure consiste à calciner dans un creuset, à une chaleur ménagée, deux parties de *bichromate de potasse* et un peu plus d'une partie de soufre. La moitié de l'oxygène de l'acide chromique se porte sur le soufre qu'il transforme en acide sulfurique ; on obtient ainsi du sulfate de potasse et du sesquioxyde rendu impur par quelques traces de soufre. On lave la matière pour la débarrasser du sulfate de potasse, et on la grille ensuite légèrement pour en chasser le soufre. Cet oxyde pulvérulent, vert foncé, est assez facilement soluble dans les acides avec lesquels il forme des sels bien définis, mais la calcination lui enlève presque complétement cette propriété.

On peut aussi obtenir le sesquioxyde de chrome sous forme de petits cristaux ayant la même forme que le *corindon*, en décomposant par la chaleur, dans un tube de porcelaine, un courant de vapeur d'acide *chlorochromique* (CrO^2Cl) ; mais cet oxyde ainsi préparé devient un produit cher, que l'on ne rencontre que dans les collections.

Enfin, on prépare un sesquioxyde de chrome hydraté en versant de l'ammoniaque dans une dissolution de *sesquichlorure de chrome* (Cr^2Cl^3). On obtient ainsi une matière gris bleuâtre, facilement soluble dans les acides et présentant cette propriété remarquable, que lorsqu'on la chauffe graduellement, elle devient tout à coup incandescente avant la chaleur rouge et se transforme en sesquioxyde de chrome difficilement attaquable par les acides.

Le sesquioxyde de chrome peut se combiner aux bases. Nous en trouvons un exemple dans le fer chromé ; nous en trouvons un autre dans l'oxyde singulier (CrO,Cr^2O^3) analogue à l'oxyde de fer magnétique.

CHROME (SELS DE). — Il en existe de deux sortes.

Les *sels de protoxyde* sont rouges ; leur peu de stabilité les rend sans usage. On les reconnaît au précipité brun foncé d'hydrate que forme la potasse caustique dans leur dissolution, précipité qui se transforme immédiatement en un hydrate brun clair avec dégagement d'hydrogène ; traités par le chlore ou l'acide nitrique, ils se transforment en sels de sesquioxyde.

Les *sels de sesquioxyde* sont verts, rouges ou violets : les derniers sont les plus communs. Ces trois couleurs paraissent dues à trois modifications d'un même sel. Le *sulfate vert* s'obtient en dissolvant le sesquioxyde de chrome dans de l'acide sulfurique concentré à une température de 50 à 60°, ou en faisant bouillir le sulfate bleu. Le *sulfate bleu violet* s'obtient en abandonnant le sulfate vert pendant plusieurs semaines dans un flacon mal bouché ou dans un vase ouvert. Ces deux sels cristallisent le premier en vert, le second en violet avec 15 proportions d'eau. Chauffés à 200° avec un excès d'acide sulfurique, puis débarrassés par la chaleur de cet excès d'acide, ils fournissent un sulfate de sesquioxyde de chrome, de couleur rouge. Ce sel est insoluble dans l'eau.

Parmi les sels à oxyde de chrome, l'*alun de chrome* est employé en teinture (voyez ALUNS).

CHROME (CHLORURES DE). — Il en existe deux.

Le *protochlorure blanc* donnant des dissolutions bleues dans l'eau. Il absorbe alors rapidement l'oxygène de l'air et se transforme en oxychlorure de chrome (Cr^2Cl^2O). On obtient le protochlorure en faisant passer un courant d'hydrogène sur du sesquichlorure de chrome anhydre dans un tube de porcelaine chauffé au rouge.

Le *sesquichlorure de chrome* s'obtient en paillettes cristallines, couleur fleur de pêcher, en faisant passer un courant de chlore sur un mélange de sesquioxyde de chrome et de charbon chauffé au rouge. Ces paillettes sont insolubles dans l'eau pure, mais si l'eau contient des traces de protochlorure de chrome, la dissolution du sesquichlorure devient très-prompte et dégage même de la chaleur. La dissolution est verte et donne par évaporation des cristaux verts. Ces cristaux, chauffés dans un courant d'acide chlorhydrique, perdent leur eau de cristallisation et deviennent violets.   M. D.

CHROMIQUE (ACIDE) (Chimie). — Combinaison d'une proportion (26) de chrome avec 3 proportions d'oxygène (24). Sa formule est CrO^3. On l'obtient en belles aiguilles d'un rouge cramoisi, en versant un demi-volume d'acide sulfurique concentré dans un volume d'une dissolution également concentrée de bichromate de potasse dans l'eau à 50 ou 60°. La masse s'échauffe, devient d'un rouge intense et laisse déposer l'acide en cristaux par le refroidissement. Ces cristaux n'étant pas purs et retenant un peu d'acide sulfurique, on les dissout dans l'eau, on traite la liqueur par du chromate de baryte qui précipite l'acide sulfurique à l'état de sulfate de baryte et on fait cristalliser de nouveau.

L'acide chromique est très-soluble dans l'eau ; il est très-peu stable, cède facilement la moitié de son oxygène pour se transformer en sesquioxyde de chrome (Cr^2O^3), et devient par là un oxydant très-énergique. Il colore la peau en brun, détruit un grand nombre de substances organiques et pourrait recevoir d'importantes applications s'il était d'un prix moins élevé. Heureusement, ses propriétés se retrouvent presque entières dans les combinaisons qu'il forme avec les bases (voyez CHROMATES).

Une des proportions de l'oxygène de cet acide peut être remplacée par une proportion de chlore, ce qui fournit l'acide *chlorochromique* (CrO^2Cl). Pour préparer ce dernier produit, on fond dans un creuset 10 parties de sel marin et 17 parties de bichromate de potasse ; la liqueur en fusion est coulée sur une feuille de tôle, concassée après son refroidissement et introduite dans une cornue dans laquelle on verse de l'acide sulfurique concentré. La réaction commence aussitôt ; on l'achève en chauffant légèrement ; il distille un liquide rouge de sang, d'une densité égale à 1,71 et bouillant à 120° : c'est l'acide chlorochromique. Mis au contact de l'eau, ce liquide se décompose en acide chromique et en acide chlorhydrique, en séparant ainsi les éléments d'une quantité d'eau correspondante.   M. D.

CHROMIS (Zoologie), *Chromis*, Cuv., mot grec, nom d'un poisson. — Genre de *Poissons acanthoptérygiens*, famille des *Labroïdes*. Ils ont pour caractères les lèvres, les intermaxillaires protractiles, le port des labres, mais les dents en cardes aux mâchoires et au pharynx, et en avant une rangée de coniques ; nageoires verticales filamenteuses ; estomac en cul-de-sac ; et Cuvier ajoute « *mais jamais de cœcums.* » De son côté, M. Valenciennes affirme qu'ils ont deux petits cœcums au pylore, et que dès lors ils ne peuvent appartenir à la famille des *Labroïdes,* » puisque, dit-il, ils ont un caractère anatomique tout à fait contraire à ceux de la famille des *Labres,* et qui consiste dans la présence de deux petits cœcums au pylore. » Or, Cuvier dit positivement à la caractéristique des Labroïdes : « Un canal intestinal sans cœcum ou *avec deux cœcums très-petits.* » D'où il suit que ce caractère ne devrait pas suffire pour les retirer des Labroïdes. M. Milne-Edwards les place aussi dans cette famille. Le *Petit Castagneau* (*Sporus chromis*, Lin.) abonde dans la Méditerranée ; c'est un petit poisson d'un brun châtain ; sa chair est peu estimée. Le *Labre du Nil*, Bolti (*Chromis nilotica*, *L. niloticus*, Hasselq.), atteint jusqu'à 0m,65 de long. Il passe pour le meilleur poisson d'Égypte.

CHROMULE (Botanique). — Nom donné par de Candolle et adopté par Pelletier et Caventou, à la matière verte des feuilles, plus généralement connue sous le nom de *Chlorophylle* (voyez ce mot).

CHRONIQUE (MALADIE) (Médecine), du grec *chronos*, temps. — Maladie qui dure longtemps : on appelle maladie chronique, celle dont la durée dépasse le terme ordinaire des maladies aiguës ; mais ce terme, évidemment, n'est pas le même pour toutes les maladies, d'où il résulte qu'il serait difficile d'appliquer cette définition d'une manière rigoureuse ; aussi, est-on convenu de donner le nom de *chronique* à toute maladie dont les symptômes se développent, s'accroissent et se succèdent avec lenteur. Une même maladie peut passer, de cette manière, à l'état chronique, après avoir eu une marche aiguë ; dans tous les cas, cette division des maladies en aiguës et chroniques, est purement scolastique et n'a pas une grande importance pour la pratique (voyez AIGUE [*Maladie*]).　　　　　　　　　　　　　　　　F — N.

CHRONOMÈTRE ou GARDE-TEMPS (Mécanique, Horlogerie, du grec *chronos*, temps, et *métron*, mesure. — Instruments d'une très-grande précision employés sur mer ou dans les observatoires astronomiques à la mesure du temps qu'ils permettent d'évaluer à une fraction de seconde près.

Les chronomètres se divisent en trois classes : 1° les *horloges* ou *montres marines*, qui sont placées à demeure sur les bâtiments; 2° les *montres*, plus particulièrement appelées *garde-temps*, que l'on porte sur soi ; 3° les *horloges astronomiques*, à pendule, qui sont installées dans les observatoires. Ces derniers instruments, étant à poste fixe, ont une marche bien supérieure aux deux précédents, ou du moins sont loin de présenter les mêmes difficultés dans leur mode de construction.

On trouvera aux articles HORLOGERIE et ÉCHAPPEMENT ce qui se rapporte au mécanisme des montres.

Une bonne montre marine est indispensable dans tout voyage au long cours, particulièrement dans les voyages d'exploration entrepris sur des mers peu connues. Elle offre, en effet, le seul moyen pratique qu'un marin puisse avoir de déterminer en mer la *longitude* du lieu où il se trouve.

Le soleil effectuant sa révolution apparente autour de la terre en vingt-quatre heures, et la circonférence de la terre à l'équateur étant partagée en 360° dont le vingt-quatrième est 15, le soleil parcourt 15° par heure, 15′ par minute de temps, 15″ par seconde de temps ; en sorte qu'au moment où il se trouve dans notre méridien, à notre midi, il y a déjà une heure qu'il a passé au méridien d'un lieu situé à 15° de longitude orientale, et que ce n'est qu'une heure plus tard qu'il passera au méridien d'un lieu situé à 15° de longitude occidentale par rapport à nous. Trois horloges bien réglées pour ces trois lieux marqueront donc en même temps, l'une une heure, l'autre midi, l'autre onze heures. Si, étant munis d'une horloge bien réglée, nous nous avançons vers l'orient, nous verrons notre horloge retarder de plus en plus sur l'heure des lieux que nous traverserons, et à chaque fois que le retard grandira d'une heure, nous pourrons en conclure que nous avons avancé de 15° de longitude vers l'orient. Le contraire aurait lieu, si nous marchions vers l'occident. On comprend dès lors l'utilité des chronomètres en mer. Tant que les astres sont visibles, le marin peut évaluer, à un moment quelconque, l'heure exacte pour le lieu où il se trouve. En comparant cette heure à celle de Paris, par exemple, il peut en déduire le nombre de degrés de longitude qui le sépare du méridien de cette ville. L'observation des astres lui permet aussi de déterminer exactement sa *latitude*. Il peut donc pointer sur la carte le lieu des mers qu'il occupe, calculer sa distance au but qu'il veut atteindre ou à l'écueil qu'il doit éviter , et déterminer la marche qu'il doit suivre. Tout cela n'est possible qu'à la condition que son chronomètre *gardera* bien exactement le *temps* de Paris, ou du moins s'en éloignera d'une manière régulière et connue. Ajoutons, néanmoins, qu'il est prudent de descendre de temps en temps à terre pour déterminer la longitude par des moyens purement astronomiques, et constater ainsi les écarts accidentels qui pourraient être survenus dans la marche du chronomètre, que des causes nombreuses tendent sans cesse à modifier.

Les montres marines sont fondées sur le même principe que les montres ordinaires; seulement leur construction est infiniment plus soignée. Nous y retrouvons donc le *régulateur*, l'*échappement*, le *rouage*, le *moteur*.

Le *régulateur*, véritable diviseur du temps, et dont la marche règle celle de toute la machine, se compose d'un balancier compensé pour contre-balancer les effets de la chaleur sur la machine, et dont les oscillations sont produites par un ressort très-fin, contourné en hélice et appelé *spiral* (voyez COMPENSATEUR).

L'*échappement* est *libre* (voyez ÉCHAPPEMENT).

Le *moteur* est double. Il se compose de deux ressorts d'acier roulés dans deux cylindres creux ou *barillets*

dentés, agissant dans le même sens sur le pignon de la grande roue des minutes et transmettant leur mouvement de roue en roue jusqu'à la roue d'échappement. L'ensemble de ces roues constitue le *rouage*. Notre figure représente un chronomètre suspendu dans sa boîte par le système des tourillons A et B, de façon à ne pas participer aux mouvements occasionnés par les vagues.

Dans les chronomètres anglais, le barillet, au lieu d'engrener directement avec le pignon de la roue des minutes, agit sur une fusée (voyez HORLOGERIE) au moyen d'une chaîne, ainsi que cela se pratiquait dans les anciennes montres. Le ressort diminuant d'énergie à mesure qu'il se détend, tandis que la chaîne agit en

Fig. 553. — Chronomètre.

même temps sur un rayon de la fusée de plus en plus grand, ces deux effets se compensent et la régularité dans la marche devient plus facile à obtenir.

La construction des montres marines a acquis en Angleterre un degré remarquable de perfection. Nos bons chronomètres peuvent aujourd'hui lutter avec les meilleurs chronomètres anglais, mais la réussite n'en est peut-être pas aussi assurée, ce qui tient à ce que la fabrication de ces instruments ne peut avoir en France la même activité qu'en Angleterre. Les perfectionnements les plus importants qui leur aient été apportés sont dus aux Anglais Harrisson, Kendal et Graham, et aux Français Berthoud, Leroy et Breguet.　　　　M. D.

CHRYSALIDE Zoologie), du grec *chrusos*, or, à cause des belles couleurs d'or dont plusieurs chrysalides sont ornées. — C'est le second état par où doivent passer la plupart des insectes pour arriver à l'état parfait. Rappelons ici que les larves des papillons portent le nom de *chenilles*, que les autres larves sont connues sous le nom de *vers*; ainsi le ver blanc, si redouté des cultivateurs et des jardiniers, est la larve du hanneton; celles qui mangent nos fruits sont des larves de diverses espèces, d'insectes. Voilà le premier état; la chrysalide ou nymphe est le second. On peut voir, à l'article CHENILLE (V. ce mot)

Fig. 554 — Chenille du papillon machaon.

comment ces insectes semblent pressentir le changement qu'ils doivent subir, et les précautions qu'ils prennent pour s'y préparer et pour mettre leur chrysalide en lieu sûr; on rappellera seulement que, pour qu'ils se dépouillent une dernière fois de leur enveloppe, leur peau se dessèche, se fend au-dessous du dos, la chenille agrandit cette fente et sort de ce fourreau, c'est la dernière mue que la nature lui a assignée ; la chrysalide alors, car elle prend déjà ce nom, est molle et gluante; mais on peut avec la pointe d'une épingle séparer et développer toutes les parties de l'insecte parfait ; quelques heures plus tard, la matière visqueuse s'est durcie et offre une protection solide à l'insecte; en un mot, cette transformation si complète n'a demandé que quelques instants. Aussi n'est-ce pas une vraie métamorphose, et avec un peu d'attention, dit Olivier, on reconnaît que la chrysalide est un véritable papillon emmaillotté (*Dictionnaire d'histoire naturelle*) ; en effet, si, dans l'esprit-de-vin, ou fait périr une chenille, un jour ou deux avant cette transformation, et si on la laisse dans la liqueur pendant quelques jours, afin que les chairs se raffermissent, on parvient, avec un peu d'adresse et d'attention, à enlever le fourreau de la chenille, à mettre le papillon à découvert, et on peut reconnaître toutes ses parties. Ce déploiement artificiel fait voir qu'elles sont toutes contenues sous la peau de la chenille ; elles sont plus repliées, plus resserrées, et autrement arrangées que dans la chrysalide. Toutes les parties extérieures du papillon ont obtenu leur véritable grandeur, et l'on peut se convaincre que les ailes, quelque peu de place qu'elles occupent, ont toute l'étendue de celles de l'insecte parfait. Il y a pourtant des parties qui sont rejetées et qui n'appartiendront plus à la chrysalide, et par suite au papillon : ainsi aucun n'a plus de six pieds ; les dents, les espèces de mâchoires et les muscles qui les faisaient agir dans la chenille restent attachés à sa dernière dépouille ; il en est de même des filières qui disparaissent. L'extérieur de la chrysalide se dessèche et se raffermit ; on peut la manier sans crainte de la blesser ; mais sa partie postérieure seule peut se donner quelques mouvements sur les jointures de ses anneaux. Quant aux changements qui ont lieu dans l'intérieur, ils ne se font pas subitement ; le temps que l'insecte passe sous la forme de chrysalide est employé à le rendre parfait ; les organes digestifs se modifient profondément, ceux de la soie s'effacent, etc. Et pour que ces transformations s'opèrent, il a besoin de demeurer un temps plus ou moins long dans une immobilité à peu près complète, inanimé, en quelque sorte,

Fig. 555. — Chrysalide du machaon.

ne prenant aucun aliment et ne vivant que par la respiration. Dans cet état, il est tantôt mou et décoloré, il a eu soin de se choisir une retraite sûre pour y subir sa transformation, et il prend plus particulièrement le nom de *nymphe* ; d'autres fois les parties extérieures se sont endurcies, et, moins soucieux des dangers extérieurs, il se suspend librement ou s'enveloppe d'un cocon, et c'est la vraie chrysalide, parée souvent des plus brillantes couleurs. Après être resté sous cette forme transitoire, un temps plus ou moins long, mais bien plus court qu'à l'état de larve, l'insecte sort de sa chrysalide avec les organes, les formes et les couleurs de l'insecte parfait (voyez Insecte, Métamorphose).

CHRYSANTHÈME (Botanique), *Chrysanthemum*, Lin., du grec *chrusos*, or, et *anthémon*, synonyme de *anthos*, fleur. Plusieurs espèces ont les capitules d'un beau jaune d'or. — Genre de plantes de la famille des *Composées*, tribu des *Sénécionidées*, sous-tribu des *Anthémidées*. Ce genre, très-nombreux en espèces, se divise habituellement en sous-genres caractérisés par leurs akènes et leurs aigrettes. Le genre *Pyrethrum* de Gærtner y est presque totalement fondu. Les chrysanthèmes sont des herbes à feuilles alternes, dentées ou divisées en lobes ; leurs capitules sont à disque jaune et à ligules blanches, jaunes ou rouges. Le *C. grande marguerite des prés*, *Leucanthème*, Œil de bœuf (*C. leucanthemum*, Lin., nom spécifique qui contredit celui du genre, puisqu'il veut dire fleur blanche), est une espèce indigène très-abondante, et connue aussi sous le nom de *Grande Pâquerette*. Elle mériterait, pour ses beaux capitules, d'être cultivée dans nos jardins. Le *C. écarlate* (*C. coccineum*, Sims. ; *Pyrethrum carneum*, Bieb.) est une belle plante du Caucase ; ses ligules sont pourprées et son involucre est composé d'écailles bordées d'un brun foncé. Le *C. inodore* (*C. inodorum*, Lin. ; *Pyr. inodorum*, Smith), et le *C. en corymbe* (*C. corymbosum*, Lin. ; *Pyr. corymbosum*, Wildw) sont deux espèces communes dans nos champs. Elles diffèrent, l'une par un réceptacle ovoïde-conique et des feuilles divisées en segments linéaires, allongés ; l'autre, par un réceptacle convexe et des feuilles 8-15 paires de segments aigus. Le *C. de l'Inde* (*C. indicum*, Lin.), espèce très en faveur chez les Chinois, a des tiges ligneuses, rameuses, des feuilles molles, divisées, dentées, les supérieures entières. On obtient une grande quantité de variétés de cette espèce par la culture ; ses capitules s'épanouissent de septembre en novembre. Les couleurs des capitules sont aussi très-variables dans le *C. de la Chine* (*C. sinense*, Sab.) ; les feuilles de cette espèce sont coriaces, glauques, sinueuses. On rencontre souvent dans nos moissons le *C. des blés* (*C. segetum*, Lin.) (*fig.* 556), vulgairement nommé *Marguerite dorée*. Cette jolie plante a les capitules d'un jaune vif et brillant, d'où lui vient son nom vulgaire, et elle peut fournir une teinture jaune ; sa tige est d'un vert glauque, haute de 0m,50, à dessin, rameuse, garnie de feuilles amplexicaules ; les capitules solitaires à l'extrémité des rameaux sont presque aussi grands et aussi beaux que dans la grande marguerite. Dans l'Ardennais, cette plante fait souvent le désespoir du cultivateur dont elle étouffe les récoltes. Caractères principaux du genre : fleurs de la circonférence ligulées, celles du disque tubuleuses, à 5 dents ; réceptacle nu ; style des fleurs du disque à branches non appendiculées ; akènes cylindriques.   G-s.

Fig. 556. — Chrysanthème des blés.

CHRYSIDE (Zoologie), *Chrysides*, Latr., du grec *chrusos*, or, à cause de l'éclat de leur couleur. — C'est la sixième tribu des *Insectes* de la famille des *Pupivores*, ordre des *Hyménoptères* ; ils ont les ailes inférieures veinées, et leur tarière est formée par les derniers anneaux de l'abdomen, à la manière des tubes d'une lunette d'approche, et se termine par un aiguillon ; l'abdomen voûté ou plat en dessous peut se replier contre la poitrine, et l'insecte prend alors la forme d'une boule. Latreille y a établi les genres : *Parnopès*, *Stilbe*, *Euchrées*, *Hédychre*, *Elampes*, *Chrysis*, *Clepte*.

CHRYSIS (Zoologie), *Chrysis*, Latr. — Genre d'*Insectes* (voyez Chryside) distingué des autres genres de la même tribu, parce que les mandibules n'ont qu'une crénelure ou qu'une dent au côté interne ; languette entière et arrondie. Ce sont des insectes remarquables par leurs couleurs brillantes, qui égalent l'éclat des pierres précieuses ; on les trouve l'été sur les murailles, les vieux bois, souvent sur les fleurs ; ils sont très-vifs et ont le vol léger ; quand on les prend, ils se mettent en boule. Le *C. enflammé* (*C. ignita*, Lin.), bleu, mêlé de vert, l'abdomen d'un rouge cuivreux doré, terminé par quatre dentelures. Longueur, 0m,009. Très-commun aux environs de Paris, voltigeant près des trous de murs et des vieux bois.

CHRYSOBALANUS (Botanique), *Chrysobalanus*, Lin., du grec *chrusos*, or, et *balanos*, gland, gland doré. Le fruit de ce genre est d'un jaune d'or et de la grosseur d'une prune. — Genre de plantes type de la famille des *Chrysobalanées*, qui forme le passage entre les Rosacées et les Légumineuses, et qui se distingue par des fleurs irrégulières, un ovaire unique à une loge contenant deux ovules, et un fruit drupacé. Ce genre comprend les *Icaquiers* (voyez ce mot).

CHRYSOCALE. — Voyez Laiton.

CHRYSOCHLORE (Zoologie), *Chrysochloris*, Lacép. — Genre de *Mammifères* de l'ordre des *Insectivores*. Ce sont des animaux souterrains dont le genre de vie est semblable à celui des taupes ; ils ont deux incisives en haut et quatre en bas ; le museau court, large et relevé ; leurs pieds de devant ont seuls trois ongles, ceux de derrière cinq. Leur avant-bras est soutenu par un troisième os placé sous le cubitus. Cette disposition leur donne des forces pour creuser la terre. Le *C. du Cap*, vulgairement *Taupe dorée* (*Talpa asiatica*, Lin.), est un peu plus petit que nos taupes, sans queue apparente : « C'est, dit Cuvier, le seul quadrupède connu qui présente quelques nuances de ces beaux reflets métalliques dont brillent quelques espèces d'oiseaux, de poissons et d'insectes; » son poil est d'un vert changeant en couleur de cuivre ou de bronze ; on ne peut apercevoir ses yeux. On le trouve en Afrique, et non pas en Sibérie, comme on l'a dit.

CHRYSOMÈLE (Zoologie), *Chrysomela*, Lin., du grec *chrusos*, or. — Genre d'*insectes coléoptères tétramères*, de la famille des *Cycliques*, tribu des *Chrysomélines*. Caractérisé par un corps plus ou moins ovale, très-convexe ; deux ailes membraneuses, repliées, cachées sous des étuis durs ; antennes plus longues que le corselet ; bouche munie d'une lèvre supérieure cornée, de deux man-

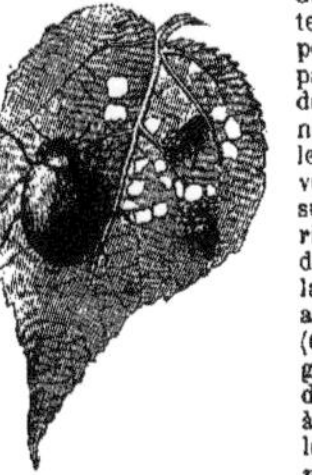

Fig. 557. — Chrysomèle du peuplier, avec ses larves.

dibules cornées , tranchantes. Ces insectes sont assez petits, les plus grands n'ont pas plus de 0ᵐ,012 à 0ᵐ,014 de longueur ; ils sont, en général, parés de belles couleurs écarlate, azur, bleu, vert doré, etc. On les trouve sur les arbres ; ils se nourrissent de leurs feuilles et y déposent leurs œufs. Leurs larves rongent les feuilles des arbres. La *C. sanguinolente* (*C. sanguinolenta*, Lin.), longue d'environ 0ᵐ,009, noire ou d'un noir bleuâtre, se trouve à terre, dans les champs, sur le bord des chemins. La *C. du peuplier*, la grande *C. rouge à corselet bleu*, de Geoffr. (*C. populi*, Lin.) (*fig.* 557), longue de 0ᵐ,012, ovale et arrondie, la tête, le corselet, le dessous du corps et les pattes d'un bleu un peu verdâtre, étuis rouges. Sur le saule et le peuplier.

CHRYSOMÉLINES (Zoologie). — Tribu d'*Insectes* (voyez CHRYSOMÈLE), qui a les antennes insérées au-devant des yeux et écartées. Ces insectes ne sautent point. Ils forment un assez grand nombre de genres, dont les principaux sont : les *Gribouris*, les *Clythres*, les *Eumolpes*, les *Chrysomèles*, les *Doryphores*, les *Timarches*.

CHRYSOPHRYS, Cuv. (Zoologie). — Nom scientifique de la *Daurade* (Poisson).

CHRYSOPRASE (Minéralogie), *Quartz-agathe-prase*, Haüy. — Variété de *calcédoine*, qui, avec la demi-transparence, offre une jolie teinte verte, qu'elle doit à un silicate de nickel. C'est la seule qui soit demandée aujourd'hui : elle est d'un prix assez élevé et on en fait de charmantes parures avec des entourages de diamants. Sa pesanteur spécifique, suivant Klaproth, est de 3,25, tandis que celle du silex ordinaire est de 2,4 ou 2,6 ; c'est cependant une simple variété de silex. On ne l'a trouvée que près de Breslau, en haute Silésie.

CHUTE (Médecine). — On appelle ainsi un déplacement général de tout le corps, de haut en bas ; les effets de la chute sont excessivement variés, depuis une innocuité parfaite jusqu'aux accidents les plus graves, et même la mort. Il n'est donc pas possible, d'après cela, d'entrer ici dans aucun détail à cet égard. On donne encore le nom de *chute* au dérangement, au déplacement ou même à la séparation complète d'une partie du corps : ainsi on connaît la *chute* de la paupière supérieure, du rectum, de la luette, etc. Dans certaines maladies, on voit aussi survenir la *chute* des cheveux ; la *chute* des dents arrive le plus souvent par les progrès de l'âge ; la *chute* des ongles succède aussi à des affections chirurgicales des doigts, telles que contusions, écrasements, panaris, etc.

CHUTE DES CORPS (Physique). — Mouvement que prennent les corps lorsque, abandonnés à eux-mêmes, ils tombent vers la terre.

Dans l'air, les corps tombent avec des vitesses inégales. Les corps d'une grande densité, comme le plomb, tombent rapidement ; les corps d'une densité faible, comme le duvet, tombent avec une extrême lenteur. Mais comprimons le duvet entre les doigts de manière à en former une petite boule, et réduisons le plomb en feuille extrêmement mince, il pourra arriver que le duvet tombe plus vite que le plomb.

Dans un tube que l'on a vidé d'air, tous les corps, lourds ou légers, tombent avec la même vitesse. S'il en est autrement dans l'air, la cause en est due à la résistance de ce gaz, résistance qui peut nous paraître insensible quand nous marchons lentement, mais qui devient très-manifeste quand nous sommes entraînés par la vapeur. Cette résistance de l'air au mouvement des corps est d'autant plus grande qu'ils lui présentent une surface plus étendue ; elle est d'autant plus efficace que le corps sous un même volume contient une moindre masse. La nature du corps, en dehors de ces deux conditions, est sans effet sur le phénomène. Ce fut Galilée qui, le premier, découvrit la cause de l'inégale rapidité de chute des divers corps. Il façonna avec des substances très-diverses de petites boules, toutes du même diamension, et les laissa tomber en même temps du haut de la tour de Pise. Toutes ces boules touchèrent le sol presque au même moment. En les déformant de manière qu'elles présentassent à l'air des surfaces inégales, il recommença l'expérience ; il les vit atteindre le sol à des moments très-éloignés l'un de l'autre.

Ce fut également Galilée qui, le premier, détermina les lois suivant lesquelles s'effectue la chute des corps, et, pour se garantir de l'influence retardatrice de l'air, il ralentit considérablement la vitesse du mouvement en l'effectuant sur *un plan incliné*, au lieu de le laisser se produire suivant la verticale. L'appareil dont il se servit consistait simplement en une pièce de bois creusée dans

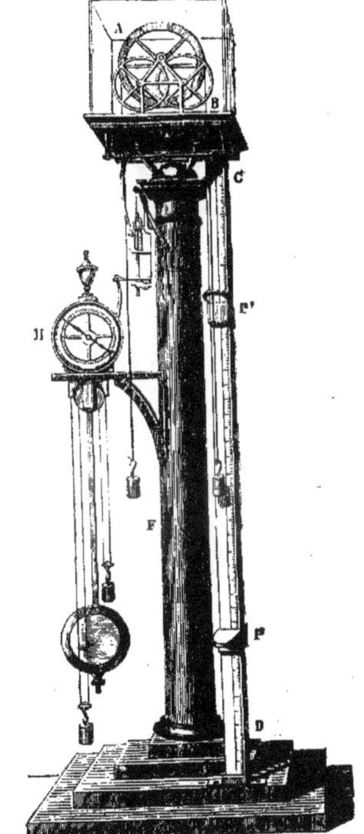

Fig. 558. — Machine d'Atwood.

le sens de sa longueur d'une gouttière hémicylindrique, qu'il inclinait plus ou moins à l'horizon, et sur laquelle il faisait rouler une balle de cuivre. Il trouva ainsi que les espaces parcourus, comptés du point de départ, croissaient proportionnellement au carré des temps employés pour les parcourir. Grimaldi, Riccioli, Newton et Désaguliers, vérifièrent cette loi par de nouvelles expériences, mais la machine la plus ingénieuse et la plus généralement employée à cette étude est celle qui fut imaginée, en 1782, par Atwood, professeur à l'université de Cambridge. Nous en donnons ici une figure. Elle se compose d'une colonne en bois F, au sommet de laquelle se trouve une poulie très-mobile AB, dont l'axe appuie par chacune de ses extrémités sur une paire de poulies à jantes croisées, dans le but de diminuer les frottements de cet axe. Sur la gorge de la poulie principale, passe un cordon de soie très-fin dont les deux extrémités supportent deux masses égales. Ces deux masses s'équilibrent donc mutuellement; mais si l'on vient à ajouter à l'une d'elles une petite masse additionnelle, l'équilibre est rompu, les deux masses sont entraînées simultanément d'un mouvement d'autant plus lent, que la masse additionnelle est plus petite par rapport à la masse totale entraînée. La chute peut donc ainsi être autant ralentie qu'on le désire. Pour mesurer les espaces parcourus, on a disposé verticalement dans la machine une règle CD divisée en centimètres, et, pour mesurer les temps, cette machine est en outre munie d'un pendule à secondes H. Pour faire l'expérience, l'un des poids étant chargé de sa masse additionnelle calculée convenablement, on le soulève jusqu'au zéro de l'échelle, où on l'appuie sur une petite lame de cuivre qui s'abaisse d'elle-même, par l'effet du mouvement d'horlogerie au commencement

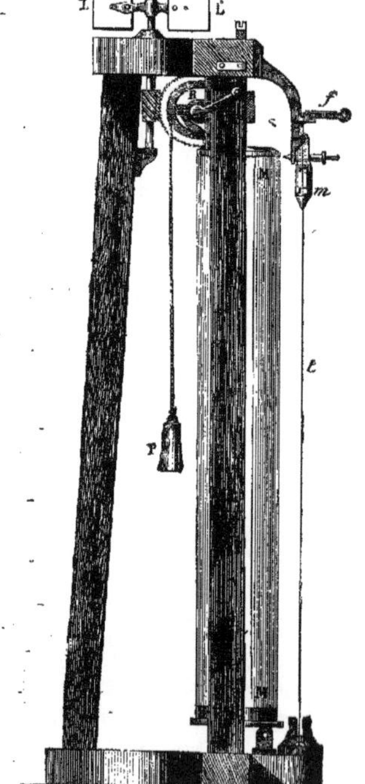

Fig. 559. — Appareil du général Morin.

d'une seconde. A la division 10 de la règle divisée, on fixe un plan de cuivre P, et on fait osciller le pendule. A un certain moment le corps tombe, et à l'instant où bat la seconde suivante, il vient heurter le plan P;

$0^m,10$ ont donc été parcourus pendant la première seconde. En recommençant l'expérience et mettant le plateau P à la division 40, il faudra deux secondes au poids pour l'atteindre; on trouverait de même qu'il lui faudrait trois secondes pour arriver à la division 90; et ainsi de suite. Les espaces parcourus dans des temps 1^s, 2^s, 3^s... sont donc entre eux comme les nombres 1, 4, 9...

La vitesse de la chute des corps augmente à mesure que se prolonge la durée de cette chute; elle croît proportionnellement à cette durée, devenant double au bout d'un temps double, ainsi que la machine d'Atwood permet de le vérifier en supprimant à un certain moment la masse additionnelle par le moyen d'un curseur annulaire P'. Cette vitesse est égale dans la chute libre à $9^m,809$ au bout de la première seconde, $9^m,809 \times 2$ au bout de la deuxième seconde... Au bout de dix secondes, elle serait de $98^m,09$, c'est-à-dire que, si au bout de ces dix secondes, la pesanteur cessait tout à coup d'agir sur le mobile, celui-ci continuerait sa route avec sa vitesse devenue constante et capable de lui faire parcourir $98^m,09$ en une seconde.

Récemment, le général Morin, directeur du Conservatoire des arts et métiers, a imaginé pour la vérification des mêmes lois une machine fondée sur un principe dont il a su tirer, dans plusieurs circonstances, un excellent parti. Nous en donnons ici une vue de profil. Elle se compose d'un cylindre vertical en bois M, mobile autour de son axe au moyen d'une vis sans fin dont il est muni à son extrémité supérieure, et qui engrène avec une roue dentée R mue par un poids P. Un petit moulinet à ailettes verticales L, mobile en même temps que le cylindre, sert à rendre uniforme la marche de celui-ci. En avant du cylindre, en m, se trouve une masse de fonte retenue par un crochet et munie d'un crayon dont la pointe appuie doucement sur la surface du cylindre. Lorsque la marche du cylindre est régulière, on lâche le poids m qui tombe verticalement; mais, comme pendant sa chute la surface du cylindre se déplace horizontalement, le crayon y dessine une courbe dont l'inspection conduit à la vérification des lois indiquées plus haut.

La rapidité de la chute des corps croissant avec la durée de cette chute, on comprend que l'intensité du choc d'un corps sur le sol s'accroisse avec la hauteur d'où il est tombé. La résistance de l'air peut cependant modifier ce résultat; comme elle croît avec la vitesse, elle peut, pour une vitesse donnée, devenir égale à la pesanteur du corps qui tend à accélérer la marche de celui-ci. Cette marche devient alors uniforme, et la vitesse constante. C'est, en particulier, l'effet produit par les parachutes.

Chute d'eau (Mécanique appliquée). — Passage brusque d'un cours d'eau d'un niveau à un autre. Les chutes d'eau sont naturelles ou artificielles; dans ce dernier cas, elles sont produites par un *barrage* établi en travers du lit d'un ruisseau, d'une rivière ou d'un fleuve. Le niveau de l'eau s'élève au-dessus du barrage; sa pente s'affaiblit, et par conséquent aussi sa vitesse. Et comme, en somme, il doit toujours passer, en moyenne, la même quantité d'eau pendant le même temps, la section du cours d'eau doit être augmentée d'autant plus que sa vitesse est plus amoindrie. Les mêmes effets se reproduisent au-dessous du barrage par l'abaissement du niveau de l'eau en ce point.

La force ou puissance dynamique d'une chute d'eau peut se calculer aisément. Supposons d'abord que l'eau s'écoule en *déversoir* par-dessus le barrage; l'eau passant ainsi du *bief d'amont* dans le *bief d'aval*, tombera d'une hauteur égale à la différence des deux niveaux de l'eau dans les deux biefs; le travail de la pesanteur sur cette eau sera donc égal au poids P de l'eau qui coule en une seconde, multiplié par la hauteur de la chute ou PH. Prenons pour exemple la chute d'eau provenant du barrage effectué sur le petit bras de la Seine, au-dessous du pont Neuf, à Paris. Ce bras, au moment des basses eaux, débite environ 100 mètres cubes ou 100 000 kil. d'eau par seconde; la hauteur totale de la chute peut s'élever à $1^m,50$; le travail par seconde serait 150 000 kilogrammètres, et la puissance théorique de la chute de 2 000 chevaux-vapeur, un cheval-vapeur correspondant à 75 kilogrammètres par seconde. Cette force croîtrait avec l'abondance des eaux.

Supposons maintenant que l'eau, au lieu de passer par-dessus le barrage, s'écoule par-dessous, au moyen d'une vanne établie de façon à laisser passer toute l'eau qui arrive à la chute. D'après le théorème de Torricelli (voyez Écoulement), la vitesse de l'eau sortant de la vanne sera égale à $V = \sqrt{2gH'}$, H' exprimant la hauteur du niveau dans le bief d'amont, au-dessus du centre de la vanne. La *puissance vive* de cette eau sera $\frac{MV^2}{2}$, M étant la masse de l'eau et V sa vitesse. C'est la quantité de travail que lui a donnée la pesanteur à la chute. Si nous remplaçons V par sa valeur donnée précédemment, nous aurons

$$\frac{MV^2}{2} = \frac{M \times 2gH'}{2} = Mg \times H'.$$

Or, Mg est le poids P de l'eau qui passe ; la quantité de travail donnée à l'eau qui traverse la vanne sera donc PH', c'est-à-dire exactement la même que si l'eau eût passé par-dessus le déversoir pour tomber d'une hauteur H'. Une fois arrivée au niveau du centre de la vanne, elle continue à tomber jusqu'au niveau de l'eau dans le bief inférieur.

De toute manière, la puissance d'une chute d'eau a donc pour expression PH. Cette puissance est utilisée par les *récepteurs hydrauliques* auxquels elle se transmet en partie. Il faut, en effet, toujours bien distinguer la puissance théorique ou absolue PH d'une chute d'eau, de la portion de cette puissance qui est recueillie par les récepteurs ; cette portion varie beaucoup avec la nature et l'état d'entretien du récepteur, et peut osciller entre 0,12 et 0,80 de la puissance théorique. C'est le travail absolu seul qu'il convient d'introduire dans les actes réguliers auxquels peut donner lieu la vente ou la location d'une chute d'eau, à moins qu'au lieu de louer la chute, on ne loue le récepteur dont on se réserve l'entretien (voyez Roues hydrauliques).   M. D.

CHYLE (Physiologie), en grec *chulos*, humeur. — C'est le nom que l'on donne au liquide qui forme le sang. La source en est dans les produits de la digestion, et son élaboration est le résultat de cette fonction. L'aspect de ce liquide varie suivant la nature des aliments et suivant les animaux chez lesquels on l'observe ; c'est en général un suc blanc laiteux, d'une odeur particulière et d'une saveur salée et alcaline. Longtemps on l'a regardé comme le produit unique et complet de la digestion ; on ne peut aujourd'hui conserver de telles idées, puisqu'on sait qu'une partie notable des produits digestifs provenant des matières saccharoïdes et albuminoïdes, prend la route des veines et passe à travers le foie (voyez Foie, Veines). Ce qui caractérise le chyle, c'est l'abondance des matières grasses ; le chyle laiteux crème comme le lait, et même, lorsqu'il est simplement opalescent, ce liquide montre encore au microscope de nombreux globules graisseux ; aussi doit-on le regarder comme l'émulsion graisseuse produite sous l'influence du suc pancréatique et comme représentant surtout les produits de la digestion des corps gras. Cette émulsion a pour base la dissolution qui imbibe la masse alimentaire, de telle sorte que le chyle renferme aussi de l'albuminose et des quantités plus ou moins grandes de sucre. Mais les vaisseaux chylifères (voyez ce mot) paraissent être le chemin particulier que suivent les matières grasses pour arriver dans le sang. Du reste, à mesure que le chyle avance dans l'intérieur des vaisseaux lymphatiques, il se charge d'une quantité de plus en plus considérable de fibrine, il prend en même temps une teinte rosée, et sa nature se rapproche de plus en plus de celle du sang avec lequel il va s'unir dans la veine *sous-clavière gauche*, où débouche le canal *thoracique*.

CHYLIFÈRES (Vaisseaux) (Anatomie, Physiologie). — On nomme ainsi des espèces de canaux vasculaires destinés à transporter le chyle. En 1622, Aselli, professeur à Pavie, découvrait que si l'on ouvre un animal pendant la digestion d'un repas copieux, et surtout riche en matières grasses, on aperçoit dans le *mésentère*, à côté des vaisseaux sanguins, d'autres vaisseaux rendus visibles par un liquide blanc laiteux qui les remplit ; Aselli les nomma *vaisseaux lactés* ; mais le liquide qu'ils contiennent ayant été appelé *chyle*, les physiologistes les nommèrent *chylifères* ; ils naissent de divers points de l'intestin grêle, abondent surtout dans sa première portion, sont moins répandus dans la dernière et deviennent rares dans le gros intestin ; leurs premières racines, très-fines d'abord, s'unissent, forment des rameaux plus gros, puis quelques troncs principaux qui, en avant de la colonne vertébrale, un peu au-dessous du diaphragme, constituent un renflement nommé le *réservoir* ou la *citerne de Pecquet*. De là, part un canal unique, nommé *canal*

thoracique, qui réunit en même temps les chylifères et tous les vaisseaux lymphatiques absorbants nés des divers points du corps. Ce canal chemine le long de la colonne vertébrale et un peu à gauche, à côté de l'artère

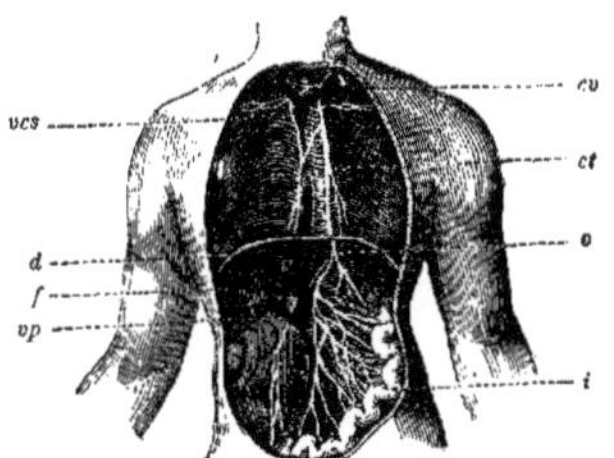

Fig. 560. — Système absorbant intestinal veineux et chylifère, chez l'homme (1).

aorte et jusqu'au niveau des clavicules ; là, il vient se jeter dans la veine *sous-clavière gauche*. L'origine des chylifères dans l'intestin et à sa surface, se fait par le moyen des *villosités intestinales*, petits filaments d'une nature membraneuse, existant en nombre incommensurable sur toute la surface de la muqueuse. Chacune de ces villosités est l'origine d'un ou de plusieurs vaisseaux chylifères, et leur constitue une sorte de racine plongeant dans la masse alimentaire.

CHYLIFICATION (Physiologie). — C'est l'ensemble des phénomènes chimiques qui concourent à l'élaboration du *chyle*. A mesure que la digestion stomacale s'effectue, le *chyme* (voyez ce mot) glisse vers l'ouverture du *pylore* et franchit, pour pénétrer dans le duodenum, le sphincter de cet orifice, qu'il ferme à toute matière incomplètement digérée. — La première portion de l'intestin est arrosée par deux liquides qui, versés sur le chyme, y déterminent de nouveaux changements ; ces deux liquides sont la *bile* et le *suc pancréatique*.

a. La *bile*, sécrétée par le foie, est un liquide d'un vert sombre, amer et nauséabond, à réaction alcaline, et sa composition chimique rappelle la nature des savons (voyez Bile).

b. Le *suc pancréatique* a surtout été étudié depuis que M. Cl. Bernard, dans des expériences à la fois ingénieuses et célèbres, l'a extrait en quantité suffisante du corps des animaux vivants et a démontré son rôle dans le travail digestif. Ce liquide est clair et incolore, et ressemble complètement à la salive par ses propriétés physiques ; mais il contient un principe spécial nommé dans ces derniers temps *pancréatine*. et qui lui donne des propriétés chimiques toutes particulières.

A son arrivée dans le duodenum, le chyme est arrosé par ces deux liquides ; il y reçoit de la bile une coloration jaune, légèrement verdâtre ; mais bientôt apparaissent à sa surface des filaments d'une matière blanche, lactescente, très-riche en graisse, et que l'on nomme le *chyle*. On a beaucoup expérimenté pour déterminer le rôle respectif de chacun des deux liquides dans la chylification. La bile paraît surtout destinée à neutraliser l'acidité du chyme ; on ne peut dire autre chose de positif sur ce liquide ; son véritable rôle est encore très-obscur et a donné lieu à une foule d'hypothèses que je m'abstiens de signaler ici.

On connaît mieux l'action du suc pancréatique. Dès 1845, MM. Bouchardat et Sandras ont démontré qu'il déterminait la transformation des fécules en glucose, et complétait ainsi, après la désorganisation accomplie dans l'estomac, l'action incomplète de la salive. Quelques années plus tard, M. Cl. Bernard lui découvrit une action

(1) Fig. 560. — Le canal thoracique et les vaisseaux chylifères chez l'homme ; la veine porte et les veines de l'intestin. — *i*, portion de l'intestin grêle suspendue à un lambeau du mésentère, qui contient les veines et les vaisseaux chylifères correspondants. — *d*, diaphragme. — *f*, foie. — *vp*, veine porte, qui réunit les veines de l'intestin et va se ramifier dans le foie, d'où le sang est ramené dans la veine cave inférieure et de là au cœur droit. — *o*, origine du canal thoracique, réservoir de Pecquet. — *ct*, canal thoracique qui reçoit les chylifères et les lymphatiques. — *cv*, abouchement du canal thoracique dans la veine sous-clavière. — *ucs*, veine cave supérieure.

spéciale qu'il doit à la pancréatine. Par des expériences nombreuses et bien faites, il établit que l'émulsion graisseuse que subissent les matières grasses neutres dans le duodenum est provoquée par le suc pancréatique. Ce suc a la propriété de les transformer en un liquide émulsionné, lactescent, qui donne au chyle son aspect particulier et qui est parfaitement préparé pour être absorbé et porté dans le sang. C'est donc une véritable digestion des matières grasses neutres, et le suc pancréatique en est l'agent essentiel (voyez CHYLE).

CHYME, CHYMIFICATION (Physiologie). — Les phénomènes chimiques qui se passent dans l'estomac, pour le travail de la digestion, sont complexes et ont été connus autrefois sous le nom général de *chymification*. Si l'on se borne à examiner physiquement le bol alimentaire après qu'il a subi l'action de l'estomac, on le trouve converti en une pâte semi-fluide grisâtre douée d'une odeur aigre toute spéciale, et que depuis longtemps on appelle *chyme*. Cette pâte a une réaction acide très-marquée, et les tissus organisés des aliments ne s'y retrouvent plus et semblent avoir subi une dissolution qui les rend méconnaissables; on regarde le chyme comme le premier résultat du travail digestif, comme un magma des matières nutritives avec celles qui ne le sont pas. Nous aurions donc à établir ici pourquoi la chymification doit être regardée aujourd'hui comme un acte très-complexe, et pourquoi le chyle ne peut plus être considéré comme le produit essentiel et entier du travail digestif; ce serait isoler du travail de la fonction digestive un de ses actes les plus importants; c'est pourquoi nous renverrons au mot DIGESTION.

CIBOULE (Botanique), francisé de *cepula*, petit oignon. Thésis fait néanmoins remarquer que ce nom pourrait bien être altéré de *sumboloun*, nom arabe de la plante. — Espèce d'*Ail* cultivée pour servir aux assaisonnements. C'est l'*Ail fistuleux* (*Alium fistulosum*, Lin.), qui présente des bulbes coniques ou oblongs, des feuilles cylindriques, ventrues et fistuleuses. La hampe de cette espèce atteint jusqu'à 0ᵐ,70 de hauteur, et se termine par une ombelle globuleuse composée de fleurs blanches, à sépales oblongs, les extérieurs un peu plus courts; les étamines sont saillantes. La ciboule est originaire de la Sibérie. Cette plante est vivace; mais dans les potagers elle est traitée comme une plante bisannuelle, et a une certaine importance au point de vue de l'économie domestique. On la sème en terre légère, à deux saisons de l'année, la première en février et mars, et la seconde vers la fin de juillet; on la replante environ deux mois après. Les variétés nommées *C. blanche hâtive* et *C. vivace*, vulgairement *C. de Saint-Jacques*, se cultivent aussi dans les potagers comme plante vivace : cette dernière réussit très-bien en bordures; on la propage au moyen des cayeux que l'on éclate au printemps et en automne. G — s.

CICADAIRES (Zoologie), *Cicadariæ*, Latr. — Famille d'*Insectes hémiptères*, section des *Homoptères*, qui se distingue par leurs tarses composés de trois articles, antennes ordinairement très-petites, de trois à six articles, en forme d'alène et terminées par une soie. Les femelles sont pourvues d'une tarière pour déposer leurs œufs. On les divise en deux groupes : 1º Les *Cigales* proprement dites (*Cicada*, Oliv.; *Tettigonia*, Fab.), ou les *Chanteuses;* elles ont les antennes de six articles et trois yeux lisses Les mâles sont pourvus d'organes sonores (voyez CIGALES). 2º Les *Cicadaires muettes* n'ont que trois articles distincts aux antennes et deux petits yeux lisses. Leurs pieds sont, en général, propres pour le saut. Ils n'ont pas d'organes sonores. On les subdivise en *Fulgorelles*, qui ont les antennes insérées immédiatement sous les yeux et le front souvent prolongé en forme de museau; on y trouve, entre autres, les genres *Fulgores, Otiocères, Tettigomètre, Asiraques*, etc.; et en *Cicadelles* (voyez ce mot), qui sont les *Cigales rûnâtres* de Linné.

CICADELLES (Zoologie), *Cicadella*, Latr. — Un des genres de la famille des *Cicadaires* (voyez ce mot), qui forme avec les *Fulgorelles* la subdivision des *Cicadaires muettes*, et se distingue de ces dernières parce que les antennes sont insérées entre les yeux. Ce sont les *Cigales rûnâtres*, de Linné. Les principaux sous-genres de ce groupe sont : les *Membraces*, les *Centrotes*, les *Ætalions*, les *Ledres*, les *Cercopes*, les *Eulopes*, les *Cicadelles* propres (*Tettigonia*, Oliv.; *Cicada*, Lin., Fab.) dont la tête, vue en dessus, est triangulaire, sans être néanmoins très-allongée ni très-aplatie.

CICATRICE, CICATRISATION (Médecine), en latin *cicatrix*, du grec *kikus*, fort. — On donne le nom de cicatrice au tissu fibro-celluleux qui réunit les solutions de continuité des corps vivants, ou à la pellicule membraneuse qui recouvre, après la guérison, les ulcères ou les plaies qui ont suppuré : le nom de *cal* a été spécialement consacré pour désigner la cicatrice des os (voyez CAL). La *cicatrisation* est la série des opérations par lesquelles la nature accomplit cette opération. Lorsqu'il y a une simple division des parties, que celles-ci restent en contact, et qu'il n'y a pas d'inflammation, la réunion s'opère promptement au moyen de la lymphe coagulable qui se répand entre les surfaces divisées et les recolle immédiatement; aussi, ce mode de cicatrisation a-t-il reçu le nom de *réunion immédiate* ou par première *intention*. Lorsque les lèvres de la plaie par divisions restent écartées, ou qu'il y a perte de substance et que la réunion n'a pas été faite, voici ce qui arrive : le sang cesse bientôt de couler, il se fait un suintement séro-sanguinolent, la plaie se dessèche, bientôt elle s'enflamme, il s'en écoule un liquide séreux d'abord, puis un peu visqueux, jaunâtre, crémeux; c'est du pus. Au fond de la plaie se développent des granulations coniques, rouges; ce sont les *bourgeons charnus* (voyez ce mot). Alors les bords tuméfiés se dégorgent, s'affaissent; ils se rapprochent du centre et diminuent ainsi l'étendue de la plaie : une couche blanchâtre, mince, de lymphe coagulable, se développe de la circonférence au centre vers lequel elle s'avance peu à peu, ou si la surface est considérable, il se forme dans différents points des espèces d'îlots; toutes ces couches membraneuses se réunissent enfin en prenant de la consistance; elles recouvrent la plaie tout entière et la cicatrice est complète. Celle-ci reste quelque temps mince, rouge, facile à rompre; elle est très-sensible; l'épiderme qui la recouvre se renouvelle fréquemment. Peu à peu elle se décolore, devient même plus pâle que le reste de la peau; elle est d'ailleurs dépourvue de follicules sébacés et de bulbes pileux. Elle devient souvent douloureuse dans les changements atmosphériques. F — N.

CICATRISANT (Médecine), qui aide à la cicatrisation des plaies. — On a donné ce nom à des onguents, à des sucs de plantes, à des topiques, en un mot, auxquels on attribuait la propriété de hâter et de favoriser la cicatrisation des plaies : il n'existe pas de médicaments qu'on puisse appeler spécialement *cicatrisants*. Il n'y a que des moyens de remédier à certains accidents qui peuvent entraver le travail de la nature et retarder la cicatrisation; par exemple, s'il y a une inflammation trop vive, il faudra avoir recours aux émollients; s'il y a de la mollesse, de l'atonie, on emploiera les toniques : ainsi voilà des médicaments d'une nature opposée, qui deviendront cicatrisants au même degré, mais dans des circonstances différentes (voyez CICATRICE).

CICCA ou CHÉRAMÉLIER (Botanique), *Cicca*, Lin. — Genre de plantes de la famille des *Euphorbiacées*, et comprenant quelques espèces d'arbres et d'arbrisseaux de l'Asie tropicale et des Antilles. Le *C. disticha*, Lin., *Chéramélier à feuilles distiquées*, a des rameaux élancés, allongés, très-simples; feuilles alternes, ovales, lancéolées, aiguës, très-entières; fleurs petites, monoïques, réunies par groupes sur de petites grappes, à la base des rameaux. Ses fruits, qui sont acides et agréables au goût, sont connus, dans l'Inde et aux Antilles, sous le nom de *Cerises des îles*. Les habitants les mangent avec plaisir. Caract. du genre : fleurs monoïques; les mâles composées d'un calice à 4 folioles arrondies; point de corolle; étamines, 4; dans les fleurs femelles, un ovaire surmonté de 4 styles. Le fruit est une baie globuleuse, à 4 coques avec une semence dans chacune. G — s.

CICER (Botanique). — Voyez POIS.

CICINDÈLES (Zoologie), *Cicindela*, Latr. — Genre d'*Insectes coléoptères pentamères*, famille des *Carnassiers*, tribu des *Cicindélètes*. Ce sont des insectes dont le corps brillant est ordinairement d'un vert plus ou moins foncé, mélangé de couleurs métalliques, avec des taches blanches sur les étuis Ceux-ci sont durs et recouvrent deux ailes membraneuses repliées. On les trouve dans les lieux secs, exposés au soleil. Les cicindèles courent très-vite, s'envolent dès qu'on les approche, et prennent terre à peu de distance. Elles sont très-voraces, carnassières, et vivent d'autres insectes; aussi sont-elles armées de fortes mandibules. Les larves des espèces qu'on a pu observer sont longues d'environ 0ᵐ,025. Elles sont si voraces qu'elles mangent les autres larves de leur espèce. La *C. champêtre* (*C. campestris*, Lin.) a environ 0ᵐ,014 de long. Elle est d'un vert pré en dessus; cinq points blancs sur chaque élytre. Commune dans toute l'Europe, au printemps. La *C. hybride* (*C. hybrida*, Lin.), un peu plus grande que la précédente, est d'un gris verdâtre, teinte dorée ou cuivreuse en dessus, vert luisant doré en dessous. Deux taches blanches sur chaque étui. Dans les sablonnières. La *C. des forêts* (*C. sylvatica*, Lin.), qu'on trouve dans les bois de pins de la forêt de Fontainebleau, est très-voisine de la précédente, mais elle a le corps noir.

CICINDÉLÈTES (Zoologie), *Cicindeletæ*, Latr. — Tribu d'*Insectes* (voyez CICINDÈLES), à six palpes, pattes propres à la course, extrémités des mâchoires terminées par un crochet, mandibules très-fortes et très-dentées. Elles ont la tête forte, de gros yeux ; sont éminemment carnassières. La plupart des espèces sont exotiques. On les a divisées (*Règne animal*) en neuf genres, savoir : les *Manticores*, les *Mégacéphales*, les *Oxycheiles*, les *Euprosopes*, les *Cicindèles* propres, les *Cténostomes*, les *Thérates*, les *Colliures*, les *Tricondyles*.

CICUTAIRE (Botanique), *Cicuta*, Lin. ; *Cicutaria*, Lamk. — Genre de plantes de la famille des *Ombellifères*, composé de trois espèces, qu'on trouve en général dans les lieux aquatiques, les prés humides ; une seule se rencontre en Europe, les deux autres en Amérique. La *C. aquatique* (*Cicutaria aquatica*, Lamk ; *Cicuta virosa*, Lin.) a une tige cylindrique, fistuleuse, haute de près d'un mètre ; elle est garnie de feuilles ailées, d'un vert foncé, à folioles étroites, lancéolées, dentées ; fleurs blanches, en ombelles lâches. Elle croît en France, sur le bord des étangs. Elle est vivace et fleurit en été. Toutes les parties de la plante sont un violent poison pour l'homme. Il donne lieu aux mêmes accidents que la *ciguë* (voyez ce mot). Il ne faut pas la confondre avec la *phellandre aquatique*, qu'on appelle aussi vulgairement *ciguë d'eau* (voyez PHELLANDRE). Caractères du genre : involucre nul ; involucelle multi-foliolé, calice à limbe 5-denté, 5 pétales, ovales, courbés, 5 étamines, ovaire inférieur, deux graines ovoïdes appliquées l'une contre l'autre.

CIDRE (Chimie industrielle), du latin *sicer*, liqueur fermentée. — Le cidre est une boisson qui remplace le vin dans certaines contrées, et particulièrement en Normundie. Il se fabrique avec les pommes ; on a cependant vulgairement étendu ce mot à des liqueurs fermentées provenant d'autres fruits, et même du marc de raisin dont le jus a été soutiré pour le vin. Les meilleures pommes à cidre sont âpres, amères au goût ; ce sont elles qui donnent le cidre le plus riche en alcool, le plus facile à conserver et à clarifier ; les pommes douces viennent après, et en dernier lieu les pommes acides.

Après la récolte, ces fruits sont mis en tas pour y compléter leur maturation, puis, au bout d'un mois ou six semaines, on les écrase avec un pilon en bois dur, ou sous une meule verticale en bois, ou enfin entre des cylindres cannelés en bois, pour éviter d'écraser les pepins qui donneraient au cidre un mauvais goût ; puis on les met immédiatement en presse à la manière du raisin ; toutefois, quand on veut avoir un cidre très-fortement coloré, on dépose la pulpe dans des cuviers en bois, où on la laisse macérer pendant plusieurs jours en la remuant cinq à six fois par jour, pour l'empêcher d'entrer en fermentation. La pulpe portée sur le pressoir s'égoutte sous son propre poids pendant vingt-quatre heures, et donne la *mère goutte* qui fournit le cidre le meilleur ; puis on presse fortement. Le marc est ensuite délayé avec 25 p. 100 d'eau, et soumis, au bout de vingt-quatre heures, à une seconde pression, quelquefois même à une troisième avec 35 p. 100 d'eau, ce qui donne un cidre très-faible, consommé par les gens pauvres. On calcule, en Normandie, que 2310 kil. de pommes donnent environ 1600 litres de bon cidre, obtenus de la mère goutte et des deux premiers pressurages. Le jus, au sortir du pressoir, est transvasé dans des tonneaux dont la bonde est simplement fermée par une toile. Au bout de quatre ou cinq jours, une fermentation tumultueuse s'établit d'abord ; elle s'apaise peu à peu, et il se forme un chapeau de mousse, qu'il est utile de laisser intact pour empêcher le contact de l'air avec la liqueur. Après cette première fermentation, le cidre est soutiré, puis soutiré de nouveau un mois après dans des tonneaux de 7 ou 800 litres, où il reste jusqu'à la consommation, ou bien mis dans des bouteilles de grès, plus fortes et moins chères que les bouteilles de verre. Du reste, le travail du cidre peut être modifié de diverses manières et fournir des produits de qualités très-différentes. Quand on veut que le cidre reste doux, on s'oppose à sa fermentation par des transvasements ou soutirages multipliés, que l'on opère dès que ce phénomène commence à se manifester. Si l'on veut obtenir du cidre mousseux, on décante une seule fois le moût de pommes avant la première apparence de fermentation, et on le transvase dans un tonneau dans lequel on a fait brûler une mèche soufrée, ou mieux encore un peu d'alcool enflammé, contenu dans une coupe et promené dans toutes les parties du tonneau. Cette opération paralyse pendant assez longtemps la fermentation pour que le moût se clarifie avant qu'elle ne commence à se déclurer. Dès qu'elle menace, on soutire dans des bouteilles de grès, qu'on bouche, qu'on ficelle et que l'on cachette. Ce cidre mousse comme du champagne, et est très-agréable à boire. Les cidres doux sont ordinairement préférés par les habitants des villes ; mais quand, après la seconde fermentation, il est renfermé dans de grands tonneaux, il ne tarde pas à éprouver une dernière fermentation qui lui donne une saveur acide et amère ; on le nomme alors *cidre puré*, et c'est dans cet état qu'il est préféré dans les pays de production.

Outre le cidre proprement dit, résultant de la fermentation alcoolique du jus de pommes, il en existe un autre connu sous le nom de *poiré*, qui se fabrique, avec des poires, exactement comme le précédent. Les poires douces doivent seulement être pressurées dès qu'elles sont cueillies, tandis que les poires âpres doivent achever en tas leur maturation. Dans tous les cas, le pressurage doit suivre immédiatement le broyage.

Le poiré est plus capiteux que le cidre, et par une bonne préparation et un séjour de quelque temps dans les bouteilles, il devient complétement vineux, et peut être confondu, par des palais peu exercés, avec les vins blancs de l'Anjou et de la Sologne, et même, quand il est mousseux, il peut prendre le masque des vins légers de la Champagne. Mais généralement cette boisson est préparée sans soin et avec de mauvais fruits, ce qui donne de très-mauvais produits. Cependant les poires sont plus sucrées et donnent plus de jus, plus d'alcool que les pommes ; le poiré donne 10 p. 100 d'eau-de-vie à 20 ou 22°, pouvant servir à tous les usages de l'eau-de-vie de vin ; il donne d'excellent vinaigre, et, sous l'un ou l'autre de ces rapports, il pourrait devenir la source d'un produit important pour le Nord.

Dans quelques contrées de la France, les classes pauvres font du cidre avec des *cormes*, des *baies de genièvre*, etc. Le cormé est excessivement âcre, quand pour le préparer on n'a pas laissé bletuir les fruits ; mais il peut servir avantageusement à conserver les cidres qui veulent tourner au *gras*.

Les maladies des cidres tiennent la plupart à une préparation défectueuse et à l'usage vicieux de puiser pour la consommation dans des tonneaux qui restent ainsi plus ou moins longtemps en vidange. Le cidre noircit ou s'aigrit. Mais, même dans des tonneaux bien clos, le cidre tourne souvent au gras, maladie analogue à celle des vins blancs, qui porte le même nom et qui est due à un défaut de tannin dans la liqueur (voyez VIN).

Quelques fabricants avaient imaginé de clarifier les cidres par de l'acétate de plomb ; une certaine quantité de cette substance vénéneuse restait dans la liqueur et produisit de graves accidents. Son usage a été interdit en 1852. Le meilleur cidre vient de Normandie.

CIEL (MOUVEMENT DIURNE DU) (Astronomie, Cosmographie). — La plus simple observation du ciel nous montre que le soleil se lève chaque matin à l'orient ; il s'élève progressivement, puis s'abaisse et va se coucher à l'occident. La lune se comporte absolument de même. Enfin, si l'on suit avec quelque attention les étoiles qui brillent au ciel pendant la nuit, on reconnaît qu'elles se déplacent dans le même sens que le soleil ; elles montent graduellement au-dessus de l'horizon, redescendent ensuite pour disparaître au couchant. Dans nos climats, en se tournant vers le midi, on voit ces astres décrire des courbes sensiblement circulaires, parallèles et inclinées sur l'horizon. Les unes, les plus méridionales, ne se montrent que quelques instants ; d'autres parcourent un demi-cercle et sont visibles pendant douze heures. En se tournant vers le nord, on observe encore ce mouvement des étoiles ; mais certaines d'entre elles offrent cette particularité, qu'elles ne descendent jamais au-dessous de l'horizon et décrivent un cercle entier autour d'un point voisin de l'*étoile polaire*, qui elle-même reste à peu près immobile dans le ciel. Le mouvement de ces étoiles, qui sont dites *circumpolaires*, semble dirigé d'occident en orient dans la partie inférieure de leur cercle.

On entend par *mouvement diurne du ciel* ce mouvement de circulation des étoiles qui les entraîne de l'est à l'ouest, et les ramène à la même position au bout d'euviron vingt-quatre heures. Ce mouvement est commun à tous les astres qui apparaissent dans le ciel.

Parmi les astres, la plupart conservent entre eux les mêmes positions relatives : leurs configurations restent les mêmes; ce sont les *étoiles fixes* que l'on a classées par *constellations*, afin de mieux les reconnaître. Tout

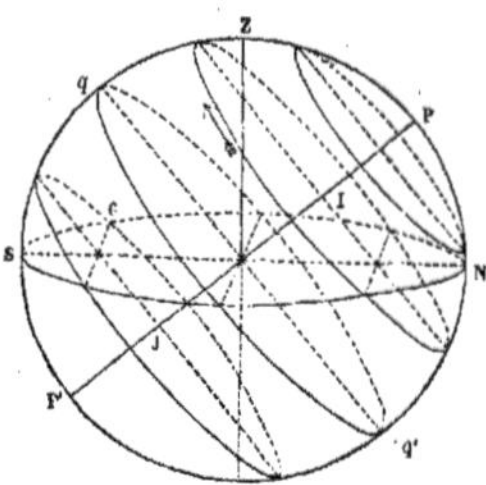

Fig. 561. — Sphère céleste.

se passe comme si ces étoiles étaient fixées à une sphère solide (*fig* 561) qui tournerait d'orient en occident autour d'un de ses diamètres PP', qu'on appelle l'*axe du monde*. Cet axe est incliné sur l'*horizon* d'environ 45° dans nos climats. A la surface de cette sphère idéale d'un très-grand rayon, qu'on appelle la *sphère céleste*, imaginons une étoile. Il sera facile, suivant sa position, de reconnaître si elle est circumpolaire, si elle reste douze heures sur l'horizon, ou bien n'y paraît pas du tout. Pour les étoiles, le mouvement diurne consiste en ce qu'elles décrivent, sans changer de position relative, des circonférences parallèles dont les centres sont sur une même droite qui passe toujours par l'étoile polaire.

D'autres astres, tels que le soleil, la lune, les planètes, les comètes, tout en participant au mouvement diurne, ne conservent pas les mêmes positions relatives entre eux, ni à l'égard des étoiles. On dit alors qu'indépendamment de ce mouvement diurne, ils possèdent un *mouvement propre*.

La différence d'aspect du ciel, de jour et de nuit, tient uniquement à la présence du soleil qui, par sa grande clarté, nous empêche de voir les étoiles. On peut cependant apercevoir les plus brillantes à l'aide d'une lunette, ou bien lorsque le soleil vient à être caché, comme cela a lieu dans les éclipses totales. La lune, lorsqu'elle est pleine, produit le même effet pendant la nuit, mais à un moindre degré. Voici quelques définitions nécessaires pour bien comprendre les lois du mouvement diurne.

Les points où l'axe du monde paraît rencontrer la sphère céleste se nomment les pôles, du mot grec *polein*, tourner; l'un d'eux est dit *boréal* ou *arctique*, à cause de son voisinage avec la constellation de l'Ourse, *arktos*; l'autre, que nous n'apercevons pas dans nos pays, se nomme *austral* ou *antarctique*.

L'horizon, de *horizo*, qui signifie borner, est un cercle de la sphère céleste SN, tangent à la surface de la terre. Il en résulte que pour chaque point existe un horizon particulier. Nous entendons par surface de la terre la surface des eaux tranquilles, qui est perpendiculaire à la direction du fil à plomb ou à la *verticale*. La verticale rencontre la sphère céleste en deux points : celui qui est au-dessus de l'horizon Z est le *Zénith*, l'autre n le *Nadir*. Lorsqu'on se trouve dans un lieu découvert, l'horizon se termine en forme de cercle et sépare sur la sphère céleste une partie inférieure que nous ne voyons pas, et une autre qui nous paraît comme une voûte surbaissée (voyez ATMOSPHÈRE).

Le *méridien* est un cercle de la sphère céleste qui passe par l'axe du monde et aussi par la verticale. Il partage la sphère en deux portions, l'une orientale, l'autre occidentale. On l'appelle méridien, parce que le soleil se trouve dans ce plan au moment du *midi*, lorsqu'il atteint sa plus grande hauteur au-dessus de l'horizon ou sa culmination. Le méridien divise en deux parties égales les cercles décrits par les étoiles; il contient le point le plus élevé et le point le plus bas de tous ces cercles. Enfin, il coupe le plan de l'horizon suivant une droite horizontale, qu'on appelle *méridienne*. L'une des extrémités de la méridienne est le *nord* ou septentrion (*septemtriones*, les sept étoiles de l'Ourse), l'autre est le *sud ou* midi. Une droite horizontale, perpendiculaire à la méridienne, détermine l'*est* et l'*ouest* : ce sont les quatre *points cardinaux*.

L'équateur est un grand cercle qq' perpendiculaire à l'axe de la sphère céleste, qu'il divise en deux hémisphères, boréal et austral. On l'appelle équateur, parce que, lorsque le soleil paraît décrire ce cercle, le jour est égal à la nuit. Cela arrive deux fois l'année, aux équinoxes, c'est-à-dire vers le 21 mars et le 22 septembre.

Le mouvement diurne de la sphère céleste est parfaitement uniforme. Chaque étoile décrit son parallèle dans le même temps, et ce temps est rigoureusement le même à toutes les époques de l'année; il n'a pas varié depuis les siècles les plus reculés. C'est ce qu'on appelle le *jour sidéral*, ou l'intervalle qui s'écoule entre deux passages consécutifs d'une même étoile au méridien. Le jour sidéral est plus court que le jour solaire de 4 minutes environ (voyez ACCÉLÉRATION DIURNE), parce que le soleil, ayant un mouvement propre d'occident en orient, parcourt dans un jour 59' ou près de 1°, et se trouve en retard par rapport aux étoiles de cet arc que la sphère céleste décrit à peu près en 4 minutes de temps. Ce retard, accumulé chaque jour, produit 24 heures au bout d'un an, de sorte que, dans l'intervalle d'une année, quand le soleil se trouve revenu à la même étoile, il y a eu un jour sidéral de plus que de jours solaires.

Pour reconnaître que les courbes décrites par les étoiles sont des cercles et que leur mouvement est uniforme, on emploie l'*équatorial* (voy. ce mot) ou machine parallactique. Ce n'est autre chose qu'un théodolite dont l'axe est dirigé suivant la ligne des pôles, le cercle horizontal devenant ici l'équateur. Si l'on dispose la lunette de manière à apercevoir une étoile, on reconnaît que, pour la suivre dans son mouvement, il suffit de donner à l'instrument un mouvement de rotation autour de l'axe sans changer l'angle que la lunette fait avec lui : la lunette décrit alors un cône circulaire droit. Donc, il en est de même de l'étoile. Or, c'est précisément ce qui doit avoir lieu si, l'étoile étant fixée à la sphère céleste, celle-ci tourne autour de l'axe. Pour reconnaître l'*uniformité* du mouvement, il faut avoir de plus à sa disposition une *horloge* bien réglée, et comparer le temps écoulé avec la marche de l'aiguille sur le cercle équatorial. On trouve que les angles décrits sur le limbe sont proportionnels au temps; le mouvement de rotation de l'instrument est donc uniforme, et il en est de même de celui de l'étoile dont on a suivi le mouvement.

Enfin, en observant à diverses époques, on trouve que l'intervalle de deux passages consécutifs d'une étoile au méridien est toujours le même; c'est le jour sidéral. Dans les grands observatoires, on adapte à l'équatorial un mouvement d'horlogerie, de manière à lui donner autour de son axe un mouvement uniforme qui s'exécute de l'est à l'ouest en vingt-quatre heures sidérales, et alors dès qu'une étoile est amenée dans le champ, elle y reste indéfiniment; si on lui reconnaît un déplacement, on en conclut que ce n'est pas une étoile fixe, mais un astre possédant un mouvement propre.

Le mouvement de rotation de la sphère céleste est le seul mouvement rigoureusement uniforme que nous puissions observer à la surface de la terre. Aussi l'utilise-t-on, en quelque sorte, comme une horloge. L'arc parcouru par une étoile sur son cercle diurne étant proportionnel au temps employé, ce temps s'évalue par une fraction du jour sidéral égale au rapport de l'arc à la circonférence entière. Ainsi, par exemple, 360° étant décrits en vingt-quatre heures sidérales, 15° correspondront à une heure, 30° à deux heures, etc. ; et de même 15' à une minute de temps, 15″ à une seconde de temps, et ainsi de suite.

Une remarque importante à noter, c'est que, quel que soit le point de la terre où l'on se trouve, le ciel semble toujours, pour chaque observateur, tourner autour d'un axe passant par ce point. Il s'ensuit que la distance de deux lieux prise sur la terre est infiniment petite par rapport aux distances des étoiles. Pour quelques astres voisins, tels que la lune, les dimensions de la terre sont loin d'être insensibles; mais s'il s'agit des étoiles, notre globe est comme un point situé au centre de la sphère céleste.

Les lois du mouvement diurne ne s'observent rigoureusement, comme nous les avons énoncées, qu'en tenant compte de la *réfraction* dont les effets seront indiqués ailleurs. De plus, les étoiles ne sont pas absolument fixes, comme le croyaient les anciens, elles se déplacent sensiblement les unes par rapport aux autres, mais de très-petites quantités. Un grand nombre d'autres corps parcourent le ciel tout en participant au mouvement diurne. Les astres ne forment donc pas un système solide, comme le suppose la conception de la *sphère céleste* ; leurs distances sont d'ailleurs très-différentes et variables pour un même astre. Ces considérations ont conduit naturellement à douter de la réalité du mouvement du ciel, et à chercher à expliquer les apparences, en attribuant à la terre un mouvement de sens contraire autour d'une droite parallèle à l'axe du monde. Cette nouvelle explication du mouvement diurne par la *rotation de la terre* rend compte tout aussi bien de l'ensemble des phénomènes que nous avons décrits. Elle est plus facile à concevoir mécaniquement ; enfin, il en existe des preuves directes qui seront développées à l'article Rotation. E. R.

CIERGE (Botanique), *Cereus*, Haw., du grec *kéros*, cierge. En créant ce nom, on a fait allusion à certaines espèces à tiges droites et fermes qui ressemblent jusqu'à un certain point à des cierges. — Genre de la famille des *Cactées*, tribu des *Céréastrées*. Les cierges sont des plantes charnues qui prennent souvent de la consistance avec l'âge ; leur tige est allongée, munie d'angles ou de côtes plus ou moins épais, plus ou moins ailés. Leurs fleurs sont disposées latéralement ; elles s'épanouissent ordinairement la nuit et sont éphémères. Ce genre est très-nombreux en espèces. D'après la nomenclature de M. Salm-Dyck, qui est généralement adoptée pour la famille des *Cactées*, il renferme bon nombre d'anciens *Cactus* et d'*Opuntia* (Raquette). C'est dans ce dernier groupe que se trouvent le *cochenillier* et le *figuier de Barbarie* (voyez OPUNTIA). Nous citons parmi les espèces principales, le *C. du Chili* (*C. chilensis*, Pfeiff. ; *Echinocactus elegans* et *pyramidalis*, Hort.) qui est à 10-12 côtes, avec des aiguillons extérieurs au nombre de 8-10. Le *C. laineux* (*C. lanuginosus*, Haw. ; *Cactus lanuginosus*, Lin.) est couvert d'une laine blanche crépue, avec de longs aiguillons jaunâtres, au nombre de 10-12 extérieurement et de 3 au centre. Cette espèce, originaire de l'Amérique méridionale, donne des fleurs verdâtres et des fruits rouges, lisses. Le *C. du Pérou* (*C. peruvianus*, Haw. ; *Cactus peruvianus*, Lin.) est une plante très-grande, d'un vert obscur, à 5-8 côtes verticales, et garnie d'aiguillons roides, bruns, accompagnés d'un duvet gris. Les fleurs de cette espèce, longues de 0ᵐ,15, sont blanches. On cultive souvent une variété monstrueuse de ce cierge (*C. peruvianus monstruosus*, de Cand.), qui se distingue par la tige rameuse, extrêmement difforme et renflée en tubercules. Le *C. magnifique* (*C. speciosissimus*, de Cand., *Cactus speciosissimus*, Desf.) à tige rameuse, épineuse. 3 ou 4 angles ; fleurs magnifiques, larges de 0ᵐ,12 à 0ᵐ,15, d'un rouge pourpre à reflets irisés à l'intérieur. La culture en est facile. Le *C. porte-épée* (*C. pugioniferus*, Lehm. ; *C. gladiator*, Otto) est une belle espèce du Mexique. Sa tige est glauque, à côtes triangulaires cambrées, munies d'aiguillons noir bleuâtre et comme recouverts d'une rosée verdâtre. Le *C. tétragone* (*C. tetragonus*, Haw. ; *Cactus tetragonus*, Lin.) nous vient du Brésil. Sa tige émet de nombreux rameaux inférieurement ; ses aiguillons sont grêles, de couleur fauve, au nombre de 7-8 extérieurement et un seul central dépassant à peine les autres. Les fleurs de cette espèce sont blanches, striées de rouge. Le *C. pentagone* (*C. pentagonus*, Haw. ; *Cactus pentagonus*, Lin.) a la tige presque dressée, rameuse, articulée, avec des aiguillons roides, noirâtres et devenant blanchâtres. Le *C. flagelliforme* (*C. flagelliformis*, Haw. ; *Cactus flagelliformis*, Lin.) rentre dans la section des *Serpentins*. Ses tiges sont cylindriques avec des aiguillons roux disposés en étoile. Ses fleurs sont nombreuses, d'un rouge pourpre. Il y a encore le *C. à grandes fleurs*, que l'on cultive souvent (*C. grandiflorus*, Haw. ; *Cactus grandiflorus*, Lin.). Il vient des Antilles. Ses fleurs sont très-grandes, blanches en dedans, jaunes en dehors, elles durent très-peu de temps ; s'ouvrant le soir, elles exhalent pendant toute la nuit, une suave odeur de vanille.

L'horticulture a obtenu une grande quantité de variétés par l'hybridation de plusieurs cierges. Les plantes de ce genre demandent une terre franche, légère, très-peu d'arrosement. Elles sont d'une conservation facile, pourvu qu'on les rentre pendant le froid. Caractères : périanthe à tube longuement prolongé au-dessus de l'ovaire ; étamines indéfinies, insérées en plusieurs rangées à la base du tube ; style dépassant peu celles-ci ; stigmates rayonnants ; baie munie de petites écailles ou de petits tubercules en aréole. G—s.

CIGALE (Zoologie), *Cicada*, Oliv. — Genre d'*Insectes hémiptères*, section des *Homoptères*, famille des *Cicadaires*, caractérisé essentiellement par des antennes de six articles distincts, la soie terminale comprise, trois petits yeux lisses ; leurs élytres sont presque toujours transparentes et veinées ; les mâles portent de chaque côté de la base de l'abdomen un organe particulier, à l'aide duquel ils produisent une espèce de son monotone et bruyant, qu'on a bien improprement appelé le *chant des cigales*. L'extrémité de l'abdomen de la femelle est pourvue d'une tarière en scie, renfermée entre deux lames écailleuses. Elle a quelquefois jusqu'à 0ᵐ,012 à 0ᵐ,014 de longueur, et l'animal s'en sert pour percer le bois dans lequel il dépose ses œufs. Mais ce qu'il y a de plus remarquable dans ces insectes, ce sont les organes du chant ; les bornes de cet article ne nous permettant pas de donner la description de cet appareil compliqué, nous renverrons pour cela aux *Mémoires* de Réaumur, à l'article CIGALE, signé Latreille, du *Dictionnaire d'histoire naturelle* de Déterville, et au *Règne animal* de Cuvier. Les cigales sont des insectes des pays chauds ; ils ne sautent pas comme la plupart des autres cicadaires ; on les trouve sur les arbres ou les arbustes dont ils sucent la sève. Les larves sont blanches, ont six pattes, et s'enfoncent dans la terre où elles vivent, dit-on, des racines des plantes. Au rapport d'Aristote, les Grecs mangeaient les cigales et leurs larves. Parmi les nombreuses espèces, on doit citer : La *C. de l'orme* (*C. orni*, Lin.), longue d'environ 0ᵐ,025, jaunâtre, pâle en dessous, mélangée de noir en dessus ; elle est du midi de la France, de l'Italie, etc. ; il est plus que douteux que ce soit elle qui, en piquant l'*orme* (*Fraxinus ornus*, Lin.), fait écouler ce suc mielleux, purgatif, qu'on appelle manne. La *C. commune* (*C. plebeia*, Lin.) (*fig.* 562), plus

Fig. 562. — Cigale commune.

grande que la précédente, noire, tachetée de jaunâtre, la moitié inférieure des élytres à nervures testacées. Du midi de la France, de l'Italie, etc. La *C. dix-sept ans* (*C. septemdecim*, Lin.) est une singulière espèce qui, reparaît tous les dix-sept ans en grande quantité en Pensylvanie ; elle fait un tel bruit que lorsqu'il y en a plusieurs ensemble, on ne peut s'entendre parler (Latreille).

CIGARE MÉDICINAL (Médecine). — Ces cigares peuvent avoir différentes formes ; tantôt ce sont des feuilles sèches de plantes médicinales qui sont roulées comme les cigares de tabac, et qu'on fume de la même manière ; ainsi les feuilles de belladone, de jusquiame, de digitale, de stramonium, sont employées contre l'asthme, la phthisie. On obtient de bons effets des cigarettes dites d'Espic dans le traitement de l'asthme essentiel et des bronchites nerveuses : on les prépare avec des feuilles de belladone, de jusquiame, de stramonium, de phellandre aquatique, arrosées d'une solution d'extrait gommeux d'opium dans de l'eau de laurier-cerise. D'autres fois, ce sont des substances médicamenteuses qu'on renferme dans des cigarettes de papier et qu'on emploie de la même manière. Enfin, quelquefois on aspire sans combustion ces substances renfermées dans des tuyaux de plume ou d'ivoire ; telles sont les cigarettes camphrées, fort en usage aujourd'hui.

CIGARES (Technologie). — Voyez TABAC.

CIGOGNE (Zoologie), *Ciconia*, Cuv. — Genre d'Oiseaux échassiers faisant partie de la troisième tribu de la famille des *Cultrirostres* (*Règne animal*). Cet oiseau a le bec gros, médiocrement fendu, sans fosse ni sillon, les jambes sont réticulées et les doigts antérieurs fortement palmés à leur base, surtout les externes ; les mandibules légères et larges du bec, en frappant l'une contre l'autre, produisent un claquement, presque le seul bruit qu'il fasse entendre. Les cigognes vivent dans les marais et se nourrissent surtout de reptiles, de petits poissons, de vers, etc.; leurs mouvements sont lents et mesurés, et une disposition particulière de l'articulation du genou leur permet de dormir commodément sur une seule patte (*fig.* 563) en tenant l'autre fléchie. La *C. blanche* (*C. alba*, Vieil.; *Ardea ciconia*, Lin.) est blanche, avec les pennes des ailes noires, le bec et les pieds rouges. (fig. 563) C'est un grand oiseau long de 1^m,10, bien connu du vulgaire, et pour lequel le peuple a un respect particulier, qu'il mérite bien par ses qualités de sociabilité et par les services qu'il nous rend; en effet, la cigogne blanche semble née pour habiter parmi les hom-

Fig. 563. — Cigogne blanche.

mes; elle fixe son domicile sur nos maisons, place son nid sur les toits et les cheminées, cherche sa nourriture sur les bords des rivières les plus fréquentées, chasse dans nos champs, presque dans nos jardins, ne s'effraie point du tumulte des villes, s'établit sur les tours, et partout elle est bien venue et respectée. Son naturel est doux; elle n'est ni défiante ni sauvage, s'apprivoise aisément, et semble même avoir une idée de la propreté, car elle choisit les endroits écartés pour rendre ses excréments. On prétend qu'elle donne des marques d'attachement pour les hôtes qui l'ont reçue, et on connaît sa constance à revenir tous les ans aux mêmes lieux. La cigogne a un vol puissant et soutenu; elle s'élève très haut et fait de fort longs voyages; elle a une grande affection pour ses petits, les nourrit longtemps et ne les quitte que lorsqu'elle leur voit assez de force pour se défendre et se pourvoir d'eux-mêmes. Elle pose ordinairement son nid sur les combles élevés, sur les créneaux des tours, quelquefois à la cime des plus grands arbres qui sont au bord des eaux, de manière à dominer toujours tout ce qui l'environne. La ponte est de deux à quatre œufs, d'un blanc sale, jaunâtre, un peu moins gros, mais plus allongés que ceux de l'oie; le mâle les couve alternativement avec la femelle; ils éclosent au bout d'un mois. Malgré leur facilité à se familiariser, ces oiseaux ne multiplient point dans l'état de domesticité. Les cigognes qui nous arrivent au printemps partent vers la fin d'août; à cet effet, elles s'assemblent auparavant, à plusieurs reprises, dans quelque plaine; puis, le moment du départ arrivé, elles s'élèvent toutes ensemble et en peu de temps se perdent au haut des airs; le plus souvent ce départ a lieu la nuit, et se fait dans le plus grand silence. En France, c'est en Lorraine et en Alsace qu'on en voit le plus; il en reste même souvent dans ces contrées. L'Égypte, la Barbarie, paraissent être les pays où elles se retirent en plus grande quantité.

Dans tous les temps et en tout pays, les cigognes ont été respectées comme un oiseau d'un augure favorable; ainsi, il faudrait citer tous les peuples de l'Orient, les Égyptiens,

les Arabes, les Mahométans, les Maures, les Thessaliens; puis les Romains; et jusqu'au farouche Attila qui s'attache à la prise d'Aquilée, dont il allait lever le siége, parce qu'il avait vu des cigognes s'enfuir de la ville, ce qu'il interprétait comme un présage funeste pour elle. Aujourd'hui, on les protége en Hollande, et une des causes de cette protection, c'est qu'elles purgent les vallées humides des serpents, des grenouilles, crapauds et autres reptiles. La *C. noire* (*C. nigra*, Vieil.; *Ardea nigra*, Lin.) est aussi une espèce de notre pays; elle est noirâtre, à reflets pourprés, à ventre blanc; elle fréquente les marécages écartés, niche dans les forêts les plus épaisses et ne se plaît que sur les plus hautes montagnes; elle offre, du reste, un contraste frappant avec la *C. blanche*, en recherchant les endroits les plus éloignés des habitations. La *C. à sac* (*Ardea dubia*, Gmel.; *A. argala*, Lath.) est une espèce étrangère, qui a sous le milieu du cou un appendice comme un gros saucisson, et dont les plumes du dessous de l'aile donnent les panaches légers, que l'on appelle *marabous* (voyez ce mot). Ce sont les plus grands oiseaux du genre (*fig.* 564); ils ont le ventre blanc et le manteau noir bronzé. Il y en a deux espèces, l'une du Sénégal, à manteau uni

Fig. 564. — Cigogne à sac.

(*C. marabou*, Tem.), l'autre des Indes, dont les couvertures de l'aile sont bordées de blanc (*C. argala*, Tem.). Leur large bec leur sert à prendre des oiseaux au vol (Cuvier).

CIGUE (Botanique médicale), *Cicuta* des Latins, *Conium* des Grecs. — On a donné le nom de *Ciguë* à plusieurs espèces de plantes vénéneuses appartenant à différents genres de la grande famille des *Ombellifères* (voyez OMBELLIFÈRES); et ce mot rappelle à l'esprit le breuvage empoisonné dont se servaient les Athéniens, et qui a été surtout immortalisé dans l'histoire par la mort de Phocion et de Socrate; et cependant des doutes sérieux se sont élevés sur la nature du poison dont on se servait dans ces circonstances; le *kôneion* employé déjà comme médicament du temps d'Hippocrate est-il bien la grande ciguë à laquelle Linné a cru devoir restituer ce vieux nom de *Conium*? D'un autre côté, Pline a-t-il eu des raisons suffisantes pour avancer que le poison dont on se servait à Athènes était le suc de la ciguë? Cette assertion, répétée comme une vérité incontestable par tous les auteurs et corroborée par ce qu'il ajoute que Socrate avait péri par ce poison, est cependant sujette à discussion, si on considère que Platon, dans la relation historique de la mort de son maître, ne parle pas une seule fois du *kôneion*, et qu'il emploie fréquemment le mot de *pharmakon*, drogue, poison; il faut se rappeler aussi que les symptômes de la mort de Socrate, décrits dans le *Phédon*, ne se rapportent guère à ceux que déterminent les diverses espèces de ciguë. Du reste, Théophraste parle d'un certain Thrasias, de Mantinée, qui se vantait de donner la mort sans douleur avec le suc de kôneion, de pavot et d'autres choses semblables; il est donc probable que le poison des Athéniens était une préparation pharmaceutique, dans laquelle entrait sans doute la ciguë, et l'on comprend alors le mot de *pharmacon* employé par Platon.

Les plantes que l'on a désignées sous ce nom sont : 1° La *Grande Ciguë*, *Ciguë tachetée* (*Conium maculatum*, Lin.; *Cicuta major*, Lamk, du genre *Conium*, Lin., tribu des *Smyrnées*), plante bisannuelle, à tige rameuse, glabre, cylindrique, marquée à sa base de taches d'un rouge brun, feuilles très-découpées, d'un vert foncé en dessus, fleurs blanches, petites, calice entier, pétales inégaux en cœur, fruit globuleux; elle croît dans les lieux incultes; toutes ses parties froissées entre les doigts répandent une odeur nauséabonde spéciale, qui peut servir à la faire distinguer du cerfeuil avec lequel elle a beaucoup d'analogie;

elle renferme un principe actif très-vénéneux, nommé d'abord *cicutine*, puis *conicine*, *conine* (voyez CONINE); plus développé dans les pays chauds et fourni par toutes les parties de la plante, mais plus particulièrement par les graines, si on en croit MM. Devay et Guillermond, de Lyon (voyez CONIUM).

2° La *Ciguë vireuse*, *Cicutaire aquatique* (*Cicuta virosa*, Lin.; *Cicutaria aquatica*, Devay, Lamk, du genre *Cicuta*, Lin., tribu des *Amminées*), croît au bord des étangs; c'est une plante vivace, à racine grosse, charnue, qui contient un suc jaune très-âcre; à tige dressée, rameuse, striée, fistuleuse; feuilles grandes, ailées, pointues, dentées; fleurs petites, blanches, en ombelles lâches; pétales entiers, presque égaux; semences cylindriques : ses propriétés vénéneuses sont plus intenses que celles de la grande ciguë.

3° La *Petite Ciguë*, *Ache des chiens*, *Faux Persil* (*Æthusa cynapium*, Lin., du genre *Æthusa*, Lin., tribu des *Sésélinées*), croît dans les lieux cultivés, d'où le nom de *ciguë des jardins*, qui lui a été aussi donné; racine annuelle, longue, blanche; tige dressée, rameuse, cylindrique, cannelée; feuilles d'un vert foncé, ailées; fleurs blanches, en ombelles très-garnies; calice entier, pétales inégaux, fruit ovoïde, semences demi-globuleuses; elle ressemble au persil; voici ce qui l'en distingue : le persil a des ombelles pédonculées, garnies d'une collerette à une seule foliole; l'odeur du persil est agréable; ses fleurs sont d'un blanc jaunâtre : dans la petite ciguë, les ombelles n'ont pas de collerette, l'odeur est nauséabonde, les feuilles sont d'un vert noirâtre, les fleurs sont blanches. Elle est très-vénéneuse comme la précédente.

4° La *Ciguë d'eau* (*Phellandrium aquaticum*, Lin.; *Œnanthe phellandrium*, Lamk, du genre *Œnanthe*, Lamk, tribu des *Sésélinées*), nommée encore *fenouil d'eau*, commune dans les mares, tige creuse, feuilles très-divisées, fleurs très-petites, ombelles de sept à dix rayons, fruit ovoïde, allongé. Un peu moins vénéneuse que les autres espèces.

Les symptômes de l'empoisonnement par la ciguë sont l'assoupissement, la stupeur, le délire, les syncopes, le ralentissement du pouls, les vomissements, soif ardente, suffocation, etc. Les premiers moyens à employer sont de provoquer le vomissement, on donne ensuite les boissons adoucissantes, acidulées; enfin, quelquefois les opiacés. La ciguë a été employée en médecine comme fondant et résolutif dans le squirre, le cancer, les engorgements chroniques; à l'intérieur, en poudre, en extrait; à l'extérieur, en emplâtres, etc.   F—N.

CILIAIRES (Anatomie). — Adjectif qu'on ajoute à plusieurs des parties contenues dans le globe de l'œil; ainsi les *artères ciliaires*, les *nerfs ciliaires*, le *corps ciliaire*, le *ligament ciliaire*, les *procès ciliaires* (voyez ŒIL, PROCÈS CILIAIRES).

CILIÉ (Botanique), *ciliatus*. — Ce mot s'applique à toutes les parties des végétaux bordées de *cils*; ainsi, on dit des feuilles ciliées, des pétales ciliés, des bractées ciliées, etc.

CILLER (Hippiatrique). — On dit qu'un cheval commence à ciller lorsque les poils des sourcils blanchissent; ce caractère indique une vieillesse déjà avancée.

CILS (Anatomie), du latin *celare*, cacher. — On appelle ainsi ces poils durs et roides, implantés dans l'épaisseur du bord libre des paupières; on en compte de cent à cent cinquante à chacune d'elles, un peu plus en haut qu'en bas. Ils décrivent dans leur direction une légère courbure qui, pour ceux de la paupière supérieure, présente une concavité en haut, et une en bas pour ceux de la paupière inférieure; il en résulte que dans l'occlusion des yeux les deux convexités se rencontrent, mais sans jamais se croiser. Les cils ont pour but de tamiser l'air, pour ainsi dire, afin de garantir les yeux contre le contact et l'introduction des corpuscules qui y sont contenus. Tout le monde connaît les effets du renversement des cils en dedans de l'œil; ils viennent dans ce cas irriter, piquer cet organe, et y déterminent souvent une inflammation qui ne cesse que par leur ablation; c'est à cette affection qu'on a donné le nom de *trichiasis* (voyez ce mot). La perte des cils par suite de maladie constitue une incommodité grave, parce que cette absence expose l'œil au contact trop direct de l'air et à l'impression souvent trop vive de la lumière.   F—N.

CILS VIBRATILES (Zoologie, Botanique). — On donne ce nom à de petits appendices filiformes, très-fins, transparents, dressés sur toute la surface de certaines cellules épithéliales de quelques animaux invertébrés surtout et se contractant par eux-mêmes, sous l'influence apparente des nerfs, par des mouvements vibratiles très-vifs. On distingue : 1° Les *cils vibratiles* proprement dits, qu'on trouve chez les animaux à sang chaud ou autres sur des cellules d'épithélium dans toute l'étendue de la muqueuse des organes de la respiration, par exemple, et aussi sur des cryptogames vasculaires, des mousses, etc. 2° Des *filaments vibratiles* qui existent à la surface du corps des animaux, tels que les infusoires, sur les bryozoaires, etc.

CILS (Botanique). — Poils parallèles qui bordent les organes de certaines plantes et disposés souvent comme les cils des paupières. Ces organes sont alors dits *ciliés*. Exemples : les feuilles de la joubarbe, du jonc poilu; les bractées du charme, de la menthe verte; la gorge de la corolle de plusieurs gentianes; les pétales de la capucine, de la rue; les anthères de la brunelle, de la lavande, de la petite orobanche; la graine du *menyanthes nymphoides*; le stigmate du *rumex scutatus*, du *sanguisorba media*, etc. L'orifice de l'urne des mousses est souvent bordé de cils qui jouent un grand rôle dans la détermination des espèces de ces plantes.   G—S.

CIMBEX (Zoologie), *Cimbex*, Oliv. — Genre d'*Insectes hyménoptères*, section des *Térébrants*, famille des *Portescie*, tribu des *Tenthrédines*, qui se distingue par un abdomen saillant; des antennes de cinq à sept articles, terminés en massue conoïde ou ovoïde. Ils diffèrent peu des autres espèces de la même tribu; cependant, l'abdomen est plus court et plus large. Ces insectes proviennent de fausses chenilles à vingt-deux pattes dont le corps est ras. Elles se nourrissent de feuilles de saule, de bouleau, d'aune, etc. Quelques-unes, quand on les touche, font sortir de chaque côté de leur corps une liqueur verdâtre, claire, qu'elles lancent quelquefois à la distance de plus de 0m,30. Le *C. jaune* (*Tenthredo lutea*, Lin.), long de 0m,025, brun; abdomen jaune. Sa fausse chenille est d'un jaune foncé. Sur le saule, le bouleau, etc. Le *C. à épaulettes*, *Frelon à épaulettes*, de Geoff. (*C. humeralis*), a environ 0m,020 de long, le devant de la tête jaune, le reste noir; corselet noirâtre, velu; une tache jaune, grande de chaque côté de sa partie antérieure, formant comme deux épaulettes; les pattes brunes. On la trouve aux environs de Paris.

CIMENT. — Voyez CHAUX HYDRAULIQUE, MORTIER.

CIMETIÈRE (Hygiène), du grec *coïmétérion*, lieu pour dormir, *cimetière*. — On désigne sous ce nom le lieu où l'on enterre les morts. Plusieurs nations de l'antiquité ont livré leurs morts aux flammes; mais les bûchers ne s'élevaient que pour les gens riches, et le vulgaire inhumait ses morts; chez les Romains, par exemple, il y avait des lieux destinés aux sépultures communes; on les appelait *puticuli*, petits puits; lorsque les chrétiens devinrent nombreux, des personnes riches leur donnèrent quelques fonds de terre destinés aux inhumations publiques; ce fut l'origine des cimetières. Bientôt ces lieux funéraires se multiplièrent; ils furent d'abord situés le long des grands chemins les plus fréquentés, puis autour des églises. Il est vrai que quelques peuples de l'antiquité avaient déjà l'habitude de déposer leurs morts dans le sein de la terre; tels étaient les Égyptiens, les Chinois, etc. Mais ce n'étaient pas encore là les cimetières, c'étaient plutôt des sépultures particulières, sans ce caractère de généralité de nos cimetières modernes. Cependant, les sépultures, qui avaient d'abord eu lieu dans les villes, autour des églises, finirent par envahir le sanctuaire lui-même, et des évêques, de hauts fonctionnaires ecclésiastiques, des laïques même, furent enterrés dans les églises. Mais bientôt des inconvénients, des accidents même, furent signalés et montrèrent le danger de ces inhumations dans les villes et dans les églises; les médecins firent entendre des réclamations sérieuses, et parmi eux surtout Maret, de Dijon, Vicq-d'Azyr, etc.; enfin, en 1776, défense fut faite d'enterrer dans les villes et dans les églises; plus tard, un décret du 22 prairial an XII (12 juin 1804) comprend dans cette défense également les villes et les bourgs, et exige que les cimetières soient établis à la distance de 35 à 40 mètres de l'enceinte de ces villes et bourgs, qu'ils soient clos de murs de 2 mètres au moins d'élévation. D'après le décret du 7 mars 1808, aucune habitation ne doit exister à moins de 100 mètres des cimetières. Les grandes villes doivent avoir plusieurs lieux de sépulture, et, comme il faut au moins trois ans pour la décomposition d'un cadavre enfoui à 1m,50 ou 2 mètres de profondeur, l'étendue du cimetière devra être au moins le triple de l'étendue nécessaire pour le nombre de morts d'une année. Les divers cimetières de Paris, ainsi que ceux de Lyon, de Marseille, et ceux des grandes villes en général, sont tenus conformément aux lois et aux décrets que nous avons cités ; mais un grand nombre de petites localités laissent encore beaucoup à désirer sous ce rapport. Voyez *Mémoire sur l'usage d'enterrer les morts dans les églises*, Dijon, 1773, par Maret ; — *Mémoire sur la police des cimetières*, etc. (*Annales d'hygiène*, t. XVII, par Bayard) ; — *Traité de la salubrité dans les grandes villes*, par Montfalcon et Polinière.

CIMEX (Zoologie). — Nom latin du genre *Punaise*.

CIME ou **CYME** (Botanique). — On appelle ainsi les *inflorescences définies* ou *terminales* (voyez INFLORESCENCE). La cime a pour caractères que l'axe principal se termine d'abord par une fleur ; puis, des bractées opposées ou verticillées qui se trouvaient à sa base, naît un nouvel axe, quelquefois deux ou même un plus grand nombre, que termine toujours une fleur, et sur chacun de ces nouveaux axes se présente le même phénomène. On observe surtout cette espèce d'inflorescence dans les végétaux à feuilles opposées. On peut citer quatre espèces de cimes : 1° La *C. dichotome* ; l'axe primaire est terminé par une fleur et porte à sa base deux bractées ou deux feuilles opposées. De l'aisselle de chacune d'elles naît un nouvel axe que termine une fleur, et qui, des deux bractées de sa base, produit encore une bifurcation analogue, et ainsi de suite : la *Petite Centaurée* (*Erythræa centaurium*, Pers. [*Gentianées*]), le *Céraiste à grandes fleurs* (*Cerastium grandiflorum*, Wald. [*Caryophyllées*], ont des *cimes dichotomes* (voyez, comme exemple, la figure 472 du *Céraiste à grandes fleurs*, p. 417). 2° La *C. trichotome* ; si l'axe primaire porte à sa base trois bractées au lieu de deux, il donnera trois nouveaux axes et la cime sera *trichotome*. 3° *C. scorpioïde* ; dans les

Fig. 565. — Cime scorpioïde de la grande consoude (1).

cimes des plantes à feuilles alternes, il n'y a qu'une seule bractée ou une seule feuille à la base de l'axe primaire, et il n'en provient qu'un seul axe latéral, et toujours ainsi de suite, de manière à produire un enroulement de l'inflorescence, que l'on a comparé à la courbure de la queue d'un scorpion, et d'où l'on a tiré le nom de *cime scorpioïde*. La *Grande Consoude, Herbe du Cardinal, Consoude officinale* (*Symphytum officinale*, Lin.) en offre un exemple (*fig.* 565). 4° *C. contractée*. M. Rœper a désigné sous ce nom une cime dont les axes très-raccourcis rapprochent les fleurs jusqu'à les rendre presque sessiles. Exemples : l'*Œillet de poète* (*Dianthus barbatus*, Lin. [*Caryophyllées*]), et plusieurs autres œillets ; un bon nombre de Labiées.

CIMICAIRE (Botanique), *Cimicifuga*, du latin *cimex*, punaise, et *fugo*, je mets en fuite. — Genre de la famille des *Renonculacées*, tribu des *Pæoniées*, qui se compose d'un petit nombre d'espèces. Ce sont des plantes vivaces : feuilles 2-3 terniséquées, à segments incisés, dentelés ; fleurs en grappes, blanches. La *C. fétide* (*C. fœtida*, Lin.), haute de près de 2 mètres, rameuse, striée, est une plante très-fétide qui croît en Sibérie ; les habitants s'en servent pour chasser les punaises qui fuient son odeur.

CIMOLÉE (Terre) (Matière médicale). — C'est par ce nom qu'on désignait une espèce d'argile grise qu'on tirait d'une des îles de l'Archipel, nommée *Cimolis*. On l'employait comme astringente à l'intérieur ; le plus souvent on l'appliquait à l'extérieur sur les *parotites* (voyez ce mot) et autres tumeurs. Elle est remplacée aujourd'hui par la *boue des couteliers*, qui contient beaucoup d'oxyde

(1) Disposition de la cime scorpioïde. — *a*, axe primaire avec sa fleur terminale. — *b*, axe secondaire. — *c*, axe tertiaire, etc.

de fer, et à laquelle on a donné aussi le même nom de *terre cimolée*.

CINABRE (Chimie), du grec *cinnabari*. — Sulfure de mercure composé d'une proportion (100) de mercure et d'une proportion (16) de soufre. On le trouve dans la nature et notamment en grande quantité à Almaden et à Idria, où il forme le principal minerai du mercure (voyez MERCURE).

Les échantillons massifs très-purs du cinabre naturel sont d'un violet foncé devenant d'un beau rouge par la pulvérisation. Ils sont employés dans la peinture sous le nom de *rouge de cinabre*, cinabre, vermillon ; mais la plus grande partie du cinabre consommé par les peintres est un produit artificiel obtenu soit par voie sèche, soit par voie humide.

CINARA (Botanique). — Nom scientifique de l'*artichaut*, en grec *kinara* (voyez ARTICHAUT).

CINARÉES et non CYNARÉES (Botanique), du grec *kinara*, artichaut. — Tribu de la famille des *Composées*, qui correspond à peu près à l'ancienne famille des *Cinarocéphales*. D'après la méthode de de Candolle, ses caractères sont les suivants : style des fleurs hermaphrodites épaissi-noueux supérieurement et souvent garni de poils rassemblés en pinceau au niveau du renflement, divisé en deux branches, tantôt soudées, tantôt distinctes, pubescentes sur la face extérieure ; lignes stigmatiques atteignant le sommet des branches où elles deviennent confluentes. Cette tribu, toujours dans la même classification, se subdivise en sous-tribus qui sont : 1° CALENDULACÉES ; genres principaux : *Souci* (*Calendula*, Neck.), *Othonna*, Lin., etc. ; 2° ARCTOTIDÉES : *Arctotis*, Gærtn. ; *Gorteria*, Gærtn. ; 3° ÉCHINOPSIDÉES : *Boulette* (*Echinops*, Lin.) ; 4° CARDOPATÉES : *Cardopatium*, Juss. ; 5° XÉRANTHÉMÉES : *Xeranthemum*, Tourn. ; 6° CARLINÉES : *Arctium*, Dalech. ; *Carlina*, Tourn. ; 7° CENTAURÉES : *Centaurea*, Lin. ; *Chardon bénit* (*Cnicus*, Vaill.) ; 8° CARTHAMÉES : *Carthamus*, Tourn. ; *Carduncellus*, Adans. ; 9° SILYBÉES : *Silybium*, Vaill. ; *Onopordon*, Vaill. ; *Cardon* (*Cinara*, Vaill.) ; *Chardon* (*Carduus*, Gærtn.) ; *Bardane* (*Lappa*, Tourn.) ; 10° SERRATULÉES : *Rhaponticum*, de Cand. ; *Serratula*, Lin., etc.   G — s.

CINAROCÉPHALES ou **CYNAROCÉPHALES** (Botanique). — Famille de plantes dicotylédones établie par de Jussieu dans sa dixième classe, comprenant les plantes à fleurs composées et nommées *Synanthérées* par Richard. Cette famille est spécialement caractérisée par les capitules composés tous entièrement de fleurons et répond, par conséquent, aux *Fleuronnées* ou *Flosculeuses* de Tournefort, aux *Carduacées* de Richard. Aujourd'hui, la classe des *Composées* s'étant considérablement accrue, les subdivisions sont devenues plus nombreuses aussi et les Cinarocéphales correspondent à la tribu des *Cinarées* adoptée par M. Brongniart dans sa classification.

     G — s.

CINCHONINE (Chimie), $C^{40}H^{24}Az^2O^2$. — Alcaloïde qui se rencontre dans les quinquinas en même temps que la *quinine* et la *cinchovatine*, mais en plus forte proportion que ces dernières substances dans les quinquinas bruns et gris, *Quinquina gris de Loxa* (*Cinchona condaminea*), *Quinquina gris de Lima* (*Cinchona lanceolata*). La cinchonine est solide, cristallisée en aiguilles brillantes, limpides ou en prismes quadilatères ; sa saveur est très-faible ; elle est peu soluble dans l'eau, plus soluble dans l'alcool bouillant, insoluble dans l'éther ; ce dernier caractère la distingue de la quinine. Par une chaleur ménagée, elle fond d'abord, se volatilise ensuite, en donnant des flocons de cristaux légers comme l'acide benzoïque. Chauffée avec la potasse, elle donne la quinoléine. Elle dévie à droite le plan de polarisation de la lumière, tandis que la quinine et la plupart des autres alcaloïdes le dévient à gauche. Pour l'extraire, l'écorce pulvérisée des quinquinas gris est épuisée par l'eau bouillante additionnée d'acide chlorhydrique, la solution filtrée et concentrée est additionnée de carbonate de soude jusqu'à cessation de précipité. Celui-ci est recueilli et traité par l'alcool concentré et bouillant qui, par le refroidissement, laisse déposer la cinchonine cristallisée. Les sels de cinchonine sont très-amers, *plus solubles* que les sels de quinine qui leur correspondent. Ils sont colorés en vert par le manganate de potasse. Le sulfate de cinchonine est quelquefois employé en médecine comme *tonique* et *anti-périodique*, mais ces deux propriétés sont bien moins prononcées que dans les sels de quinine. Aussi y aurait-il un grand intérêt à pouvoir transformer facilement la cinchonine si peu employée en quinine dont l'action fébrifuge est si puissante. Cette transformation n'est point impossible, car la quinine ($C^{10}H^{24}Az^2O^4$) ne diffère de la cinchonine que par 2 équivalents d'oxygène en plus.

La cinchonine a été signalée par Gomes en 1811, et étudiée par Pelletier et Caventou en 1820.

CINCHOVATINE (Chimie). — Voyez CINCHONINE.

CINCLE (Zoologie), *Cinclus*, Bechst., vulgairement, *Merle d'eau* — Genre d'*Oiseaux* établi par Bechstein, adopté par Temminck et Cuvier. Le *C. plongeur* (*Sturnus cinclus*, Lin. ; *Turdus cinclus*, Lath.) est la seule espèce connue ; il est long de $0^m,18$ à $0^m,20$, à jambes un peu élevées, queue assez courte, ce qui le rapproche des fourmiliers. Il est brun, la gorge et la poitrine blanches, le haut de la tête et le dessus du cou d'un brun bai ; le bec noirâtre et les pieds couleur de corne. C'est un oiseau solitaire, qui se tient près des eaux courantes dans les montagnes ; en Espagne, en Sardaigne, et en France dans les Alpes, les Pyrénées, etc. Comme il vit d'insectes aquatiques, il a l'habitude de les chercher dans le lit même des rivières, et d'en suivre ainsi le fond sans nager et en marchant couvert par l'eau. Il fait son nid sur terre, au bord de l'eau, et la femelle y dépose quatre ou cinq œufs blanchâtres, longs de $0^m,026$ à $0^m,027$. Le genre Cincle a pour caractère le bec comprimé, droit, à mandibules également hautes, presque linéaires, effilé, légèrement courbé vers le bout.

CINÉMATIQUE. — Voyez MÉCANIQUE.

CINÉRAIRE (Botanique), *Cineraria*, Less., de *cinis*, cendre. Les feuilles de plusieurs espèces sont couvertes d'une poussière grise ressemblant à de la cendre. — Genre de plantes de la famille des *Composées*, tribu des *Sénécionulées*. Comme tous les anciens genres de cette famille, celui-ci a reçu des modifications dans le nombre de ses espèces dont la plus grande partie a servi à établir des genres nouveaux. Les caractères des cinéraires, tels que les reconnaissent Lessing et les auteurs actuels, sont : involucre à écailles scarieuses ; réceptacle nu, plan ; style des fleurs du disque à branches terminées par un appendice très-court ; akènes souvent à bords ailés, mais non terminés en bec. Les cinéraires, herbes ou sous-arbrisseaux du Cap, ont les feuilles alternes et les capitules jaunes. La seule espèce digne de nos parterres est la *C. à feuilles de benoîte* (*C. geoides*, Lin.). Ses feuilles sont longuement pétiolées, pubescentes en dessous, les supérieures munies d'oreillettes à leur base, et ses capitules sont solitaires et accompagnés de bractéoles plus courtes que les fleurs du disque.   G—s.

Les horticulteurs cultivent sous le nom de *Cinéraires* un certain nombre d'espèces classées dans le genre *Senecio* (voyez ce mot), entre autres la *Cinéraire pourpre* (*Cineraria cruenta*, l'Hérit.). Ils en ont obtenu à fleurs blanches, roses, violettes, bleues, etc., qui, soignées convenablement en serres éclairées et peu chauffées, et avec un peu d'eau, donnent des fleurs depuis janvier jusqu'en mai.

CINNAMIQUE (ACIDE) (Chimie), $C^{18}H^7O^3,HO$. — Corps ressemblant beaucoup à l'*acide benzoïque* par son aspect, ses propriétés et son origine. Il se présente en lames blanches ayant de l'éclat ; il fond à 130° et distille à 290°. Par l'action oxydante de l'acide azotique, il éprouve un phénomène de substitution : 1 équivalent d'hypoazotide remplace un équivalent d'hydrogène.

$$AzO^5,HO + C^{18}\left\{\begin{matrix}H^6\\H\end{matrix}\right\}O^3,HO = C^{18}\left\{\begin{matrix}H^6\\AzO^4\end{matrix}\right\}O^3,HO + 2HO$$

Acide cinnamique.   Ac. nitro-cinnam.

Chauffé en présence d'un excès de baryte, il donne un carbure d'hydrogène analogue à la benzine, le cinnamène ($C^{16}H^8$).

Son caractère distinctif, c'est de produire, sous une action oxydante convenablement dirigée, d'abord l'essence d'amandes amères, puis l'acide benzoïque. Pour obtenir l'acide cinnamique, on a recours au baume du Pérou, qui renferme la *cinnaméine* ($C^{54}H^{26}O^8$) ; celle-ci, traitée par la potasse, donne du cinnamate de potasse et de l'hydrogène qui se dégage.

$$C^{54}H^{26}O^8 + 3(KO,HO) = 3(KO,C^{18}H^7O^3) + 6H + 2HO$$

Cinnaméine.   Cinnamate de potasse.

Le cinnamate de potasse est ensuite traité par un excès d'acide qui met l'acide cinnamique en liberté. La méthode la plus naturelle serait de faire dériver, par une

oxydation très-facile, l'acide cinnamique de l'hydrure de cinnamyle ; mais ce procédé est très-coûteux. L'étude chimique du composé que nous venons d'étudier a été faite avec beaucoup de soin par M. Fremy.   B.

CINNAMOME (Botanique), *Cinnamomum*, Burm. — Les Arabes, qui, les premiers, ont fait connaître la cannelle aux Grecs, lui ont donné le nom de *Cinnamomum*, qui signifie *Amomum de Chine*. Ils croyaient que ce produit venait de la Chine, quoiqu'il appartînt à Ceylan, et comparaient l'odeur aromatique de la cannelle à celle de l'amome. — Genre de plantes dont le nom vulgaire est *Cannellier* (voyez ce mot).

CINNAMYLE (HYDRURE DE) (Chimie). $C^{18}H^8O^2$. — Corps liquide, oléagineux, qu'on extrait de l'essence de cannelle. On le considère comme l'hydrure d'un radical hypothétique, le *cinnamyle* $C^{18}H^7O^2$.

En effet, par la plupart de ses précipités il se rapproche beaucoup de l'essence d'amandes amères (*hydrure de benzoïle*). Ainsi, au contact de l'oxygène atmosphérique, il prend une teinte jaune, absorbe de l'oxygène et se convertit en *acide cinnamique* ($C^{18}H^7O^3,HO$). La potasse produit cette oxydation plus rapidement et engendre le *cinnamate de potasse*. Un caractère bien tranché de l'hydrure de cinnamyle, c'est de prendre une teinte verte en absorbant le gaz chlorhydrique. Pour obtenir ce corps, on traite l'essence de cannelle du commerce par l'acide azotique à froid ; celui-ci forme, avec l'hydrure contenu dans l'essence, une combinaison cristalline qu'on sépare et qu'on dissout ensuite par l'eau. L'étude de cette substance a été faite principalement par MM. Dumas, Péligot, Berteynini.

CINNYRIDÉES (Zoologie). — Nom sous lequel Lesson a établi une famille de ses *Passereaux conirostres*, et qui comprend comme type le genre *Souï-manga* (*Cinnyris*, Cuv.) et une dizaine d'autres genres ; ce sont les *Grimpereaux* de Cuvier.

CIRAGE (Chimie industrielle). — Nom donné à des préparations diverses contenant autrefois de la cire et employées à noircir les chaussures et les harnais. Le cirage employé le plus ordinairement aujourd'hui est celui qui porte le nom de *cirage anglais*.

Il existe une foule de recettes pour préparer le cirage. En voici une qui réussit bien et donne un bon cirage à bas prix.

On prend 2 kil. de mélasse que l'on introduit dans une terrine, où on la mélange avec 2 kil. de noir d'ivoire. D'autre part, on fait infuser pendant une heure 120 grammes de noix de galle concassée dans 1 litre d'eau bouillante, puis on passe à travers un linge. Dans un deuxième litre d'eau, on fait fondre 120 grammes de sulfate de fer. La moitié de cette dissolution est mélangée avec la mélasse et le noir d'ivoire ; à l'autre moitié, on ajoute 400 grammes d'acide sulfurique ordinaire et on la verse peu à peu dans la terrine en agitant continuellement. Une vive effervescence a lieu, la masse se boursoufle et s'épaissit en même temps. On y ajoute enfin la dissolution de noix de galle. On obtient ainsi une pâte molle que l'on peut étendre de 5 litres d'eau si on veut avoir un cirage liquide.

CIRCAÈTE (Zoologie), *Circaetus*, Vieil. — Sous-genre d'*Oiseaux de proie diurne*, du grand genre *Faucon*, section des *Ignobles*. Il tient une sorte de milieu entre les aigles pêcheurs, les balbusards et les buses. Ces oiseaux ont les ailes des aigles, les tarses réticulés des balbusards, et, par leur allure et leurs ailes, ils ressemblent davantage aux buses. Ce genre, établi par Vieillot, ne contient guère qu'une espèce bien déterminée, le *Jean-le-blanc* (*Falco gallicus*, Gm. ; *F. leucopsis*, Bechst.), plus grand que le balbusard ; il est long de $0^m,65$; la courbure de son bec est plus rapide que dans les autres aigles : il est brun en dessus, blanc dessous, avec des taches d'un brun pâle ; il vit surtout de serpents, de grenouilles et de lézards ; il mange aussi les mulots, les souris, et même le gibier. Belon, le premier qui en ait parlé, le cite comme très-commun en France de son temps (1550) et comme étant la terreur des paysans dont il dévastait les poulaillers ; il y est rare aujourd'hui.

CIRCÉE (Botanique), *Circæa*, Tourn. — Les Grecs donnaient ce nom, d'une fille d'Apollon, célèbre par ses enchantements qui arrêtaient les voyageurs, à une plante produisant des graines hérissées qui s'attachent aux vêtements et croissant dans les lieux secs et exposés au soleil. Les circées des modernes habitent au contraire les endroits abrités et humides. — C'est un genre de plantes de la famille des *Œnothérées*, type de la tribu des *Circées*. La *C. parisienne* (*C. lutetiana*, Lin.), appelée aussi *Herbe* de *Saint-Étienne, Herbe aux magiciennes*, quoiqu'elle n'ait pas de propriétés connues, est une jolie petite plante délicate, élevée de 0ᵐ,30, à feuilles opposées, denticulées, à fleurs d'un blanc rosé et disposées en grappes allongées d'un joli aspect. On la trouve dans les bois, aux lieux humides et ombragés, en Europe et en Amérique. La *C. des Alpes* (*C. alpina*, Lin.) se distingue par ses tiges ascendantes plus petites et ses feuilles lisses et échancrées en cœur. Caract. du genre : calice à 2 divisions; 2 pétales bifides; 2 étamines; ovaire à 2 loges; stigmate épais, échancré; fruit sec, en forme de petite poire, indéhiscent, hérissé de poils.   G—s.

CIRCINÉ (Botanique), de *circinatus*, arrondi, et *circinalis*, roulé. — Terme qui s'applique aux organes ou parties d'organes des plantes roulés à peu près en crosse. Les feuilles prolongées en une longue pointe roulée sur elle-même sont dites *circinées*, comme dans la *Glorieuse du Malabar* (*Methonica superba*, Lamk) et plusieurs espèces de *Mutisia*. Les feuilles de fougères roulées en crosse avant leur développement sont aussi *circinées*. Les plantes de la famille des *Basellées* ont, en général, leur embryon roulé annulaire et alors *circiné*.

CIRCINÉES (Zoologie), *Circinæ*. — Sous-famille d'*Oiseaux de proie*, établie par Ch. Bonaparte dans le groupe des *Falconidées*, et qui a pour type le genre *Busard* (*Circus*, Bechst.). On y a rattaché en outre les genres *Melierax*, Gr.; *Polyboroïdes*, Smith; *Serpentarius*, Cuv.; *Strirgiceps*, Bonap.

CIRCONFÉRENCE (Géométrie). — Ligne courbe dont tous les points sont à égale distance d'un point intérieur appelé *centre*. La portion de plan comprise dans l'intérieur de la circonférence s'appelle *cercle*.

Toute droite allant du centre à un point de la circonférence est un *rayon*. Par définition, tous les rayons sont égaux dans une même circonférence. On appelle *diamètre* toute droite passant par le centre et dont les deux extrémités sont sur la circonférence. Chaque diamètre valant deux rayons, tous les diamètres d'une même circonférence sont égaux.

Une portion quelconque de la circonférence prend le nom d'*arc*, et l'on appelle *corde* la droite qui joint les extrémités d'un arc ; la surface comprise entre un arc et sa corde est un *segment*. La portion de plan comprise entre deux rayons et la circonférence est un *secteur*. Une droite qui rencontre la circonférence en deux points s'appelle une *sécante*. Si la droite n'a qu'un point de commun avec cette courbe, c'est une *tangente*.

Pour décrire une circonférence sur le papier, on prend un compas dont une des branches est munie d'un crayon ou d'un tire-ligne, on place la pointe sèche à l'endroit où doit être le centre, puis, après avoir pris une ouverture de compas égale au rayon donné, on fait tourner l'instrument autour de la branche placée au centre, et le crayon ou le tire-ligne décrivent la courbe demandée.

Sur le terrain, on prend un cordeau de longueur égale au rayon voulu et attaché par ses extrémités à deux piquets pointus; on enfonce un de ces piquets au centre, puis, avec l'autre, on trace la courbe en tendant bien le cordeau.

Par trois points A, B, C, non situés sur une même ligne

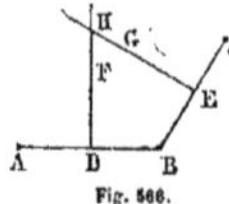
Fig. 566.

droite, on peut toujours faire passer une circonférence et une seule.

Pour cela, il suffit de joindre AB et BC, puis par le point D, milieu de AB, on élève une perpendiculaire DF à cette droite, et, de même, on élève EG perpendiculaire à BC par son milieu ; les deux droites DF et EG se coupent en un point H, qui est le centre de la circonférence cherchée dont HA est le rayon.

On peut appliquer cette construction sur le terrain ; mais, dans certains cas, le centre serait caché par des obstacles, ou bien trop éloigné lorsque la courbure est très faible, comme pour les chemins de fer, par exemple; cependant, il est possible d'obtenir l'arc de circonférence passant par les trois points. Pour cela, joignons AB, BC et AC, puis, au moyen d'un *graphomètre* (voyez ce mot), mesurons les angles CAB et ACB, soit S leur valeur ; alors du point A on jalonne des droites faisant avec AC des angles de 10°, 20°, 30°, etc., puis de C on jalonne de même des droites faisant avec CA des angles S — 10°, S — 20°, S — 30°, etc. ; les points de concours des droites correspondantes appartiennent tous à l'arc de circonférence cherché, et il ne reste plus qu'à les joindre, ce qui est facile, puisque l'on peut en avoir autant que l'on

vent. Cette construction est évidemment applicable au papier en remplaçant le graphomètre par un rapporteur.

Deux circonférences ne peuvent se couper en plus de deux points, lorsqu'elles n'ont qu'un point commun, on dit qu'elles sont *tangentes*.

La ligne qui joint les centres de deux circonférences prend le nom de *ligne des centres*.

Pour arriver à mesurer la longueur d'une circonférence, on se fonde sur ce que les longueurs de deux circonférences sont dans le même rapport que leurs rayons. Le rapport d'une circonférence quelconque à son diamètre est donc un nombre constant. On désigne ordinairement ce nombre par π.

Puisque l'on a toujours $\frac{\text{Circ. R}}{2\,\text{R}} = \pi$, on aura Circ. R $= 2\text{R} \times \pi$. Ainsi, pour avoir la longueur d'une circonférence, il suffit de multiplier son rayon par le double de π; réciproquement si l'on voulait savoir quel est le rayon d'une circonférence de longueur donnée, il faudrait diviser cette longueur par 2π.

La valeur approchée de π est 3,141592653589793 ; on prend souvent dans la pratique $\pi = 3,1416$ ou $\pi = \frac{355}{113}$, valeur trouvée par Métius ; Archimède avait trouvé $\pi = \frac{22}{7}$.

Tableau des longueurs des circonférences et des surfaces des cercles pour des rayons de 1 à 50 mètres.

Diamèt.	Circonférenc. (m)	Surfaces. (m c)	Diamèt.	Circonférenc. (m)	Surfaces. (m c)
1	3,14	0,78	26	81,68	530,93
2	6,28	3,14	27	84,82	572,55
3	9,42	7,06	28	87,96	615,75
4	12,56	12,56	29	91,10	660,52
5	15,71	19,63	30	94,25	706,86
6	18,85	28,27	31	97,39	754,77
7	21,98	38,48	32	100,53	804,25
8	25,13	50,26	33	103,67	855,30
9	28,27	63,61	34	106,81	907,92
10	31,41	78,54	35	109,93	962,11
11	34,55	95,03	36	113,09	1017,87
12	37,70	113,09	37	116,24	1073,21
13	40,84	132,73	38	119,38	1134,11
14	43,98	153,94	39	122,52	1195,54
15	47,12	176,71	40	125,66	1256,64
16	50,26	201,06	41	128,80	1320,25
17	53,40	226,98	42	131,95	1385,44
18	56,55	254,47	43	135,09	1452,20
19	59,69	283,53	44	138,23	1520,53
20	62,83	314,16	45	141,37	1590,43
21	65,97	346,36	46	144,51	1661,90
22	69,11	380,13	47	147,65	1734,95
23	72,25	415,47	48	150,79	1809,56
24	75,40	452,39	49	153,93	1885,74
25	78,54	490,87	50	157,08	1963,50

CIRCONSCRIT (Médecine). — Ce mot s'emploie pour caractériser certains symptômes apparents d'une maladie ; ainsi, on dit une tumeur, une douleur, une rougeur circonscrite, c'est-à-dire qui occupe un espace limité, facile à déterminer.

CIRCONSCRIT (Géométrie). *Cercle circonscrit.* — Cercle dont la circonférence passe par tous les sommets d'un polygone qui est dit *inscrit* dans cette circonférence.

Polygone. — Polygone dont tous les côtés sont tangents à un cercle ou passent par les sommets d'un autre polygone.

Sphère circonscrite : 1° *à un polyèdre*, sphère dont la surface passe par tous les sommets du polyèdre (voyez ce mot); 2° *à un cylindre*, dont la surface passe par les circonférences des bases (voyez CYLINDRE); 3° *à un cône*, dont la surface passe par le sommet et la circonférence de la base (voyez CÔNE).

Polyèdre circonscrit : 1° *à une sphère*, polyèdre dont toutes les faces sont tangentes à la sphère; 2° *à un cylindre*, dont les faces sont tangentes à la surface latérale et comprennent les bases; 3° *à un cône*, dont un sommet coïncide avec celui du cône et dont les faces sont tangentes à la surface latérale et comprennent la base.

Un polygone régulier peut toujours être circonscrit à une circonférence. Lorsqu'on augmente le nombre des côtés d'un polygone circonscrit à une circonférence, le périmètre et la surface vont en diminuant et se rapprochent de la circonférence et du cercle dont ils peuvent différer d'aussi peu que l'on veut.

Voici les valeurs des périmètres des principaux polygones réguliers circonscrits à la circonférence dont le rayon est 1 mètre.

POLYGONES.	Périmètres	Surfaces.
	m.	m. c.
Triangle.	10,3923	5,1961
Carré	8,0000	4,0000
Pentagone	7,2654	3,6327
Hexagone.	6,9282	3,4641
Octogone	6,6274	3,3137
Décagone	6,4984	3,2492
Dodécagone	6,4308	3,2154

Tous les polygones circonscrits à une même circonférence ont pour apothème (voyez ce mot) le rayon de cette circonférence.

Si l'on circonscrit à une sphère un cylindre droit et un cône équilatéral, on trouve que la surface de la sphère étant représentée par 4, celle du cône sera 9 et celle du cylindre 6 ; il en est de même pour les volumes.

CIRCONVOLUTIONS (Anatomie). — On désigne ainsi les saillies ondoyantes qui se remarquent sur toute l'étendue du cerveau et du cervelet, et qui sont formées par une lame de substance grise à l'extérieur et à l'intérieur d'un noyau de substance blanche ; elles se présentent sous la forme de sillons tortueux, irréguliers, plus ou moins profonds, qui séparent des éminences arrondies sur les bords, contournées sur elles-mêmes et ressemblant un peu aux replis de l'intestin dans l'abdomen ; on a désigné sous le nom d'*anfractuosités* les sillons dont nous venons de parler. On a prétendu, dans ces derniers temps, que le développement des circonvolutions n'était point en rapport avec celui des facultés intellectuelles dans la série animale ; cette assertion, basée à ce qu'il paraît sur un certain nombre d'observations, aurait besoin d'être confirmée par un ensemble de recherches plus complètes. Du reste les circonvolutions sont nulles chez les poissons, les reptiles, à peu près chez les oiseaux ; très-peu développées chez les rongeurs ; déjà prononcées chez les carnassiers, elles sont beaucoup plus apparentes chez les ruminants et les solipèdes ; elles atteignent de grandes dimensions chez l'éléphant et les singes. Enfin, chez l'homme, elles sont tout à fait exceptionnelles.

On a encore appelé *circonvolutions* les contours que les intestins décrivent en se repliant sur eux-mêmes.

CIRCULATION (Zoologie), du latin *circulus*, cercle. — La circulation est une fonction qui, chez les animaux, a pour but de distribuer dans le corps le sang qui le nourrit, puis de ramener ce sang à l'organe de respiration pour qu'il reprenne au contact de l'air ses propriétés nutritives, et de le porter ensuite de nouveau dans tout le corps. Cette importante fonction a été découverte vers 1628 par Harvey, célèbre médecin anglais.

Le sang qui vient de se parfaire au contact de l'air dans l'organe de respiration (voyez SANG, RESPIRATION), se rend aux diverses parties du corps qu'il doit nourrir ; là il s'altère et change de couleur en exécutant cette fonction, alors l'autre portion du mouvement circulatoire le ramène à l'organe de respiration pour y reprendre toutes ses propriétés. Quand il va de l'organe respiratoire aux parties, chez les animaux supérieurs, il est *sang rouge* ; il est *sang noir*, au contraire, quand il revient des parties au lieu où s'effectue la respiration. Le mouvement circulatoire se divise donc, si l'on peut dire, en deux moitiés : la *circulation du sang rouge* et la *circulation du sang noir*. Plus l'appareil où se meut le sang sera complet, plus il sera exactement clos, plus la fonction s'exercera avec précision. Chez les animaux à sang chaud, par exemple, le sang contenu dans un système de vaisseaux continus et parfaitement clos décrit ses deux trajets bien complétement : le sang devenu rouge dans les *poumons* (organes de respiration de ces animaux) est distribué tout entier aux parties du corps ; là il s'altère, devient sang noir et retourne tout entier aux poumons reprendre la couleur rouge qui caractérise son aptitude à nourrir nos organes. Mais lorsque l'appareil dans lequel il est contenu est un peu moins parfait, le sang rouge et le sang noir se rencontrent dans leur trajet, il se fait un mélange, et dès lors toute la masse du sang noir n'est plus ramenée à l'organe respiratoire, une partie mêlée au sang rouge retourne aux parties sans avoir préalablement respiré ; et, réciproquement, une partie du sang rouge est entraînée avec le sang noir vers l'organe de respiration sans avoir été porté jusqu'aux organes du corps. On nomme *circulation complète* celle qui s'exécute de façon qu'*il n'y a jamais aucun mélange du sang qui a respiré avec celui qui n'a pas respiré*. Si ce mélange a lieu, la *circulation* est *incomplète*.

L'appareil où se meut le sang est presque réduit à rien chez les animaux les plus imparfaits, mais il se complique à mesure que l'organisme se perfectionne, et nous allons, chez un animal aussi élevé que le chien, par exemple, le trouver composé essentiellement d'un système de *vaisseaux* ramifiés et d'un organe central d'impulsion, nommé *cœur*, et capable d'imprimer au sang le mouvement dont il est animé dans ces vaisseaux.

Le cœur. — Le *cœur* est le *centre d'impulsion du sang.* Chez un animal supérieur c'est un muscle creux, placé au milieu de la poitrine, et dont les contractions ou battements poussent en même temps le sang rouge vers les parties et le sang noir vers les poumons ; aussi est-il composé de deux moitiés pareilles, souvent nommées *cœur droit* et *cœur gauche.* Chacune de ces moitiés est divisée en deux cavités nommées, l'une *oreillette*, l'autre *ventricule.* Ces cavités communiquent ensemble, tandis qu'il n'y a aucune communication d'une moitié du cœur à l'autre, et en même temps chacune de ces moitiés est placée sur le trajet d'une des deux parties du cercle circulatoire. Ainsi, la circulation du sang rouge est mise en mouvement par les cavités gauches du cœur, tandis que les cavités droites servent de centre d'impulsion à la circulation du sang noir.

Il est facile de suivre sur la figure théorique ci-jointe (*fig.* 567) la marche du sang dans le cercle circulatoire de l'homme, du chien, du cheval, ou de tout animal semblable. En CR est le *réseau capillaire respiratoire* où le sang vient de se parfaire au contact de l'air et de prendre la couleur rouge ; en CG est le *réseau capillaire nutritif* où il s'altère et devient noir. Le mouvement circulatoire doit, comme je l'ai dit, porter le sang de CR en CG, et le ramener ensuite de CG en CR ; les petites flèches indiquent cette direction. Considérons donc le sang rouge en CR. Des vaisseaux CRO (*veines pulmonaires*) le mènent à l'*oreillette gauche* O ; cette oreillette, en se contractant, chasse le sang dans le *ventricule gauche* V, duquel naît un vaisseau principal (*artère aorte*).

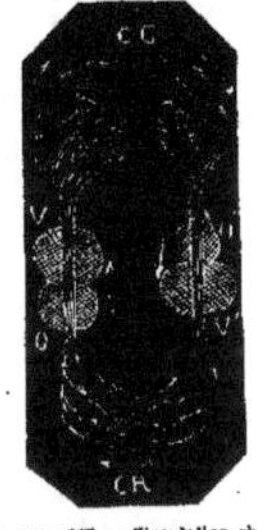

Fig. 567. — Circulation chez les animaux supérieurs.

Le ventricule pousse le sang dans ce vaisseau, dont les ramifications aboutissent au réseau CG. Dans ce réseau capillaire de la nutrition répandu parmi tous nos organes, le sang devient noir ; de sorte que le demi-cercle CROVCG, que nous venons de parcourir, représente la *circulation du sang rouge.* Mais il faut que le sang noir revienne à l'organe respiratoire ; aussi, d'autres vaisseaux CGO' (*veines caves*) le conduisent dans l'*oreillette droite* O' ; celle-ci le pousse dans le *ventricule droit* V' qui l'envoie dans un vaisseau placé à sa suite (*artère pulmonaire*), et dont les ramifications se rendent au réseau capillaire respiratoire CR. Là il reprend, sous l'influence de l'air, sa coloration rouge, la *circulation du sang noir* est donc terminée ; elle correspond à l'arc CGO'V'CR (voy. CŒUR).

C'est ainsi que la circulation s'opère chez l'homme, les mammifères et les oiseaux ; mais à mesure qu'on descend dans la série animale, on trouve de grandes modifications. Dans les reptiles et les amphibies qui n'ont plus qu'un ventricule du cœur, le sang noir et le sang rouge se mêlent dans cette cavité, de sorte qu'une partie du sang noir retourne aux organes sans avoir repassé par le réseau capillaire respiratoire, et une portion du sang rouge rentre dans l'artère pulmonaire ; c'est ce que Cuvier a appelé *respiration incomplète.* Dans les poissons, le cœur n'a plus que deux cavités, une oreillette et un ventricule. Dans la plupart des invertébrés, crustacés, mollusques, le cœur est réduit à une seule cavité, qu'on nomme *cœur aortique*, et qui représente les cavités gauches. Chez les insectes, il n'y a plus qu'un tronçon d'artères, et le cœur n'est plus représenté que par un vaisseau contractile. Les limites qui nous sont imposées ne nous permettent pas d'entrer dans de plus grands détails sur les conséquences qui doivent résulter de ces modifications profondes dans les organes de la circulation.

CIRCULATION DANS LES VÉGÉTAUX (Botanique). — Les plantes sont pourvues d'un appareil de circulation où les liquides nourriciers se meuvent comme dans les animaux ; la *sève* et le *latex* ou *suc propre* (voyez ces mots) sont portés dans toutes les parties du végétal, pour accomplir cette grande fonction de la nutrition ; l'eau de la terre, tenant en dissolution diverses substances, entre dans les racines par leurs extrémités (voyez ABSORPTION, ENDOSMOSE) ; de là, sous le nom de *séve ascendante*, monte par ces racines, puis par la tige à travers le corps ligneux, tant par les canaux directs que lui offrent les vaisseaux, que par les fibres et les cellules qu'elle traverse successivement, dissolvant et s'appropriant diverses substances nouvelles. Cette marche de bas en haut, et de dedans en dehors, la mène dans les feuilles et à la surface de l'écorce, où elle se met en rapport avec l'air ; puis, complètement organisée par cet acte respiratoire, elle prend une marche rétrograde, et, sous le nom de *séve descendante*, descend pour la plus grande partie à travers l'écorce, déposant sur son passage, dans des solutions de continuité toutes préparées, des amas de matières, la plupart destinées à la nourriture ou à la formation des tissus ; et elle arrive enfin à l'extrémité des racines, où l'absorption a commencé. Quant au *suc propre* ou *latex*, il circule dans des canaux sinueux communiquant entre eux par des branches transversales qui leur donnent la disposition d'un réseau très-compliqué, et par leur arrangement, leur structure et leur origine, les vaisseaux laticifères offrent de l'analogie avec certains vaisseaux des animaux ; le liquide qu'ils charrient est incolore ou coloré, chargé de granulations opaques (voyez SÈVE, LATEX).

CIRCUMFUSA (Hygiène). — Mot latin qui signifie les choses environnantes. Hallé désignait par ce mot la première classe de sa division de la matière de l'hygiène ; elle comprend l'atmosphère et tout ce qui en fait partie, les climats, les habitations, etc. (voyez HYGIÈNE, MATIÈRE DE L'HYGIÈNE).

CIRCUS (Zoologie). — Nom scientifique du genre *Busard* (oiseau).

CIRE (Chimie organique). — Sorte de matière grasse sécrétée par les abeilles (*cire des abeilles*) ou par d'autres insectes hyménoptères d'espèce inconnue (*cire de Chine*). On fait encore rentrer dans le groupe des cires plusieurs produits qui s'en rapprochent par les propriétés ; tels sont : la *cire de myrica*, provenant des baies du *Myrica cerifera*, vulgairement nommé *Cirier de la Louisianne*. On fait avec cette cire un savon aromatique et des bougies qui répandent en brûlant une odeur très-agréable. La *cire d'Ocuba*, fournie par les noyaux du fruit du *Myristica ocuba* ; la *cire de Carnauba*, extraite d'un palmier du Brésil ; la *cire de Bicuhiba*, contenue dans une autre espèce de muscadier, le *Myristica bicuhiba* ; la *cire de palmier*, provenant du *Ceroxylon andicola*. On donne enfin le nom de cire à cette matière pulvérulente d'aspect résineux disséminée à la surface des feuilles d'arbres ou des tiges, comme dans la canne à sucre, d'où l'on extrait la *Cirosie* ($C^{18}H^{48}O^2$), et qui forme aussi comme un léger duvet à la surface de quelques fruits. Les cires d'origine animale, et particulièrement la cire d'abeilles, sont de beaucoup les plus employées. Cette dernière est sécrétée sous les anneaux de l'abdomen ; c'est avec elle que les abeilles construisent les gâteaux à cellules hexagonales ou *alvéoles* dans lesquelles elles déposent le miel (voyez ABEILLES). Pour extraire la cire, on soumet les gâteaux à la presse, puis on les jette dans l'eau bouillante, les principes solubles dans l'eau sont éliminés ainsi, et la cire, à raison de sa légèreté spécifique, vient flotter à la surface où on la recueille. On obtient ainsi la *cire brute* ou *cire jaune*. La couleur et l'odeur de la cire sous cette forme sont dues à quelques principes étrangers, et surtout à un peu de miel ; on la purifie en la faisant fondre avec un $\frac{1}{72}$ de crème de tartre pulvérisée, agitant fortement et laissant déposer. La cire exposée ensuite à l'action du soleil perd peu à peu sa couleur en même temps qu'elle devient plus friable, aussi est-on obligé d'ajouter un peu de suif pour lui redonner du liant ; c'est ce mélange qui constitue la cire blanche du commerce. La *cire jaune* fond à 63° ; exposée à la lumière et à l'action de l'air humide ou de la rosée, elle se décolore en s'assimilant de l'oxygène ; son point de fusion s'élève à 65° ; elle devient *cire blanche*. La cire est constituée par trois principes immédiats : la *cérine* ou *acide cérotique* ($C^{54}H^{53}O^3$,HO), la *myricine* ($C^{93}H^{92}O^4$) et la *céroléine*. La séparation de ces trois principes se fait en employant l'alcool bouillant qui dissout l'acide cérotique et la céroléine et laisse la myricine, qui est à peu près insoluble dans ce liquide ; en concentrant la solution alcoolique, l'acide cérotique cristallise ; c'est un corps solide fusible à 78° et volatilisable sans altération. L'eau mère concentrée a son tour dépose la céroléine, corps mou qui fond à 29°. La partie de la cire insoluble dans l'alcool est traitée par l'éther bouillant qui dissout la myricine ; celle-ci se dépose plus tard de la solution éthérée sous la forme d'une poudre à grains cristallins fusible à 72°. La *cire de Chine* ($C^{108}H^{108}O^4$) est d'un blanc plus mat que la cire des abeilles ; elle fond à 80°. Par la potasse en fusion elle se dédouble en acide cérotique qui reste uni à la potasse et en *cérotine* ($C^{54}H^{56}O^3$). On a en effet :

$$C^{108}H^{108}O^4 + 2HO = C^{54}H^{53}O^3,HO + C^{54}H^{56}O^2$$

Cire de Chine.   Ac. cérotique.   Cérotine.

Parmi les produits qu'on extrait de la cire, la *myricine* et la *cérotine* offrent une importance exceptionnelle, car la myricine par la potasse fondue donne la *mélissine* ($C^{60}H^{62}O^2$), qui est un alcool de la série ($C^{2n}H^{2n+2}O^2$) (voyez ALCOOLS) ; de son côté, la *cérotine* est un alcool de la même série ($C^{54}H^{56}O^2$). L'un et l'autre alcool donnent par l'action de la potasse un acide correspondant, l'*acide mélissique* ($C^{60}H^{40}O^4$) et l'acide cérotique déjà trouvé dans la cire des abeilles ($C^{54}H^{54}O^4$), analogues tous les deux par la dérivation et la composition à l'acide acétique ($C^4H^4O^4$). Enfin, chaque alcool fournit par la distillation l'hydrogène carboné qui lui correspond, *mélissène* ($C^{60}H^{60}$), *cérotène* ($C^{54}H^{54}$). La cire sert principalement à la fabrication des bougies ; on l'emploie au moulage des objets délicats ; et en médecine pour la fabrication des cérats, onguents et pommades. La cire et les principes qu'elle renferme ont été étudiés par MM. Gay-Lussac, Thénard, Chevreul, Boudet, Boissenot, Essling, Hess, Gerhardt, Voleck, Brodie, Lewy.

CIRE A CACHETER, CIRE D'ESPAGNE (Chimie industrielle). Parce qu'elle nous venait autrefois de l'Inde par l'Espagne.

La cire à cacheter rouge superfine se prépare en fondant 4 parties de gomme laque dans une capsule en fer sur un feu clair, puis on y incorpore 1 partie de térébenthine de Venise et 3 parties de vermillon, en remuant constamment. Quand le mélange est bien intime, on le prend par parties de 250 grammes que l'on roule et qu'on étire sur un marbre chauffé en dessous par un réchaud, qu'on lisse ensuite avec une planche en bois dur munie de poignées, et que l'on divise enfin en bouts d'une longueur convenable. Ces bouts, maintenus quelque temps entre deux réchauds, fondent légèrement à leur surface, qui devient brillante. Le plus ordinairement, ces bâtons sont moulés dans des moules d'acier qui leur donnent leur empreinte.

En remplaçant le vermillon par d'autres couleurs, on peut donner à la cire toutes les nuances qu'on désire. Les cires dorées s'obtiennent en incorporant à la pâte avant le moulage des paillettes de mica jaune doré.

Dans les cires communes, on remplace le vermillon par du minium ou même du colcothar ; on remplace également la gomme laque, en tout ou partie, par un mélange de colophane et de craie ou plâtre pulvérisé, ou mieux de sous-chlorure de bismuth qui donne une cire de meilleure qualité.

CIRE A BOUTEILLES. — Elle est simplement formée de galipot que l'on fait fondre et auquel on incorpore une quantité convenable d'ocre ou d'une matière colorante quelconque. Pour cacheter les bouteilles, après les avoir bien bouchées et lorsque les bouchons sont bien secs, on les renverse le goulot dans un bain de la matière fondue ; une partie de cette matière s'attache au verre et au liége et complète la fermeture.

CIRE A SCELLER. — Matière plastique destinée à recevoir l'empreinte d'un cachet et employée, comme son nom l'indique, dans la pose des *scellés*. Cette cire se prépare en fondant ensemble 4 parties de cire blanche, 1 partie de térébenthine de Venise, puis ajoutant au mélange, quand il commence à s'épaissir, une quantité suffisante de vermillon pour lui donner une teinte rose. Pour s'en servir, on la ramollit en la malaxant entre les doigts, on l'applique sur le papier et le tissu qu'elle doit recouvrir et on la comprime fortement avec un sceau dont elle prend l'empreinte.

CIRE MINÉRALE, *Ozochérite*. — Substance naturelle essentiellement composée de *paraffine* qui se rencontre en assez grande quantité dans le sein de la terre en Moldavie, près de Slanik et de Zietrisika, pour que les

habitants du pays la fondent et la moulent en bougie.
CIRE (Zoologie). — Voyez Proie (*Oiseaux de*).
CIRIER (Botanique). — On donne ce nom plus particulièrement à deux espèces d'arbrisseaux du genre *Myrica*,
quoique les végétaux qui produisent de la cire soient bien
plus nombreux. Les deux *Myrica* de la petite famille
des *Myricées* dont il est ici question sont communément
désignés, comme ces derniers, sous le nom d'*arbres à cire*.
Le *Myrique Cirier, cirier de la Louisiane* (*M. cerifera*,
Lin.) est un grand arbrisseau à feuilles persistantes, dentées vers leur extrémité, d'un vert tendre, luisantes sur
les deux faces. Ses fruits sont globuleux, couverts d'une
épaisse couche de cire blanche. Cette espèce abonde dans
les endroits frais et ombragés de l'Amérique du Nord. Elle
réussit très-bien dans le midi de la France et même sous
le climat de Paris, où elle produit parfaitement sa cire.
On a proposé de répandre ce cirier dans certaines localités, non-seulement pour la production de cette matière,
mais encore à cause de ses propriétés assainissantes qui
pourraient être d'un grand secours dans les marécages.
Le *Cirier* ou *Myrique de la Caroline* (*M. caroliniensis*,
Mill. ; *M. pensylvanica*, Duham.), que quelques auteurs
considèrent comme une variété du précédent, n'atteint
guère plus de 1ᵐ,50. Il forme davantage le buisson ; ses
feuilles sont plus courtes et plus larges, peu dentées et
quelquefois entières ; ses chatons ont les écailles d'un
rouge noirâtre ; ses fruits sont de la grosseur d'un pois.
Dans la Pensylvanie, le Canada, la Caroline, où cet arbrisseau croît en abondance, ainsi du reste que l'autre espèce, on recueille la cire de même que celle du cirier, pour
en fabriquer des bougies. Pour cela, on verse simplement
dans une chaudière, sur les fruits de ces arbres, de l'eau
bouillante qui fait fondre la cire et l'entraîne. Après avoir
agité la préparation, cette matière surnage et l'on peut
bientôt la recueillir dans toute sa pureté. Des essais d'acclimatation du cirier de la Caroline en France ont donné
des résultats satisfaisants. Chaque individu produit en
moyenne 3ᵏ,500 de fruits qui donnent en cire un quart de
leur poids. Cette cire répand une odeur agréable en brûlant, et une seule bougie suffit pour parfumer un appartement même assez longtemps après qu'elle est éteinte.
La lumière qu'elle produit est vive et la bougie de cette
nature n'est pas sujette à couler comme le suif. Avec
les fruits des ciriers, on peut aussi faire un excellent savon. En médecine, leurs propriétés sont regardées comme
astringentes.   G — s.

CIRON, Siron (Zoologie), *Siro*, Latr. — Nom sous lequel on désigne généralement les plus petits insectes, et
particulièrement les *Acarus* de Linné. Latreille a restreint cette dénomination à un genre d'*Arachnides tra-
chéens*, famille des *Holètres*, tribu des *Phalangiers*,
distingué par les antennes-pinces saillantes, presque aussi
longues que le corps, et par ses yeux écartés et portés
chacun sur un tubercule, ou sans support. L'espèce que
Latreille a prise pour type est le *C. rougeâtre* (*S. rubescens*, Latr.), d'un rouge pâle, les pieds plus clairs ;
c'est une espèce de petit faucheur qu'on trouve surtout
dans les départements méridionaux de la France, au
pied des arbres, sous la mousse, et qui ressemble beaucoup à la *Pince* (voyez ce mot) ; il n'a guère que 0ᵐ,002
à 0ᵐ,003 de longueur, et ses pattes en ont le double.
CIRON DE LA GALE. — Voyez Gale.
CIRRE (Botanique). — Voyez Vrilles.
CIRRE (Zoologie), ce mot a plusieurs significations
différentes. Il désigne chez les oiseaux, certaines plumes
privées de barbules. Dans les poissons, ce sont des
barbillons ou tentacules labiaux. Chez les annélides, les
antennes qui se développent aux anneaux céphaliques,
ont été nommées par Savigny les cirres tentaculaires.
Les cirres des mollusques sont de petites lanières placées sur le manteau. Parmi les cirrhipèdes, les anatifes
et les balanes portent le long du ventre des filets nommés *cirres*, qui sont disposés par paires et représentent
de petites nageoires. Il existe encore des cirres chez
beaucoup d'autres animaux.
CIRRHÉE (Botanique), *Cirrhæa*, Lindl. ; du latin *cir-
rus, vrille* ou *filet*. — Genre de plantes exotiques de la
famille des *Orchidées*. Il comprend des plantes épiphytes
à feuilles plissées, à grappes radicales, pendantes, multiflores. La *C. de Loddiges*, (*C. Loddigesii*, Lindl.) a les
fleurs colorées en jaune, avec des teintes de rouge. Cette
espèce est originaire du Brésil. La *C. obtuse* (*C. obtusa*,
Lindl.) est une jolie petite espèce à grappes pendantes,
fleurs à sépales d'un blanc pur ; les pétales sont d'un
beau jaune d'or.
CIRRHIPÈDES ou Cirrhopodes (Zoologie). — Groupe

d'animaux classés, tantôt parmi les *Mollusques*, tantôt
parmi les *Crustacés*. Les travaux de M. le docteur Martin Saint-Ange leur ont enfin assigné leur véritable place,
basée sur les caractères anatomiques que nous empruntons à l'auteur même. « Toutes les espèces de cette
classe sont fixées, les unes par un pédicule, ce sont les
Anatifes proprement dits ; les autres sans pédicule, ce
sont les *Balanes*. Une enveloppe nommée *manteau* renferme le corps qui présente des traces évidentes de divisions circulaires ou anneaux. La bouche est composée
de mâchoires latérales ; il existe le long du ventre des
filets nommés *cirrhes*, représentant des espèces de nageoires, comme celles qu'on voit sous la queue de plusieurs crustacés. La circulation se fait au moyen d'un
vaisseau dorsal double, mais point de cœur. Les branchies sur les côtés du corps et fixées à la base des pieds. »
Dans le jeune âge, ces animaux, qui sont tous marins,
nagent librement et ressemblent beaucoup à certains
crustacés, tels que les cyclopes ; mais bientôt ils se fixent
sur quelque corps et prennent la forme indiquée plus
haut. M. Milne-Edwards regarde comme un cœur le vaisseau dorsal dont il a été question. D'après tous les caractères assignés par M. Martin Saint-Ange, il proposa
de placer la classe des *Cirrhipèdes* parmi les animaux
Annelés, entre les *Crustacés* et les *Annélides* ; plus récemment (1858, *Cours élém. d'Hist. nat.*), il en a fait seulement un ordre de la classe des *Crustacés*.
CIRRHOBRANCHES (Zoologie). — Famille de *Mollusques* établie par de Blainville, et qui ne renferme que le
genre *Dentale* (voyez ce mot).
CIRRHODERMAIRES (Zoologie). — De Blainville,
a donné ce nom à la classe des *Échinodermes*.
CIRRHOSE (Médecine). — Voyez Foie.
CIRSE (Botanique), *Cirsium*, Tourn. ; *Cnicus*, Lin. —
Du grec *kirsos*, varices, parce qu'une espèce que l'on
croit de ce genre était employée par les Grecs contre les
varices. — Genre de plantes de la famille des *Composées*, tribu des *Cinarées*, sous-tribu des *Carduinées*. Les
cirses, dont on compte au moins quatre-vingts espèces,
sont des plantes herbacées, à feuilles épineuses, à fleurs
tantôt purpurines ou blanches, tantôt jaunâtres ; elles
ressemblent aux chardons. Les environs de Paris en possèdent huit. Parmi les plus communes sont : le *C. sans
tige* (*C. acaule*, All. ; *Carduus acaulis*, Lin.), qui est
une herbe vivace presque sans tige, à feuilles oblongues
glabres et à fleurs pourpres ; le *C. des potagers* (*C.
oleraceum*, All. ; *Cnicus oleraceus*, Lin.), qui se distingue
par ses tiges élevées de 1 mètre au moins, ses capitules entourés de bractées larges, ovales, décolorées,
et ses fleurs d'un jaune pâle. Dans certains endroits on
fait cuire les feuilles de cette plante et on les mange
comme le chou. Caract. du genre : corolle à tube court,
à limbe divisé en cinq lanières ; anthères munies supérieurement d'un appendice linéaire-subulé ; akènes membraneux, aigrette à plusieurs rangées de soies.   G — s.
CIS (Zoologie), *Cis*, Latr. ; *Anobium*, Fab. — Genre
d'*Insectes coléoptères tétramères*, famille de *Xylophages*,
caractérisé par un corps ovalaire, déprimé ou peu élevé,
le corselet transversal, arrondi ; la tête des mâles est
souvent cornue ou tuberculée. Ces insectes très-petits
ont des couleurs sombres. On les trouve à la fin de l'hiver dans les bolets qui croissent sur les saules. L'espèce
la plus commune aux environs de Paris est le *C. du bolet* (*C. boleti*), d'un brun obscur ; le *C. reticulatum* se
trouve souvent dans la forêt de Fontainebleau.
CISAILLES (Mécanique industrielle). — Forts ciseaux
servant à couper à froid les métaux. On en distingue de
deux espèces, les *cisailles droites* et les *cisailles circulaires*. Les premières sont formées de deux lames à tranchants droits réunies par un goujon autour duquel elles
peuvent tourner. Leurs dimensions sont très-variables,
depuis celles des cisailles à main dont se servent les
zingueurs, ferblantiers, poêliers, chaudronniers, etc., jusqu'à celles de ces puissants appareils mus à la vapeur
et employés dans les forges ou les ateliers de construction des chaudières à vapeur pour couper des barres ou
lames de fer très-épaisses.
Les cisailles circulaires sont formées par des disques
de fonte auxquels sont fixés des tranchants circulaires en
acier, tournant simultanément en sens inverse et disposés de manière à se toucher et à se croiser légèrement.
On les emploie surtout pour les métaux en feuilles ; ils ont
l'avantage de couper les surfaces courbes ou de couper
en ligne courbe. On emploie aussi quelquefois des cisailles
mixtes pour couper des feuilles de fer très-épaisses ; elles
se composent d'une lame d'acier à arête vive rectiligne

sur laquelle roule en la croisant un peu un tranchant circulaire animé d'un mouvement de rotation en même temps que de progression. Dans les grands ateliers, chaque cisaille est quelquefois mise en mouvement par une machine à vapeur spéciale, ce qui permet d'en mieux régler à volonté le travail.

CISEAUX (Économie domestique, Chirurgie). — Instrument très-connu, composé de deux lames unies pouvant s'écarter et se rapprocher; on en fabrique de toutes dimensions, à lames courtes, longues, larges, épaisses; terminées par un bout plus ou moins obtus, ou par une pointe acérée, etc. La matière la plus convenable pour la confection des ciseaux, c'est l'acier fin. Il est essentiel que la trempe soit la même pour les deux branches, sans cela la plus dure pourrait entamer l'autre. La largeur et l'épaisseur des lames doit être en raison des efforts auxquels l'instrument doit être exposé. Ainsi on a coutume de beaucoup diminuer l'épaisseur, en donnant une forte inclinaison au *biseau*, lorsqu'on doit employer les ciseaux à des travaux qui nécessitent peu de force. Un point très-important, c'est que les lames soient légèrement recourbées l'une vers l'autre dans le sens de leur épaisseur; c'est là ce qu'on appelle l'*envoilure*. Cette inclinaison doit être proportionnée à la longueur des lames, et il en résulte la nécessité d'une grande précision dans leur construction. Les bornes qui nous sont imposées ne nous permettent pas d'entrer dans tous les détails que comporte ce sujet.

En *chirurgie*, les ciseaux sont souvent employés, et ils remplacent le bistouri dans beaucoup de cas, et même dans des opérations assez importantes. Les ciseaux droits ne peuvent être utiles qu'autant qu'il s'agit de couper des parties totalement isolées : la langue, les lèvres, le filet, etc. Mais lorsqu'il s'agit de couper sur la sonde cannelée, ou dans le fond de la bouche, par exemple, la position des anneaux devient gênante, et alors on a recours à des ciseaux *courbes* latéralement ou sur le plat, ou à des ciseaux *coudés* à angle plus ou moins ouvert. On a dit que les ciseaux mâchaient, contondaient, irritaient les parties qu'ils divisaient, et qu'ils rendaient difficile la réunion par première intention. L'expérience a prouvé que cette crainte n'était pas tout à fait fondée, et les praticiens les plus exercés ne mettent presque pas de différence entre les sections faites par le bistouri ou les ciseaux.

CISSAMPELOS (Botanique), *Cissampelos*, Lin., du grec *kissos*, lierre, et *ampelos*, vigne. Ce genre, son port, ses tiges sarmenteuses et ses fruits en grappes, ressemble assez bien au lierre et à la vigne. — Genre de plantes de la famille des *Ménispermées*. Il comprend des arbrisseaux exotiques, dioïques. Le *C. à feuilles ombiliquées* ou *Pareire* (*C. pareira*, Lin.), d'un mot portugais qui signifie *vigne sauvage*, a les feuilles cordiformes, pétiolées, cotonneuses en dessous. Ses fleurs sont en épis courts et de couleur verdâtre. Le *C. velouté* (*C. caapeba*, Lin.), nom brésilien sous lequel on désigne cette plante, est couvert abondamment d'un coton très-doux et abondant. Ces deux espèces croissent dans l'Amérique méridionale. La seconde fournit la racine employée comme diurétique et nommée *pareira brava* dans les colonies où elle passe pour guérir la pierre. Caractères du genre : calice à 4 sépales ouverts; corolle gamopétale, rarement dialypétale, à 4 sépales; 4 étamines monadelphes; 3 styles et 3 stigmates; ovaire devenant une baie à une seule graine.

CISSE (Botanique), *Cissus*, Lin.; nom grec du lierre, il grimpe comme lui. — Genre de plantes de la famille des *Ampélidées* ou *Vinifères*. Les espèces de ce genre sont très-nombreuses. On en compte plus de quatre-vingts. Ce sont des arbrisseaux grimpants dont les feuilles persistent. Ils sont pourvus de vrilles. On les divise en plusieurs sections, d'après leurs feuilles, qui sont ou simples, ou trifoliées, ou à 5 folioles palmées, ou à folioles bipennées. Ils portent aussi vulgairement le nom de *Achit*. Le *C. à feuilles de vigne* (*C. vitigena*, Lin.) atteint 6 à 7 mètres. Ses feuilles sont en cœur et ses fleurs nombreuses, petites, sont cotonneuses à l'extérieur. Ses baies sont odorantes, bleuâtres. Le *C. glauque* (*C. glauca*, Roxb.), appelé aussi *Vigne éléphante de Madagascar*, s'élève souvent à une très-grande hauteur. Ses feuilles sont grandes, en cœur, et ses baies lisses et noirâtres. Le *C. quadrangulaire* (*C. quadrangularis*, Lin.), nommé ainsi à cause de sa tige à quatre angles, a les feuilles glabres, un peu charnues et les baies rouges. Aux Indes orientales et en Égypte. Dans certains pays, on mange ses rameaux mêlés avec d'autres herbes, après qu'on les a débarrassés de leur écorce et fait macérer dans l'eau bouillante. Caractères du genre : calice petit, gamosépale; 4 pétales persistants; 4 étamines; ovaire à 4 loges; baie à une loge par avortement et ne renfermant le plus souvent qu'une graine. G — s.

CISTE (Botanique), *Cistus*, Tourn., du grec *kisté*, boîte, capsule. Le mot celtique *cist* a la même signification. Ce nom a été donné à cause de la forme remarquable des fruits capsulaires de ces plantes. — Genre de plantes type de la famille des *Cistinées*, dont les espèces sont des herbes ou des arbrisseaux à feuilles persistantes, opposées, sans stipules. Elles habitent la plupart les régions méridionales de l'hémisphère boréal. On en rencontre aussi beaucoup en Europe, et surtout en Espagne, dans les lieux secs et arides. Ces plantes peuvent être employées pour l'ornement, leurs fleurs grandes, de couleurs blanche, jaune, rose ou purpurine, portées sur des pédoncules axillaires ou terminaux multiflores, sont d'un joli effet; malheureusement, leurs corolles se flétrissent promptement. Le *C. de Crête* (*C. creticus*, Lin.) a les fleurs purpurines avec l'onglet des pétales jaune. Le *C. lédon* (*C. ledon*, Lamk) présente des fleurs blanches, jaunes aux onglets et réunies par 3-5. Le *C. ladunifère* (*C. ladaniferus*, Lin.), c'est-à-dire qui porte la substance connue sous le nom de *ladanum*, a les feuilles visqueuses et les fleurs très-grandes, blanches, avec une tache rouge aux onglets. Espagne, Portugal, Provence. Ces trois espèces exsudent par leurs feuilles une substance résineuse odorante qui est le *ladanum* ou *labdanum*. Elle se présente dans le commerce sous la forme de petits bâtons en spirale, solides, de couleur noirâtre, à cassure brillante. On la vend débarrassée des matières étrangères et enfermée dans de petites vessies (voyez, pour sa préparation, Tournefort, *Voyage du Levant*, tome I). Elle est alors d'une consistance épaisse et gluante. Son odeur rappelle celle de l'ambre et sa saveur est balsamique. Les propriétés du ladanum sont astringentes, stomachiques, (voyez **LABDANUM**). Caract. du genre : calice à sépales disposés sur deux rangs; pétales caducs; capsule à une seule loge ou divisée par plusieurs cloisons incomplètes, s'ouvrant en 3-7 ou 10 valves. G — s.

CISTINÉES (Botanique). — Famille de plantes *Dicotylédones dialypétales*, comprenant des herbes et des arbrisseaux à fleurs régulières. Caractères : calice composé de 5 sépales dont 2 extérieurs plus petits ou avortés; pétales au nombre de 5, très-fugaces; étamines indéfinies; ovaire libre à une ou plus souvent 3-5-10 loges; capsule enveloppée dans le calice et présentant 1-3 5 loges et même 10 loges, s'ouvrant en autant de valves portant des cloisons incomplètes. Les Cistinées se rapprochent des Ternstrœmiacées et habitent principalement la région méditerranéenne. On en trouve un petit nombre dans l'Amérique septentrionale. Genres principaux : *Ciste* (*Cistus*, Tourn.), *Hélianthème* (*Helianthemum*, Tourn.), *Fumana*, Spach.; *Lechea*, Lin.; *Hudsonia*, Lin., etc.

Monographies : Dunal, dans le *Prodromus*, de de Candolle, t. I, p. 263. — Sweet, *Cistin.* 1825-1830. G — s.

CISTUDE (Zoologie), *Cistudo*, Fleming, du grec *kisté*, boîte. — Voyez **TORTUE D'EAU DOUCE**.

CISTULE ou **CISTELLE** (Botanique). — Sorte de conceptacle ou appareil de fructification des lichens. Il est orbiculaire, creux, parfaitement clos dans sa jeunesse et se fend irrégulièrement à la maturité, de manière à laisser voir à son centre une matière fibreuse qui retenait les séminules ou spores groupées en petites masses.

CITRATES (Chimie), combinaisons de l'acide citrique avec une base. — Les citrates neutres ont pour formule $3(MO)C^{12}H^5O^{11} + HO$. Ils correspondent à l'acide citrique desséché à 100°. Les citrates basiques rentrent dans l'une des deux formules : $4(MO)C^{12}H^5O^{11}$, $4(MO)C^{12}H^5O^{11},HO$. Ils sont insolubles à l'exception des citrates alcalins. Quelques-uns s'altèrent à la longue en éprouvant une sorte de fermentation. On emploie le *citrate de chaux* pour la préparation de l'acide citrique et le *citrate de magnésie* en dissolution dans l'eau chargée d'acide carbonique comme limonade purgative (*Limonade Rogé*).

CITRIQUE (ACIDE) (Chimie) ($C^{12}H^5O^{11},3HO$). — Acide tribasique qui se rencontre dans les fruits d'un grand nombre de végétaux, dans les citrons, les oranges, les groseilles à maquereaux, les fraises, etc. Il cristallise sous la forme de prismes rhomboïdaux; sa saveur est agréable, quoique l'acidité soit très-prononcée. Il est très-soluble dans l'eau et peut fournir avec elle un liquide de consistance très-sirupeuse. S'il cristallise à froid de la dissolution concentrée, les cristaux contiennent 5 équivalents d'eau; s'il se dépose de la liqueur chaude, ils n'en contiennent que 4. Desséché à 100°, il ne garde que 3 équivalents. Vers 150°, l'acide citrique, après avoir éprouvé une fusion aqueuse, se décompose; des vapeurs blanches apparaissent; il laisse dégager 2 équivalents d'eau et se transforme en acide aconitique qu'on retrouve dans la cornue.

$$C^{12}H^5O^{11},3HO - 2HO = C^{12}H^6O^{12}$$
$$\underbrace{}_{\text{Acide citrique.}} \qquad \underbrace{}_{\text{Ac. aconitique.}}$$

Ce dernier acide, chauffé plus fortement, se dédouble en acide carbonique et acide itaconique.

$$C^{12}H^6O^{12} - 2CO^2 = C^{10}H^6O^8$$
$$\underbrace{}_{\text{Ac. aconitique.}} \qquad \underbrace{}_{\text{Ac. itaconique.}}$$

Enfin, l'acide *itaconique* distillé plusieurs fois abandonne les éléments de 2 équivalents d'eau et se convertit en acide citraconique.

$$C^{10}H^6O^8 - 2HO = C^{10}H^4O^6$$
$$\underbrace{}_{\text{Ac. itaconique.}} \qquad \underbrace{}_{\text{Ac. citraconiq. anhydre.}}$$

L'acide citrique contient les éléments de l'acide oxalique et de l'acide acétique; aussi par l'action de la potasse donne-t-il de l'oxalate et de l'acétate de potasse. De même, traité par l'acide sulfurique, il se dédouble en oxyde de carbone, acide carbonique et acide acétique. L'acide citrique se distingue de l'acide tartrique, auquel il ressemble d'ailleurs par quelques-unes de ses propriétés, en ce qu'il ne donne pas de précipité dans les sels de potasse et que versé dans l'eau de chaux il ne trouble la liqueur que lorsqu'on la chauffe. On l'extrait habituellement du jus de citron; ce liquide, débarrassé par une fermentation préalable des matières en suspension qui altéraient sa limpidité, est saturé par la craie, puis par l'eau de chaux, qui forment avec l'acide citrique un citrate de chaux neutre et un citrate basique. Le précipité est lavé avec soin et décomposé ensuite par l'acide sulfurique qui s'empare de la chaux. L'acide citrique est employé en teinture pour aviver différents rouges, tels que le rouge de carthame ou de cochenille, il sert aussi comme rongeant; on s'en sert pour la confection de limonades; le mélange intime de 500 grammes de sucre et 16 grammes d'acide citrique aromatisé avec l'essence de citron forme la *limonade sèche*. L'acide citrique a été découvert par Schéele, en 1784, et étudié successivement par MM. Lassaigne, Baup, Berzelius, Dumas, Malaguti, Crasso, Robiquet, etc.

CITRON (Arboriculture). — C'est le fruit du citronnier (*Citrus*, Lin.); il est arrondi ovoïde, oblong; son écorce est lisse ou le plus souvent rugueuse, et contient des vésicules concaves en opposition avec celles de l'écorce d'orange, qui sont convexes; on sait que Poiteau a observé que ces vésicules d'huile essentielle sont d'autant plus convexes que le jus de la pulpe est plus sucré; c'est ce qui explique la différence que nous venons de signaler. Le suc de citron est acide et a une saveur aromatique agréable; il est employé comme condiment dans la préparation de certains mets, des glaces, etc. Étendu d'eau avec du sucre, il constitue la boisson rafraîchissante connue sous le nom de *limonade*. En médecine, le jus de citron a été employé aussi comme antiseptique, antiputride; par l'huile essentielle qu'elle contient, l'écorce de citron jouit de propriétés amères et toniques très-énergiques (voyez ORANGE, ORANGER).

CITRONNELLE (Botanique). — On donne ce nom vulgairement à plusieurs plantes qui répandent une odeur de citron. Ainsi, l'*Armoise aurone* (*Artemisia abrotanum*, Lin.) (voyez ARMOISE), la *Mélisse officinale* (voyez MÉLISSE) sont souvent des citronnelles pour les jardiniers. Il en est de même de la *Lippie à odeur de citron* (*Lippia citriodora*, Kunth.; *Verbena triphylla*, L'Hérit.). C'est un sous-arbrisseau du Pérou, appartenant à la famille des *Verbénacées*, tribu des *Verbénées*; ses feuilles sont verticillées par 3 ou 4, lancéolées, pétiolées, aiguës. Ses fleurs, disposées en épis axillaires, sont blanches en dessus, un peu violettes en dessous. Les feuilles de cette citronnelle ont une agréable odeur et se prennent quelquefois en infusion théiforme.

CITRONNIER (Botanique), *Citrus*, Lin., étymologie vague. On a supposé que ce mot venait de Citron, ville de Judée, d'où le citronnier est originaire; mais, comme le fait observer de Théis, cet arbre est trop connu et ce lieu l'est trop peu pour qu'on doive lui attribuer une semblable origine. — Comme le genre *Citrus* comprend les *Orangers*, les *Citronniers*, les *Bigaradiers*, les *Cédratiers*, les *Limettiers*, les *Bergamottiers*, et que ces espèces sont tellement voisines les unes des autres qu'on les confond très-souvent, nous renvoyons au mot ORANGER, qui généralise tous ces arbres, nous conformant ainsi à l'excellent travail de Poiteau et Risso, adopté généralement, qui, sous le titre d'*Histoire naturelle des orangers*, réunit ces espèces.

CITROUILLE (Botanique), *Citrullus*, Neck., dérivé de *citrus*, citron, orange, de la couleur orangée du fruit. — Genre de plantes de la famille des *Cucurbitacées*, sous-ordre des *Cucurbitées*, dont les fruits sont des baies globuleuses à chair solide. La *C. cultivée* (*C. vulgaris*, Schrad.; *Cucurbita citrullus*, Lin.) est une plante originaire d'Afrique. On la distingue à ses feuilles cordiformes, très-profondément découpées et à son fruit oblong, glabre, maculé, dont la chair est rouge et les semences noires. Le *Pastèque* et le *Melon d'eau* ou *Jacé* sont deux variétés de cette espèce. L'un a la chair ferme et l'autre la chair très-aqueuse. La *C. coloquinte* (*C. colocynthis*, Arnolt; *Cucumis colocynthis*, Lin.), du grec *kôlon*, intestin, et *kineô*, je remue, est une plante rampante qui vient en Orient et principalement au Japon. Son fruit est globuleux, à enveloppe mince, coriace, et renferme une chair spongieuse extrêmement amère. La locution : *amer comme chicotin*, fait allusion à cette plante, qui portait autrefois le nom de *Chicotin*. Dès la plus haute antiquité, on a attribué une foule de propriétés à la coloquinte. Aujourd'hui, on tire quelquefois parti des qualités très-purgatives qui lui ont valu son nom, (voyez COLOQUINTE). Le nom de citrouille, qui désigne aujourd'hui un genre établi par Necker, était et est encore pour quelques personnes, synonyme de *courge* (voyez ce mot).

Caractères du genre : fleurs monoïques; les mâles à calice divisé en 5 lanières, à corolle rotacée soudée avec le calice, à 5 étamines ou 3 faisceaux; les femelles à calice globuleux, à ovaire infère composé de 3-6 loges renfermant un grand nombre d'ovules.   G—s.

CITULE (Zoologie). — Sous-genre de *Poissons acanthoptérygiens*, famille des *Scombéroïdes*, établi par Cuvier dans le genre *Caranx* : Ce sont, dit-il, des *Carangues* qui ont les pointes de la deuxième nageoire dorsale et de l'anale, très-prolongées en faux, présentant, du reste, les autres caractères des *Caranx* (voyez ce mot). Les espèces signalées sont : le *Tchwil-parah*, de Russel, et le *Maï-parah*, du même.

CIVE ou **CIVETTE** (Botanique). — Espèce de plante du genre *Ail* nommée *Allium schœnoprasum* par Linné, du grec *schœnos*, jonc, et *prason*, poireau. Cette plante a les feuilles cylindriques qui ressemblent à celles du jonc; elle est connue aussi vulgairement dans les jardins potagers sous les noms de *Ciboulette*, *Appétit*, *Fausse Échalotte*. C'est une herbe à bulbes allongés, à feuilles linéaires, fistuleuses, glauques, et à fleurs roses, dont le périanthe est divisé en folioles lancéolées, aiguës, dépassant les étamines. La cive ou civette croît spontanément dans toute l'Europe. Sa première patrie paraît être la Sibérie. Cette plante s'emploie fréquemment dans les assaisonnements.

CIVETTE (Zoologie), *Viverra*, Lin. — Genre de *Mammifères carnivores*, tribu des *Digitigrades*, qui diffère des chiens en ce que, dans les civettes, on ne trouve plus qu'une seule molaire tuberculeuse derrière la carnassière de la mâchoire inférieure. Les animaux de ce genre semblent former une transition entre les chiens et les chats; ils ont des papilles dures sur la langue, des ongles à demi redressés pendant la marche. Dans le voisinage de l'anus, une poche plus ou moins profonde, où des glandes particulières versent une matière odorante et onctueuse. Ce sont des animaux en général de petite taille, couverts d'un pelage gris ou fauve, toujours marqué de bandes plus foncées et symétriques, ou de séries de taches disposées avec régularité comme celles des chats; quelquefois leur épine dorsale est garnie de poils longs et susceptibles de former comme une espèce de crinière, lorsqu'ils se hérissent. Ils vivent, comme les martes, de petits animaux qu'ils poursuivent avec beaucoup d'activité. On les trouve dans les contrées de l'Asie méridionale, et particulièrement dans l'Inde et en Afrique. Cuvier (*Règne animal*) les divise en plusieurs sous-genres dont les principaux sont : les *Civettes* proprement dites; les *Genettes*; les *Mangoustes*; les *Paradoxures*; les *Suricates*.

CIVETTES proprement dites, *Viverra*, Cuv. — Sous-genre du genre précédent, caractérisé par une poche profonde, située au-dessous de l'anus et divisée en deux sacs se remplissant d'une pommade abondante, d'une forte odeur musquée. On n'en connaît que deux espèces : la *C. commune*, *C. d'Afrique* (*V. civetta*, Lin.), cendrée, irrégulièrement barrée et tachetée de noir, la queue moindre que le corps, noire vers le bout ; quatre ou cinq anneaux vers sa base ; de très-longs poils le long de l'épine, susceptibles de se hérisser et de se redresser comme une crinière, lorsqu'on irrite l'animal (*fig.* 568).

Fig. 568. — La Civette commune.

La civette a environ 0m,70 à 0m,75 de longueur, sans compter la queue, sur 0m,30 de hauteur au garrot. Son museau est un peu moins pointu que celui du renard, mais un peu plus que celui de la marte ; ses oreilles sont courtes ; elle a de longues moustaches. Ces animaux sont d'un naturel farouche ; cependant on parvient à les apprivoiser assez facilement et à les manier sans danger ; elles sautent comme les chats, vivent de chasse, poursuivent les petits animaux, et surtout les oiseaux. Leur cri ressemble assez à celui d'un chien en colère. La *C. commune* a reçu quelquefois le nom de *Chat musqué*, *Chat civette*, etc.

L'humeur parfumée dont nous avons parlé porte en français le nom de *civette* ; regardée comme un médicament stimulant et antispasmodique, on l'employait autrefois dans les mêmes circonstances que le *castoreum*. Les parfumeurs la font entrer dans ce qu'ils appellent *poudre de Chypre*. On en met aussi quelquefois dans les tabacs de choix. Pour recueillir ce parfum, les Indiens introduisent dans la poche une petite cuiller au moyen de laquelle ils la vident en partie ; cette opération se répète deux ou trois fois par semaine, et l'animal en rend d'autant plus qu'il est mieux nourri. Malgré la rigueur du climat, on en a élevé beaucoup en Hollande, et on prétend que le parfum-civette qu'on y récoltait était préférable à celui de l'Inde.

Le *Zibeth*, *C. de l'Inde* (*V. zibetha*, Lin.), cendré, ponctué de noir, des demi-anneaux noirs sur toute la queue ; n'a pas de crinière. Cette civette habite les Indes orientales. Elle est plus svelte de corps et un peu moins grande que la *C. commune*. Son parfum a les mêmes qualités.

Le sous-genre des *Genettes* (*Genetta*, Cuv.) a une poche réduite à un enfoncement léger, formé par la saillie des glandes, et presque sans excrétion sensible (voyez GENETTE). Les *Mangoustes*, Cuv. (*Herpestes*, Ilig.), constituent un troisième sous-genre, à poche volumineuse, mais simple, et l'anus est percé dans sa profondeur (voyez MANGOUSTE). Le sous-genre *Paradoxure* (*Paradoxurus*, F. Cuv.) a les dents et la plupart des caractères des Genettes, avec lesquelles on l'a longtemps confondu (voyez PARADOXURE). Le sous-genre *Suricate* (*Ryzæna*, Ilig.) ressemble aux Mangoustes, mais il se distingue d'une manière nette, parce qu'il n'y a que quatre doigts à tous les pieds. Leur poche s'ouvre dans l'anus même. On n'en connaît qu'une espèce (*Viverra tetradactyla*, Gm.) originaire d'Afrique ; un peu moindre que la Mangouste des Indes, cet animal n'a guère plus de 0m,30 à 0m,35 de longueur du corps et de la tête.

CLABAUD (Zoologie, Vénerie). — On appelle ainsi une variété de *Chien courant*, dont les oreilles très-longues dépassent le nez de beaucoup. Leur aboiement est très-fort. Les chasseurs disent qu'un chien *clabaude*, qu'il est *clabaudeur*, quand il aboie à tort et à travers, et ne peut aller avec les autres chiens.

CLADION (Botanique), *Cladium*, P. Brown, du grec *kladion*, rameau. — Genre de plantes de la famille des *Cypéracées*, tribu des *Schœnées*. Il se distingue par ses épillets à une ou deux fleurs et munis d'écailles plus petites à la partie inférieure ; les akènes sont à enveloppe et épicarpe crustacé fragile. Le *C. marisque* (*C. mariscus*, P. Brown ; *C. germanicum*, Schrad. ; *Schœnus mariscus*, Lin.), appelé aussi vulgairement *Choin marisque*, est une plante robuste qui atteint souvent plus de 1 mètre. Ses feuilles sont longues, linéaires, scabres et ses épis sont bruns. Cette espèce est une plante des marais répandue dans les régions tempérées ; elle contribue, par ses racines qui s'entrelacent, à la formation des îles flottantes. On le trouve aux environs de Paris.

G — ?.

CLADOBATES (Zoologie), *Cladobates*, F. Cuv. ; *Tupaia*, Rafles. — Genre de *Mammifères*, ordre des *Insectivores*, qui a pour caractères : cinq doigts à chaque pied, trente-huit dents dont neuf paires supérieures et dix inférieures, quatre incisives allongées à la mâchoire inférieure ; pas de tuberculeuse en arrière ; le pelage doux, la queue longue et en panache comme les écureuils. On les trouve dans l'Inde, et surtout dans les îles de la Sonde. Ce sont des animaux qui, à l'encontre des autres insectivores, montent et vivent dans les arbres comme les écureuils, dont ils diffèrent surtout par leur museau pointu ; ils sont d'ailleurs gracieux et élégants. On en connaît aujourd'hui cinq ou six espèces : Le *C. ferrugineux* (*C. ferruginea*, F. Cuv. ; *T. ferruginea*, Rafles) est de couleur ferrugineuse ; museau très-allongé. Longueur, 0m,20, et sa queue au moins autant. Il habite Bornéo, Java, Sumatra. Le *C. cerp* ou *Banxring*, F. Cuv. ; *T. de Java* (*T. javanica*, Rafles ; *C. javanica*, F. Cuv.) ; habite les mêmes pays ; il est d'un gris brun, tiqueté.

CLADONIE (Botanique), *Cladonia*. — Voyez CÉNOMYCE.

CLAIRON (Zoologie), *Clerus*, Geoff. ; *Trichodes*, Fab. — Genre d'*Insectes coléoptères pentamères*, famille des *Serricornes*, section des *Malacodermes*, tribu des *Clairones*. Ils ont les palpes maxillaires terminées par un article en forme de triangle renversé et comprimé ; la massue des antennes n'est guère plus longue que large ; mâchoires terminées par un lobe saillant et frangé ; corselet déprimé en devant ; ils sont souvent hérissés de poils et ornés de couleurs vives et brillantes. On les trouve sur les fleurs. Les principales espèces sont : le *C. apivore*, *C. des ruches* (*Attelabus apiarius*, Lin. ; *Trichodes apiarius*, Fab.), bleu, avec les étuis rouges. On le trouve dans toute l'Europe sur les fleurs. Sa larve nuit beaucoup à nos abeilles domestiques, dont elle dévore les nymphes. Une autre espèce, le *C. à bandes rouges* (*C. alvearius*, Geoff. ; *Trich. alvearius*, Fab.) est presque semblable au précédent, mais il a une tache d'un noir bleuâtre à l'écusson : sa larve vit dans les nids des abeilles-maçonnes, et se nourrit aux dépens de leur postérité.

CLAIRONES (Zoologie), *Clerii*, Latr. — Tribu d'*Insectes coléoptères*, dont le *Clairon* est le genre type (voyez CLAIRON) ; elle se caractérise ainsi : deux de leurs palpes au moins sont avancées et terminées en massue ; mandibules dentées ; le corps ordinairement presque cylindrique ; la tête et le corselet plus étroits que l'abdomen, et les yeux échancrés. La plupart se trouvent sur les fleurs, les autres sur les troncs de vieux bois. Les larves qu'on a observées sont carnassières. On les a divisées en plusieurs genres dont les principaux sont : les *Cylidres*, les *Priocères*, les *Clairons*, les *Nécrobies*, etc.

CLAPET, SOUPAPE A CLAPET (Mécanique). — Pièce de bois ou de métal, garnie ou non sur l'une de ses faces d'un cuir ou d'un drap, et mobile à charnière sur l'ouverture qu'elle est destinée à fermer. Dans les pompes à eau, le clapet s'ouvre sous la pression de l'eau et se re-

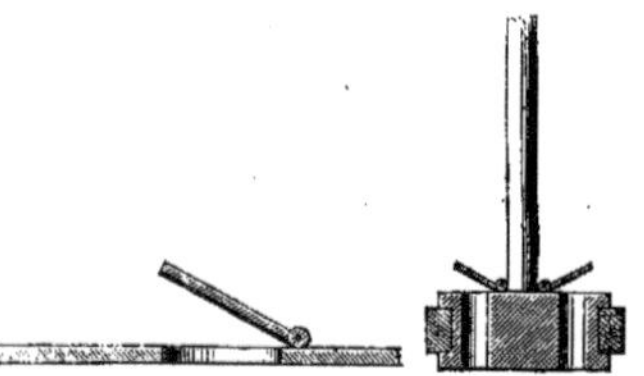

Fig. 569. — Clapet.   Fig. 570. — Double clapet.

ferme par son propre poids (voyez POMPE). Dans les instruments à vent, le clapet est une petite soupape garnie de peau et s'ouvrant à charnière au moyen d'un levier à ressort.

CLAPIER (Chirurgie). — On appelle ainsi certains sinus qui se forment quelquefois sur le trajet des fistules, et le plus souvent des fistules à l'anus. Ils proviennent de ce que la matière purulente a fusé du côté où elle a trouvé moins de résistance. Lorsqu'on s'aperçoit de leur existence, il faut avoir soin de les ouvrir, afin de les convertir en une plaie simple, ou bien on exercera une compression, si cela est possible, pour empêcher le pus de s'y accumuler. Le nom de *clapiers* leur a été donné à cause de la ressemblance qu'on a cru trouver entre eux et les terriers où se réfugient les lapins.

CLAPIER (Économie domestique). — Voyez LAPIN.

CLAQUEBOIS (Physique). — Instrument de musique emprunté aux sauvages, et composé de petites lames d'un bois dur et très-sec, réunies parallèlement entre elles au moyen de cordons qui les traversent à une distance de leurs extrémités un peu moindre que le quart de leur longueur. On les fait résonner en les frappant avec un bâton du même bois. C'est donc une espèce d'harmonica en bois. Quand les lames sont convenablement taillées, elles rendent les sons de la gamme d'une manière un peu voilée, mais très-sensible.

CLARKIA (Botanique), *Clarkia*, Pursh, dédié au capitaine Clarke, compagnon de voyage du capitaine Lévy dans l'expédition aux montagnes Rocheuses. — Genre de plantes de la famille des *Onagrariées* ou *Œnothérées*. Il comprend des herbes annuelles, originaires de la Californie et employées pour l'ornement de nos parterres. Le *C. à pétales découpés* (*C. pulchella*, Pursh) a les feuilles linéaires ou lancéolées et les fleurs roses, nombreuses et d'un grand effet. Le *C. élégant* (*C. elegans*, Dougl.) se distingue par ses fleurs lilas, à pétales entiers. Enfin, le *C. rhomboïde* (*C. rhomboidea*, Dougl.) a les fleurs également lilas, mais se distingue principalement par ses feuilles ovales ou oblongues.

CLASSE (Sciences naturelles). — Nom d'un certain ordre de groupes dans une classification. Ce mot est particulièrement employé en histoire naturelle. Dans le langage moderne des zoologistes, il désigne le second ordre des groupes de la méthode naturelle : le *règne animal* se divise en *embranchements* ; chaque *embranchement* se subdivise en *classes* ; chaque *classe* en *ordres* ; chaque *ordre* en *familles*, etc. En botanique, le mot classe n'est pas habituellement employé ; le *règne végétal* se divise, comme celui des animaux, en *embranchements* ; mais jusqu'ici les botanistes n'ont pas réussi à déterminer la subdivision naturelle de chacun de ces embranchements en classes, et ils arrivent directement aux groupes beaucoup plus restreints et beaucoup plus nombreux qu'ils nomment *familles*. Dans les sciences autres que l'histoire naturelle, le mot classe n'a pas un sens défini comme en zoologie, bien qu'il soit employé par beaucoup d'auteurs dans les divers essais de classification publiés par eux.

CLASSIFICATION (Sciences naturelles). — Rangement d'objets de même nature, d'après une convention faite ou des principes rationnels. Le but que l'on se propose en faisant une classification est de rendre plus facile l'étude des objets que l'on classe, en les disposant dans un ordre qui, au moyen de quelques-uns d'entre eux, permette de se souvenir des autres. Les classifications ont encore l'avantage que l'on peut retrouver sans peine un des objets classés, dès qu'on en a besoin ; elles fournissent enfin les moyens de désigner les objets par une nomenclature qui en facilite l'étude. L'esprit humain applique ce procédé à la connaissance de tout ce qui est l'objet de ses travaux ; le littérateur classe les diverses figures du langage, les divers genres de styles ; le philosophe classe les faits que lui présente l'observation de l'âme humaine ; l'architecte classe les divers monuments que nous ont légués les siècles précédents. Mais les sciences, et surtout celles qui ont pour objet des êtres naturels, ont particulièrement employé et perfectionné les classifications. L'histoire naturelle, et principalement la zoologie et la botanique, ont fourni des modèles en ce genre à toutes les autres branches des connaissances humaines.

Une classification peut reposer sur des conventions faites d'avance et jugées commodes pour l'étude ; alors on la dit *artificielle*. Mais, pour être rationnelle, toute classification doit réunir les objets qui se ressemblent le plus sous tous les rapports, et alors elle suppose une étude préalable ; comme, dans ce cas, elle groupe les objets d'après l'appréciation des ressemblances que la nature même a établies entre eux, la classification prend alors le nom de *naturelle*. Les naturalistes ont pris la coutume de désigner les classifications artificielles sous le nom de *systèmes* (du grec *systéma*, assemblage), et les classifications naturelles sous celui de *méthodes* (du grec *methodos*, recherche raisonnée). La tendance natu-

relle de l'esprit humain est de ranger les objets de ses études suivant des classifications naturelles ; mais comme il n'y parvient qu'en acquérant une connaissance assez approfondie de ces objets eux-mêmes, et que, s'ils sont nombreux, il lui est impossible de les connaître sans les classer d'une façon quelconque, il est contraint parfois d'employer au début de ses travaux des classifications artificielles. L'exemple le plus remarquable en ce genre se trouve dans l'histoire de la botanique. Linné, au commencement du XVIIe siècle, tout en proclamant la nécessité de ranger les végétaux dans une classification naturelle, tout en essayant même de réaliser ce vœu, publia néanmoins, pour donner l'essor aux études botaniques, une classification artificielle basée sur l'étude des étamines et des pistils des diverses fleurs. Un demi-siècle après, A. L. de Jussieu publiait une classification naturelle des genres de plantes, et posait les véritables principes sur lesquels repose l'établissement des classifications de ce genre. Toutes les sciences qui ont besoin de classer les êtres qu'elles étudient, marchent aujourd'hui dans la voie ainsi ouverte (voyez MÉTHODE NATURELLE, RÈGNE ANIMAL, RÈGNE VÉGÉTAL, RÈGNE MINÉRAL).

CLASTIQUE (Anatomie). — Le docteur Auzoux a donné ce nom à une méthode d'enseignement de l'anatomie, au moyen de pièces artificielles que l'on démonte et que l'on brise, en quelque sorte (du grec *klaô*, je brise), pour faire voir et étudier les parties sous-jacentes avec leurs rapports entre elles. Ce procédé, déjà employé à une autre époque, mais avec des pièces très-imparfaitement confectionnées, n'avait pas obtenu de grands succès jusqu'au moment où le docteur Auzoux y a apporté des perfectionnements tels que l'étude de l'anatomie a pu être vulgarisée d'une manière remarquable.

CLATHRE (Botanique), *Clathrus*, Lin., grillage en latin. — Genre de *Champignons*, type de la tribu des *Clathroïdées*, de la classification de Bory de Saint-Vincent. Caractères : chapeau sessile, muni de volva, divisé en lanières anastomosées en forme de grillage ; de là, le nom générique. Ce genre, établi par Linné, a été refait par Michel. L'espèce la plus remarquable est le *C. cancellatus* de Linné, qui se présente d'abord avec une surface analogue à celle de notre agaric comestible ; mais bientôt l'intérieur grossit, le volva se fend et laisse voir une belle couleur orange. Cette nouvelle surface, par suite d'un nouveau développement, se divise en bandes et laisse des vides d'où s'écoule un liquide noirâtre, qui n'est autre chose que la substance molle de l'intérieur transformée. A ce moment, la couleur du champignon est arrivée à tout son éclat (voyez CHAMPIGNON). G — s.

CLATHROIDÉES (Botanique). — Tribu de la famille des *Champignons*, établie par Bory de Saint-Vincent (famille des Hyménomycètes, de Fries). Caractères : hyménium épais, gélatineux, étendu sur une partie de la surface du champignon ou renfermé dans son intérieur. Genres principaux : *Satyre* (*Phallus*, Lin.) ; *Clathre* (*Clathrus*, Lin.).

CLAUDÉE (Botanique), *Claudea*, Lmx. — Genre d'*Algues* de la famille des *Floridées*. Il comprend des plantes à fronde cylindrique, rameuse, garnie d'expansions membraneuses ailées et brillant de très-vives couleurs. Ces plantes, extrêmement élégantes, ont été trouvées par le voyageur Péron, sur les côtes de la Nouvelle-Hollande. La *C. élégante* (*C. elegans*, Lamk) est une des algues les plus remarquables. Elle présente environ 0ᵐ,30 de longueur. Ses frondes, ramifiées d'une façon très-bizarre, offrent à la fois des teintes de feu, de rouge, de violet, de vert et de jaune très-vifs.

CLAUDICATION (Médecine), du latin *claudicare*, boiter. — La claudication est l'action de boiter ; elle peut être de naissance ou acquise ; presque tous les vices de conformation des membres inférieurs, dans lesquels ils sont d'une longueur inégale, ou dans lesquels les pieds sont tournés en dedans, en dehors, inégalement développés, peuvent produire la claudication ; elle peut dépendre aussi de la flexion d'un membre, de l'ankylose, de la luxation, de la coxalgie ; on voit, d'après cela, qu'elle tient, soit à une inégalité de forces musculaires, de développement, de longueur, ou enfin à une difficulté quelconque dans les mouvements. La claudication n'est donc qu'un symptôme d'un grand nombre d'états maladifs, que nous n'avons pas à traiter ici et auxquels nous renverrons le lecteur (voyez ANKYLOSE, LUXATION, FRACTURE, etc.). — En médecine vétérinaire, on emploie plutôt le mot de *boiterie* (voyez ce mot).

CLAVAGELLE (Zoologie), *Clavagella*, Lamk. — Genre de *Mollusques acéphales testacés*, famille des *Enfermés*, qui comprend des espèces vivantes et d'autres fossiles : les premières vivent dans le sable, enfoncées perpendiculairement comme les arrosoirs dont elles sont très voisines ; plusieurs ont été trouvées dans la Méditerranée ; une, entre autres, dans le golfe de Naples, par M. Sacchi, qui l'a nommée *C. balanorum*. Les espèces fossiles ont été trouvées surtout à Grignon, dans les environs de Paris, en Italie, à Blaye, etc. Ce sont des coquilles à deux valves, dont l'une est libre, l'autre enchâssée, ou fait partie de la paroi externe d'un long tube calcaire, rétréci

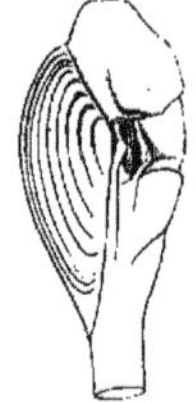

Fig. 571. — Clavagelle crétacée.

sur la région anale, élargi du côté buccal. On en connaît une douzaine d'espèces. Nous citerons la *C. cretacea* (*fig.* 571).

CLAVAIRE (Botanique), *Clavaria*, Vaill., de *clava*, clou, massue. Ce champignon, étroit à la base, s'élargit vers son sommet et prend ainsi à peu près la forme d'une massue. — Genre de *Champignons* de la tribu des *Hyménomycètes*. Il comprend des espèces gélatineuses, charnues ou cornées, épaissies au sommet, se divisant quelquefois en rameaux atténués. Leur réceptacle est dressé, cylindrique, homogène, et se confond avec le pédicule. La membrane fructifère est mince, superficielle et ne présente des spores qu'au sommet. Rien qu'aux environs de Paris, on compte une trentaine d'espèces de ce genre. Aucune d'elles n'est réellement dangereuse. A part quelques-unes qui sont visqueuses, elles peuvent fournir à l'homme et aux animaux un aliment sain. La plus importante est la *C. corail* (*C. coralloïdes*, Lin.), appelée aussi vulgairement *Tripette, Cheveline, Menotte*. C'est un champignon blanc ou d'un jaune pâle, et s'élevant au plus à 0ᵐ,10. Ses rameaux sont nombreux, allongés, droits, cylindriques, et sa chair est ferme et cassante. On rencontre cette espèce sur la terre, dans les bois montueux. Sa saveur est très-agréable et fort appréciée par les amateurs (voyez CHAMPIGNON).

CLAVEAU (Médecine vétérinaire). — Nom donné au virus claveleux (voyez CLAVELISATION).

CLAVELÉE (Médecine vétérinaire), du latin *clavus*, clou, à cause de la forme des pustules qui caractérisent cette maladie. — Cette maladie, particulière aux bêtes à laine, et qui ressemble à la petite vérole de l'homme (voyez VARIOLE), est une affection éruptive, contagieuse. On l'a encore désignée sous les noms de *clavelade, picotte, rougeole, variole* ou *petite vérole des moutons*. En France, elle sévit principalement dans les départements du centre, et souvent avec le caractère épizootique ; alors elle peut produire de grands ravages : la contagion est la cause la plus fréquente de cette maladie ; on ignore tout à fait les causes qui la produisent spontanément ; mais lorsqu'elle s'est développée, certaines circonstances peuvent influer sur sa gravité : ainsi la fatigue des animaux, les grandes chaleurs, les grands froids, les habitations malsaines, les intempéries de la saison. On l'a remarquée dans toutes les saisons de l'année, et elle attaque indistinctement les bêtes les plus fortes comme les plus faibles. La clavelée peut être *bénigne* ou *maligne*; elle peut être *discrète* ou *confluente, régulière* ou *irrégulière*. On dit qu'elle est *discrète*, lorsque les boutons ou pustules qu'on remarque aux ouvertures naturelles, aux aines, sont espacés, lenticulaires, peu nombreux, et que l'animal, après avoir eu de la fièvre, guérit sans autres accidents : il n'en est pas de même de la clavelée *confluente* ou *maligne*; après quelques jours de fièvre et de chaleur à la peau, il se développe des taches rouges sur les parties où celle-ci est plus fine, comme sous le ventre ; du centre de ces

rougeurs s'élèvent des *pustules* (voyez ce mot) qui deviennent bientôt blanchâtres ; les yeux sont enflammés, la bouche sèche ; la soif est plus ou moins vive, la respiration courte, l'haleine fétide ; l'animal bave ; il s'écoule des naseaux un liquide purulent : les boutons sont nombreux, ils se réunissent en plaques ; il survient de la dyssenterie ; enfin, un état adynamique qui précède la mort. La durée ordinaire de la maladie varie de vingt-cinq à trente jours. Lorsque la maladie est discrète, le traitement doit se borner aux soins hygiéniques de bon air et de propreté, aux boissons douces, à une température modérée. Si elle est confluente, on donnera de l'eau de sureau, des boissons légèrement salées, du vin de quinquina, s'il y a adynamie ; pour les complications, on les traitera suivant leur caractère. Pour prévenir les accidents qui accompagnent la clavelée maligne, on a eu recours à une petite opération qui sera exposée au mot CLAVELISATION. Du reste, comme pour la petite vérole de l'homme, les animaux n'ont qu'une fois la clavelée.

La clavelée, étant une maladie essentiellement contagieuse, rentre dans la catégorie des *vices rédhibitoires* (voyez CAS RÉDHIBITOIRES); de plus, elle tombe sous le coup des mesures de police proscrites par l'arrêté du conseil d'État du 16 juillet 1784, maintenu par l'article 484 du code pénal, et par les articles 459, 460, 461 du même code.

CLAVELISATION (Médecine vétérinaire). — Inoculation de la clavelée. De même qu'on inoculait la petite vérole à l'homme avant la découverte de la vaccine, de même on inocule aux moutons une clavelée bénigne pour les préserver d'une plus grave (voyez INOCULATION). Cette petite opération, pratiquée avec les précautions et dans les circonstances convenables, amène rarement une éruption confluente (voyez CLAVELÉE); elle a pour bon résultat de limiter à cinq ou six semaines la durée de la maladie dans un troupeau, où elle durerait trois ou quatre mois d'une manière grave. On évitera, en général, de claveliser des sujets qui sont sous le coup de la fièvre d'incubation de la clavelée naturelle. La partie choisie pour faire cette petite opération est ordinairement le dessous de la queue ; lorsque celle-ci a été coupée suivant l'habitude de certains pays, c'est ordinairement à la face interne de la jambe. Du sixième au huitième jour de l'éruption, la pustule claveleuse contient un liquide limpide presque transparent, auquel les vétérinaires ont donné le nom de *claveau;* c'est ce liquide qu'on prend au moyen d'une lancette ou d'une aiguille cannelée, et qu'on introduit sous l'épiderme comme pour la *vaccine* (voyez ce mot) ; on fait ordinairement une ou deux piqûres. Du cinquième au sixième jour se déclarent les premiers symptômes de la clavelée bénigne, qui suit sa marche comme il a été dit, et vingt jours après, l'animal est dans un état de santé parfaite. Le claveau, qu'il est préférable de prendre sur des animaux inoculés, se conserve absolument comme le *vaccin* (voyez ce mot) de l'homme : celui-ci a été essayé comme préservatif de la clavelée, mais sans succès.

CLAVICORNES (Zoologie), *Clavicornes*, Latr. — Grande famille d'*Insectes coléoptères pentamères*, ayant pour caractères quatre palpes, élytres recouvrant entièrement la majeure partie du dessus de l'abdomen ; antennes grossissant insensiblement de la base à l'extrémité ou terminées en massue, de formes diverses. Les larves et quelquefois les insectes parfaits se nourrissent de matières animales. Cette famille se divise (méthode du *Règne animal*) d'abord en deux sections, dont la première comprend huit tribus : les *Palpeurs*, les *Histéroïdes*, les *Silphales*, les *Scaphidites*, les *Nitidulaires*, les *Engidites*, les *Dermestins*, les *Byrrhiens*. La seconde en comprend seulement deux : les *Acanthopodes*, les *Macrodactyles*. Chacune de ces tribus se subdivise en genres. La famille des *Clavicornes* a subi différentes modifications, notamment par Duméril, MM. Brulé, de Castelnau, etc. Ces changements n'altérant pas le fond de la classification de Latreille, on a préféré ici s'en référer à cette dernière.

CLAVICULE (Anatomie), *Clavicula*. — C'est le nom que l'on donne à l'un des deux os dont est formée l'épaule ou portion basilaire du membre thoracique dans l'homme et les animaux supérieurs ; c'est un os grêle et cylindrique, contourné en S et placé en travers à la partie supérieure de la poitrine ; il s'étend, comme un arc-boutant, du sternum à l'omoplate ; il semble avoir pour but de maintenir les épaules écartées et de renforcer les membres dont il fait partie. On le trouve dans la plupart des mammifères, chez tous les oiseaux, les reptiles et les poissons osseux; mais à mesure qu'on descend dans l'échelle des animaux, cet os change de formes et paraît changer de rapports.

La clavicule peut être affectée de luxations, de fractures, de nécroses, de carie, etc. Les luxations de l'extrémité interne ou sternale de cet os sont les plus fréquentes; celles de l'extrémité externe ou acromiale le sont beaucoup moins, l'articulation qui unit cette extrémité de la clavicule à l'apophyse acromion étant très-serrée et formée par des ligaments nombreux et forts; du reste, ces luxations ne sont pas dangereuses. Les fractures de cet os sont assez fréquentes, et à moins de complications, ce n'est pas, en général, une maladie très-grave.

CLAVICULÉS (Zoologie). — Ce terme a été employé par les zoologistes pour établir une première division des *Rongeurs* (*Mammifères*), que l'on a partagés en *Clavicu és*, c'est-à-dire pourvus de clavicules plus ou moins fortes, s'appuyant sur le sternum ou l'omoplate et en *mal-claviculés*, qui n'ont pas de clavicules ou en ont seulement de rudimentaires. La première division comprend, entre autres genres : les *Écureuils*, les *Rats*, les *Loirs*, les *Campagnols*, les *Gerboises*, les *Marmottes*, les *Castors*, etc. Dans la seconde division, on trouve les *Porc-épics*, les *Lièvres*, les *Cobayes*, les *Agoutis*, etc.

CLAVIGÈRES (Zoologie), *Claviger*, Preysl., du latin *clava*, massue, et *gero*, je porte. — Genre d'*Insectes coléoptères*, section des *Trimères*, famille des *Psélaphiens*; caractérisés par des antennes composées seulement de six articles; point d'yeux apparents; ce sont des insectes très-petits (0,002), dont on ne connaît que deux espèces, l'une, *C. foveolatus*, Müller, qu'on trouve en Suède, en France, en Allemagne et même dans les environs de Paris; la seconde, *C. longicornis*, Müller, est entièrement roussâtre, avec des élytres courtes; on la rencontre en Allemagne. Ces singuliers insectes se trouvent en général au milieu des fourmis; celles-ci semblent avoir un goût très-prononcé pour une espèce de liqueur qui transpire des pinceaux de poils situés de chaque côté de leurs élytres. Il résulterait des observations de Müller que les fourmis opèrent la succion de cette liqueur avec de grandes précautions pour ne pas blesser ces insectes, et qu'à leur tour elles les nourrissent en faisant dégorger dans leur bouche une sorte de pâtée liquide que les clavigères semblent savourer.

CLAVIPALPES (Zoologie), *Clavipalpi*. — Famille d'*Insectes coléoptères*, de la section des *Tétramères*. Ils ont les premiers articles des tarses garnis de brosses en dessous; le pénultième bifide; antennes terminées en une massue très-distincte. En général, ils sont ovales ou arrondis; la forme de leurs mandibules et la dent cornée et intérieure des mâchoires indiquent qu'ils sont rongeurs. On les trouve dans les bolets qui naissent sur les troncs d'arbres, sous les écorces, etc. Ils forment les genres *Érotyles, Triplax, Tritome, Languries, Phalacres, Agathidie*.

CLEF DE GARENGEOT OU CLEF ANGLAISE. — Instrument pour arracher les dents : inventé en Angleterre, il a été perfectionné par le célèbre Garengeot, d'où lui vient son nom (voyez EXTRACTION DES DENTS).

CLÉMATIDÉES (Botanique). — Tribu de plantes de la famille des *Renonculacées*. Elle comprend des plantes sarmenteuses, à feuilles opposées, et dont les akènes sont surmontés d'un style persistant, le plus souvent plumeux. Genres principaux : *Clématite* (*Clematis*, Lin.), *Atragène* (*Atragene*, de Cand.).

CLÉMATITE (Botanique), *Clematis*, Lin., du grec *kléma*, pampre, branche de vigne. Plusieurs espèces de ce genre ont le port de la vigne. — Genre de plantes de la famille des *Renonculacées*, type de la tribu des *Clématidées*. Les espèces de ce genre, qui sont extrêmement nombreuses, ont les feuilles opposées. La *C. odorante* (*C. flammula*, Lin.) est une jolie plante qui vient spontanément dans le midi de la France, et que l'on cultive communément pour couvrir les murs et les berceaux. Elle donne depuis le mois d'août jusqu'à l'arrière-saison des fleurs blanches disposées en panicule et répandant une odeur très-suave. La *C. des haies*, *C. brûlante* (*C. vitalba*, Lin.) croît abondamment dans nos bois. Ses panicules de fleurs blanches sont amples. Ses aigrettes argentées, qui surmontent les akènes, sont d'un très-joli effet après la floraison. On appelle vulgairement cette espèce *herbe aux gueux*, parce que ses feuilles, âcres et brûlantes, étaient employées par les mendiants qui, les appliquant sur leurs membres, y faisaient venir de larges ulcères peu profonds, facilement guérissables, au moyen desquels ils imploraient la charité publique. Ces feuilles peuvent donc servir de vésicatoires. Dans quelques endroits, on mange les jeunes pousses de cette clématite; à cet état, les feuilles n'ont pas encore acquis leur âcreté. Les aigrettes des akènes servent quelquefois à faire du papier. La *C. à grandes feuilles* (*C. grandiflora*, de Cand.) est une des plus belles espèces, par ses fleurs très-larges et d'un blanc jaunâtre. Elle est originaire de Sierra-Leone. La *C. viorne* (*C. viorna*, Lin.) vient de la Caroline et de la Virginie. Ses fleurs sont pourpres ou violettes. La *C. bleue* (*C. viticella*, Lin.) est à fleurs variant du bleu au pourpre ou au rouge, suivant les variétés. C'est en Espagne et en Italie que se rencontre cette jolie espèce. La *C. de deux couleurs* (*C. bicolor*, Cels.) et la *C. azurée* (*C. cœrulea*, Hort. Belg.) sont deux magnifiques plantes qui se cultivent seulement depuis quelques années. Elles ont été introduites du Japon. L'une a la tige ligneuse, grimpante, de 1 à 2 mètres, les feuilles divisées en 3 segments, glabres, luisantes, les fleurs de 0^m,09 de diamètre, à 6 ou 7 sépales, d'un blanc veiné de vert, les étamines transformées en petits pétales en couronne et d'un beau violet; l'autre a les feuilles à segments ovales pointus, les fleurs solitaires larges de 0^m,12 à 0^m,15, à 6-8 sépales d'un beau bleu pourpré, presque azuré, et les étamines à filets blancs et à anthères brunes.

Caractères du genre : involucre nul ou en forme de calice ; 4 à 8 sépales corolliformes ; pétales le plus souvent nuls ou existant quelquefois, mais plus courts que les sépales; akènes nombreux; style persistant, ordinairement plumeux.

G — s.

CLÉNACÉES (Botanique). — Voyez CHLÆNACÉES.

CLÉODORE (Zoologie), *Cleodora*, Péron. — Genre de *Mollusques ptéropodes*, détaché des *Clios* et établi par Péron ; caractérisé par des ailes-nageoires membraneuses larges; coquille conique ainsi que leur corps; tête bien distincte; la bouche placée entre les deux ailes. Elles habitent en général les mers chaudes, où tous les soirs, au coucher du soleil, elles viennent en quantité prodigieuse à la surface de l'eau, y restent la plus grande partie de la nuit, et. le jour venu, s'enfoncent dans la mer jusqu'au soir. La *C. pyramidale* (*C. pyramidata*, Pér. et Les.) est, dit Brown, un charmant petit animal qui habite les mers de la Jamaïque ; il est pourvu à sa partie postérieure d'un fourreau d'une consistance ferme, transparent, dans lequel il peut s'enfoncer tout entier à sa volonté.

CLÉOGÈNE (Zoologie). — Genre d'*Insectes lépidoptères*, de la famille des *Nocturnes*, établi dans la grande section des *Phalénites* de Latreille. Parmi les espèces peu nombreuses qu'il renferme, nous citerons la *C. tinctoria*, Hübn., qui est d'un jaune d'ocre.

CLÉOGONE (Zoologie). — Genre d'*Insectes coléoptères tétramères*, de la famille des *Curculionites*, faisant partie du grand genre *Rhynchœnes*, de Latreille. Établi par Schœnherr, il a pour type l'espèce *Rynchœnus rubetra*, Fab., qu'on trouve à Cayenne.

CLÉOME (Botanique), *Cleome*, Lin. Ce nom avait été appliqué, dès le IVe siècle, par Octave Horace, médecin latin, pour désigner une plante qui paraît être un *sinapis*. On a fait dériver ce mot du grec *kleid*, je ferme, par allusion à la forme de la fleur. — Genre de plantes de la famille des *Capparidées*, type de la tribu des *Cléomées*. Il comprend des espèces en général herbacées et aromatiques qui croissent dans les régions chaudes du globe, notamment dans l'Amérique méridionale. On les désigne souvent sous le nom générique vulgaire de *Mozambé*. Le *C. rose* (*C. rosea*, Vahl.) est une plante annuelle, glabre, s'élevant à 0^m,50 environ; les feuilles de sa tige ont 5 folioles, tandis que celles qui accompagnent les fleurs n'en présentent que 3. Cette espèce, qui est d'un joli effet dans l'ornement, à cause de ses fleurs d'un beau rose, est originaire du Brésil. Le *C. ligneux* (*C. arborea*, Humb., Bonpl. et Kunth) est un arbrisseau de 2 mètres de hauteur. Ses fleurs sont pourpres, violacées et disposées en grappes. On trouve cette espèce, une des plus belles du genre, à Caracas. Caractères du genre : 6 étamines, rarement 4 ; style court, quelquefois nul ; capsule sessile ou portée par un pédicelle à 2 loges, et s'ouvrant en 2 valves.

CLEPSYDRE, de *clepto*, cacher, et *udôr*, eau. — Instrument employé par les anciens pour la mesure du temps par le moyen de la chute de l'eau d'un vase dans un autre; c'est un procédé analogue à celui du *sablier*, mais susceptible d'une bien plus grande précision. Si l'on suppose que dans le vase où l'eau s'accumule se trouve un flotteur, celui-ci pourra, en se soulevant, faire mouvoir un mécanisme qui marque sur une échelle les divisions successives du temps, divisions dont la justesse sera d'ailleurs vérifiée par l'observation des astres ; c'est ainsi que les anciens avaient construit des espèces d'horloges qui avaient avec les nôtres quelques analogies de forme.

Fig. 572. — Clepsydre.

Notre figure 572 représente un appareil de ce genre. Le flotteur A est attaché à l'extrémité d'une chaîne qui s'enroule sur un cylindre B et supporte un contre-poids C. L'axe de ce cylindre porte une aiguille qui, à mesure que celui-ci se meut, parcourt un cadran divisé et indique ainsi les divisions successives du temps. Les clepsydres ont été employées pendant longtemps encore après l'invention des horloges à poids ou à ressort. Celles-ci, en effet, avant l'époque à laquelle Huyghens leur a appliqué le pendule, étaient fort imparfaites et très-certainement moins précises que les clepsydres.

CLERMONT-FERRAND (Médecine, Eaux minérales). — Ville de France, chef-lieu du département du Puy-de-Dôme, où l'on trouve plusieurs sources d'eaux minérales ferrugineuses bicarbonatées, dont la température varie de 14° à 24° cent. Les analyses les plus récentes des sources de *Jaude*, de *Saint-Allyre* et de *Sainte-Claire* y ont démontré la présence d'une quantité notable de fer et de sels à bases alcalines. On les regarde généralement comme toniques et stimulantes. Les eaux de Saint-Allyre doivent au bicarbonate de chaux qu'elles contiennent en abondance la singulière propriété d'incruster les objets qu'on y dépose (voyez l'article INCRUSTATION).

CLÉRODENDRON (Botanique), *Clerodendron*, Lin., du grec *kléros*, sort, fortune, et *dendron*, arbre : allusion faite aux effets salutaires ou dangereux que produisent, dit-on, quelques espèces de ce genre. On nomme souvent ce genre *Péragut*, du nom que les habitants du Malabar donnent aux espèces qui croissent dans leur pays. — Genre de plantes de la famille des *Verbénacées*, tribu des *Viticées*. Ses espèces, assez nombreuses, sont des arbres et des arbrisseaux à fleurs dont le calice est campanulé, la corolle en entonnoir, à 5 lobes, les étamines saillantes, au nombre de 4 presque didynames, les anthères fendues inférieurement, à déhiscence longitudinale, et l'ovaire à 4 loges. Le fruit est une drupe renfermée dans le calice et contenant 2 ou 4 noyaux à une seule graine. A l'exception de l'Europe, ces plantes croissent dans toutes les régions chaudes des autres parties du monde, principalement dans les Indes orientales. Plusieurs d'entre elles ont les feuilles aromatiques, âcres, et étaient employées autrefois en médecine comme toniques et contre les maladies scrofuleuses (voyez VOLKAMIER).

CLETHRA (Botanique), *Clethra*, Lin., du grec *klé-*

thra ou *kléthros*, nom que les anciens donnaient à l'aune. Ce mot, dérivé de *kluo*, je romps, allusion faite au peu de souplesse des rameaux, a été appliqué à des arbres dont le port et le feuillage ont quelque ressemblance avec ceux de l'aune. — Genre de plantes de la famille des *Éricacées*, tribu des *Andromédées*. Il renferme des arbrisseaux à feuilles alternes, à fleurs blanches, disposées en grappes terminales. La plupart habitent l'Amérique septentrionale. On en rencontre aussi dans le nord de l'Amérique méridionale. Leur floraison a lieu vers l'automne. Une odeur très-suave s'exhale de leurs fleurs. L'espèce la plus répandue en horticulture est le *C. en arbre* (*C. arborea*, Ait.), qui atteint au moins 3 mètres, à Madère, sa patrie, mais que nos jardiniers tiennent à l'état nain, et auquel ils font produire une grande quantité de fleurs d'un blanc rose, petites, en épis, à odeur suave, du mois d'août au mois d'octobre. G — s.

CLIANTHE (Botanique), *Clianthus*, Soland., du grec *kleios*, gloire, et *anthos*, fleur, à cause de la beauté de ses fleurs en grappes pendantes. — Genre de plantes, famille des *Papilionacées*, tribu des *Lotées*. Le *C. ponceau* (*C. puniceus*, Soland.) est un joli arbrisseau de la Nouvelle-Hollande. Ses rameaux sont glabres et diffus. Ses fleurs, très-nombreuses à chaque grappe, sont d'un ponceau vif, qui est d'un joli effet dans les jardins.

CLIGNEMENT (Médecine). — On appelle ainsi un mouvement par lequel on rapproche les paupières l'une de l'autre, de manière à ne laisser pénétrer la lumière que partiellement. Ce mouvement s'opère instinctivement, soit pour diminuer l'impression d'une lumière trop vive, soit pour examiner des objets très-petits ou éloignés. C'est quelquefois le résultat d'une mauvaise habitude.

CLIGNOTANTE (MEMBRANE) (Anatomie comparée). — C'est le nom que l'on donne à une troisième paupière qui existe chez les oiseaux ; elle est placée verticalement à l'angle interne de l'œil, entre le globe et les paupières; elle est demi-transparente, et l'animal peut à volonté la déployer au-devant du globe de l'œil, pour le garantir de l'impression d'une lumière trop vive. Quelques mammifères, comme le cheval, par exemple, présentent des rudiments de cette membrane.

CLIGNOTEMENT (Médecine). — Espèce de maladie due aux mouvements convulsifs, rapides des paupières. Quelquefois, les paupières s'ouvrent et se ferment alternativement avec promptitude ; d'autres fois, ce sont de simples tremblements. On l'observe surtout chez les personnes nerveuses, chez les femmes hystériques, à la suite des névralgies, etc. Le clignotement est difficile à guérir, à moins qu'il ne tienne à une cause maladive, comme les affections vermineuses, par exemple.

CLIMAT (Météorologie), du grec *climax*, échelle, division. — Les anciens géographes divisaient la surface de la terre, du pôle à l'équateur, en trente-deux zones parallèles qu'ils appelaient *climats*, et calculaient cette division d'après la longueur des jours comparée à celle des nuits au solstice d'été. De l'équateur au cercle polaire, ils comptaient vingt-quatre climats dits de *demi-heure*, parce qu'en passant d'un climat à l'autre, les jours, au solstice d'été, variaient d'une demi-heure. Du cercle polaire au pôle, on comptait six climats dits de *mois*, parce que sur la limite de chacun d'eux la durée du jour différait de un mois de la durée du jour à la limite des deux climats voisins.

Actuellement, on désigne du nom de *climat* l'ensemble des conditions météorologiques qui distinguent les unes des autres les diverses régions de la surface du globe.

Au point de vue physique, un grand nombre de circonstances peuvent modifier la nature d'un climat. Parmi les plus importantes, nous signalerons la force et la direction des vents dominants, les variations et la valeur moyenne de l'état hygrométrique de l'air, le régime et la fréquence des pluies, et surtout la température moyenne du sol et la grandeur des oscillations qu'elle subit de la nuit au jour et de l'hiver à l'été (voy. les mots VENTS, HYGROMÉTRIE, TEMPÉRATURE, BAROMÈTRE).

Au point de vue physiologique, à ces causes il faut en ajouter d'autres souvent inconnues dans leur nature et qui font qu'un climat est réputé *sain* ou *malsain*.

D'une manière générale, on divise la surface du globe en cinq *zones climatériques* : la *zone torride*, comprise entre les deux tropiques ; deux zones tempérées, comprises entre les tropiques et les cercles polaires et séparées de la zone torride par deux bandes de déserts ; deux zones glaciales renfermées dans les cercles polaires. Mais dans chacune de ces zones nous rencontrons des *climats marins* ou *uniformes* et des *climats continen-*

taux ou *excessifs*, caractérisés par la différence plus ou moins grande qui existe entre la température de l'été et celle de l'hiver.

Les *climats marins*, quoique ou très-chauds ou très-froids, empruntent un caractère particulier de douceur et d'uniformité au voisinage des grandes masses d'eau qui les entourent. Tel est le climat des îles, surtout quand elles ont peu d'étendue et qu'elles sont placées au milieu de vastes mers. La mer, à cause de son agitation continuelle qui en mélange incessamment les diverses parties, s'échauffe peu en été et se refroidit peu en hiver. Les vents, de quelque direction qu'ils soufflent, ont pris à la mer qu'ils ont traversée sa température, et conséquemment leur degré de chaleur varie peu. Ils rafraîchissent donc l'air des îles en été et le réchauffent en hiver.

Dans l'intérieur des grands continents, au contraire, les régions du nord se refroidissent fortement en hiver et celles du midi s'échauffent beaucoup en été. Les vents, en un même lieu, peuvent donc passer brusquement du froid au chaud, ou réciproquement, suivant la direction d'où ils soufflent, en même temps que la température moyenne du jour peut éprouver de grandes oscillations d'une saison à l'autre.

Table des températures extrêmes observées dans divers lieux.

LIEUX.	Température maxima.	Température minima.	Différence.
Surinam	32,3	21,3	11,0
Martinique	35,0	17,1	17,9
Madras	40,0	17,3	22,7
Pondichéry	44,7	21,6	23,1
Le Caire	40,2	9,1	31,1
Rome	31,3	— 5,0	36,3
Copenhague	33,7	— 17,8	51,5
Padoue	36,3	— 15,6	51,9
Cambridge (États-Unis)	38,5	— 24,4	62,9
Prague	35,4	— 27,5	62,9
Pétersbourg	33,4	— 34,0	67,4
Port-Élisabeth	16,7	— 50,8	67,5
Moscou	32,0	— 38,8	70,8

Températures moyennes de l'hiver et de l'été pour divers points des côtes d'Angleterre.

LIEUX.	Hiver.	Été.	Différence.
Feroë	3°,90	11°,60	7°,70
Ile Unst (Shetland)	4 ,05	11 ,92	7 ,87
Aberdeen	3 ,39	14 ,57	11 ,18
Édimbourg	3 ,47	14 ,07	10 ,60
Ile de Man	3 ,59	15 ,03	9 ,49
Lancaster	3 ,58	15 ,32	11 ,74
Londres	3 ,22	16 ,75	13 ,63
Penzance	7 ,04	15 ,83	8 ,79

Les vents du sud-ouest, si fréquents en hiver, amènent en Angleterre les chaudes vapeurs de l'océan Atlantique qui s'opposent au rayonnement de la terre et dégagent en se condensant vers le sol une énorme quantité de chaleur latente ; de là l'extrême douceur des hivers en Irlande et sur les côtes occidentales de l'Angleterre.

Températures moyennes de l'hiver et de l'été dans différentes villes du continent, situées non loin des côtes.

LIEUX.	Hiver.	Été.	Différence.
Amsterdam	2°,67	18°,79	16°,12
Maëstricht	2 ,84	18 ,12	15 ,28
Bruxelles	2 ,56	19 ,01	16 ,45
La Haye	3 ,46	18 ,63	15 ,17
Saint-Malo	5 ,67	18 ,90	13 ,23
Dunkerque	3 ,56	17 ,68	14 ,12
La Rochelle	4 ,78	19 ,22	14 ,44
Paris	3 ,59	18 ,01	14 ,42

Pour toutes ces villes, la température moyenne de l'hiver est restée sensiblement la même que dans le tableau précédent ; mais en été les vents d'est, plus fréquents, donnent plus de beaux jours et permettent au sol de s'y échauffer davantage :

Températures moyennes de l'été et de l'hiver dans diverses villes continentales.

LIEUX.	Hiver.	Été.	Différence.
Tubinge	— 0°,02	17°,01	17°,03
Augsbourg	— 1 ,08	16 ,80	17 ,88
Berlin	— 1 ,01	17 ,18	18 ,19
Dresde	— 1 ,20	17 ,21	18 ,41
Munich	+ 0 ,12	17 ,96	17 ,84
Prague	+ 0 ,44	19 ,93	20 ,37
Vienne	+ 0 ,18	20 ,36	20 ,18
Pétersbourg	— 8 ,70	15 ,06	23 ,66
Moscou	— 10 ,22	17 ,55	27 ,77
Kasan	— 13 ,66	17 ,35	31 ,11
Irkustzk	— 17 ,88	16 ,00	33 ,88

Les grands courants marins exercent une influence très-marquée sur la température des côtes. Les alizés de l'Atlantique déterminent dans cette mer un courant qui se dirige vers l'ouest et se divise en deux branches au niveau de la Floride orientale ; l'une descend vers le sud, l'autre pénètre avec impétuosité dans le canal de Bahama, où elle a une température de 27° ; puis elle remonte, sous le nom de *Gulfstream*, le long de la côte est de l'Amérique du Nord, en augmentant de largeur aux dépens de sa vitesse. À la hauteur de Terre-Neuve, le gulfstream se divise à l'est pour redescendre le long des côtes occidentales d'Afrique, dont il tempère le climat brûlant ; mais il envoie une branche dans le nord, car on trouve sur les côtes occidentales de l'Écosse et jusqu'au cap Nord et au Spitzberg des graines de fruits d'Amérique et des débris de naufrages qui ont lieu près des Florides. Sous l'influence de ce courant, la température des côtes occidentales de l'Europe est notablement plus élevée que celle des côtes orientales de l'Amérique.

CLIMATS FRANÇAIS. — Le territoire de la France peut être partagé en cinq régions climatériques présentant entre elles des différences générales assez tranchées sous le rapport de la température, du régime des pluies, de la direction des vents, de la fréquence des orages, etc.

CLIMAT DU NORD-EST OU VOSGIEN. — Climat de la région comprise entre le Rhin, la Côte-d'Or, les sources de la Saône et la chaîne qui s'étend de Mézières à Auxerre. C'est dans la vallée du Rhin qu'il est le plus accentué ; il présente les plus grandes analogies avec celui de l'Allemagne continentale.

Température. — La température moyenne y est de 9°,8. Les hivers y sont rigoureux, car leur moyenne ne s'y élève pas au-dessus de 0°,6, mais en même temps l'été y est plus chaud que dans les climats voisins à latitude égale : la température moyenne y est de 18°,6. La différence entre les températures moyennes des deux saisons y est donc de 18°, ce qui constitue relativement un *climat excessif*. La différence moyenne entre les plus grands froids et les plus fortes chaleurs est de 41°,7 (de 1811 à 1834), tandis qu'à Paris elle n'est que de 42°,5. Les plus fortes gelées, notées à Mulhouse, Strasbourg, Épinal, Béfort et Metz, sont en moyenne de 23°,2 au-dessous de zéro. Le nombre annuel moyen des jours de gelée y est de 70 et à Paris seulement de 66.

Pluie. — La quantité annuelle moyenne d'eau pluviale est plus grande dans cette région que dans les régions voisines ; la distribution des pluies dans le cours de l'année y est également différente ; il y tombe, en effet, plus d'eau en été qu'en automne, et le nombre des jours pluvieux, qui est de 32 dans la seconde saison, y est de 34 dans la première.

Le nombre total des jours de pluie dans l'année est d'environ 137 en moyenne.

Vents. — Les vents du nord-est y soufflent presque aussi fréquemment que les vents du sud-ouest, tandis qu'à Paris les premiers sont moitié moins communs que les seconds, et c'est en grande partie à cette particularité, qui maintient souvent le ciel pur, qu'il faut attribuer la rigueur des hivers dans la région vosgienne, comme aussi la température élevée de ses étés.

Orages. — Le nombre des orages est assez considérable dans cette région, qui se trouve comprise entre les lignes de 20 à 25 orages en moyenne par année ; ils se produisent presque tous (62 p. 100) pendant l'été.

CLIMAT DU NORD-OUEST OU SÉQUANIEN. — Climat de la région nord-ouest de la France, comprise entre la frontière du nord depuis Mézières jusqu'à la mer, le contrefort du plateau qui règne de Mézières à Auxerre et le cours de la Loire et du Cher. C'est sur les bords de la mer, de Nantes à Dunkerque, qu'il est le mieux caractérisé ; il y ressemble beaucoup à celui de l'Angleterre et de la Belgique, tout en s'échauffant graduellement à mesure qu'on descend vers la Loire, et s'y rapprochant beaucoup du climat de la région du sud-ouest.

Température. — La moyenne annuelle des températures est de 10°,9. La différence entre les moyennes de l'hiver et de l'été y descend de 14,1 (Paris) à 10°,8 (Brest, Cherbourg). C'est donc un climat à température assez égale et s'éloignant d'autant moins du climat des îles que l'on s'approche davantage de la mer. Le *gulfstream* contribue d'une manière très-marquée à y adoucir la rigueur des hivers. A Dieppe, le maximum est en moyenne de 29°, le minimum de — 13°,6. La température moyenne de l'hiver est de 3°,95 pour les villes de Bruxelles, d'Arras, Denainvilliers, Paris, Angers, Saint-Malo ; le nombre des jours de gelée est de 50 à 55. La température moyenne de l'été est de 17°,6 pour les mêmes villes.

Pluies. — La quantité moyenne annuelle d'eau qui tombe dans la région séquanienne est de 0ᵐ,548 environ pour les villes de Paris, Bruxelles, Cambray, Lille, Troyes, Chartres et Bourges ; mais elle augmente en allant vers l'ouest, atteint 0ᵐ,800 dans les départements de la Manche, des Côtes-du-Nord et du Morbihan, et probablement 0ᵐ,900 dans celui du Finistère. Le nombre des jours pluvieux est en moyenne de 31 pour l'été, de 37 pour l'automne et de 140 pour toute l'année. Toutefois ces nombres varient un peu en allant de l'intérieur des terres vers les côtes. A Paris, les jours de pluie sont aussi fréquents en été qu'en automne. Mais à Dunkerque, Abbeville, Rouen, Saint-Brieuc, Saint-Malo et Nantes, il pleut 10 jours de plus en automne qu'en été.

Vents. — Les vents dominants sont les vents du sud-ouest, inclinant ou à l'ouest ou au sud, suivant les localités et la configuration du sol. Après eux viennent les vents du nord-est qui sont près de moitié moins fréquents.

Orages. — Le nombre annuel des orages est en moyenne de 12 à 20. La plupart éclatent en été.

Nous donnons ici quelques tableaux des températures principales observées à Paris.

Températures moyennes résultant de 32 années d'observations à Paris.

Hiver........	3°,3	Été...........	18°,1
Printemps....	10 ,3	Automne......	11 ,2

Températures mensuelles moyennes (20 ans).

Janvier.......	2°,05	Juillet........	18°,61
Février.......	4 ,75	Août..........	18 ,44
Mars........	6 ,48	Septembre.....	15 ,76
Avril.........	9 ,83	Octobre.......	11 ,35
Mai..........	14 ,55	Novembre.....	6 ,78
Juin.........	16 ,97	Décembre.....	3 ,96

Maxima de froid.

1709	13 janvier.......	— 23°,1
1788	31 décembre.....	— 22 ,3
1795	25 janvier.......	— 23 ,5
1820	11 janvier.......	— 14 ,3
1830	17 janvier.......	— 17 ,2
1842	20 janvier.......	— 19 ,0

Maxima de chaleur.

1793	8 juillet.........	38°,4
1802	8 août..........	36 ,4
1842	18 août.........	37 ,2
1863	8 août..........	39

En moyenne, le 8 janvier est le jour où le thermomètre descend le plus bas, et le 19 juillet celui où il monte le plus haut. Pour que la Seine gèle, il faut que le thermomètre descende pendant plusieurs jours au-dessous de 9° de froid.

CLIMAT DU SUD-OUEST OU GIRONDIN. — Climat de la région de la France comprise entre le Loir, le Cher et les Pyrénées. Il règne aussi probablement sur le plateau central de l'Auvergne. Il participe du climat séquanien et du climat rhodanien, tandis qu'il a moins d'analogie avec les climats du nord-est et de la Provence. C'est dans la partie méridionale du bassin de la Loire et dans les bassins de la Gironde, de la Garonne et de l'Adour qu'il est le mieux caractérisé.

Température. — La température moyenne de l'année y est de 12°,7, de 2° environ plus élevée qu'à Paris. La différence entre les moyennes de l'été à l'hiver y est de 16° ; plus élevée que dans le climat séquanien et moins que dans le climat vosgien. La moyenne température des hivers n'y est encore que de 5°, mais celle des étés s'élève à 20°,6. Le nombre des jours de gelée y atteint vingt-cinq ou vingt-huit en moyenne à Toulouse et à Pau. Le minimum moyen des villes de Poitiers, la Rochelle, Agen, Toulouse et Pau est de — 12° environ ; la moyenne du maxima y est de 35°. Ce climat est donc en moyenne plus chaud que celui de Paris, mais il est aussi relativement plus excessif. La température y varie entre des extrêmes plus éloignés. Ce caractère est encore plus tranché vers le massif de l'Auvergne et la chaîne des Pyrénées.

Pluies. — Les moyennes de 177 ans d'observations ont donné 0ᵐ,586 pour les quantités d'eau pluviale qui tombent annuellement à Poitiers, la Rochelle, Saint-Maurice, le Girard, Bordeaux et Espalais. Ce nombre s'élève d'une manière très-notable à mesure qu'on s'avance vers les Pyrénées, qui produisent ici le même effet que l'Océan dans la région nord-ouest. La prédominance des pluies d'automne y est partout très-marquée, comme l'indique le tableau suivant :

Quantités de pluies relatives par saison.

Hiver........	0ᵐ,25	Été...........	0ᵐ,23
Printemps....	0ᵐ,21	Automne.....	0ᵐ,31

Le nombre des jours de pluie n'est plus que de 130 ; ils sont répartis dans l'année à peu près dans le même ordre que les quantités pluviales. Les hivers y sont donc très-beaux, ce qui tend à les rendre froids. Remarquons d'ailleurs que le nombre 5° est calculé sur la température moyenne de chaque jour de l'hiver, nuit comprise, et que ce sont particulièrement les nuits qui y sont froides. Si l'on prenait la moyenne température des heures pendant lesquelles le soleil est au-dessus de l'horizon, on trouverait un résultat beaucoup plus élevé qu'à Paris.

Vents. — Le régime des vents y est à peu près le même qu'à Paris ; cependant, à mesure que l'on s'approche des Pyrénées, les vents dominants remontent de plus en plus vers l'ouest et le nord-ouest.

Orages. — Un peu plus communs que dans le nord-ouest de la France, mais moins communs que dans le nord est. Ils varient de 15 à 20 en moyenne.

CLIMAT DU SUD-EST OU RHODANIEN. — Climat de la vallée de la Saône et du Rhône, depuis Dijon et Besançon jusqu'à Viviers.

Température. — Elle est en moyenne de 11°. Les différences entre les moyennes de l'été et de l'hiver y sont de 18°,6 dans les villes de Besançon, Dijon, Mâcon, Lyon, Vienne et Viviers et, par conséquent, aussi fortes que dans la région vosgienne. Mais les hivers y sont plus doux (moyenne, 2°,5) et les étés plus chauds (moyenne, 21°,3). C'est donc un *climat continental tempéré*, tandis que le climat vosgien est un *climat continental froid* relativement aux autres climats de la France.

Pluie. — La quantité annuelle des eaux pluviales est supérieure à celle des autres régions de la France : 115 années d'observations faites à Dijon, Mâcon, Lyon, Bourg, Joyeuse et Viviers ont donné en moyenne 0ᵐ,946, répartis proportionnellement de la manière suivante :

Quantités relatives de pluies par saison.

Hiver........	0ᵐ,20	Été...........	0ᵐ,23
Printemps....	0ᵐ,24	Automne.....	0ᵐ,34

Le long de la Saône, le nombre annuel des jours de pluie est de 120 à 130. Le long du Rhône, de Lyon à Viviers, il varie de 100 à 115. Si les pluies sont relativement rares, elles sont très-abondantes ; ainsi, à Joyeuse, il tomba, le 9 août 1807, 0ᵐ,250, et le 9 octobre 1827, pendant un orage, 0ᵐ,192 de pluie en 22 heures, plus que dans toute une année à Paris.

Vents. — Les vents dominants sont ceux du nord et du sud. Ceux du sud-ouest et du nord-est sont assez rares, ce qui distingue nettement cette région des autres. Les vents du sud-est qui amènent la pluie sont la cause principale des débordements du Rhône.

Orages. — Cette région est une de celles où les orages sont le plus fréquents ; leur nombre y oscille de 25 à 30 par année. Le climat vosgien est le seul qui présente une moyenne presque aussi élevée. Elle est aussi caractérisée par la fréquence et la violence des tremblements de terre et, sous ce rapport, elle ne peut être comparée à aucune autre région française.

CLIMAT DU MIDI, MÉDITERRANÉEN OU PROVENÇAL. — Le plus nettement tranché de tous les climats français. Aussi de tout temps les météorologistes et les botanistes l'avaient-ils séparé des autres, avec lesquels il forme un contraste qui se traduit dans la végétation et les habitudes du pays. Viviers en forme la limite nord et il s'étend sur la Méditerranée en se modifiant un peu sous la corniche et vers le pied des Pyrénées.

Température. — La moyenne température de l'année est de 14°,8 pour les villes d'Alais, Avignon, Marseille, Montpellier, Nice, Orange, Toulon et Perpignan (1×7 années d'observations). La température moyenne de l'hiver est pour ces villes, la dernière exceptée, 6°,5 ; celle de l'été, 22°,6 ; différence, 16°. Malgré la douceur habituelle des hivers de la Provence, le thermomètre y descend quelquefois fort bas et le Rhône y gèle environ deux ou trois fois par siècle. La moyenne des minima pour les villes d'Alais, Arles, Avignon, Hyères, Marseille, Montpellier, Orange et Nice est — 11°,5 ; mais ces températures basses se produisent pendant les nuits presque toujours belles, et il est assez rare qu'il y gèle pendant le jour. La moyenne des maxima est 36°,5. Les hivers les plus froids notés depuis le commencement de ce siècle ont donné à Marseille les résultats suivants :

Minima de Marseille.

1800	— 8°,8	1829	— 10°,1
1803	— 6 ,3	1830	— 9 ,8
1808	— 5 ,0	1836	— 7 ,1
1810	— 7 ,5	1837	— 7 ,2
1814	— 6 ,3	1838	— 6 ,0
1820	— 17 ,5	1842	— 5 ,0

Pluie. — Une série de 273 ans d'observations a donné, pour la quantité d'eau pluviale annuelle, 0ᵐ,651. La distribution des pluies dans le cours de l'année est donnée à peu près dans le tableau suivant :

Quantités relatives de pluie par saison.

Hiver	0ᵐ,25	Été	0ᵐ,11
Printemps	0ᵐ,24	Automne	0ᵐ,41

L'été y est donc une saison très-sèche, et cela ressort encore du nombre de jours de pluie qui y est très-faible : il est pour toute l'année de 56. Par contre, les pluies torrentielles n'y sont pas rares.

Vents. — La prédominance du vent du nord-ouest, ou *magistral, mistral*, caractérise le climat provençal. Sa violence est souvent extrême ; sa vitesse peut atteindre 20 mètres par seconde. Il déracine alors les plus gros arbres et enlève les toitures les plus solides. Sa violence n'est pas la même dans toute la région méditerranéenne. C'est dans la vallée de la Durance qu'elle est le plus forte, puis à Aix, à Arles ; à Marseille et à Nîmes et Montpellier elle est déjà considérablement moindre.

Orages. — Leur nombre annuel est de 11 à 25 ; la plupart ont lieu le printemps et surtout l'été. Ils ne sont cependant pas très-rares en hiver.

On a prétendu que le climat de la France devient de plus en plus rigoureux, rien ne démontre une pareille assertion.

On a cité le fait de la rétrogradation des cultures vers le Midi ; c'est un simple résultat de l'élévation croissante du prix du sol et de la facilité plus grande des transports. On ne cultive plus l'oranger dans la plus grande partie du Languedoc, parce que l'on trouve ailleurs des oranges meilleures et à plus bas prix, transport compris, et que l'on a trouvé à utiliser d'une manière plus profitable les terrains occupés par les orangers. Les oliviers disparaîtront peu à peu à leur tour en beaucoup de points qu'ils occupent aujourd'hui. Que le climat de la France passe par des périodes plus froides ou plus chaudes, il en est ainsi de tous les climats ; mais nous ne sommes certainement pas actuellement dans une des périodes les plus rigoureuses.

CLIMATÉRIQUE (Année) (Hygiène), du grec *klimactér*, degré, et au figuré crise. — Ce mot signifie donc véritablement année critique, et c'est bien là la signification que tous les auteurs lui ont donnée. La doctrine des années climatériques, qui paraît remonter jusqu'aux Chaldéens, a longtemps régné dans les écoles. Suivant les uns, c'étaient toutes les années de la vie qui étaient des multiples de 7 ; d'autres ont admis comme telles celles qui étaient le produit de la multiplication de 7 par un nombre impair. Un grand nombre ont séparé les années climatériques par un intervalle de neuf ans, et d'après cela la soixante-troisième année, qui est à la fois un multiple de 7 et de 9, a été considérée comme la grande climatérique ; elle inspirait une telle frayeur, qu'on lui donnait les noms les plus singuliers ; ainsi c'était la pernicieuse, la fatale, etc. Parmi celles de la période par 9, on regardait comme dangereuse la quatre-vingt-unième ; puis une des plus redoutées était la quarante-neuvième, etc. On pensait dans les écoles que ces périodes qui séparaient les années climatériques étaient nécessaires pour le renouvellement de toutes les parties du corps et qu'il ne restait plus rien de celles dont il était formé auparavant. Nous n'avons pas besoin de dire qu'il ne reste plus rien de cette doctrine dans nos écoles modernes, quoique cependant on ait conservé le nom de *critiques* ou de *climatériques* à certaines époques de la vie ; ainsi la puberté, l'âge critique des femmes, etc. F—N.

CLIMATOLOGIE. — Branche de la météorologie : elle embrasse l'étude de toutes les causes qui constituent et caractérisent les divers *climats*, et exercent une influence si marquée sur les genres de culture qui leur conviennent, sur la nature des maladies qui y prédominent et les soins hygiéniques qu'il convient de leur opposer (voyez MÉTÉOROLOGIE, CLIMATS).

CLINANTHE (Botanique), du grec *kliné*, lit, *anthos*, fleur. — Terme de botanique qui sert à désigner le sommet dilaté et chargé de fleurs d'un pédoncule commun simple. C'est principalement pour les plantes si nombreuses de la famille des *Composées* que de Mirbel a créé cette expression. Le clinanthe est *plane* dans la matricaire, l'achillée ptarmique, l'achillée millefeuille. Il est *convexe* dans le carthame tinctorial, la marguerite des prés ; *conique* dans la pâquerette, la camomille des champs. Il présente souvent à sa surface des poils, des soies, des paillettes ou des alvéoles ; quelquefois il est *nu* comme dans le pissenlit, l'armoise, etc., etc. G—S.

CLINIQUE (Médecine), du grec *kliné*, lit. — On appelle clinique l'enseignement médical fait au lit même des malades. Cet enseignement fut le seul dans les premiers temps de la médecine ; Hippocrate et même ses prédécesseurs n'eurent pas d'autre école ; mais lorsque ce grand homme, par ses écrits, eut fait de la médecine un corps de doctrine, on oublia les voies lentes et difficiles par lesquelles il était arrivé avec tant de succès ; et après lui on se jeta dans les discussions scolastiques, dans les théories spéculatives ; on négligea alors l'observation et la médecine clinique. Depuis ces époques reculées, des siècles se sont écoulés, et ce n'est qu'au xviie siècle que les études cliniques, recommandées du reste par quelques auteurs, ont enfin revu le jour. Sylvius de la Boë, Guill. Straten, Otho Heurnius, eurent la gloire d'inaugurer cet enseignement vers 1650 ; Boerhaave vint ensuite vers le commencement du xviiie siècle ; mais ce fut Van Swieten qui fonda véritablement la première clinique, à Vienne, vers 1750. Desbois de Rochefort est le premier qui ait fait de l'enseignement clinique en France, où il reçut enfin une organisation spéciale à la création des écoles de médecine ; Corvisart son élève, Pinel et Desault lui donnèrent tout de suite un vif éclat. Aujourd'hui, la Faculté de médecine de Paris a huit chaires de clinique, dont quatre médicales, trois chirurgicales et une d'accouchement, sans compter au moins autant de cliniques particulières sur toutes les parties de l'art de guérir.

CLINTONIE (Botanique), *Clintonia*, dédié par Douglas à de Witt Clinton, gouverneur de New-York, président des États-Unis. — Genre de plantes de la famille des *Lobéliacées*, type de la tribu des *Clintoniées* Son fruit est une capsule à 3 angles et s'ouvrant en 3 valves. Les espèces de ce genre sont des herbes annuelles, à feuilles et à fleurs sessiles. La *C. élégante* (*C. elegans*, Lindl.), originaire de la Californie, et la *C. gracieuse* (*C. pulchella*, Lindl.), ont les fleurs d'un beau bleu avec une tache centrale jaune. L'une a la corolle de la longueur des lobes du calice, tandis que la corolle de l'autre dépasse ces lobes.

CLIQUET (Mécanique). — Pièce de fer mobile autour de l'une de ses extrémités, et dont l'autre, amincie et légèrement recourbée, vient appuyer sur les dents d'une *roue à rochet* (roue à dents obliques). Celle-ci peut alors tourner librement dans un sens, chaque dent soulevant le cliquet quand elle passe ; mais si on veut la faire tourner en sens contraire, le cliquet s'engageant entre deux dents s'oppose à ce mouvement. La roue à rochet et son cliquet forment l'*encliquetage*. L'encliquetage est fréquemment employé en mécanique. Les treuils, cabestans, grues, etc., en sont presque tous munis ; c'est également un encliquetage qui s'oppose à ce que le grand ressort d'une montre ou pendule se déroule par l'extrémité par laquelle on vient de le tendre ou *monter*.

Fig. 573.-Cliquet.

CLITORIE (Botanique), *Clitoria*, Lin., du grec *kleitoris*, allusion faite à la forme de la fleur, mot dérivé de *kleiô*, je ferme. — Genre de plantes de la famille des *Papilionacées*, tribu des *Phaséolées*. Il comprend généralement des herbes des pays chauds, à gousse linéaire comprimée. La *C. de Ternate* (*C. ternatea*, Lin. ; *Ternatea vulgaris*, Humb., Bonpl. et Kunth.) est une très-jolie espèce comme plante d'ornement. Ses tiges volubiles sont un peu pubescentes. Ses feuilles sont à 5-7 folioles, et ses fleurs sont d'un beau bleu avec une tache blanche. Cette espèce croît aux Moluques (particulièrement dans l'île de Ternate), à Cuba, et même en Arabie. Les Indiens obtiennent de ses fleurs une matière colorante bleue, avec laquelle ils teignent différentes substances alimentaires. Traitée par l'eau vinaigrée, cette couleur sert aussi à teindre la toile. G—s.

CLIVAGE (Minéralogie), de l'allemand *klœben*, fendre. — Il existe dans les cristaux certains sens où la cohésion des molécules est plus faible que dans tous les autres ; il suffit alors d'un faible effort pour opérer la division immédiatement d'une manière nette et suivant un plan naturel qui forme la surface de rupture. Cette séparation, à laquelle on donne le nom de *clivage*, est loin d'être aussi facile dans tous les cristaux ; mais il en est quelques-uns qui possèdent cette propriété à un très-haut degré. Nous citerons en première ligne le gypse, le mica, le carbonate de chaux. Ce fait s'explique aisément dans l'hypothèse d'un réseau cristallin (voyez CRISTAL) et a contribué particulièrement à faire naître cette hypothèse. On est porté à croire que les fissures suivant lesquelles s'opère le clivage ne sont pas produites par l'action mécanique même qu'exerce l'opérateur, mais qu'elles préexistent réellement dans le cristal. Cette hypothèse conduit à admettre la possibilité du clivage dans tous les cristaux, bien que beaucoup d'entre eux ne puissent subir le clivage dans aucun sens. En tous cas, un minéral clivable est toujours cristallisé et ne se laisse jamais cliver que dans un nombre assez restreint de directions.

Procédés de clivage. — Pour *cliver* un minéral, on emploie plusieurs procédés. Quand le cristal est facilement clivable, comme le gypse, il suffit d'appuyer la lame d'un couteau dans le sens convenable pour détacher des feuillets de clivage. Il faut surtout remarquer la netteté et le poli des plans que l'on obtient ; on les nomme *plans de clivage*. En répétant convenablement l'opération, on détache des lames de plus en plus minces, et si l'on se sert d'un scalpel fin, les feuillets que l'on forme n'ont plus que quelques millièmes de millimètre d'épaisseur. Le mica se prête parfaitement à cette expérience. L'esprit conçoit ainsi l'idée d'une division de cette espèce poussée à l'infini ; mais cependant il faut admettre une limite, celle où le feuillet obtenu n'aurait plus que l'épaisseur d'une molécule et ne serait autre chose que le réseau cristallin élémentaire lui-même. Aucun de nos instruments n'est assez fin pour séparer réellement un feuillet d'une épaisseur moléculaire. Quand la substance ne se laisse pas cliver aisément, on place le minéral dans les mâchoires d'un étau et on appuie sur la partie laissée libre un ciseau que l'on frappe légèrement avec un marteau ; si la direction dans laquelle agit le ciseau est celle d'un clivage, il y aura ordinairement séparation. Quand le corps possède un assez grand nombre de clivages faciles, il suffit souvent de frapper sur le cristal avec un marteau pour qu'il se partage en morceaux dont les faces seront formées par des plans de clivage. Le spath d'Islande, la galène, la fluorine se clivent par ce moyen. Quand le cristal est très-résistant, on parvient seulement par ce procédé à l'*étonner*, c'est-à-dire à faire naître des fissures dans le sens des clivages. Quelquefois enfin le marteau ne donne que des *indices de clivage* ; il n'y a pas de véritables fissures, mais seulement un commencement de séparation constaté par des reflets ou des irisations que l'on voit se produire à

l'intérieur du cristal et qui indiquent l'existence de lames de moindre cohésion. La trempe ou l'immersion du minéral chauffé dans l'eau froide est quelquefois employée pour le même effet ; le quartz n'est nullement clivable par les procédés ordinaires ; quand on le casse, on n'obtient qu'une cassure vitreuse irrégulière. Mais la trempe de ce minéral fournit les indices de trois clivages qui mettent en évidence la structure rhomboédrique de ce corps.

Solide de clivage. — Quand on réunit tous les clivages possibles dans une espèce cristallisée, on observe que l'ensemble de ces plans forme un solide qu'on appelle

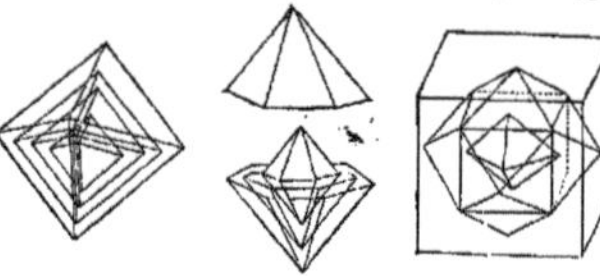

Fig. 574. Fig. 575. Fig. 576.
Exemples de solides de clivage ou noyaux.

solide de clivage. Haüy lui donnait le nom de *forme primitive* ou de *noyau ;* elle se montre toujours la même dans un même corps, et, si le minéral a une forme cristalline extérieure définissable, le solide de clivage est toujours un solide élémentaire du système cristallin dont la forme extérieure du cristal fait partie. Les faces de clivage sont toujours parallèles à une face d'une des formes de ce système.

Importance minéralogique du clivage. — Dans une même substance minérale les clivages se montrent plus ou moins faciles suivant leurs directions. En général, quand la facilité de clivage n'est pas la même, les faces de ces clivages diffèrent par l'éclat, la coloration des reflets, le degré de netteté, etc. Le nombre et la nature des clivages se relient d'ailleurs avec les caractères géométriques du système cristallin que le minéral emprunte ses formes. Ainsi le talc, le mica ne possèdent qu'un seul clivage. Ces corps affectent la forme de prismes, et c'est parallèlement aux bases de ces prismes que se fait le clivage. Mais cette division unique ne s'observera jamais dans le système cubique, où la régularité des formes produit toujours un nombre assez considérable de faces géométriquement semblables, parallèlement auxquelles peuvent être effectués des clivages dans plusieurs directions. Il est donc évident que les clivages doivent figurer parmi les caractères qui font reconnaître le système cristallin auquel appartient une substance minérale et conduisent à déterminer l'espèce de cette substance. L'observation du nombre et de la disposition des clivages permet en outre, dans beaucoup de cas, de distinguer une espèce minérale d'autres espèces qui en sont très-voisines. Ainsi le feldspath orthose et le feldspath albite, qui lui ressemble beaucoup, se reconnaissent au nombre différent de leurs clivages. Quatre minéraux très-répandus et fort semblables se reconnaissent également à leurs clivages différents de nombre ou de disposition ; ce sont : l'amphibole, le pyroxène, l'hypersthène et le diallage. L'étude des clivages est donc à la fois un élément essentiel de la connaissance des formes cristallines et de la constitution moléculaire des minéraux et un guide utile dans la détermination des espèces minéralogiques.

CLOAQUE (Anatomie comparée). — On nomme ainsi chez les *Oiseaux*, la cavité commune qui précède l'anus et où viennent s'ouvrir en même temps, l'extrémité inférieure de l'intestin, les uretères qui y amènent l'urine, et le canal qui conduit les œufs au dehors. Voilà pourquoi les oiseaux semblent ne pas uriner, parce que se mêlant aux matières excrémentitielles qui viennent de l'intestin, l'urine est rejetée avec elles au dehors. La même conformation anatomique existe encore dans l'ordre des *Monotrèmes* (*Mammifères*), dans les *Reptiles*, les *Batraciens* et un grand nombre de *Poissons*.

CLOCHE (Pathologie). — On donne vulgairement ce nom à une petite tumeur formée par l'épiderme soulevé et remplie de sérosité (voyez AMPOULE, PHLYCTÈNE). En *vétérinaire*, on appelle ainsi quelquefois la *cachexie aqueuse* du mouton ou du bœuf, *dite aussi Pourriture*. (Voyez CACHEXIE AQUEUSE). Cloche à plongeur. — Voyez au *Supplément*.

CLOCHETTE (Botanique). — Nom que l'on applique

vulgairement à des plantes dont la corolle est en cloche. C'est surtout à la campagne qu'on a coutume de nommer *clochettes* les *campanules*, les *liserons*, la *primevère officinale*, etc., etc.

CLOISON (Botanique). — On désigne par ce mot des lames plus ou moins épaisses qui divisent la cavité des ovaires et des fruits en plusieurs loges. Les cloisons sont formées de deux lames plus ou moins soudées l'une à l'autre. Souvent le nombre des styles indique le nombre des loges existant dans l'intérieur de l'ovaire. D'autres fois, les cloisons disparaissent de bonne heure comme dans un grand nombre de Caryophyllées, tels sont les œillets, la morgeline ou mouron des oiseaux, etc. Les cloisons peuvent être longitudinales, ainsi dans les lis, giroflée, etc., ou transversales, comme dans les casses et d'autres légumineuses. Elles sont vagues, c'est-à-dire sans direction déterminée dans les grenades, partielles dans les oranges, etc., etc.

Cloison (Anatomie), *septum*. — Expression dont on se sert pour désigner une partie qui sépare deux cavités l'une de l'autre ou une partie d'un organe d'une autre partie ; ainsi, on dit la *cloison des fosses nasales*, qui est formée par l'os vomer, la lame perpendiculaire de l'ethmoïde et une partie cartilagineuse. La *cloison des ventricules cérébraux* ou *septum lucidum* sépare, comme son nom l'indique, les ventricules du cerveau. Les oreillettes et les ventricules du cœur sont séparés par la *cloison inter-auriculaire* et la *cloison interventriculaire*. Il existe encore beaucoup d'autres cloisons dont plusieurs ont reçu des noms particuliers ; ainsi le *diaphragme*, qui sépare la cavité thoracique de la cavité abdominale, le *voile du palais*, le *médiastin*.

CLONIS, Clonisse, Clovis, Clovisse (Zoologie). — Dans différentes parties du littoral de la Méditerranée, on a donné ces noms à certaines espèces de coquilles du genre *Vénus* (*Mollusques acéphales testacés*, famille des *Cardiacés*). Suivant Rondelet, on donne, à Marseille, le nom de *Clonisse* à la *Venus verrucosa*, Gmel. A Toulon et aussi à Marseille, on appelle *Clovis* la *Venus decussata*, Chemn., etc. (voyez Vénus).

CLONISME, Mouvements cloniques (Médecine), du grec *klonos*, mouvement tumultueux. — Agitation, spasmes de toutes les parties du corps ou de quelques-unes seulement indépendants de la volonté. Cet état se manifeste par des contractions et des relâchements successifs des muscles ; c'est ce qui le distingue des convulsions proprement dites (voyez Convulsion, Spasme).

CLOPORTE (Zoologie), *Oniscus*, Lin. — Genre de *Crustacés* qui, dans Linné, comprend l'ordre entier des *Isopodes* de Latreille. Dans la méthode du *Règne animal* il forme un genre de l'ordre des *Isopodes*, section des *Cloportides*, et a pour caractères : branchies renfermées dans les premières écailles placées sous la queue ; quatre antennes dont les latérales ont huit articles et leur base est recouverte. Ces crustacés sont appelés vulgairement *Clous-à-porte* et par abréviation *Cloportes, porcelets de saint Antoine*. Ils sont assez petits et se montrent rarement pendant le jour ; on les trouve le plus souvent dans les lieux humides, retirés et sombres, sous les pierres, dans les fentes des murailles, dans les caves ; ils marchent lentement, à moins qu'ils ne soient exposés à quelque danger, alors ils courent assez vite. Ils se nourrissent de matières végétales et animales en décomposition ; ils attaquent aussi et rongent les fruits tombés et mangent même les feuilles des plantes. Les femelles portent leurs œufs dans une espèce de sac placé en dessous de leur corps, et elles les pondent pour ainsi dire au moment de l'éclosion. A leur naissance, les petits sont d'un blanc jaunâtre ; ils ont la tête grande et les antennes grosses. Longtemps employés en médecine comme diurétiques, apéritifs, ils sont aujourd'hui complétement abandonnés. On ne connaît que deux espèces de ce genre ; nous citerons le *C. ordinaire*, *C. aselle*, Deg. (*Oniscus murarius*, Fab.), qui peut être considéré comme le type du genre et que tout le monde connaît.

CLOPORTIDES (Zoologie), *Oniscides*, Latreille. — Sixième section du grand genre des *Cloportes* (voyez ce mot) de Linné, établie par Latreille et qui comprend les cloportes du naturaliste suédois, respirant l'air d'une manière immédiate ou qui ont des branchies analogues, quant à leurs propriétés, aux poumons des animaux vertébrés. A l'exception des ligies, ces crustacés sont terrestres et périssent dans l'eau au bout d'un temps plus ou moins long ; ils ont le corps ovale, plat en dessous, convexe en dessus et composé d'une tête et de treize anneaux, dont les sept premiers portent chacun une paire

de pattes et les six derniers forment une espèce de queue garnie en dessous d'écailles ou de fausses pattes sous-caudales. Dans le *Règne animal*, les cloportides forment six genres : les *Tylos*, Latr. ; les *Ligies*, Fab. ; les *Philoscies*, Latr. ; les *Cloportes propres* (*Oniscus*, Lin.) ; les *Porcellions*, Latr. ; les *Armadilles*, Latr. (*fig.* 577). M. Milne-Edwards les partage en deux tribus : 1° les *C. maritimes*, genre *Ligie* ; 2° les *C. terrestres*, comprenant plusieurs divisions et plusieurs genres (voyez *Histoire naturelle des crustacés* de M. Milne-Edwards).

Fig. 577. — Armadille, grandeur naturelle (section des Cloportides).

CLOQUE (Arboriculture). — On appelle ainsi une maladie qui attaque les feuilles et surtout les feuilles de pêcher, dans laquelle celles-ci se roulent sur elles-mêmes à la suite des intempéries qui troublent leurs fonctions exhalantes et absorbantes. Les feuilles malades prennent d'abord une teinte verdâtre ; bientôt elles s'épaississent, se crispent, se boursouflent, puis deviennent d'un blanc violacé, jaunissent et finissent par tomber, le bourgeon alors se tuméfie et se dessèche. Il n'y a pas d'autre moyen, pour remédier à ce mal, que d'enlever toutes les feuilles malades. Pour le prévenir, M. Dubreuil conseille d'employer, pour les pêchers en espaliers, des *abris* (voyez ce mot) en chaperons mobiles, afin de les garantir des brusques changements de température qui, suivant lui, sont la cause de cette maladie. Il ne pense pas, du reste, comme beaucoup d'autres arboriculteurs, qu'on doive confondre cette maladie avec l'altération qui dépend de la présence des *pucerons* (voyez ce mot).

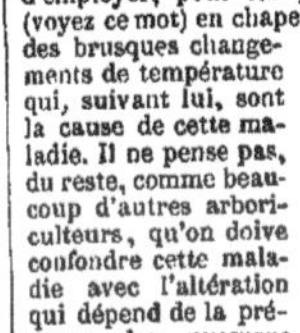

Fig. 578. — Bourgeon de pêcher atteint de la cloque.

CLOTHO (Zoologie), *Clotho*, Walck., du nom d'une des trois Parques. — Sous-genre d'*Arachnides pulmonaires*, famille des *Aranéides* ou *Fileuses*, genre *Araignées*. Une des espèces les plus curieuses de ce groupe, d'ailleurs peu nombreux et auquel M. L. Dufour a donné le nom d'*Uroctea*, est la *Clotho de Durand* (*Clotho Durandii*, Latr. ; *Uroctea quing. maculata*, Dufour) ; longue de 0^m,010 à 0^m,012, elle est d'un brun marron, l'abdomen noir, cinq petites taches rondes jaunâtres sur le corps, les pattes velues. Elle établit, dit M. Dufour, au-dessous d'une grosse pierre ou dans les fentes des rochers, une coque de 0^m,027 de diamètre ; elle a la forme d'une calotte dont le contour offre sept à huit échancrures ; leurs angles sont fixés sur la pierre au moyen de faisceaux de fils, et les bords sont libres. Cette singulière tente est d'une admirable texture. L'extérieur ressemble à un taffetas des plus fins formé d'un plus ou moins grand nombre de doublures suivant l'âge de l'araignée.

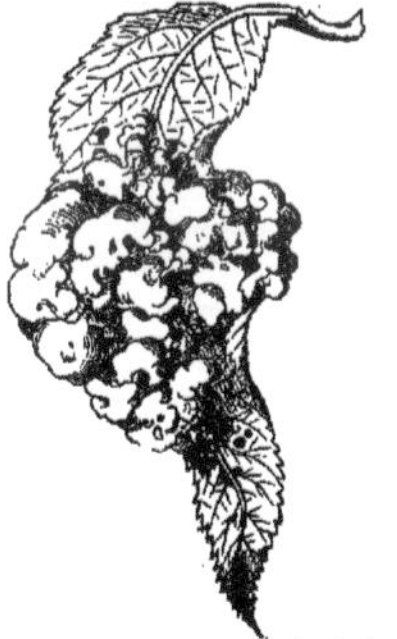

Fig. 579. — Feuille de pêcher atteinte de la cloque.

Il n'y a d'abord que deux toiles entre lesquelles se tient l'animal ; puis, lorsque arrive l'époque de la ponte, elle tisse un appartement tout exprès, plus duveté, plus moelleux où doivent être renfermés les sacs des œufs et les petits récemment éclos. Il est toujours d'une grande propreté. Les sacs à œufs, d'un tafletas blanc comme la neige, sont au nombre de quatre ou cinq. Nous ne pouvons donner ici tous les détails contenus dans le mémoire de M. Dufour ; nous dirons seulement qu'entre les échancrures qui bordent le pavillon, il y a des parties où les bords sont simplement superposés ; c'est par là que l'araignée sort pour aller à la chasse ; et lorsque les petits sont assez grands pour se passer des soins maternels, ils vont eux-mêmes s'établir ailleurs, tandis que la mère vient mourir dans son pavillon. Ce genre a, du reste, pour caractères principaux : huit yeux, les deux filières supérieures plus longues que les autres, les mandibules très-petites, les pattes sont robustes (voyez Dufour, *Annales des sciences physiques*, t. V).

CLOU (Pathologie). — C'est le nom vulgaire du *furoncle* (voyez ce mot).

Clou de l'œil (Pathologie). — C'est le *staphylôme* (voyez ce mot).

Clou hystérique (Pathologie). — On donne ce nom à une douleur vive, circonscrite à un point bien restreint de la tête, que les malades comparent à celle que produirait un clou (voyez Hystérie).

Clou de girofle (Botanique). — Nom que l'on donne vulgairement dans le commerce aux boutons de fleurs du *giroflier* (voyez ce mot) dont l'usage, soit comme assaisonnement, soit pour leurs propriétés médicinales, est encore plus fréquent en Asie qu'en Europe.

On donne quelquefois le nom de *clou* à la maladie des céréales connue sous le nom d'*ergot*, par allusion à la forme que celui-ci présente.

Clou de rue (Médecine vétérinaire). — On nomme ainsi une blessure faite à la partie inférieure du pied des grands animaux, et en particulier du cheval, le plus souvent par un clou, quelquefois par un fragment de verre, de bois, etc., qui a pénétré à travers la *sole* ou la *fourchette* (voyez ces mots). S'il n'y a pas blessure des tendons, le *clou de rue est simple* ; on dit qu'il est *pénétrant* ou *compliqué*, si l'aponévrose plantaire est perforée. En examinant le pied d'un animal dès qu'il boite, si l'on aperçoit un corps étranger, tel qu'un clou, en l'enlevant on fait cesser la boiterie, et, le plus souvent, l'accident n'a pas de suite, surtout si l'on met l'animal au repos ; cependant, il peut se faire que le corps étranger ait pénétré profondément jusqu'à la gaine synoviale, divisé le tendon, etc. ; alors, malgré cette précaution, l'animal continue à boiter en n'appuyant que sur la *pince* (voyez ce mot). Il peut être survenu de l'inflammation, de la suppuration, etc. Si l'os et les tendons sont intacts, le pus est séreux ; s'il y a carie, que la gaine tendineuse soit atteinte, il est albumineux, caillebotté. Le plus ordinairement la maladie cède à un traitement simple, qui consiste dans le repos, le bain local froid, prolongé, si le mal est récent ; si l'inflammation s'est développée, des cataplasmes émollients ; si ces moyens échouent, on fera une ouverture en entonnoir jusqu'au fond de la piqûre ; quelquefois on sera obligé d'enlever la corne décollée. On fera bien de cautériser légèrement l'aponévrose plantaire, lorsqu'elle est blessée à son insertion ; en général, il sera bon de débrider les parties, d'enlever les portions d'aponévroses, de tendons gangrenés, etc. On pansera les plaies résultant de ces opérations, avec des plumasseaux imbibés d'eau-de-vie étendue d'eau ou de décoction émolliente, et on maintiendra les pansements au moyen des *éclisses* (voyez ce mot), de manière que la compression soit modérée.

Clous fumants (Pharmacie). — Préparation officinale composée de : benjoin, 6,4 ; baume de Tolu, 1,6 ; labdanum, 0,4 ; santal citrin, 1,6 ; charbon léger, 19,2 ; nitrate de potasse, 0,8 ; mucilage de gomme adragante, quantité suffisante pour une pâte dont on fait des pastilles auxquelles on met le feu, et qui, en brûlant, exhalent un parfum agréable.

CLOVIS, Clovisse (Zoologie). — Espèce de coquille du genre *Vénus* (voyez Clonis, Vénus).

CLUBIONE (Zoologie), *Clubiona*, Latr. — Sous-genre d'*Arachnides pulmonaires*, de la famille des *Aranéides* ou *Fileuses*, genre *Araignée*, section des *Tubitèles* ou *Tapissières* ; caractérisé par huit yeux ; les filières extérieures presque de longueur égale ; mâchoires droites ; lèvre en carré long ; pattes fortes, allongées, propres à la course ; elle a beaucoup de rapport avec l'araignée domestique et

construit des tubes soyeux qui lui servent d'habitation et qu'elle place sous des pierres, dans les fentes des murs ou sous des feuilles. Elle fait des cocons globuleux. La *C. soyeuse* (*C. holosericea*, Walck.), abdomen ovale, allongé, d'un gris satiné avec quatre points enfoncés au milieu du dos ; elle a le corps long de 0ᵐ,010 à 0ᵐ,012 ; très-commune sous les vieilles écorces des arbres, des pieux, etc. Elle construit un sac de soie d'une finesse et d'une blancheur remarquables, où elle dépose ses œufs. La *C. nourrice* (*C. nutrix*, Walck.), un peu plus grande que la précédente, a l'abdomen d'un vert jaunâtre ; elle est très-commune dans les bois On la trouve aussi fréquemment sur le panicaut des champs, vulgairement chardon-Roland, dont elle plie les feuilles pour la construction de son nid.

CLUPE, Clupées (Zoologie), *Clupeæ*, Cuv., Artedi. — Cuvier a donné ce nom à sa seconde famille des *Poissons malacoptérygiens abdominaux*, et lui assigne pour caractères : point de nageoires adipeuses ; mâchoire supérieure formée, comme dans les truites, au milieu par des os intermaxillaires sans pédicules et sur les côtés par les maxillaires ; corps toujours écailleux ; le plus souvent une vessie natatoire et de nombreux cœcums. Ces poissons, comme les saumons, habitent la plupart du temps dans les profondeurs de la mer, où ils se développent en toute liberté, et plusieurs espèces remontent, comme eux, dans les rivières souvent très haut et en troupes considérables pour y frayer. Les genres les plus remarquables de cette famille sont : le *Hareng*, l'*Alose*, l'*Anchois*, les *Mégalopes*, les *Élopes*, les *Butirins*, les *Chirocentres*, les *Erythrins*, les *Amies*, etc.

CLUSIACÉES (Botanique). — Famille de plantes *Dicotylédones dialypétales* à étamines hypogynes, et rangée par M. Brongniart dans la classe des *Guttifères*. Elle comprend généralement des arbres à feuilles opposées, articulées. Leurs fleurs sont régulières : calice muni parfois de bractées ; pétales charnus ; étamines nombreuses à filets distincts ou soudés en un ou plusieurs faisceaux ; ovaire libre ; style très-court et même quelquefois nul. Le fruit est une capsule ou une drupe, plus rarement une baie. Cette famille, que quelques auteurs réunissent encore à la famille des *Guttifères* sous forme de tribu, ne comprend que des plantes exotiques habitant, en général, les Indes orientales et l'Amérique méridionale. Elle fournit un assez grand nombre de fruits comestibles. Genres principaux : *Clusier* (*Clusia*, Lin.), *Mani* (*Moronobea*, Aubl.), *Mamey* (*Mammea*, Lin.), *Sialogmile* (*Stalagmites*, Murr.), *Mangoustan* (*Garcinia*, Lin.), *Calaba* (*Calophyllum*, Lin.), *Cannelle* (*Cannella*, R. Br.). G—s.

CLUSIE (Botanique), *Clusia*, Lin., en mémoire du botaniste français du XVIᵉ siècle, Charles de l'Écluse, plus connu sous le nom de Clusius. — Genre de plantes type de la famille des *Clusiacées* et de la tribu des *Clusidés*, à feuilles opposées obtuses coriaces, fleurs polygames ; capsule charnue ; graines petites, entourées souvent d'une pulpe glutineuse qui, lorsque celles-ci tombent à la maturité du fruit, sert à les coller sur l'arbre ou sur des végétaux voisins. Si ces graines trouvent une petite fissure, elles y germent alors très-bien ; leurs jeunes racines s'allongent par en bas, et, quand elles arrivent au sol, leur développement est assuré. Un nouvel arbre se produit donc ainsi et sans nuire à celui duquel il paraît dépendre. Le *C. rose* (*C. rosea*, Aubl.) est un arbre qui atteint à peu près 10 mètres de hauteur. Ses feuilles sont grandes, obovales, obtuses, spatulées. Cette espèce, qui croît spontanément à Saint-Domingue, renferme ainsi que plusieurs autres clusiers, un suc résineux, tenace et balsamique, qu'on emploie souvent comme topique et en guise de goudron. G—s.

CLUTIE ou Clutelle (Botanique), *Cluytia*, Ait., dédié par Boërhaave à Outgers Cluyt (Augier Clutius), botaniste hollandais du XVIIIᵉ siècle. — Genre de plantes de la famille des *Euphorbiacées*, tribu des *Phyllanthées*. Il comprend des arbustes propres au cap de Bonne-Espérance. Leurs feuilles sont alternes, étroites, stipulées ; leurs fleurs sont dioïques, solitaires ou disposées par fascicules. On cultive souvent dans les serres tempérées, la *C. gentille* (*C. pulchella*, Lin.) et la *C. faux alaterne* (*C. alaternoïdes*, Lin.). Ce sont des arbrisseaux élevés de 2 à 3 mètres, à feuillage persistant et à fleurs petites et verdâtres. Le dernier se distingue par ses feuilles sessiles.

CLYPÉASTRE (Zoologie), *Clypeaster*, Latr., du latin *clypeus*, bouclier, à cause de la ressemblance de cet insecte avec un petit bouclier. Ce même nom ayant été donné à un genre d'*Échinoderme*, Latreille l'a changé en celui de *Lépadite*. — Genre d'*Insectes coléoptères tétramères*, de la famille des *Clavipalpes*. Ils ont neuf articles aux antennes, la tête cachée sous le corselet et le corps en forme de bouclier. Le *C. pubescens*, Schüppel, et le *C. piceus*, Kuns, se trouvent aux environs de Paris sur les bois morts.

CLYPÉASTRE, Lamk. (Zoologie), *Echinanthus*, Klein. — Genre d'*Échinodermes pédicellés*, famille des *Oursins*, établi par Lamarck pour des espèces qui ont le corps déprimé à base ovale, concave en dessous, couvert de très-petites épines; l'anus près du bord; le contour quelquefois n'est pas anguleux. Sur dix espèces signalées par Lamarck, six sont fossiles.

CLYSOIR (Thérapeutique), du grec *kluzein*, laver. — Instrument destiné à remplacer la seringue pour donner des lavements, et au moyen duquel on fait souvent des injections dans différentes parties du corps. C'est un tube long d'environ 1 mètre, flexible et imperméable auquel est adaptée une canule au bout inférieur, tandis que le supérieur est évasé en entonnoir. Le poids du liquide dont on le remplit suffit pour le faire pénétrer dans l'intestin. S'il y a quelque obstacle, on exerce une légère pression du haut en bas avec la main.

CLYSO-POMPE (Thérapeutique). — C'est le clysoir auquel on a ajouté un petit corps de pompe vissé au fond d'une petite cuvette graduée qui contient le liquide.

CLYSTÈRE (Thérapeutique). — Voyez LAVEMENT.

CLYTHRE (Zoologie), *Clythra*, Fab. — Genre d'*Insectes coléoptères tétramères*, famille des *Cycliques*, tribu des *Chrysomélines*; ils ont été confondus avec les *Gribouris*, dont ils diffèrent par leurs antennes, les mandibules arquées et bidentées, leurs tarses dont le quatrième article mince est un peu renflé à son extrémité. Ce sont de petits insectes qu'on trouve ordinairement sur les fleurs des chênes. Ils ont le corps à peu près cylindrique; les plus grandes espèces ont à peine 0ᵐ,012 de long. La *C. quadrille* (*Chrysomela quadripunctata*, Lin.), longue de 0ᵐ,010, est noire, les étuis rouges avec deux points noirs sur chaque.

CLYTIE (Zoologie, Lamx. — Sous-genre de *Polypes à tuyaux*, de la famille des *Tubulaires*, genre des *Campanulaires*, dont les tiges sont grimpantes, rameuses, quelquefois en forme d'arbrisseaux ou filiformes. Les animaux qui contiennent leurs cellules campanulées et portées par des pédicules sont toujours parasites sur les différents corps sous-marins.

CNEORUM (Botanique). — Voyez CAMÉLÉE.

CNIQUE (Botanique), *Cnicus*, Vaill. Nom employé par Dioscoride pour désigner une plante épineuse, et dérivé du grec *knaô*, je pique. — Genre de plantes de la famille des *Composées*, tribu des *Cynarées*, sous-tribu des *Centaurées*. La plupart des cniques de Linné ont été répartis entre les genre *Saussurée*, *Cirse*, *Rhapontique*, etc. Le *C. bénit* (*C. benedictus*, Gærtn.; *Centaurea benedicta*, Lin.), appelé vulgairement *Chardon bénit*, à cause des propriétés qu'on lui attribuait, est une herbe annuelle originaire d'Orient, mais naturalisée dans quelques endroits de l'Europe méridionale. Ses capitules sont jaunes. Il possède une amertume qui peut être utilisée comme tonique. Caractères principaux : akènes glabres, striés, terminés par une large aréole; aigrette presque triple, composée de 10 soies.

COAGULATION (Physiologie). — C'est l'état d'un liquide qui s'épaissit, se fige, et se change en une masse molle, demi-solide. Les substances organiques seules sont susceptibles de se coaguler, et dans cet état, elles ne présentent aucune forme constante, il faut donc, pour rendre un liquide coagulable, la présence d'une matière organique. La coagulation peut être totale ou partielle, lente ou instantanée. Certaines substances se coagulent spontanément; ainsi la fibrine de la lymphe et du sang; d'autres par l'action de la chaleur, comme le blanc d'œuf et tous les liquides qui contiennent de l'albumine. Il y en a qui ont besoin de l'intervention d'un acide, ou d'un autre corps, comme le lait, la bière, etc.

COAPTATION (Chirurgie), du latin *cum aptare*, ajuster avec. — On donne ce nom à l'action par laquelle on rétablit à leur place et dans leurs rapports les fragments d'une fracture, ou les os qui forment une articulation où il s'est opéré un déplacement. Pour faire la coaptation dans une fracture (voyez ce mot), après avoir allongé le membre par le moyen de *l'extension* et de la *contre-extension* (voyez ces mots), on pousse les fragments l'un vers l'autre, et on rend au membre sa rectitude naturelle, qu'on maintient ensuite au moyen des appareils et des bandages (voyez ces mots). La coaptation dans les luxations se fait de la même manière, en allongeant le membre, etc. (voyez LUXATION).

COARCTATION (Médecine), resserrement. — Ce mot sert à désigner souvent le rétrécissement d'un conduit ou d'une cavité naturelle; ainsi l'urètre, le conduit lacrymal. Il s'applique aussi quelquefois à la petitesse du pouls dans le début d'un accès de fièvre.

COASSEMENT (Zoologie). — On appelle ainsi le bruit que font entendre les grenouilles et quelques crapauds. Cette espèce de cri bien connu des personnes qui habitent près des étangs est le résultat du passage de l'air expiré mis en mouvement de vibration dans le larynx supérieur au moyen des muscles de la gorge (voyez GRENOUILLE).

COATI (Zoologie), *Nasua*, Storr. — Genre de *Mammifères carnivores*, tribu des *Plantigrades*. Ces animaux sont les moins carnassiers de tous ceux de cet ordre, avec les ours auxquels ils ressemblent en petit, si ce n'est qu'ils ont une longue queue; leur taille approche de celle du renard commun; mais leur corps est plus allongé, leurs jambes plus courtes et leur queue presque aussi longue que le corps, et ils la portent horizontalement ou relevée verticalement. Ils ont un nez singulièrement prolongé en avant, en forme de grouin, au moyen duquel ils fouillent la terre pour y chercher les insectes et les vers que la finesse de leur odorat leur fait trouver facilement à travers les herbes. Ils habitent les bois, montent facilement aux arbres, où ils vont chercher aussi les fruits, les insectes et les reptiles dont ils se nourrissent. Du reste ils se creusent des terriers avec leurs fortes griffes. Les coatis s'apprivoisent assez facilement, mais ils sont assez indociles, ne s'attachent pas, grimpent partout, furètent sans cesse et sont, en un mot, des hôtes incommodes bien qu'ils recherchent les caresses. Ils expriment leur joie par un petit sifflement doux et leur colère par une sorte d'aboiement très-aigre; leur vie est nocturne; leur marche traînante les rapproche des ratons, et ils ont, comme eux, trois arrière-molaires tuberculeuses dont les supérieures sont presque carrées. Leurs pieds sont à demi palmés, et cependant ils grimpent facilement aux arbres et leurs ongles allongés leur servent à fouir. Ils habitent les parties chaudes de l'Amérique. On n'en connaît qu'un petit nombre d'espèces. Le *C. roux* (*Viverra nasua*, Lin.), d'un beau fauve roussâtre sur tout le corps, la queue annelée de noir et de fauve, le museau brun gris. Le *C. brun* (*Viverra narica*, Lin.) est d'un brun noir; sa queue est annelée de noir et de jaune sale; des taches blanches à l'œil et au museau. Une troisième espèce, le *C. noirâtre* de Buff., *Nama quasje*, Geoffr., a été considérée par Fr. Cuvier comme une variété; son poil est d'un roux noirâtre, la queue annelée de brun et de fauve. Il a 0ᵐ,65 de longueur de l'extrémité du museau à l'origine de la queue.

COBÆA (Botanique), dédié par Cavanilles au jésuite espagnol Barnabé Cobo, naturaliste du XVIIᵉ siècle. — Genre de la famille des *Polémoniacées*. Ce sont des plantes grimpantes à feuilles alternes, ailées sans impaire, terminées par une vrille dichotome, à fleurs solitaires, axillaires, grandes, violettes, qui nous viennent de l'Amérique méridionale. Le *C. grimpant* (*C. scandens*, Cav.) est une plante grimpante, à tige grêle, pouvant s'élever à une grande hauteur. Ses feuilles, d'un beau vert foncé, sont terminées par une vrille au sommet; leurs segments sont ovales et disposés par 2-3 paires. Ses fleurs sont solitaires, axillaires, munies inférieurement de 1 à 3 bractées; elles sont souvent très-grandes, colorées d'un pourpre violet, à calice largement lobé et à corolle à lobes orbiculaires. Le cobæa, aujourd'hui si commun, non-seulement dans les jardins, mais sur les fenêtres, le long des murs, n'existe guère que depuis une soixantaine d'années en Europe. Il a été rapporté du Mexique. Cette espèce se cultive comme les plantes annuelles. On la sème en février, en terre franche légère, sous châssis chaud. Elle nécessite des arrosements abondants, surtout quand elle est à une exposition méridionale. On emploie aussi quelquefois, pour garnir les berceaux et les murs, le *C. stipulé* (*C. stipularis*, Benth.), introduit du Mexique en 1840, et donnant pendant tout l'été des fleurs jaunes Caractères du genre : calice campanulé, quinquefide ailé; corolle campanulée à lobes étalés, larges; étamines saillantes; ovaire à loges contenant de nombreux ovules et entouré d'un disque charnu présentant 5 lobes; le fruit est une capsule coriace s'ouvrant en 3 valves et renfermant des graines comprimées, ailées.

COBALT (Chimie) (Co). Équivalent 29,5, densité 8,6. — Métal d'un gris blanc comme le platine, ductile, malléable, et susceptible d'un beau poli. Il ne fond qu'à une température encore plus élevée que le fer; il résiste assez bien à l'air sec, même à une température assez élevée, mais, à l'air humide, il se recouvre facilement d'une rouille noire, qui est du peroxyde de cobalt hydraté. Du reste, avec les divers acides, avec le carbone, le chlore, le soufre, il se comporte à peu près comme le fer. Il est susceptible de former, avec les divers métaux, des alliages ductiles, et pourrait, sur ce point, recevoir quelques applications utiles. Il est à peu près sans usages. Ses composés ont au contraire une grande importance dans les arts.

Les principaux minerais de cobalt sont le *cobalt arsenical* et le *cobalt gris*. Le premier est d'un gris d'acier pur; il se compose de cobalt, d'arsenic avec un peu de fer et de nickel. Il renferme environ 20 p. 100 de cobalt. C'est le plus abondant des minerais de cobalt. On le rencontre particulièrement à Schneeberg et Annaberg, en Saxe, à Richelsdorf et à Bieber, en Hesse. Le *cobalt gris* ou *arsénio-sulfure de cobalt*, d'un gris clair teinté de rouge, est plus riche que le précédent, car il contient de 32 à 34 p. 100 de cobalt, mais il est moins abondant. On le rencontre surtout à Tunaberg et à Skuterud, en Suède. Il se compose essentiellement de cobalt, de soufre et d'arsenic, avec quelques traces de fer et de nickel. Ce minerai possède naturellement un éclat métallique assez vif, mais par son altération à l'air, il se transforme en arséniate de cobalt d'une couleur fleur de pêcher passant au rouge cramoisi.

Les minerais de cobalt sont particulièrement employés à la fabrication du *smalt*, verre bleu que l'on prépare en fondant ensemble du minerai de cobalt grillé, du sable quartzeux et de la potasse, et qui, réduit en poudre impalpable, produit l'*azur* (voyez **Smalt** et **Bleu**). On les traite cependant aussi pour en retirer du protoxyde de cobalt ou les divers sels que celui-ci peut former. Pour préparer cet oxyde, d'après M. Wöhler, on mélange le minerai broyé avec le triple de son poids de carbonate de potasse et autant de soufre en poudre, et on projette le tout successivement et par petites parties dans un creuset préalablement chauffé au rouge. On obtient un culot de sulfure de cobalt mélangé d'un peu de sulfure de fer et de nickel, et une scorie de sulfarséniate de soude. Celle-ci est enlevée par l'eau qui la dissout, puis le culot est traité par l'acide sulfurique étendu, et ainsi transformé en sulfate de cobalt. Au moyen d'un alcali fixe, l'oxyde de cobalt est déplacé, et peut être recueilli sur un filtre. Cet oxyde est loin d'être pur, car le fer et le nickel du culot se précipitent en même temps que le cobalt. On le dissout dans de l'acide nitrique, et on y verse une dissolution de carbonate de soude. Le fer se précipite le premier sous forme de peroxyde, et si l'on règle convenablement la dose de l'alcali carbonaté, il ne restera plus dans la liqueur que du cobalt et des traces de nickel. Celle-ci étant donc filtrée, puis traitée par un excès d'alcali, donnera un oxyde de cobalt satisfaisant à toutes les exigences de l'industrie; mais pour les besoins de la chimie, il faut lui enlever encore son nickel. Pour cela, on le redissoudra dans de l'acide nitrique, et on le transforme en oxalate de cobalt que l'on dissout dans de l'ammoniaque, et qu'on abandonne au contact de l'air. Le nickel se dépose en entier sous forme de poudre verte d'oxalate double de nickel et d'ammoniaque. Le cobalt reste dans la dissolution qu'il colore en rose, et d'où on peut le retirer au moyen du carbonate de potasse. Il se précipite du carbonate de cobalt qui, calciné en vase clos, perd son acide carbonique et laisse un résidu d'oxyde de cobalt anhydre gris cendre foncé.

Cobalt (Oxydes de). — L'oxygène forme avec le cobalt quatre combinaisons, dont la dernière se comporte comme un acide. Toutes sont facilement décomposées par l'hydrogène, le carbone, le soufre, le phosphore, l'arsenic. Avec le borax et le phosphate de soude, ils donnent au chalumeau, des verres transparents d'un beau bleu. Leur pouvoir colorant est considérable.

Protoxyde de cobalt (CoO). — D'un gris foncé quand il est anhydre, et ayant quelquefois un léger éclat métallique. Son hydrate est bleu lavande, et devient spontanément, ou par l'ébullition, d'un rose pâle. Il se dissout dans l'ammoniaque et son carbonate qu'il colore en rouge. Il peut s'unir à tous les acides, et forme des sels diversement colorés. Il s'unit également aux bases. Le composé qu'il forme avec la magnésie est rose; d'un beau bleu d'outremer avec l'alumine; d'un assez beau vert avec l'oxyde de zinc, c'est le *vert de Rinmann*. Le composé bleu d'alumine et de cobalt est remarquable par la stabilité, la richesse et la beauté de sa teinte. On en fait grand cas en peinture.

Le protoxyde de cobalt s'extrait directement du minerai de cobalt, comme il est dit plus haut (voyez Cobalt). On l'obtient aussi, soit en calcinant le nitrate de cobalt, soit en versant une dissolution de potasse caustique dans une dissolution de nitrate de cobalt ou d'un autre sel quelconque de cobalt pourvu qu'il soit soluble.

Deutoxyde de cobalt. — Peu connu, ne s'unissant pas aux acides, on lui donne la composition de l'oxyde de fer magnétique CoO,Co^2O^3. A l'état d'hydrate, le seul sous lequel on le connaisse, il est de couleur vert sale. On le prépare en calcinant modérément le nitrate de cobalt.

Sesquioxyde ou *peroxyde de cobalt* (Co^2O^3). — Noir à l'état anhydre, brun à l'état hydraté. Il ne forme pas de sels et n'est d'aucun usage. On l'obtient en traitant du protoxyde de cobalt par un hypochlorite alcalin.

Acide cobaltique (CoO^3). — Peu stable, formant des sels appelés *cobaltates* peu stables eux-mêmes et se décomposant spontanément à l'air.

Cobalt (Sels de). — Ils sont tous à base de protoxyde. Tous sont plus ou moins colorés en rose, lilas ou bleu, quand ils sont anhydres, en rose fleur de pêcher passant au rouge grenat quand ils sont dissous ou simplement hydratés. Les alcalis caustiques précipitent complétement le cobalt de ses dissolutions; le précipité, d'abord bleu de lavande, devient violet rougeâtre par l'ébullition; les carbonates alcalins le précipitent en rose; l'ammoniaque et son carbonate en excès redissolvent le précipité et se colorent en rouge. Les phosphates alcalins y donnent un précipité bleu, et les arséniates un précipité rose fleur de pêcher; enfin, l'hydrogène sulfuré ne les trouble pas, mais les sulfhydrates alcalins les précipitent en noir.

Azotate de cobalt. — S'obtient en dissolvant l'oxyde de cobalt dans l'acide nitrique. Il est très-soluble et sert dans les essais au chalumeau.

Arséniate de cobalt. — D'une belle couleur rose fleur de pêcher, quand il est fraîchement préparé, mais tournant le plus souvent par la calcination au violet ou au lilas. On l'emploie à la préparation du *bleu Thenard* (voyez ce mot).

Phosphate de cobalt. — Gélatineux et bleu violacé quand il est récemment préparé, devenant d'un beau bleu quand il est desséché à l'air, et noir violacé par la calcination. En mélangeant intimement 1 partie de phosphate de cobalt humide, obtenu en versant une dissolution de phosphate de soude dans une dissolution de nitrate de cobalt, avec 8 parties d'alumine en gelée, faisant dessécher à l'étuve, puis calcinant ensuite au rouge cerise dans un creuset ouvert, on obtient la belle couleur bleue appelée *bleu Thenard*. Malheureusement, ce produit noircit à l'air en perdant de son oxygène.

Cobalt (Chlorure de) (CoCl). — Composé très-soluble et même déliquescent; ses dissolutions sont roses; ses cristaux sont roses eux-mêmes à la température ordinaire, mais ils deviennent d'un beau bleu quand on les chauffe pour redevenir roses par le refroidissement. C'est sur cette propriété qu'est fondé l'emploi du chlorure de cobalt comme *encre de sympathie*. En écrivant avec une dissolution de chlorure de cobalt, l'écriture rose très-pâle est presque invisible; mais si on l'approche du feu, elle devient bleue et facile à lire (voyez Encre).

COBALT (Minéralogie). — Le cobalt natif n'existe qu'associé au fer natif dans quelques pierres météoriques, mais il entre dans la constitution de quelques minerais dont le plus important est le cobalt gris. Les principaux sont les suivants :

Cobalt arséniaté ou *Érythrine* (Beudant). — Remarquable par sa couleur fleur de pêcher. Densité, 2,95; système cristallin; prisme oblique rhomboïdal sur les angles de 55°15' et de 101°13.

Cobalt arsenical ou *Smaltine* (Beudant). — D'un gris d'acier, noircissant à l'air. Sa densité est environ de 6,5. Il cristallise dans le système cubique.

Cobalt gris ou *Cobaltine* (Beudant). — Il ressemble au précédent par sa couleur qui a cependant une légère teinte rougeâtre. De plus, il possède trois clivages conduisant au cube et affecte fréquemment les formes hémiédriques du dodécaèdre pentagonal et de l'icosaèdre. Ce minéral qui, par sa composition, se montre comme un arsénio-sulfure de cobalt, est une des substances les plus remarquables par la netteté et la beauté des formes cristallines. Sa densité est 6,30. On le rencontre en filons dans les terrains anciens.

On trouve encore dans la nature un oxyde noir de cobalt, du cobalt sulfuré et le cobalt sulfaté; mais ces minerais ont peu d'importance. Lef.

COBAYE (Zoologie), vulgairement *Cochon d'Inde*; *Anœma*, F. Cuv.; *Cavia*, Ilig. — Genre de *Mammifères rongeurs*, division des *Mal-claviculés*, détachée par F. Cuvier des *Cabiais*, qu'ils représentent en petit; seulement, ils ont les doigts séparés, deux incisives à chaque mâchoire, quatre molaires; la lèvre supérieure entière; point de queue. L'espèce la plus connue, le *Cochon d'Inde* (*Aperea*, d'Azara; *Cavia cobaya*, Pall.; *Mus porcellus*, Lin.), est connu de tout le monde; originaire du Brésil, il est très-multiplié aujourd'hui en Europe, où on l'élève dans les maisons, parce qu'on pense que son odeur chasse les rats. On le nourrit avec toutes sortes d'herbes et de fruits, du son, de la farine, du pain. « Ils aiment le persil de préférence à toutes les plantes; ils ne boivent jamais, et cependant ils urinent beaucoup; ils ont un petit grognement semblable à celui d'un petit cochon de lait » (Desmarest). Leur chair est fade et insipide; peut-être cela tient-il à ce qu'ils sont continuellement enfermés dans des espaces étroits. Il y a lieu de penser que cette espèce vient d'un animal d'origine américaine nommé *Aperea*, de même taille et de même forme, sur lequel d'Azara nous a donné des notions positives. Il est long de 0ᵐ,28, se cache dans les trous des rochers et on le chasse comme un bon gibier; il abonde au Brésil et au Paraguay; il court assez vite, est doux et s'apprivoise facilement (voyez *Essai sur l'histoire naturelle des quadrupèdes du Paraguay*, d'Azara; traduit par Moreau de Saint-Mery. 2 vol. in-8. Paris, 1801).

COBITIS (Zoologie), *Cobitis*, Lin. — Nom scientifique du genre *Loche* (poisson).

COCA (Botanique), nom péruvien. — Espèce de plantes du genre *Erythroxylum*, type de la famille des *Erythroxylées*. L'*E. coca*, Cav., est un arbrisseau du Pérou, à feuilles alternes très-entières, à stipules axillaires. On emploie souvent, dans les endroits où il croit spontanément, ses feuilles pour les maladies d'estomac et d'intestins. Les Indiens qui travaillent à l'exploitation des mines mâchent sans cesse ces feuilles mêlées avec les cendres (nommées *ypa*) de l'ansérine quinoa (*chenopodium quinoa*), et doivent à cet usage la force de résister à la fatigue et à l'ennui de leurs travaux pénibles et dangereux. Lorsque l'emploi de cette substance masticatoire dégénère en abus, — ce qui arrive souvent chez les Indiens, — il se produit dans l'organisme une excitation analogue à celle produite par l'opium.

COCCINELLE (Zoologie), *Coccinella*, Lin. — Genre d'*Insectes coléoptères*, section des *Trimères*, famille des *Aphidiphages*; ils ont le corps presque hémisphérique, le corselet très-court, presque en forme de croissant. Plusieurs espèces sont très-répandues dans nos jardins, sur les arbres, sur toutes les plantes; on les connaît vulgairement sous les noms de *Scarabées hémisphériques*, *Bêtes à bon Dieu*, *Bêtes de la Vierge*, etc. Ce sont de petits insectes très-communs dont les enfants s'amusent beaucoup et qui paraissent des premiers au printemps; ils se nourrissent de pucerons, et, sous ce rapport, ils ne sont pas sans utilité. Les larves des coccinelles ont le corps allongé, conique et divisé en douze anneaux; elles se nourrissent de la même manière. La *C. à sept points* (*C. septem punctata*, Lin.), longue de 0ᵐ,008, est noire, les étuis rouges, trois points noirs sur chacun, un septième au milieu, la plus commune de notre pays. Il y en a plus de cent cinquante espèces.

COCCULE (Botanique), *Cocculus*, de Cand., de *coccus*, nom donné par les Latins, d'après les Grecs, à la graine d'écarlate. Les fruits des plantes de ce genre sont ordinairement rouges. — Genre de plantes de la famille des *Ménispermées*. Il comprend des plantes, en général dioïques, à 3 ou 6 sépales; pétales en même nombre; les mâles à 6 étamines distinctes; les femelles à 3-6 ovaires devenant des drupes. Le *C. à feuilles de laurier* (*C. laurifolius*, de Cand.; *Menispermum laurifolium*, Roxb.) est un arbuste du Népaul. Ses rameaux délicats, d'un vert jaunâtre, et ses feuilles persistantes sont d'un joli effet dans les serres tempérées. Le *C. subéreux* (*C. suberosus*, D. C.; *Anamirta cocculus*, Wight et Arnott) est un arbrisseau grimpant, élevé de trois à quatre mètres. Il croit dans le sable, au milieu des rochers, sur les côtes de l'île de Ceylan, du Malabar, de Java, etc. Ses fruits, qui renferment un violent poison,

sont connus en médecine sous le nom de *coques du Levant*. Le *Colombo* est la racine d'un *Coccule* (voy. COLOMBO).

COCCYX (Anatomie), en grec *kokkux*, qui veut dire coucou, parce que, dit-on, on a trouvé quelque ressemblance entre cet os et le bec d'un coucou. — C'est un petit os triangulaire courbé d'arrière en avant; sa base, tournée en haut, s'articule avec la partie inférieure du sacrum. Antérieurement, il correspond au rectum, qu'il protège et qu'il soutient. Il donne attache à plusieurs muscles. Chez les jeunes sujets, il est composé de quatre pièces réunies par des fibro-cartilages qui s'ossifient avec l'âge et soudent toutes ces pièces entre elles. Dans les animaux, le nombre de ces pièces ou vertèbres varie beaucoup; elles manquent complétement chez un très-petit nombre de mammifères (quelques roussettes); dans d'autres cas, on en compte jusqu'à trente : c'est ce qui constitue la *queue* (voyez ce mot).

COCHE (Zoologie). — Nom vulgaire de la *Truie*, femelle du *Cochon* (voyez ce dernier mot).

COCHÉES (PILULES) (Matière médicale). — On appelle ainsi des pilules purgatives officinales dans la composition desquelles entrent l'*Hiera picra* (*électuaire d'aloès*), le *Stœchas* (*Lavandula stœchas*), le *Turbith* (*Convolvulus turpethum*), etc. Elles sont très-peu employées aujourd'hui.

COCHEVIS (Zoologie). — Espèce d'*Oiseau* du genre *Alouette* (voyez ce mot).

COCHENILLE (Zoologie), du grec *coccos*, petite graine qui donnait une couleur écarlate et dont la nature est peu connue. — Plusieurs espèces portent ce nom; deux d'entre elles vivent en Europe, les autres se trouvent réparties dans les diverses parties du monde. Linné a réuni les unes et les autres dans un même genre nommé *Cochenille* (*Coccus*), qui a été maintenu jusqu'ici dans les classifications. Les cochenilles sont de petits insectes de l'ordre des *Hémiptères*, section des *Homoptères*, famille des *Gallinsectes* de Latreille. L'étude d'une des deux espèces, la *C. du nopal*, si précieuse par la teinture rouge qu'elle fournit au commerce, fera connaître la singulière existence de ces animaux.

Histoire naturelle de la cochenille du nopal (*Coccus cacti*, Lin.) — Le cactus nopal, répandu dans plusieurs provinces du Mexique, est la plante qui nourrit la cochenille fine sur ses larges raquettes à peu près dépourvues des épines que portent la plupart des autres cactus (voyez OPUNTIA et NOPAL). La présence des cochenilles se révèle à certaines époques sous la forme de gros globules rouges fixés à la surface des jeunes raquettes; à d'autres moments par des taches blanches d'aspect farineux au milieu desquelles se sont cachés les globules rouges si visibles auparavant. Ces globules sont les cochenilles femelles qui, à leur plus grand développement, au moment de la ponte, atteignent jusqu'à 0ᵐ,006 sur 0ᵐ,004 de largeur et 0ᵐ,002 d'épaisseur; elles sont fixées au nopal par leur bouche armée d'un bec plus long que leur corps, légèrement conoïde, très-mince et assez pointu. Leur corps, bombé sur le dos, aplati en dessous, montre neuf ou dix plis transverses d'autant moins marqués que l'animal est plus gros et qui limitent une dizaine d'anneaux; on distingue à la tête deux antennes filiformes, sous les trois anneaux suivants trois paires de pattes très-courtes, et à l'extrémité postérieure du corps deux soies fines, divergentes, beaucoup moins longues que l'animal lui-même. Avant d'avoir atteint son complet développement, la cochenille femelle se meut lourdement à la surface des raquettes du nopal; à mesure qu'approche le temps de la gestation des œufs, elle augmente considérablement de volume en se renflant comme un petit pois, jusqu'au moment où elle se fixe définitivement pour pondre. Alors elle donne issue, par un orifice placé sous l'extrémité postérieure du corps, à deux cent cinquante ou trois cents œufs d'un rouge foncé, d'une forme ovale et fort petits, qui restent cachés sous leur mère; celle-ci se couvre alors de cette sécrétion farineuse qui dissimule à ce moment l'insecte et sa famille. A mesure que l'expulsion des œufs vide le ventre de la cochenille, la paroi inférieure abdominale, repoussée en haut par les œufs mêmes, se rapproche de la paroi dorsale de manière à former sur la couvée une sorte de double coquille protectrice. Dans cette position, la mère meurt au bout de quelques heures et se dessèche sur les œufs en les abritant de sa dépouille. L'éclosion a lieu au bout de trois ou

Fig. 580 — Cochenille femelle.

quatre jours; on voit alors sortir sous le bord postérieur de la coque maternelle de petites larves rouges, plates, ovales et visibles seulement à la loupe. Ces larves se répandent sur les plus jeunes rameaux des nopals, pour en sucer la séve en les piquant de leur bec; après dix jours, elles subissent une mue, que suivent plusieurs autres, et leur corps ne cesse de grossir jusqu'au moment où leur abdomen s'emplit d'œufs, ce qui a lieu environ six semaines après leur naissance; puis la ponte a lieu et elles meurent; leur vie n'a duré que deux mois.

Dans tout ce qui précède, il n'a été parlé que des femelles; quant aux mâles, les naturalistes ne sont pas encore complétement fixés à leur égard. La plupart des auteurs considèrent comme tels des insectes rouges comme les cochenilles femelles, dont le corps étroit et allongé mesure à peine 0^m,002 de longueur et porte deux ailes notablement plus longues que l'abdomen, transparentes et croisées horizontalement sur le dos lorsque l'animal ne vole pas. La tête de ces petits insectes ailés est petite, pourvue de deux antennes filiformes assez longues et d'un bec rudimentaire insuffisant pour percer l'écorce du nopal : deux soies divergentes plus longues que le corps sont implantées à l'extrémité postérieure de l'abdomen. Ces cochenilles mâles vivraient seulement un mois, dont dix jours à l'état de larves semblables à celles des femelles, et quinze jours sous la forme de nymphes immobiles; leur vie à l'état parfait ne serait donc que de quatre ou cinq jours. Telles sont les idées adoptées d'après les travaux de Réaumur et de de Geer sur des espèces de nos pays, fort ana'ogues à la cochenille du nopal. M. Costa, de Naples, les a contestées (*Atti scienz. nat. nap.*, 1827. — *Nuove Osservazioni intorno alle Cocciniglie ed ai loro pretessi maschi*, 1835 ; *Faun. napol.*), d'après ses propres observations sur une espèce également très-voisine; il regarde les petits insectes ailés comme des diptères ennemis des cochenilles et vivant à leurs dépens ; les mâles véritables seraient des individus un peu plus petits que les femelles, mais très-semblables à elles et que l'on a considérés auparavant comme de jeunes individus. M. Em. Blanchard (*Dict. d'hist. nat.* de d'Orbigny, t. IV, article COCHENILLE), après avoir observé, dans les serres du Muséum d'histoire naturelle de Paris, des cochenilles du nopal vivantes, regarde comme fondées les assertions de M. Costa, tout en avouant qu'elles sont en contradiction avec tous les faits admis et ne sont pas encore entièrement démontrées.

La cochenille desséchée et mise en poudre sert à composer le carmin et la laque carminée (voyez CARMIN).

La première description de la cochenille et du nopal fut donnée, en 1525, par Lopez de Gomara ; jusqu'à lui la cochenille du commerce, désignée sous le nom de graine écarlate, était regardée comme une sorte de fruit et non comme un insecte desséché. En 1692, le père Plumier démontra que la cochenille avait, par son organisation, des rapports avec les punaises ; puis, en 1787, Thierry de Ménonville fit paraître un ouvrage qui, encore aujourd'hui, est le meilleur traité sur la culture du nopal et l'éducation de la cochenille. Les travaux de Réaumur sur les cochenilles européennes se trouvent dans ses *Mémoires pour servir à l'histoire des insectes.*

Culture de la cochenille du nopal. — Originaire du Mexique, la cochenille se trouve à l'état sauvage dans les bois des différentes provinces de cet empire, sur diverses espèces de cactus nommées *Nopal vulgaire*, *N. porte-cochenille*, *Tuna*. La production des cochenilles pour le commerce est due à une industrie spéciale comprenant nécessairement la culture du nopal et l'élevage de l'insecte.

La plantation ou *nopalerie* s'établit habituellement sur un terrain découvert, abrité des vents, que l'on clôt d'une haie protectrice ; chaque nopalerie ne comprend pas plus d'un hectare. Après avoir égalisé et ameubli le terrain, on plante des boutures de nopal par rangées parallèles distantes de 1 mètre et à 0^m,30 les unes des autres dans chaque rangée : il faut attendre trois ans pour mettre la nopalerie en rapport. A cette époque, on sème les cochenilles, c'est-à-dire que l'on fixe sur les plantes de petits sachets ou de petits paniers contenant des cochenilles femelles prêtes à pondre. Peu de jours après, les jeunes larves se répandent sur les pousses nouvelles du nopal. La récolte qui se prépare ainsi peut être détruite par les pluies ou les vents ; on conjure ce danger en étendant, s'il est besoin, des paillassons sur les plants. Au Mexique, pendant les six mois de la saison des pluies, certains propriétaires conservent même les cochenilles sur des nopals qu'ils rentrent dans leurs habitations. Deux mois après se fait la récolte ; elle doit avoir lieu immédiatement avant la ponte, car les œufs de l'insecte constituent précisément cette matière carminée que recherche l'industrie humaine pour teindre nos étoffes. On coupe les raquettes couvertes de femelles gonflées d'œufs, on les brosse doucement avec un balai de palme ou avec un couteau non tranchant, et l'on reçoit les cochenilles ainsi détachées dans des paniers, des bassins en fer-blanc, ou simplement sur des toiles étendues au pied des nopals. Quelquefois on se dispense de couper les raquettes, mais il paraît que cette opération est utile et équivaut à une sorte de taille périodique. Suivant Thierry de Ménonville, et conformément d'ailleurs aux suggestions du bon sens, il y a six générations par an ; on pourrait peut-être faire autant de récoltes dans un pays où il n'y aurait pas de mauvaise saison ; mais les générations qui naissent durant cette portion de l'année subissent de fortes pertes et servent seulement à assurer la production de nouvelles cochenilles ; en réalité on ne fait annuellement pas plus de trois récoltes, et souvent deux seulement.

A Malaga, en Espagne, où cette culture a été introduite avec succès depuis longtemps, on se borne habituellement à une seule récolte. Voici les époques indiquées par un propriétaire de nopaleries importantes : on sème les cochenilles du 1er au 15 septembre et la ponte dure jusqu'aux premiers jours de décembre ; en janvier, la moitié des petits a péri sous l'influence de l'hiver, pourtant si doux dans ce pays ; les cochenilles survivantes pondent vers le milieu de février et jusqu'au 1er mai. Une nouvelle mise-bas a lieu du 25 mai au 1er juin. On récolte les femelles de cette génération du 15 août au 1er octobre. Parfois on récolte une seconde fois en décembre ; mais on obtient une qualité inférieure à celle de la première récolte. Au Mexique, on récolte toujours deux fois, l'une en juin, l'autre en septembre.

Les cochenilles recueillies par le procédé indiqué ci-dessus sont enfermées dans des paniers que l'on trempe dans l'eau bouillante pour tuer les insectes que l'on fait ensuite sécher d'abord au soleil, puis à l'ombre, sur des claies couvertes d'une toile. Par ce procédé, on obtient une cochenille dépouillée de sa poudre blanche, d'une couleur rouge brun, que l'on nomme *ranagrida*. Il vaut mieux les passer seulement dans un four chauffé à environ 80° cent. ; on a ainsi une cochenille d'un gris cendré, c'est la *jaspeada*. D'autres producteurs les tuent et les sèchent sur des plaques de fer chauffées ; elles y deviennent noires et se vendent sous le nom de *negra*. Trois livres de cochenilles vivantes et pleines donnent une livre de cochenille sèche bonne à vendre ; les cochenilles qui ont pondu se réduisent plus, il en faut quatre livres pour produire une livre de cochenille commerciale. Réaumur estimait qu'une livre de cochenilles sèches contenait 65 000 insectes ; M. Fée n'en admet que 42 000 ou 45 000 par demi-kilogramme ; cela doit dépendre de la qualité de la cochenille.

La cochenille a pour ennemis redoutables les larves des coccinelles (voyez ce mot).

Le commerce connaît trois qualités de cochenilles : 1re qualité, la *Mestèque* ou *C. fine* (*Jaspeada*) ; 2e qualité, la *Noire* (*Ranagrida* et *Negra*), un peu plus grosse ; 3e qualité, la *Sylvestre*, plus petite que les précédentes et qui paraît provenir d'une espèce distincte de la *C. du nopal*, que l'on a nommée *C. sylvestre* ou *Coccus tomentosus*, et qui vit au Mexique.

Production de la cochenille. — Le Mexique, berceau de la cochenille du nopal, en est encore aujourd'hui le principal pays de production, surtout à Mestèque et à Guaxaca (province de Honduras). A la fin du XVIIe siècle, Thierry de Ménonville introduisit ce précieux insecte à Saint-Domingue ou Haïti ; il en a complétement disparu au milieu des désordres de la révolution des noirs. Il y a une quarantaine d'années que les Espagnols ont réussi à naturaliser la cochenille du nopal aux îles Canaries et même en Europe dans leurs provinces de Valence et d'Andalousie ; peu de temps après (1835), les Hollandais l'importaient aussi heureusement à Java ; enfin, après plusieurs tentatives infructueuses faites de 1831 à 1840, on paraît avoir réussi à produire la cochenille du Mexique en Algérie. « En 1853, dit M. le professeur Moquin-Tandon, dans la seule province d'Alger, on comptait quatorze nopaleries, contenant 61 500 nopals, et leurs produits se vendaient jusqu'à 15 francs le kilogramme. » Cette situation prospère a continué jusqu'en 1858 ; puis cette culture est tombée dans l'abandon sans disparaître entièrement. Quant au commerce général de la cochenille, je me bornerai, pour donner une idée de son importance, à dire que la France en reçoit actuellement par année environ 200 000 kil. dont la valeur peut être estimée à 3 millions de francs.

Autre.espèces du genre Cochenille. — Le genre *Cochenille* ou *Coccus*, de Linné, est aujourd'hui généralement remplacé par deux genres : *Kermès* (*Chermes*, Geoff.) et *Cochenille* (*Coccus*, Geoff.); ce dernier genre ainsi limité est caractérisé par un corps épais, mou, privé d'ailes ; neuf articles aux antennes, au moins chez les femelles, et un seul article à tous les tarses. Outre la *C. du nopal* et la *C. sylvestre* déjà indiquées, on peut encore citer dans ce genre la *C. des serres* (*C. adonidum*), la *C. laque* (*C. lacca*) et enfin la *C. de Pologne* (*C. polonicus*), que la plupart des entomologistes placent dans un genre spécial nommé *Porphyrophora*.

La *C. des serres*, importée du Sénégal avec des plantes de ce pays, s'est naturalisée dans les serres du Muséum de Paris; sa couleur est seulement rosée; elle n'est employée à aucun usage. — La *C. laque* est une espèce extrêmement précieuse qui vit aux Indes sur divers figuiers, jujubiers et quelques autres plantes ; elle est l'objet d'une exploitation importante, car elle fournit la laque du commerce (voyez LAQUE). — La *C. de Pologne*, ou *Sang de saint Jean*, vit en Pologne et en Russie, mais rarement en France, sur les racines de diverses plantes, la *Gnavelle vivace* (*Scleranthus perennis*, Lin.), la *Potentille blanche* (*Potentilla alba*, Lin.) et la *P. rampante* (*P. reptans*, Lin.) et plusieurs espèces de *Renouées* (*Polygonum*). On en tire une couleur rouge sanguin un peu plus foncée que celle de la cochenille du nopal; cette couleur est encore employée quelque peu dans les pays où cet insecte est commun. Une autre espèce d'Arménie, très-semblable à celle de Pologne, fournit une couleur rouge aux habitants de l'Asie Mineure. La *C. du chêne vert* n'appartient plus à ce genre (V. KERMÈS). AD. F.

COCHLEARIA (Botanique), *Cochlearia*, Tourn., de *cochlear*, cuiller, ayant pour radical *coc*, mot celtique par lequel on désigne toute chose creuse. Les feuilles de quelques espèces ont la forme de cuillers. — Genre de plantes de la famille des *Crucifères*, tribu des *Alyssinées*. Les cochléarias sont des plantes herbacées ou vivaces, à feuilles de forme variable, sagittées ou auriculées, fleurs généralement blanches. Le *C. officinal* (*C. officinalis*, Lin.), appelé aussi *Herbe aux cuillers*, est une petite plante annuelle presque couchée, à feuilles lisses et succulentes. Il croît spontanément dans les lieux humides, bourbeux des régions du nord, au bord de la mer. Sa saveur est âcre et piquante. Cette plante est incisive, détersive, et fournit un remède efficace contre les maladies scorbutiques. On la cultive dans les jardins, parce que son emploi dans l'état frais est toujours préférable. Dans certains pays, on la mange en guise de salade. Les Irlandais surtout l'emploient fréquemment comme condiment. Le *C. rustique* (*A. armoracia*, Lin.), appelé aussi *Raifort sauvage*, *Cranson*, *Moutarde d'Allemagne*, *Moutarde de capucin*, *Cran de Bretagne*, etc., est une herbe vivace qui s'élève quelquefois jusqu'à 1 mètre. Sa racine est charnue. Ses feuilles inférieures sont grandes, oblongues, crénelées. Ses fleurs, disposées en grappes courtes, sont blanches, ainsi que celles de la précédente espèce. Elle vient dans les endroits humides, au bord des ruisseaux, dans l'Europe septentrionale. On en trouve abondamment en Angleterre et même en France. Sa racine, grosse comme un fort radis, sert d'aliment; râpée et mêlée avec du vinaigre, elle offre une saveur piquante et peut remplacer la moutarde. Ses propriétés sont aussi fortement antiscorbutiques. Caractères du genre : silicule cordiforme, renflée, échancrée, un peu rude; valves ventrues, obtuses; graines non ailées comme celles de quelques genres voisins ; cotylédons plans, radicule latérale. G — s.

COCHON (Zoologie), *Sus*, Lin. — Au point de vue de l'économie domestique, le cochon est un des animaux les plus intéressants à étudier et à connaître ; il en sera question plus loin. Considéré dans le cadre zoologique, cet animal forme, dans la méthode de Cuvier, le grand genre *Cochon*, comprenant les sous-genres *Cochon* proprement dit, *Phacochœres*, *Pécaris*. Dans la classification de Is. Geoffroy-Saint-Hilaire, c'est le type de la famille des *Suidés*, divisée elle-même en genres *Pécaris*, *Babiroussas*, *Phacochœres*, *Cochons* ou *Sangliers*. Ils appartiennent à l'ordre des *Pachydermes*, classe des *Mammifères*. Les cochons se distinguent parce qu'ils ont à tous les pieds deux doigts mitoyens grands et armés de forts sabots, et deux latéraux beaucoup plus courts et ne touchant presque pas à terre ; les dents incisives, au nombre de six à chaque mâchoire, celles du bas toujours couchées en avant, des canines sortant de la bouche et se recourbant vers le haut ; le museau terminé par un boutoir tronqué propre à fouir la terre et renfermant un petit os particulier, nommé l'*os du boutoir*; oreilles médiocres, yeux petits, corps couvert de poils roides et longs nommés *soies*, assez rares, queue courte et grêle ; ils ont le sens de l'odorat très-fin. Ce genre peut être divisé en plusieurs espèces qui ont pour type le *Sanglier* (*Sus scrophra*, Lin., Buff.); c'est la souche de nos cochons domestiques et de leurs variétés; il a les défenses prismatiques, recourbées en dehors et un peu vers le haut, le corps trapu, les oreilles droites, le poil hérissé, etc. Il existe plusieurs autres espèces du même groupe ; il en sera traité plus longuement au mot SANGLIER. Le *Cochon domestique* présente des variétés infinies par sa grandeur, la hauteur de ses jambes, la direction de ses oreilles, sa couleur ; mais , malgré l'ancienneté de sa domesticité, son naturel est resté brut, sauvage et tout à fait rustique; sa voracité et sa gloutonnerie sont connues; tout lui est bon pour remplir son estomac : la chair, les fruits, les racines, les vers, les plantes et même celles qui sont vénéneuses, et c'est là précisément une précieuse qualité qui rend sa nourriture facile ; du reste, on connaît l'excellence de sa chair, la propriété qu'elle a de se conserver longtemps au moyen du sel et de fournir ainsi une ressource importante pour l'alimentation des populations rurales surtout. Un autre avantage qu'il présente, c'est une fécondité prodigieuse, puisqu'une truie peut mettre bas jusqu'à douze ou quatorze petits et souvent deux fois par an. Elle porte quatre mois ; le cochon grandit jusqu'à cinq ou six ans et en peut vivre vingt.

☞ COCHON (Économie domestique). — Le cochon est l'animal domestique le plus généralement répandu partout. Sa nourriture, nous l'avons dit, est facile, peu coûteuse dans les ménages de la campagne, et c'est souvent la seule viande qu'il soit donné au travailleur peu fortuné de consommer. La plus grande partie de nos gens de la campagne en font leur nourriture journalière, et sans le lard et les autres pièces de porc dont ils s'approvisionnent, ils seraient souvent réduits à manger leur pain sec. Le jour où le villageois tue son cochon est un jour de fête; il distribue des portions de la dépouille à ses voisins, à ses amis ; les morceaux de choix sont offerts aux personnes que l'on honore, et souvent la soirée est terminée par un souper où la table est couverte de viande de cochon, de boudin, etc. Nous avons déjà parlé de la nourriture du cochon au point de vue de sa voracité; mais lorsqu'il est conduit dans les bois, il mange avec délices les glands, les faînes et autres fruits sauvages, et, dans les campagnes, il ne dédaigne pas de ramasser les grains après la moisson ; il recherche les truffes avec ardeur; aussi est-ce un moyen qu'on emploie souvent pour découvrir ce précieux champignon. Du reste, ces animaux, dont le cuir est épais et la graisse abondante, recherchent les lieux humides et la fange pour s'y vautrer. L'usage du cochon comme animal domestique destiné à la nourriture de l'homme, est très-ancien; cependant aucune méthode de perfectionnement n'était employée pour son élevage, et ce n'est guère que depuis un siècle environ qu'on est entré dans cette voie. Mais aujourd'hui, après toutes les modifications que la domesticité a fait subir à l'espèce porcine, on ne peut pas être étonné de la quantité prodigieuse de races et de variétés qu'on rencontre dans toutes les contrées. D'après les zootechniciens les plus autorisés, on peut grouper toutes ces variétés dans deux sections : l'une, que l'on désignera sous le nom de *races naturelles*, comprend celles d'ancienne date, dont la création et l'origine sont très-anciennes et qui sont plus particulièrement liées à des pays, à des climats, à des localités spéciales. Par opposition, on désignera sous le nom de *races artificielles* celles qui, par les progrès récents de l'agriculture, par ceux qui ont été faits dans l'élevage et la production des animaux domestiques, ont été plus ou moins soustraites aux influences naturelles et qui sont pour ainsi dire le fruit des soins plus grands des éleveurs.

Parmi les *races naturelles*, on distingue : 1° les *Porcs à grandes oreilles* ; ils sont haut jambés, ont la poitrine aplatie, le dos convexe, recourbé ; leurs oreilles sont flasques et pendantes; ils courent assez bien ; en général, ce sont les plus grands et les plus lourds de tous les porcs, mais leur développement est lent et tardif; on ne peut guère les livrer à l'engraissement avant deux ans.

On les trouve en France et dans presque toute l'Europe. Chez nous, ils constituent les races *craonnaise*, *normande* (fig. 581), *charolaise*, *bourguignonne*, etc.; 2° le *Porc africain noir* a le dos large, l'échine droite, les jambes plus courtes, les oreilles droites, relevées et pointues, les joues épaisses, le cou court, le groin allongé, les soies rares, fines, de couleur foncée. On le trouve en Italie, où il est représenté par le type *Napolitain*; 3° le *Porc à soies frisées* a le corps court, les oreilles droites, pointues, dirigées en haut et en avant, les soies frisées et comme feutrées; taille au-dessous de la moyenne du porc à longues oreilles. Il a pour type le *C. turc*; on le retrouve en Pologne; 4° le *Porc indien* a les côtes très-recourbées, le dos large et enfoncé vers son milieu, les oreilles courtes et relevées, le front haut, le boutoir court; il est généralement noir; il y en a en Chine des variétés blanches, tachetées etc.; leurs jambes sont si courtes que, dans l'engraissement, leur ventre touche à terre. Le *C. chinois*, le *Tonquin*, le *C. de Siam* sont de cette race. Depuis quelques années on les a beaucoup employés pour le croisement de nos races.

Les races artificielles sont plus particulièrement des

Fig. 581. — Porc normand.

races agricoles; elles ont, en général, le torse approchant d'un parallélogramme, l'ossature, la tête et les membres petits; les soies sont fines, rares, la peau mince, le cou large; elles donnent à l'abatage très-peu de déchet. C'est surtout l'Angleterre qui est, la patrie des races créées; elles sont très-nombreuses et se modifient tous les jours. On peut les diviser en races noires et races blanches; nous n'en citerons ici que deux exemples : 1° la grande *race d'York* (fig. 582), le type des grands porcs anglais; il est généralement blanc et résulte de

Fig. 582. — Porc anglais dit de grande race.

l'ancienne race indigène améliorée par le porc indien. Il a été beaucoup importé sur le continent où il a été prôné; 2° le *Porc d'Essex* (fig. 583), type des petits porcs noirs améliorés de l'Angleterre; il a été importé dans beaucoup de pays où il est très-estimé pour sa fécondité. Il est le résultat du croisement avec le porc napolitain, auquel il ressemble beaucoup. Tous ces animaux ont les os minces, la tête petite, les oreilles pointues et dressées, les jambes courtes, le corps cylindrique. Ils sont très-aptes à l'engraissement (voyez ENGRAISSE-MENT, PORCHERIE, RACES).

Le cochon est sujet à quelques maladies qui peuvent en grande partie être évitées par les soins de l'hygiène : ainsi des porcheries malsaines, la mauvaise nourriture, les changements brusques de température, l'excès ou le manque d'exercice, peuvent causer des *angines* dont le traitement sera à peu de chose près le

Fig. 583. — Porc anglais dit de petite race.

même que dans l'espèce humaine. Ils peuvent aussi être affectés de *ladrerie*, de *diarrhée*, de *constipation*, de la *soie* ou du *soyon*, etc.

COCHON D'AMÉRIQUE (Zoologie). — C'est le nom qu'on donne quelquefois au *Pécari*.

COCHON CERF (Zoologie). — Nom vulgaire du *Babiroussa*.

COCHON D'INDE (Zoologie). — Voyez COBAYE.

COCHON DE LAIT (Zoologie). — Petit cochon qui tète encore. — Voyez COCHON.

COCHON MARIN (Zoologie), *Phoca porcina*, Molina. — Espèce de *Mammifères* de l'ordre des *Amphibies*, genre *Phoque*. Ce sont des animaux carnivores aquatiques qu'on voit quelquefois sur la côte du Chili. On le regardait généralement comme de l'espèce du lion marin. Mais Molina le distingue de celui-ci par des oreilles plus relevées et un museau plus allongé.

COCHON DE TERRE (Zoologie). — Nom vulgaire donné par les Hollandais du cap de Bonne-Espérance à l'*Oryctérope du cap* (*Myrmecophaga capensis*, Pall., espèce du genre *Oryctérope*, *Mammifère* de l'ordre des *Édentés*, voisin des *Fourmiliers*, auxquels il ressemble surtout par sa langue filiforme et qui peut s'allonger beaucoup. Il est un peu plus grand qu'un blaireau, bas sur jambes, à poil ras. Il habite dans des trous qu'il creuse avec une grande facilité au moyen de ses doigts antérieurs et postérieurs tous armés de fortes griffes aplaties. Il est bon à manger.

COCHYLIS (Zoologie), *Cochylis*, Treits., du grec *koychulé*, nom d'un coquillage d'où l'on tirait la pourpre. — Genre d'*Insectes lépidoptères*, famille des *Nocturnes*, section des *Tordeuses*, établi par Treitschke aux dépens des *Pyrales* de Fabricius. Ce sont de petits papillons d'un aspect luisant et nacré, dont la chenille cause dans quelques pays des dégâts analogues à ceux de la pyrale. Ils ont environ 0m,010 d'envergure et sont en général d'un jaune d'ocre.

COCO (Botanique). — Fruit du *Cocotier*.

COCON (Zoologie). — On donne le nom de cocon à de petits sacs dont divers animaux entourent leurs œufs ou dont certains insectes s'enveloppent pour se transformer en chrysalides ou en nymphes. La matière qui forme le cocon est tantôt, comme chez les sangsues, une matière muqueuse concrétée, tantôt, et le plus souvent, un tissu soyeux ourdi par l'animal avec des fils qu'il a la faculté de produire à l'aide d'organes spéciaux ; les araignées, les insectes lépidoptères (papillons, bombyx) filent particulièrement des cocons fort remarquables. Le plus célèbre est le cocon du ver à soie qui fournit à l'industrie humaine le fil de soie propre à fabriquer les plus beaux tissus qu'elle produise (voyez ARAIGNÉE, ARGYRONETE, VER A SOIE, BOMBYX, LÉPIDOPTÈRES, FOURMILION, SANGSUE, etc.).

COCORLI (Zoologie). — Cuvier a établi à côté des *Alouettes de mer* (*Pelidna*, Cuv.) un sous-genre d'*Oiseaux échassiers longirostres*, faisant partie du genre *Bécasse*. Ils ne diffèrent du reste des alouettes de mer que parce que leur bec est un peu arqué. L'espèce type, la seule connue, *Scolopax subarcuata*, Gmel. ; *Numenius africanus*, Lath., est noirâtre en dessus l'hiver ; le dos tacheté de noir et de fauve l'été. On la rencontre partout, mais elle est rare.

COCOTE (Vétérinaire). — On appelle ainsi une maladie le plus souvent épizootique qui sévit particulièrement sur l'espèce bovine et est caractérisée par des aphthes sur la muqueuse de la bouche, entre les onglons et souvent aux mamelles. Cette affection, qui est contagieuse, débute par la perte de l'appétit, la soif, la sécheresse du nez, de la langue, la rougeur de la bouche, etc. Les animaux maigrissent, ils mâchent avec difficulté ; quelquefois les onglons des pieds se détachent et tombent, ce qui rend le rétablissement très-long à cause de la lenteur de la reproduction de la corne.

Malgré la gravité apparente de ces symptômes, cette maladie fait rarement périr les animaux. Le traitement consiste dans l'emploi des astringents en lotions, en injections ; mais une chose importante, c'est l'assainissement des étables, des lieux que fréquentent les bestiaux et souvent l'abandon momentané des étables malsaines.

COCOTIER (Botanique), *Cocos*, Lin. Il est généralement admis que ce mot est dérivé du latin *coccus*, coque. Cependant, d'après Garcia d'Orta, les Portugais auraient donné le nom de *coquo*, parce que la noix de cet arbre ressemble, par la disposition des trois trous qu'elle présente à sa surface, à la figure d'un singe macaque (*macaco* ou *macoco* en portugais). Les nègres de la côte d'Afrique avaient déjà fait la remarque que certains singes font entendre un cri pouvant se traduire à peu près par le mot *coco*. — Genre de *Palmiers*, type de la tribu

Fig. 584. — Le Cocotier et le Vaquois.
(Le Cocotier est sur la devant.)

des *Cocoïnées*. Il renferme un petit nombre d'espèces, toutes utiles sous plusieurs rapports ; mais une surtout peut être regardée comme un des plus précieux dons de la nature pour les habitants des pays où elle se trouve ; c'est le *C. ordinaire* (*C. nucifera*, Lin.). Il s'élève ordinairement à la hauteur de 20 à 25 mètres. Le diamètre de sa tige est de 0ᵐ,30 à 0ᵐ,50. Ses feuilles, longues de 4 à 5 mètres, sont formées de pinnules lancéolées, étroites, aiguës, ayant de 1ᵐ,50 à 2 mètres de longueur. Ses fleurs sont disposées en épi ramifié nommé régime, lequel est enveloppé à sa naissance dans une grande feuille, la spathe. Aux ovaires que renferment les nombreuses fleurs femelles succèdent des fruits nommés *cocos* qui ne sont guère, sur le régime, qu'au nombre de quinze à vingt destinés à parvenir à la maturité. A l'âge de sept mois, ce fruit a acquis toute sa grosseur. C'est une drupe fibreuse, de la grosseur de la tête d'un homme. Quatre parties principales la composent : le brou, la noix, l'amande et l'eau. Le brou est composé d'une substance en partie fibreuse. La noix, qui est de couleur brune et dure comme l'ivoire, présente trois nervures qui la divisent en trois parties inégales. L'amande est blanche, huileuse, et donne par la pression un liquide blanc, sucré, mucilagineux ; elle tapisse en quelque sorte les parois de la noix. L'eau de coco renfermée dans la cavité de l'amande est appelée *cytoblastème* ; c'est l'albumen ou périsperme destiné à nourrir le jeune embryon au moment de la germination. Le cocotier habite de préférence le bord de la mer d'une zone dont la température moyenne n'a pas moins de 20°. Il est abondant dans l'Inde méridionale, Ceylan, la Malaisie, le Mexique et l'Afrique occidentale. Sa véritable patrie est incertaine. Le cocotier fleurit à peu près tous les mois ; il ne commence guère à rapporter qu'à l'âge de cinq ans. Sa fécondité est extraordinaire. On a compté sur un seul pied cent cinquante fruits déjà gros. Comme ceux de la plupart des palmiers, les usages du cocotier sont nombreux. Le bois est employé pour la charpente ; l'ébénisterie en fait aussi de très-jolis meubles. Les feuilles servent généralement à couvrir les cases des indigènes ; on en fait aussi des objets de toute sorte, des paniers, des éventails, des chapeaux, etc. Dans certaines localités, on en fait même des vêtements. On obtient, par des incisions pratiquées sur les régimes, une liqueur connue sous le nom de *vin de palme*, et que donnent aussi d'autres palmiers. Le bourgeon terminal se mange comme le chou palmiste. Les Indiens appellent *saggary*, — dont nous avons fait *saggre*, — le sucre qu'ils obtiennent par évaporation du vin de palme. On obtient aussi par la distillation, de l'alcool connu sous le nom d'*arack*. Le *caire* est le brou de la noix et sert à faire de la filasse dont on fabrique d'excellentes cordes. L'amande est un aliment de première nécessité pour les peuplades de l'Océanie. On en prépare souvent une foule de friandises. Mais le point le plus important est celui de ses propriétés oléagineuses. L'huile de coco est connue en Europe sous le nom de *beurre de coco* ; elle est un mélange de plusieurs matières grasses ; on l'obtient par pression ; elle est employée à de nombreux usages, entre autres pour les préparations culinaires et l'éclairage. L'eau ou le lait de coco, qui est la boisson par excellence, est claire, très-fluide ; elle est douce, rafraîchissante et légèrement astringente. Tous les voyageurs et navigateurs qui ont été à même d'observer ses effets, ont déclaré que l'eau de coco était le plus puissant antiscorbutique connu. Comme tous les végétaux importants, le cocotier a été le sujet d'une foule d'anecdotes et de fables. Chez certains peuples barbares, il jouit d'une grande vénération et de propriétés dont la superstition l'a seule doté. Parmi les autres espèces les plus importantes du genre *Cocotier*, on distingue le *C. flexueux* (*C. flexuosa*, Mart.), arbre qui ne s'élève guère à plus de 5 mètres et qui croît dans le Brésil. Ses fruits sont oblongs, verts, prolongés en bec. Le *C. comestible* (*C. oleracea*, Mart.), au contraire, est un arbre très-élevé qui atteint quelquefois jusqu'à 30 mètres. Sa spathe, longue de 0ᵐ,50 à 0ᵐ,70, est parsemée dans sa jeunesse de flocons de poils cotonneux. Cette espèce, dont le bourgeon terminal est très-estimé en salade, croît aussi dans les forêts du Brésil.

Caract. du genre : fleurs monoïques dans le même spadice accompagné d'une spathe, simple, ligneuse, toutes à 3 sépales et 3 pétales ; mâles, 6 étamines ; femelles, ovaire ovoïde ou globuleux à 1 loge parfaite sur 3 ; 3 stigmates pyramidaux ; fruit ; drupe ovale-trigone, à mésocarpe fibreux, à noyau dur, avec 3 pores à la base.

G—s.

COCRÈTE, Cocriste, Crête de coq (Botanique). — Voyez Rhinanthus.

COCTION (Physiologie, Médecine). — On a donné ce nom à l'une des théories par lesquelles on a cherché à expliquer le travail de la digestion des aliments ; mais si quelques physiologistes ont pu croire que les substances introduites dans l'estomac y subissaient une véritable coction, tel n'a pas été le sens que les anciens ont voulu donner à cette expression qui représentait pour eux l'idée d'une élaboration de ces substances en vertu de laquelle elles étaient transformées en une matière homogène nommée chyme, destinée elle-même à de nouvelles transformations, de nouvelles coctions, avant d'être converties en sang. Voilà le sens métaphorique que les anciens donnaient à ce mot en physiologie.

Ces quelques mots pourront faire comprendre la théorie de la coction dans les maladies aiguës, due à Hippocrate qui l'a énoncée brièvement. Une maladie aiguë qui se termine heureusement passe par trois états : *crudité, coction, crise*. Dans le premier état, il y a dureté du pouls, sécheresse, aridité de la peau, de la langue, etc., et, par conséquent, suppression générale ou partielle des excrétions. Cet état dure plus ou moins longtemps, jusqu'à ce que les matières morbides, changées, élaborées pendant ce travail de crudité, deviennent enfin mobiles et propres à être évacuées ; c'est à raison de cette mobilité que la nature médicatrice les pousse, les dirige vers les émonctoires naturels, tels que la peau, les reins, les intestins, etc. Alors la circulation rentre dans son mouvement naturel, la peau s'adoucit, s'humecte, les évacuations reprennent leur régularité ; la coction est opérée et a amené à sa suite la troisième période, celle des *crises* (voyez ce mot). Ces considérations, que nous ne pouvons développer plus longuement, ont une grande importance au point de vue du traitement des maladies, qui doit toujours être dirigé en vue de favoriser la marche régulière de chacune de ces périodes.

F—n.

CODÉINE (Chimie) ($C^{36}H^{21}AzO^{6}$). — Alcaloïde qui se rencontre dans l'opium en même temps que la *morphine* et la *narcotine*. Il est constitué par des cristaux octaédriques à base rhombe, d'une grande netteté ; sa saveur est amère ; sa solubilité dans l'eau plus grande que celle de la morphine ; son action sur les réactifs colorés, nettement alcaline. Il fond vers 150° et perd alors deux équivalents d'eau de cristallisation. — La codéine se distingue nettement de la morphine par son insolubilité dans les alcalis en solution dans l'eau, par l'absence de coloration au contact de l'acide azotique et du sesquichlorure de fer. — On l'obtient, comme produit secondaire, dans l'extraction de la *morphine*. Les chlorhydrates de morphine et de codéine sont obtenus simultanément. On les traite par l'ammoniaque qui précipite la morphine, et forme avec la codéine un chlorhydrate double de codéine et d'ammoniaque. Le sel double, qui demeure dissous, est traité par la potasse pour en séparer la codéine sous la forme d'une masse visqueuse qui, à la longue, devient cristalline. Ce dernier produit est lui-même soumis à l'action de l'éther aqueux, qui le dissout en partie et abandonne ensuite la codéine cristallisée. — La codéine a été quelquefois employée en médecine comme calmant. Elle agit principalement sur les nerfs de la région hypogastrique. Découverte par Robiquet, en 1832.

CODEX. — Voyez Formulaire, Dispensaire.

CŒCUM et mieux **Cæcum** (Anatomie), du latin *cæcus*, aveugle. — C'est le nom que l'on donne à la première portion du gros intestin ; celui-ci reçoit l'intestin grêle par côté et commence lui-même par un cul-de-sac très-développé chez les herbivores, presque nul chez les car-

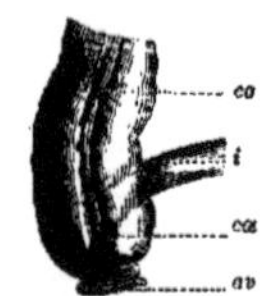

Fig. 585. — Cœcum de l'homme (1).   Fig. 586. — Valvule iléo-cœcale (2).

nivores et nettement indiqué dans l'homme : c'est le *cœcum* (de *cæcus*). Il est muni, chez ce dernier et chez

(1) Fig. 585. Cœcum de l'homme. — *i*, intestin grêle, son insertion dans le gros intestin. — *cæ*, cœcum avec son appendice vermiculaire *av*. — *co*, côlon ascendant.

(2) Fig. 586. Dessin linéaire de l'abouchement de l'intestin grêle dans le gros intestin, et de la disposition de la valvule iléo-cœcale. — *i*, intestin grêle. — *ig*, gros intestin. — *cæ*, cœcum. — *v*, appendice vermiforme.

quelques animaux très-voisins, d'un petit prolongement contourné nommé *appendice vermiforme*, et qui semble une portion avortée de ce cul-de-sac membraneux. L'intestin grêle pénètre dans le gros intestin par sa face postérieure, à peu près perpendiculairement à sa direction générale. En s'y abouchant, il forme un repli intérieur en entonnoir dont le bec dirigé vers le gros intestin ne laisse passer que les matières qui doivent y pénétrer, puis se rebrousse et fait obstacle dès qu'il s'en présente pour revenir en sens inverse. Ce repli a reçu le nom de *valvule de Bauhin*, *valvule iléo-cœcale*, parce qu'elle est placée sur la limite du cœcum et de l'intestin grêle dont la dernière moitié environ porte le nom d'*iléon*. Le cœcum se continue avec la portion du côlon nommé *côlon ascendant* (voyez Côlon).

CODEX MÉDICAMENTAIRE (matière médicale), recueil de formules pharmaceutiques (voyez Dispensaire).

COEFFICIENT (Mathématiques). — Lorsqu'une quantité désignée par une lettre est multipliée par un facteur numérique, on écrit le facteur au-devant de cette quantité, et on l'appelle *coefficient*. Ainsi, dans l'expression $5x^2$, 5 est le coefficient.

COENDOU (Zoologie), *Synetheres*, F. Cuv. — Genre de *Mammifères rongeurs*, de la tribu des *Porcs-épics*, de F. Cuvier (voyez ce mot) ; caractérisé surtout par une queue longue, nue au bout et prenante comme celle d'un sapajou ; leurs pieds n'ont que quatre doigts armés d'ongles, au moyen desquels ils grimpent aux arbres ; ils ont le museau gros et court, garni d'épaisses moustaches ; la tête bombée au front. Leurs sens paraissent obtus, les yeux sont petits, saillants, les paupières très-étroites ; le pelage est presque entièrement formé d'épines tenant à la peau par un pédicule très-mince ; aussi tombent-elles avec une grande facilité. Ces animaux vivent sur les arbres dont ils mangent l'écorce, les feuilles et les fruits. Leurs mouvements sont lents ; on ne les a encore trouvés que dans l'Amérique méridionale. La seule espèce bien connue est le *C. à longue queue* (S. *prehensilis*, F. Cuv.), long de 0^m, 36.

COENURE (Zoologie). — Voy. Ténia, Vers intestinaux.

CŒUR (Anatomie), *cor* des Latins, *kardia* des Grecs. — Organe qui a pour fonction de chasser le sang dans toutes les parties du corps. Chez l'homme, les mammifères et les oiseaux, le cœur est un organe charnu placé au milieu de la poitrine, sous le sternum et entre les deux poumons. Son volume chez l'homme est un peu plus grand que le poing fermé ; il a la forme d'un cône émoussé, dont la base est dirigée en haut, vers la droite et un peu en arrière, tandis que son sommet ou sa pointe est dirigée en bas, à gauche et un peu en avant, de manière à venir battre entre la cinquième et la sixième côte gauches.

Le cœur est un muscle creux divisé en quatre cavités. Une cloison longitudinale, s'étendant de la base au sommet, le partage en deux moitiés semblables ; à chacune de ces deux moitiés sont dévolues des fonctions spéciales, de telle

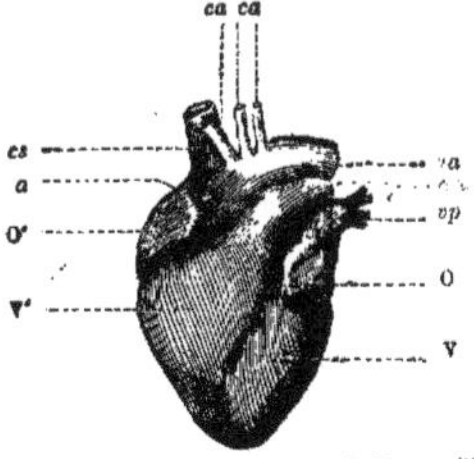

Fig. 587. — Face antérieure du cœur de l'homme (1).

façon que l'on considère habituellement les deux moitiés du cœur comme distinctes : le *cœur droit*, centre d'im-

(1) Fig. 587 et 588. Vues antérieure et postérieure du cœur de l'homme. — O', oreillette droite. — V', ventricule droit. — O, oreillette gauche. — V, ventricule gauche. — aa, artère aorte. — ap, artère pulmonaire. — vp, veines pulmonaires gauches. — vp', veines pulmonaires droites. — cs, veine cave supérieure. — ci, veine cave inférieure. — ca, tronc commun de l'artère du bras droit et du côté droit de la tête. — c, artère du côté gauche de la tête. — a, artère du bras gauche.

pulsion de la circulation du sang noir ; le *cœur gauche*, centre d'impulsion de la circulation du sang rouge. Chez l'homme, les mammifères et les oiseaux, il n'existe au-

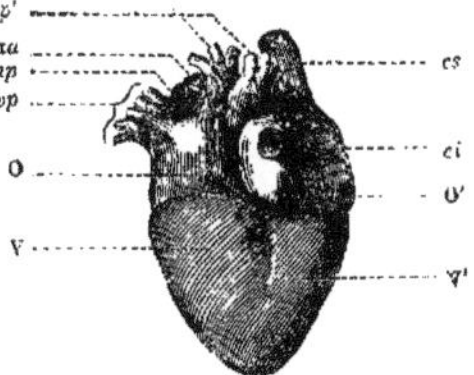

Fig. 588. — Face postérieure du cœur de l'homme.

cune communication du cœur gauche au cœur droit, de sorte que, dans le cœur, le courant du sang noir et celui du sang rouge passent à côté l'un de l'autre sans se méler en rien. Bien que reliées entre elles par des fibres musculaires, les cavités gauches et les cavités droites offrent dans leurs mouvements une simultanéité et une dépendance réciproques qui seront expliquées plus loin.

A la même hauteur et du côté de sa base, une cloison transversale divise en deux cavités chaque moitié du cœur. La plus petite, placée à la base, se nomme *oreillette* ; l'autre, plus vaste, s'étend jusque dans la pointe du cœur, c'est le *ventricule*. La cloison qui sépare chaque oreillette de son ventricule est percée à son centre d'un grand orifice de communication que l'on appelle l'*orifice auriculo-ventriculaire*. Son pourtour est garni d'un repli membraneux disposé en valvule et qui joue un rôle très-important pour assurer la direction du courant sanguin. Il résulte donc de ce qui vient d'être dit que le cœur de l'homme et des animaux supérieurs est divisé en quatre compartiments :

$$\text{Cœur} \begin{cases} \text{droit} \dots \dots \begin{cases} \text{oreillette droite.} \\ \text{ventricule droit.} \end{cases} \\ \text{gauche} \dots \dots \begin{cases} \text{oreillette gauche.} \\ \text{ventricule gauche.} \end{cases} \end{cases}$$

Chaque oreillette communique par son orifice auriculo-ventriculaire avec le ventricule correspondant ; il y a séparation complète entre la moitié droite et la moitié gauche du cœur. Les oreillettes ont pour fonction de recevoir le sang ramené au cœur par les veines ; les ventricules poussent, au contraire, dans les artères le sang que contient le cœur. Il ne faut donc pas oublier que tout vaisseau aboutissant à une oreillette est une *veine* et que les ventricules ne communiquent directement qu'avec les *artères*. On ne comprend la circulation du sang que lorsque tous ces faits s'offrent à l'esprit comme découlant réciproquement les uns des autres.

La base du cœur est percée de plusieurs gros vaisseaux dont les uns apportent, les autres emportent le sang. Le tableau suivant fera saisir brièvement et d'une manière précise ce détail de l'appareil circulatoire.

$$\text{Cœur} \begin{cases} \text{gauche} \\ \text{sang rouge.} \end{cases} \begin{cases} \text{oreillette gauche..} \begin{cases} \text{2 veines pulmonaires gauches.} \\ \text{2 veines pulmonaires droites.} \end{cases} \\ \text{ventricule gauche. l'artère aorte.} \end{cases}$$
$$\begin{cases} \text{droit} \\ \text{sang noir...} \end{cases} \begin{cases} \text{oreillette droite...} \begin{cases} \text{la veine cave supérieure.} \\ \text{la veine cave inférieure.} \end{cases} \\ \text{ventricule droit... l'artère pulmonaire.} \end{cases}$$

Tous ces vaisseaux tiennent au cœur par sa base et l'attachent aux parties voisines, mais sa surface latérale et son sommet sont complétement libres.

La structure du cœur est simple : c'est un muscle creux formé de deux moitiés, à fibres musculaires bien distinctes, puis relié en un seul et même organe par des fibres qui passent d'une moitié à l'autre. La principale couche organique des parois du cœur est donc formée par les fibres musculaires et son épaisseur varie dans les divers points de l'organe. Elle est faible au niveau des oreillettes et plus considérable pour les ventricules ; mais les parois du ventricule gauche sont les plus épaisses et se montrent assez communément triples en épaisseur de celles du ventricule droit.

L'intérieur des cavités du cœur est tapissé par une membrane extrêmement lisse sur laquelle le sang passe sans résistance ; on la nomme *endocarde* (en grec *endon*, en dedans, et *kardin*, cœur) ; elle se continue dans l'intérieur des vaisseaux dont la capacité est en communication avec celle du cœur. Enfin, extérieurement, le cœur est revêtu par une séreuse nommée le *péricarde* (du grec *péri*, autour ; *kardia*) ; son feuillet viscéral couvre toute la surface libre du cœur, puis se réfléchit au niveau de sa base et des gros vaisseaux qui y sont fixés ; là commence le feuillet pariétal du péricarde. Logé avec le cœur entre les deux feuillets de la cloison médiane (*médiastin*) formée dans la poitrine par les deux *plèvres*, ce feuillet pariétal forme autour du cœur un sac membraneux qui le protège contre tout frottement.

Pour les maladies du cœur (voyez ANÉVRYSME, ENDOCARDITE, HYPERTROPHIE, INSUFFISANCE.

Nous avons dit quel était le cœur chez l'homme et dans une grande partie des vertébrés ; dans les autres

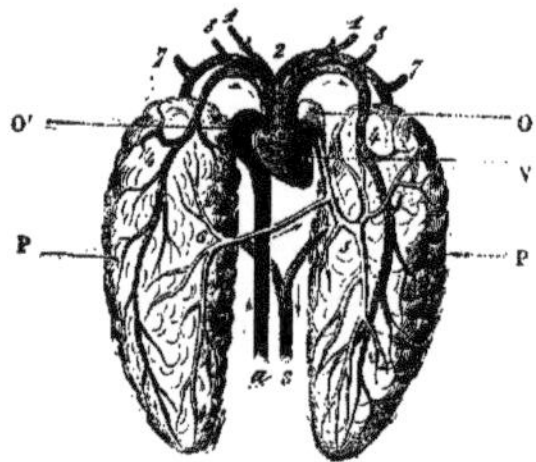

Fig. 589. — Cœur, poumons et vaisseaux d'une grenouille (1).

déjà, cet organe, qui est la partie la plus compliquée de l'appareil circulatoire, nous montre des imperfections remarquables. Dans la classe des reptiles et dans celle des amphibies, le cœur, au lieu de quatre cavités, n'en a plus que trois ; on y trouve encore deux oreillettes, mais elles s'ouvrent dans une seule et même cavité ventriculaire, de sorte que le sang noir et le sang rouge se mêlent dans le ventricule unique d'où naissent en même temps l'aorte et l'artère pulmonaire ; il résulte de là que ce sang mêlé est porté en même temps dans le poumon pour y subir les effets de la respiration et dans toutes les parties du corps pour les nourrir ; c'est pour cela que G. Cuvier a donné à ce phénomène le nom de *circulation incomplète*, par opposition à ce qui se passe chez l'homme et les animaux supérieurs, où la *circulation* est dite *complète*. Dans la classe des poissons (*fig.* 590), le cœur n'a plus que deux cavités, une oreillette et un ventricule, qui représentent seulement les cavités droites du cœur, celles que traverse le sang noir, ce qui lui a fait donner le nom de *cœur veineux*. Le cœur gauche est remplacé par un système de vaisseaux qui, après avoir porté le sang dans l'appareil respiratoire, le ramènent dans une grande artère, l'*artère dorsale*, destinée à l'envoyer dans toutes les parties du corps. Dans la plupart des mollusques et chez les crustacés parmi les annelés, l'appareil circulatoire est encore pourvu d'un cœur, mais il n'est jamais double ; il se compose ordinairement d'une ou de deux oreillettes recevant le sang qui sort de l'appareil respiratoire, et d'un ventricule qui pousse ce sang dans les artères du corps ; ce cœur peut donc être comparé aux cavités gauches du cœur de l'homme et on lui a donné, à cause de cela, le nom de *cœur aortique*. Dans les insectes, le cœur n'est plus représenté que par un vaisseau contractile situé le long de la ligne médiane dorsale de l'abdomen ; ce *vaisseau dorsal* est animé d'un mouvement régulier de contraction qui fait marcher le sang de son orifice postérieur vers son extrémité opposée ; il se

prolonge dans le thorax en un vaisseau que l'on peut considérer comme une aorte. Dans les annélides, quoique

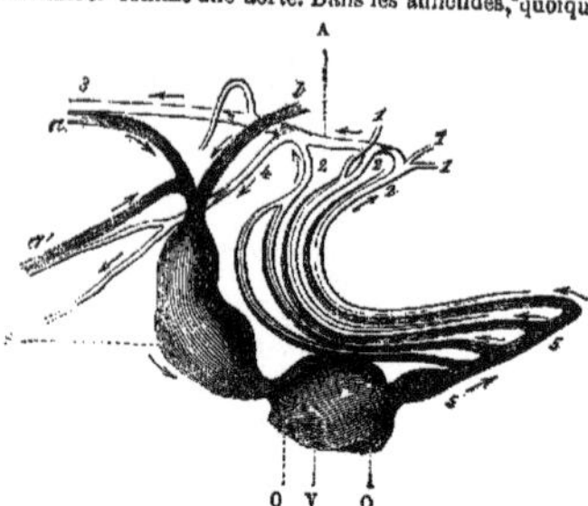

Fig. 590. — Cœur et vaisseaux d'une carpe (2).

les vaisseaux soient très-développés, on n'y trouve pas de véritable cœur.

Cœur (Zoologie). — Ce nom était très-employé autrefois en *Conchyliologie* pour désigner, même comme genres, un assez grand nombre de *Coquilles* dont la forme a quelque ressemblance avec un cœur, et cela sans tenir compte des véritables caractères distinctifs. Elles sont aujourd'hui réparties dans différents genres, tels que les *Bucardes*, les *Cardites*, les *Arches*, les *Hippopes*, etc. Ainsi le *C. blanc de Vénus* est le *Cardium cardissa*, Lin. ; le *C. de bœuf* (*Cardium isocardia*, Lin.) ; le *C. de la Jamaïque* (*Arca senilis*, Gmel.) ; le *C. des Indes* (*Arca fusca*, Gmel.) ; le *C. de perdrix* (*Chama antiquata*, Lin.), etc.

Cœur (Botanique). — On a donné ce nom vulgairement à quelques végétaux ou à quelques fruits auxquels on a cru trouver plus ou moins de ressemblance avec le cœur ; ainsi :

Cœur de bœuf. — Fruit d'une espèce de *Corossolier*, le *C. écailleux* (*Anona squamosa*, Lin.). Cet arbre est cultivé dans les deux Indes à cause de l'excellence de ses fruits ; ils sont d'un vert noirâtre, leur chair est blanchâtre, presque semblable à de la bouillie, d'une odeur suave et d'une saveur très-agréable. Le même nom de *cœur de bœuf* a aussi été donné au fruit du *C. réticulé* (*Anona reticulata*, Lin.), qui est d'un goût désagréable (voyez ANONE). C'est aussi le nom vulgaire que l'on donne à la pomme d'une variété de *chou*.

Cœur des Indes. — C'est la graine des plantes du genre *Corinde* (*Cardiospermum*, Lin.).

Cœur de saint Thomas. — On appelle ainsi en Amérique le fruit d'une espèce d'acacie, l'*Acacie grimpante* (*Acacia scandens*, Lin.), dont la gousse a souvent près de 1 mètre de long, et les graines comprimées lenticulaires ont jusqu'à 0^m,08 de diamètre. Ces graines sont bonnes à manger, on les cuit, on les rôtit comme des châtaignes et on les dépouille de leur peau épaisse, coriace et presque ligneuse. Comme on les trouve souvent sur les bords de la mer, où elles sont entraînées par les eaux, on les a nommées dans quelques lieux *châtaignes de mer*.

COFFRE (Zoologie). *Ostracion*, Lin. — Genre de *Poissons*, de l'ordre des *Plectognathes*, famille des *Sclérodermes*, voisin des Balistes. Ils ont, au lieu d'écailles, des compartiments osseux et réguliers soudés en une espèce de cuirasse inflexible qui leur revêt la tête et le corps, de sorte qu'ils n'ont de mobile que la queue, les nageoires, la bouche ; chaque mâchoire porte dix ou douze dents coniques. Ils ont peu de chair, mais un foie gros et donnant beaucoup d'huile. On a regardé quelques espèces comme vénéneuses. Ces poissons ne vivent que sur les côtes des mers de la zone torride. Ils se nourrissent de crustacés et de petits coquillages. Cuvier les

---

(1) Fig. 589. Cœur, poumons et vaisseaux d'une grenouille. — O, oreillette gauche. — O', oreillette droite. — V, ventricule unique. — 1, artère et carotides. — 2, crosse de l'aorte. — 3, aorte descendante. — 4, artères pulmonaires. — 5, 6, veines pulmonaires. — 7, 8, artères qui vont aux bras et au cou. — a, veine cave inférieure. — P P, poumons.

(2) Fig. 590. Cœur et vaisseaux d'une carpe. — O, oreillette unique du cœur. — V, ventricule unique. — S, sinus de Cuvier qui reçoit le sang noir des veines caves et le verse dans l'oreillette. — a, veine dorsale. — a', veine abdominale. — b, veine cave supérieure. — A, artère dorsale qui représente l'aorte et résulte de la réunion des veines branchiales. — 1, artère de la tête. — 2, racine de l'artère dorsale, ou veines branchiales. — 3, artère dorsale. — 4, artère abdominale. — 5, artère branchiale dont les ramifications portent le sang noir aux branchies.

divise en plusieurs groupes, d'après surtout la forme du corps, qui peut être triangulaire, quadrangulaire ou comprimée. En général, ces poissons sont peu utiles à

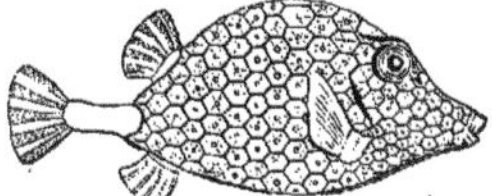

Fig. 591. — Coffre.

l'homme. Parmi les espèces assez nombreuses de ce genre, on peut citer le *C. tigré* (*Ostracion cubicus*, Lin.), corps quadrangulaire, sans épines. Il parvient à la longueur de 0ᵐ,35, et sa chair passe pour délicate. Selon Renard, on le nourrit dans les bassins où il devient familier.

COGNASSIER, Coignassier (Botanique), *Cydonia*, Tourn., de Cydon, ville de l'île de Crète, d'où cet arbre est originaire. De *cydonia*, nous avons fait coing et cognassier. — Genre de plantes de la famille des *Pomacées*. Le *C. commun* (*C. vulgaris*, Pers. ; *Pyrus cydonia*, Lin.) est un arbre de petite dimension qui croît dans l'Europe moyenne. Ses feuilles sont ovales, entières, molles, cotonneuses en dessous. Ses fleurs sont blanches, grandes, à pétales concaves et à calice tomenteux. Son fruit, qu'on désigne vulgairement sous le nom de *coing*, est jaune, très-odorant, à pulpe ferme, charnue. C'est un petit arbre qui n'est guère plus grand qu'un arbrisseau, et que l'on classe parmi les arbres fruitiers ; il se rapproche beaucoup du poirier. On l'emploie souvent comme sujet pour greffer plusieurs espèces de poiriers, et surtout ceux d'été. Il a l'avantage, dans ce cas, de pousser moins de bois que ceux qui sont greffés sur franc, et de donner du fruit plus promptement. On cultive plusieurs espèces de cet arbre, l'une à feuilles oblongues et ovales (*C. vulgaris oblonga*, Mill.), une autre qu'on appelle le *C. du Portugal* (*C. vulgaris lusitanica*, Mill.) (*fig.* 582), qui

Fig. 592. — Coignassier du Portugal.

est plus fort, plus beau, dont les feuilles sont plus larges et les fruits plus gros, plus charnus, plus propres à être convertis en gelée, marmelade et conserve que ceux de l'espèce suivante ; enfin, le *C. à fruits maliformes* (*C. vulgaris maliformis*, Mill.), c'est-à-dire à fruits globuleux en forme de pomme. Le coignassier donne des fruits à saveur âpre et astringente ; lorsqu'ils sont cuits, leur pulpe acquiert une saveur aromatique un peu sucrée; aussi les emploie t-on à faire des marmelades, des confitures et même des sirops. Le coing a été fort célébré par les poètes. Virgile en parle dans ses églogues. Les anciens l'appelaient *pomme de Cydon* et *malus cotonea*, parce qu'il est couvert de duvet avant sa maturité. On regardait ce fruit comme l'emblème du bonheur et de la fidélité ; aussi, le dédiait-on à Vénus. On l'admettait comme décoration des temples ; ceux de Chypre et de Paphos surtout en étaient ornés. Le coing figurait aussi

avec les statues des dieux qui présidaient au mariage. Le *C. de la Chine* (*C. sinensis*, Thunb.) est un arbre à feuilles ovales, terminées en pointe aux deux extrémités. Ses fleurs sont blanches ou roses et répandent une odeur qui rappelle celle de la violette. Les fruits de cette espèce ne peuvent pas arriver à maturité sous le climat de Paris. On parvient cependant à les leur faire achever dans le fruitier; ils se colorent alors d'une teinte jaune et exhalent une odeur agréable ; mais, la saveur leur manquant, on n'a pu encore en tirer parti, même pour la confiserie. Le *C. du Japon* (*C. japonica*, Pers.; *C. pyrus*, Thunb.) est un arbuste cultivé seulement pour l'ornement des jardins. Dès les premiers jours du printemps, ses fleurs rouges, solitaires ou fasciculées, s'épanouissent et sont d'un joli effet. Cette espèce a des variétés à fleurs blanches ou roses. Caract. du genre : calice à 5 divisions; 5 pétales presque orbiculaires; 5 styles ; fruit cotonneux pyriforme, à 5 loges contenant chacune 10-15 graines.   G — s.

COHOBATION (Pharmacie), du mot arabe *cohob*, distillation double. — C'est une opération qui consiste à remettre plusieurs fois de suite le produit d'une distillation dans l'appareil à distiller (voyez DISTILLATION). Les anciens chimistes, et surtout les alchimistes, avaient souvent recours à cette opération qu'ils réitéraient quelquefois jusqu'à plusieurs centaines de fois ; et ils avaient imaginé pour cela un alambic particulier qu'ils appelaient *pélican*, peu en usage aujourd'hui. Quelques pharmaciens ont encore recours à ce procédé qui est abandonné par le plus grand nombre d'entre eux.

COHÉSION, force attractive moléculaire qui s'exerce entre les molécules constitutrices d'un corps (voyez ADHÉSION).

COIFFE JAUNE (Zoologie). — Buffon a donné ce nom à une espèce d'*Oiseaux* du genre *Carouge*, l'*Oriolus icterocephalus*, Gmel., qui a une sorte de coiffe jaune.

COIFFE NOIRE (Zoologie). — Nom vulgaire par lequel Buffon a désigné une espèce d'*Oiseaux* du genre *Tangara*, de Cayenne, dont Vieillot a fait le genre *Némosis*.

COIFFE DE CAMBRAI (Zoologie). — C'est un des noms vulgaires donnés à l'*Argonaute argo* (Mollusque).

COIFFE (Botanique). — Organe qui recouvre l'urne des mousses, et le sporange des hépatiques ; il est nommé en latin *calyptra* (voyez CALYPTRE).

COIGNASSIER (Botanique). Voyez COGNASSIER.

COIN (Mécanique). — Corps dur en bois, en fer ou en acier, terminé par deux faces qui se coupent sous un angle très-aigu pour former le *tranchant* du coin. On l'emploie pour écarter deux corps l'un de l'autre, ou pour séparer deux parties d'un même corps, lorsque ce résultat ne peut être obtenu qu'en employant un grand effort. La troisième face opposée au tranchant s'appelle *tête* du coin ; c'est sur elle que s'exerce le choc destiné à le faire avancer. En faisant abstraction des frottements, l'effort avec lequel le coin tend à écarter les deux bords de la fente dans laquelle il pénètre est avec la pression exercée sur sa tête dans le même rapport que la longueur du coin à la largeur de sa tête mesurée de l'une de ces faces à l'autre. Si donc la tête est en largeur la dixième partie de la longueur du coin, une pression de 100 kil. suffira pour vaincre une résistance de 1 000 kil. à l'écartement. Mais les frottements sont ici toujours en rapport avec la résistance à vaincre et, par conséquent, très-grands ; c'est même grâce à eux que le coin chassé par un coup de maillet dans la fente d'un morceau de bois qu'on veut diviser en éclats n'en est pas expulsé vivement après le choc. Plus l'angle formé par les deux côtés du coin sera aigu, plus ce coin pénétrera facilement dans la fente et plus il y restera solidement fixé ; mais aussi plus il faudra que le coin s'enfonce pour produire un même écartement de l'obstacle.

COING (Botanique). — Fruit du *Coignassier*.

COINS (Zoologie). — On appelle ainsi les dents qui terminent de chaque côté les arcades dentaires incisives dans le cheval. On a aussi appliqué la même dénomination chez le bœuf et le mouton.

COIX (Botanique), *Coix*, Lin. Nom employé par Théophraste pour désigner, croit-on généralement, une plante graminée. — Genre de plantes de la famille des *Graminées*, tribu des *Panicées*. Il comprend des herbes rameuses à tige pleine et à feuilles assez larges. Leurs fleurs sont disposées en épis fasciculés; les trois épillets basilaires sont logés dans un involucre ovoïde, dur, luisant et percé à la partie supérieure. Le *C. larme de Job* ou *Larmille* (*C. lacryma*, Lin.), ainsi nommé à cause de la forme de ses graines, atteint à peu près 1 mètre de hauteur. Ses feuilles sont lancéolées et ses involucres fructifères sont d'un gris bleuâtre et très-lustrés. Cette espèce, qui est originaire de l'Inde, est une des graminées les plus singulières. Dans certains pays, on emploie les graines de coix pour fabriquer du pain en temps de disette. On n'en obtient ainsi qu'un aliment grossier. Dans le midi de l'Europe, les grains de cette espèce servent à faire des chapelets. Les femmes de l'Inde portent souvent des colliers, des bracelets faits avec ces fruits recouverts de leur involucre fructifère qui sont d'un assez joli aspect.

G — s.

COKE (Chimie industrielle), de l'anglais *coak*, dérivé lui-même du latin *coctus*, cuit. — Produit de la distillation de la houille en vase clos ou de sa combustion incomplète (voyez CARBONISATION, COMBUSTIBLES). Le coke est d'un gris noirâtre doué d'un reflet métallique; il est poreux, plus ou moins boursouflé; il s'allume difficilement, brûle presque sans flamme et s'éteint dès qu'il est retiré du feu. Il ne brûle bien qu'en masse un peu forte et sous l'influence d'un courant d'air assez vif; mais il produit, quand il est employé dans de bonnes conditions, une température extrêmement élevée, ce qui, joint à l'absence de fumée dans les produits de sa combustion et à son degré de pureté supérieur à celui de la houille, le fait rechercher dans certaines industries, particulièrement dans le traitement des métaux et le chauffage des locomotives.

Le meilleur coke est préparé aux houillères mêmes par la carbonisation du menu charbon produit dans l'exploitation. Celui que l'on obtient dans les usines à gaz est de qualité beaucoup inférieure et n'est employé qu'aux usages domestiques. Il brûle très-bien dans les cheminées quand on y ajoute du bois et donne beaucoup plus de chaleur que le bois seul.

L'hectolitre de coke pèse de 40 à 45 kil.

Les Anglais imaginèrent les premiers, sous le règne d'Élisabeth, de carboniser la houille pour employer le coke à la fabrication du fer. Cet usage s'introduisit en France vers 1722.

COL, *Cou* (Anatomie, Zoologie), *collum*. — Ce mot, dans un sens général, sert à désigner un rétrécissement que présente un viscère dans son étendue, un resserrement qu'on observe entre les extrémités et le corps des os; pris dans le sens propre, c'est la partie du corps qui se trouve entre la tête et le thorax, et qui offre un rétrécissement remarquable, surtout dans les animaux supérieurs. On concevra qu'il n'y a point de partie du corps dont l'anatomie soit plus compliquée que celle du col, lorsqu'on réfléchira que c'est le point par lequel doivent s'effectuer toutes les communications entre la tête et les autres régions du corps : ainsi, le larynx et la trachée-artère, le pharynx et l'œsophage, transmettent dans le poumon et dans l'estomac l'air et les aliments reçus par la bouche; le sang artériel chassé par le cœur est transporté dans toute la tête, et en particulier à l'encéphale, par les artères carotides et vertébrales; à son tour, le sang veineux revient au cœur par de nombreux rameaux qui le versent dans les veines jugulaires; les lymphatiques y forment de nombreux ganglions. Enfin, des nerfs et surtout la partie supérieure de la moelle épinière établissent des rapports nombreux et importants qui doivent exister entre la tête et le reste du corps. Toutes ces parties contribuent à constituer le col; d'autres encore lui donnent la forme, la souplesse et la variété des mouvements qu'il doit exécuter : ainsi, l'os hyoïde, les glandes maxillaires et sublinguales, la glande thyroïde, les sept vertèbres cervicales chez l'homme, et enfin une quantité considérable de muscles au nombre de soixante-quinze, dont trente-deux pairs et onze impairs.

Le col présente de grandes variétés dans la série animale; peu différent de ce qui vient d'être dit dans les mammifères, si l'on en excepte les cétacés, où il n'est pas distinct, il ne l'est pas davantage dans les poissons, et en général dans les reptiles et les batraciens. Mais chez les oiseaux il offre un intérêt particulier : quelquefois il est court, d'autres fois très-long, et alors le nombre des vertèbres cervicales qui forment sa charpente peut aller à plus de vingt; ainsi on en compte neuf dans le moineau, douze dans le geai, treize dans le pigeon, quatorze dans le canard, quinze dans l'oie, dix-huit dans l'autruche, dix-neuf dans la cigogne, vingt-trois dans le cygne. Ces différences expliquent suffisamment l'étendue des mouvements que chaque espèce peut exécuter suivant le nombre de ces vertèbres cervicales, mouvements qui sont en rapport avec la nourriture que le bec doit saisir; ainsi on remarquera que les oiseaux nageurs qui doivent plonger la tête dans l'eau pour y chercher leur

proie ont en général le col plus long et plus flexible que les autres.

F.—N.

COLASPES (Zoologie), *Colaspis*, Fab. — Genre d'*Insectes coléoptères tétramères*, famille des *Cycliques*, voisin des Chrysomèles et des Eumolpes. Ce sont de petits insectes dont le corps est court et arrondi et qu'on trouve particulièrement en Amérique. Une seule espèce se rencontre dans les départements méridionaux de la France, c'est la *C. très-noire* (*C. atra*, Oliv.), ovale, très-noire, pointillée, la base des antennes fauve.

COLATURE (Pharmacie). — On donne ce nom à une opération pharmaceutique qui consiste à verser sur un tissu de toile ou de laine peu serré ou dans la *chausse d'Hippocrate* (voyez ce mot), un liquide quelconque, soit un sirop, une décoction ou une infusion, plutôt pour en séparer le marc que pour obtenir une transparence parfaite; elle diffère en cela de la *filtration* (voyez ce mot). On donne aussi ce nom au liquide ainsi passé.

COLCOTHAR. Voyez FER (*oxydes de*).

COLCHICACÉES (Botanique). — Famille de plantes *Monocotylédones*, nommée ainsi par de Candolle, et adoptée par la plupart des auteurs, mais sous le nom de *Mélanthacées*, R. Br. (voyez ce mot). M. Nees a établi dans cette famille une tribu, les *Colchicées*, ayant pour type le genre *Colchique* (voyez ce mot).

G — s.

COLCHIQUE (Botanique), *Colchicum*, Lin. D'après Dioscoride, ce nom viendrait de Colchide, parce que cette plante y croissait. Il est vrai qu'elle a toujours été très-abondamment répandue en Europe; et on pense alors que le nom de la Colchide lui aurait été appliqué parce que les habitants de ce pays avaient la réputation de composer et de préparer un grand nombre de poisons. — Genre de plantes de la famille des *Mélanthacées*, tribu des *Colchicées*. Les espèces qui composent ce genre ont un bulbe solide; les feuilles engaînantes à la base et paraissant après les fleurs qui s'épanouissent ordinairement en automne et qui sont colorées d'un lilas ou d'un rose purpurin souvent très-vif. Le *C. d'automne* (*C. autum-*

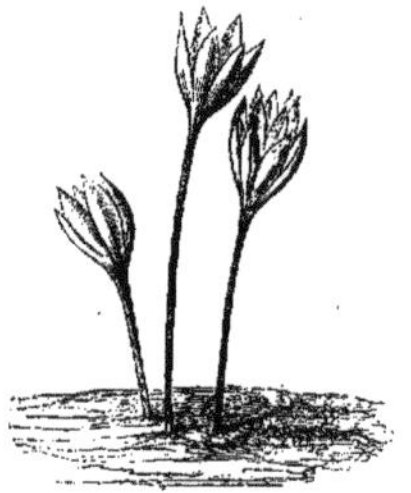

Fig. 503. — Colchique d'automne.

nale, Lin.), appelé aussi *Safran des prés, Safran bâtard, Tue-chien*, à cause de ses propriétés vénéneuses, et *Veillotte, veilleuse*, parce qu'il fleurit au moment où commencent les veillées de la mauvaise saison, est une plante à bulbe recouvert d'une tunique externe brunâtre, tandis que l'intérieur est blanc. Ses feuilles sont lancéolées, larges et d'un vert foncé. Ses fleurs, d'une belle couleur lilas, ont une partie de leur tube enterrée, ainsi que l'ovaire dont le développement reste, pour ainsi dire, stationnaire pendant l'hiver, après la floraison, qui a lieu en automne. Au printemps suivant, la hampe s'accroît, les feuilles se développent et la capsule mûrit. Le colchique d'automne croît en abondance dans les prairies, les marécages de l'Europe moyenne. Il est très-commun aux environs de Paris. On distingue plusieurs variétés de cette espèce : celles à fleurs doubles, à fleurs pourpres, à fleurs blanches, à fleurs panachées. Toutes les parties de cette plante exhalent une odeur forte et nauséabonde. Le bulbe surtout contient un principe extrêmement vénéneux dans lequel la chimie a découvert un alcaloïde nommé *vératrine* du *Veratrum sabadilla*, ou plutôt de l'*Asagrée officinale* (*Veratrum officinale*, Brandt) qui produit la *cévadille?* voyez VÉRATRINE, CÉVADILLE. Son emploi en médecine demande une grande précaution. L'hydropisie, certaines affections rhumatismales, la goutte, etc., sont, dit-on, sensiblement soulagées par l'emploi du colchique d'automne. Cependant, nous ne pouvons passer sous silence les réserves très-bien motivées d'un homme qui fait autorité en pareille matière, M. le professeur Trousseau. Pour lui le colchique employé dans la goutte et le rhumatisme « n'a pas une influence en somme plus évidente que celle des purgatifs drastiques expérimentés comparativement. » Quant à la *vératrine*, son action thérapeutique sera appréciée aux mots GOUTTE, RHUMATISME, VÉRATRINE. Les bulbes de cette plante, habilement débarrassés de leurs principes toxiques, donnent une fécule amylacée qui peut servir d'aliment. Enfin la teinture a obtenu une couleur olive jaunâtre très-vive et solide des fleurs de cette espèce. On cultive comme plante d'ornement le *C. de Bivona* (*C. Bivonæ*, Guss.), espèce très-originale par la coloration de ses fleurs, disposée en quelque sorte comme les carrés d'un damier. On y remarque alternativement le blanc et le pourpre. On le trouve en Portugal, en Italie et en Grèce. Le *C. d'Orient* (*C. byzantinum*, Galw.) a les fleurs plus grandes que celles du précédent. Un seul bulbe en produit quelquefois une vingtaine. On trouve cette jolie espèce dans le Levant, en Turquie. — Caract. du genre : périanthe en entonnoir, à tube allongé, à limbe en 6 divisions égales ; 6 étamines insérées vers la gorge, à anthères versatiles ; ovaire à 3 loges renfermant de nombreux ovules ; 3 styles filiformes. Le fruit est une capsule.

G — s.

COLÉOPTÈRES (Zoologie), du grec *koleos*, étui, *ptéron*, aile. — Nom imaginé par Linné pour désigner les insectes qui, comme les hannetons, ont quatre ailes, dont la paire postérieure seule membraneuse sert seule au vol, tandis que la paire antérieure, courte, coriace et rigide, sert simplement d'*étui* à la précédente pour la recouvrir quand l'insecte ne vole pas. Ces ailes en étuis ont reçu le nom d'*élytres*, du mot grec *élytron*, qui, comme *coleos*, signifie gaîne, étui. Le nom de *Coléoptères* désigne actuellement l'ordre le plus important de la classe des *Insectes* ; cet ordre, à lui seul, renferme presque autant d'espèces que tous les autres de la même classe pris ensemble. On peut le caractériser ainsi : l'ordre des *Coléoptères* comprend des insectes pourvus de deux paires d'ailes ; l'antérieure (*a*, fig. 594) conformée en élytres ou étuis

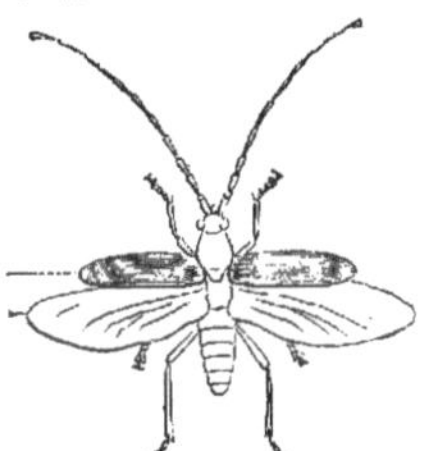

Fig. 594. — Coléoptère tétramère. (Lamie ou capricorne charpentier.)

destinés à recouvrir la seconde pendant le repos, la seconde (*b*) pliée sous la première longitudinalement en éventail à sa base et transversalement à son extrémité. La bouche des coléoptères est organisée pour broyer des aliments solides ; on y trouve deux paires de mâchoires (*mandibules* et *mâchoires* proprement dites), libres, munies en dessus et en dessous d'une pièce médiane nommée *labre* ou *lèvre supérieure* et *lèvre inférieure* ou *languette*. La languette porte une paire de *palpes* dites *labiales*, les mâchoires proprement dites sont pourvues d'une ou deux paires de *palpes maxillaires*. Le corps des coléoptères se montre d'ailleurs nettement divisé en trois parties : une tête ornée de deux antennes et de deux yeux composés ou à facettes ; un thorax formé de trois anneaux pourvus chacun d'une paire de pattes et dont les deux premiers portent la première et la seconde paire d'ailes ; l'abdomen généralement uni au thorax sans rétrécissement marqué et formé d'anneaux bien distincts.

L'appareil digestif des coléoptères comprend généralement un tube digestif accompagné de glandes salivaires et de canaux biliaires. Le tube digestif varie beaucoup en longueur suivant les espèces ; on y distingue un œsophage, puis un estomac multiple qui comprend un jabot,

quelquefois un gésier et un ventricule chylifique, enfin un intestin grêle, un gros intestin formé le plus souvent par un cœcum dilatable et un rectum. La respiration se fait à l'aide de stigmates placés par paires, l'une à la partie antérieure du thorax, les autres à chacun des anneaux de l'abdomen ; ces stigmates conduisent l'air dans un système de trachées finement ramifiées. L'appareil circulatoire offre les particularités essentielles que l'on retrouve chez les autres insectes.

Plusieurs coléoptères se font remarquer par de brillantes couleurs ou des formes singulières ; quelques-uns atteignent une assez grande taille. Ils subissent durant leur vie des métamorphoses complètes ; leurs œufs donnent le jour à des larves conformées en vers blancs ou colorés, dont le corps a les téguments plus mous que la tête et dont la bouche est organisée pour broyer des aliments solides. Ces larves ont habituellement leurs trois paires de pattes plus ou moins développées et attachées aux anneaux qui plus tard formeront le thorax ; elles se changent, après un temps qui peut atteindre deux ou trois

Fig. 595. — Coléoptère pentamère. (Ateuchus des Égyptiens.)

ans, en des nymphes qui offrent toutes les formes de l'insecte parfait avec une immobilité complète. Enfin de ces nymphes sort l'insecte lui-même après quelques semaines, selon les espèces.

La longue série des *Coléoptères* est partagée artificiellement en quatre sections, d'après le nombre d'articles que l'on compte aux tarses ou parties terminales des pattes. — 1re section : *C. pentamères* ; cinq articles à tous les tarses ; cette section, de beaucoup la plus nombreuse, comprend d'abord les coléoptères carnassiers qui, comme le *Carabe des jardins* (vulgairement *Jardinière*), s'acharnent à la poursuite des autres insectes et nous rendent des services considérables, trop souvent méconnus, en détruisant beaucoup d'espèces nuisibles. Viennent ensuite des coléoptères qui vivent de matières animales ou végétales desséchées ; plusieurs d'entre eux dévorent nos parchemins, nos lainages, nos fourrures et nos collections d'histoire naturelle. Puis nous trouvons des coléoptères qui se nourrissent de matières végétales, comme les hannetons, les scarabées, etc. — 2e section : *C. hétéromères* ; cinq articles aux tarses des deux paires de pattes antérieures, quatre aux postérieures. La *Cantharide* se range dans cette section peu nombreuse. — 3e section : *C. tétramères* (fig. 594) ; quatre articles à tous les tarses. Ce groupe est riche en espèces nuisibles aux plantes, telles que les *Bruches*, les *Charançons*, les *Scolytes*, les *Bostriches*, les *Lamies*, les *Saperdes*, les *Capricornes*, les *Altises*, les *Galéruques*. — 4e section : *C. trimères* ; trois articles à tous les tarses. Les *Coccinelles* ou *Bêtes à bon Dieu* sont les insectes les plus connus de ce groupe.

Chacune de ces sections se divise en familles dont les noms, suivant la méthode de Latreille, seront mentionnés seuls dans cet article.

Les *C. pentamères* comprennent six familles : 1° *Carnassiers* ; 2° *Brachélytres* ; 3° *Serricornes* ; 4° *Clavicornes* ; 5° *Palpicornes* ; 6° *Lamellicornes* (voyez chacun de ces mots).

Les *C. hétéromères* se partagent en quatre familles : 1° *Mélasomes* ; 2° *Taxicornes* ; 3° *Sténélytres* ; 4° *Trachélides*.

Les *C. tétramères* se distribuent en sept familles : 1° *Porte-bec* ou *Rhynchophores* ; 2° *Xylophages* ; 3° *Platysomes* ; 4° *Longicornes* ; 5° *Eupodes* ; 6° *Cycliques* ; 7° *Clavipalpes*.

Les *C. trimères* composent seulement trois familles : 1° *Fungicoles* ; 2° *Aphidiphages* ; 3° *Psélaphiens* (voyez ces mots).

Les principaux ouvrages à consulter pour l'histoire naturelle des insectes coléoptères sont surtout : le *Species général des coléoptères* du comte Dejean, qui ne comprend que les carnassiers carabiques ; — les monographies d'Erichson sur les Brachélytres et d'Aubé sur les Psélaphiens ; — l'*Hist. nat.* et l'*Iconographie des Buprestides*, par MM. Gory et de Castelnau ; — le Manuel d'Entomologie de Burmeister; — la *Synonymia curculionidum* de Schœnherr, etc.

COLÉORHIZE (Botanique), du grec *koleos*, gaine, étui, et *rhiza*, racine. — Terme adopté par de Mirbel pour désigner une sorte de poche charnue, close de toutes parts qui entoure la radicule de certaines plantes. Malpighi est le premier qui ait observé cet organe, qui n'est autre chose qu'une écorce plus ou moins épaisse se détachant d'elle-même de chaque mamelon radiculaire. Si l'on observe un grain de blé en germination, on voit très-bien de petites gaines qui emboîtent les radicelles à leur naissance; ces gaines représentent la coléorhize. Mais elle n'est pas toujours visible et, dans certaines plantes, elle ne devient perceptible avec la radicule qu'au moment de la germination. On a cherché à se servir de la présence ou de l'absence de la coléorhize pour diviser les végétaux phanérogames en deux embranchements; mais ces caractères très-irréguliers éloignent un grand nombre de plantes qui ont beaucoup d'affinité entre elles et que la méthode naturelle doit réunir.

COLIADES (Zoologie), *Colias*, Fab. — Genre d'*Insectes lépidoptères diurne*, de la tribu des *Papilionides* de Latreille. Ce sont des papillons dont les ailes inférieures sont sans échancrures à leur bord interne, prolongées sous l'abdomen et lui formant un canal. Ils sont de moyenne grandeur et leurs quatre ailes, dont le fond est d'un jaune plus ou moins vif, sont ordinairement bordées de noir; ils ont d'ailleurs les antennes et les pattes lavées de rose. On les trouve souvent dans les champs de luzerne. Le *C. citron*, le *Citron de Geoffroy* (*Papilio rhamni*, Lin.), couleur citron verdâtre, est reconnaissable à la forme de ses ailes qui ont chacune un angle curviligne. Sa chenille est verte et vit sur le nerprun. La *C. hyale*, *Souci de Geoffroy* (*Papilio hyale*, Lin.) a le dessus des ailes jaunâtre; on la trouve dans toute l'Europe.

COLIBRI (Zoologie), *Trochilus*. — Genre d'*Oiseaux* de l'ordre des *Passereaux*, famille des *Ténuirostres*. « Ces petits oiseaux, dit Cuvier, si célèbres par l'éclat métallique de leur plumage, et surtout par les plaques aussi brillantes que des pierres précieuses que forment à leur gorge ou sur leur tête des plumes écailleuses d'une structure particulière, ont un bec long et grêle, renfermant une langue qui s'allonge presque comme celle des pies et par un mécanisme analogue et qui se divise presque jusqu'à sa base en deux filets que l'oiseau emploie, dit-on, à sucer le nectar des fleurs. » Ce n'est que dans les contrées les plus chaudes de l'Amérique que se trouvent ces oiseaux, que la nature semble avoir doués de tous les dons extérieurs, la fraîcheur et le velouté des fleurs, le poli brillant des métaux, l'éclat scintillant des pierres précieuses; aussi les Indiens les avaient-ils appelés les *cheveux du soleil*. Les colibris construisent ordinairement leurs nids sur une branche d'arbre et ils le recouvrent à l'extérieur d'une couche de lichen pareil à celui qui croît sur cet arbre. Ils ont un **vol** continu, saccadé, rapide s'arrêtant parfois immobiles dans l'air, puis partant comme une flèche et visitant ainsi les fleurs dans lesquelles ils plongent leur langue pour y prendre leur nourriture. Les ornithologistes distinguent surtout les *colibris* des *oiseaux mouches*, en ce que, dans les premiers, le bec est arqué; il est droit dans les oiseaux mouches. Le *C. topaze* (*T. pella*, Lath.) est le plus beau et le plus brillant de tous les colibris, comme il est un des plus grands; sa taille, mesurée de la pointe du bec à celle de la queue, non compris ses deux longs brins, est de 0ᵐ,08. Une plaque topaze très-brillante couvre la gorge et le devant du cou; les côtés du cou et le haut du dos sont d'un rouge pourpre très-brillant. Ils habitent la Guyane française. Les bornes de cet article ne nous permettent pas de citer d'autres espèces, parmi lesquelles il serait difficile de faire un choix.

COLIMAÇON (Zoologie). — Nom vulgaire du genre *Hélice* (Mollusque) (voyez Escargot, Hélice, Limaçon).

COLIN (Zoologie). — Petit groupe d'oiseaux d'Amérique qu'on a détaché à tort du genre *Perdrix* avec lequel il a des rapports intimes et dont il doit tout au plus faire une section. Il n'en diffère du reste que par un bec plus court, plus gros, plus bombé, la queue un peu plus développée. Ils se perchent sur les buissons et même sur les arbres lorsqu'ils sont poursuivis. Il y en a qui voyagent comme nos cailles. Le *Tocro* ou *Perdrix de la Guyane* de Buffon (*Tetrao guyanensis*, Gmel.) est de la taille de la perdrix. Le *Tetrao mexicanus*, Frisch., est de la grandeur de la caille, de même que le *C. de Sonnini* (*Perdix Sonnini*, Tem.) et le *C. à aigrette de la Californie* (*Tetrao californius*, Sh.).

COLIOUS (Zoologie), *Colius*, Gmel. — Genre d'*Oiseaux passereaux*, de la famille des *Conirostres*, voisin des Durbecs. Ils ont le bec court, épais, conique, un peu comprimé et les mandibules arquées sans se dépasser. Les pennes de la queue étagées et très-longues. le pouce peut se diriger en avant avec les autres doigts; leurs plumes sont fines, soyeuses, à teintes cendrées. Ces oiseaux, qui sont d'Afrique et des Indes, vivent en familles. Ils dorment suspendus aux branches, la tête en bas et serrés les uns contre les autres, grimpent à la manière des perroquets en s'aidant de leur bec, et vivent de fruits, de graines, de bourgeons d'arbres, etc. Le *C. du Cap* (*C. capensis*, Lath.), long de 0ᵐ,28, a le dos blanc, les scapulaires et le dessus des ailes d'un cendré pur, une tache rougeâtre sur le croupion. Le *C. à gorge noire* (*C. nigricollis*, Vieil.) est long de 0ᵐ,38. Il se trouve à Malimbe.

COLIQUE (Médecine), en grec *côlicos*, qui appartient à l'intestin côlon. — Ce mot semblerait devoir désigner une affection du côlon (voyez ce mot); mais l'usage lui a donné un sens plus général, et on comprend sous ce nom toute espèce de douleur vive, exacerbante, mobile dans la cavité abdominale. Ensuite on spécifie par un second mot tiré le plus souvent de l'organe malade le sens précis qu'on doit donner au mot colique. Ainsi, on aura :

Colique bilieuse. — Elle peut être épidémique ou sporadique (voyez ce mot). On l'observe le plus souvent en été, au commencement de l'automne, chez les sujets adultes, d'un tempérament bilieux, irascibles; elle peut être déterminée par des excès de table, de boissons alcooliques, par les chaleurs excessives, des accès de colère, etc. Elle s'annonce par la rareté et la couleur rouge des urines, l'amertume de la bouche, des nausées, des vomissements bilieux, soif, chaleur dans la région du duodenum (voyez ce mot), quelquefois constipation, d'autres fois, matières bilieuses fétides; elle a pour signe caractéristique une douleur atroce; il semble que les intestins sont tordus, serrés avec une corde; cet état peut accompagner les fièvres bilieuses, la jaunisse, la dyssenterie (voyez ces mots). Le traitement de la colique bilieuse consiste dans l'emploi des émollients et des adoucissants à l'intérieur et à l'extérieur; ainsi, émissions sanguines, lavements, fomentations, cataplasmes avec la décoction de pavot, boissons acidulées, petit-lait; quelquefois on devra avoir recours aux vomitifs, aux purgatifs doux, à l'opium; mais ces moyens devront être employés avec une grande circonspection.

Colique hémorrhoïdale. — Elle précède le flux hémorrhoïdal ou est produite par sa suppression (voyez Hémorrhoïde).

Colique hépatique. — Elle est produite par la présence d'un calcul dans les canaux biliaires (voyez Calcul biliaire).

Colique inflammatoire. — C'est celle qui accompagne l'*entérite* (voyez ce mot).

Colique de Madrid. — Voyez Colique végétale.

Colique métallique. — Voyez Colique saturnine.

Colique de miserere. — Nom vulgaire de l'*ileus*.

Colique néphrétique. — Douleurs violentes produites par la présence des calculs dans les reins ou dans les uretères ou bien par une affection nerveuse, rhumatismale, etc. (voyez Calcul, Rhumatisme).

Colique nerveuse. — On appelle ainsi des coliques qui, ne pouvant être rapportées à la lésion d'aucun organe situé dans la cavité abdominale, sont considérées comme résultant d'un trouble du système nerveux. Elles ont été niées par un grand nombre de médecins, et, en effet, il est rare qu'elles ne soient pas liées à une autre maladie; cependant, il y a des cas où on ne peut saisir aucun symptôme de lésion organique; elle peut être produite par une vive émotion, une forte contusion, par le froid, etc. Les personnes impressionnables, qui mènent une vie sédentaire, y sont plus sujettes que les autres. Ces coliques se déclarent tout à coup par des douleurs vives, qui s'exaspèrent ou diminuent subitement; elles ne sont pas augmentées et sont quelquefois soulagées par la pression; la physionomie est altérée; il y a de l'abattement, de l'anxiété, des sueurs; elles arrachent quelquefois des cris. Les narcotiques, les antispasmodiques, en potion, en applications sur le ventre, les boissons légèrement aromatiques, de tilleul, de feuilles d'oranger, de menthe, etc., les émollients, etc., sont les moyens qui réussissent le mieux.

Colique saturnine. — Ainsi nommée parce qu'elle est le plus souvent déterminée par l'absorption du plomb (appelé *saturne* par les alchimistes). On lui donne encore les noms de *colique métallique, colique des peintres, colique de plomb;* elle est caractérisée par des douleurs très-aiguës, la rétraction et la dureté du ventre, une constipation opiniâtre, des crampes, etc.

Tous les ouvriers qui travaillent le plomb y sont sujets, mais particulièrement ceux qui fabriquent la céruse (voyez ce mot), les broyeurs de couleurs, les peintres en bâtiments, etc. La sophistication des vins par la litharge (voyez ce mot) la produit souvent, aussi bien que l'usage des eaux, des condiments, des mets qui ont séjourné dans des vases de plomb. On l'a vue occasionnée aussi par des bonbons colorés au moyen des préparations saturnines. La maladie débute ordinairement par des douleurs obscures, passagères dans le ventre, par la rareté et la dureté des matières évacuées; les douleurs augmentent ainsi pendant plusieurs jours, puis elles deviennent vives, exacerbantes, mobiles; il y a des nausées, des vomissements de matières vertes ou jaunes, constipation opiniâtre, rétraction et dureté du ventre, altération de la voix, suppression ou rareté des urines, hoquets, convulsions, etc. Abandonnée à elle-même, la colique de plomb, après un ou plusieurs mois de durée, se transforme en paralysie des membres, tremblements, amaurose; le malade devient tout à fait impotent. Traitée convenablement, elle ne dure que quelques jours et se termine presque toujours par la guérison. Le *traitement* dit *de la Charité* a reçu la sanction du temps et de l'expérience; c'est un traitement empirique dont il est très-difficile d'expliquer le mode d'action. Voici en quoi il consiste :

1er *jour.* — Le matin, le *lavement purgatif des peintres,* composé de feuilles de séné, 16 grammes; faites bouillir dans suffisante quantité d'eau; ajoutez à la décoction sulfate de soude, 16 grammes; vin émétique, 120 grammes. Dans la journée, on donne l'*eau de casse avec les graines;* eau de casse simple, 1 litre; sulfate de magnésie, 30 grammes; tartre stibié, 0gr,15. Le soir, le *lavement anodin des peintres,* fait avec huile de noix, 180 grammes; vin rouge, 360 grammes; après cela, le *bol calmant :* thériaque, 4 grammes; opium, 0gr,07.

2e *jour.* — Le matin on donne l'*eau bénite,* qui consiste en tartre stibié, 0gr,30; eau tiède, 250 grammes, à prendre en deux fois à une heure d'intervalle. Après le vomissement, on fait prendre dans le reste du jour la *tisane sudorifique laxative* suivante : séné, 4 grammes; gaïac, squine, salsepareille, de chaque 30 grammes; faites bouillir pendant une heure dans 3 litres d'eau, réduisez à deux; ajoutez sassafras, 30 grammes; réglisse, 15 grammes; faites bouillir légèrement et passez. Le soir, le lavement anodin et le bol calmant comme le premier jour.

3e *jour.* — On donne l'*eau de casse* comme le premier jour, mais sans les graines, le *lavement purgatif des peintres,* la tisane sudorifique laxative; seulement la dose de séné est portée à 30 grammes; le soir, le lavement anodin et le bol calmant.

4e *jour.* — La *potion purgative des peintres,* composée de : infusion de séné, 180 gr.; électuaire diaphœnix, 30 gr.; jalap en poudre, 1gr,50; sirop de nerprun, 30 gr. On aide l'action du purgatif par la tisane sudorifique laxative; le soir, le lavement anodin et le bol calmant.

5e *jour.* — Comme le troisième.

6e *jour.* — Comme le quatrième.

S'il reste encore des coliques après ce traitement, on le recommence jusqu'à ce qu'il n'y ait plus de douleurs; la guérison est complète lorsque pendant cinq ou six jours après la cessation des purgatifs la constipation n'a pas reparu. On prescrit une diète sévère pendant le traitement; mais aussitôt qu'il est terminé, on accorde des aliments dont on augmente promptement la quantité.

Ce traitement, suivi d'un succès presque constant, a cependant subi le reproche d'être empirique et presque aveugle, et sous l'empire de cette idée il a été modifié plus ou moins profondément; celui qui a été proposé par Stoll, a été vanté par plusieurs médecins comme plus rationnel; il consiste dans l'emploi des émollients, des mucilagineux, des anodins, puis ensuite des purgatifs et des calmants; mais le traitement de la Charité a conservé sa vieille réputation; les seules modifications qu'on puisse admettre sont celles qui tiennent à celles de la maladie elle-même : ainsi, lorsque le ventre est sensible à la pression, on pourra, pendant quelques jours, prescrire des bains, des lavements, des fomentations émollientes, même des saignées locales ou générales, puis ensuite on reviendra au traitement de la Charité.

Colique de cuivre. — On a dit que les ouvriers qui travaillent le cuivre étaient sujets à une affection analogue à la colique saturnine, qui offre à peu près les mêmes symptômes et exige le même traitement. D'après MM. Chevallier et Boys de Loury, qui ont fait de nombreuses recherches à cet effet, cette maladie n'existerait pas.

Colique végétale. — Elle a beaucoup d'analogie avec la colique saturnine et s'est montrée épidémiquement dans plusieurs pays, et particulièrement dans le Poitou, ce qui lui a valu le nom de *colique de Poitou;* à Madrid, *colique de Madrid;* en Normandie, à Amsterdam. On pense qu'elle est produite par les fruits acerbes, les vins nouveaux et peut-être sophistiqués par la litharge; on a signalé aussi à Madrid l'air froid et humide du soir et l'usage immodéré des glaces et des fruits. Les symptômes sont à peu près les mêmes que pour la colique de plomb, si ce n'est que le ventre, au lieu d'être rétracté, est distendu à un degré extrême, excepté dans celle de Madrid, où il est rétracté. Les moyens les plus efficaces ont été les narcotiques, les purgatifs, les vomitifs et l'éloignement des causes qui ont pu la déterminer.

Colique venteuse. — Voy. Pneumatose.

Colique vermineuse. — Voyez Vers. F — n.

COLITE (Médecine). — On a donné ce nom à l'inflammation du côlon, mais comme elle se confond avec celle des autres portions du gros intestin, il en sera traité aux mots Diarrhée, Dyssenterie, Entérite.

COLLAPSUS (Médecine). — Mot latin qui veut dire chute et employé par Cullen pour désigner un état dans lequel le cerveau manque de l'excitation nécessaire et où cet organe cesse de remplir ses fonctions ou les remplit irrégulièrement. Dans l'acception commune, ce mot exprime un affaiblissement rapide et prompt des facultés cérébrales et surtout de l'action musculaire; il n'est donc pas tout à fait synonyme d'*adynamie* ni de *prostration,* ces derniers mots s'appliquant à un affaiblissement qui n'arrive que graduellement et non pas tout à coup (voyez Adynamie, Prostration).

COLLECTION (Médecine). — *Collection purulente* se dit d'un amas de pus dans une partie quelconque du corps, où il forme alors un *dépôt,* un *abcès* (voyez ces mots).

En pharmacie, la *collection des drogues,* des *substances médicinales* est l'approvisionnement qu'on doit en faire. Pour les drogues tirées du règne minéral, la collection ne consiste que dans le *choix* éclairé de ces substances; il n'en est pas de même pour les substances fournies par les végétaux et les animaux; ici, en effet, il faut de plus la *récolte,* l'*émondation,* la *dessiccation,* la *conservation* des diverses substances.

COLLERETTE ou Colerette (Botanique). — On a donné vulgairement ce nom à l'*involucre* de l'*ombelle,* dans les plantes de la famille des *Ombellifères* (voyez Involucre).

COLLES (Chimie industrielle). — Matières adhésives que l'on emploie surtout pour réunir et fixer ensemble des pièces d'un système solide quelconque, mais qui reçoivent aussi des applications aux apprêts des étoffes, à la fixation des couleurs, à la clarification des liquides, etc. On distingue dans le commerce un grand nombre de colles d'espèces différentes; nous mentionnerons ici les principales.

Colle de pâte. — S'obtient en délayant de la farine dans de l'eau jusqu'à la consistance d'une bouillie claire, puis en élevant la température graduellement jusqu'à 75 ou 80°. La colle ainsi obtenue est employée surtout dans le cartonnage et pour le collage des papiers d'appartement.

Colle de poisson. Ichthyocolle. — Formée par la membrane interne de la vessie natatoire de l'esturgeon. Plusieurs espèces de ce genre se rencontrent en abondance dans le Volga et les autres fleuves qui se jettent dans la mer Noire et la mer Caspienne, et c'est de la Russie que nous viennent, en effet, les qualités les plus estimées de cette substance. Pour l'obtenir sous la forme qui est connue dans le commerce, on fait ramollir dans l'eau froide la vessie natatoire du poisson de manière à ce qu'on puisse enlever la membrane externe; on divise alors l'autre en fragments que l'on blanchit à l'acide sulfureux et que l'on sèche. L'ichthyocolle sert au collage des vins blancs, du café, aux apprêts des étoffes délicates, telles que les gazes, les rubans, etc., et aussi à la confection des gelées alimentaires. C'est la plus chère des colles employées dans le commerce.

Colle forte. Colle de gélatine. — On distingue dans le commerce plusieurs *colles fortes* qui portent en général soit le nom des localités où on les fabrique, soit celui des substances employées à leur confection; mais, quelle que soit leur diversité, elles ont toujours pour base la *gélatine* (voyez ce mot).

Notre figure 596 représente la disposition générale d'un appareil destiné à ce genre de fabrication. Il est une

Fig. 596. — Fabrication de la colle forte.

chaudière contenant les *colles-matières*, c'est-à-dire les matières premières employées et qui sont ordinairement des débris de peaux ou de cuir, des rognures de parchemineries ou de tannerie, des peaux de lièvre ou de lapin épilées. Ces matières ont été préalablement en contact avec l'eau froide, qui les ramollit et les débarrasse de la chaux qui a servi à les conserver en magasin. Après avoir cuit quatre ou cinq heures dans la chaudière B, où l'on fait arriver de temps en temps de l'eau du réservoir A, on coule le liquide dans la chaudière C, et de là dans le seau D qui sert à le porter dans les moules où il se solidifie. Après cette solidification, la colle retirée des moules est débitée en petites plaques que l'on sèche et qu'on assemble de façons différentes suivant les qualités.

Les colles de gélatine les plus pures, telles que les *colles de Flandre*, la *grénétine*, sont quelquefois tout à fait incolores et peuvent remplacer la colle de poisson; ce sont elles qu'on emploie pour faire la colle à bouche, le papier-glace, les capsules dans lesquelles on renferme certains produits pharmaceutiques, etc. Les colles de qualité inférieure sont réservées pour les usages de la menuiserie ou des apprêts communs; pour s'en servir, il faut mettre en contact avec l'eau pendant quelques heures et chauffer au bain-marie.

On prépare, pour les usages de l'économie domestique, une colle forte liquide qu'on obtient en ajoutant 200 grammes d'acide azotique ou eau forte ordinaire à la dissolution de 1 kil. de colle forte dans un litre d'eau.

COLLET (Chasse). — On donne ce nom à une espèce de piége que l'on fait le plus souvent avec des crins de cheval et dont on se sert pour prendre les oiseaux. Le plus ordinairement, ces piéges se tendent au milieu des petits sentiers, dans les bois peu fréquentés, et ils se composent d'un petit piquet planté en terre auquel on attache le collet disposé en anneau à nœud coulant; les oiseaux se prennent au passage. C'est ce qu'on nomme les *collets à piquets*. Il y en a d'autres que l'on suspend à une baguette de bois vert qu'on retient pliée; cette baguette se relève avec l'oiseau qui a voulu saisir l'amorce attachée à ce piége. C'est le *collet pendu*.

COLLET (Botanique). — Terme qui s'applique à une sorte d'étranglement qui est le point intermédiaire entre la tige et la racine. On emploie aussi souvent cette expression pour désigner le point de jonction entre la radicule et la plumule dans l'embryon des végétaux phanérogames. On a nommé également *collet* la couronne membraneuse que l'on trouve attachée à la partie supérieure du pédicule de certains champignons.

COLLÈTE (Zoologie), *Colletes*, Latr. — Genre d'Insectes hyménoptères, section des *Porte-aiguillons*, famille des *Mellifères*, tribu des *Andrénètes*. Ce sont de petits insectes observés par Réaumur, qui nous a dépeint avec son talent ordinaire les moyens qu'ils emploient pour la construction du berceau de leurs petits. Nous ne pouvons dans cet article entrer dans les détails que comporterait ce sujet, et nous sommes obligés de renvoyer le lecteur au tome VI des *Mémoires* de Réaumur, n° 12. La *C. ceinturée* (*C. succincta*), longue d'environ 0ᵐ,009, est l'*Hylée glutineux* de Cuvier.

COLLIER DE MORAND (Médecine). — Espèce de sachet en forme de collier employé par Morand contre le goitre (voyez GOITRE).

COLLIER (Pathologie). — Espèce d'éruption dartreuse qui fait le tour du col comme un collier (voyez DARTRE).

COLLIQUATION (Médecine), du latin *colliquescere*, se fondre. — Ce mot avait autrefois deux significations différentes: ainsi on entendait par là la diminution de consistance, la liquéfaction des humeurs, et particulièrement du sang; il signifiait encore, et c'est ainsi qu'on le comprend maintenant, la consomption (voyez ce mot), qui provient d'évacuations abondantes soit par la transpiration, soit par les voies digestives; ainsi on remarque la colliquation par les sueurs ou les *sueurs colliquatives*, les *diarrhées colliquatives*, dans la phthisie, dans les fièvres adynamiques (voyez SUEURS, DIARRHÉE, PHTHISIE, FIÈVRE ADYNAMIQUE).

COLLODION (Chimie, Photographie). — Produit de la dissolution du *pyroxyle* ou *coton-poudre* dans l'éther alcoolisé, le collodion forme par l'évaporation du dissolvant une pellicule mince, continue, translucide, imperméable à l'eau et s'attachant fortement à la peau ou aux tissus organiques. Cette propriété a permis de l'employer en chirurgie pour remplacer le taffetas d'Angleterre ou les bandelettes imprégnées de diachylon, quand il s'agit de réunir les bords d'une plaie. Pour le préparer, il ne faut pas se servir de la poudre-coton ordinaire obtenue par l'immersion du coton dans un mélange d'acide azotique concentré et d'acide sulfurique. Le pyroxyle ainsi obtenu est peu soluble dans l'éther. On fait un mélange de 100 parties en poids d'azotate de potasse et de 200 parties d'acide sulfurique monohydraté; on y ajoute, par petites portions, 5 grammes de coton cardé, en agitant chaque fois; on laisse reposer pendant quelques minutes, puis on lave le coton poudre obtenu à grande eau, jusqu'à disparition de toute acidité. Le pyroxyle, parfaitement sec, se dissout complétement dans l'éther sulfurique additionné d'environ un dixième d'alcool. On a ainsi un liquide sirupeux épais comme du miel; c'est le collodion médicinal. Le collodion sert encore en photographie. A cet effet, le collodion médicinal est étendu d'alcool et d'éther de manière que, pour 3 grammes de coton azotique, on ait employé 300 centimètres cubes d'éther et 125 d'alcool. A la liqueur limpide et filtrée est ajouté de l'alcool ioduré renfermant pour 57 centimètres cubes d'alcool, 7 grammes d'iodure de potassium et 0ᵍʳ,7 d'azotate d'argent. On a ainsi le collodion photographique qu'on coule ensuite, sur une plaque de verre bien nettoyée, en couche mince et uniforme. C'est sur cette pellicule de collodion rendue sensible à la lumière par l'immersion dans un bain de nitrate d'argent que sera développée et fixée l'image dans la chambre obscure (voyez PHOTOGRAPHIE). L'application du collodion en chirurgie est due à M. Maynard, de Boston. Son emploi en photographie à un Anglais, M. Archer.

COLLURION (Zoologie), *Collurio*, du grec *kollurión*, et mieux *korullión*, nom de l'oiseau que nous appelons *Pie-grièche*. — Famille d'*Oiseaux* établie par Vieillot qui en a fait la quinzième dans sa méthode sous le nom de *Collurions*, dans laquelle plusieurs des espèces du genre *Lanius*, de Linné, forment des genres particuliers. Les oiseaux de cette famille ont le bec convexe, comprimé sur les côtés, échancré ou denté, le plus souvent crochu à la pointe, le pouce grêle. Elle a pour types la *Pie-grièche rousse* (*Lanius collurio rufus*, Gmel.) et l'*Écorcheur* (*Lanius collurio*, Gmel.).

COLLUTOIRE (Matière médicale), du latin *colluo*, je lave, je nettoie. — C'est un médicament destiné à être porté dans la bouche et à agir sur les gencives et la partie interne des joues ; il est ordinairement moins liquide que le gargarisme et s'applique au moyen d'un pinceau de charpie ou d'une éponge. Il y en a d'astringents avec des solutions de sulfate de zinc ou de cuivre ; d'autres, très-acides et presque caustiques préparés avec les acides nitrique, hydrochlorique, etc. On les emploie surtout dans les stomatites (voyez ce mot).

COLLYRE (Matière médicale), en grec *collurion*. — Ce mot a d'abord servi à désigner toutes les préparations pharmaceutiques d'une forme allongée et cylindrique qu'on introduisait dans l'anus, dans certaines fistules, etc. Le sens en a été complétement changé, et le nom de collyre s'applique aujourd'hui seulement aux médicaments qu'on met en contact avec les yeux ; encore après l'avoir donné dans les ouvrages modernes aux substances sèches, liquides ou gazeuses, on en a même restreint le sens aux médicaments liquides employés dans les maladies des yeux. Les collyres peuvent être *émollients, astringents, excitants, irritants, narcotiques*, et ces différentes propriétés peuvent être combinées ensemble, suivant l'effet qu'on veut obtenir. Ne pouvant citer la série de ces médicaments, nous renverrons le lecteur, pour plus de détails, aux mots soulignés plus haut, et nous nous bornerons à rapporter ici la formule de quelques-uns des collyres les plus usités. — *Collyre* (sec) *de Boerhaave contre les taies de la cornée :* aloès succotrin, 0ʳʳ,30 ; sucre, 4 grammes ; mêlez, pulvérisez et insufflez avec un tuyau de plume. — *Collyre avec le sulfate de zinc :* sulfate de zinc, 0ʳʳ,25 ; eau distillée de roses, 125 grammes. — *Collyre de Gimbernat :* potasse à la chaux, 0ʳʳ,10 ; faites dissoudre dans eau distillée, 40 grammes ; une goutte ou deux trois fois par jour dans les taies de la cornée. — *Collyre alumineux :* alun en poudre, 1 gramme ; eau de roses et de plantain, de chaque 30 grammes ; dans les ophthalmies chroniques rebelles. — *Collyre astringent de Scarpa :* acétate de plomb liquide, 6 gouttes ; eau distillée de plantain, 200 grammes ; mucilage de gomme arabique, 30 grammes ; mêlez et agitez chaque fois

COLMATAGE (Agriculture). — Voyez IRRIGATIONS.

COLOBE (Zoologie), *Colobus*, du grec *kolobos*, mutilé. — Genre de *Singes de l'ancien continent*, tribu des *Cynopithèques* de Is. Geoffroy Saint-Hilaire, établi par ce zoologiste. Il est très-voisin des Semnopithèques, dont il diffère surtout par les pouces antérieurs réduits à de simples rudiments, qui semblent des pouces atrophiés ; c'est là le caractère essentiel des colobes ; nom proposé déjà par Iliger et adopté par Geoffroy. Ces singes, à peine connus autrefois et qui n'ont été étudiés que depuis la publication de la 2ᵉ édition du *Règne animal* de Cuvier, habitent tous l'Afrique, et les espèces en paraissent assez nombreuses. Le *C. à fourrure* (*C. vellerosus*) habite la Gambie ; il a le dos, les flancs et les lombes couverts de poils noirs longs de 0ᵐ,15 à 0ᵐ,20. Le tour de la face, la queue sont blancs, avec une grande tache de même couleur sur chaque fesse. Le *C. fuligineux* (*C. fuliginosus*, Ogilb.) a le pelage assez long ; les parties supérieures sont d'un noir ardoise ou d'un gris bleuâtre, les parties inférieures jaunâtres ou blanchâtres. Il habite aussi la Gambie. Le *C. Guereza* (*C. Guereza*, Rupp.) a été découvert par M. Ruppel en Abyssinie ; il a des poils fins, doux et longs.

COLOCASE (Botanique), *Colocasia*, Ray. Suivant certains étymologistes, ce mot est altéré du mot *golyds*, nom arabe de la plante ; suivant d'autres, il est dérivé du grec *kole*, plante potagère, et *kasia*, casse. — Genre de plantes de la famille des *Aroïdées*, type de la tribu des *Colocasiées*. Il fournit des herbes à rhizome tubéreux renfermant ordinairement une fécule alimentaire ; à spathe droite ou en capuchon ; spadice à fleurs mâles et à fleurs femelles disposées alternativement ; anthères biloculaires. La *C. des anciens* (*C. antiquorum*, Schott. ; *Arum colocasia*, Lin.) est une plante acaule qu'on suppose être originaire de l'Inde. Cultivée en Grèce, en Égypte et même aux États-Unis, etc., elle est connue dès la plus haute antiquité comme plante alimentaire. A l'état frais, son rhizome contient un principe âcre que la dessiccation ou la torréfaction lui enlèvent. Cette plante est très-productive. On fait du pain avec son rhizome

très-féculent et ses feuilles se mangent comme les épinards. La *C. à feuilles de nénuphar* (*C. nymphæifolium*, Kunth. ; *Arum nymphæifolium*, Roxb.) paraît être une variété de la précédente. Elle est aquatique et croît spontanément dans les Indes orientales et le Bengale. Son tubercule est très-gros. Les Hindous surtout l'emploient dans l'alimentation. La *C. comestible* (*C. esculenta*, Schott.) est le *Talla* ou *Taya* des indigènes de l'Amérique méridionale. Dans les Antilles, on lui donne le nom de *Chou caraïbe*. Ses tubercules et ses feuilles servent aussi d'aliments aux Océaniens, ainsi, du reste, que ceux de la *C. à grosse racine* (*C. macrorhiza*, Schott.) et de la *C. odorante* (*C. odora*, A. Brongn.). G—s.

COLOCYNTHINE (Chimie organique). — Principe extrait de la coloquinte (voyez ce mot).

COLOMBAR (Zoologie), *Colombar*, Vaill. ; *Vinago*, Cuv. — Genre d'*Oiseaux* de la famille des *Pigeons*, ordre des *Gallinacés*. Ils se reconnaissent à leur bec plus gros que dans les autres pigeons ; il est de substance solide et comprimé par les côtés ; leurs tarses sont courts, leurs pieds larges et bien bordés. Ce sous-genre, établi par Vaillant dans son *Ornithologie d'Afrique*, a été adopté par Cuvier. « C'est, dit le grand naturaliste, la meilleure des divisions que l'on ait faite parmi les pigeons. » On n'en connaît que quelques espèces, toutes de la zone torride de l'ancien continent ; ainsi le *C. abyssinica*, Vaill. ; le *C. vernans*, Temm., etc. Il y en a aussi à queue pointue ; tel est le *C. oxyura*, Temm. (voyez PIGEON).

COLOMBE (Zoologie). — Genre d'*Oiseaux* de la famille des *Pigeons* (*Columba*, Lin.). Ce mot est synonyme de *Pigeon* (voyez ce mot).

COLOMBI-GALLINE (Zoologie), *Chamepelia*, Swains. — Genre d'*Oiseaux* de la famille des *Pigeons*, très-voisin des Gallinacés ordinaires ; ils ont le bec grêle et flexible, les tarses nus, plus élevés que les autres pigeons, les ailes amples et arrondies ; vivent en troupes et cherchent leur nourriture sur la terre sans se percher. La *C. à barbillons* (*Columba carunculata*, Temm.) tient aux Gallinacés par les parties nues et les caroncules qui distinguent sa tête ; elle a la tête, le cou et la poitrine d'un gris ardoisé, le dessus des ailes et les scapulaires d'un beau blanc, les pieds rouges. On la trouve au cap de Bonne-Espérance. La *C. passerine* (*C. passerina*, Lath.), longue de 0ᵐ,16, a le plumage pourpre, le bec et les pieds rouges ; elle habite les pays chauds de l'Amérique (voyez PIGEON).

COLOMBIER (Économie domestique). — On appelle ainsi les habitations de nos pigeons de ferme ; on le désigne encore sous le nom de *pigeonnier* (voyez PIGEON, PIGEONNIER).

COLOMBIDÉS (Zoologie). — Famille d'*Oiseaux gallinacés* établie par Is. Geoffroy dans sa classification ; ils ont le bec médiocre, droit, renflé en avant, rétréci au milieu, les narines oblongues, les tarses réticulés, quatre doigts libres, ailes médiocres ou courtes. Ils ont été divisés en deux tribus : 1° les *Colombiens* ; 2° les *Lophyriens* (voyez LOPHYRE).

COLOMBIENS (Zoologie). — Les colombiens (voyez COLOMBIDÉS) ont les doigts moyens ou allongés, les tarses en partie emplumés. Ils renferment les genres *Colombar*, *Colombe*, *Nicombar*, *Colombi-Galline* (voyez ces mots et surtout le mot PIGEON).

COLOMBINE (Agriculture, Engrais). — Dans la véritable acception du mot, la colombine ne désigne que les déjections du colombier ; cependant on a l'habitude d'y comprendre aussi celles des autres oiseaux de basse-cour. On sait d'ailleurs que les excréments de pigeons sont supérieurs à ceux de poules et de dindons, et ceux-ci bien préférables à ceux d'oies, de canards, ce qui tient sans doute à la nourriture moins riche en azote et plus aqueuse. Aucun cultivateur n'ignore la valeur de la colombine ; mais, en raison de sa rareté et de son prix, on est obligé de ne l'employer qu'en petite quantité. Suivant Mathieu de Dombasle, elle ne doit pas être mêlée avec les autres engrais ; on doit la faire sécher, la réduire en poudre et la répandre à la main sur les récoltes en végétation ou au moment de la semaille, sans l'enterrer. Cet engrais convient à toutes les cultures, surtout dans les terrains humides, froids et tenaces. Dans les Flandres, elle est surtout recherchée pour la culture des plantes industrielles, telles que lin, colza, etc. Du reste, la colombine fraîche ne convient pas aux récoltes ; il faut qu'elle soit desséchée et pulvérisée. Dans la culture potagère, elle rend de grands services ; on la pulvérise bien et on en jette quelques poignées dans l'arrosoir, ou bien on la délaie dans l'eau et l'on arrose avec le goulot le pied des plantes que l'on veut pousser. Son effet est surtout remarquable sur les plantes de la famille des Cucurbitacées, telles que les courges, les concombres, etc.

COLOMBINE (Chimie organique). — Matière organique cristallisable qui constitue la partie active de la racine de Colombo. Ce principe, trouvé par Wistoock en 1830, est très-amer, en petits prismes transparents, soluble dans l'alcool, surtout à chaud, dans l'éther et très-peu dans l'eau (voyez COLOMBO).

COLOMBO ou COLUMBO (Botanique médicale). — C'est la racine du *Ménisperme à feuilles palmées* (*Menispermum palmatum*, Lamk, ou *Cocculus palmatus*, D. C.) (Ménispermées), plante sarmenteuse qui croît à Ceylan, aux environs de la ville de Columbo, d'où lui vient son nom. Le commerce nous l'apporte en tranches orbiculaires ou en morceaux d'un jaune verdâtre intérieurement; son écorce, épaisse et rugueuse, est d'un brun verdâtre ; son odeur, légèrement aromatique, est un peu nauséabonde; sa saveur, extrêmement amère. Le colombo est un médicament tonique considéré comme un excellent stomachique. On l'a beaucoup vanté dans la diarrhée chronique et dans la dyssenterie ; mais il faut que tous les symptômes d'inflammation aient disparu ; dans ce cas, on prescrit souvent la décoction de 15 grammes de cette racine dans 1 kil. d'eau ; l'infusion à froid peut s'employer comme stomachique ; on prend aussi la poudre à la dose de 0gr,60 à 0gr,80 plusieurs fois par jour. On a quelquefois substitué au vrai colombo la racine d'une gentianée, la *Frasera Waltherii* de Michaux, qu'on a aussi appelée *Faux Colombo* ; elle est peu amère, presque sans odeur, et son action est peu marquée.

COLON (Anatomie), *kôlon* des Grecs. — C'est la seconde partie du gros intestin ; elle s'étend du cœcum au rectum, avec lesquels elle forme un canal non interrompu. Le côlon s'étend de la région lombaire droite à la fosse iliaque gauche ; en raison de son étendue, on l'a divisé fictivement en quatre portions : 1° le *C. lombaire droit* ou *portion ascendante*, va du cœcum au rebord des fausses côtes : il se trouve placé au-dessous du foie et de sa vésicule, derrière les circonvolutions droites de l'intestin grêle, devant le rein droit qu'il touche à nu parce qu'il est dépourvu de péritoine en arrière ; 2° le *C. transverse* ou l'*arc du côlon*, placé transversalement de droite à gauche, règne tout le long du bord inférieur de la poitrine, au-dessous de l'estomac, au-dessus des circonvolutions de l'intestin grêle ; c'est la plus longue et la plus volumineuse des quatre portions ; 3° le *C. lombaire gauche* ou *portion descendante*, situé dans le flanc gauche, au-dessous de la rate, derrière les circonvolutions de l'intestin grêle, devant le rein gauche auquel il s'attache ; 4° enfin le *C. iliaque gauche* ou *S iliaque du côlon*, la plus mobile des quatre ; située derrière l'intestin grêle, elle forme une S qui commence à la région lombaire et finit au détroit supérieur du bassin, en se continuant avec le rectum, vers l'union du sacrum avec la dernière vertèbre des lombes. Le côlon est remarquable par des bosselures qui vont en s'affaiblissant à mesure qu'on s'approche du rectum. Il a pour fonction de ralentir le cours des matières et de préparer leur excrétion, après qu'elles ont été dépouillées de toute substance nutritive.

COLONNE VERTÉBRALE (Anatomie). — Voyez SQUELETTE.

COLOPHANE ou ARCANSON (Chimie).— Matière solide résineuse provenant de la distillation de la térébenthine brute, qui donne les 0,12 de son poids d'essence et les 0,88 de résine solide. C'est un corps jaunâtre, à cassure brillante, conchoïdale, friable entre les doigts, fusible à une température peu élevée, s'enflammant facilement et brûlant avec une flamme fuligineuse. Par la distillation, la colophane donne quatre carbures d'hydrogène liquides :

Rétinaphte.....	$C^{14}H^8$	bout à 108°.
Rétinyle.......	$C^{10}H^{12}$	— 150°.
Rétinole	$C^{32}H^{16}$	— 240°.
Métanaphtaline .	$C^{20}H^8$	— 325°.

Ces quatre carbures se mélangent dans le récipient où se condensent les produits de la distillation et constituent l'*huile de résine*, les deux premiers passant entre 110° et 150°, les deux autres entre 240° et 350. Elle donne encore beaucoup de goudron et une petite quantité d'huile essentielle de térébenthine. Elle est insoluble dans l'eau, soluble en partie dans l'alcool ; les solutions alcalines la dissolvent ; elle forme avec elles des résinates. Aussi la colophane est-elle considérée comme une résine acide. La colophane est formée de plusieurs principes immé-

diats ; dans celle qui provient de la térébenthine ordinaire des Vosges, on trouve deux acides isomériques, l'acide *pinique* et l'acide *sylvique* ($C^{10}H^{20}O^8$,HO); le premier s'extrait en épuisant la résine pulvérisée par l'alcool à froid ; le second, en soumettant à l'action de l'alcool bouillant la partie de la résine insoluble dans l'alcool froid. Le premier est amorphe, le second cristallisable. Dans la colophane qui provient de la térébenthine de Bordeaux, on trouve l'acide *pimarique* isomère de l'acide pinique et le remplaçant. Dans la térébenthine d'Alsace, on trouve deux nouveaux produits, l'*abiétine* et l'acide *abiétique*. La colophane sert pour l'éclairage au gaz; sa distillation en vase clos donne un gaz très-éclairant. L'huile de résine obtenue dans la distillation de la colophane avant 150° remplace, dans quelques industries, l'essence de térébenthine ; celle qui passe à une haute température forme, par son mélange avec la chaux, une sorte de graisse noire utilisée dans les usines pour oindre les axes de rotation des roues. La colophane et ses dérivés ont été étudiés par MM. Berzelius, H. Rose, Trommsdorff, Unverdorben, Blanchet, Sell, Pelletier, Walter, Deville, Laurent, Fremy, Caillot (voy. RÉSINES). B.

COLOQUINELLE (Horticulture). — Nom donné par Duchesne à une sous-variété de *Courge*, du genre *Pepo* (*Cucurbita pepo*), dont le fruit est rond, petit et à peau fine. On lui a aussi donné le nom de *Fausse coloquinte*.

COLOQUINTE (Botanique médicale). — C'est le fruit du *Cucumis colocynthis*, du genre *Concombre*, famille des Cucurbitacées. Cette espèce se trouve en Orient, en Égypte, dans l'Archipel ; elle a une tige grimpante, charnue, cylindrique, couverte de poils rudes et qui s'élève au moyen des vrilles qui partent de l'aisselle de ses feuilles ; le calice des fleurs mâles est hérissé de poils blancs; la corolle est jaune. Le fruit globuleux est de la grosseur d'une belle orange, couvert d'une écorce dure; à l'intérieur, on trouve une pulpe spongieuse blanchâtre contenant des graines planes et allongées ; c'est cette partie du fruit qui est seule employée. La plus estimée nous vient d'Alep ; elle est blanche, légère, presque inodore et d'une saveur âcre excessivement amère ; l'analyse chimique y démontre la présence d'une résine, d'un principe amer, nauséeux, etc. C'est un violent purgatif, qui ne doit être employé qu'à une faible dose, de 0gr,10 à 0gr,15; encore est-il bon de lui adjoindre un correctif, sans cela il peut donner lieu à des accidents graves, tels que coliques, vomissements, diarrhée, flux de sang, etc. Aussi l'a-t-on rangé parmi les poisons âcres (voyez POISON). Ses propriétés sont dues à un principe nommé *colocynthine*, très-amer, résineux, brun, précipitant par la noix de galle en flocons blancs; il est soluble dans l'eau et dans l'alcool.

COLORANTES (MATIÈRES) (Chimie organique). — On donne ce nom à certains principes immédiats colorés qui se rencontrent dans les corps organisés, plus particulièrement dans les végétaux, et qui ont la faculté de s'unir aux fibres des tissus, soit directement, soit par l'intermédiaire des *mordants* (voyez TEINTURE), pour y faire apparaître une coloration durable qui doit résister aux lavages par l'eau pure. Ces principes immédiats éprouvent souvent une modification très-notable dans leur nuance quand, après avoir quitté le corps organisé qui les renfermait, ils sont exposés à l'air. Il se produit là un phénomène d'oxydation qui rend en général leur nuance plus foncée. Ainsi, la matière colorante de la garance est jaune dans la racine et devient d'un beau rouge au contact de l'air. Les matières colorantes constituent souvent des composés définis capables de cristalliser et même de se volatiliser sans altération (indigotine, alizarine) ; quelquefois elles résultent de l'union de deux ou plusieurs principes colorés et présentent alors une teinte intermédiaire. La lumière fait en général pâlir les couleurs ; on admet que, sous son influence, l'oxygène de l'air fait éprouver à la substance colorée une sorte de combustion lente. Les autres agents principaux de destruction sont le chlore et l'acide sulfureux ; le premier agit ou comme déshydrogénant, en prenant l'hydrogène à la matière organique, ou comme oxydant, en s'emparant de l'hydrogène de l'eau et brûlant la couleur par l'oxygène naissant que fournit l'eau décomposée. L'acide sulfureux blanchit les couleurs, soit parce qu'il leur prend de l'oxygène pour devenir acide sulfurique, soit parce qu'en décomposant l'eau pour se combiner à son oxygène, l'hydrogène de celle-ci s'unit au principe colorant pour constituer un hydrure incolore. Les matières colorantes ont en général des aptitudes acides assez marquées ; elles peuvent, pour la plupart, s'unir aux oxydes métalliques pour former des combinaisons stables qu'on nomme *laques*. L'oxyde le plus employé dans ce cas est l'alumine. Les principales matières colorantes peuvent être distribuées en trois catégories d'après leur teinte, rouge, jaune, bleue ou verte.

COULEURS.	NOMS.	COMPOSITION.	ORIGINE.
Jaunes.	Curcumine......	»	Racine du *Curcuma longa*.
	Bixine-Rocou....	»	Semences du *Bixa orellana*.
	Carotine.........	»	Racines du *Daucus carotta*.
	Lutéoline........	»	*Reseda luteola*.
	Quercitrine......	$C^{16}H^9O^{10}$	Bois du *Quercus tinctoria*.
	Morindine.......	»	Bois du *Morus tinctoria*.
	Carthamine......	»	Fleurs du *Carthamus tinctorius*.
	Safranine........	»	*Crocus sativus*.
	Jaune de la graine d'Avignon.....	»	Fruits verts du *Rhamnus cathartica*.
	Spiréine.........	»	Fleurs du *Spiræa ulmaria*.
Rouges.	Draconine ou sang-dragon purifié..	»	Plusieurs variétés de *Calamus*.
	Santaline........	»	Bois du *Pterocarpus santalinus*.
	Anchusine.......	$C^{35}H^{20}O^8$	Rouge d'orcanette.— Racine de l'*Anchusa tinctoria*.
	Carthamine.....	»	*Carthamus tinctorius*.
	Alizarine........	$C^{30}H^8O^8$	Racine de la garance (*Rubia tinctorum.*)
	Hématine........	$C^{16}H^7O^6$	Bois de campêche *Hematoxylum campechianum*).
	Brésiline........	»	Bois du Brésil (*Cæsalpinia crista*).
		»	
	Matière colorante du lichen......	»	Genres *Variolaria*, — *Roccella*.
	Carmine........	»	La cochenille, insecte hémiptère (*Coccus cacti*).
	Indigo..........	$C^{16}H^5AzO^2$	Indigoféres (*Isatis tinctoria*), etc.
Bleues et vertes.	Tournesol en drapeaux.........	»	*Croton tinctorium*, sous l'influence de l'air et de l'ammoniaque.
	Chlorophylle.....	»	Principe colorant des feuilles.

L'étude chimique des matières colorantes a été faite principalement par MM. Berthollet, Chaptal, Chevreul, Thénard, Robiquet, Dumas, Persoz, Liebig, Laurent, Gerhardt, Kane, Girardin, Runge, Kuhlmann, Schiel, Schanck, Pelletier, Caventou, etc.

COLORINE (Chimie). — On désigne sous ce nom le résidu de la distillation des teintures alcooliques obtenues en traitant la *garancine* (voyez ce mot) par l'alcool. Ce résidu, formé en majeure partie par l'*alizarine* mélangée à une petite proportion de matière grasse, offre la consistance d'un extrait quand on le retire de l'alambic. On le délaye dans une petite quantité d'eau et on en fait une pâte qu'on soumet à l'action d'une presse pour en éliminer le mieux possible la matière grasse qui altérait sa pureté. On le fait ensuite sécher, on le réduit en poudre, et c'est sous la forme d'une matière pulvérulente amorphe, d'un brun rougeâtre, qu'il est livré au commerce. La colorine se dissout dans l'ammoniaque en lui donnant une teinte *pensée* des plus riches. Épaissie avec la gomme ou l'amidon grillé, elle constitue une excellente couleur d'application. La colorine a été découverte et étudiée par MM. Robiquet, Kœchlin, Girardin.

COLOSTRUM (Physiologie). — On donne ce nom au premier lait d'une femme qui vient d'accoucher; il est très-séreux, doux, aqueux, d'un goût fade et un peu sucré et paraît avoir une vertu purgative qui le rend propre à faire évacuer le *méconium* de l'enfant nouveau-né (voyez MÉCONIUM), surtout si la mère a la précaution de présenter le sein de bonne heure à l'enfant; en effet, le colostrum perd ordinairement cette propriété à l'approche de la fièvre de lait (voyez LAIT).

COLUMELLE (Zoologie). — On appelle ainsi en conchyliologie l'espèce de petite colonne qui forme l'axe d'une coquille spirale, et qui est le résultat de l'enroulement spiral et serré du cône que l'on peut concevoir la former.

COLUMELLE (Botanique). — C'est le nom qu'on donne en botanique à un axe faisant suite au pédoncule et sur lequel les carpelles de certaines plantes semblent fixés, comme dans les Géranium, les Euphorbiacées. La columelle résulte des bords unis des carpelles qui, le plus souvent, persistent après la déhiscence du fruit et semblent continuer l'axe. Dans les Ombellifères, les akènes se séparent à la maturité, suspendus au sommet d'une colonne centrale simple ou à deux branches qui est la *columelle*, appelée *carpophore* par quelques auteurs. La placentation est dite *columellaire* lorsque les ovules sont fixés sur l'axe qui traverse le fruit dans sa longueur. La famille des Caryophyllées présente ce caractère. On donne aussi le nom de *columelle* au petit axe creux et fibreux situé au centre de l'urne des Mousses.

COLYMBUS (Zoologie), *Colymbus*, Lin. — Nom scientifique du *Plongeon*, oiseau palmipède (voyez PLONGEON).

COLZA (Botanique). — On désigne ainsi plusieurs variétés et sous-variétés d'espèces de choux. Ainsi on peut citer une variété oléifère du *Chou des potagers* (*Brassica oleracea arvensis*). Mais la plus importante appartient au *Chou champêtre* (*B. campestris oleifera*). L'espèce qui produit cette variété est une plante annuelle ou bisannuelle à feuilles inférieures comme hispides, un peu ciliées, lyrées, dentées, les supérieures amplexicaules, en cœur, terminées en pointe, presque charnues, glauques. Cette plante, qui est indigène, donne des fleurs jaunes. Les colzas sont cultivés en grand pour l'extraction de l'huile de leurs graines. C'est surtout dans les départements du nord qu'on en rencontre abondamment. Cette culture paraît avoir été apportée des Pays-Bas dans la Flandre française. Parmi les sous-variétés du *Colza brassica campestris oleifera*, on signale le *colza froid*, dont les tiges sont élevées et les graines rougeâtres; le *colza à fleurs blanches*, cultivé dans le département du Nord, et le *colza parapluie*, dont les tiges latérales retombent de manière à former un parasol. Il est très-estimé en Normandie parce qu'il peut ainsi supporter les pluies sans crainte qu'elles fassent tomber les graines.

On cultive plus particulièrement deux variétés de colza : 1º la colza d'hiver, qui est presque bisannuel; en effet, il se sème, si on veut le laisser en place, du 15 juil-

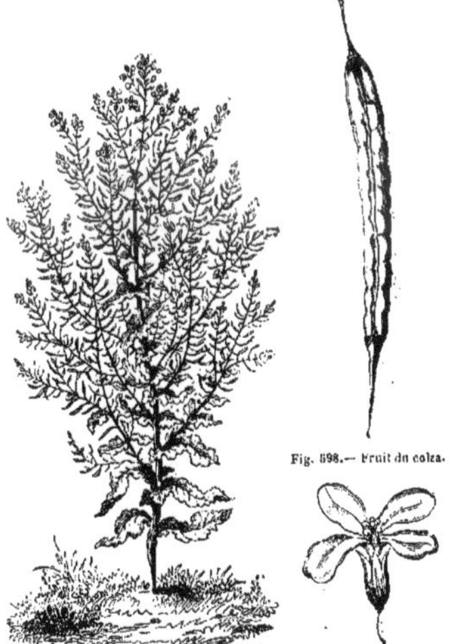

Fig. 598. — Fruit du colza.

Fig. 597. — Colza.

Fig. 599. — Fleur du colza.

let au 15 août, soit à la volée, soit en rigoles, distantes de $0^m,3$ environ. Lorsqu'il doit être repiqué, on le sème en juin, pour le repiquer en septembre; cette opération se fait ou à la main ou à la charrue, et autant que possible, les pieds doivent être écartés de 0m,25 en tous sens. La floraison a lieu vers le mois de mai suivant et la récolte vers le commencement de juillet, lorsque les deux tiers des siliques sont jaunes, par conséquent un peu avant la maturité, afin qu'il ne s'égrène pas en le coupant ; 2° le colza d'été est moins rustique et moins productif ; on y a recours surtout lorsqu'un accident a détruit les récoltes du colza d'hiver. Il se sème dans le courant de mai en lignes ou à la volée, et on le soigne comme l'autre variété ; on l'emploie quelquefois comme un fourrage excellent et très-précoce. La culture du colza réussit surtout dans le nord de la France, en Belgique, en Allemagne ; le centre et surtout le midi de la France lui conviennent beaucoup moins. Dans tous les cas, il lui faut une terre riche, bien ameublie, préparée par des labours profonds et des hersages ; deux ou trois labours et une bonne fumure ne sont pas de trop. Pour être plus sûr d'une bonne récolte, il faut aussi choisir pour semences les plus beaux pieds de colza que l'on aura réservés, et on devra les laisser mûrir sur pied plus longtemps que les autres. Sur 100 parties de graines de colza on obtient environ 39 parties d'une huile employée, comme on sait, pour l'éclairage. On récolte les colzas à la faucille. Ils sont mis ensuite en meule, afin qu'ils achèvent de mûrir. Après quoi on procède au battage pour la séparation des graines. C'est à peu près la même opération que pour les graminées. Les siliques constituent une bonne nourriture pour le bétail. Quant à l'extraction de l'huile, elle se fait, suivant les localités, de différentes manières, qui arrivent toutes au même but, c'est-à-dire au broyage et à la pression (voyez HUILE).   G — s.

COMA (Médecine), en grec *côma*. — On donne ce nom à un certain degré d'assoupissement dans lequel un malade tombe dès qu'il cesse d'être excité. Lorsque le coma est *léger*, il se rapproche de la *somnolence* ; s'il est *profond*, il est plus voisin du *carus* (voyez SOMNOLENCE, CARUS). On appelle *coma vigil* ou *subdelirium* (voyez ce mot), celui dans lequel le malade rêvasse, chuchote, s'agite et délire, à moitié endormi : dans le *coma somnolentum*, au contraire, il reste tranquille comme s'il dormait, et aussitôt que, par une excitation quelconque, on l'a tiré de cet état, il y retombe après avoir à peine ouvert les yeux et dit quelques mots. Le coma est ordinairement un effet de la compression du cerveau produite par une congestion sanguine ou un épanchement dans l'intérieur du crâne ; c'est un symptôme très-fréquent de l'apoplexie, de toutes les lésions graves du crâne par violences extérieures avec fractures, épanchements, etc. Il accompagne souvent aussi la *fièvre typhoïde*, le *typhus*, etc. (voyez ces mots).

COMANDRE (Botanique), *Comandra*, Nuttal ; du grec *komé*, chevelure, et du génitif *andros*, mâle, à cause des étamines barbues. — Genre de plantes de la famille des *Santolacées*, qui ne comprend que le *Thésion en ombelle* (*Thesium umbellatum*, Pursh) (voyez THÉSION).   G — s.

COMARET (Botanique), *Comarum*, Lin., de *komaros*, nom que donnaient les Grecs à l'arbousier et peut-être au fraisier. Le fruit du comaret a quelque ressemblance pour la forme avec celui d'une de ces plantes. — Genre de plantes de la famille des *Rosacées*, tribu des *Dryadées*. Le *C. des marais, Quintefeuille rouge des marais* (*C. palustre*, Lin.), est une plante vivace, herbacée, dont les feuilles à 5-7 segments sont blanchâtres en dessous. Ses calices sont rougeâtres et ses pétales d'un pourpre foncé. Cette plante est indigène ; elle habite les terrains humides et tourbeux, et paraît être surtout abondante dans les régions septentrionales de l'Europe. Elle était regardée autrefois comme fébrifuge. Caract. : calice à 5 divisions, muni d'un calicule à 5 divisions ; pétales, 5, oblongs, aigus ; styles latéraux persistants ; akènes secs.   G — s.

COMBATIVITÉ (Physiologie). — Nom inventé par Spurzheim pour désigner le penchant qui pousse l'homme et les animaux à combattre, et l'organe ou la partie du cerveau que les phrénologistes assignent à la manifestation de ce penchant ou faculté.

COMBATTANT (Zoologie), *Machetes*, Cuv., du grec *machètès*, combattant. — Genre d'*Oiseaux échassiers*, famille des *Longirostres*, très-voisin des Maubèches. « Ce sont, dit Cuvier, de vraies maubèches par le port et par le bec ; seulement la palmure entre leurs doigts extérieurs est à peu près aussi considérable que dans les chevaliers, les barges, etc. » La seule espèce connue, le *Paon de mer, Combattant* (*Tringa pugnax*, Lin.), est un peu plus petite qu'une bécassine ; au printemps, les mâles se livrent des combats à outrance pour la possession des femelles. A cette saison leur tête se couvre de papilles rouges, leur cou se garnit de plumes si diversement colorées et saillantes, qu'on n'en trouve pas deux individus semblables, et cette diversité, cette variété dans le plumage a jeté une telle confusion dans les observations que plusieurs ornithologistes en ont formé des espèces imaginaires. Les meilleurs signes pour les reconnaître sont les pieds jaunâtres, le bec déprimé vers le bout et la demi-palmure de leurs doigts extérieurs. Communs dans tout le nord de l'Europe, ces oiseaux viennent aussi sur nos côtes, surtout au printemps, mais ils n'y nichent pas. Leur chair est estimée.

COMBINAISON (Chimie). — Union chimique de deux ou plusieurs corps donnant lieu à un corps *composé*, dans lequel on ne retrouve aucune des propriétés de l'un ou de l'autre des corps *composants* : c'est ainsi que le *cinabre* est formé par la combinaison du mercure et du soufre, que le blanc de céruse est formé par l'union du charbon, du plomb et de l'oxygène, etc.

Tous les corps se combinent en *proportions* définies (voyez ÉQUIVALENTS) ; leur union se fait entre leurs dernières particules, de *molécule* à *molécule* ; en sorte que la vue, même aidée des plus puissants microscopes, ne peut distinguer les uns des autres les corps composants ; mais on peut généralement séparer de nouveau ceux-ci par les divers procédés qu'enseigne la chimie.

COMBINAISONS (THÉORIE DES) (Arithmétique, Algèbre). — On donne le nom de *permutations* aux résultats que l'on obtient en disposant les unes à la suite des autres, de toutes les manières possibles, un nombre déterminé de lettres, de manière que toutes les lettres entrent dans chaque résultat et que chacune n'y entre qu'une fois.

Les *arrangements* sont des résultats analogues, mais ne contenant que quelques-unes des lettres.

Enfin, les *combinaisons* sont des arrangements qui diffèrent entre eux, au moins par l'une des lettres qui y entrent.

Nombre des permutations de n lettres. — Une lettre ne peut donner qu'*un* résultat ; deux lettres *a* et *b* fournissent les *deux* permutations *ab* et *ba* : ce nombre de permutations peut s'écrire 1×2. Soient actuellement trois lettres *a*, *b*, *c*, on prendra chaque permutation des deux premières lettres, et on y intercalera *c* à toutes les places possibles, ce qui donne trois résultats pour chacune, en tout $1 \times 2 \times 3$, qui sont :

$$abc \quad acb \quad cab \quad bac \quad bca \quad cba.$$

De même, pour quatre lettres, on trouvera que le nombre des permutations est $1 \times 2 \times 3 \times 4$, et généralement il est $1 \times 2 \times 3 \times \ldots\; n$, pour *n* lettres.

Nombre des arrangements de m lettres n à n. — Le nombre des arrangements 1 à 1 est évidemment *m*. Pour former les arrangements 2 à 2, on pourra écrire à la droite de chacun des arrangements 1 à 1 chacun des $m-1$ autres lettres, ce qui donnera pour chacun $m-1$ résultats différents, et en tout $m(m-1)$ arrangements 2 à 2. De même, pour obtenir les arrangements 3 à 3, à droite de chaque arrangement 2 à 2 on écrira successivement chacune des $m-2$ lettres restantes, d'où $m-2$ résultats différents, en tout $m(m-1)(m-2)$ arrangements 3 à 3, et ainsi de suite.

Nombre des combinaisons de m lettres n à n. — Nous le déduirons de celui des arrangements à l'aide d'une remarque très-simple : c'est que chaque combinaison fournirait des arrangements différents en faisant subir aux *n* lettres toutes les permutations possibles. Or, le nombre de ces permutations est 1, 2, 3... Le nombre des combinaisons est donc $\dfrac{m(m-1)(m-2\ldots)}{1 . 2 . 3 \ldots}$

La théorie des combinaisons est d'une grande utilité dans un grand nombre de recherches, et notamment dans le *calcul des probabilités*.   E. R.

COMBUSTIBLE. — Nom communément donné à toute substance pouvant produire économiquement de la chaleur par sa combustion. Les combustibles employés sont les *bois* et leurs *charbons*, la *tannée*, la *tourbe naturelle* ou *carbonisée*, le *lignite*, la *houille*, le *bitume*, le *coke* et l'*anthracite*.

Bois. — La nature du bois est extrêmement variable (voyez BOIS) ; son pouvoir calorifique varie comme sa composition. Le principe combustible y est formé presque exclusivement par le carbone, l'hydrogène pouvant y être considéré comme combiné avec tout l'oxygène qu'il peut prendre. Le bois desséché à l'air et renfermant environ 25 p. 100 d'eau, contient de 38 à 45 p. 100

de carbone pur; son pouvoir calorifique est donc compris entre 3 000 et 3 6°0 calories par kil., celui du carbone étant de 8 000 calories.

Les bois durs donnent généralement plus de chaleur que les bois tendres, mais ils donnent moins de flamme, ce qui, pour certains usages, rend ceux-ci préférables.

Bois torréfié, charbon roux. — Substitué dans quelques usines au charbon de bois, pour le traitement des minerais de fer. On a trouvé que la quantité de bois nécessaire à l'opération métallurgique est notablement moindre quand on l'emploie sous cette forme que lorsqu'on se sert du charbon; mais l'avantage ainsi obtenu est en partie compensé par l'accroissement des frais de transport. Le charbon roux est du bois incomplétement carbonisé, et l'opération se fait à l'usine même, tandis que le charbon se fait sur place dans les forêts.

Charbon de bois. — D'un noir brillant, cassant et sonore quand il est de bonne qualité, ce charbon n'est pas pur; on peut lui faire perdre, par une forte calcination en vase clos, 8 à 15 p. 100 de son poids de principes volatils qui le font brûler avec une légère flamme dans les premiers moments de sa combustion. Sa densité vraie est environ deux fois plus grande que celle de l'eau; mais l'air qui remplit ses pores le fait habituellement paraître plus léger que l'eau.

Tannée. — Tan épuisé qui ne contient plus que la partie ligneuse de l'écorce de chêne. D'après M. Péclet, 1 250 kil. d'écorce de chêne produisent 1 000 kil. de tannée sèche équivalant à 800 kil. de bois et à 260 ou 270 kil. de houille. On la brûle en mottes.

Tourbe. — Combustible formé par la décomposition plus ou moins avancée de substances végétales. On l'extrait et on la consomme ordinairement en mottes de la grosseur d'une brique. Son pouvoir calorifique varie beaucoup suivant sa qualité. D'après les expériences de M. Garnier sur la tourbe des environs de Beauvais, 1 kil. de tourbe de première qualité dégage en brûlant 3 000 calories; 1 kil. de tourbe de seconde qualité n'en donnerait que 1 500.

La tourbe répand une odeur désagréable en brûlant, ce qui restreint son emploi pour les usages domestiques; mais on la carbonise comme le bois; le charbon qu'elle fournit ne répand plus aucune odeur.

Charbon de tourbe. — Ce charbon est, en général, tendre et friable quand il contient peu de matières terreuses, compacte et dur quand il en contient beaucoup; il brûle facilement en produisant une légère flamme, mais sans dégager d'odeur, et laisse des cendres en proportion souvent considérable. La fabrication économique du charbon de tourbe a présenté jusqu'à présent d'assez grandes difficultés, aussi cette substance est-elle peu employée.

Lignite ou bois fossile. — Substance charbonneuse, luisante, à cassure résinoïde, provenant de la décomposition de matières végétales dont on peut encore y distinguer la structure. Cette matière brûle facilement en donnant une flamme longue, accompagnée de fumée. Elle ne se boursoufle pas en brûlant, et ses fragments ne contractent pas d'adhérence entre eux comme ceux de la houille; on l'emploie comme ce dernier combustible, pour les évaporations, le chauffage des chaudières, la cuisson de la chaux et des briques, le chauffage domestique, etc. Le pouvoir calorifique du lignite parfait est de 5 790 calories, celui du lignite imparfait de 4 800, celui du lignite passant au bitume, de 6 580.

Houille. — Formée, comme les deux précédents, par la décomposition des matières végétales. C'est le combustible le plus abondant et le plus précieux pour toutes les industries qui ont besoin de la production d'une forte chaleur. A ce point de vue, on distingue diverses sortes de houilles.

Houilles grasses, fortes ou *dures,* qui donnent un coke métallique, boursouflé, mais moins gonflé et plus dense que celui des houilles maréchales. Elles sont les plus estimées pour les opérations métallurgiques qui demandent un feu vif et soutenu, et donnent le meilleur coke pour les hauts fourneaux. Leur poussière est d'un noir brun.

Houilles grasses maréchales, qui donnent un coke métallique très-boursouflé. Ce sont les plus estimées pour la forge, parce qu'elles y donnent une chaleur extrêmement forte et qu'on peut y former facilement de petites voûtes qui concentrent la chaleur sur la pièce à chauffer. Cette houille, en effet, plus que les autres, éprouve en brûlant une espèce de fusion qui agglutine entre eux les fragments voisins. Elle est d'un beau noir présentant un éclat gras, caractéristique. Sa poussière est brune.

Houilles grasses à longue flamme, qui donnent, en général, un coke métallique, boursouflé, mais moins que le précédent, dont les divers fragments s'agglutinent encore très-bien au feu. Ces houilles sont très-recherchées pour le fourneau à réverbère, quand il faut donner un coup de feu vif, comme dans le *puddlage.* Elles conviennent aussi très-bien pour le chauffage domestique, mais il est nécessaire que les cheminées tirent bien, parce qu'elles répandent une odeur désagréable en brûlant. Ce sont elles que l'on préfère pour la fabrication du gaz de l'éclairage; elles peuvent donner un bon coke pour haut-fourneau, mais il est peu abondant.

Houilles maigres, qui donnent un coke métallique non boursouflé et à peine *fritté;* leurs fragments n'acquièrent que peu ou point d'adhérence entre eux. Ces houilles sont encore bonnes pour la chaudière; elles brûlent avec une flamme longue, mais de peu de durée; quand elles sont de bonne qualité, elles donnent peu de fumée et peu d'odeur; aussi, les préfère-t-on souvent pour les usages domestiques; mais elles ne sont pas susceptibles, pour les usages industriels, de donner une chaleur aussi intense que les houilles précédentes (voyez le tableau plus bas).

Anthracite. — De même origine que les précédents, très-compacte et difficile à brûler, ce qui l'a fait négliger pendant longtemps. Ce charbon ne dégage en brûlant qu'une très-petite quantité de matières volatiles; il ne donne pas de flamme; ses fragments conservent leurs arêtes vives et ne se collent pas entre eux; son éclat est vitreux, souvent irisé; sa poussière est d'un noir pur ou d'un noir grisâtre. Il faut donner aux foyers une disposition particulière pour y bien brûler l'anthracite; le courant d'air doit y être très-vif, mais alors la chaleur qu'il produit est énorme.

Bitumes. — Les *asphaltes, bitumes, goudrons,* sont rarement employés comme combustibles; cependant, dans les usines à gaz qui n'ont pas de débouché suffisant pour les goudrons provenant de la distillation de la houille, on fait arriver cette substance demi-fluide en mince filet dans le foyer destiné à chauffer les cornues. Son emploi doit être alors ménagé, parce que la chaleur qu'il produit est excessivement vive et pourrait amener la fusion ou la destruction rapide des appareils de distillation.

Nous avons réuni dans le tableau suivant les principaux résultats obtenus par M. Regnault dans son beau travail sur les combustibles minéraux. **M. D.**

COMBUSTIBLES.	PROVENANCE.	NATURE DU COKE.	Densité du combust.	COMPOSITION				Coke laissé par calcination.	Pouvoir calorifiq. d'après la loi de Welter.
				Carbone.	Hydrog.	Oxygène, azote.	Cendres.		
I. Anthracite	Pays de Galles	Pulvérulent	1,348	92,56	3,33	2,53	1,58	89,5	7300
	Lamure	Pulvérulent	1,362	89,77	1,67	3,99	4,57	90,0	6800
II. Houilles grasses dures.	Alais	Boursouflé	1,322	89,27	4,83	4,47	1,41	77,7	7370
III. Houilles grasses maréchales.	Rive de Gier (Grand-Croix).	Très-boursouflé..	1,298	87,45	5,14	5,63	1,78	68,5	7270
IV. Houilles grasses	Lancashire.	Boursouflé	1,317	83,75	5,66	8,04	2,55	57,9	7050
A longue flamme	Commentry	Boursouflé	1,319	84,72	5,29	11,75	0,24	63,4	6730
V. Houilles sèches	Blanzy	Fritté	1,362	76,44	5,23	16.01	2,48	57,0	6230
VI. Lignite parfait	Dax	Pulvérulent	1,272	70,49	5,59	18.93	4.99	49,1	5790
VII. Lignite imparfait	Grèce	Pulvérulent	1,185	61,20	5,00	24,78	9,02	38,9	4830
	Usnach (bois fossile).	Pulvérulent	1,167	56,04	5,70	36,07	2,19	»	4320
VIII. Lignite passant au bitume.	Elbogen.	Boursouflé	1,157	73,79	7,46	13,79	4,96	27,4	6580
IX. Asphalte	Cuba.	Boursouflé	1,063	79,18	9,30	8,72	2,80	9,0	7500

COMBRET (Botanique), *Combretum*, Lin. — Nom que l'on trouve déjà dans Pline. — Genre de plantes de la famille des *Combrétacées*, voisin des Myrtacées. Parmi les espèces peu nombreuses, on doit citer le *C. écarlate*, *Chigomier à fleurs purpurines* (*Combretum coccineum*, Lam.), vulgairement *Aigrette de Madagascar*; arbrisseau élégant, à fleurs d'un pourpre éclatant, disposées en belles grappes terminales, paniculées; 10 étamines très-saillantes. Ses tiges sont sarmenteuses, les feuilles opposées, pétiolées; les fruits à ailes minces et membraneuses. Cet arbrisseau, originaire de Madagascar, se cultive en serre chaude. Caract. du genre : calice campanulé à 4-5 dents caduques; 4-5 pétales très-petits; étamines longues; ovaire inférieur; capsule allongée, monosperme.

COMBRÉTACÉES (Botanique). — Famille de plantes *Dicotylédones dialypétales* à étamines périgynes établie par Robert Brown. Elle comprend des arbres et des arbrisseaux à fleurs disposées en épis. Les végétaux de cette famille habitent les régions équatoriales du globe. Leur écorce fournit dans la plupart une résine astringente et leurs graines renferment une matière huileuse. Genres principaux : *Badamier* (*Terminalia*, Lin.); *Combret* (*Combretum*, Lœflling), etc. Caractères : calice à 4-5 lobes caducs; pétales, même nombre ou nuls; étamines insérées au sommet du tube du calice; ovaire adhérent à une seule loge; fruit drupacé ou bacciforme, indéhiscent, à une seule graine sans périsperme.

Travaux monographiques. — De Candolle, *Mémoire sur la famille des Combrétacées* (*Mém. de la Soc. de phys. et d'hist. nat. de Genève*), vol. IV, 1828.   G — s.

COMBUSTION (Physique). — Se dit vulgairement du phénomène auquel nous empruntons la chaleur et la lumière nécessaires aux opérations diverses de l'économie domestique, de l'industrie ou des arts. Le mot *combustion* est un mot du langage ordinaire, qui se rapporte à un phénomène connu de tous dans ses traits caractéristiques. L'universalité de ce phénomène, son importance exceptionnelle ont de tout temps appelé l'attention des savants et des philosophes; aussi toutes les écoles philosophiques de l'antiquité ont-elles cherché à formuler sa nature scientifique. On connaît la théorie admise à cet égard par les anciens; ils supposaient que le *feu* est un élément engagé d'une manière mécanique dans les interstices mêmes des corps. Sous l'action d'un corps enflammé ou d'autres causes, les enveloppes du corps se déchirent, et le feu, à raison de sa force expansive, se dégage en produisant le phénomène ordinaire de la combustion. Les alchimistes au moyen âge n'ont rien ajouté à cette théorie, et il faut arriver jusqu'à l'époque de Stahl (né en 1660, mort en 1734) pour trouver le premier système vraiment scientifique qui se soit proposé de trouver la formule précise de la combustion. Ce système célèbre, et qui fut adopté d'une manière universelle, s'appelle le *système du phlogistique* (voyez ce mot). Suivant Stahl, tous les corps combustibles sont formés d'une sorte de *terre* fixe et d'un élément subtil formant le principe inflammable par excellence : c'est le phlogistique. Celui-ci se dégage des corps pendant la combustion, et possède un mouvement violent qui produit la chaleur et la lumière. On voit que dans cette théorie, d'une remarquable simplicité d'ailleurs, les corps en brûlant perdent l'un de leurs éléments constitutifs. Or, déjà à l'époque de Stahl, on connaissait bien des faits qui établissent, au contraire, que la combustion est accompagnée d'une augmentation de poids; le phlogistique aurait donc eu cette propriété curieuse, qu'en s'introduisant dans les corps il les rendrait plus légers. Si, au XVII siècle, une pareille idée n'avait rien qui choquât les esprits, il n'en était plus de même au temps de Lavoisier; aussi celui-ci se livra-t-il à une série d'expériences ingénieuses qui l'amenèrent à la connaissance de la nature de l'air et d'une théorie de la combustion qui, après avoir régné sans partage pendant un demi-siècle, est encore acceptée par les chimistes, au moins dans ce qu'elle a de plus essentiel. Dans cette théorie, on admet que la combustion est toujours le résultat de la combinaison chimique d'un corps appelé *combustible*, avec un autre corps appelé *comburant*. Le dégagement de chaleur et de lumière qui caractérise la combustion proprement dite, n'est qu'un cas particulier du dégagement de chaleur qui accompagne nécessairement toute combinaison chimique. L'oxygène est le corps comburant par excellence; aussi dit-on ordinairement que la combustion est la combinaison d'un corps avec l'oxygène. C'est notamment ce qui a lieu dans la combustion ordinaire de nos foyers, qui a dû naturellement servir de type pour les phénomènes de ce genre.

Mais, d'une part, l'incandescence est un phénomène qui accompagne habituellement la combustion, sans cependant qu'elle en soit la conséquence obligée, et, d'un autre côté, un grand nombre de combinaisons chimiques dans lesquelles l'oxygène ne joue aucun rôle sont accompagnées d'un dégagement de chaleur et de lumière. La combustion par l'oxygène n'est donc qu'un cas particulier d'un phénomène plus général.

La combustion d'un corps peut se faire avec ou sans *flamme* (voyez ce mot), parce que la nature des produits de cette action varie avec la nature du corps qui brûle. Si le combustible est fixe, qu'il ne donne point de vapeurs ni de produits gazeux, la combustion a lieu avec simple incandescence. Tel est le cas du fer brûlant dans l'oxygène; mais la plupart des combustibles, tels que les bois, les houilles, les huiles, donnent naissance à des produits volatiles ou gazeux qui, devenant incandescents eux-mêmes, constituent la flamme. Ces produits gazeux sont le plus ordinairement de l'eau par la combustion de l'hydrogène, de l'acide carbonique et de l'oxyde de carbone par la combustion du charbon.

Dans l'industrie ou les usages domestiques, la combustion est produite ou en vue d'un dégagement de lumière (voyez ÉCLAIRAGE) ou en vue d'un dégagement de chaleur. C'est sous ce dernier rapport que nous l'envisagerons ici.

Les premiers essais pour déterminer les quantités de chaleur dégagées dans la combustion d'un poids donné de combustible remontent à Rumford; Lavoisier et Laplace, Dulong, Despretz, et plus récemment MM. Fabre et Silbermann ont fait de cette question l'objet de recherches importantes (voyez CHALEUR, CALORIMÉTRIE).

Que la combustion ait lieu d'une manière lente ou rapide, dans l'air ou dans l'oxygène, la même quantité de chaleur est toujours produite, mais elle l'est dans un temps plus ou moins court et ses effets en sont changés.

La chaleur dégagée de la combustion d'un corps composé est égale à la somme des chaleurs que produiraient en brûlant les substances dont il est formé, *diminuée* de la quantité de chaleur qui a été produite lors de la combinaison de ces substances pour former le composé. La combinaison des éléments dans un combustible est donc défavorable à sa puissance calorifique; la présence d'un corps autre que le carbone et l'hydrogène ou leurs combinaisons produit généralement le même effet. La loi posée par M. Welter, et d'après laquelle la puissance calorifique d'un combustible serait proportionnelle à la quantité d'oxygène nécessaire à sa combustion est donc inexacte en théorie; cependant, au point de vue pratique et quand la nature du combustible varie peu, elle peut être utilement invoquée.

La chaleur d'un combustible se disperse par deux voies différentes et peut être utilisée de deux manières : une partie rayonne dans tous les sens du combustible embrasé; l'autre est entraînée par les produits gazeux de la combustion. D'après M. Péclet, ces deux quantités seraient égales pour le charbon de bois; pour le bois les deux cinquièmes seulement de la chaleur totale seraient rayonnées. Or, dans nos cheminées ordinaires cette dernière est seule utilisée, et encore ne l'est-elle qu'en petite partie (voyez CHAUFFAGE). Dans les arts, au contraire, ou dans les procédés perfectionnés de chauffage, on s'efforce d'utiliser autant que possible toute la chaleur produite. Les appareils qu'on y emploie varient suivant la nature du combustible consommé, et aussi suivant la nature du résultat qu'on veut obtenir. Tantôt le combustible est brûlé à part sur des grilles où on le dispose en lits plus ou moins épais : tels sont les fourneaux d'*évaporation*, les fourneaux des chaudières à vapeur, les fours à réverbère employés au traitement métallurgique de quelques métaux, les fours à porcelaine, à faïence, les calorifères, etc. Tantôt le combustible est mélangé avec la substance à calciner ou en contact immédiat avec elle, comme il arrive dans les hauts-fourneaux, les fourneaux à cuve, etc. Dans l'un et l'autre cas, on utilise et la chaleur rayonnante et la chaleur entraînée par les gaz et les produits gazeux de la combustion. Cette dernière est employée d'une manière d'autant plus complète que les gaz et produits gazeux sont moins abondants, qu'ils ont été mieux dépouillés de la chaleur qu'ils ont prise en traversant le foyer et qu'ils sont versés plus froids dans l'atmosphère. Le dépouillement, toutefois, ne doit jamais être complet; la combustion n'est possible, en effet, qu'à la condition qu'une suffisante quantité d'air afflue au foyer. Or, cet afflux d'air est déterminé par l'aspiration que la légèreté relative de la colonne de gaz chauds produit dans la cheminée ou le haut-fourneau, et cette aspiration elle-même est d'autant plus grande que la cheminée est plus haute et que la colonne gazeuse y possède une température plus élevée. Le refroidissement trop rapide des produits de la combustion offre un autre inconvénient. La plupart des combustibles, avant d'avoir atteint la température élevée nécessaire à leur combustion, éprouvent une décomposition plus ou moins profonde; ils *distillent* une plus ou moins grande quantité de produits gazeux formés presque en totalité de carbone et d'hydrogène. De ces deux dernières substances, l'hydrogène exige, pour brûler une température moins élevée que le charbon, et toutes les fois ou que la température est trop basse ou que la quantité d'air affluente est trop faible, c'est lui qui brûle le premier. Le charbon se dépose alors sous forme d'une poussière noire très-légère, très-divisée, qui forme la *fumée*. Toute production de fumée dans un foyer entraîne donc une perte de combustible qu'il faut tâcher d'éviter par cela même qu'elle constitue une perte et aussi à cause des inconvénients d'une autre nature qu'elle entraîne avec elle. L'excès d'air ne suffit pas pour atteindre ce résultat, et d'ailleurs il augmenterait la quantité de chaleur perdue entraînée par les gaz.

De nombreux systèmes, appelés *fumivores*, ont été proposés pour empêcher la fumée de se former, sans qu'aucun d'eux ait encore résolu la question d'une manière complète. Dans les foyers de fourneaux ordinaires, l'air afflue par-dessous, l'alimentation se fait en jetant du *combustible neuf sur la grille par-dessus* le combustible embrasé. Le premier se trouve tout à coup exposé à une très-forte chaleur qui en opère la décomposition; les hydrogènes carbonés qui s'en dégagent abondamment ne rencontrent plus pour brûler que l'air qui a traversé le brasier, qui s'y est dépouillé d'une grande partie de son oxygène pour se charger d'acide carbonique ou d'oxyde de carbone et qui s'est, de plus, refroidi par son contact avec le charbon neuf et encore noir. Leur combustion est donc incomplète; leur hydrogène seul est brûlé; leur charbon s'en va en fumée. Tous les appareils fumivores ont plus ou moins pour objet de renverser la marche de l'air et des produits gazeux dans le foyer. L'air y marchant du charbon neuf au charbon incandescent, les hydrogènes carbonés mélangés avec de l'air pur traversent un espace fortement chauffé et s'y brûlent complètement. Ce système, dit *à flamme renversée*, est excellent en principe; il présente seulement dans la pratique quelques difficultés d'application qui en restreignent l'emploi. Il est cependant employé depuis plusieurs années déjà dans les fours à porcelaine ou à faïence fine, où la fumée pourrait altérer les produits soumis à la cuisson, dans les fours où les matières soumises à la distillation sèche ne doivent pas recevoir le contact de l'oxygène de l'air; on commence à en faire usage dans les fourneaux des machines à vapeur et même dans les cheminées de nos maisons d'habitation. Dans les fours à réverbère et à puddler, la température du four en pleine activité est toujours assez élevée pour que la combustion des produits gazeux soit entière; il ne s'y produit pas de fumée; mais comme la quantité de chaleur entraînée par les gaz est énorme, il faut réduire le plus possible le volume de ceux-ci; aussi l'air en excès ne s'y élève-t-il qu'à 7 ou 8 p. 100. Dans quelques usines on parvient à utiliser 30 ou 40 p. 100 de cette chaleur perdue en plaçant entre le four et la cheminée des chaudières à vapeur qui ne gênent pas d'une manière sensible le tirage et la marche de l'opération principale.

Dans un certain nombre d'opérations industrielles, on a surtout pour but de produire en un point donné une température extrêmement élevée: tels sont les fourneaux de forge, les fonderies, etc. Dans ce cas, au lieu de rationner l'air du foyer, on l'y projette avec plus ou moins de violence au moyen de soufflets ou de *machines soufflantes* de diverses natures. En réglant convenablement la force du vent et en employant certains combustibles, tels que les *escarbilles* (cokes en petits fragments), M. Deville est parvenu à produire une chaleur assez intense pour fondre du platine et d'autres substances qui jusque-là avaient résisté aux plus violents feux de forge (voyez Combustibles, Cheminée, etc.). P. D.

Combustion humaine spontanée (Médecine). — On nomme ainsi la combustion ou l'incinération rapide du corps humain par l'effet d'une cause qui nous est inconnue, mais qui paraît dépendre d'un état particulier de l'organisme. Ce phénomène, nié pendant longtemps, attribué ensuite à des causes surnaturelles, a été enfin étudié et mis en lumière par Lecat, Vicq-d'Azyr, et surtout par MM. Lair et Kopp de Hanau dans deux dissertations intitulées, la première : *Essai sur les combustions humaines*, etc. In-8, Paris, 1800, par Lair ; et la seconde, *Dissert. de causis combustionis spontaneæ*, etc. In-8, Jenæ, 1800, par Kopp. Quoi qu'il en soit, on ne l'a guère observée que chez des vieillards adonnés à l'ivrognerie et dont le corps était pour ainsi dire imprégné de liqueurs spiritueuses. Deux opinions ont été émises sur la manière dont l'accident se produit : les uns pensent, avec M. Lair, qu'il faut l'intervention du feu pour la déterminer; d'autres, avec M. Kopp, la croient inutile. Le corps brûle avec une flamme bleuâtre, peu vive, que l'eau active quelquefois au lieu de l'éteindre et qui ménage le plus souvent les matières combustibles qui sont auprès; il ne reste pour résidu qu'une suie épaisse, grasse, très-noire, très-fétide et un charbon léger, onctueux et odorant.

COMESTIBLE (Économie domestique). — Substance qui se mange ; épithète qu'on applique à toute matière qui peut entrer dans l'alimentation de l'homme. On a aussi ajouté cet adjectif pour désigner, parmi des substances dont quelques-unes peuvent être nuisibles, celles qui peuvent être mangées ; ainsi on dit des *champignons comestibles*, des *racines*, des *fruits comestibles*, etc. (voyez Aliments).

COMÈTES (Astronomie). — Les comètes se meuvent autour du soleil comme les planètes, mais elles en diffèrent par leur aspect et par la nature de leur mouvement. Tandis que les planètes conservent à peu près la même distance au soleil, ce qui fait qu'elles sont presque constamment visibles de la terre, les comètes n'apparaissent que dans une très-petite partie de leur orbite ; elles se déplacent rapidement dans le ciel et disparaissent ensuite souvent pour ne plus revenir. Elles se présentent entourées d'une *nébulosité* ou chevelure à laquelle elles doivent leur nom et qui se prolonge fréquemment en une traînée lumineuse appelée *queue*. Ces astres ont été longtemps regardés comme des météores ou de simples phénomènes atmosphériques. Tycho-Brahé, le premier, conclut de la petitesse de leur parallaxe qu'elles étaient très-loin de la terre, plus loin que la lune. Képler croyait qu'elles décrivent dans le ciel des lignes droites. Enfin, Newton, ayant trouvé qu'un corps soumis à l'attraction du soleil peut décrire non-seulement une ellipse, comme les planètes, mais une branche d'hyperbole ou de parabole, jugea que les comètes pourraient bien être dans ce dernier cas, ce qui expliquerait pourquoi certaines comètes, après s'être montrées dans le voisinage du soleil, peuvent ensuite disparaître pour toujours.

En réalité, les comètes sont des astres permanents, comme les planètes, et décrivent comme elles des ellipses dont le soleil occupe un foyer ; mais ces ellipses sont très-allongées et disposées d'une manière quelconque dans l'espace, c'est-à-dire que leur inclinaison, par rapport à l'écliptique, est quelquefois fort grande et leur mouvement peut être *rétrograde*, tandis que celui des planètes est toujours direct.

Les comètes ne paraissent pas être lumineuses par elles-mêmes ; elles nous réfléchissent la lumière du soleil. Pour être visibles, il faut qu'elles ne soient pas trop loin du soleil ni de la terre. Cela explique pourquoi nous n'en les apercevons que lorsqu'elles sont dans le voisinage de leur périhélie. Sitôt que la distance au soleil dépasse deux ou trois fois celle de la terre, on cesse de les voir : ce n'est donc que dans une très-petite partie de leur orbite et pendant un temps assez court qu'il est possible de les observer. Cet intervalle suffit rarement pour déterminer avec exactitude l'orbite de la comète ; si l'ellipse qu'elle décrit est très-allongée, l'arc observé ne diffère pas sensiblement d'un arc de parabole qui aurait le même foyer et la même distance périhélie. On peut donc approximativement dire que le mouvement des comètes est *parabolique*, bien que peut-être aucune comète n'ait réellement décrit une parabole.

Quand une comète apparaît, les astronomes en calculent les *éléments paraboliques*, ce qui exige trois observations de l'astre. Ces éléments sont au nombre de cinq : la longitude du nœud, l'inclinaison, la longitude du périhélie, la distance du périhélie, l'époque du passage au périhélie.

Sur les sept à huit cents comètes dont l'apparition a été mentionnée, il n'y en a guère que deux cents dont les éléments soient connus et inscrits dans les catalogues (voyez l'*Astronomie* d'Arago, et le *Catalogue* d'Olbers). Mais, depuis l'invention des lunettes, le nombre s'en accroît très-rapidement, car la plupart sont invisibles à l'œil nu, et il n'y a guère d'années où l'on n'en découvre plusieurs.

Lorsqu'une comète a accompli sa révolution elliptique autour du soleil et qu'elle revient au périhélie, son apparence physique a généralement changé ; ce n'est donc pas à son aspect qu'on la reconnaîtra, mais bien à ses éléments qui diffèrent peu de ceux qu'on a déterminés à sa précédente apparition. C'est ainsi que Halley, astronome anglais du XVII° siècle, ayant calculé, d'après les méthodes de Newton, les orbites d'un grand nombre de comètes, fut frappé de la ressemblance des éléments de la belle comète de 1682 avec ceux des comètes observées en 1607 et 1531. L'intervalle de ces apparitions successives étant d'environ 76 ans, il annonça le retour de la même comète pour la fin de 1758 ou le commencement de 1759. Elle est, en effet, revenue au périhélie le 12 mars 1759, et encore une fois depuis, le 15 novembre 1835. Le tableau suivant, extrait du *Catalogue des comètes*, montre comment se conservent d'une apparition à l'autre les éléments paraboliques de la *comète de Halley*.

PASSAGE au périhelie.	LONGITUDE du nœud.	INCLINAISON	LONGITUDE du périhélie	DISTANCE périhélie	SENS du mouvement.
1531 août 25	45°,30'	17°,00'	301°,12'	0,580	Rétrogr.
1607 oct. 26	48°,40'	17°,12'	301°,38'	0,588	—
1682 sept. 14	51°,11'	17°,45'	301°,56'	0,583	—
1759 mars 12	53°,50'	17°,37'	303°,10'	0,585	—
1835 nov. 15	55°,10'	17°,45'	301°,32'	0,587	—

La durée de la révolution étant connue par l'intervalle de deux passages consécutifs au périhélie, on en conclut le grand axe au moyen de la troisième loi de Képler, en la comparant au grand axe de l'orbite terrestre et à la durée de l'année ; les lois de Képler se vérifient en effet chez les comètes comme chez les planètes. Pour la comète de Halley, ce demi-grand axe est 18 environ, en prenant pour unité la distance moyenne de la terre au soleil, et comme sa distance périhélie est à peu près ½, la distance aphélie est 35 ½, ce qui dépasse peu le rayon de l'orbite de Neptune. Cette comète ne sort donc pas sensiblement de notre système planétaire.

Comète de Encke, ou *à courte période*. — La comète de Halley n'est pas la seule dont la périodicité ait été constatée. En 1818, Encke, de Berlin, reconnut la périodicité d'une comète découverte par Pons à Marseille. Elle accomplit sa révolution en 3 ans et ⅓ ou en 1 200 jours environ. Son mouvement est direct, son ellipse, inclinée de 13° sur l'écliptique, a une excentricité égale à 0,849. Sa distance moyenne au soleil est 2,2 ; sa distance périhélie, 0,33 ; sa distance aphélie, 4,07. Elle traverse donc les orbites de Mercure, Vénus, la Terre et Mars, mais n'atteint pas celle de Jupiter. Elle n'a pas de queue et se compose d'un noyau environné d'une nébulosité. On l'a revue en 1822, 1825... et enfin en 1855, 1858, 1861.

Comète de Biéla. — Cette comète, découverte en 1826 et reconnue périodique par Gambert, accomplit sa révolution en 6 ans ⅔. Son mouvement est direct ; sa distance périhélie, 0,87 ; sa distance aphélie, 6,33 ; son demi-grand axe, 3,6. Elle n'est visible qu'au télescope et n'a pas de queue. A son apparition de 1846, elle a présenté un phénomène très-singulier : après l'avoir vue d'abord simple, comme dans les apparitions précédentes, on la revit *dédoublée*, c'est-à-dire divisée en deux autres comètes inégales, très-voisines l'une de l'autre et continuant à décrire à peu près le même orbite que précédemment. Elle a reparu en 1852 et était encore double.

Comète de Faye. — Découverte à l'Observatoire de Paris par M. Faye, le 22 novembre 1843. Son mouvement est direct ; sa distance moyenne, 3,812 ; la durée de sa révolution, 7ans,4. Elle a reparu au commencement de 1851. Sa distance périhélie est 1,69 ; sa distance aphélie, 5,90.

Comète de Brorsen. — Découverte en 1846 ; sa période est de 5ans,6. Elle a été revue en 1857 ; à son retour de 1851, on ne l'avait pas aperçue. Sa distance périhélie est 0,65 ; sa distance aphélie, 5,64.

Comète de d'Arrest. — Reconnue périodique par Yvon Villarceau en 1851, elle a reparu à la fin de 1857. Son demi-grand axe est 3,5 ; sa distance périhélie, 1,2 ; la durée de la révolution, 6ans,44.

Ces six comètes sont les seules dont le retour régulier ait été reconnu ; la première exceptée, elles ne présentent de remarquable que cette périodicité. Il en est quelques

autres dont le retour est probable. Telle est en particulier la comète de 1556, dite de *Charles-Quint*, qui devait revenir avant 1860. On a cru un moment la reconnaître dans la comète de 1861 ; mais cette opinion a dû être abandonnée et jusqu'à ce moment elle n'a pas encore reparu.

Perturbation des comètes. — En traversant le système planétaire, une comète peut s'approcher assez d'une planète pour que l'attraction de ce corps influe sensiblement sur sa marche et l'écarte de l'ellipse qu'elle décrit autour du soleil. Ainsi la comète de Halley est troublée dans son mouvement par Jupiter et Saturne ; et lorsque Clairaut fixa le retour de cette comète pour le milieu d'avril 1759, il avait eu soin de calculer l'action des grosses planètes sur les éléments de l'orbe elliptique. Ce sont ces perturbations qui font que l'intervalle de deux passages au périhélie, ou la durée de la révolution, n'est pas toujours la même, mais varie entre 75 et 76 ans. Pour chaque comète, il se produit des effets du même genre dus aux planètes dont elle s'approche, et on a même cherché à en tirer parti pour calculer la masse de Mercure d'après les dérangements qu'elle cause dans la marche de la comète périodique d'Encke.

Mais l'effet de perturbation va bien plus loin dans certains cas ; il peut dénaturer complètement l'orbite de la comète et même l'enlever au système planétaire. C'est ce qui est arrivé pour la comète de Lexell. Cette belle comète fut découverte par Messier en juin 1770. Lexell, en 1776, calcula ses éléments et lui trouva une période de 5ans,5. Malheureusement, on ne l'avait pas observée en 1776 ; on ne la revit pas davantage au passage suivant, en 1781, bien qu'alors on la cherchât avec soin. Or, en examinant attentivement la marche qu'elle avait dû suivre dans le ciel, Lexell reconnut qu'en août 1779, elle s'était approchée beaucoup de Jupiter : sa distance de cette planète n'était alors que $\frac{1}{52}$ de sa distance au soleil. L'action de Jupiter, devenue prépondérante, avait donc altéré complètement le mouvement de la comète et l'avait empêchée de revenir au périhélie en 1781. Il reconnut, de plus, qu'en mai 1767, la comète avait aussi passé très-près de Jupiter, qui en avait modifié l'orbite. De sorte qu'après avoir donné à la comète sa courte période de 5 ans ½, c'est encore l'influence de Jupiter qui nous l'a peut-être définitivement enlevée, car on ne l'a plus revue depuis lors.

Constitution physique des comètes. — Ces astres présentent des formes et des apparences très-variées. C'est ordinairement une nébulosité dont la partie centrale, plus brillante et plus condensée, porte le nom de *noyau*. Leur volume peut être énorme : la comète de 1811 avait 1 000 lieues de rayon. Malgré cette immense étendue, leur masse est très-faible, car on n'a encore constaté aucune action sensible des comètes sur les planètes, tandis qu'elles-mêmes subissent des perturbations très-considérables. Il faut donc que leur densité soit aussi extrêmement faible. Cette conclusion se trouve confirmée par le fait qu'on a vu de très-petites étoiles briller sans affaiblissement sensible à travers des épaisseurs de matière cométaire de plusieurs milliers de lieues. Il faudrait donc les considérer comme des amas de vapeurs légères ; mais les gaz et les vapeurs réfractent la lumière. Or, on n'a jamais observé de réfraction sensible dans les rayons lumineux qui ont traversé une comète. On pourrait les comparer à un tourbillon de poussière dont chaque grain nous réfléchit de la lumière du soleil, tandis qu'à travers leurs interstices peuvent passer sans altération les rayons des étoiles situées par derrière. Cette manière de concevoir la constitution des comètes tend à les rapprocher de la lumière zodiacale dont l'éclat présente, en effet, quelque analogie avec celui des comètes et qui probablement n'est pas une atmosphère gazeuse, mais un ensemble d'astéroïdes très-petits.

Cependant, si rare que soit la matière cométaire, elle n'en obéit pas moins à l'action du soleil et à l'attraction de ses propres molécules, ce que prouve la forme globulaire qu'elle affecte toujours quand elle est éloignée du soleil. Mais lorsqu'elle s'en rapproche, son éclat augmente et sa forme s'altère. La nébulosité s'allonge dans le sens de la droite menée au soleil, et cet allongement dégénère en une queue ou une traînée lumineuse. Le plus souvent il n'existe qu'une queue et en général dans la direction opposée au soleil, suivant laquelle la matière cométaire semble s'écouler comme si elle était repoussée par le soleil. Les queues ont quelquefois une très-grande longueur. Celle de la comète de 1680 occupait dans le ciel un arc de 90°, et sa longueur était de 34 millions de lieues, c'est-à-dire la distance de la terre au soleil. La comète de 1843 était encore plus longue. C'est ordinairement après le passage au périhélie, lorsque la chaleur solaire est dans toute son intensité, que la queue atteint sa plus grande dimension. Alors encore elle est à l'opposite du soleil; elle précède donc la comète, tandis qu'elle la suivait avant le passage au périhélie. La chaleur due au rapprochement du soleil doit quelquefois être énorme. Ainsi la comète de 1843 a passé à une distance de la surface du soleil égale au $\frac{1}{7}$ de son rayon seulement, et la comète de 1668 passa encore plus près. Il est vrai qu'alors le mouvement est excessivement rapide, et la comète de 1843 ne mit que deux heures à décrire un arc de 180° autour du soleil.

A mesure que la comète s'éloigne, elle perd de son éclat, sa queue diminue, puis elle devient invisible à l'œil et enfin au télescope. Si la comète est périodique, à son retour elle peut avoir éprouvé de grands changements d'intensité. Ainsi la comète de Halley, en 1456, répandit la terreur parmi les populations : sa queue avait 60° de longueur; en 1682, elle n'avait plus que 30°; en 1759, la queue fut presque invisible; en 1835, au contraire, elle atteignit 20°. On ne peut donc pas dire que cette comète va en s'affaiblissant. Du reste, pendant les quelques mois de son apparition, elle a éprouvé des changements de forme et d'éclat très-remarquables non-seulement dans la queue, mais dans la partie opposée ou la *tête*, qui se compose du noyau et de la nébulosité ou chevelure.

La comète de Donati, qui a brillé dans le ciel pendant l'automne de 1858, a présenté également des apparences très-remarquables : on les trouve décrites dans les diverses communications auxquelles elle a donné lieu et qui ont été insérées dans les comptes rendus de l'Académie des sciences. Nous citerons en particulier les travaux de M. Faye et les recherches sur les atmosphères des comètes insérées dans le tome V des *Annales de l'Observatoire de Paris*.

Il est assez difficile de rien dire de précis sur la constitution physique des comètes, tant elles ont présenté de variétés : les queues peuvent être droites ou courbes, d'égale largeur ou en éventail, multiples, etc. La tête est circulaire ou déprimée vers le soleil, munie d'aigrettes, etc. On comprend cette diversité presque infinie de formes, si l'on réfléchit que cet amas de poussière ou de vapeur cesse de former un système sitôt que l'action solaire l'emporte sur les attractions mutuelles des diverses molécules. Dès lors, chacune d'elles continue à décrire sa parabole autour du soleil indépendamment de toutes les autres; plus tard, en s'éloignant du soleil, elles peuvent se réunir de nouveau et reconstituer une nébulosité cométaire.

On s'est souvent préoccupé des effets que pourrait produire la rencontre de la terre avec une comète. Plusieurs de ces astres se sont beaucoup approchés de nous: ainsi la comète de Lexell a passé à six fois la distance de la lune sans qu'il en soit rien résulté. On n'a observé ni marées extraordinaires ni dérangement dans la marche du soleil ou de la lune. Il n'y a donc pas lieu de s'occuper de l'influence que les comètes peuvent avoir sur notre globe ou sur les autres corps du système solaire (voyez ASTRONOMIE).
E. R.

COMMANDEUR (Zoologie). — Nom donné à un oiseau du genre *Troupiale*, ordre des *Passereaux*, à cause d'une tache rouge qu'il porte sur la partie antérieure de l'aile. C'est l'*Icterus pterophœniceus* de Brisson, *Oriolus phœniceus* de Linné (voyez TROUPIALE).

COMMANDEUR (BAUME DU) (Matière médicale). — Voyez BAUME.

COMMÉLYNE (Botanique), *Commelyna*, R. Br. — Genre de plantes de la famille des *Commélynées* (voyez ce mot) à racines vivaces, pédoncules axillaires ou terminaux. De l'Amérique du Sud. La *C. tubéreuse* (*C. tuberosa*, Lin.) du Mexique; tige droite, articulée; feuilles ovales, lancéolées; elle donne de juin à septembre des fleurs d'un beau bleu, réunies dans une feuille en forme de spathe. Cultivée en France.

COMMÉLYNÉES ou **COMMÉLYNACÉES** (Botanique). — Famille de plantes *Monocotylédones* à périsperme amylacé. Caractères : calice et corolle à 3 folioles chacun ; 6 étamines; anthères à deux loges; ovaire libre et sessile, à 3 loges renfermant quelques ovules. Le fruit est une capsule enveloppée d'ordinaire par le périanthe, qui devient quelquefois charnu. Ce sont des herbes à tige noueuse arrondie, à feuilles alternes, engaînantes à leur base. Leurs fleurs sont ordinairement régulières, jaunes ou bleues. Ces plantes habitent les régions tropicales du globe. On en rencontre aussi un petit nombre en Australie. Les rhizomes de plusieurs sont assez féculents. Genres principaux : *Commélyne*, *Éphémère*, *Cyanotide*.

COMMÉMORATIF (Médecine). — Qui rappelle le souvenir. *Circonstances commémoratives ;* ce sont toutes celles qui ont précédé une maladie, dont le médecin doit s'enquérir avec soin et qui peuvent avoir une grande valeur pour établir le diagnostic et le pronostic. Les *signes commémoratifs* sont ceux que le médecin puise dans l'examen attentif du malade : ainsi les traces ou stigmates laissés par des affections précédentes, les difformités plus ou moins marquées, naturelles ou accidentelles, etc., qui peuvent l'éclairer sur les causes des maladies et leur gravité.

COMMISSURE (Anatomie). — On appelle ainsi le point de contact où deux parties se réunissent ensemble; ainsi la commissure des lèvres indique les deux points où elles se joignent vers les joues ; on dit de même la commissure des paupières, etc. On donne encore ce nom au moyen à l'aide duquel deux parties d'un organe se trouvent jointes ensemble; ainsi les commissures du cerveau sont deux petites bandelettes médullaires qui unissent l'un à l'autre ses deux hémisphères en avant et en arrière. L'une est située en avant, l'autre en arrière de l'adossement des couches optiques.

COMMOTION (Médecine), du latin *commovere*, ébranler. — En chirurgie, on donne ce nom à un ébranlement communiqué à un organe par une violence extérieure dont l'action, ordinairement indirecte, produit des changements peu appréciables en apparence. Le premier effet de la commotion est une sorte de stupeur, d'affaiblissement ou même de suspension dans les fonctions de l'organe, puis à la suite une réaction avec congestion, afflux sanguin plus ou moins considérable. La *commotion du cerveau*, produite souvent par une violence extérieure, une chute sur les pieds, sur le siège, détermine les éblouissements, la stupeur, la perte des mouvements, quelquefois la paralysie et même la mort immédiate. Dans le premier moment de la commotion, il faut relever les forces par des stimulants et n'avoir recours aux saignées et aux autres antiphlogistiques que lorsque les symptômes de congestion sanguine se manifestent.

COMOCLADIE (Botanique), *Comocladia*, P. Brown, du grec *komê*, chevelure, et *klados*, rameau ; allusion aux rameaux de ce genre qui sont touffus et effilés au sommet. — Genre de plantes de la famille des *Anacardiacées*, tribu des *Pistaciées*. Il comprend des arbres ou des arbrisseaux dioïques renfermant un suc corrosif vénéneux. Il suffit de toucher quelques instants ces plantes pour que des pustules se lèvent sur la peau. C'est particulièrement dans les Antilles que ces végétaux dangereux croissent spontanément. Les indigènes empoisonnent souvent leurs flèches avec le suc des comocladies. On exagère sans doute en prétendant que le séjour prolongé sous ces arbres peut donner la mort.

COMPAS (Géométrie). — Instrument principalement destiné à décrire des circonférences. Il se compose de deux branches à charnières mobiles l'une sur l'autre de manière à pouvoir s'écarter plus ou moins à volonté ; ces branches sont terminées par deux pointes d'acier triangulaires que l'on appelle *pointes sèches ;* une d'elles n'est fixée au reste de sa branche que par le moyen d'une vis de serrage, ce qui permet de l'enlever pour la remplacer par une tige portant un crayon ou un tire-ligne. Le compas sert aussi à mesurer des longueurs; quand il est borné à cet usage, les deux pointes sèches sont fixes.

Compas de réduction. — Compas dont la charnière est mobile et peut glisser le long des branches dont les deux extrémités, pour chacune, sont armées de pointes ; une petite échelle indique le rapport qui existe entre la longueur des branches au-dessous de la charnière et au-dessus; il est le même que celui qui existe entre la distance des pointes inférieures et celle des pointes supérieures. Il en résulte que si ce rapport est 3, toutes les fois que l'on prendra sur un plan une longueur avec les pointes inférieures et que l'on portera sur une ligne la distance des pointes supérieures, on aura une longueur trois fois plus petite que la précédente. Cet instrument sert à construire des figures semblables.

Compas sphérique. — Compas dont les branches sont courbées de manière à pouvoir embrasser une portion de sphère. On s'en sert pour décrire des circonférences sur une sphère pleine.

Compas à balustre. — Compas dont les deux extrémités s'écartent ou se rapprochent au moyen d'une vis, ce qui permet de conserver bien exactement la même distance entre les pointes.

COMPENSATEUR, Pendule compensé, Balancier compensé (Physique, Mécanique). — Pendule ou balancier dont la marche est rendue indépendante des variations de la température.

La rapidité des oscillations du balancier d'une horloge ou d'une montre dépend des dimensions de ce balancier (voyez Pendule); d'un autre côté, tous les corps sont impressionnés plus ou moins par la chaleur; ils se dilatent quand leur température monte; leurs dimensions diminuent, au contraire, quand leur température baisse. On conçoit dès lors que la marche de nos pendules en soit troublée dans sa régularité et qu'on ait cherché à obvier à cet inconvénient par la *compensation* des balanciers. Une pendule bien réglée en été avancera en hiver, et réciproquement, si son balancier n'est pas compensé.

Compensateur à cadre ou à gril. Pendule de Leroy. — La compensation des balanciers s'obtient le plus souvent à l'aide d'une disposition proposée par Julien Leroy. La lentille O est suspendue à l'extrémité d'un cadre ou gril formé de neuf tiges disposées parallèlement, les unes en fer A, B, C, les autres en laiton *a*, *b*, alternant entre elles ainsi que l'indique notre figure. L'expérience a montré que le cuivre se dilate beaucoup plus que le fer sous l'influence égale de la chaleur. Supposons donc que la température monte : les tiges de fer s'allongeront et la lentille descendra; mais par l'effet de la dilatation du cuivre, plus grande que celle du fer, un effet inverse se produira, et si les longueurs sont convenables, le centre de la lentille, ou plus exactement le centre d'oscillation (voir Pendule), sera invariable. Pour obtenir ce résultat, il faut au moins neuf tiges; on peut y parvenir cependant, même avec trois tiges, mais il faut alors faire intervenir des leviers qui ne sont guère employés que dans les appareils d'une très-grande précision ou remplacer le cuivre par le zinc qui se dilate beaucoup plus.

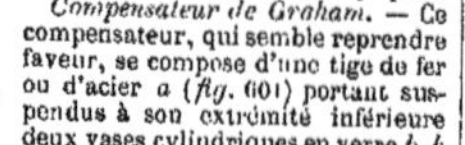
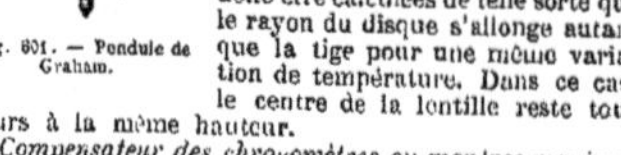

Fig. 600. — Pendule de Leroy.

Compensateur de Graham. — Ce compensateur, qui semble reprendre faveur, se compose d'une tige de fer ou d'acier *a* (*fig.* 601) portant suspendus à son extrémité inférieure deux vases cylindriques en verre *b*, *b* contenant du mercure. Lorsque la température monte, la tige s'allonge et les vases descendent; mais comme le mercure se dilate beaucoup plus que le verre, il s'élève dans le flacon d'une quantité qui peut aisément compenser l'abaissement de celui-ci. Ce compensateur est de tous le plus simple, mais il a l'inconvénient d'être fragile.

Un autre compensateur encore plus simple consiste à former la tige du balancier avec une lame de sapin du Nord séchée au four, imprégnée d'huile siccative et recouverte d'un bon vernis et la lentille d'un disque de zinc appuyant par son bord inférieur sur un écrou porté par l'extrémité inférieure de la tige. Cette tige s'allonge peu par l'effet de la chaleur, tandis que la dilatation du zinc est considérable. Les deux dimensions des deux pièces peuvent donc être calculées de telle sorte que le rayon du disque s'allonge autant que la tige pour une même variation de température. Dans ce cas, le centre de la lentille reste toujours à la même hauteur.

Fig. 601. — Pendule de Graham.

Compensateur des chronomètres ou montres marines. — La dilatation du balancier circulaire des montres exerce sur leur marche la même influence que la dilatation des pendules sur la marche des horloges. Il en résulte peu d'inconvénient pour les montres ordinaires que l'on porte habituellement sur soi, dont la température change peu et dont la marche, d'ailleurs, n'est jamais d'une précision rigoureuse. Il n'en est plus de même des montres marines dont on fait en mer un continuel usage pour déterminer la *longitude* du lieu où on se trouve. Les balanciers de ces montres sont formés de deux, trois, ou quatre rayons A, A partant de l'axe et aux extrémités desquels sont fixés par une seule de leurs extrémités autant d'arcs de cercle métalliques. Chacun de ces arcs BC

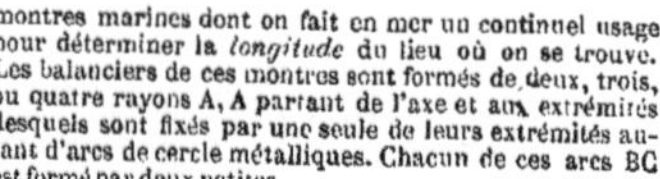
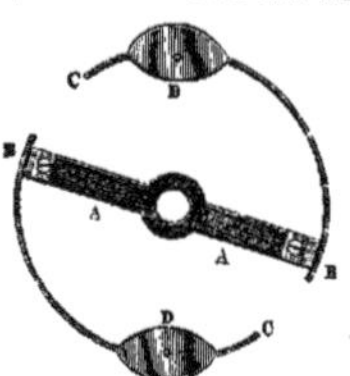

Fig. 602. — Balancier compensé.

est formé par deux petites lames de fer et de cuivre soudées entre elles dans le sens de leur longueur, le fer à l'intérieur, le cuivre au dehors. De petites masses de cuivre D sont de plus vissées près des extrémités de ces lames. Voici quel est l'effet de cette disposition. Quand la température monte, les rayons s'allongent et les arcs s'éloignent du centre par leur extrémité fixée aux rayons; mais comme le cuivre se dilate plus que le fer et qu'il est placé en dehors, chacun des arcs se courbe davantage et son extrémité libre se rapproche, au contraire, du centre, ce qui permet d'établir la compensation. La disposition des métaux dans les arcs métalliques est souvent contraire à celle qui vient d'être indiquée. Le cuivre est en dedans, le fer en dehors. Dans ce cas, l'extrémité libre de chaque arc *appuie* sur l'extrémité du rayon voisin et chaque petite masse est fixée vers le milieu de l'arc. L'arc se redresse, au contraire, par une élévation de température. Sa partie moyenne et le poids qu'elle porte se rapprochent donc du centre du balancier, ce qui produit le même effet.

Par l'emploi convenable de ces divers moyens, on est parvenu à rendre la marche de nos horloges et montres de précision complétement indépendante des changements de température; mais nous devons ajouter qu'un grand nombre de nos pendules de cheminée paraissent compensées, tandis qu'il n'en est rien, les tiges de fer et de cuivre dont on compose leurs balanciers n'étant point disposées comme il convient pour obtenir ce résultat.

Compensateur magnétique (Physique). — Appareil servant à évaluer en mer l'influence des fers qui entrent dans la confection ou le chargement d'un navire sur la marche de la boussole. Cette influence est, en effet, souvent assez forte pour induire en erreur d'une manière très-sensible dans l'appréciation de la direction suivie par le navire.

Le compensateur imaginé par M. Barlow se compose d'un disque de fer fixé par son centre à l'extrémité d'une tige implantée dans le pied de la boussole. La position du compensateur est, pour chaque bâtiment qui en fait usage, déterminée par tâtonnement, de telle sorte que le disque produise à lui seul une déviation de l'aiguille aimantée égale à celle qui provient de l'action du bâtiment tout entier. Le compensateur étant enlevé, si l'on trouve, par exemple, que l'aiguille de la boussole fait avec l'axe du bâtiment un angle de 45° et qu'en mettant le compensateur en place cet angle devienne de 47°, 2 de plus, c'est que le navire dévie l'aiguille de 2°, et que, par conséquent, l'angle réellement formé par l'axe

Fig. 603. — Compensateur magnétique.

du navire et le méridien magnétique n'est que de 43°. Cet ingénieux appareil pouvait être considéré comme suffisant à l'époque où le fer n'entrait que d'une façon accidentelle dans la confection des navires; mais aujourd'hui, à raison de la masse énorme de fer qui agit quelquefois, on ne peut attendre de lui qu'une compensation très-défectueuse.

COMPÈRE-LORIOT (Médecine). — On donne vulgairement ce nom à un petit furoncle des paupières nommé *orgelet* (voyez ce mot).

COMPLEXUS (Anatomie). — Nom donné à deux muscles dont les fibres sont entrelacées et entremêlées d'intersections aponévrotiques au point qu'il est difficile d'en reconnaître la direction. Le *Grand C.* (*Trachélo-occipital*, Chauss.) va des apophyses transverses des quatre premières vertèbres du dos et des six dernières du cou à la face postérieure de l'occipital. Il renverse la tête en arrière. Le *Petit C.* (*Trachélo-mastoïdien*, Chauss.) s'attache aux apophyses transverses des quatre dernières vertèbres du cou, quelquefois aux premières du dos et va se terminer derrière l'apophyse mastoïde, un peu au-dessous du splénius de la tête. Il porte la tête un peu en arrière et de côté.

COMPOSÉ (Botanique). — Se dit des organes de plantes qui sont formées d'un plus ou moins grand nombre de divisions. Il est l'opposé de simple. Le bulbe formé par la réunion de plusieurs cayeux est dit *Composé*, comme dans l'ail cultivé. La feuille est *composée* lorsqu'elle porte plusieurs folioles articulées sur un pétiole commun. Quelquefois le pétiole ne présente qu'une seule foliole; mais si celle-ci est articulée, la feuille est également dite *composée*, comme dans l'oranger, la rose à simple feuille. Le pétiole est *composé* quand il est divisé en pétioles particuliers qui portent des folioles, comme dans les féviers et l'épimède des Alpes. L'épi dont l'axe est ramifié, l'axe et les ramifications couverts de fleurs, est dit *composé*; ainsi l'ansérine bon-Henri, l'héliotrope d'Europe et du Pérou, la joubarbe des toits, etc., présentent ce caractère. Il en est de même du chaton dans le noyer. Le pédoncule est *composé* quand il est divisé, comme dans les Ombellifères, le robinier faux

Fig. 604. — Pédoncule composé du merisier à grappes (*Prunus Padus*).

acacia, le prunus padus (*fig.* 604). Quand les pédoncules d'une ombelle se divisent chacun à leur sommet en une petite ombelle ou ombellule, comme la carotte, le panais, etc., l'ombelle est dite *composée*. Enfin, les fleurs sont *composées* quand elles sont réunies dans un réceptacle commun (voyez famille des *Composées*). Les fruits sont aussi dits quelquefois *composés* dans l'ananas, les conifères, etc.

G—s.

Composé (Chimie). — Se dit des corps formés par la *combinaison* de deux ou plusieurs autres. L'eau est un *composé* d'hydrogène et d'oxygène; l'air n'est qu'un *mélange* d'azote et d'oxygène (voyez COMBINAISONS, ALLIAGES). Les composés sont *binaires*, *ternaires*, *quaternaires...*, suivant qu'ils sont formés par l'union chimique de deux, trois, quatre... corps différents.

COMPOSÉES (Botanique). — Famille de plantes *Dicotylédones Gamopétales*, à étamines périgynes, la plus considérable du règne végétal. *Syngénésie* de Linné, *Épicorollée synanthérée* de Jussieu, classe des *Synanthérées* de quelques auteurs. Ce que l'on prend généralement pour une fleur dans le chardon, la marguerite et les plantes analogues de cette famille est l'assemblage d'une quantité de petites fleurs très-distinctes et très-complètes. Les composées se distinguent, du reste, par des fleurs réunies sur des réceptacles communs (voyez CLINANTHE) constituant des capitules ou calathides (voyez ces mots). Le capitule est dit *homogame* lorsqu'il est composé de fleurs toutes hermaphrodites, ou mâles, ou femelles. Il est *hétérogame* quand il présente à l'extérieur des fleurs neutres ou femelles et à l'intérieur des fleurs hermaphrodites ou mâles. Les fleurs sont ou tubuleuses, et constituent les *fleurons* (le capitule est *flosculeux* ou *discoïde* quand il en est exclusivement composé), ou formant de petites languettes appelées *ligules* ou *demi-fleurons* (les capitules qui en sont composés sont *ligulés* ou *semi-flosculeux*). Dans d'autres cas, les capitules ont ces deux sortes de fleurs réunies : à l'extérieur, qu'on nomme *rayon*, sont les ligules; à l'intérieur, qu'on désigne sous le nom de *disque*, sont les fleurons; c'est ce qu'on appelle des capitules *radiés*. L'involucre ou calice commun est composé de plusieurs folioles. Le réceptacle présente une foule de caractères qui contribuent à différencier les genres: calice adhérent dont le limbe est souvent réduit à des soies ou à un rebord; corolle insérée au sommet du tube du calice, à limbe 4-5 lobé ou présentant 5 dents dans les ligules; étamines à anthères soudées entre elles en un tube qui engaîne *le* style; de là les mots *syngénèse* (du grec *sun*, avec, ensemble, et *géinomai*, je nais) et *synanthère* (*sun*, avec, *antheros*, anthère). Style divisé en 2 branches stig-

matiques ordinairement garnies de *poils collecteurs*; fruit sec, indéhiscent, à une loge et à une graine (akène), surmonté d'arêtes, d'écailles ou d'une aigrette quelquefois plumeuse. Jussieu divisait les Composées en trois embranchements : les *Chicoracées*, correspondant aux *Semi-*

Fig. 605. — Composée tubuliflore (Vernonie centriflore).

flosculeuses; les *Cynarocéphales* (*Carduacées*, Richard), aux *Flosculeuses*, et les *Corymbifères*, aux *Radiées*. On en avait ajouté un sous le nom de *Labiatiflores* ce comprenant les *Composées* à fleurons bilabiés. Endlicher a divisé les Composées en trois sous-familles : les *Tubuliflores* (*Corymbifères* et *Cynarocéphales*, Juss.), caractérisées par des capitules à fleurons tubuleux régulièrement dentés; les *Liguliflores* (*Chicoracées*); enfin les *Labiatiflores*. C'est à peu près la classification de de Candolle et celle de Lessing, dont nous exposerons le tableau plus loin. Chacune de ces sous-familles ou tribus est divisée en sections et sous-tribus, puis en genres dont le nombre est considérable. Parmi ces sections, les principales sont les *Éthérocomées*, les *Eupatoriées*, les *Tussilaginées*, les *Astéroïdées*, les *Inulées*, les *Buphthalmées*, les *Sénécionidées*, les *Héliantées*, les *Héléniées*, etc. Cette famille comprend à peu près neuf mille espèces connues, c'est-à-dire le vingtième du règne végétal et plus qu'on n'en connaissait du temps de Linné. Elle a été le sujet de plusieurs classifications d'où est résultée sa division en un grand nombre de tribus et de sous-tribus. Nous renvoyons pour ce sujet aux ouvrages spéciaux ci-après nommés. Les Composées sont répandues dans le monde entier, partout en assez forte proportion. Abondantes dans les régions tempérées, elles diminuent sensiblement vers les pôles ou vers l'équateur. En France, elles forment le septième des végétaux phanérogames. Les tubuliflores et les labiatiflores abondent dans l'Amérique et les liguliflores dans la zone tempérée de l'hémisphère boréal. Quant aux propriétés de ces plantes, elles ne sont pas en proportion de leur nombre. Quelques-unes d'entre elles, telles que l'achillée, l'armoise, l'eupatoire, la matricaire, la camomille, sont amères, fébrifuges, stomachiques. D'autres sont anthelmintiques, diurétiques, etc,

Fig. 606. — Composée sénécionidée (Séneçon jacobé).

Classification de Lessing.

TUBULIFLORES..	1re tribu.	Vernoniacées.	Ex.: Vernonie (*fig.* 605), etc.
	2e —	Eupatoriacées.	Ex. : Cœlestine, eupatoire, tussilage, etc.
	3e —	Astéroïdées.	Ex. : Astère, aunée, conyze, dahlia, pâquerette, verge d'or, etc.
	4e —	Sénécionidées.	Ex.: Soleil, œillet d'Inde, armoise, aruica, chrysanthème, camomille, cinéraire, immortelle, séneçon (*fig.* 606), achillée, etc.
	5e —	Cynarées.	Ex.: Centaurée, chardou, carthame, artichaut, souci, bardane, etc.
LABIATIFLORES.	6e —	Mutisiacées.	Ex.: Mutisie, chaptalie, etc.
	7e —	Nassauviées.	Ex.: Moscharia, triptilion, etc.
LIGULIFLORES..	8e —	Chicoracées.	Ex : Chicorée, salsifis, pissenlit, laitue, laiterou, scorsonère, picride, crépide, épervière, etc., etc.

Travaux monographiques : Cassini, *Opuscul. phytolog.* 1826-1834. — Robert Brown, *Transact. linn. soc.* Lond., t. XII. — Lessing, *Syn. gen. compos.* Berlin, 1832. — De Candolle, *Observ. sur les plantes composées;* — *Ann. du Muséum d'hist. nat.*, vol. XVI et XIX; — *Bull. soc. philom.*, 1811 et 1812; — *Mémoires pour servir à l'histoire du règne végétal* (*Composées*), 1838; — enfin les t. V, VI et VII du *Prodromus.*   G — s.

COMPRESSE (Médecine), du latin *comprimere*, comprimer. — Morceau de linge, de toile ou de coton, sans ourlets ni lisières, plié en plusieurs doubles, ordinairement plus long que large, dont on se sert pour faire les pansements. On en fait de formes et de grandeurs variées, suivant les différentes circonstances dans lesquelles on les emploie; il y en a de *longues*, de *longuettes*, de *carrées*, de *triangulaires*, etc. ; elles peuvent être *fenêtrées* quand elles ont une ou plusieurs ouvertures plus ou moins grandes; *découpées* quand leurs bords sont plus ou moins profondément divisés; les *croix de Malte* sont des compresses carrées fendues également aux quatre angles. Il y a des compresses *graduées simples* ou *graduées prismatiques* pour servir à établir des compressions (voyez PANSEMENT).

COMPRESSEUR (Chirurgie). — On a donné ce nom à divers instruments destinés à comprimer des nerfs, des vaisseaux ou une partie du corps quelconque, soit pour amortir la douleur, soit pour prévenir une hémorragie pendant ou après une opération, soit pour procurer l'adhésion des parois d'une tumeur, d'une fistule, etc. On connaît le *compresseur* ou *tourniquet* de J. L. Petit (voyez TOURNIQUET), celui de Moore, modifié par Dupuytren, celui de Bell, etc.

COMPRESSIBILITÉ DES CORPS, **COMPRESSIBILITÉ** DES GAZ (Physique). — Voyez ÉLASTICITÉ.

COMPRESSIBILITÉ DES LIQUIDES (Physique). — La compressibilité des liquides, beaucoup moindre que celle des gaz, est généralement plus grande que celle des solides; cependant on n'a réussi que difficilement à la mettre en évidence, on l'a même révoquée en doute. Cela tient à ce que le changement de volume qu'éprouvent les solides sous des pressions plus ou moins considérables se manifeste dans plusieurs circonstances, notamment dans les constructions où l'on voit les piliers de maçonnerie ou de métal se raccourcir, quand la charge qu'ils supportent devient très-grande, tandis que pour les liquides le même fait ne peut être reconnu que par des expériences spéciales et d'une institution assez difficile.

Dès l'année 1667, les académiciens de Florence se livrèrent sur ce point à des recherches qui restèrent sans résultat; il est inutile de décrire ici le détail de ces tentatives et d'en expliquer l'insuccès. Nous nous bornerons à faire remarquer que l'incompressibilité des liquides, ou de toute autre substance d'ailleurs, est incompatible avec les idées généralement admises sur la constitution des corps. On suppose, en effet, que ceux-ci sont formés d'un système de molécules maintenues à distance les unes des autres et séparées par des intervalles vides appelés *pores*. Il résulte de là que toute pression mécanique extérieure aura pour effet de diminuer la distance des molécules et, par suite, le volume du corps. Aussi des expériences convenablement dirigées permettent-elles d'établir rigoureusement la compressibilité des liquides et d'en apprécier la valeur.

L'appareil que représente la figure 607 et qui est dû à OErsted, est très-propre à cet objet. Le liquide à comprimer est renfermé dans une sorte de gros thermomètre *abc* (piézomètre) dont le tube est soigneusement divisé et dont le réservoir a été jaugé, de façon que l'on sait à combien de divisions du tube équivaut son volume. Une petite bulle de mercure placée au-dessus de la colonne liquide sert d'index, et l'appareil est placé dans une éprouvette de verre AB à parois très-épaisses, remplie d'eau.

Si à l'aide d'un bouchon à vis V on exerce dans l'intérieur de l'appareil une pression plus ou moins considérable, on voit l'index de mercure descendre et accuser ainsi une diminution de volume du liquide contenu dans le thermomètre. Quant à la pression exercée, elle se déduit de l'inspection du volume occupé par l'air contenu dans le tube *d* servant de manomètre.

Dans cette expérience, le nombre des divisions dont se meut l'extrémité de la colonne liquide indique la diminution

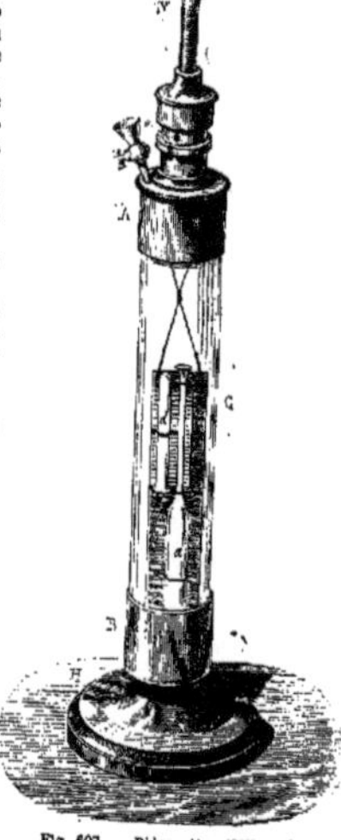

Fig. 607. — Piézomètre d'OErsted.

apparente de volume; car il est aisé de concevoir que le vase thermométrique lui-même doit, sous la pression qu'il subit, éprouver une variation de capacité dont il est nécessaire de tenir compte. OErsted supposait que cette variation était insensible ou nulle, puisque la pression se manifeste à l'intérieur aussi bien qu'à l'extérieur du thermomètre; mais cette conclusion est erronée, car si l'on suppose le vase thermométrique *plein* et qu'on le soumette à une compression, les couches intérieures devront réagir avec une force précisément équivalente à la pression qui règne dans l'intérieur du vase lorsqu'on opère comme nous venons de l'indiquer. Il suit de cette remarque que le thermomètre, dans l'expérience d'OErsted, éprouve une diminution de volume égale à celle qu'éprouverait un thermomètre plein dans les mêmes circonstances. Il faut donc, pour avoir la diminution véritable du volume de liquide, ajouter à la contraction apparente la contraction de l'enveloppe. Cette dernière quantité n'est pas facile à connaître; il y a même au sujet de sa valeur exacte des divergences d'opinion chez les différents physiciens qui se sont occupés de ce sujet délicat. Suivant M. Wertheim, la contraction de l'enveloppe s'obtient en supposant que le volume et la longueur de l'instrument diminuent dans le même rapport. Quoi qu'il en soit, on voit qu'il est facile de constater par l'expérience le fait de la compressibilité des liquides, la mesure exacte de la contraction est subordonnée à la théorie de la constitution moléculaire des corps, théorie encore fort obscure et dont les principes ne doivent pas être considérés comme arrêtés d'une façon définitive.

Nous citerons ici pour terminer quelques-uns des résultats les plus importants relativement à la compressibilité des liquides.

1° La compressibilité de l'eau est égale à 0,000048 pour une pression atmosphérique; elle augmente proportionnellement à la pression; elle diminue quand la température augmente.

2° Pour l'alcool, l'éther, la compressibilité, beaucoup plus grande que pour l'eau, augmente avec la pression et avec la température. Ce dernier résultat est contraire à celui qui a lieu pour l'eau.

3° La compressibilité du mercure est très-faible, difficile à observer dans un vase de verre. Sa valeur moyenne, utile à connaître dans certaines expériences, est d'environ 0,0000035 pour une pression atmosphérique. Voy. le Mémoire de M. Regnault, XXIe vol des Mémoires de l'Institut et les recherches de MM. Colladon et Sturm, Grassi, *Annales de phys. et de chimie.* P. D.

COMPRESSION (Chirurgie). — C'est une pression méthodique plus ou moins forte que l'on exerce sur les artères ou les tumeurs anévrismales, les varices, certains ulcères calleux, des tumeurs, des abcès diffus des membres, etc. On comprime aussi les œdèmes, les hydropisies articulaires, l'abdomen à la suite de l'accouchement ou de certaines opérations chirurgicales. La compression s'exerce au moyen de la main, des bandages, des instruments dits *compresseurs* ou *tourniquets*, de bas élastiques, de tampons, etc. Elle peut être *médiate, immédiate, latérale, circulaire.* La compression digitale, par des aides qui se relèvent de demi en demi-heure, a été mise en vogue dans ces derniers temps pour le traitement des anévrismes.

COMPRESSION (MACHINES DE) (Physique). — On désigne ainsi des machines destinées à comprimer les corps : elles varient selon les industries. Nous parlerons ici seulement des appareils à l'aide desquels on comprime l'air ou les gaz.

La figure représente un appareil très-simple de ce genre. On voit qu'il est formé d'un corps de pompe dans lequel se meut un piston plein. A sa partie inférieure se trouve une soupape *s* s'ouvrant de haut en bas et établissant la communication entre le corps de pompe et le réservoir A dans lequel le gaz doit être accumulé. Un tuyau latéral, adapté sur le corps de pompe, est mis en communication, soit avec l'air, soit avec un réservoir de gaz. Dans ce tuyau se trouve une soupape *s'* s'ouvrant de dehors en dedans. Il est visible, d'après cette disposition, que si l'on vient à faire mouvoir le piston, à chaque fois qu'il s'élèvera le gaz pénétrera dans le corps de pompe en ouvrant la soupape latérale ; il sera ensuite comprimé dans le mouvement descendant du piston et refoulé dans le réservoir. La pression du gaz augmentera donc d'une manière continue dans ce dernier, et, si l'on dispose d'une force motrice suffisante, la compression n'a d'autre limite que la résistance des parois du réservoir et des pièces mêmes qui constituent la pompe.

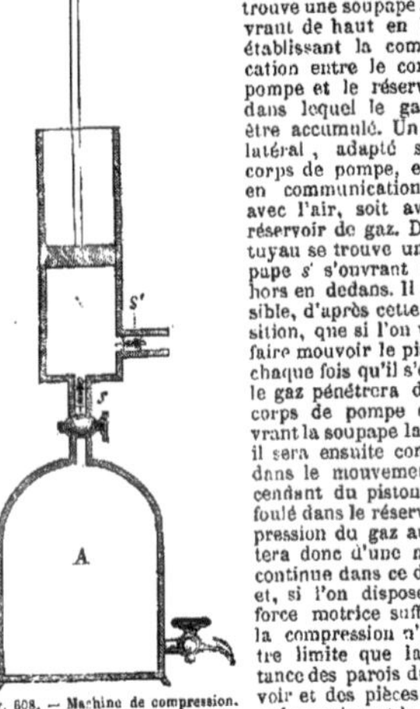

Fig. 608. — Machine de compression.

Dans certaines expériences sur la liquéfaction des gaz, on a pu obtenir des pressions voisines de 250 atmosphères (M. Regnault). Les pompes de compression sont employées en chimie pour comprimer les gaz que l'on veut liquéfier. On s'en sert dans l'industrie pour refouler l'acide carbonique dans les réservoirs contenant l'eau qui doit dissoudre le gaz (fabrication des eaux gazeuses). On a proposé aussi d'employer la force de ressort de l'air comprimé comme moteur susceptible de remplacer la vapeur d'eau dans quelques circonstances. On conçoit, en effet, que la force élastique de la vapeur d'eau doit être utilisée au fur et à mesure de la production de cette dernière ; l'emploi des machines à air comprimé offrirait l'avantage de pouvoir pour ainsi dire emmagasiner la force motrice, qui pourrait ensuite être transportée et employée où besoin serait, à l'aide de mécanismes appropriés. C'est de la sorte, par exemple, que des voitures pourraient être mises en mouvement par la sortie périodique de l'air d'un réservoir où il aurait été préalablement accumulé.

On trouve dans les cabinets de physique un appareil connu sous le nom de *fusil à vent* (fig. 609), dans lequel on utilise la compression de l'air pour lancer un projectile. Il se compose d'une crosse servant de réservoir et dans laquelle on peut accumuler de l'air à 8 ou 9 atmosphères de pression. Un levier, qui porte sur la soupape *ab* de la crosse, en détermine l'ouverture momentanée par le jeu d'une batterie analogue à celle d'un fusil ordinaire. L'air, s'échappant avec violence, pousse un projectile placé au fond du canon. On peut, avec un appareil de ce genre, de dimensions ordinaires et une balle de calibre, tirer six ou huit coups successifs capables de percer à vingt pas une planche de chêne de 0^m,015 d'épaisseur. On a construit des fusils capables de lancer jusqu'à cent

Fig. 609. — Crosse du fusil à vent.

balles de suite. L'explosion est accompagnée d'un bruit faible qui ne peut pas être entendu à une distance tant soit peu considérable ; c'est ce qui explique que le fusil à vent soit une arme prohibée. On observe aussi quelquefois une lumière due au frottement et à l'inflammation des particules solides qui sont toujours en suspension dans l'air.

Le jouet d'enfant connu sous le nom de *bucquois* ou de *canonière* est une sorte de petit fusil à vent. Il se compose d'un bâton creux de sureau ou d'un tube en général dont les deux extrémités sont fermées, à frottement très-dur, par deux tampons en liége, en étoupe ou en papier mâché. En poussant brusquement l'un des tampons avec une baguette, l'air comprimé chasse l'autre avec violence, tandis que le premier vient prendre sa place. P. D.

COMPRIMÉ (AIR) (Mécanique). — L'air comprimé au moyen des machines de compression a été proposé ainsi que cela vient d'être dit à l'article COMPRESSION (Machines de) pour remplacer la vapeur d'eau dans les machines motrices ; la disposition du mécanisme est tout à fait semblable à celle des *machines à vapeur* (voyez VAPEUR, MACHINES A) ; la distribution s'y fait de la même manière, et les différences ne portent que sur des détails secondaires. Ce sont des machines de ce genre qui mettent en mouvement les *perforatrices* destinées à creuser le tunnel qui doit relier les chemins de fer français aux chemins de la haute Italie. On sait qu'après les études qui ont été faites sur ce sujet, on a renoncé, peut-être prématurément, à faire gravir à la voie ferrée les rampes des Alpes ; il a donc fallu se résigner à creuser un tunnel, et on a choisi pour cela le point du massif qui a paru le plus propre à un travail aussi gigantesque et d'un succès peut-être chimérique. On s'est arrêté pour les deux extrémités du tunnel aux villages de Bardonèche, en Italie, et Modane, er France. Ces deux points sont distants de 13 kilomètres, et le massif qui les surmonte dépasse 1 600 mètres de hauteur. Ce massif est formé par le mont Thabor, situé à quelques lieues du mont Cenis, plus connu du public, et qui, à raison de cela, a donné son nom au travail. Cette dernière circonstance donne lieu à une difficulté toute spéciale ; ordinairement, pour percer un tunnel (voyez CHEMINS DE FER), on pratique de distance en distance des puits qui ont le double avantage d'aérer les travaux et de permettre de les pousser sur plusieurs points à la fois. Ici, cette ressource fait défaut ; on est obligé de travailler aux deux extrémités seulement, et, indépendamment de la lenteur inévitable qui résulte de cette nécessité, on peut légitimement craindre qu'arrivé à une certaine distance, le renouvellement de l'air ne présente des difficultés insurmontables.

Les ingénieurs piémontais, MM. Sommeiller et Grandis, chargés de l'exécution du tunnel, sont parvenus à résoudre ces difficultés, à tel point que le succès de l'opération, qui paraissait fabuleux à bien des personnes, est aujourd'hui tenu pour à peu près certain, et qu'on va même jusqu'à fixer approximativement, pour la fin des travaux, le courant de l'année 1868. On a eu d'abord l'idée très-heureuse de profiter des chutes d'eau existant dans le voisinage pour comprimer de l'air à huit ou dix atmosphères ; cet air est amené à une machine motrice située au fond de la galerie, qui fait mouvoir les perforateurs mécaniques destinés à percer les trous de mine ; ces perforateurs sont formés de puissants burins en acier, qui, sous l'action de la machine, battent la roche, tournent sur eux-mêmes, opèrent, en un mot, le même travail que leur fait faire directement le mineur, mais avec beaucoup plus de célérité. Huit trous de 0ᵐ,90 sont percés simultanément en six heures ; quatre heures sont employées pour l'explosion et l'enlèvement des débris, de sorte qu'en réalité le travail avance actuellement d'environ 0ᵐ,90 en dix heures ; mais on espère pouvoir atteindre bientôt une plus grande rapidité. Quand l'air comprimé a servi à faire mouvoir les perforateurs, il se répand dans la galerie et renouvelle celui qui est absorbé par la respiration des ouvriers ou la combustion de la poudre ; la puissance des machines est de nature à fournir aux besoins de l'ouvrage pendant toute la durée des travaux, car elles pourraient débiter jusqu'à 600 000 mètres cubes d'air comprimé par jour ; la seule question obscure, quant à présent, et que l'expérience seule résoudra, c'est de savoir si dans un boyau de plusieurs kilomètres de longueur, on n'absorbera pas la totalité du ressort produit par la compression de l'air, et s'il n'arrivera pas un moment où il sera à peu près impossible de transmettre au fond de la galerie l'air nécessaire à la respiration des ouvriers et à la marche des machines.

Un ingénieur français M. Triger a fait de l'air comprimé une application des plus heureuses pour la traversée des terrains aquifères ; son procédé fut employé d'abord pour atteindre un terrain houiller recouvert par une vingtaine de mètres de sable dans lesquels s'infiltraient les eaux d'une rivière. Depuis lors, on l'a employé à des travaux fort remarquables, et notamment, dans ces dernières années, à la fondation des piles du pont de Kehl sur le Rhin, qui, par suite de la nature mouvante du sol, devaient pénétrer jusqu'à près de 30 mètres au-dessous du fond du fleuve. Notre figure 610 donnera une idée suffisante du procédé primitif, qui a reçu d'ailleurs, depuis l'époque où il a été imaginé, de très-notables perfectionnements.

L'appareil est formé essentiellement d'un tube de fonte reposant sur le sol de la rivière, dans lequel une machine de compression comprime et envoie par le tuyau T de l'air à deux ou trois atmosphères. Sous l'action de cette pression, l'eau est refoulée, soit par la partie inférieure du tube qui ne touche jamais qu'imparfaitement le sol, soit par le tuyau A. De cette manière, le fond du tube est toujours à sec ; on peut le

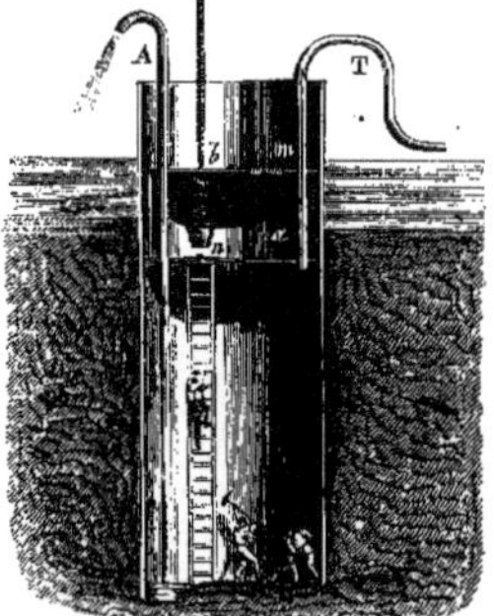

Fig. 610. — Appareil Triger.

faire progresser graduellement en déblayant au fur et à mesure, et atteindre ainsi le point où doivent être établis les premiers travaux de maçonnerie. Le passage des ouvriers et des matériaux se fait par l'intermédiaire d'un sas à air, dont le mécanisme est fort analogue à celui des écluses à sas dans les canaux (voyez CANAL). m et n sont de larges soupapes trous d'hommes, qui font communiquer le sas, soit avec l'intérieur du tube, soit avec l'air extérieur ; les robinets a et b atteignent le même but. Quand un ouvrier veut entrer dans le tube, il pé-

nètre d'abord dans le sas par m, puis il ouvre le robinet a ; l'équilibre de pression s'établit aussitôt, et la soupape n s'ouvre dès lors avec la plus grande facilité ; l'ouvrier entre dans le tube, ferme le robinet et descend par l'échelle. S'il s'agit de sortir, on opère de même ; l'ouverture du robinet établit dans le tube et le sas une pression uniforme qui permet de passer dans ce dernier ; puis, après avoir fermé le robinet derrière lui, on ouvre celui qui communique avec l'atmosphère, et on peut sortir par l'ouverture m.

On avait craint, à l'origine, que la pression de l'air ne produisît chez les ouvriers des accidents plus ou moins graves, ou tout au moins une incommodité insupportable. Ces prévisions ne se sont pas réalisées. En général, la seule chose qu'on éprouve en entrant est une sorte de tintement un peu douloureux dans les oreilles ; mais cette sensation dure peu, et on peut d'ailleurs l'abréger en faisant des mouvements de déglutition comme pour avaler sa salive. On fait ainsi passer de l'air dans la caisse du tympan par l'intermédiaire de la trompe d'Eustache, qui communique avec l'arrière-bouche, et l'équilibre se trouvant ainsi rétabli de part et d'autre de la membrane du tympan, la sensation pénible qu'on éprouvait disparaît complétement.   P. D.

COMPTEUR (Mécanique). — Instrument destiné ordinairement à enregistrer, soit le nombre de tours d'un axe, soit le nombre de mouvements périodiques exécutés par la pièce d'un mécanisme quelconque. Ces appareils sont très-répandus aujourd'hui, et ils servent de contrôle permanent dans les ateliers. Ils sont formés, en général, d'un système de roues dont chacune fait mouvoir la suivante à l'aide d'un râteau qui n'agit que lorsque la première a accompli une révolution. Des aiguilles portées par l'axe des diverses roues se meuvent sur des cadrans qui accusent ainsi le nombre que l'on se propose de mesurer (voyez CALCULER. MACHINE A).

COMPTEUR DU GAZ. — Voy. ÉCLAIRAGE AU GAZ.

COMPTONIE (Botanique), *Comptonia*, Banks, dédiée à l'évêque de Londres, Henri Compton, promoteur de la botanique. — Genre de plantes de la famille des *Myricées*, et se distinguant principalement du genre *Myrica* par ses fleurs monoïques. La *C. à feuilles de cétérach* (*C. asplenifolia*, Banks) est un petit arbrisseau de l'Amérique du Nord. Ses rameaux et ses feuilles sont parsemés de points résineux blancs. Ces dernières sont allongées, sinuées, pinnatifides, à lobes obtus.

CONCASSER (Pharmacie). — Casser en petits fragments ; ce terme s'emploie, en *pharmacie*, pour désigner la pulvérisation grossière d'une substance. On concasse avec le pilon ou avec un marteau les écorces, les racines, les fruits secs, les bois, pour séparer les principes qu'ils contiennent, et les mettre plus facilement en rapport avec l'eau ou l'alcool qui doivent les dissoudre. Ainsi, pour faire du vin de quinquina, de l'eau de rhubarbe, on doit concasser ces substances.

CONCENTRATION (Chimie). — Opération à l'aide de laquelle on réduit successivement la quantité d'eau contenue dans une dissolution. Cette concentration s'obtient, en général, par l'action de la chaleur qui détermine l'évaporation de l'eau. Quelquefois, on place le liquide à concentrer sous le récipient de la machine pneumatique ; d'autres fois, on combine l'action de la chaleur avec celle du vide, ainsi que cela se pratique, par exemple, pour concentrer les sirops dans le raffinage du sucre.

CONCENTRÉ (Médecine). — En *médecine*, on appelle *pouls concentré* celui dans lequel l'artère est peu développée sous le doigt qui la presse ; le pouls concentré peut offrir de la dureté ou de la mollesse.

CONCEPTACLE (Botanique). — Les anciens auteurs ont donné ce nom aux loges ou parties du péricarpe, ou à l'enveloppe des graines, ce qui se rapporte à ce que nous appelons aujourd'hui *péricarpe* (voyez ce mot). Depuis, on a nommé *conceptacle* une sorte de fruit qui se rapproche de la silique, mais qui s'en distingue par l'absence de cloison. La chélidoine et plusieurs autres Papavéracées présentent un fruit de cette nature. Aujourd'hui, on ne doit guère donner ce nom qu'à une sorte de sac ou poche close, renfermant les organes de reproduction dans les plantes cryptogames. Ce conceptacle représente, pour ainsi dire, l'ovaire des Phanérogames.

CONCHIFÈRES (Zoologie), *Conchiferœ*, Lamk. — Dans sa classification des animaux sans vertèbres, Lamarck a donné le nom de classe des *Conchifères* à tous les animaux mollusques acéphales, qui sont contenus entre deux valves (voyez MOLLUSQUES).

CONCHOLEPAS (Zoologie), *Concholepas*, Lamk. —

Genre de *Mollusques gastéropodes pectinibranches*, dont les coquilles ont les caractères généraux des pourpres, mais leur ouverture est énorme et leur spire peu considérable; leurs caractères sont : coquille univalve, ovale, convexe en dessus; sommet obliquement incliné sur le bord gauche, cavité inférieure simple; deux dents. L'animal ressemble à celui des Buccins propres, si ce n'est que son pied est énorme en largeur et en épaisseur. Le *Buccinum concholepas*, Brug., est la seule espèce connue. Des côtes du Pérou.

CONCHYLIOLOGIE (Zoologie), du grec *konchylé*, coquille, et *logos*, description. — On a donné ce nom à cette partie de la zoologie qui traite des *coquilles*, qu'on rencontre chez beaucoup d'animaux sans vertèbres, appartenant à différentes classes, plus particulièrement de *Mollusques*, quelquefois d'*Annelés*. C'est à Bruguières, à Lamarck et à de Blainville que l'on doit les travaux les plus remarquables sur cette partie de la zoologie qui, indépendamment de l'intérêt scientifique qu'elle présente pour le savant, a été de tout temps l'objet d'une distraction des plus agréables pour les amateurs collectionneurs. Les principaux ouvrages de conchyliologie que l'on pourra consulter sont : de Lamarck, *Hist. nat. des animaux sans vertèbres*; — Th. Brown, *Elém. de conchyliologie* (en anglais); — Martin Lister, *Hist.* ou *Synopsis méthod. des coquilles* (en latin); — Martini et Chemnitz, *Nouv. Cabinet systém. de coquilles* (en allemand); — Bruguières, *Dictionn. des vers testacés*, dans l'*Encyclopédie*; — Denys de Montfort, *Conchyliologie systématique*; — Adanson, *Hist. nat. des coquilles du Sénégal*; — Geoffroy, *Traité somm. des coquil.*, *Recueil des coquil.*; — Draparnaud, *Hist. nat. des mollusques de France*; — Férussac, *Essai d'une méth. conchyl.*; — de Blainville, *Dictionn. des sc. nat.*, art. CONCHYLIOLOGIE; — Dr Chenu, *Descript. de toutes les coquil. connues*; — Deshayes, *Traité élém. de conchyliologie*. (Voyez COQUILLE.)

CONCOMBRE (Botanique), *Cucumis*, Lin., de *cucc*, mot celtique qui exprime toute chose creuse; allusion faite à plusieurs espèces dont les fruits vidés peuvent servir de vase. Chez les Latins, *cucuma* signifiait vase, chaudron. — Genre de plantes de la famille des *Cucurbitacées* qui comprend des plantes annuelles, ordinairement couchées. Leurs fleurs sont jaunes, axillaires, les femelles solitaires, et les mâles souvent fasciculés. Le *C. cultivé* (*C. sativus*, Lin.) est une plante à tiges rugueuses, accompagnées de vrilles. Ses feuilles cordiformes sont à angles plus ou moins saillants et aigus. Son fruit est oblong, un peu arqué, verruqueux dans la jeunesse; la pulpe est blanche, aqueuse, fade au goût. Cette espèce, dont on distingue la variété jaune, à fruit lisse et brillant, et la variété blanche, à fruit très-allongé, est originaire des Indes orientales. Une autre variété, le *C. vert*, donne les *cornichons* (voyez ce mot). C'est surtout comme plante alimentaire qu'on cultive le concombre. Son fruit, connu depuis l'antiquité comme comestible, est assez fade, mais nutritif. Il demande à être fortement assaisonné et ne convient qu'aux estomacs robustes. On le mange au maigre ou comme assaisonnement des viandes rôties. Il possède des propriétés laxatives assez prononcées. Les graines sont souvent employées avec les amandes douces dans la composition d'émulsions calmantes. Sa pulpe, en cataplasme sur les brûlures, calme la douleur. On la prépare en une pommade qui fournit un bon cosmétique adoucissant pour certaines éruptions de la peau. La culture du concombre ressemble, en général, à celle du melon (voyez les mots MELON, MELONNIÈRE). Le *C. d'Égypte* (*C. chate*, Lin. de son nom chez les Égyptiens) est une plante très-velue, à tiges flexueuses, à petites fleurs et à fruit velu aussi, de forme elliptique et atténué aux deux extrémités. Le *C. des prophètes* (*C. prophetarum*, Lin.), ainsi nommé parce que les prophètes en parlent dans l'Écriture, est originaire d'Arabie et se distingue par ses petits fruits gros comme une cerise, panachés et couverts de poils roides. Le *C. porte-soies* (*C. dipsaceus*, Erh.) croît à peu près dans les mêmes lieux que le précédent, surtout sur les côtes de la mer Rouge. Ses fruits, cylindriques et obtus aux extrémités, sont garnis de soies roides, serrées, qui lui ont valu son nom. Le *C. porte-bornes* (*C. metuliferus*, Hort., Par.), ainsi nommé à cause des protubérances en forme de bornes que présente son fruit jaune foncé, avec des taches vertes. Plante d'Afrique. Le *C. melo*, Lin. (voyez MELON).

Caract. du genre : fleurs mâles : calice à 5 dents; 5 pétales soudés avec le calice; 5 étamines, dont 4 deux à deux, et la 5e libre; anthères conniventes. Fleurs femelles : ovaire infère à 3 loges contenant de nombreux ovules;

le fruit est une péponide ou fruit indéhiscent, à chair épaisse, laissant au centre une cavité sur les parois de laquelle sont nichées les graines; celles-ci sont nombreuses, comprimées, à bord mince. G—s.

CONCOMITANT (Médecine), du latin *concomitari*, accompagner. — En *médecine*, les symptômes concomitants sont ceux qui accompagnent les phénomènes importants et caractéristiques d'une maladie, mais qui, bien qu'accessoires, n'en ont cependant pas moins une certaine valeur.

CONCRÉTION (Médecine). — On donne ce nom, en *médecine*, à des corps étrangers, inorganiques et solides, qu'on trouve dans l'épaisseur des tissus après certaines inflammations ou suppurations, ou dans les articulations, dans certains réservoirs, telles que les *concrétions arthritiques, tophacées, biliaires*, etc. Ce mot est alors synonyme de *calcul* (voyez ce mot). On donne aussi le même nom à des *concrétions osseuses, tophacées, cartilagineuses*, qui se développent ou se déposent accidentellement dans quelques organes, comme le foie, le poumon, etc.

CONCRÉTIONS (Minéralogie). — Quelques auteurs donnent ce nom indistinctement aux *stalactiques*, aux *stalagmites*, aux *albâtres*, etc. Mais il existe des substances pierreuses qui, par le mode de leur formation, semblent devoir plutôt prendre ce nom. Ce sont celles qui se forment dans la terre, sans adhérer d'une manière sensible avec les matières au milieu desquelles on les rencontre : nous citerons, dans le nombre, les *Priapolites* des environs de Castres; elles sont cylindriques et isolées dans des couches marneuses, mêlées de sable : la terre calcaire y domine le plus souvent. Les *dragées de Tivoli* sont des globules calcaires dont la forme, la couleur et le mode de formation rappellent les dragées des confiseurs. On les trouve aux bains de Tivoli, près de Rome. Les *gâteaux de strontiane, de Montmartre*, sont aussi des concrétions pierreuses.

CONDENSATEUR ÉLECTRIQUE (Physique). — Instrument de physique servant à *condenser* l'électricité, à l'accumuler en assez grande quantité pour suffire aux expériences que l'on veut réaliser. Sa forme est très-variable; la plus généralement usitée est celle de la *bouteille de Leyde* (voyez BOUTEILLE DE LEYDE, BATTERIE ÉLECTRIQUE). Voici quel est le principe sur lequel il repose.

Un conducteur A, supposé sphérique et isolé du sol par un pied isolant, est mis en communication avec une source d'électricité positive constante, au moyen d'un fil conducteur aS, l'électricité va s'y distribuer uniformément à la surface (voyez ÉLECTRICITÉ). Mais si, dans cet état, nous en approchons une seconde sphère B mise en communication avec le sol, l'électricité positive de A agira par influence sur l'électricité neutre de B, repoussera l'électricité positive dans le sol et attirera l'électricité négative. Cette dernière électricité, à son tour, agira par attraction sur l'électricité positive de A. De ces deux influences réciproques qui s'accroîtront jusqu'à ce que l'équilibre soit établi, résultera finalement que le corps B, sur sa face qui est en regard de A, se trouvera chargé d'électricité négative, et que cette électricité aura provoqué appel d'électricité positive sur la face la plus rapprochée de A, qui aura ainsi pu recevoir de la source une quantité d'électricité beaucoup plus grande qu'avant l'influence de B. Le pouvoir *condensant* de cet appareil, ou le rapport qui existe entre la quantité totale d'électricité que reçoit A sous l'influence de B, à ce qu'il recevrait de la même source si B n'existait pas, est d'autant plus grand que les deux conducteurs sont plus rapprochés l'un de l'autre. Il est une limite, toutefois, qu'on ne saurait dépasser. Les deux électricités positive et négative qui sont en regard et s'attirent, ne sont maintenues sur leurs condensateurs que par la résistance que l'air oppose à leur combinaison. Or, cette résistance n'est pas indéfinie, elle est même assez faible. Pour l'accroître, on interpose entre les deux électricités une lame de verre ou de gomme laque; les deux sphères sont alors remplacées par des disques ou feuilles métalliques appliquées sur les deux faces du verre, ou recouvertes d'une couche de gomme laque. Dans ce cas, la quantité totale d'électricité accumulée sur le condensateur est proportionnelle à la charge de la source d'électricité mise en communication avec lui; proportionnelle à l'étendue des surfaces métalliques en regard, et inversement proportionnelle à leur distance, lorsque la lame isolante interposée reste de même nature. La nature de cette lame exerce d'ailleurs une très-grande influence sur la puissance du condensateur. Quant à la forme de l'appareil, que les lames restent planes ou moulées sur les surfaces interne et externe d'une bouteille, elle paraît sans effet sur le pouvoir condensant.

Les bouteilles et les batteries électriques permettent de

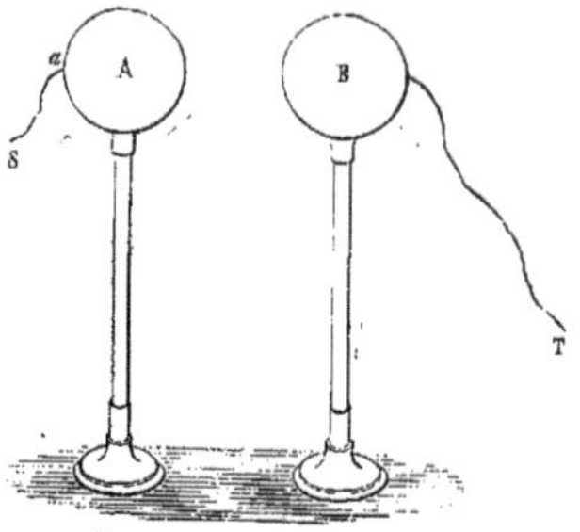

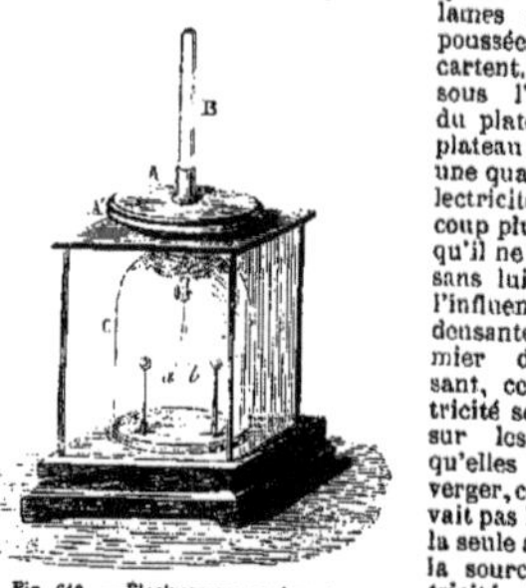

Fig. 611. — Condensation de l'électricité.

condenser des quantités énormes d'électricité; Volta, au contraire, a fait servir le condensateur à accuser des traces imperceptibles d'électricité en l'appliquant à l'électroscope.

Électroscope condensateur. — Il se compose d'un électroscope ordinaire C à lames d'or a, b, sur le bouton duquel on fixe un plateau métallique circulaire A′, couvert supérieurement d'une couche uniforme et très-mince de vernis à la gomme laque. Sur ce premier plateau, on en place un second A également verni sur sa face inférieure, et muni d'un manche isolant B. Dans cet état, si l'on touche le plateau inférieur A′ avec une source d'électricité très-faible, et qu'on touche en même temps le plateau supérieur A avec le doigt, rien n'apparaît dans les lames d'or; mais si l'on enlève le doigt et la source électrique, et qu'on soulève le plateau supérieur, les deux lames sont repoussées et s'écartent. C'est que sous l'influence du plateau A, le plateau A′ a pris une quantité d'électricité beaucoup plus grande qu'il ne l'eût fait sans lui, et que l'influence condensante du premier disparaissant, cette électricité se répand sur les lames qu'elles font diverger, ce qui n'avait pas lieu sous la seule action de la source d'électricité. Il suffit ensuite, pendant que les lames divergent, d'approcher de A un bâton de verre ou de résine frotté, pour juger de la nature de l'électricité fournie par la source. Si cette électricité est positive, le verre augmentera la divergence des lames, tandis que la résine la fera diminuer; le contraire se produira, si l'électricité fournie par la source est négative.

Fig. 612. — Électroscope condensateur.

M. Péclet a encore accru la sensibilité extrême de l'électroscope condensateur, en interposant un troisième plateau verni sur ses deux faces entre les deux plateaux de Volta.

CONDENSATION (Physique). — Rapprochement des molécules des corps, diminution de leur volume et augmentation de leur densité qui en sont la conséquence. Les corps se condensent par la pression ou la diminution de température.

Le retour des vapeurs à l'état liquide, sous l'influence de l'une ou de l'autre de ces deux causes, est également appelé *condensation*. La transformation des gaz en liquide

par les mêmes causes porte plus particulièrement le nom de *liquéfaction* (voyez ce mot).

Les brouillards, les nuages, la pluie, la rosée, le givre, la neige, etc., sont dus à la condensation par le froid de la vapeur d'eau contenue dans l'air.

On appelle *condensation électrique* l'accroissement de charge électrique que prend un corps conducteur sous l'influence d'un autre corps très-rapproché du premier (voyez CONDENSATEURS).

CONDILLAC (Médecine, Eaux minérales). — Village de France, arrondissement et à 10 kilomètres N. de Montélimart (Drôme). On y trouve deux ou trois sources d'eaux minérales bicarbonatées calciques; températ., 13° cent. Elles contiennent 0ᶫⁱᵗ,548 d'acide carbonique par litre d'eau; des bicarbonates de chaux, de magnésie, de soude; d'autres sels alcalins, un peu de carbonate et de crénate de fer; des traces d'arsenic. Employées surtout comme boissons de table, on a vanté leurs effets dans la gravelle, les dyspepsies, etc.

CONDIMENT (Hygiène alimentaire), du latin *condire*, assaisonner. — Synonyme d'*assaisonnement* (voyez ce mot).

CONDOR (Zoologie), *Vultur gryphus*, Lin.; *Grand Vautour des Andes*. — Espèce d'*Oiseaux* du genre *Vautour*, ordre des *Oiseaux de proie*. Longtemps relégué parmi les oiseaux fabuleux, le condor passait pour avoir une taille et une force prodigieuses; il pouvait emporter dans ses serres les plus grands quadrupèdes, et Buffon lui-même n'a pu résister à l'entraînement général; mais il n'en est plus de même aujourd'hui; non-seulement les observations répétées de Humboldt, faites sur les lieux, ont réduit à néant toutes ces fables, mais encore on a pu étudier cet oiseau en France même, où il a été rapporté vivant par un officier de marine et il a vécu pendant quelque temps

Fig. 613. — Tête de Condor (1/10 de grand. nat.).

au Jardin des Plantes. Le nom de *condor*, suivant de Humboldt, est corrompu du mot *cuntur*, de l'ancienne langue des Péruviens. Le condor a les yeux à fleur de tête, le bec allongé, recourbé seulement au bout; une partie de la tête, du cou et les joues sont revêtus d'une peau nue; sa tête est surmontée d'une crête charnue, presque cartilagineuse, très-résistante, qui s'étend de la racine du bec au commencement de l'occiput; la femelle en est dépourvue. Une autre crête existe sous le bec comme au coq. Ces deux caroncules sont de couleur violâtre; il porte un collier très-fourni à la partie inférieure du col, composé d'un duvet épais de nature soyeuse, d'un blanc de neige. Le plumage du corps est d'un noir bleu; une grande partie de l'aile d'un gris-perle cendré; la queue courte, rectiligne au niveau des ailes. Dans le premier âge il est brun cendré et sans collier; la femelle est tout entière d'un gris brun. C'est le plus grand de tous les vautours; il a jusqu'à 1ᵐ,50 de longueur, avec 4 mètres d'envergure; toutefois de Humboldt réduit ces dimensions à 1 mètre de longueur et 2 à 3 mètres d'envergure. C'est l'oiseau qui vole le plus haut dans les airs; il s'élève à des hauteurs immenses; il niche dans les lieux les plus solitaires et sur les cimes les plus élevées de la chaîne des Andes (voyez VAUTOUR).

CONDUCTEUR (Physique). — Se dit de tout corps qui laisse la chaleur ou l'électricité circuler plus ou moins librement dans sa masse (voyez CONDUCTIBILITÉ).

CONDUCTIBILITÉ (Physique). — Propriété des corps de laisser circuler dans leur masse la chaleur ou l'électricité.

CONDUCTIBILITÉ POUR LA CHALEUR (Physique). — Elle est très-variable suivant la nature ou l'état des corps; nous pouvons tenir à la main un charbon par une de ses extrémités pendant que l'autre est incandescente, tandis qu'une barre de fer rougie au feu par un de ses bouts est encore très-chaude à une grande distance de cette extrémité et d'autant plus qu'elle est *plus* grosse. Ces inégales conductibilités des corps pour la chaleur donnent lieu à des phénomènes que nous pouvons constater chaque jour et à des applications d'un haut intérêt pour nous.

Si pendant l'hiver nous mettons la main sur des corps exposés à l'air libre, des métaux, des pierres, des briques, du bois, tous au même degré de chaleur et secs, le fer nous semblera plus froid que la pierre, celle-ci plus froide que la brique et la brique plus que le bois. C'est que la vivacité de l'impression de froid que nous ressentons ne dépend pas d'une manière absolue du degré de chaleur du corps que nous touchons, mais de la quantité de chaleur qu'il nous enlève en un même temps ; or, le bois étant un corps *mauvais conducteur* de la chaleur, la chaleur qu'il prend à notre main reste presque en entier à sa surface qui s'échauffe rapidement et cesse bientôt presque complétement de nous refroidir. Le fer étant *bon conducteur*, au contraire, la chaleur qui lui est fournie en un de ses points s'écoule rapidement vers les autres, et cet emprunt se renouvelle d'une manière prolongée et presque constante. Les mêmes causes produisent un effet opposé, si les corps chauffés tous au même degré le sont à un degré plus élevé que la main.

Les liquides, à l'exception du mercure qui est un métal, sont très-mauvais conducteurs, et cependant l'impression de froid ou de chaud qu'ils produisent sur nous est très-vive ; c'est que les liquides sont en même temps très-mobiles et que les plus légers changements de température d'un point à l'autre de leur masse suffisent pour y déterminer des courants. Si la chaleur y passe difficilement d'une molécule à l'autre, ce sont les molécules qui viennent successivement se mettre en contact avec le corps ou plus chaud ou plus froid, en sorte que le résultat est le même ; mais qu'on mette obstacle à ce mouvement moléculaire, et on voit aussitôt apparaître les effets du défaut de conductibilité des liquides. Même chose a lieu pour les gaz qui sont de tous les corps les plus mauvais conducteurs ; aussi une couche d'air emprisonnée dans les mailles d'un tissu épais, mauvais conducteur lui-même, d'une masse de ouate, d'une fourrure, d'un édredon, forme-t-elle pour nous le meilleur préservatif contre les froids de l'hiver.

La connaissance des conductibilités relatives des corps pour la chaleur conduit à d'importants résultats pratiques. Dans les pays froids, où il importe de conserver la chaleur développée dans l'intérieur des appartements, les murs des habitations doivent être en matériaux mauvais conducteurs (bois ou brique), ou, s'ils sont en pierre, on doit leur donner une épaisseur considérable, la quantité de chaleur qui traverse un mur pendant un temps déterminé étant proportionnelle à son pouvoir conducteur, à la différence de température de ses deux faces et inversement proportionnelle à son épaisseur. Les murs épais sont également utiles pour se préserver contre l'ardeur du soleil dans les pays chauds.

Les calorifères en métal chauffent très-vite et très-fortement, mais ils se refroidissent également très-vite dès qu'ils sont éteints. Les calorifères ou poêles en briques donnent une chaleur plus douce, plus uniforme et plus durable. Aussi sont-ils presque exclusivement employés dans les pays très-froids.

La plus grande partie de la chaleur d'un appartement se perd par les fenêtres fermées par des lames de verre, corps assez mauvais conducteur, mais trop mince en général. On supplée à cet inconvénient au moyen de doubles fenêtres emprisonnant entre elles une lame d'air mauvais conducteur et se renouvelant avec peine.

La neige, mauvais conducteur, abrite le sol contre les grands froids de l'hiver ; la glace produit le même effet sur les nappes d'eau qu'elle recouvre.

Table des conductibilités relatives des principales substances solides.

Argent	100,0	Acier	12,0
Cuivre	77,6	Fer	11,9
Or	53,2	Plomb	8,5
Laiton	23,0	Platine	8,2
Zinc	19,9	Palladium	6,3
Étain	14,5	Bismuth	1,9

Les conductibilités calorifiques des corps ont été spécialement étudiées par M. Despretz, et plus récemment par MM. Widemann et Franz.

Conductibilité électrique (Physique). — Aussi variable au moins que la conductibilité pour la chaleur.

Relativement à l'électricité à haute tension fournie par les machines électriques, les corps les plus mauvais conducteurs sont : la gomme laque, la soie, le verre, les résines. Les métaux, parfaits conducteurs, ne présentent entre eux, sous ce rapport, aucune différence appréciable. Il n'en est plus ainsi relativement à l'électricité de faible tension qui est fournie par les piles. Des différences de conductibilité inappréciables dans le premier cas deviennent dans le second très-considérables, ainsi qu'il résulte du tableau suivant :

Table de la conductibilité relative des métaux.

Palladium	5791	Cuivre recuit	3848
Argent 963 de fin	5152	Platine	855
Argent 900 de fin	4753	Laiton {	200
Argent 857 de fin	4221		900
Argent 747 de fin	3882	Acier fondu {	800
Or pur	3975		500
Or 951 de fin	1338	Fer {	700
Or 751 de fin	714		600
Cuivre pur	3838	Mercure	100

Ces résultats nous montrent, de plus, dans quelles proportions considérables de petites quantités de métaux alliés à d'autres peuvent altérer la conductibilité de ceux-ci ; à plus forte raison doit-il en être ainsi des substances non métalliques. Ainsi, à sections égales, une colonne d'une dissolution concentrée de sulfate de cuivre conduit-elle, d'après M. Pouillet, 2 546 680 fois moins bien qu'un cylindre de cuivre, et l'eau pure 500 fois moins bien que la dissolution de sulfate de cuivre, bien que l'eau pure conduise encore très-bien l'électricité à haute tension.

La chaleur diminue la conductibilité des métaux, et cet effet est particulièrement marqué pour le fer et l'acier ; elle augmente, au contraire, la conductibilité des dissolutions salines.

Pour une même substance, la résistance qu'elle oppose au passage des courants électriques croît dans le même rapport que sa longueur ; elle décroît, au contraire, dans le même rapport qu'augmente sa section transverse. C'est pourquoi dans les lignes télégraphiques la puissance de la pile doit être proportionnelle à la longueur du trajet. Dans les premiers temps les fils conducteurs télégraphiques étaient en cuivre ; des fils de fer d'une section 6 fois plus grande conduisent aussi bien, ne coûtent pas plus cher et offrent beaucoup plus de résistance à la rupture ; aussi le fer a-t-il partout remplacé le cuivre. La terre humide conduit un milliard de fois moins bien que le cuivre ; mais comme sa section est presque infinie, on a trouvé non-seulement économie, mais encore une transmission plus facile en faisant retourner le courant de la station d'arrivée à la station de départ par l'intermédiaire du sol (voyez ÉLECTRICITÉ, PILES, COURANTS, TÉLÉGRAPHES ÉLECTRIQUES).

CONDUIT (Anatomie). — Ce mot est synonyme de *canal* ; ainsi on dit *conduit* ou *canal* auditif externe ou interne, etc.

CONDUITE (Hydraulique). — Assemblage de tuyaux, généralement cylindriques, construits en bois, en terre cuite, en mortier hydraulique, en fonte, en tôle de fer ou en plomb, destinés à conduire les eaux ou les gaz.

Conduite des eaux (Hydraulique). — La vitesse de l'eau dans une conduite cylindrique dépend : 1° de la différence de niveau de l'eau aux deux extrémités de la conduite ou ce que l'on appelle *charge totale* ; 2° de la longueur totale de cette conduite ; 3° de son diamètre ; 4° des étranglements, coudes ou inflexions que les tuyaux présentent dans leur longueur.

L'eau, en glissant contre les parois des tuyaux, y éprouve des frottements notables qui tendent à ralentir sa vitesse et compliquent beaucoup le phénomène (voyez FROTTEMENTS). Cependant, en comparant une cinquantaine d'observations directes faites par *Couplet*, *Bossut* et *Dubuat*, M. de Prony est arrivé, pour les tuyaux sans coudes ni étranglements, à la formule suivante, qui est d'une grande utilité dans la pratique et dans laquelle V représente la vitesse moyenne de l'eau dans la conduite ou la vitesse de régime, *d* le diamètre intérieur du tuyau, I la pente moyenne par mètre que l'on obtient en divisant la charge totale par la longueur totale du tuyau, le tout en mètres.

$$V = 53,58 \sqrt{\frac{dI}{4}} - 0,025.$$

Connaissant la vitesse V, on obtient en litres la dépense D ou quantité d'eau débitée par seconde par la conduite au moyen de la formule :

$$D = 785,55 \, d^2 V.$$

Les formules précédentes supposent connus le diamètre du tuyau et la pente moyenne par mètre. Il arrive souvent que la question se trouve posée d'une autre manière, que le diamètre *d* du tuyau est déterminé à l'avance, ainsi que la vitesse V de l'eau et, par suite, aussi la dépense et que l'on cherche la pente moyenne qu'il convient de donner par mètre à la conduite. On se sert alors de la formule :

$$I = \frac{4000}{d}\,(0{,}000173\ V + 0{,}000348\ V^2).$$

ce qui montre qu'à égalité de vitesse la pente doit être d'autant plus forte que le diamètre du tuyau est plus petit et qu'à égalité de diamètre la pente croît beaucoup plus rapidement que la vitesse.

Enfin le plus souvent la pente est donnée d'après les conditions du terrain sur lequel on opère, et alors, ou bien le débit de la source que l'on veut utiliser, ou la quantité d'eau qu'on veut conduire est connue et l'on cherche le diamètre de la conduite qu'il faut employer, ou bien ce diamètre est donné et on veut savoir quelle est la quantité d'eau que l'on obtiendra. Dans le dernier cas, il faut avoir recours à la formule :

$$1000\ D = 21{,}045\sqrt{d^5\ I - 0{,}0196\ d^2}$$

Dans le premier, il faut employer la formule :

$$d = 1{,}176\sqrt[5]{\frac{D^2}{I}}.$$

Cette formule est incomplète, mais elle est encore suffisamment approchée pour les besoins de la pratique. Au reste, nous avons réuni plus bas ces résultats calculés pour trois espèces de tuyaux les plus généralement employés dans les grandes conduites.

Table relative à l'établissement des tuyaux de conduite.

Voyez *Aide-mémoire de mécanique pratique* de M. Morin.

Vitesse moyenne en mètres.	0m,10 DIAMÈT. DES TUYAUX		0m,20 DIAMÈT. DES TUYAUX.		0m,30 DIAMÈT. DES TUYAUX.	
	Dépense en litres par seconde.	Charge par mètre de long en cent.	Dépense en litres par seconde.	Charge par mètre de long en centim.	Dépense en litres par seconde.	Charge par mètre de long en centim.
0,10	0,8	0,02	3,1	0,01	7,07	0,01
0,20	1,6	0,07	6,3	0,03	14,14	0,02
0,30	2,3	0,15	9,4	0,07	21,20	0,05
0,40	3,1	0,25	12,6	0,12	28,27	0,08
0,50	3,9	0,38	15,7	0,19	35,34	0,13
0,60	4,7	0,54	18,8	0,27	42,41	0,18
0,70	5,5	0,73	22,0	0,36	49,48	0,24
0,80	6,3	0,95	25,1	0,47	56,53	0,31
0,90	7,0	1,19	28,3	0,59	63,62	0,40
1,00	7,8	1,46	31,4	0,73	70,70	0,49
1,20	9,4	2,09	37,7	1,04	84,80	0,69
1,50	11,8	3,24	47,1	1,62	106,00	1,03
1,80	14,1	4,64	56,5	2,32	127,20	1,55
2,00	15,7	5,71	62,8	2,83	141,40	1,90
2,20	17,2	6,89	69,1	3,45	155,50	2,30
2,50	19,6	8,88	78,5	4,44	176,70	2,96
2,80	22,0	11,11	88,0	5,56	197,90	3,70
3,00	23,6	12,74	94,2	6,37	212,10	4,25

Dans la plupart des cas, on ne donne au tuyau que la pente nécessaire pour produire le mouvement du liquide et vaincre les frottements qui naissent de ce mouvement. La pente par mètre multipliée par la longueur totale du tuyau prend alors le nom de *perte de chute ou de charge*, produite par ces frottements. Si l'on veut, au contraire, que l'eau s'élève à une certaine hauteur sous forme de jet d'eau, il faut une charge plus considérable, et la hauteur à laquelle s'élèvera le jet sera mesurée non plus par la hauteur de l'eau du réservoir au-dessus de l'orifice, mais par cette hauteur diminuée de la hauteur ou charge perdue par les frottements dans la conduite (voyez JETS D'EAU).

Si l'eau, au lieu de couler par son propre poids, marche en sens contraire de la pesanteur par la pression d'une pompe, les frottements restent les mêmes et conservent la même expression. Pour calculer la résistance totale que doit vaincre la pompe, il faut donc ajouter à la hauteur réelle du réservoir que l'on alimente au-dessus du réservoir de prise la perte de charge correspondant aux frottements.

La perte de charge croissant rapidement avec la vitesse du liquide, il convient en général de limiter la vitesse moyenne à quelques centimètres pour les petits tuyaux et à quelques décimètres pour les gros. Cela est surtout important lorsque la circulation de l'eau doit être brusquement interrompue par des robinets, ce qui occasionne des chocs et des effets de bélier très-nuisibles à la solidité des joints (voyez BÉLIER). Cependant, si l'eau est sujette à entraîner des sables, à devenir boueuse par l'effet des pluies et à laisser déposer des limons, il faut lui donner une vitesse capable d'entraîner ces matières.

Dans les villes les conduites d'eau ne sont jamais simples ; de nombreux *branchements* en partent pour distribuer l'eau dans toutes les directions. Il faut alors diviser le calcul en autant de parties qu'il y a de branchements et considérer chaque intervalle entre deux prises, comme une conduite particulière.

Nous ferons observer, toutefois, que jamais les conduites, surtout dans leurs ramifications, ne sont établies rigoureusement d'après les principes dont nous venons de donner une esquisse ; ces principes, en effet, supposent que la conduite ne renferme ni coudes ni étranglements et, d'un autre côté, la consommation sur tel ou tel point de la distribution est sujette à de grandes variations, soit d'une manière accidentelle, soit d'une manière permanente par suite de concessions. La charge doit donc toujours être plus élevée que le calcul ne l'indique. La dépense en litres d'eau que doit effectuer chaque orifice est alors réglée, s'il est besoin, par des robinets auxquels les employés préposés à la distribution des eaux ont seuls accès.

Coudes. — L'eau, en changeant brusquement de direction pour franchir un coude, y éprouve une résistance qui tend à ralentir sa vitesse ou à augmenter la charge perdue. Il faut donc en restreindre le nombre autant qu'on peut ou du moins en atténuer les effets fâcheux. Les expériences de Dubuat ont montré qu'on peut y parvenir en arrondissant les coudes et qu'en les recourbant sur une portion de cercle d'un assez long rayon, on parvient à faire disparaître presque complétement la perte de charge qui leur est due.

Étranglements. — Ils agissent dans les tuyaux comme les coudes en augmentant la résistance et la charge perdue. Si l'on a intérêt à réduire ces pertes, il faut éviter avec soin les étranglements, ou tout au moins les produire d'une manière lente et ménagée en arrondissant les contours intérieurs ; mais souvent ils ont un but opposé, celui de ralentir la vitesse comme les robinets qui, plus ou moins ouverts, servent à régler le débit d'une concession d'eau.

CONDUITE DES GAZ. — Les gaz qui circulent dans les conduits y éprouvent des frottements analogues à ceux qui ralentissent le cours des eaux, mais soumis cependant à des lois un peu différentes. L'influence retardatrice des coudes et des étranglements n'est pas moins grande et est mise à profit pour régler le débit du gaz. Tel est l'usage des *soupapes à gorge* ou *clefs de poêle*. Voir sur ce point un mémoire de Péclet dont le résumé se trouve à la fin du IIIme volume du *Traité de la chaleur.*   P. D.

CONDYLE (Anatomie), du grec *kondulos*, éminence articulaire. — Ce sont, en effet, des éminences articulaires, arrondies par un de leurs côtés, aplaties dans le reste de leur étendue. Ils ne se trouvent guère que dans les articulations en ginglymes (du grec *ginglumos*, charnière). Les principaux condyles sont : le *C. de la mâchoire inférieure* ; les *C. de l'extrémité inférieure du fémur*, et ceux des extrémités inférieures des deux premières *phalanges* des doigts et des orteils.

CONDYLOME (Anatomie), du grec *kondulos*, jointure. — On donne ce nom à une excroissance de chair molle, plus ou moins douloureuse, qui résulte d'une végétation du tissu cellulaire de la peau, et qui se développe sur diverses parties du corps. Elle est parfois pédiculée, le plus souvent elle a une base large.

CONDYLURE (Zoologie), *Condylura*, Illig., du grec *kondulos*, articulation, et *ura*, queue. — Genre de *Mammifères*, de l'ordre des *Insectivores*, caractérisé par deux larges incisives triangulaires, deux autres extrêmement petites, et de chaque côté une forte canine à la mâchoire supérieure ; à l'inférieure, quatre incisives et une petite canine pointue ; ils ressemblent par leurs pieds à la taupe ; mais leur queue est plus longue et leurs narines sont entourées de petites pointes cartilagineuses disposées en étoile. Ce genre, établi par Illiger, offre surtout une espèce d'Amérique septentrionale, le *C. à crête* (*Sorex cristatus*, Lin.), très-semblable à notre taupe, au nez près, et à la queue plus que double en longueur.

CONDYLURE (Zoologie), *Condylura*, Latr. — Genre de *Crustacés branchiopodes*, section des *Lophyropes carcinoïdes* ; presque microscopiques, ces crustacés sont vagabonds, ont les pieds terminés en pointes soyeuses, la queue étroite, composée de sept anneaux. Le *C. de d'Or-*

bigny, Latr., se trouve sur les côtes maritimes de la Rochelle.

CONE (Zoologie), *Conus*, Lin. — Genre nombreux de *Mollusques gastéropodes pectinibranches*, famille des *Buccinoïdes*, ainsi nommé parce que sa coquille a la forme conique ; vulgairement *Cornet ;* la spire est tout à fait plate ou peu saillante et forme la base du cône ; sa pointe est à l'extrémité opposée ; ouverture étroite, sans renflement ni plis, soit au bord, soit à la columelle ; l'animal est d'une minceur proportionnée à l'ouverture qui lui donne passage ; ses tentacules, qui portent les yeux à leur sommet, et sa trompe s'allongent beaucoup. Ce sont des coquilles généralement très-recherchées dans les collections, à cause des belles couleurs dont la plupart sont ornées. Nos mers en produisent très-peu. On les distingue suivant que la spire est à tubercules ou couronnée, ou bien suivant qu'elle est non couronnée. Parmi celles à spire couronnée, nous citerons : le *C. cedonulli*, Lin., très-recherché et qui a un grand nombre de variétés (voyez CEDONULLI) ; le *C. piqûre de mouches* (*C. arenatus*, Hwass.), coquille d'environ 0^m,05, épaisse, lisse, luisante, parsemée de points noirs nombreux, sur fond blanc ; le *C. ponctué* (*C. punctatus*, Chemn.), coquille fort rare de l'océan africain, épaisse, pesante, de 0^m,05 de long, à tubercules gros et saillants, couleur fauve pâle, finement ponctuée de rouge brun, sur les saillies de ses stries transverses. Dans les coquilles à spire non couronnée, on remarque le *C. tigre* (*fig.* 614) (*C. litteratus*, Hwass.), coquille grande et belle, blanche, marquée de fascies jaunes et de plusieurs rangs de taches brunes. De l'Asie. Le *C. mosaïque* (*C. tessellatus*, Born.), coquille blanche, marquée de plusieurs rangées de taches écarlates ; cette coquille a la spire plane. De la mer du Sud. Le *C. vierge* (*C. virgo*, Lin.), vulgairement *Cierge*, *Cigne*, *Onix* ; coquille jaune soufre, une tache violacée en avant ; spire plane, obtuse. Océan asiatique.

Fig. 614. — Cône tigre (long. 0,08).

CÔNE (Botanique), du grec *kônos*, corps rond et allongé. Terme de botanique qui sert à désigner le fruit des pins, sapins, cèdres, cyprès et autres arbres nommés pour cela même *conifères ;* c'est une sorte de fruit agrégé, auquel on donne aussi le nom de *Strobile*, du grec *strobilos*, pomme de pin. — Ce fruit résulte du rapprochement et de la réunion en une seule masse de bractées ou écailles qui, portant les ovules, représentent une feuille carpellaire non repliée. Indépendantes dans les cônes de sapin et de

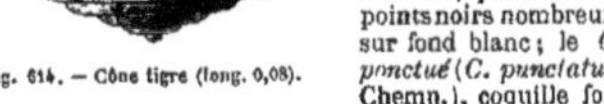

Fig. 615. — Cône du pin sylvestre.

pin (*fig.* 615) ces écailles forment quelquefois par leur cohérence entre elles un corps, en apparence, unique, et qui n'est pas toujours conique, ainsi que le mot de cône pourrait le faire penser. Les écailles des cyprès et du thuya, élargies en forme de tête de clou, composent un cône arrondi, appelé *galbule* par Varron et d'autres auteurs. Dans le genévrier, les écailles sont groupées de façon à former un cône *globuleux ;* charnues et soudées ensemble, elles forment ainsi un fruit qui a l'apparence d'une baie. G—s.

CÔNE (Géométrie). — Volume engendré par la révolution d'un triangle rectangle SAO, autour d'un des côtés SO de l'angle droit. S est dit le *sommet* du cône, SO sa hauteur. La surface engendrée dans le mouvement par l'hypoténuse SA forme la *surface latérale* du cône ; le cercle décrit par AO forme sa *base ;* la circonférence décrite par le point A est appelée *circonférence de base*, SA se nomme le *côté* ou l'*apothème* du cône.

La surface latérale d'un cône est égale au produit de la circonférence de sa base par la moitié de son apothème.

Le volume d'un cône est égal au produit de sa base par le tiers de sa hauteur.

Toute section faite dans un cône parallèlement à sa base est un cercle.

Si l'on coupe un cône par un plan parallèle à sa base, et que l'on enlève le cône supérieur, le volume restant s'appelle un *tronc de cône*.

D'une manière plus générale, on désigne en géométrie sous le nom de *surface conique* toute surface engendrée par une droite qui passe constamment par un point donné en suivant le contour d'une ligne donnée appelée DIRECTRICE.

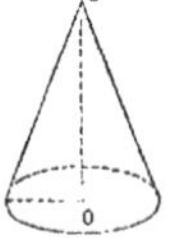

Fig. 616.

CONIQUE (SECTION). — Voyez SECTIONS CONIQUES.

CONFECTION (Pharmacie). — En *pharmacie*, on a donné ce nom à plusieurs espèces d'électuaires très-composés, auxquels les anciens accordaient une grande idée de perfection. On ne connaît plus guère aujourd'hui que la *confection d'hyacinthe*, dans laquelle entre le safran en assez grande proportion, et qui agit comme excitant, calmant, et la *confection d'alkermès* qui contient des perles du Levant et qui est plus excitante. Ces préparations sont du reste peu usitées aujourd'hui (voyez ABLE, ALKERMÈS).

CONFERVE (Botanique), *Conferva*, Lin., du latin *conferruminare*, souder ensemble. D'après Pline, les conferves passaient pour souder les membres fracturés. — Genre de plantes *Cryptogames* dans la classe des *Algues*, division des *Algues filamenteuses*, type de la tribu des *Confervacées*. Il comprend des plantes extrêmement simples, formées de filaments simples ou rameux, cylindriques, flexibles, membraneux, transparents, articulés ; les articles sont remplis d'une matière verte, rarement autrement colorée. Leur multiplication est extrême ; chaque article isolé peut reproduire cette singulière végétation qui se présente ordinairement sous la forme de touffes floconneuses, verdâtres, à la surface des eaux douces. Les conferves adhèrent aussi quelquefois, à l'aide d'une viscosité, aux pierres, aux rochers, aux coquilles. Les conferves, qui n'avaient pas d'abord attiré l'attention des anciens botanistes, ont été le sujet d'études toutes spéciales de la part d'Ingenhousz, Priestley, Vaucher, Dillen, Chantran, Beauvais, Bory Saint-Vincent, Agardh, etc., lesquels ont remarqué dans leurs filaments une matière verte, granulée, affectant différentes dispositions, entre autres la disposition en étoile et en spirale. Vaucher est le premier qui ait observé une sorte d'accouplement dans ces plantes. A une certaine époque, il a vu les filaments ou tubes se rapprocher entre eux et pénétrer l'un dans l'autre, en dispersant leur matière granulée qui se réunit bientôt en globules destinés à reproduire la plante. Les conferves, souvent extrêmement abondantes sur les étangs, s'y soutiennent à l'aide de globules d'air qu'elles retiennent. Ingenhousz et Priestley ont reconnu que lorsqu'elles sont exposées au soleil, elles exhalent abondamment du gaz hydrogène, et par cela même assainissent les marécages. On a remarqué à l'appui de ce fait que les eaux stagnantes qui étaient dépourvues de conferves étaient bien plus sujettes aux miasmes que celles qui en nourrissaient. En outre, ces plantes constituent un excellent engrais dont profitent les végétaux aquatiques qui les entourent. Elles contribuent pour une grande part à la formation de la tourbe, et même avec une grande rapidité. G—s.

CONFITURES (Économie domestique), *Condimenta*. — Conserve de fruits, fleurs ou racines dont le sucre ou le miel est le condiment. Il y en a de plusieurs espèces : 1° Les *C. liquides* sont celles dans lesquelles les fruits entiers ou en morceaux sont conservés et cuits dans un sirop. Tout le monde connaît ces *chinois confits* dont la vogue a pris un si grand développement dans ces derniers temps ; ce sont de petits citrons, de petites oranges ainsi confites, et que les Indiens ont préparés les premiers. 2° Les *C. dites marmelades* sont faites avec la pulpe des fruits mêmes, mélangée et cuite avec du sirop jusqu'à la consistance de miel ; on les fait avec les prunes, les abricots, les cerises, etc. 3° Les *C. nommées gelées* se font en faisant cuire les sucs des fruits avec un beau sirop dit à la plume (voyez SIROP). On les fait aussi quelquefois directement avec le fruit mêlé et cuit avec du

sucre ; dans tous les cas, elles doivent être cuites jusqu'à
ce qu'une partie mise à refroidir se prenne en gelée. Les
plus belles se font avec les groseilles. A Rouen, on en
fait avec les pommes, qui jouissent d'une grande réputation. 4° Les *C.* connues sous le nom de *pâtes* sont des
espèces de marmelades qui ont la propriété de se conserver molles sans viscosité. Le sucre qui cristallise à leur
surface, les empêche d'adhérer aux vases ou boîtes dans
lesquels on les conserve. 5° Les *C. sèches* sont faites avec
des fruits entiers ou des portions de fruits lorsqu'ils sont
trop gros ; ainsi on les fait avec les cerises, les prunes,
les abricots, ou avec les écorces de citrons, d'oranges, de
cédrats, etc. Pour les préparer, on les fait cuire dans un
sirop de sucre très-épais ; on les fait égoutter et sécher
dans une étuve.

CONFLUENT (Médecine), *confluens*, qui coule, qui
vient ensemble. — Cet adjectif sert à désigner surtout
une des nuances de la petite vérole ; lorsque les boutons
sont très-nombreux et rapprochés de manière à ce qu'ils
se touchent, qu'ils se confondent l'un dans l'autre, on
dit que la *petite vérole* ou la *variole* est *confluente* ; ce
qui la distingue de celle que l'on nomme *discrète*, et dans
laquelle les pustules sont distinctes et séparées. La variole confluente, en raison du mouvement fluxionnaire
prodigieux qui se produit à la peau, a le plus souvent
une marche irrégulière, désordonnée, qui lui donne un
caractère de gravité maligne, et qui la rend très-meur-
trière (voyez VARIOLE).

CONFLUENT (Botanique). — Se dit ordinairement des
organes réunis par la base ou à l'extrémité. Les feuilles
sont *confluentes* quand, réunies par leur base, elles semblent n'en former qu'une seule comme dans le chèvrefeuille des jardins. Les lobes de l'anthère sont *confluents*
lorsqu'ils s'unissent et se confondent l'un avec l'autre, de
manière qu'ils paraissent ne former qu'un seul lobe,
comme dans le genre *Germaine* (*Plectranthus*, L'Hérit.),
famille des *Labiées*. Les cotylédons sont dits *confluents*
quand ils semblent se confondre avec la plantule, comme
dans les Composées, le nélumbo, etc.

CONGÉLATION (Médecine), du latin *congelare*, geler.
— En *médecine*, c'est l'action morbide du froid sur les
parties vivantes et la mortification qui en est la suite :
elle les rend insensibles, dures, inertes, au point qu'elles
deviennent rouges, bleues, marbrées de taches livides,
sèches ; c'est ce qu'on remarque lorsque le froid agit
particllement aux extrémités, telles que le nez, les pieds,
les mains, les oreilles ; le meilleur traitement à employer
consiste dans des frictions prolongées avec de la neige, en
se gardant bien d'exposer les parties à la chaleur ; ce serait
courir le risque de les voir tomber en *gangrène* ou plutôt
en *sphacèle* (voyez GANGRÈNE), c'est-à-dire mortification
complète de la partie, ce qu'on a eu trop souvent à
constater en Russie, en 1812. Lorsque le froid agit à la
fois sur toutes les parties du corps, il se manifeste un
besoin irrésistible de sommeil, un engourdissement général, un désir de repos auquel on est obligé de céder ;
dans la funeste campagne de 1812, on était obligé d'abandonner dans cet état des malheureux qu'on ne pouvait
contraindre, même par la force, à suivre les colonnes de
retraite ; dès qu'ils s'arrêtaient, cet engourdissement passait rapidement à la mort ; le meilleur moyen de traitement consiste aussi dans les frictions avec la neige ou
l'eau glacée et les moyens restaurants.

CONGÉLATION (Chimie). — Retour d'un corps de l'état
liquide à l'état solide. Elle ne se fait pas toujours dans
des conditions aussi nettement déterminées que la *fusion*
(voyez ce mot). La glace fond toujours à zéro, mais
l'eau, quand elle est bien en repos, peut descendre sans
se congeler jusqu'à 12° au-dessous de zéro. Dans cet état,
le plus léger ébranlement la fait, en partie, prendre en glace.

La plupart des corps diminuent de volume en prenant
l'état solide ; l'eau cependant se comporte d'une manière
inverse ; elle se dilate dans une assez forte proportion
et donne ainsi lieu à des phénomènes importants. Ainsi,
la glace est moins dense que l'eau et la surnage ; de
l'eau exposée au froid dans une carafe, la brise en se
congelant, et ce fait a été depuis longtemps un objet
d'examen de la part des physiciens. Les académiciens de
Florence remplirent d'eau une sphère d'or, la fermèrent
exactement, mesurèrent son diamètre extérieur en la
faisant passer à travers un anneau de métal, et l'expose-
rent à un grand froid. Après que l'eau se fut glacée, la
sphère s'était gonflée au point de ne pouvoir plus traverser l'anneau. Huyghens, en répétant cette expérience
avec un canon de fer moins ductile que l'or, vit le canon
éclater avec bruit.

C'est à cette même cause qu'il faut rattacher l'action
du froid sur les pierres gélives : l'eau dont elles sont imprégnées se congèle et brise les pores dans lesquels
elle est contenue ; c'est elle qui produit l'éclatement des
arbres dans nos forêts pendant les hivers rigoureux, et
la destruction des plantes par la gelée. Lorsque les cellules de ces plantes se trouvent gorgées de sucs au moment où elles sont saisies par le froid, elles se déchirent
par l'effet de la dilatation de la glace. Ajoutons, toutefois, qu'il existe un grand nombre de végétaux qui périssent avant d'atteindre la température zéro, en sorte
qu'à la cause physique, il faut en ajouter une toute physiologique.

D'autres corps, et en particulier la fonte, se comportent comme la glace, et la dilatation qui s'y opère au
moment où elle se fige contribue à la perfection avec laquelle elle se prête au moulage (voyez FROID [*sources
de*]).

CONGÉNIAL, CONGÉNITAL (Médecine), du latin *cum
genitus*, né avec ; *congénial* n'est pas conforme à l'étymologie. — On appelle *maladies*, *affections congénitales*,
celles que l'enfant apporte en naissant. Plusieurs sont en
même temps héréditaires.

CONGESTION (Médecine), du latin *congerere*, amas-
ser. — On donne ce nom à l'afflux du sang dans un organe quelconque, sain d'ailleurs, par suite d'un trouble
permanent ou momentané dans le centre d'impulsion circulatoire. Les organes les plus vasculaires, tels que le
poumon, la rate, le foie, le cerveau, sont ceux dans lesquels on remarque le plus souvent ce phénomène. La
peau, et surtout la peau du visage, se congestionne aussi
très-souvent. On ne doit pas la confondre avec l'*inflammation*, puisque nous avons dit qu'un organe conges-
tionné restait sain, tandis qu'il n'en est pas de même
dans l'*inflammation* (voyez ce mot), qui, du reste, peut
souvent succéder à la congestion, lorsque celle-ci se
prolonge au delà de certaines limites ; la saignée est
le meilleur moyen d'éviter cette terminaison. — Le mot
congestion a encore été employé pour désigner une espèce d'*abcès* (voyez ABCÈS PAR CONGESTION).

CONGLOBÉ (Botanique). — Se dit des fleurs réunies
en forme de tête ou rassemblées en pelotons très-serrés,
comme celles de plusieurs espèces de platanes. Ce mot
s'applique aussi aux feuilles et aux parties quelconques
des plantes qui offrent la même disposition.

CONGLUTINANT (Matière médicale). — Voyez AGGLU-
TINANT.

CONGRE (Zoologie), *Conger*, Lin. — Sous-genre de
Poissons établi par Cuvier dans l'ordre des *Malacoptérygiens apodes*, famille des *Anguilliformes*, et détaché du
grand genre *Murœna* (anguilles) ; il est caractérisé par la
nageoire dorsale commençant au-dessus des pectorales,
et assez près d'elles, la mâchoire supérieure plus longue
que l'inférieure. Le *C. commun* (*Murœna conger*, Lin.),
type de ce sous-genre, se distingue par sa dorsale et son
anale bordées de noir, et sa ligne latérale ponctuée de
blanchâtre. On le trouve dans toutes nos mers, et sa longueur va jusqu'à 2 mètres. On l'estime médiocrement
pour la table ; cependant, sur les côtes de la Méditerranée et de l'Océan où il abonde, on le sèche pour l'envoyer au loin. On le vend à Paris sous le nom d'*Anguille
de mer*. Le *Myre* (*Murœna myrus*, Lin.), plus petit que le
précédent, se reconnaît à quelques taches sur le museau.
De la Méditerranée.

CONGRUENCE (Mathématiques). — Quand deux nombres sont tels que leur différence est un multiple d'un
nombre donné, on dit qu'ils sont *congrus* ; le nombre qui
divise leur différence s'appelle *module*. Le signe de congruence est formé de trois traits horizontaux ≡ ; ainsi,
A ≡ B veut dire que les deux nombres A et B sont congrus ou congruents entre eux. La théorie des congruents
a été donnée par Gauss dans le célèbre ouvrage *Disqui-
sitiones arithmeticæ*.

CONICINE (Chimie). — Voyez CONINE.

CONIFÈRES (Botanique). — Famille de plantes *Dicotylédones gymnospermes*, comprenant des végétaux ordinairement désignés sous le nom d'*arbres verts*. Cette
famille tire son nom de son fruit appelé *cône* (voyez ce mot).
M. Brongniart admet quatre familles de conifères : les
Gnétacées, les *Taxinées*, les *Cupressinées* et les *Abiétinées* (voyez ces mots), considérées comme tribus par Endlicher, qui réserve le nom de *Conifères* à la soixante-
septième et avant-dernière classe de sa classification ; il la
caractérise ainsi : anthères disposées en chatons bilobés
ou à lobes en nombres définis, portées sur une écaille
membraneuse représentant le connectif. Les Conifères com-

prennent des arbres presque toujours très-élevés, ou de simples arbrisseaux, la plupart résineux. Leurs feuilles, le plus souvent persistantes, sont éparses, opposées ou verticillées, ordinairement sans nervures. Leurs fleurs monoïques ou dioïques sont dépourvues d'enveloppes florales et disposées en chatons. Les mâles sont composées d'anthères éparses ou d'écailles qui portent une ou plusieurs anthères. Les femelles sont ordinairement réduites à des écailles avec des ovules nus ; de là le nom de *Gymnospermes* (voyez ce mot) donné aux Conifères. Les Conifères habitent principalement les régions tempérées de l'hémisphère boréal. Le cap de Bonne-Espérance et l'Australie en fournissent aussi un certain nombre d'espèces. Quant aux usages, ils sont

Fig. 617.— Cône du pin maritime.

précieux, surtout par le bois qui s'emploie considérablement dans la construction ; tels sont les bois de sapin, de pin, de mélèze, de cèdre, etc. Les Conifères donnent aussi des résines en abondance. On obtient de plusieurs de ces arbres l'essence de térébenthine. Nous renvoyons, pour plus de détails, aux tribus ou familles énoncées ci-dessus.

Travaux monographiques : — L. C. Richard, *Monographie des Conifères et des Cycadées* (1826).—R. Brown, dans le *Voyage de King* (appendice, 1825), a publié de savantes observations sur l'organisation de cette famille, ainsi que M. Lindley (*Intr. to natur. ord.*). G—s.

CONINE, CONICINE ou CICUTINE (Chimie) ($C^{16}H^{15}Az$). — Alcaloïde qu'on retire de la grande ciguë (*conium maculatum*). C'est un liquide incolore, d'aspect oléagineux, d'odeur nauséabonde, ayant pour densité 0,89, entrant en ébullition à 170° ; sa formule correspond à 4 volumes. Exposée au contact de l'air, la conine s'altère peu à peu en se résinifiant, même quand elle est unie aux acides. Par l'acide azotique ou les autres agents d'oxydation, elle est promptement détruite et fournit toujours de l'acide butyrique en proportion notable. Un de ses caractères bien tranchés, c'est de se colorer, par l'acide chlorhydrique sec, en rouge violacé. — On obtient la conine en distillant l'eau alcalisée par la potasse sur les semences ou les tiges écrasées de la ciguë. Le produit de cette distillation saturé par l'acide sulfurique, contient un mélange de sulfate de conine et de sulfate d'ammoniaque. L'alcool froid sépare les deux sels en dissolvant le premier seulement ; il n'y a plus qu'à traiter le sulfate de conine par la potasse d'abord, par l'éther ensuite, pour isoler l'alcaloïde à l'état de pureté. — La conine est un poison irritant des plus actifs, comparable , pour l'énergie, à l'acide prussique ; elle détermine l'asphyxie en éteignant l'innervation. On n'a guère employé jusqu'ici, en médecine, que l'extrait de ciguë.

La conine fut d'abord entrevue par E. Simon, et étudiée plus tard par Giesecke, Geiger et Ortigosa.

CONIROSTRES (Zoologie), *Conirostres*, Cuv. — C'est le nom que l'on donne à la troisième famille d'*Oiseaux* de l'ordre des *Passereaux*, dans la méthode de Cuvier, à cause de leur bec fort, plus ou moins conique et sans échancrure. Ces oiseaux sont d'autant plus essentiellement granivores, que leur bec est plus fort et plus épais. Cuvier les divise en un assez grand nombre de genres : 1° les *Alouettes*; 2° les *Mésanges*; 3° les *Bruants*; 4° les *Moineaux*; 5° les *Becs-croisés*; 6° les *Durbecs* ; 7° les *Colious*; 8° les *Pique-bœufs*; 9° les *Cassiques*; 10° les *Étourneaux*. L'illustre maître ne voit pas de raisons suffisantes pour en séparer : 11° les *Corbeaux*; 12° les *Rolliers*; 13° les *Oiseaux de paradis*. Plusieurs de ces genres sont sous-divisés en sous-genres ; ainsi, par exemple dans les *Moineaux*, on trouve les sous-genres *Tisserin*, *Moineau* propre, *Pinson*, *Linotte*, *Chardonneret*, *Veuve*, *Gros-bec*, *Pitylus*, *Bouvreuil*. Ainsi des autres genres.

CONIUM (Botanique), *kôneion* des Grecs, *cicuta* des Latins. C'est notre *Grande Ciguë*. — Genre de plantes de la famille des *Ombellifères*, sous-tribu des *Smyrnées*. Ce sont des plantes herbacées, bisannuelles, à tige maculée, cylindrique, racine fusiforme, feuilles décomposées ; on en trouve dans toute l'Europe. On n'en connaît guère que deux espèces dont la principale est la *Grande Ciguë*,

Ciguë tachetée, *Ciguë officinale* (*C. maculatum*, Lin.). C'est une plante d'une odeur spéciale, fétide, d'un vert sombre, dont la tige fistuleuse et maculée de taches rougeâtres est haute de 1ᵐ,65 environ ; ses feuilles sont luisantes, d'un vert foncé, à pourtours triangulaires, composées de folioles dentées ; ses fleurs, blanches, forment des ombelles très-ouvertes et assez nombreuses. On la trouve en France et dans presque toute l'Europe sur le bord des champs, dans les lieux frais, ombragés et incultes. On la distingue facilement du cerfeuil, auquel elle

Fig. 618. — Grande Ciguë (*Conium maculatum*).

ressemble du reste, par les taches rougeâtres de ses tiges, et surtout par l'odeur de toutes ses parties lorsqu'on les froisse entre les doigts. La ciguë contient un principe très-vénéneux contenu également dans plusieurs autres plantes de la famille des *Ombellifères*, auxquelles on a donné aussi le nom de *ciguë* (voyez ce mot). Ce principe est un *alcaloïde* que l'on appelé *cicutine*, *conicine*, *conine* (voyez CONINE). Malgré ses propriétés vénéneuses, la ciguë a été employée en médecine dans un grand nombre de cas, et surtout dans les scrofules, les squirrhes, les cancers, certaines névralgies faciales, quelques sciatiques opiniâtres, etc. Son action thérapeutique est probablement due à ses propriétés sédatives de l'encéphale et du système nerveux et aussi à ce qu'elle a pour effet de provoquer la transpiration et d'augmenter la sécrétion des urines.

CONIVALVES (Zoologie). — Dans ses *Leçons d'anatomie comparée*, Cuvier avait donné le nom de *Mollusques gastéropodes conivalves* à un groupe qui renferme les genres *Fissurelle*, *Patelle*, *Crépidule* et *Calyptrée*.

CONJONCTION (Astronomie). — Deux astres sont en *conjonction* quand ils ont la même longitude, et en *opposition* lorsque leurs longitudes diffèrent de 180° (voyez LUNE, PLANÈTES, PHASES).

CONJONCTIVE (Anatomie), du latin *conjungo*, je joins avec. — Membrane muqueuse qui unit les paupières au globe de l'œil, d'où vient son nom ; elle part du bord libre de la paupière supérieure, où elle se continue avec la peau, recouvre toute l'épaisseur du bord libre, revêt la face postéro-supérieure du cartilage *tarse* (voyez ce mot) jusque sous l'arcade orbitaire ; elle se réfléchit alors sur la partie antéro-supérieure du globe de l'œil, en formant un cul-de-sac entre lui et la paupière ; elle adhère ensuite à la *sclérotique* (voyez ce mot) par un tissu de plus en plus serré à mesure que l'on approche de la *cornée* (voyez ce mot). Sur la cornée, l'adhérence est telle que plusieurs anatomistes ont nié son existence en ce point ; de là, la conjonctive revêt la partie antérieure de la paupière inférieure, comme à la paupière supérieure, jusqu'au cartilage tarse. Un petit repli semi-lunaire de la conjonctive à la partie interne du globe de l'œil semble être le rudiment de la troisième paupière de certains animaux, nommée *membrane clignotante* (voyez ce mot).

CONJONCTIVITE (Médecine). — C'est le nom que l'on

donne à l'inflammation de la conjonctive; elle peut être bornée à la portion qui tapisse la face interne des paupières; dans ce cas, elle prend le nom de *blépharite*, du grec *blepharon*, paupière (voyez ce mot), ou bien elle s'étend au globe de l'œil et se confond avec l'inflammation de cet organe et constitue l'*ophthalmie* (voyez ce mot).

CONJUGAISON (Anatomie). — On appelle *trous de conjugaison* une rangée de trous situés sur les parties latérales de la colonne vertébrale, et qui résultent de la réunion des échancrures que présentent les vertèbres. Ces trous donnent passage aux paires des nerfs spinaux qui naissent de la moelle de l'épine.

CONJUGUÉES (Botanique), du latin *conjugatus*, accouplé, dérivé, du latin *cum*, avec, *jugo*, je joins. — Se dit des feuilles composées, pennées, dont les folioles sont attachées par paires. Parmi les feuilles conjuguées, on distingue celles qui sont *unijuguées*, quand le pétiole porte une seule paire de folioles, comme dans la fabagelle, les gesses des prés, à larges feuilles, des bois, etc.; *bijuguées* lorsque le pétiole porte deux paires de folioles comme plusieurs *mimosa*; *trijuguées*, comme dans l'orobe tubéreux, la vesce en forme de gesse; *quadrijuguées*, dans la casse à longues siliques; enfin, *multijuguées*, dans l'orobe des bois, le sainfoin cultivé (*onobrychis sativa*), l'astragale fausse réglisse, etc., etc.

CONJUGUÉES (Botanique), du latin *conjugare*, accoupler, parce que dans ces plantes la reproduction s'opère par accouplement des articles de deux filaments rapprochés parallèlement, *Zygnema*, Kützing, du grec *zugoô*, je joins. — Groupe d'algues qui habitent l'eau douce. Vaucher les a distinguées des Conferves à cause de ce caractère d'accouplement. C'est à ce botaniste, à Charles et Romain Coquebert, et à Dillwin, que l'on doit les premières études microscopiques sur ces singulières productions.

CONNAISSANCE des temps (Astronomie). — C'est le titre du calendrier astronomique publié chaque année par le *bureau des longitudes*, à l'usage des astronomes et des navigateurs. Ce recueil fut rédigé pour la première fois, en 1679, par Picard, le fondateur de l'astronomie en France, et ensuite successivement par Lefebvre, Licutaud, Godin, Maraldi, Jeaurat, Méchain, et enfin par le bureau des longitudes. Il a reçu depuis son origine beaucoup d'améliorations; il est loin, toutefois, d'égaler l'ouvrage du même genre, publié en Angleterre, depuis 1767, sous le nom de *Nautical Almanach*.

La *Connaissance des temps* paraît deux ou trois ans d'avance, afin que les navigateurs au long cours puissent s'en munir à temps. On y trouve, outre les éléments ordinaires du calendrier, les éphémérides des principaux corps célestes, les positions du soleil, de la lune, de quelques planètes, des principales étoiles qui servent aux marins pour déterminer l'heure, la longitude et la latitude. On y donne également l'annonce des éclipses, des occultations d'étoiles par la lune. L'ouvrage est terminé par des tables d'un usage fréquent, un tableau des longitudes des principaux points du globe, rédigé avec beaucoup de soin par M. Daussy; enfin, une explication pour faciliter l'usage de ces divers documents.   E. R.

CONNARACÉES (Botanique), du grec *konnaros*, espèce d'arbrisseau épineux. — Famille de plantes *Dicotylédones polypétales*, détachée des *Térébinthacées* avec lesquelles elle était confondue. Ce sont des arbres ou arbrisseaux quelquefois grimpants, à feuilles alternes, composées d'une ou de plusieurs paires de folioles coriaces et entières, avec impaire sans stipules. Les fleurs en grappes ou en panicules axillaires ou terminales; elles ont un calice unique, partie persistant; pétales, 5; étamines en nombre double; 5 ovaires renfermant chacun 2 ovules collatéraux, dressés, et contenant 1-2 graines dressées. Les espèces de cette famille habitent toutes les régions intertropicales. On y trouve les genres *Connare* (*Connarus*, Lin.; *Rouera*, Aubl.); *Robergie* (*Robergia*, Schreb.); *Santaloïdes* (*Santaloïdes*, Lin.); *Omphalobium*, Gærtn.; *Tapomana*, Adans.; *Cnestis*, J.

CONNARE (Botanique), *Connarus*, Lin. — Genre type de la famille précédente, renfermant, entre autres, quelques espèces cultivées en Europe. Ce sont des arbrisseaux à feuilles alternes, folioles avec impaire, à fleurs blanches, en panicules axillaires. Le *C. ailé* (*C. pinnatus*, Cavan.) a les fleurs en panicules terminales et axillaires, calice velu, corolle blanche, pétales oblongs; fruits en capsules oblongues, un peu comprimées latéralement.

CONNÉ (Botanique), abrégé de *connexus*, lié, attaché. — Terme qui s'emploie pour désigner la soudure de par-

ties homogènes. Il est synonyme de *conjoint*, *coadné*. Les feuilles sont *connées* quand, opposées ou verticillées, sessiles, elles sont soudées entre elles par leur partie inférieure, comme, dans le cardère à bonnetier, la saponaire officinale, la casuarine, le chèvrefeuille des jardins. Dans ce sens, on emploie aussi le mot *confluent* (voyez-le). Les pétales sont *connés* quand ils sont joints et soudés par leurs bords, mais si faiblement qu'on peut aisément les séparer sans lésion apparente du tissu, comme dans le *statice monopetala*. Dans la vigne, ils sont *connés* au sommet, et par la base dans l'airelle oxycoccos. Les étamines sont aussi *connées* dans les Composées et les Malvacées.

CONNECTIF (Botanique), du latin *connectere*, souder. — On nomme ainsi la portion du filet de l'étamine qui unit les deux loges entre elles. Cette partie est charnue, tantôt très-courte, tantôt large, de manière à éloigner les loges (mélisse à grandes fleurs). Dans la sauge, il est allongé, articulé sur le filet. Dans les lis, le connectif est contracté, c'est-à-dire qu'étant extrêmement court, il tient les lobes rapprochés. Il paraît ne pas toujours exister quand l'anthère est attachée sans intermédiaire sur le filet ou sur une partie quelconque de la fleur, comme dans les Aristoloches, les Oseilles, les Graminées, etc. Enfin, le connectif peut présenter différentes formes; il peut être oblong, ovale, avoir la figure d'un croissant, d'un cœur, d'un fer de lance, etc.

CONNIVENT (Botanique). — Se dit des parties des plantes qui, étant rapprochées, semblent faire corps ensemble. Les feuilles de l'arroche des jardins sont *conniventes*, parce que, opposées et redressées, elles s'appliquent contre la tige par leur face supérieure. Les dents du calice convergent entre elles par le sommet dans la trolle d'Europe, et sont dites par conséquent *conniventes*. On dit aussi les anthères *conniventes* dans les morelles (*solanum*), par exemple, parce qu'elles sont tellement rapprochées qu'on les croirait soudées.

CONOCARPE (Botanique), *Conocarpus*, Gærtn., de *kônos*, cône, et *karpos*, fruit. Son fruit a la forme du cône de l'aune. — Genre de plantes de la famille des *Combrétacées*, tribu des *Terminaliées*. Il comprend des arbres généralement peu élevés. Le *C. dressé* (*C. erecta*, Humb., Bonpl. et Kunth) a les fleurs jaune pâle disposées en capitules paniculés. Il croît spontanément à la Jamaïque et atteint environ 10 mètres. On distingue plusieurs variétés de cet arbre. L'une est drossée, à feuilles glabres; l'autre a les tiges et les rameaux couchés; enfin, la troisième se fait remarquer par ses feuilles soyeuses, velues sur les deux faces.

CONOCLINE (Botanique), *Conoclinium*, de Cand., de *kônos*, cône, et *cliné*, lit. — Genre de plantes de la famille des *Composées*, tribu des *Eupatoriées*, dont la principale espèce est l'*Eupatoire cœlestine* (*Cœlestina cœrulea* (voyez le mot **CŒLESTINE**).

CONOÏDE (Anatomie), qui a la forme d'un cône. — Les *ligaments conoïdes* servent à attacher la clavicule à l'omoplate. On donne le nom de *dents conoïdes* aux dents canines (voyez **CLAVICULE**, **DENTS**).

CONOPS (Zoologie), *Conops*, Lin. — Genre d'*Insectes diptères*, de la famille des *Athéricères*, tribu des *Conopsaires*, caractérisé par des antennes droites en massue, de trois articles; trompe coudée à sa base, à trois articles; ce sont des insectes à tête grosse, presque hémi-

Fig. 619. — Conops à grosse tête.

sphérique, les yeux grands, un peu ovales, le corselet court, l'abdomen allongé, les pattes longues, minces, tarses à deux crochets avec deux pelotes au bout, les ailes de la longueur de l'abdomen. Ils sont d'une vivacité extrême; on les trouve dans les jardins, les prairies, où ils se nourrissent du suc miellé des fleurs. Le *C. à grosse tête* (*C. macrocephala*, Fab.) est noir, les antennes et les pieds fauves, la tête jaune, avec une raie noire, bord externe des ailes noir; quatre anneaux de l'abdomen bordés de jaune. Longueur, 0^m,012. Il a l'apparence d'une guêpe. Le *C. pieds fauves* (*C. rufipes*, Fab.) est noir aussi, avec les anneaux de l'abdomen bordés de blanc, les antennes noires. De même taille que le précédent. On le trouve aux environs de Paris, l'été, sur les fleurs dans les prairies. Il vit à l'état de larve et de nymphe dans l'intérieur de l'abdomen des bourdons, et en sort par l'intervalle des anneaux.

CONOPSAIRES (Zoologie), *Conopsariæ*, Latr. — Tribu d'*Insectes diptères*, famille des *Athéricères*, qui a pour caractères : trompe saillante, en forme de siphon, cylindrique ou conique, soit sétacé. La plupart de ces insectes se tiennent sur les plantes. Dans les uns, la trompe est simplement coudée à sa base; ils constituent les genres *Conops*, *Toxophore*, *Zodion*, *Stomoxe*. Dans les autres, la trompe est coudée deux fois, à sa base et à son milieu ; ce sont les genres *Myope* et *Bucente*.

CONQUE (Anatomie), du grec *konché*, coquille. — On appelle ainsi une excavation en forme d'entonnoir, qui occupe à peu près le centre de la face externe du pavillon de l'oreille, plus rapprochée de la partie inférieure que de la partie supérieure. Sa forme et son évasement sont bien connus. La conque présente dans son fond et à sa partie antérieure l'orifice du conduit auditif. Elle est limitée en avant par le *tragus;* en arrière et en bas par l'*antitragus* dont elle est séparée par une échancrure dite *échancrure de la conque;* en arrière et en haut elle est limitée par l'*anthélix* (voyez Oreille).

Conque (Zoologie). — Les naturalistes français employaient autrefois ce nom pour désigner les *coquilles bivalves*, considérées d'une manière générale. Aujourd'hui, et surtout depuis les travaux de Bruguières, ce nom n'est plus usité que joint à une épithète qui alors est considérée comme nom spécifique, le mot Conque étant pris comme terme générique.

Conque anatifère (Zoologie). — C'est le nom vulgaire du têt complexe, du genre *Anatife*.

Conque exotique (Zoologie). — Espèce de coquille du genre *Bucarde*.

Conque sphérique (Zoologie). — Nom sous lequel on désigne quelquefois des coquilles du genre *Tonne*.

Conque de Vénus (Zoologie). — Les anciens donnaient plus spécialement ce nom aux coquilles du genre *Porcelaine*. D'autre part, il a été donné par les modernes à un grand nombre d'espèces du genre *Vénus*. Ainsi :

Conque de Vénus maléficiée; c'est la *Venus verrucosa*, Lin.

Conque de Vénus orientale; la *Venus dysera*, Chemn.

Conque de Vénus a pointe ; la *Venus dione*, Lin.

Conque de Vénus sans pointe; le *Cardium pectinatum*, Lin.

Conque (Botanique). — Ce nom a été donné à plusieurs espèces de *Champignons;* ainsi la *C. marine* est une *Trémelle* coriace qui croît sur les saules ; la *C. oreille* est une famille de *Champignons* établie par Paulet, qui comprend : la *C. oreille de Judas;* la *C. marine;* la *C. oreille frisée;* la *C. petite oreille de cochon,* etc.

Conques (Zoologie). — Famille de *Mollusques bivalves* (Conchifères), établie par Lamarck (elle n'est pas adoptée dans le *Règne animal*); ce sont des coquilles bivalves non bâillantes, à dents cardinales, divergentes ou nulles. Elle contient les genres *Galathée*, *Fluvicole*, *Cyclad Diacanthine*, fluviatiles, et plusieurs genres marins.

CONSANGUINITÉ. — Voyez Races.

CONSÉCUTIF (Médecine). — On appelle *phénomènes* ou *accidents consécutifs* divers troubles des fonctions, qui persistent ou qui surviennent après une maladie, et qui en sont les effets. Ils peuvent avoir commencé avec la maladie, s'être montrés pendant son cours ou à son déclin, ou ne se montrer qu'après sa terminaison.

CONSEILS d'hygiène publique et de salubrité (Hygiène). — Avant 1848, quelques grandes villes avaient senti le besoin d'instituer des conseils locaux, chargés de surveiller et de sauvegarder la santé publique. Paris avait donné l'exemple de cette utile création; par un arrêté du 6 juillet 1802, le préfet de police Dubois avait constitué un conseil de salubrité composé de quatre membres; le 26 octobre 1807, ce conseil, porté à sept membres, reçut une multitude d'attributions, telles que les halles et marchés, les cimetières, les voiries, les chantiers d'équarrissage, les amphithéâtres de dissection, les vidanges, les égouts, etc. Après avoir subi différentes modifications en 1828 et en 1832, il a été compris défi

nitivement dans la nouvelle organisation postérieure à 1848. Pendant ce temps-là, des conseils analogues avaient été institués à Lyon en 1822, à Marseille en 1825, à Lille et à Nantes en 1828, à Troyes en 1830, à Rouen et à Bordeaux en 1831; enfin, plus tard à Versailles, à Toulouse; dans le Nord, cette institution s'était étendue aux arrondissements; enfin, en 1836, le ministre du commerce saisissait l'Académie de médecine d'un plan d'organisation d'ensemble qui, resté sans application, a très-probablement inspiré quelques-unes des dispositions du décret de 1848.

Organisation actuelle des conseils d'hygiène et de salubrité. — Par arrêté du 18 décembre 1848, il est établi dans chaque arrondissement un conseil dit d'arrondissement, et au chef-lieu de préfecture un conseil de département; de plus, des commissions d'hygiène publique pourront être établies dans les départements. Le conseil de département donne son avis sur les questions qui lui sont renvoyées par le préfet, sur celles qui concernent plusieurs arrondissements; de plus, il centralise et coordonne les travaux des conseils d'arrondissement. Dans le nombre des membres de ces conseils, l'élément médical entre pour moitié, y compris un vétérinaire, quelquefois deux. Parmi leurs principales attributions, on doit citer : l'assainissement des localités et habitations; le soin de prévenir et de combattre les épidémies, les maladies endémiques, les épizooties; tout ce qui a trait à la vaccine; les secours médicaux aux indigents; la salubrité des ateliers, écoles, hôpitaux, prisons, etc. ; les enfants trouvés; les aliments, boissons, condiments, etc. ; les établissements d'eaux minérales; les grands travaux d'utilité publique; la mortalité, etc. Le département de la Seine avait été laissé en dehors de cette organisation, et devait être l'objet de dispositions spéciales; en effet, par un décret du 15 décembre 1851, cette lacune a été comblée : *Le conseil de salubrité établi près la préfecture de police conserve son organisation actuelle; il prendra le titre de conseil d'hygiène publique et de salubrité du département de la Seine* (ce sont les termes de l'art. 1er du décret). En outre, il est établi dans chaque arrondissement municipal de Paris, et dans chacun des arrondissements de Sceaux et de Saint-Denis, une commission de neuf membres, parmi lesquels le corps médical ne fournit que deux médecins au moins, et un vétérinaire. Les attributions de ces conseils sont à peu près les mêmes que ci-dessus. Enfin, ce système est complété par l'établissement d'un comité consultatif d'hygiène publique, près du ministère de l'agriculture et du commerce : créé par un décret du 18 août 1848, ce comité a été modifié par un autre décret du 1er février 1851; il est chargé spécialement des quarantaines et des services qui s'y rattachent, des épidémies et de l'amélioration des conditions sanitaires des populations manufacturières et agricoles, de la propagation de la vaccine, de la police médicale et pharmaceutique, etc., etc. Pour plus de détails, voyez le *Dictionnaire d'hygiène publique et de salubrité*, par Ambroise Tardieu.

CONSEIL de santé de l'armée, de la marine (Hygiène). — Voyez Service de santé militaire, Service de santé maritime.

CONSERVATION en général (Chimie appliquée). — Chez tout être vivant, végétal ou animal, les modifications que subissent les éléments constitutifs sont le résultat d'assimilations et de désassimilations successives. Il en est tout autrement des actions qui tendent à modifier la composition des êtres organisés, quand la vie a cessé de les animer. Alors ces substances, en raison de leur composition, subissent avec une facilité plus ou moins grande une série de décompositions auxquelles on a donné différents noms, *fermentation acide, fermentation alcoolique, putréfaction,* etc. La prédominance des matières azotées, dans la composition des substances organiques, rend ces phénomènes de décomposition d'autant plus prompts; il faut en outre pour qu'ils s'accomplissent le concours de trois autres agents : l'eau, la chaleur et l'air. L'action simultanée de ces quatre forces est indispensable pour que les phénomènes de décomposition dont nous parlons se produisent. Il suffit, en effet, de soustraire les matières organiques à l'action d'un seul de ces agents pour que la marche régulière de la décomposition soit enrayée pour un temps plus ou moins prolongé.

Les matières organiques qui ne contiennent pas d'azote ne sont pas sujettes à la décomposition putride : le sucre, la gomme, les huiles, les fécules, sont dans ce cas ; on s'est même servi de ces substances pour opérer la conservation, et quelques-unes sont d'un emploi journalier.

La conservation par la glace est un procédé fréquemment mis en usage, surtout pour le transport des poissons et la conservation des viandes ; cependant il n'est applicable que dans des conditions particulières très-restreintes. Il offre, du reste, cet inconvénient que nous retrouverons souvent en traitant des conserves, que les produits, une fois qu'ils cessent d'être soumis à son action, entrent en décomposition avec une grande rapidité ; en outre, les tissus qui ont été soumis à la congélation sont désagrégés et sans aucune fermeté.

La conservation dans le vide, véritable expérience de laboratoire, n'a jusqu'à présent donné lieu à aucune application industrielle.

Il n'en est pas de même des procédés qui ont pour base la soustraction de l'eau qui entre dans la composition des matières organiques ; la dessiccation des fourrages, des grains, du houblon, des plantes médicinales, etc., est pratiquée de temps immémorial. Appliquée aux substances organiques animales, la dessiccation est également un procédé très-anciennement connu : dans les pays à esclaves, on nourrit les nègres presque exclusivement avec des viandes qui ont été simplement séchées au soleil (carne seche). Ces viandes sont préparées à Buénos-Ayres et à Montévidéo ; elles sont peu hygrométriques, mais la petite quantité de graisse qu'elles contiennent, et qui finit par rancir, leur communique un goût désagréable.

Les basses viandes, les déchets d'abattoirs, le sang et les débris de poissons, desséchés et pulvérisés, constituent un engrais des plus riches.

On voit donc, par ce qui précède, que l'on peut arriver à conserver des substances organiques animales ou végétales pendant un temps plus ou moins long, uniquement par la suppression de l'eau ou de la chaleur. Nous verrons, en parlant des *conserves* par la méthode Appert, que la raréfaction de l'air assure le même résultat. Nous pouvons même ajouter que la décomposition de l'air et l'absorption d'un de ses éléments suffisent : ainsi, M. Lamy a proposé de conserver les viandes et les légumes en les plaçant dans un milieu d'acide sulfureux, ce gaz absorbant l'oxygène de l'air pour se transformer en acide sulfurique.

Enfin, en parlant des *embaumements* et des *salaisons*, nous verrons qu'il est également possible de conserver les substances en transformant en imputrescibles les principes immédiats qui, par leurs altérations, déterminent les phénomènes de fermentation et de putréfaction (voyez Conserves, Embaumements, Salaisons). Dʳ G.

CONSERVES. — Depuis une quarantaine d'années, on a donné plus particulièrement le nom de *conserves* aux substances alimentaires, végétales ou animales, préparées par la méthode d'Appert et renfermées dans des vases hermétiques de verre ou de fer-blanc ; cependant, dans ces derniers temps, on l'a étendu aux substances alimentaires conservées par dessiccation et par d'autres procédés.

Procédé Appert. — Les premières applications du procédé de conservation d'Appert datent de 1804 ; exploité d'abord par son auteur pour le compte du gouvernement, il fut bientôt mis en pratique sur une très-grande échelle, et les produits qu'il donne aujourd'hui sont une branche importante de commerce de laquelle la France a longtemps conservé le monopole. Voici en quoi ce procédé consiste :

« 1° A renfermer dans des bouteilles ou bocaux, ou dans des boîtes de fer-blanc et de fer battu, les substances que l'on veut conserver ; 2° à boucher ou à souder ces vases avec la plus grande précision ; car c'est surtout de cette opération que dépend le succès ; 3° à soumettre les substances ainsi renfermées à l'action de l'eau bouillante d'un bain-marie pendant plus ou moins de temps, selon leur nature. »

Ces substances doivent être préparées d'après les recettes de l'art culinaire avant d'être introduites dans les boîtes. Appert donne à ce sujet, dans son ouvrage, des détails relatifs à chaque aliment. On peut préparer de la sorte des viandes, des poissons, des légumes et des fruits.

Chose assez singulière, le procédé Appert, qui donnait des résultats si constants dans les mains de l'inventeur, puis chez les premiers applicateurs, laisse aujourd'hui beaucoup à désirer.

Appert se servait primitivement d'un bain-marie dé-couvert ; il dut lui-même, pour rendre la conservation plus certaine, fermer son bain-marie pour en élever la température. Les fabricants ont par toute espèce de moyens et successivement élevé encore davantage la température à laquelle sont exposées les boîtes dans le bain, et cependant les pertes éprouvées par eux sont considérables. On ne sait à quoi attribuer ces échecs.

Dans les ménages, on peut préparer, en suivant le procédé décrit par Appert, des conserves de légumes et de fruits pour les approvisionnements de l'hiver. Il est à remarquer que, dans ces conditions restreintes, les bouteilles ou les boîtes que l'on perd sont moins nombreuses que dans les grandes exploitations. Les pertes se manifestent quelquefois dans les vingt-quatre heures qui suivent la préparation, mais le plus souvent dans le courant des premiers mois. Lorsqu'on opère sur des boîtes en fer-blanc, au sortir du bain, le fond et le couvercle de ces boîtes sont bombés ; cette convexité disparaît par le refroidissement. Si elle vient à se reproduire plus tard, la conserve est perdue, car c'est le signe que la fermentation s'y est développée. Cette fermentation est beaucoup plus difficile à voir, quand on opère sur des vases inflexibles, en verre ou en grès.

Indépendamment des pertes fréquentes, on reproche aux conserves Appert de contracter, au bout de quelque temps, un goût de fer-blanc assez prononcé ; en outre, quand les boîtes ont été ouvertes, il faut en consommer rapidement le contenu. Néanmoins, ces préparations constituent un bon aliment, mais dont on se fatigue facilement.

Le procédé Appert a été perfectionné par ses successeurs ; aujourd'hui, on opère la cuisson des boîtes et des bouteilles dans des autoclaves ou dans des bains dont la température est portée à 112°.

Procédé Fastier. — Ce procédé est plutôt une heureuse modification du procédé Appert, qu'une invention nouvelle ; il s'applique plus à la conservation des viandes qu'à celle des légumes et des fruits pour lesquels il n'a pas toujours donné des résultats aussi satisfaisants.

On introduit dans les boîtes les viandes crues, avec l'assaisonnement nécessaire, et on remplit de bouillon, puis, après en avoir soudé le couvercle, on les soumet à l'ébullition dans un bain de chlorure de calcium dont la température a été portée entre 112 et 118° cent. Les boîtes ne plongent pas en entier dans ce bain, et à leur couvercle est ménagée une petite ouverture par laquelle s'échappent les gaz et les vapeurs. Par la dilatation, le bouillon contenu dans les boîtes tend aussi à en sortir et passe dans un gobelet qui leur est superposé. Quand la cuisson est jugée suffisante, on relève les boîtes en dehors du bain ; le refroidissement brusque qui se produit alors détermine la rentrée du bouillon, qui les remplit de nouveau. On redescend les boîtes au même point dans le bain ; l'ébullition recommence ; un jet de vapeur sort par la petite ouverture, et c'est sur ce jet de vapeur qu'un ouvrier laisse tomber un grain de soudure qui ferme hermétiquement la boîte. Il y a là un coup de main difficile. Les boîtes ainsi fermées sont plongées en entier dans le bain, pendant un temps suffisant, pour en parfaire la cuisson. Le procédé de M. Fastier permet de fabriquer des boîtes d'une grande dimension. Les viandes conservées par ce procédé sont incomparablement supérieures à celles préparées par la méthode d'Appert.

Procédé de Lignac. — En 1854, M. de Lignac a été chargé par le ministre de la guerre de fabriquer des conserves de viandes par un procédé dont il est l'inventeur. Ces viandes, dites *concentrées* et *comprimées*, sont préparées de la manière suivante : La viande étant découpée en petits cubes de 0ᵐ,02 à 0ᵐ,03 de côté, est desséchée dans des étuves à courant d'air chaud, jusqu'à ce qu'elle ait perdu 50 p. 100 de son poids ; elle est alors introduite dans des boîtes en fer-blanc et y est fortement comprimée ; les vides laissés par la viande sont remplis par du bouillon concentré, et la boîte est soudée et hermétiquement fermée. Les boîtes sont alors plongées dans un bain de chlorure de calcium dont le point d'ébullition est à 112° cent., ou dans un autoclave dont la température est élevée au même degré. Quand la cuisson est terminée, les boîtes, lavées et essuyées, sont prêtes à être expédiées.

Les avantages que présente ce procédé sont les suivants : La viande, en perdant 50 p. 100 de son poids, a perdu également moitié de son volume ; il en résulte que, dans une boîte d'un litre, on fait entrer 1 kil. de viande préparée, qui représente 2 kil. de viande fraîche. Le bouillon introduit dans la boîte augmente encore la quantité de substance alimentaire qui y est contenue. Par ce procédé, on économise enfin 50 p. 100 sur l'emballage et les frais de transport.

La conservation de ces viandes est parfaite et les produits extrêmement savoureux.

CONSERVES PAR DESSICCATION. — Nous avons peu de chose à ajouter à ce que nous avons dit dans les généralités sur la conservation des viandes par dessiccation, quoiqu'un nombre considérable de tentatives aient été faites pour introduire ces produits dans la consommation.

Le procédé de M. *Frichou*, dont on a beaucoup parlé, consistait à dessécher les viandes dans une étuve, et, après qu'elles avaient perdu la presque totalité de leur eau de composition, à les soumettre à l'action d'une forte presse hydraulique, au sortir de laquelle elles avaient la consistance de la pierre.

La farine ou poudre de viande qui a été préparée au moment de la guerre de Crimée, pour le compte du gouvernement français, les viandes séchées et recouvertes d'un enduit gélatineux, résineux ou gommeux ; tous ces produits peuvent être jugés de la même manière : les viandes séchées reprennent très-difficilement l'eau qu'elles ont perdue ; elles restent filandreuses et coriaces, quel que soit le procédé que l'on emploie pour les faire revenir ; en outre, comme nous l'avons déjà dit, après quelques mois de fabrication, elles prennent un goût et une odeur de graisse rance insupportables. Nous ajouterons enfin qu'elles sont attaquées très-facilement par les insectes.

Les enveloppes gélatineuses appliquées sur des viandes fraîches ne constituent pas un moyen de conservation, à peine peuvent-elles suffire à préserver ces viandes pendant quelques jours de l'action de l'air et de la chaleur.

Légumes secs. — Nous avons dit aux généralités que l'on pouvait conserver les légumes, les fourrages, le houblon, les plantes médicinales, soit en les desséchant par l'exposition au soleil, soit en les exposant dans des endroits bien aérés, soit enfin dans des étuves. Ces deux derniers systèmes ont donné lieu à de grandes exploitations industrielles dont nous avons à parler ici. En 1850, M. *Masson* soumit à l'action d'une presse hydraulique des choux préalablement desséchés dans une étuve. Le procédé de dessiccation était ancien et très-connu ; le système de réduction de volume et d'emballage était une application heureuse et nouvelle des procédés de conservation et d'emballage des fourrages, présentés par M. le général Morin. A la même époque, J. N. *Gannal* appliqua à la dessiccation en général, et particulièrement à celle des légumes, un appareil dont il était l'inventeur et qui activait considérablement cette opération. M. *Chollet*, réunissant ces deux procédés qui se complétaient, a été le véritable créateur de l'industrie de la conservation des légumes par dessiccation.

Ces procédés ont été perfectionnés par la cuisson préalable au moyen de la vapeur. En voici la description : Les légumes, après avoir été épluchés et lavés avec soin, sont introduits dans un appareil que l'on ferme hermétiquement. Au moyen d'un robinet, la vapeur provenant d'un générateur à une pression de cinq atmosphères pénètre dans cet appareil. En quelques minutes, les légumes qui y sont contenus sont complétement cuits ; on arrête la vapeur, on ouvre l'appareil et on étale les légumes, qui en sont retirés, sur des châssis en canevas ayant un mètre carré, et qui sont alors rangés dans une sorte d'armoire-étuve. Ces armoires sont traversées par un courant d'air chaud extrêmement rapide, et en quelques heures la dessiccation est complète.

A cet état, il serait impossible de comprimer ces substances sèches qui se briseraient et se réduiraient en poussière ; on les laisse donc exposées à l'air pendant quelque temps ; elles reprennent suffisamment d'humidité pour pouvoir être soumises sans se briser à l'action des presses hydrauliques, au sortir desquelles elles ont l'aspect de galettes ayant une densité égale à celle du bois de chêne. Ces tablettes enveloppées de papier sont rangées dans des caisses métalliques et livrées au commerce.

Pour en faire usage, il suffit de les traiter comme des légumes frais, mais elles demandent un temps de cuisson plus prolongé. Ces produits ont rendu d'immenses services ; sous un très-petit volume, ils représentent une énorme quantité de substance alimentaire (40000 portions dans un mètre cube).

CONSERVES AU VINAIGRE. — Les viandes de boucherie, la venaison, les poissons et les légumes se conservent, les premières pendant plusieurs semaines, les derniers pendant plusieurs mois, lorsqu'on les plonge simplement dans du vinaigre concentré, additionné de sel ; mais il est préférable de faire cuire ces substances dans de l'eau salée et de les mettre dans le vinaigre après les avoir bien laissées égoutter ; quelquefois même on verse dessus du vinaigre bouillant.

Ces préparations ne sont bonnes que comme condiments, surtout après qu'elles ont séjourné longtemps dans le vinaigre : elles n'ont plus alors que le goût de cet acide, et si, à petite dose, elles peuvent avoir une action stimulante sur les voies digestives, il n'est pas douteux que, prises comme aliment, elles délabreraient rapidement l'estomac.

Le continuateur de *Carême* attribue cette propriété conservatrice du vinaigre, mélangé ou non de sel, à l'absorption d'une partie de l'eau de composition des substances à conserver. Il est plus probable qu'elle tient à la coagulation des principes liquides putrescibles qui sont contenus dans les matières animales et végétales, tels que l'albumine animale, l'albumine végétale, etc.

CONSERVES A L'EAU-DE-VIE. — On n'utilise ce mode de conservation que pour quelques fruits. La préparation de ces conserves varie suivant la consistance des fruits. Tantôt, après les avoir essuyés, on les jette dans de l'eau bouillante, puis on les plonge dans l'eau fraîche, après quoi on leur donne un second bouillon et on les met à égoutter sur un tamis ; ceci fait, on les laisse cuire quelques instants dans du sirop de sucre cuit au perlé, ou bien on verse le sirop bouillant sur les fruits (opération que l'on répète plusieurs fois pour les poires) ; on les fait alors égoutter de nouveau et on mêle l'eau-de-vie au sirop, après l'avoir ramené au perlé. Enfin, on verse ce mélange sur les fruits que l'on a préalablement rangés dans un bocal (abricots, prunes, poires).

Tantôt on fait seulement cuire en plusieurs fois les fruits dans le sirop avant de les mettre dans le bocal avec le liquide indiqué plus haut (pêches).

Tantôt enfin on verse froid sur les fruits le mélange de sirop de sucre et d'eau-de-vie (cerises).

Ainsi préparés, les fruits se conservent plusieurs années.

CONSERVES DE LAIT. — On peut conserver le lait par la méthode d'Appert, on obtient par ce moyen des produits qui sont bons dans les premiers temps de leur fabrication, mais qui ne tardent pas à s'altérer par la séparation des éléments de ce liquide.

Procédé de Lignac. — M. de Lignac prépare des conserves de lait par la méthode suivante. Il fait évaporer lentement, au moyen d'appareils spéciaux, le lait préalablement additionné de 10 p. 100 de sucre blanc. Quand le produit a la consistance du miel, il le met dans des boîtes de fer-blanc qui, après avoir été fermées, sont passées au bain-marie ou à l'autoclave. Ce lait, dissous dans trois fois son poids d'eau, donne un excellent produit ; les boîtes ouvertes peuvent se conserver quinze jours.

Procédé Grimewade. — Ce procédé, patenté en Angleterre, consiste à évaporer rapidement le lait additionné d'un peu de sucre et de carbonate de soude dans des bassines que l'on remue tout le temps de l'opération. Quand le lait a la consistance de la mélasse, on le chauffe à environ 160° dans des vases émaillés, jusqu'à ce qu'il ait la consistance d'une pâte ferme ; alors on le fait passer entre des cylindres en granit, qui le transforment en minces rubans que l'on pulvérise à l'aide de meules. Cette poudre, enfermée dans des flacons bien bouchés, se conserve très-longtemps et donne d'excellent lait lorsqu'on la fait chauffer avec huit fois son poids d'eau.

CONSERVATION DU BEURRE. — Appert conservait du beurre en le soumettant à la chaleur d'un bain de vapeur, pour en séparer le petit-lait ; après décantation, il le renfermait dans des bouteilles ou dans des boîtes.

On conserve le plus ordinairement le beurre, soit en le mêlant avec du sel (1 kil. pour 12 à 20 kil.), soit en le fondant au bain-marie ou à feu nu. Après avoir été préparé par l'un ou l'autre de ces procédés, il doit être foulé avec soin dans des pots que l'on bouche avec du parchemin. On a récemment proposé le procédé suivant : On met dans une boîte de conserve en fer-blanc la moitié de ce qu'elle peut contenir de beurre ; on achève de remplir avec de l'eau, et, au moment de souder la boîte, on ajoute deux petits paquets servant à faire l'eau de Seltz. Ce procédé très-simple donne de bons résultats (voyez BEURRE).

CONSERVES PHARMACEUTIQUES. — Soubeiran les définit ainsi : « Médicaments d'une consistance de pâte molle ou « rarement solides, formés d'une substance médicamen- « teuse unie au sucre. » Doit-on, comme beaucoup d'au- teurs, admettre que le sucre n'a été employé dans ces préparations que pour en rendre l'administration plus agréable, ou bien, comme d'autres, que l'on s'est servi de cette substance comme agent conservateur. Dans cette dernière hypothèse, le résultat n'aurait pas été heureux, car le sucre, qui, seul ou à l'état de sirop, ne s'altère pas, ne tarde pas à subir les phénomènes de fermentation, lorsqu'il est mêlé à des substances végétales et au con- tact de l'eau. Aussi, les conserves sont-elles peu usitées aujourd'hui, et il est rare d'en trouver dans les officines d'autres que celles de tamarin, de casse, de cynorrho- dons et de roses rouges ; cette dernière est très-employée comme intermède.

On peut les préparer : 1° avec les plantes fraîches ; 2° avec les plantes sèches par coction ; 3° avec les sub- stances fraîches par coction ; 4° avec les plantes sèches réduites en poudre.

D' G.

CONSERVES APPERT. — Voyez ci-dessus CONSERVES.

CONSERVES (Optique). — Espèces de lunettes dont les verres sont très-peu bombés et presque plans ; elles sont ainsi appelées parce qu'elles ont pour but de conserver la vue ; elles conviennent aux personnes légèrement presbytes, et à celles qui ont les yeux faibles et irrita- bles ; dans ce cas, on les colore avec avantage en vert ou en bleu très-légers (voyez VUE).

CONSOMPTION (Pathologie), du latin *consumere*, consumer, détruire. — État général de maladie, carac- térisé par une diminution lente et progressive de l'em- bonpoint et des forces musculaires ; la phthisie pulmo- naire (voyez PHTHISIE) est une des causes les plus fré- quentes de ce phénomène, qui peut être la conséquence de toute autre maladie organique. Il peut tenir aussi à une altération profonde dans les fonctions de nutrition sans lésion physique. Il s'accompagne le plus souvent de symptômes fébriles plus ou moins prononcés ; lors- que ceux-ci prennent un caractère sérieux, on désigne cette affection sous le nom de *fièvre hectique* (voyez ce mot).

CONSOUDE (Botanique), *Symphytum*, Tourn., du grec *sumphusis*, union, rapprochement : allusion aux propriétés vulnéraires de la plante. Consoude vient de *consolido*, j'unis. — Genre de plantes de la famille des Borraginées, tribu des Borragées. Caractères : corolle tubuleuse à limbe un peu renflé, découpé en 5 dents, à gorge accompagnée de 5 écailles lancéolées, subulées, conniventes, en cône ; akènes, 4, implantés au fond du calice, perforés à la base. Les plantes de ce genre sont des herbes hérissées de poils hispides. La C. officinale, Grande consoude (S. officinale, Lin.) (voyez pag. 508, la fig.), est une herbe vivace s'élevant souvent à plus d'un mètre. Ses feuilles sont pétiolées, ovales, lancéo- lées, et ses fleurs sont blanches, disposées en grappes unilatérales. Cette plante croît dans les lieux humides des régions tempérées. On la trouve communément aux environs de Paris. Les propriétés astringentes de la grande consoude, qu'elle doit à la présence de l'acide gallique, ont été utilisées en médecine ; on l'a recom- mandée contre les hémoptysies, la dyssenterie, la diar- rhée. On emploie encore aujourd'hui le sirop de grande consoude dans quelques hémorrhagies. Cette racine donne, ainsi que celles de quelques autres espèces, une couleur rouge carmin. Les tanneurs et les corroyeurs en font une sorte de colle avec laquelle ils préparent la laine mêlée avec le poil de chèvre. Les feuilles de con- soude se mangent quelquefois en salade ou comme les épinards. La C. tubéreuse (S. tuberosum, Lin.), espèce également indigène et présentant des fleurs jaunes pen- dantes, unilatérales. La C. d'Orient (S. orientale, Lin.) est originaire de l'Asie Mineure et donne des fleurs blan- ches. La plupart des consoudes sont d'assez jolies plantes d'ornement. Elles possèdent à peu près toutes les mêmes propriétés.

G — s.

CONSTELLATIONS (Cosmographie). — Le nombre des étoiles est si considérable, à ne parler même que de celles que l'on voit à l'œil nu, qu'il eût été absolument impossible d'attribuer un nom à chacune d'elles. A l'ori- gine les premiers peuples se contentèrent de dénommer les plus brillantes ; mais plus tard, quand il s'agit de classer les astres d'un éclat moindre, on eut recours à un procédé particulier, qui consiste à en réunir un certain nombre par groupes ou *constellations*, qui ont reçu des noms particuliers dont l'origine n'est pas toujours bien con- nue et qui sont tirés d'ailleurs de la fable, de l'histoire ou des règnes de la nature. Il est bon de remarquer qu'en général ces dénominations sont tout à fait arbi- traires, et qu'il ne faut point s'attendre à trouver le moindre rapport entre la configuration du groupe d'é- toiles et la figure de l'objet dont il porte le nom. Mal- gré cela, ces figures sont souvent représentées dans les cartes ; ainsi par exemple, un lion est dessiné sur l'en- semble des étoiles de la constellation de ce nom, et celles-ci sont distinguées les unes des autres suivant qu'elles occupent le cou, le dos, la queue, etc. En outre de ce procédé, dans chaque constellation, les étoiles sont désignées par les lettres de l'alphabet grec, en suivant l'ordre d'éclat, puis on emploie les lettres de l'alphabet romain, et enfin des numéros d'ordre quand les lettres sont épuisées. Cette méthode de classification, suivie dans les catalogues et les cartes célestes, est due à Bayer.

On divise les constellations en boréales, zodiacales et australes. Voici les noms des premières : Grande Ourse, Petite Ourse, Dragon, Céphée, le Bouvier, la Couronne, Hercule, la Lyre, le Cygne, Cassiopée, Persée, Andro- mède, le Triangle, le Cocher, Pégase, le petit Cheval, le Dauphin, l'Aigle, le Serpentaire, le Serpent, la chevelure de Bérénice, le petit Lion.

Les constellations zodiacales sont : le Bélier, le Tau- reau, les Gémeaux, le Cancer, le Lion, la Vierge, la Balance, le Scorpion, le Sagittaire, le Capricorne, le Ver- seau, les Poissons. Enfin, nous mentionnerons les prin- cipales constellations de l'hémisphère austral : la Baleine, l'Éridan, le Lièvre, Orion, le Grand Chien, le Petit Chien, Procyon, le Navire, l'Hydre, la Coupe, le Corbeau, le Poisson austral, etc.

Nous ajouterons qu'on a conservé quelques noms par- ticuliers tirés de l'arabe et du grec à certaines étoiles très-remarquables, telles sont les étoiles de première grandeur : *Sirius, Rigel, Aldébaran* ou *l'Œil du Tau- reau, la Chèvre, la Lyre, Arcturus, Régulus, l'Épaule droite d'Orion Antarès, l'Épi de la Vierge, le Cœur de l'Hydre, la Queue du Lion, Canupus, Fomalhaut et Acharnor.*

On apprend aisément à distinguer ces diverses constel- lations par la méthode des alignements, puis, à l'aide d'une carte céleste, on trouvera les noms des diverses étoiles. Et d'abord, en se plaçant de manière à avoir le nord devant soi, on remarque la Grande Ourse, constel- lation qui ne se couche ja- mais dans nos climats, et qui, par conséquent, se présente dans toutes les situations possibles en tour- nant autour du pôle. Elle se compose de sept étoiles principales de seconde grandeur, excepté δ qui paraît avoir perdu de son éclat et n'est que de troi- sième grandeur. Quatre de ces étoiles, α, β, γ, δ, con- stituent ce qu'on appelle le carré ; et les trois autres forment une ligne courbe qui part de δ et qu'on ap- pelle la queue. α et β sont les gardes ; leur intervalle est d'environ 5°.

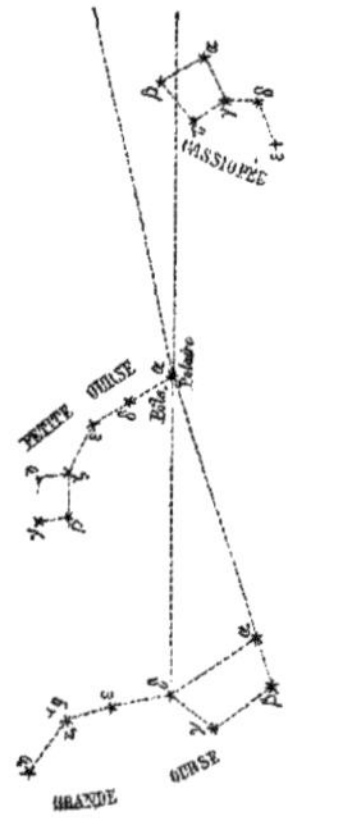

Le prolongement de la ligne $\alpha\beta$ (*fig.* 620) conduit à l'étoile *polaire*, étoile de troisième grandeur qui est la plus brillante de la Petite Ourse. A quelque instant qu'on l'observe, la polaire paraît toujours au même point du ciel, ce qui tient à ce que, étant très-près du pôle (à 1° 36' de distance), elle ne décrit qu'un très- petit cercle en vertu du mouvement diurne. Son passage inférieur au méridien a lieu à peu près en même temps que celui de ε de la Grande Ourse. De là un moyen assez commode de fixer très-exactement la direction du méridien. L.. Petite Ourse a à peu près la même forme que la Grande Ourse.

Fig. 620.

Elle .e compose de sept étoiles principales formant un rectangle et une queue; la polaire est l'extrémité de la queue.

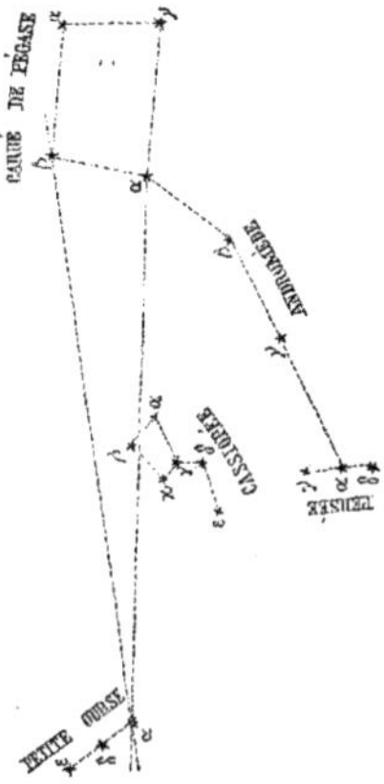

Cassiopée est de l'autre côté du pôle par rapport à la Grande Ourse; c'est encore une constellation qui ne se couche pas en France. Elle se compose de cinq étoiles de troisième grandeur formant une sorte de chaise renversée.

Plus loin (*fig.* 621), du même côté, on trouve Pégase. C'est un carré composé de quatre étoiles de deuxième grandeur, dont l'une est α d'Andromède. Les deux autres étoiles d'Andromède et α de Persée forment, avec le carré de Pégase, une figure assez semblable à la Grande Ourse et qui lui est opposée.

Persée renferme une autre étoile remarquable : c'est ε ou Algol, qui varie d'éclat et dont la période est de 2j 20^h 49^m.

En prolongeant sensiblement dans le sens de la courbe qu'elle forme la queue de la Grande Ourse, on rencontre une étoile de première grandeur, Arcturus ou α du Bouvier (*fig.* 622). La même courbe prolongée encore conduit à l'épi de la Vierge, qui est aussi de première grandeur. La Vierge est une des douze constellations zodiacales, et on peut s'en servir pour trouver les autres.

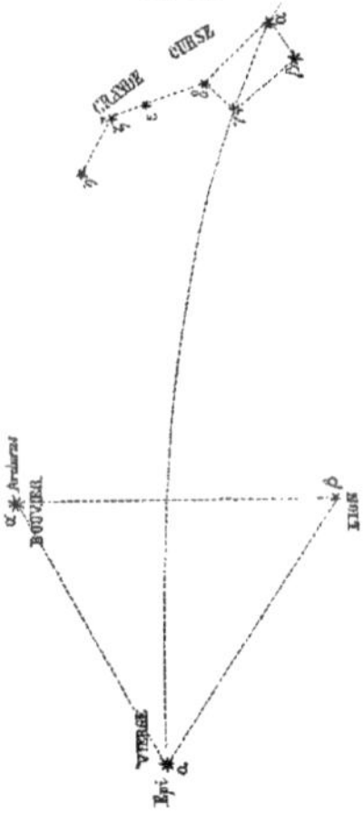

Le Lion, à l'ouest de la Vierge, peut aussi se trouver en prolongeant vers le sud la ligne des gardes de la Grande Ourse, ligne qui va passer près de Régulus ou α du Lion (*fig.* 624). A côté de

Fig 621.

Fig. 622.

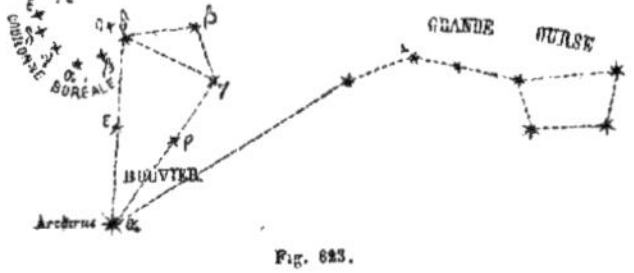

Fig. 623.

la constellation du Bouvier on voit (*fig.* 623) une sorte couronne d'étoiles qui a reçu le nom de *Couronne boréale.*

Du côté opposé, en suivant la diagonale β δ (*fig.* 627) de la Grande Ourse, on trouve les Gémeaux, dont les deux étoiles principales sont Castor et Pollux. Puis le Taureau (*fig.* 628), renfermant une étoile de première grandeur, Aldébaran ou l'œil du Taureau.

La ligne qui joint Aldébaran avec α de la Grande

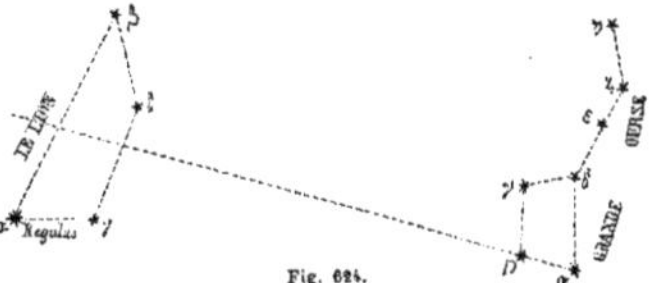

Fig. 624.

Ourse passe près de la Chèvre, ou α du Cocher. Enfin, le prolongement de la ligne qui va de la polaire à la

Fig. 625.

Chèvre rencontre Orion, l'une des plus belles constellations du ciel : c'est un grand trapèze (*fig.* 625) dont deux

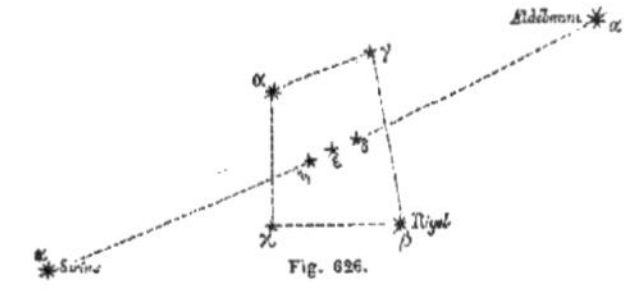

Fig. 626.

étoiles opposées, α et ε, sont de première grandeur, cette dernière se nomme *Rigel.* A l'intérieur du trapèze sont

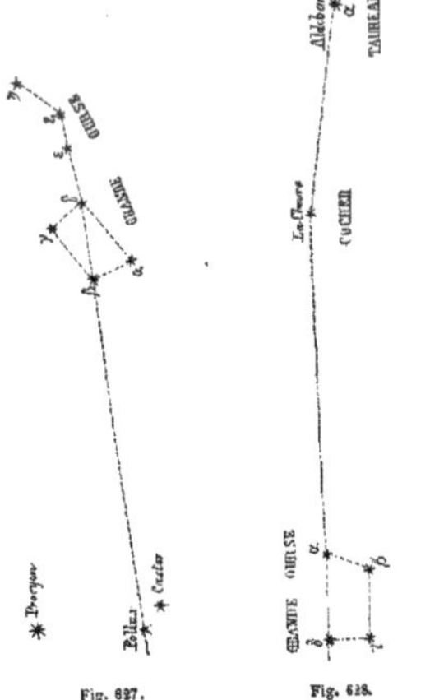

Fig. 627.   Fig. 628.

trois étoiles de troisième grandeur (*fig.* 626), dont la direction prolongée dans un sens conduit à Aldébaran, et dans l'autre à Sirius, l'étoile la plus brillante du ciel qui fait partie du Grand Chien. Entre Sirius et Castor est Procyon (*fig.* 627), ou α du Petit Chien, étoile de première grandeur.

Du côté opposé de l'écliptique ou dans l'hémisphère austral, on remarque le Scorpion dont l'étoile principale est Antarès. Qu'on joigne l'épi de la Vierge à Arcturus, la ligne prolongée passe par Wéga ou α de la Lyre, belle étoile qui forme avec Antarès et l'Épi un grand triangle

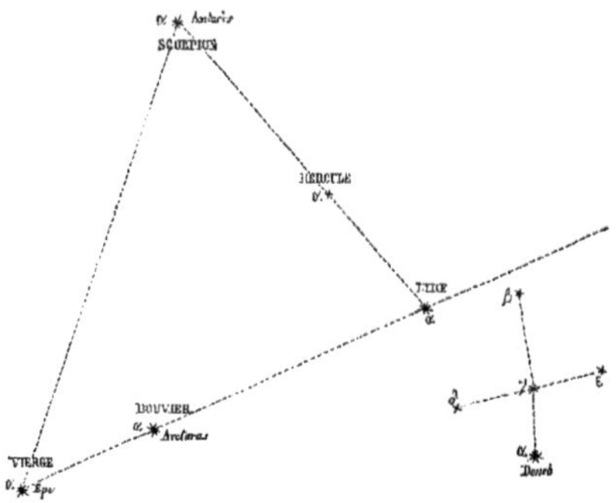

Fig. 629.

isocèle dont cette dernière est le sommet. Entre la Lyre et le Scorpion est la constellation d'Hercule (*fig.* 629).

Un peu à l'est de la Lyre, on trouve le Cygne qui forme une grande croix dans la voie lactée. Enfin, au sud du Cygne et de la Lyre est l'Aigle, remarquable par trois étoiles voisines; celle du milieu est α ou Altaïr.

A l'aide de ces étoiles principales et d'une sphère céleste ou d'un planisphère, il sera toujours facile de retrouver les autres, et aussi de reconnaître les planètes qu'au premier abord on pourrait confondre avec des étoiles.

Voyez ÉTOILES, VOIE LACTÉE, CARTES CÉLESTES.   E. R.

CONSTIPATION (Médecine), du latin *constipare*, épaissir, accumuler. — L'expulsion rare et difficile des matières fécales constitue la *constipation*. Cet état peut être *habituel*, ainsi les personnes d'un tempérament sec, nerveux, celles qui sont adonnées aux travaux assidus de cabinet, qui vivent sobrement, qui boivent peu, ou qui font usage d'aliments échauffants, de médicaments âcres, narcotiques, astringents, éprouvent souvent cette incommodité. La vieillesse y prédispose particulièrement, par suite de la diminution des sécrétions qui ont lieu habituellement dans les voies digestives. Elle peut exister sans altérer gravement la santé, bien qu'on ne doive pas la laisser se prolonger trop longtemps.

La constipation peut être accidentelle; alors elle est l'effet ou le symptôme de diverses maladies aiguës ou chroniques, ou bien elle est une suite d'un changement dans le régime alimentaire, ou, chez les femmes, de l'état de grossesse. La constipation accidentelle doit être combattue, surtout à cause des accidents auxquels elle pourrait donner lieu; on aura recours aux lavements émollients, laxatifs, purgatifs même; enfin aux substances purgatives, telles que la manne, les sels purgatifs, la rhubarbe, le jalap, etc. Les mêmes moyens employés contre la constipation habituelle peuvent la faire cesser un moment, mais il faut y joindre des moyens hygiéniques, tels que l'exercice, l'usage des aliments doux, des végétaux herbacés, des fruits, des boissons rafraîchissantes, du petit-lait, etc.   F—N.

CONSTITUTION (Médecine), du latin *stare cum*, être debout avec, exister ensemble. — En *médecine*, on nomme ainsi l'harmonie, la manière d'être des organes les uns à l'égard des autres, et l'ensemble qui en résulte. Une *bonne constitution* est celle qui se rapproche le plus possible d'un type idéal composé d'organes bien développés, doués d'une énergie égale et remplissant avec régularité leurs fonctions. Une organisation contraire serait une *mauvaise constitution*. Ces principes, posés par les

anciens, rapportaient la différence des *constitutions* au défaut d'équilibre dans le développement et la force de nos organes; comme la diversité des *tempéraments* était attribuée au défaut d'équilibre des humeurs (voyez TEMPÉRAMENT).

CONSTITUTION MÉDICALE (Médecine). — On donne ce nom à un état de l'atmosphère qui, par le maintien prolongé des mêmes conditions de chaleur, de sécheresse, d'humidité, de froid, etc., exerce une influence spéciale sur le développement et la marche des maladies quelles qu'elles soient, et leur donne un caractère général qui constitue le plus souvent un état épidémique (voyez ÉPIDÉMIE).

CONSTRICTEURS (MUSCLES) (Anatomie), du latin *constringere*, resserrer. — On nomme ainsi les muscles dont la fonction est de resserrer circulairement certaines parties du corps. Ainsi, chez l'homme on connaît dans les parois du pharynx ou arrière-gorge six *muscles constricteurs du pharynx*, situés deux par deux symétriquement à droite et à gauche : 1° les *constricteurs supérieurs* qui s'attachent antérieurement à l'apophyse ptérygoïde, au ligament inter-maxillaire, à la ligne myloïdienne du maxillaire inférieur et sur les côtés de la base de la langue, postérieurement à la partie postérieure et moyenne du pharynx; — 2° les deux *constricteurs moyens*, fixés antérieurement aux deux cornes de l'os hyoïde et au ligament stylo-hyoïdien; postérieurement, comme le précédent; — 3° les deux *constricteurs inférieurs*, naissant antérieurement des cartilages cricoïde et thyroïde du larynx, avec des attaches postérieures semblables à celles des deux précédents. — Ces trois muscles resserrent l'arrière-gorge et l'élèvent un peu au moment où l'on avale, de façon à lui faire embrasser et conduire le bol alimentaire. Des muscles analogues s'observent chez les vertébrés en général et même dans beaucoup d'animaux des autres embranchements.

CONSTRICTEUR (BOA) (Zoologie). — Nom donné parfois au *Boa devin* (voyez BOA).

CONSTRICTION (Médecine). — Resserrement spasmodique de la peau et des cavités ou des conduits pourvus de muscles ou d'un tissu contractile; ainsi on dit la constriction du pharynx, de l'œsophage, de l'intestin, etc. (voyez SPASME)

CONSULTATION (Médecine). — On nomme ainsi l'avis formulé par un médecin verbalement ou la plume à la main, ou une entrevue dans laquelle cet avis est recherché par le malade ou par ceux qui l'entourent. Il importe que le médecin consigne son avis par écrit dès qu'il contient l'indication de quelque remède exigeant une certaine précision dans son mode d'administration; il est indispensable, et malheureusement on néglige souvent cette précaution, que la consultation soit écrite très-lisiblement, surtout lorsqu'elle renferme une prescription. L'oubli de ce soin peut entraîner des erreurs funestes. Quant à la recherche des avis du médecin, elle se fait dans diverses circonstances; tantôt le malade pour lequel on réclame ses avis ne s'est pas confié aux soins ordinaires d'un médecin, et alors, en général, le malade se transporte auprès du praticien qu'il veut consulter; tantôt il s'agit d'un cas grave où, en outre des soins du médecin habituel, on croit devoir faire appel à l'avis d'un ou plusieurs de ses confrères. Ces sortes de consultations que le médecin ordinaire réclame parfois, pour mettre à couvert sa responsabilité, n'exercent pas toujours l'influence souverainement bienfaisante qu'on en espère. L'examen d'un malade en quelques instants ne saurait valoir l'observation prolongée à laquelle le médecin ordinaire se livre souvent depuis des années; mais en tous cas c'est la seule manière honorable d'obtenir l'avis d'un médecin étranger à la famille sur un malade qui inspire des inquiétudes.

L'ancienne Faculté de médecine de Paris donnait aux indigents des consultations gratuites; c'est aujourd'hui dans les hôpitaux qu'elles se donnent chaque matin, de dix à onze heures. Les médecins des bureaux de bienfaisance en donnent en outre, ainsi que presque tous les médecins.

CONTACT (Géométrie). — Deux courbes sont en *contact* en un point, lorsqu'à ce point elles ont une tangente commune. L'ordonnée de ce point est la même, et la dérivée de l'ordonnée y a la même valeur pour chacune des deux courbes. Si les dérivées d'ordre supérieur sont aussi égales, le contact devient plus intime, et il se mesure par l'ordre des plus hautes dérivées communes aux deux courbes. Ainsi le contact est du second ordre, si l'ordonnée et ses deux premières dérivées sont égales pour les deux courbes. Le cercle qui en un point de la courbe a avec elle un contact du second ordre est dit *cercle osculateur;* on l'appelle aussi *cercle de courbure* (voyez COURBURE).

CONTAGION (Médecine), du latin *tangere,* toucher, *cum,* avec. — Mode de transmission d'une maladie d'une personne à une autre au moyen du contact médiat ou immédiat. Malgré cette distinction généralement admise, quelques médecins ont restreint le sens de ce mot et ne l'ont appliqué qu'au mode de propagation par contact immédiat : c'était diminuer considérablement le nombre des maladies contagieuses parmi lesquelles on ne pourrait guère ranger dès lors que certaines d'entre elles, telles que la rage, la vaccine, la morve, le charbon, la gale, puisqu'il est bien prouvé que la variole, la rougeole, la scarlatine, se transmettent parfaitement sans contact immédiat : du reste, ces diverses maladies ont pour mode de propagation des *virus* spéciaux (voyez VIRUS). La majeure partie des médecins ont admis un autre moyen de contagion ; c'est celui qui est produit par les émanations, par les miasmes qui s'échappent, soit de l'intérieur, soit de la surface du corps d'un individu malade, et qui, transportés par l'*intermédiaire de l'air,* sur un individu sain, sont absorbés par la peau, par les organes digestifs ou par les poumons. L'air n'est pas le seul moyen par lequel les agents de la contagion à distance puissent être transportés ; ainsi les marchandises ou les étoffes de laine, de coton, les fourrures ; les personnes qui visitent les malades, les animaux eux-mêmes qui ont habité avec eux peuvent être des moyens de transmission. Quelle que soit la voie par laquelle les principes contagieux pénètrent dans l'économie, ils y produisent leurs effets plus ou moins rapidement ; quelquefois ils agissent subitement, comme dans la morve, le charbon ; d'autres fois, comme dans la rage, leur incubation peut durer des mois et même, assure-t-on, jusqu'à une année ; pour la vaccine, la période d'incubation est de trois à quatre jours ; pour la rougeole, de huit jours à un mois, ou même cinq semaines, comme M. le Dr Rufs a eu occasion de l'observer à la Martinique ; l'incubation de la variole est de quinze à vingt jours, etc. La température de l'air ambiant, la chaleur du corps de l'individu, l'humidité, accélèrent l'incubation des principes de la contagion ; au contraire, la sécheresse, l'aridité de l'atmosphère, une température froide, la retardent. Les enfants, les convalescents, sont plus exposés à contracter les maladies contagieuses que les personnes adultes ; la contagion a plus facilement lieu pendant le sommeil que dans l'état de veille.

Les maladies contagieuses peuvent être divisées en deux groupes : 1° celles qui se transmettent seulement par le contact immédiat ou par inoculation, telles que la *rage,* la *vaccine,* la *pustule maligne,* la *teigne,* la *gale;* 2° celles qui peuvent se transmettre à distance par l'intermédiaire de l'air ou d'objets ayant séjourné avec les malades ; ce sont la *variole,* la *rougeole,* la *scarlatine,* le *typhus,* la *morve,* le *farcin,* la *dyssenterie épidémique,* etc. ; enfin, il est d'autres maladies qui, suivant plusieurs médecins, peuvent devenir contagieuses ; ce sont la *fièvre typhoïde,* l'*angine couenneuse,* les *affections catarrhales,* etc. La plupart se transmettent de l'homme à l'homme ; quelques-unes se propagent des animaux à l'homme : ainsi la rage, la vaccine, la morve, le farcin, la pustule maligne ; quelques-unes ne se transmettent que par inoculation, comme la rage, la vaccine.

Une distinction bien importante à établir, c'est la différence qui existe entre le caractère *contagieux* et le caractère *épidémique;* dans la contagion, la propagation a lieu d'un individu malade à un individu sain, au moyen d'un principe particulier constituant ce qu'on a appelé le *contagium.* Le *contagium* est tantôt insaisissable, tantôt renfermé dans les humeurs ou dans les produits morbides qui lui servent de véhicule, et que l'on a appelé *virus.* Dans le cas d'épidémie, la maladie se transmet en même temps à un certain nombre d'individus en état de santé, sans qu'un sujet malade les ait infectés personnellement, mais parce qu'ils sont soumis simultanément à une même cause de maladie ; ces individus sont plus ou moins aptes à en subir l'influence, mais celle-ci règne sur tout le monde dans les foyers des épidémies. La li-

mite précise entre la contagion et l'épidémie est difficile à poser ; aussi cette question a-t-elle été le sujet de discussions très-vives parmi les médecins, les uns affirmant avec Pariset que la fièvre jaune, la peste et le typhus sont contagieux, les autres soutenant une opinion contraire avec les docteurs Chervin, Clot-Bey, etc. Plus tard, la question s'est encore agitée à propos du choléra ; des arguments puissants ont été produits de part et d'autre ; cependant on s'accorde assez généralement maintenant à regarder le choléra comme épidémique et non pas contagieux, et on a pu, sans inconvénient, faire adoucir la rigueur des mesures préventives, si préjudiciables au commerce, en faisant adopter en partie cette idée par *la conférence sanitaire internationale* de Paris, en 1851-52. Les luttes ardentes auxquelles ces discussions ont donné lieu, ont mis en lumière un certain nombre de vérités utiles pour la pratique ; ainsi, éloigner les foyers d'infection ; éviter l'encombrement d'un grand nombre d'hommes sur un point restreint ; disséminer, isoler, dépayser les malades ; abattre et enfouir à de grandes profondeurs les cadavres des animaux morts de la rage, du farcin, de la morve, du charbon ; brûler les vêtements de laine, de coton, de soie, les fourrures et tous les objets suspects d'infection, ou les purifier par des lavages à l'eau de chaux, à l'eau chlorée, par la ventilation, les fumigations ; employer les mêmes moyens de lavage, d'aération, de fumigations pour détruire les miasmes délétères qui peuvent subsister dans les habitations, les baraques de campement, les prisons, les salles d'hôpitaux, les étables, etc. Telles sont les mesures sanitaires que les particuliers et les gouvernements doivent prendre, chacun en ce qui les concerne, dans les cas de maladies contagieuses épidémiques. Si on joint à cela les cordons sanitaires, les lazarets, les quarantaines, on aura une idée de l'ensemble des mesures que l'administration a à sa disposition pour s'opposer au développement des influences morbides, contagieuses ou épidémiques (voyez ÉPIDÉMIE, CORDON SANITAIRE, LAZARET, QUARANTAINE, CONSEIL DE SALUBRITÉ).   F—N.

CONTONDANT (Médecine), du latin *contundere,* écraser en frappant. — On appelle *corps contondant* tout corps rond ou obtus qui, agissant avec plus ou moins de force sur les parties qu'il atteint, meurtrit, écrase, brise, déchire, fracture, sans couper ni piquer, et produit des *contusions* ou des *plaies contuses* (voyez ces mots). Les projectiles lancés par les armes à feu rentrent dans la classe des corps contondants (voyez PLAIE PAR ARME A FEU).

CONTRACTILITÉ (Physiologie), du latin *contrahere,* raccourcir en resserrant. — Propriété organique par laquelle une partie vivante se raccourcit en se concentrant et produit ainsi un mouvement en elle-même et dans les autres parties auxquelles elle est liée. La contractilité est le caractère spécial du tissu musculaire des animaux, mais on l'observe encore dans quelques autres tissus vivants, où, en général, elle se montre moins complète et moins puissante. C'est ainsi que le tissu général qui constitue le corps des animaux très-simplement organisés est parfaitement contractile, sans présenter nettement aucun trait caractéristique du tissu musculaire. Les mouvements si remarquables des cils vibratiles implantés à la surface de beaucoup de muqueuses, proviennent sans doute des contractions du tissu même des cellules qui portent les cils. La contractilité se distingue des phénomènes analogues, parce que le raccourcissement qui en manifeste l'existence se produit spontanément sous l'influence d'une cause interne par rapport à l'organisme. La contractilité énergique des tissus musculaires prend souvent le nom de *myotilité.* Les plantes présentent dans certaines parties (feuilles de la *sensitive,* étamines de l'épine-vinette) quelques mouvements qui ont pu faire supposer l'existence de la contractilité ; mais cette propriété organique appartient à peu près exclusivement aux animaux.

CONTRACTION (Physiologie), même étymologie que le mot précédent. — La contraction est le phénomène physiologique par lequel la contractilité se manifeste ; on observe ce phénomène dans les muscles mieux que dans tout autre organe. Dans l'état de contraction, le muscle se raccourcit brusquement de la moitié, des deux tiers et même des trois quarts de sa longueur ; il devient alors plus dur, plus épais que dans l'état de relâchement. Prévost et Dumas avaient attribué le raccourcissement de la fibre musculaire et l'épaississement du muscle à un plissement régulier et transversal de cette fibre ; depuis les travaux d'Ed. Weber, on admet que la fibre se raccourcit en se maintenant droite et en augmentant légèrement d'épaisseur ; le plissement observé par Prévost et Dumas se produirait au moment où la fibre cesse de se contracter. La contraction musculaire se manifeste habituellement sous l'influence du système nerveux, mis en action par la volonté ou agissant en dehors d'elle ; c'est pourquoi l'on distingue la *contraction volontaire* et la *contraction involontaire* ou *instinctive*. Néanmoins, la contraction peut avoir lieu sous l'influence d'autres excitants que le système nerveux ; l'électricité particulièrement la provoque avec efficacité.

Il paraît très-vraisemblable que, pendant la contraction, il se passe un phénomène de décomposition chimique du tissu musculaire lui-même. Cuvier admettait ce fait dans son introduction du *Règne animal*; Liebig s'est efforcé de le rendre évident en recherchant dans le suc gastrique d'une part, et de l'autre dans l'urine les produits de cette altération chimique, que la nutrition répare incessamment. D'un autre côté, on a constaté l'existence d'une électricité propre dans les muscles des animaux ; annoncé d'abord par Galvani, ce fait intéressant fut démontré plus tard par Nobili, qui, avec des tranches de muscles de grenouilles, construisit une véritable pile voltaïque. Matteucci et plus récemment Dubois-Reymond ont prouvé que ce courant se produit dans le muscle lui-même tant qu'il est apte à se contracter, et que l'intensité de ce courant est proportionnelle à l'énergie du muscle ; mais au moment même où la contraction a lieu, l'intensité du courant s'amoindrit (voy. TORPILLE, TRAITEMENT PAR L'ÉLECTRICITÉ).

L'énergie de la contraction d'un muscle dépend non de la longueur, mais du nombre des fibres. Il importe de remarquer en outre que la contraction est un phénomène essentiellement court et intermittent, et qu'en se répétant plusieurs fois de suite dans un même muscle, il perd progressivement de son intensité. Cela explique l'impossibilité de conserver pendant plus de quelques minutes, d'une manière continue, une position où les muscles sont en état de contraction, et l'impuissance momentanée où tombent les muscles quand on a essayé de le faire par un effort de volonté. Un exemple capable de frapper l'esprit est donné par le cœur : ce muscle, qui ne cesse de se contracter depuis avant la naissance jusqu'à la mort, se repose chez l'homme soixante-cinq à soixante-dix fois par minute.

Ad. F.

CONTRACTURE (Médecine), du participe latin *contractus*, raccourci. — On entend par ce mot la rétraction permanente des muscles devenus durs et roides : il faut bien distinguer de cet état la rigidité passive qui s'observe dans un membre soumis à un repos prolongé, mais qui ne s'oppose pas à l'extension du membre. Dans la contracture, les muscles diminuent de longueur et d'épaisseur, de manière à former des cordes inextensibles qui s'opposent au redressement des parties, ou parfois à leur flexion, selon la nature des muscles contracturés. Les causes les plus fréquentes sont : le rhumatisme, les névralgies, les convulsions. Les contractures sont fréquentes aussi chez les individus atteints de maladies du cerveau ou de la moelle épinière. Cette affection arrive ordinairement d'une manière lente et progressive ; le malade éprouve d'abord une grande difficulté dans les mouvements, puis bientôt on distingue les muscles enrpidis sous la peau, comme des cordes quelquefois douloureuses au toucher. Le traitement consiste dans l'emploi des antispasmodiques, des bains, des moyens mécaniques d'extension ; quelquefois même on a recours à la section des muscles ou des tendons.

CONTRASTE DES COULEURS. — Voyez VISION.

CONTRAYERVA (Médecine), de l'espagnol *yerba*, herbe, et *contra*, contre. — C'est une racine réputée à tort comme un contre-poison, particulièrement pour neutraliser les venins des animaux. Cette racine, de couleur brune en dessus, blanche en dedans, longue de $0^m,05$ à $0^m,06$ au plus, douée d'une odeur aromatique et d'un goût un peu amer, appartient au *Dorstenia brasiliensis* ou à d'autres *Dorsténies* (famille des *Morées*). On l'emploie comme excitante, diaphorétique et antiseptique, en poudre, en infusion, en sirop et en teinture alcoolique (voyez DORSTÉNIE).

CONTRE-COUP (Médecine). — On donne ce nom à un ébranlement qu'éprouvent certaines parties du corps à l'occasion d'un choc reçu dans une région plus ou moins éloignée ; ainsi on observe quelquefois au crâne des *fractures par contre-coup*, qui ont lieu à l'occasion d'un coup reçu sur une partie de la tête opposée à celle de la fracture. C'est par les os que se fait la transmission du

choc, et parfois elle a lieu d'une extrémité à l'autre du squelette ; c'est de cette manière qu'une chute sur les pieds peut déterminer des accidents cérébraux graves ; dans cette transmission, les organes contenus dans le ventre et la poitrine peuvent aussi ressentir les effets du contre-coup, mais à un moindre degré, parce qu'ils sont entourés de beaucoup de parties molles ; cependant on a eu occasion d'observer, comme résultats de contre-coups, des crachements de sang, des déchirures du foie, des lésions des reins, de la vessie, etc.

Les lésions par contre-coup, quoi qu'on en ait dit, ne sont pas plus graves que celles qui sont directes ; seulement leurs effets ne se manifestant pas toujours immédiatement elles se révèlent souvent, contre toute attente, au moment où l'on espère n'avoir plus rien à redouter.

CONTRE-EXTENSION (Médecine). — On désigne par ce mot une manœuvre souvent employée dans les fractures ou les luxations, et qui consiste à maintenir fixe et immobile la partie supérieure d'un membre, lorsque, par le moyen de l'extension, on ramène à leur place normale les os ou les fragments d'os. C'est donc une action opposée à l'extension (voyez FRACTURE, LUXATION, RÉDUCTION, EXTENSION).

CONTRE-INDICATION (Médecine). — On appelle ainsi une circonstance particulière qui ne permet pas de suivre dans le traitement d'une maladie l'indication qui se présente, sans courir le risque de nuire au malade ; on dit alors qu'il y a *contre-indication*; par exemple, il s'agit d'une entorse récente ; on pense que le meilleur moyen serait de tenir la jambe dans de l'eau froide pendant plusieurs heures ; mais le malade a une *bronchite* (voyez ce mot). On craint que le froid n'augmente cette bronchite ; voilà une contre-indication.

CONTRE-OUVERTURE (Médecine). — Incision que le chirurgien pratique dans un point plus ou moins éloigné d'une ouverture déjà existante, soit pour donner issue au pus qui ne peut s'échapper par celle-ci, soit pour extraire un corps étranger ; dans le premier cas, les contre-ouvertures seront toujours faites dans l'endroit le plus déclive pour faciliter l'écoulement du pus (voyez ABCÈS, CORPS ÉTRANGERS).

CONTRE-POISON (Médecine). — Voyez ANTIDOTE.

CONTRE ou CONTRO-STIMULUS (DOCTRINE DU) (Médecine), du latin *contra*, à l'opposé, et *stimulus*, aiguillon. — Doctrine médicale qui, attribuant la maladie à un accroissement d'excitabilité ou un excès de *stimulus*, conseille d'administrer des médicaments dits *contre-stimulants*, qui ont la propriété d'affaiblir l'excitation en la déprimant par une sorte de propriété spécifique ; tels sont les préparations antimoniales, mercurielles, ferrugineuses, les sels purgatifs, etc., que les partisans de cette théorie administrent, en général, à haute dose. Cette doctrine est due à l'italien Rasori, d'où elle a pris aussi le nom de *Rasorisme*. Quoique opposée au *brownisme* (voyez ce mot) dans ses applications, elle repose cependant sur la même base, c'est-à-dire sur l'excitabilité. Presque oublié aujourd'hui, quoiqu'elle ne date guère que d'un demi-siècle, elle a pourtant enrichi la thérapeutique de quelques ressources précieuses, par les recherches qu'elle a provoquées sur les doses des médicaments et sur leur emploi empirique.

CONTREXÉVILLE (Médecine, Eaux minérales). — Village de France, arrondissement et à 20 kilomètres S.-O. de Mirecourt (Vosges). Il y existe trois sources d'une eau minérale, froide, alcaline, légèrement ferrugineuse, contenant des bicarbonates de chaux et de magnésie, du sulfate de chaux et un chlorure alcalin (sulfatée calcique); on les prescrit contre la gravelle, le catarrhe vésical, la goutte atonique. Mais l'action la plus incontestable de ces eaux est celle qu'elles exercent contre la gravelle, et leur emploi est d'autant plus salutaire qu'elles ne causent aucun dérangement de l'estomac, en quelque quantité qu'elles soient prises. Elles sont surtout usitées en boisson. L'établissement de bains est très-restreint ; il est ouvert du 1er juin au 10 septembre.

CONTUSION (Médecine), du latin *contundere*, meurtrir, écraser. — Lésion ordinairement produite dans les tissus vivants, par le choc violent ou la pression d'un corps dépourvu de pointe aiguë ou de tranchant, et qui froisse, meurtrit, écrase les parties soumises à son action, sans toutefois déchirer la peau, car alors il y aurait, non plus *contusion*, mais *plaie contuse* (voyez PLAIE). Une contusion peut être légère et superficielle ; la peau alors devient brunâtre, violette, dans une étendue plus ou moins grande ; cet effet est le résultat de l'extravasation du sang ; c'est ce qu'on nomme une *ecchymose* (voyez ce mot). Il peut se former quelquefois, surtout à la tète, sur le crâne, des tumeurs plus ou moins dures, renfermant du sang épanché ou infiltré. Lorsque le coup a été violent, qu'il a agi directement, la contusion peut être plus grave, surtout quand le choc, portant sur des parties extérieures peu résistantes, a pu atteindre, médiatement, des organes profondément situés. La peau, dans ce cas, peut ne garder aucune trace du choc; mais il existe une douleur obtuse, une grande difficulté dans les mouvements; la coloration brune de la peau ne paraît quelquefois qu'au bout de quelques jours : il peut y avoir alors déchirure des muscles des nerfs, et même les os peuvent être *fracturés* (voyez FRACTURE). Si la contusion a eu lieu dans le voisinage de l'abdomen, il faut que le médecin intervienne et qu'il explore avec soin afin de reconnaître l'état des organes intérieurs et de conjurer, s'il se peut, les accidents qui menaceraient de se produire.

Le traitement des contusions légères se bornera à des applications résolutives, eau salée, eau blanche, eau vinaigrée, etc. S'il survient de l'inflammation ou si la contusion est grave, des cataplasmes émollients, des saignées, des sangsues, etc. Enfin, à la suite des contusions, il peut survenir des *abcès* (voyez ce mot); il peut être nécessaire d'ouvrir les tumeurs sanguines, etc. Ces soins réclament la direction d'un médecin.

CONVALESCENCE (Médecine), du latin *convalescere*, recouvrer la santé. — La convalescence est un état intermédiaire entre la maladie qui a cessé et la santé qui n'existe pas encore; il n'y a convalescence qu'après une maladie d'une certaine gravité, et la durée de cet état dépend de la durée même de la maladie, de sa nature, de l'âge, du sexe, du tempérament, de la saison, et surtout de la disparition plus ou moins complète des désordres qui constituaient la maladie. A la suite des maladies chroniques, il se passe quelquefois plusieurs mois, et même une année, avant que la santé soit complétement rétablie; la convalescence est plus rapide à la suite des maladies aiguës. En général, on peut dire que la convalescence est plus longue chez les vieillards, chez les personnes faibles et habituellement souffrantes, dans les habitations malsaines, humides, dans les hôpitaux, chez les individus mal nourris, chez ceux qui abusent de la diète ou qui tombent dans un excès contraire, en automne et en hiver, enfin à la suite des maladies qui ont été accompagnées d'une grande prostration des forces. La convalescence s'annonce, en général, par la diminution des souffrances, le retour du sommeil, la liberté des mouvements, une sorte de bien-être général, et par le rétablissement lent et progressif du libre exercice de toutes les fonctions; les organes de la locomotion et des sens sont les derniers à reprendre leur équilibre; aussi la faiblesse musculaire est-elle un symptôme qui désespère généralement tous les convalescents. C'est cette lenteur dans le rétablissement des fonctions qui doit rendre le médecin circonspect et ferme dans ses conseils; car le convalescent a faim, il désire se distraire par quelques occupations, mais, dans l'état de faiblesse où sont encore les organes, il ne faut accorder les aliments qu'avec une grande discrétion, ne permettre que des occupations très-légères, des exercices modérés, des distractions qui n'excitent pas trop vivement le système nerveux. C'est en observant avec un soin minutieux les différentes phases de la convalescence, en suivant pas à pas le rétablissement régulier des fonctions, en voyant renaître la gaieté, les forces, l'intelligence, l'aptitude au travail, qu'on arrive peu à peu, sans secousse, dans un temps qui ne peut être déterminé, au rétablissement complet de la santé. Il importe donc que le médecin surveille de près le convalescent; de nouveaux accidents peuvent se produire bien plus facilement que dans tout autre moment (voyez DIÈTE, RÉGIME).   F — N.

CONVALLAIRE ou CONVALLARIA (Botanique), *Convallaria*, Neck, du latin *convallis*, vallée, et du grec *leirion*, lis, parce que cette plante croît dans les vallées, ou que son odeur rappelle celle du lis. — Gènre de plantes de la famille des *Liliacées*, tribu des *Asparagées*. Il est désigné vulgairement sous le nom de *Muguet* (voyez ce mot).

CONVOLUTÉ (Botanique), du latin *convolutus*, enroulé. — Se dit principalement des feuilles qui sont roulées sur elles-mêmes dans le bouton, de telle façon que l'un de leurs bords représente un axe autour duquel se reste du limbe décrit une spirale. Les feuilles d'un grand nombre de graminées, de musacées, de l'épine-vinette, de la gerbe d'or, des astères, etc., présentent cette disposition. Différentes spathes, des pétales, peuvent être aussi roulés en cornet ou en spirale, et par conséquent

être dits *convolutés*. Quelquefois encore les cotylédons sont roulés en spirales sur eux-mêmes dans leur longueur, comme ceux du grenadier (*punica granatum*); on les dit aussi *convolutés* dans ce cas.

CONVOLUTIVE (Botanique), même étymologie que le précédent. — On nomme *feuilles convolutives* celles qui, avant leur épanouissement complet, sont roulées en cornet comme dans les bananiers où l'un des bords de la feuille est situé de manière à former l'axe.

CONVOLVULACÉES (Botanique), du latin *convolvere*, enrouler. — Famille de plantes *Dicotylédones gamopétales*, classe des *Convolvulinées*, à étamines *hypogynes*, établie par de Jussieu. Caractères (*fig.* 630): calice à 5 sé-

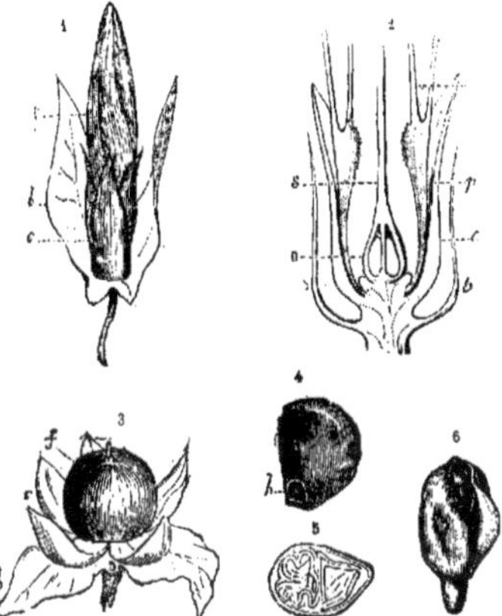

Fig. 630. — Caractères des Convolvulacées (liseron des haies) (1).

pales inégaux, persistants, à préfloraison quinconciale; corolle campanulée ou en entonnoir, à limbe entier ou à 5 lobes, tordue dans le bouton; 5 étamines saillantes, insérées au fond du tube de la corolle; anthères longues, biloculaires, introrses, à déhiscence longitudinale; ovaire muni d'un disque charnu qui l'entoure, offrant 2 à 4 loges qui renferment 1 ou 2 ovules, 2-4 stigmates; fruit capsulaire présentant 1 à 4 loges, qui contiennent chacune 1-2 graines quelquefois cotonneuses à leur surface; périsperme mince, mucilagineux. Cette famille comprend des plantes à feuilles alternes, simples, sans stipules, à fleurs régulières accompagnées de bractées. La plupart des Convolvulacées habitent les régions intertropicales; on en rencontre quelques espèces dans les régions tempérées de l'hémisphère boréal. Plusieurs possèdent dans leurs racines un suc âcre, laiteux et purgatif; le jalap est de ce nombre. D'autres sont alimentaires, telle que la *Batate* ou *Patate* (*Convolvulus batatas*). On divise ordinairement les Convolvulacées en quatre tribus : 1° Les *Argyréiées*. Caractères : ovaire unique; fruit bacciforme; embryon cotylédoné. Genres principaux : *Rivea*, Chois. ; *Argyreia*, Lour. — 2° Les *Convolvulées*. Caractères : ovaire unique; fruit capsulaire déhiscent; embryon cotylédoné. Genres principaux : *Quamoclit*, Tourn. ; *Volubilis* (*Ipomæa*, Lin.); *Liseron* (*Convolvulus*, Lin.) ; *Calystegia*, R. Brown; *Liserolle* (*Evolvulus*, Lin.). — 3° Les *Dichondrées*. Caractères : ovaires, 2 ou 4 distincts; fruits secs; embryon cotylédoné. Genre principal : *Dichon-*

---

(1) Fig. 630. — Organes de fructification du Liseron des haies.
1. — Bouton de la fleur ; — *b*, bractées; — *c*, calice; — *p*, corolle.
2. — Coupe verticale de la fleur, partie inférieure; — *b*, bractées; — *c*, calice; — *p*, corolle portant les filets *e* des étamines; — *o*, ovaire; — *s*, style.
3. — Fruit *f* entouré du calice persistant *c* et des bractées *b*.
4. — Graine à hile.
5. — Coupe de la graine montrant les cotylédons chiffonnés.
6. — L'Embryon tiré hors de la graine.

dra, Forst. — 4° Les *Cuscutées*. Caractères : herbes parasites; embryon sans cotylédons. Genre principal : *Cuscute* (*Cuscuta*, Tourn.). — Consultez : Monographie : Choisy, *Convolv. oriental* (*Mém. soc. phys. et d'hist. natur. de Genève*, vol. VI, 1834).   G—s.

CONVOLVULUS (Botanique), de *convolvere*, entourer, — Genre de plantes *Dicotylédones gamopétales*, type de la famille des *Convolvulacées*, connue généralement sous le nom de *Liseron* (voyez Liseron). La tige grêle de plusieurs des plantes de ce genre s'enroule autour des corps qui l'entourent.

CONVULSION (Médecine), du latin *convellere*, *convulsum*, secouer. — Mouvements irréguliers, brusques, involontaires, déterminés par des contractions instantanées, tumultueuses d'un ou de plusieurs des muscles ordinairement soumis à l'empire de la volonté. On avait autrefois confondu avec eux, sous le nom de *convulsions*, les mouvements involontaires qui appartiennent à la contractilité organique, qu'ils soient appréciables ou non; il est plus rationnel de réserver à ce dernier ordre de mouvements le nom de *spasmes* (voyez ce mot). Parmi les convulsions que l'on peut observer dans les diverses maladies, les unes, comme celles du tétanos, de la catalepsie, sont caractérisées par une contraction permanente de la fibre musculaire; on les a nommées *convulsions toniques;* les autres, comme celles de l'éclampsie, de la chorée, de l'épilepsie, comme les palpitations, présentent des mouvements alternatifs de contractions et de relâchement; on les a appelées *mouvements ou convulsions cloniques* (du grec *klonos*, désordre.) En tous cas, la définition donnée ci-dessus attribue au mot *convulsion* le sens qu'il lui faut laisser actuellement.

La contraction musculaire étant sous la dépendance absolue du système nerveux cérébro-spinal, il s'ensuit que la cause des convulsions réside dans le cerveau, la moelle épinière, ou les cordons nerveux, soit qu'il existe une lésion directe d'une de ces parties, ou qu'une cause éloignée vienne exciter le système nerveux. Dans le premier cas, ce sera une inflammation des membranes du cerveau, du cerveau lui-même, ou de la moelle épinière (voyez Méningite, Encéphalite), une violence extérieure, comme coups, chute, ayant occasionné une fracture, une contusion dans une de ces parties, le développement d'une tumeur, d'une exostose, une maladie organique, etc. Dans le second cas, cette cause pourra être une inflammation de quelqu'un des points du canal digestif, la rage, ou bien encore la grossesse et l'accouchement, les impressions morales vives, la colère, un rire exagéré, la vue d'objets repoussants, la frayeur, etc. A ces causes directes ou déterminantes, il faut ajouter, comme causes éloignées, une grande susceptibilité nerveuse, quelquefois héréditaire, l'impression d'un froid subit, la suppression de la transpiration, la vue d'une personne en proie à un accès d'épilepsie ou d'hystérie, etc.

Les yeux, les muscles de la face, les membres, les muscles qui servent à la respiration, sont les parties qui sont le plus souvent agitées de mouvements convulsifs. La marche des convulsions n'a rien de régulier; lorsqu'elles ne tiennent pas à une cause permanente, à une lésion du système nerveux ou à une maladie, elles cessent ordinairement assez promptement. Il est impossible de tracer un mode de traitement de cette maladie; les circonstances qui l'ont déterminée et les lésions concomitantes et occasionnelles doivent guider la conduite du médecin; cependant, lorsqu'elles arrivent sans causes connues, sans lésions apparentes, sans maladies qui les aient précédées, lorsqu'elles paraissent dépendre d'une circonstance fortuite, les antispasmodiques et les calmants sont les remèdes les plus généraux qu'on puisse employer. Les enfants et les femmes sont surtout sujets aux convulsions.

Convulsions chez les enfants. — Pendant la première dentition, c'est-à-dire jusqu'à trois ans à peu près, les enfants sont très-sujets aux convulsions : on les observe surtout chez les enfants forts, chez ceux qui ont de l'embonpoint, qui ont le col court et la tête volumineuse. Ces accidents se manifestent sous l'influence d'une dentition difficile, d'une constipation opiniâtre; la présence des vers intestinaux, le lait d'une nourrice qui s'est livrée à des excès de table ou à la colère, peuvent causer les convulsions des enfants; enfin, elles se manifestent souvent dans les maladies éruptives de l'enfance, quand l'éruption est mal sortie ou a été interrompue et qu'elle est *rentrée*, comme on dit vulgairement. Le plus souvent, chez les enfants, les convulsions sont annoncées par certains symptômes précurseurs; ainsi, le sommeil est fréquemment

interrompu, les yeux restent ouverts et fixes; la respiration est inégale; il y a de petits cris plaintifs, des tressaillements. Quelquefois, cependant, les convulsions surviennent tout à coup par crises ou par accès plus ou moins longs, plus ou moins fréquents; alors les tressaillements redoublent, la respiration s'embarrasse, la tête se renverse, le corps se roidit, les yeux sont agités de mouvements désordonnés ou restent fixes, l'enfant suffoque; puis ordinairement il survient un affaissement général et l'accès est terminé. L'enfant peut périr dans un de ces accès. Le traitement, qui doit être dirigé par un médecin, a pour principe d'écarter les causes des convulsions. On administrera des vermifuges, s'il y a des vers; des laxatifs ou même des purgatifs, s'il y a constipation, etc. Comme traitement immédiat, en présence de convulsions violentes et en attendant le médecin, si l'enfant est fort, s'il est coloré, si le pouls est développé, on fera appliquer, sans tarder, une ou deux sangsues derrière chaque oreille; on aura recours à quelques légers sinapismes aux jambes; on purgera doucement l'enfant, on lui administrera des boissons délayantes; on lui tiendra la tête haute, peu couverte; on pourra même employer les antispasmodiques, etc.   F—n.

CONYZE (Botanique), *conyza*, Less.; en grec *conyza*, gale, suivant Dioscoride, ce nom vient du grec *cónôps*, moucheron, cousin, parce qu'on attribuait à la plante, suspendue dans un appartement, la propriété de chasser les insectes nuisibles. — Genre de plantes de la famille des *Composées*, tribu des *Astéracées*, sous-tribu des *Bacchariées*. Il comprend des herbes à fleurs jaunes assez insignifiantes. Plusieurs espèces du genre *Conyze*, de Linné, ont été réparties entre des genres voisins (pour le *Conyza squarrosa*, Lin., c'est l'*Inula conyza* de D. C.

COORDONNÉES (Géométrie). — On appelle *coordonnées* en *géométrie analytique* les éléments à l'aide desquels on fixe la position d'un point, soit sur un plan, soit dans l'espace. Le procédé éminemment ingénieux à l'aide duquel Descartes est parvenu à résoudre cette question et à fonder ainsi la géométrie analytique (voyez ce mot), constitue l'une des plus grandes découvertes scientifiques des temps modernes; on peut la mettre sur la même ligne que celle du calcul infinitésimal, à raison des immenses conséquences qu'elle a produites, et c'est, sans contredit, le titre le plus considérable du célèbre philosophe à l'admiration de la postérité.

Prenons sur un plan deux axes fixes OX, OY, se coupant au point O, et supposons que ces deux axes soient perpendiculaires entre eux, il est clair qu'un point M sera connu de position, si l'on donne sa distance MP à l'axe OX, ainsi que sa distance OP à l'axe OY. Ces deux distances sont appelées les *coordonnées* du point M, OP est l'*abscisse* désignée ordinairement par x, MP est l'*ordonnée* appelée y. Les deux axes OX, OY, sont appelés *axes des coordonnées*, OX est l'axe des abscisses ou des x, OY l'axe des ordonnées ou des y. Il est vrai que des points placés dans les différents angles que OX et OY forment autour du point O, pourront avoir les mêmes coordonnées; mais on les distinguera facilement par leur signe, et, en tenant compte de ce dernier élément, on peut dire qu'un point sera rigoureusement connu de position, quand on connaîtra son abscisse et son ordonnée.

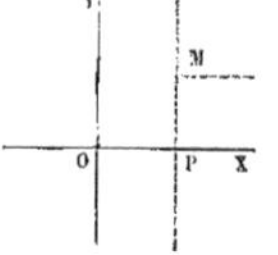

Fig.631. Coordonnées rectilignes.

Le plus souvent les axes Ox, Oy sont pris *rectangulaires;* mais ils peuvent former un angle quelconque, et alors ils sont dits *obliques*.

Lorsque les coordonnées d'un point sont connues, on a facilement sa position sur le plan. Mais si, entre les coordonnées x, y, on a simplement une relation exprimée par une équation $f(x,y) = o$, la position du point reste indéterminée, et l'on peut dire qu'il existe une infinité de points satisfaisant à l'équation. En effet, donnant à x une valeur arbitraire quelconque, on en tirera une valeur correspondante pour y, et pour une suite de valeurs croissant par degrés excessivement petits, les valeurs de y croîtront généralement aussi par degrés très-petits, de sorte que les points qui en résultent se suivront de manière à former une courbe continue, si x lui-même varie d'une manière continue. Cette courbe, dont les divers points jouissent d'une propriété commune exprimée par l'équation $f(x,y) = o$, est représentée par cette équation. A la rigueur, elle ne saurait être construite par le procédé ci-dessus, qui en fera connaître seulement un grand nombre de points très-voisins formant un polygone. Mais comme rien ne limite théoriquement la petitesse de l'intervalle qui sépare deux valeurs de x consécutives, on peut, par la pensée, réduire cet intervalle à zéro et concevoir la courbe, *lieu géométrique* de tous ces points.

Le système de coordonnées que nous venons de faire connaître, et qu'on appelle *système rectiligne*, n'est pas à beaucoup près le seul. A un point de vue tout à fait général, le nombre en est infini, car il n'y a pas de limite à assigner aux combinaisons géométriques qui sont susceptibles de définir la position d'un point; mais, dans la pratique, on n'emploie guère que le précédent et le *système polaire*.

Système polaire. — Dans ce système fort usité en astronomie, la position d'un point M est définie par sa distance OM ou ρ à un point fixe, et par l'angle θ que cette droite OM, appelée *rayon vec-*

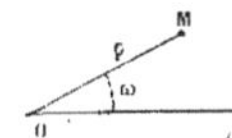

Fig. 632. Coordonnées polaires.

teur, forme avec une droite ou axe fixe OX. Dans ce système, une courbe se trouve représentée par une relation entre les deux quantités ρ et θ. Ainsi, par exemple, l'équation $\rho = a\theta$, indiquant que le rayon recteur varie proportionnellement à l'angle, représente une ligne en forme de spirale (spirale d'Archimède). — On emploie aussi, mais très-rarement, le système bipolaire, dans lequel la position d'un point se détermine à l'aide de sa distance à deux points fixes.

S'il s'agit de fixer la position d'un point dans l'espace, on imaginera trois plans fixes se coupant suivant trois droites Ox, Oy, Oz, qui sont les axes. Le point sera déterminé, si l'on connaît ses distances aux trois plans; ces distances, comptées parallèlement aux axes, sont les coordonnées du point. Le point sera entièrement déterminé par ses trois coordonnées, si l'on a soin de fixer au moyen d'un signe le sens dans lequel ces distances doivent être comptées, de même qu'on le fait dans la géométrie plane.

On fait usage également, pour la représentation des points dans l'espace, d'un système particulier de coordonnées polaires. Les éléments de ce système sont la distance du point à un point fixe ou le rayon vecteur ρ, l'angle θ que celui-ci fait avec l'un des plans coordonnés, et l'angle ψ que fait la projection du rayon recteur sur ce plan avec une droite située aussi dans le même plan.

COORDONNÉES ASTRONOMIQUES (Astronomie). — Système particulier de coordonnées destinées à fixer la position des astres sur la sphère céleste. Pour déterminer la position d'un astre dans le ciel à un instant donné, il suffit de connaître sa hauteur et son azimut. La *hauteur* est l'angle que le rayon visuel dirigé vers l'astre fait avec l'horizon; c'est le complément de la distance zénithale ou de l'angle que ce rayon fait avec la verticale. On la détermine au moyen du *théodolite*, et il faut avoir soin de la corriger de la réfraction. L'*azimut* est l'angle que le plan vertical mené par l'astre fait avec un autre plan vertical pris pour origine, qui est ordinairement le méridien.

Ces deux coordonnées d'un astre varient d'un instant à l'autre à cause du mouvement diurne. Si l'on veut fixer

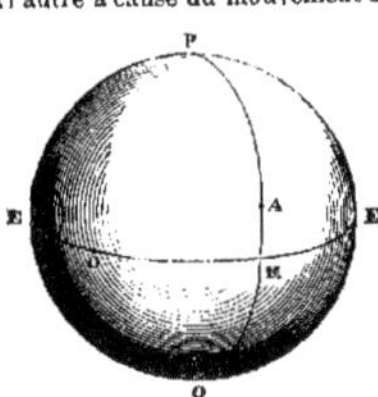

Fig. 633. — Coordonnées astronomiques.

la position relative des étoiles sur la sphère céleste, il faut employer un système de coordonnées qui participe au mouvement diurne de la sphère céleste. On prend l'équateur ou le grand cercle perpendiculaire à l'axe du monde, et on y rapporte l'étoile par sa déclinaison et son ascension droite. La *déclinaison* d'une étoile est la distance de l'équateur au parallèle que décrit l'étoile, cette distance étant comptée en degrés sur un grand cercle passant par l'astre, et que l'on nomme *cercle de déclinaison* ou *cercle horaire*. L'*ascension droite* est l'angle que le cercle

horaire passant par l'étoile fait avec un cercle horaire déterminé.

Ainsi, dans la figure 633, EE représentant l'équateur, et PAQ le cercle horaire d'un astre A, la déclinaison est la distance AM de l'astre à l'équateur; et l'ascension droite la distance MO du point M au point O, où le cercle horaire, pris pour terme de comparaison, coupe l'équateur.

La déclinaison est boréale ou australe. L'ascension droite se compte de l'ouest à l'est et de 0 à 360°. L'origine des ascensions droites est le cercle horaire de l'équinoxe, qui passe à peu près par l'étoile α d'Andromède.

L'équatorial ou machine parallactique (voyez ce mot) peut servir à mesurer par une seule observation la déclinaison et l'ascension droite d'un astre; mais il est ordinairement plus avantageux de déterminer séparément ces deux coordonnées, savoir : l'ascension droite par la lunette méridienne et la déclinaison par le cercle mural. — Voyez MÉRIDIENNE (LUNETTE), MURAL (CERCLE).

Quand on connaît les ascensions droites et les déclinaisons des principales étoiles, on peut en marquer la position sur une sphère, et l'on a un *globe céleste* à l'aide duquel on résout approximativement beaucoup de problèmes astronomiques.

Dans l'étude des mouvements du soleil ou des planètes, on fait usage d'un autre système de coordonnées où le plan fondamental, au lieu d'être l'équateur céleste, est le plan de l'écliptique. Ce dernier plan est à peu près fixe sur la sphère céleste, tandis que l'équateur s'y déplace considérablement; aussi trouve-t-on qu'à deux époques éloignées, l'ascension droite et la déclinaison d'une même étoile ont notablement changé. Si, par une étoile, on mène un plan passant par l'axe de l'écliptique, la distance de l'étoile à l'écliptique, comptée sur ce cercle, est la *latitude*; la *longitude* est l'arc compté sur l'écliptique, depuis le cercle de latitude jusqu'à l'équinoxe du printemps. La latitude se compte de 0 à 90°, elle est boréale ou australe; la longitude, de l'ouest à l'est, de 0 à 180°.

On n'observe pas directement ces nouvelles coordonnées. Les anciens employaient bien à cet effet la sphère *armillaire*, mais il n'en pouvait résulter qu'une grossière évaluation. Aujourd'hui on les déduit par un calcul trigonométrique de l'ascension droite et de la déclinaison. S'il s'agit du soleil, la latitude est sensiblement nulle, et il suffit de connaître sa longitude (voyez SOLEIL, ÉTOILES, PLANÈTES).   E. R.

COORDONNÉES GÉOGRAPHIQUES. — Voyez LONGITUDE et LATITUDE.

COPAHU (Médecine). — Espèce de *Térébenthine* que l'on retire du *Copaïer* (*Copaifera officinalis*, Lin.). On lui a donné mal à propos le nom de *Baume de copahu*; elle s'écoule de l'arbre auquel on fait des incisions au moment des grandes chaleurs, et on la recueille en mettant au-dessous un petit vase. D'abord liquide comme de l'huile, elle s'épaissit ensuite et prend la consistance d'un sirop; son odeur est forte et aromatique, et son goût âcre, amer et très-désagréable (voyez BAUME DE COPAHU).

COPAÏER, (Botanique). — Voyez COPAYER.

COPAL (Chimie). — Résine sèche, d'une couleur jaune pâle, transparente, sonore comme un métal, inodore, insipide, d'une densité plus grande que celle de l'eau. Le copal pulvérisé et exposé pendant longtemps au contact de l'eau, dans un lieu chaud, perd une petite portion de son carbone et acquiert ainsi des propriétés nouvelles importantes pour la préparation du vernis au copal. Il était auparavant peu soluble dans l'alcool et l'éther; il est devenu très-soluble dans ces liquides par suite de son altération. Il éprouve une modification du même genre quand, après avoir opéré sa fusion, on l'enflamme pendant quelques instants. Dans son état ordinaire, le copal traité par l'alcool anhydre lui abandonne une résine de composition définie ($C^{40}H^{31}O^5$). L'alcool à 85° ne le dissout qu'à la longue, à moins qu'il n'ait éprouvé l'altération signalée plus haut. La dissolution de cette résine est aussi favorisée par son contact préalable avec l'ammoniaque ou par l'addition d'un peu de camphre. Les huiles essentielles la dissolvent en petite quantité; l'essence de térébenthine et celle de romarin en dissolvent seules une assez forte proportion. Il existe plusieurs sortes de copal fournies par des plantes diverses (voyez ci-après COPAL). Il sert à la préparation des meilleurs vernis siccatifs. Ce corps a été étudié par MM. Berzélius, Uverdorben, Laurent et Filhol.   B.

Copal (Botanique). — Substance connue généralement sous le nom de *Gomme-copal*, mais qui, par tous ses caractères, se rapporte au groupe des *Résines* (voyez Résine). On connaît deux sortes de copal : la première et la plus estimée découle d'un arbre des Indes orientales, connu sous le nom de *Hymenæa verrucosa*, Lin. (V. ce mot), de la famille des *Cæsalpiniées*. C'est celle qu'on appelle *C. d'Orient*; elle est très-rare, de qualité supérieure, et sert du reste aux mêmes usages que l'autre. On l'emploie aussi dans l'Inde comme encens. La seconde espèce, dite *Fausse Gomme-copal*, *C. d'Amérique*, nous vient du Brésil, du Mexique, etc. Elle découle par transsudation ou par incision d'un *Sumac* (famille des *Anacardiacées*), le *Rhus copallinum*, Lin. Les Mexicains s'en servaient aussi en guise d'encens dans les temples de leurs dieux. C'est la plus connue des deux. On trouve le copal dans le commerce en morceaux dont les plus gros n'excèdent pas le volume d'une noix. Ils sont transparents, durs, d'une belle couleur de topaze, insipides, presque inodores, insolubles dans l'alcool, et répandant quand on les brûle une odeur agréable, aromatique. On l'utilise dans l'industrie, surtout pour la confection des vernis dits *vernis copal*, *vernis à la copale*.

COPALCHI (Botanique). — Écorce qu'on croit fournie par un faux quinquina (*strychnos*), et qu'on range parmi les médicaments fébrifuges. On a aussi donné le même nom à l'écorce d'une euphorbiacée (*croton pseudo-kina*) qui contient une résine âcre, aromatique et un principe amer.

COPALME (Botanique). — Espèce de *Baume* que l'on obtient par incision d'un arbre connu sous le nom de *Liquidambar styraciflua*, Lin. (famille des *Amentacées*). Il a une odeur forte, pénétrante, et une consistance demi-liquide (voyez Baume, Liquidambar, Styrax).

Fig. 684. — Le Copayer.

COPAYER ou **Copaïer** (Botanique), *Copaifera*, Lin., de *copaiba*, nom que donnent les Brésiliens à l'arbre qui produit le *Baume de copahu*, et du grec *pherô*, je porte. — Genre de plantes de la famille des *Cæsalpiniées*. Caractères : calice à 4 divisions; corolle nulle; 10 étamines libres; ovaire à 2 loges; gousse stipitée s'ouvrant en 2 valves, à une graine. Le *C. officinal* (*C. officinalis*, Lin.) est un arbre de 15 à 18 mètres; ses rameaux sont glabres et d'un gris brun; ses feuilles sont alternes composées de 3, 4 et 5 paires de folioles, sans impaire; ses folioles sont ovales, entières, luisantes. Le copaïer donne des fleurs blanches disposées en grappes. Il croît au Brésil, dans les Antilles, dans la Nouvelle-Grenade. La substance résineuse que l'on connaît, en pharmacie, sous le nom de *Baume de copahu*, provient de ce végétal et de quelques autres de ce genre (voyez Copahu, Baume de copahu). Cette substance, dont la médecine européenne fait un grand usage, est employée dans les pays où croît le copayer, pour combattre la dyssenterie et pour panser et faire cicatriser les plaies. G — s.

COPRIS (Zoologie). — Nom scientifique du genre *Bouvier* (insectes).

COPROPHAGES (Zoologie), *Coprophagi*, Latr., du grec *kopros*, excrément, et *phagein*, manger, parce qu'ils vivent surtout d'excréments humains. — Ces *Insectes*, qui forment une section du grand genre des *Scarabées*, de Linné, appartiennent à l'ordre des *Coléoptères*, section des *Pentamères*, famille des *Lamellicornes*. Ils se distinguent par des antennes composées de 8 à 9 articles; le labre et les mandibules membraneux et cachés; le lobe terminal de leurs mâchoires également membraneux, large et arqué, disposition remarquable qui ne leur permet de se nourrir que de matières molles. Leur tube alimentaire est toujours fort long, souvent dix à douze fois plus que le corps. On remarque dans cette section les genres suivants : 1º les *Ateuchus*; 2º les *Onthophages*; 3º les *Bousiers*; 4º les *Aphodies*.

COPROLITE (Géologie). — Voyez Fossile.

COQ (Zoologie), paraît être une altération progressive du latin *gallus*, en vieux français *gal*, qui, sans doute, se prononçait à peu près *gaul*, d'où plus tard l'on a fait *gau* et *gog*, encore usité en Savoie, puis *cô*, répandu encore aujourd'hui dans un grand nombre de provinces de la France. — Le coq est l'oiseau le plus important de nos basses-cours, et il est pour les naturalistes le type du genre *Coq*, et même des oiseaux de l'ordre des *Gallinacés*. Il importe donc de le faire connaître avant tout.

Description du Coq domestique. — Le *Coq domestique* (*Phasianus gallus*, Lin.) est, dit Buffon, « un oiseau pesant, dont la démarche est grave et lente, et qui, ayant les ailes fort courtes, ne vole que rarement, et quelquefois avec des cris qui expriment l'effort. Il chante indifféremment la nuit et le jour, mais non pas régulièrement à certaines heures : et son chant est fort différent de celui de sa femelle, quoiqu'il y ait quelques femelles qui ont le même cri que le coq, c'est-à-dire qui font le même effort du gosier avec un moindre effet; car leur voix n'est pas si forte, et ce cri n'est pas si bien articulé. Il gratte la terre pour chercher sa nourriture; il avale autant de petits cailloux que de grains, et n'en digère que mieux; il boit en prenant de l'eau dans son bec et levant la tête à chaque fois pour l'avaler. Il dort le plus souvent un pied en l'air et en cachant sa tête sous l'aile du même côté. » Le coq s'avance sur ses fortes pattes, le corps horizontal, le cou fièrement dressé, la tête surmontée d'une crête charnue, rouge, et pourvue de deux appendices ou barbillons de même couleur pendants sous le bec. Celui-ci, légèrement conique et courbé vers l'extrémité, est d'une force médiocre; les narines sont formées de deux orifices placés à la base du bec et recouvertes d'une écaille membraneuse. De chaque côté de la tête, on aperçoit le trou de l'oreille avec une peau blanche au-dessous. Le cou est couvert de plumes abondantes, allongées et flexibles; les ailes sont courtes et arrondies; la queue également courte est formée de quatorze plumes droites, qui affectent dans leur ensemble la forme d'un toit; les couvertures médianes des plumes de la queue sont beaucoup plus longues que celles-ci, et gracieusement recourbées en arc. Les pattes ont ordinairement les tarses dépourvus de plumes et recouverts d'une peau coriace, d'aspect écailleux et grisâtre. Le côté interne de chaque tarse est armé d'un éperon aiguisé; les pieds ont normalement quatre doigts, trois dirigés en avant et l'autre en arrière. Dans quelques variétés, ce dernier doigt, qui est le pouce, est double ou même triple. Le plumage du coq est nuancé de jaune doré, de vert bronzé à reflets métalliques, de noir et de blanc, mais il diffère beaucoup dans les variétés nombreuses de cette espèce. La femelle du coq, nommée *poule*, est un peu plus petite et manque d'éperons aux jambes, de longues couvertures dépassant les plumes de la queue; la crête et les barbillons sont rudimentaires chez elle (voyez Poule). Le coq ne naît pas avec sa crête et ses barbillons; un mois après la naissance on les voit apparaître; à deux mois, le jeune coq chante comme l'adulte; c'est à cinq ou six mois qu'il peut vivre au milieu des poules. L'accroissement est terminé à douze ou quinze mois; la vie du coq peut se prolonger jusqu'à vingt ans en domesticité, et davantage sans doute à l'état libre.

Mœurs du coq domestique. — Le trait le plus remarquable des mœurs du coq est sa coutume de vivre au milieu d'un grand nombre de poules qu'il protége et semble gouverner, et dont l'une est sa favorite. Il montre une jalousie querelleuse dès qu'un autre coq se présente et paraît vouloir lui disputer ses compagnes. Cette jalousie soulève des combats sanglants où s'avancent les deux rivaux la crête rouge et gonflée, le bec entr'ouvert, l'œil étincelant et injecté, les plumes du cou redressées en une collerette bouffante, la queue relevée. Ils s'efforcent de sauter l'un par dessus l'autre en se frappant du bec et des ailes, et en labourant de leur éperon tarsien l'adversaire maladroit qui laisse passer son ennemi par-dessus lui. Le vaincu succombe parfois ou se retire la crête déchirée, laissant plus d'une plume sur le terrain, et sillonné des blessures de l'éperon du vainqueur. Celui-ci, qui souvent a payé cher son triomphe, va le chanter avec éclat au milieu des poules dont la possession lui est désormais assurée. Tout le monde connaît ce chant du coq qui pourrait s'écrire : *co-co-ri-co,* et qui ne varie que d'énergie et de sonorité, suivant les sentiments qui agitent l'animal lorsqu'il le fait entendre. Du reste, ce maître jaloux se montre attentif et soigneux envers ses compagnes ; il les défend avec un courage intrépide, ne les maltraite pas, semble communiquer avec elles au moyen des inflexions variées de son chant, et témoigne des regrets lorsqu'il en perd quelqu'une. Sans cesse occupé à nettoyer et à lustrer son plumage, il semble se montrer avec une sorte de coquetterie. Le coq se nourrit de grains, de petits insectes, de larves et de vers, et de débris organiques de toute nature.

Une erreur très-répandue est la croyance que certains coqs pondent des œufs sans jaune et contenant un serpent. Les œufs privés de jaune sont pondus par des poules trop jeunes ou épuisées ; jamais ces œufs ne produisent d'être vivant, et, quant au prétendu serpent qu'on y trouverait, on a pris pour tels les liens ou *chalazes* destinés à maintenir le jaune, s'il eût existé. Pour ce qui est des coqs, ils ne pondent jamais, et leur organisation interne, fort différente à cet égard de celle des poules, démontre que cette ponte n'est pas possible.

Origine du coq domestique. — Les naturalistes n'ont pas encore pu établir nettement quelle espèce sauvage est la souche de nos coqs domestiques. Le voyageur Sonnerat a observé, dans les montagnes des Gates de l'Indostan, un coq sauvage connu sous le nom de *Coq de Sonnerat* (*Gallus Sonneratii,* Tem.); un autre voyageur, Leschenault de Latour, a trouvé à Java deux autres coqs sauvages, *G. Bankiva,* de Temminck, et *G. furcatus,* de Temminck. Après avoir hésité entre ces trois espèces, on paraît s'accorder à considérer le *Bankiva* comme le père de nos races domestiques dont il se rapproche plus que les deux autres. Les modifications que présentent ces races affectent la taille, le plumage de l'animal ; le nombre des doigts des pieds, qui de quatre peut s'élever à cinq ou à six ; la crête qui change de formes et de dimensions, et peut être remplacée en tout ou en partie par une huppe de plumes souvent longues et touffues ; certaines variétés dites *pattues* ont les tarses plus ou moins complétement emplumés. La nomenclature et la description des principales races de coq seront données à l'article Races.

Quelque incertaine que soit l'origine de nos coqs domestiques, il est hors de doute que ces animaux nous viennent primitivement de l'Asie et particulièrement de l'Inde, des îles de la Sonde, des îles Philippines, de la Chine, du Japon et des parties voisines de l'Océanie. Il est probable que le coq n'existait pas en Amérique avant la conquête européenne ; les assertions contraires laissent prise à bien des doutes ; il paraît encore plus

Fig. 635 — Coq cochinchinois.

Fig. 636. — Coq de la Campine.

certain que l'Afrique ne possède pas de coqs sauvages. Les mœurs des coqs sauvages ne semblent présenter aucune différence notable avec celles du coq domestique.

Élevage du coq domestique. — On élève le coq domestique principalement pour la production des poulets dans nos basses-cours; il en sera parlé à l'article POULE. Dans certains pays, on mutile les coqs à l'âge de trois ou quatre mois pour en faire des *chapons*. Ils perdent dès ce moment leurs instincts querelleurs et belliqueux; leur voix s'enroue et s'entend à peine; leur crête se ramollit; ils cessent de changer périodiquement de plumage. Mais en même temps, uniquement occupés de boire, de manger et de dormir, ils acquièrent une chair savoureuse et délicate, et s'engraissent si l'on veut. Du reste, les chapons, dédaignés des poules et maltraités par les coqs, ne jouent aucun rôle utile dans la basse-cour, à moins qu'on ne les accoutume à soigner les poussins pour remplacer la mère. Chacun sait qu'en France les meilleurs chapons se font dans le Maine.

Un caprice d'une tout autre nature engage certains peuples à élever des coqs de combat. Le spectacle des combats de coqs, très-fort en honneur aujourd'hui chez les Chinois, les Javanais et les Malais, y devient l'objet de paris ruineux et occupe la majeure partie de la population les jours de fête. Aussi, la race malaise des coqs de combat jouit-elle d'une célébrité universelle. Parmi les anciens, ces plaisirs cruels étaient connus des Grecs qui paraissent les avoir empruntés aux Indiens et les avoir enseignés aux Romains; l'île de Rhodes produisait les meilleurs coqs de combat. Seuls parmi les peuples de l'Europe, les Anglais recherchent avidement ces luttes puériles et barbares, et se livrent à des paris non moins insensés que les Malais; ils ont transmis aux Américains du Nord cette misérable passion dont le souvenir se rattache en Angleterre aux plus anciennes traditions du pays. Inaugurés par les rois anglais du xie et du xiie siècle, les combats de coqs furent défendus par une loi d'Édouard III, puis solennellement rétablis à Westminster, par Henri VIII, sous le nom de *royal cockpit*, et réglementés avec le plus grand soin. Cromwell les supprima de nouveau; mais Charles II les remit en honneur, et aujourd'hui encore le mépris des honnêtes gens et les règlements de police n'ont pu les faire disparaître des mœurs populaires de nos voisins. Pour augmenter l'acharnement des malheureux rivaux, on leur fait boire des liqueurs spiritueuses, puis on munit leur ergot de lames tranchantes qui rendent les blessures plus cruelles. Les coqs de combat sont généralement de taille médiocre, vifs, élancés et hardis.

Du genre Coq. — Le genre *Coq* (*Gallus*, Cuv.) a été formé par Cuvier dans le grand genre *Faisan*, de Linné; il prend place dans l'ordre des *Oiseaux gallinacés*, tribu des *Faisans*, et a été caractérisé de la manière suivante : tête surmontée d'une crête charnue et verticale; bec inférieur garni de chaque côté de barbillons charnus; queue formée de quatorze pennes redressées sur deux plans verticaux adossés en toit, les couvertures de celles du mâle prolongées en arc sur la queue.

Outre le *coq domestique* décrit ci-dessus, ce genre renferme comme espèces : Le *C. géant* ou *Jago* (*G. giganteus*, Temm.), qui vit sauvage dans les forêts méridionales de Sumatra, et, à l'état domestique, sous le nom de *Kulm cock* dans le pays des Mahrattes. C'est une espèce de grande taille (4 à 5 kilogr.), que l'on a considérée, peut-être avec raison, comme la souche du coq de Caux ou de Padoue, ou du coq russe de nos basses-cours, mais à laquelle on rapporte les coqs de Rhodes et de Perse. Le *C. bankiva* (*G. bankiva*, Temm.) dont il a déjà été parlé; il n'a que 0^m,30 à 0^m,40 de hauteur; il vit dans les forêts et sur la lisière des bois; il a la crête et les barbillons du coq domestique, et aussi ses longues plumes autour du cou et au-dessus du croupion : on le considère comme ayant donné naissance à la plupart des races domestiques. Le *C. de Sonnerat* (*G. Sonneratii*, Temm.), déjà cité. Le *C. nègre* (*G. morio*, Temm.), qui vit sauvage aux Indes et en domesticité dans le pays des Mahrattes; dans cette singulière espèce, la crête et les barbillons, l'épiderme et le périoste sont colorés en noir; on l'élève en Allemagne et en Belgique. Le *C. à duvet* ou *C. laineux* (*G. lanatus*, Temm.), espèce domestique commune au Japon, à la Chine et à la Nouvelle-Guinée, couverte de plumes semblables à des poils laineux. Le *C. crépu* (*G. crispus*, Brisson), répandu dans toutes les parties chaudes de l'Asie, et remarquable par ses riches couleurs et dont les plumes sont comme froissées du bout. Le *C. ajamalas* (*G. furcatus*, Temm.) ou *C. de Java*, espèce sauvage, de haute taille et de couleurs sombres. Le *C. sans queue* ou *sans croupion* (*G. ecaudatus*, Temm.) de Ceylan, remarquable par l'atrophie du croupion et l'absence de queue. Le *C. bronzé* (*G. œneus*, Cuv.), de Sumatra, encore incomplètement connu.

Fig. 637. — Coq de Houdan.

La mythologie grecque racontait qu'un jeune favori de Mars, nommé Alector (nom du coq en langue grecque), ayant, faute de vigilance, laissé surprendre par Vulcain une entrevue de Mars avec Vénus, fut par châtiment changé en un oiseau qui porte encore sur sa tête la crinière du casque d'Alector, et qui, par sa vigilance, s'évertue à faire oublier la faute dont il fut puni. Le coq auquel on attribuait cette origine était consacré à Mars, comme l'emblème du courage; il était aussi, pour sa vigilance, consacré à Minerve et à Mercure. L'image de cet oiseau fut souvent reproduite par les anciens sur les médailles et les monuments. Les anciens tiraient certains présages de la manière dont un coq mangeait des grains disposés devant lui dans un certain ordre; c'était ce qu'on appelait l'*alectromancie*. Il n'est pas vrai que nos aïeux les Gaulois aient eu le coq pour emblème national; l'analogie des noms le fit employer dans la langue du blason, comme armes parlantes des Français. La première médaille où on trouve cet emblème fut frappée à la naissance de Louis XIII. C'est vers 1789 que le coq fut adopté pour être placé sur les drapeaux français; l'aigle le remplaça en 1804; mais le coq reparut avec la royauté de juillet 1830, pour céder de nouveau la place à l'aigle impériale, en 1851.

Pour l'histoire naturelle du coq, on consultera les ouvrages de Buffon et ceux des principaux ornithologistes, Temminck, Swainson, G.-R. Gray.

Au. F.

Coq de bois, Coq bruant, Grand coq de bruyères, Coq de montagne, Coq de Limoges. — On donne ces divers noms, selon les pays, au *Grand Tetras* (*Tetrao urogallus*, Lin.).

Coq de bouleau, Coq de bruyères a queue fourchue. — C'est le *Petit Tetras* (*Tetrao tetrix*, Lin.).

Coq de bruyères. — Voyez Tetras.

Coq de Curaçao. — Nom donné quelquefois au *Hocco de Curaçao* (*Crax globicera*, Lin.).

Coq d'été, Coq de bois, Coq puant, Coq merdeux. — C'est la *Huppe* (*Upupa epops*, Lin.).

Coq d'Inde. — Nom bien connu du *Dindon* (*Meleagris gallo-pavo*, Lin.).

Coq indien. — On nomme ainsi parfois le *Hocco* (*Crax alector*, Lin.).

Coq de marais (Zoologie). — Dans quelques parties de la France, on nomme ainsi la *Gélinotte huppée* (*Tetrao bonasia*, Lin.).

Coq de mer. — On donne ce nom à un oiseau, le *Canard pilet* (*Anas acuta*, Lin.); et à un poisson du genre Gal (*Zeus gallus*), voisin des Dorées.

Coq noir. — On nomme ainsi, en Écosse, le *Petit Tetras à queue pleine* (*Tetrao betulinus*, Lin.).

Coq de roche. — Voyez Rupicole.

Coq des jardins, Menthe coq (Botanique). — Nom vulgaire d'une plante du genre *Tanaisie* (*Tanacetum balsamita*, Lin.).

COQUE (Botanique), du celtique *cucc*, qui signifie creuse. — Terme s'appliquant à une espèce particulière de fruit sec. Ce fruit se compose de plusieurs loges rapprochées, dont chacune est une *coque*; à l'époque de la maturité, chaque coque s'ouvre de bas en haut avec élasticité. Les fruits des euphorbiacées se partagent en autant de coques qu'il y a de loges dans la capsule. Certains botanistes ont appliqué ce mot à l'ensemble d'un fruit formé de deux ou plusieurs enveloppes sèches, dont l'extérieure présente des lobes arrondis, bien marqués et quelquefois très-saillants. Ils caractérisaient surtout ce fruit par l'absence de sutures et de valves (voyez Fruit).

Coque du Levant (Botanique). — Fruit d'un arbrisseau des Indes orientales, le *Coccule subéreux* (*Cocculus suberosus*, de Cand.; *Menispermum cocculus*, L.), du genre *Coccule*, famille des *Ménispermées* (voyez Coccule). Ce nom lui vient de ce que les premiers qu'on a vus en Europe avaient été apportés de l'Inde en Italie par Alexandrie. Ce sont de petits fruits ou baies, à peine de la grosseur d'un pois. Les pêcheurs indiens s'en servent pour prendre le poisson; à cet effet, ils en font avec de la mie de pain une espèce de pâte qu'ils jettent dans les rivières et les étangs; les poissons mangent cette pâte avec avidité, et les coques, qui sont très-vénéneuses, les enivrent au point qu'ils viennent nager à la surface de l'eau, où on les prend sans peine. Cette pratique, dangereuse pour les personnes qui mangent le poisson, a encore pour effet de le détruire; aussi est-elle condamnée chez nous par le sentiment public et par les défenses de l'autorité.

COQUELICOT (Botanique), du mot celtique *coc*, qui signifie rouge. — Nom vulgaire d'une espèce du genre *Pavot* (voyez ce mot), nommée par les botanistes *Papaver rhœas*, Lin. Le coquelicot est une herbe annuelle, droite et rameuse, hérissée de poils. Ses feuilles sont velues, profondément découpées.

Fig. 638. — Coquelicot.

Ses fleurs sont d'un beau rouge écarlate, bien connu, tachées de noir à leur base et portées à l'extrémité de la tige et des rameaux sur de longs pédoncules; il ne leur manque que d'être plus rares pour être plus estimées. On obtient de cette espèce plusieurs variétés qui diffèrent de teintes. Les jardins possèdent aussi le coquelicot à fleurs doubles. Le coquelicot croît abondamment dans les climats tempérés de l'hémisphère boréal. On sait qu'il se trouve principalement dans les champs, les moissons. Souvent il nuit aux cultures par sa trop grande abondance. Les propriétés du coquelicot ont, par leur nature, beaucoup d'analogie avec celles du *pavot somnifère* (voyez Pavot); mais elles sont loin d'avoir autant d'action.

G—s.

COQUELOURDE (Botanique). — Ce nom a été donné à plusieurs espèces de plantes appartenant à des genres très-différents; ainsi on a appelé *coquelourde* : 1° l'*Anémone pulsatille* (*A. pulsatilla*, Lin.) (famille des *Renonculacées*); 2° le *Lychnis coquelourde* (*Lychnis coronaria*, Lamk; *L. agrostemma*, Lin.) (famille des *Caryophyllées*); 3° le *Narcisse faux narcisse* (*Narcissus pseudo-narcissus*, Lin.) (famille des *Amaryllidées*).

COQUELUCHE (Médecine). — Maladie caractérisée par une toux convulsive, violente, avec des mouvements d'expiration saccadés, souvent interrompus, suivis d'une inspiration longue et sonore. Suivant quelques-uns, le mot de coqueluche vient de ce que, pendant les quintes de toux, la respiration devenue sonore imite le chant du coq; d'autres pensent qu'il tire son origine de ce que d'abord ceux qui en étaient affectés se couvraient d'un capuchon ou coqueluchon. Suivant Mézerai, elle aurait été observée, pour la première fois, en 1414; plus tard, elle s'est encore présentée sous la forme épidémique, en 1510, en 1558, en 1677, d'après le *Dictionnaire* de Trévoux. Telle qu'on la connaît aujourd'hui, la coqueluche attaque presque exclusivement les enfants, le plus souvent d'une manière épidémique, et avec un caractère qu'on regarde généralement comme contagieux. Il est très-rare que la coqueluche attaque deux fois la même personne. Les causes de cette maladie sont le froid, l'humidité; ainsi l'automne, l'hiver, les temps de brouillard, les pays marécageux, les vicissitudes brusques de la température, etc. Dans ces circonstances, elle devient très-facilement épidémique, et sévit alors sur un grand nombre d'individus.

La maladie débute par une toux sèche qui ressemble à un rhume ordinaire; il n'y a pas de fièvre; les yeux sont gonflés, rouges, larmoyants; il y a pesanteur de tête; au bout de huit à quinze jours, plus ou moins, la toux prend le caractère convulsif indiqué plus haut; elle est accompagnée d'un son particulier, aigre et sifflant, d'une sensation pénible à la gorge, d'une anxiété extrême, de suffocation, de secousses, d'agitation, souvent de douleurs déchirantes dans la poitrine. Le pouls est accéléré, concentré; la face est rouge, gonflée; enfin, ces accès se terminent ou par une expectoration muqueuse, filante, ou par un vomissement glaireux; leur durée varie de une ou deux minutes à six ou huit. La toux revient par quintes violentes, à des intervalles plus rapprochés, le matin, la nuit, ou le soir que durant le jour. Elle s'annonce, du reste, par un état de malaise indéfinissable, par un certain chatouillement au gosier, que les enfants redoutent, parce qu'il leur annonce le renouvellement de leurs souffrances. Après la quinte, l'enfant ne tarde pas à retourner à ses jeux : il lui reste toutefois, pendant quelques moments, de la fatigue, de la pesanteur de tête, un certain trouble dans la respiration et la circulation, qui disparaissent peu à peu. La durée de la coqueluche est ordinairement de cinq à six semaines; quelquefois elle se prolonge bien au delà. C'est une maladie peu dangereuse, à moins qu'elle ne se prolonge indéfiniment; toutes choses égales d'ailleurs, elle est plus grave chez les enfants faibles, délicats, chez ceux qui toussent facilement, qui sont prédisposés aux affections de poitrine, lorsqu'elle succède à une maladie grave.

La première indication à remplir dans le traitement de la coqueluche, c'est d'atténuer l'inflammation, s'il y en a, si l'on a affaire à un enfant fort et vigoureux, si l'épidémie a lieu en hiver plutôt qu'en été; on combat l'état inflammatoire, par de légères applications de sangsues, des boissons pectorales douces, des petits sinapismes aux jambes; il faut ensuite combattre les accidents nerveux; ainsi on emploiera des vomitifs, surtout l'ipécacuanha, et des purgatifs légers, puis des antispasmodiques, comme le musc, l'oxyde de zinc; des calmants, et au premier rang la belladone, la jusquiame, la laitue vireuse; on aura recours aussi avec avantage aux vésicatoires, à la pommade stibiée, à l'huile de croton pour procurer une éruption à la peau ; enfin, dans la dernière période de la maladie, de légers toniques, des excitants tels que le sirop de quinquina, la décoction de café, les eaux bonnes, celles de Cauterets, pures ou avec un lait, etc. Du reste, on n'accordera aux malades qu'une nourriture légère, l'expérience ayant prouvé que les quinces sont d'autant plus fortes, que les repas sont plus copieux ; ainsi les potages, les fruits, les légumes, le lait, un peu de viandes blanches, etc. On aura soin de les tenir dans une température douce, et dans la belle saison, si on peut les faire changer d'air et les envoyer à la campagne, c'est le meilleur moyen d'abréger la maladie.   F — N.

COQUERET (Botanique). — Nom vulgaire d'une plante, plus connue scientifiquement sous celui d'*Alkékenge* (*Physalis alkekengi*, Lin.), famille des *Solanées*, genre *Physalis* (voyez ALKÉKENGE PHYSALIDE).

COQUILLAGE (Zoologie). — Ce mot désigne encore dans le langage vulgaire les mollusques à coquilles, et même les autres invertébrés couverts d'un test solide, ou les coquilles et les tests eux-mêmes ; il n'est plus employé dans le langage scientifique.

COQUILLE (Zoologie). — Il y a un demi-siècle, on nommait encore *coquille* toute enveloppe protectrice, dure et chargée de sels calcaires provenant d'un animal invertébré. Cette acception vague avait pu se maintenir tant que les amateurs de coquilles ou conchyliologistes se bornaient à étudier ces dépouilles sans s'inquiéter le moins du monde de la conformation des animaux qui les avaient produites et portées. Aujourd'hui, qu'en étudiant toutes ces productions calcaires, on tient compte avant tout de la nature des animaux d'où elles proviennent, on a restreint le sens du mot *coquille* en désignant ainsi seulement les parties dures sécrétées à la surface du corps des *animaux mollusques*. Le mot têt a été appliqué aux productions calcaires que peuvent former à l'extérieur de leur corps, soit les *animaux annelés*, soit les *animaux rayonnés*.

La *coquille* des mollusques se produit entre le derme et l'épiderme ; elle consiste en un dépôt de matière calcaire (carbonate de chaux) régulièrement produite sous la forme d'une lame plus ou moins étendue, c'est-à-dire recouvrant en totalité ou en partie la surface du corps de l'animal. Cette lame calcaire se voit déjà dans l'œuf avant l'éclosion des mollusques ; à mesure que l'animal s'accroît, de nouvelles lames plus étendues se forment sous les premières ; il en résulte qu'une coquille est toujours formée de couches lamellaires dont les plus anciennes et en même temps les plus petites sont extérieures, tandis que les plus nouvelles et les plus étendues sont intérieurement placées dans le voisinage du derme qui vient de les sécréter. La portion de la peau du mollusque où se produit la coquille est nommée, par les naturalistes, le *manteau* ; le manteau occupe seulement une partie de la surface du corps et la coquille protège seulement les organes les plus importants et, en particulier, l'appareil respiratoire et le cœur ordinairement placé dans son voisinage ; tantôt, et le plus souvent, le manteau forme un repli étendu qui enveloppe le corps entier et étend ainsi sur toute sa surface la protection de la coquille. L'épiderme, séparé du derme par la coquille même, recouvre la face extérieure de celle-ci et y forme parfois une couche écailleuse et comme feutrée que l'on a nommé *drap marin*. Le naturaliste tient à ce que la coquille, entièrement intacte, demeure recouverte de cette production ; mais les conchyliologistes du siècle dernier et leurs prédécesseurs, plus préoccupés de réunir des objets brillants que d'étudier et de comprendre la nature, ont réuni dans leurs collections un grand nombre de coquilles polies à la surface ou décapées au moyen d'un acide pour mettre au jour leurs couches colorées ou nacrées. Lorsqu'on s'occupe de réunir des coquilles pour l'étude, il faut repousser avec soin tout échantillon ainsi mutilé. La structure de la coquille à l'état adulte offre des dispositions remarquables ; on y distingue deux couches, une couche interne formée de lamelles parallèles très-fines, d'un aspect irisé : c'est ce qu'on nomme la *nacre* ; et une couche externe d'une texture fibreuse où se rencontrent les parties colorées de la coquille et qui ne montre aucune irisation. On a reconnu que, dans ces deux couches, le carbonate de chaux est cristallisé, mais ses formes diffèrent de l'une à l'autre. Le mode de formation de la coquille n'est pas encore connu d'une façon satisfaisante.

Les formes es coquilles sont très-variables ; mais on

doit distinguer avant tout trois grandes séries de formes, selon que la coquille produite par un même mollusque est formée d'une seule pièce ou *valve* ou de deux ou de plusieurs : on donne à ces trois séries les noms de *coquilles univalves*, *bivalves* et *multivalves*.

Coquilles multivalves. — Le nombre des espèces de mollusques ayant des coquilles composées de plus de deux valves est très-restreint. Je citerai les *oscabrions* dont les pièces de la coquille sont disposées en série articulée sur le dos de l'animal. Les anatifes, les balanes et les coronules longtemps considérés comme des mollusques à coquilles multivalves, sont véritablement des animaux annelés dont le têt incrusté de calcaire offre seulement avec les coquilles une grande ressemblance.

Coquilles bivalves. — Il ne suffit pas absolument qu'une coquille soit composée de deux pièces pour être considérée comme bivalve. On nomme ainsi, en réalité, les coquilles des mollusques acéphales lamellibranches et celles des mollusques brachiopodes. Les coquilles bivalves sont formées de deux plaques calcaires plus ou moins concaves, recouvrant les côtés du corps de l'animal, unies le long de la ligne médiane dorsale au moyen d'un engrenage de saillies et de cavités (*fig.* 640-*xy*) plus ou moins prononcées, nommé *charnière*, et d'un ligament *k* d'une substance élastique disposé de façon à laisser naturellement les valves entre-bâillées. Un ou plusieurs muscles unissent intérieurement ces deux valves et les rapprochent à la volonté de l'animal, en comprimant le ligament de la charnière. Parfois la forme des deux valves est semblable, comme dans la moule comestible ; plus souvent, comme chez l'huître, l'une des valves est beaucoup

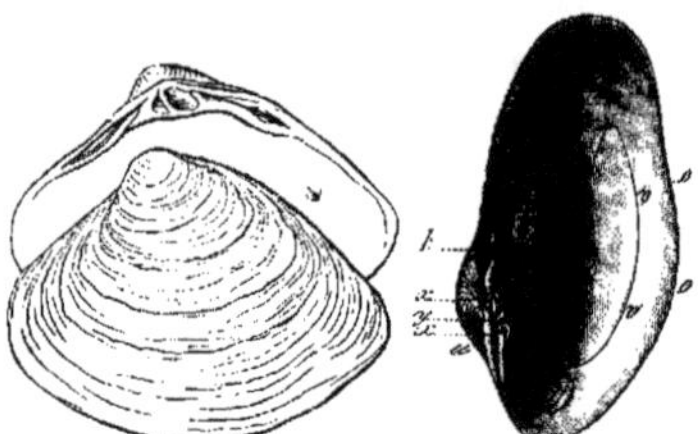

Fig. 639. — Une coquille bivalve,   Fig. 640. — Une valve de la
la Mactre.   coquille d'une Pétricole.

moins concave que l'autre ou même tout à fait plane. D'ailleurs, la forme générale, l'état de la surface externe, tantôt lisse, tantôt striée, granuleuse, hérissée d'épines, etc., varie à l'infini d'une espèce à l'autre. La surface interne lisse et nacrée montre une ou deux empreintes *v* qui sont les points d'attache du muscle ou des muscles qui rapprochaient les valves ; on y distingue aussi des lignes (*ij*) le long desquelles s'attachent les bords musculeux du manteau et les muscles rétracteurs *h* de tubes respiratoires lorsque l'animal est pourvu d'organes de ce genre. La charnière *u*, très-apparente dans beaucoup d'espèces, est peu marquée dans d'autres et parfois même méconnaissable à la première inspection. Dans quelques espèces, on ne trouve pas de ligament élastique dans la charnière. Enfin, dans beaucoup d'espèces à coquilles bivalves, les deux valves peuvent se rapprocher bord à bord sur tout leur pourtour *o* et enfermer complétement l'animal ; mais, dans d'autres, elles ne sauraient se joindre ainsi et laissent toujours visibles ou hors de la coquille quelques parties de l'animal ; quelquefois alors ces parties se recouvrent d'un enduit calcaire ; quelquefois encore, dans les cas de ce genre, une pièce supplémentaire s'ajoute entre les deux valves dans le voisinage de la charnière et la coquille bivalve se compose réellement de trois pièces.

Coquilles univalves. — Les coquilles univalves appartiennent à des mollusques céphalopodes, gastéropodes ou ptéropodes. Composées d'une seule pièce principale, elles ont parfois la forme d'une simple lame, mais, le plus souvent, celle d'un cône surbaissé ou allongé. Lorsque l'espèce de cornet ainsi formé par la coquille a une grande longueur, il s'enroule en spirale plus ou moins allongée elle-même, et, de cette façon, les coquilles univalves offrent, suivant les espèces, des formes bien plus variées que celles des bivalves. On trouve des coquilles univalves en forme de lame chez plusieurs céphalopodes, tels que les seiches; quant aux coquilles univalves coniques, un grand nombre de gastéropodes fossiles et les nautiles, parmi les vivants, en ont de cloisonnées, comme le montre la figure 641, qui représente une coupe de la coquille d'un nautile. Cette disposition dépend de ce que l'animal ne remplit jamais toute sa coquille, mais en habite seulement la partie la plus voisine de l'ouverture;

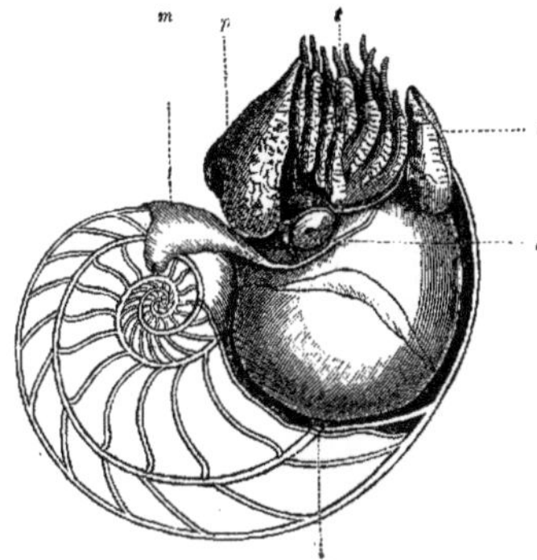

Fig. 641. — Nautile (1).

à mesure qu'il croît, il augmente sa coquille en y ajoutant une nouvelle partie plus évasée dans laquelle il s'installe, et derrière lui il sécrète une lame testacée qui limite sa nouvelle loge. Un ligament l'attache cependant au fond de la coquille même, en passant à travers les cloisons dans un tube nommé siphon. Cette organisation

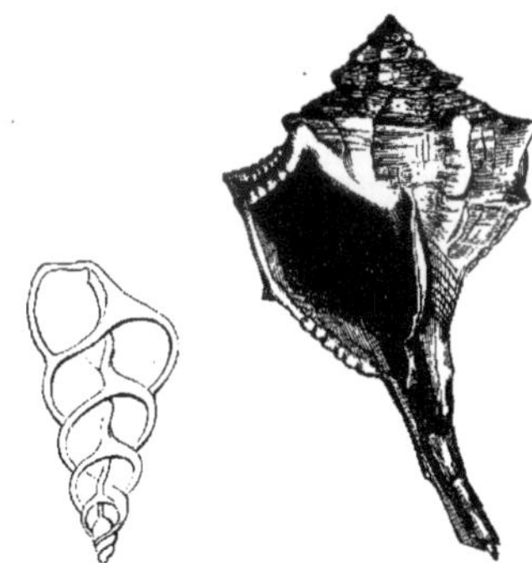

Fig. 642. — Coquille univalve ouverte pour montrer à l'intérieur ses tours de spire.

Fig. 643. — Coquille univalve du rocher épine qui autrefois fournissait la pourpre (long. 0,065).

s'observe parmi les gastéropodes fossiles, entre autres, chez les ammonites, les turrilites, les baculites, etc. Le genre *Argonaute*, parmi les mollusques gastéropodes, nous montre une coquille univalve, enroulée et non cloisonnée.

Les coquilles univalves les plus nombreuses appartiennent aux mollusques gastéropodes; chez eux, elles ne sont jamais cloisonnées. Les unes (patelles, fissurelles) sont conformées en cône surbaissé, comme des chapeaux napolitains; les autres, en majorité, sont enroulées en

(1) Dans cette figure on a représenté la coquille ouverte : — t, les tentacules; — e, l'entonnoir; — p, le pied; — m, portion du manteau; — o, œil; — s, siphon.

spirale ou *turbinées*. L'enroulement a généralement lieu de droite à gauche, et les tours de spire, en s'accolant le long de la ligne idéale suivant laquelle ils se contournent, forment une sorte d'axe solide ou petite colonne que l'on nomme la *columelle*. L'ouverture de la coquille, dont la forme varie prodigieusement, se nomme *la bouche*; la pointe de la spire s'appelle le *sommet*. Les viscères de l'animal remplissent la partie la plus profonde de la coquille, qui peut encore recevoir, dans sa partie la plus extérieure, le reste du corps lorsqu'il se rétracte au moyen des muscles fixés au fond de la coquille. Dans beaucoup d'espèces de gastéropodes à coquille turbinée, la dernière partie du corps qui rentre ainsi dans la coquille porte une plaque dure nommée *opercule*, qui vient fermer exactement la bouche de la coquille, quand l'animal s'y est complétement retiré.

Les renseignements bibliographiques concernant l'étude des coquilles ont été donnés au mot CONCHYLIOLOGIE.

Les coquilles des mollusques ptéropodes sont univalves, généralement peu épaisses et non turbinées (voyez MOLLUSQUES).

Usages des coquilles. — Les coquilles sont employées dans beaucoup de pays à la préparation de la chaux; parce que leur masse est presque entièrement formée de carbonate de chaux. On répand volontiers sur les champs les coquilles d'huîtres avec le fumier dans le voisinage des villes, pour servir d'amendement au moyen de la chaux qu'elles renferment. Certaines coquilles des genres *Porcelaine* et *Casque*, qui, dans l'épaisseur de leur test, renferment des couches de couleurs tranchées, sont employées à la fabrication des camées tendres. Un assez grand nombre de peuples emploient des coquilles comme objets d'ornement. Les matières les plus précieuses que fournissent les coquilles sont les *perles* et la *nacre* (voyez ces deux mots).

COQUILLES FOSSILES. — De tous les débris animaux que l'on trouve à l'état fossile, les restes de coquilles sont certainement les plus nombreux. Leur étude fournit en général d'excellentes indications sur l'origine fluviatile, lacustre ou marine des terrains où on les rencontre; sur les analogies ou les différences d'âge qu'ils peuvent offrir. Les restes fossiles de coquilles sont tantôt les coquilles elles-mêmes, tantôt leur moule intérieur ou extérieur; parfois on a trouvé avec des coquilles fossiles l'empreinte encore reconnaissable des animaux qui les avaient produites. Certains terrains, comme le calcaire coquillier, sont presque uniquement formés d'une agrégation de coquilles unies par un ciment calcaire. Les faluns de la Touraine, en France, sont des dépôts récents de coquilles fossiles mêlés à d'autres débris; leur épaisseur varie de 1 à 15 ou 20 mètres. Aujourd'hui encore se forment des dépôts de ce genre en bien des points du globe.

COQUILLE DE SAINT JACQUES. — Voyez PEIGNE.

COQUILLE DES PEINTRES. — Voyez MILLITE.

COR (Médecine), du latin *cornu*, corne. — Le cor est une petite tumeur épidermique, dure, calleuse, qui survient à la face supérieure des orteils, sur leurs parties latérales, quelquefois à la plante des pieds. Ils reconnaissent, en général, pour cause la compression exercée sur la partie du pied où le cor apparaît, par des chaussures trop étroites ou trop courtes, ou la compression même que les orteils exercent l'un sur l'autre. Les cors sont formés de deux parties distinctes, l'une superficielle, sèche, saillante, qui résulte de la superposition l'une sur l'autre de plusieurs couches d'épiderme; l'autre, placée en dessous et au centre de la première, est d'un aspect corné, demi-transparente; peu à peu elle pénètre, en se développant, à travers le derme, jusqu'aux tendons et même aux os. C'est une sorte d'excroissance intérieure de l'épiderme provenant de ce que le derme, irrité par la compression, exsude en abondance la matière épidermique. Cette partie, souvent nommée, sans raison, la racine du cor, presse les parties molles placées au-dessous et provoque de vives douleurs. L'existence de cette partie caractérise le cor et le distingue du durillon où la partie superficielle existe seule. L'humidité, en gonflant la tumeur épidermique et particulièrement cette partie profonde, augmente notablement les douleurs des cors.

Le traitement des cors peut être palliatif, c'est-à-dire qu'après avoir ramolli le cor au moyen de bains, de cataplasmes ou d'un emplâtre de diachylon, on peut se contenter d'enlever, avec un bistouri ou un canif, la partie exubérante de la tumeur, et même on peut creuser un peu au-dessous du niveau de la peau; mais il faut répéter fréquemment cette petite opération. Il est préférable d'enlever le cor, et on se sert, pour cela, d'une espèce d'aiguille mousse, légèrement aplatie. On sépare avec précaution le tubercule calleux de toutes ses adhérences, sans occasionner d'écoulement de sang ; c'est le procédé des pédicures, et plusieurs d'entre eux ont une habileté remarquable. Enfin, on peut employer, comme dernier moyen, un caustique, tel que la potasse, le beurre d'antimoine, les acides inorganiques ; ces agents ont, à la vérité, produit des cures radicales assez nombreuses, mais, entre des mains inexpérimentées, ils ont occasionné des accidents très-graves, et il ne faut les employer qu'avec une extrême circonspection. Le charlatanisme s'est beaucoup exercé sur la cure des cors et a préconisé une foule de topiques dont il est imprudent de se servir sans savoir s'ils n'offrent pas d'inconvénients ou de dangers.

Cor (Médecine vétérinaire). — C'est une inflammation lente, avec épaississement de la peau, qui résulte de la compression produite par les harnais et s'observe, chez le bœuf, à la partie supérieure du cou ; chez le cheval, à l'encolure, sur les épaules, sur les côtes et partout où les harnais sont appliqués ; ils intéressent plus particulièrement la peau et quelquefois les couches musculaires elles-mêmes. Il peut arriver que les tissus soient mortifiés et qu'il en résulte des eschares épaisses, laissant après leur chute des plaies longues à guérir. Parfois, le cor se complique d'abcès, de carie des os, etc. Dans les cas simples, des pansements avec des corps gras suffisent ; mais quelquefois on est obligé d'enlever les parties mortifiées, de débrider les abcès, d'établir des contre-ouvertures, etc.

F—N.

CORACIAS (Zoologie). — Nom scientifique du genre *Rollier* (Oiseaux). Il a été donné aussi au *Crave*, sous genre du genre *Huppe*, par Brisson, Buffon et Temminck.

CORAIL (Zoologie), du grec *corallion*, corail, qui luimême vient peut-être de *coreô*, j'orne. — Le corail se présente habituellement aux yeux comme une sorte de pierre rouge, qui, lorsqu'elle n'a pas été taillée, imite la forme des branches d'un petit arbrisseau. Il rappelle l'aspect d'une pierre, parce qu'il est, en effet, de nature calcaire ; mais ce n'est point un minéral ni même une production végétale, comme sa forme arborescente l'a longtemps fait croire. Le corail est la dépouille solide d'une agrégation de polypes, animaux sous-marins dont la vie en commun sous une peau commune est un des faits les plus singuliers de la création, mais caractérise tout un groupe de zoophytes, les *Polypes à polypiers* de Cuvier.

L'animal qui produit le *corail* est nommé, par les zoologistes, *Corail du commerce* (*Isis nobilis*, Lin. ; *Corallium rubrum*, Lamk), tribu des *Lithophytes*, famille des *Polypes corticaux*, ordre des *Polypes à polypiers* de Cuvier. C'est un petit zoophyte de couleur blanche, long de $0^m,002$ environ, dont le corps est un cylindre membraneux contractile terminé supérieurement par une rosette de huit tentacules frangés sur leurs bords et semblables aux pétales d'une fleur ; au centre de cette rosette est la bouche de l'animal.

Fig. 844. — Polype du Corail.

Ce polype ne vit pas isolé, mais bien soudé sous une peau commune avec des centaines ou des milliers d'animaux de son espèce, comme on le voit dans la figure 845. Ces aggrégations arborescentes sont soutenues par un dépôt calcaire rouge qui remplit complètement le tronc et les branches de leur peau commune et présente au niveau de chacun des polypes une petite loge où l'animal peut se retirer en contractant tout son corps ; on n'aperçoit plus alors à la surface du rameau de corail qu'un tubercule blanc là où s'épanouissait, quelques instants avant, l'animal. Dans un travail tout récent, M. Lacaze-Duthiers a constaté que, parmi ces polypes du corail, les uns sont mâles, les autres femelles, quelques-uns réunissent ces deux qualités. Le corps de ces petits êtres contient une cavité digestive, et c'est dans cette cavité que s'opère, assure-t-on, l'incubation des œufs. Ceux-ci sont de petits corps sphériques qui, rejetés par la bouche de leur mère, se transforment bientôt en petits vers blancs. Ces petits vers nagent quelque temps avec agilité, puis se fixent sur un corps sous-marin

y adhérant, s'étendent par leur base, et chacun d'eux devient l'origine d'une aggrégation de polypes dont le nombre s'accroît par bourgeonnement. A mesure que cet accroissement a lieu, la tige commune et les branches augmentent de longueur et de diamètre, et le dépôt calcaire

Fig. 845. — Branche de corail.

qui les soutient augmente en même temps. Ce dépôt est formé de couches concentriquement superposées ; chaque couche est une accumulation régulière de granules calcaires d'autant plus serrés qu'on s'approche plus du centre ; c'est lui qui constitue le corail employé comme ornement. Dans l'état frais, il est recouvert de la peau commune des polypes, qui forme une couche gélatineuse de couleur orangée ; quand le corail s'est desséché hors de l'eau, cette couche externe membraneuse se détache comme une sorte d'écorce friable. On pense qu'il faut dix années pour achever l'accroissement du corail ; chaque aggrégation représente alors un arbrisseau d'un beau rouge orangé élevé de $0^m,50$, fixé par une base élargie et qui, à certains moments, semble se couvrir d'une multitude de fleurs blanches (les polypes épanouis), puis semble perdre brusquement cette parure éclatante, lorsque les polypes se contractent simultanément par suite de l'agitation de l'eau ambiante. Le corail vit exclusivement dans la mer Méditerranée et spécialement sur les côtes de l'Algérie, devant Oran, La Calle et Bône, dans le détroit de Messine et aux environs, sur la côte de Naples, dans les eaux de Marseille et dans divers endroits de l'archipel grec. On le trouve à une profondeur de 25 à 30 mètres au-dessous du niveau de la mer. Donati, Marsigli, Cavolini ont fait des observations desquelles il résulte que les fragments de corail détachés du buisson principal ont une vitalité énergique et se soudent volontiers sur quelques corps fixes pour y continuer leur développement et former de nouveaux troncs, à la manière des boutures de végétaux ; ils affirment que les objets plongés dans la mer au voisinage des bancs coralliens s'y couvrent de corail en quelque mois.

La couleur du corail n'est pas toujours la même ; on en trouve de blanc et on observe sur certaines branches toutes les nuances intermédiaires de rose et de rouge pâle. Le commerce distingue, à cause de ces variations de couleur, le corail *rouge*, dont les qualités différentes sont nommées coraux *écumes de sang*, *fleurs de sang* ; puis le corail *vermeil*, le corail *blanc clair* ou *terne*. Selon les caprices de la mode, chacune de ces variétés est tour à tour en vogue chez les Européens ; dans les pays chauds, le plus beau rouge conserve la plus grande valeur. Le chlore n'attaque pas la couleur du corail, l'acide sulfhydrique le noircit. Le corail se dissout seulement dans les acides minéraux ; on le regarde comme formé de carbonate de chaux avec des traces de magnésie et de sulfate de chaux ; la matière colorante a pour principe l'oxyde de fer.

La pêche du corail est faite, par les Italiens et les Espagnols, sur les côtes d'Italie et d'Algérie, et par les Grecs sur les côtes de l'archipel. Les marins français, depuis le milieu du xvie siècle, ont eu le privilége de faire cette pêche à La Calle, en Algérie, et sur les côtes de ce littoral, et la matière première recueillie par eux était travaillée à Marseille avec une véritable supériorité. Mais la période révolutionnaire et les guerres de l'empire ont rompu cette tradition que tous les efforts de nos gouvernements, depuis vingt-cinq ans, n'ont pu parvenir à renouer. La mise en œuvre du corail a disparu de Marseille et le corail même de nos côtes de Provence est aussi bien que le corail algérien pêché par nos voisins. C'est aujourd'hui à Naples, en Sicile, dans l'ancienne Toscane, en Catalogne, que le corail est taillé et monté ; de là, il est expédié dans le Levant, puis il parvient en Perse, dans l'Inde et jusqu'en Chine. En 1860, 204 bateaux corailleurs, dont 121 napolitains, 28 toscans, 3 sardes, 26 espagnols et 26 français, ont recueilli sur nos côtes algériennes 29,881 kil. de corail valant 1,448,950 francs ; La Calle et Bône ensemble en avaient fourni, dans ce nombre, 28,437 kil. Les engins de cette pêche sont peu compliqués, et l'armement d'un bateau ne revient qu'à 6,000 francs. C'est surtout en été que la pêche se pratique, et on y emploie un instrument nommé *salabre* par les Marseillais ; c'est une croix de bois à branches égales entourée d'étoupes, chargée d'une grosse pierre ou boulet à son milieu ; à chacune des branches de la croix est fixé un filet en forme de bourse ; une corde attachée à l'entre croisement des branches permet de promener cette espèce de drague sur les bancs coralliens ; les fragments détachés dans cette manœuvre sont ramenés par les filets lorsqu'on retire la salabre. Ce procédé grossier dévaste les bancs en les exploitant. En Sicile, déjà du temps de Spallanzani, la pêche du corail était par un règlement partagée sur la côte en coupes décennales et il était rigoureusement interdit de pêcher ailleurs que dans les lieux assignés pour chaque année. On se procure aussi le corail par des plongeurs ; ce procédé, peu productif, est plus répandu chez les Grecs que chez les Italiens ou les Espagnols.

Pour l'histoire du corail, les meilleurs ouvrages à consulter sont ceux de Donati (*Histoire de la mer Adriatique*), Marsigli (*Histoire maritime*), Cavolini (*Mémoire pour servir à l'histoire des polypes maritimes*), Peyssonnel (*Traité du corail*, manuscrit du Museum de Paris, analysé par M. Flourens, en 1838, dans le *Journal des savants* et dans les *Annales des sciences naturelles*), Lacaze-Duthiers (*Rapport à S. Exc. le ministre de la guerre* et *Compte rendu de l'Académie des sciences*, 1862). Longtemps regardé comme un minéral, puis comme une plante, le corail fut véritablement connu dans la seconde moitié du siècle dernier par Peyssonnel, qui rencontra d'abord des difficultés à faire accepter ses idées sur la nature animale de cette curieuse production. Ab. F.

CORAIL (Zoologie), *Anguis rouge*, Lacép. — Petit serpent de Cayenne ; il passe pour très-venimeux.

CORAIL DES JARDINS (Botanique). — Voyez PIMENT.

CORALINE ou CORALLINE (Botanique), de son analogie avec le corail. — Espèce d'*Algues* du groupe des *Céramiaires*. Elle appartient au genre *Griffithsia* d'Agardh. C'est le *G. corallina*, Ag. (*Conferva corallinoïdes*, Lin. ; *C. corallina*, Dillw. ; *Ceramium corallinum*, Bory de Saint-Vincent). Cette plante, qui se trouve sur les côtes de France, forme une touffe haute de 0^m,10 à 0^m,15. Ses frondes (feuillage) se divisent dès la base en rameaux dichotomes dont l'extrémité est presque toujours bifurquée, obtuse et comme tronquée au sommet. A l'état frais, cette espèce est remplie d'un suc pourpre qui lui donne un aspect charnu et translucide et laisse peu apercevoir ses articulations ; la surface en est douce et comme recouverte d'un liquide onctueux. Un peu flétrie, la coraline devient moins charnue et prend une teinte rose ; ses articulations paraissent étranglées ; ses articles sont élargis au sommet et rétrécis à leur base. Les conceptacles sont pédicellés et placés à la partie inférieure des rameaux. La coraline adhère fortement au papier sur lequel on la prépare pour la conserver dans les collections. On la trouve communément rejetée sur le rivage, surtout après des coups de vent.

Pour connaître les coralines, il conviendra de consulter les travaux de M. Kützing (*Ueber die polyp. caleif. de Lamouroux*) et de M. Decaisne (*Mémoire sur les coralines. Ann. sc. nat.*, 1842). G — s.

CORAL-RAG (Géologie). — Les Anglais ont donné ce nom à un groupe de calcaires oolitiques, composés en

général de couches de coraux pétrifiés, dans la position qu'ils avaient sous les eaux de la mer au moment de leur développement. Ils ont cela de remarquable qu'ils présentent de grandes analogies avec les polypiers madréporiques des récifs de l'océan Pacifique. On y rencontre surtout les genres *Thecosmilia*, *Thamnastræa*, etc. Les géologues français nomment ces mêmes couches *calcaires à polypiers*, *calcaires coralliens*.

CORAUX (Zoologie). — Voyez POLYPE.

CORAX (Zoologie). — Voyez Corbeau.

CORB, CORBEAU (Zoologie), *Corvina*, Cuv. — Genre de *Poissons acanthoptérygiens* de la famille des *Sciénoïdes*. Ils se distinguent des autres genres de cette famille par des dents en velours et l'absence de canines et de barbillons, et diffèrent d'ailleurs des maigres et des otolithes par leur grosseur bien moindre et par la force de leur deuxième épine anale. L'espèce la plus intéressante pour nous est le *C. noir* (*C. nigra*, *Sciæna nigra*, Gmel.), ainsi nommé à cause du beau noir dont il est paré à certaines époques et dans divers lieux. Il est d'ailleurs d'un brun argenté, avec les ventrales et l'anale noires. C'est un des poissons les plus communs de la Méditerranée et de l'Adriatique, d'où il remonte dans les fleuves. Il parvient à la taille de 0^m,75. Sa chair est délicate, surtout lorsqu'il est pêché à l'embouchure des rivières, où il vient souvent en troupes plus ou moins nombreuses.

CORBEAU (Zoologie), du latin *corvus*. — Nom d'un oiseau très-commun en Europe, et qui sert de type au genre *Corbeau* (*Corvus*, Cuv.) et à la tribu des *Corvidés* (ancien genre *Corvus*, de Linné), famille des *Conirostres*, ordre des *Passereaux*. Le genre *Corbeau* renferme des passereaux conirostres de grande taille, par rapport aux oiseaux de cet ordre et même aux autres corvidés ; leur bec est aussi plus fort, bombé à sa base, et la mandibule supérieure plus arquée est pourvue d'une arête médiane en dessus, et a les bords tranchants ; les

Fig. 646. — Tête de Corbeau commun (1/3 de grand. naturelle).

narines sont abritées par des plumes roides dirigées en avant ; la queue est ronde ou carrée ; leurs pieds sont forts et mieux faits pour saisir les branches que pour marcher ; leurs ailes longues et pointues se terminent en arrière vers le bout de la queue ou au delà. Les espèces de ce genre ont des mœurs assez analogues entre elles.

Le *C. commun* ou *Grand Corbeau* (*C. corax*, Lin.) est un oiseau tout noir, de la taille d'un coq de moyenne force ; c'est le plus gros des oiseaux passereaux de l'Europe. Contrairement aux habitudes sociables de la plupart des espèces de ce genre, le corbeau vit solitaire avec sa femelle, au sommet des arbres les plus hauts ou sur des rocs escarpés. Il y établit un nid très-grand, formé extérieurement de rameaux et de racines d'arbrisseaux, tapissé intérieurement de mousse ou de bourre. Vers le mois de mars, en Europe, la femelle y pond cinq ou six œufs verdâtres, irrégulièrement tachetés de brun, longs de 0^m,045 et larges de 0^m,03 environ. L'incubation dure vingt jours et le mâle en partage les soins avec sa femelle. Les petits naissent couverts d'un duvet blanchâtre ; vers le mois de mai, ils quittent le nid, mais leurs parents s'occupent encore tout l'été de venir en aide à leurs besoins. Les couples de corbeaux se conservent d'année en année une grande fidélité ; on a vu des corbeaux demeurer trente ans et plus avec la même femelle. On prétend que leur vie est fort longue et peut dépasser un siècle. Du reste, ces sombres ménages ne souffrent pas dans leur voisinage d'autres animaux de leur espèce, fussent-ils sortis de leur sang, ou même des animaux d'espèces voisines, comme les corneilles ; ils les chassent impitoyablement de leur canton. Les corbeaux se nourrissent de fruits de toute espèce et de petits animaux ; hardis, cruels et voraces, ils viennent jusque dans les basses-cours enlever les volailles, et disputent impudemment les morceaux de viande aux chiens et aux chats. Mais ils sont surtout avides de la chair des cadavres que la finesse extrême de leur odorat leur fait sentir de fort loin. Ils conservent de cette pâture immonde une odeur fétide qui, jointe à leur plumage noir, à leur croassement lugubre, a inspiré pour eux une sorte de répulsion superstitieuse. Le corbeau est essentiellement, dans les préjugés populaires, l'oiseau de mauvais présage ; les anciens, qui l'avaient consacré à Apollon, l'observaient avec soin pour trouver dans son vol, dans ses cris, des indices de l'avenir. Ce qui est plus vrai, c'est que son vol moins élevé, plus inquiet, certains cris qu'il pousse, annoncent le mauvais temps. La chair du corbeau est mauvaise ; les Juifs la tenaient pour impure. Cet oiseau, fin, rusé et méfiant, est d'ailleurs assez intelligent pour s'apprivoiser sans peine et se prêter à recevoir une certaine éducation ; en domesticité comme en liberté, il aime les lieux qu'il habite et ne s'en éloigne jamais que pour y revenir. Il reconnaît les personnes qui vivent autour de lui, et l'on réussit assez facilement à lui faire articuler quelques mots. Il reste néanmoins avide et glouton ; laissé libre dans les basses-cours, il dévore les jeunes poulets. Il a, comme les pies, la manie de mettre en réserve une foule d'objets de tous genres, et surtout ceux qui brillent.

Le corbeau n'émigre jamais de nos pays, bien que son vol soit élevé et puissant ; mais les individus de son espèce sont répandus à l'état sédentaire dans toutes les parties du monde. Dans le Nord, le plumage des corbeaux est souvent mêlé de blanc.

Le corbeau et les oiseaux du même genre sont très-difficiles à chasser, à cause de leur défiance et de leur vol élevé.

La *Corneille* (*C. corone*, Lin.) (voyez CORNEILLE). Le *C. mantelé* ou *Corneille mantelée* (*C. cornix*, Lin.), un peu plus gros que la corneille, a le corps cendré, la tête, les ailes et la queue noires ; il habite la Sibérie et le nord de l'Europe. Cet oiseau est aussi connu sous les noms vulgaires de *Meunière*, *Jacobine*. Le *Freux* ou *Frayonne* (*C. frugilagus*, Lin.) (voyez FREUX). Le *Choucas* (*C. monedula*, Lin.) (voyez CHOUCAS).

CORBEAU AQUATIQUE. — Oiseau du genre *Ibis*.

CORBEAU BLANC, le *Vautour papa* ou *Irub*. — CORBEAU BLEU, le *Rollier*. — CORBEAU CHAUVE, le *Coracine* et le *Pyrrhocorax*. — CORBEAU NU, la *Coracine*.

CORBEAU DES CLOCHERS, c'est le *Choucas*.

CORBEAU DE MER, on nomme ainsi le *Grand Cormoran*.

CORBEAU DE NUIT, la *Hulotte* et l'*Engoulevent*.

CORBEAU RHINOCÉROS, CORBEAU CORNU, le *Calao rhinocéros*.   AD. F.

CORBEILLE D'ARGENT (Botanique). — Nom vulgaire donné à l'*Ibéride toujours verte*, *Tlaspi blanc vivace* (*Iberis sempervirens*, Lin.), de la famille des *Crucifères*. C'est une espèce très-répandue ; on en fait des bordures qui se couvrent entièrement de fleurs blanches, d'où leur vient le nom de *Corbeilles d'argent*.

CORBEILLE D'OR (Botanique). — On a donné ce nom à l'*Alysse saxatile*, vulgairement *Tlaspi jaune* (*Alyssum saxatile*, Lin.), famille des *Crucifères* (voyez ALYSSE).

CORBIVAU (Zoologie). — C'est le *Corvus albicollis*, de Latham ; il appartient au genre *Corbeau*, et se distingue par la forme comprimée de son bec à dos élevé et tranchant.

CORBULE (Zoologie), *Corbula*, Brug. — Genre de *Mollusques acéphales*, de l'ordre des *Testacés*, famille des *Cardiacés*, établi d'abord par Bruguières, adopté par Lamarck. Ce sont de petites coquilles marines bivalves, dont le test est épais ; leur charnière consiste dans une forte dent à chaque valve, au milieu, s'engrenant à côté de celle de la valve opposée ; du reste, les valves sont rarement bien égales. Les corbules vivent enfoncées perpendiculairement dans le sable ou la vase. Elles ont des siphons très-courts. Duvernoy et M. Valenciennes ont constaté que les animaux du genre *Corbule* n'ont qu'un seul feuillet branchial au lieu de deux, de chaque côté du pied. Ce genre, peu considérable autrefois, est devenu très-nombreux. On y compte plus de cent espèces dont plus de la moitié sont fossiles. Parmi ces dernières, plusieurs se trouvent dans les environs de Paris, et surtout à Grignon, parmi les dépôts tertiaires.

CORBULÉES (Zoologie). — Lamarck a proposé l'établissement de cette famille pour les deux genres *Corbule* et *Pandou*, près des Mactracées ; mais elle ne figure pas dans le *Règne animal* et n'a pas été généralement admise.

CORCELET. — Voyez CORSELET.

CORCHORE ou CORRÈTE (Botanique), *Corchorus*, Lin., du grec *corchoros*, dérivé de *kored*, je purge. Nom donné à cause des propriétés laxatives d'une espèce potagère et adoucissante de ce genre. — Genre de plantes de la famille des *Tiliacées*. Ce genre, qu'on désigne vulgairement sous le nom de *Corrète*, comprend des espèces toutes exotiques. La *C. potagère* (*C. olitorius*, Lin.) est nommée aussi *Mauve de juif*, du nom *Olus judaicum* que lui donnaient les botanistes du moyen âge, parce que les Juifs ont été les premiers à l'employer. C'est une plante annuelle, lisse, à feuilles dentelées, à fleurs d'un jaune orangé. Elle est originaire des Indes. On la cultive en Syrie pour l'alimentation, et elle entre dans la préparation de certains potages. La *C. velue* (*C. hirsutus*, Lin. ; *C. frutescens*, Lamk) est un arbrisseau laineux, de l'Amérique méridionale. La *C. capsulaire* (*C. capsularis*, Lin.) vient dans les Indes orientales. Les Chinois en tirent une sorte de filasse. Caractères du genre : calice caduc à 5 sépales ; 5 pétales ; étamines indéfinies ; stigmates sessiles, au nombre de 2-5 ; le fruit est une capsule en forme de silique, quelquefois globuleuse, à 2-6 loges s'ouvrant en autant de valves.   G—g.

CORDAGE (Technologie). — Nom générique de toutes les cordes qui servent au gréement et à la manœuvre des navires, au jeu des machines, à l'élévation et à la traction des fardeaux.

Toutes les matières filamenteuses peuvent être employées à la fabrication des cordages, telles sont le *phormium tenax*, l'*aloès*, les fibres de coco, le coton, le lin, le chanvre. La résistance du cordage sera en rapport avec la ténacité et l'élasticité des filaments employés. Sous ce rapport, le chanvre tient le premier rang, et comme cette plante réussit bien en France, particulièrement dans le nord, elle y est à peu près exclusivement employée à cet usage.

La fabrication des cordages comprend deux séries d'opérations principales : 1° la *filature*, qui a pour objet de réunir les matières filamenteuses aussi également que possible en les faisant adhérer par une torsion suffisante pour que les fibres rompent plutôt que de glisser les unes sur les autres ; le fil ainsi obtenu s'appelle *fil de caret* ; 2° le *commétage*, qui a pour objet de réunir les fils de caret en nombre convenable en rapport avec la résistance qu'on veut donner au câble.

1° *Filature*. — La filature se fait encore presque toujours à la main. Les outils qu'y emploie le cordier sont très-simples : ils se composent d'une roue qu'un aide meut à la main, de crochets que la roue fait tourner au moyen d'une corde sans fin, de râteliers destinés à supporter le fil, enfin de dévidoirs ou tourets servant à enrouler le caret quand il est fabriqué.

Le cordier s'étant mis autour de la ceinture une quantité convenable de chanvre bien peigné ou filasse, en prend un certain nombre de brins dont il accroche l'extrémité à un crochet que la roue fait tourner ; puis, marchant en arrière, il cède de la main droite la quantité de chanvre suffisante quel il serre ce fil un peu en avant au moyen d'une lisière appelée *paumelle*. La torsion est ainsi suspendue au besoin le temps nécessaire pour que le cordier ait le temps de disposer son chanvre convenablement. Lorsqu'il a filé une longueur de caret en rapport avec celle du chantier sur lequel il travaille, il l'enroule sur le tour, et si cette longueur n'est pas suffisante pour la longueur du cordage, il en file une seconde, une troisième et réunit les bouts au moyen de filaments non tordus qui restent à leurs extrémités.

Un bon fileur doit faire dans sa journée de 35 à 40 kil. de caret ; le déchet varie de 4 à 10 p. 100 suivant la qualité des chanvres. C'est sur ce caret qu'on effectue le goudronnage pour les cordages destinés à la marine. A cet effet le fil d'un touret est renvidé sur un autre en passant dans une chaudière pleine de goudron chaud, puis sur une corde de crin inclinée sur laquelle il fait deux ou trois tours et où il se débarrasse du goudron en excès. Le goudronnage diminue un peu la résistance du cordage qu'il préserve ; aussi, dans les cordages destinés aux manœuvres dormantes, se contente-t-on de goudronner les câbles à leur surface. Cet enduit protège suffisamment tant qu'il n'est pas fendu par les mouvements de flexion imprimés au câble.

2° *Commétage des fils*. — Pour les cordes fines, le rouet du cordier suffit au commétage. Les fils sont attachés de nouveau aux crochets qui ont servi à leur fabrication, tendus sur une longueur convenable parallèlement entre eux au nombre de deux ou trois, puis attachés ensemble, par leur extrémité opposée, à un autre crochet appelé *émérillon*, mobile autour de son axe. En tordant les fils au moyen des crochets dans le sens de leur torsion primitive, ils tendent à se *détordre* par leur extrémité opposée en faisant tourner l'*émérillon* sur lui-même ; mais ce dernier mouvement enroule les fils l'un sur l'autre et produit la corde. Pour rendre ce cordelage régulier, le cordier sépare les brins les uns des autres au moyen d'un *toupin* ou cône tronqué en bois sur lequel sont creusées à des intervalles réguliers deux rigoles pour les cordes à deux brins, trois rigoles pour les cordes à trois brins. Le toupin est d'abord placé près de l'émérillon ; le cordier le fait ensuite marcher régulièrement, et à mesure que les brins le quittent, ils s'enroulent l'un sur l'autre. La corde ainsi formée ne tend nullement à se défaire, parce que le mouvement qui aurait pour effet de dérouler les brins aurait en même temps pour effet d'augmenter la torsion de ceux-ci, ce à quoi leur élasticité fait obstacle. Il faut donc que l'on détorde les brins en même temps qu'on veut les dérouler. Cependant, à mesure que la corde vieillit, les filaments perdent leur pli, leur tension diminue et le décordelage devient plus facile.

Le commétage des fils les raccourcit beaucoup ; on doit donc leur donner toujours plus de longueur qu'à la corde que l'on veut fabriquer, et l'émérillon est porté par un chariot plus ou moins pesant qui se rapproche peu à peu du rouet, tout en tendant suffisamment les fils.

Les cordes formées de deux brins s'appellent *bitords,* celles à trois brins *merlins;* l'une et l'autre prennent le nom générique de *aussières* quand on les emploie à leur tour à la fabrication des cordages.

En tordant les aussières par le même procédé que les fils de caret, on forme des *grelins,* qui deviennent des *câbles* quand ils sont d'une grosseur suffisante. Pour les grelins et les câbles, il faut remplacer le rouet du cordier par des tours d'une force plus grande et appropriée à l'ouvrage exécuté.

Filature mécanique. — On a essayé de substituer les machines à la main de l'homme dans la filature des carets ; ces machines, analogues à celles qui sont employées dans les filatures de coton, laine ou lin et autres textiles, ont donné d'assez bons résultats, et cependant elles ne semblent guère devoir se généraliser. C'est que, outre les difficultés que l'on éprouve à obtenir des fils aussi lisses qu'à la main, la façon qu'il s'agit de donner au chanvre n'est pas d'un prix assez élevé pour compenser des frais de transport auxquels donnerait lieu une fabrication en grand comme l'exigerait l'emploi des machines. Il n'en est plus de même du commétage des fils et surtout du commétage des aussières destinées aux gros cordages. L'emploi des machines devient ici très-avantageux en ce qu'il donne au travail une régularité très-grande, permet d'y employer des forces d'un prix peu élevé et d'obtenir des cordages d'une longueur presque indéfinie dans un emplacement limité. Aussi sont-elles employées dans les grands ateliers de corderies de nos ports. Bien que compliquées dans leurs détails, leur disposition générale est assez facile à concevoir.

On y observe toujours un arbre en fer vertical mobile au moyen de deux roues d'angle. Cet arbre porte deux plateaux sur lesquels sont montés deux cadres garnis chacun d'une bobine transversale contenant un des fils ou une des aussières. L'axe de chaque cadre porte, en outre, une roue dentée, qui par un engrenage extérieur détermine son propre mouvement de rotation, par suite du transport du cadre. Il résulte de cette disposition qu'en imprimant à l'arbre central un mouvement de rotation sur lui-même, les cadres sont emportés dans ce mouvement et qu'en outre de ce mouvement, ils tournent encore sur eux-mêmes avec une vitesse dépendant du rapport des diamètres des roues dentées. Les fils ou aussières sont donc tordus et en même temps enroulés l'un sur l'autre après avoir quitté le toupin fixé à l'extrémité de l'arbre central.

La corde qui se trouve ainsi formée passe sur une poulie qui lui sert de guide, puis de là au dévidoir.

Les câbles de fils de fer se fabriquent à l'aide d'un appareil du même genre. (M. D.)

CORDE (Géométrie). — Droite qui joint les extrémités d'un arc de cercle (voyez Arc). Il existe pour les cordes d'un cercle différentes propriétés, dont voici les principales :

Le diamètre est la plus grande corde que l'on puisse mener dans un cercle.

Dans une même circonférence, des cordes égales sous-tendent des arcs égaux.

Dans une même circonférence, de deux cordes *inégales* la plus grande sous-tend le plus grand arc pourvu que les arcs soient moindres qu'une demi-circonférence.

La perpendiculaire abaissée du centre sur une corde la partage en deux parties égales ; et réciproquement toute perpendiculaire menée par le milieu d'une corde passe par le centre.

Dans une même circonférence, deux cordes égales sont à la même distance du centre, et de deux cordes inégales la plus grande en est la plus rapprochée.

Deux cordes parallèles interceptent des arcs égaux, etc.

CORDE (Métrologie). — Ancienne mesure pour le bois de chauffage. On distinguait principalement 1° la *corde des eaux et forêts* ou d'*ordonnance,* valant 2 voies, formée en empilant des bûches de manière à obtenir un tas ayant 8 pieds de couche et 4 de hauteur, les bûches ayant en longueur 3 pieds 6 pouces ; 2° la *corde de grand bois,* ayant 8 pieds de couche, 4 pieds de hauteur et les bûches ayant 4 pieds ; 3° la *corde de port,* ayant 8 pieds de couche et 5 de hauteur, les bûches ayant 3 pieds 6 pouces.

CORDE du tympan ou du tambour (Anatomie). — On désigne sous ce nom un filet nerveux, que la portion dure de la septième paire de nerfs fournit pendant son trajet dans l'aqueduc de Fallope ; il pénètre dans la caisse du tympan, à peu de distance du trou stylo-mastoïdien, la traverse et en sort par la scissure de Glaser.

CORDES VOCALES (Anatomie). — On appelle ainsi les ligaments inférieurs de la glotte ; ils sont constitués par les ligaments thyro-aryténoïdiens, et sont situés à droite et à gauche du *larynx* (voyez Larynx).

CORDIA (Botanique), du nom de *Cordius,* ancien botaniste allemand. — Voyez Sébestier.

CORDIAL (Médecine), du latin *cor,* cœur. — On donne ce nom à une classe de médicaments auxquels on attribue la propriété d'augmenter l'action vitale du cœur et de l'estomac, et par là la chaleur générale du corps. Tels sont plus particulièrement les excitants et les diffusibles, parmi lesquels on doit citer de préférence les substances végétales aromatiques, les huiles essentielles et les eaux distillées de ces plantes ; les eaux de mélisse, de Cologne, les vins généreux, la cannelle, le polygala de Virginie, la vanille, le girofle, etc., et les différents composés de ces substances.

CORDIÉRITE (Minéralogie), du nom de *Cordier,* géologue français. — Connu aussi sous les noms d'*iolite,* de *dichroïte,* ce minéral a pour propriété distinctive le *dichroïsme :* il paraît d'un beau bleu dans la direction de l'axe et d'un gris jaunâtre dans un sens perpendiculaire à cet axe. La variété qui offre ce phénomène au plus haut degré est celle que les joailliers appellent *saphir d'eau.* La cordiérite raye légèrement le quartz. Sa densité varie de 2,56 à 2,66. La couleur bleue qui est quelquefois très-faible, l'éclat, la cassure, la font souvent confondre avec le quartz. Considérée chimiquement, c'est un silicate double d'alumine et de magnésie (rapport de l'oxygène, de l'acide et des deux bases 3, 3, 1). Au chalumeau, ce minéral fond en un verre tout semblable à la pierre même. Il cristallise dans le système du prisme droit à base rhombe, sous l'angle de 120° 10'. Dans la bijouterie, on taille la cordiérite et on l'emploie comme le saphir. Lef.

CORDIFORME (Zoologie), du latin *cor,* cœur, et *forma,* forme. — On désigne ainsi les parties ou les corps qui offrent la forme d'un cœur. Cela s'applique surtout aux feuilles.

CORDON OMBILICAL (Zoologie). — Avant leur naissance, les petits des mammifères sont unis à la mère qui les porte dans son sein, par un faisceau de vaisseaux au moyen desquels le sang du petit va sans cesse se revivifier au contact de celui de la mère. C'est ainsi que se fait dans le sein des femelles de mammifères une sorte d'incubation intérieure où le jeune animal reçoit à tout instant la vie du sang maternel.

CORDON OMBILICAL (Botanique). — On appelle ainsi un prolongement du *placenta,* formé de vaisseaux unissant la graine à l'ovaire et servant à conduire la nourriture à l'embryon. On désigne plus souvent cet organe sous le nom de *funicule.* L.-C. Richard l'a nommé *podosperme.* Le cordon ombilical est ordinairement assez court, comme dans le haricot, le genêt, le ricin. Dans quelques magnoliers, il offre une longueur remarquable. A la maturité des fruits de ces végétaux, les graines d'un rouge corail pendent en dehors, attachées à l'extrémité d'un cordon ombilical qui a plus de 0ᵐ,02 de longueur. Dans le pavot, les primevères, etc., les graines sont sessiles, c'est-à-dire que le funicule ne se distingue pas. Le cordon ombilical est *filiforme* dans la giroflée, le groseillier à maquereau, *urciné* ou *en crochet* dans l'acanthe, la justicie, etc. ; enfin, il est dit *pappiforme* quand il est formé de filets soyeux réunis en aigrette, comme dans les asclépias. — On nomme *cordon pistillaire* l'assemblage de plusieurs vaisseaux qui transmettent l'émanation pollinique du style dans les ovules. G—s.

CORDON SANITAIRE (Hygiène), du latin *sanitas,* santé. — Lorsqu'un pays est devenu le foyer d'une épidémie, les pays voisins s'efforcent de se préserver de la propagation du mal en mettant obstacle à toute communication avec la contrée infectée; on va souvent jusqu'à établir dans ce but une ligne de postes militaires sur la frontière, et c'est là ce qu'on nomme un *cordon sanitaire*.

CORDYLE (Zoologie), du grec *kordyle*, massue. — Cuvier a nommé *Cordyle (Cordylus)* un genre de *Reptiles* de l'ordre des *Sauriens*, famille des *Iguaniens*, section des *Agamiens*, groupe des *Stellions*: Linné avait confondu sous le nom de *Lacerta cordylus* les espèces de ce genre, toutes originaires du cap de Bonne-Espérance. On les distingue par de grandes écailles disposées en rangées transversales sur la queue, le ventre et le dos; parfois, celles de la queue sont épineuses; la partie supérieure de la tête est couverte de plaques épidermiques, comme celle des lézards. Une ligne de très-grands pores sur les cuisses. Merrem a donné au genre *Cordyle* le nom de *Zonure*.

CORÉOPSIS (Botanique), du grec *koris*, punaise, et *opsis*, figure; allusion aux fruits de la plante, qui, munis d'un bord membraneux, présentent 2 arêtes simulant l'apparence d'un insecte. — Genre de plantes de la famille des *Composées*, tribu des *Sénécionidées*, sous-tribu des *Hélianthées*. Les espèces de ce genre sont des herbes à capitules solitaires composés de fleurs jaunes. Elles appartiennent, en général, à l'Amérique septentrionale et servent à l'ornement des jardins. Le *C. des teinturiers* (C. *tinctoria*, Nutt.; *Calliopsis tinctoria*, de Cand.) est une plante annuelle, à feuilles très-profondément découpées; ses fleurs ligulées sont trifides, plus longues que les écailles intérieures de l'involucre. Cette charmante espèce fleurit depuis l'été jusqu'à l'arrière-saison, et même jusqu'à l'entrée de l'hiver. Une variété à ligules brunes, bordées de jaune, est souvent cultivée dans les jardins. Caractères du genre : capitules présentant à la circonférence 8 fleurs ligulées, neutres, et au centre des fleurs hermaphrodites; réceptacle garni de paillettes; akènes à bords ailés, terminés par deux dents ou par un petit disque.   G—s.

CORÈTE du Japon (Botanique), *Kerria*, de Cand., du nom de Bellenden Ker, botaniste anglais. — Genre de plantes de la famille des *Spiréacées*. Les Corètes sont des sous-arbrisseaux à feuilles alternes ovales-lancéolées. — On cultive, comme plante d'ornement dans nos jardins, le *C. du Japon* (*K. japonica*, de Cand.), connu sous les noms vulgaires de *Corète* et de *Corchorus*; cette plante s'élève à 1ᵐ,50 et porte de belles fleurs jaunes, que la culture rend facilement pleines et qui ressemblent à de petites roses. Il ne faut pas confondre cette plante avec les vrais Corchorus ou Corètes, de la famille des Tiliacées. Caractères du genre : fleurs généralement jaunes; calice gamosépale, à tube court, à 5 divisions; corolle de 5 pétales; 20 étamines environ; 5 à 8 carpelles contenant un ovule chacun.

CORIANDRE (Botanique), *Coriandrum*, Lin., du grec *koris*, punaise, allusion à l'odeur fétide du fruit vert. — Genre de plantes de la famille des *Ombellifères*, type de la tribu des *Coriandrées*. La *C. cultivée* (*C. sativum*, Lin.) est une plante herbacée, à tige cylindrique, glabre, élevée de 0ᵐ,50 à 0ᵐ,60. Ses feuilles sont multifides. Ses fleurs sont blanches et forment des ombelles composées de 3-5 rayons. Cette espèce vient communément en Suisse, en Italie et même dans la France méridionale. On la cultive pour ses graines. L'odeur de cette plante est fétide, forte et pénétrante; elle peut occasionner des maux de tête très-violents aux personnes qui resteraient trop longtemps dans un champ de coriandre. On a prétendu autrefois que le suc de cette plante était vénéneux comme celui de la ciguë; mais il a été reconnu que certains peuples faisaient un fréquent usage des feuilles de coriandre comme assaisonnement. Les graines de cette espèce deviennent aromatiques par dessiccation; elles ont les propriétés carminatives stomachiques de l'anis. On les emploie dans la parfumerie. Les confiseurs en font certaines dragées qui répandent une agréable odeur dans la bouche. Les médecins les ordonnent quelquefois pour stimuler l'action de l'estomac. Caractères du genre : calice à 5 dents persistantes; fruit globuleux présentant 10 côtes; carpelles à 5 côtes primaires, déprimées, flexueuses et à 4 côtes secondaires plus saillantes, carénées.   G—s.

CORIARIA ou **CORIAIRE** (Botanique), du latin *corium*, cuir, à cause des propriétés tannantes du suc des Coriaires. — Genre de plantes, qui sert de type à la famille des *Coriariées*. Les Coriaires sont des arbrisseaux à rameaux carrés, à feuilles opposées ou verticillées ternées; leurs fleurs forment des grappes terminales. On cultive dans les jardins la *C. à feuilles de myrte* (C. *myrtifolia*, Lin.), vulgairement nommée *Corroyère* ou *Rédoux*, dont le suc astringent est employé par les teinturiers et les tanneurs; ses feuilles, qui renferment un suc narcotique, sont souvent mêlées, par une fraude coupable, au séné; son fruit est vénéneux; la *C. sarmenteuse* (C. *sarmentosa*, Fors.), originaire de la Nouvelle-Zélande, dont le fruit noir est vénéneux. Caractères du genre : fleurs hermaphrodites, quelquefois polygames, monoïques ou dioïques; calice persistant à 5 divisions; corolle à 5 pétales hypogynes; 10 étamines hypogynes en 2 verticilles; ovaire à 5 loges monospermes; fruit, une capsule à 5 coques.

CORIARIÉES, **CORIARIACÉES** (Botanique). — Petite famille de plantes de la classe des *Géranioïdées* formée par le seul genre *Coriaria*. De Jussieu rangeait ce genre parmi les *Malpighiacées* (voyez CORIARIA).

CORINDON (Minéralogie), du mot indien *korund*. — On désigne sous ce nom un certain nombre de minéraux d'aspect assez différent, mais qui satisfont aux conditions suivantes. Ils sont formés essentiellement d'alumine et possèdent une grande dureté qui place le corindon immédiatement après le diamant, le plus dur des minéraux. La densité du corindon varie de 3,97 à 4,16. Ce minéral est inattaquable aux acides et complètement infusible au chalumeau. Les différentes formes cristallines du corindon dérivent d'un prisme rhomboèdre aigu sous l'angle de 86° 4', auquel conduisent trois clivages égaux et également faciles; mais la forme cristalline la plus habituelle est celle du prisme à six faces sans modification : on rencontre aussi quelquefois la double pyramide hexagonale. Les deux variétés les plus intéressantes du corindon sont le *corindon hyalin* et le *corindon émeri*.

A l'état *hyalin*, ce minéral est diaphane, ordinairement incolore, quelquefois coloré en rose ou en bleu. Susceptibles d'être taillés, les échantillons fournissent des pierres précieuses très-estimées qui ont reçu différents noms, suivant la teinte qu'elles possèdent : on désigne ces diverses variétés de corindon coloré sous les noms de *saphir blanc*, de *rubis oriental*, de *saphir oriental*, de *saphir indigo*, d'*améthyste orientale*, de *topaze orientale*, d'*émeraude orientale*. Toutes ces pierres proviennent du Pégu et, lorsqu'elles possèdent une belle couleur, leur valeur devient supérieure même à celle du diamant. Un rubis de 10 grains (2 karats ½) a été vendu 14,000 francs. La dureté est le caractère qui permet de discerner le plus sûrement le corindon du diamant. On pourrait reconnaître le corindon en vérifiant s'il est rayé par le diamant, tout en rayant lui-même les autres minéraux les plus durs; mais pour ne pas altérer le poli de la pierre en la rayant, on consulte sa densité, qui est toujours supérieure à celle du diamant.

La seconde variété, appelée *corindon émeri*, consiste en une roche dans laquelle sont disséminés de petits grains de corindon : la couleur, la densité de ce minéral est par cela même variable avec la nature de la roche; il est tantôt gris noirâtre et tantôt d'un brun foncé; la dureté est le caractère fondamental de ce corps; il raye le quartz et le verre avec la plus grande facilité : aussi l'emploie-t-on très-fréquemment à l'état de poudre pour user et polir le verre et les métaux.

Les différentes variétés de corindon appartiennent toutes aux terrains anciens. On les trouve dans les roches feldspathiques, en Chine, au Thibet, en Suède, aux monts Ourals, dans le Piémont et au Puy-en-Velay. Les dolomies en renferment aussi quelquefois : telles sont celles du Saint-Gothard, où l'on a constaté d'abord sa présence. Quant au corindon hyalin, on ne le trouve que dans les alluvions provenant de la destruction des roches précédentes.   LEF.

CORIOPE (Botanique). — Nom vulgaire du *Coréopsis*.

CORIS (Botanique), *Coris*, Lin. Nom ancien rapporté par Dioscoride à une plante dont le port ressemble à celui des millepertuis et des bruyères. On fait remarquer que le mot grec *koris* signifie punaise. — Genre de plantes de la famille des *Primulacées*, tribu des *Primulées*. On cultive souvent pour l'ornement le *C. de Montpellier* (C. *Monspeliensis*, Lin.), qui décore agréablement les endroits sablonneux et maritimes de l'Europe méridionale. C'est une plante vivace à tige ligneuse à la base et s'élevant à peu près à 0ᵐ,30. Ses feuilles sont alternes, coriaces, linéaires. Ses fleurs, disposées en épis touffus à l'extrémité des rameaux, sont lilas ou varient du rouge au pourpre bleuâtre. La corolle est tubuleuse, bilabiée à 5 lanières inégales, échancrées; les étamines, au nombre de 5, sont à peine saillantes. Le fruit est une capsule globuleuse contenant 5 graines.   G — s.

CORISE (Zoologie), *Corixa*, Geoff. ; du grec *koris*, punaise. — Genre d'*Insectes* de l'ordre des *Hémiptères*, famille des *Hydrocorises*, établi par Geoffroy et adopté par Latreille parmi les *Notonectes* de Linné. On les distingue par l'absence d'écusson, bec très-court, triangulaire; étuis horizontaux ; pieds antérieurs très-courts, avec les tarses d'un seul article ; les deux autres paires de pieds allongées, deux longs crochets aux pieds moyens. La *C. striée* (*Notonecta striata*, Lin. ; *Corixa striata*, Fabr.), longue de 0m,012, se rencontre dans les mares et les étangs des environs de Paris et dans toute l'Europe.

CORIZE (Zoologie), *Corizus*, Fallen ; même étymologie que le précédent. — Genre formé aux dépens des *Corées* de Latreille, parmi les *Insectes hémiptères* de la famille des *Géocorises*. Ils ont le corps court, tête un peu avancée, antennes courtes, avec le dernier article toujours renflé en massue. Il importe de ne pas confondre ce genre avec le précédent. Il a pour type le *C. de la Jusquiame* (*C. hyoscyami*, Fallen ; *Cimex hyoscyami*, Lin.), qui habite toute l'Europe, mais ne se trouve que rarement aux environs de Paris.

CORLIEU (Zoologie). — Nom vulgaire du *Petit Courlis* (voyez **Courlis**).

CORME (Botanique). — Nom vulgaire du fruit du *Sorbier*. On donne encore ce nom à une boisson fermentée qu'on prépare avec ce fruit (voyez **Sorbier**).

CORMIER (Botanique). — Nom vulgaire du *Sorbier*.

CORMORAN (Zoologie), de l'italien *corvo marino*, corbeau de mer. — Oiseau marin assez voisin des Pélicans et compris par Linné dans son grand genre *Pelecanus*, mais qui, pour tous les zoologistes, est devenu le type d'un genre spécial, le genre *Cormoran* (*Carbo* de Meyer), tribu des *Pélécanidés*, famille des *Totipalmes*, ordre des *Palmipèdes*. Les oiseaux de ce genre ont, comme les pélicans, un espace nu autour de la base du bec, les narines ouvertes par une simple fente à peine visible ; leur bec, allongé, comprimé, est crochu à l'extrémité de la mandibule supérieure et tronqué au bout de la mandibule inférieure ; leur langue est petite et la peau de leur gorge, moins dilatable que chez les pélicans, n'en forme pas moins un réservoir où ces oiseaux conservent les poissons qu'ils viennent de pêcher; leurs jambes sont emplumées et le doigt médian a son angle dentelé en scie. Ce qui caractérise particulièrement le genre, c'est la forme arrondie de la queue dont les pennes sont au nombre de quatorze.

L'espèce principale est le *C. ordinaire* (*Pelecanus carbo*, Lin.), nommé aussi *Corbeau de mer* ou *Corbeau marin* ; c'est le *Corbeau aquatique* d'Aristote, le *Phalacrocorax* ou *Corbeau chauve* de Pline. C'est un oiseau de la taille d'une oie, avec un plumage brun noirâtre, la gorge et les joues blanches chez le mâle, des marques blanches chez les deux sexes, vers le bout du bec et sur le devant du cou. Les cormorans, quoique assez bons voiliers, ne s'éloignent jamais beaucoup des rivages maritimes, où ils vivent en troupes fort nombreuses. Il n'est pas rare en France. Au printemps, chaque mâle se choisit une femelle et s'occupe avec elle de construire un nid à terre dans le creux des rochers ou sur les arbres : ce nid reçoit bientôt de deux à quatre œufs d'un blanc légèrement verdâtre, à surface rude, mesurant 0m,63 sur 0m,34. L'incubation dure trente jours et les petits n'ont qu'à un an leur plumage définitif. Le cormoran est doux et tranquille ; il se nourrit de poissons de mer et d'eau douce et recherche particulièrement les anguilles. Agile et rapide dans l'eau, il est lourd à terre et y demeure parfois des heures sans bouger. Les coups de feu et les coups de bâton ne les décident même pas à fuir, et on les assomme les uns à côté des autres. En Chine, on prend des cormorans et on les emploie pour pêcher; un anneau placé au bas du cou les empêche d'avaler les poissons, et on les trouve dans la gorge dilatable. Deux autres espèces, le *C. largup* ou *longup* (*P. cristatus*, Olafs) et le *Petit Cormoran* (*P. graculus*, Gm.), habitent aussi l'Europe ; les trente et quelques autres espèces du genre sont répandues dans les autres parties du monde.

CORNAGE (Art vétérinaire). — Bruit que certains solipèdes font en respirant et qui ressemble à celui qu'on ferait en soufflant dans une corne. C'est moins une maladie que le symptôme d'une multitude d'états divers de l'animal ; ainsi, il peut être causé par des maladies des organes de la respiration, par des vices de conformation des voies aériennes, par une névrose de ces parties; il peut être *aigu* ou *chronique*, suivant qu'il accompagne une maladie récente ou ancienne. Le cornage chronique est presque toujours incurable; aussi la loi du 20 mai 1838 le classe parmi les cas rédhibitoires, pour l'espèce du cheval, de l'âne et du mulet, avec un délai de neuf jours.

CORNALINE (Minéralogie), du grec *korallion*, corail, ou du latin *carneolus*, couleur de chair. — Variété de quartz agate remarquable par sa couleur rouge et sa diaphanéité. On estime en joaillerie les cornalines d'une belle teinte sanguinolente, unie, pour en faire des cachets, des bagues, des têtes d'épingle, de petites figurines en relief, etc. L'emploi des cornalines était très-répandu chez les Grecs, d'où il passa chez les Romains. Aujourd'hui, c'est du Brésil que nous tirons les plus belles cornalines (voyez **Agate**).

CORNARD (Vétérinaire). — Cheval affecté de *cornage* (voyez ce mot).

CORNARET ou **Cornard** (Botanique), *Martynia* de Willdenow; ainsi nommé à cause de la *corne* qui surmonte le fruit de la plante. — Genre de plantes *Dicotylédonées*, de la famille des *Pédalinées*, dont toutes les espèces sont originaires d'Afrique ou d'Amérique. La seule espèce qui offre quelque intérêt est le *C. spathacé* (*M. spathacea*, Willdw). ou *Craniolaire*, de Linné; il vit au Mexique où sa racine grosse, charnue et blanche sert d'aliment aux habitants. Ils la dépouillent de son écorce et la servent cuite avec la viande de bœuf. Ils la font aussi confire au sucre.

CORNE (Botanique). — Fruit du *cornouiller* (voyez **Cornouiller**).

Corne d'Abondance (Zoologie). — Espèce de mollusque acéphale du genre *Spondyle*.

Corne d'Ammon (Zoologie). — Coquille fossile (Voyez **Ammonite**).

Corne de cerf, de daim, de chevreuil (Zoologie). — Voyez **Bois**.

Corne de cerf (Botanique). — Nom vulgaire de plusieurs plantes dont les feuilles sont divisées comme un bois de cerf.

Corne de cerf (Médecine). — En *pharmacie*, on désigne sous ce nom le bois du *Cerf commun* (*Cervus elaphus*). On en faisait autrefois un grand usage en médecine, et, quoiqu'on l'emploie encore aujourd'hui, cependant cette substance osseuse ne jouit plus d'un aussi grand crédit. Bouillie dans l'eau, la râpure de corne de cerf cède son principe gélatineux et forme la base d'une boisson adoucissante, employée avec succès dans les inflammations des organes digestifs, dans les diarrhées, les dyssenteries, etc. En prolongeant l'ébullition, on a une plus grande quantité de gélatine au moyen de laquelle on forme une gelée dont on fait usage dans les mêmes circonstances. Lorsqu'on calcine jusqu'au blanc le résidu de la distillation de la corne de cerf, on obtient ce qu'on appelle la *corne de cerf calcinée en blancheur* ou *phosphate de chaux en poudre*, qu'on emploie dans la *décoction blanche de Sydenham*. Il reste dans le ballon après cette distillation un liquide rougeâtre, d'une odeur ammoniacale, forte et désagréable, connue sous le nom d'*esprit de corne de cerf* ; on obtient aussi un sel concret et cristallisé, qu'on a nommé *sel volatil de corne de cerf* : ces produits étaient recommandés autrefois comme antispasmodiques.

CORNÉE (Anatomie), du mot *corne*. — L'une des membranes de l'œil (voyez **Œil**).

CORNÉENNE (Géologie). — Roche amphibolique compacte, à grains complètement invisibles, nommée aussi *aphanite*. On les distingue en cornéennes dures et cornéennes tendres : les premières rayent le verre ; les dernières, au contraire, se rayent au couteau. Leur ténacité, qui semble d'ailleurs un caractère des roches amphiboliques, est considérable. La cornéenne est par son aspect et sa structure ce qu'est l'eurite dans les roches feldspathiques; elle se distingue de cette dernière en ce qu'elle fond en émail noir. Cette roche renferme toujours des portions auxquelles l'amphibole cristallisée donne l'aspect saccharoïde; elle contient toujours de la pyrite. Elle accompagne le plus souvent les gîtes métallifères.   **Lef.**

CORNÉES ou **Cornacées** (Botanique), du genre type *Cornus*, cornouiller. — Famille de plantes *Dicotylédonées dialypétales*, classe des *Ombellinées*, comprise autrefois dans la famille des Caprifoliacées. On y trouve des arbres, des arbrisseaux à bois dur, rarement des herbes. Leurs feuilles sont simples, sans stipule, presque toujours opposées. Leurs fleurs sont hermaphrodites, disposées en corymbe ou en capitule. Caractères : calice à 4 dents; co-

rolle de 4 pétales, à préfloraison valvaire et insérés au bord du calice ; 4 étamines épigynes ; ovaire adhérent, infère, à 2 ou 3 loges et couronné à son sommet par un disque ; le fruit est une drupe à 2 ou 3 noyaux contenant chacun une graine pendante. Les plantes de cette famille habitent les régions tempérées de l'hémisphère boréal, principalement l'Amérique septentrionale. Plusieurs servent à l'ornement des jardins. Quelques cornouillers seulement fournissent des produits à la médecine et à l'économie domestique. Genres principaux : *Cornouiller (Cornus,* Tourn.) ; *Benthamia,* Lindl. ; *Aucuba,* Thunb. Quelque auteurs font des Cornées une tribu de la famille des *Araliacées.*
G — s.

CORNEILLE (Zoologie). — Oiseau du genre *Corbeau* (voyez ce mot), vulgairement nommé aussi *Corbine, Cornouaille, Carvant,* souvent même *Corbeau* par erreur. Noire comme le corbeau, mais d'un quart plus petite que lui, la corneille (*Corvus corone,* Lin.) n'a guère que

Fig. 647. — Corneille mantelée.

0^m,45 de longueur ; sa queue est plus carrée, son bec moins arqué ; enfin, elle n'a pas les habitudes solitaires de cet oiseau. L'été, les corneilles habitent les bois où elles recherchent les arbres élevés, et vivent dans le voisinage les unes des autres. L'hiver, elles se réunissent en grandes troupes, s'approchent des fermes pendant le jour pour quêter leur nourriture sur les champs fraîchement remués, et retournent passer la nuit dans les bois. Au printemps, la femelle pond quatre à six œufs d'un bleu verdâtre. Les autres habitudes de la corneille ressemblent beaucoup à celles du corbeau ; elle recherche surtout les noix, mais détruit beaucoup d'œufs d'insectes, de petits oiseaux et de débris d'animaux à demi putréfiés. On ne saurait manger la chair de la corneille aussi repoussante au goût qu'à l'odorat. On trouve cet oiseau dans tout l'hémisphère nord de notre globe ; il est extrêmement commun en France. On lui a, de tout temps, attribué les mêmes pronostics funestes que l'on attribue au corbeau.

On désigne encore sous le nom de *Corneille* ou *Meunière, Hedaude, Jacobine,* le *Corbeau mantelé* ou *Corneille mantelée* (*Corvus cornix,* Lin.) (*fig.* 647). C'est un oiseau long de 0^m,55, la tête, la queue, les ailes, le bec, les pieds, les ongles noirs ; le dos, la poitrine, le ventre d'un gris cendré. Cette corneille change de demeure deux fois par an ; à la fin de l'automne, elle arrive en troupes qui se mêlent aux freux et aux corbines. Elle se répand dans les champs à la recherche des grains germés et des insectes ; au bord de la mer, elle se nourrit de coquillages et de débris de poissons rejetés par les flots ; dans les marais, de limaçons, de grenouilles, etc. En mars, les jacobines nous quittent pour aller dans le nord habiter les bois des hautes montagnes ; là, elles s'unissent par couple et s'isolent pour nicher dans les bois. Leur ponte est de quatre à six œufs d'un vert bleuâtre avec des taches brunes. La corneille mantelée habite toute l'Europe.

CORNEILLE D'ÉGLISE OU DE CLOCHER. — Voyez CHOUCAS.

CORNER (Vétérinaire). — Se dit d'un cheval qui fait entendre, en respirant, un bruit semblable à celui qu'on fait en soufflant dans une corne (voyez CORNAGE).

CORNES (Zoologie), du latin *cornu,* corne. — On donne vulgairement ce nom à des prolongements effilés vers leur extrémité libre, rigides ou mous que certains animaux portent en un ou plusieurs points de la surface de leur corps ; les cornes véritables des bœufs et des chèvres sont ainsi confondues avec les tentacules des colimaçons et les antennes des insectes. Mais les naturalistes en ont mieux défini le sens en le restreignant aux saillies formées ou revêtues d'une substance spéciale nommée *matière cornée* ou *corne,* que présentent sur leur tête un assez grand nombre d'animaux mammifères ; en dehors de cette grande classe, on ne trouve de cornes que chez quelques vertébrés des autres classes.

La *matière cornée* ou *corne* est une dépendance du tissu de l'épiderme et forme les poils, les plumes, les ongles et la matière extérieure des cornes. Elle paraît composée de cellules épidermiques très-allongées jointes bout à bout pour constituer des espèces de fibres et entièrement desséchées. Cette substance est compacte, transparente, en lame mince, fibreuse ou lamellaire, brillante lorsqu'elle est sèche et bien polie ; sa consistance est variable, molle et flexible ; dans certains cas, elle devient, en séchant, dure et cassante. Sa couleur dépend de matières colorantes incorporées dans son tissu au moment où il se formait ; mais lorsque la matière cornée est entièrement dépourvue de matière colorante, elle est par elle-même d'un aspect blanchâtre. La matière cornée se trouve encore dans le *Sabot,* le *Bec,* les *Ongles,* les *Ergots,* les *Griffes,* etc. (voyez ces mots).

Chez les *Mammifères,* on trouve les cornes le plus habituellement sur le front, et les espèces qui sont pourvues de cornes frontales appartiennent toutes à l'ordre des *Ruminants,* bien que, dans cet ordre, toutes les espèces n'en soient pas pourvues. Ces cornes sont presque toujours au nombre de deux symétriquement placées de chaque côté de la ligne médiane. Quelques espèces d'antilopes (le *Tchicarra* de l'Inde, *Antilope à quatre cornes*) ont une double paire de cornes frontales. La disposition des cornes ayant servi de base au classement des genres de Ruminants, il suffit de rappeler leur groupement en familles pour avoir une idée complète des dispositions générales des cornes chez ces animaux. Les genres *Chameau, Lama, Chevrotain* renferment les espèces de Ruminants dépourvues de cornes. Les autres espèces, toutes pourvues de ces appendices, se partagent

Fig. 648. — Tête de Chèvre. Fig. 649. — Tête de Gazelle.

en trois grandes familles, les *Cervidés,* les *Camélopardés* et les *Kénocères.* — La première de ces familles, formée par le grand genre *Cerf* (*Cervus,* Lin.) comprend des animaux pourvus, non de véritables *cornes,* mais de *bois* ; c'est-à-dire que leur front est armé de prolongements osseux plus ou moins ramifiés, caducs et annuels. Pendant les premiers temps de leur développement (fin du printemps), ils sont recouverts d'une peau velue richement fournie de sang ; lorsque le bois est entièrement développé, cette peau se dessèche, meurt et se détache par lambeaux. Le bois mis à nu tombe aussi quelque temps après (fin de l'hiver), pour repousser l'année suivante. Les femelles sont privées de bois, excepté celle du renne, qui en porte comme le mâle (voyez BOIS, CERF). — La famille des *Camélopardés,* beaucoup plus restreinte, ne renferme que la girafe, dont la tête porte deux petites cornes, qui ne tombent jamais, et qu'une peau velue recouvre constamment. Le mâle et la femelle possèdent l'un et l'autre ces bois courts et persistants. — La famille des *Kénocères* (du grec *kénos,* vide, et *kéras,* corne) comprend les ruminants pourvus de véritables cornes, les *Bœufs,* les *Moutons,* les *Chèvres,* les *Antilopes* (*fig.* 648 et 649.) Chacune de ces cornes est constituée par une saillie de l'os frontal, de forme conique, droite ou contournée, souvent fort longue et renfermant intérieurement, chez les bœufs, les moutons et les chèvres, de vastes cellules osseuses qui communiquent avec le sinus frontal du côté correspondant. Chez les antilopes (*fig.* 649), ce noyau est plein. Ce noyau osseux est engaîné dans un étui corné, croissant incessamment autour de sa base pour obvier à l'usure que lui fait incessamment subir le frottement des corps extérieurs. Ces cornes ne sont que bien rarement ramifiées, comme dans l'*Antilope furcifère*, mais elles atteignent parfois une longueur égale ou supérieure à la hauteur de l'animal.

En dehors des Ruminants, on trouve, parmi les autres Mammifères, les espèces du genre *Rhinocéros*, qui portent sur le nez une ou deux cornes entièrement formées de matière cornée et qui semblent composées de poils agglutinés.

Chez les Oiseaux, on trouve une corne unique et médiane sur le haut de la tête du kamichi et deux cornes symétriques sur celle du tragopan satyre. L'épiderme écailleux des reptiles se prête facilement à former des saillies cornées qui s'observent sur le dos, autour du cou ou sur la tête; le serpent cornu ou céraste semble ainsi porter au-dessus de chaque œil une petite corne. Tous ces appendices, chez les oiseaux et chez les reptiles, sont entièrement cornés et ne dépendent que de la peau.

En domesticité, l'homme peut créer, dans les espèces de Ruminants pourvues de cornes, des variétés sans cornes. Dans l'espèce bovine, ces variétés, moins dangereuses, paraissent, à beaucoup d'agriculteurs, donner soit plus de lait, soit plus de travail que les variétés qui ont conservé leurs cornes. AD. F.

CORNES (Anatomie). — On donne le nom de cornes, en anatomie, à certaines saillies des organes et particulièrement des os, dont la forme rappelle plus ou moins celle des cornes. On nomme ainsi les cornes de l'os hyoïde, les cornes de l'os sacrum, etc. On nomme *cornes d'Ammon* ou *pieds d'hippocampe* deux prolongements de la substance du cerveau, naissant l'un à droite, l'autre à gauche de la partie postérieure du corps calleux. C'est à leur forme seulement qu'est due cette dénomination.

CORNES (CATARRHE DES) (Art vétérinaire). — Inflammation de la membrane muqueuse des sinus frontaux, qui donne lieu à une sécrétion abondante de mucosité. Les symptômes sont ceux du coryza, avec chaleur des cornes et douleur quand on les touche. Quelquefois il se forme un foyer purulent à la base de la corne, qu'il faut alors trépaner pour donner issue au pus (voyez TRÉPAN). Cette maladie a été observée dans le département de la Charente et en Suisse avec le caractère épizootique.

CORNET ACOUSTIQUE (Médecine). — Instrument en forme de conque destiné aux personnes affectées de surdité incomplète; il est en général conique, très-évasé à sa base pour rassembler les ondes sonores, terminé par un conduit étroit, qu'on introduit dans le canal auditif externe. La petite ouverture étant placée dans l'oreille, les rayons ou ondes sonores qui ont pénétré dans l'instrument par sa large ouverture vont frapper ses parois, sont réfléchis et arrivent ainsi en plus grand nombre dans l'intérieur du conduit auditif; de plus, les parois du cornet acoustique, ébranlées par les vibrations de l'air, renforcent encore les sons du dehors, qui sont transmis avec plus d'intensité à la membrane du tympan et à l'oreille interne. Les meilleurs cornets acoustiques ont de 0m,15 à 0m,20 de longueur; les petites conques auditives adaptées au pavillon de l'oreille plaisent plus par leur petit volume, mais ne produisent que peu d'effet.

CORNETS (Anatomie). — Os contournés en lames minces que l'on trouve au côté externe de chacune des fosses nasales chez l'homme et les mammifères; ils ont pour but d'étendre la surface de la membrane pituitaire; les uns font partie de l'os ethmoïde; les autres, inférieurs aux premiers, sont de petits os libres.

CORNETS (Botanique). — On nomme ainsi certains prolongements des enveloppes florales des plantes. De la même nature que les éperons dont ils ne diffèrent que par la forme. Les cinq appendices qui sont attachés à la corolle des *Asclepias* sont des *cornets*. Pour les organes qui sont roulés en cornets, on emploie la qualification de *Cuculliforme* (voyez ce mot).

CORNICHON (Botanique et Économie domestique), nom dérivé de *corne*. — Une variété du *Concombre cultive*, connue sous le nom de *Concombre vert-petit*, donne de petits fruits qui, confits avant leur maturité, deviennent un assaisonnement estimé, et que l'on nomme *cornichons*. On prépare aussi quelquefois comme cornichons les fruits du *Concombre serpent* (C. *flexuosus*, Lin.), auquel son fruit allongé et flexueux a valu son som spécifique. Le *Concombre vert-petit à cornichons* se sème en avril et mai, tantôt en place, tantôt sur couche, mais

alors on le repique sous châssis et sur couche, et, au commencement de juin, on le lève en motte pour le mettre en pleine terre. La récolte se fait en août. Pour confire, on choisit les cornichons les plus égaux en grosseur, on les essuie avec un linge rude et on les laisse deux jours dans un lieu frais après les avoir saupoudrés de sel; puis on lave à l'eau fraîche, on égoutte et on les met dans des pots de verre ou de grès, avec un peu d'estragon, de clous de girofle, de poivre long, de muscade concassée et de petits oignons. On verse tiède par-dessus du vinaigre bouilli, et quand le vinaigre est froid, on couvre avec liége et parchemin, et l'on conserve au sec. On trouve trop souvent dans le commerce des cornichons que l'on a verdis en ajoutant au vinaigre un peu de sel de cuivre. Pour déceler cette sophistication dangereuse on n'a qu'à plonger dans un des cornichons suspects une aiguille d'acier; s'il y a eu addition d'un sel de cuivre, l'aiguille au bout d'une dizaine de minutes, sera couverte d'un dépôt de cuivre rouge.

CORNOUILLER (Botanique), *Cornus*, Tourn., du latin *cornu*, corne, allusion à la dureté de son bois. — Genre de plantes *Dicotylédones* qui sert de type à la famille des *Cornées*. Il comprend des arbres et des arbrisseaux qui habitent les régions tempérées de l'hémisphère boréal, principalement de l'Amérique septentrionale. L'espèce la plus importante et la plus connue est le *C. mâle*

Fig. 650. — Rameau de cornouiller mâle.

(C. *mas*, Lin.; C. *mascula*, L'Hérit.); ce nom est très-ancien et peut induire en erreur, car le cornouiller est hermaphrodite; mais les anciens, dans un même genre, nommaient plantes mâles celles dont les produits étaient utilisés, et plantes femelles celles qui étaient considérées comme inutiles. Le C. *mâle* est un arbrisseau qui peut s'élever à 6 ou 8 mètres; ses feuilles sont entières, ovales, un peu velues. Ses fleurs, jaunes et disposées en ombelle, s'épanouissent dès le mois de février, c'est-à-dire avant l'apparition des feuilles. Son fruit est oblong, rouge ou rougeâtre et à peu près de la grosseur d'une cerise. On distingue plusieurs variétés de cet arbrisseau. Elles diffèrent par la couleur du fruit et la panachure des feuilles. Le cornouiller n'est pas cultivé dans nos bois; il s'y produit spontanément et préfère les sols argilo-siliceux et argilo-calcaires. Il est répandu dans la plus grande partie de l'Europe. Une origine illustre et fabuleuse a été attribuée à cet arbrisseau par les anciens. On racontait que Romulus lança sur le mont Palatin son javelot, qui prit racine, produisit des branches, des feuilles et devint un cornouiller. C'est ainsi que le culte de cet arbre a pris naissance chez les Romains. Le bois de cornouiller est une essence précieuse par son excessive dureté; il est employé, depuis les temps les plus reculés, à la fabrication des rayons de roues, des échelons d'échelle, des coins, des chevilles et, en général, des objets qui réclament une grande solidité. Olivier de Serres dit du cornouiller : « Son bois est ferme et solide comme corne de bête, d'où il tire son nom. » Ce bois est blanc, nuancé de rouge, et susceptible d'un beau poli. Les fruits, qu'on nomme *cornes*, *cornouilles*, ont une saveur assez acerbe. Ils ne sont mangeables que lorsqu'ils sont arrivés à maturité. On les fait alors confire dans du sucre ou dans du sel. L'amande donne une huile par expression. L'écorce passe pour un bon fébrifuge. Le *C. sanguin* (*C. sanguinea*,Lin.) se distingue principalement du précédent par ses rameaux rouges, ses fleurs blanches et ses fruits noirs. Sa graine fournit une huile employée pour l'éclairage et pour la fabrication du savon. Il est également indigène et très-commun aux environs de Paris. Plusieurs espèces exotiques produisent un joli effet par leurs rameaux souvent vivement colorés et par leur feuillage élégant; aussi les emploie-t-on à décorer les massifs des jardins d'agrément et des parcs. Quatorze espèces environ sont cultivées ainsi. Caract. du genre : calice à 4 dents; 4 pétales; 4 étamines; ovaire adhérent à 2 ou 3 loges; fruit drupacé en forme de baie. G — s.

COROLLAIRE (Botanique). — Se dit des parties qui dépendent de la corolle.

COROLLAIRES (Cirrhes) (Botanique). — De Candolle a nommé ainsi des pétales changés en appendices qui ressemblent à des vrilles, comme dans le genre *Strophanthus*, de Cand. (Apocynées).

COROLLE (Botanique), du latin *corolla*, petite couronne, guirlande, diminutif de *corona*, couronne. — La *corolle* est la seconde enveloppe florale, intérieure au calice, extérieure aux étamines et au pistil. Elle se compose de folioles qui habituellement alternent avec celles du calice, et que l'on nomme *pétales*.

Comme les sépales, les *pétales* ont une constitution anatomique analogue à celle des feuilles; on y trouve des nervures, un parenchyme mince, mais dépourvu de chlorophylle, et un épiderme sous lequel est une couche cellulense gorgée d'un liquide diversement coloré. Quelquefois l'épiderme de la face externe porte encore des stomates; à la face interne, ils manquent presque toujours. Très-rarement le pétale est coloré en vert, et il en résulte que la corolle est une des parties qui respirent toujours par absorption d'oxygène et jamais par absorption d'acide carbonique.

La forme habituelle des pétales est celle d'une lame élargie à son sommet et plus ou moins rétrécie à sa base en une languette par laquelle le pétale fait son insertion. La partie étalée est le *limbe*, et le pédicule rétréci se nomme *onglet*; il est parfois fort court et peut à peine être distingué; on dit alors que le pétale est sessile. Sa configuration très-variable s'exprime d'ailleurs par des épithètes dont la signification n'a pas besoin d'être définie : *pétale linéaire*, *en cœur*, *sagitté*, *hasté*, *naviculaire*, *orbiculaire*, etc.

Un grand nombre de fleurs de *Dicotylédonées* comptent, à leur corolle, 5 pétales, mais ce nombre peut se modifier soit par *multiplication*, soit par *dédoublement*, soit par *réduction dans le nombre* ou *avortement des parties*.

La modification par adhérence des parties a pour résultat de partager les diverses formes de corolles en deux groupes très-distincts, suivant que les pétales sont soudés entre eux ou restent libres.

On appelle *corolle monopétale* ou *gamopétale*, une corolle dont les pétales sont soudés en une seule pièce. Le bord libre témoigne dans ce cas, par ses dentelures, du nombre primitif des pétales; la corolle, resserrée à sa

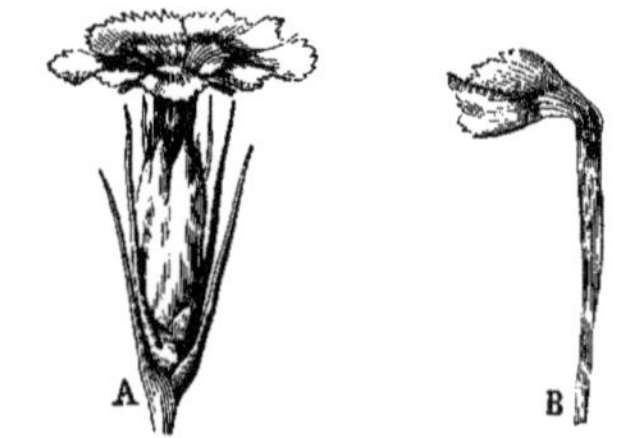

Fig. 651. — Corolle caryophyllée de l'œillet (1).

base et souvent élargie et étalée dans sa partie divisée, comprend alors un *tube*, un *limbe*, et à leur jonction un cercle parfois rétréci qu'on nomme la *gorge*. On appelle *corolle polypétale* ou *dialypétale*, celle dont les pétales

(1) Corolle caryophyllée de l'œillet. — A, la fleur montrant son calice monosépale tubuleux muni d'un calicule à sa base, et sa corolle à 5 pétales. — B, un des pétales isolé.

sont libres les uns des autres. Dans chacune de ces formes de corolles, il y a lieu de distinguer encore des corolles régulières ou irrégulières. La corolle monopétale ou polypétale est *régulière* lorsque toutes ses parties sont symétriquement disposées autour de l'axe fictif de la fleur; elle est irrégulière lorsqu'au contraire cette symétrie n'existe plus, et la fleur en ce cas ne peut plus se partager que d'une seule manière en deux moitiés pareilles.

Outre ces distinctions générales, les formes si variées des corolles ont été décrites avec soin pour l'étude des espèces, et les plus remarquables ont reçu des dénominations particulières qu'il est indispensable de connaître.

Parmi les *corolles polypétales régulières*, on a distingué les formes suivantes : — 1° *Corolle rosacée.* — 5 pétales, sans onglet distinct, ouverts, arrondis et concaves : les *Rosacées*, rosier, pêcher, poirier, etc. — 2° *Corolle caryophyllée.* — 5 pétales, munis d'un onglet bien développé et d'un limbe réfléchi à angle droit sur l'onglet : les *Caryophyllées*, œillets, lychnides, etc. — 3° *Corolle cruciforme* ou *crucifère.* 4 pétales également ou inégalement développés, mais opposés deux à deux en forme de croix : les *Crucifères*, giroflée, chou, moutarde, etc.

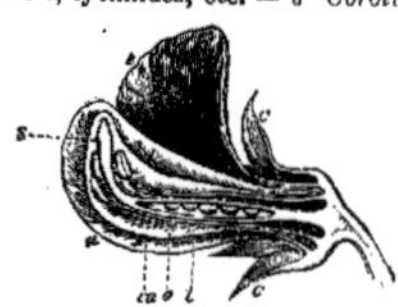

Fig. 652. Coupe de la fleur du pois de senteur (1).

Parmi les *corolles polypétales irrégulières*, il faut citer les suivantes : — 1° *Corolle papilionacée.* — 5 pétales, dont un plus grand surmonte la fleur et se redresse au-dessus d'elle, on le nomme l'*étendard*; deux autres, placés au-dessous et souvent unis entre eux, entourent les étamines et le pistil, et forment autour d'eux une sorte d'avant de nacelle qui leur a valu le nom de *carène*; enfin entre l'étendard et la carène, sur les côtés de cette dernière partie, se voient deux autres plus externes, et qu'on nomme les *ailes* : les *Légumineuses papilionacées*, pois, haricot, trèfle, luzerne, robinier faux acacia. — 2° Les autres corolles polypétales irrégulières comme celles de la *Pensée* (*Viola tricolor*), de la *Violette* (*Viola odorata*) (*Violariées*), des *Aconits* (*Aconitum*), du *Pied-d'alouette* (*Delphinium consolida*) (*Renonculacées*), de la *Balsamine* (*Impatiens balsamina*) (*Balsaminées*), de la *Capucine* (*Tropæolum majus*) (*Tropéolées*), ont été désignées souvent sous le nom général de *corolles anomales.*

Parmi les *corolles monopétales régulières*, nous citerons les formes suivantes : — 1° *Corolle tubulée* ou *tu-*

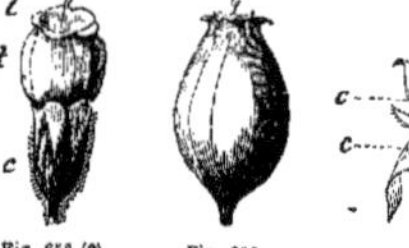

Fig. 653 (2).   Fig. 654.   Fig. 655 (3).

buleuse. — Tube long cylindrique, continué pour ainsi dire par le limbe qui est peu étendu. Exemple : plusieurs *Bruyères* (*Erica*) (*Bruyères* ou *Ericacées*), la *Grande Consoude* (*Symphytum officinale*) (*Borraginées*), beaucoup de plantes composées. — 2° *Corolle campanulée* ou *en cloche.* — Tube assez large, arrondi à la base et doucement évasé jusqu'au limbe : les *Campanulacées*, la *Campanule raiponce* (*Campanula rapunculus*), etc., connues sous le nom de *clochettes.* — 3° *Corolle urcéolée* ou *en grelot.* — Tube renflé à son milieu, rétréci à la base et à la gorge; limbe presque nul : certaines espèces de *Bruyères* (fig. 654) (*Erica*), certaines *Airelles* (*Vaccinium*) (*Éri-*

(1) c, calice. — e, étendard. — a, une des ailes. — ca, moitié de la carène. — t, étamines. — o, ovaire ouvert avec ses ovules. — s, stigmate.

(2) Fleur de la grande consoude. — c, calice. — t, tube de la corolle. — l, limbe de la corolle. — s, stigmate ou extrémité du pistil.

(3) Fleur de la bourrache. — c,c,c, corolle divisée en cinq lobes rotacés. — r, replis faisant saillie à l'entrée du tube, et opposés aux lobes de la corolle.

cacées). — 4° *Corolle infundibuliforme* ou *en entonnoir*. — Tube de moyenne longueur surmonté d'un limbe évasé en entonnoir : le *Tabac* (*Nicotiana Tabacum*), certaines plantes de la famille des *Composées*, comme l'*Artichaut* (*Cynara scolymus*), les *Chardons* (*Carduus*, etc.). — 5° *Corolle hypocratériforme* ou *en soucoupe*. — Limbe plane comme une soucoupe très-évasée, surmontant un tube droit à peu près cylindrique et de moyenne longueur : le *Jasmin* (*Jasminum officinale*) (*Jasminées*), le *Lilas* (*Syringa vulgaris*) (*Oléinées*), les *Primevères* (*Primula*) *Primulacées*). — 6° *Corolle rotacée* ou *en roue*. — Tube court et cylindrique ; limbe étalant ses divisions comme les rayons d'une roue : le *Myosotis ne-m'oubliez-pas* (*Myosotis palustris*) (*Borraginées*), la *Bourrache* (*Borrago officinalis*) (idem), et la plupart des *Solanées*. — 7° *Corolle étoilée*. — Tube très-court ; divisions du limbe étalées, aiguës et allongées : le *Caille-lait* (*Galium verum*) (*Rubiacées*), le *Gratteron* (*Galium aparine*) (idem), le *Caféier* (*Coffea arabica*) (idem). — Quelques auteurs emploient en outre les mots de corolle *digitaliforme*, en forme de dé à coudre ou de bout de doigt de gant, pour celle de la digitale

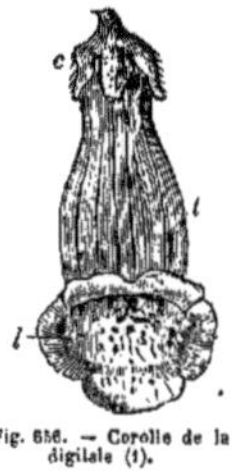

Fig. 656. — Corolle de la digitale (1).

pourprée, *Digitalis purpurea* (*Scrofulariées*), et quelques autres semblables ; — *calathiforme*, en forme de bol, hémisphérique et renflée ; — *cyathiforme*, en forme de verre à pied, concave et en cône renversé ; — *scutellée*, en forme d'écuelle, étalée et légèrement concave.

Enfin, parmi les *corolles monopétales irrégulières*, on distingue : 1° *Corolle ligulée*. — Tube fendu d'un côté à une certaine hauteur et rejeté en tout ou en partie d'un seul côté en forme de languette dentelée à son bord supérieur : le *Pissenlit* (*Taraxacum dens-leonis*), les *Scorsonères* (*Scorsonera*), et en général les *composées chicoracées*. — 2° *Corolle labiée*. — Divisions de la corolle disposée de manière à former deux lobes opposés que l'on a comparés à deux lèvres écartées ; le lobe ou lèvre supérieure présente habituellement deux dentelures qui indiquent deux pétales, mais l'inférieure en montre trois. Le calice dans ce cas est ordinairement labié, mais sa lèvre supérieure est au contraire formée de 3 sépales, et l'inférieure de deux seulement. Dans quelques corolles

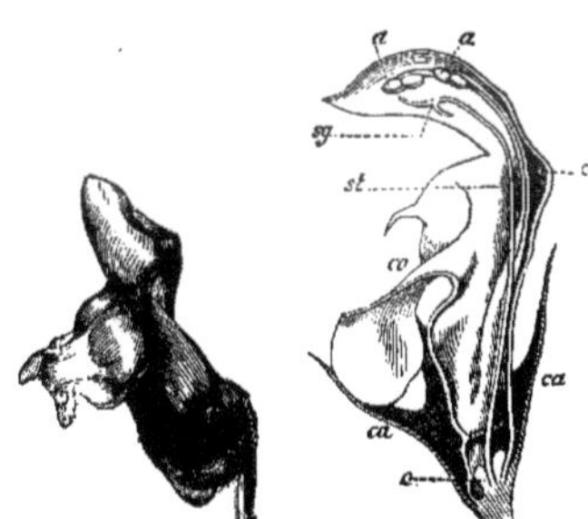

Fig. 657. — Corolle monopétale personée d'un muflier.

Fig. 658. — Lamier blanc, coupe verticale de la fleur (2) (grossie 4 fois).

labiées, la lèvre supérieure est nulle en apparence (la *Germandrée-Teucrium*), tant elle est peu développée par rapport à l'inférieure. Exemples : les plantes de la famille des *Labiées*, les *Menthes* (*Mentha*), les *Sauges* (*Salvia*), les *Lamiers* (*Lamium*), etc. — 3° *Corolle personée* ou *en masque*. — Limbe bilabié comme dans la forme précé-

(1) *c*, calice. — *t*, tube de la corolle. — *l*, limbe de la corolle.

(2) Coupe verticale de la fleur. — *ca*, calice. — *co*, corolle. — *o*, ovaire. — *st*, style. — *sg*, stigmate. — *e*, les étamines didynames, celles de l'autre côté sont enlevées. — *aa*, les anthères.

dente, mais les deux lèvres sont rapprochées et un renflement de l'inférieure vient clore la gorge de la corolle et lui donner l'aspect d'un museau fermé : le *Muflier commun* (*Antirrhinum majus*) (*Scrofulariées*), la *Linaire* (*Linaria vulgaris*) (idem).

La durée de la corolle est en général moins longue que celle du calice. Quelquefois elle tombe au moment de l'épanouissement ; quand elle persiste après la floraison, elle est toujours flétrie, *marcescente* ; la corolle monopétale tombe toujours d'une seule pièce (voyez FLEUR).

CORONAL (Anatomie), du latin *corona*, couronne. — Nom donné par certains anatomistes à l'os frontal (voyez FRONTAL, CRANE).

CORONILLE (Botanique), *Coronilla*, Neck., du latin *corona*, couronne, les fleurs de ces plantes sont disposées en couronne. — Genre de plantes de la famille des *Papilionacées*, tribu des *Hédysarées*, dont les espèces sont la plupart des herbes et des sous-arbrisseaux. Leurs feuilles sont pennées avec impaire. Une des plus jolies coronilles est la *C. des jardins* (*C. emerus*, Lin., du grec *emeros*, pur, agréable), qui s'élève souvent à plus d'un mètre. Ses fleurs sont jaunes, l'étendard rouge vers le milieu ; elles tournent au vert en séchant. Cette plante croît spontanément dans l'Europe méridionale. On la nomme quelquefois vulgairement *faux baguenaudier*, *séné bâtard*, *securidaca des jardiniers*, etc. Deux autres espèces croissent aux environs de Paris, l'une à fleurs panachées de blanc et de lilas (*C. varia*, Lin.), l'autre à fleurs jaunes (*C. minima*, de Cand.). Caract. du genre : les 2 dents supérieures du calice presque soudées ; pétales à onglets de la longueur du calice ; carène aiguë, gousse allongée, grêle, formée d'articles séparés par une cloison et renfermant chacun une graine.   G — s.

COROSSOL, CONOSSOLIER (Botanique). — Le fruit de l'*Anona muricata*, Lin., porte le nom vulgaire de *corossol* ; ce qui a valu parfois à cet arbre le nom de *corossolier* (voyez ANONE).

CORPS (Histoire naturelle), du latin *corpus*, corps. — Les naturalistes ne considèrent parmi les corps que les êtres créés qu'ils observent naturellement à la surface du globe ou dans les couches de son écorce accessibles à l'observation. Ainsi, délimité l'ensemble des corps est partagé par les naturalistes en deux *règnes* : 1° le *Règne inorganique* ou des *corps bruts* ou *règne minéral* ; 2° le *Règne organique* ou des *corps vivants*, comprenant deux *sous-règnes*, souvent nommés simplement *règnes*, les *végétaux* et les *animaux*. Beaucoup de naturalistes, se refusant à confondre l'homme avec les animaux, sont portés à créer parmi les corps vivants un troisième sous-règne, le *sous-règne* ou *règne humain* (voyez HOMME).

CORPS (Anatomie). — On nomme souvent corps l'ensemble des organes d'un animal, l'individu tout entier ; d'autres fois, par opposition aux membres, on nomme corps la partie centrale où sont contenus les organes essentiels ; les anatomistes, dans ce cas, préfèrent le mot *tronc*, au moins quand il s'agit des animaux vertébrés. — On donne aussi le nom de corps à la partie centrale des os, et à certains organes tels que le corps calleux dans le cerveau des mammifères, le corps vitré dans l'œil, etc.

CORPS ÉTRANGERS (Pathologie). — On appelle ainsi tous les corps qui ont été introduits accidentellement dans nos organes, ceux qui s'y sont développés sans en faire partie naturellement, ou qui, détachés par une cause quelconque de quelqu'un de nos organes, cessent de faire partie de nous ; enfin ceux qui, placés à la surface de la peau, peuvent occasionner des accidents par leur présence. Dans la première classe on trouve tous les corps étrangers introduits par les voies naturelles, les fosses nasales, les oreilles, la bouche, l'anus, etc., et ceux qui ont pénétré violemment dans nos tissus, comme une balle lancée par une arme à feu, des aiguilles, des fragments de bois, de fer ; des lames d'épée, de canif, brisées contre des os, etc. La seconde catégorie renferme les calculs (*voyez* ce mot), les vers intestinaux ou autres, les concrétions cartilagineuses des articulations, les esquilles d'os fracturés, les séquestres d'os nécrosés (voyez NÉCROSE), etc. La troisième classe comprend, les anneaux de métal, d'ivoire ou de bois, ou simplement des ligatures faites sur les doigts, sur les membres, autour du col, etc. La première indication à remplir dans les cas de corps étrangers, c'est de les extraire et d'en débarrasser le malade, si cela est possible, ensuite de calmer les accidents qu'ils occasionnent et de remédier aux maladies, qu'ils entretiennent ou déterminent.

CORPS. — Nom généralement attribué par la science à

tuote portion limitée de la matière. En astronomie, les *corps célestes* sont les étoiles, les planètes, etc.

En physique, les corps sont divisés en *solides*, tels que les pierres, les métaux, les bois...; en *liquides*, tels que l'eau, l'alcool, le mercure...; en *gazeux*, tels que l'air, la vapeur d'eau... Ces trois *états*, par lesquels peut passer successivement un même corps, ainsi que l'eau nous en offre chaque jour un exemple, dépendent du mode de groupement des particules matérielles dont chacun d'eux est composé, et principalement de l'énergie de la chaleur.

En *chimie*, on divise les corps en *corps simples* et *corps composés*. Les premiers sont les éléments qui, en s'unissant entre eux de mille manières, constituent les seconds. Les corps composés peuvent donc être décomposés en leurs éléments constituants; la chimie n'est pas encore parvenue à opérer une semblable décomposition sur les corps simples, d'où leur vient leur nom. Cette simplicité, toutefois, n'est que relative au degré de puissance actuel de la chimie sans que nous puissions affirmer d'une manière absolue qu'il existe sur notre globe soixante-cinq espèces de matières simples, élémentaires, comme nous admettons en chimie soixante-cinq corps simples.

Les corps composés sont innombrables, et chaque jour leur liste s'accroît de nouveaux noms; nous ne pouvons donc songer ici à en donner le tableau, mais à l'article Nomenclature nous ferons connaître les règles qui président à la formation des noms d'un grand nombre d'entre eux (voyez Nomenclature, Proportions chimiques).

Table alphabétique des corps simples.

* Aluminium.	* Cuivre.	* Nickel.	* Soufre.
* Antimoine.	Didyme.	Niobium.	* Strontium.
* Argent.	Erbium.	* Or.	Tantale.
* Arsenic.	* Étain.	Osmium.	Tellure.
* Azote.	* Fer.	* Oxygène.	Terbium.
* Baryum.	* Fluor.	Palladium.	Thallium.
* Bismuth.	Glucinium.	Pélopium.	Thorium.
* Bore.	* Hydrogène.	* Phosphore.	Titane.
* Brome.	Ilménium.	* Platine.	Tungstène.
* Cadmium.	* Iode.	Plomb.	Uranium.
Cæsium.	Iridium.	* Potassium.	Vanadium.
* Calcium.	Lanthane.	Rhodium.	Yttrium.
* Carbone.	Lithium.	Rubidium.	* Zinc.
Cérium.	* Magnésium.	Ruthénium.	Zirconium.
* Chlore.	* Manganèse.	* Sélénium.	
* Chrome.	* Mercure.	* Silicium.	
* Cobalt.	* Molybdène.	* Sodium.	

Ces soixante-cinq corps simples sont loin d'avoir le même degré d'importance; quelques-uns sont à peine connus, d'autres n'ont qu'un intérêt scientifique. Nous avons marqué d'un * ceux d'entre eux dont nous nous occuperons avec quelques détails, soit pour eux-mêmes, soit pour les composés dont ils font partie.

CORPUSCULES (Physique).— Diminutif de corps. Parcelles excessivement ténues de matière brute ou organisée. Les corpuscules de matière organisée ne sont, très-souvent, que des germes ou *sporules* de végétaux inférieurs. Un nombre immense de ces corpuscules organisés flottent dans l'atmosphère; on peut les rendre visibles en faisant pénétrer dans une chambre obscure un rayon de soleil. C'est à eux que sont dus les organismes inférieurs qui paraissent se développer spontanément (voyez Générations spontanées).

CORRÈTE ou **Corette** (Botanique). — Voyez Corchore.

CORROSIF (Matière médicale), du latin *corrodere*, ronger. — On appelle ainsi des substances qui, mises en contact avec les tissus vivants, les désorganisent peu à peu; ils agissent à la manière des caustiques, mais avec moins de promptitude et d'énergie : on peut ranger dans la classe des substances corrosives les acides minéraux; les alcalis, comme la potasse, la soude; le *sublimé corrosif* (bichlorure de mercure); mais à la condition que ces diverses substances ne seront pas à un grand degré de concentration ou de saturation, car alors elles rentreraient dans la classe des *caustiques*.

CORRUPTION. — Voyez Putréfaction.

CORS (Zoologie). — Ramifications du bois des cerfs (voyez Cerf).

CORSAC (Zoologie). — Le *Corsac* ou *Petit renard jaune* (*Canis corsac*, Gm.), décrit par Buffon sous le nom d'*Adive*, est une espèce du sous-genre *Renard*, de Cuvier (voyez Renard).

CORSELET ou **Corcelet** (Zoologie), diminutif du mot *corps*. — On nommait ainsi une partie assez mal définie du thorax des insectes, et qui variait selon la conforma-tion des espèces. Ce mot est à peu près tombé en désuétude, excepté dans certains groupes comme les insectes coléoptères, orthoptères et beaucoup de genres d'*Hémiptères* (voyez Insectes).

CORSET (Hygiène). — Cette partie du vêtement des femmes, qui enveloppe et serre exactement la base de la poitrine et une portion de l'abdomen, se compose en général d'un morceau d'une étoffe inextensible, taillée de manière à suivre exactement toutes les ondulations du torse; en avant, il est armé dans toute sa hauteur d'une plaque d'acier d'une largeur de 0^m,03 environ, et assez épaisse pour être très-peu flexible; en arrière, il est ouvert et porte sur chacun de ses bords une rangée d'œillets destinés à recevoir un lacet au moyen duquel on peut le serrer à volonté. En général, les femmes sont portées à désirer que le corset serre très-exactement la taille, surtout chez les jeunes personnes, pour produire chez elles cette espèce de complément de leur éducation physique, qu'on appelle communément *faire la taille*. Il y a là une source de dangers dont on méconnaît trop la réalité. Il faut songer cependant que cette pression agit sur la base même de la poitrine, et tend à déformer cette cavité qui naturellement a la forme d'un cône dont la base est en bas. L'endroit où le corset exerce la compression la plus énergique, est précisément la partie la plus large où sont logés l'estomac, le cœur et la plus vaste portion des poumons. Si cette pression réussit à modeler la taille autrement que ne l'eût fait la nature abandonnée à elle-même, c'est en donnant à la poitrine une forme cylindrique; les côtes inférieures chevauchent les unes sur les autres, et il en résulte à l'intérieur des troubles inévitables dans les organes essentiels de la digestion, de la respiration et de la circulation. Cette dangereuse pratique ne produit même pas le résultat qu'on a l'imprudence de s'en promettre. Chez les jeunes personnes dont la taille eût été jolie naturellement, elle ne fait qu'altérer la santé et compromettre les formes sur lesquelles on agit ainsi; si, au contraire, on opère sur une jeune fille dont la taille n'est pas destinée à être belle, on ne peut la modifier que par une violence fatale à la santé, sans laquelle il n'y a pas de beauté pour les femmes. Les muscles et les chairs se flétrissent et perdent leur ressort; le corps comprimé sans cesse dans l'étreinte du corset perd cette élégance de forme, à la fois souple et vigoureuse, qui est le principal charme de la taille des femmes. Mais c'est à l'intérieur que se produisent les désordres les plus graves; le corset entrave la dilatation des poumons dans la respiration et nuit à leur développement; de là une respiration courte et incomplète, des suffocations, des crachements de sang, une toux habituelle, quelquefois la phthisie, les anévrismes du cœur, et même l'apoplexie. En même temps, les digestions deviennent pénibles et le trouble de l'estomac se traduit inévitablement par une altération du visage, et surtout de la fraîcheur du teint. La gêne de la circulation prédispose en outre aux engorgements des viscères, particulièrement du foie, aux maladies de l'estomac, des intestins. L'habitude de porter des corsets serrés prépare aux femmes des grossesses difficiles et compromet leur avenir de mères en menaçant jusqu'au développement des enfants qu'elles auront à porter.

En signalant ces résultats trop fréquents de l'usage des corsets serrés, nous ne voudrions pas cependant faire penser qu'il faille les supprimer. Ils peuvent utilement soutenir la taille et maintenir le tronc dans une rectitude convenable; mais il faut avoir soin de veiller à ce que le corset laisse toute liberté aux mouvements; il doit seulement diminuer ou dissimuler dans une juste mesure le volume du ventre lorsqu'il acquiert un trop grand développement; il ne doit point exercer une compression susceptible de gêner l'action des muscles, ni celle des viscères de la poitrine et de l'abdomen. Tout corset qui ne remplit point ces conditions est profondément nuisible, et l'hygiène doit en proscrire sévèrement l'usage. Si la femme qui le porte conserve sa santé, c'est malgré l'usage de son corset et grâce à une vigueur toute particulière de constitution. M. le docteur Bouvier a publié, en 1853, des *Études historiques et médicales sur l'usage des corsets*; il peut être utile de les consulter.

CORSET (Chirurgie). — On a donné le nom de *corsets* à des espèces de bandages qui embrassent la plus grande partie du tronc : ainsi on fait des *corsets orthopédiques*, qui ont pour objet de corriger ou de prévenir les déviations de la taille; c'est à la sagacité du chirurgien à faire confectionner ces corsets suivant la nature et le degré de la difformité, et le but qu'il s'agit d'atteindre.

Le *corset de Brasdor* est un bandage proposé par ce chirurgien pour les luxations et les fractures de la clavicule : abandonné aujourd'hui, ce bandage est remplacé par ceux de Desault, de Boyer, etc. (voyez CLAVICULE, LUXATION, FRACTURE).

CORTICAL (Botanique). — Se dit des parties de la tige qui dépendent de l'écorce. Les *couches* ou *fibres corticales* sont des faisceaux de fibres appliquées sur le bois et séparées d'abord de ce dernier par une mince lame appartenant à l'enveloppe cellulaire, puis par le cambium ou séve descendante destinée à former une nouvelle couche d'aubier et une nouvelle couche de liber. Ce sont ces fibres corticales (appelées aussi *liber*, à cause de leur disposition par rangées rappelant la disposition des feuillets d'un livre) qui, offrant beaucoup de résistance et de ténacité, constituent la matière textile fournie par plusieurs végétaux, tels que le lin, le chanvre, etc. Dans le daphné bois dentelle, les couches corticales sont précisément ces réseaux de fibres qui, déroulés, offrent l'aspect d'un ouvrage fait à l'aiguille. Le *parenchyme cortical* est la couche de tissu cellulaire, nommée aussi *moelle externe*, qui se trouve entre les couches subéreuses et le liber, et qui communiquent avec la moelle centrale par les rayons médullaires. On nomme *plantes corticales* celles qui se développent sur l'écorce des arbres, ainsi que le font beaucoup de lichens, de mousses, etc.   G—s.

CORTICAL (Anatomie). — Le cerveau de l'homme et des vertébrés conformés comme lui présente extérieurement une couche d'une matière grise, que l'on nomme *substance corticale du cerveau*. Les reins des mammifères offrent aussi extérieurement une couche nommée *substance corticale des reins*.

CORTIQUEUX (FRUITS) (Botanique). — De Mirbel a nommé ainsi certains fruits dont l'épicarpe ou enveloppe externe est ferme, épaisse, sèche ou peu succulente. Tels sont les fruits de l'oranger, du citronnier, de l'arbousier, etc. Ce nom vient sans doute de ce que l'on nomme vulgairement *écorce* l'enveloppe extérieure de l'orange ; il est d'ailleurs peu employé.

CORVIDÉS (Zoologie), du latin *corvus*, corbeau. — Le grand genre *Corvus*, de Linné, comprenant les corbeaux, les pics, les geais, les casse-noix, a été considéré par Cuvier comme un groupe supérieur dont les auteurs venus après lui ont généralement fait une tribu de la famille des *Passereaux conirostres ;* on la nomme tribu des *Corvidés* ou *Corviens*. Elle a les caractères suivants : bec fort, plus ou moins aplati sur les côtés ; narines situées à sa base et ordinairement recouvertes de plumes roides dirigées en avant ; tarses robustes, quoue carrée ou étagée ; doigts égaux en force (voyez CORBEAU, CASSE-NOIX, PIE, GEAI). On a compris dans cette tribu quelques genres nouveaux, que Linné n'avait pas connus.

CORYDALIS (Botanique), *Corydalis*, de Cand. Nom donné par les Grecs à la fumeterre et dérivé de *korydallis*, alouette ; allusion à l'appendice de la fleur qui ressemble à l'ongle du pouce de cet oiseau. — Genre de plantes de la famille des *Fumariacées* et extrait du genre *Fumeterre* (*Fumaria*, Lin.), à cause de son fruit déhiscent, à plusieurs graines (voyez FUMETERRE). Il comprend des herbes des régions tempérées de l'hémisphère boréal ; leur feuillage, ordinairement découpé et tendre, est d'un vert clair. Plusieurs espèces fleurissent dès le mois de février. On rencontre souvent sur les murs aux environs de Paris, le *C. jaune* (*C. lutea*, de Cand.).   G—s.

CORYMBE (Botanique), du grec *korymbos*, cime, sommet. — Terme employé pour désigner une inflorescence dont les pédoncules secondaires partant de points différents élèvent les fleurs à peu près à la même hauteur, de manière à former une sorte de parasol à rayons inégaux. La mille-feuille présente ainsi la disposition de ses fleurs ou plutôt de ses capitules. Il en est de même pour un grand nombre de composées radiées

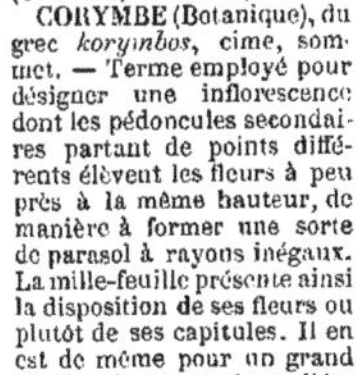

Fig. 659. — Corymbe simple du Cerisier de Sainte-Lucie.

qui avaient reçu justement, à cause de cette inflorescence, le nom de *Corymbifères*. Le corymbe peut être simple (*fig.* 659) ou rameux. Dans ce dernier cas, le pédoncule commun se divise en pédoncules secondaires, tertiaires, etc. (voyez INFLORESCENCE).

CORYMBIFÈRES (Botanique). — Famille de plantes *Dicotylédones*, établie par A.-L. de Jussieu pour des plantes composées, à fleurs à la fois flosculeuses et radiées, c'est-à-dire dont les capitules sont formés au centre de fleurons et à la circonférence de demi-fleurons ou ligules (voyez COMPOSÉES [*Famille des*]).

CORYNE ou CORINE (Zoologie), *Corine*, Gært., du grec *koryné*, massue. — Genre de *Zoophytes*, classe des *Polypes*, ordre des *Polypes gélatineux*, qui a été récemment l'objet d'observations curieuses de la part de MM. Loven, Sars, Nordmann et Van Beneden, et dont il vaut mieux parler à l'article POLYPE.

CORYPHÉ (Botanique), *Corypha*, Lin., du grec *koryphé*, sommet ; nommé ainsi parce que les Indiens couvrent leurs maisons avec les feuilles de cet arbre, et qu'ils en font aussi des tentes et des parasols. — Genre de la famille des *Palmiers*, type de la tribu des *Coryphinées*. Il comprend des arbres très-élevés, à feuilles terminales en éventail et à spadice rameux très-grand. Ces végétaux croissent dans l'Asie tropicale. Ils ont des fleurs hermaphrodites ; calice à 3 dents petites ; pétales distincts. Le *C. à ombrelles* (*C. umbraculifera*, Lin.), nommé aussi *Talipot*, du nom qu'on lui donne à Ceylan et au Malabar, est un arbre qui s'élève souvent jusqu'à 30 mètres. Ses feuilles ont fréquemment à l'âge adulte 10 mètres de circonférence et présentent de 80 à 100 lobes. Elles forment une cime qu'il n'est pas rare de voir mesurer 15 mètres de diamètre. Son spadice égale à peu près en longueur la moitié du tronc, et donne une grande quantité de fleurs jaunes répandant une odeur pénétrante. Ses fruits sont sphériques, verts, renfermant une huile et présentent une saveur amère. On dit qu'un seul pied peut produire jusqu'à 20 000 fruits. Ce magnifique végétal habite les endroits pierreux à Ceylan et au Malabar. On obtient par incision des spathes une liqueur qui se durcit. Celle-ci passe pour avoir des propriétés vomitives. On la préconise beaucoup dans la médecine indienne. Enfin, avec les noyaux polis, on fait des colliers.   G—s. *

CORYPHÈNE (Zoologie), *Coryphæna*, Lin. — Connus sous le nom vulgaire de *Dorades* et nommés *Dolfin* et *Dofin* par les Hollandais, ces *Poissons* forment un genre de l'ordre des *Acanthoptérygiens*, famille des *Scombéroïdes* qui comprend de grands et beaux poissons de haute mer, rapides à la nage, dont le corps est comprimé, la tête tranchante à sa partie supérieure, avec un profil très-haut et des yeux très-bas ; la nageoire dorsale est plus haute en avant. Plusieurs sont parés de couleurs brillantes. La chair de ces poissons n'est pas estimée ; on en trouve plusieurs espèces dans l'océan Atlantique et dans la Méditerranée.

CORYZA (Médecine), nom grec qui s'applique à l'inflammation de la membrane muqueuse des fosses nasales. —Cette maladie, désignée aussi sous le nom de *rhume de cerveau, d'enchifrènement*, reconnaît pour cause la plus fréquente, l'impression du froid aux pieds ou sur la tête, surtout chez les personnes qui l'ont habituellement couverte ; elle peut être produite aussi par des vapeurs ou des poudres irritantes introduites dans le nez, ou par la présence d'un corps étranger ; elle se développe souvent aussi sans cause connue, et il n'est pas rare de la voir précéder la rougeole ou la scarlatine. Les épidémies catarrhales de *grippe* ou *influenza*, celles de rougeole, de scarlatine, de variole, de coqueluche, sont souvent annoncées par un coryza épidémique. Chacun connaît les symptômes du coryza : sentiment de sécheresse, de gonflement dans les fosses nasales ; les yeux sont rouges, larmoyants ; la voix est nasonnée ; l'odorat et le goût sont émoussés ; on éprouve dans les fosses nasales une chaleur, un picotement incommodes ; puis un écoulement abondant de mucosités nasales, etc. Pendant le coryza, il y a souvent du frisson, de la lassitude, courbature, inappétence, etc. Cette maladie dure ordinairement huit à dix jours : la récidive est fréquente, surtout chez certaines personnes habituellement exposées aux causes qui l'ont déterminée une première fois. Le coryza est une affection légère qui cède au repos, à la chaleur, aux bains de pieds, aux boissons douces.   F — N.

COSMOGONIE (de *kosmos*, monde, et *guignomai*, naître). —Ensemble des doctrines à l'aide desquelles on explique l'origine du monde. (Au sujet des cosmogonies philosophiques et religieuses, consulter le *Dictionnaire des lettres et arts* de Bachelet et Dezobry.) Au point de vue de la science moderne, on appelle plus particuliè-

38

rement du nom de cosmogonie, les systèmes qui ont pour but d'expliquer l'origine des différents corps du système solaire. Les plus connus sont ceux de Buffon et de Laplace ; nous donnerons quelques détails sur celui de Laplace.

Cet astronome suppose qu'à une certaine époque le soleil et tous les corps qui circulent autour de lui formaient une *nébuleuse* animée d'un mouvement de rotation autour d'une droite passant par son centre et s'étendaient au delà de l'orbite de la planète la plus éloignée. Il admet en outre que, par suite d'un refroidissement progressif, des portions de plus en plus grandes de la matière de la nébuleuse se sont condensées vers son centre, de manière à former le noyau solaire dont la masse s'accroissait ainsi peu à peu. En partant de là, il fait voir qu'avec le temps la nébuleuse a dû se réduire à l'état que nous offre le système planétaire.

Et d'abord, par la condensation progressive de cette masse, le mouvement de rotation de la nébuleuse, ou si l'on veut de l'atmosphère solaire, a été sans cesse en s'accélérant. Or, quand on étudie avec soin les conséquences de cette accélération, on reconnaît qu'il a dû en résulter la formation, dans le plan de l'équateur solaire, de zones ou anneaux qui se sont successivement séparés de l'atmosphère du soleil, en continuant à circuler autour de lui.

Ces anneaux, d'abord fluides, se sont condensés à la longue ; mais, en général, il y a eu rupture de l'anneau dont toute la matière s'est agglomérée en une seule masse sphéroïdale circulant autour du soleil avec une rotation dirigée dans le même sens que sa révolution ; telle serait l'origine des planètes. Dans d'autres cas, l'anneau s'est décomposé en divers fragments distincts, se mouvant tous à peu près dans la même région : ainsi auraient été produites les petites planètes qui existent entre Mars et Jupiter, et dont le nombre paraît être très-considérable.

Enfin une planète elle-même a pu, à l'époque de sa formation, se trouver dans les mêmes conditions que le soleil, c'est-à-dire formée d'une atmosphère de vapeurs tournant sur elle-même. Le refroidissement et la condensation de cette atmosphère ont dû reproduire des phénomènes semblables à ceux que nous venons d'indiquer : formation d'anneaux et puis de satellites circulant autour du centre planétaire dans le sens du mouvement de rotation primitif, et tournant sur eux-mêmes dans le même sens. Quelques-uns de ces anneaux ont pu présenter une régularité exceptionnelle et conserver leur forme initiale : c'est ce qui est arrivé pour les anneaux de Saturne dont l'existence se trouve ainsi naturellement expliquée. Ces anneaux paraissent à Laplace des preuves manifestes de l'extension primitive de l'atmosphère de Saturne et de ses retraites successives. C'est évidemment ce phénomène, unique dans notre monde, qui lui a suggéré l'idée de la condensation progressive du corps central.

Cette hypothèse sur l'origine et la formation du système planétaire rend compte, comme on voit, de diverses particularités qui, sans elle, sembleraient inexplicables. C'est d'abord le peu d'inclinaison des orbites des planètes sur le plan de l'équateur solaire, la petitesse de l'excentricité de ces orbites, la rapidité de plus en plus grande des mouvements à mesure qu'on se rapproche de leur centre, l'identité de sens de ces mouvements, enfin la fluidité primitive de tous ces corps, fluidité que leur figure sphéroïdale démontre et qui doit être la base fondamentale de toute cosmogonie.

Quelque respect qu'inspire le nom de Laplace, on peut dire qu'en cette circonstance il a moins recherché un système scientifique, qu'il n'a voulu, comme les encyclopédistes, se passer de Dieu pour l'organisation du monde. Mais il n'est pas plus difficile de supposer la création du monde tel qu'il est, que la création de la matière cosmique.

Considérons maintenant en particulier la terre, notre planète ; elle a été, comme toutes les autres, fluide à son origine, et la cause de cette fluidité se retrouve encore aujourd'hui dans la chaleur souterraine dont l'existence est incontestable. Malheureusement on ne peut pénétrer qu'à une faible profondeur au-dessous de la surface, de sorte que la loi suivant laquelle croît la température est complétement ignorée. On sait d'ailleurs que cette chaleur centrale est actuellement presque sans influence sur la température du sol : la cause prépondérante réside dans le soleil dont les rayons pénètrent l'atmosphère, éclairent et réchauffent la surface du globe et y développent ainsi les germes de la vie.

Mais les autres effets de la chaleur propre du globe ne laissent pas de doute sur son état primitif de fluidité ignée. Se trouvant situé au milieu des espaces planétaires dont la température est peu élevée, il a dû se refroidir, particulièrement à la surface qui a commencé la première à se solidifier. En même temps que cette croûte solide augmentait d'épaisseur, son volume extérieur diminuait, tandis que la masse centrale conservait sensiblement sa température et son volume. De là des crevasses dans l'écorce solide, accompagnées d'éruptions du fluide intérieur à travers les déchirures de l'enveloppe, qui caractérisent les premiers âges de notre planète.

Mais à un certain moment, les phénomènes ont changé de nature. Lorsque l'équilibre de température a été établi dans l'écorce du globe, il est arrivé une époque depuis laquelle la température croissant régulièrement de l'extérieur à l'intérieur, la croûte solide ne perd presque plus de sa chaleur propre ; elle sert seulement de passage à la chaleur émanant de la partie centrale qui se refroidit plus vite. Dès lors la contraction de cette partie centrale étant plus rapide que celle de son enveloppe, un intervalle vide tend à se former entre deux. L'enveloppe manquant de points d'appui s'affaisse sous son poids, et comme ses dimensions sont plus étendues que celles de la sphère intérieure sur laquelle elle doit s'appliquer, il en résulte nécessairement des ondulations, des plissements et des rides, fréquemment alignés suivant des arcs de grand cercle, et qui constituent les chaînes de montagnes. On voit par là que les transformations successives de la surface de la terre, transformations que la géologie a pour but d'expliquer, se rattachent naturellement aux idées de Laplace et dépendent, comme la cosmogonie, de l'hypothèse d'une énorme chaleur primitive et d'un refroidissement progressif.

COSMOGRAPHIE. — C'est la description de l'univers dégagée des observations et des calculs qui ont conduit à découvrir les lois du mouvement des corps célestes. Tandis que l'astronomie proprement dite est une science mathématique qui procède par voie d'analyse en allant du connu à l'inconnu, la cosmographie est une science purement descriptive. Son but est de présenter un tableau des phénomènes célestes et de la constitution du système du monde, sans s'attacher à suivre la marche historique ou d'invention. On peut la considérer comme une introduction à l'*astronomie* (voyez ce mot).

COSSE (Botanique). — Valves du LÉGUME.

COSSUS ou **COSSE** (Zoologie), *Cossus*, Latr., nom donné par Pline l'Ancien à une larve qui rongeait le bois et que les Romains accommodaient et servaient sur leurs tables. Cette étymologie tendrait à faire croire que les chenilles des papillons dont il va être question étaient véritablement les gros vers que recherchaient les gourmets romains ; Pline cependant semble démentir d'avance cette opinion, puisqu'il ajoute que les *cossus* se métamorphosent en insectes pourvus de cornes et qui font entendre un petit bruit strident. Il est donc probable que le *cossus* des Romains était une larve du *capricorne* (voyez ce mot). — Mais Linné appela *cossus* un papillon nocturne qui est devenu le type d'un genre d'*insectes* auquel ce nom même a été appliqué. Latreille, dans le *Règne animal* de Cuvier, le classe dans l'ordre des *Lépidoptères*, famille des *Nocturnes*, et le caractérise ainsi : antennes aussi longues au moins que le thorax, offrant au côté interne une rangée de petites dents lamellaires, courtes et arrondies au bout. Les chenilles des cossus se creusent des galeries dans le bois des arbres en le ramollissant au moyen d'une liqueur d'une odeur forte qu'elles dégorgent. Avec la sciure, elles se font des cocons où leurs chrysalides sont enfermées près du trou par où elles doivent sortir de l'arbre. Le *C. ronge-bois* (*C. ligniperda*,

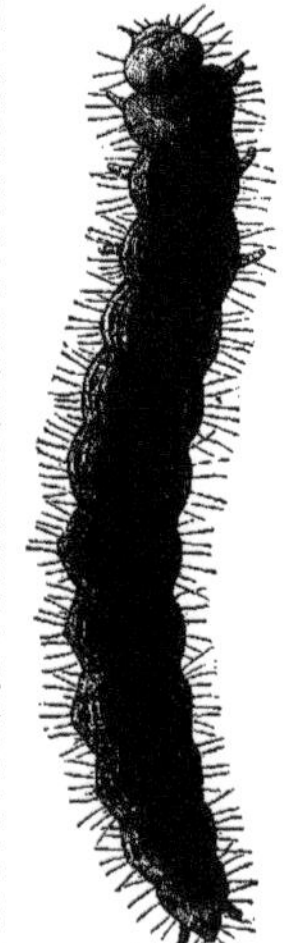

Fig. 660. — Chenille du cossus ronge-bois.

Fab.) a une grosse chenille longue de 0^m,07 à 0^m,08, rougeâtre, avec une plaque rouge-sang sur chaque anneau ;

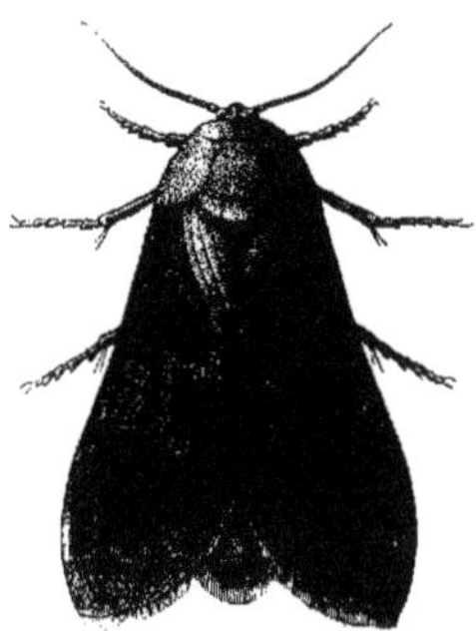

Fig. 661. — Papillon du cossus ronge-bois.

elle vit trois ans, dans le bois du chêne, du saule, de l'orme. Le papillon est gris cendré, avec de petites lignes noires nombreuses sur la première paire d'ailes ; l'extrémité postérieure du thorax est jaune, avec une ligne noire. Lyonnet, au siècle dernier, a rendu célèbre la chenille du cossus ligniperde par son admirable *Traité anatomique de la chenille du saule*, le travail le plus minutieux qui ait paru sur l'organisation des insectes avant l'*Anatomie du hanneton*, de Strauss-Durkheim.

Fig. 662. — Chrysalide du cossus ronge-bois.

COSSYPHE (Zoologie), *Cossyphus*, Fab., du grec *cossyphos*, merle? — Genre d'*Insectes* de l'ordre des *Coléoptères*, section des *Hétéromères*, famille des *Taxicornes*, tribu des *Cossyphènes*. Il comprend des espèces caractérisées par un corps aplati en forme de bouclier, des antennes en massue de 4 à 5 articles. Ces insectes sont des pays chauds.

COSSYPHÈNES (Zoologie). — Tribu d'*Insectes* de la famille des *Taxicornes*, section de *Hétéromères*, ordre des *Coléoptères*. Caractères : corps ovoïde ou sublhémisphérique, débordé dans son pourtour par les côtés dilatés et aplatis ; tête cachée sous le corselet ainsi bordé, ou logée dans une échancrure de cette partie du corps (voyez COSSYPHE). On les trouve dans le sud de l'Europe, dans les Indes, le nord de l'Afrique (sous-genre *Cossyphe* proprement dit), à la Nouvelle-Hollande (sous-genre *Hélée*), ou dans l'Amérique méridionale (sous-genre *Nilion*).

COTE (Anatomie), du latin *costa*, côte. — Le tronc des animaux vertébrés est en général protégé, dans sa partie antérieure au moins, par des arcs osseux placés dans la paroi de la cavité générale où sont logés les gros viscères ; ce sont ces arcs osseux que l'on nomme les *côtes*. Les côtes sont disposées par paires ; leur extrémité dorsale s'articule avec la colonne vertébrale ; l'extrémité opposée est tantôt libre dans les chairs, tantôt attachée au sternum.

Chez l'*homme*, on compte 12 paires de côtes ; les 7 plus rapprochées de la tête sont terminées en avant par un *cartilage costal* qui s'attache par continuité au sternum : on les nomme *côtes sternales* ou *vraies côtes* ; les 5 autres paires se prolongent également en des cartilages costaux, mais ceux-ci, au lieu de se fixer au sternum, s'attachent les uns aux autres, l'inférieur au supérieur ; ces côtes sont nommées *asternales*, *vertébrales* ou *fausses côtes*. La forme des côtes et leur position relative jouent un rôle important dans le mécanisme de l'inspiration (voyez ce mot). Il n'y a bien entendu aucune différence pour le nombre des côtes entre l'homme et la femme.

Chez les *mammifères*, il existe toujours des côtes dont la disposition rappelle beaucoup ce qu'on observe chez l'homme. Leur nombre varie de 11 à 24 paires ; on en compte 11 paires chez plusieurs chauves-souris ; 12 chez le chat, le chameau, le lièvre et le lapin ; 13 chez le chien et ses congénères, chez le rat, le cerf, la chèvre, le mouton, le bœuf ; 15 chez la baleine ; 18 chez le cheval et l'âne ; 20 chez l'éléphant ; 24 chez l'unau.

Chez les *oiseaux*, les cartilages costaux sont osseux comme la partie attachée aux vertèbres, de sorte que la côte est formée de deux os articulés à angle sur les flancs de l'oiseau. Il y a généralement chez eux un petit nombre de côtes, de 7 à 11 paires seulement.

Chez les *reptiles*, tantôt les côtes sont élargies et soudées pour former la carapace des tortues (voyez CARAPACE) ; tantôt elles existent minces et nombreuses, avec un sternum, comme chez les sauriens, ou sans sternum, comme chez les ophidiens.

Chez les *amphibies*, ou ne trouve pas de côtes dans les anoures (grenouilles, crapauds) ; les urodèles et les pérennibranches en ont de petites très-incomplètes.

Chez les *poissons*, on trouve souvent des côtes et en grand nombre, plusieurs espèces en manquent complétement.

CÔTE (Botanique). — La nervure médiane d'une feuille simple ou le pétiole médian qui reçoit les folioles d'une feuille composée est nommée *côte* par quelques botanistes. AD. F.

CÔTÉ (Géométrie) : — 1° D'*un angle*, une des deux droites dont l'écartement forme l'angle ; 2° d'*un polygone*, une des droites qui bornent le polygone ; 3° d'*un polyèdre*, intersection de deux des plans qui forment les faces du polyèdre ; 4° d'*un cylindre*, ligne parallèle à l'axe et joignant les circonférences des deux bases, c'est-à-dire intersection de la surface avec un plan passant par l'axe ; 5° d'*un cône* ou d'*un tronc de cône*, intersection de la surface par un plan passant par l'axe.

CÔTÉ (PLAN) (Nivellement). — Plan destiné à donner non-seulement la projection horizontale d'un terrain, mais encore une idée de l'élévation ou de la dépression de ses différentes parties. Pour cela, on détermine les distances verticales de chacun de ses points à un certain plan horizontal appelé *plan de comparaison* (voyez NIVELLEMENT), puis on met sur le plan du terrain, auprès de chaque point, sa *côte*, c'est-à-dire cette distance verticale. Pour la distinguer des nombres qui pourraient représenter certaines distances horizontales du plan topographique, on écrit toujours la cote de chaque point entre parenthèses.

COTINGA (Zoologie). — C'est le nom indigène de plusieurs espèces d'*Oiseaux* de l'Amérique équatoriale. Linné les a pris pour type du grand genre *Cotinga* (*Ampelis*). Cuvier a placé ce genre dans l'ordre des *Passereaux*, famille des *Dentirostres*, et l'a partagé en plusieurs genres nouveaux, en tête desquels se présente le genre *Cotinga*, ainsi caractérisé : bec triangulaire, assez faible, recourbé à la pointe ; narines à la base du bec, recouvertes par des poils ; ailes longues, aiguës ; queue médiocre et élargie. Les cotingas mâles ont dans leur plumage les couleurs les plus éclatantes à l'époque de l'année où ils ont des petits ; le reste de l'année, les deux sexes n'ont que des teintes grises ou brunes. Ces oiseaux vivent d'insectes et de fruits, et se tiennent dans les lieux humides au Pérou, au Brésil, dans la Colombie, dans la Bolivie. Leur taille est généralement médiocre et se rapproche de celle du merle de nos pays. Le chant des cotingas est un sifflement monotone et sourd. Leur caractère est défiant, farouche et taciturne.

Les espèces les plus remarquables sont l'*Ouette* ou *C. rouge de Cayenne* (*A. carnifex*, Lin.), dont le premier nom rappelle le cri et dont l'autre nom signale la couleur dominante de son plumage. Le mâle est couvert sur le dos d'un manteau rouge foncé ; le ventre est écarlate ; la tête est hérissée de petites plumes roides et étroites d'un rouge éclatant ; le bec est d'une teinte rougeâtre ; l'oiseau mesure 0^m,19 de longueur. La femelle est plus petite et plus brune. Le *C. cordon-bleu* (*A. cotingua*, Lin.), dont le dessus du corps est d'un bleu magnifique, la poitrine violette et tachée d'une belle couleur aurore, habituellement traversée d'une bande bleue semblable à un large ruban. — Le *C. Pompadour* (*C. Pompadora*, Lin.), remarquable par son manteau rouge brun sanglant, avec les plumes des ailes blanches.

COTON et COTONNIER (Botanique), du mot arabe *gothn* ou *goz*, qui signifie matière soyeuse et désigne le coton lui-même, nommé aussi *koutn* en égyptien. — La matière floconneuse connue de tout le monde comme une de nos plus précieuses matières textiles et nommée *coton*, est formée des filaments longs, soyeux et contournés qui recouvrent la graine de plusieurs espèces de plantes appelées *Cotonniers*. Ces plantes sont réunies par les botanistes dans le genre *Cotonnier* (*Gossypium*, Lin.) et classées dans la famille des *Malvacées*, tribu des *Hibiscées*.

Du genre Cotonnier. — Les cotonniers sont des herbes ou des arbrisseaux vivaces à fleurs jaunes plus ou moins marquées d'une teinte purpurine, qui rappellent l'aspect des roses de la Chine, des roses trémières ou des guimauves ; ils portent des feuilles alternes à 3, 4 ou 5 lobes et munies d'un pétiole assez long. Leur fleur offre un calicule à 3 folioles soudées à leur base, plus longues que le calice et enveloppant la fleur à peu près comme la cupule de la noisette enveloppe ce fruit ; le calice, court,

Fig. 663. — Cotonnier herbacé.

presque indivis, montre 5 dents sur son bord ; la corolle est formée de 5 pétales larges, légèrement ovales et inéquilatéraux. Les étamines monadelphes constituent un tube, élargi à sa base pour entourer et recouvrir l'ovaire, resserré en colonne au niveau du style, qu'il renferme, et terminé à son sommet par de nombreux filets qui portent les anthères. L'ovaire a 3 loges multiovulées, le style simple est surmonté d'un stigmate trifide. Le fruit est une capsule ovoïde, coriace, à 3 ou 5 loges, qui, à maturité, s'ouvre en 3 à 5 valves et laisse voir une touffe épaisse de coton. Cette touffe est le long duvet qui entoure l'enveloppe externe des nombreuses graines contenues dans la capsule. Ce duvet est la matière textile qui joue aujourd'hui un si grand rôle dans l'industrie des peuples civilisés. Les graines sont noirâtres et de forme anguleuse ; elles renferment une huile qu'on emploie pour l'éclairage dans les pays où vivent les cotonniers. Cette huile a le défaut de donner beaucoup de fumée en brûlant.

Les espèces de ce genre sont originaires de l'Asie et de l'Amérique méridionale. La culture a naturalisé plusieurs d'entre elles dans toutes les contrées intertropicales, et l'on s'occupe sans cesse de les introduire dans de nouveaux pays. Quant au nombre de ces espèces, on manque d'études suffisamment approfondies pour le déterminer avec certitude. De Candolle en avait admis treize ; des botanistes plus modernes en reconnaissent jusqu'à vingt ou vingt-une ; Forbes Royle, qui a fait des observations précieuses sur les cultures des pays chauds, n'admet que quatre espèces primitives dont les autres seraient des variétés développées sous l'influence de climats différents ; ces quatre espèces types seraient : le *Cotonnier herbacé* (*G. herbaceum* ou *indicum*), le *C. en arbre* (*G. arboreum*), le *C. d'Amérique* (*G. Barbadense*), le *C. du Pérou* (*G. Peruvianum* ou *acuminatum*). Les planteurs se bornent à distinguer les *Cotonniers en herbe*, le *C. en arbuste*, le *C. en arbre*. La spécification de de Candolle paraît la plus sérieusement étudiée, et il est naturel de s'y rapporter. Les plus importantes des espèces qu'il a décrites sont les suivantes : le *Cotonnier herbacé* (*G. herbaceum*, Lin.), (*fig.* 663) originaire de l'Égypte et de l'Arabie, est l'espèce la plus répandue. Dans les contrées peu favorables à son développement, c'est une herbe annuelle de 0^m,50 à 1 mètre de hauteur ; mais ailleurs, ce cotonnier devient un arbrisseau vivace qui atteint jusqu'à 1^m,60 et 2 mètres. Ses feuilles sont molles, divisées en 5 lobes arrondis, courts, terminés par une pointe brusque et munis à leur base d'une glande qui se voit à la face inférieure des feuilles. Ses fleurs sont d'un jaune pâle, avec une tache purpurine à la base des pétales. Le coton de cette espèce est d'un beau blanc ou jaunâtre. — Le *C. arborescent* (*G. arborescens*, DC.) est une espèce vivace qui atteint 5 à 6 mètres de hauteur ; sa tige, ligneuse par le bas, porte des rameaux glabres à la base, pubescents au sommet ; des feuilles à longs pétioles bi-stipulés, profondément divisées en 5 lobes, et des fleurs axillaires solitaires de couleur purpurine. Les fruits sont des capsules à 3 ou 4 loges et son coton est de qualité supérieure. Originaire de toute l'Asie méridionale, cette espèce a été introduite la première aux Canaries et en Amérique, où sa culture n'a pas cessé de se développer. — Le *C. de l'Inde* (*G. indicum*, Lamk) est l'espèce la plus importante des Indes orientales ; vivace comme le précédent, il a une tige ligneuse à la base, des feuilles très-petites à 3 ou 5 lobes ; ses fleurs varient du jaune à la teinte purpurine ; ses capsules ont 4 loges. — Le *C. à feuilles de vigne* (*G. vitifolium*, Lin.) a des feuilles grandes profondément divisées en 5 lobes, ce qui rappelle la forme des feuilles de la vigne ; les fleurs solitaires, pédonculées, sont grandes et de couleur jaune ; la capsule a 3 loges. Cette espèce se trouve à l'Ile-de-France et provient de l'Inde. — Le *C. religieux* ou *à trois pointes* (*G. religiosum*, Lin.; *G. tricuspidatum*, Lamk) est un petit arbuste de 1 mètre environ, à fleurs blanches, qui tournent ensuite au roux, puis au rouge. Sa capsule a 3 loges et renferme un coton tantôt roux, tantôt d'une blancheur éclatante. On ignore la patrie de cette espèce ; elle est cultivée en Amérique. — Le *C. des Barbades* (*G. Barbadense*, Lin.) est un arbrisseau de 2 mètres ; ses rameaux et les pétioles de ses feuilles sont marqués de petits tubercules noirs ; son fruit est gros et renferme beaucoup de coton ; il croît spontanément aux Antilles. — Le *C. velu* (*G. hirsutum*, DC.) est aussi originaire d'Amérique ; il est herbacé, annuel ou bisannuel, et, comme son nom l'indique, il est velu dans toutes ses parties, avec des fleurs jaunes solitaires. — On connaît encore, comme espèces américaines, le *C. purpurin* (*G. purpurescens*, Poir.) et le *C. du Pérou* (*G. Peruvianum*, Cuv.).

Histoire du coton. — C'est dans l'Inde que les Grecs trouvèrent le coton en usage ; Hérodote, au ve siècle avant J. C., écrivait ce qui suit : « Les Indiens ont une sorte de plante qui produit, au lieu de fruits, de la laine plus belle et plus douce que celle des moutons ; ils en font leurs vêtements. » L'écrivain voyageur venait de parcourir l'Égypte et l'Asie occidentale, où il ne mentionne pas cette plante, évidemment parce qu'elle n'y existait pas. Strabon, quelques années avant notre ère, trouvait le coton cultivé à l'entrée du golfe Persique ; Pline, cinquante ans après, indiquait, sous les noms de *xylon* et de *gossypion*, cette même plante comme l'une des productions de l'Arabie et de la haute Égypte ; les vêtements des prêtres égyptiens étaient de coton. Avec la culture du cotonnier, l'Inde possédait déjà un commerce important d'étoffes de coton. Au premier siècle de notre ère, ce commerce, jusque-là borné à l'Asie occidentale, parvint en Grèce et de là en Italie. En même temps, la culture de la plante et la filature du coton se répandaient hors de l'Inde et envahissaient peu à peu la Perse et l'Arménie, où elles étaient florissantes au xiiie siècle. D'un autre côté, les Arabes avaient propagé cette culture en Afrique à mesure que leur conquête s'y étendait, et, au IXe siècle, ils plantaient, aux environs de Valence, en Espagne, les premiers cotonniers cultivés en Europe; en même temps, Cordoue, Grenade, Séville et peu après Barcelone voyaient se fonder dans leurs murs des manufactures de tissus de coton, comme plusieurs villes du Maroc en possédaient déjà; enfin, ces mêmes Maures d'Espagne introduisaient encore à la même époque en Europe la fabrication du papier de coton. Au XIVe siècle, les Turcs importèrent en Albanie, en Macédoine l'art de tisser le coton. C'est à eux que, les premiers parmi les peuples chrétiens, les Vénitiens, et bientôt les Milanais, empruntèrent cette industrie que leurs relations commerciales répandirent plus tard en Belgique et en Angleterre. Les premiers tissus de coton fabriqués par les Anglais, à l'imitation des Flamands, remontent à 1430. Favorisée par les rois anglais, l'industrie du coton prit un essor inconnu jusque-là après la révolution de 1688 et sous les rois hanovriens. L'Angleterre a conservé cette prééminence, et c'est encore aujourd'hui le pays qui met annuellement en œuvre la plus grande quantité de coton.

La France fut bien éloignée de suivre un pareil essor; l'industrie des tissus de coton ne date chez nous que de la fin du XVIIe siècle, et la ville d'Amiens est une des premières villes qui l'aient connue; mais bien qu'aujourd'hui le tissage du coton occupe un grand nombre de bras en Alsace, en Champagne, en Normandie, en Flandre, en Languedoc, dans la vallée du Rhône et à Paris, les manufactures françaises n'égalent pas celles de nos rivaux, au moins en puissance productrice.

Jusqu'à la fin du siècle dernier, les cotons nécessaires pour alimenter l'industrie toujours croissante des peuples de l'Europe venaient du Levant; l'Amérique n'en fournissait pas. Ce n'est pas que ce vaste continent ne connût pas le cotonnier. Il est démontré aujourd'hui qu'avant l'arrivée des Européens, les populations américaines des Antilles, du Brésil, de la Colombie, fabriquaient des étoffes avec leurs cotons indigènes. Mais c'est seulement en 1786 que les Anglo-Américains des États-Unis reçurent de Bahama le cotonnier désigné dans le commerce sous le nom de *sea-island*, et en commencèrent la culture en Géorgie. Cet essai eut un succès inouï; la Caroline du Sud, l'Alabama et les autres États du Sud suivirent rapidement cet exemple; l'exportation commencée en 1791 n'a pas cessé de s'accroître, et l'Europe depuis vingt-cinq ans est approvisionnée de coton, presque exclusivement par les planteurs anglo-américains du Sud de l'Union. En même temps, les manufacturiers des États du Nord ont fondé une industrie considérable des tissus de coton. Ainsi s'est créée peu à peu la situation actuelle de la production et de la mise en œuvre du coton, situation sur laquelle quelques renseignements vont être fournis.

Production actuelle du coton. — La culture du coton se fait actuellement en Asie, dans les Indes, la Perse, la Syrie, l'Asie Mineure; en Europe, dans les îles de Malte et de Goze, la Grèce, l'Espagne, l'Italie centrale et méridionale; en Afrique, dans la Basse-Égypte, dans quelques parties de l'Algérie; en Amérique, dans les États du Sud de l'Union, le Brésil, etc. Les deux grandes nations manufacturières de l'Europe font des efforts énergiques pour remplacer les cotons américains, dont la guerre a suspendu le commerce, par des cotons produits dans leurs propres colonies. Les Anglais portent ces efforts vers l'Inde, et aussi vers leurs établissements de la côte du Congo. La France donne une nouvelle impulsion à la production cotonnière de l'Algérie dont elle se préoccupe depuis 1842, et tente d'importer cette production dans quelques-unes de ses colonies, et entre autres au Sénégal. Voici à cet égard le résumé des renseignements publiés en 1862 par les ministères de la marine et de la guerre. — *Antilles françaises* : à peu près nulle à la Martinique, la production du coton reprend faveur à la Guadeloupe, d'où sont provenus jadis une grande partie des cotonniers de l'Union américaine; en 1861, l'exportation de la Guadeloupe a été de 15 309 kil. A la *Guyane,* cette production longtemps florissante est tombée dans une décadence à laquelle l'administration locale s'efforce de mettre un terme. Le *Sénégal* paraît singulièrement propre à la culture des cotonniers, puisqu'on y en trouve partout à l'état sauvage; le gouvernement français porte surtout son attention vers la basse Sénégambie dont les premiers produits ont pu être livrés au commerce en 1863. A l'*île de la Réunion,* la production cotonnière décroît tous les ans depuis 1815, malgré les meilleures conditions naturelles. Les quelques points que les Français ont conservés dans l'*Inde* fournissent du coton à l'industrie locale et aussi à celle de la métropole, mais ne donnent pas lieu à un commerce d'exportation. La *Cochinchine* semble promettre une production cotonnière assez abondante. La *Nouvelle-Calédonie* possède déjà des plantations de cotonnier provenant des États-Unis, et en outre des cotonniers sauvages, indigènes, à rameaux grêles et étalés qui ne dépassent pas 1 mètre de hauteur. A *Taïti,* le cotonnier à trois pointes croît spontanément en abondance; aucun essai sérieux n'a encore été tenté.

Quant à l'*Algérie*, « cultivé traditionnellement par un petit nombre de tribus indigènes, essayé comme curiosité en 1832 et 33 par quelques colons, et au jardin d'essai à Alger, introduit dans les cultures en grand de la Regaïa, en 1837 et 38, et puis abandonné pendant la guerre, le coton fut repris en 1842 et 43 à la pépinière centrale, où de nombreuses variétés n'ont cessé d'être l'objet des plus sérieuses expériences. » Sous l'influence d'encouragements importants accordés par le gouvernement, la culture du coton se développe aujourd'hui d'une façon assez satisfaisante. Voici la proportion qu'a suivie ce développement jusqu'en 1860.

Production du coton en Algérie.

ANNÉES.	NOMBRE des planteurs.	ÉTENDUES cultivées.	QUANTITÉS récoltées après égrenage.
		hectares.	kilogr.
1851-52	109	44,94	4 303
1852-53	592	474,00	18 933
1853-54	1417	1 720,00	85 710
1854-55	726	1 530,00	71 310
1855-56	435	1 923,00	66 972
1856-57	494	1 500,00	93 070
1857-58	1093	2 058,00	104 416
1858-59	426	1 475,00	106 431
1859-60	333	1 484,00	106 472
1860-61	»	»	159 052

La production de 1860-61 se répartit ainsi :

	Longue soie. kil.	Courte soie. kil.
Province d'Oran	145 458	»
Province de Constantine	1 118	5 534
Province d'Alger	3 827	3 715
TOTAL	150 403	9 249

On a tenté à diverses reprises d'introduire la culture du coton dans le midi de la *France* elle-même. Selon un auteur du XVIe siècle, cette culture aurait existé autrefois en Provence. On en fit l'essai en 1790 aux environs d'Arles. En 1806 et 1807, Napoléon Ier fit renouveler ces essais dans la Gascogne, le Languedoc, le Roussillon, que de Candolle signalait comme propre à cette culture; malgré quelques succès, ces tentatives n'eurent pas de suite. En ce moment encore la disette de cotons américains provoque de nouvelles expériences dans ce sens; le cotonnier herbacé paraît, en effet, pouvoir réussir dans nos départements riverains de la Méditerranée. Il est cependant peu probable qu'au milieu des cultures qui se disputent notre sol, celle du cotonnier prenne sérieusement sa place; la réapparition sur nos marchés des cotons américains est sans doute destinée à faire abandonner encore ces essais dignes cependant d'intérêt.

Le rapport de MM. Barral et Jean Dolfus, sur l'exposition universelle de 1862 (*Rapports des membres de la section française du jury international;* Paris, 1862, t. II), fournit les renseignements suivants propres à compléter ceux qui précèdent. « La production du coton brut ou en laine, en 1860, ne s'élevait pas à moins de 2 265 millions de kil., d'une valeur de 1 600 millions à 2 milliards de francs; elle provenait de la récolte de 20 millions d'hectares correspondant, à cause de la rotation imposée par la culture de la plante, à 60 millions d'hectares occupés par les cotonniers. Quant à l'Europe, en 1861, elle a mis en œuvre dans ses manufactures 850 millions de kil., dont les huit dixièmes venaient des États-Unis d'Amérique, et les deux autres dixièmes des Indes, de l'Égypte, du Brésil, ainsi qu'il suit :

	kilog.
États-Unis d'Amérique................	716 000 000
Indes britanniques....................	92 000 000
Égypte...............................	27 000 000
Brésil...............................	10 000 000
Indes occidentales, autres pays.........	5 000 000
Total....................	850 000 000

Sur cette masse énorme, la Grande-Bretagne avait absorbé à elle seule 630 millions de kil. occupant 2 millions d'hommes à leur élaboration(un quatorzième de la population totale des trois royaumes). La France, dans la même année 1861, a consommé 123 736 300 kil. de coton dont les neuf dixièmes provenant de l'Amérique du Nord. Ce même rapport contient une expertise du plus haut intérêt sur la valeur commerciale et industrielle des cotons exposés par les divers pays du monde.

Tous ces cotons peuvent se classer en deux catégories :

1° *C. longue soie*, qui figure au premier rang comme valeur industrielle, paraît produit principalement par les variétés du *Cotonnier arborescent*, et nous vient surtout de la Géorgie et de la Caroline du Sud ; il est désigné sous les noms de *Sea Islands cotton* (coton des îles de l'Océan), *Black seed cotton* (coton à graine noire), *Géorgie longue soie*.

2° *C. courte soie*, que fournit surtout le *Cotonnier herbacé*, est celui qui domine aux Indes orientales, en Égypte et dans les îles de la Méditerranée. Il porte les noms de *Upland cotton* (coton des hautes terres), *Green seed cotton* (coton à graine verte).

Chacune de ces catégories comprend un très-grand nombre de variétés dont l'énumération se trouve au *Traité des productions naturelles*, publié par nos courtiers de commerce.

Les États-Unis d'Amérique fournissent jusqu'ici les plus beaux cotons à longue soie et à courte soie ; ceux à longue soie sont employés à la fabrication des mousselines, tulles, percales ; les courte-soie servent aux indiennes et autres étoffes de finesse moyenne ou tout à fait grossières. Le Brésil ne fournit que des cotons longue-soie estimés pour faire les calicots, la bonneterie et les étoffes destinées à la teinture. L'Inde fournit en petite quantité des longue-soie de qualité supérieure ; ses courte-soie sont réservés pour la passementerie et les étoffes communes. Les longue-soie du Levant sont médiocrement fins, mais d'une grande solidité.

En médecine, on ne tire guère parti du coton que pour recouvrir les surfaces des brûlures. Le coton en carde exerce dans ce cas la meilleure influence pour empêcher l'accès de l'air et pour calmer les douleurs si cruelles des brûlures superficielles même très-étendues.

Culture des cotonniers. — Selon M. G. Heuzé (*Cours d'agr. prat.; les plantes industrielles*, 2° partie), le cotonnier herbacé ou annuel végète pendant sept mois environ ; pour fleurir et mûrir ses graines, il a besoin d'une température de 45 à 48° cent. L'époque des semis varie suivant les climats ; en Algérie, ce sont les mois de mai et de juin, et l'on récolte en octobre. La germination demande huit à dix jours. La floraison a lieu de quatre-vingts à cent jours après les semis ; et la maturité des fruits, soixante-dix à quatre-vingts jours après la floraison. La maturité est compromise si la température s'abaisse, même momentanément, au-dessous de 16° à 17°. Un même pied peut donner de 300 à 500 fruits, pesant chacun environ 30 grammes. La limite septentrionale de la culture du cotonnier en Europe et en Amérique est le 45° de latitude nord ; au sud, elle s'étend en Amérique jusqu'au 30° ou 33° de latitude.

Le cotonnier veut un terrain fertile, profond, de consistance moyenne, médiocrement humecté, argilo-calcaire, calcaire-siliceux ou calcaire-argileux. Il a besoin d'être abrité du nord et exposé au sud ou à l'est. Pour établir la plantation, on donne quatre à cinq labours à plat ou en billons, et l'on achève en passant la herse et le rouleau. Cette culture épuise le sol et réclame une fumure abondante ; les amendements calcaires lui sont favorables.

Les semis se font : par *paquets* avec la pioche ou la binette ; en *lignes*, dans des rayons qu'on recouvre avec le râteau ; ou *à la volée*, mais seulement dans la basse Égypte. L'espacement des plants varie selon la hauteur des plantes, mais les cotonniers ont besoin d'être isolés de façon à ce que l'air et le soleil visitent librement toute leur surface. Une dizaine de jours après que les graines ont levé, on donne un premier binage que l'on répète dès que la surface de la terre s'est durcie ; puis on éclaircit les plants en laissant les mieux venus et en enlevant les autres de façon à produire l'espacement convenable. Quand les boutons à fleur ont paru, on donne encore un binage, que l'on répète dans certaines contrées avant l'épanouissement des fleurs. Un arrosage abondant est nécessaire, et pour l'assurer on doit établir un système d'irrigations. Il importe de modérer l'arrosage à partir de la floraison. On a fait avec succès des essais de taille ou rabattage du cotonnier herbacé ; les cotonniers vivaces doivent toujours être taillés pour ne pas dépenser leur sève en feuilles et en nouveaux rameaux.

Le produit de cette culture déjà assez compliquée est menacé par certaines mauvaises herbes (chiendent et liseron), par les vents secs ou froids, par les pluies au moment de la maturité ; enfin par de nombreux insectes (criquets, courtilières, larves de l'apate moine, noctuelles du cotonnier, etc.).

La récolte est une cueillette des capsules, que peuvent effectuer même des femmes et des enfants ; on coupe le fruit au ciseau ; on en extrait le coton et on le partage en trois lots : filaments longs et fins, filaments plus courts et plus gros, filaments défectueux. Les capsules doivent être cueillies sèches, et, dès que la maturité se produit, il faut revenir plusieurs fois au même pied à mesure que ses fruits mûrissent.

Le coton récolté est séché cinq à six heures au soleil sur des claies, et mis en tas seulement lorsqu'il est bien sec. Puis on l'*égrène*, c'est-à-dire qu'on sépare les filaments des graines, soit à la main, soit au moyen du fléau, et surtout à l'aide de machines. Les machines consistent, en général, en deux cylindres horizontaux, tournant en sens contraire l'un de l'autre, et assez rapprochés pour entraîner le coton sans laisser passer les graines. Ces machines, mues par un homme, par des chevaux ou par la vapeur, présentent d'ailleurs des dispositions de détail très-variables. Le coton égrené est battu avec des baguettes et nettoyé des débris de coques ou de graines qu'il peut contenir.

Selon M. G. Heuzé, déjà cité plus haut, et qui fournit sur le coton les meilleurs renseignements actuels, aux États-Unis, 750 kil. de coton brut donnent 150 kil. de coton net, qui coûtent, égrenés, nettoyés et emballés, 135 francs. Le produit moyen de l'hectare est de 333 kil. de coton net (soit 1000 kil. de coton brut). On estime, en général, que la graine pèse trois fois plus que le coton.

Pour étudier les questions relatives au *coton*, on consultera utilement, outre les ouvrages déjà cités : De Rohr, *Observations sur la culture du coton*, 1807 ; de Lasteyrie, *Du cotonnier et de sa culture*, 1808 ; Hardy, *Manuel du cultivateur de coton en Algérie*, 1854 ; *Rapport du jury international de* 1855. Il existe en Amérique de nombreuses publications en anglais, sur le cotonnier et son produit ; aucune n'a été traduite en français. Ad. F.

COTONEUM **malum** (Horticulture). — Nom latin du *Coing*.

COTONNIER (Botanique, Agriculture). — Voyez Coton.

COTTE-CHABOT (Zoologie). — Voyez Chabot.

COTYLÉDON (Botanique), du grec *cotylédôn*, petite coupe, parce que la gemmule de l'embryon est habituellement reçue dans une fossette du cotylédon ou des deux cotylédons. — La graine des végétaux renferme, lors-

Fig. 664. — Embryon de la cuscute. Fig. 665 (1). — Embryon du tilleul.

qu'elle est mûre, la jeune plante grossièrement ébauchée, très-petite et pourvue de provisions de *matière nutritive* propres à assurer son développement ; cette jeune plante est ce qu'on nomme l'*embryon végétal*. On y peut déjà reconnaître les parties essentielles du végétal, savoir une extrémité nommée *radicule* qui est le germe de la *racine* ; une extrémité opposée à celle-ci que l'on nomme la *ti-*

(1) r radicule. — c l'un des cotylédons.

gelle, parce qu'elle est le germe de la *tige*, au sommet de cette tigelle, un petit *bourgeon*, le premier de tous ceux que portera la plante, que l'on nomme *gemmule*; enfin, sur la tigelle, au-dessous de la gemmule, sont insérés un ou deux appendices remplis de fécule destinée à nourrir, lors de la germination, les autres parties de l'embryon; ces deux appendices sont les *cotylédons*. Chaque cotylédon est une feuille modifiée et transformée en un amas de provisions nutritives. Le nombre ou l'existence des cotylédons a permis de caractériser dans la nomenclature les trois embranchements du règne végétal : le premier est celui des végétaux *Acotylédones*, qui, se reproduisant par des spores et non par des graines, ne possèdent pas d'embryon tout formé avant la germination et, par conséquent, *pas de cotylédons*; le second est celui des végétaux *Monocotylédones* dont l'embryon ne possède qu'*un seul cotylédon*; le troisième est celui des végétaux *Dicotylédones*, dont l'embryon a habituellement *deux cotylédons* et exceptionnellement un plus grand nombre

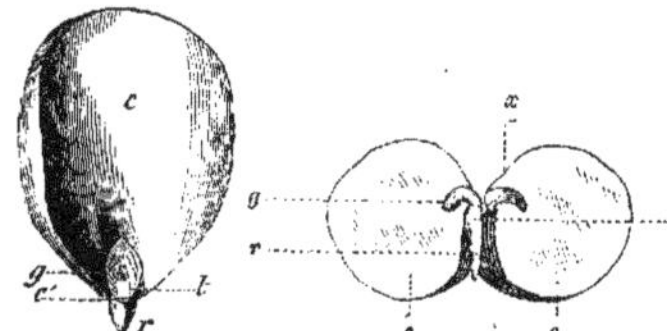

Fig. 666. — Embryon dicotylédoné (abricotier) (1).

Fig. 667. — Embryon dicotylédoné du pois (2).

(pins, sapins). Parmi les dicotylédones, quelques végétaux manquent de cotylédons par avortement de ces organes (la

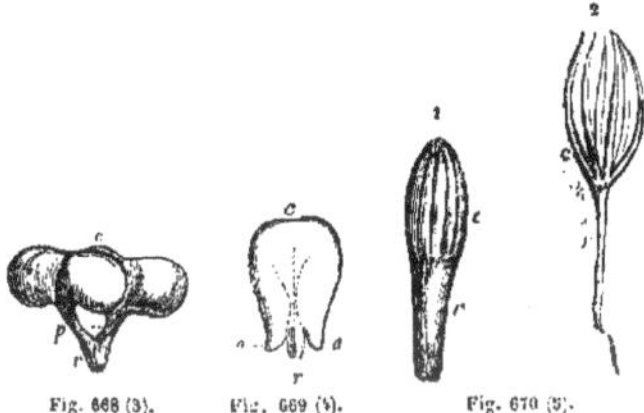

Fig. 668 (3).   Fig. 669 (4).   Fig. 670 (5).

cuscute) (*fig.* 669) ou n'en ont que de rudimentaires. Ordinairement les deux cotylédons sont égaux et symétriques; quelquefois, cependant, l'un est plus grand que l'autre. Parfois ils sont plus ou moins soudés l'un à l'autre. Dans les amandiers, le pois, la fève de marais, les cotylédons sont très-épais; d'autres fois, ce sont des lames minces, foliacées, comme dans le ricin, l'euphorbe, le tilleul. La disposition des cotylédons fournit divers caractères pour la distinction des différents groupes de végétaux. Voici l'indication des principaux. — En considérant la plicature des cotylédons, on les dit (*fig.* 671): *C. réclinés* (1), pliés sur eux-mêmes en deux moitiés, suivant un pli transversal, de manière que le sommet vienne s'appliquer sur la base; *C. condupliqués* (2), pliés sur eux-mêmes, suivant un pli longitudinal, de façon que la moitié de gauche s'applique sur celle de droite; *C. circinés*, roulés sur eux-mêmes comme une crosse d'évêque.(3); *C. chiffonnés*, chiffonnés sous les téguments de la graine,

(1) Un des cotylédons a été détaché pour montrer complétement la plantule. — *c*, l'autre cotylédon. — *c'* point d'insertion du premier qui a été enlevé. — *r*, radicule. — *t*, tigelle. — *g*, gemmule.

(2) *c, c*, les cotylédons. — *r*, radicule. — *t*, tigelle. — *g*, gemmule. — *x*, cavité du cotylédon où se plaçait la gemmule avant que l'embryon fût étalé.

(3) Embryon du *Geranium molle*. — *r*, radicule. — *c*, cotylédons qui s'y rattachent par un pied ou pétiole *p*.

(4) Embryon de l'orme. — *r*, radicule. — *c*, cotylédon. — *o, o*, ses oreillettes.

(5) Embryon du pin. — 1, pris dans la graine. — 2, ayant commencé à germer. — *r*, radicule. — *c*, cotylédons.

---

comme un linge pressé dans un espace étroit (1).—D'après la position réciproque des cotylédons, on les dit aussi

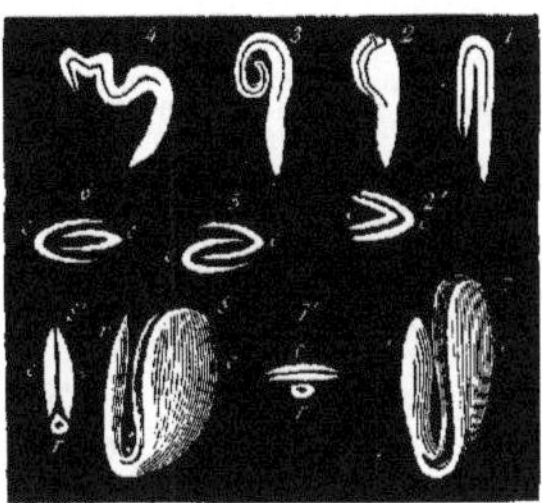

Fig. 671. — Dispositions des cotylédons (1).

C. équitants, lorsque, pliés en sens inverse l'un de l'autre, ils s'enchevêtrent, en quelque sorte, à cheval l'un sur l'autre (5); *C. semi-équitants*, lorsque, pliés en sens inverse, l'un se cache tout entier entre les deux moitiés de l'autre (6). — En comparant la direction des cotylédons avec celle de la radicule, on distingue par des termes spéciaux les faits suivants : *C. incombants*, lorsque la radicule, repliée complétement sur elle-même, vient s'appliquer sur la face des cotylédons (7); *C. accombants*, lorsque la radicule, repliée de même, vient s'appliquer sur le bord des cotylédons (8).

Chez les Monocotylédones, l'embryon a une forme cylindrique, arrondie ou ovoïde à ses extrémités. Le cotylédon y dissimule souvent la gemmule au fond d'une petite fente plus ou moins visible, et située sur un de ses côtés; l'extrémité tournée vers le micropyle est la radicule; toute la portion de l'embryon au delà de la gemmule et à l'opposé de la radicule est le cotylédon unique qui caractérise les végétaux de cet embranchement. Quelques embryons monocotylédonés ont une radicule aussi grosse que le cotylédon lui-même; on les a nommés *embryons macropodes* (voyez GERMINATION).

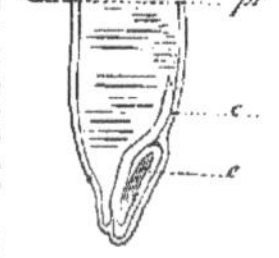

Fig. 672. — Embryon monocotylédoné du blé (2).

COTYLÉDONÉ (Botanique), du mot *cotylédon*. — On nomme ainsi un végétal dont la reproduction se fait par *graines* (voyez GRAINE), et qui, par conséquent, a un embryon pourvu de cotylédons. Les végétaux cotylédonés correspondent aux *Phanérogames*, de Linné.

COTYLOÏDE (Anatomie), du grec *cotylé*, cavité arrondie, et *eidos*, apparence. — On nomme ainsi, en général, une cavité articulaire qui présente la forme d'un hémisphère creux. Chez les Vertébrés, la cavité articulaire de l'os du bassin où s'articule la tête du fémur porte particulièrement ce nom. Elle est formée par l'os coxal au point où se joignent le pubis, l'ischion et l'os iliaque. Tout autour de son bord règne un bourrelet fibreux, nommé *ligament cotyloïdien*. Le fémur est maintenu dans la cavité cotyloïde par des ligaments insérés au pourtour de cette cavité et au pourtour de la tête du fémur; un ligament central rattache le sommet de la tête du fémur au fond de la cavité.

COU (Anatomie, Zoologie). — Voyez COL.

COU-COUPÉ (Zoologie).— Nom vulgaire du *Gros bec fascié*.

COU DE CHAMEAU (Botanique). — Nom vulgaire du *Narcisse des poëtes*.

(1) 1, cotylédons réclinés. — 2, cotylédons condupliqués. — 2', coupe transversale des mêmes cotylédons, c. c.— 3. cotylédons circinés. — 4, cotylédons chiffonnés. — 5, cotylédons équitants. — 6, cotylédons semi-équitants. — 7, cotylédons incombants du pastel; *c*, cotylédons; *r*, radicule. — 7' coupe transversale des mêmes. — 8, cotylédons accombants de la giroflée; *c*, cotylédons; *r*, radicule. — 8'. coupe transversale des mêmes.

(2) *c*, le cotylédon. — *e*, la plantule. — *pr*, périsperme ou albumen farineux.

Cou de cigogne (Botanique). — Nom vulgaire d'un *Érodion* (*Erodium ciconium*, Willd.).

Cou jaune (Zoologie). — Nom vulgaire d'une *Fauvette de Saint-Domingue* (*Motacilla pensilis*, Gm.).

Cou rouge (Zoologie). — Nom vulgaire du *Rouge-gorge*.

Cou-tors (Zoologie). — Nom vulgaire du *Torcol*.

COUA (Zoologie), nom tiré du cri de l'oiseau. — Genre d'*Oiseaux*, ordre des *Grimpeurs* (*Coua*, Cuv.), voisin des Coucous dont ils se distinguent par des tarses plus longs. M. Ackermann (*Rev. zoolog.* 1841) a décrit les mœurs du *Coua de Delalande*, qui vit à Madagascar, où son goût pour les coquillages nommés *agathines* lui a valu le nom de *Casseur d'escargots*.

COUAGGA (Zoologie), *Equus quaccha*, Gm. ; nom tiré du hennissement de l'animal. — Le *Couagga* est une espèce du genre *Cheval* (voyez ce mot), qui se trouve en

Fig. 673. — Couagga.

troupes nombreuses dans le sud de l'Afrique, et particulièrement dans les vastes contrées peu habitées voisines du Cap et de Natal, qui forment la Cafrerie. Les voyageurs l'ont souvent nommé *Cheval du Cap*, *Ane isabelle*. C'est peut-être l'espèce du genre qui ressemble le plus au cheval ; sa robe est isabelle, mais la tête, le cou et les épaules sont zébrés d'un brun foncé ; le ventre, la partie interne et le bas des membres, la queue et la touffe de longs crins qui la terminent sont blancs. Il mesure 1ᵐ,15 de hauteur au garrot ; ses oreilles ne sont pas très-longues ; son poil est ras et fin. Il se nourrit de plantes grasses et de feuilles de mimosa. On assure qu'il est doux et facile à dresser ; les voyageurs rapportent même qu'au Cap on a possédé quelques individus en domesticité. Daubenton, à la fin du siècle dernier, Fr. Cuvier, vingt-cinq ans après, exprimaient le vœu pressant que l'on s'occupât de domestiquer et d'introduire en Europe les zèbres, les daws, les couaggas. En ce qui concerne le couagga, ce vœu est jusqu'ici demeuré sans effet, et on doit le regretter.

COUALE (Zoologie). — Nom vulgaire, en Sologne, de la *Corneille corbine* qu'on nomme ailleurs *Couar*, *Coua*.

COUCAL (Zoologie), nom formé par Levaillant des mots *coucou* et *alouette*. — Genre d'*Oiseaux* (*Centropus*, Illig.), de l'ordre des *Grimpeurs*, famille des *Cuculidés* (coucous) qui habitent l'Inde et l'Afrique et qui se distinguent des autres cuculidés par l'ongle du pouce long, droit et pointu comme chez les alouettes.

COUCHER ou Décubitus (Médecine). — Position que prend naturellement le corps de l'homme en repos sur un plan à peu près horizontal ; on peut considérer le coucher dans quatre positions, sur le dos, sur le ventre, sur les deux côtés ; les anciens appelaient les deux premières : coucher en *supination*, et coucher en *pronation*.

Le coucher sur le côté droit est le plus naturel, celui qu'on observe le plus souvent ; lorsque le corps repose sur le côté gauche, le foie pèse sur l'estomac, le comprime ainsi que les gros vaisseaux ; de plus, il repose sur les organes centraux de la circulation, et cette fonction peut être gênée. Ainsi se produisent parfois des cauchemars, des rêves fatigants, un sommeil agité. Le coucher sur le dos, peu ordinaire dans l'état de santé, est naturel dans plusieurs maladies ; il indique généralement une faiblesse plus ou moins grande des muscles inspirateurs ; ainsi on le remarque chez les personnes très-fatiguées, chez les enfants, les vieillards ; dans les fièvres de mauvais caractère, etc. Le coucher sur le ventre, au contraire, gêne la dilatation de la poitrine et se remarque seulement lorsque le malade veut diminuer l'excitation

intérieure en restreignant l'étendue de la respiration, comme dans l'ardeur d'un accès fébrile. Le coucher sur un plan tout à fait horizontal ne convient guère que chez les enfants, il peut devenir dangereux chez les vieillards, qui ont besoin de reposer sur une surface plus ou moins inclinée ; il en est de même des personnes qui se couchent après le repas.

Coucher en vache (Vétérinaire). — Lorsqu'un cheval en se couchant plie les jambes de telle sorte que le coude vienne appuyer sur la partie postérieure des sabots, nommée *talon* par les vétérinaires, on dit qu'il se *couche en vache*. Il en résulte bientôt au coude une petite tumeur nommée *éponge*, qui altère les formes du cheval.

COUCHER des astres (Astronomie). — C'est le moment où le soleil, une étoile ou une planète disparaît sous l'horizon. Les positions relatives des étoiles dans le ciel restent sensiblement fixes, les points de l'horizon où on le voit se coucher ne changent pas, si ce n'est à un long intervalle de temps, par l'effet de la précession des équinoxes. Il en est autrement du soleil, de la lune et des planètes, qui se déplacent parmi les étoiles en vertu de leur mouvement propre. Ainsi, du solstice d'hiver au solstice d'été, le soleil se couche en des points de plus en plus rapprochés du nord ; le contraire a lieu du solstice d'été au solstice d'hiver. Aux équinoxes, ce point de coucher se trouve sur la perpendiculaire à la méridienne, et il fixe ce qu'on appelle proprement le *couchant*, l'ouest ou l'occident (voyez Ciel).

COUCHES (Géologie). — Voyez Terrains, Stratification.

COUCHES (Horticulture). — On cultive dans nos jardins potagers ou fleuristes beaucoup de plantes qui, dans nos climats, ne peuvent germer, fleurir et mûrir leurs fruits qu'à l'aide d'une véritable accélération artificielle de leur développement. D'autres fois on a besoin de faire ce qu'on nomme des *primeurs*, c'est-à-dire de faire fructifier certaines plantes avant leur époque naturelle. Enfin, nous élevons même des végétaux qui, appartenant à des contrées plus chaudes, ne peuvent exister chez nous que dans des conditions artificielles. Toutes ces cultures hâtives ou exceptionnelles se font *sur couches*, c'est-à-dire que l'on dispose sur le terrain où l'on élève ces plantes, un lit de fumiers, de feuilles, de mousses, et en général de matières organiques, capable d'y développer et d'y maintenir de la chaleur en fermentant. On donne ordinairement aux couches la forme d'un parallélogramme ; la largeur et l'épaisseur varient selon les cultures auxquelles on les destine ; il en est de même des matériaux que l'on y introduit. L'effet des couches est à la fois de réchauffer le sol et la couche d'air en contact avec lui par la chaleur que produit la fermentation, et d'enrichir le terrain par les principes fécondants qu'elle développe. Pour les melons, les patates et les plantes qui végètent vigoureusement, on emploie des *couches* dites *sourdes*, parce qu'on les établit dans une tranchée creusée en terre pour les recouvrir ensuite avec la terre ameublie et mêlée de terreau. On nomme *couches tièdes*, celles où l'on mélange du fumier de cheval, de vache, et des feuilles ; et *couches chaudes*, celles que l'on fait avec du fumier de cheval, frais, et par conséquent prompt à s'échauffer.

Couches corticales (Botanique). — Voyez Écorce.

COUCOU (Zoologie), nom tiré du cri de l'oiseau. — Qui n'a pas entendu dans nos bois, pendant l'été, le cri plaintif, obstinément répété, de cet oiseau dont les mœurs singulières ont éveillé les préjugés les plus bizarres. On croit dans beaucoup de campagnes que, vers la Saint-Jacques (1ᵉʳ mai), le coucou se change en oiseau de proie, mais que, reprenant sa forme première au printemps, il revient dans nos contrées sur le dos du milan. D'autres disent qu'en hiver il se change en crapaud et reste sans prendre de nourriture ; d'autres encore le transforment en épervier vers le mois de juillet et le représentent comme se repaissant de cadavres ; puis, en avril, il redeviendrait coucou. On le signale encore comme faisant d'abondantes provisions. Ailleurs on l'accuse de mauvais sorts, ou tout au moins d'annoncer les malheurs par son cri ou sa présence. En Allemagne, on dit que le coucou qui chante au printemps annonce pour les enfants combien d'années ils doivent vivre ; pour les jeunes filles, combien d'années elles attendront encore un mari. Au moyen âge, on regardait la cendre du coucou comme souveraine contre l'épilepsie. A toutes ces erreurs on ne peut répondre que par une esquisse rapide de ce que nous savons précisément sur l'histoire naturelle de cet oiseau.

Le *C. gris d'Europe* (*C. canorus*, Lin.) est un oiseau

gris cendré, à ventre blanc, rayé en travers de noir avec la queue tachetée et terminée de blanc. Il a 0ᵐ,30 de longueur. On ne voit aucune différence très-marquée entre le mâle et la femelle, celle-ci est seulement un peu plus petite. Les deux traits saillants des mœurs du coucou sont ses habitudes de migration et les circonstances exceptionnelles de sa ponte. Les coucous n'habitent nos pays que du mois d'avril au mois de septembre. Pendant la mauvaise saison, ils émigrent vers les pays chauds et voyagent seulement la nuit. C'est ainsi qu'on les voit franchir la Méditerranée deux fois par an, sans doute pour se rendre en Afrique. A Malte et dans l'Archipel grec, les voyant apparaître isolément en même temps que les tourterelles, on les nomme *conducteurs des tourterelles*. Leur arrivée est d'autant plus tardive que le pays où on les observe est plus septentrional, et leur départ a lieu d'autant plus tôt. A peine arrivé, le coucou s'annonce par son cri habituel *cou-cou* qu'il fait entendre la nuit comme le jour, par le beau comme par le mauvais temps, jusqu'au milieu du mois de juillet. Ce cri est celui des mâles, les femelles ont un cri plus sourd, semblable à une sorte de ricanement.

Quant à la ponte, voici les faits singuliers qu'ont constatés divers observateurs, et en particulier Lottinger et Klaas parmi les Allemands, Jenner et Blackwall parmi les Anglais, et surtout Levaillant et M. Florent Prévost parmi nous. Les coucous mâles sont beaucoup plus nombreux que les femelles ; il en résulte que chaque femelle ne s'unit pas pour toute la saison avec un seul et même mâle ; elle en change au contraire un grand nombre de fois, ne restant que quelques jours avec chacun d'eux. Chacune de ces unions est suivie d'une ponte de deux œufs, de telle façon que la saison se passe en pontes successives sans que la mère ait le temps de couver ses œufs, ni d'élever ses petits. Par un instinct des plus singuliers, cette mère vagabonde prend dans son bec un de ses œufs, qui sont très-petits pour sa taille, et épiant autour du nid de quelque autre oiseau l'absence des parents, elle y court déposer son œuf et s'assure avant de l'abandonner qu'on va en prendre soin. Elle choisit pour ce dépôt le nid de la fauvette, de la lavandière, du rouge-gorge, du rossignol de murailles, du bruant, de la grive, du merle, de la mésange, de la bergeronnette, du verdier, du bouvreuil, du pouillot, de la pie-grièche, du geai et parfois de la pie et de la tourterelle. Lorsque la femelle du coucou ne prend pas soin d'attendre l'absence des propriétaires du nid, ceux-ci la repoussent avec courage et souvent avec succès. Quoi qu'il en soit, lorsque l'œuf du coucou a pu être introduit dans le nid étranger, les soins maternels ne lui sont pas refusés. Il est couvé parmi ceux des véritables propriétaires du nid avec le même dévouement et les mêmes soins. On ne sait au juste combien de temps l'éclosion se fait attendre, et cette question mériterait d'être éclaircie, car les espèces auxquelles le coucou confie l'éducation de ses petits ont des incubations inégalement longues. L'éclosion de l'œuf du coucou ne peut donc coïncider avec celle des autres œufs couvés dans le nid. Ce qui est certain, c'est que le jeune coucou sort de l'œuf grâce aux soins vraiment maternels de la femelle étrangère et il ne tarde pas à payer son dévouement d'une ingratitude révoltante ; se glissant successivement sous chacun des petits qui l'entourent, il le charge peu à peu sur son dos et reculant jusqu'au bord il précipite le malheureux hors du nid maternel. Quelquefois cependant il épargne ses compagnons dont la présence en ce cas ne lui est sans doute pas préjudiciable. Quelquefois aussi la femelle du coucou en déposant son œuf a pris elle-même la peine d'opérer cette destruction. Il est remarquable que les œufs du coucou, qui sont à peu près de la grosseur de ceux du moineau, varient beaucoup de couleur, sans que l'on connaisse bien la cause de ces variations ; ils sont cendrés, roussâtres, verdâtres, bleuâtres avec des taches petites ou grandes, rares ou nombreuses, et d'une couleur foncée très-variable de nuance. Le jeune coucou est vorace et paresseux et sa mère d'emprunt est obligée de le faire manger très-longtemps. Il est faux qu'il la dévore lorsqu'il a pris des forces. En naissant le jeune coucou a la tête forte avec de gros yeux et quand il a pris son premier plumage il est d'une laideur repoussante, on peut au premier coup d'œil le confondre avec un crapaud ; noirâtres d'abord, ils deviennent d'un gris ardoisé, puis d'un gris clair ; ils prennent la seconde année leur plumage d'adulte. On pense que la vie des coucous est longue ; Naumann a vu un individu revenir vingt-cinq printemps successifs dans le même lieu.

Le coucou se nourrit à peu près exclusivement d'in-
sectes et rend ainsi de grands services sans jamais causer aucun dégât : il mériterait d'être vu des agriculteurs d'un œil beaucoup plus favorable. Sa chair est assez bonne à manger en automne, mais on n'en fait pas usage. Les coucous sont d'ailleurs très-défiants et se laissent peu approcher, de sorte que leur chasse est très-difficile.

Pour l'histoire naturelle du coucou, on consultera utilement Gueneau de Montbeillard (*Hist. nat. du coucou*), Lothinger (*Mém. sur le coucou d'Europe*), Vieillot (*Nouv. dict. d'hist. nat. et Observ. sur l'instinct des animaux*). Edw. Jenner (*Transactions linnéennes de Londres*), Fl. Prévost (*Lettre au président de l'Académie des sciences*, 1834, et *Dict. pittor. d'hist. nat.*).

Genre Coucou (*Cuculus*, Cuv.). — Les caractères de ce genre sont : bec médiocre, assez fendu, large à la base, légèrement arqué ; queue longue composée de dix pennes ; tarses courts. — Ce genre appartient à la famille des *Cuculidés* et à l'ordre des *Grimpeurs*.

Les autres espèces que le *C. gris* sont étrangères à notre Europe ; « il y vient aussi quelquefois, dit Cuvier, une espèce tachetée et huppée, dont le cri est sonore (*C. glandarius*, Edw.). » — Levaillant a fait connaître les mœurs du *C. solitaire* (*C. solitarius*, Cuv.), du *C. criard* (*C. clamosus*, Cuv.), et du *C. dricdric*, (*C. auratus*, Gml.) qui habitent l'Afrique.

Coucou (Zoologie). — Nom vulgaire de plusieurs espèces de *Poissons* très-différentes les unes des autres, tels que un *Trigle* (*Trigla cuculus*, Lacép.) et une *Raie* (*Raïa cuculus*, Lacép.), etc.   Ad. F.

COUDE (Anatomie. — en latin *cubitus*. — Articulation du bras avec l'avant-bras chez les animaux vertébrés ; la partie de cette articulation qui porte plus spécialement le nom de coude, est la saillie que l'apophyse *olécrane* du *cubitus* fait en arrière de l'articulation. Le coude n'est susceptible que de mouvement de flexion et d'extension de l'avant-bras sur le bras ; trois os y prennent part : l'*humérus*, le *cubitus* et le *radius*.

COU-DE-PIED (Anatomie humaine). — On nomme ainsi, chez l'homme, une partie bombée en dessus, resserrée et presque cylindrique, qui se trouve entre l'attache du pied à la jambe et le pied proprement dit. Cette partie est analogue à une portion du poignet de la main et appartient au *tarse*. Dans les pieds bien conformés, le cou-de-pied constitue une sorte de voûte s'appuyant en arrière sur le talon, en avant sur le pied proprement dit ou *métatarse* et les doigts. Les personnes qui n'ont pas cette courbure du pied ont, comme on dit, les *pieds plats* et ne supportent pas facilement les longues marches ; aussi a-t-on admis ce vice de conformation comme un motif d'exemption du service militaire.

COUDOU (Zoologie). — Nom donné par Buffon à l'*Antilope canna*, mais qui appartient à l'*Ant. strepsiceros*.

COUDRIER (Botanique), *Corylus*, Tourn. ; d'après Linné, cette étymologie est très-obscure. Quoi qu'il en soit, Théis fait dériver ce mot du grec *korys*, casque, bonnet, coiffure de tête, à cause de l'enveloppe qui recouvre le fruit ; les Anglo-Saxons l'appelaient noix coiffée. De *corylus*, on a fait par abréviation *core* en vieux français, et, par suite, *coudrier*, *coudre* et *coudrette*. — Genre de plantes de la famille des *Quercinées*, nommé aussi vulgairement *Noisetier*. Caractères : fleurs monoïques ; les mâles sans calice (*fig.* 674-*fm*) ; 5 à 8 étamines à filets capillaires, anthères à une loge et barbues au sommet ; les femelles enveloppées 3-4 ensemble par des écailles ovoïdes, laciniées (*ss*) ; ovaire à 2 loges conte-

Fig. 674. — Coudrier noisetier.

nant un ovule suspendu et terminé par deux stigmates colorés ; le fruit est une noix nommée *noisette* ou *aveline*.

Les coudriers sont des arbres ou des arbrisseaux à feuilles distiques, plissées, rugueuses et accompagnées de 2 stipules caduques. Leurs fleurs se développent l'hiver et les feuilles ne viennent que longtemps après la floraison, au moment de la feuillaison des autres arbres forestiers ; les chatons mâles sortent plusieurs ensemble d'un même bourgeon ; ils sont allongés, pendants. Ces végétaux habitent principalement les régions tempérées de l'hémisphère boréal. Le *C. du Levant* (*C. colurna*, Lin.), qu'on connaît aussi en horticulture sous les noms de *C. en arbre*, *C. velu*, *Noisetier de Byzance*, est un arbre qui peut acquérir une hauteur de 20 mètres. Sa forme est pyramidale. Son écorce est blanchâtre. Ses feuilles sont luisantes en dessus et pubescentes en dessous. Son fruit (*fig. 675-f*)

Fig. 675. — Fruit du coudrier noisetier.

est longuement dépassé par l'involucre (*c*) et devient brunâtre à la maturité. On connaît plusieurs variétés de cet

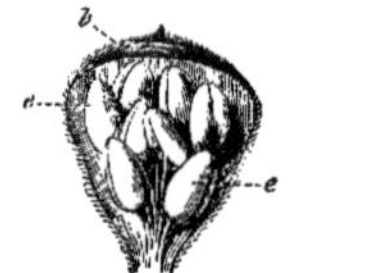

Fig. 676. — Fleur unisexuée staminée du noisetier (1).

Fig 677. — Fleur unisexuée pistillée du noisetier (1).

arbre d'un joli effet dans l'ornement. Leur accroissement est très-rapide, surtout entre vingt et quarante ans. On

Fig. 678. — Branche de coudrier noisetier.

emploie leur bois dans la construction. Le *C. noisetier* (*C. avellana*, Lin.) est la seule espèce qui croisse spontané-

(1) Fig. 676 et 677. — Fleurs unisexuées du noisetier. — *b*, bractée écailleuse. — *e, e*, étamines. — *i*, involucre formé de bractées velues. — *s, s*, styles qui surmontent l'ovaire.

ment aux environs de Paris. Il ne s'élève guère à plus de 5 mètres. Son écorce, d'abord grise, devient rouge. Ses feuilles, à pétiole muni de poils glanduleux, sont couvertes sur leur face inférieure d'un duvet mou. Ses fruits (voyez AVELINE) sont solitaires ou par deux, avec des involucres ordinairement plus lourds qu'eux. Cette espèce est très-abondante en Europe ; elle peut braver un froid assez rigoureux, car elle s'avance jusqu'au 65e degré de latitude nord. On en cultive environ une dizaine de variétés. Le noisetier et ses variétés fleurissent souvent dès le mois de janvier. Cette précocité, jointe aux nombreux avantages de ces végétaux, leur a valu depuis longtemps la faveur de la poésie pastorale. Virgile a fait souvent entrer le coudrier dans ses tableaux champêtres. Mais le fait le plus important qui s'applique à cet arbre, c'est celui qui se rattache à la baguette divinatoire faite, comme on sait, de légères branches de coudrier et à laquelle la superstition a longtemps attribué la propriété d'indiquer les sources cachées, les trésors, les mines, etc. On connaît l'importance des noisettes dans l'économie domestique. Il s'en fait surtout un grand commerce en Espagne et en Italie. L'huile qu'on en extrait est d'un jaune clair et peut remplacer jusqu'à un certain point l'huile d'amandes douces. Les noisettes en donnent environ 60 p. 100. Cette huile passe pour vermifuge, tandis que l'écorce est astringente et fébrifuge. Le bois de coudrier s'emploie à la confection de certains objets qui nécessitent de la flexibilité ; il est blanc, léger, mais ne peut prendre un beau poli (voyez NOISETIER). G—s.

COUENNE (Médecine), du latin *cutis*, dont on a fait par corruption *cutenna*. — Altération congéniale de la peau, à laquelle on a trouvé quelque ressemblance avec la peau du porc ; c'est une espèce de tache d'une étendue variable, saillante, dure, brunâtre, couverte de poils roides ; cette altération paraît résider dans une hypertrophie du tissu de la peau. Les couennes peuvent se développer indistinctement sur toutes les parties du corps ; elles persistent toute la vie, si on ne vient pas à bout de les détruire par l'instrument tranchant ou par une cautérisation profonde.

COUENNE. — On donne encore ce nom à une espèce de concrétion plus ou moins épaisse, d'un blanc jaunâtre, qui se forme ordinairement à la surface du caillot, lorsqu'à la suite d'une saignée le sang est resté dans un vase pendant un certain temps ; comme la formation de cette couche a paru se lier à l'existence des inflammations, et surtout de celles de la poitrine, on lui a donné plus particulièrement le nom de *couenne inflammatoire* ou *pleurétique*. Elle commence à se former dès que le sang est sorti de la veine et surnage la partie du sang appelée *cruor* sous l'apparence d'une couche d'un liquide visqueux, qui se coagule peu à peu et constitue une espèce de peau gélatiniforme, dense et élastique, un peu diaphane et adhérente au cruor qu'elle recouvre ; quelquefois, en se coagulant, elle subit une sorte de contractilité qui relève ses bords de manière à former comme une soucoupe. Quelques pathologistes pensent que ce phénomène dénote un état inflammatoire violent. Du reste, cette couenne n'est autre chose que de la fibrine coagulée après dépôt des globules rouges (voyez SANG, GLOBULE).

COUGOURDE, COUGOURDETTE (Botanique). — Espèces de *Courges* (voyez COURGE).

COUGUAR ou COUGOUAR (Zoologie), *Felis concolor*, Lin. ; *F. Puma* ; nom américain, que d'Azzara écrivait *Gouazouara*. — Espèce du Genre *Chat* (voyez ce mot), que sa robe à peu près unie a fait comparer au lion et nommer *Lion d'Amérique*. Le couguar mesure 0m,70 de hauteur jusque sur le sommet de la tête ; son corps a 1 mètre de long et sa queue environ 0m,80. Le pelage de cet animal est fauve, avec de petites taches d'un roux plus foncé ; le dessus du corps tourne au blanc. Le couguar a plutôt les formes de la panthère que celles du lion ; le mâle n'a jamais de crinière. Trop faible pour attaquer l'homme ni même les chiens, il ravage les troupeaux ; il ne s'en prend cependant qu'aux jeunes animaux ou aux espèces de taille moyenne ; mais avide de lécher le sang chaud, il tue beaucoup plus qu'il ne mange. Il monte aux arbres avec agilité ; néanmoins, on le tue avec assez de facilité et son espèce tend à disparaître. Le couguar est propre au continent américain.

COULANT (Botanique). — On donne ce nom à une tige grêle, qui rampe à la surface du sol et fournit des racines à chacun de ses nœuds. On peut citer, parmi les plantes qui offrent cette particularité, les fraisiers, les potentilles. Chacun de ces coulants peut être séparé de la plante mère et fournit alors un nouveau pied.

COULÉE (Géologie). — Voyez Volcan, Terrains volcaniques.

COULEQUIN (Botanique). — Voyez Cécropif.

COULEURS des corps (Physique). — Les couleurs des corps ont pour cause première cette propriété de la lumière d'être formée par la réunion d'un très-grand nombre de rayons de natures diverses et dont chacun affecte notre œil d'une manière particulière (voyez Dispersion).

La réunion de tous ces rayons en proportion convenable nous donne la sensation du blanc; une seule espèce d'entre eux nous donne l'impression d'une couleur déterminée dont les principales sont rouge, orangé, jaune, vert, bleu, indigo, violet. La réunion d'un nombre restreint de ces espèces de rayons ou même de toutes ces espèces, mais prises dans d'autres proportions que celles qui constituent la lumière blanche, produit une lumière colorée qui, pour notre œil, peut sembler identique aux couleurs précédentes. C'est dans cette dernière classe que doivent être rangées les couleurs de presque tous les corps. Quant à la manière dont s'effectue cette coloration, elle varie suivant les cas.

Le plus ordinairement un corps coloré ne réfléchit pas en égale proportion toutes les espèces de rayons lumineux, en sorte que, lorsqu'il reçoit de la lumière blanche, la lumière qu'il renvoie, contenant les diverses espèces de rayons dans des proportions différentes, cette lumière n'est plus blanche, mais colorée pour notre œil. Un grand nombre de corps transparents exercent la même influence sur la lumière qui les traverse; ils se laissent pénétrer sans les éteindre par les diverses espèces de lumières avec une facilité variable d'une espèce à l'autre. Lors donc que le corps est frappé par de la lumière blanche, la portion de cette lumière qui l'a traversé ne contient plus ses éléments constitutifs dans la proportion voulue pour former le blanc; elle est colorée. On peut vérifier ces faits en analysant par le *prisme* de la lumière colorée, soit par sa réflexion par un *corps*, soit par sa transmission au travers de ce corps.

Il est d'ailleurs bien évident que, si la lumière qui tombe sur un corps est déjà colorée, elle ne sera plus après sa réflexion ou sa transmission la même qu'elle eût été avec de la lumière blanche; en sorte que l'on ne peut juger de la véritable couleur d'un corps qu'en l'exposant à la lumière blanche. Chacun sait qu'à la lumière artificielle on confond ensemble beaucoup de couleurs, telles que le jaune clair avec le blanc, certains verts avec les bleus, parce que les lumières artificielles contiennent en proportion plus de jaune que la lumière blanche et qu'avec du jaune et du bleu on fait du vert, qu'avec du jaune et du blanc on a du jaune.

Les corps blancs se colorent comme la lumière qu'ils reçoivent; les corps colorés la changent, mais en s'en rapprochant.

Cependant, il arrive fréquemment qu'un corps incolore ou blanc, recevant de la lumière blanche, renvoie cependant de la lumière colorée; tel est l'effet des prismes ou des pierres taillées à facettes comme le diamant. La coloration est due alors à ce que les diverses espèces de rayons sont inégalement réfractées ou déviées de leur direction, qu'elles se trouvent dès lors séparées et manifestent leurs propriétés spéciales. L'arc-en-ciel est un effet de ce genre.

D'autres colorations et des plus brillantes ont encore une autre cause; telles sont les colorations que présentent les bulles de savon, les pellicules qui se forment à la surface de certains corps, les écailles des papillons; telles sont aussi les irisations de la nacre, les couronnes qui à certaines époques entourent la lune et le soleil. Tous ces phénomènes brillants sont des phénomènes d'*interférences* (voyez Interférence, Diffraction).

COULEUVRE (Zoologie), du nom latin *coluber*. — Dans les parties septentrionales de la France et surtout aux environs de Paris, on nomme habituellement *couleuvres* les serpents non venimeux que l'on rencontre assez fréquemment; mais ce nom, s'il désigne fort souvent la *C. à collier*, s'étend aussi au moins à trois autres espèces répandues dans les mêmes localités et que le vulgaire en distingue fort incomplètement. Beaucoup d'espèces d'autres parties de la France ou une multitude d'espèces étrangères viennent se grouper sous le même nom et former un grand genre de *Reptiles*, de l'ordre des *Ophidiens*, famille des *Vrais Serpents*, tribu des *Serpents proprement dits*, section des *Non venimeux*.

Caractères du genre Couleuvre (*Coluber*, Cuv.). — Serpents non venimeux, dont les os mastoïdiens sont détachés du crâne et se prêtent à une dilatation considérable de la bouche, dont l'occiput est renflé, la langue fourchue et très-extensible, la queue cylindro-conique, garnie en dessous d'un double rang de plaques épidermiques, le dessus de la tête couvert de neuf à douze écailles plus grandes que celles du reste du corps, le ventre couvert de plaques épidermiques entières, le voisinage de l'anus dépourvu de crochets. Ce genre renferme des espèces innombrables, ce qui explique sa subdivision en genres nombreux par les auteurs qui se sont spécialement occupés de ce groupe. Les couleuvres sont des animaux inoffensifs, dont la morsure, assez légère, n'est nullement venimeuse, et elles rendent des services en détruisant de petits animaux utiles.

Principales espèces de Couleuvres. — La couleuvre la plus commune en France et dans presque toute l'Europe est la *C. à collier* (*C. natrix*, Lin.; *Tropidonotus natrix*, Dumér. et Bibr.), qui peut atteindre 1 mètre dans le sexe mâle et plus encore chez les femelles; on trouve beaucoup d'individus qui n'ont que la moitié ou même le tiers de ces dimensions. Sujets à de nombreuses variations dans la distribution des couleurs, les individus de cette espèce offrent toujours sur la nuque un collier de taches jaunes parfois très-pâles, suivies d'une ou deux grandes plaques noires accolées; les écailles du corps sont relevées d'une arête médiane. Généralement les mâles sont plus petits que les femelles. La couleuvre à collier, connue aussi sous les noms de *Serpent nageur, Serpent d'eau, Anguille de*

Fig. 679. — Couleuvre à collier. (Long. 1ᵐ,00.)

haie, recherche les lieux humides où elle trouve les grenouilles, les rats, les mulots dont elle fait sa nourriture. Sa langue, bifurquée, qui sort par une échancrure médiane de la lèvre, a fait penser que, comme un dard, elle pourrait piquer; c'est une erreur grossière; cette langue est molle et charnue. Elle n'est pas conformée pour sucer, et la bouche de l'animal, bordée de

Fig. 680. — Tête de couleuvre.

lèvres rigides, armée de quatre rangées de petites dents fines, ne saurait s'appliquer sans morsure sur un organe mou; aussi a-t-on eu tort d'affirmer que les couleuvres très-friandes de lait, se glissaient auprès des vaches et s'attachaient à leurs trayons pour les sucer. La couleuvre est douce et vit facilement en captivité, où on la nourrit de petits animaux qu'elle n'accepte que vivants; ses repas sont éloignés de dix, quinze et vingt jours. Quand on l'irrite, elle élève sa tête en sifflant avec force et laisse suinter sous ses écailles ventrales une humeur blanche très-puante, en même temps sa bouche exhale une vapeur fétide. Lorsqu'elle craint un danger, elle lance ses excréments, qui sentent aussi très-mauvais. La ponte de la couleuvre est de neuf à quinze œufs blancs, ovales, gros comme le doigt et revêtus d'une coque flexible et unis en chapelet par une humeur visqueuse qui se dessèche à l'air. Ces œufs, déposés souvent dans des tas de paille, éclosent au milieu de l'été, et à la fin de l'automne, les jeunes couleuvres ont déjà 0ᵐ,15 à 0ᵐ,16 de longueur. Les couleuvres nagent avec facilité, elles grimpent sans peine sur les arbres pour chasser aux petits oiseaux; à terre, leur reptation est extrêmement rapide. L'hiver, elles s'endorment dans quelque retraite à l'abri du froid et de leurs ennemis. Dans quelques pays, on mange la chair des couleuvres et l'on en prépare même pour les enfants des bouillons qu'on dit antiscrofuleux. On trouve encore aux environs de Paris deux autres espèces: la *C. vipérine* (*C. vipe-*

rinus, Latr.; *Tropidonotus viperinus* et *Tropidonotus cher-soïdes*, Dumér. et Bibr.), longue de 0ᵐ,65 environ et assez semblable aux vipères par sa coloration pour que M. C. Duméril lui-même s'y soit trompé une fois dans la forêt de Sénart en saisissant comme une vipérine une vipère qui lui fit une morsure suivie d'accidents peu graves (voyez Vipère). Cette espèce est plus commune dans le midi de la France, en Sardaigne, en Espagne, en Algérie. La *C. lisse* (*C. Austriacus*, Lin.; *Coronella lævis seu Austriaca*, Dumér. et Bibr.), longue de 0ᵐ,60, luisante, d'un brun jaunâtre, avec marbures noirâtres en deux séries longitudinales parallèles, des lignes noires sur la tête; Europe centrale et méridionale. — La *C. verte et jaune* (*C. atro-virens*, Cuv.; *Zamenis viridi-flavus*, Dumér. et Bibr.), longue de 1ᵐ,60, est une très-belle espèce verte sur le dos et les flancs, avec tache jaune au centre des écailles; c'est l'espèce la plus commune en Italie, dans la France méridionale et en général dans tout le midi de l'Europe. — La France méridionale et l'Italie possèdent encore : la *C. bordelaise* (*C. girundicus*, Daud.; *Coronella girundica*, Dumér. et Bibr.), longue de 0ᵐ,60 à 0ᵐ,70; la *C. quatre-raies* (*C. elaphis*, Merr.), longue de 1ᵐ,70 à 2 mètres, le plus grand de nos serpents d'Europe; la *C. d'Esculape* (*C. Æsculapii*, Latr.; *Elaphis Æsculapii*, Dumér. et Bibr.), longue de 1 mètre à 1ᵐ,40, commune aux environs de Rome, regardée comme le serpent d'Épidaure voué à Esculape, le même serpent qui, au temps des guerres puniques, à propos d'une peste, fut apporté à Rome et adoré dans l'île du Tibre. — Pour l'histoire des couleuvres, consultez Lacépède, *Histoire naturelle des reptiles*, et surtout Duméril et Bibron, *Erpétologie générale*, t. VII, 1ʳᵉ partie. Pour la caractéristique différentielle des couleuvres et des vipères, voyez Vipère.   Ad. F.

COULICOU (Zoologie), en latin *Coccyzus*. — Nom donné par Vieillot au genre *Coua* de Cuvier, et que plusieurs auteurs ont conservé pour l'appliquer à un genre d'*Oiseaux* américains voisins des Couas, ordre des *Grimpeurs*, famille des *Cuculidés*. Le *C. américain* ou *Coucou d'Amérique* (*C. americanus*, Wil.) a été décrit longuement par M. Nuttall dans le *Manuel de l'ornithologie des États-Unis et du Canada*, 1832.

COULURE DE LA VIGNE (Agriculture). — Voy. Vigne.

COUMAROU, Coumarouna (Botanique); *Dipteryx*, Schreb., nom donné à ces arbres par les habitants de la Guyane. — Genre de plantes de la famille des *Papilionacées*, tribu des *Dalbergiées*. Il est plutôt désigné dans les classifications sous le nom de *Dipteryx*, Schreb. (du grec *dis*, double; *pterus*, aile, à cause des découpures supérieures du calice qui sont en forme d'ailes). Le *C. odorant* (*C. odorata*, Aubl.; *Dipteryx odorata*, Wild.) est un grand arbre de la Guyane. Ses feuilles sont alternes, coriaces, glanduleuses et composées de 5-6 folioles, à pétioles ailés. Ses fleurs, de couleur pourpre, sont disposées en panicule, 8 étamines monadelphes à tube fendu. Ses graines, que l'on désigne vulgairement sous le nom de *fève tonka*, sont ovales, oblongues, longues de 0ᵐ,020 à 0ᵐ,040, aplaties, à testa mince, luisant, d'un brun noirâtre, fortement ridé et renfermant des cotylédons très-épais, jaunâtres, huileux, d'une saveur aromatique et piquante, d'une odeur douce et agréable. La fève tonka est employée dans la parfumerie. On la mêle souvent au tabac pour lui donner une odeur aromatique. Le coumarouna est très-abondant dans les forêts de Sinamari.   G—s.

COUMIER (Botanique), *Couma*, Aubl.; nom indigène. — Genre de plantes *Dicotylédones*, de la famille des *Apocynées*, établi par Aublet pour un arbre des forêts de la Guyane et de l'île de Cayenne qui s'élève à près de 10 mètres et atteint 0ᵐ,65 de diamètre; son écorce, épaisse et grise, laisse couler, lorsqu'on l'incise, un suc laiteux abondant qui se coagule, durcit assez rapidement et devient une résine semblable à de l'ambre gris. Cet arbre a les feuilles verticillées par trois, ovales et entières; les rameaux nombreux, de forme triangulaire. Ses fleurs sont roses et groupées en panicules; le fruit gros comme une prune, roux, avec une pulpe rouge et 3 à 5 graines, est doux et agréable quand il est entièrement mûr; on le nomme *Poire de Couma*, et on le sert volontiers sur les tables.

COUP (Médecine). — Effet produit par le choc de deux corps. En médecine et en vétérinaire, ce mot a plusieurs significations.

Coup (Médecine). — C'est un choc reçu par le corps de l'homme ou des animaux et qui peut produire des lésions très-diverses, telles que *contusions*, *plaies*, *bles-*

sures, *luxations*, *fractures* (voyez ces différents mots).

Coup de chaleur (Vétérinaire). — Congestion sanguine brusque de l'encéphale ou du poumon, qui attaque surtout les chevaux de trait pendant le travail, au temps des chaleurs. La saignée est le remède par excellence contre cette maladie (voyez Apoplexie).

Coup de fouet (Médecine). — On donne ce nom à une douleur vive et subite, qui produit exactement la sensation qui lui a fait donner son nom et qui paraît déterminée par la rupture d'un tendon ou de quelques fibres musculaires, ou du muscle plantaire grêle; dans tous les cas, la marche devient impossible pendant assez longtemps, et le repos prolongé est le seul remède à employer. — En *vétérinaire*, on appelle *coup de fouet* un mouvement brusque dans la respiration du cheval, surtout dans l'expiration, qui annonce qu'il est affecté de la *pousse* (voyez ce mot).

Coup de sang (Médecine). — On donne généralement ce nom à une congestion de sang dans l'encéphale, produite par un concours de phénomènes qui fait que la circulation se trouve tout à coup empêchée dans les vaisseaux de cet organe. Par cette définition, nous ne comprenons pas sous cette dénomination toutes ces suffusions sanguines que l'on observe quelquefois dans les conjonctives, les paupières, sur différents points de la peau et que l'on avait improprement appelées coups de sang. Nous refuserons aussi ce nom aux *apoplexies pulmonaires* (voyez ce mot) qui sont produites par des déchirures spontanées du poumon et qui sont de vraies hémorrhagies. Réduit à ces termes, le coup de sang n'est autre chose qu'une nuance légère de l'apoplexie, il reconnaît les mêmes causes, présente les mêmes symptômes beaucoup moins prononcés, avec un prompt retour à l'état naturel, ne produisant pas de paralysie durable. Le traitement consistera dans les bains de pieds, les boissons délayantes, un régime doux, le repos et même la saignée, si elle est indiquée par la persistance des accidents (voyez Apoplexie).

Coup de soleil (Médecine). — Effet que produit l'exposition prolongée à un soleil ardent d'une partie quelconque du corps; lorsque cela a lieu sur un membre ou sur le tronc, il peut en résulter un érysipèle le plus souvent léger, quelquefois plus grave; sur la tête, il peut déterminer une congestion cérébrale, quelquefois une inflammation grave du cerveau ou de ses membranes.

COUPE des bois (Sylviculture). — Voyez Forêts.

COUPE-BOURGEONS (Zoologie). — Voyez Lisette.

COUPE-FEUILLES (Agriculture). — Instrument employé dans les magnaneries pour couper les feuilles de mûrier que l'on donne aux vers à soie. Leur pièce principale est habituellement une petite trémie ou entonnoir dans l'orifice de laquelle tourne, au moyen d'une manivelle, un cylindre à lames saillantes qui presse la feuille contre des couteaux fixes.

COUPE-FOIN (Agriculture). — Quand le foin a été mis en meule, il se tasse de façon qu'après un certain temps il vaut mieux le couper par tranches que l'arracher avec

Fig. 681. — Coupe-foin.

une fourche. On se sert, pour cela, d'instruments nommés *coupe-foin*. Les plus simples sont configurés à peu près comme des bêches; mais les meilleurs sont ceux qu'emploient les agriculteurs anglais, et particulièrement celui de la figure 681. Il a 0ᵐ,75 de longueur; la poignée mesure 0ᵐ,39.

COUPE-RACINES (Agriculture). — Les racines que l'on donne aux bestiaux, pour être mangées facilement, doivent être coupées en rondelles, en lanières ou en petits morceaux, et cette opération ne peut se faire à la main que dans de petites exploitations, non sans une perte de temps regrettable. Aussi a-t-on imaginé des instruments, puis des machines propres à remplir cet objet; c'est ce qu'on nomme des *coupe-racines*. Dans les petites exploitations anglaises et dans celles de certaines parties de la France, on se sert simplement d'une sorte de bêche dont le fer est composé de quatre lames perpendiculaires entre elles comme les bras d'une croix. Les racines sont mises dans un baquet, puis on les frappe avec cette bêche cruciale comme avec un pilon. Les *coupe-racines* proprement dits sont en général de petites machines composées d'une trémie ou entonnoir carré dont l'orifice étroit est dirigé vers le sol ou obliquement sur un côté de la machine ; les racines placées dans cette trémie se pressent, entraînées par leur poids vers cet orifice, et une ou plusieurs lames tranchantes viennent les diviser à mesure qu'elles sortent de la trémie. Les coupe-racines qui travaillent le plus vite, mais qui aussi coûtent le plus cher, ont leur ouverture de sortie latérale ; les couteaux sont placés sur les rayons d'une roue-volant, qu'une manivelle met en mouvement, et à mesure que la rotation a lieu, les lames passent successivement devant l'orifice où se présentent les racines. M. Gardner, en Angleterre, a construit un coupe-racines fondé sur une disposition plus compliquée encore, mais plus parfait. Il n'y a pas dans cet appareil de couteaux extérieurs, mais bien, au fond de la trémie, un cylindre rotateur à la surface duquel sont disposées des lames tranchantes, de telle manière qu'en tournant ce cylindre dans un sens, on coupe une ration pour le gros bétail, et que si l'on veut une ration pour les moutons, il suffit de faire tourner le cylindre en sens contraire. On a construit en France, à l'école impériale de Grignon (Seine-et-Oise), un coupe-racines dont la disposition générale est la même, seulement on a substitué au cylindre un tronc de cône tournant autour de son axe verticalement disposé au point de réunion de deux trémies jumelles. Le coupe-racine de Grignon pèse 95 kil. et coûte 100 francs; les instruments plus simples indiqués auparavant coûtent de 50 à 90 francs.

COUPE-SÈVE (Horticulture). — Instrument employé par les jardiniers pour pratiquer des incisions annulaires, **COUPELLATION.** — Voir PLOMB, CUIVRE (voyez MARCOTTAGE).

COUPER (SE), S'ATTRAPER, S'ENTRE-TAILLER, SE FRISER, SE TOUCHER (Vétérinaire). — Tous ces mots sont synonymes. Un cheval se *coupe* lorsqu'un des membres blesse avec le fer en se levant le membre correspondant posé sur le sol; c'est ordinairement au boulet ou à la couronne que cela a lieu. Ce défaut tient ou à un vice d'aplomb, ou à la faiblesse de l'individu ; il peut résulter de ces contusions un engorgement douloureux, des abcès, des furoncles, etc. Lorsque ce défaut tient à la jeunesse, il disparaît à mesure que l'animal prend de la force ; si c'est à un vice d'aplomb, c'est par la ferrure qu'on peut y remédier. On peut aussi prévenir ces blessures en mettant un bourrelet ou une guêtre en cuir aux boulets des chevaux qui se coupent (voyez BOULET, COURONNE).

COUPEROSE, GOUTTE-ROSE (Médecine). — Maladie de la peau de la face chez l'homme, caractérisée par de petites pustules isolées, entourées d'une aréole rosée, à base plus ou moins dure, disséminées sur le nez, les joues, le front et sur les parties supérieures du corps. Alibert l'a classée dans les dartres pustuleuses. Willan et Bateman en ont fait un genre sous le nom d'*Acne*, divisé en quatre espèces : 1° *A. simplex;* ce sont seulement quelques boutons rouges, qui se changent en pustules, celles-ci s'ouvrent, laissent échapper une goutte de liquide et se recouvrent d'une croûte légère. 2° *A. punctata :* ici les boutons pustuleux sont entremêlés de points noirâtres produits par le fluide sébacé accumulé dans les follicules. 3° *A. indurata :* les boutons pustuleux sont plus nombreux, plus volumineux, à base dure et large ; la suppuration ne se fait jour qu'après plusieurs semaines. 4° *A. rosacea :* celle-ci est particulière à l'âge adulte; ce sont d'abord quelques points rouges sur le nez et les joues, avec chaleur, tension; ils s'étendent, se réunissent, se changent en pustules qui se multiplient et se succèdent sans cesse ; les traits s'altèrent et grossissent, la peau est tuméfiée et devient d'un rouge violacé; c'est cette espèce qu'on connaît le plus vulgairement sous le nom de couperose. L'âge adulte, l'âge critique chez les femmes, les tempéraments bilieux et sanguins, l'hérédité sont les causes prédisposantes; les excès de table, les climats froids et humides, les dérangements dans les fonctions des organes digestifs, etc., sont les causes déterminantes. La couperose, lorsqu'elle est ancienne, est difficile à guérir; les lotions avec les eaux distillées de rose, de petite sauge, de lavande, dans lesquelles on ajoutera une petite quantité d'alcool; les eaux minérales sulfureuses, surtout en lotions, en bains, en douches; un ré-

gime sévère, un air doux; telles sont les bases du traitement à employer (voyez DARTRE).

COUPEROSE (Chimie). — Nom vulgairement donné à certains sulfates. La *couperose verte* est le sulfate de protoxyde de fer; la *couperose bleue* est le sulfate de cuivre ; la *couperose blanche* est le sulfate de zinc.

COUPEUR D'EAU (Zoologie). — Voy. BEC EN CISEAUX.

COUPURE (Médecine), du grec *koptein*, couper. — Expression vulgaire qu'on emploie pour désigner une lésion peu profonde faite avec un instrument tranchant, tel que couteau, canif, rasoir, verre cassé; les coupures guérissent d'autant plus facilement qu'elles ont été faites avec des instruments qui coupent mieux ; aussi celles qui ont été produites par du verre, et surtout par une scie, sont plus longues et plus difficiles à guérir. Il suffit en général de laver les coupures et de les réunir au moyen de bandelettes agglutinatives de diachylon ou de taffetas d'Angleterre (voyez PLAIE, AGGLUTINATIF).

COUR (BASSE-) (Economie rurale). — On nomme *basse-cour* la portion d'un domaine rural où l'on élève des volailles; souvent elle donne asile aux cabanes à lapins. La basse-cour est une ressource importante pour un ménage de cultivateurs, mais, pour en tirer le profit qu'elle peut donner, il faut suivre un certain nombre de principes que l'on peut résumer comme il suit. La première à suivre est d'utiliser, pour l'entretien de la basse-cour, les ressources de la localité ou de l'exploitation rurale elle-même, sans faire de frais spéciaux de quelque importance. La volaille doit se nourrir de matières de la plus mince valeur ou d'aliments qu'on ne pourrait employer sans elle. Les grains et les matières ayant une valeur commerciale doivent être ajoutés en petite proportion comme complément et spécialement pour engraisser les volailles. La basse-cour doit être ouverte tout le jour pour que les animaux puissent errer alentour et chercher les insectes, les graines perdues ; ces matières sans valeur doivent jouer un rôle important dans leur entretien. Ce précepte doit cependant être appliqué en tenant compte du voisinage de récoltes que les volailles pourraient ravager; alors il faut s'arranger pour fermer la basse-cour aux époques convenables. On doit mesurer l'étendue de la basse-cour sur les moyens d'écoulement dont on dispose pour ses produits; à ce point de vue, le voisinage des grandes villes est un motif pour donner une grande importance à la basse-cour, parce que la vente est plus abondante et lucrative sans que l'élevage soit plus coûteux que dans les contrées purement rurales. Il est bon, pour nourrir à moins de frais les animaux de basse-cour, de placer à leur proximité les fumiers où abondent les graines et les insectes. On élève dans les basses-cours les poules, les dindons, les pintades, les faisans, les paons, les pigeons, les canards, les oies, les cygnes; les uns pour leur chair, les autres pour leurs plumes ou leur duvet. Les frais d'établissement de la basse-cour doivent toujours être aussi restreints que possible; il faut qu'elle soit séparée des autres parties de la ferme par un mur, un treillage ou une haie très-fourrée; quelques arbres y sont utiles pour donner un peu d'ombrage et fournir la nuit un abri aux poules, dindons et paons, qui n'aiment pas en tout temps rentrer au poulailler. On doit y trouver un poulailler (voyez ce mot); une ou deux mares pour les oies, les canards, à moins qu'au voisinage de la ferme ils ne trouvent quelque ruisseau ou quelque étang pour s'ébattre; des baquets couverts et remplis d'eau pure pour abreuver les poules qui passent leur tête dans des trous ménagés au couvercle; un plant de gazon pour qu'elles y puissent paître; un tas de cendre ou de sable pour qu'elles s'y roulent quand la vermine les tourmente. La ménagère se chargera spécialement du soin de sa basse-cour et trouvera ainsi un emploi profitable d'une partie de son temps, sans être éloignée de ses autres travaux : elle n'y réussira qu'en aimant ses volailles et en s'en faisant aimer; chaque jour, dès le matin et au milieu de l'après-midi, elle les appellera autour d'elle en leur donnant à manger ; elle doit veiller à ce qu'il ne s'en perde pas, à ce qu'elles se portent bien, si la ponte, la couvée se font bien, etc. ; elle doit apprendre à les soigner, à les guérir, à les engraisser. Tous ces soins, dans les grandes exploitations, deviennent si considérables qu'on est obligé d'y préposer une *fille de basse-cour*, qu'il faut surveiller avec soin tant qu'elle n'a pas fait ses preuves.

COURANT ÉLECTRIQUE, (Physique). — Se dit de l'électricité qui circule dans un conducteur et du mouvement qu'elle y possède.

Toute cause qui produit de l'électricité peut donner lieu à des courants électriques; c'est ainsi qu'en toute saison, et particulièrement pendant les orages, l'atmosphère est traversée par des courants électriques acquérant souvent une très-grande énergie; mais leur origine ordinaire est la *pile* de Volta.

La nature des courants électriques est très-controversée. Les partisans de l'hypothèse des deux fluides électriques admettent qu'un courant est formé par la superposition de deux courants simultanés : l'un d'électricité positive, l'autre d'électricité négative, marchant en sens contraires, conservant partout la même intensité et ne se combinant nulle part; les hypothèses les plus ingénieuses ont été imaginées pour donner quelque apparence de raison à cette manière de voir.

Aujourd'hui que les idées de mécanique ont fait de grands progrès dans les esprits, les courants électriques tendent de plus en plus à devenir une simple question de mécanique.

L'établissement d'un courant électrique dans un circuit fermé est soumis à des lois analogues à l'établissement d'un courant d'eau ou de gaz dans des tuyaux de conduite. Dans ce dernier cas, la vitesse normale de l'eau est réglée par cette condition que le travail de la pesanteur sur l'eau soit *égal* au travail des résistances dues au frottement de l'eau contre les parois de la conduite; dans le premier, l'intensité du courant est réglée par cette condition semblable que le travail moteur dû aux actions chimiques produites dans la pile soit égal au travail des résistances dues au passage du courant dans les conducteurs, avec cette différence que, dans les conduites d'eau ou de gaz, le frottement n'a lieu que sur les parois de la conduite, tandis que, dans un conducteur électrique, la résistance a lieu dans toute sa masse. Quant à la nature du mouvement même qui constitue le courant électrique, nous l'ignorons complétement, et il est extrêmement probable qu'il est complexe et qu'il faut l'assimiler à un mouvement vibratoire beaucoup plutôt qu'à un simple écoulement d'un fluide particulier.

L'existence d'un courant électrique peut nous être révélée par les effets variés qu'il peut produire : effets de chaleur et de lumière (voyez Piles électriques, Lumière électrique), effets magnétiques (voyez Électro-magnétique), effets d'attraction, de répulsion, de direction des diverses parties d'un même courant les unes sur les autres (voyez Électrodynamique), effets chimiques (voyez Électrochimie), effets physiologiques (voyez Électro-thérapie).

COURATARI (Botanique), *Courataria*, Aublet; du nom qu'une des espèces porte à la Guyane. — Genre de plantes *Dicotylédones*, de la famille des *Myrtacées.* Il comprend des arbres exotiques peu répandus. Le *C. de la Guiane* (*C. Guianensis*), grand et bel arbre, fournit un excellent bois de charpente.

COURBARIL (Botanique), nom américain. — Espèce d'arbres du genre *Hymenæa*, qui appartient à la famille des *Cæsalpiniées.* L'*H. courbaril*, Lin., est un arbre élevé de 6 à 7 mètres. Son écorce, épaisse, rugueuse, est d'un brun roussâtre; ses feuilles ont les folioles ovales, lisses et coriaces; ses fleurs, disposées en panicules, sont d'un jaune pâle; son fruit est une gousse rougeâtre, lisse et longue de 0ᵐ,10 à 0ᵐ,15 environ. Cet arbre habite l'Amérique méridionale. Il est surtout important par la gomme résine qui découle de son écorce et de sa racine. C'est la *gomme animé d'Occident*, qu'il ne faut pas confondre avec cette autre substance connue dans le commerce, mais peu répandue, sous le nom de *gomme animé d'Orient*. Elle est jaune, friable, à cassure brillante, s'amollit sous les doigts et répand une douce odeur balsamique qui rappelle celle du genièvre. Les indigènes de l'Amérique du Sud enferment cette gomme dans du bois tendre qui leur sert de flambeau. Elle leur sert aussi à vernir quelques ustensiles. En médecine, la gomme animé s'emploie en fumigation pour certaines affections rhumatismales et la paralysie.

Le bois du courbaril, dur, brillant, quand il est poli, est estimé pour la charpente. L'ébénisterie l'emploie également pour la fabrication des meubles. G — s.

COURBATURE (Médecine), du latin *curbatura*, courbure. — Sensation de lassitude douloureuse dans tous les membres, avec malaise général et dérangement léger dans la plupart des fonctions. Elle peut être causée par une fatigue inaccoutumée, une marche forcée, une attitude incommode longtemps conservée, etc., ou bien une émotion vive, la privation de sommeil; dans ce cas, elle cède facilement au repos, aux bains, aux boissons douces. D'autres fois, elle accompagne l'invasion d'une maladie plus ou moins grave et se confond avec les autres symptômes qui la précèdent.

Courbature (Vétérinaire). — C'est une expression vague dont le sens n'est pas absolument défini. La loi du 20 mai 1838, sur le commerce des animaux domestiques, classe parmi les cas rédhibitoires les *maladies anciennes de poitrine* ou *vieilles courbatures*. C'est le seul cas où la valeur du mot *courbature* soit bien déterminée (voyez Cas rédhibitoire).

COURBE (Vétérinaire). — Nom tiré de la forme de la tumeur. Les chevaux sont sujets à porter au côté interne de l'extrémité inférieure du tibia une tumeur osseuse décrivant une ligne courbe, dure, indolente, d'un volume variable; si la courbe est un peu volumineuse, l'articulation est gênée, les tendons des muscles passent douloureusement sur cette tumeur anormale, et l'animal boite en marchant. Le désordre est assez grave si d'autres tumeurs osseuses environnent la courbe; la mobilité de l'articulation voisine (tibio-tarsienne) en est compromise ou même annulée. Ce mal a pour cause des coups sur la face interne de la jambe ou des efforts violents pour tirer. La cure est difficile; on a recours à l'application du feu.

COURBES (Géométrie). — Tout le monde a l'idée de la ligne droite et de la ligne courbe. On peut dire, avec Bezout, que la première est la trace d'un point qui tend toujours vers un même point; la ligne courbe est la trace d'un point qui, dans son mouvement, se détourne infiniment peu à chaque pas. On distingue les courbes en lignes *planes* et lignes *à double courbure.*

La seule courbe étudiée dans les éléments est le *cercle.* Mais d'autres lignes se présentent fréquemment dans les arts ou dans les sciences physiques. Telles sont les *sections coniques*, la *cycloïde*, l'*hélice*, qui est à double courbure, etc. Leurs propriétés seront étudiées séparément.

Les anciens n'avaient pas de méthode générale pour étudier les courbes. Chacune d'elles exigeait des procédés particuliers. Mais depuis que Descartes a imaginé de représenter algébriquement une courbe par la relation constante qui existe entre les deux *coordonnées* de chaque point, c'est-à-dire par son *équation*, il existe des règles générales applicables à toutes les courbes, et qui permettent de déduire de l'équation le plus grand nombre des propriétés de la courbe. Tel est l'objet principal de la *géométrie analytique.*

De là résulte encore la division des lieux géométriques en deux classes, suivant que leur équation est algébrique ou transcendante. Les courbes algébriques se distinguent d'après le degré de leur équation, et ce caractère est réellement essentiel à la courbe, car il ne dépend pas de la position particulière des axes auxquels la courbe est rapportée. Une équation du premier degré entre deux variables x, y, représente une droite. L'équation du second degré représente les courbes auxquelles les anciens avaient donné le nom de *sections coniques*. Les courbes de degré supérieur sont moins connues et moins importantes.

On emploie avantageusement les courbes à la représentation des fonctions définies mathématiquement, ou même des fonctions empiriques que l'on rencontre dans les sciences d'application. Quand on possède l'expression mathématique d'une fonction $y = f(x)$, il n'y a pas de difficulté à construire la courbe par points, et l'on obtient un lieu géométrique qui peint la relation des deux variables x et y. Si la loi qui lie x et y n'est pas connue, mais que l'on ait une table contenant un certain nombre de valeurs correspondantes de ces variables, à l'aide de ces valeurs on pourra marquer tout autant de points. Puis on tracera une courbe continue passant par ces divers points; cette courbe représente approximativement la loi qui lie les deux variables, et pourra même servir à obtenir, par interpolation graphique, des systèmes de valeurs des variables, autres que ceux que renferme la table. Les physiciens font aujourd'hui un fréquent usage des courbes pour exprimer les résultats de leurs recherches. C'est ainsi qu'on figure la loi des tensions de la vapeur d'eau à diverses températures : on prend des abcisses proportionnelles aux températures exprimées en degrés, et les ordonnées proportionnelles aux tensions exprimées en atmosphères. De même, dans la courbe hygrométrique, les abscisses sont les degrés de l'hygromètre de Saussure, et les ordonnées sont les tensions correspondantes de la vapeur contenue dans l'air. On représente aussi par des courbes les lois de la mortalité, etc. Ces courbes peuvent suppléer à des tables, et la marche des variables y est bien plus facile à saisir (voyez Géométrie analytique, Interpolation). E. R.

COURBET (Horticulture), de la forme courbe de l'instrument. — Grande serpe employée pour couper les taillis ou pour abattre des arbustes et de jeunes arbres.

COURBETTE (Hippiatrique). — Manœuvre que l'on fait exécuter aux chevaux dressés, dans les manéges ; l'animal saute en devant au-dessus du sol ses jambes de devant également fléchies, tandis que, les hanches basses, il avance les pieds de derrière en avant de son centre de gravité.

COURBURE (Géométrie). — Quand on compare des cercles de différents rayons, on dit que leur *courbure* est d'autant plus prononcée, que leur rayon est plus petit. Si l'on considère, en effet, divers cercles tangents au même point d'une droite, on reconnaît que plus leur rayon est petit, plus vite ils se séparent de la droite. On est ainsi naturellement conduit à prendre la fraction $\frac{1}{R}$ pour mesurer la courbure d'un cercle de rayon R. Mais s'il s'agit d'une courbe quelconque, la courbure change évidemment d'un point à l'autre ; le cercle est la seule courbe plane où elle soit constante. Pour en apprécier la valeur, on emploie ce qu'on nomme le cercle *osculateur* ou *cercle de courbure*.

Pour comprendre la définition de ce cercle, il faut se rappeler que la méthode infinitésimale consiste à substituer à la courbe un polygone inscrit d'un nombre infini de côtés infiniment petits ; le prolongement d'un de ces côtés détermine la tangente à la courbe. Deux tangentes consécutives correspondent à deux éléments du polygone ou à trois sommets consécutifs. Or, par trois points on peut faire passer un cercle : ce sera le cercle osculateur, si les trois points sont infiniment voisins.

Traduisons en analyse cette définition. Appelons α, β, les coordonnées du centre de ce cercle correspondant au point x, y, d'une courbe $y = f(x)$, et soit ρ son rayon, ou le *rayon de courbure*. Il s'agit de déterminer ces trois quantités α, β, ρ, de manière que le cercle passe par trois points voisins qui seront

$$x, y \qquad x + dx, y + dy \qquad x + 2dx, y + 2d$$

Nous supposons, pour simplifier, que x soit la variable indépendante. Pour que le cercle passe par le premier point, on aura d'abord la condition

$$(x - a)^2 + (y - \beta)^2 = \rho^2.$$

Cela posé, remarquons, en général, que pour qu'une courbe $F = 0$ qui passe par un point x, y, passe aussi par le point infiniment voisin, il faut que l'équation de la courbe soit satisfaite quand on y remplace x et y par $x + dx$, et $y + dy$, c'est-à-dire que $F + dF = 0$, et comme on a déjà $F = 0$, il suffit que $dF = 0$. Pour que la courbe passe par un troisième point, il faut que $F + dF$ soit nul quand on y augmente de nouveau chaque coordonnée de sa différentielle. Or, par ce changement $F + dF$ devient $F + dF + (dF + d^2F)$, et la condition se réduit à $d^2F = 0$, en tenant compte des deux précédentes. En résumé, on doit avoir les trois équations

$$F = 0 ; \qquad \frac{dF}{dx} = 0, \qquad \frac{d^2F}{dx^2} = 0.$$

Appliquons cette règle générale à la question actuelle, nous obtiendrons les deux nouvelles conditions

$$x - \alpha + (y - \beta)\frac{dy}{dx} = 0, \qquad 1 + \frac{dy^2}{dx^2} + (y - \beta)\frac{d^2y}{dx^2} = 0,$$

où il faut entendre que y, $\frac{dy}{dx}$, $\frac{d^2y}{dx^2}$, sont remplacés par leurs valeurs en x tirées de l'équation de la courbe. De ces trois conditions, on déduira les éléments du cercle osculateur en fonction de x, c'est-à-dire pour chacun des points de la courbe proposée.

On les ramène aisément à la forme

$$\beta - y = \frac{1 + y'^2}{y''}, \quad \alpha - x = -y\frac{1 + y'^2}{y''}, \quad \rho = \frac{(1 + y'^2)^{\frac{3}{2}}}{y''}.$$

y', y'' désignant, pour abréger, les deux dérivées de y.

Application aux sections coniques. — En prenant leur équation sous la forme $y^2 = 2px + qx^2$, on trouve sans difficulté

$$\rho = \frac{[y^2 + (p + qx)^2]^{\frac{3}{2}}}{p^2},$$

et l'on peut faire voir que cette expression est équiva-

lente au cube de la normale divisé par le carré du demi-paramètre.

Lieu des centres de courbure ou développée. — Prenons sur la courbe proposée des arcs égaux, infiniment petits, que nous pourrons confondre avec des lignes droites. Le cercle osculateur en un point est celui qui passe par ce point et par les deux sommets voisins ; son centre est déterminé par l'intersection des normales élevées sur le milieu de deux côtés consécutifs. Ce point d'intersection est donc le centre de courbure correspondant au point donné. De là il suit que les diverses normales donnent, par leurs intersections successives, le lieu des centres de courbure, ou ce qu'on appelle la *développée*. On voit que cette courbe est ce que l'on nomme la courbe enveloppe des normales consécutives (voy. DÉVELOPPÉE, DÉVELOPPANTE, ENVELOPPE).

COURE-VITE ou **COURT-VITE** (Zoologie), *Tachydromus*, Cuv. ; allusion à l'étonnante rapidité de ces oiseaux à la course. — Genre d'*Oiseaux* de l'ordre des *Échassiers*, famille des *Pressirostres ;* caractérisé par un bec conique, grêle, arqué, sans sillon et médiocrement fendu ; des ailes courtes ; des jambes de hauteur moyenne, terminées par trois doigts sans palmature ; pas de pouce. Ces oiseaux, propres aux contrées chaudes de l'Asie et de l'Afrique, sont encore peu connus ; ils ont à peu près l'aspect des outardes et on vante leur surprenante rapidité pour courir. Le *Coure-vite isabelle* (*T. isabellinus*, Meyer), originaire du nord de l'Afrique, s'égare exceptionnellement en France et même en Angleterre.

COURGE (Botanique, Horticulture), *Cucurbita*, Lin. — Genre de plantes Dicotylédones famille des *Cucurbitacées*, bien connu de tout le monde, répandu partout et dont la culture fait une de nos plus précieuses plantes potagères (voir les caractères à la fin de l'article). Originaires des climats brûlants de l'Inde et de l'Afrique, elles aiment la chaleur et l'humidité. Suivant M. Naudin (*Annales des sciences naturelles*, t. VI), l'immense quantité des variétés de courges connues peut être rapportée à un petit nombre d'espèces primitives, et il les classe en trois types ou espèces botaniques : 1° *Cucurbita maxima*, pédoncule renflé, strié, feuilles plus larges que longues ; on y trouve tous les potirons, la *C. de l'Ohio*, le *Giraumont turban*, (*fig.* 682) etc. ; 2° *C. pepo ;* pédoncule mince, à cinq fortes cannelures, feuilles découpées assez profondément ; poils très-rudes, presque épineux : *Citrouille de Touraine, Courge, Sucrière du Brésil, C. des Patagons,* les *Patissons,* les *Coloquinelles,* etc. ; 3° *C. moschata ;* pédoncule faiblement cannelé, très-élargi vers le fruit ; feuilles à lobes profonds, odorants ; poils nombreux, mais doux : *C. pleine de Naples* ou *Porte-manteau.* Parmi les variétés de ces trois types, nous citerons les suivantes : A, *Potirons* (*C. pepo*, Lin.), à longues tiges rampantes, feuilles larges, sans taches, fruits parvenant souvent au poids de 100 kil., écorce ordinairement unie, quelquefois verruqueuse ; B, *C. giraumont turban* (*C. citrul-*

Fig. 682. — Courge giraumont turban.

lus), à feuilles plus découpées, maculées, fleurs à odeur d'amande, fruit plus petit, jaune ou verdâtre, à couronne vert foncé, chair ferme, plus sucrée. Elle a, ainsi que la précédente, un grand nombre de sous-variétés ; C, *C. des Patagons,* une des meilleures variétés (*fig.* 683); fruit très-allongé, d'une teinte vert noir, cannelures régulières et profondes sur toute sa longueur ; chair peu épaisse, jaune ; D, *C. sucrière du Brésil,* variété de choix, qui date seulement de 1839 ; fruit assez gros, d'une teinte rousse, chair jaune, très-sucrée ; elle se rapproche par ses qualités d'une autre variété, la *C. de Valparaiso-*

jaune nankin, chair rougeâtre, très-sucrée; E, la *C. pleine de Naples* ou *Porte-manteau*, dont le fruit long de 0ᵐ,60, gros et cylindrique; a une chair très-rouge, l'intérieur

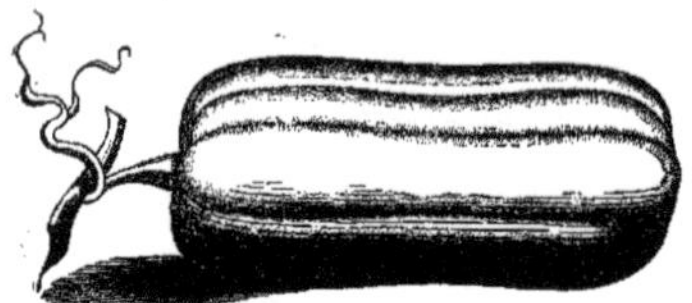

Fig. 683. — Courge des Patagons.

presque plein; F, la *C. musquée* de Marseille, très-estimée dans le Midi, mais qui mûrit difficilement à Paris; à feuilles maculées; chair ferme, sucrée, à odeur de violette. Les bornes de cet article nous empêchent d'en énumérer un plus grand nombre.

La culture des courges exige de les faire germer sur couches et sous cloche en mars; vers la fin d'avril ou en mai, on les plante en pleine terre; puis la plupart sont abandonnées à leur développement. Cependant, les horticulteurs intelligents suppriment plus ou moins certaines parties de la tige ou des fruits, pour donner plus de vigueur au reste.

Caractères du genre : fleurs monoïques, dont les mâles ont un calice et une corolle monopétale, campanulée, quinquéfide; 5 étamines insérées au fond de la corolle; les femelles ont le calice et la corolle semblables, l'ovaire inférieur, style court, trifide; fruit en grosse baie ou pomme charnue.

COURLAN ou **COURLIRI** (Zoologie). — Oiseau américain très-voisin des Grues et nommé par Linné *Ardea scolopacea*; il est devenu le type du genre *Courlan (Aramus,* Vieill.), ordre des *Échassiers*, famille des *Cultrirostres*, tribu des *Ardéidés*, dont on peut donner les caractères suivants : bec plus long que la tête, renflé vers le dernier tiers de sa longueur, plus grêle et plus fendu que chez les grues; doigts assez longs, sans palmature. Le courlan a la taille, l'aspect et les mœurs des hérons; il est commun à Cayenne, où on le nomme *Courliri,* au Paraguay, à Cuba et dans le sud des États-Unis. Peut-être a-t-il des habitudes de migration?

COURLI, COURLI ÉPINEUX (Zoologie). — Noms vulgaires de deux coquilles du genre *Rocher (Murex haustellum* et *M. brandaris,* Lin.).

COURLIRI (Zoologie). — Voyez **COURLAN**.

COURLIS, COURLIEU, CORLIS, CORLIEU (Zoologie, *Numenius,* Cuv.), nom tiré du cri de ces oiseaux. — Genre d'*Oiseaux* de l'ordre des *Échassiers,* famille des *Longirostres*. Il a pour caractères : bec arqué, grêle, rond sur toute sa longueur; le bout du bec supérieur dépasse un peu l'inférieur et fait légèrement saillie au-devant de lui vers le bas; ailes médiocres; queue courte; pouce petit, élevé; doigts antérieurs palmés à leur base. Les courlis sont des oiseaux de passage; ils arrivent dans nos pays en avril et partent en août et septembre pour des climats plus chauds. Ils vivent de vers et d'insectes. Le *Courlis* ou *Corlis d'Europe* ou *Grand Courlis* (*N. arcuatus,* Cuv.), de la taille d'une poule, a le plumage brun, avec le bord de toutes les plumes blanc, le croupion blanc, la queue rayée de ces deux couleurs. On le rencontre le long des côtes en Europe et en Asie; il niche sur les plages marécageuses et pond 4 à 5 œufs longs de 0ᵐ,058, jaunâtres, avec des taches rousses. Cet oiseau est un gibier peu estimé. — Le *Corlieu, Courlieu* ou *petit Courlis, petit Corlieu* (*N. phœopus,* Cuv.) est moitié moindre que le précédent, dont il a à très-peu près le plumage; il habite l'Europe, mais il est moins commun que le grand courlis; on le trouve aussi aux Indes, dans l'Afrique australe, aux États-Unis, aux îles Mariannes.

COUROLL (Zoologie), nom formé par Levaillant des mots *coucou* et *rollier* (*Leptosomus,* Vieill.). — Genre d'*Oiseaux* de l'ordre des *Grimpeurs,* famille des *Cuculidés*. Il est caractérisé par un bec gros, pointu, droit, comprimé, légèrement arqué à l'extrémité de la mandibule supérieure; les narines obliques, placées presque au milieu de la longueur du bec; la queue composée de douze pennes. On les dit principalement frugivores. Le *C. vourong-driou* ou *vouvoudriou* (*L. viridis,* Vieill.) est un oiseau des grandes forêts de la Cafrerie et de Madagascar. Levaillant en a décrit la structure et les mœurs dans son *Hist. nat. des oiseaux d'Afrique.*

COURONNE (Botanique), du latin *corona,* couronne. — On donne ce nom à l'ensemble de certains appendices soudés en partie à la corolle, comme dans les silènes, mais surtout dans les stapélies, où ils prennent diverses formes souvent très-bizarres. En général, dans les apocynées et les asclépiadées, ces appendices forment un verticille et sont opposés à chacune des étamines. On nomme couronne du périanthe des appendices minces, pétaloïdes, formés d'une seule pièce circulaire qui surmonte l'orifice des périanthes. La fleur du narcisse présente une couronne de ce genre. Quelquefois, le limbe du calice persistant au sommet de certain fruit infère forme une couronne; ainsi, la baie des groseilliers est couronnée par ce limbe; d'autres fois, ce fruit est couronné par le stigmate, comme dans les nénuphars. Dans certaines Ombellifères, telles que la coriandre, les œnanthes, le fruit (*crémocarpe*) est terminé par le limbe du calice, qui forme une couronne. On donne aussi ce nom à la touffe de feuilles ou de bractées qui terminent les épis de quelques plantes. Dans ce cas, les épis sont dits *couronnés,* comme dans l'ananas, la couronne impériale, la sauge hormin, la lavande stœchas, etc. Enfin, les botanistes anatomistes ont quelquefois nommé couronne cette partie des tiges ligneuses qui se trouve placée entre le bois et la moelle et qui n'est autre chose que l'étui médullaire.
G—s.

COURONNE (Anatomie, Zoologie). — On nomme couronne, chez les vertébrés, la partie des dents qui s'élève libre au-dessus de la gencive; — les premières protubérances, annonçant les bois, qui naissent sur le front des faons; — les plumes érectiles qui surmontent la tête de certains oiseaux; — le duvet qui environne la base du bec chez les oiseaux de proie.

COURONNE (Vétérinaire). — On nomme ainsi, à l'extérieur du cheval, le léger bourrelet charnu qui borde la partie supérieure du sabot. Ce bourrelet fait partie de la deuxième phalange du doigt et repose sur le second os phalangien, que l'on nomme, à cause de cela, *os de la couronne*. La couronne est sujette à des plaies contuses nommées *atteintes,* et à des tumeurs osseuses appelées *formes*. Ces lésions résultent en général de coups reçus. On trouve également la couronne dans les races ovine, bovine, caprine et porcine.

COURONNÉ, SE COURONNER (Vétérinaire). — On dit qu'un cheval se couronne lorsqu'il se blesse en tombant sur les genoux. Si la lésion est profonde, il en résulte une cicatrice apparente, le poil enlevé ne se reproduit pas et l'animal s'en trouve plus ou moins déprécié. On devra donc s'assurer avec grand soin si cette cicatrice est le résultat d'un accident ordinaire, ou si la chute qui l'a déterminée a eu lieu par suite de la faiblesse et du défaut d'aplomb. La fatigue peut aussi faire broncher un cheval par usure des membres comme on dit. Dans tous les cas, cet accident doit mettre en défiance; un cheval couronné est toujours dangereux, surtout pour le cavalier. La plaie récente qui constitue le couronnement doit être lavée avec de l'eau blanche, de l'eau légèrement salée et ensuite saupoudrée avec du charbon pulvérisé; si elle est profonde, on la pansera comme une plaie ordinaire (voyez PLAIE).

COURONNEMENT (Arboriculture). — Les arbres sont affectés de *couronnement* ou *décurtation* quand leur sommet cesse de végéter, se dessèche et meurt; le plus souvent l'âge avancé des arbres est la cause de cette maladie; mais elle peut être la suite d'un défaut de sève résultant de la pauvreté du sol, du défaut de feuilles, de l'ardeur du soleil ou d'une forte gelée. Certains arbres, comme le chêne, sont particulièrement sujets au couronnement.

COURONNES (Astronomie). — On désigne sous le nom de *couronnes* des cercles concentriques qu'on observe autour du soleil ou de la lune, lorsque les rayons venus de l'astre tombent sur des vapeurs vésiculaires condensées, ou sur des nuages légers. On observe plus fréquemment ces anneaux autour de la lune, à cause de la vivacité de la lumière du disque solaire qui ne permet d'en faire l'observation qu'à l'aide d'un verre noirci; aussi, leur donne-t-on quelquefois le nom vulgaire et d'ailleurs fort impropre d'*arcs-en-ciel lunaires.*

Lorsque le phénomène se présente dans toute sa netteté, les cercles présentent, à partir du soleil, une succession de couleurs analogues à celles que l'on observe dans les anneaux colorés; la distance du premier cercle au soleil varie de 1° à 4°; elle dépend de la grandeur des vésicules interposées entre l'astre et l'observateur. C'est un phénomène analogue aux couronnes que l'on observe, lorsqu'on regarde une source lumineuse à travers une lame de verre sur laquelle on a projeté du lycopode, ou que l'on a simplement ternie par la vapeur de l'haleine.

On a confondu souvent les couronnes avec les halos ; on les appelait même *petits halos ;* en réalité, ces phénomènes sont totalement différents : les premiers ont pour cause la diffraction de la lumière, tandis que les seconds dépendent simplement de la réfraction.

La théorie des ondes lumineuses rend un compte très-précis de la formation des couronnes; il est possible, sans entrer dans des détails que ne comporte pas la nature de cet article, de donner une idée de cette explication.

Si l'on conçoit la surface d'une onde, ses différents points peuvent être considérés comme autant de sources de lum ère qui envoient des rayons dans toutes les directions de l'espace. Pour un point particulier, la plupart de ces rayons interfèrent (voyez INTERFÉRENCES), et il n'y a d'efficaces que ceux qui proviennent d'une portion très-limitée de l'onde, celle qui avoisine son point d'intersection avec la droite qui va de l'œil à la source lumineuse. Mais si l'on suppose répartis de part et d'autre de ce point, d'une manière régulière, un certain nombre de petits corps opaques, ceux-ci, supprimant quelques-uns des rayons, empêcheront l'interférence de se produire, de sorte qu'on devra apercevoir des alternatives régulières de lumière plus ou moins vive, et comme la disposition des corpuscules est régulière, que ceux-ci d'ailleurs sont supposés avoir un diamètre uniforme, ces maxima et minima de lumière donneront lieu à des cercles dont le diamètre dépend évidemment de la grandeur des corpuscules eux-mêmes.

Cette explication supposant, et dans la grandeur des vésicules et dans leur disposition, une régularité qui ne doit pas se rencontrer très-fréquemment, on conçoit pourquoi le phénomène des couronnes ne peut s'observer d'une manière *complète* que dans des circonstances assez rares.   P. D.

COUROUCOU (Zoologie), *Trogon,* Lin., nom brésilien rappelant le cri de ces oiseaux. — Genre d'*Oiseaux* de l'ordre des *Grimpeurs,* famille des *Cuculidés ;* caractérisés par un bec court, plus large que haut, courbé dès sa base avec une arête supérieure arquée, mousse ; pieds petits, emplumés jusque près des doigts ; queue longue et large ; plumage fin, léger, fourni, paré ordinairement de couleurs brillantes avec certaines parties d'un éclat métallique. On trouve ces oiseaux dans les régions intertropicales des deux continents ; ils ont des mœurs analogues à celles de nos engoulevents.

COURROIES SANS FIN (Mécanique). — Lanières de cuir réunies par leurs deux extrémités, tendues entre deux tambours ou poulies qu'elles embrassent et qu'elles obligent à se mouvoir simultanément. Elles constituent un des moyens de transmission de mouvement, les meilleurs et les plus fréquemment employés dans les ateliers toutes les fois que les résistances à vaincre ne sont pas trop considérables.

Toute courroie a deux *brins,* l'un *conducteur,* l'autre *conduit.* L'une des poulies est également conductrice et l'autre conduite. A l'état de mouvement, le premier brin est nécessairement plus tendu que le second ; l'égalité de tension n'a lieu qu'au repos ; mais la somme des tensions n'en reste pas moins constante. La tension du brin conduit fait presser la courroie sur les poulies et donne lieu à une adhérence qui fait marcher ensemble et sans glissement ces poulies et leur courroie ; mais c'est la différence entre les tensions des deux brins qui, à l'aide de cette adhérence, force la poulie conduite à obéir aux mouvements de la poulie conductrice.

Une courroie doit donc être d'autant plus fortement tendue, que la résistance à vaincre est plus grande. Pour arriver à ce résultat, on se sert assez souvent de *tendeurs* ou *rouleaux mobiles* qui, appuyant sur l'un des brins, l'infléchissent sans gêner son mouvement. Le tendeur peut aussi être disposé de telle manière que la courroie embrasse les poulies sur une plus grande partie de leur pourtour, ce qui accroît dans une même proportion l'adhérence.

Une courroie de 0m,10 de large sur 0m,004 d'épaisseur, agissant sur une poulie en fonte, peut exercer sur celle-ci un effort de traction de 83 kil., ce qui, à une vitesse de 9 mètres par seconde, correspondrait à un travail de 10 chevaux-vapeur.

Lorsqu'il s'agit d'opérer des transmissions à de très-grandes distances, telles que 100, 200 ou même 150 mètres, on emploie avec succès des câbles métalliques (voy. ce mot) soutenus de distance en distance par des poulies intermédiaires. Ces sortes de câbles n'avaient été utilisés jusqu'à présent que pour lever des fardeaux dans les mines, ou comme cordages de navire. Cette disposition a été employée par M. Hirn, pour transmettre à 240 mètres de distance une force de 38 chevaux destinée à mener un atelier de tissage avec toutes ses dépendances. Dans ce mode nouveau de transmission qui présente de très-notables avantages, on a reconnu que les poulies doivent avoir un grand diamètre. 1 mètre au minimum. La gorge doit être garnie d'une bande de cuir ou de gutta-percha, le frottement contre le bois nu altérant très-rapidement ce dernier.

COURS DE VENTRE, COURANTE. — Voyez DIARRHÉE.

COURS D'EAU (VITESSE D'UN) (Mécanique, Hydraulique). — La vitesse moyenne d'un cours d'eau est souvent utile à connaître, soit pour évaluer le volume des eaux qu'il débite par seconde, soit pour calculer sa force dynamique. A l'article CANAL, nous avons indiqué comment on

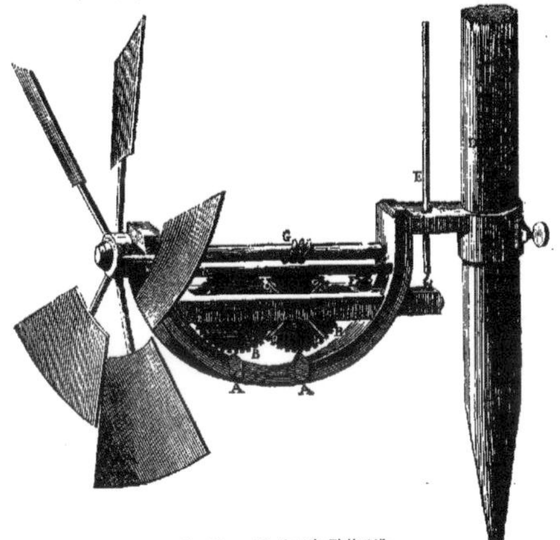

Fig. 684. — Moulinet de Woltmann.

obtient la mesure de cette vitesse dans le cas où le lit du cours d'eau a une section régulière. Il n'en est pas ainsi généralement dans les fleuves ou rivières ; s'il arrive cependant pour ceux-ci même que leur lit présente cette régularité ou à peu près dans une certaine portion de son étendue, le même procédé leur est alors applicable. Dans les cas où il ne le serait pas, on peut avoir recours au moulinet de Woltmann dont nous donnons la figure, et dont voici la description et l'emploi. Cinq petites palettes planes sont implantées à l'extrémité d'un axe très-mobile, à la manière des ailes d'un moulin à vent. Quand ces palettes sont plongées dans une eau courante, l'axe dirigé dans le sens du courant, elles tournent avec une rapidité d'autant plus grande que le courant est plus rapide, en sorte que la vitesse qu'elles acquièrent peut servir à reconnaître la vitesse de l'eau, Il faut donc pouvoir mesurer la vitesse de rotation de ce moulinet. A cet effet, son axe porte une vis sans fin G qui engrène avec une première roue dentée B, marchant ainsi d'une dent à chaque tour complet du moulinet ; cette première roue dentée engrène à son tour avec une seconde B marchant d'une dent à chaque rotation complète de la première. Ces deux roues sont portées sur une traverse que l'on peut soulever ou abaisser au moyen d'une tringle E. La traverse par son poids maintient abaissées les deux roues dentées, et dans cet état la vis sans fin n'engrenant plus avec elles, le moulinet peut tourner librement sans les faire mouvoir. Mais dès qu'on soulève la tringle, la liaison des pièces est effectuée. L'appareil tout entier est porté sur une tige de fer cylindrique, le long de laquelle on peut le faire glisser à volonté.

Pour se servir du moulinet de Woltmann, on tourne les roues dentées de manière que l'une de leurs dents servant de point de départ se trouve en regard d'un repère A ; on fait glisser l'appareil sur la tige D, jusqu'à ce qu'il se trouve à la hauteur à laquelle il doit fonctionner au-dessus du fond du cours d'eau ; on le fixe en ce point au moyen d'une vis de pression, puis on introduit la tige dans l'eau en la plaçant verticalement, de manière que son extrémité touche le fond et même s'y enfonce un peu, et que le moulinet soit placé en avant du côté d'où vient le courant. Au bout de quelques instants, les ailettes ont pris un mouvement de rotation uniforme sous l'impulsion de l'eau ; on tire alors la tringle et on engrène les roues. On maintient l'appareil dans cet état pendant un certain temps, une minute par exemple, puis on abandonne la tringle. Les roues s'arrêtent immédiatement, tandis que le moulinet continue sa marche. On le retire et on note les dents qui sont en regard des repères A. Le nombre de dents dont la deuxième roue a marché indique le nombre de révolutions de la première, et en multipliant ce nombre par le nombre de dents de cette première roue, et y ajoutant le nombre de dents qui ont passé sur elle en dehors de sa dernière révolution, on obtient le nombre total de tours du moulinet pendant cette minute qu'a duré l'expérience.

La vitesse du moulinet n'est pas exactement proportionnelle à la vitesse de l'eau ; elle varie d'ailleurs dans un même courant avec la mobilité de l'appareil, avec son poids, avec la grandeur des ailettes et leur inclinaison sur leur axe commun. Chaque moulinet doit donc être gradué à l'avance par son immersion dans des cours d'eau à lits réguliers, et dont on connaît à l'avance la vitesse. Au moyen de deux observations, par exemple, on pourra calculer une formule de ce genre $V = a + bn$, dans laquelle V est la vitesse de l'eau et n le nombre de tours exécutés par le moulinet en une minute. Supposons, par exemple, que dans un courant dont la vitesse est de 1 mètre, le nombre de tours soit de 9000, et de 19000, dans un courant dont la vitesse est 2 mètres, nous aurons, en remplaçant V et n par leurs valeurs,

$$1 = a + b \times 9000$$
$$2 = a + b \times 19000$$

d'où nous déduirons $a = 0,1$ et $b = 0,0001$; notre formule sera alors

$$V = 0,1 + 0,0001\, n.$$

Et si, dans une expérience, nous trouvons n égal à 15000, nous en conclurons que la vitesse est $V = 0,1 + 0,0001 \times 15000$, ou de $1^m,60$. L'instrument est ordinairement vendu tout gradué. Il vaut mieux le graduer soi-même.

La vitesse d'un cours d'eau est ordinairement très-variable d'un point à l'autre de son étendue. La même quantité d'eau circulant dans ces divers points, et cette quantité ayant pour mesure le produit de la vitesse de l'eau en un point par la section transversale du cours en ce point, plus la section sera petite, plus la vitesse du courant y sera grande, et aussi plus la pente de l'eau devra y être forte. L'eau d'une rivière est presque stagnante dans les points où le lit est large et profond, tandis que le courant devient rapide aux points où le lit est resserré et peu profond.

Une autre condition règle la vitesse générale d'un cours d'eau. Cette vitesse est toujours telle, en effet, que les résistances dues au frottement de l'eau sur elle-même et sur son lit compensent l'action de la pesanteur. Or, d'une part, les frottements croissent avec la vitesse, et l'action de la pesanteur pour mouvoir l'eau augmente avec la pente ; ces deux quantités, pente et vitesse, doivent donc croître en même temps. D'un autre côté, la pesanteur agit sur toute la masse de l'eau, tandis que les frottements n'ont guère lieu que sur la surface du lit. La force accélératrice du mouvement (pesanteur)

croît donc comme la section du cours d'eau, tandis que la force retardatrice (frottement) ne croît que comme la section du lit, ou, comme on dit, son *périmètre mouillé*. Et comme la géométrie enseigne que le lit dans lequel, pour un même périmètre mouillé, la section du cours d'eau est le plus grande possible est un lit à section rectangulaire dont la base serait double de la hauteur, c'est dans un semblable lit qu'à égalité de pente la vitesse de l'eau sera la plus grande. Cette condition n'est jamais remplie dans un cours d'eau naturel ; le périmètre mouillé y est d'une forme irrégulière et la largeur du cours d'eau y est toujours plus de deux fois plus grande que sa profondeur ; aussi, dans les crues où cette profondeur augmente, la vitesse du courant est-elle augmentée par cette seule cause en même temps que la pente devient un peu plus considérable. Mais quand le cours d'eau sort de son lit pour se répandre sur ses rives, les nappes d'eau qu'il forme ainsi sont dans des conditions de faible vitesse qui permettent aux limons de se déposer.

VITESSES DU RHIN ET DU RHONE.	A L'ÉTIAGE.	AUX MOYENNES EAUX.	AUX GRANDES CRUES.
RHIN.			
Pont de Kehl (Strasbourg).	$1^m,50$	$2^m,15$	$2^m,85$
Bâle....................	»	$1^m,90$	»
RHÔNE.			
Vienne....................	$1^m,49$	»	»
Viviers....................	$2^m,40$	$1^m,00$	»
Avignon....................	$1^m,20$	»	$4^m,0$
Arles....................	$0^m,70$	»	»

Par un temps calme, un bateau chargé fait la route de Lyon à Avignon avec une vitesse moyenne de $2^m,87$. Un bateau à vapeur qui parcourrait 4 mètres par seconde, ou un peu moins de 4 lieues à l'heure sur une eau tranquille, descendrait donc de Lyon à Avignon avec une vitesse moyenne de $4^m + 2^m,87 = 6^m,87$, et remonterait d'Avignon à Lyon avec une vitesse de $4^m - 2,87$ ou de $1^m,13$.   M. D.

COURS D'EAU (JAUGEAGE D'UN) (Hydraulique). — Évaluation de la quantité d'eau qui traverse pendant chaque seconde de temps la section transversale du cours d'eau en un point déterminé de son cours. C'est ce qui constitue le *débit* du cours d'eau.

Le volume d'eau débité par seconde est égal au volume d'une colonne d'eau qui aurait pour base la section transversale, et pour longueur le chemin parcouru en moyenne par les diverses couches liquides, ou ce que l'on appelle sa vitesse moyenne. Ce volume est donc égal à la section multipliée par la vitesse moyenne. Nous avons donné dans l'article précédent et au mot CANAL le moyen de mesurer la vitesse moyenne ; quant à la section, elle s'obtient par des procédés géométriques toutes les fois que le lit de la rivière est régulier comme celui d'un canal ; dans le cas contraire, on opère de la manière suivante : on partage la largeur en un certain nombre de parties, puis, à chaque point de division, on abaisse verticalement une sonde de manière à mesurer la profondeur de l'eau en ce point. Les points de division seront assujettis à cette seule condition que, dans l'intervalle des verticales qui leur correspondent, le profil du lit soit à peu près rectiligne. La portion de la section comprise entre les deux verticales forme un trapèze dont les dimensions sont connues et dont par conséquent on peut connaître la surface. On pourra donc ainsi évaluer séparément la surface de chacune des portions en lesquelles la section a été partagée, et par leur somme avoir la section elle-même.

Quand le cours d'eau dont on veut jauger le débit est de très-petite dimension, le moyen le plus simple et le plus précis d'y parvenir est le suivant : on construit sur le cours d'eau un barrage temporaire formé par des planches, et on pratique dans ce barrage un déversoir à vive arête dont la largeur soit le tiers ou le quart de celle du cours d'eau ou du barrage ; puis, quand le régime est bien établi, que le niveau de l'eau est devenu stationnaire au-dessus du barrage, on mesure la hauteur h au-dessus de l'arête antérieure du déversoir, à laquelle s'élève l'eau en un point où sa surface est plane, ce qui revient à marquer sur la planche de chaque côté du déversoir, et à quelque distance de celui-ci, les points où s'élève l'eau, à joindre ces points par une ligne droite et à mesurer la distance de cette ligne à l'arête antérieure du déversoir qui doit lui être parallèle. Connaissant la hauteur h, la longueur l du déversoir, la dépense D est fournie par la formule pratique $D = 0,400 \times l \times h \times \sqrt{gh}$.

M. D.

Cours d'eau (Force d'un) (Hydraulique). — Au point de vue mécanique, un cours d'eau est une force dont on peut tirer parti pour les besoins de l'industrie. Cette force peut varier d'un point à l'autre du cours avec l'abondance des eaux et la rapidité de leur marche ; elle est généralement utilisée au moyen des *roues pendantes sur bateaux*. Mais le plus souvent, on l'accumule en un point du cours par l'effet d'un *barrage* ; elle sert alors à faire mouvoir des *récepteurs hydrauliques* de diverses natures, tels que *roues en dessous*, *roues de côté*, *roues en dessus* ou *à augets*, *turbines*, etc. (voyez tous ces mots).

Chaque molécule d'eau en suivant son cours s'abaisse verticalement d'une quantité toujours croissante, dépendant de l'inclinaison ou pente du cours d'eau ; son mouvement est produit par l'action de la pesanteur qui tend à faire descendre les corps le plus bas possible.

Quelle que soit la vitesse du mobile, on peut toujours calculer la somme totale des effets de la force motrice qui se sont accumulés en lui sans être dépensés par les frottements, ou ce que l'on appelle en mécanique *puissance vive* ou *quantité de travail disponible du mobile* (voyez Force vive, Travail). Cette quantité de travail disponible a pour expression $\frac{MV^2}{2}$, M étant la masse du corps en mouvement et V sa vitesse.

Ainsi, par exemple, la Seine débite à Paris environ 150 mètres cubes d'eau par seconde, avec une vitesse moyenne de $0^m,60$. En appliquant la règle, on trouve pour le travail mécanique que cela représente $\frac{150\,000 \times 0,60^2}{2.9.8} = 2\,790$ kilogrammètres, soit environ 40 chevaux. Ce nombre est excessivement faible, et c'est pour accroître le travail disponible d'un cours d'eau, qu'on effectue des barrages. Ainsi, si dans la Seine on faisait un barrage de $1^m,50$ de hauteur, chose réalisable à la rigueur, le travail utilisable se trouverait égal à $150\,000 \times 1^m,50 = 2\,250\,000$ kilogrammètres, environ 3 000 chevaux.

M. D.

COURSE (Physiologie). — Voyez Locomotion.

Co.rses (Hippologie). — Voyez Races chevalines.

COURSIER (Hydraulique). — Canal ordinairement très-court, à fond plat ou circulaire, dans lequel se meut une roue hydraulique. Il a pour objet de concentrer l'action de l'eau sur les aubes ou palettes de la roue. On étend aussi le nom de coursier au canal qui conduit l'eau d'une chute du vannage sur les roues en dessus.

Les coursiers et la forme qu'on leur donne sont d'une grande importance en hydraulique. On ne doit pas oublier qu'ils donnent toujours lieu à des frottements de l'eau contre leurs parois, ce qui diminue un peu la force de la chute. On doit donc s'attacher à réduire le plus possible ces frottements (voyez Roues hydrauliques).

COURT d'haleine (Vétérinaire). — Ce mot s'applique à un animal qui a la respiration courte et qui, pendant le travail, est forcé de s'arrêter pour reprendre haleine. Les chevaux poussifs sont *courts d'haleine* (voyez Pousse).

COURT-JOINTÉ (Hippologie). — Se dit d'un cheval qui a le paturon court (voyez Paturon). Cette conformation, tout en donnant au cheval plus de puissance musculaire, nuit à la souplesse des allures et détermine ordinairement des *réactions dures*.

COURTILIÈRE (Zoologie), du vieux mot français *courtille*, jardin ; *Gryllo-talpa*, Latr. — Tous les jardiniers connaissent ce redoutable ennemi des potagers, qui est

Fig. 685. — Courtilière commune.

devenu, pour les naturalistes, le type d'un genre d'*Insectes* désigné sous le nom de *Taupes-grillons* (*Gryllotalpa*, Latr.) et rangé dans l'ordre des *Orthoptères*, famille

des *Sauteurs*. Cet insecte et ses congénères sont véritablement des grillons modifiés pour une vie souterraine ; le corps est allongé ; la tête petite, enfoncée dans une échancrure du thorax, qui est conformé en une espèce de carapace ; les élytres rudimentaires couvrent à peu près le premier tiers de l'abdomen, les secondes ailes sont repliées en filaments triangulaires qui dépassent les élytres ; la troisième paire de pattes a les cuisses modérément renflées, propres, non pas au saut, mais à une progression énergique. D'ailleurs ce qui doit surtout attirer l'attention, c'est la modification spéciale des premières pattes, qui rappelle celle qu'on observe chez les taupes, parmi les mammifères. Ces pattes antérieures sont élargies et trapues, et leurs tarses, aplatis et dentelés sur le bord, semblent des mains conformées en pelles. L'abdomen est terminé par deux filets courts : les antennes sont grêles, allongées, flexibles et composées d'un grand nombre d'articles. Ainsi organisées, les courtilières ne sauraient vivre à la surface du sol ; comme les taupes, elles se creusent des galeries souterraines et se tapissent de distance en distance sous de petits monticules faits de la terre qu'elles rejettent. C'est ordinairement dans les champs de blé, dans les jardins potagers que les courtilières se multiplient ; l'hiver, elles se tapissent dans une cavité souterraine communiquant au dehors par une galerie oblique ou verticale ; de là, au retour du printemps, ces insectes, sortant de leur torpeur, creusent leurs galeries dans toutes les directions, pour chercher leur nourriture. Comme les taupes, les courtilières coupent sur leur passage toutes les racines que peuvent entamer leurs robustes mâchoires, qu'elles ne détournent que pour éviter les plus dures. On ne sait pas au juste si elles se nourrissent de ces racines, ou si, essentiellement carnassières, elles se frayent simplement leur route en les rongeant. Cette dernière opinion est vivement soutenue par plusieurs observateurs et notamment par M. Le Feburier (*Nouveau Cours d'agriculture*),

Fig. 686. — Œufs de la courtilière et larves.

qui a le mieux décrit les mœurs de la courtilière commune. La ponte a lieu en juin et juillet dans une petite fosse à peu près cylindrique, lisse intérieurement, que la femelle creuse en terre à une profondeur d'environ $0^m,15$; on trouve souvent jusqu'à 300 ou 400 œufs dans ces trous ; une galerie courbe donne issue au dehors, et les petits, après avoir quelque temps vécu en société, sortent par là de leur berceau souterrain. Les courtilières naissent avec leurs formes définitives, sauf les ailes qu'elles ne prennent, dit-on, qu'à la troisième année. Les courtilières mâles font entendre la nuit un chant doux et faible ; ces insectes ne possèdent pas l'appareil sonore ou miroir qui caractérise les grillons et les genres voisins.

Que les courtilières soient carnassières ou herbivores, elles n'en ravagent pas moins les racines des plantes, et leur présence se révèle par l'aspect jaune et flétri des végétaux attaqués et par les petits monticules amoncelés à l'entrée de leurs galeries. Leurs dégâts sont redoutables, et néanmoins on ne connaît que des moyens insuffisants de les détruire, ceux qu'on a indiqués n'étant applicables qu'aux petites cultures potagères (voyez *Livre de la ferme*, par Joigneaux ; *le Bon jardinier*). La *C. commune* (*Gryllus gryllo-talpa*, Lin.) a $0^m,04$ ou $0^m,05$ de longueur ; elle est brune en dessus, roussâtre en dessous. On la trouve en Europe, dans le nord de l'Asie et de l'Afrique ; six ou sept autres espèces plus petites sont répandues en Amérique, en Guinée, en Asie, à la Nouvelle-Hollande. Au. F.

COUSCOUS, Cou-corssou (Économie domestique). —

On nomme ainsi, parmi les populations musulmanes de la plus grande partie de l'Afrique (Algérie, Sénégal, Guinée, etc.), un mets préparé avec un mélange de farine de froment, d'orge ou de millet, arrosé de bouillon ou simplement d'eau et mêlé souvent de viande hachée menu. Les Arabes, en voyage, dans les moments de pénurie, en font simplement une espèce de pâte pétrie dans le creux de leur main et arrosée d'eau.

COUSIN (Zoologie), *Culex*, Macquart. — Genre d'*Insectes* de l'ordre des *Diptères*, famille des *Némocères*, tribu des *Culicides*, distingué des genres voisins par des palpes plus longues que la trompe dans le mâle, très-courtes chez la femelle. L'espèce que les naturalistes ont le plus étudiée est le *C. commun* (*C. pipiens*, Lin.), trop connue de tout le monde par ses piqûres et les démangeaisons qu'elles produisent. Ce curieux et important diptère, l'*Empis* des Grecs et le *Culex* des Romains, a depuis l'antiquité excité l'admiration par les merveilles d'organisation réunies dans un si petit animal ; c'est lui que Pline prend pour exemple des manifestations de la puissance divine dans les êtres les plus petits (liv. II, c. II), et s'il y a des erreurs dans ses indications, on voit, d'autre part, que l'organisation du dard buccal de cet insecte lui était assez bien connue. Chez les modernes, Swammerdam (*Biblia naturæ*), Réaumur (*Mémoires pour servir à l'histoire des insectes*). Degeer, Kleemann, etc., ont décrit et figuré les détails de la structure

Fig. 687. — Cousin commun.

et des mœurs du cousin. C'est un petit insecte long de 0^m,005 à 0^m,006 et dont tout le corps a la forme d'un cylindre étroit ; six pattes grêles extrêmement longues le supportent avec légèreté ; à son thorax sont fixées deux ailes membraneuses transparentes que l'insecte porte croisées l'une sur l'autre ; des antennes garnies de poils ornent sa tête. Très-avide du sang de l'homme, la femelle du cousin perce notre peau avec une trompe longue et menue et extrait le sang au moyen d'un suçoir, en même temps qu'elle y verse un venin qui provoque rapidement une inflammation vive accompagnée de fortes démangeaisons. Le mâle vit seulement des sucs qu'il trouve au fond des fleurs ; à défaut de sang, la femelle se contente de la même nourriture. La bouche du cousin est armée d'une sorte d'étui cylindrique, ou trompe, terminé à son extrémité libre par un petit renflement qui se compose réellement de deux lèvres charnues et mobiles. Une rainure de la trompe contient cinq filets rigides dont la pointe acérée est aplatie comme une lancette ; une ou deux de ces pointes porte des dentelures dirigées en arrière. Cette bouche, où l'on retrouve, modifiées d'une manière toute spéciale, les parties que renferme habituellement la bouche des insectes (voyez BOUCHE, MÂCHOIRE), est pourvue, de chaque côté, d'un palpe long composé de 4 ou 5 pièces articulées et velues. Swammerdam a parfaitement figuré ces diverses parties ; Réaumur en décrit ainsi le mécanisme : « Après que le cousin s'est posé sur le lieu où il doit piquer, on voit qu'il fait sortir du bout libre de sa trompe une pointe très-fine (les cinq filets réunis) ; qu'il tâte successivement la peau à quatre ou cinq endroits avec le bout de cette pointe, probablement afin de choisir le lieu où se trouve un vaisseau dans lequel le sang puisse être puisé à souhait. Quand il a fait son choix, on en est averti par la petite douleur que la piqûre cause sur-le-champ. La pointe de l'aiguillon composé s'introduit dans la peau ; elle y pénètre. L'étui (ou trompe) quoique solide, a une sorte de flexibilité ; il se courbe à mesure que l'aiguillon pénètre dans les chairs ; il devient

d'abord un arc dont l'aiguillon (ou les cinq filets réunis) forme la corde. L'extrémité libre et renflée reste toujours sur le bord du trou pour maintenir et empêcher de vaciller un instrument délicat et faible (Réaumur dit plus loin avoir reconnu que cette extrémité dégorge en même temps sur la blessure où le suçoir est plongé une petite goutte d'une liqueur transparente) ; c'est par un expédient semblable que les ouvriers qui ont à percer de très-petits trous dans les corps durs savent maintenir la pointe déliée du foret. » Si rien ne vient le troubler, le cousin ne quitte la place que gorgé de sang. Le gonflement, la rougeur et la souffrance qui suivent une blessure si fine sont dus sans doute, d'une part, à la succion qui accumule le sang vers le point blessé, d'une autre part à la présence du liquide versé par la trompe. On ne connaît jusqu'ici aucun remède contre les souffrances parfois assez vives que cause cette piqûre. On s'est parfois trouvé bien d'avoir appliqué sur la partie blessée des compresses imbibées d'ammoniaque (8 à 10 gouttes dans une cuillerée d'eau) ou de laudanum ; le miel a réussi aussi parfois. Les vêtements ne suffisent pas toujours à nous garantir de ces piqûres, que le cousin pratique fort bien à travers des étoffes légères ; nous retrouvons cet ennemi presque imperceptible le jour, la nuit, dans les prés, dans les bois et jusque dans nos chambres ; mais c'est surtout le soir et auprès des eaux qu'on rencontre leurs troupes importunes tourbillonnant dans les airs. Les premiers âges de la vie du cousin se passent en effet dans l'eau stagnante ; la femelle y dépose un à un, dressés et collés l'un à l'autre, deux ou trois cents œufs dont la masse, en forme de nacelle, surnage et se développe à la surface du liquide. Deux jours après la ponte, a lieu l'éclosion ; les jeunes larves ne ressemblent guère à l'insecte parfait ; ce qu'elles offrent de plus singulier, c'est qu'elles se pendent à la surface de l'eau, la tête en bas, et maintenant à fleur d'eau l'extrémité libre d'un tube inséré sur l'avant-dernier anneau de leur abdomen et par lequel elles respirent. Vives et

Fig. 688. Larves de cousin.

agiles, ces larves, dès qu'on agite l'eau, nagent ou se courbant sur elles-mêmes en divers sens, pour revenir bientôt reprendre leur position habituelle. Au bout de quinze jours, ces larves se transforment en nymphes et ressemblent à l'insecte parfait emmaillotté ; elles vivent comme les larves pendues à la surface de l'eau, mais dans une position inverse, parce que leur tube respiratoire, qui est double, est inséré, comme une paire de cornes, un peu en arrière de la tête, au dos du corselet. L'insecte parfait paraît au bout de six à sept jours ; sa sortie de la peau de la nymphe est une opération délicate et périlleuse. Cette peau se fend au dos du corselet et, par les contractions de son corps, le cousin tire peu à peu de ce fourreau sa tête, son corselet, avec les ailes, son abdomen, enfin ses longues pattes ; à mesure qu'il en sort, la peau de la nymphe allégée remonte à la surface de l'eau et y forme une sorte de radeau sur lequel le cousin finit par s'élever entièrement libre, et se tenant immobile, il attend que ses organes extérieurs se consolident au contact de l'air ; à ce moment il pose ses pieds sur la surface de l'eau, où sa grande légèreté spécifique lui permet de ne pas enfoncer, et il s'envole. Mais pendant tout ce travail la moindre agitation de l'eau submerge la frêle nacelle et le jeune cousin est perdu. Il en périt donc un grand nombre de cette façon ; la merveilleuse fécondité de ces insectes répare sans peine ces pertes. Les cousins forment probablement six à sept générations par an ; en comptant 350 œufs environ par génération, on trouve qu'un couple de cousins peut à la fin de l'été être représenté par cinq millions de milliards de ses descendants ; la troisième génération seule compte déjà 5,359,3ʰ5 individus. Heureusement que les cousins servent abondamment de pâture aux hirondelles et à un grand nombre de poissons.

On trouve en Europe dix espèces de cousins, parmi lesquelles il faut signaler encore le *C. annelé* (*C. annulatus*, Duméril), la plus grande espèce de France. En beaucoup de contrées du globe, diverses espèces deviennent par leur multiplicité une sorte de fléau local ; le midi de l'Europe les redoute et on les désigne sous le nom de *moustics* ; on est obligé, la nuit, de recouvrir les lits avec une étoffe de gaze nommée *moustiquaire* pour garantir les hommes de leurs piqûres. Dans l'Amérique méridionale, où on les nomme *Moustiques*, *Maringouins*, *Mosquitos*, en Suède, en Laponie, leurs incessantes piqûres font le tourment des habitants (consultez l'*Histoire des diptères* de Macquart).   AD. F.

COUSSIN ou **Coussinet** (Médecine). — Pièce d'appareil fort employée par les chirurgiens, surtout dans les pansements des fractures. Les coussins sont faits quelquefois avec du vieux linge piqué ou avec de la peau rembourrée de coton, de laine, de crin, d'étoupe. On leur donne la forme, la dimension en rapport avec l'usage auquel ils sont destinés. D'autres fois, ce sont de petits sachets, plus ou moins longs, plus ou moins étroits, qu'on remplit aux deux tiers ou aux trois quarts de balle d'avoine et qu'on emploie dans les fractures pour empêcher le contact et la pression des attelles (voyez FRACTURE, ATTELLE).

COUSSINET oculaire (Vétérinaire). — Amas de tissu cellulo-graisseux placé derrière l'œil du cheval pour remplir l'orbite en arrière et maintenir le globe oculaire. — *Coussinet plantaire :* partie molle et charnue de la fourchette sous le pied du cheval.

COUSSINET ou **Palier** (Mécanique). — Cylindre creux en bois ou en métal, ordinairement composé de deux pièces demi-cylindriques, entre lesquelles tournent les *tourillons* des arbres ou axes des machines.

COUTANCES (Eaux minérales). — Ville de France, chef-lieu d'arrondissement (Manche) ; il y a deux sources ferrugineuses froides, dites *fontaines du parc*, à 1 kilom. de la ville ; elles contiennent du fer, du carbonate de soude, du sulfate de chaux.

COUTEAU (Médecine). — En chirurgie, on donne ce nom à un instrument tranchant dont on se sert pour diviser les parties molles, et qui ne diffère du bistouri que parce que sa lame est fixée à demeure sur le manche sans pouvoir se fermer. Les dimensions, les formes des couteaux varient suivant les opérations chirurgicales dans lesquelles on en fait usage. Voici les principales espèces de couteaux dont on se sert.

Les *C. à amputations* proprement dits sont ceux qui offrent les plus grandes dimensions ; autrefois, ils étaient concaves sur le tranchant ; aujourd'hui, ils ont tous une lame droite. On se sert du *C. interosseux* à deux tranchants dans les amputations des membres où il y a deux os, ou dans quelques-unes de celles qui se font dans les articulations. Dans ces dernières, on emploie aussi le *C. désarticulateur* de Larrey, dont la lame courte permet à l'opérateur de pénétrer plus sûrement dans les articulations (voyez AMPUTATION).

Les *C. à cataracte*, destinés à faire la section de la cornée transparente. On connaît surtout les *C. de Richter, de Wenzel, de Ward* (voyez CATARACTE).

Le *C. lithotome*, dont Foubert se servait pour la taille latérale (voyez TAILLE).

Le *C. de Cheselden*, également pour l'opération de la taille.

Le *C. lenticulaire*, destiné à détruire les inégalités osseuses que la couronne de trépan laisse après l'opération de ce nom (voyez TRÉPAN).

Le *C. pour la résection des amygdales*, inventé par Caqué, de Reims (voyez AMYGDALES).

Le *C. en serpette*, dont se servait Desault pour ouvrir les parois du sinus maxillaire.

En médecine vétérinaire, on emploie encore le *C. de feu*, instrument destiné à appliquer le feu sur un animal. — Le *C. de chaleur*, espèce de lame en fer ou en bois, à bords mousses et polis, destiné à racler et enlever la sueur qui recouvre le corps des chevaux. — Le *C. anglais*, dont les maréchaux anglais se servent pour rogner la corne des sabots (voyez SABOT).

COUTRE (Agriculture), du latin *culter*, couteau. — Le *coutre* est une pièce de la charrue destinée à couper la terre dans le labourage (voyez CHARRUE, LABOUR) (*fig.* 689 B). Le coutre a ordinairement une forme assez semblable à celle d'un couteau dont le manche est fixé un peu obliquement à l'*age* de la charrue E et dont la *lame* B se dirige de haut en bas. Il est placé en avant du *soc* A pour fendre la terre, que celui-ci tranche ensuite horizontalement et que le *versoir* C soulève et retourne au moyen de sa surface contournée. Sa pointe doit toujours être en avant de celle du soc. Il doit avoir une forme calculée pour fournir, pendant qu'il travaille, une égale résistance à la terre contre laquelle il agit ; on arrive ainsi à lui donner une forme courbe au dos et une section horizontale triangulaire. Son tranchant est rectiligne ou courbe (coutre en faucille), suivant les systèmes de charrues. On le fixe à l'age de façon à ce que le tranchant soit vertical, incliné la pointe en avant ou incliné la pointe en arrière. Cette dernière position n'est employée que par exception ; la première est plus généralement adoptée. Enfin, le plus souvent, on fixe le coutre la pointe un peu

inclinée vers la gauche pour rendre la charrue plus stable en élargissant la raie qu'elle trace. Dans certaines

Fig. 689. — Charrue.

terres légères, on peut se passer de coutre et n'entamer la terre qu'avec le soc ; mais c'est un cas tout à fait exceptionnel. Certaines charrues ont un coutre fixé sur le soc ; ce coutre, uni au soc par le bas, a, dans ce cas, son extrémité libre en haut. On a aussi employé dans les terrains tourbeux, pour couper les racines, un *coutre circulaire*, sorte de plateau circulaire en fer mince aciéré sur ses bords et tournant autour de son axe. L'agencement du coutre sur l'age se fait de différentes manières. Tantôt il est fixé simplement dans une mortaise pratiquée au milieu de l'age (*fig.* 690). Cette disposition a

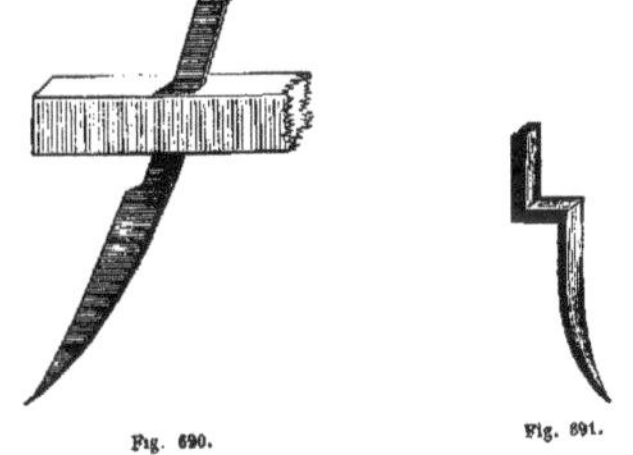

Fig. 690.   Fig. 691.

l'inconvénient d'affaiblir l'age et de préparer sa rupture en ce point ; elle met d'ailleurs le coutre dans une position verticale défectueuse. On a tenté de remédier à

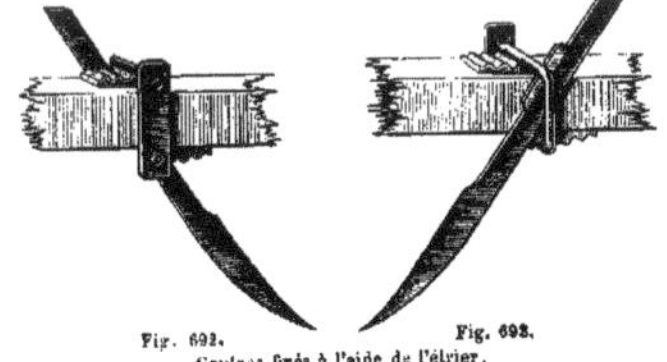

Fig. 692.   Fig. 693.
Coutres fixés à l'aide de l'étrier.

ce dernier inconvénient en faisant usage d'un coutre coudé (*fig.* 691). On a aussi adapté à l'age une gaîne ou coutelière en fer où l'on maintient le coutre avec un coin en bois. Le mode d'agencement le meilleur est incontestablement l'*étrier américain* figuré ci-contre (*fig.* 692 et 693) (voyez ÉTRIER AMÉRICAIN).

COUTURIER (Anatomie, nom tiré des fonctions du muscle. — On voit à la partie antérieure de la cuisse de l'homme un muscle superficiel long, étroit et comme rubané, qui s'attache, d'une part, à l'épine iliaque antérieure et supérieure, d'une autre part, à la partie supérieure, antérieure et interne du tibia ; aussi ce muscle a-t-il reçu dans la nomenclature de Chaussier le nom d'*iléo-prétibial*. Le muscle *couturier*, en se contractant, plie la jambe en la dirigeant en dedans, puis il fléchit la cuisse sur le bassin en la portant en dehors; c'est donc lui qui agit principalement pour faire croiser les jambes à la manière des tailleurs sur leur établi. Telle est l'origine du nom qu'il a reçu depuis longtemps.

COUTURIÈRE ou **COUTURIER** (Zoologie). — Nom vulgaire d'une *Fauvette* (*Sylvia sutoria*, Lath. (voyez FAUVETTE).

COUVAIN (Zoologie). — On nomme ainsi les œufs et les larves des abeilles, guêpes, bourdons et insectes de cette sorte.

COUVÉE (Zoologie). — On nomme ainsi les œufs soumis à une même incubation ou les petits oiseaux sortis de ces œufs (voyez INCUBATION, REPRODUCTION).

COUVRE-CHEF (Médecine). — Espèce de bandage pour la tête. Il y a le *grand couvre-chef*, qui se fait avec une serviette ou une pièce de linge de cette forme, et le *petit couvre-chef* ou *mouchoir en triangle*, dont le nom indique la forme. Ce bandage mis en place forme une espèce de coiffe; on s'en sert pour maintenir un appareil appliqué sur la voûte du crâne.

COWPOX (Médecine, Vétérinaire), mot anglais passé dans notre langue, composé de *cow*, vache, et *pox*, variole. — On a donné ce nom, en Angleterre, à une éruption de boutons qui se développe sur les trayons des vaches et qui est l'origine du *virus vaccin*. On a dit que cette éruption provenait du transport et de l'inoculation aux vaches, de la matière sanieuse produite par la maladie des chevaux, connue sous le nom de *eaux aux jambes* (voyez ce mot), transport opéré par les individus qui traient les vaches après avoir pansé les chevaux affectés de cette maladie. Les expériences nombreuses qui ont été faites, sans avoir résolu complètement la question, ne paraissent pas favorables à cette opinion. Quoi qu'il en soit, la matière du cowpox, se répandant sur les doigts des personnes chargées de traire ces vaches, leur communique cette éruption et les préserve de la petite vérole. C'est à Jenner qu'on doit cette découverte (voyez VACCIN, VARIOLE).

COXAL (Os), du latin *coxa*, hanche. — Nom donné parfois à l'*os iliaque* qui soutient la saillie de la hanche et fait partie du bassin (voyez BASSIN, SQUELETTE).

COXALGIE (Médecine), du latin *coxa*, hanche et du grec *algos*, douleur, maladie de la hanche. — On appelle *coxalgie* une affection de l'articulation *coxo-fémorale*, caractérisée par la douleur, la chaleur, les élancements dans cette partie et la difficulté ou l'impossibilité de marcher. La nature de cette maladie, qui se rapproche beaucoup de celle des tumeurs blanches, consiste dans une altération de la substance osseuse des tissus cartilagineux, fibro-cartilagineux et des parties molles qui constituent l'articulation; elle dépend le plus souvent du vice scrofuleux et reconnaît pour cause déterminante l'habitation dans des lieux bas et humides, une mauvaise nourriture, des violences extérieures, etc. La coxalgie, qui n'est que la première période de la maladie connue sous le nom de *luxation spontanée*, commence par une douleur vague, profonde, souvent intermittente; elle devient bientôt fixe, se propage tout le long de la cuisse; il s'ensuit une claudication plus ou moins prononcée, enfin un allongement du membre; à cet état, dont la durée n'a rien de fixe ni de déterminé, succède tout à coup, par quelque cause légère ou même sans cause, un raccourcissement marqué : c'est la seconde période de la maladie; la tête du fémur, chassée peu à peu de la cavité cotyloïde (voyez ce mot) par le gonflement des surfaces articulaires, en est sortie tout à coup : la luxation a eu lieu; de là le raccourcissement qu'on remarque. Bientôt des abcès se forment dans l'articulation et aux environs; il survient de la fièvre et quelquefois le malade succombe après de longues souffrances. Le plus souvent, il guérit, mais la maladie est longue et il reste toujours une claudication incurable. Les meilleurs moyens de traitement sont le repos absolu, les antiphlogistiques dans le début, tels que sangsues, cataplasmes, ventouses scarifiées, puis les révulsifs, ainsi les moxas, les vésicatoires; à tout cela on joindra, suivant les indications, un régime approprié; dans le début, les viandes blanches, les boissons émollientes; plus tard, une bonne nourriture, une médication tonique, les préparations d'iode, etc. Ce traitement a souvent réussi à guérir la maladie sans luxation; mais, si elle a lieu, il faut encore insister sur les moyens toniques et, du reste, se comporter suivant les indications nouvelles et les complications qui surviennent (voyez ABCÈS, SCROFULES, LUXATION).

F — N.

COYPOU (Zoologie). — Voyez MYOPOTAME.

CRABE (Zoologie), du grec *karabos*, qui désigne les mêmes animaux. — Nom vulgaire des *Crustacés* qui sont les types de la famille des *Décapodes brachyures*. Le mot *Crabe* (*Cancer*) avait été adopté par Linné pour désigner un grand genre comprenant les espèces de cette famille. Latreille (*Règne animal* de Cuvier) partagea les *Crabes* de Linné en sept tribus : *C. nageurs*, *C. arqués*, *C. quadrilatères*, *C. orbiculaires*, *C. triangulaires*, *C. cryptopodes*, *C. notopodes*. Aujourd'hui, ce mot *crabe* désigne seulement un genre de la tribu des *C. arqués* de Latreille ou de la famille des *Cyclométopes* de M. Milne-Edwards (voyez au mot BRACHYURE) (*Histoire naturelle des crustacés*). Il résulte de toutes ces variations ce fait singulier que les gens du monde nomment *crabes* à peu près tous les *Brachyures* (voyez ce mot), et que les naturalistes n'emploient plus ce mot vulgaire que pour désigner un genre dont presque toutes les espèces sont exotiques. Il serait difficile d'indiquer à quelles espèces communes le langage du monde applique ce mot; toutefois les crabes les plus répandus sur nos côtes de France sont : l'*Étrille commune*, la *petite Étrille* et le *C. enragé* ou *commun* (voyez PORTUNE), le *C. poupart* ou *Tourteau*, le *Grapse madré* et le *Grapse porte-pinceau* (voyez GRAPSE), la *Leucosie noyau* (voyez LEUCOSIE), le *Maïa* ou *Araignée de mer* (voyez MAÏA), le *Calappe migrane* ou *Coq de mer* ou *Crabe honteux* (voyez CALAPPE), la *Dromie* (voyez DROMIE). On mange assez communément l'*Étrille commune* et le *Tourteau*; mais ce n'est pas un mets délicat, et leur chair, comme celle du homard, est difficile à digérer. On connaît particulièrement encore sous le nom de *Crabes* de petits crustacés brachyures du genre *Pinnothère* (voyez ce mot) qui se trouvent quelquefois, du mois de juin au mois de septembre, dans la moule comestible. C'est à leur présence que l'on attribue les accidents éprouvés souvent à ces mêmes époques par les personnes qui mangent des moules; mais rien ne prouve que cette opinion du vulgaire soit fondée.

Le nom latin des *crabes* (*cancer*) a été francisé dans le mot *cancre*, employé quelquefois comme synonyme du mot crabe, mais il est surtout connu comme une désignation injurieuse; la démarche lente et tortueuse de beaucoup de crabes, qui marchent de côté, est peut-être l'origine de cette acception.

Caractères du genre ancien *Crabe* (*Cancer*, Latr.) : troisième article des pieds mâchoires extérieurs échancré ou marqué d'un sinus près de l'extrémité interne et presque carré; antennes ne dépassant guère le front et comptant peu d'articles; pinces arrondies, sans crête en dessus. Dans ce genre, où Latreille établit plusieurs coupes, se trouve le *C. poupart* ou *Tourteau* (*C. pagurus*, Lin.),

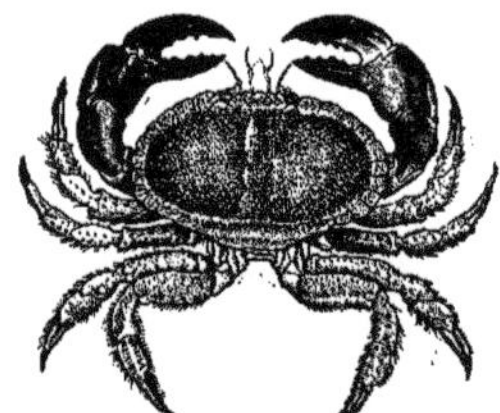

Fig. 894. — Crabe tourteau.

qui acquiert 0^m,30 de largeur et pèse jusqu'à 2^{kil},500; il est roussâtre, avec les doigts des pinces noirs et le dessous du corps jaune pâle. On le trouve souvent à la halle de Paris, car il est extrêmement commun sur nos côtes de l'Atlantique et se rencontre, quoique moins abondamment, dans la Méditerranée. Cette espèce fait partie du genre *Platycarcin* de Milne-Edwards, et non de son genre *Crabe* qui est beaucoup plus restreint, et qui a pour type le *Cancer integerrimus* de Lamarck et ne comprend que treize espèces, la plupart originaires de l'Inde.

CRABE DES MOLUQUES (Zoologie). — Voyez LIMULE.

CRABE DES PALÉTUVIERS ou **CRABE DE VASE** (Zoologie). — C'est l'*Uca* de la Guyane et du Brésil (*Cancer uca*, Lin.).

CRABE FLUVIATILE (Zoologie). — Voyez THELPHUSE.

CRABE HONTEUX (Zoologie). — C'est le *Calappe migrane*.

CRABES APPELANTS (Zoologie). — Voyez GÉLASIME.

Crabe de terre, Crabes peints, Crabes violets (Zoologie).— Voyez Ocypode, Gécarcin.

Crabes fossiles (Géologie). — On connaît des crabes fossiles appartenant aux quatre genres : *Crabe* (*Cancer*),

Fig. 695. — Cancer macrochelus.

Carpilie (*Carpilius*), *Platycarcin* (*Platycarcinus*), *Portune* ou *Etrille* (*Portunus*). Les espèces fossiles de ces genres ont été trouvées dans les étages tertiaires de l'époque parisienne (éocène) et de l'époque falunienne (miocène). Souvent on désigne sous le nom général de crabes fossiles les décapodes brachyures dont les débris se rencontrent dans les terrains ; dans ce sens, il faut indiquer qu'on a trouvé des *Gélasimes* et des *Grapses* dans les terrains tertiaires supérieurs ; des *Leucosies* et animaux voisins dans la craie et les couches des étages parisien et falunien ; des *Dromies*, des *Ranines* dans ces derniers terrains tertiaires.

CRABIER (Zoologie). — Nom donné à divers animaux qui se nourrissent de crabes : parmi les mammifères un *Raton* (*Procyon cancrivorus*, Geoff.), de la Guyane et du Brésil ; un animal du genre *Chien* (*Canis cancrivorus*, Desm.), de la Guyane ; une *Sarigue* (*Didelphis cancrivora*, Lin.), nommée aussi *Puant de Cayenne*, également de la Guyane. Un oiseau du genre *Héron* (*Ardea comata*, Pall.), de l'Asie, de l'Afrique et du midi de l'Europe, est connu sous le nom de *Crabier de Mahon* ou simplement *Crabier*.

CRABRON (Zoologie), *Crabro*, Fabric. ; du latin *crabro*, espèce de guêpe. — Genre d'*Insectes* de l'ordre des *Hyménoptères*, famille des *Fouisseurs*, tribu des *Crabronites*. Caractères : antennes coudées, fusiformes dans les mâles, filiformes dans les femelles ; mandibules terminées en pointe. Leur tête est forte ; vue en dessus, elle a un aspect quadrangulaire et elle porte sur le front un chapeau brillant, nacré, argenté ou doré ; leur thorax est globuleux ; leur abdomen est lisse et noir, ordinairement tacheté ou annelé de jaune. Les crabrons ont le port et les formes de grosses guêpes ; ils se nourrissent du suc des fleurs, mais leurs larves sont carnassières. Ils font leur nid dans la terre, le bois pourri ou la moelle de quelques arbrisseaux. Dès qu'on les saisit, ils font entendre un bruit aigu ; les femelles sont armées d'un aiguillon au bout de l'abdomen. Ils détruisent, pour nourrir leurs larves, beaucoup d'insectes et de chenilles. L'espèce la plus commune en nos pays est le *C. à grosse tête* (*C. cephalotes*, Fab.), noir, avec quelques taches ou lignes jaunes sur les diverses parties de la tête et une tache ferrugineuse sur les côtés de l'abdomen.

CRABRONITES (Zoologie). — Tribu d'*Insectes* qui a pour type le genre *Crabron* et qui prend rang parmi les *Hyménoptères fouisseurs* (voyez Crabron).

CRACHAT (Médecine). — Les crachats proviennent le plus souvent d'une sécrétion morbide de la membrane muqueuse ou des glandes et des follicules de l'arrière-bouche ou de la partie postérieure des fosses nasales ; ils peuvent aussi venir des parties les plus profondes des voies aériennes. Il ne faut pas confondre avec les crachats les matières liquides expulsées par le vomissement ou celles qui constituent la salivation. Quoique l'abondance des crachats ne soit pas absolument incompatible avec l'état de santé, cette incommodité n'en constitue pas moins un fait anormal accusant dans les organes qui les sécrètent une disposition irrégulière. Considérés sous le rapport de leur nature et de leur importance dans le diagnostic des maladies, les crachats offrent de nombreuses variétés ; ainsi, ils peuvent être muqueux, sanguinolents, sanglants, striés de sang, rouillés, jus de pruneaux, purulents, etc. On en tire des indications sur l'état des voies aériennes.

Crachat de coucou ou de grenouille (Zoologie). —

Nom vulgaire de certaines masses d'une écume blanchâtre qu'on observe au printemps sur les feuilles des plantes ; ces petites masses proviennent des larves des cercopes (voyez ce mot).

CRACHEMENT de sang (Médecine). — Ce symptôme, qui effraye souvent, mérite surtout l'attention lorsque le sang expulsé par le crachat provient réellement de la poitrine. Il arrive souvent en effet que les crachats contiennent du sang provenant des fosses nasales ; ce sang est ordinairement foncé en couleur, souvent même caillé, et en même temps le malade mouche du sang ; il n'y a pas à se préoccuper beaucoup de ces petits accidents. Lorsqu'il vient de la poitrine, le sang est plus vermeil, plus abondant et ne sort pas par le nez, à moins qu'il ne soit expulsé avec force dans le mouvement de toux ; il y a lieu alors d'avoir recours à un médecin (voyez Hémoptysie).

CRA-CRA (Zoologie). — Nom vulgaire de la *Rousserolle* (*Curruca turdoïdes*, Cuv.), oiseau du groupe des *Fauvettes*.

CRADEAU (Zoologie). — Nom vulgaire de la *Sardine* (*Clupea sardina*, Cuv.).

CRAIE (Minéralogie, Géologie). — Voyez Crétacé, Calcaire.

Craie de Briançon (Minéralogie). — Voyez Talc.

CRAMBE (Zoologie), *Crambus*, Fab., du grec *krambos*, sec, brûlé. — Genre d'*Insectes* de l'ordre des *Lépidoptères*, famille des *Nocturnes*, section des *Tinéites*. Il est caractérisé par l'existence d'une trompe distincte, avec des palpes inférieurs avancés en forme de bec droit jusqu'au bout. Ces teignes ont, dans l'état de repos, une forme presque cylindrique ; leurs ailes supérieures sont ornées de taches ou de bandes argentées ou nacrées ; on trouve les unes dans les prairies humides et les herbes hautes des bois, les autres dans les prairies sèches. Leur vol est bas et court ; elles sont communes pendant les mois les plus chauds. Leurs chenilles vivent sous les mousses, dont elles mangent les racines.

CRAMBÉ (Botanique), *Crambe*, Tourn. ; nom que les Grecs donnaient au chou, et plus spécialement au chou marin. — Genre de plantes de la famille des *Crucifères*, tribu des *Raphanées*. Caractères principaux : filets des quatre plus longues étamines bifurqués ; silicule à 2 loges articulées, la supérieure globuleuse. Le *C. maritime* (*C. maritima*, Lin.), appelé aussi *Chou marin*, est une herbe vivace dont les feuilles inférieures sont grandes, ondulées, glauques et les fleurs en grappes terminales blanches. Cette espèce croît spontanément sur les côtes de France ; elle s'étend jusqu'à la Baltique. En Angleterre, on la cultive beaucoup comme plante alimentaire. Ses jeunes pousses annuelles, blanchies par certains procédés de culture, se mangent bouillies et assaisonnées à la manière du chou-fleur et de l'asperge. Leur saveur se rapproche un peu de celle de ces légumes. Le *C. de Tartarie* (*C. tartarica*, Jacq.) est aussi une plante vivace qui s'élève à la hauteur de 1 mètre environ. Ses feuilles radicales sont multifides, dentées, incisées. En Sibérie, où cette espèce est abondante, la pulpe de la racine, ou bouillie ou accommodée en salade, est un aliment très-répandu.   G—s.

CRAMPE (Médecine). — Contraction involontaire, passagère et douloureuse d'un ou de plusieurs muscles, et surtout de ceux qui constituent le mollet ; on les observe aussi assez souvent à la cuisse, à la main, au cou ; elles peuvent exister dans tous les muscles. Elles résultent ordinairement d'une extension forcée des fibres musculaires, d'une fausse position ou d'un mouvement désordonné ; elles sont encore produites par la compression, la piqûre, la contusion d'un nerf ; quelquefois les crampes sont liées à un état du cerveau et des nerfs, qui constitue les accidents nerveux observés dans l'hystérie, l'hypochondrie, etc. Elles se présentent comme symptômes de certaines maladies, telles que la colique de plomb et surtout le choléra, dont elles constituent un des signes les plus fréquents et les plus douloureux. Les crampes légères des jambes cessent assez promptement lorsqu'on peut appuyer fortement le pied sur le sol en étendant le membre ; on peut aussi avoir recours avec succès aux frictions. Les autres rentrent dans le traitement de la maladie à laquelle elles sont liées.

On appelle *crampe d'estomac* une douleur vive dans la région épigastrique, qui paraît résulter d'une contraction spasmodique des fibres musculaires de cet organe. Cette douleur est quelquefois si violente qu'il survient des vomissements, des frissons, des sueurs froides et même la syncope. Le traitement consiste dans l'emploi des calmants comme les opiacés, la jusquiame, la belladone, des antispasmodiques, tels que l'éther, le sous-nitrate de bismuth, le camphre; on ajoute à ces moyens les révulsifs, comme les pédiluves, les vésicatoires, etc.

On donne le nom de *crampe de poitrine* à une constriction douloureuse du thorax qu'on appelle encore *angine de poitrine* (voyez ce mot). F — N.

CRAMPE (Zoologie). — Un des noms vulgaires de la *Torpille*.

CRAMPONS (Botanique). — Appendices plus ou moins longs avec lesquels certains végétaux, comme le lierre, s'attachent aux surfaces sur lesquelles ils vivent; les crampons ne sont pas contournés et ne pénètrent pas dans l'écorce des végétaux auxquels ils adhèrent.

CRAN, CRAN DE BRETAGNE, CRANSON (Botanique). — Nom vulgaire du *Cochlearia armoracia*, Lin. (voyez COCHLEARIA).

CRÂNE (Anatomie), du latin *cranium*, crâne. — Le crâne est une sorte de boîte osseuse contenant les masses centrales les plus volumineuses du système nerveux cérébro-spinal; il termine en avant la colonne vertébrale. Les os qui le forment sont en général plats et articulés entre eux d'une manière fixe. Leur nombre varie considérablement dans la série des vertébrés.

Chez l'*homme*, on compte 8 os dans le crâne, savoir : 4 os pairs, les deux *temporaux* et les deux *pariétaux*; 4 os impairs : le *frontal* ou *coronal*, l'*occipital*. qui contient le trou vertébral par lequel la cavité crânienne communique avec le canal vertébral; le *sphénoïde*, placé à la base du crâne, en avant du trou vertébral et dont les extrémités ou grandes ailes se voient dans la fosse temporale; enfin l'*ethmoïde*, qui forme le plancher supérieur des fosses nasales. Ces os sont unis entre eux au moyen de nombreuses articulations nommées *sutures*. La partie inférieure du crâne s'articule avec les os de la face et de la colonne vertébrale. On distingue dans le crâne une région antérieure nommée *sinciput*, une postérieure appelée *occiput*. une supérieure qui est la *voûte*, le *vertex* ou *bregma*; deux latérales sont dites les *tempes*, et, enfin, une inférieure nommée *base du crâne* (voyez TÊTE, PHRÉNOLOGIE, CRANIOLOGIE).

CRANGON (Zoologie), *Crangon*, Fabr. — Genre de *Crustacés*, ordre des *Décapodes*, famille des *Macroures*, tribu des *Salicoques*, dont l'espèce la plus commune est le *C. commun* (*C. vulgaris*, Fab.), long de 0m,05 environ, d'un vert glauque pâle, ponctué de gris et uni; on lui donne les noms vulgaires de *Cardon*, *Crevette de mer*, et on le pêche toute l'année dans des filets sur nos côtes de l'Océan; sa chair est moins délicate que celle des palémons, et, comme elle, quelque peu difficile à digérer.

CRANIE (Zoologie), *Crania*, Retzius. — Genre de *Mollusques brachiopodes*, à coquille bivalve, irrégulière, de contexture perforée, dont la valve inférieure est fixée à un corps submergé, l'autre conique, libre ; l'animal a des bras fixes, charnus, sans charpente osseuse. On en connaît quelques espèces vivantes et un beaucoup plus grand nombre à l'état fossile, la plupart provenant des terrains crétacés.

CRANIOLOGIE (Physiologie), du grec *cranion*, crâne, et *logos*, science ; et CRANIOSCOPIE, du grec *cranion*, crâne, et *scopein*, examiner. — Ces deux mots, dont on s'est servi indistinctement, ont été introduits dans la science depuis les travaux du docteur Gall sur l'anatomie et la physiologie du cerveau. Ils désignent le système proposé par ce savant pour faire apprécier le degré de développement du cerveau et de ses diverses parties, et pour en tirer des inductions sur les diverses dispositions intellectuelles et affectives des hommes et des animaux. Ces noms ont été remplacés par celui de *phrénologie*, plus généralement adopté aujourd'hui par les médecins et les philosophes (voyez PHRÉNOLOGIE).

CRANSAC (Eaux minérales). — Village de France (Aveyron), arrond. et à 30 kil. N.-E. de Villefranche. Il y a plusieurs sources d'eaux minérales froides, incolores, inodores, non gazeuses et d'une saveur styptique ; elles contiennent 6gr,11 de principe fixe : ce sont des sulfates de chaux, de magnésie, d'alumine, de fer et de manganèse. Elles conviennent dans les maladies de la rate, du foie, de l'estomac, dans les constipations, et spécialement dans les fièvres intermittentes rebelles.

CRANSON (Botanique). — Voyez COCHLEARIA.

CRAPAUD (Zoologie), *Bufo*, Laur. — Genre de *Reptiles*, de l'ordre des *Batraciens*, famille des *Anoures*, qui se distinguent des grenouilles par l'absence de dents au palais et même le plus souvent aux mâchoires ; ils ont du reste le corps ventru, couvert de verrues ou de papilles; un gros bourrelet percé de pores derrière l'oreille, d'où suinte une humeur laiteuse et fétide, les pattes de derrière peu allongées, ce qui fait qu'ils sautent mal et qu'ils se traînent assez péniblement au lieu de marcher; leur aspect repoussant et leur résidence habituelle dans les lieux humides et bourbeux les a assez injustement rendus odieux à tout le monde. Ils ne possèdent cependant aucun venin, et si l'humeur âcre qui suinte de leur corps, inoculée dans des plaies, peut être funeste à quelques petits animaux, elle est à coup sûr entièrement inoffensive pour l'homme et pour les animaux d'une taille même bien inférieure à la sienne. Lorsque les crapauds sont surpris, comme ils ne peuvent fuir avec promptitude, ils s'arrêtent, enflent leur corps de manière à le rendre dur et élastique, font suinter de leur peau leur humeur blanche, et lancent au loin leur urine âcre, fétide. Ils se cachent d'ordinaire dans les lieux sombres et humides, d'où ils ne sortent que la nuit ou après les pluies chaudes; quelquefois, à ces moments, ils paraissent en si grande quantité qu'on a cru à des pluies de crapauds tout vivants. Quoique les crapauds adultes vivent le plus souvent à terre, cependant les petits sont aquatiques, et c'est dans les mares ou les étangs que les femelles vont déposer leurs œufs. Les petits naissent à l'état de têtards et subissent des métamorphoses analogues à celles des jeunes grenouilles (voyez BATRACIENS, MÉTAMORPHOSES). Les crapauds se nourrissent de petits mollusques, de vers et d'insectes vivants. Pendant les hivers froids, ils restent engourdis dans des trous; alors leur respiration est très-bornée, et ils ont besoin d'une très-petite quantité d'air. C'est ainsi que quelques personnes ont prétendu expliquer comment des crapauds auraient vécu enfermés des années dans des blocs de pierre, de silex, etc. Cette opinion, favorablement accueillie par le vulgaire et d'un examen très-difficile, n'a pas encore reçu une solution complète. Voici les faits les plus récents. En août 1851 (*Comptes rendus de l'Académie des sciences*), une commission ayant C. Duméril pour rapporteur eut à examiner le fait d'un gros caillou arrondi qui, cassé en deux, fit voir une cavité d'où s'échappa, assure-t-on, un crapaud vivant; les ouvriers témoins du fait le saisirent et l'y replacèrent; mais était-il bien réellement dans ce caillou? s'il y était, n'avait-il pas pu recevoir de l'air par quelque fissure? L'Académie ne pouvant éclaircir aucun de ces points, ni le rapporteur ni l'Académie n'osèrent se prononcer sur ce fait. A cette époque, M. Seguin envoya à l'Académie des sciences deux blocs de plâtre dans lesquels il avait enfermé un crapaud et une vipère en 1852. L'Académie les fit ouvrir en juin 1860; ils furent trouvés tous les deux morts et même desséchés. Cette expérience parut peu favorable à l'assertion citée plus haut. Cependant, dans des expériences faites, en 1777, par Hérissant, et, en 1817, par W. Edwards, on a constaté que, dans les mêmes conditions, des crapauds avaient pu vivre un grand nombre de jours et même jusqu'à dix-huit mois.

Les principales espèces sont : le *C. commun* (*B. vulgaris* Cuv.), très-commun aux environs de Paris, gris roussâtre

Fig. 696. — Crapaud commun.

ou gris brun, le dos couvert de beaucoup de tubercules, gros comme des lentilles; pieds de derrière demi-palmés. Il a 0m,08 à 0m,09 de longueur; son têtard est petit et noirâtre. Ce crapaud vit, dit-on, quinze ans. Son cri a quelque rapport avec l'aboiement du chien. On le trouve dans les lieux obscurs et humides; il saute très-mal. Le *C. des joncs* (*B. calamita*, Gm.), également des environs de Paris, ne peut que grimper aux herbes aquatiques; il est remarquable par une ligne d'un jaune vif le long de l'échine et une ligne rouge sur les flancs; il répand une odeur insupportable de poudre à canon. Le *C. brun* (*B. fuscus*, Laur.) saute assez bien; on le mange dans quelques pays.

Le *C. accoucheur* (*B. obstetricans*, Laur.), très-commun en France, doit son nom à ce que le mâle porte attachés autour de ses cuisses les œufs pondus par la femelle ; au moment de l'éclosion, il court se plonger dans l'eau où doivent vivre les jeunes têtards. Enfin, le *C. à ventre jaune* (*B. igneus*, Merr.) est le plus petit et le plus aquatique de ceux de notre pays ; il vit même dans les marais salins. **AD. F.**

CRAPAUD DE MER (Zoologie). — Nom vulgaire d'une espèce de *Poissons*, la *Scorpène horrible*.

CRAPAUD VOLANT (Zoologie). — Nom vulgaire de l'*Engoulevent*.

CRAPAUD (Vétérinaire). — Maladie de la sole et de la fourchette du cheval, caractérisée par le décollement, la désunion de la corne et du tissu réticulaire de la commissure de la fourchette, avec suintement fétide, végétations, dénudation de la surface du pied, etc. Elle est considérée comme de nature cancéreuse. On l'a aussi appelée *ulcère rongeant, cancéreux, carcinôme du tissu réticulaire du pied*. Les animaux lymphatiques, ceux qui sont affectés d'eaux aux jambes, de crevasses aux pieds, y sont sujets : cette maladie reconnaît encore pour cause les pâturages humides et marécageux, l'hiver, les saisons pluvieuses. Le crapaud est une maladie difficile à guérir, surtout lorsqu'il est ancien ; le traitement consiste dans l'emploi des astringents, des caustiques et même du feu ; les pansements avec un onguent dessiccatif, le tout secondé par des toniques, quelques purgatifs et les soins hygiéniques.

CRAPAUDINE (Vétérinaire). — Ulcération autour de la couronne du pied chez le cheval, l'âne et le mulet ; on lui donne aussi le nom de *peigne* ou celui de *teigne*. Les causes sont l'humidité, la boue, les pluies d'automne. Elle est caractérisée par le suintement d'un liquide grisâtre, la corne se fendille et se sépare du bourrelet, les poils se hérissent, etc. Cette maladie est grave ; comme la précédente, on la traite par les astringents, les caustiques et le feu.

CRAPAUDINE (Zoologie). — Nom vulgaire d'une espèce de *Poisson* (voyez **ANARRHIQUE**).

CRAPAUDINE (Botanique). — Synonyme de *Sidérite*.

CRAPAUDINE (Paléontologie). — On donne ce nom à des dents fossiles de différents poissons, tels que l'*Anarrhique* ou *Loup marin*, les *Spares* et plusieurs espèces du genre *Dorade*. Ces dents ont une forme hémisphérique. Il y en a d'une seule couleur, ordinairement rousse ou brune ; ce sont les vraies *Crapaudines ;* on prétendait qu'elles venaient de la tête des vieux *crapauds*. Celles qui présentent des cercles concentriques de diverses couleurs s'appellent *œil de loup* ou *œil de serpent*, suivant leur grandeur, qui varie de $0^m,004$ à $0^m,027$ de diamètre.

CRAPAUDINE (Mécanique). — Pièce généralement en fer ou en acier, creusée d'une cavité servant à recevoir le pivot inférieur d'un axe vertical autour duquel tourne un objet pesant. Les meules de moulins à farine, les turbines, sont montées sur crapaudine ; certaines portes le sont également.

CRAQUELINS (Pêche). — Dans quelques ports de mer, les pêcheurs donnent ce nom aux crustacés qui viennent de changer de test et qui sont dans un état mou. Ils s'en servent avantageusement pour la pêche des poissons de mer.

CRAQUELINS (Économie domestique). — Espèce de pâtisserie qui croque.

CRASSANE, CRESANE (Arboriculture), *Bergamotte cressane*, Duham. — Espèce de poire des plus estimées, arrondie, plus large que haute, portée par un pédoncule assez menu et allongé ; la peau d'un vert grisâtre. Sa chair est très-fondante, abondante en eau, d'une saveur fraîche, sucrée, très-légèrement acerbe, mais d'un goût exquis. Elle mûrit en automne.

CRASSULACÉES (Botanique). — Famille de plantes *Dicotylédones dialypétales périgynes*, classe des *Crassulinées*, établie par A. L. de Jussieu sous le nom de *Crassulées*. Elle comprend des herbes ou des sous-arbrisseaux à feuilles charnues plus ou moins succulentes. Leurs fleurs sont régulières, disposées le plus souvent en cyme ou en grappes unilatérales. Calice libre ; pétales en nombre égal à celui des sépales ; ovaires en même nombre, à une seule loge, accompagnés ordinairement de petites écailles à leur base ; fruits, follicules à déhiscence dorsale ou ventrale. Les plantes de cette famille habitent principalement les endroits secs et les rochers. La plus grande partie se trouve au cap de Bonne Espérance. On en rencontre aussi un assez grand nombre en Europe. Leur suc, qui contient de l'acide malique en proportion no-

table, possède en général des propriétés rafraîchissantes et sédatives. Genres principaux : *Bulliardie* (*Bulliardia*, de Cand.), *Crassule* (*Crassula*, Lin.), *Rochea*, de Cand. ; *Cotyledon*, de Cand. ; *Ombilique* (*Umbilicus*, de Cand.), *Echeveria*, de Cand. ; *Orpin* (*Sedum*, Lin.) ; *Joubarbe* (*Sempervivum*, Lin.). Travaux monographiques : **De Candolle et Redouté**, *Plantes grasses*, et de Candolle, *Mémoire sur les Crassulacées* (1828) ; *Prodromus*, t. III.
G — s.

CRASSULE (Botanique), *Crassula*, Lin. ; de *crassus*, épais, à cause de l'épaisseur des tiges et des feuilles de ces plantes. — Genre de plantes type de la famille des *Crassulacées* (voyez ce mot), dont les espèces sont des herbes ou des sous-arbrisseaux à feuilles ordinairement éparses. Elles habitent le cap de Bonne-Espérance. La *C. lactée* (*C. lactea*, Ait.), haute de $0^m,25$ environ, a les tiges cylindriques, les feuilles ovales, ponctuées et les fleurs blanches étoilées. La *C. portulacée* (*C. portulaca*, Lamk.) s'élève souvent à plus de 1 mètre. Ses feuilles sont luisantes, ponctuées et ses fleurs d'un beau rouge. La *C. ciliée* (*C. ciliata*, Lin.) a les tiges presque nues, peu rameuses, les feuilles munies de cils et les fleurs jaunes en corymbe. Ces plantes sont cultivées en serre froide dans la terre de bruyère. Comme espèce spontanée en Europe, nous ne possédons que la *C. rouge* (*C. rubens*, Lin.), petite plante très-commune sur nos murs et dans les endroits rocailleux, sablonneux. Ses fleurs sont sessiles, blanches, avec une ligne rougeâtre sur chaque pétale. Ses étamines, quelquefois au nombre de 10, ont leurs anthères noirâtres. Caractères du genre : calice plus court que les pétales, à 5 sépales ; 5 pétales ; 5 étamines ; 5 ovaires libres et accompagnés d'écailles à leur base.
G — s.

CRATÆGUS (Botanique). — Voyez **ALISIER**.

CRATÈRE (Géologie). — Voyez **VOLCAN**.

CRATÉVIER (Botanique), *Cratæva*, Lin., du nom d'un médecin cité par Hippocrate. — Genre de plantes *Dicotylédones dialypétales hypogynes*, famille des *Capparidées*, tribu des *Capparées*. Il comprend des arbres et des arbrisseaux à feuilles composées, trifoliées et habitant les régions tropicales, particulièrement celles du nouveau continent. La fleur a 4 dents au calice ; 4 pétales ; 8-28 étamines ; le fruit est une baie globuleuse allongée. On ne compte guère qu'une dizaine d'espèces de ce genre. Le *C. tapier* (*C. tapia*, Lin.), des Antilles et du Brésil, s'élève à 10 mètres environ et porte des baies aussi grosses qu'une orange, répandant une odeur d'ail très-prononcée. On les mange et on les emploie à préparer une boisson fermentée. Les espèces de ce genre se cultivent parfois dans notre climat, en serre chaude ; elles exigent une température élevée. Jusqu'ici, on n'a pas pu en obtenir de fleurs.
G — s.

CRAVANT (Zoologie). — Voyez **BERNACHE**.

CRAVATE (Zoologie). — Ce nom a été donné vulgairement à plusieurs oiseaux, avec une épithète ; ainsi la *Cravate blanche* est une espèce du genre *Tyran*, la *Cravate jaune* est l'*alouette du Cap*, la *Cravate noire* est un *colibri*, etc.

CRAVE (Zoologie), *Fregilus*, Cuv. — Genre d'*Oiseaux* de l'ordre des *Passereaux*, famille des *Ténuirostres*, section des *Huppes :* la forme de leur bec un peu plus long que la tête, arrondi, un peu grêle, a déterminé Cuvier à les placer avec les huppes ; leurs mœurs et surtout leurs narines recouvertes par des plumes dirigées en avant ont engagé d'autres auteurs à les rapprocher des corbeaux. Le *C. d'Europe* (*C. graculus*, Lin. ; *F. erythroramphos*, Dum.) a la taille d'une corneille, le plumage noir, le bec et les pieds rouges. C'est un oiseau vif, inquiet et turbulent, qui fait entendre presque sans cesse un cri aigu. Il habite les hautes montagnes de la Suisse, de l'Italie septentrionale, du Tyrol, de la Carinthie, de la Bavière. Il niche dans les fentes de rochers, comme le choquard ou choucas des Alpes, avec lequel on l'a confondu parfois. Sa ponte est de quatre ou cinq œufs blancs, avec des taches d'un brun très-pâle. Il se nourrit de fruits et d'insectes. « Quand il descend dans les vallées, dit Cuvier, c'est un signe de neige et de mauvais temps. »

CRAX (Zoologie). — Voyez **Hocco**.

CRAYON (Technologie). — On désigne, en général, sous ce nom toute substance solide pouvant laisser une trace permanente sur le papier, le bois, ou toute autre matière unie sur laquelle elle est frottée.

La matière, taillée au préalable, est habituellement protégée contre les chances de rupture et d'usure inutile par une enveloppe en bois ou en métal, lorsqu'il s'agit de crayon pour le dessin linéaire. Elle reste libre en cylindres ou parallélipipèdes pour le dessin proprement dit.

La fabrication la plus simple est celle des bâtons de craie dont on se sert pour écrire sur une ardoise ou sur un tableau formé de planches dressées et généralement noircies. Elle se réduit à diviser à la scie en petits parallélipipèdes les gros fragments de craie.

Ce même procédé s'emploie également pour les crayons en plombagine destinés au dessin linéaire ou à l'écriture. Dans le premier cas, la matière est débitée en petits parallélipipèdes de un millimètre carré de section à peu près, et d'une longueur de $0^m,16$ à $0^m,18$ qu'on fixe avec de la colle dans un petit cylindre de bois. Dans le second, on donne à la plombagine la forme de petits cylindres ayant à peu près un millimètre de diamètre sur $0^m,04$ à $0^m,05$ de longueur. Ces petits cylindres sont destinés à être placés dans un portecrayon mû lui-même à l'aide d'une vis dans l'intérieur d'un cylindre. Celui-ci se termine par un tronc de cône, dont la petite base laisse sortir, en la soutenant, l'extrémité du crayon réel, lorsqu'on le fait mouvoir par l'intermédiaire du portecrayon intérieur. Le crayon, la mine, comme on l'appelle, n'a pas alors besoin d'être taillée en pointe, et la vis permet de ne la faire sortir de son enveloppe que de la quantité nécessaire, et de l'y ramener lorsque l'on ne veut plus s'en servir.

Avant 1795, débiter ainsi la matière en petits parallélipipèdes et les enfermer dans des cylindres de bois, était le seul procédé de fabrication usité, et les Anglais possédant les gisements de plombagine les plus homogènes et les plus propres à cet usage, leurs crayons étaient réellement supérieurs à tous les autres.

A cette époque, notre compatriote Conté imagina un procédé pour obtenir des crayons aussi homogènes que les crayons anglais et gradués de teinte à volonté, en employant des plombagines bien inférieures. Ce procédé, perfectionné par son gendre et successeur Humblot, est encore celui dont on fait usage.

Il consiste, en principe, à incorporer la matière colorante, réduite en poudre impalpable, dans une substance qui lui donne du corps.

Cette substance est habituellement de l'argile très-pure, dégagée avec grand soin de toute trace de sable ou de calcaire. Une fois préparée, la matière est moulée pour lui donner la forme convenable, séchée, soumise à l'action de la chaleur, et, une fois durcie, placée dans l'axe de petits cylindres en bois de cèdre.

La proportion d'argile employée et la température à laquelle on soumet le crayon permettent de faire varier sa nuance et sa dureté.

On sait, en effet, que sous l'action de la chaleur, l'argile jouit de la propriété d'éprouver un retrait d'autant plus considérable qu'on l'a plus fortement chauffée, et de durcir proportionnellement à ce retrait. En outre, elle retient d'autant plus énergiquement la plombagine qu'elle est plus dure, ce qui nous explique pourquoi le crayon le plus dur est aussi le plus clair de nuance.

Ce procédé a permis de ne plus employer le premier que pour les crayons de poche renfermés dans un portecrayon à vis dont nous avons parlé, et comme il n'est restreint à aucune exigence de matière colorante spéciale, il permet d'obtenir des crayons de toute couleur et de toute nuance.

Il ne faut cependant pas s'abuser sur la facilité d'obtenir cette graduation de nuances par l'emploi de proportions graduées d'argile ; cette matière est trop variable dans son retrait et sa dureté pour ne pas laisser à désirer sous ce rapport ; mais on obvie à ce défaut en immergeant le crayon préparé dans une dissolution saline, quelquefois sucrée, habituellement de sulfate de soude à divers degrés de concentration.

Pour les crayons à dessin proprement dits, on substitue le noir de fumée à la plombagine, afin d'éviter le reflet métallique de celle-ci. En outre, on leur laisse une section bien plus forte, ce qui dispense de les envelopper dans un cylindre de bois, lorsqu'ils sont arrivés au point de dessiccation voulu.

La fabrication des crayons destinés au dessin linéaire comprend pour opérations principales :

L'épuration de la plombagine et sa réduction en poudre impalpable ; la même opération pour l'argile ; le dosage et l'incorporation des deux substances ; une cuisson, le broyage, le moulage, la dessiccation et une cuisson nouvelle. Viennent ensuite la fabrication des montures de bois où les crayons doivent être placés leur mise en place et leur fixation dans ces montures, la séparation des crayons; enfin, la mise en paquets pour la vente.

Examinons successivement comment se fait chacune de ces opérations.

L'épuration de la plombagine se fait à la main et consiste en un triage pour en séparer tous les débris de gangue ou de matières étrangères qui l'auraient pénétrée, ce que facilite beaucoup la trituration au pilon dans un mortier de fonte, et une chauffe au rouge dans un creuset fermé, la chaleur devant détruire celles des matières qui auraient échappé, et par suite donner plus de moelleux au crayon une fois fait.

L'épuration de l'argile se fait par lévigation. A cet effet, l'argile, placée et fortement agitée avec de l'eau dans un premier baquet, est laissée deux minutes en repos ; puis l'eau est décantée à l'aide d'un siphon de $0^m,08$ de diamètre, dont la longue branche descend de $0^m,60$ pour l'amener dans un second baquet plus grand que le premier, où elle laisse déposer l'argile pure.

Le *dosage* et l'*incorporation des deux substances* se font par la pesée et la trituration prolongée du mélange sous le pilon. Les proportions habituellement employées sont de 2 à 3 de plombagine pour 1 d'argile.

Cuisson. — La matière une fois mélangée est tassée dans un creuset qu'on ferme et qu'on lute, puis portée au rouge d'autant plus élevé que les crayons doivent être plus durs et sont plus riches en plombagine.

En outre, l'opération sert à éviter les altérations ultérieures, en détruisant les dernières traces de sulfure qui eussent pu rester dans l'argile.

Le *broyage* est alors exécuté par une machine spéciale dont on prolonge l'action jusqu'à ce que l'on n'entende plus crier la matière sous la meule.

L'opération étant prolongée jusqu'à ce qu'on juge la matière tout à fait impalpable, on en essaye un échantillon en achevant sur lui la fabrication, et on n'arrête définitivement le broyage que lorsqu'on est satisfait du résultat.

On procède alors au *moulage*. La matière est pour cela transformée en une pâte que l'on étend à la spatule dans des rainures en buis suifé ou huilé, recouvertes avec des planchettes de ce même bois. On serre fortement et on sèche d'abord à l'air libre, puis à l'étuve ; le retrait de la matière laisse bientôt l'air circuler entre elle et le moule, de manière à hâter la première partie de cette opération, et à laisser ensuite sortir aisément du moule les morceaux droits obtenus. Ceci fait, on les plonge dans de la cire presque bouillante, ou du suif à cette même température, afin de rendre le crayon moins cassant et d'une usure plus régulière, ou bien encore on les immerge dans une solution chaude de sulfate de soude plus ou moins concentrée, suivant le degré de dureté que l'on veut obtenir.

Le crayon, ainsi préparé, est placé debout dans un creuset où le maintiennent des cendres tamisées ou du poussier, et est chauffé au rouge une dernière fois, puis lentement refroidi avant de le placer dans sa monture.

Cette fabrication subit différentes modifications dans son dosage et ses procédés, suivant les résultats que l'on veut obtenir : 1° Ainsi l'on ajoute du noir de fumée au dosage, afin d'obtenir des nuances plus foncées et dépourvues du reflet métallique. 2° On substitue à la plombagine et au noir de fumée de la sanguine, ou une autre matière colorante pour avoir des crayons de couleur. 3° Pour avoir des crayons extrêmement durs, on substitue à notre mélange un amalgame de plomb avec un peu d'antimoine et de mercure. L'amalgame en fusion est alors coulé dans une caisse en fer, où des tiges mobiles de ce métal, placées d'avance, laissent entre elles les vides qui doivent servir de moules. La matière, une fois solidifiée, on retire les tiges de fer et les crayons se trouvent isolés.

Le crayon obtenu avec nos mélanges d'argile doit être placé, avons-nous dit, dans une monture en bois. On prend pour cela un bois de grain fin et qui ne soit pas trop dur, habituellement du cèdre. Autrefois, la fabrication se faisait en Bohême de la manière la plus élémentaire ; maintenant, c'est une machine à raboter, modifiée, qui est chargée de préparer les bois. A cet effet, elle est munie d'un fer courbe qui donne, à l'extérieur d'une planche, la forme d'une suite de demi-cylindres juxtaposés, tandis que l'autre face dressée au préalable est creusée dans l'axe de chaque demi-cylindre, pour recevoir la mine. Chaque planche ainsi préparée a la longueur de six crayons, et est évidée seulement d'une demi-épaisseur de mine. Les rainures sont enduites de colle forte, reçoivent la mine par une trémie et sont immédiatement recouvertes par une deuxième planche dont l'évidement complète le logement de la mine : le tout est alors fortement pressé pendant la dessiccation de la colle, puis recoupé par la machine elle-même, de façon à séparer les crayons reçus immédiatement par une trémie qui les réunit par douzaines et les présente à la main de l'ouvrière chargée de les attacher en paquets pour la vente.

Crayons à dessin. — Pour les crayons noirs à dessiner, le noir de fumée remplace la plombagine. La fabrication reste la même jusqu'au séchage de la matière moulée en parallélipipèdes bien plus gros, qui doivent être fortement comprimés et maintenus pendant la dessiccation par de petites plaques de glace. Cette dessiccation effectuée, le crayon est prêt. Le dosage habituel est de 1 de noir de fumée pour 2 d'argile.

Pour les crayons ronds, la pâte est placée dans un cylindre percé de trous ronds, à travers lesquels un piston la force de sortir en en prenant la forme ; elle est coupée à la longueur voulue et lissée en la roulant sur une étoffe de laine.

On peut aussi prendre du bois de fusain, le travailler et le cuire au creuset rempli de sable ; puis, une fois assez refroidi, immerger ce charbon dans de la cire fondue, ou dans différents mélanges formés de résine, de suif et autres matières analogues.

Pastels. — Pour ces crayons, l'argile est toujours préparée par lévigation ; le mélange comprend 12 parties d'argile dite *terre de pipe*, 12 de matière colorante, 6 de gomme laque, 4 d'alcool et 2 de térébenthine. La pâte est placée, comme pour les crayons noirs ronds, dans un cylindre en cuivre percé de trous, et forcée par un piston de les traverser en en prenant la forme pour être recoupée de l'autre côté.

Pour les cuire, une fois moulés et séchés à l'étuve, on emploie un four cylindrique particulier, où six cylindres en tôle forte inscrits dans un même cercle reçoivent la pâte déjà séchée ; ces cylindres ont autour de l'axe commun un mouvement de rotation qui les place tous dans des conditions de chauffage identiques, en les amenant régulièrement aux divers points du foyer, et assure ainsi sous ce rapport l'uniformité complète de la fabrication.

Pour les crayons rouges, on emploie la sanguine débitée à la scie, ou une pâte formée de sanguine en poudre et de gomme arabique additionnée quelquefois d'un peu de savon blanc ou de colle de poisson.

On emploie habituellement pour 10 parties de sanguine, de 0,363 à 0,580 de gomme, et même 0,612 de colle de poisson.

On fabrique ainsi huit numéros de plus en plus durs de ces crayons.   V.

CRÉAC (Zoologie). — Nom vulgaire de l'*Esturgeon* dans plusieurs parties du midi de la France.

CRÉATINE (Chimie), *créas*, viande, $C^8H^9Az^3O^4,2HO$. — Principe immédiat contenu dans la chair des animaux (mammifères, oiseaux, poissons). A l'état de pureté, c'est un corps solide formé de lames cristallines blanches, d'aspect nacré, sans saveur, sans odeur, solubles dans l'eau, insolubles dans l'éther, solubles sans altération dans les acides dilués, perdant 4 équivalents d'eau au contact des acides concentrés et se convertissant alors en *créatinine* ($C^8H^7Az^3O^3$). Par l'ébullition avec l'eau de baryte, la créatine se dédouble en urée et *sarkosine*, espèce d'alcaloïde isomère de la lactamide

$$C^8H^9Az^3O^4,2HO = AzH^3,HO,C^2AzO + C^6H^7Az O^4$$

| Créatine. | Urée. | Sarkosine. |

Pour extraire la créatine, la chair musculaire dégraissée, hachée, et formant pâte avec l'eau, est fortement comprimée à l'aide d'une presse ; le jus recueilli est soumis à l'action modérée de la chaleur, afin de déterminer la coagulation de l'albumine qui amène en même temps la clarification de la liqueur ; on concentre aussitôt celle-ci et on ajoute de l'eau de baryte en excès, afin de précipiter les acides phosphorique et sulfurique à l'état de sels insolubles de baryte ; il ne reste plus qu'à concentrer de nouveau pour déterminer la cristallisation de la créatine. Les eaux mères retiennent un corps neutre analogue au glucose par sa composition, l'*inosite* $C^{12}H^{12}O^{12},4HO$, et un corps acide, l'acide inosique $C^{10}H^8Az O^{10},HO$. — La créatine a été découverte par M. Chevreul et étudiée par MM. Liebig, Price, Verdeil, Marcet, Grégory, Dessaignes, etc.   B.

CRÉCERELLE, Crécerellette (Zoologie). — Voyez Cresserelle, Cresserellette.

CRÈME. — Voyez Lait, Fromage, Baratte.

CRÈME DE TARTRE. — Voy. Tartrates, au Supplém.

CRÉMAILLÈRE (Mécanique). — Tige métallique sur l'un des côtés de laquelle sont taillées des dents qui engrènent avec un pignon ou roue dentée. Elle sert à transformer un mouvement de rotation en un mouvement rectiligne. Le *cric* est formé d'une crémaillère que l'on fait mouvoir au moyen d'une manivelle et d'une ou deux roues dentées avec pignon. Les crémaillères offrent tous les avantages et tous les inconvénients des *engrenages* (voyez ce mot).

CRÉMOCARPE (Botanique), du grec *crémaó*, je suspends, et *carpos*, fruit.—Nom donné par de Mirbel au fruit des plantes de la famille des *Ombellifères*, il est composé de deux akènes accolées d'abord, qui, en mûrissant, se séparent l'un de l'autre et ne restent unis que par l'axe ou faisceau de vaisseaux nourriciers, dédoublé en deux filets dont chacun porte suspendu l'akène correspondant.

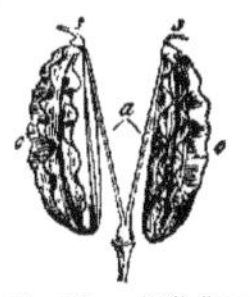

Fig. 697. — Fruit d'une ombellifère (1).

CRÉNELÉ (Botanique), du mot *créneau.* — On ajoute cette épithète au nom des organes des plantes, lorsque leur bord est découpé en lobes courts, arrondis, séparés par des échancrures larges, peu profondes et arrondies également.

CRÉNILABRE (Zoologie), *Crenilabrus*, Cuv. ; du latin *crena*, fente, et *labrum*, lèvre. — Genre de *Poissons* de l'ordre des *Acanthoptérygiens*, famille des *Labroïdes*, caractérisé par un préopercule dentelé, un seul rang de dents à chaque mâchoire, une dorsale épineuse, libre, sans écailles. Les poissons de ce genre, généralement ornés de brillantes couleurs, sont répandus dans la Méditerranée et plus rares dans les mers du Nord. Une des plus belles espèces est le *C. paon* (*C. pavo*, Valenc.), long d'environ 0m,45, richement coloré de vert, de jaune et de rouge et nommé pour cela *Papagello* (*Perroquet*) par les pêcheurs romains. Le *C. lapina* (*C. lapina*, Cuv.), de la même taille, est argenté, à trois larges bandes longitudinales formées de points vermillons, avec les nageoires pectorales jaunes et les ventrales bleues. L'un et l'autre habitent la Méditerranée.

CRÉOLE (Anthropologie), étymologie incertaine. — On nomme ainsi les individus nés, dans les colonies d'Amérique et des Indes, de parents étrangers à ces colonies. Quoique plus spécialement réservée aux personnes dont les parents sont originaires d'Europe, cette dénomination s'applique aussi aux descendants des nègres transportés aux colonies ; on va même parfois jusqu'à l'appliquer aux animaux nés dans les colonies de parents d'une provenance étrangère. Les idées que l'on a habituellement de la complexion, du caractère et des facultés des créoles concernent surtout les créoles de l'Amérique intertropicale et des îles qui en dépendent. Ceux-là présentent un singulier mélange de facultés intellectuelles vives et faciles, avec une invincible nonchalance, de passions énergiques et aveugles, avec des élans de générosité et d'oubli de soi-même, de dureté farouche, avec une sensibilité parfois excessive. Il est difficile de déterminer quelle est, dans le caractère des créoles, la part d'influence de l'éducation si différente de celle des enfants européens, et la part du climat chaud et énervant qui les voit naître. Il importe seulement de remarquer que les créoles nés dans l'Inde offrent d'autres traits de caractère et que l'on trouve encore plus de dissemblance lorsqu'on compare aux premiers les descendants d'Européens qui peuplent les États-Unis d'Amérique, le Canada, la colonie du Cap. Il n'existe pas, à vrai dire, de type créole en général, mais bien des types variés selon les colonies où on les observe.

CRÉOPHAGE (Zoologie), du grec *créas*, chair, et *phagein* manger. — On emploie parfois ce mot pour désigner des animaux qui se nourrissent de la substance d'autres animaux.

CRÉOSOTE (Chimie), *créas*, viande, *sozein*, conserver ($C^{28}H^{16}O^4$). — Corps huileux, incolore, d'une odeur pénétrante, ayant une grande analogie avec celle des viandes fumées, tachant le papier comme une huile

(1) Fig. 697. — Fruit d'une Ombellifère (*Prangos uloptera*), après la déhiscence qui a écarté les deux carpelles c, c et sépare l'axe *a* en deux filets, auxquels ces carpelles restent suspendus — s, s styles persistants.

grasse; la tache disparaît cependant à la longue. Il bout à 2ô3°; sa vapeur est irritante pour les muqueuses; elle provoque le larmoiement. Mise en contact avec la peau, la créosote détruit l'épiderme; prise à l'intérieur, elle agit comme un poison énergique. Par l'approche d'une flamme, elle brûle en donnant beaucoup de fumée. Sa densité est 1,04. Très-peu soluble dans l'eau, elle se dissout très bien dans l'alcool, l'éther, le sulfure de carbone et la plupart des hydrocarbures liquides. Elle constitue elle-même un véritable dissolvant pour les alcalis, les résines, l'indigo, le camphre, etc., et plusieurs sels minéraux. Quoique neutre, elle contracte des combinaisons avec les acides, et notamment avec l'acide acétique; elle coagule l'albumine. Elle réduit quelques sels métalliques, et particulièrement l'azotate d'argent et le chlorure d'or pur.—On trouve la créosote dans l'acide pyroligneux impur, qui en contient 2 p. 100 environ, dans le goudron de bois où sa proportion s'élève jusqu'à 25 p. 100, dans le goudron de houille, dans le goudron de tourbe. On l'extrait habituellement du goudron de bois par distillation. Le liquide qui se condense dans le récipient se partage en trois couches : la couche inférieure, qui est huileuse, contient la créosote mélangée avec plusieurs carbures d'hydrogène, et notamment avec l'eupione (HC). On sature cette huile impure par le carbonate de potasse et on la rectifie; le produit plus lourd que l'eau est dissous dans la potasse qui se colore d'abord en brun, puis la solution alcaline est traitée par l'acide sulfurique qui s'empare de l'alcali et laisse déposer la créosote déjà un peu épurée. On continue la même opération jusqu'à ce que la potasse, en dissolvant la créosote, ne se colore plus en brun. La créosote est le principe conservateur, par excellence, des matières animales; c'est à la présence d'une petite quantité de cette substance que la fumée, l'eau de goudron, le vinaigre de bois doivent leurs propriétés antiputrides. On l'a quelquefois employée en médecine pour la guérison des ulcères, dans la phthisie pulmonaire, dans les hémoptysies. On s'en sert principalement pour combattre la carie dentaire. — La créosote a été découverte par Reichenbach et étudiée plus tard par J. Liebig, Berzelius, Calderini, etc.   B.

CRÉPIDE (Botanique), *Crepis*, Lin.; nom donné par Pline à une plante qu'on n'a pas reconnue; il vient du grec *krèpis*, pantoufle, allusion à la forme du fruit. — Genre de plantes *Dicotylédones gamopétales périgynes*, famille des *Composées*, tribu des *Chicoracées*, sous-tribu des *Lactucées*. Caractères : akènes cylindriques amincis au sommet ou terminés par un bec très-court; aigrettes à soies capillaires blanches, disposées en un grand nombre de rangées. Les crépides sont des herbes dressées, à fleurs jaunes et habitant les climats tempérés de l'hémisphère boréal, principalement dans l'ancien continent. Parmi les nombreuses espèces de ce genre, on rencontre aux environs de Paris, sur les coteaux arides, la *C. élégante* (*C. pulchra*, Lin.); sur les vieux murs et au bord des chemins pierreux, la *C. des toits* (*C. tectorum*, Lin.); dans les champs et les prés, la *C. vireuse* (*C. virens*, Vill.) et la *C. bisannuelle* (*C. biennis*, Lin.). G—s.

CRÉPITATION (Médecine), du latin *crepitare*, craquer. — On donne ce nom au bruit sourd et vibrant que produit un os fracturé lorsqu'on imprime au membre certains mouvements pour s'assurer de l'existence de la fracture. Ce bruit est dû au frottement des surfaces des fragments osseux l'une sur l'autre; parfois ce frottement n'est perceptible qu'au toucher, et non à l'oreille; on dit encore qu'il y a crépitation. La crépitation est le signe confirmatif des *fractures* (voyez ce mot). On appelle aussi *crépitation* le bruit que produit l'air épanché dans le tissu pulmonaire ou entre les lamelles du tissu cellulaire des parties emphysémateuses, à la suite des blessures qui ont intéressé le poumon (voyez EMPHYSÈME).

CRÉPITATION ou DÉCRÉPITATION (Physique). — Phénomène que présentent certains corps, comme le sel marin, quand on les projette sur des charbons ardents. Les petites explosions qu'ils font entendre avec projection de matière tiennent à ce qu'entre les lamelles qui forment leurs cristaux se trouve logée une certaine quantité d'eau qui, en se vaporisant sous l'influence de la chaleur, fait éclater le cristal. Le sel fondu et privé de cette eau ne crépite plus au feu.

CRÉPUSCULAIRES (Zoologie). — L'ordre des *Insectes lépidoptères* se divise en trois familles : 1° *Lépidoptères diurnes*; 2° *Lépidoptères crépusculaires*; 3° *Lépidoptères nocturnes*. La famille des *Crépusculaires* comprend des lépidoptères que l'on voit voler le soir et le matin et qui, le plus souvent, demeurent cachés le reste du temps.

Leurs ailes, pendant le repos, sont maintenues dans une situation horizontale ou inclinée par une soie raide placée à la base du bord externe des secondes ailes et qui s'engage dans un crochet de la face inférieure des premières ailes; leurs antennes sont conformées, en massue allongée, en prisme ou en fuseau. Ces papillons, souvent peints de fort belles nuances. ont le corps gros et le vol lourd; leurs chenilles ont seize pattes; leurs chrysalides sont généralement arrondies. Cette famille correspond au grand genre *Sphinx* de Linné; Latreille la partageait en quatre sections : 1° les *Hespérisphinges* (genr. *Agarista*, Leach; *Coronis*, Latr.; *Castnia*, Fab.); 2° les *Sphingides* (genr. *Sphinx*, Latr.; *Macroglossum*, Scop.); 3° les *Sésiades* (genr. *Sesia*, Latr.; *Thyrides*, Hoffm.; *Ægocera*, Latr.); 4° les *Zygænides* (genr. *Zygæna*, Latr.; *Syntomis*, Ilig.; *Atychia*, Ilig.; *Procris*, Fab.).

CRÉPUSCULE (Météorologie). — Lorsque le soleil se couche ou disparaît au-dessous de l'horizon, la nuit ne remplace pas immédiatement le jour; le passage se fait par degrés et constitue le *crépuscule du soir*. De même, le lever du soleil est précédé par l'aurore ou *crépuscule du matin*. Ce phénomène est dû à la présence de l'atmosphère dont les couches supérieures sont encore éclairées quand le soleil est déjà abaissé sous l'horizon; c'est donc par réflexion que la lumière solaire nous arrive alors. La durée du crépuscule est liée à la hauteur de l'atmosphère, et pourrait servir à la calculer très-exactement si les rayons lumineux n'éprouvaient qu'une seule réflexion. Le crépuscule cesse d'être sensible quand le soleil est à environ 16 ou 18° au-dessous de l'horizon. On peut trouver pour un lieu donné le temps que le soleil met à s'abaisser ou à s'élever de cet angle, suivant l'époque de l'année, et on aura ainsi la durée du crépuscule. À l'équateur, cette durée est de 1ʰ 12ᵐ aux équinoxes. À Paris, le plus court crépuscule est de 1ʰ 50ᵐ, vers le 3 mars et le 11 octobre. Au solstice d'été, le crépuscule y dure toute la nuit, car le soleil ne s'abaisse pas de 18° au-dessous de l'horizon ce jour-là. On voit le centre de la lumière crépusculaire se confondre d'abord avec le point du coucher du soleil, marcher ensuite vers le nord, tandis que cette lueur perd de son intensité, puis elle se rapproche du point du lever du soleil. Au pôle, le crépuscule dure tant que la déclinaison australe du soleil n'est pas inférieure à 16° ou 18° (voyez ATMOSPHÈRE).

CRÉQUIER (Botanique). — Nom vulgaire d'une espèce de *Prunier sauvage*.

CRESCENTIE (Botanique), *Crescentia*, Lin.; en mémoire de Pierre Crescenti, naturaliste italien du XIIIᵉ siècle. — Genre de plantes renfermant des arbres connus sous le nom de *Calebassier* (voyez ce mot).

CRESSE (Botanique), *Cressa*, Lin.; du mot *cretica*, de l'île de Crète. — Genre de plantes *Dicotylédones gamopétales périgynes*, famille des *Convolvulacées*, tribu des *Convolvulées*, renfermant quelques espèces de l'Europe méridionale, de l'Asie, de l'Amérique intertropicale. Ces plantes croissent aux bords de la mer. La *C. de Crète* (*C. cretensis*, Lin.), qui se trouve dans tout le midi de l'Europe et dans le nord de l'Afrique, est recueillie pour l'extraction de la soude.

CRESSERELLE ou CRÉCERELLE (Zoologie), *Falco Tinnunculus*, Lin.; nom tiré du cri de l'oiseau, du latin, *tinnulus*, éclatant. — Espèce d'*Oiseau* du genre *Faucon* (voyez ce mot), très-commun dans toute l'Europe et vulgairement connu en France sous le nom d'*Emouchet*, de *Mouquet*, qui désigne surtout la femelle nommée aussi, par Brisson, *Épervier des alouettes*. La cresserelle mâle pèse environ 250 grammes et mesure 0ᵐ,38 de longueur sur 0ᵐ,66 d'envergure; bec bleuâtre, noir à la pointe; tarses jaunes; parties supérieures rousses, tachetées de noir; parties inférieures blanches, avec des taches brunes allongées; tête et queue d'un gris cendré. La femelle pèse environ 350 grammes, mesure 0ᵐ,43 de longueur et 0ᵐ,75 d'envergure; parties rousses plus claires et finement rayées de noir; parties inférieures d'un roux jaunâtre, avec les taches noires; queue roussâtre, barrée de noir. Les cresserelles nichent, au printemps, dans les vieilles tours et les maisons abandonnées ou sur les arbres les plus élevés des forêts; leur nid, construit de fragments de bois, reçoit cinq ou six œufs rougeâtres, plus foncés à chaque bout et longs de 0ᵐ,035. Les jeunes, d'abord couverts d'un duvet blanc, ont une livrée qui se rapproche du plumage de la mère. Les cresserelles se nourrissent de petits oiseaux et de petits mammifères, et même de grenouilles et d'insectes; leur cri aigu et répété rappelle un peu le bruit d'une crécelle. On a quelquefois employé la cresserelle dans la fauconnerie.

CRESSERELLE GRISE ou **KOBEZ** (Zoologie), *Falco rufipes*, Beseke. — Espèce d'*Oiseau* du genre *Faucon*, long de 0m,28 ; mâle cendré foncé, cuisses et ventre roux ; femelle cendrée sur le dos, avec des taches noires ; tête et parties inférieures rousses. Rare en France, cet oiseau est commun en Sibérie et se trouve en Pologne et en Allemagne, il se nourrit d'insectes. On trouve souvent les kobez mêlés aux cresserelles, dont ils ont les mœurs.

CRESSERELLETTE ou **CRÉCERELLETTE** (Zoologie), *Falco tinnunculoides*, Term. ; allusion à la ressemblance avec la cresserelle. — Espèce d'*Oiseau* du genre *Faucon*, vulgairement nommé *Crécerine*, assez semblable à la cresserelle pour le plumage, mais plus petit (longueur 0m,31) ; il s'en distingue par ses ongles blanchâtres (noirs chez la cresserelle) et l'absence de taches sur le dos du mâle. Les mœurs de la cresserellette sont celles de la cresserelle ; elle habite le midi de l'Europe et se trouve de passage en France pendant l'été.

CRESSON (Botanique), du nom anglo-saxon *cressen* ou *cerse*. — On donne ce nom à plusieurs plantes de la famille des *Crucifères* qui appartiennent à des genres différents, tels que *Cardamine*, Lin. ; *Nasturtium*, R. Brown, et *Sisymbrium*, Lin. La plus importante est le *C. officinal*, *C. de fontaine* ou *C. d'eau* (*Nasturtium officinale*, R. Brown) (du genre *Nasitort*, voyez ce mot). C'est une herbe vivace dont les tiges ne s'élèvent guère à plus de 0m,40 ; elles sont rameuses, creuses, très-tendres, succulentes et présentent des cannelures longitudinales. Ses feuilles, remplies de sucs, sont ovales et divisées en segments. Ses fleurs sont petites, blanches et forment des grappes terminales. Elle abonde sur le bord de nos ruisseaux et, en général, dans les endroits inondés ou très-humides. On rencontre le cresson en Europe, en Asie, en Amérique et au cap de Bonne-Espérance. Chacun sait qu'il s'accommode en une salade très-saine et sert souvent d'assaisonnement aux viandes rôties. C'est aussi un excellent antiscorbutique. Aux environs de Paris, comme dans beaucoup d'autres localités, le cresson de fontaine est cultivé dans des lieux constamment inondés qu'on nomme des *cressonnières*. Pour les établir, il faut avoir des eaux courantes, et sur leurs bords on sème du cresson qui se propage par ses racines traçantes. Si l'on manque d'eau courante, on fait des cressonnières artificielles dans des baquets à moitié remplis de terre et placés près d'un puits ; on y sème ou on y plante le cresson, on couvre d'une couche d'eau que l'on renouvelle de temps en temps (voir, pour les cressonnières artificielles, un travail de M. H. de Thury, *Ann. de la Soc. centr. d'hort.*, t. XVII). Le cresson mérite la réputation dont il jouit comme aliment sain ; moins difficile à digérer que les autres salades, il est plus nourrissant. Nous possédons encore comme cressons indigènes le *Nasitort sauvage* (*N. sylvestre*, R. Brown), dont les tiges rampantes ne s'élèvent qu'à 0m,30 ; les segments des feuilles sont presque cordiformes et dentés ; le *N. aquatique* (*N. amphibium*, R. Brown), herbe vivace élevée souvent de plus de 1 mètre ; le *Cresson* ou *N. des marais* (*N. palustre*, de Cand.), également vivace, à tiges rameuses et diffuses, à fleurs d'un jaune pâle. Pour le cresson des prés et d'autres espèces, voir CARDAMINE, SISYMBRE. G — S.

CRESSONNIÈRE (Horticulture). — Voyez CRESSON.

CRÉTACÉS (TERRAINS), ÉPOQUE ou PÉRIODE CRÉTACÉE (Géologie), du latin *creta*, craie. — On donne ce nom à une série de couches de la *période secondaire*, généralement d'une grande épaisseur, répandues sur de très-vastes surfaces de l'écorce solide du globe, et qui sont superposées aux *dépôts portlandiens*, derniers étages des *terrains jurassiques*, et inférieures au *calcaire à nummulites* et, en général, aux *terrains tertiaires de l'époque pliocène*. D'après Dufresnoy, Élie de Beaumont, Beudant, on divise les terrains crétacés en deux étages : 1° l'*étage crétacé inférieur* ; 2° l'*étage crétacé supérieur*. L'étage crétacé inférieur est surtout formé de couches calcaires alternant avec des marnes, des argiles, des grès qui ont une tendance à la coloration verte. Cet étage comprend, en commençant par les couches inférieures : les *dépôts néocomiens* (marnes limoneuses, sables, argiles grises, avec amas lenticulaires de calcaire) ; les *dépôts wealdiens* (couches calcaires, sableuses et argileuses disséminées en petits bassins et d'origine fluviatile) ; le *grès vert* (sables blancs, jaunâtres, sables verts, calcaires, marnes bleues, argiles, grès verts) ; la *craie verte* ou *chloritée* (calcaires plus ou moins crayeux, blancs ou verts, craie tuffeau). — L'*étage crétacé supérieur* se compose surtout de calcaires tendres, plus ou moins crayeux, avec quelques bancs d'argile, surtout aux parties inférieures de l'étage. Il comprend : la *craie marneuse* (argiles, marnes crayeuses, calcaire crayeux) ; la *craie blanche* (calcaire crayeux avec rognons siliceux) ; le *calcaire à hippurites* du midi et du sud ouest de la France. Certains auteurs comptent encore dans l'étage crétacé supérieur le *calcaire à nummulites*, que beaucoup de géologues considèrent comme une des plus anciennes couches des terrains tertiaires.

Dans son *Cours élémentaire de paléontologie*, A. d'Orbigny, considérant surtout les terrains crétacés au point de vue des débris animaux qu'on y rencontre, les partage en sept étages qui s'éloignent peu de la division précédente, comme le montre le tableau suivant.

NOMS DES COUCHES DES TERRAINS CRÉTACÉS		LOCALITÉS où s'observent les types de ces couches en France suivant A. d'Orbigny.	Évaluation approximat. du maximum d'épaisseur des couches.
d'après BEUDANT.	d'après A. D'ORBIGNY.		
Craie blanche...	Étage DANIEN.	Laversines (Oise) ; Meudon (Seine-et-Oise)........	15 mèt.
	Étage SÉNONIEN.	Epernay ; Meudon ; Sens ; Vendôme ; Cognac ; Saintes...............	300 —
Craie marneuse..	Étage TURONIEN.	Uchaux (Vaucluse) ; Montrichard (Loir-et-Cher) ; Saumur ; Tours ; Montagne-des-Cornes (Aude) ; les Martigues (Bouches-du-Rhône) ; le Beausset (Var).............	200 —
Craie verte ou chloritée..	Étage CÉNOMANIEN	Le Mans ; Saint-Calais (Sarthe) ; Cap-la-Hève (Seine-Inférieure) ; l'Isle-d'Aix, Fouras (Charente-Inf.) ; Seignelay (Yonne) ; la Maie (Var)...........	500 —
Grès vert..	Étage ALBIEN.	Wissant (Pas-de-Calais) ; Novion (Ardennes) ; Varennes (Meuse) ; Géraudot (Aube) ; Saint-Florentin (Yonne) ; la perte du Rhône (Ain) ; Escragnolles (Var).........	46 —
	Étage APTIEN.	Gargas, près d'Apt (Vaucluse) ; La Grange-au-Ru, près de Vassy (Hte-Marne) ; Gurgy (Yonne) ; Hièges, Saint-André de Méouille (Bas-es-Alpes).	200 —
Dépôts wealdiens. Dépôts néocomiens.	Étage NÉOCOMIEN.	Vendeuvre (Aube) ; St-Sauveur, Fontenoy (Yonne) ; Châteauneuf-de-Chabre (Hautes-Alpes)........	2500 —
		TOTAL......	3761 —

NOTA. — On observe la série complète des étages ou couches crétacées, en marchant de Vassy (Haute-Marne) à Vertus (Marne).

Les terrains crétacés renferment de nombreux fossiles qui annoncent la population maritime de vastes et profonds océans au fond desquels ont dû se déposer ces couches ; çà et là, à l'embouchure des rivières, se sont formés des dépôts restreints où des animaux d'eau douce ont laissé leurs dépouilles (dépôts wealdiens). Les *couches néocomiennes* sont riches en coquilles de diverses espèces d'*Huîtres* et d'animaux peu différents nommés *Exogyres*, en *Oursins*, en débris de *Polypiers*. Sur les rivages des mers de cette première époque, la plus longue de la période crétacée, vivaient des *Oiseaux échassiers*, des *Tortues*, des *Ptérodactyles*, derniers représentants de ce groupe destiné à disparaître avec la période secondaire, des grands *Reptiles* de différents genres (iguanodon) et de taille souvent considérable. Les *dépôts wealdiens* nous ont conservé les restes de ces animaux terrestres avec des *Coquilles* et des *Poissons d'eau douce*, avec les débris des végétaux (*Fougères*, *Cycadées*, *Conifères*) qui couvraient les îles et les rivages des continents. Le *grès vert* et la *craie verte* abondent en *Coquilles marines*, parmi lesquelles divers genres de coquilles cloisonnées de *Mollusques céphalopodes* (*Ammonites*, *Turrilites*, *Baculites*) ; on y trouve aussi un grand nombre des dents de poissons marins du groupe des *Vrais squales*, dont quelques-uns ont dû avoir des proportions gigantesques. Les mers où se sont formées les couches de la *craie marneuse* avaient une circonscription notablement différente de celles qui les ont précédées et étaient habitées par un grand nombre de *Mollusques* (*Nautiles, Ammonites, Pleurotomaires, Hippurites*), d'*Oursins*, de *Madrépores* ; une riche végétation ligneuse ombrageait les terres. **La craie blanche** contient des restes de *Poissons sturioniens, plectognathes, malacoptérygiens* inconnus aux époques plus anciennes ; les derniers représentants des *Ammonites* et des groupes voisins de *Céphalopodes*. Les rivages de cette époque nourrissaient des *Oiseaux* (*Bécasses*) et des *Reptiles* de grande taille (*Mosasaures, Crocodiles*). (Voy. Fossiles).

Fig. 698. — Carte des continents et des îles en France et en Angleterre, à l'époque crétacée. — 17, Étage Néocomien. — 18, Étage Aptien. — 19, Étage Albien. — 20, Étage Cénomanien. — 21, Étage Turonien. — 22, Étage Danien.

La carte ci-jointe fait connaître la distribution géographique des terrains crétacés en France et en Angleterre ; on les retrouve en Belgique, en Hollande, en Prusse, en Westphalie, en Hanovre, en Saxe, en Bohême, en Pologne, en Suède, en Bulgarie, dans les provinces danubiennes ; ils forment une partie considérable du sol asiatique et du continent américain.   Ad. F.

CRÊTE (Zoologie), du latin *crista*, crête. — On nomme ainsi une caroncule comprimée souvent de couleur rouge que l'on observe sur la tête de divers oiseaux, le coq, par exemple. Certains reptiles ou amphibies portent aussi le long de la ligne supérieure du dos, ou seulement de la queue, un repli cutané plus ou moins élevé qui porte aussi le nom de *crête*.

CRÊTE (Botanique). — On nomme ainsi une sorte d'appendice de l'étamine situé à la base de chacune des loges de l'anthère et se présentant sous la forme de petites lames plus ou moins crispées et irrégulièrement dentées qui représentent à peu près la forme de la membrane qui recouvre la tête du coq. Cette particularité se rencontre dans les bruyères, et les anthères qui sont pourvues de cet appendice sont dites *en crête* ou *cristées*.

G — s.

CRETELLE (Botanique). — Voyez Cynosure.

CRÉTIN, Crétinisme (Médecine), étymologie peu connue. — Le crétinisme est une dégradation particulière de l'espèce humaine, caractérisée par l'idiotisme, la petitesse de la taille, celle de la tête, l'existence d'un goître plus ou moins volumineux (voyez Goître) et par sa fréquence dans certaines contrées où il est endémique. L'étymologie de ce mot n'est pas facile à déterminer ; doit-on le faire venir de *chrétien*, parce qu'étant simples et humbles, les crétins étaient révérés autrefois dans le Valais comme des saints ? ou bien parce qu'ils sont très-pieux, d'où leur serait venu le nom de *cagots*, sous lequel on les désigne aussi ? Doit-on adopter l'opinion de ceux qui le font venir du mot *crête*, parce qu'ils habitent sur les crêtes des montagnes ? On ne peut décider la question. Il y a dans le crétinisme des nuances infinies. Depuis l'imbécillité la plus complète, depuis l'absence de toute intelligence, et une existence purement végétative, jusqu'à un état qui se rapproche de la santé parfaite, on trouve une foule de degrés intermédiaires. Toutefois, les crétins ont des chairs molles et flasques, la peau flétrie, jaune, souvent couverte de dartres ; ils ont une tête petite, aplatie sur les côtés, la langue épaisse et pendante, la bouche béante et laissant souvent écouler la salive, les yeux rouges, chassieux, le nez épaté, la figure écrasée, quelquefois bouffie, violacée ; la plupart portent un goître plus ou moins volumineux. Du reste, ils sont indolents, apathiques, d'une malpropreté repoussante, lascifs, gourmands. Dans les familles aisées, où ils sont soignés et surveillés, les crétins ne présentent pas en général cet extérieur hideux et repoussant ; il y en a même qui sont assez bien constitués et qui sont seulement idiots et goitreux. Les crétins ne parviennent pas à la vieillesse : ils meurent en général avant trente ans.

Le crétinisme est endémique dans les vallées profondes et resserrées du Valais, dans la Maurienne, la vallée d'Aost, dans une partie de la Suisse, des Pyrénées, du Tyrol, en Écosse, etc. De Saussure et le docteur Ferrus ont remarqué qu'il n'y a pas de crétins dans les hautes vallées, à 1 000 ou 1 200 mètres au-dessus du niveau de la mer ; c'est surtout dans les vallées profondes et humides qu'on les retrouve. On a beaucoup disserté sur les causes du crétinisme, sans résoudre la question d'une manière satisfaisante ; les uns l'ont attribué à la qualité des eaux de neige dont les habitants des vallées font leur boisson habituelle ; plus récemment, on l'a rapporté aux eaux sortant des terrains magnésiens, qu'on a regardées comme cause du goître et, pa suite, du crétinisme. M. Chatin l'a imputé à l'absence de l'iode dans les hautes vallées. De Saussure regardait comme une des causes les plus puissantes l'air échauffé, stagnant, étouffé et corrompu qu'on respire dans ces vallées étroites pendant les chaleurs de l'été ; c'est en effet dans les villages les plus exposés aux rayons du soleil qu'on le rencontre le plus fréquemment. Fodéré partage en partie cette opinion. Au milieu de cette divergence, il est difficile d'asseoir un jugement net et précis sur cette question, et il est préférable de rester dans le doute sur les causes du crétinisme. Voyez Goitre.   F — N.

CREVASSE (Médecine), du mot *crever*. — On donne ce nom à de petites fentes peu profondes qui surviennent dans l'épaisseur de la peau, ou à l'origine des membranes muqueuses; les viscères creux, les cloisons et enveloppes membraneuses peuvent aussi être affectés de crevasses. Lorsque les crevasses siégent à la peau ou à l'origine des membranes muqueuses, on leur donne encore le nom de *gerçures*; on en rencontre aux lèvres, sous le nez, où elles sont le plus souvent déterminées par le froid, celles-ci cèdent très-bien à une température douce, à des onctions avec l'huile d'amandes douces, la pommade de concombre, etc. Celles qu'on observe aux pieds et aux mains sont le plus souvent liées aux *engelures* et réclament le traitement de cette affection (voyez Engelure). Les gerçures ou crevasses qu'on trouve à la marge de l'anus et qui constituent une maladie plus grave et toujours fort incommode et fort douloureuse, portent le nom de *fissures* (voyez ce mot) et demandent un traitement spécial. Les crevasses ou gerçures des seins se remarquent souvent chez les femmes qui nourrissent pour la première fois; ce sont de petites fentes ulcérées qui se trouvent à la base du mamelon et qui causent parfois des douleurs telles que les femmes sont obligées de renoncer à l'allaitement. On y remédie au moyen d'une décoction émolliente, de la pommade de concombre, de l'huile d'amandes douces, du beurre de cacao, quelquefois avec une petite addition d'opium, etc. Pendant ce temps, il faut le plus souvent suspendre l'allaitement, sauf à diminuer l'engorgement qui peut en résulter, en opérant la déplétion des seins devant un feu clair ou à la vapeur de l'eau chaude.

Les crevasses qu'on rencontre dans les organes creux affectent souvent l'urètre à la suite des rétrécissements de ce canal (voyez Rétention d'urine). On en rencontre aussi à l'estomac, aux intestins, à la vessie, à la suite de violences extérieures; lorsque ces fentes sont plus considérables, elles prennent le nom de *rupture*.

Crevasses (Vétérinaire). — Celles-ci se développent ordinairement dans le pli du *paturon* (voyez ce mot) du cheval, de l'âne et du mulet. Elles sont produites par le séjour sur le fumier pendant l'hiver, par le travail dans les chemins boueux; elles cèdent ordinairement aux soins de propreté, à l'usage des émollients, puis des astringents, tels que l'onguent populeum, l'eau blanche. Quelquefois elles résistent à ces moyens, et on est obligé d'avoir recours en même temps aux purgatifs et aux dérivatifs sur la peau. On donne encore le nom de crevasses ou de gerçures à celles qui se forment autour de l'anus; celles que l'on observe au jarret sont connues sous le nom de *malandres*; on appelle *solandres* celles du genou. Elles reconnaissent toutes les causes signalées plus haut et demandent le même traitement.   F — N.

CRÈVE-VESSIE (Physique). — Appareil de physique servant à mettre en évidence la pression considérable exercée par l'air à la surface des corps. Il se compose d'un vase creux, muni d'une large ouverture sur laquelle on tend une vessie, et d'une seconde ouverture par laquelle on peut y faire le vide. Tant que l'appareil est plein d'air, la membrane est également pressée sur ses deux faces et reste plane; mais dès qu'on commence à y faire le vide, la pression intérieure va en diminuant, tandis que la pression extérieure reste constante. Celle-ci devient donc prédominante; la membrane se tend violemment et finit par éclater en produisant l'effet d'une explosion, qui est ici due à la rentrée subite de l'air dans l'appareil.

CREVETTE, Chevrette (Zoologie), *Gammarus*, Fab. — Genre de *Crustacés* de l'ordre des *Amphipodes*, tribu des *Crevettines* qui ne forme dans le *Règne animal* de Cuvier, qu'un sous-genre du grand genre *Crevette* de Fabricius. Il ne faut pas confondre ce petit crustacé avec les crustacés marins que nous mangeons et qui, sous le nom de *crevettes*, abondent sur nos marchés. Ceux-ci, en effet, appartiennent à l'ordre des *Décapodes* et ont été rangés par les naturalistes dans les genres *Crangon* et *Palémon* (voyez ces mots). Les *Crevettes* des naturalistes sont de petits crustacés qui ont les quatre pieds antérieurs en forme de petites serres, avec la griffe ou le doigt mobile se repliant en dessous; ils ont, du reste, tous les autres caractères indiqués au mot Amphipodes. On les trouve en abondance dans les eaux douces, mais pures, ou même dans la mer.

L'espèce la plus connue est la *C. des ruisseaux* (*G. pulex*, Fab.; *Cancer pulex*, Lin.), longue de $0^m,015$, d'un jaune couleur de rouille; elle nage toujours sur le côté; elle abonde dans les ruisseaux d'eau limpide, où elle se fait remarquer par ses brusques mouvements. Sa présence est regardée avec quelque raison comme une preuve de la pureté des eaux. Elle est très-nuisible au frai de poissons, qu'elle détruit rapidement.

CREVETTINES (Zoologie), *Gammarinæ*, Lat. — Tribu de *Crustacés* de l'ordre des *Amphipodes*, établie par Latreille dans le grand genre *Crevette* de Fabricius. Il se distingue par ses pieds, au nombre de quatorze, terminés par un crochet; quatre antennes; le corps revêtu de téguments coriaces, élastiques, généralement comprimé et arqué; pas de nageoires à l'extrémité de la queue. Les principaux genres sont les *Talitres*, les *Crevettes*, les *Cérapes*, les *Corophies*.

M. Milne-Edwards a formé, sous le nom de *Crevettines*, une famille de *Crustacés* de son ordre des *Amphipodes*, qu'il divise en deux grandes tribus : 1° les *C. sauteuses*, et 2° les *C. marcheuses* (voyez *Hist. naturelle des Crustacés*, t. III, de M. Milne-Edwards).

CRIBLE, criblage (Agriculture). — Le nettoyage des graines récoltées s'effectue par diverses opérations, dont l'une, nommée *criblage*, a pour but d'en ôter les graines étrangères, les grains chétifs, mal conformés, altérés ou attaqués des insectes. On y emploie, dans les exploitations rurales peu avancées, des espèces de tamis faits avec une peau de porc régulièrement percée de trous de dimensions fixes, les uns ronds, les autres ovales, trop petits pour laisser passer le bon grain, donnant issue, au contraire, à tout ce qui n'en a pas le volume. Ce sont ces tamis que l'on nomme *cribles*. Leur usage entraîne une perte de temps considérable, et on l'a abandonné pour employer des instruments plus actifs, tels que le *C. alternatif* de Quentin-Durand, le *C. cylindrique*, les *cylindres-cribles-trieurs* de Pernollet, de Vachon, les *tarares* de divers modèles (voyez Nettoyage des grains).

CRIBLE D'Ératosthène (Arithmétique). — Tableau comprenant tous les nombres entiers, depuis 1 jusqu'à un nombre déterminé et dans lequel on barre tous ceux qui ne sont pas premiers absolus, de manière à n'avoir à la fin que ceux-ci. Pour arriver à ce résultat, à partir de 2 non compris, on barre tous les nombres de 2 en 2, puis à partir de 3 on les barre de 3 en 3, et ainsi de suite en partant du premier non effacé.

1	2	3	4	5	6	7	8	9	10	11
12	13	14	15	16	17	18	19	20	21	22
23	24	25	26	27	28	29	30	31	32	33
34	35	36	37	38	39	40	41	42	43	44
45	46	47	48	49	50	51	52	53	54	55
56	57	58	59	60	61	62	63	64	65	66
67	68	69	70	71	72	73	74	75	76	77
78	79	80	81	82	83	84	85	86	87	88
89	90	91	92	93	94	95	96	97	98	99
100	101	102	103	104	105	106	107	108	109	110

CRIBRATION (Pharmacie). — C'est une opération par laquelle, au moyen d'un crible ou d'un tamis percé de trous plus ou moins grands, on sépare des parties fines de certains médicaments les parties plus grossières qu'on veut ou rejeter ou employer à un autre usage.

CRIC (Mécanique). — Machine destinée à soulever d'une petite quantité des corps très-pesants. Il se compose d'un bloc de bois évidé à l'intérieur et contenant une barre de fer A très-résistante, dentée latéralement en forme de crémaillère et engrenant avec un pignon en fer C dont l'axe porte une manivelle que l'on manœuvre à la main. Le cric étant appuyé inférieurement sur le sol et la tête de la crémaillère buttant contre l'obstacle à soulever, on tourne la manivelle; la crémaillère sort peu à peu de son étui en produisant l'effet désiré. On augmente le plus souvent la grandeur de cet effet en faisant agir le pignon de la manivelle D sur une roue dentée B dont l'axe porte le pignon qui agit sur la crémaillère. Abstraction faite des frottements, la résistance que l'on peut vaincre avec le cric est avec la force qui agit sur la manivelle dans le rapport

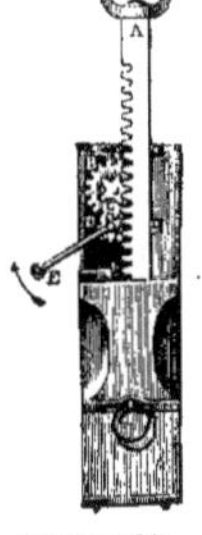

Fig. 699. — Cric.

des chemins parcourus à chaque tour par l'extrémité de la manivelle et par la tête du cric; ainsi, dans la disposition de la figure, si le rapport du rayon de la manivelle à celle du pignon D est égal à 6; s'il en est de même du rapport des rayons de la rone dentée et du second pignon, le cric augmentera l'effet de la puissance dans le rapport de 36 à 1, mais dans la pratique les frottements qui se développent dans la machine en diminuent la puissance d'une manière très-notable.

CRICOIDE (Anatomie), du grec *krikos*, anneau.—L'un des cartilages du larynx des animaux vertébrés aériens; il est situé à la partie inférieure de cette boîte cartilagineuse et a la forme d'un anneau plus haut en arrière qu'en avant (voyez LARYNX).

CRI CRI (Zoologie). — Voyez GRILLON.

CRIN (Zoologie, Technologie), du latin *crinis*, cheveu, poil. — Voyez POIL.

CRIN VÉGÉTAL (Technologie). — On donne ce nom à des fibres végétales préparées pour servir, au lieu de crin, au rembourrage des meubles et des coussins, à la confection de certains tissus; les fibres employées sous ce nom proviennent de l'agave, du zostère, de la caragate, du palmier nain, du sparte, etc.

CRINOIDES (Zoologie), du grec *krinon*, lis, et *eidos*, aspect. — Voyez ENCRINE.

CRINOLE (Botanique), *Crinum*, Lin.; du grec *krinon*, lis blanc. — Genre de plantes *Monocotylédones périspermées*, famille des *Amaryllidées*. Les espèces de ce genre sont de belles plantes bulbeuses à fleurs odorantes, disposées en ombelles et montrant un périanthe simple d'une seule pièce, allongé et tubuleux; 6 étamines à filets grêles; un ovaire à 3 loges polyspermes. Les Crinoles habitent toutes les régions intertropicales et particulièrement l'Inde et la Chine. L'espèce la plus belle et la plus fréquemment cultivée est la *C. aimable* (*C. amabile*, Don.); originaire de Sumatra. Ses feuilles, lancéolées, épaisses, glauques, surmontent un bulbe très-gros (souvent 0ᵐ,40 de longueur sur 0ᵐ,15 de largeur) et entourent une hampe élevée que termine une grande ombelle de fleurs d'un rouge magnifique. Cette espèce ne peut être cultivée qu'en serre chaude. G — s.

CRIOCÈRE (Zoologie), *Crioceris*, Geofl. — Genre d'*Insectes* de l'ordre des *Coléoptères*, section des *Tétramères*, famille des *Eupodes*. Très-rapprochés des Chrysomèles, ils sont remarquables, quoique assez petits, par une jolie forme un peu allongée, décorée souvent de brillantes couleurs. On les trouve au printemps sur les fleurs qu'ils recherchent. Lorsqu'on les prend, ils font entendre une espèce de petit cri, produit par le frottement de la base de l'abdomen contre le corselet. Ils sont caractérisés par la languette entière, un peu échancrée, les pieds presque de la même grandeur, le corselet étroit, presque cylindrique, les tarses composés de quatre articles. Leurs larves, qui se nourrissent des plantes sur lesquelles on rencontre l'insecte parfait, font des dégâts dans les plantes potagères et autres. Le *C. du lis* (*C. merdigera*, Lat.), long de 0ᵐ,007, a le corselet et les étuis d'un beau rouge. Sur le lis blanc dans toute l'Europe. Le *C. de l'asperge* (*C. asparagi*, Lin.), de même longueur, bleuâtre, avec le corselet rouge, étuis jaunâtre;

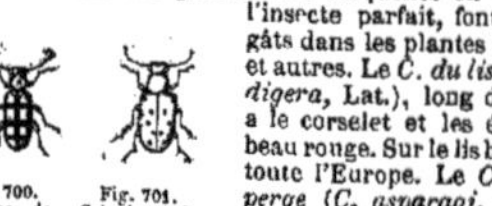

Fig. 700.
Criocère de l'asperge.

Fig. 701.
Criocère à douze points.

il dévaste les asperges, ainsi que le *C. à douze points* (*C. duodecim-punctata*, Lin.), qui est fauve, avec six points noirs sur chaque élytre.

CRIOCÉRIDES (Zoologie), *Criocerides*, Lat. — Tribu d'*Insectes*, ordre des *Coléoptères*, famille des *Eupodes*, qui se distingue de la tribu des Sagrices par les mandibules dont l'extrémité est tronquée avec deux ou trois dents, et par la languette qui est entière ou peu échancrée; elle compose le grand genre *Criocère* de Geoffroy, dans lequel Latreille a établi six sous-genres, dont les principaux sont : les *Donacies* (*Ceptures*), les *Criocères* proprement dits, les *Pétauristes*.

CRIQUET (Zoologie), *Acridium*, Geofl. — Genre d'*Insectes* de l'ordre des *Orthoptères*, famille des *Sauteurs*. Bien qu'appartenant au grand genre *Sauterelles* (*Gryllus*, Lin.), les Criquets ne doivent cependant pas être confondus avec le sous-genre *Sauterelle* (*Locusta*, Geoff.), dont ils diffèrent beaucoup et dont ils portent généralement le nom dans les campagnes. Les criquets se distinguent par leurs pieds postérieurs plus longs que le corps, leur abdomen solide et non vésiculeux; ils ont la tête ovoïde et des antennes filiformes ou terminées en bouton;

ils volent assez haut. Leurs ailes sont quelquefois colorées de rouge ou de bleu. Ils affectent souvent des formes bizarres. Le *C. de passage*, *C. voyageur* (*A. migratorium*, Oliv.), long de 0ᵐ,060 à 0ᵐ,065, ordinairement vert, qui habite la Pologne; le *C. d'Égypte* (*A. ægyp-*

Fig. 702. — Criquet voyageur (grandeur nat.)

tium, Oliv.), qui habite l'Égypte, la Barbarie, le midi de l'Europe; le *C. en crête* (*A. cristatum*, Oliv.), qui a environ 0ᵐ,10 de long, et qu'on trouve dans l'Amérique méridionale, et un grand nombre d'autres espèces que nous ne pouvons citer, constituent ces myriades d'orthoptères dont les dégâts sont célèbres dans l'histoire. Tout le monde a entendu parler de ces émigrations prodigieuses et de ces invasions désastreuses signalées à différentes époques depuis les temps bibliques, et qui ont réduit des populations entières à la plus affreuse misère, non-seulement par la destruction de toute espèce de végétation, mais encore par les exhalaisons putrides répandues par la masse de leurs cadavres échauffés par les rayons du soleil. On mange les criquets dans différentes contrées de l'Afrique (voyez ACRIDOPHAGES).

CRISE (Médecine), du grec *krisis*, jugement. — Hippocrate est le premier qui ait employé ce mot. Il y a *crise*, dit-il, lorsque la maladie augmente ou diminue considérablement, quand elle dégénère en une autre maladie, ou bien qu'elle cesse entièrement. Le mot *crise* est le plus souvent employé en bonne part. Les crises salutaires sont celles dans lesquelles la nature se débarrasse plus ou moins complétement au moyen d'une excrétion quelconque, mais surtout par une hémorragie, les sueurs, les urines, les selles, quelquefois un dépôt, une éruption, etc. Elles sont quelquefois précédées de signes alarmants; d'autres fois, elles ont lieu sans secousse. Quelques auteurs ont donné à ces dernières le nom de *lysis*, du grec *luo*, je délivre. On observe les crises dans presque toutes les maladies aiguës; elles sont plus difficiles à saisir dans les maladies chroniques. Pour être salutaire, l'effort critique doit avoir lieu sur la peau, sur les membranes muqueuses, le tissu cellulaire et les glandes qui avoisinent l'extérieur; lorsqu'il se porte vers les cavités intérieures, vers les organes nécessaires à la vie, il peut amener des accidents graves et même la mort; dans ce cas, on dit que la crise se fait par *métastase* (voyez ce mot). Le médecin doit donc veiller avec le plus grand soin à diriger, si cela est possible, le mouvement critique dans un sens favorable (voyez CRITIQUES [*Jours*]).

Le mot *crise* avait été employé par Mesmer pour désigner les phénomènes nerveux qui se développaient, suivant lui, chez les personnes magnétisées (voyez MAGNÉTISME). F — N.

CRISTAL (Minéralogie). — Parmi les minéraux, les uns sont dits *à structure régulière*, les autres *à structure irrégulière* : on donne aux premiers le nom de variétés cristallisées et aux autres celui de variétés amorphes. Quel est le caractère de la structure cristalline? Elle dépend essentiellement d'une disposition régulière. Cette régularité est accusée par les clivages que possèdent presque toujours les cristaux (voyez CLIVAGE). On peut la concevoir de la manière suivante : Imaginons un réseau formé de parallélogrammes tous égaux et au sommet de chacun d'eux une molécule; admettons, de plus, que cette tranche se répète, qu'une seconde se superpose à la première et ainsi de suite, nous aurons un assemblage régulier de molécules, un corps à structure cristalline; quelle que soit la forme extérieure de ce corps, ce sera toujours une variété cristallisée. Le plus souvent à ce caractère intérieur et moléculaire s'en joint un autre, c'est la régularité de la forme du corps. Quand un minéral réunit ces deux conditions, il prend le nom de *cristal*. En brisant le corps, on détruira le cristal, mais on ne détruira jamais le caractère essentiel d'une substance cristallisée, la régularité de la structure intérieure.

L'étude des cristaux présente, au point de vue de la

définition des espèces, un intérêt de premier ordre. Les matières minérales, en effet, à l'état amorphe, ne sauraient être caractérisées que par la composition chimique ; elles n'ont pas, comme les animaux ou les végétaux, une forme propre qui, à elle seule, permette de les distinguer. C'est cette forme que leur donne la cristallisation, et un cristal d'alun est aussi reconnaissable à sa forme octaédrique que le sont un animal ou un végétal quelconque. Il est vrai que, tandis que la forme de l'animal est absolument invariable dans l'espèce, la même substance minérale peut se présenter sous des formes cristallines fort diverses ; ainsi le diamant qu'on trouve quelquefois à l'état de cristal octaédrique peut se présenter sous la forme du tétraèdre, d'un solide compliqué à quarante-huit faces, etc. Mais les immortelles découvertes d'Haüy permettent de voir le lien de famille qui unit ces diverses formes propres à une espèce, et l'esprit peut toujours remonter à une forme type qui est la définition précise et rigoureuse de la substance. On conçoit donc combien il est important, quand on étudie un corps, de pouvoir l'obtenir à l'état cristallisé ; on peut employer à cet effet plusieurs méthodes qui sont indiquées au mot Cristallisation.

Les cristaux naturels ont rarement les formes précises qu'on leur donne lorsqu'on les définit géométriquement, et cette particularité n'étonnera pas, si l'on fait attention à la manière dont les cristaux prennent naissance, croissent et se développent. Lorsqu'un cristal prend naissance, ses dimensions sont très-petites et ne s'accroissent que fort lentement ; pendant tout ce temps, la masse dans laquelle ce corps se développe peut rester parfaitement tranquille, et alors il sera géométriquement régulier ; mais on comprend que cette identité des circonstances extérieures ne saurait se prolonger longtemps, et dès lors il en résulte des perturbations dans la cristallisation, qui entraînent l'irrégularité du développement. Plus le cristal sera volumineux, moins on aura de chance de l'avoir régulier ; car il lui aura fallu plus longtemps pour se produire, et les circonstances extérieures auront eu plus d'influence sur sa formation. Lors donc qu'on tiendra à la perfection des formes cristallines, c'est dans les cristaux rudimentaires qu'il faudra la chercher ; mais cette régularité n'est en rien nécessaire, et le plus souvent on s'en inquiète fort peu. La cause la plus ordinaire de l'irrégularité qu'on peut constater dans les cristaux consiste dans l'éloignement différent des faces semblables du centre de figure. On peut se représenter ce fait en supposant que, dans le solide géométrique, une ou plusieurs faces se sont déplacées parallèlement à elles-mêmes de manière à allonger le cristal dans un sens, à le diminuer dans un autre et à lui retirer ainsi toute sa symétrie apparente ; mais il est une chose qui ne change pas dans cette déformation, c'est la valeur des angles dièdres des faces entre elles ; aussi la mesure de ces sortes d'angles est-elle la seule détermination expérimentale que comporte le problème et la seule qu'on exécute réellement ; les instruments qui sont employés à cet effet s'appellent *goniomètres* (voyez ce mot). Une autre cause de déformation des cristaux qui se joint fort souvent à la précédente est l'absence d'une partie plus ou moins considérable du cristal. Quand une matière cristallise sur la paroi d'un filon ou sur le flanc d'une roche, la partie du cristal adhérente à la paroi est nécessairement incomplète ; il n'y aura dans ce cas qu'une moitié de cristal, l'autre moitié faisant totalement défaut. Le quartz, le spath fluor sont les cristaux sur lesquels on peut le plus facilement examiner ces irrégularités. La forme du quartz est celle d'un prisme hexagonal surmonté d'une pyramide à six faces : trois de ces dernières prennent quelquefois un développement si considérable qu'on est tenté de les confondre avec les faces du prisme.

Quelquefois les faces des cristaux, au lieu d'être planes, sont creuses et offrent l'aspect de pyramides rentrantes analogues aux trémies du sel marin. L'oxydule de mercure, qui cristallise en octaèdres, présente ce phénomène à un haut degré : les cristaux se réduisent presque aux arêtes. Dans d'autres circonstances, les angles dièdres sont arrondis, de manière que la forme générale du cristal est un sphéroïde ; les cristaux qui présentent un grand nombre d'arêtes et que l'on trouve dans des sables roulés présentent fréquemment cette déformation : le diamant en offre un exemple.

L'irrégularité du développement dans les cristaux prismatiques leur donne souvent des apparences qui les font désigner par des épithètes qui rappellent les objets usuels auxquels ils ressemblent alors. Si le prisme est très-aplati, le cristal se réduit à sa base, on l'appelle tabulaire ; on lui donne au contraire le nom de bacillaire, cylindroïde, aciculaire quand la hauteur est très-grande relativement aux dimensions de la base. Ces aiguilles cristallines semblent quelquefois diverger d'un centre de manière à former un sphéroïde radié : la variété de pyrite de fer appelée pierre de tonnerre présente cette dernière particularité.

La structure cristalline est le caractère essentiel d'un cristal ; la régularité des formes extérieures ne vient qu'en seconde ligne. Cette dernière peut quelquefois se rencontrer sans que la première condition soit remplie, et il en résulte alors des masses qui ont l'apparence des cristaux ; on leur donne le nom de *pseudo-cristaux*. Pour citer un exemple de leur formation, quand une masse de lave se refroidit, il se manifeste souvent, par suite des contractions inégales qu'éprouvent en se refroidissant les éléments hétérogènes de cette masse, des fendillements qui la sillonnent dans toute son étendue. Ces fissures sont ordinairement planes et perpendiculaires à la surface du refroidissement ; elles se produisent fréquemment dans trois directions constantes à peu près également inclinées entre elles. Il en résulte de grands blocs affectant la forme de prismes hexagonaux ; telles sont, par exemple, les masses basaltiques de l'Auvergne ou celles de la grotte de Fingal, dans l'île de Staffa. Vues de loin, ces colonnes basaltiques paraissent parfaitement régulières ; mais cette régularité n'est qu'apparente. La constance des angles, ce caractère essentiel de la cristallisation, n'existe plus ici.   L.

CRISTAL DE ROCHE. — Voyez Quartz.

CRISTALLIN (Anatomie). — Voyez Œil.

CRISTALLIN (Système) (Minéralogie). — Ensemble des formes cristallines qui appartiennent en général à une même espèce, sauf le cas de Dimorphisme (voy. ce mot), et qui peuvent se déduire les unes des autres par la loi de symétrie. On distingue généralement six systèmes cristallins caractérisés chacun par un genre particulier d'axes. Ce sont : 1° le système régulier ou système cubique à 3 axes rectangulaires entre eux et égaux ; 2° le système hexagonal ou rhomboédrique à 4 axes, dont 3 situés dans le même plan font entre eux des angles de 60° et dont le quatrième est perpendiculaire au plan des 3 autres ; 3° le système quadratique caractérisé par 3 axes rectangulaires dont deux seulement sont égaux entre eux ; 4° le système rhombique à 3 axes rectangulaires inégaux ; 5° le système klinorhombique dans lequel 2 des axes sont perpendiculaires entre eux, et le troisième, oblique au plan des deux premiers, est perpendiculaire sur l'un d'eux ; 6° le système klinoédrique, qui possède 2 axes non perpendiculaires entre eux, et le 3° oblique aux deux premiers. On prend une forme fondamentale pour point de départ dans chacun de ces systèmes, et les autres formes, tant simples que composées, s'en dérivent par des modifications symétriques. Cette forme fondamentale est tantôt un parallélipipède et tantôt un octaèdre. Haüy partait de la première forme, et les minéralogistes allemands choisissent ordinairement la seconde. Les formes principales qui rentrent dans chaque système sont les suivantes :

Système régulier. — Le cube (*fig.* 703) compris sous 6 faces carrées *a* formant des angles solides trirectangles *o*. L'identité de nature des angles et des arêtes F ne permet pas de modifier l'une des arêtes ou l'un des angles sans modifier de la même manière tous les autres. — 1re modification : par une facette symétriquement placée sur chaque angle *o* (*fig.* 704). Elle conduit à l'octaèdre régulier

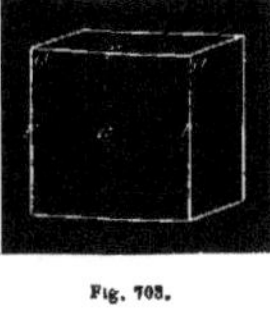

Fig. 703.

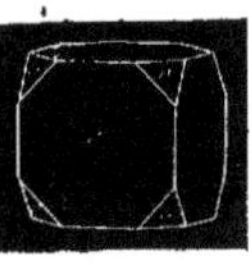

Fig. 704.

(*fig.* 705) dont l'angle est de 109°28'16". — 2me modification : par une facette symétrique sur toutes les arêtes (*fig.* 706). Elle donne le dodécaèdre à plans rhombes (*fig.* 707), dans lequel l'angle de 2 faces est de 120°.— 3ᵐᵉ modification : par un biseau sur chacune des arêtes (*fig.* 708), on obtient

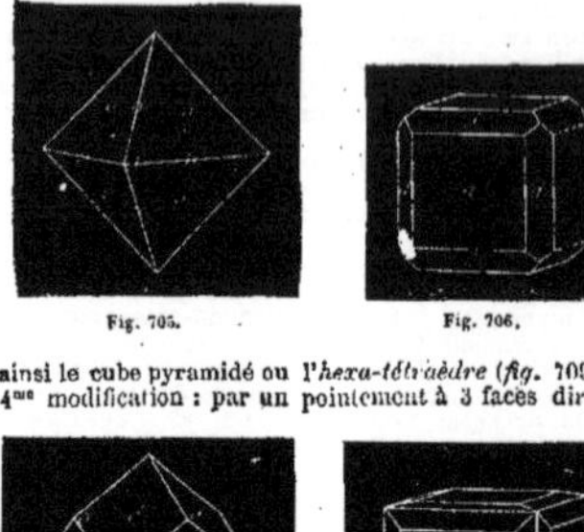

Fig. 705.   Fig. 706.

ainsi le cube pyramidé ou l'*hexa-tétraèdre* (*fig.* 709). — 4ᵐᵉ modification : par un pointement à 3 faces dirigées

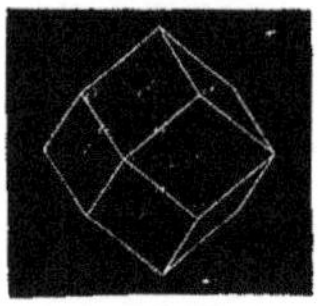

Fig. 707.    Fig 708.

vers les faces du cube opéré sur chaque angle. Elle fournit un solide à 24 faces trapézoïdes qu'on nomme

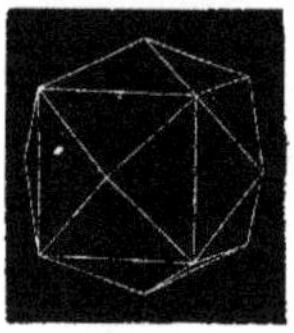

Fig. 709. 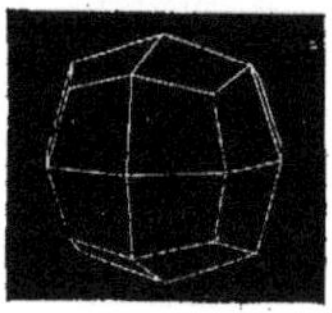   Fig. 710.

pour cette raison *trapézoèdre* (*fig.* 710). — 5ᵉ modification : par un pointement à 3 faces dirigées vers les

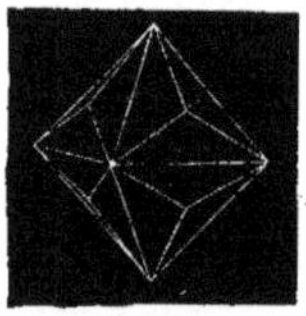

Fig. 711. 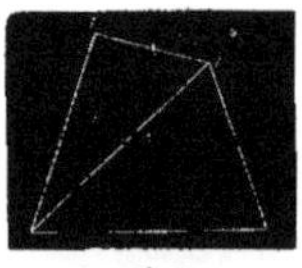   Fig. 712.

arêtes du cube opéré sur chaque angle. On obtient de cette manière un autre solide à 24 faces appelé octaèdre

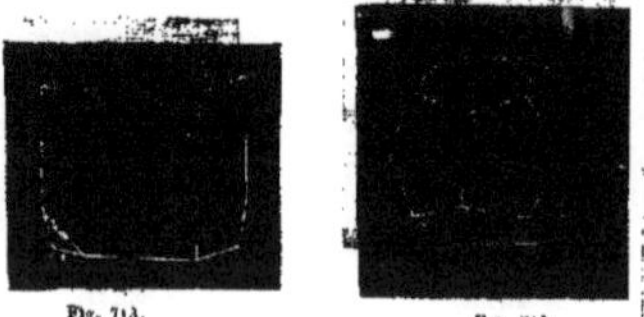

Fig. 713.   Fig. 714.

pyramidé (*fig.* 711), ou *octo-trièdre*. — 6ᵉ modification : par un pointement à 6 faces opéré sur chaque angle.

Elle conduit à un solide à 48 faces formant des triangles scalènes.

Les formes hémiédriques simples qui appartiennent à ce système sont le tétraèdre régulier et le dodécaèdre pentagonal. La première forme (*fig.* 712) se dérive du cube en prenant la moitié des facettes de modifications *o* qui conduisent à l'octaèdre (*fig.* 713). Le dodécaèdre pentagonal (*fig.* 714) s'obtient par une facette dissymétrique placée sur chaque arête du cube. Les formes composées sont extrêmement nombreuses et particulièrement celles qui résultent de la combinaison du cube, de l'octaèdre et du dodécaèdre à plans rhombes. En résumé, voici les formes simples du système cubique avec leurs notations :

Forme	Notation
Octaèdre	$a : a : a$
Cube	$a : \infty a : \infty a$
Dodécaèdre rhomboïdal	$a : a : \infty a$
Cube pyramidé	$ma : a : \infty a$
Trapézoèdre	$a : ma : ma$
Octaèdre pyramidé	$a : a : ma$
Scalénoèdre à 24 faces	$a : ma : na$
Tétraèdre	$\frac{1}{2}(a : a : a)$
Dodécaèdre pentagonal	$\frac{1}{2}(ma : a : \infty a$

Système hexagonal. — Les principales formes sont le prisme droit à base hexagonale et la double pyramide

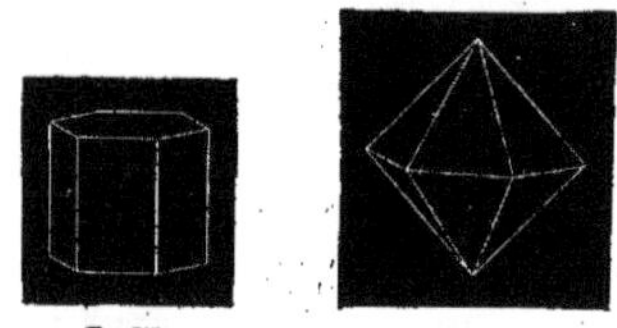

Fig. 715.   Fig. 716.

hexagonale (*fig.* 715 et 716), d'où l'on dérive, en remplaçant les arêtes latérales par un biseau, le prisme à base

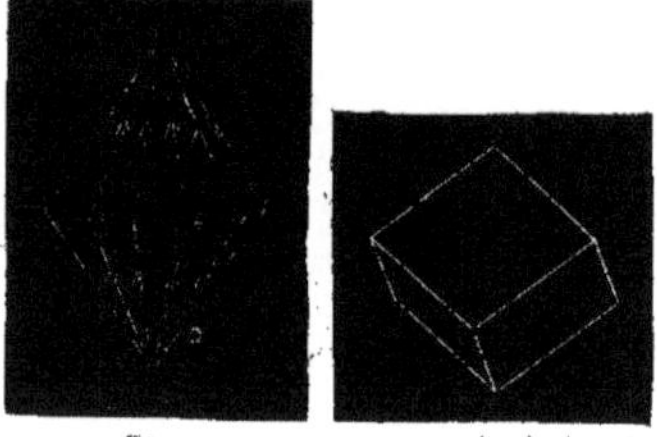

Fig.   Fig. 718.

dodécagone et la double pyramide à 12 faces (*fig.* 717). Les formes hémiédriques, plus fréquentes dans ce système que les formes homoédriques, sont le rhomboèdre (*fig.* 718), moitié de la double pyramide hexagonale, et le scalénoèdre, moitié de la double pyramide à 12 faces (*fig.* 719); on pourrait aussi prendre pour type homoédrique du système le *rhomboèdre* (*fig.* 718) c'est-à-dire un parallélipipède formé de 6 *rhombes* ou losanges égaux *r*, de deux angles solides C formant les extrémités de l'axe principal des 6 autres angles solides E pareils et de 12 arêtes dont 6 aboutissant aux extrémités de l'axe seront modifiées ensemble, ce qui conduira au scalénoèdre, tandis que la modification des 6 autres donne les faces du prisme hexagonal. Les formes composées résultent surtout de l'union du prisme hexagonal avec le rhomboèdre (*fig.* 720), ou du scalénoèdre avec le rhomboèdre (*fig.* 721), ou

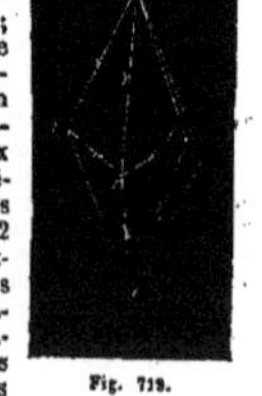

Fig. 719.

enfin du prisme et de la double pyramide hexagonale (*fig.* 722).

Système quadratique. — Les formes principales sont le prisme droit à base carrée et l'octaèdre droit à base carrée (*fig.* 72?), d'où l'on déduit par un biseau sur les arètes latérales le prisme à base octogone et la double pyramide à base octogone ou dioctaèdre. Comme exemple

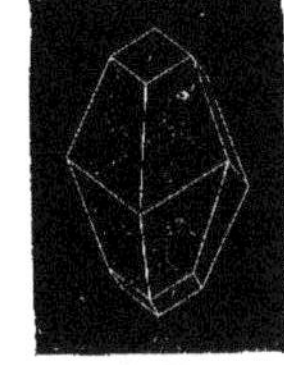

Fig. 720.   Fig. 721.

de forme composée, on peut citer le cristal représenté dans la figure 724, qui est formé d'un prisme carré *aa*, d'un octaèdre carré *oo* et d'un dioctaèdre 3,3.

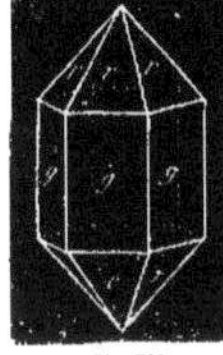

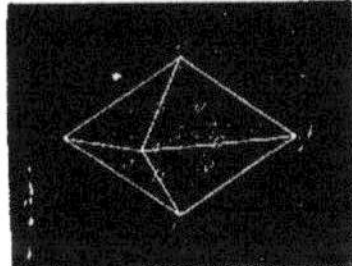

Fig. 722.   Fig. 723.

Système rhombique. — Les formes de ce système et des suivants, comme celles qui appartiennent au système quadratique, sont des prismes, des octaèdres et des dioctaèdres. La forme fondamentale est le prisme droit à base rhombe ou rectangle. Les angles de la base rhombe sont de deux espèces ; aussi les arètes correspondant aux

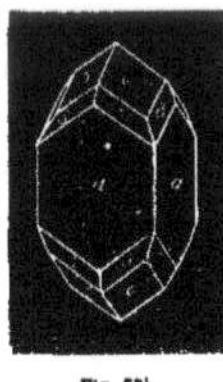

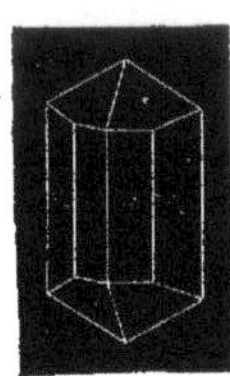

Fig. 724.   Fig. 725.

angles obtus pourront être modifiées sans que les deux autres le soient, et il en résultera des formes composées de deux plans parallèles qui devront s'unir à une autre pour former un solide fermé.

Système klinorhombique. — La forme fondamentale est un prisme à base rhombe dont les arètes latérales sont inclinées au plan de la base. L'octaèdre correspondant est un octaèdre oblique.

Système klinoédrique. — Les formes dérivent d'un prisme auquel Haüy donnait le nom de prisme oblique non symétrique et qui n'est autre chose qu'un parallélipipède obliquangle. Ici toutes les parties sont différentes et la modification d'une arète n'entraîne que la modification de l'arète opposée.

Tels sont les degrés par lesquels la symétrie cristallographique passe depuis l'identité de toutes les parties dans le cube jusqu'à leur dissemblance dans le prisme

dissymétrique. Pour comprendre parfaitement les lois qui président au groupement des cristaux dans les différents systèmes, le mieux est d'étudier quelques corps qui présentent dans chacun d'eux des formes nombreuses ; comme exemples, on pourra choisir les suivants : 1er *système :* alun, spath fluor, diamant pour les formes homoédriques ; blende, pyrite de fer pour les formes hémiédriques. 2e *système :* émeraude, quartz, spath d'Islande. 3e *système :* idocrase. 4e *système :* sulfate de baryte ou barytine. 5e *système :* feldspath, pyroxène. 6e *système :* sulfate de cuivre.

Une liaison intime existe entre le système cristallin et les propriétés d'une substance : les effets lumineux produits par les cristaux sont fort remarquables sous le rapport de cette liaison ; ainsi toutes les substances cristallisées dans le système régulier produisent sur la lumière la réfraction simple exactement comme les corps non cristallisés ; les cristaux du deuxième et du troisième système possèdent la double réfraction à un seul axe optique, et cet axe coïncide avec l'axe unique de son espèce qui existe dans l'un et l'autre de ces deux systèmes ; enfin, le phénomène de la double réfraction à deux axes optiques se rencontre dans tous les cristaux des trois derniers systèmes. L'existence des formes hémiédriques dans une substance entraîne très-fréquemment des propriétés physiques curieuses, telles que la polarisation rotatoire, l'existence du magnétisme ou de l'électricité polaire. La conductibilité pour la chaleur varie également dans les différentes directions d'un cristal, et les expériences de Sénarmont ont prouvé que cette variation était liée à la forme cristalline. L'étude des rapports entre la composition chimique, la cristallisation et les propriétés physiques forme l'une des branches les plus intéressantes de la minéralogie.

La division des cristaux en six systèmes n'est pas universellement adoptée : en Allemagne, plusieurs classifications cristallographiques ont été proposées, parmi lesquelles on distingue celles de Weiss, de Moss et de Naumann ; nous allons les faire connaître en quelques mots.

Système de Weiss. — Quatre systèmes distincts sont la base de cette division : les cristaux y sont partagés en sphéroédriques, binosingulaxes, singulaxes et ternosingulaxes. Sous le nom de sphéroédriques, M. Weiss désigne les cristaux symétriques par rapport à un centre : ce sont ceux du système cubique ; mais, dans cette classe, il distingue les homosphéroédriques ou cristaux complets et les hémisphéroédriques ou cristaux à formes hémiédriques. Les binosingulaxes répondent au système quadratique, et parmi eux on en trouve d'homoèdres et d'hémièdres. Les singulaxes, caractérisés par 3 axes différents entre eux, correspondent aux trois derniers systèmes et se partagent en trois catégories dont chacune répond à un de nos systèmes. Enfin, sous le nom de ternosingulaxes, il faut entendre les cristaux du système hexagonal.

Système de Moss. — Les quatre classes de ce système répondent exactement à celles de Weiss. Le système rhomboïdal comprend le rhomboèdre ; le système pyramidal est caractérisé par le prisme carré ; le système prismatique est formé par les trois catégories de singulaxes ; enfin le système tessulaire n'est autre chose que notre système cubique. Moss place ce dernier à la fin, parce qu'il suppose dans les cristaux de cette classe 3 axes de double réfraction en équilibre : les deux premiers systèmes n'en admettaient qu'un, et le troisième deux seulement.

Système de Naumann. — Ce cristallographe distingue sept systèmes : les cinq premiers concordent avec les nôtres, dans un ordre différent ; savoir :

1. Système tesséral	cubique.
2. Tetragonal	quadratique.
3. Rhombique	rhombique.
4. Hexagonal	hexagonal.
5. Monoklinoédrique	klinorhombique.

Les deux derniers sont formés par notre dernier système : ce partage de M. Naumann est fondé sur l'existence ou l'absence de 2 axes rectangulaires, lesquels ne changent rien à la dissymétrie du système.

Le tableau suivant fait voir le rapport et les différences de ces divers systèmes. Les numéros placés devant chacun d'eux indiquent l'ordre dans lequel chaque cristallographe les place.

SYSTÈMES CRISTALLINS.

1. Cubique.	2. Hexagonal.	3. Quadratique.	4. Rhombique.	5. Klinorhombique.	6. Klinoédrique.
a. Homoédrique. Cube. b. Hémiédrique. Tétraèdre. Dodécaèdre pentag.	a. Homoédrique. Prisme hexagonal. b. Hémiédrique. Rhomboèdre.	a. Homoédrique. Prisme carré. b. Hémiédrique.	Prisme droit à base rhombe.	Prisme oblique à base rhombe.	Prisme dissymétrique.

Suivant Haüy.

1. Octaèdre régulier.	2. Rhomboèdre.	3. Octaèdre carré.	4. Octaèdre droit à base rectangle.	5. Prisme à base oblique symétrique.	6. Prisme à base oblique non symétrique.

Suivant Beudant.

1. Tétraèdre.	2. Rhomboèdre.	3. Prisme carré.	4. Prisme rectangle.	5. Prisme oblique rectangle.	6. Prisme oblique à base parallélogramme.

Suivant Weiss.

1. Sphéroédrique.	4. Ternosingulaxe.	2. Binosingulaxe.	3. Singulaxe.
a. Homosphéroédrique. b. Hémisphéroédrique.		a. Homoèdre. b. Hémièdre.	
Monoréfringents.	Biréfringents à un seul axe.		Biréfringents à deux axes.

Suivant Mohs.

4. Tessulaire.	1. Rhomboïdal.	2. Pyramidal.	3. Prismatique.
Biréfringents à trois axes.	Biréfringents à un seul axe.		Biréfringents à deux axes.

Suivant Naumann.

1. Tesséral.	4. Hexagonal.	2. Tétragonal.	3. Rhombique.	5. Monoklinoédrique.	6. Biklinoédrique. 7. Triklinoédrique.

L.

CRISTALLISATION (Chimie et Minéralogie). — Opération dans laquelle les substances minérales dont la cohésion a été détruite par l'action de la chaleur ou d'un dissolvant passent à l'état solide en affectant des formes régulières ou cristallines ; le corps ainsi obtenu s'appelle *cristal*. Les cristaux se rencontrent fréquemment dans la nature ; on peut les obtenir artificiellement par diverses méthodes, dont quelques-unes sont analogues probablement aux réactions par lesquelles se sont formés les cristaux naturels.

1° *Cristallisation par fusion.* — On fait fondre la substance dans un creuset et on l'abandonne à elle-même ; dès qu'il s'est formé à la surface une croûte solide, on la détache avec précaution et on décante le liquide intérieur ; on voit alors les parois du vase tapissées de cristaux. Ex. : soufre, bismuth, antimoine.

2° *Cristallisation par sublimation.* — On vaporise la substance dans un vase où on la porte à la température de son ébullition ; les vapeurs viennent se condenser sur les parois d'un récipient refroidi et y affectent souvent la forme de cristaux. Ex. : arsenic, sulfure de mercure, soufre, etc.

3° *Cristallisation par évaporation.* — Ce procédé très-général consiste à dissoudre la substance dans un liquide et à faire évaporer la dissolution, soit spontanément, soit par l'action de la chaleur. Ex. : sel marin, sulfate de soude, dissous dans l'eau, etc.

4° *Cristallisation par refroidissement.* — Ce procédé se confond en partie avec le précédent ; les deux constituent la méthode connue sous le nom de *cristallisation par la voie humide*. Plusieurs substances minérales sont beaucoup plus solubles à chaud qu'à froid ; si donc on abandonne une de ses dissolutions saturées au refroidissement, la matière se précipitera à l'état cristallin. On obtient ainsi facilement des cristaux d'alun, de salpêtre, de sulfate de cuivre, etc.

5° *Cristallisation par dissolution sous l'influence d'une pression énergique.* — Il y a près d'un siècle, le chevalier Hales est parvenu, dans des expériences qui n'ont pas été assez remarquées, à fondre et à faire cristalliser des substances, telles que le marbre, qui, dans les circonstances ordinaires, se décomposent, par la chaleur.

M. de Sénarmont a repris ce genre d'expériences avec un très-grand succès. Il renferme dans des tubes fermés certaines substances, telles que le quartz, le sulfate de baryte, avec les principes les plus actifs des eaux minérales naturelles, acide carbonique, acide sulfhydrique, etc. ; puis il porte la température à 100 ou 120°. Dans ces circonstances exceptionnelles, la dissolution se fait, et après le refroidissement on trouve de petits cristaux assez semblables à ceux que présente la nature.

6° *Cristallisation par la dissolution dans des bains de matière minérale fondue.* — Ebelmen a popularisé ce remarquable procédé. Il prend pour véhicule de la cristallisation des matières telles que l'acide borique, les phosphates alcalins, etc., qui ne fondent qu'à une température élevée, mais qui alors dissolvent très-aisément les oxydes métalliques. Si l'on prolonge l'action de la chaleur de manière qu'une partie du bain en fusion se volatilise, les oxydes dissous cristallisent sous un aspect pareil à celui des échantillons naturels. C'est ainsi qu'en dissolvant dans l'acide borique en fusion de la magnésie et de l'alumine dans les proportions qui constituent le spinelle (Mg^3O, Al^2O^3), Ebelmen a produit artificiellement cette belle substance. C'est par cette même méthode qu'ont été obtenus la gahnite (ZnO, Al^4O^3), la cymophane ($Gl^2O^3, 3Al^2O^3$), le péridot ($3MgO, SiO^3$), etc.

7° *Cristallisation par les courants électriques.* — On sait que le courant voltaïque produit toujours à un certain degré son action décomposante sur les substances qu'il traverse. Quand le courant est *très-lent*, les corps qui se déposent sur les électrodes y contractent souvent la forme cristalline. C'est ainsi, par exemple, que sur le cuivre d'un élément de Daniell de très-faible intensité se dépose le même métal à l'état cristallin. Il y a longtemps que M. Becquerel a appelé l'attention des physiciens sur cette méthode, qui a dû jouer un rôle important dans la formation des cristaux naturels.
P. D.

CRISTALLOGRAPHIE. — Science qui a pour objet l'étude géométrique des cristaux. Cette partie, purement mathématique de la science des minéraux, est d'origine toute moderne : deux savants français, Romé de Lisle et l'abbé Haüy, peuvent en être regardés comme les fondateurs. Tous les cristaux, tant ceux que l'on rencontre dans la nature que ceux que nous produisons dans nos laboratoires, sont doués d'une certaine symétrie ; et si les cristaux d'une même substance ne sont pas tous identiques entre eux, du moins ils peuvent, d'après quelques lois fort simples, se déduire tous d'un même type. Ces lois, fondement de la cristallographie, une fois connues, il ne reste plus qu'à résoudre pour chaque corps les deux problèmes suivants. Étant donné un cristal d'une substance, déterminer par l'observation le type auquel on doit le rapporter, et en second lieu calculer toutes les formes compatibles avec ce type et sous lesquelles on pourra rencontrer le corps en question. Ajoutons que cette science, qu'on pourrait appeler philosophie minéralogique, a conduit à la découverte de lois tout à fait analogues à celles de la philosophie chimique : ce qui montre une fois de plus que, pour arriver à son but, la nature emploie presque toujours les mêmes moyens (voyez DIMORPHISME, ISOMORPHISME).

Consulter le *Traité de minéralogie* de Dufrenoy, celui de M. Delafosse et le *Traité de Cristallographie* de Miller, traduit par Sénarmont.

CRISTATELLE (Zoologie), du latin *crista*, crête. — On trouve dans les étangs et les eaux douces stagnantes des filaments velus, blanchâtres, qui, vus à l'œil nu, ressemblent à des moisissures, et examinés à la loupe, se montrent composés de petits animaux membraneux réunis dans une enveloppe commune ; on les a nommés des *Cristatelles*. Cette enveloppe a la forme d'un filament gros comme une plume de cygne, hérissé de petits animaux cylindriques qui étalent dans l'eau les tentacules opalescents dont leur bouche est environnée. Ces filaments villeux et semi-transparents qui servent de tige commune aux cristatelles, sont tantôt flottants et fixés seulement par une extrémité, tantôt adhérents par un de leurs côtés à un corps submergé ; leur longueur peut aller jusqu'à 0^m,14 ou 0^m,15 ou être beaucoup moindre ; l'animal n'a guère que 0^m,001 de longueur. On trouve des cristatelles jusque dans les eaux stagnantes de Paris. Découverts par Roesel, en Allemagne, en Écosse par Dalyell, et, plus tard, en France par M. Paul Gervais (*Ann. franç. et étrang. d'anat. et de physiol.*, 1839. — *Atlas supplém. du Diction. des sc. nat.*), ces animaux formèrent un genre (*Cristatella*, Cuv.) rangé par Cuvier parmi les *Zoophytes*, classe des *Polypes*, ordre des *Polypes gélatineux*. M. Milne-Edwards, d'après leur organisation mieux connue, les place dans l'embranchement des *Mollusques*, sous-embranchement des *Molluscoïdes* ou *Tuniciers*, classe des *Bryozoaires*.

CRITHE (Médecine), du grec *krithê*, grain d'orge. — Synonyme peu usité d'*orgelet* (voyez ce mot).

CRITHME (Botanique). — Voyez BACILE.

CRITIQUES (Jours) (Médecine).—On appelle *jours critiques* ceux dans lesquels se font les *crises* des maladies. C'est en examinant avec exactitude les différents changements qui s'opèrent dans les maladies jour par jour qu'on a pu déterminer les jours critiques. Fondée d'abord sur les observations d'Hippocrate et de Galien, confirmée et développée par celles d'un grand nombre de médecins anciens et modernes, cette doctrine admet, avec la majorité des médecins, l'influence de la révolution septénaire sur la marche des maladies. Ainsi, d'après les observations sur les jours critiques, le plus parfait et le plus favorable est le septième, puis viennent le quatorzième, le vingtième, le vingt-septième, le trente-quatrième, le soixantième, le quatre-vingtième, le centième et le cent vingtième, qui, d'après Galien, est le dernier jour critique. Il y a encore dans l'intervalle des septénaires des jours intermédiaires qui annoncent plutôt qu'ils ne forment la crise ; ainsi le quatrième, le onzième, le dix-septième et les suivants amènent ordinairement de bonnes crises ; mais il en est d'autres plus ou moins funestes ; le plus redoutable de tous est le sixième : aussi Galien l'avait-il surnommé le *tyran* ; après lui viennent le huitième, le dixième, le douzième, le seizième, le dix-neuvième.

L'*âge* ou le *temps critique* est une époque particulière de la santé des femmes qui correspond à l'âge de quarante à cinquante, cinquante-cinq ans et même plus. On lui a donné le nom de *critique* à cause du grand nombre de maladies dont les femmes peuvent être affectées à cette époque. Cependant, l'observation exacte des faits a prouvé qu'elles n'étaient guère plus sujettes aux maladies à cette époque qu'aux autres périodes de la vie.   F —N.

CROASSEMENT (Zoologie), mot qui imite le cri qu'il désigne. — On nomme ainsi le cri rauque et morne de divers oiseaux du genre *Corbeau*.

CROC (Agriculture). — On nomme ainsi un instrument en fer généralement formé de deux dents recourbées, dont on se sert pour arracher le foin, le fumier des tas où ils sont amoncelés.

CROCHETS (Hippiatrique). — Petite dent placée chez le cheval, à chaque mâchoire, dans l'intervalle qui sépare l'incisive la plus externe de la première molaire. Les juments n'ont ordinairement pas de crochets. Les crochets sont réellement les *dents canines*.

CROCODILE (Zoologie), *Crocodilus*. — Genre de *Reptiles* de l'ordre des *Sauriens*, constituant à lui seul la famille des *Crocodiliens* de Cuvier. Son nom vient-il du grec *kroké deilos*, faible sur le rivage, ou bien de sa ressemblance avec un lézard nommé en grec *krokodeilos* ? C'est une question difficile à résoudre ; toutefois, il paraît, d'après Hérodote, que les Égyptiens l'appelaient *champsé* et qu'ils avaient pour lui une vénération superstitieuse et le regardaient comme sacré : nous avons vu qu'il en était de même du *boa* pour les indigènes du Mexique, tant il est vrai que la force et le pouvoir de nuire inspirent à l'homme un respect presque religieux ! Le nom du crocodile, en effet, rappelle l'idée d'un animal redoutable par sa grandeur et par sa férocité, et qui se rend le tyran des eaux douces de la zone équinoxiale dans l'ancien et le nouveau monde. Écoutons Lacépède : « Cet animal énorme, vivant sur les confins de la terre et des eaux, étend sa puissance sur les habitants des mers et sur ceux que la terre nourrit... Il surpasse par la longueur de son corps et l'aigle et le lion, ces fiers rois de l'air et de la terre ; et si l'on excepte l'éléphant, l'hippopotame, etc., et quelques serpents démesurés...,

Fig. 726. — Crocodile vulgaire.

il serait le plus grand des animaux, si dans le fond des mers dont il habite les bords, cette nature puissante n'avait placé d'immenses cétacés. »

La forme générale du crocodile est assez semblable à celle des lézards ; sa tête est aplatie, allongée et fortement ridée, le museau gros et un peu arrondi, les narines placées au-dessus. La gueule s'ouvre jusqu'au delà des oreilles ; les mâchoires ont quelquefois jusqu'à 0^m,70 de longueur et se prolongent derrière le crâne, ce qui donne à cette ouverture des dimensions énormes. Ils ont la queue aplatie sur les côtés ; cinq doigts devant, quatre derrière plus ou moins palmés, les trois internes de chaque pied armés d'ongles ; un rang de dents pointues à chaque mâchoire, la langue plate et attachée par ses bords, ce qui avait fait penser qu'ils en étaient dépourvus. Le dos et la queue sont couverts de grandes écailles carrées très-fortes, avec une arête sur le milieu, une crête de fortes dentelures sur la queue ; les vertèbres cervicales appuient les unes sur les autres par de petites fausses côtes qui rendent les mouvements latéraux très-difficiles ; ils n'ont pas de clavicules. A l'encontre des autres reptiles, ils ont un cœur à quatre cavités distinctes, comme chez les mammifères, mais de telle façon que, au moyen d'un vaisseau qui va du ventricule droit dans l'aorte descendante, la partie postérieure reçoit un mélange de sang artériel et de sang veineux, tandis que la tête reçoit en entier du sang artériel. Par toutes ces raisons, plusieurs naturalistes ont cru devoir en faire un ordre à part ; ainsi ce sont les *Loricata*, de Merrem, et les *Emydosauriens*, de de Blainville. La couleur des crocodiles tire sur un jaune verdâtre, nuancé de vert faible. Leur taille varie, suivant la température, de 4 jusqu'à 8 mètres, avec les proportions suivantes : la longueur totale étant de 4^m,45, on a pour la tête 0^m,71 ; pour la queue 2 mètres (Muséum d'histoire naturelle). Ces grands reptiles habitent les contrées chaudes et se tiennent d'ordinaire dans les fleuves et les lacs d'eau douce. Ils ont une allure grave, nagent avec une rapidité extrême et courent très-vite, mais seulement en ligne droite ; aussi les évite-t-on en faisant des détours ; ils sont très-carnassiers et très-dangereux même pour l'homme ; ils ne peuvent avaler dans l'eau, mais ils noient leur proie, la placent dans quelque creux sous l'eau et la laissent putréfier. Cuvier les divise en trois sous-genres : 1° les *C. propres*, dont nous venons de parler, parmi lesquels on distingue le *C. vulgaire* ou *du Nil* (*Lacerta crocodilus*, Lin.), qui a six rangées de plaques carrées tout le long du dos. Le *C. à deux arêtes* (*C. biporcatus*, Cuv.), de la mer des Indes. Le *C. à museau effilé* (*C. acutus*, Cuv.); 2° les *Caïmans* ou *Alligators*; 3° les *Gavials* (voyez ALLIGATOR, GAVIAL).

CROCUS (Botanique). — Voyez SAFRAN.

CROISÉ (Botanique). — Se dit des rameaux et des feuilles qui, étant opposés, se croisent par paires à angle droit. Dans le lilas, le caféier, l'érable faux-platane, les rameaux sont *croisés*. Les feuilles sont *croisées* dans le mille-pertuis à quatre angles, l'euphorbe épurge, la crassule tétragone.

CROISEMENT (Zoologie, Botanique). — Voyez RACES.

CROISER (SE) (Hippiatrique). — Lorsque dans la marche en avant les deux *bipèdes latéraux* d'un cheval ne suivent pas la même ligne, on dit que ce cheval *se croise*. C'est un signe de faiblesse ou de mauvaise éducation.

CROISETTE (Botanique). — Nom vulgaire de la *Gentiana cruciata*, Lin.; du *Galium crucialum* et de quelques autres espèces de plantes (voyez GENTIANE, GAILLET).

CROISETTE (Minéralogie). — Voyez STAUROTIDE.

CROISSANT (Vétérinaire). — Éminence semi-lunaire à la surface de la sole du cheval, causée par la pression du bord antérieur de l'os du pied. Cette maladie, qui est la suite de la fourbure chronique, guérit rarement. Le traitement consiste dans une opération au moyen de laquelle on retranche les tissus cornés qui dépassent la surface de la sole (voyez SOLE, FOURBURE).

CROISSANT (Arboriculture). — Espèce d'outil dont on se sert pour élaguer et tondre les arbres. Comme son nom l'indique, il a la forme d'un croissant et est emmanché dans une longue perche au moyen d'une douille de 0m,12 à 0m,15 de longueur ; la lame d'un croissant ordinaire doit avoir de 0m,30 à 0m,40, et, comme la pointe de l'outil s'use plus vite que le reste, cette partie doit être plus forte. Quant à la forme et à la courbure, elles varient au gré des Horticulteurs.

CROISSANT (Astronomie). — Voyez PHASES.

CROIX DE JÉRUSALEM (Botanique). — Nom vulgaire donné à la *Lychnide de Chalcédoine* (*L. Chalcedonica*, Lin.), parce qu'on a cru reconnaître une analogie de forme entre la disposition des pétales de cette plante et la croix de Jérusalem. La comparaison n'est pas heureuse, car ces pétales sont au nombre de 5, seulement ils sont bifides comme les branches de la croix de Malte (voyez LYCHNIDE).

CROIX DE SAINT-ANDRÉ (Botanique). — Nom français d'un arbrisseau du genre *Ascyre*, appartenant à la famille des *Hypéricinées*. C'est l'*Ascyre croix de Saint-André* (*Ascyrum crux Andreæ*, Lin.), dont la disposition des branches sur quatre rangs en forme de croix régulière a donné lieu au nom spécifique. Cet arbrisseau, élevé de 0m,60 environ, habite l'Amérique méridionale. Ses fleurs sont jaunes et disposées en panicule.

CROIX DE SAINT-JACQUES, CROIX DE CALATRAVA (Botanique). — Nom vulgaire de l'*Amaryllide magnifique* (*A. formosissima*, Lin.) (voyez AMARYLLIDE).

CROSSE DE L'AORTE (Anatomie). — Voyez AORTE.

CROSSETTE (Agriculture), du mot *crosse*. — Les vignerons nomment ainsi une branche de vigne destinée à servir de plant, à laquelle on laisse, en la taillant pour cet effet, un talon de vieux bois qui empêche le dessèchement de sa base. On taille aussi en *crossettes* les boutures de figuier, de saule, etc.

CROTALAIRE (Botanique), *Crotalaria*, Lin.; du grec *krotalon*, grelot, allusion au bruit que font entendre les fruits de ces plantes agitées par le vent. — Genre de plantes *Dicotylédones dialypétales périgynes*, famille des *Papilionacées*, tribu des *Lotées*. Les espèces, au nombre d'une trentaine, sont des herbes et des arbrisseaux propres aux régions tropicales. La *C. pourpre* (*C. purpurea*, Vent.) est un arbrisseau grimpant de 3 à 5 mètres, feuilles composées de 3 folioles; ses fleurs sont d'un pourpre foncé. On cultive cette plante pour l'ornementation des jardins; elle est originaire du cap de Bonne-Espérance. Ce genre se distingue par un calice à 5 lobes groupés en 2 lèvres; étendard très-grand; 10 étamines monadelphes; style barbu latéralement; gousse oblongue, gonflée, renfermant 2 ou plusieurs graines.

G — S.

CROTALE (Zoologie), *Crotalus*, Lin.; du grec *krotalon*, grelot. — Genre de *Reptiles* de l'ordre des *Ophidiens*, famille des *Serpents vrais*, tribu des *Serpents venimeux*

à crochets simples, beaucoup plus connu sous le nom de *Serpent à sonnettes* (voyez SERPENT).

CROTON (Botanique). — Genre de plantes *Dicotylédones dialypétales hypogynes*, famille des *Euphorbiacées*, tribu des *Crotonées*; caractérisé par des fleurs monoïques ou dioïques, dont les mâles seules ont des pétales au nombre de 5, étamines de 12 à 20, fruit à une capsule contenant 3 graines; il renferme des arbrisseaux et des plantes herbacées; les feuilles sont couvertes d'écailles argentées ou dorées, ou bien de poils en étoiles. Presque toutes les espèces habitent l'Amérique australe. Nous citerons particulièrement : 1° Le *C. tiglium*, arbre de l'Inde, de Ceylan, etc. Fleurs en grappes à l'extrémité des rameaux, fruits glabres à 3 graines allongées, connues dans le commerce sous le nom de *petits pignons d'Inde* ou *grains de tilly*. On en tire une huile âcre, brûlante, d'une odeur désagréable, qui agit énergiquement sur les tissus animaux; à l'intérieur, on la donne à la dose de quelques gouttes comme purgatif; à l'extérieur, en frictions sur la peau, elle détermine une éruption miliaire; on l'emploie très-souvent. 2° Le *C. lacciferum*, l'un des arbres qui fournissent la matière résineuse connue sous le nom de *laque* (voyez ce mot); à rameaux anguleux, à feuilles ovales, dentelées; les fruits sont de la grosseur du chènevis. 3° Le *C. cascarilla*, arbrisseau à tige cylindrique, de 1 mètre de haut; feuilles entières; fleurs en épis allongés, qui croît dans l'île de Bahama, à Saint Domingue, etc. Toutes ses parties et surtout son écorce, connue dans le commerce sous le nom de *cascarille*, ont une odeur aromatique très-agréable, surtout lorsqu'on les brûle; cette écorce, grisâtre, recouverte souvent de petits lichens, est employée en médecine comme tonique et stimulante et comme succédanée du quinquina (voyez CASCARILLE). 4° Le *C. tinctorium*; c'est la seule espèce acclimatée en Europe, dans les contrées méridionales; c'est une plante annuelle, à tige rameuse, feuilles alternes, ovales, fleurs monoïques, en grappes courtes au sommet des rameaux. Il fournit la matière colorante connue sous le nom de *tournesol des teinturiers* (voyez TOURNESOL). Necker en a fait le type de son nouveau genre *Crozophora*, adopté par M. Ad. Brongniart. 5° Le *C. sebiferum*, ou arbre à suif, dont les semences, renfermées dans des capsules à 3 côtes et à 3 loges, sont couvertes d'une espèce de suif un peu ferme et blanc, qu'on retire en faisant bouillir ces graines dans l'eau. Les Chinois s'en servent pour faire des chandelles. 6° Le *C. balsamiferum*, *Petit Baume*, arbrisseau odorant qui croît à la Martinique; il en découle par incision un suc jaunâtre, balsamique, d'une odeur agréable, que les habitants distillent avec de l'esprit de vin pour faire une liqueur qu'ils appellent *eau de menthe*.

F — N.

CROUP (Médecine), de l'écossais *croup*; ce mot est passé dans toutes les langues. — On appelle *croup* une variété de *laryngo-trachéite* aiguë, ou inflammation du larynx et de la trachée-artère, caractérisée par la production rapide de fausses membranes dans les voies aériennes. Baillou, en 1576, a le premier signalé la formation des fausses membranes dans cette maladie, mais sans donner à ce fait l'importance qu'il mérite. En 1765, Home trace une histoire complète de la maladie qu'il désigne le premier sous le nom de *croup*. Michaëlis, Crawford, Vieussens, Millar, fournissent à la science des travaux remarquables sur cette affection. Enfin, en 1807, le jeune Louis Bonaparte, fils du roi de Hollande, ayant succombé à une attaque du croup, l'empereur Napoléon 1er proposa un prix de 12 000 francs pour le meilleur mémoire sur cette question; le prix fut partagé entre le célèbre Jurine de Genève et Albers de Brême, et des mentions honorables furent accordées aux docteurs Caillau, Vieusseux et Double.

Le croup est souvent épidémique; on pense même qu'il est quelquefois contagieux; quoiqu'il sévisse surtout pendant l'hiver, dans les temps froids et humides, cependant on l'observe dans toutes les saisons de l'année. Cette maladie, particulière aux enfants, les attaque surtout de six à dix ans; cependant les adultes n'en sont pas exempts; elle est très-rare chez les vieillards. Guersent pense que le vrai croup récidive peu et que les exemples cités par les auteurs appartiennent au pseudo-croup dont nous parlerons plus loin. La maladie débute ordinairement par une petite toux assez légère, sèche, rauque, quelquefois avec une douleur au-devant du cou. Cette période peut durer de un à trois ou quatre jours. Ainsi le croup n'éclate pas brusquement, comme on l'a dit. Jamais, dit Guersent, il ne se manifeste sans être précédé d'une petite toux catarrhale pendant quelques heures au moins. Bientôt il survient des quintes courtes, avec des secousses rapprochées; la voix est sèche, sonore et prend ce cachet de la toux *croupale* qui n'appartient qu'à cette maladie; celle-ci est sifflante; il y a pendant les inspirations un frémissement comme si l'air passait dans un tube étroit; dans l'intervalle des quintes, la voix est enrouée, faible, basse; quelquefois, il y a aphonie. Ainsi les signes caractéristiques sont une voix sonore (la voix *croupale*), avec sifflement, bruissement laryngo-trachéal à toutes les inspirations, aphonie ou enrouement entre les quintes, suffocation pendant les accès de toux. A cela se joignent la bouffissure de la face, la couleur violacée des lèvres; il y a de la somnolence, de la tristesse; la déglutition reste ordinairement libre, l'intelligence nette, la peau est brûlante, le pouls fréquent. Quelquefois il y a des vomissements qui soulagent le malade pour un instant; cependant tous ces symptômes s'aggravent, la respiration devient convulsive, le pouls s'accélère, il est petit, irrégulier, intermittent, la toux est plus rare, moins sonore; l'aphonie est complète, le sifflement est incessant, l'assoupissement augmente, le sentiment de suffocation peut seul réveiller le malade, il s'agite pour respirer, porte la tête en arrière, cherche à arracher avec la main quelque chose qui l'étouffe à la gorge, se lève sur son séant, se jette à bas du lit, et bientôt retombe dans l'abattement; cependant les muscles du cou sont contractés, les ailes du nez agitées, le corps est couvert d'une sueur froide, et le malade périt dans un état d'angoisse inexprimable. La durée ordinaire du croup est de quatre à six ou sept jours; il peut être mortel en douze heures. A l'autopsie, on trouve une partie plus ou moins considérable du canal aérien tapissée d'une fausse membrane grisâtre qui adhère plus ou moins à la membrane muqueuse sous-jacente; son épaisseur, sa consistance, son étendue, sa texture varient à l'infini.

Il ne faut pas confondre avec le croup une maladie dont les symptômes ont quelque analogie avec lui : c'est le pseudo-croup. Celui-ci est plus fréquent que le croup proprement dit; il est aussi beaucoup moins grave; il débute ordinairement brusquement pendant la nuit par une toux sèche, sonore, sifflante; l'enfant paraît près de suffoquer, les accès qui succèdent à la première quinte sont ordinairement moins graves; vers la fin de l'accès, la face devient pâle, couverte de sueur, les lèvres sont violettes comme si l'enfant était dans le dernier accès du vrai croup, puis les accès se renouvellent en décroissant, l'enfant reste bien encore un peu enroué, mais les symptômes se dissipent au bout de quelques heures; le malade redevient gai, ne tousse presque pas pendant le jour, et souvent la nuit suivante l'enfant est repris de la même manière; du reste, il n'est pas assoupi, n'est pas triste, et les symptômes vont toujours en diminuant.

Plusieurs indications doivent guider le médecin dans le traitement du croup : la première consiste à diminuer l'inflammation par les sangsues et même les saignées, suivant la force du malade, les boissons pectorales douces, les sinapismes, etc.; la seconde doit avoir pour but de décoller et d'expulser les fausses membranes au moyen des vomitifs, le tartre stibié surtout, que l'on pourra et que l'on devra même renouveler plusieurs fois. Ces deux moyens doivent du reste être administrés presque simultanément; on y joindra, suivant les circonstances, les purgatifs et particulièrement le calomel, des frictions mercurielles au cou, sous les aisselles; on obtient de très-bons effets de la cautérisation avec une dissolution de nitrate d'argent ou l'acide chlorhydrique, portés au fond de la gorge; on peut aussi y insuffler de l'alun. M. Loiseau, médecin à Montmartre, a imaginé un procédé pour porter le caustique jusque dans la trachée-artère et même jusqu'à la bifurcation des bronches. Comme auxiliaires de cette médication, on emploiera avec avantage les sinapismes, les vésicatoires, les frictions avec la pommade ammoniacale, la pommade stibiée, l'huile de croton, les ventouses sèches ou scarifiées au haut de la poitrine. Enfin, on a conseillé, comme dernière ressource, la *trachéotomie* (voyez ce mot), opération qui consiste à pratiquer une ouverture soit à la trachée-artère, soit au larynx. Elle compte aujourd'hui un assez grand nombre de succès pour être considérée comme une médication extrêmement précieuse dans le croup. Les partisans de cette méthode conseillent de ne pas attendre, pour la pratiquer, que l'enfant soit près de suffoquer, les chances de l'opération devant diminuer à mesure que la maladie approche d'une terminaison funeste.   F — N.

CROUPE (Zootechnie). — On nomme *croupe* la portion du corps des quadrupèdes qui s'étend des *reins* à la base de la *queue* et se termine aux *hanches* de chaque côté. Elle comprend dans le squelette l'*os sacrum* et les *os coxaux*, et de grandes masses musculaires la remplissent. Elle forme une partie importante de l'extérieur des animaux domestiques (voyez HIPPOLOGIE, EXTÉRIEUR).

CROUPION (Zoologie). — La queue des oiseaux est formée de plumes insérées sur le pourtour d'un coccyx court et ramassé que l'on nomme vulgairement le *croupion*. Cette partie comprend les vertèbres coccygiennes entourées de muscles vigoureux propres à mouvoir le coccyx et les plumes qu'il porte. A la face supérieure du croupion se trouvent deux glandes dont l'orifice est dirigé vers l'extrémité du coccyx et qui sécrètent une matière grasse, sorte de pommade naturelle donnée à l'oiseau pour enduire son plumage. Aussi, quand les oiseaux, avec leur bec, lustrent leurs plumes chiffonnées ou humectées, on les voit sans cesse diriger leur tête vers le croupion pour y prendre cette matière grasse. Ces glandes sont souvent considérées, par le vulgaire, comme une maladie que l'on nomme le *bouton* et dont on assure qu'il importe de délivrer l'animal. C'est là une erreur ridicule qui provoque une opération barbare et inutile.

CROUTES (Médecine), du latin *crusta*. — On appelle ainsi de petites plaques formées sur la peau ou à l'origine des membranes muqueuses par une humeur coagulée et durcie, qui suinte d'une surface ulcérée; telles sont les *C. varioleuses*, les *C. vaccinales*, etc. Par la figure constante et régulière qu'elles présentent dans la plupart des exanthèmes chroniques, elles peuvent fournir des renseignements précieux pour le diagnostic; ainsi dans le *favus*, c'est un tubercule jaunâtre dont le centre est déprimé en godet et les bords relevés. Dans la *teigne granulée*, ce sont de petits grains brunâtres d'une figure irrégulière. La *teigne muqueuse* a des croûtes jaunes irrégulières, sans enfoncement au sommet. Dans la *dartre crustacée*, elles sont tantôt jaunes, transparentes; d'autres fois, elles sont suspendues comme des stalactites; il en est qui figurent une espèce de mousse. Dans la *lèpre*, elles sont plus épaisses, plus larges, etc. (voyez les mots cités plus haut).

On appelle encore *croûte de lait* un exanthème qui se développe sur le cuir chevelu et le visage chez les enfants. Voy. IMPÉTIGO, LAITEUSES (*Maladies*).   F — N.

CRUCIANELLE (Botanique), *Crucianella*, Lin.; diminutif du latin *crux*, croix; allusion à la disposition des feuilles. — Genre de plantes *Dicotylédones gamopétales périgynes*, famille des *Rubiacées*, tribu des *Aspérulées*. Caractères : corolle en entonnoir allongé à 4-5 lobes souvent munis d'appendices; 4-5 étamines; anthères linéaires; style bifide au sommet; fruit indéhiscent à 2 carpelles. Les espèces de ce genre sont le plus souvent des herbes à feuilles verticillées, d'un vert un peu glauque. Leurs fleurs sont disposées en épis ou en capitules. Elles habitent les lieux incultes des régions tempérées de l'hémisphère boréal. On cultive communément, dans les jardins, la *C. à long style* (*C. stylosa*, Trin.), espèce originaire de Perse. C'est une herbe vivace, couchée et hispide, caractérisée surtout par les styles en massue qui dépassent longuement les corolles d'un joli rose. La *C. à larges feuilles* (*C. latifolia*, Lin.), à fleurs d'un blanc verdâtre, et la *C. maritime* (*C. maritima*, Lin.), à fleurs jaunes, croissent dans la France méridionale, sur les bords de la Méditerranée.   G — S.

CRUCIFÈRES (Botanique), en latin *crucem ferre*, porter une croix. — Famille de plantes *Dicotylédones dialypétales hypogynes*, classe des *Cruciférinées*, établie par A. L. de Jussieu. Elle correspond à la *tétradynamie*, quinzième classe du système sexuel de Linné. Caractères : 4 sépales caducs, dont 2 extérieurs et 2 intérieurs; 4 pétales alternes avec les sépales; 6 étamines, dont 2 plus petites, latérales, opposées aux sépales latéraux; pistil à 2 carpelles soudés en un ovaire plus ou moins allongé et terminé par un style à 1 ou 2 stigmates. Le fruit est tantôt une silique, quand il est plus long que large; tantôt une silicule, quand sa longueur ne dépasse pas ou dépasse peu sa largeur; les graines ont un embryon courbé, dépourvu d'albumen, à radicule dirigée vers l'ombilic; les cotylédons sont opposés, droits, repliés ou contournés. Les crucifères sont des herbes le plus souvent vivaces, rarement des arbrisseaux, à suc aqueux et dépourvus de stipules. Leurs feuilles sont alternes. Leurs fleurs disposées en épis ou en grappes simples ou paniculées, ne varient guère, quant à la coloration, que du blanc au jaune et du jaune au rouge. Ces plantes, qui forment une des familles les plus naturelles par leurs caractères parfaitement tranchés, habitent en général les régions tempérées de l'ancien continent, principalement en Europe. On n'en rencontre qu'un petit nombre dans l'hémisphère austral. Elles sont très-rares vers l'équateur. En général, les crucifères sont antiscorbutiques, stimulantes, à cause du principe âcre qu'elles contiennent. Elles sont composées d'une forte dose d'azote à laquelle elles doivent leurs propriétés nutritives, et d'une huile volatile riche en soufre et en sélénium. La

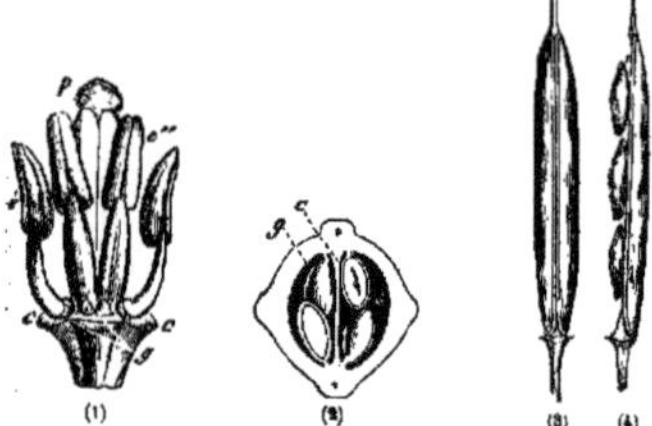

Fig. 727. — Organes de la fructification d'une crucifère, le vélar ou girofléе des murailles.

classification la plus généralement adoptée pour ces plantes est celle de de Candolle. Ce botaniste les divise en 5 grands sous-ordres, caractérisés par la forme de l'embryon, lesquels se subdivisent en 21 tribus caractérisées par la forme de la silique et de la silicule. 1er sous-ordre : *Pleurorhizées*; genres principaux : *Giroflée, Cresson, Cochlearia, Thlaspi, Iberis.* 2e sous-ordre : *Notorhizées*; genres principaux : *Julienne, Cameline, Pastel.* 3e sous-ordre : *Orthoplocées*; genres principaux : *Chou, Moutarde, Crambe, Raifort.* 4e sous-ordre : *Spirolobées*; genre principal : *Bunias.* 5e sous-ordre : *Diplécolobées*; genre principal : *Sénébière.*

Travaux monographiques : De Candolle, *Mémoire sur les crucifères* et *Systema*, t. II, p. 139. G—s.

CRUCIFORME (Botanique). — On donne ce nom à une forme de corolle régulière et composée de 4 pétales à longs onglets, à lames ouvertes, opposés deux à deux en croix. Cette forme de corolle, que l'on observe dans la giroflée, par exemple, est un des caractères de la famille des *Crucifères* et lui a valu son nom.

CRUOR (Médecine), du latin *cruor*, sang d'une blessure. — Les chirurgiens nomment *cruor* le sang extravasé dans les tissus vivants à la suite d'une contusion. Les physiologistes nomment *cruor*, chez l'homme et les animaux vertébrés, soit la partie colorée du sang (globules), soit le caillot que cette partie colorée forme par la coagulation de la fibrine lorsque le sang tiré du corps d'un vertébré est abandonné à lui-même.

CRUPINE (Botanique), *Crupina*, Cassini. — Genre de plantes établi aux dépens du genre *Centaurée* dans la famille des *Composées*, tribu des *Cynarées*, sous-tribu des *Centaurées.* Caractérisé principalement par des akènes ovales-cylindriques couverts d'un duvet court et soyeux, ceux de la circonférence sans aigrette, ceux du disque terminés par une aigrette noirâtre, à 3 rangs. La *C. vulgaire* (*C. vulgaris*, Cass.), originaire de l'Europe méridionale, est une herbe à fleurs purpurines.

CRURAL (Anatomie), du latin *crus*, cuisse. — Se dit de ce qui appartient à la cuisse.

En anatomie humaine, l'*arcade crurale* ou *ligament de Fallope* est un ligament qui sépare la cuisse de l'abdomen au niveau du pli de l'aine et contient dans ce pli les *vaisseaux* et *nerfs crураux* destinés aux membres inférieurs, et passant en dessous par un orifice connu sous le nom d'*anneau crural*. L'*artère crurale* ou *fémorale*, située à la partie interne de la cuisse, fait suite à l'*artère iliaque externe* et prend son nom au niveau de l'arcade crurale, et inférieurement elle se continue dans le pli du jarret avec l'*artère poplitée*. Placée au pli de l'aine, immédiatement sous la peau et au-dessus d'une éminence de l'os iliaque, l'artère crurale peut facilement être comprimée dans le cas d'hémorrhagie siégeant en un point du membre inférieur. — Le *nerf crural* est fourni par le plexus lombaire; il se divise dans la cuisse en *rameaux cutanés* qui se distribuent à la peau de la partie antérieure et interne de la cuisse et en *rameaux musculaires*. — La *veine crurale*, satellite de l'artère, a la même disposition que ce vaisseau; elle reçoit une branche particulière qui est la *veine saphène interne*. — L'*aponévrose crurale* est une vaste gaîne fibreuse qui enveloppe toute la cuisse. S—Y.

CRUSTACÉS (Zoologie), du latin *crusta*, croûte, test. — Classe de l'embranchement des *Animaux articulés*, sous-embranchement des *Articulés à pied articulés*; elle comprend des espèces en général aquatiques, qui respirent par des branchies l'air dissous dans l'eau douce ou marine; tantôt ces branchies sont recouvertes par les rebords d'une large carapace, repli de la portion dorsale du test; tantôt elles sont extérieures et d'une structure aussi variable que compliquée. Ces animaux sont encore caractérisés par l'existence d'un cœur recevant le sang à son retour des branchies et le poussant dans les artères pour nourrir tous les organes. Ce sang est incolore. Les premières espèces de la série des crustacés sont d'une organisation compliquée et très-perfectionnée, tandis que les dernières descendent à une grande imperfection. Leurs formes extérieures offrent des différences considé-

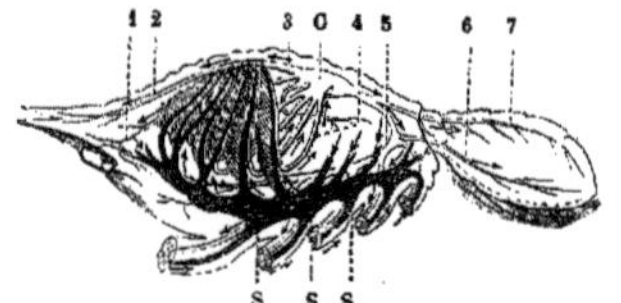

Fig. 728. — Circulation du crabe mala (1).

rables en rapport avec cette inégalité de perfection organique. Leur corps se compose d'une série d'anneaux le plus souvent libres de se mouvoir les uns sur les autres, comme on le voit dans les cloportes; mais souvent aussi soudés en un test ou carapace, plus ou moins étendu, comme on l'observe chez les squilles, les limules, les écrevisses, les crabes en général, etc. On distingue en général une tête formée de plusieurs anneaux, mais tantôt mobile sur les anneaux suivants, tantôt unie avec le thorax de façon à constituer une division commune du corps, nommée *céphalothorax*. Cette tête porte, en tous cas, les yeux, généralement au nombre de deux, deux paires d'antennes et la bouche pourvue de plusieurs pièces d'appendices destinés à saisir et à diviser les aliments. Ces mâchoires semblent être des membres transformés pour une fonction spéciale; car chez les limules, la bouche est entourée de véritables pattes dont les hanches triturent les aliments; mais chez les crustacés les plus élevés les appendices buccaux, au nombre de 7 paires, ont des formes tout à fait particulières. Le thorax plus ou moins nettement délimité montre en général 7 anneaux; en dessous de cette portion du corps s'insèrent 5 à 7 paires de pattes, suivant les espèces. Enfin l'abdomen, de forme annelée en général bien reconnaissable, porte habituellement à sa face inférieure des paires d'appendices que l'on nomme *fausses pattes*, et qui servent à la natation, à la gestation des œufs, parfois même à la respiration aquatique.

La peau des crustacés est enraidie par un épiderme corné où se dépose dans beaucoup d'espèces du calcaire qui en augmente considérablement la dureté et l'épaisseur. Cet épiderme tombe par une mue périodique à la suite de laquelle le test demeure quelques jours membraneux et mou, et qui permet l'accroissement de l'animal pendant son jeune âge. Les crustacés se nourrissent en général de substances animales, mais à des états très-

---

(1) *c, c,* cicatrices résultant de la chute des sépales. — *g.* glandes nectaires. — *e'*, étamines courtes. — *e″*, étamines longues — *p*, pistil.
(2) Tranche horizontale de l'ovaire, grossie. — *c*, cloison. — *g*, graine.
(3) Silique (fruit).
(4) La même, une de ses valves enlevée et laissant voir les graines.

(1) C, cœur. — 1, artère de l'œil. — 2, artère de l'antenne. — 3, artère du foie. — 4, les veines branchio-cardiaques, ramenant le sang des branchies au cœur. — 5, artère qui se rend à la face sternale du corps. — 6, artère abdominale inférieure. — 7, artère abdominale supérieure. — S, sinus veineux qui rassemble le sang revenant de toutes les parties et le fournit aux branchies.

variés qui expliquent les grandes variétés de conformation de l'appareil buccal. Le canal digestif est composé
habituellement d'un œsophage court, d'un estomac assez
vaste souvent muni de dents puissantes et d'un intestin
qui se rend à l'anus à peu près sans détours. Le plus souvent un foie volumineux est annexé à ce canal digestif;
quelques espèces ont cependant, au lieu de foie, des
canaux biliaires comme ceux des insectes. Le système
nerveux des crustacés a ses masses centrales disposées,
conformément au plan général de l'organisation des animaux articulés, en une double série de ganglions, dont les
deux premiers au-dessus l'œsophage, les autres suivant
la ligne médiane ventrale, sous le canal digestif. A mesure
que l'organisation des espèces est plus perfectionnée, ces
ganglions se concentrent d'arrière en avant de telle façon
que, chez les crabes, la plupart d'entre eux finissent par
se confondre en une masse unique et considérable située

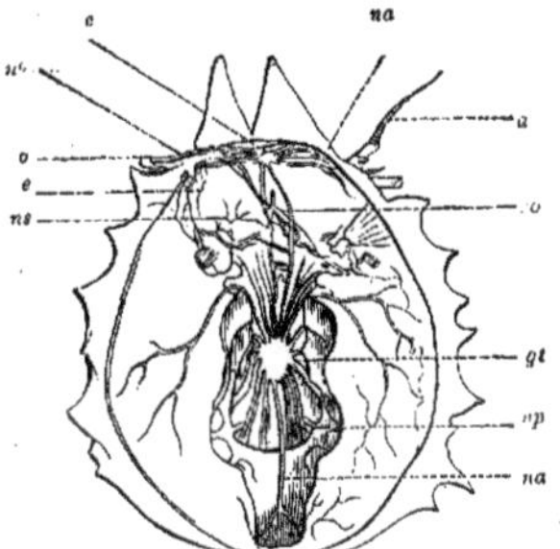

Fig. 729. —Système nerveux du crabe maïa (la carapace ouverte par le dos
et vidée pour le mettre en vue) (1).

vers la face inférieure et au milieu du thorax. La plupart
des crustacés ont à la base des antennes externes un appareil d'audition.

Tous les crustacés sont ovipares, et les œufs sont en
général suspendus sous l'abdomen des femelles pendant
le développement des jeunes. Les espèces supérieures
naissent avec des formes très-analogues à celles qu'elles
doivent conserver; mais les espèces inférieures subissent
des métamorphoses, et même chez certaines d'entre
elles les formes caractéristiques de leur classe s'altèrent
et l'organisme semble se dégrader en parvenant à l'âge
adulte (lernées, caliges). Les crustacés peuvent atteindre
à une taille considérable pour des animaux articulés, et les
homards, les langoustes comptent parmi les plus grands
animaux de cet embranchement.

Latreille, dans le *Règne animal* de Cuvier, partage la
classe des *Crustacés* en deux sous-classes : la 1re sous-
classe, les *Malacostracés*, se partage en 5 ordres : les
Décapodes sous-divisés en *D. brachyures* (crabes) et *D.
macroures* (écrevisses); les *Stomapodes*, divisés en deux
familles, les *S. unicuirassés* (squilles), et les *S. bicui-
rassés* (Phyllosomes); les *Amphipodes* (crevettes ou chevrettes); les *Læmodipodes* (cyames); les *Isopodes* (cloportes). La 2e sous-classe, les *Entomostracés*, beaucoup
moins nombreuse, se partage en 2 ordres : les *Branchiopodes* (monocles, cypris, apus), et les *Pœcilopodes* divisés
en deux familles, les *Xiphosures* (limules) et les *Siphonostomes*, formant deux tribus, les *Caligides* (argule,
calige) et les *Lernæiformes* (dichélestion, nicothoë). A
cette même sous-classe, Latreille, d'après Al. Brongniart,
rattache en outre le grand groupe des crustacés fossiles
connus sous le nom général de *Trilobites*. Il les divise
en 5 genres : les *Agnostes*, les *Calymènes*, les *Asaphes*,
les *Ogyyies*, les *Paradoxides*. M. Milne Edwards, qui
a fait sur les animaux de cette classe des travaux d'une
importance tout à fait exceptionnelle, après avoir exprimé combien le classement méthodique de ce groupe
offre de difficultés, en propose une classification qui est

(1) *a* antennes externes. — *o*, œil. — *e*, estomac.— *c*, ganglions cérébroïdes. — *no*, nerf optique. — *co*, collier œsophagien — *ns*, nerfs de l'estomac. — *gt*, masse centrale formée
par la reunion des ganglions thoraciques et des ganglions abdominaux. — *np*, nerfs qui vont aux pattes. — *na*, nerf abdominal central.

généralement suivie aujourd'hui, et qu'on trouvera
exposée, dans son article *Crustacés*, du *Dict. Univ.
d'Hist. nat.* de d'Orbigny. Voici le tableau des groupes
supérieurs de cette méthode :

SOUS-CLASSES.	DIVISIONS.	ORDRES.
I. CRUSTACÉS ORDINAIRES. Pièces buccales distinctes des membres proprement dits.	I. *Pedophthalmes,* yeux pédonculés mobiles........	*Décapodes.* *Stomapodes.* *Phyllosomiens.*
	II. *Edriophthalmes,* yeux sessiles et latéraux..	*Amphipodes.* *Læmodipodes.* *Isopodes.*
	III. *Trilobites* (espèces fossiles)..	*Trilobites* proprem. dits. *Battoïdes.*
	IV. *Branchiopodes* pattes lamelleuses, branchiales	*Phyllopodes.* *Cladocères.*
	V. *Ostracodes.*	*Cypris.*
	VI. *Entomostracés* pattes thoraciques, natatoires et biramées......	*Copépodes.* *Siphonostomes.* *Lernéens.*
II. XYPHOSURES	Bouche entourée de pattes dont la base sert d'appareil buccal.....	*Limules.*

Plus récemment, M. Milne Edwards, *Cours élém.
d'Hist. nat.* — 1858, indique la classe des *Cirrhipèdes*
ou *Cirrhopodes*, de Cuvier, comme devant former un
ordre dans la division des *Entomostracés.* — Pour cette
classe, consultez spécialement : Milne Edwards, *Hist.
nat. des Crust.*, voyez l'art. CIRRHIPÈDES.   AD. F.

CRYPTE (Anatomie), du grec *kryptô*, je cache. — Organe de sécrétion d'une structure extrêmement simple
que l'on observe à la surface des membranes muqueuses
et de la peau (voyez MUQUEUSE et SÉCRÉTION).

CRYPTE (Zoologie), *Cryptus*, Fab.; même étymologie
que le précédent. — Genre d'*Insectes* de l'ordre des *Hyménoptères*, famille des *Pupivores*, tribu des *Ichneumonides;*
il comprend des mouches à antennes longues et grêles, à
thorax épineux, à abdomen pédonculé; les femelles ont
une tarière saillante. Elles vivent, comme les ichneumonides, dans les œufs des autres insectes, dans le corps
des pucerons. On rencontre en Europe beaucoup d'espèces
de ce genre.

CRYPTOGAMES (Botanique), du grec *kryptô*, je cache,
et *gamos*, mariage. — Linné a créé ce nom pour désigner les plantes dont les organes sexuels sont peu apparents ou tout à fait cachés. La *Cryptogamie* forme la
vingt-quatrième et dernière classe du système de classification de ce grand botaniste. Elle est divisée en quatre
ordres : 1o Les *Fougères*, 2o les *Mousses*, 3o les *Algues*,
4o les *Champignons*. M. Ad. Brongniart, adoptant le nom
de *Cryptogames* pour désigner sa première grande division du règne végétal, les partage en deux embranchements : 1o les *Amphigènes*, comprenant 3 classes : les
Algues, les *Champignons*, les *Lichénées* ou *Lichenoïdées.*
2o Les *Acrogènes*, 2 classes : les *Muscinées*, les *Filicinées.*
Voyez le *Tableau du Règne végétal*, par Ad. Brongniart.)
Les plantes *Cryptogames* correspondent aux *Acotylédones*
de Jussieu (voyez ACOTYLÉDONES).

CRYPTOGAMIE (Botanique). — Voyez CRYPTOGAMES.

CRYPTOPODES (Botanique), du grec *kryptô*, je cache,
et *pous*, pied. — Sixième section de la famille des *Décapodes
brachyures*, classe des *Crustacés* de Latreille; elle comprend des crustacés dont les pieds, à l'exception des deux
antérieurs (les pinces), peuvent se retirer et se cacher
sous une avance, en forme de voûte, du bord postérieur de
leur test, qui est demi-circulaire ou triangulaire. La tranche supérieure des pinces forme une sorte de crête dentée qui a valu à certaines espèces les noms vulgaires de
Coqs de mer ou *Crabes honteux*, parce que ces pinces
cachent le devant du corps. Les genres *Calappe* et *Æthra*
forment cette section.

CRYSTAL... — Pour tous les mots commençant ainsi,
voyez CRISTAL...

CTÈNE (Zoologie), *Ctenus*, Walck.; du génitif grec
ktenos, peigne. — Genre d'*Arachnides*, de l'ordre des
Pulmonaires, famille des *Fileuses*, tribu des *Citigrades;*
caractérisé par huit yeux disposés sur le devant du céphalothorax en trois rangées transversales; une languette carrée; la troisième paire de pieds plus courte
que les quatre autres. Ce genre a pour type le *C. bordé*
(*C. fimbriatus*, Walck.), du cap de Bonne-Espérance.

CUBAGE (Géométrie). — Ensemble des opérations qui ont pour but de déterminer le volume ou la capacité d'un corps (voyez Cubature).

CUBATURE (Géométrie) (Évaluation des volumes). — Les méthodes générales pour la cubature des volumes constituent une des applications importantes du calcul intégral. Supposons d'abord qu'il s'agisse d'un solide de révolution, et considérons l'aire génératrice terminée par l'axe de x, une courbe donnée $y = f(x)$ et deux ordonnées correspondantes aux abscisses $x = \alpha$, $x = \beta$. Décomposons cette aire en éléments infiniment petits, chacun de ces éléments tournant autour de l'axe des x engendre un petit solide que l'on peut confondre avec un cylindre de hauteur dx et de rayon y. Son volume est donc $\pi y^2 dx$, et le volume entier sera donné par la formule

$$V = \pi \int_{\alpha}^{\beta} y^2 dx.$$

Le théorème de Guldin sert aussi avantageusement, dans certains cas, à calculer le volume d'un solide de révolution, lorsque le centre de gravité de l'aire génératrice est connu (voyez Guldin [*Théorème de*]).

Si le corps n'est pas de révolution, le procédé direct, pour en déterminer le volume, consiste à le couper par une série de plans très-voisins, perpendiculaires à l'axe des x, et à évaluer séparément ces volumes élémentaires qui peuvent être confondus avec des prismes dont la hauteur est l'intervalle dx des plans sécants; la base est une fonction $F(x)$ qui représente l'aire de la section variable avec x. Le volume entier sera donc

$$V = \int_{\alpha}^{\beta} F(x) dx.$$

Si l'on sait calculer $F(x)$ et effectuer l'intégration, on aura rigoureusement V. Ainsi pour l'*ellipsoïde* à trois axes inégaux a, b, c, on trouve que son volume est $\frac{4}{3}\pi abc$.

Si l'on ne peut pas obtenir V directement, on pourra toujours le calculer par approximation, à l'aide d'un procédé analogue à celui que l'on suit pour les *quadratures*. En coupant le solide par des plans parallèles suffisamment voisins, et évaluant l'aire $F(x)$ des diverses sections, on obtiendra une valeur approchée de V. C'est ainsi qu'on s'y prend, dans la pratique, pour évaluer les déblais et les terrassements.

Quelquefois il sera plus avantageux d'employer tout autre mode de décomposition, ou bien d'assimiler le corps à un autre de forme régulière et susceptible d'être cubé exactement. Dans le jaugeage des tonneaux par exemple, on peut assez approximativement assimiler la forme des douves à des arcs de parabole, de sorte qu'on est ramené à calculer le volume d'un segment parabolique. Voici la formule à laquelle on est conduit : soit l la longueur intérieure du tonneau, D le diamètre du *bouge* ou milieu, d le diamètre du *fond* ou bout du tonneau, on prend

$$V = \frac{\pi l}{4}\left[D - \frac{3}{8}(D - d)\right]^2;$$

quelques-uns à la fraction $\frac{3}{8}$ substituent $\frac{2}{5}$. Cette formule approche assez de la vérité ; elle est d'ailleurs facile à calculer.

La question se simplifie beaucoup si le corps est terminé par des faces planes ou à peu près, car on peut toujours alors le décomposer en *prismes* ou en *pyramides*.　　　　　　　　　　　　　　　　　　　E. R.

CUBE (Arithmétique). — Troisième puissance d'un nombre, c'est-à-dire produit obtenu en faisant le produit de trois facteurs égaux à ce nombre, ainsi 343 est le cube de 7, parce que $343 = 7 \times 7 \times 7$; on exprime cela d'une manière abrégée en écrivant $7^3 = 343$. Si un nombre quelconque, 5 par exemple, indique la mesure de la longueur du côté d'un cube, la troisième puissance de ce nombre exprime la mesure du volume, pourvu que l'on prenne pour unité de volume le cube ayant pour arête l'unité de longueur ; c'est de là que vient le nom de *cube* pour la troisième puissance d'un nombre.

Le cube d'une somme de deux nombres est égal au cube du premier, plus trois fois le carré du premier nombre par le second, plus trois fois le premier nombre par le carré du second, plus le cube du second; ainsi

$$(27 + 14)^3 = 27^3 + 3 \times 27^2 \times 14 + 3 \times 27 \times 14^2 + 14^3$$

ce qui s'exprime d'une façon générale en posant

$$(a + b)^3 = a^3 + 3a^2b + 3ab^2 + b^3$$

Le cube d'un produit de facteurs est égal au produit des cubes des facteurs; ainsi

$$(8 \times 11 \times 23)^3 = 8^3 \times 11^3 \times 23^3$$

Le cube d'une fraction s'obtient en élevant au cube chacun de ses termes, ainsi $\left(\frac{2}{5}\right)^3 = \frac{2^3}{5^3} = \frac{8}{125}$. Quand on a affaire à une fraction proprement dite, le cube est plus petit que la fraction.

Cube (Géométrie). — Polyèdre compris sous six faces qui sont des carrés égaux, perpendiculaires les uns sur les autres. Il peut facilement s'obtenir en prenant un carré quelconque, élevant par ses quatre sommets des perpendiculaires à son plan ayant même longueur que son côté, et joignant les extrémités de ces perpendiculaires par des lignes parallèles aux côtés du carré de base. Au point de vue de la géométrie, le cube est un cas particulier du *parallélipipède rectangle* (voyez Parallélipipède).

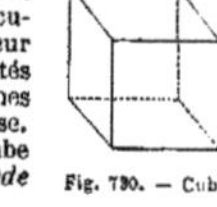

Fig. 730. — Cube.

Le *mètre cube*, c'est-à-dire le cube dont le côté a un mètre, sert d'unité de volume.

Le volume d'un cube quelconque s'obtient en élevant au cube (c'est-à-dire à la troisième puissance) le nombre qui mesure son côté. Ainsi soit un cube dont le côté ait une longueur de 2^m, le volume sera égal à 2^3, c'est-à-dire à 8 mètres cubes.

Le carré de la diagonale d'un cube est égal à 3 fois le carré d'une des arêtes.

Les quatre diagonales d'un cube se coupent toutes en un même point qui partage chacune d'elles en deux parties égales, et qui est le centre commun des sphères inscrite et circonscrite au cube.

En désignant par C le côté du cube, le rayon de la sphère circonscrite est $\frac{C\sqrt{3}}{2}$, et celui de la sphère inscrite $\frac{C}{2}$. En désignant par R le rayon d'une sphère, le côté du cube inscrit est égal à $\frac{2R\sqrt{3}}{3}$, et celui du cube circonscrit est égal à 2R.

CUBÈBE (Botanique), *Cubeba*, Miq. ; de *kabâbeh*, nom arabe. — Genre de plantes *Dicotylédones dialypétales hypogynes*, famille des *Pipéracées* ; caractérisé par des fleurs dioïques en chatons, baies rétrécies et prolongées à leur base en une sorte de faux pédicule. Ce genre comprend des arbres et des arbrisseaux grimpants, propres à l'Asie intertropicale et à l'Afrique australe. Le *C. officinal* (*C. officinalis*, Miq.) est un arbuste à feuilles glabres, ovales, oblongués, à baies munies d'un pédicule qui les dépasse en longueur, d'où lui est venu dans le commerce le nom de *Poivre à quèue*. Le cubèbe croît spontanément à Java, où il est aussi l'objet d'une grande culture. Ses baies, de la grosseur du poivre ordinaire, ridées, ont une odeur aromatique et une saveur âcre et brûlante. Elles sont très-employées en médecine. Ce n'est guère que depuis une soixantaine d'années qu'on en fait usage. A Java, on plante le cubèbe à côté d'arbres sur lesquels il ne tarde pas à grimper en s'aidant de ses racines qui s'y attachent. Cette culture ne nécessite pas d'autres soins.　　　　　　　　　　　　　G—s.

CUBITAL (Anatomie), du latin *cubitus*, coude. — Se dit de tout ce qui appartient au coude ou à l'os cubitus. En anatomie humaine, il y a deux muscles de l'avant-bras désignés sous ce nom; le *cubital antérieur*, situé au côté interne de la face antérieure de l'avant-bras, est un fléchisseur de la main; le *cubital postérieur*, placé au côté interne et à la face postérieure de l'avant-bras, porte la main dans l'extension. Chaussier a nommé ces muscles d'après leurs attaches sur les os : le premier, *cubito-carpien*; le second, *cubito-sus-métacarpien*. — L'*artère cubitale* est une des deux branches dans lesquelles se partage l'*artère brachiale*, au niveau du pli du coude; elle suit la face antérieure du *cubitus*, passe sous le ligament annulaire du poignet, et se termine dans la paume de la main par l'*arcade palmaire superficielle*. Deux autres branches artérielles moins importantes portent encore le nom de *cubitales*. — Les *veines cubitales* sont nombreuses; les unes correspondent aux artères qui portent le même nom; les autres, situées sous la peau, sont la *cubitale cutanée* (voyez Saignée) et la *cubitale* *superficielle.* — Le *nerf cubital* est un rameau fourni par la huitième paire de nerfs cervicaux et la première paire dorsale; il se distribue au doigt annulaire et au petit doigt. Ce nerf suit la partie antérieure et interne du bras et contourne le côté interne du coude pour gagner la partie postérieure de l'avant-bras; c'est près du coude que, placé entre l'apophyse olécrane et la tubérosité interne de l'humérus, il peut être atteint par des coups qui produisent alors dans tout l'avant-bras et la main un engourdissement douloureux bien connu. — On nomme parfois *os cubital* l'os *pyramidal* du carpe. F—N.

CUBITUS (Anatomie), du latin *cubïtus*, coude. — L'un des deux os de l'avant-bras, parfois aussi nommé *ulna*. Chez l'*homme*, c'est celui des deux os qui est le plus long et dont l'extrémité supérieure forme toute la pointe du coude tandis que l'extrémité inférieure supporte le côté interne de la main et se voit à la face dorsale du poignet sous l'aspect d'une saillie osseuse placée au-dessus du petit doigt. L'extrémité supérieure du cubitus comprend deux apophyses ou saillies osseuses, dont l'une, postérieure, porte le nom d'*olécrane*, et dont l'autre, antérieure, se nomme l'apophyse *coronoïde*. L'intervalle qui reste entre elles, d'avant en arrière, constitue la *grande cavité sigmoïde* et s'articule avec l'extrémité de l'*humérus*. Au côté externe de l'apophyse coronoïde se voit la *petite cavité sigmoïde* qui s'articule avec l'extrémité supérieure de l'os *radius*. A l'extrémité inférieure du cubitus, on voit deux éminences : l'une, interne, est l'*apophyse styloïde*; l'autre, externe, porte le nom de *tête* et s'articule latéralement avec le *radius* et médiatement avec l'*os pyramidal* du carpe.

Chez les *Mammifères*, le plus habituellement le cubitus est soudé au *radius* dans la position qu'on lui donne chez l'homme dans le mouvement de pronation, afin que, pendant la marche, la main pose la paume sur le sol. Souvent aussi l'extrémité inférieure de l'os s'amincit considérablement ou même s'atrophie plus ou moins complétement. Chez les *Mammifères* où le membre antérieur ne sert pas à la marche, les deux os de l'avant-bras sont ordinairement développés et parallèles l'un à l'autre, avec ou sans mobilité réciproque, suivant les usages auxquels est destinée la main. Chez les *Oiseaux*, les mêmes raisons ont maintenu l'existence des deux os parallèles, mais immobiles l'un sur l'autre. Les modifications du cubitus chez les *Reptiles* et les *Amphibies* sont soumises aux mêmes causes fonctionnelles et conformes à ce qui vient d'être indiqué. L'analogue du cubitus ne se retrouve pas dans la nageoire pectorale des *Poissons.* F—N.

CUBOIDE (Anatomie), nom tiré de la forme. — Os du tarse de l'homme et des mammifères; situé à la partie antérieure et supérieure du tarse, il s'articule avec le *calcanéum* en arrière; avec les deux derniers métatarsiens en avant; avec le troisième *cunéiforme* en dedans et, chez certains mammifères, avec le *scaphoïde*, auquel il est même soudé chez les ruminants.

CUCIFÈRE (Botanique), *Cucifera*, Forsk.; nom donné par Théophraste à une espèce de palmier que les savants français de l'expédition d'Égypte ont cru reconnaître dans le doumier d'Égypte. — Genre de plantes *Monocotylédones périspermées*, famille des *Palmiers*, tribu des *Borassinées*, nommé par Gaertner *Hyphoene* (du grec *uphaïnô*, j'entrelace, je tisse), à cause des fibres dont son fruit est revêtu. Ce fruit est une sorte de drupe ovoïde provenant de fleurs femelles, comprenant un calice campanulé et une corolle à 3 pétales; ovaire à 3 loges; fleurs mâles réunies deux par deux dans chaque fossette du régime; 6 étamines. Le *C. de la Thébaïde* (*C. Thebaica*, Delile), appelé vulgairement *Doumier*, du nom *Doum* ou *Doema*, que les Arabes lui donnent, est un arbre de moyenne grandeur, à ramifications dichotomes et dont les feuilles palmées en éventail atteignent 2 mètres sur 1 de largeur. Son fruit, roussâtre, est long de 0ᵐ,10. Ce végétal, qui se distingue à première vue des autres palmiers, croît en Abyssinie, en Nubie et dans la haute Égypte. Son fruit est alimentaire et fait l'objet d'un commerce assez important au Caire. Son bois est employé dans la construction. G—S.

CUCUBALUS (Botanique), *Cucubalus*, Tourn.; du grec *kakos*, mauvais, et *bolê*, jet, mauvaise plante? — Genre de plantes *Dicotylédones dialypétales périgynes*, famille des *Silénées* de M. Brongniart et des *Caryophyllées* de Jussieu; calice persistant, à dents aiguës; 5 pétales; 10 étamines; ovaire à une loge, avec 3 cloisons au fond; 3 styles; fruit en baie charnue, noirâtre, indéhiscente. Le *C. baccifère* (*C. bacciferus*, Lin.) est une plante vivace, subgrimpante, à tiges faibles, très-rameuses. Ses fleurs

blanches, solitaires, d'abord penchées, se redressent après la fécondation. Cette espèce habite en Europe, dans les bois, les haies et les lieux couverts. G—S.

CUCUJE (Zoologie), *Cucujus*, Latr. — Genre d'*Insectes* de l'ordre des *Coléoptères*, famille des *Platysomes*. Fabricius avait compris dans ce genre tous les platysomes; Latreille en a distrait un bon nombre d'espèces qui forment les genres voisins, Dendrophages et Uléiotes. Ce sont des insectes étrangers à la France; une espèce vit en Allemagne et en Suède, les autres sont américaines; leur corps est plat, leurs pattes courtes, et on les trouve sous les écorces des arbres morts.

CUCULÉS, CUCULIDES (Zoologie). — Nom donné par certains auteurs à une famille ou une tribu d'*Oiseaux* dont le Coucou serait le type.

CUCULLIFORME (Botanique), du latin *cucullus*, capuchon. — Se dit des organes en forme de capuchon ou de cornet. Les feuilles du Plantain très-grand et du Géranium cucullatum sont *cuculliformes*. Les pétales sont *cuculliformes* dans l'Ancolie, le Pied d'alouette, etc. Dans un grand nombre d'Aroïdées, le Genêt pied-de-veau, par exemple, la spathe est roulée en cornet et, par conséquent, dite *cuculliforme*.

CUCUMIS (Botanique). — Voyez CONCOMBRE.

CUCURBITACÉES (Botanique). — Famille de plantes *Dicotylédones dialypétales périgynes*, classe des *Cucurbitinées* établie par A. L. de Jussieu. Caractères : fleurs monoïques ou dioïques; calice gamosépale et plus ou moins soudé avec l'ovaire; 5 pétales libres ou soudés inférieurement avec le tube du calice; étamines, 2-3-5, libres ou monadelphes ou soudées deux à deux, la cinquième restant libre; anthères à 1 ou 2 lobes; stigmates, 3-5; ovaire composé de 3 ou 5 carpelles charnus, fruit à 3-5 loges renfermant un grand nombre de graines dépourvues d'albumen. Les cucurbitacées sont des herbes grimpantes ou rampantes, vivaces ou annuelles, à feuilles palmées, souvent hérissées de poils rudes. Ces plantes habitent en général les régions tropicales des deux continents. Le plus grand nombre se trouvent dans les Indes orientales. Elles sont rares dans les régions tempérées. On ne s'étonnera pas de les voir si bien se développer dans nos climats, malgré leur origine, si l'on considère qu'elles ne vivent que quelques mois pour la plupart et que, pendant notre été, elles peuvent parfaitement acquérir tout leur développement. Cette famille fournit un grand nombre de produits pour l'alimentation; tels sont les melons, les courges, les concombres, etc. Plusieurs espèces s'emploient aussi en médecine, à cause de leurs propriétés purgatives et même drastiques. Genres principaux : *Bryone*, *Citrouille*, *Ecbalium*, *Momordique*, *Benincasa*, *Gourde* (calebasse), *Concombre*, *Courge*.

Travaux monographiques : Auguste Saint-Hilaire, *Mémoires du Muséum*, t. IX (1823). — Seringe, dans le *Prodromus* de de Candolle, t. III. G—S.

CUEILLETTE (Agriculture). — Voyez RÉCOLTE.

CUILLERON (Zoologie), nom tiré de la forme de l'organe. — Certains insectes diptères portent sur les parties latérales du thorax, en dessous du bord postérieur de l'aile, une sorte d'écaille ou lame cornée voûtée qui surmonte et protége le balancier; c'est là ce qu'on nomme le *cuilleron*. Cet organe est considéré comme un rudiment de l'aile; on a dit aussi qu'en frottant contre le balancier pendant le vol, le cuilleron produisait le bourdonnement que font entendre beaucoup de diptères. C'est une erreur, car les cousins, dont le bourdonnement est très-fort, n'ont pas de cuillerons.

CUILLERON (Botanique). — On nomme parfois ainsi, dans les plantes, des appendices des pétales ou les pétales eux-mêmes, lorsqu'ils ont la forme d'une sorte de cuiller.

CUIR CHEVELU (Anatomie). — On appelle ainsi, chez l'homme, la portion de la peau qui porte les cheveux; cette peau est mince, très-peu mobile, d'une sensibilité médiocre et assez serrée sur les os sous-jacents.

CUIR (Technologie). — Voyez TANNAGE.

CUIRASSE (Guerre). — La cuirasse est une arme défensive destinée à protéger la poitrine et le dos. En France, la cavalerie de réserve (carabiniers et cuirassiers) est armée de la cuirasse; les soldats du génie, lorsqu'ils sont obligés de creuser des tranchées à proximité de l'ennemi, s'en servent également.

La cuirasse est composée de deux parties, le plastron et le dos; ces deux parties sont réunies par une ceinture en cuir et par deux bretelles également en cuir et recouvertes de deux chaînettes en laiton. Le plastron est divisé au milieu par une arête saillante ou *arête ou busc*, et porte tout autour des rebords ou gouttières destirés à arrêter les coups de pointe ; le dos porte en son milieu une arête rentrante et a également des gouttières. Depuis 1825 jusqu'en 1855, les cuirasses de l'armée étaient faites en étoffe de fer et d'acier ; en 1855, on a commencé à les faire en acier fondu ; on a obtenu ainsi un allégement considérable et une plus grande solidité. Les plus grandes cuirasses de cuirassiers en étoffe de fer et d'acier pèsent de $8^k,8$ à $8^k,31$, et les mêmes en acier fondu de $6^k,95$ à $8^k,30$. Ces deux cuirasses satisfont aux mêmes conditions ; elles sont dans toutes leurs parties à l'épreuve de l'arme blanche et résistent à une balle d'infanterie tirée à 40 mètres sur le busc. On fait depuis longtemps des essais pour substituer à l'acier l'aluminium, métal d'une résistance aussi grande que celle de l'acier, mais près de quatre fois plus léger.

L'étoffe des cuirasses est composée de dix-huit languettes de fer et d'acier placées les unes sur les autres en alternant ; on forge la trousse ainsi formée ; lorsque les languettes sont soudées, on replie la trousse et on la forge de nouveau ; la trousse est alors étirée et donne une *moquette* pour plastron. Chaque moquette est ensuite passée au laminoir, et comme le plastron est sensiblement plus épais au busc que sur les bords, les cylindres du laminoir sont évidés au milieu de leur longueur ; on obtient ainsi des feuilles pour plastron. Ces feuilles, au moyen de modèles, sont découpées suivant la forme convenable et au moyen de meules on fait disparaître les irrégularités d'épaisseur. Dans cet état, les plastrons sont plats ; pour leur donner la forme bombée, on se sert de deux étampes présentant, l'une en creux et l'autre en relief, la forme du plastron terminé ; l'étampe mâle est adaptée à la partie inférieure d'un mouton ; l'étampe femelle est fixée au-dessous dans une pièce de fonte solidement maintenue dans le sol ; les plastrons chauffés au rouge blanc sont placés sur l'étampe femelle et reçoivent deux coups de mouton. On corrige au marteau les défauts que l'étampage aurait pu produire ; on les trempe au moyen de l'huile de pied de bœuf, et en les chauffant au rouge brun ; enfin après les avoir recuits, on leur donne les dimensions réglementaires au moyen de meules, et on les polit avec de l'émeri.

La fabrication des dos de cuirasses est la même que celle des plastrons ; les dos ayant partout la même épaisseur, les cylindres du laminoir ne sont pas évidés.

Les cuirasses portent un certain nombre d'agrafes et de clous destinés à fixer la matelassure intérieure, les bretelles et la ceinture.

La cuirasse des carabiniers ne diffère de celle des cuirassiers qu'en ce que le plastron et le dos sont recouverts d'une feuille de laiton de $0^m,0007$ brasée à l'étain.

La cuirasse des sapeurs du génie est beaucoup plus lourde, parce qu'elle doit être à l'épreuve de la balle dans toutes ses parties. Elle pèse $14^k,510$ avec la garniture. **M. M.**

CUISSART (Chirurgie). — On donne ce nom à un instrument qu'on emploie pour remplacer le membre inférieur après l'amputation de la cuisse ; en haut, il est creusé en cône renversé pour recevoir le moignon. En dehors, la base de ce cône est surmontée d'une tige qui s'élève jusqu'au niveau de la pointe de la hanche ; là, on la fixe au moyen d'une ceinture en cuir fermée par une boucle. La cavité est rembourrée et matelassée, afin que le moignon ne soit pas froissé. Le sommet du cône est terminé par une tige de fer ou de bois destiné à remplacer la jambe et à soutenir l'amputé.

CUISSE (Anatomie), du latin *coxa*, qui désigne la hanche et le haut de la cuisse. — On donne ce nom, chez les vertébrés, au premier article mobile du membre abdominal ; la *cuisse*, articulée au bassin, est limitée supérieurement par le pli de l'aine et la région fessière, inférieurement par le genou et le pli du jarret. Elle est soutenue par un os unique, le plus volumineux ou l'un des plus volumineux du squelette ; on le nomme *fémur*. Chez l'homme, elle est conique, amincie vers le bas et éloignée de l'abdomen de façon à jouir d'une grande mobilité ; à mesure que le membre abdominal est plus exclusivement destiné à la marche, la cuisse, relativement moins longue, s'aplatit en s'appliquant obliquement contre l'abdomen ; de telle sorte que, chez le cheval, par exemple, le genou (nommé *grasset*) est attaché au ventre par un pli de la peau, et toute la face interne de la cuisse adhère à cette partie du tronc. Les oiseaux montrent tous cette disposition ; mais, chez les reptiles qui marchent en rampant, le ventre appliqué sur le sol, la cuisse, plus libre, est dirigée en dehors, perpendiculairement à l'axe du corps. Chez les poissons, le membre, transformé en nageoire, ne montre plus de partie extérieure comparable à la cuisse.

Chez l'homme, la cuisse, soutenue par un os *fémur*, long et volumineux, comprend onze muscles qui lui sont propres ; en avant : le *couturier*, le *droit-antérieur*, le *triceps crural* ; en dedans : le *pectiné*, le *droit interne*, les trois *adducteurs de la cuisse* ; en arrière : le *demi-membraneux*, le *demi-tendineux*, le *biceps crural*. La cuisse est, en outre, rattachée au bassin par dix muscles ; dans la région fessière : les trois muscles *fessiers* ; dans la région comprise entre le bassin et la partie supérieure du fémur, les deux *obturateurs*, les deux *jumeaux*, le *pyramidal* et le *carré crural* ; enfin, au côté externe de la hanche, le *tenseur de l'aponévrose fascia lata*. Les nerfs principaux de la cuisse sont situés le long de sa partie postérieure ; les artères et les veines sont antérieures et internes au haut de la cuisse, puis contournent le fémur vers sa partie moyenne pour passer dans le pli du jarret.

Par analogie, on nomme *cuisse* le premier article allongé des membres articulés des annelés (insectes, arachnides, myriapodes, crustacés) ; cet article fait suite à un autre nommé *hanche*, qui est plus long que large. F—N.

CUISSES DU CERVEAU (Anatomie). — On nomme ainsi les *pédoncules cérébraux* qui servent d'origine à la moelle allongée.

CUISSES-MADAME ou **CUISSE-MADAME** (Horticulture). — Nom d'une variété de *Poire* très-estimée ; fruit très-allongé, prenant au soleil une belle couleur rosé clair ; un peu musqué. Fin de juillet.

CUISSES DE NYMPHE ou **CUISSE DE NYMPHE** (Horticulture). — Nom d'une variété de *Rosier blanc* dont les fleurs sont couleur de chair.

CUISSON DES ALIMENTS (Zootechnie). — Beaucoup d'éleveurs trouvent un avantage considérable à faire cuire une partie plus ou moins grande des aliments destinés au bétail. Cette cuisson, qui doit surtout être économique, se fait à l'eau ou mieux à la vapeur. Le premier procédé, qui n'exige qu'une chaudière, de l'eau et du feu, est une sorte d'opération culinaire ordinaire ; le second, beaucoup plus avantageux à tous égards, exige un appareil spécial. Cet appareil se compose d'une chaudière placée dans un fourneau et terminée supérieurement par un tuyau qui mène la vapeur sous un cuvier en bois muni d'un double fond ; le tuyau de vapeur arrive entre les deux fonds, et le second fond est percé de trous pour la laisser monter dans le cuvier où ont été placés les aliments à cuire. M. Pernollet a donné à cet appareil des dispositions assez bonnes.

CUIVRE (Métallurgie). — L'extraction du cuivre de quelques-uns de ses minerais constitue sans contredit l'opération la plus compliquée de la métallurgie. Cela tient à ce que dans les plus importants des minerais de cuivre, se trouve du fer qui tend à s'isoler en même temps que le cuivre lui-même. On y trouve aussi de l'arsenic et de l'antimoine dont la rigoureuse élimination sont indispensables. D'ailleurs, le cuivre amené à l'état de pureté peut présenter de grandes différences, au point de vue physique, suivant la conduite des nombreuses opérations auxquelles il est soumis. De là une série d'artifices, de *tours de main*, qui s'exécutent dans chaque usine avec plus ou moins de mystère, et qui, sans influer sur le fond des procédés, ont une importance considérable au point de vue de l'abondance et de la qualité des produits obtenus.

MINERAIS. — Les minerais de cuivre peuvent se diviser en quatre catégories :

1° Cuivre natif exploité dans les deux Amériques et dans l'Oural. Au lac Supérieur on le trouve en masses volumineuses : une seule a donné plus de 500 tonnes de métal. Il est quelquefois argentifère ; quand la richesse en argent est assez grande, on l'envoie à Londres et à Paris pour être affiné.

2° Minerais oxydés, *oxydule, oxyde noir, silicates* et *carbonates, brun, bleu* et *vert*. Les trois premiers fournissent toujours d'excellent cuivre. Le carbonate est généralement assez pur, mais s'il provient de l'altération d'autres espèces minérales, il retient les substances nuisibles. Le carbonate vert est le plus abondant ; on le trouve dans l'Oural et l'Amérique du Sud. Le gisement de carbonate bleu de Chessy près Lyon a été promptement épuisé.

3° Minerais sulfurés renfermant peu d'arsenic et d'antimoine, *sulfure noir, cuivre pyriteux, cuivre panaché* et *sulfate de cuivre*. Le sulfure noir est exploité en Toscane et au Chili ; c'est un bon minéral. Le cuivre pyriteux est extrêmement répandu dans la nature, surtout à l'état de filons et d'amas puissants. Les usines de Swansea (pays de Galles), en Angleterre, traitent ces minerais venant des mines de Cornouailles, de l'Islande, de l'Australie, du cap de Bonne-Espérance et de la Toscane. Les deux Amériques en contiennent d'énormes quantités ; l'Angleterre traite ceux de l'Amérique du Sud et de Cuba ; ceux de l'État de New-York sont traités à Boston. La Norwége en possède plusieurs mines ; le cuivre qu'on en retire jouit dans le commerce d'une grande réputation.

4° Minerais sulfurés contenant de l'arsenic et de l'antimoine. Les *cuivres gris*, qui, outre l'arsenic et l'antimoine, contiennent de la galène et de l'argent. On cherche à en retirer l'argent et le cuivre. En Algérie, se trouvent les cuivres gris de la Mouzaia. Le traitement de ces minerais est très-complexe, et, malgré de nombreuses recherches, il est encore impossible, dans l'état actuel de la science, d'en tirer économiquement le métal au degré de pureté convenable. Les Anglais en achètent pour les passer dans la masse de leurs autres minerais.

Les phosphates et arséniates de cuivre sont peu importants.

L'Angleterre fabrique annuellement 35 000 tonnes de cuivre ; l'Amérique du Nord, 10 000 ; la Russie, 5 000 ; la Suède et la Norwége, 3 000 ; et le reste de l'Europe, 7 000 au plus. Le prix de vente a varié depuis vingt ans de 2 500 francs à 3 500 francs la tonne. Les cuivres de Suède et de Norwége se vendent 250 francs à 350 francs plus cher que les cuivres anglais de qualité inférieure.

Les minerais de cuivre s'achètent toujours d'après le cuivre contenu payé au cours du jour ; on en déduit les frais de fusion fixés pour une teneur donnée, de sorte qu'on ne tient pas compte des difficultés plus ou moins grandes provenant de la différence des gangues. En Angleterre, l'essai est une véritable opération métallurgique en petit, de sorte qu'il donne le même déchet ou à peu près, et par suite de bien meilleures indications. Les cuivres de la Mouzaia sont toujours payés à 2 ou 3 p. 100 au-dessous de leur teneur réelle.

Extraction. — Le traitement des minerais de cuivre, quelle que soit sa complication, peut toujours se ramener aux réactions suivantes :

Le soufre, l'arsenic et l'antimoine soumis à une température modérée donnent des sulfures volatils, puis par oxydation des acides sulfureux, arsénieux et de l'oxyde d'antimoine, volatils aussi. Les oxydes, sulfates, arséniates et antimoniates de cuivre sont réduits par le charbon et l'oxyde de carbone ; et le fer se substitue au cuivre dans les sels de cuivre pendant la fusion. C'est ainsi que le sulfure de fer et le silicate de cuivre fondus ensemble donnent du sulfure de cuivre et du silicate de fer. Quant à l'oxydule de cuivre, il agit sur le sulfure de cuivre pour donner de l'acide sulfureux et du cuivre, et sur l'arséniure de cuivre pour donner de l'arsénite de cuivre facilement réductible.

Théoriquement pour le minerai le plus complexe, l'opération peut se réduire à un grillage expulsant le soufre, l'arsenic, l'antimoine ; une fusion débarrassant des matières terreuses et réduisant les oxydes ; un affinage enlevant par oxydation les matières étrangères, et un raffinage pour réduire l'oxydule de cuivre produit pendant l'affinage.

Cuivre natif. — Le traitement des cuivres natifs se fait au lac Supérieur ; il se compose d'une simple fusion dans un four à réverbère, d'un affinage et d'un raffinage formant une seule opération. Si les scories obtenues sont trop riches, on les repasse au four à manche.

Minerais oxydés. — Le traitement de ces minerais est aussi très-simple ; on les fond dans un four à manche, avec du charbon ; on doit avoir soin d'éviter une action réductive trop forte, car le fer serait réduit et il serait très-difficile d'en débarrasser le cuivre, puis le produit est soumis à l'affinage et au raffinage.

Minerais sulfureux ou pyriteux. — Ces minerais sont de beaucoup les plus nombreux de tous les minerais de cuivre ; on les traite par un grand nombre de méthodes diverses, variant avec les conditions dans lesquelles les usines se trouvent placées. En Angleterre, où l'on emploie une grande quantité de minerais de différentes provenances et où la composition moyenne varie chaque jour, l'ouvrier doit être maître de chaque opération et la conduire de manière à arriver au meilleur résultat. On se sert du four à réverbère, mais on consomme beaucoup de combustible, et ce qui est possible en Angleterre ne l'est pas ailleurs ; aussi opère-t-on autrement sur le continent. Les usines, en effet, ne reçoivent les minerais que d'une seule exploitation, ou d'un très-petit nombre ; la

nature et la richesse du minerai sont à peu près toujours les mêmes et on se sert du four à manche pour toutes les fusions. Quant aux grillages, ils se font en tas, et depuis quelque temps on les fait aussi au réverbère. C'est la méthode allemande. Exceptionnellement, pour les minerais très-pauvres, on emploie la voie humide.

Méthode anglaise. — 1° Grillage des minerais pyriteux, riches ou pauvres, contenant de la pyrite de fer, de l'arsenic et de l'antimoine. Ce grillage s'effectue dans le

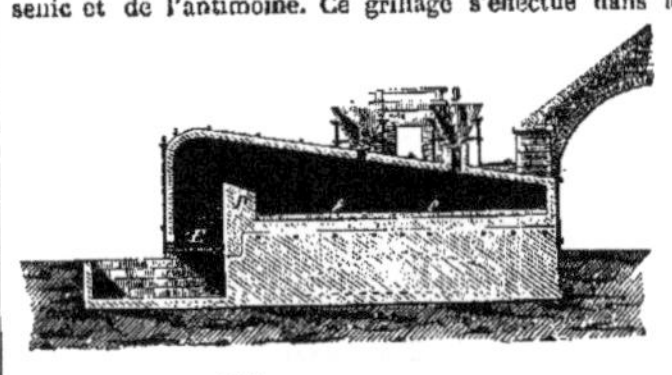

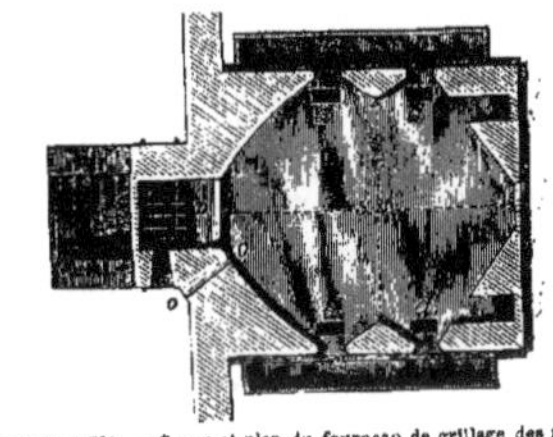

Fig. 731 et 732. — Coupe et plan du fourneau de grillage des minerais de cuivre.

four que représente notre figure, les gaz sortant de la grille sont très-oxydants, de plus on peut faire arriver l'air par les ouvertures o, o, le minerai est donc dans

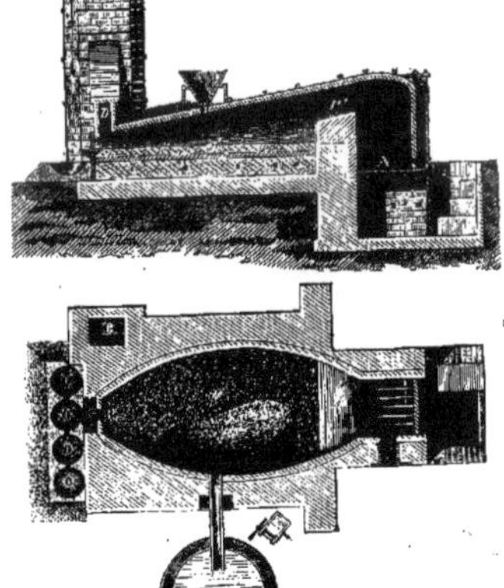

Fig. 733. — Coupe et plan du fourneau de fusion pour mattes.

d'excellentes conditions pour subir l'action de l'oxygène ; dans ces circonstances le sulfure de fer passe en partie à l'état de sesquioxyde, et il se forme un sulfure double plus riche en cuivre que le minerai ; ce sulfure éliminé dans l'opération suivante porte le nom de *matte bronze*.

2° Fonte pour matte. Cette fusion s'opère dans le fourneau figuré ci-contre (*fig.* 732). D'après les réactions exposées plus haut, on voit que, si les sulfures de cuivre et de fer sont en assez grande quantité, les matières fondues se sépareront en deux : au bas du cuivre métallique dissous dans les sulfures de fer et de cuivre en excès, les arséniures et antimoniures ; au-dessus, la scorie contenant le fer oxydé et seulement un peu de cuivre.

La matte contient de 33 à 34 p. 100 de cuivre et 30 p. 100 de soufre. Les scories ne contiennent jamais plus de 1/2 p. 100 de cuivre.

3° *Formation de la matte blanche.* — La matte est coulée dans l'eau pour la grenailler, et on la charge dans un four à réverbère pour la soumettre à un nouveau grillage. L'oxydation est conduite lentement à basse température, en présence d'un faible excès d'air, et on termine par un coup de feu pour décomposer les sulfates qui se sont formés. On mélange la matte grillée avec les minerais sulfurés, riches en cuivre, si cela est possible, avec des scories siliceuses de la première fonte pour scorifier l'oxyde de fer et les scories des deux dernières opérations ; on a comme produits du cuivre noir et une matte riche dans le cas de minerais assez purs, et seulement une matte riche pour les minerais impurs. C'est la matte blanche ; elle contient ordinairement 65 p. 100 de cuivre et 21 à 22 p. 100 de soufre.

4° *Rôtissage.* — La matte blanche est chargée dans un four à deux portes, l'une sous le rampant pour le travail, l'autre pour le chargement ; le trou de coulée se trouve auprès de cette dernière. L'opération consiste en une série de coups de feu et de refroidissements successifs, de manière à griller complétement et expulser le soufre, l'arsenic et l'antimoine, à scorifier le fer tout en maintenant à l'état métallique la presque totalité du cuivre. Les coups de feu sont les périodes d'oxydation, et les refroidissements les périodes de réaction des oxydes sur les sulfures. L'action principale est celle du sulfure sur l'oxydule de cuivre, car le soufre et le cuivre sont les deux corps qui forment surtout la matte. Le cuivre brun est d'autant mieux purifié, qu'on a pu répéter un plus grand nombre de fois les périodes d'oxydation et de réaction, c'est-à-dire qu'il y avait plus de soufre dans la matte. Les arséniates et antimoniates passent dans les scories ; la silice est fournie par les parois du four.

5° *Affinage et raffinage.* — Le four est disposé comme le four de rôtissage ; ses dimensions sont plus grandes, car on y charge jusqu'à 8 tonnes. Les lingots sont disposés de manière que la flamme puisse circuler dans toutes les parties du four. La charge faite, on ferme les portes et on pousse le feu aussi vite que possible. Quand le cuivre commence à fondre, on modère le tirage et on introduit de l'air sur la sole ; il se forme des crasses ; on les enlève et on continue jusqu'à ce que le cuivre contienne de l'oxydule en suspension, ce qui indique que les corps étrangers ont été séparés presque en entier, car l'oxydule oxyde le fer, le zinc, s'il y en a, et les fait passer dans les crasses, puis avec le soufre il donne de l'acide sulfureux et du cuivre ; mais il agit bien moins sur l'arsenic et l'antimoine ; il faut donc les avoir séparés avant. Le dégagement d'acide sulfureux est indiqué par un bouillonnement ; on continue encore quelque temps l'oxydation, puis on procède au raffinage. Le cuivre contient de l'oxydule qui lui enlève sa malléabilité ; il faut donc le réduire. On se sert du charbon ; en même temps, on rend les flammes du foyer réductives. Pour produire la réduction, l'ouvrier plonge quelques instants une perche de bois vert dans la masse ; il se fait un dégagement abondant de gaz qui purifient mécaniquement le cuivre en même temps que ces gaz réductifs agissent sur l'oxydule. L'ouvrier, quand il suppose que la réduction s'achève, doit prendre constamment des essais pour juger du degré d'avancement et couler au moment voulu, ce qui exige une grande attention et une grande habileté.

Méthode continentale. — Cette méthode comprend cinq opérations, sauf les cas exceptionnels où les minerais sont très impurs ou argentifères.

1re *opération.* — *Grillage en tas et à l'air libre de tous les minerais pyriteux.* — On mélange aussi bien que possible les minerais, de manière à répartir uniformément le soufre, l'arsenic et l'antimoine, et on en forme un tas sur une aire bien battue. Le petit côté de la base a 3 mètres environ ; la hauteur varie de 2 mètres à 2^m,25. Quant au grand côté, il est variable. Le tas renferme une quantité de minerai variable de 10 à 200 tonnes.

Dans l'axe, on réserve trois ou quatre cheminées pour mettre le feu. Plus il y a de soufre, moins on met de combustible. On voit immédiatement que, par un pareil procédé, le grillage, dépendant des conditions atmosphériques, sera fort imparfait, mais il est économique. Tant que le soufre distille, l'air rapidement absorbé n'est pas en excès ; il se dégage des sulfures d'arsenic et d'anti-

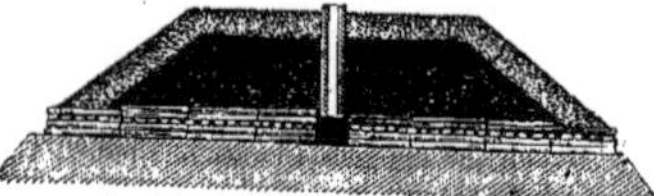

Fig. 734. — Grillage en tas des minerais de cuivre.

moine, et de l'acide arsénieux, de l'oxyde d'antimoine avec de l'acide sulfureux. Mais bientôt il se forme des arséniates et antimoniates, la surface des gros morceaux se recouvre d'une croûte peu poreuse, de sorte que le centre n'éprouve d'altération que celle qui résulte de la distillation du soufre. Il faut que l'air puisse pénétrer dans toute la hauteur du tas et que le tirage ne soit pas trop énergique ; l'air privé de son oxygène par les premières couches donne des gaz qui vont échauffer les couches supérieures et les préparent. Souvent les vents viennent contrarier le grillage, et même l'arrêter complétement ; il faut alors recommencer. On voit que ce procédé est de beaucoup inférieur au grillage au réverbère ; aussi dans quelques usines emploie-t-on maintenant ce dernier, tout en faisant les fontes au four à manche.

2° *opération.* — *Fonte au four à manche.* — La disposition et les dimensions des fours varient beaucoup suivant les usines, et dépendent surtout de la nature des minerais. Les fours à manche ordinaires sont des prismes A élevés de 2 à 3 mètres ayant une seule tuyère ; on

Fig. 735. — Four à manche pour la fonte des mattes.

charge le combustible contre la poitrine, c'est-à-dire contre la face opposée à la tuyère C, et le lit de fusion contre la warme. Devant la tuyère, on ménage un conduit formé de scories solidifiées, appelé *nez*, et qui conduit le vent sur le combustible. Une des plus grandes difficultés de la fusion au four à manche est de conserver au nez des dimensions convenables, car il est entouré de matières fondues. De ses bonnes dimensions dépend la régularité de la fonte. Le bas du four B porte le nom de *creuset* ; il s'avance au delà de la poitrine pour former l'avant-creuset. Au bas est percé le trou de coulée. Les scories peuvent couler librement par-dessus la brasque de l'avant-creuset. En évitant le mélange du minerai et du combustible, on a une action réductive bien moins énergique, et on évite la réduction du fer. On charge des minerais grillés, des minerais riches non grillés, des scories des opérations suivantes et des fondants. Quant au combustible employé, c'est du charbon ou du coke, quelquefois de l'anthracite, selon les conditions locales. Dans la zone de réduction, les oxydes libres sont réduits en partie, les sulfates donnent des sulfures, les arséniates et antimoniates perdent une partie de leur oxygène, les scories et les gangues sont peu altérées. L'oxyde de fer donne du protoxyde, l'oxyde d'étain se combine à la silice, l'oxyde de zinc donne du zinc ; une partie se réoxyde, une partie va brûler au gueulard et donne la couleur blanche; l'oxyde de cuivre donne de l'oxydule, buis du cuivre; on peut, si l'action réductive est assez faible, expulser un peu d'arsenic et d'antimoine à l'état d'acide arsénieux et d'oxyde d'antimoine, ce qui n'a pas lieu dans la fusion au four à réverbère. Plus bas la réduction est complète, et on a des arséniures et antimoniures qui passent dans la matte. Dans le creuset, le fer à l'état métallique décompose l'oxydule de cuivre des scories; s'il est en excès et qu'il y ait des sulfures en assez grande quantité, il restera dans la matte à l'état de sulfure; mais on n'aura pas atteint le but qu'on se proposait, de scorifier l'oxyde de fer et l'oxyde d'étain produits par le grillage. Le cuivre métallique produit se dissout dans la matte, ainsi que les composés renfermant de l'arsenic et de l'antimoine. La disposition du bas du four force les scories à filtrer de l'intérieur du four dans l'avant-creuset pour venir couler par-dessus la brasque; elles sont assez pauvres en général pour être jetées. Si le grillage produit beaucoup d'arséniates et d'antimoniates, pour en expulser à la fusion il faudra un four où les matières restent longtemps soumises à une action réductive faible; il faut alors des fours très-élevés, mais on augmente ainsi la consommation de combustible. Au Mansfeld, les fours ont 5 à 6 mètres : ce sont des demi-hauts-fourneaux. Pour les minerais très-pauvres, on a une première opération qui a pour but d'éliminer les matières terreuses; on fond rapidement sans s'inquiéter si l'on réduit du fer.

3e opération. — *Grillage de la matte en cases.* — Les cases sont séparées entre elles par des murs en briques d'à peu près 2 mètres de hauteur, de 1m,50 de largeur sur 2m,50 à 3 mètres de profondeur. La matte qu'on a coulée dans un bassin, puis enlevée en plaque de peu d'épaisseur, contient souvent 30 p. 100 de soufre, de 25 à 30 de cuivre. Elle est cassée et disposée avec du combustible sur une grille peu élevée au-dessus du sol (*fig.* 736); le devant de la case est fermé avec des briques sèches; souvent on supprime la grille et on met des couches alternatives de matte et de combustible; de gros morceaux de matte servent à former le devant; puis on met le feu. Les grilles ont l'avantage, avec des cases voûtées et une cheminée, de rendre l'opération plus régulière. Après refroidissement, on défait le tas et on met tous les morceaux un peu gros de côté pour les soumettre à un

Fig. 736. — Grillage des mattes cuivreuses en cases.

nouveau grillage; car pour ceux-ci, l'oxydation est facile et vive à la surface, mais pénètre difficilement à l'intérieur. La chaleur dégagée est faible; le soufre donne de l'acide sulfureux; l'arsenic et l'antimoine se volatilisent en grande partie, mais pour les menus fragments l'air est en excès; il se forme une grande quantité d'arséniates et d'antimoniates. Les gros morceaux qui n'ont pas subi d'altération sont grillés de nouveau; c'est ce qu'on appelle un second feu; on emploie plus de combustible, et encore plus pour les feux suivants. Le grillages en case est plus utile pour l'expulsion de l'arsenic et de l'antimoine que le grillage au réverbère.

4e opération. — C'est une nouvelle fonte au four à manche; on modère d'autant plus le pouvoir réductif que l'on a une plus forte proportion d'oxyde de fer, d'arséniates et d'antimoniates. Les fours sont peu élevés; on a des scories siliceuses qui doivent être repassées et du cuivre noir à affiner. Pour les minerais impurs, le nombre des opérations est plus considérable; à la seconde fusion, on n'a qu'une matte qu'on grille, et qu'on fait passer à une troisième fusion pour cuivre noir.

5e opération. — *Affinage.* — On le fait dans un petit bassin C (*fig.* 737) ayant la forme d'une calotte sphérique, de 0m,65 de diamètre et 0m,30 de profondeur, creusé dans de la brasque fortement tassée; une tuyère B passe à travers un mur auquel le foyer est adossé et sert à lancer le vent. Le cuivre moulé en lingots est placé en face de la tuyère,

à une distance très-faible de l'œil de la buse; les gouttelettes de métal doivent traverser la zone de combustion. Le vent agit comme oxydant sur le cuivre. L'argile de la brasque fournit la silice pour les scories; les bases sont les oxydes des métaux contenus dans le cuivre noir;

Fig. 737. — Fourneau d'affinage du cuivre.

l'oxydule y entre en forte proportion. On enlève les scories à mesure qu'elles se forment, jusqu'à ce qu'elles cessent de se produire. On continue jusqu'au bouillonnement qui indique la réaction du sulfure sur l'oxydule de cuivre, et la formation du bain contenant de l'oxydule en dissolution; on enlève le charbon et on procède à l'enlèvement des plaques dites *rosettes* à cause de la couleur rouge qu'elles doivent à l'oxydule et au moulage des lingots. Pour enlever ces rosettes, on refroidit la surface avec un peu d'eau, et on enlève le cuivre par plaques, ces plaques ont de 0m,001 à 0m,002 d'épaisseur.

Le raffinage se fait dans le même appareil, comme au réverbère; il a pour but d'enlever l'oxydule; pour le raffinage, l'ouvrier ne peut pas travailler la nuit; il opère sur 370 kil. environ; l'opération dure de trois à quatre heures.

La méthode allemande consomme beaucoup moins de combustible que la méthode anglaise.

Quant au traitement par voie humide, il est peu employé. Il consiste à produire du sulfate de cuivre qu'on dissout; on précipite ensuite le cuivre à l'aide du fer, qui a une moindre valeur; et enfin le cuivre de dépôt en est fondu, affiné et raffiné.

Minerais argentifères. — Quand les minerais de cuivre sont argentifères, ce qui est assez fréquent, et que la quantité d'argent est assez forte pour qu'il y ait utilité à le retirer, on est obligé de modifier le traitement. La première partie toutefois est la même; on opère jusqu'à ce qu'on ait une matte assez riche en argent pour qu'on puisse l'extraire. Au Harz, on emploie la liquation : la matte est fondue avec du plomb; on en forme des pains et on les soumet à une chaleur modérée; le plomb fond entraînant l'argent; il reste des carcasses de cuivre qu'on fond pour cuivre. Le plomb est ensuite coupellé. Voici un procédé employé maintenant au Mansfeld Allemagna; c'est la méthode Ziervogel.

1re opération. — On pulvérise sous des bocards et on porphyrise sous des meules; on fait un blutage; les grains sont fondus pour cuivre noir, et l'argent qu'ils contiennent est perdu.

2e opération. — La poudre est chargée dans un four à réverbère, à deux soles superposées; sur la première on conduit le grillage de manière à avoir des sulfates de tous les métaux; la difficulté provient de l'arsenic et de l'antimoine qui tendent à donner des arséniates et antimoniates, ce qu'il faut éviter. On fait tomber sur la seconde sole où on cherche à décomposer à haute température les sulfates de cuivre et de fer, sans agir sur le sulfate d'argent.

3e opération. — On lessive la matte dans des cuves placées en cascades, de manière à dissoudre tout le sulfate d'argent; les arséniates et antimoniates sont insolubles, de sorte que l'argent correspondant est perdu. A l'aide d'une lame de cuivre, on reconnaît facilement quand tout l'argent est dissous.

4e opération. — Le liquide contenant en dissolution le sulfate d'argent est placé dans des cuves à double fond : sur le premier se trouve du cuivre en poudre nommé *cément;* le liquide pour s'écouler est obligé de le traverser, de sorte que la précipitation est assez rapide; les eaux ne contenant plus d'argent passent dans des cuves où il y a du fer pour précipiter le cuivre, et c'est lui qui forme le cément.

On estime la perte à 8 p. 100 de l'argent contenu dans les usines de Manseld. Dans le procédé Augustin, également employé, on produit du chlorure d'argent qu'on dissout dans le chlorure de sodium. Le cuivre est ensuite refondu pour donner du cuivre marchand. Dans le Banat (Hongrie), on emploie encore l'amalgamation qui ne tardera pas à disparaître. On la fait dans des tonnes tournant autour d'un axe. **M — T.**

Cuivre (Chimie) (Cu = 31,6). — Un des métaux les plus anciennement connus. Les anciens en savaient préparer le bronze qu'ils employaient à la fabrication de leurs instruments tranchants, bien avant de savoir travailler le fer. Il est probable qu'ils possédaient des mines de cuivre natif ou de minerais de cuivre d'un traitement facile, qui ont été épuisées depuis longtemps.

Le cuivre est rouge et prend sous le brunissoir une couleur brun rouge éclatant. Il est un peu plus dur que l'or et l'argent purs; il est très-malléable et peut être réduit sous le marteau en lames extrêmement minces; il devient alors transparent à la lumière et paraît d'un très-beau vert. Après le fer, c'est le plus tenace des métaux : un fil de cuivre ayant un diamètre de $0^m,002$ n'est rompu que sous une traction de 137 kil. Sa densité varie entre 8,8 et 8,9. Il fond à la chaleur rouge; à une chaleur plus élevée, il donne des vapeurs qui colorent la flamme en vert. Par le refroidissement, sa masse devient grenue, cristalline, formée par l'agglutination de très-petits cristaux octaédriques. Cette forme est aussi celle du cuivre natif et du cuivre précipité très-lentement par l'électricité.

Le cuivre acquiert par le frottement une odeur faible, mais désagréable; sa saveur est métallique et mauvaise. L'air sec et froid est sans action sur lui; mais l'air chaud le noircit en l'oxydant. Quelque rapide que soit cette oxydation, elle n'est jamais accompagnée de l'incandescence du métal qui ne fait jamais feu au briquet; aussi l'emploie-t-on de préférence au fer pour les ustensiles qui servent à la préparation de la poudre. L'air humide attaque le cuivre et forme à sa surface une couche de *vert-de-gris*, qui est un carbonate hydraté d'oxyde de cuivre. L'oxygène, l'eau et l'acide carbonique de l'air interviennent donc en même temps dans la production de ce phénomène. Le vert-de-gris forme à la surface du cuivre une espèce d'enduit qui préserve de l'oxydation les couches inférieures ; c'est cet enduit qu'en termes d'art on appelle *patine*.

Les acides dissolvent le cuivre en l'oxydant aux dépens ou de l'oxygène de l'air, ou d'une portion de leur propre oxygène, et non aux dépens de l'oxygène de l'eau, comme il arrive pour le fer et le zinc. Ainsi avec l'acide nitrique on obtient du nitrate de cuivre et du bioxyde d'azote qui se dégage à l'état gazeux ; avec l'acide sulfurique à chaud, on obtient du sulfate et de l'acide sulfureux ; à froid, pour que la combinaison ait lieu, il faut que l'oxygène de l'air puisse arriver au cuivre. Mais sous l'influence de cet acide, comme de l'acide le plus faible, l'oxydation du cuivre à l'air devient très-rapide. Les alcalis et l'ammoniaque produisent le même effet, et, comme presque tous les sels de cuivre sont extrêmement vénéneux, on doit apporter les plus grands soins dans l'entretien des vases de cuivre employés aux usages culinaires.

L'acide chlorhydrique attaque le cuivre avec difficulté ; il se forme du chlorure de cuivre, et de l'hydrogène se dégage. Le chlore gazeux et le brôme en vapeur s'y unissent, au contraire, avec dégagement de chaleur et de lumière. Le soufre, le phosphore, l'arsenic, le charbon, se combinent plus ou moins facilement avec lui à l'aide de la chaleur ; à faibles doses, ces diverses substances, et particulièrement le phosphore, donnent au métal une grande dureté et le rendent propre à faire des instruments tranchants, très-inférieurs toutefois à l'acier. Enfin, le cuivre peut s'allier à un très-grand nombre de métaux et former des alliages qui, pour la plupart, ont une grande importance dans les arts et l'industrie. Tels sont les *bronzes*, alliages de cuivre et d'étain ; les *laitons*, alliages de cuivre et de zinc ; l'*argentan* ou *maillechort*, alliage triple de cuivre, de nickel et de zinc, etc.

La production annuelle du cuivre, en Europe, s'élève à 36000 quintaux métriques ou 3600000 kil. environ, dont 2400000 sont fournis par l'Angleterre, et 100000 seulement par la France.

Cuivre (Oxydes de). — On en connaît quatre dont deux seulement ont une importance réelle.

Protoxyde de cuivre, oxydule de cuivre, cuivre oxydulé (Cu²O). — Formé par l'union de deux proportions (63) de cuivre avec une proportion (8) d'oxygène. On le rencontre dans la nature, tantôt en masses compactes, tantôt en cristaux rouges octaédriques réguliers. Préparé artificiellement, il a l'aspect d'une poudre cristalline d'un rouge foncé. Chauffé au blanc à l'abri du contact de l'air, il fond sans s'altérer ; mais si on le chauffe au contact de l'air, il noircit, parce qu'il se change en bioxyde. L'acide sulfurique étendu, l'acide acétique et tous les acides qui ont une certaine énergie le décomposent en bioxyde de cuivre avec lequel ils se combinent, et en cuivre métallique qui se dépose ; l'acide nitrique concentré lui cède une partie de son oxygène, le fait passer à l'état de bioxyde et le transforme en nitrate de cette dernière base. L'acide chlorhydrique le dissout et forme avec lui un protochlorure de cuivre. L'ammoniaque enfin le dissout sans se colorer ; mais par son exposition à l'air, elle prend une belle teinte bleue qu'elle doit au bioxyde formé aux dépens de l'oxygène de l'air. C'est donc un oxyde peu stable et ayant une grande tendance à se suroxyder. Cependant les acides faibles et fixes, comme les acides silicique et borique, qui s'unissent aisément avec lui, lui donnent un certain degré de stabilité, et on en fait un assez grand usage pour colorer les verres et cristaux d'une belle teinte rouge de sang.

Le protoxyde de cuivre peut être préparé par un grand nombre de procédés. Le plus ordinairement employé dans les arts consiste à calciner à une chaleur blanche un mélange de 100 parties de sulfate de cuivre, 28 parties de carbonate de soude sec et 25 parties de limaille de cuivre. On obtient une masse frittée qui, soumise à des lavages prolongés, laisse un résidu pulvérulent rouge d'*oxydule de cuivre*. Il doit être mélangé d'un peu de fer ou d'étain, quand on l'emploie dans les verreries pour le préserver de la suroxydation pendant la fonte des matières. Dans les laboratoires de chimie, on le prépare en chauffant une dissolution d'acétate de bioxyde de cuivre à laquelle on a ajouté du glucose. Le bioxyde est réduit à l'état de protoxyde et se dépose.

Bioxyde de cuivre (CuO). — Formé par l'union d'une proportion (31,5) de cuivre avec une proportion (8) d'oxygène. C'est le plus stable des oxydes de cuivre et celui qui entre dans la composition de tous les sels ordinaires de ce métal. On le prépare à l'état anhydre et noir pour les analyses des composés organiques, en calcinant de l'azotate de cuivre. On l'obtient à l'état d'hydrate, d'une couleur bleu cendré, en précipitant au moyen de la potasse une de ses dissolutions salines. Une légère ébullition suffit pour le déshydrater et le rendre noir. Au rouge naissant, il cède facilement son oxygène aux matières organiques, ce qui le fait employer en chimie pour l'analyse de ces substances ; à une chaleur blanche, il cède même une partie de cet oxygène sans l'intervention d'aucune substance combustible.

Le bioxyde hydraté est soluble dans un excès d'alcali caustique. L'effet est surtout marqué avec l'ammoniaque qui prend alors une magnifique couleur bleue, légèrement pourprée (*eau céleste* des pharmaciens).

Le bioxyde de cuivre est employé dans les arts à colorer en vert les verres et les émaux.

Cuivre (Sulfures de). — On en connaît deux correspondant aux deux oxydes précédents.

Protosulfure de cuivre (Cu²S). — Formé par l'union de deux proportions (63) de cuivre et d'une proportion (16) de soufre. On le rencontre dans la nature sous forme de beaux cristaux appartenant au système régulier, d'un gris noir, doués d'un éclat faiblement métallique, fondant à la flamme d'une bougie et se laissant couper au couteau. On le prépare en faisant un mélange de 3 parties de soufre et de 8 parties de tournure de cuivre que l'on chauffe graduellement ; la combinaison se fait avec dégagement de lumière. Ce sulfure est inaltérable à la chaleur seule ; mais chauffé au contact de l'air (*grillé*), il passe à l'état de sulfate ou d'oxyde. L'hydrogène est sans action sur lui ; le carbone l'attaque très-peu ; l'acide chlorhydrique, pas du tout. Le sulfure de cuivre chauffé avec de l'oxyde ou du sulfate de cuivre donne lieu à un dégagement d'acide sulfureux et à du cuivre métallique. Cette réaction est mise à profit dans la métallurgie du cuivre. (Voy. plus haut.)

Bisulfure de cuivre (CuS). — Produit artificiel de peu d'importance, que l'on obtient en faisant passer un courant d'hydrogène sulfuré au travers de la dissolution d'un sel de cuivre. Le dépôt noir de bisulfure est très-altérable et passe facilement à l'état de sulfate. La chaleur lui enlève la moitié de son soufre. L'hydrogène produit le même effet.

Cuivre (Chlorures de). — Il en existe deux :

Protochlorure de cuivre (Cu^2Cl). — Formé par l'union de deux proportions de cuivre (63) avec une proportion (35,5) de chlore. Composé incolore, très-peu soluble dans l'eau, verdissant à l'air qui le transforme en oxychlorure. Il est soluble sans coloration dans l'ammoniaque; mais la dissolution bleuit presque instantanément au contact de l'air, propriété qui fait de cette liqueur un réactif très-sensible pour déceler la présence de l'oxygène dans un mélange gazeux. Cette dissolution absorbe aussi avec une grande rapidité le gaz oxyde de carbone, ce qui permet de séparer ce gaz de ses mélanges. La découverte de cette double propriété est due à M. Doyère.

Le protochlorure de cuivre fond à 400° et se volatilise à la chaleur rouge. Il fait passer le chlorure d'argent à l'état de sous-chlorure et réduit complétement le sulfure de ce même métal. On l'obtient soit en calcinant le bichlorure, soit en le faisant bouillir avec du cuivre, soit en dissolvant le protoxyde de cuivre dans de l'acide chlorhydrique.

Bichlorure de cuivre ($CuCl$). — A peu près sans usages. Il est soluble dans l'alcool et colore sa flamme d'une belle teinte verte. On l'obtient en traitant le bioxyde de cuivre par l'acide chlorhydrique. La liqueur verte obtenue étant suffisamment concentrée laisse déposer de longues aiguilles bleu verdâtre, de bichlorure hydraté ($CuCl. + 2aq$).

Cuivre (Sels de). — Il en existe de deux espèces, qui correspondent aux protoxyde et bioxyde de cuivre. Les sels à base de protoxyde de cuivre sont très-instables et peu connus; ceux qui sont insolubles sont blancs, bruns ou rouges; ils se dissolvent dans l'ammoniaque sans la colorer, mais leur dissolution bleuit à l'air; les sels solubles sont également incolores. Par les alcalis, ils donnent un précipité orange de protoxyde de cuivre hydraté; les métaux dont l'oxygénation est facile (fer, zinc...) en précipitent du cuivre métallique. Ils sont très-vénéneux.

Les sels de *deutoxyde* sont généralement bleus ou verts. Leur meilleur réactif est la dissolution de prussiate jaune de potasse, qui peut déceler dans une liqueur $\frac{1}{1000}$ de cuivre par le précipité brun marron caractéristique qu'elle produit. L'ammoniaque les précipite également en bleu clair, puis, quand elle est en excès, redissout le précipité en prenant une couleur bleue intense; mais cette dernière réaction est également présentée par les sels de nickel. Le fer est encore plus sensible au cuivre que les deux réactifs précédents : une aiguille plongée dans une liqueur contenant $\frac{1}{14000}$ de cuivre se recouvre, au bout de vingt-quatre heures, d'une pellicule adhérente de cuivre rouge. Tous les sels solubles de bioxyde de cuivre sont également très-vénéneux.

Cuivre (Sulfate de). — *Vitriol bleu, coupe-rose bleue, sel bleu*, ordinairement en gros cristaux parallélipipédiques obliques, contenant 5 proportions (45) d'eau pour 1 proportion (79,5) de sulfate de cuivre anhydre. Il a pour formule $CuO,SO^3 + 5HO$.

Chauffé à 100°, il perd les quatre cinquièmes de son eau et devient vert; à 243°, il en perd le dernier cinquième et devient blanc. Au rouge blanc, il se décompose en oxygène, acide sulfureux et bioxyde de cuivre. Sa dissolution, traitée par un léger excès d'ammoniaque additionnée d'un peu d'alcool, donne lieu à la formation d'une bouillie cristalline d'un beau bleu, *sulfate de cuivre ammoniacal* des pharmaciens, dont la formule est $CuO, SO^3 + 3AzH^3 + HO$.

Le sulfate de cuivre du commerce s'extrait des pyrites cuivreuses par le grillage, contient presque toujours du fer qui nuit rarement aux applications industrielles de cette substance; quelquefois même les sulfates de cuivre ferrugineux sont recherchés par les teinturiers pour certaines de leurs opérations. Le *vitriol d'admonde* n'est autre chose qu'un sulfate double de cuivre et de fer.

Pour avoir du vitriol pur, il suffit de verser dans une dissolution concentrée une certaine quantité d'acide azotique et d'évaporer jusqu'à siccité. Le fer passe à l'état de sous-sulfate de sesquioxyde insoluble. On traite la matière par l'eau qui dissout le sulfate de cuivre et seulement quelques traces de sulfate de peroxyde de fer. On achève de l'en débarrasser en faisant bouillir la liqueur avec du protoxyde de cuivre qui déplace le fer.

Le vitriol bleu a de nombreux et importants usages. On l'emploie en médecine comme caustique: en agriculture pour chauler les blés; dans l'éducation des vers à soie pour détruire la muscardine; en teinture pour teindre la laine et la soie en noir, lilas violet; on s'en sert encore pour azurer le papier, pour préparer les *cendres*

bleues, ainsi que les *verts* de *Schéele* et de *Schweinfurt*.

Cuivre (Nitrate de). — Sel en beaux cristaux bleus très-solubles, employé dans la teinture; s'obtient en dissolvant le cuivre dans l'acide nitrique étendu.

Cuivre (Carbonate de). — Composé employé dans la peinture à l'huile sous le nom de *vert minéral*. On l'obtient en versant une dissolution de carbonate alcalin dans une dissolution de sulfate de cuivre. Le précipité gélatineux bleu clair se change au bout de quelque temps en une poudre verte dont la composition est $2CuO,CO^2 + HO$.

On trouve dans la nature un carbonate hydraté de cuivre, en masses concrétionnées vertes, souvent très-compactes, et quelquefois très-volumineuses, appelé *malachite*. Cette substance, susceptible d'un beau poli, est employée à faire des vases, des fûts de colonne, des dessus de table ou de cheminée. Son prix est très-élevé. Elle est assez abondante en Sibérie, pour qu'on l'y exploite comme minerai de cuivre.

On rencontre également dans la nature en beaux cristaux bleus un autre carbonate hydraté ayant pour formule $2CuO, CO^2 + CuOHO$. Réduite en poudre fine, elle prend une couleur bleu clair très-agréable, et est employée à cet état comme matière colorante dans les fabriques de papiers peints sous le nom de *bleu de montagne* ou de *cendres bleues naturelles*. On fabrique en Angleterre, par un procédé tenu secret, des *cendres bleues artificielles* ayant même composition, et d'une plus belle nuance que le produit naturel (voyez Bleus, Cendres bleues).

Cuivre (Arsénite de), *vert de Schéele*. — Très-employé dans la peinture à l'huile. On le prépare en dissolvant 3 kil. de carbonate de potasse et 1 kil. d'acide arsénieux dans 14 litres d'eau, puis versant peu à peu cette liqueur dans une dissolution bouillante de 3 kil. de sulfate de cuivre dans 40 litres d'eau, et agitant continuellement la liqueur pendant le mélange. On modifie la nuance du précipité en faisant varier les proportions d'acide arsénieux.

Cuivre (Acétates de). — Ils se préparent généralement dans le Midi pour les besoins de l'industrie. Le *verdet* est un acétate neutre hydraté $CuO,C^4H^3O^3 + HO$. Il existe d'autres acétates basiques dont l'un contient deux fois plus, l'autre trois fois plus d'oxyde de cuivre que le premier (voyez Acétates). Ces acétates sont employés dans la peinture à l'huile, ainsi qu'une combinaison d'acétate et d'arsénite de cuivre connue sous le nom de *vert de Schweinfurt*. Sa composition est $CuOC^4H^3O^3 + 3(2CuO,AsO^3)$.

Cuivre (Alliages de). — Le cuivre s'allie à un très-grand nombre de métaux et forme des *alliages* dont plusieurs ont une très-grande importance industrielle (voyez Alliages, Laitons, Bronze, Alfénide). M. D.

CUIVRE (Économie domestique, Toxicologie). — Très-anciennement connu, ce métal a été employé par les peuples de l'antiquité, les Hébreux, les Égyptiens, les Grecs, les Romains, non-seulement pour les usages domestiques, mais encore pour la fabrication des vases sacrés, des armes, des médailles, des principales monnaies, etc. Son usage s'est perpétué jusqu'à nos jours, il s'est même multiplié, étendu à mesure qu'il est devenu plus commun, et aujourd'hui, c'est de tous les métaux, après le fer, celui qui est le plus employé pour les besoins de la vie, malgré les inconvénients et les dangers de son usage, surtout pour la préparation des médicaments et des aliments de toutes sortes. A l'état métallique, il ne possède aucune propriété délétère, même lorsqu'il est réduit en poudre (dissertation inaugurale de C. R. Drouard, in-8, Paris, 1802 (fructidor an X), intitulée : *Expériences et observations sur l'empoisonnement par l'oxyde de cuivre* (vert de gris) *et sur quelques sels cuivreux*) et qu'il rencontre dans l'estomac des acides tels que le suc gastrique, le vinaigre, etc. (expériences de Drouard). Mais il n'en est pas de même lorsqu'il est passé à l'état d'oxyde ou de sel soluble; il acquiert alors des propriétés délétères qui rendent dangereux l'usage des vases de cuivre, lorsqu'ils ne sont pas tenus avec la plus grande propreté (voyez Poisons); on devra aussi éviter avec le plus grand soin d'y laisser séjourner des corps gras, ou acides, ou alcalins, susceptibles de déterminer la formation de sels solubles; l'humidité elle-même suffit pour recouvrir le cuivre d'une couche d'un oxyde insoluble qui peut devenir dangereux lorsqu'il est introduit dans l'estomac en quantité notable; c'est celui qui se forme aux robinets en cuivre des fontaines dans nos cuisines. En présence de ces dangers, l'administration a pris des mesures pour ordonner des visites fréquentes des ustensiles et vases de cuivre dont se servent les marchands de vins, traiteurs, aubergistes, pâtissiers, etc., à l'effet de vérifier l'état de ces ustensiles sous le rapport de la salubrité (ordonnance de police du 23 juillet 1832).

On avait pensé que les ouvriers qui travaillent le cuivre étaient sujets à certains accidents toxiques, et même on avait décrit, sous le nom de colique de cuivre, un état pathologique ayant quelque analogie avec la colique de plomb. Desbois de Rochefort avait accrédité cette idée, reprise et développée dans un mémoire lu à l'Académie des sciences, le 17 février 1846, par le docteur Blandet. Tout cela, du reste, était contraire à l'opinion de Bordeu et de Hetlinger, déclarant que les mineurs chargés de l'extraction du cuivre ne sont affectés d'aucune maladie particulière. La question, remise à l'étude, a été examinée de nouveau dans un mémoire publié par MM. Chevallier et Boys de Loury, d'où il résulte que le cuivre par lui-même, soit au moment de sa fonte, soit lorsqu'il est réduit en poudre légère, est inoffensif; que les ouvriers en cuivre, quelle que soit leur spécialité, ne présentent aucun accident qui puisse être attribué à l'action d'un agent toxique particulier, et que la colique de cuivre n'existe pas (voyez Étamage). Consultez : *Accidents causés par les vases de cuivre*, par Chevallier (*Ann. d'hyg.*, 1832, t. VIII. *Mém. sur les ouvriers qui travaillent le cuivre et ses alliages* (*Ann. d'hyg.*, 1850, t. XLIII et XLIV, par Chevallier et Boys de Loury.   F — N.

CUL-BLANC (Zoologie). — Nom vulgaire de plusieurs oiseaux de rivage ou de marais ; le *Motteux* ou *Vitrec*; le *Bécasseau* ; la *Guignette* ; la *Bécassine*.

CUL-DE-POULE (Vétérinaire). — On nomme ainsi le bourrelet graisseux qui entoure la base de la queue du cheval, lorsqu'il est trop gras. On donne encore ce nom, chez les bestiaux malades, aux ulcères à bords saillants, renversés en dehors, comme on les observe dans le farcin.

CULEX (Zoologie). — Voyez Cousin.

CULICIDES (Zoologie). — Groupe naturel de la famille des *Diptères némocères*, que certains auteurs ont formé en prenant pour type le genre *Cousin (Culex)*.

CULMINATION (Astronomie). — En vertu du mouvement diurne, tous les astres se lèvent du côté de l'orient, montent au-dessus de l'horizon, atteignent leur point *culminant* ou de *culmination* lorsqu'ils traversent le plan du *méridien*, s'abaissent ensuite progressivement se couchent du côté de l'occident (voyez Ciel, Méridien).

CULOTTE (Zootechnie). — Les bouchers nomment ainsi, dans le bœuf, la partie de la croupe qui termine l'animal du *côté de la queue*; c'est un morceau estimé, dans lequel on distingue trois parties : le *cimier* en avant, le *milieu de culotte* et la *pointe de culotte* en arrière.

Culotte de chien (Horticulture). — Variété d'*Oranger cultivé*.

Culotte de Suisse (Horticulture). — Variété de *Poire*, nommé aussi *Verte longue panachée*.

Culotte de velours (Zootechnie). — Variété de *Coq*, nommée aussi *Coq de Hambourg* et *Culotte de Suisse*.

CULPEU (Zoologie). — Nom d'un animal signalé au Chili par Molina et qui appartient au groupe des *Chiens*. Cet animal, dont la taille, le pelage et les mœurs rappellent beaucoup, selon lui, le renard de nos pays, est encore aujourd'hui fort peu connu. F. Cuvier a cru y reconnaître le *Chien antarctique*. M. P. Gervais se déclare certain sur la véritable nature de cette espèce qu'il range parmi les *Canidés* dans le genre *Dusocyon* d'Hamilton ou *Crahier*.

CULTIVATEUR (Agriculture). — Nom donné à divers. instruments agricoles tels que les *buttoirs*, *binoirs*, *houes à cheval*, *extirpateurs*, *scarificateurs*, *herses-brisoires* (voyez Labour, Extirpateur, Herse).

CULTRIROSTRES (Zoologie). du latin *culter*, couteau, et *rostrum*, bec. — Troisième famille d'*Oiseaux* de l'ordre des *Échassiers*, de Cuvier; caractérisée par un bec gros, long et fort, le plus souvent même tranchant et pointu ; elle réunit à peu près toutes les espèces du genre *Ardea* ou *Héron* de Linné. Cuvier les subdivisait en trois tribus : 1° les *Grues*; genres : *Agami*, *Grue*; 2° les *Hérons*; genres : *Savacou*, *Héron*, *Onoré*, *Aigrette*, *Butor*, *Bihoreau*; 3° les *Cigognes*; genres : *Cigogne*, *Jabiru*, *Ombrette*, *Bec-ouvert*, *Drome*, *Tantale*, *Spatule*.

CULTURE (Agriculture), du latin *colere*, cultiver. — La culture est l'ensemble des procédés par lesquels l'homme fait produire aux êtres vivants ce qu'exigent ses besoins ou ses caprices. Immuables à l'état sauvage, où les circonstances extérieures demeurent à peu près inva-

riables, les espèces animales et végétales sont susceptibles de changements progressifs considérables dès que la volonté de l'homme modifie leurs conditions d'existence. Un certain nombre de ces espèces ont été particulièrement créées avec les aptitudes nécessaires pour s'accommoder à cet empire de l'intelligence humaine; c'est parmi elles que nous avons trouvé nos espèces domestiques. Grâce à cette disposition providentielle, l'homme n'a besoin que d'observer avec sagacité les modifications qui résultent des circonstances particulières où il a placé les plantes et les animaux, et il devient capable de reproduire à son gré celles de ces modifications qui concordent avec ses goûts et ses besoins. Les procédés de culture sont donc essentiellement fondés sur la tradition; mais ils doivent être sans cesse perfectionnés au moyen des nouvelles connaissances que l'homme peut acquérir. Un art aussi vaste embrasse tous les êtres vivants; aussi y a-t-il un grand nombre de genres de cultures tant d'animaux que de végétaux (voyez Agriculture, Horticulture, Apiculture, Pisciculture, etc.).

CUMIN (Botanique), *Cuminum*, Lin. — Genre de plantes *Dicotylédones dialypétales périgynes*, famille des *Ombellifères*, tribu des *Cuminées*, dont l'espèce unique, le *C. officinal* (*C. cyminum*, Lin.), est une plante annuelle, à racines oblongues, menue, qui donne naissance à une tige haute de $0^m,15$ à $0^m,18$, glabre, striée, rameuse, feuilles découpées, presque capillaires; fleurs petites, blanches, rosées ou purpurines, disposées en ombelles à quatre ou cinq rayons, auxquelles succèdent des graines planes, ovales, légèrement convexes d'un côté et concaves de l'autre, de couleur cendrée, plus grosses et plus allongées que l'anis ; elles répandent une odeur forte qui n'est pas désagréable, ont une saveur amère, aromatique, piquante. Employées autrefois souvent en médecine comme stimulantes, carminatives et même comme diurétiques, elles sont aujourd'hui presque abandonnées. Mais, comme assaisonnement, elles sont d'un usage très-fréquent. Les Turcs en mettent dans presque tous leurs ragoûts ; les Allemands en mettent souvent dans leur pain, et les Hollandais en aromatisent leurs fromages. Cette plante, qui croît spontanément en Égypte et en Éthiopie, se cultive maintenant dans quelques parties du midi de l'Europe, et particulièrement à Malte et jusqu'en Italie. Ce genre se distingue par un calice à 5 dents lancéolées; pétales oblongs, échancrés; fruit comprimé, graine un peu concave à sa face ventrale, convexe à sa face dorsale.

Cumin des prés (Botanique). — Nom vulgaire du *Carvi*.

Cumin noir (Botanique). — Voyez Nigelle cultivée.

CUNÉIFORME (Anatomie), du latin *cuneus*, coin, et *forma*, forme. — Nom commun de trois os de la deuxième rangée du tarse, chez l'homme et chez les mammifères, qui ont la forme de coins. Ils se touchent entre eux et s'articulent en arrière avec le *scaphoïde*, en avant avec les os du métatarse ; en haut et en bas, le plus externe des trois cunéiformes s'articule avec le *cuboïde*. D'après leur volume relatif ou leur position, on les distingue par les noms de *grand* ou *premier cunéiforme*, qui est le plus interne; *petit* ou *second cunéiforme; moyen* ou *troisième cunéiforme*, qui est le plus externe. — On donne parfois le nom de *cunéiforme* à l'os *pyramidal* du carpe.

CUPIDONE (Botanique), *Catananche*, Vaill. — Genre de plantes *Dicotylédones gamopétales périgynes*, famille des *Composées*, tribu des *Chicoracées*; sous-tribu des *Hyoséridées*; à réceptacle frangé ou poilu ; akènes pentagones couverts de soies. Les espèces de ce genre sont des herbes à tiges presque nues supérieurement. La *C. à fleurs bleues*, vulgairement *Gomme bleue* ou *Chicorée bâtarde* (*C. cærulea*, Lin.), est une jolie plante à feuilles velues, qui vient spontanément dans la France méridionale. On la cultive souvent dans les jardins pour ses fleurs d'un beau bleu. La *C. à fleurs jaunes* ou *Pied-de-lion* (*C. lutea*, Lin.), avec des feuilles à trois nervures et des fleurs jaunes, est originaire de la Barbarie.

CUPRESSINÉES (Botanique). — Famille de plantes *Dicotylédones gymnospermes*, de la classe des *Conifères*, et qui a pour type le genre *Cyprès* (*Cupressus*). Plusieurs botanistes, considérant seulement les conifères comme une famille, ne font qu'une tribu des *Cupressinées*. Ces plantes se distinguent des familles voisines (voyez Conifères) par leurs fleurs femelles dressées réunies plusieurs ensemble à l'aisselle d'écailles peu nombreuses, par leurs fruits drupacés ou strobilacés formés d'écailles libres ou quelquefois soudées. Les cupressinées habitent principalement les régions tempérées de l'hémisphère boréal. On en trouve aussi quelques espèces au cap de Bonne-Espérance et en Australie. Genres principaux : *Genévrier, Callitris, Thuia, Cyprès, Taxodie, Cryptomère.*   G—s.

CUPRESSUS (Botanique). — Voyez CYPRÈS.

CUPULE (Botanique), diminutif de *cupa*, coupe. — On nomme ainsi, dans certaines plantes, un involucre composé de bractées disposées sur plusieurs rangs et soudées ensemble de manière à ne plus former qu'un seul corps en forme de coupe qui renferme une ou plusieurs fleurs femelles et qui accompagne le fruit. Plusieurs botanistes ont étendu l'acception de ce terme jusqu'à d'autres involucres de végétaux amentacés et même aux bractées des conifères. « Ce que nous nommons cupule dans le *Corylus avellana* (noisetier), dit de Mirbel, ressemble tout à fait à deux feuilles unies ensemble par leurs bords. La cupule du chêne est composée de petites écailles ou bractées soudées par leur partie inférieure, et elle ne diffère pas beaucoup de certains involucres. Dans l'*ephedra*, (Gnétacées), les gaines placées à chaque articulation, et qui sont évidemment des feuilles opposées, se rapprochent au voisinage du fruit, et elles composent une suite de cupules emboîtées les unes dans les autres. »

CUPULIFÈRES (Botanique). — Famille de plantes *Dicotylédones* établie par L. C. Richard parmi les *Amentacées* de Jussieu pour les plantes de ce groupe dont l'ovaire est infère et les ovules suspendus. Elle correspond aux *Corylacées* de Mirbel et aux *Quercinées* de de Jussieu et de Ad. Brongniart; son nom lui vient de ce que le fruit des végétaux qu'elle renferme est plus ou moins recouvert par un involucre ligneux, osseux ou coriace nommé *cupule* (voyez ce mot).

On nomme aussi *cupulifères*, d'après de Mirbel, les poils qui sont terminés par une glande en forme de godet, comme dans le *croton pénicillé*.

CURARE (Toxicologie), nom indigène. — L'attention des physiologistes a été vivement frappée par les propriétés redoutables d'un poison rapporté de l'Amérique méridionale par les voyageurs, et nommé *curare, urari, wooraria, wurali, ticuna* par les naturels qui le préparent. M. C. Bernard en a surtout étudié les effets; introduit pur dans une blessure ou dans les vaisseaux sanguins, le curare foudroie les animaux en quelques secondes sans même laisser survivre la contractilité des muscles; étendu d'eau et ralenti dans ses effets, il anéantit les propriétés des nerfs de la vie animale sans atteindre en rien celles des nerfs de la vie organique. Comme le venin des serpents, le curare n'est pas absorbé à travers l'épithélium de la muqueuse digestive; il en résulte qu'un animal peut ingérer sans danger ce terrible poison dont une goutte mêlée à son sang déterminerait sa mort. On ne connaît aucun antidote de ce poison. L'origine du curare est encore incomplétement connue. De Humboldt, dans ses relations de voyages, en décrit la fabrication sans indiquer la plante qu'on y emploie. Waterton donne aussi des détails sur cette opération en nommant le poison *wourali*, mais sans en mieux préciser l'origine. A. d'Orbigny, dans son *Voyage dans les deux Amériques*, raconte le procédé des naturels des bords de l'Orénoque, en attribuant à tort ce produit à une *Bertholletie*. Endlicher affirme avec beaucoup plus de vraisemblance que les naturels de l'Amérique du Sud tirent le curare de l'écorce de deux espèces de lianes, le *Strychnos de la Guyane* et le *Strychnos toxifère*, comme les Malais préparent avec le *Strychnos tieuté* leur redoutable *upas tieuté*. Dans le curare entreraient, avec le suc des strychnos, du poivre, de la coque du Levant et d'autres plantes âcres. Le procédé de fabrication paraît consister principalement dans l'expression du suc vénéneux par broiement de l'écorce, une infusion à froid et une concentration par évaporation. Des cérémonies bizarres et mystérieuses entourent l'opération. Cet agent toxique est destiné à empoisonner les armes des Indiens.

CURCUMA (Botanique), *Curcuma*, Lin.; de *kurkum*, nom arabe de la plante. — Genre de plantes *Dicotylédones dialypétales périgynes*, famille des *Zingibéracées*. Les espèces de ce genre sont des herbes vivaces à racines tubéreuses, à fleurs disposées en épi surmonté de bractées stériles en touffe; elles ont un calice court, tubuleux, à 3 dents; corolle à 2 lèvres, une seule étamine, ovaire infère, à 3 loges, renfermant de nombreux ovules pourvus d'arille. Elles habitent les régions tropicales de l'Inde. Le *C. allongé* (*C. longa*, Lin.) a ses tubercules vivement colorés en dedans d'orangé foncé. Ses fleurs, en long épi, sont accompagnées de larges bractées concaves, d'un vert pâle. La racine tubéreuse de cette plante fournit la matière tinctoriale qui porte son nom et dont

on fait un grand usage. Le curcuma est répandu dans le commerce sous forme de petits morceaux cylindriques contournés, à écorce jaune ou grise, lisse ou chagrinée. L'intérieur est, suivant différents états, ou jaune rougeâtre, ou jaune pâle, ou brun. L'odeur est fortement aromatique et la saveur âcre, amère et chaude. On extrait de ce tubercule une couleur jaune qui sert à teindre les étoffes. Elle sert aussi à rehausser la couleur des étoffes de soie teintes avec la cochenille. Malheureusement la belle couleur orangée qu'elle produit a peu de fixité; on l'emploie très-souvent pour colorer les papiers, les cuirs, les pâtisseries, le beurre, les pommades, etc. Les médecins ont rarement recours à ses propriétés stimulantes. Les Indiens l'emploient dans les fièvres intermittentes et les maladies de la peau. Ils se servent aussi de la racine fraîche, dans leur cuisine, pour colorer en jaune le riz et d'autres aliments. On cultive également dans les Indes le *C. amada*, Rosc., et le *C. aromatica*, Salisb., à cause de leurs tubercules alimentaires et des propriétés médicinales dont on tire parti.   G—s.

CURCUMA (Chimie). — La racine de curcuma contient, en même temps qu'une huile volatile et des produits gommeux et résinoïdes, une matière colorante qu'on a nommée *curcumine*, et qui se dissout seulement dans l'alcool. Son extraction est fondée sur cette propriété. Les alcalis colorent la curcumine en rouge; aussi a-t-on pu obtenir avec le papier imprégné de teinture de curcuma un réactif très-sensible pour déceler la présence des alcalis. Ce papier, d'abord jaune, prend une couleur d'un brun rougeâtre au contact de la moindre trace d'alcali dissous, ou sous l'influence des émanations ammoniacales. Les teinturiers se servent de la couleur du curcuma pour aviver la teinte de l'écarlate et pour donner au jaune que produit la gaude un reflet doré. En parfumerie, on l'emploie pour colorer les pommades; elle sert aussi pour colorer les peaux employées dans la fabrication des galets.

CURCAS (Botanique). — Voyez MÉDICINIER.

CURSEUR (Mécanique). — Pièce mobile le long d'une échelle divisée et destinée à fixer le point précis qui correspond à la longueur ou à la hauteur à mesurer.

Souvent le curseur est muni d'un vernier qui permet d'apprécier les fractions de l'unité de longueur tracée sur la règle.

CURCULIONIDES (Zoologie), du latin *curculio*, charançon. — On nomme ainsi, d'après Schœnherr, la vaste famille d'*Insectes coléoptères tétramères* que Latreille (*Règne animal de Cuvier*) avait nommée *Rhynchophores* ou *Porte-bec*, à cause de la conformation de leur tête en bec plus ou moins allongé (voyez RHYNCHOPHORES). Schœnherr, dans cette famille, ne décrit pas moins de quatre cent quatre genres répartis dans trente tribus; quant aux espèces, leur nombre s'élèverait peut-être à dix mille, s'il faut en croire les entomologistes spécialement adonnés à l'étude de ces animaux (consultez *Genera et species Curculionidum* de Schœnherr).

CURE-OREILLE (Zoologie). — Nom donné parfois à l'insecte que l'on nomme aussi *Perce-oreille* ou *Forficule*.

CURETTE (Chirurgie). — Instrument ordinairement composé d'un manche de bois et d'une tige terminée par une cuiller en or, en argent, en acier ou en ivoire, fort allongée, plus large au milieu qu'aux extrémités, à bords mousses ou polis. On s'en sert pour extraire des calculs de la vessie, après une incision préalable suffisante, des corps étrangers de toute espèce engagés dans les parties molles, etc.

CURRUCA (Zoologie). — Voyez FAUVETTE.

CURVINERVÉ (Botanique), du latin *curvus*, courbe, et *nervus*, nerf. — On nomme ainsi certaines feuilles dont les nervures sont *courbées* de façon à devenir parallèles au bord du limbe.

CUSCUTE (Botanique), *Cuscuta*, Tourn.; du latin *cuscuta*, dérivé lui-même de l'arabe *kechout*. — Genre de plantes *Dicotylédones gamopétales hypogynes*, famille des *Convolvulacées*, tribu des *Convolvulées*. Les cuscutes sont des herbes parasites, volubiles, dépourvues de feuilles, comme leur embryon de cotylédons. Leurs tiges, qui se présentent simplement sous la forme de petits filets blanchâtres, ont, au lieu de feuilles, de petites écailles peu visibles, s'enlacent et s'accrochent à l'aide de suçoirs autour de certaines plantes, telles que la luzerne, le trèfle, les graminées, le lin et même la vigne, et finissent par les étouffer. Les fleurs, blanches et très-petites, ont un calice à 4-5 dents, une corolle monopétale, urcéolée-globuleuse, à 4-5 lobes, 4-5 étamines, un ovaire à 2 loges. Le fruit est capsulaire, à péricarpe membraneux.

Les cuscutes se reproduisent d'abord par leurs graines, qui germent en terre, mais aussi, et bien plus rapidement, à l'aide de leurs tiges, qui restent pelotonnées dans la terre pendant l'hiver. Les agriculteurs considèrent les cuscutes

Fig. 738. — Cuscute d'Europe.

comme un véritable fléau ; ils les nomment *teignes*, *raches* ou *perruques*, *rougeot*, *cheveux du diable*, *tignasse*, etc. Elles peuvent envahir très-promptement un champ tout entier. On a proposé, depuis quelque

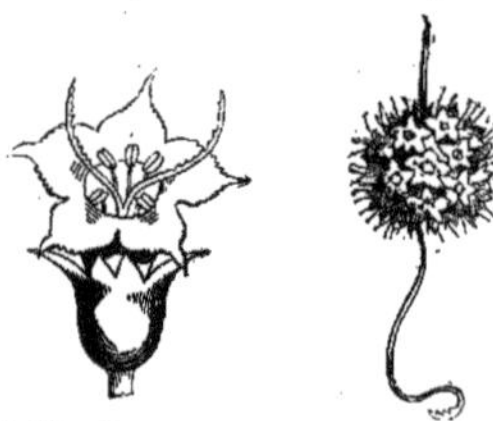

Fig. 739. — Fleur grossie de cuscute.

Fig. 740. — Groupe des fleurs grossies.

temps, pour s'en débarrasser, d'arroser simplement les parties envahies avec une dissolution de sulfate de fer. Le procédé suivant paraît avoir également réussi : faucher aussi ras que possible les plantes attaquées, puis ratisser légèrement à la main pour enlever le reste des filaments de la cuscute, arroser ensuite avec le purin des écuries. La luzerne ou le trèfle qui pousse après cette opération acquiert une superbe vigueur, tandis que la cuscute est corrodée par l'engrais dont l'action est trop forte pour elle. Les cuscutes sont indigènes. On rencontre souvent aux environs de Paris la *C. petite-teigne* (*C. epithymum*, Murr.), qui a les styles beaucoup plus longs que l'ovaire ; la *C. du lin* (*C. epilinum*, Weich.) a les styles plus courts que l'ovaire et la tige presque simple ; enfin, dans la *Grande Cuscute*, *C. d'Europe* (*C. major*, de Cand.), le calice présente au-dessous de l'ovaire un tube très-charnu, presque cylindrique.   G—s.

CUSPARÉ (Botanique). — Nom de l'écorce que l'on appelle aussi *Écorce d'angusture* (voyez ANGUSTURE).

CUSPIDÉ (Botanique), du latin *cuspis*, pointe de javelot. — On nomme *cuspidées* les feuilles allongées, se rétrécissant insensiblement et se terminant en une pointe aiguë et dure, qui rappelle une pointe de flèche ou de lance ; on peut citer comme exemples les feuilles de l'ananas et des yuccas. Cette forme est commune chez les plantes monocotylédones ; elle n'est pas rare chez les dicotylédones.

CUSSOU ou **Cossou** (Zoologie). — Nom vulgaire de la *Calandre du blé* dans quelques parties de la France.

CUTICULE (Botanique), diminutif du latin *cutis*, peau.

— Pellicule mince entièrement transparente qui recouvre l'épiderme des plantes sur les parties herbacées. Au niveau des stomates, la cuticule est fendue pour laisser pénétrer les gaz entre les lèvres de ces organes ; elle se moule sur les poils et toutes les aspérités que présente l'épiderme.

CYAME (Zoologie), *Cyamus*, Latr. ; du grec *kyamos*, fève, allusion à la forme de l'animal. — Genre de *Crustacés* de l'ordre des *Læmo-*

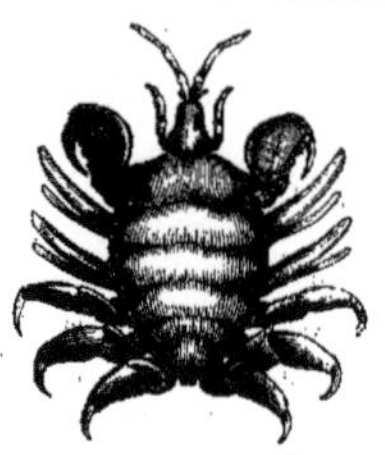

Fig. 741. — Cyame de la baleine.

dipodes, se distinguant des genres voisins par leur forme ovale avec des segments transversaux ; les pieds courts ou peu allongés. Ces crustacés, vulgairement nommés *Poux de baleine*, vivent en parasites sur divers cétacés. Rousseau de Vauzème a étudié spécialement leur structure et leur spécification. Le *C. errant* (*C. erratious*, Rouss. de Vauz.) ou *C. de la baleine* se trouve fixé sous les ailerons ou autour de l'anus de la baleine ; il a de 0,025 à 0,030 de longueur. C'est l'*Oniscus ceti* de Linné.

CYANATES (Chimie). — Sels formés par la combinaison de l'acide cyanique avec une base. Le plus important, en ce qu'il sert à préparer tous les autres, est le *cyanate de potasse* que l'on obtient en calcinant du cyanure de potassium à l'air libre.

CYANÉE (Zoologie), *Cyanea*, Per. et Les. ; du grec *kyanos*, bleu. — Genre d'animaux *Zoophytes*, de la classe des *Acalèphes*, famille des *Méduses*. Cuvier réunissait dans ce genre toutes les méduses à bouche centrale, montrant quatre ovaires latéraux ; de Blainville (*Actinologie*) l'a restreint à un petit nombre d'espèces, dont une, la *C. de Lamarck* (*C. Lamarkii*, Péron), est d'un beau bleu et se trouve dans la Manche. Il écarte de ce genre la *Medusa aurita*, Lin., et la *Medusa chrysaora*, Cuv., espèces fort communes sur nos côtes et remarquables par leur coloration (voyez MÉDUSE).

CYANÉE (Minéralogie). — Voyez LAZULITE.

CYANHYDRATE (Chimie). — Sel formé par la combinaison de l'acide cyanhydrique avec les *bases organiques*, y compris l'ammoniaque. Les composés que l'on obtient en combinant cet acide avec les oxydes métalliques sont appelés *cyanures* (voyez ce mot).

CYANHYDRIQUE (ACIDE) (Chimie). — *Acide prussique*, parce qu'il fut extrait d'abord du bleu de Prusse. Formé par la combinaison d'une proportion (26) de cyanogène avec une proportion d'hydrogène. Sa formule chimique est CyH ou C²AzH. C'est un liquide incolore, d'une odeur caractéristique rappelant celle des amandes amères. Il est très-volatil, bout à 26°,5, se solidifie à 15° au-dessous de 0° ; sa densité est 0,697, celle de sa vapeur 0,947.

L'acide cyanhydrique ressemble aux hydracides (acides chlorhydrique, bromhydrique...) autant par sa constitution que par ses propriétés chimiques. Mis en contact avec les oxydes, il donne de l'eau et des cyanures ; un acide versé sur les cyanures régénère l'acide cyanhydrique exactement comme il arrive pour l'acide chlorhydrique et les chlorures. De plus, les cyanures et les chlorures cristallisent de la même manière.

L'acide cyanhydrique est peut-être de tous les poisons le plus énergique et le plus redoutable ; il agit comme la foudre, et rarement les secours de l'art peuvent arriver à temps. Des oiseaux venant becqueter des miettes de pain sur lesquelles on a versé quelques gouttes d'acide prussique sont tués avant de les avoir atteintes ; une seule goutte de cet acide portée dans la gueule d'un chien ou simplement appliquée sur l'œil de l'animal le tue à l'instant. Le même effet serait produit sur l'homme à une dose presque aussi faible.

Schéele, qui le découvrit en 1780 et qui mourut subitement dans le cours de ses recherches, passe pour en avoir été la première victime. Scharinger, chimiste de Vienne, est mort également pour en avoir laissé tomber sur son bras nu. Il paraît que les prêtres égyptiens auraient connu ses propriétés et s'en seraient servis pour faire périr les adeptes qui trahissaient leurs secrets. Les *eaux amères* que, d'après la coutume juive et égyptienne, les prêtres faisaient boire à la femme accusée d'adultère et qui tuaient promptement sans laisser aucune trace sur le cadavre étaient probablement aussi des préparations dans lesquelles l'acide prussique jouait le principal rôle.

Heureusement, cet acide ne peut guère être conservé ; il s'altère promptement, même quand il est renfermé dans des tubes de verre scellés ; à la lampe, il noircit et laisse déposer une matière noire pulvérulente. Sa dissolution aqueuse ne se conserve pas mieux.

L'acide chlorhydrique décompose promptement l'acide prussique en donnant lieu à un dégagement sensible de chaleur. Dans cette réaction, quatre proportions d'eau se sont réunies à une proportion d'acide cyanhydrique, et le tout s'est dédoublé en ammoniaque et en acide formique.

$$CyH + 4HO = AzH^3HO + C^2HO^3$$

$$\underbrace{\qquad\qquad}_{\text{Ammoniaq.}} \underbrace{\qquad\qquad}_{\substack{\text{Acide}\\\text{formique.}}}$$

L'ammoniaque s'unit à l'acide chlorhydrique, et l'acide formique reste libre. A son tour, le formiate d'ammoniaque chauffé à 200° perd les éléments de 4 proportions d'eau et laisse dégager de l'acide prussique. Toutefois, les métaux oxydés, en s'unissant à l'acide cyanhydrique, forment des composés très-stables (voyez CYANURE).

L'acide cyanhydrique prend naissance dans un grand nombre de réactions chimiques, et on le trouve tout formé dans certaines plantes. L'eau distillée du laurier-cerise, l'huile essentielle d'amandes amères, toutes les amandes des fruits à noyau, les pepins de pommes ou poires, etc., contiennent des quantités plus ou moins sensibles d'acide prussique. Aussi les amandes amères sont-elles un poison pour les oiseaux, et il est dangereux de passer la nuit dans une chambre où se trouveraient des lauriers-cerises.

Pour préparer l'acide cyanhydrique à l'état de pureté et de concentration complètes, on fait arriver lentement du gaz sulfhydrique sec provenant du flacon A (*fig.* 74)

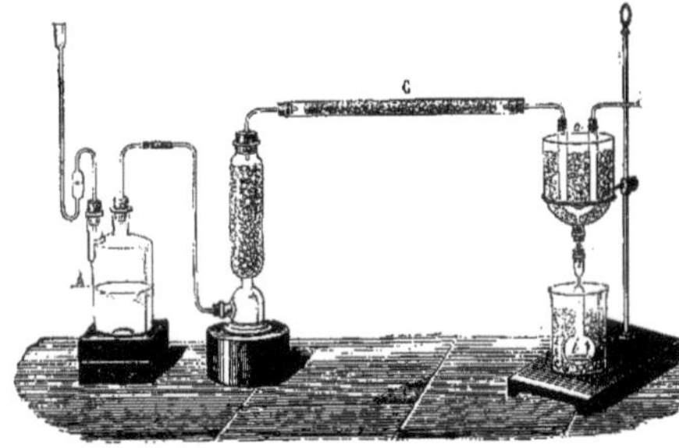

Fig. 742. — Préparation de l'acide prussique.

sur du cyanure de mercure contenu dans un tube horizontal C ; la substance vient se condenser en *a* dans un tube recourbé entouré de glace, et de là passe dans le petit flacon *i* également refroidi.

Si l'on veut préparer une dissolution titrée d'acide prussique, destinée aux usages médicaux, on dissoudra dans de l'eau un poids déterminé de cyanure de mercure, on précipitera le métal par un courant d'acide sulfhydrique, puis, agitant quelques instants la liqueur avec du carbonate de plomb on enlèvera l'excès d'acide sulfhydrique.

CYANIQUE (Acide) (Chimie). CyO. — Acide organique formé par la combinaison d'une proportion de cyanogène (26) avec une proportion d'oxygène (8). On obtient cet acide hydraté en décomposant les *cyanates* par les acides minéraux. Il s'altère rapidement en se transformant en acide carbonique et ammoniaque. Il a été découvert, en 1822, par M. Wœhler.

CYANOGÈNE (Chimie), du grec *kyanos*, bleu ; *gennao*, je produis, parce qu'il entre dans la composition du bleu de Prusse. — C'est un composé de 2 proportions (12) de carbone et de 1 proportion (14) d'azote. Sa formule chimique est C^2Az ou Cy.

Le cyanogène est un gaz incolore, d'une odeur pénétrante, caractéristique ; il se liquéfie sous une pression de 3 ou 4 atmosphères ou sous un froid de 20° au-dessous de 0° ; on peut également le solidifier sous la double action d'une forte pression et d'une très-basse température. Il brûle avec une belle flamme pourpre et se transforme alors en azote et acide carbonique. Il est soluble dans l'eau et l'alcool, auxquels il transmet son odeur. Sa densité est 1,8.

Malgré sa nature composée, le cyanogène se comporte en chimie comme le ferait un gaz simple, le chlore, avec lequel il a d'assez grandes analogies. Il se combine, en effet, avec l'hydrogène, l'oxygène, les métaux et forme avec eux des composés ayant une grande ressemblance avec les composés correspondants du chlore, quoique généralement beaucoup moins stables. On le prépare ordinairement en chauffant dans une cornue du *cyanure de mercure*.

Ce gaz a été découvert, en 1814, par Gay-Lussac. Sa valeur est toute théorique, mais ses composés sont, au contraire, d'une grande importance dans les arts. Sa combinaison hydrogénée (acide cyanhydrique ou prussique) forme un poison redoutable et est néanmoins usitée en médecine comme calmant.

Parmi ses combinaisons oxygénées (acides *cyanique*, *cyanurique* et *fulminique*), le dernier est employé, à l'état de *fulminate de mercure*, à la préparation des capsules pour armes à feu. Mais c'est à l'état de *cyanure*, et surtout de *bleu de Prusse*, qu'il s'en fait la plus grande consommation.

CYANOMÈTRE (Astronomie). — Appareil imaginé par Arago pour étudier la couleur bleue du ciel à un moment donné. Il se compose d'une série de pièces disposées circulairement et teintées depuis le bleu le plus clair jusqu'au bleu voisin du noir. Il est facile de trouver celle qui correspond à la couleur actuelle du ciel, couleur qui est en rapport avec son degré de polarisation (voyez POLARISATION, POLARISCOPES).

CYANOSE (Médecine), du grec *kyanos*, bleu, et *nosos*, maladie. — On a donné ce nom à un état maladif caractérisé par la coloration bleue, quelquefois noirâtre ou livide, de la peau. On lui a donné aussi les noms de *cyanopathie*, de *maladie bleue*, d'*ictère bleu*. La cause la plus fréquente de cette maladie est la persistance après la naissance de l'ouverture dite *trou de Botal*, qui, chez le fœtus, fait communiquer les cavités droites du cœur avec les cavités gauches. L'existence anormale de cette ouverture, chez l'adulte, permet le mélange du sang rouge avec le sang noir. On attribuait à ce mélange la coloration bleuâtre de la peau ; mais on a dû renoncer à cette explication, lorsqu'on a constaté de la façon la plus certaine que la maladie existe quelquefois sans cette disposition anatomique, et que d'autres fois l'ouverture du trou de Botal ne donne pas lieu à la cyanose. En effet, on a observé la cyanose chez des malades affectés de dispositions anormales des gros vaisseaux. Marc l'a vue dans un cas d'adhérences des poumons à la plèvre costale. Enfin, tout le monde sait que c'est un des symptômes les plus constants et les plus redoutables du *choléra*. Lorsque la cyanose dépend du vice de conformation du cœur signalé plus haut, elle se montre ordinairement aussitôt après la naissance. Elle n'est pas essentiellement mortelle, mais la médecine est impuissante à y remédier.   F—N.

CYANURES (Chimie). — Combinaisons du cyanogène avec un métal, analogues aux chlorures, bromures, iodures. Tous participent plus ou moins, suivant leur degré de solubilité, des propriétés de l'acide cyanhydrique et sont vénéneux. Tous se préparent au moyen du *cyanure de potassium*, qui, lui-même, s'obtient du *ferrocyanure de potassium*.

CYANURE DE POTASSIUM *Cyanhydrate, Hydrocyanate, Ferrocyanate de potasse.* — Sel blanc, dont la composition est représentée par la formule KCy, très-soluble dans l'eau, d'une saveur âcre, alcaline et amère. Il exerce sur l'économie animale une action très-énergique et est un violent poison. On l'emploie en médecine aux mêmes usages que l'acide cyanhydrique; il présente sur cette dernière substance l'avantage d'être inaltérable à l'air et d'un dosage facile et sûr. Il sert dans la dorure et l'argenture électriques pour dissoudre les sels d'or et d'argent, et dans la photographie pour dissoudre l'iodure d'argent, quelquefois aussi pour enlever les taches produites par le nitrate d'argent; mais son action sur l'économie est si redoutable, qu'il faut éviter de l'employer à ce dernier usage, car la plus petite déchirure de l'épiderme pourrait donner lieu à une absorption du cyanure, et par suite à un empoisonnement.

La manière la plus simple de préparer le cyanure de potassium consiste à décomposer par la chaleur rouge le cyanure double de potassium et de fer. Le cyanure de fer se décompose seul et donne lieu à un carbure de fer insoluble. On reprend le résidu par l'eau qui dissout le cyanure de potassium et le laisse déposer sous forme de cristaux cubiques anhydres.

Cyanures doubles de potassium et de fer. — On en connaît deux, l'un jaune et l'autre rouge.

Cyanure jaune, ferrocyanure de potassium, prussiate jaune, lessive de sang, que l'on trouve abondamment dans le commerce en gros cristaux jaunes d'un goût d'abord sucré, puis amer et salé. C'est une substance vénéneuse, soluble dans quatre fois son poids d'eau froide, dans deux fois son poids d'eau bouillante, insoluble dans l'alcool et inaltérable à l'air. Sa composition est exprimée par sa formule $Cy^3FeK^2 + 3Aq$.

Chauffé au rouge, le ferrocyanure de potassium se décompose en azote qui se dégage, en cyanure de potassium et carbure de fer (FeC^2); mêlé à des corps oxydants et fortement chauffé, il donne lieu aux mêmes produits, si ce n'est que le cyanure de potassium est remplacé par du cyanate de potasse. Presque tous les sels métalliques solubles décomposent sa solution et donnent lieu à des précipités souvent remarquables par leur couleur caractéristique et toujours utiles aux chimistes pour distinguer les métaux les uns des autres. Dans ces réactions, c'est le potassium et non le fer qui se substitue au nouveau métal. Le fer existe dans le ferrocyanure dans un état tel qu'il ne peut y être décelé par ses réactifs ordinaires; le potassium, au contraire, peut même y être remplacé par de l'hydrogène, ce qui donne lieu à l'acide *ferrocyanhydrique* (Cy^3FeH^2) analogue aux acides cyanhydrique, chlorhydrique, etc. Il suffit pour cela de traiter le ferrocyanure par de l'acide chlorhydrique dont le chlore se porte sur le potassium pour former du chlorure de potassium, tandis que l'hydrogène se substitue au métal alcalin.

Le ferrocyanure de potassium est préparé dans les arts en fondant avec du carbonate de potasse du charbon animal fortement azoté et préparé exprès par la calcination incomplète de matières animales pauvres en phosphates, telles que les cornes, la chair desséchée, les peaux et particulièrement celles de vieux souliers. La fusion du carbonate a lieu dans des chaudières en fonte où pénètre la flamme fumeuse d'un fourneau à réverbère; quand elle est complète, on y verse peu à peu le charbon animal en agitant continuellement la masse avec des tiges de fer. La réaction s'opère avec effervescence; du fer provenant des tiges ou des parois de la chaudière vient s'ajouter aux matières employées. La matière obtenue est traitée par l'eau bouillante; la liqueur est filtrée, évaporée jusqu'à cristallisation du produit.

Depuis quelques années, on est parvenu à combiner directement l'azote au charbon par l'intermédiaire de la potasse. Du charbon de bois fortement imprégné de carbonate de potasse est introduit dans des fours verticaux travaillant d'une manière continue, se chargeant par leur extrémité supérieure, se déchargeant par leur extrémité inférieure et traversés par un courant d'air fortement chauffé et dépouillé de son oxygène par son passage au travers d'une *longue* colonne de coke incandescent. Le charbon, après dix heures d'action, est retiré, puis chauffé dans une chaudière en fer avec du fer spathique en poudre. La liqueur évaporée laisse déposer de beaux cristaux de prussiate pur. Le résidu de charbon est de nouveau chargé de potasse et renvoyé au fourneau.

Le prussiate jaune de potasse est employé surtout pour la préparation du *bleu de Prusse* (voyez ce mot). On en fait également usage en teinture pour déposer sur l'étoffe à teindre le même principe colorant. Appliqué à la surface d'un morceau de fer chauffé au rouge, il imprègne celle-ci de carbone et l'*acière*. Ce moyen de transformer superficiellement le fer en acier est bon toutes les fois qu'on veut donner de la dureté à sa surface sans diminuer la ténacité du corps du métal, pour les *tourillons*, par exemple.

Prussiate rouge de potasse, ferricyanure de potassium, — Formant des cristaux d'un beau rouge, anhydre, inaltérable à l'air, soluble seulement dans 38 fois son poids d'eau chaude. Il sert principalement à déceler les moindres traces de protoxyde de fer avec lequel il forme un précipité d'un beau bleu analogue au bleu de Prusse, de même qu'il arrive avec le ferrocyanure ou prussiate jaune et les sels de sesquioxyde de fer. Il est également employé dans l'impression des indiennes pour décolorer l'indigo. On l'obtient en faisant passer du chlore dans une dissolution de prussiate jaune, jusqu'à ce que la dissolution cesse de précipiter en bleu les sels de sesquioxyde de fer. Sa composition est $Cy^6Fe^2K^3$. Ces 3 proportions de potassium peuvent être remplacées par 3 proportions d'hydrogène, ce qui donne l'acide ferricyanhydrique $Cy^6Fe^2H^3$. Elles peuvent être remplacées également par 3 proportions d'un autre métal, tandis que la présence du fer ne peut y être décelée par aucun des réactifs ordinaires de cette substance.

Cyanure de zinc. — Sel blanc insoluble dans l'eau insipide, employé dans le traitement des maladies vermineuses des enfants, et contre les crampes d'estomac. On le prépare en versant une dissolution de cyanure de potassium dans une dissolution d'un sel de zinc.

CYANURIQUE (Acide) (Chimie), $Cy^3O^3,3HO$. — Acide ayant même composition en centièmes que l'acide *cyanique*, mais en différant par le mode de groupement des éléments qui le composent, et aussi par ses propriétés physiques et chimiques. C'est un composé très-peu stable qui se transforme en acide cyanique par une simple distillation. On le prépare soit en chauffant convenablement de l'urée, soit en versant un peu d'acide acétique dans une dissolution concentrée de cyanate de potasse.

CYATHÉE (Botanique), *Cyathea,* Smith; du grec *kyathos,* coupe; allusion à la forme de l'appareil qui renferme les granules reproducteurs. — Genre de plantes *Cryptogames acrogènes,* famille des *Fougères,* type de la tribu des *Cyathéacées.* Il comprend des fougères arborescentes de l'Amérique australe. Leurs capsules sont sessiles sur un réceptacle globuleux et entourées d'une indusie cupuliforme qui s'ouvre irrégulièrement. La *C. en arbre* (*C. arborea,* Smith) s'élève à 2 mètres environ et se termine par un bouquet de longues feuilles à pétioles et rachis bruns. La *C. élégante* (*C. elegans,* Hew.) est une des plus belles espèces de la famille. Elle atteint souvent plus de 3 mètres, et ses feuilles, longues de 2 à 4 mètres, forment un charmant parasol et sont munies d'aiguillons tendres au pétiole et au rachis. Ces deux fougères croissent à la Jamaïque.

CYATHIFORME (Botanique). — Terme qui s'applique à certains organes en forme de gobelet; ainsi, dans la consoude tubéreuse, la corolle est dite *cyathiforme.* Les glandes qui accompagnent les pétioles du pêcher, du cerisier, du ricin, etc., sont aussi *cyathiformes.*

CYCADÉES (Botanique), *Cycadeæ.* — Famille de plantes *Dicotylédones gymnospermes,* classe des *Cycadoïdées* établie par L. C. Richard, en 1807, pour deux genres que de Jussieu avait rangés jusqu'alors parmi les Fougères. On a été longtemps très-indécis sur la place que doit occuper cette famille dans la méthode naturelle; les uns l'ont regardée comme intermédiaire entre les Palmiers et les Fougères; d'autres y ont vu des végétaux monocotylédones. Enfin, on a reconnu que ces plantes présentaient deux cotylédons et des ovules; on les a donc rapprochées des Conifères dans le sous-embranchement des gymnospermes (voyez ce mot). Les Cycadées sont des arbres ayant le port des palmiers. Leur tronc est cylindrique; ils croissent par un bourgeon terminal. Leurs feuilles sont pennées et roulées en crosse avant le développement. Les plantes de cette famille habitent les régions intertropicales de l'Asie et de l'Amérique. On en rencontre aussi à Madagascar et au cap de Bonne-Espérance. Genres principaux : *Cycas,* Lin.; *Zamia,* Lin.

Travaux monographiques : Robert Brown, *Appendice du voyage de King* (1825). — *Mémoire sur les Cycadées et les Conifères,* par L. C. Richard (1826). — Adolphe Brongniart, *Végétaux fossiles* (1828, p. 88). — Miquel, *Monograph. cycad.* G—s.

CYCAS (Botanique), *Cycas,* Lin.; nom donné par Théophraste et Pline à un petit palmier d'Éthiopie. — Genre de plantes qui est devenu le type de la famille des *Cycadées* (voyez ce mot). Les cycas sont des végétaux plus ou moins élevés qui habitent l'Inde. Leurs fleurs sont dioïques; leur inflorescence mâle est en cône terminal; chaque écaille du cône porte des anthères à une seule loge et oblongue. L'inflorescence femelle se compose d'écailles portant chacune de chaque côté 3 ou 4 ovules dressés. Le fruit est réduit à une graine nue. Le *C. révoluté* (*C. revoluta*, Thunb.) est un arbre qui ne s'élève guère à plus de 2 mètres; son tronc présente inférieurement la trace des feuilles tombées. Cette espèce est originaire du Japon et naturalisée à Madère et en Amérique. Le *C. circinal* (*C. circinalis*, Lin.) est un arbre qui s'élève souvent à plus de 15 mètres. Ses feuilles sont épineuses et composées de 90 à 100 folioles linéaires et lancéolées. Cette espèce croît spontanément dans le Malabar, d'où elle s'est répandue dans les îles voisines et dans l'intérieur de l'Inde. On a dit que la plus grande partie du sagou livré au commerce provenait de la moelle farineuse des cycas qui est comestible : cette assertion est erronée; en effet, le sagou provient des sagoutiers-palmiers. D'après Gaudichaud, les graines seraient comestibles, astringentes et émétiques.   G—s.

CYCLADE (Zoologie), *Cyclas*, Brug.; du grec *kyklas*, disposé en rond. — Genre de *Mollusques*, classe des *Acéphales*, ordre des *A. testacés*, famille des *Cardiacés*, établi par Bruguières aux dépens des Vénus ; l'animal est renfermé dans une coquille bivalve assez épaisse, ordinairement orbiculaire, parfaitement close; deux dents au milieu de la charnière; en avant et en arrière deux lames saillantes quelquefois crénelées. Ce genre avait autrefois fait partie des *Tellines* de Linné. L'espèce la plus commune en Europe est la *C. cornée* (*Tellina cornea*, Lin.), c'est la *Came des ruisseaux* de Geoffroy, que l'on trouve dans toutes les petites rivières un peu boueuses ; celle des Gobelins en est remplie. Elle est très-mince, couleur de corne, avec des stries transverses.

CYCLAMEN (Botanique), *Cyclamen*, Lin. ; du grec *kyclos*, cercle; allusion au rhizome, qui est arrondi. — Genre de plantes *Dicotylédones gamopétales hypogynes*, famille des *Primulacées*, tribu des *Primulées*. Les cyclamens sont des herbes vivaces, à rhizomes épais; toutes leurs feuilles sont radicales et leurs hampes, contournées en spirales, sont terminées par une seule fleur. Elles habitent principalement les régions tempérées de l'hémisphère boréal. On cultive fréquemment dans les jardins le *C. d'Europe* (*C. Europæum*, Lin.), plante à feuilles réniformes, arrondies en cœur et pourprées en dessous. Ses fleurs, d'une forme élégante, s'épanouissent vers le mois de février et varient du blanc au rouge. Cette espèce habite les lieux ombragés de l'Europe. On la trouve aussi spontanée en France. Elle est souvent nommée *Pain de pourceau*. Ses rhizomes ont une saveur âcre, amère, brûlante, et leurs propriétés purgatives émétiques sont trop violentes, dit-on, pour qu'on en tire parti. Il est même résulté des accidents fort graves de leur emploi. Les cyclamens supportent longtemps la privation d'eau.   G—s.

CYCLOBRANCHES (Zoologie). — Voyez **Patelle**.

CYCLE (Astronomie). — On entend par *cycle* une période astronomique à la fin de laquelle un certain phénomène se reproduit. Ainsi, les Égyptiens avaient leur année civile composée de 365 jours ; tous les quatre ans, elle était en erreur d'environ un jour sur l'année solaire. Après un intervalle de 1460 années solaires ou de 1461 années civiles, ces années se retrouvaient d'accord. C'est ce qu'on appelait la période sothiaque ou le *cycle caniculaire*.

Chez les Grecs, le calendrier était basé sur la lune. L'an 433 avant notre ère, l'Athénien Méton reconnut qu'après 235 lunaisons ou 6940 jours, la lune et le soleil étaient revenus aux mêmes positions relatives, et que les années lunaire et solaire se retrouvaient d'accord : c'est le *cycle lunaire*. Méton présenta cette découverte aux Grecs assemblés pour les jeux Olympiques; ils l'adoptèrent avec enthousiasme et la firent inscrire en lettres d'or, d'où le nom de *nombre d'or* que reçurent les années de ce cycle.

Le *cycle solaire* est une période de 28 ans qui règle le retour du dimanche aux mêmes dates du mois.

Le *cycle d'indiction* comprend 15 années juliennes ; il n'a pas de signification astronomique.

En faisant le produit des nombres 28, 18 et 15 des trois cycles, on obtient le nombre 7560, qu'on nomme la *période julienne*.   E. R.

CYCLOÏDE, Roulette, Trochoïde (Mathématiques). — C'est la courbe décrite par un point d'une circonférence qui roule sur une ligne droite. « C'est, par exemple, le chemin que suit en l'air le clou d'une roue quand elle roule de son mouvement ordinaire depuis que ce clou commence à s'élever de terre, jusqu'à ce que le mouvement continu de la roue l'ait rapporté à terre, après un tour entier achevé : supposant que la roue soit un cercle parfait, le clou un point dans sa circonférence, et la terre parfaitement plane. » (Pascal, *Histoire de la roulette*, 1658.)

Le père Mersenne paraît être le premier qui ait dirigé son attention sur cette courbe, vers l'année 1615. Il imagina à son sujet plusieurs problèmes que, suivant un usage commun à cette époque, il proposa à divers savants, et notamment à Galilée. Aucun résultat n'avait été obtenu dans ces recherches jusqu'en 1634, époque à laquelle Roberval fut amené à s'en occuper. Il le fit avec le plus grand succès, et découvrit les propriétés géométriques les plus essentielles de la courbe, à laquelle il donna le nom de *trochoïde*, correspondant au mot français roulette. Il indiqua particulièrement un moyen ingénieux de mener les tangentes, qui peut être appliqué à toutes les courbes, et que nous indiquons à l'article **Tangente**. La roulette fut encore étudiée par divers géomètres, Fermat, Descartes, Torricelli, mais il ne fut pas ajouté beaucoup à ce qu'avait découvert Roberval ; on peut seulement remarquer que c'est à cette époque que la courbe reçut le nom de cycloïde qu'elle a généralement conservé depuis.

En 1658, Pascal, ayant imaginé des méthodes particulières pour les centres de gravité, en fit l'essai sur la cycloïde et sur les corps qui s'y rattachent. Il réussit pleinement et proposa la résolution de ces problèmes sous forme d'un concours. Deux prix, l'un de quarante *pistoles*, l'autre de vingt, devaient être décernés aux auteurs qui, avant le 1er octobre 1658, auraient fait connaître leurs solutions. Pascal s'engageait d'ailleurs à publier immédiatement après le concours ses solutions personnelles. C'est ce qu'il fit en effet, et les divers documents relatifs à la roulette ainsi que l'étude de quelques-unes de ses propriétés font partie de ses œuvres complètes. Aujourd'hui, grâce aux progrès du calcul infinitésimal, l'étude des propriétés de la cycloïde ne présente aucune difficulté spéciale, et quelques-unes, d'ailleurs, peuvent se reconnaître *à priori* de la façon la plus aisée.

Ainsi, soit AMDB la cycloïde résultant de la rotation du cercle CD sur AB, dans une position quelconque du cercle on aura toujours évidemment AC = arc MC, ce qui fournit un moyen de tracer la courbe par points. D'ailleurs, pendant un instant infiniment petit, le mouvement du cercle pouvant être considéré comme une rotation autour du point C (voyez *Rotation*), la droite MC est normale à la cycloïde au point M. C'est là la propriété la plus importante de la courbe, et on en déduit immédiatement le moyen de tracer la tangente, ainsi que l'équation différentielle de la courbe.

Prenons la base AB pour axe de x, et pour axe de y une perpendiculaire menée par l'origine A, soit M' un

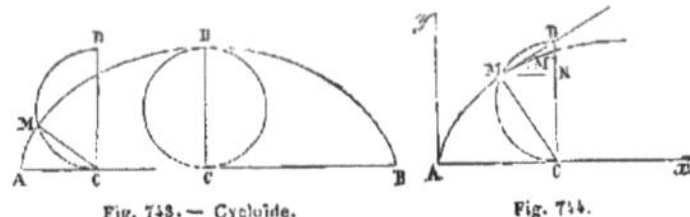

Fig. 743. — Cycloïde.   Fig. 744.

point $(x + dx, y + dy)$ très-voisin de M (x, y) ; l'élément MM' appartient à la tangente MD. Or, si l'on abaisse MN perpendiculaire sur CD, et M'N sur MN, on a

$$MN = dx, \qquad M'N = dy ;$$

et le triangle infinitésimal MM'N est semblable à MCN qui a ses côtés perpendiculaires. De là la proportion

$$\frac{dy}{dx} = \frac{MN}{CN} = \frac{\sqrt{2ry - y^2}}{y},$$

car dans le demi-cercle DMC, MN est moyenne proportionnelle entre CN et DN.

Ayant l'équation de la courbe, il sera aisé, par les formules données à l'article **Courbure**, de calculer le rayon de courbure correspondant au point M. On trouvera

$$\rho = 2\sqrt{2ry}.$$

Or, il est facile de voir que $\sqrt{2ry}$ est l'expression de la ligne MC, de sorte que le rayon de courbure est double de la normale. Pour obtenir le centre de courbure, il suffit donc de prolonger MC d'une quantité égale à elle-même.

On conclut de là que la *développée* (voyez ce mot) d'une cycloïde est une cycloïde précisément égale, mais placée d'une manière inverse. Considérons une position du cercle générateur DCM, et traçons au-dessous un cercle égal égal CK ; la normale MC prolongée détermine un nouveau point N tel, que MC = CN, et qui sera le centre de courbure de M. Or, je dis que le lieu de ces points est la cycloïde AG, qu'engendre le cercle CK en roulant sur GK. Car

Fig. 745.

AC = arc MC = arc CN.

Mais CF+AC = demi-circ. = arc CN + arc NK ; donc CF = arc NK, et aussi GK = arc NK. Or, c'est là précisément le caractère des points d'une cycloïde engendrée par le cercle CK, ayant son origine en G, et son sommet en A.

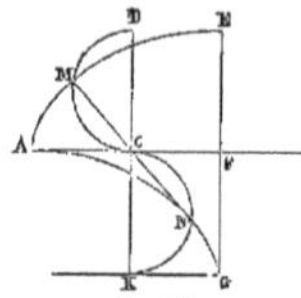

Ces théorèmes, dus à Huyghens, peuvent servir à décrire une cycloïde d'un mouvement continu à l'aide de sa développée, et à réaliser ce qu'on appelle, en mécanique, le *pendule cycloïdal*.

La même propriété sert encore à trouver la longueur d'un arc de cycloïde. On sait qu'un arc de développée est égal à la différence des rayons de courbure menés par ses extrémités. Pour l'arc AN, par exemple, le rayon de courbure en A est nul, celui en N est MN : telle est donc la longueur de l'arc AN. De même la longueur de la demi-cycloïde AG est la droite EG ou 4*r*, et la cycloïde entière est équivalente à quatre fois le diamètre du cercle générateur.

L'aire de la cycloïde s'obtient également par des considérations infinitésimales : elle est égale à trois fois l'aire du cercle générateur.

Les propriétés mécaniques de la cycloïde ne sont pas moins intéressantes que ses propriétés géométriques ; on les trouvera développées aux articles BRACHYSTOCHRONE, TAUTOCHRONE.
        P. D.

CYCLOPE (Zoologie), *Cyclops*, Mull. — Genre de *Crustacés*, ordre des *Branchiopodes*, section des *Lophyropes* du grand genre *Monocle* de Linné. Établi par Muller, il a pour caractères : un corps allongé plus ou moins ovalaire, mollet ou gélatineux et diminuant insensiblement pour former une queue ; 2 à 4 antennes, 6 à 10 pattes soyeuses ; un seul œil. On trouve ces crustacés dans les eaux douces stagnantes, mais non corrompues ; quelques espèces habitent les mers. On en connaît une quinzaine d'espèces, parmi lesquelles le *C. quadricorne* (*Monoculus quadricornis*, Lin.) (*fig.* 745) a toutes les antennes simples

Fig. 746. — Cyclope.

ou sans division, les inférieures ont 4 articles et n'égalent guère en longueur que le tiers des supérieures. Sa longueur totale est de 0ᵐ,0045. Cette espèce est très-commune dans les eaux stagnantes aux environs de Paris.

CYCLOPTÈRE (Zoologie), *Cyclopterus*, Lin.; du grec *kyklos*, rond ; et *pteron*, nageoire. — Genre de *Poissons* de l'ordre des *Malacoptérygiens subbrachiens*, famille des *Discolobes* de Cuvier, qui a pour caractère marqué les rayons des ventrales suspendus tout autour du bassin et réunis par une seule membrane et formant un disque ovale et concave que le poisson emploie, comme un suçoir, pour se fixer aux rochers : bouche grande, bien armée ; peau visqueuse et sans écailles ; intestin long ; beaucoup de cœcums. Cuvier les divise en deux sous-genres : 1° Les *Lumps* ou *Lompes ; corps épais, première dorsale plus ou moins visible, à rayons simples. La seule espèce connue est le *Lump de nos mers*, *Gras mollet*, *Lièvre de mer*, *Bouclier ; C. Lumpus*, qu'on trouve dans les mers du Nord, où il vit de méduses et autres animaux gélatineux. Sa chair est molle et insipide. 2° Les *Liparis* (*Liparis*,

Artédi), dont la seule espèce connue, *Cyclopterus liparis* de Linné, vient sur nos côtes ; il n'a qu'une dorsale assez longue ; corps lisse, allongé et comprimé en arrière.

CYCLOSE (Botanique), du grec *kyklos*, cercle. — La séve descendante des végétaux dicotylédones chemine des feuilles vers les racines entre l'écorce et le bois, là où une couche celluleuse spéciale, nommée *cambium*, offre un réseau abondant de canaux intercellulaires nommés *vaisseaux de la séve, vaisseaux laticifères, vaisseaux du suc propre*. La séve, tout en poursuivant ce mouvement général de descente, circule dans les vaisseaux laticifères en serpentant à travers les mille mailles du réseau de ces vaisseaux. C'est ce mouvement de circulation que l'on nomme *cyclose* (voyez LATEX, SÈVE).

CYCLOSTOMES (Zoologie), du grec *kyklos*, cercle, et *stoma*, bouche. — Famille de *Poissons*, ordre des *Chondroptérygiens à branchies fixes* Cuv. Leur caractère le plus saillant est dans la conformation de leur bouche pour la succion, ce qui leur avait fait donner aussi par Cuvier le nom de *Suceurs*. « Leur corps allongé, dit-il, se termine en avant par une lèvre charnue et circulaire ou demi-circulaire, et l'anneau cartilagineux qui supporte cette lèvre résulte de la soudure des os palatins et des maxillaires. » Ces poissons sont d'ailleurs les derniers des vertébrés ; dépourvus de nageoires pectorales et abdominales, ils ont un squelette cartilagineux dans certaines parties, fibro-tendineux dans d'autres. Leur colonne vertébrale est réduite à un simple cordon tendineux, rempli de mucilage, et entouré de simples anneaux fibro-cartilagineux représentant les corps des vertèbres ; il n'existe pas de côtes ; mais les branchies sont recouvertes de tout un appareil de lames cartilagineuses, et la tête se compose de quelques cartilages protégeant l'encéphale et soutenant le bord du suçoir. Cette famille comprenait dans la méthode de Cuvier les genres *Lamproie, Myxine, Ammocète*. On en a retiré ce dernier pour les raisons exposées au mot *Ammocète* (voyez ces mots).

CYDONIA (Botanique). — Voyez COGNASSIER.

CYGNE ou CIGNE (Zoologie), en grec *kyknos*. — Cet oiseau, l'un des plus beaux et des plus grands qui peuplent nos eaux douces, est connu depuis la plus haute antiquité, et bien des fables ont eu cours à son sujet. Buffon lui-même, tout en repoussant la plupart de ces erreurs, a prêté néanmoins au cygne un caractère de majesté royale, qu'on ne peut lui laisser. Cet oiseau, dont le plumage est devenu un type de la blancheur, a le bec rouge, bordé de noir, avec une protubérance arrondie à la base de la mandibule supérieure. Cette coloration du bec lui a valu le nom spécifique de *C. à bec rouge* (*Anas olor*, Lin.; *Cycnus olor*, Vieill.). Ses pieds sont noirs ainsi que

Fig. 747. — Cygne à bec rouge.

les tarses, et une large membrane en unit les trois doigts antérieurs. Il se nourrit de vers et d'insectes aquatiques, de petits poissons, de végétaux, de graines ; il digère vite et mange beaucoup. Son vol est haut, lourd, mais assez rapide. Sur les eaux, il nage assez vite pour qu'il soit très-difficile de le suivre le long du rivage ; il se sert pour nager, de ses pattes, tandis que ses ailes à demi soulevées recueillent le vent et accélèrent son mouvement. Farouche, rusé et brutal, le cygne attaque et se défend facilement au moyen de ces mêmes ailes dont il frappe des coups assez forts, au témoignage de Buffon, pour casser la jambe à un homme ; il faut donc se méfier de sa brutalité que ne fait pas soupçonner d'abord un extérieur calme et doux. Sa colère s'annonce par une sorte de frémissement sifflant, et, si l'ennemi ne lui paraît pas supérieur en force, il marche à lui le bec entr'ouvert, le cou dressé, les ailes à demi étendues ; les enfants sont parfois victimes de ces agressions inattendues. En présence d'un danger qui lui paraît excéder ses forces, le cygne plonge et fuit. Dans ses combats avec les autres animaux, il montre de l'acharnement et de l'adresse à éviter les coups ; s'il lutte avec un oiseau, il s'efforce de saisir la tête de son ennemi avec son bec pour la plonger dans l'eau et l'y maintenir. Il est surtout vigilant, courageux et exact pour défendre sa femelle et sa couvée. Le cygne s'attache d'ailleurs à une seule femelle pour chaque année ; au commencement de février, celle-ci construit avec des joncs et des roseaux un grand nid garni intérieurement de plumes et de duvet, et y dépose bientôt 6 à 8 œufs longs de 0ᵐ,10 et d'un blanc verdâtre ; l'incubation dure cinq semaines et le mâle n'y prend pas part, mais veille auprès du nid. Les petits naissent couverts d'un duvet gris jaunâtre, et prennent après trois semaines un plumage gris ; en septembre, à la première mue, de nombreuses plumes blanches viennent diaprer cette livrée grise, et c'est à deux ans seulement que leur plumage prend sa blancheur sans tache ; à ce moment aussi le bec, d'abord gris plombé, prend sa coloration définitive. La mère conserve ses petits tout l'été et les soigne avec dévouement ; au mois de novembre les jeunes se réunissent en troupes, et ne se séparent qu'après la seconde année pour fonder de nouvelles familles. Le cygne n'est pas un oiseau sédentaire, il recherche, pour pondre, les contrées septentrionales, et ne passe sur les côtes de France et d'Angleterre que les hivers très-rigoureux. En été, il descend vers la Méditerranée et se trouve alors sur les fleuves paisibles de l'Asie Mineure, de la Grèce, de l'Italie, de l'Espagne. La Tamise et la Seine en sont visitées annuellement, et un îlot situé près de Grenelle témoigne encore par son nom de l'abondance de ces oiseaux sous le climat de Paris avant que l'extension de la ville les eût chassés de cette station. La grâce majestueuse et caressante du cygne l'a fait regarder par les anciens comme un des oiseaux de Vénus ; une paire de cygnes est attelée au char de la déesse. Jupiter, pour séduire Léda, prit la forme de cet oiseau. Son attitude en nageant leur parut un modèle dont il convenait de placer l'emblème à la proue de leurs navires. Parmi toutes les fables imaginées au sujet de cet oiseau, la plus célèbre et la plus poétique est ce chant du cygne, chant harmonieux et unique qu'il exhalerait avec ses derniers soupirs. Les observations les plus nombreuses et les mieux faites ont conduit les naturalistes à penser qu'en aucune circonstance le cygne ne fait entendre autre chose qu'un cri aigu et discordant.

Le cygne vit chez nous en domesticité, mais Is. Geoffroy Saint-Hilaire (*Acclim. et domest. des anim. utiles*) a établi que la domestication de cette espèce est certaine seulement depuis le XVIᵉ siècle. Auparavant, et dans toute l'antiquité, il est parlé de cygne dans des termes qui ne paraissent s'appliquer qu'au cygne sauvage. Quoi qu'il en soit, c'est aujourd'hui un oiseau d'ornement pour les pièces d'eau et le seul produit qu'on en tire est la peau de son ventre munie de son duvet étincelant de blancheur. Si on l'a servi parfois sur la table des grands seigneurs, c'est par ostentation de luxe, car sa chair est noire et désagréable au goût. La patrie originelle du cygne à bec rouge paraît avoir été le nord de la Prusse et de la Pologne, d'où ses migrations le conduisent annuellement dans toute l'Europe.

Le *C. à bec rouge* est devenu le type du sous-genre *Cygne* (*Cycnus*, Meyer), de l'ordre des *Palmipèdes*, famille des *Lamellirostres*, grand genre des *Canards*. Ce sous-genre est caractérisé par un bec aussi large en avant qu'en arrière, plus haut que large à sa base ; une bande nue étendue de l'œil à la racine du bec ; narines à peu près au milieu de la longueur de celui-ci ; cou très-long et flexible ; queue carrée ; ailes sub-aiguës. Outre l'espèce dont il a été question plus haut, on trouve en Europe le *C. à bec noir* (*C. ferus*, Briss.), très-semblable à son congénère, sauf la couleur du bec et le plu-

mage grisonnant. On le nomme fort à tort *C. sauvage*, ce qui semblerait n'en faire que l'état sauvage de l'espèce précédente ; et *C. chanteur*, car il ne chante pas plus que l'autre. On trouve en Australie le *C. noir* (*C. atratus*, Vieill.), noir avec le bec d'un rouge vif. Cuvier rapporte encore à ce genre l'*Oie du Canada* ou *Oie à cravate* (*Anas canadensis*, Lin.) ; l'*Oie de Guinée*, ou *de Chine*, ou *de Sibérie* (*Anas cycnoïdes*, Lin.) que l'on voit souvent, ainsi que le cygne noir, sur les pièces d'eau de nos parcs.   **AD. F.**

CYLINDRE (Géométrie). — Volume engendré par la révolution d'un rectangle BCDL tournant autour d'un de ses côtés CD, qu'on appelle *axe du cylindre*. La surface engendrée pendant le mouvement par la révolution du côté BL forme la *surface latérale du cylindre*. Les cercles décrits par CB et DL constituent ses *bases* et les circonférences décrites par B et L les *circonférences des bases*. BL se nomme le *côté* ou l'*arête* du cylindre ; CD forme sa *hauteur*.

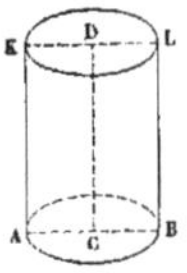

La surface latérale d'un cylindre a pour mesure le produit de la circonférence de sa base par la hauteur.

Fig. 748 — Cylindre.

Le volume d'un cylindre est égal au produit de sa base par sa hauteur.

Un cylindre est trois fois plus grand que le cône ayant même base et même hauteur.

On désigne d'une façon plus générale, en géométrie, sous le nom de surface cylindrique, toute surface engendrée par une ligne qui se meut parallèlement à elle-même, l'un de ses points étant d'ailleurs assujetti à suivre le contour d'une ligne donnée (voyez SURFACES).

CYME (Botanique). — Voyez CIME.

CYMINDIS (Zoologie), du grec *kymindis*, nom d'un oiseau inconnu des modernes. — Genre d'*Oiseaux*, de l'ordre des *Rapaces*, famille des *Diurnes*, tribu des *Oiseaux de proie nobles*, qui ne comprend que deux espèces de la Guyane et du Brésil.

CYMINDIS (Zoologie). — Genre d'*Insectes*, de l'ordre des *Coléoptères*, section des *Pentamères*, famille des *Carabiques*, tribu des *Troncatipennes*, dont les espèces sont communes dans l'Europe méridionale et dans les autres parties chaudes de la zone tempérée ; elles sont de moyenne taille, de couleur brune, de forme longue et aplatie ; elles vivent sous les pierres humides.

CYMODOCÉE (Zoologie), *Cymodocea*, Leach ; nom emprunté à un personnage historique. — Genre de *Crustacés*, de l'ordre des *Isopodes*, section des *Sphéromides*, dont l'espèce type, la *C. poilue* (*C. pilosa*, Leach), habite la Méditerranée.

CYMOTHOÉ (Zoologie), *Cymothoa*, Fab. ; nom mythologique. — Genre de *Crustacés isopodes*, du grand genre *Cloporte*, section des *Cymothoadés*. Ces animaux, dont les plus grands ne dépassent pas 0ᵐ,07, vivent fixés sur le corps de divers poissons ; les pêcheurs leur ont donné les noms vulgaires de *Poux de mer*, *OEstres de mer*, *Asyles de poissons*.

CYNANCHE (Botanique), *Cynanchum*, Lin. ; du grec *kyôn*, chien, et *anchein*, étrangler. — Genre de plantes *Dicotylédones gamopétales hypogynes*, famille des *Apocynées*, type de la tribu des *Cynanchées*. Les espèces de ce genre sont des herbes vivaces, grimpantes, à feuilles cordiformes et à fleurs blanches ou rosées, disposées en ombelle latérale devenant une grappe. La couronne staminale se compose de 10 lobes disposés sur deux rangs opposés. Le *C. aigu* (*C. acutum*, Lin.) est une plante élevée de 1 mètre environ ; ses fleurs sont blanches, pédicellées. Le *C. de Montpellier* (*C. Monspeliacum*, Lin.), variété de la précédente, a ses feuilles obtuses et largement cordiformes. Ces deux plantes croissent dans la France méridionale. La dernière donne une gomme-résine connue sous les noms de *scammonée de Montpellier*, *scammonée indigène*, *scammonée en galettes*. Douée de propriétés purgatives assez actives, cette substance sert à falsifier la véritable scammonée (voyez ce mot), qui s'extrait d'une espèce de liseron. Le *C. vomitif* (*C. vomitorium*, Lamk.) fournit un faux *ipécacuanha* dont on fait usage dans quelques pays (voyez *ipécacuanha*).   **G — s.**

CYNANTHROPIE (Médecine), du grec *kyôn*, chien, et *anthrôpos*, homme. — C'est une variété de la *lypémanie*, dans laquelle le malade croit être changé en chien (voyez FOLIE).

CYNARA, **CYNARÉES** (Botanique). — Voyez CINARA, CINARÉES, CINAROCÉPHALES

CYNIPS (Zoologie), *Cynips*, Lin.; *Diplolepe*, Geoff. — Genre d'*Insectes* ordre des *Hyménoptères*, famille des *Puñivores*, tribu des *Gallicoles*; ce sont de petites mouches légères, qui semblent comme bossues, ayant la tête petite et le thorax gros et élevé (*fig.* 749). Les femelles sont pourvues d'une espèce de tarière diversement conformée, au moyen de laquelle elles piquent, pour y déposer leurs œufs, diverses parties des végétaux, et y déterminent la production d'excroissances bizarrement variées qu'on nomme *galles*, ce sont les nids du cynips; c'est là que naissent de petites larves sans pattes, elles y vivent solitaires ou en société, en rongent l'intérieur sans nuire à leur développement et y restent cinq à six mois; les unes y subissent leurs métamorphoses, les autres en sortent pour s'enfoncer dans la terre où elles opèrent leur transformation. Le *C. de la galle à teinture* (*C. gallotinctoria*, Oliv.), d'un fauve pâle, vit sur une espèce de chêne du Levant, où il produit la *noix de galle* ou *galle du Levant* qui nous fournit une couleur noire et sert à faire de l'encre; elle a jusqu'à 0^m,009 de long. Les *C. du chêne* (*fig.* 749) sont des espèces qui produisent sur les différentes parties de ces arbres des galles en pomme, en groseille, en forme de nèfle, etc. Le *C. du rosier, du bédégar* (*C. rosæ*, Réaum.), produit cette sorte de mousse ou d'excroissance chevelue que l'on observe sur le rosier et l'églantier (voyez BÉDÉGAR); il est noir avec les pieds et l'abdomen rouges,

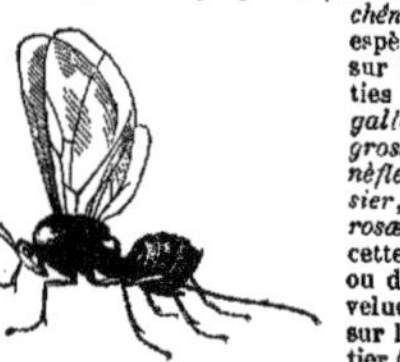

Fig. 749. — Cynips du chêne (long. 0,01).

longueur 0^m,003. Le *C. du figuier* (*C. psenes*, Lin.) est employé dans le Levant pour la *caprification*, ou maturation des *figues* (voyez FIGUIER).

CYNOCÉPHALE (Zoologie), *Cynocephalus*, Cuv.; du grec *kyôn*, chien, et *képhalé*, tête. — Genre de *Mammifères*, de l'ordre des *Quadrumanes*, famille des *Singes*, tribu des *Singes de l'ancien continent*, caractérisé par l'existence d'un cinquième tubercule aux dernières dents molaires; des abajoues; des callosités ischiatiques; un museau allongé (angle facial 30° à 35°), comme tronqué à l'extrémité où sont percées les narines, et rappelant celui des chiens. Les espèces de ce genre ont une expression repoussante de féroce bestialité; leur face, presque nue, est colorée de teintes vives qui varient selon les espèces; les membres, à peu près d'égale longueur, sont trapus et doués d'une vigueur peu commune. Ces singes habitent les coteaux et les montagnes des diverses parties de l'Afrique, et se plaisent aussi bien à terre que sur les arbres; ils vivent en troupes et se font redouter des naturels et des voyageurs. Ils dévastent les vergers et les jardins, car les fruits composent exclusivement leur alimentation; leur maraudage a lieu la nuit; la troupe se divise en trois bandes, l'une entre dans l'enclos pour exécuter le pillage, la seconde l'y suit pour faire le guet et la troisième reste en dehors et forme une ligne continue de sentinelles jusqu'au magasin où ils resserrent leur butin. Ceux de l'intérieur jettent les fruits à ceux du dehors qui font la chaîne jusqu'au lieu de dépôt. Au premier cri d'une sentinelle, toute la troupe disparaît en un clin d'œil. Ces singes étaient très-connus des anciens et déjà désignés par eux sous le nom de cynocéphales; dans les sculptures symboliques des Égyptiens, le cynocéphale représente *Tot* ou *Mercure*. Les principales espèces de ce genre. Sont; le *Papion* (*C. Sphynx*, Cuv.) de Guinée; le *Papion noir* (*C. porcarius*, Cuv.) ou *Chacma* du Cap; le *Tartarin* (*C. Hamadryas*, Cuv.) ou *Hamadryas* d'Éthiopie ou (d'Arabie; le *Babouin* (*C. antiquorum*, Schinz), voyez chacun de ces mots).

AD. F.

CYNODON (Botanique), du grec *kyôn*, chien, et *odous*, dent. — Genre de plantes *Monocotylédones*, de la famille des *Graminées*, connu vulgairement sous le nom de *Chiendent* (voyez ce mot).   G—s.

CYNOGLOSSE (Botanique), *Cynoglossum*, Tourn.; du grec *kyôn*, chien, et *glôssa*, langue; allusion à la forme et au toucher moelleux des feuilles. — Genre de plantes *Dicotylédones gamopétales hypogynes*, famille des *Borraginées*, tribu des *Borragées*. Les cynoglosses sont des herbes à tiges rameuses, feuilles alternes, fleurs disposées en grappe terminale, calice campanulé, corolle monopétale, 5 étamines; elles habitent principale-

ment les régions tempérées de l'hémisphère boréal de l'ancien continent. On en trouve aussi à la Nouvelle-Hollande. La *C. officinale* (*C. officinale*, Lin.) est une herbe bisannuelle qui s'élève à 1 mètre environ. Ses feuilles sont largement lancéolées, tomenteuses. Ses fleurs sont d'un rouge violacé, disposées en grappes. Cette plante répand une odeur désagréable et sa saveur est fade, nauséabonde. Elle croît communément en France; on en distingue une variété bicolore (*C. bicolor*, Willd.), qui diffère par sa corolle blanche, à gorge pourpre. Les pilules de cynoglosse, très-employées en médecine, et dans lesquelles entre le suc de racine de cynoglosse, doivent leurs propriétés narcotiques à l'opium qu'elles contiennent. La *C. des montagnes* (*C. montanum*, Lehm.) est une plante vivace ou bisannuelle dont les feuilles sont presque glabres. Ses fleurs sont disposées en grappe et d'un bleu pourpré. Cette espèce vient dans les Alpes.

G—s.

CYNOPITHÈQUE (Zoologie), *Cynopithèque*, Is. Geoff. Saint-Hilaire; du grec *kyôn*, chien, et *pithèkos*, singe. — Genre de *Mammifères* de l'ordre des *Quadrumanes*, famille des *Singes*, tribu des *Singes de l'ancien continent*, créé par Is. Geoffroy pour le *Cynocéphale nègre* (*Cinocephalus niger*, Desmarest) et placé entre les *Magots* et les *Cynocéphales*.

CYNORÉXIE (Médecine), du grec *kyôn*, chien; *orexis*, faim. — Les anciens appelaient ainsi une faim excessive qu'éprouvent certains malades et qu'ils ne peuvent satisfaire sans rejeter aussitôt les aliments qu'ils ont pris. C'est souvent le symptôme d'une névrose de l'estomac (voyez BOULIMIE).

CYNORRHODON (Botanique), du grec *kyôn*, chien, et *rhodon*, rose. — Ancien nom de l'églantier ou rosier sauvage (voyez ÉGLANTIER).

CYNOSURE (Botanique), *Cynosurus*, Lin.; du grec *kyôn*, chien, et *oura*, queue; allusion à la forme de l'épi. — Genre de plantes *Monocotylédones*, famille des *Graminées*, tribu des *Festucacées*, qui ne comprend aujourd'hui qu'un très-petit nombre d'espèces, celles de Linné ayant été réparties entre différents genres nouveaux. Le *C. à crêtes* (*C. cristatus*, Lin.) se distingue par des épillets à 2-5 fleurs entremêlés d'épillets stériles en forme de peignes. Cette espèce est indigène et très-commune. Sa panicule est allongée, étroite; c'est une plante vivace, à tiges assez feuillées, haute de 0^m,50; qui donne un fourrage tardif, recherché des moutons. Elle convient aux pâturages situés sur les terrains secs, et aussi à ceux des sols frais, humides et tourbeux.

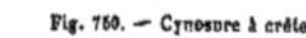

Fig. 750. — Cynosure à crête.

CYPÉRACÉES (Botanique), *Cypéroïdées*, de Jussieu. — Famille de plantes *Monocotylédones périspermées*, classe des *Glumacées*; elles sont herbacées, annuelles ou vivace, à rhizome court, fibreux, stolonifère, engaîné, portant quelquefois des tubercules charnus, remplis d'une substance amylacée, chaume anguleux ou cylindrique, fleurs en épis ovoïdes, globuleux ou cylindriques formant, par leur réunion des panicules ou des corymbes. Très-voisines des Graminées avec lesquelles elles ont de grandes affinités, les Cypéracées en diffèrent surtout par leur embryon albumineux, par leur chanvre presque sans nœuds. On trouve des plantes de cette famille sous tous les climats, et surtout dans le Nord où elles le disputent en nombre aux Graminées. En général, les Cypéracées contiennent peu de sucre et de fécule, et leurs feuilles peu de suc, ce qui les rend peu propres à la nourriture du bétail. M. Ad. Brongniart les a partagées en 5 tribus, qui sont : Les *Cypérées*, (genre type *Cyperus*) ; les *Scirpées* (*Scirpus*) ; les *Schœnées* (*Schœnus*) ; les *Sclériées* (*Scleria*) ; les *Caricinées* (*Carex*).

CYPERUS (Botanique). — Voyez SOUCHET.

CYPHOSE (Médecine), du grec *kyphos*, courbé. — C'est la courbure anormale de la colonne vertébrale dont la convexité est postérieure (voyez GIBBOSITÉ).

CYPRÆA (Zoologie). — Voyez PORCELAINE, coquille.

CYPRÈS (Botanique), *Cupressus*, Tour. Du nom de Cyparisse, qui, selon la Fable, fut métamorphosé en cyprès. — Genre de plantes *Dicotylédones gymnospermes*, famille des *Cupressinées*, à fleurs monoïques ; les mâles : étamines opposées ; les femelles : ovules dressés ; fruit : strobile formé d'écailles ligneuses, à graines prolongées de chaque côté en aile membraneuse. Les cyprès sont de grands arbres propres aux régions tempérées de l'hémisphère boréal, principalement à l'Asie et à l'Amérique septentrionale. On raconte que les portes de Saint-Pierre de Rome, établies sous le règne de Constantin le Grand, étaient de bois de cyprès et qu'au bout de mille cent ans elles étaient encore dans un parfait état de conservation lorsque Eugène IV les fit remplacer par des portes de bronze. On cite encore, comme exemple de longue durée, le navire dit *de Tibère*, qui, construit de bois de cyprès, resta pendant quatorze siècles au fond du lac Nemi et dont les planches purent servir pour une nouvelle construction. Le bois de cyprès s'employait à la fabrication des caisses destinées à enfermer les momies d'Égypte.

Les principales espèces de cyprès sont : le *C. horizontal* (*C. horizontalis*, Mill.), dont les branches, d'abord dressées, deviennent étalées ; c'est un arbre très-élevé, souvent remarquable par sa cime couronnée qui lui fait prendre une forme écrasée, diffuse. Il vient en Asie. Le *C. pyramidal* (*C. sempervirens*, Mill.) atteint jusqu'à

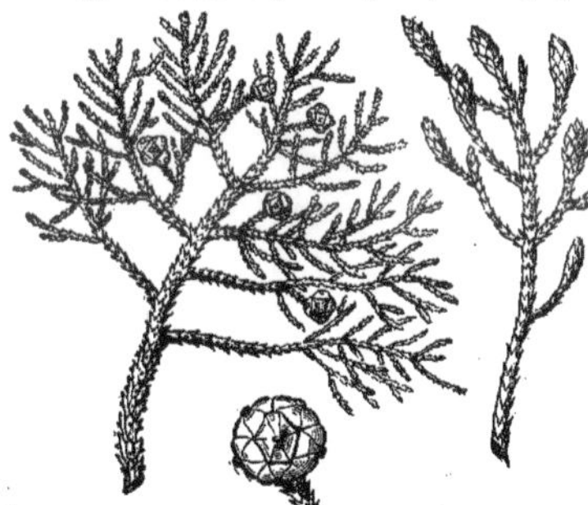

Fig. 751. — Cyprès pyramidal.

20 mètres de hauteur. Son bois est odorant. Ses chatons mâles sont jaunâtres. Ses rameaux serrés et touffus donnent à son ensemble une forme conique élancée. Son bois dur, odorant, d'un grain fin, d'une belle couleur rousse, passe pour être d'une très-grande durée. Il est employé par les ébénistes. Le *C. de Portugal* (*C. Lusitanica*, Mill. ; *C. pendula*, L'Hérit.) a la tige droite, l'écorce d'un rouge brun. Ses feuilles sont aiguës, piquantes. Cette espèce est simplement naturalisée en Portugal, de l'Inde, de Goa, où elle est très-abondante. Le *C. funèbre* (*C. funebris*, Endl.) présente une forme pyramidale. Ses branches sont dressées et seulement étalées lorsque l'arbre est vieux. D'après les quelques découvertes

récentes de nouvelles espèces faites dans l'Amérique du Nord, on peut supposer que le genre *Cyprès* pourra devenir par la suite très-étendu. D'un autre côté, on en a détaché le *C. distique*, *C. chauve*, qui fait partie maintenant du genre *Taxodium*, Rich.   G — s.

CYPRÈS (PETIT) (Botanique). — Voyez SANTOLINE.

CYPRIPÈDE (Botanique), *Cypripedium*, Lin. ; du grec *Kypris*, Vénus, et *podion*, pantoufle ; allusion à la forme de la fleur. — Genre de plantes *Monocotylédones*, famille des *Orchidées*, type de la tribu des *Cypripédiées*, à sépales sous le labelle ; pétales libres, plus étroits que ceux-ci ; labelle creusé en sabot, avec une oreillette de chaque côté ; étamines latérales fertiles. Le *C. sabot de Vénus* (*C. calceolus*, Lin.) est la seule espèce qui croisse spontanément en Europe. Ses fleurs sont roussâtres, avec le labelle jaune. On trouve cette plante dans les lieux ombragés de la Suisse, des Alpes, en France. Elle s'avance même très-loin dans le Nord, en Suède, en Laponie. Le *C. élégant* (*C. spectabile*, Lin.) a les fleurs blanches, pourprées, avec le labelle rose. Il vient dans les marécages de l'Amérique du Nord.

CYPRINE (Zoologie), *Cyprina*, Lamk. — Genre de *Mollusques acéphales*, ordre des *Atestacés*, de la famille des *Cardiacés*, établi par Lamarck et qui, dans la méthode du *Règne animal*, forme un sous-genre du grand genre *Cyclades* : la coquille est épaisse, ovale, à sommets recourbés, cordiforme, à trois dents fortes ; la *C. islandica* est la seule espèce connue vivante. On trouve quelques espèces fossiles dans les terrains tertiaires.

CYPRINOIDES (Zoologie), *Cyprinoïda*. — Famille de *Poissons* de l'ordre des *Malacoptérygiens abdominaux*, caractérisés par une bouche peu fendue, mâchoires faibles, souvent sans dents, mais les pharyngiens fortement dentés ; des rayons branchiaux peu nombreux ; le corps écailleux ; point de dorsale adipeuse comme il y en a dans les silures et les salmones. Ce sont les moins carnassiers des poissons. Cuvier les divise en huit genres, la plupart divisés en sous-genres. Les principaux genres sont les *Cyprins* ; les *Loches* ; les *Anableps*.

CYPRINS (Zoologie), *Cyprinus* ; du grec *kyprinos*, carpe, qu'on peut considérer comme le type du genre. — Tel qu'il est admis par Cuvier, ce grand genre est très-nombreux, et renferme des poissons dont les principaux caractères ont été donnés au mot CYPRINOIDES ; de plus, ils ont trois rayons plats aux ouïes, la langue lisse, le palais garni d'une substance épaisse, molles, connue vulgairement sous le nom de langue de carpe ; un intestin court et sans cæcum. Ces poissons habitent les eaux douces, et vivent en grande partie de graines, d'herbe et même de limon. On les divise en douze sous-genres, dont les principaux sont : les *Carpes* ; les *Barbeaux* ; les *Goujons* ; les *Tanches* ; les *Brèmes* ; les *Ables* (voyez tous ces mots).

CYPRIS (Zoologie), *Cypris*, Müll. — Sous-genre de *Crustacés branchiopodes*, du grand genre *Monocle*, section des *Lophyropes*, Cuv. Ce sont de petites espèces qui ont un test bivalve en forme de coquilles, quatre pattes, et les deux yeux réunis en un seul. La *C. pubère*, longue de 0ᵐ,0025 est très-commune dans toutes les petites mares des bois, aux environs de Paris.

CYPSÈLE (Botanique), du grec *kypselis*, petit coffre ; — Nom donné par Mirbel à cette espèce de fruit, à laquelle Richard a donné le nom de *Akène*.

CYRÈNE (Zoologie), *Cyrena*, Lamk. — Genre de *Mollusques acéphales*, ordre des *Atestacés*, famille des *Cardiacés*, détaché par Lamarck des *Cyclades* de Bruguières. Ce sont des coquilles bivalves épaisses, un peu triangulaires, recouvertes d'un épiderme ; elles ont trois dents cardinales. On les trouve dans les étangs et les rivières des pays chauds. Il n'y en a point en France. Les espèces fossiles existent aux environs de Paris.

CYRTANDRE (Botanique), *Cyrtandra*, Forst. ; du grec *kyrtos*, courbé, et *anér*, mâle, parce que les filets des étamines sont arqués. — Genre de plantes *Dicotylédones dialypétales hypogynes*, type de la famille des *Cyrtandracées*, voisine des Gesnériacées. La principale espèce, le *C. à bouquets* (*C. cymosa*, Vahl.) est un arbrisseau dont les tiges sont pourvues de rameaux grêles ; feuilles opposées, pétiolées, ovales ; fleurs pédicellées, blanches, réunies en bouquets. De l'Inde et de Java.

CYSTICERQUES ou CYSTIQUES (Zoologie), du grec *kystis*, vessie, et *kerkos*, queue. — Vers intestinaux composés d'une tête avec un cou peu prolongé que termine une vésicule membraneuse ; on les désigne encore sous le nom d'*Hydatides*. Les observations récentes de MM. Siebold, Leuckart et Cüchenmeister en Allemagne,

Lafosse en France, Aloys Humbert en Suisse, ont démontré que les cysticerques sont une des formes du développement des *Ténias* (voyez ce mot).

CYSTIQUE (Anatomie), du grec *kystis*, vessie. — Se dit de ce qui appartient à la vésicule biliaire. Chez l'homme et la plupart des mammifères, le *canal cystique*, né de cette vésicule et abouché avec le canal hépatique et le canal cholédoque, donne passage à la bile, lorsque, pendant les digestions, elle se rend de la vésicule dans le duodenum, et pendant leur intervalle va du foie dans la vésicule. — La *fossette cystique* est un petit enfoncement dans lequel est située la vésicule, à la face inférieure du lobe droit du foie. — L'*artère cystique* est une branche de l'hépatique qui se divise en deux rameaux. — La *veine cystique* se rend dans la veine porte. — Les *nerfs cystiques* viennent du plexus hépatique. — La *bile cystique* est celle qui a séjourné dans la vésicule. — Les *calculs cystiques* sont ceux qui se forment dans la vésicule.

CYSTIRRHÉE (Médecine). — Voyez CYSTITE.

CYSTITE (Médecine), du grec *kystis*, vessie, avec la terminaison *ite* convenue pour exprimer l'inflammation. — Inflammation générale ou partielle des membranes de la vessie; la première est la *C. proprement dite*, la seconde la *C. catarrhale*. La *C. proprement dite* est l'inflammation de toutes les membranes de la vessie; elle peut être aiguë ou chronique; une des causes les plus fréquentes est l'usage des cantharides, soit à l'intérieur, soit en application extérieure, comme sur les vésicatoires (voyez CANTHARIDE, VÉSICATOIRES). L'abus des liqueurs fortes prédispose singulièrement à cette maladie douloureuse. Les principaux symptômes sont une douleur aiguë dans la région de la vessie, surtout à la pression, difficulté et même impossibilité d'uriner. Le traitement consiste dans l'emploi des saignées, des sangsues, des bains, des boissons douces. La *C. catarrhale* n'intéresse que la membrane muqueuse; elle est également aiguë ou chronique; les causes sont les mêmes que celles de la première espèce, auxquelles il faut ajouter la présence d'un calcul dans la vessie, etc. Les symptômes sont à peu près ceux décrits plus haut, mais à un moindre degré; de plus, on observe une sécrétion abondante de mucus qui s'attache au fond du vase (*Cystirrhée* des auteurs). Le traitement est à peu-près le même; il n'est pas rare d'être obligé d'avoir recours à l'emploi de la sonde pour procurer l'issue de l'urine (voyez SONDE).   F—N.

CYSTOTOME et CYSTOTOMIE (Chirurgie), du grec *kystis*, vessie, et *temnô*, je coupe. — On a proposé, dans ces derniers temps, de substituer ces noms à ceux de *lithotome* et *lithotomie*, qui sont plus généralement employés (voyez ces mots), pour désigner un instrument dont on se sert dans l'opération de la taille et pour cette opération elle-même.

CYTHÉRÉ (Zoologie). — Espèce de *Coquille* (v. VÉNUS).

CYTHÉRÉE (Zoologie), *Cythere*, Müll. — Sous-genre de *Crustacés branchiopodes*, du grand genre *Monocle*, section des *Lophyropes*, très-voisin des *Cypris* dont ils diffèrent parce qu'ils ont huit pieds et qu'ils vivent dans l'eau salée; on les trouve en effet dans les varechs, les conferves, etc. On n'en compte qu'un petit nombre d'espèces. La *C. verte* a le test en forme de rein et velu.

CYTINELLE (Botanique), *Cytinus*, Lin.; du grec *kytinos*, fleur du grenadier, à cause de l'analogie de sa fleur avec cette dernière. — Genre de plantes parasites *Dicotylédones dialypétales périgynes*, famille des *Cytinées*, que M. Brongniart range dans sa classe des *Asarinées*, à fleurs monoïques; mâles : calice très-petit, à 4 lobes; 8 étamines à filets soudés entre eux; femelles : ovaire infère; style épais; stigmate charnu; le fruit est une baie coriace à 8 loges. La *C. hypociste* (*C. hypocistis*, Lin.) est une petite herbe à tige charnue, couverte d'écailles imbriquées, jaunâtres; fleurs petites, d'un rouge vif. Cette espèce a le port des orobanches. On la trouve souvent sur le ciste de Montpellier, dans le midi de la France. En général, elle croît dans l'Europe méridionale et dans le nord de l'Afrique. Le suc de ses fruits était employé contre la dyssenterie et l'hémorrhagie. On en faisait aussi une conserve astringente très-employée comme tonique.   G—S.

CYTISE (Botanique), *Cytisus*, Lin.; du nom de l'île *Cythnos*, l'une des Cyclades, suivant Pline. — Genre de plantes de la famille des *Papilionacées*, tribu des *Lotées*. Caractères : calice court, à 2 lèvres, la supérieure presque toujours à 2 dents et l'inférieure à 3; étendard largement ovale; gousse linéaire, à plusieurs graines. Les Cytises sont des arbrisseaux ou de petits arbres quelquefois épineux, à feuilles composées, ternées. Ils croissent la plupart en Europe. Ce sont de jolis végétaux d'ornement. Le *C. aubour*, vulgairement *Faux-ébénier* (*C. laburnum*, Lin.) est un arbre élégant qui atteint jusqu'à 5 ou 6 mètres. Ses rameaux sont blanchâtres; ses feuilles ont leurs folioles légè-

Fig. 752 — Cytise aubour.

rement pubescentes en dessous; ses fleurs pendent en grappes jaunes d'un aspect brillant. Pline dit que le bois du *laburnum* est blanc; Théis fait remarquer que le laburnum des anciens n'était certainement pas le même que le nôtre, dont le bois, au contraire, est d'une couleur assez foncée et veinée qui lui a fait donner le nom de *Fausse ébène*. Le faux ébénier croît spontanément dans les Alpes. M. Jacques en a distingué plusieurs variétés qu'il a cultivées dans le parc de Neuilly. La plus intéressante est le *C. d'Adam* (*C. laburnum Adami*, Poit.) qui présente à la fois des fleurs roses et jaunes souvent sur la même grappe. Le bois du cytise aubour

Fig. 753. — Cytise des Alpes.

et de quelques espèces voisines est d'autant plus foncé qu'il est plus âgé. Il est dur, d'un grain serré et fin, se conserve longtemps et peut être travaillé avec avantage; aussi les ébénistes et les tourneurs l'emploient-ils à la confection de certains objets délicats. Les feuilles, les fleurs, les gousses et les graines de cet arbre ont des propriétés purgatives et vomitives assez actives. Les autres espèces les plus cultivées sont : le *C. des Alpes* (*C. Alpinus*, Mill.), très-voisin et peut-être une variété du *C. aubour*, dont les pédicelles et les calices sont hérissés; les fleurs moins grandes, plus foncées, les grappes plus longues que celles du *C. aubour*.   G—S.

D

DACNIS (Zoologie). — Espèce d'*Oiseau* du genre *Pit-pit* (voyez ce mot).

DACRYOME (Médecine), du grec *dacryoô*, je pleure. — Vogel a donné ce nom à l'écoulement des larmes, qui résulte de l'oblitération des points lacrymaux.

DACTYLE (Zoologie). — Espèce de *Mollusques*, du genre *Pholade* (voyez ce mot).

Dactyle (Botanique), *Dactylis*, Lin.; du grec *dactylos*, doigt; allusion à l'aspect des divisions de l'épi. — Genre de plantes *Monocotylédones périspermées*, famille des *Graminées*, tribu des *Festucacées*. Ses caractères principaux sont : épillets courbés à 2-4 fleurs ; glumes inégales carénées ; glumelles herbacées, l'inférieure terminée par une courte arête. Les herbes de ce genre ont les épillets compactes disposés en une panicule unilatérale. Le *D. pelotonné* (*D. glomerata*, Lin.) est une des plantes les plus

Fig. 754. — Dactyle pelotonné.

communes des régions tempérées de l'hémisphère boréal. Elle est vivace, haute d'un mètre, garnie de larges feuilles et croît dans tous les terrains, et surtout dans les sols sablo-argileux et siliceux. Elle est très-commune aux environs de Paris. Cette espèce donne un bon fourrage, mais il faut la couper de bonne heure en vert, parce que, lorsqu'elle fructifie, ses tiges durcissent. Le *D. gazonnant* (*D. cespitosa*, Forst.) croît dans les îles

Malouines. Ses tiges très-sucrées et comestibles pour l'homme, sont très-recherchées du bétail.   G — s.

DACTYLOPTÈRE (Zoologie), *Dactylopterus*, Cuv.; du grec *dactylos*, doigt, et *ptéron*, aile. — Genre de *Poissons* de l'ordre des *Acanthoptérygiens*, famille des *Joues cuirassées*, aussi nommés *Poissons volants*, *Hirondelles de mer* ou *Arondes*. Ils ont les nageoires pectorales tellement développées qu'elles peuvent fonctionner comme des ailes ; cette disposition leur permet de s'élancer hors de l'eau et de voler pendant quelques secondes pour échapper aux poissons voraces qui les poursuivent. Ils retombent bientôt, lorsque la membrane qui réunit les rayons est desséchée à l'air. Leur chair est estimée et on les pêche en pleine mer.

Les espèces principales sont : le *D. commun* (*D. volitans*, Cuv. *Trigla volitans*, Lacép.], long de $0^m,30$ à $0^m,35$,

Fig. 755. — Dactyloptère commun.

brun en dessus, rougeâtre en dessous, les nageoires noires, tachetées de bleu ; le *D. tacheté* (*D. Orientalis*, Cuv.), de la mer des Indes a été longtemps confondu à tort avec le précédent.   F. L.

DÆDALEA (Botanique), *Dædalea*, Pers.; de Dædalus, constructeur du labyrinthe de Crète, allusion aux circonvolutions des feuillets de ce champignon. — Genre de plantes *Cryptogames amphigènes*, classe des *Champignons*, ordre des *Hyménomnicés*, famille des *Agaricinées*. Non comestibles. Chapeaux subéreux, coriace, à face inférieure, garnie d'une membrane fructifère sinueuse, formant des cavités irrégulières ou des pores allongés. Le *D. du chêne* (*D. quercina*, Pers.; *Agaricus quercinus*, Lin.) est un gros champignon sessile, coriace, de couleur brune et croissant sur l'écorce des arbres, principalement du chêne. Le *D. odorant* (*D. suaveolens*, Pers.; *Boletus suaveolens*, Bull.) est sessile, glabre, roussâtre avec l'âge, à chair un peu bistrée et répand une agréable odeur qui rappelle celle de la vanille. On trouve cette espèce sur les vieux saules.

DAGUE (Zoologie, Vénerie). — C'est le nom que l'on donne au premier bois que le cerf pousse pendant sa seconde année, il a $0^m,16$ à $0^m,19$ de longueur. Ce n'est qu'une simple tige qui n'a pas de branches.

DAGUET (Zoologie). — On appelle ainsi le jeune cerf après la première année, à la pousse de son premier bois.

DAGUERRÉOTYPE (Physique). — Voyez Photographie.

DAHLIA (Botanique), dédié par Cavanilles, botaniste espagnol, à André Dahl, botaniste suédois. — Genre de plantes *Dicotylédones gamopétales périgynes*, famille des *Composées*, tribu des *Astéracées*, sous-tribu des *Écliptées*. Les espèces de ce genre sont des herbes robustes appartenant au Mexique. La principale, celle dont on a obtenu une quantité considérable de variétés dans nos jardins, est le *D. variable* (*D. variabilis*, Desf. *D. purpurea*, Poir.). Ses racines sont fasciculées, tubéreuses. Ses tiges sont rameuses et ses feuilles à segments ovales dentés ont le pétiole plus ou moins ailé. C'est à Cavanilles que l'on doit l'introduction du dahlia en Europe vers l'année 1790. En 1791, le botaniste le figura et le décrivit dans ses *Icones plantarum*. Wildenow, en Angleterre, donna ensuite à cette plante le nom de *Georgina* (en l'honneur du botaniste Georgi). Sprengel la décrivit sous celui de *Georgia*. Mais le nom imposé par Cavanilles fut le seul universellement admis. Les Anglais ont donné au dahlia le nom vulgaire de *roi de l'automne* (*king of autumn*). Quant à l'introduction du dahlia en France, c'est à Thibaut qu'on revient toute la gloire. Jaume Saint-Hilaire, qui était de l'époque, donne à ce sujet les curieux détails qui suivent. « Les dahlias, cultivés dans le jardin de Madrid, dit-il, étaient inconnus en Europe. Ils y seraient peut-être restés et auraient été perdus par suite des événements dont cette ville, dont ce jardin même, ont été le théâtre, si, en 1801, Thibaut, un de mes condisciples en botanique, attaché à l'ambassade de Lucien Bonaparte, n'avait pas eu la pensée d'en enrichir la France. En conséquence, profitant d'un courrier de dépêches que l'ambassadeur envoyait à Paris, il le chargea, moyennant la somme de 20 francs, de remettre en arrivant un paquet de tubercules enveloppés d'un linge mouillé, à mon illustre professeur et ami André Thouin. »

Le professeur du muséum en prit le plus grand soin, les fit développer dans une serre chaude, puis les fit passer successivement par des températures moins élevées et désormais le dahlia fut acclimaté en France. Indépendamment de l'importance que présente le dahlia comme plante d'ornement, il a des propriétés alimentaires estimées des Mexicains. Ceux-ci préparent ses tubercules et les mangent apprêtés de différentes manières, comme nous faisons de nos pommes de terre ou de nos salsifis. L'amertume aromatique qu'ils offrent ainsi, leur est, dit-on, très-agréable. On trouve dans les jardins botaniques le *D. cocciné* (*D. coccinea*, Cav.), espèce bien reconnaissable à la poussière glauque qui recouvre ses tiges et la face inférieure de ses feuilles. Ses fleurs sont écarlates. Le *D. de Cervantès* (*D. Cervantesii*, Lagasc.) a été introduit sous nos climats en 1840. Ses pétioles communs sont dépourvus d'ailes. Ses fleurs sont d'un pourpre violacé, les ligulées sans style.

Caractères du genre : involucre double, les écailles extérieures foliacées ordinairement au nombre de 5, les intérieures 12-16 longues, soudées entre elles, réceptacle garni de paillettes oblongues ; style à branches velues en dehors ; akènes sans aigrettes et munies seulement de 2 petites cornes au sommet.   G. — s.

DAHLIA (Horticulture). — Les fleurs du dahlia, simples, à disque jaune, avec des rayons d'un rouge écarlate, velouté, ont été, depuis leur introduction en France, au commencement de ce siècle, l'objet des soins éclairés des horticulteurs, qui, par le moyen des semis réitérés, ont produit ces variétés infinies que nous connaissons. Peu à peu les fleurs se sont doublées, elles se sont nuancées de couleurs plus ou moins éclatantes, variant du blanc au jaune, au violet, au rouge, offrant des panachures plus ou moins bizarres. La grandeur et les formes ont aussi présenté des changements remarquables : les fleurs se sont roulées en cornets, en tuyaux, avec une régularité et une symétrie admirables, qui ont encore excité le zèle et l'émulation des amateurs, et aujourd'hui on pourrait croire que l'on est arrivé au dernier degré de perfection en ce genre, s'il était permis d'assigner des bornes au progrès. Les *semis* et les *tubercules* sont les principaux moyens de reproduire les dahlias ; nous ne parlons pas de la reproduction par *boutures* ou par *greffes*, qui sont des procédés peu employés et surtout à l'usage des horticulteurs de profession. Les semis se font au mois d'avril sur couche, sous châssis, et les soins d'arrosage et d'aération sont donnés suivant les besoins ; on les plante en pépinière aux mois de mai ou juin, et ils donnent des fleurs depuis juillet jusqu'aux petites gelées ; mais il ne faut pas s'attendre à avoir un grand nombre de variétés curieuses ; celles-ci sont très-rares, et, pour en obtenir, il faudra multiplier les semis. Quant au procédé par tubercules, il faut d'abord, avant de les récolter à la fin de la saison, les laisser en terre quelque temps après la mort de la tige ; on ne les enlèvera qu'à l'approche des grands froids, au mois de novembre. Par un jour serein, on les arrachera avec soin, on les débarrassera de la terre qui pourrait les recouvrir, et on les laissera à l'air pendant quelques heures, puis on les rentrera pour l'hiver dans une cave saine, recouverts d'un peu de sable. Il ne faut pas, comme quelques-uns l'ont dit, les laisser passer l'hiver au jardin. Au printemps, on les plantera ou sur couche, s'il y a encore des gelées à craindre, ou bien en pleine terre, dans un terrain substantiel, bien meuble ; on aura la précaution de diviser les touffes le plus possible, en laissant tout au moins à chaque division un œil poussant. Les tiges du dahlia étant cassantes, on devra les attacher à un tuteur solide ; on devra aussi, pour avoir le plus beaux produits, ne conserver à chacun qu'une seule tige. Le pied sera garni d'un peu de fumier pour entretenir la fraîcheur, et les arrosages seront ré-

giés suivant le temps. Les amateurs doivent s'attendre à ce que les premières fleurs sont très-imparfaites ; ce n'est guère que vers le mois de septembre qu'elles sont dans leur beauté. Aux premières gelées, tout est perdu.

Voir le *Traité du Dahlia*, par Pirolle, 2 vol. in-12 ; le *Dahlia*, par Pepin, 2e édit., 1 vol., avec gravures, publiés par la Librairie agricole.

DAIM (Zoologie), — (*Cervus Dama*, Lin.) Espèce de *Mammifère ruminant* du genre *Cerf* (voyez ce mot). Il se distingue surtout par ses andouillers supérieurs, qui sont élargis en une palmature dentelée en avant ou en arrière. La femelle, nommée *Daine*, n'a pas de bois. Ce bois, qui n'existe que chez le mâle, n'est la première année qu'une dague un peu arquée ; la deuxième année, il se divise en deux andouillers dirigés en avant ; les années suivantes le sommet s'étend en une palmature qui se subdivise la quatrième année et va en diminuant après cette époque. Un peu plus petit que le cerf d'Europe, le daim mesure à peu près 1 mètre au garrot ; il a un pelage brun noirâtre en hiver, fauve tacheté de blanc en été ; les fesses sont toujours blanches ainsi que le dessous de la queue. La *Daine* reproduit en hiver quinze jours plus tard que la biche du cerf d'Europe. Cette espèce a d'ailleurs les mœurs de notre cerf et habite comme lui les contrées tempérées de l'Europe. On l'a cru originaire de Barbarie ; mais cette origine est contestée et on le regarde volontiers comme indigène en Espagne, en France, en Suède, en Angleterre ; il n'a été introduit en Allemagne que depuis deux siècles environ. On place souvent dans les parcs, pour les plaisirs de la chasse, des daims qui y vivent à demi apprivoisés. A cette domesticité incomplète sont dues sans doute des variétés connues sous les noms de *D. noir*, *D. blanc*, *D. moucheté* ou *panaché*. Le daim est un gibier analogue au cerf et qui se chasse de même (voyez VÉNERIE).

Le mot *Daim*, dans la langue vulgaire de quelques provinces, désigne le *Bouc*, comme cela était habituel dans le vieux français. Le *Dama* de Pline paraît avoir été une espèce, non de *Cerf*, mais de *Gazelle* ; chez d'autres auteurs latins, ce nom paraît s'appliquer au *Chamois* ou au *Bouquetain*. Le nom de *Platiceros* paraît avoir plutôt désigné le daim chez les anciens.   F. L.

DAIS (Botanique), *Daïs*, Lin. — Genre de plantes *Dicotylédones dialypétales périgynes*, famille des *Thymélées*. Calice coloré en entonnoir, à 4-5 lobes ; 8-10 étamines ; style latéral ; le fruit est une drupe enveloppée par le calice persistant. Les espèces de ce genre appartiennent au cap de Bonne-Espérance et à l'Asie tropicale. Le *D. à feuilles de fustet* (*D. cotinifolia*, Lin.) est un arbrisseau de 3 à 4 mètres ; ses fleurs, disposées en capitules, sont purpurines et pubescentes à l'extérieur. Il se cultive en orangerie dans une terre légère et franche. On le multiplie facilement par séparation des racines et même par fragments très-menus.

DALBERGIE (Botanique), *Dalbergia*, Roxb. ; dédié à Dalberg, botaniste suédois. — Genre de plantes *Dicotylédones dialypétales périgynes*, famille des *Papillonacées*, type de la tribu des *Dalbergiées*. Carène à pétales libres de la même longueur que les ailes ; 8-10 étamines ; gousse membraneuse, veinée, indéhiscente, à une ou deux graines. La *D. à larges feuilles* (*D. latifolia*, Roxb.), la *D. robuste* (*D. robusta*, Roxb.), la *D. en arbre* (*D. arborea*, Roth.) sont des arbres de 10 mètres environ, à fleurs blanches et qui habitent les Indes orientales. Leur bois est très-recherché pour la construction et l'ébénisterie. Voyez PALISSANDRE.

DALÉCHAMPIE (Botanique), *Dalechampia*, Plum. ; dédié à Daléchamp, botaniste français. — Genre de plantes *Dicotylédones dialypétales périgynes*, famille des *Euphorbiacées*, tribu des *Euphorbiées* ; elles ont des fleurs monoïques, contenues entre deux grandes bractées ; les fleurs mâles ont des étamines nombreuses, monadelphes ; les fleurs femelles sont groupées par 3 dans un involucelle à 2 folioles ; le fruit est une capsule à 3 coques. La *D. grimpante* (*D. scandens*, Jacq.) est un arbrisseau velu, à tige volubile rameuse ; de 4 mètres de hauteur ; à feuilles palmées, trilobées, dentelées. Cette plante croît spontanément à la Jamaïque et à Saint-Domingue, dans les bois. On la cultive dans les serres chaudes, dont elle orne les murs en grimpant.

DALÉE (Botanique), *Dalea*, Lin. ; dédié à Dale, botaniste anglais. — Genre de plantes *dicotylédones dialypétales périgynes*, famille des *Papillonacées*, tribu des *Lotées*, sous-tribu des *Galégées*. Étendard court ; ailes et carène soudées au tube des étamines monadelphes ; ovaire sessile à 2 ovules ; gousse indéhiscente enfermée dans le calice. La *D. queue de renard* (*D. alopecuroïdes*, Nutt.), herbe annuelle de la Louisiane. Fleurs, disposées en épis, d'un violet pâle, étendard blanc. La *D. à fleurs jaunes* (*D. leucostoma*, Schlothd.),'arbrisseau du Mexique, introduit dans nos climats en 1841.

DAMAN (Zoologie), *Hyrax*, Hermann. — Genre de *Mammifères*, de l'ordre des *Pachydermes*, famille des *Pachydermes ordinaires*, caractérisé par 4 doigts munis de sabots aplatis et 1 pouce rudimentaire aux extrémités antérieures, 3 aux postérieures ; pas de dents canines ; 6 incisives et 28 molaires, dont la configuration rappelle celle des rhinocéros : « Ce sont, dit Cuvier, des rhinocéros en miniature ; » pelage fin et épais ; queue réduite à un simple tubercule ; oreilles larges et rondes. Les damans vivent de fruits et d'herbes, mais peuvent manger à peu près de tout ; ils recherchent la chaleur et ne se trouvent que dans l'Afrique occidentale et méridionale. Ils sont assez semblables d'aspect aux marmottes, mais ils manquent de queue. Ces animaux ont beaucoup embarrassé les zoologistes par la difficulté de saisir leurs ressemblances naturelles ; Cuvier a trouvé dans leurs dents molaires l'indication de leurs véritables affinités. Le *D. de Syrie* (*H. Syriacus*, Schreb.) est le *Saphan* dont le Lévitique interdit la chair aux Hébreux, comme impure ; les Arabes, qui le nomment *Agneau des Israélites*, et les chrétiens recherchent ce gibier comme fort agréable au goût. Fr. et G. Cuvier pensent que c'est le même qu'on trouve au cap de Bonne-Espérance et même en Abyssinie et qui a été décrit sous le nom de *Hyrax capensis.*

F. L.

DAMAS (Arboriculture). — Espèce de *Prunes*, dont il existe un grand nombre de variétés ; ainsi les *Damas blanc, violet long, violet rond, gris, musqué, violet de Tours, noir tardif* et *hâtif*, etc. Ce sont de toutes les prunes, celles qui quittent le mieux le noyau.

DAMASONE (Botanique), *Damasonium*, Juss.; du grec *damao*, je dompte ; on regardait jadis cette plante comme un antidote du prétendu venin du crapaud. — Genre de plantes *Monocotylédones Apérispermées*, famille des *Alismacées*, tribu des *Alismées* ; il diffère du genre Alisma de Linné, par ses carpelles à 2 graines, soudés par leur suture ventrale et divergeant en étoile. Le *D. commun* (*D. vulgare*, Coss. et Germ.), vulgairement *Étoile d'eau, Flûte du berger, Plantain aquatique étoilé*, est une plante herbacée, très-abondante dans nos étangs et nos mares. Ses feuilles sont pétiolées, ovales cordiformes à 3 nervures ; sa hampe élevée de 0^m,08 à 0^m,12, porte des fleurs blanches disposées en 2 verticilles.

DAMASSÉ (Acier) (Métallurgie). — C'est un acier qui nous venait de l'Orient sous le nom de *Damas*, parce que c'est à Damas, en Syrie, que l'on s'en servit de temps immémorial pour fabriquer des armes renommées par leur force et leur tranchant. Une lame de bon damas peut couper facilement dans l'air un fichu de gaze ; elle peut même, sans s'ébrécher, couper des os, des clous, etc., entailler une lame d'acier trempée au même point. Un rasoir de damas sans défauts dure au moins deux fois autant que le meilleur rasoir anglais. Aujourd'hui, l'Europe fabrique d'excellent damas, grâce aux recherches d'un ingénieur russe, M. Anoçoff. Pour obtenir le meilleur damas, on fond dans un creuset très-réfractaire 5 kil. de fer de première qualité avec $\frac{1}{7}$ de graphite natif pur ou du meilleur graphite de creusets, $\frac{1}{77}$ de battitures de fer et $\frac{1}{7}$ de dolomie qui sert de fondant. Il faut une très-haute température et une fusion aussi prolongée que possible. L'opération est terminée quand le creuset commence à s'affaisser. Le culot, séparé des scories est forgé et mis en barres. Plus il est lent à se forger et net à se fondre, meilleure est sa qualité. Les objets en damas se façonnent comme ceux de tout autre acier, seulement, il faut chauffer aussi peu que possible. Pour les tremper, on les chauffe d'abord au rouge, puis on les plonge dans de la graisse chaude où on les laisse refroidir. Après les avoir essuyés, on les réchauffe au-dessus du charbon, en donnant la couleur convenable au genre et à la destination des objets. Pour polir les objets de damas, il suffit d'émeri fin délayé dans de l'huile. Cet acier se recouvre d'une espèce de moiré quand on le traite par un acide qui dissout le fer sans attaquer le charbon. L'acide sulfurique produit très-bien le moiré, surtout quand on l'emploie à l'état de sulfate de fer ou de couperose verte. Celui qui contient une certaine quantité de sulfate d'alumine paraît être le meilleur mordant pour décaper les lames de damas. Pour 1^l,50 d'eau, on emploie jusqu'à 100 grammes de sulfate. Le décapage demande beaucoup d'adresse et d'expérience. Il faut d'abord nettoyer la lame au moyen de cendres fines avec de la lessive, puis la laver dans l'eau pure et la plonger dans une solution chaude du mordant. Les moires se développent et l'on prolonge un peu l'opération pour qu'elles ressortent d'une manière plus tranchée sur le fond qui acquiert en même temps la couleur et le reflet propres au damas ; mais si on la prolongeait trop longtemps, le moiré finirait par disparaître. On lave ensuite la lame avec de la lessive et de l'eau froide, on l'essuie légèrement et rapidement avec un chiffon de toile sec en ayant soin de ne pas toucher un endroit essuyé à sec avec le chiffon humide, car on produirait là une irisation qui nuirait à la beauté du moiré.

On peut aussi produire le moiré avec du vinaigre, de la bière, du jus de citron : on humecte l'objet avec le liquide, on lave avec de l'eau froide après l'apparition du moiré et on essuie avec un chiffon.

On juge de la valeur et de la qualité des damas au *moiré*, à la couleur du *fond* et au *reflet*.

Plus le dessin est grand et marqué, plus l'acier a de valeur, il est considéré comme grand quand il atteint les dimensions des notes de musique. Le damas est aussi parfait que possible, quand les lignes longitudinales et transversales qui forment le moiré sur le culot ou sur les scories qui le recouvrent lors de la fabrication sont très-courbes et comprennent entre elles une foule de petits points dont la masse ressemble à une grappe de raisin. Sous le rapport du *fond*, on divise les damas en damas gris, damas bruns et damas noirs. Plus les scories sont foncées, plus la qualité du métal est bonne. Le *reflet* se manifeste à la surface du culot quand celui-ci sort du creuset et est refroidi à l'abri de l'air. Sous le rapport du reflet, les damas sont divisés en damas sans reflet, en damas à reflet rougeâtre et en damas à reflet doré. Plus le reflet se rapproche de la teinte d'or, plus le métal est excellent.

Voici les qualités d'un damas parfait : 1° une malléabilité et une ductilité parfaites ; 2° une très-grande dureté après la trempe ; 3° un tranchant vif et délicat ; 4° une très grande élasticité. Une lame d'épée faite de bon damas ploie sans se briser quand on la courbe à angle droit en posant le pied sur le bout, et reprend, quand on la redresse, sa première élasticité.

Tels sont les résultats dus aux travaux de M. Anoçoff. On peut encore obtenir des aciers damassés en alliant à l'acier une très-petite quantité de certains métaux, tels que platine, chrome, titane, etc. Mais les aciers ainsi obtenus ne présentent pas le même genre de moiré que le damas oriental et lui sont inférieurs en qualité. L'acier allié avec du platine prend un moiré fin, assez uniforme, un beau poli et est de bonne qualité.

Pendant longtemps, on donna une préférence marquée aux canons de fusil dits *damassés*. Voici comment on les fabrique : on soude ensemble des trousses de petites lames d'acier, séparées quelquefois par des rubans de fer, on les étire au marteau, on les tord et on les coupe ensuite pour en former une nouvelle trousse que l'on traite de la même manière. On peut obtenir ainsi un damassé très-agréable à l'œil, mais qui ne ressemble en rien au vrai damas.

L.

DAME D'ONZE HEURES (Botanique). — Voyez ORNITHOGALE.

DAMIER (Zoologie). — Ce nom a été donné par Geoffroy à plusieurs espèces de *Papillons* de l'un, qui ont au dessous des ailes des taches carrées. Latreille les a fait entrer dans le genre *Argynne*, section des *Melitæa* (voyez ARGYNNE.)

DAMMARA (Botanique), *Dammara*, Rumph.; nom indigène. — Genre de plantes *Dicotylédones gymnospermes* de la classe des *Conifères*, famille des *Abiétinées*. Le *D. d'Orient* (*D. Orientalis*, Lamb.) est un arbre magnifique élevé de 20 à 35 mètres. Son écorce est de gris-cendré ; ses branches sont verticillées, étalées, puis relevées au sommet ; ses feuilles lancéolées, longues de 0^m,06 à 0^m,12 sur 0^m,03 à 0^m,04 de large, sont sessiles ou brièvement pétiolées, obtuses à l'extrémité supérieure. Cet arbre croît aux Moluques. Il découle de son tronc une grande quantité de résine aromatique. Le *D. austral* (*D. australis*, Lamb.) qui, dans la Nouvelle-Zélande, atteint jusqu'à 50 mètres de hauteur, donne un bois très-estimé pour la mâture des navires.

DAMPIERA (Botanique), *Dampiera*, R. Brown, dédié au voyageur W. Dampier. — Genre de plantes *Dicotylédones gamopétales périgynes*, famille des *Goodéniacées*, tribu des *Scévolées*. Il comprend des herbes et des sous-arbrisseaux de la Nouvelle-Hollande, à calice très-court ; corolle bilabiée ; anthères adhérant entre elles ; ovaire à une loge. Le *D. ondulé* (*D. undulata*, R. Br.), dont les rameaux sont tomenteux et les fleurs bleues ; le *D. pourpré* (*D. purpurea*, R. Br.), à fleurs purpurines, sont à peu près les seules espèces cultivées pour l'ornement.

DANAIDES (Zoologie), *Danaïdes*, Lin. ; *Danaïtes*, Blanch. — Linné avait donné le nom de *Danaïdes* à une section de son genre *Papillon*, qu'il divisait ensuite en *D. blanches ;* ce sont les *Piérides* et les *Coliades* de Latreille ; et en *D. variées ; Nymphales* et *Satyres* de Latreille. M. Blanchard fait des danaïdes une tribu sous le nom de *Danaïtes*, qui comprend les genres *Euplœa*, *Danaïs* et *Idœa*. Cette tribu a pour caractères : les palpes écartés, le corselet ponctué, les ailes larges, les crochets des tarses simples. Elle ne renferme que des papillons exotiques ornés de couleurs vives et variées.

DANAÏDE (Botanique), *Danaïs*, Com. ; allusion aux meurtres commis par les filles de Danaüs. — Genre de plantes *Dicotylédones dialypétales périgynes*, famille des *Rubiacées*, tribu des *Cinchonées ;* arbrisseaux grimpants de l'île de France et de Bourbon, dont les étamines avortent dans certaines fleurs. Commerson, les supposant, dans ce cas, tuées par le pistil, a tiré de ce fait leur nom générique. On n'en connaît qu'un très-petit nombre d'espèces à fleurs orangées, odorantes.

DANOIS (Zoologie). — On appelle ainsi une variété du genre *Chien*, assez rare aujourd'hui et qui fait partie du groupe des *Mâtins* dans la classification de F. Cuvier. Il y a le *Grand* et le *Petit Danois*. Le *Grand Danois* a le corps élancé du lévrier, les oreilles courtes, étroites et pendantes ; il y en a de gris, de noirs, de variés de noir et de blanc. Ils ont peu de nez et aussi peu d'intelligence. On les appelait autrefois *D. de carrosses*, parce qu'ils précédaient les équipages des grands seigneurs. Le petit danois a le museau plus effilé que le grand, les jambes plus sèches, la queue plus relevée ; son pelage est ordinairement tacheté de noir et de blanc.

DANSE DE SAINT GUY (Médecine). — Voyez CHORÉE.

DAPHNE (Botanique), *Daphne*, Lin. ; du grec *daphné*, laurier ; allusion à la ressemblance que ces plantes présentent en petit avec les lauriers. — Genre de plantes *Dicotylédones dialypétales périgynes* de la famille des *Thymélées*, à fleurs hermaphrodites ; calice en entonnoir à 4 lobes ; 8 étamines incluses ; fruit en drupe. Les espèces de ce genre sont des arbrisseaux de l'Europe et de l'Asie. Le *D. bois-gentil* (*D. Mezereum*, Lin.), nommé aussi *Bois-joli*, est un arbrisseau de 1 mètre au plus, à feuilles ovales, lancéolées, d'un vert pâle et se développant après les fleurs, qui sont sessiles, d'un rouge violacé, très-odorantes et donnent des fruits rouges. Cette espèce est indigène et vient dans les bois des montagnes. Elle fleurit de décembre à février. Le *bois-gentil* a des propriétés vomitives et purgatives très-violentes. On l'a quelquefois employé contre la morsure des vipères. Le *D. paniculé* (*D. Gnidium*, Lin.), vulgairement *Garou*, *Sain-bois ;* et le *D. Lauréole* (*D. Laureola*, Lin.), sont deux espèces très-importantes dont il sera question aux mots GAROU et LAURÉOLE. G — s.

DAPHNIE (Zoologie), *Daphnia*, Müll. ; nom mythologique. — Genre de *Crustacés* de la division des *Entomostracés*, ordre des *Branchiopodes*, famille des *Monocles lophyropes*. Ils se distinguent par une taille très-petite, de 0^m,002 à 0^m,003 ; œil unique ; 5 paires de pattes branchiales dont la première seule est natatoire. Ces animaux, qui vivent dans les étangs et les eaux stagnantes, nagent par bonds au moyen de leurs pattes antérieures et passent l'hiver dans la vase. Leur multiplication est prodigieuse. La *D. puce* (*D. pulex*, Lin.) de nos contrées est de couleur rouge pâle ; la femelle mesure à peine 0^m,004 de longueur. Consultez Cuvier, *Règne animal*, 1829, t. IV, p. 164.

DAPHNOIDÉES, DAPHNACÉES (Botanique). — Noms donnés par plusieurs botanistes à la famille des *Thymélées* de Jussieu. Il sert à désigner la soixantième classe de M. Ad. Brongniart, qui la caractérise ainsi : calice à préfloraison imbriquée ; pétales nuls ou peu développés ; étamines définies, en nombre égal ou double des sépales, rarement moindre ; pistil à 1 ou 2 carpelles soudés ; 1 ou 2 ovules ; embryon à radicule supérieure. Principales familles : *Laurinées*, *Thymélées*.

DARD (Zoologie, Botanique). — Voyez AIGUILLON.

DARTRE (Médecine). — Ce mot, qui paraît venir du grec *darsis*, excoriation, est une expression générique par laquelle les médecins français ont désigné un certain nombre de maladies de la peau présentant entre elles des différences souvent assez tranchées, et qu'ils avaient regardées comme un genre de phlegmasies tantôt aiguës, tantôt chroniques. Ce groupe d'affections cutanées était caractérisé par une éruption de petits boutons ou de pustules, réunis en plaques le plus souvent arrondies, laissant échapper un liquide qui, en se desséchant, forme des croûtes, des écailles, des ulcérations, etc., le tout accompagné d'une démangeaison quelquefois insupportable. Un des phénomènes les plus frappants des dartres, c'est la propriété de s'étendre comme en rampant successivement à la surface du corps, ce qui leur avait valu le nom de *Herpès*, du grec *herpô*, je rampe. Quoique le mot de *dartre* ait presque déjà disparu du langage scientifique, nous allons présenter le plus exactement possible ce qu'on entend encore dans le monde par ce genre d'affection, en prenant pour base la classification d'Alibert. Ce médecin distinguait sept espèces de dartres :

1° La *D. furfuracée* (*furfur*, son), dite encore *D. simple*, *sèche*, *bénigne*, *farineuse*. Elle était caractérisée par une inflammation légère, superficielle, circonscrite, souvent avec des petits boutons imperceptibles, démangeaisons, puis desquammation de l'épiderme sous forme de pellicules minces et irrégulières. Elle attaque de préférence les enfants, les adolescents et les adultes ; elle occupe surtout les sourcils, le cuir chevelu, la face, les aines. On distinguait surtout la *D. furfuracée volante* (*Pityriasis*, Cazen.), remarquable par la quantité des écailles ; c'est celle que Bateman a nommée *pityriasis* (voyez LÈPRE), et la *D. furfuracée arrondie* (*Lèpre vulgaire* de Bateman) (voyez LÈPRE], qui siége surtout autour des articulations des membres et présente des plaques écailleuses circulaires, qui peuvent acquérir une grande épaisseur.

2° La *D. squammeuse* (*squama*, écaille), produisant des écailles, mais plus étendues et plus larges que dans l'espèce précédente. Alibert rattachait à ce groupe quatre variétés : 1° la *D. squammeuse humide* (*Eczéma*, Batem.), ainsi nommée de la quantité d'humeur ichoreuse qu'elle produit. 2° La *D. squammeuse orbiculaire*, qui attaque surtout le tissu graisseux de la joue et donne lieu à des écailles sèches, concentriques, qui tombent et se renouvellent successivement. 3° La *D. squammeuse centrifuge*, qui a pour signe extérieur de tracer dans l'intérieur des mains des orbes qui vont en s'agrandissant du centre à la circonférence ; c'est cette variété que Bateman a décrite sous le nom de *psoriasis* (voyez ce mot). 4° La *D. squammeuse lichénoïde*, dont les écailles sont dures, coriaces, blanchâtres, et ont quelque analogie avec le lichen des arbres ; c'est le *Lichen* de Bateman (voyez ce mot). C'est aussi à la dartre squammeuse qu'il faut rapporter une autre variété connue sous le nom de *D. vive*, de *Lichen féroce*, dans laquelle de petites pustules miliaires excitent un prurit insupportable, leur rupture laisse écouler une humeur âcre, irritante, qui augmente encore l'inflammation de la peau, la gerce, la fendille et livre les malades à des tortures inouïes.

3° La *D. crustacée* (de *crusta*, croûte) se manifeste par des croûtes jaunes ou d'un jaune verdâtre, résultant d'un suintement dont la couleur jaune présente l'aspect du miel. Elle siége de préférence sur la face, dont elle envahit quelquefois toute la peau lorsqu'elle a acquis son dernier degré de violence. Alibert en décrit trois variétés principales : 1° la *D. crustacée flavescente* (*impetigo*, Cazen)., une des plus fréquentes, a souvent une marche aiguë ; on la remarque surtout aux joues. Suivant Alibert, la *D. laiteuse* appartient à cette variété. Willan et Bateman la rapportent au *Porrigo favosa* (voyez PORRIGO). 2° La *D. crustacée stalactiforme*, caractérisée par une rougeur érysipélateuse, avec petits boutons pustuleux, fournissant une matière jaunâtre qui se dessèche en une croûte cylindrique paraissant suspendue à la manière des stalactiques : elle attaque les surfaces internes et externes des ailes du nez. 3° La *D. crustacée musciforme* (en forme de mousse) ; boutons semblables à ceux de la vaccine au sixième ou septième jour, avec auréole d'un rouge vif, petite croûte granulée, blanchâtre, puis verdâtre, ayant l'aspect de la mousse des toits ; elle affecte les mains, les cuisses, le visage. Willan et Bateman ont décrit, sous le nom d'*impetigo* (voyez ce mot), les principales variétés de la dartre crustacée et quelques-unes de la dartre squammeuse.

4° La *D. pustuleuse* (*Acné*, Batem.) a pour caractère des pustules contenant une matière qui se dessèche en écailles ou croûtes légères. Leur chute laisse sur la peau des taches ou maculatures rougeâtres. On y remarque quatre variétés principales : 1° la *D. pustuleuse coupe *rose* : c'est l'*Acné* de Bateman (voyez ACNÉ, COUPEROSE). 2° La *D. pustuleuse disséminée*, caractérisée par des boutons de la grosseur d'un petit pois, épars sur différentes parties du corps, surtout au visage, qui, en se multipliant, finissent par se rapprocher et se toucher. 3° La *D. pustuleuse mentagre* (*Sycosis*, de Bateman), éruption de boutons rouges, lisses, conoïdes, qui se développent sur le menton, les joues, etc. (voyez MENTAGRE, SYCOSIS). 4° La *D. pustuleuse miliaire*, légère inflammation suivie de petites granulations blanchâtres et luisantes, semblables à des graines de millet, qu'on observe souvent sur le visage des adolescents des deux sexes. La dartre pustuleuse est souvent liée à une phlegmasie des organes digestifs.

5° La *D. rongeante* (*Lupus*, Batem.) se manifeste par un bouton ou une pustule croûteuse qui dégénère bientôt en un ulcère rongeant donnant un pus ichoreux, et qui finit par attaquer non-seulement la peau, mais encore les muscles, les cartilages et jusqu'aux os ; elle peut attaquer une ou plusieurs parties des téguments, mais surtout les ailes du nez. Elle est désignée par les auteurs sous les noms d'*Herpes exedens*, *Herpes esthiomenos*, *Lupus vorax*, *Papula fera*, etc. Alibert distinguait une *D. rongeante scorbutique ;* elle a un aspect livide, avec des vergetures de taches bleuâtres sur la peau; une *D. rongeante syphilitique*, qui offre une teinte cuivrée; une *D. rongeante scrofuleuse;* ici on aperçoit des élévations charnues, avec turgescence du tissu cellulaire (voyez LUPUS).

6° La *D. phlycténoïde* (*Herpes phlyctenoïde*, Cazen.), caractérisée par des phlyctènes de forme et de grandeur variées, produites par le soulèvement de l'épiderme, remplies de sérosité ichoreuse, laissant après elles des écailles rougeâtres. Une première variété constituait la *D. phlycténoïde confluente*, éruption successive de vésicules du volume d'une amande, quelquefois plus grosses, remplies d'une sérosité jaunâtre (voyez PEMPHIGUS); une seconde variété, la *D. phlycténoïde en zone*, larges pustules blanches ou rouges, souvent très-rapprochées et disposées le plus ordinairement en demi-ceinture (voyez ZONA).

7° La *D. érythémoïde* (*Erythème*, Batem.) offre des élevures rouges, enflammées, qui se terminent à la longue par de légères exfoliations de l'épiderme analogues à celles de l'érythème. Alibert rattachait à cette espèce, comme variétés, l'*Erythème* et l'*Urticaire* (voyez ces mots). A proprement parler, ces deux dernières espèces ne peuvent guère être admises comme des dartres, et Alibert lui-même ne les a pas toujours classées comme telles.

Parmi les causes des dartres, les plus efficaces tiennent à la contexture, à l'organisation particulière de la peau et à l'exercice plus ou moins régulier de ses fonctions; à ces prédispositions, il faut joindre l'hérédité, les climats chauds, une nourriture indigeste, les fatigues, les voyages, la malpropreté, certaines professions, les chagrins et toutes les passions tristes; enfin quelques causes spéciales comme le tempérament sanguin pour la dartre crustacée flavescente, le tempérament bilieux pour la dartre pustuleuse et surtout la *mentagre*, etc. Toutes les espèces de dartres, bien que présentant un grand nombre de différences dans leurs symptômes, constituent cependant un groupe d'affections inflammatoires qui réclament un traitement antiphlogistique et adoucissant, surtout dans le début; ainsi quelquefois des saignées, mais presque toujours des bains émollients, gélatineux, des lotions de même nature; le régime végétal, lacté, le repos, des boissons émollientes, etc. Lorsque l'inflammation commence à se calmer, des purgatifs légers, puis des bains un peu stimulants, sulfureux, ainsi ceux de Baréges, d'Uriage, d'Enghien, de Cauterets, d'Aix (Savoie), etc.; les tisanes amères, de pensée sauvage, de douce-amère, de houblon.

Tel était l'état de la science à l'époque d'Alibert; cependant, Biet et Schedel apportaient successivement quelques modifications à ces idées, d'abord dans la 1re édition (1828) de leur *Abrégé pratique des maladies de la peau*, et, plus tard, dans la 4e édition du même ouvrage, publiée en 1847. Enfin l'école moderne, représentée par MM. Cazenave, Bazin, Gibert, etc., s'éclairant des nouveaux travaux anatomiques sur la structure de la peau, et soumettant à de nouvelles observations ses nombreuses maladies, reconnut que ce groupe des *dartres* ne présentait pas un ensemble dont les caractères pussent servir à un classement générique naturel. Le mot fut donc rayé du cadre nosologique, et les diverses affections qu'il renfermait furent réparties dans différentes sections des maladies de la peau, la plus grande partie restant pourtant comprise dans le genre *Herpès* (voyez HERPÈS, PEAU [*maladies de la*]). F — N.

DASYPE, *Dasypus* (Zoologie). — Voyez TATOU.

DASYPODE (Zoologie), *Dasypoda*, Latr. ; du grec *dasus*, velu, et *pous*, pied. — Genre d'*Insectes* de l'ordre des *Hyménoptères*, famille des *Mellifères*, section des *Andrénètes*. Ils se distinguent par : tête triangulaire; abdomen et corselet carrés; mandibules pointues; mâchoires très-longues; languette semblable à un fer de lance replié sur le côté supérieur de sa gaîne; tarses très-velus. Les Dasypodes se nourrissent du pollen des fleurs qu'ils amassent dans des trous creusés en terre. Le *D. hirtipède* (*D. hirtipes*, Fab.), long de 0ᵐ,016, est noir, à poil roux. En automne, on le trouve à l'état parfait sur les fleurs des composées.

DASYPOGON (Zoologie), *Dasypogon*, Latr.; du grec *dasypôgôn*, qui a une barbe épaisse. — Genre d'*Insectes diptères*, famille des *Tanystomes*, tribu des *Asiliques* de Latreille, établi par Meigen aux dépens du genre *Asile*, dont ils ont une partie des caractères, mais dont ils se distinguent surtout par les deux premiers articles des antennes, qui sont presque égaux. Le *D. teuton* (*Asilis teutonus*, Lin.) a environ 0ᵐ,018 de longueur; on le trouve dans le midi de la France et même aux environs de Paris, où il est beaucoup plus petit. Il fait la guerre aux mouches et aux abeilles.

DASYPOGON (Botanique). — Genre de plantes *Monocotylédones périspermées*, famille des *Joncacées*, établi par R. Brown pour un arbuste de la Nouvelle-Hollande ; le *D. bromeliifolius*, dont la tige est couverte de poils rudes, porte des fleurs en capitules terminaux et des feuilles assez semblables à celles des graminées.

DASYURE (Zoologie), *Dasyurus*, Geoff. ; du grec *dasus*, velu, et *oura*, queue. — Genre de *Mammifères* de l'ordre des *Marsupiaux*, propre à la Nouvelle-Hollande et à la Terre de Van-Diemen. Ils ont pour caractères principaux : museau allongé, garni de fortes moustaches et terminé par un large mufle; 5 doigts aux pieds antérieurs et 4 aux postérieurs, munis d'ongles propres à fouir; queue moyenne, très-velue; pelage fourni et doux; la femelle a toujours une poche abdominale. Ces animaux, assez semblables en apparence aux martes sont nocturnes et fouisseurs comme elles, mais non grimpeurs. Ils dévastent les basses-cours pénètrent même dans les maisons; ils se cachent le jour dans les terriers. Ils s'apprivoisent facilement, mais leur voracité est telle qu'ils dévorent tout ce qui se trouve à leur portée. Les principales espèces sont : le *D. hérissé* (*D. ursina*, Harr.), de la taille du blaireau; le *D. à longue queue* (*D. macrourus*, Gooff.), de la taille du chat commun, la queue longue comme le corps; le *D. de Maugé* (*D. Maugei*, Geoff.), un peu plus petit que le précédent. F. L.

DATISQUE (Botanique), *Datisca*, Lin. — Genre de plantes *Dicotylédones dialypétales périgynes* que de Jussieu avait laissé parmi les plantes d'un classement incertain, et qu'Endlicher a pris comme type d'une petite famille voisine des *Résédacées*, celle des *Datiscées*, rangée par M. Brongniart dans sa classe des *Crassulinées*. Ce genre a des fleurs dioïques; les mâles avec un calice à 5 dents, des anthères presque sessiles ; les femelles avec un calice à 2 dents, un ovaire uniloculaire polysperme. Le *D. cannabine* ou *Cannabine de Crète* (*D. cannabina*, Lin.) est une herbe vivace de l'Asie Mineure et de l'île de Crète. Sa tige est lisse; ses feuilles composées, pennées; ses fleurs jaunes verdâtres sont disposées en grappes axillaires. On extrait de ses fleurs une couleur jaune employée en teinture; cette plante passe pour fébrifuge dans certains endroits.

DATTIER (Botanique), *Phœnix*, Lin.; du nom grec *dactylos*. — Genre de plantes *Monocotylédones périspermées*, de la famille des *Palmiers*, tribu des *Coryphinées*. Caractères : fleurs dioïques, accompagnées de bractées; les mâles avec un calice à 3 dents, en cupule, 3 pétales, 6 étamines; les femelles avec des pétales larges se recouvrant par leurs bords, 3 ovaires distincts, dont un seul fructifie sous la forme d'une baie charnue, molle, renfermant une graine très-dure, sillonnée et munie d'un albumen corné. Les dattiers sont des arbres de moyenne grandeur à feuilles embrassantes, à fleurs disposées en spadices enveloppés d'une spathe ligneuse, simple. Ces végétaux habitent les régions chaudes de l'ancien continent. L'espèce la plus importante et la plus répandue est le *D. cultivé*, qui est le *D. des anciens* (*P. dactylifera*, Lin.). Il s'élève en moyenne à 12 ou 15 mètres; mais on en rencontre quelquefois qui ont le double de cette hauteur. Ses feuilles, longues de 3 à 4 mètres, sont formées de divisions ou pinnules lancéolées-linéaires et offrant par leur ensemble une cime arrondie. Sa spathe est très-grande, pubescente extérieurement. Cette espèce, dont la patrie est inconnue, se cultive abondamment dans les Indes orientales, en Perse, en Syrie, et surtout en Arabie où elle est connue de temps immémorial. On la trouve aussi en Italie, en Espagne et même dans le midi de la France ; mais ses fruits y mûrissent mal. En Algérie, le dattier est également cultivé en grand, et les dattes de l'oasis de Souf, dans le Sahara algérien, sont les plus estimées. Le dattier est connu dès la plus haute antiquité. Théophraste, Dioscoride, Pline, Ovide, Claudien, etc., en ont fait mention dans leurs ouvrages. C'est par la fécondation du dattier qu'on a commencé à comprendre la présence de sexes dans les végétaux. Pline a dit poétiquement à ce sujet (liv. XIII, chap. xiv) : « On assure que, dans les forêts, les palmiers femelles ne produisent rien sans mâles ; que plusieurs femelles, placées autour d'un seul, inclinent et baissent vers lui leurs têtes caressantes : il se dresse, se hérisse, et, par ses émanations, par sa vue seule et la poussière qu'il envoie, il les féconde toutes. On ajoute que cet arbre étant abattu, ses veuves demeurent stériles. Cet attrait d'un amour réciproque est si sensible, que l'homme a imaginé pour ces arbres une sorte d'union des sexes, en secouant sur les femelles la fleur, le duvet ou seulement la poussière du mâle. » Cette opération fait partie de la culture des dattiers et facilite ainsi la production des dattes. Au XVᵉ siècle, un poëte napolitain, Jovianus Pontanus, a chanté en vers latins la fécondation d'un dattier femelle cultivé à Otrante par un dattier mâle qui croissait à Brindes, c'est-à-dire à 60 kilomètres environ du premier.

Plusieurs peuples, tels que les Arabes des bords du golfe Persique, du Tigre et de l'Euphrate, font leur nourriture ordinaire des dattes ; et par son utilité très-répandue, le dattier est sans contredit le plus important des palmiers. Les dattes, généralement de forme elliptique, varient de couleur et de grosseur suivant les variétés. Dans un grand nombre de localités où le dattier se cultive, on fait avec ses fruits un *miel de dattes* qui sert d'assaisonnement au riz et aux farines et qu'on obtient simplement par une pression qui fait couler la pulpe. Le *nectar des dattes* est une sorte d'eau-de-vie très-estimée qu'on prépare par la fermentation et la distillation des dattes. En Chine, les noyaux brûlés entrent dans la composition de l'*encre dite de Chine*. Broyés et ramollis par l'ébullition, ils sont aussi donnés aux chameaux et aux moutons. Les jeunes spathes, le bourgeon terminal (chou palmiste) et la moelle servent d'aliment à l'homme. Par incision du tronc, on obtient une liqueur douce connue sous le nom de vin ou de lait de palmier, dont la saveur, très-agréable et très-saine, la fait souvent ordonner aux malades. Les feuilles du dattier servent fréquemment à recouvrir certaines habitations. Elles fournissent par la macération une bonne filasse qu'on utilise pour une foule d'objets. Enfin, le bois, qui est très-dur et qui a l'avantage de se conserver longtemps même dans l'eau, trouve aussi de nombreuses applications. En médecine, les dattes sont un des quatre fruits dits béchiques et servent à préparer des tisanes pectorales. Le dattier croît dans les terres légères, sablonneuses et un peu humides. On multiplie ordinairement ce végétal par rejetons. La fécondation artificielle se pratique, nous l'avons dit plus haut, dans le but d'augmenter la fécondation des fruits. Pour cela, on coupe les spadices de fleurs mâles et on les secoue dans les spathes femelles. Un seul spadice sert à féconder une centaine de femelles. A l'âge adulte, un palmier femelle peut produire de huit à dix régimes (voyez ce mot) de dattes pesant chacun de 6 à 10 kil. Le dattier produit dès l'âge de cinq ans, mais la production n'est guère complète avant la trentième année ; elle dure jusqu'à soixante quelquefois soixante-dix ans. G — s.

DATURA (Botanique), *Datura*, Lin. ; de *datora*, nom arabe de la plante. — Genre de plantes *Dicotylédones gamopétales hypogynes*, famille des *Solanées*. Les espèces de ce genre sont des herbes ou des arbrisseaux à feuilles alternes et fleurs solitaires répandant souvent une odeur vireuse. Le *D. en arbre* (*D. arborea*, Lin). atteint 2 à 3 mètres de haut. Ses corolles, très-grandes, blanches, sont découpées en 5 lanières allongées. Cette espèce est originaire du Pérou. Le *D. odorant* (*D. suaveolens*, Humb. et Bonpl.) est souvent plus grand que le précédent ; il en diffère par ses corolles à 5 lobes courts. L'odeur en est assez agréable. On cultive souvent des variétés de cette espèce qui ont les fleurs doubles et jusqu'à 3 corolles emboîtées les unes dans les autres et présentant souvent 0ᵐ,30 de longueur : cette dimension, avec l'éclat de la blancheur, font de ces fleurs un très-bel ornement des parterres. Le *D. fastuosa*, Lin., dont quelques auteurs ne font qu'une variété du *D. d'Égypte* (*D. hummata*, Bernh.), est également d'un joli effet. Ses fleurs sont d'un beau pourpre violet en dehors et blanches en dedans. Cette espèce, nommée vulgairement *Trompette du jugement*, à cause de la forme de ses corolles, est originaire d'Égypte. Sa culture ne peut se pratiquer qu'avec une assez forte chaleur. Quant au *D. stramoine commun* (*D. stramonium*, Lin.), nommé vulgairement *Herbe des magiciens*, *Herbe du diable*, *Pomme épineuse*, à cause de ses fruits chargés d'épines et ressemblant aussi à ceux du marronnier d'Inde, c'est une herbe indigène annuelle à feuilles ovales, glabres, inégalement sinueuses, dentées et à fleurs blanches qui s'épanouissent vers la fin de l'été. Pour les très-importantes propriétés médicales de cette plante, voir au mot STRAMONIUM. Caractères du genre : calice tubuleux tombant à la maturité par suite de séparation circulaire à sa base ; corolle en entonnoir à limbe à 5 ou 10 dents, plissé, étalé ; 5 étamines ; anthères à déhiscence longitudinale ; ovaire presque à 2 loges, renfermant de nombreux ovules ; capsule hérissée d'épines et s'ouvrant en 2 valves. G — s.

DAUBENTONIA (Botanique), *Daubentonia*, de Cand. ; dédié à Daubenton. — Genre de plantes *Dicotylédones dialypétales périgynes*, famille des *Papilionacées*, tribu des *Lotées* ; calice à 5 dents courtes ; étendard à petit onglet ; ailes ovales, oblongues ; carène obtuse ; gousse stipitée, aiguë, indéhiscente, à 4 ailes et renfermant plusieurs graines. Le *D. ponceau* (*D. punicea*, de Cand.) est un arbrisseau inerme, élevé de 1 mètre environ. Ses feuilles sont à 8-9 folioles et ses stipules persistantes. Ses fleurs, de couleur ponceau, sont disposées en grappes simples. Cette espèce vient du Mexique et se cultive en serre chaude dans la terre de bruyère.

DAUCUS (Botanique). — Voyez CAROTTE.

DAUPHIN (Zoologie), du nom latin *delphinus*. — Les Grecs et, d'après eux, les Romains ont rendu célèbre sous ce nom un animal qui, d'après les figures parfaitement reconnaissables qu'ils nous en ont laissées, était évidemment celui que nous nommons aujourd'hui *D. commun*. Mais, de même qu'ils ont souvent dénaturé sa forme de manière à en faire un animal fantastique que la sculpture ornementale moderne s'est plu à reproduire, de même ils ont, dans son histoire, mêlé à des faits exacts et dignes d'intérêt un bien plus grand nombre d'erreurs. Tantôt, dans leur culte pour un animal sacré à leurs yeux, ils ont orné les dauphins de qualités imaginaires : l'un sauvait Arion, l'autre restait fidèle et dévoué à l'enfant qui l'avait guéri ; ils allèrent jusqu'à le représenter suivant les sons de la flûte des bergers et allant se reposer avec les troupeaux sous l'ombrage des bois. Tantôt, les confondant avec les requins, ils leur attribuaient la bouche reculée sous le museau, qui oblige ceux-ci à se renverser pour saisir leur proie, et d'autres traits de mœurs et d'organisation qui leur sont entièrement étrangers.

Le mot *Dauphin* (*Delphinus*, Lin.) désigne, pour les naturalistes modernes, un genre de *Mammifères*, de l'ordre des *Cétacés*, famille des *Cétacés ordinaires* ou *Souffleurs*, circonscrit par Cuvier de façon à présenter les caractères suivants : un front bombé, au bas duquel naît et se prolonge en avant un museau aminci en forme de bec, étroit, environ trois fois aussi long que le crâne ; des dents nombreuses aux deux mâchoires, toutes semblables, coniques et pointues. La taille des espèces de ce genre varie entre 2 et 5 mètres ; elles sont carnassières et se montrent généralement très-voraces. Les dauphins nagent en général avec une grande rapidité, en se courbant en arc à chaque mouvement de progression ; dès qu'ils touchent la plage, ils s'échouent, se débattent le plus souvent inutilement pour regagner le large et finissent par mourir étouffés, leurs corps, faits pour être immergés dans l'eau, étant trop lourds pour se mouvoir facilement dans l'air. Dans ces moments critiques, on les entend pousser des gémissements qui rappellent un peu le mugissement du taureau.

Le *D. commun* ou *D. vulgaire* (*D. delphis*, Lin.), nommé aussi *Oie de mer* et *Bec d'oie*, est long d'environ 2 mètres à 2ᵐ,50, noir en dessus, blanc en dessous, avec 42 à 47 dents à chaque mâchoire. Les animaux de cette espèce vivent en troupes nombreuses qui suivent souvent les navires pour recueillir les débris que l'on jette par dessus le bord. On en a vu, en s'ébattant alentour, sau ter jusque sur le pont, tant leurs mouvements sont vifs. On les rencontre abondamment dans la Méditerranée, dans l'Océan et, en général dans toutes les mers; il en

Fig. 756. — Dauphin vulgaire.

échoue parfois sur nos côtes, dont ils paraissent se rapprocher quand les femelles sont pleines; la mise bas a lieu en automne, et le petit unique est allaité par sa mère en nageant; elle se penche sur le côté de façon que le jeune puisse, comme elle, élever la tête au niveau de l'eau pour respirer. On a observé assez souvent des dauphins qui, ayant remonté dans les fleuves, semblaient disposés à s'y fixer si la nourriture s'y rencontrait assez abondamment. Nous ne pratiquons pas actuellement la pêche du dauphin, bien qu'il puisse fournir une huile utile comme celle des cétacés que nous poursuivons avec ardeur. Mais, au XVe siècle, en France particulièrement, on estimait à un très-haut prix la chair de cet animal, dont l'usage était permis en carème, et qui, aujourd'hui, est complétement dédaignée. Aussi n'a-t-on recueilli aucune observation sur les mœurs des Dauphins tant célébrés dans l'antiquité. Sans ajouter foi à tout ce qui en a été dit, G. Cuvier fait remarquer avec raison que l'organisation de leur cerveau semble annoncer une intelligence développée. Le *Nésarnuck, Grand Dauphin* ou *Souffleur* des Normands (*D. tursio,* Bonn.) atteint jusqu'à 5 mètres et n'a que 20 ou 24 dents à chaque mâchoire; il se rencontre dans l'Océan et la Méditerranée. On en connaît d'autres espèces des mers de l'Asie, de l'Atlantique et du Pacifique. P. Gervais a restreint le genre *Dauphin* en faisant du *D. nésarnack* le type du genre *Tursiops.*

DAUPHINS (Zoologie). — Nom d'une sous-tribu où G. Cuvier réunissait les genres *Dauphin, Delphinorhynque, Marsouin, Delphinaptère, Hyperoodon,* et qui, avec la sous-tribu des *Narvals,* formait la première tribu des *Cétacés ordinaires,* celle des *Delphiniens.* La sous-tribu des *Dauphins* était caractérisée par l'existence des dents aux deux mâchoires, tandis que les *Narvals* n'ont pas d'autre dent que la longue défense qui prolonge leur museau en avant de la mâchoire supérieure (voyez DELPHINIENS).

Consultez : Fr. Cuvier, *Hist. nat. des Cétacés ;* P. Gervais, *Hist. nat. des Mammifères ; Dict. univ. d'hist. nat.* de d'Orbigny, art. DAUPHIN. AD. F.

DAUPHINE (Horticulture). — Variété de *Laitue pommée du printemps,* à feuilles lisses, d'un vert un peu blond, un peu rouge sur la pomme qui est d'une bonne grosseur ; hâtive, ne vient bien qu'au printemps.

DAUPHINE (Arboriculture). — Ce nom a été donné à la grosse prune de *reine claude,* dans quelques provinces.

DAUPHINELLE (Botanique), *Delphinium,* Lin.; du grec *delphin,* dauphin ; les nectaires pétaloïdes rappellent des figures de dauphins. — Genre de plantes *Dicotylédones dialypétales hypogynes,* famille des *Renonculacées,* tribu des *Helléborées.* Ce genre si connu sous le nom de *Pied d'alouette* à cause des éperons qui ressemblent au long ergot du talon de l'alouette, renferme de nombreuses espèces propres à l'ornement des parterres. La *D. des champs,* vulgairement *P. d'alouette des champs* (*D. consolida,* Lin.), appelée aussi anciennement *Consoude royale,* est une herbe très-abondante dans nos moissons. Ses fleurs sont d'un beau bleu. La *D. des jardins* (*D. Ajacis,* Lin.), ainsi nommée parce qu'on a cru voir dans l'intérieur de la corolle, par quelques lignes colorées, le nom d'Ajax (AIA), est une des plus cultivées dans les jardins. Sa tige est droite, ses feuilles sont très-finement découpées et ses fleurs disposées en épis longs et serrés varient de couleur suivant les variétés. L'une des plus répandues est celle nommée vulgairement *Pied d'alouette julienne* ou *pyramidale,* ses belles fleurs doubles sont d'un très-joli effet dans les bordures de nos parterres. Cette espèce, originaire de la Tauride, est naturalisée en Suisse. On cultive encore communément la *D. à grandes fleurs* (*D. grandiflorum,* Lin.), spontanée en Sibérie et dont les fleurs sont d'un bleu d'azur avec le pétale supé-

rieur jaunâtre ; la *D. des Alpes* (*D. Alpinum,* Waldst. et Kit.) à fleurs en grappes rameuses et dont les pétales sont jaunâtres et le calice bleu, enfin la *D. élevée* (*D. elatum,* Lin.) de Suisse et de Sibérie, espèce à feuilles d'un vert glauque et à fleurs bleues en long épi. avec le pétale supérieur blanc. Pour la *D. staphysaigre* voir ce dernier mot. Caract. du genre : calice à 5 sépales, le supérieur muni d'un éperon creux à la base ; 4 pétales dont 2 éperonnés; fruit : follicules de 1 à 5. G — s.

DAUPHINULE (Zoologie), *Dauphinule,* Lamk. — Genre de *Mollusques,* classe des *Gastéropodes,* ordre des *Pectinibranches,* établi par Lamark ; ils ont la coquille épaisse comme les turbo, enroulée presque dans le même plan; ouverture sans bourrelet. L'espèce la plus commune (*Turbo delphinus,* Lin.) prend son nom d'épines rameuses et contournées qui l'ont fait comparer à un poisson desséché : on a proposé de réunir ce genre aux turbo.

DAURADE (Zoologie), *Chrysophrys,* Lin.; aussi appelé dans le Midi *Aourade* ou *Orata,* du nom latin *aurata,* doré. — Genre de *Poissons,* de l'ordre des *Acanthoptérygiens,* famille des *Sparoïdes ;* une bande en croissant de couleur dorée, allant d'un œil à l'autre, caractérise toutes les espèces ; elles ont en outre trois rangées au moins de molaires et quelques dents coniques sur le devant. La *D. vulgaire* (*C. aurata,* Lin.) est un bel et bon poisson, qui vit sous tous les climats et dans toutes les eaux, douces ou salées, courantes ou stagnantes. On en pêche dans les étangs maritimes qui atteignent un poids de 9 à 10 kil. et dont la chair est renommée de toute antiquité. Il ne faut pas confondre ce genre *Daurade* avec la *Dorade* qui est un *Cyprin.*

DAVIÉSIE (Botanique), *Daviesia,* Smith ; dédié au botaniste anglais Davies. — Genre de plantes *Dicotylédones dialypétales périgynes,* famille des *Papillonacées,* tribu des *Podalyriées ;* à calice anguleux, présentant obscurément 2 lèvres ; étendard muni d'un long onglet ; carène plus courte que l'étendard, ovale, obtuse ; gousse présentant 3 angles peu prononcés. La *D. à longues feuilles* (*D. longifolia,* Benth.) est un arbrisseau élevé de 2 mètres environ. Ses feuilles sont linéaires et ses fleurs disposées en grappes sont jaunes, marquées de pourpre sur les ailes et l'étendard. La *D. à larges feuilles* (*D. latifolia*) se distingue principalement par ses feuilles ovales, mucronées et ses petites fleurs jaunes. Ces deux arbrisseaux sont originaires de la Nouvelle-Hollande et se cultivent dans les serres tempérées. G — s.

DAVIER (Chirurgie). — Espèce de pinces dont les serres sont fortes et assez courtes : c'est un instrument dont on se sert pour arracher les dents (voy. EXTRACTION DES DENTS).

DAUW ou ONAGGA (Zoologie). — Espèce du genre *Cheval.* Il se distingue par une raie noire bordée de blanc, le long du dos, la queue, les fesses et le ventre blancs ; le dos, le cou et la crinière rayés blanc et noir. Il ressemble, par la taille, à l'âne, bien qu'il ait des formes plus fines et par son pelage au zèbre, dont il diffère par des sabots plus serrés, à bords plus étroits et plus tranchants. Ce quadrupède habite spécialement les plaines de l'Afrique méridionale.

DAX ou ACQS (Médecine, Eaux minérales), *Aquæ tarbellicæ.* — Ville de France, chef-lieu d'arrondissement (Landes), à 52 kil. S.-O. de Mont-de-Marsan, 40 kil. N.-E. de Bayonne. Cette localité renferme plusieurs sources d'eau minérale sulfatée mixte, dont la température varie de 30° à 60° cent. Celle dite de la *fontaine chaude,* la seule qui ait été analysée, contient en faible proportion des sulfates de soude et de chaux, du carbonate de magnésie, des chlorures de sodium et de magnésium. Indiquées dans les mêmes circonstances que les autres eaux sulfureuses des Pyrénées, elles sont d'un prix peu élevé. Les bains de boues sont prescrits contre le rhumatisme, les suites d'entorses et de fractures, etc.

DÉBILITANT (Médecine). — On donne ce nom à toutes les causes dont l'effet est de diminuer les forces et de produire la débilité ; considérés comme moyens thérapeutiques, les débilitants sont souvent employés par le médecin pour remédier à la surexcitation des organes et surtout du système musculaire ; parmi eux, ceux qui tiennent le premier rang sont la saignée, les boissons délayantes, émollientes, les narcotiques, les bains tièdes, la diète, les purgatifs, etc.

DÉBILITÉ (Médecine). — C'est l'effet produit par l'action plus ou moins prolongée des causes débilitantes. Lorsque le médecin croit devoir recourir aux moyens débilitants, il doit toujours être très-réservé sur leur emploi trop longtemps prolongés, car ils finiraient par épuiser les forces et amener une faiblesse qui pourrait à son tour devenir une cause de rechute, ou d'aptitude à contracter d'autres maladies.

DÉBOISEMENT (Sylviculture). — Voyez Forêts.

DÉBOITEMENT (Chirurgie). — On désigne vulgairement sous ce nom, les luxations dans lesquelles la tête d'un os est sortie de sa cavité (voyez Luxation).

DÉBORDEMENT (Médecine). — Nom vulgaire par lequel on désigne une évacuation abondante de matières, soit par le vomissement, soit par les selles ; ces évacuations se répètent plusieursfois rapidement, sans être suivies du reste d'accidents graves : le repos, l'abstinence d'aliments, une chaleur douce, quelques demi-lavements émollients, sont les meilleurs moyens à employer.

DEBOUT (Vénerie). — En termes de chasseurs, *mettre une bête debout*, c'est la *lancer*.

DÉBRIDEMENT (Chirurgie). — Opération qui a pour but de remédier à l'étranglement d'un organe, en incisant les parties qui le produisent. Ainsi, lorsque des membranes, des brides fibreuses peu extensibles, des aponévroses s'opposent à la dilatation inflammatoire des parties sous-jacentes, on pratique le débridement. A la suite des plaies par piqûres, par armes à feu, dans le panaris, dans l'anthrax bénin, l'inflammation menace de faire tomber en gangrène les parties qui sont bridées et qui ne peuvent se dilater, alors on débride par une ou plusieurs incisions. Dans les hernies étranglées, on débride en incisant l'ouverture qui donne issue aux parties déplacées (voyez Anthrax, Panaris, Plaie d'arme a feu, Hernie).

DÉCAFIDE (Botanique). — Calice ou corolle *décafides*, dont le limbe est divisé en dix découpures.

DÉCAGONE (Géométrie). — Polygone de 10 côtés. Le côté du décagone régulier est égal au plus grand des segments obtenus en divisant le rayon du cercle circonscrit en moyenne et extrême raison (grand segment moyen proportionnel entre le petit et la ligne entière).

DÉCAGYNIE (Botanique), du grec *déca*, dix, et *gyné*, femme. — Nom donné par Linné à un ordre de plantes de sa dixième classe, dont les fleurs ont 10 pistils, et sont dites pour cela *décagynes*.

DÉCALITRE (Système métrique). — Unité de volume équivalant à 10 litres. Dans beaucoup de contrées de la France, on se sert, pour la mesure du volume des grains, ou même des liquides, du *double décalitre* dont la capacité équivaut sensiblement à l'ancienne *carte* ou à l'ancien *setier*.

DÉCANDRIE (Botanique), du grec *déca*, dix, et du génitif *andros*, mâle. — Dixième classe du système sexuel de Linné. Elle renferme les plantes à fleurs visibles, hermaphrodites, à étamines libres entre elles et au nombre de 10 (exemples : œillet saxifrage) ; elle se divise en cinq ordres caractérisés par le nombre de *pistils*. 1° *D. monogynie* (1 pistil), exemples : arbre de Judée, gaïac, rue, rhododendron, arbousier, etc. ; 2° *D. digynie* (2 pistils), exemples : saxifrage, œillet, etc. ; 3° *D. trigynie* (3 pistils), exemples : cucubale, silène, hortensia, érythroxylon, etc. ; 4° *D. pentagynie* (5 pistils), exemples : orpin, oxalide, agrostemme, etc. ; 5° *D. décagynie* 10 pistils), exemple : phytolacca, etc.

DÉCAPAGE (Chimie appliquée), probablement de *de*, privatif, *cape*. manteau, enduit.— On donne ce nom à l'opération par laquelle : 1° on enlève de la surface des métaux les dépôts d'oxydes, de carbonates, de corps gras mêlés de poussières qui les ternissent ; 2° on entame légèrement leur surface. Parfois on se contente de frictions avec du grès pilé, de la pierre ponce, du tripoli, du papier d'émeri ; mais ces moyens mécaniques, insuffisants quand la pièce à décaper offre de nombreuses sinuosités à sa surface, ont en outre souvent l'inconvénient de rayer les objets. Il est préférable d'employer des agents chimiques qui sont presque toujours des acides. Pour décaper les pièces en cuivre ou en laiton poli, on vend dans le commerce, sous le nom d'*eau de cuivre*, soit de l'eau acidulée sulfurique, soit une solution d'acide oxalique cristallisé ; on y ajoute parfois du tripoli en poudre. On frotte l'objet avec un linge mouillé de ce mélange. On peut encore employer l'acide chlorhydrique étendu. Les chaudronniers décapent souvent le cuivre rouge sur lequel ils veulent faire adhérer l'étain (voyez Étamage), au moyen de sel ammoniac en poudre humide. Il se forme un chloruro double de cuivre et d'ammonium volatil et qui disparaît en chauffant la pièce. Pour faire le fer-blanc (voyez ce mot), on décape les feuilles de tôle avec de l'eau acidulée sulfurique qui enlève la rouille et aussi la couche superficielle du fer. Sans cette précaution, l'étain fondu n'adhérerait pas lors de l'immersion. On recueille, comme appoint de la fabrication, des cristaux de sulfate de fer. On peut aussi faire adhérer le plomb fondu sur le fer, mais bien plus difficilement, si celui-ci a été décapé à l'acide chlorhydrique étendu. Les objets métalliques destinés à la dorure et à l'argenture (voyez ces mots), soit au trempé, soit par la pile, doivent être décapés avec grand soin. Pour les pièces en fer, on se contente de les frotter avec une brosse humectée d'eau et de bitartrate de potasse. Pour les objets en étain, on opère à la ponce. Quant aux pièces en alliages cuivreux, et c'est le cas le plus habituel, après une oxydation à l'air sur des charbons ardents, eu les plonge quelque temps dans de l'eau acidulée, contenant de $\frac{1}{4}$ à $\frac{1}{16}$ d'acide sulfurique (dérochage), puis, pendant quelques secondes seulement, dans de l'acide azotique du commerce, dans un mélange à parties égales d'acides azotique et sulfurique, dans lequel on a jeté une pincée de suie et de sel marin, et enfin on lave à grande eau pour enlever toute trace d'acide. On fait subir un décapage analogue, lorsqu'ils sont ternis, aux moules en alliage fusible employés pour obtenir les empreintes de la galvanoplastie (voyez ce mot), ou aux épreuves en cuivre déposées par le courant voltaïque si l'on veut, après ce décapage parfait, leur donner une teinte de bronze florentin en les chauffant à l'air. Les lames de plaqué d'argent employées dans la photographie sur plaque doivent être frottées avec des tampons de coton imprégnés d'alcool et de tripoli en poudre très-fine. Ce sont également ces substances qui conviennent, en frottant avec une brosse douce, pour nettoyer les objets en argent, or et platine, car ces métaux ne sont en général ternis que par des couches de corps gras mêlés de poussière. Ces opérations au reste appartiennent plutôt au dérochage qu'au décapage. M. G.

DÉCAPER (Chimie appliquée). — Opérer un décapage (voyez ce mot).

DÉCAPODES (Zoologie), du grec *déca*, dix, et *pous*, pied. — Le premier ordre et, par le nombre des espèces connues par leur perfection organique, le plus important des ordres de la classe des *Articulés crustacés*, section des *Malacostracés*. Caractères : corps divisé en une pre-

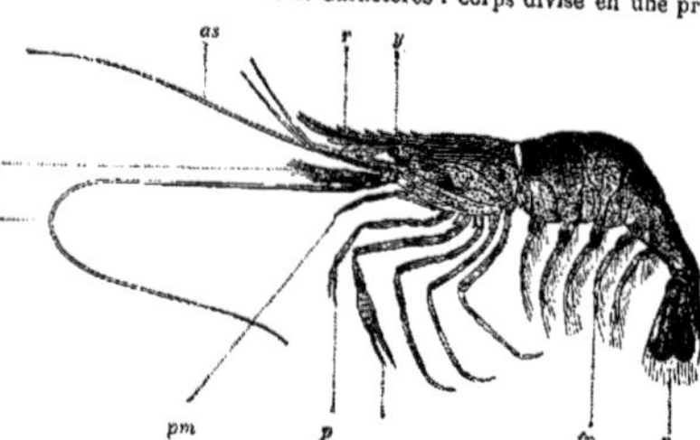

Fig. 757. — Un crustacé décapode, palémon (1).

mière partie nommée *céphalo-thorax*, formée par la tête soudée au thorax et une seconde partie annelée qui est l'*abdomen* ; une carapace qui n'est qu'un vaste repli de l'enveloppe tégumentaire, recouvrant le céphalo-thorax et abritant de chaque côté, sous ses bords, les branchies en forme de panaches ; yeux au nombre de deux portés sur un pédoncule mobile ; toujours 5 paires de membres dont les premiers sont parfois terminés en pinces ; en avant de ces 5 paires de membres, un appareil masticatoire formé de 2 paires de mandibules et 5 paires de pattes-mâchoires. La plupart des *Crustacés décapodes* sont carnassiers et voraces ; ils habitent les eaux douces ou marines. Cet ordre est divisé par G. Cuvier et Latreille en deux familles : 1° les *Brachyures* (Crabes) ; 2° les *Ma-*

(1) *as*, antennes (1re paire). — *ai*, antennes (2e paire). — *l*, lamelle recouvrant la base de l'antenne. — *r*, rostre qui termine en avant la carapace. — *y*, œil. — *pm*, patte-mâchoire externe. — *p*, patte thoracique de la 2e paire. — *fp*, fausses pattes natatoires de l'abdomen. — *n*, nageoire caudale.

croûres (Langoustes, Homards, Écrevisses, Crevettes) (voyez ces différents mots).

DÉCEMBRE (Travaux du mois de) (Agriculture). — Les travaux de culture ne sont pas très-considérables dans ce mois, et on en a la preuve dans les tarifs proportionnels qui ont été adoptés dans certains pays pour les gages des ouvriers ruraux ; ainsi les gages des mois de décembre et janvier y sont portés au plus bas, quelquefois même à zéro (ils n'ont que la nourriture et le logement), tandis que, pour les seuls mois de juin et de juillet réunis, l'ouvrier reçoit plus du tiers du salaire total de l'année. Ces travaux consistent à terminer quelques labours d'hiver, à exécuter des défrichements dans les landes, à creuser et à curer des fossés, à faire des pierrées pour assainir les terres humides, etc. On surveillera avec soin les champs ensemencés, surtout ceux où dominent les terres argileuses ; on entretiendra les rigoles d'écoulement qui peuvent être obstruées ; on facilitera, en un mot, par tous les moyens possibles l'écoulement des eaux dont le séjour peut être très-préjudiciable aux récoltes. C'est aussi le moment de s'occuper du transport des fumiers, d'abord dans les prés et les prairies artificielles, puis dans les blés qui n'ont pu être fumés avant les semences, enfin dans les jachères qui doivent recevoir des semailles peu de temps après ; il est toujours bon que les fumiers soient utilisés le plus tôt possible et qu'on ne les laisse pas se consumer inutilement. Lorsqu'il y a dans les produits de la ferme des plantes oléagineuses, on profitera des mauvais jours du mois pour faire l'extraction des huiles, dont les tourteaux sont si utiles aux bestiaux et si propres à former des engrais.

Il n'y a guère plus à faire dans le jardin et le verger que dans les champs pendant le mois de décembre, si l'on en excepte quelques défoncements, quelques grossiers labours dans les terres fortes, le transport des fumiers, la démolition des anciennes couches, etc. On taillera les pommiers, les poiriers, s'il ne gèle pas trop fort et s'ils ne sont pas trop vigoureux ; on s'occupera aussi, lorsqu'il ne fera pas trop froid, de la transplantation des arbres. Mais des travaux importants occuperont le jardinier pour la construction, l'entretien des couches et leur mise en culture, aussi bien que pour les soins à donner aux serres ; il faudra semer d'abord, puis repiquer les laitues de toutes sortes, les radis, les concombres, les melons, et les préserver des grands froids au moyen de bons réchauds de fumiers neufs et de bons paillassons. On soignera aussi de même les fraisiers, les asperges plantées sur couche, etc. On en agira de même pour les fleurs qu'on entretiendra en serre chaude. Si les travaux du mois de décembre ne sont pas considérables, les produits ne sont pas brillants non plus ; ainsi, en pleine terre, les salsifis, les choux de Milan, de Bruxelles, les mâches ; en serres et sur couches, des choux-fleurs, du céleri, des cardons, quelques asperges. Pour des fruits, on pourra avoir des fraises sur couches recouvertes de châssis avec des réchauds. On n'aura de fleurs que dans les serres ou sur couches couvertes, si ce n'est quelques violettes, si le temps est doux.

DÉCHAUSSEMENT (Chirurgie). — Le déchaussement des dents est cet état dans lequel leurs racines sont dénudées par le décollement des gencives ; dans ce cas, les dents sont presque toujours plus ou moins ébranlées ; cette affection est ordinairement le résultat d'une maladie des gencives, ou de l'emploi des dentifrices nuisibles.

On se sert souvent d'un instrument nommé *déchaussoir*, pour opérer le *déchaussement* d'une dent qu'on veut arracher ; c'est lorsque la gencive recouvre le collet de la dent et y adhère trop fortement ; alors on la décolle au moyen de cet instrument pour rendre l'opération plus facile.

DÉCHIREMENT et **Déchirure** (Médecine). — Solution de continuité des tissus, dans laquelle les bords de la division sont ordinairement frangés et inégaux. Cette solution est presque toujours le résultat d'un accident ; dans ce cas, elle prend aussi les noms de *crevasse* ou de *rupture* (voyez ces mots) ; quelquefois le chirurgien a recours à ce moyen pour terminer une opération ; ainsi, lorsqu'on enlève une tumeur au voisinage des gros vaisseaux, on déchire les tissus soit avec les doigts, soit avec des pinces, ou le manche d'un scalpel.

DÉCI (Système métrique). — Particule servant à exprimer le dixième de l'unité principale. *Déciare*, dixième de l'are, *Décigramme*, dixième du gramme, etc.

DÉCIDU (Botanique). — Ce mot désigne en général les organes qui ne demeurent sur la plante qu'un temps passager. Ainsi les feuilles *décidues* sont celles qui tombent régulièrement en automne ; le calice est *décidu* lorsqu'il tombe après la fécondation, en même temps que la corolle ; celle-ci de même est *décidue* lorsqu'elle tombe après la fécondation comme le calice, ce qui est le cas le plus ordinaire. Le mot *décidu* ne doit pas être confondu avec celui de *caduc*, qu'on applique aux organes qui tombent de très-bonne heure en se désarticulant à leur base, il est l'opposé de *persistant*, qui se dit de ceux qui restent sur la plante plus ou moins longtemps au delà du terme qui semble fixé pour leur chute.

DÉCIMAL, **Décimales** (Arithmétique). — Voyez Numération et Fractions décimales.

DÉCLINAISON de l'aiguille aimantée (Physique). — On appelle *déclinaison* de l'aiguille aimantée dans un lieu l'angle que fait avec la méridienne du lieu, c'est-à-dire avec la ligne qui joint les points cardinaux *nord* et *sud*, la direction de l'aiguille aimantée placée sur un pivot vertical ou suspendue à l'aide d'un fil de manière qu'elle se tienne horizontale. Le plan dans lequel elle se place alors s'appelle le *méridien magnétique* du lieu. Si la pointe *nord* de l'aiguille est entre les points cardinaux nord et ouest, la déclinaison est dite *occidentale* ; elle est *orientale*, si la pointe *nord* est entre les points cardinaux nord et est ; elle serait *nulle*, si la direction de l'aiguille coïncidait avec la ligne nord-sud.

La déclinaison change quand on change de place sur le globe : cette découverte fut faite par Christophe Colomb, dans son premier voyage, le 13 septembre 1492. La connaissance de la déclinaison dans chaque lieu serait très-importante, puisqu'elle permettrait de s'orienter à défaut de tout point de repère, et que les marins pourraient ainsi se conduire, soit pendant les nuits obscures, soit lorsque les nuages ou les brouillards leur dérobent la vue du ciel. Malheureusement la déclinaison varie avec le temps et les lieux, suivant des lois qui paraissent devoir être très-compliquées et qu'on n'a pas encore dégagées des observations faites depuis près de deux siècles par les physiciens et les voyageurs qui ont fait le tour du monde.

Mesure de la déclinaison. — Voyez Boussole.

Variations de la déclinaison. — L'aiguille aimantée horizontale fait, dans chaque lieu, avec le méridien terrestre un angle qui varie sans cesse. Les variations dans la déclinaison sont de plusieurs sortes : les unes, diurnes, mensuelles, annuelles et séculaires, que l'on peut considérer comme régulières ; d'autres qui sont irrégulières.

Variations diurnes. — La découverte des variations diurnes de l'aiguille aimantée a été faite par Graham, en 1722. D'observations faites à Paris par Arago, il résulte que chaque jour l'aiguille de déclinaison fait deux oscillations complètes : 1° à partir de 11 heures du soir, la partie nord de l'aiguille marche de l'occident vers l'orient, atteint une déclinaison *minimum* à 8h¼ du matin et rétrograde ensuite vers l'occident pour atteindre sa déclinaison *maximum* à 1h¼ ; 2° à partir de 1h¼, elle marche de nouveau vers l'orient, atteint un second minimum entre 8 et 9 heures du soir et revient ensuite vers l'occident pour atteindre le second maximum à 11 heures du soir. Ce que la pointe nord éprouve dans notre hémisphère, la pointe sud l'éprouve au sud de l'équateur ; elle marche de l'est à l'ouest depuis 8h¼ du matin jusqu'à 1h¼ après midi, et de l'ouest à l'est depuis 1h¼ jusqu'au soir.

On pense que les variations diurnes de l'aiguille aimantée sont liées à la marche du soleil. D'après une observation de M. d'Abboudie, la variation diurne de déclinaison a complétement changé à Fernambouc du moment où le soleil a passé d'un côté du zénith à l'autre.

Variations annuelles. — L'aiguille aimantée est aussi assujettie à des oscillations annuelles découvertes par Cassini et qui semblent liées aux positions du soleil relativement aux équinoxes et aux solstices. Entre l'équinoxe du printemps et le solstice d'été, l'extrémité nord de l'aiguille se rapproche du pôle. Après le solstice d'été, l'aiguille reprend son chemin vers l'ouest, de manière qu'en octobre elle est à fort peu près dans la même direction qu'en mai ; entre octobre et mars, le mouvement occidental est plus petit que dans les trois mois précédents.

Variations séculaires. — D'après les plus anciennes observations faites à Paris, la déclinaison était d'abord orientale ; ainsi, en 1580, elle était de 11°30′ nord-est ; en 1663, l'aiguille se dirigeait droit au nord ; elle est restée deux ans dans cette position, puis s'en est éloi-

gnée en marchant vers l'ouest. En 1814, elle était de
22° 34′ le 10 août à midi ; depuis lors, elle rétrograde. Le
26 octobre 1861, vers 1ʰ½, elle était de 19° 26′,3 au nord-
ouest ; en 1864, elle était de 18° 57′,8, ce qui donne une
diminution de 28′,5. Des phénomènes analogues ont été
observés, en beaucoup d'autres lieux ; l'oscillation séculaire de la déclinaison est donc un fait très-général. Dans
certaines régions, en Europe, par exemple, la déclinaison
est maintenant occidentale ; dans d'autres parties, elle
est orientale, et, enfin, dans une série de points intermédiaires, l'aiguille se dirige vers les pôles ; on appelle
lignes sans déclinaison une suite de points où la déclinaison est nulle. On appelle *méridiens magnétiques* des
lignes telles que, si on les suivait avec une boussole, on
trouverait toujours le même angle de déclinaison et *parallèles magnétiques* les courbes tracées à la surface de la
terre dans des directions constamment perpendiculaires
aux méridiens magnétiques. Ces sortes de lignes varient
avec le temps, et des observations faites jusqu'à ce jour,
on n'a pas encore pu déduire la loi de ces variations.

Variations accidentelles. — Ces variations sont de véritables perturbations qui se manifestent brusquement
dans les mouvements de l'aiguille aimantée, sans qu'on
en puisse prévoir l'époque et la grandeur. Arago a démontré le premier l'influence exercée par les aurores boréales
sur l'aiguille aimantée, soit en des points où elles étaient
visibles, soit en des points extrêmement éloignés, et on
a fait voir que les tremblements de terre produisent des
oscillations spéciales sur l'aiguille des variations diurnes.
Il y a aussi les éruptions volcaniques et d'autres causes
inconnues qui produisent ces sortes de perturbations. L.

Déclinaison d'une étoile (Astronomie). — C'est sa
distance à l'équateur comptée en degrés sur le cercle
horaire de l'étoile (voyez Coordonnées astronomiques).

DÉCLINÉ (Botanique). — On dit que le style, que les
étamines sont *déclinés*, lorsqu'ils se portent vers la partie
inférieure de la fleur ; il en est ainsi dans le marronnier
d'Inde, le lis jaune, le lis de Saint-Jacques, etc. Ce terme
est opposé à celui de *ascendant*.

DÉCOCTION (Pharmacie), du latin *decoquere*, faire
cuire. — Opération pharmaceutique qui consiste à faire
bouillir dans un liquide des substances médicamenteuses
pour en extraire les principes solubles. On donne aussi
ce nom au produit même de l'opération, qu'on a aussi
appelé *décuit, décocti, decoctum*. Le liquide employé est
presque toujours de l'eau, quoiqu'on emploie quelquefois du vinaigre, du vin, etc. La décoction diffère de l'infusion bouillante en ce que, dans cette dernière, on se
contente de mettre les substances en contact avec le liquide en ébullition, et on retire immédiatement du feu
(voyez Infusion). Les décoctions ne doivent pas être, en
général, trop prolongées, parce qu'il y a un grand nombre
de principes susceptibles de s'altérer par une longue ébullition ; du reste, celle-ci doit varier suivant la nature des
matières ; ainsi, en général, les matières tendres doivent
bouillir moins longtemps que celles qui sont dures :
aussi, dans une décoction composée de plusieurs substances, on introduit les plus tendres en dernier lieu. On
altérerait, en les soumettant à la décoction, les substances qui renferment des principes volatils et aromatiques. La meilleure manière de faire une décoction,
c'est d'employer la plus petite quantité d'eau possible et
de compléter ensuite la quantité voulue par l'addition
d'eau froide ; par ce procédé, on évite autant que possible la privation d'air qui résulte de l'ébullition.

Décoction blanche de Sydenham (Pharmacie). —
C'est une espèce de boisson qu'on emploie souvent dans
la *dyssenterie*, la *diarrhée* (voyez ces mots) comme adoucissante, nourrissante et facile à digérer. Elle renferme
de la corne de cerf calcinée, de la mie de pain blanc,
de la gomme arabique, du sirop de sucre et une eau distillée de cannelle ou autre.

DÉCOLLEMENT (Médecine). — On donne ce nom à
l'état d'une partie qui se trouve séparée d'une autre, à
laquelle elle adhère naturellement, par la destruction du
tissu cellulaire qui les unissait ; ainsi la peau est décollée
lorsque, dans les plaies, les brûlures, les ulcères, les
abcès, elle est détachée des parties sous-jacentes. Lorsque cet accident a lieu, il faut ou fendre la peau dans
toute la profondeur du décollement et réduire le tout à
une plaie simple, ou exercer une compression méthodique, ou faire des injections d'un liquide irritant pour
déterminer une inflammation adhésive ; les circonstances
particulières qui se présentent déterminent l'emploi de
l'un ou de l'autre de ces procédés.

DÉCOLORIMÈTRE. (Voy. Tinctoriales, *matières*).

DÉCOMPOSÉ (Botanique). — On désigne par ce terme
une conformation particulière de feuilles à limbe fractionné en folioles ; ce qui caractérise les feuilles *décomposées*, c'est que les folioles sont portées seulement par
les nervures secondaires provenant du pétiole commun,
tandis que, dans les feuilles *composées*, les folioles sont
portées par les nervures primaires. Les feuilles décomposées ont, en général, des folioles petites et très-nombreuses, comme on le voit dans les vrais acacias, les
mimosées, etc. Dans quelques espèces, le fractionnement
du limbe étant encore plus grand, les folioles tiennent
aux nervures ternaires ou quaternaires ; ces feuilles sont
supra-décomposées.

DÉCORTICATION (Botanique). — Voyez Écorcement.

DÉCOUSU (Vétérinaire). — Terme dont on se sert pour
caractériser un animal dont les différentes régions ne
sont pas régulièrement proportionnées ; cette expression
s'applique plus particulièrement à la race chevaline ; ainsi
on dit d'un cheval qu'il est *décousu* lorsqu'il manque
d'harmonie dans les différentes parties de son corps,
quand, par exemple, il est de haute taille avec des membres longs et grêles.

DÉCRÉPITATION (Physique, Chimie). — C'est le bruit
que produisent certains sels en tombant dans le feu. Le
sel de cuisine présente ce phénomène. La décrépitation
est due en général à la présence d'un peu d'eau interposée entre les lames cristallines qui se sont successivement
superposées pendant la cristallisation. L'eau échauffée
tend à se transformer en vapeur qui brise et lance dans
l'air les parties du sel qui s'opposent à son expansion.
Cependant, certains sels décrépitent encore par la chaleur lorsqu'on les a desséchés pendant fort longtemps
dans le vide et qu'on a ainsi volatilisé la petite quantité
d'eau interposée ; il faut admettre que la transformation
de l'eau en vapeur n'est pas la seule cause de la décrépitation. On l'attribue alors à une répartition inégale de
la chaleur entre les parties du sel qui détermine la rupture des cristaux.

DÉCRÉPITUDE (Physiologie), du latin *decrepitus*, qui
a jeté son dernier éclat. — Ce mot est synonyme d'*extrême
vieillesse*. La *décrépitude* succède à la *caducité* et commence en général à quatre-vingts ans, quelquefois plus
tard : ce n'est plus en quelque sorte que la vie végétative ; elle est caractérisée par la chute des forces, la flé-
trissure de la plupart des organes et l'affaiblissement de
l'intelligence.

DÉCREUSAGE (Chimie industrielle). — Préparation
que les teinturiers font subir à la soie pour lui enlever
l'enduit gommeux qui enveloppe le fil extrait du cocon.
Elle consiste en des lavages répétés dans des eaux alcalines ou savonneuses (voyez Blanchiment).

DÉCUBITUS (Médecine), du latin *decubare, decubitum*,
être couché. — Attitude du corps lorsqu'il repose couché sur un plan horizontal. Le décubitus offre souvent au
médecin des indications qui peuvent éclairer le diagnostic
de certaines maladies (voyez Coucher).

DÉCUMAIRE (Botanique), *Decumaria*, Lin. ; de *decu-
manus*, groupé dix par dix. — Genre de plantes Dicotylédones dialypétales périgynes, famille des *Philadelphées* ; 10 sépales ; 10 pétales oblongs ; 30 étamines ;
10 stigmates rayonnants ; capsule ovoïde à 10 loges et à
déhiscence irrégulière. Le *D. grimpant* (*D. barbara*,
Lin.) est un arbrisseau sarmenteux de la Caroline. Ses
fleurs, disposées en grappes et en corymbes terminaux,
sont blanches et répandent une odeur agréable.

DÉCURRENT (Botanique). — On appelle *feuilles dé-
currentes* celles dont le limbe se prolonge le long du
pétiole ou de la tige et y adhère comme si elle en naissait ; on dit alors qu'ils sont *ailés*, comme cela a lieu dans
certains chardons.

DÉCURTATION (Arboriculture), ou *couronnement* des
arbres. — C'est une maladie à la suite de laquelle la
partie supérieure d'un arbre languit et meurt par un défaut de nutrition résultant, soit de la stérilité du sol, soit
de l'atonie des feuilles qui ont été atteintes par un coup
de soleil ou par des gelées tardives. Plusieurs grands
arbres des forêts, et particulièrement les chênes, y sont
sujets. Pour remédier à cette maladie, on retranchera de
l'arbre les parties affectées et on rechaussera les racines
avec de bonne terre végétale.

DÉDOLATION (Chirurgie), du latin *dedolare*, tailler
avec la doloire. — Plaie produite par un instrument
tranchant qui coupe plus ou moins obliquement une partie quelconque du corps ; c'est au crâne qu'on remarque
le plus souvent cette sorte de lésion.

DÉFAILLANCE (Médecine), du latin *fallere*, tomber,

et *de*, préposition augmentative. — C'est le premier ou le plus faible degré de la syncope, une diminution peu prononcée de l'action régulière du cœur.

DÉFENSES (Zoologie, Botanique). — On donne ce nom, en *zoologie*, aux dents prolongées hors de la bouche dans certains animaux et qui leur servent de moyens d'attaque ou de défense; c'est ce qu'on observe surtout dans le sanglier.

En *botanique*, mais moins généralement, on donne aussi ce nom aux épines, aux aiguillons dont certaines plantes sont couvertes.

DÉFENSES (Arboriculture). — Voyez ARMURES.

DÉFOLIATION (Botanique). — Voyez FOLIATION.

DÉFONCEMENT (Agriculture). — Voyez LABOURS.

DÉFRICHEMENT (Agriculture). — Voyez FRICHES, LABOURS, SOL.

DÉGÉNÉRATION ou DÉGÉNÉRESCENCE (Médecine). — Ces mots expriment l'idée du passage d'un état quelconque à un état pire, soit qu'on veuille parler d'une maladie générale, soit qu'on l'entende de quelque organe altéré dans sa structure ou ses fonctions. En anatomie pathologique, ils désignent la transformation du tissu d'un organe en une matière essentiellement morbide, comme la dégénérescence cancéreuse (voyez CANCER).

DÉGLUTITION (Physiologie). — La déglutition est l'acte par lequel, chez l'homme et les mammifères, les aliments, mâchés et imbibés de salive, sont portés, à travers le pharynx, de la bouche dans l'œsophage et bientôt dans l'estomac. Le mot vulgaire *avaler* désigne cette idée et se dit en latin *deglutire*; telle est l'origine du nom adopté par les physiologistes. Lorsque les matières alimentaires sont convenablement préparées pour cet acte, la bouche se ferme, les parties molles les rassemblent sur le dos de la langue, qui les fait glisser entre elle et le palais vers l'orifice du gosier. Le bol alimentaire, alors, en venant toucher le voile du palais, provoque un mouvement qui porte toute la partie inférieure du gosier vers la bouche; en même temps, le voile du palais se porte en arrière et va, pour ainsi dire, au-devant du pharynx, qui s'avance vers lui. Ce dernier mouvement ferme tout accès dans les fosses nasales et empêche la moindre parcelle du bol d'y pénétrer. Le voile du palais, en se reculant, a ouvert l'orifice postérieur de la bouche; la partie inférieure du pharynx se présente à cet orifice et vient former une sorte d'entonnoir béant dans lequel le bol alimentaire glisse de la cavité buccale. Il tombe dans ce récipient qui s'éloigne aussitôt en l'emportant avec lui. Pendant ce temps, le larynx s'est aussi porté vers la bouche, la glotte s'est cachée sous la base de la langue, et ce mouvement même a fait tomber l'épiglotte comme une soupape sur cette ouverture et a fermé ainsi le canal aérien. A peine le bol alimentaire glissant sur cette espèce de pont a-t-il pénétré dans le pharynx, que celui-ci s'abaisse, en entraînant le larynx, la glotte se relâche, l'épiglotte se relève et tout rentre dans l'ordre normal. L'acte de la *déglutition* est achevé.

DÉGRAISSAGE (Chimie industrielle). — Opération qui consiste à enlever toute espèce de tache sur une étoffe quelconque sans en altérer le blanc ou la couleur.

Les corps qui tachent le plus souvent les étoffes sont : l'eau, les acides, les alcalis, les corps gras, soit isolés, soit mélangés à d'autres substances. Les acides et les alcalis apportent aux couleurs des modifications directement opposées, de sorte que l'on peut, en général, neutraliser une tache d'acide par un alcali étendu d'eau et réciproquement une tache d'alcali par de l'acide. Quant aux corps gras, ils sont dissous par l'alcool, l'éther, les huiles essentielles; ils sont absorbés par l'argile, la terre de pipe et forment des savons avec les alcalis. Les réactifs employés pour enlever les taches doivent toujours, à l'exception des huiles essentielles, être affaiblis avec de l'eau, afin qu'ils n'attaquent pas l'étoffe ou la couleur. Voici quelques détails.

Taches d'acide. — Si elles sont récentes, les neutraliser avec de l'ammoniaque étendue d'eau; si elles sont anciennes et la couleur attaquée, recourir à la teinture.

Taches d'huile, de graisse, de suif, de cambouis, etc. — Les imbiber avec un peu d'essence de térébenthine pure et frotter avec légèreté et promptement; mouiller de nouveau avec l'essence, recouvrir de suite avec de la terre de pipe ou de la cendre tamisée, enfin brosser. On peut substituer à l'essence l'alcool rectifié, la benzine ou le sulfure de carbone.

Taches de vernis, de peinture et de goudron. — Même traitement.

Taches de résine, térébenthine, cire, bougie stéarique.

— Bien les imbiber d'alcool rectifié et frotter avec soin.

Taches d'encre. — Sur les étoffes teintes, si les taches sont récentes, laver à l'eau, savonner, mouiller avec de l'acide sulfurique ou chlorhydrique très-affaibli; si elles sont anciennes, l'acide doit être plus fort. Ou, les enlève aussi avec une dissolution de sel d'oseille que l'on a fait bouillir avec de l'étain. Sur les étoffes blanches de lin et de coton, on emploie l'acide oxalique ou le sel d'oseille en poudre avec de l'étain.

Taches de rouille. — Même procédé. On peut aussi employer la crème de tartre qui agit plus lentement, mais qui attaque moins les couleurs.

Taches de boue. — Laver d'abord; si la tache résiste, appliquer du jaune d'œuf et frotter légèrement; on peut employer la crème de tartre en poudre et humectée d'eau.

Taches d'urine. — Si elles sont récentes, mouiller avec de l'ammoniaque étendue d'eau; si elles sont vieilles et alcalines, laver avec une dissolution très-étendue d'acide oxalique.

Taches de sueur. — Mêmes procédés.

Taches de tabac, d'herbes, de boissons, de sucs de fruits, etc. — Sur les étoffes teintes, laver à l'eau et au savon; sur les étoffes non teintes, imbiber avec de l'acide sulfurique très-étendu d'eau.

Taches de fruits, de liqueur. — Rafraîchir d'abord la tache avec la liqueur qui l'a produite, puis l'imbiber avec de l'eau pure et frotter légèrement. Si elle résiste, la mouiller successivement avec de l'alcali et de l'acide chlorhydrique ou citrique. On peut employer l'alcool. Sur des tissus blancs, laver les taches de liqueur avec de l'eau de savon, puis les soumettre à l'action de l'acide sulfureux en brûlant au-dessous un peu de soufre.

Taches de café et de chocolat au lait. — Laver à l'eau, puis au savon, ou bien savonner avec du jaune d'œuf délayé dans un peu d'eau chaude.   L.

DÉGRAS (Chimie industrielle). — On désigne sous ce nom les huiles de poisson qui ont servi au chamoisage; elles sont ultérieurement employées par les corroyeurs pour la préparation des cuirs blancs.

DEGRÉS (Géométrie). — Portions de circonférence égales à la 360ᵉ partie de la circonférence totale et qui servent à évaluer les arcs. Chaque degré est subdivisé en 60 parties égales appelées *minutes*, et chaque minute est partagée en 60 autres parties égales appelées *secondes*.

DEGRÉ DU MÉRIDIEN (Géodésie). — Arc du méridien compris entre deux points terrestres dont la latitude diffère d'un degré. A cause de l'aplatissement de la terre, le degré n'a pas partout la même longueur : il est plus grand vers le pôle qu'à l'équateur (voyez GÉODÉSIE, TERRE).

DÉHISCENCE (Botanique). — Expression dont on se sert pour caractériser les fruits qui s'ouvrent d'eux-mêmes à la maturité (voyez FRUIT).

DÉLAYANTS (Médecine), du latin *diluo*, je délaye. — On donne ce nom à des médicaments auxquels on attribue la propriété de rendre les humeurs et surtout le sang plus fluides. On emploie surtout les délayants dans les maladies inflammatoires, lorsqu'il est question de calmer la soif, de diminuer la chaleur, la fièvre, de faciliter doucement les évacuations, etc. Toutes les boissons dans lesquelles l'eau est en grande proportion et les principes actifs en petite quantité sont des délayants : ainsi les décoctions de veau, de poulet, de grenouilles, de guimauve, d'orge, de lin, les infusions de fleurs pectorales, le petit-lait, l'eau gommée, les boissons acidulées, etc.

DELESSERIA (Botanique), *Delesseria,* Lamx; dédié au baron B. Delessert. — Genre des plantes *Cryptogames amphigènes,* classe des *Algues,* ordre des *Chorisporées,* Decaisne (*Floridées,* Lamx), type de la tribu des *Delessériées.* Caractères : frondo rameuse, filiforme, à rameaux foliacés d'un beau rose, avec une nervure médiane longitudinale, quelquefois ramifiée. On compte dans ce genre environ une douzaine d'espèces répandues dans les mers des régions tempérées des deux hémisphères jusqu'au 35ᵉ degré de latitude nord.

DÉLÉTÈRE (Hygiène), du grec *délétérios,* pernicieux. — On appelle ainsi un corps dont l'action porte plus ou moins promptement une atteinte funeste à la santé.

DÉLIQUESCENCE (Chimie), de *deliquescere,* devenir liquide. — On appelle ainsi le phénomène par lequel un grand nombre de substances solides, exposées à l'air libre, absorbent peu à peu l'humidité qui y est contenue et perdent leur forme en se résolvant, soit en une dissolution aqueuse très-concentrée, soit en une combinaison avec l'eau. Les substances qui peuvent ainsi tomber en déliquescence ou en *déliquium* sont assez nombreuses et appartiennent à tous les groupes de composés chimiques. Ainsi les anhydrides sulfurique SO^3 et phosphorique PO^5 sont si déliquescents, qu'on ne peut les conserver solides que dans des tubes de verre scellés à la lampe. En raison de cette circonstance, ce sont les plus puissants siccatifs connus pour les gaz. L'acide phosphorique vitreux PO^5,HO est déliquescent. Les hydrates de potasse et de soude sont déliquescents. Cette propriété est intimement liée à leur emploi comme caustiques par absorption de l'eau des tissus organisés, et on peut même déduire de la petite expérience de leur mise en déliquescence à l'air, un moyen de distinguer ces hydrates; car celui de potasse sera indéfiniment déliquescent en se transformant peu à peu en carbonate, tandis que, avec la soude caustique, la déliquescence se change peu à peu en efflorescence (voir ce mot), à mesure que l'oxyde se transforme en carbonate par absorption de l'acide carbonique de l'air. Ce sont ces hydrates déliquescents qu'on emploie pour dessécher le gaz ammoniac. Le chlorure de calcium est très-déliquescent et ce sel fondu est un des siccatifs les plus usités pour dessécher les gaz, excepté le gaz ammoniac qui serait absorbé. L'iodure de potassium est déliquescent, ainsi que les chlorures de cuivre, de zinc, etc. Les chlorures d'antimoine, de bismuth, sont très déliquescents et s'altèrent par l'effet de l'eau atmosphérique absorbée. Le sel marin (chlorure de sodium) est déliquescent dans l'air très-humide et efflorescent dans l'air sec; ainsi, en hiver nos salières tendent à se remplir d'eau salée et en été le sel y tombe en poudre fine. Parmi les sels oxygénés, les azotates de chaux, de magnésie, d'ammoniaque et de soude sont très-déliquescents, ce qui les empêche de servir à la fabrication de la poudre, tandis que l'azotate de potasse y est propre, parce qu'il l'est très-peu. L'azotate d'argent fondu, qui sert de caustique sous le nom de *pierre infernale*, est aussi fort déliquescent. Le protocarbonate de potasse CO^2,KO, si avide d'eau qu'il ne peut cristalliser, entre en déliquescence à l'air avec beaucoup d'énergie. De là le moyen indiqué par les anciennes pharmacopées pour le préparer assez pur, sous le nom de *tartre par défaillance*. On porte à la cave un entonnoir rempli de potasse du commerce, le carbonate contenu se dissout dans l'humidité atmosphérique et coule peu à peu. Le carbonate d'ammoniaque est aussi très-déliquescent. Un certain nombre de produits organiques sont déliquescents, par exemple le sucre, surtout lorsque, uni à très-peu d'eau, il constitue les substances dont le sucre d'orge est le type, état sous lequel il est si souvent employé en bonbons ou en enduits dans la confiserie. C'est ce qui oblige à conserver ces préparations dans des flacons bien bouchés ou dans des boîtes de fer-blanc. De même le glucose en grains, le miel. On comprend dès lors que toutes les préparations pharmaceutiques, où entrent les composés que nous venons de passer en revue, sont déliquescentes, si ces corps n'y ont pas subi de combinaisons nouvelles, et exigent des précautions spéciales pour leur conservation dans l'officine.　　　　　M. G.

DÉLIRE (Médecine), du latin *lira*, sillon; *de*, en dehors, c'est-à-dire au figuré, hors de raison. On donne le nom de délire à un état de désordre plus ou moins marqué des fonctions intellectuelles, il peut être *aigu* ou *chronique* : ce dernier est le caractère essentiel de la folie (voyez Folie, Démence, Monomanie), l'autre appartient à divers modes d'affection du cerveau, c'est celui qu'on désigne plus généralement sous le nom de *délire*. Les désordres intellectuels provoqués par les liqueurs spiritueuses ou par les narcotiques, constituent une espèce de délire connu sous les noms d'*Ivresse* et de *Narcotisme* (voyez ces mots). Le *D. aigu* proprement dit s'observe le plus souvent dans les inflammations aiguës du cerveau ou de ses membranes : il peut résulter aussi sympathiquement de celle d'un organe plus ou moins éloigné. Il survient quelquefois tout à coup, d'autres fois il est annoncé par l'insomnie, le mal de tête, les tintements d'oreilles, un air d'étonnement; puis vient un sommeil accompagné de rêvasseries; il y a de l'agitation, de l'incohérence dans les idées, des visions, des hallucinations, des cris, de la frayeur, des éclats de rire, etc. Quelquefois une loquacité imperturbable, d'autres fois un simple chuchotement; le malade peut souvent être tiré de cet état de délire par une forte diversion; il peut arriver que le délire soit intermittent, dans ce cas il revient avec les accès fébriles; il alterne le plus ordinairement avec une somnolence plus ou moins profonde. Le délire est un symptôme fâcheux dans les affections cérébrales; à la suite des blessures ou des grandes opérations; à la fin des maladies lentes de consomption. Il n'a pas de traitement spécial, celui-ci varie avec la maladie dont le délire est le symptôme.　　　　　F —N.

DELIRIUM tremens (Médecine). — État de délire et d'agitation qu'on remarque plus particulièrement chez les ivrognes; il débute par du malaise, de l'insomnie, perte de l'appétit, puis surviennent du délire, des tremblements musculaires, surtout dans les membres supérieurs, la face est rouge, les yeux injectés, la respiration libre, les selles rares. La durée varie depuis un jusqu'à une vingtaine de jours. Le malaise n'est pas très-grave. On peut établir une grande analogie entre cette affection et celle que Dupuytren a décrite sous le nom de *délire nerveux*, et qui affecte particulièrement les blessés, les opérés, d'une constitution très-nerveuse; elle est caractérisée par les mêmes symptômes et présente en général peu de danger. Il n'en est pas de même de celui des *ivrognes*, surtout de ceux qui s'enivrent avec des alcooliques. Le traitement de cette maladie consiste presque exclusivement dans l'emploi de l'opium : quoique la saignée ait été proscrite dans ce cas par la plupart des praticiens, cependant Esquirol et Fodéré y ont eu recours avec succès dans des cas où il existait des signes de congestion cérébrale (voyez Alcoolisme).

DÉLIQUIUM (Chimie). — Voyez Déliquescence.

DÉLITESCENCE (Médecine), du latin *delitescere*, se cacher. — On nomme ainsi un des modes de terminaison de l'inflammation, qui consiste dans sa disparition subite, avant qu'elle ait parcouru ses périodes : quelques pathologistes ont appliqué aussi même nom à la disparition d'une collection purulente déjà formée. La *délitescence* diffère de la *métastase* (voyez ce mot) en ce que dans ce dernier cas la maladie qui se supprime brusquement, est remplacée par une autre dans un endroit plus ou moins éloigné. La délitescence est une terminaison favorable et que l'on peut provoquer dans un grand nombre de cas; mais elle peut donner lieu aux accidents les plus graves dans la variole, la rougeole, la scarlatine, etc.

DÉLIVRANCE (Médecine). — On nomme ainsi une des phases de l'accouchement, dans laquelle sont mis au jour avec le jeune les organes qui l'unissaient au sein de sa mère et dont l'ensemble est souvent appelé *délivre*. La délivrance s'accomplit le plus souvent par les seules forces de la nature, néanmoins il est prudent de la confier aux soins d'un homme de l'art. Dans la jument, elle se fait très-peu de temps après la mise-bas; dans la vache, elle se fait très-peu attendre et nécessite souvent l'intervention du vétérinaire.

DELPHINAPTÈRE (Zoologie), *Delphinapterus*, Lacép. — Genre de *Mammifères*, de l'ordre des *Cétacés*, famille des *Cétacés ordinaires*, tribu des *Delphiniens*; il se distingue des Marsouins par l'absence complète de nageoire dorsale et par un museau obtus. Les espèces principales sont : le *Béluga* (*D. leucas*, Gm.) ou *Épaulard blanc*, qui habite les mers boréales; il est blanc jaunâtre et a de 5 à 6 mètres de long; le *D. de Péron* (*D. Peronii*, Lac.) ou *D. à museau blanc*, qui a la tête peu bombée et assez pointue, le dos bleu noir avec le bout du museau, les flancs, les ailerons et la queue d'un blanc argenté. Il n'a guère que 2 mètres de longueur et semble remplacer le béluga, dans l'hémisphère austral.

DELPHINIENS (Zoologie), du latin *delphinus*, dauphin. — Première tribu de la famille des *Cétacés ordinaires* ou *Souffleurs* de G. Cuvier. Caractères : tête proportionnée au corps, tandis que, dans la deuxième tribu de cette famille, la tête, très-grosse, forme parfois le tiers de la longueur totale. Cette tribu se partage en deux sous-tribus : 1° *Dauphins*; 2° *Narvals* (voyez ces mots). Fr. Cuvier a désigné ce même groupe sous le simple nom de *Dauphins*, en y reconnaissant les sept genres *Delphinorhynque, Dauphin, Inia, Marsouin, Hyperoodon, Narval, Sousou* ou *Plataniste*. Is. Geoffroy conserve ce groupe en le nommant famille au lieu de tribu; il y admet sept genres à peu près identiques aux précédents. P. Gervais désigne ce même groupe sous le nom de *Delphinidés* et y établit cinq tribus : 1° les *Platanistins* (genres : *Platanistes, Inia, Sténodelphe*); 2° les *Delphinins* (genres : *Lagénorhynque, Delphinaptère, Tursiops, Delphinorhynque, Dauphin*); 3° les *Orcins* (genres : *Orque, Globicéphale, Grampus, Béluga*); 4° les *Monodontins* (genre : *Narval*); 5° les *Phocénins* (genres : *Phocène, Néoméris*) (voyez F. Cuvier, *Hist. nat. des Cétacés*; P. Gervais, *Hist. nat. des Mammifères*).

DELPHINIUM (Botanique). — Voyez Dauphinelle.

DELPHINORHYNQUE (Zoologie), *Delphinorhynchus*, Blainv. — Genre de *Mammifères*, de l'ordre des *Cétacés*, famille des *Cétacés ordinaires*, tribu des *Delphiniens*; établi par de Blainville et caractérisé par un museau long et mince, non séparé du front par un sillon, et par la présence d'une nageoire dorsale, parfois peu prononcée. Les mâchoires sont linéaires et munies de dents nombreuses. On distingue dans ce genre le *D. de Geoffroy* (*D. Geoffroyi*, Desm.) des côtes du Brésil, long de 2ᵐ,30; le *D. couronné* (*D. coronatus*, F. Cuv.) de la mer Glaciale, de 10 à 12 mètres de longueur, et le *D. du Gange* (*D. Gangeticus*, Desm.), de 2 mètres de longueur.

DELTOIDE (Muscle) (Anatomie). — Ainsi nommé à cause de sa forme triangulaire, de la lettre **Δ** (delta) des Grecs; c'est le *sous-acromio-huméral* de Chauss. Très-large et épais, ce muscle embrasse, en se recourbant sur lui-même, les parties antérieure, externe et postérieure de l'épaule, dont il constitue cette forme arrondie que nous lui connaissons; de là il descend au côté externe du bras jusque vers son milieu, où il va s'attacher par un tendon aplati à une empreinte de l'humérus, qui porte son nom. En haut, il s'attache au bord antérieur de la clavicule, au sommet de l'apophyse acromion et à l'épine postérieure de l'omoplate. Cette triple attache a pour but de déterminer des mouvements de diverses sortes. En général, il a pour fonction d'élever le bras en le portant en avant ou en arrière, suivant les fibres qui agissent, et on doit voir par la disposition des parties que les faisceaux postérieurs peuvent abaisser le membre élevé. L'omoplate est aussi mue par ce muscle en même temps que l'humérus, mais dans un sens opposé et dans une bien moindre étendue. Quand l'humérus est fixé, le mouvement se passe dans l'épaule, dont la partie supérieure est inclinée en avant. **F — N.**

DELTOIDE (Zoologie), *Deltoïdes*. — Nom donné par Latreille à la huitième section des *Insectes*, de l'ordre des *Lépidoptères*, de la grande famille des *Nocturnes*; ils comprennent des espèces très-analogues aux phalènes proprement dites. Ce nom leur vient de ce que les ailes forment avec le corps, sur les côtés duquel elles s'étendent horizontalement, une sorte de delta **Δ**. Ils constituent le seul sous-genre *Herminie*.

DÉLUGE (Géologie), du latin *diluere*, laver, noyer. — Les traditions religieuses des nations qui ont peuplé l'Inde, l'Asie occidentale, l'Europe, l'Égypte, et particulièrement le texte sacré de la Genèse, témoignent de l'existence d'une immense inondation qui s'étendit sur les terres habitées et n'épargna que quelques individus de la race humaine et des espèces animales. Cette catastrophe, connue sous le nom de *déluge* et fixée par la Bible 3300 ans avant Jésus-Christ, a-t-elle laissé des traces reconnaissables encore aujourd'hui? a-t-elle été unique ou a-t-elle été précédée de catastrophes du même genre? L'homme a-t-il vu une seule ou plusieurs de ces catastrophes? etc. Toutes ces questions relatives au déluge rentrent dans le domaine de la géologie. Posées depuis longtemps, elles ont reçu des solutions diverses selon l'état des études géologiques. On a souvent regardé comme traces du déluge biblique les nombreuses coquilles et autres débris d'animaux aquatiques que renferme le sol de nos continents, même dans les montagnes. Ce fait, mieux étudié, nous a révélé bien plus que l'existence du déluge; il est devenu l'une des données fondamentales de toutes nos idées actuelles sur la constitution et le mode de formation de notre sol (voyez TERRAINS, RÉVOLUTIONS, FOSSILES). Quant au déluge en lui-même, on peut résumer ainsi qu'il suit les opinions qui résultent de nos connaissances actuelles.

La configuration des mers et des terres a changé plusieurs fois à la surface du globe avant l'apparition de l'homme sur cette planète. Il y a donc bien des points de cette surface qui, émergés et submergés tour à tour, mais à des intervalles de bien des siècles, ont été envahis plus d'une fois par les eaux. Ces changements du lit des océans ont sans doute pu être parfois lents et progressifs, mais ils paraissent avoir dû nécessairement être brusques et se rattacher à une grande catastrophe chaque fois qu'ils ont été accompagnés du soulèvement de quelque grande chaîne de montagnes; ainsi, lorsque apparurent les Pyrénées à la fin de la période où avaient été déposées les couches crétacées supérieures; lorsque apparurent les Alpes occidentales, à la fin de l'époque tertiaire miocène, ou les Alpes principales, à la fin de l'époque tertiaire pliocène (voyez SOULÈVEMENTS DES MONTAGNES). Il y a donc en sans doute de nombreux déluges avant celui dont l'espèce humaine a été en grande partie

victime, et celui-ci n'a offert de trait particulier que de sévir sur les hommes dont les autres déluges avaient précédé l'apparition sur la terre. Parmi les catastrophes dont l'écorce du globe atteste les ravages, la plus récente, survenue immédiatement avant la période actuelle, fut signalée par le soulèvement des montagnes du cap Ténare en Morée, de l'Etna en Sicile, du Stromboli dans les îles Lipari, de la Somma près de Naples, probablement des volcans de l'Auvergne et du Vivarais en France, peut-être même de la chaîne volcanique de l'Asie centrale et d'une partie considérable de la chaîne des Andes en Amérique. Toutes les observations des géologues les portent à penser que ce dernier déluge est postérieur à la création de l'homme, qu'il a dû en être témoin conformément aux traditions dont la concordance a frappé tout le monde. La science ne connaît encore aucune raison de penser qu'il ne se produira plus de catastrophe de ce genre. **AD. F.**

DÉMANGEAISON (Médecine). — Synonyme de *prurit* (voyez ce mot).

DÉMENCE (Médecine), du latin *mens*, esprit, raison, et *de*, privatif. — Sorte de folie ou d'aliénation mentale, caractérisée par un grand affaiblissement de l'intelligence, l'abolition de la faculté de penser et une incohérence extrême dans les idées : elle diffère de l'idiotie, en ce que cette dernière est ordinairement congéniale; elle est très-fréquente chez les vieillards, et alors elle prend le nom de *démence sénile*. Chez les adultes, elle succède quelquefois à la manie ou à la monomanie, et dans ce cas elle est presque toujours incurable; elle est moins grave lorsqu'elle arrive d'emblée. — Voyez FOLIE.

DEMI-BEC (Zoologie), *Hemi-ramphus*, Cuv. — Sous-genre de *Poissons*, de l'ordre des *Malacoptérygiens abdominaux*, famille des *Ésoces*, genre *Brochet*; leur mâchoire inférieure se prolonge, comme il indique son nom, en une longue pointe sans dents. Ils ressemblent aux orphies. On les trouve dans les mers intertropicales; leur chair est assez estimée, quoique huileuse.

DEMI-CIRCULAIRES (Canaux), (Anatomie). — Voyez OREILLE.

DEMI-DEUIL (Zoologie). — Nom donné par Geoffroy à un papillon du genre *Satyre* (*Papilio Galatea*, Lin.; *S. Galatea*, Godart).

DEMI-FLEURON (Botanique). — Ou nomme ainsi dans les plantes de la famille des *Composées*, les fleurs à *corolle ligulée*, c'est-à-dire prolongée d'un seul côté en une longue lame dentelée à son extrémité (voyez COMPOSÉES, CALATHIDE, FLEURON).

DEMI-MEMBRANEUX (Anatomie humaine). — Muscle situé à la partie postérieure de la cuisse, s'insérant d'un côté par une forte aponévrose et une portion charnue à la tubérosité de l'ischion, d'un autre côté, par un triple tendon, au condyle externe du fémur, à la partie postérieure et à la partie interne de la tubérosité interne du tibia (*ischio-popliti-tibial*, de Chaussier). Il fléchit la jambe sur la cuisse et porte celle-ci en arrière ou en dedans; ou bien, dans la station, il maintient le bassin horizontalement sur le membre inférieur.

DEMI-PALMÉ (Zoologie). — Chez les *Mammifères*, les *Oiseaux* et les *Reptiles* qui vivent dans l'eau et dans les lieux marécageux, les doigts sont dits *demi-palmés* lorsque la membrane qui les unit ne s'étend pas au delà de la deuxième phalange.

DEMI-TENDINEUX ou **DEMI-NERVEUX** (Anatomie humaine). — Nom d'un muscle de la région superficielle, postérieure, interne de la cuisse; c'est l'*ischio-prétibial* de Chaussier; inséré d'une part à la tubérosité ischiatique, par un tendon aplati, qui est en même temps celui du *biceps crural*, d'une autre part, à la partie interne et inférieure du tibia. Comme le *demi-membraneux*, ce muscle fléchit la jambe sur la cuisse et porte celle-ci en arrière; il sert aussi dans la station à maintenir le bassin sur le membre inférieur.

DEMOISELLE (Zoologie). — Nom vulgaire appliqué aux insectes névroptères, que les zoologistes nomment *libellules*. — Nom donné encore à quelques oiseaux : la *Mésange à longue queue* (*Parus caudatus*, Lin.), l'*Oriolus xanthornis*, Lin., et le *Trogon roseigaster*, Vieill., de Cayenne; — à un poisson de la Méditerranée, la *Girelle* (*Labrus julis*, Lin.).

DEMOISELLE DE NUMIDIE (Zoologie). — Nom de la *Grue de Numidie* (*Ardea virgo*, Lin.) (voyez GRUE).

DEMOISELLE MONSTRUEUSE (Zoologie). — Nom donné à une espèce de poisson, le *Marteau* (*Scalus zygœna*, Lin.).

DÉMONOMANIE (Médecine). — Variété de la *folie* ou *aliénation mentale*, appartenant à la *manie*, d'Esquirol, à la *mélancolie*, de Pinel ; c'est une des divisions de la *monomanie religieuse* ; la démonomanie est caractérisée par un scrupule exagéré des malades sur leur conduite passée, par la peur des diables, des sorciers, des tourments de l'enfer. Les femmes y sont bien plus sujettes que les hommes (voyez FOLIE).

DENDARUS (Zoologie). — Genre d'*Insectes*, de l'ordre des *Coléoptères*, section des *Hétéromères*, famille des *Mélasomes*, tribu des *Blapsides*, institué par Mégerle et adopté par Latreille (*Règne animal*, de Cuv.). Le *D. tristis*, Ross., est très-commun dans le midi de la France, ainsi qu'en Italie.

DENDRITE (Minéralogie). — Voyez ARBORISATION.

DENDROBATES (Zoologie), *Dendrobates*, Wagl., du grec *dendron*, arbre, et *bainô*, je marche. — Genre d'*Amphibies* ou *Batraciens*, de la famille des *Crapauds*, adopté par Duméril et Bibron, et caractérisé par une pelote visqueuse à l'extrémité des doigts, comparable à celle qu'on observe chez les rainettes, et qui permet au dendrobates de monter sur les arbres. A ce genre peu nombreux se rapporte la fameuse *Grenouille à tapirer* (*Rana tinctoria*, Lin.), rangée mal à propos par Cuvier parmi les rainettes et à laquelle tous les auteurs accordent une propriété bien invraisemblable. Ils assurent qu'en frottant avec le sang de ce batracien la peau des perroquets verts dans les points où on leur a arraché quelques plumes, celles-ci reviennent colorées en rouge ou en jaune, et que l'on fait ainsi les perroquets tapirés ou panachés. Il est impossible dans l'état actuel de la science, d'affirmer ou de nier avec certitude cette singulière propriété. Il se trouve au Brésil et à Cayenne, il mesure environ 0^m,04 du bout du nez à l'extrémité du tronc.

DENDROBIUM (Botanique), *Dendrobium*, Swartz.; du grec *dendron*, arbre, et *bios*, vie. — Genre de plantes *Monocotylédones apérispermées*, famille des *Orchidées*, tribu des *Malaxidées*, sous-tribu des *Dendrobiées*, comprenant des espèces nombreuses, toutes originaires de l'Inde, et qui vivent en parasites sur des arbres ; leurs fleurs, ordinairement disposées en grappes, sont souvent remarquables par leur grande taille et par leurs vives couleurs.

DENDROPHIDE (Zoologie), *Dendrophis*, Fitzinger; du grec *dendron*, arbre, et *ophis*, serpent. — Genre de *Reptiles* de l'ordre des *Ophidiens*, famille des *Vrais Serpents*, tribu des *Serpents proprement dits*, section des *Non venimeux*. Ces ophidiens, voisins des Couleuvres, s'en distinguent par leur corps grêle et allongé, légèrement comprimé ; ils ont des écailles lisses et longues, formant sur le dos des sortes de chevrons. Le museau est arrondi et surmonté d'yeux grands à fleur de tête. Celle-ci est recouverte de grandes plaques, et n'est pas plus large que le corps. L'espèce la mieux connue est le *D. brun* (*Coluber fuscus*, Lin.), qui atteint près de 1^m,25 de long, et vit sur les arbres au Sénégal et dans les Indes.

DENSIMÈTRE (Physique). — Appareil destiné à faire connaître, immédiatement et sans calcul, le poids spécifique des liquides, c'est-à-dire le poids de l'unité de volume, d'un centimètre cube ou d'un litre.

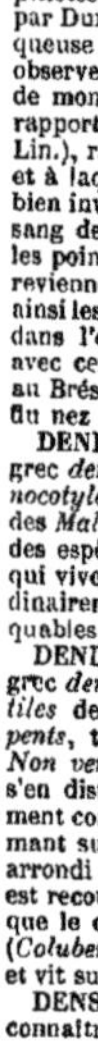

1° *Densimètre à volume variable*. — Il se compose d'une tige de verre dont le diamètre est sensiblement le même dans toute sa longueur et qui est soudée à un tube beaucoup plus large. A l'extrémité de ce tube est une boule qui renferme une petite quantité de mercure, suffisante pour que l'instrument, plongé dans l'eau pure, affleure vers le sommet ou vers l'origine de la tige, suivant qu'il est destiné à peser des liquides plus pesants ou plus légers que l'eau.

Les divisions de l'instrument correspondent au poids réel de liquide. Ainsi en regard du trait qui représente le poids spécifique de l'eau, on lit le chiffre 1000, c'est-à-dire 1000 grammes. L'acide sulfurique très-concentré qui marque, par exemple, 1840, pèse 1^k,840 le litre.

Les indications de cet instrument ont donc une base certaine et peuvent être immédiatement vérifiées, puisqu'il suffit de peser à la balance un litre du liquide essayé au densimètre, et de comparer entre eux les poids pour s'assurer que l'indication de l'instrument est exacte.

Fig. 758. Densimètre.

Les densimètres pour les liquides plus pesants que l'eau sont divisés depuis 1000, qui est au sommet de l'échelle, jusqu'à 2000 ; les densimètres pour les liquides plus légers que l'eau, tels que les éthers, les huiles, etc., sont divisés depuis 1000, qui est l'origine de la tige, jusqu'à 700. Si, dans l'éther, un densimètre marque 710, c'est que le liquide pèse 710 grammes le litre. Pour ne pas surcharger l'échelle de chiffres inutiles, on supprime le dernier zéro du nombre, de sorte que 1000 est représenté par 100, 1200 par 120, etc.

Le poids spécifique d'un liquide varie avec la température ; aussi le densimètre ne s'enfonce pas également dans le même liquide quand il a deux températures différentes. La graduation du densimètre doit donc être faite à une température déterminée ; des tables indiqueront pour chaque température la correction à faire subir au nombre donné immédiatement par l'instrument.

2° *Densimètre à volume métrique constant*. — M. Ruau a construit un densimètre à volume métrique constant, d'après ce principe de physique que : si un flotteur déplace des volumes égaux dans deux liquides différents, le rapport des poids spécifiques est égal au rapport des poids de liquide déplacé.

Sa forme convient à un densimètre destiné à flotter dans tous les liquides, depuis les plus légers jusqu'aux plus denses qu'on ait l'occasion d'observer. La tige porte à quelques centimètres au-dessus de la partie renflée, soit un plateau, soit un arrêt circulaire. Dans ce dernier cas, des poids cylindriques percés dans l'axe se cachent sur la tige et se superposent sur cette plate-forme. Un trait, gravé sur la tige ou sur une échelle fixée dans son intérieur, détermine le volume constant du densimètre qui est ordinairement fixé à un décilitre.

Pour déterminer le poids spécifique d'un liquide au moyen de ce flotteur, on le plonge dans le liquide et l'on coule des poids sur la tige, jusqu'à ce que l'affleurement ait lieu au trait gravé sur cette tige. Si le poids du densimètre est 100 grammes et le poids additionnel 12^{gr},5, le poids du décilitre de liquide déplacé est 112^{gr},5. En le multipliant par 10, on a le poids d'un litre ou le poids spécifique. Les indications de ce densimètre, à la température ordinaire, sont approchées à moins d'un millième.

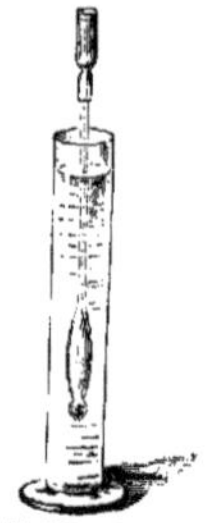

Le densimètre de M. Rousseau est d'un usage encore plus commode ; il se compose d'un tube divisé en parties d'un volume déterminé, un centimètre cube par exemple, et se terminant par un petit réservoir dans lequel on verse un centimètre cube du liquide dont on veut déterminer la densité. Supposons que pour un liquide donné le tube s'enfonce de 2 divisions tandis que pour l'eau il ne s'enfonce que d'une seule, c'est que un centimètre cube

Fig. 759. — Densimètre de M. Rousseau.

de liquide pèse deux fois moins qu'un centimètre cube d'eau et par suite que la densité est 0,5. L.

DENSIMÈTRE DE M. BIANCHI (Physique). — Il est destiné à la recherche des densités des diverses sortes de poudre (de guerre, de chasse, de mine), des fécules, en général des substances pulvérulentes altérables à l'eau et aux liquides autres que le mercure. Il se compose (*fig.* 760) d'un vase A, muni de deux robinets *a* et *b*, qui peut se visser à l'extrémité inférieure d'un tube BC, lequel porte aussi au bas un robinet *c*. Une cuvette contenant du mercure reçoit l'extrémité inférieure du vase A, et la partie supérieure de l'appareil peut être mise en communication avec la machine pneumatique. Pour faire une expérience, un poids donné de la substance est introduit dans le vase A. Le corps est maintenu inférieurement par une peau de chamois et supérieurement par une toile métallique à mailles serrées. Les trois robinets *a*, *b*, *c* étant ouverts, on fait le vide supérieurement, le mercure s'élève à travers la peau de chamois, perméable comme on sait à ce liquide, et s'arrête en M par exemple. Alors on ferme le robinet *a* et on rend l'air en C. La pression atmosphérique détermine un remplissage complet du vase A, ce qui assure l'exactitude de l'expérience. La comparaison des poids du vase A plein de mercure avec la substance, puis plein de mercure seul, permet de conclure le volume de la substance, et par suite sa densité, en divisant son poids par ce volume.

DENSITÉS (Physique), de *densus, densitas*. — On dit d'une manière générale qu'un corps est plus dense qu'un autre, quand, sous le même volume, il offre un poids plus considérable. Ainsi, le plomb est plus dense que l'eau, qui est elle-même plus dense que le liége, car 1 litre de plomb pèse 11 kil. environ, 1 litre d'eau, 1 kil. et 1 litre de liége, 0k,24. Les physiciens ont cherché par

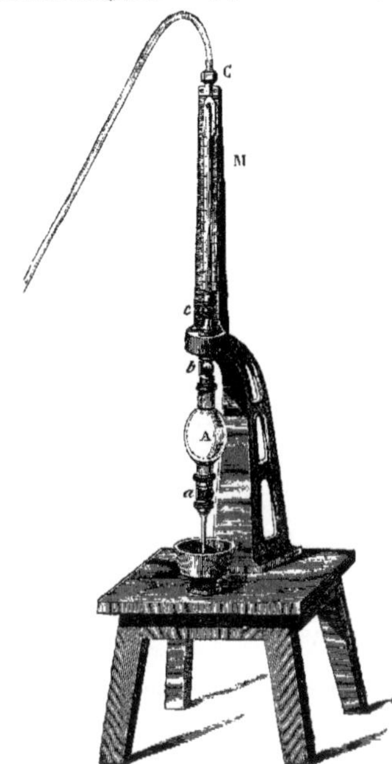

Fig. 760. — Densimètre de M. Bianchi.

diverses expériences à dresser une liste générale de tous les corps connus, et renfermant leurs *poids spécifiques*, c'est-à-dire le poids de l'unité de volume. Ces expériences paraissent fort simples, car il suffit pour cela de peser un corps, d'en mesurer le volume et de diviser le poids par le volume. Mais la mesure du volume ne pouvant pas se faire ordinairement d'une manière directe, on a recours à un procédé détourné. On cherche le rapport du poids d'un corps au poids d'un égal volume d'eau ; comme on sait que 1 centimètre cube d'eau pèse 1 gramme, la connaissance de ce rapport ou de la *densité* donne immédiatement le poids de 1 centimètre cube de la substance considérée. On a recours pour la mesure de ce rapport, à divers procédés que nous allons faire connaître en distinguant le cas où il s'agit des solides ou des liquides, du cas plus compliqué des gaz ou des vapeurs.

DENSITÉS DES SOLIDES (Physique). — *Méthode de la balance hydrostatique.* — On suspend un fragment du corps à un des bassins de la balance hydrostatique au moyen d'un fil de soie très-fin, soit P son poids. On l'immerge ensuite dans l'eau distillée, il ne pèse plus que P' ; donc, en vertu du principe d'Archimède, le poids d'un égal volume d'eau est P — P' et la densité $\frac{P}{P - P'}$.

Méthode de Klaproth, ou du flacon. — On prend un petit flacon (*fig.* 761) en verre très-mince A, dont le goulot, assez large, est usé intérieurement à l'émeri et se ferme au moyen d'un bouchon de verre BC creux, ouvert par le haut et usé extérieurement à l'émeri. On peut autrement opérer la fermeture au moyen d'une petite plaque de verre qu'on glisse sur le col du flacon bien dressé. On prend le poids P d'un fragment du corps solide, choisi tel qu'il puisse entrer dans le flacon. Celui-ci étant rempli

d'eau distillée, on laisse tomber le bouchon d'une petite hauteur, on essuie l'eau qui s'écoule, on pèse le flacon bouché et rempli, on obtient un poids P'. Puis on place le corps dans le flacon, on laisse retomber le bouchon de la même petite hauteur que précédemment, on essuie, on cherche le poids P''. Le poids de l'eau déplacée par le corps est P + P' — P'' et la densité $\frac{P}{P + P' - P''}$.

Il faut certaines précautions pour la recherche des densités des corps poreux en suivant l'une ou l'autre des deux méthodes générales précédemment exposées.

Si l'on cherche la densité de la substance qui forme les parois des cavités perméables à l'eau, il faut laisser plonger le corps assez longtemps dans l'eau, avec ébullition, si le corps peut en supporter la température, pour que l'imbibition soit complète autant que possible. On obtient par comparaison avec la tare le poids

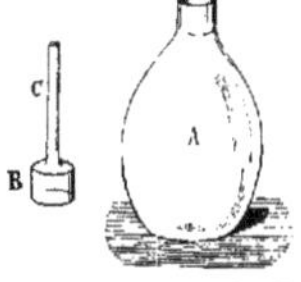

Fig. 761. — Flacon de Klaproth.

du volume d'eau égal au volume absolu de la substance, et en divisant le poids du corps par ce poids, on a la densité rapportée au volume absolu. Si ensuite on pèse le corps imbibé d'eau, l'augmentation de poids par rapport à la tare du corps, donne le poids d'eau d'imbibition. En divisant le poids du corps par la somme des poids de l'eau réellement déplacée et de l'eau d'imbibition, on a la densité relative au volume apparent ou total.

Quand les corps sont altérables à l'eau, on peut employer un liquide auxiliaire qui ne les altère pas et dont on connaisse la densité ; on peut aussi avoir recours à des appareils spéciaux tels que le voluménomètre et le densimètre de M. Bianchi (voyez ces mots).

DENSITÉS DES LIQUIDES (Physique). — *Méthode de la balance hydrostatique.* — On suspend à l'un des bassins de la balance hydrostatique un corps solide inaltérable à l'eau et aux différents liquides, habituellement une ampoule de verre close et lestée avec du mercure (Hallstrom). On prend par tare sa perte de poids dans le liquide, soit P, puis dans l'eau, soit P', et la densité cherchée est $\frac{P}{P'}$.

Méthode du flacon. — La méthode du flacon est la plus directe pour la recherche des densités des liquides et acquiert une très-grande précision avec les précautions indiquées par M. Regnault. On prend une *ampoulette* de verre A, consistant en un réservoir cylindrique ou sphérique, terminé par un tube étroit que surmonte un entonnoir cylindrique et fermé par un bouchon de verre non percé. Un trait *xx'* est marqué au haut du tube étroit. On le remplit exactement jusqu'au trait du liquide dont on veut déterminer la densité et on le pèse après en avoir préalablement fait autant du flacon vide ; l'augmentation de poids donne le

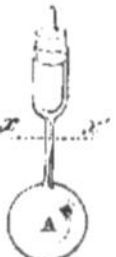

Fig. 762. — Flacon à densité pour les liquides.

poids du liquide, soit P. Puis, on opère pareillement pour l'eau après avoir vidé et séché l'ampoulette, on obtient le poids P' d'un égal volume d'eau, et la densité est $\frac{P}{P'}$. Une parfaite identité des volumes est obtenue, parce que le bouchon, plus ou moins enfoncé, n'influe pas sur eux et qu'il ne sert qu'à empêcher, pendant les pesées, l'évaporation des liquides volatils ou l'absorption de l'humidité atmosphérique.

A côté de ces procédés, qui exigent l'emploi de la balance de précision, se range la méthode aréométrique (voyez ARÉOMÈTRES), très-usitée comme un des moyens de détermination exacte des nombreuses variétés des espèces minérales, mais que les erreurs dues à la capillarité rendent forcément approximative.

Un point capital à noter, à propos des densités des corps solides, c'est qu'elles ne caractérisent pas complétement les corps. D'abord, les corps solides ne présentant jamais une homogénéité complète, la densité varie avec les divers échantillons d'une même substance. Ainsi, G. Rose a trouvé à 14° R., pour quatre échantillons d'or fondu provenant du même creuset, les nombres :

19,2778
19,2917
19,2730
19,2853

Les résultats suivants, obtenus par M. Billet d'après diverses méthodes, indiquent pour le phosphore et pour le soufre, choisis de même variété, des densités inégales d'un fragment à l'autre. Elles sont prises à 20° ou à très-peu près :

Densités par le principe d'Archimède.

Phosphore du commerce .... { 1,8254 / 1,8152 / 1,8203 / 1,8224 }

Densités par la méthode du flacon.

Phosphore solide distillé dix fois...... { 1,8076 / 1,8094 / 1,8124 } Moyenne... 1,8088
{ 1,8159 / 1,8201 } Moyenne... 1,8161

Densités déduites indirectement de l'observation comparative des volumes avant et après la fusion.

Phosphore solide distillé dix fois, réduit en petits grains..... { 1,8094 / 1,8151 / 1,8224 / 1,8304 } Moyenne... 1,8121

Le phosphore solide précédent, réduit en un seul morceau par la fusion........... 1,8010

Soufre distillé et cristallisé plusieurs fois par fusion......... { 2,0255 / 2,0537 }

Par opposition au soufre solide, dont la densité varie d'un échantillon à l'autre, le soufre fondu a offert à M. Billet une densité invariable.

L'état mécanique des corps solides influe sur leur densité. Celle-ci varie en effet suivant que les métaux sont simplement fondus ou écrouis par l'action du balancier ou du laminoir, sauf pour des métaux très-mous, comme le plomb, où cet effet est presque insensible. Ainsi :

Cuivre fondu	8,85	(Beudant)
Cuivre laminé	8,95	id.
Zinc fondu	6,96	id.
Zinc laminé	7,19	id.
Fer fondu	7,207	
Fer forgé	7,788	
Fer martelé	7,9	
Nickel fondu	8,279	
Nickel forgé	8,666	
Argent fondu	10,47	
Argent laminé	10,56	
Palladium fondu	11,30	
Palladium laminé	11,86	
Or fondu	19,26	
Or forgé	19,36	
Platine fondu	21,53	
Platine laminé	22,06	
Aluminium fondu	2,56	(Deville)
Aluminium écroui	2,67	id.

La densité n'est pas la même pour les divers états des corps qui présentent le phénomène du polymorphisme. Ainsi :

Carbone { diamant	3,50 à 3,55	
{ graphite	2,50	
Phosphore normal	1,77	(Thenard)
	1,83	(Schrœtter)
Phosphore rouge amorphe	1,96	id.
Soufre octaédrique	2,07	(Deville)
Soufre cristallisé par fusion	1,96	id.
Soufre mou	1,92	id.
Soufre amorphe de la Guadeloupe	2,04	id.
Bisulfure de fer { pyrite	4,981	
{ sperkise	4,840	
Sélénium amorphe	4,28	
Sélénium cristallin	4,8	
Carbonate { spath d'Islande	2,723	(Malus)
de chaux { Aragonite	2,946	(Thenard)
	2,91	(Breithaupt)
Acide arsénieux vitreux	3,73	(Guibourt)
Acide arsénieux cristallisé	3,69	id.

La densité est influencée d'une manière très-notable par l'état de division des corps. Elle est plus grande pour les corps pulvérulents que pour les mêmes corps compactes et les différences peuvent devenir considérables pour certains métaux, les poudres très-fines étant beaucoup plus denses que les métaux même écrouis.

Spath en poudre	2,72	(Beudant)
Spath en stalactite	2,52	id.
Aragonite en petits cristaux	2,95	id.
Aragonite concretionnée	2,76	id.
Malachite en poudre	3,59	id.
Malachite compacte	3,56	id.
Céruse en poudre	6,72	id.
Céruse compacte	6,71	id.
Gypse en poudre	2,33	id.
Gypse compacte	2,31	id.
Quartz en poudre	2,65	id.
Quartz compacte	2,64	id.
Sulfate de baryte naturel	4,48	(G. Rose)
Sulfate précipité, non cristallin	4,53	id.
Or écroui au balancier	19,33	id.
Or précipité en poudre très-fine du chlorure d'or par le sulfate de fer	20,688	id.
Argent fondu, puis comprimé	10,56	(G. Rose)
Argent précipité (cristallin) du nitrate d'argent traité par le sulfate de fer	10,61	id.
Platine laminé	21 à 22	id.
Noir de platine ou platine en poudre très-fine, obtenu en traitant le chlorure par la potasse et l'alcool	26,1418	id.

Lorsque les corps passent de l'état solide à l'état liquide, nous regardons comme important de faire remarquer que les densités du même corps solide ou liquide, *aux mêmes températures*, coïncidence possible en vertu du phénomène de la surfusion (voyez ce mot), sont loin d'être les mêmes, d'après les variations de volume lors du changement d'état. C'est encore aux travaux de M. Billet que nous emprunterons quelques nombres :

Phosphore solide	1,808
Phosphore liquide	1,748
Soufre solide	1,9952
Soufre liquide	1,8085
Iode solide	4,825
Iode liquide	4,004

Nous allons présenter les tableaux des densités des principaux corps solides, tant naturels, qu'obtenus dans l'industrie ou dans les laboratoires, en omettant les corps qui figurent déjà dans les listes précédentes.

DENSITÉ DES CORPS SIMPLES SOLIDES.

Tellure	6,26	
Osmium	10 environ.	
Arsenic	5,67	(Hérapath)
Antimoine	6,720	id.
Antimoine fondu	6,712	id.
Bore (cristallisé)	2,68	(Deville)
Silicium (graphitoïde)	2,49	id.
Iode	4,948	(Gay-Lussac)
	4,958	(Billet)
Graphite	2,328	(Horstein)
Potassium	0,865	(Gay-Lussac et Thenard)
Sodium	0,972	id.
Lithium	0,5936	(Bunsen et Mathiessen)
Baryum	1,84 environ.	
Strontium	2,542	(Bunsen et Mathiessen)
Calcium	1,584	id.
Magnésium	1,75	(Deville et Caron)
Glucinium	2,1	(Debray)
Zirconium	»	
Thorinium	»	
Yttrium	»	
Cérium	»	
Lantane	»	
Didyme	»	
Erbium	»	
Terbium	»	
Manganèse	7,05	(Berthier)
	7,13 à 7,20	(Brunner)
	8,013	(Cahours)
Cobalt fondu	7,812	
	8,5	
Cadmium écroui	8,69	
Etain	7,291	
Molybdène	8,60	(Hérapath)
Tungstène	17,60	(frcs d'Echuyart)
Chrome	5,90	
Uranium	18,4	(Vöhler)
Titane	5,3	
	5,9	(Pelouze et Fremy)
Vanadium	»	
Tantale ou colombium	»	
Plomb fondu	11,445	
Bismuth	9,822	
	9,9	(Cahours)

Iridium. { Fondu par une batterie électr. }	18,68	(Children)
	15,683	(Pelouze et Frémy)
Rhodium	10,64	
Platine très-pur	19,50	(Desains)
Platine laminé	22,669	id.
Ruthénium	8,6	
Pélopium	»	
Niobium	»	
Ilménium	»	
Rubidium	»	
Cæsium	»	
Thallium	{ densité égale à celle du plomb }	(Lamy)

Densités de quelques composés binaires solides.

Glace (eau solide).. { à —20°	0,923	(Brunner)
à 0°	0,918	id.
Acide silicique. { Quartz hyalin.	2,653	
Agate	2,615	
Opale (hydr.).	2,250	
Acide borique hydraté, en paillettes	1,480	
Chaux	3,15	(Boullay)
Chlorure de calcium	2,23	id.
Fluorure de calcium (spath fluor, fluorine)	3,20	
Chlorure de baryum	3,90	(Boullay)
Chlorure de potassium	1,836	(Wenzel)
Iodure de potassium	3,000	(Boullay)
Chlorure de sodium (sel gemme)	2,257	(Mohs)
— (sel marin)	2,207	(Grassi)
Chlorure d'ammonium (sel ammoniac)	1,52	
Alumine ou corindon. { Rubis	4,28	
Saphir, topaze orientale	3,99 à 4	
(Émeri)	3,90 à 3,68	
Protoxyde d'antimoine	5,178	(Boullay)
Sulfure d'antimoine (stibine). {	4,334	(Beudant)
	4,62	(Pelouze et Frémy)
Oxyde d'argent	7,250	(Boullay)
Sulfure d'argent (argyrose)	7,200	
Chlorure d'argent fondu (kerargyre)	5,548	(Boullay)
Iodure d'argent fondu	5,614	id.
Bioxyde de mercure	11,000	id.
Protochlorure de mercure (calomel)	7,140	id.
Bichlorure de mercure (sublimé corrosif)	5,420	id.
Biiodure de mercure	6,320	id.
Protoiodure de mercure	7,750	id.
Bisulfure de mercure (cinabre)	8,124	id.
Oxyde de bismuth	8,968	id.
Sulfure de bismuth	6,540	
Sulfure de molybdène (molybdénite)	4,600	
Acide tungstique	6,00	
Protoxyde de cuivre (zigueline)	5,3	(Boullay)
Bioxyde de cuivre	6,13	id.
Protosulfure de cuivre (chalkosine)	5,69	
Bioxyde d'étain (cassitérite)	6,70	
Protosulfure d'étain	5,267	(Boullay)
Bisulfure d'étain (or mussif)	4,415	id.
Protoxyde de plomb fondu (massicot, litharge)	9,50	id.
Bioxyde de plomb (oxyde puce)	9,20	id.
Iodure de plomb	6,10	id.
Séléniure de plomb	7,69	
Sulfure de plomb (galène)	7,58	
Oxyde de zinc (blanc de zinc, pompholix, laine philosoph.)	5,60	(Boullay)
Sulfure de zinc (blende)	4,16	
Sesquioxyde de fer anhydre (oligiste)	5,225	(Boullay)
Sesquioxyde de fer hydraté (limonite)	3,922	
Oxyde magnétique (pierre d'aimant), Fe^3O^4	5,400	(Boullay)
Pyrite magnétique, Fe^3S^4	4,620	
Bioxyde de manganèse (pyrolusite)	4,48	(Boullay)
Sesquioxyde de mangan. (acerdèse)	4,810	
Oxyde rouge de mangan., Mn^3O^4	4,722	
Protosulfure de manganèse	3,950	
Bioxyde de titane (rutile)	4,250	(H. Rose)
Anhydride sulfurique, SO^3	1,97	
Acide arsénique	3,734	(Karsten)
Oxyde de cadmium	6,950	(H. Rose)
Chlorure de plomb	3,909	id.
Bromure de potassium	1,620	id.
— de plomb	5,194	id.
— d'argent	5,128	id.
Sesquichlorure de carbone	2	
Chlorure de cyanogène de Sérullas	1,32	

Densités de composés métalliques solides.

Acier { doux	7,833	(Brisson)
forgé	7,840	id.
trempé	7,816	id.
Wootz	7,865	id.
fondu étiré	7,717	(Wertheim)
— recuit	7,719	id.
Fonte grise	6,79 à 7,053	
Fonte blanche	7,44 à 7,84	
Bronze pour statues	8,95	
Soudure des plombiers	9,55	
Toutenague chinois	8,48	
Or des monnaies	18,2	
Argent des monnaies	10,121	
Bronze des canons	8,441 à 9,235	(Baumgartner)
— antique	9,200	(Clarke)
— de tamtam	8,813	(Wertheim)
— trempé	8,686	id.
Laiton	8,427	id.
Tombac	8,655	id.
Maillechort	8,615	id.
Alliage fusible de Darcet	9,795	id.

Fer météorique natif, avec nickel,

De Caille (Var)	7,64	(Rumler)
De Lenarto	7,79	(Wehrle)
Du Cap	7,544	(Baumgartner)
Du Pérou	7,355	id.
D'Alabama	7,265	(Shepard)
De Black-Mountain	7,261	id.

Densités des sels ternaires solides.

Carbonate de magnésie (giobertite)	2,880	
— double de chaux et de magnés. (dolomie)	2,80	
— de fer (fer spathique, sidérose)	3,85	
— de manganèse	3,55	
— de zinc (smithsonite)	4,50	
— de baryte	4,30	
— de strontiane	3,85	
— de plomb nat. 6,071 à	6,558	(Thénard)
— artific. (céruse, blanc de plomb)	6,73	
Sulfate de baryte (spath pesant, barytine)	4,70	
— de strontiane (célestine)	3,95	
— de plomb	6,30	
— d'argent	5,34	(Karsten)
Sulfates de chaux { anhydrite, karsténite, gypse (bihydraté), sélénite	2,90	
	2,33	
Sulfate de potasse	2,40	
— de soude anhydre (sel de Glauber)	2,63	(Karsten)
Chromate de potasse	2,70	(Kopp)
— de plomb naturel (crocoïse)	6,60	
Azotate de potasse (salpêt. nitre)	1,93	
— de baryte	3,185	(Karsten)
— de strontiane	2,890	id.
— de plomb	4,400	id.
Molybdate de plomb	6,700	(Gmelin)
Tungstate de plomb	8,000	id.
— de chaux	6,000	(Karsten)
Aluminate de zinc (spinelle zincifère)	4,70	
Borate de magnésie (boracite)	2,5	
Silicate de glucine (phénakite)	2,969	(Nordenskiold)
Titanate de fer (crichtonite)	4,727	(Marignac)
Apatite (phosphate de chaux)	3,25	

Densités des minéraux solides complexes.

Allophane	2,020	(Schnabel)
Alun	1,70	
Alunite	2,69	
Amiante	2,7 à 2,9	(Dufrénoy)
Amphibole trémolite	3,00	
— actinote	3,30	
Amphigène	2,45	
Analcime	2,278	(Thomson)
Andalousite	3,104	(Dufrénoy)
Argent rouge	5,80	
Oxychlorure de cuivre hydraté (atakamite)	4,43	
Axinite	3,21	
Bournonite	5,70	
Calamine (hydrosilicate de zinc)	3,40	
Chabasie	2,70	
Chlorite (hydrosilicate de fer)	2,673	(Marignac)
Chrysocale	2,15	
Cobalt gris, cobaltine, cobalt éclatant	6,29	
Cryolithe (pierre fusible du Groënland, fluorure double d'aluminium et de sodium)	2,962	(Kokscharow)
Cuivre panaché	5,00	

Cuivre pyriteux, chalcopyrite..	4,16	
Cuivres gris, bournonite, etc.	4,3 à 5,70	
Diallage	3,115	(Regnault)
Épidote	3,3 à 3,4	
Feldspath... { Orthose (à potasse). Albite (à soude). }	de 2,4 à 2,6	
Fer arsenical, mispikel	6,12	
Fer phosphaté bleu	2,66	
Gadolinite	4,22	
Hypersthène	3,38	
Ilvaïte	4,00	
Jade	2,97	(Damour)
Kérasine (oxychlorure de plomb)	6,00	
Lazulite	2,90	
Leucite	2,483	(Dufrénoy)
Leucophane	2,974	(Erdmann)
Magnésite, écume de mer 0,988 à	1,279	(Breithaupt)
Méllite	1,597	(Dufrénoy)
Mercure argental	14,10	
Mésotype	2,25	
Mica des Vosges blanc	2,817	(Delesse)
— verdâtre	2,746	id.
Lépidolithe	2,848	(Rammelsberg)
Nickel gris, nickéline, nickel arsenical	6,10	
Or massif natif	4,350	(Dufrénoy)
Péridot	3,4	
Pyromorphite (plomb chlorophosphate)	7,01	
Pyroxène diopside	3,3	
— hédenbergite	3,15	
Serpentine	2,47	
Sphène	3,60	
Stéatite (savon de montagne, savon de soldat, craie de Briançon)	2,80	
Stilbite	2,16	
Tellure auro-plombifère	9,22	
Tellure sélénié-bismuthifère	7,80	
Triphane	3,19	
Uranite	3,10	
Wolfram	7,30	

Densités des pierres précieuses, ou gemmes.

Améthyste orientale	3,921	(Dufrénoy)
Béryl	2,678	id.
Cymophane du Brésil	3,733	(Awdejew)
— de Sibérie	3,689	(G. Rose)
Diamant	3,55	(Dufrénoy)
Dioptase	3,278	id.
Émeraude orientale	3,949	id.
— du Pérou (aigue-marine)	2,732	id.
Grenat grossulaire	3,550 à 3,730	id.
— almandin	3,9 à 4,236	id.
Idocrase (vésuvienne)	3,420	id.
Jaspe, onyx, agate	2,6 à 2,7	id.
Lapis lazuli	2,959	id.
Malachite (cuivre carbonaté)	4,008	id.
Opale	2,092	(Mohs)
Rubis oriental	3,909	(Dufrénoy)
Saphir oriental	3,979	id.
Spinelle (aluminate de magnésie)	3,523 à 3,585	id.
Topaze (silice, fluor, alumine) du Brésil	3,499	id.
Topaze de Saxe, (picnite)	3,56	id.
Tourmaline	3,073	(Dufrénoy)
Turquoise	2,836	id.
Zircon (silicate de zircone)	4,505	id.

Densités des verres.

Verre à vitres	2,527	(Chevandier et Wertheim)
— à glaces	2,463	id.
— commun à base de soude	2,451	id.
— fin, base de soude	2,436	id.
— commun, base de potasse	2,460	id.
— fin, base de potasse	2,454	id.
— opalin	2,525	id.
Cristal	3,330	id.
Crown ordinaire	2,447	(Wertheim)
— de M. Feil	2,629	id.
— de Clichy	2,657	id.
Flint de Guinand	3,589	id.
— lourd	4,056	id.
— de Faraday	4,358 / 5,431	(Matthiessen)
Verre soluble	1,250	(Fuchs)
Flint-glass anglais	3,329	(Desains)
Verre de Saint-Gobain	2,488	id.

Kaolin et porcelaines.

Kaolin	2,21 à 2,26	(Brongniart)
Porcelaine de Sèvres dégourdie	2,619	id.
Porcelaine de Sèvres cuite	2,242	(Brongniart)
— de Berlin dégourdie	2,613	(G. Rose)
— de Berlin cuite	2,452	id.
— de Chine	2,384	(Baumgartner)
— de Saxe	2,493	id.

Matériaux pour les constructions ou la statuaire.

Albâtre calcaire (ancien)	2,758	(Wertheim)
— gypseux (moderne)	2,314	id.
Ardoise	2,81 à 2,85 ; 2,114	(Kirwan)
Basalte	2,45 à 2,85	
Grès (en moyenne)	2,5	
Silex meulière	2,48	
Caillou	2,6	
Granit	2,64 à 2,76	
Porphyre	2,67 à 2,75	
Marbres communs	2,65 à 2,75	
Marbre florentin jaune	2,516	
— d'Égypte, vert	2,668	
— de Carrare	2,717	
— de Sibérie	2,728	
— des Pyrénées	2,726	
— d'Afrique	2,798	
— de Paros	2,838	
Pierre de liais	2,25 à 2,45	
— à bâtir (grossière)	1,70 à 1,90	
— à plâtre	2,20	
Brique dure très-cuite	1,56	
— rouge	2,17	
Obsidienne	2,30	
Pierre de Volvic (lave)	2,32	

Charbons minéraux, bitumes et résines fossiles.

Graphite pur	2,328	(Karsten)
Anthracite	1,343 à 1,362	(Regnault)
Houilles grasses et dures	1,315 à 1,322	id.
— grasses maréchales 1,280	1,302	id.
— grasses à longue flamme	1,276 à 1,363	id.
— sèches à longue flamme	1,362	id.
Jayet, jais	1,305 à 1,316	id.
Lignite parfait	1,254 à 1,316	id.
— imparfait	1,100 à 1,185	id.
— passant au bitume 1,137 à	1,197	id.

Résines fossiles.

Asphalte	1,063	(Regnault)
Bitume brun	0,828	(Mohs)
— noir	1,078	id.
— rouge	1,160	id.
Méllite de Thuringe — de Moravie	1,597	
Copal fossile de Highgate, près de Londres	1,046	
Rétinite de Northumberland	1,16	
Succin transparent	1,078	(Breithaupt)
Succin opaque	1,086	id.
Middletonite du Yorkshire	1,6	
Piauzite, de Neustadt	1,22	
Rétinite, de Halle	1,05	
Rétinasphalte, de Thomson, Devonshire	1,185	

Suifs fossiles ou de montagne.

Hartite, de Oberhart, Autriche	1,046	
Ixolyte, de Oberhart, Autriche	1,008	
Ozokérite, de Slanick (Moldavie), et d'Urpeth (Northumberland)	0,955	
Hatchétine, du pays de Galles	0,906	
Suif de Loch-Fine (Écosse)	0,6078	

Charbons artificiels.

1° CHARBON DE BOIS EN POUDRE.

Chêne	1,53	(Wertheim)
Peuplier	1,45	id.
Saule	1,55	id.
Tilleul	1,48	id.
Aune	1,48	id.

2° EN MORCEAUX.

Noyer à écorce écailleuse	0,625	(Marcus Bull)
Chêne blanc	0,421	id.
Frêne d'Amérique	0,547	id.
Hêtre	0,518	id.
Charme	0,455	id.
Pommier sauvage	0,455	id.
Sassafras	0,427	id.
Cerisier de Virginie	0,411	id.
Orme d'Amérique	0,357	id.
Cèdre de Virginie	0,238	id.
Pin jaune	0,333	id.
Bouleau	0,364	id.
Châtaignier d'Amérique	0,279	id.
Peuplier d'Italie	0,245	id.
Poudre à canon	2,085	(Grassi)
Poudre à fusil	2,189	id.

Bois.

Fibre ligneuse	1,46 à 1,53	(Rumford)
Acajou de Honduras	0,560	(Ebbels et Tredgold)
— d'Espagne	0,852	id.
— de Cuba	0,563	(Karsmarsch)
— de Saint-Domingue	0,755	id.
Acacia vert	0,820	(Ebbels et Tredgold)
— à 20 p. 100 d'humidité	0,717	(Chevandier et Wertheim)
Aune	0,555	(Ebbels et Tredgold)
— à 20 p. 100 d'humidité	0,601	(Chevandier et Wertheim)
Arbousier	1,035	(Paccinotti et Peri)
Bouleau	0,7208	(Ebbels et Tredgold)
	0,73	(Karsmarsch)
— à 20 p. 100 d'humidité	0,812	(Chevandier et Wertheim)
Buis de France	0,91	(Brisson)
— de Hollande	1,32	id.
Cèdre du Liban sec	0,486	(Ebbels et Tredgold)
	0,575	(Karsmarsch)
Cyprès	0,598	(Brisson)
— un an de coupe	0,864	(Ch. Dupin)
Chêne de démolition	0,732	id.
Chêne	0,610	(Karsmarsch)
— anglais	0,934	(Barlow)
— du Canada	0,872	id.
— de 60 ans (le cœur)	1,17	(Brisson)
— à glands pédonculés, à 20 p. 100 d'humidité	0,808	(Chevandier et Wertheim)
— à glands sessiles	0,872	id.
Charme à 20 p. 100 d'humidité	0,756	id.
Ébène	1,125	(Paccinotti et Peri)
— noir	1,187	(Karsmarsch)
— vert	1,210	id.
Gaïac	1,33	(Brisson)
Érable	0,645	(Karsmarsch)
— à 20 p. 100 d'humidité	0,674	(Chevandier et Wertheim)
Frêne	0,845	(Brisson)
— à 20 p. 100 d'humidité	0,697	(Chevandier et Wertheim)
Grenadier	1,35	(Brisson)
Hêtre	0,852	id.
	0,750	(Karsmarsch)
— à un an de coupe	0,659	(Ch. Dupin)
— à 20 p. 100 d'humidité	0,823	(Chevandier et Wertheim)
If	0,807	(Brisson)
	0,744	(Karsmarsch)
Mélèze	0,543	(Barlow)
Mûrier d'Espagne	0,89	(Brisson)
Noyer vert	0,920	(Ebbels et Tredgold)
— brun	0,685	id.
Néflier	0,94	(Brisson)
	0,92	id.
Olivier	0,676	(Karsmarsch)
Orme	0,563	(Barlow)
— vert	0,763	(Ebbels et Tredgold)
— à 20 p. 100 d'humidité	0,723	(Chevandier et Wertheim)
	0,387	(Karsmarsch)
	0,383	(Brisson)
Peuplier ordinaire	0,511	(Ebbels et Tredgold)
— blanc	0,529	(Brisson)
— blanc, d'Espagne	0,477	(Chevandier et Wertheim)
— 20 p. 100 d'humidité	0,553	(Barlow)
Pin blanc	0,657	id.
— rouge	0,738	id.
— du Nord	0,640	(Ebbels et Tredgold)
— laryx, de choix	0,550	(Chevandier et Wertheim)
— Sylvestre, 20 p. 100 d'humid.	0,529	(Ebbels et Tredgold)
Sapin blanc d'Écosse	0,555	id.
— d'Angleterre	0,657	(Brisson)
— jaune	0,495	(Chevandier et Wertheim)
— 20 p. 100 d'humidité	0,705	(Brisson)
Oranger	0,482	id.
Sassafras	0,648	(Ebbels et Tredgold)
Platane	0,732	(Karsmarsch)
Poirier	0,734	id.
Pommier	0,872	id.
Prunier	1,031	id.
Bois de rose	0,487	(Musschenbroek)
Saule	0,673	(Paccinotti et Peri)
Sorbier	0,590	(Ebbels et Tredgold)
Sycomore	0,860	(Barlow)
Teak	0,604	(Brisson)
Tilleul	0,602	(Chevandier et Wertheim)
Tremble, 20 p. 100 d'humidité	0,240	(Brisson)
Liège	0,076	(Bouchet)
Moelle de sureau		

Densités moyennes des bois de chauffage habituels amenés à dessiccation complète, provenant des forêts des Vosges, terrains du grès bigarré. (Chevandier.)

1 stère de bois de quartier de hêtre, pèse	374 kilog.
— de rondinage de hêtre mêlé de branches et de brins	304
— de quartier de chêne	366
— de rondinage de chêne (les branches seulement)	270
— de quartiers et roudins mêlés, moitié bouleau, moitié tremble	294
— de rondinage, moitié brins de bouleau et moitié de saule	311
— de fagots mêlés, ou le hêtre dominait	300

Substances diverses tirées des animaux.

Os	1,799 à 1,997	(Wertheim)
Ivoire	1,917	
Cartilage	1,088	(Krause)
Cristallin	1,079	id.
Tendons	1,105 à 1,132	(Wertheim)
Matière nerveuse	1,040	id.
Beurre	0,942	(Brisson)
Graisse de mouton	0,924	id.
— de porc	0,937	id.
Blanc de baleine	0,943	(Chevreul)
Laine	1,614	(Grassi)
Cire d'abeilles	0,963	(Berzelius)
— purifiée	0,960 à 0,966	(Lewy)
Perles	2,684 à 2,750	(Musschenbroek)
Corail	2,689	id.
Corps humain (densité moyenne)	1,066	(Valentin)
Urée	1,35	
	1,33	(Prout)

Substances diverses tirées des végétaux.

Sucre blanc cristallisé	1,606	
Acide tartrique cristallisé	1,75	
Amidon	1,529	(Grassi)
Fécule	1,502	id.
Coton	1,049	id.
Lin	1,791	id.
Camphre	0,986	
Suif de pyney (à 15°), des fruits du *vateria indica*	0,926	
Beurre de cacao	0,91	
Naphtaline	1,018	
Acide phénique, phénol, alcool phénique (à 18°)	1,065	
Acide cinnamique	1,245	
Caoutchouc	0,925	(Brisson)
	0,989	(Wertheim)
Gutta-percha	0,906	(Wertheim)
	0,979	(Soubeiran)
Gomme adragante	1,316	(Brisson)
— myrrhe	1,360	id.
— sang-dragon	1,204	id.
— sandaraque	1,092	id.
— mastic	1,074	id.
Résine benjoin	1,092	id.
— gaïac	1,205 à 1,228	id.
— jalap	1,218	id.
— colophane	1,07	id.

Aérolithes tombés à :

Alais (1806)	1,70	(Rumler)
Chantonnay (1812)	3,67	id.
Juvenas (1821)	3,11	id.
Château-Renard (1841)	3,54	id.
Près d'Utrecht (1843)	3,61	(Baumhauer)
Klein-Wenden (1843)	3,701	(Rammelsberg)

DENSITÉS DES CORPS LIQUIDES AUX TEMPÉRATURES ORDINAIRES.

Eau distillée à 4°	1,000000	(Despretz)
— 0°	0,999873	id.
— 10°	0,999731	id.
— 15°	0,999125	id.
Eau de mer	1,0268	
Chlore liquéfié	1,33	
Brome	2,966	
	3,18718	(Jamin)
Mercure	13,5978	
	13,59593	id.
	13,5857	(Billet)
Acide sulfureux liquéfié	1,491	
— sulfurique à 67° Baumé (huile de vitriol)	1,843	
— le plus concentré possible, $SO^3.HO$	1,854	(Marignac)
Acide hyposulfurique	1,347	
— monosulfuré	1,212	(Langlois)
— azotique fumant, AzO^5,HO	1,52	
— quadrihydraté, $AzO^5,4HO$	1,421	
— du commerce (eau-forte)	1,217	
Acide hypoazotique (hypoazotide)	1,451	
— sélénique monohydraté	1,6	
— perchlorique ClO^7aq	1,65	
— sulfhydrique liquéfié	0,91	(Wöhler)
— chlorhydrique le plus concentré, $HCl,5HO$	1,21	(Bineau)
— $HCl,12HO$	1,11	id.
— $HCl,16HO$	1,10	id.
— fluorhydriq. liquide le plus concentré	1,06	
— $HFl,4HO$	1,15	(Bineau)
— cyanhydrique (prussique), (à 18°)	0,697	
Chlorure de silicium $SiCl^3$	1,52	
Chlorure de bore liquéfié (à 17°)	1,35	
Chlorhydrate de sesquichlorure de silicium, $Si^2Cl^3,2HCl$	1,65	(Wöhler et Buff)

Substance	Densité	Observateur
Bromure de bore	2,69	
Bromhydrate de sesquibromure de silicium, $Si^2Br^3.2HBr$	2,5	
Bioxyde d'hydrogène (eau oxygénée)	1,452	(Thénard)
Bisulfure de carbone ou acide sulfo-carbonique	1,29312	
Bisulfure d'hydrogène	1,769	id.
Protochlorure de soufre	1,628	
Bichlorure de soufre	1,625	
Protochlorure de phosphore	1,61616	(Jamin)
Bichlorure d'étain (liqueur fumante de Libavius)	2,26712	id.
Perchlorure de carbone	1,6	
Protochlorure de carbone	1,619	
— formique	1,235	(Malagutti)
Acide acétique monohydraté, $C^4H^3O^3,HO$	1,117	(Cahours)
	1,0630	(Mollerat)
— au maximum de densité, $C^4H^3O^3,3HO$	1,0791	id.
— monochloracétique (solide), $C^4H^2ClO^3,HO$	1,895	(Cahours)
— trichloracétiq. (solide) $C^4Cl^3O^3,HO$	1,617	id.
— anhydre acétique, $C^8H^6O^6$	1,073	(Gerhardt)
— butyrique	0,98163	(J. Pierre)
— valérique (à 16°)	0,937	
— caproïque (à 15°)	0,931	(Fehling)
— caprylique (à 20°)	0,990	
— oléique	0,893	
Glycérine (à 15°)	1,280	
Monochlorhydrine	1,31	(Berthelot)
Dichlorhydrine	1,37	id.
Monoacétine	1,20	id.
Diacétine (à 16°)	1,184	id.
Triacétine (à 8°)	1,174	id.
Monobutyrine (à 17°)	1,088	id.
Dibutyrine (à 17°)	1,082	id.
Tributyrine (à 8°)	1,056	id.
Monovalérine	1,100	id.
Divalérine (à 16°)	1,059	id.
Huile d'olive (à 12°)	0,9192	(De Saussure)
— de lin (à 12°)	0,9192	
— de ben	0,912	
— d'amandes (à 18°) 0,917 à	0,920	
— de navette (à 15°) 0,9128 à	0,9167	
— de colza (à 15°)	0,9252	
— de moutarde (à 15°)	0,9142	
— de sésame	0,9233	
— de noisette (à 15°)	0,9242	
— de faîne	0,9225	
— d'arachide (à 15°)	0,9170	
— de *madia sativa* (à 25°)	0,935	
— de lin (à 12°)	0,9395	(De Saussure)
— d'œillette (à 15°)	8,9249	
— de noix (à 12°)	0,9283	(De Saussure)
— de ricin (à 12°)	0,9575	id.
Acide lactique concentré	1,22	id.
Alcool absolu à 0°	0,81309	(J. Pierre)
	0,81060	(de Gonresain)
à 10°	0,80212	id.
à 12°,5	0,80000	id.
à 15°	0,97788	id.
Alcool le plus concentré du com. à 12°,5 et à 31° Cartier	0,830	id.
Chloral	1,502	
Bromal	3,34	(Lœwig)
Chloroforme (à 18°)	1,49	
Bromoforme	2,10	
Éther à 0°	0,73574	(J. Pierre)
— à 12°	0,7237	
— à 24°	0,7115	
Éther chlorhydrique à 5°	0,874	(Thénard)
à 0°	0,921	
— bromhydrique	1,473	
— iodhydrique	1,975	
— cyanhydrique	0,871	
— sulfhydrique (à 20°)	0,825	
Mercaptan	0,835	
Éther sulfhydrique sulfuré, environ	1	
— azoteux (à 15°)	0,947	
— azotique (à 17°)	1,112	
— sulfureux	1,106	
— sulfurique des chimistes	1,120	(Wetherill)
— borique $BoO^3,3C^4H^5O$	0,8849	(Ebelmen et Bouquet)
Éther siliciques $SiO^3,3C^4H^5O$	0,933	(Ebelmen)
$2SiO^3,3C^4H^5O$	1,079	id.
Éther carbonique	0,965	(Ettling)
— chloro-carbonique	1,133	
— sulfo-carbonique	1,032	
— cyanique	0,898	
— formique (à 18°)	0,915	
— acétique	0,906	
— butyrique	0,90193	(J. Pierre)
— benzoïque (à 10°)	1,054	id.
— oxalique	1,093	(Thénard)
— succinique	1,036	
— œnanthique	0,862	
Éther cinnamique	1,26	
— caproïque (à 18°)	0,822	
— caprylique (à 15°)	0,8738	(Fehling)
— camphorique (à 16°)	1,029	
Esprit de bois ou alcool méthylique (à 20°)	0,798	
	0,82074	(J. Pierre)
Éther méthylique monochloré	1,315	
— bichloré	1,606	
— trichloré	1,594	
— méthylchlorhydrique monochloré (à 18°)	1,344	
— méthylchlorhydrique bichloré (chloroforme)	1,491	
— méthylchlorhydrique trichloré	1,799	
— méthylsulfhydrique	0,845	
— méthylbromhydrique	1,664	
— méthyliodhydrique (à 22°)	2,237	
— méthylazotique	1,182	
— méthylsulfurique (à 21°)	1,324	
— méthylborique $BoO^3,3C^2H^3O$	0,955	
— méthylacétique	0,919	
— méthylvalérique (à 15°)	0,887	
— méthylcaproïque (à 18°)	0,8977	
— méthylcaprylique (à 15°)	0,882	(Fehling)
— méthylbenzoïque (à 17°)	1,10	
— méthylsalicylique (à 10°)	1,18	
— méthylcinnamique	1,106	
Alcool propylique		
— butylique (à 18°)	0,803	(Wurtz)
— amylique ou valériq. (huile de pommes de terre)	0,82705	(J. Pierre)
Éther amylcyanhydrique (à 20°)	0,8061	(Frankland et Kolbe)
Bisulfure amylique (à 18°)	0,918	(O. Henry fils)
Éther amylsulfocyanhydrique (à 20°)	0,905	id.
Alcool caprylique (à 19°)	0,823	(Bouis)
Éther benzocyanhydrique, benzonitryle (à 15°)	1,0073	
Aldéhyde vinique	0,80561	(J. Pierre)
— butyrique (à 22°)	0,821	(Chancel)
— valérique (valéral)	0,820	id.
— œnanthylique (à 17°)	0,8274	(Bussy)
— rutique (à 18°)	0,837	
— benzoïque	1,043	
— anisique	1,09	
— salycilique (à 18°)	1,173	(Piria)
Furfurol ou aldéhyde mucique (à 15°)	1,168	(Cahours)
Acide valérianique (à 16°)	0,937	(Dumas et Stas)
Acétone (à 18°)	0,7921	
Butyrone	0,83	
Œnanthylone (à 30° point de fusion)	0,825	(Von Uslar et Seekamp)
Chlorure d'éthylène (liqueur des Hollandais)	1,280	(Regnault)
— monochloré	1,422	id.
— bichloré	1,576	id.
— trichloré	1,663	id.
Hydrogène bicarboné bichloré	1,250	
Bromure d'éthylène (à 21°)	2,163	
Créosote (à 20°)	1,037	
Benzine (à 15°)	0,85	
— trichlorée (à 7°)	1,447	id.
Benzoène ou anisène	0,87	(Deville)
Nitrobenzine (à 15°)	1,209	
Huile de pétrole naturelle 0,836 à	0,878	
Naphte (pétrole distillé)	0,847	
Pétrolène de Béchelbronn (à 21°)	0,891	(Boussingault)
Essence de térébenthine	0,8697	
Colophène	0,940	(Deville)
Monochlorhydrate de térébène (à 21°)	0,904	id.
Essence de citron (à 22°)	0,847	
— de sabine	0,915	
— de genièvre	0,849	
— de bergamotte (partie la plus volatile)	0,850	
— d'orange	0,835	
— de cubèbe	0,929	
— de copahu	0,878	
— d'élémi	0,85	
— de caoutchouc (caoutchine) (à 16°)	0,8423	(Himly)
— de girofle (partie neutre)	0,92	
— de poivre noir	0,86	
— de thym (partie liquide)	0,87	
— de rétinole	0,9	
Essence d'amandes amères (hydrure de benzoïle)	1,043	
Chlorobenzol (à 16°)	1,245	
Cumine	0,953	
Essence de cumin	0,969	
Cymène (à 14°)	0,861	
Chlorure de cuminyle (à 15°)	1,070	
Essence de cannelle	1,010	
Chlorure de cinnamyle (à 16°)	1,207	
Chlorure d'anisyle (à 15°)	1,261	
Cinnamène, styrol (à 15°)	0,928	
Acide eugénique (essence acide		

du girofle	1,079	
Gaulthérylène	4,92	(Cahours)
Essence de *gaultheria procumbens* ou de *wintergreen*, salicylate de méthylène (à 10°)	1,18	id.
Essence de *spiræa ulmaria* (reine des prés), hydrure de salicyle (à 13°)	1,173	(Piria)
Hydrate de phényle ou phénol (à 18°)	1,065	(Bobeuf)
Gaïacène ou tolène (à 10°)	0,858	(Kopp)
Hydrure de gaïacyle (à 22°)	1,119	
Benzoène ou anisène, ou toluène (à 10°)	0,87	
Essence de moutarde (à 20°)	1,015	(Wertheim)
Essences de menthe. { de *mentha pulegium*	0,9155	
{ de *mentha viridis*,	0,876	
Menthène	0,85	
Cédrène (à 14°,5)	0,984	
Essence de rue (à 18°)	0,837	
— d'absinthe (à 24°)	0,973	
— de sassafras (à 10°)	1,09	
— de cajeput (à 25°)	0,9274	
— de romarin.... 0,897 à	0,9118	
— de rose (à 15°)	0,832	
Allyle (à 14°)	0,684	
Antimoniure d'éthyle, stibtriéthyle (à 16°)	1,324	(Landolt)
Arséniure d'éthyle, arsentriéthyle	1,151	(Cahours et Hofmann)
Phosphure d'éthyle, triphosphéthyline (à 15°)	0,812	(Bunsen)
Oxyde de cacodyle	1,46	(Bunsen)
Nicotine	1,024	
Conine	0,89	
Aniline, kyanol	1,028	
Cumidine	0,953	
Éthylamine (à 8°)	0,696	
Amylamine (à 18°)	0,750	
Quinoléine, leukol	1,081	
Picoline (à 10°)	0,955	(Anderson)
Suc laiteux du caoutchouc	1,0117	
Glycol	1,125	(Wurtz)
Propylglycol	1,051	id.
Butylglycol	1,048	id.
Amylglycol	0,987	id.
Glycol diacétique	1,128	id.

Densités des vins.

VINS DE LA GIRONDE.

Rouges 1846 {	Château-Laffitte	0,996	(Fauré)
	Château-Margaux	0,996	id.
	Château-Latour	0,995	id.
	Haut-Brion	0,994	id.
	Léoville	0,996	id.
	Gruau-Laroze	0,997	id.
	Saint-Estèphe-Phélan	0,998	id.
Blancs {	Sauterne	0,995	id.
	Barsac	0,995	id.
	Podensac	0,997	id.
	Preignac	0,996	id.
	Carbonnieux	0,994	id.
	Langoiran	0,998	id.
	Sauterne	0,9987	(Blaanderen)

VINS DE BOURGOGNE.

Clos-Vougeot	1825	0,925	(Delarue)
—	1841	0,963	id.
—	1842	0,952	id.
La Romanée	1833	0,931	id.
Chambertin	1834	0,920	id.
—	1839	0,940	id.
La Tâche	1834	0,971	id.
—	1842	0,939	id.
Nuits, Saint-Georges.	1842	0,951	id.
Aloxe, Corton	1842	0,977	id.
Beaune, La Mousse	1842	0,935	id.
— Les Grèves..	1842	0,940	id.
Volnay, Cailleret..	1842	0,991	id.
— Rougiots....	1842	0,952	id.
— en Chevret..	1842	0,960	id.
— en Champans	1842	0,925	id.
Beaune		0,9939	(Blaanderen)
Pomard		0,9939	id.
Vin de Champagne		1,0200	id.
— de Bergerac		1,0958	id.
— de l'Hermitage		0,9950	id.
— de Saint-Georges (Hérault).		0,9954	id.
— de Langlade		0,9926	id.

VINS DU ROUSSILLON.

Perpignan	1837	0,993	(Bouis)
Baixas	1837	0,996	id.
Salses	1837	0,994	id.
Rivesaltes	1837	0,998	id.
Collioure	1838	0,999	(Bouis)
Banyuls-sur-Mer	1838	0,940	id.
Prades	1837	0,993	id.
Villefranche	1837	0,992	id.
Narbonne	1837	0,993	id.

VINS DU RHIN.

Würtzbourg, riessling.	1834	0,9910	(Schubert)
— —	1846	1,0083	id.
— traminer.	1835	0,9762	id.
— —	1843	0,9954	id.
— cépages mêlés.	1818	0,9933	id.
— —	1846	0,9879	id.
Forst	1834	0,9953	(Diez)
—	1852	0,9964	id.
Deidesheim	1846	0,9953	id.
—	1853	0,9998	id.
Rüdesheim	1846	0,9937	id.
—	1848	0,9963	id.
Dürckheim	1849	0,9956	id.
—	1852	0,9960	id.
Oppenheim	1848	0,9951	id.
Steinberg	1816	0,9953	id.
Johannisberg	1842	0,9917	id.
Hohenheim	récent	0,9959	(Frésénius)
Markobrunn	—	1,0012	id.
Steinberg	—	1,0070	id.
—	—	1,0323	id.

VINS ÉTRANGERS DU MIDI.

Malaga	1,070 à 0,1037	(Mayer)
Madère	0,9971	(Tabarié)
—	0,9874 à 0,9931	(Blaanderen)
Ténériffe	0,9945	(Tabarié)
—	0,9985 à 0,9908	(Blaanderen)
Lacryma-Christi	0,9600	(Blaanderen)
Porto	0,9970	(Tabarié)
—	0,9999 à 0,9925	(Blaanderen)
Benicarlo	0,9947	id.
Tavella	0,9949	id.

VINS D'ORIENT.

Hebron	1,0083	(Hitschok)
—	1,0086	id.
Liban	1,0121	id.
—	1,0892	id.
—	1,0880	id.
Syrie	1,0051	id.
Chypre	1,0220	id.
—	1,0254	id.
Rhodes	0,9920	id.
—	0,9909	id.
Corfou	0,9930	id.
Samos	1,0205	id.
—	1,0226	id.
Smyrne	1,0162	id.

Densité du moût (vin doux).

	Maxim.	Minim.	
Touraine	1,082	1,063	(Chaptal)
Midi de la France, 1822.	1,128	1,103	(Fontenelle)
Stuttgard	1,099	1,066	(Reuss)
Marbach, 1809	1,054	1,047	(Günzler)
— 1811	1,084	1,074	id.
Bords du Necker	1,090	1,050	(Schübler)
Heidelberg	1,091	1,039	(Metzger)

Liquides animaux.

Sang hum. normal.. {	Moyenne	1,055	(Lehmann)
{ Nombres {		1,045	id.
{ extrêm.		1,075	id.
Sang défibriné, homme		1,0602	(Becquerel et Rodier)
— femme		1,0572	id.
Sérum, homme		1,0280	id.
— femme		1,0275	id.
Caillot (semi-liquide)		1,0885	(Lehmann)
Salive complète, humaine 1,004 à		1,006	id.
— des parotides.... 1,0061 à		1,0088	id.
— des sous-maxillair. (chien)		1,004	id.
Lait de femme		1,0203	
— de vache		1,0321	
— de chèvre		1,0341	
— de jument		1,0346	
— d'ânesse		1,0355	
— de brebis		1,0409	
Laits de vache écrémés {		1,0342	
		1,0352	
		1,0362	
Laits de vache très-riches en crème {		1,0296	
		1,0274	
Bile de bœuf (à 6°)		1,026	(Thenard)
Urine humaine normale (moy.)		1,0256	(Lehmann)
— du repas		1,0271	(Chambert)
— du mat. ou urine du sang } Moyenne		1,0227	id.
— des boissons { Maximum		1,0121	id.
{ Minimum		1,0070	id.
Huile de foie de raie		0,928	(Girardin et Preisser)

DENSITÉ DES GAZ. — La chaleur dilatant les corps, leur densité dépend évidemment de la température; aussi, pour être précis, faut-il, quand on donne une densité, désigner la température à laquelle elle se rapporte. On a l'habitude de prendre pour température type, celle de la glace fondante. Toutefois, ces variations sont peu sensibles pour les solides et les liquides ; elles sont au contraire très-marquées pour les gaz, et comme d'ailleurs le volume d'un gaz dépend aussi de la pression, il s'ensuit que la détermination de la densité d'un gaz dans des conditions bien définies de pression et de température, constitue une expérience physique des plus délicates. Nous donnons ici la méthode aussi rigoureuse qu'élégante due à M. Regnault, pour la résolution de cette question.

On prend deux ballons A et B de 8 à 10 litres de capacité et de même volume extérieur, on les suspend aux plateaux P, P' d'une balance, comme le montre la figure 763, après

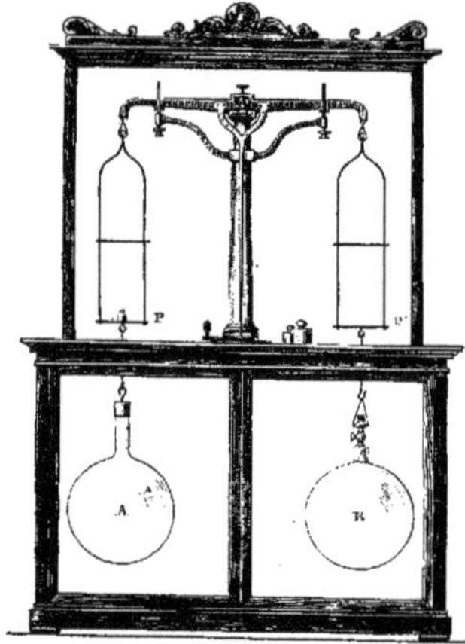

Fig. 763. — Mesure de la densité des gaz.

avoir fait le vide dans l'un d'eux et on établit l'équilibre. On laisse ensuite le ballon vide se remplir du gaz que l'on étudie à la pression extérieure et à la température de 0° ; cette dernière condition est réalisée par l'immersion du ballon dans la glace fondante. En reportant le ballon sous la balance, l'équilibre primitif est rompu et la différence de poids donne le poids d'un volume de gaz égal à celui du ballon à 0° et sous une pression égale à H—h, H étant la pression extérieure et h la pression du gaz restant dans le ballon vide, ce poids P, sous la pression de $0^m,760$, eût été évidemment égal à $P\frac{760}{H-h}$. La même expérience faite sur l'air donne le poids $P'\frac{760}{H'-h'}$ de l'air qui remplirait le ballon dans les mêmes conditions ; le rapport de ces deux poids, c'est-à-dire $\frac{P}{P'} \cdot \frac{H'-h'}{H-h}$, donne la densité du gaz par rapport à l'air.

Le rapport étant connu pour les différents gaz, pour avoir le poids du litre d'un gaz quelconque, il suffit de déterminer une fois pour toutes le poids du litre d'air dans des conditions bien déterminées. Cette question, si importante au point de vue de la philosophie naturelle, a été résolue autrefois par Biot et Arago et plus récemment par M. Regnault ; elle se réduit à jauger à l'eau distillée le ballon qui contient un poids d'air connu, par les expériences précédentes. M. Regnault a trouvé ainsi pour le poids de 1 litre d'air sec à 0 et sous la pression de $0^m,760$, $1^{gr},293187$, ce qui donne environ $\frac{1}{773}$ pour la densité de l'air par rapport à l'eau.

Cette valeur se rapporte à la latitude de Paris et à l'altitude de 60 mètres. Sous le parallèle moyen de 45° et au niveau des mers, le poids du litre d'air sec à 0° et $0^m,760$ est $1^{gr},292743$, et à une latitude λ et une altitude métrique a, ce poids, devient, en désignant par R le rayon de la terre exprimé en mètres :

$$1^{gr},292743 \left(1 - 0,002837 \cos 2\,\lambda\right)\left(1 - \frac{2a}{R}\right)$$

On peut se contenter sensiblement en France des valeurs trouvées pour Paris.

Nous donnons ici les densités relatives à l'air et les poids du litre à 0° et $0^m,760$, de quelques corps, simples ou composés, gazeux aux températures ordinaires, voisines de 0°.

NOMS DES GAZ.	DENSITÉS.	POIDS du litre à 0° et à $0^m,760$	OBSERVATEURS.
Oxygène	1,10563	$1^{gr},429802$	Regnault.
Hydrogène	0,06926	0 ,089578	Id.
Azote	0.97137	1 ,256157	id.
Chlore	2,4216	3 ,1238	
Oxyde de carbone	0,9569	1 ,2314	Cruikshank.
Acide carbonique	1,52901	1 ,977414	Regnault.
Protoxyde d'azote	1,5269	1 ,9697	
Bioxyde d'azote	1,0388	1 ,3434	Regnault.
Acide sulfureux	2,1930	2 ,7289	
— sulfhydrique	1,1912	1 ,5363	G.-Lussac, Thenard
— chlorhydrique	1,24740	1 ,5891	Biot et Arago.
Phosphure d'hydrogène gazeux	1,184	1 ,527	P. Thenard.
Cyanogène	1,8064	2 ,3302	Gay-Lussac.
Fluorure de bore	2,3124	2 ,982	Dumas.
— de silicium	3,573	»	John Davy.
Protocarbure d'hydrogène	0,559	0 ,727	
Bicarbure d'hydrogène	0,985	1 ,274	
Bicarbure d'hydrogène de Faraday	1,9264	2 ,484	Faraday.
Gaz ammoniac	0,59669	0 ,7697	Biot et Arago.

Densité des vapeurs. — Voyez Vapeurs.

DENT, DENTITION (Anatomie humaine), du nom latin *dens*. — On nomme *dents*, des corps durs, propres à saisir, à diviser et à broyer les aliments, qui sont implantés dans la bouche des animaux vertébrés, principalement au bord des os maxillaires. Les dents atteignent leur plus grande perfection organique chez les mammifères et chez l'homme ; c'est là que nous indiquerons avant tout leur disposition. On distingue extérieurement dans une dent d'homme une partie libre, saillante dans la bouche, c'est la *couronne*, et une partie ordinairement plus longue, enfoncée dans la cavité osseuse, qu'on nomme l'alvéole, et servant à fixer la dent ; cette seconde partie est la *racine* ; la ligne qui les limite l'une l'autre à leur point de jonction au niveau du bord de la gencive, se nomme le *collet*. Suivant les usages des dents, la couronne et la racine sont diversement conformées et à ce point de vue on reconnaît dans la bouche de l'homme trois sortes de dents : 1° les *incisives* (du latin *incidere*, couper), vulgairement *D. de devant* (*D. primores*, de Lin.), au nombre de quatre à chaque mâchoire, symétriquement placées deux par deux, de chaque côté de la ligne médiane, reconnaissables à leur couronne comprimée de manière à former une lame transversale propre à couper ; 2° les *canines* (du latin *canis*, chien, à cause de leur analogie avec les crocs des chiens), placées sur les côtés des mâchoires à la suite des incisives, au nombre de deux à chaque mâchoire et souvent désignées par le vulgaire, chez les enfants, sous le nom d'*œillères*, caractérisées par leur couronne conique plus large à la base que celle des incisives ; 3° les *molaires* (du latin *mola*, meule) ou *mâchelières* (du français *mâcher*), placées au fond de la bouche à chaque mâchoire et de chaque côté à la suite des canines et reconnaissables à leur couronne aplatie et marquée seulement de tubercules arrondis, séparant des sillons linéaires ; on distingue, parmi les 20 molaires que l'homme possède, les *petites* ou *fausses molaires* qui se voient à la suite de la canine, au nombre de 2 de chaque côté à chaque mâchoire (soit 8 en totalité), dont la couronne n'a que 2 tubercules et dont la racine est un pivot simple, comme celle des incisives et des canines ; et enfin les *grosses* ou *vraies molaires*, occupant le fond de la bouche au nombre de 3 de chaque côté à chaque mâchoire (12 en totalité), dont la couronne montre 4 tubercules séparés par 2 sillons en croix et dont la racine est formée de 4 pivots correspondant chacun à l'un des tubercules ; les molaires sont les dents destinées à la mastication des aliments.

La dent est essentiellement constituée par une matière dure, compacte, d'un blanc jaunâtre, que l'on nomme *ivoire* ou *dentine* (*substance tubulaire*, de Muller) ; au centre est une cavité communiquant avec les parties voisines, par la pointe de la racine, et contenant une masse charnue, appelée *pulpe dentaire* ou *bulbe*, à laquelle parviennent, par l'extrémité des racines, des vaisseaux sanguins et des nerfs dont les maux de dents ne révèlent que trop la sensibilité. La couronne de la dent est revêtue extérieurement d'une couche mince d'une matière plus dure que l'ivoire, polie, d'un blanc bleuâtre comparable au vernis extérieur des porcelaines et que l'on nomme *émail*. La dent est maintenue dans l'alvéole par le tissu osseux de l'os où cette cavité est creusée, tissu qui se développe et s'organise tout autour de la racine et l'embrasse étroitement ; la gencive vient compléter ce sys-

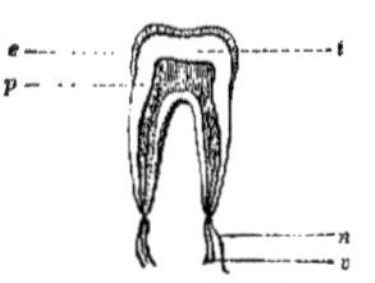
Fig. 764. — Coupe théorique d'une dent humaine (1).

tème de fixation et empêche, tant qu'elle reste saine, l'introduction si nuisible des corps étrangers à la base de la couronne contre la racine. La dentine ou ivoire, examinée au microscope, fait voir dans sa substance des tubes très-fins ($\frac{1}{10}$ de millimètre environ, chez l'homme), perpendiculaires au bulbe ou pulpe dentaire, à peu près parallèles entre eux, mais n'admettant aucun vaisseau sanguin ; ces canaux paraissent ménagés pour laisser arriver les sels calcaires qui incrustent la dent, on les a nommés *tubes calcigères*. L'émail ne montre pas ces tubes et semble formé de particules prismatiques régulièrement déposées ou formées les unes sur les autres. Au point de vue chimique, l'ivoire ou dentine contient 30 p. 100 environ de matière organique, analogue à celle des os, et 70 p. 100 de sels minéraux dont 67 environ de phosphate de chaux et le reste de carbonate de chaux et de fluorure de calcium. L'émail ne contient que 1 p. 100 de matière organique, 88 p. 100 de phosphate de chaux et 12 de carbonate de chaux.

Développement des dents chez l'enfant. — Chaque dent se forme dans une petite capsule qui se développe elle-même dans une cavité de l'os maxillaire. Chez le nouveau-né, cet os étant à peine formé, toutes les cavités où se trouvent les capsules communiquent entre elles et donnent à l'os la forme d'une rigole tout le long de chaque arcade dentaire. Mais lors de la seconde dentition, ce n'est plus ainsi, et chaque cavité osseuse isolée, contient sa capsule dentaire. Dans l'intérieur de la capsule dentaire est le bulbe, sous la forme d'une sorte de bourgeon charnu ; ce bulbe croît peu à peu et sa partie périphérique s'ossifiant progressivement se transforme en ivoire, tandis que la membrane de la capsule dépose l'émail sur la couronne de la dent. Dès qu'elle a pris un certain accroissement, la dent, en pressant le tissu de la gencive l'enflamme, en provoque la perforation et fait saillir peu à peu sa couronne dans la bouche.

L'enfant naît habituellement sans dent ; de 6 à 12 mois apparaissent les incisives médianes, celles d'en bas les premières ; puis, se montrent les incisives latérales ; ensuite et simultanément perce de chaque côté et à chaque mâchoire au fond de la bouche, une molaire bientôt suivie d'une autre ; les canines ou œillères se développent en dernier et souvent en même temps que cette seconde grosse dent. De 18 à 24 mois, l'enfant possède habituellement 20 dents (8 incisives, 4 canines, 8 molaires), c'est ce qu'on nomme la *dentition de lait.* L'apparition prochaine des *dents de remplacement* ou de la *seconde dentition* est annoncée vers 7 ans par l'éruption au fond de la bouche, de chaque côté et à chaque mâchoire, d'une grosse molaire en arrière des deux grosses dents de lait, puis les dents de lait elles-mêmes tombent successivement, à peu près dans l'ordre où elles avaient poussé ; les incisives et les canines sont remplacées par de nouvelles dents de même sorte ; mais à la place de grosses dents ou molaires de lait se montrent les petites molaires de remplacement. Vers 11 ans, perce à chaque mâchoire et de chaque côté une nouvelle grosse molaire, derrière la précédente ; enfin, de 20 à 25 ans, l'éruption d'une dernière grosse molaire, connue vulgairement sous le nom de *dent de sagesse*, vient à chaque mâchoire et de chaque côté, compléter la dentition définitive de l'homme. Cette dernière molaire rencontre souvent des difficultés pour se

développer, et il n'est pas rare de trouver des personnes chez lesquelles les quatre dents de sagesse sont incomplètes ou manquent totalement (voyez Dentition [*maladies de la*]).
Ad. F.

Dent (Pathologie). — Les dents sont sujettes à de nombreuses maladies, en raison de leur structure spéciale, des fonctions qu'elles ont à remplir, de leur situation tout extérieure, qui les met en rapport direct avec tous les corps étrangers, solides, liquides ou gazeux ; indépendamment de ces circonstances, une foule de causes agissent encore pour les produire, ainsi la constitution physique, les dispositions héréditaires, la variété des saisons, des climats, les anomalies nerveuses qui peuvent les rendre douloureuses, etc. Il faut ajouter à cela le scorbut, l'usage des préparations mercurielles, la syphilis, etc. On peut rapporter à trois sections ce qui regarde les maladies des dents : 1° maladies des dents proprement dites ; 2° maladies tenant à leurs annexions ; 3° anomalies de nombre, de situation, d'arrangement des dents, de forme des arcades dentaires.

1° Dans la première catégorie, on distingue particulièrement l'*usure*, qui peut reconnaître pour causes leur mauvaise organisation, les grincements de dents souvent répétés, l'emploi de poudres dures et de substances trop acides pour les nettoyer, l'action de briser des corps trop durs, la mastication d'un seul côté, les tuyaux de pipe cylindriques et durs : quelquefois ces dents deviennent sensibles et s'agacent facilement ; mais la carie s'y développe rarement.

L'*entamure des dents* reconnaît à peu près les mêmes causes, et produit les mêmes effets, elle n'intéresse que la partie superficielle de la dent : la *fracture* se distingue de l'*entamure*, parce qu'elle va jusqu'à la cavité dentaire ; elle est presque toujours produite par un choc extérieur ; si elle n'affecte que le collet et la racine de la dent, on peut espérer de la conserver par la réunion des fragments en la maintenant dans une immobilité complète : si elle est transversale et qu'elle intéresse la couronne près du collet, il faut cautériser la pulpe dentaire et placer une dent à pivot : lorsque la fracture est longitudinale et va jusqu'à la racine, il faut l'arracher.

L'*atrophie des dents* se manifeste le plus souvent par de petits enfoncements rapprochés, ressemblant à des piqûres, par des dépressions, des sinuosités transversales séparées par des lignes saillantes, qui semblent n'affecter que l'émail : d'autres fois, ce sont des taches dans l'émail, d'un blanc de lait ou d'un jaune plus ou moins foncé, enfin, elle peut affecter toutes les substances dentaires ; alors la dent ne prend pas toutes ses dimensions. L'art ne peut rien contre cette maladie.

La *décomposition de l'émail* est caractérisée par des taches brunes ou noirâtres, au-devant ou sur les côtés de la couronne ; l'émail conserve son poli ou il est rugueux et cède un peu à la rugine, ou bien l'émail perd son poli, on peut en enlever quelques parcelles ; quelquefois il présente une légère déperdition superficielle, sous la forme d'une facette ovale, qui augmente peu à peu en largeur et en profondeur ; la dénudation de la partie osseuse de la dent qui résulte de cette maladie, la rend sensible et la dispose à la carie.

La *carie* est une des maladies qui affectent le plus souvent les dents, surtout chez les jeunes sujets et les adultes ; elle reconnaît souvent pour cause les vices scrofuleux, scorbutique, rhumatismal, herpétique ; elle est très-commune dans les lieux humides et bas. Une dent cariée carie souvent la dent voisine. On distingue plusieurs espèces de carie : la *carie calcaire*, dans laquelle l'émail devient friable comme de la chaux, elle s'arrête avec l'âge et la partie altérée devient jaune et peu sensible ; la *carie écorçante*, dans laquelle l'émail jaunit, devient fragile et se détache par parcelles, la substance osseuse est molle et peut se couper ; elle accompagne souvent les affections dartreuses ; la *carie perforante ;* ici la substance osseuse devient jaune, brune, se ramollit, elle est fétide, il se forme une excavation qui s'agrandit, la dent est sensible, bientôt la cavité dentaire est ouverte, les douleurs deviennent très-vives, enfin la portion osseuse est détruite, l'émail se casse par fragments, il ne reste plus que la racine qui cesse d'être douloureuse ; cette carie est la plus fréquente ; la *carie charbonnée* présente une couleur bleuâtre à travers l'émail, qui bientôt noircit et se détruit, la carie fait des progrès et corrode la dent jusqu'à la racine ; la *carie diruptive* commence par une tache jaunâtre avec perte de substance près du collet, elle se propage vers la racine, fait des progrès rapides ; bientôt la couronne intacte se sépare de la racine cariée

(1) *e*, émail. — *i*, ivoire. — *p*, pulpe. — *n*, filet nerveux qui la rend sensible. — *v*, vaisseaux sanguins qui nourrissent la pulpe.

qui se brise; la *carie stationnaire*, qui altère l'émail par une excavation superficielle, mais large, à fond noir et dur, puis s'arrête et reste stationnaire, elle est inodore et insensible; la *carie simulant l'usure* siége sur la surface triturante des molaires, et se distingue par une cavité large, lisse et unie, jaune ou brunâtre. Les moyens généraux pour prévenir la carie consistent à détruire les causes qui peuvent y donner lieu si on les connaît, ensuite à éviter tout ce qui peut irriter les dents ou les gencives; on doit prévenir l'accumulation du tartre, par la mastication, par les soins de propreté, etc. On attaque la carie, lorsqu'elle est superficielle, par l'application des teintures aromatiques, des huiles essentielles, ou mieux encore par l'ablation de la partie cariée, au moyen de la rugine, de la lime; si elle est profonde, par la cautérisation; enfin la dernière ressource est l'*extraction* (voyez ce mot). On remédie par le *plombage* aux désordres de la carie, lorsqu'il existe une cavité qui puisse retenir la feuille métallique, avec ou sans cautérisation préalable.

La *consomption des racines des dents* est une maladie fréquente, caractérisée par une perte de substance de ces parties, elle commence par le sommet de la racine. Il y a douleur, gonflement des gencives, mobilité des dents malades, quelquefois des abcès et des fistules, suintement puriforme entre la racine et la gencive; dans ce cas, il faut faire l'extraction de la dent, quoiqu'elle paraisse quelquefois saine.

Les *fistules dentaires* sont de petits abcès, de petits ulcères fistuleux qui ont lieu aux gencives, et qui correspondent à une dent malade, elles reconnaissent pour cause une dent cariée ou une racine frappée de consomption. Cette fistule est caractérisée par un petit ulcère, le long de la base de la mâchoire inférieure, ayant dans son milieu une ouverture à bords calleux et tuméfiés, et fournissant un ichor séreux que l'air dessèche; un stylet introduit dans cette ouverture arrive jusqu'à l'os. Le traitement consiste à extraire la dent qui détermine la fistule aussitôt que des fluxions font craindre cette terminaison.

La *nécrose* survient après la suppuration ou la désorganisation de la membrane de l'alvéole; les dents s'ébranlent et tombent quelquefois spontanément, ou biens elle restent et entretiennent un écoulement purulent, fétide; lorsqu'on les arrache, on trouve les racines rugueuses, jaunâtres ou noirâtres.

L'*exostose*, le *spina ventosa*, sont des maladies rares; on rencontre plus souvent l'*inflammation de la membrane alvéolo-dentaire*, celle de la *pulpe dentaire*, autrement dites la *périodontite* et l'*odontite*, elles réclament le traitement antiphlogistique; on observe encore quelquefois l'*ossification de la pulpe dentaire* et ses *fongosités*.

2º Dans les maladies des dents qui tiennent à leurs connexions, on remarque : les *luxations*; elles sont complètes ou incomplètes; dans ce dernier cas, on peut replacer la dent, et elle continue de vivre; une dent luxée complétement peut même être réintroduite dans l'alvéole et devenir immobile au bout de quelque temps.

La *dénudation* ou le *déchaussement* des racines, les expose à l'accumulation du tartre beaucoup plus qu'à la carie.

Le *tartre* est cette concrétion qui se forme sur les dents; lorsqu'elle est encore molle, elle prend le nom de *limon* ou *enduit*. Le tartre acquiert quelquefois une dureté extrême, et finit par enchâsser les dents presque complétement. On doit, par les soins de propreté, prévenir sa formation, en brossant, nettoyant souvent les dents; lorsque, malgré ces soins, elles en sont encroûtées, il faut l'enlever avec précaution, surtout si les dents sont déchaussées et ébranlées.

3º Enfin, dans la troisième section, nous trouvons les *anomalies de nombre*; quelquefois il y a moins de trente-deux dents, qui est le nombre normal; ce sont souvent les *dents de sagesse* qui manquent. D'autres fois elles excèdent le nombre ordinaire, cela peut tenir à ce que les dents *primitives* ne sont pas encore tombées toutes, ordinairement pourtant, ce sont de véritables dents surnuméraires, et dans ce cas il faut en faire l'extraction.

4 La *situation* des dents est quelquefois irrégulière; ainsi on en trouve dans l'épaisseur des os maxillaires, on a vu la racine tournée vers la gencive, et la couronne vers le fond de l'alvéole; on en a observé sur la voûte palatine, et jusque dans le pharynx, les orbites, etc. Ces dents doivent être extraites toutes les fois que cela sera possible.

L'*arrangement des dents* peut être vicieux : ainsi, quelquefois elles sont *obliques* en avant, en arrière, sur les côtés; cette disposition tient bien souvent à ce que sa seconde dentition se fait avant que les dents primitives soient tombées, et alors la présence de ces dernières gêne l'évolution des autres; il faut donc, lorsqu'un engorgement douloureux annonce cette évolution, se hâter d'extraire la dent primitive qui la gêne. Pour *remédier* à l'obliquité, lorsqu'elle se borne à une ou deux dents, on peut espérer de les redresser, soit au moyen de ligatures fixées sur les dents voisines, soit à l'aide d'un petit appareil dont l'effet est d'exercer sur celles qui sont déviées une pression forte et permanente; pour que ces moyens agissent convenablement, il faut souvent extraire une dent pour avoir de l'espace.

La *forme des arcades dentaires* peut être *viciée*, soit par leur *proéminence*, soit par leur *inversion*; malgré tous les appareils qu'on a pu imaginer, il est rarement possible d'y remédier.

Telles sont les principales maladies qui peuvent affecter les dents; en les énumérant, il a été fait mention des principaux moyens de traitement qui conviennent à chacune d'elles; des soins hygiéniques bien entendus peuvent contribuer à en prévenir plusieurs; ainsi, il faut éviter avec soin la formation du tartre, et son accumulation; par l'emploi journalier de la brosse, de l'éponge et des gargarismes d'eau fraîche, seule ou aignisée de quelques gouttes d'eaux spiritueuses, mais non acides, ils pourraient nuire à l'émail des dents; ces mêmes gargarismes conviennent encore lorsque les gencives sont molles, tuméfiées ou saignantes, on emploie encore avec avantage, dans ce cas, une poudre composée de quinquina, de charbon, ou d'os calcinés, etc. Les cure-dents doivent être en os, en plumes d'oie, jamais il ne faut se servir d'épingles, de couteaux, ni d'autres corps trop durs. Les brosses doivent toujours être douces. Indépendamment des soins de propreté, il faut aussi veiller à ménager les dents dans leur solidité; ainsi, éviter les petits chocs qu'elles peuvent recevoir en jouant avec des cailloux, des balles, des noyaux, éviter aussi de casser des noyaux, des cailloux, des noisettes, etc. L'usage de la pipe, surtout avec un tuyau dur, finit par y déterminer un vide, la fumée du tabac les noircit, etc.

Parmi les différents moyens indiqués pour le traitement des maladies des dents ou pour remédier aux accidents qui en sont la suite, il y en a un certain nombre qui demandent quelques développements, et qui sont traités séparément aux articles suivants : CAUTÉRISATION, EXTRACTION, ODONTALGIE, ODONTOTECHNIE, etc. F — N.

DENT (Zoologie). — Parmi les animaux vertébrés, ceux de la classe des *Oiseaux* sont dépourvus de dents, les mâchoires étant enveloppées d'un bec corné; une disposition identique existe chez les reptiles chéloniens (tortues) qui en manquent également. Les autres groupes de vertébrés possèdent généralement des dents, sauf quelques espèces ou genres dont le régime alimentaire n'exige pas des organes de ce genre.

Dents des Mammifères. — La plupart des animaux mammifères ont une dentition très-analogue à celle de l'homme, sous tous les rapports. Cependant on peut les partager en plusieurs catégories, au point de vue de la dentition; d'abord, il en est qui manquent de dents, ce sont les Pangolins, les Fourmiliers, les Échidnés, les Baleines, les Rorquals; les Narvals n'ont pour toute armure dentaire qu'une énorme défense droite et latéralement implantée dans leur maxillaire supérieur; les Ornithorhynques n'ont, au lieu de dents, que des tubercules cornés rappelant la forme des dents, mais dépourvus de racines et accolés seulement aux mâchoires. D'autres mammifères, désignés par Blainville sous le nom de *mal-dentés*, ont des dents trop semblables entre elles pour être distinguées en incisives, canines et molaires; ils manquent surtout de dents molaires à plusieurs pivots radiculaires; ce sont les Cétacés pourvus de dents, les Tatous, les Chlamyphores et les Paresseux qui cependant ont, en avant de leurs autres dents, sur les côtés des mâchoires, des crocs pointus comparables à de véritables canines. Les autres mammifères, nommés *bien-dentés* par Blainville, étaient distingués par Fr. Cuvier en mammifères à *dentition complète*, possédant en même temps les trois sortes de dents, et mammifères à *dentition incomplète*, ceux qui n'offrent pas cette disposition. Les mammifères pourvus des trois sortes de dents sont ceux de l'ordre des *Quadrumanes*, de l'ordre des *Carnassiers*, puis, parmi les *Marsupiaux*, les Sarigues, les Thylacines, les Dasyures, les Péramèles, les Phalangers, les Potoroos, les Koalas, parmi les *Pachydermes* les Hippopotames, les Cochons, les Phacochores, les Pécaris, les Tapirs, les Rhinocéros, les Damans, parmi les *Ruminants* les Chameaux, les Lamas, les Chevrotains. Les mammifères pourvus de molaires et d'incisives, mais dépourvus de canines ou n'en ayant que des rudiments, sont, ceux de l'ordre des *Rongeurs:* les Phascolomes, les Kanguroos, les Éléphants; les espèces du genre *Cheval;* les espèces de l'ordre des *Ruminants* qui ont le front pourvu de cornes, et les *Dugongs.* Sont dépourvus d'incisives et de canines les Oryctéropes et les Lamantins.

Dents des vertébrés ovipares. — Les dents des vertébrés ovipares sont généralement dépourvues de racines ou munies seulement de racines rudimentaires analogues à celles des dents des mammifères cétacés; tantôt ces dents ont une couronne conique plus ou moins incurvée à son sommet, tantôt cette couronne est conformée en une plaque propre à broyer, etc.; mais jamais on n'y peut distinguer des incisives, des canines, des molaires. En outre, généralement plus nombreuses que celles des mammifères, les dents des reptiles et des poissons ne sont pas seulement fixées sur les os maxillaires et incisifs; les os palatins, et, chez les Poissons, les arcs branchiaux, le vomer, l'os lingual, et parfois même les corps des premières vertèbres, en peuvent être armés. Très-variée déjà chez les reptiles, la disposition du système dentaire l'est encore bien plus et jusqu'à l'infini chez les poissons.

Dents des Invertébrés. — Les mâchoires latérales des articulés étant elles mêmes des pièces cornées, tiennent lieu de dents pour saisir et pour mâcher les aliments. Quelques espèces, comme les écrevisses, ont en outre des plaques cornées, jouant le rôle de dents à la surface interne de l'estomac. Les mollusques n'ont jamais de dents, mais parfois un bec corné, comme les céphalopodes. Chez les zoophytes on trouve quelquefois, comme chez les oursins, un appareil de parties calcaires, fonctionnant comme des mâchoires et comme des dents.

Pour l'étude des dents, consultez : G. Cuvier et Duvernoy, *Anatomie comparée,* 2e édit.; Fr. Cuvier, *Les dents des mammifères considérées comme caractères zoologiques;* de Blainvil e, *Ostéographie;* R. Owen, *Odontographie* (texte anglais).

Dent (ART) (Médecine). — Voy. ODONTOTECHNIE.

Dent (Zoologie), — On donne encore le nom de dents, à cause de l'analogie des formes, aux saillies qui font partie de la charnière des valves des coquilles dans les mollusques bivalves et dans l'ouverture des coquilles univalves (voyez COQUILLE, MOLLUSQUES).   AD. F.

DENTAIRE (ART) (Médecine). — Voy. ODONTOTECHNIE.

Dentaire (Botanique), *Dentaria,* Lin.; du latin *dens, dentis,* dent; allusion à la forme des racines. — Genre de plantes *Dicotylédones dialypétales hypogynes,* famille des *Crucifères,* tribu des *Arabidées;* il est spécialement caractérisé par une silique à valves élastiques, planes et sans nervure. Les espèces de ce genre sont des plantes vivaces, à racines tuberculeuses. La *D. bulbifère* (*D. bulbifera,* Lin.), la plus commune en France, tire son nom des petits bulbes charnus situés à l'aisselle de ses feuilles; ses fleurs sont blanches. La *D. à deux feuilles* (*D. diphylla,* Mich.) vient dans l'Amérique septentrionale, où sa racine séchée est employée comme la moutarde et connue sous le nom de *racine au poivre.*

DENTALE (Zoologie), *Dentalium,* Rond.; du latin *dens,* dent. — Genre d'*Animaux invertébrés,* classé par Cuvier dans l'embranchement des *Articulés,* classe des *Annélides,* ordre des *Tubicoles.* Sa coquille est conique et ouverte aux deux bouts. L'animal est musculeux, sans articulation sensible, et porte en avant une sorte d'opercule charnu et conique, sur la base duquel est une tête aplatie. Sur la nuque, sont des branchies palmées. Les soixante espèces que l'on en connaît, habitent les côtes sablonneuses des mers équatoriales. Elles s'enfoncent verticalement dans la vase.

DENTÉ (Zoologie), *Dentex,* Cuv. — Genre de *Poissons,* de l'ordre des *Acanthoptérygiens,* famille des *Sparoïdes,* qui a pour caractère distinctif l'existence de dents coniques même sur les côtés des mâchoires, quelques-unes des antérieures s'avançant en grands crochets saillants. Leur corps est comprimé, leur tête grande, leur nageoire caudale fourchue. On les trouve par troupes dans toutes les mers; leur chair est assez recherchée. On voit très-abondamment sur les marchés de l'Italie, de la Dalmatie, de la Sardaigne, le *D. vulgaire,* *Dentale* des Italiens (*D. vulgaris,* Cuv.) (voir la *fig.* 765) qui atteint 1 mètre de long et pèse une dizaine de kilogrammes dans la Méditerranée. Suivant Duhamel, il y en aurait de bien plus grands dans l'Adriatique. Son corps est argenté et bleuâ-

tre sur le dos avec des pectorales et la caudale rouges. C'est le poisson que les Latins nommaient *Dentex,* et les Grecs, selon son âge, *Synagris* ou *Synodon.* La Méditer-

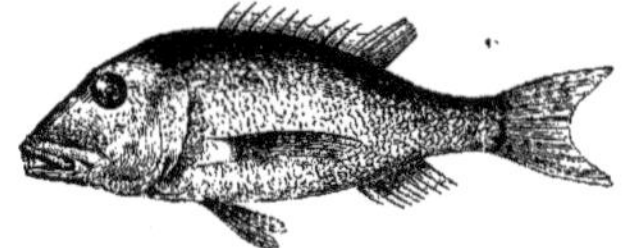

Fig. 765. — Denté vulgaire.

ranée possède encore le *D. à gros yeux* (*D. macrophthalmus,* Cuv.), qui mesure seulement 0m,50 et se reconnaît à ses yeux très-grands.

DENTELAIRE (Botanique), allusion à l'emploi de sa racine contre le mal de dents. *Plumbago,* Tourn. — Genre de plantes *Dicotylédones gamopétales hypogynes,* type de la famille des *Plombaginées.* Les espèces de ce genre sont des arbres et des sous-arbrisseaux à feuilles alternes entières. La *D. d'Europe* (*P. Europæa,* Lin.) est une herbe vivace élevée d'un mètre environ dont les fleurs bleues violacées, groupées en épi, s'épanouissent en septembre et octobre, dans la région méditerranéenne. Cette espèce, regardée jadis comme fort efficace contre le cancer et nommée pour cela *herbe au cancer* est tombée en discrédit, la médecine actuelle ne lui reconnaissant plus que des propriétés émétiques et purgatives. Parmi les espèces de dentelaires cultivées pour l'ornement, il faut citer la *D. de Lady Larpent* (*P. Larpentæ,* Lindl.), introduite depuis 1848 dans nos jardins et originaire du nord de la Chine; elle donne pendant tout l'été de belles fleurs bleues passant au violet et disposées en bouquets compactes. A. L. de Jussieu nommait *dentelaires* la famille des *Plumbaginées* (voyez ce mot). Caractères du genre : calice tubuleux à 5 dents, corolle hypocratériforme, 5 étamines non saillantes, ovaire à une loge et à 5 stigmates; fruit capsulaire accompagné du calice persistant.   G. — s.

DENTELÉ (MUSCLE) (Anatomie humaine). — Ce nom a été donné à plusieurs muscles du corps humain : ainsi le *grand dentelé;* les *petits dentelés* ou *dentelés postérieurs,* distingués en *supérieurs* et *inférieurs.* Le petit pectoral a aussi été désigné par quelques anatomistes sous le nom de *petit dentelé antérieur.*

Dentelé (Muscle grand), *costo-scapulaire* de Chaussier. — Muscle large, couché sur la partie latérale de la poitrine et en partie caché par l'épaule. Il s'attache par son bord antérieur aux huit ou neuf premières côtes par autant de digitations ou dentelures (d'où lui vient son nom) dont les quatre ou cinq dernières s'entre-croisent avec les digitations du grand oblique de l'abdomen; en arrière, il s'attache au bord interne de l'omoplate. Par ses contractions, ce muscle tire l'omoplate en avant ou les côtes en dehors et en haut.

Dentelés (Muscles petits). — Le supérieur (*dorso-costal,* Chaus.), mince, étroit, situé dans le haut de la région dorsale, s'attache à l'apophyse épineuse de la dernière vertèbre cervicale et aux trois ou quatre premières dorsales, d'une part; d'autre part, aux quatre côtes qui suivent la seconde par autant de dentelures. L'inférieur (*lombo-costal,* Chaus.) va des deux dernières apophyses dorsales et des trois premières lombaires aux quatre dernières côtes, où il présente les mêmes digitations que les précédents. Le premier de ces muscles élève les côtes, le second les abaisse et les porte en dehors.   F.—N.

DENTELLE DE MER (Zoologie). — Nom vulgaire de certains polypes du groupe des *Millépores.*

DENTELLE DE VÉNUS (Botanique). — Espèce d'algue nommée aussi *Anadyomène* et que l'on trouve souvent parmi les différentes productions qui constituent ce qu'on appelle la *Mousse de Corse.*

DENTIER (Médecine). — Pièce adaptée aux arcades alvéolaires et servant à recevoir et à soutenir les dents artificielles.

DENTIFRICE (Chirurgie), du latin *fricare,* frotter, et *dentes,* dents. — On appelle ainsi certaines préparations pharmaceutiques, sous forme de poudre, d'opiat ou de teinture, qu'on applique sur les dents au moyen d'une brosse molle pour les nettoyer. On y ajoute le plus souvent quelque substance aromatique, et quelquefois une substance propre à colorer les gencives et les lèvres, comme la cochenille. La plupart des dentifrices sont acides, pour pouvoir dissoudre les concrétions connues sous le nom de *tartre* ; mais cette acidité a l'inconvénient très-grave d'attaquer l'émail et de prédisposer les dents à la *carie* ; il faut donc éviter avec soin les dentifrices trop acides. Le charbon et le quinquina réduits en poudre impalpable forment une poudre dentifrice très-saine ; d'autres dentifrices contiennent un alcali libre, saturant les acides que peut renfermer la bouche, et servent de préservatifs contre la carie. On peut recommander comme dentifrices la poudre de charbon magnésienne parfumée à l'essence de menthe ; la poudre que l'on obtient en mêlant parties égales de charbon, d'écorce de quinquina et de crème de tartre porphyrisés ; enfin, la teinture dite *eau de Botot*, dont voici la formule : semence d'anis, 20 grammes ; cannelle concassée et girofle, de chaque, 5 grammes ; huile volatile de menthe, 2ᵍʳ,50 ; faites infuser pendant sept à huit jours dans : eau-de-vie, 560 grammes ; filtrez et ajoutez teinture d'ambre, 0ᵍʳ,25 ; quelques gouttes dans un verre d'eau pour se brosser les dents et rincer la bouche.   F—N.

DENTIROSTRES (Zoologie), du latin *dens*, dent, et *rostrum*, bec. — Première famille de l'ordre des *Passe-*

Fig. 766. — Bec d'un Denti-rostre, la pie-grièche commune.

reaux, classe des *Oiseaux*, qui réunit les genres où l'on observe une échancrure plus ou moins apparente de chaque côté et à l'extrémité de la mandibule supérieure. Les espèces très-nombreuses de cette famille sont pour la plupart insectivores ; les pies-grièches, cependant, recherchent les petits animaux. Les principaux groupes qui la composent sont : les *Pies-grièches*, les *Gobe-mouches*, les *Tangaras*, les *Merles*, les *Martins*, les *Chocards*, les *Loriots*, les *Goulins*, les *Ménures* ou *Lyres*, les *Becs-fins*, les *Manakins*, les *Eurylaimes*.

DENTISTE (Médecin) (Médecine). — On donne ce nom au chirurgien qui exerce spécialement cette partie de la médecine ou de la chirurgie qui a pour objet le traitement des maladies de la bouche et en particulier celles des dents. On est porté à croire que l'art du dentiste a toujours formé une branche spéciale et séparée. Galien les appelait médecins dentaires. Le dentiste doit joindre aux connaissances d'anatomie, de physiologie, de médecine et de chirurgie pratique spéciale une grande dextérité de la main, une certaine connaissance de la mécanique et, de plus, celle d'un grand nombre d'opérations d'orfèvrerie. Indépendamment des conseils que les dentistes peuvent donner pour la conservation des dents et des prescriptions thérapeutiques qui ont pour objet le traitement des maladies de la bouche et des dents, ils sont encore appelés à pratiquer plusieurs opérations dont les principales ont pour but : 1° l'extraction des dents ; 2° la cautérisation ; 3° la prothèse dentaire ; 4° le limage ; 5° le plombage ; 6° l'enlèvement du tartre ; 7° la transplantation des dents (voyez Extraction, Cautérisation, Odontalgie, Odontotechnie). Il ne faut d'ailleurs jamais confondre les médecins dentistes avec ces bateleurs qui s'établissent dans les carrefours et vendent au public des eaux, des opiats, des poudres dont le seul mérite consiste à être le plus souvent inertes et sans effet. On doit savoir gré à l'autorité d'avoir interdit toute espèce d'opérations à ces ignorants jongleurs.

DENTITION (Maladies de la) (Médecine). — La difficulté d'observer les maladies des enfants, a souvent fait attribuer à la dentition des maladies qui lui sont tout à fait étrangères ; cependant il faut bien reconnaître que la *première dentition* est souvent la cause d'une multitude de dérangements dans la santé des enfants ; elle devient quelquefois une complication grave dans les maladies qui se développent à cet âge. Parmi les maladies locales causées par la première dentition, on peut signaler l'*inflammation des gencives* ; elles sont tendues, rouges, douloureuses au toucher ; en même temps, il y a de la rougeur des pommettes, appelée vulgairement *feux de dents*, la bouche est brûlante, il y a une soif ardente, l'enfant est agité. Le traitement consiste dans les boissons douces, les lavements laxatifs de miel, de décoction de pruneaux surtout s'il y a constipation, des sinapismes légers, enfin des sangsues derrière les oreilles si l'on craint une congestion cérébrale. Si, malgré tous ces moyens, la gencive reste gonflée, rouge, douloureuse, on y pratique une petite incision en croix pour mettre la dent au jour. On observe aussi quelquefois dans cette inflammation des aphthes (voyez ce mot) et des plaques couenneuses sur

les lèvres et l'intérieur des joues ; cet accident cesse à mesure que l'inflammation diminue, et paraît en dépendre d'une manière absolue. Parmi les maladies sympathiques de la première dentition, on observe particulièrement les *convulsions* (voyez ce mot) ; on rencontre souvent aussi des *ophthalmies*, des *bronchites*, des *diarrhées*, des *éruptions cutanées* ; mais ces affections accidentelles ne demandent aucun traitement spécial. On observe encore à cette époque un *flux diarrhéique séreux*, c'est-à-dire des selles aqueuses plus ou moins claires, jaunes ou verdâtres, avec ou sans *vomissement*, caractérisé par la tristesse, l'abattement, la langue est sèche et blanche à la base. Cette affection est grave, elle a beaucoup d'analogie avec le *choléra-morbus*. Le traitement consiste dans la diète, les boissons gommées, les lavements émollients, les cataplasmes, puis les bains, les lavements opiacés, mais avec une extrême prudence ; enfin, les sinapismes, les vésicatoires. Cependant il n'est pas rare de voir la dentition se faire sans les accidents que nous venons de signaler ; dans tous les cas, on devra craindre la constipation, et si elle survient, la combattre par de légers laxatifs. Si les gencives sont gonflées, on les frictionnera légèrement avec du miel, de la décoction de lin, dont on enduira un bâton de réglisse, une racine de guimauve, etc. Les hochets en os, en ivoire, en or ou en argent sont un peu durs pour les gencives qu'ils peuvent rendre encore plus résistantes, il faut les employer avec discrétion. La *seconde dentition* peut produire à peu près les mêmes maladies que la première, mais on observe plus particulièrement les fluxions, les inflammations des ganglions sous-maxillaires et cervicaux : on ne retrouve plus les diarrhées séreuses ; mais les ophthalmies, les éruptions cutanées, et surtout des fièvres irrégulières, des toux nerveuses, sonores, sèches, etc. Dans ce cas l'incision de la gencive est quelquefois utile. Le traitement de tous ces accidents est celui qui a été indiqué plus haut, et on tâchera surtout de prévenir les congestions cérébrales et les inflammations.   F—N.

DÉNUDATION (Chirurgie), du latin *denudare*, mettre à nu. — C'est la mise à nu d'un ou plusieurs os, dépouillés, soit des parties molles qui les recouvrent, soit de leur membrane propre, connue sous le nom de *périoste* (voyez ce mot). Elle reconnaît quelquefois pour cause une plaie, une fracture (voyez ces mots) ; d'autres fois l'inflammation du périoste, un épanchement purulent ou d'autre nature qui a détaché le périoste de l'os. La dénudation d'un os se reconnaît par l'inspection simple, si le mal est à portée de la vue, et par l'exploration avec le doigt ou la sonde, si le siège de la dénudation est profond. La dénudation des os spongieux est souvent suivie de *carie*, celle des os longs de *nécrose*. Le traitement varie suivant les causes qui l'ont déterminée, la profondeur à laquelle est située la partie dénudée, la structure de la partie du système osseux sur laquelle a lieu la dénudation, etc.

DÉPILATION et **Dépilatoire** (Chirurgie), du latin *pilus*, poil, et *de*, privatif. — Opération qui a pour objet d'enlever les cheveux ou les poils de la surface du corps. On emploie pour cela deux procédés ; le premier consiste dans l'arrachement pur et simple, il porte le nom d'*épilation*. Dans le second, on fait tomber les poils en détruisant les bulbes de manière à les empêcher de repousser. Cette méthode était répandue dans l'antiquité, chez les Égyptiens, les Chinois, les Grecs, les Romains. Les substances propres à cette pratique portent le nom de *dépilatoires*, et ont pour principe l'action dissolvante des corps énergiquement alcalins, sur les productions épidermiques. Le plus célèbre dépilatoire est le *rusma* des Orientaux (chaux vive, 4, sulfure jaune d'arsenic, 1, bouillis dans ½ litre d'eau d'une forte lessive alcaline), avec lequel on frotte les parties velues, qu'on lave aussitôt à l'eau chaude ; ce dépilatoire est d'une grande énergie et son emploi exige les plus grandes précautions pour ne pas irriter la peau et la creuser. On se contente quelquefois d'un mélange de chaux et d'orpiment qu'on humecte avec de l'eau tiède au moment de s'en servir ; quelques personnes y ajoutent de l'axonge et en font une pommade. Il existe encore beaucoup d'autres préparations dépilatoires, qui toutes offrent des dangers.

DÉPIQUAGE (Agriculture). — Voyez Égrenage.

DÉPLACEMENT (Méthode de) (Chimie). — Elle a pour but de séparer aussi complétement et aussi économiquement que possible un corps soluble de matières insolubles dans lesquelles il est engagé. On place les matières à épuiser dans un liquide, ordinairement l'eau ; la dissolution s'opère par un lavage plus ou moins prolongé : **c'est** ce lavage qu'il s'agit de rendre méthodique, afin que l'épuisement soit presque complet et que les liqueurs obtenues soient très-riches en matières solubles, de sorte que les frais d'évaporation du liquide soient peu considérables.

C'est ainsi que l'on sépare le salpêtre des matériaux salpêtrés, que l'on raffine la soude brute pour obtenir le sel de soude, que l'on peut épuiser la pulpe de betterave du jus sucré qu'elle renferme et que l'on prépare une foule de produits chimiques et pharmaceutiques.

Principe. — Il consiste à ajouter une **nouvelle quantité** d'eau à chaque lavage, en la faisant agir d'abord sur des matières presque épuisées déjà, puis en la reprenant pour la faire agir sur des matériaux plus riches ; ainsi les solutions déjà chargées ne sont jamais en contact qu'avec des matériaux riches, et les solutions peu concentrées avec des matériaux presque épuisés.

Application. — Pour mieux faire comprendre le principe de cette importante méthode, faisons-en l'application au salpêtre.

Supposons qu'on ait mis dans une cuve 1 mètre cube de matériaux qui renferment 40 kilogrammes de salpêtre soluble, et qu'on ait versé par-dessus 500 litres d'eau, quantité plus que suffisante pour dissoudre les matières solubles. Au bout de dix heures, on fait écouler 250 litres environ ; les autres 250 litres sont retenus par la matière. On remplace les 250 litres écoulés par 250 litres d'eau pure. En répétant l'opération un certain nombre de fois, on obtient des liqueurs A, B, C, D, E, F que l'on enrichit encore ensuite pour diminuer les frais d'évaporation. Les tableaux suivants feront saisir immédiatement les résultats obtenus :

LIQUEURS OBTENUES.

Lavages.		Eau.	Salpêt.		Eau.	Salpêt.
1	. . . .	500	40,00	A	250	20,00
2	reste.	250	20,00	B	250	10,00
	on ajoute.	250	. . . . .			
3	reste.	250	10,00	C	250	5,00
	on ajoute.	250	. . . . .			
4	reste.	250	5,00	D	250	2,50
	on ajoute.	250	. . . . .			
5	reste.	250	2,50	E	250	1,25
	on ajoute.	250	. . . . .			
6	reste.	250	1,25	F	250	0,63
	on ajoute.	250	. . . . .	liqueur peu riche		

Donc, avec 1 750 litres d'eau on obtient 1 500 litres et $30^k,38$ de salpêtre.

Si, au lieu de faire ces lavages successifs, on avait versé immédiatement 1 750 litres d'eau sur le mètre cube de matériaux et qu'on eût aussi retiré 1 500 litres de liqueur en laissant 250 litres sur les matériaux, cette dernière dissolution, qui est le septième de 1 750, aurait retenu le septième de salpêtre, c'est-à-dire $5^k,7$.

Donc, en évaporant les 1 500 litres, on ne retirerait que 40 kil. moins $5^k,7$, c'est-à-dire $34^k,3$ de salpêtre, tandis que, dans la méthode des lavages successifs, on a obtenu $39^k,38$.

Montrons maintenant comment on enrichit ces liqueurs A, B, C, D, E, F. On réunit les deux premières liqueurs A et B dans une deuxième cuve, ce qui donne 500 litres que l'on fait passer sur 1 mètre cube de nouveaux matériaux salpêtrés. En employant ensuite les liqueurs C, D, E, F, on obtient de nouvelles liqueurs A', B', C', D', E', F', G' qui sont de plus en plus riches en salpêtre, ce que l'on voit immédiatement par le tableau suivant :

LIQUEURS OBTENUES.

Lavages.		Eau.	Salpêt.		Eau.	Salpêt.	
1	A et B ou..	500	30,00	A'	250	35,00	assez riche pour être évaporée
	avec.		40,00				
2	reste.	250	35,00	B'	250	20,00	identique à A.
	on ajoute C	250	5,00				
3	reste.	250	20,00	C'	250	11,25	assimilable à B.
	on ajoute D	250	2,50				
4	reste.	250	11,25	D'	250	6,25	assimilable à C.
	on ajoute E	250	1,25				
5	reste.	250	6,25	E'	250	3,44	assimilable à D.
	on ajoute F	250	0,63				
6	reste.	250	3,44	F'	250	1,72	assimilable à E.
	on ajoute..	250	. . . .				
7	reste.	250	1,72	G'	250	0,86	assimilable à F.
	on ajoute..	250	. . . .				

La liqueur A' est assez riche pour être évaporée ; on fait passer les six autres sur de nouveaux matériaux salpêtrés, et ainsi de suite.

La marche précédente suffit sans doute pour en faire comprendre la méthode ; mais on la réalise plus simplement et plus rapidement de la manière suivante :

Supposons une série de cuves placées en gradins les unes auprès des autres et portant chacune un déversoir qui transmet leur trop-plein dans la cuve inférieure qui la suit immédiatement.

Supposons encore que dans chacune de ces cuves remplies d'eau soient plongées des caisses plus petites, dont le fond est formé par une toile métallique percée de trous et qui sont remplies avec les matières déjà plus ou moins épuisées : la caisse du bas renfermant des matériaux frais et la première d'en haut les matériaux les plus épuisés.

Si l'on fait arriver de l'eau pure sur les matières dans la caisse supérieure n° 1, elle dissout les dernières substances solubles, traverse le fond pour se rendre dans la cuve, puis tombe par le déversoir dans la caisse de la cuve n° 2 ; là, elle rencontre des matières plus riches, elle se charge encore davantage et retombe par le déversoir dans la caisse de la cuve n° 3, qui renferme des matériaux encore plus riches. Elle en dissout une nouvelle quantité et passe dans la caisse n° 4, et ainsi de suite, jusqu'à ce qu'elle arrive, chargée de tout ce qu'elle a déplacé, à la cuve inférieure qui renferme des matériaux frais. A des intervalles de temps convenables, on rejette les matériaux complètement épuisés de la caisse supérieure, on remonte chaque caisse d'un gradin et l'on replace dans la cuve inférieure une caisse chargée de matériaux frais. Au lieu de déplacer le liquide, on pourrait déplacer les matières à épuiser qui seraient transportées dans des paniers en tôle percée de la cuve inférieure à la cuve supérieure, en passant successivement par les cuves intermédiaires. La matière s'épuise ainsi en restant plongée un temps convenable dans des eaux de plus en plus faibles, et enfin dans de l'eau pure, tandis que celle-ci, suivant une marche inverse, se charge de plus en plus en descendant d'une cuve à l'autre par des déversoirs, jusqu'à ce qu'elle arrive aux chaudières d'évaporation.

L.

DÉPOT (Médecine, Chirurgie), du latin *deponere*, déposer. — Ce mot s'emploie, en médecine, pour désigner les matières qui se précipitent de l'urine par le refroidissement.

En chirurgie, le mot *dépôt* est à peu près synonyme d'*abcès* ; mais il convient de l'appliquer surtout aux *abcès froids*, aux *abcès par congestion*, et surtout aux collections purulentes formées par des matières sorties de leurs voies naturelles.

DÉPOTS ERRATIQUES (Géologie). — (Voyez ALLUVIONS, BLOCS).

DÉPRESSION (Astronomie). — C'est l'angle que le rayon visuel mené à l'extrémité de l'horizon visible fait avec le plan horizontal. Si l'on détermine cet angle sur mer, on reconnaît qu'il est le même dans tous les sens, ce qui résulte de la sphéricité du globe terrestre. Appelons α l'angle de dépression, h la hauteur de l'observation, R le rayon terrestre, on trouve entre ces quantités la relation $\cos \alpha = \dfrac{R}{R + h}$; de sorte qu'une observation bien exacte de la dépression, à une hauteur connue, pourrait fournir la valeur de R. Réciproquement, ce rayon étant aujourd'hui déterminé, on pourra former une *table de dépressions*.

Les marins en font usage pour corriger la hauteur des astres mesurés à l'aide du sextant : car dans cette observation ils confondent l'horizon visible avec l'horizon vrai : la hauteur observée est donc trop forte de la dépression. Malheureusement la réfraction, dont la valeur n'est jamais connue d'une manière précise, altère l'exactitude des tables de dépression. On se sert encore de l'angle de dépression pour calculer la plus grande distance D à laquelle un objet peut être aperçu. On a en effet la relation $\tan \alpha = \dfrac{D}{R}$, d'où $D = R \tan \alpha$. On saura, par exemple, à quelle distance on se trouve de la terre au moment où l'on commence à en apercevoir le rivage. Ainsi un œil placé à 2 mètres au-dessus de l'horizon ne peut apercevoir un objet placé sur le sol à une distance qui surpasse 5 kil. D'une hauteur de $97^m,5$, la vue peut s'étendre à 32 500 mètres.

Les tables donnent la dépression apparente, c'est-à-dire diminuée de la réfraction qui tend à relever l'horizon. Elles donnent également la distance de la limite de l'horizon. Cette distance est ordinairement exprimée en lieues de 25 au degré ou de 4 444 mètres. La hauteur est exprimée en pieds, parce que les marins ont encore conservé cet usage, et on la connaît une fois pour toutes sur le navire où l'on observe. Ainsi une observation étant faite à 10 pieds d'élévation, on trouvera qu'il faut retrancher des hauteurs observées 3′11″,9, et que la distance où l'on cessera d'apercevoir le rivage est de 1 lieue $\frac{1}{8}$.

HAUTEUR au-dessus de la surface de la mer.	DÉPRESSION de l'horizon.
1ᵐ.	1′ 56″
3	3 20
10	6 6
20	8 36
30	10 34
40	12 12

E. R.

DÉPRESSOIRE (Chirurgie), du latin *deprimere*, abaisser. — Instrument dont on se sert après l'opération du trépan pour abaisser la dure-mère et placer entre elle et le crâne un morceau de linge coupé en rond, traversé par un fil et connu sous le nom de *sindon* (voyez ce mot). Le dépressoire est une tige de fer montée sur un manche et terminée par un bouton aplati.

DÉPURATIFS (Médecine), du latin *depurare*, purifier. — Médicaments qui passent pour avoir la propriété de détruire ou d'éliminer du sang et des humeurs les matières hétérogènes qui peuvent les altérer. On pourrait dire, à ce point de vue, que presque tous les médicaments sont dépuratifs. Cependant, ce nom a été plus spécialement appliqué aux médicaments amers, diurétiques, sudorifiques qui excitent l'énergie vitale et activent les excrétions; tels que les sucs dépurés de fumeterre, de chicorée sauvage, de cresson de fontaine, de cerfeuil, les extraits de houblon, de pissenlit, le vin et le sirop antiscorbutiques, les tisanes de patience, de bardane, de saponaire, de douce-amère, de pensée sauvage, les bois de gaïac, de sassafras, la salsepareille, la racine de squine, etc.

DÉRIVATIFS, **Dérivation** (Médecine), du latin *derivare*, détourner. — Trop souvent impuissante à guérir directement une maladie, la médecine la combat en provoquant sur un autre point du corps une affection moins grave et le plus souvent passagère, qui, en occupant une partie des forces vitales, les détourne du mal plus grave qu'il importe d'entraver. Cette pratique se nomme la *médecine dérivative* ou par *dérivation*, et les médicaments employés à cet effet sont dits *dérivatifs* ou encore *révulsifs*. Les vomitifs, les purgatifs sont les agents de la dérivation vers les voies digestives; les sudorifiques, les sinapismes, les vésicatoires, les ventouses, les moxas, les sétons dérivent vers la peau; les émissions sanguines sont des moyens de dérivation plus générale. Un premier principe important à suivre, c'est de ne jamais provoquer l'action dérivative sur un organe plus important que celui qui est primitivement malade. En second lieu, il faut observer tous les signes qui peuvent annoncer une dérivation naturelle vers tel ou tel organe et, si elle n'offre aucun danger, la favoriser aussitôt, car la nature emploie souvent elle-même ce procédé de guérison dans les maladies.

DÉRIVÉE (Analyse mathématique). — La dérivée d'une fonction $y = fx$ relativement à la variable x dont elle dépend est la limite du rapport de l'accroissement de la fonction à l'accroissement correspondant de la variable. Appelons Δx l'accroissement donné à x, Δy celui qui en résulte pour y, de telle sorte que l'on ait $y + \Delta y = f(x + \Delta x)$, et, par suite, $\Delta y = f(x + \Delta x) - fx$,

$$\frac{\Delta y}{\Delta x} = \frac{f(x + \Delta x) - fx}{\Delta x}.$$

Considérons cette fraction qui est le rapport des accroissements finis de y et x. Si l'on y suppose que Δx décroisse indéfiniment, ce rapport tend, en général, vers une certaine limite qu'on nomme la dérivée de la fonction. On la désigne par l'une des notations y' ou $f'(x)$. Donc par définition :

$$y' = \lim \frac{\Delta y}{\Delta x} = \lim \frac{f(x + \Delta x) - fx}{\Delta x} = f'(x)$$

Dans le calcul différentiel, cette dérivée est représentée par $\frac{dy}{dx}$, quotient des deux différentielles dy et dx.

Les accroissements correspondants Δx et Δy de la variable indépendante x et de la fonction y peuvent être positifs ou négatifs; on leur donne cependant toujours le nom d'accroissement, mais il faut se rappeler que ce mot est pris dans un sens algébrique et peut signifier diminution.

Soit la fonction algébrique, rationnelle et entière :

$$y = Ax^m + Bx^{m-1} + \ldots + Px + Q$$

Remplaçant x par $x + \Delta x$, calculant l'accroissement de y, et divisant par Δx, on trouve :

$$\frac{\Delta y}{\Delta x} = A(mx^{m-1} + \ldots) + B(m-1\,x + {}^{m-2} + \ldots) + \ldots + P$$

où les termes représentés par des points contiennent Δx en facteur; il en résulte qu'à la limite, pour $\Delta x = 0$, ces termes disparaissent et l'on a simplement

$$y' = mAx^{m-1} + (m-1)Bx^{m-2} + \ldots + P.$$

On remarque que ce nouveau polynôme, qui est la dérivée du polynôme proposé, s'obtient en multipliant chaque terme par l'exposant de x dans ce terme, et diminuant l'exposant d'une unité. Comme cas particulier, la dérivée de x est 1.

On définit quelquefois en algèbre le polynôme dérivé comme étant le coefficient de la première puissance de h dans le développement du polynôme où l'on remplacerait x par $x + h$. Il est facile de reconnaître que cela a lieu effectivement. La définition de la dérivée, donnée plus haut, n'est donc pas contradictoire avec celle qu'on donne en algèbre, mais elle est beaucoup plus générale et s'applique à une fonction quelconque.

Une dérivée étant connue, on peut se proposer de retrouver la *fonction primitive*, c'est-à-dire la fonction dont elle est la dérivée. Cette recherche, qui est l'objet du *calcul intégral*, n'est pas susceptible d'une solution générale, tandis que, quelle que soit une fonction donnée, on en peut toujours obtenir la dérivée. On peut, en partant de cette définition, déterminer la dérivée des fonctions simples employées dans l'analyse; ainsi, par exemple :

$$y = \sin x \qquad y' = \cos x$$
$$y = \log x \qquad y' = \frac{\log e}{x}$$
$$y = a^x \qquad y' = \frac{a^x \log a}{\log e} \ldots \text{etc.}$$

Nous renvoyons le lecteur, pour la théorie des dérivées, aux différents traités de calcul différentiel et d'algèbre, et pour les applications, aux articles Tangentes, Maximum, Calcul différentiel. E. R.

DERMANYSSE (Zoologie), *Dermanyssus*, du grec *derma*, peau, et *nussô*, je pique. — Genre d'*Arachnides*, de l'ordre des *Arachnides trachéennes*, famille des *Holètres*, tribu des *Acarides*, établi par Dugès, aux dépens des *Acarus* des auteurs. Les mites (acarus) réunies dans ce genre ont le corps mou, les pieds antérieurs longs, une bouche conformée pour sucer. On en compte cinq espèces : la plupart se nourrissent du sang des animaux. Le *D. des oiseaux* (*D. avium*, Dugès), qui vit en grandes réunions dans les cavités des cannes creuses employées comme bâtons dans les cages et qui, la nuit, sans doute, va sucer le sang des oiseaux endormis ; ce sang dont on les trouve gorgés les colore en rouge ou en brun.

DERMATOLOGIE (Anatomie, Médecine), du grec *derma*, peau, et *logos*, science. — Histoire scientifique de la peau à l'état sain et à l'état malade (voyez Peau).

DERMATOSES (Médecine), du grec *derma*, peau. — Nom récemment adopté pour désigner d'une manière générale les *maladies de la peau* (voyez ce mot).

DERME (Anatomie), du grec *derma*, peau. — Couche fibreuse essentielle de la peau (voyez Peau).

DERMESTE (Zoologie), *Dermestes*, Latr.; du grec *dermestés*, ver qui ronge les peaux. — Genre d'*Insectes*, de l'ordre des *Coléoptères*, section des *Pentamères*, famille des *Clavicornes*, tribu des *Dermestins*. Ils ont des antennes de 11 articles, dont les trois derniers forment une sorte de massue perfoliée ; la tête globuleuse, petite et inclinée; corps ovalaire, épais, convexe et arrondi en dessus; mandibules courtes, peu arquées; palpes très-courtes, filiformes. On en connaît dix-neuf à vingt espèces répandues dans toutes les parties du globe. A l'état parfait, les dermestes ne méritent en rien leur nom, car ils vivent sur les fleurs, et les femelles soules recherchent des matières animales sèches ou putrides pour y déposer leurs œufs. Mais les larves qui naissent de ces œufs ont surtout attiré l'attention par les dégâts qu'elles commettent chez les fourreurs, dans les galeries d'histoire naturelle. Ces larves, quelles que soient leurs espèces, vivent toutes d'une façon analogue dans les magasins de pelleteries, dans les voiries, les garde-manger, les boutiques des charcutiers, des bouchers, sur les cadavres abandonnés à la surface du sol, partout en un mot où elles peuvent trouver des tissus animaux fibreux et tendineux. Elles appartiennent à cette catégorie nombreuse d'animaux de tous genres créés pour détruire les dépouilles animales dont la putréfaction pourrait devenir un danger. Ces larves sont des vers couverts de poils brunâtres très-peu serrés, formant une touffe à l'extrémité postérieure du corps; elles ont 3 paires de pattes cornées, et leurs mandibules sont fortes et tranchantes pour entamer les substances coriaces et résistantes qu'elles dévorent. C'est principalement contre ces larves que sont dirigés les divers moyens préservatifs employés par les taxidermistes, les pelletiers et fourreurs et les conservateurs de collections d'animaux séchés ou empaillés. Dans le genre Dermeste, l'espèce la plus vulgaire est le *D. du lard* (*D. lardarius*, Fab.), long de 0ᵐ,008, noir, avec la base des étuis cendrée et ponctuée de noir; il est très-commun dans les boutiques mal tenues de charcuterie. Beaucoup d'insectes dont les larves ont des habitudes analogues ont été désignés sous le nom de *dermestes* et appartiennent réellement aux genres *Attagène, Nécrophore, Nitidule, Sphéridie*, etc. F. L.

Fig. 767. — Dermeste du lard, double de sa longueur naturelle.

DÉROCHAGE (Technologie). — Ce mot est souvent pris comme synonyme de *décapage* (voyez ce mot), bien qu'il ait réellement une signification plus restreinte. Il doit s'entendre de l'opération qui consiste à enlever les corps gras et les oxydes à la surface des métaux ou des alliages, mais sans entamer le métal principal. On ne doit donc pas y employer les acides concentrés ou les actions mécaniques énergiques. Ainsi, le lavage de l'argenterie ou des bijoux à l'eau de savon, à l'alcool, est un léger dérochage. Si le cuivre de ces alliages précieux est oxydé, on enduit de borax (borate de soude), on chauffe, et ce fondant entraîne l'oxyde sans altérer le métal. De même on déroche au borax les surfaces de tôle qu'on veut souder. C'est surtout pour la préparation des pièces de la dorure ou de l'argenture électro-chimique (voyez ces mots) qu'on distingue le dérochage du décapage. On glace les alliages cuivreux dans une bassine de fonte qu'on porte au rouge, afin de carboniser les matières organiques. Puis on les projette dans de l'eau acidulée sulfurique, à 12° B. environ, qui dissout les oxydes *sans attaquer le cuivre*. On enlève ensuite à la brosse ou à la sciure chaude les parcelles carbonisées qui pourraient adhérer. Les pièces sont alors rouges, même le laiton, car le zinc est enlevé à la surface. C'est ensuite que vient le décapage proprement dit, où *l'on attaque le cuivre* par l'eau forte, puis par le mélange d'acide azotique du commerce (eau forte) et d'acide sulfurique (vitriol), avec un peu de sel marin, ce qui forme une légère eau régale.

DÉROCHER (Technologie). — Opérer le dérochage (voyez ce mot).

DESCENTE (Médecine). — Nom vulgaire donné aux *hernies crurales* et *inguinales* (voyez Hernie).

DESCRIPTIVE (Géométrie). — Science d'application qui a pour but de représenter les corps par des figures tracées sur un seul plan, tel qu'une feuille de papier. Une figure plane peut être représentée sur une surface plane, sans que les proportions de ses parties soient altérées; les lignes doubles, triples, etc., les unes des autres dans l'objet, sont aussi doubles, triples, etc., les unes des autres, dans la représentation de cet objet.

Mais il n'en est pas de même d'un corps ayant longueur, largeur et hauteur; sa représentation sur une surface plane, qui n'a que longueur et largeur, est nécessairement altérée. Et cependant, dans la pratique, toutes les questions de géométrie à trois dimensions exigent, pour être résolues, que les constructions en relief,

nécessaires pour les résoudre, soient remplacées par de simples constructions sur des plans, équivalentes, et pouvant en définitive conduire aux mêmes résultats. Ce n'est pas avec une vue perspective d'une maison, semblable à celle du dessin d'un paysage, qu'un entrepreneur pourrait construire.

En créant la géométrie descriptive, Monge a donné des moyens généraux d'opérer toujours cette transformation : à l'aide d'un très-petit nombre de problèmes généraux, invariables, résolus une fois pour toutes par des constructions uniformes, on résout toutes les questions de géométrie auxquelles peuvent donner lieu les arts de construction, la coupe des pierres, la charpente, la perspective, la fortification, le dessin des machines, etc. La géométrie descriptive est donc la théorie des arts géométriques : « C'est, a dit Monge lui-même, une langue nécessaire à l'homme de génie qui conçoit un projet, à ceux qui doivent en diriger l'exécution, et aux artistes qui doivent eux-mêmes en exécuter les différentes parties. »

Essayons de donner une idée de ces précieuses méthodes. Tout corps est un assemblage de points matériels. Voyons d'abord comment la position d'un de ces points dans l'espace sera remplacée par des constructions sur une feuille de papier.

Supposez que ce point tombe sur une face plane et de niveau (horizontale), un plancher, par exemple, il décrit en tombant une droite (verticale), perpendiculaire au plan, et rencontre celui-ci en un point. Ce point s'appelle la projection (de *projicere*, jeter) du point du plan horizontal, ou simplement sa projection *horizontale*. La verticale qu'il a décrite s'appelle *ligne projetante*. Le plan s'appelle le *plan horizontal* de projection, *plan par terre* ou simplement *Plan*.

Si vous aviez la longueur de la ligne projetante et la projection horizontale, vous retrouveriez facilement le point. Si de ce point vous menez aussi une perpendiculaire sur un autre plan perpendiculaire au premier, vertical par conséquent, ou d'aplomb, la surface d'un mur bien uni, par exemple, le point où la perpendiculaire rencontre le mur sera la *projection verticale* du point du corps, la perpendiculaire sera une ligne projetante horizontale et le plan, le plan vertical de projection ou encore l'*élévation*. La ligne d'intersection des deux plans, du mur et du plancher, s'appelle *ligne de terre*. On peut réaliser cette disposition en pliant une feuille de papier

Fig. 768. — Plans de projection.

en deux parties, l'une verticale et l'autre horizontale, comme le montre la figure.

Si, connaissant les projections verticale et horizontale, vous menez par ces projections des perpendiculaires aux plans de projection, vous retrouverez le point du corps à leur rencontre.

Donc, en général, on peut se représenter la position du point dans l'espace, d'après les positions de ses projections.

Il y a plus : rabattez la position verticale de la feuille de papier, d'avant en arrière, sur la portion horizontale, les projections se trouveront alors toutes deux sur le même plan, la projection verticale au-dessus de la ligne de terre, la projection horizontale au-dessous. Il en sera de même pour tous les autres points du corps. Ainsi, dans le dessin, qu'on nomme *épure*, il y a une ligne de terre, et des projections horizontales et verticales, et si vous voulez vous représenter la position des points dans l'espace, il vous faudra relever, par la pensée, le plan vertical autour de la ligne de terre comme charnière, et vous figurer toutes les lignes projetantes, les points matériels se trouvent à leurs extrémités.

Ces lignes projetantes existent sur l'épure, puisque ce sont les distances mêmes des projections à la ligne de terre. A l'aide de notations particulières, on peut lire une épure comme on lirait un livre.

Ainsi on voit dans la figure 769 le plan horizontal de projection HH'T, le plan vertical VV'T et leur intersection ou ligne de terre LT; *a* et *a'* sont les projections horizontale et verticale du point A. Pour ramener le tout sur un plan unique, on suppose que le plan horizontal HH' tourne autour de LT pour se rabattre et devenir le prolongement du plan vertical VV' avec lequel il ne fait plus qu'un seul et même plan VV'*hh'*. Dans ce mouvement, le plan horizontal aura décrit un quart de circonférence ; par conséquent, la projection horizontale *a'*

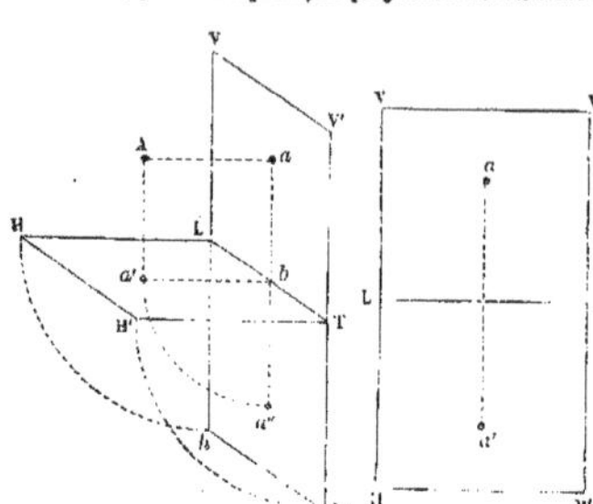

Fig. 769 — Rabattement des plans de projection. Fig. 770.

sera venue en *a''*, *a''b* étant égal à *a'b*, et, de plus, on voit que, dans le plan unique, *ba''* devient le prolongement de *ba*. C'est donc sur le plan unique VV'HH' (*fig.* 770) que représente la feuille de dessin et les deux plans de projection dans leurs *dimensions réelles* que l'on trace effectivement toutes les constructions que l'on est censé faire dans l'espace.

Puisqu'une ligne n'est autre chose qu'une suite de points, on pourra se représenter toute ligne de l'espace, quand on connaîtra sur l'épure les projections de chacun de ces points ; mais il n'est pas toujours nécessaire d'avoir toutes ces projections. Ainsi, les projections d'une droite sont déterminées, quand on connaît seulement les projections de deux points de la droite.

Comme un *plan* est une surface indéfinie, les projections de ses points recouvriraient les plans de projection ; on le représente plus commodément par ses intersections avec les plans de projection, puisqu'un plan est déterminé quand on connaît deux droites par lesquelles il passe.

Pour représenter des *surfaces courbes*, il faut que ces surfaces puissent être définies rigoureusement ; une surface est définie rigoureusement en géométrie descriptive, quand elle peut être regardée comme engendrée par une courbe qui se meut et qui, dans son mouvement, est assujettie à certaines conditions ou lois qui caractérisent le mode de génération de chaque surface.

Pour remplacer les constructions en relief par une épure, il faut donc connaître le mode de génération des surfaces. Les surfaces cylindriques et coniques sont très-employées dans les arts : il est très-important, dans la pratique, d'apprendre à obtenir sur le papier tous les éléments nécessaires, soit pour les construire dans des conditions données, soit pour déterminer leurs sections par des plans ou leurs intersections entre elles. Les pénétrations des surfaces cylindriques ont de nombreuses applications dans la coupe des pierres, dans les tuyaux de poêles et les embranchements des conduites d'eau. Sans entrer dans des détails qu'il faut étudier dans les traités spéciaux, nous ferons seulement remarquer que lorsqu'une ligne est parallèle à l'un des plans de projection, la ligne se projette évidemment sur ce plan en vraie grandeur, de sorte que la courbe elle-même se trouve sur l'épure.

Si, ce qui arrive le plus souvent, cette condition particulière n'a pas lieu, on comprend pourtant qu'on puisse la réaliser, soit en changeant de plans de projection, soit en faisant tourner le système des données de la question autour de certains axes convenablement choisis. On pourra ainsi arriver à une position particulière pour les données, telle que la résolution de la question en ressorte immédiatement. La géométrie descriptive donne des méthodes générales pour ces *changements de plans* ou ces *mouvements de rotation*. Ces méthodes sont précieuses surtout en ce qu'elles forcent à se représenter les données géométriques dans l'espace et habituent ainsi l'esprit à ne pas séparer la réalité en relief du dessin qui la définit sur les plans de projection. C'est ainsi que, indé-

pendamment de sa haute utilité industrielle pour imprimer aux arts géométriques le caractère de précision et de rationnalité nécessaire à leurs progrès, la géométrie descriptive possède une propriété philosophique très-importante au point de vue de l'éducation, car, en habituant à considérer dans l'espace des systèmes de formes géométriques quelquefois très-composées, et à suivre exactement leur correspondance continuelle avec les figures tracées sur l'épure, elle exerce d'une manière sûre et précise l'*imagination*, qui consiste véritablement à se représenter nettement et avec facilité, un vaste ensemble d'objets fictifs, comme s'ils étaient réellement sous nos yeux.

Pour l'étude de la géométrie descriptive, on peut consulter surtout les ouvrages de M. Olivier.　　L.

DÉSINFECTION (Chimie, Hygiène). — La désinfection, qui est si importante au point de vue de l'hygiène, doit se proposer deux buts : prévenir l'infection, la détruire quand elle existe. La ventilation est souvent un moyen suffisant lorsqu'il s'agit d'une cause constante d'infection, comme dans le cas des usines où l'on blanchit la soie ou la laine par l'acide sulfureux ou bien des ateliers de dorure au mercure, ou enfin des lieux où sont réunis un grand nombre de personnes, comme dans les amphithéâtres, les salles de spectacle, etc. On doit à D'arcet des travaux remarquables sur ce mode de purification de l'air, qui est le premier préservatif à employer. Les gaz méphitiques sont en général aspirés par une cheminée présentant un bon tirage, et de là ils se déversent dans l'air à une grande hauteur. (Voyez VENTILATION). On a recours aussi aux actions chimiques pour détruire l'infection ; le corps principalement employé est le chlore proposé par Halley dès 1785, puis, par Fourcroy et Thénard, et surtout Guyton-Morveau qui inventa un appareil à cet effet. Les gaz putrides et délétères contiennent en général de l'hydrogène dont le chlore est très-avide ; il y a donc destruction de ces gaz malsains, qui cèdent leur hydrogène au chlore. Une recommandation de Thénard, qui a une grande importance et que l'on devrait suivre plus souvent, c'est que si l'on est obligé de respirer pendant longtemps un air malfaisant comme celui d'un marais ou d'un fossé fétide, il est utile de se laver de temps en temps les mains avec une dissolution de chlore ; il en résulte ainsi une émanation de ce gaz qui dure plusieurs heures et est d'autant plus efficace que l'on a l'habitude d'approcher les mains de la figure. Le chlore dégagé dans un appartement récemment peint, le débarrasse de toute odeur au bout d'un à deux jours. Il est mal commode d'employer le chlore à l'état de gaz ou de dissolution. Masuyer indiqua en 1807 l'emploi du chlorure de chaux, puis, en 1822, Labarraque en recommanda de nouveau l'emploi dans un mémoire qui fut couronné par la Société d'encouragement ; la dissolution du chlorure de chaux dans 150 à 200 parties d'eau est désignée sous le nom de *liqueur de Labarraque*. La cause la plus constante d'infection qui existe chez les particuliers, est la présence des fosses d'aisances. Dans les grandes villes surtout, on doit prendre des précautions à cet égard. Au moment des vidanges, on désinfecte la fosse, il serait mieux de faire chaque jour ce que l'on ne fait en général qu'au dernier moment, seulement les désinfectants qu'il faut employer ne doivent pas empêcher les déjections de servir pour l'agriculture, pour qui elles sont une ressource que l'on n'utilise malheureusement pas assez. M. Siret propose de jeter chaque jour dans les fosses une poudre qui est un mélange de sulfate de fer, plâtre, goudron, charbon de bois, chaux vive ; la dépense est de ¼ centime par jour et par individu. Le chlore, le sulfate de fer agissent chimiquement ; le charbon paraît avoir une action différente et qui n'en est pas moins énergique. Elle fut découverte en 1790, par Lowitz. En faisant bouillir avec du charbon, de la viande, dont la putréfaction commence, cette viande est assainie et peut être mangée. L'eau croupie, filtrée sur du charbon, perd son odeur et sa saveur ; elle devient bonne à boire, pourvu que l'on ait eu soin de l'aérer. L'eau douce, conservée en mer, doit être gardée dans des tonneaux dont les douves sont charbonnées intérieurement. La viande, le poisson, restent longtemps sans s'altérer, quand on a le soin de les entourer de charbon. Ce corps est employé en médecine pour désinfecter les ulcères et les plaies gangreneuses. On a appliqué depuis peu le coaltar à ce dernier usage ; ce sont MM. Corne et Demeaux qui ont fait en 1859 cette belle découverte. Reste enfin à dire que les gaz asphyxiants qui se dégagent des liquides en fermentation et quelquefois au fond de caves ou de puits, peuvent être détruits par de la chaux en suspension dans l'eau ou même peuvent être absorbés par du charbon de bois que l'on apporte bien allumé, qui s'éteint au sein du gaz et l'absorbe dans ses pores. **H. G.**

DESMAN (Zoologie), *Mygale*, Cuv. — Genre de *Mammifères*, de l'ordre des *Carnassiers*, famille des *Insectivores*; avec les formes générales des musaraignes, ils ont le museau prolongé en forme de trompe, une queue écailleuse, aplatie latéralement et les doigts des extrémités unis par une palmature. Ce sont, en conséquence, des insectivores aquatiques; ils vivent le long des ruisseaux, à peu près à la manière des non rats d'eau. Les deux espèces connues répandent une forte odeur de musc due à une humeur sécrétée à la base de leur queue. Le *D. de Moscovie* ou *Rat musqué de Sibérie* (*M. moscovita*, Cuv.), a 0ᵐ,40 de longueur du bout du nez à celui de la queue; il a été bien décrit par Pallas, qui l'a surtout trouvé dans l'ouest de la Russie. Une autre espèce se trouve le long des ruisseaux du pied des Pyrénées, sur leur versant septentrional et en particulier aux environs de Tarbes, c'est le *D. des Pyrénées* (*M. pyrenaïca*, Geoff.), qui n'a guère que 0ᵐ,25 de longueur totale, la queue plus longue que le corps.

DESMANTIE (Botanique), *Desmanthus*, Willd.; du grec *desmos*, lien, faisceau, et *anthos*, fleur. — Genre de plantes *Dicotylédones dialypétales périgynes*, classe des *Légumineuses*, famille des *Mimosées*, à tige ligneuse ou herbacée, feuilles alternes, fleurs en épis; 5 pétales égaux; 10 ou 5 étamines saillantes; gousse à une seule loge, linéaire, sèche, s'ouvrant en 2 valves et renfermant plusieurs graines. Le *D. effilé* (*D. virgatus*, Willd.), originaire de l'Orient, est un petit sous-arbrisseau d'environ 1 mètre, à fleurs jaunes groupées en épis capitulés. Le *D. à petite gousse* (*D. brachylobus*, Benth.), de l'Amérique septentrionale, est une herbe vivace, à fleurs blanches. Ces deux plantes se cultivent en serre chaude.

DESMIDIE (Botanique), *Desmidia*, Agardh; du grec *desmos*, lien, chaîne, et *eidos*, apparence. — Genre de plantes *Cryptogames amphigènes*, de la classe des *Algues*, type de la tribu des *Desmidiées*. Il comprend des algues formées de filaments prismatiques triangulaires, verts, assez roides, résultant d'une série de corpuscules anguleux qui, en se séparant de la plante mère, se développent en une nouvelle desmidie. La *D. de Swartz* (*D. Swartzii*, Ag.) est la plus commune des espèces du genre. Elle habite les eaux douces des étangs; on en trouve aussi dans les marais tourbeux. Ses filaments sont d'un beau vert.

DESOBSTRUANTS, Désopilants, Désopilatifs (Médicaments) (Médecine). — On nomme ainsi des médicaments qui ont la réputation de combattre avec succès les *obstructions*, les embarras qui se forment dans les viscères, etc., de rétablir le cours du sang et de la lymphe. Les idées que représentent ces médicaments et les affections vagues et mal définies qu'ils sont destinés à combattre, n'ont plus guère cours dans la science; il en sera dit quelques mots à l'article OBSTRUCTION.

DÉSOXYDATION (Chimie). — Voyez RÉDUCTION.

DESQUAMATION (Médecine), du latin *squama*, écaille, et *de*, privatif. — Exfoliation de l'épiderme qui se détache de la surface de la peau sous forme d'écailles ou de lamelles plus ou moins grandes. La desquamation a lieu dans une multitude de circonstances; ainsi après l'action d'un vésicatoire, à la suite d'un érysipèle, souvent dans les convalescences des maladies graves et surtout à la fin des maladies éruptives, comme la rougeole, la scarlatine, et dans quelques maladies chroniques de la peau, telles que la teigne, les dartres furfuracées, squammeuses, etc.

DESSÉCHEMENT DES MARAIS (Hygiène, Agriculture). — Si le desséchement des marais est une question importante pour l'agriculture, à laquelle il rend des terres fertiles, il n'est pas d'un intérêt moindre au point de vue de l'hygiène publique et de la santé des populations. Aucune cause n'agit avec autant d'énergie que l'existence des marais, des étangs, des terrains bas et marécageux, etc., pour la production de ces grandes épidémies qui désolent l'humanité; ainsi la peste n'a-t-elle pas pour berceau ces plages basses et inondées du Nil, où les vents du sud, soufflant pendant une cinquantaine de jours, vers l'équinoxe du printemps, se chargent des émanations putrides s'exhalant des substances animales et végétales que cette chaleur décompose dans les lacs formés par la retraite des eaux du fleuve? (Larrey, *Description de l'Égypte* ou *Recueil d'observations*, etc. Paris, 1812, xivᵉ mémoire). Et la fièvre jaune, cette plaie des Antilles et de tout le nouveau monde, dont le foyer d'infection siégeant vers les embouchures des grands fleu-

ves, l'Hudson, la Delaware, le Mississipi, la Plata, sur les rivages marécageux de la Martinique, de la Vera-Cruz, dont elle décime les populations, exerce encore ses ravages dans les contrées voisines, soumises aux mêmes causes? Comment oublierait-on ce terrible choléra qui, parti du Delta du Gange, sa patrie, a, dans l'espace de quelques années, empoisonné l'univers entier, sévissant principalement dans les régions basses et marécageuses? On ne cite ici que quelques-unes des localités les plus remarquables. Les marais Pontins en Italie; en France, les vallées marécageuses et les étangs de la Sologne, d'une partie de la Bresse, du Berry, du Forez, de la Charente, etc., dont l'insalubrité est proverbiale et tient justement à ces causes signalées plus haut, sont autant d'arguments en faveur de la nécessité de procéder le plus qu'il est possible au desséchement des marais. Trop peu suivis en France malgré les ordonnances de Henri IV, de Louis XIV et des gouvernements qui se sont succédé, les travaux de desséchement déjà commencés sous le premier empire ont pris sous le nouveau gouvernement impérial un développement plus considérable, surtout en Sologne. Mais si ces travaux offrent pour l'avenir une utilité incontestable, on ne doit pas dissimuler qu'ils sont un danger réel pour ceux qui se livrent à ces périlleuses et utiles occupations; c'est donc ici que l'on doit redoubler d'activité dans la pratique de toutes les règles de l'hygiène, puisque les ouvriers qui y sont employés sont soumis de la manière la plus immédiate à l'action des miasmes délétères. 1° On devra choisir de préférence l'hiver et le commencement du printemps pour entreprendre les desséchements, la température n'étant pas assez élevée pour favoriser la putréfaction des substances animales et végétales, sources des miasmes qui se dégagent. 2° Les ouvriers devront porter des vêtements propres à les préserver de l'humidité infecte au milieu de laquelle ils sont plongés. Ils devront être chaussés de longues bottes allant jusqu'aux cuisses. 3° On aura soin d'entretenir de distance en distance des feux pour corriger l'atmosphère, et permettre aux hommes de se réchauffer, de se sécher et de prendre leurs repas commodément. 4° Chaque ouvrier devra être pourvu d'un flacon d'acide acétique ou de quelque substance fortement aromatique. 5° Le régime alimentaire devra se composer de substances nutritives sous un petit volume, la viande, les œufs, etc. Le vin et l'eau-de-vie leur seront distribués, mais avec modération. 6° Les ouvriers devront coucher le plus possible dans un endroit élevé, mais toujours éloigné des marais. En quittant l'ouvrage le soir, ils changeront de vêtements et les feront sécher. Il sera bon aussi qu'ils se lavent avec de l'eau vinaigrée; dans tous les cas, la propreté la plus scrupuleuse est de rigueur.

Tout n'est pas dit pour la santé publique lorsque, le desséchement opéré, ces terres nouvelles sont livrées à l'agriculteur; les mêmes causes amènent les mêmes effets et les miasmes délétères continuent à se dégager à mesure que l'on remue cette terre par les labours, c'est dire qu'il faut continuer pour l'ouvrier les soins hygiéniques indiqués plus haut, et ces soins devront être continués pendant un temps plus ou moins long, suivant la nature du sol, le degré d'humidité ou de sécheresse de la contrée, etc.

En général, les terres provenant du desséchement des marais sont d'une grande fertilité, elles doivent pourtant être examinées avec soin par le cultivateur, parce qu'elles reposent le plus souvent sur un sous-sol argilo-siliceux imperméable, qui demande quelquefois de nouveaux travaux d'*assainissement*, tels que *fossés*, *pierrées*, *labours profonds*, *drainage*, etc. (voyez ces mots et ceux de SOL, AMENDEMENT).

Quant aux travaux de desséchement et aux grandes opérations de ce genre, voyez DRAINAGE, EAUX (*Épuisement des*), IRRIGATION.

On consultera : *Rapport sur les marais Pontins*, par de Prony. — *Mémoire sur l'assainissement des étangs*, par M. Barré de Saint-Venant. — *Considérations sur le desséchement des terrains marécageux*, par L. de Bellegarde. Bordeaux, 1853. **F - N.**

DESSICCATIFS (Médecine), du latin *dessiccare*, dessécher. — Médicaments qui, selon l'expression vulgaire, tendent à faire sécher les plaies. Les uns, comme la poudre de lycopode, la charpie sèche, le coaltar, absorbent le pus à mesure qu'il se produit et préviennent l'irritation qui résulte de son libre séjour dans la plaie; les autres agissent en même temps sur les tissus malades en leur rendant de l'énergie vitale; tels sont la poudre de tan, la charpie imbibée de teinture de quinquina ou de chlorure de chaux, etc.

DESSOLURE (Médecine vétérinaire). — Opération qui consiste à extirper la sole du cheval. La dessolure partielle est seule employée aujourd'hui ; on la pratique dans les cas de piqûre du pied, de clou de rue compliqué, etc. On a renoncé à la dessolure complète, parce qu'après l'enlèvement partiel, la partie qui reste ne se détache pas toujours par la suppuration, et que le décollement complet, s'il a lieu, n'a guère d'inconvénients ; la nouvelle corne se reproduisant bientôt. On panse avec un appareil de plumasseaux gradués, qu'on maintient au moyen d'éclisses.

DÉTENTE (Mécanique). — La détente de la vapeur est l'expansion qu'elle prend lorsque l'espace qui la contient vient à s'agrandir. En se détendant ainsi, à la façon d'un ressort, la vapeur *presse*, déplace les mobiles qu'elle rencontre et peut être utilisée comme force motrice.

Dans la machine à vapeur (voyez VAPEUR, [*machines à*]), la vapeur arrive dans une boîte fixée sur le cylindre ; de là elle se rend successivement de part et d'autre du piston par des *ouvertures d'admission*. Mais pour qu'elle cesse d'agir sur l'une des faces du piston pendant qu'elle agit sur l'autre, on lui donne issue au moyen d'une **ouverture d'échappement**, qui communique, soit avec le condenseur, soit avec l'atmosphère. Au-dessus de ces ouvertures se meut une pièce appelée *tiroir*, qui, en général, recouvre un orifice d'admission et l'orifice d'échappement pendant qu'il découvre l'autre orifice d'admission ; s'il le découvre pendant toute la durée de la course du piston, la vapeur agit à pleine pression ; mais alors il y a consommation inutile de vapeur, et par suite de combustible, choc du piston à la fin de sa course, et par conséquent perte d'effet utile.

Il faut donc, pour éviter ces inconvénients, tirer parti de la détente de la vapeur. On la produit de plusieurs manières ; mais le but qu'on se propose est toujours de ne faire arriver la vapeur dans le cylindre que pendant une partie seulement de la course du piston.

On a d'abord produit la détente dans un *deuxième cylindre*, d'une capacité trois, quatre ou cinq fois plus grande que celle du premier (machine de Woolf).

Cette disposition se compose de deux cylindres, à peu près de même hauteur, mais de diamètres différents, placés l'un à côté de l'autre et portant des tiroirs de distribution, mis en mouvement par des excentriques, de telle façon que la vapeur, sortant de l'une des parties du plus petit, puisse passer dans la partie opposée du plus grand, dont les deux parties sont d'ailleurs en communication avec le condenseur. La vapeur arrive librement dans la boîte à vapeur du petit cylindre. Supposons que, par suite de la position du tiroir, elle passe au-dessus du piston, sur lequel elle agit à pleine pression ; à ce moment, la vapeur qui est au-dessous se rend au-dessus du grand piston et le presse en se détendant. Les pistons descendent ensemble. Dès qu'ils sont au bas de leur course, les tiroirs ayant changé de position, la vapeur arrive au-dessous du petit piston, celle qui est au-dessus passe au-dessous du grand piston, tandis que celle qui est au-dessus s'échappe dans le condenseur.

On obtient maintenant d'aussi bons résultats avec les machines à un cylindre qui occupent moins de place. On opère la détente dans un *même cylindre*, par un *deuxième tiroir*, ajouté au tiroir de distribution. Au lieu d'une seule boîte de distribution, il y en a deux. La plus rapprochée du cylindre est la boîte à distribution ordinaire, la deuxième, plus petite, reçoit la vapeur de la chaudière et la distribue dans la première par une seule ouverture. Cette ouverture est réglée par un tiroir qui monte et descend pendant que l'ouverture de l'autre ne fait que monter ou descendre ; si donc, dans le même temps, le tiroir le plus éloigné du cylindre monte et descend, c'est-à-dire ouvre et ferme l'ouverture qui communique la vapeur à l'autre tiroir et que celui-ci ne fasse que monter, alors la vapeur agit à pleine pression pendant la première moitié de la course du piston et par détente pendant la seconde moitié. On peut faire varier le degré de la détente en faisant varier la vitesse du deuxième tiroir, mais il faut pour cela arrêter la machine.

Le plus souvent, on opère la détente *avec le tiroir même de distribution*.

Il suffit de donner aux rebords du tiroir une largeur plus grande que celle des ouvertures d'admission (*fig.* 770). Cet excédant de largeur des rebords du tiroir s'appelle *recouvrement*. La détente est d'autant plus grande que le recouvrement est plus considérable, sans toutefois lui être proportionnelle, à cause des variations de vitesse du piston et du tiroir. La détente est encore fixe et pour proportionner la puissance de la machine aux résistances variables qu'elle doit surmonter, il n'y a d'autres moyens que de diminuer la tension de la vapeur dans la chaudière et le cylindre, ce qui détermine une perte de puissance motrice. On a cependant cherché à faire varier la

Fig. 771. — Tiroir à recouvrement pour la détente.

course du tiroir à recouvrement, de manière à faire varier aussi la fraction de la course du piston pendant laquelle s'opère la détente ; c'est là le but notamment de la coulisse de Stephenson qui sera décrite à l'article *Locomotives*. Toutefois, au moins dans les machines fixes, les meilleurs systèmes sont ceux de détente variable, dont nous allons indiquer les principaux.

On opère la détente par des *glissières mobiles* sur le tiroir de distribution. Ainsi, on place sur ce tiroir deux glissières ou plaques, percées de plusieurs ouvertures rectangulaires qui peuvent correspondre avec d'autres ouvertures pratiquées sur le dos du tiroir et communiquant dans des cabinets placés à l'intérieur de celui-ci. Lorsque les ouvertures des glissières sont en regard de celles du tiroir, la vapeur peut arriver, par les cabinets, jusqu'aux ouvertures d'admission, qui la conduisent sur les faces du piston, quand elles sont découvertes par le mouvement de va-et-vient du tiroir. La course des glissières peut être limitée d'une part par des tiges qui viennent butter contre la paroi intérieure de la boîte à vapeur, de l'autre, par des saillies qui rencontrent une came mobile. Suivant la position angulaire de cette came, les glissières sont arrêtées plus tôt ou plus tard, et par suite la communication de la vapeur avec le cylindre. C'est donc en variant la position de cette came, soit à la main avec des leviers à longueur variable, soit autrement, que l'on fait varier l'étendue de la détente. Elle peut varier ainsi depuis le commencement de la course du piston jusqu'à la moitié. Pour que la détente puisse varier pendant toute la course du piston, on place les glissières sur un second tiroir qui glisse sur le dos du premier tiroir et qui est mené par un excentrique placé à angle droit de celui qui commande celui-ci (machines Farcot) ; ce mode de détente par glissières est avantageux en ce que les glissières peuvent être mues par le modérateur même, et que, par suite, la détente est rendue variable pendant la marche même de la machine. A ce sujet, plusieurs dispositions ont été imaginées.

Ainsi, la détente peut se composer de deux glissières situées l'une en avant, l'autre à l'arrière du tiroir de distribution, et reliées au modérateur par l'intermédiaire de leviers. La combinaison de ces leviers est telle, que lorsque le régulateur a sa vitesse normale, le tiroir, dans son mouvement de va-et-vient, entraîne l'une des glissières avec laquelle l'extrémité de son talon joint parfaitement, et laisse, entre cette extrémité et la glissière non entraînée, une distance égale à l'ouverture d'admission. Si la machine s'emporte, la vitesse du régulateur augmentant, les boules s'écartent, la distance des glissières se resserre d'autant plus que la vitesse est plus grande. Lorsque le régulateur atteint son maximum de hauteur, les deux glissières sont complétement rapprochées des extrémités du tiroir et ne livrent plus aucun passage à la vapeur (machines Farinaux). Dans d'autres machines, la détente a lieu à l'aide de roues dentées avec rochets disposés de façon à tourner dans un sens ou dans l'autre, suivant que les boules du modérateur s'élèvent ou s'abaissent. Par l'intermédiaire d'arbres et de roues d'angles, on parvient à augmenter ou à rétrécir les ouvertures du tiroir de distribution et, par suite, à obtenir une détente variable (détente Mayer).

Dans d'autres enfin, la plaque de la détente est tirée d'un côté par la tige d'un petit piston logé près de la boîte à vapeur et sur lequel la vapeur exerce son action ; du côté opposé, par une tige dont l'extrémité s'articule à un ressort de sonnette portant à l'autre extrémité un galet horizontal, situé près de l'axe du modérateur. Sur cet axe est une came à courbes variables, entraînée dans le mouvement ascendant et descendant de la bague du modérateur et qui, dans ce mouvement, presse plus ou moins sur le galet du ressort. La tige tirée par la came, imprime à la plaque qui recouvre le tiroir de distribution, un déplacement plus ou moins grand, duquel résulte la variation de la détente. La pression de la vapeur sur le piston ramène la plaque et l'on évite ainsi le choc qui a lieu lorsque le tiroir se ferme par un ressort (machines Frey). **L.**

DÉTERGENTS, DÉTERSIFS (MÉDICAMENTS) (Médecine), du latin *detergere*, nettoyer. — On désigne ainsi des substances médicamenteuses que l'on emploie pour nettoyer les plaies sanieuses, les ulcères languissants ; la plupart de ces substances sont légèrement irritantes, et ont pour action de réveiller en l'excitant la vitalité des parties où siège le mal.

DÉVELOPPÉE (Géométrie). — Lieu géométrique des centres de courbure d'une courbe (voyez COURBURE, ENVELOPPES).

DÉVELOPPEMENT DES ANIMAUX, DES VÉGÉTAUX (Physiologie). — Voyez REPRODUCTION.

DÉVIN (Zoologie). — On donne ce nom à une espèce de *Reptile* du genre *Boa*.

DÉVIATION (Médecine). — Voyez GIBBOSITÉ.

DÉVOIEMENT (Médecine). — Voyez DIARRHÉE.

DEXTRINE (Chimie). C¹²H¹⁰O¹⁰. — Corps neutre, amorphe, inodore et insipide, soluble dans l'eau et dans l'alcool aqueux ; sa solution dévie à droite le plan de la polarisation de la lumière ; de là, vient son nom de *dextrine*. Quand il est en forte proportion dans l'eau, il forme comme un véritable sirop, comparable à celui que donne la gomme arabique ; aussi emploie-t-on la dextrine pour remplacer la gomme dans l'apprêt des étoffes et dans l'impression des tissus. La dextrine, qui possède la même composition que l'amidon, s'en distingue en ce qu'elle ne bleuit pas par l'iode, et qu'elle ne présente aucune trace d'organisation ; elle se distingue du glucose en ce qu'elle est tout à fait incristallisable et tout à fait insoluble dans l'alcool concentré ; elle se distingue des gommes en ce qu'elle ne donne pas d'acide mucique quand on la traite par l'acide azotique, mais bien de l'acide oxalique. On obtient la dextrine en torréfiant l'amidon à la température de 150° (Lefocome) ; seulement, dans ce cas, les dissolutions de dextrine sont colorées. On se procure une dextrine incolore en imprégnant l'amidon en poudre d'une petite quantité d'acide azotique dilué et la maintenant ensuite pendant quelque temps à une température de 100°. On a employé la dissolution de dextrine comme vernis ; on a utilisé en chirurgie sa solidification en masses dures pour former des bandages bien contenus autour d'un membre fracturé. L'étude chimique de la dextrine est due principalement à MM. Payen, Dumas, Persoz, Heuzé. **B.**

DEXTROVOLUBILE (Botanique), du latin *dextrorsum*, à droite, et *volubilis*, qui s'enroule. — Terme employé pour désigner les plantes qui, comme le liseron, les haricots, les volubilis, s'enroulent autour des objets voisins, de leur gauche à leur droite.

DIABÈTE, DIABÈTES (Médecine), du grec *diabainô*, je passe à travers ? — Maladie caractérisée surtout par une sécrétion abondante d'urine plus ou moins chargée de matière sucrée. Cette affection, dont Hippocrate ne parle pas, a été signalée par Celse, assez bien décrite par Arétée de Cappadoce et après lui par Alexandre de Tralles. Méconnue dans sa nature pendant bien longtemps, il faut aller jusqu'au milieu du XVII⁰ siècle, à Willis à qui l'on doit d'avoir signalé l'existence du sucre dans les urines des diabétiques, et encore ce n'est qu'un siècle après (1778), que la démonstration en fut faite par le docteur Cauley ; un peu plus tard (1803) les travaux de Nicolas et Gueudeville, ceux de Dupuytren et Thénard (1806), vinrent jeter de nouvelles lumières sur cette question ; cependant disons tout de suite qu'il résultait de ces recherches que l'urine diabétique ne contenait pas sensiblement d'urée, et que celle-ci ne reparaissait, disait-on, qu'avec la diminution du sucre ; tandis que l'on sait aujourd'hui que l'urée y existe en quantité normale en même temps que le sucre (Rose et Chevreul). Du reste, cette matière sucrée, regardée pendant longtemps comme analogue au sucre de fécule ou *glycose*, ce qui avait fait donner à la maladie le nom de *glycosurie*, s'en distingue par certains caractères ; et M. Cl. Bernard lui avait donné le nom de *sucre de foie* (voyez FOIE). Quoi qu'il en soit, ce sucre est cristallisable, plus ou moins abondant dans l'urine, suivant l'ancienneté de la maladie, sa gravité, la constitution du sujet, etc.

On consultera à ce sujet les *Leçons faites au collége de France*, par M. Cl. Bernard, et le *Traité de Physiologie* de M. le professeur Longet, article *de la Nutrition*.

Le diabète débute quelquefois lentement ; il y a d'abord des rapports nidoreux, un goût aigre dans la bouche qui

a de la tendance à se sécher, la salive devient blanche, écumeuse, bientôt le malade éprouve de la pesanteur à l'épigastre, la soif se prononce, l'appétit augmente d'abord, l'urine, plus abondante que de coutume, incolore, incolore, semblable à du petit lait clarifié, ne forme plus de dépôt et a une saveur manifestement sucrée. Plus tard cette excrétion augmente encore, la saveur sucrée est plus marquée, la soif est intolérable, la faim dévorante, et cependant le malade maigrit à vue d'œil ; la peau devient sèche, rugueuse, la salive de plus en plus épaisse ; les gencives sont molles, douloureuses, les dents s'ébranlent, l'haleine est fétide ; vers la fin, l'urine coule avec douleur, involontairement et presque sans interruption, l'amaigrissement est très-rapide, les jambes s'œdématient, toutes les parties des voies urinaires sont douloureuses ; il survient une tristesse, un abattement extrêmes, la vue s'affaiblit, le visage exprime la souffrance, le malade tombe dans l'assoupissement, et enfin il succombe dans le dernier degré du marasme, et dévoré jusqu'au dernier moment par le besoin de boire et d'uriner. Il arrive quelquefois que ces symptômes, au lieu d'arriver lentement (quelquefois pendant des années), se développent tout de suite avec une grande intensité en quelques semaines ; ce sont les cas les plus rares. Lorsque le retour à la santé s'effectue, il s'annonce par la diminution de la quantité de l'urine, qui perd peu à peu sa saveur sucrée, la soif diminue aussi, l'appétit devient moins intense, la peau s'humecte, il survient même des sueurs, et peu à peu la régularité des fonctions se rétablit. Mais la durée de la maladie est toujours de plusieurs mois ou de plusieurs années. Les lésions cadavériques trouvées après la mort, sont souvent une hypertrophie des reins, qui offrent de la pâleur et un tissu flasque et ramolli ; d'autres fois ils sont congestionnés ; mais ce qu'il y a de plus remarquable, c'est la coexistence simultanée de lésions dans les poumons, surtout des tubercules, et parfois dans la moelle allongée. Quant à l'urine des diabétiques, abandonnée à elle-même pendant quelque temps, son odeur urineuse se dissipe bientôt, alors elle en contracte une analogue à celle du vin nouvellement fait, et elle a donné lieu à l'alcool par la distillation ; elle s'acidifie lorsqu'on l'expose à l'air et offre ainsi les caractères de la fermentation alcoolique.

Les causes du diabète paraissent être en général celles des maladies de langueur ; ainsi l'habitation dans les pays humides, brumeux, les souffrances physiques et morales, misère, privations, chagrins, épuisement par les maladies, etc. Les causes internes résident dans un désordre particulier de la nutrition dont le point de départ paraît être dans le système nerveux de la vie animale. Le traitement qui a le mieux réussi jusqu'ici c'est : un régime réconfortant, mais presque entièrement animal, du vin généreux, le café, le thé, peu ou pas sucrés (aliments azotés : un changement complet dans le genre de vie, l'habitation et les habitudes générales ; le plus d'exercice possible au grand air ; on joindra à ces moyens hygiéniques les opiacés, le quinquina, quelques gouttes d'ammoniaque (8 ou 10) dans chaque litre de boisson : des bains alcalins, de l'eau de chaux, de la magnésie, des eaux de Vichy, etc. **F — N.**

DIABLE (Zoologie). — Nom vulgairement donné à divers animaux : *D. de Java*, Pangolin de Java ; *D. enrhumé*, espèce de Tangara ; *D. des savanes*, Ani ; *D. de mer*, Baudroie commune ; etc.

DIABLE (Bruit de) (Médecine). — Par comparaison avec le bruissement du jouet d'enfant nommé *diable*, on appelle ainsi le bruit qui se fait entendre parfois dans l'aorte, les grosses artères, et en particulier dans les carotides ; il indique ordinairement une diminution dans la quantité des globules du sang, et est un des signes caractéristiques de l'anémie et de la chlorose.

DIABOTANUM (Médecine), du grec *dia*, au moyen de, *botané*, herbe. — On donnait ce nom à un emplâtre dans la composition duquel entraient un très-grand nombre d'herbes, telles que : bardane, joubarbe, angélique, ciguë, valériane, et que l'on appliquait comme résolutif sur les abcès froids, sur les engorgements chroniques.

DIACHYLON (Matière médicale). du grec *dia*, avec, et *chylos*, suc, parce que cet emplâtre était préparé avec des sucs de plantes. — Il y en a de deux sortes : le *D. simple* qu'on obtient en faisant cuire ensemble une décoction de racine de glaïeul, de l'huile de mucilage et de la litharge préparée. Le *D. composé* se fait en ajoutant au diachylon simple de la cire jaune, de la térébenthine, de la poix blanche, de la gomme ammoniaque, du bdellium, du galbanum, du sagapenum préalablement purifiés dans l'alcool. Ces emplâtres, et surtout le dernier, sont regardés comme résolutifs ; mais on les emploie particulièrement comme agglutinatifs.

DIACODE (Sirop) (Médecine), du grec *dia*, au moyen de, *kôdia*, tête de pavot. — On donne le nom de sirop diacode à celui que l'on préparait autrefois avec la tête du pavot somnifère ; aujourd'hui, d'après la formule du nouveau codex, c'est avec de l'extrait alcoolique de pavot, ou extrait d'opium. 30 grammes de ce sirop contiennent 0gr,05 d'extrait. Ce sirop est souvent introduit dans les potions calmantes. à la dose de 15 à 30 grammes ; on prescrit aussi le sirop lui-même à la dose d'une cuillerée ou deux, la nuit, pour calmer les toux nerveuses ; une cuillerée à café suffit pour les enfants.

DIACOPE (Zoologie), *Diacope*, Cuv.; du grec *diakopé*, incision. — Genre de *Poissons*, de l'ordre des *Acanthoptérygiens*, famille des *Percoïdes*, que l'on trouve dans la mer des Indes. Ils ont beaucoup d'analogie avec les Serrans, mais s'en distinguent par une échancrure du préopercule dans laquelle s'engage une tubérosité de l'interopercule. Ils sont souvent remarquables par leur taille, leur beauté et le goût délicat de leur chair.

DIADELPHE (Botanique), du grec *dis*, double, et *adelphia*, confrérie. — Terme employé pour désigner dans la fleur les étamines réunies par la soudure de leurs filets en deux faisceaux.

DIADELPHIE (Botanique). — Nom par lequel Linné a désigné la dix-septième classe de son système sexuel. Elle comprend les plantes à étamines diadelphes. La plupart des genres de cette classe sont des plantes légumineuses à 10 étamines dont 9 sont monadelphes et la dixième libre. La *Diadelphie* est divisée en 4 ordres, caractérisés par le nombre des étamines. 1° *D. pentandrie* (5 étamines), exemple : Moniera. 2° *D. hexandrie* (6 étamines), exemple : Fumeterre. 3° *D. octandrie* (8 étamines), exemple : Polygala. 4° *D. décandrie* (10 étamines), exemples : Genêt, Pois, Vesce, Luzerne et autres légumineuses.

DIAGNOSTIC (Médecine), du grec *diagnôsis*, discernement. — On appelle ainsi cette partie de la médecine qui a pour objet de distinguer une maladie, de la reconnaître sous quelque forme qu'elle se présente et de constater qu'elle n'existe pas quoique l'on rencontre des symptômes qui ressemblent aux siens. Le diagnostic est sans doute un des points les plus importants de l'histoire des maladies, aussi demande-t-il, indépendamment d'une instruction solide, un jugement droit, une attention soutenue, un examen attentif, sans préoccupation et sans idées préconçues ; sans ces conditions, on n'arrivera qu'à des résultats infidèles et le traitement des maladies ne reposera pas sur des bases solides. « On ne saurait trop répéter, dit Chomel, combien il est dangereux de fixer prématurément son opinion sur une maladie, non-seulement parce qu'on s'expose à commettre une erreur, mais encore parce qu'on devient inhabile à l'apprécier. » Aussi le médecin sage et prudent doit-il bien se garder de ces espèces d'illuminations subites par lesquelles certains praticiens se hâtent de porter un diagnostic sur une maladie, avant même d'avoir regardé le malade : « souvent, dit Chaussier, avant de prononcer sur la nature, le siége d'une maladie, sa tendance, il est nécessaire de voir, d'examiner plus d'une fois l'état du malade ; la prudence et la réserve appartiennent au médecin. » F — N.

DIAGOMÈTRE (Physique), de *diagô*, conduire au travers, et *metron*, mesure. — On nomme ainsi un instrument fondé sur l'emploi d'une pile sèche (voyez ce mot) et imaginé par M. Rousseau, pour déterminer les facultés conductrices de l'électricité de différents corps, et par suite, quelquefois, en raison des variations de cette propriété, leur plus ou moins grande pureté. Il se compose d'une pile sèche NP, renfermée dans un cylindre de verre, communiquant avec le sol par son pôle négatif. Au-dessus du pôle positif, sur le couvercle du manchon de verre de la pile, se trouve une tige creuse, terminée par un bouton, dans laquelle peut monter ou descendre une autre tige de cuivre *mn*, à double coude, terminée par un bouton *f*, et qui, en descendant, se met en contact avec le pôle positif. À côté se trouve un support portant un disque circulaire, gradué en 360°; au milieu est un pivot de cuivre *ca* à pointe d'acier et offrant une tige latérale qui porte un disque métallique *b*. De l'autre côté, le pivot communique avec une tige de cuivre coudée. Elle sort de la cage de verre qui recouvre le cadran et le système mobile, afin de le soustraire aux agitations de l'air, et se trouve surmontée d'un plateau de cuivre *e* muni d'une capsule de même métal où l'on placera le

corps solide ou liquide dont la conductibilité électrique est le sujet de l'expérimentation. La pointe d'acier du pivot doit supporter une aiguille d'acier très-légère, faiblement aimantée, qui n'a pas de chape, mais dont le centre, légèrement recourbé, pose sur le pivot. On tourne

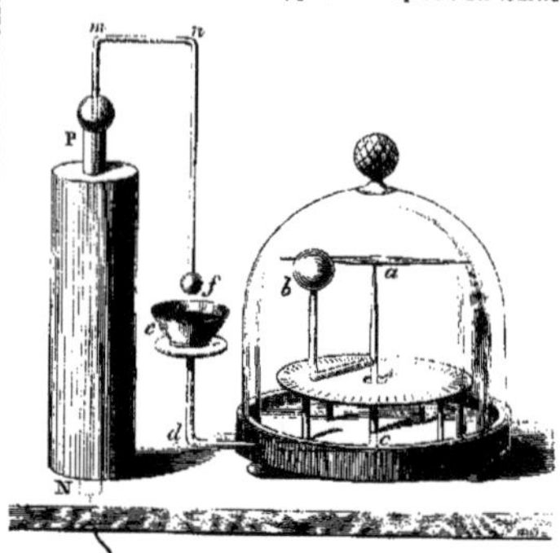

Fig. 771. — Diagomètre.

l'appareil de sorte que l'aiguille, naturellement placée dans le méridien magnétique, se mette en contact avec le disque *b*, dans le plan vertical duquel est d'ailleurs le zéro du cadran. Si on fait communiquer la substance disposée sur le plateau *e* avec la pile sèche, en abaissant la tige coudée *mn*, l'électricité positive du pôle supérieur P se communique au plateau, au disque *b* et de là à l'aiguille qui, électrisée de la même manière, est repoussée d'un certain angle qu'on lit sur le cadran, l'action très-faible de la terre sur l'aiguille étant toujours vaincue. Cet appareil a permis de constater que les charbons peu calcinés, qui sont les meilleurs pour faire la poudre à canon, sont en général les plus mauvais conducteurs. Quand on opère sur des liquides, on a soin que le bouton *f* vienne en toucher la surface sans appuyer sur le fond de la capsule. Quand le corps ne conduit pas, l'aiguille reste dans le méridien magnétique. M. Rousseau a constaté que l'huile d'olive ne conduit presque pas l'électricité, tandis que les huiles de graines (navette, colza, pavot) la conduisent bien et qu'une très-petite quantité d'une de ces huiles, ajoutée à l'huile d'olive, rend celle-ci conductrice. De là un assez bon moyen de reconnaître l'huile d'olive falsifiée, mais sans pouvoir donner la mesure de la proportion d'huile de graine qu'elle renferme. L'usage du diagomètre n'est au reste qu'approximatif, à cause des variations d'énergie de la pile sèche. M. G.

DIAGONALE (Géométrie). — Droite qui joint deux sommets non adjacents d'un polygone, ou deux sommets d'un polyèdre n'appartenant pas à une même face.

Un polygone de m côtés peut avoir $\frac{m(m-3)}{2}$ diagonales.

Les diagonales d'un parallélogramme se coupent toujours en parties égales, de plus, celles du rectangle sont égales et celles du losange perpendiculaires l'une sur l'autre.

Le point de concours des diagonales d'un rectangle est le centre du cercle circonscrit à ce rectangle ; de plus, dans le carré, c'est aussi le centre du cercle inscrit dans le polygone.

Les quatre diagonales d'un parallélipipède se coupent toutes en un même point qui partage chacune d'elles en deux parties égales. Dans un parallélipipède rectangle, ce point est le centre de la sphère circonscrite au polyèdre ; dans le cube, c'est à la fois le centre de la sphère circonscrite et de la sphère inscrite.

DIAGRAMME (Zoologie), *Diagramma*, Cuv.; du grec *dia*, à travers, et *gramma*, ligne. — Genre de *Poissons*, de l'ordre des *Acanthoptérygiens*, famille des *Sciénoïdes*; ces poissons, très-voisins des Pristipomes, ont, au lieu de fossette sous la symphyse du menton, deux petits pores et deux plus gros sous chaque branchie. Dans l'Atlantique et dans la mer des Indes. Leur chair est estimée.

DIAGRÈDE (Médecine), du grec *diacrydion*, ancien nom de la scammonée. — On donnait ce nom à certaines préparations de scammonée : tantôt avec la vapeur de soufre, c'était le *D. sulfuré;* d'autres fois avec le suc épaissi de coing, c'était le *D. cydonié;* ou bien enfin avec le suc de réglisse, on l'appelait le *D. glycyrrhizé.*

DIALLAGE (Minéralogie). — On donne ce nom à une espèce minéralogique du groupe des *Silicides,* genre des *Silicates magnésiens hydratifères,* de Beudant ; ce sont des matières fort analogues à l'espèce voisine, les Serpentines (voyez ce mot), mais elles sont susceptibles d'un clivage suivant lequel elles sont plus ou moins nacrées ; dans les autres sens, la cassure est compacte et plus ou moins terne. Tendres et à poussière douce au toucher comme les serpentines, elles sont pour la plupart plus fusibles au chalumeau. Ces espèces minérales ne forment pas à elles seules des dépôts à la surface du globe : elles appartiennent aux dépôts des serpentines, dans lesquels elles sont disséminées et parfois empâtées au point qu'il est souvent impossible de les distinguer. Les diallages forment, suivant Beudant, avec l'albite compacte ou avec le labradorite, des roches désignées sous le nom d'euphotide. Quelques minéralogistes doutent que le diallage puisse former une espèce distincte.

DIALYPÉTALE ou **POLYPÉTALE** (*Corolle*) (Botanique). — On donne le nom de corolle *dialypétale,* du grec *dialyein,* séparer, ou *polypétale,* du grec *polys,* beaucoup, à celle dont les pétales sont libres les uns des autres (voyez CONOLLE).

DIAMAGNÉTISME (Physique).— Brugmann reconnut, en 1778, qu'une balle de bismuth est repoussée par de forts aimants : c'est le contraire de ce qui a lieu pour un morceau de fer.

Faraday, suspendant une aiguille de silicoborate de plomb entre les pôles d'un électro-aimant, la vit prendre la direction perpendiculaire à la ligne des pôles (direction équatoriale), tandis qu'une aiguille de fer doux prenait la direction *axiale,* c'est-à-dire la direction des pôles.

L'action de l'électricité donne des résultats analogues : tandis qu'une baguette de fer se dirige perpendiculairement au fil d'un multiplicateur qui l'entoure, une ba-

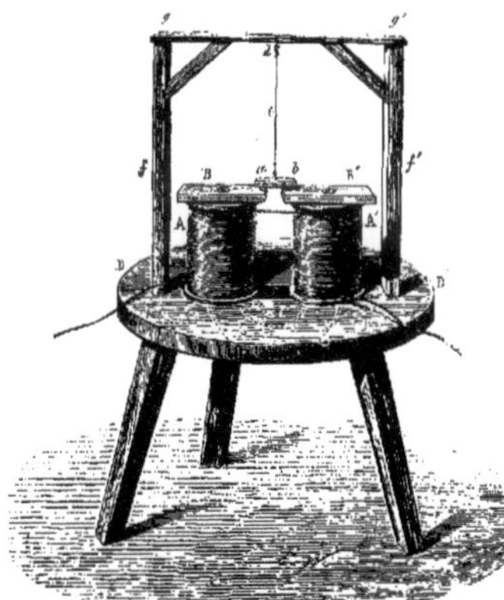

Fig. 772. — Appareil de Faraday pour le diamagnétisme.

guette de bismuth prend une direction parallèle, comme l'a reconnu M. Becquerel.

Dans ces cas simples, le bismuth en présence d'un aimant ou d'un courant électrique *est donc soumis à des forces de sens contraire à celles qui agiraient sur un corps magnétique de même forme* Aussi M. Faraday appelle *diamagnétiques* le bismuth et les substances nombreuses qui se comportent comme lui. Les mots *magnétisme* et *diamagnétisme* s'emploient avec des significations opposées.

Ces expériences sont très-aisées à exécuter avec l'appareil indiqué par notre figure et qui est dû à Faraday. A, A' est un fort électro-aimant muni des armatures B, B', et supporté dans une position verticale par le plateau D D'. Les corps à éprouver *a, b* sont suspendus par le fil de cocon *cd* à la potence *fyf g'.*

La force qui agit sur les corps magnétiques a pour cause une *aimantation passagère;* il était donc naturel de rechercher si une *aimantation* du même genre ne se manifeste pas dans les substances diamagnétiques.

Une expérience indirecte de M. Reich rend cette aimantation très-probable : si l'on réunit deux pôles contraires, leur ensemble n'exerce aucune action sur un corps diamagnétique, absolument comme sur un corps magnétique, et ce fait s'explique, comme on sait, par l'aimantation. Mais il fallait mettre directement en évidence cette aimantation en faisant agir diverses substances sur du bismuth (le corps le plus diamagnétique) soumis à l'influence d'un électro-aimant ou d'un courant électrique.

M. Matteucci, par de semblables procédés, n'obtint aucun résultat. MM. Weber et Poggendorff purent constater une influence appréciable.

Sans nous arrêter à ces expériences qui laissèrent encore quelque doute, nous expliquerons le principe du procédé très-rigoureux par lequel M. Tyndall, d'après les indications de M. Weber, décida la question.

Deux hélices verticales et égales, traversées par un courant en sens inverse, renferment deux barreaux de bismuth égaux dont l'un peut s'abaisser, tandis que l'autre s'élève de la même quantité à l'aide d'une poulie. Un système astatique de deux aimants horizontaux, l'un en avant, l'autre en arrière des hélices, est suspendu par son centre à un fil attaché lui-même au centre d'un cercle de torsion. Enfin, à ce système est fixé un miroir destiné à en indiquer très-exactement la position par l'artifice que l'on emploie dans l'appareil de Gauss (voyez MAGNÉTOMÈTRE).

Cela posé, lorsque le milieu des barreaux de bismuth est à la hauteur des aimants, les pôles de chaque barreau (si tant est qu'il y ait aimantation et formation des pôles) exercent sur chaque pôle des aimants des actions qui se détruisent et n'influent pas sur la position du système. Mais si l'on met le pôle supérieur de l'un des barreaux à la hauteur des aimants, il agira à peu près seul, et imprimera au système un certain mouvement, tandis que le pôle inférieur de l'autre bismuth agira dans le même sens. La torsion qu'il faudra faire subir au fil pour ramener le système à sa position initiale mesurera cette action.

M. Tyndall put constater cette action, et, par suite, l'aimantation dans les corps diamagnétiques, et il vit qu'elle est *contraire à celle d'une substance magnétique placée dans les mêmes conditions.*

Cette aimantation se fait suivant les mêmes lois que celle des corps magnétiques, car l'action d'un électro-aimant sur un barreau de bismuth, comme sur un barreau magnétique, est proportionnelle au carré de la force de cet aimant, ainsi que l'a reconnu M. E. Becquerel en mesurant la force de l'électro-aimant par l'intensité du courant.

Les courants électriques par lesquels Ampère rend compte du *magnétisme* expliquent aussi le *diamagnétisme.* Seulement, il faut les supposer de sens contraire à ceux qui se forment dans les corps magnétiques ; l'étude des faits conduit à admettre que, dans les corps magnétiques, les courants préexistent et sont simplement dirigés par un courant ou un aimant, tandis qu'ils ne préexistent pas dans les corps diamagnétiques, mais se forment au moment de l'aimantation à la manière des courants d'induction. Mais pourquoi cette différence dans les courants moléculaires ?

Suivant M. de la Rive, cette différence tiendrait essentiellement à la distance des molécules. Lorsque celle-ci est petite, et c'est là le cas des corps magnétiques, il y a un courant provenant de la recomposition des électricités polaires de chaque molécule. Mais si la distance devient considérable, un pareil courant n'est plus possible, et ce n'est qu'au moment de l'action d'un courant ou d'un aimant extérieur qu'il se passe dans la *molécule seulement* une sorte d'induction à laquelle est dû le diamagnétisme.

L'effet ordinaire de la température sur les propriétés magnétiques vient à l'appui de cette théorie : la chaleur, en écartant les molécules, doit tendre à changer le magnétisme en diamagnétisme. Or, Faraday a constaté que l'élévation de température diminue le magnétisme des corps fortement magnétiques, et l'on a reconnu depuis que le cuivre, l'or, le zinc, la porcelaine de magnétiques peuvent devenir diamagnétiques. Cependant, on trouve des exceptions : le magnétisme du fer augmente jusqu'à une certaine température, et le diamagnétisme du bismuth diminue par la chaleur, au point de disparaitre à l'état de fusion.

Elle trouve une autre confirmation dans ce fait dû à M. Matteucci : que le diamagnétisme des corps conducteurs, des métaux, augmente quand on diminue leur conductibilité par la pulvérisation. Mais le magnétisme des substances non conductrices, comme le soufre, ne change pas par la division mécanique.

L'influence de la structure ne se montre pas moins dans les cristaux. MM. Plucker et Faraday découvrirent que des cristaux se comportent différemment sous l'influence de l'électro-aimant suivant la position de leurs axes par rapport à la ligne des pôles. La tourmaline, le bismuth présentèrent ce phénomène ; la cyanite et l'oxyde d'étain (stannite) peuvent même prendre une direction déterminée sous l'influence de la terre.

MM. Tyndall et Knoblauch ont trouvé la véritable loi de ces phénomènes : s'il y a dans le cristal une direction où la densité soit maxima, elle prend la position axiale ou équatoriale, suivant que le cristal est magnétique ou diamagnétique ; quand il y a un plan de plus facile clivage, c'est la direction parallèle à ce plan qui jouit de cette propriété. En voici la raison : les cristaux élémentaires dans l'intérieur desquels les courants ont lieu sont les mêmes dans toutes les directions, mais ils sont plus nombreux suivant la ligne de plus grande densité ; c'est donc suivant cette ligne que le magnétisme ou le diamagnétisme est le plus considérable.

Le magnétisme et le diamagnétisme sont des propriétés tout à fait générales.

C'est dans les solides qu'il est le plus facile de les constater et qu'elles ont été découvertes d'abord.

Il suffit pour cela de mettre en présence du pôle d'un fort aimant une balle de la substance à étudier suspendue à un fil et de constater s'il y a attraction ou répulsion, ou mieux encore d'en suspendre un barreau par un fil entre les pôles d'un électro-aimant et de voir la direction qu'il prend ; ce procédé est très-sensible.

Faraday et Plucker ont reconnu que les substances diamagnétiques sont les plus nombreuses.

Les corps magnétiques les plus importants sont un certain nombre de métaux, tels que le fer, le nickel, le cobalt, le manganèse, le chrôme, le titane, le platine et la plupart de leurs composés. Ces corps sont à peu près ceux dont les atomes sont les plus rapprochés, ce qui confirme la théorie de M. de la Rive. Le cuivre et le zinc sont dans le même cas, bien que diamagnétiques, mais en même temps ils sont très-bons conducteurs, ce qui explique jusqu'à un certain point cette anomalie, et les composés cuivreux rentrent dans la liste des corps magnétiques.

Faraday reconnaît les liquides magnétiques ou diamagnétiques en les enfermant dans un tube de verre et les examinant par l'électro-aimant à peu près inactif sur le tube. M. Plucker les met dans un verre de montre appuyé sur les bords des pièces polaires, et il examine la forme du liquide : un liquide magnétique présente une forme concave à l'extérieur, un liquide diamagnétique présente au contraire une forme convexe.

Les principaux liquides magnétiques sont les dissolutions des sels magnétiques. Toutefois, le cyanoferrure rouge de potassium dissous est magnétique, et le sel solide est diamagnétique. Le P. Bancalari obtint les premiers résultats sur les vapeurs et les gaz en remarquant que la flamme d'une bougie, une fumée se dévient latéralement entre les pôles de l'électro-aimant. Faraday, qui avait déjà fait des expériences infructueuses, imita ce procédé en l'appliquant aux gaz qu'il faisait descendre ou monter entre les pôles. Il observait la marche de ces gaz en les faisant passer sur du papier imbibé d'acide chlorhydrique et les recevant sur du papier imbibé d'ammoniaque.

Seul de tous les gaz, l'oxygène a été attiré par les pôles et s'est montré magnétique ; les autres gaz ont été repoussés.

De cette universalité du magnétisme, il résulte que l'action de l'électro-aimant sur un corps variera, comme l'a vu Faraday, avec la nature du milieu dans lequel il est plongé. Ainsi une dissolution de sulfate de fer magnétique dans l'air, est diamagnétique dans une solution de sulfate de fer plus concentrée. MM. Plucker et Becque-

rel ont admis que l'action d'un aimant sur un corps est égale à l'effet produit sur le corps dans le vide, diminué de l'effet sur un égal volume du milieu. M. Becquerel vérifiait cette loi en mesurant par la méthode de torsion le magnétisme de barreaux de soufre et de cire dans divers milieux, et il déduisait des nombres obtenus et de la loi admise comme vraie le magnétisme de ces milieux : ces derniers nombres étaient concordants dans l'un et l'autre cas. S'appuyant sur cette observation, il regarda le diamagnétisme comme un cas particulier du magnétisme : celui où la substance, moins magnétique que l'air, serait repoussée dans ce fluide, de sorte que toutes les substances seraient magnétiques, de même que tous les corps sont pesants, bien que certains s'élèvent dans l'air parce qu'ils sont plus légers. Pour décider ce point, il devenait nécessaire d'observer le magnétisme absolu des corps dans le vide.

M. Becquerel s'est encore servi de la méthode de torsion, en renfermant les barreaux soumis à l'expérience, avec le fil de suspension, dans des éprouvettes où on faisait le vide.

Il a reconnu de la sorte que beaucoup de corps sont diamagnétiques même dans le vide, en sorte qu'il y a réellement des corps magnétiques et des corps diamagnétiques.

Ouvrages à consulter : *Annales de chimie et de physique*, 3ᵉ série, t. XXIV, XXIX, XXXIV, XXXVI, XXXVII. *Bibliothèque universelle de Genève* (Supplément), t. II, XVI, XXXII. *Traité d'électricité* de M. de la Rive, t. I, p. 569.   R.

DIAMANT (Minéralogie). — Substance minérale aussi célèbre par son éclat que par sa dureté et son inaltérabilité. Sa véritable nature est restée longtemps inconnue. Les académiciens del Cimento, à Florence, constatèrent, vers la fin du XVIIᵉ siècle, que le diamant brûlait au foyer d'un miroir ardent : le prince François-Étienne de Lorraine vérifia le même fait en remplaçant le miroir par un violent feu de forge. Lavoisier et Guyton de Morveau remarquèrent que le diamant brûlant dans l'oxygène donnait de l'acide carbonique, et ils en conclurent qu'il renfermait du charbon. Mais c'est à sir Humphry Davy que l'on doit d'avoir démontré que ce corps était du charbon pur : il constata qu'en brûlant dans l'oxygène le diamant ne produisait que de l'acide carbonique et que la combustion s'effectuait sans qu'il y eût variation dans le volume du gaz. Ces expériences ont depuis été répétées par MM. Dumas et Stas pour établir la véritable composition de l'acide carbonique. Il résulte de ces travaux divers que le diamant n'est autre chose que du charbon ou carbone cristallisé.

Le diamant est le plus dur de tous les corps : il les raye tous sans être rayé par aucun. Ce caractère, joint à sa densité (3,50) et à son éclat, suffit pour le distinguer de toutes les autres pierres. Par sa cristallisation, ce corps appartient au système cubique : la forme la plus fréquente est celle de l'octaèdre régulier surmonté sur chaque face d'un pointement à six faces ; les clivages sont très-faciles et conduisent à l'octaèdre régulier : cette facilité des clivages est mise à profit par les lapidaires dans la taille du diamant. L'éclat de cette substance est fort remarquable et a reçu le nom d'*éclat adamantin* : elle produit sur la lumière la réfraction simple ; mais le pouvoir réfringent et dispersif très-considérable qu'elle possède produit les beaux effets de lumière que tout le monde connaît au diamant taillé. Le plus souvent incolore, le diamant est quelquefois légèrement teinté de jaune, de vert ou de gris ; quand ces colorations ne sont pas très-fortes, elles disparaissent par la taille, surtout dans les diamants de petite dimension ; la teinte bleue est fort rare. On connaît un diamant bleu de 4 karats ½ (0ᵍʳ,955), appartenant à M. Hope, et qui est évalué plus de 600,000 francs. Enfin, il existe des diamants noirs qui semblent plus durs que les autres : on les nomme *diamants de nature* ; formés de très-petits cristaux, groupés d'une manière irrégulière, ils sont très-réfractaires à la taille. Le diamant n'est cependant pas toujours cristallisé ; on le trouve quelquefois à l'état compacte, en rognons irréguliers, grossièrement arrondis. Cette variété de diamant est moins chère que le diamant cristallisé : elle vaut 5 francs le karat ou 23 francs le gramme : on la transforme en poudre pour la taille du diamant cristallisé. Le Muséum de Paris possède un diamant amorphe de 66ᵍʳ,76 : le plus gros que l'on connaisse atteint le poids de 186ᵍʳ,253.

Le gisement primitif du diamant est encore inconnu : on le trouve disséminé soit dans certains sables provenant de détritus des roches anciennes, soit dans une roche formée de grains quartzeux peu agglomérés entre eux et qu'on nomme *acolumite* ; mais cette roche elle-même n'est qu'un conglomérat de débris d'autres roches antérieures. En un mot, le diamant n'a pas encore été trouvé à la place où il s'est formé au milieu de sa gangue naturelle ; telle est la cause de l'incertitude où l'on est sur les phénomènes qui ont pu produire sa cristallisation. La difficulté du problème semble accrue, si l'on considère que, par la calcination, le diamant se transforme en coke noir qui ne possède plus les propriétés du diamant primitif et qu'il semble ainsi ne pouvoir s'être formé sous l'influence d'actions ignées. Aussi tous les essais pour obtenir artificiellement cette pierre précieuse ont-ils été infructueux et on ne connaît encore que les diamants naturels. Les premiers furent trouvés aux Indes, dans les royaumes de Visapour et de Golconde; mais actuellement, ils proviennent presque exclusivement du Brésil et surtout de la province de Minas-Geraes. Il y a environ quinze ans, le diamant a été découvert en Sibérie, dans des sables de l'Oural, qui présentent une grande analogie avec ceux qui sont exploités aux Indes et au Brésil. Au milieu d'une masse de cailloux roulés, le diamant conserve, grâce à sa dureté, à peu près sa forme cristalline ; seulement les angles sont légèrement arrondis. Pour extraire le diamant de ces sables, on les lave dans un courant d'eau; les particules les plus ténues et les moins denses sont entraînées et il reste un gravier diamantifère qui est trié ensuite à la main.

Les diamants bruts obtenus ainsi sont livrés au commerce pour subir d'abord l'opération de la taille. Les anciens, qui ne connaissaient pas la manière de la pratiquer, employaient cette pierre avec ses facettes naturelles. Ce ne fut que vers le milieu du xvᵉ siècle qu'un artiste de Bruges, nommé Louis de Berquem, eut l'idée d'employer le diamant lui-même pour user et polir ceux qu'on veut conserver et tailler. A cet effet, les pierres les plus petites ou les plus défectueuses sont réduites en une poudre qu'on nomme *égrisée* ; cette poussière, mêlée avec de l'huile, sert à enduire la surface d'une plaque d'acier ronde, mobile autour d'un axe vertical et sur laquelle on applique fortement le diamant que l'on veut tailler; on l'use de cette manière et on développe à sa surface les facettes destinées à produire les jeux de lumière les plus remarquables. On a reconnu que les formes les plus appropriées à cet effet étaient celles que l'on désigne sous le nom de taille en *brillant* et de taille en *rose*. Par la taille, le diamant perd souvent plus de la moitié de son poids ; mais sa valeur augmente beaucoup. Cette valeur n'est d'ailleurs nullement proportionnelle au poids : elle s'accroît considérablement lorsque ce poids devient un peu grand, à cause de la rareté des diamants volumineux. Les diamants bruts au-dessous de 1 karat valent en lots 48 francs le karat (le karat vaut 0ᵍʳ,205); taillés, ils valent 125 francs. Mais dès qu'ils atteignent 1 karat, les diamants taillés augmentent rapidement de valeur. Un brillant de 1 karat vaut 250 francs ; de 2 karats, 800 francs; de 3 karats, 1 500 francs ; de 8 karats, 10 000 francs. Au-dessus de ce poids, les pierres deviennent rares et on n'en connaît que quelques-unes appelées diamants princiers qui dépassent 100 karats. Les principaux sont : le diamant du Raja de Matan, à Bornéo, qui pèse plus de 300 karats (61ᵍʳ,50); le diamant du Grand Mogol, qui pesait, suivant Tavernier, 279 karats (57ᵍʳ,195). Il le compare pour la grosseur à un œuf coupé par le milieu et l'évalue à 11 millions de francs. L'Orlow, diamant de l'empereur de Russie, pèse 195 karats (39ᵍʳ,975). Il est de mauvaise forme et fut acheté 2 millions de francs et 96 000 francs de pension viagère. Le Régent, diamant de France, pèse 136 karats (27ᵍʳ,88) ; sa belle forme et sa parfaite limpidité le font regarder comme un des plus beaux ; il pesait, avant la taille, 410 karats et fut acheté 2 500 000 francs à un Anglais nommé Pitt, par le duc d'Orléans, alors régent. Il est estimé plus du double du prix d'achat. Le Koh-i-noor ou Montagne de Lumière, qui appartient à la reine d'Angleterre et qui a figuré, en 1851, à l'exposition de Londres, pesait alors 186 karats ; mais il était mal taillé et présentait, à part quelques facettes, peu d'éclat ; aussi on a cru devoir le faire tailler de nouveau ; il a actuellement la forme du Régent, mais son poids a diminué d'un tiers environ et n'est plus que de 123 karats. L'Étoile du Sud, qui appartient à M. Halphen, pesait, avant la taille, 254 karats (52ᵍʳ,070), mais cette opération l'a réduit à environ 125 karats ; néanmoins, par son poids, sa belle forme et sa parfaite limpidité, cette pierre se place au rang des quatre ou cinq diamants les plus précieux. Le Sancy, acheté à Constantinople par M. le baron

de Sancy, avait coûté 600 000 francs. Il pesait 56 karats ; ou 11ᵍʳ,480 ; mais il était, en raison de son éclat, considéré comme un des diamants les plus remarquables ; il fut perdu en 1793 avec la plupart des diamants de la couronne de France.

Regardé aujourd'hui comme partie essentielle de toute toilette élégante et en même temps d'un prix très-élevé, le diamant est souvent remplacé par des imitations plus ou moins parfaites qui peuvent tromper l'œil jusqu'à un certain point. Mais la densité, c'est-à-dire le poids du diamant, est un caractère que l'on ne peut reproduire, les diamants imités pesant trop peu. L'imitation la plus parfaite du diamant est produite par une sorte de cristal, nommé *strass;* c'est un verre fort riche en oxyde de plomb et dans la composition duquel on ne fait entrer que des matières premières d'une pureté chimique absolue ; grâce à ces soins, le strass convenablement taillé produit par l'action de la lumière des feux qui se rapprochent de ceux du diamant.   Lef.

DIAMÈTRE (Géométrie). — Droite qui passe par le centre d'un cercle et aboutit de part et d'autre à la circonférence. Un diamètre est formé de deux rayons. Tous les diamètres d'un même cercle sont égaux. Le diamètre est la plus grande corde possible qu'on puisse mener dans un cercle.

Tout diamètre perpendiculaire à une corde partage cette corde en deux parties égales, ainsi que les deux arcs qu'elle sous-tend.

Diamètre d'une sphère. — Droite qui passe par le centre d'une sphère et aboutissant de part et d'autre à la surface. Chaque diamètre vaut deux rayons et par suite, tous les diamètres d'une même sphère sont égaux. Tout diamètre perpendiculaire au plan d'un petit cercle, passe par le centre de ce cercle et perce la surface en deux points, qui sont les *pôles* (voyez ce mot) de ce cercle.

Plus généralement on nomme *diamètre* d'une courbe, ou *ligne diamétrale*, le lieu géométrique des milieux d'un système de cordes parallèles. Les diamètres sont des lignes droites dans les courbes du second degré. La notion des diamètres est une généralisation de ce qui a lieu dans le cercle, où tout diamètre divise en deux parties égales les cordes qui lui sont perpendiculaires.

Quand la courbe a un *centre*, les diamètres y passent nécessairement. Un diamètre prend le nom d'*axe*, quand il est perpendiculaire aux cordes qu'il divise en deux parties égales. Dans le cercle, il y a une infinité d'axes. Dans l'ellipse et l'hyperbole, il n'en existe que deux, lesquels se croisent à angle droit au centre de la courbe. Mais ces courbes ont une infinité de diamètres qui jouissent de la propriété d'être *conjugués* deux à deux, c'est-à-dire que chacun divise en parties égales les cordes parallèles à l'autre (voyez ELLIPSE, HYPERBOLE).

Diamètre apparent d'un astre (Astronomie). — Angle sous lequel, de la terre, on voit cet astre. Cet angle varie avec la distance. Ainsi, le diamètre apparent du soleil à la fin de décembre, au moment du périgée, est de 32′36″ ; au commencement de juillet, époque de l'apogée, il est de 31′31″. Le diamètre apparent des étoiles est insensible.

DIANDRIE (Botanique), du grec *dis*, deux fois, et du génitif *andros*, époux. — Nom donné par Linné à la deuxième classe de plantes, dans son système sexuel. Elle comprend les végétaux dont les fleurs ont 2 étamines ; tels sont le jasmin, la véronique, le troène. Cette classe peu nombreuse se divise en trois ordres, caractérisés comme on sait par le nombre des pistils : 1° *D. monogynie* (*monos*, seul ; *guné*, épouse) qui n'a qu'un pistil ; 2° *D. digynie*, qui a 2 pistils ; 3° *D. trigynie*, à 3 pistils.

DIANELLE (Botanique), *Dianella*, Lamk ; du nom de la déesse Diane. — Genre de plantes *Monocotylédones périspermées*, de la famille des *Liliacées*, tribu des *Asparagées*, à tige herbacée ou rameuse, feuillage des iris, fleurs disposées en panicules lâches, terminales. La *D. bleue* (*D. cœrulea*, Sims.) a les fleurs bleues d'azur et les feuilles linéaires, allongées comme celles des graminées ; sa tige s'élève à 0ᵐ,16. La *D. divariquée* (*D. divaricata*, Rob. Br.) a des fleurs bleues plus grandes. Ces deux plantes sont originaires de la Nouvelle-Hollande et peuvent se cultiver en serre tempérée.

DIANTHÉES (Botanique). — Nom d'une tribu de plantes ayant pour type le genre Œillet (*Dianthus*), adoptée par quelques auteurs (voyez ŒILLET).

DIANTHUS (Botanique). — Nom latin de l'*Œillet*.

DIAPALME (Matière médicale). — Nom d'un emplâtre, du grec *dia*, avec, et *palamé*, palme, parce que les anciens y faisaient entrer une décoction de feuilles de palmier. Il est astringent et résolutif, on l'emploie quelquefois pour nettoyer les plaies ; parfois aussi on l'applique sur les contusions avec ecchymose (voyez ce mot). Il est composé de : emplâtre simple (voyez EMPLÂTRE), 64 parties ; sulfate de zinc, dissous dans suffisante quantité d'eau, 2 parties ; cire blanche, 4 parties ; lorsqu'on le ramollit avec le quart de son poids d'huile d'olive, il prend le nom de *cérat de diapalme.*

DIAPASON (Physique). — Instrument qui donne le son fixe d'après lequel on accorde tous les autres instruments ; se dit aussi pour indiquer l'étendue de la voix ou d'un instrument. Le diapason est formé d'une verge courbe dont les deux branches sont convergentes, et, par

Fig. 773. — Diapason.

suite, plus voisines vers leurs extrémités que vers leur base. Si l'on introduit entre elles un cylindre de bois un peu plus large que la distance qui sépare les extrémités, en le faisant sortir de force on mettra la verge en vibration et on entendra un son. On peut aussi le mettre en vibration à l'aide d'un archet, comme le montre la figure. On renforce beaucoup celui-ci en disposant l'instrument sur une caisse sonore. La hauteur du son produit ne dépend que des dimensions de la verge et de sa courbure ; il restera donc invariable avec le même appareil, et pourra ainsi servir de type pour accorder les divers instruments d'un orchestre : on l'employait, en effet, autrefois à cet objet. En France le diapason sonnait le *la*, en Italie l'*ut.*

M. Lissajoux a fait servir le diapason à l'étude optique des mouvements vibratoires. Nous donnerons ici une idée de ces expériences très-originales, et qui ont excité dans le monde savant un légitime intérêt.

On fixe à l'extrémité d'une des branches d'un diapason un petit miroir plan en métal, l'autre branche portant un contre-poids égal, afin que la surcharge soit égale, condition indispensable pour que le diapason vibre facilement et longtemps. On fait tomber sur le miroir un rayon de lumière solaire, qui est reçu par un second miroir et de là renvoyé sur un écran où vient se peindre l'image de l'ouverture par laquelle pénètre le rayon. Si alors on fait vibrer le diapason, l'image se transforme en une ligne allongée qui accuse déjà le mouvement vibratoire. Mais en imprimant au second miroir un mouvement d'oscillation dans un sens perpendiculaire à l'allongement de l'image, on voit celle-ci se transformer en une ligne sinueuse, qui rend ainsi manifeste le mouvement oscillatoire du diapason.

Si l'on emploie deux diapasons, l'un horizontal, l'autre vertical, et portant chacun un petit miroir, en faisant tomber un rayon successivement sur chacun des miroirs, on aura sur l'écran une image de l'ouverture.

Si alors on fait vibrer le diapason horizontal seul, l'image vibre dans ce sens et s'allonge ; si l'on fait vibrer le diapason vertical seul, l'image s'allonge dans le sens vertical ; si l'on fait vibrer les deux diapasons à la fois, l'image oscille à la fois dans le sens horizontal et dans le sens vertical ; elle décrit en conséquence une courbe plus ou moins compliquée, dont la forme dépend de la tonalité relative des deux diapasons. La production de ces courbes est fort curieuse, et leur étude permet de constater d'une façon aussi nette qu'ingénieuse si les deux

instruments sont parfaitement ou imparfaitement accordés (voyez FIGURES ACOUSTIQUES).   P. D.

DIAPÉDÈSE (Médecine), du grec *dia*, à travers ; et *pédaô*, je jaillis. — Maladie dans laquelle le sang sort à travers la peau (*sueur de sang*). Connue des anciens, et signalée par Lucain dans la *Pharsale*, avec l'énergie du poëte, cette rare maladie a été observée surtout à la suite de violentes secousses morales. C'est un général frappé de l'idée qu'il allait perdre une bataille ; une religieuse poursuivie par des brigands ; le gouverneur d'une place prise d'assaut, et condamné à perdre la vie, etc. On sait que le malheureux roi Charles IX mourut de cette maladie pendant laquelle son sommeil était troublé par des visions hideuses. Parlant à sa nourrice qui veillait près de son lit, il s'écriait : « Ah ! nourrice, que de sang, et que de meurtres ! ah ! que j'ai eu un méchant conseil ! Ô mon Dieu, pardonne-les-moi, et me fais miséricorde, je ne sais où je suis, etc. » (L'Étoile).   F — N.

DIAPÈRE (Zoologie), *Diaperis*, Geoff. ; du grec *diapeirô*, je transperce. — Genre d'*Insectes*, de l'ordre des *Coléoptères*, section des *Hétéromères*, famille des *Taxicornes*. — Leur nom vient de la forme des antennes composées de disques qui semblent enfilés les uns dans les autres et qui vont en grossissant. Voisins des chrysomèles et de forme ovoïde comme elles, les *Diapères*, type de la tribu des *Diapérales*, vivent dans les Champignons dont ils mangent la pulpe. Geoffroy a décrit la *D. du bolet* (*D. boleti*, Geof.) que l'on trouve souvent aux environs de Paris, dans les agarics et les bolets près de se décomposer ; la larve y vit avec l'insecte parfait.

DIAPHANÉITÉ (Physique). — Propriété des corps *diaphanes*, comme l'eau, le verre, etc., de se laisser traverser par les rayons de lumière. Les corps diaphanes se distinguent des corps simplement *translucides* en ce qu'ils laissent apercevoir la forme des objets placés derrière eux, ce que ne font pas les derniers, qui dévient dans toutes les directions des rayons qui les ont traversés.

DIAPHORÈSE (Médecine), du grec *diaphorèsis*, transpiration. — On appelle ainsi un état de la peau dans lequel l'exsudation cutanée tient le milieu entre la transpiration naturelle et la sueur ; c'est un phénomène dont l'importance ne doit pas être négligée dans le diagnostic des maladies et dans leur pronostic ; il indique en général une détente favorable dans la période aiguë, et souvent il est provoqué par le médecin au moyen des médicaments dits *diaphorétiques.*

DIAPHORÉTIQUES (MÉDICAMENTS) (Médecine). — Ce sont ceux qui sont employés pour déterminer la *diaphorèse*, et ils sont pris parmi les *sudorifiques* peu énergiques (voyez SUDORIFIQUES).

DIAPHRAGMATIQUE (Anatomie). — Qui appartient au *diaphragme.* Il y a des vaisseaux et des nerfs diaphragmatiques. — Les artères *sus-diaphragmatiques droite* et *gauche* naissent de la mammaire interne ; elles forment différentes flexuosités, donnent des ramuscules au péricarde, et se répandent dans les fibres charnues du muscle diaphragme. Les veines *sus-diaphragmatiques* présentent la même disposition, la droite s'ouvre dans la mammaire interne, la gauche dans la sous clavière. Les artères *sous-diaphragmatiques* au nombre de deux, une de chaque côté, naissent de l'aorte abdominale au-dessous du diaphragme ; la droite remonte sur le pilier droit de ce muscle, donne des rameaux au foie, et se divise en plusieurs branches qui pénètrent dans les fibres du muscle ; la gauche remonte sur le pilier gauche du diaphragme, fournit quelques branches aux parties voisines, et se ramifie dans la partie aponévrotique et dans les fibres charnues. Les veines *sous-diaphragmatiques* présentent la même disposition que les artères et se terminent le plus souvent dans la veine cave inférieure. — Les *nerfs diaphragmatiques* ou *phréniques*, aussi au nombre de deux, proviennent de la fin du plexus cervical, ils reçoivent aussi des filets du grand hypoglosse ; ils descendent sur les côtés du cou, pénètrent dans la poitrine entre les artères et les veines sous-clavières, et vont se terminer dans le diaphragme dans lequel ils se divisent, en fournissant des filets aux parties voisines.   F — N.

DIAPHRAGME (Anatomie), en grec *diaphragma*, séparation. — Grand muscle membraneux impair, inégalement recourbé dans ses diverses parties, charnu dans sa circonférence, aponévrotique au centre, et transversalement situé entre l'abdomen et la poitrine qu'il sépare l'un de l'autre. Sa forme irrégulière, quoiqu'il soit situé sur la ligne médiane, présente du côté de l'abdomen une voûte elliptique. Sa partie moyenne et postérieure est occupée par une large aponévrose, nommée *centre phré-nique* d'où partent les fibres charnues qui vont s'insérer en divergeant à toute la circonférence de la poitrine. Les postérieures, plus nombreuses et plus longues que les antérieures, se réunissent pour la plupart en deux gros faisceaux ou colonnes charnues qu'on nomme les *piliers du diaphragme*. Le droit, plus long, s'attache aux quatre premières vertèbres lombaires ; le gauche, aux trois premières seulement. Ces deux piliers s'envoient réciproquement un faisceau, d'où résultent deux ouvertures, l'une *supérieure* ou *œsophagienne* traversée par l'œsophage et les nerfs pneumogastriques ; l'autre, *inférieure* ou *aortique* plus en arrière et à gauche, pour le passage de l'aorte, du canal thoracique et de la veine azygos : une troisième ouverture, située entre les portions moyenne et droite du centre phrénique, donne passage à la veine cave ascendante, c'est l'*anneau diaphragmatique* de Chaussier. Par ses contractions, le diaphragme s'abaisse, augmente le diamètre vertical de la poitrine et diminue celui de l'abdomen, permet ainsi aux poumons de se dilater, et devient inspirateur ; il peut être expirateur, par de fortes contractions qui porteraient les côtes en dedans et diminueraient la capacité du thorax.   F — N.

DIAPHRAGME (Botanique). — C'est une cloison transversale qui partage une cavité en deux étages, un fruit capsulaire en deux ou en plusieurs loges.

DIAPRÉE (Prune) (Horticulture). — Variété de prunes dont on a trois sous-variétés : la *D. rouge*, la *D. violette*, la *D. blanche*. La *D. rouge* (*Roche-Carbon*) est un fruit ovoïde, très-gros, d'une couleur rouge-cerise, ferme, succulente, sucrée ; pulpe pâle ou blanchâtre, adhérant légèrement au noyau ; elle mûrit en août, on en fait de bons pruneaux. La *D. violette*, un peu moins grosse, d'un violet foncé, pulpe ferme, sucrée, est délicate. La *D. blanche* est un petit fruit ovale, allongé, vert presque blanc, ferme, pulpe très-sucrée et très-fine ; commencement de septembre.

DIAPRUN (Matière médicale). — Nom d'un électuaire, aujourd'hui très-peu usité, dont les pruneaux forment la base ; il y en a deux espèces : le *D. simple*, composé d'une forte décoction de polypode de chêne, de fleurs de violette, de semences de berbéris et de réglisse, passée, dans laquelle on fait cuire une quantité déterminée de pruneaux ; on y ajoute du sucre, du sirop de coing, du bois de santal, des roses de Provins, des semences de violette et de pourpier : on l'employait comme minoratif. Le *D. résolutif* se prépare en ajoutant au précédent de la scammonée en poudre. Ce dernier purge bien à la dose de 15 à 30 grammes.

DIARRHÉE (Médecine), du grec *diarrhein*, couler à travers. — Maladie caractérisée par des déjections alvines fréquentes de matières plus ou moins liquides, dues à l'inflammation de la membrane muqueuse des intestins. Cette maladie, connue aussi sous les noms vulgaires de *dévoisment*, de *cours de ventre*, est très-fréquente, surtout chez les enfants et les vieillards. Elle peut être *aiguë* ou *chronique*. Les causes de la diarrhée sont des écarts de régime, les aliments malsains, les fruits encore verts ou mangés en trop grande quantité ; des purgatifs trop répétés : l'impression du froid humide, le séjour dans un endroit bas, marécageux, surtout chez les individus lymphatiques, faibles. Chez les enfants le lait mal élaboré d'une nourrice, l'usage prématuré des aliments la déterminent fréquemment.

La *diarrhée aiguë* a pour symptômes des douleurs plus ou moins vives dans le ventre, des gargouillements, l'expulsion de matières fécales jaunes, brunes, peu liquides, une faiblesse générale avec perte de l'appétit. Elle cède au régime seul, si elle est légère, en supprimant les causes qui l'ont produite. Lorsqu'elle est intense, avec douleur et chaleur dans le ventre, altération des traits, sueurs froides, nausées, vomissements, borborygmes, évacuations abondantes, liquides, douleurs au fondement, souvent même avec fièvre, elle doit être traitée par les émollients, l'application des sangsues à l'anus, la diète, les lavements opiacés, des fomentations sur le ventre. La *diarrhée chronique* peut succéder à la diarrhée aiguë, ou s'établir insensiblement, ses causes sont les mêmes que celles de la diarrhée aiguë ; elle est due souvent à des lésions organiques de l'intestin : sa durée est indéterminée. Le traitement doit se modifier suivant les circonstances, et on aura recours, suivant les cas, soit aux astringents, soit aux émollients et quelquefois alternativement aux uns et aux autres. Le régime est ici d'une grande importance. La diarrhée accompagne comme symptôme un grand nombre de maladies aiguës et chroniques.   F — N.

DIASCORDIUM (Matière médicale). — Ancien électuaire, très-compliqué, ainsi nommé parce que les feuilles de *Scordium* (*Teucrium scordium*, Lin.; vulgairement *Germandrée aquatique*) entrent dans sa préparation. Outre ces feuilles qui ne sont pas la partie la plus active du médicament, il y entre une foule de substances astringentes, amères, excitantes, narcotiques ; ainsi les semences de berbéris, les roses rouges, les racines de bistorte, de tormentille, de gentiane, le cassia lignea, le gingembre, la cannelle, le dictame de Crète, le styrax calamite, le galbanum, la gomme arabique, le bol d'Arménie, l'opium. Ces différentes substances, réduites en poudre, sont ensuite incorporées dans du miel rosat et du vin d'Espagne. Ce médicament, d'un usage assez fréquent, est employé surtout contre les diarrhées chroniques, il agit comme astringent et sédatif. La dose en est de 2 à 4 grammes donné le soir, délayé dans un peu de vin rouge, ou enveloppé dans du pain à chanter.

DIASPORAMÈTRE (Physique), *diaspora*, dispersion ; *metron*, mesure. — Appareil destiné à déterminer expérimentalement l'angle que doit avoir un prisme d'une substance donnée pour achromatiser un prisme d'une autre substance.

On veut achromatiser un prisme de crown avec un prisme de flint. Supposons que l'on ait un prisme de flint dont on puisse faire varier l'angle d'une manière continue entre des limites convenables. On place ce prisme derrière celui que l'on veut achromatiser de manière que les sommets soient tournés en sens inverse, puis on modifie l'angle jusqu'à ce que l'on voie disparaître toute coloration en regardant à travers le système des deux prismes. Le système est alors achromatique. L'angle du prisme est l'angle cherché.

Le diasporamètre est destiné à fournir un prisme dont l'angle soit variable, et il est construit de manière à permettre d'évaluer facilement à chaque instant la valeur de cet l'angle.

Un des diasporamètres les plus employés est celui de Rochon. En voici le principe : deux prismes rectangulaires égaux appuyés l'un sur l'autre par leur face hypoténuse sont fixés au fond de deux tubes dont l'un est fixé à un disque vertical porté par le pied de l'appareil ; l'autre est fixé à un plateau garni de dents qui peut recevoir un mouvement de rotation sur lui-même au moyen d'un pignon denté. On peut donc faire tourner l'un des prismes sur le second qui reste fixe. Une graduation et un vernier gravés sur le disque fixe et sur le plateau mobile servent à évaluer la rotation.

Les deux prismes peuvent être accolés de façon que leur système forme une plaque à faces parallèles. C'est le zéro de la division correspondant au prisme mobile. A partir de ce point, une rotation de 180° donne lieu à un prisme dont l'angle est le double de celui de chacun des prismes particuliers. Dans une position intermédiaire, l'angle est lui-même compris entre zéro et cette dernière valeur. Une formule trigonométrique permet d'ailleurs de calculer exactement cet angle pour une rotation connue du prisme. Cette rotation se lit sur la graduation des plateaux.

Au moyen des diasporamètres, on a calculé des tables où sont consignés les angles que doivent avoir deux prismes de substance connue pour s'achromatiser mutuellement. Comme la composition des verres fournis par les verriers est sensiblement constante, les opticiens trouvent dans ces tables les nombres dont ils ont besoin sans avoir recours à de nouvelles expériences.   L.

DIASPORE (Minéralogie). — Substance pierreuse, classée par Beudant dans son groupe des *Aluminides*, et qui contient, suivant Vauquelin, 86 p. 100 d'alumine. Elle se présente en masses composées de lames d'une couleur gris jaunâtre, d'un éclat assez vif, faciles à séparer. Lorsqu'on expose un petit fragment de cette substance à la flamme d'une bougie, il pétille au bout de quelques secondes et se disperse en une multitude de petites paillettes nacrées, d'où lui vient son nom du grec *diaspora*, dispersion (Haüy).

DIASTASE (Chirurgie), du grec *diastasis*, séparation. — On a donné ce nom à la séparation, opérée par une violence extérieure, de deux os qui étaient contigus, comme le radius et le cubitus ; le tibia et le péroné. Cette séparation ne peut avoir lieu sans que les liens fibreux qui unissent les os soient rompus en tout ou en partie (voyez ENTORSE, LUXATION).

DIASTASE (Chimie, Physiologie). — Produit neutre qui se rencontre dans les graines des céréales qui ont éprouvé un commencement de germination et aussi dans les jeunes pousses émanées de tubercules contenant une fécule. C'est sous l'influence de la diastase agissant comme une sorte de ferment que l'amidon des graines est converti en glucose. Celui-ci représente comme le lait destiné à nourrir la jeune plante pendant le temps où elle n'est pas assez forte pour puiser son alimentation dans le sol et l'atmosphère. C'est sur cette propriété de la diastase qu'est fondé l'emploi de l'orge germée pour la fabrication de la bière. L'amidon de l'orge changé en sucre par l'action de la diastase peut alors éprouver la fermentation alcoolique. Pour l'extraire, on épuise l'orge germée réduite en poudre par l'eau tiède ; on chauffe la dissolution pour coaguler les matières albumineuses mélangées avec la diastase. Il n'y a plus alors qu'à précipiter celle-ci par l'alcool. On l'obtient, après dessiccation, sous la forme d'un corps amorphe, incristallisable, susceptible même à très-faible dose d'opérer la transformation de l'amidon en sucre. La découverte de la diastase est due à MM. Persoz et Payen.

Il existe aussi dans les animaux supérieurs, et en particulier dans l'homme, un agent très-analogue à celui dont il vient d'être question et que l'on a désigné sous le nom de *diastase animale* : il serait fourni, suivant M. Cl. Bernard, par la muqueuse buccale et ajouté à la salive qui découle des glandes salivaires ; M. Mialhe le regarde au contraire comme propre à la salive ; en tout cas, il est incontestable que celle-ci renferme un principe capable de saccharifier les fécules, et qu'il a les mêmes propriétés que celui qu'on rencontre dans l'orge germée (voyez Digestion).

DIASTOLE (Physiologie), du grec *diastolè*, dilatation. — C'est le mouvement de dilatation du cœur dans l'acte de la circulation ; il est opposé à la *systole* (de *systolè*, contraction), qui en est en effet le mouvement de contraction. Lorsque la systole a complété son action, la diastole commence la sienne par l'expansion, la dilatation des oreillettes qui viennent de se contracter ; bientôt le ventricule se dilate aussi et le cœur est en pleine diastole, jusqu'au moment où les oreillettes se contractent de nouveau pendant que les ventricules achèvent de se dilater. Ces mouvements alternatifs constituent les *battements*, les *pulsations*, que l'on perçoit par l'ouïe et le toucher. Lorsqu'on applique l'oreille sur la région du cœur, on entend distinctement deux battements ; le premier plus fort, qui heurte la paroi antérieure de la poitrine ; on peut l'attribuer à la dilatation des ventricules, dans laquelle la pointe du cœur se relève et en se déjetant vers la gauche, frappe la paroi thoracique, en même temps que le sang, poussé par l'oreillette, vient heurter les parois ventriculaires. Le second bruit se fait entendre un peu plus haut ; il est sourd et retard et peut être rapporté au choc du sang qui rentre dans l'oreillette, lors de sa dilatation. Ces deux mouvements successifs répondent à une diastole.

DIATESSARON (Matière médicale), du grec *dia*, avec ; *tessares*, quatre ; parce que ce médicament est composé de quatre substances. — C'est un électuaire composé des racines de gentiane et d'aristoloche ronde, des baies de laurier et de myrrhe, le tout incorporé dans du miel et de l'extrait de genièvre. Cet électuaire, nommé aussi *thériaque diatessaron*, est peu usité aujourd'hui, ses propriétés sont toniques et excitantes. Il a été recommandé contre les piqûres et les morsures d'animaux venimeux.

DIATHERMANE (Physique), de *dia*, à travers ; *thermos*, chaleur. — La *diathermanéité* est la propriété que possèdent certains corps de se laisser traverser par de la chaleur rayonnante. Ces corps sont *diathermanes*.

Les corps transparents, l'air, le verre, laissent rayonner vers nous en forte proportion la chaleur des sources très-lumineuses telles que le soleil ; mais leur diathermanéité est beaucoup plus faible pour les sources obscures ou seulement peu éclairantes, comme le prouve cette pratique des ouvriers des fonderies, de regarder la matière en fusion à travers une lame de verre.

Mariotte et Schéele avaient même cru reconnaître que le verre ne se laisse pas traverser par la chaleur obscure.

Pictet, Herschell, constatèrent l'élévation de température d'un thermomètre séparé de la source de chaleur par une lame transparente ; toutefois, cet effet pouvait être attribué au rayonnement de la lame échauffée. Prévost leva cette objection en se servant d'une lame de glace, ou d'une nappe d'eau, ou d'un disque tournant qui ne pouvaient s'échauffer.

Delaroche mit directement en évidence la diathermanéité pour la chaleur obscure, en constatant que l'échauffement du thermomètre était moindre lorsque la face de la lame tournée du côté de la source, était recouverte de noir de fumée, substance qui s'échauffe et rayonne davantage, mais qui est peu diathermane.

Enfin, Melloni fit cesser les derniers doutes, et put mesurer la diathermanéité par l'emploi d'un thermomètre sur lequel l'effet de la chaleur se manifeste instantanément et qui annule ainsi l'erreur due à l'échauffement de la lame : c'est la pile thermo-électrique.

Le procédé consiste à mesurer à l'aide de cet instrument l'effet de la chaleur directe, puis celui de la chaleur qui a traversé une lame placée entre la source et la pile, en ayant soin de garantir la lame de l'échauffement par des écrans qu'on abaisse au moment d'observer, et de se servir de l'*impulsion initiale* de l'aiguille du galvanomètre (voyez Piles thermo-électriques).

C'est ainsi que Melloni obtint les résultats suivants :

1° La diathermanéité varie avec la nature de la source : elle diminue avec l'éclat de la source pour les substances transparentes (cependant elle reste à peu près constante pour le sel gemme) ; le contraire peut avoir lieu pour les substances opaques, comme le noir de fumée.

2° Les substances transparentes, comme les autres, sont inégalement diathermanes, résultat trouvé auparavant par Prévost et Delaroche.

3° La diathermanéité, comme la transparence, augmente avec le poli des lames.

4° Elle diminue à mesure que l'épaisseur augmente, ce qui indique une absorption graduelle de la chaleur ; il faut excepter le sel gemme qui, quelle que soit son épaisseur, laisse passer toute la chaleur qui n'est pas réfléchie.

5° En interposant une lame d'épaisseur graduellement croissante, ou plusieurs lames d'égale épaisseur et de même substance, on reconnaît que le rapport de la chaleur absorbée par une même épaisseur à la chaleur incidente, diminue à mesure que l'épaisseur déjà traversée augmente, fait reconnu déjà par Delaroche, et que de plus il tend vers une limite fixe.

Ce résultat s'explique par la variation de la diathermanéité avec la nature de la source, c'est-à-dire avec l'*espèce de chaleur* : un faisceau calorifique naturel contient des rayons très-divers dont les plus absorbables disparaissent de plus en plus jusqu'à ce qu'il ne reste plus qu'une chaleur homogène, également absorbable.

Les sources de chaleur étudiées par Melloni étaient donc quelque chose de très-complexe, et pour trouver des lois simples, il fallait expérimenter sur des chaleurs de nature simple. C'est ce qu'ont fait MM. Jamin et Masson :

Ils ont décomposé le faisceau de chaleur par un prisme de sel gemme, la substance la plus diathermane que l'on connaisse. Ils ont ainsi obtenu un spectre composé de deux parties : l'une lumineuse et calorifique, l'autre calorifique et obscure. En plaçant la pile et différentes substances dans les diverses parties du spectre, ils ont reconnu :

1° Que les *chaleurs lumineuses* ne sont pas absorbées par les substances transparentes incolores ; que leur absorption par les verres colorés est égale à l'absorption de la lumière qui les accompagne ; enfin qu'elles sont éteintes en même temps qu'elle ;

2° Que les *chaleurs obscures* sont partiellement et inégalement absorbées par les corps transparents, et en général d'autant plus qu'elles sont moins réfrangibles, même par le sel gemme ;

3° Que le rapport de la chaleur absorbée par une substance à la chaleur incidente est indépendant du nombre des lames déjà traversées, ce qui est le signe distinctif d'une chaleur simple, en sorte que le rapport de la chaleur transmise par une épaisseur e à la chaleur directe, abstraction faite des réflexions, peut s'exprimer par a^e.

Ces résultats conduisent à une conclusion importante : l'identité probable de la cause de la chaleur et de la lumière, puisque dans la partie mixte du spectre, ces effets sont inséparables et sont modifiés d'une manière identique. Quant à la partie obscure du spectre, son manque de lumière tient à ce que les rayons peu réfrangibles sont absorbés par l'eau, et, par suite, par les humeurs de l'œil, et ne peuvent impressionner l'organe de la vision.

(Ouvrages à consulter : *Journal de Physique*, t. LXXII, LXXV ; *Annales de chimie et de physique*, 2ᵉ série, t. LIII, LV, LX ; *Comptes rendus des séances de l'Académie des sciences*, t. XXXIV ; *Mémoires de l'Académie des sciences de l'Institut*, t. XIV ; *Cours de physique de l'École polytechnique*, par M. Jamin.)

On trouvera dans le tableau suivant les résultats les plus importants dus aux travaux de Melloni ; quelques-uns d'entreeux ont été modifiés par les recherches de la Provostaye et de M. Desains ; mais leur ensemble doit être maintenu. Quant à l'appareil employé par Melloni, on le trouvera décrit à l'article Piles thermo-électriques.

CHALEUR TRANSMISE PAR QUELQUES SUBSTANCES AVEC LA LAMPE D'ARGAND (MELLONI).

La chaleur directe est représentée par 100.

SUBSTANCES SOLIDES

Verres incolores (épaisseur, 1mm,88).

Flint.......... de 67 à	64
Verre de glace de 62 à	59
Crown français........	58
— anglais........	49
Verre à vitres ..de 54 à	50

Verres colorés (épaisseur, 1mm,85).

Violet foncé...........	53
— pâle...........	45
Bleu très-foncé........	19
— foncé........	33
— clair........	42
Vert minéral........	23
— pomme........	26
Jaune foncé........	40
— brillant........	34
— doré........	33
Orangé rouge........	44
Rouge jaunâtre........	53
— pourpre........	51
— vif........	47

SUBSTANCES LIQUIDES

(Épaisseur, 9mm,21. — Une lame de verre de glace de même épaisseur donne 53.)

Liquides incolores

Eau distillée........	11
Alcool absolu........	15
Éther sulfurique........	21
Sulfure de carbone........	63
Essence de térébenthine.	31
Acide sulfurique pur...	17
— nitrique pur.....	15
Dissolution de sel marin.	12
— d'alun......	12
— de sucre....	12
— de potasse..	13
— d'ammoniaq.	15

Liquides colorés

Huile de noix (jaune)...	31
— de colza (jaune)..	30
— d'olive (jaune verdâtre)........	30
— d'œillet (jaunâtre)	26
Chlorure de soufre (rouge brun)........	63
Acide pyroligneux (légèrement brun)........	12
Blanc d'œuf (légèrement jaune)........	11

CORPS CRISTALLISÉS

(épaisseur, 2mm,52. — Un verre de glace d'égale épaisseur donne 62).

Incolores

Sel gemme........	92
Spath d'Islande........	12
Cristal de roche........	57
Topaze du Brésil........	54
Carbonate de plomb....	52
Borate de soude........	28
Sulfate de chaux........	20
Acide citrique........	15
Alun de glace........	12

Colorés

Cristal de roche enfumé (brun)........	57
Aigue marine (légèrem. bleue)........	29
Agate jaune........	29
Tourmaline verte........	27
Sulfate de cuivre (bleu).	0

Ra.

DIATHERMANSIE, DIATHERMANISME (Physique). — Action élective exercée par les corps *diathermanes* sur la chaleur rayonnante qui les traverse, et en vertu de laquelle certains rayons de chaleur peuvent traverser plus ou moins librement ces corps, tandis que d'autres sont arrêtés par eux. Cet effet est semblable à celui que les corps colorés exercent sur la lumière, ce qui la fait désigner sous le nom de *Thermochroïsme* (voyez CHALEUR RAYONNANTE).

DIATHÈSE (Médecine), du grec *diathésis*, disposition du corps. — On entend par ce mot une disposition en vertu de laquelle plusieurs organes, ou plusieurs systèmes d'organes, sont à la fois ou successivement le siège d'affections de même nature, quelquefois même sous des apparences diverses : ainsi les diathèses scorbutique et scrofuleuse peuvent produire dans divers organes, des lésions différentes, dues à une seule et même cause et qui peuvent céder au même traitement. On peut admettre d'après cela autant de diathèses qu'il y a de maladies capables de se montrer dans plusieurs parties à la fois ou successivement, sous l'influence d'une cause commune qui ne sera pas une cause externe, de telle sorte que si les mêmes affections se montrent sans cause évidente, on dira qu'elles sont dues à une disposition particulière, à une *diathèse* qui sera dite scrofuleuse, inflammatoire, rhumatismale, cancéreuse, dartreuse, scorbutique, etc. Le mot de diathèse n'a pas toujours été pris dans le sens que les modernes lui ont donné; pour la plupart des auteurs, c'est ou une prédisposition à une espèce particulière de maladie, ou bien un état intermédiaire entre la santé et la maladie; Gallien l'a employé comme synonyme du mot *habitus*, habitude extérieure, manière d'être. F—N.

DIATOME (Botanique), *Diatoma*, de Cand.; du grec *dia*, en travers, et *temnein*, couper. — Genre de plantes *Cryptogames amphigènes*, de la classe des *Algues*, type de la tribu des *Diatomées*; il renferme une douzaine d'espèces qui habitent les eaux douces et la mer. Ces plantes se composent de filaments simples, fragiles, divisés transversalement en articles; à une certaine époque, ces articles se désunissent et n'adhèrent plus entre eux que par leurs angles opposés. Ils représentent ainsi la figure de zigzag. Ces plantes sont brillantes à l'état frais et forment sur les plantes aquatiques un duvet ferrugineux qui devient âpre et pulvérulent par la dessiccation. On en connaît une douzaine d'espèces habitant les eaux douces ou la mer; on rencontre fréquemment dans les eaux douces la *D. flocculeuse* (*D. flocculosum*, Ag.).

DIATOMÉES (Botanique). — Tribu de plantes *Cryptogames*, de la classe des *Algues*, famille des *Fucacées*, établie par de Candolle (*Flore franç.*, t. II) pour des genres d'*Algues* dont les corpuscules composants, munis d'une enveloppe siliceuse nommée *cuirasse*, diaphane, fragile, formée de silice pure, renferment une sorte de mucilage de couleur jaune plus ou moins foncée, ne se déforment pas par la dessiccation et peuvent même subir une calcination assez forte. M. Ehrenberg, qui désigne les *diatomées* sous le nom de *bacillariées*, a découvert que la substance connue dans les arts sous le nom de *tripoli* était constituée par des enveloppes de diatomées fossiles extrêmement abondantes dans plusieurs contrées de l'Europe. L'Ardèche en possède un gisement important. On a calculé que 0mm,001 de tripoli pouvait représenter environ 2 000 millions d'individus.

DICÉE (Zoologie), *Dicæum*, Cuv. — Genre d'*Oiseaux*, de l'ordre des *Passereaux*, famille des *Ténuirostres*; caractérisé par un bec presque aussi long que la tête, très-finement dentelé à la pointe, large et triangulaire à la base; ailes obtuses et queue médiocre. La taille de ces oiseaux est généralement petite (0m,09, par exemple) et leur plumage varié de rouge, de noir, de jaune. Ils habitent les archipels de l'Asie et de l'Océanie. Ce genre a été placé par Cuvier auprès des Sucriers; on peut le rapprocher aussi des Grimpereaux de nos pays.

DICÉRATES (Zoologie), *Diceras*, Lamk; du grec *dis*, deux, et *keras*, corne. — Genre de *Mollusques*, de la classe des *Acéphales*, ordre des *Testacés* ou *Lamellibranches*, famille des *Camacés*. Ce genre, très-voisin de nos Cames actuels, ne contient que des espèces éteintes, à coquille grande, irrégulière, à valves inégales, avec une dent cardinale très-épaisse appartenant à la grande valve. Les deux réunies simulent un peu une paire de cornes. C'est dans

Fig. 774 — Dicérate, corne de bélier (fossile).

les couches du terrain nommé *coral-rag* par les Anglais que l'on trouve les dicérates; c'est près de Genève qu'elles furent observées d'abord; on en trouve en France dans le département de la Meuse, près de Saint-Mihiel.

DICHOBUNE (Zoologie), *Dichobune*, Cuv.; du grec *dicha*, séparément, et *bounos*, colline; allusion aux tubercules distincts des dents molaires. — Genre de *Mammifères* fossiles, de l'ordre des *Pachydermes*, famille des *Pachydermes ordinaires*, très-voisin du genre Anoplotherium; établi pour quelques espèces de petits quadrupèdes de l'étage tertiaire parisien, dont les dimensions n'excédaient pas celles du lièvre ou se tenaient même au-dessous.

DICHORISANDRE (Botanique), *Dichorisandra*, Mik.; du grec *dis*, deux fois; *chorizô*, je divise, et *anèr*, mâle. — Genre de plantes *Monocotylédones périspermées*, famille des *Commélynées*. Caractères : calice à 3 sépales persistants; corolle à 3 pétales; 6 étamines disposées en 2 phalanges (d'où le nom du genre); ovaire à 3 loges; fruit conformé en une capsule accompagnée du calice charnu. Le *D. à fleurs en thyrse* (*D. thyrsiflora*, Mik.) est une plante herbacée vivace à feuilles lancéolées, oblongues, à gaîne entière, un peu ciliée. Ses fleurs, en grappes terminales, à rameaux hérissés, courts, ont les pétales d'un bleu magnifique et marqués de blanc à la base; les anthères sont d'un beau jaune. Cette belle plante, originaire du Brésil, est souvent cultivée dans les serres chaudes en terre légère, où ses charmantes fleurs produisent un agréable effet.

DICHOTOME (Botanique), du grec *dichotomeô*, je coupe en deux. — Terme qui désigne les organes des plantes divisés en deux parties dont chacune se bifurque en deux autres. La tige de la mâche et du gui offre deux bons exemples de dichotomie. Les feuilles sont *dichotomes* dans les cératophylles. Certaines inflorescences résultent souvent de la dichotomie des pédicelles. Ce cas est surtout fréquent dans la famille des *Caryophyllées*.

DICHOTOMIQUE (MÉTHODE) (Botanique). — On désigne sous ce nom une méthode artificielle destinée à la détermination des espèces et où chaque groupe se subdivise uniquement en deux groupes subordonnés, de manière à ce que l'investigateur n'ait jamais à choisir qu'entre deux caractères pour reconnaître l'espèce qu'il étudie. Lamarck, dans sa *Flore française*, a donné un exemple célèbre de *méthode dichotomique* du règne végétal.

DICHROA (Botanique), *Dichroa*, Loureiro ; du grec *dis*, deux, et *chroa*, couleur. — Genre de plantes devant sans doute être rangé dans la famille des *Rosacées* et établi par Loureiro pour une plante de la Chine et de la Cochinchine, le *D. febrifuga*, Lour. ; c'est un grand arbrisseau à rameaux étalés, à feuilles lancéolées et dont les fleurs groupées en corymbes ont la corolle blanche en dehors et bleue en dedans, ce qui justifie le nom du genre. Cette plante, selon Loureiro, aurait des propriétés fébrifuges très-prononcées.

DICHROISME (Physique). — Propriété que possèdent certains corps transparents d'offrir des couleurs différentes, suivant qu'on les regarde sous une épaisseur plus ou moins grande. C'est ainsi par exemple que, si l'on verse dans un verre à expérience une dissolution de chlorure de chrome, la partie inférieure où l'épaisseur est moindre paraîtra verte, tandis que la partie supérieure a une teinte brune passant au rouge. La teinture de tournesol offre un phénomène analogue : bleue sous une épaisseur considérable, elle paraît rouge violacé en lames minces. En réalité, toutes les substances transparentes et colorées sont dichroïques, c'est-à-dire que leur teinte change avec l'épaisseur ; mais on n'en observe que rarement des modifications aussi nettes que celles que nous venons d'indiquer ; le plus ordinairement, c'est une variation continue plutôt de l'intensité de la couleur que de la couleur elle-même.

Le dichroïsme est une conséquence très-simple de l'absorption différente et spéciale à chacun d'eux, qu'éprouvent, en traversant les milieux, les différents rayons qui composent la lumière blanche. Si tous ces rayons éprouvaient une perte égale, le faisceau de lumière blanche ne serait altéré que dans son intensité et, par suite, le milieu transparent serait incolore ; mais comme il n'en est pas ainsi, et qu'à chaque épaisseur nouvelle traversée la proportion des rayons élémentaires change à cause de leur absorption inégale, il s'ensuit que la teinte du faisceau émergent variera elle-même avec l'épaisseur traversée. Supposons, par exemple, que, pour le chlorure de chrome déjà cité, l'absorption pour une certaine épaisseur, soit de 0,1 pour le rouge et 0,5 pour le vert; si l'on suppose, en outre, que la lumière blanche renferme 200 rayons rouges et 3000 rayons verts, après une première absorption, il restera :

Rayons rouges.....................	108
Rayons verts.....................	1 500

d'où l'on voit qu'après la première transmission, le vert dominera et à cause du nombre de ses rayons et parce que son *éclat* est supérieur à celui du rouge. Mais après cinq autres transmissions pareilles, on trouve qu'il devra rester dans le faisceau :

Rayons rouges.....................	106
Rayons verts.....................	43

Ce qui nous montre qu'à ce moment la teinte rouge dominera et deviendra de plus en plus pure, à mesure que l'épaisseur augmentera. On voit qu'une explication analogue peut être étendue à tous les cas de dichroïsme. Il existe une substance minérale où ce phénomène est très-marqué, ce qui lui a fait donner le nom de *dichroïte* (voyez CORDIÉRITE).
       P. D.

DICLINE, DICLINIE (Botanique), du grec *dis*, double, et *kliné*, lit. — Linné a dénommé ainsi des plantes à fleurs unisexuées monoïques ou dioïques et dont, par conséquent, les organes sexuels ont deux siéges différents. Le nom de *Diclinie* appartient à la quinzième et dernière classe de la méthode naturelle de Jussieu, comprenant des plantes dicotylédones apétales diclines et subdivisée en cinq ordres : les *Euphorbes*, les *Cucurbitacées*, les *Orties*, les *Amentacées* et les *Conifères*. A

l'exemple d'Ad. de Jussieu, les *Dicotylédones diclines* sont généralement réparties par les botanistes modernes parmi les *Dicotylédones apétales* ou les *monopétales*.

DICOTYLÉDONÉES ou DICOTYLÉDONES (Botanique). — On donne ce nom aux plantes qui composent l'un des trois grands embranchements du règne végétal, et ce nom rappelle que l'embryon contenu dans leurs graines porte le plus généralement deux cotylédons (rarement un plus grand nombre). Voici les caractères à l'aide desquels on distinguera facilement une plante dicotylédone d'une plante monocotylédone (voyez ce mot). La tige ligneuse est composée de : 1° à l'extérieur, une enveloppe de tissu cellulaire qui est l'*écorce*, disposée par couches dont les plus jeunes ou *liber* sont en dedans des plus anciennes ; 2° d'une *moelle* située au centre, composée de cellules arrondies ; 3° d'un *corps ligneux* ou *bois*, intermédiaire entre la moelle et l'écorce, disposé par couches dont les plus jeunes et les plus molles, nommées *aubier*, sont en dehors des plus anciennes et des plus dures qui constituent le *bois parfait*. Quand on fait une coupe transversale d'une tige dicotylédone ligneuse, on voit aussi que toutes les couches de bois et d'écorce sont disposées en cercles concentriques autour de la moelle centrale, et on distingue des lames de tissu cellulaire séparant les fibres ligneuses parallèles et longitudinales. Ce sont les *rayons médullaires* dont les tiges monocotylédones sont dépourvues. Les feuilles des plantes dicotylédones ont en général un limbe à nervures divergentes sous des angles prononcés, ce qui est rare dans l'embranchement des monocotylédones, où les nervures sont presque toujours parallèles. Les fleurs des dicotylédones ont ordinairement un calice, une corolle, des étamines et des pistils distincts, ces parties sont en général au nombre de cinq et ses multiples ou de quatre et ses multiples, tandis que, dans les monocotylédones, domine le nombre trois et ses multiples. Enfin, le caractère le plus fixe de cet embranchement est l'existence dans l'embryon de 2 cotylédons opposés ou quelquefois de plusieurs cotylédons verticillés. A.-L. de Jussieu partageait l'embranchement des *Dicotylédones* en quatre subdivisions : les *Apétales*, les *Monopétales*, les *Polypétales*, les *Diclines*. Ces dernières formaient la quinzième classe, *Diclinie*; les trois autres divisions étaient, d'après l'insertion *épigyne*, *périgyne* ou *hypogyne* des étamines, partagées en classes dont le nombre total, pour ces trois divisions, était de dix : 1° *Dicot. apétales*, 3 classes : *Epistaminie, Péristaminie, Hypostaminie*; 2° *Dicot. monopétales*, 4 classes : *Hypocorollie, Péricorollie, Epicorollie synanthérie, Epicorollie chorisanthérie* ; 3° *Dicot. polypétales*, 3 classes : *Epipétalie, Hypopétalie, Péripétalie*. Dans la classification de M. Brongniart, les dicotylédonées sont divisées en deux sous-embranchements : 1° les *Angiospermes*, et 2° les *Gymnospermes*. L'un se subdivise en deux séries : 1° les *Gamopétales* ou plantes à corolle d'une seule pièce ; les familles qui le composent sont classées suivant l'insertion des étamines et de la corolle ; exemple : *périgynes*: Composées, Campanulacées, Rubiacées; *hypogynes* : Borraginées, Solanées, Labiées, Primulacées; 2° les *Dialypétales* ou plantes à corolle composée de plusieurs pièces ou nulle; les familles qui les composent sont également divisées en *hypogynes*; exemple : Crucifères, et *périgynes* ; exemple : Rosacées. L'autre sous-embranchement ne comprend que deux classes, les *Conifères* et les *Cycadoïdées*. L'embranchement des Dicotylédones contient beaucoup plus d'espèces et environ six fois autant de familles que celui des Monocotylédones.
       G — s.

DICRANE (Botanique,) *Dicranum*, Hedwig; du grec *dicranos*, fourchu. — Genre de plantes Cryptogames acrogènes, de la famille des *Mousses*, formant sur la terre et les rochers des plaques gazonnantes, par la réunion de nombreux individus d'une même espèce. On en connaît quatre-vingt-dix espèces dont un grand nombre sont européennes. Ce genre est le type de la tribu des *Dicranées*, ordre des *Acrocarpes* de M. Montagne.

DICRANURE (Zoologie), *Dicranura*, Latr. ; du grec *dicranos*, fourchu, et *oura*, queue. — Genre d'*Insectes*, de l'ordre des *Lépidoptères*, famille des *Nocturnes*, tribu des *Bombycites*, section des *Aposures*. Ces papillons nocturnes n'ont rien de remarquable, mais leurs chenilles ont un corps renflé dans sa partie antérieure, effilé en arrière, avec le second avant-dernier anneau élevé en pyramide et le dernier armé d'une double queue semblable à une paire de cornes. C'est au moyen de cette double queue qu'elle écarte les mouches et les ichneumons qui viennent se placer sur son dos pour la piquer et déposer leurs œufs dans la blessure qu'ils ont faite. (Voyez à ce sujet la *Contempl. de la nature*, par Ch. Bonnet.) Ces chenilles vivent sur le saule et le peuplier. L'on trouve communément aux environs de Paris la *D. grande queue fourchue* (*D. vinula*, Lat.), qui vit sur plusieurs espèces de saules.

DICROTE (Médecine), du grec *dis*, deux fois, et *krouô*, je frappe. — On désigne par ce mot le pouls qui donne la sensation de deux battements pendant la même *diastole* (dilatation). Il semble qu'il y ait une sorte d'interruption momentanée entre deux pulsations qui se font rapidement pendant la même dilatation artérielle, dont la première, après avoir commencé, se suspend un instant pour se terminer ensuite ; c'est ce qui lui a fait donner aussi le nom de *pouls rebondissant*. On a prétendu que le pouls dicrote précédait les hémorrhagies nasales ; quelquefois aussi il accompagne certaines fièvres continues avec redoublement, des maux de têtes habituels, des fractures du crâne, des apoplexies même, etc., et en général tout ce qui peut produire un afflux extraordinaire vers la tête.

DICTAME ou **Dictamne** (Botanique), *Dictamnus*, Lin. ; assimilé à tort avec le dictame des anciens, qui est un origan. — Genre de plantes *Dicotylédones dialypétales hypogynes*, famille des *Diosmées*. Les espèces de ce genre sont de belles plantes vivaces, répandant une odeur forte ; à feuilles alternes imparipennées. Leurs fleurs sont grandes, blanches ou purpurescentes, groupées en grappes dont les pédoncules et les pédicelles sécrètent, par de nombreuses glandules saillantes, l'huile essentielle qui donne à la plante son odeur. Les racines furent employées jadis en médecine, mais sont abandonnées aujourd'hui ; les fleurs fournissent à la parfumerie une eau distillée odorante très-recherchée. L'espèce la plus commune, *D. fraxinella*, Pers., est connue sous le nom de *Fraxinelle* ou *Petit Frêne*, à cause de la ressemblance de ses feuilles avec celles du frêne.

Dictame de Crète (Botanique), *Origanum dictamnus*, Lin. — Nom vulgaire d'une espèce du genre *Origan* (voyez ce mot), de la famille des *Labiées*. Cette plante (*Dictamnos de Dioscoride*) est un sous-arbrisseau élevé de 0ᵐ,50 environ. Ses rameaux sont blanchâtres, laineux. Ses feuilles sont molles, épaisses, pétiolées, également laineuses. Ses fleurs, disposées en épis, sont rosées, à corolle presque ouverte. C'est aux mois de juillet et d'août qu'elle fleurit, et elle peut être alors d'un joli effet dans les jardins d'agrément. Le dictame de Crète est originaire de l'île de Candie (ancienne Crète) ; on le trouvait sur le mont Dicté, d'où lui vint son nom. Les Grecs lui attribuaient un pouvoir souverain pour guérir les plaies ; les poëtes lui ont à ce titre donné une véritable célébrité, qui ne nous paraît nullement justifiée aujourd'hui. Il entre dans la composition de la thériaque, du mithridate, du diascordium, et de plusieurs autres électuaires. G — s.

DICTYOTE (Botanique), *Dictyota*, Lamk ; du grec *dictyon*, réseau. — Genre de plantes *Cryptogames*, de la classe des *Algues*, comprenant des plantes à fronde membraneuse, réticulée, à mailles quadrilatères, sans nervure, fixée à la base par un petit disque, portant sur l'une et l'autre face des spores ovoïdes mêlées à des paraphyses. On en compte dix à douze espèces marines.

DIDELPHE (Zoologie), du grec *dis*, deux, et *delphis*, poche. — Nom employé par Linné pour désigner les animaux marsupiaux connus à son époque et qui appartenaient presque tous au genre *Sarigue*. Grâce à ces deux circonstances, le nom de *Didelphe* est appliqué maintenant dans un sens général aux mammifères marsupiaux, par opposition au nom de mammifères *Monodelphes*, et désigne alors tantôt les marsupiaux seulement, tantôt tous les animaux pourvus d'os marsupiaux, y compris les monotrèmes. Ce même mot, dans un sens restreint, désigne aussi le genre *Sarigue* (*Didelphis*) (voyez **Marsupiaux**, **Sarigue**, **Monotrèmes**]. M. Is. Geoffroy Saint-Hilaire a nommé *Didelphiens* la famille des *Sarigues* ou *Marsupiaux américains*.

DIDISQUE (Botanique), *Didiscus*, de Cand. ; du grec *dis*, deux, et *discos*, disque ; allusion à la forme du fruit. — Genre de plantes *Dicotylédones dialypétales périgynes*, famille des *Ombellifères*, tribu des *Hydrocotylées*. Fruit échancré inférieurement ; 2 carpelles formant un double disque et marqués de points saillants ou muriqués. Le *D. à fleurs bleues* (*D. cœrulea*, Hook.) est une herbe annuelle rapportée, il y a une trentaine d'années, de la Nouvelle-Hollande et introduite dans nos cultures d'ornement.

DIDYME (Botanique), du grec *didymos*, double. —

Terme employé pour désigner la forme de tout organe végétal composé de deux parties arrondies se tenant par un point de leur sommet.

DIDYNAMES, **Didynamie** (Botanique), du grec *dis*, deux, et *dynamis*, puissance. — On nomme *didynames* des étamines qui, au nombre de 4 dans la même fleur, sont inégales, l'une des deux paires dépassant nettement l'autre en longueur. Un grand nombre de plantes de la famille des *Labiées*, le genre *Antirrhinum*, ont des étamines didynames. Sous le nom de *Didynamie*, Linné avait réuni dans la quatorzième classe de son système sexuel les plantes à fleurs hermaphrodites dont les étamines offrent cette disposition. Cette classe était partagée en deux ordres : 1° *D. gymnospermie*; 2° *D. angiospermie*. Cette distinction, fondée sur une erreur concernant la véritable nature du fruit des labiées, n'a plus aucun intérêt aujourd'hui.

DIÈDRE (Angle). — Voyez **Angle**.

DIÉRÈSE (Chirurgie), du grec *diairéô*, je divise. — On appelle ainsi une opération de chirurgie qui consiste à diviser nos tissus, soit parce qu'ils sont réunis contre l'ordre naturel, soit parce que leur séparation est nécessaire pour rétablir la santé. Les anciens avaient partagé la diérèse en quatre procédés principaux : 1° l'*incision* ou entamure ; 2° la *perforation* ou piqûre ; 3° la *divulsion* ou déchirure ; 4° la *cautérisation* ou brûlure. La diérèse par incision est le moyen le plus généralement employé ; elle peut être simple ou multiple ; elle peut être pratiquée sur les parties dures ou sur les parties molles ; une multitude de subdivisions ont été faites par les auteurs anciens sur les différents modes de diérèse ; ce sont des divisions purement scolastiques.

DIERVILLA (Botanique). — Voyez au Supplém.

DIÈSE. — Voyez **Gamme**.

DIÈTE, **Diététique** (Médecine), du grec *diaita*, genre de vie, genre de nourriture. — Entendues dans leur sens le plus général, ces expressions comprennent en effet tout ce qui a trait au mode d'alimentation de l'homme, aux règles qui doivent le guider dans la quantité, la nature, le choix de ses aliments, dans l'intervalle à mettre entre chaque repas, les heures auxquelles ils doivent être pris, etc. D'autres fois on s'est servi du mot *diète* dans un sens beaucoup plus restreint pour désigner la privation d'aliments prescrite par le médecin dans les maladies ; et il faut bien avouer que c'est là le sens qui lui est donné généralement dans le monde, et qui a même passé dans le langage médical ; *mettre un malade à la diète*, c'est lui prescrire l'abstinence des aliments. Cette dernière manière d'envisager le mot diète n'a pas besoin d'être développée ici, il en est question aux articles qui traitent de chaque maladie, et au mot **Régime**.

Nous dirons quelques mots de ce qui regarde les *règles générales de la diététique*. La *quantité* des aliments à prendre dans chaque repas n'a rien de fixe, elle doit en général être en rapport avec la faim ; et chacun doit manger et boire suivant son appétit ; cet axiome vrai dans la généralité des cas demande une explication ; ainsi il ne faut pas que l'appétit soit provoqué par des mets délicats, succulents, apprêtés avec art, car dans ce cas, il a besoin d'être réglé, et si l'on n'y faisait attention, on pourrait être porté à manger au delà du besoin, ce qui n'arrive que trop souvent ; et il pourrait en résulter au bout de peu de temps des dérangements graves dans la santé. Ne prenons donc jamais pour un besoin réel le désir qui naît de l'apprêt des aliments, et souvenons-nous que l'intempérance est la cause de la plupart des maux physiques et moraux qui affligent l'humanité. On mange en général plus qu'il ne faut pour entretenir le corps dans un bon état de santé ; ceci soit dit surtout pour les gens aisés. Le *choix* des aliments doit varier autant que possible, et l'expérience a prouvé qu'il y a abus à faire toujours usage de la même nourriture ; les organes se fatiguent d'être stimulés tous les jours de la même manière, leur sensibilité s'émousse d'être soumise toujours aux mêmes impressions, les fonctions languissent, et la constitution peut en recevoir une atteinte fâcheuse. Il est important aussi de régler les *heures des repas* ; boire, manger indistinctement à tous les moments du jour, aussitôt que le besoin s'en ferait sentir, ne peut convenir à l'homme civilisé ; les travaux auxquels il est assujetti, les devoirs sociaux, ceux de la famille même, toutes les exigences qui lui sont imposées par le milieu dans lequel il vit, l'obligent à choisir des heures déterminées pour ses repas, et ce qui peut paraître absurde au premier abord, c'est que cette règle, passée en habitude, devient une nécessité de la vie ; en effet, sous l'empire de cette régularité indispensable dans notre état social, les organes se modifient dans leurs impressions, les sensations de la faim et de la soif reviennent aux heures prescrites, et l'estomac s'y dispose tellement que ses fonctions finissent par s'altérer si l'on mange hors de ses heures habituelles. C'est ce qu'on remarque surtout chez les vieillards et les personnes faibles. Deux repas par jour, le plus souvent précédés le matin d'un très-léger déjeuner, composé d'un bouillon, d'un petit potage, d'un fruit, etc., tel est le régime diététique qui paraît le plus convenable à la santé. En général, le dernier repas du jour devra se faire quatre ou cinq heures avant le coucher.

Quant à la *nature* des aliments, elle varie suivant leur aptitude nutritive et le caractère des impressions qu'ils exercent sur nos organes: ainsi on distingue la *diète lactée*, la *diète animale*, la *diète végétale*, la *diète sucrée*, la *diète farineuse*, etc. Les dimensions de ce dictionnaire ne permettent pas de traiter ce sujet, dont les développements sont présentés dans les ouvrages spéciaux (voyez les *traités d'hygiène*, et entre autres *Traité d'hygiène* de M. Michel Lévy).   **F – N.**

DIFFÉRENCES (Calcul des) (Analyse mathématique). — Ce calcul a pour objet d'exprimer les différences des valeurs par lesquelles passe une grandeur variable, au moyen des différences des valeurs par lesquelles passe une autre grandeur variable dont dépend la première.

Principes. — Étant donnée une suite de quantités quelconques, si l'on retranche chacune d'elles de la suivante, on a ce que l'on appelle les *différences premières* de ces quantités. Si de chacune de ces différences on retranche encore celle qui la suit, on a une nouvelle suite de quantités qui sont les *différences secondes* des quantités proposées. De même les différences premières des différences secondes sont les *différences troisièmes*. En continuant ainsi, on obtient les différences des divers ordres des quantités proposées.

Pour abréger, on désigne ces différences par la lettre Δ affectée d'un chiffre qui indique l'ordre de la différence; ainsi Δ₂ signifie *différence deuxième*, soient les nombres 1, 9, 21, 43, 72, 120. On forme facilement le tableau de leurs différences en adoptant la disposition suivante :

NOMBRES.	Δ_1	Δ_2	Δ_3	Δ_4	Δ_5
1	8	4	6	— 9	24
9	12	10	— 3	15	
21	22	7	12		
43	29	19			
72	48				
120					

1° Pour former ce tableau, on retranche chaque nombre de celui qui est placé au-dessous de lui et on écrit la différence à droite du premier. La première colonne verticale renferme les nombres; la seconde, les différences premières Δ_1; la troisième, les différences secondes Δ_2, etc. Dans chaque colonne, il y a une différence de moins, jusqu'à la dernière qui ne renferme qu'une différence cinquième.

2° Réciproquement, si l'on donne le premier nombre 1 et ses cinq différences successives 8, 4, 6 – 9, 24, c'est-à-dire la première ligne horizontale, on peut refaire le tableau et retrouver les autres nombres 9, 21, 43, 72, 120, en remarquant que chaque nombre du tableau s'obtient en faisant la somme du nombre qui est placé au-dessus de lui et du nombre qui est à la droite de celui-ci.

3° On fait ainsi le calcul de proche en proche; mais il est possible de retrouver un de ces nombres proposés au moyen du premier et de ses différences, sans avoir besoin de former tous les nombres intermédiaires. Car 9 égale le premier nombre 1 augmenté de sa différence première 8; 21 est une somme composée du premier nombre 1 de *deux fois* la différence première 8 et de la différence seconde 4; le nombre 43 est une somme composée du premier nombre 1, de *trois fois* la différence première 8, de *trois fois* la différence seconde 4 et de la différence troisième 6; c'est-à-dire que les nombres qui multiplient les différences sont précisément ceux qui entrent comme multiplicateur dans les différentes parties du carré et du cube d'une somme de deux nombres. Par une induction évidente, facile d'ailleurs à confirmer, on formera chaque nombre de la série absolument de la

même manière qu'une puissance de la somme de deux nombres.

Si donc on désigne généralement les nombres par U_0, U_1, U_2, U_3,..... U_n et les différences successives pas ΔU_0, $\Delta_2 U_0$, $\Delta_3 U_0$,.... $\Delta_n U_0$, la formule du binôme de Newton donne immédiatement

$$U_n = U_0 + n\Delta U_0 + \frac{n(n-1)}{1.2} \Delta_2 U_0 + \frac{n(n-1) n - 2}{1.2.3} \Delta_3 U_0 + \ldots \Delta_n U_0$$

Ainsi le sixième terme de la série qui a été prise pour exemple est égal à

$$U_6 = 1 + 5.8 + \frac{5.4}{1.2}.4 + \frac{5.4.3}{1.2.3}.6 + \frac{5.4.3.2}{1.2.3.4}.(-9) + 24 = 120$$

4° Réciproquement, on peut exprimer une différence d'un ordre quelconque au moyen des nombres proposés sans passer par les différences intermédiaires. En effet, l'expression, facile à trouver, des différences seconde et troisième au moyen de ces nombres et une induction légitime conduisent encore à une loi générale représentée par la formule suivante :

$$\Delta_n U_0 = U_n - nU_{n-1} + \frac{n(n-1)}{1.2} U_{n-2} - \frac{n(n-1)(n-2)}{1.2.3} U_{n-3} \ldots$$
$$\ldots \pm U_0$$

le dernier terme ayant le signe + si n est pair, le signe — si n est impair. Ainsi, étant donnés les six nombres 1, 9, 21, 43, 72, 120 et $n = 4$, on trouve

$$\Delta_4 U_0 = 72 - 4.3 + \frac{4.3}{1.2}.21 - \frac{4.3.2}{1.2.3}.9 + 1 = -9$$

trouvé plus haut par un calcul de proche en proche.

5° Imaginons maintenant deux grandeurs variables y et x, liées entre elles de telle sorte que, pour les valeurs successives de la variable indépendante x

$$x_0 \quad x_1 \quad x_2 \quad \ldots \quad x_n$$

la variable dépendante y prenne les valeurs

$$y_0 \quad y_1 \quad y_2 \quad \ldots \quad y_n$$

y est ce que l'on appelle une *fonction* de x. Le *calcul des différences de la fonction y* a pour objet de former ces différences au moyen des différences de la variable x. Or, la première formule est de la forme

$$(1) \quad \ldots y_n = y_0 + n\Delta y_0 + \frac{n(n-1)}{1.2} \Delta_2 y_0 \ldots + \Delta_n y_0$$

La seconde est de la forme.

$$(2) \quad \Delta_n y_0 = y_n - ny_{n-1} + \frac{n(n-1)}{1.2} y_{n-2} + \ldots \pm y_n$$

La supposition la plus simple que l'on puisse faire est que la variable x croît par intervalles égaux, de sorte que, si h est la différence constante, les valeurs consécutives de x sont :

$$x_0 \quad x_0 + h \quad x_0 + 2h \quad x_0 + 3h \ldots.$$

Si *l'expression de y est entière*, c'est-à-dire ne renferme pas de dénominateur et est du degré m, la *différence de l'ordre m de cette fonction entière est un nombre constant* qui ne dépend que du premier terme. En désignant par A le coefficient du premier terme, cette différence est égale à $1.2.3...(m-1).m.A.h^m$ et toutes les différences des ordres suivants sont nulles. Si $A = 1$, $h = 1$, la différence de l'ordre m se réduit à $1.2.3.....m$. Si h est suffisamment petit, les différences décroissent très-rapidement.

Applications. — 1° La propriété précédente permet d'obtenir par de simples additions, toutes les valeurs d'une fonction entière pour des valeurs équidistantes de la variable, quand on a calculé directement un nombre de ces valeurs égal au degré de la fonction. C'est ainsi qu'on peut former rapidement des *tables des puissances des nombres entiers consécutifs*. Soit, par exemple, à calculer la suite des cubes des nombres entiers : dans ce cas $y = x^3$; puisque le degré de la fonction est *trois*, on calcule rapidement *trois* valeurs de y, c'est-à-dire trois cubes consécutifs seulement, et, pour plus de simplicité, on prend ceux des nombres 0, 1, 2 qui sont 0, 1, 8 ; on en déduit les *deux différences premières* 1 et 7, puis, de ces deux différences, la différence deuxième 6. Quant à la *différence troisième*, elle est constante et égale à 1.2.3. c'est-à-dire 6.

Par additions successives de ce dernier nombre, on forme la suite des différences deuxièmes, puis, avec celles-ci, toujours par addition, ou obtient la suite des différences premières, et enfin avec ces dernières la suite des cubes demandés.

NOMBRES.	CUBES.	Δ_1	Δ_2	Δ_3
0	0	1	6	6
1	1	7	12	6
2	8	19	18	6
3	27	37	24	6
4	64	61	30	
5	125	91		
6	216			

2° *Quand on connaît les résultats de la substitution de m nombres entiers consécutifs dans une fonction entière du degré m, le calcul des différences permet d'en déduire facilement les résultats de la substitution de tous les autres nombres entiers, soit positifs, soit négatifs.*

Soit, par exemple, la fonction du 3ᵉ degré $y=x^3-7x+7$, on substitue d'abord *trois nombres*, tels que les nombres simples —1, 0, +1, ce qui donne pour *y* les trois valeurs 13, 7 et 1, avec lesquelles on forme les deux différences *premières* —6 et +6, la différence *seconde* 0; quant à la différence *troisième*, elle est constante et égale à 1.2.3. ou 6. Les différences d'ordre supérieur sont nulles. Pour avoir le résultat de la *substitution des autres nombres positifs*, on procède, comme plus haut, par lignes obliques, en remontant, par *additions successives*, des différences troisièmes aux différences secondes, de celles-ci aux différences premières, et enfin des différences premières aux valeurs cherchées de la fonction. Pour avoir le résultat de la *substitution des nombres négatifs*, on procède par *soustractions successives*. Chaque nombre s'obtient en retranchant de celui qui est au-dessus de lui celui qui est à sa droite, comme on le voit dans le tableau suivant :

x	y	Δ_1	Δ_2	Δ_3
— 1	+ 13	— 6	0	6
— 0	+ 7	— 6	6	6
+ 1	+ 1	0	12	6
+ 2	+ 1	12	18	6
+ 3	+ 13	30	24	
+ 4	+ 43	54		
+ 5	+ 97			

SUBSTITUTION DES NOMBRES NÉGATIFS.

x	y	Δ_1	Δ_2	Δ_3
— 1	+ 13	— 6	0	6
— 2	+ 13	0	— 6	6
— 3	+ 1	12	— 12	6
— 4	— 29	30	— 18	6
— 5	— 83	54	— 24	6

3° *Connaissant un certain nombre de valeurs d'une fonction et les valeurs de la variable auxquelles elles correspondent, on peut calculer, par les différences, les valeurs de cette fonction pour d'autres valeurs intermédiaires et données de la variable*, en supposant que la fonction soit entière du degré m et que l'on connaisse m+1 valeurs de cette fonction.

Le cas le plus ordinaire est celui où les m + 1 valeurs de x sont équidistantes. Soit h la différence constante; $x=x_0+nh$ une valeur quelconque de la variable; on en tire $n=\dfrac{x-x_0}{h}$ remplaçant n par cette valeur dans la formule (1) :

$$(1)\quad y=y_0+n\Delta y_0+\frac{n(n-1)}{1.2}\Delta_2 y_0+\dots n(n-1)\dots(n-m+1)\Delta_m y_0$$

On a

$$(3)\quad y=y_0+\frac{x-x_0}{h}\frac{\Delta y_0}{1}+\frac{x-x_0}{h}\left(\frac{x-x_0}{h}-1\right)\frac{\Delta_2 y_0}{1.2}+\dots$$

$$\frac{x-x_0}{h}\left(\frac{x-x_0}{h}-1\right)\dots\left(\frac{x-x_0}{h}-m+1\right)\frac{\Delta_m y_0}{1.2.3\dots m}$$

C'est ce qu'on appelle la *formule d'interpolation de Newton*. On peut partir de 0 comme première valeur de x, alors y_0 est la valeur de la fonction correspondante à $x=0$; en remplaçant x_0 par 0 ou x_0-x par x dans la formule (3), elle devient

$$(4)\dots y=y_0+\frac{x}{h}\Delta+\frac{x}{h}\left(\frac{x}{h}-1\right)\frac{\Delta_2}{1.2}+\frac{x}{h}\left(\frac{x}{h}-1\right)\left(\frac{x}{h}-2\right)\frac{\Delta_3}{1.2.3}$$
$$+\frac{x}{h}\left(\frac{x}{h}-1\right)\dots\left(\frac{x}{h}-m+1\right)\frac{\Delta_m}{1.2\dots m}$$

Si l'on suppose l'accroissement constant h égal à 1 et si l'on ordonne le second membre par rapport à x, on trouve, en s'arrêtant à la cinquième puissance, par exemple :

$$(5)\dots y=y_0+\left(\Delta-\frac{\Delta_2}{2}+\frac{\Delta_3}{3}-\frac{\Delta_4}{4}+\frac{\Delta_5}{5}\right)x+\dots$$
$$\dots\left(\frac{\Delta_2}{2}-\frac{\Delta_3}{2}+\frac{11\Delta_4}{24}-\frac{5\Delta_5}{12}\right)x^2+\left(\frac{\Delta_3}{6}-\frac{\Delta_4}{4}+\frac{7\Delta_5}{24}\right)x^3+\dots$$
$$\dots\left(\frac{\Delta_4}{24}-\frac{\Delta_5}{12}\right)x^4+\frac{\Delta_5}{120}x^5$$

en faisant $h=\frac{1}{10}$ dans la formule (4), ordonnant encore par rapport à x, égalant les mêmes puissances de x dans la formule ainsi trouvée et dans la formule (5), et désignant par δ les différences relatives à l'accroissement $\frac{1}{10}$, on trouve les relations suivantes qui permettent de déduire les différences δ des différences Δ; elles conviennent jusqu'au 5ᵉ degré inclusivement.

$$(6)\dots\delta y_0=0,1\Delta_1-0,045\Delta_2+0,0285\Delta_3-0,0206625\Delta_4+0,01611675\Delta_5$$
$$\delta^2 y_0=\dots 0,01\Delta_2-0,009\Delta_3+0,007725\Delta_4-0,0066975\Delta_5$$
$$\delta^3 y_0=\dots 0,001\Delta_3-0,00135\Delta_4+0,0014625\Delta_5$$
$$\delta^4 y_0=\dots 0,0001\Delta_4-0,00018\Delta_5$$
$$\delta^5 y_0=\dots 0,00001\Delta_5$$

4° *Le calcul des différences sert à résoudre les équations numériques.* Reprenons la fonction du 3ᵉ degré $y=x^3-7x+7$.

Chercher les valeurs de x pour lesquelles la fonction deviendrait nulle, c'est résoudre l'équation $x^3-7x+7=0$, et les valeurs de x qui satisfont à cette équation s'appellent les *racines* de cette équation. Elles peuvent être commensurables ou incommensurables, égales ou inégales. Nous supposerons que l'équation n'ait que des racines incommensurables, inégales. On peut toujours préalablement la débarrasser des autres racines au moyen des principes donnés dans la théorie des équations (voyez ÉQUATIONS).

Il faut d'abord séparer les racines, c'est-à-dire trouver les intervalles dans lesquels il n'y ait qu'une racine de l'équation, et ensuite calculer chaque racine avec un degré d'approximation déterminé. Le calcul des différences permet d'abréger beaucoup ce travail.

Il donne d'abord une limite supérieure des racines positives de l'équation. Car si la différence h et les quantités $y_0, \Delta y_0, \Delta_2 y_0\dots\Delta_m y_0$ sont positives, $x+(m-1)h$ est une limite supérieure. Ainsi, en se reportant au tableau précédent, on trouve que, pour $x=1$, la valeur de y et les différences correspondantes sont positives : donc $1+(3-1)$, c'est-à-dire 3, est une limite supérieure des racines positives. Donc, en supposant que l'équation $x^3-7x+7=0$ ait des racines positives, elles sont comprises entre 0 et 3. La théorie des équations nous fait reconnaître, en effet, que cette équation a deux racines positives et une racine négative. Soit donc à résoudre $x^3-7x+7=0$. On se donne d'abord trois valeurs de x, telles que —1, 0, 1, on fait le tableau de la substitution des nombres entiers, comme plus haut. Si deux nombres substitués dans le premier membre d'une équation donnent des résultats de signes contraires, ils comprennent au moins une racine; donc la racine négative est comprise entre —3 et —4, puisque les valeurs de y correspondances 1 et —29 sont de signes contraires.

Quant aux deux racines positives comprises entre 0 et 3, elles ne sont pas séparées. On reconnaît par d'autres considérations qu'elles sont comprises entre 1 et 2.

Pour les séparer, on partage cet intervalle en dix parties égales et on substitue des nombres équidistants de $\frac{1}{10}$ entre 1 et 2, en commençant par déduire les différences relatives à l'accroissement $\frac{1}{10}$ des différences relatives à l'accroissement 1, au moyen des formules (6), en s'arrêtant aux différences troisièmes, puisque les différences d'ordre supérieur sont nulles.

$$\Delta = 0 \quad \Delta_2 = 12 \quad \Delta_3 = 6$$
$$\delta = 0,1\Delta - 0,045\Delta_2 + 0,0285\Delta_3 = -0,369$$
$$\delta^2 = \ldots\ldots 0,01\Delta_2 - 0,009\,\Delta_3 = 0,066$$
$$\delta^3 = \ldots\ldots\ldots\ldots 0,001\,\Delta_3 = 0,006$$

x	y	δ_1	δ_2	δ_3
1,0	1,000	— 0,369	0,066	0,006
1,1	+ 0,631	— 0,303	0,072	0,006
1,2	+ 0,328	— 0,231	0,078	0,006
1,3	+ 0,097	— 0,153	0,084	0,006
1,4	— 0,056	— 0,069	0,090	0,006
1,5	— 0,125	+ 0,021	0,096	
1,6	— 0,106	+ 0,017		
1,7	+ 0,013			

Donc l'une des racines est comprise entre 1,3 et 1,4 et l'autre entre 1,6 et 1,7, et on a la valeur de chacune d'elles à moins de $\frac{1}{10}$.

Pour calculer la première racine à moins de $\frac{1}{100}$, on substitue des nombres équidistants de $\frac{1}{100}$ entre 1,3 et 1,4 en se servant toujours des mêmes formules (6).

$$\Delta = -0,153 \quad \Delta_2 = 0,084 \quad \Delta_3 = 0,006$$
$$\delta_1 = 0,1\Delta - 0,045\Delta_2 + 0,0285\Delta_3 = -0,018909$$
$$\delta_2 = \ldots\ldots 0,01\Delta_2 - 0,009\Delta_3 = 0,000786$$
$$\delta_3 = \ldots\ldots\ldots\ldots 0,001\Delta_3 = 0,000006$$

x	y	δ	δ^2	δ^3
1,30	+ 0,097000	— 0,018909	+ 0,000786	0,000006
1,31	+ 0,078091	— 0,018123	+ 0,000792	0,000006
1,32	+ 0,059968	— 0,017331	+ 0,000798	0,000006
1,33	+ 0,042637	— 0,016533	+ 0,000804	0,000006
1,34	+ 0,025104	— 0,015729	+ 0,000810	
1,35	+ 0,010375	— 0,014919		
1,36	— 0,004544			

Donc la première racine est comprise entre 1,35 et 1,36.

Ce qui précède suffit pour faire apprécier la simplicité et l'utilité du calcul des différences qui se déduit immédiatement du binôme de Newton et qui conduit naturellement au calcul différentiel. **L.**

DIFFÉRENTIATION (Mathématiques). — Voyez CALCUL DIFFÉRENTIEL.

DIFFÉRENTIEL (MOUVEMENT) (Mécanique). — C'est un mouvement qui résulte de la combinaison de deux autres mouvements et qui est égal à leur *différence* et quelquefois à leur somme.

Considérons, par exemple, une vis se mouvant dans un écrou fixe qui guide son mouvement. Tandis que la vis fait un tour complet, elle parcourt, dans le sens de son axe, un chemin égal à son pas. Mais si l'écrou se meut en même temps que la vis, avec une vitesse variant depuis zéro jusqu'à celle de la vis, le chemin rectiligne de celle-ci variera de la longueur du pas à zéro, et la vitesse réelle de la vis sera à chaque instant la différence entre sa vitesse propre et celle de l'écrou : le mouvement sera un mouvement différentiel.

En général, la vitesse d'un organe d'une machine varie lorsque les guides de cet organe ont eux-mêmes un mouvement de même nature que celui de l'organe, ce qui produit une avance ou un retard.

On peut donc se proposer de combiner la vitesse d'un organe de transformation de mouvement et celle du guide de l'organe, de manière à obtenir des sommes ou des différences de vitesses, et, par suite, des mouvements qu'il serait impossible de produire en combinant des organes à guides fixes. Indiquons quelques exemples très-simples pris dans les transformations de mouvements les plus employées.

Pour transformer un mouvement rectiligne continu en un autre mouvement rectiligne continu, on peut prendre une poulie dont l'axe est fixe, et alors le chemin parcouru par le poids est égal à celui que parcourt la main dans le même temps. Mais si la chape qui supporte l'axe s'élève elle-même par un mouvement de translation parallèle à la direction de la corde, la vitesse du poids ou du cordon qui s'élève sera la somme de sa vitesse propre et de celle de l'axe, tandis que celle de la main ou du cordon qui descend sera la différence des deux vitesses.

Si la corde est fixée à une de ses extrémités, la vitesse du cordon qui s'élève est double de celle de la poulie ou du fardeau, lorsque les chemins sont parallèles : c'est le cas de la poulie mobile ; de ce mouvement de l'axe résultent aussi les propriétés des moufles.

Pour transformer un mouvement circulaire continu ou un mouvement rectiligne continu, on peut se servir de la vis qui fournit aussi un mouvement différentiel, si on fait prendre aux collets de la vis, qui sont ordinairement fixes, un mouvement rectiligne parallèle à l'axe. Le moyen le plus simple consiste à fileter ces collets et à transformer en écrou les coussinets qui les reçoivent, ce qui donne la *vis différentielle* proposée pour les mesures de précision par M. de Prony, afin de produire des mouvements très-petits. Elle consiste dans une vis qui se meut entre deux supports qui forment écrous ; le milieu de l'axe porte une vis d'un pas différent de celui de la première et porte un écrou qu'un guide empêche de tourner. Celui-ci recule, par chaque tour de manivelle, d'une quantité égale au pas de la vis, tandis que l'axe de la vis avance également d'un pas entre les supports. Le mouvement de l'écrou est donc la différence de ces deux mouvements, et le chemin qu'il parcourt est égal à la différence des deux pas de vis, différence qu'on peut obtenir aussi petite que l'on veut, tout en conservant au filet de la vis la solidité nécessaire.

C'est encore sur ce principe que l'on a construit un *treuil différentiel* avec lequel le mouvement du poids à soulever est la différence de deux mouvements curvilignes. Le fardeau est suspendu à une poulie mobile soutenue par une corde dont les cordons parallèles s'enroulent dans deux sens opposés sur le cylindre du treuil qui est formé lui-même de deux cylindres de diamètres différents. Pour chaque tour, le fardeau n'est soulevé que de la moitié de la différence des deux chemins parcourus par la corde sur les deux cylindres.

Le mouvement différentiel existe encore dans un système de roues, lorsque l'on donne à l'axe d'une roue dentée un mouvement de rotation autour de l'axe d'une roue dentée avec laquelle la première engrène.

Parmi les applications du mouvement différentiel, nous citerons encore : 1° le banc à broche, qui, dans la filature de coton, permet, par une combinaison de deux mouvements, de disposer les fibres du coton en ligne spirale pour former le fil et d'enrouler régulièrement ce fil autour de la bobine ; 2° la disposition qui, dans l'alésoir, permet au ciseau de produire un travail d'une extrême précision. **L.**

DIFFLUGIE (Zoologie), *Difflugia*, Ehrenb. ; du latin *diffluere*, se répandre en coulant. — Animaux infusoires microscopiques, protégés par un test habituellement recouvert de grains de sable et remarquables par leurs longs bras se raccourcissant et s'allongeant sans cesse. Ils habitent les eaux douces, où ils rampent sur les plantes submergées ; une espèce se trouve à Paris dans la Seine et dans les bassins du Muséum d'histoire naturelle.

DIFFORMITÉ (Pathologie). — On désigne sous ce nom un défaut dans les proportions, une mauvaise conformation de quelque organe, de quelque partie du corps, qui s'éloigne du type ordinaire et naturel généralement reconnu, entraînant le plus souvent un dérangement dans une ou plusieurs des fonctions de l'économie ; quelquefois, cependant, elle ne choque que la vue et ne nuit en rien à l'harmonie fonctionnelle. Les difformités peuvent être acquises ou originelles ; les premières proviennent d'affections morbides et rentrent dans le cadre de la pathologie. Les difformités originelles peuvent avoir lieu par excès de parties, par défaut et par vices de configuration, de direction, etc. Dans le premier cas, il y a une ou une portion d'organe de plus que dans l'état normal ; ainsi l'existence d'un ou de plusieurs doigts surnuméraires. Dans les difformités par défaut, il y a, au contraire, quelque partie de moins : ainsi les enfants acéphales, les monocles (qui ont un seul œil). La troisième espèce de difformités comprend le strabisme, l'arrangement vicieux des dents, les gibbosités, etc. Il existe encore des difformités par aberration ; tel e est la transposition de certains viscères, du cœur à droite, par exemple. Les difformités qui affectent tout le corps ou la majeure partie rentrent dans ce qui constitue les *monstruosités* ; il en sera question au mot TÉRATOLOGIE.

DIFFRACTION (Physique). — On donne le nom de *diffraction* à l'ensemble des modifications qu'éprouvent les rayons lumineux lorsqu'ils viennent à raser la surface des corps. La lumière éprouve, dans ces circonstances, une sorte de déviation, en même temps qu'elle est décomposée, d'où résultent dans l'ombre des corps des apparences fort curieuses qui ont été observées, pour la première fois, par Grimaldi et Newton. Ce dernier a essayé d'expliquer ces phénomènes dans le système de l'émission de la lumière, en admettant une force répulsive émanant des corps et donnant ainsi lieu à l'inflexion des rayons lumineux. Mais cette explication ne saurait rendre compte de toutes les particularités de la diffraction, et ce n'est vraiment que depuis les travaux d'Young et Fresnel qu'on connaît la véritable théorie de ces phénomènes. On peut dire que la diffraction et les interférences fournissent les arguments les plus concluants en faveur du système des ondulations lumineuses.

Pour étudier commodément les phénomènes de diffraction, on peut employer l'appareil suivant, construit par M. Soleil (*fig.* 775).

Sur un banc de cuivre ABCD bien dressé et divisé en cen

Fig. 775 — Banc de diffraction.

timètres et millimètres sont disposés et peuvent se mouvoir divers supports. Le premier S reçoit une lentille cylindrique ou sphérique sur laquelle on fait arriver un faisceau de rayons lumineux fournis soit par le soleil, soit par les charbons d'une pile ou par une lampe. Le foyer de la lentille fournit ainsi une source lumineuse très-déliée, et c'est là une condition importante pour la réussite des expériences. Sur le second support O, on place des plaques

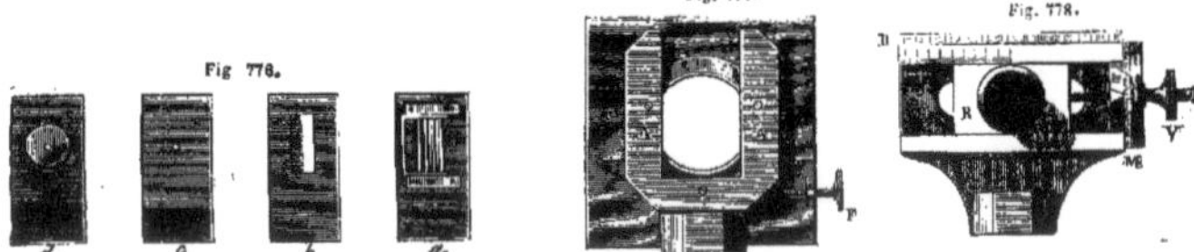

Ces trois figures représentent les pièces diverses du banc de diffraction.

Fig 776. Fig. 777. Fig. 778.

métalliques diverses portant des orifices, des fentes destinés à produire le phénomène même de la diffraction. La figure 777 représente en détail, la partie supérieure du support O. On voit une plaque de cuivre AA munie d'une rainure dans laquelle on peut enchâsser l'une quelconque des plaques figurées en *a*, *b*, *c*, *d*, ou d'autres qui ne sont pas figurées ici. On voit également dans la figure 778 le détail du micromètre. M est le support général sur lequel se meut la loupe R, mise en mouvement par la vis V ; en D se trouve la graduation qui permet de mesurer la distance de la frange que l'on considère à la frange ou à la ligne centrale ; enfin, le troisième support N est muni d'une loupe destinée à l'observation du phénomène ; cette loupe porte un fil vertical très-fin et peut recevoir, à l'aide d'une vis micrométrique, un mouvement latéral très-régulier qui permet à l'observateur de faire mouvoir le fil sur les diverses portions de l'image observée ; on peut aussi, à la place de la loupe, placer un écran sur lequel se projette directement l'image. Voici actuellement quels sont les principaux phénomènes que l'on peut observer avec l'appareil.

I. *Franges produites par le bord d'un corps opaque.* — Si, sur le deuxième support, on place le bord rectiligne d'un corps opaque *b* (*fig.* 776), on observe sur l'écran l'ombre de ce corps avec les particularités suivantes : il n'y a pas de séparation tranchée entre la lumière et l'ombre ; à partir du point où devrait se trouver la démarcation, la lumière décroît graduellement du côté de l'ombre, qui se trouve ainsi partiellement éclairée. Du côté de la lumière se trouvent des franges alternativement plus ou moins brillantes, si l'on opère avec des rayons d'une couleur déterminée, et irisées, si l'on emploie la lumière blanche ; ces franges ont d'autant plus de netteté qu'elles sont plus voisines de l'ombre, et elles s'effacent complétement à une petite distance.

II. *Franges produites dans l'ombre d'un corps étroit.* — Lorsqu'on place sur le support un corps très-étroit, tel qu'un fil métallique ou un cheveu, on reconnaît que l'ombre du corps n'est pas absolument obscure, loin de là ; le milieu est occupé par une ligne lumineuse de part et d'autre de laquelle sont des franges plus ou moins brillantes. Ces franges sont coexistantes d'ailleurs avec celles qui se produisent dans la lumière et dont il vient d'être question dans le paragraphe précédent. Au lieu d'employer un corps long et étroit, on peut se servir d'un très-petit disque circulaire *d* (*fig.* 776), auquel cas l'ombre présente toujours un point lumineux à son centre, et tout autour sont disposés des anneaux concentriques alternativement brillants et obscurs ou irisés.

La production de ce point lumineux dans l'ombre avait échappé aux observations de Newton ; elle paraît absolument incompatible avec le système de l'émission de la lumière, tandis que Poisson et Fresnel ont fait voir qu'elle résulte très-simplement de la théorie des ondes lumineuses.

III. *Franges produites par une petite ouverture.* — Lorsqu'on met sur le support une plaque métallique percée d'une fente très-étroite et qu'on reçoit l'image à une assez grande distance, on observe une bande lumineuse à son centre et de part et d'autre des franges. La bande devient de plus en plus étroite à mesure qu'on approche l'écran jusqu'à une certaine distance où, après s'être réduite à une ligne excessivement déliée, elle disparaît. A partir de ce moment, si l'on continue à approcher l'écran, les franges latérales paraissent se rapprocher du milieu et venir toutes y passer successivement. Ces apparences sont surtout curieuses lorsqu'on emploie une ouverture circulaire, très-petite, comme, par exemple, un petit trou pratiqué avec une épingle dans une feuille métallique c (*fig.* 776). Dans ce cas, si l'on regarde à travers la loupe que porte le troisième support l'image formée par l'ouverture, on la voit formée par une tache lumineuse entourée de cercles colorés très-brillants. Ces cercles s'élargissent ou se rétrécissent suivant qu'on augmente ou qu'on diminue la distance de la lampe à l'ouverture. Quand celle-ci devient suffisamment petite, la tache centrale se réduit à un simple point et finit par disparaître, les anneaux se resserrent alors et viennent passer successivement au centre, tandis que d'autres se forment brusquement et changent continuellement de teinte, ce qui donne lieu à des jeux de lumière très-curieux et très-variés.

IV. *Franges produites par deux ouvertures.* — Dans le cas de deux ouvertures très-étroites et très-voisines a (*fig.* 776), les franges se forment dans l'image de chacune d'elles, comme si elle était seule. Mais on observe, en outre, dans l'ombre de l'intervalle qui les sépare, un système de franges très-fines, très-serrées et qui sont évidemment dues à la combinaison des deux phénomènes, car elles disparaissent aussitôt que l'on ferme l'une des deux ouvertures. Dans le cas de deux ouvertures circulaires, on aperçoit, outre ces franges centrales, qui sont perpendiculaires à la ligne des centres, deux autres systèmes qui se croisent sous la forme d'une croix de saint André. Lorsque les ouvertures deviennent triangulaires ou polygonales, les apparences sont très-brillantes, mais d'une complication qui nous empêche de les décrire ici.

V. *Franges produites par les réseaux.* — Les phénomènes les plus intéressants de la diffraction sont ceux que présentent les *réseaux* ; on appelle ainsi un système d'ouvertures linéaires très-étroites placées à côté les unes des autres à une très-petite distance. On peut réaliser un système de ce genre en traçant, par exemple, sur une plaque de verre, avec un diamant, des traits équidistants. La lumière pouvant passer dans les intervalles des traits, tandis que, dans les points correspondants à ceux où le verre a été dépoli, elle est arrêtée, on a, en réalité, comme un système d'ouvertures très-rapprochées, on peut facilement tracer ainsi cent traits dans la longueur d'un millimètre.

Si l'on place une plaque de verre ainsi préparée sur le support de l'appareil général et qu'on observe avec la loupe l'image d'une fente étroite ou du foyer d'une lentille cylindrique, on voit dans le centre du champ observé l'image de la fente parfaitement nette et telle qu'elle se produirait sans l'interposition du réseau. De part et d'autre se trouve un intervalle noir, suivi d'une série de spectres dont le premier seul est isolé, les suivants empiétant successivement et de plus en plus les uns sur les autres. Dans tous ces spectres, le violet est toujours en dedans. Les couleurs en sont d'ailleurs très-brillantes, pures, et la projection du phénomène obtenu avec la lumière solaire constitue l'une des plus belles expériences de l'optique.

Quand on opère avec des réseaux différents, les distances des spectres à l'image centrale varient en général ; il est toutefois remarquable que ces variations ne se produisent que lorsque la somme de l'intervalle opaque et de l'intervalle transparent du réseau change elle-même. Si cette somme est la même, quelle que soit la grandeur des ouvertures ou des intervalles qui les séparent, les spectres restent à la même distance et peuvent seulement varier un peu d'éclat.

Pour que le phénomène des réseaux se produise dans toute sa netteté, il est nécessaire que les ouvertures soient parfaitement équidistantes. Lorsqu'il n'en est pas ainsi, les spectres se brouillent et disparaissent même en ne laissant voir qu'une traînée lumineuse d'une apparence homogène. C'est un phénomène de ce genre qu'on observe quand on regarde une lumière en clignant

des yeux ; les cils, dans ce cas, servent de réseaux

Les réseaux peuvent aussi se produire par réflexion, et c'est à cette circonstance que sont dues les brillantes couleurs que l'on observe en faisant réfléchir un faisceau lumineux sur une surface métallique régulièrement striée. On a construit, dans le temps, en Angleterre des boutons métalliques dits *boutons de Barton*, sur lesquels étaient tracés des réseaux suivant des directions diverses et régulières. Ces boutons, exposés à la lumière solaire ou à celle des bougies d'un salon, produisaient des couleurs extrêmement brillantes.

C'est au phénomène des réseaux qu'on doit attribuer les couleurs quelquefois si brillantes que présente la nacre de perle. Cette substance est à structure feuilletée, si bien que, lorsqu'on la taille, on coupe ces différents feuillets dont la tranche vient former à la surface un véritable réseau. Brewster a d'ailleurs reconnu qu'en moulant la nacre sur de la cire ou un alliage fusible, le moule présentait les mêmes couleurs que la substance elle-même.

C'est encore à un phénomène du même genre qu'est due l'irisation que présentent les plumes de certains oiseaux et aussi quelquefois les fils d'araignée. Ces derniers, quoique très-fins, ne sont pas simples ; ils sont formés d'un grand nombre de brins réunis les uns aux autres par une substance visqueuse et constituent ainsi une sorte de réseau.

Enfin, c'est encore à une cause analogue que sont dus sans doute ces cercles concentriques qu'on aperçoit autour de la lune quand l'atmosphère est brumeuse et que l'on appelle *couronnes* (voyez COURONNES).

Notions théoriques. — Il n'entre pas dans le plan de notre article de montrer avec détail comment la doctrine des ondulations de la lumière rend compte des divers phénomènes de diffraction ; toutefois, nous essayerons de donner une idée du principe général qui domine cette explication.

La lumière se propageant par ondes, on peut, dans les diverses observations qui viennent d'être citées, substituer à la source lumineuse la portion de l'onde qui est circonscrite par les ouvertures et considérer chacun des points de la surface de cette onde comme un centre particulier d'ébranlement. Il suit de là qu'un point de l'espace atteint par les mouvements vibratoires qui proviennent de ces différents centres se trouvera comme soumis à la résultante de tous ces mouvements particuliers, résultante qui varie nécessairement avec la position du point et qui peut même être nulle (voyez INTERFÉRENCES). On conçoit donc qu'on doive, en général, percevoir dans le champ de la vision des alternatives de lumière plus ou moins vive ; et comme les points correspondants aux maxima et minima de lumière dépendent de l'espèce de couleur avec laquelle on opère il s'ensuit que, si l'on se sert de lumière blanche, il y aura superposition des diverses couleurs et, par suite, production de teintes irisées.

Considérons, par exemple, l'ombre d'un corps étroit ; il est clair que, si le corps a la forme d'un disque, tous les mouvements qui atteignent le centre de l'ombre sont d'accord pour produire de la lumière ; mais, si l'on s'éloigne du centre, la symétrie disparaissant, on peut trouver un point pour lequel il y a interférence au moins partielle. Comme d'ailleurs les circonstances doivent être les mêmes sur tous les rayons, il doit se produire une série d'anneaux concentriques à la tache lumineuse centrale.

Nous terminerons cet article par une remarque importante. On a reconnu que l'interférence de la lumière ne peut se produire qu'entre des rayons de même origine ; or, comme les phénomènes de diffraction sont de vrais phénomènes d'interférence, on est dans la nécessité d'employer des sources extrêmement déliées. Dans les phénomènes ordinaires de l'optique cette particularité ne se présente pas généralement, et cela explique comment il se fait que la diffraction de la lumière n'a été observée que tardivement dans tous ses détails. On pourrait même dire que plusieurs des apparences si curieuses qu'elle présente ont été d'abord devinées par le système théorique qui sert à les expliquer avant d'être rendues sensibles par l'expérience. C'est ce qui a eu lieu notamment pour l'expérience de l'ombre d'un petit disque qui avait été *à priori* annoncée par Poisson et fut ensuite vérifiée par Fresnel.   P. D.

DIFFUS (Botanique). — Se dit principalement des rameaux ou des pédoncules et pédicelles étalés sans direction fixe ; les rameaux sont *diffus* dans la fumeterre officinale, la campanule à feuilles de lierre; la panicule est *diffuse* dans le paturin des prés, etc.

DIFFUSIBLES (Médicaments) (Thérapeutique). — On appelle ainsi une classe de médicaments qui, aussitôt qu'ils sont ingérés, pénètrent rapidement dans l'économie animale et agissent avec une promptitude telle, qu'on dirait qu'au moment même de leur emploi leurs principes se répandent partout et atteignent jusqu'aux extrémités du corps. Plusieurs médecins, et entre autres Brown, avaient confondu dans la même classe tous les médicaments stimulants et toniques; mais il est évident que le peu de durée de la puissance diffusible étant le caractère spécial de ce groupe de médicaments, on ne peut confondre leur action avec la permanence de celle de la médication tonique. On ne comprendra donc sous le nom de diffusibles que ceux qui présentent le caractère que nous venons de leur assigner. Les médicaments dans lesquels réside principalement ce caractère sont les spiritueux, les éthers et peut-être l'ammoniaque que quelques médecins hésitent à classer dans les médicaments diffusibles. Ainsi la propriété qui nous occupe se trouvera dans les teintures, les élixirs composés avec l'absinthe, la sauge, la menthe, les semences d'anis et une multitude de plantes renfermant des huiles volatiles ou des principes fixes. Remarquons que la nature de l'ingrédient ne change pas par son mélange avec la substance alcoolique, de sorte que si c'est un ingrédient tonique, le quinquina, par exemple, sa puissance ne se manifestera que lorsque déjà celle du véhicule spiritueux aura produit son effet. Et même, suivant la remarque de Stahl, cette puissance sera plus active par son incorporation avec l'alcool. Employée à petite dose, la médication diffusible a pour effet d'exciter l'action vitale dans le centre nerveux abdominal, de relever tout à coup les forces, de ranimer la vie; ainsi 15 à 20 gouttes d'une teinture spiritueuse quelconque, 3 ou 4 gouttes d'éther sulfurique, acétique, etc. Mais si les médicaments de cette nature sont administrés à haute dose, tous les appareils organiques éprouveront l'effet de l'agent diffusible, et chaque grande fonction subira des modifications plus ou moins profondes et recevra un surcroît d'activité. **F—N.**

DIFFUSIF (Pouvoir) (Physique). — Propriété que possèdent les corps de réfléchir dans tous les sens la chaleur qui tombe à leur surface sans les pénétrer. La *diffusion* de la chaleur est donc une réflexion irrégulière opérée dans tous les sens. A ce point de vue, le mot diffusion s'applique à la lumière comme à la chaleur rayonnante. C'est même à la lumière qu'ils *diffusent* que nous devons d'apercevoir les objets. La diffusion de la lumière par les corps blancs est très-intense; elle est presque nulle pour les corps noirs ou doués d'un poli parfait.

Le pouvoir diffusif pour la chaleur a été étudié avec soin par M. Melloni. Il dépend du degré de poli de la surface des corps, mais aussi de la nature de cette surface et non pas d'une manière directe de sa couleur (voyez Chaleur rayonnante, Lumière, Réflexion de la lumière).

DIGASTRIQUE (Muscle) (Anatomie), du grec *dis*, deux, et *gaster*, ventre. — On nomme ainsi tout muscle composé de deux parties charnues bien distinctes; mais par ce nom, on désigne surtout un muscle de la région supérieure et latérale du cou, inséré par une de ses extrémités à l'os hyoïde et par l'autre à la mâchoire inférieure. Au niveau du pli qui sépare le cou du menton, ce muscle, aminci en un tendon qui sépare ses deux renflements charnus, est maintenu de façon à former les deux côtés d'un angle très-obtus.

DIGESTIBILITÉ des aliments (Hygiène). — Voyez Régime alimentaire.

DIGESTIF (Hygiène). — On appelle ainsi certaines substances qui passent pour avoir la propriété de favoriser la digestion. L'a nécessité d'avoir recours à des pareils moyens est déjà l'indice d'un dérangement permanent ou momentané dans les fonctions digestives, et c'est le cas d'étudier avec soin à quelles causes tient ce dérangement; si c'est à un état de fatigue, d'irritation de l'estomac, il faudra avoir recours aux moyens adoucissants, boissons émollientes, rafraîchissantes, bains, régime alimentaire doux, bien réglé, etc. Si, au contraire, cet état tient à l'affaiblissement, à la langueur, à une paresse de l'estomac, ce qui a lieu souvent dans les convalescences, on emploiera quelques légers excitants, peut-être des toniques, une alimentation succulente. Enfin, si l'on a affaire à un état nerveux, on se trouvera bien des agents calmants, des diffusibles, des toniques, d'une bonne nourriture, etc. On voit par là que le mot *digestif* employé pour désigner un groupe d'agents propres à faciliter la digestion n'a pas un sens bien déterminé dans le langage médical, et qu'il faut s'en défier dans le langage vulgaire; il serait de nature à causer des erreurs graves pour la santé. **F — N.**

Digestif (canal) (Anatomie). — Voyez Digestion.

Digestif (onguent) (Pharmacie). — On le prépare en mêlant ensemble 60 grammes de térébenthine, un jaune d'œuf et de l'huile d'amande ou de mille pertuis en quantité suffisante pour lui donner une consistance molle. C'est un léger stimulant pour des plaies ou des ulcères qui ont besoin d'un certain degré d'excitation. Le *digestif animé* est celui auquel on a ajouté de l'onguent styrax, de l'alcool camphré, des teintures, etc.

DIGESTION (Physiologie animale), du latin *digerere*, dissoudre. — La *digestion* est une des fonctions secondaires qui, chez les animaux, concourent à la *nutrition*. Son objet est de transformer les aliments en des substances fluides qui puissent être absorbées par les vaisseaux placés dans l'épaisseur des parois de la cavité digestive. Pour obtenir ce résultat, il faut une série de réactions chimiques qui favorisent des actes mécaniques et physiologiques; en cela consiste précisément la fonction de digestion. Une telle fonction suppose nécessairement l'existence d'une cavité intérieure recevant les aliments du dehors par un orifice; chez les animaux quelque peu perfectionnés dans leur organisation, on trouve, en outre, un orifice spécial pour l'expulsion du résidu des aliments digérés; il existe dès lors un canal digestif. Des glandes sont annexées à ce canal pour y verser la salive, la bile, le suc pancréatique, liquides destinés à réagir sur les aliments.

Appareil digestif. — Le canal digestif atteint son plus haut degré de complication chez les animaux mammifères et dans l'espèce humaine; on y distingue alors : 1° la *bouche*, qui est à la fois l'orifice d'introduction des aliments et la première cavité du canal digestif; elle est limitée par les *lèvres*, les *joues*, la voûte du *palais*, le plancher charnu qui supporte la *langue* et par le *voile du palais* en arrière, soutenue par les os des *mâchoires* (os maxillaires), dont le bord antérieur à la cavité buccale porte les *dents* (voyez ce mot); 2° le *pharynx* ou

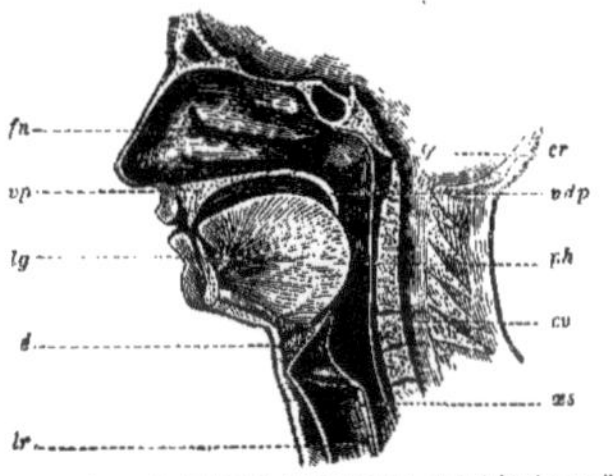

Fig. 779. — Coupe de la bouche et du pharynx, suivant le plan vertical médian de la tête (1).

arrière-bouche, nommé la *gorge* dans le langage vulgaire et où s'entre-croisent les voies aériennes et les voies digestives; on y trouve, en effet, en haut et en arrière du voile du palais, le double orifice postérieur des *fosses nasales*; plus en avant et un peu plus bas, l'orifice postérieur de la bouche que ferme, comme un rideau portière, le voile du palais; en avant et en bas, sous la saillie de la base de la langue, la *glotte* ou orifice du canal respiratoire menant aux poumons; derrière la glotte, enfin, le pharynx se continue dans la partie suivante du canal digestif; 3° l'*œsophage*, tube membraneux qui continue le pharynx derrière la glotte et s'étend de là jusqu'au niveau du *diaphragme*, où, pénétrant dans le ventre, s'ouvre dans l'estomac; 4° l'*estomac*, poche membraneuse en forme de cône courbé sur lui-même, communiquant avec l'œsophage par un orifice supérieur nommé *cardia*, et avec l'intestin par un orifice inférieur nommé *pylore*; 5° les *intestins*, longs tubes membraneux vulgai-

(1) *vp*, voûte palatine. — *vdp*, voile du palais. — *lg*, langue (coupe médiane). — *ph*, pharynx. — *œs*, œsophage. — *lr*, larynx. — *é*, épiglotte. — *fn*, fosses nasales. — *cr*, cavité crânienne. — *cv*, canal vertébral.

rement nommés *entrailles* ou *boyaux*, qui, diversement repliés sur eux-mêmes dans la cavité de l'abdomen, forment un canal continu depuis le pylore jusqu'à l'anus ;

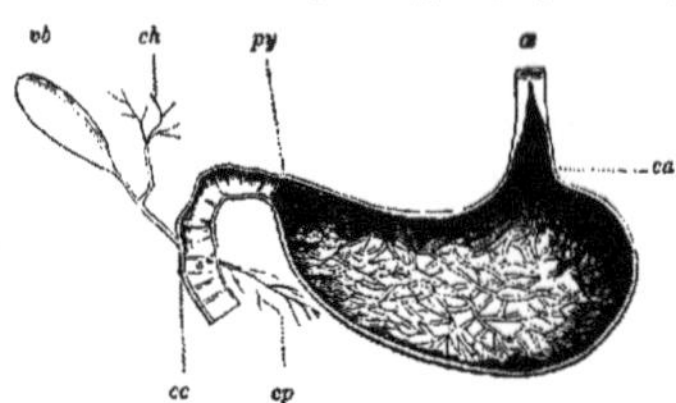

Fig. 780. — L'estomac de l'homme ouvert et montrant les plis de la muqueuse et les bourrelets contractiles qui garnissent le cardia et le pylore (1).

on les distingue en *intestins grêles*, comprenant le *duodenum*, le *jejunum*, et l'*ileum*, et *gros intestins*, comprenant le *cæcum*, le *côlon* et le *rectum* (voyez Abdomen) ; 6° l'*anus*, orifice inférieur, maintenu fermé par un muscle

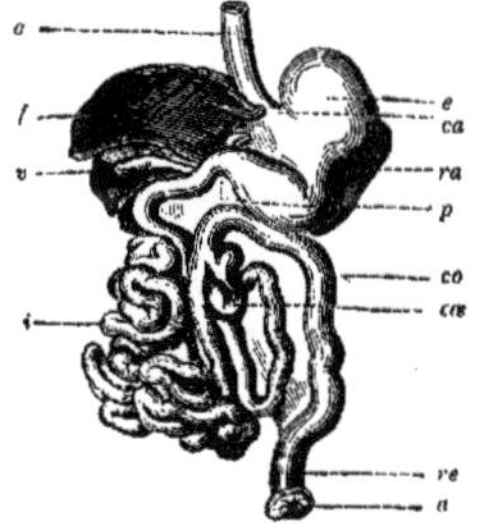

Fig. 781. — Canal digestif du chien (2).

circulaire nommé *sphincter* (voyez chacun des mots écrits en *italiques*).

Ce long canal membraneux compte dans ses parois quatre couches distinctes : intérieurement, une *membrane muqueuse* qui commence au bord des lèvres et se termine au pourtour de l'anus après avoir formé toute la surface interne du canal digestif ; plus extérieurement et pour soutenir la muqueuse, une *tunique fibreuse* qui peut aussi bien être considérée comme appartenant à la muqueuse (comme le derme et l'épiderme constituent la peau) ; en troisième lieu et plus en dehors encore se trouvent les couches de *fibres musculaires* dont les contractions font cheminer les matières alimentaires de la bouche vers l'anus à travers toutes les parties du canal digestif. On peut, en général, y distinguer deux ordres de fibres, les unes circulaires, dont la contraction rétrécit le canal, les autres longitudinales, pouvant raccourcir ce canal sur lui-même et dont l'action combinée avec celle des précédentes fait avancer les matières dans l'in-

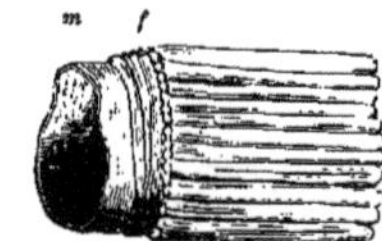

Fig. 782. — Fragment d'intestin dépouillé de sa tunique externe ou péritonéale, et montrant sa muqueuse (*m*) et ses fibres musculaires (*f*) circulaires et longitudinales.

(1) œ, œsophage. — *ca*, cardia. — *py*, pylore. — *ch*, canal hépatique. — *vb*, vésicule biliaire. — *cc*, canal cholédoque. — *cp*, canal pancréatique.

(2) œ, œsophage. — *ca*, cardia. — *e*, estomac. — *p*, pylore. — *f*, foie. — *v*, vésicule biliaire. — *ra*, rate. — *i*, intestins grêles. — *cœ*, cæcum. — *co*, côlon. — *re*, rectum. — *a*, anus. — Dans cette figure les intestins sont unis encore par le *mésentère*, une des portions du péritoine.

térieur du canal. La quatrième couche membraneuse du canal digestif en est la plus externe et s'observe seulement dans les parties où les parois de ce canal n'adhèrent pas aux parties voisines ; c'est une membrane séreuse nommée *péritoine* (voyez ce mot) qui enveloppe extérieurement les intestins et se repliant sur les parois du ventre, les tapisse intérieurement. Comme toutes les séreuses, le péritoine, partout continu avec lui-même, se compose, en effet, de deux feuillets se rejoignant pour se confondre sur leurs limites communes ; l'un, adhérent aux parois de l'abdomen, est le feuillet pariétal ; l'autre, nommé feuillet viscéral, recouvre, en les coiffant en quelque sorte, les viscères contenus dans cette grande cavité et va s'unir au feuillet pariétal en soutenant les divers intestins comme une écharpe soutient le bras qu'elle entoure. On nomme *mésentère* cette portion du péritoine qui supporte ainsi les intestins. Toute cette disposition a pour effet que la surface de l'intestin étant partout recouverte par le péritoine, et les parois abdominales étant sur toute leur surface interne également recouvertes par cette membrane, jamais dans ses mouvements l'intestin ne peut frotter directement contre les parois du ventre ; ce sont seulement deux feuillets de péritoine qui glissent l'un sur l'autre. Ce glissement est rendu fort doux par la sérosité qui est sans cesse exhalée sur tous les points de la surface du péritoine.

Les liquides nombreux versés dans le canal digestif pour accomplir les divers actes de la digestion sont fournis par les parois mêmes du canal, c'est-à-dire par des organes situés dans la membrane muqueuse qui le tapisse intérieurement, ou par des glandes distinctes annexées à ce canal. La bouche est lubrifiée par des mucosités provenant de *follicules* distribués sur les divers points de la muqueuse buccale (surtout près du bord des lèvres, à la face interne des joues et au palais). En outre, elle reçoit, par des canaux spéciaux qui s'ouvrent au niveau des dents molaires ou sous la pointe de la langue, la *salive* sécrétée par les *glandes salivaires*. Ces glandes sont chez l'homme au nombre de trois paires : les *parotides*, situées en dessous de l'oreille, les *glandes submaxillaires* et les *glandes sublinguales*, placées sous la langue entre les branches de l'os maxillaire inférieur. A l'isthme du gosier, dans le pharynx ou arrière-bouche, se voient les *amygdales*, petites glandes placées dans l'épaisseur de la muqueuse et destinées à sécréter des mucosités onctueuses qui favorisent le glissement rapide des aliments dans le gosier au moment où ils sont avalés. Les parois de l'estomac versent dans cette cavité un liquide nommé *suc gastrique* dont le rôle est considérable dans la digestion. Ce suc est produit par des follicules particuliers de la muqueuse de l'estomac (glandes *pepto-gastriques* de Longet) principalement abondants vers l'orifice cardiaque et dans la partie moyenne de cette poche membraneuse. Le duodenum ou première partie de l'intestin grêle reçoit la *bile* fournie par le *foie* et le suc pancréatique produit par le *pancréas*. Le *foie* est une glande

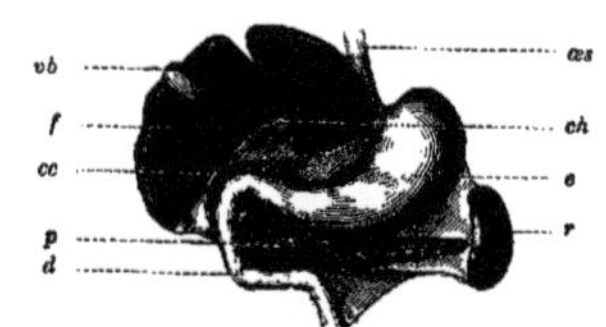

Fig. 783. — Le foie, le pancréas, la rate et l'estomac chez l'homme (1).

volumineuse située chez l'homme à la partie supérieure du ventre, à droite et sous les cartilages des fausses côtes (cette région se nomme l'hypocondre droit), et d'où naît un canal excréteur (canal hépatique, puis canal cholédoque) pourvu d'un réservoir nommé vésicule biliaire. Le *pancréas* ou *glande salivaire abdominale* est une

(1) œs, œsophage. — *e*, estomac. — *d*, duodenum. — *f*, foie soulevé et rejeté en haut et à droite pour montrer sa face inférieure. — *ch*, canal hépatique. — *vb*, vésicule biliaire avec sou canal cystique. — *cc*, canal cholédoque. — *p*, pancréas un peu abaissé de façon à ne plus être caché par l'estomac placé devant. — *r*, rate un peu éloignée de l'estomac et maintenue par le repli péritonéal qui va la recouvrir.

glande fort analogue pour la structure aux glandes salivaires et dont la forme est, chez l'homme, allongée et
amincie vers l'extrémité. Il est placé derrière l'estomac,
dans l'anse que forme le duodenum avec ce viscère. Un
canal spécial (canal pancréatique) conduit dans le duodenum le suc fourni par cette glande (voyez FOIE, PAN-
CRÉAS). La muqueuse des intestins renferme un assez
grand nombre de petits organes sécréteurs dont les produits, confondus sous le nom général de suc intestinal,
exercent des actions encore mal connues. On peut citer
principalement, dans le duodenum, les *glandes de Brunner*; dans l'intestin grêle et surtout dans le gros intestin,
les *glandes de Lieberkühn*; dans la portion iléale de
l'intestin grêle, les *glandes de Peyer* (voyez GLANDE). Il
est un organe que sa position et ses rapports rattachent
à l'appareil digestif, c'est la *rate*; sa structure et ce que
l'on sait de ses fonctions sont indiqués dans un article
particulier (voyez RATE).

Phénomènes physiologiques de la digestion. — Parmi
les actes physiologiques dont se compose la grande fonction qui nous occupe, on doit distinguer, d'après leur
nature essentielle : 1° les actes mécaniques ; 2° les actes
chimiques; 3° les actes physiologiques proprement dits.
Les premiers ont pour résultat général le transport des
aliments depuis la bouche jusqu'à l'anus, et la division
mécanique qui les prépare à mieux subir l'influence des
sucs digestifs. Les seconds ont pour objet la transformation des aliments en matière absorbable ; ils constituent
le travail spécial de la digestion. Enfin, on considère
comme essentiellement physiologiques les phénomènes
d'absorption qui complètent la digestion en retirant du
tube alimentaire les produits de cette fonction, pour les
introduire dans le sang, où ils sont employés aux usages
de la *nutrition*. On peut énumérer ainsi les plus importants de ces divers actes :

1° Actes mécaniques :
    Mastication,
    Déglutition ;
2° Actes chimiques :
    Digestion buccale,
    Digestion stomacale ou chymification,
    Digestion duodénale ou chylification ;
3° Actes physiologiques :
    Absorption par les veines.
    Absorption par les vaisseaux chylifères;

1° *Actes mécaniques.* — Les aliments sont introduits
dans la bouche par des procédés très-variés, qui ont paru
à beaucoup de physiologistes constituer, sous le nom de
préhension, un acte distinct. Quand on considère que les
aliments sont saisis et placés dans la bouche tantôt par
des prolongements mobiles ou tentacules qui l'entourent
(hydre, poulpe, seiche), tantôt par les mâchoires elles-
mêmes (insectes, crustacés), tantôt par les lèvres seules
(cheval), ou aidées de la langue (bœuf, mouton), par les
dents (chien, chat), par un prolongement nasal ou trompe
(éléphant, tapir), par les membres antérieurs opposés en
manière de pince (écureuil, souris), ou même par une
main plus ou moins parfaite (les singes, l'homme); on
comprend quel intérêt a pu offrir à certains esprits l'é-
tude de cet acte premier de la digestion.

La *mastication* a lieu dans la bouche et consiste
dans la division des aliments solides à l'aide des dents
et sous l'influence des mouvements des mâchoires, de
la langue et des joues. En même temps le liquide que
forme la salive mêlée aux mucosités buccales pénètre les
aliments, les imbibe et les prépare pour être facilement
avalés. Beaucoup d'auteurs ont désigné sous le nom spécial d'*insalivation* cet acte qui accompagne la mastication proprement dite. Quoi qu'il en soit, les aliments
introduits dans la bouche sont ordinairement divisés par
les incisives et les canines, puis les mouvements de la
langue et des joues les dirigent vers les molaires et les
placent entre celles de la mâchoire supérieure et celles
de la mâchoire inférieure. Alternativement heurtées les
unes contre les autres et écartées par les mouvements
des mâchoires, celles-ci broient les aliments comme le
ferait une meule, et en même temps la langue et les joues
ne cessent de les retourner en tous sens pour rendre la
mastication bien égale. Pendant cette trituration, la salive, dont les conduits excréteurs viennent s'ouvrir toujours au voisinage des molaires, jaillit sur les aliments
et en pénètre la masse d'autant plus complètement qu'ils
sont mieux mâchés. L'utilité de cette division prépara-
toire des aliments est facile à concevoir ; elle rend toutes
les parties de l'aliment plus accessibles aux sucs digestifs, elle rompt et désagrège les tissus si résistants des

végétaux; c'est, en un mot, un acte analogue à la trituration qu'emploient si souvent les chimistes pour faciliter
les réactions entre les divers corps. M. Cl. Bernard a
démontré aussi que l'insalivation avait un double but
mécanique incontestable, celui de favoriser d'abord la
mastication, puis la déglutition. De ses expériences, il
résulte que les aliments s'humectent d'autant plus de salive qu'ils sont naturellement plus secs, et que lorsqu'on
empêche l'arrivée de la salive dans la bouche, la déglutition devient beaucoup plus lente et plus difficile. Quant
à l'action chimique de la salive sur les aliments, j'en parlerai plus tard.

La *déglutition* est l'acte par lequel les aliments, mâchés
et imbibés de salive, sont portés, à travers le pharynx,
de la bouche dans l'œsophage et bientôt dans l'estomac.
Le mot vulgaire *avaler* désigne cette idée et est en latin *deglutire*; telle est l'origine du nom adopté par les
physiologistes. Les matières convenablement triturées et
insalivées vont former un bol alimentaire qui sera avalé
tout ensemble. Pour cela, d'abord la bouche se ferme;
par les mouvements des parties molles de cette cavité,
les aliments sont réunis sur le dos de la langue qui les
fait glisser entre elle et le palais vers l'orifice du gosier.
Dans cette position, le bol alimentaire, en venant toucher le voile du palais, provoque dans tout le pharynx
un mouvement compliqué très-rapide et très-précis. Toute
la partie inférieure du pharynx vers la bouche,
en même temps le voile du palais, qui, durant la mastication, pendait sur le dos de la langue perpendiculairement à l'axe des voies digestives et faisait partie de la
arrière la cavité buccale, le voile du palais, di-je, se relève obliquement en arrière et va, pour ainsi dire, au-
devant du pharynx qui, de son côté, s'avance vers lui.
Ces mouvements ont des résultats faciles à constater : le
dernier ferme tout accès dans les fosses nasales et maintient, du côté supérieur, le bol alimentaire dans sa marche; mais le premier est bien plus complexe dans ses
effets : d'abord la partie inférieure du pharynx se présente à l'orifice postérieur de la bouche que le voile du
palais a ouverte en se reculant; cette partie inférieure
fonctionne comme une sorte d'entonnoir béant et vient
recevoir le bol alimentaire qui glisse de la cavité buccale.
Celui-ci tombe dans ce récipient, qui s'est avancé au moment précis et s'éloigne aussitôt en l'emportant avec lui.
Mais en même temps que l'entonnoir pharyngien placé
à l'entrée de l'œsophage allait ainsi au-devant du bol
alimentaire, le larynx s'est porté avec lui vers la bouche,
et la glotte, fermée d'ailleurs par ses propres contractions, s'est cachée sous la base de la langue, pendant que
ce mouvement même faisait tomber l'épiglotte comme
une soupape sur l'orifice glottique et achevait ainsi de
fermer le canal aérien. A peine le bol alimentaire a-t-il
glissé de la bouche dans le pharynx, ainsi porté à sa
rencontre, qu'aussitôt celui-ci s'abaisse ainsi que le larynx, la glotte se relâche, l'épiglotte, libre d'obéir à l'é-
lasticité de son tissu, se relève, et enfin le voile du palais
retombe et ferme de nouveau toute communication entre
la bouche et le pharynx. Une fois introduits dans l'œsophage, les aliments sont poussés le long de ce canal par
les contractions simultanées des fibres musculaires, circulaires et longitudinales, qui font partie des parois de
ce tube membraneux, et ils arrivent ainsi dans l'estomac.

Le mouvement essentiel de la déglutition est celui qui
tout à la fois porte le pharynx vers la bouche, heurte
le larynx et la glotte contre la base de la langue et relève en arrière et en haut le voile du palais. Tout ce qui
dérange ce mouvement entrave la déglutition. C'est ainsi
que l'on s'étrangle lorsqu'on rit en avalant; car alors le
pharynx s'éloigne de la bouche, avec le larynx, pour
laisser la glotte ouverte donner libre issue à l'air. Il peut
arriver alors soit que des particules alimentaires s'introduisent dans la glotte, et une toux suffocante tend à les
en expulser aussitôt, soit que la colonne d'air les entraînant avec elle les projette dans les fosses nasales. Chacun a pu éprouver quelque accident de ce genre ; il est
inutile d'y insister davantage. La déglutition des liquides
n'offre avec celle des solides que des différences de détail.

Dans les autres portions du canal digestif, l'action
mécanique de ses parois fait cheminer les matières de
proche en proche jusqu'à l'anus. Ce mouvement a pour
principe les contractions de la tunique musculaire des
intestins; il s'exécute de proche en proche sur les diverses
anses de l'intestin, de façon à y produire une sorte d'agitation vermiculaire qui, même après la mort, persiste
quelque temps dans le cadavre encore chaud. Dans l'es-

tomac, les fibres musculaires exercent une autre action et font subir à la masse alimentaire une sorte de pétrissage continu.

2° *Actes chimiques.* — L'étude des réactions et transformations chimiques qui constituent la digestion suppose nécessairement, pour être intelligible, une connaissance préalable de la nature des aliments et des liquides versés sur eux comme réactifs.

La nature des matières alimentaires a été indiquée à l'article ALIMENTS, et il importe surtout en ce moment de se rappeler que les aliments solides se rapportent à deux grandes catégories de substances organiques : les *aliments azotés* (viande et sang, cervelle et nerfs, glandes, caséum du lait, fromages, œufs, bouillon, tendon, os, peau, gluten du pain et certaines parties des végétaux, et les *aliments non azotés*, qui sont de deux sortes, les *matières amylacées* ou *saccharoïdes* (farines, fécules, haricots, lentilles, pommes de terre, fruits, graines, racines, sucre, etc., et même l'alcool des boissons) et les *matières grasses* (graisses, beurre, huiles animales et végétales). Quant aux liquides digestifs qui réagissent sur les aliments, leur nature sera expliquée à mesure que nous nous occuperons de leur action.

— Les actes chimiques de la digestion peuvent être réduits à trois principaux : la digestion buccale, la digestion stomacale ou chymification, la digestion duodénale ou chylification.

La *digestion buccale* se passe dans la bouche. Nous savons déjà que les aliments y subissent une division mécanique au moyen de la mastication et y sont en même temps imbibés de la salive mixte qui humecte abondamment la cavité buccale. J'ai déjà assigné un premier rôle à la salive, celui de favoriser la mastication et même la déglutition. Mais cette action mécanique n'est pas la seule que puisse exercer la salive ; ce liquide est un véritable réactif de la digestion, et il contribue à transformer en matière absorbable certains principes contenus dans nos aliments.

Le rôle chimique de la salive dans les phénomènes digestifs a été établi d'abord par les expériences de Leuchs (1831), Schwann (1836), Sébastian (1837), en Allemagne, et surtout depuis 1846 par les travaux de M. Mialhe et de M. Cl. Bernard, en France. Ces physiologistes ont démontré que la salive mixte qui imbibe les aliments dans la bouche y transforme les matières féculentes en dextrine, puis en glucose; c'est-à-dire que, sous l'empire de la salive buccale, les fécules insolubles dans l'eau à la température du corps se changent en une matière sucrée parfaitement soluble et absorbable. M. Cl. Bernard a soutenu que le principe qui détermine cette métamorphose est fourni par la muqueuse buccale, et ainsi ajouté à la salive qui découle des glandes salivaires. M. Mialhe le regarde au contraire comme propre à la salive; en tout cas, il est incontestable que la salive buccale renferme un agent capable de saccharifier les fécules, et cet agent paraît très-analogue à celui qui, dans l'orge germée, manifeste les mêmes propriétés et que l'on a nommé la *diastase végétale.* Cet agent de la digestion buccale a reçu le nom de *diastase animale* et se trouve certainement dans la salive qui inonde la bouche lors de la mastication. Tel est le fait essentiel qui caractérise le liquide buccal. Mais je compléterai cette indication de premier ordre par quelques détails sur la nature de la salive, qu'un rôle si important signale à notre attention. La *salive mixte,* c'est-à-dire celle qu'on recueille dans la bouche, est un liquide incolore, visqueux et chargé de mucus. En général, elle est un peu alcaline, parfois neutre, rarement acide. Ce liquide contient une grande quantité d'eau, près de 99 p. 100 en poids ; le reste est formé par du mucus (2 millièmes environ), un peu de graisses et plusieurs sels minéraux : les chimistes y ont enfin signalé une substance spéciale nommée *ptyaline* (*ptyalon,* salive), et qui y figure pour près de 2 millièmes. M. Mialhe a montré que c'est une altération de la diastase salivaire que lui-même a extraite directement de la salive mixte. Lorsqu'on examine ce liquide dans l'une des glandes salivaires, on constate dans les propriétés de cette salive parotidienne, ou sublinguale, etc., des différences assez notables. Je ne m'en occuperai pas ici, la salive mixte étant le véritable agent de la digestion buccale, le seul qui nous intéresse en ce moment. Les expériences de M. Mialhe ont prouvé que la salive mixte, réagissant hors de notre organisation, mais à une température voisine de celle du corps, a les propriétés suivantes : 1° de convertir en glucose, dans l'espace de quelques instants, la fécule cuite telle que celle de l'empois ou du pain;

2° de n'opérer que lentement cette transformation sur la fécule crue ; la saccharification n'est alors effectuée qu'au bout de plusieurs jours et avec l'aide de la chaleur ; mais si la fécule crue a été broyée préalablement, la transformation ne demande plus que quelques heures, et plus la trituration a été parfaite, plus l'action est rapide ; 3° la salive n'a aucune action sur les matières albuminoïdes ni sur les corps gras ; 4° la diastase extraite de la salive et redissoute dans l'eau a toutes les propriétés de la salive.

Ces quatre principes expliquent l'activité de la digestion buccale chez l'homme, qui cuit presque tous ses aliments, l'utilité constante de la mastication qui, en broyant les fécules, favorise l'action de la salive sur les fécules, la spécialité de la digestion buccale, qui ne peut intéresser que les matières amylacées à l'état féculent et l'importance toute particulière de la diastase. Quant aux fécules crues que n'aurait pas attaquées la salive, nous les verrons plus tard dans le duodenum subir de la part du suc pancréatique une action analogue à celle de la salive sur les fécules cuites.

Le rôle de la salive et son importance spéciale chez l'homme, due à l'usage des aliments cuits, explique en grande partie l'avantage hygiénique que trouvent beaucoup de personnes à manger lentement pour mâcher avec soin ; les troubles que produit très-habituellement dans la digestion le mauvais état ou la perte des dents ; et enfin, dans ce dernier cas, les heureux effets de l'emploi des dents artificielles et des dentiers.

Les phénomènes chimiques qui se passent dans l'estomac sont complexes et ont été confondus autrefois sous le nom général de *chymification.* On les désigne volontiers maintenant sous le nom de *digestion stomacale.* Si l'on a borné à examiner physiquement le bol alimentaire après qu'il a subi l'action de l'estomac, on le trouve converti peu à peu, couche par couche, de dehors en dedans, en une pâte semi-fluide grisâtre douée d'une odeur aigre toute spéciale et que depuis longtemps on appelle le *chyme.* Cette pâte a une réaction acide très-marquée, les tissus organisés des aliments ne s'y retrouvent plus et semblent avoir subi une dissolution qui les rend méconnaissables. On regarda le chyme comme le premier résultat du travail digestif, comme un magma des matières nutritives avec celles qui ne le sont pas, tandis que le chyle qui s'en sépare dans l'intestin duodenum et pénètre par absorption dans le sang, parut être la quintessence nutritive des aliments, le résultat final de la digestion. Sans expliquer par quelles transformations successives ont passé nos opinions sur cet acte important, je m'attacherai à bien établir pourquoi nous regardons aujourd'hui la chymification comme un acte très-complexe et pourquoi le chyle n'est plus à nos yeux le produit essentiel et entier du travail digestif.

D'abord nous savons maintenant que les aliments n'arrivent pas intacts dans l'estomac ; la salive, en réagissant sur les fécules, soit dans la bouche, soit jusque dans l'estomac lui-même, dégage un premier produit absorbable, le *glucose* en dissolution dans l'eau, qui humecte en si grande abondance la masse alimentaire. Ce premier fait était inconnu des anciens physiologistes.

En outre, sachant que l'estomac, durant la chymification, exerçait par ses contractions un broiement continu de la masse alimentaire et prenait une part évidente et active au travail digestif, ils pensèrent que le phénomène dont il était le siège était intimement lié à la vie et s'accomplissait sous sa mystérieuse influence sans qu'il fût possible à l'homme d'en saisir les détails. Les uns y ont vu une sorte de *putréfaction,* d'autres une *fermentation* comparables à celles qui s'effectuent dans l'industrie, d'autres encore une *trituration* purement *mécanique.*

Le célèbre Spallanzani ouvrit le premier la voie des belles expérimentations sur lesquelles repose la science moderne. On savait que les parois de l'estomac ajoutaient aux aliments un liquide particulier sécrété par elles. Déjà Réaumur avait pensé qu'on pourrait avec ce liquide opérer en dehors de l'estomac des *digestions artificielles.* Cette idée hardie fut réalisée par Spallanzani; avec du suc gastrique assez imparfaitement extrait de l'estomac de divers animaux, il convertit en chyme des substances alimentaires soumises en vase clos à l'action de ce liquide et maintenues à une température de 40° cent. environ (température du corps de l'homme). Ces expériences furent renouvelées depuis par un grand nombre de physiologistes ; mais les plus célèbres sont celles de Beaumont, qui sut admirablement utiliser dans ce but une circonstance extraordinaire offerte par le hasard. Il fut à même d'observer un jeune Canadien qui, par suite de blessure, avait conservé une libre communication de l'estomac au dehors à travers les parois du ventre : c'est ce qu'on nomme une fistule stomacale. Avec le concours de ce jeune homme, il entreprit une série d'expériences dont les résultats furent du plus haut prix pour la science. Le grand avantage de Beaumont était de pouvoir prendre le suc gastrique bien pur dans l'estomac même. Il observa d'abord l'estomac vide, l'arrivée des aliments, puis leur transformation en chyme, et enfin il exécuta des digestions artificielles dans les circonstances les plus variées et comparativement avec le travail qui s'accomplissait en même temps dans l'estomac. MM. Tiedemann et Gmelin, Eberle, Bouchardat et Sandras, Blondlot, Bernard et Barreswil, et Mialhe, sans arriver à des résultats identiques, ont, par leurs expériences, éclairé ce phénomène si curieux et si important de la vie. On peut aujourd'hui résumer ainsi les idées qui ont le plus généralement cours dans la science.

Les aliments arrivent peu à peu dans l'estomac à mesure qu'ils sont avalés ; à ce moment la paroi intérieure du viscère est rouge, excitée et couverte d'une quantité de suc gastrique. Quand il est rempli, le cardia se ferme, et, le pylore l'étant habituellement, la masse alimentaire se trouve, en vase clos, à la température de 40°. Les contractions de l'estomac pétrissent cette masse et l'agitent d'un mouvement assez rapide qui fait glisser peu à peu les couches superficielles vers la portion pylorique, puis les ramène au grand cul-de-sac et ainsi de suite un grand nombre de fois. En même temps, le suc gastrique imbibe cette masse de proche en proche, et son action toute spéciale se manifeste peu à peu de dehors en dedans.

Mais l'étude de cette action ne peut se bien comprendre, si l'on ne connaît pas la nature même du réactif. Le *suc gastrique* est un liquide clair, transparent, d'une odeur aromatique toute spéciale, très-sensiblement acide. Il jouit de la remarquable propriété d'être à peu près imputrescible par lui-même et d'empêcher ou d'arrêter la putréfaction des matières que l'on y tient plongées ; c'est, en un mot, ce qu'on appelle un *antiseptique*. L'acidité caractéristique du suc gastrique est due à la présence d'un acide libre que, après bien des recherches contradictoires, on regarde aujourd'hui généralement comme de l'*acide lactique*. Cet acide n'expliquerait qu'une partie des propriétés du suc gastrique ; mais Th. Schwann, Dumas, Mialhe, Payen en ont extrait une substance spéciale, nommée *pepsine*, qui est, avec l'acide lactique, le principe actif de ce liquide, et qui, retirée chimiquement et obtenue isolée, peut toujours donner des dissolutions capables d'agir comme le suc gastrique. Ce liquide contient d'ailleurs 98 à 99 p. 100 d'eau et quelques substances minérales.

Ainsi constitué, le suc gastrique paraît agir de la manière suivante : son *acide* sert à gonfler, hydrater et préparer les matières soumises à la digestion ; la *pepsine* agit sur les matières albuminoïdes de tout genre et les transforme en une substance soluble dans l'eau et dans la partie liquide du sang, et que l'on nomme *albuminose*; c'est la seule forme sous laquelle les matières azotées puissent être assimilées, et toutes doivent nécessairement passer par cet état. Mais cette action du suc gastrique dissout et détruit les tissus animaux ou végétaux qui ont toujours pour base une matière azotée, et en même temps la diastase salivaire qui a pénétré le bol alimentaire poursuit son action sur les fécules à mesure que la dissolution des tissus les expose librement à son contact ; de cette façon, les graisses sont mises en liberté et le *chyme* est en définitive le mélange des produits azotés dissous sous l'influence de la pepsine, des matières glucosiques dissoutes par suite de l'action de la diastase salivaire, et enfin, des graisses encore intactes et qui ne doivent subir leur transformation que dans le duodenum.

Telle est la digestion stomacale ; à mesure qu'elle s'effectue, le chyme glisse vers l'ouverture pylorique et franchit, pour pénétrer dans le duodenum, le sphincter qui, sous la forme d'un bourrelet saillant, entoure cet orifice et le ferme à toute matière incomplétement digérée.

Ces actes compliqués ne sont cependant pas les seuls qui se passent dans l'estomac : j'y ai signalé des phénomènes mécaniques, puis des phénomènes chimiques d'un haut intérêt ; j'aurai bientôt l'occasion de compléter l'histoire fonctionnelle de cet important viscère, en y constatant des phénomènes d'absorption qui jouent dans la digestion un rôle considérable.

La *digestion duodénale* ou *chylification* a lieu dans la première portion de l'intestin arrosée par deux liquides qui, versés sur le chyme, y déterminent de nouveaux changements ; ces deux liquides sont la *bile* et le *suc pancréatique.*

La *bile*, sécrétée par le foie, est un liquide d'un vert sombre, amer et nauséabond, rendue visqueuse et filante par le mucus qu'elle contient. Elle a une réaction alcaline, et sa composition chimique rappelle la nature des savons ; c'est, suivant Berzélius, une combinaison des acides gras (oléique et margarique) et de certains acides résineux avec la soude et une base organique, la *biline ;* pour Dumarsay, c'est un savon à base de soude formé par un acide spécial, l'*acide choléique* (χολή, bile). D'autres opinions ont encore été émises sans que la question soit aujourd'hui bien résolue.

Le *suc pancréatique* a surtout été étudié depuis que M. Cl. Bernard, dans des expériences à la fois ingénieuses et célèbres, l'a extrait en quantité suffisante du corps des animaux vivants et a démontré son rôle dans le travail digestif. Ce liquide est clair et incolore, et ressemble complétement à la salive par ses propriétés physiques ; mais il contient un principe spécial nommé dans ces derniers temps *pancréatine*, et qui lui donne des propriétés chimiques toutes particulières. On y a trouvé environ 92 p. 100 d'eau, du mucus et des sels minéraux. Il a normalement une réaction alcaline.

A son arrivée dans le duodenum, le chyme est arrosé par ces deux liquides ; il y reçoit de la bile une coloration jaune, légèrement verdâtre ; mais bientôt apparaissent à sa surface des filaments d'une matière blanche, lactescente, très-riche en graisse et que l'on nomme *chyle*. On a beaucoup expérimenté pour déterminer le rôle respectif de chacun des deux liquides dans la chylification. La bile paraît surtout destinée à neutraliser l'acidité du chyme ; on ne peut dire autre chose de positif sur ce liquide, son véritable rôle est encore très-obscur et a donné lieu à une foule d'hypothèses que je m'abstiens de signaler ici.

Nous connaissons mieux l'action du suc pancréatique. Dès 1834, Eberle lui reconnut la propriété de transformer les matières grasses en une émulsion semblable à du lait. En 1845, d'une autre part, **MM.** Bouchardat et Sandras ont démontré qu'il déterminait la transformation des fécules en glucose, et complétait ainsi, après la désorganisation accomplie dans l'estomac, l'action incomplète de la salive. Quelques années plus tard, M. Cl. Bernard, par des expériences nombreuses et bien faites, confirmant les observations d'Eberle, établit que l'émulsion graisseuse que subissent les matières grasses neutres dans le duodénum est provoquée par le suc pancréatique. Ce suc a la propriété de les transformer en un liquide émulsionné, lactescent, qui donne au chyle son aspect particulier, et qui est parfaitement préparé pour être absorbé et porté dans le sang. C'est donc une véritable digestion des matières grasses neutres, et la pancréatine est l'agent spécial de l'émulsion des graisses par le suc pancréatique.

Là se bornent les notions précises que nous possédons sur les phénomènes chimiques de la digestion. Les aliments continuent à cheminer dans les intestins ; à nos yeux, les phénomènes d'absorption qui s'y passent ont la plus grande importance, et les liquides qui humectent le long tube de l'intestin font éprouver aux matières de nouvelles transformations que trahissent des changements physiques évidents, dont la nature nous est encore inconnue.

3° *Actes physiologiques.* — J'ai réservé sous ce nom, comme dérivant plus spécialement des propriétés vitales, les phénomènes d'absorption qui dirigent vers le sang les produits de la digestion. Sous l'influence combinée des actes mécaniques et des phénomènes chimiques de la digestion se sont élaborées des matières susceptibles d'être introduites dans le sang par la voie d'*absorption*. On appelle *absorption*, en physiologie, un acte par lequel des substances matérielles déposées sur un point de la surface d'un tissu se retrouvent du côté opposé après avoir nécessairement traversé sa masse. C'est par un phénomène de ce genre que les produits de la digestion passent à travers les parois du canal alimentaire et pénètrent dans les vaisseaux où circulent les liquides nourriciers du corps. Une portion considérable de la surface interne du tube digestif sert à l'absorption ; elle se fait par une double voie, les *veines*, vaisseaux sanguins où circule le sang qui a servi à nourrir les organes, et les *vaisseaux chylifères*, appareil spécial d'absorption intestinale qui se rattache à un grand système de vaisseaux absorbants répandus dans tout le corps des animaux supérieurs. L'absorption des produits de la digestion se fait par les veines, dans l'estomac et dans les intestins. L'absorption par les veines, généralement admise chez les anciens, fut niée lorsqu'Aselli, professeur à Pavie, eut découvert, en 1622, les vaisseaux chylifères et à leur suite l'appareil lymphatique en général. Mais des expériences incontestables faites de nos jours par Magendie, Mayer, etc., ont démontré que les veines exercent l'absorption concurremment avec les vaisseaux lymphatiques et chylifères ; et aujourd'hui on pense que les veines de l'estomac et celles des intestins jouent dans cette fonction un rôle considérable. Les veines de l'estomac sont en présence de produits digestifs absorbables : le glucose formé sous l'influence de la salive ; les matières déjà solubles, comme le sucre de canne ; puis l'albuminose formée dans l'estomac lui-même ; enfin les boissons. Une absorption considérable, portant sur ces dernières principalement, réduit notablement le volume de la masse alimentaire qui passe dans le duodenum et les intestins ; et quant aux véritables produits de la digestion, le glucose, l'albuminose, l'absorption commence dans l'estomac et va se continuer dans l'intestin grêle et plus faiblement dans le gros intestin. La masse alimentaire qui pénètre dans l'intestin grêle, en franchissant le pylore, apporte avec elle de l'al-

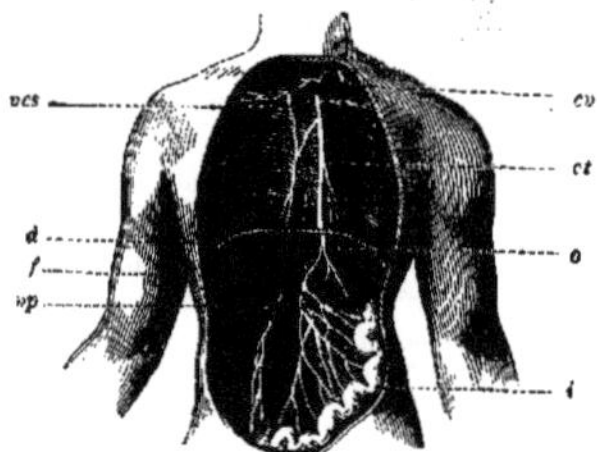

Fig. 785. — Système absorbant intestinal veineux et chylifère, chez l'homme (1).

buminose et du glucose que n'a pas atteints l'absorption des veines stomacales et qui ne tarde pas à ressentir l'influence des veines intestinales, de telle sorte que le sang de ces veines s'enrichit pendant la digestion de matières albuminoïdes et de matières saccharoïdes. Ces veines intestinales, habituellement nommées *mésaraïques* (contenues entre les tuniques intestinales) et les veines de l'estomac, se réunissent de proche en proche en un gros tronc unique placé sous le foie et que l'on nomme la *veine porte*. De nombreuses expériences ont montré dans le sang de la veine porte l'existence de ces produits digestifs pendant l'absorption intestinale et leur absence en d'autres temps. Cette veine, qui les réunit ainsi, se distribue ensuite dans le foie où s'exerce une fonction spéciale dont je parlerai plus tard en traitant des phénomènes généraux de la *nutrition*.

Ainsi que je l'ai dit, les veines ont pour auxiliaires très-actifs dans ces phénomènes d'absorption les *vaisseaux chylifères*. Dès 1622, Aselli découvrait que, si l'on ouvre un animal pendant la digestion d'un repas copieux et surtout riche en matières grasses, on aperçoit dans le mésentère, à côté des vaisseaux sanguins, d'autres vaisseaux rendus visibles par un liquide blanc laiteux qui les remplit : Aselli les nomma *vaisseaux lactés ;* mais ayant appelé *chyle* le liquide qu'ils contiennent, les physiologistes donnèrent aux vaisseaux le nom de *chylifères*. Ils naissent des divers points de l'intestin grêle, abondent surtout dans sa première portion, sont moins répandus

dans la dernière et deviennent rares dans le gros intestin. Leurs premières racines, en sortant du tube intestinal, sont très-fines, mais bientôt ils s'unissent en des raineaux plus gros, et de proche en proche vont se confondre en quelques troncs principaux qui, en avant de la colonne vertébrale et un peu au-dessous du diaphragme, forment un canal unique nommé *canal thoracique*, réunissant en même temps les chylifères et tous les vaisseaux lymphatiques, c'est-à-dire absorbants, qui naissent des divers points du corps. Dans le canal thoracique sont donc rassemblés le *chyle*, un des produits de la digestion, et la *lymphe*, produit de l'absorption générale qui s'exerce sur toutes les surfaces membraneuses du corps. Ce canal, qui commence au-dessous du diaphragme par une sorte de renflement nommé la *citerne* ou *réservoir de Pecquet*, chemine le long de la colonne vertébrale et un peu à gauche, à côté de l'artère aorte et jusqu'au niveau des clavicules ; là il vient se jeter dans une veine placée sous la clavicule gauche qui ramène le sang du bras gauche et que l'on nomme la *veine sous-clavière gauche*.

L'origine des vaisseaux chylifères dans les parois de l'intestin et à sa surface interne mérite de fixer notre attention. Il existe sur toute la surface de la muqueuse, dans l'intestin grêle, un nombre incommensurable de petits filaments de nature membraneuse nommés les *villosités intestinales*. Leur longueur varie de 1/2 millimètre à 0ᵐ,003 ; leur forme est pyramidale, lamelleuse ou cylindrique. Chacun de ces prolongements a une organisation compliquée que fera comprendre la figure ci-jointe ; mais

Fig. 786. — Surface villeuse de l'intestin grêle.]

Fig. 786. — Structure d'une villosité intestinale chez le lapin (1).

ce qu'il faut surtout signaler ici, c'est que chaque villosité est l'origine d'un ou de plusieurs vaisseaux chylifères et leur constitue une sorte de racine plongeant dans la masse alimentaire. Ainsi le chyle, c'est-à-dire ce liquide opaque ou même laiteux que les chylifères extraient des matières digérées, est absorbé d'abord par les villosités et pénètre ainsi dans les vaisseaux lactés, puis parvient au canal thoracique qui le verse enfin dans la veine sous-clavière gauche et le mêle au sang noir.

Longtemps on a regardé ce chyle comme le produit unique et complet de la digestion. Nous ne pouvons aujourd'hui conserver de telles idées, puisque nous savons qu'une partie notable des produits digestifs provenant des matières saccharoïdes et albuminoïdes prend la route des veines et passe à travers le foie. Ce qui caractérise le chyle, c'est l'abondance des matières grasses ; le chyle laiteux crème comme le lait, et même, lorsqu'il est simplement opalescent, ce liquide montre encore au microscope de nombreux globules graisseux ; aussi le regardons-nous comme l'émulsion graisseuse produite sous l'influence du suc pancréatique et comme représentant surtout les produits de la digestion des corps gras. Cette émulsion a pour base la dissolution qui imbibe la masse alimentaire, de telle sorte que le chyle renferme aussi de l'albuminose et des quantités plus ou moins grandes de sucre ; mais les chylifères paraissent être le chemin particulier que suivent les matières grasses pour arriver dans le sang.

Les notions qui précèdent résument ce que nous savons sur les phénomènes de la digestion chez l'homme et chez les animaux supérieurs, principalement les mammifères. On trouvera aux mots FAIM, SOIF, INANITION, RUMINATION, EXCRÉMENTS, VOMISSEMENT beaucoup d'indications

(1) Le canal thoracique et les vaisseaux chylifères, chez l'homme ; la veine porte et les veines de l'intestin. — *i*, portion de l'intestin grêle suspendue à un lambeau du mésentère qui contient les veines et les vaisseaux chylifères correspondants. — *d*, diaphragme. — *f*, foie. — *vp*, veine porte qui réunit les veines de l'intestin et va se ramifier dans le foie d'où le sang est ramené dans la veine cave inférieure et de là au cœur droit. — *o*, origine du canal thoracique, réservoir de Pecquet. — *ct*, canal thoracique qui reçoit les chylifères et les lymphatiques. — *cv*, abouchement du canal thoracique dans la veine sous-clavière. — *vcs*, veine cave supérieure.

(1) Une villosité intestinale du lapin. — *a*, artériole. — *v*, veinule. — *ch*, vaisseau chylifère qui a son origine dans la villosité. — *e*, épithélium qui recouvre la villosité.

spéciales qui n'ont pu trouver place ici. La disposition comparative de l'appareil digestif chez les divers animaux et les modifications qui en résultent se trouvent aux articles concernant les principaux groupes.

L'étude de la digestion a donné lieu à un nombre immense de publications; je signalerai ici les plus importants parmi les travaux généraux sur cette matière; dans ces travaux mêmes on trouvera en abondance des indications bibliographiques plus détaillées : Tiedemann et Gmelin, *Recherches physiol. et chim. sur la digestion.* Paris, 1827. — W. Beaumont, *Expériences et observations sur le suc gastrique et la digestion* (texte anglais). Plattsburg, 1833. — Eberle, *Physiologie de la digestion* (texte allemand). Würtzburg, 1834. — Magendie, *Précis élém. de physiologie.* Paris, 1836. — Burdach, *Traité de physiologie.* Paris, 1837. — Blondlot, *Traité analytique de la digestion.* Nancy, 1843. — G. Colin, *Traité de physiol. comp. des anim. domest.* Paris, 1854. — Longet, *Traité de physiologie.* Paris, 1857.   **Ad. F.**

DIGITAL (Anatomie). — Épithète que l'on applique aux vaisseaux, aux nerfs destinés aux doigts. Les *artères digitales* de la main, *collatérales des doigts*, sont fournies par l'arcade palmaire superficielle qui est la continuation de l'artère cubitale; elles sont ordinairement au nombre de six ; la sixième, qui va au côté externe du pouce, vient souvent de l'arcade palmaire profonde. Les *artères digitales du pied* sont fournies par l'arcade plantaire qui naît elle-même de la pédieuse et de la plantaire interne. Elles sont au nombre de quatre. Les *veines digitales* ont la même disposition. Les *nerfs digitaux* sont fournis à la main par le médian, le cubital et le radial; au pied par les nerfs plantaires internes et externes, branches du tibial postérieur.

Le mot *digital* signifie quelquefois aussi, en anatomie, qui a la forme d'un doigt : ainsi on dit quelquefois l'*appendice digital* du cœcum pour désigner l'appendice vermiforme. Les *impressions digitales* du crâne sont de légers enfoncements de la face interne du crâne qui correspondent aux circonvolutions du cerveau.

DIGITALE (Botanique), *Digitalis*, Lin. ; du latin *digitus*, doigt ; allusion à la forme de la corolle. — Genre de plantes *Dicotylédones gamopétales hypogynes*, famille des *Scrophularinées*, type de la tribu des *Digitalées*. Les espèces assez nombreuses de ce genre sont ordinairement des herbes à feuilles supérieures amplexicaules ; leurs fleurs sont disposées en belles grappes allongées d'un joli effet dans les parterres. La plus commune est la *D. pourprée* (*D. purpurea*, Lin.), plante indigène cultivée soit pour l'ornement, soit pour ses propriétés médicinales. Les feuilles de la digitale ont une action diurétique très-marquée : mais leur propriété la plus précieuse est de ralentir les battements du cœur, aussi est-elle très-employée dans les maladies chroniques de cet organe. On l'administre en décoction, en teinture alcoolique, en sirop; mais on ne peut l'employer qu'à petites doses, car elle est vénéneuse et purge très-violemment ; même à doses modérées, elle fatigue souvent l'estomac. On l'applique aussi extérieurement en frictions. Le principe particulier auquel sont dues ses propriétés a été extrait et isolé par MM. Homolle et Quévenne, qui l'ont nommé *digitaline* et l'ont préparé en globules pour l'usage des médecins. Souvent, dans les campagnes, on désigne la digitale pourprée sous les noms de *Gantelée*, *Gants de Notre-Dame*, *Doigts de la Vierge* et même *Doigtier*, par allusion à la forme de sa corolle. Elle croît principalement dans les terrains sablonneux des contrées tempérées de l'Europe. La culture a obtenu, par hybridation d'une autre espèce, la *D. jaune* (*D. lutea*, Lin.), avec différentes espèces voisines, des variétés qui figurent avec avantage dans les jardins. Caractères du genre : calice à 5 divisions ; corolle rappelant la forme d'un bout de doigt de gant ; 4 étamines didynames; capsule déhiscente, ovale (voyez Scrofulariacées).   **G–s.**

DIGITÉ (Botanique), du latin *digitus*, doigt. — Se dit des organes dont les parties sont insérées en un même point en divergeant comme les doigts de la main. Les racines de certaines dioscorées, les feuilles du marronnier d'Inde, l'épi de certaines graminées sont digités.

DIGITÉE-PENNÉE (**Feuille**) (Botanique). — Lorsque la feuille, au lieu d'être simplement digitée, a son pétiole terminé par des pétioles secondaires sur les côtés desquels les folioles sont attachées, on dit qu'elle est *digitée-pennée*. Dans le *Mimosa purpurea*, les pétioles secondaires sont au nombre de deux ; il y en a quatre dans le *Mimosa pudica*, etc. Dans ce cas, les feuilles sont *bidigitées-pennées*, *tridigitées-pennées* *quadridigitées-pennées*.

DIGITIGRADES (Zoologie), du latin *digitus*, doigt, et *gradi*, marcher. — Nom d'une tribu de *Mammifères*, de l'ordre des *Carnassiers*, famille des *Carnivores*, qui ont pour caractère de marcher en s'appuyant sur les doigts sans que la face plantaire ou palmaire des extrémités touche le sol. Cette tribu comprend les *Martes*, les *Chiens*, les *Civettes*, les *Hyènes* et les *Chats*, parmi lesquels se trouvent les carnassiers les plus forts et les plus redoutables.

DIGLOSSA (Zoologie), du grec *dis*, deux fois, et *glôssa*, langue. — Genre d'*Insectes*, ordre des *Coléoptères*, section des *Pentamères*, famille des *Brachélytres*, section des *Aplatis* de Latreille, établi par Haliday. La seule espèce connue, *D. mersa*, Halid., habite dans les sables sur les bords de la mer, en Islande. Elle est noire, les palpes et les pieds ferrugineux.

DIGYNIE (Botanique), du grec *dis*, deux, et *gynè*, femelle. — Nom adopté par Linné pour désigner, dans certaines de ses classes, l'ordre comprenant les plantes à fleurs pourvues de 2 styles ou de 2 stigmates.

DIKE (Minéralogie), du mot anglais *dike*, digue, chaussée. — Dans les éruptions volcaniques, il se forme souvent sur le flanc de la montagne des crevasses dans lesquelles sont restées et séjournent des laves, des matières basaltiques qui n'ont pas été rejetées au dehors, et qui ont formé des filons. Plus tard, la roche environnante étant dégradée, le filon, plus résistant, reste en saillie sur l'escarpement, ou même au milieu des champs, comme une muraille ; c'est cette dernière circonstance qui lui a fait donner, en Angleterre, le nom de *dike* appliqué plus tard aux filons mêmes.

DILATABILITÉ (Physique). — Propriété qu'ont les corps de se dilater sous l'influence de la chaleur quand leur température s'élève (voyez Dilatation).

DILATANT, Dilatateur, Dilatation (Chirurgie). — On a recours quelquefois à la dilatation, soit pour élargir une plaie, une fistule, un canal naturel obstrué, afin d'en faciliter la guérison ; on emploie pour cela des corps spongieux, de l'éponge préparée, de la corde à boyaux, des mèches en tissu, en coton, etc. Ainsi, dans la fistule lacrymale, pour désobstruer, pour dilater le canal nasal, on a recours souvent à des mèches, à des fils de plomb, etc. On dilate une ouverture fistuleuse au moyen de petits morceaux d'éponge préparée, de racine de guimauve, etc. On a aussi donné le nom de *dilatateur* à un instrument proposé par Leblanc dans l'opération de la hernie, pour éviter de faire une trop grande incision. Un autre *dilatateur* était aussi employé dans l'opération de la taille pour dilater l'ouverture faite à la vessie par l'instrument tranchant.

DILATATION (Physique). — Accroissement que subissent les corps, soit dans leur volume, soit dans leurs dimensions linéaires ou superficielles, sous l'influence de la chaleur. Tous les corps se dilatent quand ils s'échauffent; une exception, à peu près la seule, nous est présentée par l'eau dans des conditions définies et restreintes ; mais ils se dilatent de quantités inégales suivant leur nature, alors même qu'ils sont placés dans des conditions semblables.

On appelle *coefficient de dilatation en volume* ou *cubique* la quantité dont l'unité de volume d'un corps à zéro se dilate quand sa température augmente de 1°. On appelle de même *coefficient de dilatation linéaire* la quantité dont l'unité de longueur à zéro d'un corps se dilate quand sa température monte de 1°. Les corps solides sont les seuls pour lesquels on ait à envisager la dilatation linéaire.

Dilatation des corps solides. — Toujours contenue dans des limites très-étroites, elle n'en produit pas moins des effets très-appréciables dans certains cas (voyez Pyromètre, Pendule compensateur).

Le plus ordinairement, dans la pratique, on n'a à considérer que les allongements des solides.

Laplace et Lavoisier ont publié de concert, en 1782, sur ces dilatations, un travail important dont les résultats ont été généralement admis. Les barres sur lesquelles ils opéraient étaient suspendues horizontalement par des lames de verre dans une auge qu'ils remplissaient de glace fondante et d'eau bouillante. Les barres butant par une de leurs extrémités contre la lame fixe S, leur changement de longueur se traduisait par un déplacement de la lame opposée O dont les oscillations se transmettaient à une lunette L dirigée sur une mire plantée verticalement à une grande distance. De cette manière, chaque dilatation des barres était accusée par un mouvement de l'axe de la lunette le long des divisions de la mire. M. Pouillet a repris ces expériences à l'aide d'un appareil donnant d'une manière plus directe et dans des conditions plus variées la valeur de la dilatation linéaire des solides. D'autres physiciens se sont également occupés du même sujet. Les résultats qu'ils ont obtenus ne concordent pas entre eux d'une manière bien rigoureuse, ce qui tient à ce que les métaux ne sont jamais purs et que des différences même peu considérables dans leur degré de pureté ou leur état moléculaire suffisent pour modifier leur dilatation. Voici les principaux résultats obtenus par Lavoisier et Laplace à l'aide de l'appareil dont nous donnons une vue perspective dans notre figure.

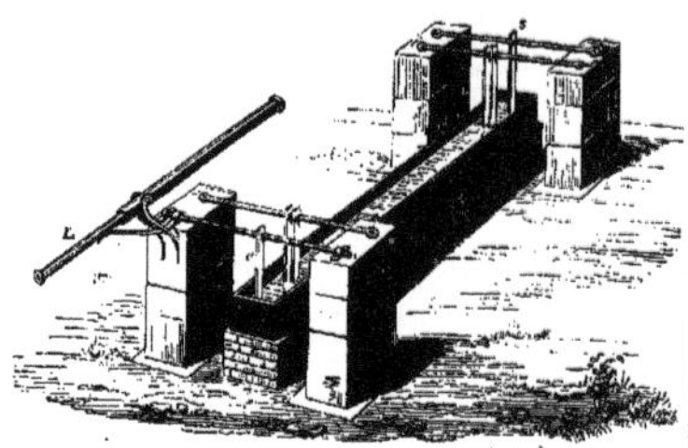

Fig. 787. — Appareil de dilatation de Laplace et Lavoisier.

Tableau des coefficients de dilatation linéaire des solides, d'après Lavoisier.

Acier non trempé	0,000010792
Acier trempé, recuit à 65°	0,000012305
Argent de coupelle	0,000019075
Argent au titre de Paris	0,000019085
Cuivre rouge	0,000017173
Cuivre jaune ou laiton	0,000018782
Étain de Malacca	0,000019376
Étain de Falmouth	0,000021729
Fer doux forgé	0,000012204
Fer rond passé à la filière	0,000012350
Flint glass anglais	0,000003116
Or de départ	0,000014660
Or au titre de Paris, recuit	0,000015135
Or — non recuit	0,000015515
Platine	0,000009918
Plomb	0,00028483
Verre de France avec plomb	0,000008715
Zinc laminé	0,000029416
Zinc forgé	0,000031083

On voit, d'après ce tableau, qu'une ligne de chemin de fer de 10 lieues ou 40 000 mètres de longueur, posée à la température zéro en hiver, s'allongerait de $14^m,65$ en passant à la température de 30° moyenne des jours d'été à l'ombre. Et comme la force de dilatation est presque irrésistible, il en résulterait des flexions, des plissements qui pourraient avoir de désastreuses conséquences, si l'on n'avait soin de laisser toujours un petit intervalle entre deux rails successifs. La même observation peut être faite à l'égard des tuyaux de conduite des eaux ou du gaz de l'éclairage. Bien que leur position souterraine les garantisse contre les effets du froid ou de la chaleur, on a soin, quand ils sont en fer, d'emboîter l'une dans l'autre les diverses parties qui les composent en garnissant de plomb, corps mou, les interstices qui pourraient donner passage au fluide.

L'inégalité des dilatations des corps fait aussi éviter autant qu'on le peut l'emploi de métaux différents dans la construction d'une même machine destinée par sa nature ou ses usages à subir des variations considérables de température.

La dilatation des solides et la puissance énorme avec laquelle elle s'effectue ou disparaît suivant que la température monte ou descend est fréquemment mise à profit dans les arts ou l'industrie. Quand on veut, par exemple, fretter une roue de voiture, on soude un cercle de fer d'un diamètre intérieur un peu plus petit que le diamètre extérieur de la roue, mais assez grand cependant pour que, par la dilatation, on puisse compenser la différence. Le fer est chauffé jusqu'au rouge naissant, mis en place, puis immédiatement arrosé d'eau froide. En se refroidissant, il se contracte et resserre fortement les assemblages de la roue à laquelle il donne une grande solidité.

L'usage étendu que l'on fait actuellement du fer dans les constructions a fait recourir à certaines précautions pour éviter les fâcheux effets des dilatations de ce métal. Si les charpentes de fer qui soutiennent la toiture de plusieurs gares de chemin de fer étaient scellées d'une manière invariable au sommet des murs d'appui, ceux-ci seraient rejetés en dehors pendant les chaleurs, ramenés en dedans par le froid, et ces oscillations, quoique renfermées dans des limites assez étroites, ne tarderaient pas à disloquer l'édifice. Un des moyens les plus ingénieux d'obvier à cet inconvénient consiste à faire poser les pieds de la charpente de fer sur du plomb coulé dans de petites auges en fonte scellées sur le mur, la mollesse du plomb laissant dilater le fer assez librement.

Dilatation des liquides. — Elle est moins régulière encore que celle des métaux, et cette irrégularité est surtout prononcée pour l'eau. Si l'on prend de l'eau à 0° et qu'on l'échauffe graduellement, on verra son volume diminuer, loin de s'accroître, jusqu'à 4° environ, point à partir duquel elle se dilatera comme les autres corps. L'eau a donc un minimum de volume et, par suite, un *maximum de densité* à une température voisine de 4°.

Cette particularité que présente l'eau est d'une grande importance dans la nature; sans elle, la vie serait impossible au sein des eaux pendant les hivers rigoureux, du moins avec une organisation semblable à celle qui a été donnée aux êtres qui les peuplent. Considérons, en effet, l'eau d'un lac au moment où les froids commencent à sévir ; l'eau se refroidit par sa surface, mais les couches qui perdent ainsi de leur chaleur se contractent, augmentent de densité, tombent au fond et sont remplacées par de nouvelles couches qui subiront les mêmes effets. Si la contraction de l'eau était indéfinie, ce renouvellement des couches aurait lieu jusqu'à ce que toute la masse liquide fût congelée et les poissons périraient, à moins qu'ils ne fussent organisés de manière à supporter, comme la marmotte, un engourdissement de plusieurs mois et même cesser de respirer pendant ce temps, ce que ne fait pas la marmotte. Au lieu de cela, l'eau a un maximum de densité à 4° ; un abaissement plus grand de température la dilate et la rend plus légère ; les couches refroidies au delà de 4° restent donc à la surface qui peut se congeler, tandis que le fond se maintient à 4°.

La dilatation des liquides est plus considérable généralement que celle des corps solides ; aussi voyons-nous le mercure ou l'alcool monter dans les tubes thermométriques à mesure qu'ils s'échauffent ; mais cette *dilatation apparente* qu'on observe en eux n'est pas leur *dilatation vraie*. L'enveloppe augmente elle-même de volume et de capacité ; le liquide n'y peut donc monter que d'une quantité correspondante à l'excès de sa dilatation sur celle de l'enveloppe.

La dilatation des liquides a été l'objet de travaux importants. Dulong et Petit, d'une part, et M. Regnault, de l'autre, ont étudié la dilatation du mercure. On doit, en outre, à MM. Despretz, Pierre, Billet des recherches très-étendues qui ont montré toute l'irrégularité que présentent les liquides dans leur dilatation. Nous donnerons ici, d'après Dalton, les coefficients moyens et approchés de dilatation des liquides les plus usuels, entre 0 et 100°.

Mercure	$\frac{1}{5550}$
Acide nitrique	0,0011
Alcool	0,0011
Acide chlorhydrique	0,0006
Acide sulfurique	0,0006
Eau pure	0,000466
Eau saturée de sel	0,0005
Essence de térébenthine	0,0007
Ether sulfurique	0,0007
Huiles fixes	0,0008

D'après M. Thilorier, l'acide carbonique liquide aurait, entre 0° et 30°, un coefficient moyen de dilatation égal à 0,0127 ou plus de trois fois plus grand que celui des gaz, et cette particularité semble se retrouver dans tous les liquides qui conservent cet état sous l'action d'une pression très-considérable, ainsi que l'a montré M. Drion dans un travail récent.

Dilatation des gaz. — A l'exception du fait particulier qui vient d'être signalé, les gaz sont de tous les corps ceux qui se dilatent le plus, ainsi qu'on peut le constater d'après le tableau suivant, dû à M. Regnault.

Table des coefficients de dilatation des divers corps.

Oxyde de carbone	0,00367
Hydrogène	0,00367
Azote	0,00367
Air atmosphérique	0,00367
Acide carbonique	0,00371
Protoxyde d'azote	0,00372
Cyanogène	0,00384
Acide sulfureux	0,00390

Les premières expériences précises faites sur la dilatation des gaz sont dues à Gay-Lussac. L'appareil dont il se servait se composait d'un tube de verre E à l'extrémité duquel une boule de verre avait été soufflée et qu'il remplissait de gaz sec. Une gouttelette de mercure finalement introduite ou laissée dans le tube faisait

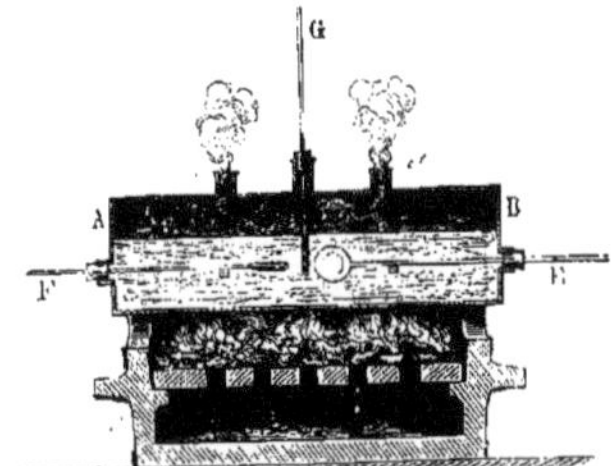

Fig. 788. — Appareil de dilatation des gaz de Gay-Lussac.

l'office de fermeture mobile. Dans cet état, l'appareil était placé horizontalement dans une caisse rectangulaire AB à moitié remplie de glace fondante, puis d'eau chaude dont deux thermomètres G et F indiquaient la température. Le réservoir d'air et le tube qui le surmonte ayant été convenablement gradués, les mouvements de l'index de mercure accusaient les variations de volume du gaz et permettaient d'en mesurer la dilatation. Ces expériences ont été reprises dans des conditions plus variées par MM. Dulong et Petit, Rudberg, Pouillet et autres, et particulièrement par M. Regnault, qui en fit l'objet d'un grand travail. Nous donnons ici le dessin de l'un des appareils dont s'est servi dans ce but ce dernier savant. Le ballon A plein de gaz sec était renfermé dans une enceinte à température variable B et communiquait avec

Fig. 789. — Appareil de dilatation des gaz de M. Regnault.

un système de deux tubes verticaux remplis de mercure servant à accuser les changements de volume ou d'élasticité du gaz.

Les résultats de toutes ces recherches sont que la dilatation des gaz est très-sensiblement régulière et à très-

peu près constante pour tous les gaz et quelle que soit leur élasticité, pourvu qu'elle ne change pas pendant la durée de l'expérience. En examinant toutefois les faits de plus près, on remarque que cette uniformité n'est qu'approchée et que les gaz composés, surtout ceux qui se liquéfient sans trop de difficulté, se dilatent un peu plus que les autres et d'autant plus qu'ils sont plus comprimés. C'est ainsi que le coefficient de dilatation de l'acide carbonique est de 0,00371 sous la pression barométrique ordinaire, tandis que celui de l'air dans les mêmes conditions n'est que de 0,00366, et que, sous une pression trois fois plus grande, il devient 0,00384, tandis que celui de l'air reste à peu près le même.

DILLÉNIACÉES (Botanique). — Famille de plantes *Dicotylédones dialypétales hypogynes*, classe des *Renonculinées* voisine de la famille des Renonculacées. Caractères : calice persistant à 5 sépales dont 2 extérieurs ; 5 pétales ; étamines nombreuses ; carpelles ordinairement nombreux renfermant chacun un ovule ; fruit en baies ou follicules à 2 valves ; graines quelquefois à arille pulpeuse. Les Dilléniacées sont généralement ligneuses et habitent les régions chaudes et en particulier la Nouvelle-Hollande. Leurs propriétés sont en général astringentes. Genres principaux : *Tétracère* (*Tetracera*, Lin.), *Dillenia*, Lin. ; *Colbertia*, Salisb., etc.

Monographie : tome Ier du *Systema vegetabilium* de de Candolle.

DILLÉNIE (Botanique), *Dillenia*, Lin. ; dédié au botaniste allemand J. J. Dillen. — Genre de plantes type de la famille des *Dilléniacées*. Caractères : étamines indéfinies, égales ; 10 à 20 carpelles soudés en une baie à plusieurs loges et couronnée par les stigmates en rayons. Les dillénies sont de grands arbres appartenant en général aux Indes orientales. La *D. élégante* (*D. speciosa*, Thunb.) a les feuilles persistantes, d'un beau vert, à dents épineuses sur les bords et longue de 0^m,20 à 0^m,40 ; ses fleurs sont blanches, solitaires et très-grandes ; pétales longs de 0^m,05. La *D. à feuilles entières* (*D. integra*, de Cand.), distinguée par l'intégrité de ses feuilles, est originaire de Ceylan.

DILLWINIA (Botanique), de Dillwin, botaniste anglais. — Genre de plantes *Dicotylédones dialypétales périgynes*, famille des *Papilionacées*, tribu des *Podalyriées*. Ce sont des arbrisseaux indigènes de la Nouvelle-Hollande, à feuilles simples, très-entières, à inflorescence ordinairement terminale. L'*Eutaxie à feuilles de myrte* (*D. myrtifolia*, R. Br.) est un arbrisseau très-élégant, à feuilles ovales, mucronées, de serre tempérée, qui donne d'avril à juin des fleurs orangées, axillaires, tachées de rouge brun.

DILOPHE (Zoologie), du grec *dilophos*, à deux crêtes. — Genre d'*Insectes* de l'ordre des *Diptères*, famille des *Némocères*, tribu des *Tipules*, section des *Florales*, détaché par Meigen des Bibions, avec lesquels ils étaient confondus ; ils ont les yeux contigus dans les mâles et occupant presque entièrement la tête. Le *D. vulgaris* est très-commun en France et en Allemagne.

DILUTION (Thérapeutique), du latin *diluere*, délayer. — Action de délayer dans un véhicule une substance solide ou liquide, afin d'en séparer les parties les plus ténues. Les homœopathes font grand usage de ce procédé au moyen duquel un médicament était dissous ou délayé dans une certaine quantité d'eau ; ils en diluent une minime partie, 0^{gr},05 ou 0^{gr},10, par exemple, dans une quantité d'eau égale à celle qui a été employée la première fois, et ainsi de suite, jusqu'à la vingtième ou trentième dilution.

DILUVIUM (Géologie). — Au-dessus des terrains tertiaires les plus récents, on observe, dans un grand nombre de pays, des *alluvions* formées sans contredit par une submersion générale de nos terres actuelles et qui constituent ce qu'on appelle les terrains de transport, dans lesquels on distingue deux époques : le *diluvium*, appelé encore *alluvions anciennes*, et les *terrains post-diluviens* ou *alluvions modernes*. On ne répétera pas ici ce qui a été dit au mot ALLUVION, mais on ajoutera seulement quelques développements nouveaux. On peut observer ces *dépôts diluviens* sur les rives de la Seine et dans le sol de Paris ; on y reconnaîtra des cailloux roulés provenant du calcaire siliceux, des grès parisiens, des silex, de la craie, des calcaires jurassiques de la Bourgogne et même des terrains massifs du Morvan. Partout ils ont une composition analogue et résultant de l'érosion des parties élevées qui environnent ces bassins où on les trouve. Un caractère à peu près constant du diluvium consiste dans la présence de ces énormes fragments de roches à angles vifs ou émoussés nommés *blocs erratiques* (voyez le mot BLOCS). Il renferme encore une immense quantité de débris d'animaux perdus ou analogues à ceux de l'époque actuelle. Les mammifères y sont représentés par des pachydermes aujourd'hui inconnus à nos climats : les éléphants, *les* rhinocéros, les hippopotames ; puis par des ruminants: cerfs, daims, élans, bœufs, etc. ; des carnassiers nombreux : tigres, hyènes, ours, etc. ; enfin de grands édentés, dont les restes abondent dans les pampas de Buenos-Ayres, dans les cavernes du Brésil et que l'on a décrits sous les noms de *Megatherium, Megalonyx, Mylodon.* La Sibérie offre plusieurs de ces animaux, comme ceux de la dernière époque tertiaire, conservés entiers, chairs et squelette, dans les glaces séculaires de ces contrées (voyez FOSSILES).

DIMÈRES (Zoologie), du grec *dis*, deux, et *méros* partie. — Duméril a donné ce nom à un groupe de coléop-

tères qui paraissaient n'avoir que deux articles à tous les tarses. On a reconnu depuis que ces insectes en ont réellement trois dont un très-petit, et cette dénomination est devenue sans application.

DIMORPHISME (Chimie, Minéralogie), de *di* et *morphos*, forme. — On doit la découverte du dimorphisme à Haüy ; vers 1812, il reconnut que l'arragonite et le spath d'Islande cristallisent dans deux systèmes différents. Cependant, MM. Biot et Thenard avaient démontré l'identité de composition de ces deux substances, et lorsque Mitscherlich eut découvert deux systèmes de cristallisation différents dans un corps simple, le soufre, il ne fut plus possible de douter de ce fait : *que deux substances identiques par leur composition chimique et leurs propriétés chimiques peuvent cristalliser dans deux systèmes différents;* c'est ce qui constitue le dimorphisme.

Liste des principales substances dimorphes.

	PREMIER SYSTÈME CRISTALLIN.	DEUXIÈME SYSTÈME CRISTALLIN.
Soufre	(Octaédrique). Prisme rhomboïdal droit.	(Prismatique). Prisme oblique à base ronde.
Carbone	(Diamant). Système régulier.	(Graphite). Rhomboèdre.
Palladium	Idem.	Idem.
Iridium	Idem.	Idem.
Zinc	Système cubique.	Système rhomboédrique.
Etain	Cube.	Prisme droit à base carrée.
Acide titanique	(Rutile). Prisme droit à base carrée.	(Brookite). Prisme rhomboïdal droit.
Acide arsénieux	Octaèdres réguliers.	Prisme droit rhomboïdal.
Pyrite	(Pyrite jaune). Système régulier.	(Pyrite blanche). Prisme rhomboïdal droit.
Sulfure de cuivre	Système régulier.	Prisme rhomboïdal droit?
Sulfure d'argent	Idem.	Idem.
Protoxyde de plomb	Système régulier?	Prisme droit rhomboïdal?
Iodure de mercure	Prisme droit à base carrée.	Prisme droit à base rhombe.
Sesquioxyde de fer	Systèm . cubique.	Système rhomboédrique.
Cuivre oxydulé	Octaèdre régulier.	
Carbonate de chaux	(Spath d'Islande). Prisme hexagonal régulier.	(Arragonite) Prisme rhomboïdal droit.
Nitrate de potasse	Prisme hexagonal régulier.	Prisme rhomboïdal droit.
Nitrate de soude	Idem.	Idem.
Sulfate de potasse	Idem.	Prisme rhomboïdal droit.
Bisulfate de potasse		
Sulfate de nickel	Prisme droit à base carrée.	Prisme droit rhomboïdal.
Séléniate de zinc	Idem.	Idem.
Sulfotricarbonate de plomb	Prisme hexagonal régulier.	Prisme oblique à base rhombe.
Mésotypes	Prisme droit à base carrée.	Prisme rhomboïdal droit.
Micas	(A deux axes). Prisme rhomboïdal droit.	(A un axe). Prisme hexagonal régulier.
Grenat	(Grenat proprement dit). Système régulier.	(Idocrase). Prisme droit à base carrée.

M. Pasteur, en étudiant les substances dimorphes les mieux caractérisées, a reconnu que les deux formes sont très-voisines l'une de l'autre, soit par les éléments des cristaux primitifs, soit par les angles des faces qui les modifient : l'une appartient à un système cristallin, l'autre est à la limite d'un système voisin ; elle n'est, pour ainsi dire, que la première légèrement déformée. Ainsi le prisme oblique du soufre prismatique est presque droit et, par ses dimensions, à peu près égal au prisme droit du soufre octaédrique. Les facettes de chacun d'eux rentrent les unes dans les autres à de légères différences près dans les angles.

Des circonstances toutes physiques suffisent pour produire l'une ou l'autre de ces deux formes. Bien qu'on ne connaisse pas encore toutes celles qui peuvent influer, l'action de la chaleur est certaine : le soufre prismatique s'obtient par la fusion, le soufre octaédrique par la dissolution à froid : on peut de la même dissolution obtenir du carbonate de chaux rhomboédrique ou prismatique suivant qu'on opère à chaud ou à froid ; et lorsque l'une des formes est maintenue à la température qui convient à la production de la seconde forme, on la voit souvent passer à celle-ci en se désagrégeant et devenant opaque, comme cela a lieu pour le soufre, le carbonate de chaux, l'iodure de mercure.

L'existence de deux formes entraîne avec elle des différences dans certaines propriétés physiques : ainsi la couleur peut être différente : l'iodure de mercure prismatique à base carrée de rouge devient jaune en se transformant en prisme à base rhombe ; les propriétés optiques qui dépendent du système peuvent varier ; la densité est souvent différente (soufre, carbonate de chaux, acide titanique, diamant) ; la dureté change quelquefois (carbonate de chaux) ; dans le soufre, le point de fusion paraît varier ; la facilité à se dissoudre ou à se combiner

avec les corps d'une affinité faible peut même présenter des différences. En tout cas il en est de ces différences comme de celles du système cristallin, elles sont peu considérables (voyez le mémoire de Haüy *sur l'arragonite;* celui de M. Pasteur *sur le dimorphisme* dans les *Annales de chimie de physique,* 3ᵉ série, t. XXIII). Rᴅ.

DIMORPHOTHECA (Botanique), *Dimorphotheca,* Vail.; du grec *dis,* deux ; *morphé,* forme ; *théké,* boîte. — Genre de plantes *Dicotylédones gamopétales périgynes,* famille des *Composées,* tribu des *Sénécionidées,* sous-tribu des *Anthémidées,* établi par Vaillant pour des plantes herbacées ou des arbrisseaux du cap de Bonne-Espérance, à feuilles alternes plus ou moins rudes. Le *Souci pluvial* ou *Hygromètre (D. pluvialis,* Mœnch.) est une plante annuelle à feuilles lancéolées, à tige feuillue, qui donne, de juin à septembre, des fleurs blanches en dessus des rayons, violâtres en dessous ; celles du disque sont brunes. Son nom spécifique vient de ce que les rayons du capitule se replient à l'approche de la pluie.

DIMYAIRES (Zoologie), du grec *dis,* deux, et *myôn,* muscle. — Lamark a ainsi nommé les mollusques à coquilles bivalves présentant deux empreintes musculaires parce que, dans ce cas, l'animal est pourvu de deux muscles adducteurs des valves.

DINDON (Zoologie), *Meleagris,* Aldrovande; corruption par abréviation du mot *Coq d'Inde.* — Genre d'*Oiseaux* de l'ordre des *Gallinacés,* caractérisé comme il suit : taille élevée, bec médiocre et convexe; tête recouverte de caroncules ou d'une membrane charnue érectile et mamelonnée qui se prolonge sous la gorge, le long du cou et sur le front en un appendice conique qui pend parfois par-dessus le bec ; bouquet de soies sur la poitrine : les caroncules du bec et de la gorge, ainsi que les soies de la poitrine, sont peu développées chez la femelle ; il en est de même des ergots ; tarses assez longs ; queue a 14 rémiges dont les couvertures peuvent se redresser comme celles des paons, de manière à faire la roue. On en connaît deux espèces. La plus remarquable par ses couleurs, mais aussi la plus rare, est le *D. ocellé* (*M. ocellata*, Cuv.), de la baie de Honduras. Il a la taille du dindon vulgaire, et son plumage blanc et vert à reflets, sa queue à miroirs couleur de saphir et de rubis entourés de cercles d'or, l'ont fait comparer pour la beauté et même préférer au paon.

Le *D. ordinaire* (*M. gallo-pavo*, Cuv.), à l'état sauvage, est brun verdâtre à reflets cuivrés; il est haut d'environ 1ᵐ,30; son envergure est de plus de 2ᵐ,60 et son poids atteint jusqu'à 8, 10, et même 20 kil. (Bartam). Il

Fig. 790. — Dindon.

vit seulement dans les forêts de l'Amérique septentrionale par troupes de plusieurs centaines d'individus, les mâles séparés des femelles. Leur nourriture consiste en glands verts, en fruits sauvages et en insectes; ils perchent sur les arbres. Au mois de septembre, ils se rapprochent des lieux habités, et c'est à cette époque que leur chasse devient plus aisée et plus fructueuse. Mais si le dindon ne vole pas aisément, il se laisse difficilement surprendre par le chasseur et il court avec une telle rapidité qu'il fatigue le meilleur cheval. Le moment le plus favorable pour cette chasse est après le coucher du soleil, parce qu'alors ils sont perchés les uns près des autres, et qu'on peut les approcher et les tirer facilement. Lorsque l'un vient à tomber frappé par le chasseur, les autres ne se dérangent pas et on peut ainsi continuer la chasse jusqu'au dernier. Sa chair est aussi estimée que celle du faisan, et elle est assez commune aux États-Unis à cette époque de l'année.

Comme on le voit, le dindon est originaire de l'Amérique, que l'on nomma les Grandes-Indes ou Indes occidentales. Le nom de *poule d'Inde* qu'on donna d'abord au dindon fait croire à tort qu'il est originaire d'Asie, et son nom anglais *turquey* indique qu'une semblable erreur s'est établie chez nos voisins. Ce sont les jésuites qui l'importèrent en Espagne, puis en France vers l'an 1520. Le premier qui fut mangé parut au banquet des noces de Charles IX, en 1570. Sa couleur, à l'état domestique, varie du noir au blanc; mais cette dernière, lorsqu'elle est seule, indique une constitution faible. C'est d'ailleurs une précieuse conquête pour l'agriculture, car, bien qu'il soit moins beau, moins grand et de chair moins délicate qu'à l'état sauvage, il exige à l'état adulte une nourriture facile et peu recherchée; il se plaît mieux dans les endroits arides, comme la Sologne, où il peut vivre en liberté, que dans la fertile Normandie, où on le tient enfermé. La femelle, plus petite que le mâle, est une excellente couveuse, et cette qualité la rend précieuse dans les fermes; elle peut couver et faire éclore jusqu'à trente œufs de poule. Elle fait par an deux pontes de quinze à vingt œufs d'un blanc sale tachetés de points roux, et un peu plus

gros que ceux de la poule. La première ponte seule doit être gardée pour la production, car les jeunes dindons étant très-délicats exigent nécessairement après leur naissance de la chaleur, de l'ombre et de la sécheresse. On doit en prendre le plus grand soin pendant soixante jours environ: d'abord, on leur donne des jaunes d'œufs hachés, puis de la mie de pain, de la viande hachée ou de la farine d'orge et de pomme de terre; quinze jours après, on les conduit deux fois par jour aux champs en évitant avec le plus grand soin le grand soleil et l'humidité, enfin, au bout de deux mois, pendant que le rouge (les caroncules) leur pousse, on leur donne encore une pâtée aiguisée de sel ou de vin. Après quatre mois, ils peuvent être mangés. Les mâles doivent être tués avant deux ans, sinon leur chair est coriace et ils deviennent difficiles à garder dans les basses-cours. Alors on les *emboque* pour les engraisser, en les enfermant dans un endroit sec, chaud, obscur et isolé où on leur fait avaler, pendant quinze jours, de force de grosses boulettes de châtaignes, de farine ou de pois.　　　　　　　　　　　　　　　　　F. L.

DINEBA, Dᴉɴᴇʙʀᴀ (Botanique), *Dineba, Dinebra*, Pal. de Beauv. — Genre de plantes *Monocotylédones périspermées*, famille des *Graminées*, tribu des *Chloridées*, établi par Pallissot de Beauvois, et caractérisé par des épillets unilatéraux, biflores; une des fleurs hermaphrodite et sessile, l'autre stérile; 3 étamines; 2 styles. On en connaît plusieurs espèces dont quelques-unes sont cultivées en France.

DINOSAURIEN (Zoologie fossile). — Ordre de *Reptiles fossiles* établi par Owen et qui répond en partie à l'ordre des *Sauriens* de Cuvier. Owen l'avait divisé en trois genres : le *Mégalosaure*, l'*Hylæosaure*, l'*Iguanodon*.

DINOTHÉRIUM (Zoologie fossile). — Animal gigantesque, dont le classement dans l'ordre zoologique a été longtemps douteux et difficile à établir. Cuvier d'abord, qui n'avait eu à sa disposition que ses dents molaires et un radius mutilé, l'avait placé dans le genre *Tapir* sous le nom de *Tapir giganteus*. Mais plusieurs parties plus importantes découvertes depuis dans les sablières de Eppelsheim, duché de Hesse-Darmstadt (une mâchoire inférieure, des mâchoires entières, un crâne tout entier), avaient éclairé les zoologistes, et ils avaient généralement pensé que cet animal était un *Pachyderme* voisin des Hippopotames, lorsque M. Larlet découvrit dans le département de la Haute-Vienne une partie du squelette d'un dinothérium; les os longs sont d'une forme semblable à celle des éléphants. L'animal devait être d'une taille très-élevée; son tibia mesure 0ᵐ,67 de long, tandis que celui de l'éléphant est de 0ᵐ,54. La tête n'a pas moins de 1ᵐ,10 de l'extrémité de l'os de la trompe jusqu'aux condyles. La mâchoire inférieure est terminée par deux énormes défenses dirigées en bas (voyez la figure). Les dents molaires sont au nombre de 20. Aussi, aujourd'hui, presque tout le monde s'est rangé à

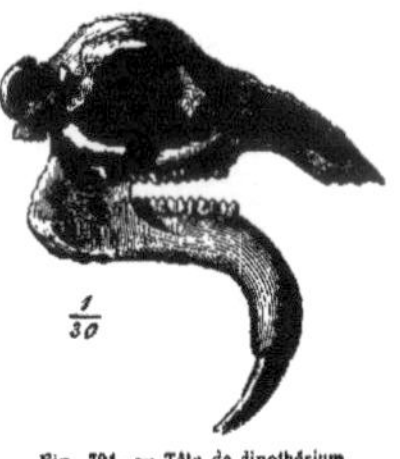

Fig. 791. — Tête de dinothérium.

l'opinion émise plus haut, et l'on considère le dinothérium comme un *Pachyderme* voisin des Mastodontes, des Hippopotames, des Éléphants et des Tapirs. Les différents débris de ces animaux ont été trouvés en Allemagne, en France, en Suisse, dans les terrains tertiaires moyens, dits *miocènes*, *faluniens*. M. Kaup en a établi plusieurs espèces : le *D. giganteum*, le *D. Cuvierii*, d'un tiers plus petit; le *D. medium*, etc.

DIOCLÉE (Botanique), *Dioclea*, Humb., Bonpl., et Kunth, du botaniste grec Dioclès Caristinus. — Genre de plantes *Dicotylédones dialypétales périgynes*, famille des *Papilionacées*, tribu des *Phaséolées*; caractérisé par un calice à 4 divisions dont une plus large; un étendard à bord membraneux et des ailes aussi longues que lui; carène plus courte; gousse oblongue, coriace. La *D. glycinoïde* (*D. glycinoïdes*, de Cand.) est un arbrisseau grimpant de la Nouvelle-Grenade dont les fleurs, disposées en grappes, sont d'un beau rouge écarlate, avec une tache blanche à la base de l'étendard. Cette plante se cultive en serre tempérée pour l'ornement.

DIOCTRIE (Zoologie), *Dioctria*, Meig. — Genre d'*Insectes*, ordre des *Diptères*, famille des *Tanystomes*, tribu des *Asiliques;* caractérisé par les antennes une fois plus longues que la tête, portées sur un pédoncule commun, le premier article plus long que le suivant. La *D. œlandique* (*D. œlandica*, Meig.), longue d'environ 0m,014, est noire, lisse, luisante, les pieds et les balanciers fauves, les ailes noires. Cette jolie petite espèce se trouve dans les bois humides.

DIODIE (Botanique), *Diodia*, Lin. ; du grec *diodeia*, passage, parce qu'elle croît le long des chemins. — Genre de plantes *Dicotylédones gamopétales périgynes*, famille des *Rubiacées*, tribu des *Spermacocées*. Ce sont des sous-arbrisseaux du nouveau monde à feuilles opposées ou verticillées, à fleurs axillaires et solitaires. La *D. de Virginie* (*D. Virginica*, Lin.), qui croît dans l'Amérique centrale, a une tige rameuse, couchée, rougeâtre, longue de 0m,30. Ses fleurs sont blanches, presque sessiles, opposées et solitaires.

DIODON (Zoologie), *Diodon*, Cuv.; du grec *dis*, deux, et *odous*, dent. — Genre de *Poissons osseux*, de l'ordre des *Plectognathes*, famille des *Gymnodontes*. Ils ont le corps couvert de piquants longs, forts et mobiles, analogues à ceux du porc-épic et du hérisson, ce qui leur a valu le nom d'*Orbes épineux*. Leur mâchoire indivise ne présente qu'une pièce en haut et une en bas. Le *D. atinga*, Bloch., à peu près orbiculaire, a 0m,35 de diamètre, il se nourrit de mollusques dont il brise les coquilles avec ses fortes mâchoires, et se tient pour les trouver près des côtes. Il est pourtant assez difficile de le prendre à cause de ses piquants, et sa chair n'est d'ailleurs pas mangeable. Il a la singulière propriété de se gonfler considérablement quand il est amené à terre.

DIŒCIE (Botanique), du grec *dis*, double, et *oïkos*, logis. — Nom que Linné a donné à la vingt-deuxième classe de son système sexuel renfermant les végétaux dioïques (voyez ce mot). Cette classe est divisée en quatorze ordres caractérisés spécialement par le nombre et la soudure des étamines : 1° *Monandrie* (Vaquois); 2° *Diandrie* (Vallisnérie, Cécropie, Saule); 3° *Triandrie* (Dattier); 4° *Tétrandrie* (Gui, Cirier); 5° *Pentandrie* (Pistachier, Épinard, Houblon, Chanvre); 6° *Hexandrie* (Salsepareille, Igname); 8° *Octandrie* (Peuplier); 9° *Ennéandrie* (Mercuriale, Hydrocharide); 10° *Décandrie* (Carica, Coriaria); 11° *Icosandrie* (Flacurtie); 12° *Polyandrie* (Cliffortie); 13° *Monadelphie* (Genévrier, If, Adélie, Népenthès); 14° *Gynandrie* (Clutie).

DIOIQUES (Botanique), même étymologie que *Diœcie*. — On nomme ainsi les plantes à fleurs unisexuées dont chaque espèce porte ses fleurs à étamines (staminées) sur un pied distinct et ses fleurs à pistils (pistillées) sur un autre; telles sont le chanvre, les ignames, le houblon, etc.

DIOMEDEA (Zoologie). — Les anciens désignaient sous ce nom certains oiseaux de l'île de Diomède, près de Tarente, que l'on disait accueillir les Grecs et se jeter sur les Barbares. Linné et Latham ont appelé Diomedea le genre *Albatros;* Gesner avait auparavant appliqué ce nom au *Pétrel Puffin.*

DIONÉE (Botanique), *Dionæa*, Ellis; du grec *Dionè*, Vénus. — Nom scientifique d'un genre de plantes connu vulgairement sous le nom d'*Attrape-mouche.*

DIOPSIS (Zoologie), *Diopsis*, Lin.; du grec *dis*, deux; *ôps*, regard. — Genre d'*Insectes* de l'ordre des *Diptères*, famille des *Athéricères*, tribu des *Muscides;* caractérisé par les antennes à palettes insérées au-dessous de deux prolongements latéraux de la tête, grêles, cylindriques, à l'extrémité desquels sont les yeux, ce qui leur a fait donner le nom de *Mouches à lunettes*. Le *D. ichneumoné* (*D. ichneumonea*, Dalh.), long d'0m,011 à 0m,012, a le corps allongé, la tête fauve, le corselet noir, l'abdomen fauve, les pattes jaunes. De Guinée.

DIOPTRIQUE (Physique), du grec *dia*, au travers, *optomai*, voir. — Branche de la physique dont l'objet est l'étude des lois que suit la lumière en traversant les corps diaphanes (voyez LUMIÈRE, RÉFRACTION).

DIORAMA (Physique). — Spectacle qui consiste en tableaux où l'on reproduit, par le jeu de la lumière, les effets les plus variés de jour et de nuit. Le diorama a été inventé, en 1822, par MM. Daguerre et Bouton. Les tableaux les plus remarqués étaient la *messe de minuit*, *l'éboulement dans la vallée de Goldau*. Aux effets de jour et de nuit étaient jointes des décompositions de formes, au moyen desquelles, dans la *messe de minuit*, par exemple, des figures apparaissaient où l'on venait de voir des chaises, ou bien, dans la *vallée de Goldau*, des rochers éboulés remplaçaient l'aspect de la riante vallée. Les toiles sont transparentes, d'assez grandes dimensions, tendues sur un plan vertical, éloignées du spectateur de 15 à 20 mètres, isolées de tout objet qui puisse servir de terme de comparaison et disposées de telle sorte que les bords ne puissent être aperçus. Voici, d'après Daguerre lui-même, les procédés de peinture et d'éclairage qu'il a inventés et appliqués aux tableaux du diorama.

Procédé de peinture. — Comme la toile doit être peinte des deux côtés et éclairée par réflexion et par réfraction, il faut employer un corps très-transparent et d'un tissu aussi égal que possible. On peut prendre de la percale ou du calicot. L'étoffe doit être d'une grande largeur pour qu'il y ait très-peu de coutures qui sont toujours difficiles à dissimuler, surtout dans les grandes lumières du tableau. Lorsque la toile est tendue, on lui donne de chaque côté au moins deux couches de colle de parchemin.

Le premier effet (effet de jour), qui doit être le plus clair des deux, s'exécute sur le *devant de la toile*. On fait d'abord le trait avec de la mine de plomb, en ayant soin de ne pas salir la toile dont la blancheur est la seule ressource que l'on ait pour les lumières du tableau. Les couleurs dont on se sert sont broyées à l'huile, mais employées sur la toile avec de l'essence, à laquelle on ajoute quelquefois un peu d'huile grasse, seulement pour les vigueurs que l'on peut, du reste, vernir sans inconvénient. Les moyens employés pour cette peinture sont ceux de l'aquarelle, avec cette seule différence que les couleurs sont broyées à l'huile au lieu de gomme, et étendues avec de l'essence au lieu d'eau. On ne peut employer ni blanc, ni aucune couleur opaque quelconque par épaisseurs, parce qu'elles feraient, dans le second effet, des taches plus ou moins teintées, suivant leur plus ou moins d'opacité. Il faut tâcher d'accuser les vigueurs au premier coup, afin de détruire le moins possible la transparence de la toile.

Le second effet (effet de nuit) se *peint derrière la toile*. Pendant qu'on l'exécute, on ne doit avoir d'autre lumière que celle qui arrive du devant du tableau en traversant la toile. De cette manière, on aperçoit en transparent les formes du premier effet, lesquelles doivent être conservées ou annulées.

On glace d'abord sur toute la surface de la toile une couche d'un blanc transparent, tel que le blanc de Clichy, broyé à l'huile et détrempé à l'essence. On efface les traits de la brosse au moyen d'un blaireau. Avec cette couche, on peut dissimuler un peu les coutures, en ayant soin de la mettre plus légère sur les lisières dont la transparence est toujours moindre que celle du reste de la toile. Lorsque cette couche est sèche, on trace les changements que l'on veut faire au premier effet. Dans l'exécution de ce second effet, on ne s'occupe que du modelé en blanc et noir sans s'inquiéter des couleurs du premier tableau qui s'aperçoivent en transparent; le modelé s'obtient au moyen d'une teinte dont le blanc est la base et dans laquelle on met une petite quantité de noir de pêche pour obtenir un gris dont on détermine le degré d'intensité en l'appliquant sur la couche de derrière et en regardant par devant pour s'assurer qu'elle ne s'aperçoit pas. On obtient alors la dégradation des teintes par le plus ou moins d'opacité de cette teinte.

Il arrivera que les ombres du premier effet viendront gêner l'exécution du second. Pour remédier à cet inconvénient et pour dissimuler ces ombres, on peut en raccorder la valeur au moyen de la teinte employée plus ou moins épaisse, selon le plus ou moins de vigueur des ombres que l'on veut détruire.

Il est nécessaire de pousser ce second effet à la plus grande vigueur, parce que l'on peut avoir besoin de clairs à l'endroit où se trouvent des vigueurs dans le premier. Lorsqu'on a modelé cette peinture avec cette différence d'opacité de teinte et qu'on a obtenu l'effet désiré, on peut alors la colorer en se servant des couleurs les plus transparentes broyées à l'huile. C'est encore une aquarelle qu'il faut faire; mais il faut employer moins d'essence dans ces glacis, qui ne deviennent puissants qu'autant qu'on y revient à plusieurs reprises et qu'on emploie plus d'huile grasse. Pour les colorations très-légères, l'essence seule suffit pour étendre les couleurs.

Éclairage. — L'effet peint sur le devant de la toile est éclairé par réflexion, c'est-à-dire seulement par la lumière qui vient de devant; l'autre effet reçoit sa lumière par réfraction, c'est-à-dire par derrière seulement. On peut, dans l'un et l'autre effet, employer à la fois les deux lumières pour modifier certaines parties du tableau. La lumière qui éclaire le tableau par devant doit autant que possible venir d'en haut ; celle qui vient par derrière doit arriver par des croisées verticales qui doivent évidemment être tout à fait fermées quand on voit le premier tableau seulement.

S'il arrivait qu'on eût besoin de modifier un endroit du premier effet par la lumière de derrière, il faudrait que cette lumière fût encadrée de manière à ne frapper que sur ce point seulement. Les croisées doivent être éloignées du tableau de 2 mètres au moins, afin de pouvoir modifier à volonté la lumière en la faisant passer par des milieux colorés, suivant les exigences de l'effet ; on emploie le même moyen pour le tableau du devant.

Quoique dans les tableaux de diorama il n'y eût effectivement de points que deux effets, l'un de jour peint par devant, et l'autre de nuit peint par derrière, cependant, ces effets, ne passant de l'un à l'autre que par une combinaison compliquée des milieux que la lumière avait à traverser, donnaient une foule d'autres effets semblables à ceux que présente la nature dans ses transitions du matin au soir, du soir au matin ; une faible nuance dans le milieu que traverse la lumière suffit souvent pour opérer beaucoup de changement dans la couleur, qui résulte, comme on le sait, de la décomposition de la lumière à la surface des corps, d'après l'arrangement de leurs molécules. L.

DIORITE (Minéralogie). — Roche composée formée de deux éléments, l'*amphibole hornablende* et le *feldspath albite*. La structure de cette roche est granitoïde, et par son aspect elle se rapproche de la syénite. L'albite, qui est le feldspath le plus commun dans les diorites, est fréquemment en cristaux maclés : l'amphibole y est souvent aussi en cristaux volumineux qui, dans les diorites de l'Oural, offrent cette circonstance singulière de posséder le clivage de l'amphibole avec la forme extérieure du pyroxène. Les diorites renferment accidentellement du mica, des grenats, des émeraudes, des pyrites et du fer oxydulé : ce dernier minéral y est surtout très-fréquent. On appelle *porphyres dioritiques* ou *diorites porphyroïdes* des roches formées d'une pâte compacte verdâtre, avec cristaux d'amphibole et d'albite disséminés ; la pâte est essentiellement feldspathique. On les rencontre dans les Pyrénées. Le *granite orbiculaire* de Corse appartient aussi aux diorites : il doit son nom à des masses cristallines arrondies qui forment des noyaux au milieu de la roche et lui donnent, lorsqu'elle est polie, un aspect assez remarquable. Lorsque les cristaux d'albite, devenant moins nombreux, finissent par disparaître, les diorites passent aux amphibolites, roches assez rares d'ailleurs, formées de cristaux allongés d'amphibole accolés longitudinalement. Cette disposition donne à la roche une structure schisteuse. Ces schistes amphiboliques paraissent contenir, en outre, un autre élément associé à l'amphibole : c'est la chlorite. Lev.

DIOSCORÉES, Dioscoréacées. — Famille de plantes *Monocotylédones périspermées*, classe des *Lirioïdées*, établie par Robert Brown pour quelques genres rangés par A. L. de Jussieu dans sa famille des *Asparagacées*. Caractères : fleurs ordinairement dioïques ; périanthe divisé en 6 lobes ; 6 étamines insérées à divers niveaux sur le périanthe ou 3 seulement par suite d'avortement ; ovaire infère, triangulaire, à 3 loges biovulées ; fruit : capsule, samare ou baie. Les plantes de cette famille sont des herbes vivaces ou des sous-arbrisseaux grimpants, à rhizome charnu. Leurs feuilles ont les nervures digitées et sont fréquemment parsemées de petits points glanduleux. Les Dioscorées habitent presque exclusivement les régions chaudes de l'hémisphère austral. Leurs usages sont très-importants pour l'alimentation. C'est dans cette famille que se trouvent les ignames dont le rhizome féculent fournit un aliment fort utile. Genres principaux : *Igname (Dioscorea*, Lin.), *Testudinaria, Tamier.*

DIOSMA (Botanique), *Diosma*, Berg. ; du grec *dios*, divin, et *osmè*, odeur. — Genre de plantes type de la famille des *Diosmées* (voyez ce mot). Caractères : 5 sépales ; 5 pétales ; 5 étamines incluses ; disque glanduleux à 5 lobes ; 5 carpelles biovulés ; capsule à 5 coques. Les espèces de ce genre sont des arbustes à feuilles persistantes et habitent le cap de Bonne-Espérance. Le *D. à feuilles denticulées* (*D. serratifolia*, Vent.) et le *D. crénelé* (*D. crenata*, Lin.) sont des arbrisseaux à fleurs blanches, répandant une odeur très-pénétrante. Les Hottentots les emploient dans la préparation d'une pommade avec laquelle ils se frottent le corps. D'autres espèces répandent une odeur tellement désagréable qu'on est obligé de les exclure des serres.

DIOSMÉES (Botanique). — Famille de plantes *Dicotylédones dialypétales hypogynes*, classe des *Térébenthinées* ; voisine de celle des Rutacées, mais dont les membranes des loges du fruit se séparent du surcocarpe charnu. Les Diosmées sont des herbes et des arbrisseaux des régions intertropicales de l'hémisphère austral. La plupart renferment un principe amer et une huile essentielle. Genres principaux : *Fraxinelle, Diosma, Correa, Lemonia*, etc.

DIOSPYROIDÉES (Botanique), du grec *dios*, divin, et *pyros*, grain. — Groupe de plantes qui forme la vingt-neuvième classe des végétaux dans la méthode de M. Ad. Brongniart, caractérisée ainsi par l'illustre botaniste : corolle régulière à préfloraison contournée ou imbriquée ; étamines en nombre multiple des pétales ou égales et alternes ; ovaire à carpelles soudés, en nombre égal aux divisions de la corolle, rarement moindre, uni ovulés ou bi ovulés ; fruit : drupe à plusieurs nucules libres ou soudées. Périsperme charnu ou nul. Les principales familles de cette classe sont les *Ébénacées*, les *Oléinées*, les *Ilicinées*, les *Empétrées*, les *Sapotées*, les *Styracées*, les *Napoléonées*.

DIOSPYROS (Botanique), *Diospyros*, Dalech. ; du grec *Dios*, Jupiter, et *pyros*, blé. — Genre de plantes de la famille des *Ébénacées*, dont les espèces sont connues sous le nom vulgaire de *Plaqueminier* (voyez ce mot).

DIOTIS (Botanique), *Diotis*, Desf. ; du grec *dis*, deux, et *ôtion*, petite oreille ; allusion aux deux oreillettes du tube de la corolle. — Genre de plantes *Dicotylédones gamopétales périgynes*, famille des *Composées*, tribu des *Sénécionidées*, sous-tribu des *Anthémidées ;* ne contenant qu'une seule espèce détachée par Desfontaine des Santolines, pour en former le genre dont il est question ici, et qui se distingue par un calice hémisphérique, un réceptacle commun soutenant un grand nombre de fleurons hermaphrodites. La *D. candide*, D. cotonneuse (*D. candidissima*, Desf.) est une plante vivace, à feuilles nombreuses sessiles, à capitules sub globuleux en corymbe; fleurs jaunes. Elle se trouve sur les côtes des mers de l'Europe, dans les sables maritimes.

DIPHTHÉRITE (Médecine), du grec *diphthera*, peau. — Dans ces derniers temps, on a donné ce nom à un genre de maladie qui a pour caractère la formation de fausses membranes à la surface des membranes muqueuses et même de la peau lorsque celle-ci vient à être dénudée. Mais on la rencontre plus particulièrement dans la bouche, le pharynx et les voies aériennes ; dans ces différents cas, elle constitue la *stomatite pultacée*, *l'angine couenneuse*, le *croup*.

DIPHYE (Zoologie). *Diphya*, Cuv. ; du grec *diphyès*, double. — Genre de *Zoophytes*, de la classe des *Acalèphes*, famille des *Hydrostatiques*. Ces animaux singuliers, d'une transparence comparable à celle du cristal, sont composés de deux individus gélatineux de forme pyramidale, emboîtés l'un dans l'autre et unis par une sorte de chapelet né du fond de la cavité de l'emboîtant et qui s'engage dans un demi-canal de l'emboîté. Quand on sépare ces deux individus, aucun d'eux ne meurt pour cela. Ces êtres si simples se trouvent dans les mers des contrées chaudes et tempérées.

DIPHYLLIDE (Zoologie), *Diphyllidia*, Cuv. ; du grec *dis*, deux, et *phyllon*, feuille. — Genre de *Mollusques*, ordre des *Inférobranches*, séparé par Cuvier des *Phyllidies*, dont ils se distinguent par le manteau plus pointu en arrière, recouvrant un pied large sur lequel rampe l'animal qui vit enfoncé à peu de profondeur dans la vase ou dans le sable. On n'en connaît guère que deux espèces qui sont de la Méditerranée.

DIPLACUS (Botanique), *Diplacus*, Nutt. — Genre de plantes *Dicotylédones gamopétales hypogynes*, famille des *Scrophularinées*, tribu des *Gratiolées*, établi par Nuttal. Ce sont des plantes à feuilles opposées, sessiles, ordinairement visqueuses, à fleurs rouges ou jaunes. Le *D. visqueux* (*D. glutinosus*, Nutt.) est un arbrisseau à feuilles oblongues, dentées, visqueuses, ainsi que les fleurs qui s'épanouissent de juin à octobre ; elles sont grandes, solitaires, jaune orangé, un peu odorantes. Le *D. pourpre* (*D. puniceus*, Don) a les fleurs plus longues et d'un pourpre foncé. Il y en a encore plusieurs autres espèces et même des variétés. Originaire du Mexique.

DIPLADENIA (Botanique), *Dipladenia*, de Cand. — Genre de plantes *Dicotylédones gamopétales hypogynes*, de la famille des *Apocynées*, tribu des *Échitées*, dont plusieurs espèces, toutes de l'Amérique australe, sont cultivées dans nos serres. La *D. rose des champs* a sa tige garnie de grandes feuilles opposées, ovales, comme veloutées ; elle donne en été de charmants bouquets termi naux de fleurs roses, grandes et marquées d'une bande de carmin. La *D. remarquable*, la *D. à tige noueuse*, la *D. pourpre noir* et plusieurs autres donnent également en serre chaude des fleurs d'un très-joli effet.

DIPLOE (Anatomie), du grec *diploos*, double. — Les anciens désignaient sous ce nom collectif les deux lames de tissu compacte qui entrent dans la composition des os du crâne : cependant Hippocrate avait déjà dit, en parlant des plaies de tête, que les deux lames du crâne communiquent entre elles par le diploë, espèce de substance spongieuse. C'est dans ce dernier sens qu'on entend aujourd'hui ce mot. Ce tissu a la plus grande ressemblance avec le tissu spongieux de l'extrémité des os longs, seulement les lamelles dont il est formé sont plus larges. Du reste, il est plus abondant à la circonférence qu'au centre des os, de telle sorte que quelquefois les deux lames compactes sont immédiatement en contact.

DIPLOPIE (Médecine), du grec *diploos*, double, et *ôps*, regard. — On appelle ainsi un certain trouble de la vue dans lequel les objets paraissent doubles ; cet état tient en général au défaut de parallélisme dans les deux axes visuels, déterminé soit parce que les impressions transmises par les deux yeux au cerveau sont inégales, soit parce que cet organe, par suite d'un dérangement fonctionnel, perçoit ces sensations inégalement. La diplopie est souvent causée par le strabisme commençant ; elle peut être sous la dépendance d'une maladie aiguë du cerveau. Quelquefois elle est produite par un coup, l'exposition à une lumière trop vive ; on la voit aussi survenir après l'usage de certains narcotiques, la belladone, par exemple. On l'a vue aussi précéder l'amaurose. Le traitement de cette affection n'a rien de spécial et rentre, en général, dans celui des maladies auxquelles elle est subordonnée.

DIPLOPTÈRES (Zoologie), du grec *diploos*, double, et *ptéron*, aile. — Famille d'*Insectes*, de l'ordre des *Hyménoptères*, section des *Porte-aiguillon*, dont les ailes supérieures sont doublées dans leur longueur. Leurs pieds sont impropres à recueillir le pollen et leurs antennes coudées et grossies au bout. Cette famille se partage en deux tribus, les *Masarides* et les *Guépiaires*.

DIPLOSTOME (Zoologie), *Diplostoma*, Raffinesq. ; du grec *diploos*, double, et *stoma*, bouche. — Genre de *Mammifères*, de l'ordre des *Rongeurs*, établi par Raffinesque, très-voisin des Géomys ; ils en ont tous les caractères ; excepté qu'ils manquent absolument de queue ; ils sont bas sur jambe, d'un gris roussâtre. Ils habitent l'Amérique septentrionale. L'espèce signalée par Cuvier (*Règne animal*) avait cinq doigts à tous les pieds comme les géomys. Raffinesque ne leur donne que quatre doigts à chaque pied.

DIPODÉS (Zoologie). — Nom donné par Blainville à un groupe de *Poissons* qui n'ont que des nageoires ventrales ou pectorales ; ils appartiennent à plusieurs ordres de la méthode de Cuvier.

On a aussi donné le nom de *Dipodes* (à deux pieds) aux *Reptiles sauriens* qui n'ont que les deux membres postérieurs : ce sont les *Bipèdes* de Lacépède.

DIPSACÉES (Botanique). — Famille de plantes *Dicotylédones gamopétales périgynes*, classe des *Lonicérinées* ; établie par Jussieu et ayant pour type le genre *Cardère* (*Dipsacus*). Caractères : fleurs hermaphrodites accompagnées d'un calice et réunies en glomérules sur un réceptacle commun ; 4 étamines à anthères distinctes ; style simple ; ovaire infère ; fruit sec, indéhiscent. Les plantes de cette famille sont ordinairement des herbes à feuilles non stipulées, opposées, plus rarement verticillées (voyez p. 383 la figure de la Cardère à foulon), à fleurs ramassées en épis épais ou en capitules entourés d'un involucre commun, qui souvent simulent ainsi une fleur composée. Les dipsacées habitent principalement les régions tempérées de l'ancien continent. Genres principaux : *Morina*, *Cardère*, *Scabieuse*.

DIPSACUS (Botanique). — Voyez CARDÈRE.

DIPSAS (Zoologie), du grec *dipsa*, soif. — Genres de *Reptiles*, ordre des *Ophidiens*, famille des *Vrais Serpents*, grand genre des *Couleuvres* rangé par Schlegel dans son groupe des *Couleuvres d'arbres* ; les Dipsas sont propres aux régions équinoxiales ; de forme grêle et allongée, ils vivent sur les arbres et poursuivent leur proie de branche en branche. Les anciens croyaient que la morsure de ce serpent était dangereuse et faisait mourir ceux qui en étaient atteints, au milieu des angoisses d'une soif ardente. Mais on a reconnu qu'il n'est point venimeux. Les espèces de l'Asie et de Java atteignent parfois 2 mètres de long. Le *D. indica*, Cuv., est noir annelé de blanc.

DIPTERYX (Botanique). — Voyez COUMAROU.

DIPTÈRES (Zoologie), du grec *dis*, deux, et *pteron*, aile. — Ordre d'*Insectes* n'ayant que deux ailes et six pieds. Leur bouche est constituée pour la succion, et ils ont, en outre, des appareils particuliers nommés *balanciers* et plusieurs espèces sont pourvues de *cuillerons*, placés sous les ailes. On comprend dans cet ordre les petits insectes vulgaires, tels que mouches, cousins, moucherons, etc. Les autres caractères généraux des diptères sont : tête globuleuse ou hémisphérique portée sur un pédicule court et mince ; leur bouche est pourvue d'un *suçoir*, dont les différentes parties servent, les unes à percer les enveloppes des tissus qui contiennent les liqueurs dont ils se nourrissent, les autres à en opérer la succion. Le nombre des yeux lisses, lorsqu'il y en a, est toujours de trois.

Les *ailes* sont oblongues, membraneuses et diaphanes. Les *cuillerons* sont de petites coquilles nacrées situées sous les ailes et s'ouvrant lorsque celles-ci s'écartent ; mais dont l'usage est inconnu. Les *balanciers* sont des organes vibratiles situés plus en arrière et qui ont paru à quelques naturalistes destinés à faire contre-poids aux ailes. Le rôle des diptères est de hâter la décomposition des substances animales. Linné dit à ce sujet que trois mouches consomment le cadavre d'un cheval aussi vite qu'un lion. Les diptères, en effet, déposent dans la viande leurs larves

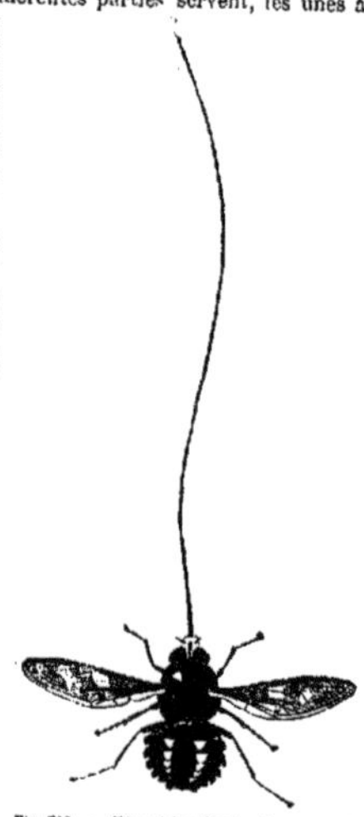

Fig. 792. — Némestrine longirostre exemple de diptère.

en quantité prodigieuse ; celles-ci, d'abord molles et apodes se nourrissent aux dépens de la matière qui les renferme. Enfin, ces insectes font la principale nourriture de la majorité des oiseaux. On divise cet ordre en six familles : les *Némocères*, les *Tanystomes*, les *Tabaniens*, les *Notacanthes*, les *Athéricères* et les *Pupipares*.

DIRCA (Botanique), *Dirca*, Lin. — Genre de plantes *Dicotylédones dialypétales périgynes*, famille des *Thymélées*, établi par Linné pour un arbrisseau que l'on trouve dans les marais du nord de l'Amérique, le *D. des marais*, Bois de cuir, Bois de plomb (par dérision) *des Canadiens* (*D. palustris*, Lin.) ; il atteint rarement au delà de 2 mètres. Les feuilles sont alternes ; le bois mou, léger, très-souple ; les fleurs qui précèdent les feuilles sont jaunâtres, pendantes, en cornets ; corolle tubuleuse, monopétale. Cultivée en Europe, en terre toujours humide. Son écorce sert à faire des cordes et des paniers.

DIRECTRICE (Géométrie). — Ligne suivant le contour de laquelle se meut une ligne droite appelée *génératrice* qui décrit une surface cylindrique ou conique (voyez SURFACES, ELLIPSE, HYPERBOLE, PARABOLE).

DISCHIDIE (Botanique), *Dischidia*, Robert Brown ; du grec *dis*, deux fois, et *schizo*, je fends. — Genre de plantes *Dicotylédones gamopétales hypogynes*, famille des *Asclépiadées*, tribu des *Pergulariées*. Il comprend des herbes ou des sous-arbrisseaux à tiges géniculées, à feuilles opposées charnues, à fleurs petites, blanches, en ombelles. La *D. du Bengale* (*D. Bengalensis*, Coleb.) est une herbe grimpante à feuilles elliptiques atténuées à la base en pétiole. Cette espèce est une plante d'amateur et de peu d'effet dans l'ornement. D'autres espèces de ce genre croissent dans les Moluques et l'Australie.

DISCHIRIE (Zoologie), *Dischirius*, Bonel. ; du grec *dis*, deux ; *cheiros*, main. — Genre d'*Insectes*, ordre des *Coléoptères*, famille des *Carnassiers*, tribu des *Carabiques*, établi par Bonelli pour classer les Scarites de Fabricius, dont les jambes antérieures n'ont pas de dents au côté extérieur, mais se terminent par deux pointes fort longues. Le *Scarite bossu* (*D. gibbus*, Bon.; *Scarites gibbus*, Fab.) se trouve aux environs de Paris (voyez Scarite).

DISCOBOLES (Zoologie), *Discoboli*, Cuv. — Famille de *Poissons*, ordre des *Malacoptérygiens subbrachiens*, caractérisée par la forme des nageoires ventrales, qui sont unies et arrondies en disque. Ils se fixent avec ce disque aux rochers ou sur la vase d'autant plus aisément que leur corps est couvert d'une substance visqueuse.

Cette famille comprend les genres *Porte-écuelle* (*Lepadogaster*, Gouan), *Cycloptère* (*Cyclopterus*, Lin.), et *Echénéide* (*Echenis*). Elle correspond aux *Plécoptères* de Duméril.

DISCRET (Médecine). — On dit qu'une petite vérole est *discrète* lorsque les boutons ou pustules sont tellement séparés qu'ils laissent entre eux des intervalles libres. La maladie, dans ce cas, est ordinairement bénigne et parcourt ses différentes périodes avec régularité. Cette nuance est ainsi nommée par opposition à la variole dite *confluente*, dans laquelle les boutons sont tellement multipliés qu'ils se confondent sans laisser d'espace entre eux. La variole discrète offre en général beaucoup moins de gravité que l'autre.

DISCUSSIF (Matière médicale), du latin *discutiens*, qui chasse. — Cette épithète s'applique à certains moyens que l'on applique extérieurement pour dissiper des tumeurs, des engorgements de diverses natures, ou s'opposer à leur développement lorsque les résolutifs ordinaires sont jugés avoir trop peu d'action; leur manière d'agir est bien plus puissante que celle de ces derniers. Les eaux distillées spiritueuses, l'ammoniaque, l'iode, la teinture de cantharides, et en général les toniques et les excitants sont des moyens discussifs.

DISÉPALE (Botanique). — On désigne par cette épithète le calice composé de deux pièces ou *sépales*; ainsi on dira que dans le pavot, dans la balsamine le calice est *disépale*.

DISETTE (Botanique agricole). — Nom d'une variété de *Betterave*. (Voyez ce mot.)

DISHLEY (Race de) (Agriculture). — Voyez Races ovines.

DISPENSAIRE (Matière médicale). — Ce mot sert à désigner le plus souvent les ouvrages qui traitent de la préparation, de la composition des substances médicamenteuses qui doivent exister dans les officines, aussi bien que des doses auxquelles elles doivent être prescrites par les médecins. On leur a encore donné le nom de *codex*, *formulaires*, etc. Chaque pays doit avoir son dispensaire, son codex, sa pharmacopée en rapport avec le climat, les productions, l'alimentation, les maladies régnantes, les habitudes, etc. Ainsi il y a les pharmacopées de Londres, de Vienne, de Berlin comme il y a le codex de Paris, rédigé par la Faculté de médecine de Paris et qui doit être revisé de temps en temps pour être mis au courant de la science.

DISPENSAIRE (Médecine). — On a encore donné ce nom à un établissement créé par la société philanthropique de Paris pour donner des soins aux malades qui, pouvant pourvoir chez eux à quelques-unes des dépenses de la maladie, répugnent à entrer dans les hôpitaux, où, du reste, ils tiendraient la place de gens beaucoup plus nécessiteux. Chaque souscripteur de la Société philanthropique qui veut faire donner des secours à un malade lui remet sa carte, avec une lettre écrite de sa main et adressée à l'agent du dispensaire de son quartier; au moyen de cette carte, le malade reçoit gratuitement les soins du médecin, les médicaments du pharmacien jusqu'à sa guérison, après laquelle il rapporte sa carte à la personne qui la lui a donnée. Plusieurs villes, à l'instar de Paris, ont aussi établi des dispensaires.

DISPERME (Botanique), du grec *dis*, deux fois, et *sperma*, graine. — On donne ordinairement ce nom à un fruit, une loge qui renferme deux graines; la baie de l'épine-vinette est dans ce cas.

DISPERSION (Physique). — On donne ce nom à la dilatation qu'éprouve un faisceau de rayons lumineux lorsqu'il vient à traverser un prisme.

Si l'on pratique sur la paroi d'une chambre obscure une petite ouverture par laquelle on fasse pénétrer la lumière solaire, il se formera sur un écran convenablement placé une image circulaire du soleil. Si l'on interpose alors sur le trajet du faisceau solaire, un prisme en verre, ABC, le faisceau SD se dévie suivant DE et vient former en un autre point de l'écran, une image

allongée VR dans laquelle on observe des couleurs se succédant dans l'ordre suivant.

Violet, indigo, bleu, vert, jaune, orangé, rouge. Le violet occupe d'ailleurs la position de l'image qui correspond à la plus forte déviation. L'image oblongue que

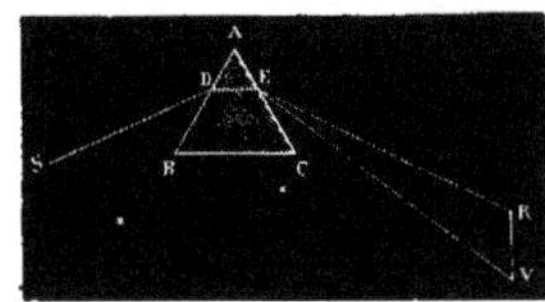

Fig. 793. — Spectre solaire.

l'on obtient dans cette expérience porte le nom de *spectre solaire*.

La formation du spectre indique évidemment que les rayons lumineux qui constituent le faisceau solaire, sont inégalement réfrangibles, et que la réfrangibilité va en décroissant des rayons violets où elle est maxima, aux rayons rouges où elle est le plus petite possible.

Il est facile d'ailleurs de reconnaître par des expériences très-simples que la réfrangibilité et la couleur sont deux propriétés absolument corrélatives, de sorte qu'à telle couleur correspond nécessairement telle réfrangibilité et *vice versâ*.

On dispose sur un tableau noir trois petites bandes horizontales et très-étroites, l'une blanche, l'autre rouge et la troisième bleue. On les regarde ensuite avec un prisme dont les arêtes sont horizontales, et on aperçoit ainsi trois images, toutes les trois déviées, mais toutes les trois aussi verticalement élargies dans le sens perpendiculaire aux arêtes du prisme. Dans l'image provenant de la bande blanche, on observe les mêmes couleurs et dans le même ordre que celles qui constituent le spectre solaire; dans les deux autres on voit aussi généralement quelques-unes de ces couleurs, seulement le rouge domine dans la première et le bleu dans la seconde. Mais ce qui est important à remarquer, c'est que le bleu et le rouge se trouvent inégalement déviés, et l'un et l'autre à la même hauteur que les couleurs correspondantes dans l'image de la bande blanche. On tire de là la conséquence que le bleu et le rouge sont des couleurs inégalement réfrangibles, qu'il en serait de même des autres couleurs du spectre, et que c'est à cette inégale réfrangibilité qu'est due la dispersion d'un faisceau de lumière qui passe à travers un prisme.

On est donc conduit à admettre que la lumière solaire est formée de rayons de diverses couleurs et de diverses réfrangibilités; quand cette lumière tombe sur un corps, suivant que celui-ci renvoie, *diffuse*, (v. Diffusif) à notre œil une proportion dominante de tel ou tel rayon, il nous paraît avoir telle ou telle couleur. Ainsi un corps rouge est celui qui renvoie de la lumière dans laquelle dominent les rayons rouges, un corps vert est celui qui renvoie une plus forte proportion de rayons verts, etc. Un corps est noir lorsqu'il absorbe la totalité des rayons lumineux; il est blanc lorsqu'il renvoie une *proportion égale* de chacun des rayons du spectre.

On voit donc que le blanc est le résultat de la réunion de toutes les couleurs, ce qu'on démontre d'ailleurs très-simplement de la manière suivante :

1° On trace sur un disque circulaire des secteurs que l'on colore aussi exactement que possible, des images successives du spectre, puis on lui imprime un mouvement de rotation très-rapide. L'œil percevant toutes les couleurs, simultanément, ou du moins dans un intervalle de temps fort court, doit éprouver l'impression qui résulte de leur réunion, et l'expérience prouve que le disque paraît blanc.

2° On projette un spectre solaire sur un écran, puis entre l'œil et le spectre on fait passer rapidement un carton présentant des fentes très-rapprochées; l'œil est encore affecté par la réunion des diverses couleurs et il aperçoit une image blanche. Cette seconde expérience est même plus nette que la première, en ce qu'elle porte sur les véritables couleurs spéculaires, tandis que celles qu'on peint sur le disque ne peuvent que s'en rapprocher d'une manière plus ou moins imparfaite; aussi la couleur que l'on observe pendant la rotation, est-elle plutôt grise que blanche.

Il est à peu près impossible de rencontrer dans la nature des corps qui ne présentent qu'une nuance spéculaire; aussi, quelle que soit la vivacité ou la pureté apparente de leur couleur, on observe toujours en les regardant à travers un prisme, de véritables *spectres*, où se trouve une proportion plus ou moins forte des diverses couleurs. C'est de la sorte que dans la vision à travers un prisme, on, aperçoit l'image de tous les corps entourés de zones diversement colorées, ou, suivant l'expression reçue, avec des *contours irisés*.

Les diverses lumières, autres que la lumière solaire, sont aussi formées de rayons, différant à la fois par la couleur et la réfrangibilité; aussi donnent-elles lieu à des spectres analogues au spectre solaire; toutefois la proportion des couleurs élémentaires varie un peu; c'est de la sorte que dans la plupart des lumières artificielles, la couleur jaune domine plus que dans la lumière solaire. Il est facile d'ailleurs de composer des lumières, dans lesquelles dominent exclusivement certaines nuances; c'est ainsi qu'on produit des flammes rouges avec la strontiane, des flammes vertes avec l'acide borique, etc. Il suit de là, que vues à ces diverses lumières, les couleurs des corps ne sont pas semblables à celles que l'on aperçoit à la lumière ordinaire du jour (voyez Couleurs.

Le phénomène de la dispersion jette quelque incertitude sur la détermination des indices de réfraction (voyez Indices de réfraction), puisque l'image formée par une substance transparente quelconque, est toujours élargie ou dispersée. On convient dans la plupart des cas de prendre l'indice de réfraction par rapport aux rayons moyens du spectre. Pour la construction des instruments d'optique, on est obligé de déterminer les indices de réfraction du verre, pour chacun des rayons du spectre (voyez Raies du spectre).

On appelle *dispersion* d'une substance, la différence entre les indices de réfraction des rayons extrêmes du spectre, et *pouvoir dispersif* le quotient de la dispersion par l'indice de réfraction moyen, c'est-à-dire celui qui correspond aux rayons jaunes.   P. D.

DISQUE (Botanique). — Ce mot a trois significations. On nomme disque de la feuille, le centre de cet organe; c'est-à-dire de la partie située entre les bords. Appliqué à l'inflorescence, le mot disque désigne le centre des capitules de fleurs radiées, comme dans le soleil. Ce disque se compose de fleurons, tandis que la circonférence est composée de demi-fleurons. Quelques botanistes ont aussi nommé disque, la partie centrale des inflorescences en ombelle. Enfin, la troisième acception de ce terme, la plus importante, s'applique à une sorte de bourrelet qui, dans certaines fleurs, entoure l'ovaire à sa base. Cet organe qu'Adanson a nommé le premier, représente en quelque sorte un quatrième verticille. Sa forme et sa position varient suivant les plantes. Il est tantôt annulaire, tantôt glanduleux, réduit parfois à l'état de glandes qui sont au nombre de quatre dans la giroflée jaune et d'autres crucifères ou bien à deux corps écailleux charnus comme dans la pervenche. Le disque peut présenter les trois modes d'insertion des étamines, c'est-à-dire l'*hypogynie* comme dans les crucifères, la rue, la sauge, le muflier et les plantes de leur famille, la *périgynie* comme dans les rosacées, et enfin l'*épigynie*, comme dans les ombellifères, etc.   G—s.

DISSECTION (Anatomie). — Opération par laquelle on met à découvert les différentes parties des corps organisés, pour étudier non-seulement l'anatomie, mais encore les causes et les siéges des maladies. Les instruments dont on fait usage sont des scalpels, des ciseaux, des pinces, des marteaux et des scies. On emploie encore les injections, la macération et les réactifs chimiques, le microscope. L'horreur naturelle qu'inspire à l'homme l'aspect d'un cadavre, les préjugés religieux et un grand respect pour les morts empêchèrent pendant de longues années la pratique des dissections, et Hippocrate n'a jamais ouvert que des animaux. Hérophile fut le premier qui porta le scalpel sur des cadavres humains. On dit qu'il en disséqua six cents. Les injections liquides dans les différents canaux du corps et principalement dans les artères, pour faciliter les dissections et la conservation des cadavres, ont été mises en honneur par Morgagni et Ruisch. Ce dernier, à l'aide de procédés qu'on n'a pu retrouver depuis sa mort, conservait aux chairs la couleur de la vie. On dit même que Pierre le Grand, visitant le cabinet de Ruisch, ne put s'empêcher de donner un baiser sur la figure d'un enfant qui semblait lui sourire. Au reste, plusieurs procédés ont été mis en usage dans ces derniers temps pour cet objet; ainsi, les préparations mercurielles et arsenicales proposées par Chaussier; et plus récemment et avec plus de succès le chlorure de zinc additionné d'hydro sulfite de soude de M. Suquet; le liquide de Falconi, qui a pour base le sulfate de zinc.

DISSÉMINATION (Botanique), *disseminatio*. — C'est la dispersion naturelle des graines à la surface de la terre. Lorsque le fruit est arrivé à sa maturité, les graines qu'il renferme se détachent, tombent ou sont entraînées plus ou moins loin par différentes voies. Ce moment marque le terme de la vie des plantes annuelles. Pour les plantes ligneuses, elle arrive pendant la période de repos qui suit l'accomplissement des phases de la fonction de reproduction. Cette dissémination aurait des résultats prodigieux pour la fécondité, si l'immense majorité des graines ne devenait inutile par une foule de circonstances qui en amènent la destruction. Rai a compté sur un pied de pavot 32,000 graines et 360,000 sur un pied de tabac. Dodart rapporte qu'un orme en donna 529,000 dans une année. Et ce ne sont pas là encore les plantes les plus fécondes. Plusieurs causes contribuent à favoriser la dissémination des graines; quelquefois le péricarpe s'ouvre avec une sorte d'élasticité, et les graines sont lancées plus ou moins loin; c'est ce qu'on remarque dans la balsamine, la fraxinelle, etc. L'*Echalium élastique*, vulgairement *Concombre sauvage* (*Momordica elaterium*, Lin.), a une baie hérissée de pointes qui se sépare du pédoncule et lance avec violence et détonation, par l'ouverture qui résulte de cette séparation, un mucilage rempli de graines. Un grand nombre de graines minces et légères peuvent être facilement entraînées par les vents; il y en a qui sont pourvues d'espèces d'ailes (les érables, les ormes), de scies fines et délicates (plusieurs plantes de la famille des *Composées*); souvent ces graines ont des ailes membraneuses comme dans les bignonia ou des houppes de poils comme dans les apocynées. La *Vergerette du Canada* (*Erigeron canadensis*, Lin.), suivant Linné, a été naturalisée en Europe au moyen de ses graines transportées par la mer d'un hémisphère à l'autre. L'homme et les animaux sont encore des moyens de dissémination des graines ou des fruits; ainsi les graterons, les aigremoines s'attachent aux poils des animaux, aux vêtements; les oiseaux peuvent transporter à des distances considérables des graines qui sont encore susceptibles de germer même après avoir été avalées; l'homme emporte avec lui dans tous les climats des graines, des fruits qui peuvent, abandonnés à eux-mêmes, trouver des circonstances favorables pour se développer.

DISSOLUTION (Chimie). — Opération dans laquelle les parties constitutives d'un corps solide en contact avec un liquide se désagrégent et se confondent pour ainsi dire avec ce dernier, sans en troubler la limpidité ou la transparence. Le corps liquide prend dans ce cas le nom de *dissolvant*. Ainsi, par exemple, du sucre, du sel marin mis en contact avec l'eau s'y dissolvent, et il devient impossible, même avec l'aide du plus puissant microscope, de distinguer dans la masse liquide aucune parcelle du solide qui y est contenu. Un grand nombre de substances solides sont susceptibles de se dissoudre dans l'eau; quelques-unes y sont insolubles; tels sont, par exemple, le chlorure d'argent, le sulfate de baryte, etc.

La dissolution ne doit pas être considérée comme une action chimique véritable; en effet, le corps qu'on obtient en dissolvant une substance dans l'eau présente toutes les propriétés de la substance elle-même, tempérées seulement par la présence de l'eau; il n'y a pas ce changement radical qui est le signe ordinaire de l'action chimique. Ainsi une dissolution de sucre dans l'eau ne présente pas d'autres propriétés que celles du sucre lui-même, tandis que si l'on vient à mêler, par exemple, dans des proportions convenables, de l'acide chlorhydrique et de la soude, substances toutes les deux caustiques et vénéneuses à un haut degré, il y aura entre elles combinaison chimique (voyez Combinaison), et le produit qui en résulte, non-seulement n'est point un poison, mais est employé dans l'alimentation de l'homme et des animaux, car ce n'est autre chose que le sel marin. Il manque d'ailleurs au phénomène de la dissolution un des caractères les plus invariables de l'action chimique, le dégagement de chaleur. C'est le contraire qui a lieu, car toutes les fois qu'un corps solide se dissout dans l'eau, il y a abaissement de température. C'est sur ce fait que sont fondés les mélanges réfrigérants (voyez Glace);

ajoutons que, tandis que l'affinité chimique est d'autant plus prononcée, que les corps ont des propriétés, pour ainsi dire, plus opposées, les corps paraissent d'autant plus propres à se dissoudre l'un dans l'autre, qu'ils ont une plus grande analogie de constitution. Ainsi les métaux sont presque tous solubles dans le mercure; les corps gras, riches en hydrogène, sont très-solubles dans l'alcool et l'éther qui présentent la même particularité, etc. Toutefois, si la dissolution n'est pas, à proprement parler, une action chimique, elle favorise puissamment le développement de celle-ci. C'est en dissolvant les corps dans des liquides appropriés qu'on les rend éminemment propres à réagir les uns sur les autres; aussi les anciens chimistes avaient-ils émis cet aphorisme, qui, quoiqu'il ne soit pas absolument vrai, est pourtant en général conforme à l'observation : « *corpora non agunt nisi soluta.* »

L'eau est de tous les dissolvants le plus général et le plus employé; après elle on peut citer l'alcool et l'éther. La propriété de diverses substances de se dissoudre dans l'un de ces véhicules et d'être insolubles dans un autre fournit aux chimistes un moyen précieux d'obtenir un grand nombre de corps. On peut, dans la préparation d'une foule de matières organiques, faire l'application de cette méthode. Quand au sein d'un liquide se forme un corps qui n'est point susceptible de s'y dissoudre, il s'en sépare sous forme de *précipité*, et c'est là un des moyens les plus généraux de séparer et même de doser les corps dans les analyses chimiques.

Ce n'est pas seulement sur les solides que s'exerce le pouvoir dissolvant de l'eau ou des autres véhicules, c'est aussi sur les liquides. Ainsi l'alcool se dissout dans l'eau en toute proportion, l'éther dans la proportion d'un dixième environ. La plupart des huiles essentielles (essences) sont insolubles dans l'eau; c'est la cause du trouble qu'on observe quand on les verse dans ce liquide; elles sont, au contraire, très-solubles dans l'alcool. Tous les liquides aromatiques destinés aux usages de la toilette et qui sont vendus dans le commerce sous différents noms (eau de Cologne, eau de Botot, vinaigre de Bully, etc.) ne sont autre chose que le résultat de la dissolution de certaines essences dans de l'alcool plus ou moins rectifié.

Les gaz eux-mêmes peuvent être dissous par l'eau dans diverses proportions; c'est à l'air que l'eau tient toujours en dissolution, que les poissons et les autres animaux aquatiques doivent de pouvoir vivre dans ce liquide. Si l'on place un vase contenant de l'eau sous le récipient de la machine pneumatique, on pourra enlever l'air qu'elle contient, et, dans ce cas, un poisson qu'on plongerait dans son intérieur périrait presque immédiatement. La quantité d'un gaz qui peut se dissoudre dans l'eau augmente avec la pression; elle diminue, au contraire, très-rapidement quand la température augmente. Ainsi de l'eau portée à 100° perd la totalité de l'air qu'elle renferme. C'est un résultat contraire qui a lieu ordinairement pour les solides; la plupart de ceux-ci se dissolvent en proportion d'autant plus grande que la température est plus élevée.   P. D.

DISTANCE (Géométrie). — 1° *de deux points*, longueur de la ligne droite qui joint les deux points; 2° *d'un point à une droite*, longueur de la perpendiculaire abaissée du point sur la droite; 3° *d'un point à un plan*, longueur de la perpendiculaire abaissée du point sur le plan.

On appelle aussi *distance d'un point à une circonférence* ou *à une surface sphérique* la portion de la droite qui va du point au centre, comprise entre ce point et la circonférence ou la surface sphérique.

C'est ainsi que l'on dit en géométrie que la circonférence et la surface sphérique ont tous leurs points à égale distance d'un point intérieur appelé centre; que la perpendiculaire élevée par le milieu d'une droite a tous ses points à égale distance des extrémités de la droite et que la bissectrice d'un angle a tous ses points à égale distance des côtés de l'angle.

Si l'on considère deux parallèles, la distance d'un point quelconque de la première à la seconde est toujours la même. Quand deux lignes droites ne sont pas situées dans un même plan, on appelle *plus courte distance de ces droites* la longueur de la perpendiculaire commune aux deux droites.

DISTANCE DES ASTRES (Astronomie). — On la détermine par les procédés trigonométriques qui servent à trouver la distance d'un point inaccessible (voyez PARALLAXE).

DISTHÈNE ou CYANITE (Minéralogie). — Silicate d'alumine naturel. Ce minéral se rencontre fréquemment en cristaux d'une teinte bleuâtre à laquelle il doit son nom : on le trouve aussi incolore; il est souvent transparent, toujours au moins translucide, d'une densité 3,6. Sa forme cristalline est le prisme oblique dyssymétrique dont les angles sont : 106°,15', 100° 50' et 93° 15'. Il est clivable dans un sens parallèlement à l'une des faces du prisme. Au chalumeau, il est absolument infusible. Les cristaux de disthène appartiennent aux roches appelées talschistes et micaschistes.

DISTILLATION (Chimie), *distillatio*, de *di*, particule séparative, et *stilla*, goutte qui tombe. — On désigne sous ce nom l'opération par laquelle, au moyen de la production de vapeur par ébullition, on sépare un liquide volatil d'avec des matières fixes non volatiles ou d'avec un ou plusieurs autres liquides dont l'ébullition s'opère à des températures différentes du premier. Dans le premier cas la distillation est dite *simple*, elle est *composée* dans le second. Elle se fait dans les deux cas dans le même appareil, qui nous a été transmis par les Arabes et a reçu d'eux le nom d'*alambic*; mais autant la distillation de la première sorte est facile à diriger, puisque, à part l'économie de combustible, on peut chauffer à volonté, autant l'autre exige de précaution et de surveillance afin de conserver constamment la température pour laquelle l'expérience a appris que les vapeurs mélangées qui se dégagent contiennent la plus forte proportion du liquide, qu'on veut obtenir. Nous avons décrit l'alambic ordinaire à l'article ALAMBIC.

On modifie cet appareil pour opérer la distillation dite au *bain-marie*. La chaudière est remplie d'eau ou d'eau salée dont on laisse dégager la vapeur par un orifice latéral formé quand l'alambic fonctionne à la manière ordinaire. Au milieu de la chaudière est un vase vissé au chapiteau. Il contient la matière à distiller qui subit ainsi l'action de la chaleur dégagée par l'ébullition du liquide extérieur. On y place habituellement l'eau et les plantes dont on veut dégager pour la parfumerie les huiles essentielles entraînées par la vapeur d'eau. Sans cette précaution qui amène partout une température uniforme, il serait à craindre que certaines parties des plantes au contact du fond de métal très-chaud ne vinssent à se décomposer, ce qui amènerait dans l'essence une odeur d'empyreume altérant la suavité du parfum. On recueille l'eau mêlée d'essence dans le *récipient florentin*, et l'essence se sépare habituellement en se plaçant à la couche supérieure.

On se sert très-souvent dans les laboratoires de chimie et de pharmacie d'un appareil distillatoire fort simple destiné aux liquides en petite quantité. Il se compose d'une cornue, d'une allonge si le col de la cornue n'est pas assez long, et d'un ballon récipient tubulé où pénètre l'extrémité de l'allonge ou du col de la cornue. Le récipient est entouré ou d'eau froide ou de glace, ou de linge, sur lequel on fait couler de l'eau goutte à goutte. Un long tube le surmonte afin de rendre la condensation des vapeurs plus facile et de porter dans la cheminée les gaz non liquéfiables, fétides ou délétères. Parfois on accélère la condensation en entourant le col de la cornue ou l'allonge d'un manchon cylindrique de fer-blanc dans lequel remonte à contre-pente un courant d'eau froide, c'est le réfrigérant de M. Liebig représenté dans la figure 795.

La cornue peut être chauffée à feu nu, posée sur un triangle. Elle est alors en verre ou en terre enduite de lut. Parfois la cornue est entourée d'un bain de sable contenu dans une chaudière de fonte et recouvert d'une enveloppe de tôle pour éviter le refroidissement et rendre la distillation plus rapide. La cornue est en **verre** quand on emploie le bain de sable.

De même si l'on distille au bain-marie. On place alors la cornue sur un cercle de corde fixé aux anses d'une chaudière pleine d'eau bouillante. Le bain-marie s'applique dans le cas de matières très-volatiles, comme les solutions alcooliques ou éthérées, pour lesquelles le feu donnerait une ébullition tumultueuse. Si l'on veut distiller au bain-marie au-dessous de 100°, on se sert d'un bain d'eau recouverte d'huile pour empêcher l'évaporation et l'on y maintient un thermomètre qui sert de guide. Pour les températures allant jusqu'à 150°, on prend le mercure pour bain-marie et l'acide sulfurique jusqu'à 200°. Au delà, ces liquides donnent des vapeurs dangereuses. Le bain d'huile permet d'aller jusqu'à 300° et les alliages de Darcet (voyez ce mot), avec cornue degrés, jusqu'au rouge.

Rien de plus facile à diriger qu'une opération de distillation simple. Le liquide de la chaudière ou de la cornue forme des vapeurs qui, en vertu de l'ébullition, sont à la pression atmosphérique, et, comme elles sont poussées par les nouvelles vapeurs qui se forment, elles expulsent bientôt l'air de l'appareil, puis se condensent dans les parties froides et sont remplacées par des vapeurs qui se condensent à leur tour. Les difficultés expérimentales se manifestent dès qu'il s'agit d'une distillation composée. Le plus volatil des liquides entre en

Fig. 794. — Appareil de distillation et réfrigérant de Liebig.

ébullition dès que sa température d'ébullition isolée est atteinte, mais le moins volatil distille en même temps, de sorte que. pour une température donnée, il tend à distiller un mélange des vapeurs en rapport déterminé avec leurs volatilités respectives. Ce rapport change si la température change. Enfin, complication nouvelle, ce rapport peut changer aux diverses époques de l'opération à même température en raison des affinités réciproques des liquides qui distillent. Ainsi, pour un mélange d'eau et d'alcool, loin que les deux liquides condensés restent en proportions constantes, les premières liqueurs qui distillent sont plus alcooliques et le produit s'affaiblit de plus en plus. Aussi le point d'ébullition dans la cucurbite s'élève sans cesse jusqu'à 100°. Si on distille du vin, l'expérience constate que tout l'alcool passe dans le premier tiers.

Dans certains cas on opère la séparation des liquides mélangés en profitant de la propriété que possède un des liquides de former un composé fixe avec une substance qu'on ajoute. Ainsi on obtient l'alcool absolu ($C^4H^6O^2$) en laissant l'esprit du commerce en contact pendant un jour ou deux avec de la chaux vive, puis en l'introduisant dans l'alambic avec de la chaux nouvelle qui enlève le peu d'eau qui reste. On purifie l'éther du commerce en le distillant sur du chlorure de calcium calciné qui, à la température d'ébullition de l'éther, retient l'eau et l'alcool. On peut encore séparer les liquides par la méthode dite du *fractionnement des liqueurs*. On recueille à part les portions qui distillent aux environs de chaque point d'ébullition, on reprend chacune et on la fait distiller de nouveau une ou plusieurs fois jusqu'à ce qu'on obtienne un liquide distillant tout entier à la même température, ce qui est le caractère de sa pureté.

Cette longue et dispendieuse méthode, perdant une partie du produit, fut cependant la seule employée pendant longtemps pour extraire les eaux-de-vie et alcools du vin. En 1801, Édouard Adam, de Nîmes, construisit le premier appareil à *distillation continue*. Son appareil, perfectionné par Cellier-Blumenthal, par M. Laugier, est celui qu'on emploie encore dans le midi de la France (voyez EAU DE VIE). Dans le nord, les distillateurs d'eau-de-vie de grains, de pomme de terre, de betterave ou de maïs se servent surtout de l'appareil dû à M. Derosne réalisant les mêmes conditions. Voici les principes de la distillation continue : 1° Si les vapeurs d'eau et d'alcool mélangées parcourent un réfrigérant, les vapeurs condensées les premières sont les plus aqueuses et celles qui se liquéfient les dernières sont les plus alcooliques, de sorte qu'une longueur donnée de serpentin permettra de ne conserver à l'état de vapeur qu'un mélange ayant atteint un titre déterminé. 2° Quand de la vapeur d'eau rencontre un mélange d'eau et d'alcool à plus basse température, une portion de la vapeur d'eau se condense et la chaleur devenue libre, provenant de cette condensation, forme de la vapeur d'alcool. 3° Enfin un mélange d'eau et d'alcool bout à une température d'autant plus basse qu'il est plus riche en alcool.

Nous empruntons au *Traité de la chaleur*, de M. Péclet, la description et la figure de l'appareil représenté ci-contre, l'un des plus employés de nos jours par les distillateurs. C'est un appareil Derosne simplifié.

« A est un cylindre de fonte ou de cuivre, où l'ébullition du liquide à distiller est produite au moyen d'un serpentin de cuivre dont les orifices d'entrée et de sortie sont désignés par les lettres a et b ; c est l'orifice de sortie de la vinasse épuisée ; B est la colonne d'analyse des vapeurs, dans laquelle le liquide à distiller marche en sens contraire de la vapeur. Différentes dispositions sont employées pour augmenter les surfaces de contact. Les vapeurs s'élèvent dans le réservoir E, et passent par le tube F dans le rectificateur C qui est formé d'un serpentin disposé suivant la méthode ordinaire ; les vapeurs condensées retournent à la colonne d'analyse par le tuyau H, et les vapeurs non condensées passent dans le serpentin du vase D où elles sont condensées et refroidies, et s'écoulent au dehors par la tubulure M qui communique avec un vase renfermant un alcoomètre. Le liquide à distiller arrive d'un réservoir supérieur dans l'appareil par le tuyau LI, muni d'un robinet K qui sert à régler l'écoulement ; il s'élève dans le vase D, puis dans le vase C, d'où il passe dans la colonne d'analyse B par le tuyau G et tombe enfin dans le vase A. » Nous avons à peine besoin de faire remarquer que dans cet appareil les liqueurs spiri-

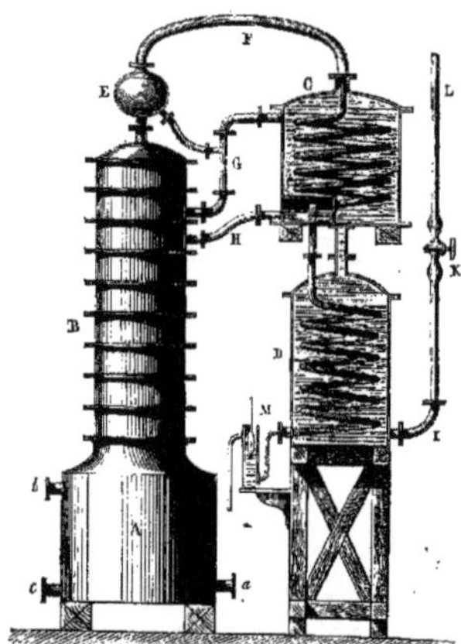

Fig. 795. — Appareil distillatoire de Derosne, simplifié.

tueuses à distiller servent à condenser les vapeurs et subissent un premier échauffement aux dépens de la chaleur latente de vaporisation, ce qui économise le combustible (voyez EAU-DE-VIE).

DISTILLATION SÈCHE. — Quelques auteurs de chimie nomment ainsi l'opération qui consiste à décomposer par la chaleur les substances organiques non volatiles, afin d'obtenir de nouveaux corps, ainsi l'acide pyroligneux, ainsi, en opérant à des températures ménagées, les produits pyrogénés comme le goudron, l'acide pyrogallique, l'oxamide, etc.   M. G.

DISTIQUE (Botanique). — Épithète qui sert à désigner la disposition de certaines parties en deux rangées le long d'un axe commun ; ainsi les feuilles sont *distiques* lorsqu'elles naissent de nœuds alternes, placés sur deux rangs à droite et à gauche, comme cela a lieu dans l'if

Il en est de même des fleurs et des épillets qui sont *distiques*, lorsqu'ils naissent ainsi sur deux rangs à droite et à gauche ; ainsi dans le froment locular, vulgairement petit épeautre.

DISTOME (Zoologie), du grec *di*, deux, et *stoma*, bouche. — Espèce de ver de la classe des *Intestinaux*, plus connu sous le nom français *Douve*.

DISTORSION (Médecine), du latin *distorquere*, tourner avec violence. — Lorsque dans un mouvement de rotation sur son axe porté au delà des limites naturelles, une articulation d'un membre a été fortement distendue, on dit qu'il y a distorsion. Les effets de cet accident sont, en général, les mêmes que ceux de l'*entorse*, et demandent l'emploi des mêmes moyens. Le même nom de *distorsion* a encore été employé pour désigner cet état dans lequel le globe de l'œil est entraîné violemment vers un point de l'orbite, de telle sorte qu'il semble renversé.

DITOMES (Zoologie), *Ditomus*, Bonel., du grec *dis*, deux, *tomé*, portion. — Genre d'*Insectes*, de l'ordre des *Coléoptères*, section des *Pentamères*, famille des *Carnassiers*, tribu des *Carabiques*, division des *Bipartis*, établi d'abord par Bonelli, et adopté par Ziégler et le comte Dejean, qui en avaient retranché les espèces à tête plus grosse et à corps plus large, pour en former le genre Aristus. Ainsi restreint, il a été admis par Latreille, et a pour caractères : corps allongé, la tête séparée du corselet par un angle rentrant, et ordinairement armée, dans les mâles, d'une ou deux cornes. Ces insectes se creusent des trous dans le sable et s'y tiennent cachés. Le *D. calydonius*, Dej., et le *Carabus calydonius*, de Fabr., forment, dit Latreille, deux espèces très-distinctes. On les trouve en Italie, dans le midi de la France.

DITRACHYCEROS (Zoologie), du grec *dis*, deux, *trachys*, rude, *keras*, corne. — En 1802, le professeur Sulzer publia à Strasbourg une dissertation tendant à prouver l'existence d'un ver intestinal trouvé en quantité considérable dans les déjections alvines d'une femme : cet animalcule avait environ 0ᵐ,006 de longueur et était formé de deux parties distinctes, le corps aplati, renflé par un bout, pointu de l'autre, et deux cornes de l'épaisseur d'un crin ; Hermann lui donna le nom de *Ditrachyceros*. Depuis cette époque, l'animalité de ces corpuscules a été contestée et niée formellement par Bremser dans son *Traité des vers intestinaux de l'homme*, qui les regarde comme les graines d'une plante avalée par cette femme. M. Eschricht en a vu qui avaient été vomis par une petite fille, et les regarde aussi comme des graines ; d'un autre côté, de Blainville dit, article DITRACHYCEROS du *Dict. des sc. natur.*, que Lesauvage, médecin de Caen, a retrouvé ce ver dans le canal intestinal d'une femme, mais que lui, de Blainville, n'a vu « ni sa dissertation, ni l'animal lui-même. » L'existence de ce ver ne doit donc être présentée qu'avec doute.

DIURÉTIQUES (MÉDICAMENTS) (Médecine). — On appelle ainsi des médicaments auxquels on accorde la propriété d'augmenter la sécrétion et l'excrétion des urines. Beaucoup de causes peuvent en faire varier la quantité, et on ne pourrait pas donner le nom de *Diurétiques* à tous les moyens qui augmentent cette quantité, en raison de certaines circonstances individuelles et souvent accidentelles. On sait, par exemple, que la sécrétion de l'urine est liée intimement avec l'absorption, avec toutes les grandes exhalations, et ces fonctions se remplacent mutuellement, d'où peut résulter une variation notable dans la quantité de ce liquide ; d'un autre côté, elle est naturellement modifiée en raison de la proportion des boissons ingérées dans un temps donné. Il devient très-difficile, d'après cela, d'apprécier d'une manière précise le rôle que jouent les substances médicamenteuses qui passent généralement pour jouir de vertus diurétiques ; aussi nous ne parlerons ici que de celles, en petit nombre, dont l'expérience a constaté l'efficacité, bien que, dans certaines circonstances, cette efficacité même se trouve en défaut par des causes locales ou générales, étrangères aux agents diurétiques. Au premier rang de ces agents, nous trouvons la digitale pourprée et la scille ; ces deux substances, bien que présentant des effets généraux différents, ont une action directe sur les reins, et, lorsqu'elles peuvent être supportées par les organes digestifs et qu'elles ne les irritent pas trop, il est très-rare qu'elles ne produisent pas un effet diurétique presque immédiat. A côté de ces médicaments, le règne végétal nous offre encore des diurétiques précieux, la colchique, l'asperge, le chiendent, la pariétaire, le fenouil, l'arrête-bœuf, les queues de cerise, la térébenthine, les baumes

de copahu, du Pérou, etc. Parmi les diurétiques minéraux, nous trouvons, en première ligne, le sel de nitre (nitrate de potasse), l'acétate de potasse, les sulfates de potasse, de soude, de magnésie, etc. Une remarque générale, c'est que l'action diurétique est d'autant plus active que le liquide aqueux qui sert de véhicule est plus abondant, et l'on peut raisonnablement dire, avec M. le professeur Bouchardat, que l'eau est un excellent diurétique. Dans ces derniers temps, quelques praticiens prétendent encore avoir obtenu de bons effets de l'urée. Les vins blancs, et surtout ceux qui sont toniques et astringents, et les alcooliques ont une action diurétique très-marquée, qu'on ne peut mettre en doute. F — N.

DIURNE (MOUVEMENT) (Cosmographie). — Voyez CIEL.

DIURNES (Zoologie), *diurni*, de jour. — Famille d'*Oiseaux*, de l'ordre des *Oiseaux de proie* (*Accipitres*, Lin.), ainsi nommée parce que ceux qui en font partie chassent le jour, et se distinguent par là de la seconde famille du même ordre à laquelle on a donné, par opposition, le nom de famille des *Nocturnes*. Ils ont pour caractères : les yeux dirigés sur les côtés, la base du bec couverte d'une membrane appelée *cire*, dans laquelle sont percées les narines ; trois doigts devant, un sans plume derrière, le plumage serré ; sternum large, la fourchette très-écartée ; le vol puissant. Linné n'en avait fait que deux genres : les *Vautours* et les *Faucons*, que l'on peut considérer comme des tribus, et que Cuvier a subdivisé de la manière suivante : 1° les *Vautours*, quatre genres, les *Vautours* proprement dits, les *Catharles*, les *Percnoptères*, les *Griffons* ou *Gypaëtes* ; 2° les *Faucons* divisés en deux sections : la première, celle des *Oiseaux de proie nobles*, contient les genres *Faucons* proprement dits, et *Gerfauts*. Italie. La deuxième section, celle des *Oiseaux de proie ignobles*, a été divisée en deux tribus : 1° celle des *Aigles*, qui renferme les sept genres *Aigles* proprement dits, *Aigles pêcheurs*, *Balbusards*, *Circaëtes*, *Caracara*, *Harpies*, *Aigles autours*, et la petite tribu des *Cymindis* (Cuv.) ; 2ᵉ la tribu des *Autours*, divisée en trois genres : les *Autours* proprement dits, les *Eperviers* et les *Milans* ; ces derniers partagés en six sous-genres : les *Elanus*, les *Milans* proprement dits, les *Bondrées*, les *Buses*, les *Busards*, les *Messagers* ou *Secrétaires*.

DIURNES (Zoologie). — Première famille d'*Insectes*, de l'ordre des *Lépidoptères*, établie par Latreille dans le *Règne animal* de Cuvier ; elle correspond exactement au grand genre *Papilio*, de Linné, et a pour caractères : le bord extérieur des ailes inférieures dépourvu de soie roide, ou de frein pour retenir les deux supérieures ; les antennes, le plus souvent terminées en pointe massue, sont quelquefois plus grêles et en pointe crochue à leur extrémité. Cette famille a été divisée par Latreille en deux sections. La première section comprend 1° des *Papillons hexapodes*, groupés dans six genres dont les principaux sont : les *Papillons* proprement dits, les *Parnassiens*, les *Piérides*, les *Coliades* ; 2° des *Papillons tétrapodes* partagés en vingt genres, dont les principaux sont : les *Danaïdes*, les *Argynnes*, les *Vanesses*, les *Nymphales*, les *Satyres*, les *Polyommates*. La deuxième section, infiniment moins nombreuse, ne renferme que les genres *Hespéries* et *Uranies*.

Quelques naturalistes ont appelé *Animaux diurnes* ceux qui ne vivent pas au delà d'un jour, tels que les *Éphémères*.

DIURNES (Botanique). — On a appliqué quelquefois cette épithète aux fleurs qui s'épanouissent et se ferment dans la même journée ; telles sont celles du souci des champs, celles du mouron des champs, etc.

DIVARIQUÉ (Botanique), *divaricatus*, écarté. — Les rameaux d'une plante sont *divariqués* lorsqu'ils s'écartent beaucoup dès leur origine et se portent brusquement en différents sens ; ainsi la chicorée sauvage, le cucubale baccifère, etc. Les panicules, les pédoncules sont quelquefois divariqués.

DIVERGENT (Botanique), *divergens*. — Ce nom se dit des parties d'une plante qui s'écartent sous un angle très-ouvert, en partant d'un point commun ; ainsi les branches du sapin sont *divergentes*, les follicules de la pervenche sont *divergents*, etc.

DIVERSIFLORE (Botanique). — Se dit de l'inflorescence et en particulier de l'ombelle qui présente des fleurs régulières au centre et des fleurs irrégulières à la circonférence. Telles sont les ombelles du tordylium officinal et de la coriandre.

DIVISEUR COMMUN. — Un diviseur commun à plusieurs nombres est un nombre qui les divise tous exactement. Le plus grand commun diviseur de plusieurs nombres est le plus grand des nombres qui les divisent exactement.

1° *Plus grand commun diviseur entre deux nombres.* — Comme ce plus grand commun diviseur doit diviser le plus petit nombre, il ne peut le surpasser, et il lui serait précisément égal si le plus petit nombre divisait le plus grand. On commence donc par faire cette division. S'il y a un reste, le plus petit nombre n'est pas le plus grand commun diviseur; mais tout diviseur commun au dividende et au diviseur est aussi un diviseur commun au diviseur et au reste, et réciproquement, tout diviseur commun au reste et au diviseur est un diviseur commun au diviseur et au dividende; donc le plus grand commun diviseur cherché est aussi celui du plus petit nombre et du reste; donc la recherche du premier est ramenée à celle du second, et l'opération se simplifie, puisque les nombres sont plus petits. On continue le raisonnement et l'opération jusqu'à ce qu'on arrive à une division exacte. Le dernier diviseur est le plus grand commun diviseur cherché. Voici, sur un exemple, le type de l'opération :

Quotients.		3	1	1	1	19
	1296	354	231	120	114	6
Restes.	234	120	114	6		

Donc 6 est le plus commun diviseur entre 1296 et 354.

Remarques. — 1° Si le dernier diviseur est 1, les nombres sont dits *premiers entre eux.*

2° Tout diviseur commun à deux nombres divise tous les restes obtenus dans la recherche de leur plus grand commun diviseur et, par conséquent, le plus grand diviseur lui-même qui est un de ces restes.

3° En multipliant deux nombres par un troisième, tous les restes et, par suite, le plus grand commun diviseur sont aussi multipliés par ce nombre. Donc le plus grand commun diviseur entre 4 fois 1296 et 4 fois 354 est 4 fois 6 ou 24.

4° En divisant les deux nombres par un troisième nombre, leur plus grand commun diviseur est aussi divisé par ce nombre. Donc le plus grand commun diviseur entre la moitié de 1296 et la moitié de 354 est la moitié de 6 ou 3. Donc si l'on divise les deux nombres par leur plus grand commun diviseur lui-même, le plus grand commun diviseur des quotients est 1; donc ces quotients sont premiers entre eux.

Plus grand commun diviseur de plusieurs nombres. — Cette recherche se ramène à la précédente. On cherche le plus grand commun diviseur entre deux de ces nombres, puis le plus grand commun diviseur entre celui qu'on vient de trouver et un troisième nombre, et ainsi de suite. Le dernier plus grand commun diviseur est celui des nombres proposés.

Remarque. — Tout diviseur commun à plusieurs nombres divise leur plus grand commun diviseur, et réciproquement, tout nombre qui divise le plus grand commun diviseur de plusieurs nombres est un diviseur commun à tous ces nombres. Donc, *pour trouver tous les diviseurs communs à plusieurs nombres,* il suffit de chercher tous les diviseurs de leur plus grand commun diviseur.

L.

DIVISION (Arithmétique). — Opération de l'arithmétique inverse de la multiplication. Elle a pour but de *faire trouver le nombre par lequel il faut multiplier un nombre donné pour avoir un autre nombre donné.* Dans la division, le produit prend le nom *dividende,* le facteur connu celui de *diviseur,* et le facteur inconnu celui de *quotient.*

Division des nombres entiers. — Il est évident que, prenant au hasard un dividende et un diviseur, il arrive le plus souvent que le dividende n'est pas le produit du diviseur par un nombre entier. Dans ce cas, on dit que la division a pour but de chercher le nombre entier par lequel il faut multiplier le diviseur pour avoir le plus grand multiple de ce diviseur contenu dans le dividende. La différence entre ce multiple et le dividende s'appelle le *reste* de la division. Le nombre trouvé n'est pas le véritable quotient; mais il n'en diffère pas d'une unité, et on dit qu'il est approché à moins d'une unité.

Les nombres étant abstraits, le quotient peut être considéré soit comme multiplicateur, soit comme multiplicande. Dans le premier cas, il indique, d'après la définition de la multiplication, *combien de fois* il faut prendre

le diviseur pour avoir soit le dividende, soit le plus grand multiple du diviseur contenu dans le dividende, et alors on peut dire que la division a pour but de trouver *combien de fois un nombre est contenu dans un autre.* De ce point de vue particulier vient le nom de *quotient.* Si le quotient est considéré comme multiplicande, c'est-à-dire comme une partie du dividende contenue dans celui-ci autant de fois qu'il y a d'unités dans le diviseur, alors on peut dire que la division a pour but de trouver l'une des parties d'un nombre divisé en autant de parties égales qu'il y a d'unités dans un autre nombre, ou plus simplement, de *partager un nombre en un nombre donné de parties égales.* De cet autre point de vue particulier viennent les noms de l'opération du dividende et du diviseur.

La division est regardée avec raison comme la plus difficile des opérations élémentaires de l'arithmétique.

1° *Lorsque le diviseur n'a qu'un chiffre et que le dividende est plus petit que dix fois le diviseur,* le quotient n'a qu'un chiffre qui est immédiatement donné par la table de la multiplication. Il suffit de considérer la colonne verticale qui commence par le diviseur et de chercher dans cette colonne soit le dividende, soit le plus petit des deux nombres entre lesquels il est compris, le rang qu'occupe ce nombre indique le chiffre du quotient.

2° *Lorsque le diviseur a plusieurs chiffres et que le dividende est encore plus petit que dix fois le diviseur,* le quotient, qui n'a encore qu'un chiffre, peut aussi se trouver immédiatement, si, comme dans le cas précédent, on a le tableau des neuf premiers multiples du diviseur.

On peut former ce tableau en ajoutant le diviseur, d'abord à lui-même et ensuite successivement à chaque somme trouvée.

Ainsi le quotient de 7486 par 987 est 7 à moins d'une unité, puisque 7486 est compris entre 7 fois 987 et 8 fois 987.

Mais comme il faut former des multiples inutiles, on a cherché à abréger le calcul en supposant que le nombre par lequel il faut multiplier 987 unités pour avoir 7486 unités doit être *à peu près* le même que celui par lequel il faut multiplier 9 centaines pour avoir 74 centaines, ce qui ramènerait au cas précédent.

Mais ce nombre serait 8, tandis que le véritable est 7. On s'expose donc ainsi à mettre un chiffre trop fort, et l'on doit l'essayer par s'assurer qu'il ne l'est pas.

3° *Lorsque le diviseur a plusieurs chiffres et que le dividende est plus grand que dix fois le diviseur,* il est évident que le quotient a plusieurs chiffres et qu'on ne peut trouver à la fois tous ces chiffres; on doit donc les chercher successivement. Pour fixer les idées, soit à diviser 7486784 par 987. Comme le quotient a plusieurs chiffres, le dividende se compose de la somme des différents produits obtenus en multipliant 987 par tous ces chiffres du quotient, et probablement encore d'un *excès* sur cette somme, excès plus petit que le diviseur et qui sera *le reste de la division.* Si l'on pouvait connaître d'avance chacun de ces produits, il serait facile de trouver chaque chiffre du quotient et même dans tel ordre qu'on voudrait, puisque chaque dividende partiel ferait connaître l'ordre des unités du chiffre correspondant du quotient; mais, en réalité, tous ces produits partiels sont confondus. On sait bien où commence vers la droite le produit du diviseur par chaque chiffre du quotient, puisque les unités du produit sont de même ordre que celles du quotient, mais on ne sait pas où il se termine vers la gauche. Il n'y a que le produit du diviseur par le chiffre des unités de l'ordre le plus élevé du quotient dont on puisse assigner exactement la place sur la gauche du dividende. C'est donc ce chiffre qu'il faut chercher le premier. Le calcul doit donc être ordonné par rapport au résultat de l'opération et non par rapport aux données, comme dans la multiplication, la soustraction et l'addition, et c'est là ce qui fait la principale difficulté de la théorie de la division.

Il faut donc connaître d'abord le nombre des chiffres du quotient pour pouvoir trouver chacun de ces chiffres. Or, en multipliant le diviseur par 10, 100, 1000, 10000, on reconnaît que le dividende 7486784 est compris entre 987000 et 9870000, donc le quotient est compris entre 1000 et 10000, donc le premier chiffre à gauche du quotient est de l'ordre des mille, et l'on peut conclure aussitôt cette règle que le quotient a autant de chiffres que le dividende en a de plus que le diviseur, et un de plus quand le premier chiffre du dividende surpasse celui du diviseur.

Cherchons donc le chiffre des mille du quotient. Il est évident que le produit du diviseur par ce chiffre est aussi de l'ordre des mille, qu'il doit se trouver dans les mille du dividende, et que les trois derniers chiffres à droite du dividende ne peuvent nullement servir à trouver le chiffre cherché.

$$\begin{array}{r|l} 7486784 & 987 \\ 5777 & \\ \hline 8428 & 7585 \\ 5324 & \\ 389 & \end{array}$$

Mais, dans les 7486 mille du dividende, il y a des mille qui proviennent de la multiplication du diviseur par les autres chiffres du quotient ; donc, puisque 7486 est plus grand que le produit de 987 par le chiffre des mille du quotient, on peut craindre qu'en cherchant simplement le nombre par lequel il faut multiplier 987 pour avoir 7486, on ne trouve un chiffre trop fort.

Heureusement il n'en est pas ainsi. En effet, en examinant le tableau des neuf premiers multiples de 987, on trouve que 7486 est compris entre 7 fois 987 et 8 fois 987 ; donc *mille* fois 7486 ou 7486000 sera compris entre 7 *mille* fois 987 et 8 *mille* fois 987, et il en sera de même de 7486784, puisque 784 est plus petit que mille. Donc le dividende total 7486784 est compris entre 7 mille fois 987 et 8 mille fois 987, comme le dividende partiel 7486 est compris entre 7 fois 987 et 8 fois 987. Donc le chiffre des plus hautes unités du quotient est 7, on rentre donc ainsi dans le cas précédent.

Si du dividende total on retranche le produit de 987 par 7000, le reste est 577784. C'est un nouveau dividende sur lequel on raisonne comme sur le précédent, en ne prenant pour trouver le chiffre des centaines que la partie 5777 centaines. On continue de la même manière pour avoir tous les chiffres du quotient.

Donc, la recherche du quotient de deux nombres entiers quelconques se réduit en définitive au cas où le dividende a deux chiffres au plus et le diviseur un seul chiffre. La division se ramène ainsi à l'addition de deux nombres d'un seul chiffre, c'est-à-dire à une opération qui peut se faire sur les doigts ; donc la division rationnellement expliquée et ramenée à l'opération élémentaire peut être exécutée par les intelligences les plus ordinaires.

On peut s'assurer à chaque division partielle si le chiffre du quotient est exact quand on procède par tâtonnement ; car il est trop grand, si le produit du diviseur par ce chiffre ne peut se retrancher du dividende correspondant ; il est trop faible, si le reste de cette soustraction est plus grand que le diviseur. La vérification du quotient total est indiquée par la définition même de l'opération, car en multipliant le diviseur par ce quotient et en ajoutant le reste au produit, on doit retrouver le dividende total.

Division des nombres décimaux. — Voyez Fractions décimales.

Division des fractions ordinaires. — Elle se réduit encore à des opérations sur des nombres entiers. Ainsi, soit à diviser $\frac{8}{9}$ par $\frac{3}{4}$. Le dividende $\frac{8}{9}$ est le produit du diviseur $\frac{3}{4}$ par le quotient. Or, il est évident que $\frac{3}{4} \times \frac{8 \times 4}{9 \times 3} = \frac{8}{9}$, donc le quotient est $\frac{8 \times 4}{9 \times 3}$. Donc, pour l'obtenir, il suffit de multiplier le numérateur du dividende par le dénominateur du diviseur, puis le dénominateur du dividende par le numérateur du diviseur et de diviser le premier produit par le second. De même le quotient de $\frac{7}{8}$ par 4 égale celui de $\frac{7}{8}$ par $\frac{4}{1}$ ou $\frac{7}{8 \times 4}$; le quotient de 4 par $\frac{7}{8}$ est celui de $\frac{4}{1}$ par $\frac{7}{8}$ ou $\frac{7}{4 \times 8}$.

Division algébrique. — Elle se définit de la même manière que la division arithmétique, c'est-à-dire qu'étant donné une quantité algébrique appelée dividende et une quantité analogue appelée diviseur on se propose d'en trouver une troisième qui, multipliée par le diviseur, reproduise le dividende ; cette troisième quantité s'appelle quotient. La théorie de la division algébrique est assez délicate et ne saurait trouver place ici. Nous renvoyons le lecteur sur ce point aux différents traités d'algèbre.

L.

DIXES (Zoologie), *Dixa*, Meig. ; du grec *dixoos*, fendu en deux ; les nervures des ailes sont divisées en deux. — Genre d'*Insectes*, ordre des *Diptères*, famille des *Némocères*, tribu des *Tipulaires*, établi par Meigen pour des espèces qui ont le premier article des antennes très-court, le second presque globuleux. La *D. estivale* (*D. æstivalis;* Meig.) se trouve pendant tout l'été en France et en Allemagne.

DOCIMASIE pulmonaire (Médecine légale), du grec *dokimazô*, j'essaie. — On donne ce nom à une série d'opérations au moyen desquelles on cherche à constater par l'examen des poumons d'un enfant mort, si cet enfant est sorti vivant du sein de sa mère, s'il a respiré, en un mot, ou s'il est venu au monde mort. Plusieurs moyens ont été proposés à cet effet, et le médecin légiste doit les employer tous, si cela est possible, afin de contrôler ses opérations l'une par l'autre. Disons d'abord que toute la théorie sur laquelle repose la question est basée sur ce fait, que lorsque l'enfant a respiré, ses poumons sont plus légers et occupent un plus grand espace, parce que l'air y a pénétré. 1er procédé, la *D. pulmonaire hydrostatique* est la plus ancienne méthode ; indiquée déjà par Galien, elle resta pourtant dans l'oubli jusque vers 1664, où Thomas Bartholin et Swammerdam la mirent en lumière. Elle consiste à retirer de la poitrine les poumons avec le cœur, dégagés de toutes les parties voisines ; on place doucement le tout dans un grand vase rempli d'une eau claire et limpide, de l'eau de rivière, par exemple. On observe alors si les poumons et le cœur tombent au fond de l'eau ou s'ils surnagent, s'ils tombent tout d'un coup ou lentement. On réitère ensuite l'expérience avec les poumons débarrassés du cœur, avec un poumon seul, puis avec des fragments de poumon ; enfin, on exprime chacun de ces fragments sous l'eau avec la main, pour constater s'il s'en échappe des bulles d'air. Cette série d'opérations délicates ne donne pas toujours au médecin légiste une solution nette de la question ; il doit toujours énoncer son opinion avec conscience, en exprimant franchement ses doutes, s'il en a, et en donnant les raisons à l'appui. On n'a pas besoin de dire que, lorsque les poumons surnagent, il y a les plus grandes probabilités que l'enfant a respiré. 2° La *D. par la balance* est due à Ploucquet (*Commentarius medicus in processus criminales; Argentorati*, 1786). La respiration ayant pour effet l'accès du sang dans les vaisseaux pulmonaires, sa présence dans les poumons en augmente le poids du double ; et Ploucquet a constaté que, chez un enfant qui n'a pas respiré, le poids total du corps étant 70, celui des poumons est 1, tandis que, pour le même poids du corps, chez un enfant qui a respiré, le poids des poumons est 2 ; c'est juste le double. 3° Le *procédé de Daniel* (Ch. Fr. Daniel, *Commentatio de infantum nuper natorum umbilico et pulmonibus; Halæ*, 1780) est fondé sur l'augmentation de la circonférence que le thorax et les poumons acquièrent par la respiration. On mesure avec un cordon la circonférence de la poitrine, qui est plus grande chez un enfant qui a respiré ; d'autre part, on obtient la mesure du volume des poumons en les plongeant dans un vase gradué contenant de l'eau ; l'inspection de l'échelle donne la quantité du déplacement qui a eu lieu. C'est sur ces données que l'on établit le rapport de volume entre les poumons qui ont respiré et ceux qui n'ont pas respiré ; mais la place qui nous est réservée ne nous permet pas de donner ici la description détaillée de ce procédé, et nous sommes obligés de renvoyer pour cela aux traités spéciaux de *médecine légale*. 4° La *D. pneumohépatique* est la comparaison du poids relatif des poumons et du foie ; avant la respiration, le rapport est de 1 à 3 ; lorsqu'ils ont respiré, il est de 1 à 1. Répétons encore qu'aucun de ces procédés n'est infaillible, et qu'après leur emploi les conclusions d'un rapport médico-légal doivent être formulées avec une extrême prudence.

F—n.

DOCIMASIE (Chimie industrielle). — Art d'essayer les minéraux employés dans l'industrie et les produits qui en résultent pour reconnaître leur nature, leurs propriétés ou le nombre des éléments qui les constituent.

Il est nécessaire de suivre une marche régulière dans les essais qu'il faut tenter, et on ne doit négliger aucune précaution dans la *prise d'essai* pour que la petite quantité de matière sur laquelle on opère représente exactement le corps dont on cherche la composition.

On emploie deux moyens d'exploration : la *voie sèche* et la *voie humide*. On fait un essai par la voie sèche quand on n'a recours qu'à la chaleur et aux fondants. On fait un essai par voie humide lorsqu'on emploie des réactifs liquides. On peut mêler ces deux moyens pour lever les incertitudes de l'un ou de l'autre, et éviter des longueurs ou des difficultés.

Dans la méthode par *voie humide*, on dissout la substance dans un liquide acide, neutre ou alcalin. Si elle n'est pas soluble, on lui fait d'abord subir un traitement spécial. Ainsi certains silicates ne sont pas solubles dans les acides : o⁷, les chauffe fortement avec une certaine quantité de base énergique, potasse, soude, chaux, dans le but de combiner la silice à une portion plus grande d'oxyde, et de former un silicate qui soit identique par sa constitution avec ceux qui sont facilement attaquables par les acides.

La seconde opération est la *précipitation*; elle sépare les substances primitivement dissoutes en deux groupes, renfermant, l'un, les substances solubles dans la liqueur, l'autre, les substances insolubles. Cette *précipitation* s'obtient dans certains cas par l'action de la chaleur. On a dissous un silicate dans l'acide azotique ; la silice est en dissolution avec les bases ; mais en évaporant à siccité et en portant le mélange à une température supérieure à 100°, on rend la silice insoluble dans les acides; elle peut aussi s'obtenir par l'emploi d'un réactif. Dans un mélange d'azotates de chaux, de magnésie, de potasse et de soude, on verse de l'oxalate d'ammoniaque; la chaux est précipitée à l'état d'oxalate de chaux. Magnésie, potasse, soude, restent en dissolution.

La troisième opération est le *dosage* de chaque substance. Il consiste à peser une modification d'un corps simple telle qu'il soit facile de calculer au moyen du poids trouvé le poids d'une autre modification quelconque de ce corps. Le poids de chlorure d'argent obtenu en versant de l'azotate d'argent dans une dissolution de chlorure de potassium permet de déterminer le poids de chlore et celui de chlorure de potassium existant dans la liqueur.

On arrivera à des résultats exacts si la séparation des différents corps est complète, si les réactifs employés sont purs, si la combinaison que l'on pèse dans chaque dosage est fixe et ne retient aucune des substances avec lesquelles on l'a mise en contact.

Quant au choix des dissolvants, à la marche à suivre dans les précipitations et les dosages, il faut avoir recours aux traités spéciaux d'analyse chimique.

On emploiera la voie humide toutes les fois que l'on voudra l'analyse exacte et complète d'un corps.

La voie sèche a quelques avantages qui lui sont propres et de grands rapports avec ce qui se pratique dans les usines. Souvent un maître de forge n'a besoin de connaître que la proportion d'un seul des éléments d'un minerai. Une opération métallurgique en petit lui donnera rapidement un résultat qui se rapprochera beaucoup de celui qu'il obtiendrait dans son usine. Le traitement des minerais par voie sèche exige deux sortes d'opérations, les unes mécaniques, les autres chimiques.

Opérations mécaniques. — On *casse* la matière à essayer à l'aide de marteaux en l'enveloppant, si c'est nécessaire, dans des feuilles de tôle très-flexibles pour éviter la projection. On la pulvérise dans des mortiers. Si elle est très-dure et inaltérable par la chaleur, on la fait d'abord chauffer au rouge et on la plonge dans l'eau froide. Elle se fendille en tous sens et devient très-facile à pulvériser. On la tamise pour séparer les parties les plus fines de celles qui sont encore trop grosses et que l'on remet dans le mortier.

Quant aux opérations chimiques, elles varient un peu suivant le but qu'on se propose. Le plus souvent, il faut *réduire* un oxyde, *fondre* en un seul culot les parcelles de métal réduit, en séparant les matières étrangères sous forme d'un verre que l'on appelle *scorie*.

La *réduction* est une opération par laquelle on enlève l'oxygène à un oxyde ou à une combinaison oxydée quelconque. Elle se fait en chauffant la matière à une température plus ou moins élevée avec un corps ayant pour l'oxygène une affinité plus grande, tel que le charbon, l'hydrogène ou un autre métal plus oxydable. La réduction par le charbon est la plus employée; elle donne des produits analogues à ceux des usines.

La *fusion* de la matière minérale avec ou sans addition d'autres substances a pour objet soit d'en extraire un métal ou un alliage, soit de séparer une combinaison métallique d'une combinaison pierreuse. Elle se fait dans des creusets en argile, nus ou brasqués, recouverts, pour empêcher l'accès de l'air, d'un couvercle qui est quelquefois percé d'un trou pour donner issue aux gaz qui se dégagent. Dans cette fusion, le métal se réunit en une seule masse au fond du creuset, tandis que les matières scoriacées plus légères restent à la partie supérieure. Si le feu est bien conduit, la séparation est complète. Quand l'essai est terminé, on retire le creuset et on le laisse refroidir lentement.

Les gangues qui accompagnent le métal sont le plus souvent infusibles aux températures que l'on peut obtenir dans le fourneau d'essai. On mélange alors la matière pulvérisée avec un *fondant*.

« Les *fondants* sont des corps qui forment avec les matières étrangères à celles qu'on essaie des combinaisons fusibles; quelquefois ils agissent en même temps comme réactifs oxydants ou réductifs. Voici ceux que l'on emploie ordinairement.

La *silice* employée pour déterminer la fusion des gangues calcaires dans les essais qui se font à une température élevée. Elle peut être quelquefois remplacée avantageusement par de l'argile qui, renfermant de l'alumine, rend plus fusibles les gangues calcaires.

Si les gangues sont argileuses et siliceuses, on ajoute du calcaire.

Le *borax* qui forme des combinaisons très-fusibles avec la silice et les bases.

Le *spath fluor* forme avec les sulfates de chaux et de baryte des combinaisons très-fusibles. C'est également un bon fondant pour les matières siliceuses.

Les carbonates alcalins, tel que le sous-carbonate de soude, oxydent et désulfurent beaucoup de métaux et sont d'excellents fondants pour les gangues siliceuses ou argileuses. On les emploie avec succès dans les essais de galène.

Le nitre, le flux noir, la litharge sont aussi de très-bons fondants.

Les autres opérations que l'on peut avoir à effectuer sont : la *calcination* qui a généralement pour objet de séparer du minéral une substance volatile quelconque par l'effet seul de la chaleur et à l'abri de l'air.

Le *grillage*, qui a pour but de combiner soit la matière, soit quelques-uns de ses éléments avec l'oxygène de l'air, afin de les dégager sous forme de matières gazeuses; on l'opère en chauffant le minerai au contact de l'air dans de petits vases plats en terre cuite, ou *têts à rôtir*. Pour que le grillage soit complet, on remue souvent la matière, afin d'amener toutes ses parties au contact de l'air et d'empêcher la fusion ou l'agglomération : en général, il faut l'opérer à la température la plus basse possible.

La *distillation* et la *sublimation* ont pour objet de vaporiser la matière ou seulement d'en séparer les éléments volatils qui s'y trouvent. Il y a distillation si les vapeurs se condensent à l'état liquide; sublimation si elles se condensent à l'état solide. C'est une calcination en vase clos qui se fait ordinairement dans des cornues.

On consultera avec fruit le *Traité des essais par la voie sèche*, de Berthier.　　　　　L.

DODÉCAÈDRE (Géométrie). — Polyèdre à douze faces; il existe des dodécaèdres réguliers. En cristallographie, on trouve dans le système cubique le dodécaèdre rhomboïdal et le dodécaèdre pentagonal.

DODÉCAGONE (Géométrie). — Polygone ayant douze côtés.

Pour inscrire le dodécagone régulier, il suffit d'inscrire d'abord l'hexagone, puis, en abaissant du centre des perpendiculaires sur chaque côté, on a six nouveaux points sur la circonférence qui, joints aux six précédents, donnent le dodécagone.

Dans un dodécagone convexe quelconque, la somme des angles intérieurs vaut toujours vingt angles droits (2 angles droits répétés 12, moins 2, fois.

DODÉCAGYNIE (Botanique), du grec *dôdeca*, douze, et *gyné*, femelle). — Nom du 7ᵉ ordre de la 11ᵉ classe (*Dodécandrie*, voyez ce mot), du système sexuel de Linné. Il comprend les plantes hermaphrodites à étamines de 12 à 19 et à 12 pistils.

DODÉCANDRIE (Botanique), du grec *dôdeca*, douze, et du génitif *andros*, mâle). — Nom de la 11ᵉ classe du système sexuel de Linné. Elle comprend les plantes à fleurs hermaphrodites renfermant de 12 à 19 étamines inclusivement. On ne connaît pas de plantes à 11 étamines. Les sept ordres qui la composent sont caractérisés par le nombre de pistils : 1° Monogynie; genres principaux : *Asaret, Bassie, Pourpier, Salicaire*; 2° Digynie: Aigremoine; 3° Trigynie : Réséda, Euphorbe; 4° Tétragynie : Aponogeton; 5° Pentagynie : Glinus; 6° Hexagynie : Cephalotus; 7° Dodécagynie : Joubarbe.

DODÉCATHÉON (Botanique), *Dodecatheon*, Lin.; du grec *dôdeka*, douze, et *theos*, divinité; la hampe d'une des espèces porte ordinairement douze fleurs. — Genre de plantes Dicotylédones gamopétales hypogynes, famille des *Primulacées*, tribu des *Primulées*. Caractères : calice à 5 divisions persistantes; corolle rotacée à 5 lobes réfléchis; 5 étamines presque sessiles; style saillant; capsule oblongue s'ouvrant en 5 valves. Les espèces de ce genre sont des herbes vivaces à fleurs en ombelles pendantes. Le *D. de Virginie, Gyroselle de Virginie* ou *D. de Mead* (*D. Meadia*, Lin.), dédié au médecin anglais Richard Mead, qui vivait au commencement du xviiiᵉ siècle, est une jolie plante à feuilles radicales disposées en rosette et irrégulièrement dentées, 12 fleurs d'un beau rose pourpre terminant une hampe de 0ᵐ,30 à 0ᵐ,35. Cette espèce vient des forêts de l'Amérique septentrionale, où elle porte le nom de *Courslip*, et a été introduite dans les jardins d'Europe en 1744. On connaît plusieurs variétés. Elles diffèrent par la teinte de leurs fleurs. On cultive aussi comme plante d'agrément fleurissant au printemps le *D. à feuilles entières* (*D. integrifolia*, Michx), originaire de la Californie et se distinguant par ses feuilles presque spatulées, entières, et ses fleurs de couleur lilas.

DODONÉE (Botanique), *Dodonæa*, Lin.; en mémoire du botaniste flamand Rambert Dodoens, connu sous le nom de Dodonée. — Genre de plantes *Dicotylédones dialypétales hypogynes*, famille des *Sapindacées*. Caractères : fleurs dioïques ou polygames ; calice à 3 ou 5 sépales caducs ; pétales nuls ; 8 étamines très-courtes ; stigmate trilobé ; fruit : capsule à 5 ailes membraneuses et composée de 2-3 loges renfermant chacune 2 graines presque sphériques. Les espèces assez nombreuses de ce genre sont des arbrisseaux à feuilles persistantes et à fleurs peu apparentes ordinairement de couleur verdâtre. Leur habitat est très-étendu. Le plus grand nombre se trouve à la Nouvelle-Hollande, dans les Indes orientales et dans l'Amérique du Sud. La *D. visqueuse* (*D. viscosa*, Lin.) s'élève à 2-4 mètres. Ses feuilles sont ovales, oblongues et visqueuses. Cette espèce croît dans l'Amérique du Sud. La *D. à feuilles d'asplénium* (*D. asplenifolia*, Lin.) s'élève à peu près à 1 mètre. Ses rameaux présentent 8 angles et ses feuilles ont 3 dents au sommet. Elle vient en Australie. La *D. à feuilles de saule* (*D. salicifolia*, de Cand. ; *D. angustifolia*, Lamk) a les feuilles glabres, luisantes et exhalant, quand on les froisse, une odeur de pomme de reinette qui a fait donner à cet arbrisseau le nom de *Bois reinette*. Elle habite les Indes orientales. G—s.

DOGMATIQUE (Médecine). — Nom d'une secte de médecins chez les Anciens, dont la doctrine avait pour base de rechercher par le raisonnement l'essence même des maladies et leurs causes occultes, s'appuyant, autant qu'ils le pouvaient, sur l'étude de l'anatomie, mais se livrant trop souvent aux subtilités de la philosophie scolastique. C'était l'opposé des *Empiriques* qui, ne connaissant que l'expérience et l'observation, rejetaient l'utilité de l'anatomie. Hippocrate, qui vivait avant la naissance de ces deux sectes, avait compris l'importance et la nécessité de l'observation, et les monuments qu'il nous a laissés, et qui sont encore aujourd'hui les plus parfaits modèles en ce genre, attestent le prix qu'il y attachait; mais il ne s'interdisait pas d'y joindre le raisonnement et les déductions logiques qu'il tirait de la comparaison de ces faits. C'est donc sans raison que les dogmatiques le regardent comme leur chef, et il semble bien plutôt avoir par avance secoué ce double joug. Ce qui prouverait, au besoin, que ce grand homme ne pouvait par ses écrits appartenir à aucune secte, c'est que les fondateurs du dogmatisme, Thessalus et Dracon, ses fils, et leur beau-frère Polybe, avaient commencé par altérer les livres du maître en y introduisant les principes des sectes philosophiques du temps. F—n.

DOGUE, Doguin (Zoologie). — Une des familles établies par Fr. Cuvier dans la race des *chiens domestiques* (voyez Chien, Races canines).

DOIGTS (Anatomie, Physiologie), *digitus*. — Appendices séparés et mobiles qui terminent les bras de l'homme. Ils sont au nombre de cinq, que l'on connaît sous les noms de *pouce, index, médius, annulaire, auriculaire* ou *petit doigt*. La limite de séparation des doigts et de la main est marquée, en avant, par des plis transversaux; en arrière, il n'y a pas de séparation distincte. Sur les parties latérales, les doigts sont réunis par des replis cutanés; ce sont les commissures interdigitales. Le pouce est complétement séparé des autres doigts, et sa disposition est telle qu'il peut, par son extrémité, se réunir à l'extrémité des quatre autres doigts et constituer ainsi un instrument de préhension des plus utiles; c'est ce qu'on appelle *pouce opposant*. On ne le trouve que chez l'homme et chez quelques singes. La forme des doigts est fusiforme. Ils sont légèrement aplatis d'avant en arrière, et se terminent par une extrémité arrondie. Cha-

que doigt est composé de trois os ou *phalanges*, excepté le pouce qui n'en a que deux, dont la première s'articule avec l'os métacarpien correspondant. De cette disposition résulte un ensemble de quatorze articulations permettant une multiplicité de mouvements qui font de la main de l'homme un des instruments les plus admirables qu'on puisse imaginer. Nous ne pouvons entrer dans les détails anatomiques de l'organisation des doigts ; il suffira de dire ici que les muscles nombreux qui les meuvent ont presque tous leurs parties charnues à l'avant-bras, et que les tendons seuls se rendent jusqu'à l'extrémité des doigts, ce qui a permis de réduire à un petit volume chacune des parties qui les composent, et d'en rendre les mouvements plus faciles et plus délicats.

La face palmaire des doigts est remarquable par des saillies arrondies, au nombre de trois, séparées les unes des autres par des sillons transversaux. La face dorsale est légèrement convexe; on y remarque, au niveau du point d'union de la première avec la seconde phalange, une série de rides dont les supérieures et les inférieures, curvilignes, se regardent par leur concavité, et dont les moyennes sont transversales. Dans la flexion des doigts, trois saillies osseuses sont proéminentes; la plus élevée est un peu anguleuse à cause du tendon extenseur qui passe sur elle. L'extrémité antérieure de la face dorsale des doigts est recouverte par l'*ongle*.

La graisse est moins abondante sur la face dorsale que sur la face palmaire, où elle forme au niveau de l'ongle une masse connue sous le nom de *pulpe* du doigt; dans ce tissu graisseux rampent un grand nombre de nerfs, de veinules, d'artérioles et de lymphatiques. Cette richesse vasculaire et nerveuse explique la facilité avec laquelle les inflammations purulentes, appelées *panaris*, se forment sous la peau, et les douleurs qui en résultent quand les nerfs sont comprimés au milieu des parties tuméfiées. Mais elle rend raison aussi de la multiplicité et de la délicatesse des sensations qui nous arrivent par le toucher, dont la pulpe de l'extrémité des doigts est le siége principal. Si on joint à cela le nombre et la mobilité des doigts, la quantité des brisures ou articulations dont ils sont pourvus, cette direction si importante du pouce, opposé à tous les autres doigts, leur position à l'extrémité de ce long levier que l'on nomme le *membre supérieur*, fragmenté lui-même par une série de jointures d'une mobilité merveilleuse, on comprendra l'importance de leur rôle physiologique. On se rendra compte comment il se fait que, lorsque nous voulons connaître les qualités d'un corps et que nous le touchons avec les doigts, il se trouve de toutes parts enveloppé de papilles nerveuses susceptibles de transmettre au cerveau les impressions les plus légères, et de nous en donner les idées les plus nettes.

Doigts (Anatomie comparée). — Les doigts présentent des différences assez nombreuses chez les animaux qui en sont pourvus ; on ne les rencontre guère que dans les mammifères, les oiseaux et quelques reptiles. Dans les mammifères marcheurs, les extrémités pourvues de quatre membres bien développés ont cinq doigts au plus, mais un, deux, trois et même quatre de ces doigts ne se développent pas dans certaines espèces (cheval) ; souvent aussi le nombre des doigts n'est pas le même aux membres antérieurs qu'aux membres postérieurs (chien, chat). A mesure que l'animal mammifère devient plus exclusivement marcheur, une portion moins considérable de ses extrémités touche le sol pendant qu'il s'appuie sur elles. Ainsi les guenons et les mandrilles parmi les singes ; les hérissons, les musaraignes parmi les insectivores, posent bien la plante entière du pied sur le sol, mais leurs doigts servent en même temps à la préhension ; il en est de même des ours et des animaux voisins parmi les carnivores ; aussi tous ces animaux ont-ils reçu le nom de *Plantigrades*. Dès que l'extrémité ne sert plus à aucune préhension, bien qu'elle soit encore utilisée comme arme offensive ou défensive, le métacarpe et le métatarse s'allongent, se redressent, et l'animal ne marche plus que sur les doigts ; il est *digitigrade*. Tant que l'extrémité conserve encore quelques autres usages que la marche, les trois phalanges appuient sur le sol ; mais lorsqu'enfin le membre n'a plus qu'un seul but, soutenir l'animal dans la station et la progression, il se détache encore plus du sol, et la phalange unguéale, la dernière phalange des doigts, vient seule s'appuyer ; en même temps, cette phalange prend une organisation toute nouvelle. Chez les plantigrades, chez les digitigrades carnassiers dont les membres servent à saisir, attaquer, fouir, etc., l'ongle est une simple lame cornée appliquée **sur** le doigt pour en soutenir l'extrémité, ou plus souvent il est comprimé en griffe acérée ou obtuse ; en tout cas, la face inférieure de la dernière phalange n'est jamais recouverte par aucune lame cornée. Mais chez les animaux essentiellement marcheurs, dont la nourriture toujours végétale n'est pas saisie avec les extrémités (cheval, mouton, chèvre, etc.), l'ongle forme à la dernière phalange une sorte de chaussure cornée qui la reçoit tout entière et la transforme en un véritable pied de support ; c'est là ce qu'on nomme un *sabot*. Le cheval, le mouton, le bœuf, le cochon, sont des animaux à sabots. Les naturalistes ont appelé *onguiculés* (*unguis*, ongle) les animaux à ongles, à griffes, et ils ont donné le nom de *ongulés* (*ungula*, sabot) à ceux dont les extrémités sont pourvues de sabots. Le nombre des doigts varie en raison de la différence de conformation du membre ; en général, plus un mammifère est marcheur, plus le nombre et la longueur des doigts tendent à diminuer ; plus, au contraire, il utilise ses extrémités pour saisir, attaquer, plus on y trouve de doigts, et plus ceux-ci conservent de longueur et de flexibilité. Ainsi il y a des animaux pourvus de cinq doigts à toutes les extrémités, puis de cinq en avant et quatre seulement en arrière (chien, chat) ; chez d'autres, comme le cochon, le cerf, le chevreuil, etc., on trouve quatre doigts à tous les membres, encore deux seulement appuient sur le sol. Enfin, le genre *Cheval* nous montre des extrémités terminées par un seul doigt. L'éléphant a cinq doigts, mais très-raccourcis, à toutes les extrémités.

Quelques mammifères (chauves-souris) sont organisés pour le vol et présentent une modification importante dans la conformation des doigts ; ceux-ci, au membre antérieur, sont devenus de longues baguettes articulées, que l'on a souvent comparées, non sans raison, à celles d'un parapluie. Sur toutes les parties du membre se développe un repli de la peau des flancs, qui forme une voile aérienne entre les doigts de la main, s'étend de leur extrémité aux tarses des membres postérieurs et même au bout de la queue de l'animal. Les doigts sont courts, aux membres postérieurs, ils sont d'ailleurs pourvus d'ongles crochus très-vigoureux. Dans d'autres mammifères qui passent une partie de leur vie dans l'eau (castor, loutre, etc.), des replis membraneux unissent les doigts et transforment l'extrémité tout entière en une sorte de rame plus ou moins étendue ; cette transformation est plus prononcée dans les cétacés qui sont encore plus exclusivement aquatiques ; elle coïncide, du reste, ici avec des modifications bien plus profondes dans la forme générale du corps.

Chez les oiseaux, on ne trouve au membre antérieur (aile) qu'un pouce incomplet, et deux doigts informes et confondus, dont un seul a deux phalanges ; quant aux membres postérieurs, ils servent en même temps à la marche (outarde) et à la préhension soit de la nourriture (perroquet), soit des objets sur lesquels l'oiseau veut grimper (grimpereaux), percher (coucou), etc. Aussi, chez tous à peu près, les doigts sont-ils longs, flexibles, en général, au nombre de quatre au plus ; on n'en trouve plus que trois dans l'autruche d'Amérique, deux dans celle d'Afrique, qui sont des animaux exclusivement marcheurs ; dans les oiseaux nageurs, on retrouve la palmature des doigts, c'est-à-dire leur réunion par une membrane interdigitale ; tels sont les palmipèdes. On rencontre aussi, chez quelques reptiles et amphibies nageurs (grenouilles), une espèce de palmature qui a quelque analogie avec la précédente.　　　　Ad. F.

Doigts (Astronomie). — On évalue la grandeur d'une éclipse en concevant son diamètre divisé en douze parties égales qu'on appelle doigts. Une éclipse est de dix doigts, par exemple, si, à l'instant de la plus grande phase, dix de ces parties se trouvent cachées.

DOLABELLE (Zoologie), *Dolabella*, Lamk., signifie en latin petite doloire. — Genre de *Mollusques*, de la classe des *Gastéropodes*, ordre des *Tectibranches*, propres seulement aux mers des Indes et à l'Océanie. Établi d'abord par Lamarck, à côté des Aplysies, ce genre ne fut pas d'abord adopté par Cuvier qui déclara la ressemblance trop grande pour en faire deux genres séparés et fut d'avis de faire rentrer les Dolabelles dans les Aplysies comme sous-genre. Cependant, Lamarck insistant sur la différence des coquilles, Cuvier finit par se rendre à son opinion. Mais en 1828, W. Rang dans une mémoire sur les Aplysies, remit en lumière les idées de Cuvier, les confirma et ne considéra plus les dolabelles que comme une section des Aplysies. La coquille est triangulaire et calcaire. L'animal a un pied large, avec un corps mince en avant, large en arrière, à branchies enfermées dans une cavité, il est gros et semblable aux limaces par ses mouvements lents et bornés. Les bords de son manteau sont serrés et impropres à la natation. Ces mollusques rampent la nuit sur les rochers et les plantes marines ; ou bien ils s'enfoncent dans le sable la tête en bas en ne laissant sortir que le tube charnu destiné à porter l'eau aux branchies. La *D. de Péron* (*D. Peronii*, Blv.), longue de 0ᵐ,08 à 0ᵐ,10, a un rudiment de coquille parfaitement calcaire. Elle vient de l'île de France.

DOLABRIFORME (Botanique). — Se dit de feuilles charnues, presque cylindriques à la base, plates au sommet, offrant deux bords dont l'un est épais et rectiligne et l'autre élargi, circulaire et tranchant. Ces feuilles ressemblent ainsi à l'instrument de tonnelier connu sous le nom de *doloire*, de là l'origine de cette expression. La *Fecoïde en forme de doloire* (*Mesembryanthemum dolabriforme*, Lin.) indique assez par son nom spécifique la forme de ses feuilles.

DOLÈRES (Zoologie), *Dolerus*, Jur. ; du grec *doleros*, trompeur. — Genre d'*Insectes*, de l'ordre des *Hyménoptères*, section des *Térébrants*, famille des *Porte-scie*, tribu des *Tenthrédines*, établi par Jurine, aux dépens des *Tenthrèdes*. Ils se distinguent par des antennes simples dans les deux sexes, de neuf articles ; deux cellules radiales et trois cubitales. Jurine divise ce genre en deux familles. Le *D. de l'églantier* (*D. eglanteriæ*, Less.) habite presque toute l'Europe. On trouve aussi aux environs de Paris le *D. pallimacula* de Lepeletier. Ce genre figure pas dans le *Règne animal*.

DOLÉRITE (Minéralogie), du grec *doleros*, trompeur, à cause de sa ressemblance trompeuse avec quelques diorites. — Les Allemands lui ont donné le nom de *Graustein*. C'est, suivant Al. Brongniart, une roche isomère, c'est-à-dire dans laquelle il n'y a pas de principe dominant constant : elle est composée essentiellement de pyroxène et de feldspath. Cordier la définit une roche granitoïde composée de même de feldspath et de pyroxène, plus du sous-titanate de fer. Elle contient ces deux derniers corps en plus grande quantité que la mimosite à laquelle elle ressemble d'ailleurs. Bendant la dit composée de pyroxènes noirs et de labradorite ; ainsi réunis, ils constituent une roche analogue à la syénite et à la diorite, qui est tantôt granitoïde, tantôt compacte par suite de l'atténuation des parties constituantes ; elle paraît, dans ce dernier état, être la pâte des porphyres noirs nommés *mélaphyre*, et de la plupart des *basaltes*. Elle constitue enfin les laves de l'Etna et du Stromboli ; on la trouve dans le Cantal ; elle est plus récente que la mimosite.

DOLIC (Botanique), *Dolichos*, Lin. ; du grec *dolichos*, long, parce que la tige est longue et grimpante. — Genre de plantes *Dicotylédones dialypétales hypogynes*, famille des *Papillonacées*, tribu des *Phaséolées*. Caractères : calice court, à 4 dents, dont la supérieure est échancrée ; étendard réfléchi, muni à la base de deux callosités qui compriment les ailes ; gousse oblongue, contenant plusieurs graines réniformes ou arrondies, à ombilic latéral. Les feuilles des espèces de ces plantes sont à trois folioles. Les botanistes modernes ont extrait plusieurs genres du genre *Dolichos*, Lin., qui comprenait une soixantaine d'espèces. Pour les espèces qui suivent, nous conservons la synonymie linnéenne. Le *D.*, Lablab (*D. Lablab*, Lin. altéré de son nom arabe qui signifie *liseron* ; *Lablab vulgaris*, Sav.) est une herbe annuelle grimpante, à fleurs violettes, pourpres ou blanches, suivant les variétés. Cette espèce est originaire des Indes orientales, où elle se cultive pour ses graines alimentaires qu'on dit aussi bonnes que nos haricots. Le *D. soja*, Lin. (*Soja hispida*, Mœnch) ; *soja* est le nom que donnent les Japonais à une sauce dans la préparation de laquelle entre la graine de cette espèce ; plante asiatique donnant des fleurs violettes et très-recherchée dans l'art culinaire de la Chine et du Japon. Le *D. irritant* (*D. pruriens*, Lin.), de *prurio*, je démange, je cuis, parce que sa gousse est couverte de poils roussâtres très-fins qui pénètrent la peau et y causent de vives démangeaisons, vulgairement *Pois à gratter* ou *poils à gratter*, c'est le *Mucuna urens* de de Candolle. Cette espèce vient dans les Indes et donne des fleurs violettes en grappes pendantes.　　　　G — s.

DOLICHOPES (Zoologie). — Sous-genre d'*Insectes* de la tribu des *Dolichopodes* (voyez ce mot). Ils ont le troisième article des antennes presque triangulaire, peu allongé ; ils sont souvent parés de couleurs vertes ou cuivreuses ; les pieds longs et très-déliés. Ils se tiennent sur les murs, les troncs d'arbres, les feuilles. Quelques-uns courent agilement à la surface des eaux ; ils sont, du reste, répandus partout. Le *D. à crochets* (*D. ungulatus*, Fab.), long de 0ᵐ,008 a 0ᵐ,009, à les antennes de moitié plus courtes que la tête; corps d'un vert bronzé, luisant, les pattes en partie d'un rouge livide, les ailes sans taches. Sa larve vit dans la terre; elle est longue, cylindrique, avec deux pointes en forme de crochets recourbés. Elle est très-commune.

DOLICHOPODES (Zoologie), du grec *dolichos*, long, et *pous*, pied. — Nom d'une tribu d'*Insectes* de l'ordre des *Diptères*, famille des *Tanystomes*, remarquable par la longueur des pieds. Autres caractères généraux : palpes déprimées; lobes de la trompe divisés et pouvant librement se dilater et s'ouvrir; couleurs métalliques brillantes; ils vivent sur les feuilles dont ils pompent le suc, en chassent même les insectes plus petits et moins agiles et en font leur proie. Ils sont communs de mai à octobre. M. Macquart (*Hist. nat. des Diptères*), les divise en onze genres dont les principaux sont les genres *Hydrophore, Médétère* et *Dolichope*, proprement dit, cette division a été adoptée par Latreille (*Règne animal* de Cuvier).

DOLICHOTIS (Zoologie), Desmar. — Nom par lequel Desmarest désigne un genre de *Mammifères*, plus connu sous le nom de *Mara*.

DOLICHURE (Zoologie), *Dolichurus*, Spino.; du grec *dolichos*, allongé, et *oura*, queue, à cause du prolongement du ventre qui forme une sorte de queue. — Genre d'*Insectes* de l'ordre des *Hyménoptères*, section des *Porte-aiguillon*, famille des *Fouisseurs*, tribu des *Sphégides*, établi par Spinola; ils ont les mandibules dentées, les palpes maxillaires plus longues que les labiales. Le *D. très-noir* (*D. ater*, Latr.) a le corps d'un noir très-intense, luisant. On le trouve dans le midi de la France; M. Baroche l'a trouvé dans le Calvados.

DOLIUM (Zoologie), Lamk. — Nom latin d'un genre de *Mollusques* (voyez TONNE).

DOLOIRE (BANDAGE EN) (Chirurgie). — On appelle ainsi la disposition qu'on donne à une bande, lorsqu'en l'appliquant sur la cuisse, par exemple, chaque tour, lorsqu'il est recouvert par le suivant, reste à découvert d'un tiers de sa largeur; de telle sorte que le bandage étant complet présente l'apparence des tuiles ou des ardoises qui recouvrent une maison; on a cru aussi lui trouver une ressemblance avec le taillant en biseau de l'instrument des tonneliers, nommé *doloire;* de là le nom qu'on lui a donné.

DOLOMÈDE (Zoologie), *Dolomedes*, Latr.; du grec *dolomédes*, qui emploie des ruses. — Genre d'*Arachnides*, de l'ordre des *Pulmonaires*, famille des *Fileuses* ou *Aranéides*, section des *Citigrades*, qui se distingue par : les yeux disposés sur trois lignes transversales par quatre, deux, deux; la seconde paire de pieds aussi longue ou plus longue que la première; lèvre carrée aussi large que haute. Ces arachnides courent après leur proie; elles construisent une toile à l'entour des plantes, dans laquelle elles déposent leur cocon. Elles ont été divisées en deux groupes : dans le premier, on trouve, entre autres, le *D. admirable* (*D. admirabilis*, Valck.; *Aranea obscura*, Fab.), long d'environ 0ᵐ,012, brun grisâtre; une tache blanche de chaque côté du corselet; les pieds de la couleur du corps. Aux premiers beaux jours, la femelle construit à l'extrémité des branches d'arbres ou des buissons un nid en dôme, de la grosseur du poing, et y fait sa ponte; lorsqu'elle va à la chasse, elle emporte son cocon, qui est gros comme un petit pois fixé sur sa poitrine. Il n'est pas rare aux environs de Paris. Les *D.* de la seconde section habitent le bord des eaux, courent très-vite à leur surface, et s'y enfoncent même un peu sans se mouiller : le *D. frangé* (*D. fimbriatus*, Valck.), d'un brun plus ou moins obscur, est plus fort que le précédent. Latreille en avait un individu « dont la taille égalait presque celle d'une tarentule de moyenne grandeur (0ᵐ,03). » C'est surtout cette espèce que l'on voit courir sur les eaux avec une agilité surprenante. Lorsqu'elle se tient en repos, ses pattes sont étendues et appliquées sur la surface de l'eau; elle se précipite sur les mouches sans tendre de toiles. Au moment de la ponte, elle file une toile grossière dont les fils s'étendent sur plusieurs branches de plantes; elle y dépose ses œufs qu'elle enferme dans un cocon, et ne le quitte plus jusqu'à l'éclosion.

DOLOMIE (Minéralogie), dédié au minéralogiste Dolomieu. — Minéral d'un aspect cristallin et d'une texture tantôt lamellaire, tantôt grenue, composé de carbonate de magnésie ($CaO,CO^2 + MgO,CO^2$). En rapport avec cette composition, la Dolomie fournit un exemple des plus remarquables en cristallographie : le carbonate de chaux et le carbonate de magnésie cristallisent en rhomboèdres dont les angles sont l'un de 105° 5′, l'autre de 107° 25′; la dolomie cristallise aussi en rhomboèdres, mais de 106°,15′, angle qui est la moyenne entre les deux précédents. Ce minéral raye le calcaire et donne avec les acides une faible effervescence. La dolomie forme des roches importantes que l'on distingue en *dolomies saccharoïdes* et *dolomies compactes*. Les premières sont lamelleuses et cristallines et constituent une masse jaunâtre, âpre au toucher, que l'on regarde comme dérivant par métamorphisme du carbonate de chaux. Comme exemple, nous citerons la *Dolomie de Saint-Godard*, qui est blanche et mélangée de cristaux de trémolite ou amphibole blanche. Les *dolomies compactes* ont une cassure largement conchoïde; elles n'ont pas, en général, une origine métamorphique. Une particularité remarquable que présente cette roche est de former fréquemment des cloisons renfermant dans leur intérieur de la dolomie friable et même pulvérulente.   Lef.

DOMBEY, DOUMBAÏ, DUMBAÏ et ADOMPÉ (Zoologie). — Nom que l'on donne dans le Caucase à un bœuf sauvage dont la véritable nature est encore inconnue, faute d'observations précises. Ce bœuf paraît ne pas ressembler exactement au *Zubr* ou *Aurochs* de la Lithuanie, et cependant d'autres personnes ont regardé cette ressemblance comme incontestable (voyez *Dict. univ. d'hist. nat.*, par Ch. d'Orbigny, article DOMBEY).

DOMBEYA (Botanique), *Dombeya*, Cavan.; dédié au botaniste J. Dombey. — Genre de plantes *Dicotylédones dialypétales hypogynes*, famille des *Byttnériacées*, type de la tribu des *Dombeynacées*. Caractères : calice persistant à 5 folioles, avec involucre; 5 pétales; 15-20 étamines dont 5 stériles; 3-5 stigmates; 5 carpelles soudés. Les espèces de ce genre sont des arbres ou des arbrisseaux couverts d'une pubescence étoilée, à feuilles alternes persistantes et qui habitent principalement les îles Bourbon et Madagascar. Ce sont en général de belles plantes, recherchées pour l'ornement des serres. Le *D. d'Amélie* (*D. Ameliæ*, Guill.) s'élève jusqu'à 10 mètres; ses fleurs en ombelles sont rosées, plus ou moins pourprées au centre. On les cultive en serres.

DOMESTICATION, DOMESTICITÉ (Zoologie), du latin *domus*, maison. — Certaines espèces animales et végétales ont été créées propres à vivre avec l'homme en lui rendant des services de diverse nature en échange des soins que celui-ci prend de pourvoir à leurs besoins. On trouvera aux articles ANIMAUX et VÉGÉTAUX DOMESTIQUES l'indication des espèces soumises à la domestication ou, comme on dit encore, réduites en domesticité. Pour domestiquer une espèce sauvage, il faut d'abord s'assurer si ses mœurs offrent quelques chances de succès. Ainsi il y a beaucoup plus de difficultés à domestiquer les animaux carnassiers, farouches, de mœurs solitaires et surtout nocturnes, ceux qui ont des habitudes prononcées de migration ou de vagabondage; c'est parmi les animaux herbivores de mœurs sociables et sédentaires que l'on pourra le plus légitimement espérer de réussir. De même certaines plantes habitantes des rochers incultes, des plages maritimes, etc., etc., se prêtent fort mal aux tentatives de domestication ou s'y montrent entièrement rebelles. Il importe de placer au début l'espèce que l'on tente de domestiquer dans des circonstances aussi semblables que possible à celles où la nature la met habituellement; puis, par des changements progressifs, toujours en rapport avec les modifications que pourra présenter l'espèce dans sa conformation ou ses mœurs, on l'amènera peu à peu à vivre et à se multiplier dans le milieu domestique où on désire la maintenir. La domestication sera complète quand cette espèce s'entretiendra et se reproduira abondamment sans exiger des soins spéciaux trop différents de ceux que l'on donne aux autres espèces domestiques qui lui ressemblent. Les circonstances nouvelles où l'homme place une espèce domestique déterminent bientôt en elle des changements qui sont surtout provoqués par l'alimentation, l'habitation, le genre de travail ou d'exercice, s'il s'agit de bétail, enfin le choix des parents pour reproduire les nouveaux individus. En observant les effets des procédés qu'il suit à ces divers égards, l'homme arrive à produire méthodiquement les changements qu'il peut désirer pour satisfaire ses goûts ou ses besoins; il modèle à son gré les espèces domestiques et les perfectionne au lieu de les altérer, comme on le dit trop souvent (voyez RACES). Du reste, la domestication est une opération lente et difficile, surtout pour les animaux, et principalement ceux des espèces de grande taille; il suffit, pour s'en convaincre, de remarquer que l'homme a domestiqué jusqu'ici un petit nombre d'espèces et que, depuis les temps historiques, les conquêtes faites par lui dans cette voie sont moins nombreuses encore qu'on ne l'imaginerait. **AD. F.**

DOMESTIQUES (ANIMAUX) (Zoologie). — Voyez ANIMAUX.

DOMESTIQUES (VÉGÉTAUX). — Voyez *Supplément*.

DOMINICALE (LETTRE). — Dans le calendrier perpétuel, chaque jour est affecté d'une des sept lettres A, B, C, D, E, F, G, placées régulièrement dans l'ordre alphabétique à partir du 1ᵉʳ janvier. La même lettre correspond, par conséquent, à un même jour de la semaine. En 1859, la lettre dominicale est B, c'est-à-dire que le 2 janvier, le 9 janvier, etc., sont des dimanches. Dans les années bissextiles, le jour intercalaire est censé être le 29 février. A cause de cela, il y a deux lettres dominicales, l'une qui sert en janvier et février, l'autre dans les mois suivants. En 1864, ce sera B, C ; la lettre C correspondra au dimanche dans les deux premiers mois, et la lettre B dans les mois suivants.

DOMITE (Minéralogie). — Roche trachytique (voyez TRACHYTE) de couleur variable, à grains très-fins se désagrégeant entre les doigts et ayant un aspect vitreux, un peu terreux. Examinées à la loupe, ces parties terreuses se montrent sous l'aspect d'une multitude de petits cristaux. Elle est très-âpre au toucher, contient quelques paillettes de mica et des lamelles d'amphibole ; mais on ne peut y distinguer de quartz, bien que l'analyse indique un excès de silice. Cette roche constitue le Puy-de-Dôme, d'où elle tire son nom, et se retrouve dans les massifs du Mont-Dore et du Cantal.

DOMPTE-VENIN (Botanique), *Vincetoxicum*, Moench. — Genre de plantes *Dicotylédones gamopétales hypogynes*, famille des *Asclépiadées*, tribu des *Cynanchées*. Caractères : fleurs en corymbes ; corolle à lobes étalés ; couronne staminale charnue à 5 ou 10 lobes arrondis ou obscurément apiculés. Les espèces de ce genre sont des plantes vivaces à tiges dressées ou un peu volubiles. Le *D. commun* (*V. officinale*, Moench), *Asclepius vincetoxicum*, Lin., vulgairement *Ipécacuanha des Allemands*, est une herbe indigène à fleurs blanchâtres. Les racines tuberculeuses de cette espèce sont employées en médecine comme vomitives et sudorifiques. Elles entrent dans la composition du vin diurétique dit *de la Charité*. On a cru reconnaître dans cette espèce une plante désignée par Dioscoride comme un antidote du venin des serpents et des poisons ; mais, au contraire, la racine du dompte-venin contient un principe suspect. Cette plante se trouve dans nos bois. Le *D. noir* (*V. nigrum*, Moench), à fleurs rouge foncé, presque noires, vient également en France, principalement sur les collines pierreuses. **G—s.**

DONACE (Zoologie), *Donax*, Lin. ; du grec *donax*, roseau. — Genre de *Mollusques*, de la classe des *Acéphales*, ordre des *Testacés*, famille des *Cardiacés*. Ce sont des coquilles petites et élégantes, à deux empreintes musculaires, aplaties, triangulaires, striées, avec 4 dents à la charnière. Les animaux qui produisent ces coquilles ont la conformation ordinaire des Cardiacés, sauf des tentacules rameux placés au bord du manteau et propres à empêcher l'introduction des corps étrangers, quand ces animaux entr'ouvrent leur coquille. Ils vivent dans le sable, et nous en trouvons plusieurs jolies espèces sur nos côtes. Quelques-unes servent d'aliment au peuple des côtes de la Manche et de la Méditerranée.

DONACIE (Zoologie), *Donacia*, Fab. ; même étymologie. — Genre d'*Insectes*, de l'ordre des *Coléoptères*, section des *Tétramères*, famille des *Eupodes*, tribu des *Criocérides*. Il comprend des insectes à couleurs métalliques et brillantes, avec le dessous du corps argenté et soyeux et des antennes longues et grêles. Ils vivent en général sur les plantes aquatiques, telles que nénuphars, hydrocharides, flèches d'eau, lentilles d'eau. On rencontre communément aux environs de Paris la *D. à grosses cuisses* (*D. crassipes*, Fab.), de couleurs variées, rouge, verte, violette, mais toujours dorée ; c'est un des plus jolis insectes que nous ayons, surtout quand on le regarde de près. On le trouve au bord des ruisseaux et dans les prés, sur l'iris qui en est quelquefois couverte. Sa longueur varie de 0ᵐ,005 à 0ᵐ,009.

DONAX (Botanique), même étymologie. — Nom d'une espèce de *Roseau* (voyez ce mot).

DONZELLE (Zoologie), *Ophidium*, Blainv. ; de l'italien *donzella*, demoiselle. — Genre de *Poissons osseux*, de l'ordre des *Malacoptérygiens apodes*, famille des *Anguilliformes*. Leur corps ressemble à celui des anguilles pour la forme et pour la disposition des nageoires anale, dor-

sale et caudale ; leurs branchies, bien ouvertes, ont un opercule très-apparent. Comme les anguilles, elles ont une chair délicate et salubre. La *D. commune*, *D. de la Méditerranée* (*O. Barbatum*. Lin.), habite la mer Rouge et la Méditerranée ; elle mesure 0ᵐ,25 de longueur, et est de couleur rosée, avec une bordure noire aux nageoires anale et dorsale.

DORADE (Zoologie). — Nom vulgaire donné par les pêcheurs aux poissons du genre *Coryphène* (voyez ce mot).

DORADE DE LA CHINE (Zoologie), du mot *doré*. — Espèce de *Poisson*, du genre *Carpe* (*Cyprinus*, Lin.), voyez CARPE, connu sous le nom vulgaire de *Poisson rouge* ou *doré* et nommé par les naturalistes *Cyprin doré*. Originaires de Chine et du Japon, ils ont été introduits dans nos étangs et dans les bassins de nos jardins dont ils font l'ornement à cause de leurs belles couleurs. Ils ont à peu près 0ᵐ,35 de longueur. Brun foncé lorsqu'ils sont jeunes, ils ne prennent que peu à peu le beau rouge qui les caractérise ; quelques-uns sont argentés, d'autres bigarrés de blanc et de rouge. On élève souvent quelques individus dans des bocaux sur les tables de nos appartements.

DORADILLE (Botanique), allusion au feuillage vert doré. — Nom vulgaire d'un genre de plantes *Cryptogames acrogènes*, famille des *Fougères*, tribu des *Polypodiacées*, nommé par Linné *Asplenium*, du grec *asplénon*, remède contre les maladies de la rate, à cause des propriétés que lui attribuaient les anciens dans ces maladies. Tel qu'il est adopté par Presl, ce genre très-nombreux et très-varié, est composé de plantes herbacées, à frondes découpées, à nervures fermées, naissant d'un rhizôme peu allongé, jamais arborescent. Les espèces très-variées d'aspect, appartiennent aux climats les plus différents des deux continents. La *D. noire*, vulgairement nommée *Capillaire noir* (*A. adiantum nigrum*, Lin.), croît dans toute l'Europe, dans les lieux ombragés et humides. La *D. des murailles*, vulgairement *Sauve-vie* (*A. ruta muraria*, Lin.), est une petite plante à racines fibreuses, frondes touffues. On la trouve sur les vieux murs. Elles sont regardées comme pectorales toutes les deux.

DORÉE (Zoologie). — Nom vulgaire donné aux poissons du genre *Zée*.

DOREMA (Botanique), *Dorema*, Don ; du grec *doréma*, présent. — Genre de plantes *Dicotylédones dialypétales périgynes*, famille des *Ombellifères*, tribu des *Peucédanées*. Il diffère du genre voisin Peucedanum par une glande en forme de cupule qui accompagne le style à sa base. Le *D. d'Arménie* ou *D. ammoniaque* (*D. Armeniacum*, Don), est une herbe assez élevée, à larges feuilles bipennées, avec un duvet épais et laineux sur ses fleurs. Cette plante croît dans le nord de la Perse, où elle fut découverte, en 1830, par le colonel Wright. Celui-ci en envoya des échantillons secs en Angleterre à Don, qui en fit le type d'un nouveau genre (voyez *Philos. Magazine*, 1831) et démontra que la gomme ammoniaque (voyez *gomme*), dont l'origine avait été jusqu'alors très-obscure, provenait de la plante en question.

DORIS (Zoologie), nom mythologique. — Genre de *Mollusques*, de la classe des *Gastéropodes*, ordre des *Nudibranches*. Ces animaux rampent sur un pied, quelquefois plus long que le corps, ils ont des branchies formant une rosace autour de l'anus, qui est situé sur la partie postérieure du dos ; bouche en forme de petite trompe, située sur le bord antérieur du manteau et garnie de deux tentacules coniques. La plupart sont parés de couleurs agréables, leur vie paraît très-apathique. On en trouve dans les mers tropicales qui ont jusqu'à 0ᵐ,20 de longueur. Le *D. Argo*, Lin., long seulement de 0,09, presque écarlate en dessus, bleuâtre en dessous, habite les mers de Naples.

DORONIC (Botanique), *Doronicum*, Lin. ; altération d'un nom arabe. — Genre de plantes *Dicotylédones gamopétales périgynes*, famille des *Composées*, tribu des *Sénécionidées*, sous-tribu des *Sénécionées*. Les espèces de ce genre sont des herbes à fleurs jaunes. Le *D. tue-panthère* (*D. pardalianches*, Lin.) est une plante indigène à feuilles radicales pétiolées en cœur, que l'on cultive dans nos jardins à cause de sa floraison précoce ; elle s'élève quelquefois jusqu'à 1 mètre. On a attribué autrefois à cette plante bien des vertus imaginaires et, entre autres, la propriété de détruire les animaux féroces. On l'emploie en médecine comme plante cordiale et vulnéraire. Le *D. à feuilles de plantain* (*D. plantagineum*, Lin.) est également indigène, mais diffère du premier en ce que ses feuilles radicales ne sont point cordées, mais ovales. On le trouve dans les bois montagneux. Caractères du genre : réceptacle dépourvu de paillettes ; style à branches tronquées munies au sommet d'un bouquet de poils dans les fleurs du disque ; akènes oblongs, sans bec ni ailes, ceux du centre à aigrette.

DORSAL (Anatomie). — Ce nom sert à désigner deux muscles du corps humain : 1° le muscle *grand dorsal* (*lombo-huméral*, Chauss.) est large, mince, placé sous la peau des lombes et de la partie inférieure du dos, d'où il s'étend au bras en passant sous l'angle inférieur de l'omoplate ; il s'attache en bas à la crête de l'os des îles, à celle du sacrum et un peu à la face postérieure de ce dernier os, aux apophyses épineuses lombaires, et aux six ou huit dernières dorsales, plus haut aux trois ou quatre dernières côtes par autant de digitations qui s'entre-croisent avec celles du grand oblique du bas-ventre, puis bientôt ses fibres charnues se rapprochent et convergent pour aller se terminer à la coulisse bicipitale de l'humérus, conjointement avec le grand rond, par un tendon fort et aplati. Ce muscle porte le bras en arrière et en dedans, par un mouvement de rotation dans ce dernier sens. Si le bras est fixé, il élève les côtes.

2° Le muscle *long dorsal* ou *long du dos* (compris par Chaussier dans le *sacro-spinal*) est un de ceux qui remplissent la gouttière vertébrale ; il s'étend tout le long de l'épine et se confond inférieurement avec le *sacro-lombaire* ; ce qui a engagé plusieurs anatomistes à ne faire de toute la masse musculaire de cette région qu'un seul muscle bifurqué supérieurement, et auquel on a donné le nom de *sacro-spinal* (Chauss.). Ces muscles servent à maintenir la colonne vertébrale, à la redresser, à la renverser en arrière, etc.   **F — N.**

DORSALE (NAGEOIRE) (Zoologie). — On appelle ainsi la nageoire qui existe sur le dos des poissons. La forme, la grandeur, la consistance, la position, etc., de cet appendice ont été employées par les ichthyologistes comme caractères zoologiques dans les classifications.

DORSALES (VERTÈBRES) (Anatomie). — Voyez VERTÈBRES.

DORSAUX (NERFS) (Anatomie). — Les nerfs dorsaux font partie des *nerfs spinaux.*

DORSIBRANCHES (Zoologie), du latin *dorsum*, dos, et du grec *branchia*, branchies. — Second ordre de la classe des *Annélides* (voyez ce mot) ; caractérisé par la position des branchies insérées à la face dorsale du corps, tout le long du corps ou seulement à sa partie moyenne. Les principaux genres de cet ordre sont : *Arénicole, Eunice, Néréide, Amphinome, Aphrodite*, etc.

DORSTÉNIE (Botanique), *Dorstenia*, Plum. ; dédié au botaniste Th. Dorsten. — Genre de plantes *Dicotylédones dialypétales hypogynes*, famille des *Morées*; caractérisé par la réunion des fleurs sur un réceptacle évasé, un peu concave, dans lequel elles sont à demi plongées. Le fruit qui en résulte porte le nom de *Sycône*, suivant beaucoup de botanistes. Les fleurs ont pour enveloppes florales 4 écailles peu distinctes. La *D. contre-poison* (*D. contrayerva*, Lin.), espèce vivace, à rhizôme charnu (voyez CONTRA-YERVA), est originaire de l'Amérique tropicale. Ses feuilles sont longuement pétiolées, cordiformes et naissent du rhizôme au nombre de 5 à 9. On connaît environ une dizaine d'espèces de ce genre intéressant que sa fructification rapproche des figuiers.

DORTHESIA (Zoologie), *Dorthesia*, Bosc; dédié au docteur Dorthès, et non pas abbé d'Orthez, comme on l'a dit mal à propos. — Genre d'*Insectes*, de l'ordre des *Hémiptères*, section des *Homoptères*, famille des *Gallinsectes*. L'espèce type, longue de 0ᵐ,002, vit sur les euphorbes, les orties, le groseillier, le géranium. Dorthès l'avait observé sur l'*Euphorbe characias* (voyez *Journal de physique*, 1784). Ses mœurs singulières ont été observées par Bosc (*Journ. de phys.*, 1814).

DORURE (Chimie industrielle), *aurum*, or. — On donne le nom général de *dorure* à diverses opérations industrielles dans lesquelles on applique en enduit une mince couche d'or sur les objets les plus divers, soit comme ornement, soit afin de préserver des altérations dues au milieu ambiant la substance recouverte.

La dorure est une opération purement mécanique quand il s'agit de déposer l'or sur le plâtre, la pierre, le bois, le cuir, le papier. Pour appliquer l'or mat sur le plâtre, le stuc, la pierre, on commence par recouvrir la substance avec un enduit que les ouvriers nomment *mixtion à dorer*, mélange de céruse et d'huile grasse. Cette huile grasse est de l'huile de lin camphrée qu'on a fait réduire en présence de la litharge. On prend 100 grammes de camphre pour 3 kil. d'huile. Quand

cet enduit est presque sec, l'ouvrier y fait adhérer une feuille d'or obtenue par les procédés d'extension mécanique du batteur d'or. Chaque feuille d'or est conservée entre les feuillets de petits cahiers de papier fin. Puis on brosse au pinceau de poils de putois pour obtenir une adhésion parfaite en tous points. La dorure mate sur cadre de bois s'obtient de la même manière, le bois étant enduit de céruse huilée. Quant au bruni, l'or est rendu adhérent au moyen de gélatine faite avec de la peau de lapin, puis sa surface est polie au brunissoir d'agate. Il faut, en général, mettre plusieurs couches d'or. C'est de la même façon qu'on dore le fer et l'acier. Ce moyen donne sur ces métaux une meilleure et plus solide dorure que le procédé chimique de Guyton de Morveau, qui recouvrait le métal d'une solution éthérée de chlorure d'or. Après l'évaporation de l'éther et la réduction du sel obtenue par une légère chaleur, il fixait la couche d'or au brunissoir. Le carton, le cuir, la tranche des livres sont également dorés par application sur enduit de céruse. On recouvre ensuite le plus souvent l'or avec un vernis. On se sert pour le coloriage d'*or en coquille* qu'on détache et qu'on applique au pinceau mouillé d'un peu d'eau gommée. La préparation d'or employée s'obtient en broyant des feuilles d'or sur une glace avec du miel ou une dissolution épaisse de gomme arabique, qu'on sépare ensuite au moyen d'eau chaude. L'or très-divisé qui reste est ordinairement étendu en couche mince dans des coquilles de moule de mer ou d'anodonte et s'y sèche. La même préparation avec feuilles d'argent sert à faire dans le coloriage les surfaces argentées.

Au contraire, la dorure devient une opération chimique, soit qu'on veuille recouvrir d'or les métaux oxydables ou l'argent (fabrication du vermeil), soit qu'on veuille orner de dessins d'or la porcelaine et la poterie ou en enduire uniformément toute leur surface.

L'ancien procédé par lequel on dorait les métaux portait le nom de *dorure au mercure*. Il avait l'avantage de donner une dorure épaisse et tenace. Les objets à dorer subissaient d'abord un décapage (voyez ce mot), puis une dessiccation. On les sautait dans un amalgame d'or formé de 1 partie d'or pour 8 à 9 de mercure qui s'attachait à la surface des pièces. On les retirait et on les plaçait dans une sorte de poële en fer que l'on chauffait de manière à produire la volatilisation du mercure en même temps que l'or se déposait à la surface. On polissait si cela était nécessaire, ou bien on conservait le mat. Il fallait préalablement, pour donner à la pièce, qui est d'un jaune sale au sortir du feu, la couleur de l'or, la couvrir d'une bouillie formée de sel, de nitre et d'alun, l'exposer au feu, puis traiter par l'eau chaude et essuyer.

Par ce procédé on perdait toujours une certaine quantité de mercure, métal d'un grand prix et dont on ne condensait les vapeurs qu'imparfaitement. En outre, les imprudences inévitables, l'imperfection du tirage des cheminées, malgré les améliorations introduites par Darcet, exposaient les ouvriers doreurs, respirant sans cesse les vapeurs mercurielles, à cette redoutable affection nommée le *tremblement mercuriel*, qui les mettait hors d'état de travailler après quelques années et les conduisait lentement à une mort prématurée. C'est donc un incontestable bienfait pour l'humanité que la science moderne ait permis de substituer à une industrie éminemment dangereuse des procédés électro-chimiques absolument sans dangers, moyennant quelques précautions de vulgaire hygiène. Cette industrie nouvelle se compose de deux branches distinctes : la dorure au trempé et la dorure par la pile.

Le principe de la dorure au trempé est celui de l'action des métaux sur les dissolutions salines : toutes les fois que l'on immerge dans une dissolution métallique une lame d'un métal plus oxydable que celui du sel, ce dernier est réduit, se dépose sur la lame et est remplacé par une partie correspondante du métal réducteur ; mais on comprend par cela même que la dorure au trempé sera nécessairement peu épaisse et ne pourra s'employer que pour des objets de peu de valeur, car le dépôt, étant dû à l'action du métal à dorer sur la dissolution d'or, doit cesser dès que la couche d'or recouvre exactement sans interstice toutes les parties de l'objet. C'est sur le cuivre, le laiton et l'argent que l'on dépose l'or par immersion. On savait depuis longtemps dans les laboratoires obtenir une mince couche d'or sur le cuivre en l'immergeant dans une solution de chlorure d'or très-étendue et aussi neutre que possible. Le procédé n'est devenu industriel que depuis le brevet de M. Elkington, qui est fondé sur l'emploi des dissolutions alcalines d'or qui offrent l'avantage que les pièces étant bien moins attaquées que par les sels neutres, le dépôt d'or n'est pas tumultueux. Nous remarquerons que tous les laitons ne sont pas également aptes à la dorure au trempé. Voici, d'après Darcet, les deux meilleurs laitons à employer :

	A (densité 8,395).	B (densité 8,542).
Cuivre.	63,70	64,45
Zinc.	33,55	32,44
Etain.	2,50	0,26
Plomb.	0,25	2,86
	100,00	100,00

En général, il faut que les laitons qu'on emploie soient fusibles et faciles à travailler. Les diverses opérations de la dorure du cuivre et du laiton au trempé sont les suivantes : 1° préparation du bain d'or ; 2° dérochage et décapage des pièces (voyez ces mots) ; 3° immersion ; 4° opérations subséquentes, comme mise en couleur, bruni, etc.

On prend (brevet Elkington) 150gr,45 d'une dissolution saturée de chlorure d'or qu'on étend de 18 litres d'eau pure et on y ajoute 9kil,06 d'une dissolution saturée de bicarbonate de potasse impur. Comme cette dissolution est trouble, on la fait bouillir pendant deux heures jusqu'à ce qu'elle devienne limpide. On se sert à cet effet de bassines de fer qui ne sont pas sujettes à se briser comme les vases de terre et avec lesquelles la bonne conductibilité permet d'entretenir plus facilement l'ébullition. Elles se recouvrent en peu de temps d'une couche d'or précipité qui empêche toute altération ultérieure du fer. Peu à peu, sous l'influence des matières organiques du bicarbonate de potasse impur, de celles des parcelles de sciure de bois qui restent adhérentes aux pièces dans certains modes de décapage, ou de celles enfin qu'on ajoute souvent artificiellement au bain, comme du sel d'oseille, de l'acide oxalique, etc., le trichlorure d'or est réduit à l'état de protochlorure qui seul peut donner une bonne dorure ; mais il ne faut pas qu'il y ait trop de matière organique, sinon le sel d'or serait entièrement et non partiellement réduit.

On a cherché à comparer la dorure au trempé avec la dorure au mercure, sous le rapport de la quantité d'or déposée, en opérant sur des lames de mêmes dimensions dans les deux cas, pesant avant et après la dorure et dosant l'or par différence. On a trouvé :

OR DÉPOSÉ PAR DÉCIMÈTRE CARRÉ DANS LA DORURE AU MERCURE.

	Par M. Plu.	Par M. Denière.	Par M. Beaufray.
Dorure maximum.	0gr,142	0gr,2333	0gr,2395
Dorure minimum.	0gr,0428	0gr,0736	0gr,0595

OR DÉPOSÉ PAR DÉCIMÈTRE CARRÉ DANS LA DORURE PAR IMMERSION.

	Par MM. Bonnet et Villermé.	Par M. Elambert.
Dorure maximum..	0gr,0353	0gr,0422
Dorure minimum..	0gr,0274	

On voit que la meilleure dorure au trempé n'équivaut pas à la plus faible dorure au mercure. Les pièces dorées au trempé ne sont recouvertes que d'un mince réseau d'or et le cuivre, le dessous demeure attaquable aux agents extérieurs ; on ne peut les faire passer outre-mer. C'est pour cette cause qu'on a substitué, pour un grand nombre de cas, à cette dorure au trempé, la dorure galvanique qui permet de déposer sur la pièce une couche aussi épaisse que l'on veut.

La dorure électrique est fondée sur les mêmes principes que la galvanoplastie (voyez ce mot), art dont la découverte est un peu postérieure. La pièce à recouvrir d'or est attachée au pôle négatif d'une pile et immergée dans la dissolution d'or dans laquelle plonge également le rhéophore communiquant au pôle positif. Le sel d'or est réduit par le courant, et le métal, élément électro-positif, se porte au pôle négatif, c'est-à-dire sur la pièce à dorer.

Si la théorie de la dorure électrique est très-simple, une foule de précautions nécessaires pour obtenir une dorure commerciale adhérente et solide en rendent la pratique complexe et difficile. C'est ce qui explique pourquoi le procédé n'est devenu industriel qu'après de longs essais. Le premier, M. Delarive, appliqua l'or sur les métaux, en se servant d'une dissolution de chlorure d'or aussi neutre que possible ; mais il obtenait en général peu d'adhérence. Cela tenait à la difficulté d'obtenir une solution assez neutre de chlorure d'or et à la trop grande concentration de cette dissolution. En outre, souvent du chlore rendu libre venait altérer le ton de la pièce dorée en noircissant le métal à travers le réseau d'or imparfaitement continu. Les procédés ne devinrent industriels qu'après que M. Elkington eut trouvé de meilleures dissolutions aurifères et que M. de Ruolz eut séparé la pile de la cuve à réduction et employé une pile à plusieurs couples ; il étendit, en outre, le fait de l'application galvanique à d'autres métaux que l'or.

Il importe, si l'on veut obtenir un dépôt adhérent, de se servir de piles à courant faible et constant (piles de Bunsen, de Daniell), et on règle leur énergie par tâtonnement, afin d'éviter également le mieux possible la décomposition de l'agent acide qui noircit les pièces. Il est indispensable, si l'on veut une bonne dorure, d'opérer avec des dissolutions étendues qui rendent l'action plus lente, mais bien plus régulière. Dans l'industrie, pour accélérer l'action, on dore toujours à chaud, et c'est vers 60° que l'action se manifeste dans les meilleures conditions. Enfin, on doit toujours proportionner la force du

Fig. 796. — Cuve pour la dorure.

courant à la dimension des objets à dorer ; un ou deux éléments de Bunsen suffisent dans la plupart des cas. Au reste, le nombre des éléments à employer varie encore avec le degré de concentration du bain d'or, et le nombre des objets à dorer. La figure 797 représente un appareil qui pourrait être employé pour la dorure de plusieurs objets. AA est la cuve qui contient le bain ; T traverse portant des lames d'or, communique avec le pôle positif ; S, S' portent les objets à dorer.

Voici quelques-unes des formules de bains employés pour la dorure :

1° On prend 31gr,25 d'oxyde d'or, 500 grammes de cyanure de potassium et 4 litres d'eau ; on fait bouillir pendant une demi-heure et on a ainsi une solution de cyanure d'or dans le cyanure de potassium, bonne à employer à chaud pour le laiton, le cuivre et l'argent.

2° On fait dissoudre dans 100 grammes d'eau 10 grammes de prussiate jaune de potasse et 1 gramme de chlorure d'or sec obtenu en traitant l'or fin par l'eau régale et évaporant l'excès d'acide. Il se forme un précipité d'oxyde de fer. On chauffe le tout dans une capsule de porcelaine, et on fait bouillir deux ou trois heures, en ayant soin d'ajouter un peu d'eau de temps en temps. On retire du feu lorsqu'on voit le précipité se rassembler au fond et laisser à la surface un liquide transparent et d'un jaune serin. On filtre et on étend le liquide à dorer de trois à quatre fois son volume d'eau.

3° Le bain d'or suivant, dû à M. de Ruolz, est le plus employé. On dissout 10 parties de cyanure de potassium dans 100 parties d'eau distillée, on filtre et on ajoute à la liqueur 1 partie de cyanure d'or, préparé avec soin, bien lavé, séché à l'abri de la lumière et broyé avec précaution dans un peu d'eau, de manière à bien s'hydrater. Le tout est placé dans un flacon bouché à l'émeri qu'on remue fréquemment et qu'on maintient à l'abri de la lumière à une température de 15° à 25°. Au bout de trois jours, la solution est complète et propre à dorer.

Les opérations ultérieures que doivent subir les pièces dorées sont les mêmes que pour la dorure au trempé, mais elles sont ici moins nécessaires, vu la supériorité de la dorure galvanique.

On peut dorer (et argenter) l'aluminium (opérations encore peu usitées) en employant comme couche intermédiaire du cuivre déposé en liqueur acide. Les solutions alcalines attaquent l'aluminium.

Il n'y a point de dorure qu'on ne fasse à la pile, ainsi le vermeil pour services de table, la basse bijouterie, les bronzes et zincs pour pendules. Cette dorure est beaucoup plus avantageuse pour le marchand, car la dorure au mercure exige une bien plus forte épaisseur d'or. Certains marchands laissent croire, pour vendre plus cher, à une prétendue dorure au mercure qui n'est que que de la dorure électrique précédée d'une immersion dans le protonitrate de mercure, puis suivie d'une évaporation du mercure au feu. Par cet artifice, on imite parfaitement le ton un peu verdâtre de l'ancienne dorure au mercure, au lieu du ton rosé des pièces dorées à la pile.

La dorure sur porcelaine et sur poterie est réellement une opération mixte, en ce qu'elle participe de l'application mécanique tout en exigeant une intervention de forces chimiques.

On prépare généralement l'or qu'on doit appliquer sur la porcelaine en précipitant une dissolution de chlorure d'or par le sulfate de protoxyde de fer. On obtient ainsi de la poudre d'or très-fine qui donne à la liqueur une couleur rougeâtre par réflexion, verdâtre par transmission. On mélange cet or pulvérulent avec ¹⁄₁₀ de son poids d'oxyde de bismuth additionné d'un peu de borate de soude (borax); on délaye le tout avec de l'essence et on applique la pâte au pinceau sur la porcelaine vernissée. L'or, après la cuisson qui fait évaporer l'essence et liquéfie le fondant, a pris un aspect métallique, mais reste mat. On le polit en le frottant d'abord avec un brunissoir en agate, puis avec un brunissoir en sanguine. On emploie encore, mais seulement pour la dorure de la porcelaine tendre, l'or en coquille broyé de nouveau avec de la gomme. Quand on se sert de l'or en poudre obtenu par ce second moyen pour la porcelaine dure, il faut y ajouter un fondant qui est habituellement le sous-azotate de bismuth.

On obtient le lustre d'or en précipitant par l'ammoniaque une dissolution de perchlorure d'or. Le précipité, qu'on nomme *or fulminant* est mêlé humide avec de l'essence de térébenthine, puis étendu sans fondant à la surface de la poterie. La pièce est soumise au feu, puis on donne au lustre tout son brillant en le frottant avec un linge. Les enduits d'or doivent être soumis à une température assez élevée, si l'on veut qu'ils contractent de l'adhérence ; de là de grandes difficultés céramiques lorsque, outre la dorure, la pièce doit recevoir des couleurs dont un feu un peu trop vif peut altérer la nuance. Aussi les pièces communes ne reçoivent pas à la fois l'or et les couleurs.

On prépare encore un lustre dit *burgos*, qu'on applique sur un grand nombre d'objets de poterie au moyen du sulfure d'or en poudre brun-chocolat. Ce composé s'obtient en versant dans la dissolution très-étendue de chlorure d'or une dissolution de sulfure de potassium. Il est recueilli, puis mêlé d'essence de lavande et appliqué sur la poterie qu'on soumet ensuite au feu. C'est ainsi qu'en Belgique, notamment à Péruwelz, à Bon-Secours, on recouvre d'or des poteries de terre rouge dont la vente a été longtemps prohibée en France. La couche d'or ainsi appliquée est bien plus mince que celle que donnent les procédés du batteur d'or et laisse subsister par transparence une teinte rougeâtre due à la poterie; il n'y a pas dans les pièces ordinaires pour plus de 2 centimes d'or.

Un procédé nouveau, dû à MM. Duterre frères et employé industriellement par eux sur une échelle considérable, permet d'obtenir sur faïence et sur porcelaine une dorure brillante sans brunissage. Nous emprunterons ce qui va suivre au rapport de M. Salvétat à la Société d'encouragement : « On chauffe légèrement un mélange de 32 grammes d'or, 128 grammes d'acide azotique et le même poids d'acide chlorhydrique du commerce; on ajoute après dissolution 1ᵉʳ,² d'étain et 1ᵉʳ,2 de beurre d'antimoine (chlorure); quand tout est dissous, on étend de 500 grammes d'eau ordinaire. Cette dissolution d'or dans l'eau régale étendue est décomposée par un baume spécial, qu'on forme en dissolvant à chaud jusqu'à ce que la dissolution prenne une consistance visqueuse et une coloration brun foncé, 16 grammes de soufre et 16 grammes de térébenthine de Venise dans 80 grammes d'essence de térébenthine. Quand la dissolution est complète, on ajoute 50 grammes d'essence de lavande; par le refroidissement, il ne doit pas se déposer de soufre. On verse alors la dissolution d'or sur le baume de soufre ; on chauffe modérément et on

brasse lentement, pour amener le contact des deux liquides qui réagissent l'un sur l'autre ; le chlorure d'or se décolore et l'or passe entièrement, si l'opération est bien conduite, en dissolution dans le liquide huileux, qui devient lourd et résineux par le refroidissement. On enlève l'eau qui surnage, elle entraîne les acides ; on lave à l'eau chaude et, lorsque les dernières traces d'humidité sont éloignées, on ajoute encore 65 grammes d'essence de lavande et 100 grammes d'essence de térébenthine. On fait chauffer jusqu'à dissolution complète, puis on laisse déposer sur un mélange de 5 grammes de fondant de bismuth (sous-nitrate). On décante enfin la partie claire qui s'est complétement dépouillée d'or réduit et de toute autre substance insoluble; cette partie claire est amenée, par une concentration convenable, à l'état voulu pour un emploi facile. Le produit chargé d'or se présente alors sous forme d'un liquide visqueux à reflets très-légèrement verdâtres; l'or y est à l'état solide. La térébenthine de Venise donne à la liqueur la propriété siccative qu'elle doit posséder pour que les décors sèchent promptement; les résines aurifères abandonnées par le départ des huiles essentielles se décomposent par la chaleur, en donnant à basse température, un dépôt de charbon chargé d'or qui conserve l'apparence d'une feuille d'or laminé sous une minceur excessive. La beauté de la dorure résulte, entre autres faits, de l'absence de toute fusion dans la matière résineuse. »
M. G.

DORYANTHES (Botanique), *Doryanthes*, Correa ; du grec *dory*, lance, et *anthos*, fleurs. — Genre de plantes *Monocotylédones périspermées*, famille des *Amaryllidées*, établi par Corréa pour une seule espèce, le *D. élevé* (*D. excelsa*, R. B.), très-belle plante de la Nouvelle-Hollande, cultivée depuis longtemps en Europe dans les serres tempérées. Sa tige presque nulle a des feuilles nombreuses terminées en pointe, formant des touffes d'un beau vert. Il s'élève de ces feuilles une hampe terminée par un long épi de fleurs grandes, d'un pourpre sombre et formant un capitule ; elles sont munies de bractées colorées, et les pédicelles sont de la même couleur que les pétales. Cette plante est un des plus beaux ornements des serres tempérées; malheureusement, elle fleurit trop peu souvent dans nos climats.

DORYCNIE (Botanique), *Dorycnium*, Tourn. On ignore aujourd'hui quelle est la plante à laquelle les Grecs donnaient ce nom; ils la disaient très-vénéneuse. — Tournefort a appelé ainsi une plante *Dicotylédone dialypétale périgyne*, de la famille des *Papillonacées*, tribu des *Lotées*, sous-tribu des *Trifoliées*. Ce sont des arbustes ou des plantes herbacées, à feuilles alternes, trifoliolées, à stipules semblables aux folioles, et faisant paraître la feuille digitée à 5 folioles ; fleurs ramassées en tête ou en ombelle pédonculée; corolle papillonacée; les ailes plus courtes que l'étendard; gousse gonflée, déhiscente à 2-5 graines. Le *D. ligneux*, *D. sous-arbrisseau* (*D. suffruticosum*, Willdw) est un sous-arbrisseau à tige rameuse, tortueuse, couchée, haute de 0ᵐ,15 à 0ᵐ,20, à folioles velues, blanchâtres, corolle blanche à carène d'un bleu foncé au sommet. Il croît dans les lieux stériles du midi de la France, en Espagne, en Italie. Le *D. herbacé* (*D. herbaceum*, Willdw) diffère du précédent par ses tiges herbacées et par ses folioles plus larges.

DORYPHORE (Zoologie), *Doryphorus*, Cuv. ; du grec *dory*, lance, et *phoros*, porteur. — Genre de *Reptiles* de l'ordre des *Sauriens*, famille des *Iguaniens*, établi pour l'espèce nommée par Daudin *Lézard azuré*.

DORYPHORE (Zoologie), *Doryphora*, Illg. ; même étymologie. — Genre d'*Insectes*, de l'ordre des *Coléoptères*, section des *Tétramères*, famille des *Cycliques*, tribu des *Chrysomélines*, comprenant les espèces les plus grandes et les plus brillantes de cette famille. Leur poitrine est armée d'une longue pointe dirigée en avant qui leur a valu leur nom. Ces insectes sont propres à l'Amérique équinoxiale.

DOS (Anatomie). — Partie postérieure du tronc dont il occupe toute la largeur et s'étendant de la dernière vertèbre cervicale jusqu'à la première lombaire. Il se confond en haut avec la nuque, en bas avec les lombes ; dans son milieu il correspond au canal vertébral. La peau, du tissu cellulaire, des muscles, des artères, des veines, des nerfs, des os, entrent dans la composition de cette partie du corps; les douze vertèbres dorsales, la partie postérieure des côtes et les deux omoplates forment sa charpente osseuse.

On dit aussi *dos de la main, dos du pied, dos de la langue*, etc., pour désigner la face supérieure de ces parties.

DOSE des médicaments (Matière médicale), du grec *dosis*, l'action de donner. — On appelle ainsi la fixation de la quantité que l'on donne d'un médicament à un malade. C'est un des problèmes les plus importants et les plus difficiles pour le médecin. Non-seulement cette quantité doit varier suivant la nature du médicament, mais encore, et ceci est d'une extrême difficulté, suivant l'âge, le sexe, le tempérament, le genre de maladie, sa nature, sa gravité, la saison de l'année, le pays, et une foule d'autres raisons que le médecin doit peser mûrement. Ainsi, par exemple, le même médicament donné à des doses différentes n'agit pas toujours en variant d'intensité seulement, mais encore en produisant des effets physiologiques d'une autre nature ; la rhubarbe à petite dose agit comme stomachique : c'est un moyen efficace dans certaines langueurs d'estomac ; à dose plus élevée, on sait que c'est un des purgatifs les plus précieux. Les bornes qui nous sont imposées ne nous permettent pas d'entrer dans toutes les considérations que ce sujet comporterait ; nous nous bornerons ici à donner l'indication des doses aux principaux âges de la vie. A moins d'un an, la dose d'un adulte étant prise pour unité, elle doit être environ de $\frac{1}{12}$; à trois ans, $\frac{1}{5}$; à sept ans, $\frac{1}{3}$; à quinze ans, $\frac{1}{2}$; à vingt ans, dose entière ; chez les vieillards, en général, on devra l'augmenter d'une manière inverse. On trouvera la dose des médicaments aux articles qui les concernent.   **F — N.**

DOSES infinitésimales (Matière médicale). — Voyez Homœopathie.

DOTHINENTÉRITE (Médecine). On devrait peut-être dire Dothiénentérite, puisque ce mot vient du grec *dothièn*, petite tumeur enflammée, et *enteron*, intestin. — On donne ce nom à un état maladif dont la principale manifestation consiste dans une lésion des nombreux follicules de l'intestin grêle, connus sous le nom de *glandes de Peyer* et *de Brunner*, accompagnée d'une éruption varioliforme avec boursouflement de la membrane muqueuse, présentant l'aspect de plaques gaufrées, de pustules crevassées, ulcérées, plus ou moins superficielles, avec un ensemble de symptômes généraux presque toujours graves. Pour les partisans de la doctrine physiologique, l'éruption, les ulcérations locales de l'intestin ne sont que la suite d'une *entérite folliculeuse*, d'une *gastro-entérite* (Broussais). Pour le docteur Petit, c'est un des symptômes de la fièvre qu'il a appelée *entéro-mésentérique*. Enfin, et c'est l'opinion de l'école actuelle, la *dothinentérite* est une des formes de la *fièvre typhoïde*.

DOUBLE (Botanique). — Se dit des plantes dont les fleurs ont pris par la culture une corolle double, triple, quadruple, etc. Cette multiplication de la corolle provient de la transformation des étamines en pétales. Lorsque cette transformation est entière, la fleur devenue stérile par défaut d'étamines, se nomme *fleur pleine*.

DOUBLE (Zoologie). — Cuvier a donné ce nom à des *Poissons* du grand genre *Pleuronecte*, qui ont les deux côtés du corps également colorés ; le plus souvent, c'est le côté brun qui se répète ; quelquefois c'est le côté blanc.

DOUBLE-BÉCASSINE (Zoologie). — Voyez Bécassine.

DOUBLE-MACREUSE (Zoologie). — Voyez Macreuse.

DOUBLES MARCHEURS (Zoologie). — Tribu de *Reptiles*, de l'ordre des *Ophidiens* ou *Serpents*, famille des *vrais Serpents*, caractérisée par la mâchoire inférieure qui est portée sur un os tympanique, articulé au crâne, les branches de la mâchoire supérieure fixées au crâne et à l'os intermaxillaire, ce qui fait que leurs mâchoires ne sont point dilatables comme celles des serpents proprement dits, et que leur tête est tout d'une venue avec le reste du corps, forme qui leur permet de marcher également bien dans les deux sens (Cuvier). On n'en connaît point de venimeux. On les partage en deux genres : les *Amphisbènes* et les *Typhlops*.

DOUC (Zoologie). — Fort belle espèce de singe de la Cochinchine, que l'on rapporte au genre *Semnopithèque* (*Semnopithecus nemaus*, Lin.). Cet animal a plus d'un mètre de hauteur ; son corps est d'un beau gris tiqueté de noir, ainsi que le dessus de la tête et les bras ; ses cuisses, ses doigts, une partie des mains sont d'un noir franc ; ses jambes et l'autre portion des mains d'un roux vif ; l'avant-bras, la gorge, les fesses et la queue d'un blanc pur. Les doucs vivent en troupes nombreuses sous la conduite d'un vieux mâle, et se nourrissent de fruits et des parties les plus tendres des végétaux.

DOUCE-AMÈRE (Botanique). — Espèce de plante du genre *Morelle*, nommée par les botanistes *Solanum dulcamara*, Lin. C'est une plante vivace, grimpante, et qui s'élève communément à 2 ou 3 mètres. Ses feuilles sont glabres, ovales-cordiformes, les supérieures découpées en lobes à la base. Ses fleurs disposées en cymes naissent vers le sommet de la tige. Elles sont violettes et teintées de blanc sur les bords de chaque lobe. Cette morelle, qui croît spontanément dans les haies, les taillis et les

Fig. 797. — Douce-amère, *Solanum dulcamara*, (Lin.).

buissons de nos pays, reçoit les noms vulgaires de *vigne de Judée*, *loque*, *vigne vierge* (ce dernier nom a été plus généralement donné à l'*Ampelopsis hederacea*), et *bourreau des arbres*, parce qu'elle s'attache à tous ceux qui sont dans son voisinage. Elle répand, quand on la froisse, une odeur un peu nauséabonde. Son écorce mâchée a un goût sucré que domine une saveur amère ; c'est là ce qui lui a valu son nom. Cependant elle ne possède que faiblement les propriétés des espèces voisines de *Solanum*. Dans quelques endroits de l'Europe, elle est regardée comme plante potagère ; on mange ses jeunes pousses, et quelquefois aussi ses baies, lesquelles sont d'un rouge vif. La douce-amère a été regardée comme détersive, apéritive et efficace dans les maladies de la peau ; mais on l'emploie surtout en tisane comme amère et propre à corriger les prédispositions du tempérament lymphatique. Les feuilles et les jeunes pousses ont été employées à l'extérieur et à l'intérieur comme émollientes et pectorales.   **G — S.**

DOUCET (Zoologie). — Nom vulgaire d'une espèce de *Poisson*, le *Callionyme lyre* (voyez Callionyme).

DOUCETTE (Botanique). — Nom vulgaire de la plante nommée aussi *Mâche commune*.

DOUCHES (Médecine), de l'italien *doccia*. — On désigne sous ce nom une colonne de liquide d'un certain diamètre, qui vient frapper avec une vitesse déterminée une partie quelconque du corps ; les douches diffèrent des affusions en ce que celles-ci agissant sur une surface plus étendue, frappent moins vivement que les douches, et que, d'ailleurs, elles se font de moins haut et exercent une percussion moins forte. La douche est dite *descendante* lorsque la colonne de liquide tombe verticalement ; elle se fait au moyen d'un réservoir disposé à une hauteur qui varie de 1 à 4 mètres, et dont le fond donne naissance à un tuyau d'une grosseur variable, et terminé par un robinet ; c'est celle dont on fait le plus souvent usage. Si la colonne de liquide est dirigée horizontalement, elle prend le nom de *douche latérale*, enfin, lorsqu'elle arrive de bas en haut, on dit qu'elle est *ascendante*. Les deux premiers modes constituent les vraies douches ; elles produisent un courant rapide et plus ou moins volumineux, qui communique une secousse proportionnée à sa force et à la distance du réservoir. Le dernier consiste dans une sorte d'injection continue, que l'on pourrait appeler aussi *douche d'irri- gation* : telles sont les douches dans le rectum. Indépen- damment de leur force, de leur direction, du volume de la colonne d'eau, les douches varient à l'infini suivant leur température qui peut présenter une multitude de nuances, et surtout suivant leur composition. Elles peu- vent être faites avec l'eau simple ou chargée de principes médicamenteux, de natures très-diverses, mais le plus souvent saline, sulfureuse, iodée, etc. Nous ne parlons pas des eaux minérales qui sont très-souvent employées. On administre ordinairement les douches dans une baignoire vide, lorsque la douche est chaude et doit servir de bain après ; au contraire, si la douche est froide, la bai- gnoire contiendra de l'eau tiède. La douche sera, en gé- néral, de dix à vingt minutes, et ses effets immédiats dépendront de la *force de la percussion*, des *substances dissoutes dans le liquide* et de *sa température*. Dans le premier cas, l'excitation produite est en raison de la vi- tesse avec laquelle le liquide arrive sur la partie frappée, laquelle est calculée d'après la hauteur et le diamètre de la colonne. Les substances dissoutes agissent spécia- lement en augmentant la densité du liquide et, par là, la pesanteur spécifique de l'eau, d'où résulte une plus grande force de percussion ; elles agissent aussi par leurs propriétés excitantes. Les effets de la température n'ont pas une importance aussi considérable qu'on pour- rait le croire, à moins qu'on ne compare entre elles des douches d'une chaleur très-différente, ainsi de 0° à + 10° comparées à celles de + 35° à 40°. Les affusions, au con- traire, agissent principalement en raison de la tempé- rature de l'eau. Les douches sont employées comme un puissant moyen de dérivation et d'excitation ; elles ont produit des effets salutaires dans un grand nombre de maladies nerveuses, dans les différentes espèces de folie, dans certaines paralysies, dans les hémiplégies, et dans ces cas on a eu recours surtout aux eaux minérales sa- lines excitantes de Balaruc, de Bourbonne-les-Bains, de Plombières, aux eaux sulfureuses d'Aix en Savoie, de Barèges, de Luchon, etc. Elles entrent aussi pour une bonne part dans la médication hydrothérapique (voyez Hydrothérapie). Les douches locales, latérales surtout, ont été prescrites avec avantage contre les engorgements des tissus blancs, les tumeurs blanches, les hydarthroses, les tumeurs de nature strumeuse, les ulcères atoniques, contre certaines maladies de l'oreille, etc. Dans ces diffé- rentes circonstances, leur efficacité est due surtout aux substances qu'elles tiennent en dissolution.

On a employé, dans certains cas aussi, les douches de vapeurs ; elles peuvent se faire au moyen d'un vase con- tenant de l'eau en ébullition, surmonté d'un tuyau qui sert à diriger la vapeur sur la partie malade. Ces dou- ches, qui agissent d'abord par leur température élevée, peuvent encore être rendues plus actives par des sub- stances toniques, excitantes, diffusibles, telles que des plantes aromatiques, des baumes, des résines, etc. On les a employées avec succès dans les cas d'engorgements chroniques des articulations, dans les rhumatismes, dans la goutte atonique.

Enfin, les douches d'acide carbonique ont été em- ployées sur des parties affectées de douleurs névralgi- ques, telles que névralgies faciales, dentaires. Le soula- gement a été prompt, mais passager.   F — N.

DOUCIN (Horticulture). — Nom d'une variété de *Pommier sauvageon*, que l'on emploie uniquement pour servir de sujet aux greffes des autres espèces ; elle est plus faible et vit moins longtemps que le *franc* ; mais elle donne des fruits dès la seconde ou la troisième année ; aussi l'emploie-t-on souvent dans les jardins, lorsqu'on ne veut pas des arbres d'une très-grande force.

DOULEUR (Physiologie). — Ce mot n'a pas besoin de définition, tout le monde connaît la douleur ; nous vou- lons parler ici particulièrement de la douleur physique ; disons pourtant qu'elle consiste en une perception d'une nature désagréable, qui fait que la sensibilité lésée éprouve une exaltation pénible. Elle résulte d'impres- sions particulières faites sur les extrémités des nerfs, transmises au cerveau et perçues par lui ; la preuve, c'est qu'une partie ne peut plus devenir le siège d'aucune douleur dès que tous les nerfs qu'elle reçoit sont coupés, comprimés, détruits d'une manière quelconque. Cepen- dant, quoique la douleur soit perçue dans le cerveau, celui-ci la rapporte à l'organe où sont reçues les impres- sions qui la déterminent. On souffre au bras, au ventre, et non au cerveau. Plusieurs ordres de causes peuvent produire la douleur ; ainsi les lésions des organes, un

état particulier du cerveau et des nerfs ; l'influence sym- pathique d'un organe éloigné qui est le siége d'une lé- sion ; le souvenir conservé par le cerveau d'une douleur qui a été ressentie dans un organe qui n'existe plus. Les militaires amputés d'un membre souffrent encore au bout de plusieurs années de ce membre, et nous en avons vu qui avaient eu les pieds gelés en Russie, ressentir en- core après plus de quinze ans les angoisses du froid qui les avait mutilés. La douleur peut exister sans qu'il y ait aucun changement physique appréciable dans la partie ; cependant, si elle est violente et qu'elle persiste pendant un certain laps de temps, elle peut déterminer une cer- taine tension du système musculaire, une certaine surex- citation nerveuse, bientôt suivie d'affaissement, de col- lapsus et d'un véritable mouvement fébrile.

La douleur présente des variétés infinies suivant les tissus où elle prend naissance, et suivant une multitude de circonstances individuelles ; de telle sorte que, toutes choses égales d'ailleurs, une femme souffre plus qu'un homme ; un enfant qu'un adulte, et surtout qu'un vieil- lard ; un petit maître de la ville plus qu'un villageois en- durci par le travail manuel ; un homme qui n'aura jamais souffert aura la douleur plus vive que celui qui est aguerri par de longues épreuves, qui a une raison forte, et qui a appris à réagir contre le mal même. On a donné aux dif- férentes nuances de la douleur certaines qualifications tenant, en général, à la manière dont elle nous impres- sionne : ainsi on a dit qu'elle était *gravative, pulsa- tive, lancinante, mordicante, pongitive, térébrante, sourde, obtuse*, etc. Ces mots n'ont pas besoin d'explica- tion. La douleur concourt à éclairer le diagnostic des maladies ; c'est un des éléments les plus importants pour le médecin, surtout pour celui qui a beaucoup vu et beaucoup observé, et on peut dire, en thèse générale, qu'elle est rarement dans un rapport direct avec la gra- vité du mal, et que, le plus souvent, on a à regretter son absence lorsqu'il existe d'autres symptômes graves. Il est difficile de formuler un traitement pour la douleur qui n'est pas réellement une maladie et qui est, en gé- néral, subordonnée à différentes affections maladives dont elle devra suivre les modifications ; pourtant, comme elle peut imprimer à leur marche quelques irrégularités fâ- cheuses qu'elle peut arrêter ou entraver d'une manière grave l'évolution des phases critiques favorables à leur terminaison, il est bon quelquefois de lui opposer une médication spéciale, et c'est ici qu'on obtient par les mé- dicaments narcotiques, et surtout par l'opium et ses pré- parations, des avantages incontestables.   F — N.

Douleurs (Médecine). — Ce mot est souvent employé vulgairement comme synonyme de *Névralgie, Rhuma- tisme, Goutte*, etc. On dit : *J'ai des douleurs.*

DOUM ou **Doumier** (Botanique). — Nom arabe d'une espèce de palmier (voyez Cucifère).

DOUVE (Zoologie), Cuv. ; *Fasciola*, Lin. — Grand genre ou plutôt tribu de *Vers* de la classe des *Intesti- naux*, ordre des *Parenchymateux*, famille des *Tréma- todes* (méthode du *Règne animal*). Cuvier divise ce genre d'après le nombre et la position des ventouses, en genres ; ce sont : les *Festucaires*, les *Strigées*, les *Géroflées*, les *Douves* proprement dites.

Douves *propr. dit. Distoma* (Zoologie). — Genre de la tribu précédente, établi par Retzius, et caractérisé par un *suçoir* ou *ventouse buccale* à l'extrémité antérieure, et une autre ventouse un peu plus en arrière sous le ventre ; ces vers ont ordinairement une forme ovale, lan- céolée, aplatie ; ils ont les mouvements peu vifs ; leur corps est d'un blanc sale. L'espèce la plus célèbre, la *D. du foie* (*D. hepaticum*, Zeder ; *Fasciola hepatica*, Lin.) varie, pour la longueur, de 0^m,010 à 0^m,030 ; on la trouve souvent dans les vaisseaux hépatiques du mouton et de beaucoup d'autres animaux, dans ceux du cochon, du cheval, et même de l'homme. Elle a l'aspect d'une petite feuille ovale, pointue en arrière ; en avant, une petite partie au bout de laquelle est le suçoir antérieur. Elle se multiplie beaucoup chez les moutons qui paissent dans les terrains humides, et occasionne souvent la ma- ladie connue sous le nom de *Pourriture.*

Douve (Botanique). — Nom vulgaire de deux plantes du genre *Renoncule*. La petite *Douve* est la R. *flammette* (R. *flammula*, Lin.) ; la grande *Douve* est la R. *langue* (R. *lingua*, Lin.). Ces deux plantes, qu'on trouve dans les lieux humides et marécageux, sont vénéneuses pour les bestiaux.

DOYENNÉ (Arboriculture). — Espèce de *Poire* connue encore sous les noms vulgaires de *Beurré blanc, Saint- Michel, Bonne-ente, Poire de neige, Citron de septembre.*

Poire du seigneur, Doyenné piété. Cette poire, haute de 0^m,05 à 0^m,06, un peu moins large en diamètre, a la peau d'un blanc verdâtre, passant au jaune clair en mûrissant. Sa chair est fondante, souvent un peu parfumée et très-agréable; mais elle devient promptement cotonneuse, si elle n'est pas mangée à temps; elle est regardée comme inférieure au beurré gris. On la mange fin de septembre et tout octobre. La variété dite *D. gris, D. roux, D. crotté, D. galeux,* ne diffère de l'autre que par la couleur de sa peau qui est roussâtre; sa chair est meilleure et il est moins sujet à devenir cotonneux. On doit encore citer le *D. de juillet, Roi Jolimont,* de

Fig. 795.   Doyenné d'hiver.

plein vent, qui mûrit en juillet. Le *D. d'hiver, Bergamote de Pentecôte, D. de printemps,* qui mûrit de janvier à mai.

DRACÆNA (Botanique). — Nom latin du genre *Dragonnier* (voyez ce mot).

DRACOCÉPHALE (Botanique), *Dracocephalum,* Lin.; du grec *drakôn,* dragon, et *képhalé,* tête, allusion à la forme de la fleur. — Genre de plantes *Dicotylédones gamopétales hypogynes,* famille des *Labiées,* tribu des *Népétées.* Caractères : corolle à gorge très-large, à lèvre supérieure dressée, à lèvre inférieure trifide, avec le lobe du milieu très-grand. Les espèces de ce genre sont des herbes vivaces à fleurs ordinairement bleuâtres ou pourprées, accompagnées de bractées terminées en arêtes et dentées. Elles sont d'un effet très-agréable dans les parterres, surtout lorsque les touffes sont fortes. Parmi les espèces les plus cultivées dans les parterres, on distingue le *D. de Moldavie* (*D. Moldavica,* Lin.), appelé aussi vulgairement la *Moldavique* et *Mélisse de Moldavie.* Ses fleurs sont bleues, purpurines ou blanches, réunies en verticilles axillaires; toute la plante répand une odeur très-aromatique, qui la fait employer aux mêmes usages que la mélisse. On cultive aussi fréquemment le *D. d'Autriche* (*D. Austriacum,* Lin.), à cause de ses belles et grandes fleurs d'un violet bleuâtre formant une sorte d'épi.

G—s.

DRACONTE (Botanique), *Dracontium,* Lin.; du grec *drakôn,* dragon, serpent, allusion à l'aspect de la tige. — Genre de plantes *Monocotylédones périspermées,* famille des *Aracées,* tribu des *Callacées;* il se distingue par : spathe en capuchon; spadice presque sessile, fétide; fleurs hermaphrodites; périanthe à 5 à 8 divisions; 5 à 8 étamines; ovaire à 3 loges uniovulées; baie renfermant de 1 à 3 graines. Le *D. à plusieurs feuilles* (*D. polyphyllum,* Lin.) ou *Bois de couleuvre,* est une plante à souche serpentiforme, à feuilles radicales, à hampe aussi longue que les pétioles des feuilles; elle croît dans l'Amérique tropicale. Sa souche écailleuse passe assez gratuitement auprès des Indiens pour guérir la morsure des serpents. Dans un travail récent sur la famille des *Aracées* (*Meletemata,* p. 22), M. Schott a restreint ce genre de façon à n'y laisser que l'espèce précédente; tandis que les autres espèces de *draconte* sont placées dans les genres *Monstera, Anthurium,* etc.

DRACOPHYLLE (Botanique), *Dracophyllum,* Labill.; du grec *drakôn,* dragon, et *phyllon,* feuille. — Genre de plantes *Dicotylédones gamopétales hypogynes,* famille des *Épacridées,* tribu des *Epacrées,* très-voisin des Epacris, dont il ne diffère que par le calice dépourvu de bractées ou muni seulement de deux bractées, qui sont beaucoup plus nombreuses dans les Epacris. Ce sont des

arbrisseaux ou des arbustes dont les rameaux sont annelés par les cicatrices de la chute des feuilles. Celles-ci sont ensiformes, étalées, imbriquées et sessiles; les fleurs sont ordinairement blanches, à corolle infundibuliforme, limbe divisé en 5 lobes, 5 étamines, ovaire supérieur, un style, un stigmate, capsule à 5 loges, semences libres. On en cultive deux ou trois espèces en Europe pour l'ornement.

DRACOSAURE (Zoologie), *Dracosaurus;* du grec *dracôn,* dragon, et *sauros,* lézard. — Genre de *Reptiles fossiles* du terrain de trias, plus petit que nos crocodiles actuels et que les débris de squelettes rencontrés jusqu'ici ont fait considérer comme intermédiaire entre les tortues et les crocodiles.

DRACUNCULE, Dragonnet (Botanique), *Dracunculus,* Tourn. Ce mot est un diminutif de *draco,* dragon, et fait allusion aux taches de la tige qui rappellent les bigarrures de la peau des serpents. — Genre de plantes *Monocotylédones périspermées,* famille des *Aracées,* tribu des *Colocasiées,* très-voisin des Arums, dont il avait été détaché par Tournefort, et plus tard établi définitivement par Schott. Sa spathe est enroulée à sa base, à limbe ouvert; son spadice porte inférieurement des fleurs pistillées, puis des fleurs staminées; ovaires nombreux, à une seule loge; stigmate terminal sessile; hampe élevée; les feuilles sont découpées en pédale. Le *D. vulgaire, Gouet serpentaire* (*Arum dracunculus,* Lin.; *D. vulgaris,* Schott), haut de près d'un mètre, est une plante vivace, à tige et pétioles ponctués, marbrés; à spathe dressée, lisse, très-grande, d'un violet pourpre foncé en dedans, verte à l'extérieur, répandant une odeur cadavéreuse; fruit d'un beau rouge en baies; espèce indigène. Le *D. attrape-mouche,* G. *chevelu* (*D. crinitus,* Schott; *A. muscivorum,* Lin.), vivace, a une tige droite, marbrée, haute de 0^m,50; feuilles grandes, à segments linéaires; spathe tachée de vert en dehors, tapissée en dedans de soies violettes; spadice cylindrique, chevelu au sommet; fleurs rouges, à odeur cadavéreuse qui attire les mouches; celles-ci s'engagent dans la spathe et restent prises dans les soies qui sont inclinées de haut en bas. Région méditerranée.

DRAGÉES de Tivoli (Minéralogie). — Nom donné à des concrétions pierreuses, de nature calcaire, espèce de globules à couches concentriques, de couleur blanchâtre, ayant la forme d'une amande ou d'une aveline; leur couleur, leur structure, rappellent les dragées des confiseurs, c'est ce qui leur a fait donner leur nom. Elles se forment dans un petit ruisseau sortant d'un lac voisin de Tivoli, nommé *Lago-di-Bagni,* dont l'eau contient en dissolution du gaz sulfhydrique.

Dragées (Matière médicale). — On a cherché à tirer parti de la facilité avec laquelle les enfants, les personnes délicates prennent les dragées, pour y introduire quelques médicaments; ainsi on a fait des *dragées vermifuges* au *semen contra;* des *D. diurétiques* avec les *baies de genièvre* (dragées de Saint-Roch); les *D. d'atropine,* contre l'épilepsie, la chorée; les *D. de fer réduit,* de Miquelard et Quevenne; les *D. au lactate de fer,* de Gélis et Conté, etc.

DRAGEONS (Botanique). — On nomme ainsi des filets traçants ou des branches enracinées qu'émet le pied de certains végétaux. Ces drageons, que l'on désigne aussi sous les noms de *rejets* ou *stolons,* s'étendent plus ou moins en longueur et sont interrompus de distance en distance par des nœuds qui prennent racine. On nomme aussi *drageons,* ces tiges nouvelles qui naissent en plus ou moins grand nombre à la base et sur les racines de quelques arbres. Détachés de la plante-mère, ils peuvent reprendre racine et offrent ainsi un moyen facile de multiplier l'espèce. Beaucoup de plantes de la famille des *Rosacées* produisent des drageons.

DRAGON (Zoologie), *Draco,* Lin. — L'imagination des poëtes et des artistes de l'antiquité a enfanté un animal bizarre et effrayant en unissant au corps et aux membres d'un lion, les ailes soit d'un oiseau, soit d'une chauve-souris, et la queue d'un serpent. Ces êtres fantastiques se retrouvent dans les superstitions de tous les peuples, et accusent en même temps qu'une foi religieuse grossière, une ignorance choquante des lois suivies par le créateur dans son œuvre: ainsi, aucun animal vertébré n'a plus de quatre membres, et les ailes, lorsqu'elles existent chez eux, sont toujours formées par une modification des membres thoraciques; la combinaison organique imaginée pour le dragon est en contradiction avec toutes les conformations que la nature créée nous offre à observer. Aussi les naturalistes n'ont-ils découvert aucun animal semblable au dragon de la fable; mais ils ont appliqué ce nom à un petit genre de *Reptiles*, de l'ordre des *Sauriens*, famille des *Iguaniens*, qui, au premier aspect, peuvent être considérés comme des quadrupèdes ailés. La peau des flancs se prolonge de chaque côté en un repli membraneux soutenu par les six premières fausses côtes étendues horizontalement. Ce repli peu mobile ne saurait frapper

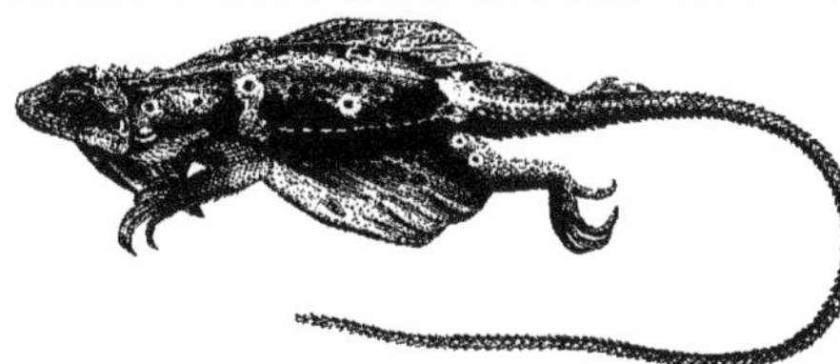

Fig. 799. — Dragon.

l'air comme une aile, mais suffit pour maintenir l'animal comme un parachute lorsqu'il saute de branche en branche. Ils n'ont jamais qu'une très-petite taille; ils habitent l'Inde et se nourrissent d'insectes. Le *D. rayé* (*D. lineatus*, Daub.), a la tête grosse, il est varié de gris et de brunâtre en dessus, avec des marbrures d'un bleu d'azur, plusieurs points blancs ocellés; le pouce des pieds de derrière écarté des autres doigts. Des bois de Java. Ad. F.

Dragon de mer — Nom vulgaire d'un poisson nommé aussi la *Vive*.

DRAGONE (Zoologie), *Dracæna*, Lacép. — Genre de *Reptiles*, de l'ordre des *Sauriens*, famille des *Lacertiens*, qui ne renferme qu'une espèce originaire de la Guyane. Ce genre porte aujourd'hui le nom de *Thorictes*, dans la classification de Dumér. et Bibr.

DRAGONNIER (Botanique), *Dracæna*, Vandelli. Vulgairement nommé *arbre au dragon*, parce que le suc de la principale espèce réduit en poudre ressemble, par sa couleur rouge, au vrai *sang-dragon* oriental. — Genre de plantes *Monocotylédones périspermées*, famille des *Liliacées*, tribu des *Asparagées*. Caractérisé par un périanthe à 6 divisions linéaires; 6 étamines saillantes; ovaire à 3 loges uniovulées; baie globuleuse contenant 1 à 3 graines. Les dragonniers sont des arbres, dont plusieurs atteignent des dimensions considérables. Leur tige est un stipe simple ou ramifié; leurs feuilles sont linéaires, lancéolées, souvent piquantes à l'extrémité et toujours réunies en bouquets au sommet de la tige. Ces végétaux habitent particulièrement l'hémisphère austral de l'ancien continent. Le *D. sang-dragon* (*D. draco*. Lin.) a un stipe court et épais. Ses fleurs disposées en panicules terminales sont d'un blanc verdâtre avec des stries rouges. Cette espèce est la plus répandue; elle croît principalement aux Canaries. Plusieurs individus de cette espèce sont cités parmi les colosses du règne végétal. Le plus remarquable est celui d'Orotava, à l'île de Ténériffe. D'après de Humboldt, en 1799, son stipe mesurait 25 mètres de hauteur sur un diamètre de 15 mètres. En observant l'accroissement des dragonniers voisins, on est conduit à penser que ce colosse a certainement plus de cinq mille ans. Aussi les Guanches lui vouaient-ils un véritable culte. Une des sortes de gommes résines nommée *sang-dragon* dans les pharmacies, et la plus estimée, découle du tronc de cette espèce, surtout pendant les grandes chaleurs; d'abord liquide, elle se durcit et forme des espèces de lames rougeâtres. Elle est dessiccative et astringente. Cette substance est surtout employée pour fortifier les gencives. Les fragments de *bois de la patte* que l'on vend pour nettoyer les dents sont imprégnés de cette résine fondue et séchée. Le *D. à feuilles pendantes* (*D. reflexa*, Lamk) est souvent désigné aux Indes, où il vit, sous le nom de *Bois-chandelle*, parce que son stipe exsude un suc gommeux qui, lorsqu'il est sec, s'enflamme facilement. Le *D. odorant* (*D. fragrans*, A. Rich.) est cultivé dans nos serres à cause de sa pyramide de fleurs blanches qui atteint 1 mètre de long et exhale une odeur très-agréable. Le *D. du Brésil* est aussi commun dans nos serres. Enfin le *D. pourpre* (*D. terminalis*, A. Rich.), originaire de la Chine, comme toutes les espèces précédentes, est aussi cultivé dans nos serres, à cause de ses feuilles colorées en pourpre foncé. G—s.

DRAGONNEAU (Zoologie). — L'un des noms vulgaires du ver que l'on nomme aussi *Filaire de Médine* ou *Ver de Guinée* (voyez Filaire). On donne aussi ce nom à une jolie coquille du genre *Porcelaine* (*Cypræa stolida*, Lamk).

DRAGUE (Mécanique appliquée), (de l'anglais *drag*, traîner). — Instrument servant à tirer du fond des rivières ou des ports les graviers, les sables, les limons ou immondices qui gênent la navigation. La drague est une espèce de pelle en forte tôle, recourbée à son extrémité inférieure, munis de joues latérales et percée de petits trous.

La drague manœuvrée à la main est munie d'un manche. L'ouvrier la descend verticalement dans l'eau, appuie contre le bateau le manche qu'il tire à lui, fait pénétrer la pelle dans le sol, puis la soulève en l'inclinant de plus en plus pour l'empêcher de se décharger. La drague est souvent mise en mouvement par des machines et montée sur un *bateau dragueur*, sa forme est alors un peu modifiée et un certain nombre d'appareils semblables sont montés sur une chaîne sans fin.

DRAGUEUR (Bateau) (Mécanique appliquée). — Bateau muni sur ses flancs d'une espèce de noria à godets en forte tôle, percés de trous sur leur pourtour et mis en mouvement soit par un manége à cheval, soit par une machine à vapeur. Les godets arrivent renversés jusquo sur le fond de la rivière ou du port, le creusent, se remplissent de graviers, sables ou limons, qu'ils retirent de l'eau, et viennent verser sur un bateau ordinaire qui les transporte où l'on veut.

Le draguage doit être pratiqué avec précaution sur les côtes, parce qu'il y détruirait les bancs d'huîtres.

DRAINAGE (Agriculture), de l'anglais *to drain*, faire écouler, égoutter. — Le *drainage* est un des procédés par lesquels on diminue l'humidité des terres arables trop imbibées d'eau. Les agronomes nomment *assainissement* ou *égouttement* des terres toute opération ayant pour effet de les débarrasser de cet excès d'humidité; le *drainage* est donc un procédé d'*égouttement* (V. Irrigation), et l'on peut dire que c'est le plus parfait. Dans ce procédé, l'écoulement régulier de l'eau surabondante est obtenu au moyen de fossés couverts ou rigoles souterraines généralement nommés aujourd'hui *drains*, du mot anglais qui signifie *rigole*. De tout temps on a employé des rigoles souterraines pour l'égouttement des terres; ces rigoles, creusées d'abord en fossés étroits et plus ou moins profonds sont garnies au fond de pierres ou d'au-

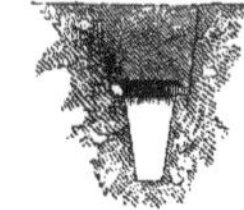

Fig. 800. — Coupe transversale d'un drain construit au moyen de gazons.

Fig. 801. — Coupe transversale d'un drain construit au moyen de gazons et de fascines.

tres corps résistants capables de maintenir un vide pour donner issue aux eaux. On comble le dessus de la rigole avec de la terre et du gazon, de façon à remettre la surface au niveau du sol environnant. Les agriculteurs de l'Écosse et de l'Angleterre, plus fréquemment appelés par la nature de leur climat à pratiquer l'égouttement des terres, ont apporté à cette opération des perfectionnements de la plus grande importance, qui expliquent et l'emploi du mot anglais pour désigner la principale des méthodes d'é-

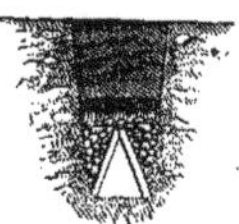

Fig. 802. — Coupe transversale d'un drain construit au moyen de gazons et de pierres.

gouttement et l'éveil de l'attention publique, depuis une vingtaine d'années, sur tout ce qui concerne le drainage. Le principe de ces perfectionnements est dans l'emploi des *tuiles* et surtout des *tuyaux* en terre cuite pour former au fond des rigoles souterraines le canal d'écoulement des eaux. Pour drainer une pièce de terre on y ouvre une série de tranchées très-étroites, profondes de 1,20 environ, et l'on place au fond de ces tranchées des tuyaux en poterie placés bout à bout l'un à la suite

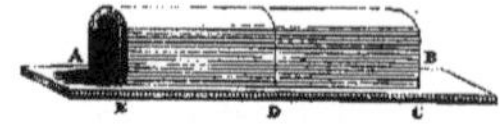

Fig. 803. — Tuiles à drainage en terre cuite, placées sur une semelle en terre cuite et formant canal d'écoulement (1).

de l'autre, puis on recouvre au fur et à mesure en rejetant dans la tranchée la terre qui en provient. Ces tuyaux forment dans chaque rigole un conduit continu qui communique avec d'autres tuyaux des rigoles voisines et enfin va déboucher à l'air libre, au point le plus rapproché de chaque système de rigoles. Les extrémités des tuyaux placés bout à bout sont simplement juxtaposées et leurs joints laissent un vide par lequel s'infiltre l'eau surabondante qui imbibe le sol; cette eau ainsi recueillie dans chaque tuyau s'écoule peu à peu selon la pente générale de la rigole et est déversée de proche en proche par l'extrémité la plus basse où s'ouvre le système de drainage.

Fig. 804. — Coupe verticale d'un drain formé de tuiles et de semelles (2).

Un drain ne saurait être trop long sans risquer de se rompre vers sa partie la plus basse, pour peu que la pente soit un peu rapide et que l'eau s'y accumule. Aussi évite-

Fig. 805. — Tuyaux de drainage en terre cuite (3).

t-on de donner à un drain ordinaire une longueur qui excède 300 mètres, et pour limiter ainsi les drains parallèles qui se trouvent sur une même pente, on les

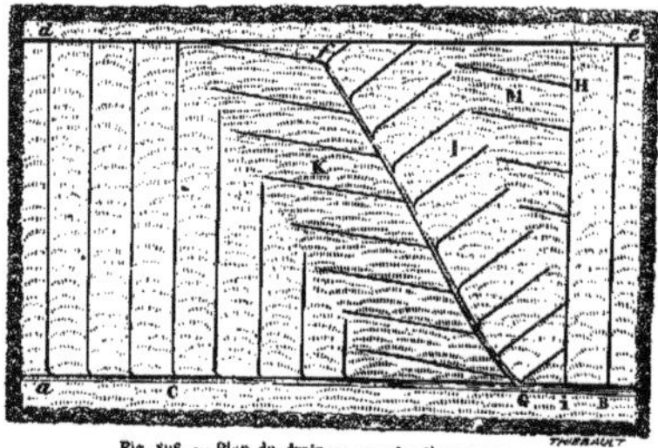

Fig. 806. — Plan du drainage complet d'une terre.

coupe par un drain transversal de plus grandes dimensions nommé *drain conducteur* ou *collecteur*, qui peut être plus long, pourvu qu'il aille en s'élargissant vers sa partie inférieure, et sur lequel les drains ordinaires, pour mieux verser leurs eaux, doivent arriver à angle aigu. Le drain collecteur pourra se rendre à son tour

(1) A, B, tuiles courbes. — E, D, C, semelle ou surface d'écoulement.

(2) A, tranche de gazon.— B, terre divisée.— C, terre plus ténue.

(3) 1 tuyau ovoïde employé d'abord pour remplacer économiquement la tuile et sa semelle. — B, tuyau cylindrique de 0,03 de diamètre, employé aujourd'hui, dans les circonstances ordinaires.

dans un drain collecteur de deuxième ordre plus large que le premier, et ainsi de suite selon la disposition et le relief du terrain. Le plan ci-joint (*fig.* 807) fera comprendre ces divers systèmes de drains; *a*B est un drain conducteur ou collecteur de second ordre placé à la partie la plus basse du champ; en *a*C*d*, les drains descendent le long de la pente du terrain dans ce drain collecteur. Mais en *f*G existe une dépression au fond de laquelle on a dû établir un drain collecteur de premier ordre auquel se rendent le long des pentes K et I des drains ordinaires parallèles. Une autre dépression en HI a exigé l'établissement d'un autre drain collecteur. Quant au drain *de*, il a pour objet de recueillir les eaux venues des terres situées au-dessus du champ drainé, pour les empêcher de s'infiltrer dans les terres de ce champ. La distance que l'on doit laisser entre les drains et la profondeur où on doit les placer dépendent de la perméabilité du sol; plus rapprochés dans les sols peu perméables, ils doivent aussi y être moins profonds. A cet égard, en Angleterre, M. Smith, de Deanston (Écosse), recommande, dans les conditions les plus ord'naires, des drains espacés de 6 à 8 mètres et placés seulement à 0,80 au-dessous du sol; M. Josiah Parkes, au contraire, veut que les drains soient distants de 13 à 20 mètres les uns des autres et enfouis à 1,50 environ. En France, on paraît regarder comme une profondeur convenable 0,90 à 1,30, et les limites extrêmes d'écartement seraient 7 et 20 mètres; un écartement de 10 à 11 mètres est très-convenable pour les terres fortes de France. Quant à la pente à donner aux drains, elle dépend de celle du terrain; l'eau s'écoulant mieux dans les tuyaux que dans les drains empierrés, il suffit, à la rigueur, de donner aux premiers une pente de 0,002 à 0,001 par mètre; mais, pour les seconds, la pente ne doit pas être inférieure à 0,005. Une pente trop considérable provoque la détérioration des drains par les eaux qui s'y écoulent. Les tuyaux de drainage ne doivent pas avoir moins de 0,03 de diamètre; mais on en emploie de plus larges (jusqu'à 0,20 de diamètre) lorsque l'exige la quantité d'eau qu'ils ont à recueillir. La longueur des tuyaux varie de 0,30 à 0,40 et l'épaisseur de leurs parois de 0,01 un moins.

Le drainage convient surtout aux terres froides et fortes, aux sol argileux et, en général, aux terrains imperméables ou reposant sur un terrain imperméable; il est évidemment indiqué pour l'assainissement de tous ceux qui sont bourbeux ou marécageux. « Les terrains qui ont le plus besoin de drainer, est-il dit dans les *Instructions pratiques sur le drainage*, publiées en 1855 par le ministère de l'agriculture, présentent plus ou moins complétement les caractères suivants : ils sont couverts de flaques d'eau plusieurs jours après la pluie; les trous qu'on y creuse après une longue sécheresse présentent des suintements d'eau; au printemps surtout, on y remarque des parties d'une teinte plus foncée que l'ensemble de la pièce; le matin, on y observe souvent des vapeurs abondantes. La végétation y est languissante, peu hâtive, les tiges jaunissent en partant du pied, longtemps avant la maturité; après quelques mois de jachère, la surface du sol se recouvre plus ou moins complétement d'une espèce de petite mousse; enfin les joncs, les carex, les prêles, les renoncules, la laîche, les colchiques d'automne, etc., s'y rencontrent abondamment. » Le moment le plus favorable pour l'exécution des travaux de drainage est la fin de l'été ou le commencement de l'automne, et il vaut mieux choisir les années où les terres sont en pâturages, surtout en vieux trèfle ou en luzerne à défricher, parce qu'elles ont alors plus de consistance. La dépense qu'entraîne une opération de drainage est très-variable suivant les terres, suivant les pays; mais le drainage par les tuyaux en terre cuite est toujours plus économique. On peut, en moyenne, fixer entre 500 et 700 francs par hectare le prix d'un drainage empierré et seulement à 200 ou 300 francs celui du drainage au moyen de tuyaux en terre cuite.

Les avantages du drainage consistent surtout en ce que les terres drainées, n'étant plus imbibées d'eau ni refroidies par une continuelle évaporation, deviennent plus chaudes, moins sujettes à se fendre, plus perméables à l'air; la végétation y est plus vigoureuse et plus rapide; l'écoulement facile et prompt des eaux de pluie prévient leur accumulation et l'entraînement des terres, des engrais par les ruisseaux qu'elles formeraient; les portions de la surface du sol qu'occupaient les rigoles d'écoulement des eaux sont rendues à la culture; les eaux inférieures n'imprègnent plus la terre de façon à remonter vers sa surface; enfin les labours et l'ensemencement s'y font beaucoup mieux et plus tôt au printemps, plus tard dans l'automne. Le drainage, en résumé, opportun et bien fait, donne toujours un accroissement notable de rendement dans les récoltes.

On trouvera aux articles SOL, IRRIGATION, quelques indications sur les travaux de détail qu'entraîne une opération de drainage et sur les méthodes les plus estimées aujourd'hui.

Malgré beaucoup d'assertions qui tendraient à présenter le drainage comme une invention récente, il faut bien reconnaître que le principe de ce procédé agricole est fort anciennement indiqué dans les auteurs. M. P. Joigneaux, dans le *Livre de la ferme* (Tandou et V. Masson. Paris, 1861-1864), a réuni sur ce sujet quelques témoignages curieux. C'est d'abord un passage de l'agronome romain Columelle (vers l'an 60 après J.-C.), où cet auteur décrit, parmi les procédés de desséchement des champs humides, l'établissement de fossés cachés qui sont de véritables drains empierrés. Le même procédé est indiqué par Palladius, autre agronome romain du ve siècle de notre ère. C'est l'Écossais Joseph Elkington qui, en 1764, étudia le drainage de façon à en établir les règles et à le populariser par le succès. En 1810, on commença, en Angleterre, à placer de vieilles tuiles, au lieu de pierres, au fond des tranchées. Vers 1822, James Smith, de Deanston (Écosse), enseigna la disposition des drains parallèles dirigés selon la pente principale du terrain. Bientôt après furent mises en usage les tuiles à semelle fabriquées spécialement pour le drainage, et l'on ne tarda pas à leur substituer les tuyaux dont l'emploi est plus économique. Les heureux résultats de ces perfectionnements apportés dans le drainage furent annoncés chez les peuples voisins, qui se mirent à l'œuvre pour imiter les agriculteurs britanniques, et l'on sait avec quelle ardeur fut recommandée en France la pratique du drainage. Mais la mise de fonds qu'entraîne l'opération dépasse souvent les ressources des petits cultivateurs et des fermiers, de sorte que les grands propriétaires ont seuls pu s'engager dès l'abord dans cette voie de progrès. Plusieurs dispositions législatives ont été adoptées et mises en vigueur pour écarter cet obstacle.

Le drainage est régi principalement par une loi du 10 juin 1854; cette loi assure au propriétaire qui veut assainir son fonds par le drainage ou tout autre mode de desséchement le droit de conduire les eaux, à ciel ouvert ou sous terre, à travers les propriétés (excepté les maisons, cours, jardins, parcs et enclos attenants aux habitations) qui séparent son fonds d'un cours d'eau ou de toute autre voie d'écoulement. Pour exercer ce droit, il aura seulement à payer aux possesseurs une juste et préalable indemnité. D'une autre part, les propriétaires des fonds voisins ou traversés ont le droit de se servir des travaux faits pour l'écoulement de leurs propres eaux; mais ils ont alors à supporter leur quote-part dans la valeur des travaux dont ils profitent, les dépenses nécessaires pour raccorder leurs propres travaux avec ceux qui existaient déjà et, pour l'avenir, une part contributive dans l'entretien des travaux devenus communs. Les mêmes droits impliquant les mêmes charges sont assurés aux associations de propriétaires qui veulent assainir leurs héritages par le drainage ou tout autre mode de desséchement. Sur leur demande, ces associations pourront être constituées par arrêtés des préfets en syndicats régis par les articles 3 et 4 de la loi du 14 floréal an XI (4 mai 1803). Les travaux de drainage projetés par les associations syndicales, les communes, les départements peuvent être déclarés d'utilité publique par décret rendu en conseil d'État, et la loi du 21 mai 1846 règle dès lors les indemnités dues pour expropriations. Le juge de paix du canton est institué juge en premier ressort dans les débats et contestations qui peuvent naître de l'exercice des droits et servitudes ci-dessus mentionnés; toute expertise qui pourrait être jugée nécessaire sera faite par un seul expert. Les peines portées à l'article 456 du code pénal (emprisonnement de un mois à un an, amende de 50 francs au moins et au plus du quart des restitutions et dommages et intérêts) seront encourues par ceux qui détruisent tout ou partie des conduits ou fossés d'évacuation; ceux qui apportent volontairement obstacle au libre écoulement des eaux seront punis conformément à l'article 457 du même code (emprisonnement de six à trente jours, amende comme ci-dessus). Les lois qui régissent la police des eaux restent d'ailleurs applicables dans toutes leurs dispositions. Une décision du 30 août 1854 autorise les intéressés à faire dresser gratuitement par les ingénieurs des services hydrauliques les projets de drainage qu'ils se proposent d'exécuter. Enfin une loi du 17 juillet 1856 a affecté une somme de 100 millions à des prêts pour faciliter les travaux de drainage. Le propriétaire qui veut jouir d'un prêt de ce genre adresse au ministre des travaux publics une demande sur papier timbré, énonçant ses nom, prénoms et qualités, la situation de ses biens, leur étendue et le montant du prêt qu'il sollicite; il joint à cette demande un extrait de la matrice des rôles et du plan cadastral visé par le maire de la commune. Les prêts sont faits par le Crédit foncier de France et remboursés par les emprunteurs en vingt-cinq annuités de 6^f,40 pour 100 francs, comprenant l'amortissement et l'intérêt à 4 p. 100.

C'est en 1850 que le drainage a commencé à se généraliser dans notre pays. En 1856, M. Barral a constaté qu'il y avait en France environ 35 000 hectares assainis par le drainage, et on y comptait 390 fabriques de tuyaux de drainage. Au commencement de 1864, le drainage avait été appliqué sur une surface de 146 800 hectares; on évaluait à 38 700 000 francs la dépense occasionnée par ces travaux (soit 264^f,88 par hectare drainé), et à 122 millions la plus-value territoriale qui en résulte en capital.

Parmi les ouvrages les meilleurs à consulter sur le drainage, nous citerons: Leclerc, *Traité pratique du drainage*, 1 vol. — Barral, *Drainage, irrigations, engrais liquides*, 4 vol. — *Instructions pratiques sur le drainage réunies par ordre du ministre de l'agriculture, du commerce et des travaux publics*, 1 petit vol. (voyez IRRIGATION, SOL).
AD. F.

DRAP D'ARGENT, DRAP D'OR (Zoologie). — Les amateurs et les marchands ont donné ces noms à différentes espèces de coquilles à cause de leurs couleurs souvent fort belles, qui ressemblent à celles de ces métaux et quelquefois un peu au tissu de l'étoffe appelée *drap d'or*. Ainsi le *Conus textilis* a plusieurs variétés dont l'une porte le nom de *D. d'argent*, une autre celui de *D. d'or*; une troisième est le *D. d'or à fond bleu*, etc.

DRAP D'OR (Arboriculture). — Plusieurs variétés de *Pommes* et de *Prunes* ont été désignées sous ce nom; ainsi, parmi les pommes, celle dite *Vrai Drap d'or* est un gros fruit arrondi, très-lisse, bien jaune, tiqueté de brun; sa chair est légère, d'un goût agréable et un peu grenue; elle va jusqu'en janvier. Le *D. d'or, Fenouillet jaune* est une pomme de grosseur moyenne, beau jaune et gris, chair ferme et délicate. Octobre et novembre.

Parmi les prunes, le *D. d'or* ou *Double mirabelle* est une petite prune presque ronde, jaune, tiquetée de rouge, fondante, délicate, très-bonne. Mi-août. En 1848, on transporta de Belgique en France une prune nommée *D. d'or Esperen*: c'est un fruit blanc, de moyenne grosseur, qui mûrit vers la fin d'août.

DRAP MARIN (Zoologie). — On a donné ce nom généralement à tout ce qui peut cacher le fond de la couleur d'une coquille, c'est-à-dire à l'espèce de peluche ou de laine qui peut se trouver naturellement à la surface externe d'une coquille. elle est formée par l'épiderme séché.

DRAP MORTUAIRE (Zoologie). — Espèce de *Couleuvre* trouvée au Bengale; c'est le *Coluber mortuarius* de Daudin. Elle est peu commune.

DRAP MORTUAIRE (Zoologie). — Nom vulgaire sous lequel Geoffroy avait désigné une petite *Cétoine*, dont on a fait plusieurs espèces: *C. hirta*, Oliv.; *C. funesta*, Oliv.; *C. stilica*, Oliv.

DRAP MORTUAIRE (Zoologie). — Espèce de *Coquille* du genre *Olive*, l'*Olive à funérailles* (*Voluta oliva, olixacea*, Born.).

DRAPIER (Zoologie). — Nom vulgaire donné à l'oiseau connu sous le nom de *Martin-pêcheur* (*Alcedo ispida*, Lin.), d'après la croyance erronée que sa dépouille avait la propriété de préserver les étoffes de laine des insectes. On l'appelait aussi *Garde-boutique* pour la même raison.

DRASSE (Zoologie), *Drassus*, Walck.; du grec *drassô*, je saisis. — Genre d'*Arachnides*, ordre des *Pulmonaires*, famille des *Aranéides fileuses*, tribu des *Sédentaires*, section des *Tubitèles* ou *Tapissières*. Elles ont les quatre filières extérieures presque égales, 8 yeux rangés 4 par 4 près du corselet, la mâchoire formant un cintre autour du la lèvre, allongée et ovale. Ces araignées se construisent sous les pierres, dans les fentes des murs, entre les feuilles, des cellules d'une soie très-blanche. On rencontre communément aux environs de Paris le *D. reluisant* (*D. fulgens*, Walk.), long de 0^m,005 et presque cylindrique, avec le thorax fauve et l'abdomen coloré en bleu, en rouge, en vert, en jaune, avec reflets métalliques. Son cocon orbiculaire, d'un blanc éclatant, et composé de deux valves, ressemble assez à une coupe recouverte de son opercule; il y dépose quinze à vingt œufs, dans les premiers jours d'août. Le cocon est abrité sous une double toile, filée par l'animal, la plus intérieure forme une voûte audessus; l'extérieur est un berceau à deux issues. Toutes ces constructions se font à la fin de juillet, dans l'herbe, dans les trous des pierres. Le *D. très-noir* (*D. ater*, Latr.), long de 0,006 à 0,007, très-commun aux environs de Paris, est très-noir et luisant. On trouve en Europe treize autres espèces de drasses; on en connaît huit qui sont exotiques. **F. L.**

DRASTIQUE (Matière médicale), du grec *drastikos*, énergique. — Nom par lequel on désigne les purgatifs violents (voyez PURGATIF).

DRAVE (Botanique), *Draba*, Lin.; du grec *drabo*, âcre, brûlant, à cause du goût des feuilles. — Genre de plantes *Dicotylédones dialypétales hypogynes*, famille des *Crucifères*, tribu des *Alyssinées*. Elles se distinguent par des sépales égaux, pétales entiers, silicules sessiles oblongues, à valves presque planes, renfermant plusieurs graines non ailées. Les espèces assez nombreuses de ce genre sont en général de petites herbes à fleurs blanches ou jaunes, propres aux climats tempérés de l'hémisphère boréal. La *D. aizoïde* (*D. aizoïdes*, Lin.) a les feuilles linéaires à fleurs jaunes; haute de 0m,06, elle croît dans les Alpes. La *D. faux-androsacé* ou *D. de Fladnitz* (*D. fladnizensis*, Wulf.), à feuilles un peu rudes et à fleurs blanches, est aussi une plante des Alpes. La seule espèce qui croisse aux environs de Paris est la *D. printanière* (*D. verna*, Lin.; *Erophila vulgaris*, de C.), pour laquelle de Candolle a établi le genre *Erophila;* elle se distingue des Draves par ses pétales bifides. Cette petite plante, trèscommune au bord des champs et sur les murs, commence à fleurir dès le mois de février. Ses fleurs sont blanches.

DRÈCHE (Economie domestique). — Voy. BIÈRE. **G—s.**

DREMOTHERIUM (Zoologie), *Dremotherium*, Is. Geoff. St-Hil.; du grec inusité *dremo*, pour *trechô*, courir, et *thérion*, animal. — Genre de *Mammifères*, de l'ordre des *Ruminants*, établi pour des ossements trouvés en France dans le département de l'Allier. C'était un animal coureur, voisin des Chevrotains, dépourvu de bois comme eux, mais dépourvu aussi des longues canines de leur mâchoire supérieure.

DRENNE (Zoologie). — Nom vulgaire d'une espèce de *Merle*, le *Turdus viscivorus*, Lin.

DRESSÉ (Botanique). — Épithète qu'on applique au nom d'un organe dont la direction est à peu près verticale; on dit une tige *dressée*, une branche *dressée*. Il ne faut pas confondre ce mot avec *droit*, une tige droite peut être horizontale (voyez GRAINE, OVULE).

DRILL (Zoologie). — Espèce de *Singe*, du genre *Cynocéphale* (voyez ce mot); c'est le *Cynocephalus leucophæa*, Cuv., très-voisin du Mandrill, mais qui en diffère par sa face complétement noire, et la teinte plus foncée du dessous du corps. Ce singe habite l'Afrique.

DRILE (Zoologie), *Drilus*, Oliv.; du grec *drilos*, ver de terre. — Genre d'*Insectes*, de l'ordre des *Coléoptères*, section des *Pentamères*, famille des *Serricornes*, division des *Malacodermes*, tribu des *Lampyrides*. Ce genre a été établi par Olivier d'après l'espèce-type, le *D. jaunâtre*, la *Panache jaune* de Geoffroy (*D. flavescens*, Oliv., *Ptilinus flavescens*, Fab.). Les mâles sont ailés, ils ont les antennes longues, pectinées au côté interne, le corps allongé, un peu déprimé; cet insecte est long de 0m,006 à 0m,008, généralement noir; les élytres jaunes; on le trouve aux environs de Paris; il vole fréquemment et surtout sur les fleurs dans les temps chauds. La femelle, trois fois plus grosse, est aptère, d'un jaune orangé ou rougeâtre, et ressemble à celle des lampyres, moins la phosphorescence. La larve trouvée d'abord près de Genève, dans l'intérieur de la coquille de la *Livrée* ou petit *Escargot des arbres*, dont elle dévore assez promptement l'habitant naturel, a été de nouveau observée à Alfort, par Desmarest. (Voyez *Ann. des Sc. nat.*, 1re série, t. Ier, p. 66. — *Même recueil*, janvier, juillet, août 1824.) Le *D. mauritanicus* de M. Lucas, trouvé en Algérie, vit aux dépens d'une espèce de *Cyclostome*, en s'introduisant dans sa coquille par une manœuvre curieuse dont on trouvera le détail dans les *Comptes rendus de l'Acad. des Sc.*, 26 décembre 1842.

DRIMIA (Botanique), *Drimia*, Jacq.; du grec *drimys*, âcre. — Genre de plantes *Monocotylédones périspermées*, famille des *Liliacées*, tribu des *Hyacinthinées;* à feuilles radicales, fleurs ordinairement pendantes, terminant une hampe simple; 6 étamines insérées sur la corolle. Ce sont de petites plantes bulbeuses du cap de Bonne-Espérance, que l'on cultive dans nos jardins botaniques et qui ont beaucoup de rapports avec les jacinthes. Toutes les espèces paraissent suspectes.

DRIMYDE (Botanique), *Drimys*, Forst; du grec *drimys*, âcre, à cause de l'âcreté de l'écorce. — Genre de plantes *Dicotylédones dialypétales hypogynes*, famille des *Magnoliacées*, tribu des *Iliciées*. Ce sont des arbres ou des arbrisseaux du Mexique, du détroit de Magellan, à feuilles éparses, blanchâtres ou glauques en dessous; calice à 3 lobes persistant, 6-12 pétales, étamines nombreuses, 4-8 ovaires, autant de stigmates, baies à 2-4 graines. Le *D. aromatique* (*D. Winteri*, Forst.) dont l'écorce a été introduite en Europe par le navigateur Winter (1567), est un arbrisseau à feuilles persistantes, lancéolées, à fleurs blanches, pédonculées. Son écorce inégalement épaisse est de couleur cendrée en dehors, ferrugineuse en dedans, a une odeur pénétrante, une saveur aromatique, âcre et piquante; on l'emploie comme stomachique, tonique et sudorifique; on l'administre avec succès contre le scorbut, et c'est le premier usage qu'en fit Winter. On la connaît sous les noms d'*écorce de Winter, cannelle blanche;* souvent à la Jamaïque elle remplace les épices pour l'assaisonnement des mets; on la confit lorsqu'elle est encore verte; à la Martinique on l'introduit dans la composition d'une liqueur. **G—s.**

DRIMYRRHIZHÉES (Botanique), du grec *drimys*, âcre, et *rhiza*, racine. — Nom donné par Ventenat à la famille des *Amomées* de de Jussieu, généralement nommée aujourd'hui famille des *Zingibéracées*.

DROGUES (Médecine, Industrie, Économie domestique). — On appelle ainsi certaines matières premières employées dans les arts, l'industrie; mais c'est particulièrement dans la matière médicale que ce nom est appliqué aux matières simples qui entrent dans les préparations pharmaceutiques; ce sont le plus souvent des substances végétales telles que fleurs, feuilles, bois, écorces, racines, produits de toute espèce, fruits, graines, huiles, essences, baumes, sucs, résines, des substances animales, huiles, musc, castoréum, ambre, etc.; enfin, un certain nombre de matières minérales. Les drogues sont simples ou composées. Les premières sont les substances qui servent de base à la confection des drogues composées. La connaissance des drogues exige des études spéciales d'histoire naturelle, en chimie, en physique, en pharmacie. Leur ensemble constitue cette partie des sciences médicales connue sous le nom de *Pharmacologie* (voyez *Traité de pharmacol.*, par Barbier, et l'*Hist. natur. des drogues simples*, par Guibourt).

Les principaux centres du commerce des drogues sont Paris, Londres, Amsterdam, Marseille, Anvers, Constantinople, Alexandrie, Smyrne, Livourne, etc.

DROITS (MUSCLES) (Anatomie). — Plusieurs muscles du corps humain ont reçu ce nom, tiré de leur direction.

1° *Droit de l'abdomen* (*Muscle*), *Sterno-pubien* de Chaussier. — Long, aplati, situé verticalement de chaque côté de la ligne médiane, il n'est séparé du péritoine que par un feuillet fibro-cellulaire; il s'attache en haut par trois dentelures aux cartilages des trois dernières vraies côtes, en bas au corps du pubis et au fibro-cartilage de la symphyse. Il présente dans sa longueur trois ou quatre intersections aponévrotiques, plus nombreuses au-dessus qu'au-dessous de l'ombilic. Ce muscle resserre l'abdomen d'avant en arrière et fléchit la poitrine sur le bas-ventre ou *vice versâ*.

2° *Droits de la cuisse* (*Muscles*). — Il y en a deux : 1° le *droit antérieur*, nommé aussi *crural antérieur* (*iliorotulien*, Chauss.), s'étend par une double attache de l'épine antérieure et inférieure de l'os des îles et de la partie supérieure du rebord de la cavité cotyloïde à la rotule par un tendon aplati qui s'unit à celui du triceps; 2° le *droit interne* ou *grêle interne* (*sous-pubio-prétibial*, Chauss.) s'attache en haut à la face antérieure du corps du pubis, de sa branche descendante et de l'ischion, et se porte à la partie inférieure et interne de la tubérosité du tibia. Le premier de ces muscles est extenseur de la jambe et fléchisseur de la cuisse sur le bassin; le second fléchit la jambe et est, de plus, adducteur de la cuisse.

3° *Droits de la tête* (*Muscles*). — Ils sont au nombre de cinq : 1° deux antérieurs, l'un grand (*grand trachélo-sous-occipital*, Chauss.), situé profondément au-devant des vertèbres, va des apophyses transverses à la surface basilaire de l'occipital; le petit (*petit trachélo-sous-occipital*, Chauss.), situé derrière le précédent, s'attache d'une part à l'atlas, de l'autre à l'occipital; ils fléchissent la tête sur le cou; 2° deux postérieurs, le grand (*axoïdo-occipital*, Chauss.), situé derrière le col, s'insère, d'une part, à l'axis; d'autre part, à la ligne courbe inférieure de l'occipital, ce sorte que sa direction est un peu oblique en dehors; il étend la tête et l'incline de son côté en la faisant tourner; le petit droit postérieur (*atloïdo-occipital*, Chauss.) va de la première vertèbre à l'occipital; il est aplati et presque triangulaire, il étend la tête; 3° enfin, un seul droit latéral de chaque côté (*atloïdo-sous-occipital*, Chauss.), mince, aplati, situé à la partie supérieure et latérale de la tête; il va de l'apophyse transverse de l'atlas à l'occipital, derrière la fosse jugulaire. Il incline la tête de son côté et un peu en avant.

4° *Droits de l'œil* (*Muscles*). — Il y en a quatre, placés dans l'orbite; ils sont allongés, aplatis, correspondent à ses quatre parois et sont désignés sous les noms de *supérieur*, *inférieur*, *interne* et *externe*; tous naissent du fond de l'orbite, le droit supérieur de la petite aile du sphénoïde, au-dessus du trou optique, les trois autres de la face latérale du corps de cet os; de là ils se portent en avant, en embrassant le globe de l'œil, et se terminent à la *sclérotique* par un tendon aplati qui se confond avec elle. Chacun de ces muscles porte le globe de l'œil de son côté; leur contraction simultanée le porte en totalité en arrière. F — N.

DROMADAIRE (Zoologie), du grec *dromas*, coureur. — Ce nom désignait réellement une race de chameaux rapides à la course; mais on a pris l'habitude de l'appliquer au *Chameau à une bosse*, pour le distinguer de celui qui en a deux (voyez CHAMEAU).

DROME (Zoologie), *Dromas*, Paykull; même étymologie. — Genre d'*Oiseaux*, de l'ordre des *Échassiers*, famille des *Cultrirostres*; caractérisé par un bec comprimé, aussi long que la tête, à mandibule inférieure très-manifestement renflée à sa base. L'unique espèce, la *D. ardéole* (*D. ardeola*, Payk.) blanche, haute de 0ᵐ,35 et longue de 0ᵐ,38 habite le littoral de la mer Rouge, Madagascar où on le nomme *Saclave*, et la côte du Bengale. Cet oiseau qui a l'aspect des hérons, avec un bec de forme bizarre, est généralement placé auprès des Ombrettes et des Becs-ouverts.

DROMÉE (Zoologie). — Voyez CASOAR.

DROMIE (Zoologie), *Dromia*, Fab. — Genre de *Crustacés*, ordre des *Décapodes*, famille des *Brachyures*, section des *Crabes orbiculaires*. Leur carapace est ovale, arrondie, très-bombée et velue; ils portent leurs deux dernières paires de pattes repliées sur le dos avec leur dernier article conformé en petites pinces propres à retenir des objets, sur la carapace. On en connaît une dizaine d'espèces répandues dans toutes les mers; l'espèce type est la *D. de Rumphius* (*D. Rumphii*, Fab.), de l'Océan et de la Méditerranée; ces crustacés se meuvent avec lenteur, et se cachent volontiers sous les pierres des plages. Leur carapace est ordinairement couverte d'alcyons, de serpules, de valves de coquilles. Elles ont 0ᵐ,070 de longueur sur 0ᵐ,015 de largeur.

DRONGO (Zoologie), *Edolius*, Cuv.; nom madécasse. — Genre d'*Oiseaux*, de l'ordre des *Passereaux*, famille des *Dentirostres*, tribu des *Gobe-mouches*. Caractérisé par un bec comprimé et arqué, aussi long que la tête, de chaque côté sont des poils formant une sorte de huppe; tarses courts et faibles; ailes longues et aiguës; queue fourchue. Ces oiseaux ont la forme des corbeaux et leur taille varie entre celle de l'alouette et celle du merle. Ils vivent en petites troupes dans de grandes forêts et se nourrissent d'insectes et principalement d'abeilles qu'ils chassent le matin et le soir, postés sur un arbre d'où ils volent en tous sens pour y revenir sans cesse, et en poussant des cris assourdissants. Ces mœurs leur ont valu au Cap les noms de *bijvreter* ou *mangeurs d'abeilles* et *duivelvogel* ou *oiseaux-diables*. Leur chair n'est pas mangeable. On connaît une douzaine d'espèces de drongos répartis dans l'Inde, les îles de l'océan Indien et l'Afrique méridionale. Au Bengale on nomme *roi des corbeaux* le *D. Fingah* (*Edolius cœrulescens*, Temm.), parce que, au rapport de Sonnini, il s'acharne à éloigner ces oiseaux de son voisinage à grands coups de bec et à grands cris. F. L.

DRONTE (Zoologie), *Didus*, Cuv. — C'est le nom d'un oiseau dont l'espèce paraît entièrement détruite aujourd'hui et que les voyageurs du XVIIᵉ siècle rencontraient aux îles Maurice, Bourbon et Rodrigue. On ne possède aujourd'hui de cette espèce qu'une tête et un pied au musée d'Oxford en Angleterre, et un autre pied au musée Britannique à Londres; de plus des descriptions et des figures très-imparfaites de l'Écluse et d'Edwards. C'était un oiseau lourd, à bec long et crochu, incapable de voler ni de courir et que les matelots de passage se faisaient un plaisir de détruire même à coups de bâton, bien que sa chair d'une odeur fétide ne pût servir nullement à les nourrir. On le nommait aussi *Dodo, Cygne à capuchon*. On manque de renseignements suffisants pour déterminer sa place dans les groupes ornithologiques. Consultez de Blainville, *Mémoire, Ann. du Muséum*, 1835.

DROPS (Mécanique appliquée). — Machine employée dans quelques cas pour procéder au chargement des navires.

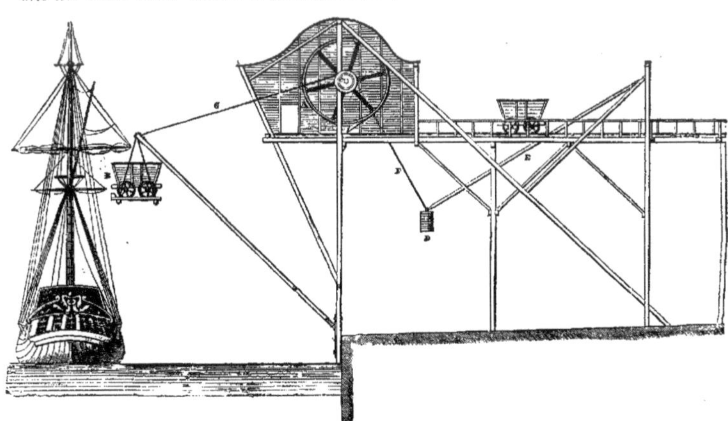

Fig. 807. — Drops.

Elle se compose essentiellement d'une sorte de plateau de balance B suspendu à la partie supérieure d'un cadre mobile autour de sa partie inférieure comme charnière. Lorsque le cadre est entièrement relevé, le plateau se trouve au niveau d'une voie ferrée portée par une charpente qui la fait avancer sur le quai d'embarquement. On amène alors le wagon chargé des matières qui doivent être embarquées, on le place sur le plateau, et celui-ci s'abaisse naturellement en faisant tourner le cadre autour de sa charnière. La position du navire est telle que le wagon, vient se déposer sur le pont où il peut être facilement déchargé.

La partie supérieure du cadre est retenue par un câble G qui vient s'enrouler sur l'arbre C; aux deux bouts du même arbre et en sens contraire s'enroulent deux câbles F (on n'en voit qu'un sur la figure) portant deux contrepoids D et articulés à l'une des extrémités de deux tringles E mobiles autour de l'extrémité opposée. Le contrepoids, produisant un effet moindre que le wagon, n'empêche pas celui-ci de descendre, et dans ce mouvement les câbles F s'enroulent autour de l'arbre et soulèvent le contre-poids. Lorsqu'on a vidé le wagon, c'est l'action du contre-poids qui l'emporte, le cadre remonte et le wagon vide est remplacé par un wagon plein. Le tambour A que l'on voit sur la figure est entouré d'un frein qui sert à modérer soit le mouvement ascensionnel, soit le mouvement de descente du plateau.

DROSÉRACÉES (Botanique). — Famille de plantes *Dicotylédones dialypétales hypogynes*, classe des *Violinées*, de M. Ad. Brongniart. Caractères : calice à 5 sépales persistants, 5 pétales réguliers, étamines en nombre égal ou multiple de celui des pétales et alternes avec ceux-ci, ovaire unique, libre à une ou plusieurs loges, 3-5 stigmates, fruit en capsule s'ouvrant au sommet en 3-5 valves. Les plantes de cette famille sont en général des herbes à feuilles alternes ordinairement réunies en rosette radicale, fleurs solitaires, ou en grappe, ou en corymbe. Elles habitent les prairies tourbeuses des régions tempérées et tropicales. Sont assez rares en Europe. Genres principaux : *Drosère* (*Drosera*, Lin.); *Attrape-Mouches*, (*Dionæa*. Ellis.); *Parnassie* (*Parnassia*, Tourn.). Voyez De Candolle, *Prodrome*, t. 1, p. 317.

DROSÈRE (Botanique), *Drosera*, Lin.; du grec *drosos*, rosée : à cause des gouttelettes gommeuses qui parsèment les feuilles. — Genre de plantes *Dicotylédones dialypétales hypogynes*, type de la famille des *Droséracées*. On lui a donné aussi le nom latin de *ros solis* (rosée du soleil). Ces plantes ont un calice gamosépale à 5 divisions, 5 pétales, 5 étamines, ovaire à 3-5 styles; capsule uniloculaire s'ouvrant au sommet. Les espèces assez nombreuses de ce genre sont des herbes vivaces à fleurs blanches, remarquables par leurs feuilles longuement pétiolées, munies de cils glanduleux rougeâtres, très-irritables et souvent susceptibles d'exécuter des mouvements. Les petits insectes qui se posent sur ces feuilles sont souvent retenus prisonniers par ces poils. Les drosères habitent les marais des régions tempérées. On trouvait autrefois assez souvent aux environs de Paris la *D. à feuilles rondes* (*D. rotundifolia*, Lin.), vulgairement *Rossoli*, dont les Italiens retirent par la distillation une liqueur qu'ils nomment *Rossoglio*, et dans d'autres parties de la France on rencontre la *D. à longues feuilles* (*D. longifolia*, Lin.) et la *D. anglaise* (*D. anglica*, Lin.), la *D. intermédiaire* (*D. intermedia*, Hayn.) à tiges coudées à leur base, à graines tuberculeuses à la surface. G—s.

DROSOPHILE (Zoologie), *Drosophila*, Fallen; du grec *drosos*, liquide; *phileu*, aimer. — Genre d'*Insectes*, de l'ordre des *Diptères*, famille des *Athéricères*, tribu des *Muscides*, division des *Hydromyzides*, qui recherchent les substances liquides fermentées et se distinguent par l'élévation du thorax et la couleur testacée du corps. Le type de ce genre est la *Mouche du vinaigre* (*Musca cellaria*, Lin.), que l'on trouve communément en France, marchant avec lenteur dans les caves et sur les tables. Sur les vitres de nos croisées se rencontre le *D. des fenêtres* (*D. fenestrarum*. Lin.).

DRUPACÉES (Botanique). — Tribu de la famille des *Rosacées*, caractérisée par la conformation du fruit en *drupe*. Cette tribu contient nos arbres à fruits à noyaux. Genres principaux : *Cerisier*, *Prunier*, *Pêcher*, *Amandier*.

DRUPE (Botanique), du latin *drupa*, olive qui commence à mûrir. — Espèce de fruit simple, apocarpé, indéhiscent, charnu, dont l'endocarpe forme un noyau ligneux, contenant habituellement une graine unique. On peut citer comme exemples, la cerise, la prune, l'abricot, la pêche, l'amande, la noix, etc.

DRUSE (Minéralogie), de l'allemand *druse*, glande. — On nomme ainsi des incrustations minérales, formées à la surface de quelques minéraux d'une autre nature,

par des cristaux implantés et serrés les uns contre les autres.

DRYADES (Botanique), *Dryas*, Lin.; du grec *dryas*, dryade, divinité mythologique. — Genre de plantes de la famille des *Rosacées*, type de la tribu des *Dryadées*. Ce sont des sous-arbrisseaux à feuilles simples, blanches, tomenteuses en dessous, à fleurs blanches assez grandes, d'un joli aspect; ils croissent dans les montagnes les plus élevées de l'Europe, de l'Asie centrale et de l'Amérique. On n'en connaît guère que 3 espèces. La *D. à huit pétales* (*D. octopetala*, Lin.) donne en juin des fleurs blanches, terminales, d'un effet agréable; elle réussit très-bien à l'exposition du nord pour orner les rocailles; c'est une plante vivace, à tige basse, 0m,10 à 0m,20; à rameaux diffus, feuilles pétiolées, oblongues, cotonneuses, argentées en dessous, pétales deux fois plus longs que les sépales ; elle croît naturellement dans les Alpes.

DRYADÉES (Botanique). — Tribu de plantes *Dicotylédones dialypétales périgynes* de la famille des *Rosacées*, qui a pour type le genre *Dryade*. Caractères : calice à 5 divisions, 5 pétales, étamines ordinairement en nombre indéfini ou quelquefois 5, insérées en haut du tube du calice, pistils nombreux, fruits en akènes disposés sur un réceptacle plus ou moins conique, charnu ou sec. Genres principaux : *Dryade*, *Ronce*, *Fraisier*, *Potentille*, *Comaret*, *Aigremoine*, *Alchémille*.

DRYMIS (Botanique). — Voyez Drimyde.

DRYMOPHILE (Zoologie), *Drymophilus*, Temm.; du grec *drymos*, forêt, et *phileu*, aimer. — Genre d'*Oiseaux*, de l'ordre des *Passereaux*, famille des *Dentirostres*, tribu des *Gobe-mouches*, établi pour diverses espèces qui habitent l'Afrique, l'Asie et l'Amérique.

DRYMOPHILE (Botanique), *Drymophila*, R. Brown. Même étymologie. — Genre de plantes de la famille des *Smilacées*, tribu des *Convallariées*, établi pour une petite herbe vivace de la terre de Van Diemen.

DRYOPS (Zoologie), *Dryops*, Oliv.; *Parnus*, Fab. — Genre d'*Insectes*, ordre des *Coléoptères*, section des *Pentamères*, famille des *Clavicornes*, tribu des *Macrodactyles*. Créé et dénommé par Olivier et adopté par Latreille avec le même nom; ce genre a reçu de Fabricius celui de *Parnus*, tandis qu'il donnait le nom de *Dryops* à l'*Œdemere* d'Olivier, de la famille des *Sténélytres*. Quoi qu'il en soit, le genre dryops, tel que l'a adopté Latreille, se distingue nettement par les antennes plus courtes que la tête, reçues dans une cavité située sous les yeux et recouverte en grande partie par le second article, qui est grand, dilaté en manière de petite oreille, ce qui avait fait donner à une espèce le nom de *Dermeste à oreilles*; c'est celle qui est connue aujourd'hui sous le nom de *D. auriculé* (*D. auriculatus*, Oliv.; *Parnus proliferacornis*, Fab.); il est noirâtre, pointillé, hérissé de petits poils; il est commun en France; longueur, 0m,005. Le *D. de Duméril* (*D. Dumerilii*, Lat.) a une forme plus allongée. Trouvé en Espagne par Duméril.

DRYPIS (Botanique), *Drypis*, Lin.; du grec *dryptô*, je déchire, allusion aux épines des feuilles. — Genre de plantes *Dicotylédones dialypétales périgynes*, famille des *Silénées*; à tiges et rameaux presque quadrangulaires; calice à 5 dents, 5 pétales, 5 étamines, 3 styles. La seule espèce connue est le *D. épineux* (*D. spinosa*, Lin.), plante bisannuelle, presque gazonnante, feuilles opposées, fleurs petites, rosées, en cime dense. Originaire du midi de l'Europe, on la cultive dans quelques jardins pour l'ornement.

DRYPTE (Zoologie), *drypta*, Lat.; du grec *dryptô*, je déchire, à cause du fort crochet dont ses mâchoires sont armées. — Genre d'*Insectes*, ordre des *Coléoptères*, section des *Pentamères*, famille des *Carnassiers*, tribu des *Carabiques*, division des *Truncatipennes*; caractérisé par le corselet plus étroit que les élytres et de la longueur de la tête, le dernier article des tarses bilobé. Ces insectes courent très-vite, se cachent sous les pierres et se nourrissent d'autres petits insectes. La *D. échancrée* (*D. emarginata*, Fab.), longue d'environ 0m,009, d'un beau bleu azuré, la bouche, les antennes et les pattes fauves, est plus commune dans le midi que dans le nord de la France; cependant on l'a trouvée assez souvent près de Versailles, de Fontainebleau.

DUALISME, **DUALISTIQUE** (Théorie). — Voyez Électrochimique (Théorie) Supplément.

DUC (Zoologie), *Bubo*, Cuv. — Genre d'*Oiseaux*, de l'ordre des *Oiseaux de proie*, famille des *Nocturnes* de Cuvier, du grand genre *Strix* (*Chouette*) de Linné. Ils se distinguent par un bec court, recourbé jusqu'à la pointe, la tête garnie de deux aigrettes ; le disque de plumes qui entoure les yeux est incomplet, la conque de l'oreille très-petite, les tarses courts, emplumés ainsi que les doigts, les ailes obtuses, la queue courte et arrondie. Parmi le petit nombre d'espèces qui composent ce genre, on doit citer : le *Grand-Duc, D. d'Europe* (*Strix bubo,*

Fig. 808. — Grand-Duc.

Lin. ; *Bubo europæus,* Less.) ; c'est le plus grand des oiseaux de nuit ; il est fauve, avec une mèche et des pointillures latérales brunes sur chaque plume, les aigrettes presque toutes noires, formées de plumes étagées rousses sur les bords, le bec noir ; l'iris orange. Sa taille est de 0^m,65 à 0^m,70. On le trouve en Europe, en Asie ; il habite en France, surtout dans l'est, en Suisse, en Italie. Il se nourrit de lièvres, lapins, mulots, rats, de perdrix et autres oiseaux ; on prétend même qu'il attaque les jeunes chevreuils. Il niche dans les trous des vieux murs, des rochers ; sa ponte est de 2 ou 3 œufs ronds comme tous ceux de cette famille (excepté l'effraye), du diamètre de 0^m,045 sur 0^m,040. Ce sont les moins nocturnes de tout ce groupe ; mais ils sont, comme tous les autres, exposés aux attaques des oiseaux, qui les harcellent avec une persistance et un acharnement tels qu'on en a vu mourir d'épuisement et de lassitude après avoir cependant résisté avec succès à une troupe de corneilles. Le *D. de Virginie* (*Strix Virginiana,* Daud. ; *Bubo virginianus,* Brehm.), nommé aussi *Grand D. barré, Grand Hibou à cornes,* habite les deux Amériques. Un peu moins grand que le précédent, il fréquente les bois voisins des rivières, se nourrit comme le grand-duc ; il mange également du poisson mort. Son vol est élevé, rapide et gracieux, comme on peut le voir pendant les nuits sereines lorsqu'il va à la chasse ; le jour il dort perché sur une grosse branche dans les endroits les plus sombres et les plus fourrés (voyez CHOUETTE, NOCTURNES).

Duc (MOYEN). — Il y en a deux : 1° le *Moyen Duc,* qui est le *Hibou commun* (*Strix otus,* Lin.) ; 2° le *Moyen Duc à huppes courtes* ou *Chouette à huppes courtes* (*Strix ulula* et *Strix brachyotos,* Gmel.). Ces deux espèces sont du genre *Hibou* (voyez ce mot).

Duc (PETIT). — C'est le *Scops d'Europe* (*Scops europæus,* Less. ; *Strix scops,* Lin.) (voyez SCOPS).

DUCHESSE D'ANGOULÊME (Arboriculture). — Variété de *Poire* obtenue à Angers en 1815 par M. Audusson père. C'est un fruit gros, ventru, tronqué aux extrémités, bosselé, vert clair ou jaune citron pointillé de roux, rarement teinté de rose, chair demi-fine, souvent granuleuse au cœur, presque fondante, parfumée. D'octobre et novembre. Planter en terrain sec ; arbre vigoureux, mais se fatiguant sur cognassier quand le sol n'est pas riche. Il est très-fertile.

Fig. 809. — Duchesse d'Angoulême.

DUCHESSE DE BERRY D'ÉTÉ (Arboriculture). — Autre variété de *Poire* obtenue par M. Gabriel Bruneau. C'est un arbre de plein vent et d'espalier qu'il faut greffer sur franc. Fin d'août.

DUCTILITÉ (Physique), de *ducere,* conduire. — Propriété des corps de pouvoir, sans se désagréger, supporter des actions mécaniques telles que le martelage, le laminage, le passage à la filière. Les métaux et leurs alliages présentent seuls cette particularité ; chez quelques-uns même, cette ductilité est extrême, et on peut les façonner en lames d'une épaisseur excessivement petite ou en fils d'une ténuité excessive. Ainsi les feuilles d'or qu'en emploie pour la dorure (voyez BATTEUR D'OR) ont une épaisseur qui, quelquefois, ne dépasse pas $\frac{1}{100}$ ou $\frac{1}{1000}$ de millimètre. Encore, avec 1 gramme d'argent occupant un volume de $\frac{1}{11}$ de centimètre cube environ, on peut tirer un fil de 2 500 mètres de longueur. Il est à remarquer, d'ailleurs, que la ductilité peut varier dans le même métal suivant la nature de l'action mécanique employée. Ainsi le plomb, très-ductile sous le laminoir, très-malléable, ne s'étire que difficilement à la filière. Le platine, au contraire, supporte beaucoup mieux cette dernière action que celle du laminoir.

Voici un tableau de l'ordre dans lequel les métaux peuvent être rangés sous le rapport de la ductilité, suivant la nature de l'action mécanique qu'ils ont à supporter.

FILIÈRE.	LAMINOIR.	MARTEAU.
Platine.	Or.	Plomb.
Argent.	Argent.	Etain.
Fer.	Aluminium.	Or.
Cuivre.	Cuivre.	Zinc.
Or.	Etain.	Argent.
Aluminium.	Plomb.	Aluminium.
Nickel.	Zinc.	Cuivre.
Cobalt.	Platine.	Platine.
Palladium.	Fer.	Fer.
Zinc.	Cobalt.	
Etain.	Nickel.	
Plomb.	Palladium.	

DUDAIM (Botanique). — Nom hébreu d'un fruit mentionné dans les saintes Écritures. — F. E. Bruckmann suppose que ce fruit prétendu était la truffe ; d'après Ludolphe, ce serait la banane ; Virey rapporte le dudaïm au salep. La version de la Vulgate rend ce mot par mandragore. Mais en réalité nous n'avons aucune description assez précise pour faire reconnaître la véritable nature du dudaïm. On a aussi prétendu que c'était une sorte de *Concombre* ; une espèce de ce genre a reçu pour cela le nom de *Concombre dudaïm, Concombre de Perse* (*Cucumis dudaïm,* Lin.), plante du Levant dont les fruits sont peu savoureux ; mais les poils blancs qui les recouvrent lui ont aussi valu le nom de *concombre chatié.*

DUGONG ou DUGON (Zoologie), *Halicore*, Illig. — Genre de *Mammifères*, de l'ordre des *Cétacés*, famille des *Cétacés herbivores*; caractérisé par un corps allongé avec une mâchoire caudale en croissant, la peau épaisse et dépourvue de poils, la mâchoire supérieure armée de 2 défenses pointues, qui sont des incisives accompagnées de 2 autres plus petites, 6 ou 8 incisives à la mâchoire infé-

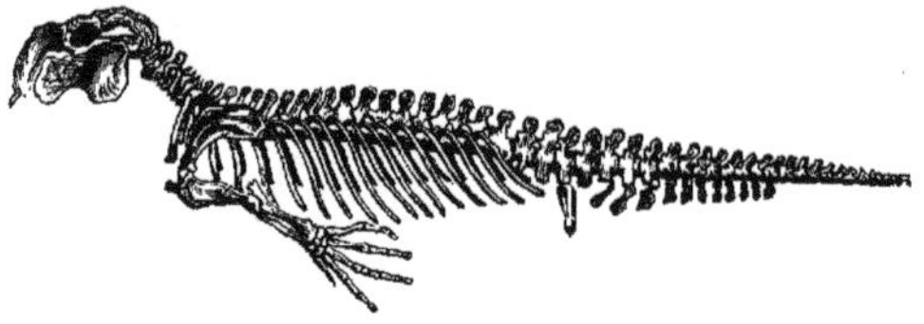

Fig. 810. — Squelette de dugong.

rieure, 5 molaires à chaque mâchoire et de chaque côté ouvertes à la partie supérieure du museau, membres antérieurs conformés en nageoires et entièrement privés d'ongles. Le *Dugong* (*Halicore indicus*, Fr. Cuv.), seule espèce du genre, est herbivore et vit sur les plages peu profondes, couvertes des plantes marines dont il se nourrit. Il dépasse souvent 3 mètres de long, et on assure qu'il peut atteindre une plus grande taille. Sa chair est très-estimée des Malais qui font à cet animal une guerre constante; aussi devient-il de plus en plus rare, même sur ces parages, et on le réserve pour les tables des princes. On peut prévoir qu'avant moins d'un siècle peut-être, cette espèce aura entièrement disparu. On la rencontre encore sur les côtes de la Malaisie et dans la mer Rouge. On l'a aussi nommée *Sirène, Vache marine*.   F. L.

DULCOSE (Chimie), $C^{12}H^{14}O^{12}$. — Produit neutre se rapprochant de la *mannite* par ses propriétés et extrait d'une plante inconnue qui nous vient de Madagascar. Il se présente sous la forme de prismes bien définis, fusibles à 180°, très-solubles dans l'eau, inodores, ayant un goût sucré. Il se rapproche des gommes en ce que, traité par l'acide azotique, il donne de l'acide *mucique*; il s'en sépare nettement par son aptitude à donner des cristaux. Il se distingue de l'amidon et de ses dérivés en ce qu'il n'a pas d'action sur le plan de polarisation de la lumière, que, traité par l'acide sulfurique dilué, il ne donne pas de glucose, et qu'enfin il ne subit pas de fermentation alcoolique au contact de la levûre de bière. — L'étude de ce corps est due à M. Laurent.   B.

DUODÉCIMAL (Système). — Voyez NUMÉRATION.

DUODENUM (Anatomie), du latin *duodeni*, douze. — On nomme ainsi chez l'homme et chez les mammifères une première partie de l'intestin grêle qui n'est pas enroulé dans la masse intestinale, où la bile et le suc pancréatique sont versés par des canaux spéciaux (canal cholédoque, canal pancréatique), dont la muqueuse n'est pas garnie de villosités comme le reste de l'intestin grêle, et où s'exécute l'acte spécial de la digestion nommé *digestion duodénale*. Chez l'homme, le duodenum est situé en haut et en arrière dans l'abdomen, il mesure environ douze fois la largeur d'un travers de doigt; ce qui lui a valu son nom (voyez DIGESTION).

DURANTA (Botanique), *Duranta*, Lin. — Genre de plantes *Dicotylédones gamopétales hypogynes*, famille des *Verbénacées*, tribu des *Verbénées*. Ce sont des arbrisseaux de l'Amérique méridionale, quelquefois épineux, à feuilles simples, opposées; fleurs en épis axillaires ou terminales, corolle infundibuliforme; 4 étamines; style simple; le fruit est une baie ou une drupe renfermée dans le calice. Le *D. de Plumier* (*D. Plumieri*, Jacq.) est un arbrisseau des Antilles qui atteint dans le pays 4 ou 5 mètres et à peine 1ᵐ,50 dans nos serres tempérées. Ses fleurs, bleues, petites, terminales, disposées en grappes longues de 0ᵐ,10 à 0ᵐ,12, s'épanouissent pendant tout l'été. Ses fruits sont des baies charnues, de couleur orangée, recouvertes par le calice.

DURBEC (Zoologie), *Corythus*, Cuv.; — Genre d'*Oiseaux*, de l'ordre des *Passereaux*, famille des *Conirostres*, tribu des *Gros-becs*. Leur bec est très-fort et arqué comme celui des perroquets, en sorte que la pointe se recourbe sur la mandibule inférieure; leurs narines sont cachées par de petites plumes; la langue est épaisse et émoussée. L'espèce la plus connue est le *D. ordinaire*

C. enucleator, Cuv.) dont le dos est brun, mêlé de gris et de rose; la poitrine et les jambes incarnat; les ailes et la queue noires, bordées de blanc. Il est long de 0ᵐ,22; on le trouve dans le nord des deux continents.

DURE-MÈRE (Anatomie), *Dura mater*. — Une des membranes du cerveau ainsi nommée à cause de sa consistance et des connexions que les anciens lui supposaient avec toutes les autres membranes du corps. C'est la plus extérieure et la plus résistante des méninges; formée de fibres tendineuses diversement entrelacées, elle tapisse la face interne du crâne et du canal vertébral sans y adhérer autrement que par quelques prolongements fibreux; elle n'adhère pas davantage aux autres centres nerveux dont la séparent l'arachnoïde et la pie-mère. De sa surface interne, la dure-mère envoie des replis dans les scissures qui séparent ces différentes parties; elle enveloppe les nerfs, à leur émergence, d'une gaine fibreuse qui se prolonge à leur surface, jusqu'à une petite distance au delà de laquelle le nerf devient libre et n'est plus recouvert que par une enveloppe fibreuse propre et qu'on nomme son *névrilemme*. La dure-mère s'étend, chez l'homme, des parois du crâne à la base du coccyx, et offre dans son ensemble une gaine cylindrique surmontée d'une sphère irrégulière, c'est-à-dire la forme même du système cérébro-spinal.

DURETÉ (Minéralogie). — On entend par ce mot la plus ou moins grande résistance qu'un corps oppose au frottement. Un corps est plus dur qu'un autre quand il raie ce dernier, il est moins dur quand il est rayé par lui. Cette définition est importante, parce que dans la langue vulgaire le mot *dureté* a un sens beaucoup plus vague. Pour constater la dureté des corps, on employait autrefois en minéralogie des pointes de verre ou d'acier; mais pour rendre ces essais comparables entre eux, on est convenu maintenant de se servir uniquement de pointes formées par les cristaux naturels. L'imperfection de nos méthodes expérimentales ne permet pas de déterminer assez sûrement la dureté pour l'évaluer numériquement, comme on le fait pour un grand nombre de caractères physiques. Néanmoins ce n'est pas un caractère qu'il faille négliger complétement, car il peut fournir des données importantes pour la détermination de certains corps. Dans les essais, il faut toujours après l'épreuve essuyer le cristal que l'on a frotté, car si le corps frottant n'était pas assez dur, il pourrait déposer une poussière fine qui ferait croire à l'existence d'une rayure et tromperait complétement sur la dureté relative des deux corps. Il faut encore remarquer que le sens du frottement n'est pas sans importance. Tel corps se raye facilement quand on promène le corps frottant dans un sens, qui résiste à la rayure dans un sens différent.

Cependant, en l'absence de moyens précis pour observer ces particularités, on trouvera pour chaque corps un état moyen de dureté que l'on pourra regarder comme un caractère de l'espèce. Pour donner un peu plus de précision à ces déterminations, on a choisi parmi les espèces minérales, comme termes de comparaison, et on les a rangés de telle façon que l'un quelconque de ces corps est rayé par tous ceux qui sont inscrits après lui et raye ceux qui le précèdent. Voici cette sorte d'*échelle de dureté* : 1° *Talc*; 2° *Gypse*; 3° *Calcaire*; 4° *Fluorine*; 5° *Apatite*; 6° *Feldspath orthose*; 7° *Quartz*; 8° *Topaze*; 9° *Corindon*; 10° *Diamant*. Pour classer un minéral, la *tourmaline*, par exemple, on essaye ces différents termes, et on voit que ce corps est rayé par la topaze, mais qu'il raye le quartz. La dureté de la tourmaline sera comprise entre 7 et 8. L'*émeraude* raye la topaze, mais elle est rayée par le corindon : sa dureté est entre 8 et 9. On ne connaît aucun minéral qui par sa dureté vienne se placer entre le corindon et le diamant, bien qu'il y ait sous ce rapport une grande différence entre les deux corps.   LEF.

DURILLON (Médecine). — On appelle ainsi de petites éminences formées par l'épaississement et l'endurcissement de l'épiderme qui existent à la plante des pieds, au talon chez les personnes qui marchent beaucoup, et dans la paume des mains chez celles qui exercent une profession manuelle pénible. Les durillons sont déterminés par la compression de l'épiderme et sont constitués par plusieurs couches d'épiderme superposées et sans aucune organisation apparente. Ce qui les distingue du cor, c'est qu'ils n'ont pas, comme lui, cette portion plus étroite, plus profonde, qui s'enfonce à travers le derme, jusqu'aux tendons, aux ligaments, au périoste (voyez Cor). Ces callosités, qui servent à protéger la peau contre l'impression douloureuse des corps comprimants, deviennent quelquefois gênantes et même douloureuses lorsqu'elles acquièrent une trop grande épaisseur; il faut, dans ce cas, après les avoir ramollies par des bains, des cataplasmes, en enlever les parties les plus saillantes au moyen d'un instrument tranchant. Il arrive souvent que le durillon n'est que le commencement d'un cor, surtout lorsqu'on ne fait pas cesser la cause qui favorise son développement; c'est ce qui arrive surtout aux pieds par la compression des chaussures trop étroites.　　　　F.—N.

DUSODYLE, Dysodyle (Minéralogie), du grec *dusódia*, odeur fétide. — Cordier a donné ce nom à une espèce de combustible fossile qui n'est ni de la houille ni précisément un lignite; c'est une terre bitumineuse foliée qui brûle en répandant une odeur infecte, ce qui lui a valu le nom de *stercus diaboli* et celui de *merda di diavolo* en Sicile, d'où Dolomieu l'a rapportée. Cette substance se présente en masses feuilletées, à feuillets minces et comme papyracés, tendres, un peu flexibles, d'un gris jaunâtre ou verdâtre sale. Elle est opaque, mais les feuillets séparés sont transparents, surtout lorsqu'ils ont été plongés dans l'eau; alors ils se séparent et deviennent plus transparents et plus flexibles. On la trouve à Meliti, en Sicile.

DUVET (Zoologie). — Petites plumes dont la tige, très-faible, est garnie de barbes allongées plus ou moins crépues et non attachées ensemble par leurs filets. Presque tous les jeunes oiseaux sont couverts de duvet pour les préserver du froid jusqu'au moment où il est remplacé par les plumes; cependant il persiste et devient permanent chez ceux qui habitent les eaux et chez ceux qui ont l'habitude de voler à des hauteurs considérables, parce qu'ils sont exposés, dans ce dernier cas surtout, à passer rapidement d'une température chaude à un froid vif. Cette moelleuse couverture est, en outre, chez les oiseaux aquatiques, lubrifiée par une légère couche huileuse, qui empêche que l'eau ne pénètre jusqu'à la peau de l'animal. « Les plumes qui paraissent après le duvet, dit Fr. Cuvier, ne sont que la continuation de celui-ci; chacune des plumes lâches qui le composent est poussée dehors par celle qui semble lui succéder, et les premières restent attachées au bout des autres jusqu'à ce que la dessiccation et le frottement les en séparent. Il ne faudrait alors peut-être voir dans le duvet que des plumes qui n'auraient point éprouvé l'action de l'air, ce qui expliquerait pourquoi la partie cachée des plumes des oiseaux adultes est toujours sous forme de duvet. » L'industrie et le luxe ont tiré un assez grand parti de cette substance; on connaît son importance dans la literie, pour la confection des coussins de toute espèce. Ce duvet se recueille principalement sur l'estomac, le cou et le ventre de plusieurs espèces domestiques, telles que l'oie, le cygne, le canard, etc., d'où on l'arrache à des époques déterminées; mais le plus précieux, le plus délicat, le plus moelleux et le plus léger est celui d'une espèce de canard, l'*Eider commun* (*Anas mollissima*, Lath.) (voyez Canard, Eider), nommé pour cette raison *Édredon*. Le *Canard tadorne* (*Anas tadorna*, Lin.) en fournit aussi d'une très-bonne qualité. Les duvets de cygne et d'oie, quoique d'une bien moindre délicatesse, sont recherchés pour la literie et les coussins. Celui du *Canard ordinaire* (*Anas boschas*, Lin.) est beaucoup moins estimé, surtout celui du canard sauvage. L'importation de ces diverses sortes de duvet peut monter à 12 000 kil., ayant une valeur officielle de 108 000 francs.

D'autres animaux ont aussi une espèce de duvet en naissant, et on le retrouve même chez plusieurs d'entre eux à l'âge adulte; ainsi les chevaux se couvrent d'une sorte de duvet, en Sibérie, aux approches de l'hiver; tout le monde connaît le duvet des chèvres de Cachemire avec lequel se fabriquent ces fins tissus si estimés dans le monde entier (voyez Chèvre).

Le *duvet* de certains végétaux est formé par des poils mous, courts et abondants; différents organes des plantes peuvent en être pourvus, et l'on dit, dans ce cas, qu'ils sont *pubescents*; ainsi les feuilles de la cynoglosse, de la guimauve officinale, les tiges de l'orobanche majeure, les anthères de la digitale pourprée, etc.

DYKE (Minéralogie). — Voyez Dike.

DYNAMOMÈTRE (Mécanique), *Dunamis*, force; *metron*, mesure. — Appareil destiné à évaluer en kilogrammes l'intensité d'une force quelconque, et en particulier de la force musculaire de l'homme ou des animaux. Il peut servir en même temps à évaluer la quantité de *travail* (voyez ce mot) produite par un moteur pendant un temps déterminé.

La forme des dynamomètres varie beaucoup suivant l'objet auquel on les destine; tous ont pour base la force de ressort développée dans des lames d'acier trempé, par les déformations qu'on leur fait subir.

Un des dynamomètres les plus usités dans nos campagnes est le *peson à ressort* qui y remplace assez souvent encore les balances ou les *romaines*. Cet instrument est formé par une lame d'acier flexible et recourbée en son milieu. A l'extrémité de la branche inférieure est fixé un arc en fer qui passe librement dans une ouverture pratiquée dans la branche supérieure et se termine par un anneau; vers l'extrémité de la branche supérieure est fixé un autre arc de fer qui passe dans une ouverture pratiquée dans la branche inférieure et se termine par un crochet. Si on saisit cet instrument par l'anneau et qu'on suspende un corps à son crochet, la lame d'acier plie et ses extrémités se rapprochent d'une quantité correspondante au poids. Deux poids égaux feront fléchir le ressort d'une même quantité. Si donc un corps quelconque le plie au même degré qu'un poids de 10 kil., le corps pèse 10 kil. Supposons maintenant que nous prenions l'anneau de la main gauche par une extrémité de la droite et que nous amenions le ressort au même point que précédemment, il est clair que nous

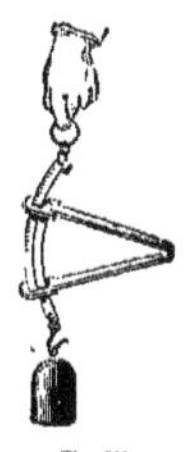

Fig. 811.
Peson à ressort.

exercerons sur lui un effort équivalent à 10 kil. Pour plus de commodité, l'un des arcs de fer porte des divisions où doit s'arrêter l'extrémité du ressort lorsqu'on suspend à ce crochet des poids de 1, 2, 3, 4 kil. ou fractions de kilogramme.

Le *Dynamomètre* de *Leroy* se compose d'un ressort en hélice renfermé dans un tube de cuivre et destiné aux mêmes usages que le précédent. L'une des extrémités du ressort vient buter contre le fond du cylindre qui est terminé inférieurement par un crochet; l'autre appuie sur l'extrémité d'une tige de fer graduée et terminée supérieurement par un anneau. Si l'on suspend un corps au crochet et qu'on soulève l'appareil par l'anneau, le ressort se replie sur lui-même. La tige sort de son cylindre d'une quantité correspondante au poids du corps qui se trouve indiqué par la dernière division mise au jour. L'un et l'autre de ces deux appareils ne peut servir que pour des poids ou des tractions peu considérables.

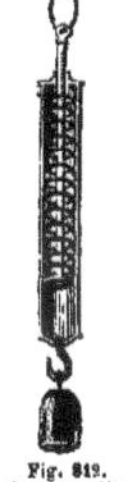

Fig. 812.
Dynamomètre
Leroy.

Le *Dynamomètre* de *Regnier* ne convient au contraire que pour de grandes forces et est assez souvent usité pour évaluer en kilogrammes l'effort maximum de traction dont un cheval est capable. Il se compose de deux ressorts courbes réunis par leurs deux extrémités et dont les parties centrales se rapprochent quand on exerce une traction sur les extrémités elles-mêmes. Cette déformation temporaire du ressort se transmet par l'intermédiaire d'une bielle et d'un levier coudé à une aiguille qui est mobile sur un cercle gradué et qui conserve ensuite la position qui lui a été donnée jusqu'à ce qu'on la ramène à son point de départ.

La figure 814 représente une disposition analogue: le ressort d'acier fixé à son extrémité A porte à son extrémité opposée une crémaillère DK

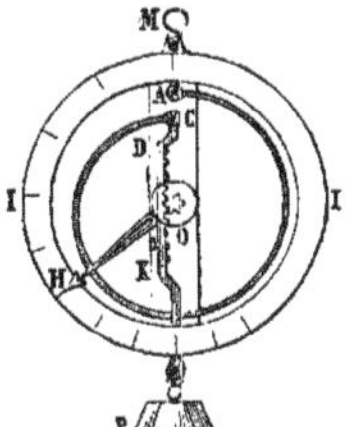

Fig. 813. — Dynamomètre.

à la partie inférieure de laquelle agit le poids P ou la traction que l'on veut mesurer. La crémaillère engrène avec un pignon O dont l'axe porte l'aiguille H ; celle-ci parcourt les divisions du cadran I I. En M est le crochet par lequel on fixe ou on suspend l'appareil.

Le dynamomètre imaginé par M. Perreaux pour mesurer la résistance des toiles à voiles et autres tissus, des cordes ou fils métalliques, est fondé sur un semblable système de ressorts, bien que sa construction satisfasse à des conditions particulières imposées par le but à remplir.

Tous ces dynamomètres doivent être gradués à l'avance par l'intermédiaire de poids variés qu'on fait agir successivement sur eux. C'est par leur intermédiaire que l'on a pu évaluer en moyenne à 50 kil. la force maximum des bras de l'homme, à 33 kil. celle des bras de la femme, à 300 kil. la force de traction d'un cheval, à 43 celle de l'homme. Au reste cette détermination de l'effort maximum de l'homme et des animaux n'a qu'une importance assez secondaire en mécanique ; un cheval exécutant un travail régulier ne saurait exercer d'une manière continue des efforts de 300 kil. D'ailleurs la force ne constitue qu'un des éléments du travail, le chemin parcouru forme l'autre, et depuis longtemps on cherche des appareils dynamométriques qui puissent permettre d'évaluer à un moment donné ou d'une manière continue le travail produit par un *moteur* ou le travail dépensé par une machine-outil. La solution de cette question est surtout d'une grande importance pour la France où le travail industriel est distribué entre un très-grand nombre de petits ateliers dont on favoriserait l'utile développement s'il était possible de leur vendre du travail moteur et de mesurer exactement ce travail comme les compteurs à gaz permettent de leur faire payer l'éclairage d'après la quantité de gaz consommé. Plusieurs dynamomètres ont été proposés dans ce but ; malheureusement aucun n'a pénétré sérieuseme t dans l'industrie, parce qu'aucun n'a résolu le problème d'une manière pratique ; et aujourd'hui encore, le travail moteur est vendu à peu près au hasard sur des approximations très-vagues du travail consommé. Toutefois nous décrivons à l'article *Travail* quelques-uns de ces instruments.

DYSCHIRIE (Zoologie). — Voyez DISCHIRIE.

DYSDÈRE (Zoologie), *Dysdera*, Lat., Walck.— Genre d'*Arachnides*, de l'ordre des *Pulmonaires*, famille des *Aranéides* ou *Fileuses*, tribu des *Mygales*, établi par Walckenaër, ayant pour caractères : six yeux disposés en fer à cheval avec l'ouverture en devant, les antennes-pinces très-fortes et avancées, les mâchoires droites et dilatées à l'insertion des palpes. Elles ont le corps oblong, presque cylindrique, l'abdomen mou. Ce genre peu nombreux a pour type la *D. érythrine* (*D. erythrina*, Lat.; *Aranea rufipes*, Fab.), longue de 0ᵐ,012 à 0ᵐ,015, d'un rouge de sang, luisant, avec les pieds plus pâles, l'abdomen gris, très-mou et soyeux. On la trouve en France, en Espagne, en Égypte, en Algérie. Elle se tient sous les pierres, dans un tuyau en forme de sac oblong.

DYSENTERIE (Médecine), du grec *dys*, qui donne l'idée de peine, malheur, et *enteron*, intestin (l'Académie écrit *dyssenterie*, malgré l'étymologie). — On nomme ainsi une espèce d'inflammation des intestins, caractérisée par des besoins fréquents d'aller à la selle, douleurs plus ou moins vives dans le ventre et au fondement, excrétion fréquente, pénible, de matières liquides sanguinolentes, et en petite quantité. Elle peut être *sporadique*, ou *épidémique* ; elle reconnaît pour causes ; les aliments de mauvaise qualité, les fruits peu mûrs ou pris en trop grande quantité, les viandes malsaines, l'usage des eaux stagnantes, bourbeuses, les écarts de régime, les aliments indigestes, l'abus des purgatifs violents, etc. Toutes ces causes agissent encore avec plus d'intensité lorsqu'elles sont favorisées par le développement d'une température chaude et humide ; on peut ranger encore au nombre de ces causes les émanations qui s'élèvent des substances animales en putréfaction, mais surtout des végétaux, l'impression du froid humide, l'habitation dans les lieux bas et marécageux : la dysenterie sporadique peut se montrer dans toutes les saisons ; la dysenterie épidémique règne surtout en été et en automne, principalement après une température chaude et humide, suivie de nuits très-fraîches dans les pays chauds et humides, par suite de l'abus des fruits ; mais indépendamment des causes signalées plus haut, elle peut être surtout déterminée par l'agglomération d'un grand nombre d'individus dans un espace resserré, ainsi dans les camps, les prisons, les vaisseaux ; on l'a même observée dans des provinces entières, causée alors soit par des disettes qui ont forcé les populations à avoir recours aux aliments les plus mal-

sains, soit par des abus de régime provoqués par la quantité et la mauvaise qualité des fruits. Plusieurs médecins ont pensé que la dysenterie était contagieuse, cependant l'observation rigoureuse des faits ne permet guère d'adopter cette opinion.

Les symptômes de la *dysenterie sporadique* sont le plus souvent un malaise dans les fonctions digestives, l'inappétence, la soif, des douleurs vives dans le ventre, quelquefois d'abord la diarrhée ; puis il survient bientôt des évacuations sanguinolentes plus ou moins fréquentes peu abondantes, avec ténesme (voyez ce mot), douleurs à l'anus, cuissons ; ces évacuations peuvent contenir des sérosités rougeâtres, de la bile, du sang pur, etc. ; en même temps il y a des symptômes généraux, la face est pâle après les évacuations, les traits sont altérés, il y a de la faiblesse, insomnie, petitesse du pouls, quelquefois des nausées, des vomissements. Lorsque la maladie prend le caractère *épidémique*, dans les circonstances énumérées plus haut, la fièvre est plus intense, les douleurs du ventre plus aiguës, les selles sont très-fréquentes, les cuissons, les chaleurs au fondement plus vives, les évacuations quelquefois brunes, noires, puriformes, d'une extrême fétidité, la physionomie est profondément altérée ; il y a un abattement extrême, une soif intense, vomissements, pouls faible, irrégulier, sentiment de froid extérieur, peau sèche, rugueuse, hoquets, refroidissement des extrémités, etc.

La *dysenterie sporadique* est peu grave, elle cède ordinairement à la diète, aux boissons mucilagineuses, émollientes, aux cataplasmes, aux bains, aux demi-lavements émollients, amidonnés, légèrement narcotisés, soit par une décoction de pavot, soit par quelques gouttes de laudanum ; quelquefois on est obligé d'avoir recours aux sangsues, sur le ventre, ou à l'anus. La *dysenterie épidémique* est beaucoup plus grave, et elle l'est d'autant plus qu'il est souvent difficile de soustraire les malades aux causes qui ont développé l'épidémie et qui se rapportent en général à l'agglomération d s individus et à leur séjour forcé dans les lieux ou elle a pris naissance ; ainsi dans les camps, dans les navires, dans les stations navales etc.. C'est cependant, lorsque cela est possible, la première chose à faire ; dans tous les cas, après cette première précaution, si la maladie revêt la forme inflammatoire, on aura recours au traitement indiqué plus haut. S'il y a de la prostration des forces, sécheresse de la langue, altération des traits, on emploiera les astringents comme le quinquina, le cachou, le diascordium, le vin généreux, les lavements opiacés, ou aromatiques, les onctions camphrées, les vésicatoires sur le ventre ; quelquefois même des purgatifs : cette forme de la maladie est très-grave, et souvent mortelle. Les convalescences de la dysenterie doivent être surveillées de très-près ; un écart de régime, l'impression du froid, peuvent amener une rechute très-grave.   F — N.

DYSODIE (Médecine), du grec *dysodia*, odeur fétide. — Sauvage et quelques autres nosologistes ont fait sous ce nom un genre de maladies caractérisées par la fétidité extrême des matières de sécrétions ou exhalations animales. Les modernes n'ont pas cru devoir conserver cette désignation dans le cadre nosologique, ce caractère ne pouvant être considéré que comme un symptôme susceptible de se rencontrer dans plusieurs états maladifs.

DYSODYLE (Minéralogie). — Voyez DESODYLE.

DYSPEPSIE (Médecine), du grec *dys*, particule qui marque la difficulté, et *pepsis*, digestion ; digestion difficile, dépravée. — Ce mot s'applique, en effet, à toute digestion mauvaise, douloureuse, s'accompagnant le plus souvent de défaut d'appétit, de dégoût, de rapports, quelquefois de distension subite et passagère de l'estomac, de vomissements, d'une chaleur brûlante vers le cœur, l'épigastre (voyez PYROSIS), de douleurs dans la même région, soif, constipation, etc. Cette affection peut dépendre d'une lésion organique de l'estomac, d'un squirrhe, d'une tumeur ; elle peut être causée sympathiquement par une maladie d'un organe plus ou moins éloigné. Quelquefois elle est symptomatique d'une inflammation chronique de l'estomac (gastrite). Souvent elle tient à une névrose, (maladie nerveuse de l'estomac), à laquelle on a donné le nom de gastralgie. Le traitement de cet état maladif n'a, dès lors, rien de spécial et rentre dans celui de l'affection à laquelle il est lié (voyez GASTRITE, GASTRALGIE).

DYSPHAGIE (Médecine), du grec *dys*, difficilement, et *phagein*, manger. — On appelle ainsi la difficulté, quelquefois même l'impossibilité d'accomplir la déglutition. On a vu aux articles DÉGLUTITION, DIGESTION, quelle quantité d'organes, quelle série de petits actes concourent à l'accomplissement de cette fonction en apparence si simple; or, chacun de ces organes peut être lésé directement ou sympathiquement et déterminer l'état maladif dont nous parlons; d'où il faut conclure que ce n'est point une maladie, mais seulement un symptôme dont l'importance se mesure à celle de la maladie principale. Indépendamment des causes qui agissent d'une manière toute mécanique, telles que la présence d'un corps étranger, d'une tumeur, une tuméfaction de la langue, du pharynx, l'inflammation des parties voisines de l'isthme du gosier; il en est d'autres qui proviennent de l'*œsophage* même : ainsi des abcès, une dégénérescence cancéreuse, la rupture, la perforation de ce canal, etc. D'autres fois, la dysphagie peut tenir à un état spasmodique, comme cela a lieu dans l'hystérie, dans l'hydrophobie; enfin elle est souvent un symptôme grave des affections cérébrales et reconnaît pour cause la paralysie du pharynx et de l'œsophage, déterminée par une lésion profonde du cerveau, comme cela a lieu dans l'apoplexie compliquée de paralysie. Dans tous les cas, on conçoit que la dysphagie ne réclame point un traitement spécial et que le médecin doit avoir en vue la maladie dont elle n'est qu'un symptôme. F—N.

DYSPNÉE (Médecine), du grec *dys*, difficilement, et *pneiu*, respirer. — C'est la difficulté de respirer. Comme la dyspepsie et la dysphagie, dont nous avons parlé dans les articles précédents, elle n'est qu'un symptôme qui se lie à la plus grande partie des affections qui y ont été énumérées. Mais à ces affections il faut en joindre d'autres qui sont plus spéciales aux lésions des organes de la respiration : telles sont certaines espèces d'angines, le croup, la pneumonie, la pleurésie, l'asthme, l'emphysème pulmonaire, le rhumatisme des muscles qui servent à la respiration, certaines pleurodynies, des névroses des organes respiratoires, etc. On peut y joindre encore des maladies des organes voisins : ainsi les affections du cœur ou de ses enveloppes, les inflammations des organes situés dans l'abdomen, l'hydropisie ascite, etc. Le traitement, d'après cela, n'a rien de spécial.

DYSSENTERIE (Médecine). — Voyez **DYSENTERIE**.

DYSURIE (Médecine), du grec *dys*, difficilement, et *ourou*, urine. — Difficulté d'uriner plus ou moins grande et accompagnée d'une sensation incommode de chaleur et de douleur. Les grandes chaleurs, les exercices violents et prolongés, les aliments âcres, salés, épicés, les écarts du régime, et surtout l'abus des spiritueux, la suppression des hémorrhoïdes, l'usage interne ou externe des cantharides, comme l'application d'un vésicatoire, etc. peuvent donner lieu à cet accident. Lorsque la maladie est essentielle, elle cède facilement au repos, aux bains, aux émollients de toute espèce, à la diète; mais si elle est symptomatique d'une autre affection, si elle tient, par exemple, à l'existence d'une pierre dans la vessie ou dans l'urètre, à une diathèse rhumatismale, goutteuse, elle n'exige aucun traitement particulier. C'est a première période de la **Rétention d'urine** (voyez ce mot).

DYTIQUE ou **DYTISQUE** (Zoologie), *dytiscus*, Lin.; *Dirycas*, Geoff.; du substantif grec *dytés*, ou de l'adjectif *dytikos*, plongeur. — Grand genre d'*Insectes*, de l'ordre des *Coléoptères*, section des *Pentamères*, famille des *Car-* nassiers aquatiques, tribu des *Hydrocanthares*, divisé par Latreille en plusieurs sous-genres, dont le plus intéressant est celui des *Dytiques* proprement dits; ce sont des insectes d'assez grande taille, à forme ovale, plus étroite en avant qu'en arrière, dont le corps épais dans le milieu s'amincit sur les bords; tête grosse, les yeux globuleux et saillants; antennes filiformes, tarses des pattes postérieures robustes, en forme de palettes ou rames et terminés par deux crochets égaux et mobiles. Le présternum porte une pointe dirigée en arrière, qui va s'engager dans une échancrure du mésosternum, ce qui fait que quelques espèces, telles que le *D. bordé*, par exemple, peuvent, lorsqu'ils sont renversés sur le dos, se rétablir, en sautant, dans leur position ordinaire (Fabricius); des ailes membraneuses propres au vol; dans quelques espèces, les élytres des femelles sont sillonnées. Dans la plupart des mâles, les trois premiers articles des tarses antérieurs sont élargis et spongieux en dessous; ils forment quelquefois une palette couverte en dessous de petites papilles ou suçoirs; ils sont essentiellement aquatiques, nagent avec beaucoup de vitesse, sont très-voraces et vivent d'insectes sur lesquels ils

Fig. 814. — Dytique bordé.

s'élancent et qu'ils saisissent avec leurs pattes antérieures pour les dévorer. Quoiqu'ils puissent vivre longtemps sous l'eau, ils sont obligés de venir à la surface pour respirer; souvent, à l'approche de la nuit, ils sortent de l'eau pour voler d'un étang à un autre ou pour saisir des insectes terrestres.

Les larves de ces insectes sont longues, ventrues au milieu, effilées surtout en arrière, la tête grande, ovale, les mandibules très-arquées; elles ont six pattes écailleuses. Elles se nourrissent d'autres larves, telles que celles des libellules, des cousins, des tipules aquatiques, et sont très-voraces. Avant leur transformation, elles gagnent le rivage, s'enfoncent dans la terre humide et s'y pratiquent une cavité ovale dans laquelle elles s'enferment.

Le *D. bordé* (*D. marginalis*, Lin.), si commun dans nos eaux stagnantes (*fig* 814), est long de 0ᵐ,030 à 0ᵐ,035 ; c'est le *D. noir à bordure* de Geoffroy. En effet, il est noir, porte une bordure jaunâtre tout autour du corselet; ses élytres sont sillonnés dans la femelle. Le *D. très-large* (*D. latissimus*, Lin.), un peu plus grand, se distingue par la dilatation comprimée et tranchante de la marge extérieure des étuis, dont le rebord est jaunâtre. Il habite surtout l'Allemagne. On le trouve dans le nord-est de la France.

DZIGGETAI (Zoologie), synonyme d'*Hémione*. — Espèce du genre *Cheval* (voyez ces deux mots).

E

EAU (Chimie). — Substance liquide aux températures ordinaires, se congelant par un froid convenable et se transformant en vapeur à toute température. Elle est incolore sous un petit volume, mais en grande masse elle prend une teinte variant du bleu foncé au vert d'herbe ou à l'olivâtre, suivant la nature des substances qu'elle tient toujours en dissolution; elle est ordinairement à peu près sans saveur, mais, quand elle est chimiquement pure, elle a un goût fade et est d'une digestion difficile.

Pendant longtemps, l'eau a été considérée comme un *élément* ou corps simple; mais, vers la fin du siècle dernier, Cavendish et Lavoisier (1783) démontrèrent qu'elle est composée de deux gaz, l'*hydrogène* et l'*oxygène*. Ce furent MM. Gay-Lussac et de Humboldt qui établirent que ces deux corps simples entrent dans la composition de l'eau dans le rapport de 1 volume d'oxygène et 2 volumes d'hydrogène, ou en poids d'une proportion (8) d'oxygène avec une proportion (1) d'hydrogène (HO). Cette vérification s'obtient soit en brûlant directement de l'hydrogène par de l'oxygène dans l'*eudiomètre* (voy. ce mot), soit en décomposant de l'oxyde de cuivre par de l'hydrogène, qui lui prend son oxygène pour former de l'eau, soit en décomposant de l'eau par la pile.

Les eaux naturelles ne sont jamais pures : suivant la nature des terrains qu'elles ont traversés, elles contiennent en dissolution des quantités appréciables de diverses matières salines, carbonate ou sulfate de chaux, chlorure de sodium, etc., de produits organiques provenant de la décomposition de substances végétales ou animales; de gaz, air, acide carbonique, hydrogène carboné, etc. Les eaux pluviales elles-mêmes, quoique beaucoup plus pures généralement que les eaux de source ou de puits, ont cependant, en traversant l'air, dissous une partie des gaz qui entrent dans sa composition et des matières qui y sont tenues en suspension. Pour avoir de l'eau chimiquement pure, il faut la *distiller* (voyez Distillation, Alambic).

L'eau présente une propriété remarquable qu'elle ne partage qu'avec un très-petit nombre de substances ; elle se dilate en se congelant ; aussi de l'eau renfermée dans un vase clos, qu'elle remplit exactement, finit-elle toujours par le briser quand elle est exposée à un froid assez vif ; elle brise même les vases largement ouverts à l'air, lorsque, sa congélation commençant par la surface, la croûte solide ainsi formée enserre au-dessous d'elle une certaine quantité d'eau liquide. L'effet devient alors le même que si le vase était clos. C'est à cette cause qu'il faut attribuer le fendillement des pierres dites *gélives*, la rupture des grands arbres de nos forêts pendant les hivers rigoureux, etc. Cette même cause contribue aussi pour sa part à la mort des plantes par la gelée, bien qu'elle n'intervienne pas généralement seule dans la production de cet accident.

Par l'effet de son accroissement de volume, la glace a une densité moindre que celle de l'eau sur laquelle elle peut flotter. Cette circonstance, jointe à une autre propriété non moins remarquable de l'eau et qui lui est spéciale, de se dilater au lieu de se contracter quand sa température s'abaisse au-dessous de 4°, fait que nos rivières et nos lacs se congèlent par leur surface, tandis que les couches inférieures restent liquides et même peuvent garder une température de 4°, et qu'il faut des froids très-vifs et très-prolongés pour que la couche solide acquière une grande épaisseur (voyez Dilatation, Congélation).

Chaque fois que l'eau change d'état, qu'elle passe de l'état de glace à l'état d'eau, ou de l'état d'eau à l'état de vapeur, elle absorbe une certaine quantité de chaleur qu'elle restitue en reprenant son état primitif (voyez Chaleur latente). C'est sur cette propriété qu'est fondé l'emploi de la glace dans les mélanges réfrigérants, l'emploi de la vapeur comme moyen de chauffage, l'usage des *alcarazas*, etc.

La glace fond invariablement à 0° ; l'eau et la glace se vaporisent à toute température ; mais l'eau pure bout à une température constante quand la pression qu'exerce l'air à sa surface est constante elle-même. Cette température d'ébullition baisse en même temps que la pression ; aussi devient-il difficile de faire cuire les légumes sur les montagnes élevées (voyez Ebullition, Caléfaction).

L'eau est indécomposable par la chaleur seule ; mais un grand nombre de substances, telles que le charbon et la plupart des métaux peuvent, à une température plus ou moins élevée, lui enlever son oxygène avec lequel ils se combinent, et mettre son hydrogène en liberté. Quelques-uns même, tels que le platine incandescent, peuvent séparer ses éléments sans en retenir aucun, et donner ainsi lieu à la formation d'un mélange de 2 volumes d'hydrogène et de 1 volume d'oxygène, fait d'autant plus remarquable, que le même platine à froid plongé dans ce mélange en déterminerait la recombinaison avec explosion.

L'eau n'est ni acide ni basique, elle est neutre ; elle jouit toutefois de la propriété de se combiner aux acides et aux bases pour former des acides hydratés et des hydrates d'oxyde ; elle peut même décomposer partiellement ou en totalité certains sels dont l'un des principes immédiats, acide ou base, est très-faible. Elle peut donc, suivant les cas, se comporter ou comme un acide ou comme une base.

L'eau dissout un très-grand nombre de substances, et, sous ce rapport, son importance chimique, industrielle et physiologique est extrême, (voyez ci-après Eau [*Hygiène*].

Eaux potables. — Les eaux douces naturelles sont divisées généralement en quatre classes : les eaux pluviales, les eaux de rivière, les eaux de source, les eaux de puits.

Les eaux pluviales sont les plus pures, surtout quand la pluie durant depuis quelque temps, l'atmosphère a été lavée. Elles ne contiennent que de l'air et quelques traces de nitrate d'ammoniaque. Les eaux provenant de la fonte des neiges sont dans le même cas, et même à leur origine elles ne contiennent pas d'air ; il faut les aérer avant de les boire. Quant à celles des trois autres classes, leur degré de pureté est extrêmement variable suivant la nature des terrains qu'elles ont traversés. C'est donc à l'usage ou par l'analyse, et non d'après la classe à laquelle elles appartiennent, que l'on peut juger de leur valeur.

Une eau qui, par l'usage, est qualifiée *légère* ou d'une digestion facile, dégage par litre de 28 à 30 centimètres cubes de gaz formé principalement d'oxygène et d'azote auxquels se joint toujours un peu d'acide carbonique. Une eau *lourde* à la digestion en contient beaucoup moins. Il faut toujours avoir soin d'aérer les eaux qui sont consommées comme boisson. Une eau légère et de bonne qualité contient toujours un peu de bicarbonate de chaux entrant dans la composition des os, des traces de chlorures alcalins et des quantités très-faibles de sulfate de chaux, de magnésie ou de chlorures de calcium, de magnésium... Au contraire, les eaux *lourdes, dures, crues, séléniteuses*, toutes de mauvaise qualité, renferment des quantités exagérées de ces divers sels. Voici les moyens que l'on peut employer pour juger du degré de pureté d'une eau.

Le plus simple consiste à y dissoudre du savon ordinaire. S'il s'y forme des grumeaux abondants, l'eau est mauvaise ; si les grumeaux se font attendre longtemps et sont en petite quantité, c'est que les matières minérales ne sont pas en dose assez forte pour rendre l'eau impropre aux usages domestiques (voyez Hydrotimètre). Toutefois, tout en restant très-limpide et dissolvant bien le savon, elle pourrait renfermer assez de matières organiques pour être nuisible à la santé. Quelques gouttes de chlorure d'or y donneront alors lieu, après quelques instants d'ébullition, à un dépôt verdâtre de poudre d'or. En dehors de ces moyens, la chimie possède des réactifs propres à déceler l'existence de chacune des substances minérales qu'une eau peut renfermer. Ainsi le *nitrate d'argent* donne avec les chlorures un précipité blanc de chlorure d'argent ; l'*eau de baryte* donne avec les sulfates un précipité blanc de sulfate de baryte ; l'oxalate d'ammoniaque précipite la chaux sous forme de petits cristaux d'oxalate de chaux également insoluble ; enfin le bicarbonate de chaux donne à la teinture de campêche une couleur violette caractéristique. Quelques gouttes de la liqueur versées dans une eau contenant des traces de sel calcaire suffisent pour lui donner cette teinte que ne prennent pas dans les mêmes conditions l'eau de pluie et l'eau distillée.

Au reste, l'influence des eaux et des substances qu'elles renferment sur la santé est encore assez mal connue. Certaines maladies, telles que le goitre et le crétinisme, semblent être le triste privilège de certaines contrées, et on a cru trouver dans la composition des eaux qui y servent aux usages domestiques la cause de ces maladies. Rien n'est moins certain. Tout ce que l'on peut dire, c'est que l'absorption continue de substances à doses infiniment petites peut exercer sur l'économie des effets très-marqués en bien ou en mal. Consulter sur cet important sujet le *Traité des eaux publiques* de M. Grimaux de Caux (voyez aussi ci-après, Eau [Hygiène].

Eaux minérales (Chimie). — Les eaux minérales proprement dites sont des eaux de sources naturelles auxquelles la proportion ou la nature des matières dissoutes communiquent des propriétés spéciales dont la médecine peut tirer parti pour la guérison ou le soulagement de certaines maladies. Une eau minérale quelconque peut devoir ses qualités, soit à une substance qui s'y trouve en grande proportion, comme certaines eaux très-riches en sel marin, soit à une substance qui, en quantité relativement faible, possède des vertus très-énergiques ; ainsi les eaux sulfureuses et ferrugineuses paraissent emprunter leur caractère spécial à l'acide sulfhydrique ou à des éléments ferrugineux qui s'y trouvent toutefois en proportions très-faibles par rapport aux autres corps.

Ces différentes manières d'être des eaux minérales ont permis de les grouper en plusieurs classes et ont donné lieu à différentes classifications, les unes *géologiques*, fondées sur la nature des terrains qui donnent naissance aux eaux ; les autres *chimiques*, d'après les substances qu'elles renferment ; d'autres, enfin, *thérapeutiques*, basées sur leurs propriétés curatives dans telle ou telle maladie. Nous ne donnerons ici que la classification chimique la plus généralement adoptée des eaux minérales en cinq classes principales, d'après leur principe prédominant ou minéralisateur : *salines, alcalines, acidules, ferrugineuses* et *sulfureuses*. Les eaux de chaque classe sont subdivisées, suivant leur température, en *thermales* et en *froides*.

1° *Eaux minérales salines* proprement dites. — Ce sont celles dont la réaction est relativement *neutre*, et qui sont chargées de beaucoup de sels très-variés. On y trouve surtout des sulfates et des chlorures alcalins et terreux : c'est plus particulièrement dans cette classe que l'on rencontre l'iode et le brôme.

Beaucoup d'eaux minérales appartiennent au groupe

des eaux salines sulfatées : telles sont celles de *Bagnères-de-Bigorre* (Hautes-Pyrénées), 18° à 50° ; *Contrexeville* (Vosges), froide ; *Néris* (Allier), 51° ; *Bade* ou *Baden* (duché de Bade), 45° à 65° ; *Epsom* (Angleterre) ; *Pullna* (Bohème), froide ; *Sedlitz* (Bohème), froide.

Les eaux salines chlorurées sont celles dont le chlorure de sodium (sel marin est l'élément capital. Telles sont les eaux des mers, celles des lacs salés, des sources et des fontaines salées, si communes en Allemagne, en Hongrie, dans une partie de la France, en Angleterre, en Suisse : ainsi celles de *Balaruc* (Hérault), 50° ; *Bourbonne les-Bains* (Haute-Marne), 58° ; *Bourbon-l'Archambault* (Allier), 60° ; *Niederbronn* (Bas-Rhin), froide ; *Cheltenham* (Angleterre) ; *Hombourg* (Prusse) ; *Wiesbaden* (duché de Nassau), 68°. Les eaux chlorurées sont souvent accompagnées de bromures et quelquefois d'iodures, comme celles de *Montélimart* (Drôme), de *Salins* (Jura), de *Challes* (Savoie), de *Saxon* (Valais). Voici la composition de quelques-unes de ces eaux.

Bagnères-de-Bigorre : 100 parties de l'eau de la source de la Reine donnent : sulfate de chaux, 1,680 ; sulfates de magnésie et de soude, 0,396 ; carbonate de chaux, 0,266 ; chlorure de magnésium, 0,130 ; chlorure de sodium, 0,062 ; carbonate de fer, 0,080 ; carbonate de magnésie, 0,044 ; matière grasse résineuse, 0,006 ; matière extractive végétale, 0,006 ; silice, 0,036 ; perte, 0,053 (MM. Gahderax et Rosière).

Balaruc, sur 1000 parties : chlorure de sodium, 6,802 ; chlorure de magnésium, 1,074 ; sulfate de chaux, 0,803 ; carbonate de chaux, 0,270 ; sulfate de potasse, 0,053 ; carbonate de magnésie, 0,040 ; silicate de soude, 0,013 ; bromure de sodium, 0,03 ; bromure de magnésium, 0,032, et des traces d'oxyde de fer (MM. Marcel de Serres et Figuier).

On a pu, grâce à la nouvelle méthode d'analyse spectrale due à MM. Bunsen et Kirchhoff (voyez SPECTROSCOPE), découvrir dans un certain nombre de ces eaux des substances dont on n'y soupçonnait pas la présence. Dans les eaux de Bourbonne-les-Bains existent la lithine, la strontiane, et deux métaux nouveaux, le cæsium et le rubidium (M. Grandeau).

Les eaux de Baden renferment du chlorure de lithium. Plusieurs de ces eaux sont purgatives ; elles sont généralement utiles dans les engorgements des viscères abdominaux, la jaunisse, les calculs biliaires, les maladies scrofuleuses. En bains, on les recommande dans quelques maladies de la peau, les contractions des muscles, les maladies des articulations, les rhumatismes chroniques.

2° *Eaux alcalines.* — Ce sont les eaux réellement alcalines aux papiers réactifs, et qui ne contiennent pas sensiblement d'acide carbonique. Elles comprennent particulièrement celles d'*Evaux* (Creuse), 58°, et la plupart des sources de *Plombières* (Vosges), 15° à 63°. La silice y constitue un élément important ; elle y est combinée ordinairement avec des bases alcalines ; en général, elles sont thermales et contiennent peu de carbonates.

3° *Eaux acidules.* — Elles sont abondamment répandues dans la nature, surtout dans les terrains volcaniques et houillers. Quand elles sont minéralisées par le bicarbonate de soude, on les appelle quelquefois *alcalines gaz uses*. Elles dégagent spontanément, sous l'action d'une faible chaleur, de l'acide carbonique qui s'échappe avec effervescence, rougissent la teinture de tournesol, possèdent une saveur acidule aigrelette, quand il y a peu de sels, alcalescente, quand les bicarbonates alcalins y dominent. Les principes qui les spécialisent sont l'acide carbonique et les bicarbonates de soude, de potasse, de chaux, de magnésie.

Les principales eaux acidules calcaires et magnésiennes sont celles de : *Saint-Allyre, Chateldon* (Puy-de-Dôme), froide ; *Saint-Galmier* (Loire) ; *Royat, Soultzmatt, Seltz* (duché de Nassau). Les eaux minérales sodiques sont celles de : *Saint-Alban* (Loire), froide ; la *Bourboule* (Puy-de-Dôme), 52° ; *Evian* (Savoie) ; *Mont-Dore* (Puy-de-Dôme), 45° ; *Saint-Nectaire* (Puy-de-Dôme), 38° ; *Vals* (Ardèche), froide ; *Vichy* (Allier), 33° à 35° ; *Ems* (duché de Nassau), 55°.

Voici la composition de plusieurs eaux acidules.

Saint-Galmier : 1000 parties contiennent : bicarbonate de chaux, 1,020 ; bicarbonate de magnésie, 0,420 ; bicarbonate de potasse, 0,560 ; bicarbonate de soude, 0,020 ; bicarbonate de strontiane (traces) ; sulfates de soude et de chaux, 0,200 ; chlorures de sodium, de magnésium et de calcium, 0,480 ; nitrates alcalins, 0,055 ; silicate d'alumine, 0,134 ; fer et matière organique, trace légère (M. O. Henry).

La Bourboule : sur 1000 parties : acide carbonique libre, 1,237 ; bicarbonate de soude, 1,3562 ; sulfate de soude, 1,7766 ; chlorure de sodium, 2,7914 ; chlorure de calcium, 0,0179 ; chlorure de magnésium, 0,0328 ; silice, 0,1121 ; alumine, 0,0278 ; bicarbonate de fer, matière animale, sulfure de sodium, traces (M. Lecoq).

Eau de Vichy : sur 1000 parties : acide carbonique, 2,268 ; carbonate de soude, 3,813 ; sulfate de soude, 0,279 ; chlorure de sodium, 0,558 ; carbonate de chaux, 0,285 ; carbonate de magnésie, 0,045 ; silice, 0,045 ; peroxyde de fer, 0,006 (MM. Berthier et Puvis).

On trouve dans ces eaux de la lithine, du cæsium et du rubidium (M. Grandeau).

Les eaux alcalino-acidules sont employées dans les maladies chroniques des viscères abdominaux, et particulièrement dans les engorgements du foie et de la rate, dans les gastrites chroniques, dans la goutte, etc. Les eaux acidules proprement dites (Seltz, Chateldon) ont une action spéciale sur l'estomac, et sont employées pour calmer la soif dans les gastralgies, et surtout contre les vomissements spasmodiques. Elles exercent une action particulière sur le foie.

4° *Eaux ferrugineuses.* — Ce sont les eaux qui renferment assez de fer pour avoir une saveur qui rappelle celle de l'encre. Exposées à l'air, elles se couvrent d'une pellicule irisée et déposent des flocons jaune rougeâtre de peroxyde de fer hydraté (rouille). Elles se colorent en noir dans une décoction de noix de galle, et donnent un précipité bleu de Prusse avec le ferrocyanure de potassium ; elles sont généralement froides ; leur température oscille entre 10° et 14°. Elles sont excessivement répandues et forment différentes espèces, suivant que le fer y est maintenu en dissolution par un excès d'acide carbonique (carbonatées), ou par l'acide sulfurique (sulfatées), ou par un composé organique nommé *acide crénique* (crénatées) ; quelquefois le manganèse domine (manganésiennes).

Les eaux ferrugineuses carbonatées sont celles de *Bussang* (Vosges) ; *Spa* (Belgique) ; *Pyrmont* (Westphalie), etc. Les eaux ferrugineuses sulfatées sont celles de *Passy, Auteuil.* Les eaux ferrugineuses crénatées sont celles de *Forges* (Seine-Inférieure), la source Bourdoille, de *Plombières*, etc. Les eaux ferrugineuses manganésiennes sont celles de *Cransac* (Aveyron). Parmi les eaux ferrugineuses manganésiennes carbonatées, nous citerons celles de *Luxeuil* (Haute-Saône), 17° à 46°.

Voici quelques exemples de composition :

Eau de Spa : 1 litre de la source le Pouhon contient 1,134 d'acide carbonique libre et donne un résidu solide ainsi composé : carbonate de soude, 0,0259 ; carbonate de chaux, 0,1143 ; carbonate de magnésie, 0,0207 ; oxyde de fer, 0,0608 ; chlorure de sodium, 0,013 ; sulfate de soude, 0,0115 ; silice, 0,0259 ; alumine, 0,0034 ; perte, 0,0342 (M. Jones).

Eau de Forges. Sur 1000 parties de l'eau de la source Reinette : bicarbonates de chaux et de magnésie, 0,2005 ; chlorure de sodium, 0,054 ; chlorure de magnésium, 0,04 ; sulfate de chaux, 0,01 ; sulfates de soude et de magnésie, 0,006 ; crénate de potasse (traces) ; crénate de protoxyde de fer, 0,022 ; crénate de manganèse (traces) ; sel ammoniac (traces) ; silice et alumine, 0,0038 (M. O. Henry).

Eau de Cransac. Sur 1000 parties, l'eau de la source *Forte-Richard* renferme : sulfate de manganèse, 1,55 ; sulfate de fer, 1,25 ; sulfate de magnésie, 0,99 ; sulfate d'alumine, 0,47 ; sulfate de chaux, 0,75 ; silice, 0,07 (MM. O. Henry et Poumarède).

En général, elles ne sont pas employées en bains. Mêlées au vin, elles conviennent aux tempéraments lymphatiques, aux sujets naturellement apathiques.

5° *Eaux sulfureuses.* — Elles se trouvent dans beaucoup de pays, surtout en France, où les groupes les plus importants sont dans les Pyrénées ; elles sont presque toujours thermales. L'élément sulfureux en est le principe capital : c'est ou l'acide sulfhydrique libre, ou un sulfure soluble, principalement le sulfure de sodium, et quelquefois le sulfure de calcium. Souvent l'acide sulfhydrique et le sulfure sont réunis, ce qui donne lieu à plusieurs catégories.

Elles précipitent en noir l'acétate de plomb, forment sur l'argent des taches noires ou brunes, et, si elles contiennent de l'acide sulfhydrique libre, elles ont une odeur d'œufs pourris qu'elles perdent en devenant louches opalines quand elles sont exposées à l'air ; si le soufre y est combiné à l'état de sulfure, avec certains métaux alcalins, elles peuvent être inodores, mais, agitées à l'air ou mélangées avec des acides, elles répandent encore l'odeur d'œufs pourris ; les unes sont calcaires, d'autres sont sodiques.

Les principales sont celles d'*Allevard* (Isère) froide ; de *Beaume-les-Dames* (Doubs) ; *Bonnes* (Eaux-Bonnes) (Basses-Pyrénées), 33° ; *Baréges* (Hautes-Pyrénées), 28° à 4.° ; *Bagnères-de-Luchon* (Haute-Garonne), 17° à 50° ; *Ax* (Ariège), 4.° à 75° ; *Aix en Savoie*, 45° ; *Cauterets* (Hautes-Pyrénées), 48° ; *Enghien* (Seine-et-Oise), froide ; *Vernet* (Pyrénées - Orientales), 47° ; *Aix - la - Chapelle* (Prusse rhénane), 57° ; *Baden* (Autriche), 35° ; *Schinznach* (Suisse), 31°.

Comme exemples de composition, nous citerons les suivantes :

Eau d'Allevard. Elle contient de l'acide sulfhydrique libre et point de sulfure soluble. Un litre contient 24°°,75 d'acide sulfhydrique et laisse par l'évaporation un résidu qui présente la composition suivante : carbonate de chaux, 0ᵉ,305 ; carbonate de magnésie, 0,01 ; sulfate de soude, 0,535 ; sulfate de magnésie, 0,523 ; sulfate de chaux, 0,2°8 ; chlorure de sodium, 0,503 ; chlorure de magnésium, 0,001 : silice, 0,005 ; sulfate d'alumine, chlorure d'aluminium, carbonate de fer, matières bitumineuses (traces), et enfin une quantité indéterminée d'une matière azotée particulière, nommée *glairine* (M. Dupasquier).

Eau de Baréges. Elle ne contient que du sulfure de sodium et point d'acide sulfhydrique libre. 1000 parties de l'eau de la Buvette contiennent : sulfure de sodium, 0,0471 ; sulfate de soude, 0,05 ; chlorure de sodium, 0,04015 ; silice, 0,0678 ; chaux, 0,0029 ; magnésie, 0,00034 ; soude caustique, 0,0051 (M. Longchamp).

La composition des eaux de Saint-Sauveur et de Cauterets se rapproche beaucoup de celle de l'eau de Baréges.

Les eaux sulfureuses sont spécialement recommandées dans les maladies chroniques de la peau et de la poitrine, le catarrhe pulmonaire, l'asthme, la phthisie, aux individus lymphatiques, dans les rhumatismes, dans le traitement des plaies d'armes à feu, etc. (Voyez ci-après, EAUX MINÉRALES [Thérapeutique]).   L.

EAU (Hygiène, Thérapeutique). — Considérées au point de vue de leurs compositions, de leur nature et eu égard à leur emploi hygiénique et thérapeutique, les eaux peuvent être divisées en *eaux douces, eaux de mer, eaux minérales*.

§ 1. Les *eaux douces* ont en général pour origine les sources, la pluie ; elles sont rassemblées dans les rivières, les fleuves, les lacs, etc. Elles ne se présentent jamais dans la nature à l'état de pureté de l'eau distillée qui ne renferme que deux corps élémentaires, l'hydrogène et l'oxygène, état qui les rendrait tout à fait impropres aux usages de la vie. Au contraire, elles tiennent en dissolution une certaine quantité de principes fixes minéraux plus ou moins nombreux, de nature très-variable et qui leur donnent des qualités diverses soit comme eaux potables, soit au point de vue de leur emploi journalier. On rencontre dans les eaux douces du sulfate de chaux, du bicarbonate de chaux et de magnésie, du chlorure de sodium (sel marin), de l'acide silicique, de l'acide carbonique, du nitrate, du chlorure de potassium en très-minime quantité et quelques traces de bromures et d'iodures, etc. Quelques-unes contiennent aussi une certaine quantité de matières organiques. (Voyez EAU [Chimie], p. 744). Voici, d'après l'*Annuaire des eaux de la France*, Paris, 1851, les caractères que doivent présenter les eaux potables : « On admet généralement qu'une eau peut être considérée comme bonne et potable quand elle est fraîche, limpide, sans odeur ; quand sa saveur est très-faible, qu'elle n'est surtout ni désagréable, ni fade, ni salée, ni douceâtre ; quand elle contient peu de matières étrangères ; quand elle renferme suffisamment d'air en dissolution ; quand elle dissout le savon sans former de grumeaux et qu'elle cuit bien les légumes. Une faible proportion d'acide carbonique donne une légère sapidité à l'eau et la rend plus agréable, en même temps qu'elle facilite les fonctions digestives par une légère excitation..... Tous les auteurs admettent, en outre, qu'une eau de bonne qualité doit contenir de l'air en dissolution ; plusieurs ont avancé que c'est particulièrement l'oxygène dont l'influence est favorable et ont même attribué à son absence dans les eaux provenant de la fonte des neiges certaines maladies plus particulièrement endémiques dans les vallées montagneuses. Sauf de rares exceptions, les eaux qui tiennent en dissolution une proportion notable de matières organiques se putréfient vite et acquièrent des propriétés nuisibles..... La plupart des eaux potables de bonne qualité, et en particulier les eaux des fleuves et des rivières, ne contiennent pas plus de 1 à 2 dix-millièmes de matières fixes. » Les eaux sont regardées comme impropres aux usages de la vie lorsqu'elles contiennent plus d'un millième de sels calcaires ; elles sont dites *c*r*ues, dures*. Elles sont mauvaises aussi lorsqu'elles sont trop sulfatées, etc. L'*eau de pluie*, dont on a vanté la pureté, ne mérite pas toujours la réputation qu'on lui a faite. Ainsi, lorsqu'elle commence à tomber, elle entraîne les corpuscules, le plus souvent de matières organiques, qui sont suspendus dans les couches inférieures de l'atmosphère et devient promptement putrescible ; quelquefois, dans les temps d'orage, elle renferme du nitrate d'ammoniaque, de l'acide nitrique. D'après M. Fonsagrives, l'eau de pluie recueillie par les navires en mer ne doit être employée aux usages de la vie qu'en cas de nécessité ; elle est lourde, fade et détermine souvent des coliques. Enfin, dans les pays couverts de marais, la pluie, en tombant, se charge souvent de miasmes délétères tenus en suspension dans l'atmosphère. A part ces inconvénients, l'eau de pluie mérite la préférence que lui accordent certaines personnes, surtout lorsqu'elle est recueillie en rase campagne et qu'elle n'a pas coulé sur des terrasses ou dans des tuyaux en plomb ; le seul reproche qu'on pourrait lui faire, c'est de ne pas contenir assez de matières minérales. On peut en dire autant des eaux de neige et de glace, qui en contiennent encore moins et qui sont lourdes et difficiles à digérer. Quant à l'eau distillée, pour la rendre potable, il faut l'aérer par un moyen quelconque, comme le battage ou la chute d'un lieu élevé et y introduire une certaine quantité de sels, tels que des carbonates de soude, de magnésie, du bicarbonate de chaux, du sulfate de soude et du chlorure de sodium. L'eau distillée de mer à bord des navires se trouve dans ce cas.

En résumé, application faite des réserves que nous venons de poser, les meilleures eaux potables sont les eaux de rivières, puis les eaux de pluie, enfin des eaux de sources, de puits, etc. Les eaux des lacs, mais surtout celles des étangs, des canaux, des marais, offrent généralement les inconvénients des eaux stagnantes, et leur emploi pour les usages de la vie doit être très-limité.

La *clarification* des eaux est le moyen auquel on a eu recours pour remédier à la plupart des causes qui rendent les eaux malsaines. Le procédé le plus simple consiste dans le filtrage à travers une couche de sable, ou bien une pierre poreuse, ou enfin un mélange de sable et de charbon et même de charbon pur. On a proposé aussi (H. de Fonvielle) un filtre composé d'éponges, de sable et charbon, et le filtre de M. Souchon aux *laines tontisses*.

Les *eaux de puits*, dans les grands centres de population, sont généralement impropres aux usages domestiques, et cela tient sans doute à l'imprégnation des terrains par les matières organiques azotées de toute espèce qu'elles contiennent ; ainsi M. Boussingault a signalé une quantité notable d'ammoniaque dans les puits de Paris ; Liebig a trouvé des azotates dans les puits de la ville de Giesen, mais il n'en a plus constaté dans les puits de la campagne. En général, les eaux de puits sont peu aérées, chargées souvent de sels de chaux ; elles sont dures, cuisent mal les légumes et sont peu salubres. Dans tous les cas, les puits devront être creusés le plus loin possible des habitations, surtout dans le voisinage des fermes et des élevages de bestiaux.

Les eaux conservées dans des *citernes* sont une des ressources les plus précieuses pour les places de guerre, pour les grands établissements publics et même pour les maisons particulières éloignées des sources et des cours d'eau. Lorsque les citernes sont établies avec soin, que les eaux recueillies n'ont point coulé sur des terrasses en plomb ou même en zinc suivant quelques personnes, qu'elles ont été conduites par des tuyaux de fonte ou de terre ; lorsque ces réservoirs sont tenus dans un grand état de propreté par des curages fréquents, ils fournissent de très-bonnes eaux potables (voyez à ce sujet *Archiv. génér. de médecine*, 4ᵉ série, t. XX. — *De l'utilité des citernes*, par le Dʳ Gama. — Mémoire de M. Boutigny *sur les eaux qui coulent sur le zinc*, Ann. d'hyg., t. XVII. — Voyez aussi dans le *Dict. des lettres et des beaux-arts* de Bachelet et Dezobry, articles PUITS, CITERNE).

Au point de vue *hygiénique*, l'eau, dans les conditions déterminées plus haut, est la boisson naturelle de l'homme ; prise en quantité modérée et à une température fraîche, elle calme bien la soif ; mais trop froide, glacée et en trop grande quantité, elle peut donner lieu aux accidents les plus redoutables. Suivant Haller, Hoffmann et un grand nombre de médecins, l'usage de l'eau est préférable aux boissons fermentées, vin, bière, cidre, etc., et il est vrai de dire que les buveurs d'eau par goût ou par raison hygiénique jouissent en général d'une bonne santé et d'une vigueur remarquables. Il n'y a guère d'exceptions à cette règle que par des raisons particulières de santé ou par des causes spéciales d'insalubrité locales ou générales : ainsi. dans certaines convalescences, dans les contrées marécageuses, pour l'usage des armées en campagne, dans les campements, etc.

L'eau *en thérapeutique* forme la base des tisanes et le véhicule d'un grand nombre de préparations employées en médecine. C'est la boisson antiphlogistique par excellence, et il y a très-peu de maladies (si l'on excepte les affections de poitrine et les fièvres éruptives) où l'eau fraîche en quantité modérée ne soit pas une boisson aussi salutaire qu'agréable pour les malades, surtout donnée momentanément. A l'extérieur, l'eau, seule ou chargée de principes médicamenteux, constitue une foule de médications connues sous les noms d'*affusions, douches, irrigations. injections, bains*, etc. (voyez ces mots et surtout celui de Hydro-thérapie).   F—N.

§ 2 EAU DE MER. — Tout le monde sait que l'eau de mer est impropre aux usages ordinaires de la vie; bien loin de pouvoir servir à étancher la soif, sa salure la rendrait plus ardente et elle finirait par agir sur l'économie comme les eaux les plus insalubres. On se rappelle l'ordre donné par Pierre le Grand de ne laisser boire que de l'eau de mer aux enfants de ses matelots; ils furent tous victimes de cette funeste prescription (pour tout ce qui regarde les propriétés physiques et chimiques de l'eau de mer, nous renvoyons au mot Mer) L'emploi médicinal de l'eau de mer est très-ancien, ainsi que l'a fait remarquer Russel dans sa dissertation intitulée : *De l'usage de l'eau de mer dans les maladies des glandes* (*De tabe glandulari sive de usu aquæ marinæ in morbis glandularum*). L'auteur en conseille l'usage dans « les obstructions récentes des glandes intestinales et mésentériques, dans toutes les obstructions des glandes du poumon et des autres viscères qui entraînent si souvent la phthisie, la tuméfaction récente des glandes du col et des autres parties du corps. « Enfin il la conseille dans toutes les affections qui caractérisent les scrofules. Il est permis de penser aujourd'hui que les succès de cette médication sont dus à l'iode que contient l'eau de mer et qui était inconnu à cette époque. Voici, sur l'existence de l'iode dans l'eau de mer ce que disent les auteurs du *Dictionnaire des eaux minérales* : « Malgré la sensibilité des réactifs dont la chimie dispose, on ne voit pas généralement figurer l'iode parmi les principes minéraux que l'eau de mer renferme toujours, puisque c'est de ce milieu que l'industrie se le procure. Il est donc certain que, sous ce rapport, les recherches des auteurs ne sont pas à l'abri des reproches. » On a encore administré l'eau de mer comme purgatif et on a pu même la rendre gazeuse sans altérer sa constitution primitive; elle paraît avoir rendu des services dans les hydropisies.

Dès la plus haute antiquité, on a cherché par une foule de moyens à rendre potables les eaux de mer; mais ce n'est que dans ces derniers temps qu'on a pu réussir complètement, et aujourd'hui un grand nombre de navires ont leur machine dans laquelle se trouvent réunis la distillation et l'appareil culinaire; par ce moyen chaque litre d'eau distillée ne revient pas à plus de 0f,01, soustraction faite des frais de la cuisine; on a bien accusé cette eau d'être lourde, d'avoir un goût âcre qui paraît provenir des matières organiques contenues dans l'eau de mer; mais, d'après les expériences rigoureuses qui ont été faites, il a été bien démontré qu'elle est de très-bonne qualité, surtout lorsqu'elle a été aérée, et comme elle ne contient pas de principes minéraux salins, ainsi que les autres eaux potables. M. Fonsagrives a proposé d'y ajouter par 100 litres d'eau : chlorure de sodium, 4,8; sulfate de soude, 3,4; bicarbonate de chaux, 8,0; carbonate de soude, 14,0; carbonate de magnésie, 0,0.

Les *bains de mer* sont aujourd'hui d'un usage tellement général, qu'il n'y a rien à dire sur les moyens pratiques; les localités affectées à cet usage possèdent en personnel et en matériel tout ce qui convient aux baigneurs, et ceux qui vont à Dieppe, au Havre, à Trouville, par exemple, sont sûrs d'être renseignés sur ce qu'ils ont à faire. Nous ne parlerons donc que de l'action thérapeutique des bains de mer. L'action physiologique de ce bain sur le corps résulte principalement de sa température, de sa composition chimique, de l'effet produit par le choc, la percussion du liquide, par la *lame*. Le froid, suivant un grand

nombre de médecins, joue le principal rôle dans les bains de mer; l'immersion, en effet, détermine le spasme, le resserrement de la peau, la contraction involontaire des muscles, une espèce d'horripilation générale qui amène à sa suite, si le bain n'est pas trop prolongé, une réaction caractérisée par la rougeur de la peau, le réchauffement du corps, le rétablissement de la circulation capillaire, la transpiration, et enfin une sueur plus ou moins abondante suivie d'un bien-être remarquable. Nous voulons parler ici des bains de mer des régions du Nord (au delà de 45 à 46°), car, dans la Méditerranée et dans les mers méridionales, on n'observe plus les mêmes effets de réaction et. par conséquent, ils ne produisent plus le même résultat. Les différentes substances minérales contenues dans l'eau de mer ont aussi une grande importance, et particulièrement le chlorure de sodium; son action a paru tellement efficace aux médecins, qu'ils ont cru devoir, dans certains cas, le faire entrer en proportion notable dans les bains ordinaires (2 kil. par bain) chez les personnes faibles, disposées à l'anémie, aux affections lymphatiques. Il faut tenir compte aussi. dans le bain de mer, du coup de fouet de la lame, lorsqu'on peut la recevoir d'une manière modérée, ce qui n'est pas toujours possible, la mer n'obéissant pas aux désirs des baigneurs. Ce choc dispose admirablement le corps pour la réaction qui doit suivre et est un des éléments de l'efficacité du bain. Le bain de mer devra être de courte durée, quelques minutes seulement, rarement jusqu'à un quart d'heure. D'après ce que nous venons de dire, il est presque inutile d'ajouter que les bains de mer conviennent dans tous les cas où l'on se propose de relever les forces, de donner du ton aux tissus: ainsi. à la suite de maladies longues débilitantes, dans l'anémie, la chlorose, la plupart des formes du lymphatisme, dans certaines névroses produites par l'affaiblissement, par l'abstinence trop prolongée, etc.   F—N.

§ 3. EAUX MINÉRALES (Thérapeutique). — Voyez EAUX MINÉRALES (Chimie), p. 743.—L'action des eaux minérales sur l'économie est incontestable et, n'en déplaise aux détracteurs de la médecine, leur administration éclairée et bien entendue rend tous les jours les plus grands services aux malades. Les ruines que nous retrouvons tous les jours près de nos principales stations minérales, celles que l'on rencontre en Italie, en Espagne, en Afrique attestent l'usage fréquent qu'en faisaient les anciens. et l'observation journalière des médecins, les nombreux documents renfermés dans les livres de la science prouvent surabondamment leur utilité incontestable. Ce n'est donc pas, suivant l'expression du vulgaire, pour se débarrasser des malades que les médecins les envoient aux eaux minérales, et ceux, en si grand nombre, guéris ou soulagés par cette médication sont une réponse éclatante à ce dicton des gens du monde. Mais, il faut bien le dire, jusqu'à ces derniers temps, peu de médecins avaient fait une étude spéciale de cette partie importante de la thérapeutique, et ce n'est pas sans quelque raison qu'Alibert écrivait, il y a seulement cinquante ans : « Par un abus qu'il est difficile d'éviter, ces eaux produisent quelquefois des effets nuisibles, parce que les malades s'y rendent sur la foi d'un praticien éloigné et souvent peu instruit de leur manière d'agir. » Il n'en est plus ainsi aujourd'hui; la facilité, la rapidité des communications ont rapproché les distances; un grand nombre de médecins étudient sur place les eaux minérales et leurs effets; les travaux sur cette matière se sont multipliés, les sociétés se sont formées, les journaux de médecine sont tous les jours remplis d'observations à cet effet; bref, il n'est pas un médecin un peu au courant de la science qui n'ait aujourd'hui une connaissance exacte de l'emploi des eaux minérales et de leurs effets.

L'action des eaux minérales est complexe et très-difficile à apprécier; et s'il est vrai de dire que leur composition, telle que nous la révèle la chimie, est une indication précieuse et la plus importante pour guider le médecin dans la prévision des résultats qu'il cherche à obtenir au point de vue thérapeutique, il faut convenir néanmoins que ces résultats ne sont pas toujours en rapport avec la théorie basée sur la composition chimique; aussi « les observations pratiques, dit Guersant, sont bien plus certaines pour apprécier les propriétés des eaux minérales que toutes les inductions qu'on peut tirer de leur composition chimique. » Ainsi, il est à peu près démontré que les différentes substances minérales que la chimie nous a découvertes dans les eaux minérales s'y trouvent dans certains états de combinaison que la science n'a pas encore pu analyser et qui ont une puissance d'action bien supérieure à celle que nous pouvons déter-

...iner avec les mêmes doses artificielles. Les eaux des différentes sources de Plombières, par exemple, sont loin d'être comparables entre elles sous le rapport de leurs effets médicinaux, quoiqu'elles n'offrent pas de grandes différences quant à leur composition. Il faut tenir compte aussi de certaines matières organiques qu'elles renferment (voyez EAUX MINÉRALES [Chimie]). Mais, indépendamment des principes chimiques, il existe certains corps impondérables qui, en se combinant avec les eaux minérales, en modifient beaucoup les propriétés. Tels sont le calorique et l'électricité. « Ce qui est remarquable, dit Guersant, c'est que le calorique qui échauffe les eaux minérales s'y trouve toujours dans un état de combinaison tout particulier qui leur imprime, par rapport à nos organes, des propriétés très-différentes de celles que nous pouvons communiquer à l'eau à l'aide de nos moyens artificiels de chauffage. On supporte les eaux minérales naturelles en boissons et en bains à un degré de chaleur bien supérieur à celui de l'eau chauffée artificiellement. » L'électricité doit jouer aussi un grand rôle dans les différentes combinaisons des eaux minérales; elles doivent évidemment s'électriser plus ou moins suivant l'état particulier de l'atmosphère et du globe, en filtrant à travers des terrains de densité et de nature différentes; et l'on a observé que celles qui sont chaudes semblent bouillonner au moment des orages; leur température s'élève quelquefois et les malades sont désagréablement affectés de ces changements électriques. Personne n'ignore d'ailleurs le rôle que joue l'électricité dans les combinaisons chimiques et quelles difficultés cet agent peut présenter dans les analyses.

En général, les eaux minérales agissent en déterminant une excitation plus ou moins vive sur les tissus, en ranimant la tonicité des organes, en relevant les forces du malade. Lorsqu'on commence à en faire usage, il survient de l'insomnie, de l'abattement, de l'inappétence; s'il existe des douleurs, elles s'exaspèrent, on observe de la fièvre et tous les signes d'une irritation plus ou moins vive. Le médecin doit conduire cette phase de l'administration des eaux avec prudence, ayant égard à la force du malade, à la nature de la maladie, à son ancienneté, à l'activité, au mode d'action des eaux employées; souvent tout le secret de la cure est là, et la maladie peut décroître à la suite de cette période du traitement. Du reste, il ne faut pas oublier que les eaux minérales ne doivent pas être employées dans les maladies aiguës, que leur usage ne convient que vers le déclin de ces maladies ou dans le cours de celles qui sont à l'état chronique; que l'excitation qu'elles produisent doit être graduée avec sagesse et que, pour que le traitement soit efficace et la guérison durable, leurs symptômes doivent s'amender avec une certaine lenteur. Ainsi, lorsque les eaux sont très-actives, l'excitation générale devient quelquefois trop puissante; dans ce cas, il faut abréger la durée du bain, en diminuer la température, l'affaiblir par un mélange d'eau simple; quelquefois avoir recours aux émissions sanguines; il peut arriver même qu'on soit obligé de suspendre le traitement et même de l'arrêter. D'autres fois, à l'encontre de ceci, les malades n'éprouvent aucune modification apparente; le plus souvent, au moment où ils quittent les eaux, les malades, fatigués d'un traitement souvent très-actif et énergique, ennuyés de ce régime qui ressemble à une discipline militaire, ne se trouvent pas très-bien; il faut attendre un certain temps pour bien juger de l'effet qu'ont produit les eaux, et ce n'est que peu à peu que l'équilibre se rétablira dans l'économie et que le malade pourra ressentir les bons effets de son traitement. Souvent aussi il faudra plusieurs saisons pour opérer la guérison. En général, les eaux minérales ne conviennent pas dans les maladies inflammatoires, dans celles qui présentent des symptômes d'une excitation trop vive et surtout dans les maladies du cœur.

Autrefois, la préparation aux eaux minérales était une affaire importante; les malades étaient soumis à une médication sévère, regardée comme à peu près inutile aujourd'hui; quelques-uns, et c'est le petit nombre, présentent des symptômes d'embarras gastrique ou de pléthore sanguine; dans le premier cas à un purgatif, on a recours à une saignée dans le second; ces moyens aidés du repos, d'une certaine précaution dans le régime diététique, de quelques boissons délayantes, douces, etc.: voilà les seules précautions à prendre. En général, les stations minérales commencent leur traitement en juin jusqu'en septembre; les maladies nerveuses, gastro-intestinales, des voies urinaires s'amenderont mieux dans la première période où les chaleurs sont moins intenses; la seconde, du 15 juillet au 16 août, par exemple, conviendra mieux aux rhumatismes, aux affections du larynx, de la poitrine, etc. Le temps que le malade passe aux eaux s'appelle une *saison*; c'est ordinairement de vingt à vingt-cinq jours, quelquefois plus ou moins, suivant l'avis du médecin, basé sur l'effet du traitement. Il est cependant des cas particuliers où le médecin croit devoir ne pas s'astreindre d'une manière absolue à ces usages; ainsi, dans quelques cas de maladies du foie ou des intestins, on se trouvera bien du traitement interne de Vichy dans quelque saison que ce soit. (Voyez chaque source minérale au nom sous lequel elle est connue, et pour les applications spéciales aux mots IRRIGATIONS, INHALATION, HYDRO-THÉRAPIE).

Les eaux minérales sont administrées en boisson ou en bains, en douches, etc., indistinctement; cependant, il y en a qu'on emploie le plus ordinairement à l'extérieur; telles sont, par exemple, celles d'Aix, en Savoie, de Néris, etc. Les eaux ferrugineuses, alcalines, gazeuses, bicarbonatées, purgatives ne sont guère prises qu'en boisson; telles sont les eaux de Passy, Condillac, Saint-Galmier, celles de Sedlitz, Pullna, Friedrichshall. Quant à la dose, elle varie à l'infini, suivant la nature des eaux, leur température, la constitution, l'état maladif des buveurs et une foule d'autres circonstances. On a vu des individus ingurgiter, dit-on, jusqu'à 150 verres d'eau dans un jour. Il n'est pas rare de voir des malades en boire 30, 40 et même 50 verres; mais l'excès, ici comme en toute chose, est un défaut, et il vaut mieux s'en tenir aux doses modérées de quelques verres, comme 4, 5 et rarement 10, suivant les cas. En général, il vaut mieux les prendre à dose faible qu'à dose élevée. Les eaux thermales ne devront pas être prises trop chaudes; la meilleure température est de 20 à 30°. C'est en bains que l'on emploie le plus souvent les eaux minérales; il y en a même dont on ne fait guère usage que sous cette forme; ce sont surtout les eaux très-chaudes, ou bien, au contraire, les eaux très-minéralisées; les autres s'emploient presque indistinctement en boisson ou en bains. La durée du bain doit être calculée en général d'après sa température; lorsque celle-ci est modérée (34°), c'est le bain thermal; elle peut être d'une heure, quelquefois plus; à Lorsch, on le prolonge quelquefois pendant plusieurs heures. Mais si le bain est froid ou très-chaud (au-dessus de 35°), il ne doit pas durer au delà de vingt minutes, une demi-heure au plus. Tout ce qui vient d'être dit, du reste, peut être réglé et modifié, suivant une foule de circonstances, par le médecin chargé de diriger le traitement à la station minérale elle-même.

On consultera les ouvrages suivants : Alibert, *Précis historique sur les eaux minérales*. Paris, 1826, in-8. — *Annales de la Société d'hydrolog. médic. de Paris*, comptes rendus. Paris, 1854-1859, 5 vol. in-8. — *Annuaire des eaux de la France*, Paris, 1851-1852-1853, 1 vol. in-8. — *Dict. gén. des eaux minérales*, par Durand-Fardel, etc. — Constantin-James, *Guide pratique aux eaux minérales*. — Rotureau (A.), *Des principales eaux minérales de l'Europe* (Allemagne, Hongrie, France). Paris, 1858-1859, 2 vol. F—N.

EAUX MINÉRALES ARTIFICIELLES. — Depuis longtemps, mais surtout depuis les progrès si remarquables de la chimie, qui ont apporté une plus grande précision dans l'analyse des eaux minérales, on a tenté d'imiter les eaux naturelles. Il y a à peu près un demi-siècle, une industrie tout entière s'établit basée sur cette imitation; on fit artificiellement surtout des eaux de Vichy, de Spa, de Plombières, de Sedlitz, de Pullna, de Barèges, etc. La vogue, l'engouement s'en mêlèrent et on vit le moment où les eaux naturelles allaient être détrônées par les eaux artificielles. Aujourd'hui, il ne reste plus de tout ce bruit que le souvenir des contemporains, et à part quelques eaux gazeuses de table, dites improprement *eau de Seltz*, quelques eaux purgatives, dites *de Sedlitz, de Pullna*, toutes les autres sont retombées dans l'oubli. Voici ce que disent à cet égard les auteurs du *Dictionnaire des eaux minérales* : « En résumé, que l'art médical tire un parti avantageux d'un ou de plusieurs sels minéraux que l'on sait exister dans les eaux minérales naturelles, c'est ce que nous n'essaierons pas de discuter. Mais ce qu'on doit rayer du langage hydrologique, c'est l'expression d'eaux minérales artificielles; car, sous le rapport chimique, le rapprochement entre les premières et les secondes n'est pas possible; d'une autre part, cette dénomination a le tort grave de faire croire à une identité de propriétés thérapeutiques que l'on sait parfaitement ne pas exister. » F — N.

Eau africaine, Eau de Chine, Eau d'Égypte, Eau de Perse. — Employée par les coiffeurs pour teindre les cheveux en noir et qui est formée essentiellement par une dissolution d'azotate d'argent. L'effet produit provient de la formation d'un sulfure noir d'argent avec le soufre contenu dans les cheveux. Doit être employée avec précaution.

Eau albumineuse. — Elle se prépare en délayant deux blancs d'œufs dans 500 grammes d'eau froide. On l'emploie dans quelques diarrhées, dans la dysenterie, contre les empoisonnements par les sels de cuivre, de mercure.

Eau d'Alibour. — Espèce de collyre dans la composition duquel entrent les sulfates de cuivre et de zinc, le camphre, le safran en poudre, que l'on mêle dans de l'eau de puits ou de rivière et que l'on agite à plusieurs reprises pendant vingt-quatre heures. Employé avec avantage contre les ophthalmies chroniques.

Eau ardente. — Voyez Térébenthine (*Essence de*).

Eau d'arquebusade. — Voyez Arquebusade.

Eau bénite. — Voyez Colique saturnine.

Eau blanche. — Voyez Acétates de plomb.

Eau de bon ferme. — On la prépare avec la muscade, le girofle, la cannelle, les fleurs de grenadier; on pulvérise et on fait digérer pendant huit jours dans l'alcool : passez. Employée à la dose de deux ou trois cuillerées par jour dans un demi-verre d'eau sucrée, dans les chutes, contusions. C'est la *teinture aromatique*, ou *essence céphalique* du codex.

Eau de Botot. — Eau dentifrice dont voici une recette. Anis vert, 300 grammes; cannelle de Chine, 100 grammes; girofle, 100 grammes; essence de menthe, 30 grammes; crème de tartre, 30 grammes; alun de Rome, 5 grammes; alcool à 85°, 10 litres. Broyer l'anis, la cannelle et le girofle; les faire infuser dans l'alcool; triturer la cochenille avec la crème de tartre, et l'alun avec un peu d'eau; ajouter ce mélange au premier; laisser infuser pendant dix ou quinze jours; filtrer et ajouter à la liqueur filtrée l'essence de menthe qui s'y dissout facilement.

Eau de Boule. — Voyez Boule de Mars.

Eau de bouquet. — D'une odeur très-agréable, cet alcoolat est composé de : eau de miel odorante, 30; eau sans pareille, 60; alcoolat de jasmin, de girofle et eau de violette, āā 15; alcoolat de souchet, d'acore aromatique, de lavande, āā 8; ajoutez alcoolat de Néroli, 10 gouttes.

Eau de Brocchieri. — C'est une eau hémostatique dont la formule n'est pas connue. On pense qu'elle se prépare en faisant macérer du sapin coupé menu avec le double de son poids d'eau; on distille jusqu'à ce qu'on ait le poids du bois employé; on laisse reposer pendant vingt-quatre heures; on sépare l'huile volatile qui s'est rassemblée; on l'agite avant de s'en servir. On imite encore cet hémostatique en mêlant ensemble parties égales d'eau et de térébenthine qu'on fait bouillir pendant un quart d'heure.

Eau camphrée. — C'est une solution que l'on prépare en mettant 4 grammes de camphre dans 500 grammes d'eau distillée; on agite pendant quarante-huit heures à plusieurs reprises et on filtre. La dissolution ne retient que 1ᵍ,50 environ.

Eau du cardinal de Luynes contre les dartres. — On la prépare avec : eau de rose, 250; sous-carbonate de plomb, 15; sulfate d'alumine et de potasse, 12; deutochlorure de mercure, 6, et un blanc d'œuf. L'emploi de ce remède sur les dartres, au moyen de compresses, demande des précautions.

Eau des Carmes. — Voyez Mélisse.

Eau de casse. — Prenez : casse en gousse ouverte, 30; eau chaude, 500; agitez pour délayer la pulpe et après quelques instants passez. Prendre par tasses dans la matinée comme purgatif.

Eau de casse avec les grains. — Purgatif (voyez Colique saturnine).

Eau céleste. — On la prépare avec : sulfate de cuivre cristallisé, 0ᵍ,20; faites dissoudre dans eau distillée, 120 grammes; ajoutez ammoniaque liquide, 8 à 10 gouttes. Collyre résolutif.

Eau de chaux. — Voyez Chaux.

Eau de Cologne. — Liquide aromatique ainsi nommé parce qu'il fut d'abord préparé dans cette ville. C'est une dissolution de diverses huiles essentielles dans de l'esprit de vin; aussi, quand on ajoute de l'eau, les huiles se précipitent en particules très-ténues, ce qui donne lieu à une sorte d'émulsion laiteuse. Voici une recette pour faire l'eau de Cologne : faire dissoudre dans 3 kil. d'alcool à 36°, 16 grammes d'essence de citron, 10 grammes d'essence de bergamote, 8 grammes d'essence de cédrat et 250 grammes d'esprit de romarin.

Eau de constitution, Eau de cristallisation. — En étudiant la composition des corps de nature minérale ou organique, les chimistes ont reconnu qu'un grand nombre d'entre eux renferment une quantité plus ou moins considérable d'eau; on dit que ces corps sont *hydratés* (du grec *udôr*, eau). Néanmoins, ce terme général a paru confondre des faits distincts, car l'eau ne semble pas jouer toujours le même rôle dans la constitution des corps. On a nommé *eau de cristallisation* la quantité d'eau que retiennent beaucoup de sels en cristallisant dans des circonstances déterminées et qu'ils abandonnent d'ailleurs sans certaines influences pour la reprendre aussi facilement dès que les conditions ambiantes le leur permettent. Ainsi le sulfate de fer cristallisé dans une dissolution aqueuse neutre à 10 ou 15° contient 7 équivalents d'eau de cristallisation; le même sel, dans une dissolution acide à 80°, cristallise seulement avec 3 équivalents d'eau. Le sulfate de magnésie cristallisé à la température ordinaire renferme encore 7 équivalents d'eau; cristallisé au-dessous de 0°, il en renferme 12. L'eau de cristallisation se présente d'ailleurs en quantité conforme aux lois des combinaisons chimiques, ainsi que l'eau de constitution. On appelle *eau de constitution* la quantité d'eau qu'un sel ou plus généralement un composé chimique ne peut perdre sans être modifié dans sa constitution; ainsi le phosphate de soude ordinaire contient à l'état cristallin 25 équivalents d'eau, dont 24 peuvent lui être enlevés sans que sa nature soit changée; si, au contraire, on lui fait perdre le 25ᵉ en le chauffant plus fortement, on a un nouveau composé chimique qui, mis en présence de l'eau, n'en reprend que 10 équivalents : c'est le pyrophosphate de soude.

Eau de cuivre. — Voyez Oxalique (*Acide*).

Eau distillée. — On l'obtient en distillant de l'eau de pluie ou de rivière. Elle ne donne pas de précipité par les nitrates de baryte et d'argent, l'eau de chaux et le deutochlorure de mercure (voyez Eaux distillées).

Eau d'Égypte, Eau grecque. — Solution de nitrate d'argent pour teindre les cheveux. Moyen dangereux.

Eau éthérée camphrée. — Solution de camphre, 5; éther sulfurique, 15; dans eau distillée, 280; de 10 à 20 grammes dans une potion.

Eau ferrée. — Elle se prépare soit en plongeant dans un litre d'eau un fer rouge à plusieurs reprises, soit en jetant un litre d'eau bouillante sur des clous rouillés.

Eau forte. — Voyez Azotique (*Acide*).

Eau de goudron. — On la prépare en faisant macérer pendant une douzaine de jours 500 grammes de goudron dans 5 kil. d'eau, ayant soin d'agiter le mélange de temps en temps avec un morceau de bois; décantez et filtrez.

Eau de Goulard, Eau blanche. — Voyez Acétates de plomb, Végéto-minérale (*Eau*).

Eau grecque. — Voyez Eau d'Égypte.

Eau hémostatique. — Voyez Eau de Brocchieri, Eau de Léchelle, Eau de Pagliari, Eau de Tisserand.

Eau iodée. — On la prépare de la manière suivante : iode, 0ᵍ,20; iodure de potassium, 6ᵍ,10; triturez dans un mortier de verre et ajoutez peu à peu 1 litre d'eau. A boire deux ou trois verres par jour, pure ou coupée avec de l'eau sucrée, dans les affections scrofuleuses.

Eau de javel. — Voyez Chlorures décolorants.

Eau de Léchelle, Eau hygiénique de Memphis. — C'est un hémostatique dans lequel entrent : feuilles de noyer, chardon bénit, aigremoine, eupatoire, ronces, mille-pertuis, germandrée maritime, menthe, calament officinal, basilic, sauge, romarin, thym, de chaque 100; fleurs de rose, souci et arnica, de chaque 75; écorce de chêne, grenade, 200; racines de ratanhia, de gentiane et de garance, āā 100; bourgeons de peuplier, de sapin, āā 200.

Eau de Luce. — C'est un liquide très-excitant, un stimulant énergique du système nerveux que l'on fait respirer dans les cas d'évanouissement, comme de l'ammoniaque; on peut aussi en donner quelques gouttes dans un verre d'eau à l'intérieur. Plusieurs formules ont été données; voici celle de M. Bouchardat : ammoniaque liquide à 22°, 70 grammes; mêlez avec la teinture suivante : alcool à 36°, 5 grammes; huile de succin, 0ᵍ,10; savon blanc, baume de la Mecque, āā 0ᵍ,05.

Eau magnésienne. — Purgatif léger dans la préparation duquel entrent : sulfate de magnésie cristallisé, 30 ; carbonate de soude cristallisé, 40 ; eau pure, 650 ; acide carbonique, 6 volumes. Cette préparation officinale contiendra par litre 10 grammes de magnésie bicarbonatée avec un faible excédant d'acide carbonique.

Eau magnésienne gazeuse. — Elle se fait, comme la précédente, en doublant la quantité d'eau et d'acide. Employée comme les *eaux alcalines.*

Eau de mélisse des Carmes. — Voyez Mélisse.

Eau mercurielle simple. — Faites bouillir pendant deux heures dans un matras : mercure, 500 ; eau 2 000 ; décantez. Comme vermifuge aux enfants ; dose, 30 grammes (Bouchardat). On la nomme *simple* pour la distinguer d'autres eaux mercurielles plus énergiques, employées seulement à l'extérieur, en lotions.

Eau de Mettemberg. — Contre la gale. Solution de deutochlorure de mercure, dans eau distillée ; ajoutez teinture vulnéraire, éther nitrique alcoolisé, en lotions.

Eau de miel odorante. — Cosmétique très-agréable préparé avec le miel, la coriandre, les zestes de citron, le girofle, la muscade, le benjoin, le styrax, la vanille, les eaux de rose et de fleurs d'oranger. Peut être employé sans danger.

Eau de Pagliani. — Eau hémostatique préparée avec : benjoin, 10 ; alun, 20 ; faites bouillir pendant six heures dans eau 200.

Eau panée. — Croûte de pain grillée, 60 ; eau bouillante, quantité suffisante pour avoir un litre de boisson ; laissez refroidir.

Eau de pluie. — Voyez Eau (Hygiène).

Eau de puits. — Voyez Eau (Hygiène).

Eau des peintres, Eau seconde des peintres. — Essence caustique faible marquant de 10 à 15° à l'aréomètre de Baumé, dont les peintres se servent pour enlever les peintures sur les murs, les bois, etc. On peut employer indifféremment la potasse ou la soude ; mais on préfère ordinairement la première, qui agit un peu plus activement.

Eau de Rabel (*alcool sulfurique*). — Mélange de : acide sulfurique à 66° B., 1 partie ; alcool à 85° centés., 3 parties. On verse peu à peu l'acide sur l'alcool ; on laisse déposer et on décante. On colore ordinairement soit avec de l'orcanette, soit avec des pétales de coquelicot. On l'emploie surtout dans les diarrhées chroniques comme astringente (quelques gouttes dans une boisson appropriée) ; elle peut aussi être employée pure, à l'extérieur, comme styptique.

Eau régale — Ainsi nommée parce qu'elle dissout l'or considéré comme le roi des métaux. C'est un mélange d'acide nitrique et d'acide chlorhydrique en proportions variables. Chauffée à une douce chaleur, l'eau régale se colore en jaune et dégage une odeur de chlore et de composé nitreux ; par l'ébullition, le dégagement de ces gaz devient très-abondant et continue jusqu'à la disparition de l'un des acides qui composent la liqueur. L'eau régale possède donc un pouvoir chlorurant très-énergique ; aussi *tous les métaux* qu'on y plonge se transforment-ils en chlorures. L'eau régale est aussi un oxydant très-puissant ; elle transforme le soufre en acide sulfurique beaucoup plus rapidement que ne le ferait l'acide nitrique seul. L'eau régale est un puissant dissolvant pour les chimistes. L'or, le platine, le palladium... qui résistent aux autres acides, sont rapidement dissous par elle. On l'emploie dans les ateliers de teinture et dans les fabriques de porcelaine pour faire les préparations d'étain ou d'or, et dans un grand nombre d'industries. C'est l'Arabe Geber qui en fit le premier mention ; il la préparait en ajoutant un quart de sel ammoniac à l'eau-forte.

Eau sans pareille. — On la prépare avec : alcool rectifié, 300 grammes ; essence de citron, 1ᵍ,50 ; essence de bergamote, 1 gramme ; essence de cédrat, 0ᵍ,80 ; alcoolat de romarin, 25 grammes ; mêlez et distillez au bain-marie. Cosmétique.

Eau seconde. — Eau forte diluée marquant 20° au pèse-acide. Employée fréquemment dans la menuiserie, la chapellerie (eau des chapeliers), etc.

Eau sédative de Raspail. — Prenez : ammoniaque liquide, 100 gram. ; sel marin, 20 grammes ; camphre, 2 grammes ; faites dissoudre dans eau distillée, 900 grammes ; ajoutez essence de roses q. s.

Eau de source. — Voyez Eaux douces, Eau (Hygiène).

Eau de Tisserand. — Eau hémostatique dont la formule peu connue peut être remplacée par la suivante : sang-dragon et térébenthine des Vosges, de chaque, 100 grammes ; eau 1 000 grammes. Faites digérer pendant douze heures ; filtrez.

Eau végéto-minérale ou **Eau blanche.** — Voyez Acétates de plomb, végéto-minérale (Eau).

EAU-DE-VIE (Chimie, Technologie). — L'eau-de-vie est un mélange d'eau et d'alcool provenant de la distillation des liquides fermentés, et qui contient en outre quelques substances propres à ces liquides, telles qu'une huile volatile, et particulièrement une matière colorante jaune rougeâtre, produite par la dissolution du bois des tonneaux de chêne où elle est renfermée.

Tous les liquides sucrés qui, par suite de la fermentation (voyez Fermentation), deviennent alcooliques peuvent donner des eaux-de-vie par la distillation. Aussi distille-t-on non-seulement les vins, les cidres, les poirés, les bières, mais encore les sirops de fécule, les mélasses de betteraves, ainsi que les fécules de pommes de terre et de céréales, quand elles ont été préalablement transformées d'abord en sucre, puis en liqueur alcoolique. Par suite on a des alcools de mélasse, de betterave, de grains, de pommes de terre, et d'autres eaux-de-vie qui portent différents noms suivant leurs provenances, telles que le tafia, le rhum, le kirsch, etc.

Quelle que soit la provenance de l'alcool, il est toujours isolé par la distillation dans des appareils particuliers. Comme sa température de vaporisation ne diffère pas beaucoup de celle de l'eau, on a dû améliorer le procédé de distillation, afin de laisser immédiatement le moins d'eau possible dans l'alcool condensé (voyez Distillation).

Ainsi, entre la chaudière et le serpentin réfrigérant, se trouvent des appareils destinés à enrichir d'alcool les vapeurs qui s'élèvent, et à éliminer l'eau en la faisant rétrograder vers la chaudière. Voici comment :

Pour enrichir d'alcool la vapeur qui s'élève de la chaudière, on fait descendre d'un réservoir supérieur le liquide à distiller, d'abord dans deux vases à serpentin, le premier appelé *réfrigérant,* le second *chauffe-vin ;* puis dans le tronçon inférieur d'une colonne verticale appelée *colonne de distillation,* et placé au-dessus d'une chaudière qui est chauffée par la chaleur perdue du foyer et qui communique avec une chaudière inférieure. Cette colonne renferme des capsules horizontales, les unes concaves, percées d'un trou au centre, les autres convexes et garnies sur leur surface bombée de fils de cuivre. Tandis que le liquide tombe, comme de cascade en cascade, du centre d'une capsule creuse sur une capsule convexe, et de celle-ci goutte à goutte, par les fils de cuivre, dans la capsule concave inférieure, la vapeur qui s'élève de la chaudière supérieure passe, en grande partie, par le trou de la première capsule concave, s'épanouit autour de la capsule convexe supérieure, qui est un peu plus large, et monte ainsi de capsule en capsule. La vapeur s'enrichit donc d'alcool au contact du liquide qui s'échauffe, tandis qu'elle laisse condenser les vapeurs d'eau moins volatiles qui retombent dans la chaudière supérieure, puis de là repassent à volonté dans la chaudière inférieure avec le liquide alcoolique déjà chauffé et ayant déjà subi plusieurs distillations successives.

La vapeur, en continuant de s'élever, passe dans le tronçon supérieur de la colonne appelé *colonne de rectification,* à travers des plateaux percés d'un large trou et munis chacun d'un ajutage. Cet ajutage est recouvert d'une capsule renversée dont le bord inférieur descend au-dessous de l'ouverture de l'ajutage. La vapeur, pour passer d'un plateau à l'autre, est donc obligée de barboter sous chaque capsule dans le liquide qui remplit les plateaux et qui provient de la condensation. Ce barbotage favorise encore la séparation de l'eau de l'alcool. La vapeur passe de là dans le serpentin du *chauffe-vin.*

Pour faire rétrograder l'eau de condensation vers la chaudière, chaque tour d'hélice du chauffe-vin communique, par sa partie la plus basse, avec un tube qui, au moyen de robinets, peut, d'une part, ramener une partie plus ou moins grande du liquide condensé dans les plateaux de la colonne de rectification ; d'autre part, envoyer vers le réfrigérant la vapeur la plus riche en alcool qui achève de s'y condenser, de sorte que l'on peut régler à volonté le degré de l'alcool qu'on veut obtenir. Le liquide condensé descend par chaque ajutage du plateau sur la capsule inférieure, et de plateau en plateau dans les capsules de la colonne de distillation.

Tel est, en résumé, le résultat des perfectionnements apportés aux appareils de distillation d'Édouard Adam, par Cellier Blumenthal, Derosne et Ed. Laugier, et qui ont pour but d'économiser le combustible et la main-d'œuvre.

Le dessin et la légende suivante (*fig* 815) feront comprendre l'ingénieuse disposition de l'appareil à distillation continue, qui est en usage dans presque toutes les distilleries.

L'eau-de-vie contient de 40 à 65 p. 100 d'alcool.

La dénomination d'eau-de-vie est plus spécialement donnée au produit de la distillation du vin, mais on dit aussi eau-de-vie de grains, de betterave, etc.

Eaux-de-vie de vins. — Leur qualité dépend de la maturité du raisin, des soins apportés à la vinification, de la conduite de la distillation, de l'espèce de vins, etc. Les vins vieux en donnent d'une qualité supérieure, les vins sucrés d'excellentes, les vins blancs de meilleures que les rouges.

Les vins communiquent aux eaux-de-vie qu'on en retire leur goût de terroir : ainsi le Saint-Péray donne l'odeur de la violette ; le vin de Côte-Rôtie, le goût de pierre à fusil ; les vins de la Moselle, celui d'ardoise, etc.

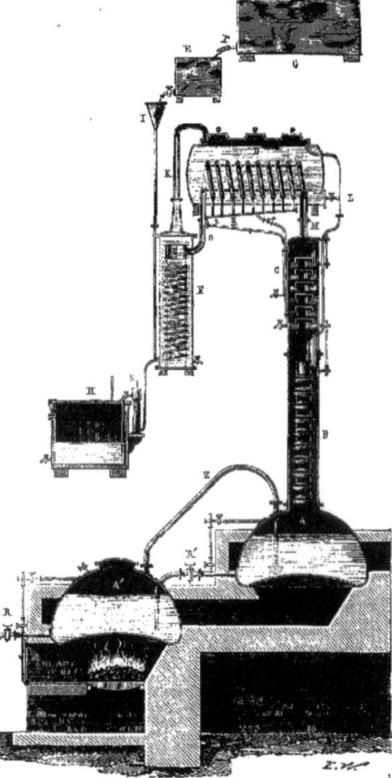

Fig. 815. — Appareil distillatoire de Cellier Blumenthal, construit par Derosne.

G, réservoir dans lequel on élève les matières à distiller.

r, robinet et boule flottante servant à l'écoulement du liquide.

La boule flottante fait mouvoir la clef du robinet selon la hauteur du liquide que l'on veut avoir dans le vase suivant.

E, vase régulateur pour l'écoulement du liquide dans l'appareil. Ce vase est muni d'un robinet, au moyen duquel on détermine la quantité de liquide qui doit couler dans un temps donné, suivant l'activité de l'opération.

I, tuyau d'introduction du liquide dans le réfrigérant.

F, réfrigérant

K, tuyau par lequel le liquide passe du réfrigérant dans le chauffe-vin.

D, chauffe-vin.

L, tuyau par lequel le liquide se rend du chauffe-vin dans la colonne de distillation.

B, colonne de distillation.

A, chaudière supérieure, recevant la chaleur perdue du fourneau et munie d'un indicateur de verre, faisant connaître le niveau du liquide qu'elle contient.

R', robinet mettant en communication les chaudières.

A', Chaudière inférieure, chauffée directement, et dans laquelle se rend finalement le liquide ; elle est aussi munie d'un indicateur de niveau en verre.

Z, col de cygne par lequel la vapeur passe de la chaudière inférieure dans la chaudière supérieure.

C, rectificateur dans lequel monte la vapeur de la chaudière supérieure, après avoir traversé les plateaux de la colonne de distillation.

M, tuyau par lequel la vapeur passe au rectificateur dans le serpentin du chauffe-vin qui est entouré de liquide froid.

O, tuyau par lequel le liquide condensé passe du serpentin du chauffe-vin dans celui du réfrigérant.

S, éprouvette où on recueille le produit de la distillation qui doit être froid d'où il coule dans le vase H. On voit dans le serpentin du chauffe-vin un tuyau de rétrogradation des eaux condensées. Il reçoit plusieurs petits tuyaux verticaux dont chacun correspond à un tour du serpentin inférieur.

On remarque aussi des robinets de rétrogradation pour faire retourner les petites eaux du serpentin sur les plateaux du rectificateur. Ils correspondent à des tours divers du serpentin du chauffe-vin. Plus on avance de la partie inférieure du serpentin vers le réfrigérant, plus les produits sont riches en alcool. Donc, si on ouvre le premier robinet, on fait retourner dans le rectificateur tout ce qui a été condensé dans la partie inférieure du chauffe-vin, jusqu'à ce robinet, et on reçoit dans l'éprouvette un liquide plus fort que si les trois robinets eussent été fermés. Si l'on ouvre les deux autres robinets, on ne recueille dans l'éprouvette que ce qui s'est condensé dans le dernier tour du serpentin. Ce sera le produit le plus riche.

R, robinet de vidange de A, que l'on ouvre quand le liquide est dépouillé d'alcool.

L'eau-de-vie doit être bien claire, très-blanche, lorsqu'elle est nouvelle, un peu ambrée si elle est de trois ou quatre ans, très-jaune si elle est très-vieille... Les eaux-de-vie les plus estimées sont celles de la Charente. Toutes celles de ce département et celles de quelques cantons de la Charente-Inférieure figurent dans le commerce sous le nom d'*eaux-de-vie de Cognac.* Elles se distinguent par une finesse de goût et une délicatesse de parfum inimitable. Leur supériorité tient à ce qu'on les fabrique avec des vins blancs qui, ayant fermenté sans la peau du raisin, n'ont pu se charger de l'huile âcre qu'elle renferme. On divise les eaux-de-vie de Cognac en deux qualités différentes : la *fine-champagne* et l'*eau-de-vie des bois,* qui est moins appréciée. Les eaux-de-vie des deux Charentes sont livrées au commerce de 49° à 59° centésimaux.

Parmi les eaux-de-vie communes, celles d'Armagnac tiennent le premier rang ; elles sont expédiées à 50°. Celles de Montpellier sont les plus communes ; leur force alcoolique est comprise entre 50 et 60°.

Il est peu de pays vignobles qui ne fabriquent des eaux-de-vie. On appelle *preuves* les divers degrés des eaux-de-vie potables. Voici les titres de celles du commerce : les eaux-de-vie faibles varient de 37°,9 à 46°,5 de l'alcoomètre de Gay-Lussac (16° à 18° C.) ; l'eau-de-vie ordinaire, *preuve de Hollande,* de 50°,1 à 53°,4 (19° à 20° C.) ; agitée dans un verre, l'eau-de-vie à 50° (19° C.) donne des bulles qui persistent, ce qui n'a lieu ni au-dessus ni au-dessous de ce titre. L'eau-de-vie forte varie de 50°,5 à 59°,2 (21° à 22° C.). S'il y a plus d'alcool, le liquide s'appelle *esprit de vin.*

On désigne dans le commerce sous le nom d'*esprit-de-vin* ou *trois-six* de l'alcool de vin qui marque 85° cent. ou 33° de C., parce que 3 parties mélangées à poids égal avec de l'eau produisent 6 parties d'eau-de-vie potable, *preuve de Hollande,* à 50°. Le *trois-cinq* serait de l'alcool qui, mélangé dans la proportion de 3 parties en poids avec 2 parties d'eau, donnerait 5 parties en poids d'eau-de-vie à 50°.

Les *trois-six* sont employés exclusivement dans la fabrication des liqueurs et dans le mouillage des eaux-de-vie communes. Les *trois-six fins* ou *bon-goût* doivent être très-limpides et sans arome. Les *mauvais-goût* se reconnaissent, soit à un goût d'empyreume provenant d'une distillation peu soignée, soit à un goût de chaudière qui provient d'une rectification trop pressée, soit à un goût de marc, de betteraves, quand les esprits sont fabriqués avec ces matières. Pour déguster les *trois-six,* on les étend de moitié en volume avec de l'eau ; on développe ainsi l'arome que les esprits pourraient contenir. On reconnaît encore l'odeur des esprits mauvais-goût, en en versant quelques gouttes dans la paume d'une main et en frottant vivement avec l'autre, afin de produire une évaporation instantanée ; on approche ensuite les mains près du nez.

Très-souvent les débitants fabriquent des eaux-de-vie en coupant les trois-six avec de l'eau pour les ramener à 50°, parce qu'ils économisent sur les transports et les frais. Ils les colorent ensuite avec du caramel, du suc de réglisse et du cachou, et ils les aromatisent de diverses manières.

Eaux-de-vie de marc. — Elles se font surtout en Languedoc, puis en Bourgogne, en Champagne, en Lorraine. Le meilleur procédé de distillation consiste à faire fermenter le marc de raisin avec un peu d'eau tiède dans une cuve hermétiquement fermée, à soutirer le liquide et à en remplir une chaudière dont la vapeur servirait à distiller le marc lui-même dans un appareil cylindrique. On obtient ainsi du premier jet de l'eau-de-vie à 50° ou 55° cent., sans goût de brûlé ou d'empyreume. Les travaux de M. Aubergier ont démontré que le principe d'infection d'alcools de marc réside uniquement dans la pulpe du raisin; pour l'éliminer, il suffit donc de rejeter cette pulpe, soit au moyen de vinasses, soit autrement : 2 litres de bonne huile d'olive par hectolitre absorbent l'huile essentielle de la pulpe du raisin, et font disparaître après le soutirage le mauvais goût qui rend ces eaux-de-vie impotables.

Eau-de-vie de cidre. — On distille le cidre comme les vins et avec les mêmes appareils. Ordinairement on obtient de 7 à 8 litres d'alcool pur, ou 15 litres à peu près d'eau-de-vie à 50° par hectolitre de *vieux cidre.* L'eau-de-vie de marc a une odeur forte et désagréable, que l'on peut enlever par la rectification, mais qui est recherchée par quelques consommateurs.

Eau-de-vie de poiré. — Le poiré est le jus de poires. On en retire de l'eau-de-vie comme du cidre, à peu près de 15 à 18 litres d'eau-de-vie à 50° par hectolitre de poiré.

Eau-de-vie de bière. — On distille la bière comme le vin. On se sert ordinairement de bière avariée et on opère presque toujours à feu nu, de sorte que l'eau-de-vie a un goût détestable d'empyreume.

Rhum et tafia. — Eau-de-vie obtenue de la distillation d'une liqueur fermentée, préparée avec la mélasse de la canne à sucre. Le rhum est l'eau-de-vie de mélasse fabriquée avec soin ; le tafia est celle qui a moins de parfum et de qualité. Il nous vient d'Amérique, principalement des Antilles, de la Jamaïque, de la Guadeloupe ; sa force alcoolique est ordinairement de 51° à 53°. Il est ordinairement blanc et diaphane quand il vient d'être distillé. Mais, pour lui donner une couleur jaune ambré et un goût particulier, on fait infuser dans une partie du liquide des proportions variables de pruneaux, de râpures de cuir tanné, de clous de girofle, de goudron, etc., et on complète la coloration voulue en y ajoutant une quantité convenable de caramel.

Kirsch, par abréviation du mot allemand *Kirschenwasser* (eau de cerises). — C'est le produit de la distillation d'une liqueur fermentée, faite avec des cerises sauvages. Cette fabrication se fait en grand dans la forêt Noire, en Allemagne, en Suisse et en France, dans une petite partie des départements de la Haute-Saône, des Vosges et du Doubs. La liqueur provenant des merises écrasées, après avoir fermenté six à huit jours dans des cuves, est tirée à clair et transportée dans un alambic où on la distille à la vapeur. Dans les campagnes, on distille à feu nu, ce qui donne un produit de mauvais goût.

Esprit ou *trois-six de betteraves.* — Le jus sucré des betteraves se transforme par la fermentation en alcool qui, comme tous les produits fournis par les racines, contient une huile essentielle qui lui communique une odeur et une âcreté particulière. Mais, si cet alcool est rectifié avec soin, il est débarrassé de cette huile essentielle et peut remplacer l'esprit-de-vin dans tous les usages où celui-ci est employé.

Eau-de-vie de grains. — Eau-de-vie fournie par la distillation des liquides alcooliques qu'on obtient en faisant fermenter les liqueurs provenant de la transformation en sucre de l'amidon des céréales. Les céréales que l'on traite le plus souvent pour la distillation sont le seigle qui convient le mieux, puis l'orge dont l'alcool est supérieur; mais le froment, l'avoine, le sarrasin et le maïs peuvent être employés avantageusement dans cer-

taines circonstances. Le rendement alcoolique varie avec leur nature, leur état de conservation et la conduite de l'alcoolisation. En moyenne, 100 kil. de froment donnent 21 litres d'alcool pur; 100 kil. de seigle, 19 litres ; 100 kil. d'orge, 18 litres; 100 kil. d'avoine, 16 litres; 100 kil. de sarrasin, 18 litres ; 100 kil. de maïs, 18 litres; 100 kil. de riz, 22 litres.

Genièvre. — Eau-de-vie de grains aromatisée avec des baies de genièvre, pour dissimuler la mauvaise odeur de ce produit alcoolique. En général, 1 kil. de baies suffit pour aromatiser 1 hectolitre d'alcool. Les baies écrasées sont ajoutées aux produits qui doivent être redistillés.

Eau-de-vie de pommes de terre. — Eau-de-vie fournie par la distillation du liquide alcoolique qu'on obtient en faisant fermenter les liqueurs provenant de la saccharification de la fécule de pommes de terre. Le rendement alcoolique dépend de la perfection de cette saccharification. Généralement 100 kilos de fécule produisent 35 à 40 litres d'alcool pur. L'alcool de fécule rectifié est d'un goût excellent et très-fin ; il peut être employé à tous les usages des trois-six de Montpellier, et même améliorer ce dernier, si on mélange à 2 parties 1/2 de celui-ci une partie d'esprit fin de fécule. Les eaux-de-vie de pommes de terre non rectifiées agissent souvent d'une manière funeste sur l'économie animale, soit parce qu'elles contiennent un principe âcre et volatil, soit parce qu'elles renferment de la solanine et de l'acide prussique.

                                    L.

EAU-DE-VIE ALLEMANDE. — Purgatif énergique composé de jalap, 175 grammes ; racine de turbith, 15 grammes; scammonée d'Alep, 30 grammes; alcool à 56° centés., 1 500 grammes.

EAU-DE-VIE CAMPHRÉE. — Bon résolutif. Camphre, 60 grammes; alcool à 56° centés., 2 500 grammes ; faites dissoudre et filtrez.

EAU-DE-VIE DE GAÏAC. — Voyez GAÏAC, TEINTURE.

EAU DE VIOLETTE. — C'est un alcoolat d'iris de Florence, ainsi nommé à cause de son odeur de violette. Il se prépare avec : iris de Florence en poudre, 50 grammes que l'on fait macérer dans alcool à 36°, 500 grammes; distillez au bain-marie.

EAU VULNÉRAIRE ROUGE. — Prenez : feuilles fraîches de basilic, de calament, d'hysope, de mélisse, de menthe, de romarin, de sauge, de thym, d'absinthe et de plusieurs autres labiées, de chaque, 32 grammes, que vous ferez macérer dans alcool à 80° centés., 1 000 grammes; filtrez. C'est un stimulant (quelques grammes dans un demi-verre d'eau sucrée à l'intérieur). Employé pur ou très-peu étendu d'eau en fomentation sur des contusions ; il est résolutif.

EAUX ACIDES (Eaux minérales). — Il existe, dans quelques parties de l'Amérique, un petit nombre de sources qui contiennent des acides sulfurique, borique, chlorhydrique libres ; ainsi à Panama, au Mexique, etc. On a signalé en Espagne une source minérale qui sort des mines de Rio-Tinto, province de Huelva (Andalousie), et qui contient des acides sulfurique et arsénieux libres.

EAUX ACIDULES. — Voyez SELTZ (*Eau de*) et EAUX MINÉRALES (Chimie).

EAUX ALCALINES. — Cette désignation, donnée par la plupart des hydrologistes, n'est pas adoptée par les auteurs du *Dictionnaire des eaux minérales,* qui leur donnent le nom *bicarbonatées sodiques.* Elles sont, en effet, remarquables par la présence en quantité notable des bicarbonates de sonde (Vichy, Vals, Ems), de chaux et de magnésie (Contrexeville, Pougues). Du reste, ces sels et d'autres bicarbonates y existent presque toujours simultanément, mais alors en faible quantité. Elles sont, en général, saturées d'acide carbonique libre et ont, pour cette raison, été classées, à tort, parmi les *acidules gazeuses* par quelques auteurs. Ce gaz, en s'échappant au contact prolongé de l'air, réduit les bicarbonates en carbonates insolubles, ce qui détermine quelquefois la formation de ces curieuses incrustations qui constitue une petite branche de commerce aux eaux de Saint-Allyre, de Gimeaux, de Saint-Nectaire, toutes trois dans le Puy-de-Dôme. Aussi leur a-t-on donné vulgairement le nom d'*eaux incrustantes.* Les principales eaux alcalines, outre celles que nous avons citées, sont : Aix en Provence, Bains, Bilin, Carlsbad, Cusset, Evian, Tœplitz, Vittel, etc.

EAUX-BONNES (Médecine, Eaux minérales). — Station minérale dépendant du village d'Aas, arrondissement et à 28 kil. S.-S.-E. d'Oleron (Basses-Pyrénées), 42 kil. S. de Pau, située dans la vallée d'Ossau. Parmi les sources, au nombre de sept, la seule dont on fasse aujourd'hui presque exclusivement usage, est la *source de la buvette* ou la *source vieille*, dans laquelle M. Filhol signale particulièrement par litre : sulfure de sodium, 0ᵉ,021 ; chlorure de sodium, 0ᵉ,264 ; une matière organique, 0ᵉ,048 ; puis quelques sulfates alcalins, du silicate de soude, de la silice, etc. Ainsi un bain ordinaire de ces eaux ne contient pas moins de 85 grammes de chlorure de sodium. Mais c'est surtout en boisson qu'on les emploie ; on commence par quelques cuillerées, et en augmentant successivement on arrive à trois ou quatre verres au plus, le matin, à jeun, de quart d'heure en quart d'heure, pures ou coupées avec un peu de lait. Les différentes sources des Eaux-Bonnes sont : 1° *source de la buvette* ; 2° *source supérieure* ; 3° *source inférieure* ; 4° *nouvelle source du rocher* ; 5° *source froide* ou *du bois* ; 6° *source d'Ortech n° 1* ; 7° *source d'Ortech n° 2*, dont la température varie de 12° (source du bois) à 32° (source de la buvette). Ces eaux sont éminemment excitantes ; aussi ne doit-on les employer que lorsqu'il n'y a aucun symptôme d'irritation. C'est surtout dans la phthisie pulmonaire qu'elles ont rendu de véritables services, mais particulièrement dans les pthisies scrofuleuses ou lymphatiques, lorsqu'il n'existe aucun symptôme d'acuité, lorsque la tuberculisation est à l'état stationnaire, qu'il y a absence de congestion sanguine et surtout d'émoptysie active. Les mêmes observations seront faites à propos du catarrhe pulmonaire, quoique ici il y ait moins à craindre l'excitation momentanée produite par le traitement. Elles sont aussi employées avec succès dans les cas d'angine laryngée, d'angine glanduleuse, lorsqu'il n'y a pas trop d'excitation.   F — N

Eaux-Chaudes (Médecine, Eaux minérales).—On appelle ainsi une station d'eaux minérales de la chaîne des Pyrénées, située à 4 kil. des Eaux-Bonnes (voyez ce mot), et qui sont ainsi nommées, non pas à cause de l'élévation absolue de leur température, mais parce que quelques-unes des sources sont un peu plus chaudes que les Eeaux-Bonnes. Elles appartiennent au groupe des eaux sulfuriées sodiques et sont au nombre de six, connues sous les noms de : *Mainvielle*, température 10°,5 ; de l'*Arressecq*, 24°,5 ; de *Baudot*, 25°,6 ; du *Rey*, 23°,5 ; de l'*Esquirette*, 35°,0 ; du *Clôt*, 36°,4. Leur sulfuration varie de 0ᵉ,0052 de sulfure de sodium (Mainvielle) à 0ᵉ,0090 (du Clôt et du Rey). Elles sont employées indistinctement en boisson, en bains, en douches ; mais la source de Baudot est la plus fréquentée par les buveurs. Moins excitantes que les Eaux-Bonnes, que celles de Barèges, elles se rapprochent par leurs propriétés thérapeutiques des eaux sulfureuses des Pyrénées. Cependant, les rhumatismes chroniques, les rhumatismes nerveux, les affections de la peau, quelques maladies des femmes sont particulièrement traités aux Eaux-Chaudes.   F — N

Eaux distillées. — On appelle ainsi les eaux chargées par la distillation des principes volatils des plantes. Elles acquièrent une odeur plus ou moins forte suivant l'espèce de plante sur laquelle l'eau est distillée ; et Deyeux et Clarion ont prouvé que c'était sans fondement que certains médecins avaient regardé comme dénuées de propriétés les eaux distillées des plantes inodores (*Ann. de.chimie*, t. LVI) ; seulement il faut avoir la précaution de cohober plusieurs fois le produit sur de nouvelles plantes (voyez Cobobation). Mais la plupart de ces eaux se distinguent par une odeur forte qu'elles paraissent devoir à une certaine quantité d'huile volatile ; telles sont les eaux de roses, de romarin, de fleurs d'oranger, etc. Cependant il en est qui ne contiennent pas d'huile volatile, comme celles de tubéreuse, de violette, etc., qui doivent leur odeur à un principe encore inconnu désigné sous le nom d'*arôme*. Il résulte de ce qui suit d'être dit qu'on peut diviser les eaux distillées en : *eaux distillées des plantes inodores*, telles que la pervenche, le bleuet, la mauve, la fumeterre, la scabieuse, la bardane, la bourrache, le plantain, la laitue, etc. ; *eaux distillées de plantes à arôme* ; les fleurs de tilleul, de mélilot, de sureau, de serpolet, etc. ; enfin les *eaux distillées des plantes qui contiennent une huile volatile* ; ce sont, en général, celles que l'on extrait des plantes de la famille des *Crucifères*, de celle des *Labiées*, etc.

Eaux douces. — Voyez Eau (Hygiène).

Eaux (Épuisement des) (Génie civil). — Opération qui a pour but de rendre à la culture des terres couvertes de nappes d'eau plus ou moins considérables. On y procède soit par le *comblement* ou *rehaussement* du sol, soit par l'*écoulement* ou l'*enlèvement* des eaux. Nous renvoyons aux mots Réhaussement et Inondation, pour le comble-

ment ; nous allons traiter ici des deux autres modes, en prenant pour exemples le *Desséchement de la mer ou lac de Harlem*, et celui des *marais Pontins*.

La *mer ou lac de Harlem* était dans la Hollande septentrionale, entre Harlem, au N.-E. de cette ville, Amsterdam, au N.-O., et Leyde, au S.-E., à 2 kil. environ de la première, et 5 à 6 kil. des deux autres. Ce fut une dépression de terrain, que la mer du Nord envahit au xvıᵉ siècle, et qui communiqua avec le Zuyderzée, par le golfe de l'Y. Sa superficie de 3 700 hectares, en 1500, était arrivée successivement, de nos jours, à 18 200, par la corrosion de ses bords, lorsqu'en 1838, le gouvernement néerlandais en fit voter le desséchement par les états généraux. Le lac figurait une ellipse presque triangulaire, de 20 kil. du N.-E au S.-O., sur 10 kil. du S.-E. au N.-O., entièrement remplie par une masse d'eau de 4 mètres de profondeur. — Le fond du lac étant en contre-bas du niveau de la mer, il fallut procéder par la voie de l'*enlèvement*. On ferma par une digue la communication avec le golfe de l'Y ; on construisit ensuite tout autour du lac un canal de ceinture, de 50 kil. de développement, destiné à recevoir les eaux d'épuisement et à les conduire à la mer par trois grands débouchés créés à Katwick, Halfwège et Spaardam. On installa à chacun de ces points, correspondants aux trois côtés des triangles, une machine à vapeur de la force de 400 chevaux, pour travailler à vider le lac.

Les travaux commencèrent en 1840 et furent terminés en 1855. Quand on eut effectué l'épuisement, on assainit le fond du lac en le divisant par divers petits canaux se croisant à angles droits, recueillant les eaux de suintement et pluviales, et les portant au pied des grandes machines qui les enlèvent incessamment. Le niveau de ces canaux est maintenu à 1ᵐ,50 en contre-bas du sol, de sorte qu'une excessive humidité ne peut nuire à la végétation ; sur leurs berges circulent des routes empierrées, facilitant le service de la culture. — Le canal supérieur ou de ceinture est en même temps un canal de navigation, large de 40 mètres, sur lequel des galiotes glissent paisiblement. Un bac fait le service à travers ce canal pour communiquer au ci-devant lac, véritable île creuse, surmontée d'eau de toutes parts.

Les 18 000 hectares conquis sur la mer sont ainsi aménagés : les digues, les canaux, les routes et les terrains de services publics en occupent 1 000 ; le reste, divisé par exploitations de 50 à 150 hectares, avec bâtiments, est en culture, et leur mise en valeur ainsi fixée :

	Hectares.
Prairies de trèfle	8 100
Céréales (froment, seigle, avoine)	6 900
Racines (pommes de terre, carottes)	600
Plantes industrielles (colza, lin, garance)	1 000
Cultures diverses (pépinières, légumes)	400
	17 000

Deux communes sont dans le fond du ci-devant lac, avec deux églises catholiques, deux temples protestants, et leurs écoles. Le nombre des habitants dépasse 8000. Un syndicat veille à la conservation du *polder* (nom de tout terrain ainsi conquis au fond des eaux) : il dispose d'un revenu annuel de 550 000 francs, où figure pour 340 000 francs un impôt spécial de conservation, à 20 francs par hectare. L'entretien des digues coûte 70 000 francs, et les frais des machines d'épuisement 200 000 francs. — Le desséchement proprement dit fut opéré en douze ans. On y dépensa 23 millions de francs, y compris les travaux de protection des trois villes situées aux trois côtés du lac. La vente des terrains a produit 15 millions de francs. Jamais un travail d'épuisement aussi colossal n'avait été entrepris par la vapeur : l'opération a été bonne à tous les points de vue, et l'expérience a démontré qu'on n'a pas tiré du sein des eaux un pays fiévreux, mais un sol parfaitement sain et hospitalier. En Hollande, les desséchements de ce genre ont toujours été des assainissements : depuis le xvıᵉ siècle jusqu'à nos jours, on y a créé 165 300 hectares de polders ! la population s'est accrue, et la prospérité a augmenté à proportion de ces conquêtes. Voyez *Annales des ponts et chaussées*, année 1860, sept. et octob.

Les marais Pontins. — Il s'agira ici du procédé par *écoulement*. L'exemple sera théorique pour plus grande part, et pratique pour la moindre, car cet immense travail, sept à huit fois plus considérable que le précédent, est bien loin d'être terminé. Les *marais Pontins* s'étendent à la pointe méridionale des États de l'Église, entre la mer Tyrrhénienne, à l'E. et au S., et des diramations de la chaîne des Apennins aux autres orients. Le bassin des marais commence à Cisterna, ville à 46 kil. S.-E. de Rome, et s'étend jusqu'à Terracine, sur une longueur de 47 kil. La partie submergée se montre au village de Tortreponti, à 65 kil. en deçà de Cisterna, et mesure 32 kil. de longueur, sur 17 à 18 kil. de largeur. La superficie générale du bassin égale 130261 hectares, dont 30329 sont submersibles temporairement, et 17321 constamment sous l'eau. C'est une grande plaie pour le pays, et qui le rend à peu près inhabitable dans un assez grand rayon ; aussi a-t-on, dès l'antiquité, essayé bien des tentatives pour la faire disparaître. La première est celle de Cornélius Céthégus, consul l'an 549 de Rome, 204 ans av. J. C. On ne sait rien sur le résultat. César méditait ce desséchement lorsqu'il périt assassiné. Auguste l'entreprit, et l'on croit qu'il ouvrit au N.-E., à 1 000 mètres environ de la voie Appia, parallèlement à cette voie qui traversait les marais, un canal tout à la fois d'écoulement et de navigation ;dont parle Horace (I *Sat.* v), et qui allait de Forum Appii, presque en tête des marais, jusqu'à Terracine : ce canal subsista sous le nom de *Fossa del la Torre,* jusqu'au temps de Pie VI. Trajan fit aussi travailler aux marais Pontins, non depuis paraissent avoir été abandonnés jusqu'au temps de Théodoric : ce prince reprit la grande affaire de leur desséchement, qu'il confia au patricien Décius, vers la fin du vi° siècle et au commencement du vii°. Il y aurait réussi d'après une inscription qui se voit encore à Terracine ; mais cela paraît fort problématique, au moins pour un succès complet, quand on connaît ce qui a été tenté par Pie VI, puis par l'administration française, travaux dont nous parlerons tout à l'heure. A l'invasion des Barbares, qui suivit le règne de Théodoric, tout retomba dans l'abandon. Au xiii° siècle, on recommença de s'occuper de ces éternels marais, toujours renaissants comme une hydre, et, jusqu'au siècle dernier, dix-huit papes y ont mis la main. Léon X, Sixte V et Pie VI ont fait les travaux les plus importants : au commencement du xvi° siècle, Léon X créa un grand canal d'écoulement vers la mer, le *Portatore di Bodino,* qui existe encore, et Sixte V, en 1588, ouvrit un autre canal important dans la partie sud, qui, de son nom, porte encore le nom de *fiume Sisto.* Pie VI, mieux inspiré ou plus hardi, conçut un plan d'ensemble pour le desséchement des marais. Les travaux, commencés en 1777 et poursuivis jusqu'en 1790, coûtèrent 6 323 000 francs, non compris divers édifices. Pie VI crut avoir réussi ; mais des lacunes importantes et des erreurs dans l'étude préalable de l'ingénieur Rapini, chargé des travaux, finirent par rendre cette réussite encore incomplète. Néanmoins, il y eut un grand pas de fait, car les marais qui, avant la noble entreprise du pape, ne donnaient qu'un produit de 32 000 francs environ, rapportèrent alors 700 000 à 800 000 francs, tandis que leur entretien coûtait à peine 22 000 francs. En outre, l'insalubrité du pays fut sensiblement diminuée.

Projet et travaux de l'administration française. — Un des caractères distinctifs du grand débordement du premier Empire français sur la plupart des royaumes de l'Europe, fut de faire marcher partout la civilisation à la suite de la conquête ; ainsi, quand Napoléon Ier, par un immense coup d'autorité, eut réuni les États de l'Église à l'empire (juillet 1809), treize ou quatorze mois après (septembre 1810), cet homme, avide de toutes les gloires, ordonnait l'assainissement du vaste désert qui enveloppe Rome au S.-O. de l'*Agro romano.* Une commission recevait des instructions embrassant la presque totalité des objets propres à ramener la prospérité dont cette campagne avait joui dans l'antiquité. La variété de connaissances qu'exigeait un aussi grand travail força les commissaires de se le partager. De Prony, directeur de l'école des ponts et chaussées de France, était un des commissaires, et eut à s'occuper des marais Pontins. Il commença par en faire une étude complète pour connaître exactement le volume maximum des eaux qui s'y rendent. Ce devait être le point de départ et la base de tout le système à établir pour leur écoulement. Son examen embrassa jusqu'aux bassins des fleuves et des lacs situés derrière les montagnes qui bornent les marais au N.-E , au N. et au N.-O. ; il reconnut qu'ils sont tous supérieurs au bassin Pontin, et que, par conséquent, une partie des eaux de leurs nappes souterraines viennent s'y verser. Il arriva à cette conclusion que les sources, les fleuves, les torrents les eaux pluviales directes, versent annuellement dans les marais Pontins un volume d'eau de 235 257 730 mètres cubes. D'une autre part, il reconnut

que les eaux les plus hautes du bassin Pontin sont à 28^m,08 au-dessus du niveau de la mer ; dans les marais mêmes à 10^m,40, et les plus basses, sauf deux points, à 1^m,08. Enfin, l'aménagement des eaux, suivant leur nature, lui parut aussi de la plus haute importance. Voici comment il s'exprime sur ce point, ainsi que sur les canaux d'écoulement, dans un Mémoire lu à l'Académie des sciences de Paris, en 1815.

« Les eaux qui inondent le sol Pontin, et, en général, celles qui forment les marais de très-grande étendue, doivent être séparées en deux classes dont la distinction est fort essentielle, savoir : 1° les eaux courantes, soit pérennes, soit de torrents, qui traversent ce sol, et dont les bassins et les sources sont, ou hors de sa surface, ou sur son périmètre ; 2° les eaux que le sol marécageux reçoit immédiatement par les pluies, les sources et les surgissements divers compris dans l'intérieur de son périmètre. Il faut, pour chacune de ces classes d'eau, un système particulier de canaux émissaires, et les deux systèmes se rapportent à des travaux séparés et successifs, dont la confusion et la cumulation ont été suivies, sous Pie VI, des plus graves inconvénients. D'après la loi de la séparation des travaux, on doit absolument exclure de l'intérieur des marais toutes les eaux de première classe, sauf une très-petite portion nécessaire pour donner de l'activité à l'immission des eaux pluviales, rafraîchir leurs fosses d'écoulement et empêcher les obstructions et atterrissements ; une autre conséquence de la même loi, relativement à la succession des travaux, est l'expulsion préalable des eaux de première classe avant de s'occuper des travaux qui concernent les eaux de la seconde, afin de se prémunir contre les avaries et les obstacles de tout genre qu'on aurait à redouter en creusant les canaux émissaires des eaux intérieures ou de seconde classe, et d'être sûr que ces canaux ne recevront rien au delà des quantités de fluide pour lesquelles leurs pentes et leurs sections auront été calculées.

« Les canaux émissaires des eaux de *première classe* sont des canaux d'enceinte, qui doivent avoir les pentes et la capacité nécessaires pour débiter toutes les eaux qui y seront jetées, et, de plus, pour ne former de dépôt dans aucune partie de leurs lits, ce qui exige que les vitesses du fluide, aux différents points de son cours, soient croissantes, ou du moins constantes, de l'origine supérieure à l'embouchure ; et cette condition doit être rendue compatible avec des déclivités décroissantes. La difficulté de cette combinaison de conditions a fait échouer ou rendu inadmissibles les projets précédemment proposés pour l'écoulement des eaux de la partie nord-ouest des marais Pontins, qu'on appelle *eaux supérieures* ; et cette difficulté est augmentée par la nécessité où l'on est, eu égard à d'autres conditions locales, de tenir les lignes de direction des canaux de ceinture voisines du périmètre des marais, ce qui ôte la ressource naturelle et ordinaire des développements : aussi les anciens projets dont je viens de parler n'ont-ils fait que substituer des torrents artificiels à des torrents naturels.

« Je crois avoir satisfait aux conditions embarrassantes du problème, en faisant de mes canaux émissaires des *eaux supérieures* une suite de biefs consécutifs, dont chacun, sous une *déclivité* constante sur sa longueur, mais différente de celle des autres biefs, aboutit à une chute (de 2 à 4 mètres) dont le point inférieur est l'origine du bief suivant. Ces chutes remplissent, à certains égards, les fonctions des écluses ; mais elles sont infiniment plus économiques, parce qu'elles sont délivrées de toutes les parties de la construction qui concernent la navigation ; et cependant, par leur moyen, je puis, sur une ligne de direction quelconque, graduer à volonté les déclivités et les vitesses, de manière à satisfaire à toutes les conditions exigibles pour le mouvement de l'eau. J'ai fixé le minimum de longueur de chaque bief à 2 000 mètres, afin que l'eau y acquière et y conserve, sur une longueur convenable, un régime constant.

« Les canaux ainsi formés doivent conduire des eaux ou pérennes ou de torrents, et il y avait, pour ces dernières, un sujet de recherche bien important, celui du maximum de produit qu'elles peuvent fournir en un jour. Cette détermination exigeait le concours de différentes données, dont les principales sont les étendues et les conformations des bassins où se rassemblent les eaux de torrents et les plus grandes épaisseurs des couches d'eaux pluviales qui peuvent y tomber en un jour. Je suis parvenu, en combinant ces données, à une règle applicable au sol Pontin pour calculer le produit du canal émissaire, si simple, que je puis en donner un énoncé très-intelligible sans le secours des caractères algébriques ; le voici : « Divisez par 10 000 000 le double de la « surface du bassin du torrent, exprimée en mètres carrés, « et le quotient sera, en mètres cubes, le volume d'eau « que le canal émissaire doit débiter pendant chaque se- « conde de temps. » Au moyen de cette formule, il ne me restait plus, pour fixer la déclivité et les dimensions des canaux émissaires, qu'à suivre les règles établies dans un ouvrage sur les *eaux courantes*, que j'ai publié en 1804.

« Pour avoir égard aux grandes variations des quantités d'eau que ces canaux doivent débiter, j'ai combiné les règles dont je viens de parler avec la composition d'un type de profil transversal, composé de deux trapèzes, et dont les diverses parties ont entre elles des relations assujetties à des lois analytiques ; j'espère que cette composition de profil pourra intéresser les ingénieurs.

« Ce que je viens de dire, poursuit de Prony, s'applique particulièrement aux eaux appelées *supérieures*, qui infestent l'extrémité occidentale des marais ; la partie orientale reçoit des courants qui méritent aussi une très-sérieuse attention, et dont les principaux sont l'*Amazeno*, l'*Uffente* et la *Scaravazza* : j'ai proposé des améliorations aux travaux considérables qui ont été faits dans cette partie. Le débouché dans le canal Pio (la *linea Pia*), des trois fleuves que je viens de nommer, est on ne peut plus mal disposé ; on remédiera à cet inconvénient par la construction d'un nouveau pont qui remplacera celui qu'on appelle *Ponte Maggiore*.

« L'Uffente présente sur une partie de son cours une difficulté bien embarrassante : la digue droite de cette partie s'affaisse continuellement, et la nature du sol inférieur est telle que je suis d'avis de renoncer aux rechargements. Après avoir examiné les différents remèdes à apporter au mal, j'ai reconnu que le seul praticable, et qui présente d'ailleurs beaucoup d'avantages pour les terrains riverains, est le recreusement du lit qui rendra les digues inutiles, en laissant une déclivité d'écoulement très-suffisante...

« Lorsqu'on a pourvu à l'écoulement des eaux que j'ai appelées de *première classe*, il faut s'occuper des eaux que j'ai rangées dans la *seconde classe*, celles que ce sol marécageux reçoit immédiatement, soit par des pluies, soit par divers surgissements qui ont lieu sur sa surface. La première chose à déterminer dans les recherches qui ont ces eaux pour objet est le tracé sur la surface du sol d'une ligne ou d'un axe que j'ai nommé *axe principal d'écoulement*. Pour définir cet axe par sa propriété caractéristique, on peut imaginer qu'à un instant déterminé toute la surface du sol est couverte d'une couche d'eau dont les molécules, abandonnées ensuite à la pesanteur, viennent d'elles-mêmes, par un mouvement transversal, se ranger sur une ou plusieurs lignes courbes longitudinales, dans la direction desquelles elles continuent leur écoulement. Je dis une ou plusieurs lignes courbes longitudinales, parce que l'*axe principal d'écoulement* peut être unique ou multiple, suivant la nature des surfaces ; mais la considération du premier cas suffit pour les marais Pontins. C'est suivant la direction de cet axe principal qu'il faut creuser le canal émissaire des eaux intérieures, que j'ai appelé *canal central*, mais, eu égard à sa destination spéciale, il faut en écarter soigneusement les eaux extérieures, sauf les restrictions ci-dessus indiquées, et chercher les moyens les plus efficaces de faciliter aux eaux intérieures l'approche de ce canal, à laquelle s'opposent ordinairement divers obstacles provenant du peu de déclivité transversale du sol marécageux, de la végétation, etc. Je remplis cette dernière condition en pratiquant, à droite et à gauche du canal central, d'autres canaux que je désigne sous le nom de *fosses auxiliaires longitudinales*, dont le nombre dépend essentiellement des dimensions et de la déclivité transversale du marais, et dont on rend les débouchés dans le canal central aussi favorables qu'il est possible à l'écoulement, par des règles déduites de la théorie et de l'expérience. Je puis encore citer celle qui sert à déterminer l'angle que la ligne de dérivation de la *fosse auxiliaire* doit faire avec la direction du *canal central* qui lui sert de récipient : « Divisez la déclivité du canal central par celle de « la ligne de plus courte distance entre ce *canal central* « et la *fosse auxiliaire*, au point de dérivation ; le quo- « tient sera la tangente de l'angle que la ligne de déri- « vation doit faire avec la ligne de la plus courte dis- « tance. »

« Le grand canal Pio (la *linea Pia*), qui borde la voie Appia, a été creusé dans une direction assez rapprochée de l'*axe principal d'écoulement* pour qu'on puisse lui en attribuer les fonctions, et il les remplira très-bien lorsqu'on aura fait quelques améliorations à son lit, et qu'on n'y jettera que les eaux dont il doit être le porteur. Des fosses, ou abandonnées très-mal à propos, ou négligées, pourront, lorsqu'elles auront été rouvertes, recreusées, etc., servir de *fosses longitudinales auxiliaires*, et le mouvement transversal des eaux, tant sur ces fosses que sur le canal central, sera facilité par des fosses perpendiculaires à ce canal, que j'ai appelées *milliaires*, parce que le pape Pie VI les a fait creuser dans les directions correspondantes aux emplacements des colonnes milliaires antiques qui indiquaient les distances sur la voie Appia...

« Toutes les eaux de première et de seconde classe ont un débouché commun à la tour de Bodino : je fais voir, avec beaucoup de détail, les grands avantages de cette unité de débouché, et je démontre les graves inconvénients de la séparation des *eaux supérieures*, que quelques ingénieurs ont voulu évacuer par la fosse appelée *Fosso Martino ;* cette immense excavation est, selon toute apparence, le résultat d'une spéculation que son mauvais succès a fait abandonner. »

Tel est l'exposé sommaire de de Prony. Il expose ensuite que plusieurs projets antérieurs avaient recommandé d'employer le système des *colmates* (voyez INONDATIONS) ou comblements pour les marais Pontins, et prouve : 1° qu'un tel système n'apporterait aucune économie, parce qu'il ne dispenserait pas de créer les canaux et les fosses que son projet exige ; 2° que celui qu'il propose peut se prêter tout à la fois au dessèchement par *écoulement* et à celui par *colmates ;* 3° enfin que, même avec cette facilité, on n'obtiendrait pas des résultats satisfaisants des *colmates*, parce que les collines et les lieux hauts d'où les eaux descendent ont, depuis des siècles, perdu, à très-peu près, leur humus, c'est-à-dire leurs parties molles, qui forment aujourd'hui le fond de ce gigantesque marais, golfe de mer dans l'antiquité la plus reculée. Néanmoins, il pense qu'on pourrait employer les *colmates*, comme moyen accessoire, dans quelques localités restreintes, et à peu près au niveau de la mer.

Ce plan d'ensemble, conçu avec tant de prévoyance, de science sagace et d'expérience, fut étudié et arrêté en peu de mois, et, dès 1811, on mit la main à l'œuvre ; mais les événements politiques de 1814 contraignirent l'administration française d'abandonner le pays. Les travaux se ralentirent, puis furent suspendus indéfiniment. Ce commencement d'exécution, qui a déjà rendu plus efficaces les résultats obtenus par Pie VI, et surtout la belle étude de l'ingénieur français, ont prouvé péremptoirement que la conformation du sol Pontin fournit à l'art toutes les ressources dont il a besoin pour l'écoulement des eaux de la presque totalité de sa surface, et que la réussite dépend de travaux qui, bien dirigés, ne présenteraient pas des difficultés supérieures, ni peut-être égales à celles des travaux, en partie infructueux, précédemment exécutés dans ces marais.

Mais ces travaux une fois terminés ne conserveraient leur valeur qu'à la condition d'être incessamment entretenus avec le plus grand soin ; car les cours d'eau des marais Pontins tendent à s'encombrer d'herbes aquatiques dont la végétation est rapide et vigoureuse ; si l'on néglige leur extirpation, le niveau des eaux augmente aussitôt dans une proportion très-sensible. Mais ces travaux n'exigent qu'une infatigable persistance, car ils sont peu dispendieux : en 1811, pendant l'administration française, ils ne coûtaient que 30 550 francs. Si jamais on reprend le dessèchement complet des marais Pontins (et cela devra arriver), il nous paraît difficile que ce ne soit pas d'après le système si bien raisonné de l'ingénieur illustre qui, au dire des gens du métier, a créé la science des dessèchements. Alors, à quelque époque que l'on tente cette grande et pacifique victoire de l'art sur la nature, le nom glorieux de la France s'y trouvera forcément associé. Voyez de Prony, *Description hydrographique et historique des marais Pontins*, Paris, 1822, et atlas in-fol. ; de Tournon, *Etudes statistiques sur Rome et la partie occidentale des Etats romains*, Paris, 1831, 2 vol. in-8°, atlas, liv. V, chap. IX, art. 2.

C. D — Y.

EAUX FERRUGINEUSES. — Voyez EAUX MINÉRALES (Chimie) et FERRUGINEUX.

EAUX GAZEUSES. — Voyez EAUX MINÉRALES (Chimie) et SELTZ (EAU DE).

EAUX MÈRES. — On appelle ainsi le résidu de l'évaporation des salines où l'on exploite le sel pour les besoins ordinaires (voyez SEL, SODIUM) et qui résiste à la cristallisation. C'est un liquide de couleur brune, de consistance presque sirupeuse, inodore et d'une saveur âcre très-salée. Ces eaux, qui renferment une très-forte proportion de chlorures, surtout de sodium, ont été employées en médecine depuis une vingtaine d'années. Étendues d'eau, on en a essayé l'usage à l'intérieur, mais sans beaucoup de succès ; c'est en bains qu'elles sont le plus employées ; ainsi à Salins (France), à Nauheim (Allemagne), on commence par des bains salés simples (1 kil.), puis on ajoute successivement des eaux mères jusqu'à 10 à 15 litres pour un bain, en réglant les doses suivant l'âge, le sexe, la maladie, etc. Cette médication très-stimulante a produit de bons effets dans les maladies lymphatiques, et particulièrement dans toutes les formes des affections scrofuleuses.

EAUX MARTIALES. — Nom donné quelquefois aux *eaux ferrugineuses.*

EAUX MINÉRALES. — Voyez EAUX MINÉRALES (Chimie) et EAU (Hygiène).

EAUX POTABLES. — Voyez EAU (Chimie) et EAU (Hygiène).

EAUX SALINES. — Voyez EAUX MINÉRALES (Chimie) et EAUX MINÉRALES (thérapeutique).

EAUX SULFUREUSES. — Voyez EAUX MINÉRALES (Chimie).

EAUX THERMALES. — Voyez THERMALES (Eaux).

ÉBÉNACÉES (Botanique). — Famille de plantes *Dicotylédones gamopétales hypogynes*, classe des *Diospyroïdées.* Caractères : fleurs ordinaire ment unisexuées ; calice persistant ; corolle coriace et caduque ; 6-16 étamines ; ovaire à 2-12 loges ; fruit : baie coriace ou charnue, et parfois comestible. Les ébénacées sont des arbres ou des sous-arbrisseaux à bois ordinairement foncé et souvent très-dur, à feuilles alternes, entières, à fleurs en cimes axillaires. Elles habitent les régions intertropicales, principalement en Asie et en Amérique. Genres principaux : *Plaqueminier* ou *Ébénier, Royena*, etc. (voyez PLAQUEMINIER).

ÉBÈNE (Botanique, Technologie). — On désigne sous ce nom plusieurs bois employés dans l'ébénisterie (qui lui doit son nom), la marqueterie et la tabletterie, tous remarquables par leur couleur très-foncée. Les bois d'ébène les plus importants sont : 1° L'*E. noire* ou *E. de Maurice*, qui nous vient de l'Inde, de l'île Maurice, de Madagascar ; c'est un bois d'un noir profond, d'un grain serré, fin et compacte, d'une densité considérable et susceptible de recevoir un très-beau poli ; il nous arrive à nu, en bûches de 2 à 6 mètres sur 0^m,11 à 0^m,41 de diamètre. — 2° L'*E. noire de Portugal*, qui nous arrive, par le Portugal, du Brésil et des autres parties de l'Amérique intertropicale, est un bois analogue au précédent, mais d'un noir violacé avec des veines verdâtres tournant au gris foncé ; nous recevons ce bois à nu, en bûches de 1^m,30 à 1^m,60, sur 0^m,11 à 0^m,22, quelquefois en quartiers. — 3° L'*E. noire veinée de rouge, de Portugal*, qui nous arrive de la même provenance, par la même voie et sous les mêmes formes que le précédent, et n'en diffère sensiblement que par sa couleur d'un gris rougeâtre moiré de noir. — Le bois d'ébène de Maurice est fourni par divers arbres du genre *Plaqueminier* (voyez ce mot), de la famille des *Ébénacées* : le *P. ébène* (*Diospyros ebenum*), le *P. ébénastre* (*D. ebenaster*), le *P. à bois noir* (*D. melanoxylon*), le *P. cotonneux* (*D. tomentosa*). C'est le cœur du bois parfait de ces arbres qui possède cette couleur foncée ; leur aubier est, au contraire, entièrement blanc. On imite très-habituellement et d'une manière fort heureuse le bois d'ébène avec des bois de *Rosacées*, surtout le cerisier et le poirier teints en noir. L'ébène noire, qui nous vient du Brésil, est le bois d'un arbre de la famille des *Cæsalpiniées* (le *Melanoxylon brauna*, Schott). Là se bornent les renseignements certains sur l'origne de ces divers bois.

On connaît encore dans l'industrie, sous le nom d'*ébène rouge*, un bois provenant de l'Amérique méridionale, et que l'on attribue au *Tanionus littorea*, de Rumphius. L'*E. verte* ou *jaune* est le bois jaune verdâtre, peu dense, du *Bignonia leucoxylon*, Lin., qui croît aux Antilles, au Brésil, à Cayenne, où on le désigne sous les noms de *Guirapariba, Urupariba. Páo, d'Arco.*

ÉBÈNE FOSSILE (Minéralogie). — Nom vulgaire donné parfois au *lignite jayet* (voyez JAIS.

ÉBÉNIER (Botanique). — Ce nom se rapporte à des végétaux de familles très-différentes. Il désigne d'abord

une espèce de *Plaqueminier* qui fournit le vrai bois d'ébène (voyez ce mot).

Il s'applique ensuite à un genre de la famille des *Papillonacées*, tribu des *Hédysarées ;* c'est le genre *Ébénier* (*Ebenus*, Lin.), ainsi nommé à cause du bois noirâtre que produisent les diverses espèces d'arbrisseaux qui le composent. L'*E. de Crète* (*E. creticus*, Lin.) est un arbrisseau à fleurs roses en épis, qui offre pour caractères génériques : calice à 5 lobes linéaires, aussi longs que la corolle ; ailes très-petites, plus courtes que le tube du calice ; étamines monadelphes ; gousse à 1-2 graines.

ÉBÉNIER (Faux). — Nom vulgaire du *cytisus laburnum* (voyez CYTISE).

ÉBÉNOXYLE (Botanique), *Ebenoxylum*, Lour. ; du grec *ébénos*, ébène, et *xylon*, bois. — Genre de plantes *Dicotylédones gamopétales hypogynes*, famille des *Ébénacées*, comprenant des arbrisseaux à fleurs petites, unisexuées, dioïques, couvertes de poils blanchâtres à l'extérieur de la corolle. L'*E. à feuilles de buis* (*E. buxifolia*, Pers.) est un arbuste de 0^m,50 à 0^m,60 ; il croît à Ceylan. On le cultive en serre chaude.

ÉBORGNAGE (Horticulture). — Les bourgeons qui subsistent, à l'automne, sur une plante à l'aisselle des feuilles qui viennent de tomber se nomment *œil ;* par suite, on a nommé *éborgnage*, l'opération qui consiste à supprimer immédiatement après la chute des feuilles ceux de ces bourgeons que l'on juge inutiles. Cette opération, pratiquée seulement au printemps, quand les bourgeons sont déjà en train de se développer, se nomme *ébourgeonnement.*

ÉBOTTER (Arboriculture). — C'est retrancher à un arbre malade ou qui dépérit toutes ses menues branches, en ne lui laissant que les plus grosses taillées très-près du tronc ; on diminue ainsi les besoins de l'arbre en proportion de son appauvrissement.

ÉBOURGEONNEMENT (Horticulture). — Pour ménager la sève des arbres fruitiers, pour la diriger uniquement sur les branches que l'on réserve à la fructification, on retranche, au printemps, les bourgeons inutiles, lorsqu'ils ont de 0^m,06 à 0^m,12 de longueur. Pour cela, on les coupe tout près de la branche avec la lame du greffoir. Cette opération se pratique principalement sur les poiriers et sur la vigne.

ÉBROUEMENT (Art vétérinaire). — Expiration bruyante et forcée que fait entendre le cheval à la vue d'un objet qui le surprend ou l'attire. Les autres bestiaux produisent aussi parfois l'ébrouement, et ce mot désigne aussi chez eux une sorte d'éternument peu violent.

ÉBULLITION (Physique). — Transformation d'un liquide en vapeur caractérisée par la formation de bulles de vapeur au milieu de la masse même du liquide. Ces bulles, supportant le poids de l'atmosphère et le poids du liquide qui les entoure, doivent avoir une force de ressort suffisante pour résister à ces pressions. Cette condition règle

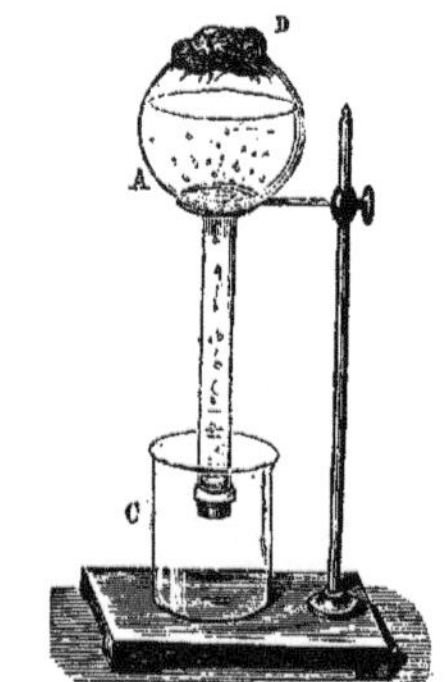

Fig. 816. — Ébullition par le moyen de la glace.

la température à laquelle bout un liquide, température qui n'a rien de fixe en elle-même. L'eau, par exemple, peut bouillir à toute température depuis zéro, si l'on fait convenablement varier la pre-sion exercée à sa surface, en la plaçant par exemple sous le récipient de la machine pneumatique. Soit encore un ballon A (*fig.* 816); remplissons-le à moitié d'eau que nous ferons bouillir quelques instants pour chasser par la vapeur dégagée l'air qu'il contient, fermons-le en le retirant du feu, l'ébullition cessera aussitôt. Renversons notre ballon sur un vase plein d'eau C pour rendre la fermeture plus complète, et plaçons en D une éponge imprégnée d'eau froide ou mieux encore de la glace. L'espace compris au-dessus de l'eau du ballon était saturé de vapeurs qui arrêtaient l'ébullition; le froid les condense en partie, l'ébullition reparaît très-active et peut durer jusqu'au moment où l'eau du ballon est revenue presque au degré de l'eau qui mouille l'éponge.

Prenons, au contraire, la *marmite de Papin*, vase de bronze très-résistant BB'; remplissons-la aux deux tiers d'eau, fermons la marmite avec son couvercle, que nous fixerons solidement en place au moyen de la vis V, et l'ouverture S du couvercle avec une soupape D, nous pourrons chauffer l'eau à une température de beaucoup supérieure à 100° sans qu'elle puisse bouillir, parce qu'elle sera toujours pressée à sa surface par la vapeur formée dont la force de ressort est précisément égale à la tendance du liquide à se transformer en vapeur; mais, comme cette tendance croît indéfiniment avec la température, le vase finirait par éclater, si la soupape de sûreté D ne se levait pour donner issue à la vapeur avant que

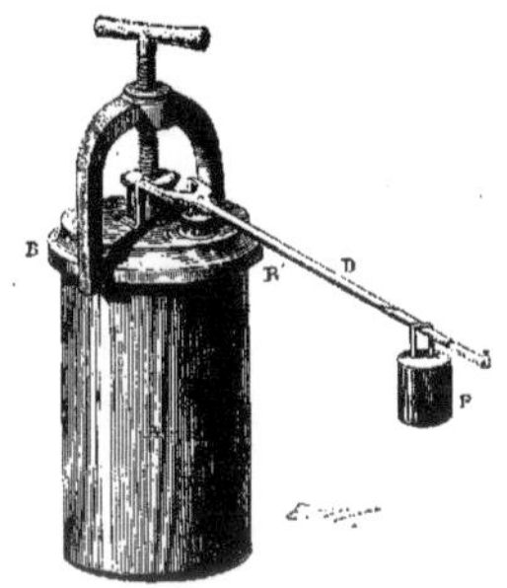

Fig. 817. — Marmite de Papin.

le danger ne soit devenu sérieux. Dès que la soupape est levée, l'ébullition commence et la vapeur est lancée avec violence par l'ouverture. On peut alors plonger la main dans cette vapeur avec d'autant plus de confiance, qu'elle s'est formée dans la marmite à une température plus élevée, parce que l'eau, en se dilatant brusquement à l'air, une partie de sa chaleur libre passe à l'état de chaleur latente et sa température baisse.

D'autres influences que celles de la pression peuvent toutefois modifier le degré de chaleur auquel bout un liquide. Les substances qu'il a dissoutes le fixant, pour ainsi dire, diminuent sa tendance à se transformer en vapeur et relèvent son point d'ébullition. Certains vases, en particulier ceux de verre, produisent le même effet, à cause de l'adhérence qui se développe entre le verre et le liquide et qui doit être vaincue avant que la vapeur se forme sur la paroi échauffée. Cette circonstance rend toutefois très-pénible la distillation de certaines substances, acide sulfurique, éther, alcool chargé de substances grasses. Au lieu de se produire d'une manière tranquille et continue, les bulles se développent par intermittence, avec une violence extrême, ce qui produit des *soubresauts*. On régularise l'ébullition en introduisant dans la liqueur un paquet de fils métalliques ou même des fragments de verre concassé. Un fait remarquable à signaler, c'est qu'un thermomètre plongé dans de la vapeur d'eau bouillante à 110 ou 115° par l'influence des substances qu'elle tient en dissolution n'en marque pas moins 100° si la pression barométrique est de 0ᵐ,760. Cela tient à ce que le thermomètre est toujours mouillé d'eau pure provenant de la condensation de la vapeur, et que c'est cette eau distillée qui règle sa température. Quoi qu'il en soit, cette particularité explique l'utilité de ne plonger que dans la vapeur le thermomètre dont on veut déterminer le point 100°.

Tableau des points d'ébullition de divers liqui les sous la pression 0ᵐ,760.

Acide sulfureux..... —	10°	Essence de térébenth..	130°
Ether chlorhydrique.	11°	Phosphore ,..........	290°
— sulfurique....	37°	Acide sulf. concentré.	325°
Alcool.	79°	Mercure..............	350°
Eau distillée.......	100°	Soufre...............	440°

Tableau des points d'ébullition de quelques dissolutions salines saturées.

DISSOLUTIONS.	TEMPS D'ÉBULLITION.	PROPORTION de SEL DISSOUS dans 100 p. d'eau.
Chlorate de potasse............	104,2	61,5
Chlorure de barium............	104,4	60,1
Carbonate de soude............	104,6	48,5
Phosphate de soude............	106,5	113,2
Chlorure de potassium, ...	108,3	59,4
Chlorure de sodium............	108,4	41,2
Chlorhydrate d'ammoniaque....	114,2	88,9
Tartrate neutre de potasse.....	114,67	296,2
Nitrate de potasse.............	115,9	335,1
Chlorure de strontium.........	117,9	117,5
Nitrate de soude..............	121,0	224,8
Acétate de soude..............	124,37	209,0
Carbonate de potasse..........	135,0	205,0
Nitrate de chaux..............	151,0	362,2
Acétate de potasse............	169,0	798,2
Chlorure de calcium...........	179,5	325,6

Point d'ébullition de l'eau dans les lieux habités les plus élevés.

NOMS DES LIEUX.	HAUTEUR au-dessus de l'Océan.	HAUTEUR moyenne du baromètre	DEGRÉ d'ébullition de l'eau.
Métairie d'Antisana..........	4 101	454ᵐᵐ	86,3
Ville de Miaripampa (Pérou).	3 618	483	87,9
Ville de Quito.	2 908	527	90,1
Ville de Caxamarca (Pérou)...	2 860	531	90,3
Santa-Fé de Bogota..........	2 661	544	90,9
Ville de Cuença (province de Quito).....................	2 633	546	91,0
Mexico.	2 277	572	92,3
Hospice du Saint-Gothard....	2 075	586	92,9
Village de Saint-Véran (Alpes-Maritimes).................	2 040	588	93,0
Village de Breuil (vallée de Mont-Cervin)...............	2 007	591	93,1
Village de Maurin (Basses-Alpes).....................	1 902	599	93,5
Village de Saint-Remi........	1 604	621	94,5
Village de Héas (Pyrénées)...	1 465	632	94,9
Village de Gavarnie (Pyrénées)	1 444	634	95,0
Briançon...................	1 306	643	95,5
Village de Baréges (Pyrénées).	1 269	648	95,8
Palais de Saint-Ildefonse (Espagne)...................	1 155	657	96,0
Bains du Mont-Dore (Auverg.).	1 040	667	96,5
Pontarlier.	828	685	97,1
Madrid.....................	603	704	97,8
Inspruck...................	566	708	98,0
Lausanne...................	507	713	98,1
Clermont-Ferrand...........	411	724	98,5

ÉBURNÉ (Anatomie), du latin *ebur*, ivoire. — Se dit de toute partie qui, normalement ou par suite d'une altération morbide, offre la texture fine, l'aspect blanchâtre et la consistance de l'ivoire. Surtout dans les os.

ÉCAILLE (Zoologie). — On nomme ainsi des lamelles formées à la surface du corps des animaux par l'une des couches de la peau, le plus souvent l'épiderme. Chez les Mammifères, on observe des écailles sur tout le corps; chez les Pangolins, nommés aussi pour cela Fourmiliers et même Lézards écailleux; puis on en trouve sur certaines parties ou sur la totalité de la queue de plusieurs rongeurs, tels que les Rats, les Castors, les Anomalures.

Chez les Oiseaux, on n'observe guère d'écailles proprement dites, c'est-à-dire libres par un de leurs bords, mais leurs extrémités postérieures sont généralement couvertes de plaques épidermiques écailleuses. Ce tégument écailleux couvre surtout le corps des Reptiles sauriens et ophidiens et la carapace des Chéloniens. Les écailles de la plupart des Poissons ne sont pas de la même nature; ce sont des lamelles ou des plaques osseuses appartenant au derme lui même et par-dessus lesquelles s'étend l'épiderme flexible et membraneux. Ces écailles dermiques osseuses sont assez développées dans certains genres (Balistes, Coffres) pour former une véritable cuirasse; d'autres fois, elles sont épineuses (Diodons, Raie bouclée) sur quelques points. Il y en a (Morues, Merlans) qui ont des écailles molles, souvent très-petites; d'autres enfin (Anguilles, Lamproies) en ont d'insensibles ou en manquent totalement. On observe parmi les Mammifères des plaques tégumentaires osseuses provenant du derme et, par conséquent, comparables à celles des poissons chez les Tatous et les Chlamyphores.

On nomme encore *écailles* les fines lamelles qui revêtent les ailes des insectes de l'ordre des *Lépidoptères;* elles sont formées par le tissu de l'épiderme; peintes de nuances souvent brillantes et variées, elles forment à elles seules la coloration des ailes des papillons. Leur étude microscopique est fort curieuse; Swammerdam (*Biblia naturæ*), Réaumur (*Mémoires*), Lyonnet (*Anat. d'une chenille qui ronge le saule*), s'en sont beaucoup occupés; on consultera surtout un mémoire très-complet de M. Bernard-Deschamps (*Ann. des sc. nat.*, février 1835). D'autres insectes (Charançons, Lépismes) portent des écailles analogues à celles des papillons. Ad. F.

ÉCAILLE (Botanique). — On nomme ainsi, dans les plantes, de petites lames foliacées, coriaces ou membraneuses, qui ne sont autre chose que des feuilles avortées ou transformées; elles remplacent même les feuilles dans certaines plantes. Les enveloppes qui protégent certains bourgeons sont des écailles. Dans beaucoup d'inflorescences, les bractées deviennent des écailles, et, dans certaines fleurs, le périanthe est composé d'écailles qui remplacent les pétales ou les sépales.

ÉCAILLE (Zoologie, Technologie). — Substance cornée, dure, de couleur brune, jaunâtre, que l'on retire de la carapace des *Tortues*, et qui est très-employée dans certaines industries, telle que la tabletterie.

ÉCARRISSAGE (Technologie). — Opération qui consiste à abattre un cheval hors de service, à le dépecer pour en retirer les diverses matières utilisées dans l'industrie pour certaines fabrications (noir animal, colles, boyauderies, etc.). La valeur de ces différentes substances est très-notablement supérieure au prix de vente de l'animal abattu, il peut être intéressant d'étudier la marche qu'elles suivent et de voir ce qu'elles deviennent.

La peau est envoyée aux tanneries; c'est naturellement une des parties qui ont le plus de valeur. Les poils peuvent être employés comme engrais; ils servent aussi à fabriquer une sorte de feutre grossier qu'on emploie dans le calfeutrage des cloisons des maisons de bois.

Les tendons servent à la fabrication de la gélatine ou de la colle-forte.

Les pieds fournissent par l'ébullition une huile très-estimée dans le graissage des machines et quelques opérations de la corroierie. Les intestins sont traités dans les boyauderies (voyez ce mot).

Les os constituent la matière première de la fabrication du noir animal et du noir d'os.

Le sang, après une préparation et une cuisson convenable, peut être employé soit à la confection d'engrais très-puissants, soit à la fabrication du bleu de Prusse. C'est à cela qu'on emploie souvent la chair musculaire; mais on l'utilise aussi pour la nourriture des animaux et particulièrement pour l'engraissement des porcs.

Enfin les issues, les débris d'intestins, etc., sont utilisés dans la curieuse fabrication des asticots. Ce sont ces vers blancs bien connus et appréciés des pêcheurs à la ligne et qui constituent, en outre, une excellente nourriture pour les volailles.

On voit que rien n'est perdu pour l'écarrisseur et que c'est là, à vrai dire, une industrie très-profitable, car le prix des abats est, comme nous l'avons dit déjà, bien supérieur à celui de l'animal. En effet, un cheval hors de service pour une cause quelconque se vend de 15 à 20 francs, tandis que les divers produits de l'écarrissage forment une somme de près de 70 francs, comme on peut en juger par le tableau suivant que nous empruntons au *Dictionnaire des arts et manufactures* de M. Laboulaye.

CHEVAL DE VOLUME MOYEN.		
	POIDS en kil.	PRIX du kil.	VALEUR en fr.
---	---	---	---
Peau fraîche ou passée à l'eau chaude.	34,00	0,40	13,60
Crins courts et longs	1,00	1,00	1,00
Sang cuit	9,00	0,70	6,30
Fers et clous	0,55	0,22	0,12
Sabots supposés réduits en poudre	1,50	1,20	1,80
Viscères et issues employés dans la fabrication des asticots	8,00	0,20	1,60
Vidange des boyaux comme fumiers	20,00	0,05	1,00
Tendons desséchés	0,50	0,60	0,30
Graisse fondue	4,15	1,20	4,98
Chair musculaire, soit comme nourriture, soit comme engrais	100,00	0,35	35,00
Os	46,00	0,05	2,30
TOTAL			68,10

P. D.

ÉCART (Art vétérinaire). — Maladie de l'articulation de l'épaule qui fait boiter le cheval et qui consiste en général dans une inflammation aiguë ou chronique des ligaments de l'articulation et des tendons musculaires voisins. L'écart a pour cause ordinaire une violence exercée sur l'épaule ou un effort exagéré dans l'écart du membre antérieur. L'écart aigu ou récent rend l'épaule douloureuse au toucher, et l'animal qui souffre en posant le membre sur le sol boite et porte ce membre en avant suivant une ligne courbe qui s'écarte du corps; on dit alors qu'il *fauche*. L'exercice semble atténuer la claudication (*boiterie* des vétérinaires), mais elle revient plus intense après le repos. Les vétérinaires traitent l'écart aigu par les moyens antiphlogistiques, et l'écart chronique par des dérivatifs plus ou moins énergiques. Selon l'intensité de l'écart, on le nomme aussi *effort d'épaule, entr'ouverture, faux écart.*

ECBALIUM (Botanique), *Ecbalium*, L. C. Richar.; du grec *ecballein*, lancer, à cause de la déhiscence du fruit. — Genre de plantes *Dicotylédones dialypétales périgynes*, famille des *Cucurbitacées*. Caractères du genre: fleurs unisexuées monoïques, à 2-5 divisions; corolle à 5 lobes, soudée avec le calice; 5 étamines triadelphes; ovaire à 3 loges polyspermes; baie ovale, rugueuse, se détachant du pédoncule à la maturité et s'ouvrant aussitôt par un brusque soubresaut qui projette les graines en dehors. Ce sont des plantes herbacées à feuilles cordiformes, oblongues, obtuses. L'*E. des champs* (*E. agreste*, Reich., ou *Momordica elaterium*, Lin.), nommé aussi *Concombre sauvage, Concombre d'âne, Giclet, Momordique élatérie*, est une herbe annuelle, hérissée et rugueuse; ses feuilles sont cordiformes, dentelées, crénelées, et ses fleurs sont jaunes. Cette plante croît dans les lieux stériles du midi de l'Europe. Le suc de ses fruits et de sa racine a joui autrefois d'une certaine réputation; c'est, en effet, un purgatif violent, et il provoque des vomissements à faible dose; il est connu sous le nom d'*Élaterium*. G—s.

ECCHYMOSE (Chirurgie), en grec *ecchymôsis*, de *ecchyma*, ce qu'on verse dans. — C'est, d'après la définition d'Hippocrate, un épanchement des vaisseaux dont la cause est le plus ordinairement de nature violente; mais des causes internes peuvent aussi lui donner naissance. Parmi les premières, on distingue les contusions, la rupture des muscles, des tendons et des divers tissus, la compression inégale des parties, celle qui est exercée par un lien, certaines piqûres, des frictions très-fortes, etc. Les ecchymoses par causes internes se manifestent dans le cours de certaines fièvres de mauvais caractère, dans le scorbut. On en observe aussi quelquefois par suite de la rupture de quelques vaisseaux dans les cas de congestion sanguine violente, quelques apoplexies, par exemple. Lorsqu'elles sont superficielles, elles se présentent sous l'apparence d'une tache noire ou d'un rouge livide, plus foncée au centre et plus ou moins étendue, suivant la force du choc ou la perméabilité du tissu qui en est le siège. Elles se distinguent des tumeurs sanguines en ce que, dans ce dernier cas, le sang se rassemble en foyer. Le plus ordinairement, le sang extravasé dans le tissu cellulaire est repris par les vaisseaux absorbants; alors on voit la teinte noire s'éclaircir, passer au jaune foncé, puis plus clair, et enfin s'éteindre complétement; mais en même temps elle s'étend en largeur, gagne le plus souvent les parties déclives, de manière à ce que l'on observe quelquefois les traces d'une ecchymose loin du lieu qui en a été primitivement le siége. Cependant, la résolution n'a pas toujours lieu, surtout lorsque l'ecchymose est très-étendue; le sang alors joue le rôle de corps étranger, détermine de l'inflammation suivie d'*abcès* et même de *gangrène* dans des cas plus graves (voyez ces mots). Le traitement des ecchymoses par cause externe est assez simple; les plus légères disparaissent sans traitement; lorsqu'elles sont plus graves, on favorise la résorption par des applications résolutives; enfin, dans les cas les plus sérieux, lorsque l'ecchymose est très-étendue, qu'il y a de la douleur, etc., on a recours aux répercussifs plus actifs, l'eau froide, l'eau blanche, les dissolutions de sels astringents. Enfin, on a quelquefois recours aux émissions sanguines. Dans les cas d'abcès ou de gangrène, le traitement sera celui de ces complications.   F — N.

ECCRÉMOCARPE (Botanique), *Eccremocarpus*, Ruiz et Pavon; du grec *ekkremos*, pendant, et *karpos*, fruit. — Genre de plantes *Dicotylédones gamopétales hypogynes*, famille des *Bignoniacées*, renfermant quelques arbrisseaux grimpants du Pérou, à feuilles rougeâtres, à corolle tubuleuse d'un vert rougeâtre, à étamines didynames. L'*E. scabre* (*E. scabra*, R. et Pav.) a des feuilles composées, bipennées, avec des folioles en cœur; ses fleurs orangées sont disposées en grappes pendantes et lâches. On le cultive dans nos jardins, où il fleurit toute la belle saison jusqu'aux premières gelées.

ÉCHALAS, ÉCHALASSEMENT (Agriculture). — Dans les vignobles des pays peu favorisés par la température, on fiche en terre un échalas au pied de chaque cep pour supporter les bourgeons de la vigne à mesure qu'ils s'allongent. On empêche ainsi les pousses provenant de ces bourgeons de couvrir de leurs feuilles le sol et les raisins et de nuire à la maturation de ceux-ci. Dans les pays chauds, il n'est pas nécessaire de soutenir ainsi la vigne dès qu'elle a pris assez de force pour se soutenir elle-même. Les échalas sont des pieux tantôt de bois dur (châtaignier, chêne, acacia), tantôt de bois tendre (saule, coudrier, peuplier), dont les dimensions varient suivant les vignobles. Le plus ordinairement, ils ont 1ᵐ,30 à 1ᵐ,40 de hauteur sur 0ᵐ,10 environ de tour; mais on en emploie qui ne mesurent que 1 mètre et d'autres, au contraire, qui atteignent 2 mètres. Leur durée est de trente à trente-cinq ans pour les bois durs, dix à quinze pour les bois tendres; on les rend plus durables en carbonisant leur extrémité inférieure sur 0ᵐ,40 environ de longueur, en les recouvrant d'une couche de goudron ou en les faisant tremper dans une solution de sulfate de cuivre. L'échalassement a lieu au printemps, et les échalas enlevés chaque automne et mis en tas sont replacés tous les ans. Le fichage des échalas est long, fatigant et coûteux, même lorsque les instruments imaginés pour le rendre plus facile et plus prompt; le piétinement des ouvriers qui l'exécutent nuit à l'ameublissement du sol; enfin, trop souvent, les échalas servent d'abri aux œufs et aux larves des insectes nuisibles. On estime que l'échalassement d'un vignoble septentrional, en France, représente une dépense totale annuelle de 90 francs par hectare. Aussi plusieurs viticulteurs expérimentent en ce moment des méthodes qui puissent sans désavantage remplacer l'échalassement (voyez VIGNE).

ÉCHALOTE (Botanique), corruption du nom d'*Ascalon*. — Espèce du genre *Ail* (voyez ce mot), nommée *Allium ascalonicum*, Lin. Le bulbe ou oignon de cette plante est petit, recouvert de tuniques rougeâtres. Les feuilles sont étroites, cylindriques, et les fleurs violacées sont portées à l'extrémité d'une hampe de 0ᵐ,30 environ. Ces bulbes et ces fleurs ont une saveur très-forte; on les emploie comme assaisonnement. L'échalote, cultivée dès la plus haute antiquité en Palestine, faisait l'objet d'un commerce assez considérable. Une localité des environs d'Ascalon, en Palestine, où elle était très-répandue, avait reçu le nom de *ville aux oignons* (*kronmyôn polis*). C'est environ vers l'époque de la première croisade que l'échalote fut répandue en France. Les environs d'Étampes étaient réputés pour la culture de cette plante. Au xiiiᵉ siècle, on criait dans les rues de Paris les *bonnes échalognes d'Étampes*.

On multiplie l'échalote en plantant ses bulbes, dont on choisit les petits, moins estimés, pour la cuisine. Il faut une terre bonne et douce, fumée de l'année précédente. On plante en planches ou en bordures, à 0ᵐ,10 d'intervalle, vers le milieu de février ou parfois aussi en octobre ou novembre; on arrache en juillet ou août, on laisse sécher les bulbes quelques jours sur terre et on les serre. Comme assaisonnement, l'échalote est un stimulant assez actif, mais souvent difficile à digérer, particulièrement pour les estomacs délicats et affectés de névroses.   G—s.

ÉCHAPPEMENT (Horlogerie). — Mécanisme à l'aide duquel le mouvement produit par le moteur, dans une horloge ou dans une montre, se trouve périodiquement suspendu, de manière à produire une série successive et régulière d'intervalles qui correspondent chacun à un petit mouvement des aiguilles indicatrices. L'échappement est la pièce fondamentale de tout appareil à mesurer le temps, car c'est lui qui régularise la marche du moteur. Il est formé généralement d'une pièce animée d'un mouvement périodique ou oscillatoire qui lui a valu le nom de *balancier*. Sa forme, dans nos horloges, varie au gré de l'artiste qui l'exécute; il doit cependant remplir certaines conditions indispensables pour produire d'une manière complète les résultats qu'on en attend.

Le premier balancier qui ait été employé dans les horloges consistait en une roue en cuivre CD (*fig.* 818),

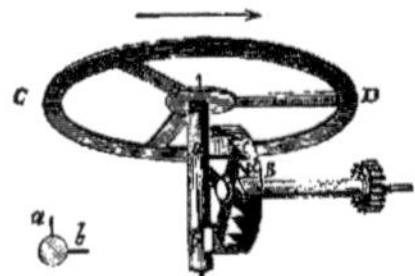

Fig. 818. — Échappement à roue de rencontre.

massive à sa circonférence, et mobile autour d'un axe fixé bien exactement en son centre. Sur l'axe de cette roue étaient placées deux petites palettes *a* et *b*, situées dans deux directions perpendiculaires l'une à l'autre et à une distance l'une de l'autre égale au diamètre d'une roue dentée B appelée *roue de rencontre* ou *roue d'échappement*. La roue de rencontre, mise en communication par une série d'engrenages avec le ressort ou le poids qui fait marcher toute la machine, prendrait un mouvement de rotation très-rapide si aucun obstacle ne venait s'y opposer; mais, dans la situation des deux roues indiquée par notre figure, l'une des dents *c* de la roue de rencontre appuie contre la palette *a*, la pousse et fait marcher le balancier dans le sens de la flèche. La palette *a* a fait donc devant la dent qui lui a donné l'impulsion; mais, pendant ce temps, la palette *b* s'engage entre deux des dents situées à l'extrémité opposée de la roue de rencontre, et comme ces dernières marchent nécessairement dans un sens opposé au mouvement de la dent supérieure, un choc a lieu. La palette *b* est repoussée, le balancier s'arrête pour reprendre une marche opposée à la première, jusqu'à ce qu'un nouveau choc produit par la dent *d* contre la palette *a* remette les choses dans leur état primitif. Pendant cet aller et retour du balancier, la dent *c* a passé, puis viendra le tour de la dent *d*, et ainsi de suite. On conçoit dès lors que, si les *oscillations* du balancier sont toutes d'égale durée, la roue de rencontre mettra toujours exactement le même temps pour avancer d'une dent et que toute la machine marchera d'une manière régulière.

Cette disposition des palettes, que l'on rencontre encore dans les horloges et les montres communes, constitue ce qu'on appelle en horlogerie l'*échappement à recul*, parce que, à chaque fois qu'une palette et une dent se rencontrent, le balancier, qui n'a pas encore perdu toute sa vitesse, force la roue de reculer un peu avant d'en recevoir une impulsion nouvelle.

Dans ces premiers essais de régulation des horloges, on voit que les chocs des dents contre les palettes sont la source unique des mouvements du balancier; il en résulte que le régulateur est soumis d'une manière trop directe à l'influence des causes qui tendent à faire varier l'intensité de ces chocs, telles, par exemple, que l'épaississement graduel des huiles, les inégalités de frottements, etc. Aussi Huyghens apporta-t-il aux horloges un perfectionnement marqué, lorsque en 1657 il remplaça le balancier circulaire par un pendule dont les oscillations sont réglées par la pesanteur.

Dans les horloges telles qu'on les construit actuellement, le balancier-pendule communique ses balance ments à une pièce métallique D A B C appelée *ancre*, qui embrasse le tiers environ de la roue d'échappement E et dont 'es deux extrémités sont recourbées en forme de crochets. Les dents de la roue A viennent s'appuyer alternativement sur la face intérieure du crochet C et sur la face extérieure du crochet A. Tant que dure l'arrêt, la roue d'échappement reste immobile, bien que le pendule se meuve encore : c'est l'*échappement à ancre*. Du

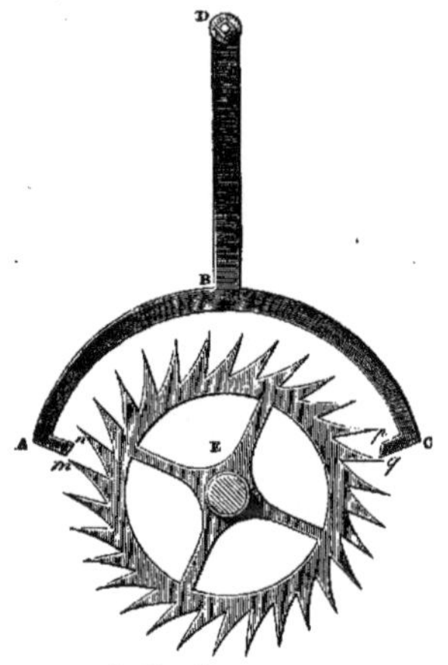

Fig. 819. — Échappement à ancre.

reste, dans ce cas, comme dans le précédent, la roue d'échappement marche d'une dent à chaque oscillation double du balancier.

Le balancier a un mouvement qui lui est propre et qui est produit par la pesanteur ; mais comme ce mouvement ne tarderait pas à s'éteindre à cause des frottements auxquels il donne lieu, chacun des crochets est terminé par un plan incliné *mn* et *pq* sur lequel glisse la dent au moment d'échapper. Il en résulte une petite impulsion donnée au balancier et suffisante pour entretenir son mouvement. Là, toutefois, est encore l'écueil de ce genre de régulateur. Si le moteur, poids ou ressort, de la machine éprouve des variations dans sa puissance, si les huiles deviennent plus ou moins fluides, l'impulsion varie, et avec elle l'étendue des oscillations du balancier. La marche de l'horloge en est nécessairement affectée. C'est vers ce point que se porte actuellement toute l'attention de nos meilleurs horlogers.

Le pendule n'est applicable qu'aux horloges fixes ; pour les montres, qui doivent marcher également bien dans une position quelconque, il fallait toujours avoir recours au balancier circulaire, dont les mouvements sont au contraire, autant qu'il est possible, soustraits à l'influence de la pesanteur. Huyghens ajoute un petit ressort spiral *(fig. 820)* fixé par l'une de ses extrémités

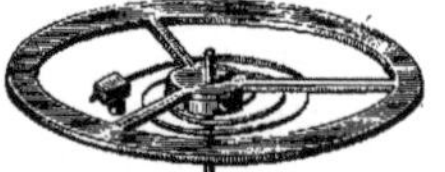

Fig. 820. — Ressort spiral.

à l'une des tables de la montre, et par l'autre à l'axe mobile du balancier. C'est ce petit ressort, facile à voir dans toutes les montres, qui, par son élasticité, imprime au balancier les oscillations que la machine entretient d'ailleurs par la force du moteur. Dans les montres communes, l'échappement est à recul ; il est *à cylindre* dans

les montres plates. ce qui a été un grand progrès. Les figures 821 et 822 feront aisément comprendre la disposition qui est adoptée dans ce dernier cas. L'axe du balancier, au lieu de porter deux palettes comme dans l'échappement à recul, a la forme d'un demi-cylindre creux C *(fig. 821)* ; les dents *mn* de la roue d'échappement sont en forme de coin, légèrement convexes en dehors. Pendant les oscillations du balancier, son axe demi-cylindrique présente alternativement sa partie convexe et sa partie concave aux dents de la roue, et donne ainsi lieu à un double temps d'arrêt. Les deux figures 821 et 822 mon-

Fig. 821. — Échappement à cylindre.

trent, l'une en plan et l'autre en perspective, l'arrêt produit par la partie concave. A chaque échappement, la

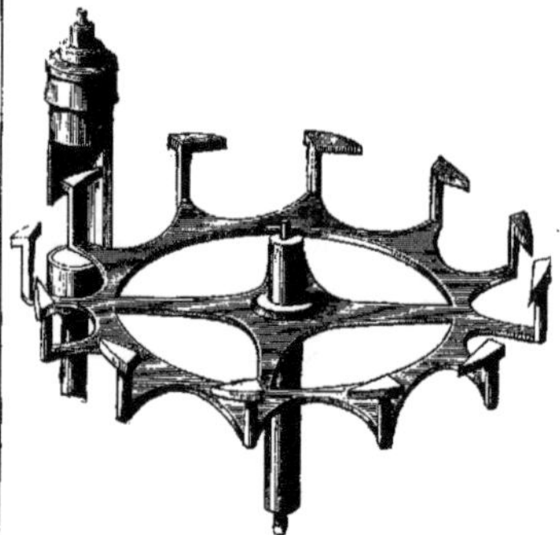

Fig. 822. — Échappement à cylindre.

partie convexe de la dent glissant sur le bord du demi-cylindre imprime à celui-ci une légère impulsion qui entretient le mouvement du balancier. C'est à l'échappement à cylindre que l'on doit d'avoir pu réduire dans une aussi forte proportion l'épaisseur des montres plates ; aussi les désigne-t-on généralement sous le nom de *montres à cylindre*.

Lorsqu'une horloge ou une pendule avance d'une manière continue, on doit allonger son balancier et le raccourcir, au contraire, lorsqu'elle retarde (voyez PENDULE). Dans une montre, le balancier est de grandeur invariable ; c'est alors le petit ressort spiral qu'on allonge ou qu'on raccourcit. A cet effet, ce ressort, près de son ex-

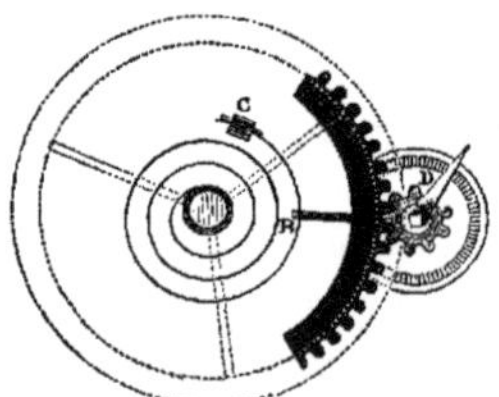

Fig. 823. — Règlement du ressort spiral.

trémité fixe C, passe dans un petit collier B qui limite ses mouvements et que l'on peut déplacer dans un sens ou dans l'autre au moyen d'une aiguille D située à la partie postérieure de la montre. En portant l'aiguille vers la lettre A, le collier s'éloigne de l'extrémité C du ressort dont la partie mobile est alors raccourcie, et on accélère ainsi le mouvement de la montre; en portant au contraire l'aiguille vers la lettre R, on allonge le spiral mobile et on ralentit le mouvement de la montre. ·

Quel que soit l'échappement adopté dans une horloge ou dans une montre, on voit, d'après ce qui précède, que chaque dent de la roue d'échappement vient frapper contre un arrêt mobile qui la laisse passer un instant après. Ces chocs successifs produisent les *battements* que fait entendre la machine. Ils doivent se suivre à des intervalles de temps bien égaux; s'il en est autrement dans une pendule, c'est qu'elle est mal calée, et souvent sa marche en est gênée.

Ce qui caractérise les deux admirables inventions d'Huyghens, c'est que le régulateur, au lieu de n'avoir d'autre cause d'action que le moteur et de participer, par conséquent, à toutes les irrégularités de celui-ci, a une cause de mouvement propre, la pesanteur dans le pendule, l'élasticité dans le ressort spiral. Toutefois, la nécessité d'entretenir le mouvement du régulateur exige l'intervention continuelle du moteur; on conçoit donc que l'échappement sera d'autant plus parfait que cette intervention sera plus limitée; c'est là l'objet des échappements dits *échappements libres*. Voici la disposition de l'un des plus exacts, connu sous le nom d'*échappement à ressort.*

Un ressort flexible et très-élastique A est fixé par son extrémité amincie dans le talon B et se termine à son autre extrémité par une sorte de crochet F. Ce ressort porte un petit talon C qui fait corps avec lui et qui s'oppose au passage des dents de la roue d'échappement. Pour que ces dents puissent passer, il faut relever le ressort; à cet effet, un second ressort E très-flexible est fixé par une de ses extrémités à un talon D qui dépend du premier, et son autre extrémité, passant sous le crochet F, vient se terminer près de l'axe du balancier. Or,

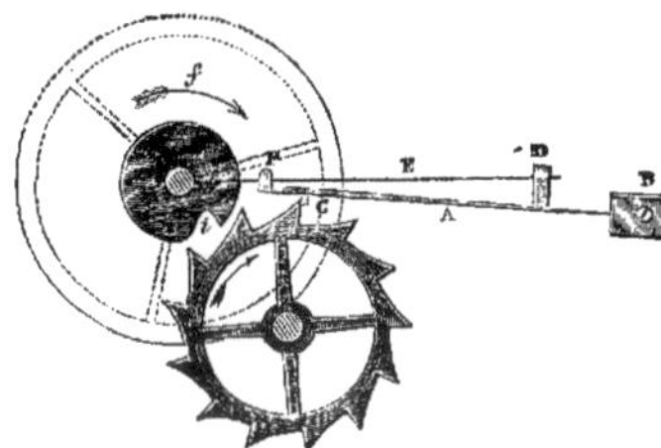

Fig. 824. — Échappement à ressort.

celui-ci porte un doigt *a* qui soulève le second ressort et, par suite, le premier quand l'oscillation a lieu en sens contraire de la flèche *f*; dans l'oscillation opposée, le ressort E est un peu abaissé, mais A reste immobile, ainsi que la roue d'échappement. Au moment où une dent échappe, une autre dent de la même roue vient donner une impulsion au bord *i* d'une entaille pratiquée dans un disque fixé sur l'axe du balancier; mais cette impulsion est, pour ainsi dire, instantanée, et presque toute l'amplitude des oscillations du balancier s'accomplit librement; de là le nom d'*échappement libre.*

P. D.

ÉCHARDE (Chirurgie). — Petit fragment de bois enfoncé violemment dans les chairs, qui y reste fixé et peut donner lieu à tous les accidents signalés à l'article *Corps étrangers* (voyez ce mot).

ÉCHARDONNAGE (Agriculture). — Opération au moyen de laquelle on débarrasse un champ cultivé des chardons qui l'infestent. Les cultivateurs confondent généralement sous le nom de *Chardons* deux espèces appartenant aux genres *Carduus* et *Cirsium*, de la famille des *Composées*, tribu des *Carduinées*. Ces deux espèces ont tant de points de ressemblance, qu'on ne peut guère les distinguer que par l'aigrette plumeuse du corse. Elles font le chagrin des cultivateurs, à cause surtout de leurs feuilles piquantes qui rendent le javelage et la mise en

gerbes fort pénibles, et qui rebutent les animaux qui ne se soucient pas d'en rencontrer dans le fourrage et dans les prairies. Dans les cultures négligées, les chardons se propagent avec une effrayante rapidité, et il est souvent difficile de s'en débarrasser. Plusieurs moyens sont employés : dans certains pays, on les arrache avec des espèces de tenailles en bois; d'autres fois on les coupe à 0ᵐ,08 ou 0ᵐ,10 de profondeur dans le sol, au moyen d'une lame fixée au bout d'un bâton; mais l'arrachement est plus sûr, seulement il est moins expéditif. C'est vers le commencement de mai que se fait cette opération. Dans tous les cas, ils ne résistent pas aux labours profonds, s'ils sont praticables, et aux sarclages faits avec soin.

ÉCHARPE (Chirurgie). — On nomme ainsi un bandage destiné à maintenir l'avant-bras fléchi sur le bras et appliqué sur la poitrine. On le fait ordinairement avec une serviette pliée d'abord en triangle; l'angle droit est passé sous l'aisselle du bras qu'on veut maintenir; l'angle aigu qui touche le corps ramené obliquement pour passer sur l'autre épaule va se rattacher au deuxième angle aigu derrière le dos ou sur l'épaule du côté sain. On termine en repliant en dedans l'angle qui se trouve au coude du bras mis en écharpe.

On connaît, sous le nom d'*écharpe de J. L. Petit*, une disposition plus efficace de ce bandage. La serviette, pliée en triangle, est placée d'abord entre le bras qu'on veut maintenir et la poitrine, de façon à ce que l'angle droit du triangle corresponde au coude; un des angles aigus est ramené sur l'épaule saine, l'autre remonte sur l'avant-bras et l'épaule du côté malade, et ces deux angles sont attachés ensemble sur l'omoplate du côté sain. Alors on dédouble la serviette en tirant l'un des doubles de l'angle droit vers la main, l'autre vers le coude; l'avant-bras se trouve définitivement soutenu par le centre de la serviette. Les deux angles droits séparés sont ramenés l'un derrière la main, l'autre derrière le bras.

ÉCHASSE (Zoologie), *Himantopus*, Briss — Genre d'*Oiseaux* de l'ordre des *Échassiers*, famille des *Longirostres*. Bec rond, grêle, pointu, dont le sillon des narines n'occupe que la moitié; ailes très-longues; jambes nues, hautes et si minces, qu'elles peuvent plier assez notablement sans se briser; elles sont trop faibles pour porter l'animal sur un sol dur; aussi se tient-il généralement dans la vase des bords de la mer ou dans les marais d'eau salée, où il se nourrit d'insectes, de grenouilles ou de petits mollusques. Le vol des échasses est très-rapide; leurs pattes allongées en arrière et qui suppléent alors à la brièveté de la queue leur donnent dans les airs un aspect bizarre. Elles nichent en commun et font leur nid avec des herbes, sur un point élevé, à l'abri de l'eau; chaque ponte donne 3 à 4 œufs d'un bleu pâle tacheté de brun. L'*E. d'Europe* ou *à manteau noir* (*H. melano-*

Fig. 825. — Échasse d'Europe.

pterus, Meyer) est la seule espèce qui visite notre continent, où on la voit d'avril en août. Elle a 0ᵐ,40 de longueur de la base du bec au bas des tarses; elle est blanche, avec une calotte et un manteau noirs; ses pieds sont rouges. Elle est assez rare. F. L.

ÉCHASSIERS (Zoologie), *Grallæ*, Lin., autrement *Oiseaux de rivage*. — Cinquième ordre de la classe des *Oiseaux* de G. Cuvier; il comprend des espèces caractérisées par des jambes nues dans leur partie inférieure, aussi bien que les tarses qui sont très-longs relativement à la grosseur du corps ; une tête petite portée sur un long cou ; un bec très-variable, le plus souvent droit, long et conique ; des doigts au nombre de deux ou trois devant et un derrière, souvent unis par une courte membrane. Leurs ailes généralement longues et, par suite, leur vol rapide, font de la plupart d'entre eux des oiseaux de passage ; mais cependant on rencontre aussi parmi eux des oiseaux excessivement marcheurs, comme l'autruche, le casoar. La plupart ont une nourriture animale, vivent de poissons, de reptiles, de vers et d'insectes, et se plaisent sur les rivages et les plages. Cet ordre comprend cinq familles : 1° les *Brévipennes* ; 2° les *Pressirostres* ; 3° les *Cultrirostres* ; 4° les *Longirostres* ; 5° les *Macrodactyles* (voyez ces mots).

ÉCHAUBOULURE (Médecine). — Nom vulgaire de certaines élevures rouges et accompagnées de démangeaisons qui se montrent sur la peau pendant les chaleurs de l'été. Bains, boissons rafraîchissantes.

ÉCHAUBOULURE (Art vétérinaire). — Éruption de petites tumeurs grosses comme une noisette ou une noix, qui s'observe chez le cheval et le bœuf. Cette éruption est souvent précédée d'un léger accès de fièvre. Elle cède à l'emploi de la saignée et des purgatifs légers.

ÉCHAUFFANTS (Médecine). — On désigne ainsi vulgairement les aliments ou les médicaments qui excitent l'activité des organes et, en accélérant la circulation, tendent à augmenter la production de la chaleur animale (voyez EXCITANTS, TONIQUES). Les liqueurs alcooliques et le vin, le café, le thé, les viandes noires, les salaisons, les épices figurent parmi les aliments échauffants.

ÉCHAUFFEMENT (Médecine vétérinaire). — On appelle ainsi un état d'excitation, d'irritation, chez les animaux domestiques, produit par la chaleur, la fatigue, l'abus d'une nourriture trop abondante ou trop excitante. Il est caractérisé par la chaleur et la sécheresse de la bouche, des éruptions à la peau, de fréquentes envies d'uriner, l'accélération du pouls, la soif, l'inappétence, la rougeur des muqueuses apparentes, la constipation, etc. Le repos, les boissons rafraîchissantes, d'orge, de son, quelques lavements, la diminution des aliments, quelquefois la saignée, sont les meilleurs moyens de combattre l'échauffement.

ÉCHELET (Zoologie), *Climacteris*, Temminck. — Genre d'*Oiseaux* de l'ordre des *Passereaux*, famille des *Ténuirostres*, tribu des *Grimpereaux*. On en connaît deux espèces propres aux îles Célèbes, Timor et à la côte septentrionale de l'Australie, de couleur grise ou brune mêlée de jaune ou de roux et un peu plus grandes que notre grimpereau.

ÉCHELETTE (Zoologie). — Genre d'*Oiseaux* de l'ordre des *Passereaux*, famille des *Ténuirostres*, tribu des *Grimpereaux*, caractérisé par un bec très-long, grêle, légèrement arqué, pointu à l'extrémité, et très-anguleux à la base. Leur queue arrondie a des pennes faibles et flexibles, sur lesquelles l'oiseau ne peut s'appuyer, et qui ne s'usent pas, comme cela a lieu chez les grimpereaux, contre les murs et les rochers le long desquels les échelettes se cramponnent et grimpent sans cesse à l'aide de leurs grands ongles. Ces habitudes ont valu à ce genre le nom de *Tichodrome*, Iliger (du grec *teichos*, muraille, et *dromeus*, coureur), que Vieillot a changé fort inutilement en *Pétrodrome* ; et le nom vulgaire d'*Échelette* donné dans beaucoup de parties de la France à l'espèce d'Europe n'a pas d'autre origine. Cet oiseau, *Certhia muraria*, de Linné, *Echelette des murailles* de Cuvier, *Grimpereau de muraille* de plusieurs de nos provinces, poursuit sans cesse, le long des murs à pic, les insectes, les araignées dont il se nourrit. Il y progresse par sauts successifs, déployant chaque fois légèrement ses ailes pour se soutenir. Son plumage est d'une jolie teinte gris cendré avec les couvertures de l'aile et les bords des plus grandes pennes de l'aile d'un rouge vif ; la gorge et les joues du mâle sont d'un noir profond. Comme nos grimpereaux, l'*Echelette* est peu farouche et se laisse approcher sans grande difficulté ; elle va dans la belle saison nicher par couples solitaires dans les fentes des rochers, sur les montagnes élevées, et redescend à l'automne vers nos habitations. La ponte est de six œufs blancs et longs d'environ 0ᵐ,02. La longueur de l'oiseau adulte est de 0ᵐ,16 ; on le rencontre surtout dans le midi de l'Europe, et presque partout en France.

ÉCHELLE (Géométrie). — Rapport qui existe entre la longueur des lignes d'un plan et celle des lignes du terrain qu'elles représentent ; ainsi on dit un plan au $\frac{1}{11}$, au $\frac{1}{3}$, etc.

On appelle aussi échelle une ligne tracée sur le plan et qui porte des divisions dont la longueur correspond sur le plan à des longueurs déterminées du terrain représenté, comme le mètre, le kilomètre, etc.

ÉCHELLE DE PROPORTION. — Échelle dont la disposition permet d'évaluer facilement les dixièmes de l'unité la plus petite de l'échelle ordinaire du plan sans avoir des divisions plus petites.

ÉCHÉNEIS, ÉCHÈNE (Zoologie), *Echeneis*, Lin. ; du grec *echein*, retenir, et *naus*, vaisseau, parce que l'on supposait qu'il arrêtait les vaisseaux dans leur marche. — Genre de *Poissons* de l'ordre des *Malacoptérygiens subbrachiens*, famille des *Discoboles*. Les poissons de ce genre se reconnaissent immédiatement au singulier disque ovalaire et aplati qui surmonte leur tête ; c'est un appareil composé d'un grand nombre de lames cartilagineuses transversales rapprochées les unes des autres. Ces lames sont mobiles, dirigées obliquement en arrière et le poisson peut ainsi produire avec elles une sorte de succion qui le fait adhérer avec une grande force aux rochers, aux vaisseaux et même aux autres poissons. Le fameux *Ré-*

Fig. 826. — *Echéneis rémora*.

mora de la Méditerranée est une espèce d'*Echène* (E. *rémora*, Lin.), longue de 0ᵐ,25 à 0ᵐ,30. On lui a faussement attribué le pouvoir d'arrêter la marche des navires, et Pline a particulièrement insisté sur ce pouvoir fabuleux. Il attribue la défaite d'Actium à un rémora qui, au début de la bataille, aurait arrêté le vaisseau d'Antoine. Il est également faux que les échènes sucent par leur plaque le sang des autres poissons. Le rémora, pourvu de faibles nageoires, s'attache au contraire aux navires et aux autres poissons pour être transporté avec eux. On connaît trois autres espèces d'échènes qui ont une structure analogue. L'*E. naucrate* (*E. naucrates*, Lin.) est, assure-t-on, employé à la pêche sur les côtes de la Cafrerie. On l'attache avec un anneau et une corde, et on le lâche après les poissons pour le retirer dès qu'il s'y est attaché. C'est la plus grande espèce ; elle atteint 1ᵐ,30 de longueur. Tous ces poissons reçoivent des pêcheurs les noms de *Sucets*, *Arrête-nef*, *Pilotes*. Leur chair est sèche et sans goût.

F. L.

ÉCHENILLAGE, ÉCHENILLOIR (Agriculture). — Les dégâts occasionnés par les chenilles étant redoutables pour toute une contrée et non-seulement pour un domaine, l'*échenillage* des arbres et arbustes épars, des haies et des buissons, c'est-à-dire la destruction des chenilles et de leurs nids, est prescrit par une disposition légale et des décrets et ordonnances complémentaires (voyez *Dict. gén. des lettres, des beaux-arts et des sc. mor. et pol.*, art. ÉCHENILLAGE). La loi voulait que l'échenillage fût achevé le 20 février ; mais une date uniforme ne saurait convenir à toutes les contrées de la France, et les arrêtés des autorités locales ont, trop rarement encore, modifié la loi sur ce point. Dans le département de la Seine, on doit écheniller avant le 20 mars. La contra-

Fig. 827. — Échenilloir.

vention à ces prescriptions diverses entraîne une amende de 1 franc à 5 francs, plus les frais d'échenillage. Comme la destruction des chenilles sur les menues branches se fait plus avantageusement en retranchant ces branches pour les brûler avec les bourses et toiles, ainsi que la loi l'ordonne, ou emploie habituellement dans ce but un instrument nommé *échenilloir*, représenté ci-contre et qui est un véritable sécateur à manche. A est une lame courbe fixe, avec laquelle on attire la branche ; B est une lame mobile comme celle d'un ciseau, et, pour couper la branche qu'entoure la lame A, on tire l'autre lame au moyen de la corde C. L'échenilloir est aussi un instrument d'élagage (Voyez ce mot).

ÉCHENILLEUR (Zoologie), *Ceblepyris*, Cuv. — Genre d'*Oiseaux* de l'ordre des *Passereaux*, famille des *Dentirostres*, tribu des *Cotingas*. Ces oiseaux, qui, comme leur nom l'indique, vivent de chenilles, se tiennent sur les arbres les plus élevés de l'Afrique et des Indes. Leur queue est très-large et étagée ; les plumes du croupion ont une tige forte et raide terminée par un bouquet de barbes. Leur plumage est sombre ; leur taille est à peu près celle du merle.

ECHEVERIA (Botanique), *Echeveria*, de Cand. ; dédié au peintre Echeveria. — Genre de plantes *Dicotylédones dialypétales périgynes*, famille des *Crassulacées*, comprenant des sous-arbrisseaux charnus du Mexique, qui ont le port des joubarbes et dont plusieurs sont cultivés en Europe comme plantes d'ornement.

ÉCHIDNÉ (Zoologie), *Echidna*, Cuv. ; du grec *échinodès*, semblable à un hérisson. — Genre de *Mammifères* exclusivement propres à la Nouvelle-Hollande et à la Terre de Van-Diemen, et dont le corps est couvert d'épines comme celui des hérissons et qui peuvent, comme eux, se rouler en boule. Leur museau, mince et long,

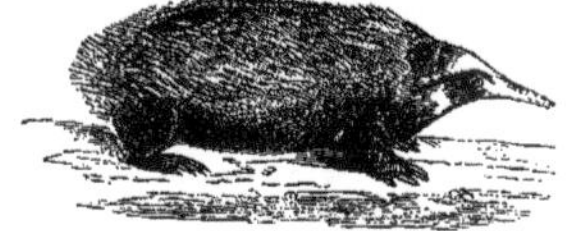

Fig. 829. — Échidné épineux.

est terminé par une petite bouche contenant une langue extensible comme celle des Fourmiliers ; plusieurs rangées de petites épines remplacent les dents. Leurs pieds, courts et robustes, ont cinq doigts armés d'ongles forts et propres à fouir ; aussi ne vivent-ils que dans les endroits sablonneux. Les mâles ont aux pieds de derrière un ergot corné qui sert d'orifice à une glande sécrétant une liqueur sans doute légèrement venimeuse. Les échidnés vivent d'insectes, de fourmis. On en distingue deux espèces : l'*E. épineux* (*E. hystrix*, Cuv.) et l'*E. soyeux* (*E. setosa*, Cuv.), dont les épines sont à demi cachées par le poil ; mais ce second pourrait bien n'être que le premier encore jeune. La démarche de ces animaux est lente, et leur allure timide. Cuvier classait les échidnés dans l'ordre des *Édentés*, famille des *Monotrèmes*. Mais on considère aujourd'hui cette dernière famille comme un ordre distinct, et la présence des os marsupiaux chez tous les Monotrèmes a fait rapprocher le nouvel ordre de celui des Marsupiaux, dans la sous-classe des *Mammifères didelphes*. — Consultez : Shaw, *Zoologie de la Nouvelle-Hollande*, texte anglais, et voyages de la *Favorite* et de l'*Astrolabe*.

ECHIMYS (Zoologie), *Echimys*, Et. Geoff. ; du grec *echinos*, hérisson, et *mus*, rat. — Genre de *Mammifères* de l'ordre des *Rongeurs*, voisin de nos Loirs, mais naturel à l'Amérique méridionale ; ils ont le corps couvert d'un mélange de piquants aplatis et de poils ; leurs queues longues revêtues d'écailles et de poils, leurs pattes grêles à cinq doigts, leurs oreilles grandes et ovales, les caractérisent d'une façon tranchée. Ce sont des animaux fouisseurs ; ils se nourrissent de fruits et de racines et se creusent des terriers en longs boyaux ; leur taille est celle de nos rats.

ÉCHINE (Anatomie). — Nom vulgaire de l'épine du dos, parce qu'elle se fait remarquer par les saillies des apophyses épineuses des vertèbres ; du mot grec *échinos*, hérisson.

ÉCHINIDES (Zoologie), du grec *echinos*, hérisson. — Nom adopté par beaucoup de naturalistes, et entre autres par de Blainville, pour désigner, dans la classe des animaux *Zoophytes échinodermes*, la seconde famille de l'ordre des *Pédicellés* de Cuvier, celle des *Oursins* ou *Hérissons de mer*. La plupart de ces naturalistes consi-

dèrent aujourd'hui le groupe des *Echinides*, non comme une simple famille, mais comme un des trois ordres dans lesquels il convient de partager la classe des *Echinodermes*. Agassiz et Desor (*Ann. des sc. nat.*, 3e série, t. VI et suiv., 1846-1847) ont divisé l'ordre des *Echinides* en quatre familles naturelles : 1° les *Cidarides*, forme circulaire, bouche centrale à la face inférieure du corps, appareil masticatoire compliqué, anus opposé à la bouche (genres principaux : *Cidaris, Diadema, Echinus*) ; 2° les *Clypéastroïdes*, forme pentagonale, elliptique ou circulaire, bouche centrale armée de cinq pièces masticatoires, anus postérieur marginal (genres principaux : *Clypéaster, Echinocyamus*) ; 3° les *Cassidulides*, forme allongée ou subcirculaire, bouche centrale ou légèrement excentrique en avant, dépourvue d'appareil masticatoire, anus postérieur ou inférieur (genres principaux : *Echinoneus, Galerites, Nucleolites, Clypeus, Cassidulus*) ; 4° les *Spatangoïdes*, forme allongée ou subcirculaire, bilatérale, bouche excentrique en avant, bilabiée ou subanguleuse, sans appareil masticatoire (genres principaux : *Spatangus, Hemiaster, Holaster, Ananchytes*).

ÉCHINOCACTE (Botanique), *Echinocactus*, Link ; du grec *echinos*, hérisson, à cause des épines dont la tige est couverte. — Genre de plantes *Dicotylédones dialypétales périgynes*, famille des *Cactées*. Ce sont des plantes à tige simple, ovoïde ou globuleuse, disposée en côtes longitudinales, séparées par des sillons droits ; à fleurs grandes, qui durent plusieurs jours et naissent sur les angles saillants des côtes ; à sépales et pétales nombreux, imbriqués, soudés en tube ; étamines nombreuses ; stigmate multi-parti. L'*E. d'Otto* (*E. Ottonis*, Lehm.) est un sous-arbrisseau à côtes épaisses, arrondies ; fleurs sessiles en rosace jaune-citron ; étamines pourpres. C'est une jolie espèce. Du Mexique. L'*E. œil vert* (*E. chlorophthalmus*). Du Mexique. Petite plante globuleuse, dont les fleurs, larges de 0m,06 à 0m,08, forment une rosace pourpre au sommet, rose pâle à la base. Les échinocactes veulent une bonne terre mêlée de terre de bruyère ; il faut les arroser fréquemment l'été ; l'hiver, on peut les tenir à sec. On les cultive en serre chaude ou en bonne serre tempérée.

ÉCHINOCOQUE (Zoologie), *Echinococcus*, Rudolphi ; du grec *echinos*, épine, et *coccos*, grain. — Genre mentionné par Cuvier comme devant probablement prendre place à côté des *Cœnures*, parmi ses *Vers intestinaux parenchymateux* ; mais il avoue n'avoir observé aucune espèce de ce genre et n'en avoir point une idée claire. Ces singuliers animaux vivent en parasites dans diverses cavités ou organes de l'homme ou des animaux mammifères ; ils sont formés d'une vésicule blanchâtre, semi-transparente, contenant un liquide clair dans lequel vivent libres ou adhérents à la face interne de la vésicule un grand nombre de petits animaux longs de 0m,005, semblables à de petits grains blancs et composés d'une tête en forme de tête d'épingle, armée de quatre suçoirs et d'une couronne de crochets, puis d'un corps très-court, non articulé. Ces vésicules se trouvent habituellement contenues dans des poches ou kystes que leur présence a développés dans les organes qu'ils habitent. Les échinocoques ne sont probablement qu'une des phases du développement d'un helminthe ou ver intestinal ; mais on ne connaît pas encore leur transformation. L'*E. de l'homme* (*E. hominis*, Rud.) a été rencontré chez l'espèce humaine dans le cerveau, dans le foie, dans la rate, dans les reins, dans l'œil, dans certaines parties du tissu cellulaire. Quelques autres espèces ont été observées chez des singes, chez le cochon, le chameau, le mouton, le chamois, le bœuf, le kanguroo. Les affections produites par la présence de ces animaux ont toujours été graves, mais elles sont peu communes. Voyez **Hydatides**.

ÉCHINODERMES (Zoologie), du grec *echinos*, hérisson ou épine, et *derma*, peau. — Première classe de l'embranchement des animaux *Zoophytes* ou *Rayonnés* ; elle comprend les Zoophytes les mieux organisés, tous caractérisés par l'existence d'une peau nettement distincte des organes sous-jacents, souvent pourvue de pointes ou d'épines fixes ou mobiles, et soutenue souvent aussi par une sorte de squelette intérieur ; cette peau, en tous cas, possède toujours un nombre plus ou moins considérable de prolongements ou cirrhes en forme de tentacules et servant à la fois à la locomotion, à la respiration et au toucher. La forme générale des échinodermes est essentiellement rayonnée ; leur corps présente toujours une cavité viscérale, où sont renfermés l'appareil digestif et les principaux organes de circulation, de respiration, de reproduction. Cuvier divisait la classe des *Echinodermes* en deux ordres : 1° *E. pédicellés*, comprenant les *Astéries* ou *Étoiles de mer*, les *Encrines*, les *Oursins* et les *Holothuries*; 2° *E. sans pieds*, comprenant divers genres qui ont été rapportés depuis, les uns aux Holothuries, les

Fig. 829. — Exemple d'Échinoderme (un oursin). Les épines du test sont enlevées du côté gauche.

autres aux Actinies, quelques-uns aux Annélides. Le premier ordre constitue donc seul aujourd'hui cette classe que Agassiz et Desor (*Ann. des sc. nat.* 1846) partagent en trois ordres : les *Stellérides* ou *Étoiles de mer*, les *Échinides* ou *Oursins*, et les *Holothuries*. Les principaux zoologistes qui ont étudié les échinodermes sont : de Blainville, Agassiz, J. Müller, Valentin, dont les nombreux travaux ne peuvent être mentionnés ici en détail.

ÉCHINOMYIE (Zoologie), *Echinomyia*, Dum. ; du grec *echinos*, hérisson, et *myia*, mouche. — Genre d'*Insectes* de l'ordre des *Diptères*, familles des *Athéricères*, tribu des *Muscides*; il comprend de grandes mouches à corps épais, hérissé de soies roides; leurs antennes ont le second article plus long que le troisième. L'*E. géante Musca grossa*, Lin) de la taille du bourdon commun, noire, avec la tête jaune et l'origine des ailes roussâtre. On l'entend bourdonner dans les bois pendant qu'elle voltige sur les fleurs, et souvent aussi sur les bouses de vache, où elle dépose ses œufs et où sa larve se développe. Réaumur en a décrit l'histoire dans ses *Mémoires sur les insectes* (tome IV). D'autres espèces placent, au contraire, leurs œufs dans le corps de certaines chenilles dont elles préparent ainsi la destruction.

ÉCHINOPHORE (Botanique), *Echinophora*, Tourn. ; du grec *echinos*, épine, et *phoros*, qui porte. — Genre de plantes *Dicotylédones dialypétales périgynes*, famille des *Ombellifères*, tribu des *Smyrnées*. Elles sont vivaces, herbacées, souvent épineuses, à feuilles alternes; deux fois ailées; fleurs disposées en ombelles terminales, à chaque ombellule deux sortes de fleurs, les extérieures staminées, une seule pistillée au centre, sessile, pétales échancrées; le fruit est composé de deux graines dont l'une avorte souvent. On n'en connaît que quelques espèces dans les parties méridionales de l'Europe. L'*E. épineuse* (*E. spinosa*, Lin.) tige anguleuse, cannelée, rameaux étalés, haute de 0ᵐ,20; feuilles épaisses, d'un vert blanchâtre; fleurs blanches disposées en ombelles très-ouvertes, de 10 à 15 rayons. Sur les bords de la Méditerranée, en France, et dans tout le midi de l'Europe.

ÉCHINOPS, Échinops (Botanique), *Echinops*, Lin. ; du grec *echinos*, hérisson, et *opsis*, figure; allusion à ses capitules arrondis et épineux qui ressemblent au hérisson. — Genre de plantes *Dicotylédones gamopétales périgynes* de la famille des *Composées*, tribu des *Cynarées*, type de la sous-tribu des *Échinopsidées*. Les espèces qu'il comprend offrent une disposition bien remarquable; ce sont des capitules uniflores qui, par leur réunion sur un réceptacle globuleux, nu, forment une tête sphérique. Ce sont des herbes épineuses à feuilles découpées, bordées de dents en épines. Leurs fleurs sont blanches ou bleues. On trouve naturalisé aux environs de Paris l'*E. commun*, nommé aussi *Boulette* (*E. sphærocephalus*, Lin.). C'est une herbe vivace, vigoureuse, à feuilles tomenteuses, blanchâtres en dessous. Ses fleurs, qui sont bleues, s'épanouissent en été. Cette plante se cultive pour l'ornement des jardins. L'échinops le plus recherché est l'*E. azuré*, vulgairement *Boulette azurée*, (*E. ritro*,

Lin.). Ses feuilles ont les découpures plus étroites que celles de la précédente espèce. Il croît spontanément en Europe. Les échinops demandent une exposition au midi, elles conviennent aux jardins pittoresques et réussissent bien dans toute autre espèce de terre.

ÉCHINOPSIS (Botanique), *Echinopsis*, Zuccar. ; du grec *echinos*, hérisson, et *opis*, apparence. — Genre de plantes *Dicotylédones dialypétales périgynes*, de la famille des *Cactées*. Ce sont des arbustes de l'Amérique méridionale, charnus, à tige anguleuse, à fleurs rougeâtres, s'épanouissant la nuit. L'*É. d'Eyriès* (*E. Eyriesii*, Turp.) est une masse charnue, globuleuse, qui acquiert le volume de la tête, portant des mamelons cotonneux, sur quelques-uns desquels paraît une fleur d'un jaune verdâtre, exhalant l'odeur de la fleur d'oranger. Les échinopsis sont des plantes de serre tempérée.

ÉCHINORHYNQUE (Zoologie), *Echinorhynchus*, Rud; du grec *echinos*, épine, et *rhynchos*, bec. — Genre d'*Helminthes* ou *Vers intestinaux*, ordre des *Parenchymateux* de Cuvier, famille des *Acanthocéphales*. Leur corps est en forme de sac arrondi ou allongé, souvent annelé par des plis transverses ; l'extrémité antérieure est pourvue d'une proéminence ou trompe armée de petits crochets recourbés en arrière, qui peut saillir ou se retirer à la volonté de l'animal. Intérieurement on trouve deux boyaux en cul-de-sac naissant de la base de la trompe, et qui sont sans doute des organes de digestion. Ces vers s'attachent aux intestins de divers animaux vertébrés, au moyen de leur trompe épineuse ; parfois ils en percent complètement les parois et pénètrent dans la cavité même du ventre, où on en a trouvé fixés à la face externe des intestins. Rudolphi en a distingué une cinquantaine d'espèces, dont pas une ne vit dans le corps de l'homme. On rencontre très-communément chez le cochon et chez le mouton l'*E. géant* (*E. gigas*, Rud.) dont la femelle atteint jusqu'à 0ᵐ,40, tandis que le mâle n'a pas plus de 0ᵐ,20 de longueur. Les autres espèces sont notablement plus petites (entre 0ᵐ,001 et 0ᵐ,030). Il paraît démontré que les espèces de ce genre sont à un état adulte et ne doivent pas être considérées comme des états transitoires d'autres helminthes mieux organisés.

ÉCHINOSPERME (Botanique), *Echinospermum*, Swartz; du grec *echinos*, surface hérissée, et *sperma*, graine, à cause de ses semences hérissées. — Genre de plantes *Dicotylédones gamopétales hypogynes*, de la famille des *Borraginées*, tribu des *Borragées*. Ce sont des plantes herbacées, à feuilles simples, alternes, rudes ou pileuses, caractérisées par : une corolle patériforme, à limbe quinquéparti, 5 étamines incluses, style 4-lobé, 4 semences non perforées, hérissées de poils rudes. Elles ont la plus grande ressemblance avec les myosotis, dont elles se distinguent parce que ces derniers ont des graines non hérissées. L'*E. faux myosotis* ou *à fruits de bardane*, vulgairement *bardanette* (*E. lappula*, Lehm. ; *E. myosotis*, Lin.), est une plante bisannuelle, à feuilles velues, scabres; tige droite, rameuse, couverte de poils blancs ; ses fleurs sont petites, bleues, quelquefois blanches, en grappes le long des rameaux. Cette plante, qui offre le port de la vipérine, croît dans toute l'Europe, au milieu des décombres dans les lieux arides.

ÉCHITE (Botanique), *Echites*, P. Brown; du grec *echis*, vipère, à cause de sa tige serpentante. — Genres de plante *Dicotylédones gamopétales hypogynes* de la famille des *Apocynées*, type de la tribu des *Echitées*. La plupart des échites sont des arbrisseaux grimpants à feuilles opposées munies de cils glanduleux. Leurs fleurs, disposées en cymes ou en grappes, sont odorantes. Ces plantes contiennent un suc laiteux, âcre et amer. L'*Ech. odorant* (*Ech. suaveolens*, Lindl.) est une grande plante, un sous-arbrisseau à tige volubile, qui se développe en longues guirlandes; à feuilles opposées, ovales, acuminées : donnant en juin et juillet de grandes fleurs blanches, odorantes, en entonnoir, disposées en grappes axillaires. Elle végète et mûrit même ses graines sous le climat de France; c'est une des plus jolies espèces. L'*E. presque dressé* (*E. suberecta*, Jacq.) s'élève à 3-4 mètres. Ses fleurs sont jaunes, au nombre de 10-12 à chaque cyme terminale. Cette espèce est originaire de la Jamaïque. L'*E. rampant* (*E. torulosa*, Lamk), spontané à Saint-Domingue, a les fleurs rouges. L'*É. de San-Francisco* (*E. Franciscea*, Alp. de Cand.), introduit du Brésil en 1846, se distingue par ses fleurs violacées, longues de 0ᵐ,04 à 0ᵐ,05. Caractères : calice à 5 divisions; corolle hypocratérimorphe ou en entonnoir, à lobes contournés de droite à gauche ; anthères presque sessiles adhérentes avec le stigmate; disque composé de 2, 3 ou 5 glandes; 2 ovaires à ovules nombreux; follicules cylindriques, coriaces; graines aigrettées. G — s.

ÉCHIURE (Zoologie), *Echiurus*, Cuv., ou *Thalassema*, Savigny; du grec *echis*, épine, et *oura*, queue. — Genre d'*Animaux* rangé par G. Cuvier parmi les *Zoophytes*, classe des *Echinodermes* sans pieds, mais placé depuis par tous les zoologistes, et surtout par Savigny et de Blainville, parmi les animaux *Annelés*, dans la classe des *Annélides*, ordre des *Abranches*. Ce sont des vers marins à corps mou, assez court, cylindrique et en forme de sac; anneaux nombreux et serrés, à articulations peu sensibles; deux crochets vers l'extrémité antérieure du corps, pourvus de soies rétractiles disposées par paires. La bouche, très-petite, est ouverte dans la base d'un grand tentacule ou trompe replié en cuilleron. On ne connaît qu'une espèce, l'*É. ordinaire* ou *Thalassème échiure* (*T. echiurus*, de Blainv.), qui vit enfoncé dans le sable sur nos côtes de l'Océan et de la Manche et que les pêcheurs emploient comme appât.

ÉCHO (Physique). — Son réfléchi ou renvoyé par un obstacle, qui par là se répète et se renouvelle à l'oreille (*écho*, son).

Lorsqu'un son se produit en présence d'un obstacle d'une nature d'ailleurs quelconque, tel qu'un mur, une colline, un bouquet d'arbres, etc., il arrive fréquemment que le son se répète une ou plusieurs fois; c'est là ce qu'on appelle *écho*. La présence d'un obstacle est une condition indispensable; jamais l'écho ne se produit en rase campagne ou en pleine mer, à moins qu'il n'y ait dans le ciel des nuages qui donnent lieu eux-mêmes à la réflexion du son. L'écho peut être monosyllabique quand il ne répète qu'une syllabe, ou polysyllabique quand il en répète plusieurs. On cite parmi ces derniers l'écho de Woodstock, qui répète jusqu'à vingt mots.

Pour qu'un écho répète une syllabe, il faut que l'obstacle qui le produit soit placé à une distance telle que le son ne revienne à l'observateur que lorsqu'il a achevé de prononcer la syllabe. Or, on admet que l'articulation d'une syllabe dure au moins un dixième de seconde, ce qui revient à dire qu'on peut prononcer au plus dix syllabes par seconde; d'où il suit que, puisque le son parcourt 340 mètres par seconde, en un dixième de seconde il parcourra 34 mètres, ce qui porte au moins à 17 mètres la distance qui doit séparer l'observateur de l'obstacle, pour que l'écho que celui-ci détermine répète une syllabe. Si la distance devient double, triple, quadruple..., l'écho pourra répéter deux, trois, quatre syllabes... Si la distance est inférieure à 17 mètres, l'écho se confond avec le son direct, ce qui produit une simple résonnance; c'est ce qu'on observe dans un grand nombre de cas et notamment sous les voûtes.

L'écho peut être simple quand il ne répète qu'une fois, ou multiple quand il répète plusieurs fois. Nous citerons parmi ces derniers l'écho de la halle aux farines à Paris, qui répète trois fois une phrase de six à sept syllabes; celui des deux tours de Verdun, qui répète treize fois; celui du château de Simonette, qui répète jusqu'à quarante fois (Kircher); enfin, celui dont fait mention Addison et qui répète jusqu'à cinquante-six fois, dans la nuit, le bruit d'un coup de pistolet.

Les échos multiples sont certainement dus à plusieurs obstacles qui se renvoient le son, de même qu'entre deux glaces parallèles les rayons lumineux, se réfléchissant successivement, donnent lieu à une série d'images d'un objet placé entre elles.

C'est ainsi que l'écho de Verdun, dont il est question plus haut, se produit pour un observateur placé entre les deux tours. Mais il n'est pas toujours facile de se rendre compte *à priori* de l'effet produit par les obstacles, et souvent on n'observe aucun écho où au premier abord paraissent parfaitement réalisées les conditions de sa production.

On appelle *centre phonique* le point où se produit le son, et *centre phonocamptique* (*kamptos*, courbé) celui où est reçu le son réfléchi. Il arrive fréquemment que les centres phoniques et phonocamptiques ne coïncident point; dans ce cas-là, la personne qui produit le son n'entend pas l'écho. Dans les mémoires de l'Académie des sciences pour 1692, il est fait mention d'un écho de ce genre. Les personnes qui écoutent n'entendent que la répétition de l'écho, mais avec des variations surprenantes, car l'écho semble tantôt s'approcher, tantôt s'éloigner; quelquefois on entend la voix très-distinctement, d'autres fois on ne l'entend plus; l'un n'entend qu'une seule voix, l'autre plusieurs; l'un entend l'écho à droite,

l'autre à gauche; enfin, suivant les différents endroits où sont placés ceux qui écoutent et celui qui produit le son, on entend l'écho d'une manière différente.

C'est un phénomène analogue qui se produit dans la salle du Conservatoire des arts et métiers à Paris, dite *Salle de l'écho*. Si une personne se place à l'un des angles et parle, même à voix basse, une autre personne placée à l'angle opposé l'entend très-distinctement, tandis que de tout autre point de la salle le son est entièrement imperceptible.

La même particularité s'observe dans l'une des salles du musée du Louvre; les deux personnes doivent se placer au-dessus de deux grandes coupes que renferme la salle, et elles peuvent ainsi faire à voix basse une conversation qui ne peut être entendue par aucune autre personne dans la salle.

On observe assez fréquemment des échos appelés *toniques*, qui présentent la propriété fort curieuse de modifier le timbre du son. Dans une certaine mesure, ce phénomène est assez général; l'on sait que l'écho a souvent quelque chose de plaintif; aussi les anciens en avaient-ils fait

Une nymphe en pleurs qui se plaint de Narcisse.

Mais il est plus rare d'observer une modification profonde de ce genre, et il est assez difficile d'ailleurs d'assigner la cause de cette singulière particularité. P. D.

ECKLONIE (Botanique), *Ecklonia*, Hornemann; dédiée au botaniste Ecklon. — Genre de plantes *Cryptogames amphigènes* de la classe des *Algues*, famille des *Laminariées*. Il a pour type le *Laminaria buccinalis* de Lamouroux. Les marins désignent cette algue sous le nom de *trompette marine*, à cause de la forme de son stipe qui est cylindrique, fistuleux, terminé par une lame lancéolée, coriace. Cette plante (*E. buccinalis*, Horn.) est de couleur noire de sang coagulé. Ses organes reproducteurs se présentent sous la forme de filaments situés dans l'intérieur du stipe ou de la lame et accompagnés de spores brunes, enveloppées de mucilage. L'Ecklonie, dont on ne connaît pas encore très-bien l'organisation, habite les mers australes; notamment l'océan Atlantique, au sud de l'Afrique.

ÉCLAIR. — Voyez ÉLECTRICITÉ ATMOSPHÉRIQUE.

ÉCLAIRAGE EN GÉNÉRAL (Technologie). — L'histoire des progrès de l'éclairage est une de celles où l'on peut signaler de la façon la plus nette l'influence de la chimie théorique sur les applications purement pratiques. Il y a à peine cinquante ans, les procédés d'éclairage étaient d'une nullité extrême, mais, en revanche, d'une très-grande imperfection. Dans les campagnes, on se servait exclusivement et on se sert encore d'une sorte de lampe analogue, pour sa forme, à la lampe antique, et formée simplement d'un réservoir contenant de l'huile, dans lequel plonge l'extrémité d'une mèche de coton. L'huile, n'arrivant ainsi au siège de la combustion qu'en vertu de la capillarité, s'y trouve toujours en quantité insuffisante en même temps qu'il y a insuffisance d'air; aussi la mèche se carbonise-t-elle, et la flamme peu éclairante est toujours fuligineuse. Sans doute, il eût été facile d'imaginer des mécanismes qui fissent affluer l'air et l'huile au sommet de la mèche; mais ces combinaisons ne pouvaient avoir d'efficacité qu'avec l'huile d'olive dont le prix élevé l'excluait de la consommation générale, même dans les pays de production, et, à plus forte raison, dans le Nord. Le procédé d'épuration découvert par Thenard, au commencement de ce siècle, permit de transformer les huiles des graines oléagineuses du Nord en un produit comparable à l'huile d'olive. et d'un prix très-notablement moins élevé. A partir de ce moment, les travaux de nos lampistes eurent une base solide, et l'on vit se succéder assez rapidement les inventions d'Argand, de Carcel, de Franchot, etc., qui nous ont donné d'excellents appareils d'éclairage (voyez LAMPES). Quant à l'emploi des corps gras solides, on peut dire, et cela est à peine croyable, qu'il y a quarante ans l'éclairage à la chandelle était un véritable éclairage de luxe. La bougie de cire ou le cierge était d'un prix beaucoup trop élevé pour être accessible à d'autres qu'aux personnes très-riches. Les mémorables recherches de M. Chevreul, exécutées de 1813 à 1823, firent reconnaître dans le suif lui-même des substances solides blanches (acides stéarique et margarique), et tout à fait propres à l'éclairage de luxe. Un brevet fut pris dès 1825 avec Gay Lussac pour la fabrication industrielle de ces produits, et, bien que ces premiers essais n'aient pas abouti à des résultats pratiques satisfaisants, ils n'en ont pas moins fixé la voie à

49

suivre, et les fabricants n'ont eu depuis qu'à se préoccuper de détails de l'ordre purement économique. Il est juste de dire, à propos de cette belle invention, que la première fabrique qui ait livré au public des produits acceptables, et pour le prix et pour la qualité, est celle de MM. le Milly et Motard, établie à la barrière de l'Étoile, en 1831. Ces bougies étaient connues sous le nom de *Bougies de l'étoile* (voyez Bougies). Les bougies de l'étoile, appelées aussi *bougies stéariques*, sont fabriquées avec le suif, substance d'un prix assez élevé ; aussi n'ont-elles influé que d'une manière peu sensible sur la consommation des chandelles, dont la fabrication d'ailleurs avait subi elle-même de très-notables perfectionnements (voyez Chandelles, Suif). Mais la découverte de la saponification sulfurique, découverte due aux travaux de MM. Laurent, Dubrunfaut, Fremy, Dulong, etc., ayant permis d'utiliser les graisses les plus communes et du prix le plus vil, on a pu fabriquer des bougies à peine plus chères que les chandelles, et, par suite, accessibles aux personnes de toutes les conditions. C'est en 1842 qu'on monta en Angleterre la première fabrique de ces bougies dites par distillation, et, peu de temps après, MM. Massé et Tribouillet en élevèrent une à Neuilly, près Paris. Aujourd'hui que le procédé est tombé dans le domaine public, le nombre des usines de ce genre est devenu très-considérable. Toutefois, la bougie n'a pas encore complétement remplacé la chandelle ; mais il faut dire qu'aujourd'hui le suif employé pour celle-ci est très-blanc, assez dur et à peine odorant. **P. D.**

Éclairage américain. — Voyez Pétrole, au Supplém.

Éclairage par le gaz (Technologie). — Ce mode d'éclairage a été imaginé par Philippe Lebon, ingénieur français, en 1785. Il distillait le bois dans une grande caisse métallique qu'il appelait thermolampe, recueillait comme résidu du charbon et des produits liquides, employait à l'éclairage le gaz qui se dégageait, et utilisait la chaleur du fourneau pour le chauffage des appartements. Il signala les matières grasses et la houille comme propres à remplacer le bois. Il réalisa même à Paris l'application de la houille à l'éclairage, mais, ses procédés d'épuration étant tout à fait insuffisants, il dut renoncer à son entreprise. A la France donc appartient le principe théorique de l'éclairage au gaz ; quant à l'exécution pratique, elle revient à l'Angleterre. En 1792, Murdoch fit quelques expériences à Londres. En 1798, il établit un appareil dans les manufactures de James Watt, près de Birmingham ; en 1802, il y fit une illumination brillante à propos de la paix d'Amiens. En 1805, ce genre d'éclairage fut définitivement adopté en Angleterre. En 1812, Windsor fonda une compagnie pour l'éclairage de Londres ; en 1816, il vint à Paris, et en 1817 éclaira le passage des Panoramas, le Palais-Royal, puis le Luxembourg et le pourtour de l'Odéon. En 1820, une nouvelle société fut créée à Paris par Pauwels, et aujourd'hui la compagnie générale qui a le privilége de l'éclairage de la capitale, est le résultat de la fusion de huit compagnies qui avaient succédé à celle de Pauwels. Toutes les principales villes de France sont aussi éclairées par le gaz.

Matières premières. — Les matières organiques qui renferment beaucoup d'hydrogène et de charbon fournissent, par la distillation sèche, des gaz inflammables et éclairants. La température élevée de l'hydrogène qui brûle porte au rouge blanc le charbon divisé, qui, devenu incandescent, donne de l'éclat à la flamme. Les matières premières du gaz d'éclairage sont donc, sous le rapport de l'économie, la houille, puis les huiles de qualité inférieure, les graisses altérées, la résine, les huiles de schistes, certains résidus de fabrication (matières grasses extraites des eaux savonneuses des fabriques de drap, etc.). L'eau décomposée par le fer ou le charbon donne un gaz très-pur. Mais la houille est préférée, parce qu'elle est d'un prix peu élevé, que le coke, résidu de la distillation, est un excellent combustible dont la vente couvre le prix d'achat de la houille, et que les produits ammoniacaux peuvent payer les frais d'épuration. Les meilleures houilles sont les houilles grasses à longue flamme qui contiennent environ 84 p. 100 de carbone, 6 d'hydrogène, 8 d'oxygène ou d'azote, et le reste en cendres.

Fabrication du gaz. — La houille concassée est placée dans de grandes cornues en fonte ou en terre de 1 hectolitre à 1 hectolitre et demi de capacité, et placées au nombre de cinq ou de sept au-dessus d'un même foyer. Comme le coke occupe un volume plus grand que la houille qui le produit, on laisse dans la cornue un vide égal à peu près à la moitié de leur capacité. Chaque

cornue est hermétiquement fermée aux deux bouts ; seulement l'extrémité antérieure par laquelle on charge la cornue est bouchée par une plaque lutée et maintenue avec une vis engagée dans une sorte d'étrier en fer. Les cornues, chauffées avec précaution, sont portées au rouge cerise clair, température qui donne le maximum du gaz le plus éclairant. Au-dessus, le gaz perd une partie de son carbone et devient moins éclairant ; au-dessous, une partie du goudron se volatilise sans décomposition et on obtient moins de gaz.

Les produits de la décomposition sont nombreux. Les principaux sont : l'hydrogène carboné (le seul utile), l'oxyde de carbone, l'acide carbonique, des matières huileuses, du goudron, du sulfure d'hydrogène, des sels ammoniacaux et du coke qui reste dans la cornue. En général, 100 kil. de houille donnent 25 mètres cubes d'un gaz infect, nuisible à l'organisme, peu éclairant, qu'il faut purifier.

Fig. 830. — Batterie de sept cornues pour la fabrication du gaz (1).

Purification du gaz. — Au sortir de la cornue, le gaz s'élève dans un *tuyau montant* qui se recourbe et plonge de $0^m,02$ à $0^m,03$ dans un large tube de fonte à moitié rempli d'eau et appelé *barillet*. En même temps que ce barillet intercepte la communication entre l'intérieur des cornues et l'air extérieur, il reçoit la plus grande partie du goudron et des sels ammoniacaux qui s'y condensent et dont l'excès s'échappe par un tuyau de sortie. Une première *épuration physique* se fait dans un appareil appelé *condenseur* et formé d'une série de tubes de fonte disposés verticalement et très-voisins les uns des autres, de la forme d'un ∩ renversé. Ils plongent dans une boîte de fonte sous une couche d'eau de quelques centimètres. Les sels ammoniacaux se dissolvent dans l'eau, le goudron s'y condense et le gaz s'y refroidit. Le goudron s'écoule dans une citerne par un trop-plein, tandis que le gaz traverse une double colonne de coke à travers laquelle il se débarrasse des dernières traces de goudron et de sels ammoniacaux.

Une seconde *épuration chimique* succède à la précédente et se compose en général d'une épuration par les sels métalliques, que à M. Mallet, puis d'une épuration à la chaux. Le premier épurateur se compose de trois caisses en étages renfermant des dissolutions de chlorure de manganèse (provenant de la fabrication du chlore) ou du sulfate de fer. Le gaz, suivant une marche inverse de celle de la dissolution qu'il traverse en barbotant, y laisse de l'acide sulfhydrique, l'acide carbonique et l'ammoniaque. Par une double décomposition, il se forme un sulfate ou un chlorhydrate d'ammoniaque soluble, du carbonate de fer ou de manganèse et un sulfure métallique.

Les frais de cette épuration sont balancés par le prix du sel ammoniac. L'épurateur à la chaux consiste (fig. 832) en de grandes caisses de tôle divisées en deux ou trois compartiments. Dans chaque compartiment se trouvent quatre ou cinq tamis de fer sur lesquels on répand une couche de chaux éteinte en poudre. Le rebord supérieur

(1) C, cornues au nombre de sept que laisse voir l'arrachement de la paroi du jour. — P, têtes de cornues maintenues par des vis de pression. — F, foyer de la batterie. — T tubes verticaux adaptés à chaque tête de cornue pour le dégagement du gaz. — B, barillet dans lequel plongent les tubes T après s'être recourbés.

porte une gorge remplie d'eau dans laquelle plonge un couvercle, afin d'intercepter complétement la communication avec l'extérieur.

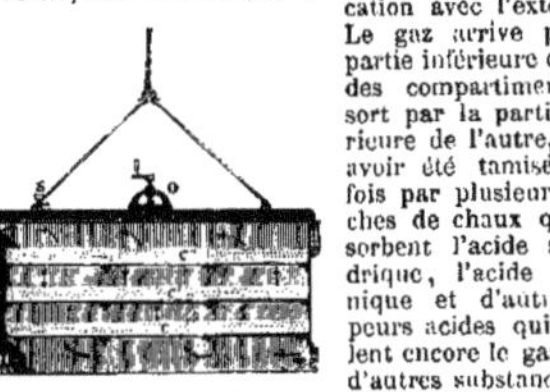

Fig. 831. — Coupe verticale d'une cuve d'épuration (1).

Le gaz arrive par la partie inférieure de l'un des compartiments et sort par la partie inférieure de l'autre, après avoir été tamisé deux fois par plusieurs couches de chaux qui absorbent l'acide sulfhydrique, l'acide carbonique et d'autres vapeurs acides qui souillent encore le gaz. Bien d'autres substances que la chaux ont été proposées pour l'absorption de l'acide sulfhydrique. Nous citerons seulement le procédé de M. Launay, remarquable par son élégance et sa simplicité. Le produit qu'il emploie est le sesquioxyde de fer hydraté, Fe^2O^3, qui dans la cuve d'épuration se transforme en sulfure, Fe^2S^3. Au contact de l'air, le sulfure ainsi formé absorbe l'oxygène et la matière primitive se reproduit.

Conservation du gaz. — Comme le gaz ne peut être consommé qu'à certaines heures et à certaines doses, on l'amasse dans un dépôt d'où on le fera sortir en le mesurant quand il faudra le distribuer. Ce magasin s'appelle le gazomètre (voyez GAZOMÈTRE). Il se compose de deux parties, une cuve et une cloche. La cuve, creusée dans le sol, remplie d'eau et revêtue d'un enduit imperméable à l'eau, reçoit le gaz qui arrive de l'épurateur par un tuyau incliné. La cloche, qui plonge dans la cuve, est formée de plaques de tôle et recouverte d'une couche de goudron. Son poids est équilibré en partie par des contre-poids attachés aux extrémités de chaînes qui s'enroulent sur des poulies. A mesure que la cloche s'élève hors de l'eau, son

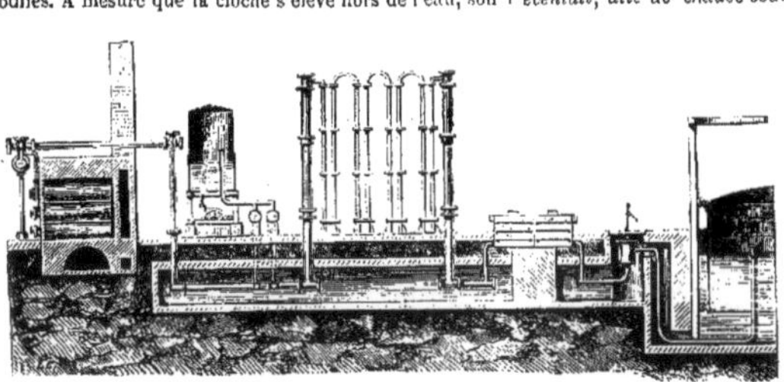

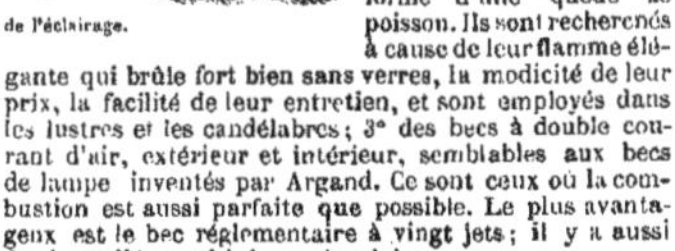

Fig. 832. — Vue d'ensemble de la fabrication du gaz de l'éclairage.

poids augmente, la chaîne passe du côté des contre-poids et s'ajoute à leur poids primitif pour maintenir l'équilibre. Nous donnons dans la figure 832 une vue d'ensemble des appareils de la fabrication du gaz.

Distribution du gaz. — Avant de se rendre dans les tubes de distribution, le gaz passe dans un compteur qui, au moyen d'engrenages, transmet ses indications aux aiguilles de cadrans sur lesquels on estime le nombre de mètres cubes qui sortent de l'usine ; dans le même cabinet sont un manomètre à eau qui indique la pression du gaz, et des becs qui permettent d'estimer le pouvoir éclairant.

Les tuyaux de conduite, à la sortie de l'usine, sont de grande dimension, en fonte ou en tôle étamée intérieurement et recouverte extérieurement d'une couche de mastic bitumineux incrusté de sable (tuyaux Chameroy). Les tubes de distribution dans les maisons sont en plomb, ou mieux en fer ou en étain. Sur le trajet des tuyaux de conduite sont des réservoirs qui reçoivent les liquides condensés que l'on enlève de temps à autre avec des pompes. On empêche ainsi l'engorgement des tuyaux.

Compteurs. — Puisque la lumière est une marchandise que l'on vend et consomme, le contrat de vente doit

(1) U, arrivée du gaz. — C, C', C'', claies couvertes de matières épurantes. — H, départ du gaz. — O, trou d'homme.

désigner exactement la quantité de gaz à consommer. Si donc le gaz, au lieu d'être livré à un prix déterminé par bec et par heure, est livré au mètre cube, l'abonné doit avoir un appareil qui indique à la compagnie la quantité de gaz employée. Cet appareil s'appelle *compteur*. Le plus employé consiste en un cylindre à augets en fer blanc, dont l'axe est horizontal. Il est plongé dans une enveloppe cylindrique remplie d'eau jusques et y compris l'axe. Le gaz arrive par un tuyau au-dessous de l'axe, pénètre dans un auget qu'il soulève hors de l'eau, gagne la partie supérieure et se rend aux becs par un tube. Pendant ce temps-là, un second auget s'emplit de la même manière, la roue tourne et communique son mouvement, au moyen de rouages, à des aiguilles qui se meuvent sur des cadrans extérieurs ; connaissant la capacité des augets et le nombre de tours de la roue, on peut déterminer le volume du gaz brûlé.

Becs. — Il y en a de diverses formes, qui, à consommation égale, ne donnent pas tous la même lumière ; mais quelle que soit la forme, le principe de la construction est toujours le même : il repose sur ce que la combustion est d'autant plus complète que la flamme a des points de contact plus nombreux avec l'oxygène de l'air. Il y a : 1° des becs à courant d'air simple extérieur, à flamme en fuseau (becs à *bougie*). La combustion est évidemment imparfaite. Ils sont les plus désavantageux et s'emploient surtout dans l'éclairage d'ornement, dans les lustres ou candélabres ; 2° des becs à courant d'air extérieur très-développé par suite de la forme aplatie de la flamme ; ils sont ou fendus (becs *papillon*, *éventail*, *aile de chauve-souris*), ou à deux trous (becs

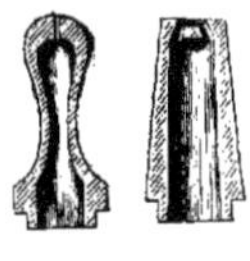

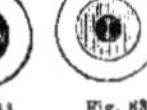

Fig. 833. / Bec éventail.

Fig. 834. / Bec Manchester.

Manchester). La combustion se fait déjà mieux. Les becs fendus sont employés pour l'éclairage public et à l'extérieur des habitations, mais peu à l'intérieur, parce qu'il est difficile avec ces genres de becs d'avoir la plus grande somme de lumière avec le moins de dépense possible. Les becs *Manchester* portent deux trous inclinés l'un vers l'autre ; les deux flammes s'aplatissent l'une contre l'autre et forment alors une flamme unique, large, épaisse, ayant la forme d'une queue de poisson. Ils sont recherchés à cause de leur flamme élégante qui brûle fort bien sans verres, la modicité de leur prix, la facilité de leur entretien, et sont employés dans les lustres et les candélabres ; 3° des becs à double courant d'air, extérieur et intérieur, semblables aux becs de lampe inventés par Argand. Ce sont ceux où la combustion est aussi parfaite que possible. Le plus avantageux est le bec réglementaire à vingt jets ; il y a aussi des becs d'Argand à fente circulaire.

Fuites et explosions. — Le mélange de gaz d'éclairage et d'air dans certaines proportions peut être détonant et causer de graves accidents. Tant qu'un volume de gaz ne se trouve pas avec 8 volumes d'air, il n'y a pas explosion ; dans la proportion de 1 à 8 d'air, il y a détonation à l'approche d'une lumière ; dans la proportion de 1 à 10 ou 11 d'air, la détonation est la plus forte possible. Les causes ordinaires des explosions sont les fuites de gaz. Pour les découvrir, on se servait autrefois d'une chandelle, de papier allumé que l'on promenait sur les conduites. Cette opération, nommée flambage, était illusoire et souvent dangereuse. Aujourd'hui, l'autorité exige que les fuites soient recherchées avec des appareils qui offrent plus de garantie et de sécurité. Parmi les cherche-fuites, celui de M. Maccaud est un des plus simples et des plus employés. Il repose sur ce que l'air comprimé dans les tubes doit sortir avec sifflement par les fissures qui se trouvent ainsi révélées. M. Maccaud met les tuyaux de conduite du gaz en communication avec une pompe foulante à laquelle est adapté un manomètre à cadran. La pompe introduit de l'air dans les tuyaux à la pression de plusieurs atmosphères ; l'aiguille du cadran indique le nombre d'atmosphères et fractions d'atmosphère dans les tuyaux. Lorsque la pompe a refoulé assez d'air, on ferme sa communication avec les tuyaux ; si le manomètre ne bouge pas, il n'y a pas de fuites ; si l'aiguille retourne au point de départ, il y a une fuite. La plus petite fissure dans les tuyaux laisse passer de l'air, qui produit, en s'échappant, un sifflement d'autant plus vif que la pression est plus grande, et la fuite est trouvée sans danger d'explosion et sans perte de gaz.

Dernièrement, M. Ch. Fournier a proposé un nouvel appareil pour lequel l'Académie des sciences lui a décerné un prix. L'existence de la fuite est d'abord manifestée par un manomètre à eau et indiquée par une aiguille sur un cadran. Pour trouver l'endroit où elle se produit, le gaz est assujetti à passer dans une éprouvette remplie de pierre ponce imbibée d'ammoniaque ; il circule ensuite dans les tuyaux saturé d'alcali dont l'odeur révèle l'endroit où existe la fuite. Si faible que soit la fuite, elle sera révélée soit par un papier rouge de tournesol mouillé qui deviendra bleu, soit par une baguette de verre mouillée avec de l'acide chlorhydrique autour de laquelle se produiront des fumées blanches et épaisses.   L.

ÉCLAIRE (Botanique). — Ce nom a été donné à deux plantes de genres très-différents : la *Grande Éclaire* est une papavéracée, la *Grande Chélidoine* (*Chelidonium majus*, Lin.) (voyez CHÉLIDOINE). La *Petite Éclaire*, *Éclairette*, est la *Ficaire renoncule* (*Ficaria ranunculoides*, Mœnch.) (Renonculacées) (voyez FICAIRE).

ÉCLAMPSIE (Médecine), du grec *eklampô*, j'éclate, parce que cette maladie éclate tout à coup. — On donne généralement ce nom aux convulsions qui surviennent chez les enfants et chez les femmes en travail d'enfantement ; il a été question des premières au mot CONVULSION. Chez les femmes, elles peuvent avoir lieu avant, pendant ou après l'accouchement ; elles se manifestent par des contractions spasmodiques, simultanées ou successives, de tous les muscles de la vie de relation et même de la vie organique, avec abolition ou perversion des facultés intellectuelles et morales ; elles reviennent par accès plus ou moins rapprochés, plus ou moins intenses dont la durée varie de quelques secondes à plusieurs minutes et même plus. La maladie attaque de préférence les femmes qui n'ont pas encore eu d'enfants et celles qui sont d'un tempérament nerveux ou lymphatico-sanguin. On a souvent observé que l'urine renfermait de l'albumine, sans qu'on puisse regarder ce phénomène comme la cause de l'éclampsie ; c'en est tout au plus un symptôme assez fréquent. Le traitement consiste dans l'emploi de saignées locales et générales, répétées suivant la constitution et la force de la malade ; on aura recours aussi aux purgatifs légers, aux dérivatifs sur la peau, mais avec discrétion, pour ne pas exaspérer l'irritation dans laquelle se trouve quelquefois la malade ; on joindra à ces moyens le calme, le silence, quelques médecins ont obtenu de bons effets du chloroforme. Lorsque les accès ont lieu pendant le travail de l'accouchement, ils peuvent cesser aussitôt après la délivrance ; il faut donc la hâter autant que possible. Cette maladie est très-grave et se termine souvent par la mort.   F — N.

ÉCLEGME (Médecine), en grec *Ekleigma* de *ekleicho*, je lèche. — On appelait ainsi autrefois un médicament mou que l'on employait dans les maladies de la gorge ou des poumons, et que l'on confond aujourd'hui sous les noms de *looch*, *électuaire* (voyez ces mots).

ÉCLIPSES (Astronomie). — Les éclipses sont des phénomènes qui ont excité autrefois beaucoup de curiosité et même d'épouvante. Aujourd'hui, la cause de ces phénomènes est tellement connue et facile à préciser, que les astronomes peuvent longtemps à l'avance prédire à une seconde près l'heure exacte du commencement et de la fin d'une éclipse. Aussi le public a-t-il depuis longtemps cessé de s'en effrayer et d'y voir des pronostics d'événements plus ou moins considérables. Mais, tout en perdant leur intérêt fantastique, les éclipses en ont conservé un plus sérieux ; l'exactitude avec laquelle on les calcule fournit une confirmation intéressante et accessible à tous des lois du mouvement des astres, lois qui sont elles-mêmes l'expression de la théorie de la gravitation qui sert aujourd'hui de fondement à tout notre système astronomique.

L'explication des éclipses est fondée sur le mode de formation des ombres (voyez OMBRES). On sait que, lorsqu'un corps opaque est placé devant un corps lumineux, il y a derrière lui une région où ne pénètre aucun rayon lumineux, c'est l'*ombre*, et une autre, la *pénombre*, qui ne reçoit qu'une partie des rayons que la source pourrait envoyer et qui, par suite, n'est qu'imparfaitement éclairée. La lune tournant autour de la terre, il arrivera nécessairement que dans le cours de la lunaison elle se trouvera entre le soleil et la terre : dans ce cas elle pourra intercepter pour celle-ci la vue du soleil, il y aura *éclipse de soleil*. Dans la position opposée à celle qui produit l'éclipse de soleil, la lune étant située au delà de la terre, pourra se trouver dans l'ombre de celle-ci ; dès lors, comme elle ne recevra pas les rayons lumineux du soleil, elle cessera d'être visible pour nous, et il y aura *éclipse de lune*.

Examinons en détail chacun de ces phénomènes et voyons quelles sont les conditions de leur possibilité, ainsi que les particularités qu'ils peuvent présenter.

Éclipses de lune. — Soient S le soleil et T la terre ; les rayons lumineux partant du premier sont envoyés dans toutes les directions et une partie d'entre eux est arrêtée par la terre. Si l'on imagine un cône ABOB'A', touchant à la fois les deux astres, on voit qu'aucun rayon ne pourra pénétrer dans la portion du cône comprise entre son sommet et la terre. La lune sera donc éclipsée si elle vient à pénétrer en tout ou partie dans cette

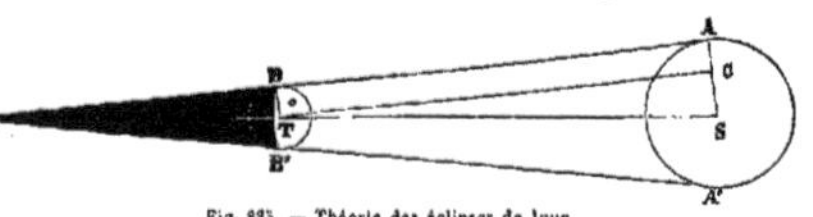

Fig. 835. — Théorie des éclipses de lune.

portion que nous appellerons le *cône d'ombre*. L'éclipse sera totale, si la lune y pénètre en entier ; elle sera partielle, s'il n'en pénètre qu'une partie. Il est aisé de s'assurer que l'éclipse est possible : il suffit de voir, en effet, que le sommet du cône d'ombre s'étend au delà de la terre. Menons la ligne TC parallèle à BA, les triangles semblables BOT, CTS donnent la relation :

$$\frac{OT}{TB} = \frac{CS}{ST} ; \quad \text{d'où } OT = TB\,\frac{CS}{ST}.$$

Or, le rayon du soleil est d'environ 112 rayons terrestres et sa distance à la terre 24 000 fois la même distance ; on a donc pour la distance TO un nombre de rayons terrestres égal au quotient de 24 000 par 111, c'est-à-dire 216, quantité bien supérieure à la distance de la terre à la lune égale à environ 60 rayons terrestres.

On peut s'assurer, en outre, que l'éclipse peut être totale ; car si on calcule l'angle que sous-tend le diamètre du cône d'ombre à la distance de 60 rayons terrestres, on trouve 1° 24' environ, tandis que le diamètre apparent de la lune n'est que de 30' ; celle-ci peut donc être contenue en entier dans le cône d'ombre ; en le traversant avec la vitesse qui lui est propre, elle peut y rester immergée pendant un certain temps qui sera, du reste, toujours peu considérable.

Lorsque l'éclipse commence, l'apparence que présente la lune est celle qu'indique la fig. 836. On voit sur le disque lumineux de la lune s'avancer une partie obscure limitée par l'arc de cercle *abc*. Cet arc n'est en réalité autre chose que le profil de l'ombre portée par la terre, et c'est là précisément une preuve de la rondeur de celle-ci (voyez FIGURE DE LA TERRE). Quand l'éclipse est totale, on ne perd jamais complétement la vue de la lune ; elle apparaît toujours comme un disque rougeâtre

Fig. 836. — Éclipse de lune.

et encore assez lumineux. Cet effet doit être attribué à la réfraction. Les rayons lumineux qui rasent la terre sont déviés par l'atmosphère et viennent, après s'être réfléchis, tomber sur la lune. Il en résulte un éclairement assez faible, mais suffisant toutefois pour que le contour du disque lunaire soit nettement aperçu.

Il faut remarquer que le commencement de l'éclipse n'a pas toute la netteté qui semblerait résulter des explications précédentes. Outre l'ombre, il y a, en effet, la pénombre, ainsi que l'indique la figure. L'entrée dans la pénombre est accompagnée d'un décroissement graduel

Fig. 837. — Ombre et pénombre de la terre.

dans l'intensité de la lumière, ce qui donne un peu d'incertitude pour apprécier l'instant où la lune commence réellement à entrer dans le cône d'ombre.

Les conditions de possibilité qui ont été indiquées plus haut se vérifient constamment et, par suite, il devrait y avoir une éclipse de lune à chaque lunaison. En réalité, il n'en est pas ainsi à cause de l'obliquité de l'orbite lunaire sur le plan de l'écliptique, obliquité qui est représentée par un angle d'environ 7°. On conçoit, en effet, qu'au moment où l'éclipse pourrait se produire, la lune se trouve d'un côté ou de l'autre du plan de l'écliptique, à une distance supérieure à l'épaisseur du cône d'ombre. Il faut donc, pour que l'éclipse puisse avoir lieu, que la

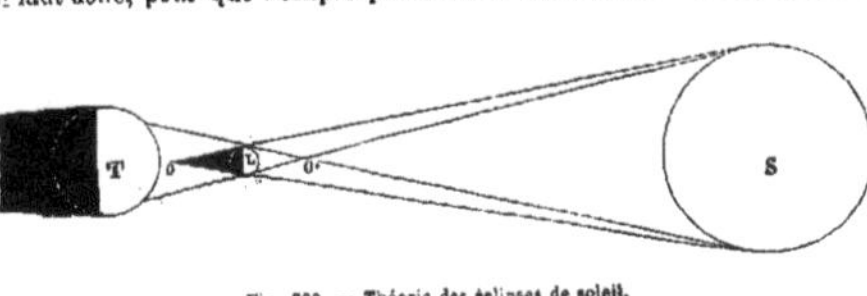

Fig. 838. — Théorie des éclipses de soleil.

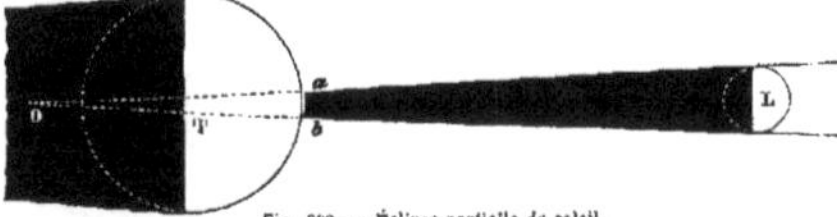

Fig. 839. — Éclipse partielle de soleil.

distance de la lune à l'écliptique, c'est-à-dire la latitude de la lune, soit assez petite et, par suite, qu'elle soit voi-

Fig. 840. — Aspect du soleil dans l'éclipse partielle.

Fig. 841. — Aspect du soleil dans l'éclipse annulaire.

sine de la ligne des nœuds. En discutant les diverses po-

Fig. 842. — Éclipse annulaire de soleil.

sitions possibles, on arrive à la conclusion suivante : Si, à *l'époque de l'opposition, la latitude est plus grande que* *63', il ne pourra pas y avoir éclipse ; si elle est moindre*

que 52', *il y aura toujours éclipse partielle ou totale.*

Éclipses de soleil. — L'éclipse de soleil a lieu lorsque la lune se trouve entre la terre et le soleil, c'est-à-dire au moment de la conjonction (*fig.* 838). Il faut, en outre, pour les mêmes raisons que celles qui viennent d'être dites, que la lune soit près de ses nœuds et que sa latitude n'excède pas 1° 1/2.

Si on cherche à quelle distance s'étend le sommet O du cône d'ombre de la lune, on trouve environ 56 rayons terrestres ; comme la distance moyenne de la lune à la terre est de 60 rayons terrestres, il semble que le sommet du cône d'ombre ne doive jamais atteindre la surface de la terre. Mais il faut remarquer que cette longueur du cône est en réalité variable, et il peut arriver qu'il puisse atteindre la terre ; mais jamais il ne la contiendra entièrement, et il n'y aura qu'une portion de sa surface qui s'y trouvera, de sorte qu'une éclipse de soleil peut n'être visible pour aucun point de la terre, ou bien l'être pour une certaine zone, mais jamais pour la terre entière, ou plutôt pour la moitié entière que le soleil éclaire en ce moment.

Supposons, comme le montre la figure 839, que le cône d'ombre atteigne la terre, les points qui sont dans la région *ab* ne peuvent recevoir aucun rayon du soleil ; pour les habitants de ces localités, le soleil est entièrement caché par la lune ; il y a éclipse totale. De part et d'autre de *ab* s'étendent deux régions qui sont plongées dans la pénombre ; de ces points on aperçoit seulement une partie du disque solaire échancré par la lune qui ne se projette qu'en partie sur lui et qui produit par conséquent une échancrure circulaire (*fig.* 840). Si la terre et la lune restaient toujours dans la même position, la région *ab* de l'éclipse totale serait une sorte de calotte, entourée d'une zone où se produirait l'éclipse partielle ; mais le mouvement des deux astres déplace constamment la région occupée par l'ombre à la surface de la terre, et c'est en réalité sur une bande allongée qu'on observe le phénomène à des heures différentes.

Lorsque le sommet du cône d'ombre n'atteint pas la terre (*fig.* 842), si par le point où la ligne des centres perce sa surface on mène un cône tangent à la lune, il détachera du soleil une couronne qui sera lumineuse. Alors, pour un habitant situé en ce point, le soleil aura la forme d'un anneau lumineux et régulier. On dit alors que l'éclipse est annulaire (*fig.* 841). Des différents points de *cd* on verra aussi un anneau, mais sa largeur ne sera pas la même sur tous les points de son pourtour. De part et d'autre de *cd* il y aura éclipse partielle. Les éclipses totales de soleil sont fort rares ; la dernière qui ait été visible en France est celle du 8 juillet 1842. Lors d'une éclipse totale, l'obscurité devient assez grande pour qu'on puisse voir à l'œil nu des étoiles de troisième et de quatrième grandeur, les animaux donnent des signes d'effroi, et si les hommes eux-mêmes ont cessé de s'épouvanter par suite de la connaissance qu'ils ont de la nature du phénomène, ils éprouvent toujours, outre un vif sentiment de curiosité, une émotion indéfinissable quand ils cessent d'apercevoir l'astre qui nous donne la chaleur et la lumière.

Pendant la durée du phénomène, on aperçoit une zone lumineuse autour du disque opaque de la lune ; cette lumière appartient sans doute soit à une atmosphère du soleil, soit à une atmosphère de la lune. Dans ce dernier cas, elle devrait être concentrique à la lune et se déplacer avec elle. L'observation n'ayant pas vérifié cette conséquence, on est porté à croire que cette zone lumineuse appartient à une atmosphère solaire, peut-être à celle qui produit la lumière zodiacale.

Indépendamment de la zone lumineuse, on aperçoit généralement des protubérances violacées et disposées sur le contour de la lune, comme le montre notre figure 844. Aucune hypothèse plausible n'a pu jusqu'à présent rendre compte de cet étrange et curieux phénomène.

Souvent aussi des rayons lumineux, tels que des éclairs,

sillonnent le disque opaque de la lune; ce sont peut-être des étoiles filantes rendues visibles par l'obscurité qui provient de l'éclipse.

Fréquence relative des éclipses de soleil et de lune. — En discutant les conditions de possibilité de l'une ou

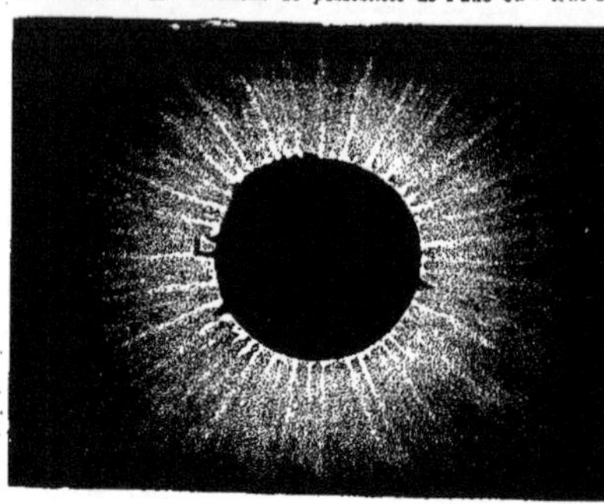

éclipse totale.

l'autre de ces sortes d'éclipses, on reconnaît que les conditions sont moins étroites pour les éclipses de soleil que pour les éclipses de lune; aussi, en considérant le nombre total d'éclipses qui ont lieu dans une année, trouve-t-on que celles de soleil sont plus nombreuses. Mais, d'un autre côté, le nombre de points d'où l'on peut voir une éclipse de lune est bien plus grand que celui des points pour lesquels est visible une éclipse de soleil. Il suit de là que, dans un lieu déterminé, on voit plus d'éclipses de lune que d'éclipses de soleil.

Jamais, dans une année, il n'y a plus de sept éclipses; jamais il n'y en a moins de deux. Quand il n'y en a que deux, elles sont toutes deux de soleil.

ÉCLIPTIQUE (Astronomie). — Plan qui contient l'orbite que la terre décrit annuellement autour du soleil, ou l'orbite apparente du soleil autour de la terre. L'écliptique fait avec le plan de l'équateur terrestre un angle de 23°27' environ, qu'on appelle l'obliquité de l'écliptique. La droite d'intersection de l'écliptique et de l'équateur est la ligne des équinoxes; l'intersection de l'écliptique et du plan de l'orbite lunaire est la ligne des nœuds. De là la dénomination d'écliptique; car les éclipses ont lieu lorsque la lune est voisine des nœuds, par conséquent voisine du plan de l'écliptique (voyez SOLEIL).

ÉCLISSE (Médecine). — Voyez ATTELLE.

ÉCOBUAGE (Agriculture). — Mode de défrichement désigné aussi sous le nom d'*essartage.* Voici en quoi il consiste : par un temps sec et chaud de l'été, on lève avec

Fig. 544. — Fourneau d'écobuage.

l'écobue, espèce de *houe* large et forte, des plaques de gazon que l'on dispose deux par deux en forme de toit; quelquefois on a recours à une charrue spéciale pour lever ces plaques. Lorsqu'elles sont bien séchées, on les arrange lit par lit, en forme de cône ou de calotte, en ménageant

une petite ouverture à la base, afin d'assurer un courant d'air; on met le feu à cette ouverture; l'herbe et la bruyère desséchées s'allument, se consument, la terre se calcine et acquiert des propriétés fertilisantes; lorsque le tout est refroidi, on éparpille sur le terrain écobué, et peu de temps après on sème le plus souvent du seigle. Quelques cultivateurs, en France, sont dans l'usage d'enterrer les cendres par un labourage superficiel et de n'er. semencer que quinze jours après. L'écobuage ne doit pas être pratiqué sur les terres légères; il convient bien dans les terres argileuses, compactes, humides (voyez LABOUR, SOL).

ÉCONOME (CAMPAGNOL) (Zoologie). — Espèce de *Rongeur* du genre *Campagnol.*

ÉCONOMIE RURALE. — Voyez AGRICULTURE, EXPLOITATION AGRICOLE.

ÉCORCE (Botanique), du latin *cortex,* qui a pour primitif *cor,* peau, en celtique. — Partie extérieure de la tige des végétaux. Dans les tiges ligneuses des plantes dicotylédones, l'écorce atteint son organisation la plus compliquée; elle se compose de quatre couches distinctes : l'*épiderme* (voyez ce mot), la *couche* ou *enveloppe subéreuse, l'enveloppe cellulaire* et le *liber* ou les *fibres corticales.* L'enveloppe subéreuse (de *suber,* liége, parce que cette partie fournit le liége) résulte ordinairement de l'assemblage de cellules par plusieurs rangées et souvent de différentes formes. Dans le chêne-liége (voyez LIÉGE), leur développement est considérable et leurs rangées très-nombreuses. L'*enveloppe cellulaire* est nommée aussi *moelle externe, couche herbacée, couche verte,* à cause de sa couleur verte très-prononcée qui la fait distinguer aisément de l'enveloppe subéreuse sous laquelle elle se trouve immédiatement. Parfois les cellules qui la composent, au lieu de contenir de la chlorophylle (voyez ce mot), renferment des cristaux. Le *liber* ou dernière partie intérieure de l'écorce, qui s'applique presque immédiatement sur le bois, résulte de l'assemblage de faisceaux de fibres grêles et colorées ordinairement d'un blanc brillant. Elles sont, en outre, très-résistantes, et cette ténacité est surtout remarquable dans les plantes dont on tire parti pour la préparation de matières textiles; ainsi, les fibres du chanvre et du lin sont douées de cette précieuse propriété. Les fibres corticales sont disposées par couches superposées qui figurent chacune comme un feuillet; de là le nom de liber qu'on a donné à cette enveloppe. Plusieurs auteurs ont reconnu, en outre de ces parties de l'écorce, une autre enveloppe étant aussi une couche cellulaire qui s'étend à la surface de l'écorce et qu'on a nommée *périderme.* C'est elle qui se détache de l'écorce des platanes, comme tout le monde l'a remarqué; ce périderme est simplement repoussé par un autre qui commence à se développer. Le périderme peut aussi être regardé comme une partie de la couche subéreuse. L'écorce présente souvent, lorsqu'elle est jeune, de petites taches allongées qu'on nomme *lenticelles.* On leur attribue le même usage qu'aux stomates pour la respiration. Elles remplacent ceux-ci lorsque l'épiderme est tombé.   G—s.

ÉCORCE D'ANGUSTURE (Botanique). — Voyez ANGUSTURE.

ÉCORCE DE CITRON (Zoologie). — Nom vulgaire d'une belle coquille du genre *Cône.*

ÉCORCE ÉLEUTHÉRIENNE (Botanique). — Nom vulgaire de la *Cascarille.*

ÉCORCE DE MAGELLAN (Botanique). — C'est l'écorce de Winter (voyez DRIMYDE).

ÉCORCE D'ORANGE (Zoologie). — Nom vulgaire d'une coquille du genre *Cône.*

ÉCORCE DU PÉROU (Botanique). — C'est le *Quinquina.*

ÉCORCE DE SOGMIDA (Botanique). — On appelle ainsi l'écorce du *Swietenia sogmida,* Lin., grand arbre des Indes orientales qui appartient à la famille des *Cédrélées.* Cette écorce, d'une cassure serrée, rougeâtre, a une odeur agréable et aromatique, une saveur très-amère, astringente et balsamique. C'est un médicament tonique très-usité dans l'Inde.

ÉCORCE DE SURINAM (Botanique). — C'est le nom qu'on donne à l'écorce du *Geoffroya surinamensis,* Lin., de la famille des *Papillonacées,* tribu des *Dalbergiées,* grand arbre des Antilles. Elle est amère, désagréable. On l'a employée comme vermifuge; elle est très-peu usitée aujourd'hui.

ÉCORCE DE WINTER (Botanique). — Appelée encore

E. sans pareille, est tirée du *Drimys Winteri*, Forst. (voyez **Drimyre**).

ÉCORCEMENT (Sylviculture). — On sait que pour tanner les cuirs (voyez **Tannage**) on se sert du tan que l'on fait avec l'écorce de jeunes branches de chêne. C'est dans les taillis de dix-huit à trente ans que l'on trouve la meilleure ; on s'en sert bien encore plus tard, mais alors il faut en enlever les rugosités, les mousses, les lichens qui la recouvrent. L'écorcement se fait vers la fin de mai et consiste tout simplement, après avoir coupé la tige, à fendre l'écorce avec un instrument spécial à cet usage ; on l'enlève ensuite facilement et on la met en paquets. Quelquefois l'opération se fait sur place et on ne coupe la branche qu'après ; dans ce cas, il faut préalablement faire une incision circulaire à la base de la tige, afin que l'écorcement ne se prolonge pas trop bas.

ÉCORCHEUR (Zoologie). — Espèce d'*Oiseau* du genre *Pies-grièches*.

ÉCORCHURE (Médecine). — Petite plaie superficielle de la peau qui peut tenir à des causes très-variées ; ainsi le frottement d'un corps dur, raboteux, d'une chaussure trop dure et appuyant fortement sur les parties saillantes des pieds, des coups d'ongles, l'action d'un rasoir mal dirigé, des fragments de bois, des épines, etc. Cet accident, qui n'a généralement aucune gravité et qui guérit de lui-même, ne doit cependant pas être négligé entièrement, et il faut, autant que possible, soustraire les écorchures au contact des corps extérieurs, éviter surtout celui des matières en putréfaction et de toute espèce de malpropreté ; on a vu des accidents redoutables résulter de la négligence de ces simples précautions.

ÉCOUFLE (Zoologie). — Nom vulgaire du *Milan*.

ÉCOULEMENT des liquides (Physique).—Nous aurons à considérer l'écoulement par les orifices et l'écoulement par les déversoirs.

I. *Écoulement par les orifices.* — Il y a dans ce cas une loi fondamentale qui peut s'énoncer ainsi : La vitesse d'un fluide à sa sortie d'un orifice pratiqué dans les parois d'un réservoir est celle qu'aurait acquise un corps pesant, en tombant librement de la hauteur comprise entre le niveau de la surface fluide dans le réservoir et le centre de cet orifice.

Ce théorème, connu sous le nom de *théorème de Torricelli*, a été établi par ce physicien, en 1643, comme une conséquence des lois de la chute des corps due à Galilée ; il mène à la formule :

$$v = \sqrt{2gH}$$

v étant la vitesse du liquide à la sortie de l'orifice, H la charge, c'est-à-dire la hauteur de l'eau dans le réservoir au-dessus de l'orifice de sortie.

Cette loi n'est pas toujours rigoureusement exacte, surtout quand on se sert de certains orifices ; mais on peut admettre comme rigoureux le principe suivant fort utile dans la pratique. Les bouches de sortie étant identiques, les vitesses sont toujours entre elles, comme les racines carrées des charges.

On appelle dépense d'un orifice le volume de liquide qui en sort dans l'unité de temps. Si la vitesse moyenne de toutes les molécules du liquide était due à la charge H, cette vitesse serait théoriquement $\sqrt{2gH}$; si en même temps il sortait des molécules liquides de tous les points de l'orifice et en filets parallèles, le volume d'eau écoulé dans l'unité de temps serait celui d'un prisme qui aurait l'orifice pour base et cette vitesse pour hauteur ; il serait donc, en appelant S la section de l'orifice, $S\sqrt{2gH}$. C'est ce que l'on appelle la *dépense théorique*. On a voulu vérifier la loi de Torricelli en vérifiant l'exactitude de la formule de la dépense théorique, mais on n'a point trouvé de concordance, même dans le cas où l'ouverture n'est munie d'aucun ajutage ; cependant Bossut avait trouvé qu'alors il y a accord à $\frac{1}{14}$ près entre la vitesse réelle et la vitesse donnée par la loi de Torricelli. La dépense réelle est toujours moindre que la dépense théorique. Pour s'en rendre compte, il suffit de couper la veine un peu après sa sortie de l'orifice par un plan perpendiculaire à sa direction. La dépense sera évidemment équivalente au produit de la section par la vitesse moyenne des filets au moment où ils la traversent. Si cette section était égale à celle de l'orifice, et si la vitesse était donnée rigoureusement par la loi de Torricelli, la dépense réelle serait aussi égale à la dépense théorique ; mais il arrive, ou que la section de la veine est inférieure à celle de l'orifice, ou que la vitesse à la section est plus faible que celle qu'on déduit théorique-

ment de la charge, ou l'un et l'autre à la fois. La dépense réelle est donc moindre que la dépense théorique, et en la désignant par Q et conservant les notations précédentes, l'on a :

$$Q = mS\sqrt{2gH}$$

m étant une fraction. Cette diminution de dépense est toujours le résultat d'une contraction qui s'opère dans la veine, à très-peu de distance de son origine ; aussi le coefficient m s'appelle-t-il coefficient de contraction.

La nature de la contraction dépend de celle des orifices. Ces orifices peuvent affecter des formes très-variées, dont les plus importantes à considérer sont les suivantes :

1° L'orifice dit en mince paroi, dans lequel l'épaisseur de la paroi est moindre que la plus petite dimension de l'ouverture ;

2° L'orifice formé d'un court tuyau cylindrique appelé *ajutage cylindrique* ;

3° L'orifice formé d'un ajutage conique convergent vers l'extérieur du réservoir, ou quelquefois divergent.

Lorsque l'orifice est en mince paroi, la contraction est extérieure ; on la voit, on peut mesurer les dimensions de la section où la contraction est maximum, et au delà de ce point la veine se continue sous forme d'un cylindre dont la section est celle de la veine contractée ; la vitesse est sensiblement la vitesse théorique. On a, par expérience, déterminé le coefficient de contraction. Quand l'orifice est en mince paroi plane, l'on a reconnu qu'il ne s'écartait jamais des limites 0,60 et 0,64, on a adopté 0,62, ce qui donne pour la dépense :

$$Q = 0,62\, S\sqrt{2gH}$$
$$= 2,75\, S\sqrt{H}$$

Dans les orifices cylindriques, la contraction se produit à l'intérieur du conduit, puis l'attraction des parois de l'ajutage occasionne une dilatation de la veine ; elle en porte les filets contre les parois, de sorte qu'à la sortie la section de la veine est bien égale à celle de l'orifice, mais la vitesse a diminué. La dépense est :

$$Q = 0,82\, S\sqrt{2gH}$$
$$= 3,62\, S\sqrt{H}$$

Les ajutages coniques convergents vers l'extérieur du réservoir augmentent encore plus la dépense ; ils donnent des jets très-réguliers et les lancent à une plus grande hauteur. La dépense est maximum quand l'angle de convergence est entre 13° et 14° ; le coefficient de contraction est alors 0,95, et, par suite, la dépense

$$Q = 0,95\, S\sqrt{2gH}.$$

Les ajutages coniques divergents sont très-peu employés ; des expériences de Ventari montrent que l'ajutage de plus grande dépense doit avoir en longueur neuf fois le diamètre de la petite base, et en évasement 5° 6' ; on aurait pour dépense :

$$Q = 1,46\, S\sqrt{2gH}.$$

Au lieu de supposer un écoulement produit par une ouverture pratiquée à une distance notable au-dessous du niveau du liquide, considérons le cas d'un déversoir, c'est-à-dire d'une échancrure pratiquée à la paroi du bassin et descendant jusqu'au-dessous du niveau du liquide, la base de l'échancrure s'appelle le *seuil*. Soient H la charge sur le seuil, l la largeur du déversoir, et Q la dépense, on a :

$$Q = 1,77\, H\sqrt{H}$$

du moins quand la largeur du déversoir est inférieure au tiers de celle du bassin. Si ces deux largeurs étaient égales, on aurait :

$$Q = 1,96\, l\, H\sqrt{H}$$

Toutes les formules précédentes supposent la charge H constante ; s'il n'en était pas ainsi, la valeur de la dépense varierait pendant la durée de l'écoulement ; on a trouvé cette loi : Un vase met à se vider entièrement un temps double de celui qui serait nécessaire pour l'écoulement de la même quantité de liquide par le même orifice, si le niveau était constant.

Il est parfois nécessaire d'entretenir par un orifice un écoulement constant; on voit d'abord qu'on peut y arriver en maintenant la charge constante, ce qui s'obtient facilement au moyen d'un trop-plein. L'écoulement se fait par un orifice S, mais, afin que le vase A ne se vide pas, il reçoit sans cesse de l'eau par un robinet R. La dépense de R est un peu supérieure à celle de S, de sorte que le niveau dans A s'élèverait au lieu de baisser,

Fig. 845. — Trop-plein pour produire un écoulement constant.

si un déversoir T ne laissait échapper l'excédant de liquide. Le trop-plein est souvent employé en grand pour régulariser la vitesse d'écoulement de l'eau destinée à faire mouvoir les roues hydrauliques.

Un procédé fort curieux pour régulariser l'écoulement d'un liquide est celui qui a été décrit par Mariotte dans son *Traité de l'écoulement des eaux*. L'appareil consiste en un flacon A sur lequel peuvent être disposés plusieurs orifices dont nous ne considérerons ici qu'un seul E. Le

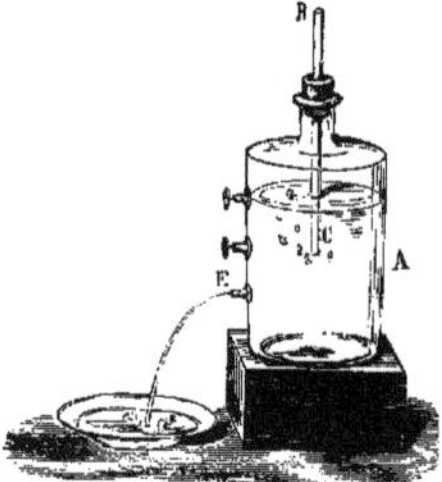

Fig. 846. — Vase de Mariotte.

goulot est fermé par un bouchon traversé par un tube de verre BC ouvert à ses deux extrémités; imaginons le flacon plein d'eau, ainsi que le tube, et supposons le tube enfoncé dans le flacon, comme le représente la figure. Ouvrons l'orifice E, l'eau s'écoule d'abord avec une vitesse décroissante, en même temps que le liquide descend dans le tube jusqu'à son extrémité inférieure; puis l'écoulement continue alors avec une vitesse constante, et des bulles d'air rentrant par le tube viennent se loger à la partie supérieure du flacon. Lorsque le liquide est arrivé en C au bas du tube, la pression supportée par le liquide dans le plan horizontal qui passe par ce point est la pression atmosphérique. Si la distance verticale de C en E est H, la vitesse d'écoulement sera donc $\sqrt{2gH}$ tant que le niveau du liquide dans le flacon ne se sera pas abaissé au-dessous de l'ouverture du tube. Il est à remarquer que pour que les bulles d'air pénètrent dans le flacon, il faut qu'elles aient atteint un certain excès de pression; elles prennent donc en C une forme hémisphérique, donc le niveau oscille entre deux plans horizontaux, c'est-à-dire que l'écoulement n'est pas rigoureusement constant; de là les oscillations qu'on aperçoit ordinairement dans la veine liquide; toutefois, si la distance verticale de C en E est suffisamment grande, les oscillations deviennent insensibles.

On peut utiliser l'écoulement des liquides pour produire l'écoulement d'un gaz Le flacon F (*fig.* 848), que nous appellerons *aspirateur*, est rempli d'eau et communi-

nique avec le tube *a*, dans lequel on veut faire passer une quantité déterminée d'air. Ce tube sort de la pièce où l'on fait l'expérience et va puiser l'air que l'on veut examiner; il pourrait aussi communiquer avec un gazomètre renfermant un gaz autre que l'air. À la tubulure S' est adapté le tube qui met en communication l'aspirateur avec *a*; à la tubulure *r'''* sont ajustés un thermomètre et un tube de dégagement. Au-dessous du robinet *r* se trouve un vase jaugé V dont la capacité est connue jusqu'au trait O. Si l'on ferme les robinets *r''*, *r'''* et si l'on ouvre les robinets *r'*,*r*, l'eau passe de l'aspirateur F dans le vase V et autant il s'en écoule, autant il entre d'air; de façon que lorsque l'eau aura atteint le trait O que nous supposons marquer 10 litres, le

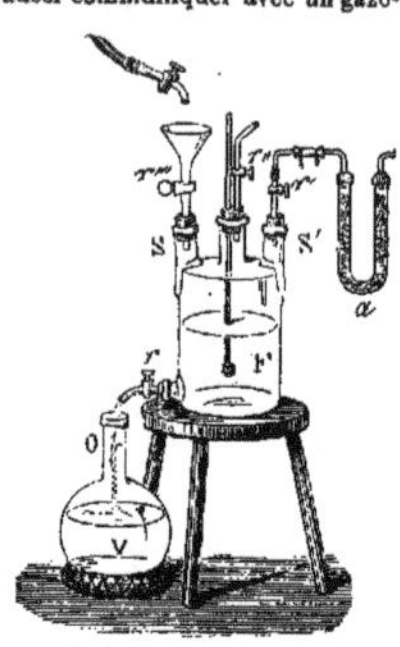

Fig. 847. — Flacon aspirateur.

même volume d'air aura pénétré dans le vase F en parcourant le tube *a*.

La disposition de l'appareil est telle, qu'on pourrait opérer surautant d'air que l'on voudra. À cet effet, on n'aura qu'à remplir d'eau successivement l'aspirateur F; ce à quoi l'on parviendra sans peine en fermant d'abord les robinets *r* et *r'* et en ouvrant ensuite le robinet *r'''* qui donne entrée à l'eau et le robinet *r''* qui donne issue à l'air précédemment entré dans le flacon.

On donne aux aspirateurs diverses formes. Ainsi la figure 849 représente un appareil dans lequel l'aspira-

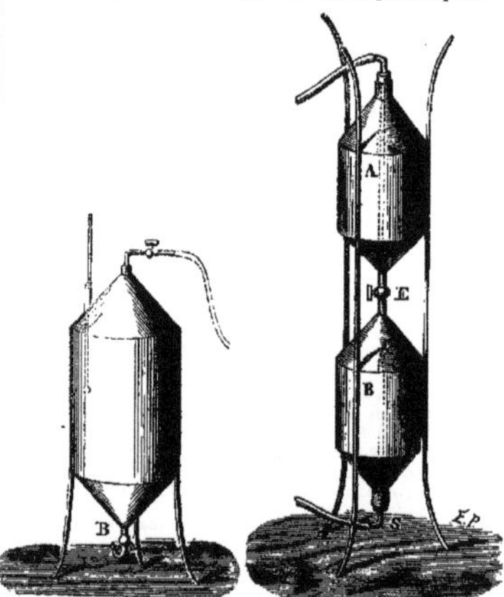

Fig. 848. — Aspirateur simple.   Fig. 849. — Aspirateur double.

teur B a la forme d'un cylindre terminé par deux cônes. Par une ouverture latérale, on peut introduire un thermomètre dans l'appareil; cette tubulure sert aussi à remplir l'appareil d'eau. La figure 850 représente un aspirateur double, pouvant servir indéfiniment, chacun d'eux est disposé à peu près comme l'aspirateur simple, et lorsque l'un des vases B ou A est plein, on n'a qu'à retourner l'appareil qui n'a en réalité ni haut ni bas, et peut se placer indifféremment sur l'un ou l'autre de ses supports.

Cette disposition des deux aspirateurs, de façon que le liquide s'écoule de l'un dans l'autre, est tout à fait analogue à ce qui a lieu dans les sabliers; on retourne simplement l'appareil quand l'écoulement est arrêté.

Les jets d'eau, les fontaines de Héron, les fontaines intermittentes, les siphons (voyez ces mots), donnent des exemples d'écoulement des liquides par des orifices.

II. *Écoulement par les canaux.* — Les canaux ont un lit régulier, partout le même profil et la même pente; c'est ce qui les différencie des rivières. La vitesse moyenne dans une section transversale est donnée par la formule

$$V = 56 \sqrt{\frac{A}{S} \cdot \frac{H}{L}} - 0^{m},072$$

dans laquelle H est la pente correspondante à la longueur L, où A est l'aire de la section, et S son contour ou périmètre mouillé. On se sert encore des formules suivantes :

$$V = \frac{v(v + 2,37187)}{v + 3,15312}$$

v étant la vitesse à la surface, et

$$2V = v + u$$

u étant la vitesse de fond. Ces formules, la dernière surtout, ne donnent que des approximations assez grossières.

Pour les tuyaux de conduite, la vitesse est donnée par des tables calculées par M. de Prony, et qui se trouvent dans les traités d'hydraulique (voy. les articles CANAL, COURS D'EAU (vitesse d'un), CONDUITE DES EAUX).

D'ailleurs, pour ce genre de questions, nous ne pouvons que renvoyer aux traités spéciaux, et particulièrement aux *Leçons de mécanique pratique* du général Morin.

ÉCOULEMENT DES GAZ (Physique). — D'après Daniel Bernouilli, les lois de l'écoulement des gaz ont le plus grand rapport avec celles de l'écoulement des liquides (voyez le mot ÉCOULEMENT). Si l'écoulement a lieu dans le vide, sa vitesse doit être, d'après cela, donnée par la formule $v = \sqrt{2gh}$, dans laquelle h représente la hauteur d'une colonne gazeuse ayant partout la même densité qu'à l'orifice de sortie dans l'espace d'amont, et dont le poids ferait équilibre à la force élastique du gaz considéré. Supposons, par exemple, qu'il s'agisse de l'air atmosphérique pris à la température de 0° et soumis à la pression de 0^{m},76 millim. La hauteur h s'obtiendra en multipliant 0^{m},76 par le rapport entre la densité du mercure et la densité de l'air par rapport à l'eau. On trouverait ainsi 7954 mètres, ce qui conduit à une vitesse d'écoulement de 395 mètres par seconde. Il faut remarquer d'ailleurs que cette vitesse est indépendante de la force élastique de l'air, car, quand cette force élastique diminue, la densité augmente dans le même rapport ; elle dépend, au contraire, de la nature du gaz, car ici la densité change indépendamment de la force élastique. Ainsi, pour l'hydrogène, la vitesse de sortie dans le vide doit être environ de 1500 mètres par seconde.

Si l'écoulement n'a pas lieu dans le vide, mais dans un espace contenant déjà un gaz, on se trouve dans un cas analogue à celui où, dans l'écoulement des liquides, l'orifice est noyé. La vitesse doit être $v = \sqrt{2g(h - h')}$, h' étant la hauteur d'une colonne du deuxième gaz qui aurait partout la densité du gaz qui s'écoule, et qui ferait équilibre par son poids à la force élastique du gaz dans l'espace d'aval. Si donc p et p' sont les forces élastiques des deux gaz, et Δ la densité de celui qui s'écoule, l'on aura

$$v = 395^{m} \sqrt{\frac{p - p'}{p\Delta}}$$

du moins dans le cas de l'air. Il faut dans l'évaluation de Δ introduire la température du gaz.

Ces formules de Bernouilli reposent sur des hypothèses parmi lesquelles il en est qui ne peuvent être rigoureusement admises. M. Navier, en reprenant la question, est arrivé à l'expression :

$$v = m \frac{p'}{p} \sqrt{2 \frac{p}{\Delta} \log. \text{hyp.} \frac{p'}{p}}$$

qui conduit, dans certains cas, à des conditions inadmissibles. Supposons, par exemple, que l'écoulement ait lieu dans le vide. On déduit alors de la formule de M. Navier que la vitesse d'écoulement est nulle. Il y aurait un maximum de vitesse de l'écoulement pour $p' = 0,60653\,p$.

M. d'Aubuisson a tenté des expériences pour vérifier la formule de Bernouilli, mais la différence des pressions dans l'espace d'amont et dans l'espace d'aval ne s'élevait pas à plus du soixante-dixième. M. Lagerhjelm a expérimenté le même sujet, mais la différence des pressions n'excédait pas le vingtième de la plus petite. La formule de Bernouilli et celle de M. Navier concordent alors suffisamment avec les faits. MM. de Saint-Venant et Wantzel laissaient rentrer l'air extérieur dans une cloche où ils faisaient le vide; ils ont déduit de leurs expériences la formule empirique

$$v = \frac{395^{m}.m \sqrt{1 + 0,00365\,t} \sqrt{1 - \dfrac{p}{p'}}}{1 + \dfrac{1}{n}\left(1 - \dfrac{p'}{p}\right)^{\frac{n'+1}{2}}}$$

dans laquelle les constantes m, n, n' dépendent de la nature de l'orifice. Ainsi, pour les orifices en minces parois, $m = 0,61$, $\frac{1}{n} = 0,58$, $\frac{n'+1}{2} = \frac{3}{2}$.

La question de l'écoulement des gaz aurait besoin d'être de nouveau soumise à l'étude. Quant aux appareils destinés à obtenir ces écoulements, ce sont les aspirateurs (voyez ÉCOULEMENT DES LIQUIDES) et les gazomètres (voyez ce mot). Consulter un mémoire de Péclet inséré dans son *Traité de la chaleur.*

ÉCREVISSE (Zoologie), *Astacus*, Gronov. — Sous-genre de *Crustacés*, de l'ordre des *Décapodes*, famille des *Macroures*, grand genre *Écrevisse*, section des *Homards*; caractérisé ainsi (*fig.* 850); les feuillets des nageoires latérales du bout de la queue élargis et arrondis à leur extrémité, l'extérieur divisé transversalement en deux par une suture transverse; les Écrevisses ont cinq paires de fausses pattes, les antennes mitoyennes ou secondes antennes saillantes et terminées par de longs filets, la queue toujours étendue, leurs pieds antérieurs se terminent par une pince à deux mordants. On trouve dans ce sous-genre des espèces marines parmi lesquelles le *Ho-*

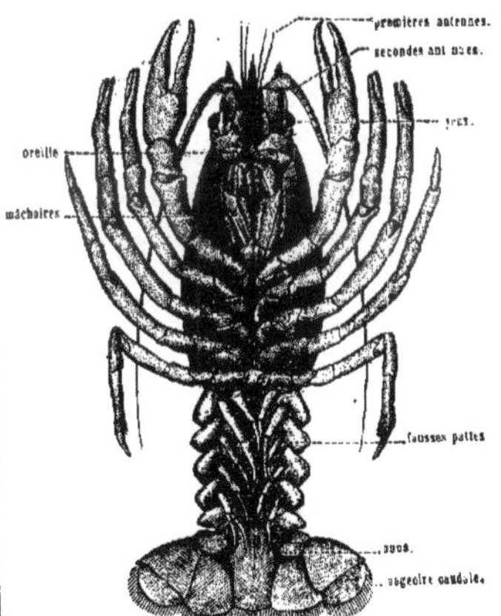

Fig. 850. — Écrevisse.

mard (voyez ce mot) si connu de tout le monde, et l'*Écrevisse commune* (*Ast. fluviatilis*, Cuv., *Cancer astacus*, Lin.) qui ne l'est pas moins. Elle est brun-verdâtre, à rostre armé d'une petite dent de chaque côté et à pinces chagrinées. Le jour elle se tient généralement dans des trous ou sous des pierres qu'elle ne quitte guère que le soir pour chercher sa nourriture, qui consiste en mollusques, petits poissons, larves d'insectes ou chair corrompue. La femelle est très-féconde, et les 30 ou 40 œufs qu'elle pond restent fixés par un pédicule aux filaments dont la queue est garnie à l'intérieur; ils forment ainsi une sorte de grappe jusqu'au moment de l'éclosion. Les petites écrevisses n'ont pas, en naissan', un test assez résistant pour abandonner leur mère, et elles trouvent encore pendant quelques jours un refuge sous sa queue. Tout le monde sait qu'elles ont la propriété de régénérer leurs pattes et leurs antennes perdues ou mutilées; un phénomène non moins étrange est la mue que subissent toutes les écrevisses entre mai et septembre. Au moment où l'animal doit se débarrasser de son enveloppe, il se cache pour ne pas devenir la proie de ses pareils lorsqu'il sera sans défense; puis l'écrevisse détache successivement et avec de violents efforts les diverses parties de sa carapace et reste ainsi deux ou trois jours au bout desquels elle peut quitter sa retraite avec une nouvelle enveloppe aussi dure que la précédente. Son estomac renferme, lorsqu'elle est sur le point de muer, des concrétions pierreuses, dont la médecine faisait anciennement usage comme absorbants. On les connaissait sous le nom d'*Yeux d'Ecrevisse*. L'écrevisse vit vingt ans et plus; sa chair est très-recherchée; on sait que la cuisson fait passer la carapace du brun au rouge. Ce phénomène tient à ce que des deux pigments qui existent dans l'épiderme, l'un rouge et l'autre bleu, ce dernier se détruit par la chaleur et il ne reste de visible que le rouge (voyez *Mémoire sur la struct. et les fonct. de la peau*. Académie des sciences. Comptes rendus, 11 novemb. 1850, par M. Ad Focillon). La pêche se fait à la main, au flambeau ou avec un fagot garni au milieu de viande corrompue dans lequel elles viennent s'enfoncer; mais mieux avec un petit filet nommé *balance*, au milieu duquel on place un appât. Il y a une variété d'une belle couleur bleu cobalt. **F. L.**

ÉCRIVAIN (Zoologie). — Nom vulgaire d'une espèce de *Poisson* du genre *Crénilabre*. On donne aussi ce nom, dans les pays de vignobles, à un insecte nuisible à la vigne et qui est l'*Eumolpe de la vigne*.

ÉCROUELLES (Médecine). — Nom vulgaire donné à une des formes de maladies *scrofuleuses*, dont la principale manifestation consiste dans l'engorgement, l'inflammation et la suppuration des ganglions lymphatiques du col. La superstition a, pendant longtemps, attribué aux rois de France le pouvoir de guérir les écrouelles par le simple attouchement (voyez SCROFULES).

ÉCROUISSAGE (Physique). — Opération par laquelle les molécules d'un corps sont rapprochées d'une manière permanente, de façon que sa densité en soit augmentée. L'écrouissage s'opère toujours par des actions mécaniques, le martelage, le laminage, la traction, la flexion, etc. Il n'y a d'écrouissage véritable qu'autant qu'il y a augmentation de densité; ainsi, par exemple, le plomb sortant de dessous le marteau sans changement de densité, on peut dire qu'il n'est pas susceptible d'être écroui. L'écrouissage influe naturellement sur les diverses propriétés physiques de la substance; en général, la ténacité, la dureté en sont augmentées. C'est en écrouissant par le marteau le tranchant de leurs armes en bronze que les anciens lui donnaient la dureté nécessaire.

ECTHYMA (Médecine), en grec *ekthuma*. — On appelle ainsi une maladie de la peau, caractérisée par l'existence de pustules rondes, aplaties, discrètes, donnant lieu à une suppuration et à la formation de croûtes brunâtres qui tombent, quelquefois sans laisser de traces, le plus souvent cependant en laissant des empreintes brunâtres ou de petites cicatrices. Elle peut être *aiguë* ou *chronique*. Lorsqu'elle est *aiguë* elle s'annonce par la chaleur, la cuisson, le sentiment de brûlure; puis une douleur vive précède l'éruption. En même temps il y a malaise, inappétence, céphalalgie, fièvre, etc. L'état aigu peut durer de dix à quinze jours, pendant lesquels l'éruption parcourt toutes ses phases. Dans l'état *chronique*, l'éruption est à peu près la même, mais les symptômes généraux sont à peine saisissables; du reste, les pustules se développent successivement, ce qui explique la lenteur de la maladie, qui dure quelquefois indéfiniment. Celle-ci peut se développer sous l'influence de toutes les causes qui provoquent une irritation directe de la peau. Elle siége surtout aux bras, au col, aux épaules. L'ecthyma chronique se montre de préférence aux membres inférieurs. Suivant M. Cazenave, l'ecthyma de cause externe est une maladie du follicule; celui de cause générale intéresse la peau tout entière. Le traitement de la forme aiguë consiste dans l'emploi des émollients sous toutes les formes et même de la saignée; de légers purga-

tifs; des bains légèrement alcalins à la fin de l'éruption, un régime doux. Dans l'ecthyma chronique, il faut avoir égard aux causes générales, telles que la misère, les excès, l'âge, et diriger le traitement d'après ces données; relever les forces par des toniques, des amers, des ferrugineux, des boissons vineuses, une bonne nourriture, des bains simples ou alcalins; on aura rarement recours aux moyens topiques. **F—N.**

ECTOCARPÉ (Botanique), *Ectocarpus*, Lyngbye; du grec *ektos*, en dehors, *karpos*, fruit. — Genre de plantes *Cryptogames* de la classe des *Algues*, type de la tribu des *Ectocarpées*, voisine des Conferves. Son principal caractère est dans la position des conceptacles ou réservoirs des globules reproducteurs, qui sont insérés le long des rameaux; c'est ce que rappelle son nom. Il renferme quinze à seize espèces qui habitent les mers tempérées et se fixent souvent par touffes plus ou moins fournies sur d'autres algues.

ECTOSPERME (Botanique), *Ectosperma*, Vaucher, ou *Vaucheria*, de Cand.; du grec *ektos*, en dehors, et *sperma*, graine. — Genre de plantes *Cryptogames* de la classe des *Algues* type du groupe des *Vauchériées*. Ce sont des plantes d'eau douce, à filaments cylindriques, grêles, capillaires, continus, plus ou moins transparents, remplis intérieurement d'une matière verte, granuleuse; conceptacles ronds ou ovoïdes, externes, sessiles ou pédonculés, solitaires, opaques, remplis de corpuscules. On rencontre environ une dizaine d'espèces de ce genre dans les fossés, les mares, la terre humide des environs de Paris. L'*E. terrestre* (*E. terrestris*, Vauch.; *Vauch. terrestris*, de Cand.) se compose de filaments verts formant de petites touffes épaisses sur les vieux murs et la terre humides. Ses conceptacles sont portés sur des pédicelles terminés en crochet.

ECTROPION (Médecine), en grec *ektropia*, renversement des paupières. — On appelle ainsi un renversement de la paupière supérieure ou de l'inférieure qui les empêche de recouvrir l'œil; cette maladie est produite quelquefois par un gonflement, un boursouflement considérable de la conjonctive qui force le bord libre de la paupière de se renverser en dehors; dans ce cas, à moins que cette incommodité ne soit déterminée par les progrès de l'âge, il faut faire la rescision d'une portion de la conjonctive, pour que la cicatrice ramène les paupières à leur position naturelle. D'autres fois, ce renversement ou cet *éraillement* est causé par la rétraction de la peau à la suite de la cicatrisation vicieuse d'une plaie, d'une brûlure avec perte de substance plus ou moins considérable; l'art ne peut guère tenter que la guérison des ectropions dans lesquels il n'y a qu'une légère perte de substance; pour cela, on fait une incision horizontale sur la cicatrice dans toute sa profondeur, on rapproche les paupières sur le globe de l'œil, en laissant béante la plaie qui résulte de l'incision, on tient les parties appliquées sur le globe de l'œil au moyen de petites compresses et d'un bandage contentif, et on tâche, par des pansements fréquents, de maintenir écartés les bords de la nouvelle plaie, afin d'avoir une cicatrice plus large que celle qu'on a détruite. **F—N.**

ECTROTIQUE (Médecine), du grec *ektitróskein*, faire avorter. — On appelle *méthode ectrotique* un procédé de cautérisation au moyen duquel on se propose de faire avorter les pustules de la variole, du zona ou de certains érysipèles. On opère de deux manières : la première consiste à traverser le sommet des pustules avec une aiguille d'or ou d'argent chargée de nitrate d'argent. Dans la seconde, au moyen d'un petit pinceau trempé dans une solution de nitrate d'argent (0^{gr},50 à 0^{gr},55 pour une cuillerée d'eau), on cautérise en masse toutes les pustules; mais cette dernière a été presque généralement rejetée. En général, la méthode ectrotique n'a pas répondu aux espérances qu'elle avait fait concevoir, et elle est aujourd'hui peu employée; ou n'y a guère recours que pour tâcher de prévenir ces redoutables ophthalmies qui compliquent les varioles confluentes et qui sont souvent le résultat de l'accumulation de plusieurs pustules sur un même endroit.

ÉCUELLE D'EAU (Botanique). — Nom vulgaire de l'*Hydrocotyle commune*.

ÉCUME PRINTANIÈRE (Zoologie). — Synonyme de *Crachat de coucou* (voyez CERCOPE).

ÉCUME DE MER (Minéralogie). — Substance magnésienne qui se taille au couteau, qui ne peut ni se pétrir ni se dissoudre dans l'eau; c'est une variété particulière de la pierre connue sous le nom de *magnésite* (voyez ce mot). On la rencontre en divers endroits de l'Asie Mineure, d'où on l'expédie en grosses masses ou en morceaux propres à faire des pipes. Au sortir de la carrière, elle est molle et pesante ; mais après avoir été exposée à l'air, elle durcit, devient plus blanche et plus légère. C'est avec cette pierre qu'on fait des pipes si recherchées en Orient et même en Europe ; quant au procédé de fabrication, il règne une grande incertitude à cet égard ; les uns pensent qu'on profite du moment où elle est encore molle et malléable, et qu'après avoir moulé cette pâte, on cuit très-légèrement les pipes ; suivant d'autres (Brenner), on fabrique en tournant ces petites masses simplement séchées. Ces pipes sont un objet de luxe, comme on sait, surtout lorsque, par un long usage, elles ont acquis une belle couleur de café. Quand l'écume de mer est de la meilleure qualité, on voit le feu à travers la pipe qui se ramollit au point que l'on peut y planter une aiguille. Cette substance, du reste, résiste longtemps à l'action du feu.

On fabrique une sorte d'écume de mer artificielle en incorporant avec de la caséine de la magnésie calcinée et une petite proportion d'oxyde de zinc. Le mélange desséché devient susceptible de recevoir un beau poli et imite un peu l'écume naturelle.

On désigne encore en minéralogie sous le nom d'*écume de mer* une substance calcaire de couleur blanc-jaunâtre ou verdâtre, de texture lamelleuse, à lames très-minces et flexibles et d'un éclat nacré. Plusieurs minéralogistes la regardent comme une variété de l'*agaric minéral*. C'est un *carbonate de chaux*.

ÉCUME DE MER (Zoologie, Botanique). — Ce nom a souvent été employé par certains naturalistes pour désigner des corps marins plus ou moins rapprochés des éponges, des alcyons parmi les animaux. On l'a aussi appliqué aux produits de la décomposition des varechs parmi les végétaux.

ÉCUREUIL (Zoologie). — *Sciurus*, Cuv., de son nom grec *skiouros*. — Genre de *Mammifères* de l'ordre des *Rongeurs*, section des *bien Claviculés*. Tout le monde connaît ce charmant petit animal au pelage roux vif par-dessus et blanc en dessous et aux moustaches fauves, qui se tient sur les arbres les plus élevés des grandes forêts de l'Europe et du nord de l'Asie, sur lesquels il niche, trouve sa nourriture et élève ses petits ; ses oreilles sont terminées par un bouquet de poils ; sa queue, très-longue, très-fournie, annelée de blanc et de noir et terminée de roux, se relève en panache sur sa tête ; son corps

Fig. 851. — Écureuil commun.

a environ 0ᵐ,20 de long et autant pour la queue ; mais il se distingue surtout par son agilité, sa propreté, la vivacité de ses mouvements et la finesse de sa physionomie. Il passe généralement sa vie sur les arbres, sautant de branche en branche ; aussi ne marche-t-il à terre que par bonds ; ses ongles, robustes et pointus, lui permettent de grimper sans peine en un instant au sommet de l'arbre le plus lisse. S'arrête-t-il, il s'assied, s'abrite de sa queue et se sert de ses pieds de devant comme de deux mains pour porter à sa bouche les amandes, les noisettes, les glands ou les autres fruits dont il se nourrit et dont il fait des provisions pour l'hiver ; il n'est pourtant pas exclusivement frugivore, car il suce volontiers les œufs qu'il rencontre et mange même les petits oiseaux. Il a une grande peur de l'eau, et c'est à tort que l'on a prétendu qu'il traversait les rivières monté sur une écorce en présentant sa queue au vent en guise de voile. Aidé de la fe-

melle avec laquelle il s'est choisi un arbre pour domicile à l'exclusion de tout autre écureuil, il construit son nid avec des brins de bois et de la mousse foulée. Cet asile est d'autant plus imperméable à l'eau que la seule ouverture très-étroite qui est pratiquée au dessus est recouverte d'un toit conique. C'est là qu'il passe sa plus grande partie du jour ; cette retraite est tenue avec la plus grande propreté et l'écureuil n'y fait jamais d'ordure ; c'est là aussi que sont élevés avec le plus grand soin les trois ou quatre nouveau-nés venus en mai. Pris jeune, l'écureuil s'apprivoise facilement. Sa chair est estimée et ses poils, ceux de la queue principalement, servent à faire des pinceaux. Vers le soir ils sortent de leurs retraites, et c'est alors qu'on les voit sauter et grimper de branche en branche avec une agilité et une grâce merveilleuses. Ils ne dorment pas pendant l'hiver. Tels sont les caractères et les mœurs de l'*É. commun* (S *vulgaris*, Cuv.).

On trouve dans le nord de l'Europe et de l'Asie l'*E. petit gris*, regardé par Cuvier et par la plupart des auteurs comme une variété de ce dernier. En hiver il est d'un beau cendré bleuâtre sur le dos. C'est une pelleterie très-recherchée, lorsque la mode la met en vogue. L'*E. gris de la Caroline* (Sc. *cinereus*, Lin.), plus grand que le nôtre, est cendré, à ventre blanc, c'est le *petit gris* de Buffon. L'*E. des Alpes et des Pyrénées* (Sc. *alpinus*, F. Cuv.), d'un brun très-foncé, paraît devoir former une espèce distincte. On connaît aussi beaucoup d'espèces exotiques ; ainsi, l'*E. du Malabar* (Sc. *maximus*, Gmel.), presque aussi grand qu'un chat, est noir en dessus, avec les flancs et le sommet de la tête d'un beau marron pourpre. Il a 0ᵐ,40 de long, et la queue autant. L'*E. à marque* (Sc. *capistratus*, Bosc.), de l'Amérique septentrionale, gris de fer cendré, tête noire, museau, oreilles et ventre blancs.

ÉCUREUIL VOLANT. Nom vulgaire donné aux *Mammifères rongeurs*, du genre *Polatouche*, et particulièrement au Sc. *volans*, Schreb (voyez POLATOUCHE).

ÉCURIE (Économie rurale), du latin *equus*, cheval. — C'est le bâtiment dans lequel sont logés les chevaux. Une écurie doit être dans de bonnes conditions hygiéniques, car la santé des chevaux et leur conservation importent grandement à la prospérité d'une exploitation agricole. Elle devra, autant que possible, être exposée au levant, avoir ses jours principaux du côté de la croupe des chevaux, afin qu'ils aient par là l'air et la lumière qui ne devra jamais frapper sur leurs yeux ; d'autres ouvertures seront ménagées à l'opposé pour aérer l'écurie pendant l'absence des chevaux. Le fumier devra être enlevé et la litière renouvelée fréquemment. Pour éviter la stagnation des eaux, l'écurie doit présenter dans le sens de sa largeur et de sa longueur une pente très-douce, qui permette aux urines de se rendre dans une rigole couverte et de là dans un puisard ouvert en dehors du bâtiment. Un cheval à l'écurie, d'après Gasparin, a besoin de 28 à 30 mètres cubes d'air, le calcul étant fait sur une hauteur de 4 mètres environ ; il faut, en outre, réserver une place pour les harnais et pour le lit du garçon d'écurie. Ainsi, on accordera à chaque cheval une largeur de 1ᵐ,75 et une longueur de 4 mètres y compris la crèche, la mangeoire et le passage. Si les chevaux sont sur deux rangs, ils devront être placés de préférence tête à tête. Il arrive souvent que les chevaux ne sont pas séparés ou qu'ils ne le sont que par de simples traverses mobiles soutenues à leur extrémité par des cordes ; il vaut mieux qu'il y ait autant de stalles pleines sur les côtés qu'il y a de chevaux. La mangeoire, de 0ᵐ,30 de profondeur, de 0ᵐ,35 d'ouverture en haut et de 0ᵐ,12 seulement de largeur en bas, sera fixée à 1ᵐ,20 du sol ; elle sera en pierre ou en bois dur ; elle sera munie d'anneaux en fer pour attacher les chevaux. Quant au râtelier, il devra être presque droit ; ceux qui sont fortement inclinés sur la tête des chevaux ont le double inconvénient de ne pas laisser tomber facilement le fourrage dans la partie la plus déclive, ce qui force le cheval à lever la tête trop haut ; ensuite, ils exposent les chevaux à recevoir sur la tête et dans les yeux les débris et la poussière que peut contenir le fourrage. Il commencera à 0ᵐ,20 ou 0ᵐ,25 au-dessus de la mangeoire, et aura 0ᵐ,35 à 0ᵐ,46 de hauteur ; les barreaux en bois dur ou en fonte seront écartés de 0ᵐ,08 à 0ᵐ,10. Dans les écuries bien ordonnées, le lit du garçon devra être placé dans une chambre spéciale ayant vue sur les animaux ; on pourra aussi y placer le coffre à avoine. Quant aux harnais, ils pourront utilement être accrochés derrière la croupe des chevaux, si les localités le permettent ; dans le cas contraire, il sera utile de réserver pour cet usage une place à un des bouts de l'écurie.

ÉCUSSON (Zoologie), *Scutellum.* — On appelle ainsi une pièce plus ou moins petite, ordinairement triangulaire, située sur le dos du mésothorax des insectes, entre les attaches des élytres ou des ailes. Elle est quelquefois très-grande et recouvre alors la plus grande partie du dessus de l'abdomen. Un grand nombre d'insectes sont dépourvus d'écusson : ainsi les lépidoptères, les aptères, la plupart des névroptères. Pour quelques naturalistes même, les hyménoptères, les diptères, plusieurs hémiptères n'en ont pas; on a pris, pensent-ils, pour un écusson la partie postérieure du corselet ou plutôt la partie postérieure de la poitrine ou du dos. On ne connait pas les usages de l'écusson.

ÉCUSSON (**GREFFE EN**) (Horticulture). — Voyez **GREFFE**.

ECZÉMA (Médecine), *Eczema* du grec *ekzein*, causer une sensation de fourmillement. — On a donné ce nom à une affection de la peau, caractérisée par de petites vésicules aplaties, très-rapprochées, presque confluentes, répandues sur des surfaces plus ou moins rouges, souvent très-étendues et envahissant toute une région du corps, accompagnées de prurit, d'un suintement plus ou moins abondant, d'excoriations, de plaques squammeuses, même de croûtes; c'est l'*E. simple*, une des plus fréquentes affections de la peau; elle peut être déterminée par toutes les causes irritantes qui agissent directement sur cette membrane, mais son développement est favorisé par les émotions morales, par l'âge adulte, par les saisons chaudes, par la finesse et la délicatesse de la peau; elle tient souvent à une idiosyncrasie particulière. Elle n'est point contagieuse. Dans sa plus grande simplicité, l'eczéma s'annonce par un sentiment de fourmillement, de cuisson à la peau, de chaleur, de prurit, sans congestion ni rougeur; il s'élève bientôt de petites vésicules indolentes, remplies d'une sérosité très-claire, d'un éclat argenté. Au bout de quelques jours, elles se flétrissent, s'affaissent, et le liquide est résorbé, ou elles se déchirent, la sérosité se concrète et forme de petites squames peu adhérentes, blanchâtres; la maladie dure environ huit ou dix jours. Mais elle n'offre pas toujours un caractère aussi bénin, et les divers degrés de cette affection ont fait admettre à M. Cazenave deux autres espèces : l'*E. rubrum* et l'*E. impetiginode*. Nous ne pouvons entrer ici dans le détail de ces différentes nuances de l'eczéma. On pourra consulter avec fruit le *Traité élémentaire des maladies de la peau*, par M. Chausit. Disons seulement que, dans ces deux variétés, les symptômes sont beaucoup plus intenses, la maladie plus longue, qu'un suintement continuel baigne généralement la peau aux lieux malades qui se recouvrent aussi de croûtes tombant et se renouvelant successivement. Dans tous les cas, elle peut être entretenue et se prolonger quelquefois pendant des mois et constituer ainsi une affection des plus incommodes.

M. Rayer regarde la teigne muqueuse comme un eczéma impétigineux du cuir chevelu et de la face; dans tous les cas, cette forme de la maladie, fréquente chez les enfants à la mamelle, fournit un fluide visqueux qui enduit les cheveux et les colle; à l'aide de cataplasmes émollients et de lotions fréquentes, l'inflammation diminue et finit souvent par se guérir. L'*E. de la face* et celui des *oreilles* sont souvent aussi chez les enfants des éruptions salutaires qui ne demandent guère que des soins de propreté; parfois ils se lient à un état lymphatique et réclament le traitement qui convient aux affections de cette nature. L'Eczéma peut se présenter à l'état chronique avec tous les symptômes dont nous avons parlé, mais moins accentués. Le traitement de l'état aigu consiste dans l'emploi des émollients, des légers purgatifs d'abord, puis des bains légèrement alcalins, gélatineux, de vapeur, surtout dans la forme chronique; quelquefois les sulfureux, les eaux d'Enghien, de Cauterets, les amers, les toniques, etc.   F—N.

ÉDENTÉS (Zoologie). — Cuvier désigne sous ce nom les animaux formant le sixième ordre de la classe des *Mammifères*. Ils ont pour caractères distinctifs non l'absence complète de dents, cas qui ne se présente que chez un petit nombre de genres, mais un système dentaire toujours sans incisives et à racines semblables. En outre, ils ont des doigts terminés par des ongles puissants, propres à fouir et un museau long et pointu. Leur infériorité organique et intellectuelle les fait placer au dernier rang des mammifères. Ils habitent l'Afrique, l'Amérique et l'Océanie. Cuvier a divisé cet ordre en trois familles : les *Tardigrades*, à démarche lente et à museau court; les *Édentés* proprement dits, à museau pointu, comprenant les *Fourmiliers* et les *Pangolins*; et les *Monotrèmes* (voyez ces mots).

EDINITE (Minéralogie). — Nom d'un minéral trouvé avec la prehnite dans les basaltes sur lesquels est bâti le château d'Édimbourg. Il a été décrit et analysé par Kennedy, qui l'a trouvé composé de : silice, 51,50; chaux, 32; alumine, 0,5; étain oxydé, 0,5; soude, 8,5; acide carbonique avec trace de magnésie et d'acide chlorhydrique, 5.

ÉDREDON (Zoologie). — Voyez **EIDER**, **CANARD**.

EFFANAGE (Agriculture). — Certains végétaux, tels que les céréales, se développent quelquefois d'une manière trop vigoureuse, surtout lorsque les premiers jours du printemps sont tièdes et humides et succèdent à un hiver doux; ces tiges, d'une végétation luxuriante, peuvent nuire à la production du grain, et il est bon de les couper avant la formation de l'épi; on se sert ordinairement de la faux pour cette opération; d'autres fois, on y fait paître les moutons, mais sans les faire séjourner. On évite aussi par ce moyen que les céréales ne versent plus tard.

EFFARVATTE (Zoologie). — Buffon avait donné ce nom à la *Fauvette de roseaux* (*Motacilla salicaria*, Gmel.) et à la *Petite Rousserolle* (*M. arundinacea*, Gmel.), en faisant remarquer, toutefois, qu'il s'appliquait plutôt à cette dernière; c'est à cette opinion que s'est rangé Cuvier (*Règne animal*). Ces deux espèces, du reste, sont classées dans le genre *Fauvette* (voyez ce mot).

EFFEUILLEMENT ou **ÉPAMPREMENT** (Agriculture). — Opération que l'on pratique particulièrement sur la vigne pour en diminuer la vigueur, de telle sorte que, le terme de la végétation annuelle se trouvant rapproché, les grappes ne recevant plus autant de sève, la maturité devient plus complète, et même, l'année suivante, on a de meilleurs produits. Pour agir avec prudence, cette opération doit être faite en deux fois, la première lorsque le raisin aura acquis toute sa grosseur; on n'enlève alors que quelques feuilles, celles qui n'abritent pas directement les grappes, et douze ou quinze jours plus tard, on en enlève une nouvelle quantité, en ne laissant que le tiers ou la moitié de ce qu'il y avait primitivement, suivant la vigueur des ceps, l'humidité ou la sécheresse de l'année; alors on dégarnit les grappes, mais il faut avoir soin de laisser le pétiole des feuilles pour que le bouton ne souffre pas. Ces feuilles sont excellentes pour les bestiaux.

EFFLORESCENCE (Chimie). — Voyez **DÉLIQUESCENCE**.

EFFLUVES (Hygiène), *Effluvium*, du latin *effluere*, s'écouler. — La signification de ce mot n'a pas été généralement précisée d'une manière rigoureuse, et il a été employé indistinctement par la majeure partie des auteurs comme synonyme de *miasmes, exhalaisons, émanations*. Il est peut-être plus raisonnable, pour s'entendre, de réserver les deux derniers mots pour désigner le mode de développement ou de production, et de donner à chacun des deux autres un sens précis, comme l'a fait le Dr Naquart (*Dict. des sc. méd.*, article **ÉPIDÉMIE**). Selon cet auteur, les *effluves* sont les exhalaisons qui s'élèvent des marais et de tous les lieux où se corrompt une eau stagnante, tandis que les *miasmes* sont les émanations fournies par les corps malades et les substances animales en putréfaction. Ainsi, dans le premier cas, une eau stagnante donne d'abord naissance à des myriades d'animaux et de végétaux qui meurent et se putréfient dans la vase qui leur a servi de berceau; bientôt se développe dans cette eau une sorte de fermentation putride d'autant plus active que la surface sera plus étendue avec peu de profondeur et qu'il y aura plus de chaleur et de sécheresse; alors l'évaporation de cette eau entraînera avec elle des particules délétères dont l'activité sera encore augmentée par leur mélange avec l'humidité de l'atmosphère. La production de ces effluves sera, du reste, plus abondante en été et en automne, saisons pendant lesquelles la chaleur rendra l'évaporation plus active. Ils détermineront chez les individus vivant dans l'atmosphère qui les contient les maladies dites endémiques, paludéennes, etc. Quant aux *miasmes*, tels qu'ils ont été définis plus haut, leur principale origine paraît consister dans les émanations qui s'échappent des corps malades, telles que les sueurs, la transpiration insensible, les évacuations alvines, les exhalations pulmonaires, etc., et ils auront surtout pour effet de produire ces maladies spéciales connues sous les noms de *peste, fièvre jaune, choléra-morbus*, etc.   F—N.

EFFORT (Physiologie, Chirurgie), *nisus* des Latins. — On donne ce nom à tout effort musculaire violent destiné à faire triompher d'une résistance extérieure ou à faire accomplir des fonctions laborieuses. Un premier effet de cette contraction, quelque limitée qu'elle soit, c'est de mettre en action une partie des forces musculaires du tronc ; ainsi, dans tout effort un peu intense, il y a d'abord contraction du diaphragme, grande inspiration pour faire pénétrer beaucoup d'air dans les poumons, puis contractions des muscles abdominaux et des puissances expiratrices. Les conséquences de ces phénomènes sont faciles à saisir : les gros vaisseaux situés dans le thorax sont comprimés, et comme ils sont les aboutissants des systèmes veineux et artériels, il en résulte des troubles dans toute la circulation ; de plus, les viscères abdominaux , par suite de la pression qu'ils éprouvent, peuvent subir diverses altérations ; ainsi quelques portions de ces viscères s'échappent parfois à travers une des ouvertures naturelles et constituent des *hernies* (voyez ce mot) qu'on a improprement appelées *efforts*. Enfin, on voit encore assez souvent la rupture de quelques fibres musculaires, d'un muscle entier et même d'une apophyse à laquelle s'attache ce muscle. On a observé aussi, pendant de violentes contractions , des fractures de la rotule , de l'olécrâne, du calcanéum. Des observations de Curet, Chamseru, Rostan, S. Cooper constatent des exemples de fractures des os longs (fémur, humérus) par efforts musculaires.

Effort (Chirurgie). — Voyez **Hernie**.

EFFRAYE (Zoologie), *Strix*, Savigny. — Sous-genre d'*Oiseaux*, ordre des *Oiseaux de proie*, famille des *Nocturnes*, du grand genre *Strix* de Linné. Les Effrayes ont la conque auriculaire très-développée, aussi bien que l'opercule. Le masque formé par les plumes effilées qui entourent leurs yeux a plus d'étendue que chez les autres oiseaux de cette famille et leur donne une physionomie plus extraordinaire encore qu'aux autres nocturnes. Elles manquent d'aigrettes et leurs tarses sont emplumés. Leur bec allongé ne se courbe que vers le bout. La principale espèce est l'*E. commune* (*Strix flammea*, Lin.), vulgairement nommée *Fresaie*, *Chouette des clochers*, répandue par tout le globe et très-commune en France ; elle a environ 0ᵐ,3½ de longueur ; son dos est nuancé d'un roux fauve, varié de gris et de brun, piqueté de points blancs enfermés chacun entre deux points noirs. Le ventre blanc ou fauve. Les plumes du disque de l'œil sont blanches. Le bec, blanc à son origine, est brun à la pointe. Sa

Fig. 852. — Effraye.

queue est blanche et plus courte que les ailes. Son nom d'effraye lui vient de l'effroi qu'elle cause, et c'est elle que le peuple regarde comme l'oiseau de mauvais augure ; cette crainte qu'elle inspire ne peut s'expliquer que par le cri qu'elle fait entendre dans le silence des nuits, car son rôle n'est pas sans utilité. Elle se rapproche des habitations et détruit les musaraignes, les souris, les rats ; il est vrai qu'elle mange aussi des oiseaux, telles que grives, bécasses, etc. Les effrayes nichent dans les tours et les clochers, dans les creux des rochers ; la femelle y pond 3 ou 4 œufs un peu allongés, d'un blanc pur ; ils ont 0ᵐ,040 sur 0ᵐ,032.

EFFRITEMENT des terres (Agriculture). — On appelle ainsi l'épuisement du sol par des cultures mal entendues ; il a lieu souvent lorsqu'on répète plusieurs fois de suite la même culture, mais bien plus encore lorsqu'on n'emploie pas l'engrais suffisant pour entretenir la terre dans un bon état : ainsi, il arrive quelquefois que des fermiers à fin de bail effritent la terre soit en forçant la récolte, soit en la privant d'engrais, de manière à rendre au propriétaire un sol épuisé quelquefois pour plusieurs années, au préjudice de celui-ci et du nouveau fermier. C'est un procédé coupable qu'il faut surveiller avec soin à la fin des baux.

ÉGAGROPILE (Zoologie). — Voyez **Bézoard**.

EGLANDER (Médecine vétérinaire). — Opération de chirurgie qui consiste à extraire les ganglions malades sous la ganache d'un cheval. Le plus souvent, l'induration de ces ganglions est une conséquence de la morve ; alors, leur extirpation serait une opération tout à fait inutile, la maladie principale étant au-dessus des ressources de l'art (voyez **Morve**). Dans le cas contraire, on devra l'enlever par une simple incision à la peau qui recouvre la glande ; on disséquera ensuite la tumeur, en ayant bien soin de ménager le canal excréteur de la glande parotide et les artères voisines ; on réunira ensuite par première intention.

ÉGLANTIER (Botanique). — Espèce du genre *Rose* (*Rosa eglanteria*, Lin.). Cet arbrisseau, qui s'élève souvent à plus de 1 mètre, a ses rameaux hérissés de quelques aiguillons épars et droits. Ses feuilles portent des folioles ovales, finement dentées vers le sommet, concaves, lisses en dessus et glanduleuses en dessous. Ses fleurs, à calices lisses, pédonculés, sont jaunes, les pétales sont pinnatifides, étalés. Ses fruits sont globuleux, jaune-orange. Cette espèce est indigène. On en distingue plusieurs variétés qui diffèrent par la teinte de leurs pétales et de leurs stigmates. Les plus remarquables sont : la *Rouge pâle* (*R. egl. subrubra*, Red. et Thor.), dont les pétales sont d'un rouge pâle en dessus et jaunes en dessous, et la variété *Ponceau* (*R. egl. punicea*, Red. et Thor.), à pétales d'un rouge ponceau au sommet et à stigmates pourpres. Parmi les variétés jardinières d'églantier, celle dite *Capucine* est très-jolie avec ses fleurs jaunes en dehors et orangés ou dedans. L'*Églantier*, *Vrai églantier*, *Rosier des chiens* (*R. canina*, Lin.), est une variété également indigène et très-commune. Elle est connue encore sous le nom de *Cynorrhodon* (du grec *kuôn*, chien, et *rhodon*, rose, parce que sa racine passait pour un spécifique contre la rage) et produit des fruits ovales, lisses, d'un rouge de corail à leur maturité, couronnés par les divisons du calice, renfermant à l'intérieur une pulpe jaune, ferme, astringente, avec laquelle on prépare une conserve usitée dans certaines diarrhées, et connue sous le

Fig. 853 — Églantier, rosier rouillé.

nom de *conserve de cynorrhodon*. On trouve sur ses tiges une excroissance nommée *Bédéguar*, produite par la piqûre d'une insecte, le *cynips rosæ* (voyez **Bédéguar**.) Le *Rosier* dit *de Bourbon*, qui a tant produit de variétés, est déjà une variété de cette espèce. Le *Rosier rouillé* (*R. rubiginosa*, Lin.) porte souvent le nom d'*Églantier odorant* (voyez **Rosier**).   G — s.

ÉGOPODE (Botanique), *Ægopodium*, Lin. ; des génitifs grecs *aigos*, chèvre, et *podos*, pied ; allusion à la forme des feuilles. — Genre de plantes *Dicotylédones dialypétales périgynes*, de la famille des *Ombellifères*, tribu des *Amminées*. Caractères principaux : 2 styles longs et réfléchis, portés sur un pied ; carpelles à 5 côtes filiformes ; vallécules dépourvues de canaux résinifères. L'*É. herbe aux goutteux* (*Æ. podagraria*, Lin.), est une herbe vivace à feuilles divisées en trois parties, lesquelles se composent de trois segments oblongs, terminés en pointe. Cette plante croît dans les bois des régions tempérées de l'Europe. Dans certains endroits, elle est admise comme plante potagère. On lui a attribué autrefois la propriété de guérir la goutte.

ÉGOPHONIE (Médecine), génit. du grec *aigos*, chèvre, et *phoné*, voix, voix de chèvre, voix chevrotante. — Expression créée par Laennec pour désigner une résonnance particulière de la voix perçue au moyen du *stéthoscope*. Elle arrive à l'oreille plus aigre, plus aiguë que dans l'état ordinaire; elle est tremblotante, saccadée comme celle d'une chèvre qui bêle; quelquefois elle paraît tenir à une résonnance particulière de la voix à travers les petites bronches aplaties, surtout lorsqu'elle traverse des couches minces d'un liquide épanché ; dans le premier cas, elle coïncide surtout avec le début d'une pleurésie ; mais lorsque la maladie se prolonge et qu'elle prend le caractère chronique, c'est alors que l'on observe le second phénomène indiqué plus haut et qui dénote un épanchement, en général, peu considérable ; de sorte que c'est plutôt un symptôme favorable dans ce cas. Lorsque l'égophonie prend le caractère d'une espèce de bredouillement, on la dit *voix de polichinelle*.   F—N.

ÉGOUTS (Hygiène). — On appelle ainsi des canaux souterrains destinés à recevoir les eaux ménagères, une partie des immondices, les eaux pluviales qui encombreraient la voie publique, à leur livrer passage et à les conduire dans un grand cours d'eau ; quelquefois les égouts partiels se déversent dans un puits perdu ou dans un sol absorbant. La construction des égouts de Paris, par son admirable disposition, par ses vastes dimensions, par la direction éclairée que l'administration imprime à toutes les parties de ce vaste service, est un modèle qui doit servir de règle à tout ce qu'il est possible de faire dans ce genre à notre époque. Voici comment s'expriment les auteurs du *Dict. général des lettres et des beaux-arts*, à l'article PARIS CLOACAL (Dezobry et Tandou) : « Rien n'approche d'une pareille entreprise ni dans l'antiquité, ni chez aucune des plus puissantes nations modernes ; on n'a jamais vu et on ne voit encore aucune construction de ce genre qui soit aussi bien entendue dans son ensemble, aussi sagement et savamment ordonnée dans ses détails, aussi monumentale dans son exécution, aussi grandiose dans son aspect ; et ce gigantesque travail aura été exécuté et complété en moins d'un demi-siècle ! » Nous n'entrerons dans aucun détail sur la construction des égouts en général, renvoyant à l'article cité plus haut pour tout ce qui a trait à ce sujet ; nous en dirons seulement quelques mots au point de vue hygiénique. Il est bon, autant que faire se peut, que la voûte d'un égout soit au moins à hauteur d'homme ; la vie des égouttiers est souvent à ce prix. La pente devra être réglée d'après celle du cours d'eau dans lequel il se déverse ; elle ne saurait être trop considérable. Le radier ou plancher inférieur d'un égout devra être construit en briques bien cuites ou en béton, toutes les parties seront enduites d'un mortier hydraulique bien lisse, entretenu avec grand soin, afin de ne présenter ni saillie ni inégalités propres à retenir les parties les moins liquides qui viendraient s'y déposer ; il en est de même des parois latérales qui doivent être parfaitement planes pour le même objet. Les changements de direction des égouts ne devront jamais présenter d'angles ; ils devront toujours être arrondis : on en comprend la raison. Le plancher supérieur, qui sera toujours voûté, sera percé de jours grillés aussi rapprochés que possible. Les matériaux de construction devront être solides et capables de résister à l'humidité, à l'action dissolvante des liquides et à la force des courants. On devra établir dans les égouts un système de courants d'air, soit au moyen du feu, soit au moyen de cheminées portatives au niveau des regards, soit au moyen de ventilateurs mécaniques ; et lorsque les ouvriers seront au travail, on devra surveiller avec le plus grand soin l'action du feu, la direction de la flamme des lampes, le degré de clarté qui indiqueront s'il y a du danger. Le meilleur moyen pour remédier à l'infection des égouts, c'est d'établir, dans leur construction, des barrages aux points supérieurs, afin de pouvoir, à des moments donnés, lancer une masse d'eau considérable qui enlève à l'instant tout ce qui est contenu dans l'égout, entraînant les matières putrescibles ou les dissolvant à mesure que les effluves délétères se forment. On consultera : *Essai sur les cloaques et égouts de la ville de Paris*, Parent-Duchatelet. Paris, 1824. — *Rapport sur le curage des égouts Amelot, de la Roquette*, etc. (*Ann. d'hyg.*, etc. 1829, t. II, p. 5]. — Dupasquier, *Des eaux, des égouts et du curage des fosses d'aisances dans une grande ville* (*Gazette médicale de Lyon* du 30 septembre 1850.)—*Premier et second mémoire sur les eaux de Paris, présentés par le préfet de la Seine au conseil municipal*. Paris, 1858-1859, 2 vol. in-4, dont 1 de planches.

Les *Égouttiers* sont les ouvriers chargés de la surveillance et du nettoyage des égouts. On devra choisir pour ce genre de travail des hommes habitués aux ouvrages pénibles, et surtout à ceux qui exigent certaines précautions hygiéniques précises, des vidangeurs, par exemple ; on a pu voir plus haut les précautions qu'ils doivent prendre pour éviter de se trouver au milieu d'une atmosphère délétère, au moyen des feux. Ils devront, en outre, se bien nourrir, se bien vêtir, être pourvus de longues bottes imperméables ; on devra les surveiller avec grand soin sous le rapport de l'ivresse, et l'entrée d'un égout leur sera sévèrement interdite lorsqu'ils seront dans cet état.   F—N.

ÉGOUTTEMENT DES TERRES (Agriculture). — Voyez SOL, DRAINAGE, EAUX (*Épuisement des*), IRRIGATION.

ÉGRAINAGE (Agriculture). — Voyez ÉGRENAGE.

ÉGRAPPAGE, ÉGRAPPOIR (Agriculture). — L'égrappage est une opération qui consiste à séparer les baies des raisins de leurs pédoncules vulgairement appelés *râfles*. L'utilité de cette pratique a été contestée par les uns, prônée par les autres. Bonne ou mauvaise, cette opération se pratique dans plusieurs vignobles fins, et particulièrement en Médoc. On y procède soit en jetant les raisins sur des claies où ils sont pressés à la main et à travers lesquelles passent les baies et non les râfles, soit à la faveur de petits râteaux en bois nommés *égrappoirs*. Ce dernier mode est moins expéditif, mais il est plus avantageux. En Bourgogne, on égrappe, en jetant et en

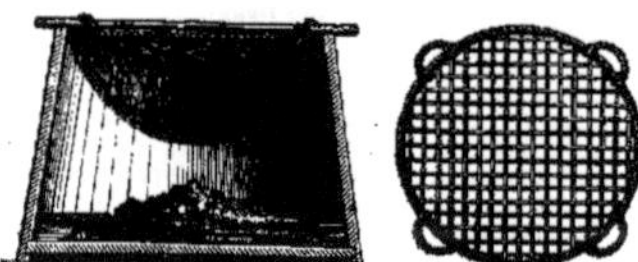

Fig. 854. — Claie à égrapper.

broyant à la main, sur une *claie* d'osier posée sur une petite cuve dite *ronde* ou *rondeau*, les raisins qui viennent de la vigne (*fig.* 854) ; les interstices de la claie laissent passer tous les grains du fruit ; la grappe seule reste sur cette claie. Deux hommes peuvent égrapper dans une journée les raisins de 40 à 50 hectolitres de vin.

ÉGREFIN (Zoologie). — Voyez MORUE.

ÉGRENAGE (Agriculture). — Opération par laquelle, après avoir récolté les plantes que l'on cultive pour leurs graines, on sépare celles-ci des tiges qui les portent. L'*égrenage*, s'exécutant souvent au moyen de chocs répétés imprimés aux tiges, porte aussi, dans la plupart des cas, le nom de *battage*, et dans quelques-uns celui de *dépiquage* ou *dépicage* (*de spicâ*, hors de l'épi), qui n'est qu'une autre forme du terme placé en tête de cet article. L'égrenage varie nécessairement dans ses procédés, suivant la nature des plantes et des graines qu'on en veut séparer. Il importe donc de traiter séparément des principales catégories de plantes cultivées que les agriculteurs ont à égrener. D'abord, les *céréales* (blé, seigle, riz, maïs, etc.), dont l'égrenage est une des opérations les plus importantes de la manutention des produits agricoles ; puis les plantes *non céréales* dans lesquelles sont comprises les *farineuses* (féverolles, haricots, etc.), dont l'égrenage est déjà beaucoup plus simple, et les plantes à graines *oléagineuses*, tout aussi faciles à égrener.

§ 1. *Égrenage des céréales.* — La plupart des céréales, comme le froment, le seigle, l'orge, l'avoine et même le sarrasin, s'égrènent par les mêmes procédés dans les mêmes contrées ; le riz et le maïs réclament cependant des façons particulières qui seront indiquées plus loin et qu'explique assez bien la disposition spéciale de leurs grains. Les procédés généraux suivis pour l'égrenage des céréales diffèrent profondément suivant les contrées. En France, on en peut signaler trois : le *dépiquage*, le *battage au fléau*, enfin le *battage mécanique*.

1° *Dépiquage.*— Le dépiquage est un procédé propre au midi de la France et aux contrées méridionales de l'Europe, comme l'Italie et l'Espagne, et que l'on retrouve exceptionnellement dans quelques pays septentrionaux. Ce procédé remonte à une très-haute antiquité ; c'est ainsi que les Hébreux, les Égyptiens, les Phéniciens, puis les Grecs et les Romains égrenaient leurs céréales. Homère (*Iliade*, ch. xx) ; — Xénophon (*Mémorables*, liv. V) et d'autres auteurs parmi les Grecs ; — Caton l'Ancien (*De re rusticâ*) ; — Varron (*De re rusticâ*, liv. I) ; — Columelle (*De re rusticâ*, liv. I) ; — Virgile (*Géorgiques*, ch. i), parmi les

Romains, ont décrit avec plus ou moins de détail le dépiquage tel qu'il se pratique encore aujourd'hui dans la plupart des pays où ces auteurs ont pu observer. il y a deux à trois milles ans, ces pratiques agricoles et tel qu'on le voit encore dans les départements de Vaucluse- de l'Hérault, des Bouches-du-Rhône, des Basses-Alpes, du Var, du Gard, de l'Ariége, de l'Aveyron, des Pyrénées-Orientales, de la Haute-Garonne, de l'Aude, de la Corse.

On distingue, et les anciens distinguaient comme nous le *dépiquage* opéré par le *piétinement des chevaux* ou *des mulets* et le *dépiquage* à l'aide de *chariots* ou de *rouleaux*. Quel que soit le procédé employé, l'opération se fait sur une surface préparée dans ce but, de forme circulaire, qui doit être plane et résistante, que l'on nomme l'*aire* et que déjà les Romains nommaient *area*. Une aire à dépiquer exige de grandes dimensions (35 à 40 mètres de diamètre), puisque huit à dix animaux et autant d'ouvriers doivent s'y livrer à des évolutions repétées. Caton et Varron nous ont décrit avec soin les précautions que prenaient pour les construire les agriculteurs latins du iie et du i^{er} siècle avant Jésus-Christ. On creusait d'abord la terre sur toute la surface du cercle de l'aire, et on répandait dans l'excavation du marc d'huile jusqu'à en bien imbiber le sol. On rejetait ensuite les terres sur la fouille, en les émiettant et en les égalisant bien, et on les foulait ensuite avec un grand cylindre. Les agriculteurs les moins soigneux se contentaient alors de recouvrir le tout d'une couche d'argile ; mais les plus intelligents faisaient caillonter cette surface et l'enduisaient d'une nouvelle couche de marc d'huile pour l'empêcher de se gercer au soleil de l'été et pour en éloigner les fourmis. les insectes, les mulots, les taupes. Certaines aires étaient même recouvertes d'un dallage en pierre. Aujourd'hui, les aires sont souvent encore. dans le midi de la France, construites d'après le procédé antique ; souvent aussi on les fait de terre franche (c'est-à-dire argileuse) convertie en mortier, puis pétrie jusqu'à former une masse bien homogène. On étend ce mortier sur l'emplacement choisi pour établir l'aire, et on le laisse ressuyer à l'air ; puis on le bat fortement avec des *battes*, sortes de plateaux en bois fixés obliquement au bout d'un long manche, et le battage est renouvelé chaque jour jusqu'à ce que la surface soit devenue parfaitement dure. On a soin de boucher avec de la terre franche pétrie toutes les gerçures qui peuvent se produire. L'aire prend plus de solidité et devient plus unie quand on a soin de l'arroser avec de la fiente de vache ou du sang de bœuf.

Le *dépiquage par les chevaux* ou *les mules*, exige un grand nombre de ces animaux et ne peut se pratiquer que dans les exploitations rurales assez importantes pour posséder beaucoup de bêtes de somme ; encore le dépiquage ne se fait-il bien que par les animaux de race légère dont le sabot frappe avec souplesse les épis et la paille ; il est décrit avec soin tel qu'il se pratique dans le midi de la France, par l'abbé Rozier dans son *Cours complet d'agriculture*, et par M. L. Pons-Tande dans le *Livre de la ferme*, de P. Joigneaux (liv. Ier, p. 225). Les gerbes sont placées sur l'aire, droites, liées, la paille verticale, les épis regardant le ciel ; elles sont fortement pressées les unes contre les autres, et à mesure qu'un côté de l'aire est garni d'une rangée de gerbes bien serrées, une femme qui suit les travailleurs coupe les liens sans laisser disjoindre la gerbe. On élève ainsi sur l'aire une masse circulaire ou ovale semblable à une moisson debout et que l'on nomme la *molée* ; les abords en ont été disposés en plan incliné au moyen des gerbes mal liées ou désunies qu'on a mises autour. Tous ces travaux se font sous la direction de *l'équassié* ou *aigassié*, comme on l'appelle dans le Midi, qui est le conducteur de la troupe de chevaux, nommée *équalade* (*equus*, cheval), *aigalade* ou *manade*. Les meilleurs chevaux à dépiquer sont ceux de la vallée de l'Aude, et surtout ceux de la Camargue, petits et gris de robe. Dans beaucoup de contrées du Midi, les chevaux sont remplacés par des mules ou mulets ; les anciens y employaient même les bœufs. Les chevaux sont attachés deux à deux par un bridon auquel tient une longe dont le conducteur garde l'autre extrémité dans sa main ; ce conducteur guide ainsi parfois jusqu'à six paires d'animaux. L'*équassié* suit dans les positions qu'il prend successivement le cercle blanc continu tracé à la partie moyenne de l'aire sur la figure ci-jointe. Dans chacune de ces positions, il représente le centre d'un cercle dont les longes sont les rayons et dont les paires de chevaux suivent la circonférence (marquée par les traits ponctués, *fig.* 855). « On comprend, dit M. L. Pons-

Tande, combien doivent être pénibles les premiers pas que font les chevaux sur un pareil terrain:.. Ces pauvres animaux s'enfoncent d'abord de toute la longueur de leurs membres et ne parviennent qu'avec des efforts inouïs à se créer un peu de sûreté sous leurs pas. Il faut toute l'ardeur et la souplesse des races chevalines du Midi, réunies à la très-grande douceur de leur caractère, pour l'accomplissement de ce barbare travail. »

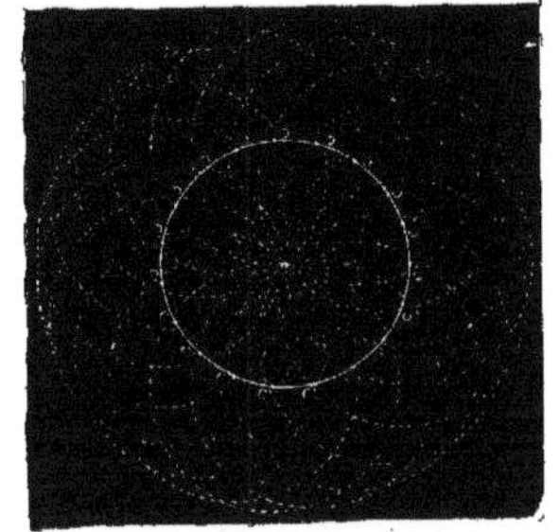

Fig. 855. — Cercles décrits sur l'aire par les chevaux et leur conducteur, dans le dépiquage.

« Ces pauvres animaux, dit de son côté l'abbé Rozier, vont toujours en tournant. il est vrai, sur une circonférence d'un assez large diamètre, et cette marche circulaire les aurait bientôt étourdis, si on n'avait la précaution de leur boucher les yeux avec des lunettes faites exprès ou avec un linge. » Bientôt cependant la molée se tasse sous les pieds, la marche plus facile permet de mettre l'*équalade* au trot. Pendant ce travail, les valets de ferme relèvent à chaque instant et aux ordres de l'*équassié* les parties de la *molée* peu atteintes ou écartées hors des cercles de dépiquage. Après trois heures de ce rude labeur, les animaux se reposent et prennent leur repas ; pendant ce temps, les ouvriers disposent un peu plus loin dans l'aire les gerbes à moitié dépiquées en une seconde molée bien moins haute, mais du double plus large que celle du matin. Les chevaux piétinent de nouveau cette molée du soir pendant trois heures environ, comme ils ont foulé la première ; à mesure que les pailles sont complétement brisées, les ouvriers les retirent, et la molée disparaît ainsi peu à peu. On peut, pour le froment, compter sur un égrenage de 200 gerbes par tête de cheval et la dépense peut s'estimer à 0^f,90 ou 1 franc. Le premier aspect de cette opération est un tableau animé et pittoresque ; ces chevaux à demi sauvages tournoyant sur les gerbes, ces hommes qui les excitent et relèvent la paille sous leurs pieds, saisissent fortement les yeux ; mais on est bientôt choqué de la torture imposée à ces malheureuses bêtes : les fragments de paille et les barbes des épis écorchent les boulets de leurs pieds et les font gonfler. « Il est vraiment pénible, dit M. L. Pons-Tande, de voir l'piteux état de ces animaux lorsqu'ils descendent de la *molée*, blancs de poussière et de sueur, marquant leurs traces par le sang de leurs blessures. » D'ailleurs, le dépiquage aux pieds des bêtes de somme est un mode imparfait d'égrenage ; il laisse dans les épis 1, 2 1/2, 4 et 5 p. 100 des grains ; puis la paille coupée en menus fragments se mêle trop aux grains, de façon qu'on en emporte toujours avec elle et que, d'autre part, les grains recueillis contiennent, outre les balles, des morceaux de paille et sont difficiles à nettoyer (voyez GRAINS) ; la paille brisée donne des litières trop faciles à imbiber, et salie par les crottins et l'urine de l'*equalade*, elle répugne souvent aux bestiaux comme aliment ; enfin, au milieu de ce mouvement d'hommes et de chevaux, le cultivateur peut difficilement surveiller la bonne exécution du travail. On vante en faveur de ce procédé l'économie ; on assure que la paille ainsi brisée plaît mieux aux chevaux et aux bestiaux que la paille longue. Sans nier ces avantages, il faut se borner à constater, que, depuis vingt ou vingt-cinq ans, le dépiquage aux pieds de chevaux disparaît progressivement de la grande et de la moyenne culture du Midi où il régnait presque seul auparavant.

On substitue peu à peu à ce procédé primitif le *dépiquage au rouleau*. Cette sorte de machine à dépiquer n'était pas inconnue des anciens; Varron et Columelle nous ont laissé, entre autres, la description du *plostellum punicum* ou chariot punique qu'on employait en Espagne cinquante ans environ avant la naissance du Christ et qu'on y retrouve encore aujourd'hui dans plus d'une ferme andalouse. C'était un bâti rectangulaire en bois ayant, au lieu de roues, des cylindres transversalement placés l'un devant l'autre sous le bâti et tous hérissés de dents arrondies; en avant était une petite plate-forme où se plaçait un conducteur; on attelait à ce chariot sur rouleaux deux ou trois chevaux qui le faisaient rouler sur les gerbes déliées et étendues sur l'aire (1). Les mêmes auteurs ont décrit encore une autre machine à dépiquer très-commune de nos jours en Espagne; c'est le *tribulum* des Romains, le *trillo* des Espagnols. Cette machine antique se compose d'un plateau de bois long de 1^m,80 environ sur 1 mètre de large, portant de gros fragments de pierres à fusil ou des morceaux de fer incrustés dans sa face inférieure et légèrement relevé en avant pour mieux glisser sur les gerbes. On attache à l'avant de ce plateau une paire de chevaux ou de bœufs; on le charge d'un poids assez considérable et un conducteur se place dessus debout ou assis sur un petit siége surajouté. Les gerbes sont étalées sur l'aire à plat et en rayonnant autour de son centre, et le conducteur dirige son chariot en tournant, suivant une spirale qui le rapproche peu à peu du centre. On trouve en usage dans certaines contrées des Apennins une sorte de chariot à dépiquer nommé *battidore*, formé de traverses en bois armées de sortes de fourchettes à leurs extrémités au lieu de cailloux en dessous; c'est encore une forme altérée du *tribulum* romain. Enfin les Romains employaient encore au dépiquage un simple rouleau nommé *rotulus*, qu'on trouve encore en usage sous le nom de *ritolo* dans toute l'Italie centrale et dont le *rouleau-batteur* moderne généralement employé aujourd'hui dans le midi de la France est un perfectionnement. Dans cer-

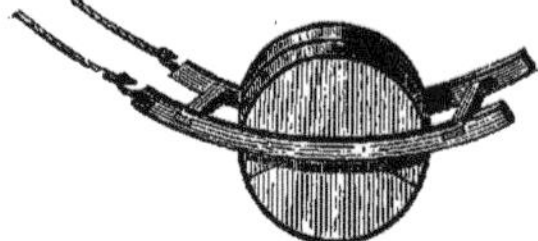

Fig. 856. — Rouleau à dépiquer en chêne, du midi de la France.

taines parties du Midi, le rouleau-batteur est une rondelle de chêne cerclée de fer, comme on le voit dans la figure 856; elle mesure 1^m,44 de diamètre, 0^m,62 de largeur

Fig. 857. — Rouleau batteur en pierre, du midi de la France.

et pèse environ 1 000 kilogrammes. Mais notre autre figure 857 représente cette machine sous sa forme la plus ordinaire. Le rouleau proprement dit est un tronc de cône (forme de la base d'un pain de sucre) en pierre.

(1) Dans un tableau récent exposé au salon de Paris de 1861, M. Gérome a représenté le dépiquage du blé en Égypte au moyen d'une machine grossière nommée *noreg* qui est une altération évidente du chariot punique (*Magasin pittoresque* 1861, page 73).

Dans les grandes exploitations, il pèse 2 000 kilogrammes environ et mesure 1 mètre de largeur sur 1^m,20 de diamètre à la plus grande base et 1^m,15 à la plus petite; mais les dimensions et, par conséquent, le poids varient beaucoup suivant la puissance dont on a besoin. L'aire est circulaire et sa surface doit être proportionnée (1^m,50 carré par gerbe) au nombre de gerbes qu'on y veut battre dans une journée. On forme avec les gerbes étalées circulairement un lit de 0^m,16 d'épaisseur et leurs épis placés en dessus doivent avoir leurs barbes dirigées en sens inverse de celui où marche le rouleau. Celui-ci est traîné par trois chevaux qu'une longe aussi longue que le rayon de l'aire attache à un long piquet planté au centre. A mesure que les chevaux avancent, la longe, en s'enroulant autour du piquet, les ramène en spirale de la circonférence au centre, et quand ils y arrivent, on retrouve le piquet, et en continuant leur chemin, ils déroulent peu à peu la longe et décrivent une spirale inverse en allant vers la circonférence. Parfois aussi on leur fait décrire des cercles successifs comme dans le dépiquage aux pieds des animaux. Le roulage se fait en deux fois, il dure de 7 à 10 heures du matin, puis on retourne les gerbes et on roule encore de midi à 3 heures. Selon M. Pons-Tande, 3 chevaux et 8 ouvriers battent ainsi 800 grosses gerbes par jour sur une aire de 40 mètres de diamètre: le prix de revient est d'environ 1^f.06 par hectolitre pour le froment. Le même auteur apprécie ainsi cette pratique agricole : « Le battage en plein air, aux mois d'août et de septembre, sera encore longtemps la pratique généralement employée dans le Midi. L'absence des locaux pour remiser les gerbes, la régularité du climat, les échéances des fermages fixées ordinairement en novembre, le besoin de connaître le produit de la récolte, celui de la soustraire aux accidents de la malveillance et aux ravages des rongeurs, sont autant de considérations qui justifient ce système. Cependant, lorsqu'on voit la population agricole du Midi abandonner, à ce moment de l'année, les labours, les sarclages, les déchaumages, négliger la série des travaux et des soins que réclame encore la vigne et se livrer exclusivement à une occupation qui pourrait être ajournée à des temps de chômage, on ne peut s'empêcher de désirer la réforme radicale d'un semblable système. » Ce système, d'ailleurs, qui exige d'être pratiqué en *plein air*, au grand soleil, serait mal accommodé au climat septentrional; aussi doit-on peu s'étonner de ne plus le retrouver dans le centre et le nord de la France. De temps immémorial, l'égrenage se fait dans ces contrées par un *battage* au moyen de l'instrument nommé *fléau*; depuis une vingtaine d'années, ce mode d'égrenage a été remplacé dans plus du tiers des exploitations rurales par le *battage à la mécanique*.

2° *Battage au fléau*. — Le battage s'exécute au moyen d'un instrument nommé *fléau*, représenté dans la figure 858; il se compose d'un bâton ou manche de bois, à l'extrémité duquel est rattachée par des courroies de cuir fort une masse en bois ou *batte*, plus courte que le manche, et qui sert à frapper la gerbe. Le battage se fait parfois à l'air; mais le plus souvent il a lieu l'hiver, et à l'abri d'une grange est indispensable. Dans l'un et l'autre cas, le battage a lieu sur une *aire* construite à peu près comme celle destinée au dépiquage, mais de forme carrée et de dimensions moindres lorsqu'elle est sous la grange (voyez AIRE). Les gerbes sont étalées par couches de 0^m,15 à 0^m,20 d'épaisseur, les épis dirigés tous d'un même côté, c'est ce qu'on nomme l'*airée*; un ou plusieurs hommes armés de fléaux frappent alternativement en mesure et sur les gerbes et sur toute la longueur de la paille. Lorsqu'un côté est bien battu, on le retourne et on bat le second côté, puis on retourne encore et ainsi de suite, de façon que chaque gerbe passe huit fois sous le fléau. A l'air, le grain plus sec se détache mieux, et six fois suffisent. Ensuite on secoue avec soin la paille battue et on l'enlève; puis, pour séparer les épillets restés à la surface du grain, on effleure celle-ci avec un balai de bouleau large de 1 mètre sur 0^m,25 environ d'épaisseur. Quand il ne reste plus que le grain sur l'aire, on le couvre de nouvelles gerbes et on bat de nouveau; on ramasse en une seule fois le grain de six *airées* à la fin de la journée. Très-fatigant pour l'ouvrier, le battage au fléau est long à exécuter, brise trop peu la paille pour la rendre convenable à l'alimentation du bétail, et n'offre pas l'avantage de l'économie. Voici

Fig. 858. Fléau.

l'évaluation donnée par M. L. Hervé dans le *Livre de la Ferme*, déjà cité précédemment : « On estime qu'un « fléau léger pesant 1ᵏ,500, à batte de 0ᵐ,70, doit frap- « per 150 coups pour égrener une gerbe de 8 à 9 kilo- « grammes. La journée d'été d'un batteur doit donner « 550 kilogrammes de paille, et près de 2ᵏ,50 de grain. « On doit compter une perte de 7 p. 100, tant en grain « resté dans la paille qu'en grain qui entrera dans le « sol. En hiver, dans une journée de dix heures, il faut « compter sur une diminution d'un tiers dans le rende- « ment. M. Darblay a calculé qu'un bon batteur débite « en un jour 80 gerbes de 8 à 9 kilogrammes rendant « 3 hectolitres de grain par 100 gerbes, soit 240 litres de « blé par jour et 150 kilogrammes de paille. En évaluant « à 2ᶠ,50 la journée du batteur, on obtient un chiffre de « 1 franc pour frais de battage de chaque hectolitre de « froment. N'oublions pas d'ajouter à cette dépense une « perte de 7 p. 100 sur le grain » (ce qui donne environ 1ᶠ,15 pour prix total de revient). D'après les données mentionnées par MM. Girardin et Du Breuil (*Traité élém. d'agriculture*, Paris, 1863, V. Masson), le prix de revient du battage au fléau peut s'établir par hectolitre de la manière suivante : seigle, 0ᶠ,75 à 0ᶠ,80 ; avoine, 0ᶠ,45 ; orge, 0ᶠ,50 ; sarrasin, 0ᶠ,75.

Ce mode de battage n'était pas inconnu des Romains, qui, pour se ménager de la paille longue, opéraient le battage avec des *baculi* ou bâtons, comme on le voit en- core faire parfois dans le même but en Provence, en Dauphiné.

3° *Battage par les machines.* — Le battage mécanique, destiné à remplacer progressivement, à peu près partout, le battage au fléau, se fait à l'aide de machines exécu- tant l'égrenage, et nommées d'une façon générale *ma- chines à battre* ou *batteuses*. Quelques tentatives ont été faites pour créer des machines imitant le jeu des fléaux ; cette idée n'a pas eu de succès et les machines actuelle- ment en usage sont de véritables *égreneuses*, frappant à petits coups répétés l'épi engagé entre une surface fixe et un cylindre tournant autour de son axe et muni de parties saillantes ; souvent, en outre, la machine sépare le grain de la menue paille et en opère le nettoyage. Pour donner de ces machines une idée générale, je suis heu- reux d'emprunter à MM. le baron Seguier et Barral le passage suivant de leur rapport sur les machines à bat- tre, publié à la suite du concours général agricole de Paris, en 1860 (*Compte rendu des opérat. du conc.*, Paris, Bouchard-Huzard, 1863). « Les machines à battre peu- vent se classer tout d'abord en deux catégories, celles qui agissent sur la paille dans toute sa longueur à la fois, désignées généralement maintenant sous le nom de *batteuses en travers*, et celles qui soumettent successive- ment la paille présentée par l'une de ses extrémités à l'action de l'organe batteur, et pour cela nommées *bat- teuses en bout*. Chacune de ces deux classes peut encore se subdiviser en machines simplement batteuses, ne fai- sant que détacher le grain de la menue paille et de l'épi sans les séparer, et en machines batteuses complètes, c'est-à-dire séparant le grain de la menue paille, et même de toutes espèces de graines ou de corps étrangers.

« Pour effectuer le battage, la première opération con- siste à faire arriver la paille sous l'organe batteur. Cer- tains constructeurs ont pensé qu'un appareil spécial était indispensable pour obtenir cet effet. Une toile sans fin, des rouleaux cannelés agissant à la façon d'un laminoir, constituent ordinairement ce que l'on est convenu d'ap- peler le *livreur* ou l'*engreneur*. D'autres mécaniciens ont laissé aux mains d'un manœuvre le soin de soumettre successivement la paille provenant des gerbes préalable- ment déliés à l'*organe batteur*. Celui-ci est le plus or- dinairement composé d'une espèce de tambour à claire- voie, tournant très-rapidement sur lui-même, frappant la paille au moyen de lames parallèlement espacées au- tour de sa surface enveloppante. Le mode d'action des lames sont de cylindre les a fait appeler *battes* ; leur nombre varie selon les dimensions de l'appareil. Elles sont en bois ou en fer, quelquefois l'un et l'autre à la fois ; leur surface est plane, striée ou bouterollée (conformée comme l'extrémité d'un fourreau d'épée). Quoique en France, les *batteurs à lanterne*, c'est-à-dire composés de battes dis- tancées soient généralement employés, et que les *bat- teurs à surface continue*, munis seulement de nervures parallèles, soient la très-rare exception, nous devons in- diquer la composition particulière du batteur des ma- chines américaines, formé d'un cylindre à parois conti- nues, revêtues de nombreuses tiges métalliques qui peuvent justifier par leur grand nombre et leur mode

d'implantation le nom de *batteur-hérisson*. L'organe bat- teur est complété dans toutes les machines par sa contre- partie, c'est-à-dire par le *contre-batteur* ; celui-ci con- siste en une espèce de caisse curviligne, tantôt pleine, mais à surface cannelée parallèlement à l'axe de la courbure ou bouterollée, tantôt à claire-voie et composé alors de tringles de fer rondes ou carrées, posées à petite distance les unes des autres. L'opération du battage étant le résultat du frappement de la paille entre les organes batteurs du batteur, et du froissement de cette même paille et de ces mêmes épis entre le batteur et le contre- batteur, on conçoit que la distance entre ces deux orga- nes doit varier suivant la grosseur des épis et des tiges de céréales qu'il s'agit de faire passer entre eux pour obtenir toutes leurs graines ; aussi l'une de ces deux pièces mécaniques est disposée de façon à s'écarter ou à se rapprocher de l'autre de la quantité précisément nécessaire pour opérer un bon battage.

« Dans l'ordre naturel de l'opération du battage, après le passage de la paille entre les organes batteurs vient sa descente sur le *plan incliné de sortie*. Dans certaines machines, ce plan incliné est fixe ; une grille formée par l'assemblage de tringles de bois le compose, ou bien en- core c'est une feuille de tôle percée de trous symétrique- ment disposés qui le constitue. Pour plusieurs machines, le cheminement de la paille sur le plan incliné est opéré simplement par la seule expulsion du batteur. Dans quel- ques-unes, un organe particulier prévient l'encombre- ment des tiges de céréales à leur sortie du batteur ; cet organe, rarement employé, a reçu le nom de *débour- reur*. » Pour assurer la sortie régulière de la paille, cer- tains constructeurs ont rendu mobile le plan incliné de sortie ; animé d'un mouvement régulier de sassement, il fait descendre la paille en la secouant, ce qui l'a fait souvent nommer alors le *secoueur*. Dans les machines anglaises, ce secoueur est formé de tringles rapprochées et parallèles formant deux systèmes de mobiles, toutes les tringles d'ordre pair se soulèvent pendant que s'abais- sent celles d'ordre impair, et réciproquement. Dans plu- sieurs machines françaises, construites à l'imitation des machines américaines, la paille est saisie et secouée par une série de rouleaux armés de pointes crochues. C'est à la sortie du plan incliné ou secoueur que se trouvent dans les batteuses complètes les organes destinés au vannage et au nettoyage des grains (voyez INSTRUMENTS AGRICOLES, GRAINS).

Pour mieux faire comprendre les dispositions décrites ci-dessus, il a paru utile de donner ici une coupe (*fig.* 859)

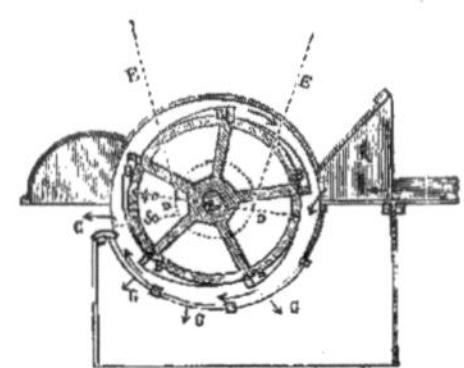

Fig. 859. — Coupé en élévation de la machine à battre de MM. Renaud et Lotz.

d'une des machines françaises les plus connues, la ma- chine à battre de MM. Renaud et Lotz, de Nantes. En A se trouve le *livreur* ou *engreneur*, et l'ouverture où l'on présente la paille ; deux petites flèches indiquent le che- min qu'elle suit, attirée par le *batteur* BBBBB, pour sortir par l'ouverture C. Le cylindre batteur tourne dans le sens indiqué par les flèches qui l'entourent ; en cha- cun des points B se voit une des côtes saillantes ou *battes* disposées pour frapper la gerbe en bout. La poulie, re- présentée en D par un cercle pointillé, fait tourner le cylindre sous l'influence de la courroie sans fin EE. Le *contre-batteur* est en GGG ; il consiste en trois grillages qui donnent passage aux grains, aux balles et aux menus débris pour les laisser tomber dans la caisse placée au- dessous, tandis que la paille va sortir plus loin en C. Le batteur fait 1100 tours à la minute et fournit 100 à 300 hectolitres de blé en douze heures, selon que la paille est plus ou moins longue (voyez aussi la figure représen- tée à l'article BATTRE [*machine à*]). La machine de MM. Re- naud et Lotz peut être transportée et est mise en mourément, soit par un manége avec des bêtes de somme, soit par une machine à vapeur locomobile, comme le représente la figure 861, soit même par un cours d'eau pour les machines fixes, et dans certaines conditions locales. En général, la vapeur est un moteur plus avantageux, parce que le travail est à la fois plus rapide et moins dispendieux ; cependant, pour les petites exploitations où la vapeur ne peut s'employer en même temps à faire marcher plusieurs machines agricoles, il est souvent préfé-

rable de se contenter d'un manége. Il y a de petites batteuses à manége qui débitent 50 gerbes par heure et fournissent un battage à raison de 0ᶠ,65 ; mais les grandes batteuses, mues par la vapeur, que l'on emploie dans les grandes exploitations, donnent seulement 0ᶠ,38 de prix de revient par hectolitre. L'emploi de l'eau comme moteur est préférable même à la vapeur dans certaines conditions, mais ne peut être recommandé d'une façon générale, surtout parce qu'il ne peut s'appliquer aux bat-

Fig. 860 — Machine à battre de MM. Renaud et Lots en activité et mue par une machine à vapeur locomobile.

teuses transportables, particulièrement précieuses pour l'agriculture française où domine la moyenne propriété.

MM. Girardin et Du Breuil résument dans les termes suivants les avantages du battage à la mécanique (*Traité élém d'agric.*) : « 1° Le rendement en grain dépasse d'un vingtième environ celui des autres procédés, parce que les épis sont mieux battus ; 2° comme l'opération est faite avec une rapidité beaucoup plus grande, le cultivateur peut exercer une surveillance plus complète et disposer plus tôt de ses produits ; 3° les ouvriers sont affranchis d'un travail dur et pénible ; 4° non seulement la machine à battre peut être facilement installée dans les granges du centre et du nord de la France, mais, comme elle est construite de manière à pouvoir être montée et démontée très-promptement, elle peut aussi être installée en plein air, et remplacer avantageusement les procédés d'égrenage employés dans le midi de la France ; 5° enfin, l'avantage le plus incontestable de cette machine est le prix peu élevé de son travail. » A l'appui de cette dernière assertion, on peut citer le tableau suivant, extrait des chiffres donnés par Math. de Dombasle, et qui concernent principalement le froment.

NOMBRE D'HECTOLITRES de grain.	PRIX DE REVIENT DU BATTAGE PAR HECTOLITRE.	
	Petites machines.	Grandes machines.
	fr.	fr.
250	0,92	0,88
500	0,78	0,58
1000	0,69	0,43
2000	0,65	0,36

C'est en Angleterre que furent inventées les premières machines à battre. Un avocat écossais, nommé Michel Menzies, construisit, au commencement du xviiiᵉ siècle, une machine composée d'un jeu de fléaux mus par un moulin à eau ; les fléaux ne purent résister sans se rompre à la vitesse de la machine, et l'on renonça à l'em-

ployer. En 1758, un fermier du comté de Perth exécuta une autre machine formée d'un axe vertical, animé par une roue à eau d'un vif mouvement de rotation, et armé de quatre bras auxquels on présentait le blé pour le faire battre. A la même époque, Elderton inventa une machine à battre d'un autre système, où l'épi était frotté entre plusieurs cylindres cannelés ; mais cette machine, même après les perfectionnements du savant Kinloch, avait le défaut d'écraser les grains. André Meikle, mécanicien écossais, transforma la machine d'Elderton en voulant la perfectionner, et, en 1786, son fils construisit la première des machines à battre, à cylindre armé de battes, que l'agriculture anglaise adopta rapidement, et dont la disposition générale, conservée jusqu'ici, a été décrite précédemment. D'Angleterre, les machines de Meikle se répandirent bientôt en Suède ; en 1802 commença leur introduction en Pologne, et c'est seulement en 1818 que la machine écossaise, décrite et recommandée par M. le comte de Lasteyrie, fit son apparition en France, nous arrivant à la fois de Suède et d'Angleterre. Math. de Dombasle en propagea l'emploi dans nos provinces de l'Est ; mais c'est surtout sous l'influence des expositions et des concours périodiques que notre agriculture a compris les avantages du battage mécanique. L'exposition de Londres, en 1851, a donné une impulsion toute-puissante à l'adoption des batteuses dans les diverses contrées de la France ; l'Allemagne, jusque-là rebelle à ce grand progrès, s'est rendue à l'évidence ; enfin, l'Amérique du Nord, s'appropriant hardiment tous les résultats obtenus par les Anglais et les Français, a bientôt donné l'exemple des plus heureux perfectionnements dans la construction de ces appareils. L'abondance des machines à battre à l'exposition de 1855 et au concours de 1860, à Paris, et enfin à Londres, à l'exposition de 1862, montre assez que depuis une dizaine d'années l'agriculture n'a pas cessé d'en multiplier l'emploi (voyez INSTRUMENTS AGRICOLES).

Parmi les moteurs que l'on peut employer pour faire marcher les machines à battre, je n'ai pas voulu citer l'homme, parce qu'évidemment c'est une idée malheureuse de vouloir l'employer ainsi ; le travail mécanique fourni par un ouvrier batteur étant toujours le même, qu'on lui mette un fléau en main ou qu'on lui fasse tourner la manivelle d'une batteuse, on ne saurait *à priori* voir aucun avantage à cette dernière combinaison. Aussi M. Barral s'exprime-t-il ainsi au nom du jury de 1860 (*Compte rendu des opér. du conc. de* 1860) : « Nous ne « croyons pas qu'il soit utile d'encourager la fabrication « de ces sortes d'appareils qui exigent, de la part des ou- « vriers, un déploiement de force considérable. Les ma- « chines doivent remplacer avec avantage le travail des « hommes par celui des animaux ou des moteurs inani- « més. Toutes celles qui s'écartent de cette destination « ne sont que des engins imparfaits. Il faut que l'ouvrier « des champs dirige les machines, et non pas qu'il soit « le moteur destiné à les mettre en mouvement. En ce « qui concerne particulièrement les machines à battre, « faites en vue d'utiliser la force de l'homme, *le fléau* « *est peut-être encore l'instrument le meilleur qui ait* « *été construit jusqu'à présent.* » MM. L. Moll et Hervé-Mangon, au nom du jury de 1855, avaient déjà apprécié de même, et presque dans les mêmes termes, les batteuses mues à bras d'homme (*Rapports du jury mixte internat.* Paris, 1856).

Egrenage du riz. — On emploie pour égrener le riz le dépiquage ou le battage au fléau ; le grain recueilli est mis en tas, vanné aussitôt, puis séché au soleil jusqu'à ce qu'il soit entièrement sec et dur, enfin purifié par trois criblages successifs. Mais après toutes ces façons, il est encore couvert de sa balle jaunâtre ; c'est le *riz en paille* ou *rizon.* Pour obtenir le *riz blanchi* ou *riz mondé*, il faut le blanchir en enlevant ses balles. On peut employer pour cela la machine dont la figure 861 représente

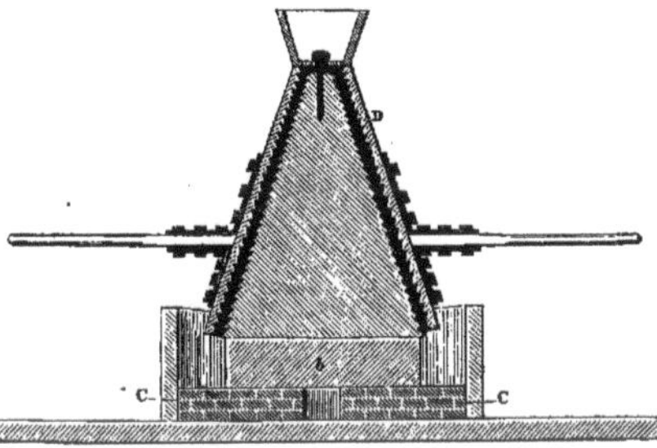

Fig. 861. — Machine à nettoyer le riz, coupe verticale.

une coupe verticale. Elle se compose d'un tronc de cône fixe en bois, haut de 1ᵐ,62 à 2ᵐ,27, sur 1 mètre à 1ᵐ,62 de diamètre à la base inférieure, et 0ᵐ,32 à 0ᵐ,40 à l'inférieure. Ce tronc de cône repose sur une pièce *b* scellée dans une plate-forme en maçonnerie CC, et sa surface latérale est armée de cannelures de 0ᵐ,003 de profondeur sur 0ᵐ,009 à 0ᵐ,011 de largeur à leur base. Une chappe D a sa surface intérieure disposée comme l'extérieur du tronc de cône, mais les cannelures dirigées en sens inverse ; elle recouvre le tronc de cône, comme une sorte de cuve renversée et peut tourner sur un pivot placé au centre de son fond, et reposant sur le sommet du tronc de cône. Deux barres opposées, mues chacune par un ouvrier, font tourner la chappe D autour du tronc de cône ; une trémie à fond percé de trous reçoit à la partie supérieure de l'appareil le riz en paille qui, entre les deux surfaces cannelées, se dépouille de ses balles et tombe mondé dans un réservoir circulaire qui se voit à la base de la machine sur le bâti CC. En une journée de dix heures, les deux ouvriers qui meuvent cette machine nettoient jusqu'à 200 kilogrammes de riz (Girardin et Du Breuil, *Traité d'agric.*) ; un hectolitre de riz en paille donne en général 65 litres de riz blanchi ou mondé. En Italie, on blanchit le riz au moyen de mortiers et de pilons en bois dur ou en pierre, mus par une chute d'eau

ou un cheval ; en Espagne, on y emploie des moulins analogues aux moulins à farine : la machine décrite ci-dessus est préférable à tous égards.

Egrenage du maïs. — La récolte du maïs se fait tantôt en arrachant les tiges, tantôt en les coupant à fleur de terre, tantôt enfin en coupant seulement les épis. En

Fig. 862. — Egrenoir à maïs de Carolis.

tous cas, ceux-ci exigent d'être séchés avec grand soin pour se bien conserver, puis les grains se détachent en frottant deux épis l'un contre l'autre. C'est alors seulement que l'on peut procéder à l'égrenage. Le moyen le plus simple, mais aussi le plus lent, est de frotter à la main les épis les uns contre les autres ; ce moyen ne convient qu'aux petites récoltes, ou pour le maïs destiné aux semences. D'autres fois on racle chaque épi successivement sur une lame fixée à un banc où l'ouvrier s'assied. Dans les grandes exploitations, on bat les épis au fléau. « En « divers endroits de la Sicile, dit Math. « Bonnafous, les garçons et les jeunes « paysannes se rassemblent au son d'une « cornemuse, et, en dansant ou trépi- « gnant sur les épis avec leurs sabots de « hêtre, ils dépiquent le maïs par cette « joyeuse opération. » Tous ces moyens grossiers et dispendieux durent peu à peu céder le pas à l'*égrenoir* mécanique proposé, en 1834, par le même Bonnafous. Depuis lors, l'égrenoir à maïs a subi bien des transformations, mais en gagnant sans cesse du terrain sur les anciens procédés. L'un des plus employés parmi les appareils de ce genre est l'égrenoir de Carolis dont on voit ci-dessus (*fig.* 862) la figure, et qui agit à la manière des moulins

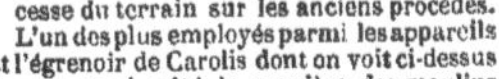

Fig. 863. — Egrenage du lin au moyen du peigne à dents de fer.

à calé, froissant les épis entre une surface cannelée fixe et une noix également cannelée, que fait mouvoir une manivelle et un système de roues dentées. Cette machine fournit facilement 25 ou 30 hectolitres de maïs en huit heures, et un enfant suffit à la faire marcher.

§ 2. *Egrenage des plantes non céréales.* — L'égrenage des luzernes, trèfles, sainfoins, etc., se fait pour recueillir les graines de semence. Il se pratique tantôt au fléau, tantôt sous une meule verticale d'huilerie, tantôt par un dépiquage au rouleau, tantôt par un égrenoir, machine plus ou moins analogue à celle qu'on emploie pour le maïs. Les machines à battre ordinaires peuvent parfaitement se prêter à ces opérations, et ceux qui en possèdent ne manquent pas de les y utiliser. Quant à l'égrenage du lin, on peut voir figure 863 le procédé habituellement employé pour l'exécuter. On opère l'égrenage du chanvre avec une batte dont on frappe le haut des tiges. Ce procédé est aussi le seul employé pour récolter la graine de lin de semailles.   Ad. F.

ÉGRISÉE (Technologie). — Poussière de diamant qui, mêlée à de l'huile, sert à enduire la surface du disque d'acier sur lequel on use les diamants pour les tailler (voyez Diamant).

ÉGRISOIR. — Boîte dans laquelle on laisse tomber l'égrisée que l'on obtient par le frottement de deux pointes de diamant l'une contre l'autre (voyez Diamant).

EGYPTIAC (Onguent) (Pharmacie). — On donne ce nom à une sorte d'onguent que l'on dit venir des Egyptiens, et qui est composé ainsi (Bouchardat) : miel, 44 ; vinaigre, 22 ; verdet (acétate neutre de cuivre hydraté), 16. Mêlez et faites évaporer en consistance de miel, en remuant toujours le mélange avec une spatule de bois. On s'en servait autrefois, comme excitant, pour déterger les plaies de mauvaise nature et pour détruire les chairs baveuses. Il n'est plus guère employé que par les vétérinaires.

EIDER (Zoologie), *Anas mollissima*, Lin. — Oiseau formant le type de l'une des quatre sections du genre *Canard* de Cuvier (voyez Canard). Il a pour caractère propre un bec haut à la base, à peau nue et à tubercule charnu sur le front. L'espèce commune (*A. mollissima*, Lath.), décrite à l'article Canard, est celle dont la fe-

Fig. 864. — Canard eider.

melle fournit le duvet si recherché sous le nom d'*édredon*. Ces eiders habitent les régions glaciales, Islande, Groënland, Laponie, etc., sont plongeurs et vivent de poissons et de mollusques. Ils sont longs de 0^m,30 à 0^m,32 ; leurs ailes sont blanches, et le ventre, la tête et la queue noirs. La femelle est grise et ne prend son duvet qu'à quatre ans.

On connaît aussi une seconde espèce, moins intéressante que la précédente, nommée *E. à tête grise* (*S. spectabilis*, Latr.)

ÉLÆAGNÉES, Éléagnées, (Botanique). — Famille de plantes *Dicotylédones dialypétales périgynes*, classe des *Protéinées* de M. Ad. Brongniart ; correspondant à une partie de la famille des *Chalefs* d'A. L. de Jussieu. Caractères : fleurs hermaphrodites ou dioïques ; mâles : 2-4 sépales soudés à la base en un tube court ; 4 ou 8 étamines ; femelles : calice ordinairement à 2-4 et même 5 dents ; ovaire libre à une loge contenant un ovule ascendant pédicellé ; fruit osseux, enfermé dans le calice persistant devenu souvent charnu. Les Éléagnées sont des arbres et des arbrisseaux à rameaux terminés quelquefois par une épine, à feuilles entières ou dentées et couvertes de petites écailles argentées ou brunes qui résultent, suivant certains auteurs, de poils étoilés soudés. Ces végétaux habitent l'hémisphère boréal, principalement l'ancien continent. Genres principaux : *Argousier* (*Hippophaë*, Lin.) ; *Shépherdie* (*Shepherdia*, Nutt.) ; *Chalef* (*Elœagnus*, Lin.).

Monographie : Achille Richard, *Monographie des Eléagnées*, 1823.

ÉLÆAGNUS (Botanique). — Voyez Chalef.

ELAÈNE. — Voyez Oléène.

ELÆOCARPÉES (Botanique). — Petite famille de plantes *Dicotylédones dialypétales hypogynes* établie par de Jussieu pour des genres qu'il avait primitivement réunis aux *Tiliacées*. La plupart des auteurs (Ad. de Jussieu) regardent encore les Élœocarpées comme une simple tribu de cette famille. D'autres les distinguent principalement des Tiliacées par les pétales frangés et des étamines nombreuses à anthères s'ouvrant au sommet par des valvules transversales. Cette famille comprend des arbres et des arbrisseaux à stipules caduques et à fleurs en grappes. Elle habite les régions chaudes ; la plupart de ses espèces se trouvent dans les Indes orientales. Plusieurs de ces plantes sont dignes de figurer dans l'ornement et la décoration des jardins. Genres principaux : *Aceratium*, de Cand. ; *Dicera*, Forst. ; *Friesia*, de Cand. ; et enfin *Elœocarpus*, Lin.

ELÆOCARPUS (Botanique), *Elœocarpus*, Sims. — Genre de plantes de la famille des *Elœocarpées* ou plutôt des *Tiliacées* (voyez Elæocarpées). Ce sont des arbres de l'Asie tropicale dont on connaît une dizaine d'espèces. L'*E. bleu* (*E. cyaneus*, Sims.) est un arbrisseau de 1 mètre, à feuilles alternes lancéolées ; les fleurs sont en grappes pendantes, blanches ; les fruits d'un bleu d'indigo, et de la grosseur d'une olive. On a cru bien longtemps que la gomme copal provenait d'un *Elœocarpus* ; M. Guibourt a prouvé que c'était de l'*hymænea verrucosa* (V. Copal).

ELÆOCOCCA (Botanique). — Voyez Eléococca.

ELAGAGE des arbres (Arboriculture). — Opération qui consiste à retrancher d'un arbre les branches qui

Fig. 865. — Orme de 70 ans, développé au milieu d'un massif.

peuvent nuire à son développement, pour les usages auxquels il est destiné plus tard comme bois de construction, ou à son accroissement dirigé dans un but de production, comme les arbres fruitiers, par exemple.

Lorsque les jeunes arbres ont déjà acquis un certain développement, leur tige est, en général, couverte de ramifications sur la moitié environ de leur hauteur. S'ils sont plantés en massif un peu serré, les branches inférieures ne prendront presque aucun accroissement, et la séve, agissant surtout vers le sommet, finira bientôt par abandonner ces branches qui se dessécheront. Et successivement on verra les branches inférieures d'abord, puis ensuite les branches latérales languir et se dessécher; il s'ensuit que les arbres ainsi plantés peuvent former d'eux-mêmes un tronc droit, très-élevé, dépourvu de

Fig. 866. — Arbre forestier n'ayant pas reçu l'élagage.

nœud et de grosses ramifications, sans avoir été soumis à l'élagage; tel est l'exemple représenté figure 865. Mais il n'en est pas ainsi pour les arbres plantés en lignes isolées; ici toutes les branches profitent de l'influence du soleil et de la lumière, et poussent vigoureusement; le sommet étant moins favorisé que dans le cas précédent, l'arbre s'élève moins, il s'élargit, le tronc se divise plus ou moins haut en grosses branches latérales (fig. 866), et si l'on vient à l'exploiter, le tronc sera peu élevé, couvert de ramifications volumineuses, et tout à fait impropre aux constructions, et l'on ne pourra, ainsi que les branches, l'utiliser que comme bois de chauffage. De là, la nécessité d'appliquer aux arbres de plantations d'alignement, surtout à ceux des lignes isolées, un élagage convenable, afin de leur imposer une forme en rapport avec leur destination.

Il ne faut pas attendre trop longtemps pour appliquer aux arbres le premier élagage. C'est dans les premières années, après leur reprise, qu'il faut leur donner une forme convenable. D'autre part, si l'on attendait trop tard, la suppression des grosses branches laisserait des cicatrices trop considérables qui ôterait de la valeur à l'arbre. Cette première opération devra être faite, en général, de deux à cinq ans après la plantation, suivant la vigueur des pousses. C'est de la fin d'octobre au milieu de mars que l'on devra procéder à l'élagage; mais surtout à cette dernière époque, parce que la végétation ayant lieu peu de temps après, les plaies sont exposées moins longtemps à l'influence désorganisatrice de l'air. Il faut en excepter les arbres verts, qu'il vaut mieux élaguer à l'automne, parce que l'écoulement des sucs résineux est moins abondant dans cette saison.

Quant à la hauteur à laquelle on doit élaguer les arbres, l'expérience a démontré que l'étendue de la tige pourvue de branches doit former la moitié environ de la hauteur totale de l'arbre. Si l'on ne réservait qu'un petit bouquet de ramifications au sommet de la tige, l'arbre privé des organes générateurs des couches ligneuses croîtrait très-lentement en diamètre, et son allongement même serait entravé par les nombreuses nodosités résultant de la suppression périodique de toutes les branches latérales qui gênent l'ascension de la séve. D'une autre

part, les branches réservées ne devront pas l'être sur toute l'étendue de la tige; elles devront être réunies en tête dans la moitié supérieure de l'arbre. Par ce moyen, le tronc profite dans toute sa longueur, et son diamètre n'offre pas une différence trop disproportionnée du sommet à la base; avantage précieux pour les bois de service. On doit excepter de cette règle les arbres résineux chez lesquels les branches latérales influent d'une manière moins sensible sur la rapidité de leur allongement. L'élagage ne devient utile ici que pour retrancher les branches de la base, à mesure qu'elles commencent à devenir languissantes.

Il résulte de ce qui précède que l'élagage doit d'abord enlever toutes les branches situées au-dessous de la moitié de la hauteur de l'arbre. Mais il doit encore porter sur celles qui prennent un accroissement disproportionné, comme on le voit en AB (fig. 867), où l'on a indiqué la partie des branches qui doit être retranchée. On en usera de même pour les branches qui naissent plusieurs au même point; dans ce cas, on en supprime une. Si les branches qui naissent à la même hauteur forment une espèce de verticille, on en coupera quelques-unes en laissant un espace égal entre celles que l'on conserve. Lorsque le rameau situé à côté du rameau terminal devient presque aussi vigoureux que lui, on retranche en B (fig. 869) les trois quarts de sa longueur, et l'on attache sur le chicot conservé le rameau terminal pour le ramener dans la position verticale. A l'élagage suivant, on supprime ce chicot. Enfin, si la tige de l'arbre est déviée, il faut tâcher de la ramener à la verticale, en dégarnissant le côté de la tête qui est incliné, laissant l'autre presque intact. En thèse générale, on ne doit supprimer une branche qu'autant que les couches ligneuses centrales ne sont pas encore à l'état de bois parfait, autrement il en résulterait de grands inconvénients résultant de ce que le bois parfait du tronc, dont l'amputation aurait mis à nu une certaine partie, serait exposé à se décarboniser sous l'influence de l'air, à se carier ensuite, à communiquer cette altération au centre du tronc, ce qui lui enlèverait ainsi une grande partie

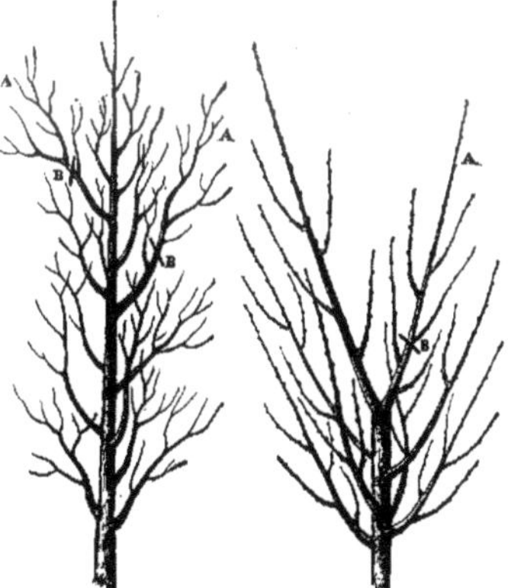

Fig. 867. — Suppression partielle des branches trop vigoureuses.

Fig. 868. — Suppression des branches rivales du rameau terminal.

de sa valeur. Si pourtant on avait laissé à une branche un âge tel que plusieurs de ses couches ligneuses fussent passées à l'état parfait, on se contenterait de retrancher environ la moitié de sa longueur. Immé-

diatement au-dessus d'une ramification, cela aurait
pour effet de diminuer sa vigueur. Souvent on laisse sur
le tronc une partie de la branche coupée, 0ᵐ,15 à 0ᵐ,20 ;
c'est là une pratique vicieuse, car cette sorte de moignon commence à se dessécher, puis s'il ne se pourrit
pas, il reste au milieu des couches qui se forment autour
de lui sans y adhérer, et lorsqu'on exploite le bois, c'est
comme s'il y avait une cheville enfouie dans le tronc de
l'arbre, qui laisse un trou lorsqu'elle se détache. Si ce
chicot se pourrit, l'air pénètre jusqu'au bois parfait, et
les accidents signalés plus haut surviennent. Mais il
ne faut pas non plus que la section d'une branche soit
faite trop près de la tige, parce que la plaie qui en résulte étant trop grande est moins vite cicatrisée; il en
résulte que l'aubier restant exposé à l'air, pendant plusieurs années, finit par se décomposer et entraîner la
pourriture du centre de l'arbre. Pour éviter cet inconvénient, il faut recouvrir les plaies d'un *englument* jusqu'à
ce qu'elles soient entièrement cicatrisées. Un mélange
par parties égales de poix noire et de poix de Bourgogne
est ce qu'il y a de plus convenable pour cela; on l'applique suffisamment chaud, pour qu'il soit liquide, deux
ou trois jours après l'élagage, parce que les surfaces étant
sèches, le mastic y adhérera mieux. On se gardera bien
d'employer pour cet usage le goudron de gaz. L'instrument le plus employé pour l'élagage est la serpe que tout
le monde connaît. On se sert aussi de l'échenilloir ou du
croissant pour couper l'extrémité des branches dont on
veut arrêter l'accroissement. On ne saurait trop s'élever
contre l'emploi de ces griffes dont les élagueurs s'arment
les pieds pour monter sur les arbres; elles mutilent la
tige en y laissant des plaies contuses, toujours préjudiciables aux arbres. La scie est aussi un mauvais instrument pour élaguer. La plaie qu'elle laisse est déchirée,
rugueuse, et l'humidité y est arrêtée comme dans une
éponge; s'il arrivait un cas où l'on fût obligé de l'employer, il faudrait enlever avec le plus grand soin toutes
les traces de la scie. L'intervalle de temps qui doit s'écouler entre chaque élagage doit être calculé de manière à
n'avoir à retrancher chaque fois qu'un petit nombre de
ramifications, et surtout des branches peu volumineuses;
nous ne pouvons entrer ici dans tous les développements
de physiologie végétale qui doivent empêcher de trop
éloigner l'époque des élagages; nous dirons seulement
que l'opération devra être répétée tous les deux ans pendant les douze premières années; après ce laps de temps,
les arbres commenceront à perdre une partie de leur
plus grande vigueur, leur allongement annuel et leur accroissement en diamètre seront un peu moins prompts,
et l'on pourra pendant les douze ou quinze années suivantes ne plus élaguer que tous les trois ans. Enfin, après
cette seconde période, l'accroissement devenant moins
rapide encore, on laissera un intervalle de quatre ans
jusqu'au moment où la tête de l'arbre, prenant beaucoup
d'extension en largeur, ne croîtra plus que très-peu en
hauteur; cela a lieu vers l'âge de trente à cinquante ans,
suivant les espèces et la vigueur des individus. A cette
époque on cesse toute espèce d'élagage, car le tronc a
désormais acquis la longueur qu'il pouvait atteindre, et
toutes les branches qu'il porte lui sont nécessaires pour
former une tête volumineuse destinée à faire acquérir au
tronc le plus grand diamètre possible.

Les plantations d'alignement sont soumises à des systèmes d'élagage assez variés, et qu'il n'est pas toujours
facile de bien caractériser. On peut cependant les
réunir dans les quatre modes suivants, que nous appellerons *élagage complet, élagage belge* ou *en colonne,
élagage en cône, élagage progressif* ou *en tête.*

1° L'*élagage complet* (*fig.* 869) est l'un des plus anciens. Il consiste d'abord à n'appliquer le premier élagage
aux jeunes arbres que huit ou dix ans après leur plantation. A cette époque on retranche complétement de la
tige toutes les ramifications depuis la base jusqu'au sommet, moins un petit faisceau de branches à l'extrémité.
De nouvelles ramifications se montrent bientôt sur tout
le périmètre de la tige; on les laisse croître librement
pendant cinq ou six ans, puis on les coupe comme les premières en supprimant de plus quelques-unes des branches
réservées d'abord à l'extrémité, si l'arbre s'est sensiblement élevé. La même opération est répétée tous les cinq
ou six ans. Cette pratique a pour résultats principaux
de laisser d'abord, au premier élagage, des plaies trop
étendues, par la suppression de branches déjà trop grosses, ce qui détermine souvent les accidents signalés plus
haut. En second lieu, cet élagage fait périodiquement de
toutes les ramifications de la tige, produit vers ces points

des nœuds qui grossissent d'année en année et déforment la tige. Par cela même, l'ascension de la séve étant
gênée par toutes ces nodosités répandues sur toute la
surface de la tige, son allongement se trouve entravé,
bien loin d'être favorisé comme on l'espérait. Ces arbres
alors vers l'âge de soixante-dix ans ont une tige difforme,
souvent creuse, couverte de nœuds volumineux, cariés;
qui du reste fournissent tous les cinq ou six ans une
abondante production de même bois; mais ce ne sont
plus que des *têtards* dont la tige ne peut donner que du

Fig. 869. — Résultat de l'élagage complet sur un orme de 70 ans.

bois à brûler. C'est une pratique nuisible aux intérêts du
propriétaire, et qui n'est avantageuse que pour les fermiers et les usufruitiers du terrain planté, qui obtiennent ainsi une récolte fructueuse de menu bois tous
les cinq ou six ans.

2° Dans la *méthode belge*, ou *en colonne* (*fig.* 870), le
premier élagage se fait deux ou trois ans après la plantation. On supprime alors toutes les ramifications depuis le
sol jusqu'à 2 mètres d'élévation. Au delà de ce point, on
conserve toutes les branches, moins celles qui ont pris un
développement disproportionné, et que l'on supprime en
deux fois, la première fois en coupant seulement les deux
tiers de la branche; à l'élagage suivant on retranche le
reste. Au bout de trois ans, on fait un second élagage; à
ce moment on retranche les branches du bas jusqu'à 2ᵐ,50,
et ce sera désormais la seule partie de la tige qui restera
dégarnie de branches; on se conduit pour les autres
comme il a été dit plus haut, et on opère de même à
chaque élagage, tous les trois ans, supprimant en deux
fois les branches qui dépassent les autres, retranchant
quelques-unes de celles qui, naissant trop près les unes
des autres, forment une espèce de verticille autour de la
tige, etc., retranchant complétement les branches qu'on
avait d'abord raccourcies, puis raccourcissant celles qui
ont pris un développement disproportionné pour les couper à l'élagage suivant. Les arbres ainsi traités sont constitués de manière à former une espèce de colonne de telle
sorte que les ramifications ne sont pas réunies au sommet
de l'arbre, mais distribuées sur toute l'étendue de la tige,
excepté sur la partie inférieure qui en est privée sur une
hauteur de 2ᵐ,50. Les arbres soumis à cet élagage n'offrent rien de disgracieux; nous ne voyons aucune objection à faire à ce procédé, quant à la décoration. Mais il
n'en est pas de même à l'égard de la production du bois
de service. Le tronc de l'arbre ainsi obtenu est incontestablement beaucoup plus sain que celui des arbres soumis à l'élagage complet; toutefois, il n'est pas non plus
irréprochable. Ainsi, d'une part, ce procédé diminue la
rapidité de l'élongation en forçant la séve ascendante à
partager son action entre les nombreuses branches latérales, et cela au détriment du sommet. D'une autre part,

ces suppressions exercées pendant toute la vie de l'arbre nuisent à son accroissement en diamètre, en le privant, à chaque élagage, d'une portion importante de branches et par conséquent de feuilles. Enfin, les branches étant

Fig. 870. — Orme de 70 ans soumis à l'élagage belge ou en colonne.

disséminées sur toute la longueur de la tige, il en résulte que le diamètre du tronc décroît rapidement de la base au sommet, ce qui diminue la valeur du bois.

3° L'*élagage en cône* se fait en dégarnissant d'abord la tige dans une étendue de 2ᵐ,50, puis en conservant toutes les branches de quelque nature qu'elles soient; on les raccourcit de façon à donner à leur ensemble la forme d'un cône dont la base égale trois fois la hauteur. On veille à ce que la flèche soit simple. L'été suivant on pratique le *pincement* (voy. *suppl.*) à chacune des branches latérales, en vue de favoriser l'élongation de la tige, de diminuer la vigueur des branches latérales et de retarder leur accroissement en diamètre. Ces opérations sont répétées tous les quatre ans. Il faut aussi dans chaque élagage supprimer les ramifications des branches principales, sous peine de déterminer dans la tête de l'arbre une confusion inextricable qui pourrait le déformer et faire périr tout ou partie de quelques-unes des branches. L'aspect de ces arbres est séduisant pour l'ornement; quant à la qualité du bois, c'est autre chose; la présence des branches qu'on maintient sur presque toute l'étendue du tronc détermine dans les fibres ligneuses de nombreuses solutions de continuité qui enlèvent au bois une grande partie de sa solidité. De plus, ces branches finissent par devenir très-grosses; leur raccourcissement périodique, la suppression des ramifications dont elles sont chargées, font qu'elles se couvrent avec le temps de nœuds plus ou moins volumineux qui finiront souvent par se carier. Cette altération atteindra de proche en proche le tronc qui perdra alors toute sa valeur comme bois de service. Comparé à l'élagage belge, l'élagage en cône donne une forme aussi agréable à l'œil,

mais la masse de bois produite est moins abondante, et surtout de moins bonne qualité, comme bois de service : d'où il résulte que si nous étions obligé d'opter entre ces deux méthodes, nous choisirions sans balancer l'élagage belge.

4° Quant à l'*élagage progressif* ou *en tête*, il est loin d'être une pratique aussi récente que le précédent, puisqu'il était connu avant Duhamel, mais elle a été successivement améliorée, et nous avons payé nous-même notre modeste tribu à la solution de cette importante question. Voici la description succincte de ce procédé :

Les jeunes arbres ayant commencé à pousser vigoureusement, c'est-à-dire vers la troisième année qui suit la plantation, on leur applique le premier élagage, ainsi qu'il a été expliqué au commencement de cet article; on suivra de même les indications données pour les élagages subséquents. On peut voir à la figure 866 un exemple de cette méthode. C'est la disposition qu'on donne à la tête des arbres, lorsqu'ils sont plantés assez loin des propriétés riveraines, pour que cette tête puisse se développer librement sans s'étendre sur le terrain voisin. Mais quand ils n'en sont éloignés que de 2 mètres, il convient de maintenir constamment les branches dans cette limite, au moyen de l'élagage. Les suppressions de branches que l'on pratique à chaque élagage à la base de la tête de l'arbre, à mesure que la tige s'allonge et toujours avant que les branches aient acquis un grand diamètre, ont pour résultat de donner un tronc à la fois le plus long, le plus gros possible dans toute son étendue, et surtout dépourvu de nœuds. C'est pour cela que nous croyons devoir adopter le système de l'élagage progressif, à l'exclusion des autres qui n'offrent pas le même avantage, ainsi que nous l'avons fait voir.

Lorsque de jeunes arbres, par une raison quelconque que nous n'avons pas à examiner ici, ont été étêtés au moment de leur plantation, il convient de les soumettre à un mode d'élagage particulier, en vue du nouveau prolongement de la tête. Ces jeunes arbres, lorsqu'ils ont été bien plantés, se couvrent ordinairement de bourgeons dès la première année. Cette végétation se produit sur le tiers supérieur de la tige. Lors du repos de la végétation, on laisse intacts tous ces jeunes rameaux, moins ceux qui se trouvent placés depuis le sommet de la coupe jusqu'à 0ᵐ,15 environ de ce point; ces derniers sont coupés entièrement. A 0ᵐ,15 environ du sommet, on choisit un des rameaux les plus vigoureux et naissant, autant que possible, du côté de l'ouest; on le place dans une position verticale, en le redressant et en l'attachant contre le sommet de la tige. S'il existe dans le voisinage de ce rameau une ou plusieurs ramifications présentant aussi une grande vigueur, on arrêtera leur développement en retranchant au même moment environ la moitié de leur étendue; l'arbre ainsi disposé est ensuite abandonné à lui-même. Le nouveau rameau terminal se développe beaucoup plus vigoureusement que les autres et forme bientôt un prolongement convenable à la tige. Deux ans après, on supprime le sommet de l'ancienne tige en la coupant obliquement immédiatement au-dessus du point où naît le premier prolongement. Deux ans après, la plaie est cicatrisée, et on applique un mode d'élagage semblable à celui que nous avons conseillé pour les arbres non étêtés.   A. Du Br.

ÉLAIDINE (Chimie). — Matière qui résulte de l'action de l'acide hypoazotique sur l'huile d'olive, et en général sur toutes les huiles non siccatives (voyez Huiles grasses). L'*élaidine* se change par la saponification en acide élaïdique et glycérine.

On peut préparer facilement l'acide élaïdique en faisant passer pendant quelque temps un courant de vapeur d'acide hypoazotique dans de l'acide oléique. Le mélange refroidi laisse déposer d'abondants cristaux, qu'on traite par l'eau bouillante pour les débarrasser des produits nitreux. En reprenant ces cristaux par l'alcool, on obtient, par une cristallisation nouvelle, de l'acide élaïdique pur.

ÉLAN (Zoologie), *Cervus alces*, Ogilb. — Espèce du genre *Cerf* (voyez ce mot), aussi grand que le cheval, et, par suite, le plus grand du genre (1ᵐ,70 aux épaules). Le mâle seul porte des bois terminés par une vaste empaumure divisée à son bord externe en deux parties dont la plus forte porte à son bord externe plusieurs digitations, et dont le poids peut atteindre 30 kilogrammes *fig.* 811). Son cou est très-court, robuste, et surmonté d'une sorte de crinière; son museau renflé, à lèvre supérieure épaisse, longue et mobile. Son train de devant, plus allongé que celui de derrière, le force à se mettre à genoux ou à écarter fortement les jambes pour manger l'herbe; il se nourrit aussi de jeunes pousses d'arbre. La gorge du mâle porte une proéminence garnie de poils noirs formant une sorte de barbe; il est de couleur gris-foncé, et se plaît dans les forêts humides et marécageuses du nord des deux continents, passant une partie de la journée dans l'eau en été, pour éviter les insectes, et recherchant en hiver les lieux élevés. Il était autrefois employé comme bête de trait, en Suède. Sa peau sert à confection-

Fig. 871. — Tête d'élan.

ner des buffleteries, et sa chair est estimée comme aliment. La femelle de l'élan ne fait ordinairement qu'un petit à la première portée, ensuite constamment deux, rarement trois. Les faons ont, la première année, des dagues de 0ᵐ,03 de long, la seconde 0ᵐ,30, à la troisième elles deviennent fourches; dès la quatrième année, elles prennent six andouillers et s'aplatissent la cinquième sous la forme de lames triangulaires. L'élan vit vingt ans; ses bois se renouvellent tous les ans.   F. L.

ELAPHRE (Zoologie), *Elaphrus*, Fab.; du grec *elaphros*, agile. — Genre d'*Insectes* de l'ordre des *Coléoptères*, section des *Pentamères*, famille des *Carnassiers*, tribu des *Carabiques*, section des *Grandipalpes*, assez semblables par la forme et la vivacité aux cicindèles. Ils sont petits et se cachent dans les herbes et les fissures qui se trouvent au bord des étangs à demi desséchés; on les fait sortir de leur retraite en y répandant de l'eau. L'*E. des rivages* (*E. riparius*, Fab.) est l'espèce la plus répandue. Il a 0ᵐ,006 de long; il est vert cuivré et taché de cercles foncés, mamelonnés, disposés sur quatre lignes.

ELAPHUS (Zoologie). — Voyez Cerf.

ELAPS (Zoologie), du grec *elaps*, nom que les anciens donnaient à un serpent non venimeux. — Genre de *Reptiles* de l'ordre des *Ophidiens*, famille des *Serpents*, division des *Venimeux*, groupe des *Vipères*; caractères : les mâchoires peu dilatables; la tête couverte de grandes plaques polygonales, renflée en arrière, aussi grosse que le corps avec lequel elle est tout d'une venue; celui-ci est recouvert d'écailles oblongues. Les nombreuses espèces de ce genre habitent les régions australes, et leur corps est annelé de blanc, de noir et de rouge très vifs; on le nomme parfois *Serpent-corail*. Au reste, plusieurs espèces de serpents venimeux ont reçu ce nom vulgaire de *corail* ou *coral* dans la Guyane, la Caroline, etc., où on les rencontre et où ils sont la terreur des habitants, ainsi la *Noire* et *Fauve* de Lacép. (*Elaps corallinus*, Merr.); le *Triscale* de Lacép. (*Elaps triscalis*, Merr., *Colub. corallinus*, Lin.), etc.

L'*E. de Marcgrave* (*E. lemniscatus*, Cuv.), l'un des plus grands, est gros comme le doigt et long de 0ᵐ,75. Il habite la Guyane, et sa morsure est très-dangereuse. Cuvier remarque que ce serpent fait redouter, quoique innocents, le *Tortrix scytale* (roulenu) et la *couleuvre d'Esculape* qui lui ressemblent par leur forme, leur grandeur et leurs couleurs.

ELASTICITÉ (Physique). — L'élasticité est la propriété qu'ont les corps de reprendre leur forme primitive, lorsque certaines causes extérieures l'ont modifiée, et que ces causes cessent d'agir. C'est ainsi, par exemple, qu'une lame d'acier fixée à une de ses extrémités, et dont on écarte l'autre, revient à sa première position en exécutant autour d'elle une série de vibrations. Les corps présentent de très-grandes différences au point de vue de l'élasticité; les uns, comme le caoutchouc par exemple, peuvent subir de très-grandes déformations, sans cesser de revenir à leur premier état, tandis que d'autres, comme la cire molle, conservent successivement les diverses formes qu'on leur imprime. Dans les premiers, la *limite d'élasticité* est très-étendue; dans les seconds, elle est très-faible ou nulle. On dit aussi que les premiers sont t ès-élastiques, tandis que les seconds le sont très-peu. Toutefois, ces expressions ne sont pas très-précises et peuvent donner lieu à des équivoques. En effet, on peut dire qu'un corps est très-élastique, lorsqu'une certaine action extérieure développe une très-forte réaction, circonstance qui ne suppose pas du tout que sa limite d'élasticité soit étendue,

et qui, généralement même, est exclusive de ce dernier phénomène. A ce point de vue, les corps analogues au caoutchouc seraient *peu élastiques*.

Si l'on considère la limite d'élasticité comme la mesure de cette importante propriété de la matière, on pourra dire que les liquides et les gaz sont des corps *parfaitement élastiques*, car, quelque modification qu'on fasse subir à leur volume, celui-ci revient toujours le même lorsque le fluide est placé dans les circonstances primitives de pression.

Les applications de l'élasticité des solides sont nombreuses et importantes. C'est à son élasticité que le caoutchouc doit d'être employé dans un si grand nombre de circonstances. L'acier plus ou moins trempé est une des substances qui présentent cette propriété à un degré remarquable, et c'est avec lui qu'on construit tous les *ressorts*. Les ressorts sont employés comme moteurs dans les montres, les pendules, les tournebroches, par suite de la tendance qu'ils ont à reprendre leur première forme, lorsqu'on les a tendus; dans ce mouvement de réaction, ils entraînent avec eux un système de rouages qui sont eux-mêmes liés aux pièces que l'appareil doit faire mouvoir.

Les ressorts sont d'un usage continuel dans les machines, pour maintenir et ramener dans des positions invariables certaines pièces qui ne doivent s'en écarter que très-peu, comme, par exemple, les soupapes.

Dans les voitures suspendues, le corps de la voiture est porté par des ressorts formés de plusieurs lames d'acier assujetties ensemble, mais dont les longueurs vont en décroissant. De cette façon, le milieu où s'exerce l'effort principal du poids a une épaisseur suffisante pour y résister, tandis que les extrémités possèdent la flexibilité nécessaire au but qu'on se propose, et qui est d'atténuer la violence des chocs que l'essieu peut subir.

L'élasticité des ressorts fournit un moyen très-commode de comparer les forces entre elles (voyez Dynamomètres).

L'élasticité est évidemment un phénomène moléculaire; aussi toutes les circonstances qui tendent à modifier la constitution moléculaire des corps, modifient-elles aussi son élasticité. Mais il n'est pas généralement possible de prévoir à *priori* dans quel sens ont lieu ces modifications. Ainsi par exemple, tandis que la trempe

Fig. 872. — Appareil de M. Wertheim pour l'élasticité de traction.

augmente si notablement l'élasticité de l'acier, du verre, etc., elle diminue celle du bronze (voyez Bronze).

C'est à l'obscurité qui règne encore à quelques égards dans tout ce qui regarde les actions moléculaires, qu'est dû l'état d'imperfection où se trouve la théorie mathématique de l'élasticité, malgré les importants travaux faits sur ce sujet par Coulomb, Cagniard-Latour, Savart, Masson, Wertheim, etc. Toutefois, il existe à cet égard une loi générale et d'une haute importance, c'est que toutes les fois que dans l'écart subi par les particules d'un corps, la limite d'élasticité n'est pas dépassée, cet écart est proportionnel à la force même qui le produit. Dans le cas, par exemple, d'une barre soumise à des tractions successives, les accroissements de longueur qui en résultent croissent régulièrement comme la traction. Quant à la valeur absolue de l'allongement pour une traction d'un kilogramme, elle varie d'une substance à l'autre. Cette différence que présentent les corps à ce point de vue est définie par ce qu'on appelle le *coefficient d'élasticité*. On désigne ainsi le rapport à la charge en kilogrammes par millimètre carré, de l'allongement par mètre exprimé en millimètres. Quand ce coefficient est connu, on peut en déduire l'allongement d'une barre soumise à une traction quelconque.

La mesure du coefficient d'élasticité d'une substance se réduit d'ailleurs à la mesure de l'allongement d'un fil ou d'une barre de la substance considérée sous l'action d'un poids quelconque. Notre figure 873 représente l'appareil employé pour cet objet par M. Wertheim. La verge CC' dont on veut observer l'allongement est fixée supérieurement dans un fort étau D fixé à la potence F. Inférieurement, un second étau D' supporte la caisse B qui reçoit les poids destinés à produire la traction ; on observe avec un cathétomètre des points de repère tracés sur la tige. Pour produire la traction d'une manière continue et sans secousse, on se sert de vis calantes. Enfin, pour éviter les ballottements, on a fixé à la caisse une tringle qui se meut dans la coulisse I que porte la poutre E servant de support général à l'appareil.

Tableau de quelques coefficients d'élasticité d'après M. Wertheim.

Plomb	1 803k
Or	8 131
Argent	7 358
Zinc	8 734
Palladium	11 044
Cuivre	12 449
Platine	17 153
Fer	20 869
Acier	19 549

P. D.

ÉLASTICITÉ DES LIQUIDES. — Voyez. COMPRESSIBILITÉ.

ÉLASTICITÉ DES GAZ. LOI DE MARIOTTE (Physique). — Les gaz sont extrêmement compressibles ; aussi, dès l'origine de leurs recherches, les physiciens se sont occupés de cette compressibilité, et déjà, au XVII⁰ siècle, Mariotte et Robert Boyle étaient arrivés séparément à une loi qui paraissait caractériser l'état gazeux. Voici cette loi : A la même température, les volumes d'une même masse de gaz sont inversement proportionnels aux pressions qu'elle supporte. Si V est le volume de cette quantité de gaz sous la pression H, V' son volume sous la pression H', on a donc : $\frac{V}{V'} = \frac{H'}{H}$. On déduit de là VH = V'H'. D'où cette autre forme de la loi : Le produit du volume par la pression est un nombre constant. Une conséquence, c'est que : A la même température, les poids spécifiques d'un même gaz sont proportionnels aux pressions, car sous le même poids les volumes sont inversement proportionnels aux poids spécifiques $\frac{D}{D'} = \frac{V'}{V}$, d'où $\frac{D}{D'} = \frac{H}{H'}$.

Mariotte vérifia sa loi à l'aide d'un appareil très-simple, qui se compose (*fig.* 873) d'un tube de verre recourbé ABC, d'une longueur aussi grande que possible, et dont la courte branche AB est fermée. On met du mercure dans la courbure de l'appareil, et on isole ainsi une certaine quantité d'air. On s'arrange d'ailleurs de façon que le niveau du mercure soit égal dans les deux branches et s'élève jusqu'au zéro des deux graduations. L'air contenu dans la courte branche se trouve alors à la pression ambiante que donne le baromètre. Soit H la hauteur du baromètre, V le volume du gaz sous cette pression. Si l'on verse du mercure dans la branche CB, l'air se comprime et le mercure s'élève dans les deux branches. Soient D et E les niveaux. Si on mesure la hauteur DE, le gaz dans la courte branche supporte la pression atmosphé-rique, plus la pression de la colonne de mercure DE. Soit h sa longueur : la pression sera $H + h$. Soit V' le volume DA. Si $H + h = 2H$, $V' = \frac{V}{2}$, si $H + h = 3H$, $V' = \frac{V}{3}$. Telle est la loi trouvée par Mariotte, qui d'ailleurs n'opéra que sur l'air.

Cependant Boyle, Musschenbroek, Sulzer, Robison, tout en constatant la loi de Mariotte trouvèrent qu'à partir de 4 atmosphères, ou un peu plus, elle ne représentait plus la compressibilité de l'air. En 1826, Œrsted et Wendsen, par des expériences poussées jusqu'à des pressions de 68 atmosphères, trouvèrent la loi vraie pour l'air, mais erronée pour l'acide sulfureux.

M. Despretz, ayant soumis simultanément à la même pression des volumes égaux de différents gaz, a constaté qu'ils ne se comprimaient pas de même, et que, par suite, la loi de Mariotte n'était pas générale, si même elle se trouvait exacte dans certains cas.

M. Pouillet, de son côté, trouva que jusqu'à 100 atmosphères l'oxygène, l'azote, l'hydrogène, le bioxyde d'azote et l'oxyde de carbone suivaient la même loi de compression que l'air atmosphérique ; que les gaz acide sulfureux, ammoniac, acide carbonique, protoxyde d'azote, commencent à être notablement plus compressibles que l'air atmosphérique, dès que leur volume se réduit au tiers ou au quart. L'appareil employé par M. Pouillet est très-propre pour montrer, même dans un cours, l'inégale compressibilité des différents gaz. C'est une disposition imitée d'ailleurs de celle qu'avait employée autrefois

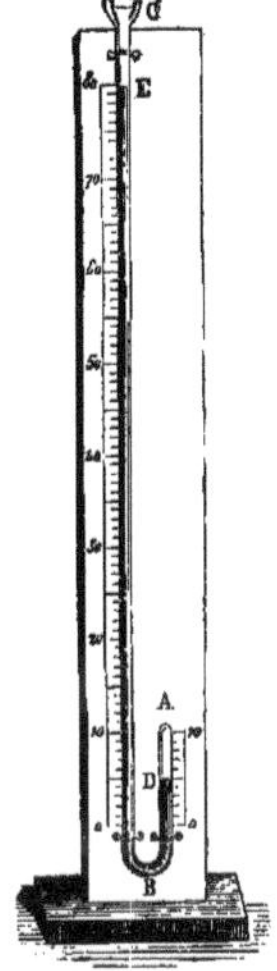

Fig. 873. — Tube de Mariotte.

Despretz, auquel il convient de faire honneur des premières contradictions sérieuses relatives à la loi de Mariotte, et des premières expériences précises destinées à éclairer cette question importante de la mécanique des gaz. Une boîte en fonte d' (*fig.* 875) renferme du mercure, et au-dessus de ce métal de l'huile. Dans ce dernier liquide s'enfonce un piston plongeur en bronze h, dont la partie supérieure façonnée en vis passe à travers l'écrou K, et peut être mue à l'aide du levier g. La boîte d' communique par un tube de fer avec la boîte d également en fonte. Sur cette dernière sont solidement fixés deux tubes a et b de 2 mètres de longueur chacun, et renfermant les gaz desséchés que l'on veut comparer l'un à l'autre. Ces deux gaz ayant primitivement le même volume, on enfonce le piston plongeur de manière à les comprimer, et on peut ainsi reconnaître aisément s'ils suivent ou non la même loi de compressibilité.

En 1825, une commission de l'Académie des sciences, composée de Dulong, Arago, Girard et Prony, chargée d'un travail sur la force élastique des vapeurs, fut amenée à s'occuper de la vérification de la loi de Mariotte. On trouva que jusqu'à 27 atmosphères la loi était sensiblement exacte pour l'air.

Dans toutes les expériences précédentes, l'on n'avait pas tenu un compte suffisant de l'hygroscopicité du verre, et les gaz sur lesquels l'on avait opéré n'étaient pas suffisamment secs. De plus, le procédé employé était toujours le même que celui de Mariotte ; on comprimait une même masse d'air par une colonne de mercure sans cesse croissante ; il en résultait que la précision de la mesure du volume gazeux devenait de moins en moins grande à mesure que la pression augmentait.

M. Regnault a évité les causes d'erreurs qui entachaient les expériences antérieures aux siennes. Son appareil est très-simple ; il se compose (*fig.* 876) d'un réservoir en fonte V, contenant du mercure, et dans lequel on peut comprimer de l'eau au moyen d'une pompe aspirante et foulante. A la partie inférieure, le réservoir porte deux tubulures latérales : l'une reste constamment fermée ; à la deuxième est fixé un conduit horizontal portant un gros robinet g ; sur ce conduit sont mastiqués deux tubes de cristal de 0m,005 d'épaisseur et de 3 mètres de longueur.

Le premier bb' est destiné à contenir l'air comprimé, et son extrémité supérieure est mastiquée dans une pièce en laiton munie d'un robinet r. Il porte deux traits, α et β, l'un à la partie inférieure, et l'autre qui divise le tube en deux capacités égales, depuis le premier trait jusqu'au boisseau du robinet r. On peut d'ailleurs le maintenir à une température constante, en faisant passer un courant d'eau dans un manchon en verre qui l'enveloppe.

Sur le deuxième tube dd' s'en superposent sept autres, joints solidement entre eux de manière à former un canal vertical de 24 mètres de hauteur. Le tout est appliqué contre un fort madrier placé verticalement.

Pour faire une expérience, on commence par faire arriver du mercure dans gh, et on remplit bb' jusqu'en α, avec du gaz sec amené par le tube t qui communique avec un réservoir contenant ce gaz fortement comprimé, le tube dd' fonctionnant comme manomètre à air libre permet de mesurer la force élastique du gaz contenu de α en r. On ouvre ensuite le robinet g, et l'on injecte du mercure au moyen de la pompe, de façon à amener

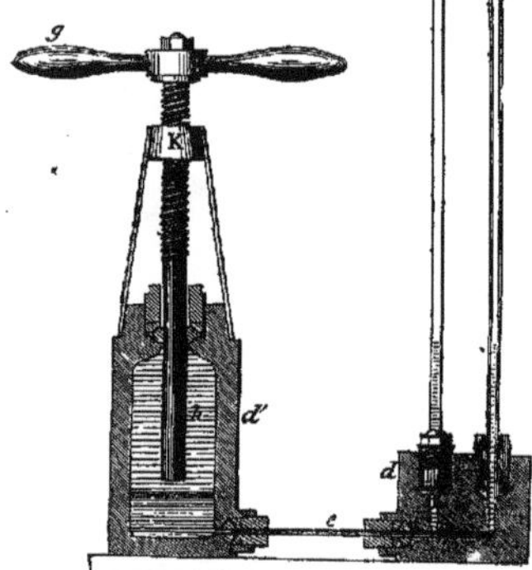

Fig. 874. — Appareil de M. Pouillet pour la compression des gaz.

son niveau en β ; le volume du gaz est alors réduit à moitié, et, en mesurant la hauteur du mercure soulevé, on voit si la pression a doublé. On ferme g avant la lecture, afin d'éviter le retour du mercure dans la pompe. Si l'on veut faire une seconde expérience, on ouvre r, et une nouvelle quantité de gaz comprimé pénétrant dans l'appareil ramène le niveau en α et permet d'opérer dans des conditions de pressions différentes. Ce qu'il y a de remarquable dans cette méthode, c'est que, quelle que soit la force élastique du gaz, son volume est le même, et que, par suite, l'erreur relative commise sur la mesure est constante. M. Regnault est arrivé dans ces recherches à des résultats importants. Il a constaté que, même pour l'air atmosphérique, l'hydrogène, l'azote, la loi de Mariotte ne peut être considérée comme la véritable loi de compressibilité. Si l'on exprime le rapport des volumes d'une même masse de gaz $\frac{V_0}{V_1}$ et le rapport inverse des pressions correspondantes, on trouve que le quotient $\frac{V_0}{V_1} \cdot \frac{P_1}{P_0}$ n'est pas égal à l'unité. Outre que les

différences sont sensibles, elles croissent régulièrement et constamment avec la pression. Pour l'air, l'azote, l'acide carbonique, le rapport $\frac{V_0}{V_1} \cdot \frac{P_1}{P_0}$ est plus grand que l'unité, ce qui veut dire que la compressibilité de ces gaz est

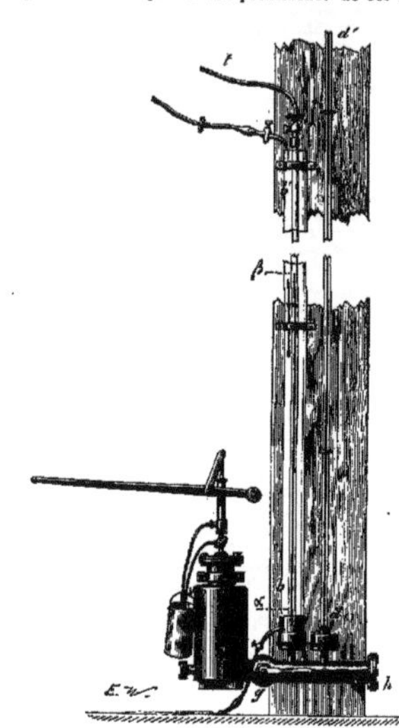

Fig. 875. — Appareil de M. Regnault pour vérifier la loi de Mariotte.

plus forte que celle qui résulte de la loi de Mariotte. C'est dans ce sens que les écarts de cette loi avaient été indiqués par les physiciens qui s'étaient occupés de la question. L'hydrogène présente une exception imprévue et remarquable ; sa compressibilité est plus faible que celle qui résulte de la loi. Cette particularité semble indiquer que ce gaz est incomparablement plus loin que tous les autres de son point de liquéfaction, c'est-à-dire qu'il est constitué par une matière excessivement dilatée. Les chimistes qui considèrent la molécule de l'hydrogène comme une molécule métallique trouvent dans cette remarque une confirmation curieuse de leurs idées sur le rôle chimique de ce gaz.

Pour donner une idée des erreurs que l'on peut commettre en appliquant la loi de Mariotte, nous extrayons du mémoire de M. Regnault les résultats suivants relatifs aux quatre gaz dont il s'est occupé ; les nombres de ce tableau représentent les pressions, correspondantes aux volumes indiqués dans la ligne horizontale supérieure.

VOL. 1.	$\frac{1}{2}$	$\frac{1}{4}$	$\frac{1}{10}$	$\frac{1}{20}$
Air	1,997823	3,979440	9,916220	19,719880
Azote	1,998634	3,986760	9,943590	19,788580
Acide carbonique	1,98292	3,82880	9,22620	16,70540
Hydrogène	2,00144	4,01161	10,05607	20,26872

ELASTIQUE (Tissu) (Anatomie). — Voyez Tissu.

ELASTIQUE (Botanique). — On qualifie ainsi les organes des plantes dont le tissu offre une élasticité susceptible de causer, sous l'influence d'une force étrangère, une modification dans la position de ces organes. Ainsi les filets des étamines de la pariétaire, de l'ortie, du mûrier, du kalmia, sont dits élastiques, parce qu'ils sont susceptibles de se redresser avec force au moment de l'épanouissement comme un ressort qu'on lâche tout à coup. Dans certaines Orchidées, le pollen offre une masse qui, pouvant s'allonger quand on la tire, reprend sa première forme quand on l'abandonne à elle-même, absolument comme le ferait le caoutchouc. Ce pollen est donc élastique. Dans une grande quantité de fruits capsulaires, la déhiscence s'opère par la désunion des valves avec élasticité. Tels sont les fruits de la cardamine impatiente, du ricin, des balsamines. En général, les organes sont tous plus ou moins doués d'élasticité, car ils tendent à reprendre leur place lorsqu'ils en ont été dérangés. Les pétioles et les pédoncules offrent surtout ce caractère. Il est cependant une plante nommée *dracocéphale de Moldavie*, dont l'inflorescence manque d'élasticité. Quand on dérange ses pédicelles, ils ne reprennent pas leur position, comme le ferait le premier végétal venu. Ce phénomène avait fait donner le nom de *cataleptique* à ce *dracocéphale* (voyez ce mot).   G—s.

ELATE (Botanique). — On trouve ce nom dans Théophraste pour désigner le sapin. Il désignait aussi, chez les Grecs, la gaine qui enveloppe la fleur femelle du *dattier*.

ELATER (Zoologie), *Elater*, Lin. — Genre d'*Insectes* de l'ordre des *Coléoptères*, section des *Pentamères*, famille des *Serricornes*, section des *Sternoxes*, type de la tribu des *Elatérides*. Le nom de ce genre est *Taupin*, vulgairement *Scarabée à ressort*, et il a pour caractères principaux : le corps ovale, déprimé et à téguments forts ; la tête enfoncée dans le corselet jusqu'aux yeux ; la bouche en dessous ; les palpes maxillaires terminées par un article grand et large ; les élytres longues et étroites ; les pattes très-courtes, à tarses filiformes ; une disposition toute particulière du sternum, commune à tous les élatérides, permet à ces insectes, quand ils sont sur le dos, de se lancer en l'air comme par l'effet d'un ressort (voyez ELATÉRIDES, TAUPIN). Plusieurs espèces de ce genre sont nuisibles aux plantes comestibles ; nous citerons particulièrement ici l'*E. des blés* (*E. sputator*, Fab.), insecte bleuâtre, étroit, allongé, terminé en pointe en arrière, de forme cylindrique, long de 0^m,010 à 0^m,012, qui a pour larve un ver allongé, luisant, bleuâtre, semblable à un ver de farine de petite taille ; c'est elle qui cause au blé un préjudice notable, lorsqu'elle apparaît en plus grand nombre que de coutume. Elle vit au moins deux ans, et elle se nourrit de la racine des blés. Les oiseaux, les lézards, en détruisent beaucoup, elle est aussi dévorée par les insectes coléoptères, bronzés, dorés, cuivrés, et entre autres par les carabes qui tous sont carnassiers et qui pour cela doivent être respectés par l'agriculteur. Il sera question de quelques autres espèces à l'article *Taupin*.

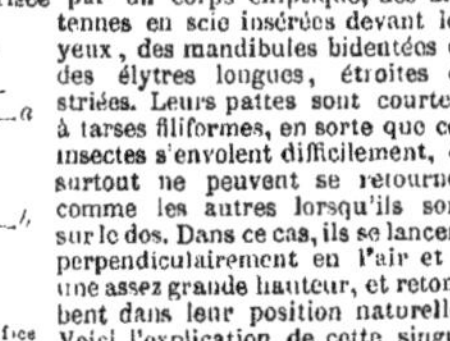

Fig. 876. — Elater du blé (*a*) et sa larve (*b*).

ELATÉRIDES (Zoologie). — Tribu d'*Insectes* (voyez ELATER) caractérisée par un corps elliptique, des antennes en scie insérées devant les yeux, des mandibules bidentées et des élytres longues, étroites et striées. Leurs pattes sont courtes, à tarses filiformes, en sorte que ces insectes s'envolent difficilement, et surtout ne peuvent se retourner comme les autres lorsqu'ils sont sur le dos. Dans ce cas, ils se lancent perpendiculairement en l'air à une assez grande hauteur, et retombent dans leur position naturelle. Voici l'explication de cette singulière manœuvre. Le présternum des *Elatérides* terminé en une pointe comprimée latéralement, et souvent un peu arquée et unidentée, s'enfonce, à la volonté de l'animal, dans une cavité de la poitrine située immédiatement au-dessus de la naissance de la seconde paire de pattes. Pour exécuter leur saut, ces insectes, lorsqu'ils sont sur le dos, serrent contre le dessous du corps leurs pattes si courtes, fléchissant la tête et le présternum rase la face ventrale de leur corps. Rapprochant ensuite le présternum de l'anneau suivant ou mésosternum, ils pressent avec force la pointe du présternum contre le bord postérieur du trou situé en avant du

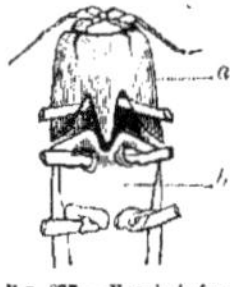

F.g. 877. — Vue de la face inférieure du corps d'un Elatéride. *a*, présternum. — *b*, 2e anneau sternal.

mésosternum. Par une légère extension des parties fléchies, cette pointe, légèrement ramenée en avant, s'enfonce brusquement dans ce trou comme par une détente de ressort, et tout le corps se courbe subitement vers la face dorsale. Le corselet avec ses pointes latérales, la tête, le dessus des élytres heurtent avec force contre la surface sur laquelle repose l'animal et le projettent perpendiculairement. Cette curieuse faculté des élatérides leur a valu le nom de *scarabées à ressort*. Toutes les espèces, qui sont nombreuses et très-répandues sur le globe, se nourrissent de substances végétales.

ELATÉRIE (Botanique), *Elaterium*, Jacq.; d'un mot grec *élaunein*, qui signifie pousser comme avec un ressort, à cause de l'élasticité des fruits. — Genre de plantes *Dicotylédones dialypétales périgynes*, établi par Jacquin dans la famille des *Cucurbitacées*. Ce n'est pas, comme on pourrait le croire, de cette plante qu'on extrait le suc purgatif connu sous le nom d'*elaterium* (voyez ce mot), son fruit est une baie réniforme s'ouvrant en 3 valves avec élasticité, et renfermant des graines à rebord membraneux. Les espèces de ce genre, toutes exotiques, sont des herbes grimpantes, munies de vrilles. L'espèce la plus répandue est l'*E. de Carthagène* (*E. Carthaginense*, Lin.); elle a les feuilles cordiformes, anguleuses, denticulées, et les fleurs blanches, odorantes pendant la nuit ; les mâles disposées en panicules et les femelles solitaires. Son fruit oblong, verdâtre, est couvert de poils mous.

ELATÉRITE (Minéralogie). — Substance nommée aussi *bitume élastique*, et qui offre la plus grande analogie avec la gomme élastique ou caoutchouc. Elle est brune, tirant sur le vert foncé ; elle renferme le plus souvent une huile qui la rend adhérente aux doigts, et qui s'en sépare à une haute température : c'est un carbure d'hydrogène (carbone, 86 ; hydrogène, 14). Ce minéral se trouve dans les mines de plomb de Castletown, dans le Derbyshire, où il est accompagné de matières résineuses ou bitumineuses. On le rencontre aussi dans les dépôts charbonneux de Montrelais (Loire-Inférieure).

ELATERIUM (Matière médicale). — Nom par lequel on désigne un suc purgatif préparé avec les fruits d'une plante de la famille des *Cucurbitacées*, nommée vulgairement *Concombre sauvage*, *Concombre aux ânes*, et, en langage scientifique, *Momordica elaterium*, Lin.; *Ecbalium agreste*, Rich., qui forme à elle seule aujourd'hui le genre *Ecbalium* de Richard (voyez ECBALIUM). Ce médicament, rarement employé aujourd'hui, était fort vanté par les anciens ; il devait ses propriétés à un principe nommé *élatérine*, cristallisable et soluble dans l'alcool. On prépare ce purgatif en faisant évaporer à la chaleur du bain-marie le suc exprimé de ses fruits ; il est excessivement amer. A la dose de 0^{gr},05 à 0^{gr},15, il peut être employé avec avantage contre les hydropisies dites passives. C'est un purgatif très-violent.

ELATINE (Botanique), *Elatine*, Lin.; du grec *elaté*, sapin : allusion à la forme des feuilles qui rappellent celles du sapin. — Genre de plantes *Dicotylédones dialypétales périgynes*, type de la famille des *Elatinées*. Caractères : fleurs régulières ; 3-4 sépales soudés inférieurement ; 3-4 pétales caducs ; 6-8 étamines ; 3-4 styles courts, persistants ; ovaire uniloge ; capsule à 3-4 loges s'ouvrant en autant de valves et renfermant de nombreuses graines. Les plantes de ce genre sont herbacées, très-petites, à feuilles opposées ou verticillées. Elles habitent les endroits marécageux des climats tempérés. L'*E. poivre d'eau* (*E. hydropiper*, Lin.), nommée aussi *E. conjuguée*, ne s'élève guère à plus de 0^m,15. Ses tiges sont rampantes, ses feuilles opposées et ses fleurs petites, blanches, sont solitaires, axillaires. L'*E. verticillée*, *fausse Alsine* (*E. alsinastrum*, Lin.) se distingue par ses feuilles verticillées, capillaires et linéaires. Ces plantes se trouvent aux environs de Paris, dans les mares et les lieux inondés, ainsi que l'*E. à 6 étamines* (*E. hexandra*, Lin.) qui s'élève de 0^m,02 à 0^m,03.

ELEAGNÉES (Botanique). — Voyez ELÆAGNÉES.

ELECTRICITÉ (Physique), du grec *électron*, ambre. — Agent physique inconnu dans sa nature, auquel on attribue tous les phénomènes électriques. L'histoire de cet agent se réduit donc à peu près exclusivement à l'étude de ces phénomènes.

L'électricité peut exister à deux états distincts : à l'état d'équilibre ou de repos, on la nomme alors *électricité statique* ou *de tension*; à l'état de mouvement, auquel cas elle prend le nom d'*électricité dynamique* ou *voltaïque*.

Comme nous ignorons la nature de l'électricité, nous ne pouvons nous faire une idée de la manière dont s'effectue le passage de l'un de ces états à l'autre, et dire si un courant d'électricité doit être assimilé à un courant d'air ou d'un fluide quelconque, ou bien s'il faut admettre entre l'électricité statique et l'électricité dynamique des différences de nature comparables à celles qui semblent exister entre la chaleur accumulée dans les corps et la chaleur rayonnante. La première hypothèse est la plus simple, et, quoiqu'elle soit insuffisante encore pour expliquer tous les faits connus, nous l'adoptons parce qu'il n'existe pour la seconde aucune base sur laquelle on puisse l'asseoir d'une manière un peu nette.

Les électricités statique et dynamique ont donc même nature, et si nous conservons cette distinction, c'est que ces deux termes correspondent à deux séries de phénomènes ayant chacune sa physionomie propre.

I. Électricité statique. — Le fait d'électricité statique le plus anciennement connu est la propriété que l'ambre jaune acquiert par le frottement d'attirer les corps légers, tels que des barbes de plumes, des morceaux de papier, de minces feuilles d'or ou d'argent, etc., et même d'attirer des corps d'un certain poids, lorsque leur mode de suspension leur laisse une grande liberté pour se mouvoir. Ce fait est cité par les auteurs grecs de l'antiquité, et c'est du nom grec, *électron*, de l'ambre, que l'électricité tire son nom.

Vers le milieu du XVI⁰ siècle, le docteur anglais Gilbert reconnut la même propriété dans le verre, la résine, le soufre, et un grand nombre d'autres substances qui furent appelées *idio-électriques*, c'est-à-dire pouvant développer en elles de l'électricité, tandis que les autres, telles que les métaux, furent appelées par opposition *anélectriques*. Ultérieurement, Gray, en Angleterre, et Dufay, en France, reconnurent que tous les corps pouvaient s'électriser par frottement, et que les substances idio-électriques et anélectriques se distinguent par une autre qualité qui induisit en erreur les premiers observateurs. En effet, le soufre, la résine et tous les corps idio-électriques sont *mauvais conducteurs de l'électricité*, c'est-à-dire que l'électricité développée en un de leurs points ne peut les quitter qu'avec lenteur et difficulté, et que l'on peut y constater sa présence, tandis que les corps anélectriques sont *bons conducteurs de l'électricité*, comme le sont le corps humain et le sol. Il en résulte que, lorsqu'on frotte ces corps en les tenant à la main, l'électricité que l'on développe en eux s'échappe par l'opérateur dans le sol où elle se perd, et les corps semblent ne pas s'électriser. Il suffit, en effet, de les porter à l'extrémité d'un corps mauvais conducteur pour les voir s'électriser par le frottement comme les premiers. Les mauvais conducteurs sont dits *isolants*.

Corps mauvais conducteurs ou isolants.	Corps bons conducteurs.
Spath d'Islande.	Verges, fils et plaques métalliques.
Topaze blanche.	Eau.
Quartz.	Vapeur d'eau.
Verre.	Corps humain
Résines solides.	Bois surtout humide.
Soufre.	Fils de lin.
Soie.	Paille.

Répulsions électriques, deux électricités. — Les corps électrisés par frottement n'attirent pas seulement les corps légers ; ils peuvent également les repousser, ce qui a lieu lorsque par le contact ils leur ont transmis leur propriété électrique. Ce phénomène, découvert par Otto de Guericke, fut confirmé par Dufay, qui reconnut en outre qu'une mince feuille d'or repoussée par un bâton de verre électrisé, au contact duquel elle était venue, était au contraire attirée par un bâton de résine également électrisé, et, réciproquement, qu'attirée par le verre elle était repoussée par la résine. Il fut conduit par ces faits à admettre que les corps peuvent s'électriser de deux manières opposées, et, allant plus loin, il adopta l'existence de deux électricités jouissant de propriétés contraires, et désigna l'une du nom d'*électricité vitrée*,

l'autre du nom d'*électricité resineuse*. Cette hypothèse, dont rien ne démontre la réalité, a encore cours dans la science, parce qu'elle représente d'une manière simple un assez grand nombre de phénomènes électriques dont elle n'est que la traduction ; mais, en dehors de sa valeur dogmatique, nous n'avons en rien le droit de la considérer comme représentant d'une manière quelque peu fidèle la nature même de l'agent qui nous occupe.

Électricité neutre. — D'après la même hypothèse, les deux électricités résineuse et vitrée, appelées aussi *négative et positive* pour indiquer leur antagonisme, existeraient en proportions égales dans les corps et s'y neutraliseraient mutuellement pour former une espèce d'*électricité neutre* existant partout. Le frottement ne créerait pas de l'électricité ; il séparerait seulement en partie les deux éléments de l'électricité neutre, en sorte que l'un des corps frottants prendrait un excès d'électricité positive ou vitrée, l'autre un excès d'électricité négative ou résineuse. Ils seraient ainsi tous deux électrisés d'une manière inverse, ce qui est encore un fait d'expé-

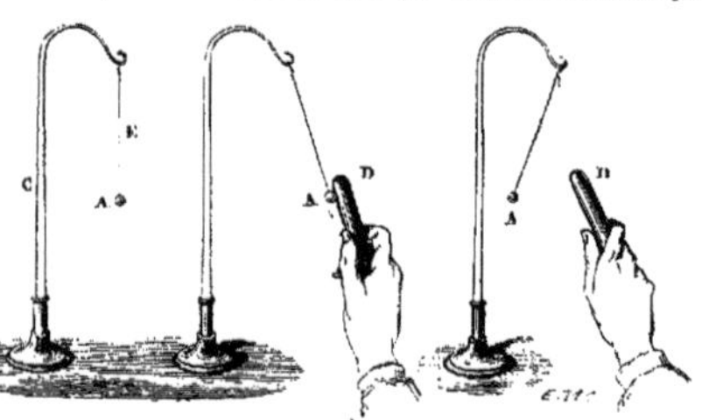

Fig. 878.   Fig. 879.   Fig. 880.
Pendule électrique.

rience établi, pour la première fois, par Leroy, dans un mémoire publié en 1753.

Toutes les expériences d'attractions ou répulsions électriques peuvent être reproduites au moyen du *pendule électrique*, qui se compose d'une tige de verre C (*fig.* 878) vernie à la gomme laque, portée par un pied, et tenant suspendue, à son extrémité supérieure et par un fil de soie E, une petite balle de moelle de sureau A. La figure 879 montre la balle A attirée par le corps électrisé D, dans la figure 880 on voit la répulsion produite après que la balle A, par son contact avec D, a partagé son électricité.

Lois des attractions et répulsions électriques. — Coulomb, dans une série de mémoires très-remarquables et

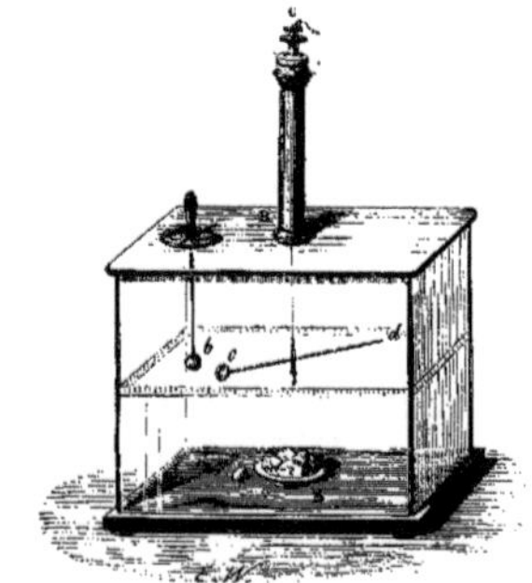

Fig. 881. — Balance électrique de Coulomb.

publiés à la fin du siècle dernier et au commencement de celui-ci, constata de plus, au moyen de sa *balance électrique* dont nous donnons ici le dessin (*fig.* 881), que les corps électrisés s'attirent ou se repoussent en raison des quantités d'électricité qu'ils possèdent l'un et l'autre, et en raison inverse du carré de leurs distances, ce qui est la loi de l'attraction universelle. Dans cette balance, dite également de *torsion* (voy. BALANCE DE TORSION), étaient deux balles de sureau ou deux petits disques de clinquant, l'un fixe *b*, l'autre mobile *c*, à l'extrémité d'une mince tige de gomme laque *cd* suspendue à un fil métallique très-fin. Les deux disques étant électrisés de la même manière, par exemple, se repoussaient jusqu'à ce que leur force de répulsion, à la distance où ils se trouvaient l'un de l'autre, fût équilibrée par la force d'élasticité du fil métallique qui, tordu par le fait même de la répulsion des clinquants, tendait à reprendre sa position première et à rapprocher les deux disques. En s'appuyant sur ce fait démontré par lui, que la force de torsion d'un fil croît proportionnellement à l'angle dont il est tordu, et peut être mesurée par cet angle, et en tordant plus ou moins le fil à son gré au moyen du bouton C auquel ce fil était attaché, Coulomb put comparer la valeur des forces répulsives avec les distances et avec les charges individuelles des deux disques, et découvrir les lois indiquées plus haut.

Ces lois ont servi de point de départ à Poisson pour son grand travail mathématique sur l'électricité, et cependant, telles qu'elles ont été énoncées par Coulomb, elles sont loin d'avoir la généralité qu'il leur attribuait. Les *éléments électriques* s'attirent ou se repoussent rigoureusement conformément à ces lois, comme s'attirent les éléments de la matière; mais les corps électrisés eux-mêmes suivent des lois plus compliquées, parce que la distribution des électricités qu'ils renferment est variable avec les circonstances. C'est, du reste, sur la loi élémentaire que sont fondés les calculs de Poisson.

Distribution des électricités à la surface des corps. — Lorsqu'un corps bon conducteur est électrisé, l'électricité qu'il contient ne se répartit pas uniformément dans toute sa masse; elle s'accumule tout entière à la surface du corps où elle forme une couche d'une extrême minceur, en sorte qu'une sphère pleine et une sphère de même diamètre, mais formée par une lame de métal très-mince, renfermeront la même quantité d'électricité. Les corps mauvais conducteurs, au contraire, peuvent être électrisés dans toute leur masse, et cette différence nous rendra compte de la formation des nuages orageux et de leur puissance. Elle-même tient aux causes suivantes. Les électricités de même nom se repoussent et tendent à s'épandre indéfiniment dans l'espace. Les corps bons conducteurs n'opposent aucune résistance à cette tendance; mais l'air qui enveloppe les corps, étant mauvais conducteur, retient sa surface, en sorte qu'un corps bon conducteur ne sert, pour ainsi dire, qu'à mouler dans l'air le vase qui renferme l'électricité. Les corps bons conducteurs ne peuvent, en effet, jamais rester électrisés dans le vide.

Les corps mauvais conducteurs, au contraire, opposant un obstacle aux mouvements des électricités dans leur masse, les obligent à rester là où elles ont été développées.

Déperdition de l'électricité. — L'air et les corps isolants ne sont que *mauvais* conducteurs. Ils n'opposent donc pas une résistance absolue à la circulation de l'électricité dans leur masse : aussi un corps électrisé et isolé au milieu de l'air perd-il peu à peu son électricité, soit au travers de son support, soit par l'air lui-même. La déperdition par les supports est d'autant moins rapide, qu'ils sont formés de substances plus mauvais conducteurs (verre, soie, gomme laque), qu'ils sont plus longs, plus secs, et que la charge électrique est moindre. La déperdition par l'air est d'autant moindre que l'air est plus sec, la vapeur d'eau conduisant en effet assez bien l'électricité. Les expériences exécutées par Coulomb sur l'un et l'autre point ont montré pour l'air que la charge électrique d'un corps décroît de quantités successives proportionnelles à la charge, à peu près comme décroît la température d'un corps.

Pouvoir des pointes. — Sur un corps sphérique isolé, soustrait à toute influence, l'électricité forme une couche uniforme, d'égale épaisseur en tous ses points, mais à mesure que la surface du corps s'écarte de la sphère, l'uniformité de la couche électrique disparaît; en chacun de ses points, l'effort que fait l'électricité pour rompre l'obstacle que l'air oppose à son expansion croît dans le même rapport que le degré de courbure de la surface en ce point. A la surface d'un œuf, par exemple, la pression de l'électricité contre l'air sera plus grande au petit qu'au gros bout, plus grande au gros bout que sur les parties latérales. Si nous supposions qu'on amincît graduellement le petit bout de l'œuf, de manière à le terminer finalement en pointe aiguë, la pression de l'électricité y deviendrait indéfiniment croissante, et, comme la résistance de l'air est limitée, cette résistance finirait par être vaincue et l'électricité se perdrait dans l'air. Et, en effet, il arrive qu'un corps conducteur terminé en pointe aiguë ne peut pas garder d'électricité.

Électrisation par influence. — La distribution de l'électricité à la surface des corps conducteurs est encore modifiée par la présence d'autres corps électrisés ou non.

Si deux corps électrisés de la même manière sont mis en présence, leurs électricités se repoussant seront refoulées l'une par l'autre vers les points les plus éloignés des deux corps où la charge électrique augmentera d'une manière sensible, tandis qu'elle diminuera d'une quantité correspondante sur les points par lesquels se regardent les corps.

Si ces corps sont, au contraire, électrisés d'une manière inverse, leurs électricités s'attireront et se reporteront vers les points des corps les plus rapprochés.

Si l'un de ces corps, A seul, est électrisé positivement (+) par exemple, l'autre B étant isolé du sol, l'électricité neutre que ce dernier contient sera décomposée, l'électricité négative (—) sera attirée et se portera vers le corps électrisé A sur lequel elle modifiera, comme plus haut, la distribution de l'électricité; l'électricité positive (+) sera au contraire repoussée. En sorte que le corps B dit

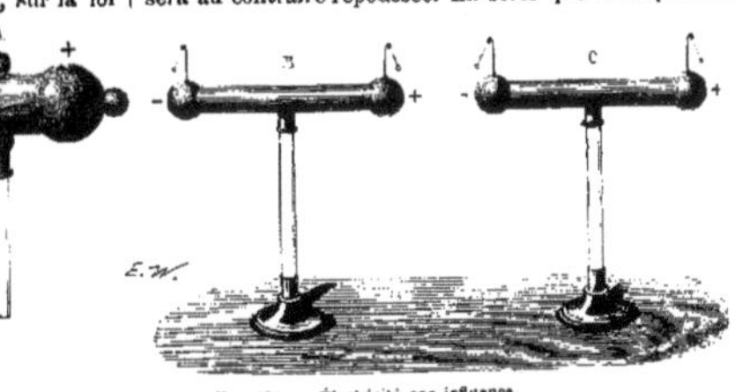

Fig. 882. — Électricité par influence.

électrisé par *influence* contiendra à l'un de ses bouts de l'électricité négative, à l'autre de l'électricité positive, rien vers le milieu. Que l'on enlève la source A ou qu'on la décharge, B retombera à l'état neutre par la recombinaison de ses deux électricités positive et négative. Le corps B électrisé par influence peut, à son tour, électriser par influence un autre conducteur isolé C, etc.

B étant soumis à l'influence du corps A et touché avec le doigt en un quelconque de ses points, c'est toujours l'électricité repoussée qui s'écoule dans le sol, et, après la séparation du doigt, B reste électrisé d'une seule manière, négativement dans notre exemple. Un effet semblable aurait lieu par le simple contact de l'air; l'électricité repoussée se perdant plus rapidement que celle qui est attirée, c'est de cette manière que se forment quelques-uns des nuages chargés d'électricité négative (voyez ÉLECTRICITÉ ATMOSPHÉRIQUE, ORAGES).

Mais si le corps B était armé d'une pointe en l'une ou l'autre de ses extrémités, c'est l'électricité renfermée sur cette extrémité, qu'elle soit attirée ou repoussée, qui s'écoulerait par la pointe (voyez ÉLECTRIQUE [MACHINE]).

Étincelle électrique. — L'influence attractive exercée par l'électricité négative de B sur l'électricité positive de A, déterminant une accumulation de cette dernière électricité sur l'extrémité droite de son conducteur, la charge peut y devenir assez grande pour que la résistance de l'air soit vaincue. Une *étincelle éclate* alors, les deux électricités de noms contraires se recombinent brusquement au travers de l'air qu'elles portent à l'incandescence sur leur passage (voyez ÉTINCELLE).

Les *condensateurs* (voyez ce mot) sont des instruments dont le jeu est fondé sur les modifications apportées dans la distribution des électricités à la surface des corps par les influences que deux électricités de noms contraires exercent l'une sur l'autre.

Les attractions ou répulsions des corps électrisés mauvais conducteurs sont une conséquence directe des attractions et répulsions des électricités elles-mêmes, et de la difficulté qu'elles éprouvent à circuler dans les corps mauvais conducteurs, qui fait qu'elles entraînent ces corps avec eux. Cette dernière cause ne peut plus être invoquée quand il s'agit de bons conducteurs ; mais même dans ce cas il est bien certain que, quelle qu'en soit la cause exacte, l'électricité est retenue plus ou moins fortement à la surface ; l'attraction ou la répulsion des corps sera donc, comme précédemment, une conséquence des actions mutuelles des fluides.

Sources d'électricité statique. — Les causes qui donnent lieu à une production d'électricité sont extrêmement nombreuses : le frottement, la compression, la percussion, la déformation temporaire ou permanente, la rupture, la cristallisation des corps, leurs variations de températures, les réactions chimiques auxquelles ils donnent lieu, les phénomènes de la vie chez les végétaux et les animaux, etc., en un mot, tous les phénomènes mécaniques, physiques, chimiques et physiologiques peuvent en fournir. Mais les deux principales sources d'électricité statique sont le frottement (voyez Électriques [*Machines*] et l'évaporation (voyez Électricité Atmosphérique, Orages). Les autres sources, quoiqu'elles puissent être très-abondantes, ne produisent généralement des effets bien marqués qu'à la condition que l'électricité puisse circuler d'une manière continue dans des conducteurs appropriés, ce qui est le cas de l'électricité dynamique.

Électricité dynamique (Physique). — Électricité en mouvement. Bien que nous admettions qu'elle soit de nature identique à celle de l'électricité statique, de l'état de mouvement dans lequel elle se trouve naissent des lois toutes spéciales.

La circulation de l'électricité dans un conducteur forme ce que l'on appelle *courant électrique.* Sa direction est donnée par celle de l'électricité positive ou du courant positif. Un courant électrique possède exactement la même intensité dans toute sa longueur, à moins que le conducteur qui lui sert de canal n'éprouve des pertes par le contact d'autres corps plus ou moins conducteurs. Ce courant occupe à la fois toute la section du canal au lieu de se porter simplement à sa surface, comme le fait l'électricité statique. Son mouvement y est soumis à des lois qui ont une grande analogie avec celles qui président au mouvement des fluides (liquides ou gaz) dans les tuyaux de conduites (voyez Courant Électrique, Piles Électriques).

Deux éléments successifs d'un même courant se repoussent, en sorte que le passage de l'électricité dans un conducteur tend à l'allonger dans le sens du courant. Cet effet imperceptible, si on veut le mesurer par les procédés ordinaires, suffit cependant pour imprimer au conducteur un ébranlement moléculaire qui en change peu à peu la structure, s'il est fréquemment répété, et, dans certains cas, produit de véritables sons.

Deux courants parallèles et de même sens s'attirent, en sorte que, dans un courant contourné en spirale, les diverses spires s'attirent l'une l'autre, et tendent à se presser l'une vers l'autre. Ce phénomène est encore extérieurement extrêmement peu marqué, mais, dans certains cas, peut donner lieu à certains phénomènes moléculaires curieux : c'est ce qui a lieu notamment dans les *solénoïdes* (voyez ce mot). Deux courants parallèles et de sens contraire se repoussent. Ces deux actions attractive et répulsive varient pour deux *éléments* de courant ou deux portions infiniment petites de courant, en raison directe des intensités des deux courants pris individuellement, ou en raison inverse du carré de leurs distances, et suivant le degré d'inclinaison qu'ils présentent sur la ligne qui joint leurs deux centres. L'action exercée l'un sur l'autre par deux courants de longueur déterminée se déduit par le calcul des lois précédentes (voy. Solénoïdes).

Les actions exercées par les courants les uns sur les autres ont été découvertes par Ampère, et c'est presque uniquement à ses recherches que l'on doit en même temps la connaissance des lois mathématiques qui les enchaînent. La théorie générale à laquelle il est parvenu, et qu'il a exposée dans sa *Théorie des phénomènes électro-dynamiques* (Paris, 1826), s'étend aux actions exercées par les courants sur les aimants et réciproquement, et lui a permis d'établir un lien remarquable entre le magnétisme et l'électricité (voyez Electro-magnétisme). Malheureusement, la théorie des actions exercées par les

courants sur le fer doux n'est pas encore très-avancée.

En dehors des traités généraux de physique, il existe des traités spéciaux d'électricité; Becquerel, *Traité expérimental de l'électricité et du magnétisme,* et *Traité des applications de l'électricité.* Les *Archives de l'électricité,* publiées à Genève par M. de la Rive, ainsi que le *Traité d'électricité théorique et appliquée,* du même auteur, contiennent toutes les découvertes faites jusqu'à ce jour dans cette science.

Électricité atmosphérique (Physique). — L'air, par tous les temps, est chargé d'une quantité d'électricité plus ou moins grande. Par les temps calmes, cette électricité est toujours positive. Nulle à la surface du sol, elle va en augmentant à mesure que l'on s'élève dans l'atmosphère, et est surtout abondante quand le temps est sec et pur. L'ensemble des observations faites en divers lieux depuis plus d'un demi-siècle semble montrer de plus, d'une part, que l'électricité atmosphérique, au moins dans les couches inférieures de l'atmosphère, est plus abondante l'hiver que l'été ; d'autre part, que, dans le courant d'une journée, elle présente deux *maxima* et deux *minima* : les *maxima,* vers huit heures du matin et neuf heures du soir dans nos climats ; les *minima,* vers trois heures de l'après-midi et deux heures du matin.

De Saussure est le premier qui ait fait des recherches suivies sur l'électricité de l'atmosphère pendant les temps calmes. Il se servait à cet effet d'un électroscope à pailles muni d'un chapeau métallique B, pour l'abriter contre la pluie, et surmonté d'une tige de cuivre terminée en pointe C. Si on élève brusquement cet électroscope au-dessus de sa tête en rase campagne et dans un lieu découvert, on voit les pailles diverger d'une manière sensible sous l'influence de l'électricité positive. Pour étudier l'air à de plus grandes hauteurs, on peut se servir, comme l'a fait M. Becquerel, d'un fil de soie métallisé dans toute sa longueur, que l'on enroule d'une manière lâche sur un plateau

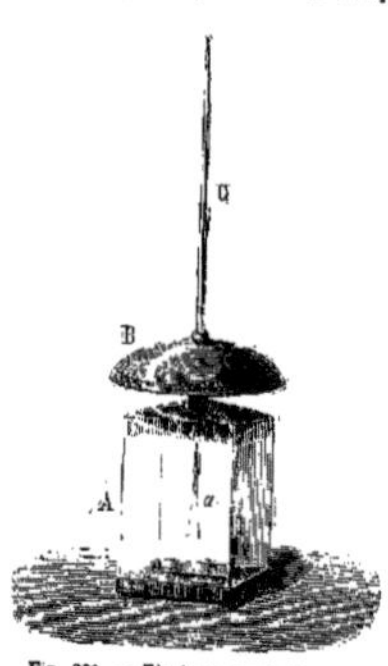

Fig. 883. — Electroscope de Saussure.

que l'on substitue à l'aiguille, et dont l'une des extrémités est attachée à l'extrémité d'une flèche. Celle-ci, étant lancée avec un arc ordinaire, entraîne le fil avec elle. Si la flèche est lancée horizontalement, on n'observe aucun phénomène électrique ; mais si on la fait monter verticalement, les pailles divergent à mesure que le fil se déroule.

Les phénomènes électriques acquièrent une énergie incomparablement plus grande pendant les temps orageux (voyez Orages).

L'électricité positive de l'atmosphère trouve sa source principale dans l'évaporation constante qui s'effectue à la surface du globe. Cette origine, accusée pour la première fois par M. Pouillet, a été confirmée ultérieurement par de nouvelles expériences de M. Mattéucci. L'eau pure ne produit rien, mais les eaux qui tiennent en dissolution quelque substance saline, ainsi qu'il arrive même pour les eaux douces, donnent des vapeurs chargées d'électricité positive, tandis que ces eaux elles-mêmes restent électrisées négativement.

Électricité médicale (Médecine), (voy. Traitement des maladies par l'électricité).

Électrique (Machine) (Physique). — Machine servant à produire de l'électricité de tension ou de l'*électricité statique*).

La *machine électrique ordinaire* (*fig. 884.*) se compose d'un plateau de verre CC fixé en son centre à un axe métallique D, et pouvant tourner verticalement entre deux paires de coussins frotteurs *aa'*, *ee'*, supportés par deux montants en bois B,B', portant en même temps l'axe de la roue. En avant de cette roue, et sur la même table à laquelle sont fixés les supports, s'élèvent quatre pieds en verre enduits de gomme laque, sur lesquels reposent deux cylindres de cuivre creux A, A' formant les *conducteurs* de la machine. Ces conducteurs sont munis, à leurs extrémités regardant le plateau, de deux tiges de cuivre recourbées en fer à cheval *b, b'* embrassant le plateau, et garnies in-

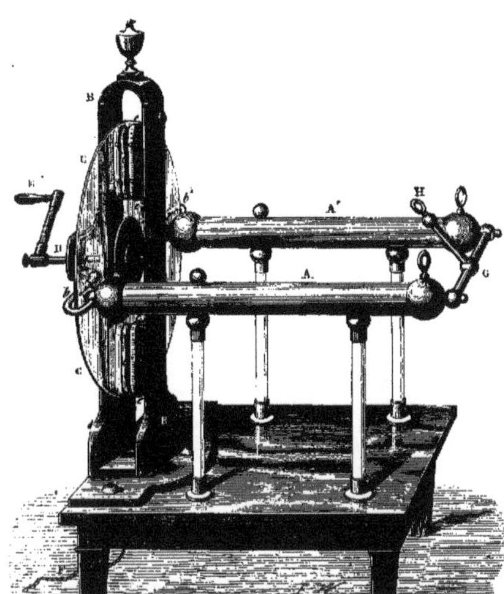

Fig. 884. — Machine électrique ordinaire.

térieurement de pointes métalliques dirigées vers les deux surfaces du verre. Ce sont les *mâchoires* des conducteurs; les extrémités opposées de ceux-ci sont reliées entre elles par une autre tige de cuivre GH, en forme de T. A l'exception des dents des mâchoires, toutes les parties des conducteurs doivent être arrondies avec soin. Les coussins sont généralement formés chacun d'une lame de bois recouverte de sept à huit doubles de flanelle épaisse, et par-dessus d'une peau flexible dont les bords sont cloués à la lame de bois, et dont la surface extérieure est garnie d'une légère couche de suif saupoudrée d'or massif en poudre fine. Ils sont portés par les montants de la machine, au moyen de ressorts qui les pressent doucement à la surface du plateau et lui permettent de suivre ses oscillations.

Lorsqu'on tourne le plateau, la portion du verre qui a passé entre les coussins y a pris une forte charge d'électricité positive. En arrivant entre les mâchoires de la machine cette électricité décompose l'électricité neutre des conducteurs, repousse l'électricité de même nom et attire l'électricité négative qui s'écoule par les pointes, vient neutraliser le plateau et lui permettre de prendre une nouvelle charge en repassant entre les coussins. La charge s'accroît ainsi sur les conducteurs jusqu'à ce que l'électricité qui leur est donnée sous l'influence du plateau égale celle que le conducteur perd dans le même temps, soit par ses supports, soit par le contact de l'air. La puissance d'une machine croît donc avec la rapidité du mouvement de rotation du verre, ce qui augmente le gain, et avec le degré de sécheresse de l'air, ce qui diminue les pertes. Elle augmente aussi avec l'étendue du plateau et aussi avec sa nature,

tous les verres étant loin de former des plateaux de même qualité. A mesure que le plateau se charge d'électricité positive par le frottement des coussins, ceux-ci prennent des quantités correspondantes d'électricité négative qui deviendrait un obstacle à la marche de la machine, si on ne lui donnait un libre écoulement dans le sol; aussi a-t-on soin d'assurer cet écoulement au moyen d'une tige de cuivre qui règne dans toute la longueur de chacun des supports des coussins, et se termine par une chaîne qui traîne sur le sol.

Cette machine ne permet de recueillir que de l'électricité positive.

La *machine de Nairne*, du nom de son inventeur, permet de recueillir à la fois les deux électricités. Elle se compose (*fig.* 885), au lieu d'un plateau, d'un cylindre de verre C mobile autour d'un axe G porté par deux pieds en verre; de chaque côté se trouvent deux cylindres horizontaux en cuivre A, B, parallèles au cylindre de verre et portés également chacun par deux pieds de verre vernis à la gomme laque. L'un des cylindres B porte un large coussin frotteur, muni d'une lame de taffetas verni qui recouvre le verre pour le préserver du contact de l'air; l'autre A est muni d'une rangée de dents aiguës dirigées vers le verre. Le cylindre C en tournant s'électrise positivement par le frottement du coussin; il électrise par influence le conducteur A, lui enlève son électricité négative qui s'écoule par les pointes et lui laisse un excès d'électricité positive. En même temps, le coussin se charge d'une quantité correspondante d'électricité négative, qu'il transmet au conducteur B. Cette machine est moins puissante que la machine ordinaire, par cela seul qu'elle donne à la fois les deux électricités. Mais on peut n'y accumuler que l'une ou l'autre de ces deux électricités, et lui donner ainsi plus de force. Il suffit pour cela de mettre l'un ou l'autre des conducteurs en communication avec le sol.

La machine de Van Marum (*fig.* 886) permet également d'obtenir à volonté l'une ou l'autre des deux électricités. Son plateau est porté à l'extrémité d'un axe très-solide EE'; les coussins *aa, a'a'* sont isolés sur des pieds en verre, mais on peut à volonté les faire communiquer au sol ou au conducteur A, à l'aide

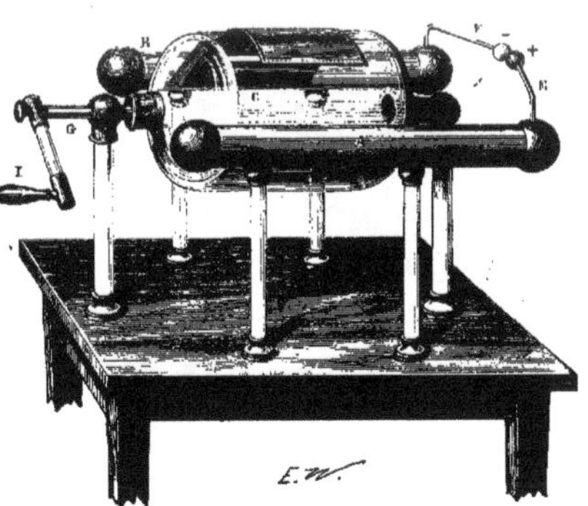

Fig. 885. — Machine électrique de Nairne.

des arcs métalliques BB', *bb'*, CC', *cc'*, lesquels peuvent tourner autour de l'axe général AEF. Ces deux dernières machines sont peu répandues.

La *machine électrique d'Armstrong* (nom de son inventeur) est fondée sur un tout autre système que les

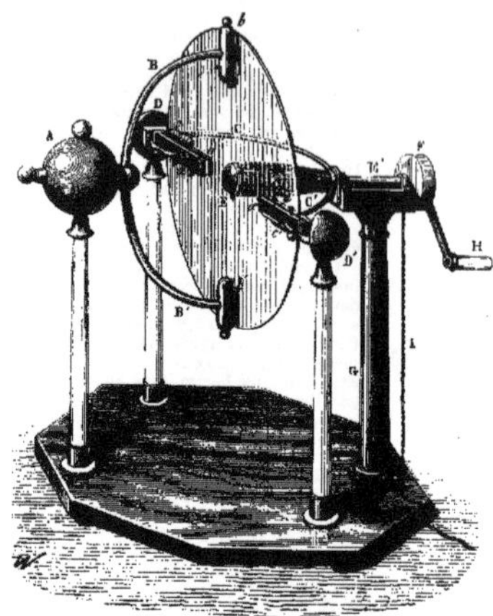

Fig. 886. — Machine électrique de Van Marum.

précédentes, bien que ce soit encore le frottement qui

Fig. 887. — Machine hydro-électrique d'Armstrong.

donne lieu au dégagement d'électricité. Elle se com-

pose d'une chaudière à vapeur C, à foyer intérieur, portée par quatre pieds de verre verni à la gomme laque. La vapeur s'en échappe par plusieurs tubes disposés parallèlement, au nombre de trois dans notre gravure, et logés dans leur partie moyenne dans une boîte à étoupe, tenue humide au moyen d'un peu d'eau, de telle sorte qu'une partie de la vapeur d'eau s'y condense en gouttelettes qui sont entraînées par la vapeur non condensée. Chacun de ces tubes de sortie de la vapeur est terminé par une sorte de tête creuse (*fig. 888*) dans laquelle on engage un petit cylindre de buis *a*, percé, suivant son axe, d'une ouverture en avant de laquelle est un repli métallique qui force la vapeur et les gouttelettes qu'elle entraîne à faire un circuit d'où résulte un frottement énergique des gouttelettes sur le métal. Par l'effet de ce frottement, ces gouttelettes se chargent fortement d'électricité positive, ainsi que le jet de vapeur. Un peigne E placé au milieu du jet

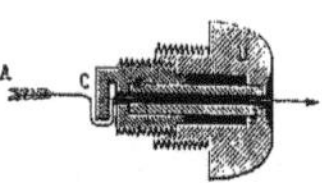

Fig. 888. — Orifice de sortie de la vapeur dans la machine d'Armstrong.

recueille cette électricité et la transmet au conducteur I. Lorsque la machine marche sous une pression de 7 ou 8 atmosphères, là elle se charge d'une quantité telle d'électricité, que l'on en peut tirer presque sans interruption des étincelles de plusieurs centimètres de longueur. On conçoit que la vapeur entraînant de l'électricité positive, la machine doive garder un excès correspondant d'électricité négative.

Le premier fait de dégagement d'électricité par la vapeur, qui conduisit Armstrong à la construction de sa machine, fut observé par W. Patterson, à la houillère de Cramlington, près de Newcastle, en septembre 1839.

La première machine électrique fut imaginée par Otto de Guericke. Elle se composait d'un globe de soufre mobile sur un axe, et que l'on frottait avec la main. Ce n'est que successivement qu'elle arriva au point où se trouve actuellement la machine ordinaire (v. *suppl.*).

ELECTRO-AIMANT (Physique). — Aimant formé par l'action d'un courant électrique sur du fer doux.

Le premier électro-aimant, construit en 1831 par M. Pouillet, se composait d'un cylindre de fer doux replié en forme de fer à cheval; ses deux branches parallèles étaient entourées d'un grand nombre de spires

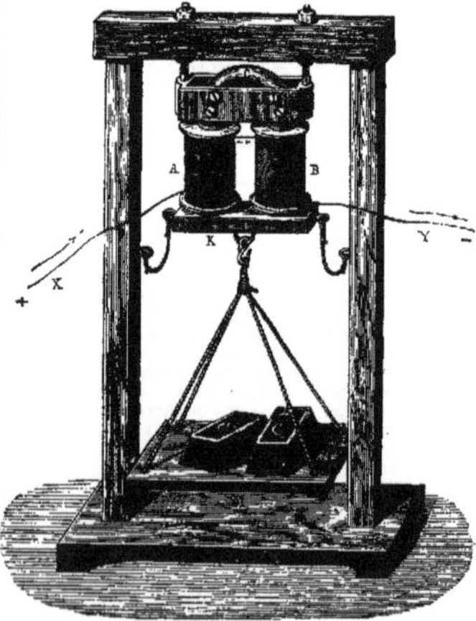

Fig. 889. — Electro aimant.

d'un fil de cuivre recouvert de soie, pour isoler les spires les unes des autres, et celles-ci étaient disposées de telle sorte qu'en redressant le cylindre, elles marchaient toutes dans le même sens. Dès qu'un courant électrique parcourt les circonvolutions du fil, le fer doux s'aimante énergiquement ; à chacune de ses extrémités se forme un pôle magnétique, et si on leur présente un morceau de fer doux, celui-ci est attiré vivement. On peut, comme l'indique la figure, attacher au fer doux un plateau qu'on charge de différents poids. Lorsque l'électro-aimant a des dimensions un peu considérables et que la pile est elle-même un peu forte, l'électro-aimant peut supporter des poids de plusieurs centaines de kilogrammes.

La forme des électro-aimants a beaucoup varié. Aucune des nouvelles ne vaut la première ; nous en exceptons toutefois la forme concentrique. Dans ces derniers, un cylindre de fer doux plein est fixé au centre d'un disque circulaire du même métal, sur lequel vient s'ajuster un cylindre creux s'élevant au même niveau que le cylindre plein. Dans l'intervalle annulaire compris entre ces deux cylindres est logé le fil conducteur formant un nombre convenable de circonvolutions. Ces électro-aimants sont d'un usage très-avantageux dans un assez grand nombre de cas.

L'aimantation du fer doux se fait très-rapidement ; elle cesse avec une égale rapidité. Cette succession d'effets peut se répéter plusieurs milliers de fois par seconde, lorsque le fer est bien doux ; mais il ne faudrait pas croire que l'électro-aimant mette un temps aussi court à acquérir toute la force magnétique qui peut être développée en lui par le courant. L'aimantation commence à se développer au moment précis où le courant passe, mais elle se développe graduellement quelquefois pendant la durée d'une seconde, et même plus. Si l'établissement du courant ne dure que $\frac{1}{117}$ de seconde, l'aimantation n'aura atteint qu'un degré correspondant à cette durée, mais suffisant encore pour produire des effets sensibles d'attraction sur le fer doux.

L'énergie que peuvent acquérir les électro-aimants les a fait employer comme moteurs dans les machines dites *électro-motrices* (voyez ce mot). Cette qualité, jointe à la rapidité avec laquelle l'aimantation peut y naître et mourir, en fait une des parties essentielles des *télégraphes électriques.*

ELECTRO-CHIMIE (Physique). — C'est la science qui s'occupe des applications de l'électricité à la chimie. L'étincelle électrique traversant un mélange de deux gaz peut produire leur combinaison ; presque toujours, comme dans le cas de l'oxygène et de l'hydrogène mélangés, une seule étincelle est suffisante ; il faut, au contraire, une série d'étincelles pour effectuer une décomposition, comme pour l'ammoniaque, par exemple. Le courant de la pile ne détermine que des décompositions. Pour qu'un corps soit détruit par la pile, il faut qu'il soit bon conducteur de l'électricité, la substance soumise à l'expérience s'appelle *électrolyte*, et l'action de la décomposer par l'électricité voltaïque s'appelle *électrolyse*. On a cru que les résultats de l'électrolyse feraient connaître la constitution intime des corps. Berzelius a conçu d'après cela une théorie générale dans laquelle tous les composés résultent de deux éléments antagonistes qui se sont unis entre eux, parce qu'ils étaient chargés d'électricités différentes ; ces éléments peuvent être séparés par la pile, celui qui est chargé d'électricité négative se dégageant au pôle positif, et l'autre au pôle négatif. Cette théorie ne peut plus guère se soutenir aujourd'hui, et c'est seulement par habitude et pour la commodité du langage que l'on a conservé le nom de *corps électro-positifs* à ceux qui se portent au pôle négatif, et le nom de *corps électro-négatifs* à ceux qui se rendent au pôle positif. Les lois des décompositions chimiques exercées par la pile sont dues à Faraday, qui s'est livré à ce sujet à des recherches extrêmement nombreuses. Ces recherches, démonstratives en tant qu'il s'agit de prouver la coïncidence de l'action chimique avec la production du courant et la corrélation directe de ces deux phénomènes, laissent toujours obscure la cause même de la décomposition. Grothüs a entrepris de donner cette explication, mais il est parvenu tout au plus à indiquer la manière dont les molécules se disposent sous l'influence du courant électrique sans en assigner la cause. Une branche de l'électro-chimie est l'étude de la production des courants sous l'influence de forces chimiques. M. Becquerel a fait un grand nombre de travaux sur ce sujet tendant à prouver que toute action chimique donne naissance à un courant ; il y a là matière à discussion ; peut-être l'action chimique et la production du courant ne sont-ils pas l'un la source de l'autre, mais sont-ils tous deux les effets d'une même cause encore inconnue. L'électrolyse a servi

à préparer certains métaux, tels que le magnésium obtenu ainsi par M. Bunsen, le lithium par M. Troost. M. Deville a expérimenté ce moyen pour l'aluminium. A l'électro-chimie se rattachent plusieurs industries : la galvanoplastie, l'électrotypie, l'extraction métallurgique de l'argent, etc.

Développement de l'électricité dans les phénomènes chimiques. — Dans la plupart des actions chimiques, il se produit un dégagement d'électricité que l'on peut mettre en évidence, soit au moyen de l'électroscope condensateur, soit à l'aide du multiplicateur.

1° Dans la combinaison de l'oxygène avec un autre corps, l'oxygène prend l'électricité positive, et le corps combustible l'électricité négative.

2° Dans la combinaison des acides avec les bases, l'acide prend l'électricité positive, et la base l'électricité négative. Avec un acide, l'eau distillée joue le rôle de base et s'électrise négativement ; avec un alcali, elle joue le rôle d'acide et s'électrise positivement.

3° Toutes les fois qu'un métal est attaqué par un liquide, ce métal prend l'électricité négative, et l'acide l'électricité positive. Ces phénomènes s'observent lorsque le zinc se dissout dans l'eau acidulée avec l'acide sulfurique, et lorsqu'il remplace le cuivre dans une dissolution de sulfate de cuivre.

En général, toutes les fois que dans un corps composé il y a substitution d'un élément à un autre, il se produit un dégagement d'électricité.

Il est facile de comprendre comment, au moyen d'un multiplicateur, on peut observer ces phénomènes. Prenons pour exemple le cas d'un métal se dissolvant dans un acide, comme le zinc dans l'acide sulfurique.

Aux deux extrémités du fil d'un multiplicateur G, comme le montre la figure, on adapte deux lames de platine et on les fait plonger dans de l'eau acidulée avec l'acide sulfurique ; l'aiguille du galvanomètre reste immobile,

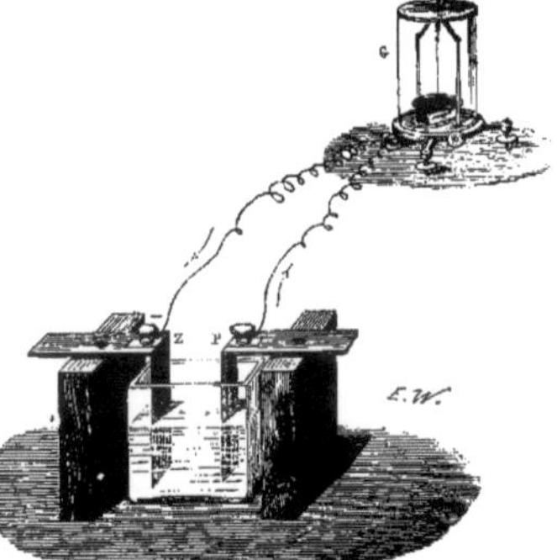

Fig. 890. — Dégagement d'électricité par l'action du zinc sur l'eau acidulée.

le platine n'est pas attaqué par l'acide, mais si à l'une des lames de platine P on substitue une lame de zinc Z, immédiatement une forte déviation de l'aiguille dans le fil de l'appareil indique l'existence d'un courant allant de la lame de platine à la lame de zinc, c'est-à-dire que le zinc a pris l'électricité négative, et l'acide l'électricité positive qui a été recueillie par la lame de platine. Les phénomènes chimiques sont généralement regardés comme la condition de production d'électricité dans les piles. Des expériences nombreuses ont montré que toutes les fois qu'il n'y a pas d'action chimique, il n'y a pas de courant, et, d'autre part, que dans une pile, avec les mêmes métaux, on peut changer le sens du courant en changeant les liquides de la pile. Ainsi, Davy a constaté qu'une pile à anges, construite avec du fer et du cuivre et chargée avec de l'eau acidulée par de l'acide sulfurique, donne un courant allant dans chaque auge du fer au cuivre ; c'est le fer qui est le plus attaqué ; si on remplace l'eau acidulée par de l'ammoniaque, le cuivre est plus attaqué que le fer ; la direction du courant est inverse.

Action de l'électricité sur les combinaisons chimiques. — Les courants électriques décomposent les combinaisons chimiques.

Les combinaisons binaires, oxydes, acides, chlorures, etc., se dédoublent en leurs éléments; l'oxygène se dégage toujours au pôle positif; l'hydrogène et les métaux ou métalloïdes se portent au pôle négatif. Quant aux composés non oxygénés, le pôle auquel se rend chaque élément dépend du corps auquel il est uni. Le chlore se dégage au pôle négatif dans la décomposition de l'acide chlorique, au pôle positif dans celle d'un chlorure. Le même corps peut donc être tantôt électropositif, tantôt électronégatif, sauf toutefois l'oxygène qui se rend invariablement au pôle positif; ainsi le chlore est électropositif par rapport à l'oxygène, électronégatif par rapport aux métaux.

Quant aux dissolutions salines, dans certains cas on observe simplement une séparation de la base et de l'acide, comme cela a lieu pour le sulfate de potasse. Au pôle positif, on trouve l'acide; au pôle négatif, la base.

Mais lorsque le sel n'a pas pour base un oxyde des métaux alcalins, le courant a généralement pour effet non-seulement de séparer l'oxyde et l'acide, mais de décomposer l'oxyde lui-même dont l'oxygène se porte avec l'acide au pôle positif, tandis que le métal se dépose au pôle négatif. Si le courant a une grande intensité, le métal réduit se présente sous la forme d'une poudre sans cohésion; s'il agit lentement, le dépôt métallique est homogène, cohérent et se moule avec la plus grande exactitude sur le corps conducteur en communication avec le pôle négatif de la pile. C'est là le principe de la galvanoplastie (voyez ce mot).

L'acide lui-même peut subir une décomposition : avec l'azotate d'argent, par exemple, l'acide azotique se décompose, l'oxygène se rend au pôle positif, tandis que l'azote et l'argent se portent au pôle négatif.

Pour décomposer un corps, il suffit de le faire traverser par le courant en y plongeant des lames de platine que l'on relie par des fils de cuivre aux pôles d'une pile. Ainsi, pour décomposer l'eau, on se sert d'un vase en verre V (*fig.* 891) dont le fond est traversé par des fils de platine qui sortent au dehors et communiquent avec les

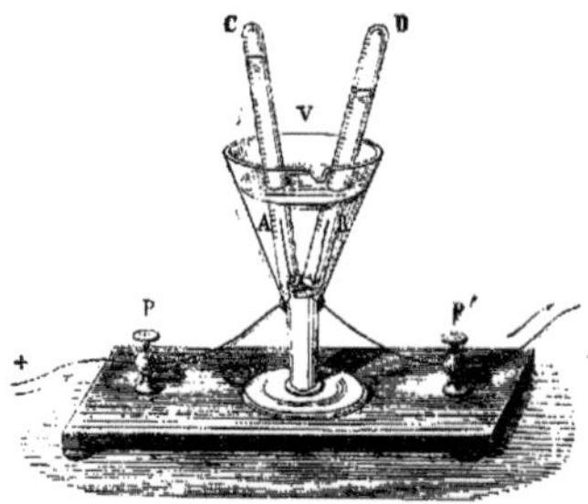

Fig. 891. — Voltamètre.

pôles P et P' de la pile. Sur chacun de ces fils isolés l'un de l'autre, on place de petites cloches AC, BD graduées et pleines d'eau. On rend le liquide meilleur conducteur en y ajoutant quelques gouttes d'acide sulfurique. L'oxygène se dégage le long du fil en communication avec le pôle positif, et l'hydrogène autour du second fil. Ce petit appareil a reçu le nom de *voltamètre*.

Les lois des décompositions chimiques découvertes par Faraday sont les suivantes :

1re *loi*. — L'action décomposante d'un courant est la même dans toutes ses parties. Plusieurs voltamètres étant introduits dans un même circuit, chacun d'eux renferme des quantités égales de gaz.

2e *loi*. — La quantité de substance décomposée est proportionnelle à la quantité d'électricité qui passe dans un temps donné.

3e *loi*. — Quand un même courant traverse successivement plusieurs dissolutions salines, les poids des éléments séparés sont proportionnels à leurs équivalents chimiques.

On fait passer à travers des dissolutions de sulfate de cuivre, d'acétate de plomb, d'azotate d'argent, réunies par des arcs de platine, un courant qui traverse aussi un voltamètre ; les poids d'hydrogène, de cuivre, de plomb, d'argent mis en liberté, sont entre eux comme les nombres 1, 32, 104, 108, équivalents chimiques de ces corps.

De ces lois il résulte que l'on peut mesurer les quantités d'électricité qui traversent un circuit par le poids d'hydrogène mis en liberté, qui se dégage dans un voltamètre placé dans le circuit; et on appelle *équivalent d'électricité dynamique* la quantité d'électricité capable de décomposer un équivalent d'eau.

4e *loi*. — Le travail chimique intérieur qui, dans chaque couple, engendre l'électricité est équivalent au travail chimique produit en un point quelconque du circuit extérieur.

Si, pour décomposer du sulfate de zinc, il faut employer une pile formée de trois couples de Bunsen, pour chaque équivalent de zinc mis en liberté, il se dissoudra dans chaque couple un équivalent de zinc.

C'est là une loi que l'on a intérêt à ne pas oublier. On ne doit employer que le nombre de couples suffisant pour vaincre la résistance du corps que l'on veut décomposer. Si l'on emploie dix couples, on dépensera dix fois plus de zinc que si l'on n'employait qu'un seul couple sans produire un travail chimique extérieur plus considérable.   H. G.

ÉLECTRO-DYNAMIQUE. — Voyez Solénoïdes.

ÉLECTRO-MAGNÉTISME (Physique). — Branche de la physique embrassant l'ensemble des phénomènes produits par l'action des courants sur les aimants ou les substances magnétiques, et par la réaction de ces derniers sur les courants et les conducteurs électriques.

Action des courants sur les aimants. — Un courant électrique circulant dans le voisinage d'une aiguille aimantée, librement suspendue sur un pivot, la dévie de sa position d'équilibre et tend à la mettre en croix avec lui, ce qui aurait lieu exactement sans l'action directrice terrestre. Le sens de la déviation change avec la direction du courant et avec sa position au-dessus ou au-dessous de l'aiguille. Ampère a imaginé la formule suivante pour relier entre eux ces phénomènes en apparence compliqués : Il suppose qu'une petite figure soit couchée sur le conducteur, de manière que le courant lui entre par les pieds et lui sorte par la tête, et qu'elle ait sa face tournée vers l'aimant : le pôle *austral de cet aimant est chassé vers la gauche de la figure, qu'on appelle aussi gauche du courant.*

La force qui dévie ainsi l'aiguille (*force électro-magnétique*) diminue dans le même rapport que la distance augmente entre l'aiguille et le courant; elle croît comme l'intensité du courant; elle s'exerce au travers de toutes les substances, excepté les substances magnétiques. Cette propriété des courants est d'une très-grande importance en physique; elle a conduit au *galvanomètre*, l'appareil le plus commode et le plus précis que nous ayons pour mesurer l'intensité des courants électriques fournis par les piles ou par toute autre source continue d'électricité dynamique. Il est d'autres courants dont la durée, généralement très-courte, force le plus souvent à recourir à d'autres moyens (voyez Galvanomètre, Induction).

En outre de cette action directrice des courants sur les aimants, les premiers peuvent produire sur les seconds des phénomènes d'attraction, de répulsion ou de rotation continue, suivant les conditions dans lesquelles on se place. L'action des courants sur les aimants a été découverte, en 1820, par OErsted, professeur à Copenhague.

Action des aimants sur les courants. — Toute action en physique est accompagnée d'une réaction égale et contraire; si l'aimant est fixe et le courant mobile, c'est le courant qui sera dévié de sa direction et se mettra en croix avec l'aiguille, de manière qu'il ait le pôle austral à sa gauche; c'est lui qui sera attiré ou repoussé, ou bien qui prendra un mouvement de rotation continue.

Aimantation par les courants. — Ce n'est point sur l'acier, mais sur son magnétisme qu'agit le courant; si l'acier est entraîné, c'est qu'il existe entre lui et son magnétisme une *force coercitive* (voyez Aimant, Aimantation) qui empêche ce dernier de s'y mouvoir librement. La force coercitive n'existe pas dans le fer doux; les mêmes effets ne s'y produisent donc pas de la même manière. Un courant, mobile ou non, passant dans le voisinage d'un morceau de fer doux, l'aimantera de telle sorte que le pôle austral de l'aimant ainsi formé se trouve à la gauche du courant, et l'aimantation durera tant que durera le courant, pour finir avec lui. L'aimant produit dans ces circonstances est appelé *électro-aimant* (voyez ce mot); il peut acquérir une puissance extrêmement considérable, et il en existe qui portent plusieurs milliers de kilogrammes; il peut être soumis, de la part du courant qui lui a donné naissance, à une force d'attraction que l'on a utilisée dans la construction de quelques machines *électromotrices*, et qui provient de ce que si le magnétisme peut circuler dans le fer doux. il ne peut en sortir; mais jamais il ne peut être repoussé ni éprouver de mouvement de rotation continue. Il faut, pour obtenir ce dernier résultat, employer des artifices particuliers (voyez ÉLECTROMOTRICES [*Machines*]). C'est à Arago qu'est due la découverte de cette propriété des courants d'aimanter le fer doux.

Les courants peuvent également aimanter des barreaux d'acier; mais la force coercitive de ceux-ci formant un obstacle à leur aimantation comme à leur désaimantation, il faut moins prolonger l'action du courant que la rendre énergique, de même qu'un coup de marteau rapidement donné sur un clou produira sur lui plus d'effet qu'une pression simple et prolongée; aussi le procédé d'aimantation le plus efficace consiste-t-il à faire passer la décharge d'une batterie électrique dans un fil bien isolé, enroulé autour du barreau d'acier.

Production de courants par les aimants. — Voyez INDUCTION.

Action de la terre sur les courants. — La terre, étant considérée comme un gros aimant. doit exercer sur les courants électriques les mêmes actions de direction, d'attraction, de répulsion, de rotation continue, que les aimants ordinaires, et c'est ce qui a lieu en effet.

L'analogie qui existe entre les actions qui se passent entre les aimants et les courants, et celles qui ont lieu entre les courants et les courants ont conduit Ampère à une théorie du magnétisme adoptée assez généralement par les physiciens, et qui rattache d'une manière intime le magnétisme à l'électricité. D'après cette théorie, chaque parcelle de fer ou d'acier serait enveloppée par des courants électriques circulant dans toutes les directions à travers les barreaux non aimantés. L'aimantation, quelle qu'en soit la cause, aurait pour effet de ramener plus ou moins complétement tous ces courants particls au parallélisme et de constituer de véritables *solénoïdes* (voyez ce mot).

C'est aux travaux d'Ampère que nous devons la théorie des effets produits entre les aimants et les courants; la théorie des phénomènes d'aimantation du fer doux par l'électricité est encore à faire malgré son importance, et malgré l'énorme quantité d'expériences entreprises sur ce point. Ces expériences manquent du lien mathématique qui seul permettrait de coordonner les résultats obtenus. **M. D.**

ÉLECTROMÈTRE (Physique). — Appareil de physique destiné à évaluer le degré de charge d'un corps électrisé.

Toutes les machines électriques sont ordinairement munies d'un électromètre dit de Henley. Il se compose d'une tige conductrice AB, que l'on fixe sur le conducteur de la machine, et munie d'un demi-cercle gradué C, au centre duquel se meut une tige mince, terminée par une balle de sureau *a*. A mesure que la machine se charge, la balle électrisée par elle est repoussée davantage, et l'angle dont elle est écartée de la verticale permet d'apprécier le degré de charge obtenu. Cet écart n'est toutefois pas proportionnel à la charge : un écart double indique une charge plus que doublée. Presque tous les électroscopes peuvent devenir des électromètres au même titre, s'ils sont munis de graduations permettant de juger de la force répulsive qui produit leurs indications (voyez ÉLECTROSCOPES). Mais chacun d'eux a besoin d'une graduation spéciale, si l'on veut que ses indications soient proportionnelles au degré de charge électrique à mesurer.

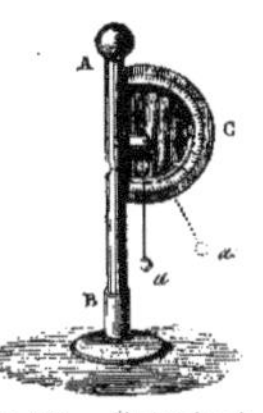

Fig. 892. — Électromètre de Henley.

ÉLECTROMOTRICE (FORCE) (Physique). — On appelle *force électromotrice* la cause d'un courant électrique. Ainsi, quand Volta construisit sa pile, il admit une force électromotrice produisant le mouvement de l'électricité; il supposa que cette force résidait au contact des deux métaux, zinc et cuivre; plus tard, on reconnut qu'elle se développait au contact du zinc et du liquide qui l'attaque. On a même cherché dans l'action chimique qui se produit en même temps la cause de la force électromotrice; mais des expériences de M. Gassiot ont fait abandonner cette idée; ces deux effets sont concomitants ; il n'est pas démontré que l'un d'eux fasse naître l'autre. La partie de la physique qui traite de l'origine de la force électromotrice est donc encore fort obscure. Quand un courant traverse un circuit fermé, son intensité est donnée par la formule $i = \dfrac{E}{\lambda}$, due à Ohm (voyez OHM [*lois de*]). La quantité λ est dite la résistance du circuit, et se calcule facilement d'après la nature des corps qui la constituent. Quant à E, c'est une quantité qui dépend uniquement de la nature de la source, et, par suite, de la force électromotrice qui s'y trouve mise en jeu. Pour ces raisons, on prend E comme mesure de cette force. Bien des procédés ont été employés pour mesurer cette quantité dans les différentes espèces de piles. MM. Becquerel, Wheatstone, et

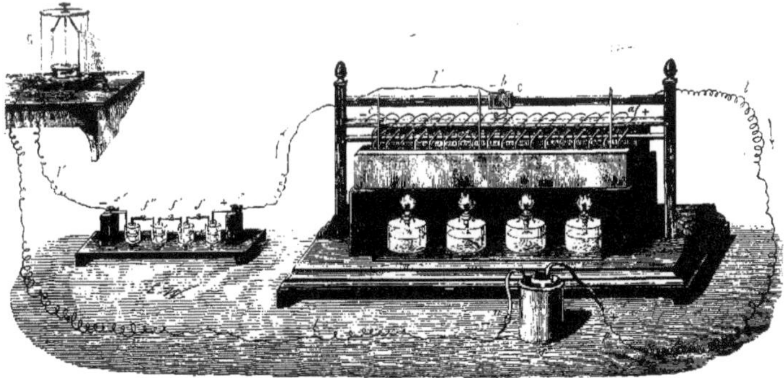

Fig. 893. — Appareil de M. Regnault pour la mesure des forces électromotrices.

surtout Poggendorf, en ont donné de très-remarquables. Nous ne citerons ici que la méthode d'opposition due à M. J. Regnault; elle est fondée sur ce principe que si l'on fait passer dans un même circuit, mais en sens inverse, les courants de deux piles de même nature, on ne constate aucune déviation dans un galvanomètre placé dans le circuit, car les deux forces électromotrices mises en jeu sont égales et de signe contraire ; d'après cela, si deux forces électromotrices de nature différente, mais de sens contraire, viennent à se détruire, on sera en droit de conclure à leur égalité. Il fallait commencer par choisir une unité de comparaison. M. Regnault s'adressa au couple thermo-électrique, bismuth et cuivre, dont les soudures sont maintenues, l'une à 100° et l'autre à zéro. Il réunit soixante de ces éléments, de sorte que, quand la pile ainsi montée fonctionne en entier, sa force électromotrice est égale à soixante unités. Les éléments sont supportés par deux traverses horizontales en bois (*fig.* 893). Sur une troisième traverse glisse un curseur C, qui porte un ressort en cuivre. Ce ressort s'appuie successivement sur les fils de cuivre des différents éléments thermo-électriques ; il est d'ailleurs mis en rapport par le bouton *b* avec un circuit métallique. Deux auges prismatiques M et M' sont maintenues, la première pleine d'eau bouillante, la seconde pleine de glace fondante ; dans ces auges plongent les soudures de la pile qui est mise ainsi en action, et a pour pôle positif son extrémité *a*, et pour pôle négatif le bouton *b* du curseur C. Les soixante couples précédents seraient insuffisants pour détruire le courant de la plupart des sources d'électricité ; aussi, M. J. Regnault leur a-t-il associé des couples auxiliaires *f*, *f'*, *f''*, qui sont formés d'une lame de zinc pur plongée dans une dissolution saturée de sulfate de zinc, et d'une lame de cadmium pur, aussi plongée dans une dissolution saturée de sulfate du même métal ; un vase poreux sépare les deux liquides. Chacun de ces couples a été reconnu en valoir cinquante-cinq de ceux de la pile thermo-électrique.

Veut-on déterminer la force électromotrice d'un couple donné V. On le place dans le même circuit avec un galvanomètre G et la pile thermo-électrique, en ayant soin de mettre ces deux sources d'électricité en opposition. Si l'élément V possède une force électromotrice trop considérable, on place dans le circuit les éléments *f*, *f'*, *f''*, et il arrive toujours qu'avec un nombre convenable de ces éléments et une position déterminée du curseur, on amène le galvanomètre au zéro. La valeur de la force électromotrice de l'élément V est alors exprimée par le nombre des couples thermo-électriques mis en jeu, augmentée d'autant de fois cinquante-cinq qu'il y a de couples au cadmium introduits dans le circuit.   H. G.

Électromotrices (Machines) (Physique). — D'après M. Figuier, l'abbé Salvator dal Negro, ecclésiastique de Padoue, aurait, le premier, tenté la construction d'un électromoteur. Les Allemands réclament, au sujet de cette idée, en faveur de M. Jedlick dont les essais dateraient de 1829. Les Anglais et les Américains élèvent des réclamations analogues. Ce qu'il y a de certain, c'est que la première machine électromotrice qui attira l'attention publique est due à M. Jacobi, savant russe, qui l'imagina en 1834. Au début, l'on attendit beaucoup de cette force nouvelle, et un bateau fut lancé à Saint-Pétersbourg, sur la Néva, afin de mettre à l'essai la machine nouvelle. L'expérience fut faite en 1839 ; la barque contenait douze personnes ; elle avait coûté 60000 francs ; elle navigua pendant plusieurs heures, mais le moteur ne put dépasser la force des ⅓ d'un cheval-vapeur, bien que la pile mise en action fût constituée par 128 couples de Grove, de grande dimension. Les moteurs électriques, pour la plupart, sont fondés sur l'attraction réciproque des électro-aimants et du fer doux ; il en résulte bien des difficultés qu'il faut lever. L'électricité réagissant par induction sur le circuit qu'elle parcourt, y développe un effort contraire à la cessation de l'action magnétique dans les électro-aimants ne correspond pas exactement à l'interruption du courant ; les parties de la machine qui subissent d'énormes attractions n'ont pas la rigidité nécessaire pour y résister et se déforment ; les points entre lesquels jaillit l'étincelle s'oxydent et se détériorent : telles sont les causes principales de l'insuccès de tous ceux qui ont voulu construire des machines électromotrices d'une grande force, toutes ces difficultés disparaissant d'ailleurs dans les petits modèles où la puissance mise en jeu est très-faible. Il est bon aussi de remarquer que si la force attractive des électro-aimants sur le fer doux est considérable au contact, elle cesse à une faible distance, que d'ailleurs, même au contact, cette force à une limite dépendante des dimensions de l'électro-aimant, et que l'on ne peut dépasser, quels que soient l'intensité du courant employé et le nombre des spires qu'on lui fait traverser. Si l'on veut en outre considérer la question du prix de revient, il faut dire que les meilleurs électromoteurs exposés en 1855 à la grande exposition universelle de Paris, dépensaient au moins

1f,50 par heure et par cheval-vapeur, tandis que dans la machine à vapeur la même force, pendant le même temps, revient à 0f,06. MM. Joule et Scoresby ont déduit de la théorie mécanique de la chaleur que deux poids égaux de charbon et de zinc en disparaissant, l'un par combustion, l'autre par dissolution dans une pile, peuvent produire au maximum des travaux mécaniques dans le rapport de 143 kilogrammètres pour le charbon, à 80 kilogrammètres pour le zinc, d'où résulte que, dans les conditions les meilleures, la force magnétique est 25 fois plus chère que celle de la vapeur. Nous sommes donc bien loin de voir la vapeur détrônée par l'électricité, et la première question à résoudre pour cela est la découverte d'une pile dont l'entretien soit peu coûteux.

Il est, d'après cela, inutile d'entrer dans de grands détails sur les très-nombreux électromoteurs inventés jusqu'à ce jour ; nous nous bornerons seulement à la description rapide de ceux qui ont le mieux fonctionné. A ce titre, il faut citer les machines dues à M. Froment, et principalement celle qui, dans ses ateliers, est employée

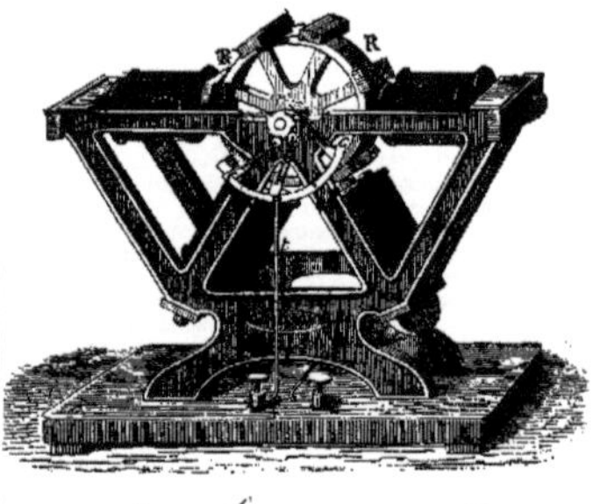

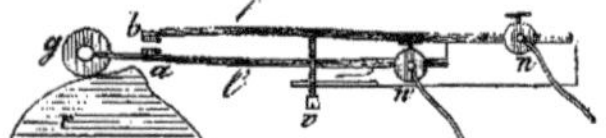

Fig. 894. — Machine électromotrice de M. Froment.

à faire mouvoir des tours ou des machines à diviser. Elle est formée d'un bâti en fonte reposant sur un socle. Sur ce bâti s'appuie une roue R, en fonte aussi, mobile autour de son axe, et portant, sur sa circonférence huit armatures en fer doux, qui, pendant la rotation, passent devant quatre électro-aimants fixes dont les bobines convergent vers l'axe de rotation. Les armatures, attirées par les électro-aimants, se précipitent dans leur direction, en approchent très-près sans arriver au contact, et dépassent la position d'équilibre en vertu de la vitesse acquise. D'ailleurs, les électro-aimants ne fonctionnent que par intermittence, et l'action de chacun d'eux cesse au moment où une armature arrive en face ; de plus, à ce moment l'électro-aimant suivant agit et attire à son tour la palette de fer doux. Un commutateur fort simple mis en mouvement par la roue à cames *r* suffit à distribuer utilement l'électricité. On voit dans la figure qui est au-dessous, le mode de distribution du courant aux électro-aimants. Le courant arrivant par *t* passe dans l'arc métallique *cc*, et de là par le bouton *n* dans le ressort *l* fixé à une pièce d'ivoire. Puis par l'intermédiaire des boutons de platine *a* et *b*, quand ils sont en contact dans le ressort *l'* qui communique par *n* avec le fil de l'électro-aimant. Le courant est fermé périodiquement en *ab* par la roue à cames qui, en soulevant le gobelet *g*, établit le contact de *a* et de *b*.

M. Larmeujeat a appliqué les électro-aimants circulaires à trois pôles, de M. Nicklès. La figure représente une portion de l'appareil vu en relief, parallèlement et perpendiculairement à l'axe de rotation A. Sur cet axe se trouvent trois électro-aimants circulaires, dont un seul est figuré. Chacun d'eux est formé d'un cylindre creux, en fer doux, dans lequel s'emboîte l'axe A. Aux extrémités et au milieu du cylindre sont fixés trois disques D en fer doux, celui du milieu ayant une épaisseur double. Entre ces disques se trouvent enroulés les fils destinés à conduire le courant. Dans de semblables électro-aimants, les disques extrêmes sont des pôles magnétiques de même nom, le disque central étant un pôle de nom contraire. Sur la circonférence des disques sont incrustées six plaques de laiton *l*, qui forment des régions sans attraction magnétique sensible. Les pièces attirées sont des contacts C de forme cylindrique, mobiles autour de tourillons, afin de diminuer les frottements. Ces contacts sont au nombre de six, et leurs tourillons se meuvent dans des cavités pratiquées dans deux plaques métalliques, dont une seulement XY est représentée sur la figure 896. Les trois électro-aimants sont disposés à la suite l'un de l'autre sur l'axe A; seulement, si l'on considère sur chacun d'eux les génératrices qui passent par des lames de cuivre, elles ne se correspondent pas, en sorte que l'action attractive qui fait rouler les électro-aimants sur les contacts n'a lieu que successivement. D'ailleurs, un distributeur amène à tour de rôle le courant dans les trois électro-aimants. Il consiste en une poulie P sur laquelle s'appuie un ressort communiquant avec le pôle

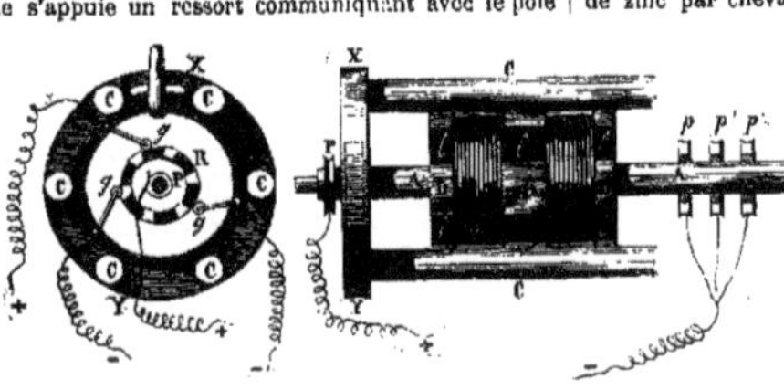

Fig. 895. — Moteur électrique de M. Larmenjeat.

positif d'une pile, en une roue R formée de six parties métalliques et de six non métalliques, enfin de trois galets *g* dont chacun est relié à un électro-aimant. Le courant arrive dans P, dans R; de là, passe dans l'un ou plus des trois galets, fait agir l'un des électro-aimants, revient de là par une des trois poulies *p*, *p'*, *p"*, et retourne à la pile. Voici donc comment la machine fonctionne : le courant traverse l'un des électro-aimants; les portions aimantées de cet appareil roulent sur les contacts, mais, lorsque c'est le cuivre qui arrive sur les cylindres C, celui des galets *g* par lequel passait le courant cesse de le transmettre; la partie métallique de la roue R vient en contact avec un second galet, et un deuxième électro-aimant fonctionne jusqu'à ce que se devienne le tour du troisième, et ainsi de suite. Le moteur Larmenjeat, d'après les essais faits par le Jury de l'exposition de 1855, a donné, comme minimum de dépense, 4ᵏ,05 de zinc de consommation par cheval de force et par heure. C'est donc, pour le zinc seulement, une consommation de 3ᶠ,15 par cheval et par heure. C'est d'ailleurs, avec la machine de M. Roux, celle qui donne le plus d'effet utile.

Le moteur de M. Roux possède des électro-aimants, de forme toute particulière; ils sont représentés en E et E'

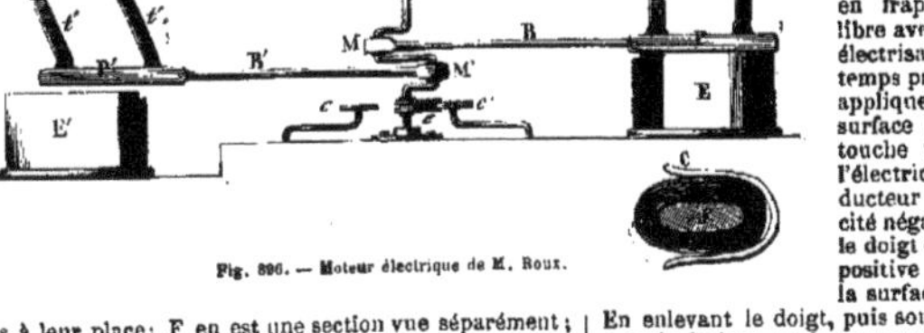

Fig. 896. — Moteur électrique de M. Roux.

vus à leur place; F en est une section vue séparément; quand on les regarde de face, on voit que le fer doux central F a une forme aplatie. Une de ses extrémités est soudée à une chemise C de même métal, qui re-

couvre les fils conducteurs de l'électricité. L'on a ainsi deux pôles, l'un à l'extrémité libre de F, l'autre à l'extrémité libre de C; ce dernier entoure l'autre, et la même armature peut leur être appliquée. Dans le moteur de M. Roux, il y a deux électro-aimants E, E' au-dessous desquels se présentent deux plaques de fer doux P et P', d'une assez forte masse. Ces plaques sont soutenues par les tiges articulées *t* et *t'*, de sorte que quand elles s'élèvent ou s'abaissent, elles sont forcées d'avoir un déplacement latéral; ce déplacement produit le mouvement des bielles B. B', et, par suite, de la double manivelle MM' et de l'axe AA'. L'appareil étant en repos, nous supposerons la palette P' distante, autant que possible, de l'électro-aimant, alors P est en contact. Si l'on fait passer le courant dans E', la palette P s'abaisse jusqu'au plus bas point de sa course, alors P se relève; on fait cesser le courant dans E' pour le diriger dans E, et l'effet contraire se produit, de sorte que le mouvement de rotation de AA' devient continu.

La machine de M. Roux a pu ne dépenser que 1ᶠ,50 de zinc par cheval de force et par heure. Les résultats les plus économiques s'obtiennent en augmentant la dimension des couples et diminuant leur nombre; mais alors il est difficile d'augmenter la puissance de la machine qui, comme tout électromoteur, ne peut être appliquée que pour de petites forces. H. G.

ÉLECTROPHORE (Physique), du grec *electron*, électricité, et *phéro*, porter). — Instrument de physique dû au Suédois Vilke, et servant à donner de l'électricité. C'est une véritable machine électrique portative. Il se compose : 1° d'un plateau de bois circulaire CC' muni d'un rebord, et sur lequel on a coulé un gâteau de résine à surface plane; 2° d'un second disque de bois P recouvert

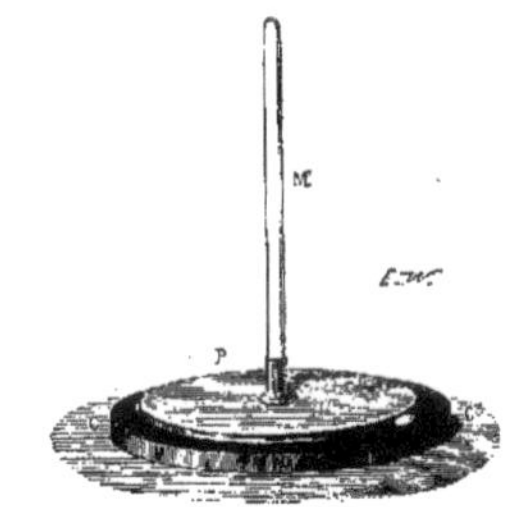

Fig. 897. — Électrophore.

sur ses deux faces de feuilles d'étain, et muni d'un manche de verre M perpendiculaire à son plan.

Pour charger l'électrophore, on commence par en sécher soigneusement toutes les parties, puis on électrise résineusement le gâteau en frappant vivement sa surface libre avec une peau de chat. Cette électrisation se conserve assez longtemps par un temps sec. Si alors ou applique le plateau de bois à la surface du gâteau, et qu'on l'y touche un instant avec le doigt, l'électricité neutre du plateau conducteur est décomposée, l'électricité négative repoussée s'écoule par le doigt dans le sol, et l'électricité positive attirée reste condensée à la surface inférieure du plateau. En enlevant le doigt, puis soulevant le plateau par son manche isolant, on le trouve assez fortement chargé d'électricité positive, pour qu'on en puisse tirer une étincelle. Par un temps bien sec, l'électrophore peut fournir ainsi pendant plusieurs jours de l'électricité sans qu'il soit besoin de le recharger.

ELECTRO-PHYSIOLOGIE (Physiologie). — (Voyez TRAITEMENT PAR L'ÉLECTRICITÉ).

ÉLECTRO-PUNCTURE (Médecine). — Voyez TRAITEMENT MÉDICAL *par l'électricité*.

ÉLECTROSCOPES (Physique), du grec *electrôn*, électricité; *scopéin*, voir). — Instruments de physique destinés à accuser la présence de l'électricité dans les corps, et à reconnaître la nature de cette électricité. Leur forme et leur sensibilité sont très-variables.

L'électroscope le plus anciennement imaginé, celui de Gilbert, consistait en une petite aiguille métallique mobile sur une pointe également métallique. Lorsqu'en approchant un corps de l'une des extrémités de cette aiguille, on la voyait se mouvoir par attraction, on en concluait que le corps était électrisé. Mais cet électroscope n'étant pas isolé répondait de la même manière à l'action d'un corps électrisé, de quelque manière qu'il le fût.

Dufay substitua à l'aiguille métallique une aiguille de verre portant à l'une de ses extrémités une petite boule creuse en cuivre A, équilibrée par une petite masse de verre B fixée à l'autre extrémité de l'aiguille. Un corps électrisé commençait par attirer la boule ; le contact ayant lieu, elle lui transmettait une portion de son électricité et l'attraction se transformait en une répulsion. La tige de verre D qui supportait la boule lui permettait de conserver quelque temps l'électricité qu'elle avait reçue. Il suffit alors de lui présenter successivement un bâton de verre et un bâton de résine électrisés par frottement. Si le verre la repousse, elle est électrisée comme le verre ou positivement ; si c'est au contraire la résine, elle est électrisée comme la résine ou négativement. Au lieu d'aiguille, on peut se contenter d'une petite balle de sureau suspendue à un fil de soie, ce qui constitue le pendule électrique (voyez ÉLECTRICITÉ).

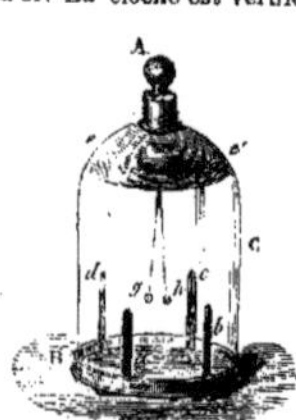

Fig. 898. — Électroscope de Dufay.

Ces appareils sont trop peu sensibles à cause de la perte rapide de l'électricité dans l'air, surtout quand celui-ci est un peu humide. Le suivant, bien préférable, constitue l'électroscope ordinaire. Une petite cloche de verre tubulée C, renversée sur un plateau de cuivre B garni de quatre petites colonnes de cuivre a, b, c, d, qu'elle recouvre, reçoit dans sa tubulure supérieure un bouchon métallique qui y est fixé par de la gomme laque. Ce bouchon se termine extérieurement par une boule A, et à sa partie inférieure il porte une tige de métal percée à son extrémité de deux petits trous auxquels on suspend, soit deux fils fins de métal terminés par de petites balles de sureau g et h, soit deux pailles minces, soit deux feuilles d'or. La cloche est vernie à la gomme laque à sa partie supérieure pour la rendre plus isolante. Lorsqu'on touche le bouton A avec un corps électrisé, les deux balles g et h divergent immédiatement ; électrisées toutes deux de la même manière que le corps, elles se repoussent et gardent assez longtemps leur électricité pour qu'on puisse en constater la nature. Les colonnes inférieures électrisées par l'influence des balles agissent sur celles-ci par attraction et augmentent la divergence, et par conséquent la sensibilité de l'appareil. Si les balles de verre sont électrisées positivement et qu'on en approche un bâton de verre électrisé par frottement, elles divergeront davantage ; elles se rapprocheront, au contraire, si elles sont électrisées négativement. Le contraire aurait lieu si l'on substituait un bâton de résine au bâton de verre. Si l'on remplace les deux balles par deux minces lames d'or battu, et le bouton A par un condensateur, on aura l'*électroscope condensateur* de Volta, le plus sensible de tous les électroscopes (voyez CONDENSATEUR).

Fig. 899. — Électroscope ordinaire.

L'appareil que représente notre figure, qui est dû à Coulomb, peut servir à la fois d'*électroscope* et d'*électromètre*. Il est également d'une exquise sensibilité. Il se compose, ainsi qu'on en peut juger, d'une très-mince aiguille de gomme laque, portant à l'une de ses extrémités un petit disque de clinquant *b*, et suspendue par un simple fil de cocon ou un cheveu au centre d'une cloche de verre A. Celle-ci est entourée d'une bande de papier divisée en 360°, et est traversée par un petit tube de verre dans l'axe duquel est mastiqué un fil de cuivre terminé à ses deux bouts par deux petites boules c et d. Lorsqu'on touche d avec un corps électrisé, le clinquant vient au contact de c, s'électrise lui-même de la même manière, et est re-

Fig. 900. — Électroscope de Coulomb.

poussé d'une quantité d'autant plus grande que la charge électrique est plus forte. Il conserve assez longtemps son électricité pour qu'on en puisse constater la nature. De tous les électroscopes, le plus sensible est incontestablement la grenouille.

Électroscope météorologique de Saussure. — L'électroscope qu'employait de Saussure pour constater la présence de l'électricité dans l'air et apprécier sa nature est un électroscope ordinaire à balle de sureau ou à paille, présentant les particularités suivantes :

La garniture métallique qui supporte les pailles se prolonge supérieurement en une tige T assez longue (0^m,60) terminée elle-même en pointe ; une petite cloche en métal D, faisant corps avec la tige à sa partie inférieure, est destinée à mettre l'appareil à l'abri de la pluie. Sur une des parois de la cloche se trouve une graduation qui permet de juger du degré d'écartement des boules. Saussure employait un procédé spécial qu'il est inutile de décrire ici pour apprécier le rapport de ces divisions avec la charge électrique des boules ou des pailles. La partie supérieure de l'instrument étant terminée en pointe, il est clair que son électricité sera toujours de même nature que celle du corps influent, car le fluide de nom contraire s'écoulera par la pointe. Volta conseille de munir l'extrémité de la tige d'un corps brûlant avec flamme, par exemple d'un morceau d'amadou ou d'une mèche soufrée en ignition. L'expérience montre, en effet, que, dans beaucoup de circonstances où l'instrument n'accuse aucun signe d'électricité atmosphérique, cette addition suffit pour produire la divergence des boules. M. Riess (*Archives de l'électricité*, t. V) attribue cette particularité curieuse à ce que l'amadou en ignition présente comme une foule de pointes très-

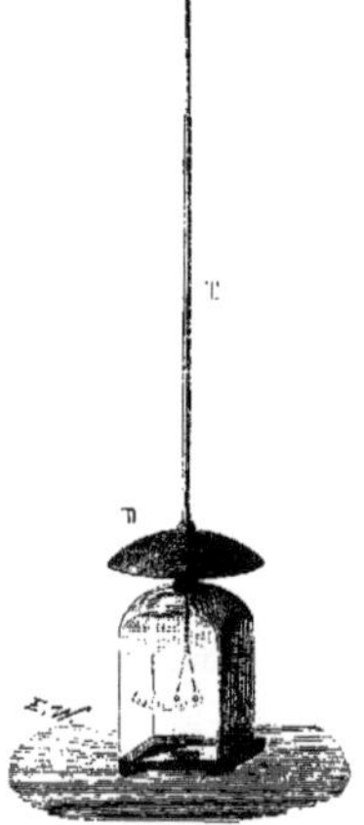

Fig. 901. — Électroscope de Saussure.

déliées qui facilitent l'écoulement du fluide contraire. Quand la combustion a lieu avec flamme, le rôle des pointes est joué, suivant le même auteur, par les nombreux filets de *vapeur conductrice* s'échappant de la flamme elle-même et se disséminant dans l'air dans toutes les directions possibles.

Électroscope météorologique de Peltier. — L'appareil le plus convenable et le plus sensible pour l'étude de l'électricité atmosphérique est celui qu'a imaginé Peltier et qui est, à proprement parler, une modification du diagomètre de Rousseau (voyez ce mot). La figure et la description suivantes sont empruntées au *Traité d'électricité* de M. Gavarret.

Sur le milieu d'une cage cylindrique de verre s'élève une tige métallique armée de deux boules C, B. La boule supérieure C est creuse, son diamètre est de 0m,10 environ. La boule inférieure B est beaucoup plus petite et appuie sur un gros tampon de gomme laque à travers lequel la tige pénètre dans la cage de verre. Sur le milieu de sa longueur, la tige AB porte un chapeau destiné à mettre l'appareil à l'abri de la pluie. À l'intérieur de la cage, la tige métallique AB communique avec un anneau

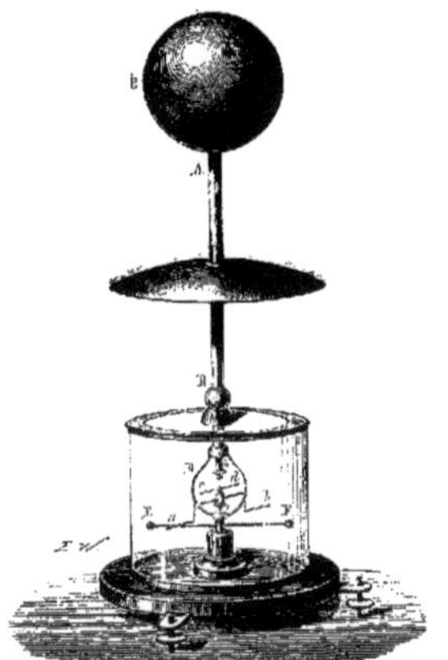

Fig. 902. — Électroscope de Peltier.

de cuivre D dont la partie inférieure est armée d'une pointe d'acier qui porte une chape métallique. Un fil de cuivre *ab* et une aiguille aimantée *cd* sont fixés à cette plaque horizontalement et dans le même plan vertical. De cette manière, le fil *ab* et l'aiguille *cd* sont solidaires et tendent toujours à revenir ensemble dans le plan du méridien magnétique quand une cause quelconque les en a écartés. L'anneau D est soudé, à sa partie inférieure, avec une tige métallique engagée dans un gros tube de verre rempli de gomme laque et encastré dans un support de bois. À cette tige verticale est fixée une grosse aiguille métallique et horizontale EF. De cette manière, la tige AB, les deux boules C, B, l'anneau D, l'aiguille EF et le fil de cuivre *ab* sont reliés par des communications métalliques; de plus, ces diverses pièces forment un ensemble parfaitement isolé. La boule inférieure B, en tournant autour de la tige métallique, fait monter ou descendre le cylindre G. Quand l'appareil est au repos, on abaisse le cylindre G jusqu'à ce qu'il appuie sur la chape du fil *ab*; quand l'appareil doit marcher, on rend au fil *ab* la liberté de se mouvoir en soulevant le cylindre G.

Quand on veut faire une observation, on commence par orienter l'appareil; à cet effet, on place l'aiguille EF dans le plan du méridien magnétique et on soulève le cylindre G. Le fil *ab*, entraîné par l'aiguille aimantée *cd*, vient se placer dans le plan du méridien magnétique, parallèlement à EF, au-dessus et très-près de cette aiguille. Les choses étant ainsi disposées, présentant à la boule C un corps électrisé positivement, l'aiguille fixe EF et le fil *ab* s'électrisent positivement par influence et se repoussent, le fil *ab* s'écarte angulairement de l'aiguille EF jusqu'à ce que la répulsion de ces deux corps soit équilibrée par la force directrice de l'aiguille aimantée *cd*. Deux cercles divisés, placés l'un sur le couvercle et l'autre sur le support de la cage de verre, permettent de me-

surer l'angle d'écartement du fil *ab* et d'éviter les erreurs de parallaxe. Si l'on touche avec le doigt la tige AB, l'appareil prend une charge permanente négative. On peut aussi remplacer la boule C par une pointe; dans ce cas, l'électroscope prend par influence, une charge permanente de même signe que celle du corps inducteur.

ELECTRO-THÉRAPIE (Médecine). — Voyez Traitement *médical par l'électricité.*

ELECTUAIRE (Pharmacie). — Ce nom, dont la signification n'est pas bien nettement précisée, a été donné à des médicaments mous ou demi-solides, composés de poudres diverses incorporées dans des pulpes, des sucs, des extraits, des sirops, du miel, etc. Lorsqu'ils sont mous, ils prennent les noms de *confections, d'opiats;* ce sont les électuaires proprement dits. On les appelle *pâtes, tablettes, bols,* lorsqu'ils sont plus consistants.

ELÉDON ou **ELÉDONE** (Zoologie), *Eledon.* Leach. — Genre de *Mollusques* de la classe des *céphalopodes,* du grand genre des *Seiches* (*sepia* de Linnée), section des *Poulpes,* dont le caractère essentiel est d'avoir une seule rangée de ventouses à leurs huit bras ou tentacules, tandis que les autres poulpes en ont deux rangées. L'espèce type est l'*E. musqué* (*Octopus moschatus,* Lamk), qui habite la Méditerranée et répand une odeur très-forte à laquelle il doit son nom vulgaire de *Poulpe musqué,* et les noms italiens de *Muscardino* et *Muscarolo.* C'est un poulpe long de 0m,30 à 0m,40, brun en dessus, plus clair en dessous, avec de très-longs bras, la tête à peu près grande comme le corps. Il se nourrit de petits poissons et de vers marins.

ELÉIDE (Botanique), *Elœis,* Jacq.; du grec *elaios,* olivier. — Genre de plantes *Monocotylédones périspermées,* famille des *Palmiers,* tribu des *Cocoïnées.* Fleurs monoïques sur des spadices différents; mâles, 6 étamines à filets soudés; femelles, ovaire à 3 loges; 3 stigmates en crochet; drupe jaune ou rouge, munie de 3 pores au sommet. L'*E. de Guinée* (*E. guineensis,* Lin.) est un arbre s'élevant environ à une dizaine de mètres. Ses feuilles, qui atteignent souvent une longueur de 5 mètres, sont à divisions linéaires, lancéolées. Ses spadices, qui portent de 6 à 800 fruits serrés, à chair épaisse et oléagineuse, pèsent souvent 20 kil. Cet arbre est originaire de la Guinée. On le cultive dans différents *pays* chauds, notamment en Amérique, pour l'huile grasse qu'on extrait de ses fruits, et qui est généralement connue sous le nom d'*huile de palme.* On obtient ce produit par pression et décoction du péricarpe. L'huile de palme est d'une couleur orangé foncé. Son odeur est aromatique et assez agréable. Elle s'enflamme promptement et donne une lumière brillante; aussi son usage le plus important est-il pour l'éclairage. On l'emploie dans la fabrication des bougies stéariques, et l'Angleterre en fait un commerce considérable. L'huile de palme sert aussi dans certains pays pour la préparation des aliments. On la fait encore entrer dans la composition de certains savons. On extrait des graines de l'éléide une substance onctueuse, adoucissante et d'un goût agréable, que les nègres nomment *quioquio* ou *thiothio,* et le commerce *beurre de Galam.* Elle sert, en quelque sorte, aux mêmes usages que l'huile de palme dont elle diffère peu; mais elle se rancit encore plus vite. En Afrique, on l'emploie en friction contre les rhumatismes.   G — S.

ELÉMENTS DES PLANÈTES (Astronomie). — Voyez PLANÈTES.

ELÉMENTS (Anatomie). — Voyez TISSUS.

ELÉMI (Botanique médicale). — Substance résineuse produite par plusieurs espèces d'arbres de la famille des *Burséracées,* et particulièrement, d'après le profes. Guibourt, par l'*Icica icicariba,* de Cand. qui croît au Brésil, et par l'*Amyris agallocha,* Roxb. (cette dernière origine douteuse,) du Bengale. De là, deux espèces d'élémi dans le commerce : le *faux* ou *bâtard,* ou d'*Amérique,* d'un blanc jaunâtre, onctueux au toucher, et cependant sec et cassant; d'une odeur agréable, d'une saveur parfumée et amère ; la seconde sorte, le *vrai* élémi, l'*élémi oriental.* On le dit tiré d'Ethiopie, mais il vient vraiment d'Amérique (Guibourt). Il est blanchâtre, mou, d'une odeur forte et suave ; desséché à l'air, il devient jaune et friable : il est solide à l'extérieur, gluant à l'intérieur. Ces résines jouissent de propriétés irritantes et entrent dans la composition de l'onguent d'*arcœus,* de *styrax,* du *baume de Fioraventi,* etc. (voyez ICIQUIER.)

ELÉOCOCCA (Botanique), *Elœococca,* Comm.; du grec *elaion,* huile, et *kokkos,* grain. — Genre de plantes *Dicotylédones dialypétales hypogynes,* famille des *Euphorbiacées,* désigné sous le nom de *Dryandra,* par

Thunberg. Il comprend des arbres à fleurs monoïques, dont les femelles ont un ovaire surmonté de 3-5 stigmates et creusé d'autant de loges, devenant une capsule qui se sépare en autant de coques ayant chacune une grosse graine. — L'*É. du Japon* a été nommé *arbre d'huile*, à cause de l'huile que ses graines fournissent en abondance; et celui de Chine *arbre du vernis*, par le même motif. Ces produits sont utilisés dans l'industrie; l'âcreté de l'huile est telle qu'il n'est pas possible de l'employer dans l'alimentation.

ÉLÉOTRIS (Zoologie), *Eleotris*, Gronov.; du grec *eleios*, marécageux. — Genre de *Poissons*, de l'ordre des *Acanthoptérygiens*, famille des *Gobioïdes*, établi par Gronovius et adopté par Cuvier pour des espèces qui constituent un groupe voisin des Gobies et qui ont la première dorsale à aiguillons flexibles, mais dont les ventrales sont parfaitement distinctes: la tête obtuse, un peu déprimée, les yeux écartés et la membrane branchiale portant six rayons. La plupart vivent dans les mers chaudes. Le *Dormeur* (*Eleotris dormitatrix*, Cuv.; *Platycephalus dormitator*, Block) est des Antilles; c'est une espèce assez grande, à tête déprimée, à joues renflées, nageoires tachetées de noir; elle se tient dans les marais. Il y en a aussi au Sénégal et dans l'Inde. Sur nos côtes des Alpes maritimes, la Méditerranée en a une jolie petite espèce, décrite par Risso, qui lui a donné le nom de *Gobius auratus*. Elle a le corps doré, ponctué de noir, avec une tache bleue à la base des pectorales. Son corps est d'un beau jaune doré, couvert de petits points noirs, la tête grande, les nageoires d'un rouge doré, les pectorales ornées à leur base d'une belle tache bleue. Ce poisson, long de 0^m,10, se trouve au milieu des roches coralligènes.

ÉLÉPHANT (Zoologie), du nom grec *éléphas*, désignant l'ivoire et l'animal qui le produit. — Jusqu'aux dernières années du XVIIIe siècle, on n'avait pas imaginé que les éléphants, si différents par leur taille et leur conformation de tous les autres quadrupèdes, pussent appartenir à plusieurs espèces; le vulgaire, aussi bien que les naturalistes, assimilait, sauf des variations attribuées à des races locales, tous les éléphants répandus en Asie et en Afrique, depuis l'Indo-Chine et les îles malaises jusqu'au cap de Bonne-Espérance, au Congo et au Sénégal. Une étude attentive a conduit G. Cuvier (en 1796) à admettre deux espèces d'éléphants et peut-être aujourd'hui en faut-il reconnaître une troisième. Le nom d'*éléphant* s'applique donc à un genre (*Elephas*, Lin.) où doivent être placées sans doute, auprès des espèces vivantes, quelques espèces fossiles aujourd'hui disparues. Ce genre, dans la méthode de Cuvier, forme, avec le genre *Mastodonte*, la famille des *Proboscidiens* ou *Pachydermes à trompe et à défenses*, la première de l'ordre des *Pachydermes*, classe des *Mammifères*. Cuvier, donnant les caractères de cette famille, trace, avec sa netteté habituelle, une courte description de la conformation des éléphants. « Les proboscidiens ont 5 doigts à tous les pieds, bien complets dans le squelette, mais tellement enroulés dans la peau calleuse qui entoure le pied, qu'ils n'apparaissent au dehors que par les ongles attachés sur le bord de cette espèce de sabot. Les dents canines et les incisives proprement dites leur manquent, mais dans leurs os incisifs sont implantées deux défenses qui sortent de la bouche et prennent souvent un accroissement énorme. La grandeur nécessaire aux alvéoles de ces défenses rend la mâchoire supérieure si haute et raccourcit tellement les os du nez que les narines se trouvent dans le squelette vers le haut de la face; mais elles se prolongent dans l'animal vivant en une trompe cylindrique, composée de plusieurs milliers de petits muscles diversement entrelacés, mobiles en tous sens, douée d'un sentiment exquis et terminée par un appendice en forme de doigt. Cette trompe donne à l'éléphant presque autant d'adresse que la perfection de la main peut en donner au singe. Il s'en sert pour saisir tout ce qu'il veut porter à sa bouche et pour pomper sa boisson qu'il lance ensuite dans son gosier en y recourbant cet admirable organe et y supplée ainsi à un long cou qui n'aurait pu porter cette grosse tête et ses lourdes défenses. Au reste, les parois du crâne contiennent de grands vides qui rendent la tête plus légère; la mâchoire inférieure n'a point d'incisives du tout; les intestins sont très-volumineux, l'estomac simple, le cœcum énorme; les mamelles au nombre de deux seulement, placées sous la poitrine. Le petit tette avec la bouche et non avec la trompe (*Règne animal*, t. I, p. 237. 1829). » La figure ci jointe est l'esquisse d'une coupe de la tête de l'éléphant, tirée des dessins anatomiques faits d'après nature par G. Cuvier et Laurillard, et publiés soit dans les *Ossements fossiles*, soit dans l'*Anatomie comparée, recueil de planches de myologie*. Cette figure représente dans le contour extérieur de la tête de l'éléphant une coupe du crâne

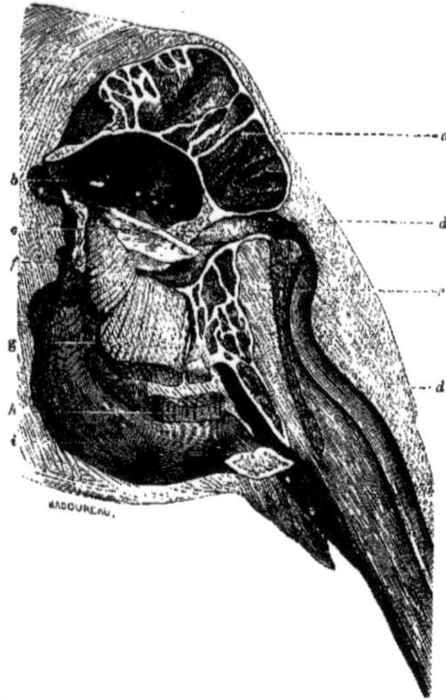

Fig. 909. — Coupe verticale médiane de la tête d'un éléphant, montrant la communication de la trompe avec les fosses nasales (1).

osseux montrant : les cellules (*a*) situées dans l'épaisseur des parois du crâne; la cavité crânienne (*b*) que remplit le cerveau durant la vie; une des fosses nasales osseuses (*c*), celle du côté gauche, s'abouchant avec le conduit charnu (*d*) du côté correspondant de la trompe. On peut se rendre ainsi plus facilement compte de ce qu'entendent les naturalistes en présentant la trompe comme un prolongement des narines. Il est bon de remarquer d'ailleurs que la lèvre supérieure fait partie de ce prolongement et complète les narines pour fermer en dessous le double conduit qu'elles forment; car à la bouche on ne trouve que la base de la trompe en haut, et en dessous la lèvre inférieure bien reconnaissable. Quant aux dents, on a déjà vu que ces animaux n'ont que deux sortes de dents, comme les Rongeurs, des incisives au nombre de deux à chaque mâchoire et des molaires: celles-ci sont relevées à leur couronne en un certain nombre de saillies mousses ou collines enveloppées d'émail comme le reste de la dent et entre lesquelles vient se placer, chez les éléphants, une substance osseuse particulière, connue sous le nom de *cément*. L'ivoire, au contraire, est placé au-dessous de l'émail, qui lui sert de recouvrement. Les incisives des éléphants s'usent peu, sortent de la bouche en grandissant et forment une paire de défenses dont la longueur est quelquefois considérable. Ce sont ces défenses qui fournissent le plus bel ivoire employé dans les arts; on en tire des éléphants de l'Afrique aussi bien que des éléphants de l'Inde; celui des éléphants fossiles est quelquefois assez bien conservé pour qu'on puisse l'employer aux mêmes usages, et l'ivoire fossile des Mastodontes, qui s'est imprégné pendant son séjour dans la terre de sels de cuivre, fournit une sorte de *turquoise* dont on se sert en bijouterie (voyez IVOIRE). Les éléphants n'ont de dé-

(1) *a*, cellules frontales. — *b*, coupe du trou vertébral et de la cavité crânienne. — *c*, l'une des fosses nasales osseuses. — *d*, l'un des canaux charnus de la trompe. — *e*, racine de la défense de gauche. — *f*, dent molaire supérieure se développant. — *g*, molaire supérieure en usage précédée d'une molaire usée. — *h*, molaire inférieure. — *i*, os maxillaire inférieur.

fenses qu'à la mâchoire supérieure ; mais on voit aussi une paire de défenses inférieures, moins grandes il est vrai que les autres, à la mâchoire inférieure de certains Mastodontes.

Les Proboscidiens, soit vivants, soit fossiles, sont les plus grands de tous les mammifères terrestres. Ils sont peu nombreux en espèces, mais si l'on joint les espèces perdues aux deux ou trois que possèdent l'Afrique et l'Inde actuelle, on constate qu'ils ont eu des représentants dans les trois parties de l'ancien continent et que les deux Amériques en ont aussi nourri. Jusqu'à ce jour, on n'a point encore observé de débris de ces animaux à Madagascar, et quoi qu'on en ait dit, il ne paraît pas que la Nouvelle-Hollande en ait possédé. Les anciens mammifères de ce singulier continent ont été, comme ceux qui l'habitent aujourd'hui, des mammifères marsupiaux (voyez ÉLÉPHANTS FOSSILES).

Le genre *Éléphant* (*Elephas*, Lin.) a pour caractère distinctif la singulière disposition des dents molaires ; chacune de ces dents se compose d'un certain nombre de lames verticales juxtaposées et reliées entre elles par une *substance corticale* ou *cément* de nature osseuse ; chacune de ces lames se compose d'ivoire recouvert d'une couche d'émail et renfermant à son centre une pulpe dentaire. Cette composition des molaires des plus grands de nos quadrupèdes vivants est entièrement semblable à celle des molaires des cochons d'Inde, des rats et de plusieurs autres rongeurs. Mais ce qui est particulier aux éléphants, c'est le mode d'apparition de ces dents ; comme chacune d'elles peut avoir $0^m,25$ et $0^m,30$ de longueur, il semble qu'elles ne puissent tenir toutes ensemble dans les mâchoires, et elles s'y succèdent peu à peu en poussant d'arrière en avant, de façon que l'animal n'en a que 2 ou 3 en même temps de chaque côté d'une de ses mâchoires. M. Corse (*Trans. philos.*, 1799, texte anglais) nous a appris que cette succession se répète jusqu'à huit fois dans l'*É. des Indes*, qu'il y a par conséquent 32 dents molaires qui occupent successivement les différentes parties des deux mâchoires. Les premières paraissent huit ou dix jours après la naissance, sont bien formées à six semaines et complétement sorties à trois mois ; les secondes sont bien sorties à deux ans ; les troisièmes paraissent à cette époque et font tomber les secondes à six ans ; elles sont à leur tour poussées en avant et en dehors par les quatrièmes à neuf ans ; on ne connaît pas bien les époques d'apparition des cinq dents suivantes. Pendant que s'opèrent ces changements de molaires, les défenses de lait tombent et sont remplacées définitivement par celles que l'animal conserve toute sa vie.

La trompe des éléphants est une sorte de tuyau conique assez long pour toucher le sol de son extrémité, l'animal étant debout, ce qui, dans certains individus, suppose 2 mètres à $2^m,50$ de longueur. Ce tube musculeux est creusé intérieurement de deux canaux correspondant chacun à une narine ; à l'extrémité de la trompe se voit nettement leur cloison de séparation ; cette extrémité est formée par une sorte de bourrelet délicat, légèrement renflé, très-sensible, et qui, à la partie moyenne et supérieure, est pourvu d'un prolongement triangulaire, mobile et jouant le rôle d'une espèce de doigt. Cet instrument curieux permet à ce colosse animal d'exécuter beaucoup des mouvements dont la main seule de l'homme est capable et lui donne une adresse qui ne se retrouve guère que chez certains singes parmi les animaux. Ainsi on a pu voir des éléphants tourner des têtes d'écrou, ouvrir une porte avec une clef, retirer le bouchon d'une bouteille, dénouer une corde, etc. Cette adresse singulière peut faire illusion sur l'intelligence des éléphants, et on a eu raison de mettre à néant bien des exagérations accréditées sur ce sujet ; mais il faut cependant reconnaître qu'un instrument aussi délicat ne peut être l'organe d'un animal stupide et brutal, comme l'ont écrit quelques auteurs en exagérant en sens contraire.

Tout le monde connaît d'ailleurs les formes peu agréables des éléphants ; leur tronc court et ramassé, soulevé vers le dos en une voûte peu charnue, repose sur des jambes droites comme des piliers, dont les articulations se distinguent à peine et qui, amincies vers le milieu, s'appliquent sur le sol par une large plante arrondie comme un moignon. Cette masse, plus élevée sur le train de devant que sur celui de derrière, supporte une tête énorme à saillies très-marquées et voilée de chaque côté par deux larges peaux échancrées, qui sont les oreilles. Cependant, on aperçoit dans cette masse bizarrement informe deux petits yeux noirs, brillants et assez expressifs. L'ouïe des éléphants est assez fine, mais leur odorat est

surtout exquis, et le même organe qui reçoit les émanations odorantes est aussi celui du toucher le plus délicat. Il ne faudrait pas croire cependant que la trompe soit le siége de ces deux sens et prendre à la lettre l'expression singulière de Buffon, « L'éléphant a donc le nez dans la main ; » l'odorat a son siége, comme chez les autres mammifères, dans les fosses nasales osseuses, à la surface de la cloison qui les sépare du crâne (voyez *fig.* 904, ci). La trompe est un simple tube d'aspiration pour les effluves odorants, et comme ce tube a aussi d'autres fonctions à remplir, une disposition spéciale, fort bien indiquée par Boitard, le rend au besoin indépendant des véritables cavités olfactives. « Les tuyaux de la trompe, dans l'endroit où ils touchent aux parois osseuses qui les terminent et qui renferment l'organe de l'odorat, sont munis chacun d'une valvule cartilagineuse et élastique (sorte de soupape organisée), que l'animal ouvre et ferme à sa volonté. S'agit-il de remplir sa trompe d'eau ; pour porter cette eau à sa bouche, après avoir respiré l'eau, il ferme ses valvules. S'agit-il de flairer la piste d'un chasseur ou d'employer de toute autre manière le sens de l'odorat ; les valvules restent ouvertes. » La peau des éléphants a un aspect tout à fait remarquable et peu fait pour flatter l'œil ; elle est dépourvue de poils et ne porte que des soies clair-semées dans les rides, assez nombreuses aux cils des paupières, derrière la tête, dans les trous des oreilles, au dedans des cuisses et des jambes. La queue, courte et menue, est garnie à l'extrémité d'une houppe de très-grosses soies, semblables à des filets de corne noirs, luisants et très-résistants. Sur tout le corps à peu près, l'épiderme est dur, calleux, comme gercé et ressemble assez bien, comme le dit Buffon, à l'écorce d'un vieux chêne. Il paraît, du reste, que cet épiderme exige un certain entretien pour ne pas s'accumuler en plaques épaisses sur la peau ; dans l'état de nature, les éléphants se lavent très-souvent et se couvrent ensuite de vase ou même de sable qu'ils répandent sur eux avec leur trompe. En captivité, ils ont besoin d'avoir de l'eau à leur disposition pour s'y plonger ; dans les Indes, on prend soin de les frotter avec de l'huile et de les baigner régulièrement.

« Il résulte pour l'éléphant, dit Buffon, plusieurs inconvénients de sa conformation bizarre : il peut à peine tourner la tête ; il ne peut se retourner lui-même, pour rétrograder, qu'en faisant un circuit. Les chasseurs qui l'attaquent par derrière ou par le flanc évitent les effets de sa vengeance par des mouvements circulaires : ils ont le temps de lui porter de nouvelles atteintes pendant qu'il fait effort pour se tourner contre eux..... Il a le genou comme l'homme et le pied aussi bas ; mais ce pied, sans étendue, est aussi sans ressort et sans force, et le genou est dur et sans souplesse ; cependant, tant que l'éléphant est jeune et qu'il se porte bien, il le fléchit pour se coucher, pour se laisser monter ou charger ; mais dès qu'il est vieux ou malade, ce mouvement devient si difficile, qu'il aime mieux dormir debout et que, si on le fait coucher, il faut ensuite des machines pour le relever et le remettre en pied. Ses défenses, qui deviennent avec l'âge un poids énorme, fatiguent prodigieusement la tête et la tirent en bas ; en sorte que l'animal est quelquefois obligé de faire des trous dans le mur de sa loge pour les soutenir et se soulager de leur poids. » Ces derniers faits, très-exacts d'ailleurs, ne s'observent que chez les éléphants captifs, privés d'un exercice suffisant, qui languissent incomplétement soignés dans les ménageries.

Les éléphants se nourrissent exclusivement de substances végétales ; ce sont des herbes, de jeunes pousses d'arbres et d'arbustes, des grains et des fruits. Ils en doivent consommer une quantité énorme, si l'on en juge par ce qu'ils mangent en captivité : la ration quotidienne d'un éléphant d'Afrique, qui vécut à la Ménagerie de Versailles, de 1668 à 1681, était, selon Buffon, de 35 à 40 kilogrammes de pain, environ 28 litres de potage contenant 2 kilogrammes de pain ou de riz cuit à l'eau, 12 litres de vin, une gerbe de blé dont il mangeait le grain et jouait avec la paille. En comptant les rations de sept éléphants qui ont vécu au Muséum d'histoire naturelle de Paris, de 1846 à 1862, on voit que chacun d'eux recevait par jour : 3 à 4 bottes de foin et 4 à 5 bottes de paille ; de 30 à 50 litres de son ; 4 pains de 2 kilog. et souvent une dizaine de bottes de carottes. Il faut ajouter à cela tout ce que leur donne le public pendant tout le jour en été.

Tous ces aliments sont, comme les boissons, pris avec la trompe et portés par elle dans la bouche ouverte jusqu'à l'entrée du gosier. On assure que les éléphants se montrent gourmands et gloutons ; ils paraissent prendre volontiers le goût des liqueurs fortes et s'y livrent, quand on le leur permet, jusqu'à s'enivrer. Adolphe Delegorgue rapporte même un fait remarquable, qu'il affirme n'avoir voulu croire qu'après en avoir été témoin (*Voyage dans l'Afrique australe*, t. I) : « L'éléphant, dit-il, a cela de commun avec l'homme, qu'il aime une légère inflammation du cerveau que lui procurent les fruits fermentés par l'action du soleil : l'*Om-kouschlouâne* et lo *Makano* des Amazoulous. Ces fruits sauvages, qu'il abat avec sa trompe, acquièrent en quelques jours d'abandon sur la terre les propriétés qu'il désire....., l'éléphant repasse alors, les cherche un à un, les ramasse et les mange. » Leur jus fermenté, qui enivre l'homme, n'épargne pas l'éléphant et produit chez lui une ivresse passagère qui le rend très-dangereux pour l'homme malencontreusement amené à troubler cette singulière orgie.

Malgré le passage de Buffon que nous citions plus haut, il ne faut pas croire que les éléphants manquent d'agilité ; ils ont un trot assez rapide et un cheval au galop les suit avec peine lorsqu'ils se hâtent ; leur allure habituelle est le pas. Leur marche est bruyante et laisse une large piste. Leur voix est un roulement grave, profond et très-sonore ; les anciens affirmaient qu'il pouvait pousser par la trompe un son ranque et filé comme celui d'une trompette ; mais les éléphants font rarement entendre ce cri en captivité. Delegorgue en parle et le compare à un étonnant bruit d'orgues ; c'est en chassant dans l'Afrique australe des troupes d'éléphants sauvages qu'il a eu l'occasion de l'entendre ; plus d'une fois il a vu un de ces animaux avertir toute la troupe de la présence du chasseur par ces bruyants « sons de trompe. »

Les éléphants vivent dans les lieux humides et d'une végétation active ; comme ils se tiennent en troupes souvent nombreuses et consomment une grande quantité de nourriture, ils ont bientôt dévasté le pays où ils s'étaient établis et il leur faut en changer. Leurs bandes sont conduites par quelque vieux mâle qui a sur ses compagnons un grand ascendant. Les femelles sont mêlées à la bande avec leurs petits. En parlant de chaque espèce, nous reviendrons un peu sur ce sujet et nous parlerons de leur reproduction.

Le trait le plus curieux pour le vulgaire, dans l'histoire de l'éléphant, est sans contredit son intelligence si vantée. Ce colosse, grave, lent et puissant, inspire l'idée d'une sagesse supérieure ; l'aspect de son front large et fortement bombé lui en donne presque le signe extérieur. Mais, d'une part, la lenteur des éléphants de nos ménageries est l'inertie mélancolique du prisonnier inactif ; d'une autre part, leur front doit son ampleur aux énormes cellules situées dans les parois du crâne (voyez *fig. 904, a*), et non au développement du cerveau qui, proportionnellement au corps, est beaucoup moins volumineux que celui de la plupart de nos animaux domestiques. Les anciens ont vanté avec raison la douceur des éléphants, la facilité avec laquelle on les apprivoise, l'attachement qu'ils ont pour leur maître et leur ressentiment pour les injures, toutes qualités que les éléphants possèdent en effet, mais qui leur sont en grande partie communes avec le chien. Mais ils ont notablement exagéré leur intelligence et souvent ils leur ont prêté les raisonnements les plus subtils et jusqu'à des sentiments religieux, un culte des offrandes à la lune, l'adoration du soleil et des prières à la terre pendant leurs maladies. Ils ont aussi supposé aux éléphants une fidélité conjugale inaltérable, de la pudeur et une résistance invincible à se faire les ministres de l'injustice. Ces exagérations ridicules, accréditées par Pline, ont du leur origine dans les préjugés asiatiques. Les Malais désignent les éléphants par un nom qui leur est commun avec l'homme et qui implique l'idée d'un être raisonnable. Les Indiens ont la prétention de pouvoir gouverner les éléphants en agissant sur leurs passions comme on agit sur celles des hommes, et il n'est pas jusqu'à la coquetterie et à l'amour de la louange auxquels ils ne les aient crus sensibles. Beaucoup de voyageurs et même de naturalistes, heureux d'avoir à parler d'êtres aussi merveilleux, ont adopté trop facilement les récits mensongers ou exagérés qu'ils avaient recueillis, et longtemps l'histoire des éléphants a tenu du roman plus que de la vérité.

L'ivoire des éléphants a été connu bien avant que l'on sût de quels animaux il provenait. Il en est plusieurs fois question dans la Bible, où il est désigné sous le nom de *sissabim* (*les Rois*, liv. III, chap. x). Hérodote est le plus ancien des auteurs grecs qui aient parlé des élé-

phants. Il les cite, ainsi que les lions et quelques autres animaux, parmi les productions de la Libye orientale ; toutefois, ce ne fut guère qu'à l'époque d'Alexandre que les Européens eurent à leur égard des renseignements un peu exacts. Aristote parle longuement des éléphants, et ce qu'il en dit est, en général, fort exact ; il est certain, d'ailleurs qu'Alexandre eut des éléphants indiens à sa disposition. Il les avait conquis sur le roi indien Porus, lorsqu'il le vainquit et le fit prisonnier, et ce fut Séleucus Nicator qui commanda le corps d'armée dont ces animaux firent partie. Plus tard, il en reçut lui-même cinquante de Sandrocottus, lorsqu'il reconnut à ce dernier la possession du Pendjab et de quelques autres provinces indiennes que Sandrocottus avait soulevées après la mort d'Alexandre. Les Ptolémées, qui régnèrent sur l'Égypte après le démembrement de l'empire fondé par ce grand conquérant, possédèrent, comme les Séleucides, en Syrie, de nombreux éléphants, mais il paraît que ce furent des éléphants de l'espèce africaine. Annibal conduisit de Carthage en Europe, après la seconde guerre punique, un certain nombre d'éléphants et, pour les faire parvenir en Italie, il leur fit traverser l'Espagne et la Gaule méridionale. Trois des quarante éléphants qu'il possédait en quittant l'Espagne avaient péri lorsqu'il traversa le Rhône, et, suivant Polybe, les trente-sept qui lui restèrent moururent tous, à l'exception d'un seul, à la bataille de la Trébie, où cependant Annibal fut vainqueur. Ces éléphants étaient des éléphants africains. De leur côté, les Romains avaient déjà possédé des éléphants asiatiques en l'an de Rome 479 (273 av. J.-C.). Curius Dentatus, vainqueur de Pyrrhus, lui avait pris quatre de ces animaux, que Pyrrhus lui-même avait enlevés à Démétrius Poliorcète, roi de Macédoine. C'étaient les premiers que l'on eût vus en Italie. Ils parurent au triomphe de Curius Dentatus.

Les Romains employèrent bientôt eux-mêmes des éléphants dans leurs armées ou pour les divertissements publics de l'amphithéâtre. L'an 502 de Rome, dit Pline, on amena à Rome cent quarante-deux éléphants pris dans la bataille que Métellus gagna sur les Carthaginois, et on leur fit passer le détroit sur des radeaux soutenus par des tonneaux vides ; ils combattirent dans le cirque, et on les tua à coups de javelots. Pompée, César et ses successeurs firent combattre ainsi devant le peuple des éléphants contre des bandes d'hommes armés. D'une autre part, les Romains avaient de ces animaux dans leurs guerres contre Persée, contre Antiochus et contre Jugurtha. Valère Maxime dit que, sous Septime Sévère, on en possédait trois cents dans les armées de l'empire. Élien (liv. II, chap. xi), Columelle (liv. III, chap. viii) disent positivement que du temps de Néron on possédait à Rome des éléphants nés dans cette ville en domesticité et qu'on profitait de leur jeune âge pour les dresser à mille tours d'adresse. L'empereur Gallien en posséda encore dix au milieu du iiie siècle. Tous ces éléphants étaient, sans aucun doute, tirés du nord de l'Afrique, et la preuve, c'est que les médailles romaines représentent toujours des éléphants africains, comme le montre la grandeur de leurs oreilles.

Pendant le moyen âge, l'Europe n'en eut qu'un très-petit nombre. Le calife Haroun-al-Raschid, qui sollicitait l'alliance de Charlemagne, lui envoya un éléphant qui arriva à Pise en 801 et que l'on conduisit à Aix-la-Chapelle, où il vécut jusqu'en 810. En 1222, Frédéric II, de retour de la Terre-Sainte et après avoir conclu la paix avec le soudan d'Égypte, ramena un éléphant, et saint Louis en eut un autre qu'il donna au roi d'Angleterre, Henri III. Trois siècles après, lorsque les peuples de l'Europe occidentale, et en particulier les Portugais eurent établi des relations avec le Sénégal et la côte de Guinée, on revit l'éléphant en Europe. En 1514, Emmanuel, roi de Portugal, en envoya un au pape Léon X. La France n'en reçut un qu'en 1668 ; il avait été rapporté du Congo et offert à Louis XIV par le roi de Portugal. Depuis lors il en est venu dans plusieurs occasions, et l'Angleterre en a reçu plus fréquemment encore.

Depuis son institution, la ménagerie du Muséum d'histoire naturelle de Paris a reçu six éléphants d'Asie (4 mâles et 2 femelles) ; et 4 éléphants d'Afrique (2 mâles tout jeunes et 2 femelles). Elle en compte encore actuellement 5 vivants (3 asiatiques, 2 africains). Celui de ces animaux qui a vécu le plus longtemps est une femelle d'Afrique donnée en 1825 par le vice-roi d'Égypte, morte en 1855.

La grande force des éléphants, leur intelligence, la facilité avec laquelle ils se prêtent aux désirs de leur maître en font des animaux précieux dont les Indiens et les Européens établis dans l'Inde font usage dans beaucoup d'occasions. Les peuples africains de notre époque ne se servent point des éléphants comme le faisaient les Carthaginois et les anciens Égyptiens. Les nègres, les Cafres et les Hottentots ne chassent ces gigantesques animaux que pour se nourrir de leur chair, et surtout pour recueillir leurs défenses destinées au commerce de l'ivoire.

On admet maintenant trois espèces parmi les éléphants vivants qui nous sont connus.

§ 1. L'*É. des Indes* ou *É. d'Asie* (*E. indicus*, Cuv.) se distingue par une tête oblongue, un front concave, relevé et bombé des deux côtés ; des oreilles plus petites que dans l'espèce africaine ; quatre sabots seulement aux pieds de derrière, qui néanmoins ont 5 doigts comme ceux de devant ; enfin des dents molaires dont la couronne présente des rubans transverses, ondoyants et festonnés sur leur contour et qui se composent à l'âge adulte de vingt et quelques lames. Le squelette compte 19 côtes ; 5 vertèbres sacrées et 34 caudales. La taille ordinaire est de 2ᵐ,20 à 2ᵐ,50 pour les femelles et de 2ᵐ,60 à 3 mètres pour les mâles (hauteur mesurée aux épaules). La femelle a des défenses très-courtes ; certains mâles leur ressemblent à cet égard et, dans les Indes, on les nomme *mooknu*, tandis qu'on nomme *daunielah* ceux qui ont de longues défenses. Les éléphants de cette espèce se trouvent dans l'Inde continentale, principalement dans le royaume de Siam, dans l'empire des Birmans, au Bengale et dans l'Indoustan. Il est probable que ceux de Sumatra et de Bornéo forment une autre espèce, mais ceux de Ceylan paraissent identiques à ceux de l'Inde. Cette espèce est celle qu'Aristote a connue et observée. C'est aujourd'hui la seule qui soit employée à l'état domestique, mais non pas exactement à la manière des animaux qui partagent nos travaux. Les éléphants que l'on emploie aux Indes ont été pris individuellement à l'état sauvage. On a prétendu fort à tort que ces animaux refusaient de se propager sous les yeux de l'homme et qu'une sorte de pudeur leur faisait redouter tout regard indiscret. C'est une erreur grossière. John Corse qui, de 1792 à 1797, dirigea, pour la Compagnie anglaise des Indes, la chasse aux éléphants dans le Bengale, s'est assuré que l'éléphant se reproduit en captivité du moment où on lui en laisse la liberté ; il a observé la gestation de femelles domestiques, et a constaté qu'elles portent pendant près de 21 mois (618 à 620 jours) et ne donnent qu'un seul petit ; celui-ci a 0ᵐ,95 à 1 mètre de hauteur en naissant, il a les yeux ouverts et marche aussitôt ; sa croissance est lente et ne se termine guère qu'à 24 ou 25 ans. Buffon en a conclu que la vie des éléphants doit durer au moins 150 ans. « Les éléphants, dit Aristote, vivent, selon les uns, 200 ans, 120 ans selon les autres ; la force de l'âge est pour eux à 60 ans. » Moins précis dans un autre passage, il parle d'une longévité prétendue de 200 à 300 ans ; d'autres auteurs ont été moins réservés ; Philostrate, entre autres, prétend que l'éléphant Ajax, qui avait combattu

Fig. 904. — Éléphant des Indes, femelle.

dans l'armée de Porus, vivait encore 400 ans après. Il y a là une exagération à peu près incontestable. Dans nos ménageries, nous ne les conservons guère au delà d'une vingtaine d'années ; ceux qu'on nourrit dans l'Inde vivent beaucoup plus longtemps captifs, mais leur âge est rarement connu avec exactitude, de sorte que sur ce point on n'a aucun renseignement certain.

En captivité l'éléphant des Indes se montre assez doux, docile et même facile à intimider. On n'a jamais pu, malgré les efforts les plus persévérants, l'habituer à entendre la détonation d'une arme à feu sans prendre la fuite avec terreur, et à cause de cela les Indiens, dans les temps modernes, ont dû renoncer à employer dans les batailles ces gigantesques auxiliaires. Leur possession est néanmoins très-recherchée encore comme un des signes les plus apparents de puissance et de richesse ; on installe sur leur dos une sorte de tourelle en forme de tente et les femmes y prennent place pour se promener sur cette puissante monture. Il faut, du reste, prendre l'habitude de son pas dur et saccadé pour ne pas le trouver fort désagréable ; la meilleure place est sur la base du cou. On a trop répandu dans le monde l'opinion que l'éléphant est un animal affectueux, dévoué, capable de générosité, de fidélité, de rancune et de reconnaissance. Pour quelques faits qui peuvent faire supposer des sentiments de ce genre, on en citerait mille autres qui en démontrent l'absence habituelle. Il est bien vrai que l'éléphant s'accoutume à obéir à son cornac ou conducteur (nommé dans l'Inde *mahoud*), qu'il parvient à deviner ce que lui dit celui-ci et à exécuter avec adresse ses ordres habituels ; mais il n'aime jamais assez ce conducteur pour ne pas épier toutes les occasions de retourner dans les bois même après de longues années de domesticité. En marche l'éléphant doit toujours avoir son *mahoud* sur le cou pour le maintenir et le gouverner, ce que celui-ci fait avec une verge garnie à son extrémité d'un fer pointu et d'un crochet, au moyen duquel il le pique sur la tête et lui tire une des oreilles de diverses manières. L'amour maternel ne saurait même attacher assez les éléphants pour les empêcher de fuir. Du reste, une fois de retour dans les bois, ils ne savent pas reconnaître les pièges employés une première fois à les prendre et y retombent aussi facilement ; quelquefois, il a suffi de la voix impérieuse de leur cornac entendue à travers le bois pour les intimider et les faire revenir auprès de lui, même après deux ou trois mois de liberté. L'éléphant est sujet à quelques accès de colère sous l'empire d'un mauvais traitement ou d'une souffrance aiguë, et sa force le rend alors terrible ; mais il redevient promptement calme et inoffensif, comme il l'est d'habitude. On lui apprend à s'agenouiller sur un geste de son cornac, à se charger lui-même avec sa trompe des objets qu'il doit porter sur son dos, enfin il aide lui-même son conducteur à monter sur son cou, en pliant un de ses pieds de devant pour lui servir comme d'échelon. Il est d'ailleurs capable de remplir un service régulier de transports ou de travaux plus ou moins analogues et de comprendre d'une façon étonnante la voix accompagnée de certains gestes. On s'est assuré au Muséum de Paris que cet animal prend plaisir à entendre la musique, mais, comme on l'a vu plus haut, le bruit, la flamme l'épouvantent.

Les Indiens voient dans l'éléphant un animal sacré, dans lequel a passé l'âme de quelque grand prince trépassé; les plus vénérés sont les éléphants blancs, variété de l'espèce ordinaire, mais que leur rareté fait regarder comme renfermant l'âme d'un grand roi. « Le roi de Siam, dit Dumont d'Urville en 1830 (*Voyage pittoresque autour du monde*), était alors possesseur de six éléphants blancs, nombre inouï dans les annales de la contrée et regardé comme d'un favorable augure pour la prospérité de son règne. Nous en vîmes quatre, les deux autres étant de trop capricieuse nature pour être visités sans péril. Ces animaux avaient la robe vraiment blanche, sauf quelques places couleur de chair dans les endroits où le poil était tombé. Nul indice ne témoignait que cette blancheur fût une maladie; leur taille variait de 6 à 9 pieds (2 à 3 mètres). Leur généalogie, soigneusement constatée, les faisait originaires du royaume de Laos. Chacun de ces éléphants a une étable séparée, avec dix gardiens pour son service. Les défenses des mâles sont garnies de clochettes d'or, une chaîne à mailles d'or leur couvre aussi le sommet de la tête, et un petit coussin de velours brodé est fixé sur leur dos. »

Parmi les éléphants ordinaires, on vante surtout ceux de Ceylan et de la Cochinchine. Ils servent aux Indes à transporter du bois, des fardeaux très-pesants, de l'artillerie en temps de guerre. Quelquefois on les attelle à des voitures au moyen d'une corde passée autour du cou et à laquelle s'attache de chaque côté une autre corde formant trait. Un éléphant, dont Buffon évalue approximativement le poids à 4 000 kilogrammes, peut porter de 1 500 à 2 000 kilogrammes; avec sa trompe il enlève sans peine un poids de 150 kilogrammes pour le placer sur son dos. Il peut faire de 80 à 100 kilom. (20 à 25 lieues) par jour et jusqu'à 140 à 160 kilom. lorsqu'on le presse. On estime que cet animal fait le service d'environ six chevaux; mais sa structure et sa masse rendent sa force difficile à utiliser, et on porte à 7 ou 8 francs par jour la dépense de sa nourriture. Le prix d'un éléphant apprivoisé varie sur les marchés de l'Inde de 1000 à 5 000 francs, selon la taille, la beauté, le bon état de la queue, des oreilles et des ongles.

On distingue aux Indes une variété dont les mâles ont de grandes défenses et que l'on nomme *dauntelah* (de *daund*, dent) et une autre variété nommée *mookna*, dont les mâles n'ont que de très-petites défenses, comme les femelles.

La chasse aux éléphants se fait en Asie de différentes manières suivant les contrées, mais tous les procédés se rapportent à deux méthodes générales déjà décrites dans les auteurs grecs et latins. Tantôt on entreprend cette chasse avec plusieurs centaines d'hommes et quelques éléphants privés. On forme avec les traqueurs un vaste cercle qui circonscrit la troupe et la pousse en l'effrayant par des cris, du bruit et des flambeaux vers une enceinte de pieux (nommée *kedilah*) qui va en se rétrécissant peu à peu jusqu'à ne plus admettre qu'un éléphant de front sans qu'il puisse se retourner pour en sortir. Cette sorte de couloir est fort long, puisqu'on en peut prendre souvent une centaine et plus en une même chasse. A son issue, l'on place un ou deux éléphants privés qui successivement prennent avec eux et maintiennent chaque éléphant sauvage. La seconde méthode consiste à s'emparer isolément de l'éléphant, soit avec un nœud coulant adroitement passé à un de ses pieds, soit en l'attirant au moyen d'une femelle apprivoisée. En tout cas, de quelque manière que l'éléphant ait été pris, l'éducation ne dure pas très-longtemps; familiarisés après quelques jours, les nouveaux captifs sont dressés au bout de six mois.

§ 2. On a pensé, dans ces derniers temps, que les éléphants de Sumatra, qui ont vingt vertèbres dorsales au lieu de dix-neuf et quatre vertèbres sacrées au lieu de cinq, formaient une espèce à part, et Temminck a donné à cette espèce le nom d'*Elephas Sumatranus*. Leurs dents présentent des rubans analogues à ceux de l'éléphant des Indes, mais un peu moins étroits.

§ 3. L'É. d'Afrique (*E. Africanus*, Cuv.) se distingue par sa tête ronde, son front convexe, ses grandes oreilles couvrant une partie de l'épaule, ses dents molaires composées de lamelles moins nombreuses et présentant sur leur couronne, au lieu de rubans transverses, des figures en forme de losanges. Ses défenses sont généralement beaucoup plus grandes dans les deux sexes qu'on ne le voit chez l'espèce indienne; aussi l'éléphant d'Afrique est-il spécialement chassé pour le commerce de l'ivoire. Souvent on ne lui trouve que trois sabots aux pieds de derrière. Son squelette possède 21 côtes, 4 vertèbres sacrées et 26 caudales. Sa peau est d'un ton foncé noirâtre. Sa taille paraît varier selon les contrées. Les anciens s'accordent tous à représenter les éléphants de Libye (Afrique barbaresque) comme moins forts et moins gros que ceux de l'Inde; les modernes, en observant les éléphants d'Abyssinie, du Sénégal, du Congo, ont confirmé cette observation; mais ceux de l'Afrique australe se sont montrés, au contraire, de plus grande taille, comme en témoignent plusieurs voyageurs et en particulier Delegorgue. L'éléphant d'Afrique, selon lui, l'emporte sur l'asiatique par ses formes plus dégagées, par ses 12 pieds (4 mètres) de hauteur, par ses redoutables défenses et par son pas plus large. Il importe d'ajouter qu'ayant tué plus d'une cinquantaine de ces animaux au pays des Cafres, Delegorgue en avait souvent mesuré les dimensions.

Depuis plus de quinze siècles l'éléphant d'Afrique a cessé d'être réduit en captivité par aucun peuple; il a même disparu de l'Afrique septentrionale. Dans les autres parties de ce vaste continent, il n'est chassé que pour l'ivoire de ses défenses; beaucoup de souverains nègres se réservent le monopole du commerce de cette riche matière. On a prétendu, sans aucune raison, que cette espèce était indomptable; il est cependant bien établi que les Carthaginois et les Romains ont asservi ceux des côtes barbaresques, comme les Indiens asservissent les leurs, et, d'un autre côté, dans nos ménageries, les éléphants d'Afrique qu'on a possédés se sont toujours montrés plus doux et moins irritables que ceux de l'Asie. Le voyageur Levaillant (*Voyage dans l'intérieur de l'Afrique*) a chassé l'éléphant dans l'Afrique australe et a donné quelques détails intéressants sur cette espèce; mais c'est dans la relation d'Ad. Delegorgue qu'on trouvera les plus curieuses observations sur le caractère et les mœurs de l'éléphant d'Afrique qu'il a chassé (1838-1844) dans le pays de Natal. Ne pouvant étendre davantage un article déjà si long, nous renvoyons le lecteur curieux aux récits profondément originaux du chasseur. Il a rencontré quelquefois l'éléphant isolé, mais le plus souvent par troupes de trois, sept, quinze, trente, cinquante, quatre-vingts, voire même de plusieurs centaines; il décrit ainsi la fuite désordonnée d'une troupe qui a essuyé le feu du chasseur : « La masse s'ébranle au son de la trompe et présente un large front où chacun se presse et marche comme si la foule le poussait. Les défenses se heurtent et résonnent, riche bruit d'ivoire qui tente, armes terribles qui effrayent. La poussière se soulève en nuages impénétrables à l'œil; les taillis sont piétinés comme de l'herbe menue; tout est couché : l'escadron unit tout... Un arbre sain et solide, à toutes branches, de 60 pieds (20 mètres) de haut, de 9 pieds (3 mètres) de circonférence, brisé aussi nettement qu'une canne sur le genou d'un homme, voilà ce que j'ai vu! C'était l'ouvrage d'un ou de trois éléphants; que l'on juge maintenant de leur force collective. Rien au monde ne saurait donner une idée du tableau de destruction qui s'offre après la retraite hâtée d'une troupe d'éléphants..... Dix ans, vingt ans ensuite, la nature n'a pas encore réparé tout le dégât; des troncs renversés tous dans le même sens attestent encore le trajet du bataillon monstre, et les jeunes arbres devenus grands portent la trace de la courbure qui leur fit de la tête toucher la terre. » Eh bien ! une pareille masse rebrousse chemin ou se détourne si à soixante pas devant elle se présente un seul homme agitant avec des cris un bouclier retentissant ou tirant un coup de fusil. On peut traquer ainsi ces animaux sans difficulté, les pousser de tel ou tel côté, les diviser peu à peu; ces mouvements rapides et répétés échauffent autant les chasseurs que leur monstrueux gibier; mais les éléphants ont pour se rafraîchir une curieuse ressource. « Au besoin, dit Delegorgue comme témoin oculaire, lorsque la chaleur les accable, ils se pressent les uns contre les autres pour recueillir l'eau que l'un d'eux fait sortir d'une poche de son estomac et qu'il lance en l'air avec sa trompe. » Un autre fait vu par Delegorgue, c'est la protection donnée par les mères à leur petit, lorsque la troupe fuit un danger. « Entre les quatre pieds de l'éléphante, sous elle-même, sous ce dôme maternel, courait le jeune, dont les pas incertains étaient guidés par sa mère. La trompe de celle-ci, passée sous son poitrail, s'unissait à celle de son petit et la dirigeait comme la main d'une femme conduisant son enfant. » Quant à l'agilité de l'éléphant, voici ce qu'en dit le même observatenr : « L'éléphant n'a non-seulement aucune peine à se relever de terre, mais encore le fait-il avec la plus grande facilité, quand il s'est vautré dans ces bourbiers si fréquents dans les forêts, où il laisse sa colossale empreinte ; et, sans aucun doute, si l'animal devait craindre une chute faute de pouvoir aisément se relever, on ne le verrait pas s'exposer à descendre des pentes d'une forte inclinaison, sablonneuses, de 80 pieds (25 mètres environ) de haut, glissant sur ses pieds qui, raides et immobiles, tracent un large sillon comme une voiture enrayée. »

Les défenses seules fournissent l'ivoire à l'industrie ; les unes sont droites, les autres plus ou moins courbées ; les plus longues qu'ait vues Delegorgue mesuraient 2^m,15 suivant la courbure et pesaient 60 kilogrammes chacune. Levaillant en a eu qui pesaient chacune jusqu'à 80 kilogrammes ; la longueur moyenne est de 1 mètre environ et le poids moyen de 9 kilogrammes. L'ivoire des femelles est plus dense et comme tel plus estimé que celui des mâles ; il ne jaunit pas si promptement ; mais le poids d'une défense de femelle n'excède jamais 15 kilogrammes, souvent il atteint à peine 7 ou 8 kilogrammes. Les Cafres se livrent à la chasse aux éléphants en véritables armées dont l'ensemble peut monter jusqu'à 15 000 et 20 000 réunis solennellement dans ce but. C'est alors une véritable battue exercée sur toute une forêt que l'on cerne entièrement ; le cercle se resserre peu à peu, et enfin on en vient à une mêlée. « Les animaux, dit Delegorgue, surpris par tant d'ennemis, se débandaient, et quelque grand mâle s'écartant, les guerriers l'entouraient et le perçaient de mille coups. Furieuse, la bête se retournait, chargeait, renversait, brisait et lançait en l'air hommes, boucliers, javelots. A l'un succédait l'autre, tous des plus braves ; dix, vingt, cent hommes quelquefois étaient ainsi traités. » Le Boschjesman procède à moins de frais ; rampant comme un serpent et muni d'armes empoisonnées, il arrive inaperçu jusque sur les talons du colosse, se dresse alors et plante son arme envenimée au ventre, à l'aine ou simplement à la jambe, puis il s'esquive, et quelques heures, après sa victime a succombé au poison. Les colons hollandais chassent l'éléphant au fusil ou à l'aide de chausses-trapes, de pièges de divers genres. Un dernier fait est signalé par Delegorgue, qui l'avait constaté trois fois par lui-même. Si, dans la fuite d'une troupe, un élé-

phanteau tout jeune est abandonné par sa mère, on voit le pauvre animal tourner, s'agiter avec inquiétude pour la chercher. Un des chasseurs parvient-il à lui couper la retraite, il n'a qu'à s'approcher, au risque d'être culbuté d'un coup de tête, et si, après s'être passé la main sur le front inondé de sueur, il en frotte le bout de la trompe de l'éléphanteau, celui-ci, calmé aussitôt et trompé sans doute par l'odeur, suit obstinément le chasseur comme il aurait suivi sa mère, et on est assuré dès lors de sa possession. La chair du jeune éléphant ressemble à celle du veau ; toutes les parties sont bonnes, mais les pieds offrent surtout un mets exquis. La chair des éléphants adultes est très-grossière, très-coriace et peu mangeable pour un Européen ; les morceaux de trompe donnent un excellent bouillon. Quant à la peau de l'éléphant d'Afrique, c'est un cuir ridé, inégal, spongieux et peu solide qui n'est guère d'aucun usage.

Éléphants fossiles (Géologie). — On trouve en Europe et dans le nord de l'Asie un grand nombre de débris d'éléphants fossiles qui appartiennent à une ou à plusieurs espèces perdues. Pendant longtemps ces ossements ont été attribués à des hommes, à des géants des temps héroïques, et l'on a ainsi trouvé des os d'éléphants suspendus dans les églises comme des reliques de ce genre ; ces fables n'ont cédé que peu à peu à une connaissance plus exacte des faits. G. Cuvier (*Ossements fossiles*) a fait une longue et minutieuse étude des débris de ce genre. Il a reconnu qu'on trouvait abondamment des ossements d'éléphants fossiles dans toutes les parties de l'Italie, en Grèce, sur presque tous les points de la France, dans toute la vallée du Rhin, par toute l'Allemagne, dans les îles Britanniques, en Scandinavie, et la Russie européenne et asiatique en est véritablement couverte. L'abondance inexplicable des dents d'éléphants fossiles dans la Sibérie a même accrédité chez le vulgaire la fable du *mammout* ou *mammouth*, animal souterrain, ne pouvant impunément voir le jour et dont ces dents seraient les cornes. Elles y sont d'ailleurs activement recherchées et sont l'objet d'un commerce important (voyez Ivoire). Cette fable est corroborée par la découverte dans ces pays glacés d'os d'éléphants conservant encore quelques lambeaux de chair et même d'un de ces animaux entier, chair, cuir et poil, échoué dans une montagne de glace, en 1799, sur les bords de la mer

Glaciale, près de l'embouchure de la Léna ; après cinq années, la glace fondue peu à peu laissa voir un éléphant couvert de crins noirs longs de 0^m,40 à 0^m,45 et d'une laine rougeâtre extrêmement abondante. Cette étonnante découverte s'est renouvelée vers 1848. On conserve au musée de Saint-Pétersbourg le squelette de 1799, qui porte encore desséchées une partie des chairs de la tête, mais qui a perdu les doigts des pieds ; nous en don-

nons ici une figure où l'on pourra admirer l'énorme proportion et l'élégante courbure des défenses. Les parties de l'Afrique et de l'Asie tropicale qu'on a pu explorer ont également fourni des ossements fossiles de ce genre, enfin on en a trouvé aussi en Amérique. Ces ossements si nombreux se rapportent surtout à une espèce détruite aujourd'hui, plus voisine de l'éléphant des Indes que de l'espèce africaine, et que Cuvier a nommée, d'après Blumenbach, *Mammouth* ou *Elephas primigenius*. Cette espèce, vêtue d'une laine épaisse, pouvait sans doute habiter les régions froides. On a, d'après l'étude des ossements fossiles, admis encore sept ou neuf espèces encore fort contestées aujourd'hui. Les débris fossiles d'éléphants se rencontrent dans les couches des terrains de l'époque pliocène, qui a immédiatement précédé l'époque géologique actuelle ; les plus anciens se trouvent en Europe et aux Indes dans les couches de l'époque miocène.

P. G. et Ad. F.

ÉLÉPHANTIASIS (Médecine), du grec *elephas, elephantos*, éléphant, parce que, dans la maladie de ce nom, la peau offre quelque ressemblance avec la peau de l'éléphant. — Les médecins grecs ont d'abord donné ce nom à une espèce de lèpre, caractérisée par des tubercules durs, proéminents, par la chute des poils, la diminution, souvent l'abolition de la sensibilité dans les parties de la peau affectées ; celle-ci devient rude, épaisse, rugueuse comme celle de l'éléphant. Plus tard, les médecins arabes ont aussi désigné sous ce nom une maladie remarquable par un gonflement de la peau, dû à l'inflammation des vaisseaux et des ganglions lymphatiques et du tissu cellulaire sous-cutané, accompagné de douleur, rougeur, tuméfaction permanente devenant de plus en plus considérable. De là, deux maladies distinctes décrites par les modernes : l'*É. des Grecs* et l'*É. des Arabes*.

§ 1. *Éléphantiasis des Grecs*. — Cette affection, que quelques auteurs regardent comme le *tsardth* des Hébreux, nommée aussi *lèpre tuberculeuse, léontiasis, satyriasis, mal rouge de Cayenne*, paraît être originaire de l'Égypte. Lucrèce, dans le tableau qu'il a tracé avec tant d'énergie des ravages de cette cruelle maladie, dit qu'elle n'existe nulle part ailleurs que dans le centre de l'Égypte, auprès du Nil (*propter flumina Nili..... neque præterea usquam*), et il entend bien parler de l'éléphantiasis, qu'il nomme *elephas morbus*, et non pas d'une autre espèce de lèpre que l'on savait parfaitement exister chez les Hébreux de temps immémorial, comme on le verra à l'article Lèpre. Arétée de Cappadoce, qui fut peut-être contemporain de Lucrèce, lui donne le nom d'*éléphantiasis*, et deux cents ans après, Lactance parle des *leprosi* des *elephantioci*. Cette maladie a été aussi appelée *leontiasis*, parce que, dans certains cas, la peau du front, épaissie et ridée, les lèvres déformées, les oreilles et les narines développées outre mesure, donnent à la physionomie un aspect léonin. Le nom de *satyriasis* vient probablement de la ressemblance que l'on a cru trouver avec la figure des satyres de la Fable, ou peut-être encore avec l'espèce de singe nommée en grec *Satyros*. On trouve en effet dans Aristote la désignation d'une maladie dans laquelle le faciès paraît prendre la ressemblance d'un autre animal et d'un satyre (*satyrian*) (voyez *De generat.*, lib. IV, ch. III). Enfin, cinq cents ans plus tard, Galien la désigne sous le nom de *satyriasmos*. Nous avons des doutes sur l'existence de cette espèce de lèpre chez les Hébreux ; mais il est certain qu'elle se répandit dans les pays occidentaux avec les autres variétés de cette maladie et qu'elle exerça des ravages au moyen âge et jusqu'à la suppression des léproseries ou maladreries. Elle envahit aussi l'Écosse, la Norwége, jusqu'au pays d'Astracan, et dans le Nord on lui donna le nom de *lèpre arctique*. Il paraît bien aussi que la maladie décrite en Norwége par MM. Danielssen et Bœck est véritablement l'éléphantiasis des Grecs. Du reste, il règne une grande confusion dans l'histoire de la lèpre et de l'éléphantiasis, cette confusion que nous avons déjà signalée à propos des Hébreux, se retrouve au moyen âge dans nos pays de l'Occident ; toutefois, il paraît hors de doute que la maladie éléphantiaque était rare dans les nombreuses léproseries qui existaient en France à cette époque. Aujourd'hui, on en trouve quelques cas dans les pays tropicaux, aux Antilles, à Cayenne, où elle porte le nom de *mal rouge de Cayenne* ; mais en France, on ne l'observe guère que chez des malades qui l'ont apportée des pays où elle est répandue ; elle paraît donc concentrée principalement dans sa patrie primitive.

L'*É. des Grecs* est caractérisé par l'apparition de taches rouge cramoisi ou fauve, accompagnées de l'insensibilité de la partie des téguments sur laquelle elles se développent, quelquefois, mais rarement, la sensibilité y est exaltée ; par des tubercules proéminents, irréguliers, d'une grosseur variable depuis celle d'un petit pois jusqu'à une noix et même un œuf de poule, couleur fauve ou pourpre, faciles à malaxer ; plus tard, par des ulcérations, des destructions de parties plus ou moins considérables. Cette maladie se présente sous plusieurs aspects différents qui n'avaient pas été bien étudiés jusqu'à ces derniers temps, où Biet proposa d'en distinguer deux variétés : cette division généralement adoptée et principalement par MM. Cazenave et Schedel, constitue l'*É. des Grecs tuberculeux* et l'*É. des Grecs non tuberculeux*. La première est à peu de chose près celle que nous avons présentée plus haut et dont la plus haute et dernière expression est la destruction des muscles, la nécrose des os, la gangrène partielle des membres, la séparation des doigts, des orteils, etc. Dans la seconde variété, il y a absence préalable de tubercules, partielle ou générale ; ce dernier cas a été observé surtout par MM. Danielssen et Bœck dans la *spedalskhed* ou éléphantiasis de Norwége, et par M. le docteur Faivre au Brésil, où la maladie porte le nom de *morphée*. Cette variété, du reste, est beaucoup plus rare que l'autre. La durée de l'éléphantiasis des Grecs est à peu près indéterminée.

La maladie qui nous occupe se développe le plus souvent sous l'influence des températures extrêmes ; mais elle paraît surtout déterminée par la négligence des soins de propreté, la mauvaise nourriture, les habitations malsaines : voilà pourquoi elle a toujours reculé devant les progrès de la civilisation. Elle paraît héréditaire dans certaines familles, mais non contagieuse ; elle est endémique en Égypte et dans quelques autres contrées. Le traitement opposé à cette terrible maladie a été le plus souvent inefficace ; on a préconisé tour à tour l'ellébore noir, le mercure, l'arsenic, enfin, dans ces derniers temps, l'iode, puis les bains, d'abord ceux que l'on conseille généralement dans les maladies de la peau, ceux de l'eau du Jourdain, puis les bains mercuriaux ; dans l'antiquité, on avait même recommandé les bains de sang, et surtout ceux de sang humain. Un régime très-sévère, les émollients, les mucilagineux, l'opium, seront aussi employés de temps en temps pour calmer l'irritation momentanée produite par une médication énergique.

§ 2. *Éléphantiasis des Arabes*. — Connue aussi sous les noms de *maladie glandulaire des Barbades, jambe des Barbades, éléphantiasis tubéreux, dal-fil* (maladie de l'éléphant) des peuples orientaux, cette maladie avait à peine été signalée au xe siècle par le médecin arabe Razès qui avait cherché à la séparer de l'éléphantiasis des Grecs. Après cette époque, confondue pendant longtemps soit avec la lèpre, soit avec l'éléphantiasis des Grecs, ce n'est que dans le siècle dernier qu'elle a été bien étudiée aux Barbades par Hillary et Hendy, qui lui donnèrent le nom de *maladie glandulaire des Barbades*, et plus tard par Alard dans un travail plein de recherches savantes publié d'abord en 1806, puis une seconde fois en 1824. Enfin, le docteur Louis Valentin a enrichi la science et éclairé l'histoire de cette cruelle maladie par un certain nombre d'observations faites surtout en Provence, à Vitroles, aux Martigues, près de Marseille, à Nice, etc. (voyez *Dictionnaire des sciences médicales*, article Éléphantiasis). Cette maladie, qui a été, comme on le voit, observée en France, où on en trouve même aujourd'hui quelques exemples, est encore endémique dans quelques vallées du Piémont (vallée d'Aost) ; mais elle sévit particulièrement en Égypte, sur la côte de Malabar, à Ceylan, au Japon, aux Barbades, à Bourbon, etc. Elle est caractérisée par une tuméfaction plus ou moins considérable de la peau et du tissu cellulaire, causée par l'inflammation des lymphatiques cutanés. La maladie peut se développer sur toutes les parties du corps, mais c'est aux membres, et surtout aux membres inférieurs, qu'on l'observe plus particulièrement, le plus souvent d'un seul côté. Elle débute ordinairement d'une manière insidieuse par des symptômes légers et peu graves ; c'est ou un érysipèle fugace, des frissons, des envies de vomir ; ce dernier symptôme a une importance réelle pour certains observateurs ; une espèce de corde noueuse, tendue, douloureuse, rouge, le long des membres ; puis ces petits accidents s'apaisent pour revenir au bout de quelques mois plus forts, plus longs, et chaque accès laissant le membre empâté ; enfin, au bout de quelques années, ils se rapprochent et le gonflement devient permanent, peut affecter les formes les plus bizarres et acquérir un développement énorme qui quelquefois se complique de crevasses, de gerçures. La sensibilité est plus obtuse, mais rarement elle est abolie dans les parties affectées. Cette maladie attaque les deux sexes ; elle n'est pas contagieuse et ne paraît pas héréditaire, et pourtant L. Valentin cite des faits qui doivent au moins inspirer des doutes. Indépendamment de la malpropreté, de l'habitation dans les lieux bas, humides et chauds, de la mauvaise nourriture, etc., le froid subit et intense peut jouer un certain rôle comme cause. Alard avait émis l'opinion que cette maladie était due à l'inflammation des vaisseaux et des ganglions lymphatiques cutanés (*Histoire d'une maladie particulière au système lymphatique*, in-8. Paris, 1806). Cette opinion, adoptée par M. Rayer, admise aussi par M. Cazenave, est mise en doute par M. le prof. Grisole. « Elle n'a encore en sa faveur, dit-il, aucune preuve anatomique certaine. L'éléphantiasis consiste pour nous en une perversion de la nutrition dont la cause est encore inconnue. » Le pronostic est toujours fâcheux ; bien que cette maladie entraîne rarement la mort et qu'elle n'altère pas, en général, d'une manière grave les fonctions de la nutrition, elle n'en constitue pas moins une infirmité incommode et de longue durée, presque toujours rebutante et dont la guérison est excessivement rare.

Le traitement antiphlogistique a eu de bons résultats, au début de la maladie surtout, entre les mains de Hendy ; il préfère les saignées locales aux saignées générales ; on aura recours aux applications émollientes, narcotiques. Le même médecin a calmé les envies de vomir avec l'oxyde de zinc sublimé à la dose de 0,8°30 à 0°,40 par jour. Les premiers accidents inflammatoires une fois calmés, on appliquera un bandage compressif ; cette pratique est très-souvent efficace ; on y joindra quelques topiques légèrement répercussifs, tel que l'acétate de plomb ; ces moyens seront aidés par le repos, au lit si la maladie siège aux jambes. Si la maladie est ancienne, il reste bien peu de chances de succès, et l'amputation même, pratiquée quelquefois sur les instantes prières des malades qui voulaient être débarrassés à tout prix du poids incommode qui les fatiguait, l'amputation, disons-nous, n'a procuré qu'un soulagement momentané, la maladie reparaissant bientôt sur d'autres parties du corps.   F—N.

ELEUSINE (Botanique), Gærtn., de *Eleusis*, ville d'Attique, où Cérès était adorée : allusion aux propriétés alimentaires de la plante. — Genre de plantes *Monocotylédones périspermées*, de la famille des *Graminées*, tribu des *Chloridées*. Caractères : épis digités, fasciculés ; épillets sessiles à 2 ou un plus grand nombre de fleurs ; glumes et glumelles sans arête : graine libre à la maturité et ridée en travers. Les plantes de ce genre sont des herbes annuelles à feuilles planes. Elles habitent les régions tropicales. L'*E. coracan* (*E. coracana*, Gærtn.) s'élève souvent à plus d'un mètre. Elle est très-répandue par la culture dans l'Inde et le Japon. Sa fécondité est extraordinaire. On a vu cette espèce produire 500 pour un. Son fourrage et son grain rendent de grands services, ainsi que ceux de l'*E. stricta*, Gærtn., et l'*E. tocusso*, Fresen, qu'on cultive en Afrique. (L'*E. d'Egypte*. — *Dactyloctenium ægyptiacum*, Willd. ; *Cynosurus ægyptius*, Lin.) fait partie du genre *Dactyloctène*. C'est une plante dont la tige, la racine et les graines sont très-préconisées dans la médecine africaine.

ELEUTHÉRATES (Zoologie). — Ordre de la classe des *Insectes*, établi par Fabricius dans son *Système entomologique*, qu'il caractérise par : mâchoire nue, libre, portant des palpes, ce qui peut s'appliquer à tous les insectes mâcheurs. Cet ordre correspond à celui des *Coléoptères*, adopté par tous les entomologistes.

ÉLEVAGE (Zootechnie, Agriculture), du mot *élever*. — On nomme ainsi les diverses pratiques suivies pour élever nos divers animaux domestiques, quadrupèdes, oiseaux, insectes, etc. Il est impossible de traiter dans un même article une matière aussi variée. Le lecteur voudra bien chercher au nom de chaque espèce et au mot RACES les indications concernant l'élevage.

ELÉVATEURS (MUSCLES) (Anatomie). — Muscles destinés à élever une partie quelconque du corps. Ce nom a été plus particulièrement donné à quelques muscles de la face : 1° *E. de l'œil* ; c'est le *droit supérieur de l'œil* (voyez DROIT). 2° *E. de la paupière supérieure (orbito-palpébral*, Chauss.), situé à la partie supérieure de l'orbite, s'étend de la gaîne méningienne du nerf optique au bord supérieur du cartilage tarse de la paupière supérieure. 3° *E. commun de la lèvre supérieure et de l'aile du nez* (*grand sus-maxillo-labial*, Chauss.) ; sur les côtés du nez, il va de l'apophyse montante de l'os maxillaire aux cartilages de l'aile du nez et à la peau de la lèvre supérieure. 4° *E. propre de la lèvre supérieure* (*Moyen sus-maxillo-labial*, Chauss.) ; dans l'épaisseur de la joue, il s'étend de la partie inférieure de la base de l'orbite à la peau de la lèvre supérieure. Le nom et la situation de ces muscles indiquent leurs fonctions.

ELÉVATION (Géométrie). — Projection verticale d'une machine ou d'un bâtiment sur un plan vertical qui ne coupe pas l'objet que l'on veut représenter.

ELÉVATOIRE (Chirurgie). — Instrument destiné à relever les os. On se sert particulièrement de l'élévatoire pour faire cesser la compression que les os du crâne brisés et enfoncés déterminent sur les méninges et sur le cerveau. On l'emploie aussi pour soulever et extraire le disque osseux détaché par la couronne du trépan dans l'opération de ce nom. L'élévatoire de J. L. Petit, modifié par Louis, est le plus généralement employé.

ELEVURE (Médecine). — Nom vulgaire par lequel on désigne quelquefois les différents exanthèmes de la peau, pustules, papules, vésicules, tubercules miliaires. Ce mot, n'offrant aucun sens rigoureux, doit être retranché des descriptions nosologiques.

ELIMINATION (Algèbre). — Nous indiquons à l'article ÉQUATIONS comment on s'y prend pour résoudre un certain nombre d'équations du premier degré contenant un égal nombre d'inconnues. Pour cela, on *élimine* successivement toutes les inconnues, moins une, ce qui conduit à une équation ne contenant plus que cette seule inconnue. Il n'existe alors qu'un seul système de valeurs satisfaisant aux équations. Si les équations sont d'un degré supérieur au premier, il y a généralement plusieurs systèmes propres à satisfaire aux équations proposées ; le but de l'élimination est de trouver tous ces systèmes. La marche à suivre consiste encore à déduire des équations données une équation qui ne renferme plus qu'une inconnue, et qu'on appelle l'*équation finale*. On démontre que le degré de cette équation finale est au plus égal au produit des degrés des équations proposées. Si l'on a deux équations du second degré, l'équation finale est généralement du quatrième degré, ce qui indique l'existence de quatre solutions.

En voici un exemple. Soient les deux équations

$$24\,x^2 + 20\,xy + 5\,y^2 - 84 = 0 \quad (1)$$
$$32\,x^2 - 15\,y^2 + 28 = 0 \quad (2)$$

On remarque d'abord qu'à l'une de ces équations on peut toujours substituer une de leurs combinaisons ; par exemple, on éliminera x^2, ce qui donne $80xy + 65y^2 - 420 = 0$; d'où

$$x = \frac{84 - 13\,y^2}{16\,y} \quad (3)$$

Cette valeur étant portée dans l'équation (2), il vient pour équation finale en y,

$$y^4 - 40\,y^2 + 144 = 0 \quad (4)$$

Cette dernière fait connaître quatre valeurs de y qui, mises successivement dans (3), fourniront les quatre valeurs correspondantes de x. Ici l'équation (4) se résout facilement, car elle est bicarrée et a pour racines

$$y = 2 \quad -2 \quad +6 \quad -6 ;$$

il en résulte pour x les valeurs

$$x = 1 \quad -1 \quad -4 \quad +4$$

Ces quatre systèmes de valeurs satisfont seuls aux équations proposées.

On opérera de la même manière toutes les fois que l'on saura résoudre l'une des équations par rapport à une inconnue, car il sera facile alors d'éliminer cette inconnue. Lorsque cette résolution n'est pas possible, on emploie un procédé connu sous le nom de *méthode du plus grand commun diviseur*. En voici le principe : Si, pour une valeur donnée à x, deux équations acquièrent un commun diviseur en y, cette valeur de x appartient à l'un des systèmes de solutions communes aux deux équations (voyez les *Traités d'algèbre*, et l'article ÉQUATIONS NUMÉRIQUES [*Résolution des*]).   E. R.

ELIXIR (Matière médicale). — Ce mot vient-il, comme le pensent quelques-uns, du verbe grec *alexein*, aoriste moyen *élexamén*, conjurer un mal, ou du latin *eligere*, choisir ? **On** appelle ainsi certaines teintures alcooliques ou éthérées, plus ou moins composées et chargées de principes végétaux et même minéraux, qui jouissent de propriétés très-différentes. Ensuite, par un abus de mots, on a donné le même nom à des préparations qui ne contiennent ni alcool ni éther. Voici quelques-uns des élixirs qu'on emploie le plus souvent :

1° *E. antiasthmatique, de Boërhaave* ; c'est un alcoolat d'anis, de camphre, d'iris, de racine d'asaret, de *calamus aromaticus*, de réglisse, d'aunée. Son nom indique son usage (25 à 30 gouttes dans du thé).

2° *E. antigoulteux, de Villette*; préparé avec quinquina, fleurs de coquelicot, sassafras, digérés pendant quinze jours dans le rhum; on ajoute de la résine de gaïac et du sirop de salsepareille. Une ou deux cuille-rées par jour.

3° *E. américains* ou *de Courcelles*; racines d'aunée, de canne à sucre, d'aristoloche, de canne de Provence, fleurs de millepertuis et de sureau, feuilles d'avocatier, de croton balsamiferum, baies de genévrier, feuilles et fleurs d'oranger, fleurs de tilleul, feuilles de romarin, racine d'asaret, opium, le tout digéré dans de l'alcool. Administré contre la chlorose, l'anémie; vanté aussi comme antilaiteux; mais ici il doit être employé avec réserve (*voyez* Anti-laiteux).

4° *E. anti-odontalgique*; avec le bois de gaïac, la racine de pyrèthre, muscade, girofle, macérés dans l'alcool pendant six jours; on passe, et on ajoute des huiles de romarin et de bergamotte. Une cuillerée à café dans un verre d'eau pour se rincer la bouche.

5° *E. de Garus*; c'est une teinture alcoolique de myrrhe, d'aloès, de cannelle, de muscade, à laquelle on ajoute un sirop, et que l'on colore avec du caramel. Il sert quelquefois de liqueur de table.

6° *E. de longue vie*; il est composé d'aloès succotrin, de racine de gentiane, de rhubarbe, de zédoaire, d'agaric blanc, de safran, de thériaque et de sucre pulvérisé qu'on fait digérer dans l'alcool pendant plusieurs jours; employé comme stomachique et légèrement purgatif.

7° *E. viscéral d'Hoffmann*; c'est une infusion d'absinthe, de chardon bénit, de petite centaurée, de gentiane, d'écorce d'orange dans du vin de Hongrie ou de Malaga. Il est amer et stomachique, à la dose de 4 à 8 grammes.

Les bornes qui nous sont imposées nous obligent à citer seulement les suivants : *E. antipestilentiel*, de Spina ; *E. antiscrofuleux*, de Peyrilhe ; *E. antiseptique*, d'Huxham ; *E. antiseptique*, de Chaussier ; *E. fétide* ; *E. stomachique*, de Stoughton ; *E. de propriété*, de Paracelse ; *E. vitriolique*, de Mynsicht, etc.　　　　　　F—N.

ELLONGATION (Astronomie). — C'est la distance angulaire d'une planète au soleil, vue de la terre. Pour les planètes inférieures, il y a une élongation maxima tandis que pour la lune et les autres planètes l'élongation peut atteindre 180°. La plus grande élongation de Vénus varie de 45° à 48°; celle de Mercure de 18° à 28°, à cause de la grande ellipticité de son orbite. Mercure n'étant jamais distant du soleil de plus de 28°, on comprend pourquoi il est si rarement visible à l'œil nu, et se perd d'ordinaire dans les rayons du soleil.

ELLÉBORE ou Hellébore (Botanique) , *Helleborus*, Lin.; du grec *éléin*, faire périr, et *bora*, aliment meurtrier. — Genre de plantes *Dicotylédones dialypétales hypogynes*, de la famille des *Renonculacées*, type de la tribu des *Helléborées*. Les ellébores, dont on cultive environ une dizaine d'espèces, sont des herbes vivaces. La plus remarquable est l'*E. à fleurs roses* ou *E. noir* (*H. niger*, Lin.), appelé aussi *Rose de Noël*, parce qu'il fleurit vers la fin de décembre. Ses feuilles sont toutes radicales, longuement pétiolées, coriaces, à 8-9 segments. Ses fleurs, ordinairement solitaires à l'extrémité d'une hampe qui n'atteint guère plus de 0ᵐ,30, sont larges et très-ouvertes. Elles produisent d'autant plus d'effet qu'elles s'épanouissent à une époque où les floraisons sont très-rares. On trouve aux environs de Paris, l'*E. fétide* (*H. fœtidus*, Lin.) ou *Pied de griffon*, ainsi nommé à cause de la forme de ses feuilles, et qui fleurit dans les lieux pierreux aux premiers jours du printemps; sa tige est glabre, simple inférieurement, rameuse dans la partie supérieure, ses feuilles pétiolées, d'un vert sombre, sont partagées en huit ou dix digitations allongées, aiguës, lancéolées, d'un vert blanchâtre. Ses fleurs verdâtres, un peu bordées de rouge, sont pédonculées, penchées et disposées plusieurs ensemble en une sorte de panicule. Elle croît naturellement en France, en Allemagne, en Angleterre. L'*E. à fleurs vertes* (*H. viridis*, Lin.), fleurit au printemps dans les lieux ombragés. Sa hampe a 2-5 fleurs, et des bractées découpées, palmées. Toute la plante exhale une odeur repoussante, et ses propriétés vénéneuses sont parfois fatales aux bestiaux. Le suc de cet ellébore est très-corrosif et brûle la peau. Caractères du genre : calice à 5 sépales ; 8-10 pétales tubulés ou en cornet, plus courts que le calice ; 30 à 60 étamines; 3-10 ovaires; 3 à 5 capsules ovales-oblongues contenant plusieurs graines arrondies.

L'ellébore a été renommé chez les anciens pour ses propriétés curatives, et particulièrement dans les maladies nerveuses. Sous ce nom, d'ailleurs, les médecins grecs et romains employaient diverses plantes,

mais surtout l'*E. d'Orient*, qui croissait sur les montagnes de Delphes, sur l'Olympe, l'Athos et en Asie Mineure. Cette espèce fournit un purgatif violent. Dans nos contrées, l'*E. noir*, dont les racines nous viennent de l'Auvergne et de la Suisse, a remplacé l'espèce d'Orient comme purgatif et diurétique très-actif, d'une saveur âcre et brûlante à l'état frais ; avec le temps, toutes ces propriétés disparaissent complétement. On substitue fort bien à l'*E. noir*, l'*E. fétide* ou *Pied de griffon*. On administrait ces racines en poudre, en infusion, en teinture, contre les paralysies, les hydropisies atoniques, la chorée, les affections mentales : on ne les emploie presque plus aujourd'hui, et l'on doit peut-être le regretter.

Suivant les fictions poétiques des Grecs, Mélampe, devin et surtout célèbre médecin, guérit les filles du roi Prœtus devenues folles, en leur faisant boire du lait de chèvres qui avaient mangé de l'ellébore, ou plutôt en leur administrant lui-même cette plante. Cette histoire, racontée avec des circonstances un peu différentes par Dioscoride, Hérodote, Pausanias, Pline et une foule d'autres auteurs, témoigne de la grande réputation dont jouissait dans l'antiquité ce médicament. Mais quelle était l'espèce dont se servaient les anciens ? C'est une question qui a été beaucoup agitée; il paraît en somme qu'ils distinguaient deux espèces bien différentes : 1° l'*E. blanc* qui est le *veratrum album* de Lin. de la famille des *Mélanthacées* (*voyez* Vératre); 2° et celui qu'ils appelaient *E. noir*, et qui, d'après les travaux de Tournefort, est l'*E. oriental* (*E. orientalis niger amplissimo folio*, Tourn.). En visitant les contrées où croissait l'*E. noir* des anciens, c'est-à-dire Anticyre, la Béotie, l'Eubée, le mont Hélicon, etc., l'illustre botaniste n'y a trouvé que cette espèce, d'où il conclut que c'est l'*E.* des anciens. L'usage de ce médicament était précédé et accompagné d'une série de procédés et de pratiques qui faisaient de son emploi une des parties les plus essentielles de la thérapeutique des anciens. (Voir l'exposé de ces différentes pratiques à l'article Elléborisme du grand *Dictionnaire des sciences médicales*.) On y lit : « Sans rien décider sur l'importance et la sagesse des opérations qui précédaient l'administration de ce remède, on ne peut s'empêcher de faire remarquer qu'ils étaient trop bons observateurs, et que nos théories sont trop incertaines, pour qu'il soit permis de condamner sans examen, dans leur conduite, les choses même qui nous semblent inutiles ou ridicules. » Les anciens employaient l'ellébore particulièrement contre toutes les maladies connues aujourd'hui sous le nom de névroses des fonctions cérébrales, telles que l'épilepsie, l'hypochondrie, et surtout les différentes formes de la manie ; aussi sa réputation est-elle devenue proverbiale depuis l'antiquité. Horace conseille de donner aux avares une très-grande quantité d'ellébore ((*multo maxima pars ellebori*); ailleurs il dit d'un homme qui avait le cerveau malade, qu'il faut l'envoyer à Anticyre (*naviget Anticyras*). Enfin notre immortel fabuliste fait dire par le lièvre à la tortue qu'il traite de folle :

> Ma commère, il vous faut purger
> Avec quatre grains d'ellébore.

L'action purgative était, en effet, celle qui se manifestait tout d'abord ; mais les anciens ne s'arrêtaient pas à cette seule idée. Pour eux il y avait dans ce moyen thérapeutique une action générale sur l'ensemble de l'organisme, les secousses violentes, les effets variés qui accompagnaient ou suivaient son usage, autorisaient cette idée. Du reste on le proscrivait dans les circonstances où il y avait trop d'excitation ou trop d'affaiblissement. Hippocrate défendait de l'administrer à ceux qui crachent du sang, à ceux qui sont débiles et lymphatiques, à ceux qui ont la vue faible, etc., ou à ceux qui ont une forte santé.

ELLÉBORE BLANC (Botanique). — Nom vulgaire d'une espèce de *Vératre*, le *Varaire*.　　G — s et F — N.

ELLÉBORÉES ou Helléborées (Botanique). — Tribu de plantes de la famille des *Renonculacées*. Caractérisée par : sépales pétaloïdes, à préfloraison imbriquée ; pétales nuls ou irréguliers ; follicules ou capsules à plusieurs loges contenant de nombreuses graines. Genres principaux : *Ellébore* (*Helleborus*, Adans.) ; *Trolle* (*Trollius*, Lin.) ; *Nigelle* (*Nigella*, Tourn.) ; *Ancolie* (*Aquilegia*, Tourn.) ; *Pied d'alouette* ou *Dauphinelle* (*Delphinium*, Tourn.) ; *Aconit* (*Aconitum*, Tourn.) ; *Populage* (*Caltha*, Lin.).

ELLÉBORINE ou Helléborine (Botanique), à cause de

l'analogie des feuilles avec celles du *Vérâtre*, *Varaire* ou *Ellébore blanc*. — Nom vulgaire d'un genre de plantes *Monocotylédones apérispermées* de la famille des *Orchidées*, tribu des *Ophrydées*, nommé *Serapias* par Linné, et dont plusieurs espèces font partie aujourd'hui du genre *Epipactis* de L. C. Richard (voyez **Epipactide**). L'*E. en cœur* (S. *cordigera*, Lin.) est une plante tuberculeuse, à feuilles oblongues, lancéolées. Fleurs en épi au nombre de 4-5 grandes, labelle du périanthe d'un rouge lie de vin. Prés humides de l'ouest et du midi de la France.

ELLIPSE (Géométrie). — L'ellipse est une courbe plane, telle que la somme des distances de chacun de ses points à deux points fixes est constante ; ces deux points fixes s'appellent *foyers*. Si l'on y attache les extrémités d'un fil, puis si l'on tend le fil à l'aide d'un crayon que l'on fait mouvoir en maintenant toujours la tension ; la somme des distances MF et MF' (*fig.* 906) restera égale à la longueur du fil, par conséquent le crayon M décrira une ellipse. C'est ainsi que les jardiniers tracent cette courbe à laquelle on donne quelquefois le nom d'*ovale des jardiniers*.

Au lieu de décrire l'ellipse d'un mouvement continu, on peut la construire par points. Pour cela, à partir du milieu O de FF', on portera de chaque côté deux distances OA, OA', égales à la moitié de la ligne donnée ou de la longueur du fil ; A et A' seront les *sommets* de la courbe. Marquons un point quelconque C entre F et F', et de F comme centre avec CA pour rayon, puis de F' avec CA' pour rayon, décrivons des arcs de cercle,

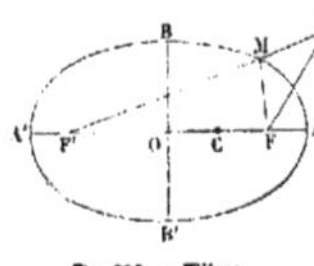

Fig. 906. — Ellipse.

ils se couperont en un point M de l'ellipse. Ces arcs se coupent aussi en dessous de AA', ce qui donne un second point symétrique du *premier*. Enfin, on peut échanger les rayons CA, CA', ce qui donnera un point à gauche de BB'. La courbe est donc symétrique par rapport aux axes AA', BB'. AA' est le *grand axe*, BB' le *petit axe*, O le *centre*.

Le point B étant également éloigné de F et F', sa distance aux foyers est la moitié de AA', ou le demi-grand axe. Représentant OA par *a*, OB par *b*, OF par *c*, nous aurons $a^2 = b^2 + c^2$. De là un moyen de trouver les foyers d'une ellipse lorsqu'on connaît ses axes.

Si, *a* restant le même, *c* augmente, il faut que *b* diminue ; l'ellipse sera donc d'autant plus allongée que les *foyers* seront plus voisins des sommets. Au contraire, en rapprochant les foyers du centre, l'ellipse devient de moins en moins allongée. Enfin pour $c = 0$, $a = b$, et l'on a un *cercle* : le cercle peut donc être considéré comme une ellipse où les deux foyers sont réunis au centre.

Les droites FM, F'M sont les *rayons vecteurs* du point M. Pour tout point de l'ellipse, la somme des rayons vecteurs est égale au grand axe 2*a*. Pour un point extérieur, cette somme est plus grande que 2*a* ; pour un point intérieur, elle est moindre.

On conclut de là les propriétés de la *tangente* à l'ellipse. La tangente en un point M d'une ellipse (fig. 907) divise en deux parties égales l'angle FMH formé par l'un des rayons vecteurs et le prolongement de l'autre. On peut prouver, en effet, que cette bissectrice n'a que le point M commun avec l'ellipse. Abaissons du foyer sur cette droite une perpendiculaire FI, et prolongeons-la jusqu'à la rencontre de F'M, nous aurons

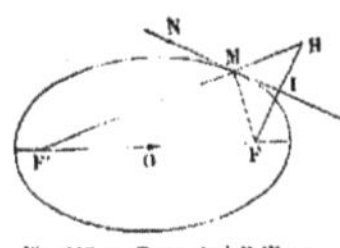

Fig. 907. — Tangente à l'ellipse.

MF = MH, et aussi, pour tout point N de la bissectrice, NF = NH. Or NF' + NH > MF' + MH ; donc NF' + NF > MF' + MF, ou > 2*a* ; ce qui prouve que le point N est extérieur.

De ce théorème se déduit aisément celui-ci : La normale divise en deux parties égales l'angle des rayons vecteurs. Et encore celui-ci : Le lieu des pieds des perpendiculaires abaissées du foyer d'une ellipse sur la tangente est un cercle de même centre et de rayon *a*.

Si par un point M donné sur l'ellipse on veut lui mener une tangente, on mènera les deux rayons vecteurs, on prolongera l'un d'eux d'une longueur MH égale à

l'autre, et, joignant FH, on abaissera de M sur cette droite une perpendiculaire qui sera la tangente demandée, puisqu'elle divisera en deux parties égales l'angle FMH.

Pour mener la tangente par un point N donné hors de la courbe, il faut préalablement trouver le point de contact M. Or, si de N comme centre avec NF comme rayon, on décrit un arc de cercle, il ira passer par H. De plus, ce point H est à une distance 2*a* de F'. On décrira donc de F', comme centre avec le grand axe pour rayon, un arc de cercle qui coupera le précédent en H. Ce point déterminé, il suffit de le joindre à F' pour avoir le point de contact. Si l'ellipse n'était pas tracée, on joindrait HF, et du point N on abaisserait une perpendiculaire sur cette droite. Les deux arcs de cercle qui déterminent H se couperont en deux points ; il en résulte deux solutions, c'est-à-dire deux tangentes, ainsi qu'on pouvait le prévoir.

Ces diverses propriétés de l'ellipse peuvent s'établir par la *géométrie analytique* ; mais il faut d'abord avoir son *équation*. Cherchons donc le lieu géométrique des points dont la somme des distances à deux points fixes est constante. Prenons pour axe des *x*, la droite qui joint les deux points fixes F et F' (*fig.* 908), pour axe des *y* la perpendiculaire élevée sur le milieu de FF'. Appelons 2*c* la distance FF', qui est nécessairement moindre que 2*a*.

M étant un point du lieu cherché, *x* et *y* ses coordonnées, on a :

$$F'M + FM = 2a$$

$$\overline{F'M}^2 = y^2 + (c+x)^2, \qquad \overline{FM}^2 = y^2 + (c-x)^2.$$

Retranchant membre à membre, il vient

$$\overline{F'M}^2 - \overline{FM}^2 = 4\,cx,$$

et divisant par la première égalité

$$F'M - FM = \frac{2\,cx}{a}.$$

Nous connaissons actuellement la somme et la différence des deux rayons vecteurs, donc

$$F'M = a + \frac{cx}{a}, \qquad FM = a - \frac{cx}{a}.$$

Portant cette valeur de F'M dans la première relation, il vient, réductions faites,

$$a^2 y^2 + (a^2 - c^2)\,x^2 = a^2(a^2 - c^2).$$

$a^2 - c^2$ est une quantité positive que l'on peut désigner par b^2, et alors on a :

$$a^2 y^2 + b^2 x^2 = a^2 b^2. \quad (1)$$

C'est l'équation de l'ellipse dont *a* et *b* sont les deux demi-axes.

On voit que l'ellipse est une ligne courbe du second degré. C'est aussi une des trois *sections coniques* ; on l'obtient en coupant un cône à base circulaire par un plan qui rencontre toutes les génératrices du cône. Une ellipse peut également être considérée comme la *projection d'un cercle*. Chacune de ces diverses manières d'obtenir l'ellipse peut servir à la discuter et à en reconnaître les propriétés.

L'ellipse est symétrique par rapport à ses axes, mais elle possède aussi une infinité de systèmes de *diamètres conjugués* obliques, tels que si on les prend pour axes des coordonnées, son équation conserve la forme

$$a'^2 y^2 + b'^2 x^2 = a'^2 b'^2.$$

Chacun de ces diamètres divise en deux parties égales les cordes parallèles à l'autre. Les diamètres conjugués jouissent d'un grand nombre de propriétés ; nous nous bornerons à citer les suivantes qui sont dues à Apollonius : *La somme des carrés de deux diamètres conjugués quelconques est égale à la somme des carrés des axes ; le parallélogramme formé sur deux diamètres conjugués est équivalent au rectangle des axes.*

On appelle *cordes supplémentaires* des cordes HN, H'N, (*fig.* 910) qui, partant des extrémités d'un diamètre HH', se rencontrent en un point N de l'ellipse. Menons par le centre un diamètre CC' parallèle à HN. Son conjugué DD' devra diviser HN en deux parties égales ; passant par le milieu de HN et le milieu de HH', il est parallèle à H'N. On conclut de là que deux cordes supplémentaires sont toujours parallèles à un système de diamètres conjugués. De là un moyen très-simple de trouver le conjugué d'un diamètre donné, de construire un système de diamètres conjugués faisant entre eux un angle donné, et aussi de mener une tangente par un point pris sur l'ellipse; car la tangente peut être considérée comme la limite des cordes qui lui sont parallèles. Elle est donc parallèle au conjugué du diamètre qui passe par le point de contact.

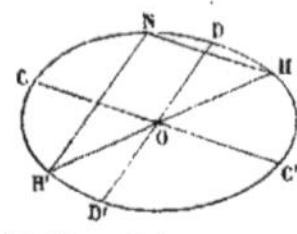

Fig. 908. — Cordes supplémentaires de l'ellipse.

Voici d'autres théorèmes importants dont nous ne pouvons donner ici que l'énoncé : *deux tangentes à une ellipse se coupent sur le diamètre qui divise en deux parties égales la corde menée par les points de contact.*

Si plusieurs angles circonscrits à une même ellipse ont leurs sommets sur une même droite, leurs cordes de contact se couperont en un même point sur le conjugué du diamètre parallèle à cette droite. Ce point est appelé le *pôle* de la droite qui est dite elle-même la *polaire* du point. Ces propositions ont lieu pour le cercle qui n'est qu'un cas particulier de l'ellipse.

L'ellipse est une des courbes dont les applications sont les plus fréquentes. Elle joue surtout un grand rôle en astronomie, les orbites des planètes étant, comme on sait, des ellipses dont le soleil occupe un des foyers. Il convient alors de rapporter la courbe à des *coordonnées polaires*,

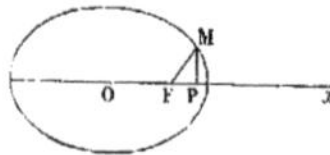

Fig. 909. — Ellipse rapportée à des coordonnées polaires.

c'est-à-dire de déterminer un point par sa *distance* r au foyer, et par l'*angle* θ que ce rayon vecteur fait avec le grand axe Fx. Or, quand l'ellipse est rapportée à son centre et à ses axes, on a vu que le rayon vecteur $FM = a - \dfrac{ex}{a}$, c étant la distance focale égale à $\sqrt{a^2 - b^2}$. Mais alors

$$FM = r \quad \text{et} \quad OP = x = c + r \cos \theta.$$

Substituant, on trouvera, réduction faite,

$$r = \frac{a^2 - c^2}{a + c \cos \theta}.$$

Remplaçons $a^2 - c^2$ par b^2, posons le demi-paramètre $\dfrac{b^2}{a} = p$, et l'excentricité $\dfrac{c}{a} = e$, nous aurons

$$r = \frac{p}{1 + e \cos \theta}.$$

C'est l'équation polaire de l'ellipse; elle montre que p est l'ordonnée du foyer. L'excentricité $e = \dfrac{\sqrt{a^2 - b^2}}{a} = \sqrt{1 - \dfrac{p}{a}}$ est une quantité essentiellement positive et plus petite que l'unité. Elle tend vers l'unité, si a croît indéfiniment, c'est-à-dire si l'ellipse dégénère en une *parabole* (voyez SECTIONS CONIQUES). E. R.

ELLIPSOIDE. — Voyez SURFACES.

ELMIS (Zoologie), Latr. — Sous-genre d'*Insectes*, de l'ordre des *Coléoptères*, section des *Pentamères*, famille des *Clavicornes*, tribu des *Macrodactyles*, faisant partie du grand genre *Dryops*, d'Olivier, dont les caractères sont : antennes filiformes de 11 articles ; pattes et tarses longs; élytres semblant soudées, mais cachant des ailes. Ces insectes se fixent fortement sous les pierres, dans les courants d'eau vive, ou sous les feuilles de nénuphar ; l'espèce la plus connue est l'*E. canaliculé* des environs de Paris. Nous citerons aussi l'*E. de Maugé* (*E. Maugetti*, Latr.), plus petit, noirâtre en dessus, cendré en dessous; des environs de Fontainebleau.

ELODITES (Zoologie), du grec *elôdès*, de marais. — Duméril et Bibron ont établi sous ce nom une famille de *Tortues*, qui répond au genre des *Tortues d'eau douce*, de Cuvier, *Emydes* de Al. Brongniart.

ELOPE (Zoologie), *Elops*, Lin., du grec *ellops*, nom d'un poisson inconnu. — Genre de *Poissons*, de l'ordre des *Malacoptérygiens abdominaux*, famille des *Clupes*. Ils ont la forme générale et la disposition des nageoires que l'on trouve chez les harengs, avec une épine plate au bord supérieur et au bord inférieur de la nageoire caudale ; la bouche peu fendue et une trentaine de rayons à la membrane des ouies. Leur couleur est d'un beau gris argenté. On n'en connaît que deux espèces qui habitent les deux hémisphères. Quoique pleine d'arêtes, leur chair est recherchée et donne un très-bon bouillon. L'*E. lézard* (*E. saurus*, Lin.) a la tête longue et dépourvue d'écailles ; le corps nuancé de bleu et d'argent, avec des teintes rouges sur les nageoires, la tête souvent comme dorée. Il est des mers de la Caroline.

ELYME (Botanique), *Elymus*, Lin.; *elumos* était le nom que les Grecs donnaient à une espèce de panic. — Genre de plantes *Monocotylédones périspermées* de la famille des *Graminées*, tribu des *Hordéacées*. Caractères : épillets à 2-7 fleurs; glumes herbacées inégales; glumelle inférieure concave, souvent terminée par une arête; glumelle supérieure bicarinée; caryopse sillonné sur sa face interne. Parmi les espèces de ce genre dont plusieurs ont été réparties entre les genres voisins, la plus importante est l'*E. des sables*, nommée vulgaire-

Fig. 910. — Élyme des sables, ou gourbet.

ment *Gourbet* (*E. arenarius*, Lin.). C'est une plante qui peut s'élever jusqu'à 1ᵐ,50. Ses feuilles sont piquantes. Sa tige, traçante et stolonifère, ses racines rampantes très-nombreuses et très-longues sont précieuses pour la fixation des sables mouvants. Elle est commune sur les côtes maritimes de l'Europe.

ELYTRES (Zoologie), *Elytrum*, du grec *elytron*, enveloppe, étui ; on les désigne quelquefois sous ce dernier nom. — Ce sont des enveloppes qui recouvrent les ailes des insectes plus particulièrement compris dans l'ordre des *Coléoptères*. On sait que beaucoup d'insectes, tels

que les hannetons, les cantharides, ont, au lieu des deux
ailes supérieures ou antérieures, deux espèces d'écailles
plus ou moins épaisses, plus ou moins solides, opaques,
qui s'ouvrent et se ferment, et sous lesquelles les ailes se
replient transversalement dans le repos ; ce sont les *élytres*. Il y a d'autres insectes dans lesquels l'extrémité
de ces écailles est membraneuse, comme les ailes; on
les nomme alors *demi-étuis* ou *hémélytres*. Ces organes
ne servent pas seulement à recouvrir et à protéger les
ailes, ils ont encore pour but de garantir le corps de l'insecte qui, ordinairement, est mou à sa partie supérieure.
Les élytres présentent de très-grandes différences dans
leurs formes, leur contexture, leurs proportions, leur
consistance, leurs surfaces, dans leurs bords et leurs
extrémités ; différences qui ont fourni aux entomologistes
un grand nombre de bons caractères propres à classer
et à faire distinguer les insectes de cet ordre.

EMACIATION (Physiologie). — Nom par lequel on désigne un état général de grande *maigreur*, surtout
lorsqu'il est survenu à la suite d'un *amaigrissement*
progressif et plus ou moins lent. Il est aussi employé
quelquefois pour indiquer la maigreur partielle d'un
membre que l'on désigne encore plus particulièrement
sous le nom d'*atrophie*.

EMARGINÉ (Botanique). — Cette épithète, employée
quelquefois en zoologie et plus particulièrement en botanique, s'applique aux organes qui présentent une échancrure peu profonde et arrondie ; ainsi les feuilles du buis,
les pétales du géranium sanguin, etc., sont émarginés.

EMARGINULE (Zoologie), *Emarginula*, Lamk. —
Genre de *Mollusques* de la classe des *Gastéropodes*, ordre
des *Scutibranches*; démembré des Patelles (de Lin.) ; corps
ovale, conique; pied ovalaire, épais, dont le pourtour est
garni d'une rangée de filets; tête grosse, allongée, garnie de
deux grands tentacules coniques; à la base externe de ces
tentacules sont les yeux portés sur un pédicule court. La
coquille conique, à sommet bien distinct et incliné en arrière, recouvre la partie médiane de l'animal; elle est blanche et diaphane, ornée de stries et de côtes, fendue à son
bord antérieur pour laisser communiquer au dehors la cavité branchiale qui est située au-dessus et en arrière de la
tête. Ces mollusques, généralement de petite taille ($0^m,011$
à $0^m,006$), vivent dans les endroits peu profonds, dans les fissures des rochers. On en connaît un assez grand nombre
d'espèces vivantes, que l'on rencontre à peu près dans
toutes les mers. L'*E. conique* (*E. conica*, Lamk.; *Pa-
tella fissura*, Lin.), est une petite coquille de $0^m,010$ à
$0^m,012$, que l'on trouve dans les mers du Nord et même
dans la Méditerranée. — Les terrains de l'époque tertiaire
renferment un assez grand nombre d'espèces fossiles de
ce genre; on en rencontre aussi dans les terrains secondaires depuis l'époque salifère.

EMAIL (Technologie). — On appelle *émail* une espèce
de verre plus ou moins fusible, blanc ou coloré par des
oxydes métalliques en suspension dans la masse vitreuse.

Dans l'industrie, on applique généralement ce nom à
toute matière vitreuse, rendue opaque par certains oxydes
métalliques, tels que l'acide stannique, l'acide arsénieux,
le phosphate de chaux, l'antimoniate de soude. On le
donne aussi, soit aux matières vitreuses, transparentes
ou opaques, applicables sur métaux, soit aux couleurs
dont on décore les porcelaines et même les faïences communes, soit aux matières vitreuses, opaques ou transparentes, qui servent de glaçures aux poteries, soit même
à toute pièce métallique recouverte d'émaux.

En général, l'émail est formé par un verre très-fusible,
afin que la température employée pour le fondre ne soit
pas assez élevée pour volatiliser le corps qui doit le rendre opaque. Le mélange des matières doit être aussi parfait que possible : un des caractères des émaux est l'homogénéité.

Le plus simple des émaux, et qui sert de base à la
préparation de tous les autres, s'obtient en chauffant à
l'air un mélange de 15 parties d'étain et de 100 parties
de plomb. La surface se recouvre d'une poudre de stannate d'oxyde de plomb qui est purifié par des lavages,
et qu'on appelle *calcine*. On mêle ensuite 200 parties de
cette calcine avec 100 parties de sable très-pur, et 80 parties de carbonate de potasse ; ou chauffe ce mélange de
manière à lui faire éprouver un commencement de fusion, et la *fritte* ainsi obtenue sert de base à tous les
émaux; c'est un silicate multiple de potasse, de plomb
et d'étain.

Dans les émaux colorés, la matière colorante est toujours en très-petite quantité par rapport à la masse vitreuse.

On colore l'émail en *bleu* avec de l'oxyde de cobalt;
en *vert*, soit avec de l'oxyde de chrome, soit avec du
bioxyde de cuivre pur ou mélangé d'un peu d'oxyde de
fer ; en *jaune*, avec un mélange de 1 partie d'oxyde d'antimoine, 1 à 3 de carbonate de plomb, 1 d'alun et 1 de
sel ammoniac; en *violet*, avec du peroxyde de manganèse; en *noir*, avec un mélange de peroxyde de manganèse et d'oxyde de fer ; en *rouge*, soit avec le pourpre de
Cassius, soit avec le chlorure d'or, soit avec de l'oxydule
de cuivre.

Emaillage. — C'est l'art de recouvrir les métaux de
couleurs ou de peintures rendues brillantes et inaltéra-
bles par la chaleur qui les fait adhérer fortement. On
appelle *métal émaillé* (fer, fonte, or, argent ou cuivre),
tout métal recouvert d'une couche de cristal, incolore ou
coloré. Tantôt le métal apparaît à travers la couche d'un
émail transparent, soit avec sa couleur propre, soit avec
des tons modifiés par la couleur de l'émail. Tantôt le
métal disparaît entièrement sous la couche d'un émail
opaque, blanc ou coloré.

On appelle *paillons*, des métaux recouverts d'un émail
opaque sur lequel on applique, par places, des ornements en métal brillant, or ou argent, recouverts à leur
tour de cristal transparent, incolore ou coloré.

On appelle *peinture sur émail sous-fondant* des peintures appliquées sur un fond blanc opaque, et dont on
rend le glacé complet en le recouvrant d'un cristal transparent, appelé *fondant*.

On appelle *peinture sur émail, sans fondant*, les métaux émaillés chargés de peintures obtenues par un mélange de matière colorante et de fondant.

Les fondants sont ordinairement composés de sable, de
minium, de carbonate de soude, dans des proportions
différentes. Ainsi, dans l'émaillage sur fer, on peut mettre
immédiatement en contact avec la tôle un fondant composé de 48 de sable, 30 de minium, 30 de carbonate de
soude, et 10 d'acide borique cristallisé. Les dosages
qui fournissent les nuances employées dans l'émaillage
sont variés. Ainsi, pour obtenir des bleus violacés, on
fait fondre ensemble du minium, du sable, du carbonate de potasse, de l'oxyde de cobalt, ou bien de l'oxyde
de cobalt avec du peroxyde de manganèse.

Les émaux, opaques ou transparents, sont broyés dans
un mortier d'agate, à l'état humide, en frappant sur le
pilon avec un maillet de bois pour briser et non pour
écraser. La poussière ne doit pas être trop fine. On lave
à l'eau pour la purifier. On décape la pièce à émailler en
la faisant bouillir avec du carbonate de potasse et en la
frottant avec des cendres chaudes, puis on lave, d'abord
avec de l'acide sulfurique étendu et ensuite avec de l'eau
pure. On l'essuie et on la dessèche promptement en la
plongeant dans de la sciure de bois.

Pour étendre l'émail broyé et imbibé d'eau, on se sert
d'une petite spatule; on le ressuie en y appliquant sur
un point une étoffe de toile peu serrée qui absorbe le liquide. On régularise la couche d'émail avec la partie
plane de la spatule, on laisse sécher à l'air libre, et on
porte la pièce dans le moufle pour la faire cuire; mais
ce premier travail ne suffit pas, parce que les grains du
verre laissent des vides qu'il faut remplir, des épaisseurs
qu'il faut polir. On applique de la même manière une
seconde couche d'émail qui régularise la surface. Une
pièce n'est bien travaillée que lorsqu'elle ne présente ni
fentes, ni bouillons; on fait sauter les grains, on polit les
rugosités, on crève les bouillons, on fouille les crevasses,
on rebouche les cavités avec de l'émail en poudre, que
l'on cuit de nouveau pour le souder avec les parties voisines.

Quant à la peinture, on porphyrise les émaux colorés,
aussi fin que possible, avec de l'huile de lavande, sur
une table en porphyre, avec une molette, on laisse sécher la pâte jusqu'à ce qu'elle ait la consistance convenable. Quand elle est appliquée, on fait sécher les pièces
à l'étuve, puis on les passe dans le moufle pour fixer les
couleurs et les vitrifier.

C'est au jugé que l'émailleur quitte le feu. Il faut à
l'ouvrier un coup d'œil exercé, surtout lorsque les émaux
ne glacent pas tous en même temps.   **L.**

EMBARRAS gastrique, — intestinal (Médecine). —
On entend par ce nom un amas plus ou moins considérable de matières saburrales qui s'accumulent dans
quelques points du canal digestif, soit l'estomac, soit
l'intestin; dans le premier cas, la maladie prend le nom
d'*embarras gastrique*; dans le second, celui d'*embarras
intestinal*.

L'*embarras gastrique* est caractérisé par un goût amer,

un enduit blanc ou jaunâtre de la langue, perte de l'appétit, nausées, quelquefois vomissements de matières jaunes, verdâtres, amères ; il y a le plus souvent sensibilité à l'épigastre, mouvement fébrile, céphalalgie, soif, quelquefois délire, et tout le cortége des maladies graves. Les excès de table, les affections morales tristes favorisent le développement de cette maladie, qui peut présenter les nuances les plus diverses depuis la plus légère jusqu'à la plus grave. En admettant, avec un certain nombre de médecins, comme un fait démontré, l'existence de ces saburres dans l'estomac, il resterait à déterminer si elles sont *cause* ou *effet ;* ces appréciations ont une grande importance au point de vue du traitement, qui devra toujours être dirigé dans le sens des symptômes ; de sorte que s'il y a douleur à l'épigastre, chaleur, fièvre, soif, on devra **avoir recours** plutôt aux antiphlogistiques, saignées, bains, cataplasmes, boissons adoucissantes, diète. Si, au contraire, il y a absence de ces signes, mais bouche pâteuse, langue molle, couverte d'un enduit plus ou moins épais, on se trouvera bien des évacuants ; c'est au médecin sage et éclairé de juger, d'après les différences que nous venons de signaler, dans quel cas l'un ou l'autre de ces modes de traitement devra être employé. Du reste, cette affection se confond souvent avec l'embarras intestinal dont nous allons dire deux mots.

Embarras intestinal. — Aux symptômes généraux de l'embarras gastrique viennent se joindre des coliques, des borborygmes, tension de l'abdomen, sensibilité vive à la pression, constipation ou diarrhée de matières jaunes, verdâtres, quelquefois sentiment de lassitude dans les membres, dans les lombes, etc. Nous répéterons ici ce que nous avons dit de l'embarras gastrique : ces symptômes, du reste, indiqués par Pinel, ne sont pas autres que ceux d'une irritation de la muqueuse intestinale, et c'est cette dernière considération qui doit guider le médecin dans le traitement de la maladie, pour lequel nous renverrons à ce qui a été dit plus haut. Voyez aussi GASTRITE, ENTÉRITE. F — N.

EMBARRURE (Chirurgie). — On appelle ainsi une disposition particulière des esquilles, dans les fractures des os plats surtout, telle, qu'elles restent enfoncées ou retenues par leurs extrémités sous l'os fracturé, comme cela s'observe dans certaines fractures des os du crâne. On doit procéder à leur extraction le plus tôt possible, avant que les accidents inflammatoires se soient développés ; cette opération nécessite quelquefois des incisions, des débridements et même l'application du trépan.

EMBARRURE (Vétérinaire). — On se sert souvent, pour séparer les chevaux à l'écurie, d'une traverse en bois, mobile et suspendue avec des cordes ; il arrive quelquefois qu'ils se blessent aux jambes contre ces barres ; on a donné à ces blessures le nom vulgaire d'*embarrure ;* elles n'offrent du reste rien de particulier, présentent les mêmes caractères et exigent le même traitement que celles qui sont connues sous le nom d'*enchevétrures* (voyez ce mot).

EMBERIZA (Zoologie). — Nom donné par Linné au genre d'*Oiseaux* nommé *Bruant.*

EMBÉRIZOIDES (Zoologie), *Emberizoïdes,* Temm. — Genre d'*Oiseaux* de l'ordre des *Passereaux,* voisin des Bruants et des Tangaras, établi par Temminck pour le *Chipiu oreillon blanc* de d'Azzara et le *Fringilla macroura* de Latham. Ce sont des oiseaux de l'Amérique méridionale, à bec court, comprimé, à bords sinueux et à arête recourbée. Leurs ailes sont courtes et arrondies : « ils paraissent être, dit Cuvier, des bruants à queue longue et étagée, et dont le bec se rapproche un peu de celui des moineaux. » L'*Oreillon blanc* (*E. melanotis,* Tem.) est un oiseau de 0ᵐ,13 à 0ᵐ,14 de longueur ; il vit au Paraguay, dans les plaines, au milieu des hautes herbes, où il court avec rapidité en cherchant les insectes et les graines dont il fait sa nourriture. Son nom est dû à une ligne blanche qui va de chaque narine à l'occiput et tranche vivement sur la couleur noire de sa tête. L'*E. longibaude* (*E. marginalis,* Temm, *Fringilla macroura,* Lath.), long de 0ᵐ,18, est brun tacheté de noir et de blanc.

EMBAUMEMENT (Médecine). — Le respect pour les morts est universel ; et si l'on consulte l'histoire des différents peuples, on reste convaincu que ce sentiment, dans son universalité, est primitif et naturel à l'homme.

A ce respect pour les morts se rattachent les embaumements.

Nous distinguerons dans cette étude deux sortes de procédés : les procédés anciens et les procédés modernes.

Procédés anciens. — Chez les Grecs, qui n'embaumaient pas les corps, on avait imaginé de les brûler, et alors on recueillait religieusement les cendres ; mais toujours, dans ce cas, on pratiquait un embaumement temporaire pour les préserver de la corruption pendant le temps qui précédait la cérémonie.

A Rome, si le défunt, pendant sa vie, avait rempli des emplois publics, avant de procéder à ses funérailles, on l'exposait pendant sept jours vêtu de sa robe et baigné de liqueurs odorantes.

Mais, de tous les peuples anciens, il n'en est aucun chez lequel la coutume d'embaumer ait été plus commune que chez les Égyptiens. Leurs momies attestent une certaine perfection des sciences et des arts, et, chose admirable, leurs corps s'offrent encore à nous intacts et comme endormis à côté de leurs villes et de leurs symboles anéantis.

Les Égyptiens, qui se proposaient une conservation indéfinie du corps, y mettaient un soin extrême.

Leur procédé consistait à vider toutes les cavités, soit en dissolvant les viscères dans une liqueur caustique, soit, après en avoir opéré l'extraction, à les dépouiller de leur graisse et de leurs parties muqueuses par l'action prolongée du natrum. On lavait ensuite les corps avec soin et on les faisait sécher à l'air chaud, dans le sable ou dans une étuve. Pendant cette dessiccation les uns étaient vernis au dehors et remplis à l'intérieur de substances odorantes propres à éloigner les insectes ; les autres étaient plongés dans un bitume chaud et liquide qui les pénétrait de toutes parts. Enfin, des bandes multipliées, enduites de gommes et de résines et appliquées avec art sur toutes les régions du corps, fermaient tout accès à l'air et à l'humidité.

Mais ce mode d'embaumement n'était pas le seul chez les Égyptiens, et les corps qu'ils nous offrent conservés sans aucune trace de mutilation, par l'influence seule des circonstances atmosphériques, nous permettent d'affirmer qu'ils ont pu pratiquer l'embaumement ou mieux la conservation des corps, bien des siècles avant le perfectionnement de leurs arts, et que les conditions hygrométriques et thermométriques de l'air et de la terre ont eu plus de part à la conservation de leurs momies que la recherche et l'efficacité de leurs procédés.

Les Guanches, chez lesquels l'embaumement était une coutume, employaient des procédés à peu près analogues à ceux des Égyptiens ; on a trouvé beaucoup de leurs momies dans les catacombes de Ténériffe, de l'île de Fer, etc.

Parmi le peuple que Dieu s'était choisi, nous rencontrons les mêmes usages, mais sanctifiés de plus par une législation divine. Nous lisons dans la Genèse qu'on employa quarante jours pour embaumer le corps de Jacob.

Notre-Seigneur ne devait séjourner que trois jours dans le tombeau ; et cependant, observateur scrupuleux des coutumes de Judée, il permit que son corps fût soumis à un embaumement temporaire.

Saint Marc dit, chap. XVI : « Le jour du sabbat étant passé, Marie-Madeleine, Marie, mère de Jacques, et Salomé achetèrent des parfums pour embaumer Jésus. »

Procédés modernes. — Dans les temps modernes, on a cherché à ramener dans nos mœurs la coutume des embaumements, mais au lieu d'hommes spéciaux, qui eussent eu tout intérêt à perfectionner leur art, ce furent les médecins qui les pratiquèrent.

Quel était le procédé employé dans ces occasions bien rares ? Le procédé égyptien mis à la portée de notre pays, c'est-à-dire une boucherie épouvantable, qui n'avait même pas l'avantage de conserver ; car, ainsi que je l'ai dit plus haut, la chaleur et la sécheresse étaient pour beaucoup dans la conservation des momies.

On a beaucoup vanté la méthode de Ruysch et de Swammerdam. Est-il quelqu'un qui puisse décrire le procédé de ces anatomistes, ou qui seulement puisse affirmer avoir vu de leurs préparations ?

Au commencement de ce siècle, le célèbre Chaussier indiqua le perchlorure de mercure comme un excellent agent conservateur ; on a aussi beaucoup parlé des bons résultats obtenus avec les sels d'arsenic.

Outre que ces composés ont l'inconvénient d'être des poisons violents, aux dangereuses atteintes desquels l'opérateur le plus prudent n'échappe pas toujours, il est inutile d'en discuter les propriétés *plus ou moins* conservatrices, attendu qu'une loi récente interdit l'emploi dans les embaumements de tout composé vénéneux.

Procédé Gannal. — Après neuf années d'expériences sur la conservation des cadavres, J. N. Gannal reconnut que les sels d'alumine jouissaient au plus haut degré de la propriété de transformer les matières animales putrescibles en composés nouveaux imputrescibles. Mais, au lieu de recourir, comme les anciens, à la macération dans les solutions salines, il imagina d'injecter dans les artères un liquide qui, passant dans les ramuscules les plus ténus de l'arbre artériel, irait modifier les conditions chimiques de tous les tissus. Ses expériences lui démontrèrent que les corps injectés avec ses solutions se conservaient parfaitement dans un lieu sec et aéré : dans ces conditions ils subissaient une dessiccation lente, et la peau prenait une teinte brune, sans que, pendant tout le temps nécessaire pour amener le corps à l'état complet de sécheresse, il y eût dégagement d'aucun gaz.

Ce premier résultat était d'une très-haute importance, en ce qu'il rendait les dissections possibles en tout temps en sauvegardant la santé des élèves en médecine.

Ce travail, qui date de 1832, valut à son auteur les plus grands encouragements de l'Académie des sciences et de l'Académie de médecine.

Un fait important avait échappé jusqu'à ce jour à tous les embaumeurs, c'est qu'il ne suffit pas de neutraliser la matière animale putrescible, mais qu'il faut empêcher que le corps ne se détruise par pourriture ou par une décomposition analogue à celle qui détruit le bois placé dans un lieu humide.

Gannal, à la suite de ses recherches, est arrivé à découvrir que, pour appliquer à l'embaumement des corps destinés à la sépulture le procédé de conservation qu'il avait proposé pour les amphithéâtres, il fallait empêcher le développement de la moisissure, développement qui ne se faisait que très-difficilement à l'air libre et qui, au contraire, était accéléré par l'humidité des lieux destinés aux inhumations. Il reconnut que les essences dont on baignait les corps injectés préalablement avec son liquide formaient avec le temps un vernis qui rendait impossible toute moisissure et qui ne permettait même pas à l'eau de venir modifier l'état de conservation des cadavres.

L'Académie des sciences et l'Académie de médecine honorèrent Gannal de nouveaux éloges et de nouvelles récompenses, et c'est à l'appui de ces deux corps savants qu'il dut de voir adopter sa méthode d'embaumement.

Gannal s'est vu contester la valeur de ses procédés et son mérite d'inventeur; on a été jusqu'à dire qu'il ne conservait que grâce à l'arsenic mélangé à son liquide. Une dernière commission, nommée par l'Académie des sciences en 1848, a définitivement prononcé sur la question en faisant justice de toutes ces allégations calomnieuses.

Autres procédés. — En 1835, le docteur Tranchina, de Naples, proposa de conserver les corps avec une dissolution d'acide arsénieux dans l'eau. Les cadavres injectés avec ce liquide se dessèchent, se racornissent et ne tardent pas à être détruits par les bissns.

En 1840, sir William Burnet se fit breveter en Angleterre pour l'emploi d'une solution de chlorure de zinc comme agent conservateur. Depuis 1845, M. le docteur Sucquet se sert en France de ce même liquide pour les embaumements. On doit, en outre, à ce médecin l'application nouvelle d'un procédé déjà ancien, l'injection avec l'hyposulfite de soude des cadavres destinés aux dissections. Par ce procédé, on peut sans danger disséquer les corps, qui se conservent un mois ou deux.

Il y a encore beaucoup d'autres procédés, mais leur emploi est sinon nul, du moins si peu étendu que leur description dépasse le but et le cadre de notre ouvrage.

Conservation des objets d'histoire naturelle.—L'art du naturaliste consiste à conserver non-seulement les animaux supérieurs, mais encore ceux des classes inférieures. Le mode de préparation désigné sous le nom d'*empaillement*, parce qu'autrefois on bourrait les peaux avec de la paille, est à peu près le même pour tous les vertébrés. On dépouille l'animal, on en badigeonne la peau avec du savon de Bécœur, et après avoir fait avec du fil de fer une carcasse solide, on bourre la peau avec de l'étoupe coupée menue. Il y a dans ce travail, qui pour être bien fait nécessite une longue pratique, une foule de détails qui varient pour chaque classe d'animaux et dans lesquels nous ne pouvons entrer ici. Disons seulement que, malgré les continuels insuccès que donne le savon arsenical de Bécœur, on continue à s'en servir au grand détriment de la santé des préparateurs et de la conservation des collections. Il suffit d'entrer dans les galeries du jardin du Muséum pour se convaincre d'une manière absolue que l'arsenic n'est pas un *préservatif*.

Les peaux des animaux que l'on veut conserver un temps plus ou moins long avant de les monter sont salées avec du chlorure de sodium et quelquefois avec de l'alun. J. N. Gannal a proposé d'injecter les animaux, avant de les dépouiller, avec une solution de sulfate simple d'alumine ; les résultats qu'il obtenait ainsi étaient très-remarquables, mais ils allaient contre la routine : ils ne sont pas adoptés.

Parmi les animaux inférieurs, les uns (mollusques, etc.) sont conservés dans des solutions aqueuses ou alcooliques d'acide arsénieux ou de deutochlorure de mercure (sublimé corrosif); d'autres sont piqués dans des boîtes le plus souvent sans aucune préparation préalable (insectes, arachnides, etc.). Je ne dirai rien des premiers, qui, au bout de peu de temps, prennent une couleur uniforme qui n'est pas favorable pour l'étude ; quant aux derniers, on peut juger par le mauvais état de ces collections qu'il reste encore beaucoup à faire. On a proposé l'emploi de la térébenthine, du goudron, du sulfure de carbone, de la benzine, etc. ; mais tous ces procédés, qui, dans les mains de leurs auteurs, donnaient des résultats incontestablement supérieurs à ceux obtenus jusqu'à ce jour, ont néanmoins été rejetés comme insuffisants.

D^r G.

EMBLAVER, Emblavure (Agriculture). — On désigne par ce mot une terre ensemencée de blé.

EMBOLIE (Médecine). — Nom tiré du grec *embolos*, coin, plantoir, qui entre dans quelque chose, donné par Virchow à une maladie caractérisée par la migration d'un caillot sanguin ou par sa formation dans un vaisseau artériel ou veineux et l'obturation qu'il détermine dans quelques parties de l'arbre circulatoire. Cette maladie est une conséquence de la formation des *concrétions sanguines polypiformes;* il en sera question au mot Thrombose.

EMBONPOINT (Physiologie). — Par ce mot on entend généralement tout ce qui, dans l'habitude extérieure du corps, présente l'apparence de la santé florissante, surtout dans la force de l'âge, lorsque les formes accusent la présence d'une certaine quantité de graisse, la souplesse, la fraîcheur de la peau, l'agilité, la vigueur des mouvements. Poussé plus loin, l'embonpoint dégénère en obésité, en polysarcie, et devient une gêne, un embarras, une vraie maladie. Mais l'état de santé tel que l'observation nous le montre, et non pas tel que le physiologiste le conçoit, ne se décèle pas toujours par l'embonpoint. Toutes les constitutions n'y sont pas disposées; les personnes brunes, nerveuses, chez lesquelles prédomine le système veineux, celles qui sont naturellement minces, fluettes, y sont très-peu sujettes; au contraire, on le rencontre dans les tempéraments sanguins, chez les gens au teint fleuri, aux cheveux blonds ou châtains, qui ont le tissu cellulaire lâche, souple, spongieux. L'enfant qui vit sans soucis, qui mange, dort et remue beaucoup est naturellement gras ; l'adolescent, chez lequel la nutrition est très-active, la sensibilité vive et mobile, engraisse peu. Ce n'est guère qu'au milieu de l'âge adulte, vers trente ou trente-cinq ans, que l'embonpoint se développe ; c'est véritablement l'âge de la force, de la santé, de la vigueur physique et morale. La nourriture contribue aussi, par un exercice journalier, à favoriser et à entretenir un embonpoint raisonnable, surtout lorsqu'il peut être modéré par un travail physique en rapport avec les forces générales.

EMBOUCHURE. — Voyez Tuyaux sonores.

EMBOUTISSAGE (Technologie). — Opération mécanique qui a généralement pour objet de donner une forme nouvelle à une masse, en déplaçant ses molécules, sans toutefois la morceler ou en compromettre la solidité. On appelle plus particulièrement emboutir donner à une plaque une forme bombée ; l'opération appelée *estampage* et qui consiste à imprimer des figures, des dessins, soit en creux, soit en relief, sur une surface métallique, est un cas particulier de l'emboutissage. Il sera dit quelque chose de l'estampage à l'article correspondant. Nous avons déjà parlé de l'emboutissage en tubes à l'article Banc a tirer, Banc a emboutir. Nous nous bornerons ici à donner les conditions générales de cette opération, conditions qui résultent de sa nature même. Il est évident que l'on ne peut songer à emboutir des matières friables, qui se briseraient sous l'action mécanique, ni celles qui possèdent un faible degré de cohésion moléculaire; si l'on a affaire à des substances de cette espèce, si, par exemple, on veut donner une certaine forme à une masse de terre, ou opérer quelque empreinte à sa surface, il convient d'agir par pression graduée, opération distincte de l'emboutissage et qui s'exécute à l'aide de presses (voyez Suppl.). On ne peut pas non plus opérer sur des matières élastiques au moins à un degré considérable, car il faut évidemment, pour que l'opération progresse, que les molécules conservent les places que leur donne la percussion et n'aient pas la faculté de reprendre leurs positions primitives. Toutefois, la prolongation de l'action mécanique peut quelquefois déformer d'une manière permanente certaines substances très-élastiques : ainsi, par exemple, on soumet le caoutchouc à une sorte d'emboutissage pour en faire le corps des pistons dans les pompes de M. Perreaux (voyez POMPES). Il n'en est pas moins vrai de dire, en général, que les substances susceptibles d'être embouties doivent être ductiles (voyez DUCTILITÉ), c'est-à-dire formées de molécules qui, en se déplaçant, se portent d'une dimension sur une autre, sans que la densité soit sensiblement modifiée. Au surplus, quelque ductile que soit un corps, sa ductilité n'est jamais absolue, et il faut, pour la perfection du travail, donner, pour ainsi dire, le temps aux molécules *de se faire* aux nouvelles positions dans lesquelles on les pousse; aussi convient-il d'opérer d'une manière lentement graduée, de multiplier les coups de marteaux, de s'attacher enfin à lier, à affermir entre elles, par des coups répétés sur la même place, les particules qu'il faut déplacer pour emboutir la pièce. C'est par la percussion que s'opère l'emboutissage. On emboutit le cuir pour garnir les pistons de la presse hydraulique. C'est un cuir embouti qui forme la couronne du piston de plusieurs appareils de l'économie domestique, tels que la lampe modérateur, l'irrigateur Eguisier, etc. C'est surtout à l'aide de l'emboutissage que le cuivre reçoit dans les ateliers de chaudronnerie les formes si diverses sous lesquelles ce métal est utilisé dans l'industrie.   P. D.

EMBRANCHEMENT (Zoologie). — Le règne animal se divise en quatre grands groupes naturels nommés *Embranchements*; chacun d'eux comprend des animaux organisés sur un plan commun, tandis que, d'un embranchement à l'autre, la disposition générale des organes présente de notables différences. Aussi Cuvier, à qui l'on doit l'établissement de ces quatre grandes divisions (*Leçons d'anat. comparée*, 1835, t. I⁰ʳ), les considère comme « quatre formes principales, quatre plans généraux, d'après lesquels tous les animaux semblent avoir été modelés et dont les subdivisions ne sont que des modifications assez légères, fondées sur le développement ou l'addition de quelques parties qui ne changent rien à l'essence du plan. » Voilà pourquoi ces quatre embranchements ont été souvent nommés des *Types*. Voici leur succession et les noms que leur a donnés leur fondateur : 1° les *Vertébrés*; 2° les *Mollusques*; 3° les *Articulés*; 4° les *Rayonnés* ou *Zoophytes*. Les caractères que Cuvier a reconnus à chacun de ces embranchements sont tirés de la *forme générale du corps*, de la *disposition des centres nerveux*, de la disposition et de la nature des parties solides qui servent à la locomotion.

EMBRANCHEMENT (Botanique). — A l'exemple des zoologistes, les botanistes ont adopté ce nom pour désigner les grands groupes du règne végétal; ainsi dans la méthode naturelle de Jussieu, les végétaux ont été divisés en trois grands embranchements, suivant : 1° qu'ils manquent d'embryon, par conséquent de cotylédons, ce sont les *Acotylédones*; 2° que leur embryon offre un seul cotylédon, ce sont les *Monocotylédones*; 3° enfin suivant que leur embryon présente deux cotylédons, ce sont les *Dicotylédones*. Dans la méthode adoptée par M. Ad. Brongniart, après avoir partagé les végétaux en deux grandes divisions, les *Cryptogames* et les *Phanérogames*, l'auteur a établi dans les premiers deux embranchements, les *Amphigènes* et les *Acrogènes*, et deux dans les seconds, les *Monocotylédones* et les *Dicotylédones*, cette dernière division comprenant deux sous-embranchements, les *Angiospermes* et les *Gymnospermes*.

Consultez l'ouvrage intitulé : *Énumération des genres de plantes*, par Ad. Brongniart.

EMBROCATION (Matière médicale), du grec *embroché*, action de tremper, d'imbiber. — On appelle ainsi un remède liquide, huileux, destiné à oindre, à fomenter une partie malade. L'huile est la base de ce médicament qui tient le milieu entre le *liniment* et la *fomentation*. On se sert pour faire une embrocation d'une éponge, d'une flanelle ou simplement d'un linge que l'on trempe dans le liquide approprié et que l'on presse dans sa main au-dessus de l'endroit malade. Les embrocations peuvent être émollientes, toniques, spiritueuses, etc.

EMBRYOGÉNIE et EMBRYOLOGIE (Physiologie), du grec *embryon* et *genesis* production, ou *logos*, science. On emploie ces deux noms pour désigner cette branche de la physiologie des animaux qui étudie la production des germes des nouveaux êtres dans le corps de leurs parents et le développement de ces germes en de jeunes animaux. Il en sera traité au mot REPRODUCTION.

EMBRYON ANIMAL (Zoologie). Du grec *bryein*, croître. — On nomme ainsi les jeunes animaux plus ou moins incomplétement développés, mais qui n'ont pas encore vu le jour hors de l'œuf ou du sein maternel (voyez REPRODUCTION).

EMBRYON VÉGÉTAL (Botanique). — Expression par laquelle on désigne le rudiment de la plante qui se trouve, dans la graine, protégé par certaines enveloppes et nourri par des liquides spéciaux. C'est la partie essentielle de la graine, c'est le jeune végétal à son premier état. On verra aux articles GRAINE et OVULE, que l'on trouve dans l'*ovule*, parfois avant la fécondation, le plus souvent immédiatement après, au sommet du *sac embryonnaire*, suspendue au micropyle, la *vésicule embryonnaire*, qui est la première forme de l'embryon. Elle se compose d'abord d'une seule *utricule*, remplie d'une matière granuleuse; mais bientôt sa structure se complique, et on y distingue : 1° le *suspenseur*, ligament qui l'attache au micropyle, et qui est formé de quelques cellules allongées, disposées bout à bout; 2° la *vésicule embryonnaire* elle-même, utricule renflée, globuleuse, qui pend à l'extrémité libre du suspenseur, au milieu du mucilage plastique dont le sac embryonnaire est rempli à cette époque. L'embryon s'organise aux dépens de cette utricule.

La *vésicule embryonnaire* est d'abord remplie d'une matière granuleuse agglomérée en une seule masse; celle-ci se segmente bientôt en deux masses égales, puis en quatre, puis en seize, et ainsi de suite, tellement qu'après ce travail de segmentation on trouve une masse cellulaire à fines cellules, mais encore indivise; on n'y peut distinguer aucune partie. C'est le premier état de l'embryon. Bientôt, du côté du micropyle, cette masse utriculaire s'allonge en une pointe qui formera la *radicule* ou le germe de la racine de la future plante; en même temps les parties latérales se développent en une ou deux masses celluleuses qui formeront les *cotylédons* ou le *cotylédon* unique, et à l'opposé de la radicule se distingue comme un petit bouton la *gemmule* ou portion supérieure de l'axe de l'embryon, portion qui donnera naissance à la tige et à ses appendices. Il est essentiel de remarquer dans ce développement que l'*axe* se forme dans une position telle que la *radicule* regarde le *micropyle*, et par conséquent la *gemmule* regarde la *chalaze*; en un mot, l'axe de l'embryon est parallèle à celui de la graine, mais dans une position inverse. Cette position est constante; quelle que soit celle du micropyle, la radicule est toujours dirigée vers lui.

Dans la graine mûre, l'*embryon* comprend donc deux parties que l'on peut distinguer : 1° l'*axe* de la jeune plante; 2° le *corps cotylédonaire*. L'*axe* a reçu, en général, le nom de *plantule*; on y distingue la *radicule* (germe de la racine), la *tigelle* (germe de la tige), portion opposée de l'axe embryonnaire, souvent trop peu développée pour pouvoir être reconnue ; enfin la *gemmule*, jeune bourgeon qui constitue l'extrémité de l'axe opposée à la radicule, et doit être considérée comme le premier bourgeon terminal de la tige de l'embryon. Le *corps cotylédonaire* doit être regardé comme constituant la première ou les premières feuilles végétales. Chaque cotylédon est une feuille modifiée et transformée en un amas de matière nutritive mise en réserve pour le jeune végétal; c'est au moment de la germination qu'il utilisera ces matériaux. On a souvent nommé *collet* de la plante le point de la longueur de l'axe qui sépare la tigelle de la radicule; la position de ce point est difficile à déterminer.

Embryon monocotylédoné. — Dans les végétaux monocotylédonés, l'embryon est ordinairement de forme cylindrique, arrondi ou ovoïde à ses extrémités. Le cotylédon y dissimule souvent la gemmule au fond d'une petite fente plus ou moins visible et située sur un de ses côtés; l'extrémité tournée vers le micropyle est la radicule, toute la portion de l'embryon située au delà de la gemmule et à l'opposé de la radicule est le cotylédon unique qui caractérise les végétaux de ce groupe. En général, pour bien voir la structure d'un embryon monocotylédoné, il est nécessaire d'en faire une coupe. Quelques embryons monocotylédonés ont une radicule aussi grosse que le cotylédon lui-même; on les a nommés *embryons macropodes* (ποῦς, ποδός, pied ; μακρός, grand).

Embryon dicotylédoné. — Certains embryons dicotylédonés ont une forme semblable à celle des précédents; mais on distingue toujours à l'extrémité gemmulaire les deux lobes du corps cotylédonaire. Très-souvent l'embryon dicotylédoné se compose d'un petit axe comme celui que nous avons vu dans l'amandier (*fig.* 914) ren-

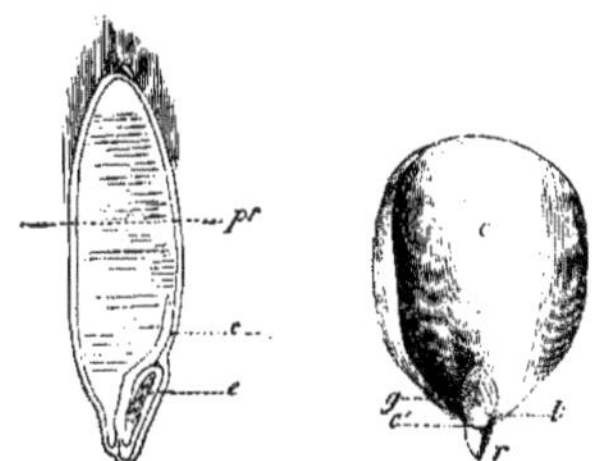

Fig. 911. — Embryon monocotylédoné du blé (1).   Fig. 912. — Un embryon dicotylédone (amandier commun) (2).

fermé entre deux cotylédons ovales ou hémisphériques. Suivant leur développement ou leur consistance, les *cotylédons* sont *charnus* (haricot, pois) ou foliacés, et alors on distingue même des nervures à leur surface (ricin, euphorbe). Dans ce dernier cas, on leur distingue même parfois un limbe et un pétiole, et chacun peut reconnaître

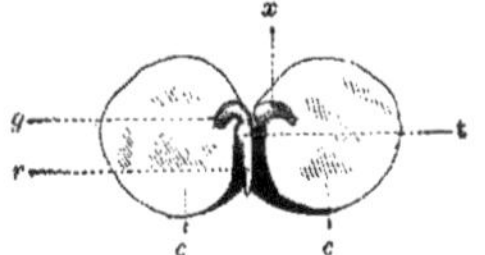

Fig. 913. — Embryon dicotylédoné du pois (3).

alors que ces organes sont véritablement les premières feuilles de la jeune plante. Dans les pins, les sapins et quelques autres végétaux, surtout dans la famille des Conifères, il y a plusieurs cotylédons disposés en verticille autour de la plante. La disposition variable des cotylédons entre eux et par rapport à la plantule fournit dans la classification des végétaux des caractères précieux. Ad. F.

EMBRYONNAIRE (Sac) (Botanique). — On appelle ainsi une petite cavité qui s'est formée dans le *nucelle* (voyez ce mot), vers son sommet, peu de temps avant la fécondation. Elle est remplie d'un mucilage destiné à s'organiser en tissu cellulaire lâche et diffluent. C'est dans son intérieur qu'apparaîtra et se développera l'*embryon*.

EMBRYONNAIRE (Vésicule) (Botanique). — Voyez Embryon.

ÉMERAUDE (Minéralogie), du grec *smaragdos*, émeraude verte. — Silicate double d'alumine et de glucine naturel. Ce minéral se rencontre sous bien des formes ; hyalin et doré d'une belle teinte verte, il constitue l'une des pierres les plus belles et les plus précieuses ; légèrement transparente et d'un vert d'eau, l'émeraude se trouve dans toutes les roches cristallines et prend alors le nom d'*aigue marine* ; enfin, en gros cristaux opaques, on la rencontre avec une extrême abondance dans quelques contrées. Le Limousin en offre des échantillons qui ont 0m,30 de diamètre sur 0m,50 de longueur. La forme cristalline de l'émeraude est le prisme hexagonal ; l'identité de forme et de composition chimique existe d'une manière absolue entre les plus belles émeraudes du Pérou et celles du Limousin : une cristallisation plus parfaite et une coloration due à un peu d'oxyde de chrome donnent à la première sa haute valeur. L'émeraude raye le quartz ; sa densité est environ 2,7 ; elle est infusible au chalumeau et inattaquable par les acides. Les aigues ma-

rines les plus recherchées proviennent de la province de Minas-Geraes, au Brésil. Dans un temps assez reculé on en a tiré des montagnes qui séparent l'Éthiopie de l'Égypte ; l'émeraude qui orne la couronne du pape provient probablement de ces localités. Aujourd'hui, les belles pierres désignées comme provenant de Santa-Fé de Bogota sont fournies par la mine de Muzo, dans la vallée de la Magdeleine. Le terrain où on les rencontre appartient aux formations néocomiennes ; l'émeraude y est enveloppée dans un calcaire lamelleux dont la blancheur éclatante fait ressortir la teinte verte magnifique de la pierre précieuse. Récemment on a découvert un gîte d'émeraudes dans la province d'Alger, à quelques kilomètres de Blidah ; mais elles sont trop petites pour être employées dans la bijouterie. La plus belle émeraude connue appartenait à M. Hope ; elle pèse 184 grammes et a coûté 12 500 francs. L'émeraude taillée peut être confondue avec plusieurs autres gemmes. Verte, elle ressemble au dioptase et au grenat ouwarovite ; jaune, elle se rapproche de la topaze, de la cymophane et du péridot ; lorsqu'elle est bleue, le saphir et la cordiérite lui ressemblent beaucoup ; enfin, lorsqu'elle est blanche, elle est souvent émise pour du diamant. L'éclat la distingue du diamant, le dichroïsme de la cordiérite, la densité de toutes les autres.

ÉMERI, Émeril, Corindon émeri (Minéralogie). — Variété de *Corindon* (voyez ce mot). C'est le *Corindon granulaire* de Haüy. Cette substance se présente sous l'apparence d'une roche à texture grenue, de couleur noirâtre, comme certains minerais de fer, avec une nuance bleuâtre ou rougeâtre ; sa pesanteur spécifique est de 4, sa densité supérieure à celle de tous les minéraux, excepté le diamant. Tennant est le premier qui ait fait remarquer que l'émeri n'était pas un minerai de fer, mais une espèce de corindon. Celui qu'on emploie à Londres et qui vient de Naxos contient, selon le même minéralogiste, 80 p. 100 d'alumine et celui dont se sert la manufacture de Saint-Gobin seulement 66 p. 100, d'après Vauquelin. Les gisements de cette roche sont aux Indes orientales, dans l'île de Naxos, en Saxe, dans le terrain de micaschiste ; on cite aussi les monts Altaï, le duché de Parme, le royaume de Grenade, etc. « L'émeri, dit Al. Brongniart, est très-précieux dans les arts en raison de sa dureté, qui le rend propre à polir les métaux et les pierres ; mais, pour s'en servir il faut le réduire en poudre de diverses grosseurs. On emploie, pour obtenir ces poudres la méthode suivante : on broie cette pierre à l'aide de moulins d'acier ; ensuite, pour en extraire des poudres de différents degrés de finesse, on délaye dans de l'eau la masse broyée ; on laisse cette eau reposer une demi-heure et on la jette, parce qu'elle ne contient qu'une poussière trop tendre ; on délaye de nouveau le dépôt ; on laisse reposer l'eau une demi-heure et on la décante encore trouble ; la poudre qu'elle dépose est de l'émeri de la plus grande finesse. On délaye ainsi le premier dépôt jusqu'à ce qu'au bout d'une demi-heure l'eau ne laisse plus rien précipiter. Alors on ne laisse plus reposer les eaux, dans lesquelles on agite toujours le premier dépôt, que pendant quinze minutes, ensuite que huit minutes, quatre minutes, deux minutes, une minute et enfin trente secondes, et on a, par ce procédé, des émeris de diverses grosseurs. » L'émeri est employé avec de l'eau pour le travail des pierres et avec l'huile pour les métaux. Cette poudre ainsi préparée a la propriété de mordre sur les corps les plus durs ; c'est avec elle que l'on scie et que l'on taille le rubis, le saphir et toutes les autres pierres précieuses, à l'exception du diamant, qui ne peut être taillé que par sa propre poussière (voyez Diamant). On en fait aussi usage pour polir les glaces. Plus la matière que l'on veut polir est dure, plus la poudre doit être fine.

ÉMÉRILLON (Zoologie), *Falco œsalon*, Lin. — Espèce d'*Oiseau* du genre des *Faucons* proprement dits, qui chasse les petits oiseaux et surtout les merles, d'où l'on prétend que lui vient son nom. C'est le plus petit de nos oiseaux de proie ; de la taille à peu près de la grive (long. du mâle, 0m,24 ; de la femelle, 0m,29). Il est cendré bleu et brunâtre en dessus, blanchâtre en dessous, avec un semis de taches brunes allongées : la gorge blanche, avec des stries brunes ; la queue, grise, porte vers son extrémité une large bande noire terminée par un liséré blanc ; le bec est bleuâtre et les pieds, pourvus de doigts allongés, sont de couleur jaune. L'émérillon, malgré sa petite taille, a les instincts des autres faucons et se laisse fort bien dresser à la chasse des alouettes, des cailles et des perdrix ; il y montre autant de courage que de do-

---

(1) Embryon du blé. — *c*, le cotylédon. — *e*, la plantule. — *pr*, périsperme ou albumen farineux.

(2) Embryon de l'amandier commun ; un des cotylédons a été détaché pour montrer complétement la plantule. — *c*, l'autre cotylédon — *c'*, point d'insertion du premier qui a été enlevé. — *r*, radicule. — *t*, tigelle. — *g*, gemmule.

(3) Embryon du pois. — *c, c*, cotylédons. — *r*, radicule. — *t*, tigelle. — *g*, gemmule. — *x*, cavité du cotylédon, où est placée la gemmule.

cilité. « Sa manœuvre, dit M. Le Maoût (*Hist. nat. des Oiseaux*), pour s'emparer des perdrix et des pigeons, réussit presque toujours ; quand il poursuit une compagnie de ces oiseaux , il commence par isoler de ses compagnons celui qu'il convoite, puis il décrit autour de lui une spirale qu'il resserre de plus en plus, jusqu'au moment où il saisit sa victime, qu'il heurte de sa poitrine assez violemment pour la tuer du coup quand sa griffe l'a manquée. » Les petits oiseaux demeurent paralysés par la crainte quand l'émérillon glisse en volant le long des buissons où il va choisir sa proie. Cet oiseau passe l'été en Suède et en Norwége et descend en hiver dans les contrées tempérées. Il niche, dans le Nord, sur les rochers ou sur les arbres, et la femelle pond 5 à 6 œufs, petits , jaunâtres , tachés de blanc et longs de 0m,04. C'est le vieux mâle de l'émérillon que Linné a décrit sous le nom de *Rochier* (*F. lithofalco*, Lin.), à cause de son habitude de nicher dans les rochers.

EMERSION (Astronomie). — Réapparition d'un astre éclipsé ; il est opposé à immersion (voyez ÉCLIPSES, SATELLITES DE JUPITER).

ÉMÉTINE (Chimie). — Alcali organique qui forme le principe actif de l'*ipécacuanha* (voyez ce mot). Il fait vomir à la dose de 0ᵍ,03, et son administration est plus simple que celle de la poudre de racine elle-même.

ÉMÉTIQUE (Matière médicale), du grec *emetikos*, qui fait vomir. — On a donné ce nom aux substances qui ont la propriété de faire vomir, et dans ce sens il est synonyme de *vomitif* (voyez ce mot) ; mais il a été plus particulièrement employé pour désigner celui d'entre eux que l'on appelle *émétique*.

L'*émétique*, appelé encore *tartre stibié*, est un bitartrate de potasse dans lequel la molécule d'eau a été remplacée par une molécule d'oxyde d'antimoine (Sb²O³). On le prépare en faisant bouillir dans 5 ou 6 parties d'eau des parties égales d'oxyde d'antimoine et de crème de tartre ; la dissolution chaude filtrée abandonne par le refroidissement et l'évaporation l'émétique sous forme de beaux cristaux dont la forme primitive est l'octaèdre à base rhombe (voyez ÉMÉTIQUES [Chimie théorique]). L'émétique a une saveur métallique et désagréable ; il est soluble dans 2 parties d'eau bouillante et dans 14 parties d'eau froide ; les acides, les alcalis et les terres alcalines décomposent l'émétique ; c'est pourquoi ce médicament ne doit jamais être associé à de pareilles substances. C'est en 1631 que l'émétique fut découvert par Adrien de Mynsicht, premier médecin du duc de Mecklembourg ; préconisé par son auteur et par les alchimistes, il fut employé d'une manière abusive, comme toutes les choses nouvelles, et produisit des accidents ; dès lors toutes les préparations antimoniales devinrent suspectes, et la Faculté de Paris, dirigée par Guy Patin, son doyen, obtint un arrêt du parlement qui en défendit l'usage ; mais Louis XIV, encore mineur, ayant été guéri par ce médicament, dit-on, qui lui avait été donné en secret, l'arrêt du parlement fut révoqué vers 1665. Depuis cette époque, les services qu'il a rendus à la thérapeutique sont si nombreux qu'il est devenu un des médicaments les plus précieux et les plus employés. Comme vomitif, on le donne à la dose de 0ᵍ,10 à 0ᵍ,20 dans deux verres d'eau, pris par tiers de demi en demi-heure ; on aura la précaution de faire boire de l'eau tiède en abondance aux premiers vomissements, et lorsqu'il y en aura eu trois ou quatre, on cessera de faire prendre ce qui pourrait rester d'émétique. Pour les enfants, on peut faire une potion très-simple, sucrée et aromatisée de 120 grammes de véhicule avec 0ᵍ,10 à 0ᵍ,15 d'émétique ; on la donne par cuillerée à soupe de quart d'heure en quart d'heure et on cesse à deux ou trois vomissements. A dose moindre et étendu dans une grande proportion d'eau, l'émétique devient purgatif. Associé à un sel neutre, tel que le sulfate de soude, il agit comme vomitif et purgatif et constitue un des médicaments nommés *émétocathartiques*. A dose élevée de 0ᵍ,30 à 1 gramme, et plus, dans les vingt-quatre heures, il agit comme *contro-stimulant* ; dans les inflammations pulmonaires, il devient souvent un puissant auxiliaire de la saignée. On emploie aussi l'émétique à l'extérieur pour déterminer une vive irritation à la peau et une éruption qui se présente sous l'apparence d'une éruption variolique locale ; pour obtenir ce résultat, il suffit d'en répandre 0ᵍ,70 ou 0ᵍ,80 sur un emplâtre, qu'on laisse en place quelques jours ; ou de l'incorporer avec de l'axonge au tiers de son poids : c'est ce qui constitue la *pommade d'Autenrieth*.

La substance *émétique* la plus employée après le tartre stibié est l'*ipécacuanha* ; c'est une racine que l'on réduit en poudre et qui provient de plusieurs espèces de la famille des Rubiacées. On l'emploie à la dose 0ᵍ,60 à 1ᵍ,20, seul ou mélangé à moitié dose avec le tartre stibié. Plusieurs autres plantes ont encore été employées comme émétique ; il sera question des principales aux mots IPÉCACUANHA, VOMITIF.   F — N.

EMÉTIQUES (Chimie théorique). — On donne ce nom à une classe de tartrates formée par l'union de 1 équivalent d'acide tartrique avec 1 équivalent de protoxyde et 1 équivalent de sesquioxyde ($MO,M^2O^3,C^8H^4O^{10}$). Les protoxydes qui concourent à la formation des émétiques sont :

L'ammoniaque..................	AzH^4O
Le protoxyde d'argent..........	AgO
Le protoxyde de plomb........	PbO
Le protoxyde de baryum.......	BaO
Le protoxyde de strontium.....	SrO

Les sesquioxydes sont :

Celui d'antimoine..............	Sb^2O^3
— d'aluminium...............	Al^2O^3
— de fer...................	Fe^2O^3

On range encore dans la catégorie des émétiques des tartrates dans lesquels l'équivalent de sesquioxyde est remplacé par 1 équivalent de l'un des acides arsénieux (AsO^3), arsénique (AsO^5), borique (BO^3), antimonique (Sb^2O^5) ; ainsi la crème de tartre soluble est un émétique dont la formule est : $KO,BO^3,C^8H^4O^{10}$. Le plus important des émétiques est le tartrate de potasse et d'oxyde d'antimoine ($KO,Sb^2O^3,C^8H^4O^{10} + 2HO$) ; c'est là l'émétique proprement dit, le tartre stibié, employé depuis si longtemps en médecine. Il se présente sous la forme de cristaux volumineux d'un blanc opaque, qui sont des octaèdres à base rhombe assez solubles dans l'eau froide ; la solution a un goût métallique très-prononcé. Soumis à l'action de la chaleur, l'émétique perd d'abord ses deux équivalents d'eau pour deux nouveaux équivalents enlevés à l'acide tartrique ; il devient alors : $KO,Sb^2O^3,C^8H^2O^8$. Chauffé plus fortement, il se convertit en un alliage de potassium et d'antimoine éminemment propre à décomposer l'eau. On prépare l'émétique en faisant chauffer de l'oxyde ou du oxychlorure d'antimoine dans une dissolution de crème de tartre. L'émétique cristallise quand la liqueur se refroidit. Ce corps est fréquemment employé en médecine (voyez ÉMÉTIQUE [Matière médicale]) ; à petites doses, il est vomitif ; à doses moyennes, il est diaphorétique et altérant ; à dose élevée, il est vénéneux et cependant employé quelquefois comme *contro-stimulant* dans la pneumonie. On a proposé le quinquina comme antidote de l'émétique. En général, il ralentit la circulation. L'émétique a été étudié au point de vue chimique par Mynsicht, qui le découvrit en 1631 ; plus tard, par Bucholz, Olenzy, Dumas, Sérullas.   B.

EMÉTO-CATHARTIQUE (Matière médicale). — Voyez ÉMÉTIQUE.

EMEU (Zoologie). — Un des noms de l'oiseau connu sous le nom de *Casoar à casque*.

EMINENCE (Anatomie). — Nom donné en anatomie à plusieurs parties renflées et saillantes ; ainsi, — l'*É. thénar* est cette partie saillante de la main située en dedans du pouce et formée par les muscles court abducteur, opposant, court fléchisseur, adducteur du pouce. — L'*É. hypothénar* est cette autre saillie en dedans de la première, formée par le muscle palmaire cutané, l'adducteur du petit doigt et son court fléchisseur. — Les *É. mamillaires* sont deux petits tubercules médullaires situés au-devant de la protubérance annulaire, entre les bras de la moelle allongée. — A la face inférieure du foie, il existe deux saillies nommées *É. portes* ; elles sont situées l'une devant, l'autre derrière la partie moyenne : on a donné encore à celle-ci le nom de petit lobe du foie ou lobe de *Spigel*. — Il existe encore plusieurs autres saillies auxquelles on a donné le nom d'*éminences*.

ÉMISSOLE (Zoologie), *Mustelus*, Cuv. — Genre de Poissons, de la série des *Chondroptérygiens*, ordre des *Chondroptérygiens à branchies fixes*, famille des *Sélaciens*, du grand genre *Squale* de Linné ; établi par Cuvier pour des espèces qui offrent toutes les formes des requins et des milandres, elles s'en distinguent parce qu'elles ont des dents en petits pavés ; du reste, elles ont, comme ces derniers, des évents et une nageoire anale. On en connaît deux espèces dans nos mers : l'*É. commune* (*M. vulgaris*, Cuv.), atteint environ 1 mètre de long, elle a le dos d'un gris cendré ou brun. Habite les mers d'Europe et de l'Inde. L'*É. lentillat* (*M. stellatus*, Cuv.), dit aussi *É. étoilé*, *É. tacheté de blanc*, est un poisson de 1 mètre

de long, dont le corps effilé est d'un gris de perle en dessus et orné de deux rangées de taches étoilées blanches ;
il est blanchâtre sous le ventre; il a la tête petite, le
museau allongé et arrondi. La femelle, selon Risso, est
plus grande que le mâle. Les habitudes des émissoles paraissent douces et paisibles, contrairement à celles des
autres squales; elles vivent « au milieu des roches profondes, où elles se nourrissent de radiaires mollasses et
de crustacés à test mince » (Risso).

ÉMOLLIENTS (Médicaments) (Matière médicale). —
On appelle ainsi tous les médicaments qui ont pour but
de ramollir, de relâcher les tissus des corps vivants.
Tous appartiennent aux corps organisés et peuvent être
administrés à l'intérieur et à l'extérieur. Ceux que l'on
tire du règne végétal sont extrêmement nombreux; ainsi
les racines, les fleurs, les feuilles d'un grand nombre de
Malvacées (mauve, guimauve, alcée, etc.). Parmi les *Borraginées*, on trouve la buglosse, la pulmonaire, la bourrache, la grande consoude, la cynoglosse. Parmi les
Scrophularinées, le bouillon blanc, le muflier, la linaire,
la scrophulaire, etc. Les *Urticées* nous donnent la pariétaire. Nous trouvons dans les *Chénopodées* les bettes,
l'arroche. D'autres familles en fournissent encore en grand
nombre. Les fruits sucrés, dattes, jujubes, raisins, figues,
les mucilages de graines de coing, de concombre, de melon, de courge, les amandes douces, les gommes arabique,
adragante, les fécules, l'amidon et les graines qui en contiennent sont autant de médicaments émollients. Il en
existe un grand nombre d'autres encore, et il n'est pas
possible de citer ici toutes les substances végétales douées
de propriétés émollientes.

Le règne animal nous offre un nombre bien plus restreint de médicaments de cette sorte. La gélatine,
l'albumine, le mucus en forment la base; c'est à leur
présence isolée ou simultanée que sont dues les propriétés
adoucissantes des décoctions de mou de veau, des bouillons de poulet, de tortue, de limaçon. La graisse, le blanc
de baleine, la corne de cerf, l'ichthyocolle, le lait, le
beurre, le petit-lait, etc., qui recèlent aussi quelques-
uns des principes énoncés plus haut, sont aussi des émollients. — On peut ranger dans la médication émolliente
les bains simples, gélatineux, avec les décoctions de son,
des substances énumérées plus haut, etc. On doit ajouter
encore à cette classe de moyens thérapeutiques un régime doux composé de laitage, de viandes blanches, de
légumes frais, de boissons aqueuses, etc. **F — N.**

ÉMONCTOIRE (Physiologie), du latin *emungere*, se
moucher, tirer de. — Expression employée par les anciens pour désigner certaines excrétions qu'ils regardaient
comme spécialement destinées à dépurer certains organes.
C'est ainsi que le nez était l'émonctoire du cerveau, parce
qu'ils croyaient à une communication directe entre ces
deux parties. Ils considéraient avec plus de raison les déjections alvines comme les émonctoires spéciaux de la digestion, la sécrétion et l'excrétion des urines comme
l'émonctoire des reins, etc. — Cette expression est encore
employée aujourd'hui vulgairement pour désigner les
excrétions accidentelles qui s'établissent naturellement,
comme les hémorrhoïdes, par exemple, ou par l'art,
comme les cautères, les vésicatoires, etc.

ÉMONDAGE (Arboriculture), du latin *emundare*, nettoyer. — Il ne faut pas confondre l'émondage avec l'*élagage* (voyez ce mot). Dans la première de ces opérations,
qui fait l'objet de cet article, on a pour but de nettoyer
les arbres, de les débarrasser (et c'est surtout des arbres
fruitiers que nous voulons parler) des menues branches
inutiles ou mortes, des plantes parasites, de la mousse,
des lichens qui les recouvrent quelquefois, etc. Souvent
les arbres fruitiers de haute tige, et particulièrement les
pommiers, se convrent de branches qui retombent vers
le sol et ont l'inconvénient de nuire, par l'ombrage
qu'elles portent, à la végétation des plantes potagères
que l'on cultive dans l'intervalle de ces arbres ; d'autres
fois, si le plant existe dans un pâturage, ces branches
pendantes sont exposées à la dent des bestiaux qui les
brisent en mangeant les bourgeons, les feuilles et même
les fruits. Il est indispensable de les couper au point où
elles commencent à se courber vers la terre. Il arrive
aussi que dans l intérieur de la tête de l'arbre, à la base
des grosses branches, il surgit une quantité quelquefois
considérable de jeunes pousses qui végètent avec vigueur
aux dépens des branches utiles de l'arbre, dont elles absorbent une partie de la sève et nuisent ainsi d'une manière notable à la production du fruit. On devra les
supprimer en même temps que le bois mort. On voit souvent, sur des pommiers déjà vieux et surtout mal soi-

gnés, se développer une plante parasite, le *Gui* (*Viscum
album*, Lin.), famille des *Loranthacées*. Elle s'y produit
quelquefois en grande quantité, si l'on n'a pas la précaution de l'enlever à mesure qu'elle paraît. On doit en faire
autant des mousses et des lichens en raclant les arbres
pour les nettoyer avec soin et en les couvrant ensuite
d'un lait de chaux. Ces différentes opérations se feront
généralement pendant le repos de la sève.

EMOU (Zoologie). — Nom donné par quelques naturalistes au *Casoar de la Nouvelle-Hollande* (voyez Casoar).

EMOUCHET (Zoologie). — On donne vulgairement ce
nom à tous les oiseaux de proie de petite taille qui appartiennent au genre *Faucon*. Cependant, il sert à désigner
plus particulièrement l'*Épervier mâle* (*Falco nisus*, Lin.),
et quelquefois la *Cresserelle* (*Falco tinnunculus*, Lin.).

EMPAILLEMENT, Zoologie (voyez Taxidermie).

EMPAUMURES (Vénerie). — On appelle ainsi le haut
du bois de *cerf* ou de *chevreuil*, qui est large, renversé
et terminé par plusieurs *andouillers*, rangés comme
les doigts d'une main, d'où vient ce nom (*palma*, main).
Ce ne sont que les *cerfs dix corps* ou les *vieux chevreuils* qui ont des *empaumures*; on les appelle aussi
quelquefois *porte-chandeliers*.

EMPEREUR (Zoologie). — On a donné ce nom à plusieurs animaux d'espèces très-différentes, soit à cause de
leur taille, soit à cause de quelque ornement qui les distinguent des autres : ainsi, parmi les *Oiseaux*, le Roitelet
(*Motacilla regulus*, Lin.), parce que le mâle porte sur la
tête une belle tache jaune d'or bordée de noir, en forme
de diadème. — Parmi les *Poissons*, on a désigné par ce nom
une espèce du genre Espadon (*Xiphias imperator*, Bloch.),
qui, du reste, n'est connu que par une mauvaise figure
d'Aldrovande. Cuvier pense qu'il doit disparaître du cadre
zoologique. On a appelé aussi *Chœtodon imperator*,
Bloch., une autre espèce du genre Holacanthe.—Parmi les
Reptiles, quelques auteurs ont donné le nom de Serpent
empereur au Boa devin (*B. constrictor*, Lin.). Daudin l'a
nommé Boa empereur. — Parmi les *Insectes*, une espèce de
Papillon, du genre Argynne, l'Argynne tabac d'Espagne
(*Papilio paphia*, Lin.) (voyez Argynne). — Parmi les
Mollusques, Denys de Montfort avait établi un genre de
la famille des Trochoïdes, auquel il avait donné le nom
de *Imperator*, pour une très-belle coquille figurée par
Chemnitz sous le nom de *Trochus imperator*. Ce genre
n'a pas été adopté.

EMPÉTRÉES, Empétracées (Botanique), du grec *em-
petros*, qui croît sur les rochers; de *en*, parmi, et *petros*,
roche. — Famille de plantes *Dicotylédones gamopétales
hypogynes*, voisine de celle des Sapotées et appartenant
à la classe des *Diospyroïdées* de M. Brongniart. Elle a
pour caractères : calice de 3 sépales coriaces, imbriqués ;
pétales en même nombre alternant; étamines, 3, opposées aux sépales; fleurs dioïques; dans les mâles, un rudiment de pistil; étamines rudimentaires aussi dans les
femelles, dont l'ovaire repose sur un disque charnu ;
ovule dressé; radicule inférieure; le fruit est un drupe
déprimé à 6-9 noyaux; graine à testa membraneux. Ce
sont de petits arbrisseaux couchés, rameux, qui ont le
port des bruyères, à feuilles alternes d'un vert noirâtre,
à bords roulés en dessous, à fleurs petites, axillaires,
sessiles, d'un pourpre sombre. Cette famille a pour type
le genre *Empetrum*. Botanique.

EMPETRUM (Botanique), *Empetrum*, Tourn.; du grec
en, dans, et *petra*, pierre. — Genre de plantes type de
la famille des *Empétracées* ou *Empétrées* (voyez ce mot)
et souvent désigné en français par le nom de *Camarine*.
Il comprend de petits arbrisseaux ayant le port des
bruyères, couchés, rameux, à feuilles alternes, linéaires,
d'un vert sombre. Les fleurs sont souvent dioïques, avec
un calice à 3 sépales, accompagné de 6 bractées; 3 pétales; 6 étamines; ovaire à 6-9 loges ; stigmate, 6-9 lobes ;
drupe à 6-9 noyaux enfermés dans une chair molle. Les
Empetrum sont des arbustes qui habitent l'Europe et
l'Asie. On en trouve aussi quelques-uns dans l'Amérique
du Sud. La *Camarine à fruit noir* (*E. nigrum*, Lin.) a
le port d'une bruyère à feuilles presque verticillées et à
fleurs verdâtres. Elle croît dans les endroits montagneux,
en Europe. Dans quelques endroits, on mange ses fruits,
un peu acidules, connus sous le nom de *camarines*. Au
Groënland, on en obtient par la fermentation une liqueur
spiritueuse. On en extrait aussi une matière tinctoriale.
Les fruits rouges de l'*E. rubrum*, Willd., ont également
une saveur agréable. Cette espèce croît dans les environs
du détroit de Magellan. Ses fleurs sont d'un rouge brun
(pour l'*Empetrum album*, voyez Camarine). **G—s.**

EMPHYSÈME (Médecine), *Emphysema ;* du grec *em-physaô*, je remplis de vent. — Par ce mot, on désigne une affection maladive dans laquelle l'air contenu dans le poumon s'en échappe par une cause quelconque et s'épanche dans le tissu cellulaire à des distances plus ou moins grandes de cet organe ; on donne encore le même nom à des collections de gaz qui se forment dans différentes parties du corps pendant la durée de certaines maladies. On distingue trois espèces d'emphysème : 1° l'*E. traumatique* résultant de l'introduction de l'air dans le tissu cellulaire à la faveur d'une plaie. Il peut être produit par les lésions du larynx, de la trachée-artère, des poumons, soit par plaies pénétrantes de la poitrine, soit par fractures des côtes, lorsque les extrémités des fragments déchirent la plèvre et le poumon : dans ces différents cas, l'air s'infiltre de proche en proche dans le tissu cellulaire et peut envahir une plus ou moins grande étendue du corps et quelquefois le corps tout entier ; de là la tension, le gonflement de la peau, sans douleur, sans changement de couleur ; celle-ci devient seulement plus pâle, luisante, et donne, sous la pression du doigt, un sentiment de crépitation comme ferait du parchemin ; il y a en même temps tous les degrés de suffocation en rapport avec l'étendue de l'emphysème : douleur très-forte de poitrine, impossibilité de se coucher, agitation extrême, refroidissement des extrémités, quelquefois mort par asphyxie. Dans les nuances légères, une compression douce, méthodique, le repos, suffisent, avec les moyens employés contre la maladie qui a déterminé cet accident. Mais, dans les cas plus graves, on est quelquefois obligé de donner issue à l'air au moyen d'incisions plus ou moins profondes. 2° L'*E. propre du poumon* peut être causé par une forte compression, une contusion du thorax ayant produit des déchirures de son tissu, etc. Dans ce cas, cet organe est sujet à se laisser pénétrer par une plus ou moins grande quantité d'air qui s'épanche dans le tissu interlobulaire. Une variété de cet *Emphysème* dont on doit la connaissance à Laënnec, qui l'a nommée *E. vésiculaire*, consiste dans la dilatation excessive des petites vésicules pulmonaires ; celles-ci finissent par se rompre et par laisser échapper l'air qui s'accumule dans le tissu cellulaire ambiant et gêne la respiration d'une manière plus ou moins considérable ; il y a de la toux sèche d'abord, puis une légère expectoration muqueuse. Lorsque la lésion est un peu intense, la peau a un aspect terne, légèrement violacé, surtout aux lèvres. En général, la maladie peut durer longtemps sans déterminer d'accidents autres que des accès de suffocation très-pénibles ; elle se confond avec l'*asthme* (voyez *De l'auscultation médiate*, ou *Traité du diagnostic des maladies des poumons et du cœur*, par Laënnec. Paris). Laënnec conseillait les sels neutres en bains, les alcalins, la décoction de saponaire, de polygala de Virginie, les pilules savonneuses, etc. 3° La dernière espèce d'*Emphysème* peut dépendre du développement des gaz ailleurs que dans les poumons ; ainsi on en a vu, dans les organes digestifs, distendre les intestins au point de produire des crevasses, et passer dans le tissu cellulaire des parties voisines. Quelquefois aussi il s'en forme dans certaines ecchymoses, dans quelques gangrènes, dans de fortes contusions, après la piqûre de quelques bêtes venimeuses. On a vu aussi des gaz se produire spontanément dans le tissu cellulaire, par une véritable exhalation ou par aspiration de fluides aériformes. Le traitement rentre dans celui de la maladie principale.

F — N.

EMPIDES ou **Empis** (Zoologie), du grec *empis*, moucheron. — Tribu d'*Insectes*, de l'ordre des *Diptères*, famille des *Tanystomes*. Elle comprend de petits moucherons qui voltigent souvent en tourbillons durant les soirées calmes de la belle saison ; on les distingue des asiles, dont leurs formes les rapprochent, par leur trompe perpendiculaire à l'axe de leur corps ou dirigée en arrière. Leur tête, presque globuleuse, porte de grands yeux composés, des antennes dont le dernier article se termine par un stylet biarticulé et court ou par une soie.

Cette tribu comprend plusieurs genres ; chez les uns, les antennes ont 3 articles, et parmi eux figure le genre *Empis* proprement dit (*Empis*, Latr.), caractérisé par le dernier article des antennes conique et la trompe beaucoup plus longue que la tête. L'*E. à ailes réticulées* (*E. tessellata*, Fab.) est long de 0ᵐ,007, d'un jaune pâle livide, avec des lignes noires sur le corselet ; on le trouve aux environs de Paris. D'autres Empides ont seulement 2 articles aux antennes ; telles sont les espèces des genres *Hémérodromie, Trachydromie, Drapetis* de Meigen.

EMPIRIQUES, EMPIRISME (Médecine), du grec *empeiria*, expérience. — Les médecins empiriques étaient une des sectes les plus célèbres des médecins de l'antiquité ; ils ne reconnaissaient pour guide que l'expérience et l'observation, et proscrivaient le raisonnement ou plutôt l'abus du raisonnement. Parmi les modernes, le sens de ce mot s'est altéré d'une manière remarquable, de telle sorte qu'aujourd'hui il est devenu synonyme de *charlatan.*

L'*Empirisme médical* est une doctrine médicale fondée sur l'expérience et l'observation et qui avait donné naissance à une secte de médecins opposés aux *dogmatiques* (voyez ce mot). Proscrivant toute espèce de raisonnement hypothétique, ne s'appuyant que sur les faits, les médecins Empiriques en avaient formé les seules bases de la médecine. Sérapion, d'Alexandrie, et Philinus, de Cos, qui vivaient environ un siècle après Hippocrate, passent pour les fondateurs de cette secte, dont la connaissance nous a été révélée par les écrits de Celse et de Galien et l'exposition présentée avec les développements nécessaires par Sprengel (Court) dans son *Histoire et institutions de la médecine.* Les *Empiriques* puisaient à trois sources d'observations : 1° le hasard, qui fournit des faits que l'on cherche à reproduire s'ils ont été utiles, et la marche de la nature que l'on doit favoriser ou combattre d'après ses résultats avantageux ou funestes ; 2° les essais tentés pour en connaître les résultats : la réunion des succès obtenus constituait la science ; 3° il peut se présenter des cas nouveaux qui n'ont pas encore été observés, des médicaments jusqu'alors inusités ; les Empiriques, dans ce cas, concluaient d'après la similitude des phénomènes morbides ou des qualités appréciables des nouvelles substances à employer. C'est ce qu'on appela *analogisme.* Ainsi l'*observation*, l'*histoire de la science*, les *analogies* constituaient les trois méthodes sur lesquelles l'art était basé. C'est ce que l'empirique Glaucias nommait le *trépied* de la science.

F — N.

EMPLATRES (Matière médicale). — On appelle ainsi des médicaments externes plus ou moins consistants, se ramollissant par la chaleur et adhérant en général aux parties sur lesquelles on les applique. Ils diffèrent des onguents en ce qu'ils sont moins mous et contiennent une plus grande proportion de résine, de cire ou des oxydes métalliques. Les matières qui entrent dans la composition des emplâtres sont particulièrement des résines, des gommes résines, du suif, de la cire, des huiles, des poudres végétales ou animales, des extraits, des sucs de plantes ; d'autres contiennent des oxydes métalliques et surtout des oxydes de plomb. La manière de préparer ces emplâtres rentrant tout à fait dans la pratique de la pharmacie, nous ne pouvons les exposer ici. Nous dirons seulement que, pour les employer, on les ramollit dans l'eau chaude, et avec les doigts trempés dans l'huile, on les étend sur des morceaux de toile ou de peau. En raison des différentes substances incorporées dans les emplâtres, ils peuvent être émollients, astringents, excitants, irritants, narcotiques. Voici quelques-uns des plus usités.

Emplâtre agglutinatif. — On l'emploie, comme son nom l'indique, pour réunir des parties divisées. Il est composé de poix blanche, 15 parties ; résine élémi, 3 parties ; térébenthine et huile de laurier, de chacune, 1 partie.

Emplâtre calmant ou *antiodontalgique.* — Employé, comme son nom l'indique, il est composé de résines jaune, tacamaque et élémi, oliban, mastic, opium, camphre ; on l'applique sur les tempes, contre les douleurs de dents ou même dans l'intérieur des dents cariées.

Emplâtre Canet. — Astringent et résolutif ; il se fait en incorporant ensemble parties égales de cire jaune, d'emplâtre simple, d'emplâtre diachylon gommé, d'huile d'olive et de colcothar (peroxyde de fer rouge).

Emplâtre de ciguë. — Fondant ; se fait avec résine de pin, poix blanche, cire jaune, gomme ammoniaque, 500 parties ; feuilles vertes de ciguë, 500 parties ; huile de ciguë, 32 parties.

Emplâtre diachylon. — Voyez DIACHYLON.
Emplâtre diapalme. — Voyez DIAPALME.
Emplâtre de Nuremberg. — Résolutif ; il est composé de 20 parties d'emplâtre simple, de cire jaune, d'huile d'olive, de 3 parties d'oxyde rouge de plomb (minium) et 1/4 de partie de camphre.

Emplâtre de poix blanche ou *de Bourgogne.* — Composé de 3 parties de poix blanche et 1 partie de cire jaune. C'est un dérivatif souvent employé dans les affections de la poitrine. On le laisse en place pendant 7 à 8 jours.

Emplâtre simple. — Composé de litharge, axonge, huile d'olive, de chaque 1 partie et 2 parties d'eau. Il sert de base à presque tous les autres emplâtres.

Emplâtre sparadrap. — C'est l'emplâtre diachylon fondu et étendu sur de la toile.

Emplâtre vésicatoire (de cantharides). — Il est composé par parties égales de poix-résine, d'axonge, de cire jaune, de cantharides en poudre. On connaît son usage ; lorsqu'on veut l'employer, on l'étend sur de la peau et on le saupoudre de cantharides.

Emplâtre de Vigo. — C'est un fondant maturatif dans lequel entre une forte proportion de mercure.

On prépare encore un grand nombre d'autres emplâtres, parmi lesquels on peut citer : l'*E. de céroïne*, l'*E. de Doyen*, l'*E. d'opium*, l'*E. de savon*, l'*E. stibié*, l'*E. de thériaque*, etc. **F — N.**

EMPLOI DES BOIS (Technologie). — Il sera traité au mot TIGE de la production du bois dans les végétaux ; au mot FORÊTS, de la production et de l'exploitation des principales essences de bois ; le présent article donnera seulement des indications sur l'utilisation du bois. Chaque espèce de bois ou, comme on dit, chaque *essence* a ses usages spéciaux, et c'est à bien les déterminer qu'il faut s'attacher pour arriver au meilleur emploi des bois. Rien ne saurait, à cet égard, remplacer l'expérience des hommes qui les ont longtemps et habilement maniés ; mais ces hommes ne connaissent habituellement qu'une catégorie d'essences et ne sauraient rien dire sur les autres ; il est donc bon de savoir d'une façon générale quelle sorte d'artisans peut intéresser tel ou tel bois, pour s'adresser immédiatement à celui qui peut en parler pertinemment. Il y a d'ailleurs quelques conditions générales de l'emploi des bois qu'il n'est pas inutile de considérer théoriquement.

L'aptitude d'un bois à tel ou tel usage dépend de son poids spécifique en vert ou en sec, de son retrait et des autres modifications qu'il subit en séchant, du temps qu'il met à sécher, de sa force, de son élasticité, de sa consistance, de sa flexibilité ou de sa rigidité dans le sens longitudinal et dans le sens transversal, du grain qu'il présente sur les surfaces travaillées au rabot, du degré de poli qu'il peut prendre, de sa facilité ou de sa résistance à se laisser travailler, de sa résistance aux attaques des insectes, à l'action du temps, soit à l'air, soit à l'humidité, soit dans l'eau ; les usages de l'ébénisterie, de la tabletterie, de la marqueterie exigent encore que l'on examine la couleur du bois, son odeur et la persistance plus ou moins durable de ces deux propriétés. Les artisans acquièrent sur ces divers points des connaissances qui n'ont de précision qu'après une longue expérience, mais qui auraient besoin, pour être facilement enseignées, d'être exprimées d'une façon scientifique, c'est-à-dire par des mesures exactes et des rapports rationnels. On peut même ajouter aux notions utiles à connaître et mentionnées ci-dessus bien des faits dignes d'intérêt. C'est là un beau sujet d'étude, où il est resté beaucoup à faire et qui est sans doute trop négligé depuis longtemps. Nous essaierons de donner ici quelques renseignements concernant surtout les essences de nos contrées. On trouvera à l'article DENSITÉ une table assez étendue des densités des bois ; on pourra en comparer les nombres avec ceux de la table suivante.

Table du poids spécifique des principales essences de bois indigènes et de quelques autres, donnant pour chacune, en kilogr. ou fraction de kilogr., le poids d'un cube plein, dont le côté est 1 décimètre.

1° D'APRÈS DE FÉNILLE (*Mém. sur l'administration forestière*, 1792).

(Les bois ont été pesés à l'état de dessiccation parfaite).

	kil.
Sorbier cultivé	1,023
Lilas	1,003
Cornouiller	0,988
Chêne-vert	0,947
Olivier	0,985
Buis	0,975
Pommier court-pendu	0,940
Cerisier Mahaleb	0,882
If	0,872
Prunier	0,839
Oranger	0,821
Aubépine	0,814
Faux acacia (Robinier)	0,795
Néflier	0,790
Allouchier (Alizier blanc)	0,787
Merisier	0,782
Hêtre	0,774
Nerprun	0,770
Poirier sauvage	0,754
Cytise des Alpes	0,749
Erable duret	0,748
Mélèze	0,746
Pêcher	0,744
Alizier des bois	0,734
Prunellier	0,733
Charme	0,732
Pommier de reinette	0,732
Platane	0,731
Sycomore (Erable de montagne)	0,730
Erable champêtre	0,725
Frêne	0,720
Orme	0,719
Abricotier	0,707
Févier d'Amérique	0,698
Noisetier	0,696
Pommier sauvage	0,687
Bouleau	0,684
Tilleul	0,683
Arbre de Judée (Gaînier commun)	0,681
Cerisier	0,678
Houx	0,674
Sorbier des oiseleurs	0,654
Pommier cultivé	0,650
Noyer	0,626
Mûrier blanc	0,622
Erable plane	0,614
Sureau	0,599
Mûrier noir	0,595
Saule marceau	0,588
Châtaignier	0,585
Genévrier	0,584
Mûrier à papier	0,570
Lierre	0,562
Ypréau (Peuplier blanc)	0,552
Pin de Genève (Pin sylvestre)	0,550
Peuplier blanchâtre	0,546
Tremble	0,534
Aune	0,506
Marronnier d'Inde	0,503
Peuplier de la Caroline	0,489
Tulipier	0,487
Catalpa	0,464
Sapin	0,460
Peuplier noir	0,412
Saule blanc	0,389
Peuplier d'Italie	0,357

2° D'APRÈS E. CHEVANDIER ET WERTHEIM.

(Les bois ont été pesés, contenant 20 p. 100 de leur poids d'humidité).

	kil.
Chêne à glands sessiles	0,872
Hêtre	0,823
Bouleau	0,812
Chêne à glands pédonculés	0,808
Charme	0,756
Orme	0,723
Acacia (Robinier)	0,717
Frêne	0,697
Erable	0,674
Tremble	0,602
Aune	0,601
Pin Sylvestre	0,559
Sapin blanc d'Ecosse	0,493
Peuplier	0,477

3° D'APRÈS KARMARSCH.

	kil.
Ebène verte	1,210
Ebène noire	1,187
Bois de rose	1,031
Bois satin	0,964
Prunier	0,872
Acajou de Saint-Domingue	0,755
Hêtre	0,750
If	0,744
Bouleau	0,738
Pommier	0,734
Poirier	0,732
Olivier	0,676
Erable	0,645
Chêne	0,610
Cèdre du Liban (sec)	0,575
Acajou de Cuba	0,563
Peuplier	0,387

4° D'APRÈS EBBELS ET TREDGOLD.

	kil.
Noyer (vert)	0,920
Acajou d'Espagne	0,852
Acacia (Robinier) (vert)	0,820
Orme (vert)	0,763
Bouleau	0,720
Platane	0,648
Pin laryx (de choix) (Pin Laricio)	0,640
Erable sycomore	0,596
Acajou de Honduras	0,560
Aulne	0,555

Sapin blanc d'Angleterre 0,555
Sapin blanc d'Écosse 0,529
Peuplier blanc 0,511
Cèdre du Liban (sec) 0,486

5° D'APRÈS BARLOW.

                     kil.

Chêne anglais 0,934
Chêne du Canada 0,872
Bois de Teak 0,860
Pin du Nord (Pin sylvestre) 0,738
Pin rouge (Pin sylvestre) 0,657
Pin blanc (Pin d'Alep) 0,558
Orme 0,553
Mélèze 0,543

6° D'APRÈS T. HARTIG.

                     kil.

Hêtre .... de 0 kil.,840 à 0,640
Acacia (Robinier) .... de 0 kil., 770 à 0,750
Bouleau (coupé en hiver) 0,616
Bouleau coupé en été) 0,548
Mélèze (provenant de Briançon) 0,662
Mélèze (provenant de Nancy) 0,551
Aulne (coupé en hiver) 0,492
Aulne (coupé en été) 0,478

La *résistance des bois à l'écrasement* a été étudiée pour quelques bois ; suivant Rondelet, un cube de chêne ou de sapin, posé dans le sens où ses fibres sont verticales (bois debout), ne s'écrase que sous un poids de 400 kilogrammes par chaque centimètre carré de la face où les poids sont posés. Pour un même écarrissage (largeur et épaisseur constantes), la résistance à l'écrasement diminue à mesure que la hauteur de la pièce de bois augmente ; cette résistance augmente avec l'écarrissage, la hauteur restant la même. On croit prudent de ne faire supporter aux piliers de bois debout que $\frac{1}{10}$ de la charge capable de les écraser. On admettra dans la pratique que pour une pièce de bois debout (pilier, poteau) dont la hauteur est h et dont l'écarrissage a pour côté e, le poids P qu'elle pourra supporter est exprimé par la formule : $P = 256,5 \times \frac{e^4}{h^2}$.

La *résistance du bois à la rupture* est une des qualités les plus importantes et en même temps les plus difficiles à déterminer. Cette résistance n'est d'ailleurs plus entière dès qu'un madrier a été fléchi par une charge jusqu'à demeurer courbe sans pouvoir reprendre sa direction première lorsque la charge a été enlevée ; le madrier a dès lors perdu de son élasticité, et sa résistance à la rupture est extrêmement diminuée. Nous empruntons à M. E. Chevandier, membre de l'Institut, le tableau suivant, contenant les résultats d'expériences faites par lui sur les deux bois les plus employés dans les constructions.

DÉSIGNATION USUELLE DES PIÈCES.	Distance des appuis.	Longueur des pièces.	Largeur des pièces.	Épaisseur des pièces.	Charges produisant la rupture
Expériences sur le bois de Sapin.					
	m	m	cm	cm	k
Onze à douze pouces........	13,00	14,00	28,99	32,41	6 404
Neuf à dix pouces.../........	11,00	13,00	25,46	28,35	5 394
Huit à neuf pouces..........	9,00	10,48	22,30	24,30	3 447
Six à sept pouces...........	9,00	10,46	16,99	19,63	2 082
Chevron..................	9,00	10,47	9,27	12,31	517
Madrier..................	3,02	4,24	24,63	5,40	917
Planche..................	3,02	4,25	24,13	2,78	264
Expériences sur le bois de Chêne.					
	m	m	cm	cm	k
Onze pouc. 1/2 à neuf pouc. 1/2.	5,50	5,87	23,18	25,28	7 889
Huit à neuf pouces..........	5,50	6,11	21,67	23,67	7 189
Sept à huit pouces..........	5,50	7,06	19,07	22,00	5 225
Six à sept pouces...........	5,50	6,82	15,99	18,90	5 525
Cinq à six pouces...........	5,50	6,54	13,67	16,10	2 225
Chevron...................	3,00	4,01	8,28	8,14	540
Chevron..................	2,50	4,00	7,82	8,04	735
Doublette.................	5,50	6,50	29,34	5,46	435
Echantillon................	3,00	3,65	14,34	4,22	375
Entrevous................	3,00	3,37	24,22	2,82	335

On est convenu de prendre pour mesure de l'élasticité des bois la longueur de la flèche de courbure obtenue sous une pression très-peu inférieure à celle sous laquelle l'élasticité de la pièce de bois commencerait à s'altérer ; c'est ce qu'on nomme la *flexion du bois*. Les constructeurs admettent pour les pièces de charpente que : 1° la *portée* (distance entre les appuis) étant la même, la *flexion du bois* est en raison inverse de la *largeur* des pièces et du cube de leur *épaisseur*; 2° les *flexions* sont entre elles comme les cubes des *portées*; 3° la *flexion* produite par une charge uniformément répartie sur toute la longueur d'une pièce de bois est les $\frac{5}{8}$ de celle que produirait la même charge appliquée tout entière au milieu de la pièce.

M. le baron Ch. Dupin a reconnu que la *flexion* augmente avec la *densité* des bois. Les bois résineux à couches minces et régulières sont les mieux doués sous le rapport de l'élasticité, et, en général, les bois ordinaires sont inférieurs sur ce point aux bois résineux.

La *fissibilité* est l'aptitude des bois à se laisser fendre à la hache. Bolker (*Technologie forestière*) a classé ainsi les principaux bois de l'Europe : *grande fissibilité* : épicéa, sapin, pin sylvestre, châtaignier, mélèze ; *fissibilité moyenne* : chêne, hêtre, frêne, aune, tremble, saule ; *faible fissibilité* : orme, poirier, bouleau, peuplier, charme.

Il importe de dire, à titre d'observation générale, que le bois d'une même essence forestière, même à l'état sain, n'a pas toujours absolument les mêmes qualités; les circonstances où il s'est produit modifient par excès ou par défaut les propriétés habituelles de l'essence. Malgré ces variations, l'ensemble des propriétés d'une essence la destine à tels ou tels usages auxquels il est bon de fournir quelques indications particulières.

Nous réunissons dans les paragraphes suivants, quelques renseignements succincts sur les emplois spéciaux des différentes espèces de bois les plus connues. Ces indications sont empruntées au *Manuel du tourneur* de Hamelin-Bergeron (Paris, 1816). Le lecteur devra recourir d'ailleurs au mot correspondant à chacune des essences dont il est ici question.

I. BOIS DE FRANCE. — Le *sapin*, la *sapine*, le *pin* sont assez souvent confondus dans les arts, bien qu'il y ait entre eux des différences sensibles. Le sapin est le plus employé pour faire la menuiserie commune dite de bois blanc ; dans quelques provinces et dans nos colonies, on le nomme *sap*. Il est très-tendre, se rabote parfaitement en long, mais ne peut pas être travaillé de travers. Il reçoit mal les mortaises et les tenons, à moins que les assemblages (voyez ce mot) ne fassent point d'effort. Ses pores étant trop lâches, il ne saurait être tourné, car la pointe du tour varierait sans cesse dans son trou. On trouve dans sa contexture une multitude de nœuds qui détériorent promptement les varlopes et rabots. Ces nœuds, qui représentent ordinairement le germe d'une branche du même bois, sont d'une nature toute différente ; ils possèdent une extrême dureté, et il leur arrive souvent de quitter la place où ils sont et de laisser un trou.

Le sapin vient communément très-haut et très-droit ; de là son emploi pour faire des mâts de navire, et, à cause de son élasticité, pour les planchers à longue portée.

Chêne. — C'est après le sapin le bois le plus usuel ; sa dureté le fait rechercher dans la menuiserie, l'ébénisterie, le charronnage et la sculpture ; c'est aussi un excellent bois de chauffage. Le chêne qu'on débite en Hollande est le plus beau, mais il est si gras et si tendre qu'on ne saurait y faire des tenons ; il est magnifique pour les panneaux de lambris. Celui des Vosges a toutes les qualités requises pour la menuiserie, mais il est moins beau que celui de Hollande. Il y a aussi une autre espèce qu'on nomme *de Fontainebleau*, qui est plein de nœuds et qu'on n'emploie qu'à des ouvrages communs ou qui doivent éprouver beaucoup de résistance, comme des bancs, des tables communes, des portes extérieures.

Orme. — D'un usage un peu moins universel que le chêne, il n'en est pas moins précieux pour quelques arts.

C'est avec de l'orme qu'on fait les jantes et les moyeux des roues de voitures, des presses, de grosses vis et autres ouvrages. Il est liant, dur et facile à travailler, bien plus susceptible d'effort que le chêne pour les parties courbes où le bois est tranché. Les menuisiers en carrosse en font toutes les courbes et les bâtis de voiture.

Pour les moyeux des grosses voitures, on emploie particulièrement l'*orme tortillard*. Cette espèce ne jette que de petites branches annuelles qui, en multipliant les nœuds, donnent lieu à une espèce d'extravasation de la sève qui entrelace les fibres et semble plutôt produire des loupes qu'une végétation suivie et naturelle. On conçoit que les rais des grosses voitures entrés à force dans du bois de cette espèce y acquièrent la plus grande solidité et que rien ne peut faire fendre de pareils moyeux, au lieu que quand ils sont pris dans du bois de fil, il est assez commun de les voir fendre, quoiqu'ils soient contenus par des frettes de fer.

On fait d'excellents établis de tour avec l'orme, de bonnes vis pour les pressoirs et autres gros ustensiles. Il convient par excellence aux écrous d'une certaine grosseur. Il se tourne assez bien, sans toutefois recevoir un beau poli, à cause que ses pores sont très-lâches ; on en fait des bâtons de chaise, des palonniers de voiture, des manches de marteau, etc.

Les loupes ou excroissances qui se produisent communément dans l'orme prennent un beau poli au tour. Quand on veut s'en servir pour meubles, on les débite en feuilles de placage, comme l'acajou.

Le hêtre. — Moins fort que les bois précédents, il est pourtant destiné à beaucoup d'usages qui le rendent précieux. On en fait des étaux de boucher ; il n'est point employé dans les bâtiments, mais les menuisiers en meubles le préfèrent à tous les autres. Il supporte parfaitement le fort assemblage ; c'est pour cela qu'on en fait des bois de fauteuil, des chaises, des bergères, des canapés, des lits, en un mot tout ce qui concerne le menuisier meublier. On en fait aussi des armoires qu'on vend pour du noyer, attendu que son grain approche assez de celui de ce dernier et qu'une teinture de brou de noix appliquée avec art augmente encore la ressemblance. Ce bois se tourne bien ; il se coupe également dans tous les sens. Ce qui le distingue particulièrement du noyer, c'est une *maille* brillante caractéristique qui monte obliquement du centre à la circonférence.

Le charme. — Ce bois doit être bien choisi pour être bon. Il est blanc, se tourne assez bien et prend une espèce de poli sous le rabot. Lorsqu'il est encore frais, on en fait d'excellentes vis de moyenne grosseur dont les filets se coupent très-vif et très-net. Les tenons qu'on fait aux ouvrages de charme ne sont pas sûrs, à moins qu'ils n'aient une certaine grosseur. On en fait aussi d'excellents maillets pour le tour et pour la menuiserie, surtout si l'on choisit une partie noueuse. C'est avec ce bois que les ébénistes plaquent les cases blanches des damiers communs ; les autres se font avec le houx. On en fait aussi des filets blancs pour la marqueterie et, en général, des ouvrages très-divers, à l'exclusion de ce qui se rapporte à la menuiserie en bâtiments, au charronnage et aux meubles.

Le noyer. — Un des bois les plus utiles et les plus importants. Remarquable par son liant, il supporte également bien le tenon et la mortaise, il se tourne parfaitement et prend un assez beau poli au tour, soit au rabot. Comme il donne des *tables* d'une grande largeur, les carrossiers en font des panneaux de voiture de la plus grande dimension. On le tourne au feu suivant la courbe de la caisse, en le chauffant d'un côté et le mouillant de l'autre. Avant que le bois rose et l'acajou fussent aussi communs en Europe, le noyer était le bois dont on faisait les meubles les plus précieux. Il est vrai qu'alors on avait communément du noyer plein de veines et d'accidents qu'on opposait d'une manière symétrique et qui faisaient le plus bel effet, surtout lorsque sur un fond gris brun un voyait de larges veines presque noires. Mais le luxe ayant multiplié les jouissances, on s'est hâté de couper les arbres avant qu'ils eussent acquis cette couleur et ces veines qui en faisaient la beauté ; aujourd'hui, presque tous les noyers sont gris et à peine veinés. Si le noyer était un peu plus compacte et plus dur qu'il n'est, il serait le roi des bois ; toutefois, dans ce cas, les tenons n'en seraient pas aussi solides, car leur compacité même les rendrait cassants.

La plus belle espèce de noyer employée en ébénisterie est le noyer d'Auvergne ; les veines noires qu'il présente ne sont pas des accidents, comme un vieux noyer dont nous venons de parler, ce sont ses caractères constitutifs. Il présente, en outre, l'inappréciable avantage d'être rarement attaqué par les vers.

Le frêne. — Les usages de ce bois sont assez bornés, mais de la plus grande importance. Comme il est le plus liant de tous, qu'il ne casse jamais net, mais crie assez longtemps avant de rompre, on en fait une infinité d'ouvrages dans lesquels cette propriété est infiniment précieuse. C'est avec du frêne qu'on fait de forts essieux pour beaucoup de voitures qui transportent de lourds fardeaux. On en fait les brancards, des trains de carrosse, de chaise de poste et de cabriolet, des chaises (et ce sont les meilleures), d'excellents manches de marteau, des bras de scie, et enfin des échelles très-hautes, très-

menues et cependant très-solides. Il est d'un assez beau blanc, peu serré, prend bien la teinture, se tourne supérieurement, mais se rabote moins bien : aussi ne l'emploie-t-on jamais dans la menuiserie. Pour donner une idée juste de la force et du liant du frêne, il suffira de rapporter le fait suivant. Lorsque les deux pierres des angles du fronton de l'église Sainte-Geneviève (Panthéon) arrivèrent par eau au port des Invalides et qu'il fut question de les transporter à leur destination, la première fut traînée par des cabestans, ce qui dura environ trois jours et trois nuits. On n'avait pas osé la mettre sur une voiture quelconque. Enfin on construisit pour la seconde un *diable* en très-grosse charpente, armé en tous sens de barres de fer et roulant sur des moyeux de 6 mètres environ de diamètre en place de roues. Les deux essieux furent faits de deux *brins* de frêne et le fardeau traîné par soixante-trois chevaux ! Ces essieux furent si peu fatigués que quelque temps après on se servit de la même voiture pour transporter un bourdon qu'on venait de fondre pour la même église, depuis l'endroit où il fut fondu jusqu'à l'église.

Le châtaignier. — Était autrefois très-employé pour la charpente ; la plupart des combles des anciens monuments sont de ce bois. On prétend que les vers ni les araignées ne l'attaquent point. On en fait peu d'usage maintenant, surtout à Paris, car on a négligé la culture de l'arbre en haute futaie. On en trouve beaucoup en taillis et de moyenne grosseur dans les forêts. Comme on ne le laisse pas croître plus de cinq ou dix ans, on s'en sert très-utilement pour faire d'excellents cerceaux, du treillage et autres objets de peu de conséquence.

Le saule. — N'est presque d'aucun usage. On fait toutefois de ses branches, qu'on coupe tous les deux ans, d'assez bons cerceaux, mais ils ne valent pas ceux du châtaignier. Dans certaines localités, on emploie des coins de saule pour déterminer la cassure des blocs qui servent à faire les meules de moulin (voyez Hygroscopique).

Le tremble. — Est rangé au nombre des bois blancs qui ne sont pas d'une grande utilité dans les arts. On en fait d'excellents bois à polir avec de l'émeri, de la potée ou de la pierre ponce pulvérisée, parce qu'étant fort tendre, il se laisse pénétrer par ces ingrédients et forme une espèce de lime douce qui polit très-bien. C'est avec lui que l'on forme des espèces de cuirs à rasoirs appelés *aconixyles.* Le tremble est le seul bois qu'emploient les cordonniers pour faire des chevilles dans les talons ; du bois dur, en séchant, quitterait sa place, tandis qu'un bois aussi tendre se gonfle à la moindre humidité et tient toujours bien.

Le bouleau. — Bois blanc ; s'emploie à peu près aux mêmes usages que le tremble. Les branchages les plus menus servent à faire des balais.

L'aulne. — Bois blanc d'un usage un peu plus étendu que les deux précédents. Les tourneurs en ouvrages communs en font des chaises, des tabourets, de petites couchettes pour les enfants. Comme cet arbre vient très-haut et file très-droit et très-menu, on en fait des échelles de la plus grande hauteur, de 10 à 15 mètres. Les deux montants en sont si flexibles que, quand on voit un homme y monter, on ne peut se défendre d'un sentiment de crainte pour sa vie par suite des balancements considérables qu'imprime le poids du corps. Les maçons en font aussi des *écoperches* pour échafauder les maisons et s'élever à la plus grande hauteur.

Le tilleul. — C'est encore un bois blanc. Il est très-tendre et employé à différents usages auxquels les autres ne sont pas propres. Comme il se coupe assez net, on en fait des baguettes pour être dorées et surtout de la sculpture. Il est peu sujet aux nœuds, par suite facile à travailler au rabot et à tourner. Débité en copeaux longs et minces, on l'emploie pour faire des chapeaux de femme, connus autrefois sous le nom de chapeaux de paille blanche. Citons encore son emploi pour former des moules du métal à caractères destinés à l'impression de la musique ; ces moules s'obtiennent à l'aide de petits fers rougis qu'on fait agir sur une planche du bois en question.

Le cerisier. — C'est un bois qui se tourne très-bien, quoiqu'un peu tendre pour être employé en grosse menuiserie. On en fait toutefois des meubles fort agréables, particulièrement des chaises qui, passées à l'eau de chaux, acquièrent une couleur brune plus solide que celle des autres bois de chaise qu'on teint en toute couleur et qui changent considérablement au bout de quelque temps.

Le prunier. — On ne travaille que le prunier sauvageon, c'est-à-dire celui qui vient dans les forêts sans culture et sans greffe. Il est doux, liant, a le grain fin et se travaille facilement au rabot et au tour. Comme il est agréablement veiné, on en fait de petits bijoux, tant en menuiserie qu'au tour.

Le pommier. — Est sujet à se rouler et à se tordre, ce qui le rend difficile à couper au rabot ; mais quand il est sain, c'est un bois agréable à travailler, dur, liant, serré et ressemblant au cormier par sa rougeur et par ses veines. On en fait de bons outils de menuiserie de toute espèce, et surtout des outils de moulure.

Le poirier. — C'est, au dire des ouvriers et des amateurs, un des bois les plus agréables pour les arts. Il est doux, liant, sans nœuds ni gerçures, se rabote, coupe et tourne dans tous les sens ; aussi s'en sert-on pour faire des modèles de machines. Il est bon pour la gravure sur bois, et c'est de lui que se servent souvent les fabricants de papiers peints et d'indiennes pour faire leurs dessins.

L'alizier. — Ce bois paraît réunir toutes les qualités qu'un tourneur mécanicien peut désirer pour ses travaux. Quand il est jeune, il est blanc, doux au rabot et au tour, veiné à peu près comme le noyer ; mais il a les pores incomparablement plus fins. Plus vieux, il est rougeâtre, acquiert de la dureté, et par cette raison est propre à tous les ouvrages. Doux comme le poirier, il se rabote aussi bien que lui et se tourne mieux, parce qu'il est plus serré et qu'il peut supporter les moulures les plus fines. L'arbre vient assez haut pour qu'on puisse en avoir de grosses pièces ; on le débite en tables et en planches. C'est le meilleur de tous les bois pour faire des vis de toutes grosseurs. Les tourneurs en font d'excellents mandrins pour le tour en l'air. Enfin, il est susceptible de prendre très-bien certaines teintures rembrunies, comme, par exemple, la couleur d'acajou.

Le cormier. — Il est mis par quelques ouvriers au-dessus de l'alizier à certains égards. Il est certain que quand il est vieux on trouve dans le cœur du bois des veines d'un rouge brun qui le rendent extrêmement lourd et dur ; c'est pour cela qu'on fait avec ce bois les meilleurs outils de menuiserie, surtout les outils de moulure qui s'usent beaucoup. Mais comme il est sujet à se tourmenter, les menuisiers collent souvent au corps de l'outil en chêne de petites languettes de cormier et s'en servent comme d'un outil qui serait entièrement fait de ce bois.

L'acacia. — Bois doux assez dur, se tourne et se polit assez bien et résiste d'une façon remarquable au frottement et à la pourriture, sert à faire différentes pièces de tour, des roulettes de lit, des mortiers, des pilons, etc.

Le cornouiller. — Bois d'un grain fin, dur, sans pores apparents, mais dont les usages sont très-limités par la multitude des nœuds assez forts et très-durs qui interrompent le droit fil du bois. On en fait les meilleurs manches de marteau, des ridelles de charrette, d'excellents échelons.

Le houx. — Bois très-fin, d'un très-beau blanc, sans pores apparents et susceptible de prendre un poli qui lui donne l'aspect de l'ivoire. On en fait le plus grand usage dans l'ébénisterie et la marqueterie, particulièrement pour faire les parties blanches des damiers et objets analogues.

Le fusain. — Bois assez semblable au buis de France, dont on fait, entre autres choses, des mesures communes sur lesquelles les divisions sont tracées toutes à la fois à l'aide de calibres ou de moules. Le charbon de fusain est très-propre à faire des crayons à dessiner, dont les traits peuvent être effacés facilement sans laisser de trace.

Buis de France. — Très-propre aux ouvrages de tour, lesquels prennent un aspect des plus agréables lorsqu'on a affaire aux excroissances appelées loupes. On varie d'ailleurs l'effet par l'emploi de certaines teintures qui se combinent de diverses manières avec les couleurs naturelles.

Le buis est presque exclusivement employé aujourd'hui pour la gravure sur bois ; toutefois, on emploie de préférence le buis d'Espagne (voyez ci-après).

L'yeuse. — Autrement dite *chêne vert,* car c'est une espèce du genre Chêne, est un bois dont les usages généraux dans les arts sont peu importants et qui a d'ailleurs une grande tendance à se pourrir. Il a une nature de grain qui le fait éclater difficilement, et le rend tout spécialement propre à la confection des marteaux de calfat.

II. Bois ÉTRANGERS. — *Buis d'Espagne.* — Un peu supérieur à celui de France, se tourne, se rabote et se polit avec facilité et reçoit de la manière la plus nette l'action du ciseau ; de là son emploi dans la gravure. C'est avec ce bois qu'on fait des flûtes, des hautbois, des clarinettes et quelques autres instruments à vent. Les anciens l'appliquaient à cet usage, comme on le voit par ces vers de Virgile, *Énéide,* ix, 617 :

Allez au double son de vos flûtes troyennes
De cymbales d'airain, d'un buis mélodieux,
Féter dans vos bosquets votre mère des Dieux.
(*Traduction de* DELILLE).

Le palissandre. — S'emploie particulièrement en placages qu'on colle sur des massifs de chêne et de sapin. On en fait une infinité de petits meubles ; mais comme il est un peu sombre, on l'emploie moins pour les gros meubles, à moins qu'on ne l'égaye en le coupant par d'autres bois et ne l'y faisant entrer que comme pièce de rapport. Il est excellent pour faire des dévidoirs, des étuis et des objets analogues.

L'ébène. — Il en existe de plusieurs sortes, mais leurs propriétés, au point de vue des arts, sont analogues. C'est un bois dur, à pores très-serrés, ce qui lui permet de prendre un beau poli et de se tourner facilement. En l'associant au bois blanc, tel que le houx, on obtient des effets très-agréables. Dans l'ébénisterie, on l'emploie seulement en placage ; il n'est susceptible, d'ailleurs, ni de tenons ni de mortaises, car il manque entièrement de liant. Travaillé à la hache, il donne non pas des copeaux, mais des espèces de hachures, comme ferait, pour ainsi dire, du charbon ou du bois carbonisé.

L'acajou. — Les diverses sortes d'acajou, comme chacun sait, se sont tellement répandues depuis peu, qu'il est inutile de donner ici aucun détail sur leur emploi. On peut dire que c'est le bois exclusivement employé dans l'ébénisterie de placage ordinaire.

Le cèdre. — Bois tendre et, par suite, peu propre aux constructions. Il est très-aromatique, et c'est sans doute à cause de cela qu'on dit qu'il n'est pas attaqué par les insectes. Son principal usage actuel est de servir d'enveloppe aux crayons.

Le bois de fer. — Ainsi nommé à cause de sa grande dureté ; c'est d'ailleurs son seul mérite, et il est clair que c'est un mérite purement relatif. Ainsi pourra-t-on en faire des règles, des équerres, des outils de menuiserie qui auront le précieux avantage de conserver parfaitement l'*arrêté* de leurs lignes et de ne s'entamer que fort peu par l'usage.

Indépendamment des bois que nous venons de nommer, nous recevons de l'étranger et l'on emploie dans les colonies, un grand nombre d'autres espèces propres particulièrement à la tabletterie et à la marqueterie ; tels sont, par exemple : Le *bois de rose,* qui par sa couleur et son odeur rappelle la fleur de ce nom ; on s'en sert pour faire des meubles, et le beau poli dont il est susceptible, contribue à le faire rechercher. — Le *bois de Santal,* dont il existe trois sortes dans le commerce, le S. *citrin* et le S. *blanc,* utilisés dans la parfumerie, et le S. *rouge,* dans la teinture. — Le *bois de cannelle,* blanc, compacte, susceptible d'un beau poli, qui, pour le grain et la couleur, ressemble beaucoup au noyer, ce qui le fait employer dans la menuiserie. — Le *bois de natte,* très-estimé aux îles Maurice et de la Réunion, pour la charpente et la menuiserie. — Le *bois satiné,* employé avec succès dans la marqueterie, ainsi nommé parce que, lorsqu'on lui a donné le poli, il présente à peu près le reflet du satin. — Le *bois de Tek* des Grandes Indes, très-estimé pour sa solidité, supérieur à beaucoup d'égards au chêne lui-même. — Le *bois tendre-à-cailloux,* ainsi nommé dans les Antilles, à cause de sa dureté, et qui provient de l'acacie en arbre (*mimosa arborea,* Lin.). Il passe pour incorruptible, et ces deux qualités le font rechercher pour la charpente. — Le *bois major,* dont les habitants de Saint-Domingue font des brancards de voiture, parce qu'il est compacte et très-flexible. — Le *bois de Losteau,* recherché et estimé à l'île Maurice ; blanc et susceptible d'un beau poli. Nous sortirions du cadre d'un livre comme le nôtre en multipliant les détails sur ce sujet ; notre but a été seulement de donner une idée des emplois spéciaux des essences les plus connues.

Bois A BRULER. — On emploie comme *bois à brûler* la plupart des essences ordinaires de nos forêts : le chêne et le charme principalement, l'orme, le hêtre, le frêne, le bouleau, l'érable, l'aulne, etc. D'une manière générale, on peut dire que ces bois chauffent d'autant mieux qu'ils ont un plus grand poids spécifique. Les chiffres suivants, empruntés à M. E. Chevandier, donnent à cet égard des renseignements importants ; voyez d'ailleurs l'article COMBUSTIBLES.

Tableau donnant le poids de 1 stère de bois entièrement sec pour chaque essence, et sa puissance calorifique, celle du chêne rouvre (bois de quartier), étant prise pour 1 000.

NATURE DES BOIS.	POIDS de 1 stère de bois sec.	PUISSANCE calorifique.
Chêne rouvre (bois de quartier)............	380k	1 000
Chêne rouvre et chêne pédonculé mélangés (bois de quartier)......................	371	976
Idem (rondinage de brins)...............	317	834
Idem (rondinage de branches).............	277	729
Hêtre (bois de quartier)................	380	994
Idem (rondinage de brins)...............	314	821
Idem (rondinage de branches.........	304	795
Charme (bois de quartier)...............	370	949
Idem (quartiers et rondins mêlés)......	361	926
Idem (rondinage de brins).............	313	803
Idem (rondinage de branches).........	298	764
Chêne pédonculé (bois de quartier)......	359	945
Bouleau (bois de quartier).............	338	939
Idem (quartiers et rondins mêlés).....	332	922
Idem (rondinage de brins)............	318	884
Idem (rondinage de branches).........	269	747
Sapin (rondinage de brins)............	312	859
Idem (rondinage de branches).........	287	790
Idem (bois de quartier)...............	277	762
Aulne (bois de quartier)...............	293	813
Idem (quartiers et rondins mêlés)..... ..	291	807
Idem (rondinage de brins).	283	785
Saule (quartiers et rondins mêlés).......	285	758
Idem (rondinage de brins)..............	270	734
Tremble (quartiers et rondins mêlés).....	273	729
Pin (bois de quartier)..................	256	706

Baudrillart, dans son *Dictionnaire des eaux et forêts*, a réuni les nombres résultant des expériences de Hassenfratz, Verneck, T. Hartig, G.-L. Hartig, Marcus Bull ; il ne sera pas inutile de comparer ces nombres à ceux de M. Chevandier, pour apprécier combien les bois varient sous l'influence du sol, de l'exposition et du climat. Le meilleur temps pour employer les bois au chauffage est un an et demi, deux ans au plus après l'abatage ; passé cette époque, il perd généralement de ses propriétés calorifiques. L'âge préférable pour avoir de bons bois à feu est celui de leur maturité. D'ailleurs il importe, selon les usages qu'on en attend, de tenir compte de la manière dont brûlent les diverses essences. Les bois lourds et compactes brûlent à la surface d'abord et se transforment en une masse incandescente qui se consume lentement, sans flamme. Les bois légers, et en général tous les bois quand ils ont longtemps séjourné dans l'eau et ont été séchés ensuite, donnent une grande flamme, se consument vite et laissent peu de charbon (voyez Forêts).

Certains bois sont recherchés à cause des matières colorantes qu'ils renferment (voyez Colorantes, Teinture). D'autres, en petit nombre, sont employés en médecine (voyez Ben, Gaïac, Quassier, Sassafras, Santal).

On trouvera à l'article Essences ligneuses le nom scientifique des principaux bois. P. D. et Ad. F.

EMPOISONNEMENT (Médecine). — Voyez Poisons.

EMPORTE-PIÈCE, Découpoir (Mécanique industrielle). — On donne ce nom à des appareils qui servent, en général, à tailler rapidement dans une surface des pièces plates ayant une forme donnée ; on les emploie surtout quand on doit produire un grand nombre de pièces ayant toutes exactement la même forme. C'est ainsi, par exemple, que dans la fabrication des *monnaies* (voyez ce mot), on découpe les *flans* qui doivent recevoir ultérieurement l'empreinte caractéristique de la monnaie.

La forme de ces appareils varie beaucoup suivant les circonstances ; toutefois, il est facile d'en comprendre la disposition essentielle. On y distingue toujours l'outil tranchant, qui porte plus particulièrement le nom d'*emporte-pièce*, et le mécanisme destiné à lui imprimer un mouvement assez intense pour que la vitesse représente le travail correspondant à la résistance qu'offre la matière à découper. Lorsque celle-ci, au lieu d'être débitée en morceaux identiques, fournit seulement des fragments non cernés et qui tombent comme rognures, l'outil est formé par une ou deux lames de couteau, analogues à celles qui constituent les *cisailles* (voyez ce mot). Dans l'autre cas, c'est ordinairement un tube dont la partie inférieure trempée en acier très-dur, taillée en biseau et convenablement affûtée, vient porter sur la plaque soumise à l'expérience. Quant au mécanisme qui fournit l'impulsion nécessaire, ce peut n'être que le simple choc d'un marteau, lorsque la matière à découper a peu d'épaisseur et de résistance, comme, par exemple, le papier, le cuir, la toile, etc. Quand il s'agit d'un métal, le fer-blanc, la tôle de fer ou de cuivre, on agit soit par l'intermédiaire d'un levier, soit par des vis, comme dans les presses, la force motrice pouvant d'ailleurs être la vapeur ou une roue hydraulique.

On se sert aussi quelquefois du *balancier* (voyez ce mot). Dans ce cas, l'outil est construit d'une manière toute spéciale. Il se compose d'une pièce en acier, appelée *étampe*, et présentant en relief la forme de la pièce à découper. L'étampe se meut dans un tube qui s'appuie sur la plaque de métal en un point au-dessous duquel se trouve une pièce en creux, également en acier, et formant la *contre-étampe*. Si l'on met en action le balancier, la vis de celui-ci pousse un piston, lequel agit directement sur l'étampe, la force à emporter le morceau correspondant du métal, lequel, poussé dans la contre-étampe, y est comprimé et écroué jusqu'à épuisement de la force vive du système.

On emploie fréquemment aussi un système analogue à celui qui est utilisé dans la presse monétaire de M. Thonnelier. C'est, par exemple, à l'aide d'une machine de ce genre que l'on *emboutit* (voyez Emboutissage) d'un seul coup les feuilles de laiton destinées à former la tête des clous dorés employés par les tapissiers pour garnir les fauteuils et différents autres meubles.

EMPREINTES (Anatomie). — C'est le nom que l'on donne à certaines inégalités existant à la surface des os et correspondant soit à l'attache des muscles et des ligaments, soit au contact des vaisseaux ou d'autres parties ; ainsi les empreintes que l'on observe à la face postérieure de l'occipital donnent attache aux muscles et aux ligaments qui soutiennent la tête ; on voit à la face antérieure de l'humérus l'*E. deltoïdienne* pour l'attache du muscle deltoïde. La face interne des os du crâne présente aussi des inégalités, des empreintes qui correspondent aux circonvolutions du cerveau.

EMPREINTES (Géologie). — On appelle ainsi les impressions que laissent dans les couches pierreuses certains corps organisés de peu d'épaisseur, comme les feuilles des arbres, ou bien des traces, des vestiges fugaces de certains animaux, tels sont des pieds d'oiseaux, etc. Elles diffèrent des autres fossiles en ce que ceux-ci présentent la substance même des corps enfouis, tandis que les empreintes n'en offrent que l'image. Parmi les nombreux exemples trouvés dans les différents terrains, nous citerons les *empreintes de pieds et de pas de certains quadrupèdes* (fig. 914) que présentent les terrains de soulèvement à Hersberg, en Saxe, sur les faces de séparation de certaines couches de grès, et celles de *pieds d'oiseaux divers* (fig. 915) observées dans la vallée de Connecticut, aux États-Unis d'Amérique. Le terrain devait conserver une certaine mollesse, quoiqu'il fût hors de l'eau. La couche sur laquelle ces animaux ont marché est aujourd'hui recouverte par une autre qui s'est modelée

Fig. 914. — Empreintes de pieds de quadrupèdes.

sur leurs traces, puis par des dépôts successifs considérables formés sous les eaux. En définitive, le terrain a dû se relever de nouveau pour arriver au point où il est aujourd'hui. Il existe aussi une assez grande quantité d'empreintes de poissons. — Parmi les végétaux, ces traces sont nombreuses, surtout dans les terrains houillers; on y

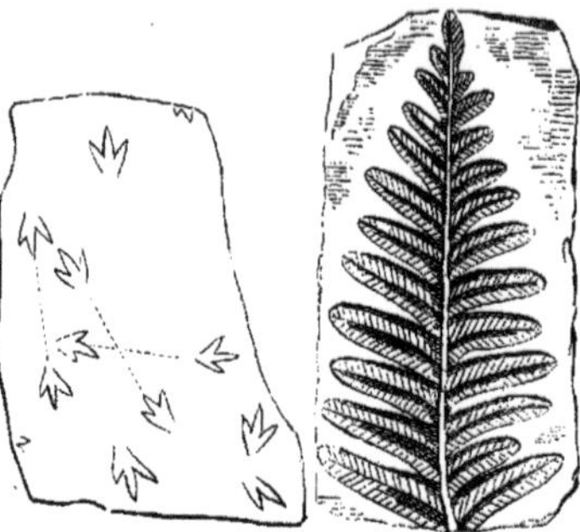

Fig. 915. — Pieds d'oiseaux.   Fig. 916. — Pecopteris aquilina.

trouve des *Fougères*, dont plusieurs du genre *Pecopteris*, Brong., dont les folioles peu détachées du pédicule se réunissent quelquefois en une feuille découpée profondément et ayant une nervure principale d'où partent perpendiculairement des nervures secondaires; telle est l'espèce nommée *Pecopteris aquilina* (*fig.* 916). Dans les argiles qui accompagnent les lignites, on rencontre des traces nombreuses de nos dicotylédones, telles que noyers, érables, ormes, etc. Consultez *Cours élémentaire de géologie* de Beudant.

Dans un sens analogue, on nomme encore *empreinte* ou plus exactement *moule* le vide laissé dans une sub-

Fig. 917. — Feuille d'orme.   Fig. 918. — Moule intérieur d'une coquille du genre arche (1).

stance minérale par un corps organisé qui y a occupé une place et a été détruit plus tard. Les coquilles ont souvent laissé ainsi des moules extérieurs et intérieurs de leurs valves. Plusieurs autres corps organisés ont laissé des empreintes du même genre (*fig.* 917 et 918).

On a encore décrit des empreintes fossiles qui sont évidemment dues à des gouttes de pluie tombées il y a des milliers de siècles sur des plages vaseuses aujourd'hui complétement endurcies (Voyez FOSSILE).

EMPUSE (Zoologie), *Empusa*. — Genre d'*Insectes* établi par Iliger dans l'ordre des *Orthoptères*, famille des *Coureurs*. Ce sont les espèces détachées des *Mantis* de Fabricius. Il leur donne pour caractères : les mâles ont des antennes pectinées; le front, dans les deux sexes, se prolonge en forme de pointe ou de corne; les cuisses des quatre pieds postérieurs se terminent inférieurement par un appendice arrondi et membraneux ; dans plusieurs espèces, l'abdomen est festonné. L'espèce type du genre,

(1) *aa*, vide du moule. — *b*, interstice par lequel a pénétré la matière minérale. — *c*, moule intérieur. — *ee*, substance qui forme le moule extérieur.

Empusa pauperata, Lat.; *Mantis pauperata*, Fab., est un joli insecte de l'Europe méridionale et de l'Égypte.

EMPYÈME (Médecine), du grec *en*, dans ; *pyon*, pus; pus dans l'intérieur. — Malgré l'extension que l'on pourrait donner à ce mot d'après son étymologie, il signifie, pour les modernes, l'*épanchement* d'un liquide séreux, purulent ou sanguinolent dans la cavité des plèvres; et on donne aussi particulièrement le nom d'opération de l'*empyème* au procédé par lequel on donne issue à ce liquide. Cet épanchement, étant une des terminaisons des nombreuses lésions qui peuvent affecter les organes thoraciques, ne peut être considéré comme une maladie essentielle dont la description pourrait être donnée ici ; nous nous bornerons à quelques mots sur l'opération en elle-même ; elle consiste d'abord dans une incision à la peau, avec un bistouri étroit, pratiquée entre la quatrième et la cinquième fausse côte, en comptant de bas en haut si c'est à droite, et entre la troisième et la quatrième si c'est à gauche; l'incision doit être parallèle à l'espace intercostal et prolongée de 0m,06 à 0m,09 ; on découvre ensuite les muscles intercostaux, on s'assure de la position des côtes, on divise les muscles en plaçant un doigt sur le bord de la côte supérieure, afin de ne pas blesser l'artère intestinale, et on incise la plèvre avec la précaution de ne pas pénétrer trop profondément. Le liquide écoulé, on recouvre la petite plaie d'un pansement à plat; d'autres y introduisent une canule à demeure. Quelquefois l'épanchement fait saillie au dehors, l'incision se fait alors sur le point fluctuant, sans rechercher le lieu d'élection indiqué plus haut.   F — N.

EMS (Médecine, Eaux minérales). — Ville d'Allemagne (duché de Nassau), à 6 kilomètres E. de Coblentz, et 48 kilomètres S.-E. de Wiesbaden, sur la Lahn, dans une riante vallée. On y trouve un grand nombre de sources d'eaux minérales, ayant toutes, à très-peu de chose près, les mêmes propriétés physiques et chimiques; elles sont rangées parmi les eaux bicarbonatées sodiques, et leur température varie de 29°,5 à 47°,5 cent. Elles contiennent, en moyenne, d'après M. Frésénius, 3gr,508 de principes fixes, dont les principaux sont : bicarbonate de soude, 2gr,008; *id.* de chaux, 0gr,231 ; *id.* de magnésie, 0gr,198 ; chlorure de sodium, 0gr,966. Ces eaux, qui du reste sont claires, limpides et onctueuses au toucher, ont une certaine analogie avec les eaux de Vichy, si ce n'est qu'elles sont plus faibles en bicarbonate de soude surtout (ces dernières en contiennent jusqu'à 5 grammes). Trois de ces sources sont généralement employées par les malades, ce sont : 1° celle de *Kranchen;* 2° celle de *Fürsten* (des princes) ; 3° celle de *Kessel* (de la chaudière). Quelques personnes font encore usage de celle de *Bubenquelle*, ou de celle de *Neuquelle*. Les eaux d'Ems se prennent surtout en boisson, à la dose de deux ou trois verres d'abord, puis jusqu'à cinq ou six par jour ; celles du Kranchen sont les plus employées, et c'est ordinairement le matin qu'on les boit. Quant aux bains, l'établissement contient au delà d'une centaine de baignoires ; on y prend aussi des douches. Les eaux d'Ems ont été depuis longtemps préconisées contre les phthisies tuberculeuses, les bronchites, les laryngites; elles sont devenues en Allemagne rivales de nos Eaux-Bonnes ; s'il y a du vrai dans cette appréciation, elle doit être acceptée avec quelques réserves ; ainsi il paraît bien établi par les observations de MM. Becquerel, Trousseau, Lasègue, et par les médecins allemands, que, en raison de leur faible minéralisation, ces eaux conviennent surtout dans les catarrhes chroniques avec persistance d'un certain degré d'inflammation, disposition aux fluxions sanguines, aux épistaxis, aux palpitations, au vif éréthisme du système vasculaire. On les a vantées aussi contre les catarrhes chroniques des voies urinaires. Nous ne citerons que pour mémoire, et avec l'expression du doute, leur effet salutaire dans la goutte, le diabète, les scrofules, les maladies de la peau, le rachitisme, l'anémie, la chlorose, etc.   F — N.

EMULGENTS (Anatomie). — Expression impropre par laquelle on a désigné les vaisseaux connus avec plus de raison sous les noms d'*artère* et *veines rénales* (voyez RÉNAL).

EMULSION (Matière médicale), du latin *emulgere*, traire, tirer du lait. — En effet, l'émulsion est une espèce de lait végétal, qui n'a, du reste, que l'apparence du lait animal. Il est blanc, opaque, liquide et formé par l'huile des amandes ou d'autres graines. On en prépare avec un grand nombre d'autres semences ; ainsi les amandes douces et amères, les semences de melon, de concombre, de courges; celles de lin, de pignon doux (fruit du pin pignon), de pistaches, de noix, de noisettes, etc. Le plus souvent, elles sont préparées avec de l'eau simple, quelquefois avec des eaux distillées de fleurs d'oranger, de laitue, ou avec des décoctions; mais il ne faut y ajouter ni acides ni alcooliques. On les édulcore soit avec du sucre, soit avec un sirop. Ces émulsions, qui sont rafraîchissantes, pectorales, émollientes, portent le nom d'*émulsions vraies*. — Les *émulsions fausses* se préparent avec les gommes résines, les résines liquides, les résines sèches, les baumes, le camphre, etc. Leurs propriétés varient suivant la substance employée. — La seule *émulsion animale* connue est celle qui porte vulgairement le nom de *lait de poule*.

Lorsqu'on veut préparer une émulsion ordinaire aux amandes (15 grammes d'amandes douces pour 1 kil. d'eau), on les dépouille de leur pellicule en les plongeant dans l'eau bouillante; pilez ensuite en pâte fine dans un peu d'eau, en ajoutant un peu de sucre; lorsque la pâte est bien préparée, on y verse peu à peu de l'eau en agitant en tous sens avec le pilon, puis on passe le tout sur une étamine, avec forte expression. On mêle ordinairement deux ou trois amandes amères avec les amandes douces pour aromatiser, et on édulcore avec du sucre ou un sirop.

EMYDOSAURIENS (Zoologie), nom donné par Blainville à un ordre qu'il avait établi dans la classe des *Reptiles* à côté de celui des Sauriens, pour le groupe qui constitue la famille des *Crocodiliens*, de Cuvier.

EMYDE (Zoologie), *Emys*, Brong.; du grec *emys*, tortue, et *eidos*, apparence. Ce nom créé par Al. Brongniart, a été donné, dans la classification de Duméril et Bibron, à un genre nombreux de leur famille des *Élodites* ou *Tortues paludines*, sous-famille des *Cryptodères*. Il a été employé par Cuvier comme nom scientifique de son sous-genre des *Tortues d'eau douce*, genre des *Tortues* (*Testudo*, Lin.), ordre des *Chéloniens*. (Voyez TORTUES *d'eau douce*.)

EMYDIENS (Zoologie). — On désigne généralement sous ce nom les *Chéloniens* des eaux stagnantes, nommés aussi *Tortues d'eau douce*.

EMYSAURE (Zoologie), *Emysaurus*, Dum.; du grec *emys*, tortue, et *saura*, lézard. — Genre de *Tortues* de marais créé par Duméril et Bibron pour une seule espèce ayant pour caractères : tête large, couverte de petites plaques; museau court; mâchoires crochues; deux barbillons sous le menton; plastron non mobile, cruciforme, à douze plaques; cinq ongles aux doigts de devant et quatre derrière; queue longue, à crête écailleuse. C'est la *Tortue à longue queue*, de Cuv., *Tortue serpentine* (*Testudo serpentina*, Lin.), qui vit dans les cavernes et les lacs de l'Amérique septentrionale. Sa carapace a 0ᵐ,60 de diamètre. (Voyez TORTUES *d'eau douce*.)

ÉNARTHROSE (Anatomie), du grec *en*, dans; *arthron*, articulation. — Sorte d'articulation très-mobile formée par une éminence à peu près sphérique qui est reçue dans une cavité profonde. La jonction du fémur avec l'os coxal, au moyen de la tête de cet os d'une part, et de la cavité cotyloïde de l'autre, offre un exemple d'*énarthrose* qui permet de grands mouvements dans presque toutes les directions (voyez ARTICULATION).

ENCANTHIS (Médecine), du grec *en*, dans, et *kanthos*, l'angle de l'œil. — On appelle ainsi une tumeur plus ou moins volumineuse située à l'angle de l'œil et déterminée par le développement morbide ou la dégénérescence de la caroncule lacrymale. Cette tumeur peut acquérir un volume considérable; généralement, ce n'est qu'une petite excroissance molle, rougeâtre, grosse comme un pois qu'il faut enlever le plus tôt possible avec l'instrument tranchant, si, par un traitement émollient et résolutif rationnel, on n'a pas pu en obtenir la guérison. Abandonnée à elle-même, cette tumeur, qui, même dès le début, peut être d'un mauvais caractère, grossit, dégénère en granulations de nature cancéreuse, et les chances de l'extirpation deviennent d'autant moindres que l'on aura attendu plus longtemps.

ENCASTELURE (Hippiatrique). — On appelle ainsi un resserrement du sabot qui constitue une défectuosité des quartiers et des talons du cheval, déterminant une compression douloureuse. On peut voir cette disposition chez l'âne et le mulet, où elle existe naturellement et qui n'en éprouvent aucune souffrance. Il n'en est pas de même dans le cheval. Elle peut être *naturelle*, et tient alors à un vice de conformation du sabot auquel on ne peut guère remédier. Lorsqu'elle est *accidentelle*, elle dépend, en général, d'une mauvaise ferrure; on ne l'observe guère que sur les pieds de devant, et c'est par l'abandon de la mauvaise ferrure, par la manière de parer les pieds, par l'usage de fers légers, de ceux qui ont pour but, suivant

quelques vétérinaires, de presser les quartiers de dedans en dehors, afin de redonner au pied sa forme première, qu'on vient à bout de remédier à cette maladie. On aidera ces moyens en graissant le sabot avec de l'axonge, de l'huile de pied, etc., pour lui redonner de la souplesse et de l'élasticité.

ENCAUSSE (Médecine, Eaux minérales). — Village de France (Haute-Garonne), arrondissement et à 8 kilomètres S. de Saint-Gaudens, sur la petite rivière du Jops. On y trouve trois sources nommées la *Grande* et la *Petite source*, et celle dite d'*Argut*. Température, 22° cent. Ces eaux sont sulfatées sodiques, et renferment, par litre, 3 grammes de sel dont 2ᵍʳ,126 de sulfate de chaux, et 0ᵍʳ,502 de sulfate de magnésie. On les prend en bains et en boisson dans les affections nerveuses, néphrétiques, bilieuses, dans diverses maladies de la peau, dans quelques troubles fonctionnels des organes digestifs. D'autre part, si l'on en croit Patissier, « c'est un fait acquis à la science, que l'action efficace des eaux d'Encausse contre les fièvres intermittentes ; elle se manifeste tantôt par des urines copieuses, tantôt par des selles fréquentes, etc. » (*Rapp. sur le service des établiss. thermaux. Mém. de l'Acad. de méd.*, 1854.)

ENCAUSTIQUE (Technologie). — Préparation dans laquelle entre toujours le cire, et qu'on applique à la surface des corps qui sont destinés à être cirés, vernis ou frottés. Suivant les cas, la composition de l'encaustique n'est pas tout à fait la même : celle, par exemple, qui convient à tel bois ne convient pas à tel autre; celle qui est destinée aux meubles n'est pas la même que celle qu'on applique à la surface des parquets, etc. Il serait sans intérêt de multiplier ici les formules de préparation de cette matière ; nous nous bornerons à en donner une très-propre à être étendue sur les carreaux ou parquets. Ajoutons que les anciens se servaient d'une sorte d'encaustique (cire punique) pour faire des peintures; on a, sans beaucoup de succès, essayé de faire revivre de nos jours ce procédé. La cire punique paraît être un savon de cire formé de 20 parties de cire et 1 partie de soude.

Formule de l'encaustique pour carreaux et parquets : On fait dissoudre dans 5 litres d'eau 125 grammes de savon blanc; on y ajoute 500 grammes de cire jaune coupée en petits morceaux, et on fait fondre à chaud. On met alors dans le mélange 60 grammes de cendres gravelées (carbonate de potasse); on agite, on laisse refroidir en remuant de temps à autre, afin que les parties de densités différentes soient mélangées en une sorte d'émulsion épaisse. Cette composition étendue sur le carreau suffit pour en couvrir 48 à 56 mètres. Quinze à vingt heures après on peut frotter. (Girardin).

ENCÉLADE (Zoologie), *Enceladus*, Bonelli. — Genre d'*Insectes*, de l'ordre des *Coléoptères*, section des *Pentamères*, famille des *Carnassiers*, tribu des *Carabiques*. Ils ont pour caractères principaux : tête arrondie; milieu de la languette avançant en forme de dent; labre échancré; antennes cylindriques; mandibules très-épaisses. Ils sont nocturnes et fouisseurs, habitent sous des pierres dans les contrées exotiques. Il y en a deux espèces, dont la plus grande est l'*E. géant* (*E. gigas*, Bon.), insecte noir et brillant, long de 0ᵐ,040 à 0ᵐ,045, et qui se trouve sur la côte d'Angole.

ENCENS ou OLIBAN (Chimie, Botanique). — Gommerésine fournie par le *Boswellia serrata*, qui croît au Bengale. Il nous vient aussi de l'encens de l'Abyssinie et de l'Éthiopie. Ce corps se présente sous la forme de petites masses, d'un brun rougeâtre, arrondies, répandant, quand on les frotte, une odeur aromatique; cette odeur est surtout très-prononcée quand l'encens pulvérisé est jeté sur du charbon allumé. Il est un peu soluble dans l'eau et l'alcool. Sa constitution chimique est assez complexe. Il est formé par l'union de plusieurs gommes-résines. Il s'y trouve, en particulier, une résine acide ($C^{40}H^{64}O^8$), une résine neutre qui se rapproche de la colophane ($C^{40}H^{64}O^4$), une huile volatile qui est probablement la cause principale de l'odeur. Indépendamment de l'usage ordinaire de l'encens dans les églises, on l'a quelquefois utilisé en médecine; en fumigations, comme un *stimulant aromatique*; à l'intérieur sous forme de *teinture*, et à l'extérieur incorporé dans certains emplâtres.

L'encens est une substance très-anciennement connue et qui, de temps immémorial, nous arrive par la voie du commerce d'Arabie, où probablement il n'est pas récolté. On a longtemps ignoré par quel végétal il était produit ; mais la découverte, au Bengale, d'un arbre de la famille des *Burséracées*, nommé par de Candolle *Boswellia serrata*, a levé tous les doutes, et l'on sait aujourd'hui que l'encens découle du tronc de cet arbre très-répandu aux environs de Calcutta. Cependant il n'était pas certain que l'encens d'Arabie, ou plutôt d'Abyssinie, eût la même origine : les uns le faisaient provenir du *Balsamodendron kataf*, de la même famille; d'autres, du *Juniperus lycia* (Cupressinées); enfin Ach. Richard a prouvé qu'il découlait d'un autre arbre du même genre que le premier, et auquel il a donné le nom de *Boswellia papyracea*. Il résulte de là qu'il existe dans le commerce deux sortes d'*encens* ou *oliban* : 1° L'*E. d'Afrique, d'Arabie, d'Abyssinie, d'Éthiopie* produit par le *Boswel. papyracea*, qui nous vient du Levant, par Marseille. Il se présente sous la forme de *larmes* jaunes, mélangées de morceaux plus gros, plus foncés, rougeâtres, dits *marrons*. Les larmes ont une cassure terne, ne sont pas transparentes; elles ont une saveur légèrement âcre, une odeur aromatique; elles se ramollissent sous la dent; les marrons sont rougeâtres; ils ont une odeur et une saveur plus marquées; ils contiennent de petits cristaux de spath calcaire, souvent aussi des fragments d'écorce. Ils se ramollissent facilement entre les doigts. 2° L'*E. de l'Inde*, produit par le *Boswel. serrata*, que nous recevons directement de Calcutta, est le plus estimé; il est en larmes plus volumineuses, irrégulièrement arrondies, jaunes, presque opaques; il a une saveur et une odeur parfumées, agréables.

Dans le commerce on donne le nom d'encens mâle, à celui qui se présente en morceaux détachés sous forme de lames; c'est la première qualité, et la plus recherchée; elle est plus nette, plus pure, plus odorante; elle se colore au contact de l'air. La seconde qualité est en masse agglomérée, plus foncée, moins pure, par opposition à la première qualité, on la nomme encens femelle. On falsifie très-souvent l'encens, en y mêlant d'autres substances résineuses, celle du pin, par exemple. On reconnaît cette fraude au toucher, l'encens pur étant beaucoup plus moelleux. En le faisant brûler, l'encens falsifié donne une flamme moins considérable, et une odeur moins suave.

L'encens coule sans doute à la manière de toutes les autres gommes-résines; il transsude de l'écorce de l'arbre qui le produit sous la forme où nous le voyons. Duhamel dit qu'il s'amasse sous l'écorce, et qu'il la rompt pour s'échapper; nous sommes, du reste, peu instruits des circonstances de sa récolte qui, si l'on en croit quelques voyageurs, est accompagnée de pratiques superstitieuses. L'analyse de l'encens a été faite par Braconnot, de Nancy, qui lui a trouvé la composition suivante : sur 100 parties d'oliban; résine soluble dans l'alcool, 56,0; gomme soluble dans l'eau, 30,8; résidu insoluble dans l'eau et dans l'alcool, contenant probablement une résine insoluble dans ce dernier, 5,2; huile volatile et perte, 8,0. Comme toutes les gommes-résines, il est en partie soluble dans l'eau et l'alcool; il brûle avec une flamme blanche lorsqu'on l'approche d'une bougie; répandu sur des charbons ardents, il s'embrase difficilement et dégage une fumée épaisse, qui se répand de telle sorte qu'une petite quantité brûlée dans une vaste église remplit toutes les parties du monument.

L'encens, qui était assez souvent employé autrefois en médecine comme excitant, n'est plus guère en usage aujourd'hui que comme ingrédient dans la thériaque, le mithridate, les pilules de cynoglosse, les baumes de Fioravanti, du commandeur, l'onguent des apôtres, etc. Dans ces différentes préparations, il est plus particulièrement désigné sous le nom d'*Oliban*. Mais le plus grand usage qu'on ait fait de l'encens, a été pour les temples. Nous l'avons pris des peuples de l'Orient, qui en brûlaient sur les autels des dieux, et, dans nos cérémonies religieuses, on le fait fumer devant l'image de Dieu, et même devant ses ministres. « Il faut convenir, dit Mérat, que cette odeur porte à des sensations particulières, produit des émotions dont on n'est pas maître, que la pompe des cérémonies, le nombre des assistants et la majesté du lieu augmentent encore. »

F — N.

ENCEPHALARTOS (Botanique), *Encephalartos*, Lehmann; du grec *en*, dans; *képhalé*, tête, et *artos*, pain; allusion à la fécule de la moelle de ces végétaux, avec laquelle on fait une sorte de pain.— Genre de plantes *Dicotylédones gymnospermes*, de la famille des *Cycadées*. Il comprend de petits arbres à tige cachée en partie dans la terre, à feuilles piquantes. Leurs cônes de fleurs mâles sont formés d'écailles en coin ou en disque et couvertes inférieurement d'anthères; leurs cônes femelles ont sous chaque écaille 2 ovules nichés chacun dans une fossette. Ces végétaux habitent principalement le cap de Bonne-

Espérance. L'*E. cafre* (*E. cafer*, Lehm.) est très-estimé au pays des Cafres. Les naturels extraient de sa tige une moelle qu'ils enfouissent en terre après l'avoir enveloppée par masse dans des peaux. Au bout d'un mois, ils écrasent cette substance presque putréfiée, y ajoutent de l'eau, et ils en obtiennent ainsi une pâte qui sert à faire des gâteaux. L'*E. hérissonné* (*E. horridus*, Lehm.; *Zamia horrida*, Jacq.) a la tige laineuse et les feuilles composées de 25 ou 30 folioles recouvertes d'une poussière glauque. On cultive souvent plusieurs variétés de cette espèce dans les serres.

G — s.

ENCÉPHALE (Anatomie), du grec *en*, dans; *képhalé*, tête; qui est contenu dans la tête. — C'est l'ensemble des renflements nerveux qui remplissent la cavité du crâne. Il en a été question à l'article CÉRÉBRO-SPINAL.

ENCÉPHALITE (Médecine), même étymologie. — On appelle ainsi l'inflammation des parties contenues dans le crâne, et particulièrement celle du cerveau. Cette maladie a été souvent confondue avec la *méningite*, et a reçu, aussi bien que cette dernière, le nom de *fièvre cérébrale*, par quelques-uns; d'autres l'ont désignée sous ceux de *fièvre ataxique*, *fièvre nerveuse*, etc. Tous les âges, tous les sexes, toutes les constitutions, peuvent être atteints de cette maladie; cependant elle est plus fréquente chez les enfants. Elle reconnaît pour causes les violences extérieures sur la tête, les chutes, le travail de la dentition, les plaies du cerveau; le travail intellectuel précoce ou trop prolongé, l'usage excessif des liqueurs alcooliques, de l'opium, l'insolation sur la tête, les veilles prolongées et continuelles, la terreur, des chagrins violents, la suppression brusque des hémorrhoïdes, le rhumatisme aigu; quelquefois l'action sympathique d'une inflammation éloignée, telle que celle de l'estomac ou des intestins. La maladie éclate quelquefois subitement; mais le plus souvent elle est précédée de malaise, d'insomnie ou de somnolence insolite, agitation, chaleur à la tête, douleur vive s'exacerbant par le bruit, le mouvement, la chaleur, la lumière; il survient bientôt des réveils en sursaut, des rêvasseries fatigantes, des frissons irréguliers, un sommeil inquiet, des grincements de dents; fièvre, soif, inappétence, assez souvent des vomissements précèdent et accompagnent ce cortége de symptômes, la céphalalgie est violente, la somnolence augmente, le réveil se manifeste par des cris, il y a du délire, des mouvements spasmodiques, des convulsions dans les muscles de la face, contracture des membres, les pupilles sont contractées et immobiles; bientôt prostration, paralysie, perte de la sensibilité, dilatation ou immobilité des pupilles; insensibilité au bruit, à la lumière; quelquefois succession de tous ces symptômes avec dégradation progressive de la sensibilité, des mouvements, etc., jusqu'à la mort qui peut arriver du huitième au vingt-cinquième ou trentième jour.

L'encéphalite est une maladie très-grave. Le traitement consistera dans l'emploi des saignées locales ou générales, des purgatifs, des révulsifs employés avec prudence, tels que sinapismes aux jambes, vésicatoires, quelquefois ceux-ci sur le crâne rasé, le plus souvent aux extrémités inférieures, des réfrigérants sur la tête, des boissons fraîches, émollientes, etc.

Le traitement prophylactique, chez les enfants surtout consiste dans l'emploi des moyens qui peuvent détourner l'imminence des congestions vers la tête; ainsi on évitera de couvrir cette partie de bonnets trop chauds ; pendant le travail de la dentition, on veillera à ce que le ventre soit très-libre; le régime alimentaire sera surveillé avec soin, surtout chez certains enfants qui ont un grand appétit, on se gardera bien de forcer chez eux le travail intellectuel, etc.

F — N.

ENCÉPHALOCÈLE (Médecine), du grec *enkephalon*, encéphale, et *kélé*, tumeur. — On appelle ainsi une tumeur formée au crâne par le déplacement d'une partie de l'encéphale; elle est molle, arrondie, sans changement de couleur à la peau, offrant des battements artériels, diminuant de volume à la pression, augmentant par les cris. On l'observe chez les enfants quand l'ossification des sutures n'est pas achevée. Ceux qui en sont affectés meurent ordinairement de maladie cérébrale.

Une autre espèce d'encéphalocèle tient à la destruction d'une partie du crâne par un accident, par l'opération du trépan, etc.; c'est un des accidents des *plaies de la tête*.

ENCÉPHALOÏDE (Médecine), même étymologie que les précédents. — Nom donné par Laënnec à une des matières organiques qui forment le plus souvent les tumeurs cancéreuses, parce que, lorsqu'elle est parvenue à son entier développement, elle ressemble à la substance cérébrale d'un enfant, d'où lui est venu aussi le nom de *matière cérébriforme*. C'est, suivant Laënnec, un tissu formé de toutes pièces, jouissant, pour ainsi dire, d'une vie propre, et de formation morbifique nouvelle.

ENCHÉLYDES, ENCHELYS (Zoologie), du grec *enchelys* anguille. — Genre d'*Infusoires*, de la famille des *Enché-lyens*, de Dujardin et Ehrenberg (voyez INFUSOIRES).

ENCHEVÊTRURE (Vétérinaire). — Nom donné à une écorchure ou une plaie déterminée par la longe d'un cheval dans laquelle il s'est embarrassé, ce qui arrive assez souvent à l'écurie, lorsque l'animal cherche à se frotter et s'agite pour cela. C'est ordinairement au *pa-turon* d'un membre de derrière, quelquefois au jarret, au genou que cet accident se présente. S'il n'y a qu'une simple excoriation, le repos, des onctions douces suffi-sent pour amener la guérison. Quelquefois il existe une plaie profonde ; elle peut se compliquer de furoncle, d'ul-cération des tendons, d'abcès, etc., et produire ainsi des accidents graves. Le traitement consiste dans l'emploi des cataplasmes de miel et des émollients en général ; lorsque l'inflammation sera tombée, on aura recours aux on-guents digestif, égyptiac, etc. Les complications seront traitées suivant leur nature. Mais, lorsque les accidents ont été graves, la cicatrisation laisse quelquefois après elle des cordons épais, des rétractions qui peuvent gêner les mouvements. Le meilleur moyen d'éviter les enche-vêtrures consiste dans l'emploi des chaînes de fer, ou d'un billot de bois adapté à l'extrémité de la longe.

ENCLOUAGE et DÉSENCLOUAGE DES BOUCHES A FEU (Art militaire). — On encloue la lumière d'un canon pour le mettre hors d'état de servir à l'ennemi.

On enfonce avec force dans la lumière de la pièce un clou de dimensions convenables et on casse la partie restée en dehors, pour rendre l'extraction aussi difficile que possible. Si la lumière n'est pas trop dégradée, le clou peut résister à l'action du gaz de la poudre, ou bien, s'il est chassé par eux, élargir assez la lumière pour que la pièce soit incapable de servir. Après avoir exécuté cette opération à coups de marteau, on glisse un boulet au fond de l'âme de la pièce, et on l'y assu-jettit fortement avec une ou plusieurs éclisses en fer (coins à angle très-aigu). Une éclisse en bois serait rapidement détruite par le feu. Enfin, si l'on veut complétement dé-grader la pièce, il faut altérer sa surface intérieure en plaçant des obus dans l'âme, et les faisant éclater en-suite, ou altérer sa forme en la faisant ployer. On obtient ce résultat en chauffant fortement la pièce sous la volée ou les tourillons, tandis qu'on frappe dessus pour profiter du faible ramollissement produit.

Le désenclouage se réduit à chasser le clou qui bouche la lumière à l'aide du gaz de la poudre. On essaye d'abord en bourrant fortement une charge de poudre, d'abord avec des cordes, puis avec de l'argile si les cordes ne suffisent pas, puis avec des boulets éclissés. Dans tous les cas, on met le feu par la bouche avec une mèche à étoupilles. Si tous ces moyens sont insuffisants, il faut creuser autour du clou et employer l'acide sulfurique, ou mieux, percer un nouveau trou dans le grain de lu-mière. On y trouve deux avantages : d'abord la rapidité, et puis une lumière neuve à la place d'une lumière dé-gradée.

On peut, au reste, se servir facilement d'une pièce enclouée, en mettant le feu par la bouche. Il suffit d'avoir la précaution de percer le sachet qui renferme la charge de plusieurs trous, de jeter quelques poignées de poudre dans la pièce, et de les mettre en communica-tion avec la mèche à étoupilles qui sert à enflammer la charge.
BA.

ENCLOUURE (Médecine vétérinaire). — Mot dont l'éty-mologie est toute française, et qui sert à désigner une blessure faite, soit par un des clous enfoncés pour soute-nir la ferrure aux pieds des animaux domestiques, qui subissent cette opération, soit par la piqûre dite *clou de rue* (voyez ce mot) produite par un clou ayant pénétré par hasard pendant la marche et blessé les parties vives. On s'aperçoit de cet accident à la boiterie de l'ani-mal, qui ordinairement disparaît lorsqu'on a enlevé le corps vulnérant. Quelquefois cependant, lorsque la bles-sure est profonde, lorsque l'animal continue de travail-ler, les tissus s'enflamment, la suppuration arrive, le pus détache une partie de la sole, pénètre jusqu'à la couronne, et il en peut résulter des accidents graves lors-qu'on a négligé l'enclouure au début. La première chose à faire, lorsqu'on s'aperçoit de cet accident, c'est de dé-ferrer l'animal et de nettoyer les parties ; des lotions émollientes, le repos, suffisent ordinairement pour éviter

tout accident ultérieur. S'il y a inflammation, on a re-cours aux émollients ; si la suppuration survient, on donne issue au pus au moyen d'une ouverture à la corne, faite avec le *boutoir*. Si, malgré ce traitement rationnel ou par suite de négligence, il survenait une carie de l'os du pied, il faudrait alors enlever une partie de la paroi et se conduire comme dans le cas de *javart* (voyez ce mot).
F—N.

ENCLUME (Anatomie). — Un des *osselets* de la cavité du tympan, ainsi nommé à cause de sa position relati-vement au *marteau* (voyez OREILLE).

ENCOLURE (Vétérinaire), du latin *collum*, cou. Nom donné à la région du col. — L'étude et l'examen minu-tieux de cette région sont un des points les plus impor-tants de l'*extérieur*, au point de vue de la beauté, de la grâce, de la force, de l'utilité, et même de la santé dans les animaux des races bovine et chevaline surtout. L'en-colure forme un vrai bras de levier en avant du tronc, et suivant sa forme, son étendue en longueur ou en lar-geur, sa direction, elle annonce des qualités bonnes ou mauvaises de conformation : ainsi une encolure *longue* est avantageuse dans les chevaux de course, surtout si elle affecte une direction qui tienne le milieu entre l'ho-rizontale et la verticale, et si la tête n'est pas trop lourde. Dans les chevaux de trait, on préfère une encolure *courte* et *forte*. On dit qu'elle est *rouée* lorsqu'elle forme une courbure bien prononcée. Si cette courbure n'existe qu'à son bord inférieur, elle est *renversée* ; si elle n'est qu'à partir de son tiers supérieur, on l'appelle en *cou de cy-gne*, etc. Dans tous les cas, un bon développement du muscle de l'encolure, du bras et de la tête (*mastoïdo-huméral*) constitue une des beautés et un signe de force de l'encolure ; on peut en dire autant lorsqu'elle est élar-gie vers son bord inférieur ; ce caractère indique un vo-lume convenable de la trachée-artère, et, par suite, des poumons. On devra faire un examen minutieux de l'en-colure qui ne doit présenter dans un cheval irréprochable aucune trace de séton, vésicatoire, boutons de feu, etc. Cela indiquerait qu'il a été affecté de quelque maladie grave.

Dans l'espèce bovine, on recherchera de préférence la finesse de l'encolure ; elle annonce dans le bœuf la finesse de la race ; on la remarque aussi dans les bonnes vaches laitières ; par contre, une encolure courte, épaisse, un fanon développé, indiquent une charpente volumineuse, de gros membres, et aussi des qualités médiocres pour le lait et la boucherie. Cependant, c'est un caractère qui distingue un bon taureau.

ENCORNET (Zoologie). — Nom vulgaire donné par les pêcheurs des côtes de l'Océan aux *Mollusques* du genre *Calmar* (voyez ce mot).

ENCOUBERT (Zoologie). — Sous-genre de *Mammifères*, ordre des *Édentés*, du grand genre des *Tatous* (*Dasypus*, Lin.), caractérisé par cinq doigts aux pieds de devant, les trois mitoyens plus longs ; queue en grande partie couverte d'écailles en quinconce, neuf ou dix dents par-tout. L'espèce connue et qui a servi de type à ce sous-genre, est le *Tatou encoubert*, de Cuvier, *Cerquinçon*, de Buffon, *Tatou poyou*, d'Azzara (*Dasypus encoubert*, Desm.). On lui a encore donné le nom de *Tatou-belette*, à cause de la forme de sa tête. Il se distingue de tous les autres tatous parce qu'il a des dents dans les os in-termaxillaires, son test a six ou sept bandes mobiles, for-mées par des plaques allongées ; sa queue est médiocre, annelée seulement à sa base, ses mamelles au nombre de deux sont pectorales, ses pieds ont tous cinq doigts. C'est un animal fouisseur. Le muséum d'histoire natu-relle en a possédé un pendant quelque temps. Il était craintif, nocturne, cherchant toujours à se cacher ; il courait très-vite. On le trouve communément au Pa-raguay où il vit dans des terriers qu'il creuse avec une rapidité incroyable. Il se nourrit de la chair des cada-vres. Sa longueur est de 0m,50 depuis le bout du museau jusqu'à la base de la queue, celle-ci en a 0m,25.

ENCRE (Technologie). — Toute substance employée pour tracer des caractères sur le papier ou sur d'autres corps.

Encre noire. — L'encre noire avec laquelle on écrit sur le papier est le résultat de la réaction du tannin et de l'acide gallique sur les sels de fer. C'est une combi-naison d'acide tannique, d'acide gallique et d'oxyde de fer, c'est-à-dire un tannate et un gallate de peroxyde de fer en suspension dans de l'eau à laquelle on ajoute d'au-tres substances, notamment de la gomme, pour empê-cher les sels de se précipiter et donner une certaine con-sistance au liquide, afin qu'il ne s'étende pas trop sur le papier, et enfin pour donner plus d'éclat aux caractères.

Le meilleur *liquide* est l'eau pure, et surtout l'eau de pluie. Des corps qui contiennent l'acide gallique, l'écorce de chêne, de grenade, de sumac, etc., le plus avantageux est la *noix de galle*. Le sel de fer ordinairement employé est le *sulfate de protoxyde de fer* (vitriol vert, couperose verte). Mais l'encre ne prend un beau noir qu'après avoir été exposée quelque temps à l'air dont elle absorbe l'oxygène. On peut pourtant obtenir immédiatement le même résultat, soit en calcinant légèrement le sulfate de fer jusqu'à ce qu'il ait une couleur de rouille, soit en se servant d'une décoction de noix de galle qui est restée exposée à l'air. Quant aux autres substances, le *bois d'Inde* ou *de Campèche* rend la couleur plus foncée et moins susceptible de changer sous l'action de l'air et celle des acides; le *sulfate de cuivre*, indiqué par Chaptal, rend l'encre plus foncée et plus consistante; enfin, les matières épaississantes sont : la gomme, la bière épaisse, le sucre en petite quantité, la cassonade et la mélasse ajoutées avec la gomme ou après.

Les recettes d'encre noire ne diffèrent que par les proportions de ces différentes matières. En voici une très-simple et qui donne l'encre du plus beau noir.

On fait une forte décoction de la galle dans 13 à 14 litres d'eau. On filtre à travers une toile. On ajoute à la liqueur claire la gomme, puis la couperose qu'on a fait dissoudre à part dans le reste de l'eau indiquée. On agite le mélange de temps en temps, et on l'abandonne au contact de l'air jusqu'à ce qu'il ait pris une belle teinte d'un noir bleuâtre. On laisse reposer, on tire à clair, et on met dans des bouteilles bouchées avec soin. C'est l'encre double. En y mettant le double d'eau, on a l'encre simple. On peut lui donner du brillant en y ajoutant un peu de sulfate de cuivre (couperose bleue, vitriol bleu) et du sucre. Mais le vitriol bleu décomposé par les plumes de fer précipite du cuivre qui les rend cassantes.

Encre de Chine. — Les matières premières sont : 1° le *charbon*. Pour l'encre la plus fine, on prend du noir de lampe ou du noir de fumée provenant de la combustion de bois résineux, et purifié par la calcination et l'acide sulfurique étendu d'eau. Pour les encres de qualité inférieure, on se sert de noir de liége, de coton, de marc de raisin, de noyaux de pèche, etc.

2° *Une dissolution de gélatine* ou de l'eau de gomme avec un peu de sucre.

3° *Des corps odorants* (musc, camphre, etc.). On broie parfaitement les matières charbonneuses avec les dissolutions gélatineuses, on presse la pâte dans des moules, et on laisse sécher les pains.

Les recettes varient par les proportions; l'une des meilleures est celle qui a été proposée par M. Mérimée.

On fait tremper de belle colle de Flandre dans environ trois fois son poids d'eau acidulée par un dixième d'acide sulfurique. On jette l'eau qui renferme la partie la plus soluble de la colle, et on la remplace par une égale quantité d'eau acidulée. On fait bouillir cette colle pendant une ou deux heures; on sature l'acide sulfurique avec de la craie en poudre; on filtre à travers du papier la dissolution qui doit être parfaitement transparente. Sur le quart environ de cette colle, on verse une dissolution concentrée de noix de galle qui précipite la gélatine sous forme de matière élastique résiniforme. On lave cette matière avec de l'eau chaude, et on la dissout à chaud dans la colle clarifiée. On filtre de nouveau cette colle et on la concentre par l'évaporation, de telle sorte qu'après l'avoir incorporée au noir de fumée, la pâte soit assez consistante pour être moulée.

Ce n'est que par tâtonnement que l'on connaît la proportion la plus convenable de matière astringente à combiner avec la colle. C'est aussi par tâtonnement qu'on détermine les proportions relatives de noir et de colle, puisque cette colle peut être plus ou moins concentrée. On y parvient en faisant les essais suivants : On applique au pinceau une légère couche d'encre sur de la porcelaine; si l'encre est luisante, c'est qu'elle est suffisamment collée. On écrit aussi avec une plume sur du papier; si, après la dessiccation de l'encre, on ne la détrempe pas avec un pinceau imprégné d'eau, c'est qu'il n'y a pas trop de colle.

En Chine, les moules sont en bois, mais on peut les prendre en argile cuite qui boirait en peu de temps l'humidité de la pâte qui sortirait ensuite plus facilement des moules. M. Mérimée mêlait à l'encre préparée un peu de camphre auquel il attribuait la facilité avec laquelle l'encre se moulait.

Encre indélébile. — Ce serait une encre qui résisterait aux attaques des faussaires. L'encre noire à base métallique est détruite par le chlore et les chlorures décolorants, les vapeurs acides, les solutions alcalines caustiques, l'acide oxalique et le sel d'oseille. L'encre de Chine contient du charbon dont la couleur noire ne peut disparaître ou être altérée par aucun réactif; mais l'écriture à l'encre de Chine s'arrête à la surface du papier, et il serait très-facile de l'enlever par le frottement ou le grattage. En 1837, l'Académie des sciences crut avoir trouvé le moyen de la faire pénétrer dans le papier, en la dissolvant dans une eau acidulée avec l'acide chlorhydrique, marquant 1°,5 à l'aréomètre de Baumé, pour les plumes d'oie, et dans une eau alcalisée par la soude caustique, marquant 1° à l'aréomètre pour les plumes métalliques. Mais le procédé par l'acide aurait rendu le papier toujours déliquescent, susceptible de pourrir et de tomber en poussière dans des endroits humides, de jaunir et de cesser d'être collé en quelques années : la soude aurait fini par jaunir et charbonner le papier, et aurait enlevé aux plumes métalliques l'enduit résineux qui les préserve de l'oxydation.

Encre rouge. — Faire dissoudre du *carmin* en poudre dans de l'ammoniaque liquide, laisser évaporer l'excès d'alcali, ajouter un peu de mucilage de gomme arabique et conserver dans de petites bouteilles.

Ou faire macérer 96 grammes de *bois de Brésil* dans 250 grammes d'alcool à 22° pendant vingt-quatre heures, filtrer, évaporer jusqu'à ce que le liquide soit réduit à 96 grammes, y faire dissoudre alors 64 grammes d'alun, et 32 grammes de gomme arabique et de sucre blanc.

Ou faire infuser dans 400 grammes de vinaigre, pendant trois jours, 100 grammes de *bois de Brésil* râpé, faire ensuite bouillir pendant une heure, filtrer et dissoudre dans la liqueur chaude, 12gr,5 de gomme arabique, et autant de sucre et d'alun.

On obtient une plus belle nuance, en dissolvant de la laque de *garance* dans de bon vinaigre.

Encre jaune. — 1 partie de *gomme-gutte* et 1 partie de gomme arabique dissoute par l'ébullition dans 12 parties d'eau. On peut ajouter un peu de safran. Ou faire une décoction de 125 grammes de *graines d'Avignon* dans 500 grammes d'eau à laquelle on ajoute 10 grammes d'alun, et dans le liquide clair dissoudre 4 grammes de gomme pour épaissir.

Encre bleue. — Arroser 1 partie du meilleur *indigo pulvérisé* avec 6 parties d'acide sulfurique concentré, en remuant avec une tige de verre, abandonner la liqueur pendant quelques heures et la verser goutte à goutte, en remuant fortement dans 3 ou 5 litres d'eau froide. Saturer avec de la craie, laisser reposer quelques jours et filtrer.

Ou (recette de Stéphan et Nash) triturer avec soin du *bleu de Prusse* pur avec ¼ d'acide oxalique cristallisé et un peu d'eau. Étendre cette bouillie très-fine d'eau de pluie jusqu'à la nuance que l'on veut obtenir; on obtient ainsi les plus belles nuances jusqu'au bleu de ciel le plus clair.

Encre verte. — Mélanger une des encres bleues avec une des encres jaunes. Ou faire bouillir 10 grammes d'*acétate de cuivre* (verdet), 50 grammes de crème de tartre et 400 grammes d'eau, de manière à réduire à moitié le volume du liquide et filtrer.

Encre violette. — Mêler de l'encre rouge avec de l'encre bleue.

Encre orange. — Mêler de l'encre rouge avec de l'encre jaune.

Encres de sympathie. — Ce sont des liquides avec lesquels on trace des caractères invisibles sur le papier, et qui apparaissent ensuite sous différentes couleurs, soit par l'action de certains agents chimiques, soit simplement par l'action de la chaleur.

En voici quelques-unes de la première classe :

Les caractères tracés avec une dissolution d'*acétate de plomb* noircissent au contact de l'hydrogène sulfuré ou du sulfhydrate d'ammoniaque.

Écrivez avec une légère dissolution de sulfate de fer, passez sur le papier desséché un pinceau imbibé de cyanure jaune de potassium, et vous aurez des lettres *bleues*; s'il est imbibé d'une décoction de noix de galle, vous aurez des lettres *noires*.

Écrivez avec du sulfate de cuivre et exposez le papier au-dessus d'un vase contenant de l'ammoniaque, vous aurez des lettres *bleues*; mouillez avec du cyanure jaune de potassium, l'écriture sera *cramoisie*.

Écrivez avec une dissolution de chlorure d'or, mouillez avec un pinceau trempé dans une solution d'un sel d'étain, vous aurez des lettres d'une couleur *pourpre*.

Voici quelques encres sympathiques de la deuxième classe :

Ecrivez avec du suc d'oignon ou de navet, chauffez au-dessus de charbons rouges, et vous aurez des caractères noirs sur un fond blanc, ou des caractères blancs sur un fond noir. Dans le premier cas, le suc végétal se calcine **avant** le papier et laisse une empreinte charbonneuse ; dans le second, c'est le papier qui est charbonné ou décomposé ar la chaleur, avant que le suc en ait ressenti l'action.

Le suc de citron, d'orange, le vinaigre blanc, le sirop de sucre très-étendu, et en général tous les sucs végétaux renfermant de la gomme, du mucilage ou du sucre, donnent, comme le suc d'oignon, des écritures colorées par l'action d'une douce chaleur.

La plus jolie des encres sympathiques se compose d'une dissolution aqueuse de chlorure de cobalt suffisamment étendue. Les caractères tracés sont invisibles à froid, mais apparaissent en *bleu* dès qu'on chauffe légèrement le papier. Si on ajoute au chlorure de cobalt une certaine quantité de chlorure de fer, les caractères apparaissent en vert par la chaleur. Cette encre sympathique peut servir à composer de jolis dessins qui représentent à volonté un paysage d'hiver ou un paysage d'été.

Encre à marquer le linge et les étoffes. — Mêler intimement 30 grammes de nitrate d'argent, 30 grammes de gomme arabique, 125 grammes d'eau distillée et 8 grammes de noir de fumée. En remplaçant la gomme par la même quantité d'encre de Chine, on a une couleur encore plus foncée. Pour l'employer, on étend un peu de liquide sur un petit tampon, on imprime sur le linge avec un cachet en bois et on laisse sécher.

Encre autographique. — Elle doit être assez visqueuse pour adhérer sur la pierre par le seul effet de la pression. Voici une recette donnée par M. Crussel : 8 grammes de cire vierge, 2 grammes de savon blanc, 2 grammes de gomme-laque, 3 cuillerées à bouche de noir de fumée ; faire fondre ensemble la cire et le savon. Avant que le mélange s'enflamme, ajouter le noir de fumée que l'on remue avec une spatule, laisser brûler le tout pendant trente secondes, éteindre la flamme, ajouter peu à peu la laque en remuant toujours, remettre le vase sur le feu jusqu'à ce que le mélange s'enflamme, éteindre la flamme et verser dans le moule quand l'encre est un peu refroidie. Pour s'en servir, il faut la dissoudre dans une soucoupe chauffée ; on peut ensuite y ajouter de l'eau froide.

Encre lithographique. — Les recettes d'encres lithographiques ne diffèrent que par les proportions des matières qui entrent dans leur composition. On y retrouve toujours du savon ou un alcali fixe (soude ou sous-carbonate de soude), du suif ou de la graisse, de la cire, de la gomme laque et du noir de fumée. Les corps gras doivent être très-purs et mélangés avec le plus grand soin. D'après M. Jonmer, les résines augmentent et prolongent la fluidité de l'encre, mais diminuent sa solidité ; les corps gras, au contraire (suif et savon), la rendent plus solide, mais altèrent la résistance. Les proportions dont il ne faut pas beaucoup s'écarter sont les suivantes :

Savon, 2 parties ; cire, 1 partie ; suif, 1 partie ; corps résineux, 2 parties ; noir de fumée, quantité suffisante pour la colorer.

Encre d'imprimerie. — C'est un mélange d'huile et de noir de fumée. On fait bouillir l'huile jusqu'à ce que la vapeur devienne épaisse et fétide ; elle se convertit ainsi en vernis. Les vernis à l'huile de lin ou de noix non épurée à l'acide sulfurique sont très-siccatifs et les seuls propres à faire les encres d'imprimerie. L'huile de noix est encore préférable, mais elle coûte plus cher. Elle doit être bien cuite afin qu'elle ne jaunisse pas plus tard, ou que les caractères ne soient pas entourés d'une auréole jaune. Après une ébullition suffisante, on découvre la chaudière que l'on retire du feu ; on enflamme le vernis en tenant un copeau allumé dans la flamme de sa vapeur ; on laisse brûler en remuant sans cesse ; on recouvre, ou laisse refroidir rapidement et on ajoute ensuite du noir de fumée bien calciné. Il faut broyer avec soin, afin que les matières puissent bien s'incorporer.

Encre communicative pour copier les lettres. — Pour les petites presses à copier les lettres, qui permettent de transporter sur une feuille de papier blanc les caractères tracés sur une autre, sans que la première écriture soit effacée, on se sert d'encre préparée en faisant dissoudre 1 partie de sucre candi dans 3 parties d'encre **ordinaire.**

Encre pour écrire sur le zinc. — M. Braconnot a donné la recette suivante : vert-de-gris en poudre, 1 partie ; sel ammoniac en poudre, 1 partie ; noir de fumée, ½ partie ; eau, 10 parties. Mêler ces poudres dans un mortier de verre ou de porcelaine, en y ajoutant d'abord une partie de l'eau, puis le reste en continuant de mêler. Elle peut être employée pour étiqueter des plantes, des clefs, les vins d'une cave, etc.

Encre pour écrire sur le fer-blanc. — M. Chevallier a donné cette recette : eau-forte, 10 parties ; eau, 10 parties ; cuivre, 1 partie. Dissoudre le cuivre dans l'eau-forte, et ajouter l'eau quand il est dissous. On se sert d'une plume ordinaire, un peu ferme. Si les morceaux de fer-blanc sont enduits d'une matière grasse qui refuse le liquide, on le frotte d'abord avec un linge imprégné de blanc d'Espagne sec.   **L.**

ENCRINE (Zoologie), *Encrinus*, Cuv. ; du grec *en*, eu, et *crinon*, lis. La figure ci-jointe représente un échantillon très-bien conservé d'un de ces débris fossiles nommés *Encrines* ou *Encrinites*, si nombreux dans les terrains qui terminent la série primaire et dans ceux qui commencent la période secondaire. La nature de ces débris ne fut déterminée qu'en 1755 par Guettard qui les décrit ainsi : « Les encrinites sont des amas de petits corps, de différentes figures, articulés les uns avec les autres et qui, ainsi réunis, donnent naissance à des espèces de lames longues, sillonnées transversalement, qui, par leur réunion, représentent en quelque façon la fleur d'un lis. Lorsque les encrinites sont composées de cinq de ces lames, le total porte le nom de *Pentacrinite.....* Qu'une encrinite avec sa base soit maintenant imaginée soutenue par une *Entroque* radiée ou étoilée, alors on aura un de ces corps auxquels on a donné le nom d'*Encrinite à queue* (comme dans celle de la figure ci-jointe). » On nommait *Entroques, Pierres étoilées, Astéries, Trochites* des corps que l'on trouve à profusion dans les terrains où l'on recueille les encrinites. Ayant eu occasion de voir dans le cabinet de M. Boisjourdain un animal marin d'une forme singulière rapporté des mers des Antilles sous le nom de *Palmier marin*, Guettard reconnut dans cet animal, très-rare à l'époque géologique actuelle, une espèce vivante de même conformation que les *Encrinites*. Le *Palmier marin* étudié si heureusement par Guettard est conservé dans les collections du Muséum d'histoire naturelle de Paris, et quelques autres échantillons existent dans les collections de l'Angleterre, du Danemark, de la Prusse. C'est un animal nommé actuellement *Pentacrine tête de Méduse* (*P. fasciculosus*, Alc. d'Orb.) et dont l'espèce, connue seulement dans les mers des Antilles, est, selon l'expression de M. Gervais, le triste débris de la magnificence de ces beaux lis de mer de l'ancien monde. Ces animaux sont des espèces d'étoiles de mer à bras rameux, articulés, repliés les uns vers les autres comme les pétales d'une fleur, et un pédoncule articulé supporte le corps ainsi formé.

Fig. 919. — Encrinite moniliforme, du terrain de trias (réduite au quart).

En étudiant les nombreuses espèces fossiles, on a reconnu tout un groupe d'animaux organisés sur ce plan, aujourd'hui presque disparu de la nature vivante. Ces êtres, incomplétement connus de Cuvier, étaient rangés dans son grand genre *Encrine*, ordre des *Échinodermes pédicellés*, embranchement des *Zoophytes* ou *Rayonnés*. Ce genre a été considéré depuis comme une famille à laquelle on s'accorde pour donner le nom de famille des *Crinoïdes*. Alc. d'Orbigny a fait rentrer dans ce groupe, qu'il considère comme un ordre de la classe des *Échinodermes*, des animaux placés par Cuvier dans un genre voisin, les *Comatules* de Lamarck ou *Alecto* de Leach. Ainsi entendu, son ordre des *Crinoïdes* se partage en deux séries : 1° *Crinoïdes libres*, non fixées par un pédoncule, formant trois familles : *Saccosomidées, Marsupitidées, Comatulidées* ; 2° les *Crinoïdes fixes*, pourvues d'un pédoncule, partagées en neuf familles : *Pentrémitidées, Apiocrinidées, Cupressocrinidées, Cystidées, Polycrinidées, Mélocrinidées, Cyathocrinidées, Apiocrinidées, Pentacrinidées*. Parmi les genres nombreux que renferment ces douze familles, il en est un, de la famille des *Mélocrinidées*, auquel est spécialement attribué le nom d'*Encrine* (*Encrinus*, Miller) et qui a pour type l'*E. moniliforme* (*E. entrochu*, Alc. d'Orb.), si commune dans les couches du terrain conchylien. La famille des *Comatulidées* compte seule le plus grand nombre de seespèces parmi celles qui vivent actuellement ; toutes les autres renferment uniquement des espèces aujourd'hui perdues, sauf celles du genre *Pentacrinus*, famille des *Pentacrinidées*, qui a été citée plus haut. Une prétendue petite espèce de nos mers, décrite par M. Thompson sous le nom de *Pentacrine d'Europe*, n'est en réalité qu'une jeune comatule, qui, destinée à être libre à l'âge adulte, n'en est pas moins fixe pendant la première partie de sa vie et ressemble alors à une petite encrine pédonculée. — Consultez : Guettard, *Mém. de l'Ac. des sc. de Paris*, 1755. — Miller, *Hist. nat. des Crinoïdes, Trans. de la Soc. géol. de Londres*, 2e série, IIe tome, 1re partie. — Buckland, *Geology and Mineralogy.* — Goldfuss, *Petrefacta.* — Alc. d'Orbigny, *Hist. nat. des Crinoïdes, Prodrome de paléontologie* et *Cours élémentaire de paléontologie.* **AD. F.**

ENDÉMIQUES (MALADIES) (Médecine). — Voyez au mot ÉPIDÉMIE.

ENDERMIQUE (Médecine), du grec *en*, dans, et *aerma*, peau. — On appelle *méthode endermique* un moyen d'administrer les médicaments, en les appliquant sur la peau dénudée de son épiderme par l'application d'un vésicatoire, de l'ammoniaque, ou de toute autre manière. Cette méthode, due au docteur Lembert, est employée surtout lorsque l'état de l'estomac et des intestins ne permet pas l'usage par cette voie des médicaments qu'il est utile d'administrer. Lorsque la peau a été mise à nu, on la saupoudre avec le médicament pulvérisé ou incorporé dans de l'axonge ou du cérat ; s'il est à l'état liquide, on peut le verser goutte à goutte sur la plaie. Cette médication ne peut être employée efficacement que lorsque l'épiderme est récemment enlevé ; plus tard, il s'y fait un travail de sécrétion qui gêne l'absorption.

ENDIVE (Botanique), *Indivia*, Lin. — Espèce de plante du genre *Chicorée* ; c'est la *Chicorée endive* (*Chicorium indivia*, Lin.) (voyez CHICORÉE). On donne encore ce nom à une espèce d'*Algue*, du genre des *Ulves*, nommée *Ulve laitue* (*Ulva lactuca*, Lin.), à cause de sa ressemblance avec la feuille de la laitue frisée.

ENDOCARDE (Anatomie), du grec *endon*, dedans, et *kardia*, cœur. — Nom donné à la membrane qui tapisse l'intérieur des cavités du cœur ; destinée à faciliter le passage du sang sans résistance, elle est extrêmement lisse, et, du reste, très-mince sur les tendons des colonnes charnues particulièrement et sur les valvules, sur lesquelles elle se réfléchit. Elle se continue dans l'intérieur des vaisseaux dont la capacité est en communication avec celle du cœur. On a dit qu'elle avait beaucoup d'analogie avec les séreuses.

ENDOCARDITE (Médecine), même étymologie. — C'est l'inflammation de la membrane interne du cœur. Elle survient le plus souvent dans le cours d'une maladie aiguë, et particulièrement du rhumatisme articulaire aigu, qu'elle vient compliquer d'une manière fâcheuse. Elle se manifeste, pendant le cours de l'accès, par de la gêne, de l'anxiété, de l'oppression, des palpitations ; s'il y a des douleurs, elles doivent tenir à une péricardite ou à une pleurésie concomitante. A l'auscultation, les battements sont superficiels, le plus souvent on perçoit un bruit de souffle, de lime, de râpe, au niveau du cœur ; le pouls est fréquent, souvent irrégulier, généralement fort résistant, quelquefois faible petit, etc. Le traitement antiphlogistique est le meilleur à opposer à cette maladie, dont M. le professeur Bouillaud a fait une étude spéciale d'une grande valeur. Il n'est pas rare de voir à la suite se développer plus ou moins lentement des accidents qui décèlent une lésion du cœur, et particulièrement une insuffisance des valvules. Les malades qui ont été affectés de rhumatisme articulaire et d'endocardite doivent devenir un sujet d'observation constante de la part de leur médecin. Voyez *Traité des maladies du cœur*, par M. le professeur Bouillaud. **F—N.**

ENDOCARPE (Botanique), du grec *endon*, en dedans, et *karpos*, fruit. — On nomme ainsi, dans le fruit, la troisième des couches qui constituent le *péricarpe*, la couche épidermique intérieure qui tapisse la loge où se trouvent les ovules ou l'ovule unique (dans la pomme, la loge qui recouvre le pepin). C'est l'épiderme de la face supérieure de la feuille carpellaire (voyez CARPELLE). L'*endocarpe* se présente souvent comme une fine membrane qui tapisse l'intérieur de la loge ; mais parfois il prend une consistance cartilagineuse, comme on l'observe dans la poire, la pomme, où il forme la partie résistante qui contient les pepins ; plus souvent, l'endocarpe devient complétement ligneux et forme ce qu'on nomme un *noyau* ; la graine nommée *amande* est aussi contenue dans cette enveloppe ligneuse. La cerise, la pêche, la prune, ont un noyau dont le bois est un *endocarpe* ligneux ; il renferme l'amande qui est la graine unique. Dans la noix, c'est le bois qui est l'*endocarpe*, de même que la partie ligneuse mince qui contient l'amande, fruit de l'amandier. L'orange et le citron ont des *endocarpes* succulents et charnus, grâce à un tissu additionnel qui se développe dans leurs loges (voyez PÉRICARPE).

ENDOGÈNES (Botanique). — Terme de botanique créé par de Candolle pour désigner l'embranchement des végétaux qui correspondent aux *Monocotylédonés* (voyez ce mot). « Il existe des végétaux, dit ce botaniste (*Théorie élémentaire de la botanique*, 1813, p. 210), dans lesquels les vaisseaux sont comme épars dans toute la tige, non rangés par zones autour d'un étui central, disposés de manière que les plus anciens, c'est-à-dire les plus durs, sont à l'extérieur et que l'accroissement principal de la tige a lieu par le centre ; je tire de cette dernière particularité le nom d'*Endogènes* (du grec *endon*, en dedans, *genea*, naissance, sous lequel je désigne cette classe. » La théorie admise actuellement pour l'accroissement des tiges rejette ce terme, parce que l'accroissement dont il vient d'être question n'a pas lieu en dedans, mais bien en dehors par suite de la courbure et du croisement des faisceaux fibreux.

ENDOMYQUE (Zoologie), *Endomychus*, Payk. ; du grec *endomychos*, retiré. — Genre d'*Insectes*, de l'ordre des *Coléoptères*, section des *Trimères*, famille des *Fungicoles*, ayant pour caractères principaux des antennes très-longues, très-écartées, terminées par une massue de trois articles ; quatre palpes plus grosses à l'extrémité ; la tête petite et enfoncée dans une échancrure du corselet ; les élytres bombées. Ils vivent, les uns dans l'écorce de certains arbres, d'autres dans les champignons. Ils répandent par les côtés du corps une liqueur laiteuse dont l'odeur est âcre et pénétrante. L'*E. écarlate* (*E. coccineus*, Fab.) est rouge avec cinq taches noires sur les élytres, et se trouve sur le bouleau.

ENDORHIZES (Botanique), du grec *endon*, dedans, et *rhiza*, racine. — L. C. Richard a donné ce nom aux embryons dont « la radicule (ou bas de la tigelle) renferme le rudiment simple ou multiple de la racine qu'elle ne forme pas elle-même. » Les embryons des végétaux que les auteurs désignent sous le nom de *Monocotylédonés* étant ainsi organisés, L. C. Richard a appliqué le terme d'*endorhizes* à cet embranchement, par opposition aux *exorhizes* qui représentent les *Dicotylédonées* (voyez EXORHIZES).

ENDOSMOSE (Physique, Physiologie), du grec *endon*, en dedans, et *ôsmos*, impulsion. — Propriété en vertu de laquelle on explique le passage des liquides et des gaz à travers les tissus. La première idée qui se présente à l'esprit est celle de bouches ou pores absorbants dont ces tissus seraient percés ; mais elle n'a pu résister à l'étude des faits ; elle est aujourd'hui abandonnée. C'est Dutrochet qui a découvert dans les membranes organisées cette propriété célèbre, connue sous le nom d'*Endosmose* (*L'agent immédiat du mouvement vital dévoilé*, par Dutrochet, in-8°, Paris, 1826). Voici en quoi elle consiste : Lorsque deux liquides de nature différente, mais ayant de l'affinité l'un pour l'autre, ou simplement miscibles, sont séparés par une membrane organisée, ils traversent la membrane, mais avec des vitesses inégales, de telle manière qu'il y a accumulation de liquide d'un côté de la membrane, et diminution de l'autre côté. On a démontré cette propriété par bien des expériences ; mais, pour être bref, il suffira d'en citer

Fig. 920. — Endosmomètre.

une : soit un tube *c* (*fig.* 920) adapté inférieurement à une petite cloche à tubulure *a*, que ferme en dessous un morceau de vessie ou une membrane animale quelconque attachée à son pourtour. Ce petit appareil *ac* a reçu le nom *d'endosmomètre*. On y introduit, par exemple, de l'eau gommée, puis on plonge l'instrument dans un vase *b* contenant de l'eau distillée. Au bout de peu de temps, on remarque une augmentation notable dans le volume du liquide que contient l'endosmomètre, au point qu'il s'écoulera bientôt dans le récipient *d*; on peut, en outre, s'assurer que la dissolution gommeuse s'est étendue d'eau, mais en même temps l'eau distillée a perdu sa pureté; elle contient de la gomme. Il faut donc en conclure : 1° que deux courants se sont produits à travers la membrane, l'un qui portait l'autre vers la gomme, l'autre qui portait la dissolution gommeuse vers l'eau distillée; 2° le premier de ces courants était beaucoup plus rapide que l'autre, puisqu'une des masses liquides a pris un accroissement très-notable.

Cette propriété remarquable n'est pas exclusivement dévolue aux membranes organisées, elle s'applique aussi, quoiqu'à un moindre degré en général, aux lames poreuses de nature minérale, elle se manifeste d'ailleurs dans les circonstances les plus variées, et dépend d'une foule d'influences : ainsi, si l'on a d'un côté d'une membrane de l'eau et de l'autre une solution d'acide tartrique, l'endosmose peut changer de sens quand on augmente la densité de la solution, et la densité restant la même, une variation de température peut produire encore le même effet. D'après MM. Matteucci et Cima, quand la membrane est une peau d'animal, ou la muqueuse de l'estomac, ou encore celle de la vessie urinaire, les résultats varient quand le courant d'endosmose pénètre par la face interne ou par la face externe. Il arrive, en général, que le courant d'endosmose a lieu du liquide le moins dense vers le plus dense, et c'est ainsi que les liquides très-dilués qui sont dans l'estomac pénètrent dans le sang; de même les sels en dissolution très-étendue qui existent dans le sol pénètrent jusqu'à la séve des plantes au travers de leurs racines.

Dutrochet, qui dès 1826 l'avait minutieusement étudiée, en fit immédiatement l'application aux phénomènes physiologiques de l'absorption. La membrane absorbante opère par endosmose; perméable à deux liquides, par exemple le sérum du sang et l'eau, elle se laissera plus rapidement traverser par l'eau, et le sang sera enrichi de ce liquide; il y aura une *absorption*. Puisque les phénomènes d'endosmose se modifient suivant la nature des membranes et suivant celle des liquides, on peut comprendre que les divers tissus organiques aient à l'égard de divers liquides une puissance absorbante très-variable.

Il résulte des travaux les plus récents sur l'endosmose des liquides, que : 1° l'endosmose n'a lieu qu'entre liquides pouvant se dissoudre réciproquement; 2° les deux liquides doivent *mouiller* la membrane ou la cloison qui les sépare; 3° ils ne doivent pas agir chimiquement sur cette substance interposée; 4° la direction du courant n'est pas déterminée par la densité relative des deux liquides; 5° l'endosmose peut avoir lieu entre liquides différents de même densité; 6° la température en s'élevant accélère les phénomènes d'endosmose; 7° l'endosmose persiste très-longtemps avec une activité soutenue quand un des liquides se renouvelle d'une manière continue; 8° l'acide sulfhydrique a la singulière propriété d'arrêter toujours et partout les phénomènes d'endosmose; 9° toute membrane desséchée ou altérée par la putréfaction est impropre à l'endosmose; 10° le sens du courant d'endosmose entre deux liquides déterminés varie selon la nature de la membrane qui les sépare.

Un phénomène analogue, l'endosmose des gaz, a été découvert par M. Graham et étudié surtout par lui et par M. Bunsen. Les gaz les plus légers paraissent traverser plus facilement les corps poreux que ne le font les gaz plus denses. La loi des phénomènes est la suivante : les quantités de gaz qui passent d'un espace dans un autre à travers une paroi mince sont inversement proportionnels aux carrés de leurs densités. Ainsi, une vessie gonflée par l'hydrogène se dégonflera dans l'air, car l'hydrogène étant environ seize fois plus léger que l'air, il sortira quatre fois plus d'hydrogène de la vessie qu'il n'y rentrera d'air; au contraire, une vessie pleine d'air placée dans une cloche renfermant de l'hydrogène se gonflera jusqu'au point d'éclater. Le courant d'hydrogène est celui d'endosmose, le courant d'air est celui d'exosmose.

On a donné quelquefois le nom d'*endosmose électrique* au transport d'un électrolyte peu conducteur au travers d'un corps poreux, alors que cet électrolyte est traversé par un courant électrique; le mouvement se produit de l'électrode positive vers l'électrode négative. C'est à M. Porret qu'est due la découverte de ce phénomène dont les lois ont été données par M. Wiedemann.

Consultez Dutrochet, *Mémoires*, tom. I; — Longet, *Traité de Physiologie*, tome I, *De l'absorption*; — Matteucci, *Leçons sur les phénom. phys. des corps vivants.*

ENDOSPERME (Botanique), du grec *endon*, en dedans, et *sperma*, graine. — Nom donné par Louis-Claude Richard au corps distinct de l'embryon qui forme avec ce dernier l'amande des graines d'un grand nombre de végétaux. Son étymologie qui lui donne une signification plus exacte que celle du mot *périsperme*, créé par Jussieu, et *albumen*, adopté par Gærtner dans le même but, devrait le faire employer de préférence à ces deux synonymes, car l'un signifie autour de la graine et l'organe qu'il désigne n'occupe pas toujours cette position, et l'autre est le résultat d'une comparaison (qui n'est pas toujours juste) avec le blanc d'œuf ou albumen des oiseaux. L'endosperme, quant à la position, peut être *central* lorsqu'il forme au centre de la graine une masse environnée par l'embryon, comme dans les nyctaginées, la cuscute, etc.; *périphérique* quand il environne et cache l'embryon; c'est le cas le plus ordinaire; *unilatéral* lorsqu'il est rejeté tout d'un côté et l'embryon de l'autre, comme dans les graminées. Quant à la substance, l'endosperme peut être *farineux*, comme dans un grand nombre de graminées; *oléagineux*, dans les euphorbes; *cartilagineux*, dans la plupart des palmiers; *corné*, dans le café; *mucilagineux*, dans le liseron, le cocotier; enfin, quant à la forme, l'endosperme peut être plus ou moins *lobé* ou *crevassé*. La présence ou l'absence et la nature de l'endosperme ont servi, dans la méthode naturelle, à établir de bons caractères de distinction entre les familles, surtout dans les Monocotylédonées.   G — s.

ENDURCISSEMENT DU TISSU CELLULAIRE (Médecine). — Voyez Scléréme.

ENFANCE, Enfant (Physiologie), *infantia*, *infans*; du latin *in*, particule négative, et *fari*, parler; ne parlant pas. — Les Grecs désignaient aussi cet âge par un mot qui a exactement la même signification, *népiotès*. Chez nous, le mot *enfance* correspond aux deux mots latins *infantia* et *pueritia*, et désigne depuis la naissance, non-seulement jusqu'à sept ans, époque où la raison commence à poindre, mais même jusqu'à douze ou quatorze ans que commence l'adolescence. Aussi Hallé avait-il divisé l'enfance en deux époques distinctes sous la dénomination de *infantia*, ou première enfance, et *pueritia*, ou seconde enfance (voyez Ages de la vie humaine).

ENFANTS (Hygiène des). — « Les soins que l'on donne à l'enfance, dit M. Rostan, décident de l'avenir; s'il est convenablement organisé, ces premiers soins diversement dirigés peuvent faire du même individu un héros ou un lâche Thersite, un proto-type de force ou un exemple déplorable de faiblesse, un être d'une intelligence supérieure ou une espèce d'idiot, voisin ou sinon au-dessous de la brute. » Ces préceptes, trop peu appréciés, trop souvent méconnus ou négligés, devraient toujours guider les pères de famille pour l'éducation physique, morale et intellectuelle de leurs enfants.

Il existe au sein des masses une ignorance profonde et funeste des lois de la physiologie, qui règlent le développement et la vie des êtres organisés et de l'homme en particulier. On ne se rend pas assez compte de l'importance du milieu dans lequel vit et s'élève l'enfant, de la nourriture qu'il reçoit, de l'état de pureté, de sécheresse ou d'humidité de l'air qu'il respire; l'air, cet autre aliment de la vie, cette autre nourriture du corps, dont les qualités bonnes ou mauvaises ont une influence si puissante sur l'avenir d'un âge dans lequel les maladies, les infirmités précoces et souvent la mort viennent altérer et tarir les sources où se régénèrent et se rivifient la force, la puissance et l'énergie des nations. Le villageois sait que son blé sera maigre et chétif dans un sol aride et sans engrais, qu'il aura une végétation luxuriante et énervée dans une terre humide et ombragée. Il sait bien que sa vache lui donnera du bon lait en quantité, s'il lui fournit une nourriture abondante, d'une bonne qualité; si elle n'a que du fourrage sec, en hiver, par exemple, *le lait sentira le fourrage*; c'est le mot employé. Il sait que ses moutons doivent paître sur les coteaux, dans les plaines sèches plutôt que fraiches et humides, que c'est le moyen d'éviter la plupart des maladies qui frappent la race ovine. Toutes ces considérations sont pour lui une source de soucis continuels. Pour ses enfants, c'est autre chose; qu'ils aient froid ou chaud; qu'ils soient à l'ardeur d'un soleil brûlant ou trempés par des pluies diluviennes; qu'ils soient couverts de bons vêtements ou d'une simple toile en hiver; qu'ils mangent quoi que ce soit; qu'ils couchent dans la cave ou au grenier; qu'ils dorment peu ou beaucoup; qu'ils portent de lourds fardeaux au-dessus de leurs forces, tout cela ne fait rien; ils n'ont besoin ni de soins, ni de propreté, ni de précaution, ils doivent s'élever tout seuls. Pour l'ouvrier, pour l'homme du peuple des grandes villes, même insouciance; ici, au moins, l'administration s'est préoccupée du travail des enfants dans les manufactures; mais sa protection vigilante n'a pu pénétrer dans toutes les industries où le sort des petits ouvriers, des petites apprenties est trop souvent exposé à la spéculation coupable de certains maîtres insouciants; c'est là, par exemple, que l'on trouve ces malheureux enfants travaillant dans des caves sans air ou au milieu d'un air vicié par des émanations malsaines, dormant couchés pêle-mêle dans des soupentes étroites ou sur des fours chauffés continuellement, comme cela a lieu souvent chez les boulangers, les pâtissiers.

Ces considérations et bien d'autres qu'il serait trop long de présenter ici ont depuis longtemps éveillé l'attention des médecins et des physiologistes, et les lois de l'organisation leur ont appris à saisir les rapports de cause à effet qui prouvent leur influence sur ces difformités et ces infirmités que nous avons sans cesse sous les yeux. Elles expliquent, par exemple, le nombre de ces idiots, si considérable dans les campagnes qu'il n'est presque pas un village qui n'en offre un et quelquefois plusieurs exemples; de ces arrêts de développement soit dans la taille, soit dans la proportion relative des parties du corps; elles rendent compte de ces types anormaux que l'on rencontre dans les faubourgs et surtout dans les centres manufacturiers, où trop souvent des habitudes vicieuses, des appétits précoces grossiers joignent leurs funestes influences aux autres causes signalées plus haut, amènent après eux la dégradation des manifestations intellectuelles, l'abrutissement et la dégénération de certaines populations signalée dans ces derniers temps par un grand nombre d'observateurs et de statisticiens (voyez POPULATION, RECRUTEMENT).

Il est impossible de donner ici des conseils relatifs à toutes les circonstances dans lesquelles leur famille peuvent se trouver placés; nous signalerons les principaux et ceux surtout qui sont pratiques et à la portée de tout le monde. — La nourriture de l'enfant sera le lait de sa mère, à moins des nombreux obstacles qui s'opposent, surtout dans les grandes villes, à ce qu'il en soit ainsi. Le sein lui sera présenté peu de temps après sa naissance, si cela est possible. Il est difficile de régulariser les heures auxquelles on doit lui donner à téter; en général, plus on s'éloigne de la naissance, plus les intervalles devront être longs; il ne faut pas qu'un nourrisson soit toujours pendu au sein, c'est une très-mauvaise pratique. L'époque à laquelle on doit donner à manger à l'enfant est difficile à préciser. Tant qu'il profite et que la mère ne souffre pas, il ne faut pas se hâter. On a vu des enfants ne commencer à manger qu'à un an; d'autres exigent un supplément de nourriture à deux mois. Trois, quatre mois sont généralement un bon terme. Ce supplément se composera de croûte de pain bouillie, de pâtes bien cuites; l'antipathie que l'on pour la bouillie de farine n'est justifiée que parce que l'on la donne trop peu cuite et mal préparée. Le sevrage est une question sérieuse. Un enfant délicat, maladif, qui n'a de recours contre la douleur que le sein maternel, ne devra être sevré qu'avec de grandes précautions et sur l'avis du médecin. Un enfant fort, vigoureux, sera sevré de dix à quinze mois. Il est des circonstances qui forcent à sevrer un enfant plus tôt. Il y a peu d'inconvénient à cela lorsqu'il mange déjà; s'il en était autrement, il faudrait avoir recours soit à une autre nourrice, soit au *biberon* (voyez ce mot), soit à le faire manger un peu, si cela était possible (voyez ALLAITEMENT).

Il est bien à désirer que les enfants respirent un air pur, qu'ils soient tenus chaudement. Répétons ici ce qui a été dit mille fois, que c'est une pratique meurtrière de vouloir les exposer au froid pour leur donner de la force, de les vêtir à peine, de leur laisser les jambes, le col, la tête nus. Je gémis lorsque je vois dans les rues ou dans les promenades publiques de malheureux enfants appartenant à la classe aisée de la société, sans bas, sans pantalons pendant les froids de l'hiver; victimes souvent de l'ignorance et de l'entêtement de parents peu éclairés, mais entichés de fausses idées, les

maladies et la mort viennent les arracher à leur tendresse, et il ne leur reste que des larmes et les plus cuisants regrets d'avoir dédaigné les conseils de la raison et du sens commun. Si l'on pouvait choisir, on éviterait d'élever les enfants dans les rues basses et étroites, au bord des mares, des étangs, des eaux croupissantes, des vallées profondes et humides, dans des habitations étroites, mal aérées, mal éclairées; on préférerait l'air des champs, surtout des montagnes, des collines, des plaines, des plateaux élevés. Hâtons-nous de dire que ces conseils sont quelquefois difficiles à mettre en pratique.

Pendant les premiers temps de sa vie, l'enfant dort presque toujours, à moins qu'il n'ait quelque souffrance dont il n'est pas toujours facile de deviner la cause; il ne faut pas, autant que possible, provoquer le sommeil en le berçant ou par les décoctions de pavot; il sera couché chaudement dans son berceau, on aura soin de le soustraire à la lumière ou qu'elle le frappe seulement de face, afin que ses yeux ne prennent pas une direction vicieuse.

Les soins de propreté sont de rigueur pour les enfants; la délicatesse de leur peau, leur vive irritabilité rendent indispensables pour eux les lotions, les bains, le renouvellement fréquent du linge, pour les tenir à l'abri des ordures qui les entourent à tous moments. L'emploi du maillot roulé ou seulement trop serré est aujourd'hui abandonné; nous n'en parlons que parce qu'il peut y avoir quelque coin reculé de nos provinces où on le retrouve encore : c'est un moyen détestable. Les bourrelets, lorsqu'on les jugera nécessaires, ce qui peut arriver dans les cas où la surveillance n'est pas incessante, devront être à claire-voie et être placés de manière à préserver le front. Les vêtements seront suffisamment chauds, sans excès; médiocrement serrés et suffisamment larges; on évitera de comprimer la tête, comme cela se pratiquait abusivement en Normandie, suivant les observations faites par Foville.

On aura soin de favoriser les évacuations et de les surveiller avec soin, surtout pendant la *dentition*. L'enfant à la mamelle doit aller à la garde-robe une fois ou deux, trois au plus dans les vingt-quatre heures; ses matières doivent être jaunes, en consistance de purée; si elles s'épaississent trop, si elles deviennent trop rares, on aura recours à l'eau miellée, aux petits lavements. C'est le moyen d'éviter la constipation, toujours à craindre en vue des convulsions, des affections cérébrales, etc. Si les matières devenaient trop liquides, plus ou moins verdâtres, c'est qu'il y aurait une souffrance intestinale, un mauvais travail de digestion auxquels il faudrait remédier par de petits lavements, de cataplasmes émollients, des bains, un peu de retenue sur l'alimentation.

Il est un autre point bien intéressant dans l'hygiène des enfants, c'est ce qui regarde les fonctions du cerveau; le développement d'un organe se mesure par un exercice régulier, gradué, bien dirigé des fonctions dont il est chargé, sans excès comme sans privation; cette donnée basée sur les lois de la physiologie, une fois admise on remarque d'une part que si, dans une certaine classe, on tombe dans l'aberration fâcheuse de créer de petits prodiges chez lesquels le développement trop précoce des facultés amène une fatigue souvent funeste de l'organe de la pensée, il faut avouer d'un autre côté, qu'au sein des masses les choses se passent tout différemment; ici la privation de culture intellectuelle laisse le cerveau dans un repos qui ne lui permet pas de se développer convenablement; la curiosité naturelle à l'enfant éveillée par la vue des objets extérieurs, curiosité qu'il est utile de satisfaire pour l'intelligence des enfants, est souvent réprimée par la mauvaise volonté, la mauvaise humeur ou l'impatience des parents; les mauvaises fréquentations de voisins, d'enfants étrangers souvent vicieux, en surexcitant de mauvais penchants, font germer dans ces jeunes intelligences de petites passions de colère, d'envie, de jalousie, etc., qui ont une influence fâcheuse sur l'avenir physique et moral des enfants. C'est donc un point important à surveiller. Nous soumettons ces trop courtes réflexions aux pères de famille surtout; et nous désirons qu'elles éveillent dans leur esprit l'envie d'étudier, de creuser ce sujet si intéressant pour eux et que nous n'avons fait qu'effleurer bien légèrement.

Trop souvent, ils négligent cette partie si importante de leur mission et de leurs devoirs! devoirs pourtant si impérieux et si sacrés! plus sacrés même que ceux qu'ils remplissent la plupart du temps avec zèle et dévouement, en vue de l'avenir matériel de leur famille. Ce qui leur manque, ce n'est pas le désir de bien faire, et de s'acquitter de leur tâche en honnêtes gens; mais ils laissent aller les choses par incurie, par indifférence, par défaut de lumières; disons-le aussi, par cette espèce d'entêtement en vertu duquel ils croient en savoir là-dessus autant que qui que ce soit, et que l'on ne doit s'occuper d'un enfant qu'à l'âge où va commencer ce qu'on appelle son éducation. Jusque-là, suivant eux, qu'il fréquente la cuisine ou la chambre de ses parents, l'atelier ou le salon, qu'il soit en contact avec les serviteurs de la maison, les gens à gages ou avec les gens bien élevés, il n'importe guère. Fatale erreur! dont les conséquences sont quelquefois d'autant plus à déplorer, qu'on est loin de les rapporter en général à leurs vraies causes. Nous ne reviendrons pas sur ce qui a été dit au commencement de cet article pour ce qui regarde les enfants plus avancés en âge. Nous nous résumerons sous ce rapport en disant qu'il leur faut la modération dans le travail, une bonne nourriture, un coucher sain, de l'exercice et par-dessus tout les bons exemples de famille pour le développement intellectuel et moral. F-N.

ENFANTS (MALADIES DES). — Indépendamment des maladies qui peuvent affliger l'homme à toutes les époques de la vie, il en est quelques-unes qui sont spéciales à l'enfant, d'autres qui lui sont particulières, bien qu'elles puissent quelquefois attaquer l'homme pendant le cours de son existence. Parmi les premières, on remarque l'*endurcissement du tissu cellulaire* ou *scléréme*, toute la série des affections qui tiennent à la *dentition*, telles que les *convulsions*, le *flux diarrhéique*. Parmi les secondes, se présentent tous les exanthèmes fébriles, la *petite vérole*, la *rougeole*, la *scarlatine*, puis la *coqueluche*, le *croup*, les *aphthes*, les *pneumonies partielles, lobulaires*, les *vers intestinaux*, etc. Il est question de ces maladies à leurs différents noms et au mot DENTITION.

Nous ne voulons dans cet article que présenter quelques considérations générales. A la naissance de l'enfant, il se passe dans ses fonctions un phénomène tout nouveau; les organes de la respiration, inertes jusque-là, entrent en action, non pas lentement, successivement, mais tout à coup, brusquement; par un mouvement instinctif, les puissances musculaires de la poitrine dilatent le thorax, l'air se précipite dans les poumons, une nouvelle fonction commence, elle doit amener un changement notable dans la vie de ces organes; de là une des causes de la fréquence des maladies qui peuvent les affecter; ainsi les petites pneumonies latentes succédant souvent à de simples bronchites, marchant d'une manière insidieuse et auxquelles succombent la plupart des enfants, moissonnés en si grand nombre dans les premières années de la vie. « Les trois cinquièmes au moins des enfants qui meurent dans les hôpitaux, depuis la naissance jusqu'à la fin de la première dentition, dit Guersant, sont victimes de la pneumonie latente, qui quelquefois devient chronique. » Si vous joignez à cela les *stomatites*, les *angines* de toute espèce avec ou sans croup, la *coqueluche*, etc., vous aurez une idée des nombreuses maladies des organes de la respiration dans l'enfance. Nous ne ferons que citer la *cyanose* ou *maladie bleue*, qui tient à la persistance du trou interauriculaire (de Botal) après la naissance (voyez CYANOSE) et que l'on peut considérer comme une conséquence de la respiration.

Les fonctions digestives qui viennent apporter un changement notable dans l'existence de l'enfant amènent aussi avec elles de nombreuses maladies; telles sont les *coliques*, les *diarrhées* surtout, quelquefois des *vomissements*, le *carreau*, etc. Mais de tous les systèmes d'organes, le centre cérébro-spinal est celui qui détermine le plus grand nombre d'affections souvent très-graves : ainsi toutes les formes de *maladies cérébrales*, les *convulsions*, la *danse de saint Guy*, les *inflammations* de l'une ou de plusieurs des parties de l'*encéphale*, l'*hydrocéphale*, etc. Parmi les maladies qui affectent le système locomoteur, on peut citer en première ligne le *rachitis*, les *tumeurs blanches*, les *luxations spontanées*. Enfin les maladies qu'on pourrait appeler générales se résument presque toutes dans les nombreuses formes du *lymphatisme*, depuis la plus légère, qui constitue à peine une maladie, jusqu'à la nuance la plus prononcée des *scrofules*.

La thérapeutique des enfants ne présente rien de bien spécial. Dans le traitement des maladies, ce sont en général les même moyens que ceux que l'on emploie chez les adultes, seulement on doit être bien réservé dans l'administration des médicaments qui jouissent d'une certaine énergie; tels sont les toniques, les purgatifs, les vomitifs et surtout les narcotiques, qu'il ne faut jamais employer sans l'avis du médecin. Dans tous les cas, les doses devront être beaucoup moindres et varier suivant l'âge : ainsi le quart ou le cinquième chez les tout petits enfants, le tiers un peu plus tard, la moitié vers huit ou dix ans, et ainsi de suite. F. — N.

ENFERMÉS (Zoologie). — Cuvier a donné ce nom à la cinquième famille des *Mollusques acéphales testacés*,

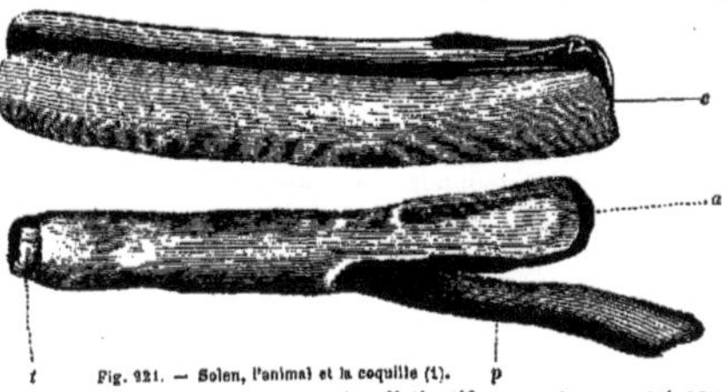

Fig. 221. — Solen, l'animal et la coquille (1).

qui ont pour caractère distinctif un manteau ouvert seulement à la partie antérieure ou vers le milieu, pour laisser passer le pied, et prolongé postérieurement en deux tubes ou siphons servant à la respiration et à l'expulsion des excréments. Ces mollusques vivent généralement enfoncés dans la vase ou le sable, ou bien sous des pierres. Ils forment les genres *Mye, Byssomye, Hiatelle, Solens, Pholade* ou *Dail, Taret, Fistulane, Gastrochène, Térédine, Arrosoir, Clavagelle*, divisés eux-mêmes en nombreux sous-genres.

ENFLE-BŒUF (Zoologie). — Nom vulgaire donné, suivant Audouin, dans certaines provinces de France, au *Carabe doré*, nommé ailleurs *Sergent, Vinaigrier*, etc. Le motif de cette dénomination paraît reposer sur une erreur grossière concernant les propriétés nuisibles du carabe lorsque les bœufs l'avalent avec leur herbe. Les anciens nommaient *Bupreste* (mot grec qui signifie *enfle-bœuf*) un insecte qui faisait ainsi enfler les bœufs qui le mangeaient par mégarde. Latreille a pensé que c'était quelque *Méloé*; mais, à coup sûr, ce n'est aucune espèce du genre *Bupreste* de Linné.

ENFLURE (Médecine). — On désigne ainsi d'une manière générale un gonflement, une tuméfaction morbide d'une partie quelconque, résultant soit d'un afflux du sang, des humeurs, des liquides de toute espèce, soit de l'inflammation des tissus, de la formation d'un abcès, d'une accumulation d'air, de sérosité, etc. Au visage, elle prend le nom de *boursouflure*, lorsqu'elle n'est accompagnée ni de rougeur, ni de chaleur, ni de douleur; on l'appelle *emphysème*, lorsqu'elle est formée par l'infiltration de l'air dans le tissu cellulaire; *œdème*, lorsqu'elle résulte d'une infiltration de sérosité; *inflammation, abcès*, si elle présente tous les symptômes de cet état morbide, suivis ou non de la formation du pus, etc. (voyez les mots en italiques).

ENFUMÉ (Zoologie). — Nom vulgaire des espèces du genre *Amphisbène* parmi les Reptiles, et du *Chétodon faber* parmi les Poissons.

ENGAINANT (Botanique). — Se dit de certains organes des plantes qui, à l'aide d'une sorte de gaine, en enveloppent d'autres. Ainsi, les feuilles sont *engainantes* lorsque leur base enveloppe la tige comme une gaine; telles sont celles des balisiers, des iris, de certains orchis. Quelquefois le pétiole seul

Fig. 222. — Feuille engainante d'une renouée. — p, pétiole. — g, gaine, terminée supérieurement par des cils.

(1) c, coquille. — a, extrémité antérieure du manteau vers laquelle est la bouche. — p, le pied. — t, tubés ou siphons.

est *engaînant*, comme dans beaucoup d'Ombellifères. Les stipules des polygonées, des platanes, de l'alchémille, etc., sont également *engaînantes*. On dit aussi quelquefois que l'androphore (support de plusieurs anthères) est *engaînant* lorsque, tubuleux, il forme une gaîne autour du pistil, comme dans la plupart des Malvacées.

ENGASTRIMYSME (Physiologie), du grec *en*, dans; *gaster*, ventre, et *mythos*, parole. — Nom scientifique employé quelquefois pour désigner la *ventriloquie* (voyez ce mot).

ENGELURE (Médecine). *Pernio* des Latins. Ce mot est évidemment dérivé du latin *gelu*, gelée, parce que la maladie qu'il désigne se développe dans les temps de gelée. — Cette affection consiste dans un engorgement chronique de la peau et du tissu cellulaire sous-cutané, avec ou sans ulcération. Elle se manifeste par une teinte violacée de la peau, avec gonflement, ordinairement indolent, quelquefois cependant douloureux, accompagné de démangeaisons d'abord légères, puis devenant insupportables, surtout lorsque la partie est exposée momentanément à la chaleur. On les observe de préférence chez les enfants, quelquefois chez les adultes, rarement chez les vieillards. Les enfants faibles, lymphatiques, scrofuleux y sont particulièrement sujets, surtout ceux qui manquent habituellement des choses nécessaires à la vie, telles qu'une bonne nourriture, des vêtements chauds; les jeunes gens des deux sexes exposés à une température très-variable, au froid humide, etc. C'est vers la fin de l'automne que les engelures commencent à paraître, elles augmentent pendant l'hiver et diminuent ou disparaissent au printemps; à l'âge de puberté, quelquefois plus tard, elles ne reviennent plus. Les mains en sont particulièrement affectées, parce qu'elles sont plus exposées au froid humide, trop brusquement remplacé par la chaleur du feu; viennent ensuite les pieds, quelquefois les oreilles, le nez. Elles naissent d'une manière lente; la peau, frappée par le froid, prend une teinte rouge plus ou moins foncée; il y a de la tuméfaction, de la chaleur, une apparence érysipélateuse, de vives démangeaisons; quelquefois il se développe de l'œdème sur les parties voisines; des picotements douloureux se font sentir, si l'on s'expose subitement à la chaleur. Quelquefois la maladie ne va pas plus loin, mais le plus souvent l'engorgement devient plus profond, il y a de la gène dans le mouvement, de l'engourdissement, la peau prend une couleur pourpre, lie de vin, il survient des phlyctènes remplies d'une sérosité roussâtre, sanguinolente; enfin il peut arriver que la peau s'ulcère, se crevasse; on voit paraître alors une plaie ulcéreuse de mauvais caractère, irrégulière, très-douloureuse, d'où s'échappe une suppuration ichoreuse fétide, et qui est souvent longue à se cicatriser.

Abandonnées à elles-mêmes, les engelures légères peuvent guérir spontanément; cependant il n'est pas prudent de les négliger. Dès le début, il faut faire sur la partie des frictions sèches, aromatiques, des lotions avec l'eau froide, la neige, du vin, de l'eau-de-vie camphrée, des eaux spiritueuses étendues d'eau, du sel ammoniac, du savon; on évitera l'eau tiède, les émollients, à moins qu'il n'y ait une inflammation franche. Un moyen qui nous a particulièrement réussi, ce sont les bains locaux sinapisés. On a aussi obtenu des succès avec les baumes de Fioraventi, du Pérou, les teintures de benjoin, de gaïac, l'eau de Cologne. Lorsqu'elles sont très-gonflées et très-douloureuses, on pourra employer des cataplasmes avec la fleur de sureau, la camomille, etc., quelquefois même des sangsues. Les ulcères seront pansés avec le styrax, le digestif animé, lotionnés avec l'eau de chaux, l'eau blanche, l'eau chlorurée, etc. Dans tous les cas une température régulière. **F. — N.**

ENGHIEN (Médecine, Eaux minérales). — Village de France (Seine-et-Oise), arrondissement et à 10 kilomètres S.-E. de Pontoise, canton de Montmorency, dont il est distant de 2 kilomètres, et à 11 kilomètres N. de Paris; il contient plusieurs sources d'eaux minérales sulfurées calciques d'une température de 10 à 14° cent. Le nom d'*Enghien* avait été donné au bourg de Montmorency en vertu de lettres patentes délivrées en 1689 par Louis XIV à la famille de Condé, qui possédait près de son fief de Condé en Hainaut une baronnie d'Enghien; mais le nom de Montmorency a prévalu pour désigner la commune primitive, et celui d'Enghien resta seul à un petit hameau situé dans la vallée, et qui ne consistait guère qu'en un moulin appartenant à l'abbaye de Saint-Denis. Depuis longtemps on avait remarqué que le trop-plein de ce moulin formait un ruisseau fétide auquel on avait

donné le nom de *Ruisseau puant*, lorsqu'en 1766 le P. Cotte, curé de Montmorency, adressa à l'Académie des sciences une note dans laquelle il rendait compte de l'emploi qu'il avait fait de ces eaux et des guérisons qu'il avait obtenues. L'abbé Nollet et Macquer, chargés du rapport, constatèrent la nature sulfureuse des eaux; plus tard, Fourcroy, Vauquelin en firent une analyse exacte. Enfin, de nos jours, leur nature hautement sulfureuse a été constatée par un grand nombre de chimistes; seulement, tandis que MM. Ossian Henri, Fremy père soutiennent qu'il existe avec l'acide sulfhydrique une certaine quantité de sulfure de calcium, Fourcroy, MM. de Puisaye et Lecomte n'admettent que l'acide sulfhydrique sans traces de sulfures. Mais, comme le fait remarquer M. Constantin James, « cette question intéresse plus les chimistes que les médecins; » il suffit pour ces derniers de savoir que les eaux d'Enghien sont très-sulfureuses, et qu'elles ne contiennent pas de barégine, substance organique qu'on trouve dans les eaux des Pyrénées, auxquelles elles peuvent être comparées sous tous les autres rapports.

Cinq sources principales sont exploitées à Enghien: 1° la *source Cotte* ou *du Roi*; 2° la *source Déyeux*; 3° la *source Péligot*; 4° la *source Rouland*; 5° la *source de la Pêcherie*. Les sources du Roi et Déyeux sont seules employées en boisson; on boit ces eaux pures ou coupées avec du lait, à la température désirée par le médecin; la dose en est de un à cinq verres aux sources; ordinairement, lorsqu'on en fait usage au loin, un verre le matin suffit, mais le traitement doit durer longtemps. Des salles d'inhalation ont été établies à Enghien avec tout le confortable qui peut les rendre efficaces pour les différentes maladies des voies respiratoires. Il existe aussi dans l'établissement des appareils pour inhalations et douches, des cabinets de bains hydroférés, de bains russes, de bains électriques, munis de tous les appareils recommandés par la science, et avec tout le luxe que comporte le voisinage d'une grande capitale, lorsque cette capitale s'appelle Paris. Enfin, on vient d'y établir un traitement hydrothérapique d'eau ordinaire et d'eau minérale sulfureuse. Mais il est une chose qui manque et qui manquera toujours à Enghien, ce sont les sites des Pyrénées, par exemple, dont les eaux pourraient sous beaucoup de rapports être comparées à celles-ci, c'est l'altitude de ces sources. (L'altitude d'Enghien est de 48 mètres, celle de Cauterets de 992 mètres.) Et pourtant, telles qu'elles sont, il faut dire qu'elles rendent de grands services, surtout pour les personnes qui ne peuvent pas s'absenter longtemps pour aller au loin. En effet, elles sont tous les jours utilisées dans les différentes affections de la peau, surtout lorsque celles-ci ne sont pas accompagnées d'une trop vive irritation, qu'il n'existe pas dans l'individu des signes de pléthore sanguine ou d'éréthisme nerveux trop prononcé. On peut en dire autant des affections des voies respiratoires; ainsi les catarrhes chroniques sans irritabilité fluxionnaire ou nerveuse trop vives; la diétèse tuberculeuse qui est souvent arrêtée ou tout au moins sensiblement modifiée par les eaux d'Enghien, surtout lorsqu'il n'y a aucun symptôme d'irritation intense, aucune prédisposition au crachement de sang, etc. On a aussi obtenu des succès marqués de leur emploi dans les scrofules. Vantées par quelques médecins dans le traitement de la goutte et du rhumatisme, elles n'ont pas répondu à tous les éloges qui en avaient été faits. **F-N.**

ENGORGEMENT (Médecine). — Ce mot sert à désigner une augmentation de volume d'une partie ou d'un organe malade, tenant, a-t-on dit, à ce que le mouvement des humeurs devenant difficile dans un point quelconque, par l'embarras qu'elles éprouvent dans les vaisseaux, elles s'y accumulaient et déterminaient une tuméfaction plus ou moins grande. L'engorgement peut être *inflammatoire*; dans ce cas, il est chaud, aigu, et ne constitue qu'un symptôme, un état momentané de l'organe affecté d'inflammation; ainsi on dit qu'il y a un engorgement inflammatoire du poumon, du foie, dans la pneumonie aiguë, dans l'hépatite, etc.; ici, il a une marche rapide, et est produit par l'afflux des humeurs et particulièrement du sang; mais il n'y a encore aucune altération de la partie qui est le siége de l'engorgement. Plus tard, si le cours régulier de ces liquides ne se rétablit pas, si la résolution de l'inflammation n'a pas lieu, il pourra survenir un autre ordre de phénomènes annonçant que la maladie entre dans une nouvelle phase, celle de suppuration, par exemple. On peut donc définir un engorgement inflammatoire, celui qui est produit par l'accumulation des humeurs dans une partie dont le tissu, quoique modifié dans sa manière d'être, n'a point changé de nature.

L'engorgement, au contraire, peut être *froid*, *chronique*, lorsqu'il est produit par l'accumulation de liquides viciés dans leur nature, ce qui a lieu, le plus souvent, lorsqu'il existe une altération organique des tissus qui en sont le siége. On les observe surtout dans les parties dont la structure est peu compliquée et la vitalité peu active; ils peuvent aussi être la suite d'un engorgement inflammatoire, qui ne sera pas terminé par une résolution franche et complète. D'après ce qui vient d'être dit, on concevra que ce que l'on entend par engorgement n'étant qu'un état particulier des parties ou des organes affectés, le traitement n'a rien de spécial, et rentre dans celui de l'état maladif dont il n'est qu'un phénomène.   F—N.

ENGOUEMENT (Médecine), *Obstructio* en latin. — On désigne ordinairement, sous ce nom, l'obstruction d'un conduit, par suite de l'accumulation de matières qui ne peuvent plus en sortir à cause de la dilatation de ce conduit, quelquefois en raison de son étroitesse même. Il en est ainsi des conduits excréteurs, notamment du canal nasal, qui sont exposés à être engoués, lorsque les humeurs qui les traversent prennent une trop grande consistance, que leurs parois s'épaississent au point de ne plus permettre aux liquides d'y passer.

Mais le mot *engouement* sert plus particulièrement à désigner une espèce d'étranglement qui survient quelquefois dans les hernies inguinales. Il est occasionné par un amas de matières fécales dans la portion d'intestins herniée, mêlées parfois de corps étrangers, tels que noyaux de cerises, etc. On l'observe surtout chez les vieillards, chez lesquels les tissus lâches et extensibles permettent une dilatation facile; dans ce cas, les matières s'accumulent peu à peu, les parois de l'intestin n'ont plus le ressort nécessaire pour les faire cheminer; il survient alors un véritable étranglement. La tumeur qui le constitue, au lieu d'être dure, offre au contraire un empâtement mollasse; elle est presque indolente, d'abord; les douleurs se développent plus tard sourdement, le ventre se météorise, se ballonne; enfin arrivent des nausées, des vomissements simples, puis stercoraux, des hoquets, en un mot, tous les symptômes de l'étranglement, mais marchant très-lentement. Le traitement consiste dans l'emploi du *taxis* (voyez ce mot) répété souvent et avec une certaine force; la position déclive, la tête en bas est un très-bon moyen, aidé des lavements laxatifs, et même purgatifs. Enfin, si l'inflammation se déclare, s'il y a menace de gangrène, il faudra avoir recours à l'opération. Mais celle-ci n'est jamais aussi urgente que dans la hernie ordinaire étranglée, dans laquelle il faut opérer dans les vingt-quatre ou trente-six heures, tandis que, dans l'engouement, le débridement peut être reculé jusqu'au sixième, au huitième et même au douzième jour.   F—N.

ENGOULEVENT (Zoologie), *Caprimulgus*, Lin. — On désigne par ce nom des oiseaux crépusculaires et nocturnes vulgairement appelés dans nos campagnes *Crapauds volants* et *Tette-chèvre* (en latin *Caprimulgus*), à cause de leur conformation et de certaines erreurs accréditées sur leurs mœurs. Leur plumage, par sa finesse et ses couleurs sombres, rappelle celui des chats-huants et des hiboux; sur les côtés de la tête, de grands yeux trop sensibles pour supporter la lumière du jour, mais très-perçants dans l'obscurité; un bec à peine saillant à sa pointe, très-élargi à sa base et fendu jusque sous les yeux donnent à la tête de ces oiseaux une certaine analogie avec celle des grenouilles et des crapauds. Après le soleil couché, les engoulevents sillonnent l'air, leur large bec tout ouvert au vent qui produit en s'y engouffrant un bourdonnement particulier. Cette habitude explique le nom d'*engoulevent* (*engoue-le-vent*), et l'oiseau, par ce manège, engloutit au vol les insectes qui voltigent dans l'air au crépuscule. La nuit venue, l'engoulevent va chercher dans les parcs de moutons et de chèvres les insectes parasites qui assiégent ces animaux et ceux qui vivent au milieu de leurs fientes. Voilà pourquoi on l'a accusé, par ignorance, d'aller teter les mères au milieu des troupeaux endormis, et l'on peut regretter que le nom latin adopté par Linné semble consacrer cette erreur.

Les engoulevents des diverses contrées ont été réunis par Linné dans un grand genre qu'il a nommé *Caprimulgus* (du latin. *mulgere*, teter, traire, et *capra*, chèvre). Ce genre, adopté par Cuvier dans son *Règne animal*, y est subdivisé en deux sous-genres : *Engoulevents* propre-ment dits et *Podarges*. Le genre linnéen a été depuis considéré par plusieurs auteurs comme une tribu comprenant les genres nouveaux *Engoulevent*, *Podarge*, *Ibijau* et *Guacharo*. Quoi qu'il en soit, le genre *Engoulevent* de Cuvier est placé dans son ordre des *Passereaux*, famille des *Fissirostres*, à côté des *Hirondelles*, et avec les caractères suivants : « Les engoulevents ont ce même plumage léger, mou et nuancé de gris et de brun qui caractérise les oiseaux de nuit; leurs yeux sont grands, leur bec, encore plus fendu qu'aux hirondelles, garni de fortes moustaches et pouvant engloutir les plus gros insectes, qu'il retient au moyen d'une salive gluante; sur la base sont les narines en forme de petits tubes; leurs ailes sont longues; leurs pieds sont courts; leurs tarses

Fig. 923. — Engoulevent d'Europe.

emplumés... Les engoulevents vivent isolés, ne volent que pendant le crépuscule ou dans les belles nuits, poursuivent les phalènes et autres insectes nocturnes, déposent à terre et sans art un petit nombre d'œufs. » La conformation des doigts et les mœurs plus ou moins nocturnes ont fourni les caractères des subdivisions de ce groupe. Les diverses espèces du grand genre linnéen *Caprimulgus* ont quatre doigts aux pieds; mais, chez les *Engoulevents* proprement dits et chez les *Podarges*, le doigt médian est beaucoup plus long que les deux doigts latéraux, et le pouce peut se diriger pour saisir les branches, tantôt en avant, tantôt en arrière; chez les *Guacharos*, le pouce ne peut plus se diriger qu'en avant ou sur le côté, jamais en arrière; chez les *Ibijaux*, il est toujours dirigé en arrière; dans ces deux subdivisions, le doigt médian dépasse à peine les deux latéraux; enfin, les *Podarges* ont les doigts dépourvus de la membrane qui les unit à leur base chez les *Engoulevents* proprement dits, et ils ont aussi le bec plus large et plus robuste que ces derniers. Les *Podarges* sont des oiseaux propres aux îles de l'Asie orientale et à l'Australie; les *Ibijaux* sont des oiseaux exclusivement nocturnes de l'Amérique méridionale et de l'Afrique; quant aux *Guacharos*, on n'en connaît qu'une espèce qui vole seulement la nuit et se cache tout le jour dans de vastes cavernes de la Colombie (voyez GUACHARO).

Les *Engoulevents* proprement dits sont représentés en Europe par une seule espèce que l'on y trouve presque partout, l'*E. d'Europe* (*C. europæus*, Lin.). C'est un oiseau gros comme une grive (longueur totale 0m,28; envergure, 0m,59), gris-brun ondulé et moucheté de noirâtre, avec une bande blanche du bec à la nuque; le mâle se distingue par une tache blanche ovale placée au côté intérieur des trois premières pennes ou 

Fig. 924.—Tête d'engoulevent d'Europe.

grandes plumes de l'aile et par une autre située au bout des deux pennes les plus externes de la queue. Sorte de grosses hirondelles crépusculaires et nocturnes, les engoulevents ont aussi leurs migrations; ils arrivent par paires au printemps dans nos pays et nous quittent isolément pendant l'automne pour chercher des climats plus doux où les insectes dont ils se nourrissent n'aient pas péri comme dans nos contrées. L'Angleterre ne les voit arriver qu'en mai ou juin, et ils émigrent dès le mois d'août; leur séjour est encore moins long dans les régions plus septentrionales de l'Europe. Ces oiseaux vivent isolés dans les bois, tapis durant le jour au pied des airelles, des genêts ou sous les bruyères; mais, dès le coucher du soleil, ils commencent à chasser les insectes, surtout auprès des gros arbres dont ils font le tour un grand nombre de fois, d'un vol soutenu et vif, mais souvent irrégulier, au gré de la proie qu'ils poursuivent. En même temps, ils font entendre le bourdonnement dont il a été parlé plus haut; ils ont, en outre, plusieurs cris assez rauques, mais médiocrement sonores. « Les engoulevents, dit M. Le Maout (*Hist. nat. des Oiseaux*), ne se donnent pas la peine de construire un nid : un petit trou en terre ou entre les pierres, au pied d'un arbre ou même dans le milieu d'un sentier, leur suffit. » Ils y déposent deux œufs allongés, blancs ou jaunâtres, avec des marbrures foncées et un peu plus gros que ceux du merle. S'ils s'aperçoivent qu'on les a touchés, ils les poussent plus loin avec leur bec, mais sans se préoccuper de les mieux cacher. La mère couve avec soin pendant quatorze jours environ, puis naissent les petits couverts d'un vilain duvet jaunâtre, mais destinés à prendre, au bout de peu de semaines, leur plumage définitif. Les engoulevents sont très-utiles par la grande destruction qu'ils font d'insectes tous nuisibles, phalènes, teignes, cousins, hannetons, etc. M. Fl. Prévost, dans ses *Recherches sur le régime alimentaire des oiseaux*, a particulièrement constaté la guerre meurtrière que les engoulevents font aux hannetons et recommande énergiquement aux cultivateurs de respecter et de protéger ces défenseurs de nos productions agricoles. On ne saurait trop insister sur la mise en pratique d'un conseil si utile et si peu suivi.

On connaît près de trente autres espèces d'engoulevents de toutes les parties du monde, parmi lesquels on peut citer, en Amérique, l'*E. de la Caroline* (*C. Carolinensis*, Wilson), nommé par les Anglo-Américains *Chuck-Will's-widow* (Appelez la veuve de William), en imitation de son cri; l'*E. criard* (*C. vociferus*, Wils.), nommé pour la même cause *Whip-poor-Will* (fouettez le pauvre William), et enfin l'*E. d'Amérique* (*C. Americanus*, Wils.), que son habitude de sortir surtout lorsque le ciel est couvert a fait nommer *Rain-bird* (oiseau de pluie), et que son plumage d'oiseau de proie fait appeler encore communément aux Etats-Unis *Night-Hawk* (faucon de nuit); c'est le *Popetué* de Vieillot. L'Afrique en possède aussi des espèces remarquables à divers titres.

Consultez : de Lafresnaye, *Magasin zoolog.* de Guérin-Méneville, 1837. — Des Murs et Chenu, *Encyclopédie d'hist. nat.*, *Oiseaux*, t. II.
Ad. F.

ENGOURDISSEMENT (Médecine). — Etat particulier d'une partie du corps et surtout des parties charnues musculaires, qui fait éprouver une sensation de pesanteur, de fourmillement plus ou moins incommode et même douloureux, avec diminution ou abolition et perversion de la sensibilité et du mouvement. Il peut résulter d'une contusion sur un tronc nerveux, d'une pression longtemps prolongée, d'une commotion violente, l'électricité, par exemple. Si la cause n'a pas agi d'une manière permanente, ou avec une grande intensité, l'engourdissement cesse de lui-même au bout de peu de temps; cependant on a vu la douleur persister longtemps encore, surtout lorsqu'il est question d'une contusion. Mais si l'action vulnérante a été grave, elle peut être suivie d'une véritable paralysie, ou temporaire ou permanente. L'engourdissement précède aussi quelquefois la paralysie, et en est un symptôme précurseur; dans ce cas, il peut persister pendant longtemps avant de s'aggraver; ici, d'ailleurs, il rentre dans l'histoire de cette maladie principale, reconnaît les mêmes causes et réclame le même traitement (voyez PARALYSIE).
F—N.

ENGRAIN (Agriculture). — Nom d'une variété de froment, le *Petit Épeautre* ou *Locular* (voyez BLÉ, EPEAUTRE).

ENGRAIS (Agriculture), du mot *Engraisser*. — Toute matière qui, appliquée sur la terre, l'*engraisse*, comme dit le cultivateur, c'est-à-dire qui répare, conserve et augmente la fécondité du sol (Boussingault, *Econ. rur.*, t. I) est un *engrais*. « Pour nous, ajoute M. Boussingault, le plâtre, la marne, les cendres, sont des *engrais*, comme le fumier de cheval, le sang, l'urine; tous concourent au but qu'on se propose en les employant, et qui est d'accroître la production végétale. » « Un *engrais*, dit M. Ad. Boblerre, est un aliment, une nourriture. Que cet aliment puisse et doive varier selon la végétation, la nature du sol ou du climat, chacun l'accordera; mais la science est-elle tellement instruite de son action qu'elle puisse dire hardiment : Ceci est un *amendement*, ceci un *stimulant*, ceci un *engrais* proprement dit ?... Reconnaissons une fois pour toutes que là où l'action est complexe, il faut se borner à des définitions générales. Appelons *engrais* ou nourriture...tout ce qui, à divers titres, engraisse ou nourrit la récolte. » (*L'atmosp.*, *le sol et les engrais*.) — Précisant davantage le rôle des engrais, MM. Girardin et Du Breuil comprennent sous ce nom « toutes les matières, de quelque nature qu'elles soient, qui sont nécessaires à la vie des plantes et qui concourent directement, soit par leur décomposition, soit par leur absorption immédiate au grand acte de la nutrition. » (*Traité élém. d'agric.*, t. I.)

Il résulte de ces définitions que les engrais servent à rendre la terre capable de nourrir les plantes qu'on lui confie; en portant des récoltes, elle a consommé une certaine portion des matières alimentaires qu'elle tient en réserve pour les plantes; l'engrais vient remplacer ces matières alimentaires, ou même accroître la richesse du sol à cet égard; c'est ainsi qu'il conserve et augmente la fertilité de celui-ci. Pour se rendre compte de ce fait, il importe de rappeler que les aliments empruntés au sol par les plantes qui y croissent, sont de *l'eau*; du *carbone* à l'état d'acide carbonique, de carbonates en dissolution; de l'*azote* à l'état de sels ammoniacaux et d'azotates; des *sels minéraux*, variables selon la nature des plantes. Quant à l'*oxygène* que renferment les plantes, il provient de l'atmosphère, ainsi qu'une notable quantité d'*eau*, et la plus grande partie du *carbone* qu'elles fixent dans leurs tissus. La fertilité du sol se maintiendra donc; si l'on a soin d'y entretenir une quantité convenable d'eau, d'acide carbonique, de composés azotés et de matières salines solubles. Mais l'expérience a montré qu'on ne saurait avec succès administrer au sol chacun de ces éléments de fertilité séparé des autres. Les meilleurs engrais sont, en général, ceux qui offrent réunis tous les principes fécondants, laissant la terre puiser à ce trésor selon ses besoins. « Le plus efficace des engrais, dit M. Boussingault, celui dont l'usage est le plus général, est précisément le fumier de ferme, qui, par sa nature complexe, réunit tous les principes fécondants : ceux qui entrent dans l'organisation des plantes, et les substances minérales réparties dans leurs tissus. On y trouve en effet le carbone, l'azote, l'hydrogène et l'oxygène, unis aux phosphates, aux sulfates, aux chlorures, etc. Tout engrais, pour être immédiatement actif, doit présenter cette composition mixte. Les cendres, le plâtre, la chaux, répandus sur un terrain stérile, ne l'amélioreraient pas; des matières azotées qui seraient privées de phosphates, de substances alcalines et terreuses, ne produiraient pas un meilleur effet. C'est l'association de ces deux ordres de principes, dont les premiers appartiennent à la partie solide de notre globe terrestre, et les seconds à l'air atmosphérique, qui constituent l'*engrais normal*. » (*Encyclop. prat. de l'agriculteur*, t. VI.) Cette composition mixte nécessaire aux engrais ne se rencontre pas dans les substances organisées, abandonnées aux effets de la putréfaction. Les matières animales, qui contiennent toutes de l'azote, et, parmi les matières végétales, celles qui contiennent aussi cet élément, se putréfient rapidement, et les produits définitifs de leur décomposition sont surtout des sels d'ammoniaque. L'azote que contenaient ces matières s'est uni à de l'hydrogène également contenu en elles ou provenant de la décomposition de l'eau qui les imprégnait, et a donné naissance à l'ammoniaque qu'ont salifiée les acides engendrés dans la putréfaction, et que dissout à l'état de sels l'eau qui humecte les matières où la putréfaction se développe. Les matières végétales, comme le bois, la paille, les feuilles des végétaux, se putréfient plus lentement et offrent une autre série de phénomènes. Sous l'influence de l'air et de l'eau, elles se transforment peu à peu en une matière noire, nommée *terreau* par les cultivateurs, et dont la propriété la plus remarquable, dit M. Boussingault, est d'émettre du gaz acide carbonique, lorsqu'il est exposé à l'air; après avoir été humecté, le terreau éprouve alors une combustion lente et constitue ainsi dans la terre une source constante de carbone pour la végétation. (*Econom. rur.*, t. I) La nature et les propriétés du terreau ont surtout été étudiées par de Saussure (*Recherches chimiques*); il en sera traité à l'article spécial qui le concerne. A ces deux ordres de phénomènes, essentiels pour l'histoire des engrais, il faut ajouter un fait; c'est que dans les fumiers étendus sur nos champs en culture se forme quelque peu de nitre, dû à l'oxydation d'une petite partie de l'azote des ma-

tières putrifiées. Les fumiers contiennent enfin et fournissent aux plantes des matières salines renfermant du silicium, du chlore, de l'iode, de la potasse, de la soude, de la chaux, de la magnésie, de l'alumine, du fer, du manganèse, selon les plantes ou les matériaux organiques employés à la confection du fumier. Comme il est impossible d'imaginer qu'un engrais contienne en même temps tous les principes capables de fertiliser, et comme, dans le fait, une terre déterminée n'a pas besoin de les récupérer tous, mais réclame seulement un certain nombre d'entre eux; on conçoit qu'il n'y a pas d'engrais absolu, bon à employer toujours et partout. Il faut faire son choix, selon les circonstances, et en se rendant compte à la fois de ce qui manque à la terre qu'on veut engraisser, et de ce que renferme l'engrais qu'on y applique. On a pu constater cependant, dit M. Barral, que généralement les matières qui font le plus souvent défaut dans les terres arables, celles qu'il importe le plus d'y ajouter à cause de leur rôle important dans la végétation, celles qui, en outre, sont les plus coûteuses et peuvent servir de régulateur pour le prix de tous les autres, sont les *matières azotées;* viennent ensuite au second rang les *matières phosphorées* et principalement le *phosphate de chaux;* on place enfin au troisième rang les matières riches en *sels de potasse* et *de soude.* On trouvera à l'article Fumiers les évaluations comparatives de la puissance des engrais que l'on a pu déduire de ces principes généraux et du contrôle de l'expérience; on trouvera au mot Jauffret (Engrais) quelques indications sur la valeur commerciale des engrais. Enfin, il sera traité au mot Sol de ces substances souvent nommées *amendements* (voyez ce mot), et qu'il est si difficile de séparer des engrais.
Ad. F.

ENGRAISSEMENT (Zootechnie). — Les animaux élevés pour servir à la nourriture de l'homme offrent un aliment beaucoup plus savoureux et plus substantiel, lorsque leur viande contient entre ses fibres une assez forte proportion de graisse. Aussi prépare-t-on la plupart des animaux destinés à la consommation en les engraissant. Toutes les espèces et toutes les races d'une même espèce ne s'y prêtent pas avec la même facilité; mais, en tout cas, les principes sur lesquels reposent les diverses méthodes d'engraissement sont toujours les mêmes : administrer à l'animal un régime spécial, abondant et riche en matières grasses et en matières farineuses; le condamner en même temps à un repos aussi voisin que possible d'une somnolence continue. Les méthodes d'engraissement reposent donc sur une idée très-simple, sinon très-facile à mettre en pratique : donner beaucoup à l'animal, et faire en sorte qu'il dépense le moins possible. Aux articles Régime et Viande, on trouvera des renseignements sur les procédés d'engraissement et leurs résultats, je me bornerai ici à quelques indications générales.

Dans l'espèce bovine, les animaux spécialement destinés à la boucherie, et par conséquent à l'engraissement, ne sont pas les taureaux, ni les vaches, mais les bœufs. Cependant la vache et le taureau même sont souvent soumis à l'engraissement, lorsqu'ils ont passé l'âge de la production, qu'ils ont déjà donné un rapport en lait, en veaux, en travail, et qu'il n'y a plus qu'à les livrer à la boucherie. L'âge le plus avantageux pour pratiquer l'engraissement des bêtes à cornes est celui de sept à huit ans; c'est l'époque où elles s'engraissent le plus vite, et en consommant la moindre quantité d'aliments. Certains caractères extérieurs peuvent faire reconnaître les races et les individus qui sont les plus propres à l'engraissement; on peut résumer ces caractères de la manière suivante : os petits, peau mince, jambes courtes, épine dorsale plate, avec le dos large et plat; corps arrondi, presque cylindrique, poitrine large. C'est le fermier anglais R. Bakewell qui a résumé en ces termes les fruits de sa longue expérience et de ses nombreux succès dans l'art de l'engraissement du bétail. Sinclair ajoute à ces traits physiques un caractère doux et docile qui évite toute dépense de force et de mouvement. L'engraissement le plus rapide se fait à l'étable où les animaux sont constamment maintenus, et où leur sont régulièrement distribuées des rations abondantes. Mais, dans les pays d'herbages, comme beaucoup de plaines de l'Angleterre, de la Hollande, de la Suisse, des provinces Rhénanes, et comme en Normandie, en Bretagne, l'engraissement a lieu au pâturage où il est moins rapide, mais aussi moins coûteux. Ce que je viens de dire d'une façon générale sur l'engraissement des bêtes à cornes s'applique aussi à celui des bêtes à laine.

L'animal le plus remarquable au point de vue de l'engraissement, parmi nos animaux domestiques, est, sans contredit, le porc. Se développer, s'engraisser et mourir, voilà la vie ordinaire de cet animal, et cette vie ne dure, le plus souvent, que deux ou trois ans. Cet engraissement ne peut être utilement entrepris, ni avant quinze ou dix-huit mois, ni au delà de cinq ans; il dure de douze à dix-huit ou vingt semaines, suivant le degré d'engraissement que l'on veut. Après douze semaines, on doit avoir obtenu déjà un lard de 0^m,03 d'épaisseur. Comme chez les bœufs et les moutons, la petitesse des os, la finesse de la peau, la brièveté des jambes sont les caractères fondamentaux des races les plus propres à l'engraissement.

On pratique aussi l'engraissement des volailles, et surtout des oies; mais le lecteur voudra bien se reporter pour ce sujet aux articles Régime et Cour (basse).

ENGRAULIS (Zoologie). — Nom latin du genre de *Poissons* appelé *Anchois* (voyez ce mot).

ENGRAVÉE (Méd. vétér.). — On appelle ainsi un mal de pieds qui survient particulièrement aux animaux domestiques du groupe des *didactyles* (à deux doigts), tels que les bœufs, les moutons, les chèvres, les porcs. Cette maladie consiste dans une espèce de contusion, de foulure causée par une longue marche sur des terrains durs, raboteux, garnis de cailloux; l'animal boite, les pieds sont sensibles, rouges, gonflés. Le repos absolu, les bains locaux, les applications émollientes, suffisent, en général, contre cette affection. Chez les bœufs, elle arrive surtout quand on n'a pas eu la précaution de les ferrer, lorsqu'on veut les faire travailler ou marcher longtemps, dans les conditions dont nous avons parlé plus haut.

ENGRENAGES (Mécanique). — Système de *roues dentées* fréquemment employé dans les machines et servant à transmettre le mouvement d'un axe ou *arbre* à un autre et en même temps à en changer la vitesse ou la direction. Les roues dentées, toujours accouplées deux à deux, ont leur circonférence garnie de saillies ou *dents* par lesquelles elles s'engrènent mutuellement. Les dents, appuyant ainsi les unes sur les autres, assurent la transmission de la manière la plus efficace, mais en donnant lieu à des frottements qui absorbent une partie de la force motrice. Pour que ces frottements soient le plus faibles possible, les roues dentées doivent satisfaire à plusieurs conditions que nous allons énumérer.

1° Toutes les dents d'une même roue doivent avoir les mêmes dimensions et le même écartement; la somme du *plein* et du *vide,* c'est-à-dire le *pas,* doit y être constante. Cette somme doit également être la même pour deux roues qui engrènent; mais l'épaisseur des dents peut varier d'une roue à l'autre. Ainsi, les roues en cuivre, à force égale, doivent avoir les dents plus épaisses que les roues en fer; les dents de la plus petite des deux roues dentées (*pignon*), se trouvant plus souvent en prise et s'usant plus rapidement, doivent être également plus épaisses; dans ce cas, le vide des dents de la grande roue doit y surpasser le plein pour loger le plein des dents du pignon.

2° Les roues dentées tournant tantôt dans un sens, tantôt dans l'autre, leurs dents doivent être symétriques des deux côtés de leur plan moyen.

3° La surface des dents doit être taillée de telle sorte que le mouvement régulier de la roue *conductrice* donne lieu à un mouvement également régulier de la roue con*duite,* afin d'éviter dans la marche de la machine des oscillations périodiques dans sa vitesse, ce qui accroîtrait la proportion de force absorbée par l'engrenage, fatiguerait la machine et nuirait à la bonne exécution de son travail. Les roues dentées doivent donc marcher comme le feraient deux roues à circonférence

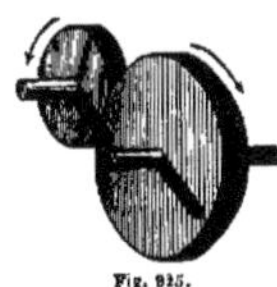
Fig. 925.
Rouleaux de transmission.

lisse, qui rouleraient sans glissement l'une sur l'autre par la simple adhérence de leurs surfaces, ainsi que le montre notre figure 925. Les rayons de ces roues sont ce que l'on appelle les rayons des *cercles primitifs* des roues dentées dont les roues lisses tiendraient la place.

4° Il convient que les pressions et les frottements exercés par les roues les unes sur les autres soient constants dans les diverses positions que prennent ces dents, afin que l'usure s'y fasse d'une manière uniforme et que leur profil conserve la régularité qui lui a été donnée primitivement par la taille.

5° Le frottement de roulement étant beaucoup moindre que le frottement de glissement, il convient également que, pendant tout le temps que deux dents sont en prise, elles roulent autant que possible sans glisser l'une sur l'autre.

Il importe de remarquer toutefois que cette dernière condition ne saurait être rigoureusement remplie. Puisque les circonférences primitives roulent elles-mêmes sans glisser l'une sur l'autre, il n'en saurait être de même des dents d'engrenage ; il y a donc toujours un frottement de glissement. Le profil qui a été choisi en atténue seulement l'intensité dans la plus forte proportion possible. C'est en voyant la fatigue des palettes planes employées autrefois, que le géomètre Delabire eut l'idée de la diminuer en rendant curvilignes les surfaces frottantes, et fut conduit à chercher la forme géométrique qui convient le mieux.

L'exécution pratique de ces diverses conditions présente de très-grandes difficultés ; aussi ne sont-elles remplies que dans des circonstances exceptionnelles. Le meilleur engrenage, question de prix à part, est celui dans lequel elles sont le moins imparfaitement réalisées.

Le profil le plus simple et le plus généralement adopté pour les dents de la roue conduite est la ligne droite dirigée vers le centre même de la roue. Le profil de la roue conductrice est alors un *arc d'épicycloïde* (voy. ce mot). Comme chaque roue dentée doit, suivant les cas, être indifféremment conductrice ou conduite et qu'elle doit pouvoir marcher dans un sens ou dans l'autre, chaque dent est

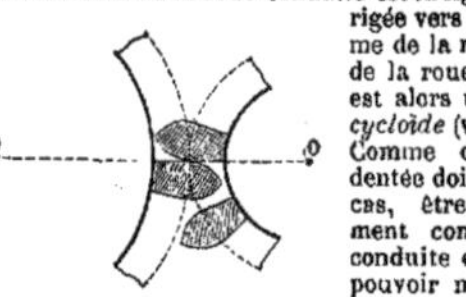

Fig. 926. — Engrenage à flancs.

formée (*fig.* 926) d'une partie plane appelée *flanc*, qui est limitée par deux lignes droites dirigées vers le centre de la roue et d'une partie courbe limitée par deux arcs d'épicycloïde. Ordinairement on abat à la lime le raccord aigu des deux profils curvilignes, parce que le sommet qui en résulte n'aurait pas en général l'épaisseur suffisante.

Ce mode de tracé de l'engrenage à flancs est encore trop compliqué pour la pratique ; mais comme à son origine l'épicycloïde se confond sensiblement avec un arc de cercle et que les dents ont toujours très-peu d'étendue, on peut procéder plus simplement. Pour les dents d'une roue dentée d'un diamètre un peu grand par rapport aux saillies, ce qui est le cas le plus ordinaire, on prend pour centre de la courbe d'une dent la naissance de la dent suivante sur la circonférence du cercle primitif et pour rayon de cette courbe le pas de l'engrenage mesuré sur le même cercle. Pour les *pignons* dont le nombre de dents est peu considérable et dont la saillie des dents est grande par rapport au rayon du cercle primitif, on détermine le centre et, par conséquent, le rayon du cercle qui doit remplacer l'épicycloïde par la condition que ce cercle passe par la naissance de la convexité de la dent et par son dernier élément utile, ce qu'il est toujours facile de déterminer par les dimensions des roues et la longueur de leur pas. Le profil de l'engrenage à flancs n'est, comme on voit, qu'une approximation rendue plus grossière encore par les défauts d'exécution du modèle et les imperfections du moulage, les roues en fer venant toutes dentées à la fonte. Aussi les engrenages sont-ils généralement très-défectueux. Mais l'engrenage épicycloïdal, fût-il exécuté avec une extrême précision, présenterait encore des inconvénients dont les principaux sont les suivants :

1° Le cercle générateur de l'épicycloïde qui forme le profil des dents d'une roue a pour diamètre le rayon du cercle primitif de l'autre roue. Chaque roue n'a donc pas ses dents taillées pour elle-même, mais pour la roue avec laquelle elle engrène. Que l'on change celle-ci ou seulement qu'on la déplace, l'autre devient inexacte.

2° Les pressions des dents l'une sur l'autre varient à mesure que leur point de contact s'éloigne de la ligne des centres ; l'usure n'y est donc pas uniforme et le profil s'altère.

3° Tant que le profil est juste, la roue conduite marche avec autant de régularité que la roue conductrice, mais les dents *glissent* encore l'une sur l'autre, ce qui accroît l'usure, en même temps qu'il en résulte des frottements préjudiciables à la conservation de la force motrice. Il est un autre tracé des dents qui fait disparaître ces inconvénients. Dans ce tracé, le profil des dents de la roue conductrice, aussi bien que de la roue conduite, est un arc de développante de cercle (voyez Enveloppes), dont les dimensions dépendent d'ailleurs uniquement des dimensions de la roue qui porte la dent dont il s'agit. C'est déjà un grand avantage. Il en présente un autre remarquable, c'est que le contact des dents a toujours lieu sur la ligne des centres ; la pression y est sensiblement constante et le glissement très-faible. Malheureusement, au point de vue pratique, ce mode d'engrenage est très-difficilement exécutable.

Les imperfections des engrenages sont d'autant plus saillantes que leur denture est plus large, parce qu'alors les dents doivent entrer en prise à une distance plus grande de la ligne des centres et que l'arc décrit par les roues pendant chaque contact est plus étendu. Il y a donc avantage à multiplier les dents, sauf à donner aux roues plus de largeur pour conserver aux saillies une résistance suffisante. Le mécanicien White a imaginé, en 1821, de rendre le nombre des dents pour ainsi dire infini par l'artifice suivant : les dents de ses roues, au lieu d'être planes et parallèles à l'axe, sont inclinées sur cet axe et hélicoïdales, de telle sorte que l'extrémité gauche de l'une d'elles se trouve à la même hauteur parallèlement à l'axe que l'extrémité droite de la dent suivante. Le contact des dents se fait par un seul point qui se déplace d'une manière régulière sur chacune d'elles, de l'une des extrémités à l'autre ; le glissement est évité, mais l'usure est rapide ; aussi ces engrenages, dits de précision, ne sont-ils employés que pour transmettre des efforts peu considérables et de grandes vitesses. M. Bréguet les a utilisés avec un grand succès pour imprimer un mouvement de rotation s'élevant à 8 000 tours par seconde, 480 000 par minute à un miroir destiné à mesurer la vitesse de la lumière. On obtient à peu près le même résultat au moyen des engrenages à gradins. Chaque roue dentée y est formée par la juxtaposition de trois ou quatre roues dentées de même rayon, de même denture, réunies entre elles, de telle sorte que les dents y forment, non plus d'une manière continue, mais par gradins, la même inclinaison que dans l'engrenage de White. Ces engrenages, d'une grande douceur, ont été employés avec succès pour mouvoir l'arbre de l'hélice des bâtiments à vapeur.

Vitesses angulaires des roues dentées. — Le rapport des *vitesses angulaires* des roues qui s'engrènent ou des nombres de tours qu'elles exécutent dans un même temps est égal au rapport inverse des rayons des cercles primitifs ou des nombres de dents des deux roues. On peut donc, au moyen de *pignons* ayant de six à douze dents

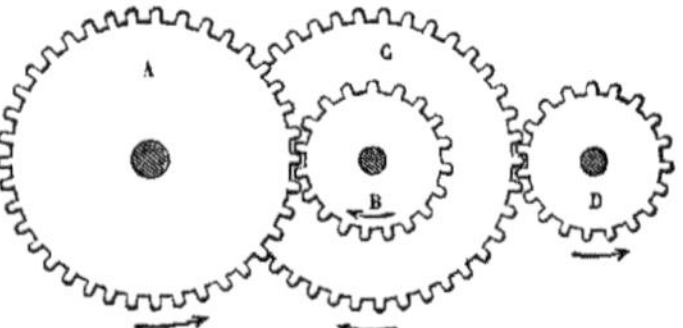

Fig. 927. — Roues dentées et pignons.

seulement engrenant avec des roues d'un grand rayon faire varier la vitesse dans des limites très-étendues ; cependant, quand la variation est trop considérable, il vaut mieux employer un système de plusieurs roues A, C et pignons B, D (*fig.* 927), ainsi qu'on le fait dans le tournebroche, les mouvements d'horlogerie, les fortes grues, etc. En désignant par $r, r', r''\ldots$ les rayons ou les nombres de dents des pignons, par R, R', R'' les rayons ou les nombres de dents des roues dentées, le rapport des vitesses des axes extrêmes sera fourni par l'expression $\dfrac{r.r'.r''\ldots}{R.R'.R''\ldots}$.

Roues d'angle. — Quand les axes autour desquels doivent s'effectuer les deux mouvements direct et transmis ne sont plus parallèles, on a recours aux roues d'angle, dont les axes se coupent ordinairement à angle droit. Les roues, au lieu d'être cylindriques, comme dans le cas précédent, sont coniques et ont pour sommet commun le point d'intersection des deux axes (*fig.* 931). La construction rigoureuse du profil des dents serait trop compliquée ; on se contente de tracer sur le pourtour extérieur de chaque roue d'angle le profil qui conviendrait à une roue ordinaire de même rayon que ce pourtour, et on creuse les intervalles des dents comme si la roue était cylindrique, en sorte que les dents ont moins d'épaisseur à l'intérieur qu'à l'extérieur de la roue.

Dans les anciens moulins, on employait habituellement pour ce mode de transmission l'engrenage dit *à lanterne* (*fig.* 928). La lanterne consiste en une espèce de tambour formé par deux plateaux ou tourteaux parallèles entre lesquels sont disposées circulairement ou parallèlement à l'axe des tiges cylindriques ou *fuseaux* Ceux-ci sont mis en mouvement par des chevilles appelées *alluchons* im-

Fig. 928. — Engrenage à lanterne.   Fig. 929. — Roues d'angle.

plantées circulairement sur une des faces de la roue conductrice. Ce mode d'engrenage, dont un des principaux défauts consistait dans la largeur du pas de l'engrenage, est presque entièrement abandonné. On emploie cependant encore, particulièrement dans les horloges en bois de la forêt Noire, l'engrenage cylindrique à chevilles qui présente de l'analogie avec la lanterne, mais qui alors est droit.

On a construit des engrenages dont les axes ne se coupent pas et ne sont cependant pas parallèles, des roues dentées qui ne sont pas circulaires, etc. Ce sont des espèces de tours de force sans utilité sérieuse pour la pratique. (Consulter les ouvrages de M. Poncelet, de M. Olivier, et, pour la question spéciale du frottement dû aux engrenages, un mémoire de M. Combes, inséré dans le tome II du Journal de M. Liouville.

ENICURE (Zoologie), *Enicurus*, Temm.; du grec *enikos*, singulier, et *oura*, queue. — Genre d'*Oiseaux*, de l'ordre des *Passereaux*, famille des *Dentirostres*, groupe des *Merles*; caractérisé par une queue longue et très-fourchue, un bec long, grêle, mais dur, dont les narines, à demi cachées par les plumes du front, ont le bord supérieur proéminent. Leurs tarses sont longs, et les ongles des pouces très-crochus. Ce genre comprend cinq espèces, toutes de l'Inde et de l'archipel Indien ; elles sont insectivores et vivent dans les endroits des montagnes peu accessibles aux chasseurs, au bord des ruisseaux, où elles trouvent en abondance les larves de libellules dont elles se nourrissent principalement. Ces oiseaux, assez semblables aux bergeronnettes, agitent comme elles la queue en marchant et en saisissant leur proie. L'espèce type est l'*E. couronné* (*E. coronatus*, Temm.), à tête blanche en dessus, dont le corps est noir taché de blanc et long de 0ᵐ,28. L'*E. voilé* (*E. velatus*, Temm.) est de Java, comme le précédent.

ENNÉANDRIE (Botanique), du grec *ennea*, neuf, et *anèr*, *andros*, mâle. — Nom que Linné a donné à la neuvième classe de son système sexuel. Cette classe comprend les plantes à fleurs hermaphrodites renfermant *neuf étamines*. Elle se divise en trois ordres : 1° *Monogynie* (un seul pistil); genres principaux : *Laurier, Anacardier*; 2° *Trigynie* (3 pistils) ; genre principal : *Rhu-*

barbe; 3° *Hexagynie* (6 pistils); genre principal : *Butome.*

ENOPLIE (Zoologie), *Enoplium*, Latr. *Tillus*, Oliv. ; du grec *enoplos*, armé ; — Genre d'*Insectes*, de l'ordre des *Coléoptères*, section des *Pentamères*, famille des *Serricornes*, section des *Malacodermes*, tribu des *Clairones*. Ce sont des insectes de petite taille, voisins des Clairons et des Nécrobies, à corselet cylindrique et à corps allongé, dont les palpes sont terminées par un article triangulaire comprimé et dont les trois derniers forment une massue pectinée ou semi-pectinée. L'*E. serraticorne* (*Tillus serraticornis*, Oliv.) est un petit coléoptère long de 0ᵐ,006, noir, velu, avec les élytres jaunâtres ; il vit sur les fleurs et le bois mort dans le midi de la France et en Italie.

ENOPLOSE (Zoologie), *Enoplosus*, Lacép.; du grec *enoplos*, armé. — Sous-genre de *Poissons*, de l'ordre des *Acanthoptérygiens*, famille des *Percoïdes thoraciques*, genre *Apron*. Leur corps, très-comprimé verticalement et surmonté de deux dorsales aussi élevées antérieurement que le corps même, leur donne l'apparence du chétodon. Ce sont d'ailleurs de jolis petits poissons aux couleurs brillantes. On n'en connaît qu'une seule espèce, l'*E. armé* (*E. armatus*, Lacép.), à dents aiguës et remarquable par la dentelure et les piquants de ses opercules, ainsi que par les rayons très-hauts et très-aigus de sa première dorsale. Il est blanc argenté, rayé de huit bandes noires, long de 0ᵐ,10 environ et se trouve aux environs de la Nouvelle-Hollande.

ENROUEMENT (Médecine), en latin *raucitas*. — On entend par ce mot une certaine altération de la voix, dont le timbre perd sa netteté, et qui devient rauque, embarrassée. Un grand nombre de causes peuvent le produire ; ainsi il peut être dû à une inflammation superficielle de la membrane muqueuse qui tapisse le larynx et la glotte, et qui, dans ce cas, devient d'abord sèche, tendue, et bientôt après est humectée par une sécrétion plus ou moins abondante de mucosités qui deviennent promptement plus épaisses que dans l'état naturel. Une course rapide, une conversation vive et prolongée, la lecture à haute voix, faite particulièrement en plein air, par un temps sec, trop froid ou trop chaud, un refroidissement subit du col, qu'on aura tenu à découvert contre l'habitude ordinaire, et surtout le froid, peuvent donner lieu à cette espèce d'enrouement, qui guérit facilement par le repos, quelques boissons douces et l'éloignement des causes qui ont pu le déterminer. On a vu aussi des enrouements de cette nature produits par l'abus des boissons alcooliques, des aliments excitants, des excès de table en général. Il est souvent un des premiers symptômes des *bronchites* plus ou moins intenses ; il accompagne et précède ordinairement l'apparition du *croup* (voyez ce mot). Une cause qui produit souvent l'enrouement, ce sont toutes les affections chroniques des voies respiratoires et particulièrement des organes qui servent à la production et à l'émission de la voix; ainsi l'inflammation et l'ulcération des amygdales, des piliers et du voile du palais, quelle qu'en soit la cause, la phthisie laryngée; la phthisie pulmonaire, surtout dans sa dernière période. Enfin, il peut tenir encore à la faiblesse et à la paralysie plus ou moins complète des muscles de la glotte. On conçoit que dans ces derniers cas la gravité de l'enrouement est en raison de celle de la maladie principale, et qu'il est presque toujours au-dessus des ressources de l'art.   F—N.

ENROULÉS (Zoologie). — Nom donné par Lamark à une famille de *Mollusques* de la classe des *Gastéropodes*, ordre des *Pectinibranches*, voisine des Columellaires, dans laquelle il a proposé de comprendre tous ceux

Fig. 930. — Porcelaine arabique vivante.

dont la coquille est presque entièrement enveloppée par le dernier tour de la spire. Elle comprend les genres : *Ovule, Porcelaine, Tarière, Ancillaire, Olive* et *Cône* (voyez ces mots). Leur coquille est généralement polie, brillante et richement colorée. Cette famille rentre presque entièrement dans celle des *Buccinoïdes* de Cuvier.

ENSELLÉ (Vétérinaire). — On dit qu'un cheval est ensellé, lorsqu'il a le dos et les reins mal soutenus, et présentant une concavité trop marquée ; cette disposition se rencontre aussi quelquefois dans l'âne et le mulet. Elle annonce en général peu de force, mais les chevaux qui la présentent ont des allures plus molles et font éprouver des secousses moins fortes aux cavaliers qui les montent ; on dit alors qu'ils ont les *réactions douces*.

ENSEMBLE (Vétérinaire). — On désigne par ce mot la conformation régulière d'un animal, lorsque toutes les parties de son corps sont dans des proportions relatives convenables. On dit aussi que ses allures et ses mouvements ont de l'*ensemble*, lorsqu'ils présentent de la grâce unie à la force et à la vigueur, et que l'harmonie des formes offre le type le plus rapproché possible de la beauté et de la perfection.

ENSEMENCEMENT (Agriculture). — Terme générique par lequel on entend l'action de répandre sur le sol et d'enterrer plus ou moins profondément les différentes graines des végétaux. On donne plus généralement le nom de *semailles* à l'ensemencement des céréales, des prairies artificielles, etc., et celui de *semis* à celui qui concerne les autres plantes (voyez SEMAILLES, SEMIS).

ENSIFORME (Botanique). — Ce terme s'applique principalement aux feuilles un peu épaisses au milieu, tranchantes aux deux bords et se rétrécissant de la base au sommet qui est aigu comme dans les iris, les glaïeuls, le lin de la Nouvelle-Zélande (*Phormium tenax*), etc. La tige à deux tranchants de quelques millepertuis est aussi dite quelquefois *ensiforme*. Enfin le style des balisiers est également *ensiforme*.

ENTAILLE (Zoologie). — Nom vulgaire des coquilles du genre *Emarginule*, à cause de la fente ou entaille de son bord antérieur.

ENTE, ENTER (Arboriculture). — Synonymes de *greffe* et de *greffer*.

ENTELLE (Zoologie), du grec *entellô*, je commande. — Espèce de *Singe* du genre *Semnopithèque ; c'est le Simia entellus* de Dufresne (*Bull. de la Soc. philomat. de Paris*, 1797). Il mesure 0ᵐ,50 du bout du nez à l'origine de la queue, qui elle-même n'a pas moins de 0ᵐ,70 de longueur ; ses membres postérieurs, élégamment allongés, comptent 0ᵐ,40 de la hanche au talon. Son corps est d'un gris jaunâtre, avec une teinte un peu plus foncée sur le dos ; les mains et le visage sont noirs, ainsi que les poils des sourcils et du bas du front redressés en une sorte de toupet et ceux de la barbe qui, dirigés en avant, entourent la mâchoire inférieure. Ces singes sont assez doux dans le jeune âge, mais plus tard ils deviennent dangereux par leur turbulence et leur méchanceté ; ils sont, du reste, très-rares dans nos ménageries. L'entelle vit dans l'Inde et surtout au Bengale, où on le rencontre par petites bandes et parfois même en troupes nombreuses. On ignore la durée de sa vie et les principales circonstances de ses mœurs ; mais les Indous le révèrent comme une divinité ; ils le laissent librement piller leurs jardins, s'établir dans leurs pagodes, et ils prennent même soin de placer des provisions à sa portée. Duvaucel, Jacquemont et d'autres voyageurs ont raconté avec quelle persistance les Bengalis les empêchaient de tuer ces dieux cachés sous une enveloppe animale. « Dans certains endroits, dit M. Paul Gervais, on l'appelle l'entelle *Houlman*, et on le donne comme provenant d'un héros célèbre par sa force, son esprit et son agilité, auquel l'Inde est redevable de la *mangue*, qu'il vola dans les jardins d'un fameux géant établi à Ceylan. En punition de ce vol, il fut condamné au feu, et c'est en l'éteignant qu'il se brûla le visage et les mains. » C'est ainsi qu'ils expliquent la bizarre coloration de l'entelle. Ce singe, grâce à de pareilles superstitions, se montre, en général, fort audacieux dans le voisinage des habitations.

ENTÉRALGIE (Médecine), du grec *enteron*, intestin, et *algos*, douleur. — Maladie nerveuse des intestins, caractérisée surtout par des douleurs vives. Cette affection, ayant beaucoup de points de ressemblance avec la *gastralgie* (affection nerveuse de l'estomac), et n'en différant guère que par son siège, pour ne pas nous répéter, nous renverrons au mot GASTRALGIE.

ENTÉRIONS (Zoologie), Savig. — Sous-genre d'*Annélides* de l'ordre des *Abranches*, famille des *Abranches sétigères*, genre des *Lombrics*, établi par Savigny et adopté par Cuvier pour désigner ceux qui ont sous

chaque anneau quatre paires de petites soies, huit en tout (voyez LOMBRICS).

ENTÉRITE (Médecine) ; inflammation de l'intestin nommé en grec *enteron*. — Bien que le nom d'intestin appartienne à l'ensemble de cette longue portion du tube digestif qui s'étend de l'estomac à l'anus, on a cependant restreint le sens du mot *Entérite* en l'appliquant spécialement à l'inflammation de la membrane muqueuse de l'intestin grêle ; on donne le nom de *colite* à celle du côlon et celui d'*entéro-colite* à celle qui affecte en même temps l'intestin grêle et le côlon ; ce sont les cas les plus fréquents. Si l'inflammation est bornée au cæcum, on lui donne le nom de *cæcite* ou *typhlite* (du grec *typhlon*, cæcum) ; et celui de *rectite*, lorsqu'elle siège au *rectum*.

L'entérite peut être *aiguë* ou *chronique*, quelle que soit la partie de l'intestin affectée. L'*E. aiguë* reconnaît pour causes, en premier lieu, les écarts du régime tels que l'usage habituel d'une alimentation trop succulente, de vins trop généreux, de boissons alcooliques de toutes espèces ; l'ingestion des boissons froides, des glaces, lorsqu'on est en sueur ; les refroidissements subits de tout le corps, des pieds, etc. ; les changements brusques de température. On signale encore la suppression brusque des hémorroïdes, d'un vésicatoire ou d'un cautère ; la rétrocession d'une maladie de la peau ; enfin quelques causes directes tenant à une violence extérieure quelconque. La maladie peut débuter brusquement par des douleurs plus ou moins vives dans le ventre, et surtout autour de l'ombilic, accompagnées de quelques frissons ; bientôt surviennent de la soif, de la fièvre ; la langue est quelquefois sèche et plus ou moins rouge, d'autres fois elle ne présente rien de particulier ; l'appétit se perd, le ventre est sensible à la pression, un peu gonflé, empâté ; il y a des déjections de matières jaunes, muqueuses, qui, chez les enfants surtout, sont mêlées de grumeaux blanchâtres ; ces selles sont en général précédées de douleurs plus violentes, et, lorsqu'elles sont fréquentes, elles déterminent une cuisson vive à l'anus ; il y a aussi des gargouillements dans le ventre. Ces derniers symptômes se rencontrent surtout lorsque l'inflammation prédomine dans le côlon. Dans certains cas, la maladie se développe plus lentement et n'atteint son plus grand degré d'intensité qu'au bout de quelques jours.

L'inflammation localisée dans le cæcum se manifeste par des symptômes moins généraux et moins intenses, et aussi par une douleur et une sensibilité plus ou moins vive dans la fosse iliaque droite. Quant à celle du rectum, elle détermine une douleur profonde dans le bassin, une pesanteur incommode à l'anus. La présence seule d'un lavement est quelquefois très-douloureuse.

Lorsque l'inflammation affecte particulièrement le côlon, les évacuations alvines en constituent un des principaux symptômes, et, dans ce cas, on lui donne souvent le nom de *dévoiement* ou *diarrhée* (voyez ce mot). Si ces déjections sont mêlées de sang en plus ou moins grande proportion, la maladie prend le nom de *dyssenterie* (voyez ce mot). Une forme particulière de l'*entéro-colite* s'observe chez les enfants pendant le travail de la dentition ; elle donne lieu à des évacuations abondantes auxquelles on a donné le nom de *flux diarrétique* (voyez DENTITION [*Maladies de la*]).

Le traitement de l'entérite aiguë consiste dans l'emploi des saignées locales et générales, suivant la force du malade et l'intensité de l'inflammation ; des cataplasmes, des bains, des fomentations émollientes, des lavements émollients, narcotiques au besoin. On joindra à tous ces moyens la diète absolue, les boissons douces, légèrement rafraîchissantes, le repos ; lorsque les symptômes s'amenderont, on donnera des boissons un peu nourrissantes ; ainsi la décoction blanche, l'eau de poulet, un peu de lait très-coupé ; enfin, on nourrira un peu le convalescent, mais avec des précautions infinies, les rechutes étant très-fréquentes et pouvant devenir très-graves. Tout ce qui vient d'être dit s'applique également à la forme appelée *entéro-colite*.

L'*entérite* et l'*entéro-colite* chroniques peuvent être la suite de l'état aigu dont il vient d'être question ; elles peuvent aussi être primitives : dans le premier cas, la maladie semble diminuer d'intensité ; la fièvre, la soif, les douleurs vives, disparaissent peu à peu ; cependant l'appétit est souvent nul, les forces languissent, la langue est pâteuse, il y a dans le ventre quelques douleurs sourdes qui s'exaspèrent après l'ingestion des aliments, les selles conservent plus ou moins leur caractère, sans être aussi abondantes, quelquefois il y a de la constipation, le malade maigrit, la peau devient sèche ; si la maladie n'est pas arrêtée dans sa marche, le pouls s'accélère, il survient de la fièvre, enfin l'épuisement et le marasme précèdent la mort qui arrive plus ou moins rapidement. La forme chronique, que nous avons appelée primitive, débute lentement, et suit, à très-peu de chose près, *a même marche que la précédente. Cette maladie est plus grave que lorsqu'elle est aiguë ; elle demande que le traitement thérapeutique et surtout le traitement hygiénique soient suivis avec une ponctualitéet une persévérance que l'on trouve trop rarement chez les malades. Le moindre écart de régime, par exemple, peut amener les accidents les plus formidables ; aussi le pronostic est-il en général grave, et le médecin doit-il suivre ces malades avec une grande régularité. Le traitement variera suivant les phases de la maladie ; tant qu'il y a des symptômes d'inflammation, on doit continuer les moyens émollients et le régime indiqués plus haut ; seulement, peu à peu et lorsque la fièvre, la soif, les douleurs vives ont diminué ou disparu, ou aura recours aux amers, aux légers toniques, aux bains stimulants, iodurés, salés, sulfureux, aux frictions sèches, souvent répétées sur tout le corps ; on tâchera de nourrir un peu le malade, avec le lait, les bouillons de poulet, de grenouilles, de bœuf, les potages, etc. Plus tard, on emploiera les dérivatifs sur la peau, vésicatoires, cautères, etc., les lavements un peu astringents et toniques s'il y a encore de la diarrhée ; enfin, si l'état s'améliore, on devra donner des aliments plus substantiels, un peu de vin de Bordeaux, de Bourgogne. Pendant toute la durée de ce traitement, qui est en général long et difficile à instituer, le malade se tiendra chaudement, à l'abri des vicissitudes atmosphériques, il portera de la flanelle sur la peau ; autant que cela sera possible, il respirera un air pur, dans une campagne bien ouverte, aérée ; il fera un exercice modéré et sans fatigue.　F — N.

ENTÉROCÈLE (Médecine). — On appelle ainsi les hernies abdominales qui sont formées par les intestins. Ce sont les plus fréquentes. Il en est beaucoup aussi nommées *entéro-épiplocèles*, qui sont formées à la fois par une portion d'épiploon et une portion d'intestins (voyez Hernie).

ENTÉRO-COLITE (Médecine). — Voyez Entérite.

ENTÉRO-MÉSENTÉRIQUE (Fièvre) (Médecine). — Les docteurs Petit et Serres ont décrit sous ce nom, il y a une cinquantaine d'années (1811), une des variétés de la *gastro-entérite* de l'école physiologique, qu'ils ont caractérisée ainsi : « La maladie se présente sous deux aspects distincts. Dans l'un, les glandes du mésentère sont très-volumineuses, rougeâtres et molles ; l'iléon, et principalement sa partie inférieure, présente sur la muqueuse des plaques elliptiques plus ou moins grandes, sans nulle trace d'ulcération. Dans l'autre, les glandes, beaucoup moins volumineuses et plus dures, sont noirâtres à l'extérieur, et renferment à l'intérieur une matière blanchâtre, ressemblant à des mélicéris, quelquefois même liquide et se rapprochant du pus mal élaboré. A cet état des glandes du mésentère correspond toujours un état d'ulcération plus ou moins avancé de quelques-unes des plaques membraneuses, avec un degré d'injection de la membrane muqueuse proportionné à celui des ulcérations. » Cet ensemble de lésions correspondait avec une série de symptômes tels, que Petit déclarait posséder dix observations recueillies en mai et en juin 1811 offrant tous les caractères des fièvres ataxo-adynamiques, et il s'étonnait que les symptômes observés ne fussent pas ceux qui émanent généralement d'une affection des organes abdominaux. Ces travaux consciencieux, qui avaient été précédés de ceux de Prost, n'avaient pas fait grande sensation, et c'était à tort. Mais ils avaient le malheur d'être publiés au moment de la lutte que venait de soulever le grand réformateur Broussais ; ils étaient pourtant le résultat de faits observés avec attention et décrits avec une grande exactitude ; aussi, lorsqu'en 1829 le docteur Louis reprit ces travaux, il les compléta, les vivifia, et en fit jaillir la doctrine de la *fièvre typhoïde* (voyez Typhoïde [*Fièvre*]), la même maladie qui fut nommée par Bretonneau *Dothinenthérite*. F—N.

ENTÉROTOME, Entérotomie (Anatomie, Chirurgie). — L'*entérotome* est un instrument dont on se sert pour les études anatomiques, lorsqu'on veut fendre l'intestin dans toute sa longueur ; cette opération porte le nom d'*entérotomie*. Ce dernier mot s'emploie aussi pour désigner une opération chirurgicale par laquelle on divise les intestins dans diverses circonstances ; ainsi, dans les hernies (voyez ce mot) étranglées, on ouvre l'intestin

frappé de gangrène. On y a recours aussi dans les *anus contre nature*, suite de hernies, ou dans les *anus artificiels* provenant de l'imperforation de cette ouverture naturelle.

ENTIME (Zoologie), *Entimus*, Germar ; du grec *entimos*, estimé — Genre d'*Insectes*, de l'ordre des *Coléoptères*, section des *Tétramères*, famille des *Rhynchophores*. Ce genre a été établi par Germar et adopté par Schœnherr, qui en a même fait le type de la tribu des *Entimides*, et rentre dans le grand genre *Charançon* (*Curculio*) de Linné. Les espèces qui y ont pris place sont les plus brillantes parmi les charançons et habitent toutes l'Amérique méridionale. Les éclatantes couleurs dont ils sont ornés sont dues à de petites écailles en forme de paillettes qui les recouvrent sur tout le corps. Les autres espèces rangées dans les divers genres de la même tribu sont aussi de l'Amérique méridionale, de l'Afrique ou de l'Australie.

ENTOMOLOGIE (Zoologie), du grec *entomon*, insecte, *logos*, science. — On appelle ainsi la partie de la zoologie qui étudie les animaux nommés *Insectes*. Or ce nom a beaucoup changé de sens par des restrictions successives. Dans le langage de Linné, le mot *Insectes* comprenait tous les animaux articulés à squelette extérieur, c'est-à-dire les classes actuelles des *Insectes*, des *Myriapodes*, des *Arachnides*, des *Crustacés*. Cuvier réunissait encore sous le même nom les *Insectes* et les *Myriapodes* ; enfin aujourd'hui on nomme exclusivement *Insectes* la classe de l'embranchement des *Annelés*, qui comprend les animaux *Annelés articulés*, à trois paires de membres articulés et dont le corps est nettement partagé en une tête, un thorax et un abdomen. La partie de la science nommée *entomologie* a suivi dans ses variations celles du mot dont son nom dérive. Aujourd'hui on n'y comprend généralement plus l'étude des *Arachnides*, qui est devenue l'*Arachnologie*, ni celle des *Crustacés*, séparée sous le nom de *Carcinologie*. L'*Entomologie* est donc spécialement l'étude des *Insectes* proprement dits, et l'on y rattache encore généralement celle des *Myriapodes*. Cette étude ainsi circonscrite embrasse malgré ces réductions un nombre considérable d'espèces, la moitié peut-être des espèces animales ; elle constitue donc une science compliquée que rendent plus difficile encore la taille exiguë d'un très grand nombre de ces espèces, leur dispersion sur toute la surface du globe et leur apparition généralement passagère à l'état parfait, tandis que dans leur jeune âge ils se cachent sous des formes entièrement méconnaissables. L'entomologie exige donc de longues observations, des chasses assidues dans les lieux où se rencontrent les diverses espèces qu'on peut avoir à sa portée, l'étude à la loupe des animaux recueillis, et tous les travaux et les soins de collections aussi pénibles à former que difficiles à bien conserver. On conçoit dès lors qu'une pareille étude absorbe entièrement le temps d'un homme, et que l'entomologie devienne une spécialité parmi les études zoologiques. Il y a plus, cette classe d'animaux est trop nombreuse pour que chaque entomologiste ne soit pas conduit à s'occuper en particulier de tel ou tel groupe : l'un s'adonne à la récolte et à l'étude des coléoptères ; l'autre recherche les hyménoptères ou les diptères un grand nombre fixent leur choix sur les lépidoptères ou papillons. De ces études spéciales sont sortis des livres précieux par le nombre et l'exactitude minutieuse des observations ; malheureusement, dans la plupart de ces volumineux recueils d'espèces et de genres, les auteurs, absorbés dans leur étude si compliquée, perdent de vue l'ensemble du règne animal dont ils ne décrivent en réalité que quelques groupes naturels, et multiplient les subdivisions et les noms qui les désignent de façon à rendre leurs travaux extrêmement difficiles à consulter même pour des personnes déjà exercées aux études zoologiques. Quoi qu'il en soit, il est des travaux de ce genre qui ont rendu et rendent chaque jour les plus grands services à la zoologie. On peut citer parmi les plus considérables : 1° Ouvrages généraux sur la classification des Insectes : J.-C. Fabricius, *Entomol. systematica*, 1792-94, et *Supplementum Ent. syst.*, 1798, et beaucoup d'autres ouvrages : — Geoffroy, *Hist. abrégée des Insectes*, 1764 ; — P.-A. Latreille, *Fam. nat. du Règne animal*, *Règne anim.* de G. Cuvier, IVe et V^e vol., et autres ouvrages : — A.-G. Olivier, *Entomologie*, 1789-1808, et *Insectes de l'Enc. méthod.* ; — Lacordaire, *Introd. à l'entomologie* ; — E. Blanchard, *Hist. des Insectes*, 1845 ; — Guérin-Méneville, *Iconogr. du Règne animal*, 1829-1844, et *Species des anim. artic.* ; — Burmeister, *Manuel d'entomol.*, en allemand. — 2° Public périod. : *Ann. de la Société entom. de France;* — *Revue entomologique* de Silbermann; — *Magasin de zoologie, Revue zoolog.* et *Rev. et Mag. de zoolog.,* de Guérin-Ménevile; — *Ann. des sc. natur.* et les publications de a Soc. entomol. de Londres. — 3° Ouv. concern. l'organis. et les mœurs des Insectes : J. Swammerdam, *Biblia naturæ,* 1737 ; — Réaumur, *Mém. pour servir à l'hist. des Ins.,* 1734-1742 ; — de Geer, même titre, 1752-1778 ; — F. Redi, *Exper. circa gener. Insect.,* 1671-1712 ; — P. Lyonnet, *Trait. anat. de la chenille du saule,* 1762 ; — Léon Dufour, longue série de travaux publiés dans les *Ann. des sc. nat., Journ. de phys., Ann. des sc. phys., Ann. du mus. d'hist. nat., Mém. de l'Acad. des sc. de Paris;* — H. Strauss Durckheim, *Anat. descript. du hanneton.*

Toutes ces études et des milliers d'autres plus spéciales ont pour objet l'une des classes d'animaux les plus nuisibles à notre agriculture et les plus redoutables par leur multiplicité, par la facilité que leur assurent, pour échapper à nos recherches, leur petite taille et leur mode de développement à métamorphoses. Un des grands mérites de l'entomologie, un des motifs qui doivent le plus exciter à la cultiver, un des buts qu'elle doit se proposer en premier lieu, c'est de fournir les moyens de combattre ces fléaux. Déjà elle a donné dans cette voie des résultats remarquables, tels que l'ouvrage de Ratzburg sur les *Insectes qui nuisent aux forêts;* — l'*Histoire des Insectes nuisibles à la vigne,* d'Audouin ; — divers travaux de Guérin-Méneville sur la mouche de l'olivier, l'insecte nommé *aiguillonier,* etc., dans son *Magasin* et sa *Revue;* — le *Mémoire sur l'Alucite* de L. Doyère dans les *Ann. de l'inst. agronom.,* etc. D'autres travaux entomologiques ont eu pour objet les quelques espèces qui, comme le ver à soie, la cochenille, l'abeille, nous rendent de précieux services ; on trouvera les plus importants mentionnés à la suite de l'article spécial à chacune de ces espèces.

ENTOMOSTRACÉS (Zoologie), du grec *entomon,* insecte, et *ostracon,* coquille. — Latreille, dans le *Règne animal* de Cuvier, a établi dans la classe des *Crustacés* deux grandes divisions : les *Malacostracés* et les *Entomostracés.* Ceux-ci sont les crustacés à téguments cornés très-minces, avec un test en forme de bouclier d'une ou deux pièces, ou en forme de coquille bivalve, recouvrant ou renfermant le corps dans la plupart des espèces. C'est le genre *Monoculus* de Linné. Cette division était partagée par Latreille en deux ordres, les *Crustacés branchiopodes* (Cyclope, Cypris, Daphnie, Apus) et les *C. pœcilopodes* (Limule, Calige, Cécrops); le groupe des animaux fossiles nommés *Trilobites* rentrait aussi, selon lui, dans les *Entomostracés.*

ENTOMOZOAIRES (Zoologie), du grec *entomon,* insecte ou articulé, et *zôon,* animal. — Nom donné par de Blainville, dans sa méthode de classification, au second type du *Règne animal,* comprenant les *Articulés* de Cuvier, plus les *Helminthes* et quelques autres genres de *Zoophytes.* De Blainville a exposé les caractères et la subdivision de ce type dans son article ANIMAL du t. I du *Supplément au Dictionnaire des sc. natur.,* 1840.

ENTONNOIR MAGIQUE (Physique amusante). — Cet entonnoir E est double, comme le montre la figure. Près de l'anse A se trouve une petite ouverture *a* mettant en communication avec l'extérieur la partie comprise entre les deux entonnoirs; une autre ouverture *o* fait communiquer cette même cavité avec le tuyau de l'entonnoir intérieur S. Si, par un moyen quelconque, on vient à remplir d'un liquide l'intervalle entre les deux parois, ce liquide s'écoulera ou non, suivant qu'on découvrira ou qu'on fermera l'ouverture *a.* Cette double opération, pouvant être faite facilement par le doigt qui tient l'entonnoir, sans que le spectateur s'en aperçoive, on conçoit qu'on pourra provoquer ou arrêter à volonté l'écoulement, ce qui donne

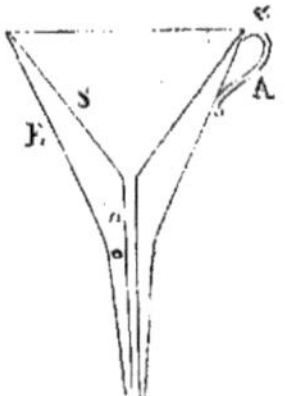

Fig. 531. — Entonnoir magique.

lieu à un petit spectacle de physique amusante très-anciennement connu.

On peut employer l'instrument d'une manière plus curieuse. A cet effet, on introduit secrètement dans le double fond du vin, et on l'empêche de s'écouler en maintenant fermée l'ouverture *a.* On verse ensuite aux yeux des spectateurs de l'eau dans la coupe centrale. Ce liquide s'écoule seul ou mêlé avec le vin, suivant qu'on ouvre ou non *a.* Dans le second cas, l'eau étant colorée par du vin, c'est ce dernier liquide qui paraîtra s'écouler ; on pourra donc à volonté faire couler de l'eau ou du vin.

Bouteille inépuisable. — La bouteille inépuisable, imaginée par M. Robert Houdin dans ses spectacles de physique amusante, est un jeu du même genre. Elle est formée d'une bouteille à parois opaques, en tôle ou de gutta-percha, renfermant dans son intérieur cinq petites fioles *m, m.* Celles-ci communiquent avec l'extérieur par cinq petites ouvertures *a, a* qui peuvent être fermées par les cinq doigts de la main qui tient la bouteille. Elles sont munies, d'ailleurs, chacune d'un petit goulot *oo,* qui vient se rendre dans le goulot général de la bouteille. On commence par remplir les cinq petites fioles de cinq liqueurs différentes, et la partie comprise entre elles d'un sirop simple. Si l'on maintient ouvert l'un des orifices *a,* il s'écoule un mélange de sirop et d'une des cinq liqueurs introduites, mélange qui peut évidemment passer pour la liqueur elle-même. Si un spectateur demande une liqueur autre que celles qui sont dans les fioles *m,* l'opérateur ne verse que le sirop en maintenant bouchées les cinq ouvertures; mais il a eu le soin de préparer à l'avance un grand nombre de verres vides, dont les parois ont été frottées avec diverses essences caractéristiques de diverses liqueurs les plus connues. Cette essence, parfumant le sirop, donne lieu à un liquide qui peut figurer la liqueur correspondante. Cet ar-

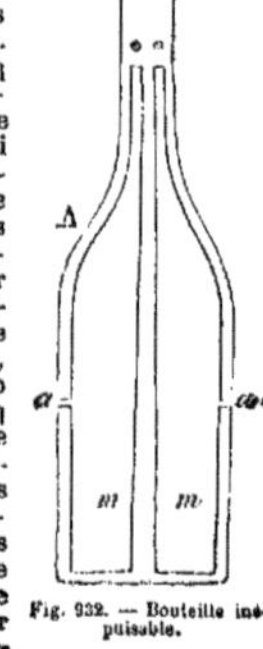

Fig. 932. — Bouteille inépuisable.

tifice, combiné avec d'habiles substitutions d'une bouteille à une autre, permet de se rendre compte de tout ce que peut avoir de prestigieux cette expérience, exécutée par un *physicien* habile.

ENTORSE (Chirurgie), du latin *intorquere, intorsi,* tourner, tordre. — On appelle ainsi une lésion chirurgicale caractérisée par les tiraillements que des mouvements faux ou violents ont produits dans les ligaments et les autres parties d'une articulation lorsque ces tiraillements ont eu pour résultat l'allongement de ces parties, naturellement peu extensibles et leur déchirure en tout ou en partie. Les entorses reconnaissent pour cause une violence extérieure qui a forcé les mouvements de l'articulation, ou leur a imprimé une fausse direction ; ainsi, dans une chute sur les mains, il n'est pas rare de se faire une entorse au poignet, lorsque l'*articulation radio-carpienne* a été portée dans une extension ou dans une flexion forcée ; on en remarque aussi quelquefois dans la colonne vertébrale, causées soit par un mouvement violent de torsion, soit par un effort considérable. Quelques autres articulations y sont exposées aussi, mais plus rarement ; ainsi : l'*A. coxo-fémorale,* l'*A. fémoro-tibiale,* etc. Mais c'est à l'articulation du pied qu'on l'observe le plus souvent. Sa position particulière dans une partie destinée à supporter tout le poids du corps, les mouvements répétés qui s'y exécutent, le nombre des ligaments qui la maintiennent et qui par ce nombre même expliquent la facilité de ces mouvements, sont autant de causes qui rendent raison de la fréquence de cette entorse.

C'est particulièrement dans une chute, dans une marche précipitée sur un sol inégal, ou en sautant que l'accident arrive ; le pied se tord, se tourne sur son bord interne, plus souvent sur son bord externe ; on éprouve un vif sentiment de douleur, un tiraillement plus ou moins considérable ; il y a une entorse. Cependant le malade peut marcher, l'articulation peut exécuter tous les mouvements qui lui sont ordinaires ; on a remarqué même quelquefois qu'ils sont plus faciles, ce qui peut s'expliquer par la rupture des ligaments ; mais bientôt l'irritation, résultat du tiraillement et de la rupture, détermine l'afflux des liquides dans la partie malade ; l'engorgement, qui d'abord est peu marqué, devient quelquefois considérable, on observe une ecchymose plus ou moins étendue, plus ou moins profonde, qui du reste ne paraît parfois qu'au bout de vingt-quatre heures et même plus. La tumeur présente les caractères de l'inflammation ; elle est rouge, chaude, douloureuse ; les mouvements sont très-difficiles, et on devra mettre une grande réserve dans ceux qu'on imprime à l'articulation, même afin de constater la nature de la maladie ; ils pourraient avoir de fâcheux résultats pour le malade.

Lorsque l'entorse est légère, que le gonflement est peu considérable, les douleurs peu vives, c'est que le tiraillement n'a pas été excessif, qu'il n'y a que très-peu ou pas de rupture ; au bout de quelques jours de repos, l'ecchymose se résout, la douleur diminue, le gonflement se dissipe, les mouvements deviennent plus faciles, la guérison ne se fait pas attendre longtemps ; mais, quand il y a eu déchirure, rupture des ligaments par suite d'un effort violent, les accidents sont plus graves et exigent un traitement énergique. Dès le début, l'immersion de la partie malade dans l'eau très-froide et même glacée est un excellent moyen, qu'on peut rendre encore plus efficace en y ajoutant quelques résolutifs ; ainsi, 5 à 6 grammes d'extrait de saturne par litre ; ce moyen ne peut produire de bons effets que s'il est prolongé au delà d'une heure ou deux. Du reste, on s'en abstiendra chez les personnes dont la poitrine est délicate, ou prédisposée à la phthisie, chez les femmes enceintes ou chez celles qui sont à certaines époques du mois, ou bien encore lorsque le corps est en sueur. Dans tous les cas, et après ce premier moyen, si l'on y a recours, on couvre l'articulation de compresses résolutives (eau salée, eau blanche, eau-de-vie camphrée, etc.). Aidé du repos, ce traitement suffit pour prévenir les accidents inflammatoires dans les entorses qui ne sont pas très-violentes ; mais, si les accidents sont plus graves, si l'inflammation survient, il faut abandonner les résolutifs, les répercussifs qui pourraient avoir pour effet d'augmenter l'irritation et avoir recours aux antiphlogistiques énergiques : ainsi, en égard à la force, à la constitution, à l'âge du malade, les saignées générales, et surtout les saignées locales, aussi copieuses et aussi répétées qu'il est nécessaire, suivant l'intensité des symptômes inflammatoires ; on joindra à cela le repos le plus absolu de la partie malade, les cataplasmes émollients, narcotiques au besoin, renouvelés plusieurs fois par jour ; la diète la plus sévère, des boissons délayantes et laxatives, l'eau de poulet, l'eau de veau, de gomme. Enfin, lorsque les accidents inflammatoires vont en diminuant, on revient aux résolutifs légers d'abord, et ensuite plus actifs. Vers la fin du traitement, s'il restait de l'empâtement, de la raideur dans les mouvements, on se trouverait bien des douches d'eau alcaline, sulfureuses, des bains de Baréges, de Plombières, etc. Mais surtout le repos devra être continué tant qu'il y aura de la douleur et que l'on pourra craindre le retour de l'inflammation. L'imprudence des malades pourrait retarder indéfiniment la guérison, et même amener la formation d'abcès, suivis quelquefois du ramollissement des cartilages, de la carie des os, etc. F — N.

ENTOZOAIRES (Zoologie), du grec *entos*, en dedans, et *zôon*, animal. — Nom donné par beaucoup d'auteurs aux *Vers intestinaux* de Cuvier, aux *Helminthes* de Milne Edwards (voyez VERS INTESTINAUX).

ENTRAILLES (Anatomie), du bas latin *enteralia*, parties internes. — Nom vulgaire donné aux parties contenues dans le ventre, et surtout aux *intestins* (voyez ce mot).

ENTRAINEMENT (Hippologie), de l'anglais *to train*, former, dresser. — Mode d'éducation du cheval de course, qui consiste dans l'emploi d'un certain nombre de procédés destinés à le préparer aux luttes de l'hippodrome. Ces procédés ont pour but de développer toutes les conditions propres à favoriser la rapidité des allures : ainsi ils doivent débarrasser le cheval de toute graisse superflue ; lui donner un tempérament nerveux, irritable, propre à dépenser en très-peu de temps une somme d'action et d'énergie considérable, à prendre promptement le galop, et à fournir pendant quatre ou cinq minutes une vitesse à outrance sur un terrain uni et bien préparé. On n'arrive à ce résultat que par une série d'exercices, de soins de toute espèce, qui font de l'entraînement un art qui a ses principes et ses règles. Il n'entre pas dans le cadre qui nous est assigné dans ce livre de développer ce sujet ; nous dirons seulement que les chevaux soumis à l'entraînement doivent être pourvus d'un vêtement complet (couverture, camail, guêtres), d'un mors en acier, d'une selle d'un poids médiocre (1 à 2 kilogrammes), qu'ils doivent loger à part, jouir d'une grande tranquillité, recevoir une bonne nourriture dans laquelle il entrera très-peu d'herbages frais, des boissons

en quantité modérée. Ils devront être pansés souvent, avec le bouchon sec ou mouillé, frictionnés avec la main ou la flanelle, jamais étrillés, brossés quelquefois. L'entraînement vrai, ou les courses d'exercice, commencera à l'âge de huit ou dix mois ; ce sont d'abord des courses avec suées sur un terrain uni, mais avec quelques pentes légères. Après avoir commencé au pas, l'animal est mis au galop pendant 3 ou 4 kilomètres, puis il est conduit sous un hangar, on lui met des couvertures pendant quelques minutes, puis on le bouchonne et on l'essuie. Ces exercices, qui se renouvellent au bout de quelques jours, provoquent de nouvelles suées, après lesquelles les membres sont lavés à l'eau chaude et entourés de bandes de flanelle. Ces pratiques, du reste, reçoivent un grand nombre de modifications, suivant la constitution des chevaux. Ils sont soumis aussi à un traitement médical tonique et fortifiant. L'entraînement nuit souvent aux jeunes chevaux qu'il énerve plus ou moins ; du reste, il ne fournit que des animaux qui ont une énergie factice et de courte durée, et qui, à ce point de vue, sont d'une utilité fort contestable (voyez RACES CHEVALINES).

ENTRAVES (Économie rurale). — On appelle ainsi toute espèce de cordes, de liens, dont on embarrasse les jambes des chevaux pour les empêcher de s'éloigner lorsqu'ils sont au pâturage, de franchir les haies, les fossés. Dans certains pays, on dit *entraves*, d'où est venu le mot *entraves*, du latin *in*, entre ; *trabes*, bâton. Ordinairement, on se contente de lier ensemble les pieds de devant ou ceux de derrière, en laissant entre eux une distance de 0ᵐ,20 à 0ᵐ,25. Quelquefois on attache au moyen de la corde un pied de devant avec un de derrière ; ou bien encore un pied de devant avec la tête. On se sert aussi de ce moyen pour certaines vaches qui ont l'humeur vagabonde, ou pour les taureaux. Dans quelques pays de vignes, on attache aussi un bâton, d'une longueur de 0ᵐ,60 à 0ᵐ,70, au cou de certains chiens, trop friands de raisin, afin d'empêcher qu'ils n'entrent dans les vignes, au moment de la maturité.

En *chirurgie vétérinaire*, on se sert aussi de certaines entraves pour abattre les animaux que l'on veut soumettre aux opérations. Mais, au lieu de corde, c'est une courroie en cuir forte et résistante, pourvue d'une boucle et d'un anneau, afin de pouvoir fixer solidement l'animal dans la position convenable pour l'opération que l'on veut pratiquer. F — N.

ÉNUCLÉATION (Chirurgie), du latin *enucleare*, faire sortir le noyau. — Les anciens avaient employé improprement ce mot pour désigner l'enlèvement des amygdales tuméfiées, parce qu'ils considéraient à tort ces glandes comme enchâssées dans une espèce de coque parenchymateuse. Plus heureusement inspiré, le professeur Percy a proposé de l'appliquer à certaines opérations parfaitement comparables à ce qui se pratique lorsque l'on retire un noyau de sa coque : « Ainsi, dit le savant que nous venons de citer, si l'on a disséqué une loupe et qu'on ait séparé le kyste comme un gésier de volaille, sans l'ouvrir ni le vider, n'a-t-on pas fait une énucléation ? » On peut en dire autant des petites tumeurs enkystées de la paupière, d'une balle arrêtée dans les chairs ou seulement dans le tissu cellulaire, d'une pierre chatonnée dans la vessie, etc.

ENVELOPPES (Anatomie). — Terme par lequel on désigne des membranes qui servent à recouvrir, à envelopper, à protéger certains organes ; ainsi les *E. du fœtus*, les *E. du cerveau*, etc.

ENVELOPPES (Botanique). — Plusieurs parties des végétaux portent ce nom. — On nomme *enveloppe herbacée* la substance de l'écorce des tiges qui se trouve placée immédiatement sous l'épiderme. Elle est composée d'un tissu cellulaire plus ou moins régulier. Dans les plantes aquatiques, elle présente des cavités remplies d'air. Dans un grand nombre de conifères, ces cavités contiennent des sucs propres. D'autres fois ce sont des *tubes* droits qui les renferment, comme dans le chanvre, les apocynées. — Les *enveloppes florales* sont les parties qui, entourant les fleurs, protégent les organes sexuels. Le calice et la corolle les constituent (voyez ces mots).

ENVELOPPES (COURBES) (Géométrie). — Si l'on imagine qu'une courbe se déplace suivant une certaine loi géométrique, les intersections successives de la courbe avec elle-même dessineront une certaine ligne qu'il peut y avoir intérêt à rechercher. Cette ligne porte le nom d'*enveloppe*. Cette expression est empruntée à une des propriétés caractéristiques de cette ligne, c'est d'être tangente à toutes les courbes particulières et de les envelopper pour ainsi dire dans le sens ordinaire du mot.

Ainsi, par exemple, si l'on imagine un cercle dont le centre se meut sur la circonférence d'un autre, il est évident que la courbe enveloppe sera une circonférence concentrique à la dernière et d'un rayon égal à la somme des rayons du cercle fixe et du cercle mobile. — La géométrie analytique permet de trouver facilement l'équation de l'enveloppe et de la définir rigoureusement. Supposons, en effet, que l'équation d'une courbe plane contienne un paramètre variable a; pour chaque valeur attribuée à a, on aura une courbe particulière, et si l'on conçoit que a varie d'une manière continue, on aura une infinité de courbes infiniment voisines les unes des autres. Considérons une de ces courbes : une courbe infiniment voisine la coupera généralement en plusieurs points qui tendront vers des positions limites, lorsque la deuxième courbe se rapprochera indéfiniment de la première ; ces points limites, considérés sur toutes les courbes qu'on obtient en faisant varier le paramètre a, forment un lieu qu'on appelle l'*enveloppe* de ces courbes.

Soit $f(x, y, a) = 0$, l'équation donnée ; donnons au paramètre a un accroissement très-petit, h ; l'équation $f(x, y, a+h) = 0$ représentera une courbe très-voisine de la première, et le système des deux équations

$$f(x, y, a) = 0, \quad f(x, y, a+h) = 0$$

fera connaître les coordonnées des points communs à ces deux courbes. La dernière de ces équations peut s'écrire :

$$f(x, y, a) + h\left[\frac{df}{da} + \imath\right] = 0$$

$\imath$ s'annulant avec h ; le système des deux équations pourra alors être remplacé par le suivant

$$f(x, y, a) = 0, \frac{df}{da} + \imath = 0;$$

si l'on suppose maintenant que h tende vers zéro, la seconde courbe se rapprochera indéfiniment de la première, et les points limites dont on cherche le lieu seront donnés par le système d'équations suivant :

$$f(x, y, a) = 0, \frac{df}{da} = 0;$$

l'élimination de a entre ces deux équations donnera l'équation de la courbe enveloppe.

On démontre aisément, soit par le calcul, soit par des considérations géométriques, que la courbe enveloppe est tangente aux courbes *enveloppées*, c'est-à-dire aux courbes comprises dans l'équation $f(x, y, a) = 0$.

Monge a fait une théorie analogue sur les *surfaces enveloppes* : considérons les surfaces comprises dans l'équation $f(x, y, z, a) = 0$, a étant un paramètre variable ; deux de ces surfaces, correspondantes à des valeurs très-voisines du paramètre a, se couperont généralement suivant une courbe qui tendra vers une certaine limite quand la deuxième surface se rapprochera indéfiniment de la première ; le lieu de toutes ces courbes limites est la surface enveloppe des surfaces données. Son équation s'obtient en éliminant le paramètre a entre les deux équations :

$$f(x, y, z, a) = 0. \frac{df}{da} = 0.$$

Monge a donné le nom de *caractéristiques* aux courbes limites dont le lieu constitue la surface enveloppe. Les surfaces enveloppes sont tangentes à la surface enveloppée.

A la théorie des courbes enveloppes, on peut rattacher celle des développées des courbes planes. La *développée* d'une courbe plane n'est autre chose, en effet, que l'enveloppe de ses normales : appelons p et q, suivant l'usage, les dérivées première et seconde de y par rapport à x pour un point quelconque (x, y) de la courbe $F(x, y) = 0$, et désignons par X et Y les coordonnées courantes, l'équation de la normale à la courbe au point (x, y) est :

$$X - x + p(Y - y) = 0; \quad (1)$$

différencions cette équation par rapport à X, Y étant une fonction de x déterminée par l'équation :

$$F(X, Y) = 0; \quad (2)$$

nous aurons :

$$1 + p^2 + q(Y - y) = 0; \quad (3)$$

l'élimination de x et de y entre les équations (1), (2) et (3) donnera l'équation de la développée de la courbe.

La développée d'une courbe est le lieu des centres de courbure de cette courbe ; elle jouit encore d'une autre propriété qui lui a valu son nom : si l'on enroule un fil sur la développée et qu'on le déroule en le tenant toujours tendu, un point de ce fil convenablement choisi décrira la courbe primitive ; tous les points de ce fil décriront aussi des courbes ayant la même développée. Huyghens a utilisé cette propriété pour la construction du pendule cycloïdal.

On appelle *développante* d'une courbe une deuxième courbe dont la première est la développée : d'après l'observation précédente, il est clair qu'une courbe a une infinité de développantes.

En appliquant ce qui précède aux trois sections coniques, on trouve aisément les résultats suivants :

La développée de l'ellipse

$$a^2y^2 + b^2x^2 = a^2b^2,$$

a pour équation :

$$a^{\frac{2}{3}}x^{\frac{2}{3}} + b^{\frac{2}{3}}y^{\frac{2}{3}} = c^{\frac{4}{3}};$$

c'est la courbe fermée CDC'D'. De tous les points pris à l'intérieur de cette courbe, on peut mener quatre normales à l'ellipse ; on n'en peut mener que deux par les

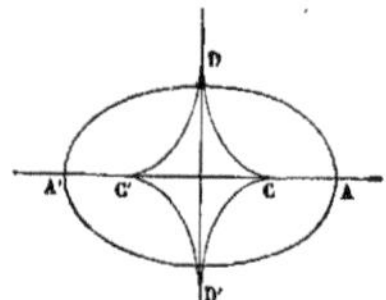

Fig. 983. — Développée de l'ellipse.

points extérieurs à la développée, et on en peut mener trois par les points pris sur la développée elle-même.

La développée de l'hyperbole

$$a^2y^2 - b^2x^2 = -a^2b^2,$$

a pour équation :

$$a^{\frac{2}{3}}x^{\frac{2}{3}} - b^{\frac{2}{3}}y^{\frac{2}{3}} = c^{\frac{4}{3}};$$

et celle de la parabole

$$y^2 = 2px,$$

a pour équation :

$$y^2 = \frac{8}{27p}(x - p)^3;$$

ces deux développées jouissent de propriétés analogues à celle que nous avons signalée dans l'ellipse.

Dans les courbes à double courbure, l'analogue de la développée des courbes planes est la *surface polaire*, qui est l'enveloppe des plans normaux à la courbe ; cette surface est développable, et l'on peut y tracer une infinité de courbes, telles qu'un fil enroulé sur ces courbes pourrait en se développant décrire la courbe à double courbure ; on les appelle encore les *développées* de cette courbe ; elles jouissent du reste de quelques propriétés curieuses, mais elles sont loin d'avoir l'importance qu'ont les développées des courbes planes.

Les courbes et les surfaces caustiques sont une application des enveloppes. Ainsi il est clair que, sous une surface de révolution, la courbe caustique méridienne n'est autre chose que l'enveloppe des rayons réfractés dans le plan même de la section. Les équations directes des caustiques sont en général fort compliquées, et, par suite, il est difficile de s'en servir pour étudier la nature de la courbe elle-même. Sturm, en utilisant la remarque précédente, est parvenu à simplifier l'étude des caustiques, non plus en les cherchant elles-mêmes, mais en cherchant les courbes dont les caustiques sont les développées. C'est ainsi, par exemple, qu'on trouve que pour le plan la section méridienne de la caustique est la développée d'une section conique. On trouvera cet intéressant mémoire dans les *Annales* de Gergonne, t. XI.　Bo.

ENVERGURE (Zoologie). — On désigne par ce mot la distance qui sépare les deux extrémités des ailes d'un oiseau lorsqu'elles sont étendues : en général, l'euvergure est d'autant plus grande que l'oiseau vole mieux. Le milan a plus de 1^m,50 d'envergure pour 0^m,60 de longueur; l'aigle royal, 2^m,40 d'envergure pour 1 mètre de longueur; l'hirondelle de cheminée, 0^m,33 d'envergure pour 0^m,18 de longueur; la frégate a jusqu'à 3^m,66 et 4 mètres d'envergure, bien que son corps soit à peu près gros comme celui d'une poule.

ENVIE (Médecine), *nævus* des Latins. — On appelle ainsi certaines taches ou marques que l'on remarque quelquefois sur la peau des enfants nouveau-nés, persistant pendant toute la vie, et prenant quelquefois un développement plus ou moins considérable, qui nécessite souvent l'intervention du chirurgien. On sait que le peuple et les gens peu instruits rapportent l'existence de ces taches à un désir immodéré, à une envie de la mère qu'elle n'a pu satisfaire; à coup sûr, si telle était la cause de ces envies, peu de personnes en seraient exemptes, car il y a bien peu de mères qui, pendant la grossesse, n'aient été tourmentées par le désir de posséder un objet de toilette, de manger de certains fruits, de boire du vin, de la liqueur, de l'eau-de-vie, etc. sans avoir pu se satisfaire. Cependant il s'est trouvé des hommes recommandables, qui, témoins de quelques faits extraordinaires, ont entretenu et propagé cette croyance contre laquelle l'expérience froide et réfléchie et des observations sérieuses s'élèvent depuis longtemps. On conçoit la puissance sur les imaginations passionnées et impressionnables d'un fait de cette nature, c'est-à-dire de l'existence d'une tache rouge, dite *tache de vin*, par exemple, sur un enfant dont la mère aura eu une envie démesurée de vin; on ne réfléchira pas que ce fait positif se dégage d'une masse de faits négatifs qui ruinent la théorie, et auxquels on ne fait pas attention. Du reste, ces taches se rencontrent sur toutes les parties du corps, mais sont plus fréquentes au visage. Elles varient de formes, d'étendue, de couleur, les unes étant rouges, les autres livides, violettes, brunes, etc. L'imagination leur a prêté des ressemblances avec des taches de vin, des cerises, des groseilles, des mûres, des framboises; on a même prétendu qu'elles changeaient de couleur à l'époque de la maturité des différents fruits auxquels on les a comparées. On a dit aussi qu'elles existaient sur la partie du corps que la femme avait touchée au moment où son imagination était occupée de l'objet désiré.

Le mot *envie* est remplacé aujourd'hui dans la science par celui de *nævus* employé par les Latins; nous y renvoyons pour la partie physiologique et chirurgicale.

ENVIE, en latin *malacia*, *pica*, désigne encore la dépravation de l'appétit (voyez **MALACIE**).

ENVIES, *reduvia* des Latins. — On appelle aussi de ce nom de petites pellicules, résultant le plus souvent d'une déchirure, d'une petite gerçure que l'on remarque aux doigts vers la racine des ongles; elles sont quelquefois assez profondes pour que la chair soit comprise dans la fente. En général, elles sont dues aux frottements contre des corps durs, au contact des substances irritantes et surtout au froid. On doit les couper avec des ciseaux fins et bien tranchants; il ne faut jamais les arracher, ni les couper avec les dents ou avec les ongles, il pourrait en résulter de l'irritation, du gonflement et même un panaris. Si, après les avoir coupées, il reste de la sensibilité, il faudra les couvrir avec un emplâtre simple, afin d'empêcher le contact de l'air et de faciliter le rétablissement de la peau dans son état naturel. F—N.

ENVOYE (Zoologie). — Nom vulgaire donné parfois à l'*Orvet*.

EOLIDE (Zoologie), *Eolidia*, Cuv.; du grec *aiolos*, bigarré. — Genre de *Mollusques*, de la classe des *Gastéropodes*, ordre des *Nudibranches*. Les éolides ont l'aspect de petites limaces avec 2 ou 4 tentacules au-dessus et 2 aux côtés de la bouche. Leurs branchies sont des lames ou des feuilles disposées comme des écailles sur les deux côtés du dos. Les espèces de ce genre vivent dans toutes les mers; leurs formes assez élégantes sont relevées

Fig. 994. — Éolide de Cuvier.

par la richesse de leurs couleurs; on les trouve rampant sur les algues marines et les fucus. Sur nos côtes de l'Océan se rencontre l'*E. de Cuvier* (*E. Cuvieri*, de Blainv.), longue de 0^m,05 environ; la Méditerranée, les côtes septentrionales de l'Europe en possèdent plusieurs espèces plus petites.

On range dans le genre Cavoline (*Cavolina*, Bruguière) des animaux très-voisins des *éolides*, mais dont les branchies sont conformées en cirres ou filets rangés transversalement sur le dos.

EPACRIS (Botanique), *Epacris*, Cav.; du grec *épi*, sur, et *akros*, élevé, supérieur, parce que les plantes de ce genre se trouvent sur le sommet des montagnes. — Genre de plantes *Dicotylédones gamopétales hypogynes*, type de la famille des *Épacridées* et de la tribu des *Épacrées*. Caractères : calice coloré à 5 divisions; corolle tubuleuse; anthères peltées sur le milieu; 5 écailles hypogynes entourant l'ovaire; capsule à 5 loges renfermant de nombreuses graines. Les espèces de ce genre sont de jolis arbrisseaux qui ont le port des bruyères dont elles sont très-rapprochées. Leurs feuilles sont éparses, un peu coriaces, et leurs fleurs, disposées en quelque sorte en épis feuillés, sont blanches ou pourpre plus ou moins foncé. Ils habitent l'Australie; on en trouve aussi à la Nouvelle-Zélande. Les épacris sont à peu près au nombre d'une trentaine d'espèces connues. On les cultive en serre tempérée dans une bonne terre de bruyère. L'*E. à longues fleurs* (*E. longiflora*, Cav.) est une des plus belles; ses tiges de 1 mètre sont grêles, ses fleurs sont pendantes et forment une espèce de guirlande, ses corolles ponceau, jaunâtres au sommet, ont quelquefois 0^m,03 de longueur. L'*E. élégante* (*E. pulchella*, Cav.), tige de 1^m,30, fleurs blanches courtes, très-nombreuses.

EPACTE (Astronomie). — On donne ce nom, dans le calendrier, à l'âge de la lune au commencement de l'année (voyez **PAQUES**).

EPAGNEUL (Zoologie), par corruption du mot *espagnol*. — Race ou famille de races de *Chiens domestiques* à longs poils soyeux que l'on regarde comme d'origine espagnole (voyez **CHIEN**, **RACES CANINES**).

ÉPANCHEMENT (Médecine), *Effusio*. — Toutes les fois qu'un liquide quelconque, normal ou anormal, se déplace du lieu que la nature lui avait destiné pour en occuper un qui ne devait pas la contenir, on dit qu'il y a *épanchement*. Ils peuvent se faire dans toutes les parties du corps et être formés par toutes espèces de liquides; leur étude demanderait donc un développement que les limites qui nous sont imposées ne permettent pas de lui donner; nous nous contenterons d'en signaler quelques-uns.

1° Les *épanchements dans le crâne* sont causés soit par des maladies, telles que *méningites, encéphalites, apoplexie*, soit par des accidents résultant de violences extérieures ayant produit *commotion* ou *fractures*, ou simple *ébranlement cérébral*, etc. Les liquides qui les constituent peuvent être du sang, du pus, de la sérosité (*apoplexie, abcès, hydrocéphale*). Le pronostic de ces épanchements est en général très-grave. Suivant la cause qui les produit, ils peuvent exister dans toutes les parties de l'encéphale; ainsi entre le crâne et la dure-mère, entre la dure-mère et le cerveau, dans les duplicatures de l'arachnoïde, dans les ventricules, et jusque dans la substance même des viscères, etc. La quantité du liquide épanché peut aussi varier depuis quelques gouttes jusqu'à 1 litre et plus (*hydrocéphale*).

2° Les *épanchements dans la poitrine* peuvent être formés par de l'air (*pneumothorax, emphysèmes*), de la sérosité (*hydrothorax, hydropéricarde*), du sang, du pus (*empyème*), etc. Ils reconnaissent pour cause, comme les précédents, des maladies internes ou des violences extérieures. Parmi les premiers, on peut citer ceux qui sont le produit d'une maladie du péricarde, et qui se font dans cette cavité; ceux qui ont lieu dans l'écartement des plèvres, connu sous le nom de *médiastin*, et plus particulièrement ceux qui siégent dans le sac des plèvres. Nous ne parlerons que de ce dernier.

Les *épanchements dans les plèvres* sont en général le résultat, la terminaison de plusieurs maladies, et constituent cet épanchement connu sous le nom d'*empyème*; il peut être la conséquence d'une blessure, mais il est bien plus souvent la suite de péripneumonies chroniques terminées par suppuration, ou de pleurésies aiguës ou latentes. Il occupe rarement les deux cavités de la poitrine. Le diagnostic de cette affection est assez difficile et demande toute la sagacité du médecin; en général, il y a de l'oppression, de l'étouffement, une toux le plus souvent sèche, le pouls est petit, fréquent ; les malades ne peuvent se coucher horizontalement, si l'épanchement est considérable ; souvent la poitrine est plus saillante du côté malade ; l'auscultation donne des signes assez certains, particulièrement lorsque l'épanchement est un peu considérable ; dans ce cas, on ne peut entendre le murmure respiratoire à l'aide du stéthoscope ; et la percussion des parois de la poitrine donne un son mat. Le traitement doit avoir pour but la résorption du liquide, par les moyens expectorants, par les dérivatifs extérieurs et surtout les vésicatoires répétés. Si la résorption est impossible, on aura recours à l'opération de l'*empyème* (voyez ce mot).

3° Les *épanchements dans la cavité abdominale* peuvent avoir lieu dans l'estomac, les intestins, la vessie, etc., mais le plus souvent dans le péritoine ; ils sont formés d'air (*tympanite*) (voyez ce mot), de sérosité (*ascite*) (voyez ce mot), de sang, de bile, d'urine, de matières fécales, etc. L'*E. de sang* est fréquent à la suite de plaies pénétrantes, quelquefois après la rupture d'un anévrisme ; il a en général une issue funeste, surtout dans ce dernier cas. Les *E. d'urine* dans le bas-ventre peuvent se faire par une blessure ou une rupture des parois de la vessie ; si cette solution de continuité a lieu à la partie postérieure et supérieure de la vessie, l'épanchement se fait dans le péritoine ; dans tous les cas, c'est un accident des plus graves. Pour les épanchements d'air et ceux de sérosité dans la cavité péritonéale, voyez aux mots Tympanite, Ascite, Hydropisie.   F — N.

ÉPARGNE (Poire d') (Arboriculture). — Variété de poires, connue aussi sous les noms de *Beau-présent, Saint-Samson, Grosse-Madeleine, Beurré-de-Paris,* etc. C'est un fruit moyen, verdâtre, un peu marbré de rouge-brun du côté du soleil ; il est allongé (0ᵐ,08 de hauteur, sur 0ᵐ,05 de diamètre). Sa chair est fondante, aigrelette et très-agréable, malgré l'opinion de la Quintinie qui dit qu'elle a plus de beauté que de bonté. Elle mûrit fin juillet. On doit greffer sur franc ; ce poirier réussit en plein vent et en espalier ; il se forme difficilement en pyramide, craint l'humidité.

ÉPARVIN, ÉPERVIN (Médecine vétérinaire). — On désigne par ce nom deux sortes de maladies distinctes, particulières au cheval. L'une, *éparvin sec,* consiste dans une flexion convulsive du membre postérieur au moment où l'animal se met en mouvement ; cette flexion brusque et précipitée du jarret existe sans aucune tumeur osseuse ou autre. On dit dans ce cas que le cheval *harpe.* On n'en connaît ni la cause ni le remède. L'autre espèce est l'*éparvin calleux* ou *osseux, éparvin du bout ;* c'est une tumeur de nature osseuse ou une exostose, développée à la face interne du jarret, sur la partie supérieure du canon du membre postérieur. Cette tumeur résiste souvent à l'action du feu, même renouvelé plusieurs fois.

EPAULARD (Zoologie). — Espèce de *Mammifère* de l'ordre des *Cétacés,* famille des *Cétacés ordinaires,* tribu des *Dauphins,* sous-genre *Marsouin (Phocœna,* Cuv.), remarquable par sa grande taille qui dépasse celle de toutes les autres espèces du groupe des *Dauphins* et atteint jusqu'à 7 mètres et 7ᵐ,60 de longueur et 4 mètres de circonférence à sa partie moyenne. Il a d'ailleurs la forme générale du marsouin commun, mais son museau est très-court, sa nageoire dorsale, haute de 1ᵐ,30 à 1ᵐ,50, recourbée en arrière et terminée en pointe, rappelle une lame de sabre et lui a valu le nom de *Gladiateur,* sous lequel on l'a souvent désigné. La nageoire caudale a 1ᵐ,60 à 2 mètres d'une extrémité à l'autre et est partagée en deux parties égales par une échancrure. Ce grand cétacé est d'un noir brillant en dessus et d'un blanc pur en dessous, avec une tache blanchâtre en forme de croissant sur l'œil. La bouche est armée de grosses dents coniques, un peu courbées en arrière et au nombre de 22 à chaque mâchoire. Les épaulards se nourrissent de poissons et vivent par petites troupes dans l'océan Atlantique et surtout dans les mers septentrionales, jusque parmi les glaces polaires. Ils paraissent avoir été autrefois assez communs sur les côtes occidentales de la France, où Rondelet les trouvait, au XVIᵉ siècle, désignés par les pêcheurs saintongeois sous le nom que porte cet article ; mais aujourd'hui Lesson a constaté que l'animal et le nom même sont inconnus sur ces côtes. Les Hollandais et les Allemands nomment l'épaulard *Buts-kopf* (tête en chaloupe), nom qui s'applique encore sans doute à quelque espèce voisine ; c'est le *Grampus* de Hunter, le *Dauphin gladiateur* et le *Dauphin orque* de Lacépède, le *Phocœna orca* de Fr. Cuvier (*Hist. nat. des Cétacés*). On a voulu, sans preuves suffisantes, reconnaître dans l'épaulard

l'*Orca* des Latins dont parlent Pline l'Ancien et Festus. Il est fort douteux que l'épaulard existe ou ait jamais existé dans la Méditerranée. On admettrait plus volontiers que notre épaulard est l'*Aries marinus* ou *Bélier marin* de Pline, qui échoua de son temps sur les côtes de la Saintonge. Du reste, les naturalistes ont rarement l'occasion de voir les animaux de cette espèce ; leur rapidité à la nage est si grande qu'on ne peut les harponner. Aussi n'a-t-on connu réellement que des individus échoués à certaines époques sur nos côtes d'Europe, et particulièrement le mâle, qui fut pris le 10 juin 1793, dans la Tamise, devant Greenwich, et fut décrit par J. Banks, qui communiqua à Lacépède ses notes et un dessin. Pline a représenté l'orca comme un ennemi acharné de la baleine ; l'épaulard a parmi les marins et les voyageurs la même réputation, et l'on assure même que le principal but des épaulards en poursuivant les jeunes baleines est d'arriver à leur saisir et à leur dévorer la langue. Cette singulière opinion inspire de justes défiances à Fr. Cuvier, malgré les assertions favorables des voyageurs tels que Pagès, Anderson, etc.

Epaulard à tête ronde (Zoologie). — Espèce de *Cétacé,* du genre *Marsouin,* voisin de l'épaulard dont il vient d'être parlé et classé par Fr. Cuvier sous le nom de *Phocœna globiceps.* C'est le *Delphinus deductor* de Scoresby, le *Delphinus melas* de Traill, le *Globicéphale conducteur* de Lesson, nommé *C'aingwhale* par les Shetlandais et *Hval* ou *Grindhval* par les habitants des îles Feroë. Cette espèce est bien connue depuis 1812 ; le 7 janvier de cette année, une troupe de ces animaux s'engagea près des côtes de Bretagne, devant le village de Ploubazlanec, près de Paimpol. Des pêcheurs qui les aperçurent firent échouer à la côte un des plus forts individus et à sa suite toute la troupe s'échoua au nombre de sept mâles, cinquante-une femelles et douze jeunes à la mamelle. M. Lemaoût, pharmacien à Saint-Brieuc, qui fut chargé de les étudier, rapporte qu'en se débattant contre la mort ils poussaient des sons plaintifs qu'on entendait avec peine et qui produisaient sur les spectateurs un sentiment particulier, mélange d'attendrissement et d'effroi. Le plus vigoureux vécut cinq jours entiers (Fr. Cuvier, *Hist. nat. des Cétacés*). L'épaulard à tête ronde atteint 6 mètres de longueur et 3 mètres de circonférence à la partie moyenne du corps ; la tête est courte, grosse et comme globuleuse ; la bouche est armée, à chaque mâchoire, de 18 à 26 dents coniques, et l'animal vit de poissons ; le corps est entièrement noir, sauf une ligne blanche naissant sous le cou en forme de cœur pour se prolonger sous le ventre jusque vers l'anus ; le dos porte une nageoire dorsale haute de 1ᵐ,30 sur 1 mètre de base. Pas plus que le précédent, l'animal qui nous occupe n'est l'objet d'une pêche de la part des peuples maritimes de l'Europe ou de l'Amérique ; néanmoins, les habitants des îles Orcades, Feroë, Shetland et ceux de l'Islande le recherchent beaucoup et en tirent un grand parti. C'est pendant l'été et l'automne, par les temps de brouillard, que les globicéphales se montrent sur ces côtes peu fortunées ; ils arrivent par grandes troupes ; aussitôt qu'une de ces troupes a été signalée, on organise la pêche avec toutes les ressources dont on dispose ; on cerne la troupe attaquée, on la pousse vers quelque baie et on massacre à coups de harpons et de couteaux les animaux échoués ou acculés dans une eau peu profonde. On découpe la chair en longues bandes à peu près de la grosseur du poignet ; on en fait sécher une partie à l'air, l'autre est salée ; on la mange cuite plus tard ; elle est assez grossière et fibreuse. Le lard abondant qui se trouve sous la peau est en partie salé pour la consommation domestique, en partie employé à faire une huile qui vaut environ 100 fr. le baril. L'estomac de l'animal est séché et conservé pour contenir et transporter l'huile ; les nageoires sont découpées en lanières pour fixer les avirons (voyez *Revue marit. et colon.,* sept. 1863). Les habitants des îles Feroë prennent, par an, environ 1 200 épaulards à tête ronde, à raison de 150 en moyenne par expédition de pêche. Chaque animal donne à peu près un baril d'huile et les Féringeois en font une exportation considérable.

Epaulard blanc ou Beluga (Zoologie). — Espèce de *Cétacé,* du genre *Delphinaptère* de G. Cuvier, nommé par Fr. Cuvier *Phocœna leucas,* décrit d'abord par Martens, en 1675, sous le nom de *Whit-Vistch* (poisson blanc) ; son nom russe *Beluga* ou *Bjelugha* veut dire blanc ; le nom danois *Huid fisk* a encore le même sens. Pallas, dans son voyage en Sibérie, l'a, le premier, bien connu et bien décrit ; enfin Neil et Barklay (*Mém. de la Soc. wernérienne*), vers 1814, ont très-bien étudié un *Béluga* adulte tué dans le Forth, près de Stirling. C'était un mâle adulte, long de 4^m,95, mesurant près de 3 mètres de circonférence sous les nageoires pectorales et pesant environ 900 kil.; sur le dos se voyait un rudiment de nageoire haute de 0^m,027 sur 0^m,30 de longueur. Cette circonstance, que l'on observe dans quelques autres espèces, a engagé M. Cuvier à les réunir avec l'épaulard blanc et à en former un genre spécial sous le nom de *Delphinaptères* que leur avait donné Lacépède. Fr. Cuvier les laissait dans le genre *Marsouin*. L'épaulard blanc a la peau d'un blanc jaunâtre à l'âge adulte, d'un brun plus ou moins grisonnant dans le jeune âge; sa tête ressemble assez à celle du marsouin commun; la bouche contient à chaque mâchoire 18 dents coniques grosses et émoussées. Cet animal se rencontre en troupes sur tous les rivages de l'océan Arctique, en Europe, en Asie et en Amérique; il y vit de poissons et surtout de saumons qu'il poursuit aux embouchures des fleuves, les remontant souvent assez haut. L'abondance de son lard le fait rechercher et on lui donne une chasse active à peu près dans les mêmes vues que nous avons mentionnées pour l'épaulard à tête ronde. **Ad. F.**

EPAULE (Anatomie). — Portion basilaire du membre thoracique au moyen de laquelle il se fixe à la poitrine.

La partie la plus saillante de l'épaule a reçu le nom de *moignon de l'épaule*; la cavité qui se trouve en dessous est appelée le *creux de l'aisselle*. L'épaule est soutenue par deux os, la *clavicule* en avant et l'*omoplate* en arrière; elle contient aussi l'articulation de l'*humérus* avec l'*omoplate*; des muscles nombreux s'insèrent à ces os et sont les moyens d'union du bras avec la poitrine; ils la protégent ainsi que les vaisseaux et nerfs qui de la partie latérale et inférieure du cou gagnent le membre supérieur. **S — Y.**

EPEAUTRE (Agriculture). — Ce nom s'applique à deux espèces du genre *Froment*, caractérisées l'une et l'autre aux yeux des agriculteurs parce qu'au battage le grain ne se sépare pas des balles, et nommées souvent pour cela *froments vêtus*. Le *Grand Épeautre* (*Triticum spelta*, Lin.) a l'épi comprimé, avec un axe fragile, des barbes peu fournies ou nulles, les épillets peu serrés, à côtes planes parallèles à la face plane de l'épi. C'est une espèce plus robuste que les froments ordinaires ou nus et qui s'élève moins haut; on la cultive surtout dans l'Allemagne occidentale, en Suisse, sur les bords du Rhin, en Belgique. Il en existe des variétés à grains rouges, nommés *Blés rouges*, et des variétés à grains blancs, nommés *Amidonniers blancs*, *Epeautres blancs barbus*. Les Belges préfèrent ces dernières. Le *Petit Épeautre* (*Triticum monococcum*, Lin.), *Froment locular*, *Dinkel*, *Engrain*, a l'épi barbu, dressé, étroit, très-aplati, plus court que celui du grand épeautre. Cette espèce, originaire du Caucase, est la moins productive de nos céréales, mais elle croît dans des sols très-pauvres où ne viendraient ni le seigle ni l'avoine, et elle fournit une farine gruau de qualité supérieure. On la cultive peu néanmoins et on ne la rencontre guère, en France, que dans le Berri et le Gâtinais. Les semailles se font en automne. Le grand épeautre, plus répandu, est, dans certains cas, préféré aux froments autres comme plus rustique et moins

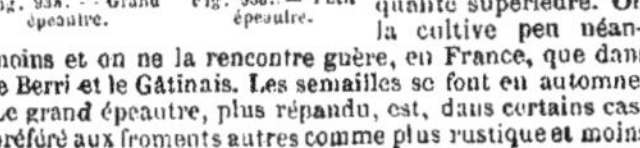

Fig. 935. — Grand épeautre. Fig. 936. — Petit épeautre.

sensible à l'humidité, quoiqu'il ne résiste pas aux hivers rigoureux. Ses semailles ont aussi lieu en automne; cependant, les meilleures variétés blanches se sèment en février et mars. Les variétés rouges résistent mieux au froid. Les épeautres donnent des gruaux de très-bonne qualité; leur farine est belle et liante. Leur culture est d'ailleurs semblable à celle des autres froments. On emploie, en Belgique, cette sorte de grains pour la fabrication de la bière (voyez Blé).

EPÉE de mer (Zoologie). — Nom vulgaire d'une espèce de *Cétacé*, l'*Épaulard* (voyez ce mot) ou *Dauphin gladiateur*, et de deux espèces de *Poissons*, l'*Espadon* et la *Scie* (voyez ces mots).

EPEICHE (Zoologie). — Nom qui s'applique dans le langage usuel à trois espèces d'*Oiseaux* du genre *Pic* (voyez ce mot) (*Picus*, Lin.). 1° Le *Grand Épeiche*, *Épeiche*, *Grand Pic varié*, *Agachette* (*P. major*, Lin.), est de la taille d'une grive (longueur, 0^m,22), varié en dessus de noir et de blanc, avec le dos et le croupion noirs; blanc en dessous, avec une tache d'un beau rouge à l'occiput chez le mâle, le ventre, les plumes sous caudales rouges dans les deux sexes. Le jeune a tout le dessus de la tête rouge. La ponte a lieu au printemps et se compose de 6 œufs d'un blanc pur longs de 0^m,024. Le grand épeiche habite toute l'Europe et se rencontre en France dans nos bois et nos vergers. Il se nourrit des graines des arbres verts et des autres arbres de nos forêts, mais surtout d'insectes dont il délivre ces arbres au prix de quelques dégâts bien moins fâcheux que ceux qu'il conjure. 2° Le *Moyen Épeiche*, *Pic mar*, *Pic varié à tête rouge* (*P. medius*, Brisson), est plus commun dans le midi que dans le nord de la France et se plaît surtout dans les forêts de chênes. Un peu moindre que le grand épeiche (longueur, 0^m,20), il est d'un

Fig. 937. — Pic moyen épeiche.

noir lustré en dessus, avec les plumes de l'épaule blanches, le front et les joues cendrés, une calotte rouge dans les deux sexes; le dessus du corps est d'un blanc roussâtre, avec une bande noire bordant les côtés du cou et de la poitrine, le ventre et le dessous de la queue rouge et le croupion noir. Sa ponte est de 4 ou 6 œufs blancs longs de 0^m,022. Il a le même genre de vie que l'espèce précédente. 3° Le *Petit Épeiche*, *Épeichette* (*P. minor*, Lin.), ne dépasse guère la taille d'un moineau (longueur, 0^m,15); comme les précédents, il est varié de noir et de blanc aux parties supérieures; il est blanc, finement strié de noir aux parties inférieures, sur les côtés du cou, au front et autour des yeux; le sommet de la tête est rouge chez le mâle, avec la nuque et les moustaches noires. Quoique assez commune en France, l'épeichette habite surtout le nord et le milieu de l'Europe, où elle fréquente les forêts de chênes et de hêtres et y vit de la même manière que les deux espèces précédentes. Sa ponte est de 4 à 6 œufs blancs, longs de 0^m,019. Moins farouche que les autres pics, l'épeichette, prise jeune, peut s'élever en cage (voyez Pic). **Ad. F.**

EPEIRE (Zoologie), *Épeira*, Walckenaër. — Genre d'*Arachnides*, de l'ordre des *Pulmonaires*, famille des *Fileuses* ou *Aranéides*, tribu des *Araignées*, section des *Araignées sédentaires rectigrades orbitèles* ou *tenteuses*. Caractères: yeux au nombre de 8, égaux entre eux, disposés sur le céphalothorax, comme le montre la figure; mâchoires larges, courtes et arrondies à leur extrémité; pattes allongées, dont la première paire est la plus longue, puis la deuxième, tandis que la troisième est plus courte que la quatrième. Toutes les espèces de ce genre filent une toile à réseaux réguliers, formée de fils droits qui se coupent tous en un même point et de fils circulaires ou spirales ayant tous ce point pour centre et s'entourant les uns les autres. Au centre du filet suspendu verticalement entre des arbrisseaux ou des buissons, entre les feuilles et les branches des végétaux ou dans les feuilles elles-mêmes (une seule espèce, l'*E. cucurbitine*, file une toile horizontale), l'animal se tient immobile, le corps renversé, la tête en bas, guettant l'insecte qui viendra s'engager dans ses mailles. Dès qu'une proie est prise, l'épeire accourt, la délivre en coupant elle-même sa toile si, trop grosse et trop forte, elle menace de détruire cette toile en se débattant ; mais si la proie est convenable, l'épeire la garrotte de nouveaux fils pour mieux la retenir et embarrasser ses mouvements : en même temps elle lui fait une morsure sans doute venimeuse et suce son sang dont elle se nourrit. Outre leur toile, certaines espèces se font auprès, avec des fils et des feuilles rapprochées, une sorte de nid cintré ou tubuleux ; chez certaines épeires exotiques, les fils de la toile sont, dit-on, assez forts pour arrêter de petits oiseaux. La ponte a lieu ordinairement une seule fois dans l'année et le plus communément à la fin de l'été ou au commencement de l'automne ; les œufs sont très-nombreux et réunis dans un cocon globuleux ou ovoïde ; l'éclosion a lieu au printemps suivant. Ce genre est très-riche en espèces (Walkenaër en compte 166 dans son *Hist. nat. des insectes aptères*), et plusieurs habitent nos pays et s'y font remarquer par leur taille, leurs mœurs et leurs couleurs. Parmi celles-ci, on doit citer avant tout l'*E. diadème* (*E. diadema*, Walck.), grande espèce (corps long de 0ᵐ,012), roussâtre, velou-

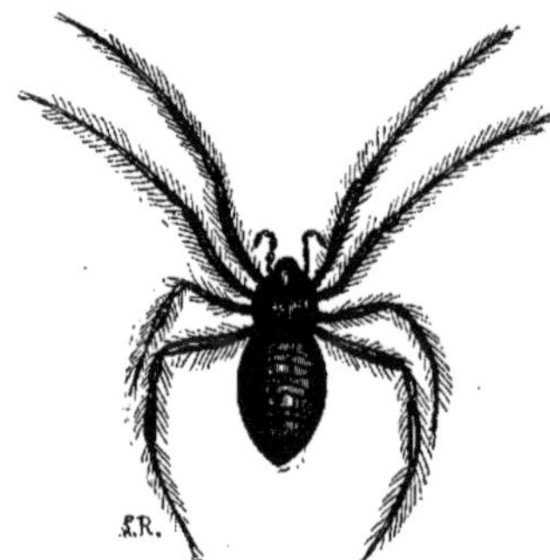

Fig. 938. — Épeire fasciée (grand. nat.).

tée, à abdomen ovale marqué en dessus d'une triple croix que forment de petites taches blanches ; c'est ce qui l'a fait nommer par Geoffroy *Araignée à croix papale*. C'est l'espèce la plus commune dans nos jardins, surtout en automne ; sa toile, qu'elle place verticalement dans les lieux éclairés, parfois même dans les allées des jardins, est suspendue par des fils droits souvent longs de 2 à 3 mètres et porte vingt-huit à trente cercles concentriques. Elle ne se construit pas de nid et se cache simplement sous des feuilles. Son cocon, habituellement fixé aux murailles, contient une centaine d'œufs. — On rencontre dans nos bois, sur les buissons voisins des bords des étangs et des ruisseaux, une autre espèce à peu près de la même taille, c'est l'*E. scalaire* ou *Araignée à échelle* (*E. scalaris*, Walck.), qui, avec des mœurs analogues à celles de l'épeire diadème, porte sur son abdomen jaunâtre une tache noire, dentée, étendue suivant la ligne médiane, en forme de triangle renversé. — L'*E. apoclise* (*E. apoclisa*, Walck.), presque aussi grande que les deux précédentes, avec l'abdomen brun, bordé d'un feston blanchâtre que traversent deux bandes blanches, vit dans les lieux humides de nos bois ; c'est l'*Araignée à feuille coupée* de Geoffroy. L'*E. cucurbitine* (*E. cucurbitana*, Walck.), *Araignée rougeâtre à ventre jaune ponctué de noir* de Geoffroy, s'établit surtout sur le saule et l'aune, entre les branches et les feuilles ; son corps n'a que 0ᵐ,007. — Le long de nos murailles, l'*E. à cicatrices* (*E. cicatricosa*, Walck.) tend sa toile et se tient cachée sous une écorce ou sous quelque plâtras, dans un nid de soie blanche à proximité de sa toile. Elle doit son nom à deux lignes de gros points enfoncés, au nombre de huit ou dix, qui bordent la bande noire longitudinale du milieu de son abdomen. Elle se tient immobile tout le jour et a une existence toute nocturne ; sa taille dépasse un peu celle de l'épeire diadème. — Dans le midi de la France se trouve une très-grande espèce, rare aux environs de Paris ; c'est l'*E. fasciée* (*E. fasciata*, Walck.), longue de 0ᵐ,030 environ et qui habite au bord des ruisseaux. M. L. Dufour

a décrit avec soin cette espèce et ses mœurs (*Ann. des sciences phys.*, t. VI). — Plusieurs espèces d'épeires exotiques ont l'abdomen cuirassé d'une peau dure et armé à son pourtour de pointes ou d'épines cornées. Les naturels de l'Australie, de la Nouvelle-Calédonie et de quelques îles voisines mangent parfois, après l'avoir fait griller sur des charbons, une grande espèce d'épeire qui habite les bois (Labillardière, *Voyage à la recherche de Lapeyrouse*).

AD. F.

ÉPERLAN (Zoologie), peut-être du mot *perle*, à cause des reflets nacrés de ce poisson. — L'*Éperlan* (*Osmerus eperlanus*, Artedi) est un joli poisson, très-connu et très-recherché sur nos marchés, et que l'on pêche dans les grands lacs et en mer, principalement aux embouchures et dans la partie basse des grands fleuves ; ainsi en est-il de tout particulièrement ceux qu'on prend à l'embouchure de la Seine, à Caudebec, et même à Rouen. C'est un poisson en forme de fuseau comprimé sur les côtés, long de 0ᵐ,08 à 0ᵐ,14, et qui rappelle dans de moindres

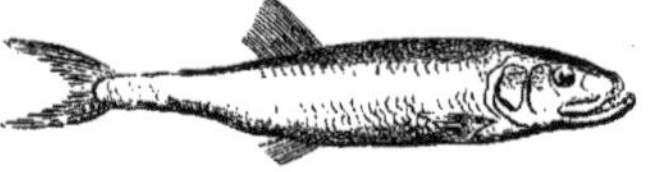

Fig. 939. — Éperlan.

dimensions les formes de la truite à laquelle il ressemble beaucoup par son organisation. Il se distingue néanmoins des poissons du genre *Saumon* par une double rangée de dents écartées sur chacun des os palatins, quelques dents seulement sur le devant de l'os vomer ; par l'existence de huit rayons seulement à la membrane branchiostège ; par ses nageoires ventrales insérées au niveau du bord antérieur de la première nageoire dorsale. C'est à cause de ces différences qu'Artédi, Cuvier et d'autres auteurs ont admis pour classer l'éperlan un genre dont il est jusqu'ici la seule espèce, et qu'ils nomment *Osmerus* ; ce genre prend place dans l'ordre des *Malacoptérygiens abdominaux*, famille des *Salmones*. L'éperlan a le corps couvert de petites écailles faciles à détacher ; sa peau est demi-transparente, sans taches, et d'une coloration argentée et verdâtre, à reflets irisés mobiles et brillants. Il répand une odeur forte que certaines personnes comparent à celle de la violette, mais qui devient presque désagréable quand elle s'exhale d'une masse d'éperlans réunis. Ce poisson est regardé comme un mets délicat ; à Paris, on le mange frit ; à Londres, on estime beaucoup l'éperlan fendu et séché. Sa chair ne peut être considérée comme d'une digestion très-facile, mais elle est saine et très-délicate. L'éperlan vit de vers et de menus coquillages ; il fraye au printemps dans les fleuves où il remonte ; ses œufs sont jaunes et nombreux. On en prend une grande quantité à cette époque dans les fleuves d'Allemagne et d'Angleterre, et on les fait sécher pour les livrer comme conserve au commerce. Cette espèce se rencontre dans tout l'océan Atlantique, dans la Baltique, la mer du Nord.

AD. F.

ÉPERLAN DE SEINE (Zoologie). — Espèce de *Poisson* du genre *Able*, nommé aussi *Spirlin* (*Leuciscus bipunctatus*, Cuv.), très-semblable à l'*Ablette* (voyez **ABLE**) pour la forme étroite du corps et la couleur argentée brillante ; il porte deux points noirs sur chacune des écailles de sa ligne latérale ; sa taille est d'environ 0ᵐ,12. Il habite toutes nos rivières, et le nom vulgaire qu'il a reçu rappelle seulement la ressemblance de sa robe argentée avec celle de l'éperlan, dont il n'a nullement la chair délicate.

ÉPERON (Zoologie). — Terme employé pour désigner chez les animaux une saillie dure, en forme de petite corne dont les membres de certains animaux se trouvent armés (voyez **ERGOT**). C'est surtout chez les oiseaux qu'on observe cette disposition ; leur éperon, nommé aussi vulgairement *ergot*, est revêtu d'un étui corné, parfois long et acéré, qui peut constituer une arme redoutable. Les mâles des oiseaux gallinacés (dindon, coq, faisan, etc.) ont généralement un éperon inséré au-dessus du pouce, à la partie postérieure du tarse ; l'éperonnier en a même deux ou plus à chaque tarse. On trouve au fouet de l'aile de divers échassiers (kamichi, jacana, vanneau), de certains palmipèdes (bernache), une saillie aiguë nommée aussi *éperon*, qui est véritablement une arme pour ces animaux. — On observe aux jambes de plusieurs insectes des saillies épineuses, nommées aussi *éperons* par quelques auteurs.

Éperon (Botanique). — On nomme ainsi certains appendices du périanthe des plantes. Les éperons ne diffèrent des *cornets* et des *capuchons* (voyez ces mots) que par leur *forme* qui est à peu près celle des objets dont ils portent le nom. Dans la capucine et le pied-d'alouette, le calice est prolongé en éperon. Les pétales de la violette sont prolongés inférieurement en une pointe creuse semblable à un ergot. Ils sont dits par conséquent éperonnés. La gorge de la corolle du centranthe rouge et des linaires est munie d'un éperon sous forme de prolongement creux et terminé en pointe.

EPERONNIER (Zoologie), *Polyplectrum*, Temm. — Genre d'*Oiseaux* de l'ordre des *Gallinacés*, tribu des *Paons*, comprenant quelques espèces exotiques voisines des paons, mais caractérisées par une moindre taille (en général, celle d'un petit faisan), l'existence de deux ou trois éperons ou ergots aux tarses des mâles, des plumes sur les ailes et la queue ocellées, mais trop courtes pour faire la roue. L'espèce type est le *Chinquis* (*P. bicalcaratum*, Temm.) du Thibet, de la Chine. Quelques autres espèces vivent dans l'Inde, aux îles de Sumatra, de Bornéo, etc.

EPERONNIÈRE, Eperon de chevalier (Botanique). — Nom vulgaire de la *dauphinelle commune*, de l'*ancolie*, de la *linaire*, etc.

EPERVIER (Zoologie), du nom allemand *sperber*. — Nom d'un oiseau de proie commun dans notre Europe, qui paraît être l'*accipiter* des Romains, se rapproche beaucoup de l'autour et se trouve représenté dans les contrées exotiques par un grand nombre d'espèces d'une conformation très-semblable. Ces oiseaux appartiennent à l'ordre des *Oiseaux de proie*, de Cuvier, à sa famille des *Diurnes*, tribu des *Faucons*, section des *Oiseaux de proie ignobles*, genre *Autour* (*Astur*, Bechstein). Cuvier caractérisait ce grand genre par les ailes plus courtes que la queue et le bec courbé dès sa base, et il recon-

Fig. 940. — Epervier-autour.

naissait deux sous-genres : les *Autours* proprement dits, à tarses écussonnés et un peu courts, et les *Eperviers* à tarses écussonnés, plus allongés. Vieillot et Sonnini donnaient, au contraire, le nom d'*Eperviers* à tout le genre, en y conservant les deux mêmes sous-genres. Depuis ces divers naturalistes, on a beaucoup subdivisé ce groupe, et plusieurs auteurs admettent maintenant un genre *Autour* (*Astur*, Temm.) et un genre *Epervier* (*Accipiter*, Pallas). Quoi qu'il en soit, chacun de ces groupes est représenté en Europe par une espèce, l'*Autour ordinaire* et l'*Epervier commun*.

L'*A. ordinaire*, *Epervier-autour* (*Falco palumbarius*, Lin.; *Ast. palumbarius*, Temm.) est un oiseau de proie, de la taille d'un coq environ, mais très-différent sous ce rapport, selon le sexe. La femelle est de la grosseur d'un fort chapon (longueur du bec au bout de la queue : 0ᵐ,65), tandis que le mâle, nommé à cause de cela *tiercelet d'autour*, est d'un tiers plus petit (longueur : 0ᵐ,42). Les deux sexes ont les parties supérieures d'un ton cendré bleuâtre; un large sourcil blanc au-dessus des yeux; les parties inférieures blanches, avec des raies transversales et des bandes longitudinales étroites, d'un brun foncé; la queue cendrée, marquée de quatre ou cinq bandes transversales noirâtres; le bec noir-bleuâtre, avec la cire vert-jaunâtre et les pieds jaunes. Chez la femelle, le dessus du corps est plus brun et les bandes brunes sont plus abondantes sous la gorge. Les jeunes de l'année ont la nuque roussâtre avec raies brunes, et le dessous du corps d'un roux pâle. Les autours nichent au printemps sur les chênes et les hêtres les plus élevés, et pondent de deux à quatre œufs d'un blanc bleuâtre, rayés et tachés de brun, longs de 0ᵐ,059. Ils se nourrissent de jeunes lièvres, d'écureuils, de souris, de taupes, de jeunes oies, de pigeons surtout et d'autres volailles. On trouve ces oiseaux dans toute l'Europe; ils habitent de préférence les bois de sapin sur le flanc des montagnes.

L'*E. commun* (*Falco nisus*, Lin.; *Acc. nisus*, Temm.) a presque le même plumage que l'autour, mais il est d'un tiers environ plus petit; de la grosseur à peu près d'une pie (longueur de la femelle : 0ᵐ,38; du mâle : 0ᵐ,33), et ses tarses sont proportionnellement plus élevés. Le mâle est l'oiseau que les fauconniers nomment *mouchet* ou *émouchet*. Cendré bleuâtre en dessus, avec une tache blanche à la nuque, l'épervier est blanc en dessous, avec des raies longitudinales sous la gorge et des raies transversales sous le ventre; cinq bandes noirâtres sur la queue; bec noirâtre avec une cire noirâtre; les pieds sont jaunes. Les jeunes de l'année ont les taches du dessous du corps en flèche ou en larmes longitudinales et rousses, avec les plumes des parties supérieures bordées de roux. Ces oiseaux de proie habitent les montagnes, sur la lisière des bois qui avoisinent des champs ou des prairies; ils se nourrissent de taupes, de souris, de grives, d'alouettes, de cailles, de moineaux, d'autres petits oiseaux, et même de lézards et de colimaçons. Ils ont été trouvés dans toutes les parties du monde, au Japon, en Barbarie, en Egypte, à Cayenne, au Paraguay; en Europe, ils sont très-communs, les uns sédentaires, les autres émigrant vers le midi à la suite des bandes d'oiseaux émigrants aussi, dont ils se repaissent. Souvent, les marins de la Méditerranée en rencontrent qui se dirigent vers les côtes barbaresques, et ils leur ont donné le nom de *Corsaires*. L'Épervier niche au printemps sur le haut des arbres; son nid ou aire reçoit de trois à six œufs d'un blanc sale, tachés de roux et longs de 0ᵐ,037. Ce nid est presque plat, peu profond, assez semblable à un grand nid de tourterelle. Une fable des Grecs, qui ne concerne peut-être pas l'épervier, explique le nom donné par Linné à cette espèce. Nisus, roi de Mégare, assiégé dans sa ville par Minos, portait sur la tête un cheveu couleur de pourpre, auquel était attaché le salut de Mégare. Eprise de Minos, Scylla, fille de Nisus, coupa le cheveu miraculeux pendant le sommeil de son père, et alla l'offrir comme un gage d'amour au roi ennemi, qui la repoussa avec horreur et prit la ville pour y établir des lois d'une haute justice. Nisus, changé en oiseau de proie (les uns disent en aigle pêcheur, les autres en épervier), poursuit sans cesse sa fille changée en grue, selon les uns, en alouette, selon les autres.

Les mœurs des deux oiseaux de proie que nous venons de décrire ne sont pas absolument les mêmes. Egalement voraces, ils ne se montrent pas également courageux. L'Autour, rusé et sanguinaire, guette sa proie du haut d'un arbre et fond tout à coup sur elle d'un vol oblique ou d'un saut brusque, quelquefois seulement il chasse au vol et poursuit sa victime à tire-d'aile. L'Épervier, intrépide et hardi, pénètre jusque dans les villes, et quelquefois jusque dans les habitations, en poursuivant les petits oiseaux qui vont s'y réfugier. Son vol, bas et horizontal, est d'ailleurs oblique comme celui de l'autour, lorsqu'il se précipite sur sa proie; car leurs ailes moins allongées interdisent à ces oiseaux le haut vol et les allures impétueuses des grands oiseaux de proie. La même raison les oblige à percher de préférence vers le milieu des arbres touffus, et à rechercher le voisinage de ces abris où ils peuvent se reposer. Pendant l'été et l'automne, ils se dispersent dans les champs où on les voit souvent seuls; mais le mâle et la femelle sont habituellement peu éloignés l'un de l'autre. Parfois on rencontre chassant ensemble toute une famille, à l'époque où les jeunes récemment sortis du nid ne savent pas encore pourvoir seuls à leur subsistance ; les parents pendant quelque temps les dressent à leur vie de brigandage. Les Éperviers et les Autours se défendent énergiquement lorsqu'on les attaque ; mais leurs serres sont presque leurs principales armes dans ce cas ; couchés sur le dos, ils les opposent à l'assaillant et en font un vigoureux et cruel usage. Dans leurs combats entre eux ou avec d'autres oiseaux, ils suivent la même tactique. Buffon, qui a nourri chez lui pendant assez longtemps un couple d'autours ordinaires, a observé qu'ils se jettent avidement sur la chair saignante et refusent constamment la viande cuite, que le jeûne seul peut les contraindre à accepter. Pour manger les oiseaux, ils les plumaient fort proprement, puis les dépeçaient avec leur bec avant de les manger ; mais ils avalaient les souris tout entières, et les peaux roulées sur elles-mêmes étaient rejetées plus tard par le bec. Buffon ajoute que le mâle, quoique plus petit que la femelle, était plus féroce et plus méchant ; jamais ces deux oiseaux, quoique seuls dans un même volière, n'ont donné le moindre signe d'affection l'un pour l'autre, pendant sept mois qu'ils vécurent chez le grand naturaliste, et à ce terme, la femelle tua le mâle dans le silence de la nuit, à neuf ou dix heures du soir, tandis que tous les autres oiseaux étaient endormis. Le docteur Jonathan Franklin cite, au contraire, l'exemple d'un jeune épervier acheté par un de ses amis, et d'ailleurs très-régulièrement nourri, qui se montra peu à peu doux et familier, et s'accoutuma à vivre en hôte inoffensif avec des pigeons dont il habitait même le colombier, et pour lesquels il témoignait un véritable attachement. Il reçut cependant fort mal une chouette que l'on recueillit dans la maison, et, après des luttes incessantes, l'oiseau de nuit profita de la première occasion pour s'échapper.

On prend l'autour avec les filets qu'on nomme *nappes à alouettes*, ou avec quatre filets hauts de 3 mètres environ, circonscrivant un espace carré de 3 mètres sur chaque face. Au milieu, l'on place un pigeon blanc que l'autour peut voir de loin, vers lequel il vole obliquement, et il vient s'embarrasser dans les filets. L'épervier se prend quelquefois aux gluaux, aux filets et aux piéges préparés pour les autres oiseaux. Belon décrit, comme très-efficace, un procédé très-analogue à celui qui vient d'être indiqué, sauf que le pigeon est remplacé par de petits oiseaux et que les filets n'ont guère plus de 2 mètres de hauteur. L'autour et l'épervier sont utilisés dans l'art de la *fauconnerie* ; mais leur emploi constitue une branche spéciale de cet art, nommée *autourserie* (voyez ce mot). Ce sont en effet des oiseaux de *basse volerie*, propres seulement à chasser le perdrix, les cailles, les grives et les oiseaux qui ne volent pas très-haut ; on réussit aussi à leur faire chasser le lièvre et le lapin (voyez FAUCONNERIE).

Éperviers étrangers. — Le genre *Autour* de Cuvier renferme un grand nombre d'oiseaux étrangers, plus ou moins semblables à l'autour et à l'épervier d'Europe, et dont plusieurs ont donné lieu à des observations intéressantes. Audubon a observé aux Etats-Unis divers traits de mœurs de deux espèces d'autour : l'*A. de Pensylvanie* (*Ast. pensylvanicus*, Ch. Bonap.) qui se nourrit de reptiles, de volailles et d'insectes, et l'*A. de Stanley* (*Ast. Stanleyi*, Ch. Bonap.) qui, plus grand que le précédent, s'attaque spécialement aux oiseaux de basse-cour. « Un jour, dit Audubon, que j'étais en observation à la fin de l'automne, j'entendis chanter un coq auprès d'une ferme ; presque aussitôt passa au-dessus de ma tête l'autour de Stanley, et si près de moi que je l'aurais tiré, si je n'avais été surpris ; immédiatement j'entendis le gloussement des poules et le cri de combat du coq. L'oiseau de proie s'éleva sans efforts à quelques toises au-dessus de son ennemi, puis redescendit verticalement comme un plomb. Je me hâtai, et quand j'arrivai l'autour tenait dans ses serres le corps du pauvre coq, qui luttait vaillamment et se culbutait avec l'oiseau de proie, sans que celui-ci parût s'inquiéter en rien de ma présence. Je restai sans bouger pour voir l'issue de la lutte, mais je ne tardai pas à reconnaître que le brave coq était mortellement blessé. Je me précipitai vers le meurtrier ; il m'avait fixé de son regard de faucon, et, prompt à se dégager, il s'éleva tranquillement dans les airs. Je pressai la détente de mon fusil ; l'autour retomba près de sa victime déjà morte, et dont ses serres avaient déchiré la poitrine et percé le cœur. » D'Azzara a observé au Paraguay et décrit sous le nom de *Macagua* un oiseau de ce groupe que Cuvier

a nommé *Autour rieur* (*Ast. Cachinans*, Temm.) ou *A. à calotte blanche*. On le trouve aussi à la Guyane et dans la Bolivie ; il vit sur la lisière des bois, au bord des marécages, sédentaire et isolé, perché sur la cime d'un arbre desséché. « Son corps immobile, sa tête enfoncée dans ses « épaules, lui donnent la physionomie d'un rapace noc-« turne ; son jabot nu et saillant rappelle celui des vau-« tours. Il est peu craintif, et quand il voit l'homme s'ap-« procher, il articule nettement, d'une voix sonore et d'un « ton ricaneur, trois syllabes formant le-mot *macagua*, « qui lui a valu son nom vulgaire. Son vol est lourd et « toujours très-bref... Il chasse aux reptiles, qu'il tue à « coups d'ailes ; il se nourrit aussi d'insectes et de pois-« sons morts. Il construit un nid de grandes dimensions, « au sommet des plus hauts arbres et y dépose quatre ou « cinq œufs ; c'est alors que le couple est plus ricaneur « que jamais..... c'est surtout à l'approche des impor-« tuns ou d'un ennemi que l'oiseau le fait entendre. » (Le Maoût, *Hist. nat. des Oiseaux.*) Cet oiseau singulier a environ 0^m,50 de longueur. Vieillot en a fait le type de son genre *Herpétothère* (ce qui signifie chasseur de reptiles). — Parmi les éperviers exotiques, on peut citer, au Sénégal et dans le sud de l'Afrique, le *Gabar* (*Accipiter gabar*, Ch. Bonap.), de la taille de notre épervier et vivant à peu près comme lui ; l'*E. minulle* (*A. minullus*, Ch. Bonap.), de l'Afrique, remarquable à la fois par sa petite taille (le mâle est à peine aussi gros qu'un merle) et par son courage et sa hardiesse ; enfin, l'*E. chanteur* (*A. musicus*, Temm.), *Faucon chanteur*, de Levaillant, qui habite aussi l'Afrique australe et offre le seul exemple d'un oiseau de proie chanteur. Pendant l'incubation, le mâle chante auprès de sa femelle le soir et le matin, et quelquefois toute la nuit. Levaillant, qui l'a entendu et qui a signalé le fait, ne s'explique pas sur la nature précise de ce chant, mais il le regarde évidemment comme musical, sinon comme très-harmonieux, et il dit que chaque phrase dure une minute. L'épervier chanteur montre un caractère moins farouche que les autres espèces de ce groupe ; les deux époux ne se quittent jamais, et Levaillant rapporte encore qu'une femelle, dont il avait tué le mâle, chercha partout celui-ci en poussant des cris lamentables et se laissa approcher à portée du fusil sans essayer de fuir. Cet oiseau est de la taille de notre autour ordinaire ; il se nourrit de lièvres, de taupes, de rats, de souris, de cailles et de perdrix. Gray, le séparant des éperviers, a créé, pour l'y classer, le genre *Méliérax* (du grec *melos*, musique, et *ierax*, épervier).

Quelques oiseaux de proie qui n'appartiennent pas à ce groupe ont reçu du vulgaire ou des voyageurs le nom d'*Epervier ;* c'est ainsi que l'on nomme :

E. des alouettes, la femelle de la cresserelle commune ;

E. à queue d'hirondelle, E. à serpents, le milan de la Caroline ;

E. patu, l'aigle-autour varié ou urutaurana.

On nomme aussi parfois *E. marin,* le fou, espèce d'*Oiseau palmipède.* AD. F.

ÉPERVIÈRE (Botanique), *Hieracium,* Lin. ; du grec *hierax,* épervier, parce que l'on croyait autrefois que les oiseaux de proie se fortifiaient la vue avec le suc de cette plante. — Genre de plantes *Dicotylédones gamopétales périgynes,* de la famille des *Composées,* tribu des *Chicoracées,* type de la sous-tribu des *Hiéraciées.* Caractères : involucre à écailles linéaires, imbriquées sur plusieurs rangs ; réceptacle nu ; akènes sans bec ou terminés par un bec très-court ; aigrette persistante, à soies d'un blanc sale, libres à la base. Les épervières sont des herbes vivaces, souvent couvertes de poils glanduleux ou étoilés, à fleurs ordinairement jaunes et assez semblables à celles du pissenlit. Le nombre des espèces de ce genre monte à plus de soixante-dix. Elles habitent les climats tempérés, principalement de l'Europe. Ces plantes sont peu recherchées pour l'ornement ; on les trouve surtout dans les bois, les montagnes, les lieux arides, quelquefois les vieux murs ; cependant quelques espèces se plaisent dans les vallées humides ou même au bord de la mer. On rencontre aux environs de Paris sept espèces spontanées d'épervières, et entre autres la *Piloselle, Veluette* ou *Oreille de souris* (*H. pilosella* Lin.), la *Grande oreille de rat* (*H. auricula,* Lin.), deux espèces qui doivent leur nom à leurs feuilles velues, blanchâtres ou glauques. On les cultive dans les jardins à cause de leurs belles corolles d'une couleur capucine très-brillante, l'*E. de Hongrie* (*H. aurantiacum,* Lin.), qui croît spontanément en France et dont la tige traçante atteint 0^m,23 ou 0^m,30 de hauteur. C'est une jolie plante vivace que l'on cultive dans les jardins où elle se fait remarquer par ses fleurs en capitules, dont les corolles sont pourprées ou d'un jaune doré. G—s.

EPERVIN (Art vétérinaire). — Voyez Eparvin.

EPHÈDRE (Botanique), *Ephedra*, Lin.; du grec *épi*, sur; *hydôr*, eau. — Nom donné par les anciens à la prêle. Les modernes ont appelé *Éphèdre* un genre de plantes qui ne croissent pas dans l'eau, mais dont le port rappelle celui de la prêle. Ce genre appartient au sous-embranchement des *Gymnospermes*, classe des *Conifères*, famille des *Gnétacées*. Il comprend des arbustes à rameaux touffus, munis de gaines et d'articulations, à chatons presque globuleux, dioïques; fruit semblable à une baie succulente et conformé en réalité en un cône à écailles charnues, accolées. L'espèce la plus commune est l'*E. à deux épis* (*E. distachya*, Lin.), nommé aussi *Uvette* ou *Raisin de mer*, à cause de ses fruits presque globuleux, écarlates et à chair pulpeuse, légèrement acides et assez agréables. Cette espèce croît au bord de la mer, sur les plages sablonneuses de la région méditerranéenne.

On trouve encore sur nos côtes l'*E. petite uvette* (*E. fragilis*, Desfont.), dont les fruits, plus petits que ceux de la précédente espèce, peuvent aussi être mangés. Il en est de même de ceux des autres espèces que l'on rencontre dans les steppes de la Sibérie. Gmelin, qui parcourait ces contrées au siècle dernier, dévoré par une soif ardente, recherchait avec avidité les baies acidulées des *éphèdres*.

ÉPHÉLIDES (Médecine). *Ephelis* du grec *epi*, sur; et *élios*, soleil. — Les Grecs, et particulièrement Hippocrate, ont d'abord donné le nom d'*ephélis* aux taches produites sur la peau par les rayons du soleil. Aujourd'hui, on appelle *éphélides* certaines taches de la peau, d'un jaune plus ou moins foncé, irrégulières, accompagnées le plus souvent de démangeaison, sans inflammation et ordinairement sans altération de l'épiderme. 1° On peut considérer comme une nuance, une variété particulière de cette affection les taches de la peau connues sous le nom de *taches de rousseur*, *E. lentiformes* (*Lentigo*, Lorry). Elles ont la dimension et la coloration d'une lentille, et ne s'élèvent point au-dessus du niveau de la peau; on les observe ordinairement sur les individus à cheveux blonds, roux ou d'un rouge plus ou moins ardent. Elles existent le plus généralement sur les parties exposées à la lumière, paraissent dans le jeune âge, diminuent souvent à l'âge de la puberté; mais persistent quelquefois jusqu'à un âge avancé. Elles ne sont accompagnées ni de démangeaison, ni d'aucunes traces d'aspérités. Aucune médication topique ou intérieure ne peut les faire disparaître. 2° Une seconde variété d'éphélides, admise par quelques auteurs, est celle qu'Alibert désigne sous le nom d'*E. lentiforme ignéale* (*E. ab igne*, Sauvages). Ce sont ces taches qui se développent sur la partie interne des cuisses et des jambes chez les femmes qui ont l'habitude de se servir, l'hiver, de chaufferettes contenant des charbons ardents; elles sont rouges, animées, foncées ou brunes, et deviennent souvent marbrées. On les observe aussi quelquefois chez les hommes qui sont exposés habituellement à la chaleur d'un foyer incandescent. Ces taches proviennent de l'accumulation morbide du sang dans les capillaires cutanés. Il n'y a aucun moyen d'y remédier, si l'on ne fait cesser la cause. 3° On a encore admis, comme variété, celle qu'Alibert désigne sous le nom d'*E. lentiforme solaire* (*E. a sole*, Sauvages), vulgairement le *hâle*; ce sont ces taches larges, irrégulières, d'un brun foncé, que l'on rencontre pendant les chaleurs de l'été sur les différentes parties de la peau exposées à la vive lumière et aux rayons brûlants du soleil. On a proposé, pour les prévenir, de se laver les mains et le visage avec des solutions de gomme et d'albumine. Les lotions avec le lait, le petit-lait, avec les eaux distillées aromatiques, ont été vantées aussi pour redonner à la peau sa blancheur et son éclat. 4° Enfin, il existe une autre variété d'éphélides., connue sous le nom d'*E. hépatique* (*Vitiligo hepatica*, Sauvages; *Pannus hepaticus*, Alibert). C'est celle que l'on désigne généralement sous le nom seul d'*Éphélides*. Ce sont d'abord de petites taches grisâtres, puis jaunes, accompagnées d'un léger prurit; elles restent quelquefois d'une dimension restreinte; souvent elles se réunissent et forment alors des plaques irrégulières, d'une étendue considérable, occupant surtout la poitrine, le col, la face interne des cuisses, l'abdomen, etc. Chez les femmes, pendant la grossesse, elles couvrent parfois une partie du visage et sont connues vulgairement sous le nom de *Masque*. Ne dépassant pas le niveau de la peau, elles font éprouver une démangeaison souvent incommode, surtout à la

chaleur du lit ou après des écarts de régime. Elles peuvent durer de un jour à quelques semaines. On les remarque surtout chez les individus qui ont la peau délicate et fine. Les écarts de régime, l'insolation les déterminent le plus souvent; cependant elles se lient quelquefois à des causes internes inconnues. Les eaux sulfureuses d'Enghien, de Cauterets, des Eauxbonnes à l'intérieur, les bains sulfureux sont le meilleur traitement à employer. Si les démangeaisons étaient trop fortes, on remplacerait les bains sulfureux par d'autres légèrement alcalins. F—N.

ÉPHÉMÈRE (Fièvre) (Médecine). — On appelle ainsi une fièvre dont la durée ordinaire n'est que de vingt-quatre heures. Dans cet état de grande bénignité, elle n'est précédée ni de lassitudes spontanées, ni de frissons, ni de ces autres troubles de l'économie qui sont les prodromes des fièvres en général; elle survient subitement, et se termine souvent de même au bout de quelques heures sans amener d'évacuations, ni de changements dans les urines. En général pourtant il y a rougeur de la face, douleur de tête, chaleur de la peau; le pouls est plus ou moins large et fréquent, la soif vive, la langue blanche et large. Chez les personnes nerveuses, il y a quelquefois du délire. Bien que tous ces symptômes ne durent en général que quelques heures, il peut arriver que la maladie se prolonge deux ou trois jours; c'est ce qu'on appelle la *fièvre éphémère prolongée*. Ordinairement, dans ce cas, les symptômes sont un peu plus accusés, et ils peuvent même aller, en prenant de l'accroissement, jusqu'au dernier jour, avec un redoublement de la fièvre le soir ou pendant la nuit. La maladie peut se terminer sans mouvement critique; mais quelquefois on observe une sueur, ou des urines abondantes ou quelques selles de matières jaunes; enfin, le plus souvent, on voit paraître autour des lèvres une éruption de croûtes herpétiques plus ou moins considérables. Les moyens de traitement, aussi simples que la maladie, consistent dans le repos, la diète, l'usage des boissons délayantes; quelquefois, un léger purgatif vers la fin pourra prévenir une récidive. Rarement on aura besoin d'avoir recours à la saignée. F—N.

ÉPHÉMÈRE (Zoologie), *Ephemera*, Lin.; du grec *ephemeros*, passager, d'un jour. — Genre d'*Insectes*, de l'ordre des *Névroptères*, famille des *Subulicornes*, tribu des *Éphémères*, qui, à l'état parfait, n'ont qu'une très-courte existence; complètement formés vers le soir, beaucoup d'entre eux ne volent pas le lever du soleil et les autres vivent au plus deux jours. Ce sont de petits moucherons dont le corps ressemble en petit à celui des de-

Fig. 941. — Éphémère commune.

moiselles, mais dont les ailes plus courtes et triangulaires sont habituellement redressées verticalement dans le repos. Leur corps est extrêmement mou ou semi-transparent. Les Éphémères ont des antennes petites de 3 articles, dont le dernier est filiforme; des organes buccaux rudimentaires; la tête petite, presque entièrement occupée par deux grands yeux et trois ocelles lisses; le prothorax carré; l'abdomen allongé, terminé par deux ou trois longues soies égales et articulées; les pattes antérieures grandes et dirigées en avant. Les premières ailes sont longues comme le corps et triangulaires; les inférieures, beaucoup plus petites, sont verticales comme les premières au repos et semblent des lobes de celles-ci. La larve, qui vit probablement deux ou trois ans, est aquatique et ressemble assez à l'insecte, si ce n'est qu'elle n'a ni ailes ni yeux lisses, que ses antennes sont plus grandes et qu'elle porte de chaque côté de l'abdomen une rangée de lames délicates qui flottent dans l'eau et servent en même temps à la respiration, comme des branchies, et à la locomotion,

Fig. 942. Larve d'éphémère.

comme les fausses pattes des crustacés. La nymphe a les formes de la larve, mais porte, en outre, les deux paires de fourreaux où sont renfermées les ailes. Au moment de passer à l'état parfait, cette nymphe sort de l'eau, subit une mue et paraît avec ses ailes développées ; mais, par une exception à ce qui s'observe chez les autres insectes, les éphémères subissent une nouvelle mue après avoir pris leurs ailes, et on trouve souvent leur dépouille extérieure accrochée aux arbres, sur les murs ou sur les vêtements des personnes qui fréquentent les lieux habités par ces insectes. Après cette dernière mue, l'éphémère est vraiment à son état parfait ; alors l'aspect de l'insecte n'a rien de remarquable que son extrême délicatesse ; sa fragilité fait le désespoir des collectionneurs, car la moindre pression le déforme à l'état ordinaire et la dessiccation le racornit et le rend très-cassant.

Les larves d'éphémères vivent réunies en société dans les eaux dormantes où elles se creusent dans la terre ou la vase des espèces de galeries en forme d'U et à deux ouvertures ; elles se nourrissent sans doute des mêmes débris de matière organisée qu'elles trouvent dans ces eaux. Le passage de l'état de nymphe à celui d'insecte parfait consiste, comme c'est la coutume, en une mue où l'animal abandonne son enveloppe épidermique pour une nouvelle ; mais j'ai déjà dit que la nymphe mue une dernière fois, ayant déjà les ailes aussi grandes que celles de l'insecte parfait. La transformation se fait rapidement sur des plantes aquatiques, sur le rivage ou même à la surface de l'eau. Après être sorties de l'eau, ces nymphes ailées s'élèvent souvent très-haut dans l'air et y volent assez longtemps, puis elles se posent dans un lieu favorable où sans bouger elles attendent le moment de quitter cette dépouille ailée pour prendre leur état définitif. « Elles se trouvent, dit Réaumur, dans un cas où n'est aucune autre mouche des autres espèces connues ni aucun autre insecte ailé. Rien ne semble leur manquer, et il ne paraît pas qu'elles aient rien de trop ; cependant elles doivent encore soutenir une opération équivalente à celle d'une métamorphose et qui semble même plus difficile » ; et voici comment il décrit cette dernière mue de l'éphémère (*Mémoire pour servir à l'histoire des Insectes*, t. VII, 12 mém.) : « Dès que la peau s'est fendue au-dessus du corselet, la fente s'agrandit de moment en moment ; le corselet s'élève au-dessus, la tête se dégage et se porte en avant. Ce qu'on est plus curieux d'observer, c'est comment chaque aile est tirée hors de son étui (la nymphe porte, en effet, sur le dos du corselet les ailes renfermées dans de minces étuis d'épiderme) ; on l'en voit sortir plissée suivant la longueur, réduite à la grosseur et à la figure d'un filet dans sa partie qui sort et dans sa partie qui s'est encore peu éloignée de l'ouverture qui lui a donné passage ; c'est en avançant et en se portant peu à peu en devant que l'insecte les dégage l'une et l'autre. Dès qu'elles sont sorties, elles ne sont pas longtemps à s'étendre, à s'aplanir ; tous les plis s'effacent vite. » Lorsque les éphémères subissent cette dernière mue, il y a 10, 12, 15, 24 et même 30 ou 36 heures qu'elles ont quitté leur forme de larve aquatique et qu'elles ont abandonné les eaux où s'est écoulée la période de deux années environ, par laquelle débute leur existence. Mais il ne leur reste plus habituellement que peu d'heures à vivre et elles doivent les réserver pour la ponte. Chaque femelle ne tarde pas à pondre à la fois deux longs paquets ovales contenant chacun de 350 à 400 œufs accolés. Cette opération se fait en un instant, à l'aventure, sur tous les corps où les femelles tombent ou se posent. Le plus souvent, la femelle vole à fleur d'eau, s'appuyant sur la surface elle-même avec les filets qui terminent l'abdomen et avec la fine extrémité de ses pattes antérieures ; les œufs tombent alors sur-le-champ au fond de l'eau où ils doivent se développer après s'être détachés les uns des autres et dispersés. Après avoir ainsi assuré la durée de leur espèce, les éphémères tombent mourantes dans l'eau, sur ses bords, de tous côtés enfin ; c'est une sorte de pluie ou de neige qui couvre tout, et comme les poissons s'en montrent très-friands, les pêcheurs ont nommé *manne des poissons* cette pâture tombée du ciel. Ce fait très-remarquable a été signalé pour la première fois par Aristote dans son *Histoire des animaux* (liv. V, ch. XVII) ; son observation se rapporte à une espèce qui, selon lui, se montre au mois de juin sur le fleuve Hypanis (aujourd'hui le Kouban, qui se jette dans la mer Noire au pied du Caucase). Pline, Élien, Cicéron ont rapporté l'assertion d'Aristote en altérant quelques-uns des détails. Au moyen âge, Scaliger raconte les mêmes faits observés sur les bords de la Garonne, puis Delechamps les vit sur les

bords de la Saône ; Auger Clutius décrit une éphémère de Hollande ; enfin, Swammerdam consacre, en 1675, un traité spécial (*Histoire de l'éphémère*) à l'*É. à longue queue*, traité à la fois zoologique et anatomique qui est un chef-d'œuvre et fournit les bases de la plupart des connaissances qu'on a sur ces animaux. Réaumur, en 1742, vint compléter les travaux de Swammerdam dans un mémoire déjà cité, où il décrit les mœurs et l'organisation de diverses espèces d'éphémères observées en France. Degeer, en 1755, parvint à observer quelques faits nouveaux sur les rivières de la Suède. Enfin, M. Pictet a résumé tout ce qu'on sait sur ces curieux insectes dans son *Hist. nat. des Névroptères : Monog. des Éphémérines*, 1843. Swammerdam constata que les *É. à longue queue* se montrent sur le Rhin, la Meuse, le Leck, l'Yssel et le Wahal aux environs de la fête de la Saint-Jean (24 juin), vers 6 heures du soir, et abondent bientôt en véritables nuées sur le fleuve et ses bords ; cette apparition ne se produit guère au delà de trois ou quatre jours au plus, et la vie de chaque insecte à l'état parfait est de quatre à cinq heures. Réaumur a trouvé à cet égard des différences dans celles de France ; en 1738, guidé par un pêcheur qui connaissait ces faits, il observa l'apparition de l'*É. vierge* sur la Seine et la Marne le 19, le 20, le 21 et le 22 août, entre 8 heures un quart et 8 heures et demie jusque vers 10 heures. Les éphémères furent surtout abondantes le 19 et le 20, et voici comment en parle Réaumur : « La quantité d'éphémères qui remplissait l'air au-dessus de tout le courant et surtout auprès du bord où j'étais, n'est ni exprimable ni concevable ; mais c'était principalement autour de moi et de ceux qui m'avaient accompagné qu'elle était le plus prodigieuse. Lorsque la neige tombe à plus gros flocons et plus pressés les uns contre les autres, l'air n'en est pas si rempli que celui qui nous environnait l'était d'éphémères. A peine eus-je resté quelques minutes dans la même place, que la marche sur laquelle mes pieds posaient (Réaumur était au bas d'un escalier aboutissant à la Marne) fut toute couverte d'une couche d'éphémères, qui n'avait nulle part moins de 2 ou 3 pouces (0^m,054 à 0^m,081) d'épaisseur, et qui, en certains endroits, en avait plus de 4 (0^m,108). Près de la dernière marche, une étendue de la surface de l'eau, de 5 à 6 pieds au moins (1^m,62 à 1^m,95) en tous sens était entièrement cachée par une couche d'éphémères ; ce que le courant, plus lent là qu'ailleurs, en emportait, était plus que remplacé par celles qui tombaient continuellement dans cet endroit. Plusieurs fois je fus obligé d'abandonner ma place et de remonter au haut de l'escalier, ne pouvant plus soutenir cette pluie d'éphémères, qui, ne tombant pas ou aussi perpendiculairement qu'une pluie ordinaire ou avec une obliquité aussi constante, frappait sans discontinuation et d'une manière très-incommode toutes les parties de mon visage ; des éphémères entraient dans mes yeux, dans ma bouche, dans mon nez..... Il est singulier que ces éphémères, qui ne doivent naître qu'après que le soleil est couché et le jour tombé, qui ne doivent pas même voir le lever de l'aurore, aient un amour si marqué pour ce qui est lumineux. C'était une mauvaise commission que d'être chargé de tenir un flambeau à la main ; celui qui en tenait un avait dans peu d'instants son habit tout couvert de ces mouches ; elles venaient de toutes parts l'accabler. La lumière de ce flambeau occasionnait et mettait à portée de voir un spectacle de tout autre genre que celui d'une pluie qui tombe ; on en était enchanté dès qu'on l'avait aperçu et les gens les plus grossiers ne se lassaient pas de le considérer. On n'a jamais de sphère fournie d'autant de cercles qu'on voyait de zones qui avaient la lumière pour foyer : il en paraissait des infinités qui se croisaient en tous sens, qui étaient dans toutes les inclinaisons imaginables les unes par rapport aux autres et qui étaient plus ou moins excentriques. Chaque zone était faite d'une file continue d'éphémères et semblait un galon d'argent contourné en cercle et profondément découpé ; un galon fait de triangles égaux mis bout à bout, de manière qu'un des angles de celui qui suivait était appuyé sur le milieu de la base de celui qui précédait : c'était un galon mû avec une grande vitesse. Des éphémères dont on ne distinguait alors que les ailes et qui circulaient autour de la lumière formaient cette apparence : chacune de ces mouches, après avoir décrit une ou deux orbites, tombait à terre ou dans l'eau, sans s'être brûlée auparavant. » La température de la journée ni l'état du ciel ne changèrent rien à l'heure de l'apparition, qui ne fut très-marquée que le 19 et le 20 et ne cessa complétement que vers le 27 ; elle avait duré en tou environ dix jours, avec deux ou trois jours seulement d'abondance miraculeuse. En 1739, Réaumur revit les mêmes phénomènes, mais dès le 6 août et jusqu'au 9 seulement ; les éphémères furent moins abondantes que l'année précédente et ne paraissaient qu'à 9 heures et demie au lieu de 8 heures et demie: il ne put découvrir les causes de ces différences. Le même naturaliste en a observé deux autres espèces reproduisant les mêmes phénomènes sur la Loire; l'une sur la route de Saint-Dié à Blois, le 11 septembre 1741, vers les 5 heures du soir ; en moins d'une demi-heure les habits et surtout les chapeaux de ses gens furent tout blancs du grand nombre de dépouilles de ces insectes qui y restèrent accrochées; l'autre à Blois même, le 26 octobre, pendant la nuit, par un temps beau et chaud pour la saison. En Suède, Degeer en observa une autre espèce encore, éclosant vers la fin du printemps, le soir, une heure avant le coucher du soleil, et dont la vie à l'état parfait était plus longue que celle des espèces vues par Swammerdam et Réaumur.

L'anatomie des éphémères a été étudiée avec soin par les auteurs déjà cités et depuis par MM. Léon Dufour, Pictet. La transparence des tissus de la larve et de l'insecte donne un grand intérêt à cette étude, parce qu'on peut observer au microscope les organes en fonction sur l'animal vivant. C'est sur la larve vivante d'une espèce d'éphémère que Carus reconnut les mouvements de contraction du vaisseau dorsal et les courants dont le sang est agité régulièrement par suite de ces mouvements (*Découverte d'une circulation simple chez les insectes.* Leipsig, 1827.)

◆ Le genre *Éphémère* compte plusieurs espèces naturelles à la France : l'*E. commune* (*E. vulgata*, Lin.) (fig. 943) a le corps long de 0ᵐ,018 à 0ᵐ,020 ; c'est la plus grande espèce des environs de Paris : elle est brune, avec le ventre jaune foncé, à taches noires triangulaires et 4 ailes brunes à taches foncées ; 3 filets bruns à la queue ; l'*É. jaune* (*E. lutea*, Lin.), jaune, à ailes transparentes, 3 filets à la queue annelés de jaune et de noir ; le corps a 0ᵐ,011 de longueur; l'*É. bordée* (*E. marginata*, Dum.) est très-commune vers le mois de juillet sur la rivière de Bièvre, près de Paris ; elle est noire, avec 3 filets velus à la queue, les ailes transparentes bordées de brun du côté externe; taille, environ 0ᵐ,011 ; l'*É. du soir* (*E. vespertina*, Lin.) est la plus petite espèce des environs de Paris (longueur du corps, 0ᵐ,003 au plus); elle est noire, à 3 filets et à ailes transparentes ; l'*E. culiciforme* (*E. culiciformis*, Lin.) n'a que 0ᵐ,004 de longueur, le corps brun, les ailes blanches et 2 filets ; l'*É. horaire* (*E. horaria*, Lin.), longue de 0ᵐ,007, laisse souvent sa dépouille à nos fenêtres ; elle n'a aussi que 2 filets ponctués de noir ; les ailes sont transparentes et bordées de noir au côté externe.   AD. F.

ÉPHÉMÈRES, ÉPHÉMÉRINES (Zoologie). — Groupe d'*Insectes* correspondant au grand genre *Ephemera*, de Linné, et partagé par divers auteurs en plusieurs genres. On en trouvera la distribution en sept genres, dans la *Monographie des Éphémérines* de M. Pictet.

ÉPHIALTE (Médecine), du grec *ephiallô*, lancer sur ; synonyme du mot CAUCHEMAR.

ÉPHIDROSE (Médecine), du grec *ephidroó*, je transpire abondamment, qui vient lui-même de *épi*, sur, et *idros*, sueur. — Ce mot, employé par les Grecs, a servi à désigner tantôt des sueurs locales morbides, tantôt des sueurs abondantes, critiques et salutaires. En général le sens n'en a pas paru déterminé d'une manière précise. Sauvages en a fait un ordre de sa neuvième classe, sous le nom de *sudor morbosus*. Enfin, on a proposé de ne se servir de ce mot que pour désigner les sueurs qui ne tiennent à aucune affection, mais qui, par leur abondance, pourraient constituer un état morbide essentiel. Cette opinion a été partagée par M. Grisolle, qui caractérise ainsi l'*Éphidrose* : « Exhalation considérable de sueur ayant lieu d'une manière continue ou à des intervalles plus ou moins éloignés, et quelquefois périodiques. » D'un autre côté, M. Rayer pense que le mot éphidrose doit être rayé du cadre nosologique, comme n'offrant point un sens rigoureux et déterminé dans les ouvrages des anciens et ayant été diversement interprété par les modernes.   F—N.

ÉPHIPPUS (Zoologie), *Chætodon ephippus*, Cuv.; du grec *ephippion*, selle. — Ce poisson, aussi nommé *Cavalier* ou *Chætodon à housse*, forme, dans l'ordre des *Acanthoptérygiens*, famille des *Squammipennes*, un sous-genre du genre *Chætodon*. Il vit dans la mer des Indes, et est remarquable par une dorsale profondément échan-

crée entre sa partie épineuse et sa partie molle. Cette partie épineuse peut se replier dans un sillon formé par les écailles du dos. Son corps est aplati verticalement, de forme arrondie et long de 0ᵐ,15 ; ses dents sont déliées, mobiles et élastiques ; son museau pointu et sa bouche peu fendue. L'espèce type est l'*E. gigas*, Cuv., ou *Ephippus géant*, que l'on trouve en Amérique.

ÉPI (Botanique), *Spica*, du celtique *pic*, pointe : l'épi se termine en pointe. — Terme qui s'applique à une inflorescence composée d'un axe commun, portant immédiatement des fleurs sessiles ou presque sessiles. Dans la théorie des inflorescences, certains auteurs déduisent de

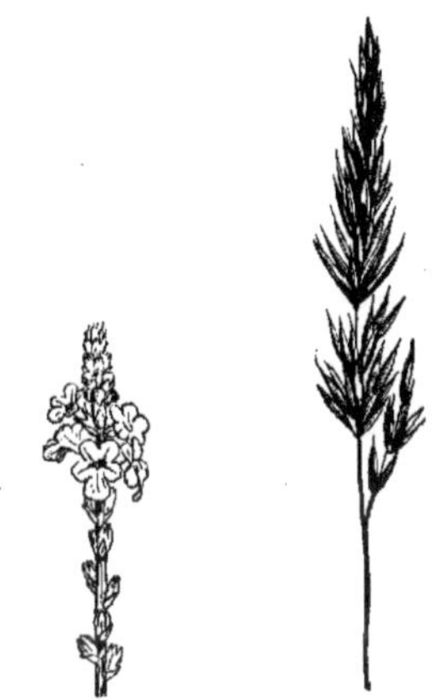

Fig. 943. — Extrémité de l'épi simple de verveine commune.

Fig. 944. — Épi composé de la Houve odorante.

l'épi presque toutes les autres inflorescences ; ainsi le capitule est regardé comme un épi aplati, qui a gagné en largeur ce qu'il a perdu en hauteur ; la grappe n'est autre chose qu'un épi à fleurs pédonculées. L'épi est *simple* ou *composé* ; dans le premier cas, comme dans le plantain, la jusquiame, le bouillon blanc, la verveine commune, l'axe est tout d'une venue et sans ramification ; dans le second, au contraire, comme les épis de l'ansérine *bon-henri*, de la joubarbe, de l'héliotrope d'Europe, il y a ramification. L'épi est *paniculé* dans la verveine officinale et la menthe verte. Il est *digité* quand il est divisé à la base en plusieurs rameaux non ramifiés, comme dans l'éleusine, les chloris, l'*andropogon ischæmum*. L'épi est *lâche* dans la fumeterre officinale, l'orchis à deux feuilles. Il est *compacte* dans le mélilot, le trèfle des champs. Quelquefois ses fleurs sont en groupes distants les uns des autres ; il est alors dit *interrompu*, comme dans la lavande, l'alisme damasone. Il est *spiculé* lorsque, comme dans les Graminées, il se compose de plusieurs petits épis ou épillets.   G—S.

ÉPI FLEURI (Botanique), nom vulgaire du *Stachys d'Allemagne* (voyez STACHYS).

ÉPI DE LAIT, ÉPI DE LA VIERGE, LAIT D'OISEAU (Botanique). — Nom vulgaire de l'*Ornithogale pyramidal*, *Orn. blanc.*

ÉPI DU VENT (Botanique). — Jolie graminée commune dans nos moissons, remarquable par la beauté et la légèreté du panache que forment ses fleurs mollement agitées par le vent, d'où lui est venu le nom de *jouet du vent*. C'est l'*Agrostis spica venti* de Linné (voyez AGROSTIS).

ÉPI (Chirurgie). — Espèce de bandage, plus connu sous son nom latin de *spica* (voyez ce mot).

ÉPIAIRE (Botanique). — Voyez STACHYS.

ÉPIAN (Médecine). — Voyez PIAN.

ÉPICARPE (Botanique). — Partie extérieure du fruit (voyez FRUIT).

ÉPICE (Pain d') (Économie domestique). — Voyez Pain d'épice.

ÉPICÉA (Botanique). — Nom vulgaire du sapin commun (*Abies excelsa*, de Cand.) (voyez Sapin).

ÉPICES (économie domestique). — On comprend généralement sous ce nom toutes les substances végétales étrangères, d'une odeur aromatique, d'une saveur chaude et piquante, dont on fait usage pour assaisonner les mets que l'on sert sur nos tables, pour la composition de certaines boissons, quelquefois, pour des préparations pharmaceutiques. Dans ce dernier cas, elles rentrent dans le commerce de la *droguerie*; les autres constituent une des branches les plus importantes de l'*épicerie*.

Presque toutes les épices nous viennent de l'Orient, surtout de l'Asie, plusieurs aussi de l'Amérique et des îles situées entre les tropiques; telles sont, par exemple, la cannelle, la muscade, le piment, le poivre, le girofle, le gingembre, la vanille; quelques plantes indigènes ou naturalisées ont aussi pris place à côté de celles que nous venons d'indiquer; ainsi le cumin, la coriandre, le carvi, le fenouil, etc. On appelait autrefois *fines épices* un mélange, en proportions variables, de poivre, de girofle, de muscade et de gingembre, d'où lui était venu aussi le nom de *quatre épices*; quelques personnes joignaient à ce mélange de la cannelle. On faisait et on fait encore un grand usage des épices dans nos cuisines. Leurs propriétés toniques et échauffantes les ont fait rechercher depuis longtemps pour stimuler les fonctions digestives, devenues paresseuses surtout dans les pays chauds et humides, où l'on a besoin de réagir contre l'influence délétère de ces climats pernicieux. Ces productions, qui nous vinrent d'abord par l'Arabie et l'Égypte, étaient fort recherchées et d'un prix élevé; on en distribuait aux convives dans les festins de noces, et on en offrait en cadeau aux personnages les plus considérables et même aux princes; c'est ainsi qu'un abbé de Saint-Gilles osa joindre plusieurs cornets d'épices à une demande qu'il adressait au roi Louis VII. Mais l'usage le plus connu des épices données en cadeau était celui qui avait trait à la magistrature. « On donnait le nom d'*épices* (voyez le *Dict. de Biograph. et d'Hist.* de Dezobry et Bachelet) aux droits ou honoraires dus aux juges, parce que, dans l'origine, les plaideurs offraient aux magistrats, pour se les rendre favorables ou les remercier, des aromates, des dragées, des confitures, etc. Ces objets furent par la suite remplacés par de l'argent, et la libéralité devint une dette... De bonne heure, il y avait eu des abus. Saint Louis défendit aux juges de recevoir pour plus de 10 sous d'épices par semaine... Les épices ont été abolies par les lois du 4 août 1789 et du 24 août 1790. »

Le commerce des *épices*, quoique moins considérable qu'autrefois, forme encore une branche importante de l'exportation des Indes orientales et de l'Amérique intertropicale; l'Inde, Ceylan, les îles Moluques, sont les principaux centres de production de ces substances. Les Portugais d'abord, puis les Hollandais et les Anglais, ont tour à tour exercé presque le monopole de ce commerce. Mais enfin, dans le siècle dernier, l'intendant de l'île de France, Poivre, plein d'amour pour son pays, eut la gloire d'aller chercher et de transporter, à travers mille dangers, les plantes précieuses qui produisent les épices, et il eut le bonheur de réussir, aidé par le gouvernement et la Compagnie des Indes. **F—N.**

ÉPICLINE (Botanique). — Lorsque le corps glanduleux appelé *nectaire* (voyez ce mot) repose sur le *réceptacle* (voyez ce mot) de la fleur, Mirbel lui donne la qualification d'*épicline*. du grec *épi*, sur, et *cliné*, lit; par opposition à celle d'*épigyne*, du grec *guné*, qui désigne l'ovaire, et par laquelle on qualifie le nectaire placé sur l'ovaire; ainsi, dans le premier cas, on dit un nectaire *épicline*; dans le second, un nectaire *épigyne*.

ÉPICONDYLE (Anatomie). — Chaussier a donné ce nom à la tubérosité externe de l'extrémité inférieure de l'*humérus* (voyez ce mot) à cause de sa position au-dessus de la petite tête ou *condyle* de cet os; du grec *épi*, sur, et *condylos*.

ÉPICRANE (Anatomie), du grec *épi*, sur; *cranion*, crâne. — Expression, inusitée aujourd'hui, par laquelle on désignait autrefois le muscle occipito-*frontal* (voyez ce mot).

ÉPICYCLE (Astronomie). — Cercle dont le centre est à la circonférence d'un autre cercle sur lequel il se meut. Les anciens astronomes employaient un cercle *excentrique* pour expliquer les irrégularités apparentes du mouvement des planètes et leurs différentes distances à la terre. Ils faisaient usage d'un épicycle pour expliquer les stations et les rétrogradations. La planète était censée décrire l'épicycle, tandis que le centre de ce cercle décrivait la circonférence de l'excentrique, qu'on appelait aussi *déférent*. Toute inégalité reconnue dans le mouvement de la lune ou d'une planète était représentée par un nouvel épicycle. C'était un procédé ingénieux, mais qui n'expliquait rien. Les épicycles ont disparu de l'astronomie, lorsque le soleil a été reconnu comme le centre du mouvement planétaire, et que la nature elliptique des orbites a été constatée (voyez Astronomie).

ÉPICYCLOIDES (Géométrie). — On appelle épicycloïde la courbe décrite par un point du plan d'un cercle qui roule sans glisser sur un autre cercle fixe. On dit que l'épicycloïde est *ordinaire rallongée* ou *raccourcie*, selon que le point décrivant est situé sur la circonférence génératrice, au dedans ou en dehors. On dit aussi que cette ligne

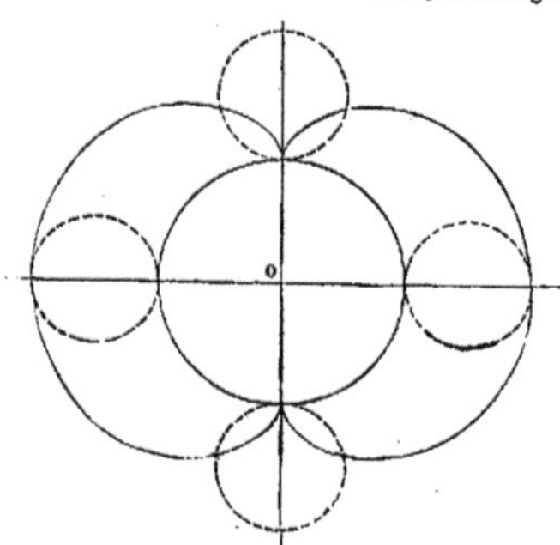

Fig. 945. — Epicycloïde.

est *externe* ou *interne*, suivant que le cercle mobile roule à l'extérieur ou à l'intérieur du cercle fixe. Notre figure représente l'épicycloïde externe engendrée par le mouvement d'une circonférence sur une autre de rayon double.

L'équation générale des épicycloïdes offre peu d'intérêt et se prête mal, du reste, à l'étude des propriétés de ces courbes; mais des considérations géométriques simples peuvent ici remplacer l'analyse, et font voir que les épicycloïdes jouissent de propriétés analogues à celles de la cycloïde. On trouve, par exemple, que la normale, en un point d'une épicycloïde quelconque, s'obtient en joignant ce point au point où le cercle mobile touche le cercle fixe, et on déduit de là un moyen simple de construire la tangente. On montre aussi que la développée d'une épicycloïde *ordinaire* est une autre épicycloïde semblable à la première, et on déduit de là la construction du rayon de courbure de la courbe, ainsi que celle d'une droite égale à la longueur de l'épicycloïde.

Si l'on suppose en particulier que le rayon du cercle mobile soit la moitié du rayon du cercle fixe, et que le premier roule intérieurement sur le second, les épicycloïdes ordinaires sont un diamètre du cercle fixe, et les épicycloïdes rallongées ou raccourcies sont des ellipses.

Si l'on suppose que le cercle mobile et le cercle fixe aient le même rayon, et que le cercle mobile roule extérieurement sur le cercle fixe, l'épicycloïde ordinaire est une courbe simple, dont l'équation polaire est :

$$b = 2a\,(1 - \cos\theta)$$

et qui est un cas particulier de la courbe connue sous le nom de *limaçon de Pascal*.

ÉPIDÉMIE (Médecine, Hygiène), du grec *épi*, sur, et *démos*, peuple, multitude; maladie qui attaque la multitude. — On entend par *épidémie* l'existence simultanée d'une même maladie sur un grand nombre d'hommes; ainsi la peste, la fièvre jaune, le typhus, le choléra, la variole, la rougeole, la scarlatine, la suette miliaire, les fièvres intermittentes, la dyssenterie, etc. On peut dire que l'étude des épidémies. prise dans le sens le plus étendu du mot, est peut-être ce que la médecine a de plus important, et si elle promet à la science des résultats heureux et féconds, c'est à la condition que les hommes qui se consacrent à ce genre de travail seront doués de ces rares qualités qui se résument dans un génie vaste, un esprit élevé, unis à un grand talent d'observation, à une attention scrupuleuse et soutenue, pour noter les moindres détails, associer des matériaux souvent disparates, et les apprécier à leur juste valeur. Tel était Hippocrate qui n'a pas été égalé, et qui nous a laissé des modèles si parfaits dans ses *Aphorismes*, dans son *Traité des maladies populaires*, dont le premier et le troisième livre paraissent seuls être de lui, et surtout dans son immortel *Traité des airs, des eaux et des lieux;* tel fut vingt siècles plus tard Sydenham, dont on a dit que Boerhaave ôtait son chapeau toutes les fois qu'il parlait de lui.

Les *maladies épidémiques*, populaires, pestilentielles, peuvent tenir à des causes générales ; ce sont les *maladies épidémiques* proprement dites ; d'autres fois elles se propagent par contagion, c'est-à-dire par la transmission d'un germe morbifique d'un individu à un autre ; c'est ce qui constitue les *épidémies contagieuses*. Ainsi, par exemple, la variole, la rougeole, la scarlatine, sont contagieuses ; personne ne le met en doute ; la dyssenterie épidémique, le choléra asiatique, la fièvre typhoïde, ne le sont pas pour l'immense majorité des médecins. Un certain nombre d'entre eux repoussent avec des arguments très-puissants l'idée que la peste, la fièvre jaune, soient contagieuses. C'est donc là un problème très-difficile à résoudre (voyez CONTAGION).

La plupart des maladies connues à l'état sporadique sont susceptibles de prendre le caractère épidémique ; mais il n'est pas facile de prononcer qu'une maladie a ce caractère, lorsque le nombre des individus affectés dans une localité donnée est limité. Seulement, dans ce cas, la maladie revêt sur tous les sujets un certain air de famille ; certains symptômes sont plus accusés ; on en observe de nouveaux qui se généralisent, et qui n'existent que rarement et isolément dans l'état ordinaire ; bien plus, et ceci est très-remarquable, presque toutes les maladies aiguës, intercurrentes, reçoivent quelques modifications qui leur donnent le cachet épidémique. Considérée dans son ensemble, une épidémie représente assez bien une maladie individuelle, avec ses phases d'invasion , d'accroissement, de *summum*, de décroissement, et enfin de terminaison ; nous pouvons citer, comme exemples, nos funestes épidémies de choléra, et surtout celle de 1832, précédée d'abord de symptômes précurseurs, tels que dérangements dans les fonctions digestives, diarrhées, puis invasion subite, la maladie atteignant rapidement son *summum* d'intensité vers le commencement d'avril, puis décroissant vers la fin de mai, recrudescence en juillet, et enfin terminaison graduelle vers la fin de septembre ; c'est le tableau complet d'une maladie individuelle ; rien n'y manque. Quelquefois l'épidémie n'attaque qu'une localité restreinte, une ville, un canton ; d'autres fois elle s'étend successivement de proche en proche, et parcourt tout un vaste continent, tel encore le choléra, telle fut aussi la fameuse épidémie catarrhale, dite l'*influenza*, qui, en 1775, frappa la Russie, la Pologne, la Prusse, l'Allemagne, la France, et vint se terminer en Italie.

Il existe entre les épidémies et les endémies des rapports intimes. « Les endémies, dit M. Michel Lévy, sont l'expression pathologique des localités ; elles appartiennent en propre à certains pays, y sont permanentes, quoique plus actives , parfois, à certaines époques de l'année. Les épidémies, au contraire, règnent passagèrement et se généralisent davantage. Les premières naissent, pour la plupart, de conditions météorologiques et cosmiques que l'on peut apprécier jusqu'à un certain point ; les autres se développent sous l'empire de modifications, presque toujours inconnues, de l'air. Toutefois, des endémies circonscrites à leur naissance, telles que la peste, la fièvre jaune, peuvent s'étendre sous forme épidémique, sans que leur diffusion s'explique toujours par l'addition d'un élément contagieux. » Ajoutons, pour compléter ce tableau d'une si grande valeur d'appréciation, que d'autres endémies sont essentiellement parquées dans le foyer qui les produit ; telles sont les fièvres intermittentes, le goître, etc., et qu'elles n'en sortent pas, quelle que soit la multiplicité des rapports et des communications avec les contrées voisines. Maintenant l'air est-il le véhicule qui transporte ces miasmes, ces effluves, ces *semina*, causes du développement des épidémies ? Cela paraît probable au moins pour la plupart des cas, si l'on en excepte bien entendu ce qui se propage par le contact immédiat. Mais quelle est la nature de ce principe morbide ? a-t-il son point de départ dans les émanations des malades ? est-ce un produit des exhalaisons du sol ? est-ce une modification dans les conditions électromagnétiques de l'air ? vient-il de ces millions de corpuscules répandus dans l'atmosphère et dont l'origine est sinon inconnue, du moins très-problématique? La chimie ne nous révèle rien à cet égard ; laissons donc le champ libre aux hypothèses. Une contrée est le foyer d'une épidémie, le choléra, par exemple ; nous sommes sur une plage basse et humide, le Delta du Gange, des courants atmosphériques transportent les principes infectieux dans toutes les directions, mais surtout en suivant les cours d'eau, ils se répandent sur les grands plateaux de l'Asie centrale, rencontrent les sources des fleuves qui vont se déverser dans les mers intérieures ; ils franchissent les monts Ourals, redescendent vers l'Europe septentrionale, puis vers l'Europe centrale, et viennent épuiser leur action sur notre malheureuse France. Mais pourquoi cette direction plutôt qu'une autre? pourquoi même sont-ils sortis de leurs foyers? c'est que ces principes épidémiques ont besoin de rencontrer sur leur route des conditions où ils puissent développer leur funeste évolution ; c'est que si toutes ces conditions favorables n'existent pas au moment même de leur passage, l'épidémie n'aura pas lieu ; de telle sorte que l'on peut admettre que l'atmosphère est presque continuellement chargée de ces principes sans qu'ils puissent produire rien de fâcheux. Ainsi dans la fameuse épidémie de 1832, le choléra saute brusquement de Londres à Paris, sans transition ; est-ce que dans ce cas on ne doit pas supposer que les régions intermédiaires touchées par l'atmosphère pendant son trajet n'offraient pas les conditions favorables à l'incubation du fléau ? Rien ne s'oppose à ce qu'on admette cette théorie dont nous ne poussons pas plus loin les développements. Dans la *grande peste de 1348*, improprement appelée *peste noire*, et que l'on a à tort confondue avec le choléra (voyez ce mot). le point de départ est l'extrême Orient ; de là elle s'étend jusqu'aux rives du Bosphore, puis elle ravage les côtes africaines de la Méditerranée, l'Italie, la France, l'Allemagne, l'Angleterre, enfin les pays du Nord. Cette peste, « dont bien la tierce partie du monde mourut, » reparut trois fois dans ce malheureux XIVe siècle, en 1360, 1373 et 1382. Aux causes dépendant de l'atmosphère et qui rentrent dans cette matière de l'hygiène connue sous le nom de *circumfusa* (répandus autour), il faut joindre celles qui sont plus prochaines, et dont plusieurs sont les sources mêmes des miasmes que l'air transporte ; ce sont les contrées basses et humides, marécageuses, les rives fangeuses de certaines plages maritimes, de certains fleuves, leurs embouchures multiples ; ce sont encore les grandes misères, les grandes calamités publiques, les désastreuses disettes, la famine que nos temps modernes ne connaissent plus, les grandes guerres, surtout lorsqu'elles sont suivies du passage des troupes vaincues ; on doit signaler encore l'incurie, la malpropreté générale des populations, leur mauvaise alimentation, etc.

Ici se présente une question grave et longuement controversée, c'est celle de la propagation, de l'extension des épidémies : deux opinions sont en présence, les uns pensent qu'elle est due à l'importation par des individus, par des marchandises, en un mot par des objets contaminés ; les autres, qu'elle résulte de la marche progressive de l'épidémie, de son extension naturelle. Il y a du vrai dans ces deux opinions ; à coup sûr, les maladies épidémiques, lorsqu'elles sont contagieuses, doivent le plus souvent se propager par importation ; ainsi la rougeole, la variole, etc. Mais il ne saurait en être tout à fait de même des grandes épidémies qui, parties du foyer où elles ont pris naissance, s'étendent progressivement, quelquefois avec lenteur, mais sans rien perdre de leur force, de leur violence, marchent par des voies que l'on ne peut calculer d'avance, et, après des ravages plus ou moins étendus, s'arrêtent, s'éteignent et disparaissent sans qu'on puisse en trouver la cause. Il y a là certainement une influence mystérieuse qui nous échappe, qui est plus subtile que tous nos moyens d'enquête et d'investigation, mais que l'on ne peut rapporter à la propagation du mal par importation ; elle ne peut être due qu'à la cause que nous avons signalée plus haut, le transport des principes épidémiques par l'atmosphère, et leur incubation, leur évolution dans les localités favorables à leur développement. Ainsi, lorsqu'on a assisté aux premiers développements du choléra dans une contrée, à la formation successive de ses foyers depuis Marseille jusqu'à Sébastopol, qu'o a compté les premiers cas de typhus à l'armée, il ne faut pas dire que l'épidémicité n'avait là aucun rôle; on n'a fait que mettre en évidence une chose, c'est la formation même de ces foyers, leur propagation sur la route, par l'encombrement des troupes sur les navires, par leur passage sur des plages malsaines, avec le froid et l'humidité des nuits, etc. C'est là véritablement, au contraire, que l'épidémicité a presque tout fait; l'importation et l'exportation n'ont eu qu'un rôle bien secondaire, et il est bien permis de croire que, si par un coup de baguette magique, ces soldats en arrivant dans la Dobrowska eussent pu être ramenés en France par différentes voies dans de bonnes voitures, bien nourris, bien couchés, sans souffrance et sans privation, ils n'auraient nulle part importé et propagé le choléra. « Les esprits superficiels, dit M. le professeur Tardieu, et, à plus forte raison, les esprits prévenus n'hésitent pas à imputer à l'importation les premiers cas qui se montrent dans une localité, alors que l'extension naturelle de l'épidémie en donne suffisamment la raison, et sans penser qu'avant d'admettre, dans ces différents cas, la réalité de la transmission contagieuse, il y aurait lieu de rechercher et d'éclaircir bien des détails, etc. » On pourrait appliquer ce raisonnement à presque toutes les épidémies, et en soumettant à un examen sévère tous les faits observés, en leur opposant les nombreuses contre-épreuves susceptibles d'en atténuer la portée, on serait bien près de se ranger à l'avis du savant doyen de la Faculté de Paris.

Quoi qu'il en soit de toutes ces considérations et quel qu'en soit le mode de développement, lorsqu'une épidémie éclate dans un pays, quelle qu'en soit la nature, quel que soit le nombre des malades et des victimes, une influence pernicieuse s'étend sur toute la contrée, et toute la population en ressent plus ou moins les effets par un dérangement dans la santé, tant léger soit-il; d'une autre part, il semble qu'il se fait dans ce foyer pestilentiel une espèce d'acclimatement au sein de cette population, et les individus qui ont traversé sans accident et pendant un certain temps les premières phases de cette épidémie sont beaucoup plus réfractaires que les étrangers; ceux-ci, en effet, dès leur arrivée, subissent plus facilement les atteintes du mal. L'émigration en temps d'épidémie est une mesure qu'il faut favoriser autant que possible, bien loin de s'y opposer; elle a pour effet d'abord que l'émigrant, s'il peut choisir, se transportera dans une localité qui renfermera les conditions hygiéniques les plus favorables; s'il ne le peut pas, il aura toujours la chance d'échapper à une partie du danger; mais un autre résultat précieux de l'émigration, surtout si elle était nombreuse, ce serait de diminuer l'encombrement de la population, une des plus funestes conditions dans une épidémie.

Les grandes épidémies, les maladies pestilentielles, et c'est de celles-là surtout que nous nous occupons, sont presque toujours annoncées par des avant-coureurs, et surtout par ce qui se passe dans les pays voisins; leur marche progressive les rapproche plus ou moins, ou les éloigne de nous; dans le premier cas, elles sont presque toujours précédées par des changements plus ou moins notables dans la santé publique; c'est alors que les règles de l'hygiène doivent recevoir une application sévère, d'abord de chaque membre de la population, ensuite des administrations publiques et locales; c'est ici que viennent se placer ces grandes mesures qui, avec le temps, ont amené la diminution de ces désastres publics et même la disparition de quelques-uns. Les épidémies, suivant le savant Villermé, diminuent de fréquence et d'intensité dans tous les pays qui, de la barbarie et de l'ignorance, passent à l'état de civilisation, ou d'une civilisation imparfaite à une civilisation perfectionnée; les classes malheureuses en sont plus souvent atteintes que les classes aisées. Du reste, l'amélioration progressive qui se fait remarquer dans la manière de vivre, dans les habitations, dans la culture, dans l'assainissement des terres, dans celui des logements, est une cause incessante qui, avec le temps, doit amener la cessation presque complète de ces fléaux. Ainsi, la peste d'Orient, si fréquente en France dans le moyen âge, ne s'y est plus montrée depuis celle de Marseille, en 1720. Après sa première apparition dans notre pays, en 540, un nouveau retour en 580, elle ne reparaît plus qu'en 801; mais de cette époque à 1720, on la voit s'acclimater chez nous et ravager notre malheureux pays, à vingt reprises différentes, pendant cette période de neuf siècles. Ce sera donc une conquête immense sur le mal, et qui doit en présager d'autres du même genre, lorsque les gouverne-

ments auront tous compris, comme ceux que la France a eus depuis sa grande révolution, les devoirs que leur imposent la salubrité publique et les grands intérêts de l'humanité.

Un fait remarquable dans les épidémies, c'est que la mortalité en frappant plus particulièrement sur les enfants et les vieillards, atteint parmi les premiers ceux qui se rapprochent le plus de la naissance, et parmi les seconds ceux qui sont les plus âgés. Une autre observation non moins curieuse, c'est que, dans nos pays civilisés, les épidémies les plus meurtrières ne diminuent la population que passagèrement; il y a de cela plusieurs raisons: c'est que, ainsi que nous venons de le dire, en enlevant les individus aux deux extrémités de la vie, la mortalité ne fait que prendre par anticipation une grande partie de ceux qui seraient morts peu de temps après; et cela est si vrai que, dans la période qui suit les épidémies, la mortalité est toujours moindre qu'auparavant. Une autre raison, c'est la quantité des étrangers qui viennent, après la cessation du fléau, pour remplir les emplois publics ou particuliers devenus vacants; puis enfin « les mariages et les naissances proportionnellement plus nombreux que jamais. En un mot, les épidémies accélèrent le renouvellement des générations, et leur absence le ralentit! » (Tardieu.)

Nous aurions voulu citer les principales mesures prises en France par l'administration pour atténuer les ravages des épidémies, la création des commissions d'hygiène, leurs fonctions, les instructions données par l'autorité, etc. Mais la place nous manque pour cela, et nous renvoyons au *Dictionn. d'hyg. publiq.* de M. Tardieu, article MALADIES ÉPIDÉMIQUES. — Voyez aussi *Collect. d'observat. sur les épidémies*, par Lepeq de la Cloture. — *Des épidém. sous le rapport de l'hyg. publ.* Villermé (*Ann. d'hyg. et de médec.*, tom. IX. pag. 1). — *Rapp. ann. sur les épid.* de 1830 à 1852 (*Mém. de l'Acad. de méd.*, tom. I, III, VI à XVII, in-4°).   F — N.

EPIDENDRE (Botanique), *Epidendrum*, Lin., du grec *épi*, sur, et *dendron*, arbre qui croît sur les arbres. — Genre de plantes *Monocotylédones apérispermées*, de la famille des *Orchidées*, type de la tribu des *Epidendrées*, sous-tribu des *Lœliées*. Caractères principaux : labelle onguiculé, adné et parallèle à la colonne, à limbe muni de callosités à sa base; 4 masses polliniques, égales, comprimées, portées sur une caudicule. Les espèces de ce genre, au nombre de plus de soixante, sont des plantes qui se développent sur les arbres des régions tropicales. L'*E. en coquille* (*E. cochleatum*, Jacq.) est une jolie espèce des Antilles; son labelle est vert, taché de pourpre et en forme de coquille. L'*E. à odeur de violette* (*E. ionosmum*, Lindl.), l'*E. rouge* (*E. phœniceum*, Lindl.), l'*E. porte-grenouille* (*E. raniferum*, Lindl.), sont aussi des espèces très-remarquables. Plusieurs épidendres exhalent une agréable odeur. Elles se cultivent toutes en serre chaude.

EPIDENDRÉES (Botanique). — Tribu de plantes de la famille des *Orchidées* (voyez *Epidendre*). Elle comprend des herbes épiphytes ou terrestres, souvent caulescentes et croissant presque toutes dans l'Amérique intertropicale; l'Asie n'en possède qu'un petit nombre. Leur pollen est cohérent en masses céracées, pourvues de caudicules souvent repliés, sans glande propre. Genres principaux : *Cœlogyne*, Lindl.; *Pholidota*, Lindl.; *Epidendrum*, Lin.; *Cattleya*, Lindl.; *Brasavola*, R. Br.; *Bletia*, Ruiz et Pav.

EPIDERME (Anatomie), du grec *épi*, sur, et *derma*, peau. — L'épiderme est une membrane mince, insensible et formée de cellules qui recouvrent le derme ou partie plus profonde de la peau chez l'homme et chez les animaux en général (voyez PEAU).

EPIDERME (Botanique), du grec *épi*, sur, et *derma*, peau. — On nomme ainsi l'enveloppe sèche, mince, transparente, qui recouvre tous les organes des plantes sous forme de membrane généralement incolore. Cet épiderme, nommé aussi *cuticule*, est composé d'un tissu cellulaire plus ou moins adhérent. De Candolle a, le premier, distingué deux sortes d'épidermes, l'une qui recouvre les organes herbacés, encore jeunes, à laquelle *il* réserve le nom de *cuticule*, et l'autre qui recouvre les vieux troncs, et qui est pour lui le véritable épiderme. La cuticule porte souvent des poils d'une nature spéciale à chaque plante, et des ouvertures appelées *stomates*. Les travaux anatomiques les plus importants sur l'épiderme sont : Treviranus, *Vermischte Schrift*, t. IV, p. 8 (1821); — Amici, *Ann. sc. natur.*, t. II, p. 211 (1824); — Ad. Brongniart, *Ann. sc. natur.* (1824 et 1834).

EPIDOTE (Minéralogie). — Pierre précieuse qui, chimiquement, est un silicate double d'alumine et d'une base monoxyde, dans lequel le rapport de l'oxygène de la silice à celui des bases sesquioxyde et protoxyde est celui des nombres 3, 2, 1. Le protoxyde peut être de la chaux, de la magnésie, de l'oxyde de fer ou de l'oxyde de manganèse, de là des teintes variables dans les différentes épidotes : ainsi la *thallite* est verte, la *zoïsite* est gris-verdâtre, l'*épidote manganésienne* est violacée. Tantôt elles sont transparentes, comme celles du Dauphiné, et tantôt opaques, comme à Arendal (Norvége). L'épidote raye le verre : sa densité varie de 3,25 à 3,45. Au chalumeau, elle se boursoufle, fond sur les bords ; elle est inattaquable aux acides. Ce minéral cristallise dans le système du prisme rhomboïdal oblique : l'angle des pans du prisme est de 115° 41'. Les cristaux sont souvent groupés et ont alors une forme assez complexe. Outre l'épidote cristallisée, on trouve des variétés basilaires qui rapprochent encore l'épidote du pyroxène, de l'amphibole et même de la tourmaline avec lesquels on pourrait la confondre quelquefois. **LEF.**

EPIGASTRE (Anatomie), du grec *épi*, sur, et *gastèr*, estomac. — Nom scientifique de la région du ventre au milieu de laquelle est le *creux de l'estomac*; l'épigastre est la partie moyenne et supérieure du ventre; il se trouve circonscrit de chaque côté par les hypocondres; en haut, par l'extrémité inférieure (apophyse xiphoïde) de l'os sternum; en bas, par la région ombilicale. Le creux de l'estomac est la partie la plus remarquable de l'épigastre, parce que la pression y fait naître une sensation toute particulière qui devient facilement douloureuse. C'est qu'en effet, au niveau de cette partie se trouvent intérieurement des organes d'une grande importance : le foie, l'estomac, et dans le voisinage intime de ce dernier une des portions importantes du système nerveux de la vie de nutrition, le plexus solaire. Du reste, cette sensibilité du creux de l'estomac n'est pas un avertissement trompeur, et les coups portés dans cette partie sont toujours dangereux et peuvent tout au moins produire des troubles sérieux dans les fonctions digestives. Il en résulte souvent aussi des contusions graves du foie, à la suite desquelles peuvent se développer des maladies chroniques de cet organe. Dans certains cas, le coup portant plutôt sur l'estomac peut devenir la cause occasionnelle d'une altération de ses tissus et de tumeurs de mauvaise nature. F—N.

EPIGASTRIQUE (Anatomie), qui appartient à l'*épigastre*. Ainsi : *Centre épig., Région épig., Vaisseaux épig.*

Centre épigastrique (voyez CENTRE).

Région épigastrique (voyez EPIGASTRE).

Vaisseaux épigastriques. — 1° L'*artère épigastrique* est une des branches de l'*iliaque externe*; elle s'en sépare du côté interne, presque immédiatement au-dessus de l'arcade crurale, ordinairement un peu plus haut que la *circonflexe iliaque*, rarement plus bas; elle descend ensuite en dedans, puis se recourbe au-dessous des vaisseaux spermatiques, et remonte à leur côté interne derrière la paroi antérieure de l'abdomen, entre le péritoine et le *fascia transversalis*, à l'endroit où celui-ci forme la paroi postérieure du canal inguinal; elle continue ensuite de monter vers le muscle droit, jusqu'un peu au-dessous de l'ombilic où elle s'anastomose avec une branche de la mammaire interne. Comme on le voit, cette artère par sa position a une importance extrême au point de vue de la hernie inguinale, et en effet, il ne faut pas oublier qu'elle correspond à l'intervalle des deux orifices du canal inguinal, de telle sorte que, placée d'abord derrière le cordon des vaisseaux spermatiques et l'ouverture du *fascia transversalis*, elle se trouve située en dedans de cette ouverture, puis en dehors que l'orifice externe. Il résulte de là que lorsque la hernie inguinale suit le trajet du cordon, l'artère est en arrière et en dedans du col du sac; si elle s'est engagée directement en forçant la résistance du *fascia transversalis*, l'artère sera située en dehors; distinction très-importante dans l'opération de la HERNIE INGUINALE. 2° La *veine épigastrique*, qui suit le même trajet que l'artère, se jette dans la veine iliaque externe. F—N.

EPIGÉNÈSE (Physiologie), du grec *épi*, sur, et *génésis*, production. — Doctrine physiologique et philosophique concernant le mode de production des corps vivants, et où l'on n'admet, dans le germe, la préexistence d'aucun organe, d'aucun tissu; ces parties se forment successivement sur place et pour ainsi dire de toutes pièces. Cette doctrine est opposée à celle

de l'*évolution* (voyez ce mot et celui de REPRODUCTION).

EPIGÉNIE (Minéralogie), du grec *épi*, sur, et *génos*, naissance. — Il n'est pas rare de rencontrer des substances minérales sous des formes qui leur sont étrangères, mais qui appartiennent, au contraire, à d'autres substances parfaitement distinctes des premières. Ainsi le carbonate vert de cuivre se montre parfois sous les formes cristallines de l'oxyde de cuivre; le sulfure de plomb affecte parfois celles du carbonate, du sulfate de ce métal. Ces singuliers phénomènes s'expliquent par une transformation lente et progressive du corps dont la forme persiste quand un nouveau corps s'y est substitué; ainsi des cristaux d'un sel de plomb, placés dans un courant continu de gaz hydrogène sulfuré, passent à l'état de sulfure sans changer de forme. C'est de la même manière qu'un dé d'argent tombé dans les lieux d'aisances peut y être retrouvé converti en sulfure d'argent, avec sa forme encore bien reconnaissable; qu'une bague d'or suspendue au-dessus d'un bain de mercure se change en un amalgame de mercure et d'or, sans avoir perdu sa forme. L'action chimique des gaz ou des vapeurs sur des substances à l'état solide donne lieu à ces curieuses substitutions auxquelles on a spécialement réservé le nom d'*épigénies*.

EPIGÉ (Botanique), du grec *épi*, sur, et *gê*, terre. — Se dit des cotylédons qui, dans la dernière période de la germination, sortent de terre par suite de l'allongement de la tigelle et se montrent au-dessus du sol comme pour protéger les jeunes organes que la jeune tige développe à son sommet. Saintine, dans son livre de *Picciola*, a poétiquement décrit le rôle des cotylédons épigés, quand un orage vient menacer la jeune plante, héroïne de son roman.

EPIGLOTTE (Anatomie), du grec *épi*, sur, et du français *glotte*. — Sorte de soupape fibreuse placée dans l'arrière-gorge, sous la base de la langue et au-dessus de l'orifice du canal aérien nommé *glotte* (voyez DIGESTION, RESPIRATION). Ce prolongement fibreux, destiné à fermer la glotte pendant que sont avalés les aliments, n'existe que chez l'homme et les animaux mammifères.

On a aussi, par analogie, nommé *épiglotte* l'anneau qui forme les lèvres des *stigmates* ou orifices respiratoires des insectes.

EPIGYNE, EPIGYNIE (Botanique), du grec *épi*, et *gyné*, femelle. — Terme qui s'applique aux parties insérées directement sur l'ovaire, comme peuvent l'être le calice, la corolle, les étamines ou le disque. Le calice et la corolle sont *épigynes* dans les composées, les caprifoliacées, les ombellifères. L'*épigynie* des étamines est un des trois modes d'insertion (voyez HYPOGYNE et PÉRIGYNE) découvert et pris pour caractère par Ant.-L. de Jussieu dans sa *Méthode naturelle*. Enfin, le disque (voyez ce mot) peut être aussi *épigyne* comme dans les ombellifères. On le distinguera facilement de l'ovaire à sa couleur toujours différente de celle de ce dernier.

EPILATION (Chirurgie). — Voyez DÉPILATION.

EPILEPSIE (Médecine), en grec *epilêpsia*, dérivé de *epilambanô*, aoriste, *epilêpsomai*, je surprends. — Maladie chronique des centres nerveux, et en particulier du cerveau, revenant par accès plus ou moins longs, plus ou moins éloignés les uns des autres. Elle est caractérisée par des attaques convulsives, avec perte subite et complète de connaissance, gonflement rouge et même violacé de la face, écume à la bouche; les muscles de la face se contractent irrégulièrement; les paupières sont quelquefois fermées; d'autres fois elles sont agitées de mouvements très-rapides; les yeux se meuvent convulsivement; la langue s'allonge, sort de la bouche, est saisie, souvent déchirée entre les dents qui se serrent, et dont le grincement est quelquefois si fort qu'elles se brisent. On voit des épileptiques pousser des gémissements, des soupirs, et même des hurlements plus ou moins prolongés. En un mot, le désordre dans les mouvements musculaires est porté à son comble, et les convulsions peuvent s'observer dans toutes les parties du corps avec une rapidité, une violence et une irrégularité inimaginables. Pendant ce temps, le pouls participe en partie à ce désordre; il peut être petit, fréquent, dur, inégal; quelquefois il s'efface et devient imperceptible, etc. La respiration est convulsive; il y a des borborygmes, des vomissements, des déjections involontaires; on a vu le sang couler par le nez, les oreilles. Ces accès, dont la violence présente des nuances infinies, dont la durée et les retours sont très-irréguliers, ont généralement une invasion brusque; cependant ils sont quelquefois précédés de symptômes précurseurs, et

Georget pense que ces derniers sont dans la proportion d'un quart ou un cinquième sur la totalité. M. Beau a trouvé que cette proportion était de moitié. Quelquefois, lorsque les attaques sont annoncées d'avance, le malade pourra essayer de les prévenir par l'inspiration d'une odeur piquante, telle que l'ammoniaque liquide; mais cela arrive rarement. Dans ces cas, quelques malades ont le temps d'appeler à leur secours; ils sentent leur attaque venir, puis ils perdent la faculté de parler, puis bientôt ils perdent connaissance. Les auteurs parlent d'un *aura epileptica* que ressentent les malades à ce moment; ainsi dans une partie quelconque du corps, au sommet de la tête, dans un membre, aux pieds, aux doigts, etc., ils éprouvent un sentiment de *froid*, de *fraîcheur*, quelquefois de *chaleur*, de *frissonnement*, d'*engourdissement;* une espèce de vapeur part de cet endroit, se dirige vers le cerveau, et, arrivée là, détermine l'accès. Suivant M. Herpin, l'*aura epileptica* n'est que la première manifestation convulsive de l'attaque. Du reste, ces cas paraissent être les plus rares, le plus ordinairement cette sensation n'existe pas, et l'accès, comme nous l'avons vu, arrive brusquement. Ceci démontre de quelles précautions il faut entourer de pauvres malades qui peuvent être pris de leur mal, et tomber subitement à tous moments.

La frayeur paraît être la cause la plus fréquente de l'épilepsie; c'est l'opinion générale des médecins de tous les temps et de tous les pays, et, parmi les modernes, Tissot, Esquirol, Georget, l'ont signalée d'une manière spéciale. J. Frank pense qu'elle doit compter pour les trois quarts. Viennent ensuite les violentes commotions morales, les passions vives, la colère, les chagrins profonds, les contentions d'esprit soutenues, surtout chez les jeunes sujets. Cette maladie est souvent une suite de l'idiotisme. Suivant Georget, on trouve un épileptique sur huit ou dix idiots. Parmi les causes internes et prochaines, on a cité l'épaississement des os du crâne, le développement d'une exostose, d'une tumeur anormale dans quelque partie du cerveau, etc.

Il n'est pas toujours facile de distinguer l'épilepsie de quelques autres maladies nerveuses, telles que l'éclampsie, l'hystérie. Voici quels sont les caractères principaux de l'épilepsie donnés par Georget : « 1° Perte subite, complète et profonde de connaissance. 2° Convulsions plutôt tétaniques que cloniques, c'est-à-dire plutôt brusques que tumultueuses. 3° Intensité des convulsions plus grandes d'un côté que de l'autre. 4° Turgescence violacée de la face, remplacée vers la fin de l'accès par une pâleur extrême. 5° Bave écumeuse par la bouche. 6° Etat d'aberration mentale, ou au moins d'hébétude après l'attaque. Si de pareilles attaques se renouvellent plusieurs fois pendant plusieurs semaines ou quelques mois, laissant des intervalles d'une assez bonne santé, il n'est pas douteux que l'individu ne soit épileptique, et les attaques d'hystérie ne présentent point ces caractères réunis. » Il sera possible aussi, en observant ces règles, de distinguer l'épilepsie vraie de celle qui est simulée dans un but frauduleux et coupable, soit par certains jeunes gens qui veulent se soustraire au service militaire, soit par des mendiants pour exciter la commisération publique. Dans ce dernier cas, on aura aussi à voir si le col n'est pas serré outre mesure pour déterminer le gonflement et la rougeur de la face; si le malade ne s'est pas laissé tomber dans un endroit bien choisi pour ne pas se blesser, et pour être à l'abri de tout danger; les épileptiques vrais, étant presque toujours pris de leur attaque subitement, peuvent tomber même au milieu de la rue, devant une voiture. Il faut remarquer aussi que l'insensibilité devant être absolue dans l'épilepsie, on devra s'en assurer lorsque l'on soupçonnera la fraude; ainsi par les odeurs piquantes, par des pincements de la peau, par des piqûres légères, etc. Enfin, le docteur Marc père dit que lorsqu'on a étendu avec peine le poignet et le pouce contractés, ils ne se fléchissent pas de nouveau chez les vrais épileptiques, tandis que chez les autres ils reprennent promptement leur position antérieure, comme fait un ressort.

Le traitement de cette cruelle maladie a successivement embrassé presque toute la thérapeutique; on a essayé même les poisons, les opérations chirurgicales; on a essayé et vanté tour à tour la valériane (Tissot), le quinquina, le musc, le camphre, l'opium, l'huile animale de Dippel extraite de la corne de cerf, par distillation). La nitrate d'argent préconisé à son tour a été rejeté comme dangereux, surtout par Esquirol; nous n'en finirions pas, si nous voulions citer tous les médicaments employés, vantés, puis abandonnés successivement; mais nous devons dire un mot de l'oxyde de zinc, administré d'abord par Gaubius, puis par Hufeland; un peu oublié plus tard, il a été de nouveau préconisé par le docteur Herpin, de Genève, dans un travail remarquable sur cette maladie. L'auteur assure avoir guéri, par son emploi, huit malades sur dix. Dans ces derniers temps, M. Herpin a remplacé l'oxyde par le lactate de zinc, qu'il donne d'abord à la dose de 0^{gr},10 à 0^{gr},15 par jour, en augmentant progressivement jusqu'à 2 grammes. Quant au traitement des accès, il n'y a absolument rien à faire; seulement, il faut déposer le malade dans un lieu calme, tranquille et bien aéré, le soustraire, autant que possible, à la vue des passants, desserrer tous les liens qui pourraient gêner la respiration et la circulation, et surtout faire en sorte qu'il ne soit pas tourmenté par la sollicitude trop compressée des personnes qui voudraient lui procurer un soulagement impossible; il faut, en un mot, le laisser tranquille et veiller seulement à ce qu'il ne se blesse pas dans ses mouvements convulsifs.

La maladie qui nous occupe a été connue dès la plus haute antiquité. Elle avait tellement frappé les esprits par l'aspect extraordinaire de ses accès, par leur rapidité et leur violence, qu'on lui avait donné le nom de *maladie sacrée*, et c'est encore ainsi qu'Hippocrate la désigne dans le travail remarquable qu'il lui consacre. Après lui, Celse, Pline, Arétée, Cœlius Aurelianus, l'ont appelée des noms de *mal d'Hercule, grand mal, mal caduc, mal démoniaque;* plus tard, en France, on lui a donné les noms de *mal caduc, haut mal, mal de saint Jean, mal de terre, mal des enfants,* parce qu'elle est particulièrement fréquente dans l'enfance.

L'histoire offre un certain nombre d'exemples d'épileptiques illustres, chez lesquels un développement intellectuel remarquable, uni à des passions violentes de toutes espèces, à de grandes commotions morales, souvent à des excès de tout genre, de travail, de veilles, et même de débauche chez quelques-uns, ont dû avoir une grande influence sur le développement de la maladie; tels furent, dit-on, J. César, Mahomet, Pétrarque, peut-être Alexandre, et même Attila, dont la vie et la mort présentent une réunion si extraordinaire et si bizarre d'événements presque inexplicables sans l'intervention d'une cause morbide ou surnaturelle.

L'*épilepsie* s'observe souvent chez les animaux domestiques. Ainsi le cheval présente, dans ces accès, les mêmes phénomènes que l'homme; dans les ruminants, ils sont plus violents, et la bave est mêlée des aliments qui reviennent de la panse. Le chien pousse quelquefois des cris plaintifs, et, après la crise, on le voit souvent se sauver comme s'il était poursuivi. Chez le porc, les accès se succèdent rapidement, et l'animal périt en général rapidement. Cette maladie ne pouvant être constatée que par les accès est mentionnée parmi les vices rédhibitoires, avec trente jours de garantie pour le cheval et le bœuf.

Les principaux travaux à consulter sur l'épilepsie sont : *Recherches et observations sur l'épilepsie*, Paris, 1803, par J.-G.-F. Maisonneuve; — *Dictionn. des scienc. médic.*, article ÉPILEPSIE, par Esquirol; — *Traité des maladies mentales*, par le même; — *Dictionn. de médecine*, article ÉPILEPSIE, par Georget; — *Archiv. génér. de médec.*, 2° série, t. XI, par M. Beau; — *De l'épilepsie*, par le docteur Herpin, de Genève; — *Traité de l'Epilepsie*, par Delasiauve, 1 vol. in-8°. F — N.

EPILLET (Botanique), diminutif d'*épi*. — On nomme ainsi, dans l'inflorescence des *Graminées*, les petits rameaux de fleurs qui constituent l'épi. Suivant qu'il porte une, deux, trois, ou un plus grand nombre de fleurs, l'épillet est dit *uniflore*, *biflore*, *triflore*, *multiflore*. L'épillet est muni à sa base de deux bractées nommées *glumes* (voyez ce mot), qui renferment une ou plusieurs fleurs accompagnées aussi de leurs bractées (voyez GRAMINÉES).

EPILOBE (Botanique), *Epilobium*, Lin., du grec *epi*, sur, et *lobos*, gousse : la fleur est portée sur un long ovaire qui devient une capsule analogue, pour la forme, à une gousse. — Genre de plantes *Dicotylédones dialypétales périgynes*, de la famille des Œnothérées. Caractères : calice adhérent à l'ovaire tétragone, à limbe court, à 4 divisions; 4 pétales arrondis; 8 étamines; ovaire à 4 loges; capsule linéaire contenant de nombreuses graines poilues. Les espèces assez nombreuses de ce genre sont des plantes herbacées des régions tempérées de l'hémisphère boréal. L'*E. en épis* (*E. spicatum*, Lamk; *E. angustifolium*, Lin.), nommé aussi *E. à feuilles étroites*, et vulgairement *Laurier de Saint-Antoine*, est une belle plante à feuilles un peu luisantes et à fleurs grandes, roses, en épis. Cette espèce croit dans nos bois, et les horticulteurs, qui l'ont trouvée digne des parterres, la cultivent fréquemment. Dans quelques pays du nord, ses racines et ses tiges sont alimentaires. Ses feuilles entrent quelquefois dans la fabrication de la bière. On a cherché à utiliser les aigrettes de ses graines comme du coton, mais sans une réussite assez satisfaisante. On cultive aussi l'*E. à feuilles de romarin* (*E. rosmarinifolium*, Lin.), et l'*E. hérissée* (*E. hirsutum*, Lin.), toutes deux spontanées en France. **G — s.**

EPIMAQUE (Zoologie), *Epimachus*, Cuv. — Sous-genre d'*Oiseaux*, ordre des *Passereaux*, famille des *Ténuirostres*, du grand genre des *Huppes*, propres à l'archipel océanien. Ils ont le corps allongé, des plumes écailleuses ou veloutées couvrant une partie des narines, qui sont petites. Leur tête est petite; l'œil derrière la commissure du bec qui est robuste et trois fois plus long que la tête. Les ailes sont médiocres; les jambes, emplumées, à tarses longs; la queue est très-longue et étagée. Ces oiseaux sont remarquables par la beauté et la variété de leur plumage, nuancé surtout de noir et de roux, et comparable à celui des oiseaux de paradis auprès desquels ils vivent. La femelle, au contraire, a une livrée sombre qui l'a fait considérer comme d'une autre espèce par beaucoup de voyageurs. On connaît quatre espèces d'épimaques dont les mœurs ont été peu étudiées : l'espèce type est l'*E. proméfil* (*E. magnificus*, Cuv.) dont le plumage est d'un noir de velours sur la tête et bleu d'acier sur la poitrine. Les plumes de ses ailes, longues et panachées, servent à la parure des femmes. On le trouve à la Nouvelle-Guinée; il est de la taille du geai. L'*E. royal* (*E. regius*, Cuv.) vit à la Nouvelle-Hollande.

EPIMÈDE (Botanique), *Epimedium*, Lin.; du grec *epi*, sur, et *Média*, Médie; originaire de l'ancienne Médie. — Genre de plantes *Dicotylédones dialypétales hypogynes* de la famille des *Berbéridées*. Caractères : 4 sépales caducs; 4 pétales éperonnés; 4 étamines; style latéral; capsule allongée, à plusieurs graines. L'*E. des Alpes* (*E. alpinum*, Lin.), nommé vulgairement *Chapeau d'évêque*, est une petite plante à feuilles composées de segments cordiformes, dentés et à fleurs au calice brun, et disposées en panicule lâche. Plusieurs autres espèces rapportées du Japon par Sieboldt, il y a vingt-cinq à trente ans, se cultivent en bordures dans les jardins.

EPINARD (Botanique), *Spinacia*, Tourn., du latin *spina*, d'où épinard, à cause des pointes épineuses du fruit. — Genre de plantes *Dicotylédones dialypétale périgynes* de la famille des *Chénopodées*, tribu des *Cyclolobées*. Les épinards sont des herbes à feuilles alternes, à fleurs axillaires d'une couleur verdâtre, dont les mâles et les femelles sont sur des individus différents. Suivant les uns, Pierre de Crescens aurait le premier mentionné l'épinard vers le milieu du xiv° siècle. Suivant d'autres, ce fait doit être attribué à Casiri, et cette plante, apportée par les Arabes en Espagne, nous serait venue de ce dernier pays. De là le nom de *Olus hispanicum* donné par quelques auteurs. Quoi qu'il en soit, l'espèce type de ce genre peu nombreux est l'*E. potager* (*S. oleracea*, Lin.) dont il existe deux catégories très-importantes, 1° l'*E. commun* et l'*E. d'Angleterre*, dont les graines sont épineuses ou à piquants, et 2° l'*E. de Hollande*, l'*E. de Flandres*, l'*E. d'Esquermes*, qui ont des graines lisses. Ceux de la première catégorie semblent plus robustes, celui d'Angleterre est préférable à l'autre. Dans la seconde on doit préférer l'*E. d'Esquermes* ou *à feuilles de laitue*. La culture de cette plante demande une bonne terre à jardin, un climat humide lui convient, beaucoup d'eau dans les jours de sécheresse. Le nord de la France, la Belgique, la Hollande, l'Angleterre, donnent les plus beaux produits en ce genre. On peut semer au printemps, mais les chaleurs sont le plus souvent nuisibles et il vaut mieux attendre les mois d'août ou de septembre, les plantes s'enracinent profondément avant l'hiver, et au printemps suivant elles donnent des récoltes abondantes. Dans tous les cas, il leur faut une terre labourée assez profondément et du fumier bien consumé. Les ennemis de cette plante sont : 1° la chenille de la noctuelle potagère, celle de la noctuelle gamma, toutes deux du genre *Noctua* de Lin. et la chenille de l'*Agrostis segetum*, connue sous le nom de Vers gris. Les épinards sont une des plantes les plus employées comme aliments, elle se mange seule ou avec de la viande, hachée ou non hachée, et constitue une nourriture saine, pourvu qu'on n'en fasse pas un usage

trop exclusif. Elle peut être considérée comme émolliente et laxative. Beaucoup de plantes sont mangées, dans certains pays, comme les épinards; mais aucune, sans contredit, ne les égale en qualité.

Caract. du genre : fleurs monoïques ou hermaphrodites; mâles : calice, 5 sépales; 4-5 étamines ; femelles : calice à 2-4 dents ou lanières; fruit enveloppé par les divisions du calice, sec, globuleux ou triangulaire, lisse ou muni de 2-3-4 pointes. — On nomme vulgairement *épinard* plusieurs plantes différentes de ce genre :

Epinard de la Chine (baselle blanche) (voyez BASELLE).
Epinard des Indes (baselle rouge) (voyez BASELLE).
Epinard de la Guyane (Phytolacca à 10 étamines).
Epinard Malabar (voyez AMARANTE, BASELLE).
Epinard fraise (blète capitée) (voyez BLÈTE).
Epinard immortel (voyez PATIENCE). **G — s.**

EPINE (Botanique). — On donne ce nom à des piquants qui adhèrent au tissu interne du végétal (voyez, pour la comparaison, le mot AIGUILLON). Les épines peuvent naître sur la tige, comme dans les féviers, les cactus; elles sont alors dites *caulinaires*. Quelquefois elles se développent à l'extrémité des branches et des rameaux à la place des boutons; elles sont aussi *terminales*, comme dans le prunier épineux, les chalefs. Les épines naissent sur les feuilles dans la morelle mélongène, le chardon-Marie. Dans le citronnier, elles sont *axillaires*, parce qu'elles naissent dans l'angle supérieur que forment les feuilles avec la tige et les rameaux. Dans le groseillier, au contraire, elles sont *inféraxillaires*, c'est-à-dire naissant au-dessous du point d'attache de ces organes. Les épines sont ou *solitaires* ou *fasciculées*, dans un grand nombre de cierges. Elles peuvent se composer de plusieurs piquants, comme dans le chardon bénit. Enfin, les épines peuvent naître sur le péricarpe, les stipules, les pétioles, les folioles, etc.

EPINE ARDENTE (Botanique).—L'un des noms vulgaires du *Cratægus pyracantha* (voyez BUISSON ARDENT).

EPINE BLANCHE (Botanique). — L'un des noms de l'*Aubépine* (voyez ce mot).

EPINE D'AFRIQUE (Botanique). — Nom vulgaire du *Lyciet de Barbarie*.

EPINE DE CHRIST (Botanique). Ainsi nommé, parce qu'on a supposé que la couronne du Christ était faite avec les rameaux de cet arbrisseau. — Nom vulgaire d'une espèce de *Jujubier* (*Zizyphus spina Christi*, Willdw; *Rhamnus spina Christi*, Lin.), qui est un arbrisseau d'Egypte et d'Arabie, à fruit gros comme une cerise et à saveur agréable (voyez aussi PALIURE).

EPINE DE RAT (Botanique). — Nom vulgaire du *petit houx* (voyez FRAGON ÉPINEUX).

EPINE NOIRE (Botanique). — Nom vulgaire du *prunier épineux* (voyez PRUNELLIER).

EPINE (Botanique). — Nom vulgaire d'un genre de *Pomacées*, nommé *Cratægus*, du grec *kratos*, force, à cause de la dureté du bois. La répartition des espèces de ce genre a souvent varié suivant les auteurs. M. Lindley lui assigne les caractères suivants : calice urcéolé, quinquéfide; pétales orbiculaires, étalés; ovaire à 2-5 loges; 2-5 styles glabres; fruit charnu, ovale, couronné par les dents du calice ou par un disque épais; noyaux osseux. Les cratægus, au nombre d'une trentaine cultivés, sont des arbres et des arbrisseaux épineux, à fleurs blanches. Pour plusieurs espèces importantes, voyez AZÉROLIER, AZÉROLIER et BUISSON ARDENT.

EPINE D'HIVER (Horticulture). — C'est le nom d'une bonne espèce de poire, de forme pyramidale, assez épaisse, légèrement effilée vers la queue, qui est courte, assez mince; la peau de cette poire est d'un vert blanchâtre, satinée à la surface. La chair est fine, d'un goût fin et parfumé, d'une consistance tendre et beurrée, avec un suc abondant et agréable. Cette poire se mange en novembre, décembre et janvier; elle est aujourd'hui peu cultivée, parce que d'autres variétés voisines en ont pris peu à peu la place.

EPINE-VINETTE (Botanique). — Nom vulgaire d'un genre de plantes *Dicotylédones dialypétales hypogynes* connu sous le nom de *Berberis*, Lin.; du grec *berberi*, coquille : allusion à la forme des feuilles, type de la famille des *Berbéridées*. Les épines-vinettes, très-nombreuses en espèces, habitent particulièrement les régions tempérées des deux Amériques. L'unique espèce que nous possédions en France est l'*E.-vinette commune* (*B. vulgaris*, Lin.), connue aussi sous le nom de *Vinettier*. C'est un arbrisseau s'élevant rarement à plus de 4 mètres. Ses rameaux sont à épines subulées et à écorce gris-jaunâtre. Ses feuilles, rassemblées en faisceaux, sont articulées, et par conséquent considérées (suivant la théorie organographique des feuilles) comme composées ; elles sont en outre lancéolées et dentées en scie. Ses fleurs en grappes pendantes sont jaunes. Elles sont très-intéressantes par le phénomène d'irritabilité de leurs étamines. Lorsque celles-ci sont renversées vers les pétales et qu'on les touche légèrement, elles se rejettent immédiatement comme par un ressort sur le stigmate auquel elles semblent demander protection. L'épine-vinette croît dans les contrées montueuses de l'Europe, mais le climat du centre et du midi de la France lui convient très-bien ; c'est non-seulement un charmant arbrisseau d'ornement, mais il rend encore d'autres services par ses différentes parties. On obtient facilement une couleur jaune de ses feuilles et de son bois traités par un composé alcalin. Ses feuilles sont aussi une bonne nourriture pour les bestiaux. Les baies de l'épine-vinette sont rouges ; leur saveur est un peu acide, assez agréable ; elles sont astringentes. On en fait des confitures très-délicates et très-recherchées, surtout à Chanceau et à Saint-Seine-l'Abbaye, près de Dijon. On les confit aussi dans le vinaigre. Dans certains pays, on en prépare une liqueur fermentée. Il y en a plusieurs variétés à fruit blanc et à fruit violet un peu moins acides que les autres variétés. La variété rouge obtenue de semis par M. Bertin est surtout très-avantageuse pour l'ornement. Son feuillage ainsi que ses sépales sont d'un rouge pourpre d'un très-joli effet dans les jardins paysagers.

Caract. du genre : calice à 5-9 sépales en 2 ou 3 séries ; 6 pétales munis chacun de 2 glandes à leur base ; 6 étamines opposées aux pétales ; stigmate sessile, baie à 1 loge contenant 2-3 graines.   G — s.

ÉPINETTE (Botanique). — Nom vulgaire de certains arbres verts, résineux ; ainsi l'*Epinette blanche* est le *Sapin du Canada*, et l'*Epinette rouge*, le *Mélèze d'Amérique.*

ÉPINEUX (Anatomie). — Qui ressemble à une épine ; cet adjectif sert à désigner un certain nombre de parties qui ont plus ou moins cette forme, ou qui sont en rapport avec les organes dits *épineux*. Ainsi on dit les *apophyses épineuses* des vertèbres pour désigner la série de ces éminences qui forment l'épine dorsale ; de même on appelle *muscle transversaire épineux* une des portions de la masse musculaire qui remplit les gouttières vertébrales, et que Chaussier a désignée sous le nom collectif de *sacro-spinal ;* elle a des points d'insertion sur toutes les apophyses épineuses.

ÉPINEUX (Zoologie). — On désigne par cette expression un certain nombre d'espèces d'animaux très-différents les uns des autres : ainsi un Mammifère rongeur, l'*Echimys roux Rat épineux*, de d'Azzara ; — un Oiseau, le *Canard épineux, Sarcelle à queue épineuse* (*Anas spinosa*, Lath.) ; — plusieurs Poissons, tels sont une espèce d'*Epinoche*, un squale du sous-genre *Leiche*. — Plusieurs coquilles ont aussi été spécifiées par ce mot.

En *botanique*, on désigne aussi par le mot *épineux* un certain nombre de végétaux qui sont munis d'épines.

ÉPINIÈRE (MOELLE) (Anatomie), du mot *épine*, employé pour désigner la colonne vertébrale. — On donne ce nom à une des parties centrales du système nerveux *cérébro-spinal* des animaux vertébrés. C'est un gros cordon de matière nerveuse qui, par la moelle allongée, prend son origine du cerveau et du cervelet, et se prolonge dans le canal formé par les vertèbres, en émettant à droite et à gauche des nerfs qui vont se distribuer dans différentes parties du corps et des membres (voyez CÉRÉBRO-SPINAL, NERVEUX [*Système*]).

ÉPINOCHE (Zoologie), *Gasterosteus*, Lin. — Genre de Poissons, ordre des *Acanthoptérygiens*, famille des *Joues cuirassées*. Son nom scientifique rappelle qu'une cuirasse osseuse formée par le développement des os du bassin et de l'épaule garnit le dessous du ventre, et son nom français que ses épines dorsales, libres et ne formant pas de nageoires, la défendent contre les autres poissons même les plus voraces. En revanche, elle a à redouter les atteintes du binocle, espèce de *Crustacé parasite*, qui vit exclusivement sur l'épinoche et le *botriocephalus solidus*, espèce de *Tænia* qui se loge dans ses intestins et y acquiert un très-grand développement. L'épinoche est très-petite, vive, agile, capable de sauter par-dessus des obstacles longs et hauts de plusieurs décimètres. Sa voracité et sa fécondité sont prodigieuses. Les espèces nommées. *Grande épinoche* (*G. aculeatus*, Lin.), de 0ᵐ,06 au plus, et l'*Epinochette* (*G. pungitius*, Lin.), sont communes dans toutes les eaux des environs de Paris. Elles sont si abondantes dans le nord de l'Europe, qu'on les em-

ploie comme engrais. Le *Gastré* (*G. spinachia*, Lin.) est une espèce marine et se trouve sur nos côtes. La chair de ce poisson est en général peu estimée à cause de ses

Fig. 946. — Épinoche mâle entrant dans son nid.

épines. Nous devons ajouter quelques mots sur une particularité singulière de ses mœurs, observée par M. Coste. Les mâles construisent avec des herbes et des brins de bois un nid à deux ouvertures, dans lequel la femelle vient déposer ses œufs ; le mâle surveille ensuite l'éclosion de ceux-ci et protége les petits jusqu'à leur complète formation.   F. L.

ÉPINOCHETTE (Zoologie), *Gasterosteus pungitius*, Lin. — Ce poisson, dont les formes rappellent celles de l'épinoche, est de bien moindre taille ; c'est, dit Cuvier, notre plus petit poisson d'eau douce. Son dos est armé de neuf épines courtes, et les côtés de sa queue portent des écailles carénées. L'épinochette recherche les mêmes lieux que l'épinoche et paraît avoir les mêmes mœurs (voyez ÉPINOCHE).

ÉPIPACTIDE (Botanique), *Epipactis*, Hall. Les anciens donnaient ce nom à une espèce d'ellébore. Les modernes l'ont appliqué à des plantes dont les feuilles ressemblent à celles de l'ellébore blanc. — Genre de plantes *Monocotylédones apérispermées*, de la famille des *Orchidées*, tribu des *Néottiées*, sous-tribu des *Listérées*. Caractères : périanthe étalé ; labelle oblong, rétréci à sa partie moyenne où sont situées deux bosses saillantes ; anthère postérieure en cœur. Les espèces de ce genre sont terrestres. Elles ont les fleurs disposées en grappe lâche et pubescente. Ces plantes appartiennent à l'Europe méridionale. L'*E. à larges feuilles* (*E. latifolia*, Sw. ; *Serapias latifolia*, Lin.) a la tige élevée à peu près de 0ᵐ,50 à 0ᵐ,80. Ses feuilles sont ovales, embrassantes. Ses fleurs, verdâtres et lavées de pourpre, ont le labelle plus court que le calice. Celui de l'*E. des marais* (*E. palustris*, Sw. ; *Serapias palustris*, Scop.) égale ou dépasse, au contraire, les sépales. Les fleurs de cette dernière espèce sont rouges extérieurement avec le labelle blanc strié de pourpre. Ces deux plantes croissent dans nos prairies et nos bois humides. L'*E. nid d'oiseau* est le *Neottia nidus-avis*, de L.-C. Richard. Plusieurs autres espèces indigènes rentrent dans le genre *Cephalanthera*, L.-C. Richard (voyez aussi ELLÉBORINE).   G — s.

ÉPIPHORA (Médecine), du mot grec passé dans le langage médical, et qui veut dire affluence des humeurs, de *epiphero*, j'apporte sur. — Ce mot, synonyme de larmoiement, désigne l'accumulation des larmes et leur écoulement involontaire et continuel sur la joue. La vue, dans cette incommodité, est gênée par la présence de cette humeur qui baigne continuellement les yeux, et les malades sont obligés de les essuyer continuellement, s'ils veulent empêcher la joue d'être toujours mouillée. Le plus souvent, cette maladie est une conséquence et un symptôme de quelque maladie des voies lacrymales ; ainsi l'*ectropion*, la *fistule lacrymale*, quelle qu'en soit la cause, certaines espèces d'*ophthalmies*, etc. On conçoit dès lors que, pour guérir l'épiphora, on devra combattre l'affection principale dont il n'est qu'un symptôme.

ÉPIPHYLLE (Botanique), du grec *épi*, sur, et *phyllon*, feuille. — Se dit de certains végétaux *cryptogames*, de la famille des *Champignons*, qui se développent et végètent sur les feuilles des plantes et y causent, lorsqu'ils sont abondants, une véritable maladie.

ÉPIPHYSES (Anatomie), du grec *épi*, sur, et *phyein*, croître. — On désigne sous ce nom la portion terminale qui forme les têtes des os longs et qui se développe séparée de l'os, et ne se soude avec lui qu'à l'âge adulte (voyez OS, SQUELETTE).

ÉPIPHYTE (Botanique), du grec *épi*, sur, et *phyton*, plante. — Se dit des végétaux qui se fixent sur d'autres et se bornent à prendre un appui à leur surface, sans puiser en eux leur nourriture. Ce terme est opposé à celui de *parasite* qui désigne les plantes fixées sur d'autres plantes et empruntant pour vivre une partie de leur séve. Ainsi le gui, la cuscute sont parasites; les lichens, les mousses sont épiphytes.

ÉPIPHYTES (Médecine). — Ce nom a été donné aussi par quelques médecins aux plantes cryptogames, qui paraissent se développer sur la peau des animaux dans certaines maladies (voyez PARASITES).

ÉPIPHYTIQUES (MALADIES) (Botanique). — On appelle ainsi les maladies que l'on regarde comme produites sur les plantes, par d'autres plantes qui se développent et vivent sur elles en parasites : ainsi certaines maladies des blés, des pommes de terre, de la vigne, etc. (voyez PARASITES).

ÉPIPLOCÈLE (Médecine). — On appelle ainsi les *hernies* qui sont formées par l'*épiploon* (voyez HERNIE).

ÉPIPLOON (Anatomie), en grec *epiploon*, de *epipleô*, je vogue sur. — Nom que l'on donne à un grand repli du *péritoine* qui flotte librement au-devant de l'intestin grêle. C'est une dépendance de cette membrane séreuse, qui n'est autre chose qu'un prolongement membraneux, à deux feuillets, fourni par le péritoine qui, de la face concave du diaphragme, du foie et de la rate, se porte à l'estomac, en revêt les deux faces, déborde la grande courbure de ce viscère, s'étend plus ou moins bas sur les intestins grêles, se replie pour se porter au côlon transverse, forme des replis ou appendices, des stries ou bandelettes graisseuses, et est parsemé dans toute son étendue de ramifications vasculaires. Cette membrane, nommée aussi *omenton*, de *omen*, présage, parce qu'elle était examinée par les aruspices; *operimentum*, parce qu'elle semble former une couverture à l'intestin grêle, a été appelée vulgairement la *coiffe*, particulièrement dans les animaux de boucherie.

ÉPIPONE (Zoologie), *Epipona*, Fab.; du grec *epiponos*, laborieux. — Genre d'*Insectes hyménoptères*, section des *Porte-aiguillon*, famille des *Diploptères*, tribu des *Guépiaires*, caractérisé par un abdomen court et conique, fixé par un pédicule aussi long que lui. Toutes les espèces que l'on connaît sont exotiques et se font remarquer surtout par l'art singulier avec lequel elles construisent leur nid. L'*E. nidulans* (Fab.) ou *Polista chartaria* (Lat.) d'Amérique, petit et noir soyeux, bordé de jaune, le suspend par une sorte de manchon à une branche d'arbre. Tout d'abord, il ne consiste qu'en une tranche horizontale de cellules ouvertes vers le bas, percée en son milieu. Au-dessus et autour de ce rayon règne une cloison qui s'attache à l'anneau de suspension. Si le nombre des guêpes augmente, elles construisent un nouveau rang de cellules au-dessous du premier, et disposé de la même façon, quoique un peu plus large. Elles continuent ainsi de telle manière que tous les orifices médians des rayons se correspondent dans l'axe vertical du nid. Celui-ci présente donc à l'extérieur l'apparence d'un cône tronqué. L'espèce *Polistes morio* (Fab.) n'est pas moins intéressante. **F. L.**

ÉPISCIA (Botanique), Mart.; du grec *episkia*, ombragé : plusieurs des espèces croissent dans les forêts épaisses. — Genre de plantes *Dicotylédones gamopétales hypogynes* de la famille des *Gesnériacées*, tribu des *Bestériées*. Caractères principaux : calice à 5 divisions; corolle en entonnoir; 4 étamines didynames; disque glanduleux; stigmate à 2 lamelles; capsule molle à 2 valves. Les *épiscia* sont des herbes à feuilles opposées dont les nervures sont aussi anastomosées. L'une des espèces les plus communes, est l'*E. à feuilles de melitis* (*E. melittifolia*, Mart.) à corolle jaune, striée de pourpre foncé avec un calice tubuleux rouge orangé. On la cultive dans nos jardins en serre chaude. Cette plante est originaire de la Guyane.

ÉPISPASTIQUES (Matière médicale), du grec *epispaô*, j'attire. — Ce sont des moyens thérapeutiques extérieurs que l'on applique sur la peau, le plus souvent lorsqu'elle est dénudée, et qui ont la propriété d'irriter l'endroit avec lequel on les met en contact, d'y déterminer une inflammation, et, par suite, une exhalation de sérosité qui s'accumule sous la peau en une cloche plus ou moins considérable. Ce mot étant presque synonyme de *vésicant* et *vésicatoire*, qui demandent plus de développement, on renverra à ces deux articles.

ÉPISPERME (Botanique), du grec *epi*, sur, et *sperma*, graine. — On nomme ainsi l'enveloppe extérieure de la graine, autrement dit la peau qui la recouvre. Certains auteurs y ont distingué plusieurs parties. Gærtner en a reconnu deux : il a nommé *testa* la portion extérieure, et l'autre, *tunique interne*. C'est à L.-C. Richard que l'on doit le nom d'*épisperme*; par opposition, il nommait *périsperme* la partie intérieure. De Candolle a préféré le mot *spermoderme*; il a comparé cette enveloppe à une feuille et au péricarpe, et lui a reconnu trois parties : la *testa* à l'extérieur, l'*endoplèvre* à l'intérieur, séparée l'une de l'autre par le *mésosperme*. L'épisperme provient naturellement des membranes qui recouvrent l'*ovule* (voyez ce mot) suivant ses développements successifs, et qu'on nomme *primine*, *secondine* et même *tercine*. L'épisperme est d'habitude à consistance coriace; la surface en est lisse. Cependant, dans certains cas, il présente des rugosités et même des poils disposés, soit en houppe à l'extrémité, soit sur toute la surface. Ainsi, le coton résulte des poils qui recouvrent l'épisperme des graines du cotonnier. On trouve toujours à la surface de l'épisperme une marque plus ou moins grande, sur laquelle était attaché le support de la graine ou ombilic. Cette cicatrice porte le nom de *hile*. Dans le marron d'Inde, il est très-grand et blanchâtre. **G — s.**

ÉPISTAXIS (Médecine), du grec *epistazô*, je coule goutte à goutte. — Expression scientifique par laquelle on désigne le *saignement de nez* (voyez SAIGNEMENT).

ÉPISTOME (Anatomie, Zoologie), du grec *epi*, sur, et *stoma*, bouche. — C'est la portion de la face supérieure des insectes qui avoisine immédiatement les pièces de la bouche.

ÉPITHÉLIUM (Anatomie), du grec *epi*, sur, et *thêlê*, mamelon, parce que ce nom fut d'abord donné par Ruysch à la membrane délicate qui recouvre la muqueuse du mamelon. — Ce nom désigne aujourd'hui les fines membranes qui forment la superficie des surfaces intérieures ou extérieures que présentent les diverses parties du corps des animaux. L'épithélium de la peau, des muqueuses, des séreuses, des glandes, des vaisseaux, est

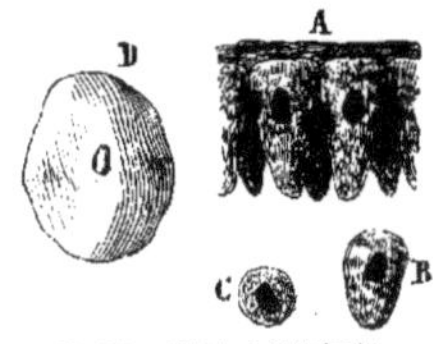

Fig. 947. — Cellules épithéliales (1).

constitué par des cellules dites *épithéliales*, suivant que ces cellules sont polygonales et rangées les unes à côté des autres, comme les pierres d'un pavé, ou allongées en

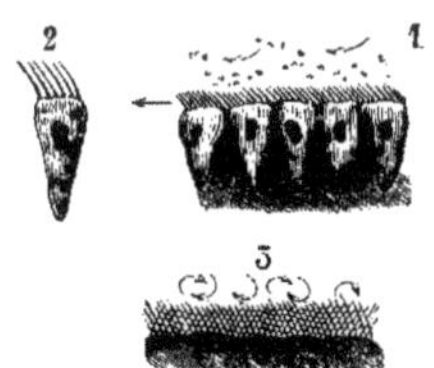

Fig. 948. — Épithélium vibratile (coupe verticale) (2).

cylindres, ou constituées seulement par un noyau. L'épithélium est *pavimenteux*, *cylindrique* ou *nucléaire* Si la cellule est pourvue de cils vibratiles, c'est un épithélium *vibratile*.

L'épithélium de la peau porte le nom d'*épiderme*; il est pavimenteux; celui des muqueuses est pavimenteux ou cylindrique dans les voies digestives, vibratile dans

(1) A, cellules groupées en couche d'un épithélium cylindrique. — B et C, cellules plus profondes en voie de développement. — D, cellule cornée et aplatie en écaille de l'épiderme.

(2) 1, cils vibratiles à courant rectiligne, indiqué par la direction des flèches. — 2, une des cellules isolée. — 3, cils à mouvement rotatoire.

les organes destinés à la respiration. L'épithélium des séreuses est ordinairement pavimenteux. L'usage des épithéliums est de protéger les parties sous-jacentes contre les corps étrangers ; ils ne renferment ni vaisseaux ni nerfs, se reproduisent, lorsqu'ils sont détruits, avec une grande rapidité et toujours avec l'aide des tissus qu'ils recouvrent, et qui sécrètent les éléments nécessaires à leur formation ; normalement, les épithéliums se renouvellent sans cesse par la chute de leurs cellules les plus anciennes et par la formation de nouvelles ; c'est ce qu'il est facile de constater sur la peau, lorsque l'on prend un bain ; toutes les petites écailles qui nagent dans l'eau proviennent de l'épiderme.   A. S — x.

ÉPITHÈME (Matière médicale), du grec *epi*, sur, et *tithémi*, je pose. — On donne ce nom à tous les topiques qui n'ont ni la consistance molle du cataplasme, ni celle de l'emplâtre ou de l'onguent, mais qui conservent toujours un certain degré d'humidité. Ce mot, dont la signification a été restreinte à ce qui vient d'être dit, avait autrefois un sens beaucoup plus étendu et contenait des *E. liquides*, des *E. mous*, des *E. secs*. Aujourd'hui, la majeure partie des médecins ne reconnaissent que des *E. liquides* et des *E. secs*. Les premiers constituent les *liniments*, les *fomentations* (voyez ces mots). Les autres, préparés avec diverses substances alcalines, terreuses, avec des racines, des tiges, des feuilles de végétaux séchés et pulvérisés, sont préparées avec des blancs d'œufs battus, et incorporées dans des étoupes ou des cardes de soie. On en forme aussi quelquefois des sachets, des coussinets, que l'on humecte avec différents liquides. Suivant les substances qui entrent dans leur composition, on conçoit qu'ils ont des propriétés différentes.

ÉPITROCHLÉE (Anatomie), du grec *epi*, sur, et *trochilia*, poulie. — Chaussier avait donné ce nom à la tubérosité interne de l'extrémité inférieure de l'humérus, parce qu'elle est au-dessus de la poulie articulaire de cet os (voyez HUMÉRUS).

ÉPIZOAIRES (Zoologie médicale), du grec *epi*, sur, et *zóon*, animal. — Nom donné par quelques médecins aux petits animaux qui vivent en parasites sur la peau ou sous l'épiderme de l'homme et de certains animaux ; tels sont le *pou*, l'*acarus de la gale*, etc.

ÉPIZOOTIE (Vétérinaire), du grec *epi*, sur, et *zóon*, animal ; maladies qui sévissent sur un grand nombre d'animaux. — On peut dire que les épizooties sont, pour les animaux, ce que les épidémies sont pour les hommes ; ainsi les causes générales et particulières, les phases de développement, le mode de propagation, la marche de la maladie, ses ravages, les moyens généraux de traitement, les moyens hygiéniques, forment un ensemble de considérations dont les analogies sont frappantes dans les deux cas ; aussi, vu le cadre restreint dans lequel nous sommes obligé de renfermer cet article, qui, du reste, contiendrait un grand nombre de redites, nous renverrons, pour toute cette partie, au mot ÉPIDÉMIE. Dans tous les cas, et au point de vue de l'hygiène publique, il ne faut pas perdre de vue que, en temps d'épidémie, les animaux échappent rarement à l'influence de la maladie régnante, et réciproquement, en temps d'épizootie, l'homme n'est pas complétement à l'abri de l'infection ; de sorte qu'il existe là une cause commune, dont l'influence pernicieuse doit être prise en grande considération par les hommes préposés à la salubrité publique.

Tous nos animaux domestiques, le cheval, le bœuf, le mouton, le porc, les chiens, les chats, nos volatiles de basse-cour et autres, les abeilles, les vers à soie et même les poissons, ont présenté, dans certains pays, à certaines époques, des épizooties spéciales dont les principales sont : la *péripneumonie contagieuse* des ruminants, le *typhus contagieux*, le *typhus charbonneux* du bétail et même des oiseaux, la *clavelée* des moutons, les *aphthes contagieux* ou *cocote* des bestiaux, la *morve* et le *farcin*, la *pourriture des moutons*, etc. Ces différentes épizooties, qui déciment et détruisent, à des époques souvent assez rapprochées, des troupeaux entiers, ont exercé quelquefois leurs ravages dans des contrées très-étendues ; mais il faut dire et répéter bien haut ce que nous avons déjà dit à l'article ÉPIDÉMIE : *Tous ces fléaux dévastateurs reculent devant la civilisation et le progrès*, et il faut savoir gré à nos pouvoirs publics d'être ici bien en avant de l'opinion des masses.

Les maladies épizootiques et contagieuses sont une des plus graves questions de l'hygiène publique, et les prescriptions relatives à cet objet remontent à l'année 1745. Voici un résumé succinct de celles qui sont en vigueur aujourd'hui : « Tout propriétaire ou détenteur de bêtes à cornes, qui a une ou plusieurs bêtes suspectes ou malades, est obligé, sous peine de 500 francs d'amende, d'en avertir sur-le-champ le maire de sa commune, pour en faire faire la visite. On ne pourra conduire les bêtes malades au pâturage, sous peine d'une amende de 100 francs. L'animal réputé malade sera marqué d'une M, et une amende de 500 francs frappe quiconque vend ou achète un animal ainsi marqué, qui, du reste, doit être abattu en présence du vétérinaire ou de tout autre préposé à cet effet. Quand l'épidémie a cessé, les animaux marqués, qui ont survécu, reçoivent une contre-marque. De plus, le code pénal condamne à un emprisonnement de six jours à deux mois, et à une amende de 16 francs à 200 francs (art. 459), tout détenteur ou gardien d'animaux soupçonnés d'être infectés de la maladie contagieuse, etc. Ceux qui, au mépris des défenses de l'administration, auront laissé leurs bestiaux infectés communiquer avec d'autres, seront punis d'un emprisonnement de deux à six mois, et d'une amende de 100 francs à 500 francs (art. 461). S'il en résulte une contagion, l'emprisonnement sera de deux à cinq ans, et l'amende de 100 francs à 1 000 francs. Le tout sans préjudice des lois et règlements relatifs aux épizooties. Les animaux morts ou abattus, pour cause de maladies contagieuses, seront enfouis à 3 mètres de profondeur et à 100 mètres des habitations. » Dans l'impossibilité de donner plus de développements à cet article, nous engagerons les lecteurs à consulter : *Recherches historiques et physiq. sur les malad. épizoot.*, par Paulet. Paris, 1776. — *Instruct. et observ. sur les malad. des anim. domest.*, par Chabert, Flandin et Huzard. 6 vol. in-8°. — *Traité de la polic. sanit. des animaux domest.*, par Delafond. Paris, 1838. — L'art. ÉPIZOOTIE du *Dictionn. de l'indust.*, par Trébuchet. — Le *Traité des malad. épizoot.*, par Dupuy. Paris, 1836. — L'art. MALAD. ÉPIZOOT. du *Dict. d'hyg. publiq.*, par Ambr. Tardieu.   F — N.

ÉPONGE (Zoologie). — « L'éponge, dit Lamarck, est une production naturelle que tout le monde connaît par l'usage habituel qu'on en fait chez soi ; et cependant, c'est un corps sur la nature duquel les naturalistes, même les modernes, n'ont pu arriver à se former une idée juste et claire. » Cette production, si communément employée, est empruntée à sept ou huit espèces d'animaux représentant une classe d'animaux *Zoophytes* ou *Rayonnés*, d'une organisation très-inférieure, auxquels on a donné le nom de *Spongiaires*. C'est à l'article SPONGIAIRES qu'on trouvera des détails sur l'organisation de ces êtres bizarres, et sur les divers genres et espèces qu'on en a pu distinguer ; parmi celles-ci sont mentionnées les espèces employées à nos usages, avec leur origine et leur mise en œuvre.

ÉPONGE (Matière médicale). — On l'a employée en médecine ou en chirurgie sous deux états : 1° L'*E. calcinée*, que l'on a employée, depuis Arnauld de Villeneuve (XIVe siècle), à l'intérieur pour guérir les scrofules ; plus tard, la pratique empirique de quelques médecins avait fait administrer depuis longtemps ce médicament, devenu pour d'autres le but de mauvaises plaisanteries, lorsque la découverte de l'iode vint donner l'explication de quelques cures produites par la poudre d'éponge calcinée ; mais il faut que la calcination n'ait pas été poussée assez loin pour que les composés d'iode disparaissent. 2° On se sert quelquefois, en chirurgie, de morceaux d'*E. préparée* pour les plaies fistuleuses. Cette préparation se fait en plongeant l'éponge dans la cire fondue, que l'on presse entre deux plaques d'étain.

ÉPONGE (Vétérinaire). — On donne ce nom à une tumeur qui se développe au coude du cheval qui *se couche en vache*. On l'appelle ainsi, parce qu'elle est produite par la pression répétée du crampon du fer fixé sur le pied correspondant. Le moyen d'empêcher cette difformité consiste à couper ces crampons, appelés *éponges*, et à placer autour du pied une espèce de coussinet pour empêcher cette compression. Les lotions résolutives doivent être employées contre ces petites tumeurs, lorsqu'elles sont peu développées ; mais si elles sont volumineuses, il faut les attaquer avec l'instrument tranchant, et même le feu.

ÉPOQUES (Géologie). — En étudiant les diverses roches et les terrains qui constituent la surface solide de notre globe, en observant les phénomènes qui modifient actuellement cette surface, pour trouver l'explication des modifications antérieures qu'elle a subies, les géologues ont été invinciblement conduits à des conjectures sur l'histoire de notre globe, pendant que se formaient les terrains qui s'offrent à nous aujourd'hui. Recueillant avec soin les témoignages de ce qui a pu se passer dans ces temps reculés où l'homme n'existait pas encore sur notre planète, ils ont pu reconnaître que, comme aujourd'hui, des mers, des fleuves, des lacs, des marais, ont, dans ces temps si reculés, produit des dépôts solides, variables, dans leur nature, selon la constitution de ces eaux : ces dépôts ont été remaniés, soulevés, rompus, en divers points et dans divers temps, par des phénomènes analogues à ceux de nos volcans, de nos tremblements de terre actuels. Malgré ces commotions, il existait d'ailleurs assez de calme pour que des animaux, des plantes peuplassent ces eaux, leurs rivages, les îles, les continents qu'elles entouraient. Nous pouvons avoir une idée assez exacte de l'organisation, des mœurs et du nombre de ces êtres vivants, car leurs restes ou leurs empreintes s'offrent à nous dans les terrains dont la formation est contemporaine à leur existence; la connaissance des espèces actuelles permet de reconstruire assez exactement même ceux de ces antiques habitants de notre globe qui ne ressemblent pas entièrement aux êtres vivants d'aujourd'hui. Le géologue a donc les matériaux nécessaires pour évoquer du passé si lointain, où ils dorment ensevelis, quelques tableaux de ces temps primitifs de notre terre. Comme l'ordre de superposition des couches de terrains sédimentaires indique d'une manière très-fidèle dans quel ordre se sont succédé ces générations d'espèces animales et végétales, il est possible aussi de déterminer une succession d'*époques géologiques*, signalées par tels ou tels dépôts sédimentaires, par certaines éruptions volcaniques, par le soulèvement de telles ou telles de nos montagnes, et enfin par des espèces spéciales d'êtres organisés. C'est surtout d'après les nombreuses études faites dans l'Europe occidentale, que l'on a pu esquisser cette sorte d'histoire géologique dont j'essaierai d'indiquer ici les principaux traits.

A. On peut distinguer avant l'époque actuelle quatre grandes périodes nommées : la *période primaire*, la *période secondaire*, la *période tertiaire* et la *période diluvienne ou quaternaire*.

§ 1. *Période primaire*. — Durant cette période, la plus grande partie de l'Europe actuelle, d'abord submergée sous les mers, s'éleva peu à peu au-dessus de leur niveau pour former, vers la fin, de nombreuses îles séparées par des bras de mer où se déversaient d'assez nombreux cours d'eau douce. Les mers de cette période, riches en matières siliceuses aussi bien qu'en calcaires, formaient dans leur sein des schistes siliceux, des grès et des pierres calcaires qui, remarquables aujourd'hui par leur texture compacte, fournissent à notre industrie les marbres si variés qu'elle emploie. Dans ces mers vivaient des crustacés d'une organisation particulière et propres exclusivement à cette période, que l'on nomme des *Trilobites*, et dont la taille variait entre quelques centimètres et $0^m,30$ ou $0^m,40$. Des poissons d'espèces nombreuses, mais inconnus aux époques suivantes, y représentaient le type des animaux vertébrés ; en même temps que des mollusques organisés comme les nautiles actuels, et nommés *lituites*, *orthocératites*, de nombreuses *térébratules*, puis des *encrinites* et des *polypiers* fourmillaient dans ces mêmes eaux. Les végétaux cryptogames vasculaires (fougères, prêles, etc.) caractérisent cette période. De fréquentes convulsions volcaniques ont agité cette première époque et laissé pour traces des éruptions de granites, de syénites, de serpentines; puis, un peu plus tard, des porphyres rouges quartzifères.

Fig. 949. — Trilobite.— Calymène de Blumenbach.

On peut distinguer dans la période primaire au moins deux *époques géologiques*, dont la plus récente et la plus nettement circonscrite est l'*époque houillère*, mais elle a été précédée par une autre époque souvent nommée *époque de transition* (transition entre les terrains primitifs d'origine ignée, et les terrains sédimentaires), qui peut être regardée comme présentant trois *âges* distincts.

1° L'*époque de transition* nous a laissé, pour trace de ses trois âges, les *dépôts cambriens, siluriens* et *dévoniens*.

a. Les dépôts *cambriens*, répandus dans le Cumberland, le pays de Galles (ancienne Cambrie), en Angleterre, se retrouvent en France, dans le sud-ouest de la Bretagne (départements du Finistère et du Morbihan). Ces contrées étaient donc, durant cette première partie de l'époque de transition, couvertes par les eaux de la mer; et ces eaux renfermaient une grande quantité de matières siliceuses, puisque les dépôts cambriens sont principalement des schistes, des grès grossiers, des quartzites. Après cette époque, une commotion plus ou moins rapide a soulevé les couches déjà formées; elle a donné naissance, en France, aux collines qui s'étendent entre Pontivy et Saint-Lô, aux collines à ardoises des Ardennes ; sur les bords du Rhin, aux montagnes du Hundsruck (Bavière rhénane) et de l'Eifel (Prusse rhénane).

b. Les *dépôts siluriens* se voient aujourd'hui en Angleterre, dans le sud du pays de Galles ; en France, ils forment presque tout le sol de la Bretagne, l'ouest et le sud de la Normandie, l'Anjou, puis le département des Ardennes, d'où ils se prolongent en Belgique, et on les retrouve encore dans les Vosges, aux environs d'Hyères (Var), de Carcassonne (Aude), aux pieds des Pyrénées. Enfin, ces mêmes dépôts se montrent très-abondamment dans les régions montueuses de l'Europe centrale (vallée du Rhin, Saxe, Bohême, forêt Noire). Essentiellement formés de matières sablonneuses, de grès, marnes schisteuses, et aussi de calcaires, ces dépôts annoncent le séjour prolongé sur l'Europe d'un océan chargé de matières siliceuses, et déjà riche en substances calcaires ; une population nombreuse d'animaux marins nous a laissé ses débris dans les couches amoncelées par le temps sous ces flots antédiluviens. Un nouveau soulèvement de montagnes a suivi ce second âge; on lui doit, en France, les montagnes des Côtes-du-Nord et du Morbihan (Bretagne), les collines de l'Orne (Normandie); enfin, la chaîne célèbre des Ballons des Vosges.

c. Les *dépôts dévoniens* ou *terrains du vieux grès rouge* ne se révèlent pas sur une aussi vaste étendue. Ils se montrent en Angleterre, comparable à certaines parties de l'Océanie actuelle, a dû émerger au-dessus des sous la forme de grès rougeâtres ferrugineux, de schistes et de calcaires à teintes sombres ; les dépôts d'anthracite que l'on y observe en Irlande et dans le Devonshire, en Russie, dans l'Europe centrale, semblent être les premiers effets des circonstances particulières qui ont provoqué les vastes formations carbonifères de l'époque suivante.

En résumé, le sol actuel de la France doit à cette *époque* dite *de transition*, la Bretagne et une partie de la Normandie, les hauteurs des Ardennes, la chaîne des Vosges.

2° L'*époque carbonifère* ou *houillère* offre un caractère différent de la précédente. L'Europe semble y avoir fait une première tentative pour s'élever au-dessus des eaux de l'Océan. Un vaste archipel, comparable à certaines parties de l'Océanie actuelle, a dû émerger au-dessus des mers qui déposaient le calcaire carbonifère et le grès houiller. Une végétation puissante, riche en plantes cryptogames : fougères, lycopodiacées, équisétacées, en cycadées, en conifères souvent gigantesques, couvrait ces îles et prêtait un abri à des insectes dont les dépouilles se sont conservées jusqu'à nous. De nombreux poissons, des crustacés, habitaient les rivières, les lacs et lagunes de ces terres entrecoupées de bras de mer. Les eaux marines n'étaient pas moins riches en poissons, mais appartenant à d'autres espèces, en coquilles de toutes tailles, en madrépores. Les marais, les étangs, les embouchures fluviatiles ont reçu, durant les siècles qui se sont succédé dans cette époque, des débris abondants de la végétation luxuriante développée sur ces terres humides que favorisait le climat doux naturel aux îles. Ces débris végétaux, lentement altérés sous l'eau, à l'abri de l'air, ont produit, en se carbonisant, les filons et les amas de houille que recherche si avidement l'industrie des nations modernes. Un troisième soulèvement a terminé cette époque, en élevant au-dessus du niveau des terres déjà existantes, les montagnes qui forment l'extrémité occidentale de la Bretagne, celles du nord de l'Angleterre, et enfin l'imposante chaîne des Alpes scandinaves (Suède et Norwège).

§ II. *Période secondaire*. — La période secondaire suspend le travail d'émersion, qui semble se manifester à la fin de la période primaire; la nouvelle période a vu de grandes îles, des terres d'une étendue variée, s'élever çà et là successivement au-dessus des vastes mers qui ont reposé sur l'Europe à ces diverses époques; mais l'élément maritime a dominé dans nos contrées durant toute cette période. La nature des eaux a changé,- car plusieurs dépôts sont relativement plus riches en calcaires. La vie était dès lors possible dans nos régions pour les animaux aériens, de mœurs aquatiques. Ainsi apparaissent vers le milieu de cette période les grands reptiles marins, fluviatiles ou habitants des rivages (ichthyosaures, plésiosaures, ptérodactyles, mégalosaures, etc.). Mais ces îles et ces lagunes humides convenaient peu aux oiseaux, aux mammifères, tandis qu'elles nourrissaient une abondante végétation de fougères, de conifères, etc. Les trilobites de la période précédente ont toutes définitivement disparu; mais c'est la période des *ammonites*, des *bélemnites*, mollusques céphalopodes appartenant à de nombreuses espèces, et qui n'ont pas vécu après les époques secondaires. Les éruptions volcaniques de cette période ont continué à donner des porphyres rouges quartzifères et des serpentines, mais non plus des granites ; les trapps, les mélaphyres ou porphyres noirs, sont des produits nouveaux de ces éruptions. A en juger par la puissance des couches sédimentaires, la période secondaire a duré de longs siècles et doit avoir été de beaucoup la plus longue. On y peut distinguer quatre époques : l'*époque pénéenne* ou *permienne*, l'*ép. triasique* ou *salifère*, l'*ép. jurassique* et l'*ép. crétacée*. Ces deux dernières époques ont particulièrement contribué par leurs dépôts à former le sol de notre France, tandis que les deux premières n'ont laissé que quelques traces à sa surface.

1° L'*époque pénéenne* ne paraît, en France, avoir couvert de ses eaux que les environs des Vosges, tandis qu'elle tenait submergées de vastes portions de l'Angleterre, de l'Allemagne, et surtout de la Russie. Après cette époque survint le quatrième soulèvement, auquel sont dues les collines situées en Bretagne (France), entre Laval et Quimper, et les collines du Hainaut, en Belgique. Le

entre Bâle et Mayence, et éleva aussi quelques monticules de l'Auvergne et du Beaujolais.

2° L'*époque triasique* ou *salifère* a déposé sur quelques points du sol français ses *grès bigarrés* et ses *marnes irisées*, et même au pied des Vosges son *calcaire conchylien*; mais les mers de cette époque ont surtout baigné la surface actuelle de l'Angleterre et de l'Allemagne. Un sixième soulèvement a mis fin à cette époque, en mettant au jour les montagnes de la Thuringe (Prusse), celles du Morvan et les côtes de la Vendée, en France.

3° L'*époque jurassique* se compose au moins de quatre âges, qui sont ceux : des *grès du lias*, du *calcaire à gryphées*, du *calcaire à bélemnites* et de la *grande oolite*. Durant cette époque, les terres scandinaves déjà émergées pendant l'époque carbonifère sont encore au-dessus des eaux; une terre assez vaste s'étend de l'est à l'ouest sur l'emplacement actuel de la Bohême, de l'Autriche septentrionale, de la Saxe, de l'Allemagne rhénane jusqu'à Zurich, de l'Alsace, de la Lorraine et de la Belgique. Un large bras de mer sépare de cette grande île une autre terre qui se développe de Poitiers à Saint-Malo, remontant d'une façon continue jusqu'à l'Irlande et l'Ecosse orientale. En même temps, d'autres terres plus circonscrites se montrent dans la France centrale, entre Lyon, Clermont, et l'emplacement actuel des Pyrénées sur la ligne où se voient aujourd'hui les Cévennes. « Les mers de l'époque jurassique étaient, dit Beudant, habitées par les reptiles sauriens, éminemment nageurs, nommés *ich-

Fig. 950. — Mer jurassique essai d'une carte géographique de l'Europe à cette époque, par M. le professeur Élie de Beaumont (1).

thyosaures et *plésiosaures*, dont les pattes, en forme de rames, rappellent nos chéloniens marins actuels ; ces animaux, tous aquatiques, remplaçaient alors, par leur voracité, les poissons sauroïdes de la mer dévonienne, qui avaient depuis longtemps disparu. Ce fut alors aussi que vécurent sur la terre les ptérodactyles, genre de *Sauriens volants*, qui peuplaient les airs et qui complétaient la série des êtres remarquables de la création jurassique, que les catastrophes subséquentes ont entièrement anéantie. » Dans ces mers abondaient les espèces d'ammonites et de bélemnites, puis une espèce d'huître, la gryphée arquée, et de nombreux madrépores. On connaît, par les restes conservés jusqu'à nous, quelques insectes de cette époque, assez semblables à nos buprestes et à nos libellules de l'époque actuelle. Enfin, bien que les mammifères terrestres et les oiseaux semblent avoir été extrêmement peu nombreux, cette époque nous a légué les restes fossiles d'une petite espèce voisine des sarigues (mammifères marsupiaux). Quant au règne végétal, il a aussi un caractère particulier, mais beaucoup plus difficile à faire comprendre, sans entrer dans le détail des espèces végétales fossiles de cette époque. Un septième soulèvement a mis fin à la longue époque qui vient d'être esquissée, et que devait suivre une autre époque non moins longue. De ce soulèvement datent, en France, les montagnes de la Côte-d'Or, du Morvan, des Cévennes et du Jura. En même temps, la configuration des terres a été notablement modifiée.

4° La nouvelle époque est celle qui a vu se former au sein des mers les nombreuses et puissantes couches de la craie inférieure; on peut la nommer l'*époque crétacée primitive*. Le soulèvement qui a produit les Cévennes, a

dépôt du grès vosgien, que beaucoup de géologues rattachent à l'époque pénéenne, fut suivi du cinquième soulèvement, qui fit surgir les falaises des bords du Rhin,

(1) Les terres sont ombrées en foncé avec un contour là où leurs côtes peuvent être dessinées; les mers sont ombrées en clair ; les espaces blancs sont les portions de l'Europe pour lesquelles on ne peut rien conjecturer de certain.

relevé une large partie de la Champagne, de la Bourgogne, du Nivernais, de la Franche-Comté, et réuni ainsi

Fig. 951. — Restauration des reptiles sauriens et de quelques autres animaux de l'époque jurassique, d'après Buklaud.

l'île du midi de la France à la grande terre terminée vers S..lbourg, à l'époque précédente. Un isthme formé vers Poitiers a relié aussi cette île de la France méridionale à la grande terre de l'ouest. Un nouveau soulèvement, le huitième de ceux que nous connaissons, pousse au-dessus des terres les Alpes du Dauphiné (France), une partie nouvelle de la côte vendéenne (France), et les célèbres sommets du Pinde (Grèce). Après cette nouvelle modification du relief de l'Europe commence la *seconde époque crétacée*, dont la carte ci-jointe (*fig.* 954) donne aussi les terres. Une grande île, dont l'analogue avait déjà existé pendant la période primaire, marque de nouveau l'emplacement futur des Alpes principales, de Briançon à Saltzbourg. Un canal maritime sépare cette île du continent franco-germanique. L'île de Toulon s'est maintenue comme à l'époque jurassique, et quelques petites îles indiquent les environs de Marseille. Les animaux et les végétaux de ces deux époques crétacées ne diffèrent pas considérablement de ceux de l'époque jurassique; les mammifères terrestres étaient plus rares encore, puisque l'on n'en trouve aucun débris, mais il existait des mammifères aquatiques, du groupe des lamentins et de celui des dauphins. Les reptiles étaient, au contraire, nombreux encore et d'une puissante organisation : l'iguanodon, saurien gigantesque, de 80 mètres de longueur. le mégalosaure, de grands crocodiles, des tortues de grande taille, étaient les représentants les plus remarquables de cette classe. Parmi les coquilles, il faut signaler deux groupes de mollusques céphalopodes, exclusivement propres aux mers des époques crétacées, ce sont les baculites et les turrilites. Les poissons de ces époques étaient nombreux, et, parmi eux, on compte de vrais squales d'une taille considérable. La végétation n'avait pas beaucoup changé de caractère depuis l'époque jurassique; les conifères, les cycadées continuaient à y dominer.

§ III *Période tertiaire.*
La seconde époque crétacée, et avec elle la période secondaire, ont été terminées par une des plus puissantes catastrophes qui aient marqué l'évolution de l'Europe actuelle. Ce neuvième soulèvement a véritablement fixé la charpente de ce continent, en émergeant la plus grande partie de ses montagnes actuelles. Cette puissante convulsion a donné les Pyrénées, les Apennins, les Alpes juliennes (Illyrie), les Karpathes et les Balkans. La plus grande partie du fond des mers précédentes a été émergé pour former un vaste continent, qui, modifié peu à peu pendant la période tertiaire, est devenu l'Europe telle que nous la connaissons. Le sol nouveau se peuple immédiatement de mammifères terrestres, d'oiseaux dont la conformation se rapproche de celle de nos espèces actuelles. Le règne végétal subit un changement aussi marqué; les plantes dicotylédonées, analogues à celles de nos continents actuels, s'y multiplient et donnent à ces pays des âges géologiques un aspect plus conforme qu'il n'a été jusqu'ici à celui de nos paysages actuels. Les reptiles sauriens gigantesques sont éteints, ainsi que les ammonites,

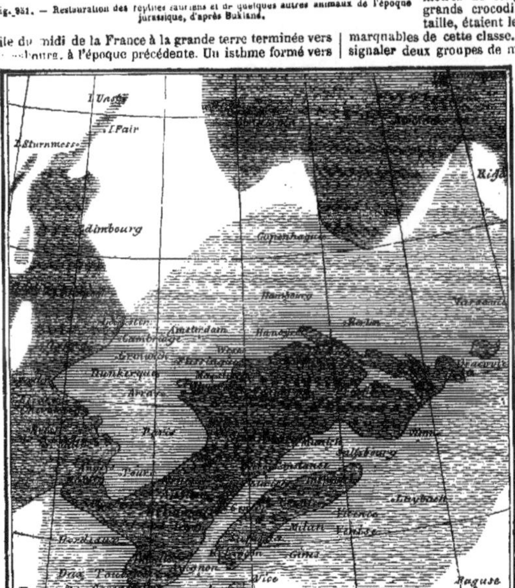

Fig. 952. Mer crétacée; essai d'une carte géographique de l'Europe à cette époque, par M. le professeur Elie de Beaumont. (1).

(1) Les terres sont ombrées en foncé; les mers ombrées en clair : les espaces blancs sont les portions de l'Europe pour lesquelles on ne peut conjecturer rien de certain.

les bélemnites, les turrilites et les baculites ; la population des mers prend déjà les formes générales qu'on lui voit aujourd'hui. A la première époque de cette période, l'*époque*

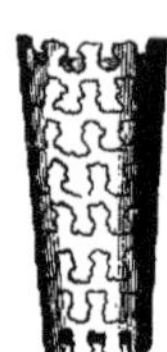

Fig. 953. — Baculite.

Fig. 954. — Turrilite.

éocène, un vaste golfe couvrait de ses eaux Paris et l'Ile de France, la Normandie orientale, la Picardie, l'Artois, et aussi Londres avec le sud-est de l'Angleterre ; un golfe analogue existait sur le Bordelais et les landes de Gascogne. Un dixième soulèvement, en terminant l'*époque éocène*, a déterminé, sur le vaste continent alors existant, de nombreux affaissements où se sont formés des mers circonscrites, des lacs de l'époque suivante. De ce soulèvement datent les montagnes de l'Auvergne orientale, celles des Iles de Corse et de Sardaigne. L'*époque miocène* fut terminée, à son tour, par le soulèvement qui a donné les Alpes occidentales, le mont Blanc, le mont Rose, et tous les plus hauts sommets de l'Europe. Le continent européen a reparu en même temps au-dessus des eaux qui l'avaient submergé sur bien des points à l'époque miocène ; de sorte que la nouvelle époque ou *époque pliocène* ne laissa subsister que quelques lacs assez restreints, jusqu'à ce que le douzième soulèvement, formant les Alpes principales avec les montagnes de la Provence, celles de la presqu'île de l'Espagne, vint compléter l'Europe actuelle ouvrant aux eaux de la mer le canal de la Manche, entre la France et l'Angleterre, creusant un lit à la Méditerranée.

§ IV. *Période diluvienne*. — La dernière catastrophe dont nous trouvons la trace après ces grands changements circonscrit l'*époque diluvienne*, immédiatement antérieure à la nôtre ; cette catastrophe offre un caractère curieux ; on a des raisons de croire que l'homme a pu en être témoin ; elle a secoué la surface de l'Europe sans la modifier beaucoup, mais elle a dû produire les volcans de l'Auvergne et du Vivarais, le vieux volcan vésuvien de la Somma, le Stromboli, l'Etna ; elle a dû soulever les hauteurs méridionales du Péloponnèse ou Morée, vers le cap Ténare, et particulièrement le Taygète. La mythologie grecque n'a-t-elle pas gardé le vague souvenir de ce dernier bouleversement, et ne peut-on pas le reconnaître dans cette guerre des géants voulant escalader le ciel en entassant les montagnes, et dont l'un fut enseveli sous le poids de l'Etna ?

B. *Période moderne*. — Quant au déluge de la Bible qui a frappé le genre humain, il ne se rapporte sans doute à aucune des crises antérieures à ce dernier et treizième soulèvement, puisque l'homme n'existait pas encore ; il faut donc y voir une des phases de l'époque actuelle, inaugurée par l'apparition de l'homme sur la terre. Cette grande inondation, provoquée par la colère divine pour perdre des hommes pervertis, paraît se lier à une catastrophe plus récente que celle du Ténare et du Taygète, qui, par un effort gigantesque sur les deux rivages de l'océan Pacifique, aurait soulevé en Asie la chaîne volcanique qui s'étend du Kamtschatka à l'empire Birman, et en Amérique l'immense chaîne des Andes. Qu'adviendra-t-il de notre globe et que devons-nous croire de l'époque présente, si jeune encore auprès des époques antérieures ? Il est impossible de répondre à une pareille question, si ce n'est par une assimilation de l'avenir au passé qui vient d'être esquissé. Cette assimilation est-elle fondée ? Le genre humain est-il destiné à devenir une des espèces éteintes d'une époque géologique terminée par quelque catastrophe grandiose et terrible ? Le savant ne peut absolument rien avancer de certain à cet égard ; le chrétien prend pour garant de son avenir les paroles conservées dans les livres saints, et s'abandonne à son Dieu. D'ailleurs, pour corroborer cette confiance,

on peut faire remarquer ici que l'histoire géologique de la terre, **telle** que les savants ont essayé de la reconstruire, n'est sur aucun point en désaccord avec le récit de Moïse, qui ouvre si majestueusement la Genèse (voyez GÉOLOGIE, CRÉTACÉ, JURASSIQUE, TERTIAIRE, SOULÈVEMENTS, TERRAINS, FOSSILE, etc.). Ad. F.

EPREINTES (Médecine). — Mot synonyme de *ténesme*, par lequel on désigne des envies fréquentes et presque toujours inutiles d'aller à la selle (voyez TÉNESME).

ÉPUISEMENT des forces (Physiologie). — Expression par laquelle on désigne, en général, un état résultant de ce que les organes privés des matériaux qu'ils doivent recevoir, ne peuvent qu'imparfaitement remplir les fonctions auxquelles ils sont destinés. Il ne faut pas confondre cet état avec la faiblesse qui peut, dans certains cas, dépendre non de l'épuisement, mais de l'oppression des forces par la pléthore sanguine, par exemple. Plusieurs causes peuvent le déterminer, ainsi : les maladies aiguës dont la convalescence est incomplète ; les évacuations sanguines excessives ; les flux abondants, comme cela a lieu dans le diabète, les diarrhées ; les sueurs nocturnes ; les grandes suppurations ; les longues souffrances ; les débauches de toutes espèces ; le manque ou la mauvaise qualité des aliments ; les fatigues excessives, etc. Pour remédier à cet état, il faut d'abord, si cela est possible, en faire cesser la cause ; ensuite on aura recours aux médicaments réconfortants, aux aliments substantiels ; mais il convient de procéder avec une extrême prudence, à cause de l'atonie dans laquelle sont tombées les forces digestives : on devra ajouter à cela une habitation saine, un air pur, un exercice modéré.

EPULIE, EPULIS (Médecine), du grec *epi*, sur, et *oulon*, gencive. — On désigne sous le nom différentes espèces de tumeurs qui se forment sur les gencives. On en rencontre qui sont molles, fongueuses, indolentes, souvent d'un rouge obscur, se déchirent avec facilité et fournissent, le plus souvent, un suintement teint de sang. Elles sont ordinairement occasionnées et entretenues par la carie ou la nécrose d'une racine de dent ou du bord de l'alvéole. L'extraction des racines cariées les fait souvent disparaître, mais il vaut mieux, après cette opération, les enlever avec l'instrument tranchant. Il y en a qui sont plus dures, plus fermes, élastiques ; elles donnent des pulsations artérielles, et leur organisation les rapproche du tissu érectile ; si on les incise, elles versent du sang en abondance. Quant au traitement, si elles sont pédiculées, elles peuvent être liées ; on doit les exciser, si elles ont une base large ; dans tous les cas, on doit les cautériser, et le fer rouge est préférable. Enfin, il en est qui sont dures, bosselées, pâles ou d'un rouge violet ; les unes sont indolentes, les autres déterminent des douleurs sourdes, ou avec des élancements ; ces dernières sont les plus dangereuses et ont de la tendance à dégénérer en cancer. Celles-ci doivent être extirpées le plus tôt possible, et, après les avoir enlevées complétement avec le bistouri, ruginé la surface du bord alvéolaire, il faut cautériser la surface de la plaie avec le fer rouge. On a observé que les épulis se rencontrent bien plus souvent à la mâchoire inférieure. F — N.

ÉPURGE (Botanique). — Voyez EUPHORBE.

ÉQUARRISSAGE (Hygiène). — Voyez ÉCARRISSAGE.

ÉQUATEUR (Astronomie). — Grand cercle de la sphère céleste, perpendiculaire à l'axe du monde. Son intersection avec la terre est l'équateur terrestre. Le plan de l'écliptique coupe l'équateur aux deux équinoxes. Quand le soleil occupe ces deux positions, c'est-à-dire le 21 mars et le 22 septembre, le jour est égal à la nuit pour tous les points du globe (voyez CIEL, TERRE, SOLEIL, SAISONS).

EQUATIONS (Algèbre). — On entend par équation une égalité dans laquelle entrent une ou plusieurs quantités inconnues. Résoudre une équation ou un système d'équations, c'est chercher les valeurs qui, mises à la place des inconnues, vérifient ces équations ou les rendent identiques. Les propriétés communes à toutes les équations seront étudiées à l'article THÉORIE GÉNÉRALE DES ÉQUATIONS. Nous allons ici exposer à part la résolution des équation du premier et du second degré. On trouvera à l'article ÉQUATIONS NUMÉRIQUES (RÉSOLUTION DES), et à l'article DIFFÉRENCES ce qui concerne les équations d'un degré supérieur.

Equations du premier degré à une seule inconnue. — Le type général de ces équations est $ax = b$. Pour les ramener à cette forme, on chasse les dénominateurs, ce qui se fait en réduisant tous les termes au même dénominateur et multipliant par ce dénominateur commun.

Puis on effectue les opérations indiquées ; enfin on réunit dans un même membre tous les termes affectés de l'inconnue, et dans l'autre les termes connus. Ces opérations effectuées, si l'inconnue n'entre pas à une puissance supérieure à la première, l'équation est du premier degré.

Pour la résoudre, on divise les deux membres par le coefficient de l'inconnue, ce qui donne $x = \frac{b}{a}$. Appliquant ces règles à l'équation $\frac{2x}{3} - 1 = 2 + \frac{x}{5}$, on trouve d'abord $10x - 15 = 30 + 3x$; puis $7x = 45$, et enfin $x = \frac{45}{7}$.

Équations du premier degré à plusieurs inconnues. — Prenons pour exemple les deux équations :

$$3x - 5y = 1, \quad 2x + y = 5.$$

De la seconde, on tire $y = 5 - 2x$. Portant cette valeur de y dans la première, elle devient, réduction faite, $13x = 26$, d'où $x = 2$. On en conclut $y = 1$.

Le procédé que nous venons de suivre, dans ce cas particulier, s'appliquerait à tout autre ; il porte le nom d'élimination *par substitution*. Il consiste, comme on voit, à tirer de l'une des équations la valeur de y, comme si x était connu, pour la substituer dans l'autre ; ce qui donne une nouvelle équation, d'où y a été éliminé, et qui n'est plus qu'à une seule inconnue. On la résout par rapport à x ; enfin on porte la valeur trouvée pour x dans l'équation en y (Voy. ÉLIMINATION).

Cette méthode peut s'étendre à un système de trois équations à trois inconnues x, y, z, ou même à un système plus compliqué. Considérant, dans les deux premières, z comme connu, elles déterminent x et y dont on tirera les valeurs pour les porter dans la troisième équation, qui ne renfermera plus dès lors que z et en donnera la valeur. Enfin, cette valeur transportée dans les expressions de x et y, fournira ces deux inconnues.

On peut encore employer une méthode d'élimination dite *par réduction*, ou *par addition et soustraction*. Soient, par exemple, les équations

$$2x - y = 5, \quad x + 3y = 6.$$

On les ajoute membre à membre après avoir multiplié la première par 3 ; le résultat est d'éliminer y, et l'on a $7x = 21$, d'où $x = 3$. De même, pour éliminer x, il suffit de retrancher la première équation de la seconde multipliée préalablement par 2, ce qui donne $7y = 7$, ou $y = 1$. En général, on voit qu'il suffira de multiplier chaque équation par le coefficient que l'inconnue à éliminer possède dans l'autre, puis on ajoute ou on retranche suivant que ces coefficients sont de signe contraire ou de même signe. On étendra aisément cette méthode à des cas plus compliqués.

Équation du second degré. — Une équation à une inconnue est du second degré, lorsqu'après avoir fait disparaître les dénominateurs, elle contient le carré de l'inconnue. On la ramène alors aisément à la forme

$$x^2 + px + q = 0.$$

Pour résoudre cette équation, ajoutons et retranchons $\frac{p^2}{4}$ au premier membre, elle devient $x^2 + px + \frac{p^2}{4} - \frac{p^2}{4} + q = 0$, qui peut s'écrire

$$\left(x + \frac{p}{2}\right)^2 - \left(\frac{p^2}{4} - q\right) = 0.$$

Le premier membre peut être considéré comme la différence de deux carrés, et il se décompose en

$$\left(x + \frac{p}{2} - \sqrt{\frac{p^2}{4} - q}\right)\left(x + \frac{p}{2} + \sqrt{\frac{p^2}{4} - q}\right) = 0.$$

Cette équation sera satisfaite, si l'un ou l'autre des deux facteurs est nul, c'est-à-dire si l'on prend

$$x = -\frac{p}{2} + \sqrt{\frac{p^2}{4} - q},$$

ou bien

$$x = -\frac{p}{2} - \sqrt{\frac{p^2}{4} - q}.$$

L'équation a donc deux racines que l'on réunit en une seule formule

$$x = -\frac{p}{2} \pm \sqrt{\frac{p^2}{4} - q}.$$

L'équation du second degré se présente souvent sous la forme $ax^2 + bx + c = 0$. Elle se ramène à la précédente en posant $\frac{b}{a} = p$, $\frac{c}{a} = q$, et l'on trouve ainsi que

$$x = \frac{-b \pm \sqrt{b^2 - 4ac}}{2a}.$$

Appelons x' et x'' les deux racines, il résulte de la démonstration précédente que le trinôme $x^2 + px + q$ est égal au produit des deux facteurs du premier degré $(x - x')(x - x'')$, ou bien à $x^2 - (x' + x'')x + x'x''$. Donc

$$x' + x'' = -p \quad \text{et} \quad x'x'' = q.$$

Ainsi, dans toute équation du second degré, le coefficient de x pris en signe contraire est égal à la somme des racines, et le terme tout connu en est le produit. On pourrait, du reste, vérifier directement ces relations entre les racines et les coefficients.

Discussion des racines. — Si l'on a $\frac{p^2}{4} > q$, le radical porte sur une quantité positive, sa valeur est réelle, les racines $x'x''$ sont donc *réelles* ; on voit de plus qu'elles seront toutes deux positives, si q est positif et p négatif ; toutes deux négatives, si q et p sont positifs ; de signe contraire, si q est négatif. Suivant la nature de la question, les valeurs négatives pourront être interprétées, ou bien devront être rejetées.

Lorsque $\frac{p^2}{4} = q$, le radical disparaît, les deux racines sont *égales* à $-\frac{p}{2}$. On vérifie qu'alors le premier membre de l'équation est le carré de $x + \frac{p}{2}$.

Enfin, si $\frac{p^2}{4} < q$, la quantité sous le radical est négative, et les racines x', x'' sont *imaginaires*. C'est là un caractère d'impossibilité de l'équation, et, par suite, de la question qui y a conduit (voyez IMAGINAIRES).

Il existe des équations du quatrième degré, dites *bicarrées*, qui peuvent se résoudre à la manière des équations du second degré. Ce sont celles de la forme $x^4 + px^2 + q = 0$, c'est-à-dire qui ne contiennent pas de terme en x^3 ou en x. Si l'on pose en effet $x^2 = y$, l'équation devient $y^2 + py + q = 0$, d'où

$$y = -\frac{p}{2} \pm \sqrt{\frac{p^2}{4} - q}.$$

Soient y' et y'' ces deux valeurs ; la relation $x^2 = y$ donne $x = \pm\sqrt{y}$, donc $x = \pm\sqrt{y'}$ et $x = \pm\sqrt{y''}$. Ce sont les quatre racines de la proposée.

Exemple : l'équation $x^4 - 25x^2 + 144 = 0$, en considérant x^2 comme l'inconnue, donne $x^2 = 16$ et $x^2 = 9$; puis enfin $x = \pm 4$ et $x = \pm 3$.   E. R.

ÉQUATIONS (ABAISSEMENT DES) (Algèbre). — Une équation est susceptible d'abaissement, lorsqu'on peut ramener sa résolution à celle d'une équation de degré moindre. C'est ce qui a lieu quand elle est *binôme* ou *bicarrée*, qu'elle a des *racines égales*, etc. ; et généralement lorsqu'on connaît d'avance certaines de ses racines, ou qu'il existe entre elles quelques relations connues.

Ainsi l'équation $x^3 - 8x^2 + 9x - 2 = 0$ ayant évidemment pour racine $x = 1$, on la supprime en divisant par $x - 1$, et l'on est ramené à résoudre l'équation du second degré $x^2 - 7x + 2 = 0$.

L'équation $x^6 - 1 = 0$ se ramène à $x^3 - 1 = 0$ et $x^3 + 1 = 0$, si l'on remarque que son premier membre est décomposable en deux facteurs. Résolvant ces deux équations du troisième degré, qui se ramènent d'ailleurs au second, à cause de ces racines $+1$ et -1, que l'on y reconnaît immédiatement, on obtiendra les six racines de la proposée.

Un cas particulier d'abaissement qui se rencontre quelquefois, et notamment dans les équations binômes (voyez plus loin), est celui des équations *réciproques*. On dit qu'une équation est réciproque, lorsque les coefficients des termes à égale distance des extrêmes sont égaux. Telle est, par exemple, l'équation $x^4 + 5x^3 + 6x^2 + 5x + 1 = 0$. D'après cette forme, il est clair que s'il y a une racine a, il y en a aussi une égale à $\frac{1}{a}$, ce qui permet d'abaisser le degré de moitié (consultez les TRAITÉS D'ALGÈBRE).

ÉQUATIONS BINÔMES (Algèbre). — On appelle ainsi toute équation qui ne renferme qu'une seule puissance de l'inconnue et un terme connu. Exemple : $x^3 = 8$. Cette équation étant du troisième degré a trois racines : l'une d'elles est la valeur arithmétique de la racine cubique de 8 ou 2, les deux autres sont des valeurs algébriques de cette racine, c'est-à-dire des symboles qui, élevés au cube suivant les règles ordinaires de l'algèbre, donneraient également 8. La résolution d'une équation binôme se présente donc toutes les fois que l'on veut chercher l'expression générale de la racine d'un nombre donné.

Soit $x^m = a$, a étant supposé positif, on fera $x = y\sqrt[m]{a}$, d'où $y^m = 1$. Cette dernière équation donne les m racines m^{es} de l'unité, et ces racines une fois connues, en les multipliant par la racine m^e arithmétique de a, on aura toutes les racines de a. On voit par là qu'un nombre a deux racines carrées, trois racines cubiques, etc.

Les deux racines carrées de l'unité sont les solutions de $y^2 - 1 = 0$, c'est-à-dire $y = \pm 1$.

On aura les racines cubiques de l'unité en résolvant $y^3 - 1 = 0$. Comme cette équation est évidemment satisfaite par $y = 1$, on divise par $y - 1$, et on est ramené à l'équation du second degré $y^2 + y + 1 = 0$, d'où l'on tire

$$y = \frac{-1 \pm \sqrt{-3}}{2}.$$

On peut vérifier que chacune de ces racines élevée au cube donne l'unité.

L'équation binôme $y^3 + 1 = 0$ a d'abord pour racine -1, ce qui montre que la racine cubique d'un nombre négatif n'est pas nécessairement imaginaire ; et puis, en divisant par $y + 1$, on trouve $y^2 - y + 1 = 0$, d'où $y = \frac{1 \pm \sqrt{-3}}{2}$.

On résoudra l'équation $y^4 - 1 = 0$ en remarquant qu'elle est divisible par $y^2 - 1$, qui correspond aux racines $+1$ et -1. On est par là ramené à $y^2 + 1 = 0$, d'où $y = \pm\sqrt{-1}$.

En général, pour résoudre une équation binôme, on examinera d'abord si $+1$ ou -1 sont racines, et, après les avoir supprimées, l'équation résultante sera *réciproque*. En posant $y + \frac{1}{y} = x$, elle pourra être ramenée à une équation de degré moitié. C'est ce qu'on verra en prenant pour exemple $y^5 - 1 = 0$.

Au reste, la résolution générale des équations binômes peut se faire par la trigonométrie, et l'on trouve l'expression de chacune de ses m racines au moyen des fonctions circulaires. Nous renverrons pour les détails aux traités de trigonométrie. E. R.

ÉQUATIONS DES COURBES (Algèbre). — On trouvera aux articles COURBES, COORDONNÉES, GÉOMÉTRIE ANALYTIQUE, l'indication de l'admirable méthode par laquelle Descartes est parvenu à représenter par des équations algébriques une courbe de figure quelconque, pourvu qu'elle soit susceptible d'une définition précise. A l'aide de cette méthode, ce n'est plus par des procédés particuliers à chaque ligne, que l'on parvient à mettre en évidence ses diverses propriétés, mais bien par un mode général d'analyse, lequel ne peut présenter que des difficultés d'un ordre purement algébrique.

Une équation quelconque en x et y étant donnée, on peut toujours supposer qu'elle représente une courbe et se proposer d'en déterminer la forme : réciproquement, si l'on se représente une propriété commune et précise pour un certain nombre de points, on peut assigner l'équation de la ligne sur laquelle se trouvent ces points eux-mêmes.

Il suit de ces explications sommaires que le nombre des courbes est illimité, et qu'on pourra les classer d'après la nature même de l'équation qui les représente. D'ailleurs, une même courbe aura des équations très-différentes, suivant que l'on se servira d'un système de coordonnées ou d'un autre. Ainsi, par exemple, si l'on rapporte les différents points d'une circonférence de cercle à un système d'axes rectangulaires passant par le centre, la propriété que la distance d'un point quelconque au centre est constante et égale au rayon s'exprimera évidemment par l'équation

$$R = \sqrt{x^2 + y^2}$$

ou

$$x^2 + y^2 = R^2$$

Cette même propriété s'exprimera plus simplement encore en coordonnées polaires, si l'on prend pour origine le centre lui-même, car il suffira d'écrire que le rayon vecteur est constamment égal au rayon de la circonférence, ce qui donne l'équation

$$\rho = R.$$

Si l'on se sert des coordonnées rectilignes, les courbes se classeront naturellement par le degré de l'équation qui les représente. Ainsi on distinguera les lignes représentées par des équations du premier degré : on démontre que ce sont des lignes droites (voyez GÉOMÉTRIE ANALYTIQUE) ; les courbes du second degré, ce sont les sections coniques des anciens, l'*ellipse*, l'*hyperbole*, la *parabole* (voyez ces mots) ; les courbes du troisième, du quatrième degré, etc. Ce mode de classification serait vain, si le degré de l'équation d'une courbe pouvait changer, quand on passe d'un système de coordonnées rectilignes à un autre ; mais il n'en est rien. En effet, les formules qu'on emploie pour ce changement (voyez TRANSFORMATION DES COORDONNÉES) sont linéaires, c'est-à-dire du premier degré en x et en y ; elles donnent donc nécessairement pour résultat une équation du même degré.

Il suit de cette remarque une propriété fort intéressante, c'est qu'une courbe du degré m ne peut être rencontrée par une droite en plus de m points. Soit, en effet, une équation du degré m, $f(x, y) = 0$, et supposons que l'on ait pris pour axe des abscisses la droite considérée, ce qui, comme nous venons de le dire, est indifférent pour le degré de l'équation. En faisant dans celle-ci $y = 0$, on obtiendra une équation en x, dont les racines seront nécessairement les abscisses des points où l'ordonnée est nulle, c'est-à-dire des points où la courbe coupe l'axe des x. Mais l'équation en x étant au plus du degré m, on sait (voyez THÉORIE GÉNÉRALE DES ÉQUATIONS) qu'elle ne saurait avoir plus de m racines, donc il ne peut y avoir au plus que m points d'intersection. Ainsi, une courbe du second degré ne saurait être rencontrée par une droite en plus de deux points ; une courbe du troisième, du quatrième degré en plus de trois, quatre points, etc.

Lorsque l'équation de la courbe renferme les coordonnées ou en exposant, ou engagées dans des fonctions logarithmiques et circulaires, la courbe est dite *transcendante*. Dans ce cas, on ne peut rien dire de précis sur le nombre de points d'intersection qu'elle peut avoir avec une ligne droite ; il arrive souvent que ce nombre de points d'intersection est indéfini.

Le lecteur trouvera à chacune des courbes du second degré, ellipse, hyperbole, parabole, l'équation de la courbe elle-même. Nous allons donner ici quelques exemples de courbes de degré supérieur, de courbes transcendantes et de courbes polaires.

1. *Courbes algébriques*. — 1° Folium de Descartes : l'équation de la courbe est $y^3 - 3axy + x^3 = 0$. C'est une courbe du troisième degré ; on voit qu'elle est symétrique

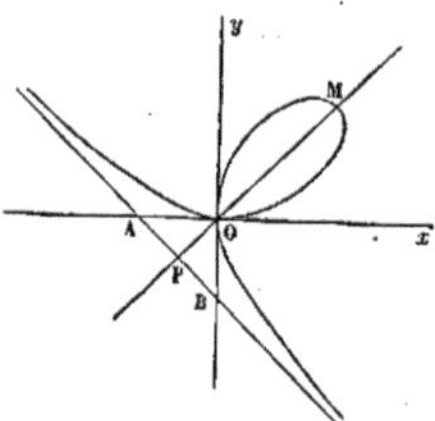

Fig. 853. — Folium de Descartes.

par rapport à la droite POM faisant un angle de 45° avec Ox. Perpendiculairement à cette ligne se trouve une droite AB, qui est asymptote aux deux branches indéfinies de la courbe.

2° Cissoïde de Dioclès : si du point O de la circonférence, on mène une droite quelconque OBC terminée à la tangente perpendiculaire à OA, et qu'on prenne sur cette sécante une longueur $OM = BC$, les différents points M seront sur une courbe qu'on nomme la *cissoïde de Dioclès*. Son équation est $x^3 + y^2x - 2Ry^2 = 0$. R désigne le rayon du cercle. Cette courbe se compose de deux branches tangentes à l'axe OA, et formant à l'origine O un *point de rebroussement* (voyez Points singu-liers). La tangente AC est évidemment une asymptote de la courbe.

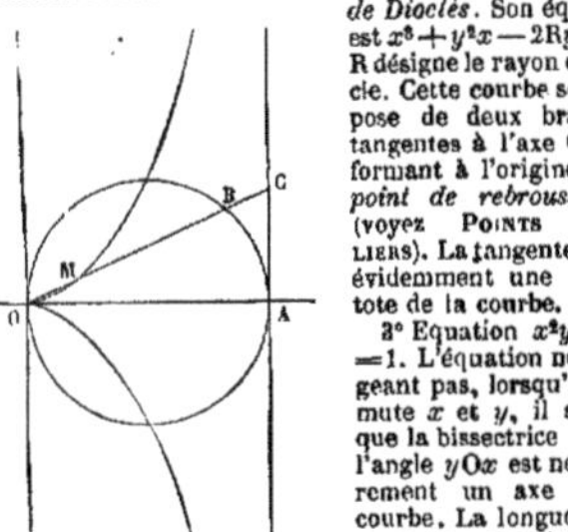

Fig. 956. — Cissoïde de Dioclès.

2° Equation $x^2y + y^2x = 1$. L'équation ne changeant pas, lorsqu'on permute x et y, il s'ensuit que la bissectrice OM de l'angle yOx est nécessairement un axe de la courbe. La longueur OM $= 1,1$ en ce point M ; la tangente est perpendiculaire à la bissectrice. Les axes ox et oy sont asymptotes à la courbe. On obtiendrait une courbe d'un aspect général semblable, à l'aide de l'équation transcendante $y^x = x^y$.

4° Equation $x^3 + x^2 - bx = (y - x)^2$. La courbe représentée par cette équation se compose d'une branche fermée OACBC' et d'une branche indéfinie SMN. La branche fermée est tangente à l'axe des y à l'origine. On pourra étudier plus facilement la forme de la courbe en menant la bissectrice OM, qui est un *diamètre* (voyez ce mot), et calculant l'ordonnée Y comptée à partir de ce diamètre.

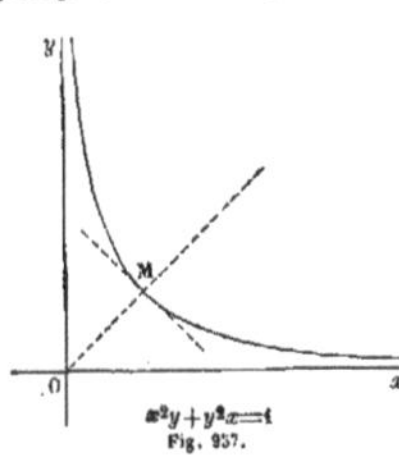

$$x^2y + y^2x = 1$$

Fig. 957.

$$Y = \pm \sqrt{x^3 + x^2 - 6x}$$

Les points A et B, pour lesquels $x = -1,02$, $x = -2,30$, correspondent à une valeur maximum et minimum de y.

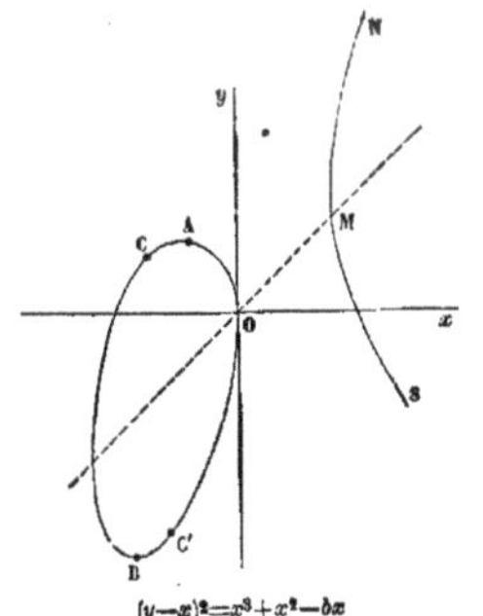

$$(y - x)^2 = x^3 + x^2 - 6x$$

Fig. 958.

Les points C et C', placés sur la même ordonnée, répondent à une valeur maximum de Y égale à $2,86$. L'abscisse correspondante est égale à $-1,79$.

5° Conchoïde de Nicomède. Cette courbe s'obtient en menant d'un point fixe O, des droites telles que om, om', mo'', et en prenant, à partir des points a, b, c, où elles rencontrent une droite donnée AB, des longueurs constantes am, bm', cm''. Ce mode de génération conduit à l'équation suivante du quatrième degré

$$x^2y^2 - (c + x)(a^2 - x^2) = 0,$$

dans laquelle

$$c = 0a \qquad a = am$$

Il est évident à *priori* que la droite AB doit être une

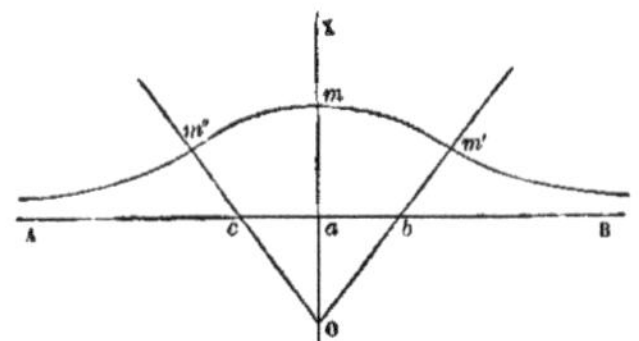

Fig. 959. — Conchoïde de Nicomède.

asymptote, chose qui se déduit aisément d'ailleurs de l'équation de la courbe.

6° Equation $x = \pm \sqrt{\dfrac{y^4}{1 - 2y}}$ du quatrième degré. La

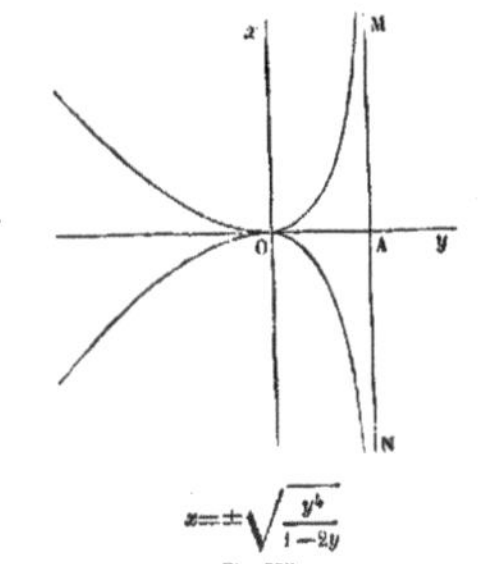

$$x = \pm \sqrt{\frac{y^4}{1 - 2y}}$$

Fig. 960.

courbe est symétrique par rapport à l'axe des y. Pour les valeurs négatives de y, le radical est toujours réel,

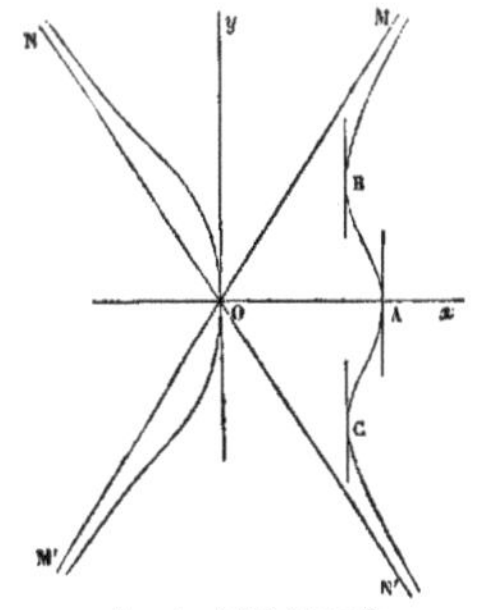

$$y^4 - x^4 - 2x^2y^2 + 2x = 0$$

Fig. 961.

et les deux branches s'écartent indéfiniment sans qu'X y ait d'asymptote de ce côté. Mais, du côté positif, il est clair qu'au delà de $y=\frac{1}{2}$, x est imaginaire, et que jusqu'à cette limite ses valeurs sont indéfiniment croissantes. Il y a donc une asymptote MAN, parallèle à l'axe des x et mené à une distance $OA=\frac{1}{2}$.

7° Equation $y^4-x^4-2x^2y^2+2x=0$. La courbe représentée par cette équation (*fig.* 962) est assez compliquée. Elle est symétrique par rapport à l'axe des x. Dans la branche de droite se trouvent plusieurs inflexions et trois points A, B, C, où la tangente est parallèle à l'axe des y.

L'abscisse $OA=\sqrt{2}$. L'abscisse commune des points B et C est égale à l'unité. Dans la branche de gauche, la courbe présente également deux inflexions de façon à avoir les mêmes asymptotes que la branche de droite. Ces asymptotes ont pour équation

$$y=\pm x\sqrt{1+\sqrt{2}}=\pm 1,55\,x$$

II. *Courbes transcendantes.* — 1° Equation $y=x^{\sqrt{2}}$. De cette équation, on tire $\mathrm{Log}\,y=\sqrt{2}\,\mathrm{Log}\,x$. On reconnaît ainsi que la courbe ne peut avoir de points que dans l'angle yOx. Elle se compose donc d'une branche unique ON passant par l'origine des coordonnées, et tangente en ce point à l'axe des x. Il n'y a pas d'asymptote et la courbe présente constamment sa convexité vers l'axe des x.

2° Equation $y=x^x$. Cette courbe se compose, comme la précédente, d'une branche unique située dans l'angle

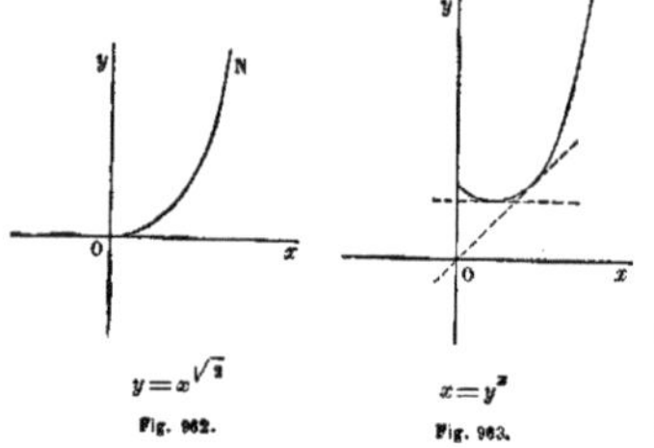

$$y=x^{\sqrt{2}}$$
Fig. 962.

$$x=y^x$$
Fig. 963.

yOx. Elle se termine par un point d'arrêt sur l'axe, à une distance de l'origine égale à l'unité. L'ordonnée présente un minimum pour $x=0,37$, et pour $x=1$ la courbe est tangente à la bissectrice de l'angle yOx.

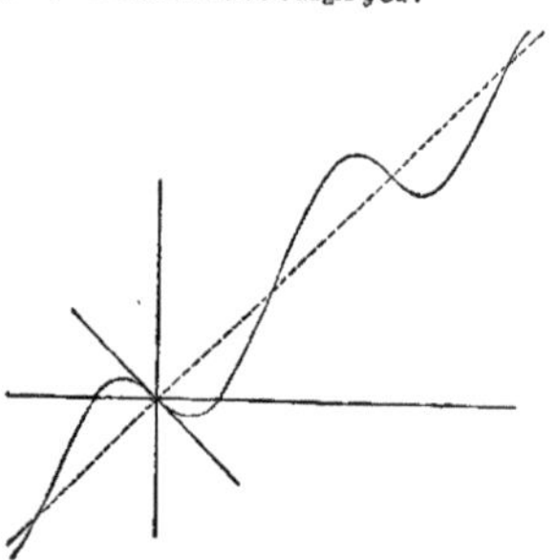

$$y=x-\sin 2x$$
Fig. 964.

3° Equation $y=x-\sin 2x$. Se compose d'une infinité de branches pareilles à celles que représente notre figure. A partir de la droite $y=x$, la valeur minima de l'ordonnée correspond à $x=\frac{\pi}{4}=0,78$.

Voici la table des premières valeurs successives de x et de y.

x		y
0	....	0
0,35	....	0,29
0,70	....	0,287
1,07	....	0,207
1,40	....	1,05
1,74	....	1,207
2,09	....	2,96
2,44	....	3,14
2,79	....	3,43

III. *Équations en coordonnées polaires.* — 1° $\rho=\dfrac{2a\omega}{2a-1}$. La courbe se compose de deux branches spirales asymptotiques à la circonférence $\rho=a$, l'une à l'intérieur, l'au-

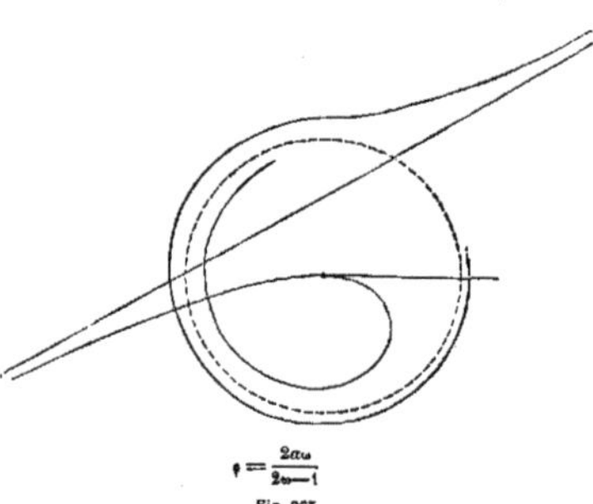

$$\rho=\frac{2a\omega}{2\omega-1}$$
Fig. 965.

tre à l'extérieur. Ces deux spirales se terminent d'ailleurs par deux branches infinies ayant même asymptote rectiligne.

2° $\rho=\dfrac{1-\omega}{1+\omega}$. Se compose également de deux spirales asymptotiques au cercle $\rho=OA=1$, et ayant un même

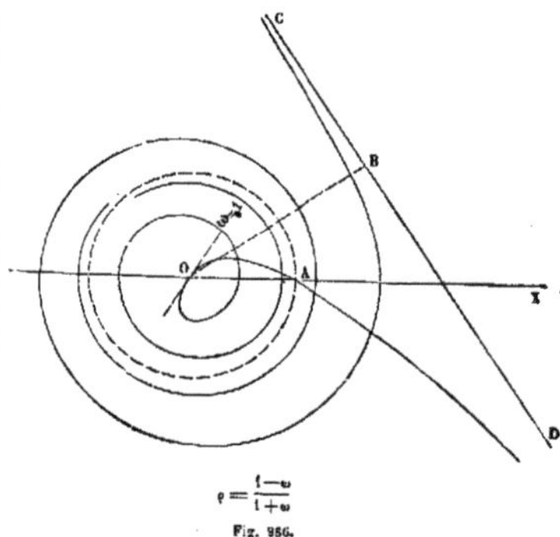

$$\rho=\frac{1-\omega}{1+\omega}$$
Fig. 956.

asymptote rectiligne BCD. Elle diffère de la précédente par la boucle que forme, vers l'origine, la branche intérieure de la spirale.

EQUATION DU TEMPS (Astronomie). — C'est la différence entre le temps vrai et le temps moyen, ou ce qu'il faut ajouter à l'heure indiquée par un bon cadran solaire pour avoir l'heure *moyenne*, telle qu'elle est donnée aujourd'hui par les horloges des grandes villes (voyez JOUR). Voici une table d'*équation du temps*, suffisante pour régler sa montre à une minute près.

EQU 875 EQU

HEURES MOYENNES AU MIDI VRAL.

JANVIER.	AVRIL.	AOUT.	NOVEMBRE.
XII h. plus 1 4 m 3 5 6 6 8 7 10 8 13 9 16 10 19 11 23 12 27 13 FÉVRIER. XII h. plus 2 14 m 11 14 1/2 20 14 27 13 MARS. XII h. plus 4 12 m 8 11 12 10 15 9 19 8 22 7 25 6 29 5 —	XII h. plus 1 4 m 4 3 8 2 11 1 15 0 XII h. moins 19 1 m 24 2 MAI. XII h. moins 13 4 m 29 3 JUIN. XII h. moins 4 2 m 10 1 15 0 XII h. plus 19 1 m 24 2 29 3 JUILLET. XII h. plus 4 4 m 10 5 20 6	XII h. plus 2 6 m 11 5 16 4 21 3 25 2 28 1 SEPTEMBRE. XII h. moins 4 1 m 7 2 10 3 13 4 16 5 18 6 21 7 24 8 27 9 30 10 OCTOBRE. XII h. moins 3 11 7 12 10 13 14 14 19 15 27 16 —	XII h. moins 10 16 m 16 15 21 14 25 13 28 12 30 11 DÉCEMBRE. XII h. moins 3 10 m 6 9 8 8 10 7 12 6 14 5 16 4 18 3 20 2 22 1 24 0 XII h. plus 26 1 m 28 2 30 3 —

E. R.

EQUATIONS NUMÉRIQUES (RÉSOLUTION DES) (Algèbre). —
Quand une équation est du premier ou du second degré,
on a vu à l'article EQUATION comment il faut s'y prendre
pour la résoudre. Une équation du troisième ou du quatrième degré peut aussi être résolue algébriquement;
mais il est plus court d'en effectuer la résolution *numérique*, comme on est, du reste, forcé de le faire, lorsque
l'équation est d'un degré supérieur.

La marche à suivre consiste à chercher d'abord les
racines *réelles commensurables*, qui peuvent être *entières*
ou *fractionnaires*. La recherche des racines entières repose sur ce théorème fondamental que, dans une équation algébrique à coefficients entiers, toute racine *entière*
divise le dernier terme; elle divise le quotient de cette
division augmenté du coefficient de l'avant-dernier
terme; elle divise le quotient de cette nouvelle division
augmenté du terme qui précède, et ainsi de suite. On
cherchera donc les diviseurs entiers du dernier terme,
et on essaiera successivement s'ils satisfont à cette série
d'épreuves : cela est ordinairement plus court que de
constater directement s'ils vérifient l'équation proposée.

On pourra restreindre le nombre des essais, si l'on a
préalablement déterminé les *limites des racines* de l'équation, car tout diviseur du dernier terme qui ne sera pas
compris entre ces limites devra être rejeté.

Enfin, quand on a trouvé une racine entière a, on la
supprime en divisant l'équation par $x - a$, et l'on a soin
de remarquer si le quotient n'a pas lui-même a pour
racine, auquel cas ce serait une racine double.

Soit l'équation $2x^3 - 12x^2 + 13x - 15 = 0$, les diviseurs
du dernier terme sont 3, 5, 15, — 3, — 5, — 15 ; mais la
règle de Descartes indique que cette équation n'a pas de
racine négative ; la limite supérieure des racines positives est 9, on verra tout à l'heure ; il suffit donc
d'essayer 3 et 5. 3 n'est pas racine, mais 5 satisfait à
toutes les conditions. Divisant le premier membre par
$x - 5$, on est ramené à l'équation du second degré
$2x^2 - 2x + 3 = 0$, et l'on trouve de suite les deux autres
racines $\frac{1 \pm \sqrt{-5}}{2}$

Ici la résolution de l'équation s'est achevée sans difficulté. Si l'équation n'avait pas de racines entières, on
chercherait ses racines fractionnaires. Pour cela, on
transforme l'équation en une autre qui n'ait que des
racines entières ; c'est à quoi l'on arrive en multipliant
les racines par le coefficient du premier terme de l'équation ; car, par cette transformation (voyez THÉORIE GÉNÉ-
RALE DES ÉQUATIONS), ce coefficient sera ramené à l'unité.
Or, on démontre facilement qu'une équation dont le

premier coefficient est l'unité, et dont tous les autres sont
entiers, ne peut avoir pour racines commensurables que
des nombres entiers.

On appliquera cette règle à l'équation $4x^4 - 11x^2 + 7x$
$- 6 = 0$, qui a pour racines $\frac{3}{2}$ et — 2.

La recherche des racines commensurables, bien qu'elle
soit dirigée par des règles assez précises, n'est pourtant
qu'une suite d'essais ou de tâtonnements. Il en est de
même, à plus forte raison, de la recherche des racines
incommensurables. Pour réduire ces essais, autant que
possible, il est indispensable de calculer préalablement
les limites des racines, c'est-à-dire deux nombres entre
lesquels les racines sont comprises : par exemple, un
nombre supérieur à la plus grande des racines positives,
et un nombre inférieur à la plus petite des racines négatives. La recherche de cette seconde limite se ramène
à la première ; car, si l'on calcule la transformée en — x
de la proposée, la limite supérieure de ses racines positives sera la limite inférieure des racines négatives de
celle-ci.

On prend, pour limite supérieure des racines positives,
le plus grand coefficient négatif augmenté d'une unité.
Mais on obtient souvent une limite plus approchée en
extrayant du plus grand coefficient négatif la racine dont
l'ordre est marqué par le nombre de termes qui précèdent le premier coefficient négatif, et ajoutant une unité
à cette racine. Dans l'évaluation des termes qui précèdent ce coefficient, il faut avoir soin de tenir compte de
ceux qui pourraient manquer ; enfin, on suppose le coefficient du premier terme égal à l'unité. Dans l'exemple
ci-dessus, $2x^3 - 12x^2 + 13x - 15 = 0$, la limite est $\frac{15}{2} + 1$,
ou 9 en nombres ronds.

Cette limite trouvée, et aussi celle des racines négatives, on substituera dans l'équation une série de nombres intermédiaires, soit, par exemple, tous les nombres
entiers consécutifs compris entre ces limites, et, par
l'inspection des signes du résultat de ces substitutions, on
reconnaîtra dans quel intervalle les racines de l'équation
sont situées. C'est ce qu'on appelle la *séparation des racines :* une racine est séparée lorsqu'on connaît deux
nombres entre lesquels elle est comprise, et comprise
toute seule. Cette opération exige quelquefois un très-
grand nombre de substitutions, que l'on peut simplifier
en faisant usage du *calcul des différences* (voyez ce mot).
Lorsque l'équation a deux racines très-peu différentes
l'une de l'autre, il peut être très-difficile d'en reconnaître
l'existence par ce procédé, tandis que le théorème de
Sturm fournit un moyen rigoureux d'en effectuer la séparation (voyez STURM) (*Théorème de*).

Une autre méthode, qui est souvent très-avantageuse,
consiste dans l'emploi d'une courbe. Soit $x^3 - 7x + 7 = 0$
l'équation. On posera $y = x^3 - 7x + 7$ et on cherchera
la forme de cette courbe du genre de celles qu'on appelle
paraboliques. Les points où elle coupe l'axe des x auront précisément pour abscisses les racines cherchées.
Or, on aura une idée générale de la forme de la courbe
en donnant à x les valeurs suivantes :

$x =$	$- \infty$	$- 4$	$- 3$	$- 2$	$- 1$	0	1	2	3
$y =$	$- \infty$	$- 29$	$+ 1$	$+ 13$	$+ 13$	$+ 7$	$+ 1$	$+ 1$	$+ 13$

Les résultats de ces substitutions manifestent l'existence
d'une racine négative entre — 3 et — 4. Il peut y avoir,
de plus, deux racines positives ; si elles existent, la figure
montre qu'elles seront comprises entre 1 et 2. Pour les
séparer d'une manière certaine, il faut substituer des
nombres plus rapprochés, par exemple de $\frac{1}{10}$ en $\frac{1}{10}$; on
verra ainsi que la plus petite est entre 1,3 et 1,4, et
on en aura déjà une valeur assez approchée.

Cet emploi des courbes pour la séparation des racines
est surtout utile quand l'équation est transcendante. Nous
mentionnerons l'équation $x - e \sin x = u$, à laquelle conduit la question d'astronomie connue sous le nom de
problème de Képler.

Les racines étant séparées par l'une des méthodes que
l'on vient d'indiquer, il reste à calculer chacune d'elles
avec le degré d'*approximation* nécessaire. A cet effet, on
emploie la méthode de Newton qui a l'avantage d'être applicable, que l'équation soit algébrique ou transcendante.

Soit $f(x) = 0$ l'équation, a la valeur approchée d'une
racine à $\frac{1}{10}$ par exemple, et $f'(x)$ la dérivée ; enfin $f(a)$,
$f'(a)$, ce que deviennent ces fonctions quand on y met
le nombre a au lieu de x. On aura une valeur de x
approchée à $\frac{1}{100}$, en ajoutant à a la fraction $- \frac{f(a)}{f'(a)}$. Ap-

pelons b la valeur de x ainsi corrigée, on en aura une valeur approchée à $\frac{1}{1000}$, en ajoutant à b la fraction $-\frac{f(b)}{f'(b)}$, et ainsi de suite.

Dans l'exemple précédent, $x^3 - 7x + 7 = 0$, on formera l'expression $-\frac{x^3 - 7x + 7}{3x^2 - 7}$, et en y mettant pour x la valeur approchée 1,3 de la plus petite racine positive, on trouvera pour correction $+0,05$, d'où $x = 1,35$. Cette nouvelle valeur approchée se corrige de même, et l'on trouve 1,3568 avec quatre décimales exactes. On continuerait de même, si cette approximation ne suffisait pas.

Nous avons admis, dans ce qui précède, que l'équation n'a pas de racines égales. C'est après avoir trouvé les racines entières ou fractionnaires, et les avoir supprimées dans l'équation, que l'on doit appliquer la méthode des racines égales. Souvent on peut s'en dispenser, parce que la forme de la courbe $y = f(x)$ indiquera l'impossibilité de pareilles racines. En effet, deux valeurs égales de x, pour lesquelles y s'annulerait, correspondent à un point où la courbe serait tangente à l'axe des x. Dans l'exemple numérique traité plus haut, on pourrait croire que cela a lieu entre $x = 1$ et $x = 2$. Mais il suffit de diminuer un peu l'intervalle des substitutions successives pour reconnaître qu'il y a entre 1 et 2 deux racines réelles distinctes (voyez Équations, Racines, Théorie générale des équations).

E. R.

EQUATORIAL ou Machine parallactique (Astronomie). — Cet instrument qui sert à déterminer les lois du mouvement diurne n'est autre chose qu'un théodolite dont l'axe serait disposé parallèlement à l'axe du monde. Il se compose d'une lunette qui peut prendre toutes les positions par rapport à l'axe, et de deux cercles gradués dont l'un passant par l'axe indique la distance polaire de l'étoile vers laquelle la lunette est dirigée ; l'autre cercle est perpendiculaire à l'axe et fait connaître l'angle horaire de l'étoile. L'équatorial peut donc servir à déterminer par une seule observation l'ascension droite et la déclinaison des astres.

Notre figure représente l'équatorial disposé sous le dôme N qui recouvre la partie de l'édifice où il est installé. Ce dôme présente une ouverture O fermée par

Fig. 967. — Equatorial.

des trappes que l'on fait glisser dans les coulisses au moment de l'observation. Afin de pouvoir amener la lunette dans la portion du ciel que l'on veut, on fait tourner le toit N tout entier avec le dôme sur un double système de galets P, P, Q Q, par une manœuvre analogue à celle des plaques tournantes de chemin de fer. Cette manœuvre s'exécute au moyen d'une manivelle R, que fait tourner un axe vertical S. Cet axe porte un pignon denté T, qui engrène avec les dents adaptées à la base du toit. La lunette est supportée inférieurement par un massif en maçonnerie L, et supérieurement par la pièce de fonte M.

Un mécanisme particulier permet de mettre en communication un mouvement d'horlogerie avec le cercle de base ; cette horloge est réglée de manière à faire un tour entier en vingt-quatre heures sidérales. Il suit de là que si l'axe optique de la lunette est dirigé vers une étoile, il ne cessera pas d'être dirigé vers la même étoile, ou du moins à peu près, pendant tout le temps que la communication avec l'horloge sera établie.

A cause des effets de la réfraction, on n'obtient pas, à l'aide de cet instrument, des résultats bien précis ; il est, de plus, difficile de l'orienter exactement, c'est-à-dire de diriger son axe suivant la ligne des pôles. On n'emploie donc l'équatorial que dans le cas où les autres instruments sont inapplicables ; par exemple, si l'on est obligé d'observer hors du méridien, ou si l'on veut comparer les positions relatives d'une petite planète et d'une étoile voisine ; alors la réfraction agit à peu près de la même manière sur les deux astres, et il est inutile d'en tenir compte.

Les lunettes de grande dimension sont ordinairement montées sur un équatorial ou sur un pied parallactique. Il est ainsi plus commode de les diriger vers tel point du ciel que l'on veut : à l'aide des deux mouvements dont la lunette est susceptible, on l'amènera à l'ascension droite et à la déclinaison de l'astre qu'on désire voir dans la lunette. Enfin, à l'aide d'un mécanisme d'horlogerie, on donne à la lunette un mouvement de rotation autour de l'axe, de l'est à l'ouest, et d'une grandeur telle que l'étoile une fois dans le champ y reste indéfiniment ; on peut ainsi l'étudier à loisir. On évite par là l'inconvénient des lunettes à fort grossissement : les mouvements, comme les dimensions, y sont amplifiés, de sorte que, par l'effet du mouvement diurne, les astres en traversent le champ avec une très-grande rapidité.

E. R.

EQUERRINE (Vache) (Zootechnie). — Nom d'une classe de vaches laitières dans le système Guenon (voyez Guenon).

EQUIANGLE (Figure) (Géométrie). — Figure de géométrie ayant tous ses angles égaux.

Un triangle équiangle est toujours équilatéral.

Un quadrilatère équiangle est un rectangle.

Tout polygone régulier est équiangle ; la réciproque n'est pas vraie.

EQUIANGLES (Figures) (Géométrie). — Figures de géométrie telles que chacun des angles de la première est égal à l'un des angles de la seconde.

Deux triangles équiangles ne sont pas nécessairement égaux, mais ils sont semblables. Les autres polygones ne sont pas nécessairement semblables, parce qu'ils sont équiangles.

EQUILATÉRAL (Polygone) (Géométrie). — Polygone qui a tous ses côtés égaux.

Un triangle équilatéral est aussi équiangle ; c'est un polygone régulier. Dans le triangle équilatéral, les hauteurs, les médianes, les bissectrices et les perpendiculaires se confondent.

Un quadrilatère équilatéral est un losange. Tout polygone régulier est équilatéral ; la réciproque n'est pas vraie.

EQUILATÉRAUX (Polygones) (Géométrie). — Polygones tels que chaque côté du premier ait un côté égal dans le second.

Deux polygones égaux sont nécessairement équilatéraux, mais la réciproque n'est pas toujours vraie, excepté pour les triangles.

EQUILIBRE (Physique). — Se dit et des corps et des forces qui les sollicitent.

Deux ou plusieurs forces se font équilibre sur un corps lorsqu'elles ont des intensités et des directions telles, que l'effet que tend à produire l'une quelconque d'entre elles est empêché par l'influence combinée et opposée de toutes les autres : la première est égale et contraire à la *résultante* des secondes.

Un corps est en équilibre sous l'action des forces qui le sollicitent, lorsque ces forces se font elles-mêmes équilibre sur ce corps. Un corps en équilibre est nécessairement en repos, ou bien il se meut d'un mouvement rectiligne et uniforme. Toutefois, pour s'expliquer l'équilibre des corps dans un grand nombre de circonstances, il ne faut pas se borner à l'examen des forces qui agissent ostensiblement sur eux. Les corps que nous examinons ne sont jamais libres dans l'espace ; il se développe entre eux des réactions dont il faut savoir tenir compte. Un corps pesant repose sur un plan horizontal : il le presse verticalement ; le plan réagit verticalement à son tour, et cette réaction, égale et contraire au poids du corps, lui fait équilibre. Le même corps peut également se tenir en équilibre sur un plan incliné à l'horizon ; mais une nouvelle force intervient ici, *l'adhérence* ou la *rugosité* des corps ; plus le plan sera poli, moins on pourra l'incliner avant que le corps glisse à sa surface (voyez les articles ADHÉRENCE, FROTTEMENT). En dehors de ces considérations générales, il existe des cas où les conditions d'équilibre sont faciles à établir. Si le corps est suspendu par un de ses points autour duquel il puisse tourner, il se placera dans une position telle que la verticale qui passe par son centre de gravité passe aussi par le point de suspension, et il restera en équilibre dans cette position. S'il ne peut pas tourner, au contraire, autour de ce point, c'est par la roideur de la suspension qu'il sera maintenu en dehors de la condition précédente.

Si le corps appuie sur un plan, il suffit théoriquement, pour que l'équilibre ait lieu, que la verticale du centre de gravité passe par le point d'appui ou tombe dans l'intérieur du polygone formé en joignant les points d'appui extrêmes ; pratiquement, il faut, de plus, qu'en déplaçant un peu le corps, son centre de gravité reste à la même hauteur ou soit soulevé ; ce centre de gravité tendant toujours à descendre, le corps abandonné à lui-même reviendra vers sa première position ; l'équilibre sera *stable*. Si dans ce mouvement le centre de gravité ne descend ni ne monte, le corps roule sous l'influence de la moindre pression, l'équilibre est *indifférent*. L'équilibre est *instable*, et physiquement impossible, quand, pour un léger déplacement, le centre de gravité a descendu ; il ne remontera plus de lui-même et continuera, au contraire, de descendre. La stabilité de l'équilibre d'un corps sera d'autant plus grande, qu'on pourra incliner davantage ce corps, sans dépasser la limite à laquelle il cesse de tendre vers sa première position, c'est-à-dire que le centre de gravité sera plus rapproché du plan d'appui et que la base de sustentation sera plus étendue.

Les conditions d'équilibre sur une base inclinée sont les mêmes, sauf qu'il faut y ajouter l'adhérence qui s'oppose au glissement.

ÉQUILIBRE MOBILE DE TEMPÉRATURE (Physique). — Principe mis en avant par Prevost, de Genève, défini rigoureusement et généralisé par Fourier, et devenu entre les mains de ce dernier savant le point de départ de toute la théorie mathématique de la chaleur.

Voici en quoi il consiste. Tout corps chaud ou froid rayonne sans cesse de la chaleur en quantité variable avec sa température et avec la nature et l'état de sa surface, mais indépendante du degré de chaleur des corps environnants.

Tout corps envoie donc de la chaleur aux corps voisins, en reçoit à son tour de ceux-ci. S'il cède plus de chaleur qu'il n'en reçoit, il est relativement chaud et se refroidit ; s'il en cède moins, au contraire, qu'il n'en gagne, il est relativement froid et s'échauffe. Mais lorsque chacun des corps qui sont renfermés dans une enceinte envoie aux autres autant de chaleur qu'il en reçoit d'eux, *l'équilibre des températures* a lieu ; tous ces corps sont au même degré de chaleur, ont même *température* : ce degré de chaleur ou cette température peuvent d'ailleurs être quelconques et varier à volonté. M. D.

ÉQUILLE (Zoologie), *Ammodytes*, Lin. — Genre de *Poissons*, de l'ordre des *Malacoptérygiens apodes*, caractérisé comme il suit : corps petit, allongé, anguilliforme ; dos garni d'une seule nageoire à rayons simples, articulés ; une anale et une caudale fourchue complètent leur système natatoire, car elles sont privées de vessie aérienne ; leur tête comprimée, pointue en avant, à mâchoire supérieure extensible, plus courte au repos que l'inférieure, leur permet de fouiller la vase et le sable des rivages pour y chercher les vers qui leur servent de nourriture, et aussi pour y trouver un refuge contre les poursuites des poissons voraces, et surtout des scombres. Cette particularité les a fait souvent nommer *Anguilles de sable.* L'espèce nommée *É. appât* (*A. tobianus*, Lin.), qui sert en effet d'appât pour les scombres et les poissons voraces, est commune sur nos côtes ; il en est de même de l'*E. lançon* (*A. lancea*,

Lin.) dont le museau est plus pointu. Ces poissons, d'un gris argenté et longs d'environ 0^m,25, sont comestibles.

ÉQUINOXES ou POINTS ÉQUINOXIAUX (Astronomie). — Intersection de l'écliptique et de l'équateur (voyez ces mots). L'équinoxe du printemps est celui qui traverse le soleil quand il passe de l'hémisphère austral dans l'hémisphère boréal. L'équinoxe opposé est celui d'automne. Les points équinoxiaux se déplacent dans le ciel d'orient en occident. Ce mouvement rétrograde s'appelle *précession des équinoxes* (voyez ce mot).

ÉQUISÉTACÉES (Botanique). — Famille de plantes *Cryptogames acrogènes*, faisant partie du groupe des *Acotylédonées* de Jussieu. Elle appartient à la classe des *Filicinées* de M. Ad. Brongniart, et comprend des herbes articulées, munies d'une gaîne à chaque articulation. Leurs fructifications se présentent sous la forme d'épi conique au sommet des hampes qui sont des tiges prolongées et transformées. Les équisétacées habitent tous les pays de l'hémisphère boréal. Elles contiennent dans leur tissu une grande quantité de silice ; aussi emploie-t-on les espèces du genre *Prêle* (*Equisetum*, le type de la famille), pour polir le bois et les métaux (voyez PRÊLE). — Trav. monogr. : Mirbel, *Bullet. philomatique*, an XI ; — Agardh, *Observation sur la germination des prêles* (Mém. du Mus., IX, 1822) ; — Vaucher, *Monographie des prêles* (1822) ; — *Mém. sur la fruct. des prêles* (Mém. du Muséum, X, 1822).

ÉQUISETUM (Botanique). — Nom latin du genre *Prêle* (voyez ce mot).

ÉQUITATION (Hippologie), du latin *equitare*, monter à cheval. — L'équitation est donc l'art de monter à cheval ; mais cet art étant intimement lié aux autres connaissances relatives au cheval, nous renverrons au mot HIPPOLOGIE.

ÉQUITATION (Hygiène). — Ce genre d'exercice vanté par les anciens comme un moyen thérapeutique puissant, n'est pas moins apprécié par les modernes, et tous les médecins sont d'accord pour lui reconnaître une salutaire influence sur nos organes dans l'état de santé comme moyen hygiénique, et le considérer comme un secours efficace contre certaines maladies.

On a peut-être exagéré lorsqu'on a dit que « l'équitation devait être rapportée aux exercices sans locomotion, aux gestations dans lesquelles il n'y avait d'actif que le mouvement communiqué à l'homme, que l'animal se donnait à lui-même ce mouvement par le jeu de ses membres, et que l'homme le recevait sans effort de sa part et d'une manière passive » (Barbier). Mais il faut avouer pourtant qu'il y a loin de ces successions successives imprimées par les mouvements du cheval, de ces secousses multipliées pénétrant doucement les organes, agitant les tissus vivants dans toutes leurs subdivisions, et déterminant dans leurs fibres un resserrement intestin qui les rend plus robustes et plus forts ; qu'il y a loin, disons-nous, de cet ensemble de mouvements à ceux, plus actifs, plus étendus, plus variés et souvent plus brusques, de la marche, de la natation, du saut, de la danse, de l'escrime, etc. Du reste, l'influence exercée par l'équitation se mesure par la force, l'énergie des secousses imprimées par les mouvements du cheval, et le pas, l'amble, le trot, le galop, doivent être considérés comme des degrés différents de cette influence ; on devra tenir compte aussi des qualités et de l'inclinaison du sol sur lequel marche l'animal ; est-il dur, ferme, inégal, la répercussion du mouvement sera plus vive et ses effets plus grands, etc. Il sera facile, d'après les courtes considérations, de déduire les influences remarquables de l'équitation sur l'appareil digestif, sur la circulation, la respiration, sur les appareils exhalants et sécréteurs, surtout lorsqu'ils sont frappés d'atonie, et sur le système nerveux dont il diminue notablement la mobilité et la sensibilité, lorsqu'elle est devenue excessive.

L'équitation ne peut guère être employée comme moyen de traitement dans les maladies aiguës ; mais on peut en faire usage très-souvent contre certaines maladies chroniques ; en effet, on peut la considérer comme un tonique très-puissant, très-efficace, capable de corroborer les tissus et de donner plus d'activité aux fonctions. Ainsi on pourra l'employer avec avantage dans les fièvres intermittentes rebelles, dans les convalescences des fièvres essentielles, dans les bronchites chroniques atoniques, avec relâchement des tissus, dans les diarrhées atoniques, dans les affections spasmodiques, dans certaines névroses, dans l'hypochondrie, dans les affections scrofuleuses, et en général dans une foule de cas où l'ensemble du système animal est frappé d'atonie, d'inertie et de débilité.

Nous avons dit que l'équitation devait être proscrite dans les maladies aiguës; elle le sera aussi dans les phlegmasies, même chroniques, surtout celles qui ont leur siége dans le système pulmonaire. Cet exercice sera également nuisible dans toutes les maladies qui affectent les organes de la circulation, si l'on en excepte pourtant les spasmes, les palpitations nerveuses, lorsqu'elles n'ont pas une grande intensité.

L'équitation forcée ou trop longtemps continuée peut donner lieu à divers accidents; sans parler des chutes plus ou moins dangereuses, on doit signaler les courbatures, les douleurs dans les articulations, les hernies, les hémorrhoïdes, les engorgements des extrémités inférieures, les hémoptysies, etc. **F — N.**

ÉQUIVALENTS chimiques (Chimie). — On appelle ainsi les rapports constants des poids suivant lesquels les corps simples ou composés se combinent les uns avec les autres.

La connaissance des équivalents dirige aujourd'hui les expériences dans les laboratoires et le travail dans les ateliers des arts chimiques. Elle repose sur les lois suivantes dues aux observations et aux expériences des chimistes modernes les plus illustres.

1° *Loi des poids.* — *Lorsque des corps simples réagissent les uns sur les autres pour former des corps composés, le poids de chaque corps simple reste invariable.* — Rien ne se perd, rien ne se crée.

2° *Loi des proportions définies.* — *Lorsque deux corps simples ou composés se combinent entre eux, les composés sont toujours constitués par des proportions invariables et définies de ces deux corps.* Ainsi, toujours l'hydrogène et l'oxygène se combinent dans le rapport de 1 gramme à 8 grammes pour former 9 grammes d'eau. Changez ce rapport, enflammez, par exemple, un mélange de 1 partie d'hydrogène et de 9 d'oxygène, vous obtiendrez encore 9 parties d'eau, mais 1 partie d'oxygène restera libre; enflammez 2 parties d'hydrogène et 8 d'oxygène, vous aurez toujours 9 parties d'eau, et 1 partie d'hydrogène restera en dehors de la combinaison.

3° *Loi des proportions multiples.* — *Quand deux corps simples ou composés se combinent en plusieurs proportions, si le poids de l'un d'eux reste invariable et est pris pour unité, les poids variables du second croissent suivant des nombres simples, tels que* 1, 1 $\frac{1}{2}$, 2, 2 $\frac{1}{2}$, 3, 4, etc.

Ainsi l'azote et l'oxygène peuvent donner cinq combinaisons définies, et pour 14 parties d'azote, il entre toujours 8 ou 16 ou 24, ou 32 ou 40 d'oxygène, c'est-à-dire que, pour un même poids d'azote, les poids variables d'oxygène sont comme les nombres simples 1, 2, 3, 4, 5.

Le manganèse et l'oxygène forment également cinq combinaisons définies, mais les rapports sont différents. Pour 27,6 de manganèse, les poids d'oxygène sont 8, ou

$$10,67 = 8 \times \tfrac{4}{3}, \text{ ou } 12 = 8 \times \tfrac{3}{2}, \text{ ou } 16 = 8 \times 2, \text{ ou } 24 = 8 \times 3,$$

ou $28 = 8 \times \tfrac{7}{2}$, c'est-à-dire que, pour un même poids de manganèse, les poids d'oxygène sont comme les nombres 1, $\tfrac{4}{3}$, $\tfrac{3}{2}$, 2, 3, $\tfrac{7}{2}$, ou par une simple multiplication, ce qui ne change pas la valeur des rapports; pour 6 de manganèse, les poids d'oxygène sont comme les nombres 6, 8, 9, 12, 18, 21.

4° *Loi des équivalents chimiques.* — *Le rapport des poids suivant lesquels deux corps simples ou composés se combinent à un même poids d'un troisième corps, est le même que celui suivant lequel ils se combinent entre eux et avec tous les autres corps, ou bien le produit de ce même rapport par un nombre simple.*

Ainsi 8 grammes d'oxygène se combinent avec 1 gramme d'hydrogène pour former de l'eau; 35,5 grammes de chlore se combinent avec 1 gramme d'hydrogène pour former de l'acide chlorhydrique; le rapport des poids suivant lesquels l'oxygène et le chlore se combinent à 1 gramme d'hydrogène est donc celui de 8 à 35,5.

Eh bien, ces deux corps, oxygène et chlore, se combinent aussi entre eux dans le même rapport de 8 à 35,5 pour former de l'acide hypochloreux; et de même que 8 d'oxygène se combinent avec 39 de potassium, 23 de sodium, 28 de fer, 108 d'argent, etc., pour former des oxydes de potassium, de sodium, de fer et d'argent; de même aussi 35,5 de chlore se combinent avec 39 de potassium, 23 de sodium, 28 de fer, 108 d'argent, pour former des chlorures de potassium, de sodium, de fer, d'argent, etc.

Il est vrai que le chlore et l'oxygène forment entre eux plusieurs combinaisons; mais ces combinaisons suivent la loi des proportions multiples, et, si le rapport n'est plus celui de 8 à 35,5, il est celui de 24 à 35,5, de 32 à 35,5, de 40 à 35,5, de 56 à 35,5, c'est-à-dire un produit du premier rapport par les nombres simples 3, 4, 5, 7.

On peut dire que 35,5 de chlore est l'équivalent de 8 d'oxygène, en ce sens que ces deux poids peuvent être substitués l'un à l'autre, avec 39 de potassium, par exemple, pour former des composés chimiques parfaitement définis, un oxyde et un chlorure.

En comparant les équivalents des corps à celui de l'hydrogène pris comme unité, on peut dire que 8 est l'équivalent de l'oxygène, 35,5 celui du chlore, 28 celui du fer, etc., et appeler *équivalents d'un corps simple* le nombre qui exprime le poids suivant lequel ou suivant un multiple duquel ce corps entre dans les combinaisons qu'ils forment avec les autres corps.

L'*équivalent d'un corps composé* est la somme des équivalents des corps simples qui le constituent, ou un multiple de cette somme.

On a représenté chaque corps simple par un symbole qui rappelle, non-seulement le nom du corps, mais encore son équivalent. Ainsi, H représente 1 d'hydrogène, O représente 8 d'oxygène, Fe, 28 de fer, etc.

A l'aide de ces mêmes signes, on établit aussi des formules qui représentent la composition des corps composés; on les appelle *formules chimiques.* Elles sont très-utiles pour figurer d'une manière expressive et simple les réactions chimiques. Nous allons en donner des applications. On établit la formule d'un composé binaire, en plaçant à la suite l'un de l'autre le symbole des corps simples qui entrent dans le corps composé : elle représente aussi son équivalent. La formule de l'eau est $HO = 1 + 8 = 9$; celle de l'acide chlorhydrique est $HCl = 1 + 35,5 = 36,5$.

Si un corps forme avec un autre plusieurs combinaisons, on indique le nombre d'équivalents de celui-ci par un chiffre placé à la partie supérieure du signe qui le représente. Ainsi la formule de l'oxyde de carbone est CO et son équivalent $6 + 8 = 14$; celle de l'acide carbonique est CO^2 et son équivalent $6 + 8 \times 2 = 22$.

Voici le tableau d'équivalents des corps simples; nous en montrerons ensuite l'usage.

NOM des corps simples.	Équivalent	Symbole	NOM des corps simples.	Équivalent	Symbole
Aluminium..	13,7	Al	Mercure.....	100,0	Hg
Antimoine...	129,0	Sb	Molybdène..	46,0	Mo
Argent......	108,0	Az	Nickel.......	29,6	Ni
Arsenic......	75,0	As	Niobium.....	»	Nb
Azote........	14,0	Az	Or..........	196,4	Au
Barium......	68,6	Ba	Osmium.... .	99,4	Os
Bismuth.....	208,0	Bi	Oxygène.....	8,0	O
Bore........	108,9	B	Palladium....	53,2	Pd
Brome.......	80,8	Br	Phosphore...	31,0	Ph
Cadmium....	55,7	Cd	Platine......	98,6	Pt
Calcium.....	20,0	Ca	Plomb.......	103,6	Pb
Carbone.....	8,0	C	Potassium....	39,1	K
Cérium	47,0	Ce	Rhodium.....	52,2	R
Cæsium......	124,0	Cæ	Rubidium...	85,0	Rb
Chlore.......	35,5	Cl	Ruthenium...	51,7	Ru
Chrome......	26,3	Cr	Sélénium....	39,6	Se
Cobalt.......	29,5	Co	Silicium.....	21,4	Si
Cuivre.......	31,6	Cu	Sodium......	23,0	Na
Didyme......	48,0	Di	Soufre.......	16,0	S
Erbium	»	E	Strontium....	43,8	Sr
Etain........	58,8	Sn	Tantale.......	183.8	Ta
Fer.........	28,0	Fe	Tellure.	64.1	Te
Fluor.	18,8	Fl	Thallium.....	»	Th
Glucinium...	4,6	Gl	Titane.......	25,2	Ti
Hydrogène...	1,0	H	Tungstène. —		
Iode.........	126,9	I	Wolfram...	91.1	W
Iridium......	98,6	Ir	Uranium.....	60,0	U
Lanthane. ...	47,0	La	Vanadium. ..	68,5	Vn
Lithium.	6,5	Li	Yttrium.	32,2	Y
Magnésium...	12.6	Mg	Zinc.........	32.5	Zn
Manganèse...	27,6	Mn	Zirconium. ..	22,1	Zi

La formule d'un sel (acide et base) s'établit en écrivant d'abord celle de la base, puis celle de l'acide; en les séparant par une virgule, la formule du carbonate de chaux est CaO,CO^2; son équivalent est $(20 + 8) + (6 + 16) = 50$.

Des chimistes prennent l'équivalent de l'oxygène pour terme de comparaison et le représentent par 100. Alors l'équivalent de l'hydrogène est de 12,5 ($100 = 8 \times 12,5$).

Pour avoir les équivalents des corps dans cette hypothèse, il suffit de multiplier ceux que nous avons donnés par 12,5. Comme les nombres qui représentent les équivalents n'expriment que les rapports suivant lesquels les corps se combinent, ces rapports restent les mêmes, quelle que soit l'unité à laquelle on rapporte les équivalents.

Applications.

1° Combien faut-il de sel marin (NaCl) et d'acide sulfurique SO^3,HO pour obtenir 500 kilogrammes de sulfate de soude (NaO,S^3) ?

La formule qui exprime la réaction chimique est :

$$NaCl + SO^3,HO = NaO,SO^3 + HCl,$$

c'est-à-dire

$$(23 + 35,5) + (16 + 2 \cdot \times 9) = (23 + 8) + (16 + 24) + 36,5$$

ou

$$\frac{58,5}{\text{sel}} + \frac{4}{\text{ac. sulfuriq.}} = \frac{71}{\text{sulfate de soude}} + \frac{36,5}{\text{ac. chlorhydrique.}}$$

Ainsi, pour avoir 71 kilogrammes de sulfate de soude, il faut 58^k,5 de sel marin et 49 d'acide sulfurique; pour en avoir 500, il faudra donc $58^k,5 \times \frac{500}{71} = 412^k$ de chlorure de sodium et $49 \times \frac{500}{71} = 345^k$ d'acide sulfurique.

2° Combien faut-il de kilogrammes de craie (CaO,CO^2) et d'acide sulfurique SO^3,HO pour fabriquer 7 200 litres d'acide carbonique ?

1 litre d'acide carbonique pèse $1^{gr},98$; les 7 200 litres pèsent $1^{gr},98 \times 7\,200 = 14\,256$ grammes.

La formule de la réaction est :

$$CaO,CO^2 + SO^3,HO = CO^2 + CaO,SO^3 + HO$$

ou

$$(+ 8) + (8 + 16) + (16 + 24 + 9) = 22 + 68 + 9$$

ou

$$50 + 49 = 22 + 68 + 9$$

Pour avoir 22 grammes d'acide carbonique, il faut 50 grammes de craie et 49 d'acide sulfurique. On trouve qu'il faudra $50 \times \frac{14\,256}{22} = 32\,400^k$ de craie et $49 \times \frac{14\,256}{22} = 31\,752^k$ d'acide sulfurique.   **L.**

ÉQUIVALENTS (Matières organiques), etc. L'analyse élémentaire donne la composition centésimale d'un principe immédiat, et, par suite, le rapport des nombres d'équivalents de ses éléments simples; car il suffit de diviser les poids obtenus par les équivalents respectifs des corps simples auxquels ces poids correspondent pour en déduire le rapport en question. Reste à trouver la formule qui doit exprimer l'équivalent de la substance analysée. La marche à suivre, dans chaque cas, sera rendue claire par un exemple : on a brûlé, par la méthode indiquée au mot ANALYSE ORGANIQUE, 0^{gr}, 4 d'acide formique pur; on a obtenu :

$0^g,103$ de carbone
$0^g,016$ d'hydrogène
$0^g,281$ d'oxygène.

Or

$$\frac{0,103}{\text{equiv. du carb.} - 6} = 0,017$$

$$\frac{0,016}{\text{equiv. de l'hydrog. ou 1}} = 0,016$$

$$\frac{0,281}{\text{equiv. de l'oxygène ou 8}} = 0,035$$

Ces trois quotients sont entre eux comme les nombres 1, 1, 2; donc la formule de l'acide formique pourra s'écrire CHO^2, ou bien $C^2H^2O^4$..... Laquelle choisir ? Pour résoudre cette question, on prend du formiate de plomb bien purifié, et on détermine, par une analyse directe, quel est dans ce sel le poids d'acide formique combiné avec 112 ou un équivalent d'oxyde de plomb; on trouve alors 37 d'acide formique; or, ce poids correspond à la seule formule $C^2H^2O^4$, de laquelle on retrancherait un équivalent d'eau, qui dans le sel est remplacé par un équivalent de base; on devra donc représenter l'équivalent de l'acide formique par la formule C^2HO^3,HO. Les sels de plomb et d'argent sont préférés pour la fixation de la formule d'un acide, parce qu'ils sont, en général, anhydres. Pour déterminer l'équivalent d'un alcaloïde, on suit une méthode analogue. On le combine avec un acide dont l'équivalent est bien connu. Quant aux corps neutres, la détermination de leur équivalent est le plus souvent fort difficile ; on le

déduit, soit de leur mode de décomposition ou de production, soit de la densité de leur vapeur, quand ils sont volatils. La plupart des produits gazeux en chimie organique ont un équivalent qui correspond à 4 volumes; on devra donc choisir la formule qui représente cette sorte de condensation des éléments. Si le corps neutre ne forme aucune combinaison définie, ou ne se volatilise pas, la fixation de son équivalent reste incertaine.   **D.**

ÉQUIVALENTS NUTRITIFS. V. HYG.-ALIMENT. DU BÉTAIL.

ÉQUORÉE (Zoologie), *Æquorea*, Péron; du latin *æquor*, mer. — Genre de *Zoophytes* de l'ordre des *Acalèphes*, section des *Méduses tentaculées*, vulgairement nommés *Orties de mer*. Leur corps a la forme d'une ombrelle aplatie et garnie au pourtour de tentacules filamenteux ; il est très-excavé en dessous, et au centre se voit une bouche bordée d'une sorte de lèvre circulaire saillante, dépourvue de cirrhes ou de tentacules. On distingue dans l'ombrelle une cavité stomacale rapprochée de la face inférieure et communiquant avec des canaux étroits et nombreux qui circulent dans l'ombrelle avec une certaine symétrie. On connaît vingt et quelques espèces d'équorées, qui vivent dans toutes les mers, mais surtout dans l'hémisphère austral. L'*E. mésonème* (*Æ. mesonema*, Pér.), de la une ombrelle discoïde, déprimée, de couleur bleue, et un estomac très-étroit disposé en bandelette autour d'une tubérosité centrale. Ses tentacules sont au nombre de dix-huit. On trouve dans les mêmes eaux l'*E. de Forskal* (*Æ. Forskalea*, Peron) et l'*E. violacée* (*Æ. violacea*, Edwards), décrite et étudiée en détail par le prof. Milne Edwards (*Ann. des Sc. nat.*, II⁰ série, tom. XVI, p. 193, 1841).

ÉRABLE (Botanique), *Acer*, Lin.; dérivé de *ac*, pointe, en celtique : allusion à l'usage qu'on faisait autrefois du bois de ces arbres, pour la fabrication des lances. — Genre de plantes *Dicotylédones dialypétales hypogynes*, type de la famille des *Acérinées*. Caractères : calice à 5 lobes; 5 pétales ; 7-9 étamines, plus rarement 5 (voyez ACÉRINÉES). Les érables sont des arbres des régions tempérées de l'Amérique septentrionale et de l'Asie. Six espèces croissent en Europe. Le genre complet en comprend une cinquantaine. Ces arbres ont les feuilles opposées, simples, lobées, à nervures palmées. Leurs fleurs sont ordinairement en corymbes ou en grappes. L'*E. faux-platane* (*A. pseudo-platanus*, Lin.), connu aussi sous le nom de *Sycomore*, d'*Erable blanc*, s'élève de $0^m,12$ à $0^m,15$. Ses feuilles, à 5 lobes acuminés, sont blanches en dessous, et ses fleurs sont en

Fig. 968. — Érable à sucre.

panicule pendante. On cultive plusieurs variétés de cet arbre. L'*E. champêtre* (*A. campestre*, Lin.) est beaucoup moins élevé que le précédent. Ses feuilles sont à lobes obtus, et ses fleurs sont en corymbes dressés. Cette espèce possède aussi de nombreuses variétés. L'*E. plane, faux Sycomore*, *A. platanoides* (Lin.) se distingue principalement du précédent par ses feuilles à lobes dentés, à dents longuement acuminées. Ces trois érables sont indigènes. L'*E. à sucre* (*A. saccharinum*, Lin.) est un arbre très-élevé (20 à 25 mèt.), de l'Amériquo septentrionale. Son écorce est blanchâtre, ses rameaux sont brunâtres, et ses feuilles, à 5 lobes palmés, sont pubescentes aux nervures. Ses fruits sont à ailes divergentes. Il recherche les pays montagneux, où il réussit bien dans un sol froid et humide. Cette espèce est, sans contredit, la plus importante pour sa production abondante de sucre. On obtient sa séve par le moyen de trous faits avec une tarière. Ces trous sont percés obliquement de bas en haut, dès les premiers jours du printemps, à 0^m,02 de profondeur et à une hauteur de 0^m,60 à 0^m,65 du sol, du côté du midi ; le jus s'écoule dans des augots, de la contenance de huit à dix litres. L'opération dure environ six semaines et le sucre cristallisable est ensuite obtenu par concentration. Aussitôt recueilli, on fait bouillir le suc, et on passe dans une étoffe de laine ; on fait bouillir une seconde fois jusqu'à consistance de sirop, puis on met dans des moules. Ce sucre est aussi bon que celui de canne, et il sert aux mêmes usages. Chaque arbre peut fournir par année 3 kilogrammes d'un beau sucre raffiné. Plusieurs autres espèces ont aussi la séve très-sucrée ; mais leur production est moins importante que celle de l'espèce précédente. En général, les érables sont des arbres d'ornement, et leur bois a des qualités qui le font employer avec avantage dans l'industrie et même le chauffage. Les tourneurs et les luthiers s'en servent particulièrement. Le bois de l'*A. negundo* surtout est très-beau avec sa couleur safranée et ses veines roses ou violettes. G — s.

ÈRE (Astronomie). — Origine ou point de départ des années dans le *calendrier* (voyez ce mot).

ÉRÈBE (Zoologie), *Erebus*, Fab. ; du grec *erebos*, noirceur. — Genre d'*Insectes*, de l'ordre des *Lépidoptères*, famille des *Nocturnes*, section des *Noctuélites* ; ce sont les plus grands du groupe auquel ils appartiennent. Ils ont le dernier article des palpes inférieures long, grêle et nu, les ailes toujours étendues horizontalement, l'abdomen court et conique, et l'envergure des ailes supérieures très-grande ; les inférieures au contraire sont très-courtes. Mais toutes les espèces sont exotiques, à l'exception d'une seule propre à l'Espagne, *Ophiusa scapulosa*, Ochs. L'*E. strix* (Fab.) de la Guyane est le type du genre. Ses ailes gris-blanc hâtre, traversées de bandes noires, brisées et ondulées, ont parfois 0^m,25 d'envergure. Elle vit à Cayenne.

ÉRÈSE (Zoologie), *Eresus*, Walck. — Genre d'*Arachnides*, de l'ordre des *Pulmonaires*, famille des *Aranéides*, tribu des *Saltigrades*, caractérisés par : huit yeux disposés sur trois lignes par trois, deux et deux ; une lèvre allongée, triangulaire et pointue ; et des pattes grosses, courtes, égales en longueur, et aussi bien propres au saut qu'à la marche. Ces araignées se construisent des cocons de soie blanche et fine, les fixent entre deux feuilles qu'elles rapprochent, ou sous des pierres, et sortent de temps en temps de cette retraite pour épier les insectes dont elles font leur proie. Quand elles en sont suffisamment rapprochées, elles sautent brusquement dessus. L'espèce type est l'*E. cinabre* (*E. cinaberinus*, Walck.), qui se rencontre aux environs de Paris, mais surtout dans le midi de la France et en Italie. Elle a l'abdomen rouge de brique, et le thorax et les pattes noirs.

ÉRÉSIPÈLE (Médecine). — Voyez *Erysipèle*.

ÉRÉTHISME (Médecine), du grec *erethizô*, j'irrite. — Cette expression, dont la signification est très-vague, est à peu près synonyme d'*irritation*. C'est, en général, cet état d'excitation qui accompagne la première période des maladies aiguës. Hippocrate appelle *éréthisme* tout ce qui irrite et affaiblit en même temps l'organisme (voyez IRRITATION).

ÉRÉTHIZON (Zoologie), Fr. Cuv. ; du grec *erethizô*, je pique. — Sous-genre de *Mammifères*, de l'ordre des *Rongeurs*, famille des *Hystriciens* ou *Porcs-épics*, particuliers à l'Amérique du Nord. C'est l'*Urson* de Buffon. On n'en admet qu'une seule espèce bien déterminée, l'*E. dorsatum* (Cuv.) du Canada ; ses piquants jaunâtres sont mêlés de poils noirs qui les cachent en partie ; il porte deux incisives longues, fortes et tranchantes, et sa queue est plus longue que celle des porcs-épics. Sa taille est la même que celle du castor auprès duquel il vit dans l'Amérique du Nord. Il fuit l'eau et fait sa principale nourriture des racines et de l'écorce du genévrier. Les sauvages mangent sa chair, se couvrent de sa peau et emploient ses piquants en guise d'épingles et d'aiguilles.

ERGOT (Zoologie). — En parlant des mammifères, les naturalistes donnent, en général, le nom d'ergot aux ongles des doigts imparfaitement développés, et qui se trouvent ordinairement placés derrière les autres ; tels sont les ongles des doigts rudimentaires du cochon domestique, de l'ornithorhynque et des ruminants. Les chiens de chasse ont quelquefois un ergot de surcroît ; les chasseurs disent alors que ce sont des chiens *ergotés*.

On donne encore le nom d'*ergot* à des espèces de cornes osseuses placées derrière les tarses de la plupart des oiseaux gallinacés mâles ; quelques femelles en sont cependant pourvues, mais ils sont plus petits. L'intérieur de l'ergot est une cheville osseuse comme la corne du bœuf ; elle est recouverte d'une substance cornée, s'allonge lorsque l'oiseau vieillit, et fournit ainsi un moyen de connaître son âge. Les ergots sont très-longs et très-pointus dans le coq, et obtus dans le dindon ; on en trouve plusieurs dans l'éperonnier ; les chapons en sont dépourvus. Si l'on coupe l'ergot d'un coq et qu'on l'implante dans sa crête, il y prendra de l'accroissement ; c'est une vraie greffe animale, pratiquée par certains bateleurs pour amuser le public avec cet oiseau cornu. On donne plus particulièrement le nom d'*éperons* aux autres productions cornées que présente l'os du métacarpe dans certains oiseaux (voyez ÉPERON).

ERGOT (Botanique). — On a donné ce nom, à cause de sa ressemblance avec l'ergot d'un coq, à une excroissance fungiforme qui se développe accidentellement entre les valves de plusieurs graminées ; cette production est, en général, allongée, fusiforme, d'un brun violacé, légèrement recourbée, et dépassant le plus souvent les valves de la glume ; sa longueur varie de 0^m,01 à 0^m,04. Elle se rompt

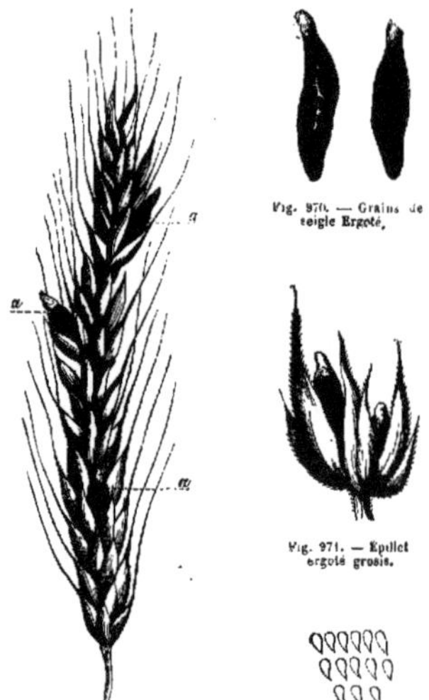

Fig. 970. — Grains de seigle Ergoté.

Fig. 971. — Épillet ergoté grossi.

Fig. 969. — *a, n, a.* Ergots de seigle.

Fig. 972. — Séminules vues sur le grain ergoté grossies 100 fois.

facilement ; son intérieur est grisâtre ; sa saveur est âcre ; il peut en exister plusieurs sur le même épi. On rencontre l'ergot particulièrement sur le seigle, quelquefois sur le blé, rarement sur le maïs. On en a trouvé encore sur d'autres graminées, et entre autres sur le roseau commun, roseau à balais (*arundo phragmites*, Lin.). Les années pluvieuses, les terrains humides, sablonneux, comme ceux de la Sologne, paraissent favorables à son développement. Nous avons eu occasion d'en observer sur des blés, dans les environs de Poissy, en 1830, et sur le territoire de Fontenay-aux-Roses, en 1837.

La nature de cette production n'a pu encore être déterminée d'une manière bien nette. Cependant, la plupart des observateurs la considèrent comme une plante *cryptogame amphigène*, de la classe des *Champignons*, que

M. Léveillé range dans sa division des *Clinosporées ectoclines*, genre *Sphacelia*, espèce *Sphacelia segetum*. Ce champignon, suivant lui, se développe le plus souvent sur l'ovaire même d'une fleur malade, sous l'apparence d'une matière molle, jaunâtre, qui recouvre l'ovule et n'est autre chose que le champignon lui même ; celui-ci s'accroît rapidement, le péricarpe refoulé se détache ; mais bientôt l'ovule affecté par la présence de la sphacélie prend un développement anormal ; le champignon, de son côté, finit par ne plus entourer que son extrémité, sous la forme d'un petit corps blanchâtre, friable, qui se détache au moindre choc ; c'est ce qui fait qu'on le retrouve rarement après qu'il est récolté (voyez *Bulletin de la Société philomatique*, séance du 28 août 1847; voyez aussi les travaux de M. Tulasne sur le même sujet). Ce dernier savant regarde, du reste, le champignon dont il est question comme une forme transitoire, une période germinative par exemple, en un mot, le *mycelium* du champignon. Pour M. Léveillé, au contraire, c'est le champignon dans son état parfait. On doit à Vauquelin une analyse complète de l'ergot. Mais plus récemment M. Wiggers en a donné une plus complète, insérée dans le *Journal de pharmacie*, t. XVIII, dont les résultats y démontrent : fongine, 46,19; huile grasse non saponifiable, 35,00; ergotine, 1,25; gomme et principe colorant rouge, 2,33; osmazome, 7,76; phosphate acide de potasse, 4,42; albumine végétale, 1,46; plus, du sucre cristallisable, de la cérine, de la silice, du phosphate de chaux.

Au point de vue *médical*, l'ergot est important à considérer comme *agent toxique* et comme *agent thérapeutique*.

§ I. Comme *agent toxique*, il constitue une forme de maladie connue sous le nom d'*ergotisme* (voyez ce mot).

§ II. Comme *agent thérapeutique*, le seigle ergoté était employé ou moins secrètement par quelques personnes pour activer le travail de l'enfantement, lorsqu'un des premiers, Prescott, médecin américain, fit connaître, par des expériences suivies, les propriétés de ce médicament et son action pour provoquer les contractions utérines. Malgré les assertions contraires de Chaussier, cette action ne peut guère être révoquée en doute, et aujourd'hui elle est presque généralement admise ; mais, par cela même, l'administration de ce remède doit être faite avec une grande prudence ; ainsi on ne devra le donner que vers la fin du travail, lorsque les contractions languissent, et qu'il ne faut plus que quelques efforts pour que l'accouchement se termine ; en le donnant trop tôt, on aura à craindre de provoquer des contractions violentes qui ne suffiront pas encore pour terminer l'accouchement, puis viendra nécessairement un collapsus pendant lequel le travail ne marchera pas, et la femme perdra ses forces ; d'un autre côté, la violence des contractions et l'absorption du médicament peuvent être préjudiciables à l'enfant. On doit l'administrer à la dose de 2 grammes de poudre dans un verre d'eau, par cuillerées, toutes les cinq minutes. Le même moyen a encore été administré contre les hémorrhagies utérines, surtout celles qui accompagnent ou suivent le travail de l'enfantement (voyez ERGOTINE).   F — N.

ERGOT DE COQ (Botanique). — Nom vulgaire du *Panic pied de coq* (*Panicum crus-galli*, Lin.). On a encore donné quelquefois le nom spécifique d'*Ergot de coq* au *Néflier pied de coq* (*Mespilus crus-galli*, Lin.).

ERGOTINE (Chimie organique, Thérapeutique). — Ce nom a été donné à deux substances qui offrent entre elles des différences assez remarquables. L'*ergotine de M. Bonjean* de Chambéry s'obtient en épuisant, par de l'eau, de la poudre de seigle ergoté, évaporant ensuite les liqueurs à la consistance de sirop, et ajoutant un grand excès d'alcool qui précipite toutes les parties gommeuses et les sels insolubles dans l'alcool; on a alors une espèce d'extrait mou, rougeâtre, tenant en dissolution les sels déliquescents, l'osmazôme, le sucre, et surtout l'*ergotine* de M. Wiggers, toutes parties qui sont contenues dans l'ergot. L'*ergotine de M. Wiggers* est un principe végétal, âcre, amer, d'une odeur nauséabonde, insoluble dans l'eau et dans l'éther, soluble dans l'alcool. « C'est probablement, dit M. Guibourt, une matière colorante résinoïde. »

ERGOTISME (Médecine). — C'est ainsi qu'on désigne les affections déterminées par les effets toxiques du seigle ergoté. Lorsque les grains ergotés sont mêlés en proportion assez notable avec de bon grain, il peut résulter de leur emploi des accidents de nature assez différente. Le plus

souvent, ce sont des gangrènes des membres inférieurs, précédées de fourmillements, d'engourdissements, de douleurs, de sentiment de froid ; la peau devient livide; elle est quelquefois sèche, noire. La maladie peut commencer par le centre des membres ; d'autres fois, par les orteils; bientôt il se forme des phlyctènes, puis des points gangréneux ; on voit alors se détacher des phalanges, même des doigts, et quelquefois la jambe entière, etc. A tous ces points de vue, les différentes épidémies observées ont présenté des symptômes très-variés. Quelquefois, au lieu de la gangrène, il survient, après les premiers symptômes énoncés plus haut, des contractions spasmodiques, convulsives, dans les membres affectés ; les malades poussent des cris aigus et sont dévorés par un feu qui les brûle ; les facultés mentales sont perverties, il y a des vertiges et toute une série de symptômes épileptiformes, etc. Le traitement d'une aussi cruelle maladie offre de grandes difficultés. Après avoir éloigné la cause du mal, s'il y a des signes de congestion cérébrale ou d'irritation des organes digestifs, on pourra avoir recours aux émissions sanguines, mais avec beaucoup de réserve ; les boissons acides, quelques potions stimulantes, des frictions, des fomentations chaudes, excitantes, aromatiques, etc. (voyez RAPHANIE).   F — N.

ERICA (Botanique). — Nom scientifique de la *Bruyère*.

ERICACÉES ou ERICINÉES (Botanique). — Famille de plantes *Dicotylédones gamopétales hypogynes*. Elle a pour type le genre *Bruyère* (*Erica*). Caractères principaux : calice persistant, libre, à 3-4-5 divisions égales ; corolle souvent persistante, régulière ou très-rarement irrégulière, à 4-5 lobes ; anthères munies d'appendices et s'ouvrant ordinairement par un ou deux pores au sommet ; ovaire libre entouré d'un disque et divisé en 3-5 loges ; capsule renfermant de nombreuses graines. Les éricacées sont des arbrisseaux et des sous-arbrisseaux à feuilles opposées ou verticillées, coriaces, entières. Elles habitent les climats tempérés, et quelquefois assez froids. Le plus grand nombre se rencontrent dans l'Afrique australe, au Cap. Quelques espèces ont des propriétés astringentes et diurétiques. Genres principaux : *Bruyère* (*Erica*, Lin.); *Arbousier* (*Arbutus*, Tourn.); *Andromeda*, Lin., etc. (voyez ces mots).

ERICULE (Zoologie), *Ericulus*, Is. Geoff., diminutif de *erinaceus*, hérisson. — Genre de *Mammifères*, de l'ordre des *Carnassiers*, famille des *Insectivores*, formé par Js. Geoffroy, aux dépens des Tanrecs, propres à l'île de Madagascar. Ils ont sur la tête, un pelage ordinaire, mais portent de fortes moustaches dirigées en arrière ; aussitôt après le cou, des piquants très-résistants remplacent brusquement les poils et recouvrent le dos. Leur tête est moyennement large; leurs pieds ont cinq doigts munis d'ongles longs; leur queue est très-courte. Les deux espèces connues, qui se plaisent dans les forêts de Madagascar, sont : le *Sora* (*E. nigriscens*, Is. Geoff.), de 0m,15 de long, et le *Tendrac* (*E. spinosus*, Is. Geoff.) dont les mœurs ont été peu étudiées.

ERIGERON (Botanique), Lin.; du grec *erion*, poil, et *geron*, vieillard ; parce que les capitules se couvrent d'aigrettes de soies blanches peu de temps après la floraison. — Genre de plantes *Dicotylédones gamopétales périgynes*, famille des *Composées*, tribu des *Astéracées*, sous-tribu des *Astérées*. Ce sont des herbes à capitules presque hémisphériques, à disque jaune. On les connaît aussi sous les noms de *Vergerettes*, *Vergerolles*. L'*E. âcre* (*E. acre*, Lin.) est une plante très-abondante en Europe, dans les lieux arides. Les fleurons de la circonférence sont d'un rose violet. L'*E. du Canada* (*E. canadense*, Lin.) est très-commun dans toute l'Europe, quoiqu'il soit originaire de l'Amérique septentrionale. On pense que sa propagation, facilitée par ses akènes aigrettés, est due à l'usage qu'on en faisait au Canada pour emballer des produits destinés à l'Europe, notamment les peaux de castor. L'*E. gracieux* (*E. speciosum*, de Cand.), plante de la Californie, se cultive dans les jardins à cause de ses capitules d'un beau violet foncé. Il en est de même pour l'*E. très-grand* (*E. maximum*, Otto) du Mexique ; cette espèce a les ligules longues quelquefois de 0m,015, et teintées de blanc pourpré. L'*E. glabre* (*E. glabellum*, Nutt.), de l'Amérique du Nord, est une belle plante vivace portant tout l'été des fleurs rassemblées en un large capitule de 0m,35, à rayons lilacés, à disques jaunes. Caractères : capitules multiflores ; fleurons de la circonférence ligulés ; fleurons du disque tubuleux ; akènes comprimés, à aigrettes composées de soies scabres sur plusieurs rangs.   G — S.

ERIGNE, AIRINE, ERINE (Chirurgie, Anatomie), du

grec *airô*, je soulève, je lève. — Petit instrument formé d'une tige de fer, quelquefois d'or ou d'argent, longue de 0ᵐ,12 à 0ᵐ,15, et dont chacune des extrémités est terminée par un crochet acéré. La partie moyenne, au lieu d'être arrondie, est quelquefois plus ou moins aplatie ; dans tous les cas, elle est plus épaisse et s'en va en diminuant de volume vers ses extrémités. On se sert de l'érigne dans les dissections délicates, et dans quelques opérations chirurgicales pour soulever, écarter certaines parties que l'on veut ménager, ou pour mettre à découvert celles qui sont sous-jacentes. On se servait autrefois d'une érigne montée sur un manche, et qui, par conséquent, n'avait qu'un seul crochet. Quelquefois, on ajoute à l'érigne double dont il a été question plus haut une chaînette fixée à sa partie moyenne par un petit anneau, et terminée par un troisième crochet. Museux, chirurgien de Reims, a fait construire des pinces qui portent son nom, et dont les branches sont terminées par un crochet, ce qui constitue une double érigne. On s'en est servi avantageusement dans la résection des amygdales.

ÉRINE (Botanique), *Erinus*, Lin. ; nom donné par les Grecs à une sorte de campanule. — Aujourd'hui c'est un genre de plantes *Dicotylédones gamopétales hypogynes*, famille des *Scrophularinées*, tribu des *Digitalées*. Caractères : corolle à tube court, bilabiée, à lobes inférieurs recouvrant les deux supérieurs dans la préfloraison ; capsule sillonnée s'ouvrant en deux valves. L'*E. des Alpes* (*E. alpinus*, Lin.) est une jolie plante vivace gazonnante, à feuilles spatulées, dentées. Ses fleurs, disposées en grappes, sont purpurines, blanches ou bleuâtres, et répandent une odeur agréable. Cette espèce croît dans les montagnes de la France méridionale, en Suisse, en Espagne, etc. Nommée vulgairement *Mandeline*.

ÉRIOCAULON (Botanique), Lin. ; du grec *erion*, laine, *kaulos*, tige. — Genre de plantes *Monocotylédones périspermées*, type de la famille des *Ériocaulonées*, voisine des Restiacées. Il comprend des herbes dioïques, à feuilles radicales, linéaires, aiguës, à feuilles caulinaires, engaînantes ou nulles. Leurs fleurs sont réunies en capitules globuleux, accompagnées de bractées formant involucre. Les espèces de ce genre, au nombre de cent trente environ, habitent les régions tropicales. Elles paraissent être très-abondantes en Australie. L'Europe n'en possède qu'une seule, récoltée en Irlande. La plupart pourraient servir comme plantes d'ornement, si l'on en croit les voyageurs qui les ont observées vivantes. Trois ou quatre espèces seulement sont cultivées dans quelques serres d'Europe. Bongard, puis Martius, ont étudié d'une façon toute spéciale ce genre intéressant, ainsi que la famille des *Ériocaulonées*.

ÉRIOCAULONÉES (Botanique). — Voyez ÉRIOCAULON.

ÉRIODE (Zoologie), *Eriodes*, Is. Geoff. ; du grec *eriodès*, laineux. — Genre de *Mammifères* de l'ordre des *Quadrumanes*, détaché du genre *Atèle* ou *Singes de l'Amérique*. Ils n'ont pas les narines percées sur le côté, comme cela a lieu pour les singes du nouveau continent, mais inférieurement comme ceux de l'ancien. Ils se distinguent en outre par l'absence d'abajoues et de callosités ; leur queue est longue et prenante, et ils ont vingt-quatre molaires. Leurs formes sont grêles et leurs membres longs ; leur pelage est laineux et doux au toucher. Ils habitent les forêts primordiales, celles du Brésil principalement, et ils se réfugient au sommet des arbres les plus élevés, à l'approche de l'homme. Ils poussent, pendant tout le jour, des cris particuliers que les voyageurs représentent en disant que la voix de ces animaux est sonore et claquante. Geoffroy en compte trois espèces : l'*E. arachnoïde* (*E. arachnoïdes*, Geoff.), privé de pouce aux membres antérieurs ; l'*E. à tubercule* (*E. tuberifer*, Geoff.), à pouce rudimentaire ; et l'*E. hémidactyle* (*E. hemidactyles*, Geoff.), qui porte à chaque main un petit pouce onguiculé.

ÉRIODENDRON (Botanique), de Cand. ; du grec *erion*, laine, et *dendron*, arbre, à cause du duvet qui entoure les graines. — Genre de plantes *Dicotylédones dialypétales hypogynes*, famille des *Sterculiacées*, tribu des *Bombacées*. Caractères : étamines soudées en un tube divisé au sommet en 5 faisceaux ; capsule à 5 loges renfermant de nombreuses graines entourées de duvet. L'*E. à fleurs laineuses* (*E. leiantherum*, de Cand. ; *Bombax erianthus*, Cav.) est un arbre élevé ; son tronc est hérissé d'aiguillons ; ses fleurs sont grandes, laineuses et écarlates. Dans l'*E. à anthères tortueuses* (*E. anfractuosum*, de Cand. ; *Bombax pentandrum*, Lin.), elles sont petites et couvertes de poils

soyeux. Cette espèce vient des Indes orientales. La première croît au Brésil.

ÉRIOGONUM (Botanique), du grec *erion*, laine, poil, et *gonu*, articulation, parce que les plantes sont souvent couvertes de poils et que les tiges sont articulées. — Genre de plantes *Dicotylédones dialypétales hypogynes*, famille des *Polygonées*, voisin de celui des Renouées dont il se rapproche beaucoup ; établi par Michaux pour une plante qui croît dans les sables arides de la Géorgie et de la Caroline, il renferme aujourd'hui une trentaine d'espèces. Ce sont des plantes vivaces, à feuilles radicales, serrées, les caulinaires en forme de coins ; fleurs blanches ou jaunes ; calice campanulé ; 9 étamines ; semence triangulaire. On en cultive quelques espèces dans les jardins botaniques.

ÉRIOPHORE (Botanique), *Eriophorum*, Lin. — Voyez LINAIGRETTE.

ÉRIPHIE (Zoologie), *Eriphia*, Latr. ; du grec *eriphion*, petit chevreau. — Genre de *Crustacés*, ordre des *Décapodes*, famille des *Brachyures*, section des *Quadrilatères*, établi par Latreille pour quelques espèces qui ont le test presque en cœur, tronqué postérieurement ; les antennes externes longues et insérées entre les cavités oculaires et les antennes médianes. La forme de leur test les rapproche des tourlourous (gécarcins). On trouve sur nos côtes l'*E. spinifrons*, Savig. (*Cancer spinifrons*, Herbst), dont le front et les serres sont épineux, les doigts noirs. M. H. Lucas l'a rencontré sur les côtes d'Algérie.

ÉRISTALE (Zoologie), *Eristalis*, Lin. — Genre d'*Insectes*, de l'ordre des *Diptères*, famille des *Athéricères*, tribu des *Syrphides*, ressemblant par leur lèvre aux abeilles. Leurs antennes sont placées sur une éminence, rapprochées, et leur dernier article est arrondi. Ces insectes sont velus de soies plumeuses, et leurs ailes sont écartées au repos. Ils se tiennent dans la boue des égouts ou dans les immondices ; leur corps est très-résistant, car une très-forte pression est souvent insuffisante pour les écraser. On nomme *E. entêté* (*E. tenax*, Lin.) une espèce qui revient toujours à la place où elle volait lorsqu'on l'a chassée.

Les larves de ces insectes ont reçu le nom de *Vers à queue de rat*, parce qu'elles sont en effet munies d'une queue annelée, de 0ᵐ,13 de long, qui, remontant à la surface des eaux stagnantes, quand l'animal est dans la vase, lui permet de respirer l'air en nature.

ÉRMITE (Bernard L'). — V. BERNARD L'HERMITE.

ÉRODIUM (Botanique), *Erodium*, L'Hérit. ; du grec *erôdios*, héron ; allusion à la forme des carpelles en bec de héron. — Genre de plantes *Dicotylédones dialypétales hypogynes*, famille des *Géraniacées*. L'Héritier l'a établi pour les espèces du genre *Géranium*, de Linné, pourvues de 10 étamines, dont 5 stériles. On compte environ une soixantaine d'espèces d'érodium croissant dans les régions tempérées. On cultive comme plantes d'ornement, l'*E. bec de grue* (*E. gruinum*, Willdw), herbe annuelle, à fleurs bleu-violet, et l'*E. carné* (*E. incarnatum*, L'Hérit.), herbe annuelle du Cap, dont les fleurs sont grandes, rosées, un peu jaunes au centre. On trouve aux environs de Paris, l'*E. à feuilles de ciguë* (*E. cicutarium*, L'Hérit.), et l'*E. musqué* (*E. moschatum*, Willdw). L'un a les filets des étamines entiers, et l'autre les a bidentés. La dernière espèce est aussi caractérisée par une odeur de musc très-prononcée. On l'employait autrefois en médecine comme stimulant et antispasmodique.

ÉROPHILE (Botanique), *Erophila* de C., du grec *éros*, génitif de *eur*, printemps, et *phileo*, j'aime, parce qu'on la rencontre sur les murs, aux premiers jours du printemps. — Genre de plantes *Dicotylédones dialypétales hypogynes*, famille des *Crucifères*, tribu des *Abyssinées*, très-voisin des Draves dont de Candole l'a détaché (voyez DRAVES).

ÉROSION (Médecine), du latin *erodere*, ronger. — On appelle ainsi une destruction partielle, plus ou moins lente de nos parties, déterminée par une cause virulente ou physique ; quelques médecins la définissent : action de toute substance médicamenteuse ou virulente, qui, appliquée sur une partie quelconque du corps, la détruit en la rongeant ; pour d'autres enfin, c'est l'action d'une substance corrosive sur les tissus. Quoi qu'il en soit, l'érosion peut être considérée comme une *plaie superficielle* (voyez ce mot).

ÉROTYLE (Zoologie), *Erotylus*, Fab. — Genre d'*Insectes*, de l'ordre des *Coléoptères*, section des *Tétramères*, famille des *Clavipalpes*, particulier à l'Amérique, caractérisé par : des antennes grêles, terminées en massue, un corps arrondi et bombé, la tête convexe, les mâchoires cornées, le prothothorax transversal, profondément échancré en avant. L'espèce type est l'*E. géant* (*E. giganteus*, Fab.); il a environ 0,020 à 0,022 de long; les antennes et la tête noire, le corselet noir luisant. De Cayenne.

ERPÉTOLOGIE (Zoologie), du grec *herpeton*, reptile, et *logos*, science. — On a donné ce nom à cette partie de la zoologie classique, qui s'occupe spécialement de la structure et des diverses espèces de *Reptiles* (voyez ce mot). Les ouvrages fondamentaux d'erpétologie sont : de Lacépède, *Hist. nat. des Quadrup. ovip. et des Serpents*, 1790; — Alex. Brongniart, *Mém. des sav. étrang. de l'Institut*, 1803; — Daudin, *Hist. nat. des Reptiles, Hist. nat. des Roinettes*, etc., 1802 et 1803; — G. Cuvier, *Règne animal*, 1817 et 1829; — Merrem, *Tentamen system. amphibiorum*, 1820; — Harlan, *Reptiles d'Amérique*, en anglais, 1825; — Wagler, *Syst. nat. des Amphibies*, en allemand, 1830; — Duméril et Bibron, *Erpétologie générale*, 1834 à 1850.

ERPÉTON (Zoologie), *Erpetum*, Lacép.; du grec *erpein*, ramper. — Lacépède donna ce nom à un genre de *Serpent* dont le premier spécimen fut trouvé dans la collection du stathouder de Hollande, lors de l'expédition française de 1792. Il a le corps irrégulièrement cylindrique, la tête aplatie, large derrière, allongée et pointue en avant, revêtue de grandes plaques polygonales; sa langue est rétractile dans un fourreau. Ce qui le distingue principalement, ce sont deux prolongements* mous et flexibles, revêtus de petites écailles, qui s'avancent de chaque côté du museau et semblent remplir pour cet animal les mêmes fonctions que les antennes des insectes ou les tentacules des mollusques. On ne connaît que l'*E. tentacule* de Lacépède; encore ne l'a-t-on jamais vu vivant. On croit qu'il vient de la Guinée. Il mesure 0ᵐ,94 de long, et 0ᵐ,007 à 0ᵐ,008 pour les tentacules.

ERRATIQUES (Blocs, Dépôts) (Géologie). — Voyez Alluvions, Dilluvium.

ERRATIQUES (Zoologie). — Mauduit a désigné ainsi les oiseaux qui émigrent pour chercher leur nourriture, lorsque celle qu'ils avaient dans un pays vient à leur manquer (voyez Migration).

ERREURS des observations (Astronomie). — Voyez Moyenne.

ERRHINS (Médicaments) (Matière médicale). — D'après l'étymologie grecque de ce mot : *en*, dans, *rhin*, nez, un médicament errhin est celui quelconque que l'on met dans le nez; comme un des effets les plus constants de cette médication est l'*éternument*, nous renverrons au mot Sternutatoire (de *sternutare*, éternuer souvent).

ERS (Botanique), du latin *ervum*, lentille. — Nom vulgaire que l'on donne au genre *Lentille* appartenant à la famille des *Papilionacées*, tribu des *Viciées*. Plusieurs botanistes font rentrer ce genre dans le genre *Vicia* (voyez Lentille).

ERUCA (Botanique), *Eruca*, Tourn., altéré d'*urica*, dérivé du latin *uro*, je brûle : à cause de ses propriétés âcres et excitantes. — Genre de plantes *Dicotylédones dialypétales hypogynes*, famille des *Crucifères*, tribu des *Brassicées*. Il est désigné vulgairement sous le nom de *Roquette* (de *Rochetta*, son nom italien). Caractères : silique cylindrique, avec le style persistant, conique ou ensiforme; graines globuleuses; cotylédons embrassant la radicule. La *Roquette cultivée, Roquette des jardins* (*E. sativa*, Lin.) est une plante annuelle indigène, à feuilles lyrées, lisses, et à fleurs bleuâtres en grappes qui ont l'odeur de la fleur d'oranger. Cette espèce est potagère; on la cultive comme le chou. Son âcreté se perd par la culture. Les anciens vantaient la roquette comme fortifiante et stimulante.

ERUPTION (Médecine), du latin *erumpere*, sortir avec impétuosité. — On désigne par ce nom l'apparition des différents *exanthèmes* de la peau, caractérisés par des plaques plus ou moins larges et plus ou moins saillantes, des vésicules, des boutons, des papules, etc., précédés ou accompagnés le plus souvent d'un mouvement fébrile, appelé pour cette raison *fièvre éruptive*. La majeure partie des éruptions ont une marche régulière, déterminée, ayant des périodes tranchées; ainsi on distingue la période d'*incubation*. l'*éruption* proprement dite, le *déclin* de la maladie suivi presque toujours de *desquamation*; telles sont la *variole*, la *rougeole*, la *scarlatine*, l'*urticaire*, le *pemphigus*, etc. Quelquefois les éruptions n'ont pas de caractères déterminés, elles ne se rattachent à aucun des groupes nosologiques connus, elles ont une marche irrégulière, on les appelle alors *anomales*, *fugaces*, *anormales*, etc. Il en est qui sont symptomatiques et se développent dans le cours des maladies aiguës, qu'elles ne compliquent pas ordinairement d'une manière fâcheuse. Enfin, il en est qui sont critiques et terminent le cours d'une maladie antérieure. Les éruptions peuvent être générales ou partielles. F—n.

ERVUM (Botanique). — Nom latin du genre *Lentille*.

ERYNGIUM (Botanique). — Voyez Panicaut.

ERYON (Zoologie, Fossiles), *Eryon*, Desm.—Genre de *Crustacés*, de l'ordre des *Décapodes*, famille des *Macroures*, formé d'après une espèce fossile, l'*E. de Cuvier E.* (*Cuvierii*, Desm.), la seule connue, trouvée dans le calcaire feuilleté. Margraviat d'Anspach. Sa carapace est large, ovale, et fortement découpée au bord antérieur; sa queue courte, terminée par des écailles natatoires. Les pieds de la première paire sont longs comme le corps, et munis de pinces à doigts minces, longs et peu arqués. Il a de 0ᵐ,10 à 0ᵐ,12 de long.

ERYSIMUM (Botanique), *Erysimum*, Gærtn.; du grec *eryo*, je sauve : à cause des propriétés médicinales importantes que les anciens lui attribuaient. — Genre de plantes *Dicotylédones dialypétales hypogynes*, famille des *Crucifères*, tribu des *Sisymbriées*. Il est désigné vulgairement sous le nom de *Velar*, mot gaulois qui vient lui-même du basque *velhar*, signifiant cresson. Caractères principaux : calice connivent fermé; siliques tétragones; cotylédons plans; radicule dorsale. Ce genre appartient à l'Europe et à l'Asie moyenne. Il comprend environ une soixantaine d'espèces. Ce sont des herbes généralement annuelles ou bisannuelles. L'espèce la plus importante est l'*E. officinal* ou *Herbe au chantre*; elle rentre maintenant dans le genre Sisymbrium (voyez ce mot), de la même famille. L'*E. de Sainte-Barbe* (*E. barbarea*, Lin.; *Barbarea vulgaris*, R. Br.), vulgairement *Herbe de Sainte-Barbe, Barbarée, Rondotte*, est une plante vivace, à fleurs jaunes disposées en thyrse terminal. Cette espèce est indigène. On l'emploie dans certains endroits pour l'assaisonnement des salades. L'*E. alliaire* (*E. alliaria*, Lin.), ainsi nommé à cause de son odeur d'ail très-prononcée, et dont Adanson a fait un genre spécial, est une herbe à fleurs blanches, petites, en grappes terminales. Cette espèce, commune dans nos champs, au bord des fossés, s'emploie souvent comme l'ail. Depuis quelque temps, on cultive dans les jardins une très-jolie espèce, le *Vélar de Petrowski* (*E. petrofskianum*, Fab. et Mey.), dont les fleurs sont assez grandes et colorées d'un beau jaune orangé. Elle est du Caucase. G—s.

ERYSIPÈLE ou Erésipèle (Médecine), en grec *erysipeias*. — La plupart des auteurs font dériver ce mot du grec *eruô*, je tire, et *pelas*, proche; cette étymologie nous paraît fautive et nous aimons mieux celle qui le fait venir de *ereuthô*, futur, *ereusô*, je rougis, et du mot peu usité *pela*, peau; cette opinion émise par M. Alexandre, auteur du *Dictionnaire grec-français*, est celle de l'Académie qui écrit de préférence *érésipèle*. Toutefois, la majorité des auteurs employant le mot *érysipèle*, nous nous conformerons à l'usage.

L'érysipèle est une affection inflammatoire exanthématique, caractérisée par une rougeur plus ou moins vive non circonscrite, de la peau, gonflement, dureté, le plus souvent avec fièvre, et se terminant ordinairement par résolution. On peut distinguer l'*E. simple* ou *vrai*, l'*E. phlegmoneux*, l'*E. œdémateux*.

§ 1. L'*E. simple* ou *vrai* débute par l'ensemble des phénomènes qui servent de cortège à toutes les maladies aiguës, tels que malaise, courbature, céphalalgie, perte de l'appétit, fièvre, quelquefois nausées, vomissements, etc. Cependant quelques signes spéciaux indiquent au médecin la nature de l'affection qui va se caractériser; sur un point quelconque des téguments, le malade éprouve une sensation de brûlure, d'engourdissement, quelquefois une douleur incommode, une démangeaison plus ou moins vive; bientôt paraît une rougeur légère; elle s'étend par degrés, devient plus intense, diminue ou disparaît sous l'impression du doigt; elle est irrégulière, non circonscrite; la peau est gonflée, luisante, douloureuse, chaude; les mouvements de la partie qu'elle recouvre sont douloureux, difficiles et même impossibles; un symptôme remarquable, signalé surtout par Chomel, c'est l'engorgement inflammatoire des ganglions lymphatiques du voisinage de la partie malade; il précède souvent de plusieurs jours l'invasion de la maladie; le pouls est accéléré, la bouche pâteuse, saburrale, la céphalalgie intense, le sommeil est nul ou agité, etc. Cet appareil de phénomènes morbides est généralement en rapport avec l'intensité du mal. Au bout de quatre ou cinq jours, l'érysipèle commence à pâlir, la tension, le gonflement diminuent, la peau se ride, devient rude, ce qui annonce la desquamation prochaine qui arrive vers le septième jour ; la fièvre cesse, la convalescence arrive. Voilà ce qui se passe dans les cas les plus simples ; mais cette maladie est de celles qui présentent des irrégularités nombreuses, et les auteurs ont cru devoir grouper chacune d'elles pour former des variétés se rattachant : 1° *Aux phénomènes généraux*. Ainsi on observe quelquefois tout un appareil de symptômes *ataxiques* ou *adynamiques* ; le plus souvent la maladie revêt la forme *bilieuse*, avec embarras gastrique ; cette variété est souvent épidémique. 2° *Aux phénomènes locaux*. L'érysipèle peut être *miliaire* ou *eczémateux*, *phlycténoïde* ou *bulleux*, *pustuleux*, *vésiculeux* (voyez ZONA) ; chacun de ces noms indique la modification qu'il désigne. 3° *Au siége de la maladie*. Rarement l'érysipèle est fixe, le plus souvent le mal gagne de proche en proche, on dit alors qu'il est *serpigineux* ; d'autres fois il se porte sur un point plus ou moins éloigné, on le nomme *ambulant*, très-rarement il est *universel*. Mais une variété, qui à elle seule, par sa fréquence, constitue l'immense majorité des érysipèles observés, c'est celle qui affecte la face et le cuir chevelu ; il commence en général au nez, ou aux joues ou aux oreilles, gagne successivement les paupières, le front, le cuir chevelu, le col ; la tuméfaction est quelquefois énorme ; il a souvent la forme *phlycténoïde* ou *vésiculeuse*, etc. En général, il est grave et se complique quelquefois de l'inflammation des méninges ou du cerveau. 4° Les variétés tenant à la *marche de la maladie* constituent l'*E. vague* ou *serpigineux*, l'*E. ambulant* (il a été question déjà de ces deux variétés), et l'*E. intermittent* ou *périodique* ; on a vu, en effet, la maladie revenir de nouveau au même point plusieurs fois, à des intervalles plus ou moins éloignés ; d'autres fois et surtout à la face elle offre une certaine périodicité coïncidant avec telle ou telle époque de l'année. 5° Enfin le *mode de terminaison* de la maladie présente quelques irrégularités remarquables ; la résolution a lieu le plus souvent ; cependant on a vu la maladie se terminer par la suppuration, la gangrène, l'ulcération. La suppuration est une terminaison grave dans l'érysipèle du cuir chevelu, à cause du décollement du péricrâne qui est à craindre. La gangrène, qui tient moins à l'intensité de l'inflammation qu'à un état général mauvais, peut être grave à cause surtout de cette dernière circonstance.

Le pronostic de l'érysipèle simple chez les adultes n'a une gravité réelle que lorsqu'il siége à la face et au cuir chevelu, ou qu'il survient dans le cours d'une maladie grave. Mais chez les enfants, où on l'observe très-souvent, il fait périr les deux tiers de ceux qui en sont affectés, et même chez les nouveau-nés, les professeurs Moreau, Paul Dubois et Trousseau disent n'avoir vu aucun cas de guérison.

L'érysipèle s'observe à tous les âges de la vie, mais surtout à l'âge adulte ; celui de la face survient plus souvent chez la femme que chez l'homme ; le tempérament sanguin y prédispose. MM. Chomel et Blache pensent qu'il est plus fréquent au printemps et en automne ; ce qu'il y a de certain, c'est qu'il paraît se développer épidémiquement sous l'influence de constitutions atmosphériques particulières, que leur diversité rend difficiles à bien préciser. Le plus souvent, on ne peut signaler aucune cause spéciale de la maladie ; cependant l'insolation, une blessure avec solution de continuité, particulièrement lorsque l'on s'expose à l'air froid, des frottements réitérés, etc., peuvent la déterminer ; mais il faut toujours, dans ce cas, supposer le concours d'une prédisposition individuelle intérieure. Cette maladie ne paraît pas contagieuse ; cependant M. Grisolle émet un doute à cet égard.

Le traitement de l'érysipèle simple doit varier comme la maladie même. Dans les nuances légères, boissons délayantes, repos, diète plus ou moins absolue, température douce, quelques laxatifs. Si l'on a affaire à un individu sanguin, dans la force de l'âge, si le pouls est dur, développé, on joindra à ces moyens une ou plusieurs saignées. On s'abstiendra, en général, de toutes applications topiques sur la peau du malade ; on rejettera aussi quelques moyens vantés mal à propos, tels que l'eau froide en fomentations, le camphre en poudre, l'alcool camphré étendu d'eau, une solution de nitrate d'argent, etc. Tous ces moyens peuvent être dangereux. Le vésicatoire appliqué au centre même de l'érysipèle, préconisé par Dupuytren, n'a pas répondu à ce qu'on en

attendait. On a vanté aussi les onctions avec l'onguent mercuriel, avec la pommade au nitrate d'argent (M. Jobert) ; la compression à l'aide d'une bande, lorsqu'elle est possible, etc. Tous ces moyens doivent être employés avec prudence, et toujours sur la prescription du médecin. Dans ces derniers temps, on a eu l'idée de recouvrir les surfaces érysipélateuses d'une couche de collodium pour les soustraire au contact de l'air ; il faut attendre, pour se prononcer sur ce moyen, de nouvelles observations qui viennent corroborer celles qui ont été déjà rapportées. On a quelquefois arrêté la marche de l'érysipèle serpigineux, au moyen d'un vésicatoire ou de la cautérisation par le nitrate d'argent. Les indications spéciales que réclament les diverses complications qui peuvent se présenter rentrent dans le traitement de chacune de ces complications ; nous ne pouvons en parler ici.

§ II. L'*E. phlegmoneux* est celui qui attaque non-seulement la peau, mais encore le tissu cellulaire souscutané, à une profondeur plus ou moins grande ; les membres en sont ordinairement le siége ; quelquefois il en envahit un tout entier. Les symptômes sont plus accusés que dans l'érysipèle vrai, mais toujours en rapport avec l'étendue et la profondeur de l'inflammation ; la rougeur, le gonflement sont plus prononcés, il y a plus de tension ; la partie malade est très-sensible au toucher. Si l'inflammation est profonde, les symptômes marchent et s'aggravent rapidement ; surtout si les parties affectées sont pourvues d'aponévroses, de gaines, de tendons, comme cela a lieu aux mains, aux pieds ; alors il y a un véritable étranglement et tous les accidents qui en sont la suite ; la maladie entre dans une nouvelle phase ; il en sera question au mot PHLEGMON.

§ III. L'*E. œdémateux*, au lieu de présenter la tension de l'érysipèle phlegmoneux, offre la résistance de l'*œdème* ou de l'*emphysème* (voyez ces mots) ; la peau est unie et brillante, et si on la comprime avec le doigt, elle en conserve très-longtemps l'empreinte. Il se termine souvent par gangrène ; alors la douleur devient vive, on observe une teinte rouge, luisante, bientôt plombée. Cette maladie se développe souvent aux jambes des hydropiques, lorsqu'on y a fait des mouchetures. Lorsque l'œdème a précédé l'érysipèle, le traitement doit se confondre avec celui de la maladie principale ; seulement, on pourra avoir recours à quelques faibles résolutifs, tels que de l'eau blanche légère, de l'eau de sureau, etc. ; mais si l'inflammation de la peau a coïncidé avec le développement de la sérosité, on combinera l'emploi des résolutifs avec les émollients, suivant les symptômes qui prédomineront.

Médecine vétérinaire. — Les différentes variétés dont nous venons de parler peuvent se présenter chez les animaux domestiques, et nous renvoyons le lecteur à ce qui a été dit. Mais nous devons parler de l'*E. gangréneux*, nommé aussi, suivant les temps et les contrées, *feu céleste*, *mal rouge*, *feu Saint-Antoine*, *érysipèle épizootique* ; cette variété, rare chez les solipèdes (genre cheval), est observée principalement chez les bêtes à laine et le porc. Elle se distingue, comme son nom l'indique, parce qu'elle se termine par la gangrène ; elle est caractérisée par une rougeur violacée de la peau, des vésicules remplies d'un liquide séreux, une fièvre violente. Bientôt survient la gangrène ; il se produit un emphysème général, et la mort arrive promptement. C'est surtout chez les bêtes à laine que la maladie présente cette intensité et marche aussi rapidement. On admet généralement la contagion de cette affection. Le traitement, qui, en général, n'a pas été suivi d'un grand succès, devra consister dans l'usage des boissons aromatiques, amères, toniques ; à l'extérieur, le liniment ammoniacal, les chlorures, le feu, dans le but de modifier les surfaces envahies par la gangrène ; mais l'emploi de ces moyens est difficile, à cause de la contagion qui finit par atteindre un grand nombre de bêtes du même troupeau. F—N.

ERYSIPHE (Botanique), *Erysiphus*, Hedwig fils, d'un mot grec qui signifie rouille. — Genre de *Champignons*, de l'ordre des *Gastéromycètes*. Il se présente sous la forme de filaments, les uns roides, divergents, plus ou moins dressés, de couleur le plus souvent ferrugineuse ou noire ; les autres, plus visibles, couchés, blancs ou gris, et composant des taches sur les feuilles et les tiges des plantes vivantes, ombragées et humides. Les jardiniers nomment *meunier* ce champignon parasite ; Mérat, dans sa *Flore des environs de Paris*, décrit vingt espèces de ce genre. Elles portent, en général, le nom de la plante sur laquelle elles vivent. On n'a pas de procédé bien arrêté pour éviter ces productions qui déparent les plantes et les attaquent quelquefois au point de les faire périr. Toutefois, on a proposé de remuer la terre ou de la remplacer par une de meilleure qualité, afin d'activer la végétation des plantes attaquées. Les érysiphes peuvent se propager par la greffe (voyez BLANC).

ERYTHÈME (Médecine), du grec *erythema*, rougeur. — On appelle ainsi une inflammation superficielle de la peau, caractérisée par une rougeur et une chaleur anormales dans une certaine étendue, se manifestant sous la forme de taches superficielles, d'une étendue variable, disparaissant sous la pression du doigt. Ces taches, rarement d'une grandeur moindre que la paume de la main, peuvent occuper divers points; elles couvrent quelquefois un membre tout entier. Si la maladie est à cet état de simplicité, elle se termine au bout de six ou huit jours par résolution sans laisser de traces, si ce n'est quelquefois une légère desquamation. Les auteurs ont admis plusieurs variétés de cette affection; ainsi l'*E. fugax*, l'*E. læve*, l'*E. intertrigo*, l'*E. pernio*, ce dernier causé par l'impression du froid, etc. Enfin, des variétés plus graves sont : 1° L'*E. papuleux*, à taches plus circonscrites, moins irrégulières, plus petites (diamètre d'un centime), ressemblant à des papules. Leur marche est rapide; elles s'éteignent sans laisser de traces. On l'observe au cou, à la poitrine, au bras, surtout au dos de la main; il attaque surtout les individus à peau fine, les femmes, les jeunes gens. 2° L'*E. tuberculeux, noueux*, a des symptômes généraux plus marqués; il y a quelquefois malaise, un peu de fièvre; les taches sont un peu plus grandes, ovalaires, d'un rouge assez vif, circonscrites, offrant au centre un soulèvement de la peau; bientôt toutes ces plaques deviennent de vraies tumeurs, d'un rouge obscur, quelquefois grisâtre; elles peuvent atteindre le volume d'un petit œuf. Cependant ces petites tumeurs pâlissent, s'affaissent, et la résolution s'en fait en une douzaine de jours. Comme toutes les phlegmasies de la peau, l'érythème peut être déterminé par le froid, un foyer de chaleur intense, des substances étrangères ou des sécrétions irritantes, etc., par le travail de la dentition. Il n'est jamais contagieux, et n'est pas une maladie grave. Le traitement consiste d'abord dans l'éloignement des causes externes qui ont pu le produire, puis dans l'emploi des boissons rafraîchissantes, d'un régime doux, des bains tièdes. S'il tient à quelque cause interne morbide, le traitement sera dirigé dans le sens de cette cause.

ERYTHRÉE (Botanique), *Erythræa*, Renealme; du grec *erythros*, rouge : allusion à la couleur des fleurs. — Genre de plantes *Dicotylédones gamopétales hypogynes*, famille des *Gentianées*, tribu des *Chironiées*. Caractères: calice à 4-5 divisions; corolle en entonnoir à 4-5 lobes, contournée au-dessus du fruit; étamines, 4-5, insérées dans la partie supérieure du tube; anthères dressées, saillantes, contournées en spirales. Les espèces de ce genre, au nombre d'une trentaine environ, sont des herbes à feuilles opposées, sessiles, et à fleurs

Fig. 973. — Érythrée centaurée, petite centaurée.

ordinairement en cymes dichotomes. L'*E. centaurée* (*E. centaurium*, Pers.; *Gentiana centaurium*, Lin.), plus connue sous le nom de *Petite centaurée*, est une jolie plante indigène. Ses fleurs roses ne seraient pas déplacées dans nos parterres. Cette espèce a été très-préconisée comme tonique, stimulante et fébrifuge, vermifuge, sous forme d'infusion de ses fleurs. Ces pro-

priétés sont dues à la matière muqueuse et au principe amer qu'elle contient.　　　　　　　　　G—s.

ERYTHRÉE (Zoologie), *Erythræus*, Latr.; du grec *erythros*, rouge. — Genre d'*Arachnides*, de l'ordre des *Trachéennes*, famille des *Holétres*, tribu des *Acarides*, voisin des Trombidions, dont ils ont les antennes-pinces et les palpes, mais s'en distinguant parce que leurs yeux ne sont pas portés sur un pédicule et que leur corps n'est pas divisé. Ces arachnides, très-petites, sont d'un beau rouge carmin et sont vagabondes, elles se trouvent sous les pierres, dans les lieux secs. Elles vivent probablement, dit Latreille, d'autres acarides et d'insectes très-petits, qu'elles saisissent avec leurs palpes terminés par un crochet. Ce genre, que l'auteur cité plus haut, avait représenté par le *Trombidion phalangioïdes* (*E. phalangioides*, Latr.), a pour type aujourd'hui l'*E. ruricole* de Dugès, que l'auteur a observé aux environs de Montpellier; il est d'un rouge carmin, les palpes et les pattes incolores; on le découvre à peine à la vue simple. L'*E. pariétin* (*E. parietinus*, Herm.) a une couleur vermillon et les pattes d'une couleur uniforme. Quant au *T. phalangioides*, Dugès le regarde comme une larve d'un vrai trombidion, et non plus comme une érythrée.

ERYTHRIN (Zoologie), *Erythrinus*, Gronovius; du grec *erythros*, rouge. — Genre de *Poissons*, de l'ordre des *Malacoptérygiens abdominaux*, famille des *Clupes*, qui habitent les eaux douces des pays chauds. L'*E. du Malabar* (*E. malabaricus*, Gronov.), qui est l'espèce type, a des mâchoires à dents nombreuses, fortes, pointues; l'ouverture de la bouche très-grande; le corps et la queue allongés et comprimés latéralement, couverts d'écailles très-dures. Il n'a pas de nageoire adipeuse. Sa chair est recherchée.

ERYTHRINE (Botanique), du grec *erythros*, rouge, à cause de ses fleurs ordinairement d'un rouge vermillon. — Genre de plantes *Dicotylédones dialypétales périgynes*, de la famille des *Papilionacées*, tribu des *Phaséolées*, voisin des Dolics. Il est remarquable par les belles espèces qu'il renferme, dont plusieurs sont cultivées pour l'ornement de nos jardins. Ce sont de petits arbres, des arbrisseaux, rarement des plantes annuelles, à rhizôme souterrain, à feuilles penni-trifoliées, avec des glandules au lieu de stipelles. Stipules petites, distinctes du pétiole. Quelques-unes des espèces sont cultivées avec succès dans notre pays, même à l'air libre, et font un bel effet. A la fin de la saison, on enlève les tiges souterraines que l'on rentre comme les tubercules des dahlias. L'*E. crête de coq* (*E. crista galli*, Lin.), arbre fort élevé du Brésil, a les rameaux pourvus d'aiguillons, ainsi que les pétioles. Dans nos cultures, ce n'est qu'un arbrisseau qui atteint à peine 2 mètres. Ses folioles sont glabres, ovalaires; ses fleurs, rouges purpurines, longues de 0ᵐ,05, sont réunies en grappes terminales magnifiques. L'*E. corail* (*E. corallodendron*, Lin.), vulgairement *Bois immortel*, *Arbre à corail*, s'élève aux Antilles à 3 ou 4 mètres. Ses fleurs, disposées en épis pyramidaux, longs de 0ᵐ,12 à 0ᵐ,15, sont d'un beau rouge de corail. Une variété donne des semences mi-partie noires et d'un beau rouge, assez semblables à l'*abrus* (voyez ce mot), mais plus grosses. L'*E. des Indes* (*E. indica*, Lamk) s'appelle aussi vulgairement *Morongue-mariage*, *Arbre immortel*; il porte des fleurs d'un beau rouge, pendantes, serrées, nombreuses, disposées en épi très-long. On rapporte à la même espèce le *Kuara* de Bruce. Cet auteur fait à propos de cet arbre une remarque curieuse, si elle est vraie; il prétend que ses semences servaient autrefois, en Abyssinie, pour peser l'or, d'où serait venu le nom de karat appliqué à un certain poids de ce métal et la manière de l'estimer à tant de karats. De là ce mot aurait passé dans l'Inde. Les caractères de ce genre sont : calice tubuleux, à limbe tronqué; étendard oblong, dépassant les ailes et la carène; étamines diadelphes ou monadelphes; gousse indéhiscente; graines luisantes, presque toujours marquées de rouge et de noir. Les indigènes en font des bracelets ou des colliers.

ERYTHRONE (Botanique), *Erythronium*, Lin.; du grec *erythros*, rouge : à cause de la couleur des fleurs et des taches des feuilles. — Genre de plantes *Monocotylédones périspermées*, famille des *Liliacées*, tribu des *Tulipacées*. Caractères : périanthe à 6 divisions, les 3 intérieures accompagnées chacune de 2 callosités à leur base; 3 stigmates; capsule globuleuse, à 3 angles et 3 loges. Les espèces de ce genre sont des plantes bulbeuses de l'Europe méridionale et de l'Amérique du Nord. L'*E. dent de chien* (*E. dens canis*, Lin., ainsi nommé à cause de la forme de l'extrémité de ses caïeux), nommé aussi *Vioulle*, est une belle espèce vivace, d'ornement, qui donne au printemps, à l'extrémité de sa tige, une belle fleur d'un pourpre rougeâtre, ou blanche ou lavée de rose en dedans et rouge en dehors. Cette plante croît dans les montagnes de l'Europe. Gmelin l'a trouvée en Sibérie, et a raconté que les Tartares se nourrissent de ses bulbes.

ERYTHROXYLE (Botanique), *Erythroxylon*, Lin.; du grec *erythros*, rouge, et *xylon*, arbre, à cause de la couleur rouge du suc de son fruit. — Genre de plantes *Dicotylédones dialypétales hypogynes*, type de la famille des *Erythroxylées*, rangée dans la classe des *Hespéridées* de M. Brongniart. Caractères : calice gamosépale à 5 dents; 5 pétales onguiculés, accompagnés d'une écaille; 10 étamines monadelphes; fruit drupacé, à un seul noyau un peu anguleux. Les érythroxyles sont des arbres et des arbrisseaux des régions tropicales. Leurs feuilles sont alternes, entières, persistantes. Leurs fleurs sont quelquefois odorantes. L'*E.* *à feuilles de millepertuis* (*E. hypericifolium*, Lamk), nommé aussi *Bois des dames* et *Bois d'huile*, est un arbre à rameaux tuberculeux. Il est originaire de l'île Bourbon. L'*E. de Carthagène* (*E. areolatum*, Lin.), ou *Bois major*, a les fleurs blanches répandant une odeur de jonquille. Ses fruits mous, à suc rouge, acidules, sont laxatifs. Son écorce est tonique et ses feuilles entrent aux Antilles dans la composition d'un onguent propre aux maladies de peau. Le bois des érythroxyles est dur, solide et très-estimé (voyez Coca [*Erythroxylon*]).   G—s.

ERYX (Zoologie), *Erys*, Daudin. — Genre de *Reptiles*, de l'ordre des *Ophidiens*, voisins des Rouleaux. Leur corps est cylindrique et de grosseur uniforme dans toutes ses parties; la mâchoire supérieure proéminente; les dents, les écailles et les yeux petits; la pupille verticale; la langue courte, épaisse et échancrée. Ils sont inoffensifs et timides; ils se plaisent dans les lieux secs et arides où ils se nourrissent d'insectes et se cachent dans le sable. L'espèce la plus commune est l'*E. turc* (*Boa turcica*, Daud.), nommé aussi *E. de la Thébaïde*. Il est long de 0ᵐ,65, jaune taché de noir.

ESCALLONIA (Botanique), *Escallonia*, Mutis; dédié au voyageur Escallon, qui en trouva le premier une espèce dans la Nouvelle-Grenade. — Genre de plantes *Dicotylédones dialypétales périgynes*, famille des *Saxifragées*, type de la tribu des *Escalloniées*, dont quelques auteurs ont fait une famille. Il comprend des arbres ou des arbrisseaux propres à l'Amérique tropicale, et au nombre d'une trentaine d'espèces. Leurs feuilles sont persistantes et leurs fleurs blanches, roses ou pourpres. L'*E. des monts Organs* (*E. organensis*, Gardn.) est un joli

arbrisseau d'ornement. Ses tiges et ses rameaux sont d'un rouge brun ; ses fleurs sont d'un beau rose et disposées en corymbes terminaux. Il est originaire du Brésil. Le bois des espèces de ce genre est estimé pour sa dureté. Les feuilles de l'*E. à feuilles de myrte* (*E. myrtilloïdes*, Lin.) sont amères et s'emploient en médecine au Pérou et au Chili.

ESCARBOT (Zoologie), *Hister*, Paik. — Genre d'*Insectes*, de l'ordre des *Coléoptères*, section des *Pentamères*, famille des *Clavicornes*, tribu des *Histéroïdes*. Ses caractères principaux sont : antennes toujours découvertes, coudées et terminées par un globule de trois articles; corps carré; tête transverse; mandibules avancées, étroites, pointues; quand la tête est inclinée, la bouche est cachée par le présternum; corselet transverse et profondément échancré pour recevoir la tête. Ces insectes sont toujours noirs et vivent dans la boue ou le fumier; quelques-uns dans le bois ou les fourmilières. Les larves se tiennent aussi dans les champignons.

Ce genre est le type de la tribu, et assez nombreux en espèces. Nous ne citerons que l'*E. des cadavres* (*H. cadaverinus*, Paik), de 0ᵐ,007 environ, et l'*E. quadrimaculatus* (Paik), qui, outre la couleur noire du précédent, porte quatre taches rouges. Ces espèces sont communes aux environs de Paris.

ESCARBOT DORÉ. — Voyez CÉTOINE.

ESCARBOT DE LA FARINE; c'est le *Tenebrion meunier* (*T. molitor*, Lin.).

ESCARBOT TIREUR. — On a donné ce nom tantôt au *Brachine pétard* (*B. crepitans*, Fab.), tantôt au *B. pistolet*, (*B. sclopeta*, Fab.).

ESCARBOUCLE (Minéralogie). — « Ce mot, dit Alex. Brongniart, est la traduction reçue du latin *carbunculus*, petit charbon, nom que les anciens ont donné, à ce qu'il paraît, à beaucoup de pierres qui avaient la propriété de présenter une couleur rouge de feu lorsqu'elles étaient exposées à une vive lumière. » Il paraît bien démontré que la plupart de ces pierres précieuses devaient être des grenats, et particulièrement ceux qui sont d'un rouge de feu ou violâtres, d'une belle teinte veloutée et que l'on a désignés sous le nom de *grenat syrien*, *grenat oriental*. D'un autre côté, Pline dit qu'il y avait dans les Indes des escarboucles qui, étant excavées, contenaient un setier (environ 0ˡ,50); il est clair que ce n'étaient pas de véritables grenats.

ESCARGOT (Zoologie), *Helix*, Gmel. — Nom vulgaire des *Hélices terrestres* et entre autres du *Limaçon des vignes* (*Helix pomatia*, Lin.). Voyez HÉLICE.

ESCARPOLETTE, BALANÇOIRE (Mécanique). — Siége suspendu à l'extrémité de deux cordes, et sur lequel on se place assis ou debout pour se balancer dans l'air.

Fig. 974.   Escarpolette.   Fig. 975.

L'escarpolette en mouvement tourne autour d'une ligne horizontale comme d'un axe, et constitue un véritable balancier. Son mouvement doit être entretenu à cause des frottements qui finiraient par l'arrêter plus ou moins rapidement; les impulsions lui sont données, soit par un aide, soit par la personne même qui se balance et qui se tient alors debout. Pour obtenir ce dernier résultat, lorsque l'escarpolette s'est élevée et qu'elle est sur le point de redescendre vers la verticale, cette personne se replie sur elle-même afin de descendre, autant que possible, son centre de gravité, et, par suite, le centre d'oscillation du système, et d'accroître ainsi la distance de ce centre à l'axe du balancier. Arrivée dans la verticale, la même personne se relève dans un but opposé, pour rester ainsi tant que l'escarpolette monte, et se replier de nouveau dès qu'elle commencera à revenir sur ses pas. Pendant la demi-oscillation descendante, le centre de gravité du système décrit un arc de cercle dont le rayon est le plus grand possible; la vitesse acquise en arrivant dans la verticale dépend de la longueur de cet arc et, sans les frottements, serait capable de faire parcourir au balancier, dans la demi-oscillation ascendante, un arc précisément égal au premier, car on sait qu'abstraction faite du frottement, un corps qui descend d'une certaine hauteur, acquiert une vitesse capable de le faire parvenir à la même hauteur. Mais pendant cette ascension, le centre de gravité s'est rapproché de l'axe, le rayon de l'arc qu'il décrira en réalité est donc moindre, et, pour que l'arc parcouru reste égal au premier ou du moins corresponde à la même hauteur, il faut que l'angle que fait le balancier avec la verticale soit plus considérable. A chaque oscillation de l'escarpolette, l'amplitude de cette oscillation doit donc augmenter jusqu'à ce que l'effet soit neutralisé par les frottements qui tendent, au contraire, à la réduire.

ESCAROLE, Scarole (Horticulture). — Variété de la *Chicorée endive* (*Cichorium endivia*, Lin.), à feuilles larges et peu dentées (*Endivia latifolia*) (voyez Chicorée).

ESCHARE (Médecine), en grec *eschara*; l'Académie écrit *escarre*; plusieurs écrivent *escare* ou *eschare*. — Lorsqu'une portion quelconque des parties molles est frappée de mortification par un caustique, par une contusion très violente, par une compression continuée pendant un certain temps, cette portion morte, qui sera tôt ou tard éliminée par l'action vitale des parties voisines, porte le nom d'*eschare*. Les causes externes signalées plus haut n'agissent pas toujours seules; quelques-unes sont souvent favorisées par une disposition particulière que l'on rencontre surtout dans les maladies adynamiques, dans le scorbut, dans les cachexies. Lorsque les malades sont obligés de garder le lit pendant longtemps, il se forme sur les hanches, sur le coccyx, etc., des eschares d'autant plus étendues, d'autant plus profondes, qu'elles sont entretenues par l'état de prostration du malade, par l'impossibilité où il est de changer de position, et souvent par les déjections qui, malgré tous les soins de propreté, sont trop souvent en contact avec les parties malades. Il ne tarde pas à survenir une inflammation qui hâte l'élimination des portions frappées de mort; l'eschare ou plutôt les eschares se détachent, car il y en a souvent plusieurs; une suppuration abondante accélère l'épuisement des forces du malade et contribue à hâter une catastrophe que la maladie principale ne faisait que trop prévoir. Le traitement d'un pareil état ne consiste guère que dans des palliatifs plus ou moins efficaces; les causes qui ont déterminé et qui entretiennent de pareils accidents rendent leur cure le plus souvent impossible. Les soins de propreté, le changement de position du malade, quand cela se peut; à cela on joindra, dans le principe, les emplâtres de sparadrap, de diachylon; plus tard, les lotions émollientes, anodines, lorsqu'il y aura de la douleur; enfin la décoction de quinquina, l'eau chlorée (50 grammes de chlore liquide pour 1 000 grammes d'eau), les onguents digestifs, styrax et les poudres de quinquina, de charbon, pour absorber la suppuration.

Les eschares qui sont produites par les caustiques, par le feu, par une contusion violente, laissent après leur chute des plaies plus ou moins profondes dont la cicatrisation est d'autant plus longue qu'il y a une plus grande perte de substance; on n'oubliera pas non plus que cette perte de substance même, nécessitant pour la guérison le rapprochement des parties, rend les cicatrices vicieuses et avec rétraction. Du reste, leur traitement ne diffère pas de celui des autres plaies.   F—N.

Eschare (Zoologie), *Eschara*, Lamk. — Genre d'animaux marins de petite taille, à corps mou, protégés par une sorte de polypier presque pierreux, à expansions aplaties en lames fragiles, rameuses et couvertes de cellules, disposées en quinconce, et dans chacune desquelles vit un de ces animaux. Cuvier les avait classés dans les *Polypes* (*Zoophytes*); MM. Milne-Edwards et Audouin ont montré que ce sont des *Mollusques tuniciers* de l'ordre des *Bryozoaires*. Ils vivent au fond des mers. L'E. *foliacé* (Lamk), de nos côtes, a jusqu'à 1 mètre d'expansion et loge des milliers d'animaux.

ESCHAROTIQUES (Médecine.—Substances caustiques qui, appliquées sur les parties vivantes, brûlent, désorganisent les tissus et produisent des eschares, d'où vient leur nom. Les médicaments *escharotiques* diffèrent des *cathérétiques* en ce que les premiers produisent immédiatement des eschares, tandis que les autres ne déterminent qu'une légère cautérisation. Les principaux escharotiques sont : la potasse caustique, le nitrate d'argent, les alcalis purs, en général, tels que l'ammoniaque liquide, la soude, le chlorure d'antimoine (beurre d'antimoine), l'alun calciné en poudre, la plupart des acides minéraux concentrés, le nitrate de mercure, etc. On peut joindre à cette liste quelques escharotiques composés: ainsi la poudre de Rousselot, la pâte arsenicale du frère Côme, la pâte épilatoire de Plenck (toutes ces préparations ont pour base l'arsenic), le caustique de Vienne, avec la potasse et la chaux, la pâte de Canquoin au chlorure de zinc, etc. D'après la nature des substances qui viennent d'être énumérées, on conçoit qu'il faut être d'une prudence extrême dans l'emploi de ces remèdes et bien connaître leur énergie et leur puissance désorganisatrice.

ESCOMPTE (Banque). — L'escompte est la retenue opérée sur la valeur d'un billet par le banquier auquel on veut l'échanger contre de l'argent comptant avant l'époque de l'échéance.

L'escompte commercial d'un billet est bien facile à calculer; c'est le montant de l'intérêt que produirait la somme marquée sur le billet, si elle était placée depuis le jour où l'escompte se fait jusqu'au jour de l'échéance à un taux conventionnel, qu'on appelle le *taux de l'escompte*.

Par exemple, si le taux de l'escompte est de 6 p. 100 par an, un billet de 1 500 francs payable dans trois mois sera échangé contre de l'argent comptant par le banquier, moyennant une retenue ou un escompte de 22f,50. Ce résultat s'obtient en appliquant les règles relatives à l'intérêt simple.

Ainsi, pour calculer l'escompte d'un billet de A^{fcs}, il faut multiplier cette somme par le taux de l'escompte pour 100 francs, multiplier le produit ainsi obtenu par le nombre d'années et de fractions d'année à courir jusqu'à l'échéance, et diviser ce dernier résultat par 100.

Cet escompte commercial est aussi appelé *escompte en dehors*. Nous n'entrerons pas dans le détail des simplifications de calcul qui s'y rapportent. Nous allons indiquer une autre manière de compter l'escompte, qui paraît plus naturelle et plus équitable, mais dont l'usage n'a pas prévalu, sans doute à cause du calcul un peu moins simple qu'elle entraîne.

Pour que l'opération de l'escompte ne fût pour le banquier qu'un simple prêt ordinaire, il faudrait que la somme donnée en échange du billet, placée à intérêt jusqu'à l'échéance du billet au taux de l'escompte reproduisît la somme portée sur le billet; de cette manière, au jour de l'échéance, le billet aurait la même valeur que l'argent reçu en échange, puisque ce dernier aurait produit un intérêt égal à la somme exacte qui a été retenue.

La somme y à donner par le banquier en échange d'un billet de A^{fcs}, payable dans un nombre d'années et de fractions d'année marqué par t, serait (si i représente le taux de l'escompte pour 100 francs pendant un an) fourni par l'équation :

$$y\left(1 + \frac{it}{100}\right) = A^{fcs} \quad \text{ou} \quad y = \frac{A^{fcs}}{1 + \dfrac{it}{100}}$$

soit

$$i = 6^f \quad t = \tfrac{1}{4}\ \text{d'année}, \quad A^f = 1500^f \quad y = 1477^f,83.$$

L'escompte ne serait que de 22f,17, tandis que, suivant la règle usuelle, il est de 22f,50.

Il est probable que ce qui a fait préférer la règle de l'escompte *en dehors* à la précédente qu'on appelle règle de l'escompte *en dedans*, c'est que l'escompte en dehors est proportionnel au montant du billet, au taux de l'escompte et au temps encore à courir jusqu'à l'échéance, ce qui n'a pas lieu pour l'escompte *en dedans*. D'ailleurs, la différence est faible par rapport à l'escompte lui-même; on a dû choisir la forme qui se prête le plus simplement au calcul.   R.

ESCOURGEON (Agriculture). — On appelle ainsi une variété d'*orge* dont les grains, disposés sur six rangs réguliers (*fig.* 976, pag. 888), restent couverts de leurs balles après la maturité. L'épi est court, régulier, s'égrène facilement lorsqu'il est mûr; cette variété talle beaucoup, est précoce, supporte les hivers rigoureux; elle ne verse pas. Comme orge d'hiver, elle est la plus cultivée en France. Elle demande un sol substantiel.

ESCULINE (Chimie) (C^{16}H^9O^{10}). — Produit neutre contenu dans l'écorce du marronnier (*æsculus hypocas-*

tnnum), d'où lui vient son nom d'esculine. On l'obtient en traitant par l'eau l'écorce râpée à l'avance, et en ajoutant à la dissolution filtrée de l'acétate de plomb. Le précipité blanc qui se forme est mis en suspension dans

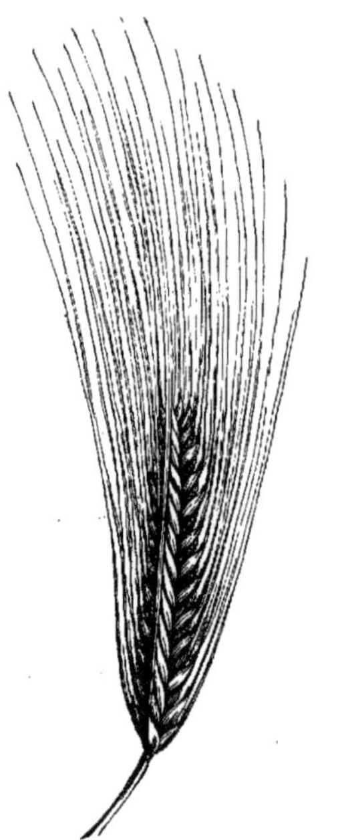

Fig. 976. — Orge escourgeon.

l'eau et soumis à l'action d'un courant d'hydrogène sulfuré, qui précipite le plomb à l'état de sulfure et met *l'esculine* en liberté. La liqueur filtrée et convenablement concentrée laisse peu à peu cristalliser l'esculine. Ce corps rentre dans la catégorie des *glucosides*, c'est-à-dire de ces corps tels que la salicine, la populine, etc., qui, sous l'influence des acides, donnent, en prenant de l'eau, du glucose et un nouveau produit de composition moins complexe. Ainsi *l'esculine*, au contact de l'acide chlorhydrique ou de l'acide sulfurique dilués, se convertit en glucose et *esculétine*. L'esculine se présente sous la forme d'un corps solide, cristallin, sans odeur, de saveur amère, soluble dans l'eau et donnant une dissolution incolore quand le rayon lumineux la traverse, et un reflet bleuâtre quand il est réfléchi. Elle entre en fusion à 160°, et, si on chauffe plus fortement, elle éprouve une décomposition totale et fournit encore de *l'esculétine*. L'esculine, découverte par Sœseke, dans le *Guillandina-Moringa*, a été étudiée principalement par Trommsdorff.

ESCULIQUE (ACIDE) (Chimie) ($C^{26}H^{23}O^{12}$). — Corps acide produit par l'action de la potasse sur la saponine ($C^{26}H^{23}O^{16}$) qu'on extrait habituellement des marrons d'Inde. Il a beaucoup d'analogie avec les acides gras. Il a été isolé par M Frémy.   B.

ESOCES (Zoologie). — Cuvier nomme ainsi la deuxième famille de *Poissons* de l'ordre des *Malacoptérygiens abdominaux*, qui ont les caractères suivants : mâchoires garnies de fortes dents ; la supérieure sans lèvre ; orifice des opercules très-grand ; pas de nageoire adipeuse ; la dorsale opposée à l'anale ; intestins courts et sans cæcum. Ils sont voraces. Cette famille comprend une douzaine de genres, dont les principaux sont les genres *Brochet*, *Microstome*, *Chaulivde*, *Stomie*, *Orphie*, *Demi-Bec*, *Exocet*, *Mormyre*, etc.

ESOPHAGE (Anatomie). — Voyez ŒSOPHAGE.

ESPADON (Zoologie), *Xiphias*, Lin. — Genre de *Poissons*, de l'ordre des *Acanthoptérygiens* famille des *Scombéroïdes*. Son nom rappelle que les os de la tête se prolongent en une lame comprimée, tranchante des deux côtés comme la lame d'une épée. Cette lance est longue comme un tiers du corps. La mâchoire inférieure se termine aussi en une pointe aiguë, mais beaucoup plus courte : elle n'est que le neuvième de l'animal. On n'en connaît qu'une espèce ; l'*E. commun* (*X. gladius*, Lin.) ; il a le corps allongé, les dents sont remplacées par des granulations, et il a quatre branchies très-ouvertes et à double feuillet. Ses pectorales sont en forme de faux et attachées si bas, qu'on les prendrait pour les ventrales absentes. La dorsale qui occupe tout le dos commence par une pointe très-haute ; puis les rayons diminuent, deviennent très-courts et se relèvent près de la queue. L'anale est de même ; la caudale est profondément divisée en deux lobes aigus. Sa peau est rude, bleu foncé sur le dos, blanc argenté sous le ventre. Bien que ce poisson ait des muscles puissants, que sa taille dépasse souvent 4 mètres (on en a vu de 6 à 7 mètres), et son poids 150 kilogrammes, et qu'il soit bien armé,

Fig. 977. — Espadon commun (long. 4 mètres.)

il n'est pas vorace et fait peu la guerre aux autres habitants de la mer ; sa nourriture consiste principalement en plantes marines. Sa chair, quoique un peu sèche, a a été recherchée de tout temps, et la queue était le morceau le plus estimé des Romains ; aussi le pêche-t-on activement dans toutes les mers, et surtout dans la Méditerranée, aux environs de la Sicile, où on le poursuit, comme la baleine, à coups de harpon. Il a la singulière habitude de frapper de son arme tranchante les carènes des navires dans lesquelles elle se brise souvent après avoir pénétré à une assez grande profondeur. Une espèce de *Lernée* (crustacé) vit quelquefois en parasite dans sa chair, et l'irrite au point de le rendre si furieux, qu'il échoue sur le rivage.   F. L.

ESPARCETTE (Botanique agricole).—Voyez SAINFOIN.

ESPALIER (Horticulture). — Les arbres fruitiers reçoivent d'autant mieux l'influence des rayons du soleil que leurs rameaux sont étalés ou, comme disent les jardiers, *palissés* sur un plan. Mais lorsque ainsi palissés, ils sont, en outre, adossés à un mur dont la réverbération augmente encore la quantité de chaleur qu'ils reçoivent, le développement et la maturation des fruits se font dans des conditions particulièrement favorables. On nomme *espalier* le mode de culture qui consiste à palisser les arbres fruitiers contre les murs. La culture en espalier convient surtout dans les contrées où la température est insuffisante pour faire mûrir certaines sortes de fruits ; tel est le cas pour la région septentrionale et pour la région moyenne de la France. Dans les contrées chaudes, les espaliers n'ont le plus souvent aucune raison d'être, et en donnant trop de chaleur aux fruits, ils peuvent avoir de sérieux inconvénients.

Les principales conditions qu'il faut observer en construisant les murs en espaliers ont été indiquées au mot MURS. Il convient de placer ici des indications sur le mode de *palissage* qu'il est à propos d'adopter pour fixer les arbres contre le mur. Le mode le plus convenable est le *palissage à la loque*, parce qu'il permet de pratiquer le dressage des branches de la manière la plus parfaite. Il consiste dans l'emploi de fragments d'étoffe de laine de $0^m,04$ à $0^m,06$ de longueur sur $0^m,03$ environ de largeur. On les plie en deux, puis, prenant les branches dans l'espèce d'écharpe ainsi formée, on fixe les deux extrémités de la loque contre le mur à l'aide d'un clou à pointe un peu obtuse, à large tête et d'une longueur d'environ $0^m,03$ à $0^m,05$. Ces clous seront enfoncés à la profondeur de $0^m,02$ à $0^m,04$, à l'aide d'un marteau spécial dont la tête, fendue sur un des côtés, peut faire l'office de tenaille pour enlever les clous lors du dépalissage. Les loques peuvent servir plusieurs fois ; chaque année, après le dépalissage, on les fait bouillir dans l'eau, afin de détruire les œufs d'insectes nuisibles qu'elles renferment souvent en très-grande quantité. Le palissage à la loque n'est cependant possible que sur les murs recouverts d'une couche de plâtre d'au moins 0ᵐ 03 d'épaisseur, afin que les clous

Fig. 978. — Branche d'espalier palissée à la loque.

puissent être enfoncés partout sans obstacle. Si quelque circonstance locale forçait de renoncer à couvrir le mur de cet enduit, il faudrait adopter alors le *palissage au treillage*, qui se pratique en fixant, à l'aide de ligatures, les rameaux et les branches sur un treillage en bois ou en fer établi préalablement contre le mur. Les treillages en fil de fer offrent l'avantage d'une grande économie, sans entraîner aucun inconvénient dont les treillages en bois soient exempts. Quant aux dispositions spéciales de l'espalier et à la manière de conduire les arbres palissés, il en sera traité dans l'article spécial à chaque espèce.

Contre-espalier. — On nomme *contre-espalier* le mode de culture des arbres fruitiers qui consiste à les palisser sur des treillages en plein air et sans mur. Les contre-espaliers se prêtent à toutes les formes auxquelles on soumet les arbres palissés en espaliers, et ils ont acquis depuis quelques années une grande importance en horticulture. Nous avons pu remplacer par des *contre-espaliers doubles en cordons verticaux* les anciennes formes des arbres en plein air ; nous sommes parvenus ainsi à doubler le produit sur une surface donnée et à obtenir le produit maximum huit ans plus tôt et avec beaucoup moins de difficulté (voyez POIRIER).   A. DU BR.

ESPARGOUTE (Botanique). — Voyez SPERGULE.

ESPÈCE (Sciences naturelles), du latin *species*, apparence et espèce. — Dans la langue vulgaire, on désigne comme de *même espèce* (ce qui, dans l'origine, a voulu dire de *même apparence*) les êtres qui se présentent aux yeux sous les traits d'une ressemblance aussi complète que possible. Cependant, il est des différences que l'expérience nous apprend à ne pas considérer comme les caractères d'une espèce particulière ; ainsi on n'a nulle difficulté à admettre que les hommes bruns et les blonds sont d'une seule et même espèce, que le cheval bai et le cheval pie ne forment pas deux espèces distinctes. On admet donc que l'espèce n'est pas fondée sur une identité absolue d'aspect et implique encore certaines variétés dans les formes. Mais lorsqu'on s'étudie à rechercher à quelles limites s'arrêtent les différences que peuvent offrir les êtres d'une même espèce, on rencontre des difficultés considérables ; car on s'aperçoit que le sens du mot *espèce* varie suivant les personnes qui l'emploient. Quelques exemples feront comprendre ce que je veux dire. Pour un homme du monde, pour un chasseur, le *chien braque* et le *chien épagneul* représentent chacun une espèce distincte de chiens ; pour un agriculteur, le *bœuf limousin* et le *bœuf charolais* sont de deux espèces différentes, le *chou cabus* et le *chou-fleur* ne sont pas de la même espèce. Et cependant le langage vulgaire désigne aussi comme des espèces distinctes le *rat*, la *souris*, le *loir*, le *mulot*, qui sont bien plus éloignés entre eux que les êtres qui viennent d'être indiqués, puisque ceux-ci ne sont après tout que des variétés produites par l'industrie humaine, tandis que le rat, la souris, le loir et le mulot ont été créés différents les uns des autres.

Pour mettre de l'ordre dans cette confusion, les naturalistes ont senti la nécessité de définir le groupe d'êtres auquel s'appliquerait le *nom d'espèce*. Mais, il faut en convenir, cette définition est difficile à trouver, car l'*espèce* étant un groupe naturel créé et non une simple réunion conventionnelle d'êtres semblables à tel ou tel degré, la définition de l'espèce suppose une connaissance plus complète que nous ne l'avons encore de la véritable nature de ce groupe fondamental. G. Cuvier a défini l'espèce dans les termes suivants : « On doit définir l'*espèce*, la réunion des individus descendus l'un de l'autre ou de parents communs, et des individus qui leur ressemblent autant qu'ils se ressemblent entre eux (*Règne animal*, t. 1, *introduction*). » La définition de Cuvier s'applique spécialement aux *animaux*, bien qu'elle puisse sans inconvénient être étendue aux végétaux ; mais il est évident

qu'elle ne saurait convenir en rien aux êtres du règne minéral, dont nous nous occuperons un peu plus loin. Lamarck, différant peu de G. Cuvier, considère l'espèce, parmi les corps vivants (animaux et végétaux), comme la collection entière d'individus en tout semblables qui furent produits par d'autres individus pareils à eux et, par conséquent, qui forment *race* (*Philosophie zoologique*, t. I). En un mot, sous une forme ou sous une autre, l'idée si clairement exprimée par Cuvier est celle que les naturalistes, zoologistes et botanistes ont unanimement adoptée dans l'état actuel de nos connaissances. Ainsi Adrien de Jussieu n'hésite pas à définir l'*espèce*, en botanique : « La collection de tous les individus qui se ressemblent entre eux plus qu'ils ne ressemblent à d'autres et qui, par la génération, en reproduisent de semblables, de telle sorte qu'on peut, par analogie, les supposer tous issus originairement d'un même individu (*Cours élém. d'hist nat.*, BOTANIQUE). »

Malheureusement, cette définition ne résout pas toutes les difficultés que présente l'étude des espèces en histoire naturelle. D'abord, au point de vue pratique, elle ne fournit aucun moyen infaillible de reconnaître l'espèce chez des êtres qui ne vivent pas à portée de nos observations et ne nous sont connus que par des dépouilles d'individus morts ou de quelques individus vivants isolés. Comment savoir, en effet, si tels et tels de ces êtres sont descendus, oui ou non, de parents communs ; nous n'en pouvons plus juger que par l'étude et l'appréciation de leurs ressemblances ; le meilleur trait de la définition de l'espèce demeure insaisissable pour nous. De là viennent les divergences et les incertitudes des naturalistes quant au nombre des espèces, surtout en ce qui concerne celles que nous connaissons seulement par les collections ou les herbiers. Mais il faut avouer encore que ce trait fondamental de la définition de l'espèce, la *filiation des êtres par voie de reproduction*, fût-il partout appréciable, ne lèverait pas toutes les difficultés. Ainsi le *loup* et le *chien domestique* sont accessibles à toutes nos observations, et tous les traits de la définition de l'espèce peuvent être recherchés en eux ; cependant les zoologistes ne sont pas d'accord à leur égard : les uns les réunissent dans une même espèce, les autres en font deux espèces distinctes. La difficulté provient de ce que le chien domestique a subi entre les mains de l'homme assez de modifications pour que le vulgaire reconnaisse un très-grand nombre d'espèces de chiens domestiques ; que, dès lors, il est possible d'admettre le loup comme le type sauvage du chien, car la louve et le chien, le loup et la chienne produisent ensemble et paraissent capables de faire *race*, comme disait Lamarck. Cependant le loup et le chien présentent des différences aussi grandes que celles qui séparent beaucoup d'espèces, et l'on ne saurait regarder leur aptitude à produire ensemble comme une raison suffisante pour les réunir dans la même espèce, puisque le *cheval* et l'*âne*, qui, à coup sûr, sont d'espèces différentes, produisent le *mulet* et le *bardeau*. On a dû reconnaître, en effet, que les individus d'espèces différentes, mais très-voisines, peuvent, chez les plantes comme chez les animaux, produire ensemble des êtres d'une conformation intermédiaire, incapables de se propager ou ne pouvant tout au plus donner qu'une ou deux générations qui s'éteignent par stérilité. Ces êtres anormaux, nommés *mulets* et *métis*, ne se produisent guère d'ailleurs que sous l'influence de la volonté humaine ; à peine a-t-on pu prouver que, dans la liberté de la vie sauvage, il se fasse de pareils croisements. Ces croisements étant néanmoins possibles, il en résulte une certaine incertitude relativement à un des traits les plus importants de l'espèce. Ce qui rend cette incertitude bien plus grande encore, c'est la puissance accordée à l'homme par son créateur, non pas seulement de croiser les espèces, mais de modifier une même espèce dans les individus qui en sortent par générations successives. C'est en vertu de ce pouvoir que l'agriculture a créé tant de *variétés* ou *races* dans les espèces du chien, du cheval, du porc, de la chèvre, du mouton, du bœuf, du coq, du canard, etc. Aussi dociles à la volonté humaine, les espèces végétales se sont modifiées en des *variétés* infiniment nombreuses, et, comme les *variétés* animales, elles diffèrent assez les unes des autres pour que le vulgaire les considère habituellement comme de véritables espèces.

Tels sont donc les difficiles problèmes que l'étude des espèces donne à résoudre au naturaliste. Aucun guide infaillible ne lui reste pour reconnaître si deux êtres sont ou ne sont pas de la même espèce ; c'est l'observation patiente d'un grand nombre d'êtres analogues, l'habitude de les comparer et d'apprécier leurs rapports qui, peu à peu, l'instruisent à résoudre ces problèmes. Mais combien ces résultats sont discutables et doivent changer avec l'état de nos connaissances ! Combien il serait présomptueux Je prendre aucun d'eux comme une donnée sûre propre à justifier telle ou telle conséquence pratique ! Que penser des naturalistes ou des politiques qui, à l'exemple de certains écrivains d'Amérique, ne craindraient pas de légitimer l'esclavage des noirs, en affirmant que le genre humain renferme plusieurs espèces dont l'une est faite *pour commander aux autres* ? Tout est incertain dans ce principe anti-humanitaire ; il est impossible de démontrer jusqu'à l'évidence qu'il y a plusieurs espèces humaines, et il faudrait au moins une évidence absolue pour se laisser conduire à admettre que le nègre, étant d'une espèce inférieure, est dévolu à l'esclavage sous la férule du blanc. La science, si elle ne conclut pas avec évidence à l'unité de l'espèce humaine, y incline plutôt qu'elle ne s'en écarte ; mais en tous cas elle ne peut, sur ce point, donner aucune certitude et ne saurait, par conséquent, fournir l'odieux témoignage qu'on veut lui arracher.

Une autre question moins grave au point de vue pratique, mais tout aussi importante au point de vue philosophique, doit être au moins indiquée ici ; c'est celle de la *fixité* ou de la *variabilité de l'espèce*. « On n'a aucune preuve, dit Cuvier (*Règne animal*, *Introduction*), que toutes les différences qui distinguent aujourd'hui les êtres organisés soient de nature à avoir pu être ainsi produites par les circonstances. Tout ce qu'on a avancé sur ce sujet est hypothétique ; l'expérience paraît montrer, au contraire, que, dans l'état actuel du globe, les variétés sont renfermées dans des limites assez étroites, et aussi loin que nous pouvons remonter dans l'antiquité, nous voyons que ces limites étaient les mêmes qu'aujourd'hui. » Linné, plus absolu encore, avait dit, un demi-siècle avant, dans sa *Philosophia botanica* : « Nous comptons autant d'espèces qu'il a été créé de formes diverses à l'origine des choses..... Chacune des formes et structures actuelles dérive de celles que l'Être infini a initialement produites, et elles ont subsisté semblables à elles-mêmes à travers la suite des temps. » Mais un peu plus tard, dans un autre ouvrage (*Amœnitates academ.*), le même Linné a des doutes ; il se demande si à l'origine toutes les espèces d'un même genre n'ont pas constitué une seule espèce qui serait ensuite devenue multiple par des générations hybrides, c'est-à-dire des croisements. Buffon, à la même époque, concevait autrement la variabilité de l'espèce ; des modifications graduelles devenues héréditaires sous l'influence des conditions environnantes peuvent donner, selon lui, des espèces nouvelles dérivées des espèces primitives, mais définitivement différentes de celles-ci. Lamarck a développé cette idée nouvelle dans sa *Philosophie zoologique* et a trouvé des disciples convaincus dans Geoffroy Saint-Hilaire et son école. L'idée de la fixité de l'espèce adoptée avec une certaine réserve par Cuvier a été, au contraire, accusée même jusqu'à l'exagération par Duméril (*Erpétologie générale*), par de Blainville (*Hist. des sc. de l'organ.*), en zoologie ; par A. L. de Jussieu (*Gener. plant.*), en botanique. Il ne convient nullement d'entrer ici dans une discussion pareille, et je me bornerai à dire que les idées modérées de Cuvier sur la fixité relative des espèces, exprimées dans le passage cité plus haut, sont aujourd'hui encore adoptées par la plupart des naturalistes. Les lecteurs curieux de poursuivre la discussion que j'abandonne ici pourront consulter, outre les ouvrages que j'ai déjà cités, le résumé lucide et consciencieux des vues des auteurs sur l'*espèce*, que Is. Geoffroy Saint-Hilaire a donné dans son *Histoire générale des règnes organiques* (t. II, 2ᵉ partie), ouvrage que la mort prématurée de son auteur laisse malheureusement inachevé.

Dans le règne inorganique, les difficultés que comporte la question de l'espèce sont d'un autre genre. Les minéraux se présentent comme des portions de matière n'ayant ni forme ni structure essentiellement propres et ne se tenant par aucun lien de filiation, puisqu'ils ne naissent pas de parents semblables à eux. Aussi, dans ce règne, avant de définir l'espèce, il faut définir l'individu minéralogique. Cette définition repose principalement sur la constitution chimique et les formes cristallines que présentent les minéraux ; mais, dans la plupart des auteurs, elle a quelque chose d'artificiel qui se retrouve nécessairement dans la définition de l'espèce minéralogique ; il en sera parlé au mot Règne minéral (voyez Races, Variétés, Reproduction). Ad. F.

ESPÈCES (Pharmacie). — On appelle *espèces* des végétaux ou parties de végétaux ayant des propriétés physiques et un mode d'action analogues, que l'on mélange après les avoir fait sécher et que l'on conserve pour l'usage. On en fait des infusions, des décoctions, pour tisanes, bains, lotions, gargarismes, collyres, injections, etc. Elles doivent être séchées avec soin et conservées à l'abri de l'humidité et de la lumière. Voici quelles sont les principales espèces :

E. toniques. — Ce sont, en général, des substances amères ; elles sont presque inodores. Les plus souvent employées sont les sommités de chamédrys (petit chêne), de petite centaurée, les feuilles de ménianthe, la fumeterre, la gentiane, le quinquina, etc. Elles recèlent en général du tannin, de l'acide gallique, qui exercent sur les tissus organiques une impression fortifiante dans certaines maladies chroniques et dans les convalescences des fièvres de long cours. Dans ce groupe rentrent les substances décorées des noms de *stomachiques*, *antiscorbutiques*, *antiscrofuleuses*, *fébrifuges*, *dépuratives*, *astringentes*, etc.

E. excitantes, dites aussi *stimulantes*. — Elles sont aromatiques. Ce sont les sommités de sauge, de thym, de serpolet, de mélisse, d'hysope, de menthe poivrée, d'absinthe, etc. ; les baies de genièvre, la racine de valériane, la cannelle, etc. Ces espèces recèlent une certaine proportion d'huile volatile, de la résine, du camphre, etc. On range aussi dans cette catégorie : 1° les *apéritifs* : racines de persil, de fenouil, d'asperge, d'ache, de petit houx, dites *racines apéritives* ; 2° les *sudorifiques* : racines de salsepareille, de squine, de gaïac, de sassafras ; 3° les *anthelmintiques*, surtout ceux qui sont aromatiques, tels que l'absinthe, la tanaisie, la camomille romaine ; les autres rentreraient plutôt dans la classe des toniques.

E. émollientes. — On y distingue les feuilles sèches de mauve, de guimauve, de bouillon blanc, de seneçon, de pariétaire, etc., employées en décoctions pour usage externe ; à l'intérieur, on emploie les infusions de fleurs de mauve, de violettes, de tussilage, de coquelicot, dites aussi *espèces pectorales* ; en décoction, les *fruits* dits *pectoraux* ou *béchiques* ; ce sont les dattes, les jujubes, les figues et les raisins de Corinthe.

On a encore donné le nom d'*espèces* à des médicaments chez lesquels l'observation a démontré des propriétés spéciales et déterminées, ainsi : les *semences froides* : courge, citrouille, melon, concombre, avec lesquelles on prépare des émulsions adoucissantes ; les *farines émollientes* : de graine de lin, de seigle et d'orge ; les *farines résolutives* : de fenugrec, de fève, d'orobe et de lupin bleu ; les *E. carminatives* : fruits d'anis, de carvi, de coriandre, de fenouil, employées pour faire évacuer les gaz contenus dans le canal digestif.

ESPÉRANCE mathématique (Probabilités). — On appelle ainsi, dans le calcul des probabilités, le produit de la probabilité d'un événement par le bénéfice qu'on attend de cet événement. Lorsque deux joueurs se mettent au jeu, leurs mises doivent naturellement être proportionnelles aux chances qu'ils ont de gagner. Celui qui a 2, 3... fois plus de motifs d'espérer qu'il gagnera, hasardera volontiers 2, 3... fois plus. A l'inverse, celui qui a moins de chances de gain hasardera moins, ou bien, s'il s'expose à perdre une forte somme, ce sera en vue d'un bénéfice plus grand : or le bénéfice d'un joueur, c'est la mise de l'autre joueur. Il suit de là que les joueurs doivent exposer des sommes proportionnelles à la probabilité qu'ils ont de gagner. Et c'est ce que l'on énonce en disant que, dans un jeu équitable, l'espérance mathématique doit être la même de part et d'autre.

Cette règle est générale et ne s'applique pas seulement aux jeux. Ainsi, lorsqu'un propriétaire assure sa maison, l'événement qu'il prévoit est l'incendie, auquel cas on lui en payerait la valeur. Au contraire, l'assureur espère que la maison ne brûlera pas, et que la prime sera son bénéfice. Pour que le traité soit juste, il faut que la valeur V de la maison, multipliée par la probabilité qu'elle brûlera, soit égale à la prime P multipliée par la probabilité que la maison ne brûlera pas. Si l'on sait que sur 10 000 maisons il en brûle une, il faudra que

$$V \times \frac{1}{10000} = P \times \frac{9999}{10000},$$ ou que la prime P soit $\frac{1}{9999}$ de la valeur de la maison. Bien entendu qu'on devra, de plus, avoir égard à l'intérêt du capital de la compagnie d'assurances, aux frais d'administration et à son juste bénéfice. Il faut, en outre, que la compagnie opère sur un grand nombre de maisons, afin que les moyennes qui servent de base au calcul se vérifient ; ce qui arrivera indubitablement en vertu de la *loi des grands nombres*, a

la compagnie assure un très-grand nombre de maisons à la fois.

Il est aisé de se convaincre, à l'aide de ce principe de l'espérance mathématique, que l'ancienne *loterie* n'était pas un jeu équitable. En effet, sur les 90 numéros, il en venait 5 à chaque tirage ; la probabilité de gagner un *extrait* était donc $\frac{5}{90}$ ou $\frac{1}{18}$. Il aurait fallu, par conséquent, que $\frac{1}{18}$ G $= \frac{17}{18}$ M, ou que la somme G, promise au gagnant, fût égale à 17 fois sa mise M, c'est-à-dire que, pour u₌ franc exposé sur un numéro, on aurait dû gagner 17 francs, si ce numéro venait à sortir ; de plus, il aurait fallu, dans ce cas, rendre la mise, et il revenait ainsi au gagnant 18 francs : au lieu de cela, on ne lui donnait que 13 francs. Pour les *ambes*, le gain de la loterie était encore plus considérable. Les 90 numéros fournissent, en effet, 90×89 ou 8010 ambes ou arrangements 2 à 2 ; c'est le nombre total des chances, mais puisqu'on tirait 5 numéros, il venait à chaque tirage 5×4 ou 20 arrangements ; c'étaient les chances favorables. La probabilité d'extraire un ambe déterminé était $\frac{20}{8010} = \frac{2}{801}$. Il aurait donc fallu que $\frac{2}{801}$ G $= \frac{799}{801}$ M, ou que le gain fût de 399 fois la mise. Or, on ne donnait que 84 fois la mise ; le bénéfice de l'administration était de plus des $\frac{4}{5}$. Il était encore plus considérable pour le *terne*, le *quaterne* et le *quine*. Ainsi la loterie méconnaissait complétement à son avantage le principe de l'espérance mathématique.

Ce principe n'est pas toujours suffisant pour régler les conventions qui dépendent en partie du hasard. Il faut y joindre la considération de l'*espérance morale*. On appelle ainsi le rapport de la somme que l'on s'expose à gagner ou à perdre, et de la fortune des joueurs. Ainsi deux personnes jouent 10 francs à croix ou pile. Si l'une possède 100 francs et l'autre 10000 francs, la première risque $\frac{1}{10}$ de son avoir, et la seconde seulement $\frac{1}{1000}$. Le résultat, gain ou perte, sera bien plus sensible pour le premier joueur que pour le second.

Voici un autre exemple : Si un particulier assurait contre l'incendie une maison de 300000 francs, moyennant qu'on lui payât une prime de 300 francs, le contrat pourrait être conforme au principe de l'espérance mathématique, et pourtant le simple bon sens montre qu'on ne saurait approuver un pareil jeu, car, pour un très-petit bénéfice, ce particulier s'exposerait à un très-grand mal, la perte de 300000 francs en cas d'incendie. Mais si une compagnie assure aux mêmes conditions plusieurs propriétés, l'espérance morale justifie le contrat, parce que, d'une part, la somme des primes forme un bénéfice annuel par lequel elle peut s'exposer aux chances d'incendie, et que, d'un autre côté, le capital d'une compagnie surpasse généralement celui d'un simple particulier.

A ce principe se rattache d'ailleurs une remarque ingénieuse due à Buffon. Lorsqu'une personne possédant un capital de 10000 francs, par exemple, s'expose à une chance qui peut lui faire gagner ou perdre 1000 francs, le gain ou la perte rapportée à sa fortune définitive sont $\frac{1000}{11000}$ et $\frac{1000}{9000}$: la seconde fraction surpasse la première, de sorte que la perte ainsi estimée surpasse le gain. Ainsi, même dans les jeux équitables, le résultat définitif serait toujours une perte. L'évidence de ce principe devient frappante, quand on expose une forte somme. Celui qui, possédant 6000 francs de rente, en joue la moitié, s'expose à avoir 3000 francs de rente, ou bien 9000 francs. Dans le second cas, il ne pourra pas doubler ses jouissances ; dans le premier, il sera forcé de les réduire à moitié.

Ces divers exemples doivent convaincre que les principes du calcul des probabilités s'accordent bien avec ceux du raisonnement ordinaire ; et l'on peut dire avec Laplace que ce calcul n'est, au fond, autre chose que le bon sens réduit en chiffres ou en arithmétique (voyez Probabilités (*Calcul des*).　　　　　　　　　　　　E. R.

ESPROT (Zoologie). — Espèce de *Poissons*, dit aussi *Mélet harenguet* (voyez Hareng).

ESQUILLE (Chirurgie). — Petit fragment qui se détache d'un os fracturé, dans les fractures comminutives. Les esquilles sont plus ou moins volumineuses, plus ou moins étendues. Lorsqu'elles sont libres et entièrement détachées de l'os fracturé, il faut les enlever, en les détachant avec précaution des parties molles auxquelles elles tiennent encore, et ne jamais les arracher avec violence. Ce précepte d'enlever les esquilles détachées de l'os est basé sur ce que, ne pouvant plus en espérer la consolidation, elles ne feraient que déterminer des accidents en agissant comme corps étrangers. En général, il faut, lorsque l'on veut les extraire, pratiquer des incisions assez larges pour n'en laisser aucune, parce que celles qui auraient échappé s'opposeraient à la guérison et pourraient déterminer plus tard des abcès, des fistules ou d'autres accidents graves.

ESPRITS (Pharmacie). — On donnait assez généralement ce nom à des médicaments liquides résultant de la distillation de l'alcool sur une ou plusieurs substances aromatiques végétales ou animales ; quelquefois, c'étaient simplement des dissolutions dans l'alcool de divers principes médicamenteux et surtout de principes aromatiques. On les appelait aussi quelquefois *eaux spiritueuses*. Aujourd'hui, on les désigne sous le nom d'*alcoolats*. On trouve indiqués dans les traités de pharmacie les *E. alcooliques* de cochléaria, de genièvre, de lavande, de citron, de framboise, de castoréum, etc. ; l'*E. carminatif* de Sylvius ; alcool distillé sur les racines d'angélique, d'impératoire, de galanga, sur les baies de laurier, les semences d'angélique, de livèche, d'anis, sur la cannelle, l'écorce d'orange, le girofle, le gingembre, la muscade, le maïs et les feuilles de romarin, de marjolaine, de rue et de basilic ; l'*E. huileux aromatique ;* alcool rectifié distillé sur des écorces d'orange et de citron, la vanille, le macis, le girofle, la cannelle, le sel ammoniac (chlorhydrate d'ammoniaque), l'eau de cannelle simple, le sous-carbonate de potasse, etc. Toutes ces substances médicamenteuses simples ou composées ont des propriétés pénétrantes, actives, qui souvent stimulent fortement nos organes. Elles conviennent particulièrement pour relever les forces abattues, dans les syncopes, dans certaines affections spasmodiques, etc.

On a encore donné le nom d'*esprits* à plusieurs substances extraites par la distillation.

E. de corne de cerf. — C'est une espèce d'huile empyreumatique obtenue par la distillation de la corne de cerf.

E. de Mindérérus. — C'est l'*acétate d'ammoniaque* (voyez ce mot).

E. de nitre. — C'est l'*acide azotique affaibli* (voyez Azotique [*Acide*]).

E. de nitre dulcifié. — C'est un mélange de 3 parties d'alcool à 85° et 1 partie d'acide azotique à 34°. Employé comme diurétique.

E. de sel. — Acide chlorhydrique dissous dans l'eau. L'*E. de sel dulcifié* est un mélange de 1 partie d'acide chlorhydrique et de 2 parties d'alcool.

E. de succin. — C'est l'acide succinique huileux que l'on obtient par la distillation du succin.

E. de Vénus. — C'est le vinaigre radical ou acide acétique concentré, que l'on obtient par la distillation de l'acétate de cuivre.

E. de vin. — Tout le monde sait que c'est l'alcool obtenu par la distillation des matières qui ont éprouvé la fermentation spiritueuse.

ESQUINANCIE (Médecine), en grec *sunanché.* — Pour les médecins, ce mot est synonyme d'*angine ;* pour le vulgaire, il sert à désigner un mal de gorge très-violent (voyez Angine).

ESSAIM (Économie rurale). — Voy. Abeilles, Ruche.

ESSAIS (Chimie). — On désigne en général, sous le nom d'*essais*, des expériences faites sur une petite échelle et qui ont pour but de déterminer la nature et les proportions des éléments constitutifs d'une substance donnée. Dans quelques cas, ces essais ne diffèrent pas d'une analyse chimique ordinaire ; c'est ce qui a lieu, par exemple, dans la recherche relative à la teneur d'un minerai. D'autres fois, on applique des méthodes spéciales, dirigées de façon à signaler d'une manière rapide la présence de certains éléments ; tels sont, par exemple, les essais au chalumeau. Enfin, il y a un grand nombre de cas dans lesquels l'essai a pour objet de doser un seul des éléments qui entrent dans la substance, l'opération laissant volontairement de côté la détermination des matières associées à l'élément unique dont il s'agit. Ainsi, par exemple, la plupart des matières chimiques employées dans l'industrie et les arts : acides, alcalis, chlorures décolorants, etc., renferment, associées avec la matière utile, des matières étrangères souvent fort complexes. Il est clair que, pour que les transactions commerciales ayant pour objet ces substances aient une base équitable, il faut que le prix soit calculé d'après le poids réel de la matière utile. C'est là le but particulier des essais commerciaux, et ce but ne serait qu'imparfaitement atteint, si les procédés d'expérience n'étaient pas réduits à un degré d'uniformité et de simplicité qui les rende accessibles à tout le monde. Le lecteur trouvera décrite, à des places diverses, dans le *Dictionnaire*, la manière de faire les essais des acides, des potasses, des manganèses, etc. Nous ne parlerons, dans cet article, que des essais de monnaies et bijoux d'or ou d'argent.

On sait que les monnaies sont au titre de 900 millièmes, c'est-à-dire qu'elles doivent renfermer neuf dixièmes de métal fin, l'autre dixième pouvant être un métal quelconque, mais étant en réalité du cuivre, qui est plus propre que tout autre à donner à la pièce le degré de dureté convenable. La vaisselle et l'argenterie sont au titre de 950 millièmes ; les bijoux, au titre de 800 millièmes. Il y a en outre une tolérance de 2 millièmes en plus ou en moins pour les monnaies, et de 5 millièmes en moins seulement pour la vaisselle, l'argenterie et les bijoux. On n'a pas fixé, pour ces derniers articles, de tolérance en plus, se fiant naturellement à l'intérêt des orfévres, qui les empêche de dépasser le titre légal.

Les essayeurs, dans les hôtels des monnaies, sont de deux sortes : les uns, chargés de contrôler la monnaie, agissent comme agents directs de l'État et s'assurent que les pièces livrées par le directeur de la fabrication ont le titre légal et correspondent, par conséquent, à la valeur du franc, qui est la base de notre système monétaire ; ceux qui sont chargés de contrôler l'argenterie et les bijoux agissent aussi au nom de l'État, qui les nomme ; mais ils sont rémunérés par les personnes qui font contrôler, d'une manière proportionnelle d'ailleurs à la valeur des objets garantis. Ce sont les essayeurs du commerce. Quand ils ont constaté que les objets soumis à leur appréciation ont le titre légal, ils y impriment une marque ou *contrôle*, qui est, pour le public, la garantie officielle du titre.

Nous allons indiquer succinctement les méthodes employées par les bureaux de garantie, en distinguant les essais d'argent des essais d'or.

1° *Essais d'argent.* — On se servait autrefois, d'une façon exclusive, de l'ingénieuse méthode de la coupellation. Elle consiste dans l'emploi d'une *coupelle* ou capsule poreuse faite de cendre d'os, dont nous donnons ici

Fig. 979. — Coupelle.

Fig. 980. — Moufle.

une coupe verticale. On place dans cette coupelle un poids déterminé de l'objet à essayer avec une quantité additionnelle de plomb, et on introduit la coupelle dans

Fig. 981. — Fourneau de coupelle.

la moufle A du fourneau de coupellation, dont notre figure donne à la fois une vue et une coupe. Ce fourneau a la disposition ordinaire des fourneaux à réverbère. La moufle, formée d'un demi-cylindre, s'appuie par son extrémité ouverte à la porte B, et par sa partie fermée elle repose sur le support S, qui est enclavé dans la partie postérieure du fourneau. On conçoit que, si le fourneau est chargé de combustible de G en L, la moufle sera portée à une très-haute température, et, comme elle présente des fentes, il s'établira dans son intérieur un courant d'air nécessaire à l'opération elle-même.

Voici, en effet, les phénomènes curieux qui se passent dans la coupellation. Sous l'action de la température élevée, l'alliage d'argent et le plomb fondent ; ce dernier s'oxyde, et l'oxyde de plomb fond à son tour. Si le cuivre eût été seul avec l'argent, il se serait oxydé sans doute, mais l'oxyde n'étant pas fusible serait resté sur la coupelle. L'oxyde de plomb joue à son égard le rôle de dissolvant, et les deux oxydes ainsi fondus sont absorbés par les parois poreuses de la coupelle. Quant à l'argent, comme il est inoxydable, il demeure sous la forme d'un bouton (bouton de retour), qu'il suffit de peser pour avoir le poids d'argent fin contenu dans la portion de l'alliage soumise à l'expérience. Cette intéressante méthode est employée sur une grande échelle, pour retirer l'argent des minerais de plomb argentifères ; l'oxyde de plomb formé s'écoule par des entailles pratiquées sur la grande coupelle employée dans cette circonstance, et fournit ainsi une partie de la *litharge* employée dans le commerce.

Comme méthode d'essai, la coupellation n'est pas irréprochable. En effet, le bouton peut renfermer des traces de plomb d'une part, et d'un autre côté une portion de l'argent peut être entraînée, soit par l'oxyde qui passe à travers la coupelle, soit par celui qui se volatilise. Gay-Lussac, qui remplit pendant de longues années les fonctions d'essayeur à la Monnaie de Paris, et qui imprima à ce service le cachet de précision qui le distinguait à un degré si éminent, fit adopter un système d'essai par la voie humide, qui est infiniment supérieur au précédent et que nous allons faire connaître.

Le principe de la méthode est la précipitation de l'argent d'une dissolution argentifère par le chlorure de sodium. Il se forme du chlorure d'argent entièrement insoluble, et qui présente d'ailleurs cette propriété fort utile, que, si on agite le vase où il s'est formé, la liqueur s'éclaircit, surtout si elle est un peu chaude, par la réunion des grumeaux constitutifs du précipité. D'après cela, voici comment on opère : On prend un poids déterminé de l'alliage à essayer et on le traite par l'acide azotique. Il se forme de l'azotate d'argent et de l'azotate de cuivre, que l'on verse avec une certaine quantité d'eau dans un flacon. On prend ensuite une dissolution normale de chlorure de sodium, et on en verse des volumes successifs dans le flacon, en ayant soin d'agiter à chaque fois. Tant que la liqueur se trouble, c'est qu'il y a encore de l'argent, et, quand on arrive à un point tel qu'une nouvelle goutte de chlorure ne produise plus rien, c'est que tout l'argent a été précipité. Sachant d'une part qu'il faut 0gr,0414 de chlorure de sodium pour précipiter 1 gramme d'argent, et connaissant d'ailleurs le titre et le volume de la dissolution employée, on conçoit qu'on peut en déduire exactement le poids de l'argent contenu dans l'alliage. Pour pouvoir opérer avec plus de précision, on se sert de deux dissolutions. L'une est la dissolution normale, telle que dans un dizième de litre il y ait la quantité de sel nécessaire pour précipiter 1 gramme d'argent. L'autre est la liqueur décime qui renferme une proportion dix fois plus forte d'eau. C'est cette dernière qu'on emploie vers la fin de l'expérience ; l'une et l'autre d'ailleurs sont versées à l'aide de burettes graduées.

Essais d'or. — Les alliages d'or et de cuivre sont essayés par la coupellation ; mais, comme on peut y supposer l'argent, on en ajoute toujours une certaine quantité ; cette opération prend le nom d'*inquartation*.

Le bouton de retour est recuit, laminé et roulé en forme de cornet (*fig.* 982), qu'on introduit ensuite dans un matras d'essai (*fig.* 983) avec de l'acide azotique. L'argent est seul attaqué ; l'or conserve la forme du cornet primitif ; on le lave avec soin, et finalement on le fait chauffer dans la moufle et on le pèse. On obtient ainsi le poids de l'or contenu dans l'alliage en essai.

Les essais d'or se font généralement par 0gr,50 ; mais la quantité d'argent et de plomb varie avec le titre de l'alliage à essayer. Voici les proportions les plus ordinairement employées :

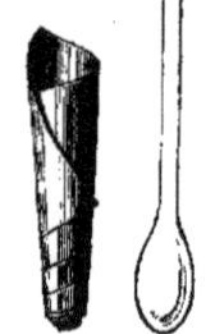

Fig. 982.   Fig. 983.

	Argent.	Plomb.
1° Monnaie au titre de 900/1000.....	1gr,35	7gr
2° Or au titre de 950/1000..........	1, 35	4
3° Or au titre de 750/1000..........	1, 35	10

ESSARTAGE (Agriculture). — Mode de défrichement d'un sol couvert de bois et de broussailles, qui consiste à arracher et à brûler sur place tout ce qui pourrait entraver la marche de la charrue (voyez FRICHE).

ESSENCES (Chimie). — On donne ce nom aux huiles volatiles odorantes qui se trouvent toutes formées dans les tissus de certaines plantes, ou qui proviennent d'un dédoublement par voie de fermentation d'un produit organique préexistant dans le végétal. Les essences sont, en général, un peu colorées en jaune ; leur point d'ébullition est compris entre 130° et 200° ; elles sont habituellement constituées par deux principes différents : un liquide qui est l'huile essentielle proprement dite ; l'autre, solide ; on le nomme *stéaroptène*. Quelquefois ce dernier est en quantité telle, que l'huile essentielle en demeure concrète. Les huiles essentielles font tache sur le papier ; mais cette tache disparaît en chauffant, tandis que les huiles grasses font une tache qui persiste. Elles sont quelquefois solubles dans l'eau, mais toujours en petite quantité, plus solubles dans l'alcool. Quelques essences absorbent l'oxygène de l'air et se résinifient en partie. Quelques-unes se chargent d'une grande quantité de gaz acide chlorhydrique sec et donnent naissance à une espèce de camphre artificiel. Leur composition est très-variable ; à ce point de vue, on peut les diviser en plusieurs classes.

Classe	Essence	Formule	Provenance	Nom botanique
Essences hydrocarburées.	Essence de térébenthine	$C^{20}H^{16}$	Provenant des arbres résineux	(pinus maritima).
	— de citron	$C^{10}H^8$	— du zeste des citrons	(citrus medica).
	— d'orange	$C^{20}H^{16}$	— du zeste d'orange	(citrus aurantium).
	— d'élemi	$C^{10}H^8$	— de la résine elemi	(gardin a summifera).
	— de genièvre	$C^{20}H^{16}$	— baies de genièvre	(juniperus communis).
	— de copahu	$C^{10}H^8$	— baume de copahu	(copaifera officinalis).
	— de cubèbe	$C^{10}H^8$	— fruits de cubebe	(piper cubeba).
	— de sabine	$C^{20}H^{16}$	— baies de sabine	(juniperus sabina).
	— de poivre	$C^{13}H^{12}$	—	(piper nigrum).
	— de laurier	$C^{20}H^{16}$	— tronc de	(ocotea).
	— de bouleau	$C^{20}H^{16}$	— distillation du goudron fourni par l'écorce du bouleau	(betula alba).
Essences qui sont des hydrures ou qui les engendrent.	— d'amandes amères (hydrure de benzoïle)	$C^{14}H^6O^2$	— fourn. par les amandes amères au contact de l'eau	
	— de cannelle (hydrure de cinnamyle)	$C^{18}H^8O^2$	—	(cinnamomum cannella).
	— d'anis engendrant (l'hydrure d'anisyle)	$C^{16}H^8O^4$	—	(pimpinella anisum).
	— de cumin, contenant l'hydrure de cuminyle)	$C^{20}H^{12}O^2$	—	(ruminum cyminum).
Essences acides.	— de girofle	$(C^{20}H^{12}O^4)$	— des boutons des fleurs du	(caryophyllus aromaticus).
	— de piment	$C^{20}H^{12}O^4$	— des graines du	(capsicum annuum).
Essences sulfurées.	— de moutarde	$C^8H^5AzS^2$	— des gousses de	(sinapis nigra).
	— d'ail	C^6H^5S	— des racines de	(allium sativum).
	— de raifort	$C^8H^{16}Az^2S$	—	(raphanus sativus).
Essences non classées.	— de menthe	$C^{20}H^{20}O^2$	—	(mentha piperita).
	— de cèdre	$C^{39}H^{26}O^2$	— du cèdre de Virginie	(abies cedrus).
	— de sassafras	$C^{10}H^5O^2$	—	(laurus sassafras).
	— d'absinthe	»	—	(absinthium vulgare).
	— de roses	C^4H^4	— des espèces du genre	(rosa).
	— de lavande	»	— des sommités fleuries du	(lavandula spica).
	— de camomille	$C^{20}H^{16}O^2$	—	(anthemis nobilis).
	— de rue	$C^{20}H^{20}O^2$	—	(ruta graveolens).
	— de thym	»	—	(thymus vulgaris).
	— de valériane	»	— de la racine de valériane	(valeriana officinalis).
	— de bergamote	»	— des zestes du	(citrus limetta).
	— d'hysope	»	—	(hyssopus officinalis).
	— de romarin	»	—	(rosmarinus officinalis).
	— de jasmin	»	—	(jasminum officinale).

Le mode d'extraction des essences est très-variable, suivant les cas. Dans quelques circonstances, la pression suffit, comme pour l'essence de citron que laissent échapper les zestes des citrons quand on les comprime. D'autres fois, il faut recourir à la distillation en présence de l'eau ; la vapeur d'eau entraîne l'essence et la dépose dans le serpentin refroidi de l'alambic, d'où elle s'écoule dans le récipient. Lorsque les huiles volatiles sont plus légères que l'eau, on les recueille dans un récipient de forme particulière, nommé *récipient florentin* (fig. 984). A mesure que l'essence arrive dans le serpentin, elle déplace un volume d'eau égal au sien, qui s'échappe par le bec *a*. Quand l'huile volatile n'existe qu'en petite quantité dans la plante d'où on veut l'extraire, et qu'elle resterait dissoute dans l'eau qui se condensera avec elle dans le serpentin, on aime mieux, pour ne pas employer une trop grande proportion d'eau et éviter pourtant les inconvénients du chauffage à feu nu de l'alambic, faire circuler de la vapeur d'eau au contact de la plante chauffée elle-même au bain-marie, de manière à ce que la température de distillation de l'essence ne dépasse pas 100°. Enfin, quand l'essence, d'ailleurs peu abondante, est très-délicate et qu'elle pourrait être altérée par la distillation, on l'extrait par pression en employant une huile grasse dans laquelle on parvient, par plusieurs opérations, à en incorporer une très-forte proportion. On

Fig. 984.
Récipient florentin.

élimine ensuite l'huile grasse par un dissolvant approprié, alcool ou éther. Les essences ont été principalement étudiées par MM. Blanchet, Sell, Dumas, Péligot, Liebig, Piria, Laurent, Gerhardt, Cahours, Wöhler, Deville. B.

ESSENCE D'ORIENT (Zoologie). — On nomme ainsi, dans le commerce, une matière nacrée qui entoure la base des écailles de certains poissons et avec laquelle on fabrique les fausses perles. L'*able* est le poisson sur lequel on recueille particulièrement cette substance (voyez ABLE, PERLES [*Fausses*]).

ESSENCES LIGNEUSES (Arboriculture). — Les forestiers et les arboriculteurs emploient ce mot pour désigner les espèces d'arbres, d'arbustes ou d'arbrisseaux que l'on cultive en *forêts* ou en *bois*, en *plantations d'alignement*, en *haies vives* ou en *oseraies*. Le même mot a été adopté par les artisans qui emploient le bois et s'étend alors à un grand nombre d'arbres ou arbrisseaux étrangers. Nous donnerons ici seulement, d'après Girardin et Du Breuil, l'indication des essences forestières habituellement cultivées ou qui peuvent être cultivées en France, renvoyant au mot FORÊTS et à chaque nom d'arbre ou d'arbrisseau pour les divers détails qui les concernent. Nous joignons à cette première série de renseignements une liste des principales essences ligneuses exotiques mentionnées par les voyageurs ou connues des colons sous des noms de pays différents des véritables noms botaniques.

I. ESSENCES LIGNEUSES FORESTIÈRES. — Nous diviserons la liste de ces essences d'après le mode de culture qui leur convient le mieux et le genre de sol qu'elles réclament ; ces divisions une fois établies, nous suivrons d'ailleurs l'ordre alphabétique, en séparant, lorsqu'il y aura intérêt les essences à bois résineux des essences non résineuses et les espèces indigènes des espèces exotiques.

A. — ARBRES OU ARBRISSEAUX DE FUTAIE.

§ 1. — *Sols argileux, compactes ou glaiseux.*

Espèces indigènes à feuilles caduques.

N° 1. *Bouleau blanc* ou *Bouillard* (*Betula alba*, Lin.) : hauteur, 13 mètres ; circonférence, 1 mètre ; se multiplie par semence (40 kilogrammes par hectare) et réussit sous le climat du nord de la France, dans tous les terrains et à toutes les expositions, sauf celle du midi. En futaie, on doit l'exploiter à l'âge de 40 à 50 ans ; bois tendre, nuancé de rouge, fin et serré, prenant bien le poli et assez élastique ; il est employé pour la saboterie, la menuiserie, l'ébénisterie, le tour ; il sert aussi pour le chauffage des fours et la fabrication de la poudre de guerre.

N° 2. *Chêne rouvre* ou *à glands sessiles* (*Quercus robur*, Lin.) : hauteur, jusqu'à 35 et 40 mètres ; circonférence, 3 mètres ; multiplication par semence (120 décalitres par hectare), sans recepage. Cet arbre aime les climats tempérés ; le froid et le chaud en excès lui nuisent également. En futaie, il est bon à exploiter entre 100 et 200 ans d'âge ; bois dur, brun et compacte, très-précieux pour les constructions civiles et navales et pour les arts mécaniques ; excellent combustible ; l'écorce fournit un *tan* très-estimé.

N° 3. *Chêne pédonculé* ou *à glands pédonculés*, *Chêne commun* (*Quercus pedunculata*, Hoff.) : hauteur, 45 à 50 mètres ; circonférence, 3ᵐ,50 ; se multiplie comme le précédent, mais croît moins lentement et exige un climat plus tempéré encore. Bon à exploiter à l'âge de 140 à 150 ans, il donne un bois dur, propre aux ouvrages de fente et à la menuiserie.

N° 4. *Hêtre des bois*, *Fayard*, *Foyard*, *Fau*, *Fouteau* (*Fagus sylvatica*, Lin.) : hauteur, 25 à 30 mètres ; circonférence, 1ᵐ,50 à 2 mètres ; multiplication par semence (120 décalitres par hectare), sans recepage ; se plaît dans les climats tempérés. En futaie, il s'exploite à l'âge de 140 à 160 ans ; bois dur, mais moins élastique et moins résistant que le bois de chêne, très-recherché pour la boissellerie, la saboterie et pour la confection des pieux à pilotis ; c'est un excellent combustible.

N° 5. *Orme commun* ou *champêtre* (*Ulmus campestris*, Lin.) : hauteur, 20 à 25 mètres ; circonférence atteignant parfois 4 et 5 mètres ; multiplication par semis ; âge d'exploitation, 100 à 110 ans. Bois dur, jaune, marqué de veines foncées ; particulièrement estimé pour le charronnage, pour les ouvrages destinés à demeurer sous l'eau et pour le chauffage. L'*Orme tortillard* est une variété de l'orme commun, dont le bois doit à ses fibres entre-croisées sans cesse une élasticité et une dureté incomparables ; on le multiplie par semis, bouturage et marcottage.

N° 6. *Orme pédonculé* (*Ulmus pedunculata*, Foug.) ; en tout analogue à l'orme commun, au point de vue forestier.

Espèces exotiques à feuilles caduques.

N° 7. *Bouleau à canot* (*Betula papyrifera*, Mich.), de l'Amérique du Nord : hauteur, 20 mètres ; se multiplie par semis ; climats tempérés ; bois tendre, très-nerveux et d'un grain brillant, excellent pour l'ébénisterie et le chauffage ; écorce épaisse, flexible et résistante, très-employée dans son pays natal pour faire des boîtes, des étuis, etc. Encore très-rare en France.

N° 8. *Chêne blanc châtaignier* (*Quercus prinos palustris*, Mich.), de l'Amérique du Nord ; hauteur, 30 mètres ; se multiplie par semis, sans recepage ; bois dur, très-estimé pour le charronnage. Encore rare en France.

N° 9. *Erable noir* (*Acer nigrum*, Mich.), de l'Amérique du Nord : hauteur, 15 à 16 mètres ; se multiplie par semis ; pays montagneux ; bois dur, noirâtre, très-estimé pour le chauffage. Encore rare en France.

N° 10. *Hêtre rouge* (*Fagus ferruginea*, Willd.), de l'Amérique du Nord : hauteur, 20 mètres ; se multiplie par semis, sans recepage ; climat froid ; bois dur, très-fort et très-compacte, avec un aubier très-mince, propre aux mêmes usages que celui du hêtre des bois, mais de meilleure qualité. Encore rare en France.

Espèces indigènes à bois résineux.

N° 11. *Pin d'Alep*, *Pin de Jérusalem*, *Pin blanc* (*Pinus halepensis*, Ait.) : hauteur, 16 mètres ; multiplication par semis (20 kilogrammes par hectare), sans recepage, ou par greffe herbacée sur pin sylvestre ; climat méridional ; âge convenable pour l'exploitation, 70 à 80 ans ; bois contourné très-solide, à croissance lente, bon pour les constructions navales et pour le chauffage des fours.

N° 12. *Sapin commun* ou *de Normandie* (*Abies pectinata*, de Cand.) : hauteur, 50 mètres ; multiplication par semence (31 kilogrammes par hectare) ou par boutures ; climat septentrional ; âge convenable pour l'exploitation, 110 à 120 ans ; bois très-droit, très-léger et très-vibrant, très-estimé pour les constructions navales, la charpente, la menuiserie, la layeterie et aussi pour la fabrication des instruments de musique à cordes ; cet arbre produit la *térébenthine* dite *de Strasbourg*.

N° 13. *Sapin épicéa* (*Abies excelsa*, de Cand.) : hauteur, 20 à 26 mètres ; multiplication par semence (15 kilogrammes par hectare) ou par boutures ; climat septentrional ; âge d'exploitation, 70 à 80 ans ; bois semblable à celui du précédent et propre aux mêmes usages. Cet arbre produit la *poix de Bourgogne*.

Espèces exotiques à bois résineux.

N° 14. *Pin du lord Weymouth* (*Pinus strobus*, Lin.), de l'Amérique du Nord : hauteur, 30 à 35 mètres ; se plaît dans les climats tempérés ; bois propre à beaucoup d'usages et surtout aux constructions navales pour les mâtures.

N° 15. *Sapinette noire* (*Abies nigra*, Poir.), de l'Amérique du Nord : hauteur, 20 à 25 mètres ; bois très-propre aux constructions navales et à la charpente. Encore rare en France.

§ 2. — *Sols de consistance moyenne (argilo-calcaires, argilo-siliceux).*

Espèces indigènes à feuilles caduques.

N° 16. *Alizier commun* ou *blanc*, *Allouchier*, *Drouillier* (*Cratægus aria*, Lin.) : hauteur, 10 mètres ; circonférence, 1 mètre ; se multiplie par semence mêlée en petite quantité aux graines des autres essences ; âge d'exploitation, 25 à 30 ans ; bois dur, très-résistant et d'un grain très-serré, capable de prendre un très-beau poli et de recevoir la teinture ; on l'emploie à fabriquer les alluchons de moulin, les manches d'outils délicats, les flûtes ; on en tire un excellent charbon. On doit placer auprès de l'alizier commun l'*Alizier de Fontainebleau* (*C. latifolia*, Lmk) et l'*Alizier des bois* ou *Aigrelier* (*C. torminalis*, Lin), qui, au point de vue forestier, lui sont tout à fait analogues.

Bouleau blanc, déjà cité au n° 1.

N° 17. *Charme commun* (*Carpinus betulus*, Lin.) : hauteur, 15 mètres ; circonférence, 1ᵐ,40 ; multiplication par semence (30 kilogrammes par hectare ; âge d'exploitation, 90 ans ; bois blanc, résistant, pesant et serré, propre au charronnage agricole ; excellent combustible, il donne un charbon employé dans la poudre de guerre.

Chêne rouvre, déjà cité au n° 2. — *Chêne pédonculé*, cité au n° 3.

N. 18. *Chêne tauzin* ou *angoumois*, *Chêne noir*, *Chêne brosse* (*Quercus toza*, Bosc.) : hauteur, 20 à 24 mètres ; multiplication par semis, sans recepage ; climat méridional ; bois dur, noueux, propre aux constructions et au chauffage.

N° 19. *Frêne élevé* (*Fraxinus excelsior*, Lin.) : hauteur, 35 à 40 mètres ; multiplication par semence (52 kilogrammes par hectare), sans recepage ; climat tempéré, exposition au nord ; âge d'exploitation, 100 à 110 ans ; bois blanc, à veines longitudinales, remarquable par son élasticité, employé pour le charronnage, les échelles, les manches d'outils, l'ébénisterie commune.

Hêtre des bois, déjà cité au n° 4.

N° 20. *Merisier* (*Prunus avium*, Lin.) : hauteur, 10 à 12 mètres ; multiplication par semis ; climat tempéré ; bois dur, roussâtre, facile à travailler, recherché pour l'ébénisterie, la menuiserie, la tabletterie.

Orme champêtre et *Orme tortillard*, déjà cités au n° 5. — *Orme pédonculé*, cité au n° 6.

Espèces exotiques à feuilles caduques.

N° 21. *Chêne blanc* (*Quercus alba*, Mich.), de l'Amérique du Nord : hauteur, 23 à 26 mètres ; climat tempéré ; bois analogue à celui du chêne pédonculé. On peut citer auprès de cette espèce le *Chêne à feuilles en faux* (*Q. falcata*, Mich.) et le *Chêne à feuilles lyrées* (*Q. lyrata*,

Mich.), originaires du même pays et qui tous deux atteignent 28 mètres de hauteur. Rares en France.

N° 22. *Frêne d'Amérique* ou *Frêne blanc* (*Fraxinus americano*, Willd.) : hauteur, 26 mètres ; très-analogue à notre frêne commun, il se plaît dans un climat septentrional et donne un bois meilleur encore que celui-ci. On peut en rapprocher le *Frêne bleu* (*F. quadrangulata*, Mich) : hauteur, 25 à 30 mètres ; le *Frêne noir* (*F. sambucifolia*, Lamk) : hauteur, 20 à 25 mètres ; le *Frêne rouge* ou *tomenteux* (*F. tomentosa*, Mich.) : hauteur, 20 mètres, qui do ne un bois très-dur et d'un beau rouge. Originaires de l'Amérique du Nord, ils se rapprochent beaucoup de notre frêne comme arbres forestiers. Rares en France.

N° 23. *Orme rouge* (*Ulmus rubra*, Willd.), de l'Amérique du Nord : hauteur, 20 mètres ; mêmes usages que notre orme champêtre ; bois rouge foncé. Rare en France.

N° 24. *Robinier faux-acacia*, vulgairement *Acacia* (*Robinia pseudo-acacia*, Lin.), originaire de l'Amérique du Nord, naturalisé en France depuis près de deux siècles ; hauteur, 20 à 25 mètres ; circonférence, 2 à 3 mètres ; multiplication par semis, par boutures, par marcottage, au moyen des racines ; âge d'exploitation, 30 à 40 ans ; bois très-dur, lourd, élastique, jaune, à veines brunâtres, prenant un poli net et fin, très-estimé pour l'ébénisterie, la carrosserie et aussi pour la confection des pieux, échalas, palissades.

N° 25. *Vernis du Japon* ou *Aylanthe* (*Aylanthus glandulosa*, Desf.), originaire de l'Asie tropicale : hauteur, 35 à 40 mètres ; multiplication par semis ou marcottage des racines ; bois jaunâtre, bon pour la menuiserie et l'ébénisterie.

Espèces indigènes à bois résineux.

N° 26. *Mélèze d'Europe* (*Larix europæa*, de Cand.) : hauteur, 35 à 40 mètres ; circonférence, 2 mètres ; multiplication par semence (6 kilogrammes par hectare), sans recepage ; climat tempéré, versant septentrional des hautes montagnes ; bois rouge ou blanc, très-bon pour la charpente. Cet arbre fournit la *térébenthine de Venise* et la *résine de Briançon*.

N° 27. *Pin sylvestre*, *P. de Riga*, *de Russie*, *de Genève* (*Pinus sylvestris*, Lin.) : hauteur, 25 à 30 mètres ; multiplication par semence (15 kilogrammes par hectare), sans recepage ; âge d'exploitation, 70 à 80 ans ; fournit à la charpente et à la menuiserie un bois célèbre sous le nom de bois du Nord ; on en extrait une résine abondante.

N° 28. *Pin maritime*, *de Bordeaux*, *des Landes*, *Pinastre* (*Pinus maritima*, de Cand.) : hauteur, 20 mètres environ ; analogue d'ailleurs au pin sylvestre, mais demande un climat méridional.

N° 29. *Pin de Corse* ou *Laricio* (*Pinus laricio*, Lin.) : hauteur, 35 à 40 mètres ; multiplication avantageuse par greffe herbacée sur le pin sylvestre ou par semence (20 kilogrammes par hectare) ; bois de charpente analogue à celui du pin sylvestre.

Pin d'Alep, déjà cité au n° 11.

Sapin commun, déjà cité au n° 12. — *Sapin épicéa*, cité au n° 13.

Espèces exotiques à bois résineux.

Pin du lord Weymouth, déjà cité au n° 14.

§ 3. — *Sols légers humides (mélangés de silice, de calcaire et d'argile, siliceux, graveleux).*

Espèces indigènes à feuilles caduques.

N° 30. *Aune commun*, *Aunée* (*Alnus glutinosa*, Gærtn.) : hauteur, 15 à 20 mètres ; multiplication par semence (11 kilogrammes par hectare) ; climat tempéré ; âge d'exploitation, 60 ans environ ; bois tendre, mou, rougeâtre, très-altérable sous l'eau, très-estimé pour pilotis, conduits d'eau souterrains, ouvrages de tout genre soumis à l'action de l'eau ; il se teint bien en noir et est employé dans l'ébénisterie et la tabletterie.

Bouleau blanc (voyez n° 1).

Charme commun (voyez n° 17).

N° 31. *Châtaignier commun* (*Fagus castanea*, Lin) : hauteur, 35 à 40 mètres ; multiplication par semis ; âge d'exploitation, de 110 à 140 ans ; bois dur et très-peu altérable avec le temps, très-employé dans la charpente, la menuiserie, la tonnellerie et pour les ouvrages de fente.

Chêne tauzin (voyez n° 18).

Frêne élevé (voyez n° 19.

Orme commun et *Orme tortillard* (voyez n° 5) — *Orme pédonculé* (voyez n° 6).

Espèces exotiques à feuilles caduques.

Frêne d'Amérique, *Frêne bleu*, *Frêne noir*, *Frêne rouge* (voyez n° 22).

Orme rouge (voyez n° 23).

Robinier faux-acacia (voyez n° 24).

Vernis du Japon (voyez n° 25).

Espèces indigènes ou exotiques à bois résineux.

Mélèze d'Europe (voyez n° 26).

Pin sylvestre, *Pin maritime*, *Pin de Corse* (voyez n°s 27, 28 et 29). — *Pin d'Alep* (voyez n° 11).

Sapin commun (voyez n° 12). — *Sapin épicéa* (voyez n° 13).

§ 4. — *Sols légers (analogues à ceux du § 3, sans humidité ni sécheresse).*

Espèces à feuilles caduques.

Alizier commun (voyez n° 16).

Bouleau blanc (voyez n° 1).

Châtaignier commun (voyez n° 31).

Chêne tauzin (voyez n° 18).

Merisier (voyez n° 20).

Orme commun et tortillard (voyez n° 5). — *Orme pédonculé* (voyez n° 6). — *Orme rouge* (voyez n° 23).

Robinier faux-acacia (voyez n° 24).

Vernis du Japon (voyez n° 25).

Espèces à bois résineux.

Pin sylvestre (voyez n° 27). — *Pin de Corse* (voyez n° 29). — *Pin d'Alep* (voyez n° 11).

Sapin épicéa (voyez n° 13).

§ 5. — *Sols légers secs sans calcaire (siliceux, graveleux).*

Espèces à feuilles caduques

Alizier des bois, *Alizier de Fontainebleau* (voyez n° 16).

Bouleau blanc (voyez n° 1).

Châtaignier commun (voyez n° 31).

Chêne tauzin (voyez n° 18).

Merisier (voyez n° 20).

Robinier faux-acacia (voyez n° 24).

Vernis du Japon (voyez n° 25).

Espèces à bois résineux.

Pin sylvestre (voyez n° 27).

N° 32. *Pin pignon* (*Pinus pinea*, Lin.) : hauteur, 16 mètres ; multiplication par semis ou par greffe herbacée sur pin sylvestre ; climat méridional ; âge d'exploitation, 70 à 80 ans ; bois très-solide, mais contourné, cônes très-gros dont les amandes sont estimées pour préparer certaines dragées et peuvent être mangées au naturel.

Pin maritime (voyez n° 28). — *Pin d'Alep* (voyez n° 29).

§ 6. — *Sols légers secs avec calcaire (calcaires avec argile ou calcaires).*

Espèces à feuilles caduques.

Bouleau blanc (voyez n° 1).

Chêne tauzin (voyez n° 18).

Merisier (voyez n° 20).

Vernis du Japon (voyez n° 25).

Espèces à bois résineux.

Pin sylvestre (voyez n° 27). — *Pin pignon* (voyez n° 32). — *Pin maritime* (voyez n° 28). — *Pin d'Alep* (voyez n° 11).

§ 7. — *Sols tourbeux, humides.*

Espèces indigènes à feuilles caduques.

Aune commun (voyez n° 30).

Bouleau blanc (voyez n° 1).

Espèce exotique à feuilles caduques.

Chêne à feuilles lyrées (voyez n° 21).

Espèces à bois résineux.

Pin sylvestre (voyez n° 27). — *Pin d'Alep* (voyez n° 11).

Sapin épicéa (voyez n° 13).

B. — Arbres ou arbrisseaux de taillis.

§ 1. — Sols argileux, compactes.

Espèces indigènes à feuilles caduques.

N° 33. *Aubépine commune, Épine blanche (Cratægus oxyacantha,* Lin.) : hauteur, 8 mètres ; circonférence, 0⁜,80 ; se produit naturellement dans les forêts, où il devient souvent trop abondant ; bois dur, jaunâtre et peu employé parce qu'il est très-difficile à travailler.

Bouleau blanc (voyez n° 1) ; en taillis il s'exploite à 10, 15, 20 ans, et ses souches durent 50 ou 60 ans au plus.

Chêne rouvre (voyez n° 2) ; taillis très-durable ; les souches se soutiennent plusieurs siècles sans dépérir. — *Chêne pédonculé* (voyez n° 3).

Hêtre des bois (voyez n° 4) ; durée extrême des souches, 60 à 90 ans.

Orme commun et *Orme tortillard* (voyez n° 5). — *Orme pédonculé* (voyez n° 6) ; les souches d'ormes en taillis durent de 100 à 150 ans.

N° 34. *Peuplier tremble,* vulgairement *Tremble (Populus tremula,* Lin.) : hauteur, 12 à 15 mètres ; multiplication par boutures de rameaux avec talon, par ramée et plançon, par marcottes chinoises et marcottes en archet ; bois tendre, blanc, léger, liant, recherché pour les ouvrages de menuiserie, de layeterie. — *Peuplier noir (Populus nigra,* Lin.) : hauteur, 28 mètres ; cultivé sous forme de *têtard* au bord des eaux ; bois propre au chauffage et aux ouvrages de saboterie, de charpente et de menuiserie rustique. Les souches des peupliers en taillis ont une durée extrême de 40 à 60 ans.

N° 35. *Poirier sauvage (Pyrus communis,* Lin.) : hauteur, 8 à 9 mètres ; multiplication par semis ; croît spontanément dans les forêts de l'Europe occidentale ; durée des souches en taillis, 30 à 40 ans ; bois dur, serré, d'un grain très-fin, capable de prendre le plus beau poli, très-recherché pour l'ébénisterie, la menuiserie fine, et surtout pour la gravure sur bois.

N° 36. *Pommier sauvage (Pyrus malus,* Lin.) : hauteur, 6 à 7 mètres ; multiplication par semis ; spontanée dans nos forêts ; bois analogue à celui du poirier sauvage.

N° 37. *Prunellier sauvage (Prunus spinosa,* Lin.) : hauteur, 7 à 8 mètres ; multiplication spontanée dans nos forêts.

N° 38. *Saule marceau* ou *Marsault (Salix capræa,* Lin.) : hauteur, 10 mètres ; multiplication par semis, par boutures de rameaux avec talon, par marcottes chinoises ; croissance très-rapide ; durée des souches, 30 à 40 ans ; bois propre au chauffage des fours.

Espèces exotiques à feuilles caduques.

Chêne blanc, Chêne à feuilles en faux, Chêne à feuilles lyrées (voyez n° 21). — *Chêne blanc châtaignier* (voyez n° 8).

N° 39. *Chêne à poteaux* ou *de fer (Quercus obtusifolia,* Lin.) : hauteur, 15 mètres ; bois d'une dureté exceptionnelle.

§ 2. — Sols de consistance moyenne.

Espèces indigènes à feuilles caduques.

Alizier commun (voyez n° 16).

N° 40. *Argousier (Hippophaë rhamnoïdes,* Lin.) : hauteur, 10 à 12 mètres ; multiplication par semis ou par marcottage des drageons ; excellent pour fixer par ses racines les terres mobiles.

Aubépine (voyez n° 33).

Bouleau blanc (voyez n° 1).

N° 41. *Bourdaine* ou *Bourdène, Aune noir (Rhamnus frangula,* Lin.) : hauteur, 4 mètres ; multiplication par semis et habituellement par ensemencement spontané ; climat tempéré ; cet arbrisseau aime l'ombrage des grands arbres ; durée extrême des souches, de 20 à 40 ans ; bois tendre, blanc, cassant, employé par les vanniers, donnant un charbon fin et léger très-estimé pour la fabrication de la poudre à canon.

Charme commun (voyez n° 17) ; les taillis de charme donnent le meilleur produit à 20 ans, repoussent bien jusqu'à 40 et 60 ans et ne dépassent pas 80 ou 100 ans.

Chêne rouvre (voyez n° 2). — *Chêne pédonculé* (voyez n° 3). — *Chêne tauzin* (voyez n° 18).

N° 42. *Chêne vert, Yeuse, Eouse (Quercus ilex,* Lin.) : hauteur, 10 mètres ; multiplication par semis, sans recepage, comme tous les autres chênes ; climat méridional ;

durée extrême des souches, 150 à 220 ans ; bois très-dur, employé pour faire des essieux, des leviers, des poulies, etc. — *Chêne kermès (Quercus coccifera,* Lin.) : hauteur, 4 à 5 mètres ; multiplication par semis spontanée sous le climat méridional ; bois menu propre seulement au chauffage ; ce chêne nourrit un insecte d'où l'on tire une matière tinctoriale.

N° 43. *Cornouiller mâle (Cornus mas,* Lin.) : hauteur, 6 à 8 mètres ; multiplication par ensemencement spontané ; durée extrême des souches, de 20 à 40 ans ; bois très-dur, blanc, nuancé de rouge, d'un grain très-fin, employé pour faire des rayons de roues, des échelons d'échelles, des coins, des chevilles, etc.

N° 44. *Érable champêtre (Acer campestre,* Lin.) : hauteur, 8 à 12 mètres ; multiplication par semence (30 kilogrammes par hectare) ; s'associe bien au charme ; durée extrême des souches, 80 à 120 ans ; bois dur, jaunâtre, liant, bon pour les ouvrages d'ébénisterie, de tour et pour la fabrication des instruments de musique ; charbon de bonne qualité, bon bois de chauffage. – *Érable sycomore (Acer pseudo-platanus,* Lin.) : hauteur, 35 à 40 mètres ; multiplication par semis, sans recepage ; bois dur, blanc, serré, bon pour le charronnage, l'ébénisterie, la tabletterie, pour la fabrication des instruments de musique, des bois d'armes à feu et pour la sculpture sur bois. — *Érable plane, Faux-sycomore (Acer platanoïdes,* Lin.) : hauteur, 15 à 20 mètres ; analogue au précédent ; bois grisâtre, moiré, propre aux mêmes usages que celui du sycomore.

Frêne élevé (voyez n° 19) ; durée extrême des souches, 80 à 120 ans.

N° 45. *Fusain d'Europe, Bonnet de prêtre, Bois à lardoir (Evonymus europæus,* Lin.) : hauteur, 4 à 5 mètres ; multiplication spontanée dans nos bois ; durée extrême des souches, de 20 à 40 ans ; bois tendre, léger, blanchâtre, propre à la tabletterie et à la marqueterie ; donne un charbon estimé pour la poudre à canon et très-employé par les artistes, sous le nom de *fusain,* pour tracer des esquisses.

Hêtre des bois (voyez n° 4) ; durée extrême des souches, 60 à 90 ans.

N° 46. *Houx commun, Agrifon, Grifoul (Ilex aquifolium,* Lin.) : hauteur, 8 à 10 mètres ; multiplication spontanée dans nos forêts ; durée extrême des souches, environ 40 ans ; bois dur, fin, serré, résistant, bon pour l'ébénisterie, pour la confection des œuvres de tour, des engrenages, des alluchons de moulin, des manches d'outils, des manches de fouet ; l'écorce donne une excellente glu d'oiseleur.

Merisier (voyez n° 20) ; durée extrême des souches, 40 à 50 ans.

N° 47. *Micocoulier de Provence, Fabrecoulier, Fabreguier (Celtis australis,* Lin.) : hauteur, 12 à 15 mètres ; multiplication par semis ; bois précieux par la multiplicité de ses usages ; il est dur, compacte, liant et d'une souplesse incomparable ; on l'emploie en menuiserie, en ébénisterie, pour la sculpture sur bois, la lutherie, la tonnellerie, la vannerie, le charronnage, pour faire des échalas, des vis, des fourches ; enfin ses jeunes pousses donnent les fameux manches de fouet dits *perpignans.*

N° 48. *Noisetier commun* ou *Coudrier (Corylus avellana,* Lin.) : hauteur, 2 à 4 mètres ; multiplication par semis ; durée extrême des souches, 20 à 40 ans ; bois tendre, souple, bon pour la vannerie et pour le chauffage ; charbon employé dans la poudre à canon ; fruits comestibles.

Orme commun et *Orme tortillard* (voyez n° 5). — *Orme pédonculé* (voyez n° 6).

N° 49. *Peuplier blanc, Ypreau, Blanc de Hollande (Populus alba,* Lin.) : hauteur, 35 mètres ; circonférence, 3 à 4 mètres ; multiplication par boutures et marcottes ; durée extrême des souches, 40 ou 60 ans ; bois tendre, blanc, léger, liant, recherché par les menuisiers, les layetiers, les tourneurs, les sculpteurs sur bois. — *Peuplier argenté* ou *cotonneux (Populus nivea,* Willd), très-semblable au précédent, avec une croissance plus rapide et un meilleur bois pour les mêmes usages. — *Peuplier grisard, Grisaille (Populus canescens,* Smith), analogue à l'ypreau, avec moins de développement ; bois employé au chauffage des fours.

Poirier sauvage (voyez n° 35). — *Pommier sauvage* (voyez n° 36). — *Prunellier sauvage* (voyez n° 37).

N° 50. *Prunier de Sainte-Lucie, Prunier Mahaleb, Quénot, Cerisier de Sainte-Lucie (Prunus mahaleb,* Lin.) : hauteur, 10 mètres ; circonférence, 0⁜,90 ; multiplication par semis ; durée extrême des souches, 20 à 40 ans ; se plaît sur les pentes arides des coteaux; bois dur, ferme, serré et facile à travailler, recherché pour l'ébénisterie, la tabletterie, la menuiserie fine.

Saule marceau (voyez n° 38).

N° 51. *Tilleul commun de Hollande* ou *à larges feuilles* (*Tilia platyphylla*, Scop.) : hauteur, 20 mètres; multiplication par semis, par boutures de rameaux avec talon ou par marcottes chinoises; durée extrême des souches, 100 à 150 ans; bois tendre, blanc, assez léger, assez liant, propre à la menuiserie, la layeterie, les ouvrages de tour et de sculpture; le liber des jeunes tiges sert à faire des cordes fortes et des nattes grossières. — *Tilleul à petites feuilles* (*Tilia sylvestris*, Desf.), analogue au précédent, avec un moindre développement.

Espèces exotiques à feuilles caduques.

Chêne blanc, *Chêne à feuilles en faux*, *Chêne à feuilles lyrées*, *Chêne blanc châtaignier* (voyez n°ˢ 8 et 21).
Erable noir (voyez n° 9).

N° 52. *Erable à sucre* (*Acer saccharinum*, Lin.), de l'Amérique du Nord; hauteur, 15 à 20 mètres; bois dur et fin, très-recherché pour l'ébénisterie; la séve donne par évaporation un sucre de même espèce que celui de la canne.

Frêne d'Amérique, *Frêne bleu*, *Frêne noir*, *Frêne rouge* (voyez n° 22).
Hêtre rouge (voyez n° 10).
Orme rouge (voyez n° 23).
Robinier faux-acacia (voyez n° 24).

Espèces à bois résineux.

Mélèze d'Europe (voyez n° 26).
Pin sylvestre (n° 27), *Pin de Corse* (n° 29), *Pin Weymouth* (n° 14), *Pin maritime* (n° 28), *Pin d'Alep* (n° 11).

§ 3. — Sols légers humides.

Espèces indigènes à feuilles caduques.

Argousier (voyez n° 40).
Aubépine (voyez n° 33).
Aune commun (voyez n° 30).
Bouleau blanc (voyez n° 1).
Charme commun (voyez n° 17).
Châtaignier commun (voyez n° 31).
Chêne tauzin, *Chêne vert*, *Chêne kermès* (voyez n°ˢ 18, 42).
Cornouiller mâle (voyez n° 43).

N° 53. *Cytise aubours* ou *Faux-ébénier* (*Cytisus laburnum*, Lin.) : hauteur, 5 à 7 mètres; multiplication par semis; durée extrême des souches, 20 à 40 ans; bois très-dur, brun, souple, élastique, très-durable, propre à l'ébénisterie, à la tabletterie. — *Cytise des Alpes* (*Cytisus alpinus*, Willd.), de plus haute taille, plus rustique et d'ailleurs semblable au précédent.

Erable champêtre, *Erable sycomore*, *Erable plane* (voyez n° 44).
Frêne élevé (voyez n° 19).
Fusain d'Europe (voyez n° 45).
Micocoulier (voyez n° 47).
Noisetier coudrier (voyez n° 48).
Orme champêtre et *Orme tortillard*, *Orme pédonculé* (voyez n°ˢ 5 et 6).
Peuplier blanc, *Peuplier argenté*, *Peuplier grisard* (voyez n° 49). — *Tremble*, *Peuplier noir* (voyez n° 34).
Poirier, *Pommier*, *Prunellier sauvages* (voyez n°ˢ 35, 36, 37). — *Prunier de Sainte-Lucie* (voyez n° 50).
Tilleul de Hollande, *Tilleul à petites feuilles* (voyez n° 51).

Espèces exotiques à feuilles caduques.

Frêne d'Amérique, *Frêne bleu*, *Frêne noir*, *Frêne rouge* (voyez n° 22).
Orme rouge (voyez n° 23).
Robinier faux-acacia (voyez n° 24).

Espèces à bois résineux.

Pin sylvestre, *Pin de Corse*, *Pin Weymouth*, *Pin maritime*, *Pin d'Alep* (voyez n°ˢ 27, 29, 14, 28, 11).

§ 4. — Sols ni secs ni humides.

Espèces à feuilles caduques.

Alizier commun (voyez n° 16).
Argousier (voyez n° 40).
Aubépine (voyez n° 33).

Bouleau blanc (voyez n° 1).
Châtaignier commun (voyez n° 31).
Chêne tauzin, *Chêne vert*, *Chêne kermès* (voyez n°ˢ 18, 42).
Cytise aubours, *Cytise des Alpes* (voyez n° 53).
Erable sycomore, *Erable plane* (voyez n° 44).
Fusain d'Europe (voyez n° 45).
Merisier (voyez n° 20).
Micocoulier (voyez n° 47).
Orme commun, *Orme tortillard* (voyez n° 5). — *Orme pédonculé* (voyez n° 6). — *Orme rouge* (voyez n° 23).
Peuplier blanc, *Peuplier argenté*, *Peuplier grisard*, *Peuplier noir* (voyez n°ˢ 49, 34).
Poirier, *Pommier*, *Prunellier*, *Prunier de Sainte-Lucie* (voyez n°ˢ 35, 36, 37, 50).
Robinier faux-acacia (voyez n° 24).

Espèces à bois résineux.

Pin sylvestre, *Pin de Corse*, *Pin maritime*, *Pin d'Alep* (n°ˢ 27, 29, 28, 11).

§ 5. — Sols légers secs sans calcaire.

Espèces à feuilles caduques.

Alizier des bois ou *Aigrelier*, *Alizier de Fontainebleau* (voyez n° 16).
Argousier (voyez n° 40).
Aubépine (voyez n° 33).
Bouleau blanc (voyez n° 1).
Châtaignier commun (voyez n° 31).
Chêne tauzin, *Chêne vert*, *Chêne kermès* (voyez n°ˢ 18, 42).
Cytise aubours, *Cytise des Alpes* (voyez n° 53).
Merisier (voyez n° 20).
Micocoulier (voyez n° 47).
Peuplier argenté, *Peuplier blanc* (voyez n° 49).
Poirier, *Prunellier*, *Prunier de Sainte-Lucie* (voyez n°ˢ 35, 37, 50).
Robinier faux-acacia (voyez n° 24).

Espèces à bois résineux.

Pin sylvestre, *Pin maritime*, *Pin d'Alep* (voyez n°ˢ 27, 28, 11).

§ 6. — Sols légers secs avec calcaire.

Espèces à feuilles caduques.

Aubépine (voyez n° 33).
Bouleau blanc (voyez n° 1).
Chêne tauzin, *Chêne vert*, *Chêne kermès* (voyez n°ˢ 18, 42).
Cytise des Alpes (voyez n° 53).
Erable sycomore (voyez n° 44).
Merisier (voyez n° 20).
Micocoulier (voyez n° 47).
Prunellier, *Prunier de Sainte-Lucie* (voyez n°ˢ 37, 50).

Espèces à bois résineux.

Pin sylvestre, *Pin maritime*, *Pin d'Alep* (voyez n°ˢ 27, 28, 11).

§ 7. — Sols tourbeux humides.

Espèces à feuilles caduques.

Aune commun (voyez n° 30).
Bouleau blanc (voyez n° 1).
Peuplier blanc, *Peuplier argenté*, *Peuplier grisard* (voyez n° 49). — *Peuplier noir* (voyez n° 34).
Saule marceau (voyez n° 38).

Espèces à bois résineux.

Pin sylvestre, *Pin d'Alep* (voyez n°ˢ 27, 11).

C. — Arbres de plantations d'alignement forestières.

§ 1. — Sols argileux compactes.

Espèces indigènes à feuilles caduques.

Chêne rouvre, *Chêne pédonculé* (voyez n°ˢ 2, 3).
Hêtre des bois (voyez n° 4).
Orme champêtre et *Orme tortillard* (voyez n° 5), *Orme pédonculé* (voyez n° 6).
Peuplier tremble (voyez n° 34).

N° 54. *Peuplier pyramidal* ou *d'Italie* (*Populus fastigiata*, Poir.) : hauteur, 35 mètres; multiplication par boutures de rameaux avec talon, de ramée et de plançon, par marcottes chinoises et en archet; bois tendre, blanc, employé seulement comme voliges pour poser les couvertures en ardoises et pour faire des caisses.

Espèces exotiques à feuilles caduques.

Chêne blanc châtaignier (n° 8), *Chêne à feuilles en faux*, *Chêne à feuilles lyrées*, *Chêne blanc* (voyez n° 21).

N° 55. *Noyer noir* (*Juglans nigra*, Lin.), de l'Amérique du Nord : hauteur, 20 à 25 mètres; multiplication par semis, sans recepage; bois dur, très-solide, noirâtre après avoir été exposé à l'air, excellent pour les constructions civiles et navales, pour le charronnage et pour les constructions rurales. — *Noyer pacanier* (*Juglans olivæformis*, Mich.), de l'Amérique du Nord : hauteur, 20 à 25 mètres; analogue au précédent. — *Noyer à cochon* (*Juglans porcina*, Mich.), de l'Amérique du Nord : hauteur, 30 et 35 mètres; analogue aux précédents.

Espèces à bois résineux.

Sapin commun, *Sapin épicéa* (voyez n°s 12, 13).
Pin d'Alep (voyez n° 11).

§ 2. — *Sols de consistance moyenne.*

Espèces indigènes à feuilles caduques.

Charme commun (voyez n° 17).
Chêne rouvre, *Chêne pédonculé* (voyez n°s 2, 3).
Erable sycomore, *Erable plane* (voyez n° 44).
Frêne élevé (voyez n° 19).
Hêtre des bois (voyez n° 4).
Micocoulier (voyez n° 47).
Orme commun, *Orme tortillard* (voyez n° 5), *Orme pédonculé* (voyez n° 6).
Peuplier blanc, *Peuplier argenté* (voyez n° 49).
Tilleul de Hollande, *Tilleul à petites feuilles* (voyez n° 51).

Espèces exotiques à feuilles caduques.

Chêne blanc, *Chêne à feuilles en faux*, *Chêne à feuilles lyrées* (voyez n° 21).

N° 56. *Erable rouge* (*Acer rubrum*, Mich.), de l'Amérique du Nord : hauteur, 20 mètres; multiplication par semis, sans recepage; bois dur, fin, serré, d'un poli soyeux, très-recherché pour l'ébénisterie.

Frêne d'Amérique, *Frêne bleu*, *Frêne noir*, *Frêne rouge* (voyez n° 22).

N° 57. *Mûrier blanc* (*Morus alba*, Lin.), originaire de l'Asie orientale, atteint 15 et 20 mètres de hauteur; multiplication par semis et par boutures; climat méridional; bois dur, brun pâle, excellent pour la charpente, la tonnellerie, la menuiserie, le charronnage.

N° 58. *Noyer commun* (*Juglans regia*, Lin.), originaire de la Perse et importé en Europe depuis plus de 1700 ans : hauteur, 25 à 30 mètres; multiplication par semis; craint les hivers trop rigoureux; bois dur, richement veiné de brun jaunâtre, très employé pour la saboterie et surtout pour l'ébénisterie, la carrosserie, l'armurerie.

Noyer noir, *Noyer pacanier*, *Noyer à cochon* (voyez n° 55).

N° 59. *Peuplier du Canada* (*Populus Canadensis*, Mich.) : hauteur, 20 à 25 mètres; multiplication comme les autres peupliers (voyez n°s 34, 49, 54); bois analogue à celui de l'ypreau. — *Peuplier de Virginie*, *Peuplier suisse*, *Peuplier à chapelet* (*Populus Virginiana*, Desf.), originaire de l'Amérique du Nord comme le précédent, auquel il ressemble à tous égards.

N° 60. *Sorbier domestique* ou *Cormier* (*Sorbus domestica*, Lin.) : hauteur, 12 à 16 mètres; multiplication par semis; bois très-dur, rougeâtre, très-serré, très-résistant, excellent pour la menuiserie, l'ébénisterie, l'armurerie, la tabletterie, la mécanique.

Vernis du Japon (voyez n° 25).

N° 61. *Platane commun d'Occident* (*Platanus vulgaris*, Spach.), originaire d'Orient; hauteur, 30 à 36 mètres; multiplication par semis, par boutures de rameaux avec talon, par marcottes chinoises ou en archet; bois dur, serré, très-rapproché par ses qualités de celui du hêtre des bois.

Robinier faux-acacia (voyez n° 24).

Espèces à bois résineux.

N° 62. *Cyprès pyramidal* (*Cupressus sempervirens*, Lin.), originaire de l'Orient; hauteur, 14 à 20 mètres; circonférence, 0^m,90 à 1^m,20; multiplication par semis en pépinière, sans recepage; climat méridional; bois dur,

fin, rougeâtre, odorant, employé en ébénisterie, en tabletterie, en marqueterie.

N° 63. *If* (*Taxus baccata*, Lin.) : hauteur, 10 à 12 mètres; multiplication par semis en pépinières; développement très-lent; bois très-dur, serré, fin, rouge orangé, estimé pour la marqueterie et la tabletterie.

Mélèze (voyez n° 26).

Pin sylvestre, *Pin de Corse*, *Pin maritime*, *Pin d'Alep*, *Pin Weymouth* (n°s 27, 29, 28, 11, 14).

Sapin commun, *Sapin épicéa* (n°s 12 et 13).

§ 3. — *Sols légers.*

Espèces à feuilles caduques.

Aune commun (voyez n° 30); sols légers humides.
Charme commun (voyez n° 17); sols légers humides.
Châtaignier commun (voyez n° 31); sols légers quelconques, sauf les sols légers secs avec calcaire.

N° 64. *Chêne quercitron* (*Quercus tinctoria*, Mich.), de l'Amérique du Nord : hauteur, 27 à 30 mètres; terrains légers, secs et graveleux; bois de chauffage, écorce employée pour teindre en jaune la soie et la laine. — *Chêne des rochers* (*Quercus montana*, Mich.), de l'Amérique du Nord : hauteur, 20 mètres; sols légers, secs, pierreux et graveleux; bois excellent pour les constructions navales et pour le chauffage.

Erable sycomore (voyez n° 44), excepté dans les sols graveleux. — *Erable plane* (voyez n° 44), excepté dans les sols graveleux ou secs avec calcaire. — *Erable rouge* (voyez n° 56); sols légers humides.

N° 65. *Févier d'Amérique*, *Carouge à miel* (*Gleditschia triacanthos*, Lin.), de la Chine : hauteur, 10 à 15 mètres; bois dur, veiné de rouge. — *Févier de la Chine* (*Gleditschia sinensis*, Lin.), de la Chine; tout à fait analogue au précédent.

Frêne élevé et les *Frênes exotiques* (voyez n°s 19 et 22); sols légers humides.

Micocoulier (voyez n° 47).

Mûrier (voyez n° 57).

Noyer commun et *Noyers exotiques* (voyez n°s 55 et 58); sols légers humides.

Orme commun, *Orme tortillard*, *Orme pédonculé* (voyez n°s 5 et 6); sols légers non secs.

Peuplier blanc, *Peuplier argenté*, *Peuplier d'Italie*, *Peuplier du Canada* (voyez n°s 49, 54, 59), excepté dans les sols légers secs avec calcaire. — *Peuplier tremble* (voyez n° 31); sols légers humides.

N° 66. *Planera crénelé*, *Orme de Sibérie*, *Zelkoua* (*Planera crenata*, Desf.), des bords de la mer Caspienne : hauteur, 20 à 28 mètres; bois dur, rougeâtre, excellent pour le charronnage, la charpente, l'ébénisterie.

Platane d'Occident (voyez n° 61); sols légers humides.

Robinier faux-acacia (voyez n° 24), excepté dans les sols légers avec calcaire.

Sorbier domestique (voyez n° 60); sols légers humides.

Vernis du Japon (voyez n° 25).

Espèces à bois résineux.

Cyprès pyramidal (voyez n° 62), excepté dans les sols légers secs.

N° 67. *Genévrier commun* (*Juniperus communis*, Lin.) : hauteur, 2 à 4 mètres; bois moyennement dur, d'un beau rouge, employé au chauffage; se plaît dans les sols légers secs.

If (voyez n° 63).

Pin sylvestre, *Pin pignon*, *Pin maritime*, *Pin d'Alep* (n°s 27, 32, 28, 11). — *Pin Weymouth* (voyez n° 14); sols légers humides. — *Pin de Corse* (voyez n° 29), excepté les sols légers secs.

N° 68. *Pin austral*, *P. des marais* (*Pinus australis*, Mich.), de l'Amérique du Nord; hauteur, 20 à 25 mètres; bois dur, fort et compacte, excellent pour les constructions navales; fournit une résine utilisée dans les arts sous le nom de *térébenthine de Boston*; sols légers siliceux.

§ 4. — *Sols tourbeux humides.*

Espèces à feuilles caduques.

Aune commun (voyez n° 30).

N° 69. *Chêne blanc des marais* (*Quercus prinos discolor*, Mich.), de l'Amérique du Nord : hauteur, 22 mètres; excellent bois. — *Chêne aquatique* (*Quercus aquatica*, Mich.), du même pays; hauteur, 12 à 15 mètres.

Peuplier blanc, *P. argenté*, *P. d'Italie*, *P. du Canada*, *P. de Virginie* (voyez n°s 49, 54, 59).

Platane d'Occident (voyez n° 61).
N° 70. *Saule blanc* (*Salix alba*, Lin.) : hauteur, 10 à 14 mètres; circonférence, 2 mètres; cultivé en têtard au bord des eaux; bois employé pour le chauffage.

Espèces à bois résineux.

Pin sylvestre, *Pin d'Alep* (voyez n°° 27 et 11).
Sapin épicéa (voyez n° 13).

D. — ARBRISSEAUX PLANTÉS EN HAIES VIVES.

On trouve dans le *Traité d'arboriculture* de Du Breuil le tableau suivant que je lui emprunte; il contient une énumération des essences ligneuses que l'on emploie en haies vives, rangées dans l'ordre de la préférence qu'il convient de leur donner dans chaque espèce de terrain.

Essences ligneuses propres aux haies vives.

NORD, EST, OUEST DE LA FRANCE.	MIDI DE LA FRANCE.
1° SOLS ARGILEUX.	
Aubépine.	Paliure épineux.
Prunellier sauvage.	Aubépine.
Poirier sauvage.	Prunellier sauvage.
Nerprun cathartique.	Poirier sauvage.
Erable champêtre.	Grenadier.
Houx commun.	Chêne kermès.
Pommier sauvage.	Erable de Montpellier.
Hêtre.	Mûrier blanc.
Charme.	Olivier sauvage.
Orme.	
2° TERRAINS SALANTS.	
Tamarix de Narbonne.	Tamarix de Narbonne.
Argousier.	Arroche halime.
	Argousier.
3° SOLS SILICEUX.	
Aubépine.	Paliure épineux.
Prunellier sauvage.	Aubépine.
Poirier sauvage.	Prunellier sauvage.
Nerprun cathartique.	Poirier sauvage.
Prunier de Ste-Lucie.	Prunier de Ste-Lucie.
Charme.	Grenadier.
Epine-vinette.	Chêne kermès.
Orme.	Erable de Montpellier.
Oranger des Osages.	Mûrier blanc.
Olivier de Bohème.	Olivier sauvage.
	Argousier.
	Olivier de Bohème.
4° SOLS CALCAIRES.	
Aubépine.	Paliure épineux.
Prunellier sauvage.	Aubépine.
Nerprun cathartique.	Prunellier sauvage.
Prunier de Ste-Lucie.	Prunier de Ste-Lucie.
Epine-vinette.	Erable de Montpellier.
Orme.	Chêne kermès.
	Olivier sauvage.

Un grand nombre de ces essences ligneuses ont déjà été indiquées dans cet article; je dirai quelques mots de chacune de celles dont il n'a pas été parlé jusqu'ici.
L'*Arroche halime* (*Atriplex halimus*, Lin.) est un arbrisseau de 1ᵐ,50 que l'on multiplie par des graines et des boutures, à feuillage glauque argenté et persistant. L'*Épine-vinette* (*Berberis vulgaris*, Lin.) est un arbrisseau épineux que l'on reproduit par graines et par drageons; il donne des fruits assez estimés. L'*Erable de Montpellier* (*Acer Monspessulanum*, Lin.), arbre très-rameux, à feuilles persistantes, que l'on multiplie par semis. Le *Grenadier commun* (*Punica granatum*, Lin.), bel arbrisseau à fleurs rouges de couleur de corail et à fruits très-délicats; on le multiplie par semis et par drageons. Le *Nerprun cathartique* (*Rhamnus catharticus*, Lin.', arbrisseau à baies purgatives; se multiplie par semis. L'*Olivier de Bohème*, *Chalef*, *Arbre du paradis* (*Elæagnus angustifolia*, Lin.), est un arbrisseau de 3 à 4 mètres, d'un blanc soyeux, à petites fleurs très-odorantes; il se reproduit par graines et par boutures. L'*Olivier sauvage* (*Olea europæa*, Lin.), arbre capable de s'élever jusqu'à 20 mètres, donne un bois très-estimé

à cause de son incorruptibilité; on le multiplie par semis ou par drageons. L'*Oranger des Osages* (*Maclura aurantiaca*, Nutt.), originaire de la Louisiane, s'élève à 12 mètres environ et n'a pas encore été beaucoup employé en France; on le multiplie par boutures de tronçons de racines. Le *Paliure épineux* (*Rhamnus paliurus*, Lin.) est un arbrisseau de 3 mètres, muni d'aiguillons acérés à la base de ses feuilles et que l'on trouve abondamment dans les terres arides du Midi. Le *Tamarix de Narbonne* (*Tamarix gallica*, Lin., se multiplie par boutures; c'est un bel arbrisseau à feuillage très-petit, avec de jolies fleurs en épi rose (voyez HAIE)

E. — OSERAIES.

On cultive pour la production de l'osier plusieurs espèces de saules, dont les principales sont : l'*Osier jaune* ou *Saule osier* (*Salix vitellina*, Lin.), l'*Osier blanc* ou *Saule viminal*, *Saule à longues feuilles*, *Saule des vanniers* (*Salix viminalis*, Lin.); le *Saule hélice* (*Salix helix*, Lin.); l'*Osier rouge* ou *Saule pourpre* (*Salix purpurea*, Lin.) (voyez OSIER, OSERAIE).

II. ESSENCES LIGNEUSES EXOTIQUES. — *Bois d'absinthe*, *Bois amer*, *Bois de Quassie*, nom donné à divers bois de végétaux du genre *Quassie*, dont la saveur est remarquablement amère. — *Bois d'Acossois*, *Bois baptiste*, *Bois à la fièvre*. *Bois de sang*, *Bois sanglant*, noms divers du bois du *Millepertuis en arbre* (*Hypericum sessilifolium*). — *Bois d'agouti* ou *d'agatis*, bois d'une espèce de *Gattilier*, le *Vitex divaricata*, et de l'*Aschinomene grandiflora*. — *Bois d'aigle*, *d'aloès*, *d'agalloche*, de *Calambac*, nom de l'*Agalloche* (*Excœcaria officinarum*) et de l'*Aquilaria*; le bois de l'agalloche se brûle en Chine et au Japon comme aromatique. — *Bois d'Anon*, c'est le *Robinier des haies* (*Robinia sepium*). — *Bois d'amande*, c'est le *Marila racemosa* et le *Laurus pichurum*. — *Bois d'amarante*, bois des *Swietenia mahogoni* et *Senegalensis*, sortes d'acajous. — *Bois d'amourette*, deux espèces de *Mimeuses* (*Mimosa tenuifolia* et *Mimosa tamarindifolia*). — *Bois d'anis*, bois du *Laurier avocat* (*Laurus persea*), d'un *Limonier* (*Limonia madacascariensis*. — *Bois d'anisette*, espèce de *Poivrier*, le *Piper aduneum*. — *Bois d'arc*, le *Cytise aubours*. — *Bois d'argent*, espèce de *Protée* (*Protea argentea*), arbrisseau de l'Afrique australe. — *Bois d'aronde*, de *ronde*, de *rongle*, c'est l'*Erythroxylum laurifolium*. — *Bois d'aspalath*, c'est l'*Aspalathus ebenus*. — *Bois de Chypre*, de *cygne*, noms vulgaires de l'*Aspalathus ebenus*, du *Cordia gerascanthes* et du *Cupressus disticha*. — *Bois de benjoin*, nom des badamiers à l'île Maurice. — *Bois de bitte*, nom que l'on donne dans les Indes à une espèce de *Sophora*, le *Sophora heterophylla*. — *Bois à boutons*, nom de divers végétaux exotiques du genre *Céphalanthe*. — *Bois bracelet*, nom donné dans les Antilles au *Jacquinilla armillaris*, dont les graines ont été employées à faire des bracelets. — *Bois du Brésil*, *Brésillet*, nom du *Cæsalpinia brasiliensis*, sorte de bois de teinture. — *Bois de Campêche*, d'*Inde*, de la *Jamaïque*, de *Nicaragua*, de *sang*, c'est le nom d'un bois de teinture très-employé, l'*Hæmatoxylum campechianum*. — *Bois cannelle*, ou en connaît plusieurs sortes; le blanc vient d'un *Cannellier* (*Cannella alba*) et d'un *Laurier* (*Laurus copuliformis*); le gris est l'*Elæocarpus serrata*; le noir est le *Drymis Winteri*. — *Bois carvé*, de *lardoire*, *Bois loustau*, c'est le bois du *Fusain* (*Evonymus europæus*). — *Bois à cassave*, *Bois doux*, c'est l'*Aralie en arbre* (*Aralia arborea*). — *Bois de cèdre*; suivant les contrées, ce nom est donné à divers bois qu'il serait impossible de citer tous ici. — *Bois de chandelle*, de *lumière*, diverses espèces de bois résineux et de bois légers employés pour faire des torches. — *Bois de cheval*, *Bois major*, c'est à Haïti, l'*Erythroxylum havanense*. — *Bois de Chik*, c'est le *Cordia myxa*. — *Bois de corail*, nom d'une espèce d'*Erythrine*. — *Bois dentelle*, c'est le *Lagetta lintearia*, dont le liber forme une couche de fibres fines, semblable à une gaze. — *Bois de fer*, nom que leur dureté a valu à plusieurs essences: à la Guyane, ce sont des *Robiniers*; aux Antilles, un *Nerprun*; dans la Malaisie, un *Metrosideros*, etc. — *Bois de Panama*; on donne vulgairement ce nom à des éclats de bois très-employés aujourd'hui dans l'économie domestique pour le nettoyage des étoffes, parce qu'ils rendent l'eau savonneuse et alcaline; ces éclats proviennent d'un arbre du Pérou et du Chili, nommé *Quillay* dans le pays et que Poiret a nommé *Quillaja saponaria* et *Molina*, *Q. smegmadermos*. Cet arbre est de la famille des *Rosacées* (voyez BOIS, EMPLOI DES BOIS).

ESSENTIEL (Botanique, Médecine). — Cette épithète s'applique à ce qui concerne l'essence d'une chose : ainsi en *médecine*, on dit qu'un symptôme est *essentiel* lorsqu'il est caractéristique, lorsqu'il est un signe pathognomonique d'une maladie. Une *maladie essentielle* est celle qui ne dépend pas d'une autre, dont l'existence ne se rattache à aucune affection locale ou générale dont elle ne serait qu'un symptôme ; car, dans ce cas, elle serait dite, par opposition, *maladie symptomatique*.

En *chimie végétale*, on appelait *essentiels* certains principes des végétaux, tels que des *huiles essentielles*, des *sels essentiels*. Les huiles *essentielles* existent principalement dans les plantes aromatiques ; on les en sépare par la distillation, et elles sont la cause de leurs principales propriétés (voyez l'article ESSENCE). Mais il n'en est pas de même des sels dits *essentiels*. La plupart sont extraits par incinération de certaines plantes, comme l'absinthe, la centaurée, etc. D'autres sont préparés par macération ; tel est le sel essentiel de Lagaraye (extrait sec de quinquina), d'un usage assez fréquent. Ce ne sont donc pas véritablement des principes immédiats ; ceux-ci ont été détruits par la combustion lorsque c'est ce moyen que l'on a employé. Ainsi on brûlait ces plantes, on lessivait leurs cendres et on obtenait par l'évaporation des sels brunis par un reste d'huiles empyreumatiques et de matières charbonneuses, qui, croyait-on à tort, conservaient encore les vertus de la plante.

ESSÈRE (Médecine). — Les médecins arabes ont donné le nom d'*essera*, *sora* à une affection exanthématique, caractérisée par des taches sensiblement élevées au-dessus du niveau de la peau, plutôt livides que rouges, dures, presque blanches à leur centre et accompagnées de démangeaisons insupportables. On lui a donné aussi le nom de *porcelaine*, parce que, dans les endroits malades, la peau présente un poli et une sorte de demi-transparence qui lui donne un peu l'aspect de la porcelaine.

Rayer la regarde comme une variété de l'*Urticaire*.

ESSONITE (Minéralogie). — Voyez KANELSTEIN.

ESSORAGE, ESSOREUSES (Technologie). — On appelle essorage l'opération qui consiste à enlever du linge ou d'une étoffe la totalité de l'eau qu'on peut en séparer avant de les porter au séchoir. Le plus souvent et particulièrement dans l'économie domestique, on se sert de la torsion : mais ce procédé est très-nuisible à la solidité du linge, qui peut souvent se déchirer quand la torsion est mal conduite.

On se sert assez fréquemment aujourd'hui, dans l'essorage, d'appareils fondés sur la force centrifuge et qui sont analogues à ceux que l'on emploie depuis bien plus longtemps dans les ateliers pour le séchage des étoffes. Notre figure représente une essoreuse très-simplement

Fig. 985. — Essoreuse.

disposée. Un axe vertical reçoit d'un moteur quelconque et d'un système d'engrenages convenables un mouvement de rotation plus ou moins rapide. Cet axe porte un tambour dont toute la surface est percée d'ouvertures, ou mieux encore est formée par une toile métallique. Le linge étant placé dans le tambour, et la machine étant mise en mouvement, la force centrifuge détache les gouttelettes d'eau qui s'échappent ensuite par les ouvertures de l'enveloppe.

Pour le séchage des étoffes, on emploie des machines fondées sur les mêmes principes, et qui ne diffèrent de la précédente que par les dimensions et par un système particulier d'engrenages destinés à donner facilement un mouvement de rotation extrêmement rapide, lorsque le tissu est près du terme de sa dessiccation.

ESTAMPAGE (Technologie). — Opération mécanique qui a pour objet la fabrication de pièces présentant des reliefs, qu'on applique ensuite comme ornement sur des objets de diverses natures. Ce procédé plus simple et plus économique que la gravure ou le repoussé permet de livrer au commerce, à des prix extrêmement minimes, des ornements d'un très grand éclat.

Les procédés de l'estampage sont analogues, au point de vue mécanique, à ceux de l'emboutissage (voyez ce mot). Ils reposent sur les mêmes principes, et sont exécutés par les mêmes machines : balanciers, moutons, etc. Nous emprunons au *Dictionnaire des arts et manufactures* de M. Laboulaye les considérations suivantes, tirées elles mêmes d'un rapport fait à la Société d'Encouragement par M. Amédée Durand.

Tout le monde sait que, pour transformer en un objet donné de sculpture une forme plane de cuivre, on profite de sa malléabilité pour obtenir ce résultat. La malléabilité est la propriété que possède le métal de se tendre et de se raccourcir ; mais ces deux effets, même avec l'auxiliaire des recuits, ne peuvent s'obtenir que dans des conditions de progression dont on ne peut franchir les limites sans s'exposer à voir le métal se déchirer, et dans d'autres se plisser, comme le fait un papier à filtre placé dans un entonnoir. Pour maîtriser ces deux effets, la pensée concevrait l'idée d'un moule dont les formes se prononceraient progressivement et proportionnellement, et arriveraient ainsi à ces beaux reliefs de sculpture que nous avons sous les yeux. Mais un tel moule ne saurait être réalisé dans l'état actuel de notre industrie, et c'est à des équivalents que l'estampage a été obligé d'avoir recours. Voici en quoi consistent ceux-ci.

Un moule de fer est placé sur le tas du mouton ; on sait que le poinçon qui entre dans ce moule est un morceau de plomb qu'on y a coulé. Rien n'est plus simple que d'atténuer avec un outil les saillies de ce poinçon, qui sont trop fortes pour qu'elles ne déchirent pas la feuille de cuivre ; mais, d'un autre côté, les creux du moule correspondant à ces saillies, n'offrant plus au glissement sur elles-mêmes des molécules de plomb qui forment le poinçon une résistance suffisante, la feuille de cuivre se trouverait sollicitée à prendre de l'extension dans des proportions qui dépasseraient ses limites de malléabilité. Pour obvier à cet inconvénient, on a encore recours au plomb, et on en verse en fusion dans les creux du moule, dont on redoute la trop grande profondeur pour le commencement de l'opération. On voit dès lors que progressivement les creux du moule arriveront à présenter à la feuille en estampage toute la profondeur, par la substitution de morceaux de plomb graduellement moins épais, et finalement par leur suppression.

Les moyens qui viennent d'être indiqués et qui sont fondamentaux dans cette industrie, ne sont pas les seuls employés et, sans parler encore de celui de tous qui mérite au plus haut degré d'être signalé en raison de son importance et de sa nouveauté, nous dirons qu'un auxiliaire est fourni au plomb par le cuivre lui-même qu'il est destiné à façonner.

Ces combinaisons de plomb coulé, atténué dans sa forme et frappé au marteau, ne satisferaient pas à la condition essentielle d'une fabrication industrielle, la célérité. Il a fallu recourir à un moyen plus économique de rendre la résistance du cuivre décroissante, à mesure que deviennent plus petits les détails des surfaces non façonnées. Pour cela, on commence par placer sous le mouton plusieurs pièces superposées ; puis on en diminue le nombre ; puis encore on a recours à un autre moyen pour augmenter partiellement la résistance du métal dans les places où les ruptures sont le plus à craindre ; il réside dans la superposition momentanée de quelques morceaux de feuilles de cuivre. Ces doublures, qui ont quelquefois des dimensions très-restreintes, ont reçu le nom de *chemises* ; elles ont, en effet, pour objet d'opposer une résistance efficace aux déchirures, et de former une transition indispensable pour obtenir certains détails de relief auxquels le métal se refuserait de prime abord.

Ce que nous avons dit des effets obtenus dans l'industrie de l'estampage de la plasticité du plomb serait incomplet, si nous ne parlions pas de l'application fort remarquable qu'on en a faite pour assembler le poinçon de plomb avec le mouton, qui est en fonte de fer, et l'y fixer de la manière la plus solide. Ici, point de vis de pression, ni de clef. ni aucun de ces moyens qu'on emploie avec les matières résistantes ; le plomb s'y refuse, et ce n'est pas trop de le saisir par toute l'étendue de surface que les besoins du travail laissent disponible.

Voici ce qui a lieu : le mouton, comme nous venons de le dire, est en fonte de fer à sa partie inférieure terminée par une surface plane; cette surface reçoit au moyen du tour des rainures circulaires concentriques, plus larges au fond qu'à l'entrée, et présentant ainsi la partie creuse de l'assemblage dit en *queue d'aronde*. Pour compléter cet assemblage, il suffit de laisser tomber le mouton sur le plomb coulé dans le moule et refroidi, pour que par la plasticité de ce métal la seconde moitié de l'assemblage soit produite, et que les languettes circulaires en queue d'aronde viennent se mouler dans les rainures indiquées précédemment. Si un seul coup de mouton suffit à produire cet assemblage, on conçoit que tous ceux qui lui succèdent ne font que le consolider.

ESTOMAC (Anatomie). *ventriculus* des Latins, *gaster* des Grecs. — Ce mot désigne, en général, la principale dilatation de la cavité digestive et, par conséquent, celle où s'accomplissent les actes les plus essentiels.

Chez l'homme et les animaux qui lui ressemblent, la poitrine est séparée du ventre par une cloison transversale de nature musculaire, nommée le diaphragme (*diaphrassô*, je sépare) : l'œsophage traverse cette cloison un peu à gauche du plan médian du corps, et l'estomac, qui lui fait suite, se trouve placé au-dessous d'elle, dans la portion gauche et supérieure du ventre. C'est une p che membraneuse formée par une dilatation du canal digestif; sa forme est toute spéciale et ne peut être exprimée que par une figure; c'est une sorte de sac ovale (*fig*. 986), contourné de gauche à droite et suivant une

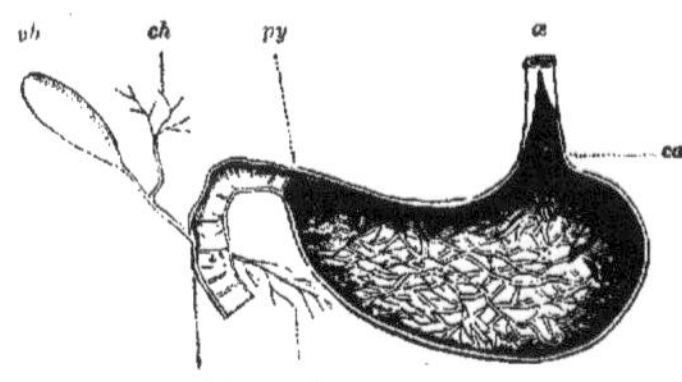

Fig. 986. — L'estomac de l'homme ouvert et montrant les plis de sa muqueuse; à sa suite le duodénum également ouvert (1).

courbe à convexité inférieure. L'orifice par lequel y arrive l'œsophage a reçu le nom de *cardia* (καρδία, cœur); il est situé un peu au-dessous de la pointe du cœur, mais en est séparé par le diaphragme. En face du cardia se voit la portion la plus dilatée de l'organe, ce qu'on nomme le *grand cul-de-sac stomacal*. L'autre extrémité de l'estomac est plus étroite, forme le *petit cul-de-sac* et se rétrécit encore brusquement pour se terminer au *pylore* (πυλωρός, portier), orifice par lequel l'estomac communique avec les intestins.

La muqueuse de l'estomac mérite une attention particulière; elle est veloutée, elle est enduite d'abondantes mucosités : de nombreux vaisseaux sanguins rampent sous elle et lui donnent une grande vitalité. De plus, elle est très-bien organisée pour une absorption énergique, et les veines qui la parcourent jouent le plus grand rôle dans ce phénomène. Enfin cette même muqueuse est le siége d'une sécrétion toute spéciale; elle fournit par toute sa surface un suc digestif très-important, d'une acidité très-nette, et que l'on nomme le *suc gastrique* (γαστήρ, estomac). On attribue généralement cette sécrétion aux follicules de la muqueuse stomacale. organisées d'une manière spéciale et appropriées à cette fonction nouvelle.

L'estomac des autres mammifères ressemble, en général, à celui de l'homme; cependant il varie avec le mode d'alimentation; moins vaste et plus court chez les carni-

(1) L'estomac et le duodénum dans l'espèce humaine. — *œ*, œsophage. — *ca*, cardia. — *py*, pylore. — *ch*, canal hépatique. — *vb*, vésicule biliaire avec son canal cystique. — *cc*, canal cholédoque aboutissant dans le duodénum, tout à côté de l'orifice du canal pancréatique *cp*.

vores, il multiplie sa surface et la complication de ses renflements chez les herbivores; le dernier terme de cette modification est le quadruple estomac des ruminants, qui est formé par la *panse*, le *rumen* ou *bonnet*, le *feuil-*

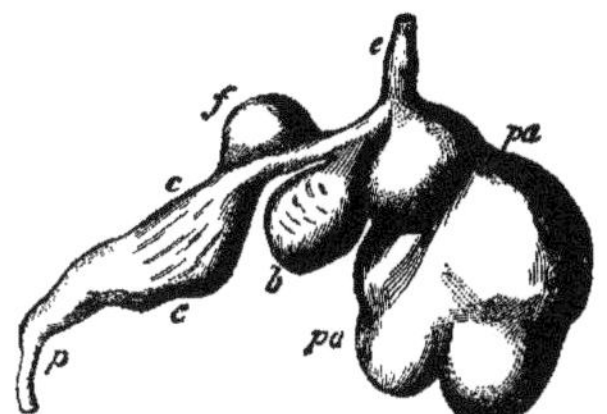

Fig. 987. — Estomac d'un ruminant (le mouton) (2).

let, la *caillette* (voyez RUMINANTS, RUMINATION). On trouve chez les oiseaux trois dilatations stomacales : c'est d'abord, sur le trajet de l'œsophage, une première poche nommée le *jabot*; puis, un peu plus loin, une légère dilatation à parois épaisses et glanduleuses et que l'on appelle le *ventricule succenturié*; enfin, tout à côté de celui-ci et parfois confondu avec lui, une troisième cavité très-musculeuse et très-forte désignée sous le nom de *gésier*. Cette complication atteint son maximum chez les oiseaux granivores. Chez eux, le jabot est considérable et sert de réservoir aux grains avalés par l'animal; le gésier est extrêmement fort et sert à triturer ces matières que l'oiseau ne peut soumettre à une trituration buccale. Le ventricule succenturié sécrète un suc gastrique et représente à ce point de vue le véritable estomac. Simple chez les reptiles, l'estomac, chez les poissons, est très-variable dans sa forme, ses dimensions et l'épaisseur de ses parois. L'estomac présente encore de nombreuses modifications dans les autres embranchements ; leur détail dépasserait les bornes qui nous sont assignées dans cet article.

Pour les fonctions de l'estomac, voyez l'article DIGESTION.

ESTRAGON (Botanique), corruption du latin *dracunculus*. — Espèce de plante du genre *Armoise* (voyez ce mot) (*Artemisia dracunculus*, Lin., dérivé de *draco*, dragon, à cause de la racine qui fait plusieurs tours comme le corps du dragon). On la nomme vulgairement *Dragone, Herbe dragon, Serpentine, Fargon*. C'est une plante herbacée, haute de 0ᵐ,70 environ. Ses feuilles sont alternes, lancéolées, charnues. Ses fleurs petites, jaunâtres, sont en capitules globuleux, disposés en grappes paniculées. L'estragon vient dans l'Europe méridionale et orientale. Toutes ses parties ont une odeur agréable et une saveur aromatique piquante. On emploie cette plante comme condiment et assaisonnement. Elle a des propriétés stomachiques et antiscorbutiques. On la propage de graines. On la sème en mars, et la récolte a lieu en juin. Les pousses peuvent être cueillies tous les quinze jours, lorsque ces plantes sont dans des circonstances favorables.

ESTROPIÉS (Zoologie). — Geoffroy avait donné ce nom aux *Papillons* désignés par Linné sous le nom de *Papillons plébéiens urnicoles;* dans la classification du *Règne animal* (Latreille), ils forment le genre *Hespérie* (voyez ce mot).

ESTURGEON (Zoologie), *Acipenser*, Lin., en latin *Sturio*. — Genre de *Poissons*, de la sous-classe des *Chondroptérygiens*, ordre des *Sturioniens*. L'esturgeon a la forme générale des squales; son corps est allongé; son museau prolongé en avant, avec la bouche petite et fendue en dessous, à dents cartilagineuses. La lèvre supérieure, divisée en deux lobes, porte de chaque côté quatre barbillons déliés, vermiformes, qui aident le petit poisson à portée de l'esturgeon, lorsque celui-ci est caché au milieu des roseaux. Ses opercules sont recouverts d'un grand nombre de stries saillantes et dures, convergeant vers un point central. Le dos et les cô és de l'animal portent des lignes longitudinales de plaques

(2) *e*, l'œsophage. — *pa*, la pause. — *b*, le bonnet. — *f*. le feuillet. — *c*, la caillette. — *p*, le pylore.

dures, que l'on nomme *écussons* ou *boucliers*. Ces plaques rayonnées sont coniques et à pointe recourbée vers la queue. La dorsale commence par un rayon très-gros et très-fort, et est plus en arrière que les ventrales ; l'anale est exactement dessous. La caudale a le lobe supérieur plus long et plus large que l'inférieur. Disons enfin, pour compléter les généralités sur ce poisson, qu'il est extrêmement fécond, qu'on le trouve dans toutes les mers et dans tous les grands fleuves, où il donne lieu aux pêches les plus profitables, que la plupart des espèces ont une chair agréable et recherchée, et que, malgré ses grandes dimensions et sa force, il se nourrit de vers et de petits poissons.

L'espèce la mieux connue est l'*E. ordinaire* (*A. sturio*, Lin.), de l'ancien continent. Il est de couleur blanchâtre tachée de noir; sa taille dépasse quelquefois 6 mètres de long. Au printemps, il remonte les grands fleuves pour déposer ou féconder ses œufs, et, au lieu des harengs, des maquereaux et des gades, qui lui servaient d'aliment au sein de la mer, c'est le saumon qu'il poursuit, ou les vers qu'il recherche en fouillant la vase avec son museau. Les Romains faisaient le plus grand cas de sa chair; elle n'est guère moins recherchée aujourd'hui. C'est sur le Volga surtout qu'on en fait les pêches les plus considérables, en pratiquant une ouverture au milieu d'un barrage provisoire et en forçant ainsi les esturgeons à entrer dans une grande chambre dont on soulève ensuite le fond. Mais comme ce poisson est d'une force considérable, les pêcheurs ne s'en approchent qu'avec précaution. Du reste, il peut être gardé plusieurs jours hors de l'eau sans périr, parce que les opercules de ses branchies en ferment exactement les orifices et y retiennent l'eau. L'Esturgeon habite presque toutes les mers et remonte dans les grandes rivières; ainsi on le pêche abondamment non-seulement dans le Volga, dans le Danube où il abonde, mais encore dans le Pô, le Rhin, l'Elbe, la Garonne, la Loire, la Moselle, et quelquefois même jusque dans la Seine. Bosc en a vu prendre cinq ou six dans l'enceinte de Paris. En 1800, on en prit un à Neuilly qui pesait 100 kilogrammes et avait 2ᵐ,45 de long. Il fut conservé vivant pendant quelque temps dans un bassin de la Malmaison. Mais c'es tsurtout dans les fleuves des contrées septentrionales que ces poissons se rendent en plus grand nombre pour frayer, en mars, avril et mai. Ils y entrent par troupes, et on les voit fourmiller dans l'eau. On conçoit dès lors l'importance de leur pêche, non-seulement pour la chair délicate qu'ils fournissent à l'alimentation, mais encore par des produits très-importants, dont il sera parlé plus loin, le *Caviar* et la *colle de poisson* ou *Ichthyocolle*.

Le *Petit E.* ou *Sterlet* (*A. ruthenus*, Lin.) a, au plus, 0ᵐ,75. Son dos est noir et son ventre blanc rosé. Il habite surtout la mer Caspienne, le Volga, etc. Frédéric Iᵉʳ peupla les grands fleuves de Suède de cette espèce, dont la chair est très-délicate.

Nous donnerons une idée de la fécondité de l'esturgeon, en disant que l'on a compté plus de trois cent mille œufs dans le corps d'une femelle de l'espèce d'Allemagne, dite *Scherg* (*A. stellatus*, Lin.). Cette espèce n'a que 1ᵐ,20 de long.

Le *Grand E.* ou *Hausen* (*A. huso*, Lin.), des mers Noire et Caspienne, a de 7 à 8 mètres. Cuvier lui assi-

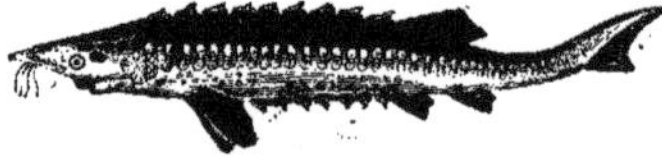

Fig. 988. — Grand esturgeon.

gne au plus 5 mètres. Son bec est plus court, sa peau lisse, et ses boucliers sont émoussés. C'est surtout avec les œufs innombrables de cette dernière espèce, que les habitants des bords de la mer Noire font le *caviar*, mets très-recherché en Russie. Ces œufs forment le tiers et parfois la moitié du poids de l'animal. On fait deux espèces de *Caviar*; le *Cav. gréné* et le *Sack Caviar*. Pour fabriquer le premier, on presse les œufs sur un crible, on les manie en tous sens, pour les isoler des membranes et des petits vaisseaux; on les plonge pendant une heure dans une forte saumure; on les laisse égoutter sur un tamis, et on les entasse avec force dans des barils, pour les conserver à l'abri de l'air. Le second se

prépare à peu près de même, seulement on ne manie les œufs que lorsqu'ils sont dans la saumure, pour les amollir, et on les tord dans des sacs de toile avant de les presser dans les barils. Il y aurait à donner encore plusieurs autres détails sur les procédés de fabrication, mais leur développement nous entraînerait trop loin. Le caviar est très-recherché en Turquie, en Allemagen, mais surtout en Russie, d'où les Grecs en tirent une grande quantité pour leur carême.

Nous avons déjà dit un mot de la délicatesse de la chair de l'esturgeon; elle a une saveur fine, un certain degré de compacité qui lui donne l'apparence de celle d'un jeune veau. Celle du mâle est plus estimée que celle de la femelle. Malgré toutes ces qualités et l'abondance de cet énorme poisson dans un grand nombre de pays, les nations modernes ont peut-être trop négligé cette source d'alimentation, dont les peuples anciens tiraient un grand parti. Les Grecs et les Romains l'avaient en grand honneur; Ovide a célébré ses louanges dans ses vers (*Acipenser nobilis*). En Grèce, on le regardait comme le meilleur morceau des festins. Autrefois, en Angleterre, le roi s'appropriait tous ceux que les pêcheurs pouvaient prendre. On dit qu'en Chine, l'esturgeon est un poisson destiné à l'empereur.

Enfin, la vessie natatoire de l'esturgeon sert à fabriquer, par une préparation très-simple, l'ichthyocolle ou colle de poisson, si usitée dans l'industrie et les arts (voyez COLLES). **F. L.**

ÉTABLE (Économie rurale), *stabulum* des Latins. — Lieu destiné au logement des bestiaux, et plus particulièrement des bœufs et des vaches; dans ce cas, on les a encore appelées *bouveries*, *vacheries*. C'est sous ce point de vue que nous en parlerons. Pour les autres logements des bestiaux, voyez BERGERIE, ÉCURIE.

Les étables doivent être construites d'après les mêmes principes hygiéniques que les écuries: l'air, l'espace, la propreté, sont indispensables; mais deux points doivent ici particulièrement fixer l'attention, et cela tient à la conformation du bœuf; ce sont les dispositions qui se rapportent aux crèches et aux râteliers. Dans une étable bien entendue, les râteliers doivent être remplacés par un système de mangeoire plus en rapport avec la conformation de l'encolure du bœuf qui ne lui permet pas, comme au cheval, de lever facilement la tête pour prendre sa nourriture. Une auge en maçonnerie pleine, peu profonde, haute à peine de 0ᵐ,40 à 0ᵐ,45 et régnant tout le long de l'étable, en laissant seulement un passage à chaque bout, constitue le meilleur mode pour cet objet. On disposera sur le devant de la mangeoire une barrière de 2 mètres d'élévation, formée de pilastres verticaux en bois, séparés l'un de l'autre juste assez pour laisser passer la tête de l'animal avec ses cornes. Cette barrière peut être divisée, aussi bien que la mangeoire, en compartiments pour chaque bête. Les étables peuvent être disposées sur un seul rang d'animaux; dans ce cas, on ménagera outre la crèche et le mur un couloir pour donner la nourriture aux animaux. S'il y a deux rangs de bêtes, on aura deux crèches séparées par un couloir; quelquefois les animaux sur deux rangs sont opposés par la croupe; alors il faut un couloir derrière chaque mangeoire. Ce système demande plus de place et plus de temps pour le service que lorsqu'il n'y a qu'un couloir. Il est bon aussi d'avoir à l'une des extrémités de ce couloir un robinet qui fournisse l'eau nécessaire pour abreuver le bétail et pour entretenir la propreté.

ÉTAIN (Chimie). — Métal connu de toute antiquité, d'un blanc grisâtre, susceptible de prendre un très-beau poli, qui se ternit d'ailleurs assez promptement à l'air par suite de la formation de l'oxyde d'étain. L'étain est un métal fort mou et très-malléable; lorsqu'il est en baguettes, il peut être courbé facilement en faisant entendre un craquement particulier, appelé *cri de l'étain*. Ce phénomène est d'autant plus marqué que l'étain est plus pur; aussi les personnes qui sont habituées à manier de l'étain, jugent de son degré plus ou moins grand de pureté à la nature même du *cri*.

L'étain fond à 210°; c'est donc un des métaux les plus fusibles; aussi peut-on le couler sur du papier ou sur du linge sans brûler ces matières organiques. Quand il est en fusion, il s'oxyde très-rapidement sous l'action de l'air atmosphérique, et, en enlevant la couche d'oxyde à mesure qu'elle se forme, on obtient une substance fréquemment employée dans les arts comme matière à polir, c'est le protoxyde d'étain SnO, ou vulgairement la potée d'étain. On ajoute quelquefois un peu de plomb à l'étain que l'on veut transformer en potée; l'opération est alors plus rapide, à cause de l'affinité mutuelle des deux oxydes.

Les usages de l'étain sont aussi nombreux que variés. L'innocuité reconnue de ses composés le fait appliquer directement à la fabrication de la vaisselle ou poterie d'étain. Souvent aussi on recouvre avec une couche de ce métal les vases de cuivre qui pourraient donner lieu, au contraire, à des produits excessivement vénéneux (voyez ÉTAMAGE). Sa grande malléabilité permet de le réduire en lames très-minces, employées dans le commerce comme enveloppes d'un très-grand nombre de produits. On peut aussi le réduire en poudre par la percussion ou par tout autre moyen, et l'appliquer ensuite à la surface de différents corps, où on lui donne ultérieurement un degré plus ou moins grand de poli avec le brunissoir.

ÉTAIN (OXYDES D'). — Il en existe deux : le protoxyde SnO dont il vient d'être question précédemment, et l'acide stannique SnO^2. C'est à la formation du protoxyde qu'est due l'altération du poli des vases d'étain. Il est bon de remarquer toutefois que la couche d'oxyde ainsi formée est fortement adhérente au métal lui-même, de telle façon que l'oxydation demeure tout à fait superficielle, et qu'en définitive les vases d'étain ont une assez grande durée.

L'acide stannique SnO^2 se forme lorsqu'on traite l'étain par l'acide azotique dilué (voyez ACIDE AZOTIQUE). Il se précipite alors sous la forme d'une poudre d'une très-grande blancheur, qui est un hydrate d'acide stannique. C'est l'acide stannique qui constitue le minerai d'étain ou cassitérite.

ÉTAIN (CHLORURES D'). — Il en existe deux correspondant aux deux oxydes : le protochlorure $SnCl$ et le bichlorure $SnCl^2$.

Protochlorure d'étain, sel d'étain. — Ce composé, si précieux dans l'art de la teinture et de l'impression sur étoffes, s'obtient en traitant de l'étain en grenailles par l'acide chlorhydrique concentré; la réaction est très-vive; il se dégage du gaz hydrogène, et il reste une liqueur que l'on concentre jusqu'à ce qu'elle se prenne en une masse cristalline. C'est sous cette forme que la substance est livrée au commerce.

C'est une matière blanche, d'une saveur très-astringente, très-acide, et présentant une odeur caractéristique que l'on a comparée à celle du poisson pourri. Au contact de l'eau, le protochlorure d'étain qui commence par s'y dissoudre ne tarde pas à s'y altérer, en donnant lieu à la formation d'un oxychlorure dont la formule est $SnCl,SnO$. Il s'altère également au contact de l'air, même sans l'intervention de l'eau; aussi convient-il de le conserver dans des flacons bien bouchés, et, quand on doit l'employer dissous, de ne faire la dissolution qu'au moment de s'en servir.

Le sel d'étain est doublement précieux dans l'art de la teinture, comme *mordant* et comme *rongeant* (voyez TEINTURE, IMPRESSION SUR ÉTOFFES). La seconde propriété est due à sa tendance chimique très-prononcée à passer à l'état de bichlorure, phénomène qui s'accompagne nécessairement de la fixation de l'oxygène sur le métal devenu libre. Aussi, vient-on à verser du protochlorure d'étain sur des dissolutions métalliques au maximum, celles-ci sont ramenées toujours au premier degré d'oxydation. Si, par exemple, on l'applique sur une étoffe teinte en violet par un sel de manganèse, celui-ci passe à l'état de sel de protoxyde incolore, et, partout où le sel d'étain a agi, il se produit du blanc. En mélangeant le sel d'étain avec diverses matières colorantes, on peut, sur le fond *oxydé*, obtenir des dessins de la nuance que l'on veut.

Bichlorure d'étain. — S'obtient en faisant passer jusqu'à refus un courant de chlore dans le protochlorure. C'est un liquide fumant, appelé souvent *liqueur fumante de Libavius*, du nom du chimiste qui l'a préparé pour la première fois. D'une importance moindre que le protochlorure, il est d'ailleurs employé, comme lui, au mordançage de certaines couleurs. On se sert souvent aussi de chlorures mixtes, à constitution complexe; c'est ce qui a lieu, par exemple, pour la fabrication du *pourpre de Cassius* (voyez OR).

On emploie souvent aussi les chlorures d'étain à la fabrication de stannates divers, utilisés soit comme mordants, soit comme matières colorantes propres. C'est ainsi, par exemple, que le *stannate de chrome* forme la partie essentielle de la belle couleur rose que l'on applique sur la faïence fine d'Angleterre.

ÉTAIN (SULFURES D'). — Il existe deux sulfures d'étain, SnS, SnS^2. Le protosulfure s'obtient par précipitation, en traitant un sel de protoxyde d'étain par l'acide sulfhydrique. C'est un composé sans usages. Il n'en est pas de même du bisulfure, appelé aussi *or mussif*, *or de Judée*, *bronze des peintres*, et qui sert de temps immémorial pour *dorer* le bois, *bronzer* les poteries, le plâtre, etc. C'est aussi avec cette substance qu'on frotte les coussins de la machine électrique, pour rendre plus intense le développement de l'électricité.

On le prépare en faisant d'abord un amalgame de 12 parties d'étain et 6 de mercure, qu'on broie ensuite avec 7 parties de fleurs de soufre et 6 de sel ammoniac. On chauffe le tout au bain de sable dans un matras, d'abord modérément, puis à peu près jusqu'à la température du rouge naissant. En cassant le matras, on trouve l'or mussif sous la forme d'écailles jaunes et brillantes, légèrement agglomérées.

ÉTAIN (ALLIAGES D') — L'étain s'emploie rarement dans la poterie à l'état de pureté. Il est ordinairement allié avec une certaine quantité de plomb. Toute-fois, en raison des propriétés toxiques de ce dernier métal, la proportion qui peut en être introduite dans la vaisselle ne doit pas être trop forte, et est d'ailleurs soumise à une surveillance spéciale.

Le plus important des alliages d'étain et de plomb est l'alliage des plombiers, formé de 1 partie d'étain et 2 de plomb (voyez ALLIAGES).

Nous empruntons au Traité de chimie de M. Girardin, le tableau suivant renfermant la composition des alliages d'étain et de plomb les plus employés.

	Étain.	Plomb.
Alliage pour les vases et mesures de capacité..........................	82	18
Alliage pour cuillers, flambeaux, écritoires, sabliers, capsules de bouteilles, etc....................	80	20
Alliage pour plats, vaisselle, fontaine, etc.......................	92	8
Alliage pour brillants de fahlun..	60	40
Alliage pour jouets d'enfants, etc.	50	50
Alliage pour feuilles des boîtes à thé, à envelopper le chocolat, le sucre de pommes, le tabac, etc.	38	64
Alliage des tubes pour vases syphoïdes des fabricants d'eaux gazeuses	56 à 74	44 à 26

ÉTAIN (MÉTALLURGIE). — Le seul minerai d'étain est l'oxyde. Il se trouve en sable, et est connu alors sous le nom de *minerai d'alluvion*; on le trouve aussi en filons dans les terrains métamorphiques, avec du quartz, des pyrites de fer et de cuivre, de la pyrite arsenicale, du wolfram. L'oxyde d'étain est en cristaux, en veines ou veinules, disséminé dans les gangues. En France, on a exploré plusieurs gisements d'étain; aucun n'est exploité. On le trouve principalement dans le Cornouailles, en Allemagne, au Pérou, dans l'Australie, à Malacca et Banca dans l'Inde. La production totale de l'étain peut s'élever à 9 000 ou 10 000 tonnes par an. L'Angleterre en produit 6 000.

On extrait l'étain par deux méthodes différentes : la méthode anglaise et la méthode allemande.

Méthode anglaise. — Le minerai est presque toujours très-pauvre; on l'enrichit par préparation mécanique. La pesanteur considérable de l'oxyde d'étain rend cette préparation facile. Pour les minerais impurs, on fait d'abord un grillage qui élimine du soufre, de l'arsenic, et donne des sulfates et arséniates; ceux-ci sont entraînés par l'eau dans e lavage auquel on soumet les matières grillées. Le grillage s'effectue aujourd'hui en Angleterre à l'aide d'un four à sole tournante que représente notre figure. Au centre du plafond est une trémie C, par laquelle on projette le minerai; la sole est formée par un plateau conique B en fonte, qui peut recevoir un mouvement très-lent. Le râteau D est destiné à renouveler les surfaces du minerai. Celui-ci descend peu à peu et s'échappe par le carneau E. On peut arriver à avoir un minerai riche à 66 ou 70 p. 100, en moyenne; le wolfram reste, mais le quartz est enlevé en grande partie. La réduction de l'oxyde d'étain se fait dans un grand four à réverbère dont la sole a une surface de 6 à 7 mètres carrés et dont nous donnons (*fig.* 991) la coupe et le plan. A est la sole concave dans laquelle sont des carneaux destinés à laisser circuler l'air froid, F le foyer, B la porte de charge, C la porte de travail, placée près du carneau conduisant à la cheminée H. E ouverture communiquant avec les bassins de réception I. Le minerai mélangé à du charbon est chauffé sur la sole à la plus basse température possible. Les flammes ne doivent jamais être oxydantes. On doit empêcher la réduction de l'oxyde de fer et la combinaison avec la silice. L'étain métallique coule dans un bassin extérieur au four. On élève peu à

Fig. 989. — Fourneau à sole tournante pour le grillage des minerais d'étain.

peu la température jusqu'à ce que les scories commencent à couler ; malgré cela, les scories qui restent sur la sole, outre l'oxyde d'étain, retiennent toujours des grenailles d'étain métallique. On les sort du four, puis elles sont bocardées et soumises à une préparation mé-

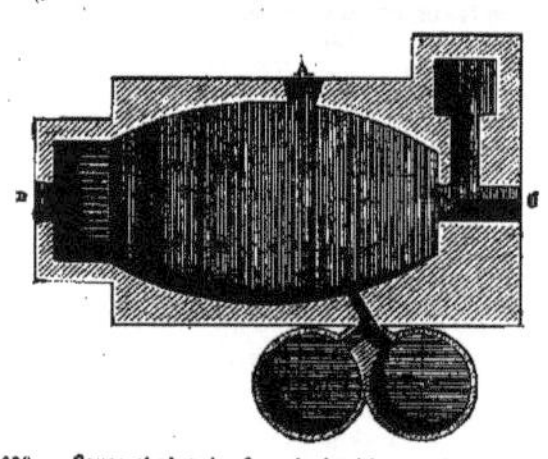

Fig. 990. — Coupe et plan des fours à réverbère employés à la fonte des minerais d'étain.

canique pour en extraire les grenailles ; quant aux parties les plus lourdes des scories elles-mêmes, on les conserve pour les repasser à la fin de la campagne du four. L'étain, à chaque opération, est coulé en lingots de 50 kilogrammes qu'on soumet ensuite au raffinage.

On traite ensemble tout l'étain provenant d'un même minerai. S'il est pur, il ne retient que du fer ; il peut aussi contenir de l'arsenic et du soufre, et une troisième qualité contient du tungstène. L'opération est toujours la même ; elle est fondée sur le phénomène chimique de la liquation ; on met à profit la plus grande fusibilité de l'étain. Le lundi, au moment où on met le four en feu, on charge les lingots dans le four à peu près froid, et on chauffe très-lentement de manière à séparer l'étain des alliages ; on reçoit le métal dans un grand cylindre en fonte chauffé par un foyer particulier ; la température est de 225° en-

viron. On fait plusieurs chargements, puis on plonge dans le bassin, pendant une heure environ, une bûche de pommier ou de sapin ; il se produit un bouillonnement très-vif qui amène à la surface toutes les impuretés et les alliages tenus en suspension ; on enlève les crasses et on coule en lingots. Sur la sole se trouvent les crasses contenant beaucoup d'étain ; on cherche à l'en retirer en les mélangeant à des rognures de tôle et de fer-blanc, et on donne un violent coup de feu ; l'étain qu'on obtient est très-impur, mais on peut encore le vendre.

Méthode allemande. — Les minerais d'Allemagne contiennent moins de 1 p. 100 d'oxyde d'étain mélangé à beaucoup de quartz, de chaux fluatée, de pyrite de fer, de cuivre et de pyrite arsenicale. On les soumet à un grillage au réverbère ; on cherche à en recueillir de l'acide arsénieux dans des chambres de condensation ; puis on les soumet à la préparation mécanique pour enlever les sulfates et arséniates. On peut les amener à une teneur de 68 à 70 p. 100. On les passe ensuite dans un four à manche très-élevé ; le combustible est chargé contre la poitrine qui seule est verticale, le minerai contre la warme. Notre figure représente la disposition de ce four. Il se compose d'un demi-haut-fourneau F de 4 à 5 mètres de haut et portant deux ouvertures disposées près du fond incliné qui le termine. L'une S sert à l'introduction d'une tuyère, l'autre établit une communication avec le creuset de réception C. Celui-ci communique d'ailleurs avec un deuxième bassin à l'aide de la rigole O. Par la forme du four qui va constamment en s'élargissant, la température est longtemps très-faible ; les gaz seuls agissent sur le minerai et pénètrent difficilement dans la colonne descendante ; le pouvoir réductif est donc très-faible. Malgré cela, on réduit toujours du fer et de l'arsenic qui passent dans l'étain ; les scories retiennent beaucoup d'oxyde et des grenailles. On les refond à basse température, avec un pouvoir réductif modéré, dans un second four à manche moins élevé, pour en retirer de l'étain qui est toujours très-impur. Quant à l'étain, on le puise à la cuiller dans le bassin où il est reçu

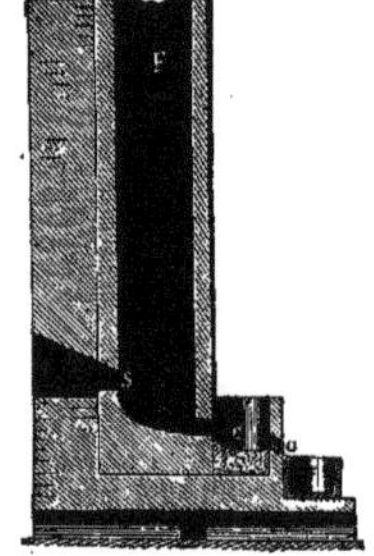

Fig. 991. — Fourneau à manche pour la fonte des minerais d'étain.

à la sortie du creuset, et on le verse sur des pierres en granit, inclinées de 10 p. 100 environ, et sur lesquelles on a placé quelques charbons allumés ; l'étain coule et les crasses restent ; on le moule ensuite en baguettes pour être livré au commerce.   M. — T.

ETAIN (Minéralogie). — A l'état natif, l'étain a été signalé dans les sables aurifères de la Sibérie, sous forme de petits grains métalliques ; il est allié à une légère proportion de plomb. Les minéraux stannifères sont peu nombreux ; le seul important est :

ETAIN OXYDÉ ou CASSITÉRITE, qui constitue la mine de ce métal (voyez CASSITÉRITE).

ETALON (Agriculture). — Voyez RACES CHEVALINES.

ETAMAGE (Technologie). — Opération qui a pour but de soustraire à l'action de l'air et des corps étrangers la surface d'un métal qui s'altère facilement. Pour cela, on recouvre le métal oxydable d'une couche d'un autre métal non oxydable, de manière que les métaux s'allient. L'étain réalise très-bien ces conditions : d'où le nom d'*étamage*. Ainsi on recouvre le fer d'une couche d'étain, de zinc, de plomb, pour l'empêcher de se rouiller à l'air humide ; on recouvre d'étain les ustensiles en cuivre destinés aux usages culinaires, pour s'opposer à la formation des sels vénéneux de cuivre qui se formeraient dans la préparation des aliments sous l'influence des acides que ceux-ci peuvent contenir.

Étamage du cuivre. — Pour que l'alliage se produise, on commence par enlever l'oxyde de la surface par le *décapage*. On chauffe la surface, on la saupoudre de chlorhydrate d'ammoniac (sel ammoniac), que l'on étend au moyen d'une étoupe. L'oxyde se transforme en chlorure soluble, que la chaleur enlève ou que l'on détache par le frottement. On porte ensuite l'étain ou un alliage d'étain et de plomb sur la pièce (casserole, bassine, etc.) convenablement chauffée, et on l'étale avec de l'étoupe.

Étamage du laiton. — Le laiton, qui est un alliage de cuivre et de zinc, peut se recouvrir de vert-de-gris sous l'action simultanée de l'air humide et des acides. Pour éviter cet inconvénient, on recouvre d'une légère couche d'étain la surface de certains objets (épingles, boutons en chrysocale, etc.) formés de cuivre et de zinc. Ainsi, pour étamer ou blanchir les épingles, on les décape d'abord en les faisant chauffer dans une dissolution de crème de tartre ; puis on en place une couche dans une bassine de cuivre à fond plat ; on met par-dessus une couche d'étain pur en grenaille, et ensuite une couche de crème de tartre. On remplit ainsi la bassine de ces couches alternatives. On verse doucement de l'eau sur le tout, et on fait bouillir pendant une heure ; au bout de ce temps, les épingles sont étamées. Voici ce qui se passe : la crème de tartre est formée d'acide tartrique et de potasse ; sous son influence, l'étain décompose l'eau, se combine avec son oxygène et met l'hydrogène en liberté. L'oxyde d'étain produit se combine avec l'excès d'acide tartrique, et il se produit un tartrate double de potasse et de protoxyde d'étain. Alors, le zinc du laiton décompose l'oxyde d'étain qui abandonne sur chaque morceau de laiton une couche très-mince et très-uniforme de son métal. Les deux métaux constituent une pile électrique, où le pôle négatif formé par les épingles reçoit l'étain à mesure qu'il se dépose. Le même procédé pourrait être employé pour les autres métaux qui, comme le cuivre, sont négatifs à l'égard de l'étain ; mais pour l'étamage du fer et du zinc, il faudrait recourir à une pile indépendante des métaux employés.

Cependant, comme l'étain et le cuivre sont très-rapprochés au point de vue électrique, il arrive que dans les ustensiles en cuivre étamé, un point de la surface du cuivre s'oxyde malgré le contact de l'étain ; mais il n'en est pas de même si l'on remplace l'étain par le zinc plus éloigné du cuivre dans l'échelle électrique.

Ainsi soient des épingles, des boutons, etc., en laiton ; on les décape d'abord avec de l'acide chlorhydrique, puis on les plonge dans un bain bouillant formé par une dissolution de sel ammoniac, où l'on a mis un excès de grenaille ou de tournure de zinc. Bientôt les objets sont recouverts d'une couche de zinc, en vertu d'une action électrique analogue à celle qui vient d'être décrite.

Étamage de la tôle (voyez FER-BLANC).

Étamage de la fonte. — On recouvre la fonte, d'abord récurée avec du sable, d'un alliage découvert par M. Budi, et composé de 89 parties d'étain, 6 parties de nickel, et 5 parties de fer fondues ensemble. Cet alliage, plus fusible, plus dur et plus blanc que l'étain, peut aussi être avantageusement employé pour l'étamage du cuivre.

Étamage des glaces. — On commence par *polir* la surface rugueuse de la lame de verre, d'abord avec du grès grossier au moyen d'une autre glace de plus petites dimensions, puis avec de l'émeri, et enfin avec du colcothar délayé dans de l'eau. Alors sur une table de marbre bien dressée, encadrée de bois et entourée de rigoles, on étend une feuille d'étain battu, ayant les dimensions de la glace ; puis, avec une patte de lièvre, on promène à sa surface une petite quantité de mercure pour l'imbiber de ce métal. Après cette première imbibition, on verse une couche de mercure de 0ᵐ,004 à 0ᵐ,005 d'épaisseur. On place la glace sur une des extrémités de la feuille d'étain, et on la fait glisser de façon qu'elle pousse devant elle l'excès du mercure qui s'écoule dans les rigoles. Lorsque la glace recouvre exactement la couche de mercure, ou la charge de blocs de plâtre, et on la laisse ainsi sous cette pression pendant quinze à vingt jours. Ces métaux s'allient, et c'est à l'état d'un amalgame formé, en général, de 1 partie de mercure pour 4 parties d'étain qu'ils adhèrent à la surface.

Étamage des globes de verre. — En versant dans un ballon bien sec et un peu chaud un amalgame formé de 1 partie de bismuth et de 4 parties de mercure, et, en le promenant sur toute la surface du vase, on produit un étamage souvent très-beau. On peut étamer de la même manière les miroirs concaves et convexes. On fond ensemble 2 parties de mercure, 1 partie d'étain, 1 partie de plomb et 1 partie de bismuth. On verse dans le globe bien net, au moyen d'un entonnoir de papier qui plonge jusqu'au fond, on lui imprime un mouvement et le verre est recouvert intérieurement d'une couche d'amalgame qui adhère fortement. On trouvera à l'article TÉLESCOPES, le procédé d'argenture des miroirs, procédé qu'on peut appliquer aussi aux ballons de verre.   **L.**

ÉTAMINE (Botanique), du grec *stemon*, dérivé de *istêmi*, je crée, je produis. — Organe par lequel la fleur de végétaux remplit des fonctions, telles que l'on peut le regarder comme représentant le mâle dans les plantes. En considérant le calice comme le premier verticille des fleurs, elles forment le troisième verticille. (Voy. ce mot.) On donne le nom d'*Androcée* à la réunion des étamines. L'étamine se compose de trois parties principales : le *filet*, l'*anthère* et le *pollen* (voyez ces mots). Le filet est la partie inférieure qui se présente ordinairement sous la forme d'un corps allongé, filamenteux, et portant à son extrémité l'anthère ou partie supérieure épaissie, creusée à l'intérieur. Cette anthère contient une matière formée d'une multitude de petits grains sous forme de poussière, et constituant le pollen ou matière fécondante. Quelquefois, l'étamine ne présente pas ces trois parties. Il y a des filets sans anthères ou avec des anthères incomplètes pour remplir leurs fonctions ; l'étamine est alors dite *avortive*. D'autres, fois c'est le filet qui manque ; on dit, dans ce cas, que l'étamine est sessile.

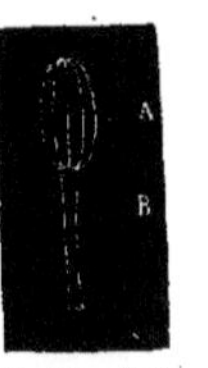

Fig. 992. — Étamine d'un renoncule. — A, anthère. — B, filet.

L'étamine a pour but la fécondation de l'organe femelle (*pistil* ou *gynécée*). Les anciens avaient observé les étamines sans se rendre compte exactement de leurs fonctions. Ils n'en avaient pas moins entrevu la présence des sexes dans les plantes, et Théophraste donne à ce sujet des détails très-judicieux. C'est au savant anglais Grew que l'on doit les premières études de l'étamine et de ses rapports avec le pistil. Linné a considéré l'organe mâle comme étant tellement important, qu'il a basé sur ses caractères son système de classification. A.-L. de Jussieu, pour sa méthode naturelle, s'est servi de l'insertion des étamines comme caractère de ses classes (ÉPIGYNE, HYPOGYNE, PÉRIGYNE). C'est avec le caractère tiré du nombre des étamines, que Linné a établi ses treize premières classes (MONANDRIE, DIANDRIE, TRIANDRIE, TÉTRANDRIE, PENTANDRIE, etc.). Lorsque les étamines ont un nombre qui ne dépasse pas douze, et qui est constant dans une espèce donnée, les étamines sont *définies*. Quand elles sont en plus grand nombre, comme dans les roses, le coquelicot, on les dit *indéfinies*. Ou elles sont *distinctes* comme dans ces plantes, ou elles sont soudées, soit par leurs filets, soit par leurs anthères : dans le premier cas, on les dit *adelphes*; dans le second, *syngénèses*, comme dans les plantes de la famille des *Composées*. Les étamines ont une grandeur égale ou inégale. Il y a deux sortes de disproportions constantes : la *didynamie* et la *tétradynamie*; l'une a lieu quand les étamines sont au nombre de 4, dont 2 plus longues, comme dans les labiées, la digitale ; l'autre, quand, au nombre de 6, 2 sont plus longues comme dans les crucifères. Quant à la disposition, les étamines sont *opposées* lorsqu'elles sont situées vis-à-vis des divisions du périanthe ; elles sont, au contraire, *alternes* quand elles sont placées entre ces divisions. Les liliacées, les primulacées, la vigne, le gazon d'Olympe, offrent des exemples de la première disposition, et les borraginées, les ombellifères, des exemples de la seconde. Les étamines, considérées quant à leur longueur relative avec le périanthe, sont *saillantes* lorsqu'elles dépassent celui-ci, comme dans la scabieuse, la menthe, le fuchsia, le plantain, etc., et *incluses* lorsqu'elles sont, au contraire, renfermées dans le périanthe, comme dans le lilas, le jasmin, le pois, la verveine. De même qu'on a comparé les enveloppes florales à des feuilles modifiées, on a vu dans les étamines une organisation semblable. Le filet représente le pétiole, et l'anthère, le limbe. Le développement a lieu, du reste, d'une façon analogue à celui de la feuille. Dans le bouton, l'anthère est déjà formée, alors que le filet l'est à peine.

ÉTANG (Économie rurale). — Voyez VIVIER.

ÉTENDARD (Botanique). — On désigne sous ce nom le pétale supérieur de la corolle papillonacée. Ce pétale est ordinairement plus grand que les autres, et redressé. Il porte aussi le nom de *Pavillon*. On peut en voir des exemples dans toutes les fleurs de la famille des *Papillonacées*, telles que celles des pois, des haricots, du faux acacia, etc.

ÉTERNUMENT (Physiologie). — L'éternument provient d'une contraction brusque et violente des muscles expirateurs à la suite de l'occlusion des voies aériennes,

Au moment de la violente expiration, cette occlusion fait place à l'ouverture soudaine de la bouche et du nez à la fois, ou du nez seul, et l'air est chassé avec force. On a donné pour explication à l'éternument, que l'irritation des nerfs du nez se transmet au nerf trijumeau ; celui-ci le communique au cerveau qui, par une action réflexe, le transmet à tous les nerfs expirateurs. La plupart du temps, il annonce le coryza.

ETHAL (Chimie). — Corps gras neutre que l'on obtient par la saponification du blanc de baleine (voyez ce mot), à l'aide de la potasse en poudre. L'éthal est combiné dans la matière primitive avec un acide appelé *acide éthalique*, et les éléments de deux molécules d'eau. La composition de ces corps est d'ailleurs assez complexe, comme le montrent les formules suivantes :

Ethal...................... $C^{32}H^{34}O^2$
Acide éthalique............... $C^{32}H^{32}O^4$

L'acide éthalique paraît identique, par sa composition et ses propriétés, à l'acide palmitique.

La formule de l'éthal rentre dans la formule générale des alcools (voyez ce mot) $C^{2n}H^{2n}+{}^2O^2$. On peut, en effet, constater qu'il présente les réactions fondamentales de ce groupe de corps ; aussi lui donne-t-on le nom d'*alcool éthalique*. Chauffé notamment avec l'acide phosphorique, il fournit le carbure d'hydrogène $C^{32}H^{32}$ (*célène*), qui est à l'éthal ce que le gaz oléfiant est à l'alcool ordinaire.

ETHER (Chimie), voyez ÉTHERS.

ETHÉRISATION ou ÉTHÉRISME (Chirurgie, Médecine). — Mots récemment créés pour désigner la méthode chirurgicale qui, par l'emploi de la vapeur d'éther ou de toute autre vapeur analogue, suspend la sensibilité ou la contraction musculaire pour faciliter certaines opérations. Le mot *éthérisme*, assez peu employé d'ailleurs, semble, par son analogie avec *alcoolisme*, devoir mieux s'appliquer à l'état particulier que produit l'inhalation de la vapeur d'éther ; mais cet état ayant pour caractère dominant l'insensibilité, on lui donne habituellement le nom d'*anesthésie* (du grec *a*, privatif, et *æsthésis*, sensibilité), bien que ce mot ait un sens plus général et ne s'applique pas exclusivement à l'anesthésie provenant de l'éthérisation.

Phénomènes produits par l'inhalation de la vapeur d'éther sulfurique. — Si l'on fait respirer à un homme en bonne santé la vapeur que dégage abondamment l'éther sulfurique à la température ordinaire, les premières inspirations provoquent un picotement dans le nez et dans la bouche, avec serrement à la gorge, gêne dans la respiration, parfois une toux légère ; mais cette irritation cesse promptement, et, à mesure que la vapeur, pénétrant dans les voies aériennes, y est absorbée, d'autres effets se manifestent. La face rougit et une surexcitation progressivement croissante se trahit par des mouvements désordonnés et une certaine loquacité ; un frémissement intérieur se propage dans les membres en même temps que les signes extérieurs de l'ivresse se montrent peu à peu ; puis viennent des rêves d'une nature souvent agréable et gaie, quelquefois pénible ; mais bientôt la face se décolore, les yeux se ferment, les membres et tout le corps tombent dans un état de relâchement complet ; enfin la sensibilité est suspendue à tel point, que les pincements, les piqûres, l'action des instruments tranchants, n'éveillent aucune douleur, ne sont même nullement senties du patient livré à un sommeil véritablement léthargique. C'est alors que les plus grandes et les plus pénibles opérations chirurgicales peuvent être pratiquées sans douleur, à l'insu même du malade. Cependant l'âme n'est pas ensevelie tout entière dans ce sommeil, si semblable à la mort, une sorte d'extase la transporte dans un autre milieu, souvent même dans un monde supérieur au nôtre, une sorte de paradis rêvé. L'état singulier qui vient d'être décrit est celui d'*anesthésie* ou d'*éthérisme* ; il serait dangereux de chercher à le prolonger en continuant sans interruption les inhalations éthérées ; car les battements du cœur se ralentissent, la chaleur diminue, et en quelques inspirations de plus la vie suspendue s'arrêterait définitivement et sans retour ; l'éther, agissant alors sans obstacle, se montrerait un poison narcotique et stupéfiant d'une redoutable puissance.

Mais, quand on opère sur l'homme, on suit fidèlement chacune des phases de l'éthérisation ; dès que le sommeil, le relâchement des membres et l'insensibilité se manifestent, on arrête l'inhalation de la vapeur d'éther, et, au bout de sept à huit minutes, l'état anesthésique se dissipe peu à peu. Dès qu'on constate quelques signes de sensibilité renaissante, on peut, avec quelques inhalations nouvelles, prolonger l'anesthésie à plusieurs reprises, et la maintenir ainsi pendant une demi-heure et plus. Enfin, lorsque le patient est abandonné à lui-même, il se réveille bientôt, parfois avec une gaieté pétulente, parfois avec une sorte de mélancolie passagère ; puis, en cinq ou six minutes, il revient tout à fait à lui, et il ne lui reste plus d'autre trace du traitement subi par lui, qu'un vague souvenir de ses impressions et de ses rêves pendant la période d'éthérisation. L'anesthésie produite par l'inhalation de la vapeur d'éther a été, comme on sait, employée par les chirurgiens depuis 1846 pour supprimer la douleur dans les opérations qu'ils ont la pénible mission de pratiquer, et, pour ce motif, de nombreuses études ont été poursuivies sur ces singuliers phénomènes. On a d'abord reconnu que l'*éther sulfurique* ne jouit pas seul de ces propriétés anesthésiques, mais que les autres *éthers*, la *liqueur des Hollandais*, l'*aldéhyde*, et surtout le *chloroforme*, agissent de la même manière ; ce dernier agent a même montré une telle puissance, qu'il a aujourd'hui généralement pris la place de l'éther entre les mains des chirurgiens ; au lieu de huit ou dix minutes qu'exige la vapeur d'éther sulfurique pour produire l'anesthésie, une minute ou deux suffisent avec le chloroforme, et son mode d'administration est beaucoup plus facile, comme nous le verrons tout à l'heure. Du reste, la nature des effets est toujours la même. Les recherches des physiologistes, et principalement celles du professeur Longet, ont établi que l'éthérisation agit sur les centres nerveux en suspendant successivement leur action physiologique ; le cerveau cède le premier, puis le cervelet, puis la moelle épinière, et en lui la moelle allongée, et, au moment où ce dernier centre perd son influence, le cœur cesse de battre, la vie s'arrête sans retour. Cette courte analyse fait assez comprendre combien l'éthérisation est délicate à pratiquer, puisqu'on peut dire, sans aucune exagération et en adoptant une expression vulgaire, que l'éthérisation amène le patient à *deux doigts de la mort* ; mais il faut se hâter d'ajouter que les chirurgiens ont assez étudié cette opération pour déterminer toutes les précautions qu'elle exige et l'appliquer avec toute la sécurité désirable, et qu'aujourd'hui, pour des milliers d'applications heureuses, ce précieux moyen d'enlever la douleur ne cause qu'un nombre très-minime d'accidents ; en un mot, c'est maintenant, lorsqu'on se conforme aux prescriptions consacrées par l'expérience, une des méthodes opératoires les plus admirables et les moins périlleuses qu'ait découvertes la chirurgie moderne.

Méthode pratique d'éthérisation. — Après bien des expériences, on est venu à n'employer aujourd'hui, comme agents anesthésiques, que l'*éther sulfurique* ou, plus communément encore, le *chloroforme*. On a aussi renoncé aux appareils compliqués qu'on employait dans l'origine ; on se sert simplement d'une éponge fine creusée, d'un mouchoir ou d'une compresse de linge pliée plusieurs fois, ou même d'un tampon de coton placé dans un cornet de papier. On verse sur celui de ces récipients que l'on a choisi de 15 à 30 grammes d'éther, ou de 2 à 8 grammes de chloroforme, puis l'on place immédiatement le récipient ainsi chargé sous les narines du patient, en observant *avec grand soin* les précautions suivantes : 1° ne pratiquer l'éthérisation sur aucun malade offrant les symptômes d'une grave altération organique du cœur, des poumons ou de l'encéphale ; 2° ne jamais pratiquer l'éthérisation que dans l'état de vacuité de l'estomac du patient ; 3° laisser pendant l'inhalation des vapeurs anesthésiques un accès suffisant à l'air respirable, pour que l'hématose continue pendant l'éthérisation ; 4° ne faire inspirer la vapeur anesthésique, surtout si c'est celle du chloroforme, que par inhalations progressivement graduées de façon à y habituer peu à peu les organes, et ne jamais forcer, par une précipitation dangereuse, les doses de vapeur inhalées ; 5° surveiller constamment l'état du pouls et la respiration du patient ; 6° interrompre les inspirations de vapeur aussitôt que se produit l'anesthésie, c'est-à-dire la résolution musculaire avec insensibilité ; 7° ne procéder jamais que par inhalations intermittentes, si l'on a besoin de prolonger l'anesthésie, ce qui exige en même temps un redoublement de précautions et de surveillance.

En observant ces prescriptions, le chloroforme lui-même ne produit que très exceptionnellement des accidents que l'on doive redouter. Celui qui s'est toujours montré le plus imminent est la syncope, à laquelle cet agent prédispose d'une manière évidente ; cet accident peut survenir au moment même où se fait l'opération pour laquelle l'éthérisation a été pratiquée, ou se manifester seulement plusieurs heures après et quand l'état anesthésique a depuis longtemps disparu. Pour combattre ce redoutable accident, on se hâtera d'exposer le malade à un air frais et pur, on donnera au corps une position où la tête soit déclive, on ouvrira la bouche et l'on attirera la langue en avant, on pratiquera la respiration artificielle par des pressions sur le thorax et l'abdomen, cadencées de manière à imiter les mouvements respiratoires ; enfin on emploiera subsidiairement les frictions et les corps irritants appliqués sur la peau. Dans quelques cas exceptionnels, la syncope se produit d'une façon soudaine et foudroyante par suite d'une prédisposition spéciale du patient, que l'homme de l'art n'a pu reconnaître d'avance ni conjurer. Quant à l'asphyxie par le chloroforme, elle n'est pas à craindre quand cet agent a été administré convenablement.

On a recours à l'éthérisation, dans l'art de guérir, pour abolir la douleur pendant les opérations chirurgicales, pour suspendre la contraction musculaire dans les circonstances où elle s'oppose au résultat que l'on veut obtenir, telles sont les opérations obstétricales laborieuses, les réductions des fractures, des luxations, des hernies étranglées, le traitement des rétentions d'urine, du tétanos, etc. Il faut s'abstenir d'employer les anesthésiques pour les opérations légères devant provoquer une douleur très-courte ou modérée, surtout lorsque le malade ne témoigne pas d'appréhension ; mais il y a lieu de recourir à ces précieux agents d'insensibilité, quand il s'agit d'opérations douloureuses, redoutées des malades, réclamant un repos complet ou le relâchement musculaire. On a observé que certains sujets adonnés à l'ivrognerie deviennent réfractaires à l'action de l'éther et du chloroforme lui-même ; quelques chirurgiens militaires ont également vu des militaires, excités par la lutte du champ de bataille, résister aux inhalations anesthésiques.

Pour écarter les dangers signalés plus haut dans l'inspiration des vapeurs d'éther ou de chloroforme, on a essayé de substituer à l'*éthérisation générale* une *éthérisation locale* toutes les fois qu'on n'a besoin de suspendre la sensibilité que dans une partie déterminée du corps. La vapeur de chloroforme est alors dirigée extérieurement sur l'organe malade. Jusqu'ici les résultats de ces tentatives ont été trop incertains pour faire adopter généralement la méthode de l'anesthésie locale ; elle peut rendre quelques services dans des névralgies bien circonscrites, dans certains états pathologiques locaux.

La *médecine vétérinaire* a fait surtout usage de la méthode anesthésique pour paralyser l'action musculaire, lorsqu'elle s'oppose au traitement curatif ou à la pratique des opérations.

On doit à M. le professeur Bouisson une étude aussi curieuse au point de vue physiologique qu'au point de vue psychologique, des modifications successives de la sensibilité et des fonctions intellectuelles aux diverses phases de l'éthérisation ; je renverrai le lecteur à l'intéressant ouvrage de ce savant, *Traité de la méthode anesthésique.*

Découverte de l'éthérisation. — C'est au célèbre chimiste anglais, Humphry Davy, que sont dues les premières notions sur les agents anesthésiques, et elles sont consignées dans ses *Recherches chimiques sur l'oxyde nitreux* (protoxyde d'azote) *et sur les effets de son inhalation,* publiées en 1799. Davy y raconte de nombreuses expériences constatant la propriété qu'a le protoxyde d'azote de provoquer, lorsqu'on le respire, une ivresse passagère, accompagnée habituellement de rêves agréables, gais ou exstatiques ; il y signale même en passant l'abolition de la sensibilité et la possibilité d'employer les inhalations de ce gaz dans certaines opérations chirurgicales, pour détruire la douleur. Cette indication passa inaperçue, et l'on ne s'attacha qu'aux propriétés enivrantes du gaz ; en essayant d'autres corps dans le même but, les élèves des laboratoires de chimie et de pharmacie prirent l'habitude de respirer la vapeur d'éther sulfurique pour se procurer les douceurs de cette ivresse momentanée. En même temps quelques médecins employèrent cette même vapeur, comme agent sédatif, dans certaines affections névralgiques ou dans des maladies de l'appareil respiratoire. En 1844, Horace Wels, dentiste de Hartford (États-Unis d'Amérique), tenta de mettre en pratique l'idée de Davy relativement à l'emploi chirurgical du protoxyde d'azote ; il pratiqua, sans pro-

voquer de douleur, plusieurs opérations de son art, grâce à cet agent anesthésique ; mais, ayant voulu faire connaître à Boston sa découverte, il échoua dans une expérience publique et abandonna sa profession et ses expériences. A la même époque, le Dr Jackson, de Boston (États-Unis), étudiait l'action du protoxyde d'azote et celle de la vapeur d'éther en répétant les expériences bien connues dès cette époque de tous les élèves, et reconnaissait l'état d'anesthésie que produisent ces corps gazeux. Ce fut seulement le 1er septembre 1846 qu'il inspira au dentiste William Morton l'idée d'essayer les inhalations de vapeur d'éther pour abolir la douleur dans l'extraction des dents. Le succès fut complet et suivi de beaucoup d'autres. Sur les instances de Jackson, W. Morton s'adressa au Dr Warren, chirurgien de l'hôpital général de Boston, pour lui demander de tenter une opération avec le secours des inhalations de vapeur d'éther. Le 14 septembre 1846, le Dr Warren exécuta cette mémorable expérience devant un public nombreux et rempli d'anxiété, dont les applaudissements enthousiastes accueillirent un succès qui promettait d'épargner tant de douleurs. Cette précieuse découverte se répandit rapidement, malgré les odieux efforts de W. Morton pour se l'approprier exclusivement et pour s'en réserver le monopole. Le 17 décembre 1846, M. Robinson, dentiste de Londres, appliqua le premier les inhalations de vapeur d'éther à l'exercice de son art, et le 19 décembre, M. Liston, chirurgien de l'hôpital du collège de l'Université, pratiquait sans douleur une amputation de cuisse et un arrachement d'ongle. Enfin, le 22 décembre, M. Jobert (de Lamballe), chirurgien de l'hôpital Saint Louis de Paris, faisait à son tour un premier essai peu satisfaisant de la nouvelle méthode, mais obtenait deux jours plus tard un succès éclatant. MM. Malgaigne, Velpeau, Roux, Laugier, confirmèrent ce premier résultat par de nombreux succès du même genre. Horace Wels, venu en Europe pour faire valoir ses droits à la découverte qui immortalisait Jackson et W. Morton, se tuait à la même époque de désespoir et de misère, sans avoir pu faire écouter ses légitimes réclamations. Cependant les chirurgiens français soumettaient à une savante étude la méthode anesthésique ; Le prof. Gerdy, MM. Longet, Bouisson, Serres, Flourens, Sédillot, multipliaient les expériences, lorsque, le 10 novembre 1847, le Dr Simpson d'Edimbourg fit connaître les effets bien plus remarquables encore du chloroforme. Avec ce nouvel et puissant agent commencèrent à se révéler les dangers qui ont été signalés plus haut. Une étude plus minutieuse enseigna leur véritable nature et les précautions qu'on devait observer pour les écarter. Ce point essentiel de la pratique de l'éthérisation a surtout été nettement défini dans une discussion soulevée en 1853 à la Société de chirurgie de Paris, et dont le docteur Robert réunit les résultats essentiels dans un résumé auquel ont été empruntées les indications pratiques fournies ci-dessus.   Ad. F.

ETHERS (Chimie). — Ce sont des corps qui dérivent des alcools par l'élimination, dans ces derniers, des éléments d'une certaine proportion d'eau. On les divise en deux grandes classes : *Ethers simples, Ethers composés.* Les premiers peuvent être considérés comme résultant de l'union des radicaux alcooliques (*méthyle, éthyle,* etc.) avec l'oxygène, le soufre, le chlore, le brome, l'iode, le cyanogène, etc. Les seconds comme produits par la combinaison de ces éthers simples avec les acides minéraux ou organiques.

Ethers simples. — En partant des alcools ordinaires, monoatomiques ($C^{2n}H^{2n+2}O^2$), les éthers simples ont pour formule :

$$C^{2n}H^{2n+1}O \ldots\ldots \text{éthers hydriques.}$$
$$C^{2n}H^{2n+1}Cl \ldots\ldots \text{éthers chlorhydriques.}$$
$$C^{2n}H^{2n+1}S \ldots\ldots \text{éthers sulfhydriques.}$$

Ils diffèrent des alcools par les éléments d'un équivalent d'eau $C^{2n}H^{2n+2}O^2 - HO = C^{2n}H^{2n} + 2O$.

Il arrive quelquefois ainsi que l'a montré M. Williamson que deux alcools monotomiques s'unissant avec élimination de 2 équivalents d'eau donnent lieu à des espèces d'éthers mixtes ; tel est par exemple l'éther éthylamilique ($C^{10}H^{11}C^4H^5)O^2$.

Les corps halogènes (chlore, brome...) pouvant se substituer à l'oxygène pour donner la série des éthers simples, à chaque alcool correspondra toute une catégorie d'éthers simples :

ALCOOL MÉTHYLIQUE $C^2H^4O^2$		ALCOOL VINIQUE $C^4H^6O^2$		ALCOOL PROPYLIQUE $C^6H^8O^2$		ALCOOL	
Éther méthylique....	C^2H^3O	Éther sulfurique.......	C^4H^5O			»	
Chlorure de méthyle.	C^2H^3Cl	Éther chlorhydrique....	C^4H^5Cl	Chlorure de propyle.	C^6H^7Cl	»	
Bromure de méthyle.	C^2H^3Br	Éther iodhydrique.....	C^4H^5I	Iodure de propyle..	C^6H^7I	»	
Sulfure de méthyle..	C^2H^3S	Éther sulfhydrique.....	C^4H^5S	»		»	
Cyanure de méthyle.	C^2H^3Cy	Éther cyanhydrique....	C^4H^5Cy	»		»	

Le plus important des éthers simples est l'éther sulfurique (C^4H^5O) appartenant à la série de l'alcool ordinaire. C'est le corps que le public connaît seulement sous le nom d'Ether. Dans la théorie des radicaux alcooliques c'est un oxyde d'éthyle (C^4H^5,O).

L'éther est un liquide incolore, possédant une odeur *éthérée*, agréable, d'une densité de 0,724 ; il bout à 35° ; sa densité de vapeur est 2,56 ; son équivalent correspond à 2 volumes de vapeur. Il brûle fortement par l'approche d'une flamme, et sa vapeur forme avec l'oxygène un mélange détonant, comparable à celui que constitue l'hydrogène dans les mêmes circonstances. C'est un dissolvant très-utilisé en chimie ; l'iode, le brome, le soufre, le phosphore, s'y dissolvent ; les deux premiers surtout en très-forte proportion. Les matières riches en résines sont dissoutes à froid par l'éther. Lui-même, il est un peu soluble dans l'eau, et soluble en toutes proportions dans l'alcool. Le chlore produit sur lui des phénomènes de substitution remarquables.

$C^4H^8Cl^2O...$ Éther bichloré (MALAGUTI)
$C^4Cl^5O.....$ Éther perchloré (REGNAULT).

Les autres éthers simples éprouvent, du reste, des transformations du même genre ; ainsi l'éther chlorhydrique donne plusieurs dérivés chlorés : $C^4H^4ClCl, C^4H^3Cl^2Cl....$

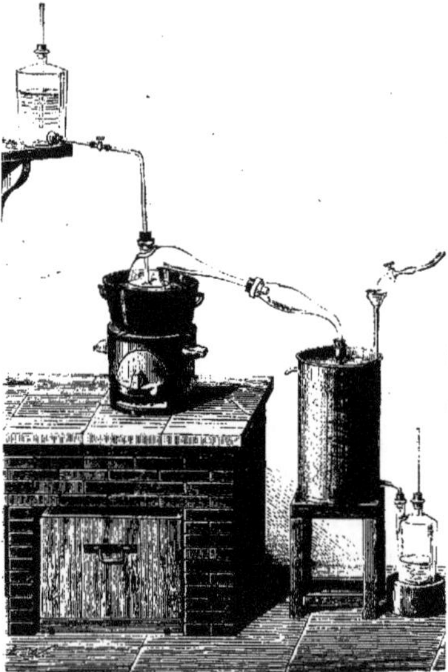

Fig. 993. — Préparation de l'éther dans les laboratoires.

D'autres perdent assez facilement le corps halogène auquel un métal vient se substituer :

$$C^4H^5I \; + \; 2Zn \; = \; C^4H^5,Zn \; + \; ZnI$$

Éther iodhydrique.   Zinc.   Zinc éthyle.   Iodure de zinc.

L'éther produit sur l'organisation des effets remarquables qui sont décrits à l'article ÉTHÉRISATION. Aujourd'hui il n'est plus guère employé pour produire l'anesthésie ; on lui préfère généralement le chloroforme. Mais il a des emplois importants dans la photographie pour faire le collodion, en pharmacie pour une foule de préparations, et dans les opérations de laboratoire à cause de ses propriétés dissolvantes. Aussi la fabrication industrielle de cette substance présente-t-elle un assez grand intérêt. On l'exécute le plus ordinairement aujourd'hui dans des chaudières chauffées à la vapeur et dans lesquelles on a préalablement introduit un mélange d'alcool et de quatre fois son poids d'acide sulfurique. Ces sortes d'alambic sont en communication d'une part avec des estagnons d'où s'écoule un filet continu et régulier d'alcool, d'autre part, avec des appareils de condensation. Les tubes qui conduisent à ces derniers, s'élèvent d'abord verticalement à une assez grande hauteur, trois ou quatre mètres ; cette disposition a pour résultat de ramener dans le serpentin une partie de la vapeur aqueuse, qui diminuerait le titre de l'éther et rendrait sa rectification plus dispendieuse. Quant aux tubes qui amènent l'alcool, ils pénètrent jusqu'au fond de l'alambic où ils s'ouvrent par une série de petits trous analogues à ceux d'une pomme d'arrosoir.

Dans les laboratoires, la préparation de l'éther est fondée sur les mêmes principes, et les appareils diffèrent seulement de ceux dont il vient d'être question, par la forme et les dimensions.

Notre figure 994 représente la disposition la plus usi-

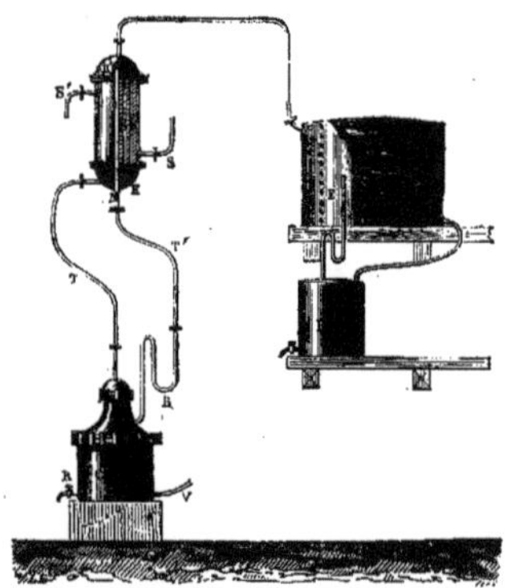

Fig. 994. — Rectification de l'éther.

tée. L'appareil se compose d'une grande cornue placée dans un bain de sable et renfermant un mélange de 100 parties d'acide sulfurique concentré et 70 parties d'alcool à 32° centésimaux ; elle communique par son col avec le serpentin d'un réfrigérant et par sa tubulure avec un flacon rempli d'alcool de même densité que celui de la cornue. On chauffe, et dès que le mélange est en ébulition, on y fait arriver un filet continu d'alcool dont on règle la quantité de façon à ce qu'elle soit égale à la portion qui s'éthérifie et distille.

Les appareils industriels ne diffèrent pas essentiellement du précédent et comme lui ils fournissent un liquide qui a besoin d'être rectifié. Cette opération s'exécute souvent dans l'appareil représenté ci-contre. R est une chaudière qui en contient dans son intérieur une seconde où se trouve l'éther à rectifier ; l'intervalle entre les deux est chauffé par de la vapeur venant par le tuyau V. Des deux tuyaux T et T', l'un entraîne les produits de la distillation, l'autre ramène les produits les moins volatils condensés dans une colonne à tubes verticaux entourée d'eau froide. Quant aux parties légères, elles se rendent dans le serpentin que contient la cuve E, s'y condensent et coulent dans le vase P, d'où on les extrait directement. R est le robinet de vidange de la chaudière ; S et S' sont les points par lesquels arrive et s'écoule l'eau qui refroidit la colonne verticale.

Éthers composés. — Ils sont neutres ou acides. Les *éthers composés neutres* rentrent dans la formule $(C^{2n}H^{2n+1}O,A)$, A étant un acide minéral ou organique quelconque, de manière qu'on peut dire d'une manière générale que chaque acide donne autant d'éthers composés qu'il y a d'alcools.

$$\text{Exemples..} \begin{cases} \text{Ether oxalique.} \dots\dots\dots\dots & C^4H^5O,C^2O^3 \\ \text{Ether formique du méthyle..} & C^2H^3O,C^3HO^3 \\ \text{Ether azoteux de l'amyle....} & C^{10}H^{11}O,AzO^3 \end{cases}$$

Ces corps, sous l'influence des alcalis hydratés, régénèrent, en prenant de l'eau, l'alcool dont ils dérivent, et donnent en même temps un sel alcalin correspondant à l'acide qui leur avait donné naissance :

$$C^4H^5O,C^2O^3 + KO,HO = KO,C^2O^3 + C^4H^6O^2$$

Ether oxalique.   Potasse.   Oxalate de potasse.   Alcool. viniq.

Par l'ammoniaque, ils régénèrent l'alcool et donnent une *amide* (voyez AMIDES).

Les éthers cyaniques engendrent, sous l'action de la potasse caustique, une série curieuse d'*alcaloïdes artificiels* (voyez ce mot).

$$C^4H^5O,C^2AzO + 2(KO,HO) = C^4H^7Az + 2(KO,CO^2)$$

Ether cyanique de l'alcool vinique.   Éthyliaque.

Les *éthers composés acides* rentrent dans la formule

$$C^{2n}H^{2n+1}O,HO,2(A)$$

On les avait nommés d'abord *acides viniques.* Ainsi l'acide *sulfovinique*, provenant de l'union directe de l'acide sulfurique à l'alcool ordinaire, a pour formule

$$C^4H^5O,HO,2(SO^3).$$

Il y a eu au moment de sa formation élimination de 2 équivalents d'eau :

$$C^4H^6O^2 + 2SO^3,HO = C^4H^5O,HO,2SO^3 + 2HO$$

Alcool vinique.   Acide sulfovinique.

Ces éthers acides forment avec les bases de véritables sels cristallisant d'une manière nette ; un équivalent de base se substitue à l'équivalent d'eau de l'éther acide

$$C^4H^5O,BaO,2SO^3$$

Sulfovinate de baryte soluble dans l'eau.

Sous l'influence de la chaleur et de l'alcali hydraté en excès, ces sels régénèrent l'alcool correspondant et un sel

$$C^4H^5O.BaO,2SO^3 + BaO,HO = C^4H^6O^2 + 2BaO,SO^3$$

Sulfovinate de baryte.   Alcool vinique.

Théorie de l'éthérification. — La conversion des alcools en éthers, ou l'*éthérification*, a été pendant longtemps un phénomène très-obscur, et sur l'explication duquel les chimistes avaient des idées peu arrêtées. Les travaux successifs de MM. Dumas, Regnault, Gerhardt et Williamson ont jeté un grand jour sur cette question si controversée. L'explication qu'on donne actuellement peut être considérée comme tout à fait rationnelle ; elle est basée sur les faits d'expérience suivants : 1° Un

même poids d'acide sulfurique peut servir à la transformation d'une quantité indéfinie d'alcool en éther ; 2° il se dégage en même temps que l'éther une quantité d'eau en vapeur, telle qu'en l'unissant à l'éther produit, l'alcool lui-même pourrait être reconstitué ; 3° l'acide sulfovinique, en agissant sur l'alcool pur, produit de l'éther. Partant de là, on doit distinguer deux phases dans l'opération : dans la première, formation d'acide sulfovinique et élimination de 2 équivalents d'eau :

$$C^4H^6O^2 + 2SO^3,HO = C^4H^5O.HO.2SO^3 + 2HO$$

Alcool vinique.   Ac. sulfovinique.   Eau.

Dans la deuxième, l'acide sulfovinique déjà formé réagit sur une nouvelle portion d'alcool pour régénérer de l'acide sulfurique et engendrer de l'éther qui se dégage :

$$C^4H^5O,HO,2(SO^3) + C^4H^6O^2 = HO.HO.2SO^3 + 2C^4H^8O$$

Ac. sulfovinique.   Alcool.   Acide sulfurique hydraté.   Éther.

On le voit, il doit se dégager de l'eau et de l'éther dans les proportions nécessaires pour reconstituer l'alcool. D'autre part, l'acide sulfurique régénéré peut reproduire indéfiniment les mêmes phénomènes. Les corps éthérifiants, autres que l'acide sulfurique, sont : l'acide phosphorique, le perchlorure de phosphore, l'acide chlorhydrique ; en général, les acides persistants ; le chlorure de zinc, etc... Ainsi, avec l'acide chlorhydrique, on obtient l'éther chlorhydrique ; quelquefois, pour les éthers simples, on opère par double décomposition. Ainsi

$$C^4H^5I + KS = C^4H^5S + KI$$

Éther iodhydriq.   Éther sulfhydrique.

Pour la préparation des éthers composés, on peut faire intervenir, pour produire l'éthérification, un acide puissant en même temps que celui qui doit s'unir à l'éther simple. Ainsi

$$C^4H^6O^2 + SO^3,HO + KO,C^2O^3 = C^4H^3O.C^2O^3 + KO,SO^3 + 2HO$$

Alcool vinique.   Oxalate de potasse.   Ether oxalique.

La similitude des réactions indique de grandes analogies entre les *éthers composés*, les *amides* et les *corps gras* saponifiables. Citons-en un exemple : soumis à une action hydratante prolongée, celle des alcalis hydratés, les éthers donnent :

$$C^4H^5O,C^{14}H^5O^3 + 2HO = C^{14}H^5O^3.HO + C^4H^6O^2$$

Éther benzoïque.   Ac. benzoïque.   Alc. vinique.

Les amides donnent :

$$AzH^2C^{14}H^5O^2 + 2HO = C^{14}H^5O^3,HO + AzH^3$$

Benzamide.   Acide benzoïque.   Ammoniaque.

Les corps gras donnent :

$$C^{20}H^{12}O^8 + 2HO = C^{14}H^5O^3,HO + C^6H^8O^6$$

Monobenzoyciue.   Acide benzoïque.   Glycérine.   B.

ÉTHERS (Thérapeutique). — Les éthers appartiennent par leurs propriétés médicales à la classe des médicaments *diffusibles antispasmodiques* ; ils forment un groupe très-naturel, qu'on pourrait peut-être séparer des autres antispasmodiques sous le nom d'*anesthésiques* ; leur action physiologique est rapide, énergique ; portés dans l'estomac, ils font éprouver à l'instant une chaleur vive, brûlante, qui pourrait déterminer une inflammation, si on avait recours trop souvent à leur usage. Chez quelques personnes, l'éther produit des accidents nerveux, qui doivent dans ces cas le faire rejeter. D'autres fois, et c'est le plus souvent, il calme les mouvements nerveux, apaise souvent les convulsions et suspend rapidement les accidents causés par l'ivresse. On l'administre aussi avec succès dans certaines névroses des organes de la respiration et de la digestion ; ainsi dans l'asthme, dans les crampes d'estomac, etc. Nous ne parlons pas ici du phénomène physiologique de l'*éthérisation* (voyez ce mot).

Appliqués sur la peau, les éthers produisent d'abord

un refroidissement très-marqué, dû à leur vaporisation rapide ; cette propriété est surtout remarquable dans les éthers chlorhydrique et azotique. Bientôt survient une réaction superficielle avec développement d'une chaleur très-passagère. Ils excitent aussi puissamment les muqueuses nasale et pharyngienne, et, comme ils sont très-volatils, leurs émanations sont souvent utilisées dans les cas de syncopes, de spasmes, de débilité.

L'éther sulfurique est presque le seul employé en médecine ; quelques médecins font usage parfois des éthers chlorhydrique, nitrique et acétique ; du reste, ils paraissent avoir les mêmes propriétés ; ils se donnent aux mêmes doses et sous les mêmes formes. On fait entrer, dans une potion, l'éther à la dose de 0ʳʳ,50 à 2 grammes, ou bien 10 à 20 grammes de sirop d'éther. Les perles d'éther du Dʳ Clertan sont un bon médicament ; elles ont l'avantage de porter l'éther directement dans l'estomac sans déterminer dans la bouche et dans l'arrière-gorge cette irritation si désagréable pour certaines personnes. On donne le nom de *liqueur d'Hoffmann* à un mélange exact, par parties égales, d'alcool et d'éther ; la dose est un peu plus forte que celle de l'éther seul.

ETHIOPS, Æᴛʜɪᴏᴘs (Chimie), du grec *aithops*, noir, ou *aithiops*, nègre. — Nom donné par les anciens chimistes à certains corps composés métalliques, principalement à cause de leur couleur. On appelait *Ethiops martial* un oxyde noir de fer, ou plutôt une combinaison de deux parties de peroxyde avec une partie de protoxyde. — L'*Ethiops per se*, ainsi nommé par Boerhaave, n'est autre chose que du mercure excessivement divisé, et que l'on a pris longtemps pour du protoxyde de mercure (Fourcroy). — On a donné le nom d'*Ethiops minéral* à un protosulfure de mercure entre les particules duquel il existe une petite quantité de soufre interposé.

ETHMOÏDE (Anatomie), du grec *ethmos*, crible, et *eidos*, forme. — Nom donné à un des huit os qui composent le crâne, parce que sa lame supérieure est percée d'un grand nombre de trous ; il contribue à former la base du crâne et la voûte des fosses nasales.

ETHUSE (Botanique). — Voyez Æᴛʜᴜsᴇ.

ETINCELLE ÉʟᴇᴄᴛʀɪQᴜᴇ (Physique). — Passage brusque accompagné de bruit et de lumière, d'une certaine quantité d'électricité au travers des corps mauvais conducteurs.

Lorsque ces corps sont solides, ils sont brisés par l'étincelle, et de là naît le bruit qu'elle fait entendre dans ce cas ; ce résultat peut être aisément reproduit au moyen du perce-verre. Une lame de verre C peut y être

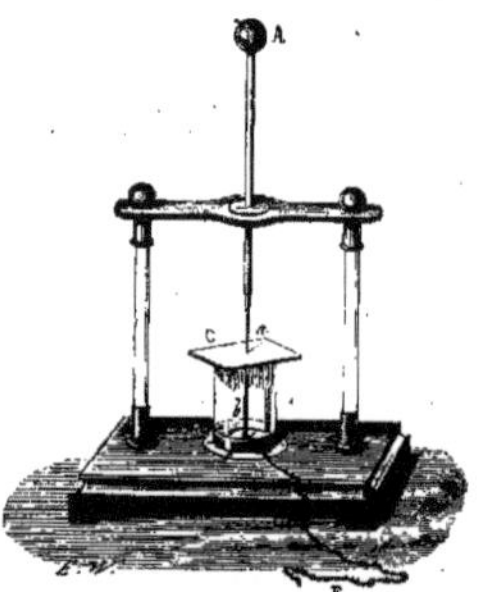

Fig. 995. — Perce-verre.

placée entre deux pointes métalliques *a* et *b* placées en regard l'une de l'autre. Si on fait communiquer l'armature extérieure d'une bouteille de Leyde avec la pointe inférieure, et qu'on approche l'armature intérieure du bouton A de la pointe supérieure, l'étincelle qui jaillit entre les deux pointes traverse le verre et le brise.

Lorsque les corps sont liquides ou gazeux, ils sont refoulés vivement sur le passage de l'étincelle, et l'oscillation brusque qui en résulte dans la masse fluide produit encore le bruit qui se fait entendre. Ce second phénomène peut être mis en évidence au moyen du thermomètre de Kinnersley dont nous donnons ici la gravure.

Au moment où l'étincelle part entre les deux boules *a* et *b*, le liquide est refoulé dans le gros tube A, et son niveau s'élève fortement dans le tube B communiquant avec le premier par son extrémité inférieure ; il peut

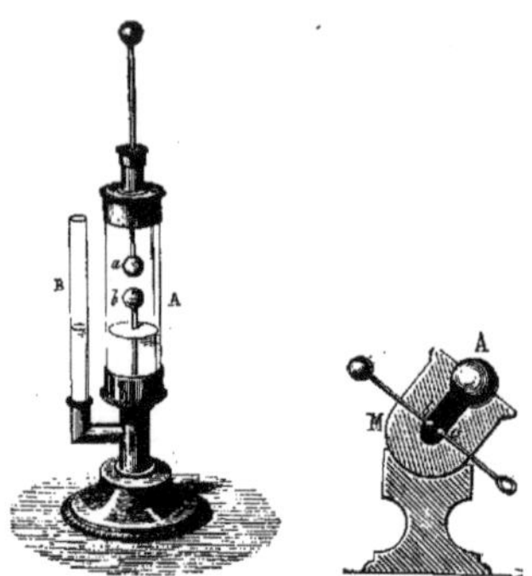

Fig. 996.—Thermomètre de Kinnersley.   Fig. 997.—Mortier électrique.

même être projeté violemment hors de l'appareil. Le mortier électrique (*fig.* 997) peut servir au même usage. Il se compose d'un petit godet en bois M, traversé par deux tiges de cuivre dont les extrémités intérieures *b* et *c* sont écartées de quelques millimètres l'une de l'autre. Le godet est fermé par une petite balle de bois A, qui est projetée par l'expansion subite que prend l'air de la cavité de l'appareil sous l'action de l'étincelle.

En même temps que ces phénomènes ont lieu, le gaz est porté à l'incandescence sur le trajet de l'électricité, d'où naît la lumière de l'étincelle ; cet effet est lui-même accru généralement par le transport de parcelles incandescentes arrachées aux deux corps entre lesquels part l'étincelle. L'éclat et la couleur de celle-ci varie, en effet, d'une manière très-sensible avec la nature de ces corps, en même temps que l'on voit à leur surface des traces évidentes de ce transport.

D'après les recherches de M. Masson, le pouvoir éclairant de l'étincelle électrique croît proportionnellement à sa longueur, et proportionnellement à la quantité d'électricité qui passe. Partout dans l'air et entre des boules de laiton, l'étincelle est blanche, légèrement violacée ; le cuivre rouge lui donne une teinte verdâtre. Dans l'hydrogène, elle est pourprée comme dans l'air raréfié ; dans un récipient presque vide d'air, l'étincelle est remplacée par des lueurs violacées qui remplissent presque toute la capacité du récipient. Le lecteur trouvera à l'article Iɴᴅᴜᴄᴛɪᴏɴ les curieux effets de lumière que produit dans les gaz raréfiés, l'étincelle de la bobine de M. Ruhmkorff. Dans les cabinets de physique, on garnit ordinairement des tubes ou des ballons (*fig.* 998, 999), d'une série de petits losanges d'étain placés bout à bout, séparés l'un de l'autre par un intervalle de 1/2 à 0ᵐ,001, et dont les deux extrémités sont mises en communication avec deux montures en cuivre. Quand on fait passer une décharge électrique au travers de ces espèces de chapelets métalliques, un petit point brillant apparaît entre chaque losange, ce qui produit d'assez beaux effets dans l'obscurité. Ces appareils portent le nom de tubes ou globes étincelants.

La forme de l'étincelle est très-capricieuse ; pour peu que sa longueur dépasse 0ᵐ,01, elle est brisée en plusieurs points, ainsi qu'on le voit dans les *éclairs* qui ne sont que des étincelles électriques produites sur une immense échelle (voyez l'article Oʀᴀɢᴇ). Sa durée est inappréciable, bien que l'impression qu'elle produit sur la rétine soit quelquefois très-persistante. Un disque divisé en segments noirs et blancs, tournant dans l'obscurité avec une rapidité aussi grande qu'on puisse le faire, paraît immobile au moment où l'étincelle l'éclaire, et les segments sont aussi nets que s'il était réellement au repos. Le même effet est produit par les éclairs simples ; si certains éclairs, ayant quelquefois plusieurs lieues de longueur, font paraltre les bords des segments un peu flous, ce qui indique que le disque a eu le temps de se déplacer légèrement pendant leur durée, c'est que ces éclairs sont composés de plusieurs autres qui se succèdent bout à

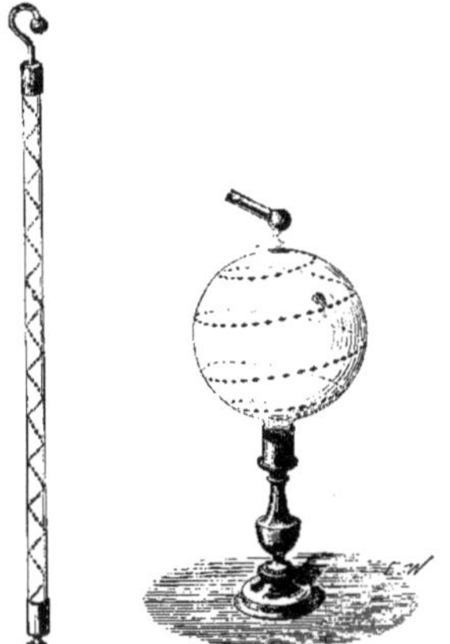

Fig. 998.—Tube étincelant.   Fig. 999. — Globe étincelant.

bout, à des intervalles sensibles, quoique excessivement rapprochés. L'électricité se meut, en effet, avec une vitesse qui dépasse probablement 100 000 lieues par seconde.

La circulation instantanée « électricité qui accompagne le départ de l'étincelle donne lieu à des phénomènes d'un haut intérêt, que nous pouvons classer en quatre groupes.

Effets mécaniques. — Nous avons cité la rupture des corps solides mauvais conducteurs, produite par le passage de l'étincelle, l'expansion des liquides et des gaz, l'arrachement et le transport de particules métalliques. Nous ajouterons seulement ici que si, au lieu d'une lame de verre, nous plaçons une carte dans une position presque verticale entre les deux pointes du perce-verre écartées l'une de l'autre de quelques centimètres, la carte est percée d'un trou situé presque vis-à-vis de la pointe par laquelle sort l'électricité négative, quand on opère dans l'air, tandis que dans le vide ce trou se produit à *égale* distance des deux pointes; ce qui indique pour les deux électricités une inégale facilité à traverser l'air.

Effets calorifiques et lumineux. — Si, au moyen de l'excitateur *universel* (*fig.* 1000), on fait passer une forte

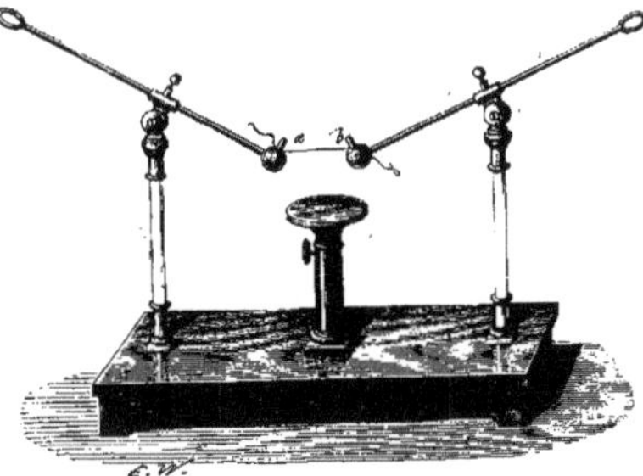

Fig. 1000. — Excitateur ou déchargeur universel.

décharge électrique à travers un fil métallique très-fin, *ab* recouvert d'un papier blanc, le fil disparaît et le papier

se recouvre d'une poudre métallique excessivement fine. Le métal a été volatilisé. Le même effet a lieu quand on fait passer la décharge à travers une très-mince feuille d'or battu, recouverte d'une carte sur laquelle on a enlevé des découpures, représentant ordinairement le profil de Franklin (*fig.* 1001), et couverte elle-même d'une feuille

Fig. 1001. — Portrait de Franklin.

de papier blanc. L'or volatilisé passe au travers des découpures et vient imprimer en violet sur le papier le portrait du physicien américain. C'est à cette élévation énorme de température qu'est dû l'éclat de l'étincelle.

Effets magnétiques. — La circulation de l'électricité autour d'un barreau d'acier naturel l'aimante, et, s'il était aimanté à l'avance, elle peut déplacer ou renverser ses pôles. Ce fait a été signalé, pour la première fois, par Franklin, en juin 1751, dans une lettre adressée à P. Collinson, puis découvert de nouveau par MM. Arago et Savary, soixante-dix ans plus tard.

Effets chimiques. — L'étincelle peut enflammer les corps combustibles (éther, alcool, soufre, résine...); elle fait détoner un mélange de chlore ou d'oxygène avec l'hydrogène. Ces faits pourraient être attribués à la chaleur dégagée sur le passage de l'électricité; mais on peut, par des séries d'étincelles, reproduire tous les phénomènes chimiques auxquels donne lieu la *pile* (voyez ce mot).

Effets physiologiques. — Chaque fois qu'une étincelle part sur un point quelconque de notre corps, nous ressentons en ce point une piqûre quelquefois douloureuse, accompagnée, si l'étincelle est forte, d'une contraction des muscles subite et involontaire. La décharge d'une bouteille de Leyde au travers des deux bras les contracte violemment, et l'effet peut s'étendre jusqu'à la poitrine; la décharge d'une batterie, dans les mêmes conditions, serait dangereuse et pourrait même occasionner la mort; l'électricité passant, au contraire, au travers d'un bras et de la jambe du même côté serait moins à craindre, mais ferait bondir le patient. On répète souvent cette expérience entre plusieurs personnes se tenant par la main, celle qui est à l'une des extrémités tenant, par son armature externe, une bouteille chargée dont elle fait toucher l'armature interne par la personne placée à l'extrémité opposée de la chaîne. Les extrêmes sont les plus vivement secoués; le milieu l'est moins, parce qu'une partie de l'électricité passe par les pieds et par le sol.

Tous ces phénomènes, que nous pouvons reproduire en petit avec nos machines, se développent sur une immense échelle pendant les *orages* (voyez ce mot).

C'est Otto de Guericke, l'inventeur de la première machine électrique, qui, le premier, observa l'étincelle. Mais ce fut Cunéus de Leyde qui reçut la première commotion violente, qui l'effraya si fort, et, après lui, les physiciens qui en tentèrent l'essai; mais on se familiarisa promptement avec ce phénomène, et, peu de temps après, l'abbé Nollet essayait, conjointement avec Morand de l'appliquer au traitement des paralysies.   **M. D.**

ÉTIOLEMENT (Botanique). — Ce mot sert à désigner une altération particulière qu'éprouvent les plantes, lorsqu'elles sont privées de la quantité d'air et de lumière dont elles ont besoin pour végéter. Les plantes alors poussent des tiges longues, effilées, blanchâtres, ou tout au moins d'une coloration moindre que dans leur état ordinaire; elles deviennent, ainsi que les feuilles, plus tendres, plus aqueuses, ont peu de saveur et de sucs nutritifs. La culture a profité de cette propriété de l'étiolement pour rendre plus tendres et moins âcres les différentes parties de certaines plantes que l'on a utilisées pour l'alimentation; à cet effet on a eu recours à des moyens artificiels pour faire blanchir le céleri, la chicorée, la laitue, etc., dont on lie ensemble les feuilles, afin de les soustraire à l'influence de l'air et de la lumière.

L'*étiolement* produit dans l'espèce humaine un phénomène qui a quelque analogie avec ce qui vient d'être dit ; on remarque, en effet, que la privation de la lumière et de la quantité d'air nécessaire amène une décoloration de la peau avec relâchement du tissu cellulaire, bouffissure, prédominance du système lymphatique; cet état peut conduire à l'*anémie*, à la *cachexie*, à la *chlorose*, surtout si les causes qui l'ont déterminé continuent à agir (voyez RESPIRATION).

ETIOLOGIE (Médecine), du grec *aitia*, cause, et *logos*, discours. — On appelle ainsi cette partie de la médecine qui enseigne à connaître les causes des maladies. Établir l'étiologie d'une maladie interne ou externe, c'est rechercher les causes qui peuvent lui avoir donné naissance. Celles-ci peuvent être distinguées en *prochaines* ou *éloignées*, en *prédisposantes* ou *occasionnelles*, en *internes* ou *externes*. 1° Les causes prochaines sont celles en vertu desquelles la maladie existe; elles sont, suivant Boerhaave, causes suffisantes de toute maladie; elles doivent être considérées, suivant Pariset, comme ne différant pas de l'état maladif. Les causes éloignées sont celles qui, agissant sur l'économie vivante, y déterminent la disposition dont le résultat est la cause prochaine. 2° L'oisiveté, la bonne chère, disposent aux affections goutteuses, apoplectiques ; voilà pourquoi on les appelle causes prédisposantes, pour les distinguer des causes efficientes ou occasionnelles qui, agissant tout à coup sur une organisation prédisposée, y déterminent la maladie. 3° Les causes internes se trouvent dans l'état particulier de nos tissus, de nos fluides, dans l'organisation de nos parties, dans la manière dont elles remplissent leurs fonctions, etc. Ces causes sont donc toutes celles qui naissent au dedans de nous, par un dérangement accidentel du jeu de nos organes. Les causes externes dérivent de l'action de toutes les choses qui constituent la matière de l'hygiène, de toutes celles qui sont appliquées à notre économie ; ce sont toutes celles qui procèdent du dehors. Si l'on veut bien prendre la peine de développer le cadre que nous ne pouvons qu'indiquer ici, on verra combien sont nombreuses et diverses les causes des maladies ; combien il importe au médecin de les rechercher avec soin pour se diriger dans le traitement, et combien il est urgent de les éloigner et de les détruire, lorsque cela est possible.   F — N.

ETIQUE (Médecine). — Ce mot, qui doit être banni du langage médical, est employé généralement par le vulgaire comme synonyme de *très-maigre*, *décharné*, et, dans ce cas même, il est plutôt appliqué aux animaux domestiques; ainsi on dit un chien, un cheval étiques. Dans tous les cas, il faut se garder de dire *fièvre étique* pour *fièvre hectique* (voyez HECTIQUE).

ETISIE (Médecine). — Dans le langage vulgaire, ce mot désigne un amaigrissement extrême qui survient souvent à la suite du rachitisme chez les enfants, mais qu'on observe plus particulièrement dans la phthisie pulmonaire, et comme conséquence des plaies qui produisent une suppuration très-abondante ; il est synonyme de *consomption*, et son état se lie le plus souvent à la *fièvre hectique*.

ETOILE (Botanique). — Ce nom a été donné par Paulet à plusieurs espèces de *Champignons* ; ainsi l'*E. grise* est un agaric ; l'*E. polaire*, un mousseron ; l'*E. de terre* est la vesse de loup étoilée, etc.

ETOILE BLANCHE (Botanique). — C'est l'*Ornithogalle en ombelle*, vulgairement *Dame d'onze heures*.

ETOILE D'EAU (Botanique). — Nom vulgaire des *Callitriches*.

ETOILE DU BERGER (Botanique). — C'est la *Damasonie étoilée*.

ETOILE DES BOIS (Botanique). — On a donné ce nom à la *Stellaire des bois*.

ETOILE DU MATIN (Botanique). — Nom vulgaire de quelques *Liserons* dont les fleurs s'épanouissent le matin, et surtout au *Liseron nil* (*Convolvulus nil*, Lin.).

ETOILE DE MER (Zoologie). — Nom vulgaire des *Astéries*.

ETOILE (Zoologie). — Cette épithète a été employée pour désigner plusieurs espèces d'*Oiseaux* de différents genres ; ainsi Buffon l'a appliquée à un *héron*, le *Butor brun de la Caroline* ; Levaillant, à un *Gobe-mouche d'Afrique*, etc.

ETOILE (Chirurgie). — Nom d'un bandage destiné à maintenir un appareil appliqué sur le sommet du thorax, dont on se servait autrefois pour contenir les fractures de la clavicule. Il est à peu près abandonné aujourd'hui pour cet usage. On distingue l'*étoilé simple* et l'*étoilé double*. Le premier, qui diffère peu du *spica*, peut servir à peu près dans les mêmes circonstances. Il se fait avec une bande de 6 à 8 mètres de longueur, roulée à un seul chef. L'étoilé double se fait avec une bande de 10 à 12 mètres, roulée à un ou deux chefs. Pour avoir une idée exacte de ces bandages trop longs à décrire ici, consultez les traités spéciaux sur la matière.

ETOILÉ (Botanique). — Se dit de certains organes disposés en étoile ou en forme d'étoile. Les poils *étoilés* sont ceux qui produisent des rameaux simples partant, en divergeant, d'un centre commun, comme dans le ciste à feuilles de polium, la guimauve et le croton pénicillé. La corolle est *étoilée* quand elle est en roue avec les divisions très-aiguës. Dans une espèce de lampsane, le calice est aussi *étoilé*. Le stigmate est disposé en étoile ou *étoilé* dans l'asaret, la pyrole à une fleur et les garcinies. Les carpelles soudés du damasone figurent par leur réunion la forme exacte d'une *étoile*. Enfin, un grand nombre de plantes ont pour nom spécifique *stellatus* (étoilé), qui fait allusion à la forme de quelqu'une de leurs parties. La disposition des feuilles en étoile (verticilles) des rubiacées avait valu, de la part de Linné, le nom d'*étoilées* à la famille des *Rubiacées*.

ÉTOILÉE (Zoologie). — Nom spécifique d'une espèce de *Poisson*, du genre *Raie* (*Raia asterias*, Rondel).

ETOILES (Astronomie). — Parmi les astres que nous apercevons dans le ciel, les étoiles se distinguent en ce que leurs distances mutuelles restent sensiblement les mêmes; leurs configurations n'ont pas changé depuis les plus anciennes observations. Les planètes que l'on pourrait, au premier abord, confondre avec elles éprouvent, au contraire, des déplacements progressifs qu'avec un peu d'attention on ne tarde pas à reconnaître. Vues à la lunette, les étoiles se distinguent encore à ce que leur diamètre n'augmente pas, tandis que les planètes paraissent grossies. C'est que le diamètre des étoiles est réellement insensible : leurs dimensions apparentes sont purement factices et dues à l'imperfection de notre œil et des instruments. L'absence de scintillation peut aussi quelquefois servir à reconnaître les planètes ; mais ce caractère n'est pas infaillible, car Vénus et surtout Mercure scintillent fortement.

On a classé les étoiles par groupes ou *constellations*, qui ont reçu des noms particuliers. On les range aussi d'après leur *grandeur* ou leur éclat. Les six premières grandeurs contiennent environ 5000 étoiles visibles à l'œil nu, et qu'on peut décomposer en :

20	étoiles de	1re grandeur.	
65	—	de 2me	—
190	—	de 3me	—
425	—	de 4me	—
1100	—	de 5me	—
3200	—	de 6me	—

Cette classification est, du reste, assez arbitraire, car il n'y a pas de démarcation tranchée entre une grandeur et la suivante. On a pourtant remarqué qu'en moyenne une étoile d'une certaine grandeur est deux fois et demie plus brillante que celle de la grandeur au-dessous.

A l'aide des lunettes, on découvre dans le ciel un bien plus grand nombre d'étoiles, et d'autant plus que la lunette est plus puissante; on a ainsi prolongé la série des grandeurs jusqu'à la seizième. Herschel évaluait à plus de vingt millions le nombre des étoiles visibles avec son télescope de 20 pieds dans toute l'étendue du ciel.

Les *catalogues* d'étoiles renferment la désignation des étoiles avec leur signe, leur grandeur et leurs coordonnées astronomiques, c'est-à-dire leur ascension droite et leur déclinaison. A l'aide d'un catalogue, on peut construire un *globe céleste* sur lequel les étoiles seront rapportées. Par des procédés analogues à ceux de la construction des cartes géographiques, on construit aussi des *planisphères célestes* qui servent utilement à étudier le ciel.

La *lumière* des étoiles est généralement blanche ou blanc-bleuâtre; mais quelques-unes, telles que Arcturus, Antarès, Aldébaran, α d'Orion, ont une lumière rougeâtre. Procyon, α de l'Aigle, α et β de la Petite Ourse, sont jaunâtres. Enfin, on rencontre parmi les étoiles doubles plusieurs étoiles bleues ou vertes. On a un exemple d'un changement de couleur dans Sirius, qui est blanc aujourd'hui, tandis que Ptolémée le cite comme rouge.

Il serait important de pouvoir comparer l'*éclat* des

diverses étoiles; mais les méthodes photométriques sont encore aujourd'hui fort imparfaites. Voici pourtant, d'après J. Herschel, un tableau donnant l'éclat relatif de dix-sept étoiles de première grandeur, celui de α du Centaure étant pris pour unité :

Sirius	4,16	α Orion	0,48
η Argo	variab.	α Eridan	0,44
Canopus	2,01	Aldébaran	0,44
α Centaure	1,00	6 Centaure	0,40
Arcturus	0,71	α Croix	0,39
Rigel	0,66	Antarès	0,39
La Chèvre	0,51	α Aigle	0,35
α Lyre	0,51	pi de la Vierge	0,31
Procyon	0,51		

Distance des étoiles. — Les étoiles sont excessivement éloignées de la terre. Pour évaluer cette distance, ou tout au moins pour s'en faire une idée, on emploie la méthode que la géométrie indique pour trouver la distance d'un point inaccessible. Elle consiste à prendre une base que l'on peut mesurer, et à observer le point successivement des deux extrémités de cette base : on obtient ainsi deux angles adjacents au côté connu dans le triangle qui a son sommet au point en question; et ce triangle étant déterminé, on pourra en évaluer trigonométriquement les autres côtés qui sont les distances du point aux deux stations.

Pour appliquer ce procédé à l'étoile, on l'observe de deux points différents de la surface de la terre. Mais, si éloignés que l'on choisisse ces deux points, on n'a jamais pu constater ainsi dans la position apparente de l'étoile un changement appréciable pour nos instruments les plus délicats. Cela prouve que les rayons visuels dirigés des différents points de la terre vers une même étoile sont sensiblement parallèles, de sorte que la distance qui nous sépare de l'étoile est infiniment grande par rapport aux dimensions du globe. Bien plus, comme la terre n'est pas immobile au centre de la sphère céleste, mais qu'elle décrit annuellement une orbite dont le diamètre est de plus de 70 millions de lieues, en observant l'étoile à six mois d'intervalle on arrive à ce résultat que la distance des étoiles à la terre est excessivement grande, même par rapport à cette longueur de 70 millions de lieues. On appelle *parallaxe annuelle* d'une étoile, l'angle sous lequel, de l'étoile, on verrait le demi-diamètre de l'orbite terrestre. Si cet angle était seulement d'une seconde, la distance de l'étoile serait 200 000 fois plus grande que ce demi-diamètre.

Jusqu'ici une seule étoile a présenté une parallaxe presque égale à 1″; c'est α du Centaure, de première grandeur, qui est visible dans l'hémisphère austral, et a été observée au cap de Bonne-Espérance par Henderson et par Maclear. C'est donc l'étoile la plus voisine de nous parmi celles dont on a cherché la parallaxe. Sa distance est 200 000 fois 35 millions de lieues, ou 7 millions de millions de lieues. Ce nombre est trop grand pour qu'on puisse s'en faire une idée nette, car il est hors de toute proportion avec ceux que nous avons l'habitude d'apprécier. Prenons pour unité de longueur le chemin que la lumière parcourt en un an, avec sa vitesse de 70 000 lieues par seconde, qui lui fait traverser l'orbite de la terre en 17 minutes ½, nous trouverons que la lumière met 3 ans ¼ à nous arriver de α du Centaure, et si cette étoile venait à s'éteindre tout à coup, on la verrait briller au ciel encore pendant plus de 3 ans. On peut encore donner une idée sensible de la distance des étoiles par la comparaison suivante : Si l'on veut représenter en petit les distances relatives de la terre au soleil et à l'étoile la plus voisine de nous, et qu'on donne *un centimètre* de rayon à l'orbite de la terre, l'étoile devra être placée à *une demi-lieue.*

Il existe quelques autres étoiles dont la distance est assez bien connue. Et d'abord la 61° du Cygne, petite étoile double, étudiée avec beaucoup de soin par Bessel, qui lui a trouvé une parallaxe de 0″,34, ou ⅓ de seconde. Cette parallaxe correspond à une distance 600 000 fois plus grande que celle de la terre au soleil, et que la lumière parcourrait en 9 ans ¼. Le procédé suivi par Bessel n'est pas celui que nous avons indiqué en commençant. Il consistait à comparer la 61° du Cygne à une petite étoile voisine, à l'aide d'un puissant instrument, l'*héliomètre* de Frauenhofer. Les positions relatives de ces deux étoiles étant tracées chaque jour, on reconnaît au bout d'un an que la 61° a décrit autour de l'autre étoile une petite ellipse, qu'on appelle l'*ellipse parallactique,* toute semblable à celle que la terre décrit autour du so-

leil. Cette orbite apparente est due uniquement au changement de position de l'observateur emporté par la terre dans son mouvement annuel. La détermination de la parallaxe n'est donc pas seulement un moyen d'évaluer la distance des étoiles, elle est encore la preuve la plus directe et la plus irrécusable du mouvement de translation de la terre. Aussi les astronomes se sont-ils occupés avec grand soin, d'après Bradley, à déterminer les parallaxes stellaires; mais ce n'est que de nos jours qu'on est arrivé sur ce point à quelques résultats décisifs.

La parallaxe de la Lyre déterminée par W. Struve, et celle de Sirius par Henderson, sont seulement égales à 0″,2; cela correspond à une distance que la lumière mettrait 15 ans à parcourir. On voit, par ces exemples, que les étoiles les plus brillantes ne sont pas nécessairement les plus voisines de nous; car la 61° du Cygne est seulement de sixième grandeur, et elle est pourtant moins éloignée que Sirius.

Dimension des étoiles. — Si l'on pouvait déterminer le diamètre apparent d'une étoile dont la distance est connue, on aurait immédiatement ses dimensions. Mais cette détermination n'est pas possible ; le diamètre qu'elles présentent à l'œil nu est purement factice et dû à une sorte d'irradiation. Meilleure est la lunette, plus l'étoile tend à se réduire à un simple point brillant. Les occultations d'étoiles par la lune montrent que le petit diamètre qui subsiste toujours dans les meilleurs instruments est réellement insensible ; l'étoile disparaît tout à coup quand le bord de la lune vient à l'atteindre, tandis que si son disque avait une grandeur appréciable, on verrait son éclat décroître peu à peu. On conclut de ce genre d'observations que le diamètre apparent des plus belles étoiles est inférieur à ¹⁄₂ de seconde. Il ne faut pas croire pour cela que les dimensions absolues des étoiles sont petites, car, vu la distance où elles se trouvent, il leur faudrait une énorme grandeur pour que leur diamètre apparent fût sensible. Ainsi le soleil reculé à la distance de α du Centaure ne présenterait qu'un diamètre de ¹⁄₁₇ de seconde, et paraîtrait comme un simple point brillant.

J. Herschel a trouvé que la lune dans son plein est 27 000 fois plus brillante que α du Centaure, et le soleil 800 000 fois plus brillant que la lune ; le soleil nous envoie donc 22 000 millions de fois plus de lumière que α du Centaure. Transporté 200 000 fois plus loin, à la distance de cette étoile, l'éclat du soleil serait diminué dans le rapport inverse du carré des distances, il serait 40 000 millions de fois plus faible. En réalité, le soleil paraîtrait donc deux fois moins brillant que l'étoile α du Centaure.

Ces considérations conduisent à regarder le soleil comme une étoile, et, par analogie, les étoiles comme des soleils analogues au nôtre, c'est-à-dire comme de grands corps lumineux par eux-mêmes, et probablement entourés de planètes qui sont invisibles pour nous, de même que la terre est sans doute invisible à la distance des étoiles.

Mouvements propres des étoiles. — Ces astres ne sont pas réellement *fixes* dans le ciel, comme le croyaient les anciens. Ils se déplacent constamment, et de quantités qui deviennent sensibles avec le temps. Ainsi Arcturus, μ de Cassiopée, la 61° du Cygne, se sont déplacées depuis mille ans d'un arc plus considérable que le diamètre de la lune. Une étoile de septième grandeur de la Grande Ourse, la 1830° du catalogue de Groombridge, parcourt 7″ par an ; si son mouvement se continuait pendant 7000 ans dans la même direction avec la même vitesse, elle quitterait la Grande Ourse et se trouverait dans la Chevelure de Bérénice. Les distances mutuelles des étoiles doivent donc s'altérer à la longue, et la figure des constellations ne se conservera pas toujours.

Remarquons, de plus, que ces déplacements qui ne deviennent sensibles pour nous qu'après de longs siècles sont réellement immenses, vu la grande distance où ils s'effectuent. Ainsi le mouvement propre de la 61° du Cygne, qui est de 5″ par an, correspond à un déplacement absolu de 370 millions de lieues.

Ces mouvements ont été constatés et mesurés pour un grand nombre d'étoiles. Ils affectent toutes les directions possibles. Toutefois, leur étude attentive a conduit Herschel à y reconnaître un mouvement commun ; en général, les étoiles tendent à se rapprocher d'un même point du ciel. Il était naturel de considérer ce fait comme une apparence due à un mouvement du système planétaire en sens opposé. Déjà en 1748, dans son *Mémoire sur la nutation,* Bradley avait entrevu ce mouvement propre du soleil, et indiqué la marche à suivre pour le constater. Herschel a pu affirmer d'une manière assez précise que notre système se dirige vers la constellation d'Hercule. Les recherches postérieures ont confirmé ce résultat, en fixant plus exactement le point vers lequel le soleil se transporte. L'ascension droite de ce point est d'environ 26ᵉ, et sa déclinaison de +35°. Quant à la vitesse de translation, Bessel l'estime au double de la vitesse de la terre autour du soleil, soit 14 lieues par seconde. Mais cette direction est-elle constante, ou bien le soleil décrit-il une courbe autour d'un astre inconnu? De longues observations pourront seules nous l'apprendre. C'est déjà beaucoup d'avoir constaté que le centre des mouvements planétaires n'est pas fixe dans l'espace ; le soleil, pas plus que la terre, ne jouit de cette immobilité que les systèmes anciens leur attribuaient, et qui n'appartient probablement à aucun des corps de la nature (voyez Soleil, Voie lactée, Nébuleuses, Constellations).

Étoiles changeantes. — On a remarqué que l'éclat de plusieurs étoiles varie avec le temps. Quand ces changements d'éclat présentent une période, on dit que l'étoile est *périodique*. Ce changement peut consister en un passage d'une grandeur à une autre, mais il peut arriver aussi que l'étoile devienne tout à fait invisible pendant un certain temps et reparaisse ensuite.

Parmi les étoiles dont l'éclat a varié sans qu'on ait pu reconnaître, dans ces variations, de lois ou de périodes, nous citerons δ de la Grande Ourse, qui est aujourd'hui de beaucoup inférieure aux autres étoiles de cette constellation, tandis qu'elle est mentionnée dans les anciennes cartes comme égale à β et à γ.

Mais le plus curieux exemple d'étoile changeante est celui qu'a présenté de nos jours η d'Argo ou du Navire, constellation du ciel austral. En 1677, Halley, à Sainte-Hélène, la rangeait parmi les étoiles de quatrième grandeur. En 1751, Lacaille, au cap de Bonne-Espérance, la trouvait déjà de deuxième grandeur. Plus tard, elle est redescendue à la quatrième grandeur pour remonter jusqu'à la première, en 1827. Après une nouvelle diminution, elle s'est élevée à la fin de 1837 au-dessus des étoiles de première grandeur, sauf Canopus et Sirius, ainsi que l'a constaté John Herschel. Bientôt elle s'affaiblit et devint inférieure à Arcturus, tout en restant encore, en avril 1838, plus brillante qu'Aldébaran. Elle continue à décroître jusqu'en mars 1843, sans tomber au-dessous de la première grandeur ; puis elle a augmenté de nouveau : en avril 1843 elle surpassait Canopus, et devint presque égale à Sirius. L'étoile a conservé cet éclat extraordinaire jusqu'au commencement de 1850. Depuis lors, elle a un peu diminué. Ces changements rapides d'intensité sont encore inexpliqués, et se rattachent sans doute à la même cause que les étoiles temporaires.

Quant aux étoiles *périodiques*, les plus curieuses sont o de la Baleine, et β de Persée ou Algol. o de la Baleine reste de deuxième ou troisième grandeur pendant 15 jours, puis diminue rapidement d'éclat et finit par disparaître ; après être restée 5 mois invisible, elle reparaît, mais sans repasser toujours exactement par les mêmes phases. La période de ces alternatives est d'environ 332 jours ou 11 mois. Elle a atteint son éclat maximum du 15 décembre 1857 au 3 janvier 1858.

La période des variations d'Algol est de 2ʲ 20ʰ 49ᵐ. Cette étoile ne disparaît jamais, mais son éclat s'abaisse de la deuxième grandeur à la quatrième. Ce qui est remarquable, c'est qu'elle ne change pas d'éclat peu à peu ; elle reste constamment de deuxième grandeur pendant 2ʲ 13ʰ, tandis qu'elle emploie seulement 3 heures ½ pour descendre à la quatrième grandeur, et autant pour revenir à la deuxième ; aussi peut-on saisir assez exactement l'instant du minimum. Algol a été à son minimum le 14 février 1857, à 11ʰ 18ᵐ du soir. Au moyen de cette date et de la durée de la période, on pourra calculer d'avance les phases de cette étoile remarquable.

On peut citer beaucoup d'autres étoiles périodiques : χ du Cygne, étoile de cinquième grandeur, est invisible pendant 354 jours et visible pendant 52 jours ; β de la Lyre passe de la troisième à la cinquième grandeur en 12ʲ 21ʰ ; δ de Céphée, en 5ʲ 8ʰ 49ᵐ, passe de la quatrième à la cinquième grandeur.

Ces variations d'éclat ne sont pas toujours très-régulières, et on en ignore la cause. Les uns ont pensé qu'une étoile pouvait n'être pas également brillante sur toute sa surface, de sorte qu'en tournant sur elle-même elle nous présentait successivement sa face lumineuse et sa face obscure. D'autres attribuent ce phénomène à la production sur l'étoile de taches analogues aux taches du soleil, mais de dimensions plus grandes. Une autre hypothèse est qu'il existe autour de ces astres de gros satellites ou des anneaux plus ou moins opaques, qui, de temps en temps, viennent à passer devant eux et nous interceptent une partie de leur lumière.

Étoiles doubles. — Beaucoup d'étoiles qui, à l'œil nu ou avec de faibles lunettes, paraissent formées d'un seul corps se dédoublent en deux étoiles très-voisines l'une de l'autre, lorsqu'on les observe avec de forts grossissements. On les appelle *étoiles doubles* ; telles sont Castor ou α des Gémeaux, qui est composée de deux étoiles de troisième et de quatrième grandeur presque en contact, α du Centaure, β d'Orion, la Polaire, etc. Ce rapprochement apparent de deux étoiles, qui ne permet pas de les distinguer l'une de l'autre à la vue simple, peut tenir à deux causes : ou bien à ce qu'elles sont réellement voisines, ou seulement à un effet de perspective, l'une d'elles se trouvant, par rapport à nous, presque derrière l'autre, mais à une grande distance. Lorsque les deux soleils qui constituent une étoile double sont en effet très-voisins, la théorie de la gravitation exige et l'observation vérifie qu'ils forment un système dans lequel la plus petite étoile circule autour de la plus grande, comme les planètes autour du soleil, ou, plus exactement, elles se meuvent l'une et l'autre autour de leur centre commun de gravité. C'est William Herschel qui a mis hors de doute ce fait, l'un des plus importants de l'astronomie stellaire.

Grâce aux travaux de Herschel, de Struve et d'autres astronomes, on connaît aujourd'hui plus de 6000 étoiles doubles ; mais, sur ce nombre, beaucoup ne sont doubles qu'optiquement, c'est-à-dire se trouvent placées par hasard sur une même ligne visuelle, sans qu'il existe entre elles aucune sorte de dépendance. Quant aux autres, leurs mouvements sont en général si lents, qu'il faudra une longue suite d'observations pour en reconnaître les lois et la durée. Bien que la découverte d'Herschel ne remonte qu'à 1782, il existe cependant plusieurs systèmes binaires dont la période a pu déjà être déterminée. Nous citerons ζ d'Hercule dont les deux étoiles accomplissent leur révolution en 36 ans, ξ de la Grande-Ourse, en 61 ans, η de la Couronne, en 67 ans ; mais il est probable que, pour le plus grand nombre, la durée de la révolution se comptera par siècles ou par milliers d'années.

En vertu du mouvement circulatoire dont nous venons de parler, les positions relatives des deux étoiles composantes changent sans cesse et peuvent offrir des apparences très-variées ; il arrivera, par exemple, que celle qui était à droite vienne à gauche, ou réciproquement. C'est ainsi que ζ d'Hercule a présenté, en 1794 et en 1830, cette particularité que l'étoile satellite a passé au-devant de la principale, ou, du moins, elle s'en est tellement rapprochée qu'il y a eu occultation, et pendant quelque temps l'étoile a paru simple.

Dans un groupe binaire, les deux astres composants ont souvent des intensités différentes ; souvent aussi sont diversement colorés : γ d'Andromède est formée de deux étoiles, l'une rouge, l'autre verte ; l'étoile verte est elle-même composée de deux étoiles qui ne peuvent être aperçues qu'avec un télescope de 30 centimètres, de sorte qu'en réalité, γ d'Andromède est une étoile triple. Dans α du Lion, la grande étoile est blanche et la petite bleue. Les astronomes ont soin de noter ces diverses particularités qui conduiront peut-être un jour à des conséquences importantes.

Il existe encore dans le ciel des systèmes plus compliqués que les étoiles doubles, ce sont les étoiles multiples : ξ de la Balance, ζ du Cancer, sont triples ou composées de trois corps formant système ; ε de la Lyre est quadruple. Il faudra bien du temps pour étudier les mouvements de pareils systèmes ; on n'a guère pu jusqu'ici qu'en constater l'existence.

L'observation des étoiles doubles exige de bons et puissants instruments, et, à cause de cela, elle semble réservée aux grands observatoires. Elle a fourni, en outre, à l'astronomie mathématique d'intéressantes questions à résoudre. L'astronome français Savary a, le premier, donné une méthode propre à déduire d'un petit nombre d'observations d'une étoile double, l'orbite que décrit l'étoile satellite. Il a supposé que les deux astres s'attirent proportionnellement à leurs masses et en raison inverse du carré de leur distance, c'est-à-dire qu'il a étendu aux mouvements stellaires la grande loi de la gravitation établie par Newton pour les mouvements des planètes. S'il en est ainsi, l'orbite décrite par une étoile doit être une ellipse ayant pour foyer l'autre étoile. Rien jusqu'à présent n'est venu contredire cette hypothèse, et il est permis de croire que la même loi règne dans les systèmes d'étoiles et dans notre système solaire : la gravitation newtonienne pourra en toute rigueur être dite universelle. On trouvera dans de récents mémoires de M. Yvon Villarceau, des méthodes plus avantageuses que celle de Savary pour le calcul des éléments d'étoiles doubles, et l'application qu'il en a faite à un certain nombre de ces astres.

L'étude des étoiles doubles, outre l'intérêt de curiosité qu'elle présente, doit conduire à une connaissance plus approfondie du système du monde, notamment pour ce qui concerne la masse des étoiles. Ainsi le rapport entre la masse d'une étoile double et celle du soleil sera connu dès que l'on aura déterminé la loi de son mouvement et sa distance à la terre. Par exemple, l'étoile α du Centaure, l'une des plus belles du ciel austral, est formée de deux astres, l'un de première et l'autre de troisième grandeur; sa distance est environ 200 000 fois celle du soleil à la terre; la durée de la révolution de l'étoile satellite est de 78 ans; de là on a pu conclure que la masse des deux astres réunis ne forme pas la moitié de la masse du soleil.

Sirius, la plus brillante étoile du ciel, peut être rangée au nombre des étoiles doubles, depuis les recherches de Bessel, de Kœnigsberg. Cet astronome a constaté, en effet, que Sirius possède un petit mouvement d'oscillation qu'il expliquait en admettant qu'il est soumis à l'attraction d'un corps de dimensions considérables, mais que l'on ne voit pas. Depuis cette époque le perfectionnement des instruments d'optique, en particulier la construction des admirables télescopes de M. Foucault ont permis de séparer nettement Sirius de l'étoile dite *compagnon de Sirius*, étoile si ingénieusement devinée par Bessel. Suivant les conjectures de cet astronome et par analogie avec ce qui a lieu dans notre système, il serait peut-être plus naturel de considérer cet astre comme une planète de Sirius; mais tandis que notre plus grosse planète, Jupiter, n'est pas la millième partie de la masse du soleil, la planète de Sirius lui est comparable, sinon plus grande. Quoi qu'il en soit, et alors même qu'on ne l'aurait jamais aperçu, on pourra déterminer l'orbite de l'astre obscur, fixer sa masse, enfin suivre, sans le voir, son mouvement dans le ciel.

On jugera, par cet exemple, à quelles découvertes imprévues peut amener l'étude des petits déplacements des étoiles, ces astres qu'on a si longtemps considérés comme immobiles, et que les anciens regardaient comme invariablement fixés à la voûte du ciel. Il y a à peine un siècle que les moyens d'observation ont atteint un degré de précision suffisant pour mesurer ces déplacements, et déjà des résultats inespérés ont récompensé les travaux entrepris dans cette voie. L'astronomie sidérale nous réserve certainement bien d'autres découvertes non moins dignes d'intérêt (voyez Ciel, Constellations).

ÉTOILES NOUVELLES OU TEMPORAIRES. — A diverses époques on a constaté que des étoiles avaient paru subitement dans le ciel et avaient disparu de même. Ainsi, 125 ans avant Jésus-Christ, Hipparque observa un phénomène de ce genre. En 389, une étoile parut près de α de l'Aigle, brillant de l'éclat de Vénus ; elle disparut trois semaines après, sans laisser de traces. En 945 et 1264, on vit entre Céphée et Cassiopée, tout près de la Voie lactée, une étoile nouvelle. Enfin, le 11 novembre 1572, et dans la même partie du ciel, fut observée par Tycho-Brahé une étoile blanche, égalant en éclat Vénus et Jupiter; elle passa ensuite au jaune, puis au rouge, enfin redevint blanche ; mais en même temps son éclat diminuait, et elle finit par disparaître sans s'être déplacée dans le ciel.

Voici comment Tycho-Brahé raconte la découverte de ce nouvel astre. « Un soir que je considérais, comme à l'ordinaire, la voûte céleste dont l'aspect m'est si familier, je vis avec un étonnement indicible, près du zénith, dans Cassiopée, une étoile radieuse, d'une grandeur extraordinaire. Frappé de surprise, je ne savais si j'en devais croire mes yeux. Pour me convaincre qu'il n'y avait point d'illusion, et pour recueillir le témoignage d'autres personnes, je fis sortir les ouvriers occupés dans mon laboratoire, et je leur demandai, ainsi qu'à tous les passants, s'ils voyaient comme moi l'étoile qui venait d'apparaître tout à coup. J'appris plus tard qu'en Allemagne des voituriers et d'autres gens du peuple avaient prévenu les astronomes d'une grande apparition dans le ciel, ce qui a fourni l'occasion de renouveler les railleries accoutumées contre les hommes de science. L'étoile nouvelle était dépourvue de queue, aucune nébulosité ne l'entourait ; elle ressemblait de tous points aux autres étoiles; seulement elle scintillait encore plus que les étoiles de première grandeur. Son éclat surpassait celui de Sirius, de la Lyre, de Jupiter; on ne pouvait le comparer qu'à celui de Vénus, quand elle est le plus près possible de la terre. Des personnes douées d'une bonne vue pouvaient distinguer cette étoile pendant le jour, même en plein midi, quand le ciel était pur. La nuit, par un ciel couvert, lorsque toutes les autres étoiles étaient voilées, l'étoile nouvelle est restée plusieurs fois visible à travers des nuages assez épais. Les distances de cette étoile à d'autres étoiles de Cassiopée, que je mesurai l'année suivante avec le plus grand soin, m'ont convaincu de sa complète immobilité. A partir du mois de décembre 1572, son éclat commença à diminuer ; elle était alors égale à Jupiter. En janvier 1573, elle devint moins brillante que Jupiter; en avril et mai, éclat des étoiles de deuxième grandeur ; en octobre et novembre, de quatrième ; le passage de la cinquième à la sixième eut lieu de décembre 1573 à février 1574. Le mois suivant, l'étoile disparut sans laisser de trace visible, après avoir brillé dix-sept mois. » Les lunettes n'étaient pas alors connues.

Le 10 octobre 1604, une étoile nouvelle fut découverte dans le Serpentaire; elle avait l'éclat de Jupiter et disparut au bout de seize mois. D'autres apparitions du même genre ont eu lieu depuis, mais elles ont été moins remarquables.

Un phénomène inverse consiste dans la disparition d'étoiles bien constatées et enregistrées dans les catalogues. Laplace expliquait ces apparitions et disparitions par des incendies ou combustions extraordinaires dans l'étoile, et, à l'appui de cette hypothèse, il signalait les changements de coloration observés dans les étoiles temporaires. D'autres astronomes supposent que les étoiles nouvelles pourraient bien être périodiques ; mais le temps seul pourra décider cette question (voyez Étoiles changeantes).

ÉTOILES FILANTES. — Ce phénomène consiste dans l'apparition subite d'un point lumineux, semblable à une étoile qui traverse le ciel avec rapidité et disparaît bientôt; souvent l'étoile filante laisse après elle une traînée lumineuse qui persiste pendant quelques secondes. L'opinion la plus généralement admise aujourd'hui consiste à considérer les étoiles filantes comme des astéroïdes ou petits corps planétaires qui circulent autour du soleil et sont trop petits pour être aperçus. S'ils pénètrent dans l'atmosphère terrestre avec une grande vitesse, ils peuvent s'enflammer par suite du frottement et devenir visibles. Les étoiles filantes paraissent se mouvoir dans le ciel suivant toutes les directions possibles.

On les a longtemps considérées comme des météores, c'est-à-dire des phénomènes ayant une origine atmosphérique. Ce qui a conduit à abandonner cette opinion, c'est qu'on a reconnu dans leur apparition une certaine régularité. Ainsi, à certaines époques, ils reviennent en plus grande abondance. Dans la nuit du 11 au 12 novembre 1799, M. de Humboldt observa une véritable pluie d'étoiles filantes à Cumana, dans l'Amérique du Sud. Du 12 au 13 novembre 1832, on apercevait en Europe un phénomène analogue, mais avec moins d'intensité. Cette époque du 12 au 13 novembre a été plusieurs fois signalée par une apparition extraordinaire d'étoiles filantes : en 1833, Olmsted et Palmer en observaient en Amérique une pluie tellement abondante, qu'ils les ont comparées à des flocons de neige, et que, pendant neuf heures d'observation, on en compta plus de 240 000. Une autre époque remarquable est celle du 10 août.

Pour se rendre compte de ces retours périodiques, on a supposé que ces astéroïdes ne seraient pas répandus au hasard dans le système solaire, mais que leur ensemble formerait un anneau continu dans l'intérieur duquel ils suivraient une direction commune. Cet anneau couperait l'orbite terrestre, et, aux époques où la terre le traverse, elle serait enveloppée par le courant de ces petits corps. Mais on conçoit que le phénomène peut ne pas se produire chaque année, puisqu'il dépend de la rencontre en un même point du courant et de la terre. Ainsi la périodicité du phénomène paraît constatée, mais il est loin de se reproduire toujours avec la même régularité, et il semble même, depuis quelques années, que les maxima d'août et de novembre tendent à diminuer d'intensité.

Les étoiles filantes prennent le nom de *bolides*, lorsqu'elles présentent un disque appréciable. Les grandes pluies d'étoiles filantes sont souvent accompagnées de quelques bolides. L'apparition des bolides est elle-même quelquefois suivie de chutes de pierres météoriques ou d'*aérolithes* (voyez ce mot). E. R.

ÉTOUPE* (Économie domestique, Chirurgie). — On appelle ainsi une espèce de filasse ou de bourre grossière que l'on sépare par le *peignage* du lin ou du chanvre, au moyen du *séran* (voyez Peignage, Séran). On s'en sert pour faire des matelas grossiers, pour garnir des siéges de fauteuils, de canapés, des ballots, pour boucher les fissures des futailles, etc.

En *chirurgie*, on se servait autrefois des étoupes pour panser les plaies, pour faire des coussins de remplissage dans les appareils de fractures. Aujourd'hui on ne les emploie plus guère que dans la *chirurgie vétérinaire*.

En *botanique*, on a comparé à de l'étoupe, et, par suite, on a quelquefois appelé de ce nom, certains flocons filamenteux, que l'on trouve soit au collet, soit dans le fruit de quelques plantes.

ÉTOURDISSEMENT (Médecine). — C'est un état passager et de courte durée, dans lequel existent un trouble et une suspension de l'usage des sens et des organes locomoteurs ; les objets extérieurs paraissent tourner ou se renverser, la vue s'obscurcit, il y a quelquefois des tintements d'oreilles. Il peut être un symptôme précurseur de l'*apoplexie*, de l'*épilepsie* (voyez ces mots). Lorsqu'il est très-fugace et qu'il n'est accompagné d'aucun autre accident, il est ordinairement sans importance. Cependant c'est quelquefois un avertissement qu'il ne faut pas négliger, surtout chez les personnes disposées à l'apoplexie.

ÉTOURNEAU (Zoologie), *Sturnus*, Lin. — Genre d'*Oiseaux*, de l'ordre des *Passereaux*, famille des *Conirostres*. Leur corps très-allongé a des formes sveltes que font valoir leurs mouvements rapides et gracieux ; leur tête petite porte un bec aussi long qu'elle et de forme conique ; les ailes sont pointues et atteignent les deux tiers de la queue ; celle-ci est peu longue, élargie et légèrement échancrée ; les pieds portent quatre doigts, dont un pouce long et robuste, tandis que les autres doigts sont médiocres. Les couleurs de ces oiseaux sont en général sombres, métalliques et variées de mouchetures claires. Ce genre, que Linné avait créé très-vaste, s'est réduit successivement par la formation de nouveaux genres à ses dépens ; mais il est peu d'oiseaux plus connus que l'espèce type, l'*E. vulgaire*, généralement nommée *Sansonnet* (*S. vulgaris*, Lin.). Chacun a vu son plumage noir, à reflets métalliques, violacés et verdâtres, tacheté en dessus de nombreux points d'un blanc roussâtre ; on sait que, sociable et docile, il s'habitue facilement à la captivité, s'apprivoise sans peine et se plaît à répéter dans un gazouillement grave et articulé dans le genre de la parole humaine, les phrases et même les refrains qu'il entend habituellement. Pétulant, familier et affectueux, le sansonnet débite son petit répertoire avec une loquacité grave et fanfaronne qui en fait un hôte fort amusant. On le nourrit avec une sorte de pâtée faite de grains de chènevis écrasés et pilés avec de petits morceaux de viande ; il accepte d'ailleurs volontiers une foule de menus débris de la table du maître, surtout la salade, les petits fragments de bœuf, de volaille. On peut conserver un sansonnet en captivité pendant huit à dix ans. A l'état libre, les étourneaux vivent en grandes bandes, qui chaque année dès le mois de février reviennent dans nos climats pour habiter toute la saison le canton qui les a vus naître. Ces bandes se font remarquer par le tourbillonnement continuel des oiseaux qui volent ainsi réunis, et aussi par les cris perçants et continuels qu'ils lancent dans les airs. Durant le jour ils se dispersent un peu, mais ils se réunissent en grand nombre pour aller s'abriter dans les marécages ; leur cri, qui retentit alors, ainsi que le matin avant de se séparer, est un gazouillement aigu et prolongé, fort peu harmonieux. Les limaces, les vers, les petits insectes, certaines graines végétales et certains fruits constituent leur nourriture habituelle. Vers la fin de mars, la ponte se fait au fond d'un trou d'arbre ou de mur, dans un nid grossièrement préparé, parfois même dans celui d'un pic-vert ; elle se compose de cinq ou six œufs d'un vert cendré, longs de 0^m,028 ; la couvée reste longtemps avec la mère ; le mâle et la femelle ont vaqué tour à tour aux soins de l'incubation. C'est seulement fort avant dans l'automne que les bandes d'étourneaux quittent nos climats. On prend ces oiseaux au filet, au piége ; on les tue facilement au fusil, car si l'un d'eux est frappé, les autres restent autour en criant, en sorte qu'il est aisé d'en atteindre alors une grande quantité. La chair de cet oiseau n'est pas mangeable ; elle a un goût désagréable.

On connaît une autre espèce d'étourneau propre à l'Europe méridionale, c'est l'*E. unicolore* (*S. unicolor*, La Marmora) de Sardaigne ; on admet encore dans ce genre plusieurs espèces étrangères. F. L.

ÉTRANGLEMENT (Médecine), *Strangulatio*, des Latins. — On appelle ainsi un état de constriction de certaines parties du corps, soit par un agent physique extérieur, comme un lien appliqué autour du col, soit par une compression accidentelle déterminée par des parties peu extensibles, qui empêchent le développement d'autres parties, frappées d'inflammation, par exemple, et qui déterminent une série d'accidents plus ou moins graves, comme cela a lieu dans les hernies étranglées. Nous renverrons au mot *Strangulation*, pour ce qui a rapport à l'étranglement par constriction du col, et au mot *Hernie* pour l'étranglement, suite d'une hernie non réduite.

L'*étranglement* peut arriver lorsqu'une partie, prenant accidentellement un développement plus ou moins considérable, ou étant enveloppée ou par une forte aponévrose ou par une gaîne fibreuse, se trouve comprimée d'une manière dangereuse en rapport avec la sensibilité et l'importance de l'organe étranglé, ou avec la résistance et la ténacité du corps qui le comprime. Dans ce cas, le développement de la partie enflammée ne pouvant se faire, il en résulte non-seulement des douleurs très-vives, mais encore l'imminence d'accidents quelquefois très-graves dont la *gangrène* est le dernier terme avec toutes ses conséquences ; le meilleur moyen d'éviter ces accidents, c'est le *débridement* au moyen d'incisions plus ou moins répétées, qui permettent à la tuméfaction de se développer librement. F.—N.

ÉTRANGLEMENT INTERNE (Médecine). — Voyez Iléus.

ÉTRÈPE ou ÉTERPE (Agriculture). — Sorte de houe de défrichement, disposée de façon à couper entre deux terres les racines des ajoncs, genêts, bruyères et autres arbustes qui couvrent les landes et les terrains non cultivés (voyez Écobuage, Labour, Sol).

ÉTRIER (Anatomie). — On appelle ainsi un des osselets de l'ouïe, ainsi nommé à cause de sa forme (voyez Oreille).

ÉTRIER (Chirurgie). — Sorte de bandage que l'on fait surtout après la saignée du pied, lorsqu'on a ouvert la saphène. Comme pour la saignée du bras, on laisse pendre un bout de la bande et on fait des circulaires alternativement, en commençant par le cou-de-pied et en remontant sur le bas de la jambe. Lorsqu'il ne reste plus que quelques centimètres, on fait avec les deux bouts une rosette au-dessus de la malléole externe.

ÉTRIER (Hippologie). — Nom bien connu par lequel on désigne l'appui sur lequel le cavalier pose son pied lorsqu'il est à cheval.

ÉTRIER AMÉRICAIN (Agriculture). — On nomme ainsi un petit appareil fort bien conçu pour fixer le coutre de la charrue contre l'age sans entailler ce dernier, et en lui laissant, par conséquent, toute sa force. L'étrier américain se compose d'une barre de fer (A) courbée en forme d'U, à angles droits, et dont les deux extrémités libres, taillées en pas de vis, s'engagent dans une pla-

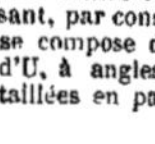

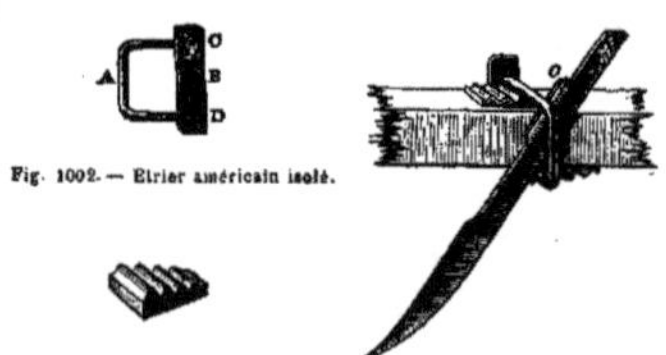

Fig. 1002. — Étrier américain isolé.

Fig. 1003. — L'une des plaques de fonte crenelées, destinées à maintenir l'étrier.

Fig. 1004. — Coutre fixé par l'age au moyen de l'étrier américain.

que de fer (B) épaisse de 0^m,003 environ sur 0^m,03 de large. Des écrous (C et D) servent à maintenir ces extrémités dans la plaque, et l'on a ainsi un véritable collier en fer, que l'on fixe autour de l'age pour y maintenir en même temps le coutre, comme on le voit dans la figure ; le coin *o* sert à caler le coutre de façon à lui donner la position que l'on juge convenable. L'age porte à sa face supérieure et à sa face inférieure une plaque de fonte crénelée transversalement, que l'on voit figurée isolément ci-contre *(fig.* 1004), et qui sert à maintenir les branches horizontales de l'étrier. Cet appareil si simple et si solide est adopté aujourd'hui par l'immense majorité des constructeurs de charrues ou d'araires.

ÉTRILLE (Hippologie), en latin *strigil.* — Instrument dont on se sert pour enlever ce qui s'attache au poil du cheval.

ÉTRILLE OU PORTUNE (Zoologie), *Portunus,* Fab. — Genre de *Crustacés,* ordre des *Décapodes,* famille des *Brachyures,* Cuvier, et des *Cyclométopes,* de M. Milne-Edw., caractérisé par un test plus large que long, arqué en avant et garni de cinq dentelures de chaque côté pour les espèces qui vivent sur nos côtes ; des yeux à pédicules courts ; et les dernières pattes aplaties en forme de rames. Ces crustacés qui sont comestibles nagent bien et s'avancent dans la haute mer ; ils sont très-carnassiers et se nourrissent généralement de cadavres d'animaux ; ils périssent rapidement hors de l'eau. L'*E. commune* (*P. puber,* Lin.) est velue ; son front est découpé de petites pointes ; sa chair est très-estimée. La *Petite É.* (*P. corrugatus,* Penn.), plus petite que la précédente, habite, comme elle, les côtes de l'Océan et de la Méditerranée. Les espèces étrangères sont beaucoup plus grandes.

ÉTUI *(Botanique).* — On donne ce nom à la couche qui entoure immédiatement la moelle dans les tiges ligneuses des végétaux dicotylédonés. On le nomme, pour cette raison, *étui médullaire.* Hill est le premier qui ait parlé de cet organe formé de longs vaisseaux parallèles qui s'étendent dans la longueur du tronc. Ce sont des trachées, pouvant se dérouler, même lorsque le bois est vieux. Mirbel a démontré que la distribution des vaisseaux de l'étui médullaire variait dans les différentes espèces. D'après Palissot de Beauvois, la forme de l'étui que remplit la moelle est en rapport avec la situation des feuilles. Cet observateur a prouvé ainsi « que dans le frêne, par exemple, où les feuilles sont opposées deux à deux, l'aire de la coupe transversale de la moelle est oblongue ; que dans le laurier-rose, où les feuilles naissent trois à trois à la même hauteur autour de la tige, l'aire est triangulaire ; que dans le chêne où les feuilles sont alternes et en hélice, de façon qu'il faut cinq feuilles pour faire le tour complet de la tige, l'aire est pentagone. »

ÉTUIS (Zoologie). — Ce nom désigne chez les insectes la première paire d'ailes, celle qui s'insère à l'anneau moyen du thorax toutes les fois que ces ailes coriaces, dans une partie ou dans la totalité de leur étendue, ne servent plus au vol, mais sont spécialement affectées à recouvrir pendant le repos, comme le feraient des étuis, les secondes ailes repliées sur elles-mêmes ; le mot *élytres* est employé plus généralement par les naturalistes, à la place du mot *étuis.*

ÉTUVES (Médecine, Hygiène). — Au mot *Bain,* il a été question des étuves ordinaires chez les anciens et chez les modernes. Dans ces derniers temps, on a établi des salles d'étuves dans les principales stations d'eaux minérales, avec vestibule faisant l'office de *tepidarium,* des gradins, et parfois des locaux contenant des boîtes de vapeur pour bain total ou pour bain partiel. On y a même, dans quelques étuves, établi des vestiaires, des cabinets avec lits de repos ; telles sont les stations d'Amélie-les-Bains, de Bagnères, de Luxeuil, etc.

EUCALYPTE (Botanique), *Eucalyptus,* L'Hérit. ; du grec *eu,* bien, et *kaluptô.* je couvre, parce que le limbe du calice se détache comme un couvercle. — Genre de plantes *Dycotylédones dialypétales périgynes,* famille des *Myrtacées,* tribu des *Leptospermées.* Caractères : calice presque globuleux, se détachant circulairement comme un opercule au moment de l'épanouissement ; pétales soudés au calice et tombant avec lui ; étamines indéfinies ; ovaire libre ; capsule à 3-4 loges, et renfermée dans le reste du calice. Les espèces de ce genre, au nombre d'une centaine, sont des arbres souvent très-élevés et résineux de l'Australie. Leurs feuilles sont persistantes, coriaces, entières, et leurs fleurs, solitaires ou disposées en ombelle, sont blanches ou d'un jaune pâle. L'*É. gigantesque* (*E. robusta,* Smith) atteint quelquefois plus de 50 mètres. On lui donne le nom d'*Acajou* de la Nouvelle-Hollande, à cause de son bois très-beau qui s'emploie dans l'ébénisterie. Ce bois donne, en outre, une matière tinctoriale. L'*É. résinifère* (*E.*

resinifera, Smith) donne une gomme-résine. Son écorce est subéreuse et sert à couvrir certaines habitations. D'autres espèces donnent encore du tannin et une huile essentielle. Les eucalyptes peuvent se développer en plein air dans le midi de la France. L'*E. globulus de Tasmanie, Gommier bleu de la Tasmanie,* est un joli arbre d'ornement lorsqu'il est jeune ; il se fait remarquer par la couleur glauque, bleu de Suède tirant sur le vert de mer, que présentent ses feuilles. C'est un arbre très-rustique et dont la croissance est d'une rapidité extraordinaire. C'est peut-être bien le géant des forêts. M. Ramel en cite un qui avait environ 300 pieds anglais de hauteur (91 mètres) et 90 pieds (27 mètres) de circonférence à sa base ; on estimait que son tronc présentait 800 anneaux concentriques. Le même voyageur dit qu'après quatre ou cinq ans, cet arbre atteint 25 à 30 mètres de hauteur. On a déjà tenté quelques essais de semis soit à Londres, soit à Paris, ils ont donné des résultats encourageants. Un exemplaire né au *Jardin des plantes* mis en pleine terre, a grandi de *un mètre par mois* de juin à fin septembre. (*Revue colon.* Décembre 1861, pag. 515.) Voir *Supplément.* G — s.

EUCLASE (Minéralogie), du grec *eu,* bien, et *klaein,* briser. — Minéral peu commun, d'un blanc bleuâtre ou verdâtre, qui se présente en cristaux vitreux, prismatiques, courts, striés verticalement, et sujets à se diviser en lames par la plus légère percussion. Cette fragilité, ou plutôt ce clivage si facile, explique le nom que porte ce minéral, et que lui a donné Haüy. Les formes cristallines de l'euclase dérivent d'un prisme rhomboïdal oblique, dont les pans sont inclinés l'un sur l'autre à 114° 50' et forment, avec la base du prisme, un angle de 123° 40'. Poids spécifique : 3,10 ; dureté, 7,5 ; elle raye le quartz, et se laisse rayer par la topaze. L'euclase, considérée chimiquement, est un silicate d'alumine et de glucyne ; elle est inattaquable aux acides, et fond au chalumeau en un émail blanc. Cette espèce minérale se trouve au Pérou et au Brésil dans des quartzites micacées et talqueuses. Elle est susceptible de recevoir un beau poli ; est ordinairement d'un vert tendre, passant au bleu de saphir le plus brillant ; mais elle se divise si facilement, qu'elle ne peut être employée par les lapidaires. Elle est du reste extrêmement rare.

EUCOMIS (Botanique), Lhérit. ; du grec *eucomos,* qui a une belle chevelure ; à cause de la belle touffe de feuilles qui couronne sa grappe. — Genre de plantes *Monocotylédones périspermées,* famille des *Liliacées,* tribu des *Hyacinthinées.* Ce sont des plantes herbacées, bulbeuses, à feuilles radicales, larges, lancéolées, d'où sort une hampe à grappe simple, couronnée par une touffe de feuilles ; le fruit est une capsule coriace, à trois angles ailés. Elles sont du cap de Bonne-Espérance. On cultive, pour l'ornement dans nos jardins, l'*E. couronné* (*E. regia,* Aiton ; *Basilea coronata,* Juss.) dont la hampe, haute de 0m,20 à 0m,25, est garnie, en automne, de petites fleurs verdâtres, et l'*E. ponctué* (*E. punctata,* Lhérit.) dont les fleurs sont disposées en grappes très-longues. Le genre *Basilée* de Jussieu a été réuni à celui-ci.

EUDIALYTE (Minéralogie), du grec *eu,* bien, et *dialycin,* dissoudre. — Minéral lamelleux, de couleur violacée, rougeâtre ; densité, 2,90 ; raye l'apatite (phosphate de chaux), se laisse rayer par le feldspath ; cristaux dérivant d'un rhomboèdre aigu dont l'angle est 73° 24'. Cette substance est un silicate de zircone, de soude et de chaux, avec oxyde de fer, oxyde de manganèse et un peu de chlore à l'état de chlorure. On a trouvé l'eudialyte au Groënland, dans des roches de gneiss.

EUDIOMÈTRES (Chimie). — Ce sont des appareils destinés à faire l'analyse des gaz au moyen de leur combinaison mutuelle, sous l'influence de l'étincelle électrique. Le plus répandu et en même temps le moins exact est celui de Volta avec lequel on opère sur l'eau. Il se compose (*fig.* 1005) d'un cylindre de verre fort épais *b,* mastiqué dans deux montures de laiton A et B, munies chacune d'un robinet. Un tube de verre gradué EO se visse au fond de la cuvette D. Pour faire usage de cet appareil, on enlève EO et on plonge le reste de l'instrument dans l'eau ; il se remplit ; on ferme alors le robinet R' et on fait reposer l'eudiomètre sur une planche percée, disposée dans la cuve à eau de façon que le pied F baigne dans l'eau ; ce pied a la forme d'un entonnoir renversé et permet d'introduire un mélange gazeux dans A et B par le robinet ouvert R. Le gaz est introduit sous un volume déterminé à l'aide d'un mesureur. On ferme alors R. On remplit d'eau la cuvette D, et l'on visse le tube EO plein d'eau. On met la monture B en communication avec l'armature extérieure d'une bouteille de Leyde, et l'on approche le bouton de cette bouteille de l'extrémité *t* d'une tige de cuivre mastiquée dans un tube de verre *v*. L'étincelle jaillit au sein du gaz qui détone. On rouvre R, puis

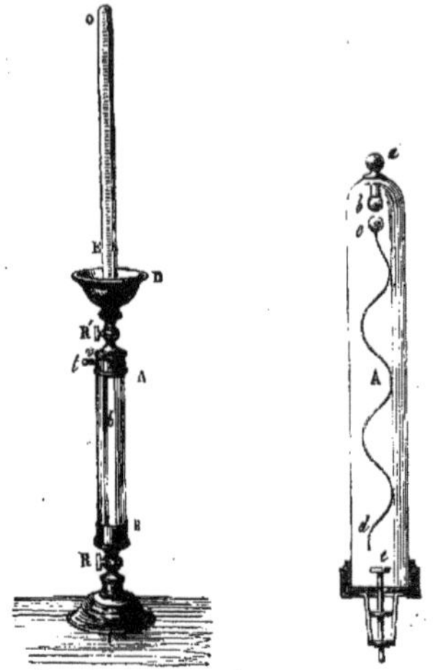

Fig. 1005. — Eudiomètre de Volta.   Fig. 1006. — Eudiomètre à mercure.

R' ; le résidu gazeux se rend dans le tube gradué EO, où on le mesure. L'étincelle électrique s'est produite entre l'extrémité de la tige *t*, qui se trouve dans l'intérieur de l'eudiomètre, et la monture A dont cette tige est isolée par le tube de verre *v*; cette monture communique par une lame métallique à la partie B, qui est elle-même reliée par une chaîne à l'armature extérieure de la bouteille de Leyde. On peut remplacer avec avantage l'emploi d'une bouteille de Leyde par celui d'une machine d'induction de Ruhmkorff. L'électrophore suffit souvent à produire la détonation.

L'eau contenant des gaz en dissolution, ceux-ci se dégagent au contact d'une atmosphère raréfiée, comme celle qui se produit généralement dans l'eudiomètre après l'explosion ; on ne peut donc avoir des résultats exacts en opérant sur l'eau ; il faut opérer sur le mercure.

Le plus employé des eudiomètres à mercure avant ceux de MM. Regnault et Doyère était celui de Gay-Lussac. C'est une simple éprouvette fort épaisse A (*fig.* 1006), que traverse à sa partie supérieure une tige de fer terminée par deux boules *a*, *b*. L'étincelle électrique jaillit entre *b* et une boule *c* placée à l'extrémité d'un tube *cd* qui plonge dans le mercure. Il faudra donc mettre l'une des armatures de la bouteille de Leyde en communication avec le mercure de la cuve, et l'autre avec le bouton *a*. Au moment de la détonation, les gaz subissent une très-forte expansion qui tend à les faire sortir de l'eudiomètre ; dans l'appareil de Volta, le robinet R s'opposait à cette sortie ; dans celui de Gay-Lussac, il y a une soupape *e* qui permet bien au gaz d'être introduit, mais qui l'empêche de sortir.

L'eudiomètre de Mitscherlich, celui de Bunsen, n'ont rien de remarquable ; il n'en est pas de même de celui de M. Regnault dont nous empruntons la description au traité de chimie de ce savant.

« La figure 1007 donne la projection géométrique de la face antérieure ; la figure 1008 montre une section verticale faite par un plan perpendiculaire à cette face ; enfin la figure 1009 donne une vue perspective de l'ensemble.

« L'appareil se compose de deux parties que l'on peut réunir ou séparer à volonté. La première, le *mesureur*, sert à mesurer les gaz dans des conditions déterminées de température et d'humidité ; dans la seconde, on soumet le gaz aux divers réactifs absorbants ; nous lui donnerons, à cause de cela, le nom de *laboratoire*.

« Le mesureur se compose d'un tube *ab*, de 0ᵐ,015 à 0ᵐ,020 de diamètre intérieur, divisé en millimètres et terminé en haut par un tube capillaire recourbé *bcr*.

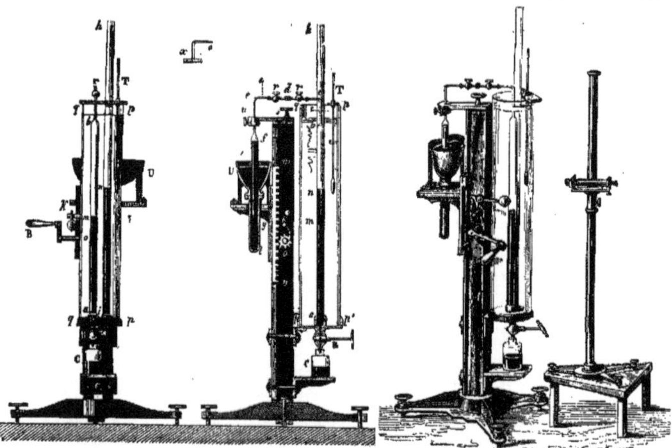

Fig. 1007. — Eudiomètre de M. Regnault. (Projection de la face antérieure.)   Fig. 1008. — Eudiomètre de M. Regnault. (Section perpendiculaire à la face antérieure.)   Fig. 1009. — Eudiomètre de M. Regnault. (Vue perspective).

L'extrémité inférieure de ce tube est mastiquée dans une pièce en fonte *p'q'* à deux tubulures *a*, *i*, et munie d'un robinet R. Dans la seconde tubulure *i* se trouve mastiqué un tube droit *ih* ouvert aux deux bouts, de même diamètre que le tube *ab* et divisé également en millimètres ; le robinet R est à trois voies ; et semblable à ceux dont on fait usage si fréquemment dans les appareils destinés à la mesure de la dilatation des gaz, dans les thermomètres à air et dans le voluménomètre. On peut donc établir à volonté les communications entre les deux tubes *ab*, *ih*, ou faire communiquer seulement avec l'extérieur l'un ou l'autre de ces tubes.

« L'ensemble des deux tubes verticaux et de la pièce en fonte forme un appareil manométrique renfermé dans un manchon de verre cylindrique *pq*, *p'q'*, rempli d'eau que l'on maintient à une température constante pendant toute la durée d'une analyse. La température est donnée par un thermomètre T. L'appareil manométrique est fixé sur un support en fonte *zz'* muni de vis calantes.

« Le tube laboratoire se compose d'une cloche de verre *gf* ouverte par le bas et terminée en haut par un tube capillaire recourbé *fer*. Cette cloche plonge dans une cuve à mercure *v* en fonte de fer, dont les figures 1008, 1009 et 1010 donnent une idée exacte. La cuvette U est fixée sur une tablette que l'on peut faire monter à volonté le long du support vertical de l'appareil, au moyen de la crémaillère *vw* qui engrène avec le pignon denté *o*, mis en mouvement à l'aide de la manivelle B. Le rochet *k* permet d'arrêter la crémaillère, et, par suite, la cuve U dans l'une quelconque de ses positions. Un contre-poids fixé au rochet facilite la manœuvre ; suivant qu'on le tourne d'un côté ou de l'autre, le rochet engrène ou n'engrène pas avec le pignon.

« Les extrémités des tubes capillaires qui terminent le laboratoire et le mesureur sont mastiquées dans deux petits robinets en acier *r'*, dont les extrémités rodées s'ajustent exactement l'une sur l'autre. Ces deux robinets sont exécutés avec un soin tout particulier. L'un des robinets se termine par un cône saillant et une surface plane ; le second porte également une surface plane et un cône creux, qui s'appliquent exactement sur la surface plane et le cône saillant du premier. Pour avoir une fermeture complétement hermétique, il suffit de presser ces deux parties l'une contre l'autre, au moyen d'une pince que l'on serre avec les vis après interposition d'un peu de caoutchouc fondu ou d'un corps gras quelconque.

« Le tube laboratoire est maintenu dans une position verticale invariable, au moyen d'une pince *u* garnie intérieurement de bouchons, et que l'on ouvre ou ferme facilement quand on veut ôter le tube ou le mettre en place. Le mesureur *ab* est traversé vers *b* par deux fils de platine opposés, dont les extrémités s'approchent à une distance de quelques millimètres à l'intérieur de la cloche, et dont les autres extrémités sont fixées avec un peu de cire sur le bord inférieur du manchon. C'est à l'aide de ces fils que l'on détermine le passage de l'étincelle électrique dans la cloche ; l'eau du manchon n'y fait pas obstacle, si l'on provoque l'étincelle avec une bouteille de Leyde. »

Il est inutile, après cette description, d'insister sur le mode d'emploi de l'appareil.

M. Doyère emploie pour l'analyse des gaz trois pipettes d'Ettling, modifiées par lui et ayant la forme indiquée par la figure. Il lui faut, de plus, une cuve à mercure, analogue par la forme à celle de l'eudiomètre de M. Regnault, et qui, grâce à sa profondeur, permet l'immersion complète de la branche *ikl* de la pipette. Quand l'on veut opérer, on commence par remplir de mercure jusqu'au niveau *l* l'une des pipettes qui servira de transvaseur ; puis on introduit la partie *kl* sous la cloche contenant le gaz à expérimenter. On aspire par l'autre extrémité de la pipette, ce qui fait pénétrer le gaz dans la boule B ; on descend *l*

Fig. 1010. — Eudiomètre de M. Doyère.

dans le mercure, on aspire encore, du mercure pénètre en *ikl*, et le gaz se trouve emprisonné dans l'instrument entre deux colonnes de mercure. On ferme avec le doigt l'extrémité qui a servi à aspirer ; on transporte la branche *kl* dans une éprouvette graduée placée sur le mercure, et l'on peut ainsi mesurer le gaz sur lequel on va opérer. On

reprend alors le gaz avec une pipette semblable contenant un liquide absorbant. si l'on veut opérer par absorption, ou ayant dans sa boule B deux fils de platine mastiqués, si l'on veut opérer par détonation. Dans l'endiomètre de M. Doyère, qui est formé, comme on le voit, d'un assez grand nombre de pièces distinctes, des précautions sont prises pour mesurer exactement le volume et la pression des gaz sur lesquels on opère.　　H. G.

EUFRAISE (Botanique). — Voyez EUPHRAISE.

EUGÉNIE (Botanique), *Eugenia*, Micheli ; dédié au prince Eugène de Savoie. — Genre de plantes *Dicotylédones dialypétales périgynes*, famille des *Myrtacées*, tribu des *Myrtées*. Caractères : calice à 4-5 lobes ; corolles, 4-5 pétales ; étamines nombreuses en plusieurs rangées, insérées sur un disque épigyne ; ovaire infère à 2 lobes ; baie globuleuse couronnée par le limbe du calice. Les espèces de ce genre, au nombre de près de deux cents, sont des arbres et des arbrisseaux de l'Amérique méridionale et de l'Asie. Leurs feuilles sont opposées, entières, ponctuées ; leurs fleurs sont blanches et leurs baies noires et rouges. L'*E. de Micheli* (*E. Michelis*, Lamk), appelé aux Antilles, où il est cultivé, *Cerisier de Cayenne*, a les baies cannelées, écarlates ; elles sont comestibles. L'*E. piment* (*E. pimenta*, de Cand. ; *Myrtus pimenta*, Lin.) est un arbre de 10 mètres, originaire des Antilles. Il fournit le piment ou *poivre anglais*. Plusieurs autres espèces intéressantes rentrent dans le genre *Jambosier* (*Jambosa*, Rumph.) (voyez ce mot).

EULOPHE (Zoologie), *Eulophus*, Geoff. ; du grec *eu*, bien, et *lophos*, aigrette. — Genre d'*Insectes*, de l'ordre des *Hyménoptères*, section des *Térébrants*, famille des *Chalcidiens*. Caractérisés par : un corps mince et long ; la tête plus courte que le corselet ; des antennes de dix articles terminées en massue ; des pattes moyennes et un abdomen presque linéaire. Ils sont petits, forment de nombreuses espèces, et leurs larves vivent en parasites sur d'autres insectes. L'*E. ramicornis*, Lat., de 0ᵐ,002, est vert brillant. Sa larve, qui est apode, vit aux dépens des chenilles.

EUMOLPE (Zoologie), *Eumolpus*, Latr. ; du grec *eumolpos*, harmonieux, à cause de son aspect gracieux. — Genre d'*Insectes*, de l'ordre des *Coléoptères*, section des *Tétramères*, famille des *Cycliques*, tribu des *Chrysomélines* (voyez ce mot), très-voisin du genre Gribouri ; il s'en distingue, d'après Latreille, par les derniers articles des antennes presque triangulaires, ou en forme de cône renversé et légèrement aplati. Ce genre a d'ailleurs subi des modifications par suite d'une étude plus approfondie des espèces qui y avaient été inscrites, et qui présentent entre elles des différences assez grandes. Chevrolat en a formé plusieurs genres nouveaux dont un a gardé le nom d'*Eumolpe*, mais ne contient que des espèces américaines.

L'insecte dont il est question plus loin, sous le nom d'*Eumolpe de la vigne*, rentre dans le genre *Bromius* de cet auteur, qui appartient de même à la tribu des *Chrysomélines*. Il a été adopté par la plupart des zoologistes, et entre autres par Dejean, qui y rapporte quatre espèces, dont deux des Indes Orientales et deux d'Europe, l'*Eumolpe obscure* et l'*Eumolpe de la vigne*.

EUMOLPE DE LA VIGNE (Agriculture), *Eumolpus vitis*, Fabr., ou *Bromius vitis*, Chevrolat. — C'est une espèce d'*Insecte coléoptère*, bien connue des vignerons sous les noms de *Bêche*, *Coupe-bourgeon*, *Piquebroc*, *Lisette*, *Gribouri de la vigne*, *Diablotin*, *Ecrivain*, qu'on lui donne selon les pays. Ce petit insecte, long de 0ᵐ,006, a le corps cylindrique avec le corselet noir, finement ponctué, et les élytres d'un rouge brun ; la tête, qui est très-petite, est presque cachée sous le bord antérieur du corselet, et porte des antennes filiformes, assez longues, formées de douze articles dont

Fig. 1011. — Eumolpe de la vigne

les huit premiers noirs comme le corselet et la tête, les quatre derniers rouge brun comme les élytres ; les pattes, les hanches, les cuisses et les tarses noirs avec les jambes rouges ; tout le corps est voilé d'un duvet grisâtre, assez court. Cet insecte vit sur la vigne, comme son nom l'indique, et y commet, à l'état de larve et à l'état parfait, des dégâts qui deviennent parfois funestes aux vignobles. Ses mœurs ont été étudiées par Audouin, et surtout dans ces derniers temps, par M. le baron Paul Thénard; ces deux observateurs avaient principalement en vue de reconnaître les moyens de combattre cet ennemi des vignobles. C'est au printemps, en avril et mai, que l'on trouve communément les eumolpes sur les premiers bourgeons de vigne qui viennent de s'épanouir. Ils viennent, en effet, de subir leur dernière transformation et montent sur les ceps pour se repaître et s'appareiller avant la ponte. A cette époque, ils se tiennent sous les feuilles dont ils rongent le parenchyme en y découpant des espèces de fentes étroites et contournées dont les nervures demeurées intactes rattachent seules les bords ; ces fentes ressemblent grossièrement

Fig. 1012. — Feuille de vigne attaquée par l'eumolpe.

dans leur ensemble à des caractères d'écriture, ce qui explique le nom vulgaire d'*Écrivain*, que donnent à l'insecte beaucoup de vignerons de la Bourgogne. Cette destruction d'une partie du parenchyme des feuilles encore jeunes ne saurait être quelque peu étendue sans que la vigne en ressente un préjudice sérieux. A la fin du printemps, les femelles d'eumolpes descendent déposer leurs œufs au pied des ceps, ou sous les feuilles les plus basses. Dix jours après, ces œufs donnent issue à de jeunes vers blancs, arrondis, qui se fixent au collet des pieds de vigne et passent l'hiver sous le sol, rongeant la surface des racines et dévorant les radicelles ou brins du chevelu. Ces dégâts, ajoutés à ceux de l'insecte parfait, rendent la vigne languissante ; ses feuilles se font remarquer par une coloration jaunâtre ; les pousses ne prennent aucune vigueur, se dessèchent ou avortent partiellement au lieu de donner les fleurs et les fruits qu'on en pouvait attendre. En outre, les mêmes dégâts reproduits d'année en année abrègent la vie de la plante et peuvent, suivant M. Thenard, la réduire d'un tiers. L'eumolpe peut donc devenir, en se multipliant, un fléau pour les vignobles, et c'est ce que savent trop bien les vignerons de la Bourgogne, du Languedoc, du Roussillon et des bords du Var, dont les plaintes ont fait tant de fois appel aux naturalistes et aux agronomes. On trouve assez communément l'eumolpe dans d'autres contrées viticoles, comme les coteaux d'Argenteuil, les vignes des environs de Paris, les treilles de Fontainebleau, et même les vignobles du Bordelais, sans qu'il ait sérieusement attiré l'attention des vignerons de ces pays. Pour compléter ces renseignements succincts sur les mœurs de l'eumolpe, il faut ajouter que, comme beaucoup de coléoptères des genres voisins, ce petit insecte, dès qu'il peut soupçonner quelque danger, se laisse tomber des feuilles qu'il est en train de dévorer sur la terre où il reste quelque temps faisant le mort, les membres ramassés, et se confondant par ses couleurs avec les petites boules de terre qui l'environnent, ou, se glissant sous la face inférieure des feuilles qui touchent la terre, il s'y tient caché fort

longtemps. Sa défiance est extrême, le moindre bruit suffit pour l'éveiller.

Les moyens de destruction imaginés contre l'eumolpe de la vigne reposent nécessairement sur la connaissance de ses mœurs, et s'attaquent à l'insecte parfait ou à la larve. Les eumolpes à l'état parfait étant beaucoup plus apparents que les vers tapis au pied des ceps, les vignerons se sont attachés à pratiquer une sorte de chasse au printemps, et Audouin a décrit celle qu'il a vu faire dans le Mâconnais : « On place ordinairement sous les ceps une corbeille d'environ 2 pieds (0ᵐ,66) de diamètre ; en même temps, un ouvrier imprime au cep de petites secousses brusques qui font tomber les *écrivains* dans le panier qu'on a garni de quelques feuilles fraîches, auxquelles ils s'attachent lorsqu'ils reprennent leurs mouvements. On les tue ensuite en les jetant dans l'eau bouillante. On recueillit ainsi très-promptement, dans le vignoble du bois de Loize, près d'un million d'eumolpes.» Audouin signale ensuite, comme plus convenable que la corbeille du Mâconnais, un appareil qu'il a vu employer aux environs de Montpellier ; c'est une sorte d'entonnoir en fer-blanc, très-évasé et muni sur un côté d'une échancrure en fente, où l'on peut introduire le pied de vigne ; la partie rétrécie de l'entonnoir est fermée par un petit sac de toile où se recueillent les eumolpes. On peut d'ailleurs modifier à son gré et selon ses besoins le récipient où viennent tomber les insectes ; le procédé, au fond, est toujours le même, mais il est d'une pratique plus ou moins prompte, plus ou moins efficace. Ainsi on peut se contenter, comme le faisait M. Delarose (de Saint-Laurent) pour chasser les altises, de recueillir les eumolpes au moyen d'une tablette en zinc ou en fer-blanc, de 0ᵐ,60 de longueur sur 0ᵐ,40 de largeur ; à bords légèrement relevés, pour retenir un corps gras dont on l'enduit, et où les insectes demeurent attachés, et de présenter successivement cette palette à chaque pied de vigne que l'on secoue. Un précepte important de cette chasse aux eumolpes révèle en même temps un curieux trait de leurs mœurs ; on est obligé de prendre grand soin de marcher, en y procédant, de façon à projeter son ombre sur les pieds de vigne que l'on vient de nettoyer, car il suffirait de cette ombre sur les pieds encore intacts pour effrayer beaucoup de ces petits animaux qui se cacheraient à terre et échapperaient au chasseur.

La destruction des eumolpes à l'état parfait est un moyen plus facile, mais moins avantageux que la destruction des larves, car il s'attaque à l'insecte après lui avoir laissé tout le temps de commettre une part considérable du dégât : il me semble préférable de faire périr les larves au pied des ceps dès le premier éveil de la végétation. C'est ce que paraît réaliser d'une façon satisfaisante la méthode récemment mise en œuvre par M. le baron P. Thenard. « Dans ma pratique, dit-il, je me suis arrêté aux tourteaux de colza et de navets, préparés à une température maximum de 80° cent., et avec le moins d'eau possible (1 ou 2 p. 100 au plus). Chaque année, le tiers du domaine en reçoit 1 200 kilogrammes par hectare. Le tourteau, préalablement réduit en poudre sous des meules d'huilerie, est employé du 15 février au 15 mars, au moment où on commence à donner le premier coup à la vigne. Chaque vigneron en emporte tous les matins dans sa hotte 50 kilogrammes pour ₁⁄₄ d'hectare. Il est essentiel que le tourteau soit semé par petites portions et pioché aussitôt ; sans cette précaution, en effet, restant longtemps en contact avec l'humidité du sol, il pourrait perdre dans l'atmosphère la plus grande partie de l'*essence de moutarde* qu'il est susceptible de donner. Dès lors, il n'agirait plus que comme engrais. » C'est, en effet, l'essence de moutarde contenue dans les tourteaux qui tue les larves, et voilà pourquoi il ne faut pas trop d'eau, et pourquoi la température à laquelle ils ont été chauffés ne doit pas excéder 80°. A ces deux conditions seulement, l'huile essentielle de moutarde sera demeurée intacte. Voici quelques chiffres donnés par M. Thenard, pour faire juger des résultats obtenus par lui au point de vue agricole, le prix moyen des 1 000 kilogrammes de colza étant de 11ᶠ,50 :

Produit moyen annuel de 1 hectare de vignobles
(à 40 fr. la pièce de vin).

Hectare non assaini au tourteau	480 fr.
Hectare assaini	580
Accroissement de produit	100
Dépense annuelle par hectare pour achat de tourteau	46
Bénéfice moyen annuel par hectare	54 fr.

Ces chiffres se rapportent aux faits observés par M. Thénard, en Bourgogne (département de la Côte-d'Or); je les cite ici comme des renseignements fournis par l'expérience.

On pourra consulter sur l'eumolpe de la vigne : Audouin, *Insect. nuis. à la vigne*; — Paul Thénard, *Journal d'agric.* Ad. F.

EUMÈNE (Zoologie), *Eumenes*, Fab. ; du grec *eumenès*, doux. — Genre d'*insectes*, de l'ordre des *Hyménoptères*, section des *Porte-aiguillon*, famille des *Diploptères*, tribu des *Guépiaires*, se distinguant par : un corps très-élancé; des mandibules formant un bec long et étroit; des antennes filiformes; des ailes supérieures à cellule radicale, et le premier segment abdominal en forme de pédicule. Ils sont de taille moyenne et vivent isolés dans les pays chauds. L'espèce type, qui habite le midi de la France, est l'*E. étranglée* (*E. coarctata*, Fab.), noire avec des lignes jaunes. Les autres espèces sont peu nombreuses.

EUMÉRODES (Zoologie). — Famille établie par Duméril pour les reptiles Sauriens, que Cuvier a compris dans les familles des *Lacertiens*, des *Iguaniens* et des *Geckotiens*.

EUNICE (Zoologie), *Eunice*, Cuv. — Genre d'*Annélides errantes*, de l'ordre des *Dorsibranches*, famille des *Euniciens*. Leur corps est linéaire et presque cylindrique, composé d'anneaux très-courts et très-nombreux; parfois 400. Ils ont cinq grandes antennes et une tête distincte avec deux yeux. L'*E. de Harasse* (*E. Harassii*, Edw.) porte des cirrhes tentaculaires derrière la nuque. L'*E. sanguine* (*E. sanguinea*, Cuv.), d'un rose vineux, vit dans des tubes sablonneux et se brise par la violence de ses contractions, quand on la saisit. L'*E. française* (*E. gallica*, Aud.), très-petite, se trouve sur les coquilles d'huître. L'*E. géante* (*E. gigantea*, Cuv.) est la plus grande des annélides connues; elle a plus de 1m,25 de long, et habite la mer des Indes. Les espèces précédentes vivent dans les eaux de la Manche.

EUNICÉE (Zoologie), *Eunicea*, Lamou. — Genre de *Zoophytes*, de la classe des *Polypes*, ordre des *P. à polypiers*, famille des *P. corticaux*, tribu des *Cératophytes*, du grand genre *Gorgonia*, de Lin.). Ses caractères principaux sont : polypier rameux et arborescent; écorce cylindrique, parsemée de mamelons saillants d'où sortent les polypes rétractiles et à tentacules allongés, avec des branches à rameaux épais. Ils sont d'un fauve rougeâtre, et vivent attachés aux rochers ou à des corps marins. On en connaît une dizaine d'espèces particulières aux régions intertropicales. Telle est l'*E. antipate des Indes* (*Gorgonia antipathes*, Seb.).

EUPATOIRE (Botanique), *Eupatorium*, Tourn.; d'*Eupator*, roi de Pont, qui, le premier, mit en usage une des espèces. — Genre de plantes *Dicotylédones gamopétales périgynes*, famille des *Composées*, type de la tribu des *Eupatoriacées* et de la sous-tribu des *Eupatoriées*. Les eupatoires, au nombre d'une centaine d'espèces, sont des plantes à feuilles le plus souvent opposées, à capitules de fleurs violacées, et disposés en corymbes ou en panicules. Ils habitent particulièrement les régions tempérées de l'Amérique. La seule espèce qui croisse en Europe, et qu'on trouve abondamment aux environs de Paris, est l'*E. chanvrin* (*E. cannabinum*, Lin.), ainsi nommé à cause de ses feuilles qui ressemblent à celles du chanvre. C'est une jolie herbe vivace qui croît dans les endroits humides, au bord des étangs. Ses tiges sont striées ; les segments de ses feuilles sont lancéolés, terminés en pointe, et ses fleurs sont d'un pourpre pâle, quelquefois blanches ; ses akènes ont 5 angles peu prononcés. Les racines de cette plante, aromatiques, à saveur piquante et amère, ont été jadis employées comme purgatives. Ses feuilles ont passé pour apéritives vulnéraires. L'eupatoire chanvrin fournit une teinture noire, quand on le traite par le sulfate de fer; elle est jaune par l'alun. Parmi les autres espèces d'eupatoires, la plus importante est l'*Aya-pana* (voyez ce mot). On cultive dans les parterres l'*E. pourpré* (*E. purpureum*, Lin.), plante du Canada, qui produit un effet agréable par ses tiges pourpres et ses fleurs purpurines. Caractères du genre : capitules multiflores; réceptacle nu ; involucre à écailles sur une, deux ou plusieurs séries ; corolle dilatée à la gorge ; anthères non saillantes ; akènes anguleux ou striés ; aigrettes à soies scabres. G — s.

EUPATOIRE (AIGREMOINE) (Botanique). — Voyez AIGRE-MOINE.

EUPHORBE (Botanique), *Euphorbia*, Lin.; dédiée à Euphorbe, médecin de Juba, second roi de Mauritanie, qui, le premier, employa une des espèces. — Genre de plantes *Dicotylédones dialypétales hypogynes*, type de la famille des *Euphorbiacées*, tribu des *Euphorbiées*. Les euphorbes, dont on connaît près de quatre cents espèces, sont des plantes à suc laiteux, âcre, très-abondant dans toutes leurs parties. Leur tige, ordinairement herbacée, est, dans un certain nombre d'espèces, charnue comme celle des cactées. Leurs feuilles sont alternes ou nulles. Ces plantes habitent principalement les régions tempérées de l'hémisphère boréal. Parmi les espèces épineuses, on distingue l'*E. des anciens* (*E. antiquorum*, Lin.), ainsi nommée parce qu'elle a été regardée comme l'espèce dont les anciens faisaient autant d'usage.) Sa tige anguleuse, portant des épines brunâtres, s'élève à 2-3 mètres. Ses fleurs, très-petites, sont jaune-verdâtre. Elle croît en Égypte et dans les Indes orientales. Le suc de cette plante est très-vénéneux, et la gomme-résine qu'on en obtient, nommée *Euphorbium*, constitue un violent purgatif. La vapeur qui s'en exhale cause une grande irritation à la muqueuse des fosses nasales. On retrouve les mêmes propriétés dans certaines espèces voisines. L'*E. officinale* (*E. officinarum*, Lin.) a la tige munie de 9-10 angles, et manque de feuilles. Ses épines sont géminées, coniques et très-dures. Le suc de cette espèce, connu dans le commerce sous le nom de *gomme d'euphorbe*, lorsqu'il est concrété, est de la même nature que celui de l'espèce précédente. Parmi les euphorbes charnues et sans épines, on cultive pour l'ornement l'*E. tête de Méduse* (*E. caput Medusæ*, Lin.). Ses tiges épaisses poussent plusieurs jets latéraux et se tortillent. On les a comparées ainsi aux serpents de la tête de Méduse. Cette espèce croît au cap de Bonne-Espérance. L'*E. épurge, grande Ésule* (*E. lathyris*, Lin.) a la tige glauque, haute de 1 mètre environ. C'est une plante dont le suc laiteux, très-abondant, a été employé quelquefois à l'extérieur contre les maladies de la peau. Ses graines contiennent une huile très-purgative qui pourrait être employée comme l'huile de *croton*, mais à plus haute dose. L'*E. characias*, Lin. (du grec *charax*, palissade, parce qu'on s'en servait pour les clôtures), a les tiges nombreuses, arrondies, velues; les feuilles coriaces, linéaires, lancéolées, aiguës. Les appendices de ses involucres sont rouge-brun. Cette espèce se trouve dans la région méditerranéenne. Pour les autres espèces indigènes (que l'on trouve aux environs de Paris), voyez TITHYMALE, RÉVEILLE-MATIN.

Caractères du genre : fleurs monoïques, les mâles et les femelles réunies dans le même involucre; involucre (considéré comme calice par Linné) divisé en 4-5 lobes entiers ou frangés ; appendices extérieurs (pétales de Linné) glanduleux, pétaloïdes, quelquefois bicornes; fleurs mâles accompagnées d'une bractée; une étamine articulée sur un pédicule ; fleurs femelles : pédicule accompagné quelquefois d'un calice très-court, et terminé par un ovaire à 3 loges et 8 styles bifides, avec 6 stigmates; capsule longuement pédonculée, à 3 coques, à déhiscence élastique. G — s.

EUPHORBIACÉES (Botanique). — Famille de plantes *Dicotylédones* (voyez EUPHORBE), qui a pour caractères :

Fig. 1013.   Fig. 1014.

Organes de la fructification d'une euphorbiacée (euphorbe des marais).

fleurs monoïques ou dioïques ; calice à 4-5-6 lobes, quelquefois nul, muni intérieurement d'appendices glanduleux ou écailleux ; pétales en nombre égal à celui des sépales ou nuls ; étamines à anthères extrorses ; ovaire supère à 2-3 loges ou plus ; ovules solitaires ou géminés pendants ; fruit

1014. Inflorescence dont on a ouvert et écarté l'involucre pour montrer la situation des fleurs qu'il renferme. — *g*, *g*, Lobes glanduleux alternant avec autant de divisions. — *b*, *b*, Lames membraneuses ou bractées à la base des fleurs. — *fm*, *fm*, Fleurs mâles, consistant chacune en une étamine. — *ff*, Fleur femelle centrale.

1015. Une fleur mâle séparée. — *b*, Bractée. — *p*, Pédicelle. — *f*, Filet articulé sur le pédicelle. — *a* Anthère.

ordinairement capsulaire, chaque péricarpe partiel se séparant avec élasticité en 2 coques, ou quelquefois indéhiscent; graines accompagnées d'arille. Les euphorbiacées sont des végétaux à suc laiteux, à feuilles stipulées, à fleurs ordinairement accompagnées de bractées. Ces plantes, dont on connaît environ quinze cents espèces, habitent les régions chaudes situées entre les tropiques, principale-

Fig. 1017.   Fig. 1016.

Fig. 1019.   Fig. 1018.   Fig. 1015.

ment en Amérique. Au sud de l'Afrique, les espèces qu'on y trouve sont des plantes grasses. En Europe, le nombre des euphorbiacées s'élève à peu près à cent cinquante. C'est dans cette famille (genre *Croton*) que se trouvent les purgatifs les plus violents. Le suc laiteux des euphorbiacées est âcre et caustique. L'endosperme de la graine est drastique dans le ricin. On ne tire parti pour l'alimentation que du manioc (voyez ce mot) (*jatropa*). Genres principaux : *Euphorbe* (*Euphorbia*, Lin.); *Excœcaria*, Lin.; *Hura*, Lin.; *Mercurialis*, Lin. ; *Manioc, Cassave* (*Jatropa*, Kunth) ; *Buis* (*Buxus*, Tourn.). — Travaux monographiques: Adrien de Jussieu, *De euphorbiaceis* (1824); Ræper, *Enum. euphorb.* (1824). — Baillon, *Etud. du groupe des Euphorbiac.*, 1 vol. gr. in-8°. Atlas, Paris, 1858.   G — s.

EUPHOTIDE (Minéralogie). — Roche composée, formée de diallage et de feldspeth labrador. Ces deux substances sont en gros grains que l'on peut distinguer aux caractères suivants : le diallage est cristallisé et lamelleux ; le feldspath, au contraire, a une cassure esquilleuse ; sa teinte varie du blanc grisâtre au bleu ou au vert. Le minéral le plus fréquent dans cette roche est le talc ; il s'y rencontre à l'état de petites lamelles qui, pénétrant l'élément feldspathique, s'en distinguent difficilement à la vue; mais, pour les faire apparaître, il suffit de chauffer la roche; par la calcination, elles deviennent brunes, tandis que le feldspath conserve sa couleur primitive. L'euphotide se rencontre en Corse, dans les Alpes, au mont Genèvre. On la trouve aussi dans les Vosges; elle contient alors du fer carbonaté.

EUPHRAISE, EUFRAISE (Botanique), *Euphrasia*, Lin.; du grec *euphrainô*, je charme; allusion à la vertu ophthalmique qu'on attribuait à une des espèces.—Genre de plantes *Dicotylédones gamopétales hypogynes*, famille des *Scrophularinées*, tribu des *Rhinanthées*. Caractères : corolle à 2 lèvres, l'une supérieure, large, bilobée, l'autre inférieure, étalée, trifide; anthères à lobes terminés en une pointe; capsule à 2 loges contenant de nombreuses graines. Les espèces de ce genre sont des herbes à feuilles dentées et à fleurs en épis unilatéraux. Elles habitent les régions tempérées, principalement de l'hémisphère austral. L'espèce la plus importante est l'*E. officinale* (*E. officinalis*, Lin.), nommée vulgairement *Casse-lunettes, Langeote, Luminet*. Ses fleurs sont blanches, veinées de rose et marquées d'une tache jaune qui, ressemblant à un œil, lui a valu autrefois sa réputation de plante ophthalmique.

EUPODES (Zoologie), du grec *eu*, bien, et du génit. *podos*, pied.— Famille d'*Insectes*, ordre des *Coléoptères*, section des *Tétramères*, à corps oblongs, remarquables surtout par des cuisses très-développées et caractérisés en outre par : des antennes filiformes insérées devant les yeux, les articles des tarses tous garnis de pelotes, sauf le dernier et l'abdomen grand. Ils sont ailés et se tiennent souvent sur les tiges des plantes et surtout des liliacées. Latreille divise cette famille en deux tribus : les *Sagrides* et les *Criocérides*.

EURITE (Minéralogie). — Roche composée, formée de

1016. Fleur femelle. — *p*, Sommet du pédicelle qui la porte. — *c*, Calice. — *o*, Ovaire. — *s*, Stigmates.
1017. Une coque *c* séparée, vue du côté interne. On aperçoit la graine *g* à travers l'ouverture par laquelle pénétraient ses vaisseaux nourriciers.
1018. Coque séparée, après la déhiscence et l'émission de la graine.
1019. Graine.
1020. La même coupée verticalement. — *t*, Téguments. — *p*, Périsperme. — *e*, Embryon.

trois éléments, quartz, feldspath et mica. Sa composition est la même que celle du granite; mais le grain est très-fin et les éléments indiscernables à la vue. Le mica y est un peu moins abondant que dans les granites. On y trouve quelquefois des tourmalines.

EURYALE (Zoologie), *Euryale*, Lamk; nom emprunté à l'antiquité héroïque. — Genre de *Zoophytes*, de la classe des *Echinodermes*, ordre des *E. pédicellés*, famille des *Etoiles de mer* ou *Astéries*; les euryales sont, en effet, des étoiles de mer, à cinq branches; mais chacune de ces branches se divise de façon à offrir une disposition arborescente, souvent fort compliquée. Cette ramification est assez déliée dans l'une des espèces pour former autour du corps de l'animal une sorte de chevelure à forme de serpents, qui a valu à cette espèce le nom de *Tête de Méduse*. On la trouve dans la Méditerranée, et Rondelet l'a décrite sous le nom d'*Astérie arborescente*. D'autres espèces ont été cueillies dans la mer des Indes, sur les diverses côtes de l'Amérique, et dans l'océan Pacifique.

Ce même nom d'*Euryale* a été donné par Péron à deux espèces de *Méduses* des mers du Sud.

EURYALE (Botanique), *Euryale*, Salisb. — Genre de plantes *Dicotylédones dialypétales hypogynes*, famille des *Nymphæacées*. Ce sont des plantes aquatiques, herbacées, armées d'aiguillons, à feuilles grandes, nageantes, orbiculaires, peltées, à fleurs bleues purpurines. L'*E. féroce* (*E. ferox*, Salisb.) est du Népaul et de la Chine, où on le cultive à cause de son rhizome qui est comestible et de ses graines rafraîchissantes, renfermées dans une baie ovoïde.

EURYLAIME (Zoologie), *Eurylaimus*, Horsefield; du grec *eurys*, large, et *laimos*, gosier. — Genre d'*Oiseaux*, de l'ordre des *Passereaux*, famille des *Dentirostres*, voisin des coqs de roche, propres à l'archipel des Indes. Ils ont, comme les manakins et les coqs de roche, deux doigts extérieurs réunis sur un tiers de leur longueur; mais ils sont surtout caractérisés par un bec très-fort, très-déprimé, démesurément large, avec une pointe un peu crochue et légèrement échancrée, plus court que la tête et très-fendu. Leurs ailes sont assez courtes, et leurs pieds robustes, à ongles forts. Leur forme générale est lourde et ramassée; mais leur plumage est à fond noir éclatant et varié de couleurs vives; tous ont un collier de couleur très-tranchée. Ils sont insectivores et se tiennent sur les bords des lacs et des rivières, suspendant leurs nids aux branches de la rive. L'espèce type est l'*E. de Java* (*E. javanius*, Horsef.), long de 0ᵐ,30, à dos, tête, ailes et collier noirs, et ventre rosé. Il vit à Sumatra et à Java. Il y en a encore environ huit espèces.

EURYNOME (Zoologie), *Eurynomius*, Penn. — Genre de *Crustacés*, ordre des *Décapodes*, famille des *Brachyures*. Ils ont pour caractères : une carapace bosselée ayant à sa base une forme triangulaire; un rostre triangulaire divisé en deux cornes également triangulaires ; des yeux petits ; le troisième article des pattes-mâchoires fortement développé en dehors ; un abdomen de sept articles. On n'en connaît qu'une espèce, l'*E. rugueux* (*E. aspera*, Penn.), qui vit à une grande profondeur sur les côtes de France et d'Algérie.

EVACUANTS (Matière médicale). — Médicaments dont l'administration donne lieu à la sortie, à l'expulsion d'une humeur ou d'une autre matière plus ou moins liquide. Les évacuants peuvent être divisés en plusieurs classes : 1° les *émétiques* qui provoquent le vomissement; 2° les *purgatifs* dont l'effet est d'amener des évacuations alvines; 3° les *diurétiques* qui augmentent la sécrétion des urines ; 4° les *sudorifiques* ou *diaphorétiques* qui excitent la transpiration et la sueur ; 5° les *expectorants* qui ont pour but de provoquer l'excrétion des crachats, etc. L'effet que l'on attend de chacun de ces médicaments, c'est de développer l'activité, d'accélérer le mouvement de l'appareil organique et de provoquer une augmentation dans la sécrétion normale qui s'y effectue. En étudiant cette action, le médecin borne trop souvent son attention à observer ce qui se passe sur un point isolé du corps, il ne considère que ce qui a trait à l'évacuation qu'il a en vue, les autres effets produits par le médicament lui sont indifférents; cependant ces phénomènes, qu'on pourrait appeler secondaires, ont leur importance, dont il faut tenir compte, bien loin de les négliger, avec d'autant plus de raison que quelquefois l'effet principal que l'on attendait n'a pas lieu, et qu'il s'en produit un autre; il ne faut donc pas trop s'attacher à la distinction que, d'après les auteurs, nous avons établie plus haut.   F—N.

EVANIALES (Zoologie), *Evaniales* Latr.— Tribu d'*Insectes* de l'ordre des *Hyménoptères*, famille des *Pupivores*. Ils ont des antennes sétacées de treize ou quatorze articles ; des mandibules dentées ; les pattes postérieures longues, à tibias renflés ; les ailes courtes, veinées ; l'abdomen est porté sur un pédicule distinct, inséré très-haut sur le thorax, en sorte que l'insecte semble mutilé. A la suite de l'abdomen vient un corps ovale très-comprimé, plus petit que la tête. Ils sont généralement noirs et petits, et leurs larves vivent en parasites sur d'autres insectes. Cette tribu comprend les genres *Fœne, Evanie, Pélécine, Aulaque, Paxyllommes.*

EVANIES (*les*) (voyez EVANIALES) se distinguent par des antennes coudées, un abdomen très-petit, comprimé, pédiculé brusquement à sa naissance. L'*E. appendigastre*, du midi de la France, et de l'Europe, longue de 0^m,009 est entièrement noire. L'*E. naine*, beaucoup plus petite, est des environs de Paris.

EVANOUISSEMENT (Médecine), du latin *evanescere*, s'évanouir. — Ce mot est synonyme de *lipothymie* et *syncope* (Voyez ces mots).

EVAPORATION (Chimie). — Transformation d'un liquide en vapeur au contact de l'air. L'évaporation se fait à la surface même du liquide, ce qui la distingue de l'ébullition ; elle est généralement très-lente, au moins pour l'eau, mais sa rapidité peut être accrue dans des proportions considérables. Dans le vide, l'évaporation serait instantanée ; la présence de l'air, loin de la produire, lui fait obstacle. La couche d'air, immédiatement en contact avec le liquide, se charge promptement de vapeur ; mais, pour qu'une nouvelle vapeur puisse se former, il faut que la première se soit infiltrée entre les particules du gaz et ait quitté la surface. C'est cette diffusion qui est lente et que l'on peut favoriser par l'agitation de l'air. L'évaporation est d'autant plus rapide, que l'air est plus agité. Elle l'est d'autant plus encore, que l'air au milieu duquel a lieu contient moins de vapeur, ou qu'il est plus sec et qu'il pourrait en contenir davantage, ou qu'il est plus chaud. L'élévation de température du liquide accélère son évaporation qui devient d'autant plus active, que le liquide est plus près de son point d'ébullition. Aussi, l'éther, qui bout à une température très-basse, disparaît-il très-rapidement. Enfin, l'évaporation croît avec l'étendue de la surface par laquelle elle a lieu.

Toute évaporation donne du froid (voyez FROID [*Sources de*]).

EVAUX (Médecine, Eaux minérales). — Petite ville de France (Creuse), arrondissement et à 23 kilomètres N.-E. d'Aubusson, où l'on trouve huit sources minérales sulfatées sodiques ; température, 26° à 55° centigrades. Elles contiennent entre autres sels 0^{gr},71 de sulfate de soude, 0^{gr},16 de chlorure de sodium, 0^{gr},11 de bisilicate de soude. Employées surtout dans les rhumatismes chroniques. Il y a un établissement bien tenu.

ÉVENT (Zoologie). — On donne ce nom à une disposition particulière des narines qui caractérise la famille des *Mammifères cétacés* nommés *Souffleurs ;* ce nom est précisément dû à la faculté que leur donne la disposition dont il s'agit de rejeter l'eau par un ou deux orifices situés à la face supérieure de la tête (voyez CÉTACÉS, BALEINE, SOUFFLEURS.

On donne encore le nom d'*évent* à un petit appareil propre à l'introduction de l'eau dans les cavités olfactives, qui se voit à la face supérieure de la tête des raies et de plusieurs poissons du genre *Squale.*

ÉVENTAIL (Sciences naturelles). — Nom donné à quelques espèces d'animaux ou de plantes d'après leurs formes étalées en secteur circulaire ; on peut citer, parmi les animaux : l'*Éventail*, poisson du genre *Coryphène ;* une coquille du genre *Vénus ;* l'*É. de mer*, espèce de *Polypier* du genre *Antipathe.* — Parmi les plantes : le *Palmier éventail* ou *Palmier nain* (voyez PALMIER).

EVIAN (Médecine, Eaux minérales). — Petite ville de France (Haute-Savoie), arrondissement et à 10 kilom. E.-N.-E. de Thonon, sur le lac de Genève. Il y a deux sources minérales bicarbonatées mixtes ; température, 12° centigr. Elles contiennent en moyenne, environ 0^{gr},20 de bicarbonate de chaux et 0^{gr},02 de bicarbonate de soude ; cette faible minéralisation ne peut expliquer l'efficacité de ces eaux, et nous rappellerons ici ce que nous avons dit ailleurs que la chimie, malgré ses immenses services, ne rend pas compte de tout ce qu'il y a dans les eaux minérales. En effet, il est bien prouvé qu'elles sont prescrites avec grand succès dans certaines affections chroniques du canal digestif et surtout des voies urinaires : ainsi les gastralgies, les dyspepsies ; les catarrhes de la vessie, les coliques néphrétiques, etc. On les prend en bains et surtout en boisson sur place. Il y a plusieurs beaux établissements.

ÉVOLUTION (Physiologie), du latin *evolutio*, développement. — Ce mot s'emploie souvent, dans l'histoire des êtres vivants, comme synonyme de *développement.* On a spécialement appliqué ce nom à une théorie de la production des êtres dans laquelle on suppose que tout être vivant existe en germe infiniment petit dans le sein de son parent avant le moment où il est engendré et que sa production au monde est un simple développement par accroissement de ce germe *préexistant.* Cette théorie a eu un grand crédit jusque dans les premières années de ce siècle sous le nom de *théorie de la préexistence des germes.* On lui a opposé depuis la théorie de l'*épigénèse* (voyez REPRODUCTION).

ÉVONYMUS (Botanique). — Voyez FUSAIN.

ÉVULSION (Chirurgie), du latin *evello*, j'arrache. — Mode d'opération chirurgicale qui a pour but d'arracher une partie quelconque du corps devenue corps étranger soit par suite d'une maladie, soit par l'action d'une cause externe. Ainsi on extrait les esquilles d'un os fracturé, les cils, les poils, les ongles, dans certaines maladies, etc.

EXACERBATION (Médecine), *exacerbatio*, action d'irriter, d'aggraver. — Ce mot désigne l'augmentation ou l'accroissement des symptômes d'une maladie surtout par crises régulières ou irrégulières.

EXANTHÈME (Médecine), du grec *exan'hema*, efflorescence. — On appelle ainsi « une phlegmasie principalement caractérisée par l'accumulation morbide du sang dans les vaisseaux capillaires de la peau (sans développement persistant de papules, de pustules, de vésicules ou de tubercules), se terminant par résolution ou déliquescence, et le plus souvent suivie de l'exfoliation de l'épiderme. Tels sont l'*érythème*, la *roséole*, la *rougeole*, la *scarlatine*, l'*urticaire.* » (Rayer, *Dict. de médecine.*) Ce n'est guère que depuis Willan et Bateman que ce mot a pris une signification aussi précise : ainsi, dans Hippocrate, il n'a point un sens déterminé ; on y trouve confondus sous ce nom le lichen, la lèpre, etc. Cette confusion s'est continuée jusqu'à nos jours, et M. Rayer, en donnant de ce groupe de maladies la définition que nous avons transcrite plus haut, n'a fait qu'adopter en grande partie la classification de Willan.

EXCÆCARIA (Botanique), *Excœcaria*, Lin. ; du latin *excœco*, j'aveugle : le suc laiteux de ces plantes produit une très-vive irritation dans les yeux. — Genre de plantes de la famille des *Euphorbiacées*, tribu des *Hippomanées.* Il comprend des arbres et des arbrisseaux de l'Asie et de l'Amérique tropicales. Leurs feuilles sont alternes, dentées ou crénelées. Leurs fleurs sont dioïques ou monoïques, disposées en épis axillaires. L'*E. sylvestre* (*E. sylvestra*), nommé *Calambac* ou *Bois d'aloès des Mexicains*, est un arbre dont le bois brun-verdâtre et odorant sert à faire différents objets de marqueterie. L'*E. agalloche* (*E. agallocha*, Lin.) est un arbre des Indes dont le bois, d'une saveur amère, répand, lorsqu'on le brûle, une odeur aromatique agréable, dont il ne donne aucun indice avant d'être brûlé ; on le connaît sous les noms vulgaires de *Bois d'aloès, B. d'agalloche, B. de Calambac.* La plante fraîche contient un suc âcre à l'excès, dont l'action sur les yeux est capable, comme l'indique le nom du genre, de faire perdre la vue. Les noms vulgaires cités plus haut, se donnent aussi à d'autres plantes, ainsi à l'*Aquilaire* (voyez ce mot.)

EXCENTRICITÉ. — Voyez ELLIPSE.

EXCENTRIQUES (Géométrie, Mécanique). — Les excentriques sont des organes qui servent à la transformation d'un mouvement circulaire continu en un mouvement rectiligne alternatif, et quelquefois à la transformation d'un mouvement circulaire continu en un mouvement circulaire alternatif.

Il n'y a guère de machine un peu compliquée qui ne renferme dans ses éléments un ou plusieurs excentriques. Cela vient de la commodité que présente l'usage de ces organes et de la continuité de l'action qu'ils servent à produire. C'est surtout grâce à leur emploi qu'on a pu construire ces machines si puissantes et si merveilleuses, qu'une fois lancées elles se passent presque de l'intelligence de l'ouvrier pour exécuter des travaux qui étonnent par leur précision et leur régularité.

Voici en quoi consistent généralement les excentriques destinés à transformer le mouvement circulaire en mouvement rectiligne alternatif. C'est une courbe solide tournant autour d'un axe O qui n'est pas au centre de fi-gure. Si une barre C (*fig.* 1020) guidée à l'une de ses extré-mités est appuyée par l'autre contre la courbe, il est clair que le mouvement de l'excentrique déplacera plus ou moins la barre, suivant que le point de l'excentrique où la barre s'appuiera sera plus ou moins éloigné du centre; ainsi on voit très-bien d'après la figure que le maximum d'a-baissement de la barre cor-respondra au point A, qu'elle s'élèvera successivement lors-qu'elle touchera les points v, m, n, v' pour atteindre son maximum d'élévation au point B.

L'excentrique seul ne pro-duirait qu'un mouvement d'é-loignement; pour que le mou-vement soit alternatif, on se sert d'un ressort qui replace la barre dans sa première posi-tion ou la maintient toujours pressée contre l'excentrique. Quelquefois cette force de res-

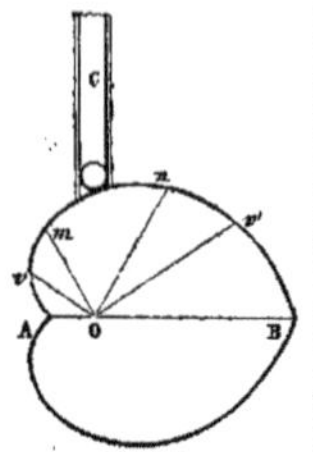

Fig. 1020.— Excentrique en cœur.

sort est puisée simplement dans le poids de la barre, lors-que cette barre est placée verticalement, ou bien dans l'action d'un autre excentrique qui commence à agir en sens inverse quand le premier finit.

Pour éviter des frottements trop considérables de l'extré-mité de la barre contre l'excentrique, frottements qui exigeraient une plus grande dépense de force pour le jeu de l'appareil, on munit ordinairement l'extrémité de la barre de galets; le frottement est alors un frottement de roulement qui oppose une résistance beaucoup moindre.

L'étendue totale du mouvement rectiligne communiqué à la barre est évidemment la différence entre la plus grande et la plus petite distance du centre de l'axe au contour de l'excentrique. Il est évident que la nature du mouvement rectiligne produit, dépend de la manière dont varie la distance du centre de l'axe au point de contact avec la barre; si cette distance varie rapidement, le mouvement sera rapide; si elle varie lentement, le mou-vement sera lent. L'excentrique que représente notre fi-gure est un excentrique en cœur. On voit aisément que pendant une révolution de l'axe, la barre exécutera un double mouvement dans le sens vertical. On pourrait, en employant une courbe à plusieurs branches, obtenir au-tant de périodes qu'on le voudrait pendant une révolu-tion de l'axe ; mais il conviendrait dans ce cas, à cause de la rapidité même du mouvement de la barre, de pren-dre des précautions spéciales pour éviter les chocs.

Il est facile de voir comment, étant donné le mouve-ment qu'on veut obtenir, la forme de l'excentrique qui le produira sera déduite par une construction géométri-que très-simple.

Soit O le centre de l'axe de rotation de l'excentrique, et AB la position initiale de la barre à pousser, et sup-

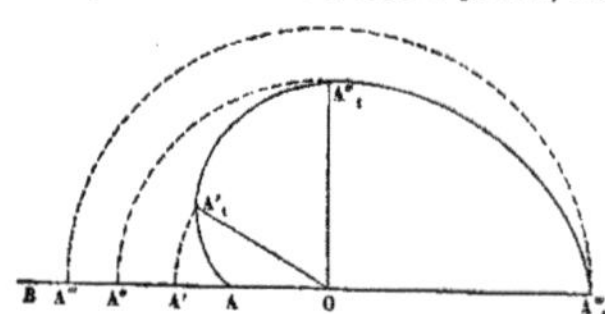

Fig. 1021. — Construction du profil de l'excentrique.

posons que A', A″, A‴, etc., soient les positions que prendra le point A par suite du mouvement qu'on doit produire au bout des temps t', t'', t'''.

Admettons que ces temps soient des fractions connues du temps employé par l'axe à faire une révolution entière, comme l'axe tourne d'un mouvement uniforme, l'angle que forme un rayon quelconque de l'excentrique avec le rayon OA est proportionnel au temps qui s'écoulera jus-qu'à ce que ce rayon soit venu sur la direction OA. La connaissance de la vitesse angulaire de l'axe et celle des temps t', t'', t''', suffisent donc pour déterminer la posi-tion des rayons OA'_1, OA''_1, etc., de l'excentrique qui viennent au bout des temps t', t'', t''', etc., agir sur la

barre. La forme de l'excentrique sera par là même dé-terminée.

Supposons, par exemple, que le mouvement cherché soit uniforme, que f (*fig.* 1022) soit la position extrême de A, que l'axe fasse un tour entier en douze secondes; au bout d'une seconde, l'axe a tourné du douzième de quatre angles droits, au bout de deux secondes de deux douzièmes, etc., et au bout de six secondes d'une demi-circonférence; donc, à l'instant initial, le rayon Om

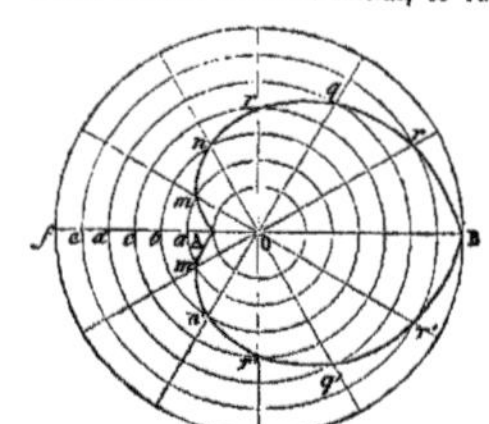

Fig. 1022. — Construction de l'excentrique à mouvement uniforme.

faisait un angle de 30° avec OA, le rayon On faisait un angle de 60°, Or un angle de 90°, etc. On trouvera donc la forme de l'excentrique en faisant en O avec OA, six angles égaux à 30°, 60° et en portant sur les côtés ainsi trouvés des longueurs égales à oa, ob, oc, puis les joi-gnant par un trait continu de forme courbe, afin d'évi-ter les angles. La figure ci-dessus montre la construction géométrique complète.

Nous n'avons ainsi qu'une portion de la figure de l'ex-centrique ; il est vrai que c'est toute la partie importante et utile, si l'excentrique ne doit tourner que dans un seul sens et qu'on pourrait, dans ce cas, compléter la courbe par un simple raccordement de figure quelconque. Mais, comme il est souvent utile que l'axe puisse à volonté tourner dans un sens ou dans l'autre, on termine ordi-nairement la courbe $AA_1A_2''A_3$ par une partie symétrique, et la courbe prend alors la forme de courbe en cœur qui a fait donner à ces excentriques le nom d'*excentriques en cœur*.

En général, pour déterminer la forme exacte de l'ex-centrique, il faudrait considérer un plus grand nombre de points que nous n'en avons pris ; la difficulté n'en se-rait pas plus grande, le travail seul serait un peu plus long.

Quand la loi du mouvement de la barre est simple, la courbe de l'excentrique a une forme géométrique connue: par exemple, tous les lecteurs qui ont quelques notions de géométrie auront reconnu dans la courbe de l'excen-trique destinée à produire un mouvement uniforme la *spirale d'Archimède;* en effet, le rayon vecteur à partir du point O croît proportionnellement à l'angle qu'il fait avec la ligne OA, ce qui est la définition de la spirale d'Archimède.

Il arrive souvent que les pièces mises en mouvement par les excentriques, doivent avoir plusieurs périodes de repos pendant une révolution de l'axe. Cela se rencontre par exemple dans le jeu des tiroirs destinés à la détente de la vapeur. Dans ce cas on peut employer la disposi-tion indiquée par la figure 1024. Le profil de l'excen-trique est formé de parties correspondantes aux mouve-ments cherchés, et ces parties sont raccordées par des arcs de cercle ayant pour centre le centre même de l'axe B. Il est clair que pendant que la barre s'appuiera sur la portion circulaire, elle restera immobile puisque son extrémité sera constamment à la même distance du centre de rotation.

On obtient le même résultat à l'aide de l'excentrique triangulaire (*fig.* 1025). Cet excentrique est formé par une pièce triangulaire curviligne d'acier A, dont l'un des côtés, celui qui est opposé au centre du mouvement, est un arc de cercle concentrique à l'axe. Il suit de là que lorsque dans la rotation, ce côté glissera sur la partie supérieure ou inférieure du châssis qui supporte la barre, celle-ci sera immobile. Il y aura donc, dans une révolution de l'axe, deux intervalles de repos entre lesquels se trouvent deux périodes de mouvement en sens contraire.

Une seule chose limite l'emploi de ces organes si im-portants, c'est qu'ils ne peuvent servir à mener des tiges rectilignes que lorsque les pressions sont peu considérab!es, et que la vitesse est petite; car la pression du galet contre la courbe et contre la rainure dans laquelle il roule amène des frottements considérables, surtout aux changements de direction.

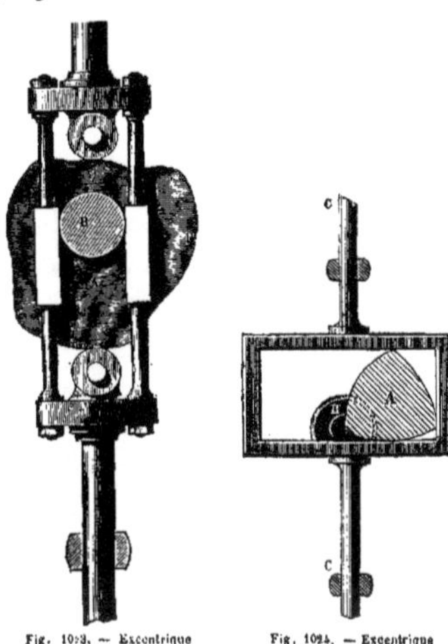

Fig. 1023. — Excentrique à périodes de repos.

Fig. 1024. — Excentrique triangulaire.

Souvent les excentriques destinés à mener les barres guidées sont adaptées d'une façon différente, qui est employée fréquemment dans les machines à vapeur.

L'excentrique (*fig.* 1026) est un cercle mobile autour d'un point K qui n'est pas son centre, et la barre à mener lui est rattachée par un anneau articulé à l'extrémité de cette barre et qui entoure le cercle, comme on le voit dans la figure ci-contre (voyez BIELLE).

Enfin, les excentriques peuvent servir pour la transformation d'un mouvement circulaire continu en un mouvement circulaire alternatif.

Un levier tournant autour d'un axe, et reposant par son poids sur un excentrique, recevra de cet excentrique un mouvement circulaire alternatif dépendant de la forme de cet excentrique, de la même manière que le mouvement rectiligne alternatif qui serait produit par le même organe. L'extrémité du levier pourrait être astreinte d'une manière quelconque à rester sur l'excentrique, et le résultat serait évidemment le même.

En résumé, les avantages que présentent les excentriques proviennent de la continuité de leur action, continuité qui a pour effet la suppression ou au moins la diminution des chocs, ces causes trop fréquentes de perte de travail. D'un autre côté, on peut construire ces organes, lorsqu'ils sont simples, avec une telle solidité qu'ils offrent une assez grande résistance pour permettre de produire par leur aide des efforts très-considérables; tels sont ceux qu'on trouve dans ces immenses découpoirs auxquels nous faisions allusion au commencement de cet article (voyez, pour plus de détails, l'*Essai sur la composition des machines*, par MM. Lanz et Bétancourt). R.

EXCENTRIQUE (Astronomie). — Les anciens considéraient le soleil et les planètes comme décrivant des cercles *excentriques*, c'est-à-dire dont la terre n'occupait pas le centre. Ils se rendaient compte ainsi des principales irrégularités de leur mouvement, celles qu'on explique aujourd'hui par l'ellipticité des orbites planétaires (voyez ASTRONOMIE, PLANÈTES).

EXCERNENDA (Hygiène). — Choses qui doivent être rejetées au dehors (voyez HYGIÈNE).

EXCIPIENT (Matière médicale), du latin *excipere*, recevoir. — On appelle ainsi des substance destinées à donner à un médicament la forme, la consistance qu'il doit avoir pour être administré plus facilement à un malade. Les excipients peuvent être inertes; ainsi on peut très-bien donner du sulfate de quinine en pilules, en se servant pour excipient d'un extrait mou quelconque ou tout simplement de mie de pain. D'autres fois, les excipients

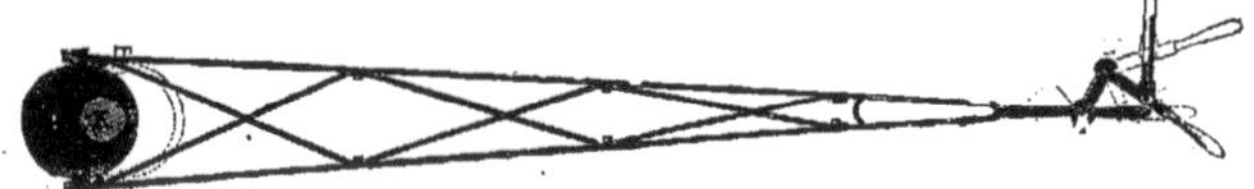

Fig. 1025. — Excentrique circulaire.

ajoutent aux propriétés du médicament principal leurs propriétés particulières; c'est ce qui arrive lorsque l'on prend pour excipient un extrait actif, comme les extraits de valériane, de gaïac, etc. Les excipients liquides portent généralement le nom de *véhicules*.

EXCISION (Chirurgie), du latin *excidere*, couper. — Nom par lequel on désigne le mode opératoire qui consiste à enlever des parties molles peu volumineuses, au moyen de l'instrument tranchant. L'excision se fait généralement avec le bistouri ou les ciseaux, suivant le volume, la nature des parties à retrancher et la position particulière qu'elles occupent; ainsi on fait l'excision d'une verrue, d'un polype, d'une petite tumeur quelconque, etc.

EXCITANTS (MÉDICAMENTS) (Matière médicale). — On appelle ainsi les médicaments qui stimulent, excitent les tissus vivants et déterminent une augmentation d'activité marquée dans l'exercice actuel des fonctions auxquelles ils sont destinés. On leur donne encore le nom de *stimulants*. Ils sont très-nombreux, et on en fait un usage fréquent en médecine. Du reste, on les tire des trois règnes de la nature. Parmi les végétaux, la famille des labiées en fournit une grande quantité (sauge, romarin, lavande, mélisse, menthe, etc.). Viennent ensuite les ombellifères (semences d'anis, de fenouil, de coriandre, racine d'angélique, de persil, etc.). Parmi les plantes excitantes, on peut encore citer la rue (rutacées), la sabine (cupressinées) et un certain nombre de produits végétaux, tels que les baumes du Pérou, de Tolu, de

copahu, la térébenthine, le benjoin, la myrrhe, etc. La cannelle, la vanille, le poivre, le gingembre, les écorces d'orange, de citron, l'anis étoilé, etc., sont encore des substances stimulantes souvent employées dans les pharmacies et même dans nos cuisines comme condiments. Nous n'oublierons pas non plus l'usage en thérapeutique du sassafras, du gaïac, du safran, de l'assa fœtida, de la valériane, de la noix muscade, etc.

Les substances animales douées des mêmes propriétés, que l'on peut joindre à cette courte énumération, sont le musc, le castoréum, l'ambre gris.

Le règne inorganique ou minéral nous offre aussi un certain nombre de médicaments excitants; tels sont les oxydes de mercure, la fleur de soufre, le nitrate de potasse, l'acétate d'ammoniaque, etc. On doit aussi ranger dans ce groupe plusieurs eaux minérales, et surtout celles qui sont sulfureuses.

On a quelquefois confondu, à tort, les substances excitantes avec les toniques; en effet, les premières offrent comme principes prédominants l'huile volatile, la résine, le baume, le camphre, l'acide benzoïque. Dans les autres, au contraire, les principes qui prédominent sont le tannin, l'acide gallique. Les substances excitantes exhalent une odeur marquée, aromatique ou pénétrante; elles ont une saveur piquante chaude ou âcre. Les toniques, à peu près inodores, se distinguent en outre par une amertume très-intense.

Les médicaments excitants conviennent pour relever l'énergie des mouvements organiques quand les fonctions paraissent languissantes, quand on veut augmenter l'activité d'un appareil organique ou imprimer une vive impulsion à l'économie animale. Leurs propriétés les placent entre les *diffusibles* et les *toniques*.   F—N.

EXCORIATION (Médecine), du latin *ex*, hors, et *corium*, peau. — C'est une plaie superficielle de la peau. Elle peut être déterminée par les frottements d'un corps dur, raboteux, les coups d'ongles, la pression prolongée d'un poids sur quelque région du corps, l'équitation sur un cheval qui a le trot dur, etc. Lorsque l'excoriation ne se complique ni de contusion ni d'inflammation, elle consiste dans un simple enlèvement de l'épiderme qui laisse le derme à découvert, d'où résultent un léger écoulement sanguin, une douleur cuisante plus ou moins vive. Cet accident se guérit de lui-même, si l'on a soin d'empêcher le contact de l'air et des corps extérieurs, ce qui peut se faire au moyen d'un morceau de sparadrap ou de taffetas d'Angleterre. S'il y avait contusion, on aurait recours aux résolutifs ; aux émollients dans le cas d'inflammation.

EXCRÉMENTS (Chimie organique), du latin *excernere*, rejeter au dehors. — On nomme ainsi les matières inutiles à la nutrition qui sont rejetées du corps des animaux par les voies digestives. Ce sont des matières solides accompagnées de gaz et parfois de liquides, comme chez les oiseaux, où l'urine versée dans la dernière portion du canal digestif sort mélangée aux résidus des aliments. On trouvera aux mots DIGESTION et NUTRITION les notions nécessaires pour comprendre d'où proviennent les excréments et quelle est leur importance dans les phénomènes de l'alimentation ; je donne seulement ici quelques indications sur la nature des excréments chez l'homme et chez quelques animaux supérieurs.

Chez l'homme sain, les excréments ont la consistance d'une bouillie épaisse colorée par la bile en brun jaunâtre. Berzelius en a donné l'analyse chimique que voici :

Eau	73,8
Matières solubles dans l'eau :	
Bile	0,9
Albumine	0,9
Matière extractive particulière, brune rougeâtre	2,7
Carbonate de soude, phosphates de magnésie, de chaux	1,2
Matières non digérées	7,0
Principe bilieux altéré et principe animal particulier	14,0
Traces de soufre, de phosphore, de silice, de sulfate de chaux	»
	100,0

M. Barral en a donné plus récemment une analyse moyenne résultant de quatre expériences :

Eau	77
Matières organiques	19
Matières minérales	4
	100

Au contact de l'air, le soufre, le carbone, le phosphore des excréments humains absorbent de l'oxygène et donnent naissance à des corps acides ; en même temps, leur hydrogène s'unit à l'azote et produit de l'ammoniaque.

M. le professeur Chevreul a déterminé la nature des *gaz* qui accompagnent les excréments dans les intestins de l'homme ; nous citerons une de ses analyses sur des gaz que Magendie avait extraits des différentes parties des intestins, peu de temps après la mort, chez un supplicié de 28 ans, qui, 4 heures avant l'exécution, avait mangé du pain, du bœuf bouilli, des lentilles, et bu du vin rouge :

GAZ DES INTESTINS	GRÊLE.	COECUM.	RECTUM.
Oxygène	00,00	00,00	00,00
Acide carbonique	25,00	12,50	42,86
Hydrogène pur	08,40	07,50	00,00
Hydrogène carburé	00,00	12,50	11,18
Azote	66,60	67,50	45,95

Plus, dans le rectum, de l'hydrogène sulfuré (voyez *Dict. des sc. nat.*, article EXCRÉMENTS). Les travaux faits depuis ce temps sur le même sujet n'ont pas modifié sensiblement ces premières notions.

Ces résultats sont d'ailleurs l'expression des faits observés et non une indication générale, car l'âge, l'état de santé, le régime alimentaire peuvent les modifier considérablement.

Voici quelques analyses dues à M. Girardin et qui concernent nos principaux animaux domestiques :

	Mouton.	Vache.	Cheval.	Porc.
Eau	68,71	79,72	78,36	75,00
Matières organiques :				
Solubles dans l'eau	4,10	5,34	4,34	
Solubles dans l'alcool	2,80	2,00	2,60	20,15
Fibre ligneuse	16,26	8,71	12,16	
Matières minérales (phosphates de chaux, de magnésie ; carbonate de chaux, silice, chlorure de sodium, silicate de potasse)	8,13	4,23	2,54	4,85
	100,00	100,00	100,00	100,00

Le même chimiste a analysé aussi des excréments d'oiseaux domestiques.

	Pigeon.	Poule.
Eau	79,00	72,90
Matières organiques (débris ligneux, plumes ; acide urique, urate d'ammoniaque)	18,11	16,20
Matières salines (phosphate et carbonate de chaux, sels alcalins, etc.)	2,28	5,24
Graviers et sable siliceux	0,61	5,66
	100,00	100,00

EXCRETA (Hygiène). — Ce mot, qui signifie *choses rendues par évacuation*, a été employé par Hallé dans sa classification des matériaux de l'hygiène pour désigner des matières qui sont préparées au dedans du corps pour être rejetées au dehors ; l'auteur lui-même lui préfère le mot *excernenda*, choses qui doivent être rejetées. Il en sera question au mot HYGIÈNE.

EXCRÉTEUR, EXCRÉTIONS (Physiologie). — Voyez SÉCRÉTION.

EXCROISSANCE (Médecine), du latin *ex*, hors, et *crescere*, croître. — Expression par laquelle on désigne toute proéminence ou tumeur qui se manifeste dans une partie quelconque du corps, tant à l'intérieur qu'à l'extérieur. Fréquentes sur les parties molles, elles sont rares sur les os, où elles prennent le nom d'*exostoses*. On les appelle *polypes* lorsqu'elles naissent dans les cavités tapissées par les membranes muqueuses ; *loupes*, quand elles se développent dans le tissu cellulaire sous-cutané. D'autres s'élèvent de la surface des plaies, des ulcères, des ouvertures fistuleuses, des os cariés : on leur donne les noms de *fongus*, *fongosités*. Les tumeurs hémorrhoïdales, les *pustules*, les *verrues*, qui se développent à la surface de la peau, peuvent encore être rangées dans les excroissances. Chacune de ces différentes formes d'excroissance exige un traitement différent ; il en sera question aux divers articles qui les concernent.

EXENCÉPHALES, EXENCÉPHALIENS (Tératologie), du grec *exô*, en dehors, et du français *encéphale*, dérivé lui-même de *en*, dans, et *képhalé*, tête. — Is. Geoffroy Saint-Hilaire, dans sa méthode tératologique, a établi sous le nom d'*Exencéphaliens* une famille de *Monstres unitaires*, de l'ordre des *Autosites*, qui est caractérisée par un encéphale plus ou moins déformé ou incomplet, et placé, au moins en partie, hors de la cavité crânienne, elle-même plus ou moins imparfaite. D'après l'auteur cité, cette famille comprendrait six genres de monstres : 1° *Notencéphales*, encéphale rejeté plus ou moins complètement hors du crâne par la région occipitale ; — 2° *Proencéphales*, encéphale rejeté au dehors par la région frontale du crâne incomplet ; — 3° *Podencéphale*, encéphale saillant au-dessus de la tête par la voûte supérieure du crâne demeurée imparfaite ; — 4° *Hyperencéphales*, encéphale situé comme dans le genre précédent, mais par défaut à peu près complet de la voûte supérieure du crâne ; — 5° *Iniencéphales*, crâne ouvert dans la région occipitale, avec une fissure du canal vertébral, encéphale en partie rejeté hors du crâne, en arrière et en dessous ; — 6° *Exencéphales*, crâne dépourvu de la plus grande partie de sa paroi supérieure, fissure du canal vertébral, encéphale presque tout entier hors du crâne et en arrière.

On observe assez souvent dans l'espèce humaine des monstres notencéphales ou hypérencéphales ; les autres genres sont plus rares, surtout chez les animaux. Les monstres de cette famille expirent peu d'instants, ou quelques jours au plus après leur naissance (voyez TÉRATOLOGIE). ♦

EXERCICES (Hygiène). — On désigne sous ce nom l'emploi régulier et physiologique de tous les actes exécutés par les mouvements volontaires. Considérés au point de vue hygiénique ayant pour effet d'imprimer au corps un mouvement dont l'usage modéré lui est avantageux et est nécessaire à sa conservation et à sa santé, ils font partie, dans la classification du savant Hallé, du groupe de matériaux de l'hygiène auquel il a donné le nom de *Gesta* (voyez HYGIÈNE).

EXÉRÈSE (Chirurgie), du grec *ex*, hors, et *aireô*, j'emporte. — Expression par laquelle on désigne toutes les opérations chirurgicales qui ont pour but de retrancher, d'enlever du corps humain ce qui peut être nuisible ou inutile ; ainsi l'amputation d'un membre, l'extraction d'une dent, la ligature ou l'excision d'un polype sont des *exérèses*.

EXFOLIATION (Chirurgie), du latin *ex*, de, et *folium*, feuille. — On nomme ainsi les parties exfoliées qui se séparent par feuilles ou lamelles d'un tendon, d'un cartilage, d'un ligament, d'une aponévrose, et plus spécialement d'un os. Pour ce dernier cas, voyez NÉCROSE. Lorsque des tendons ou des cartilages restent dénudés et exposés au contact de l'air, leurs lames superficielles se dessèchent, sont frappées de mort ; les parties voisines deviennent le siége d'une inflammation éliminatoire, elles se couvrent de bourgeons charnus, les portions exfoliées se détachent et finissent par se séparer complétement. Les aponévroses s'exfolient généralement dans toute leur épaisseur. Les panaris offrent souvent des exemples de ces exfoliations des gaines tendineuses, des tendons, etc. L'exfoliation de ces différentes parties a souvent des conséquences graves en raison des cicatrices vicieuses, des difformités plus ou moins graves des parties, et surtout de l'immobilité partielle ou complète qui peut en résulter.

EXHALAISONS (Hygiène), *Exhalatio* des Latins. — Voyez EFFLUVES, MARAIS, MIASMES.

EXHALATION (Physiologie). — Fonction par laquelle les parties les plus fluides du sang filtrent de l'intérieur des vaisseaux sanguins vers le dehors. C'est un pur phénomène d'imbibition, et les ouvertures dont les anciens avaient imaginé l'existence dans les parois des vaisseaux et qu'ils désignaient sous le nom de *bouches exhalantes*, n'ont jamais pu être observées. Il importe de bien préciser la différence qui existe entre l'*exhalation* et la *sécrétion* ; celle-ci choisit pour les extraire du sang certains matériaux de préférence à d'autres, les modifie et donne ainsi naissance à des humeurs particulières, telles que la bile, la salive, l'urine, les larmes. En outre, par l'exhalation, le corps des animaux perd sans cesse des liquides, et surtout de l'eau, qui s'échappent à travers nos tissus, et s'évaporent dès qu'ils parviennent à une surface communiquant avec l'extérieur. L'exhalation qui se fait à la surface de la peau est connue sous le nom de *transpiration insensible*, parce que l'évaporation s'y fait si rapidement qu'elle échappe à nos sens. L'exhalation qui a lieu dans les poumons est facile à apprécier dans les temps froids, lorsque la vapeur qui s'échappe de notre poitrine pendant l'expiration se condense dans l'air. Les pertes que l'homme éprouve par ces deux voies sont considérables ; elles servent à contre-balancer le poids des aliments qu'il prend chaque jour et à lui permettre de supporter les variations de la température ambiante ; en effet, plus la température est élevée, plus l'exhalation est abondante, et toute évaporation étant une cause de froid, on voit que le corps pourra conserver ainsi la même température dans les milieux les plus chauds. Il est clair que l'exhalation ne peut avoir lieu dans l'air et ne peut s'exécuter chez les animaux aquatiques ; mais il n'y a pas là un simple phénomène physique, comme la déperdition d'eau que subit dans un espace sec une éponge imbibée d'eau. Le tissu exhalant agit suivant certaines affinités, puisque toutes les substances liquides ne sont pas aussi bien exhalées par un même tissu vivant, et celui-ci peut même absorber certains liquides tandis qu'il les exhalant pour d'autres. Presque toutes les surfaces membraneuses exhalantes sont en même temps le siége d'une absorption qui en compense les effets. Ainsi le péritoine exhale de la sérosité et absorbe en même temps celle qui, exhalée antérieurement, s'est modifiée entre les surfaces qu'elle a lubréfiées. Toutes

les séreuses offrent les mêmes phénomènes, et c'est lorsque l'équilibre de ces deux actes antagonistes vient à se troubler et à être rompu, que la sérosité, s'accumulant dans les cavités closes de nos membranes séreuses, forme ces collections de liquide connues sous le nom vulgaire et général d'*hydropisies*. A. S—Y.

EXOCET (Zoologie), *Exocetus*, Lin. ; du grec *exôkoitos*, qui couche dehors, parce qu'on supposait qu'ils se couchaient sur le rivage. — Genre de *Poissons*, de l'ordre des *Malacoptérygiens abdominaux*, famille des *Esoces*. Ils partagent avec les pégases, les dactyloptères, les scorpènes, les prionotes et les trigles, le nom vulgaire de *Poissons volants*. Ils se font surtout remarquer, en effet, par l'excessive grandeur de leurs nageoires pectorales formées de rayons espacés et unis par une membrane. Soutenus par ces sortes d'ailes, ils peuvent s'élever hors de l'eau et se maintenir quelque temps en l'air ; mais le desséchement de leurs branchies les force bientôt à rentrer dans leur élément naturel. Ils sont caractérisés en outre par : une tête aplatie en dessus et latéralement, écailleuse comme le corps ; nageoire dorsale au-dessus de l'anale ; dix rayons aux ouïes.

L'espèce la plus connue est l'*E. volant* ou *commun* (*E. volitans*, Lin.), de 0^m,15 à 0^m,20 de long, qui vit dans la Méditerranée. Sa chair est très-délicate ; aussi a-t-il à redouter, outre les pêcheurs qui le prennent sans difficulté, bien des animaux, les scombres, les dorades et les coryphènes qui le poursuivent au sein de la mer, tandis que les fous et les frégates, du haut des airs, fondent sur ce joli poisson aussitôt que ses couleurs brillantes paraissent au-dessus des eaux. Son corps est en effet richement orné d'azur et d'argent avec la nageoire dorsale, la queue, la poitrine d'un bleu foncé. Du reste, cette victime tant poursuivie fait d'autres victimes, en dévorant bon nombre de petits vers marins.

On en connaît encore une dizaine d'espèces, divisées en deux sections, suivant qu'elles sont ou ne sont pas munies de barbillons.

EXOGÈNES (Botanique), *exô*, dehors, *gennaô*, je produis — Nom proposé par A.-P. de Candolle pour désigner les végétaux dicotylédonés, lesquels ont « les vaisseaux tous sensiblement concentriques autour d'un étui cellulaire, et disposés de façon que les plus anciens sont au centre et les plus jeunes à la circonférence, de manière que la plante se durcit de dedans en dehors » (*Théor. élém. de la botan.*, 1813, p. 209). De là l'origine de ce nom qui n'a pas été admis, parce que le terme *endogènes* comparatif est vicieux (voyez ENDOGÈNES).

EXOMPHALE (Médecine). — Voyez OMBILICALE (*Hernie*).

EXOPHTHALMIE (Médecine), du grec *ex*, dehors, et *ophthalmos*, œil. — Nom par lequel on désigne la sortie de l'œil hors de l'orbite. Cet accident, dans lequel le globe de l'œil est déplacé et poussé au dehors et ne peut plus être recouvert par les paupières qui ont atteint leur plus grand degré d'extension, peut être déterminé par des blessures de l'œil et des parties voisines, par le développement de tumeurs de diverses natures dans l'orbite, ou bien encore par le relâchement des parties qui fixent l'œil dans cette cavité. Lorsqu'il est la suite de blessures avec un bâton, un fleuret qui pénètre dans l'orbite, il est dû à l'épanchement du sang qui chasse l'œil en avant ; dans ce cas, il peut être réduit et reprendre ses fonctions, si les muscles et le nerf optique n'ont pas été déchirés ou détruits en partie ; malgré cette complication même et avec la certitude que la vue est perdue, il faut encore tenter la réduction, afin d'éviter, autant que possible, la difformité. Du reste, on aura recours à un bandage contentif, aux moyens antiphlogistiques, aux dérivatifs et au repos absolu. Diverses tumeurs intra-orbitaires, avons-nous dit, peuvent déterminer l'exophthalmie ; ainsi des tumeurs enkystées, des exostoses, des abcès, des polypes, des cancers, etc. Dans ce cas, le globe de l'œil est poussé en avant, les paupières s'écartent, elles ne peuvent plus le recouvrir, le contact de l'air l'enflamme, il s'ulcère, il se recouvre de taches blanchâtres qui amènent la perte de la vue. Le traitement n'a rien de spécial, il consiste à combattre la maladie principale. L'exophthalmie par relâchement des parties n'a pas été admise par tous les pathologistes ; cependant il est difficile de la révoquer en doute, si l'on en croit les rares observations des chirurgiens, et particulièrement celle qui est rapportée par Verduc, de Toulouse. F—N.

EXORHIZES (Botanique), du grec *exô*, dehors, et *rhiza*, racine. — L.-C. Richard a donné ce nom aux embryons dont la radicule se prolonge pour devenir elle-même la racine, par opposition aux embryons *endorhizes* dont l'extrémité radiculaire renferme un tubercule radicellaire qui en sort par la germination, pour former par son prolongement la racine de la plante naissante (voyez ENDORHIZES). Les végétaux dont les embryons sont exorhizes portent, d'après le même botaniste, ce nom d'*exorhizes* et constituent l'embranchement des Dicotylédonés des autres auteurs.

EXOSTEMME (Botanique), *Exostemma*, de Cand.; du grec *exô*, dehors, et *stemma*, couronne : allusion à la couronne que forment les étamines saillantes. — Genre de plantes *Dicotylédones dialypétales périgynes*, de la famille des *Rubiacées*, tribu des *Cinchonées*, établi par L.-C. Richard. Caractères : calice à 5 dents; corolle tubuleuse, à 5 lobes linéaires; étamines à anthères linéaires; fruit couronné par le limbe du calice, à 2 loges contenant de nombreuses graines imbriquées, entourées d'une aile membraneuse. Les exostemmes sont des arbres et des arbrisseaux de l'Amérique méridionale, principalement des Antilles. Leurs feuilles sont opposées, courtement pétiolées, accompagnées de stipules. Leurs fleurs, rouges ou blanches, sont axillaires ou terminales. On connaît une douzaine d'espèces de ce genre. L'*E. des Antilles* (*E. caribœum*, Rœm. et Schultz); *Cinchona caribœa*, Jacq.) est un petit arbre à fleurs solitaires odorantes. Il produit, ainsi que les autres espèces, les *faux quinquinas* qu'on a proposés comme succédanés des vrais quinquinas; mais l'analyse chimique a démontré qu'ils ne renfermaient ni *quinine* ni *cinchonine*, et qu'ils ne pouvaient dès lors être employés comme tels. On connaît dans le commerce le quinquina Piton ou de Sainte-Lucie, qui provient de l'*E. floribunda*. Les Brésiliens emploient souvent comme fébrifuge l'écorce de l'*E. cuspidata*, qu'ils nomment *Quino de mato*. L'*E. à longues fleurs* (*E. longiflorum*, Rœm. et Sch.) vient à Caracas. Ses fleurs sont blanches, odorantes. G—s.

EXOTIQUES (PRODUITS) (Technologie). — Produits venus d'au delà des mers.

EXOSTOSE (Médecine), du grec *ex*, hors, et *osteon*, os. — On appelle ainsi une tumeur osseuse qui se développe à la surface ou dans l'intérieur d'un os. Les exostoses offrent des différences nombreuses, sous le rapport du nombre, de la forme, du volume de l'os qu'elles attaquent, de leur nature, de leurs causes. Elles peuvent affecter tous les os, mais plus particulièrement les os du crâne et les os longs des membres, et quelquefois, mais rarement, presque tous les os à la fois. L'exostose peut être générale dans un os, c'est-à-dire qu'elle semble résulter d'une sorte d'hypertrophie de toute sa substance (hypérostose); lorsque cela a lieu dans un os long, le canal médullaire s'efface peu à peu et disparaît quelquefois entièrement. Si la maladie se développe à l'extérieur, et c'est le plus souvent, la tumeur peut être formée aux dépens de la lame qui entoure l'os, dans laquelle se fait un dépôt de matière osseuse, ou bien par une exsudation à sa surface même; la lame interne demeure le plus ordinairement étrangère à la maladie. La texture de l'exostose est quelquefois celluleuse, lamelleuse; on en rencontre dont le tissu est tellement serré, dur et pesant, qu'il offre l'apparence de l'ivoire (éburnée). Les causes les plus fréquentes sont les maladies vénériennes. Cependant les scrofules, le scorbut, la goutte, peuvent aussi les déterminer. Parmi les causes externes, on peut citer les contusions, une irritation quelconque fixée pendant longtemps dans le voisinage d'un os, etc. Le traitement consiste dans l'emploi des moyens dirigés contre les causes internes signalées plus haut. Lorsque la tumeur n'ayant pas disparu sous l'influence du traitement reste stationnaire, qu'elle est peu volumineuse et ne cause aucune gêne, il faut attendre et ne pas s'en occuper; mais si elle prend de l'accroissement, elle peut amener des accidents qui obligent d'avoir recours à un traitement chirurgical; dans ce cas, l'ablation de la tumeur et enfin l'amputation sont les seuls moyens de sauver le malade, quand ces opérations sont praticables. F—N.

EXPECTANTE (Médecine), du latin *expectare*, attendre. — Il ne faut pas croire qu'il existe une théorie médicale basée sur l'expectation dans les maladies, c'est-à-dire qui consisterait à assister simplement au développement d'une maladie, à en observer les phases, sans jamais rien faire qui puisse en déranger la marche. Une pareille théorie ne serait rien moins que la négation de l'art médical. Mais il est bien vrai qu'il y a dans la médecine d'observation une méthode d'après laquelle l'action du médecin, prompte, rapide dans certains cas, doit être au contraire patiente guidée par une sage lenteur dans les circonstances où il faut savoir temporiser, attendre et saisir le moment favorable pour agir si cela est nécessaire. Considérée de ce point de vue, la médecine dite expectante, basée sur l'observation patiente et éclairée des faits, est la seule rationnelle. Mais il ne faut pas conclure de là qu'elle doive se borner à une contemplation oisive de la marche d'une maladie; en suivant d'un œil vigilant et sagace les efforts de la nature, le médecin devra les seconder par une sage application des règles de l'hygiène et en écartant avec soin tout ce qui peut entraver cette direction favorable. C'est à l'aide de la connaissance profonde de l'histoire des maladies, de la distinction à établir entre celles qui marchent avec plus ou moins de régularité vers une terminaison heureuse, et celles qui peuvent être entravées dans leur cours par des symptômes annonçant quelques lésions intercurrentes, que cette expectation sage et éclairée déterminera la conduite du médecin, lui indiquera à quel moment il doit changer les bases du traitement, et posera ainsi les limites réciproques de ce qu'on appelle en médecine, *action* et *expectation*. Il existe aussi une certaine classe de médecins d'un caractère toujours indécis, portés à craindre l'effet des remèdes les plus innocents, et qui attendent toujours, négligeant ainsi l'occasion favorable qui passe pour ne plus revenir; ce n'est pas là faire de la médecine expectante, c'est faire de la médecine timide, et qui ne peut avoir, dans la plupart des cas, que des résultats fâcheux. F—N.

EXPECTORANTS (Matière médicale), du latin *ex*, hors, et *pectus*, poitrine. — Médicaments qui ont pour but de favoriser l'expulsion des matières contenues dans les bronches, la trachée-artère et le larynx. Ils sont très-variables, suivant la nature de la maladie qui donne lieu à l'expectoration et les circonstances qui influent sur le malade; ce sont le plus souvent des *toniques* ou *excitants*, lorsque, pour favoriser l'expectoration, il faut exciter la tonicité des tissus. Ainsi les infusions excitantes des plantes labiées, les loochs kermétisés, les préparations de scille; quelquefois les sulfures alcalins, les médicaments balsamiques, les analeptiques, le quinquina sous diverses formes; dans les cas où il existe de l'irritation, ce sont des *émollients*, des *narcotiques*, quelquefois des *vomitifs*.

EXPECTORATION (Médecine), même étymologie que le précédent. — Action par laquelle les matières contenues dans les voies aériennes sont rejetées au dehors. L'expectoration peut fournir, dans les maladies, des signes tirés de la nature des *crachats*. Elle est plus ou moins facile, suivant que les crachats sont plus ou moins visqueux, et c'est dans ce cas que l'on a recours aux médicaments dits *expectorants*, surtout lorsque leur diminution ou leur suppression donne lieu à des symptômes de suffocation imminente, ou à un accroissement d'irritation.

EXPIRATEURS (muscles) (Anatomie). — On appelle ainsi les muscles qui, par leur contraction plus ou moins simultanée, contribuent à diminuer la capacité de la poitrine et à expulser l'air contenu dans les poumons. Il n'est pas facile de déterminer d'une manière précise quels sont tous les muscles véritablement expirateurs; pour quelques-uns, la question n'est pas douteuse : ainsi les *intercostaux internes* et *externes*; les *sous-costaux*; le *triangulaire du sternum*; le *grand pectoral*, dans ses trois quarts supérieurs; le *petit dentelé postérieur inférieur*; le *grand dorsal* (Beau et Maissiat); le *trapèze*, dans sa portion dorsale; le *transverse* et les *obliques du bas-ventre*; le *pyramidal*; l'*ischio-coccygien* et le *releveur de l'anus*, sont véritablement expirateurs. Ceux pour lesquels il y a quelques doutes, sont : les *sur-costaux*, le *sous-clavier*, le *petit pectoral*, le *grand dentelé*, le *petit dentelé postérieur supérieur*, le *droit abdominal*, le *carré des lombes*.

EXPIRATION (Physiologie). — C'est un des actes de la respiration, celui par lequel l'air qui a pénétré dans la poitrine par l'*inspiration* en est expulsé (voyez RESPIRATION).

EXPLOITATION AGRICOLE (Agriculture). — L'exploitation agricole suppose un domaine rural réunissant des conditions suffisantes pour faire espérer les bénéfices qu'on en doit attendre. La première chose à faire pour établir une exploitation agricole est donc de constater l'état du domaine, ce qui lui manque et ce qui le caractérise.

Les conditions d'une bonne exploitation rurale tiennent au sol, à la situation, à l'aménagement des eaux, à l'état des débouchés, au prix de la main-d'œuvre, à l'esprit et à la moralité des populations au milieu desquelles l'exploitation est placée. Cette condition, que je signale en dernier, est une considération de premier ordre dans le choix qu'on pourra faire du domaine rural ; il faut rechercher, avant tout, un pays où les mœurs soient aussi bonnes que possible, où règne l'amour du travail, de l'ordre, de l'économie. Il n'y a rien à faire avec les populations rurales qu'a envahies l'amour de la dissipation, de la dépense, l'esprit d'insubordination, d'égoïsme et d'envie. Il faut aussi que la population soit assez nombreuse pour fournir de bons ouvriers agricoles, à des prix raisonnables. Se préoccupant ensuite de la vente des produits, on devra s'informer des débouchés qui existent et de la facilité des moyens de communication. Le bon état des chemins, le voisinage des grandes routes, des canaux, des rivières navigables, assurent le transport économique des denrées ; la proximité de marchés importants leur donne une valeur beaucoup plus grande. Les agriculteurs placés loin des marchés et perdus au milieu des chemins difficiles, loin des grandes voies de circulation, sont obligés de restreindre la culture des grains, des fourrages, pour s'attacher à l'élevage du bétail qui peut être transporté à de grandes distances, sans d'aussi grands frais. Le voisinage et l'accès facile des grands marchés permettent, au contraire, de tirer parti de tous les genres de productions, et donnent souvent de l'importance à des objets de nulle valeur dans d'autres conditions. En tous cas, il faut que le cultivateur se préoccupe de mettre sa culture en rapport avec les débouchés dont il dispose, et faire le genre de produits qui se vend le mieux.

Après ces conditions générales, il faut indiquer celles qui concernent le domaine lui-même. Sa configuration a une grande importance pour la facilité des travaux : la meilleure disposition est celle où les bâtiments d'exploitation sont placés au milieu d'un domaine d'une seule teneur. Les champs éloignés des bâtiments, surtout s'ils sont de petite étendue, donnent lieu à des frais de culture beaucoup plus élevés, sans que leurs produits en aient plus de valeur sur le marché ; si, en outre, ils font enclave au milieu d'autres héritages, ils provoquent des difficultés et des chicanes sans fin. L'étendue totale du domaine rural dépend, avant tout, du capital dont on dispose pour l'exploitation rurale, et aussi du genre de culture la plus avantageuse. A cet égard, on distingue généralement, en France, la *grande*, la *moyenne* et la *petite culture.* Les domaines de grande culture mesurent au moins 60 à 80 hectares ; les travaux s'y font avec des attelages et des machines ; le chef de l'exploitation dirige et surveille ordinairement avec un certain nombre d'employés, auxquels obéissent des sous-maîtres, des chefs d'attelage. Une telle exploitation est une sorte de petit gouvernement où le maître laborieux, régulier, prévoyant et instruit, doit inspirer à tous la confiance, l'affection et le respect. Le capital, souvent considérable, qui se trouve engagé peut rapporter beaucoup sous une bonne direction ; il peut être gravement compromis par l'incurie, le désordre, l'inconduite. La grande culture est en même temps une œuvre qui intéresse à un haut degré la prospérité du pays ; c'est elle qui fait les céréales et les fourrages, qui élève les chevaux, les bêtes à cornes et les bêtes à laine ; elle fait des moyens de production d'un pays l'emploi le plus économique ; elle seule peut réaliser les améliorations agricoles et augmenter la prospérité publique par une production plus abondante et moins coûteuse. On peut dire que le chef d'une grande exploitation agricole bien conduite est un des membres les plus utiles et les plus indépendants dans une nation. La moyenne culture, qui est extrêmement répandue en France, suppose un domaine de 20 hectares au moins ; mais le chef d'exploitation ne dispose pas d'attelages et de machines en grand nombre, souvent il lui suffit d'une seule charrue ; le travail se fait, en grande partie, par des ouvriers que le chef doit diriger et inspecter, tout en consacrant lui-même la partie libre de son temps à des travaux manuels compatibles avec ses devoirs de surveillance. Au-dessous des domaines de moyenne culture, viennent les exploitations que l'on trouve surtout au voisinage des villes et dans les campagnes très-peuplées. Le propriétaire exploite alors de ses mains et avec le secours de sa famille, et s'attache à des cultures spéciales dont le choix est déterminé par les conditions de vente journalière de la localité. Les maraîchers des faubourgs des grandes villes présentent un type curieux et intéressant parmi les chefs de petites exploitations agricoles (voyez Potager).

Le domaine rural doit être exempt de toutes chances d'inondation ; mais il doit posséder, en quantité suffisante, des eaux bonnes pour abreuver les bestiaux, pour arroser le jardin potager, pour distribuer aux prairies et pour servir à la consommation domestique. Enfin, il est à désirer que le sol soit fertile, mais il doit cependant être varié de façon à offrir des ressources différentes, selon les années, et à donner toujours des récoltes, quelles qu'aient été les circonstances atmosphériques. C'est une bonne spéculation, lorsqu'on achète, de prendre un domaine susceptible d'être amélioré par un bon système de culture ; avec du temps, du travail et de sages innovations, on a le légitime espoir d'accroître considérablement la valeur du bien, en même temps qu'on réalisera un progrès agricole utile dans la contrée.

Il y a quatre modes d'exploitation du domaine rural : l'exploitation directe par le propriétaire, l'exploitation par l'intermédiaire d'un régisseur, l'exploitation de compte à demi ou par métayage, enfin l'exploitation par location ou fermage. On trouvera au mot *Fermage* des notions sur ces deux derniers modes d'exploitation, où le propriétaire n'est réellement plus chef d'exploitation. Quand l'exploitation est par régie, elle conserve au propriétaire la direction supérieure, mais le régisseur, placé immédiatement sous ses ordres, a entièrement le pouvoir exécutif et la responsabilité des faits accomplis vis-à-vis du maître. Ce système est excellent avec un bon régisseur et lorsque le propriétaire réside sur ses terres, et possède d'ailleurs des connaissances agricoles suffisantes pour ne pas être sur ce point à la merci du régisseur. Mais, en France, il est généralement difficile de trouver de bons régisseurs, et l'absence des propriétaires laisse libre cours à toutes sortes d'abus. En un mot, le régisseur ne doit pas être un homme indispensable pour suppléer à l'absence continue du propriétaire ou à son ignorance agricole, il doit être seulement un agent supérieur coopérant à l'œuvre du propriétaire et assurant, dans tous les détails, l'exécution de ses plans. Dans ces conditions, l'exploitation en régie peut donner de très-bons résultats ; mais il faudra laisser au régisseur une pleine autorité sur tout son monde, en même temps que faire peser sur lui seul la responsabilité tout entière, sans jamais s'adresser à aucun de ses subordonnés.

L'exploitation directe par le propriétaire exige d'abord en lui certaines qualités que, malheureusement, les agriculteurs sont loin de posséder tous. Physiquement, l'agriculteur exploitant doit être robuste, sain de corps et capable de supporter les intempéries des saisons. Moralement, il doit être rangé dans ses mœurs et digne d'être un chef de famille respecté ; actif et industrieux pour l'emploi du temps ; ordonné dans ses idées, réfléchi, plein de suite dans ses opérations, exempt d'hésitation et d'incertitude, prévoyant plus qu'aucun de ceux qu'il dirige ; il doit se rendre compte de tout et comparer sans cesse les frais et les produits ; enfin, il doit savoir commander avec tact, avec précision, avec calme et fermeté, comme avec douceur ; il a intérêt, sans laisser naître aucune familiarité gênante, à identifier néanmoins ses domestiques avec son exploitation de manière à ce qu'ils la regardent presque comme la leur ; il doit veiller sur eux et leur venir en aide au besoin, les dominer sans despotisme et surmonter sans brusquerie, sans irritation, lorsqu'il s'agit d'innovations, les répugnances qu'il rencontrera toujours en eux. L'agriculteur doit avoir des connaissances assez étendues ; puisqu'il est sans cesse aux prises avec les forces naturelles, il doit avoir des idées exactes des lois générales auxquelles elles obéissent (voyez Agriculture). Enfin, il faut que l'agriculteur sache faire le commerce, en apprécier les chances et en tirer judicieusement parti ; car, après avoir fait naître des récoltes, des bestiaux, il doit savoir les vendre le mieux possible.

Dans la pratique de son exploitation, le propriétaire doit s'imposer rigoureusement un certain nombre de principes généraux, que l'on peut résumer ainsi qu'il suit : 1° Maintenir ses entreprises en rapport avec la force dont on dispose ; 2° consacrer à chaque opération exactement la main-d'œuvre nécessaire, et jamais plus ; 3° subordonner l'ordre d'exécution des travaux à leur importance, et établir cet ordre de façon à ce que tout travail essentiel soit fait à son temps, et à ce que tout moment de loisir soit utilisé pour quelque travail secondaire ; 4° ne jamais remettre d'une heure ce qui peut, sans inconvénient, s'exécuter immédiatement.

Une condition indispensable pour mener une exploitation rurale, c'est de disposer d'un capital suffisant.

D'une manière générale et sauf beaucoup de conditions particulières, on peut estimer le *minimum* du capital d'exploitation, soit d'après le *loyer* ou prix de location du domaine, soit d'après l'étendue même de ce domaine. Cette dernière base est préférable, et, suivant Mathieu de Dombasle, on peut admettre qu'en France, pour un domaine de 100 hectares, il faut disposer au moins d'un capital d'exploitation de 40000 francs (400 francs par hectare); pour un domaine de 200 hectares, on peut se contenter d'un capital de 60000 francs (300 francs par hectare). La quotité du capital augmenterait ainsi progressivement à mesure que se restreindrait le fonds, ou diminuerait, au contraire, à mesure que celui-ci serait plus étendu. Beaucoup d'exploitations agricoles se font malheureusement avec des capitaux bien inférieurs à ce qu'ils devraient être; mais c'est là une condition déplorable pour l'agriculteur; il en résulte pour lui la gêne et souvent la misère, pour son bien une culture imparfaite et l'impossibilité d'aucune amélioration.

Le chef de l'exploitation agricole a besoin d'être assisté dans ses travaux par un personnel qu'il devra s'attacher à rendre suffisant pour les besoins de l'exploitation, mais en se bornant au strict nécessaire. Certains travaux qui durent toute l'année sont confiés à des serviteurs à gages, qui demeurent sous le toit du maître; ce sont les laboureurs ou charretiers, les bergers, les vachers, les valets de ferme et les filles de cour. D'autres travaux qui reviennent à certaines périodes sont exécutés par des journaliers employés à la tâche ou à la journée. A côté du personnel, il faut mentionner le mobilier agricole, c'est-à-dire l'ensemble des instruments nécessaires pour travailler la terre, recueillir et assainir les produits, préparer la nourriture des animaux, transporter les diverses denrées, équiper les attelages, etc. (voyez INSTRUMENTS AGRICOLES).

Un des grands problèmes qu'ait à résoudre le chef d'une exploitation agricole, c'est le choix du *système de culture*; c'est là qu'il devra examiner quel assolement il lui faut adopter, quels animaux il doit nourrir sur son fonds; arrêter, en un mot, les traits généraux de son entreprise, le plan approprié au sol qu'il *exploite*. Enfin, pour se rendre compte de ses opérations, il est indispensable qu'il établisse une comptabilité régulière. Son point de départ sera un *inventaire* complet du domaine au moment où il en prend l'exploitation; un inventaire analogue sera dressé chaque année à une même époque; puis il tiendra ses comptes courants au moyen : 1° d'un *registre-journal* où chaque jour seront inscrits les travaux, les dépenses, les recettes, les produits engrangés, consommés ou vendus; en un mot, toutes les opérations de la journée; 2° d'un *livre de caisse* où seront consignées chaque jour les recettes et les dépenses en argent; 3° d'un *registre de dettes et de créances*; 4° d'un *livre de compte de culture* où chaque genre de culture a sa comptabilité spéciale; 5° d'un *registre du personnel* où seront inscrites les journées de travail et la paie de chacun; 6° d'un *livre de bétail* donnant à tout moment, dans des chapitres distincts, l'état exact de l'écurie, de la vacherie, de la bergerie, de la porcherie, de la basse-cour, la mention des objets consommés et des produits obtenus; 7° d'un *livre de dépenses du ménage*, contenant l'indication de tous les objets ou de tous les déboursés consacrés aux besoins des gens de la ferme. Il est évident que le système de comptabilité peut d'ailleurs être modifié de bien des manières; il sera bon toutes les fois qu'il fournira au propriétaire la connaissance exacte de toutes ses opérations, et lui permettra de calculer rigoureusement les pertes et les bénéfices en appréciant les causes auxquelles ils sont dus.　　　　AD. F.

EXPLOITATION DES BOIS (Sylviculture). — Voyez FORÊTS.

EXPONENTIELLE. — Voyez EXPOSANTS, FONCTIONS.

EXPOSANTS (Algèbre). — En algèbre, l'exposant dont une lettre est affectée indique le nombre de fois que cette lettre doit être prise comme facteur dans un produit. Ainsi a^4 exprime le produit $a \times a \times a \times a$. Cette définition suppose que l'exposant est un nombre essentiellement entier et positif. Une division impossible amène à considérer des exposants *négatifs*. Lorsque n peut être retranché de m, on a $\frac{a^m}{a^n} = a^{m-n}$. S'il n'en est pas ainsi, on continue à représenter le quotient par a^{m-n}, et il se présentera deux cas. Si m et n sont égaux, on aura a^0 qui devra être regardé comme équivalent à $\frac{a^m}{a^m}$, c'est-à-dire à l'unité. Si n est plus grand que m, en appelant p leur

différence, on aura $\frac{a^m}{a^n} = \frac{1}{a^p} = a^{-r}$. Une lettre affectée d'un exposant *négatif* est donc équivalente au quotient de l'unité divisée par cette lettre affectée du même exposant pris avec le signe +. Ainsi $\frac{1}{a^3}$ s'écrira a^{-3}.

De même que la division conduit aux exposants négatifs, de même l'extraction des racines a donné naissance aux exposants *fractionnaires*. Pour extraire la racine 4e de a^8, il faut diviser l'exposant par 4, ce qui donne $a^{\frac{8}{4}}$ ou a^2. Si l'exposant de a n'est pas divisible par 4, la racine ne pourra plus s'extraire; néanmoins on continuera à indiquer l'opération, et l'on écrira, par exemple, $a^{\frac{7}{4}}$ au lieu de $\sqrt[4]{a^7}$. Ces conventions admises, on voit que $\frac{1}{\sqrt{a^3}} = a^{\frac{3}{2}}$. Il est d'ailleurs facile de démontrer que les règles établies pour les exposants entiers s'appliquent aussi aux exposants négatifs ou fractionnaires.

La fonction a^x dans laquelle a est considéré comme un nombre constant, et x comme variable, est dite *exponentielle*. On introduit également dans l'analyse supérieure des exponentielles imaginaires. Une expression de la forme $a^{x\sqrt{-1}}$ n'a par elle-même aucun sens. Il faut la considérer comme un symbole désignant ce que devient le développement algébrique de a^x, lorsqu'on y remplace x par $x\sqrt{-1}$ (voyez IMAGINAIRE, SÉRIES).　　E. R.

EXPRESSION ALGÉBRIQUE. — Voyez ALGÈBRE.

EXTASE (Physiologie), du grec *ektasis*, contention. — L'*extase physiologique*, que l'on doit distinguer de l'*extase divine* (voyez *Dict. des lettres*, par Bachelet et Dézobry), est un état du cerveau dans lequel l'exaltation de certaines idées amène un sentiment de ravissement extrême et inattendu, avec suspension de l'action des sens extérieurs et des mouvements volontaires. L'habitude de la méditation, la vie contemplative, ont quelquefois jeté dans une sorte de rêverie avec insensibilité extérieure, qui, plus tard, s'est renouvelée sans le retour de la cause qui l'avait fait naître. Dans la *catalepsie*, que l'on pourrait confondre avec l'extase, il y a suspension complète des facultés intellectuelles; c'est ce qui la distingue de l'extase.

EXTENSEURS (Anatomie). — On a donné ce nom à des muscles qui portent une partie dans l'extension. Les principaux sont les suivants : *E. commun des doigts* (*Épicondylo-sus-phalangettien commun*, Chauss.); il va de la tubérosité externe de l'humérus (épicondyle) aux quatre derniers doigts. — *E. du petit doigt* (*Épicondylo-sus-phalangettien du petit doigt*, Chauss.); de l'épicondyle au petit doigt. — *Grand E. du pouce* (*Cubito-sus-phalangettien*, Chauss.); de la face postérieure du cubitus au dos du pouce. — *Court E. du pouce* (*Cubito-sus-phalangien du pouce*, Chauss.); du cubitus, du ligament interosseux et du radius à la première phalange du pouce. — *E. propre de l'index* (*Cubito-sus-phalangettien de l'index*, Chauss.); du cubitus et du ligament interosseux à l'index. — *E. du gros orteil* (*Péronéo-sus-phalangettien du gros orteil*, Chauss.); du péroné et du ligament interosseux à la phalange unguéale du gros orteil. — *E. commun des orteils* (*Long péronéo-sus-phalangettien commun*, Chauss.); de la tubérosité externe, du tibia et du péroné aux quatre derniers orteils.

EXTENSION (Physiologie, Chirurgie). — Action de redresser ou d'étendre des parties qui ont été fléchies. C'est un des mouvements d'opposition dont les articulations sont susceptibles, comme on le voit, au coude, au genou, au poignet, etc.

En *chirurgie*, ce mot s'applique à l'opération par laquelle on tire en sens opposé un membre luxé ou fracturé : dans le premier cas, pour ramener les surfaces articulaires à leur situation naturelle; dans le second, pour affronter les fragments d'un os brisé. L'extension prise dans ce dernier sens, et entendue de l'effort fait sur la partie inférieure du membre, est opposée à celui fait sur la partie supérieure, et que l'on nomme *contre-extension*.

EXTÉRIEUR (Hippologie). — On appelle ainsi en zootechnie la description des diverses régions de l'extérieur du corps du cheval. Parfois on l'étend par analogie aux autres espèces domestiques (voyez HIPPOLOGIE).

EXTIRPATEUR (Agriculture). — Instrument agricole à plusieurs socs, très-analogue au *scarificateur*, mais dont les socs, au lieu d'être conformés en pointe peu ou point élargie sur ses côtés, sont, au contraire, aplatis en fer de lance. Cet instrument sert à exécuter les labours superficiels ou binages, à recouvrir les semences, à déchaumer les terres après la moisson, à éclaircir les semis à la volée, lorsqu'ils viennent trop épais (voyez LABOUR, INSTRUMENTS AGRICOLES).

EXTIRPATION (Chirurgie). — On appelle ainsi une opération de chirurgie au moyen de laquelle on enlève en totalité une tumeur au milieu des tissus, ou une partie quelconque du corps affectée d'une maladie incurable. Ainsi on extirpe un cancer, une loupe, un kyste; c'est un mode d'excision qui par ce nom a une signification plus nette et plus complète.

EXTRACTION DES DENTS (Chirurgie). — Quelles que soient les causes qui déterminent le chirurgien à pratiquer cette opération, et c'est presque toujours une maladie de la dent, il doit se préoccuper d'abord du choix de l'instrument, puis de la position à donner au malade; enfin du mode opératoire lui-même.

Les *instruments* inventés pour l'extraction des dents sont très-nombreux; cependant ceux qui sont le plus usité sont : le *davier*, la *clef de Garengeot*, le *pélican* et les différents *leviers* connus sous les noms de *levier droit, pied-de-biche, langue de carpe*, etc.

Le *davier*, dérivé, selon les uns, par corruption, de *clavis*, clef; selon d'autres, de l'allemand *taube*, pigeon, à cause de sa ressemblance avec le bec d'un pigeon; enfin, plus probablement, du nom de son inventeur, est une espèce de *pinces* droites, courbes ou coudées, dont les mors épais et courts sont garnis de dentelures pour pouvoir saisir les dents avec solidité. Le davier droit s'emploie de préférence pour les incisives et les canines (voyez DENT). Le davier courbe, qui a la plus grande ressemblance avec un bec de perroquet, pour les petites molaires ; on ne s'en sert guère, pour les grosses molaires, que lorsqu'on veut achever l'extraction d'une dent basculée par la clef de Garengeot ou le pélican. Pour la dernière molaire ou dent de sagesse, on se sert, le plus souvent, de la *langue de carpe* (*fig.* 1027 , 2) qu'on enfonce entre elle et la quatrième molaire. Cet instrument est formé d'une tige d'acier dont l'extrémité, en fer de lance émoussé, est coudée à angle très-ouvert sur cette tige montée elle-même sur un manche. Un des avantages du davier, c'est que, prenant le plus souvent son point d'appui dans la main du chirurgien, il n'exerce ni contusion sur les gencives, ni pression sur les dents voisines. Pour se servir du davier, on saisit la dent le plus près possible de la racine, puis on la tire directement dans le sens de son axe, en faisant exécuter des mouvements de rotation pour l'ébranler et la luxer.

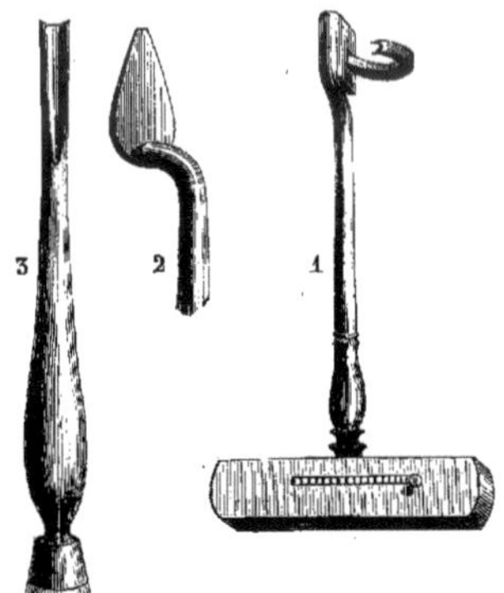

Fig. 1026. — 1. Clef de Garengeot. — 2. Langue de carpe. — 3. Pied de biche.

La *clef de Garengeot* (*fig.* 1026, 1), ainsi nommée du nom de ce chirurgien célèbre, qui n'a fait que la perfectionner, car elle est d'origine anglaise, d'où lui vient aussi le nom de *clef anglaise*, se compose d'une tige montée à une de ses extrémités sur un manche transversal, et présentant à l'autre une surface quadrilatère, creusée d'une mortaise, qui reçoit un crochet courbe plus ou moins long et plus ou moins ouvert, selon le volume de la dent à extraire. Cet instrument a été modifié de plusieurs manières : ainsi la *clef à noix* et la *clef à pivot*, qui permettent de donner au crochet toutes les directions; on a aussi coudé la tige de l'instrument près de l'extrémité qui reçoit le crochet, afin de rendre son introduction plus facile pour l'extraction des dernières molaires. Avec la clef de Garengeot, on peut déployer une grande force sans produire de secousses; mais elle offre un inconvénient grave, c'est de prendre le point d'appui sur la gencive et l'alvéole situés en dehors de la dent malade; de plus, on ne peut guère éviter de briser l'alvéole du côté vers lequel on renverse la dent : aussi est-il moins employé aujourd'hui. Pour opérer avec cet instrument, le chirurgien le saisit de la main droite, applique le crochet, à l'aide des doigts de la main gauche, sur le côté interne de la dent malade, le plus près possible de la gencive; le côté du quadrilatère opposé au crochet est appliqué en dehors et vis-à-vis; alors, par un mouvement de rotation gradué sur le manche de la clef, la dent se trouve basculée et renversée. Quelques chirurgiens aiment mieux appliquer le crochet sur le côté externe de la dent. On l'emploie surtout pour les grosses molaires.

Le *pélican*, qui saisit la dent au moyen d'un crochet, et prend son point d'appui sur d'autres dents ou bien sur le bord alvéolaire; dans le pélican de Bucking et de Dubois-Foucon, le plus employé de tous, le point d'appui a lieu au moyen d'une plaque métallique un peu concave, ovalaire, assez large, garnie de peau. Cet instrument a été vanté par les uns autant qu'il a été blâmé par les autres. Du reste, les dentistes habiles s'en servent avec avantage. Pour extraire les fragments, on emploie le *pied de biche* (*fig.* 1026, 3). C'est un levier que l'on enfonce sous les débris que l'on extrait par bascule.

Les instruments que nous venons de nommer ont subi un grand nombre de modifications, nous ne pouvons en parler, non plus que de ceux qui ont été inventés pour des cas spéciaux.

La position la plus convenable est que le malade soit assis solidement sur un fauteuil à dossier élevé, un peu renversé en arrière; de son côté, le chirurgien devra se placer de manière à pouvoir agir librement. La tête du malade étant renversée, il pourra procéder à son opération avec beaucoup plus de facilité et de sûreté.

Quel que soit l'instrument dont on se servira, il est des règles générales dont il ne faut jamais s'écarter; ainsi, bien saisir la dent qu'on veut enlever, prendre un point d'appui qui serve de levier à l'instrument, agir sans précipitation, employer une force graduelle, constante et sans la moindre secousse; tels sont les moyens par lesquels on évitera de fracturer la dent, de briser l'alvéole et d'ébranler les dents voisines.

Lorsque la dent est arrachée, il faut laisser couler le sang pendant une ou deux minutes, en faisant gargariser le malade avec un peu d'eau tiède ; ensuite le chirurgien rapprochera les gencives en les pressant entre deux doigts, et recommandera au malade d'éviter le contact de l'air froid.

Les principaux accidents qui peuvent accompagner ou suivre l'extraction des dents sont : 1° La *fracture des dents ;* pour l'éviter, il faut saisir la dent profondément et la renverser vers le côté où elle est inclinée; si l'accident a lieu, et que l'on ne puisse enlever immédiatement la racine, il faut l'abandonner et prévenir les accidents inflammatoires par les émollients. Cependant, si un fragment de pulpe ou de filet nerveux était resté adhérent aux parties profondes, il faudrait de toute nécessité faire l'extraction complète de ces fragments. 2° L'*hémorrhagie ;* cet accident peut n'avoir lieu que quelques heures après l'opération ; elle peut être causée par la présence d'une esquille ; il faut l'extraire, tamponner avec de la charpie, et cautériser avec le fer rouge, si elle devient inquiétante. On a vu aussi, chez des sujets prédisposés aux hémorrhagies, survenir des écoulements de sang suivis des accidents les plus graves et même de la mort. 3° Les *convulsions* et les *syncopes* qui peuvent survenir n'ont aucune gravité et cessent d'elles-mêmes. 4° Les *fluxions* et les *abcès* seront traités par les antiphlogistiques (voyez ces mots). 5° *Fracture de l'alvéole*. Cet accident est plus fréquent avec la clef qu'avec le davier. Lorsqu'on le soupçonnera, il faudra rechercher le fragment osseux et en faire l'ablation avec beaucoup de précautions, parce que, s'il restait dans la plaie, il pourrait donner lieu aux *abcès de la gencive*, ou aux *phlegmons* dans l'épaisseur de la joue.   F — N.

. EXTRAITS (Pharmacie). — On nomme ainsi un produit d'une substance *végétale* que l'on obtient par l'évaporation d'un suc ou d'un liquide dans lequel on a fait macérer, infuser ou bouillir une plante verte ou sèche, ou quelqu'une de ses parties; on en fait aussi quelques uns tirés du *Règne animal*. On prépare ordinairement les extraits assez mous pour pouvoir les malaxer facilement; cependant il en est de secs. On donne ordinairement le nom de *roôs* aux extraits obtenus avec des sucs de fruits. On peut les classer, suivant qu'on les obtient, par *expression*, par *macération*, par *infusion* , par *décoction*, etc. On les nomme *extraits aqueux*, lorsqu'ils résultent d'infusions aqueuses, et *extraits alcooliques*,

lorsque la préparation a lieu au moyen de l'alcool. On peut aussi obtenir des *extraits éthérés*, *vineux*, *acétiques*. Ils peuvent être *gommeux*, *résineux*, *savoneux*, etc., suivant la substance prédominante. Les extraits tirés du *Règne animal* sont peu nombreux; on ne connaît guère dans ce groupe que l'*ext. de fiel de bœuf*, l'*ext. de cantharides* et quelques autres. Les extraits bien préparés sont très-avantageusement employés en médecine.   F—N.

EXTRAIT DE SATURNE (Matière médicale. Voyez Acétate de plomb.

EXTRAVASATION (Médecine), du latin *extra*, hors, et *vasa*, vaisseaux. — On appelle ainsi l'infiltration ou l'épanchement de certains liquides qui sont sortis des vaisseaux destinés à les contenir (voyez Ecchymose).

EXUTOIRE (Médecine). — Voyez Cautère, Vésicatoire.

F

FABA (Botanique). — Voyez Fève.

FABAGELLE (Botanique). — Nom vulgaire du genre *Zygophyllum*, Lin., du grec *zygos*, paire, et *phyllon*, feuille, parce que ses feuilles portent une seule paire de folioles. Ce sont des plantes *Dicotylédones dialypétales hypogynes*, et ce genre est le type de la famille des *Zygophyllées*, voisine des Oxalidées; il a pour caractères : calice à 5 divisions; 5 pétales; 10 étamines à filets munis chacun d'une écaille; ovaire prismatique; capsule à 5 loges renfermant de nombreuses graines. Les fabagelles sont des herbes ou des arbrisseaux. La plus répandue est la *F. commune* (Z. *fabago*, Lin.). Ses tiges sont herbacées. Ses feuilles sont lisses, charnues, à 2 folioles, et ses fleurs, souvent géminées, sont de couleur orangée à la base et blanches au sommet. Cette plante est originaire de la Syrie. Elle passe pour vermifuge. Sa saveur est un peu âcre et amère. La *F. à feuilles simples* (Z. *portulacoides*, Fors.) a les fleurs jaunes, solitaires. Les Arabes en expriment le suc qu'ils emploient contre les maux d'yeux.

FABRÉCOULIER, Fabrequier, Falabrequier (Botanique), noms vulgaires du *Micocoulier*.

FABRONIE (Botanique), *Fabronia*, Raddi. — Genre de plantes *Cryptogames acrogènes* appartenant à la famille des *Mousses*. Il est principalement caractérisé par une urne à péristome simple, comprenant huit paires de dents qui se replient dans l'intérieur. Les quelques espèces dont ce genre est composé sont petites, disposées par touffes, avec des feuilles bordées de cils. La *F. exiguë* (F. *pusilla*, Schw.) croît dans le nord de l'Italie et en Suisse. Humboldt et Bonpland ont trouvé au Pérou la *F. polycarpa*. Cette espèce croît sur les racines d'une espèce de chêne.

FACE (Anatomie humaine). — Portion de la tête située au-dessous du crâne, au-dessus et en avant du cou, sur lequel elle avance par la saillie du menton.

La peau de la face est d'un blanc rosé, très-fine et riche en vaisseaux sanguins, ce qui explique la facilité avec laquelle elle se colore et se décolore, selon les divers états de l'âme; chez l'homme, elle est recouverte, dans ses parties latérales et inférieures, de poils qui, suivant le point qu'ils occupent, portent le nom de favoris, moustaches ou barbe; elle est glabre, au contraire, chez l'enfant et la femme. Elle est assez sujette à être atteinte de cancer, lequel, en s'étendant, détermine des excavations vastes et hideuses. L'érysipèle n'y est pas rare non plus; alors la figure est rouge et tellement tuméfiée, qu'on ne distingue presque plus les traits.

La couche graisseuse sous-cutanée renferme des muscles, des vaisseaux et des nerfs nombreux. Chez les scrofuleux, elle présente un épaississement remarquable, mais, en général, borné à la lèvre supérieure; elle s'enflamme et augmente aussi de volume dans les fluxions causées par des dents malades; chez les enfants qui sont convalescents de la scarlatine, on voit assez souvent le visage enfler sans changer de couleur; cet accident est dû presque toujours à ce que les petits malades ont été exposés au froid ou à l'humidité; on doit donc prendre de grandes précautions pendant plusieurs semaines après que l'éruption a disparu.

Les muscles sont presque tous grêles et fixés, par une

de leurs extrémités, sur un point du squelette, par l'autre sur la face profonde de la peau. Il en résulte que leur contraction plisse l'enveloppe cutanée et préside au jeu de la physionomie. Un d'eux, le *risorius* de Santorini, qui n'existe pas toujours, donne naissance, lorsqu'il se contracte, à la fossette de la joue, cette petite dépression si gracieuse pendant le sourire. Si les muscles étaient tous paralysés, la face serait comme un masque sans expression, quelles que fussent les émotions dont l'âme pût être agitée. Au lieu d'être immobiles, ces muscles peuvent être affectés de spasmes, comme dans les convulsions des enfants. Dans la névralgie faciale, la douleur occasionne aussi des contractions involontaires, qui ont fait donner à cette affection le nom de *tic douloureux*. Quelques personnes, sans être malades, sont affectées de contractions involontaires et presque incessantes dans les muscles de la face : ces contractions, connues sous le nom de *tics*, et qui siègent tantôt dans un muscle, tantôt dans un autre, donnent à la physionomie un aspect grimaçant, très-désagréable.

Le squelette de la face se distingue par la multiplicité des os, leur disposition irrégulière, leur texture constituée en grande partie par des lamelles très-minces et qui circonscrivent de nombreuses cavités, la bouche, les orbites, les fosses nasales et leurs sinus. Les os de la face sont les os propres du nez; les os maxillaires supérieurs, les os unguis, les os de la pommette. Les cornets inférieurs du nez, les os du palais, le vomer, le maxillaire inférieur. Les nerfs moteurs de la face sont les nerfs faciaux; les nerfs trijumeaux sont les nerfs sensitifs. Des contusions, des piqûres de leurs diverses branches ont pu donner lieu à des névralgies rebelles; leur destruction est suivie de la perte de la sensibilité.

La face, en raison de sa position à découvert, est exposée à un grand nombre de blessures. Les chirurgiens doivent prévenir les difformités qui pourraient en résulter en réunissant les deux bords de la plaie au moyen de *sutures* faites avec un fil ciré et des épingles. Lorsqu'un lambeau de chair est emporté, cette perte de substance peut avoir les résultats les plus graves, sous le double point de vue de la beauté du visage et de l'exercice de certaines fonctions, telles que la vue, le goût, l'odorat, l'articulation des sons, etc. Aussi un procédé a-t-il été imaginé pour réparer ces difformités; c'est l'*autoplastie*.

. Chez l'enfant, la graisse abonde, les muscles sont peu développés; aussi les joues sont en relief et les contours arrondis; la même disposition existe chez la femme; l'homme a les traits plus accentués. Chez le vieillard, les os deviennent saillants, et la peau, privée de son élasticité, se couvre de rides. On a toujours dit que le visage était le miroir de l'âme; aussi le médecin et le philosophe cherchent-ils à lire dans son expression, l'un pour y trouver des signes capables de l'éclairer dans la connaissance des maladies, l'autre pour y deviner les dispositions intellectuelles et morales. La couleur naturelle de la figure est d'un rose pâle; elle peut être remplacée par une rougeur vive; dans les fièvres, les inflammations aiguës, elle précède quelquefois un saignement de nez, un coup de sang, une attaque d'apoplexie, surtout chez les vieillards. Loin de se colorer, la face peut devenir plus pâle; c'est ce qui arrive, en général, dans les ma-

Indies chroniques, la convalescence des maladies aiguës, de la chlorose; à la suite des pertes de sang, des veilles prolongées, de profonds chagrins. La privation du grand air et celle du soleil produisent le même résultat; ainsi, les prisonniers sont en général très-pâles, et on a observé la même chose chez les ouvriers mineurs. Chez les personnes qui sont affectées de cancer, le teint est d'un jaune-paille différent de celui qui existe dans la jaunisse. Chez ceux qui sont atteints de maladies du cœur, on observe souvent une pâleur un peu violette, accompagnée d'une légère bouffissure du visage. Dans le choléra, la figure est froide et a une couleur plombée qui, jointe à l'enfoncement des yeux, caractérise cette affection. Dans la fièvre typhoïde, les yeux expriment la stupeur. Le malade paraît étranger à tout ce qui se passe autour de lui, et a l'air de ne penser à rien; lorsqu'on lui parle, ses traits gardent leur caractère immobile et indiquent qu'il ne comprend pas les paroles qui lui sont adressées.

Si l'on cherche à associer la physionomie à certaines dispositions générales, on trouve qu'un visage plat, massif, indique la bassesse des inclinations, la nullité d'esprit. Celui qui est court, gras, vermeil, marque la gaieté, la bienveillance. La figure longue, pâle, maigre, accuse l'égoïsme, la mélancolie, la réflexion. Une face volumineuse, par rapport à un petit crâne, dénote la prédominance de l'instinct sur l'intelligence; une petite face couronnée par un crâne volumineux indique l'inverse. La concentration des traits vers la ligne médiane trahit des passions dissimulées.   A. S — Y.

FACHINGEN (Eaux minérales). — V. GEILNAU.

FACIAL (Anatomie humaine), du latin *facies*, face. — Ce terme s'applique à diverses parties qui sont en rapport avec la face : L'*artère faciale* est un rameau de la carotide externe qui s'en détache au-dessous de l'angle de la mâchoire, et au niveau du pli du cou et du menton; elle se porte vers l'angle de la bouche, obliquement et en serpentant sur la face, et va se terminer sur l'aile du nez en s'unissant au rameau nasal de l'artère ophthalmique. Cette artère donne ses rameaux à la partie inférieure de la joue, aux deux lèvres, à l'aile du nez et au menton. — La *veine faciale* naît par une veine placée sous la peau verticalement au milieu du front, traverse la face obliquement de l'angle interne de l'œil vers l'angle de la mâchoire, et va s'aboucher avec la veine jugulaire interne vers la partie latérale moyenne du cou. — Le *nerf facial* est un des nerfs dits *crâniens*, parce que, naissant de l'encéphale, ils émergent à travers un des trous du crâne; le facial naît sur le côté de la portion postérieure de la protubérance annulaire, un peu au-devant du nerf auditif; il sort du crâne par le conduit auditif interne et l'aqueduc de Fallope, d'où il envoie au nerf lingual une singulière anastomose, nommée *corde du tympan*, donne aux muscles des osselets de l'ouïe (oreille moyenne) des filets nerveux, et, pénétrant par le trou stylo-mastoïdien dans la glande salivaire parotide, se partage en deux troncs qui distribuent leurs rameaux aux muscles de la face, à ceux des côtés de la tête derrière l'oreille et des parties supérieures du cou.

FACIAL (ANGLE) (Zoologie). — Voyez ANGLE.

FACIES (Sciences naturelles et médicales), c'est le mot latin qui veut dire *face, apparence, aspect*. — Les médecins et les naturalistes l'emploient fréquemment pour désigner l'aspect général du visage chez un malade, ou l'aspect général et caractéristique d'un animal ou d'une plante.

FAÇON (Agriculture). — Ce mot vulgaire désigne chacune des opérations par lesquelles le cultivateur prépare la terre à recevoir les graines ou plantes qu'elle doit nourrir, ou modifie son état à certaines périodes de la végétation de ces plantes. C'est à l'article concernant chaque plante agricole que seront indiquées les façons principales que réclame la terre qui les porte.

FACULTÉS DES SCIENCES (Enseignement scientifique). — En créant et organisant, de 1806 à 1811, l'Université de France, Napoléon Ier fonda les *Facultés des sciences*, chargées de donner l'enseignement supérieur des sciences mathématiques, astronomiques et mécaniques, des sciences physiques et chimiques, et des sciences naturelles. L'organisation de ces Facultés sera expliquée au mot UNIVERSITÉ; on compte actuellement en France 16 Facultés des sciences, ainsi réparties : Région du Nord, 1, à Lille; région de l'Est, 5, à Strasbourg, Nancy, Dijon, Besançon et Lyon; région du Centre, 3, à Paris, Poitiers, Clermont; région de l'Ouest, 2, à Caen, Rennes; région du Midi, 5, à Grenoble, Bordeaux, Toulouse, Montpellier, Marseille.

FACULTÉS DE MÉDECINE (Enseignement médical). — Il existe, en France, 3 Facultés de médecine faisant, comme celles des sciences, partie de l'*Université*; elles ont leur siége à Paris, à Lyon, à Montpellier. Il y en avait une à Strasbourg.

FAGARIER (Botanique), *Fagara*, Forst. Avicennes a mentionné sous ce nom une plante aromatique. — Genre de plantes *Dicotylédones dialypétales hypogynes*. — Genre de plantes *Dicotylédones dialypétales hypogynes*, de la famille des *Zanthoxylées*. On le fait rentrer aujourd'hui dans le genre *Clavalier* (*Zanthoxylum*, Lin.). Plusieurs de ses espèces sont assez importantes. Le *F. du Japon* (*F. piperita*, Lin.) est un arbrisseau un peu épineux, ses fleurs blanchâtres sont en panicules. L'écorce et les capsules broyées de cette espèce sont employées comme le poivre et le gingembre. Ses feuilles jouissent de propriétés médicinales souvent utilisées au Japon.

FAGONIE (Botanique), *Fagonia*, Tourn.; dédiée à Fagon, premier médecin de Louis XIV. — Genre de plantes *Dicotylédones dialypétales hypogynes*, de la famille des *Zygophyllées*. Les fagonies ont : calice caduc à 5 sépales; 5 pétales; 10 étamines; capsule à 5 loges renfermant chacune une graine, et s'ouvrant chacune en 2 valves. La *F. de Crète* (*F. cretica*, Lin.) est une herbe qu'on trouve aussi en Espagne. Ses feuilles sont à 3 folioles, sessiles, et ses fleurs solitaires et purpurines. La *F. d'Arabie* ·*F. arabica*, Lin.) est un peu ligneuse et s'élève quelquefois à 1 mètre. Ses feuilles sont aiguës, ses stipules épineuses et ses fleurs violettes.

FAGOPYRUM (Botanique). — Nom latin du genre *Sarrasin* (voyez ce mot).

FAGUS (Botanique). — Nom latin du genre *Hêtre* (voyez ce mot).

FAHLUNITE (Minéralogie), du nom des mines de Fahlun, en Suède. — On trouve dans les mines de cuivre pyriteux de Fahlun la roche qui porte ce nom; c'est un silicate alumineux, de couleur variable, et dont on a dû distinguer dès l'abord deux variétés bien différentes : 1° La *F. tendre* de Hisinger, nommée plus généralement aujourd'hui *Triclasite*, d'après Hausmann, a l'aspect d'une stéatite rougeâtre ou d'un vert olive foncé, cristallisée en prismes à six pans, tendre, fusible, et abandonnant de l'eau lorsqu'on la calcine; c'est un silicate alumineux ferro-magnésien hydraté. 2° La *F. dure* de Hisinger est une variété de *Cordiérite* (voyez ce mot). On trouve ces deux substances minérales dans quelques autres localités que la mine d'où vient leur nom primitif.

FAILLE (Géologie), de l'allemand *fall*, chute, affaissement. — On donne ce nom à de vastes fissures qui interrompent parfois la continuité des couches d'un terrain, et sur l'un des côtés desquelles un affaissement a détruit la correspondance des couches dont ce terrain est formé.

Fig. 1027. — Couche disloquée par des failles.

On attribue ces fissures à des soulèvements qui, en rompant les couches du terrain, les ont inégalement déplacées. Souvent les deux bords de la fissure ne se sont pas rapprochés, et des débris du terrain sont venus remplir l'intervalle de la faille. Les failles se manifestent souvent, à la surface des terrains où elles existent, par des crêtes se prolongeant sur de grandes étendues, et dont les Vosges, le Jura, les Alpes, les Cévennes, offrent, en France, de nombreux exemples. La figure 1028 montre quelles

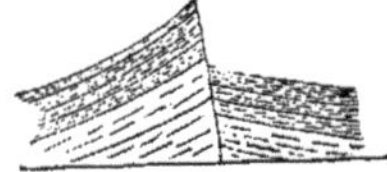

Fig. 1028. — Exemple de faille.

dislocations les failles peuvent produire dans une même couche a, b, c, d; ces dislocations sont parfois telles que les débris successifs d'une même couche prennent l'aspect de plusieurs couches différentes, et peuvent donner lieu à de grandes erreurs sur la nature véritable d'un gite de substance minérale. On concevra de quelle importance il est de bien reconnaître les failles et de prévoir les dispositions qui en ont pu résulter, toutes les fois que l'on a à diriger des recherches concernant des exploitations houillères ou métallurgiques.

FAIM (Physiologie). — La faim se distingue du simple *appétit* en ce qu'elle a toujours quelque chose de pénible ; elle se manifeste par une série de sensations très-diverses, dont l'intensité varie à mesure que le besoin d'*alimentation* devient plus impérieux ; en même temps, il se produit dans l'économie une série de phénomènes importants dont la succession constitue l'*inanition*.

La faim se fait sentir chez l'homme au moins deux fois par vingt-quatre heures ; mais l'habitude exerce en ce point la plus grande influence ; toutefois, la période est d'autant plus rapprochée, que l'âge est moins avancé, que la vie est plus active et la dépense plus grande (voyez Régime, Diète).

On n'est d'accord ni sur le siége, ni surtout sur le mécanisme physiologique de la faim.

Faim canine, Faim de loup, Faim de bœuf, Fringale (Médecine). — Faim exagérée que l'on observe chez l'homme et chez les animaux, et qu'il faut attribuer à une affection nerveuse de l'estomac ; cette affection elle-même est en général symptomatique d'une autre maladie, ou, tout au moins, annonce l'existence des vers intestinaux (voyez Boulimie).

Faim-valle, Faim-calle, Faim-caballe (Médecine vétérinaire). — Sorte de faim excessive ou boulimie particulière au cheval, et qui a le plus souvent pour cause la multiplication des vers dans le tube digestif. L'animal, en plein travail, est tout à coup pris d'une faiblesse excessive, qui le rend incapable de tout effort et cesse seulement lorsqu'on lui a donné quelque chose à manger. On guérit cette affection par les moyens qui combattent les vers intestinaux.

FAINE (Botanique). — Fruit et graine du hêtre : on en tire une huile comestible (voyez Hêtre).

FAISAN (Zoologie), *Phasianus*, Lin. — Genre d'*Oiseaux* de l'ordre des *Gallinacés*, caractérisés par des tête et d'appendices à la mandibule inférieure ; ils ont le tour des yeux nu et semé de papilles ou couvert de plumes très-courtes d'un aspect velouté ; la queue longue, étagée, composée de dix-huit pennes ployées en deux longitudinalement, et se recouvrant en forme de faîte de toit. On en compte une quinzaine d'espèces, toutes originaires d'Asie ; la plus connue est le *F. commun* (*P. colchicus*, Lin.), trouvé, suivant la tradition, par les Argonautes, sur les bords du Phase, dans la Colchide ; c'est du nom ancien de ce fleuve, appelé aujourd'hui Rion (Mingrélie), que les Grecs ont tiré le nom de *phasianos*, d'où vient

Fig. 1030. — Faisan doré (long. 0m,95).

le nom moderne qu'il porte dans toutes les langues de l'Europe, où il se trouve maintenant répandu partout ; à l'état sauvage, il se rencontre abondamment dans le Caucase. Le mâle est de la grosseur du coq ; mais il mesure avec ses plumes 0m,95 de longueur et 0m,80 d'envergure. Ses formes sont élégantes, son port gracieux, son plumage agréablement varié : il a la tête dorée, avec des reflets verts et bleus, et deux touffes au sommet, le cou vert foncé, le dos et les côtés d'un marron pourpré très-brillant, et la queue gris-olivâtre, à bandes noires transverses. La femelle est plus petite, et ses couleurs moins brillantes sont : le brun, le gris, le roux et le noir ; vers cinq ans pourtant, elle ressemble davantage au mâle ; on la nomme alors *Faisan-coquard*, mais cette dénomination s'applique aussi au métis du faisan et de la poule. Les jeunes sont d'un gris uniforme et ne peuvent se reconnaître qu'à la première mue, qui a lieu pour tous à l'automne. La vie du faisan dure de huit à dix ans ; il habite de préférence les plaines boisées et humides, où il se nourrit de grains et de baies de toutes sortes, d'insectes, de vers, d'escargots, se perchant plus ou moins haut, suivant le temps, et nichant dans les buissons au pied des arbres. La Faisane pond en mars ou avril de 12 à 20 œufs un peu moins gros que ceux de la poule ; ils ont une coquille plus mince et sont d'un gris verdâtre taché de brun. L'incubation dure de vingt-quatre à vingt-sept jours ; les petits se nourrissent particulièrement de chrysalides, de fourmis. Le faisan est d'un naturel très-farouche et d'une intelligence bornée ; à l'état de liberté, il vit solitaire et s'envole au moindre bruit, en poussant un cri semblable à celui de la pintade ; à l'état domestique, le faisan donne peu de témoignages d'affection, mais il n'est pas incapable de reconnaître celui qui le nourrit habituellement. On le chasse activement au fusil, au lacet et avec les faucons ou autres oiseaux de vol ; car chacun sait que sa chair est très-estimée. C'est pour la même raison que l'on a établi des *faisanderies*, où ils sont élevés et engraissés au prix de précautions multipliées (voyez Faisanderie, Fauconnerie, Vénerie).

Le *F. blanc* n'est qu'une variété de l'espèce commune affectée d'albinisme. Le *F. panaché* est une seconde variété qui semble résulter d'un mélange du faisan blanc et du commun.

Plusieurs auteurs regardent encore comme une variété du faisan commun, d'autres comme une espèce distincte, le *F. à collier* (*P. torquatus*, Lin.), dont le mâle a le plumage du faisan commun avec une tache d'un blanc éclatant de chaque côté du cou. Je citerai encore deux

Fig. 1029. — Faisan commun (long. 0m,95).

joues en partie dénudées de plumes et garnies d'une peau rouge ; par leur queue disposée en toit à double peute. Cuvier y reconnaissait plusieurs sous-genres, qui sont de véritables genres : les *Coqs*, les *Faisans* proprement dits, les *Argus*, les *Houppifères*, les *Tragopans*, les *Cryptonyx* ou *Roulouls*.

Les *F. proprement dits* sont dépourvus de crête sur la

espèces de Chine, dont la taille est à peu près celle du faisan commun et dont le plumage magnifique a conquis une sorte de célébrité : le *F. argenté* ou *bicolore* (*P. nycthemerus*, Lin.), blanc dessus avec des lignes noires très-fines sur chaque plume, et noir dessous; c'est l'espèce la plus robuste et la plus facile à élever; le *F. doré* ou *tricolore* (*P. pictus*, Lin.) (*fig.* 1031), le plus beau de tous, dont la tête est ornée d'une huppe pendante, d'un jaune d'or, tandis que le cou porte une collerette orangée, et que le ventre est rouge de feu, le dos vert, les ailes rousses, le croupion jaune avec une longue queue brune, tachetée de gris. Le phénix de Pline n'était peut-être que ce magnifique oiseau. Ces couleurs éclatantes n'appartiennent qu'au mâle, ainsi que cela est ordinaire chez les faisans. Ces deux espèces produisent des métis avec le faisan commun. Dans l'intérieur de la Chine, il paraît y avoir une autre espèce très-remarquable, le *F. superbe* (*P. superbus*, Temm.) dont les caudales ont jusqu'à 1ᵐ,30 de long.

Faisan des Antilles, c'est l'Agami.

Faisan huppé de Cayenne (Zoologie). — L'un des noms de l'Houzin.

Faisan cornu, c'est le Tragopan ;

Faisan de mer, le Canard pilet ;

Faisan paon, l'Eperonnier.

Faisan ou Phasanielle (Zoologie), *Phasaniella*, Lmx. — Genre de *Mollusques*, classe des *Gastéropodes*, ordre des *Pectinibranches*, famille des *Trochoïdes*, à coquille oblongue et pointue, l'ouverture, plus haute que large, est munie d'un opercule pierreux ; le bas de la columelle est sensiblement aplati et sans ombilic. L'animal a deux longs tentacules portant ses yeux sur deux tubercules situés à leur base externe, et de doubles lèvres échancrées et frangées. Ils sont communs dans la mer des Indes. Leurs coquilles, autrefois très-rares, étaient recherchées à cause de leurs belles couleurs; mais aujourd'hui toutes les collections en renferment.   F. L.

Faisandeau (Vénerie). — Nom vulgaire du jeune faisan.

Faisanderie (Zootechnie). — Lieu préparé pour l'élevage du faisan. Une grande faisanderie doit contenir plusieurs arpents de terrain, couverts d'herbe dans sa plus grande partie, coupés çà et là de buissons épais, et entourés de murs assez hauts (2ᵐ,50) pour en interdire l'accès aux renards et autres ennemis des volailles. Un faisandier peut suffire pour un enclos de 10 arpents (34 ares). L'élevage et l'alimentation des faisans exigent la construction de petits enclos carrés nommés *parquets*, que l'on dispose dans la faisanderie de la manière suivante : au nord, un mur d'abri ; sur les trois autres côtés, de petits murs ou des paillassons serrés de roseaux ou de paille de seigle, qui ne laissent pas les faisans se voir entre eux. Les parquets doivent être exposés au midi et couverts de gazon ; chacun d'eux doit mesurer de 19 à 20 mètres carrés, et recevra un faisan avec six ou sept faisanes. Les petites faisanderies sont de simples enclos fermés de murs ou de treillages en fil de fer, où l'on établit des loges carrées de 0ᵐ,32 de côté, séparées par des cloisons pleines, munies d'augets pour recevoir la nourriture et la boisson, et pourvues chacune d'un nid en paille pour la ponte d'une femelle.

On peuple la faisanderie avec des faisans de l'année, choisis bien portants et beaux en plumes; les vieux faisans s'apprivoisent difficilement. Pour les mettre à l'abri de l'atteinte des chats, des fouines, on couvrira les parquets avec un filet. Si l'on n'a pas à craindre ce danger, on se borne à *éjouter* les faisans pour les retenir, c'est-à-dire qu'on leur enlève le fouet d'une des ailes en le serrant fortement avec un fil solide. La nourriture qu'on donne aux faisans dans les parquets se compose de blé, d'orge, auxquels on mêle, vers le milieu du mois de mars, une petite quantité de sarrasin et de chènevis avec deux œufs durs hachés. Le bon âge pour la ponte est de deux à quatre ans. Au 1ᵉʳ mars, on sépare les faisans en les groupant dans chaque parquet, comme il a été dit. Du 15 au 20 avril commencent habituellement les pontes ; elles se font vers deux heures de l'après-midi, et le plus souvent de deux jours l'un pour chaque faisane, les dernières pontes se suivent à plus long intervalle, jusqu'à la vingtième environ, qui doit être la dernière. Chaque soir les œufs doivent être ramassés, placés dans une petite boîte remplie de son, et tenus dans un lieu qui ne soit ni trop sec ni trop humide. Ils ne sauraient, sans inconvénient, être gardés plus de douze à quinze jours ; l'incubation est ordinairement confiée à des poules communes (les poules pattues sont d'excellen-

tes couveuses), et chacune est chargée de douze à quinze œufs ; pour cette opération, on choisira une pièce d'une température douce, comme un cellier. L'éclosion a lieu vers le vingt-cinquième jour, et on laisse encore les petits un jour sous la poule sans leur donner à manger. On place ensuite la couvée dans une caisse longue de 1 mètre sur 0ᵐ,50 de hauteur et 0ᵐ,50 de largeur; intérieurement, cette caisse est divisée par de petites tringles de fer espacées de 0ᵐ,05 en deux compartiments inégaux ; l'un, fermé par le haut, reçoit la poule, qui y demeure accroupie ; l'autre, ouvert en haut et plus grand, reçoit les faisandeaux qui, à travers les barreaux de la cloison, peuvent passer pour aller se réchauffer auprès de la poule. Cette boîte ou caisse est tenue dans une pièce tempérée pendant deux jours, puis on la place en plein air dans une des allées de la faisanderie. Le cinquième jour, ou met la boîte en communication avec le parquet mobile en treillage de fil de fer, que l'on retire le dixième jour, laissant aux faisandeaux la liberté d'aller et venir autour de la boîte où la poule est toujours captive. Le quinzième jour, la boîte est inutile ; on attache la poule avec un ruban de fil à un pieu fiché en terre auprès d'un abri en paille. Enfin, à deux mois, les faisandeaux n'ont plus besoin de la poule, qui est rendue à la liberté. Pendant cette période de deux mois, on a donné aux jeunes faisans une nourriture méthodiquement choisie. Le premier âge comprend les cinq premiers jours, durant lesquels les faisandeaux doivent recevoir toutes les deux heures un repas composé de quelques pincées de larves de petites fourmis, ou, à leur défaut, d'une pâtée de mie de pain blanc et d'œufs durs hachés. Le second âge s'étend du sixième au douzième jour ; on donne dans cette période la même nourriture en quantité double (2 centilitres par bec et par jour); il faut que les larves de fourmis y entrent pour moitié; on y peut joindre des vers dits *asticots* purgés de la matière putride qui les remplit naturellement. Dans le troisième âge, on augmente peu à peu la proportion d'œufs hachés et de pain, en même temps que la quantité totale de nourriture. Au quatrième âge, qui commence le vingt-cinquième jour, on commence à mêler à la nourriture des faisandeaux des grains de millet, d'orge, de sarrasin, de blé. Parvenu au deuxième mois, on leur donne dans leur ration ordinaire un peu de viande cuite hachée menue et refroidie ; après le deuxième mois, on se borne à leur donner du grain deux fois par jour. Mais à tous ces soins il faut joindre une précaution indispensable, c'est de mettre toujours à portée des jeunes faisans, quel que soit leur âge, de petits vases plats remplis d'une bonne eau potable, bien claire et renouvelée souvent.

Cette éducation est d'ailleurs assez délicate ; les faisandeaux sont sujets à plusieurs maladies, et surtout à la diarrhée sous l'influence du froid humide. A deux mois, ils traversent une période critique, où se renouvellent les plumes de leur queue ; ils réclament alors les plus grands soins; ils exigent aussi en tout temps de grands soins de propreté, sans lesquels la vermine les dévore et les fait dépérir.

Faitière (Zoologie). — Nom vulgaire donné à une coquille, à cause de la ressemblance de ses côtes avec le faîte d'un toit ; cette coquille, nommée aussi *bénitier*, est la *grande tridacne* des naturalistes.

Falabreguier, Falabriquier, Fanabrega (Botanique), noms vulgaires du *Micocoulier* dans diverses parties du midi de la France.

Falaise (Géologie). — Escarpement des rivages de la mer formant au-dessus des flots une sorte de muraille plus ou moins complétement verticale, et que ceux-ci viennent battre avec fracas. « Plus la côte est abrupte, dit Beudant, plus elle est exposée aux dégradations des vagues..... Lorsque le terrain présente ses tranches à l'action des eaux, les parties inférieures rongées par les chocs réitérés des flots, que rien ne contribue à diminuer, se dégradent et se creusent successivement, et d'autant plus vite que la matière est plus délayable ou plus facile à désagréger : les couches supérieures qui se trouvent alors bientôt mises en surplomb, ne tardent pas à s'ébranler et à se précipiter dans la mer. C'est ainsi que des parties considérables de côtes ont été bouleversées à diverses époques, que des promontoires ont disparu, que d'autres ont été coupés et séparés du continent. Ces effets deviennent très-rapides dans les lieux où une mer profonde engloutit à mesure les blocs détachés, ou dans ceux où la force des vagues est assez puissante pour ballotter les débris, les user les uns par les autres et les déblayer successivement, de manière que le pied de l'escarpement reste toujours à nu. C'est ce qui arrive surtout quand le resserrement de deux côtes opposées détermine de forts courants, comme dans la Manche (entre la France et l'Angleterre), dans le canal de Saint-Georges (entre l'Angleterre et l'Irlande). Dans ces localités, la mer gagne constamment sur la montagne.....; il existe un grand nombre de narrations qui indiquent les dates des principaux éboulements, ou l'existence de phares, de tours, d'habitations, de villages même qui ont été successivement abandonnés, et qui ont aujourd'hui complétement disparu » (*Cours élém. d'hist. natur. Géologie*).

FALCIFORME (Anatomie humaine, animale ou végétale), du latin *falx*, faux, et *forma*, forme. — Ce terme désigne un grand nombre de parties ou d'organes de l'homme, des animaux, des plantes, qui rappellent la forme du fer d'une faulx.

FALCINELLE (Zoologie), *Erolia*, Vieillot ; du latin *falx*, faux, allusion à la forme arquée du bec. — Genre d'*Oiseaux*, de l'ordre des *Échassiers*, famille des *Longirostres*, tribu des *Bécasses*, qui diffèrent des Alouettes de mer en ce que leur bec est arqué et qu'ils manquent de pouce. On n'en connaît qu'une seule espèce originaire d'Afrique et qui a été vue quelquefois en Europe. C'est le *Scolopax pygmœa* de Linné.

FALCONELLE (Zoologie), *Falcunculus*, Vieillot. — Genre d'*Oiseaux*, de l'ordre des *Passereaux*, famille des *Dentirostres*, tribu des *Pies-grièches*. Ils sont aussi nommés *Pies-grièches mésanges* et sont caractérisés par un bec comprimé et court, presque aussi haut que long, dont l'arête supérieure est aiguë et arquée, et la pointe échancrée ; leur queue est courte. La *F. frontale* ou *à casque* (*Lanius frontatus*, Lath.), de la Nouvelle-Hollande, est de la taille du moineau avec les couleurs des mésanges et les mœurs des pies-grièches. Le mâle seul porte la huppe, qui lui a valu son nom.

FALCONES ou **FALCONIDÉS** (Zoologie). — On désigne sous ce nom tous les oiseaux du genre *Faucon*, de Linné ou de Cuvier. Ce groupe nombreux a ses espèces répandues sur toute la surface du globe, et elles se font toutes remarquer par un bec courbé dès la base, et dont la mandibule supérieure est garnie au bout d'une ou de deux dents saillantes. On remarque que les oiseaux de ce groupe qui volent le mieux sont les plus petits. Tous appartiennent à la classe des *Oiseaux de proie* appelés *nobles*, parce qu'ils étaient employés dans l'art de la fauconnerie. Tels sont les éperviers, les faucons, les hobereaux, les cresserelles (voyez FAUCON, FAUCONNERIE).

FALÈRE (Médecine vétérinaire), d'un mot catalan qui signifie *promptitude*. — Nom vulgaire d'une maladie commune parmi les bêtes à laine, dans le département des Pyrénées-Orientales, principalement dans les localités voisines du bord de la mer. Ce mal attaque les moutons que l'on a conduits dans des prairies artificielles encore mouillées par la pluie ou par une abondante rosée. Tout à coup, l'animal est frappé de stupeur, bientôt après agité de convulsions violentes ; la respiration est gênée de plus en plus par un gonflement progressif et rapide des estomacs, sous l'influence des gaz qui s'y dégagent ; en deux heures environ, ces accidents ont atteint leur apogée, et l'animal périt. On trouve les estomacs remplis de gaz hydrogène protocarboné. Cette maladie redoutable est donc une variété de *tympanite* (voyez ce mot, et on la combat par les moyens que l'on oppose ordinairement à cette affection, la ponction de la panse et l'usage de quelques boissons stimulantes, eau salée, eau de chaux, ammoniaque dans l'eau froide, à la dose de 20 à 30 gouttes, éther à haute dose, etc. La chair des moutons qui ont succombé à la falère peut être consommée sans inconvénients.

FALLTRANCK (Economie domestique), de l'allemand *fall*, chute, et *tranck*, boisson. — Sorte de *vulnéraire suisse* nommé vulgairement *thé de Suisse*, formé d'un mélange de diverses plantes aromatiques (alchémille, armoise, aspérule, brunelle, bugle, bétoine, menthe, millepertuis, pervenche, piloselle, primevère, sanicle, valériane, verge d'or, véronique, verveine, etc.), que l'on recueille dans les montagnes, et dont on vante l'efficacité pour prévenir les suites des coups ou des contusions provenant des chutes. On fait de ces plantes une infusion comme celle du thé, et on l'administre par petites tasses pendant quelques heures. Ce remède ne peut être nuisible ; mais il serait dangereux de lui accorder une grande confiance ; il ne peut conjurer aucun accident sérieux.

FALQUÉ (Botanique), du latin *falcatus*, en forme de faulx. — Terme synonyme de *falciforme* et appliqué, comme ce dernier, à certains organes des végétaux.

 (Technologie), voyez SOPHISTICATIONS (*Supplément*).

FALUNS (Géologie). — Nom vulgaire, en Touraine, de certains dépôts de coquilles fossiles, friables ou déjà brisées, que l'on rencontre à fleur de terre et qui sont employées à l'amendement des terres, à cause du carbonate calcaire qui les constitue. Bernard de Palissy, le célèbre potier, soutint le premier, contre tous les savants de son temps (milieu du XVIᵉ siècle), que les faluns étaient des débris d'animaux marins, abandonnés à la surface du sol par les mers qui l'ont autrefois couvert. Réaumur, vers 1720, reprit l'étude de ces dépôts coquilliers et arriva aux mêmes conclusions que Palissy. Malgré les sarcasmes ridicules dirigés par Voltaire contre une opinion dont il n'avait ni étudié les raisons, ni observé les motifs, cette manière de voir est aujourd'hui acceptée sans contestation. « Les faluns de la Touraine, dit Constant Prévost, sont évidemment des dépôts de rivage marin et d'embouchure d'un cours d'eau qui courait du sud-est à l'ouest ; aussi avec les coquilles marines trouve-t-on mêlés des coquilles d'eau douce et des ossements d'animaux terrestres, et, si l'on étudie les divers amas de faluns de l'ouest vers l'est, on passe en remontant de ceux où les corps marins dominent à d'autres qui ne contiennent plus que des débris d'habitants des fleuves ou des terres sèches » (*Dict. univ. d'hist. nat.*, art. FALUN). L'importance des faluns est considérable ; Réaumur évaluait le volume des dépôts qu'il connaissait à 130 680 000 toises cubes (4 965 840 000 mètres cubes), et il est resté au dessous de la réalité. Les *faluns de la Touraine* sont généralement considérés comme des dépôts de l'époque tertiaire miocène ou époque des molasses (voyez TERRAINS). C'est surtout aux environs d'Angers et de Tours qu'on rencontre ces couches de débris coquilliers, bien connus dans le pays.

FAMEL (Zoologie). — Nom vulgaire du *Renard d'Afrique* (*Canis famelicus*, Cretzschmar) (voyez RENARD).

FAMILLE (Sciences naturelles). — Groupe naturel formé de la réunion des genres naturels, ayant entre eux des ressemblances plus grandes qu'ils n'en offrent avec les autres. En général, on a cherché à désigner chaque famille par un nom tiré de celui du genre qui peut en être regardé comme le type. Cette règle, surtout suivie par les botanistes, a produit des noms comme ceux des *Liliacées*, des *Iridées*, des *Rubiacées*, des *Renonculacées*, des *Polygonées*, des *Convolvulacées*, etc. Dans le règne animal, les groupes considérés comme des familles sont moins bien déterminés. Du reste, les principes sur lesquels repose la conception des familles naturelles sont les principes mêmes de la méthode naturelle, et ne peuvent être indiqués à part.

FANAGE (Agriculture). — L'une des opérations de récolte des foins sur les prairies, le fanage, consiste à retourner plusieurs fois avec des râteaux, des fourches ou même des machines spéciales nommées *faneuses*, les foins récemment fauchés.

FANES (Agriculture), du verbe *faner*. — Ce mot désigne vulgairement tous les débris herbacés ou foliacés, qu'on réunit et qu'on laisse sécher pour les introduire dans la litière des animaux. On l'applique aussi, à cause de cela, aux feuilles et aux tiges herbacées qui surmontent certaines racines ou certains tubercules ; on dit les fanes de la betterave, de la pomme de terre, du salsifis, etc.

FANFRE (Zoologie). — Nom vulgaire d'une espèce de *Poisson* des côtes maritimes de la Provence, qui appartient au genre *Pilote* (voyez ce mot).

FANON (Zoologie), corruption du latin *pannus*, lambeau. — Pli de la peau, souvent très-développé, qui pend sous le cou des bœufs, le long de la ligne médiane, et dont l'usage ne nous est pas connu. On nomme encore *fanon*, la pelote graisseuse couronnée d'une houppe de crins plus ou moins longs, qui croît derrière le boulet, au pied des chevaux.

FANON (Chirurgie). — Sorte de coussinet cylindrique employé autrefois dans le pansement des fractures de la cuisse ou de la jambe pour maintenir les parties dans l'immobilité. Les fanons étaient faits avec une poignée de paille de seigle, entourée d'une bande de linge étroite et fortement serrée ; au milieu de la poignée de paille, on plaçait une baguette en bois bien flexible pour lui donner plus de solidité. Aujourd'hui on remplace les fanons par les *attelles* (voyez ce mot). — On nommait autrefois *faux-fanon* une pièce de linge pliée en plusieurs doubles, puis roulée à plat et repliée à ses deux extrémités, et qui entrait également dans le pansement des fractures des membres. On plaçait les faux-fanons entre le membre malade et le fanon ; on emploie aujourd'hui à cet usage des coussins de balle d'avoine (voyez Fracture).

Fanons (Zoologie). — Lames cornées qui remplacent les dents à la mâchoire supérieure dans les animaux du genre *Baleine* (voyez ce mot).

FANTASCOPE (Physique). — Cet instrument, destiné à produire des effets de *fantasmagorie* (voyez ce mot), se compose d'une boîte à l'intérieur de laquelle est une lampe ; une cheminée donne issue aux gaz de la combustion et est coudée pour que l'on n'aperçoive aucune lumière. Sur l'une des faces verticales de la boîte est un réflecteur formé d'un miroir concave, dont le foyer coïncide avec la flamme de la lampe ; dans la face opposée est pratiquée une ouverture circulaire munie d'un tube métallique, portant une lentille ordinairement plan-convexe, qui fait converger les rayons lumineux en un point. Un peu en avant de ce point, le cylindre porte une fente perpendiculaire à son axe ; dans cette fente, on introduit des verres peints avec des couleurs transparentes, et qui se trouvent ainsi fortement éclairés. Une seconde lentille est placée en avant des verres peints, de sorte que ceux-ci donnent une image au foyer de cette lentille ; cette image vient se faire sur la toile placée devant les spectateurs. La grandeur de l'image varie avec la distance du fantascope à la toile ; aussi cet appareil est-il monté sur quatre roues, et peut-il se déplacer en roulant généralement sur des rails de bois ; ce déplacement doit se faire sans bruit et en produire un autre de la lentille, afin que la toile soit toujours au foyer conjugué du verre peint. Un excentrique et une courroie sans fin permettent de faire coexister ces deux mouvements. Pour faire varier l'éclairement, on ferme le cylindre au moyen de deux lames analogues à des lames de ciseaux, et qui, suivant qu'elles sont plus ou moins écartées, donnent plus ou moins d'intensité aux images.

FANTASMAGORIE (Physique). — Voyez Lanterne magique.

FANTOME (Zoologie). — Nom vulgaire de plusieurs insectes de l'ordre des *Orthoptères*, et se rapportant aux genres *Mante* et *Phasme*.

FAON (Zoologie). — Nom du petit *Cerf commun* pendant les six premiers mois de la vie ; quelquefois, par extension, on applique ce nom à des jeunes d'autres espèces du même genre (voyez Cerf).

FARCIN (Médecine humaine et vétérinaire). — Maladie particulière au cheval, observée quelquefois dans l'âne, le mulet, très-rarement dans le bœuf, et dont la transmission à l'homme, signalée dès l'année 1812, fut nettement établie en 1821, par Schilling, de Berlin. Ce n'est qu'en 1837 que M. Rayer fit connaître la première observation de morve aiguë en France. Nous verrons tout à l'heure l'analogie que l'on est forcé d'établir entre le farcin et la morve, et comment il se fait que les deux maladies ont été confondues si souvent ensemble quant aux causes, aux effets et à la plupart des symptômes.

Le farcin est une maladie caractérisée par l'engorgement des vaisseaux et des ganglions lymphatiques, par des tumeurs multiples développées sur leur trajet, le ramollissement et la suppuration de ces tumeurs, l'éruption de boutons plus ou moins nombreux, qui s'ulcèrent et se recouvrent de croûtes ou de végétations fongueuses. L'inoculation du pus farcineux reproduit ou la même maladie, ou les symptômes qui caractérisent la morve ; aussi M. le professeur Grisol.e, sans établir d'une manière nette que les deux maladies ne sont véritablement que des variétés de la même affection, fait-il cet aveu précieux : « Le farcin a le même *contagium* que la morve ; s'il existe quelque différence entre les deux maladies, celle-ci tient uniquement au siége ; en effet, dans la morve, la lésion des fosses nasales est constante, tandis qu'elle manque dans le farcin. » De son côté, M. le professeur Tardieu décrit simultanément les deux maladies, en faisant ressortir aussi la différence que nous venons de signaler. « L'affection morveuse chez l'homme, dit-il, comprend deux états morbides diversement caractérisés, mais résultant d'un même virus, et que l'on désigne par les noms de *farcin* et de *morve* empruntés à la pathologie vétérinaire. » L'opinion des vétérinaires n'est guère plus arrêtée ; suivant Renault, il n'y a de distinction que dans la partie où se développe la maladie ; Delafond, Loiset, ne sont pas explicites. On pourrait donc établir avec assez de vraisemblance que le farcin et la morve ne sont que des nuances d'une seule et même maladie ; que le farcin est une nuance moins grave, plus facilement curable, qui ne s'accompagne pas de la redou-

table lésion des fosses nasales, avec son écoulement purulent, ses ulcérations ; et que le farcin a la plus grande tendance à passer à l'état de morve avec tous les dangers qu'entraîne cette forme du mal (voyez Morve).

Le *farcin* se montre à l'état *aigu* ou à l'état *chronique*. Le *farcin aigu* chez l'homme, qu'il soit produit par inoculation ou par contagion, s'annonce par des frissons, du mal de tête, des nausées, des douleurs vagues dans les muscles, les articulations, la fièvre ; bientôt il survient sur différentes parties du corps de petites tumeurs molles, pâteuses, peu saillantes, indolentes, fluctuantes dès le début, qui, le plus souvent, donnent issue à un pus séreux, grisâtre, sanieux ; puis on voit paraître des pustules nombreuses, irrégulièrement groupées, auxquelles succèdent quelquefois des bulles gangréneuses. Il y a un sentiment de faiblesse générale, suivi d'une prostration croissante, puis surviennent le délire, divers phénomènes ataxiques, et enfin la mort. Le *farcin chronique*, avec les symptômes moins accentués de l'état aigu, est caractérisé surtout par des abcès multiples dégénérant en ulcères fistuleux, une altération profonde de la constitution ; il se termine le plus souvent par la morve aiguë. « On ne le voit qu'exceptionnellement succéder au farcin aigu » (Tardieu). Après quelques jours de malaise, de lassitude, d'inappétence, d'une petite fièvre revenant par accès, il se forme des empâtements indolents dans différentes parties du corps ; les forces diminuent ; un mois ou deux se passent, et l'on voit ces empâtements former rapidement des abcès multiples, s'ouvrir et donner issue à du sang ou à une sanie, à un pus visqueux ; quelquefois ces abcès disparaissent brusquement ; mais, au bout de peu de temps, des tumeurs surviennent, s'abcèdent, donnent lieu à des ulcères fistuleux, sanieux ; les os quelquefois se dénudent, les articulations se déforment, la peau, si elle n'est pas ulcérée, se dessèche, le visage devient livide, le pouls est petit, il y a diarrhée, sueurs nocturnes, toux, marasme complet ; enfin la mort arrive ou la maladie passe à l'état de morve aiguë. La guérison est très-rare. La durée peut varier de quelques mois à trois ou quatre ans.

De toutes les formes de la maladie farcineuse ou morveuse, le farcin aigu est celui dont le pronostic est le moins grave ; et les cas de guérison ne sont pas rares, surtout chez le cheval ; ils le sont beaucoup plus chez l'homme. Aussi est-ce surtout aux moyens préservatifs qu'il faut avoir recours. On devra veiller à l'assainissement des écuries sous le plus grand soin, les disposer dans des endroits secs et aérés ; procéder à l'isolement et à l'abatage des chevaux morveux et farcineux, ne les toucher et ne les soigner qu'avec de grandes précautions, et surtout faire savoir et répandre partout que la maladie peut se propager à l'homme avec la plus grande facilité (voyez Morve). C'est dire assez que les charretiers, les palefreniers, les équarrisseurs, etc., y sont particulièrement sujets. Le traitement institué par la majeure partie des vétérinaires consiste, à l'extérieur, dans l'emploi des topiques à base de préparations mercurielles, arsenicales, des vésicatoires, etc., puis, un peu plus tard, des cautérisations avec le fer rouge ; la saignée est rarement indiquée. A l'intérieur, on a eu recours aux amers, aux ferrugineux, quelques mercuriaux, l'iode ; parfois les purgatifs.

On consultera avec fruit sur cet intéressant sujet : *De la morv. et du farc. chez l'hom.*, par P. Rayer ; — *Mém. de l'Acad. de médec.*, t. VI, 1837 ; — *De la morv. aiguë chez l'hom.*, par Vigla (thèse), 1839 ; — *Mém. d'hyg. vétérin.*, publiés par ordre du ministre de la guerre, Paris, 1848 à 1853 ; — et surtout la *thèse* remarquable de M. Tardieu, année 1843, n° 13.   F—n.

FARD (Economie domestique). — Pâte, poudre ou liquide destiné à être appliqué sur la peau, pour lui donner une coloration agréable et un éclat convenu. Le *fard blanc* est ordinairement composé de sous-nitrate de bismuth et de craie de Briançon (talc écailleux) Le *blanc de Thenard*, composé de fleur de zinc (oxyde de zinc) et de talc, est un très-bon cosmétique blanc. Il y a plusieurs sortes de *fards rouges* : le *rouge végétal* s'obtient au moyen d'une dissolution de la matière colorante du carthame dans de l'eau alcaline sodée, d'où l'on précipite cette matière colorante avec du jus de citron ; le *fard vermillon* est du cinabre (sulfure de mercure) porphyrisé de manière à former une poudre impalpable. Pour rendre ces deux poudres colorées adhérentes à la peau, on les mêle intimement avec de la craie de Briançon. On nomme *vinaigre de rouge*, de la poudre de carmin tenue en suspension dans du vinaigre au moyen d'une substance mucilagineuse. Enfin, on appelle *crépon* de l'étamine fine, teinte sans mordant, et qui, légèrement humectée et frottée sur la peau, lui communique sa couleur. La couleur employée pour charger le crépon est l'une de celles qui viennent d'être mentionnées. A ces renseignements tirés du *Dictionn. de médec.* de Nysten (10e édit.), il faut ajouter quelques conseils hygiéniques. Le *blanc commun des théâtres* est pernicieux, parce qu'il contient de la céruse (carbonate de plomb) dont le premier effet est de rendre peu à peu la peau fanée, sèche et jaunâtre, et qui, agissant en outre sur l'organisme, y peut déterminer les accidents désignés sous le nom de *maladies de plomb* ou *maladies saturnines*. Les fards rouges ne contiennent pas de matières nuisibles, sauf le vermillon dont le mercure peut déterminer certains accidents, et qui ne doit être que très-discrètement employé. Le *fard rouge des théâtres* est fait au carmin et n'offre aucun danger spécial. On compose avec le bleu d'azur (voyez AZUR), le talc et la gomme, un *fard bleu* qui a la même innocuité. Mais, d'une manière générale, l'application habituelle de certains enduits sur des points déterminés de la peau ne peut avoir pour effet que de flétrir particulièrement la peau dans ces parties, et peut y faire naître des maladies.

FARINE (Chimie industrielle). — On donne ce nom au produit de la mouture de diverses substances, mais particulièrement des légumineuses et des céréales. Parmi ces dernières, la farine de blé est de beaucoup la plus riche en matières nutritives; aussi est-elle exclusivement employée, toutes les fois que cela est possible, à la fabrication du pain. Le lecteur trouvera aux articles MOUTURE et PANIFICATION l'exposition des procédés les plus importants relatifs à cette double industrie. Nous indiquerons seulement dans l'article actuel les moyens simples qui peuvent servir à faire reconnaître les farines falsifiées. Pour juger de l'intérêt de cette recherche, nous mettons ici un tableau de la composition des principales farines de légumineuses ou de céréales. Dans les premières, le principe azoté est la *légumine*; dans les secondes, se trouvent l'*albumine*, la *fibrine*, la *caséine* et la *glutine*.

	AMIDOK, dextrine, matières sucrées.	Matières azotées.	Matières grasses.	Cellulose ou tissu végétal.	Matières minérales.	Eau.
Fèves de marais..	51,50	24,40	1,50	3,00	3,60	16,00
Haricots	55,70	25,50	2,80	2,90	3,20	9,90
Lentilles	58,00	25,20	2,60	2,40	2,30	11,50
Pois jaunes......	58,70	23,80	2,10	3,50	2,10	9,80
Féverolles.	48,30	30,30	1,90	3,00	3,50	12,50
Vesces..........	48,90	27,30	2,70	3,50	3,00	14,60
Blé	63,03	14,60	1,02	1,07	1,06	14,00
Seigle..........	67,05	9,00	2,00	3,00	1,09	16,60
Orge...........	63,07	13,40	2,08	2,03	4,05	13,00
Avoine.........	61,05	11,90	5,05	4,01	3,00	14,00
Maïs...........	59,09	12,80	7,00	1,05	1,01	17,70
Riz	77,54	6,43	0,43	0,05	0,07	14,41
Sarrasin........	78,00	6,84	1,05	1,05	1,75	18,00

Les farines de blé sont souvent falsifiées, soit pour déguiser leur qualité inférieure, soit dans un but de spéculation aux époques où leur prix est élevé.

On emploie, suivant les cours commerciaux, la fécule de pomme de terre, les farines d'autres graminées (riz, maïs, orge, avoine, seigle), les farines de légumineuses (féveroles, vesces, pois, haricots, fèves, lentilles), la farine de sarrasin.

Le meilleur moyen de découvrir la sophistication des farines consiste dans l'emploi du microscope ou d'une loupe montée, indiqué, pour la première fois, par M. Raspail à la suite de ses beaux travaux sur l'analyse de la fécule. Comme d'ailleurs les alcalis gonflent considérablement les grains de fécule, sans agir sensiblement sur les grains d'amidon, nous indiquerons les ingénieux procédés dus à M. Donny pour l'essai des farines et pour reconnaître la présence des diverses substances qui servent aux falsifications les plus usuelles.

Fécule de pomme de terre. — Etendre la farine en couches très-minces sur le porte-objet d'une loupe montée (grossissant de vingt à vingt-cinq fois) ou d'un microscope, mouiller la farine avec une dissolution de potasse caustique (1gr,75 de potasse dans 100 grammes d'eau distillée).

Les globules de fécule s'étendent en grandes plaques, et ont un volume qui atteint jusqu'à dix et quinze fois celui des grains d'amidon. D'ailleurs, le diamètre du grain de fécule de pomme de terre est $\frac{1}{4}$ de millimètre et celui du froment $\frac{1}{11}$.

Farines de riz ou de maïs. — On fait une pâte avec la farine et on la malaxe sous un filet d'eau, en recevant le liquide sur un tamis de soie. On sépare ainsi le gluten. On examine à la loupe l'amidon après l'avoir lavé. Si la farine contient du riz ou du maïs, on découvre des fragments anguleux, à demi translucides, colorés en jaune-paille.

Farine de graine de lin. — On délaye avec une solution aqueuse contenant 10 p. 100 de potasse, sur le porte-objet de la loupe ou du microscope, un peu de farine blutée. On découvre, s'il y a de la farine de tourteaux de graine de lin, beaucoup de petits corps très-caractéristiques, plus petits que les globules de fécule, d'un aspect vitreux, le plus souvent colorés en rouge et sous forme de carrés ou de rectangles.

Farine de sarrasin. — On agit comme pour les farines de riz ou de maïs. Les fragments observés sont incolores et moins anguleux que ceux qui proviennent de ces deux farines.

Farines de légumineuses. — On étend une très-petite quantité de la farine blutée sur le porte-objet, et on y ajoute quelques gouttes d'une solution contenant de 10 à 12 p. 100 de potasse caustique, en ayant soin de ne pas trop agiter le mélange. Tous les granules de l'amidon disparaissent et laissent apercevoir distinctement le tissu cellulaire réticulé, à mailles hexagonales, propre aux légumineuses.

M. Donny a décrit en outre un procédé spécial pour découvrir les farines de féveroles et de vesces.

Avec 1 ou 2 grammes de la farine, on enduit les parois d'une petite capsule de porcelaine, qu'on humecte d'abord avec un peu d'eau ou de salive. Dans la portion vide du fond de la capsule, on verse un peu d'acide nitrique, de manière qu'il ne touche pas la farine. On recouvre la capsule avec un petit disque en verre, et on la chauffe légèrement avec une lampe à alcool, en évitant l'ébullition de l'acide. Celui-ci se dégage en vapeurs sur la farine qui prend une teinte jaune, plus foncée sur la partie voisine de l'acide, et qui va en se dégradant jusqu'au bord supérieur. Au moment où celui-ci commence à s'altérer, on remplace l'acide nitrique par de l'ammoniaque et on abandonne à l'air. S'il y a des féveroles ou des vesces, il se développe aussitôt une belle couleur rouge de carmin dans la zone moyenne de la capsule; s'il n'y en a pas, on ne voit qu'une teinte et des taches jaunâtres. On peut simplement humecter l'extrémité d'une grosse baguette de verre avec un peu d'eau, la plonger dans la farine, l'exposer, ainsi chargée de farine, à l'action successive des vapeurs d'acide nitrique bouillant et d'ammoniaque.

M. Martens modifie ainsi ce procédé. On étend un extrait alcoolique de la farine, en couche mince, à la surface d'une capsule de porcelaine. On chauffe à 100°, et on expose pendant une minute ou deux à l'action successive d'acide nitrique et d'ammoniaque concentré. L'extrait se colore en rouge vermeil, s'il renferme de la farine de féveroles ou de vesces. Cette sophistication des farines par la farine de féveroles est commune, parce que cette farine coûte généralement moitié moins que celle du blé, et qu'elle communique à celle-ci une nuance jaunâtre, assez recherchée. Elle fait considérablement renfler le pain et permet au boulanger d'augmenter beaucoup le volume d'eau, sans que la pâte en paraisse plus légère. Les boulangers disent qu'elle donne au pain de la physionomie. Le pain prend d'ailleurs une teinte rose vineux et un goût très-désagréable, lorsque la proportion dépasse 5 p. 100.

Pour en reconnaître la présence dans le pain, on délaye la mie avec de l'eau froide, on jette la bouillie sur un tamis; la liqueur qui passe se sépare lentement en deux couches. La couche supérieure décantée, évaporée en extrait, est épuisée par l'alcool; puis la solution alcoolique concentrée, à son tour laisse sur les bords de la capsule une couche que l'on traite successivement par les vapeurs d'acide nitrique et d'ammoniaque. Elle prend partiellement une belle coloration rouge, si le pain est frelaté par les féveroles ou les vesces; s'il est pur, il n'y a pas de coloration. Ajoutons que les taches rouges doivent disparaître par une dissolution de potasse au dixième.

La détermination de l'eau hygrométrique de la farine

peut être utile. Il suffit de dessécher la farine à une température de 115° à 120°; la diminution de poids qu'elle subit donne la quantité d'eau qu'elle renfermait.

La farine des boulangers de Paris contient de 16 à 17 p. 100 d'eau. Une proportion d'eau notablement différente indiquerait déjà que la farine ne peut pas être dans son état normal.

On rendrait probablement service à la probité du commerce en constatant comparativement et par des moyennes, dans chaque localité, les proportions de gluten et d'amidon des grains du pays, en ayant égard aux variations qui résultent de la différence d'exposition et de sol, et des circonstances météorologiques. Les farines qui servent ordinairement à la panification renferment de 24 à 34 p. 100 de gluten humide. M. *Barse* les distingue en trois classes : la première contient 30 p. 100 et au-dessus de gluten humide ; la deuxième, 27 p. 100 et au-dessus; la troisième, 24 p. 100 et au-dessus. Toute farine, avant d'être livrée au commerce, pourrait être ainsi titrée, et le pain devrait porter le titre de la farine avec laquelle il a été fabriqué.   L.

Farine fossile (Minéralogie), nom vulgaire d'une variété pulvérulente de chaux carbonatée.

Farine empoisonnée (Minéralogie), nom donné par les mineurs à l'oxyde blanc d'arsenic qu'on voit sur certains minerais de cobalt ou dans les fourneaux où l'on fond ces minerais.

FARLOUSE (Zoologie), *Anthus*, Bechst. — Nom d'un oiseau connu aussi sous celui d'*Alouette des prés*, et qui sert de type au genre *Farlouse*, généralement nommé *Pipi*. Ce genre appartient à l'ordre des *Passereaux*, famille des *Dentirostres*, tribu des *Becs-fins*; longtemps réunies aux alouettes, à cause de l'ongle long qu'elles portent à leur pouce, les farlouses se rapprochent des becs-fins par leur bec grêle et échancré, et se distinguent des bergeronnettes par la brièveté de leurs pennes et des couvertures secondaires. La *F. des prés* (*Anthus pratensis*, Bechst.) vulgairement *Pipi des buissons*, *Pieuquette*, *Pipi farlouse*, se tient dans nos prairies humides et niche dans les joncs ou les touffes de gazon; elle est d'un brun-olivâtre en dessus, blanchâtre en dessous, avec des taches brunes à la poitrine et aux flancs; sa longueur totale est de 0^m,15 ; elle niche dans les joncs ; en automne elle s'engraisse des baies sucrées et elle est alors recherchée comme un gibier délicat, sous le nom de *bec-figue* ou de *vinette*. La *F. rousseline* (*A. campestris*, Bechst.), vulgairement *Pipi rousselin*, a 0^m,16 de longueur, habite les lieux pierreux de l'Europe tempérée et méridionale et niche dans le sable. On trouve encore dans toute l'Europe la *F. des arbres* (*A. arboreus*, Bechst.) qui niche sur les coteaux couverts et dans les prairies, et a la taille de la farlouse des prés; et la *F. spioncelle* (*A. aquaticus*, Bech) de la taille de la F. rousseline, qui en hiver recherche les lieux bas et humides, et en été les plateaux des hautes montagnes. Tous ces oiseaux ont un plumage brun ou roussâtre en dessus, avec le dessous plus clair ou blanchâtre. Leurs œufs sont grisâtres avec des taches noires ou brunes.

FAROUCH ou **Farouche** (Agriculture). — L'un des noms vulgaires du *trèfle incarnat*.

FASCIA (Anatomie). — Ce mot tout latin signifie *bande*. Il désigne certaines expansions aponévrotiques, des feuillets celluleux résistants, des aponévroses d'enveloppe destinées à maintenir des muscles ou autres organes dans leurs positions respectives. D'où l'on a distingué deux sortes de *fascia*: les *F. celluleux* et les *F. aponévrotiques*.

Le *F. celluleux superficiel* (superficialis) est une couche celluleuse sous-cutanée qui enveloppe tout le corps sans être interrompue nulle part; très-mince dans certaines régions, il s'épaissit sur le bas-ventre et vers les régions iliaques, et se confond sur le sternum et le long de la colonne vertébrale avec le tissu fibreux ; c'est dans son épaisseur que se trouvent les muscles peauciers des animaux. — Le *F. celluleux profond* s'étend sur la face pariétale des membranes séreuses, qu'il suit dans l'abdomen, dans la poitrine, d'où il se porte au col, où il se confond avec l'aponévrose d'enveloppe de cette partie.

Le *F. iliaca* est un feuillet aponévrotique qui s'étend des muscles psoas à la crête de l'os des iles ; en bas, il s'unit au *ligament de Fallope*; en avant et en arrière au *fascia lata*, avec lequel il se confond pour former la paroi postérieure de l'arcade crurale. — Le *F. lata* est la plus forte aponévrose d'enveloppe; il recouvre tous les muscles de la cuisse; en haut, il se fixe au bassin en s'unissant, d'une part, au muscle grand oblique de l'abdomen, au niveau de l'arcade crurale, s'attache à la

crête du pubis ; d'autre part, il s'insère à la crête iliaque jusqu'à la ligne courbe supérieure de l'ilium, si prolonge sur le moyen fessier, un peu sur le grand fessier, en ne descendant jusqu'à la cuisse que vers la partie antérieure de l'épine. En dedans, il s'implante sur les ligaments de la symphyse du pubis, sur cet os et l'ischium. Enfin, en arrière, il naît du tissu cellulaire que recouvre le sacrum, le coccyx, celui de la marge de l'anus; de ces différents points, il descend sur la cuisse dont il enveloppe tous les muscles, en donnant des prolongements entre plusieurs d'entre eux. Enfin, il se termine en se confondant avec l'aponévrose de la jambe, avec le tendon du triceps, et en se fixant aux condyles du fémur et à la tubérosité externe du tibia. — Le *F. transversalis* est une expansion fibreuse qui se détache de l'arcade crurale et du tendon du muscle droit, et entre pour beaucoup dans la formation du *canal inguinal* (voyez Inguinal [*Canal*]).

Fascia lata (Muscle du) (Anatomie). — Il occupe la région externe de la cuisse, est court, aplati, a une forme quadrilatère. Il naît de la crête iliaque, de l'épine antérieure et supérieure, entre le couturier et le moyen fessier ; de là il descend vers le tiers supérieur de la cuisse, et se termine par de petits faisceaux aponévrotiques qui se continuent avec l'aponévrose fascia lata (voyez plus haut), en se confondant avec elle. C'est le muscle *iléo-aponévrosi-fémoral*, de Chaussier. Il est tenseur de l'aponévrose fascia lata.   F — N.

FASCICULÉ (Zoologie et Botanique), du latin *fascis*, faisceau. — Se dit des organes qui se montrent réunis en faisceaux.

FASCIÉ (Zoologie et Botanique), du latin *fascia*, bandelette. — Ce terme s'applique aux organes ou aux espèces d'animaux ou de plantes qui se font remarquer par une ou plusieurs bandes d'une couleur tranchée. On l'emploie aussi pour désigner, chez les plantes, certaines dispositions des fibres étalées symétriquement en bandelettes, comme on en observe, par exemple, dans l'inflorescence de l'amarante à crête.

FASCIOLE (Zoologie), *Fasciola*, Lamk ; du latin *fasciola*, petite bandelette. — Genre de *Vers intestinaux* ou *Helminthes*, appelé aussi *Distome*, et qui contient, parmi ses espèces, la *douve du foie*, si commune chez le mouton, le bœuf, le cochon, et que l'on rencontre aussi assez souvent chez l'homme (voyez Douve, Distome et Vers intestinaux).

FASCIOLAIRES (Zoologie). — Genre de *Mollusques*, classe des *Gastéropodes*, ordre des *Pectinibranches*, famille des *Buccinoïdes*, tribu des *Rochers*, détaché par Lamarck du genre *Fuseau*, dont il se distingue par deux ou trois plis très-obliques et inégaux à la columelle, vers la naissance du syphon. La *F. tulipe* ou *Tulipe d'Inde* est rubanée, lisse, jaune rougeâtre, rayée de lignes de couleur variable ou tachée de points couleur de rouille, rangés en lignes.

FASÉOLE (Botanique horticole). — Nom vulgaire de plusieurs espèces de graines provenant de plantes des genres *Fève*, *Dolic*, *Haricot*, de la famille des *Légumineuses*.

FASTIGIÉ (Botanique), du latin *fastigium*, faîte. — Se dit des végétaux dont les rameaux, au lieu de s'étendre latéralement dans une direction voisine de l'horizontale, se dirigent vers le sommet de la plante en se serrant contre la tige principale. Le *peuplier pyramidal* (*populus fastigiata*) offre un type de cette disposition.

FAUCHAGE (Agriculture), du mot *faulx*, instrument employé pour cette opération agricole. — La récolte du foin et même des céréales au moyen de la faulx reçoit le nom de *fauchage;* mais souvent on donne ce nom d'une manière générale à l'opération qui consiste à couper le foin ou les blés, quel que soit l'instrument employé pour l'exécuter.

FAUCHET (Zoologie), du verbe *faucher*. — Nom vulgaire de l'oiseau que les naturalistes nomment le *Bec en ciseaux* (voyez ce mot).

Fauchet (Agriculture). — Voyez Faucillon. ⸙

FAUCHEUR (Zoologie), *Phalangium*, Lin. — Genre d'*Arachnides*, de l'ordre des *A. trachéennes*, famille des *Holètres*, tribu des *Phalangiens*, caractérisé par : des antennes-pinces saillantes, beaucoup plus courtes que le corps; deux palpes filiformes sans épines, terminées par un article long et crochu ; des yeux portés sur un tubercule commun ; des trachées tubulaires ; des pieds très-longs et très-minces qui donnent des signes d'irritabilité en se contractant quelque temps après avoir été séparés du corps. Ils ont aussi, à l'origine des deux pieds postérieurs, un stigmate caché par les hanches. Le *F. des murailles* (*P. cornutum*, mâle, et *Opilio*, femelle, Lin.) a le corps ovale, roussâtre, blanc dessous ; deux rangées de petites épines sur le tubercule qui porte les yeux ; les antennes-pinces cornées dans le mâle ; une bande noire, à bords festonnés sur le dos, dans la femelle. M. Kirby a formé, aux dépens de ce genre, celui des *Gonoleptes* qu'il caractérise par des palpes épineuses ; les hanches postérieures très-grandes et soudées entre elles, forment une sorte de plaque sous le ventre.

FAUCHEUSE (Agriculture). — Machine destinée à faucher les prairies pour la récolte du fourrage (voyez Instruments agricoles).

FAUCHON (Agriculture), diminutif de *faulx*. — Instrument employé par les moissonneurs, et offrant dans sa forme une grande analogie avec la faulx. Cet instrument, d'abord uniquement employé en Belgique, et dont l'usage se répand beaucoup en France, est plus habituellement nommé *sape flamande* (voyez Sape, Récolte, Instruments agricoles).

FAUCILLE (Agriculture), diminutif de *faulx*. — L'un des instruments le plus communément employés pour faire la moisson, et qui se compose d'un manche en bois ou manette, long de 0ᵐ,15 environ, et d'un fer recourbé en forme de C, tranchant ou denté sur son bord concave. Cette forme, du reste, varie suivant les différents

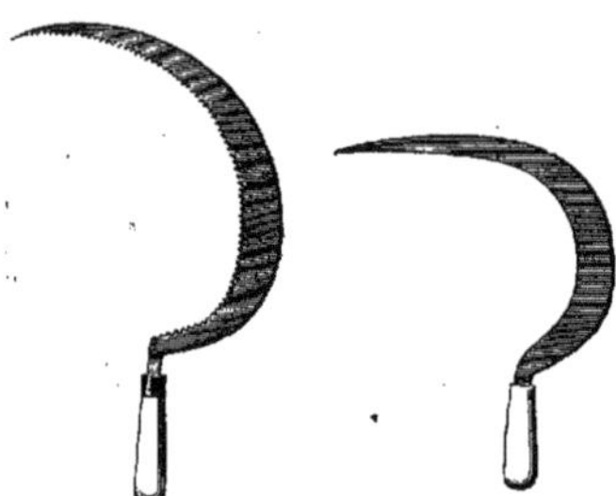

Fig. 1081. — Faucille à dents.   Fig. 1082. — Faucille sans dent.

pays ; la lame est plus ou moins large ; la courbe a un rayon plus ou moins grand ; tantôt le tranchant est aiguisé comme celui d'une faulx (*fig.* 1082), d'autres fois il est denté comme une scie (*fig.* 1081). Quelle est la meilleure des deux ? L'expérience semble prouver qu'elles sont également bonnes ; seulement la faucille dentée s'use plus rapidement. Nous ne dirons rien de la manière de se servir de cet instrument ; la pratique journalière des gens de la campagne en sait et peut nous en apprendre beaucoup plus que tout ce que nous pourrions dire dans une longue description.

, L'emploi de la faucille pour la coupe des céréales a certains avantages qui, malgré les inventions récentes d'instruments agricoles, et surtout la pratique de la faulx et de la sape appliquée à la moisson, la feront conserver longtemps encore pour les exploitations rurales minimes, et dans certains terrains d'un accès difficile. Ainsi les javelles sont plus régulièrement faites ; elles sont bien étendues et sèchent d'autant mieux qu'elles sont supportées par un chaume plus élevé, et que l'air peut les pénétrer plus facilement ; les épis n'étant pas en contact avec le sol ne sont pas aussi exposés à germer dans les temps pluvieux et les années humides ; enfin l'usage de la faucille n'exige pas une grande force ; il permet d'y employer tous les bras disponibles. Mais à côté de ces avantages, il y a de grands inconvénients ; c'est un travail très-pénible par la position que le moissonneur est obligé de garder toute la journée, le plus souvent sous un soleil brûlant ; il est tellement lent, qu'un bon ouvrier ne peut pas couper plus de 20 ares de blé par jour ; un sapeur vigoureux en coupera au moins le double ; un bon faucheur ira au moins à 60 ares. Il est vrai qu'il faudra lui adjoindre un enfant ou une femme pour disposer les javelles ; enfin la faucille laisse un chaume trop long ; de là une perte notable de paille (voyez Récolte, Instruments agricoles).

FAUCILLE (Zoologie). — Nom vulgaire donné à plusieurs poissons, tels que le *Spare*, le *Saumon*, le *Cyprin*.

FAUCILLON (Agriculture). — Les femmes et les enfants des campagnes vont récolter le menu bois, les broussailles, les feuillages, les herbes, les fruits sauvages avec une petite faucille, que l'on nomme *faucillon* dans beaucoup de pays.

FAUCON (Zoologie). — Le nom de *Faucon* s'applique, suivant les pays, à divers oiseaux analogues entre eux, auprès desquels les zoologistes ont dû ranger d'autres oiseaux encore, désignés vulgairement par des noms particuliers. Aussi Linné forma-t-il un grand genre *Faucon* (*Falco*), dont G. Cuvier fit sa seconde division de la famille des *Oiseaux de proie diurnes*, et il caractérise ainsi cette tribu : « Ils ont la tête et le cou revêtus de plumes ; leurs sourcils forment une saillie qui fait paraître l'œil enfoncé et donne à leur physionomie un caractère tout différent de celui des vautours ; la plupart se nourrissent de proie vivante, mais ils diffèrent beaucoup entre eux par le courage qu'ils mettent à la poursuivre. » Dans leur jeune âge, ces oiseaux portent des plumages variés ou livrées fort différents de celui de leur âge adulte, ce qui a souvent rendu très-difficile la distinction des espèces ; les femelles sont d'un tiers plus grosses que les mâles, et ceux-ci ont reçu de là le nom vulgaire de *Tiercelets*. Ce grand genre ou tribu comprend véritablement plusieurs genres, que G. Cuvier a distribués dans deux sections ; la distinction de ces deux groupes repose précisément sur des différences d'organisation et de mœurs qui rendaient certaines espèces propres à la fauconnerie, et qui en écartaient d'autres ; aussi l'usage a-t-il fait adopter, parmi les naturalistes, les mêmes termes qu'employaient les fauconniers. La première section, celle des *Faucons proprement dits*, habituellement désignés sous le nom d'*Oiseaux de proie nobles*, comprenait, selon G. Cuvier, les deux genres *Faucon* et *Gerfaut* ; mais, comme Cuvier le soupçonnait lui-même, on a dû depuis faire rentrer les espèces du second genre dans le premier. Dans la seconde section, celle des *Oiseaux de proie ignobles*, c'est-à-dire impropres ou peu propres à la fauconnerie, se placent les genres *Aigle*, *Aigle-pêcheur*, *Balbusard*, *Circaète*, *Harpie*, *Aigle-Autour*, *Autour*, *Epervier*, *Milan*, *Bondrée*, *Buse*, *Busard*, *Messager*. Peut-être doit-on préférer aujourd'hui à cette distribution peu rationnelle des genres de la tribu des *Faucons*, la division proposée par Is. Geoffroy Saint-Hilaire, et fondée sur la forme aiguë ou obtuse de l'aile : les *Acutipennes*, qui sont les oiseaux de haut vol, comprendraient les faucons et les balbusards ; les *Obtusipennes*, qui sont les oiseaux de bas vol, comprendraient les autres genres énumérés ci-dessus.

Genre *Faucon* (*Falco*, Bechstein) ; caractères : bec courbé dès sa base, armé d'une dent aiguë de chaque côté de sa pointe ; la plus longue des pennes de l'aile est la seconde, et la première est presque aussi longue, ce qui rend l'aile aiguë et longue de façon à l'affaiblir pour les efforts dans le sens vertical, et les contraint à voler contre le vent pour s'élever dans les airs en ligne droite, ou à prendre un vol oblique quand l'air est calme. Les ailes des faucons sont, en général, aussi longues ou très-peu moins longues que leur queue. Leur vol est très-rapide ; on en a vu parcourir des distances de plusieurs centaines de lieues, avec une vitesse soutenue de 20 lieues à l'heure. Leur marche est sautillante et maladroite, parce que leurs longs doigts, armés d'ongles courbes, se posent mal sur le sol. Ce sont les plus cou-

Fig. 1083. — Tête de faucon commun.

rageux des oiseaux de proie diurnes ; ils attaquent et saisissent leur victime avec les serres, se réservant le bec pour frapper. Les oiseaux, les petits mammifères, tentent particulièrement leur appétit ; ils vont dans un trou ou dans un creux d'arbre dévorer leur proie expirante, qu'ils plument, si c'est un oiseau, et avalent par gros morceaux ; les poils ou menues plumes, les parties cornées, sont rejetées plus tard en une petite pelote. Les faucons habitent les forêts, les montagnes, les champs, et vivent par couples solitaires.

Le *F. ordinaire*, nommé aussi *pèlerin*, *passager* (*F. communis*, Gmel.; *F. peregrinus*, Brisson), est, malgré sa petite taille, qui ne dépasse pas celle d'une poule (mâle, 0m,38; femelle, 0m,50) le premier des oiseaux de proie par la puissance de son vol, la force de son bec crochu, la vigueur de ses ongles longs, acérés, courbés en demi-cercle; enfin, par son audace et son courage. Il se distingue extérieurement par des moustaches noires, triangulaires, plus larges que dans les autres espèces, placées sur la joue, et des ailes pointues, au moins aussi longues que la queue, incommodes pour la marche, mais constituées pour le vol. Ses couleurs varient suivant l'âge et le sexe; ainsi, les jeunes ont le dessus brun, avec les plumes bordées de raies roussâtres, le dessous blanchâtre, avec des taches longitudinales brunes; mais, à mesure que l'oiseau vieillit, le dos devient plus brun et se raye, en travers, de cendré noirâtre, les taches du ventre tendent aussi à devenir noires et transversales; le cou, au contraire, blanchit; la queue est brune avec taches rousses en dessus et raies plus claires en dessous, la cire du bec et les tarses sont jaunes. Le faucon est commun dans tout l'hémisphère nord, et place son nid dans les fentes des rochers escarpés, sur lesquels il se plaît à habiter. La femelle y dépose trois ou quatre œufs jaunes, tachés de brun, qu'elle couve pendant trois semaines, le mâle alors pourvoit à sa nourriture; dès que les petits peuvent se suffire, les parents les chassent au loin avec de grands cris. Le faucon commun niche en France, dans les Alpes, les Pyrénées et sur les rocs de nos côtes. La vie du faucon est très-longue; en 1793, on en prit un au cap de Bonne-Espérance qui portait un collier d'or sur lequel était gravé le nom du roi Jacques Ier d'Angleterre, avec le millésime 1610. Il devait donc avoir plus de cent quatre-vingts ans; pourtant, il conservait encore beaucoup de vigueur.

Sa proie consiste ordinairement en un oiseau assez gros, tel qu'un canard, un pigeon, un poulet, un faisan; aussi les Américains le nomment *épervier à poules* et *mangeur de poulets*. Pour saisir sa victime, le faucon s'élève et plane dans l'air, puis fond verticalement sur elle comme s'il tombait; il s'attaque de même au milan. Cette audace, jointe à la beauté de son vol et à son aptitude pour se laisser apprivoiser, a fait rechercher le faucon au moyen âge pour le bel art de la *Fauconnerie* (voyez ce mot). Le trait essentiel du caractère du faucon est la hardiesse; Audubon en a vu un venir prendre une proie à trente pas de son fusil. Il ose pénétrer dans les colombiers des fermes; il ne craint pas de s'établir dans les villes, et M. Gerbe en a observé un qui pendant plus d'un mois a tenu domicile sur les tours de la cathédrale de Paris et a vécu de pigeons domestiques qu'il chassait jusque dans les rues les plus populeuses

Les autres espèces européennes sont assez connues sous des noms spéciaux. Le *Hobereau* (*F. subbuteo*, Lin.) est le plus petit que le faucon (taille du mâle, 0m,30); il vit sédentaire en France, et se nourrit surtout d'alouettes (voyez Hobereau). L'*Émerillon* (*F. æsalon*, Lin.), qui se nourrit comme le précédent, est plus petit encore; la taille du mâle n'est que de 0m,24; c'est celle d'une grive; il habite le nord de l'Europe, en été, et descend vers le midi à l'approche de l'hiver (voyez Émerillon). On trouve en Pologne, en Russie, dans les montagnes des États autrichiens, et jusque dans l'Apennin, le *Kobez* ou *Cresserelle grise* (*F. vespertinus*, Gmel.), qui se nourrit d'insectes; il n'est guère plus gros que l'émerillon, le mâle ayant 0m,28 seulement; il est rare en France (voyez Cresserelle grise). La *Cresserelle* ou *Crécerelle* (*F. tinnunculus*, Lin.), connue aussi sous les noms d'*Émouchet* et de *Mouquet*, a, chez le mâle, une taille de 0m,35 à 0m,38; c'est l'oiseau de proie le plus commun dans l'Europe tempérée: elle vit de souris, de mulots, de lézards, de petits oiseaux et même d'insectes (voyez Cresserelle). La *Cresserellette*, *Petite Cresserelle* ou *Crécerine* (*F. tinnunculoïdes*, Schintz et Temm.; *F. cenchris*, Frisch et Nauman) habite les rivages de la Méditerranée, réside en Grèce, et se voit de passage en France, au printemps et jusqu'à l'automne; elle vit de petits reptiles et d'insectes; le mâle a 0m,31 de taille (voyez Cresserellette).

L'Amérique possède, outre le *Faucon commun* ou *Pèlerin*, plusieurs espèces qui lui sont propres. La plus remarquable est le *F. de la Caroline* ou *Émerillon de Saint-Domingue*, de Buffon (*F. sparverius*, Gmel.), assez voisin de la cresserelle, bien qu'un peu plus petit (taille du mâle, 0m,28); il a le dessus du corps d'un roux vineux, strié transversalement de noir, la tête grise avec le sommet roux-vineux, du cendré bleuâtre sur le haut de l'aile, le bec bleuâtre et le tour des yeux d'un jaune vif. Ce faucon se nourrit de petits mammifères, de petits oiseaux, de reptiles et d'insectes; il se plaît autour des villages et des villes, sur les points les plus élevés qu'il peut choisir; c'est ainsi qu'on le trouve sur le sommet des plus hauts arbres, sur la flèche des clochers, au faîte des mâts de navire. « Bien loin de nuire, dit Alc. d'Orbigny, il se rend utile en détruisant les rats; les habitants s'y attachent, et souvent ils nous ont cherché querelle pour avoir détruit leur voisin familier. On l'élève fréquemment dans les habitations pour le faire chasser aux souris, et il devient l'hôte de la maison, l'ami des enfants auxquels il fait rarement du mal. » Il niche de septembre à novembre dans des trous de clochers ou de rocs élevés; la ponte est de deux œufs blancs, alternativement couvés par la femelle et par le mâle. On trouve communément les oiseaux de cette espèce dans les deux Amériques. Les États-Unis possèdent en outre une espèce très-voisine de notre émerillon, c'est le *F. des pigeons* (*F. columbarius*, Gmel.), nommé aussi *Hobereau des pigeons*, *Épervier des pigeons*, *Épervier de la Caroline*; cet oiseau poursuit surtout les troupes de pigeons émigrants, et aussi les troupiales qui émigrent de même. M. Le Maoût donne sur la chasse de ce faucon les détails suivants: « Quand cet oiseau de proie est blessé au vol, il resserre l'aile blessée et descend en tournoyant jusqu'à terre; si on ne le prend pas, il se sauve en clopinant et disparaît dans les bois; si le chasseur arrive près de lui et essaye de le saisir, il hérisse ses plumes, pousse un cri aigre et s'accule contre un tronc d'arbre ou contre un rocher, en ouvrant ses griffes dont il menace son vainqueur. » On peut encore signaler aux États-Unis, le *F. à culotte rousse*, *Émerillon couleur de plomb* (*F. femoralis*, Temm.), plombé noirâtre en dessus, plombé plus clair en dessous, et dont le mâle a 0m,35 de taille. Ce faucon vit seul ou par paires à la lisière des bois; il guette patiemment sa proie du haut d'un arbre ou rase rapidement la terre entre les arbres épars, pour découvrir quelque victime; il est si peu farouche que Alc. d'Orbigny, en traversant les hautes herbes des prairies, l'a vu souvent voler en avant de lui pour saisir les oiseaux qui se levaient à son approche.

Parmi les espèces de l'Asie, l'une des plus curieuses est le *F. moineau* (*F. cærulescens*, Gmel.), un peu plus grand que notre moineau, et le plus petit des oiseaux de proie; il habite l'Inde, le Bengale, Sumatra. On peut signaler en Afrique le *F. montagnard* (*F. rupicolis*, Lath.), appelé au cap de Bonne-Espérance, où il est très-commun, *F. rouge* ou *F. de pierres*; et le *Huppart* ou *F. huppé* (*F. frontalis*, Daud.), qui habite aussi le midi de l'Afrique, et vit de pêche au bord des grands lacs ou sur les plages maritimes; le mâle a la taille d'un pigeon.

Le genre *Gerfault* de G. Cuvier, qui comprenait une espèce bien connue et deux autres moins incontestables, n'a plus de raison d'être, puisqu'il est bien établi aujourd'hui que le bec des gerfauts est armé d'une dent de chaque côté, comme celui des faucons; les fauconniers la limaient et produisaient ainsi le feston qui a longtemps trompé les naturalistes. A peine les gerfauts pourraient-ils former aujourd'hui un sous-genre de faucons, distingués par leur queue notablement plus longue que les ailes. L'espèce la mieux connue est le *Gerfault du nord*, *G. blanc* ou *F. blanc* (*F. candicans*, Gmel.), qui est le *Gerfault* de la langue vulgaire; grand et bel oiseau dont le mâle atteint 0m,48 et 0m,50 de longueur, du bout du bec à l'extrémité de la queue. C'est le premier des oiseaux de fauconnerie; il se nourrit surtout d'oiseaux gallinacés, et habite la région polaire de l'hémisphère boréal. On s'accorde aujourd'hui à regarder comme des espèces distinctes le *Gerfault d'Islande* (*F. islandicus*, Brehm), un peu plus grand que le précédent, le *G. de Norwége* (*F. gyrfalco*, Schleg.). Deux espèces européennes se rapporteraient au même sous-genre, le *Lanier* (*F. lunarius*, Schleg.) de l'Europe orientale, et le *Sacre* (*F. sacer*, Schleg.) des mêmes contrées, qui n'est peut-être qu'une variété un peu grande du précédent (voyez Gerfault). Ad. F. et F. L.

FAUCONNERIE (Art de la chasse). — On nomme ainsi l'art de dresser des oiseaux de proie, désignés sous le nom général de *Faucons*, à chasser d'autres animaux, et surtout des oiseaux. Cet art est le principe de la *chasse à l'oiseau*, l'un des passe-temps favoris des seigneurs du moyen âge et de la renaissance. Dans les deux derniers siècles, en s'habituant à la vie des cours, les fils des seigneurs français délaissèrent peu à peu les plaisirs du manoir héréditaire, en même temps que d'autres habitudes de luxe absorbaient leurs riches revenus. Maintenant que la noblesse elle-même a perdu son existence privilégiée, la fauconnerie n'est plus guère qu'un souvenir ; ses traditions sont ensevelies dans de vieux livres inconnus du vulgaire et ce n'est qu'au fond de l'Angleterre, dans quelques villes de l'Allemagne, de la Belgique, qu'on trouverait encore des fauconniers dignes des anciens maîtres, et capables de guider une chasse au vol ; l'un des exercices les plus élégants qui se puissent imaginer, et l'un des mieux faits pour montrer quel pouvoir l'homme peut exercer sur les animaux. Aussi la fauconnerie provoque-t-elle encore aujourd'hui un sentiment général de curiosité, et quelques détails sur cet art d'autrefois ne paraîtront pas déplacés ici.

Les oiseaux que l'on dressait surtout en fauconnerie étaient : le *Gerfault* (*Falco candicans*, Gmel.) dont la taille est de 0ᵐ,49 ; le *Sacre* (*F. sacer*, Schlegel), environ de la même taille ; le *Lanier* (*F. lanarius*, Lin.), taille, 0ᵐ,40 ; le *Faucon commun* (*F. peregrinus*, Lin.), même taille ; l'*Émérillon* (*F. æsalon*, Lin.), taille, 0ᵐ,24 ; le *Hobereau* (*F. subbuteo*, Lin.), taille, 0ᵐ,30 ; l'*Épervier* (*F. Nisus*, Lin.), taille, 0ᵐ,34 ; l'*Autour* (*F. palumbarius*, Lin.), taille, 0ᵐ,48. On distingue parmi eux : 1° Les *rameurs, oiseaux de haut vol ou de leurre*, à ailes minces, déliées, peu convexes et fortement tendues quand elles sont déployées, qui, doués d'un vol aisé, rapide et puissant, volent contre le vent, la tête droite, s'élèvent sans peine dans les plus hautes régions et s'y jouent en tous sens ; ce sont le gerfault, le sacre, le faucon, le lanier, l'émérillon et le hobereau. — 2° Les *voiliers, oiseaux de bas vol ou de poing*, à ailes plus épaisses, arquées, moins puissantes, qui ne peuvent voler que dans le sens du vent, la tête basse, et ne s'élèvent dans les régions supérieures que pour découvrir leur proie ; ce sont l'épervier et l'autour. Huber de Genève, à qui est empruntée cette distinction, la complète en relevant les aptitudes et les manœuvres des faucons de l'une et de l'autre catégorie. Les oiseaux de haut vol saisissent la proie qui est plus *légère* que prompte, et frappent, au contraire, pour l'affaiblir, celle qui est plus prompte que légère. Leur instinct guide leur premier coup au point le plus vulnérable, le creux de l'occiput chez les oiseaux, l'intervalle entre l'épaule et les côtes chez les quadrupèdes. Les plus habiles à porter ce coup mortel sont les petits oiseaux de haut vol ; ainsi, les émérillons semblent à peine toucher leur victime, et elle tombe expirante. Les oiseaux de bas vol ne frappent généralement pas la proie ; ils la saisissent et la tiennent serrée jusqu'à l'étouffer. Tandis que ces derniers, en quittant le poing de leur maître, vont poursuivre les habitants des bois et des buissons dans leurs retraites de feuillage, les oiseaux de leurre, dès qu'on leur a ôté leur chaperon, montent au haut des airs d'où leur regard découvre tous les oiseaux qui s'y balancent, et, choisissant leur proie, ils tombent sur elle sans que rien les puisse détourner. Enfin, la serre des rameurs, nommée *main* par les fauconniers, a des doigts *nobles*, c'est-à-dire longs, déliés, souples, et d'une plus vigoureuse étreinte ; la *main* des oiseaux de poing a des doigts *ignobles*, gros, courts, et armés d'ongles moins crochus et moins acérés.

Ces aptitudes diverses, jointes aux différences de taille, de conformation et d'appétits, expliquent les nombreux divers auxquels les fauconniers dressaient leurs oiseaux, et la multiplicité des procédés mis en œuvre. On admettait en fauconnerie sept vols distincts, c'est-à-dire sept manières de chasser à l'oiseau : le vol pour le milan, le vol pour le héron, le vol pour la corneille, le vol pour la pie, le vol pour le lièvre, le vol pour champs, et le vol pour rivières. Les cinq premiers vols constituent la *haute-volerie*, les deux derniers forment la *basse-volerie*.

Choix et dressage. — Un bon faucon doit avoir la tête ronde, le bec court et gros, le cou fort long, la poitrine nerveuse, le haut des ailes, près du corps, large, les cuisses longues, les jambes courtes, la main large, avec des doigts déliés et nerveux, des ongles fermes et recourbés, les ailes longues. Il doit *chevaucher* contre le vent, c'est-à-dire lui résister lorsqu'on l'y expose sur le poing. Le plumage doit être uniforme et les mains de couleur vert d'eau. L'œil doit être fier et assuré, les jambes fines, les formes élégantes et sveltes. Il faut, en outre, qu'il soit sain de toute maladie. Tels sont les préceptes de fauconnerie.

Lorsqu'on n'achète pas l'oiseau d'un fauconnier, on le prend à l'état de liberté, et il faut le dresser. Cette éducation diffère selon l'âge du captif. On nomme *niais* les faucons pris dans le nid ; *branchiers*, ceux qui, récemment sortis du nid, commencent à sauter de branche en branche ; *sors*, ceux qui approchent de la première mue ; *hagards*, ceux qui ont déjà subi une ou plusieurs mues ; au-dessus de ces divers âges, les faucons sont adultes. Quand on a pris des faucons niais, on achève de les élever avant de commencer le dressage proprement dit. S'agit-il d'un oiseau de haut vol, on lui donne pour *aire* un tonneau défoncé à une extrémité, garni de paille et couché de côté sur un mur bas, ou un petit tertre à portée de la main. S'agit-il d'un oiseau de bas vol, l'aire est une hutte de paille nattée, posée sur un arbre bas. Leur nourriture consiste en morceaux de viande de bœuf ou de mouton, soigneusement nettoyée de la graisse, des peaux ou des tendons qui y auraient pu adhérer ; on y ajoute de temps en temps quelques fragments de volaille, avec la plume et les os. C'est sur une planche ou tablette adaptée à l'entrée du tonneau, que l'on sert cette nourriture aux oiseaux de haut vol, tandis qu'on la jette à terre aux oiseaux de bas vol, dès qu'ils sont capables de descendre la chercher. Trois semaines environ après leur première sortie de l'aire, les oiseaux de haut vol *montent à l'essor*, c'est-à-dire commencent à essayer leurs ailes en s'élevant dans l'air ; au bout de six semaines, ils savent y saisir les hirondelles, les chauves-souris ; il est temps de procéder au dressage, et pour cela on s'empare des jeunes oiseaux au moyen d'un piége ou d'un filet.

Les faucons adultes se prennent avec un filet à alouettes ; mais la difficulté consiste à les y attirer. On les affriande à l'aide d'un pigeon attaché à l'extrémité d'une longue corde dont l'autre bout est dans la main du chasseur. D'autres fois, c'est à l'aide d'un vieux faucon privé ou d'un grand-duc, auquel on fait prendre la position d'un oiseau en chasse. Du reste, rien n'est plus multiplié que les procédés de capture décrits par les auteurs de traités de fauconnerie.

On nomme *affaitage* le dressage du faucon pour la chasse. On commence par couvrir l'oiseau captif d'un linge qui le plonge dans l'obscurité et le calme par l'abattement qui en résulte. On lui met ensuite un *chaperon* ou capuchon surmonté d'une houppe, et bouchant les yeux en laissant le bec libre pour manger ; en même temps on lui attache aux pieds, les *jets*, sorte de menottes de cuir souple, munies d'une lanière de 0ᵐ,10 de longueur, que termine un anneau où est gravé le nom du maître, et où l'on passe une corde de 1 mètre à 1ᵐ,30. Ainsi bridé, on fixe le faucon à un billot à fleur de terre, entouré de paille, et l'on s'occupe de rompre le naturel farouche du captif. Pour se rendre maître du faucon, il faut d'abord briser ses forces par la fatigue et le jeûne. Le fauconnier, placé dans l'obscurité, la main couverte d'un gant, prend l'oiseau sur son poing et l'y tient continuellement, sans lui laisser ni repos ni sommeil, et calmant ses mouvements de résistance par de l'eau froide qu'il lui jette, et dont il lui baigne la tête au besoin. Cette épreuve, où se relayent deux ou trois dresseurs, dure au moins trois jours et trois nuits, sans que l'oiseau ait un instant de trêve. Enfin, il est épuisé, immobile et comme stupéfié ; on lui met un chaperon. On l'habitue ensuite à se laisser docilement ôter et remettre le chaperon, à prendre, lorsqu'il est déchaperonné, le *pât* ou nourriture qu'on lui présente à la main. On lui donne aussi de temps en temps des boulettes de filasse, nommées *cures*, qui, en le purgeant, augmentent son appétit et diminuent ses forces. Bientôt il reconnaît son maître et s'y attache ; on lui apprend alors, en plein air, à sauter sur le poing pour y prendre le *pât*, et, lorsqu'il est formé à ce premier exercice, on le dresse à connaître le *leurre*, sorte de représentation grossière d'un oiseau avec plumes et pattes, sur lequel on met sa viande pour le lui faire rechercher. On l'excite en même temps par un cri toujours semblable, pour le rendre docile à la voix. Ce même leurre sert peu à peu à le dresser à fondre dessus ; puis on en vient à attacher sur ce leurre l'espèce de gibier que l'on veut faire chasser à l'oiseau. On le lance ensuite peu à peu sur ce gibier captif d'abord, puis mis en liberté. Pendant toutes ces leçons, on n'a pas cessé de tenir le faucon avec une longue corde ou filière. Enfin, quand on le croit *assuré*, c'est-à-dire assez docile pour chasser et revenir au fauconnier, on le fait *voler pour bon*, c'est-à-dire chasser en liberté. Cette méthode générale d'affaitage est complétée par des procédés spéciaux propres à chaque sorte d'oiseaux. Les plus difficiles à dresser, à cause de leur force et de leur caractère rebelle et fier, sont les sacres et les gerfaults ; leur

éducation demande de quarante à cinquante jours de leçons assidues et méthodiquement graduées. Le faucon, le
lanier réclament un dressage moins long et moins pénible, trente jours environ. Mais le hobereau et surtout
l'émerillon se dressent bien plus facilement encore, grâce
à leur caractère doux et sociable. L'autour et surtout
l'épervier exigent à peu près autant de soins que le faucon,
mais ne se dressent pas de même (voyez AUTOURSERIE).
Les fauconniers, en observant minutieusement ces oiseaux, ont relevé une longue liste de maladies pour lesquelles ils se transmettent des recettes de remèdes
bizarres, et ils s'accordent tous pour recommander de
donner les plus grands soins à la santé des oiseaux de
chasse. Ces précieux animaux sont en effet sujets à des
affections qui attaquent soit l'appareil respiratoire, soit
l'appareil du vol, et sont causées par des efforts trop violents ; à des chancres de la base du bec, à des taies sur
les yeux, à des enflures goutteuses des serres, à des
abcès internes provenant de refroidissements, à des maux
d'oreille, à l'épilepsie, la gravelle, la teigne, etc.

Chasse à l'oiseau. — La chasse à l'oiseau était surtout un spectacle, une récréation et n'avait guère d'autre
but. On recherchait donc pour proie l'animal dont la lutte
avec les faucons offrait le plus d'incidents et provoquait
les plus élégantes manœuvres. A ce titre venait en première ligne le *vol du milan.* « La première difficulté à
vaincre était de le faire descendre des hautes régions de
l'atmosphère où le faucon n'aurait pu l'atteindre : pour
cela, on prenait un *duc* (voyez ce mot) ; on affublait ce
duc d'une queue de renard pour le rendre plus remarquable, et on le laissait ainsi dans une prairie voltiger
à fleur de terre. Bientôt le milan, planant dans la nue
pour guetter une proie, distinguait de sa vue perçante
un objet bizarre s'agitant sur le sol ; il descendait pour
l'examiner de plus près ; aussitôt on lançait sur lui un
faucon, qui, dès l'abord, s'élevait au-dessus du milan
pour fondre sur lui verticalement ; alors commençait un
combat ou plutôt des évolutions de l'intérêt le plus varié :
le milan, fin voilier, fuyait devant le faucon en s'élevant,
s'abaissant, croisant brusquement sa route, et prenant à
angle aigu les directions les plus imprévues : le faucon,
non moins agile que lui, mais plus courageux, et en
outre stimulé par la faim, le poursuivait avec ardeur
dans ses mille circonvolutions ; il le saisissait enfin et
l'apportait à son maître » (Le Maoût, *Histoire naturelle
des Oiseaux*). »

Quant au *vol du héron*, j'en donnerai une idée en citant le récit d'une chasse faite à Norfolk (Angleterre),
en 1825, pour essayer de relever un exercice tombé en
désuétude. La chasse eut lieu « dans une campagne
plate et marécageuse. Les chasseurs se rassemblèrent
dans l'après-midi ; le vent soufflait du côté d'un gîte de
hérons. Il y avait quatre paires de faucons, tous femelles, de la race (lisez : espèce) connue sous le nom de
faucons pèlerins, une des plus estimées en Angleterre
dans les beaux temps de la fauconnerie. Après une heure
ou deux de préparation et d'attente, quelques hérons
passèrent, mais à une trop grande distance. Enfin, l'un
de ces oiseaux parut venir à une portée raisonnable, et
les chasseurs se disposèrent à l'attaquer. Chacun de ces
hommes, à cheval et un faucon au poing, s'avança lentement dans la direction où planait le héron. Dès que ce
dernier fut en face des chasseurs, quoique à une hauteur
considérable dans l'air, ils enlevèrent les chaperons de
la tête d'une paire de faucons. Les deux oiseaux de proie
restèrent sur le poing jusqu'à ce qu'ils eussent vu le
héron : alors la chasse commença avec une grande ardeur. Les faucons partirent, droit comme des flèches, vers
le héron qui était alors à une grande distance au-dessus
de leur tête. Pendant qu'ils s'élançaient, un malheureux corbeau s'avisa de traverser leur course. L'un des
faucons, à l'instant même, se précipita sur lui. Le corbeau essaya d'échapper en se retirant dans une plantation. Le faucon le suivit, mais ne put le prendre. L'autre
faucon gagna de vitesse le héron qui se prépara à recevoir l'attaque, en dégorgeant son lest qui consistait en
deux ou trois poissons. Cependant, le faucon, après avoir
volé en décrivant des cercles, fondit à la fin sur sa proie
et la frappa dans le dos. On les vit alors, ennemi et victime, tomber tous les deux d'une grande hauteur vers
la terre. Le premier faucon, qui avait perdu du temps à
chasser le corbeau, volait maintenant à toute vitesse
pour assister son camarade ; il arriva juste au moment
où celui-ci et le héron étaient en train de descendre. Sur
ces entrefaites, un freux (espèce de corbeau) eut la maladresse de traverser le ciel : le faucon, désappointé, le

frappa, et ils tombèrent tous les deux à une vingtaine de
mètres de l'endroit où le premier faucon et le héron étaient
tombés l'un sur l'autre. A peine eurent-ils touché la terre
que chacun des vainqueurs commença à mettre sa victime
en pièces ; mais aussitôt les fauconniers survinrent, les
leurres furent jetés, et les faucons dévorèrent des pigeons
que chacun des chasseurs tenait en réserve dans un sac.
Les deux autres faucons, plus jeunes et moins expérimentés, ayant été lâchés à leur tour, manquèrent deux
hérons ; mais ils en attaquèrent un troisième avec succès. L'aile de ce dernier oiseau était brisée, et le fauconnier l'acheva » (D* Jonathan Franklin, *La vie des animaux*, trad. d'Esquiros, 2ᵉ série). Cette chasse n'était
pas sans danger pour le faucon ; le héron a dans son bec
long et tranchant une arme défensive d'autant plus dangereuse, dit Vieillot, qu'il s'en sert dans le moment qu'on
s'y attend le moins ; c'est pourquoi les chasseurs ne doivent l'approcher qu'avec précaution, lorsqu'il n'est que
blessé ; car, en étendant le cou de toute sa longueur, il
peut atteindre au moins trois pieds à la ronde. Ce cou,
effacé et perdu dans les épaules, replié dans le repos en
forme de charnière, se développe comme un ressort, lance
le bec comme un javelot lorsque l'oiseau le redresse brusquement, et l'œil de son ennemi est le but où il vise.
Aussi les fauconniers prenaient-ils grand soin de suivre
la lutte de manière à pouvoir intervenir dès que le héron
était à terre, pour préserver les faucons de ses coups
furieux.

« Mais, dit Le Maoût, de tous les vols le plus amusant, le plus riche en incidents, le plus commode à observer, le plus facile, sinon le plus noble, était le *vol de
la corneille :* on se servait, comme pour le milan, d'un
duc, afin de l'attirer, puis on lançait sur elle deux faucons. L'oiseau poursuivi s'élevait d'abord au plus haut
des airs, les faucons parvenaient bientôt à prendre le
dessus ; alors la corneille, désespérant de leur échapper
par le vol, descendait avec une vitesse incroyable et se
jetait entre les branches d'un arbre : les faucons ne l'y suivaient pas et se contentaient de planer au-dessus. Mais
les fauconniers venaient sous l'arbre où s'était réfugiée
la corneille, et, par leurs cris, la forçaient de déserter
son asile. Elle tentait encore de toutes les ressources de
la vitesse et de la ruse, mais le plus souvent elle demeu-
rait au pouvoir de ses ennemis. Le *vol de la pie* est auss'
vif que celui de la corneille : il ne se fait pas de *poing
en fort*, c'est-à-dire que le faucon n'attaque pas en partant du poing ; ordinairement on le jette à mont, parce
que l'on attaque la pie lorsqu'elle est dans un arbre. Les
faucons, étant jetés et élevés à une certaine hauteur, sont
guidés par la voix du fauconnier et les mouvements du
leurre ; lorsqu'on les juge à portée d'attaquer, on se hâte
de faire partir la pie, qui cherche à fuir d'arbre en arbre.
Souvent elle est prise au passage ; mais quand le faucon
l'a manquée, on a beaucoup de peine à la faire partir
de l'arbre qui lui a servi de refuge ; sa frayeur est telle
qu'elle se laisse prendre par le chasseur, plutôt que de
s'exposer à la terrible descente du faucon. » La chasse
au lièvre, au faisan, au canard, à la perdrix, se faisait
avec un chien qui forçait le gibier à quitter le gîte ou à
s'envoler ; le faucon, préalablement *jeté à mont*, planait
en attendant cet instant et se mettait aussitôt à la poursuite de la proie.

Historique. — Aristote et Pline, parmi les anciens, ont
parlé de la chasse à l'oiseau ; Élien en a donné un traité
méthodique, développé ensuite par Firmius. Les rois
mérovingiens, d'après le témoignage de Grégoire de
Tours, étaient amateurs passionnés des plaisirs de la
fauconnerie ; peu à peu ces plaisirs coûteux devinrent
le privilège exclusif de la noblesse, et les dames s'adon-
nèrent longtemps avec ardeur à un exercice qui reproduisait beaucoup des épisodes des grandes chasses tant
aimées des seigneurs, mais n'en avaient ni les fatigues,
ni les dangers. L'offre d'un faucon bien dressé était une
des galanteries délicates d'un jeune noble à celle qu'il
courtisait ; l'adresse et l'élégance dans les chasses au
faucon étaient des moyens puissants de séduction. Plusieurs princes ou rois se signalèrent par leur habileté
dans la fauconnerie ; à la cour des Carlovingiens, les
charges de fauconniers étaient lucratives et pourvues
de nombreux privilèges ; un capitulaire de Charlemagne
(806) défendait aux serfs de prendre part à aucune
chasse à l'oiseau. Les empereurs d'Allemagne conservèrent les traditions de leurs prédécesseurs ; Frédéric Iᵉʳ
(1152-1190) dressait lui-même ses faucons ; Frédéric II
(1212-1250), le plus habile fauconnier de son temps, ne
pouvait se priver de ce genre de plaisir et s'y livrait

même sur le champ de bataille pendant que ses troupes donnaient contre l'ennemi; il a composé un traité de fauconnerie fort estimé (*L'art de chasser avec les oiseaux de proie*). Les empereurs Henri III (1039), Henri IV (1056) firent graver un faucon sur le sceau impérial et sur quelques-unes de leurs monnaies. Très-cultivée chez les Anglo-Saxons, la fauconnerie fut tenue peut-être en plus grand honneur encore par les conquérants normands de l'Angleterre : Henri VIII avait pour la chasse à l'oiseau un goût passionné. « L'importance des rangs et des personnes, dit un auteur anglais, se mesurait alors à la valeur de l'oiseau de proie. Les gerfauts étaient réservés aux rois; le faucon proprement dit était l'oiseau des princes; le faucon pèlerin appartenait aux comtes; le bastard (l'émérillon) suffisait pour un baron; le sacre, pour un chevalier; l'autour, pour une dame; le hobereau, pour un jeune homme; l'épervier, pour un prêtre. » La cour des Valois, si avide de magnificence, ne négligea pas la fauconnerie; le roi Jean, durant sa captivité en Angleterre, y trouvait ses plus douces distractions, et, sous ses yeux, son chambellan rédigeait un traité de fauconnerie pour l'éducation du jeune Charles V. La plus belle époque de la fauconnerie, en France, fut le règne de François Ier; Henri II la maintint en honneur, et Charles IX, au milieu des sanglants désordres de son règne, s'étudiait à devenir un fauconnier sans rival. L'usage des armes à feu, changeant complétement les anciens procédés de chasse, ruina peu à peu la fauconnerie, et l'Europe occidentale, dès le XVIIe siècle, commença à délaisser cet art antique et renommé, qui périt sans retour, avec les autres mœurs de l'ancienne noblesse, à la fin du XVIIIe siècle. Mais les peuples de l'Orient ont conservé l'amour de la chasse à l'oiseau : les Persans y sont particulièrement experts, et tous les indigènes du nord de l'Afrique la pratiquent encore avec ardeur.

Parmi les nombreux ouvrages écrits sur la fauconnerie, je renverrai le lecteur aux suivants, qui font autorité auprès des chasseurs: *La Fauconnerie de Charles d'Arcussia de Capre, seigneur d'Esparron*, Paris, 1627, in-4°. — *La Fauconnerie de Jean de Franchière*. Paris, 1728, in-4°. — L'article FAUCONNERIE de la 1re édition de l'*Encyclop. méthodiq.*, par Leroi, lieutenant des chasses du parc de Versailles. — *Observat. sur le vol des ois. de proie*, par Huber, Genève, 1784.   Ad. F.

FAULX (Agriculture), du nom latin *falx*. — Voy. Faux.

FAUNE (Zoologie), nom mythologique des divinités des forêts. — On emploie ce mot en histoire naturelle pour désigner la population animale d'une contrée ou d'une époque géologique. On appelle *faire la faune d'un pays* ou *d'un terrain*, décrire les espèces animales qu'on a pu recueillir dans ce pays, ou les débris fossiles d'animaux provenant du terrain. Le mot *flore* s'emploie d'une façon analogue pour les espèces végétales. Souvent on ajoute au mot une épithète restrictive, lorsqu'on ne décrit que les espèces d'une classe déterminée; ainsi *faune ornithologique*, description des oiseaux d'un pays; *faune malacologique*, description des mollusques; *faune entomologique*, description des insectes, etc.

FAUVEAU (Agriculture). — On désigne ainsi un bœuf dont la robe est fauve.

FAUVES (Bêtes) (Art de la chasse). — Les chasseurs désignent sous ce nom, d'après leur couleur, les cerfs, les chevreuils, les daims, tandis qu'ils nomment *bêtes noires* les sangliers; *bêtes rousses*, les renards, etc. Le nom de *bêtes fauves* prend dans la langue vulgaire un sens plus étendu.

FAUVETTE (Zoologie). — Ce nom rappelle à tout le monde les êtres les plus gracieux de la création, ces oiseaux alertes, mobiles, inoffensifs, familiers et timides à la fois, qui, au retour du beau temps, peuplent nos buissons et les font résonner de leurs chants variés et harmonieux. « Le retour des oiseaux, au printemps, dit Buffon, est le premier signal et la douce annonce du réveil de la nature vivante, et les feuillages renaissants et les bocages revêtus de leur nouvelle parure sembleraient moins frais sans les nouveaux hôtes qui viennent les animer. De ces hôtes des bois, les fauvettes sont les plus nombreuses comme les plus aimables : vives, agiles, légères et sans cesse remuées, tous leurs mouvements ont l'air du sentiment, tous leurs accents sont de la joie. Ces jolis oiseaux arrivent au moment où les arbres développent leurs feuilles et commencent à laisser épanouir leurs fleurs; ils se dispersent dans toute l'étendue de nos campagnes : les uns viennent habiter nos jardins, d'autres préfèrent les avenues et les bosquets; plusieurs espèces s'enfoncent dans les grands bois, d'autres fréquen-

tent les endroits incultes et montueux, couverts de broussailles et d'arbustes, et quelques-unes se cachent au milieu des roseaux. Ainsi les fauvettes remplissent tous les lieux de la terre, et les animent par les mouvements de leur tendre gaieté. En leur donnant tant de qualités aimables, la nature semble avoir oublié de parer leur plumage. Il est obscur et terne, excepté quelques espèces qui sont légèrement tachetées; toutes les autres n'ont que des teintes plus ou moins sombres de blanchâtre, de gris et de roussâtre. » La fauvette fut l'emblème des amours volages; cependant, vive et gaie, elle n'en est ni moins aimante, ni moins fidèlement attachée. Le mâle prodigue à sa femelle mille petits soins pendant qu'elle couve; il partage sa sollicitude pour les petits qui viennent d'éclore, et ne la quitte même pas après l'éducation de sa famille... Presque toutes les fauvettes partent en même temps, au milieu de l'automne; et à peine en voit-on encore quelques-unes en octobre : leur départ se fait avant que les premiers froids viennent détruire les insectes et flétrir les petits fruits dont elles vivent; car non-seulement on les voit chasser aux mouches, aux moucherons et chercher les vermisseaux, mais encore manger les baies de lierre, de mézéréon et de ronces; elles engraissent même beaucoup, dans la saison de la maturité des graines du sureau, de l'hièble et du troëne. » C'est à cette époque que leur chair savoureuse est recherchée de certains gourmets. Toutes les fauvettes ont un chant remarquable, et un certain nombre d'espèces lui doivent une célébrité universelle; ce sont vraiment les musiciens de la belle saison, et la sonorité, la variété, l'expression de leur mélodie demeure sans rivalité comme sans imitation. Ces petits artistes emplumés nous doivent intéresser encore à bien d'autres titres. D'abord ils détruisent, pour se nourrir, des myriades d'insectes dont ils nous aident ainsi à conjurer les dégâts. Les observations de M. Florent Prévost, de M. Sacc, de M. Gloger, de M. de Tschudi, ont mis en évidence l'énorme destruction de vers, de chenilles, de chrysalides, de sauterelles, de pucerons, de charançons, etc., que l'on doit à ces petits chasseurs mélodieux, surtout pendant qu'ils élèvent leur famille. Mais en même temps ces observateurs ont signalé, avec la dernière insistance, le préjudice grave que causaient à l'agriculture la plupart des paysans, surtout dans nos départements méridionaux, en se livrant à une chasse acharnée des fauvettes, rossignols, rouges-gorges, traquets, bergeronnettes, et autres petits oiseaux insectivores désignés souvent par le nom général de *becs-fins*; et, non contents de poursuivre eux-mêmes dans leur imprévoyance ou leur ignorance ces alliés naturels de l'agriculteur, ils laissent encore leurs enfants adopter pour amusement la destruction des nids et des couvées, que ces couples gracieux ont cachés dans la verdure. C'est une œuvre de bien public que de consacrer ses efforts à changer sur ce point les idées et les habitudes de nos populations rurales. Qu'elles apprennent à épargner ces hôtes printaniers, soit lorsque, dans leurs migrations, ils traversent les climats méridionaux pour se répandre dans nos provinces, soit lorsqu'ils ont établi leur demeure au milieu des campagnes qu'ils ne demandent qu'à protéger. Aux qualités aimables et utiles qui viennent d'être signalées, les fauvettes joignent souvent la plus intéressante adresse dans la construction de leur nid, comme le prouveront les détails donnés plus loin sur quelques espèces.

Quelque attrayante que soit l'étude de ces charmants oiseaux, les naturalistes y ont rencontré des difficultés très-grandes, parce que le nombre des oiseaux insectivores, à bec fin, qui se rapprochent des fauvettes, est énorme, et que les différences qui les peuvent faire distinguer sont très-peu tranchées. G. Cuvier, dans son *Règne animal* (2e édition), emploie le nom de *Fauvette* pour désigner un sous-genre d'*Oiseaux*, de l'ordre des *Passereaux*, famille des *Dentirostres*, genre *Bec-fin* (*Motacilla*, Lin.). Ce grand genre linnéen, adopté par Cuvier, a été généralement nommé depuis une tribu, et les sous-genres de Cuvier sont alors des genres dont voici les noms : 1° G. *Traquet* (*Saxicola*, Bechst.) comprenant, parmi nos oiseaux vulgaires, le traquet, le tarier, le motteux ou cul-blanc; 2° G. *Rubiette* (*Sylvia*, Wolf et Meyer) où se placent le rouge-gorge, la gorge-bleue, le rossignol de muraille ou gorge-noire; 3° G. *Fauvette* (*Curruca*, Bechst.), où l'on trouve le rossignol, le rossignol de rivière ou rousserolle, la petite rousserolle ou effarvate, la fauvette des roseaux, puis les fauvettes proprement dites de nos bosquets et de nos buissons; 4° G. *Accenteur* (*Accentor*, Bechst.), qui renferme la fauvette des Alpes, l' traîne-buissons; 5° **G.** *Roitelet* ou *Figuier* (*Regulus*, Cuv.), réunissant le roitelet, les pouillots ; 6° **G.** *Troglodyte* (*Troglodytes*, Cuv.), qui a pour type le troglodyte d'Europe; 7° **G.** *Hochequeue* ou *Lavandière* (*Motacilla*, Bechst.); 8° **G.** *Bergeronnette* (*Budytes*, Cuv.); 9° **G.** *Farlouse* (*Anthus*, Bechst.), qui comprend le pipi, l'alouette de pré ou farlouse. Il est impossible de résumer ici les travaux dont les oiseaux qui nous occupent ont été l'objet depuis Cuvier, qui les avait lui-même appelés de ses vœux ; je me borne à indiquer, parmi les auteurs les plus utiles à consulter, Ch. Bonaparte, Gerbe, et surtout Degland (*Ornithol. europ.*). Is. Geoffroy Saint-Hilaire, en s'inspirant de ces travaux, a donné des becs-fins ou *Motacillæ* de Linné une distribution générique, qui a été publiée dans l'*Hist. nat. des Oiseaux*, de Le Maout, et qui ne diffère guère de celle de G. Cuvier que par la réunion des espèces du genre *Rubiette* à celle du genre *Fauvette*.

Genre *Fauvette* (*Sylvia*, Wolf et Meyer). Caractères : Les *Becs-fins* ou *Motacilliens* ont tous un bec droit, menu, semblable à un poinçon ; les *Fauvettes* se distinguent des *Bergeronnettes* et des *Farlouses* par leur ongle du pouce, qui n'est pas long et qui est très recourbé au lieu d'être droit; les couvertures des ailes ne sont pas longues comme dans les *Lavandières*; leur bec très-fin n'est pas déprimé à la base comme celui des *Traquets*, ni grêle comme une aiguille, ainsi que celui des *Roitelets* et des *Troglodytes*; enfin, les *Accenteurs* se distinguent par la forme légèrement rentrée des bords du bec, qui rend celui-ci un peu conique, tandis que celui des *Fauvettes* est un peu comprimé.

Sans suivre davantage la marche méthodique des savants, j'indiquerai les principales espèces de *Fauvettes* de nos pays, en les groupant, comme l'avait fait Temminck, d'après les lieux qu'elles habitent; cette marche est plus convenable pour les personnes du monde.

1° *Fauvettes des bois, des buissons, des lieux secs.* — D'abord se présente le meilleur chanteur de ce genre, le *Rossignol* (*Sylvia luscinia*, Lath.), le plus célèbre des oiseaux, qui nous arrive en avril et nous quitte vers la fin de septembre, pour émigrer vers le Levant; auprès de lui doit se placer le *Grand Rossignol* (*S. philomela*, Bechst.) de l'Europe orientale et de l'Asie (voyez ROSSIGNOL). Puis viennent les espèces dont G. Cuvier faisait

Fig. 1084. — Le Rossignol.

son genre : le *Rossignol de muraille* ou *Bec-fin de muraille*, *Rubiette*, le *Rossignol de muraille* ou *Gorge-noire*, ou *Bec-fin de muraille* (*S. phœnicurus*, Lath.), si commun en Europe ; le *Rouge-queue* (*S. tithys*, Lath.; *Motacilla erythacus*, Lin.), qui vit toute l'année en Provence ; le gracieux *Rouge-gorge* (*S. rubecula*, Lath.), qui passe presque toute l'année dans nos pays; le *Gorge-bleue* (*S. cyanecula*, Meyer; *M. suecica*, Gmel.), assez commun aussi dans nos contrées (voyez RUBIETTE, ROUGE-GORGE, etc.).

Enfin, nous arrivons aux espèces qui portent véritablement le nom de *Fauvettes* dans la langue vulgaire. La *Fauvette* proprement dite, nommée aussi *Colombaude*, *Bec-fin orphée* (*S. orphea*, Temm.), peut se reconnaître à sa grande taille (0m,17 de longueur) parmi les fauvettes de France ; son plumage est brun cendré en dessus, blanchâtre en dessous, avec du blanc au bout de l'aile, la penne externe de la queue aux deux tiers blanche, la suivante marquée d'une tache blanche au bout, et les autres d'un liséré. Elle nous arrive en avril et repart en septembre, mais elle est surtout abondante en Provence, en Piémont, en Lombardie, en Dalmatie; son nid, fait de brins d'herbe, de laine, de fils d'araignée, est assez peu soigné; la femelle y dépose quatre ou cinq œufs d'un blanc sale, jaspé de brun et de gris, et dont la longueur est de 0m,019. La fauvette vit dans les haies, les buissons; craintive, mais agile et gaie, elle voltige de branche en branche tout en chantant, se tait au moindre bruit et se cache dans la feuillée; puis reprend bientôt avec insouciance ses mouvements vagabonds et sa chanson joyeuse. Elle habite entre les buissons, les bosquets des jardins et les champs semés de légumes. On y voit les fauvettes s'agacer, se poursuivre, se livrer de légers combats que termine toujours quelque chant de gaieté. Le matin, elles recueillent la rosée ; on les voit, après les petites pluies d'été, courir sur les feuilles mouillées et se baigner dans les gouttes qu'elles font tomber du feuillage. Le nid de la fauvette orphée est un de ceux que le coucou choisit le plus souvent pour déposer ses œufs; on ne sait trop comment elle le tolère sans s'en inquiéter, car, en toute autre circonstance, elle abandonne ses œufs dès qu'on y a touché (O. Des Murs et Chenu). On trouve dans le nord de l'Europe une espèce un peu plus grande encore, qui ne se montre chez nous que de passage, dans la Provence, vers le mois de septembre, c'est la *F. rayée*, *Bec-fin rayé* ou *F. épervière* (*S. nisoria*, Bechst.), dont la taille est de 0m,17 à 0m,18, qui porte sur le ventre des ondes grisâtres, transversales, et qui d'ailleurs ressemble à la précédente surtout par ses mœurs et son caractère. Une des espèces les plus communes en France est la *F. à tête noire* (*S. atricapilla*, Lath.), longue de 0m,14, brune en dessus, blanchâtre en dessous ; une calotte noire chez le mâle, rousse chez la femelle. Son chant facile, pur, léger, modulé avec expression, approche de celui du rossignol, à tel point que certaines personnes le préfèrent; c'est un air calme, rempli de nuances douces, très-lié et très-varié, qui compense par sa pureté le timbre plus sonore et plus expressif de la voix du rossignol. La femelle chante avec moins d'étendue que le mâle, mais avec douceur. Cet oiseau gracieux nous arrive en avril et nous quitte en septembre; pendant presque tout ce séjour, il chante depuis le lever du soleil jusque fort tard dans la nuit, ne s'interrompant que dans les heures très-chaudes du jour. Comme presque toutes nos fauvettes, celle-ci fait deux couvées pendant la belle saison, et le couple se partage, avec une mutualité touchante, les soins que réclame chaque couvée. La fauvette à tête noire se laisse élever en cage, s'apprivoise bien, et devient un des hôtes les plus aimables que l'on puisse avoir. Elle s'attache à son maître, l'accueille par un chant particulier, et s'élance vers lui, dit Buffon, contre les mailles de sa cage, comme pour s'efforcer de rompre cet obstacle et de le joindre, et, par un continuel battement d'ailes accompagné de petits cris, elle semble exprimer l'empressement et la reconnaissance.

« Un autre chanteur hardi et qui chante de tout cœur, est la *Grisette*, *F. roussâtre* de Cuvier, *F. cendrée* (*S. cinerea*, Lath.) : la chaleur du jour, qui fait taire tous les autres oiseaux, ne lui impose pas silence ; il continue sa cadence, ne se reposant que pour avaler quelques pucerons sur les rosiers ou les chèvrefeuilles, ou bien une mouche quand il peut en attraper » (Des Murs et Chenu). Cette fauvette, commune dans toutes les parties de l'Europe, arrive en mars dans le nord de la France, et regagne au mois de septembre les climats méridionaux. Elle a 0m,14 de longueur; le dessus de son corps est gris-brun-roussâtre, le dessous blanc, du blanc au bord et au bout de la queue, les longues plumes et les couvertures de l'aile bordées de roux. Elle niche assez près de terre, dans les taillis, les broussailles, les colzas ; son nid est arrondi en forme de coupe et reçoit quatre à six œufs. La *F. des jardins*, vulgairement *F. bretonne*, *Petite F.*, *Passerinette*, *Bec-fin fauvette* (*S. hortensis*, Bechst.), a la même taille que la précédente et se trouve peut-être plus communément encore en France. Elle a le dessus du corps gris-brun olivâtre, le dessous d'un blanc jaunâtre, et point de blanc à la queue; elle pose son nid à 1m,50 environ sur les arbrisseaux, les buissons, les touffes de hautes herbes. L'*Echo du monde savant* cite un trait curieux d'une fauvette de cette espèce. Deux fois elle avait construit son nid dans un buisson de lierre accolé au mur d'un jardin; deux fois le vent détruisit le frêle édifice. L'oiseau reprit une troisième fois son œuvre au même endroit, mais il apporta un brin de laine, et l'attacha de telle manière à deux des branches du buisson, que le vent put souffler dès lors sans ébranler le nid. N'est-ce pas le cas de s'écrier avec La Fontaine :

> Qu'on me dise, après ce récit,
> Que les bêtes n'ont pas d'esprit !

La *F. babillarde* ou *Bec-fin babillard* (*S. curruca* Lath.) doit son nom au petit chant vif et gai qu'elle répète sans cesse en voletant au-dessus des haies, où elle se replonge à tous moments; au printemps, on l'entend tout le jour, et on la voit s'agiter, leste et remuante, le long des grands chemins bordés d'épine blanche, de groseilliers, sur les jeunes plants de sapin, dans les fourrés près de terre, où elle cache son nid. Sa longueur est de 0ᵐ,13 à 0ᵐ,14; son bec est très-menu; son dos, brunâtre; son ventre, blanc; le dessus de la tête, grisâtre; la première penne de la queue est blanche en grande partie.

Toutes ces fauvettes de buissons et de lieux secs peuvent être élevées en captivité et y vivre une dizaine d'années. On trouvera au mot *rossignol* quelques indications sur la manière de les habituer à leur prison et de cultiver leur talent pour le chant.

Les mœurs et le genre d'habitation rapprochent des fauvettes que je viens de citer de jolis petits oiseaux, que G. Cuvier avait rapprochés des roitelets, et que l'on paraît s'accorder à ramener aujourd'hui dans le genre *Fauvette; ce* sont : le *Bec-fin pouillot* ou *F. fitis* (*S. trochilus*, Lath.), répandu dans toute l'Europe; le *Bec-fin véloce, Pouillot collybite* ou *F. véloce* (*S. rufa*, Lath.), commun en France, en Suisse, en Italie et en Allemagne; le *Pouillot sylvicole, Bec-fin siffleur* ou *F. sylvicole* (*S. sylvicola*, Lath.), qui habite les mêmes contrées; enfin, le *Grand Pouillot* de Cuvier, *F. hypolaïs* ou vulgairement *Lusciniole* (*S. hypolaïs*, Lath.), qui passe chez nous toute la belle moitié de l'année (voyez POUILLOT).

2° *Fauvettes riveraines ou des lieux humides.* — Sur les bords de nos rivières, de nos lacs et de nos étangs, et en général dans les lieux aquatiques de nos contrées, on rencontre d'autres espèces de *Fauvettes*, qui ont été réunies par plusieurs auteurs dans un sous-genre ou même un genre sous le nom de *Rousserolles.* C'est d'abord la *Rousserolle* ou *Rossignol de rivière* (*S. turdoïdes*, Temm.), longue de 0ᵐ,19; puis la *Petite Rousserolle, Bec-fin des roseaux* ou *Effarvate* (*S. arundinacea*, Lath.), d'un tiers environ plus petite; la *Verderolle* (*S. palustris*, Bechst.), de même taille que celle-ci (voyez ROUSSEROLLE). Dans les mêmes lieux se trouvent aussi la *Bouscarle* ou *Rossignol de marais* (*S. celti*, La Marmora), de l'Europe mé-

Fig. 1035. — Fauvette fluviatile ou Bec-fin riverain.

diterranéenne, commune en hiver dans le midi de la France; elle a 0ᵐ,14; son plumage est brun châtain en dessus, blanc en dessous, avec des taches brunes sur les flancs. Son nid, artistement construit dans les broussailles épaisses, sur les grandes plantes aquatiques, contient quatre ou cinq œufs d'un rouge brique, longs de 0ᵐ,019. Son chant, bien que sonore, est trop saccadé pour être musical. La *F. des joncs, Grasset* ou *Bec-fin phragmite* (*S. phragmitis*, Bechst.), est une petite espèce que l'on trouve dans toute l'Europe; mais dans les roseaux des bords du Danube, on trouve le *Bec-fin riverain, F.*

fluviatile (*S. fluviatilis*, Wolf), un peu plus grand et d'ailleurs assez semblable au phragmite.

Parmi les fauvettes étrangères, certaines espèces possèdent, pour la construction de leur nid, une industrie des plus intéressantes. La *F. cisticole* (*S. cisticola*, Temm.) construit un nid en forme de bourse, pourvu supérieurement d'une ouverture oblique et enveloppé d'une touffe de plantes aquatiques, au milieu desquelles il reste dissimulé. La *F. pinc-pinc* (*S. tetrix*, Vieill.), de l'Afrique australe, suspend aux branches d'un buisson épineux un nid arrondi, formé de duvet, et dont les parois ont une épaisseur considérable; à son sommet se voit un enfoncement où l'oiseau se glisse, et qui le conduit à l'intérieur. Le voyageur Levaillant, dans son *Hist. nat. des ois. d'Afrique*, a décrit les travaux merveilleux du *Capocier* (*S. macroura*, Lath.) ou *Petite F. tachetée du Cap;* son récit ne peut être résumé et ne saurait trouver place ici à cause de son étendue. Je signalerai, en terminant, le curieux instinct de la *F. couturière* (*S. sutoria*, Lath.) ou *Tati*, qui vit dans l'Inde : elle compose le tissu de son nid de fibres menues, de plumes, de duvet, d'aigrettes de chardon; puis elle file avec son bec et ses pattes le coton qu'elle a recueilli sur les cotonniers; elle pratique ensuite des trous le long du bord de plusieurs feuilles à limbe solide et large, et, dans ces trous, elle passe son fil de manière à coudre ensemble plusieurs feuilles qui forment ainsi une petite tente suspendue, enveloppant parfaitement le nid que l'oiseau veut cacher à ses ennemis,

Fig. 1036.—Nid de fauvette couturière ou *Sylvia sutoria.*

parmi lesquels il craint surtout les singes et les serpents. Le colonel Sykès a vu des nids dans lesquels le fil de coton était réellement terminé par un nœud (Le Maoût, *Hist. nat. des ois.*).

Parmi les espèces que Cuvier lui-même était disposé à ranger, comme on l'a généralement fait depuis, dans un genre spécial sous le nom d'*Accenteurs* (*Accentor*, Bechst.), il faut signaler la *F. des Alpes, Pégot* ou *Accenteur alpin* (*Motacilla alpina*, Gmel.), longue de 0ᵐ,16, d'un

Fig. 1037. — Fauvette des Alpes ou Accenteur des Alpes.

plumage cendré, avec la gorge blanche, pointillée de noir; il habite les pâturages des Alpes. Mais l'espèce la plus intéressante est le *Traîne-buissons, F. d'hiver* ou

A. mouchet (*Motac. modularis*, Lin.), la seule fauvette qui nous reste en hiver et qui égaie un peu cette saison par son agréable ramage. Cet oiseau est, en dessus, d'un fauve tacheté de noir, et cendré-ardoisé en dessous. Il niche deux fois l'an et se tient toujours dans les buissons; sa longueur est de 0^m,15. Cette fauvette habite la belle saison dans les bois, et les quitte en automne pour venir dans les jardins où elle passe l'hiver. Ad. F.

FAUX (Agriculture), du latin *falx*, faux, d'où vient que l'on écrivait autrefois et que plusieurs écrivent encore *faulx*. — Cet instrument, si connu de temps immémorial et dont l'usage est si répandu, est spécialement employé pour couper l'herbe des prairies naturelles et artificielles, et à cet égard il fournit un travail très expéditif. C'est pourquoi, déjà depuis longtemps, on s'en était servi pour la coupe de quelques céréales, telles que l'avoine et l'orge, lorsqu'on eut l'idée de remplacer l'usage de la faucille, qui donne un travail trop lent, par celui de la faux, pour la récolte du blé et du seigle. Il en sera question plus loin. La forme de la faux varie suivant les diverses contrées agricoles, et suivant les produits à l'exploitation desquels elle est employée. En général, elle se compose d'une lame mince, en acier, légèrement arquée, se relevant doucement vers la pointe et un peu convexe à sa face supérieure. Elle est longue d'environ 1 mètre, large de 0^m,12 à 0^m,15 vers son talon, et diminuant insensiblement de largeur jusqu'à l'autre extrémité qui se termine en pointe aiguë; tranchante sur son bord concave dans toute son étendue, elle présente sur le bord convexe une arête solide, épaisse d'environ 0^m,010, qui contribue à la maintenir fermement dans sa forme primitive. Cette lame présente à son talon une espèce de poignée en forme de crampon, terminée par un bouton recourbé, et qui est fixée à l'extrémité du manche par une forte virole à l'aise, permettant, au moyen d'un coin de fer et d'un ou deux morceaux de cuir, de faire varier, au gré du faucheur, l'ouverture de l'angle que forme la lame avec le manche; celui-ci est en bois, long de 2 mètres, généralement droit, et porte vers son milieu une poignée, quelquefois une autre à son extrémité. Plus l'angle que forme l'articulation de la *faux* avec le manche est ouvert, plus le fauchage exige de force, mais aussi plus le champ parcouru par la faux est grand et plus chaque coup fait de travail. Ce qui fait que lorsque l'herbe est très-forte, il faut diminuer l'ouverture de cet angle. La figure 1038 que nous donnons représente la faux champenoise, une des plus usitées en France; celles qu'on emploie dans d'autres provinces et en Allemagne, en Angleterre, etc., offrent toutes des modifications plus ou moins profondes.

Lorsqu'on veut employer la faux pour les céréales, il est nécessaire de lui faire subir des changements qui demandent quelques éclaircissements. Pour le blé, le seigle

Fig. 1038. — Faux champenoise. Fig. 1039.—Faux munie de son ployon A.

et toutes les céréales à tiges élevées, on a l'habitude de *faucher en dedans*, c'est-à-dire que l'ouvrier se place de manière à avoir le grain à sa gauche; il dirige sa faux de droite à gauche, et les tiges qu'il coupe sont rejetées

sur celles qui restent debout. Un aide, femme ou enfant, armé d'une faucille ou d'un crochet de *sapeur* (voyez ce mot), les réunit et les met en javelles. Pour ce travail, la faux doit être armée de deux baguettes recourbées, fixées au manche et maintenues par une petite traverse. Cet accessoire se nomme *ployon* ou *playon* (fig. 1039). Il sert à empêcher les tiges coupées de tomber de l'autre côté de la lame, en glissant sur elle dans le mouvement du coup de faux. Pour les céréales à tiges basses (avoine, orge), on *fauche en dehors*, de gauche à droite; ici le faucheur a le grain à sa droite et fait tomber les tiges en dehors; or, comme celles-ci n'auraient rien pour les soutenir, le manche de la faux est garni d'une espèce de ployon terminé par une traverse assez forte, d'où partent quatre ou cinq baguettes parallèles à la lame de la faux et aiguisées à leur extrémité. Cet appareil se nomme *râteau* (fig. 1040). Pendant l'opération du fauchage, les tiges

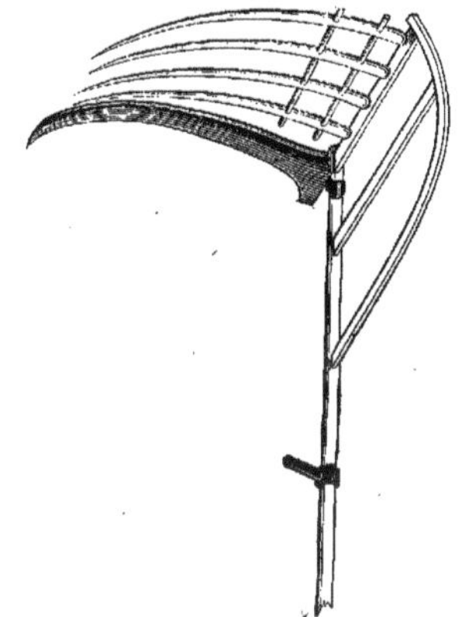

Fig. 1040. — Faux ordinaire avec son râteau.

renversées par le mouvement de la faux se couchent sur le râteau, une légère secousse de l'ouvrier les dépose en *andains* (voyez Foin, Prairies). Ces pratiques, du reste, varient infiniment suivant les pays. L'emploi de la faux nécessite un outillage destiné à battre et à aiguiser la faux, qui se compose d'une ceinture, d'un cornet ou aiguière en bois, en corne, en fer-blanc, d'une pierre à aiguiser, d'une petite enclume que l'on plante en terre et d'un marteau. Lorsque le tranchant de la **faux** est trop émoussé et qu'il ne peut plus être ravivé par la pierre à aiguiser, l'ouvrier est obligé de la battre. Pour cela, il la démanche, plante son enclume en terre, et, tenant la faux de la main gauche, il passe successivement toutes les parties du tranchant sur l'enclume, pendant que de la droite il frappe doucement avec le marteau, jusqu'à ce qu'il ait obtenu l'amincissement désiré. Cette opération demande de l'habitude et une grande adresse.

La fabrication des faux est une industrie importante, et qui demande des soins particuliers. On en fabrique en France à Poligny, à Sarreguemines, en Alsace, dans le Doubs, etc. Mais on en importe beaucoup d'Allemagne, et surtout de Styrie; ces dernières portent une marque particulière par chaque fabrique; les meilleures portent un raisin, une écrevisse, une clef, un cierge, un calice, un poisson, etc. Les importations de faux en France se sont élevées, en 1835, à 259 035 kilogrammes, dont la majeure partie d'Allemagne, tandis que les exportations n'ont été que de 20 223 kilogrammes. Mais l'importation va en diminuant tous les ans, par l'activité croissante de nos fabriques.

FAUX (Anatomie). —Certains replis membraneux, configurés en un triangle courbé sur lui-même, rappellent la forme d'un fer de faux et ont reçu le nom de cet instrument. Ainsi la *faux du cerveau* est un repli de la membrane nommée *dure-mère;* ce repli pénètre dans la grande scissure du cerveau et sépare les deux hémisphères de cet organe. La faux du cerveau s'attache par son extrémité effilée à l'apophyse crista-galli de l'os ethmoïde ; son bord convexe s'insère le long de la ligne médiane de la voûte du crâne, et sa base va reposer sur un autre repli de la dure-mère dirigé transversalement par rapport au plan médian, et nommé *tente du cervelet*. En dessous de la tente du cervelet et dans le prolongement de la *faux du cerveau* se trouve un troisième repli de la dure-mère, appelé *faux du cervelet*, qui, par son bord convexe, est fixé à la ligne médiane du crâne ; par sa base, sous la tente du cervelet, et dont l'extrémité ou sommet atteint le grand trou occipital. — Divers replis du péritoine, qui rappellent la figure d'une faux, ont aussi reçu ce nom ; le principal est la *grande faux du péritoine*, nommée aussi *faux de la veine ombilicale*, qui s'étend de l'ombilic au bord antéro-inférieur du foie.

FAUX ou RENARD (Zoologie). — Espèce de *Poissons* du genre *Requin*, nommé par Cuvier *Charcharias vulpes*, et que l'on pêche sur nos côtes. Son nom vulgaire de *Faux* est dû au développement du lobe supérieur de sa nageoire caudale, aussi long que le reste du corps ; sa figure rappelle celle d'une lame de faux (voyez REQUIN).

FAUX, FAUSSE (Zoologie). — On applique cette épithète à des organes ou à des espèces que l'on désigne par le nom d'organes ou d'espèces semblables, dont on veut néanmoins les distinguer. La plupart des noms ainsi formés appartiennent plus à la langue vulgaire qu'au langage des naturalistes ; mais c'est un motif précisément pour ne pas les omettre ici.

FAUSSES AILES. — Nom parfois donné aux *cuillerons* des insectes diptères (voyez CUILLERON).

FAUX-BOMBYX. — Quelques auteurs ont réuni sous ce nom dans une petite tribu les papillons nocturnes des genres *Arctie*, *Callimorphe*, *Lithosie*, et quelques espèces de *Teignes*.

FAUX BOURDON. — Réaumur nomme ainsi dans ses ouvrages les mâles des *abeilles*.

FAUSSES CHENILLES. — On donne souvent ce nom à des larves de certains insectes hyménoptères qui ont 8, 18 ou 22 pattes ou fausses-pattes.

FAUX-CORAIL. — Nom vague et mal fait par lequel quelques auteurs désignent des madrépores arborescents, grossièrement analogues au *corail rouge*.

FAUSSE-FRIGANE. — Nom employé par De Geer pour désigner les *Insectes névroptères* du genre *Perle*.

FAUX-GRIGI. — Nom d'une espèce d'*Oiseau* du genre *Aracari*.

FAUX-GRIVOU. — Nom vulgaire d'une espèce de *Merle* (*Turdus albicollis*).

FAUSSE-LINOTTE. — Nom vulgaire d'une espèce de *Bec-fin* (Oiseau), la *Motacilla palmarum*, Gmelin, originaire de Haïti, et nommé aussi *Bimbelé*.

FAUSSES NAGEOIRES. — Se dit parfois des nageoires adipeuses, c'est-à-dire dépourvues de rayons et remplies de graisse qu'on observe sur certains poissons.

FAUSSES NYMPHES. — Certains auteurs appellent ainsi, sans raison, les *nymphes* (voyez CHRYSALIDE), de certains insectes, comme les friganes, nymphes qui vivent enfermées dans un fourreau formé de matières étrangères et y demeurent inactives.

FAUSSES PATTES. — On nomme ainsi, ou, plus justement, *pattes membraneuses*, les tubercules saillants, non articulés, pourvus de soies plus ou moins longues et diversement figurées qui tiennent lieu de membres chez les Annélides, ou qui suppléent à l'insuffisance des pattes chez les chenilles des insectes lépidoptères. — On donne encore ce même nom aux petits appendices écailleux et articulés que l'on voit sous l'abdomen (vulgairement la queue) des Crustacés.

FAUX-PERROQUET. — Nom vulgaire d'une espèce d'*Oiseau* du genre *Bec-croisé* (*Loxia*, Briss.).

FAUX-PUCERONS. — Réaumur et De Geer avaient donné ce nom à un genre d'*Insectes hémiptères* voisins des Kermès et nommé aujourd'hui *Psyla*, d'après Geoffroy.

FAUX-SCORPIONS. — Nom donné par Latreille à la 1ʳᵉ famille des Arachnides trachéennes (voyez TRACHÉENNES). — On a aussi désigné sous ce nom le genre *Pince* (voyez ce mot), de la même famille.

FAUX, FAUSSE (Botanique). — Ces termes sont beaucoup plus répandus en botanique qu'en zoologie, parce que, dans la désignation des plantes, la langue vulgaire est plus pauvre encore que dans celle des animaux.

FAUX-ACACIA. — Cet arbre, connu dans nos jardins sous le nom d'*Acacia*, n'est pas cependant un véritable acacia et n'a même avec les arbres de ce genre qu'une ressemblance incomplète (voyez ACACIA). Tournefort, adoptant le nom vulgaire, lui donna la dénomination latine de *Pseudo-acacia*, mais, pour consacrer la mémoire de Jean Robin, jardinier célèbre sous le règne de notre Henri IV, qui fit venir d'Amérique les premières graines de cet arbre et le multiplia en France, Linné donna au *Faux-acacia* le nom de *Robinier*, aujourd'hui généralement adopté (voyez ROBINIER).

FAUX-ACORUS. — Nom vulgaire et scientifique d'une espèce d'*Iris* (*Iris pseudo-acorus*, Lin.).

FAUSSE-AMBROISIE ou AMBROISIE SAUVAGE. — Nom vulgaire du *Cochlearia coronopus*, Lin.

FAUX-AMOME. — L'un des noms du *Cassis* (*Ribes nigrum*, Lin.).

FAUX-BAUME DU PÉROU. — Nom vulgaire du *Mélilot bleu* (*Melilotus cœrulea*, Lamk).

FAUSSES BAIES. — Baies qui offrent intérieurement des loges et des graines rangées dans un ordre apparent.

FAUX-BENJOIN. — Espèce de *Badamier* de l'île de France, où son bois fin et serré de tissu lui avait valu le nom de *bien-joint*. Comme il laisse suinter de son écorce une résine odorante qui rappelle un peu le benjoin, cette double ressemblance de nom et de produit trompa quelques personnes, qui prirent cet arbre pour celui d'où provient le benjoin véritable ; Linné fils y fut trompé lui-même. C'est pour signaler cette erreur promptement reconnue que cet arbre fut nommé *Faux-benjoin* ; c'est le *Terminalia angustifolia* ou *Badamier à feuilles étroites*, de Jacquin.

FAUSSE-BRANC-URSINE. — Nom vulgaire de la *Berce branc-ursine*.

FAUX-BRÉSILLET. — Arbre exotique nommé *Brasiliastrum* par Lamark, et rapporté par Jussieu au *Picramnia antidesma* de Swartz (Térébentacées).

FAUX-BUIS. — Nom vulgaire du *Fragon piquant*. A l'île Maurice, à Bourbon, on nomme ainsi une Rubiacée du genre *Fernelia* et le *Buis de Chine Murraya* (*buxifolia*, Sonn.), de la famille des Aurantiacées.

FAUX-CAFÉ. — On donne souvent ce nom aux fruits de certaines plantes de la même famille (Rubiacées) ou du même genre que le Café.

FAUX-CALAMENT. — Nom donné quelquefois à l'*Iris faux-acorus* (*Iris jaune*, *Glaïeul des marais*).

FAUSSE-CANNELLE. — Nom vulgaire du *Laurier casse* (*Casse en bois*).

FAUX-CHAMARAS. — Nom vulgaire de la *Germandrée des bois* (*Teucrium scorodonia*, Lin.).

FAUX-CHAMPIGNONS. — On a donné ce nom, dans certaines classifications, à une tribu de la famille des *Lichens*, où les apothécies (partie qui renferme les organes de la reproduction) sont rondes et charnues.

FAUX-CHERVI. — Nom donné dans quelques contrées à la *Carotte sauvage* (*Daucus carota*).

FAUSSES CLOISONS. — Voyez FRUIT.

FAUSSE-COLOQUINTE. — Nom d'une espèce de *Courge*.

FAUX-CUMIN. — Nom vulgaire de la graine d'une espèce de *Nigelle*.

FAUX-CYTISE. — Nom peu usité et appliqué à plusieurs arbustes : le *Vella pseudo-cytisus*, l'*Anthyllis cytisoides* et le *Cytise velu*.

FAUX-DICTAMNE. — Nom spécifique du *Marrube faux-dictamne*.

FAUSSE-DIGITALE. — Nom donné par Boccone à la *Cataleptique* (*Dracocephalum virginianum*, Juss.).

FAUSSE-EBÈNE, FAUX-EBÉNIER. — Nom vulgaire du *Cytise aubours*.

FAUSSES ÉTAMINES. — Filets d'étamines avortées que l'on observe dans les fleurons stériles des plantes de la famille des *Composées*.

FAUX-FROMENT. — Nom vulgaire de l'*Avoine élevée*.

FAUSSE-GERMANDRÉE. — Nom vulgaire d'une *Véronique*, la *Veronica chamædrys*.

FAUSSE-GUIMAUVE. — Nom vulgaire du *Sida abutilon*.

FAUX-HELLÉBORES ou FAUX-ELLÉBORES. — Diverses espèces d'Ellébores ont été souvent regardées comme l'Ellébore des anciens ; à Paris on avait considéré comme tel l'*Ell. vert* ; ailleurs, l'*Ell. noir*. Certaines *Adonides* reçurent même ce nom (voyez ELLÉBORE).

FAUX-HERMODATTE. — On a pu désigner ainsi l'*Iris tubéreux*, de Linné, regardé à tort comme l'*Hermodatte* des Anciens.

FAUX-INDIGO. — Nom vulgaire du *Galéga officinal*.

FAUX-IPÉCACUANHAS. — Diverses plantes dont les racines ont été employées pour remplacer celles de l'Ipécacuanha du Brésil, sont désignées vulgairement sous ce nom. Tel est à l'île Maurice le *Cynanchum vomitorium* ou *Ipecacuanha blanc* (asclépiadée) ; au Pérou, l'*Ionidium emeticum* (violacée), espèce très-semblable à la violette ; ailleurs le *Cephœlis emetica* (rubiacée), le *Psychotria emetica* (rubiacée), etc.

Faux-Iris. — C'est le *Faux-acorus*.

Fausse-Ivette. — Nom vulgaire d'une espèce de *Germandrée* (*Teucrium chamæpitys*, Lin.).

Faux-Jalap. — Nom vulgaire du *Mirabilis jalapa*.

Faux-Jasmin. — L'un des noms vulgaires du *Jasmin de Virginie* (Bignone de Virginie) ou *Tecoma radicans*.

Faux-Lotus. — Prosper Alpin a décrit à tort, sous le nom de *lotus*, une espèce de *Nénuphar d'Égypte*. On avait aussi désigné, sans plus de raison, comme le *lotus* des anciens une espèce de *Plaqueminier d'Afrique* (voy. Lotus).

Faux-Lupin. — Nom vulgaire d'une espèce de *Trèfle* (*Trifolium lupinaster*, Lin.).

Fausse-Lysimachie. — Nom que l'on donne quelquefois à l'*Épilobe à feuilles étroites*.

Faux-Mélanthe. — Nom donné par Rai à une espèce d'*Agrostemme*.

Faux-Mélilot. — Nom donné parfois au *Lotier commun*.

Faux-Narcisse. — Ce nom a été appliqué à plusieurs espèces du genre *Narcisse*.

Faux-Nard. — Nom donné au bulbe d'une espèce d'*Ail*, l'*Allium victorialis*, parce que son aspect rappelle celui du *spica-nard* du commerce.

Faux-Néflier. — Nom vulgaire d'une petite espèce de *Néflier* (*Mespilus chamœmespilus*, Lin.).

Fausses Nervures. — Se dit des nervures médianes de la corolle des plantes composées.

Fausse-Ombelle. — Nom employé quelquefois comme synonyme du mot *Corymbe*.

Fausse-Orange. — Nom d'une espèce du genre *Courge*, dont le fruit, par sa forme et sa couleur, ressemble à l'Orange.

Fausse-Oronge. — Nom d'une espèce de *Champignon* très-vénéneux et redoutable par sa grande ressemblance avec une espèce comestible nommée *Oronge* (voyez Oronge, Amanite).

Faux-Parasites. — Se dit des végétaux qui vivent sur d'autres végétaux sans en tirer leur nourriture et y prennent seulement un appui. Telles sont toutes les espèces de *Lierre*.

Faux-Piment. — Nom vulgaire d'une espèce de *Morelle* (*Solanum pseudo-capsicum*, Lin.).

Faux-Pistachier. — Nom que l'on donne au *Staphylier à feuilles ailées*.

Faux-Platane. — Nom spécifique d'un *Érable* (*Acer pseudo-platanus*, Lin.). Vulgairement *Sycomore*.

Fausse-Poire. — Nom vulgaire de la *Courge calebasse*.

Faux-Poivre. — Nom vulgaire du *Piment* (*Capsicum*).

Faux-Quinquina. — Nom fort peu mérité que l'on donne parfois à l'*Iva frutescens*.

Fausses Radiées. — Nom donné aux plantes de la famille des *Composées*, dont les corolles labiatiflores ont la lèvre externe très-développée de façon à ressembler à une fleur radiée.

Faux-Raifort. — C'est le *Cranson rustique*.

Fausse-Réglisse. — Nom vulgaire de deux espèces de plantes : l'*Astragale réglisse* et l'*Abrus precatorius*.

Fausse-Rhubarbe. — Nom vulgaire du *Pigamon* (*Thalictrum flavum*, Lin.), dont les propriétés sont analogues à celles de la Rhubarbe.

Faux-Riz-de-montagne. — Nom vulgaire d'une espèce d'*Orge*.

Faux-Sapin. — Nom donné à la *Pesse d'eau* (*Hippuris vulgaris*, Lin.).

Faux-Scordium. — Espèce de plante du genre *Germandrée*, le même que le *Faux-Chamaras*.

Fausse-Sauge-des-bois. — Autre nom vulgaire de la même *Germandrée faux-Scordium*.

Faux-Séné. — C'est le *Baguenaudier arborescent*, dont les feuilles sont légèrement purgatives.

Fausse-Senille. — Un des noms vulgaires de la *Renouée des oiseaux*.

Faux-Souchet. — Nom qu'on a donné au *Choin marisque* (*Schœnus mariscus*, Lin.), et à une *Laîche* (*Carex pseudo-cyperus*, Lin.).

Faux-Sycomore. — Nom donné par Camerarius à l'*Azedarach bipinne* (*Melia azedarach*, Lin.).

Faux-Tabac. — C'est le *Tabac des paysans* ou *Nicotiane rustique* (*Nicotiana rustica*, Lin.).

Faux-Thé. — Nom vulgaire de l'*Alsthonia thea*.

Faux-Thlaspi. — C'est la *Lunaire annuelle*.

Faux-Thuya. — C'est une espèce de *Cyprès* (*Cupressus thuyoïdes*, Lin.).

Fausses Trachées. — M. de Mirbel a donné ce nom à des vaisseaux du tissu des plantes, dont les parois paraissent au microscope marquées de lignes horizontales, rappelant la spire qu'on voit dans les *trachées*, mais irrégulières et non déroulables comme cette spire. Les *fausses-trachées* sont les vaisseaux rayés de De Candolle.

Faux-Tremble. — Nom d'une espèce de *Peuplier de l'Amérique septentrionale* (*Populus tremuloïdes*, Mich.).

Faux-Troène. — Nom vulgaire du *Putiet*, *Merisier à grappes* (*Prunus padus*, Lin.).

Faux-Turbith. — Nom vulgaire des racines de deux plantes de la famille des *Ombellifères* : la *Thapsie velue* et le *Laser à larges feuilles*.

Faux, Fausse (Minéralogie). — Ce terme a été rarement employé en Minéralogie.

Faux Albâtre. — C'est l'*Alabastrite, Albâtre gypseux*.

Faux-Asbeste. — Nom ancien de l'*Amphibole fibreux blanchâtre*.

FAVEROLLE, Faverotte, Faviole (Botanique). — Voy. Féverolle.

FAVONIE (Zoologie), *Favonia*, Péron et Lesueur. — Genre de *Méduses* exotiques, à ombrelle hémisphérique, sans tentacules au pourtour, creusées inférieurement avec un long pédoncule muni d'appendices propres à la succion.

FAVOSITE (Zoologie), *Favosites*, Lamark, du latin *favus*, rayon de miel. — Genre de *Madrépores fossiles* des terrains les plus anciens, dont les cellules prismatiques rappellent quelque peu l'aspect d'un gâteau d'abeilles. Ce sont les *Tubiporites* de Rafinesques et les *Eunomies* de Lamouroux.

FAVUS (Médecine). Nom par lequel les Latins désignaient le rayon, le gâteau où les abeilles déposent le miel. — A cause d'une certaine analogie de forme, on a appelé *Favus* (M. Cazenave), *Teigne faveuse* (Alibert) une maladie caractérisée par des pustules, dont la base, légèrement enflammée, est souvent irrégulière ; elles contiennent une humeur visqueuse et se couvrent bientôt d'une croûte jaune demi-transparente, et imitent grossièrement l'aspect et la forme des cellules des abeilles. Cette maladie constitue une des espèces de la *Teigne*, la *Teigne faveuse* (voyez Teigne).

FAYARD (Botanique), du latin *fagus*, hêtre. — Nom vulgaire du Hêtre dans l'est et le sud-est de la France. Ailleurs on le nomme *Faou, Fau, Fouteau, Fayau*.

FÉBRIFUGE (Médicament) (Matière médicale). — On appelle ainsi les médicaments employés pour combattre la fièvre. C'est particulièrement lorsqu'il s'agit des fièvres dites intermittentes bien plutôt que dans celles que l'on appelle continues, que leur efficacité a été constatée ; de sorte que c'est plutôt contre l'élément qui constitue le phénomène de la périodicité que leur action se fait sentir ; et cela est tellement vrai, qu'ils ont été administrés avec succès dans des affections qui sont rarement accompagnées de fièvres, telles que certaines névralgies à caractère périodique. Aussi plusieurs médecins ont-ils remplacé le mot *fébrifuge* par celui de *anti-périodique*. Au reste, quelle que soit la cause encore ignorée de la périodicité dans certaines maladies et particulièrement dans les fièvres d'accès, quelle que soit la manière d'agir des médicaments dont il est question, il n'en est pas moins vrai que l'efficacité de certains d'entre eux ne peut être contestée. On doit citer en première ligne le quinquina et surtout les sels de quinine, dont l'expérience de tous les jours constate les merveilleux effets. A côté, mais bien au-dessous du quinquina, dont le prix, toujours élevé, limite trop souvent l'emploi, on a eu recours aux écorces de chêne, de marronnier d'Inde, de saule, de frêne, d'orme, etc. ; aux racines de gentiane, de bardane, etc. ; au musc, au castoreum. Mais le médicament qui a rendu le plus de services comme fébrifuge, même lorsque le quinquina avait échoué, ce sont les préparations arsenicales (voyez Quinquina, Arsenic). F—N.

FÈCES, Matières fécales (Physiologie), du latin *fæces*, résidus. — Voyez Excréments, Gadoue.

FÉCONDATION (Physiologie végétale). Voyez Fleur.

FÉEA (Botanique). — Genre de plantes *Cryptogames acrogènes* de la famille des *Fougères*, tribu des *Hyménophyllées*. Il est spécialement caractérisé par des sporanges presque pédicellés, accompagnés d'indusiums nus, libres, et disposés en épis distiques à l'extrémité d'une hampe. Les frondes de ce genre ont une consitance membraneuse et sont pinnatifiées. Les espèces sont toutes exotiques. La *F. polypodine* (*F. polypodine*, Bory), ainsi nommée parce qu'elle présente le port de notre polypode vulgaire, est de la Guadeloupe. La division inférieure de ses frondes est à deux lobes dont l'inférieur est réfléchi. Ses hampes, longues de 0m,08 à 0m,10, se terminent par un épi composé de quatre-vingts sporanges environ, dont la columelle fait saillie de 0m,005 ou 0m,006. La *F. naine* (*F. nana*, Bory), espèce très-élégante de la Guyane et rapportée par Poiteau, a les pinnules ovoïdes et un peu crêpées.

FÉCULE (Botanique), du latin, *fæcula* sédiment, dépôt. — Ce nom a désigné autrefois les dépôts formés dans les sucs exprimés des matières végétales; aujourd'hui il s'applique surtout au sédiment amylacé que donne l'amidon dans un grand nombre de sucs, et il est presque devenu synonyme d'*amidon*. Les botanistes l'emploient surtout pour désigner la matière amylacée accumulée en amas farineux dans certains points du tissu cellulaire végétal, et de laquelle les chimistes extraient leur amidon. La fécule est une matière granuleuse de dimensions variables. Chacune des cellules du tissu chargé de fécule renferme plusieurs de ces grains, et souvent ils y sont tellement serrés qu'ils remplissent exactement sa capacité. Généralement colorés en blanc, ils offrent le caractère constant de bleuir instantanément au contact d'une solution d'iode. Cette même solution colore au contraire en brun ou en jaune les granules de matière azotée, de sorte que cette coloration bleue est un des moyens propres à faire reconnaître la fécule. Les grains de fécule ont d'ailleurs une forme reconnaissable, mais qui varie suivant l'espèce végétale qui les produit. Sphéroïdaux ou polyédriques, ils font voir plusieurs couches ou cercles concentriques autour d'un point qui est ordinairement à la superficie du grain. Ce point, qu'on nomme *hile* ou *ostiole*, est en effet celui qui a reçu la première lame de matière amylacée, puis les

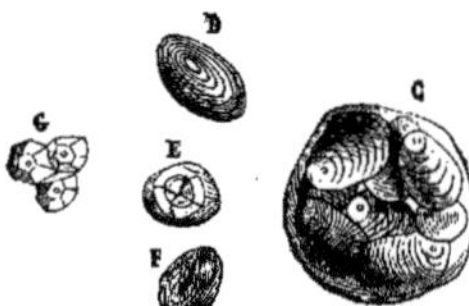

Fig. 1041. — Grains de diverses fécules, très-grossis (1).

autres se sont successivement accumulées sur le même poin', de manière à refouler vers le fond de l'utricule les couches plus anciennes. Une étude attentive de l'aspect des grains de fécule et une mesure exacte de leurs dimensions ont permis de reconnaître très-sûrement chaque espèce. Voici, en millièmes de millimètre, un tableau de quelques-unes de ces mesures :

Longueur des grains de diverses fécules (d'après Payen).

Fécule de pomme de terre.......de 0mm,175 à	0mm	,185
— d'un balisier (*Canna gigantea*).........	0	,175
Arrow-root, fécule d'un *Maranta*...............	0	,140
Fécule de l'oxalide crénelée.................	0	,085
— de la fève de marais.............	0	,075
— de sagou (*Cycas circinalis*)...........	0	,050
— de froment.............de 0mm,050 à	0	,045
— de patate.................	0	,040
— de sorgho rouge.............	0	,030
— de maïs.................	0	,025
— du millet des oiseaux.............	0	,016
— du millet vulgaire ou mil.............	0	,009
— du panais.................	0	,007

Les fécules que nous utilisons communément sont celles que recèle la graine des céréales dans son périsperme, la graine des légumineuses (fèves, haricots, pois, lentilles) dans ses cotylédons. Les graines de certaines chénopodées, telles que les ansérines, du sarrasin ou blé noir, en fournissent également. Le nom de *fécule*,

(1) C, cellule remplie de grains de fécule de pomme de terre. — D, grain de fécule de froment gonflé par de l'eau. — E, *idem*, chauffé et fendillé. — F, *idem*, sec et coupé par moitié. — G, grains de fécule de maïs.

dans le langage vulgaire, est plus spécialement réservé pour la matière amylacée que l'on extrait de la pomme de terre, de l'igname de la Chine, des patates, en un mot, des plantes qui la tiennent en réserve dans leurs rhizomes, leurs tubercules, ou en général dans les organes autres que les graines; ainsi la fécule de *Sagou* vient de la tige des cycas et des palmiers; l'*arrow-root*, du rhizome d'un *maranta* des Indes; le *tapioca*, du rhizome du manioc ou manihot (voyez AMIDON, CELLULOSE, FARINE, MOULURE, SÉCRÉTIONS DES PLANTES, RÉGIME ALIMENTAIRE, ALIMENT).

FÉCULE, FÉCULERIE (Chimie). — On désigne généralement sous le nom de fécule la matière amylacée qui provient des tubercules, et l'on réserve le nom d'*Amidon* (voyez ce mot) à celle qui existe dans les céréales. L'histoire chimique de ces deux corps est la même; ou n'y reviendra donc pas ici. La plus importante des fécules est celle de la pomme de terre (*Solanum tuberosum*). Cette plante contient en moyenne 20 pour 100 de fécule; mais ce rendement est très-variable avec l'espèce que l'on emploie, l'époque de la récolte, la sécheresse de l'année. La patraque jaune, le schaw d'Ecosse, la tardive d'Irlande, sont les plus recherchées; la pomme de terre de Rohan, qui donne des récoltes si abondantes, est peu estimée, ses tubercules étant trop aqueux. L'atelier où se fait l'extraction de la fécule se nomme féculerie. Nous allons donner une idée du procédé de fabrication qui est le plus généralement employé.

La première opération à faire subir à la pomme de terre consiste à la débarrasser de la terre adhérente à sa surface; pour cela, on la fait tremper pendant quelques heures dans l'eau, puis on procède au lavage. On emploie à cet effet un cylindre incliné sur l'horizon et formé de tringles de fer ou de bois laissant entre elles des intervalles à jour. Ce cylindre plonge jusqu'au tiers dans de l'eau; il est animé d'un mouvement de quinze à vingt tours par minute; on y introduit les tubercules par la partie supérieure, et ils repartent par le bas après avoir glissé sur une grille hélicoïdale; la terre se détache par le choc ou le frottement, et tombe à travers les jours de la grille et du cylindre. Certains industriels font passer les pommes de terre successivement dans deux laveurs, ce qui évite le trempage.

Après le lavage vient le râpage; la râpe est un cylindre armé de lames de scie maintenues à 0m,02 les unes des autres, les dents dépassant de 0m,002 la surface du cylindre. La râpe fait 700 à 800 tours par minute; les tubercules sont amenés au contact de ce cylindre dévorateur et sont déchirés et broyés avec rapidité; un filet d'eau empêche qu'il n'y ait adhérence avec les dents. Les deux figures ci-jointes, empruntée au *Dictionnaire de chimie industrielle* de MM. Barreswil et Girard, représentent le lavage et le tamisage tel qu'il est généralement effectué. Le produit du râpage est de la pulpe, de la fécule et des matières albuminoïdes solubles dans l'eau. Cet ensemble est conduit dans des tamis cylindriques dont nous empruntons le dessin à l'ouvrage précédemment cité. La fécule seule est assez fine pour passer à travers les trous des tamis et est amenée par des courants d'eau dans de vastes cuviers, où elle se dépose; plusieurs tamisages sont nécessaires. La fécule déposée dans ces cuves est mélangée de sable; on agite vivement afin d'amener les matières solides en suspension; puis, après avoir attendu quelques minutes, l'on décante la fécule encore en suspension, tandis que le sable plus dense est déjà déposé. Cette opération est le désablage. Les liquides provenant de la décantation sont abandonnés au repos pendant trois ou quatre heures. A la superficie du dépôt est une couche grisâtre que l'on enlève avec des râcloirs et que l'on désigne sous le nom de *gras de fécule*; cette matière fournit, par des lavages et des tamisages successifs, une fécule épurée aussi blanche que celle dont on l'avait séparée. On laisse égoutter; puis la masse agglomérée et obtenue sous la forme de grains est placée sur une aire en plâtre poreux qui absorbe rapidement l'humidité; les grains sont ensuite séchés d'abord à l'air libre, puis à l'étuve. Il ne reste plus qu'à écraser, bluter et mettre en paquets. La pulpe est employée dans la nourriture des bestiaux; les eaux chargées de matières albuminoïdes se putréfient très-vite, et il s'en dégage des hydrogènes carbonés et de l'acide sulfhydrique. Pour se débarrasser de ce voisinage désagréable, on les répand dans des prairies en irrigation, ou on les rejette dans un cours d'eau assez considérable pour les entraîner rapidement. Ces eaux, d'ailleurs, constituent un engrais excellent.

C'est au moment où la pomme de terre vient d'être récoltée et se trouve en pleine activité, qu'elle contient

Fig. 1042. — Lavage et râpage de la pomme de terre pour l'extraction de la fécule.

et donne le plus de fécule; aussi doit-on commencer la fabrication dès que les arrachages sont faits; il est important aussi de terminer avant le mois de mars, car alors la germination se développe et la fécule se trans-

forme dans le tubercule. Pendant l'hiver, il faut préserver de la gelée les matériaux emmagasinés; on y parvient en les plaçant dans des silos.

Les ménagères préparent souvent elles-mêmes la fécule dont elles ont besoin. Voici la recette telle que la donne M. Joigneaux dans son excellent livre *De la Ferme et des Maisons de campagne.*

Après avoir pelé les tubercules, on les râpe dans un vase où il y a de l'eau; puis, lorsque tout est râpé, on agite la pulpe dans l'eau et on laisse reposer. Un dépôt se forme, et, aussitôt formé, les ménagères versent l'eau avec précaution, de façon à ne laisser dans le vase que le dépôt en question. C'est la fécule. Il ne s'agit plus que de bien laver, de décanter une seconde fois, de laisser le dépôt se former, de décanter encore et d'enlever la fécule, qui doit être alors d'une blancheur parfaite et que les Ardennaises appellent *fleur de pomme de terre.* On l'écrase sur des linges ou sur des feuilles de papier non collé; on l'expose au soleil; on la change de linge ou de papier de temps en temps, et lorsqu'elle est sèche, on la conserve en sacs. A défaut de la chaleur du soleil,

Fig. 1043. — Tamisage de la fécule.

on se sert de la chaleur d'un poêle ou d'un feu doux.

Outre ses emplois directs, la fécule est transformée en dextrine qui sert à l'apprêt des tissus, en sucre de fécule ou glucose qui est employé dans la fabrication de la bière, dans la préparation des liqueurs, des sirops de pharmacie, etc.

On trouve encore dans le commerce d'autres variétés de fécules provenant en général de plantes exotiques.

L'*Arrow-root*, fécule qui s'extrait des rhizômes du *Maranta arundinacea.*

Le *Sagou* qui provient de la moelle du SAGOUTIER PALMIER; mais la plus grande partie de celui que l'on trouve dans le commerce provient de fécule de pomme de terre ayant subi une préparation particulière.

En Perse et en Asie Mineure, de nombreuses espèces d'*Orchis* produisent de petits tubercules qui, lavés à l'eau bouillante et épluchés, constituent le *Salep.* Chacun de ces tubercules est rempli de fécule. On imite le Salep avec de la fécule ordinaire et de la gomme. Ni ce Salep artificiel ni le véritable ne sont susceptibles de restaurer les forces épuisées, comme le croient beaucoup de personnes.

La fécule de manioc (*jatropha manihot*) porte le nom de *Moussache* ou *Cipipa.* Séchée d'une certaine façon, cette fécule s'agglomère et constitue le *tapioca* (voyez ARROW-ROOT, SAGOU, SALEP, MANIOC).

Dans ces derniers temps on a utilisé la fécule des fèves des féverolles et des marrons d'Inde.   H. G.

FÉDIE (Botanique), *Fedia,* Mœnch. — Genre de plantes *Dicotylédones gamopétales périgynes,* de la famille des *Valérianées,* contenant des herbes annuelles à feuilles opposées, entières ou dentées; fleurs réunies en une sorte de corymbe, et de couleur rose ou pourprée; calice monosépale à 3 dents, corolle monopétale, en entonnoir, divisée en 5 lobes inégaux; 2 étamines, un ovaire infère surmonté d'un seul style; fruit en capsule à 3 loges, dont 2 toujours avortées. La *F. corne-d'abondance* (*F. cornu-copiæ,* Lin.) croît spontanément dans le midi de l'Europe et atteint 0ᵐ,27 à 0ᵐ,30 de hauteur.

FELDSPATH (Minéralogie). — Voyez FELSPATH.

FÉLICIE (Botanique), *Felicia,* Cassini. — Genre de plantes de la famille des *Composées* et propres au cap de Bonne-Espérance. Elles se rapprochent des *Asters,* et n'offrent d'ailleurs aucun intérêt à d'autres personnes qu'aux botanistes.

FELIS (Zoologie). — Nom latin du genre *Chat.*

FELSPATH ou **FELDSPATH** (Minéralogie), de l'allemand *Fel*, rocher, ou *Feld*, champ, et *Spath*, pierre fragile. — Ce nom s'appliquait jadis à une substance minérale d'un aspect brillant, de texture et de cassure lamelleuses, se brisant facilement sous le marteau, se présentant souvent en fragments réguliers qui ont la forme de parallélipipèdes obliquangles composés de 4 faces perpendiculaires entre elles, brillantes, polies, et de 2 autres faces obliques, ternes et beaucoup moins nettes. Considéré alors comme une espèce minéralogique, le *felspath* admettait de nombreuses variétés : *F. adulaire, F. vitreux, F. lamellaire,* etc. L'étude de ces diverses variétés a révélé entre elles des différences plus grandes qu'on n'en supposait d'abord, et les minéralogistes considèrent aujourd'hui chacune de ces variétés comme autant d'espèces distinctes qui doivent se réunir dans un même groupe, le genre *Felspath.*

Le genre *Felspath* peut se caractériser de la manière suivante. Ces substances minérales ont une dureté peu inférieure à celle du quartz, et, par conséquent, rayent très-bien le verre ; chauffées au moyen du chalumeau, elles fondent et se prennent en un émail blanc. Les felspaths se composent de silice, d'alumine et d'une autre base, le plus souvent la potasse, la soude. Ils se présentent habituellement à l'état cristallin, et offrent plusieurs clivages, dont deux au moins mettent à nu des faces également nettes et brillantes, et perpendiculaires, ou à peu de chose près, l'une sur l'autre. Les formes cristallines des espèces de ce genre se rapportent à l'un des systèmes de prismes obliques.

Ce genre contient trois espèces principales, auprès desquelles se groupent quelques espèces moins importantes. Ces trois espèces sont : l'*Orthose,* l'*Albite* et le *Labrador* ou *Labradorite.*

L'*Orthose* (nommée aussi *Felspath ordinaire, Orthoclas, Petunzé, Felspath adulaire,* etc.) se voit le plus souvent en parties lamellaires, translucides ou opaques, blanchâtres ou couleur de chair. Les cristaux d'orthose que l'on rencontre quelquefois bien reconnaissables, ont pour forme primitive un prisme oblique à base rhombe, dont les angles mesurent 119° et 61° ; la base est inclinée sur les pans du prisme de 67° et de 113°. Cette espèce offre, en tous cas, 3 clivages, dont 2 assez nets et exactement perpendiculaires l'un sur l'autre. La densité de l'orthose est de 2,56 ; quant à sa composition chimique, c'est un silicate double d'alumine et de potasse, avec soude, chaux, magnésie $(3Al^2O^3,SiO^3 + (KO,NaO,CaO, MaO)SiO^3)$. Les roches qui contiennent habituellement l'orthose sont les granites, la leptynite, la pegmatite, le gneiss, la syénite, le porphyre, la syénitone, l'arkose et la myosite ; c'est, exceptionnellement dans les fentes, les géodes, que l'on trouve l'orthose isolée. Le *felspath adulaire* est une variété d'orthose transparente et incolore ; le *pétunzé* est, au contraire, une autre variété blanche et opaque dont l'éclat est utilisé pour la mise en couverte de la porcelaine (voyez PORCELAINE). On nomme *pierre des Amazones* (voyez AMAZONES) ou *vert-céladon* une troisième variété d'un beau vert ; on connaît encore sous le nom de *pierre de lune* ou *felspath nacré* une quatrième variété d'une teinte vert-bleuâtre à reflets blancs nacrés, chatoyant dans l'intérieur de la pierre quand on la tourne devant ses yeux ; enfin, on a appelé *pierre de soleil* ou *aventurine orientale* une cinquième variété d'un jaune de miel, semi-transparente, scintillant d'une multitude de reflets d'un jaune d'or.

L'*Albite* (nommée aussi *Clévelandite, Kieselspath, Eisspath, Dehorl blanc, Tétartine, Péricline,* etc.) est, au contraire, un silicate double d'alumine et de soude associé à d'autres bases. Ordinairement de couleur blanchâtre, ce minéral se trouve en cristaux dérivant d'un prisme oblique à base parallélogramme obliquangle, dont les angles sont de 119° 1/2 et 60° 1/2, tandis que la base est inclinée de 65° et 115° sur les pans du prisme. On y observe 3 clivages, dont 1 plus facile que les autres et inclinés entre eux, non de 90°, mais de 93° 1/2. L'Albite a pour densité 2,61 ; et, parmi les bases associées à la soude dans sa composition, il faut citer la potasse, la chaux, la magnésie $(3Al^2O^5,SiO^5 + (NaO,KO,CaO,MaO) SiO^3)$. L'albite est rare dans les roches granitiques où l'orthose est si répandue ; on la rencontre dans l'eurite, le granitone, la protogyne, la guégyne, le diorite ; on peut rapporter à cette espèce la plus grande partie des *felspaths vitreux* qu'on voit si communément en cristaux minces et fendillés dans les roches trachytiques, et qui ont été aussi décrits comme une espèce spéciale sous le nom de *Ryacolite.* On peut rapprocher de l'albite l'*Oli-*

goclase, qui est un silicate double d'alumine, de soude et de chaux, ayant la même forme primitive, mais avec une base dont les angles sont de 115° 1/2 et 64° 1/2, et qui conduit à l'espèce suivante.

Le *Labrador* ou la *Labradorite* (nommée aussi *felspath opalin*), dont une variété, connue sous le nom de *pierre de Labrador,* est remarquable par des reflets presque aussi brillants que ceux de l'opale, et colorés ordinairement en bleu et en vert ou en jaune doré, se détachant sur un fond gris obscur ; c'est un silicate double d'alumine et de chaux avec soude, potasse et magnésie $(3Al^2O^3,SiO^3 + (CaO,NaO,KO,MaO)SiO^3)$; ses formes cristallines dérivent d'un prisme oblique à base parallélogramme obliquangle, de 119° et 61°, inclinée de 65° et 115° sur les pans du prisme. On y reconnaît 4 clivages non perpendiculaires ; l'un d'eux est parfait, l'autre assez facile, et ils sont inclinés à 94° 1/2 l'un sur l'autre. Le labrador se dissout dans l'acide chlorhydrique ; sa densité est de 2,71. Cette espèce de felspath se rencontre dans l'euphotide, l'hypersthénite, la dolérite, le mélaphyre, le basalte.

Certaines substances minérales semblent, sinon de vrais felspaths, au moins des felspaths mélangés à d'autres matières ou simplement altérés dans leur composition. Tel est le *Pétro-silex,* sorte de felspath compacte de l'une ou l'autre des espèces précédemment décrites, mais mêlé à d'autres corps qui le colorent diversement ; sa cassure est cornée, cireuse ou écailleuse, et rappelle l'aspect des silex proprement dits ; mais la fusibilité du pétro-silex révèle sa nature felspathique. Le *Jade* ou *felspath tenace,* remarquable par sa ténacité et son aptitude à prendre un beau poli, et si employé dans l'industrie chinoise pour la fabrication des objets de décoration, est du labrador mêlé le plus souvent de diallage, quelquefois d'autres matières minérales ; certains jades sont des albites compactes plus ou moins pures. Il faut encore citer comme variétés de roches felspathiques l'*Obsidienne,* la *Perlite,* la *Rétinite,* la *Ponce* (voyez ces mots). Enfin, le *Kaolin* est un véritable felspath décomposé provenant de l'altération de la *Pegmatite,* roche granitoïde composée de felspaths laminaires et de grains de quartz. En se dédoublant par la perte de sa base alcaline et d'une partie de l'acide silicique, le felspath s'est changé en un silicate alumineux, qui, s'hydratant peu à peu, est devenu une argile blanche, onctueuse, friable, très-recherchée pour la fabrication de la porcelaine (voyez ce mot). Cette précieuse poterie doit donc son origine uniquement à des felspaths employés sous deux états différents.

Le rôle des felspaths est considérable dans la constitution de la croûte solide du globe ; ils prennent part à la formation d'un grand nombre de roches très-répandues ; on estime qu'ils entrent pour 45 centièmes environ dans la composition de cette partie de l'écorce solide de la terre où nos investigations ont pu s'étendre. Il en sera donc fréquemment question dans d'autres articles. En raison même de cette importance, de nombreux travaux ont été publiés sur l'histoire de ce genre minéralogique. On consultera avec fruit Haüy, *Traité de Minéralogie ;* — H. Abich, *Ann. des Mines ;* — Durocher, *Ann. des Mines ;* — Alex. Brongniart, *Archives du Mus. d'hist. nat. ;* — G. Rose, *Ann. des Sc. géolog. ;* — Ch. Deville, *Comptes rend. de l'Ac. des Sc.,* t. XIX ; — Rivière, *Bull. de la Soc. géolog. de France.*   AD. F.

FEMME (Anthropologie). — Voyez HOMME.

FEMMES MARINES (Zoologie). — Quelques mammifères marins, comme les phoques, les lamentins, les dugongs, ont paru aux naturalistes fournir une explication plausible des fables si connues des *femmes marines, poissons-femmes* et surtout des *sirènes* de l'antiquité. On a pensé que, vues de loin sur les flots, les femelles de ces animaux, avec leur tête ronde, leurs épaules couvertes d'un poil court méconnaissable à distance, et surtout leurs mamelles placées sur la poitrine, avaient pu en imposer à l'imagination des matelots et rappeler quelque peu les formes de la femme ; tandis que les mâles donnaient naissance à la fable des tritons.

FÉMORAL (Anatomie), du latin *femur,* cuisse. — Se dit de certaines parties anatomiques qui se rapportent à la cuisse ; cependant la plupart de ces parties sont plutôt désignées par le mot *crural* (voyez ce mot).

FÉMUR (Anatomie). — Mot latin conservé en français pour désigner l'os de la cuisse. C'est le plus long et le plus gros de tous les os du corps. Son extrémité supérieure présente trois éminences, dont l'une porte le nom de *tête,* les autres celui de *trochanter.* La tête du fémur est reçue dans la cavité de l'os iliaque, et c'est ce qui constitue l'articulation de la hanche (coxo-fémorale); entre la tête et les trochanters, on remarque une partie étroite nommée *col*; c'est dans ce point que le fémur se fracture le plus souvent chez les vieillards. L'extrémité inférieure du fémur offre deux éminences appelées *condyles* (du grec *condylos*, renflement), et qui représentent par leur réunion une sorte de poulie, laquelle s'articule avec la rotule et le tibia pour former le genou.

FENAISON (Agriculture), du latin *fœnum*, foin. — Opération agricole qui consiste à couper et faire sécher les foins sur les prairies; cette opération se nomme aussi le *fanage*; mais le mot de *fenaison* est seul employé pour désigner l'époque de l'année où se pratique le fanage (voyez FOIN, PRAIRIES).

FENÊTRE (Anatomie), par analogie avec l'ouverture d'une fenêtre. — Ce nom est appliqué à deux trous percés dans la paroi osseuse qui sépare la cavité du tympan de celle du vestibule de l'oreille interne : ce sont la *fenêtre ovale* et la *fenêtre ronde* (voyez OREILLE). La première, ou *vestibule du Tympan*, fait communiquer ensemble ces deux parties; la seconde, ou l'*ouverture cochléenne du Tympan*, fait communiquer la rampe interne du limaçon avec le tympan.

FENÊTRÉ (Chirurgie). — Se dit des emplâtres et des compresses où l'on a percé régulièrement des trous pour laisser écouler les liquides provenant des parties malades où l'on emploie les emplâtres ou compresses.

FENIL (Agriculture), du latin *fœnum*, foin. — On nomme ainsi le bâtiment où l'on resserre et conserve le foin, dans une grande partie de la France et surtout dans le nord (voyez FOIN, GRENIER).

FENNEC (Zoologie), *Canis Zerda*, Gm. — Espèce de *Mammifères*, de l'ordre des *Carnassiers*, famille des *Digitigrades*, tribu des *Chiens*, genre *Renard*, propres à l'intérieur de l'Afrique. Il a les oreilles très-grandes; sa taille est petite et son poil laineux, même sous les doigts, fauve dessus et blanc dessous. Il se creuse des terriers dans les sables de la Nubie. Son corps a 0^m,75; sa queue, 0^m,20, et ses oreilles, 0^m,03.

FENOUIL (Botanique), *Fœniculum*, Adans.; du latin *fœnum*, foin, par allusion à son odeur qui rappelle celle du foin. — Genre de plantes *Dicotylédones dialypétales périgynes*, de la famille des *Ombellifères*, tribu des *Sésélinées*. Il faisait autrefois partie du genre Anethum, Lin. Ses caractères sont : pétales roulés; fruit presque cylindrique; carpelles à 5 côtes saillantes; face commissurale à 2 bandelettes. Les espèces de ce genre, dont le nombre est très-restreint, sont des herbes à feuilles découpées en segments filiformes et nombreux. Leurs fleurs sont jaunes. Le *F. commun* (*F. vulgare*, Gœrtn.; *Anethum fœniculum*, Lin.), s'élève souvent à 2 mètres. Ses tiges sont striées et ses ombelles, sans involucre, ont de 12 à 20 rayons. Cette plante est d'origine exotique, mais elle s'est naturalisée dans nos départements méridionaux. Elle croît principalement dans les lieux secs et pierreux. Son odeur est aromatique et sa saveur est douce et agréable. Dans certains endroits le fenouil joue un rôle très-important comme condiment. On en assaisonne les légumes et le poisson. Ses graines renferment une huile jaune. Elles passent pour carminatives et stomachiques et font partie des 4 *semences chaudes majeures*, *apéritives* ou *diurétiques*. On employait autrefois le fenouil contre les rhuma-

Fig. 1044. — Fenouil commun.

tismes. En Italie, on fait une grande consommation d'une autre espèce de *Fenouil*, le *F. dulce*, C. Bauh. (*Anethum dulce*, de Cand.), appelé aussi *F. d'Italie*. Ses tiges, que l'on fait grossir par divers procédés de culture, se mangent crues, à la manière des artichauts à la poivrade, mais plus ordinairement en assaisonnement. Dans les États romains, à Naples, on en fait surtout un usage très-fréquent, et, pendant six mois de l'année, le fenouil est servi presque tous les jours sur les tables. On en garnit la volaille, la viande rôtie, les ragoûts, ou bien il est cuit à la sauce blanche ou au jus. Il entre aussi dans la préparation du macaroni. Avant de l'employer dans ces différents mets, on le fait cuire préalablement dans l'eau, avec un assaisonnement composé qui ajoute à sa saveur aromatique. G — s.

FENOUILLET (Horticulture). — Variété de *Pommes* assez peu recherchée aujourd'hui et nommée *anis* ou *F. gris* parce qu'elle a un parfum qui rappelle l'odeur du fenouil ou de l'anis. C'est un fruit gris, roussâtre, sans couleur vive à sa surface, de grosseur médiocre et un peu allongé; chair fine, jus fort sucré. Bonne en décembre, elle peut se garder jusqu'en février et mars; elle se fane aisément. Le *F. rouge court-pendu* est plus relevé que l'*anis*. Le *F. jaune* est le *Drap-d'or*.

FENU-GRÉC (Botanique), du latin *fœnum græcum*, foin grec; allusion à sa ressemblance avec la luzerne. — Espèce de plantes du genre *Trigonelle* (voyez ce mot), de la famille des *Papilonacées*. C'est le *Trigonella fœnum-græcum*, Lin. Le fenu-grec est une plante annuelle, élevée environ de 0^m,30. Ses folioles sont obovales, dentées et ses stipules en forme de fer de faux. Ses fleurs sont blanches, et sa gousse, de même forme à peu près que ses stipules, est deux fois plus longue que le bec qui la termine. Cette plante est indigène. Les anciens la cultivaient pour servir d'aliment aux bœufs et même aux hommes. Aujourd'hui encore, on la cultive pour les mêmes usages, surtout en Égypte, où elle ne demande, pour ainsi dire, aucun soin. Les semailles se font dans le limon lorsque les eaux du Nil sont retirées, et la récolte se fait très-abondante au bout de six semaines. Les graines de fenu-grec renferment un principe colorant dont on tire peu de parti, malgré les avantages qu'il présente. On préfère en extraire une huile qui entre dans la composition de certains onguents, notamment du diachylon. Ces graines ont une odeur très-agréable; elles contiennent un mucilage abondant, avec lequel on prépare des lotions, des injections, des lavements adoucissants; réduites en farines, on en fait des cataplasmes émollients et résolutifs. Le fenu-grec s'emploie aussi comme fourrage, et, dans plusieurs parties de l'Égypte, il est recherché comme légume. Ses tiges vertes, qu'on prépare de différentes manières, sont connues sous le nom de *hellée*. Il serait à désirer qu'une plante aussi utile fût plus répandue en France; elle ne se cultive que pour le fourrage qu'elle produit.
G — s.

FER (Chimie). — Le fer, le plus précieux des métaux incontestablement, l'auxiliaire le plus puissant de la civilisation et des arts, est en même temps l'une des matières les plus répandues dans la nature. Il n'est pas de terrain, pas de roche qui n'en renferme des quantités plus ou moins notables, et ses minerais proprement dits (voyez plus loin FER [Métallurgie]) paraissent devoir suffire pendant un temps excessivement long à la consommation toujours croissante de cette précieuse substance. Associé intimement à l'organisation animale, il paraît y jouer un rôle considérable, car tout le monde sait que la thérapeutique tire un parti puissant des médicaments dits ferrugineux; les eaux minérales ferrugineuses présentent également dans beaucoup de cas une efficacité bien reconnue.

Combiné avec une petite quantité de charbon, il donne lieu à la *fonte* et à l'*acier*, substances qui, par leurs propriétés spéciales, sont comme des métaux nouveaux susceptibles de varier et d'étendre les emplois du fer d'une manière pour ainsi dire indéfinie.

Malgré cette diffusion extraordinaire du fer dans la nature, malgré le rôle exceptionnel de ce métal, qui le rend aussi nécessaire à la fabrication des instruments les plus simples qu'au développement de la civilisation la plus raffinée, il est à croire que son usage a été notablement postérieur à celui des autres métaux usuels, circonstance qu'il faut attribuer à la difficulté de son extraction. Il est certain que les anciens ne connaissaient qu'imparfaitement l'art de le travailler, car souvent l'alliage de cuivre appelé *airain* fut employé à la fabrication de leurs armes. Toutefois, sans être très-employé, le fer et même l'acier trempé étaient certainement connus du temps d'Homère, qui en fait mention plus d'une fois d'une manière très-explicite. La Bible attribue l'art de travailler le fer à Tubal-Caïn; les païens le faisaient remonter à une époque beaucoup moins reculée, au règne de Minos Ier, qui vivait environ vers le milieu du XVe siècle avant notre ère.

Au point de vue chimique, le fer est un corps simple, métallique, d'une couleur gris-bleuâtre, d'une densité égale à 7,8. Son équivalent Fe = 27,5. C'est le métal le plus tenace; un fil de fer de 0^m,002 de diamètre peut supporter sans se rompre un poids de 250 kilogrammes. C'est cette propriété qu'on a utilisée dans la construction des ponts suspendus. Quand il est suffisamment pur, le fer possède une très-grande ductilité; on fabrique pour les harpons des baleiniers des tiges de fer qui peuvent, sans se rompre ou se désagréger, être roulées un grand nombre de fois sur elles-mêmes. Le fer supporte moins bien l'action du laminoir que celle de la filière.

C'est un métal dur; mais il acquiert un degré de mollesse relative par la présence de quelques corps, tels que le vanadium (certains fers de Suède).

Il ne fond qu'à une température très-élevée, 150° du pyromètre de Wedgwood; aussi n'emploie-t-on jamais la fusion pour lui donner les formes qu'il doit recevoir; on le forge et il est assez mou pour subir cette opération à 90° du pyromètre.

Le fer pur s'obtient en réduisant l'oxyde de fer par l'hydrogène.

Le fer est un métal très-oxydable. Lorsqu'il résulte de la réduction d'un oxyde par l'hydrogène, il s'enflamme spontanément au contact de l'air; il est pyrophorique.

Le fer ordinaire brûle dans l'oxygène à une température élevée et se convertit en oxyde magnétique (Fe^3O^4).

A la température ordinaire, le fer est inaltérable par l'oxygène sec et par l'eau privée d'air. Mais il s'altère facilement sous l'action combinée de ces deux causes.

L'air humide forme à la surface du fer une couche jaunâtre, appelée *rouille*, qui est un hydrate de peroxyde.

La limaille de fer placée dans l'eau, exposée à l'air, se convertit en un oxyde noir, appelé *éthiops martial*, qui est l'oxyde magnétique.

Enfin, quand le fer est soumis au rouge à l'action du marteau, il s'en détache des écailles appelées *battitures*, qui ne sont autres encore que cet oxyde magnétique.

Il faut bien remarquer que l'oxydation du fer se fait à l'air humide, et que, par conséquent, il est urgent de détruire la rouille dans son principe, car si le fer s'oxyde d'abord aux dépens de l'air, il ne tarde pas à s'oxyder en décomposant l'eau par suite de la formation des premières taches de rouille qui constituent, avec le reste du métal, un élément de pile dans lequel celui-ci est électro-positif.

Les alcalis s'opposent à l'oxydation du fer; $\frac{1}{14}$ de potasse mêlée à de l'eau suffit pour conserver le fer dans ce liquide. Mais si la quantité d'alcali devenait plus faible, l'action oxydante serait localisée, pour ainsi dire, dans certains points où il se formerait de gros tubercules d'oxyde. On s'oppose à leur formation dans les tuyaux de conduite en recouvrant le métal d'une couche d'huile lithargyrée.

Sous l'influence d'une température élevée, le fer décompose l'eau en s'emparant de son oxygène. Cet effet peut avoir lieu même à 60°. On conçoit dès lors que dans les chaudières à vapeur il doit se former de l'hydrogène, qui probablement n'est pas étranger aux explosions de ces mêmes chaudières.

A l'aide d'un acide, le fer décompose l'eau à la température ordinaire; il en résulte de l'hydrogène et peut-être aussi un peu d'hydrogène ferré.

Fer (Oxydes de). — On connaît, comme nous venons de le dire, plusieurs degrés d'oxydation du fer qui donnent lieu au protoxyde, au sesquioxyde et à l'acide ferrique.

Protoxyde (FeO). — Le sulfate de protoxyde de fer traité par l'ammoniaque donne un précipité qui serait blanc, si l'on opérait à l'abri de l'air, mais qui, au contact de ce gaz, passe rapidement au vert (hydrate d'oxyde magnétique) et au jaune (hydrate de peroxyde).

On voit, d'après cette expérience, combien le protoxyde de fer est avide d'oxygène. Cette avidité est telle, qu'il est à peu près impossible de se procurer ce corps à l'état d'oxyde.

La nature nous présente quelques sels de protoxyde de fer, entre autres le carbonate, qui presque toujours se trouve associé à ceux de chaux et de manganèse, et constitue alors le fer spathique des terrains primitifs ou des terrains houillers.

C'est encore ce protoxyde qui se trouve en dissolution dans les eaux ferrugineuses. Il est dissous à la faveur de l'acide carbonique. Mais quand ces eaux viennent à la surface du sol, le contact de l'air suroxyde le métal, et le nouvel oxyde étant peu basique se précipite en flocons jaune-rougeâtre, tandis que l'acide carbonique se dégage.

Peroxyde ou *sesquioxyde de fer* (Fe^2O^3). — En chauffant le protosulfate de fer, le sel se décompose, l'acide se dégage en partie et cède une portion de son oxygène

à la base qui se suroxyde également, de telle sorte que l'on trouve dans la cornue du peroxyde de fer rouge (colcothar).

Cet oxyde est très-répandu dans la nature.

On le trouve :

1° A l'état natif, fer spéculaire, fer oligiste;

2° A l'état d'hydrate, fer limoneux ou granulaire;

3° A l'état d'hydrate combiné avec l'argile; ces combinaisons portent le nom d'*ocre* (*jaune*) et de *sanguine* (*rouge*).

Cet hydrate de peroxyde est le précipité jaune qui se forme quand on précipite un sel de cette base par un alcali.

La rouille est de même un hydrate de peroxyde de fer. Le sérum du sang ou une autre matière organique mêlés à un sel de peroxyde empêchent sa précipitation par un alcali dans les sels solubles.

Dans l'art de la teinture, on imite ce qui se passe dans les eaux ferrugineuses. Si l'on plonge, en effet, une toile blanche imprégnée de sulfate de protoxyde de fer dans un carbonate alcalin, la toile exposée à l'air se colorera en jaune par le dépôt dans son tissu de sesquioxyde de fer hydraté.

Lorsque le sesquioxyde de fer est préparé par la voie humide, il est facilement réductible par l'hydrogène; le *fer réduit* constitue un médicament ferrugineux, assez employé depuis quelque temps. Il arrive fréquemment que le fer ainsi préparé est pyrophorique, c'est-à-dire qu'il s'enflamme spontanément quand on le projette dans l'air. La figure ci-contre représente l'appareil propre à la préparation de cette substance.

Oxyde magnétique (Fe^3O^4). — Cet oxyde est celui des battitures; c'est aussi l'éthiops martial. Cette poudre noire qui résulte de l'action du fer sur l'eau ou sa va-

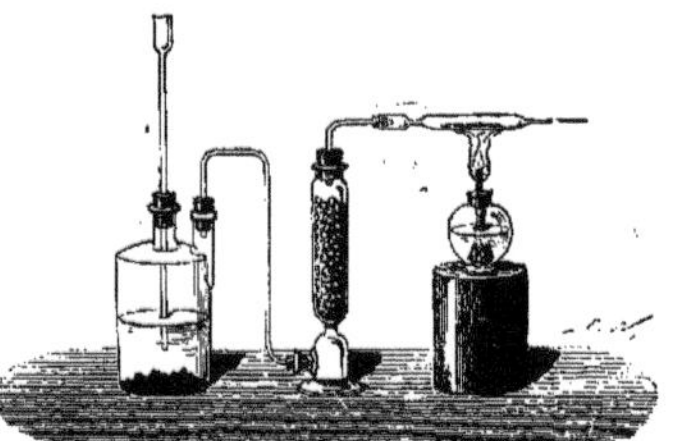

Fig. 1045. — Préparation du fer réduit par l'hydrogène.

peur, c'est encore le fer oxydulé des minéralogistes dont une variété constitue l'aimant naturel. On peut le considérer comme un oxyde salin (FeO,Fe^2O^3) résultant de la combinaison du protoxyde et du sesquioxyde de fer.

Acide ferrique (FeO^3). — Ce composé, découvert par M. Fremy, s'obtient par la décomposition du ferrate de potasse. On se procure d'ailleurs cette dernière substance en calcinant longuement le peroxyde de fer avec le salpêtre.

Fer (Chlorures de). — Il en existe deux correspondant au protoxyde et au sesquioxyde.

Protochlorure de fer (FeCl). — L'acide chlorhydrique dissout la limaille de fer; il en résulte une liqueur verte qui finit par déposer des cristaux vert pâle de protochlorure hydraté. On l'obtiendrait anhydre en faisant passer de l'acide chlorhydrique sec sur du fer métallique. Il est alors incolore, très-fusible et volatil au rouge.

Perchlorure de fer (Fe^2Cl^3). — Le fer à environ 400° est vivement attaqué par le chlore sec; il en résulte des vapeurs rougeâtres qui se condensent en paillettes brunes, rouges, très-éclatantes. C'est le sesquichlorure ou le perchlorure de fer. Il est beaucoup plus volatil que le protochlorure.

Depuis quelques années, le perchlorure de fer est très-préconisé en médecine, soit comme hémostatique, soit comme agent modificateur très-avantageux dans le pansement des plaies rebelles.

Fer (Sulfures de). — Le soufre rend le fer cassant à chaud; $\frac{1}{144}$ de ce combustible suffisent pour lui communiquer cette propriété fâcheuse. Il existe plusieurs sulfures de fer dont voici les principaux :

Protosulfure de fer (FeS). — Ce sulfure s'obtient :

1° En appliquant du soufre sur du fer chauffé au rouge-blanc ; 2° en calcinant des lames de fer avec du soufre ; 3° en imprégnant d'eau chaude un mélange de fer et de soufre ; 4° en précipitant un sel de protoxyde par un sulfhydrate alcalin. Le précipité obtenu ici est noir ; c'est un protosulfure hydraté. L'hydrate de protosulfure est soluble dans l'eau chargée d'hydrogène sulfuré.

Le protosulfure est jaune sombre, non magnétique, pyrophorique, et se transformant en sulfate.

Lorsque le protosulfure est préparé par le mélange du soufre et de la limaille de fer humides, la réaction s'accompagne d'un dégagement de chaleur, qui vaporise brusquement une certaine quantité d'eau. Si le mélange est enterré, par exemple, le sol est soulevé et il se produit une sorte d'éruption, que le chimiste Lémery avait assimilée, fort inexactement d'ailleurs, à une éruption volcanique ; de là le nom de *volcan de Lémery* donné depuis lors à cette expérience.

Sesquisulfure de fer (Fe²S³). — Ce composé s'obtient en faisant passer de l'hydrogène sulfuré sur du peroxyde de fer chauffé au-dessous de 100°. C'est un hydrate de ce corps qui se forme quand on précipite les sels de peroxyde par un monosulfure alcalin, mais quand on veut le laver et le dessécher, il s'altère par le contact de l'air qui oxyde le métal et met le soufre à nu.

C'est une matière gris-jaunâtre, décomposable au rouge naissant et réductible en pyrite magnétique (6FeS, Fe²S³). La nature le présente dans la pyrite cuivreuse (Fe²S³, Cu²S).

Bisulfure de fer (FeS²). — Ce corps est très-commun dans la nature. Il s'y présente à deux états différents, sous des formes cristallines distinctes et incompatibles. Ce sont la pyrite jaune qui cristallise dans le système cubique, et la pyrite blanche qui prend, au contraire, la forme prismatique. La première, étant calcinée, donne du soufre et acquiert la propriété de s'effleurir à l'air humide en se transformant en sulfate, propriété que la seconde possède naturellement. C'est à la chaleur dégagée dans cette transformation qu'on attribue les incendies spontanés qui se manifestent dans les schistes houillers et dans les mines de houille.

On a employé sous l'empire et on emploie encore aujourd'hui, dans certaines contrées, les pyrites pour en extraire du soufre par la calcination. La pyrite est pla-

Fig. 1046. — Extraction du soufre des pyrites.

cée dans des tubes en grès A, qui, au nombre de dix à douze, sont disposés dans un fourneau de galère. Le soufre, volatilisé par la chaleur, se rend par le tube recourbé *b* dans le réservoir en fonte C qui contient de l'eau.

Ce procédé est à peu près sans intérêt aujourd'hui, en tant qu'il s'agit de la fabrication du soufre. Mais il a pris une importance extraordinaire en se modifiant. Au lieu de retirer le soufre, on brûle les pyrites et on obtient ainsi de l'acide sulfureux, lequel, dirigé ensuite vers des chambres de plomb, y est converti en acide sulfurique. La plus grande partie de cet acide employée dans l'industrie est aujourd'hui fabriquée à l'aide des pyrites (voyez SOUFRE, SULFURIQUE [*Acide*]).

Pyrite magnétique (6FeS,Fe²S³). — Ce corps se trouve dans la nature. On peut l'obtenir aussi artificiellement, soit par la calcination des autres pyrites, soit en plongeant une barre de fer, chauffée au rouge blanc, dans un creuset contenant du soufre fondu.

FER (CARBURES DE). — Voyez ACIER, FONTE.

FER (FERROCYANURE DE). — Voyez CYANURES BLEU DE PRUSSE.

FER (SELS DE). — Les sels de fer se distinguent nettement de tous les autres sels métalliques par les caractères suivants. Dans les sels de protoxyde, le prussiate rouge de potasse donne un précipité bleu, et la noix de galle un précipité qui ne tarde pas à noircir au contact de l'air. Dans les sels de sesquioxyde, l'ammoniaque donne un précipité rouille caractéristique, le prussiate jaune un précipité bleu (bleu de Prusse), et la noix de galle un précipité noir (encre). Le plus important des sels de fer, par ses applications industrielles, est le sulfate de protoxyde de fer ou protosulfate de fer.

FER (PROTOSULFATE DE) (FeO,SO³), *Vitriol vert, Couperose verte, Vitriol martial.* — Il se présente à l'état cristallisé sous la forme de prismes rhomboïdaux obliques, d'un beau vert émeraude : il contient dans cet état 7 équivalents d'eau de cristallisation, et sa formule est alors FeO,SO³+7HO. Exposé à l'air, il ne tarde pas à jaunir peu à peu, ce qui tient à la suroxydation de la matière et à la formation d'un sulfate de sesquioxyde. En dissolution dans l'eau, il éprouve plus promptement encore la même transformation ; aussi, si l'on veut le conserver pur, il faut le renfermer dans un flacon avec des baguettes de fer qui occupent toute la profondeur du liquide.

Les usages du sulfate de fer sont nombreux et importants. Il entre dans la composition de tous les bains de teinture en noir, gris ou violet ; avec la noix de galle, il sert à la fabrication de l'encre ; calciné, il fournit de l'acide sulfurique dit de Saxe, et laisse pour résidu le rouge d'Angleterre ou rouge de Prusse ; mêlé avec le chlorure d'or, il réduit le métal et le précipite à cet état de poudre fine où on l'emploie pour la dorure de la porcelaine, etc.

On peut préparer le sulfate de fer par l'action de l'acide sulfurique affaibli sur le fer lui-même ; mais la plus grande partie s'extrait, soit par le grillage des pyrites ou des schistes pyriteux, soit par le lessivage des pyrites qui s'effleurissent spontanément à l'air. Plusieurs des matières premières employées dans cette fabrication renfermant du cuivre, on obtient ainsi du sulfate de fer mêlé à du sulfate de cuivre, qui pourrait nuire dans quelques-unes de ses applications. On l'en débarrasse en mettant la dissolution en contact avec des lames de fer qui précipitent le cuivre. Quelquefois, au contraire, la présence du cuivre est avantageuse ; ainsi on fabrique, sous le nom de *vitriol de Salzbourg*, un sulfate double qui contient 3 équivalents de protosulfate de fer et 1 de sulfate de cuivre.
P. D.

FER (Métallurgie). — *Minerais de fer.* — Un minerai de fer est une substance ferrugineuse assez riche et assez pure pour qu'on puisse en extraire du fer marchand, c'est-à-dire à bas prix.

On peut diviser les minerais de fer en trois classes d'après leur richesse : minerais riches, contenant de 45 p. 100 jusqu'à 70 p. 100 de fer ; minerais moyens, de 30 à 45 p. 100, et minerais pauvres, de 20 à 30 p. 100. Au-dessous de 20 p. 100, ce sont des substances ferrugineuses qu'on peut employer comme fondant et non comme minerai. Plus souvent, on classe les minerais d'après la gangue qui les accompagne et qui a la plus grande influence sur le traitement métallurgique. On a les minerais argileux, calcaires, siliceux, alumineux ; on peut avoir aussi les minerais argilo-siliceux, argilo-calcaires, s'il y a une gangue composée. On divise aussi les minerais en fusibles et réfractaires, selon leur fusion plus ou moins facile ; les plus fusibles sont ceux qui contiennent de la silice et deux bases et, parmi eux, ceux qui renferment une notable proportion de manganèse ; les minerais réfractaires sont quartzeux et alumineux. Enfin, dans un minerai, l'oxyde de fer peut être réduit avec plus ou moins de facilité ; on a donc les minerais réductibles et irréductibles. La porosité plus ou moins grande du minerai est ici à peu près seule en jeu. Si l'oxyde de fer est combiné à la silice, on aura un minerai compacte et peu réductible; si, au contraire, il y a une substance volatile, de l'eau, de l'acide carbonique, le minerai deviendra poreux par sa calcination et, par suite, réductible. Dans les usines, on se sert de l'expression réfractaire pour dire qu'un minerai est difficilement fusible et réductible.

Diverses espèces de minerais. — Fer oxydulé ou magnétique. — S'il est complétement pur, il contient 72,4 de fer; on le trouve cristallisé ou en roche compacte; il contient souvent de l'oxyde de manganèse et de l'acide titanique. Ses gisements sont presque toujours dans les terrains anciens; sa gangue est ordinairement siliceuse. En France, on le trouve dans peu de localités, dans le département du Var; sur les côtes de Normandie où il en existe un gisement plongeant sous la mer; on l'a trouvé aussi près de Bône, en Algérie.

La Suède en possède des gisements importants qui donnent des fers d'une supériorité universellement reconnue. Des recherches récentes ont montré que les meilleures qualités de ces minerais contiennent une gangue très-intimement mélangée, infusible par elle-même et manganésifère. Les fers oxydulés sont, en général, compactes et assez difficiles à réduire.

Fer oligiste. — Ce minerai se rencontre dans les mêmes terrains que le précédent et, par suite, a la même gangue; il est compacte, mais plus facile à réduire. Quelquefois, il contient de la baryte sulfatée; c'est une rencontre fâcheuse, parce qu'elle rend les fers sulfureux. L'île d'Elbe possède des gisements très-importants de ce minerai.

Hématite rouge et fer oxydé rouge compacte. — Ces minerais se rencontrent dans les terrains de transition et dans les terrains secondaires; ils se présentent souvent en masses rouges compactes, quelquefois en masses fibreuses; ils contiennent de la silice en combinaison, sont assez difficiles à traiter à cause de leur compacité, mais assez fusibles. Ils sont toujours moins purs que les fers oligistes; ils contiennent souvent du phosphore et de la baryte sulfatée. L'argile et l'alumine sont les gangues ordinaires.

Hématite brune. — C'est du fer oxydé hydraté; il contient 63 p. 100 de fer, en ne supposant pas de gangue. On le trouve dans les terrains secondaires et les terrains tertiaires; il est très-recherché à cause de l'oxyde de manganèse qu'il contient; la gangue est argileuse. On le trouve, en France, dans les Pyrénées, la Dordogne, le Périgord; on le rencontre dans le lias, à Bessèges, mais il contient de la baryte sulfatée.

Fer oxydé hydraté en roche, limonite. — Il a la même composition que l'hématite, mais d'autant plus jaune qu'il contient plus d'eau; il est toujours à gangue argileuse et moins riche que l'hématite. Il contient souvent du phosphore, de la baryte sulfatée. On le trouve dans les terrains de formation actuelle et marécageux.

Minerai en grains ou pisiforme. — Il s'est formé par voie de concrétion; presque toujours au centre se trouve un grain de sable ou de substance végétale. Les grains ont agglutinés par une argile ferrugineuse. On le trouve en amas à la base des terrains tertiaires. En France, on le trouve dans toute la Franche-Comté, la Champagne, le Jura, le Berri, la Vienne, la Charente, la Dordogne; il forme quelquefois des épaisseurs de 15 à 30 mètres. Ce minerai est presque toujours de bonne qualité. La grosseur des grains est très-variable. La gangue est de l'argile plus ou moins mélangée d'hydrate d'alumine, ce qui le rend réfractaires. Il faut, en moyenne, 3 mètres cubes de ce minerai pour en donner, après préparation, un de bon à traiter et à 35 p. 100 de teneur moyenne. Ce minerai alimente les trois quarts des hauts fourneaux au charbon de bois en France.

Minerais oolithiques hydratés. — Ce sont de petits grains agglutinés par un ciment rouge. Ce minerai contient du phosphore et donne des fers cassants à froid. On le trouve dans le Jura, dans la Suisse, dans l'Aveyron à Decazeville, dans l'Isère, l'Ain, l'Ardèche, près du Creuzot, etc. Il est très-répandu en Allemagne. La gangue est calcaire ou argilo-calcaire fusible par elle-même. On lui a donné le nom de mine chaude.

Minerais carbonatés cristallisés. — A gangue tantôt calcaire et tantôt quartzeuse. Souvent il contient des pyrites de cuivre. Dans la Styrie, ce minerai contient 4 à 5 p. 100 de manganèse; on lui a donné le nom de mine d'acier.

Minerai carbonaté terreux. — Ce minerai se trouve très-souvent dans les houillères; il fait la richesse de l'Angleterre sous le rapport du fer; il se trouve en couches de rognons intercalés dans les couches de houille; il renferme toujours de la pyrite de fer, souvent de l'acide phosphorique. Sa richesse varie de 30 à 40 p. 100.

Silicates de fer. — Les silicates de fer existent rarement à l'état isolé dans la nature; on ne les compte guère comme minerais, et on les emploie plutôt comme fondants.

Préparation des minerais. — Les minerais, avant d'être traités, ont presque toujours besoin de subir une préparation. Quelques-uns, tels que les minerais hydratés, ont besoin d'être cassés sous des bocards et lavés, afin de les enrichir. (Voy. MINERAIS [*préparation mécanique des*].) Certains minerais argileux sont exposés à l'air pour enlever l'argile par délitement; en même temps, il se produit une transformation chimique; cela facilite la réduction; il se dégage de l'acide carbonique, le fer se peroxyde, les pyrites sont décomposées et le sulfate de fer est dissous par l'eau de pluie. Très-souvent, surtout pour le traitement au charbon de bois, on fait une calcination à l'air; c'est un véritable grillage. L'eau, l'acide carbonique se dégagent, le minerai reste plus poreux et facilement réductible. Ce grillage se fait dans des fours analogues aux fours à chaux. En Suède, on se sert des gaz des hauts fourneaux pour produire la chaleur.

Extraction du fer. — I. *Méthode catalane.* — Cette méthode ne donne qu'une partie du fer des minerais; les dépenses sont plus fortes que par les autres procédés, mais elle a deux raisons d'être : 1° la difficulté des transports qui force l'usine à être mobile pour aller chercher le minerai et le charbon de bois; 2° elle donne de meilleurs fers, car la réduction s'y fait à une température relativement basse, et les matières étrangères n'entrent pas en combinaison.

Un foyer catalan n'occupe que dix personnes; les chutes d'eau donnent la force motrice; on n'a que 25,000 à 30,000 francs de frais d'établissement, et on peut obtenir 150 tonnes de fer. Les minerais doivent être fusibles et d'une réduction facile. Les minerais calcaires ne conviennent pas, car l'acide carbonique, en se dégageant, enlèverait trop de chaleur.

Le foyer catalan est un bas foyer E (*fig.* 1048) à une seule tuyère très-plongeante, de 32° à 39° d'inclinaison; la profondeur au-dessous de la tuyère est de 0ᵐ,40 à 0ᵐ,48; la hauteur totale de 1 mètre; la largeur variable de 0ᵐ,65 à 0ᵐ,80, ainsi que la longueur. Le fond est formé par une plaque de granit ou d'argile réfractaire; les parois, de lopins de fer empilés. Le vent est fourni par une trompe; la pression va en croissant du commencement à la fin de l'opération; elle varie de 3 à 7 centimètres de mercure.

La trompe est fondée sur la propriété qu'a l'eau en mouvement d'entraîner de l'air par adhérence. Il faut une chute d'eau d'au moins 5 mètres; l'étranguillon *aa* est placé à 0ᵐ,45 ou 0ᵐ,48 en contre-bas du réservoir B et a 0ᵐ,10 à 0ᵐ,15 de largeur, selon le volume de l'eau à dépenser; le volume de l'air entraîné est égal au volume de l'eau.

Le minerai concassé est séparé en morceaux et poussières nommées greillade. Pour une opération, on nettoie le foyer, on le remplit de charbon jusqu'à la tuyère, à l'aide d'une cloison, on le divise en deux; sur le derrière, on place du charbon et on réchauffe les lopins de l'opération précédente; sur le devant, on place du minerai dont on recouvre le dessus de fraisil tassé; on donne le vent et peu à peu on soulève la cloison. Les gaz traversent le minerai et la réduction s'opère. L'oxyde non réduit se combine à la silice et forme des scories; quand cette charge s'est affaissée, on la renouvelle et on charge sur le derrière de la greillade humectée pour l'empêcher de descendre trop vite; elle est rapidement réduite, et après deux heures et demie à trois heures, on a au fond une loupe de fer carburé et des scories; par-dessus du charbon en combustion agissant pour réduire l'oxyde de fer des scories. On passe alors à la deuxième phase de l'opération. On fait descendre le reste du minerai, on rapproche le fer carburé de la tuyère, le carbone s'oxyde; l'ouvrier, monté près du foyer, remue le tout et cherche à souder les particules ferreuses. Après cinq heures et demie à six heures, il obtient une loupe de 150 kilogrammes environ, provenant d'une charge de 470 kilogrammes de minerai. On la porte au marteau et on la divise en 5 ou 6 parties nommées massoquets. On les réchauffe pendant la première partie de l'opération suivante et on les étire en barres au marteau. La consommation de charbon

est d'environ 300 kilogrammes pour 100 de fer. Cette
méthode, perfectionnée par M. François, ingénieur des
mines, demande à l'être encore.

II. *Méthode du haut fourneau*. — Le haut fourneau est
un appareil parfait, en ce sens qu'il permet de retirer d'un

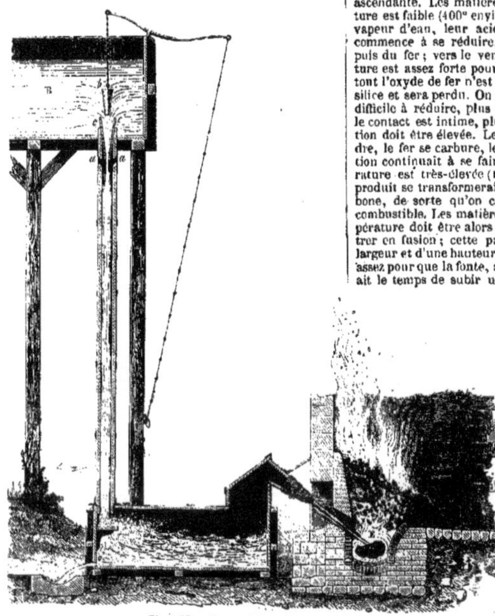

Fig. 1047. — Forge catalane et trompe soufflante.

minerai tout le fer qu'il contient à l'état de fonte ou fer
carburé. Un haut fourneau se compose essentiellement
(*fig.* 1048) de deux troncs de cône réunis par leur grande
base, placés au-dessus d'une partie essentiellement cylindrique. Les parois sont en matériaux très-réfractaires, dont
l'épaisseur varie de 0ᵐ,80 dans le bas à 0ᵐ,40 dans le haut.
Le tout est enveloppé dans un massif pyramidal de maçonnerie en briques ordinaires et solidement armé. Dans le
bas sont percées quatre ouvertures nommées embrasures :
trois servent à placer des tuyères pour lancer le vent à
l'intérieur; la quatrième, plus large, sert au travail du
haut fourneau. Un haut fourneau a donc quatre parties
distinctes : le bas, jusqu'aux tuyères, forme le creuset G,
dont l'ouverture est fermée par une pièce séparée du
haut fourneau qu'on nomme la dame; depuis les tuyères
jusqu'au premier tronc de cône E ou à l'ouvrage; le premier tronc de cône D se nomme étalage; la grande base C
s'appelle le ventre et le second tronc de cône B se nomme
la cuve; sa petite base A est appelée gueulard. La tympe
est la partie du haut fourneau placée au-dessus de la
dame. Les hauts fourneaux ont des dimensions très-variables avec le minerai qu'on traite et la production
qu'on veut obtenir; le combustible que l'on emploie agit
surtout sur la hauteur; les fourneaux au charbon de bois
ont de 10 à 12 mètres, et les fours au coke de 13 à 16 mètres. L'étude des modifications qui se produisent dans
un haut fourneau fera comprendre les causes qui influent
le plus sur les dimensions. Le minerai de fer contient
des substances étrangères qu'il faut séparer du fer; on
cherche à les transformer en silicates fusibles, en ajoutant au minerai les matières convenables, ordinairement
du carbonate de chaux ou castine. Les matières siliceuses

portent le nom d'erbue : on charge donc par le gueulard
du minerai, du combustible devant servir à opérer la réduction et des fondants en proportions convenables; par
le bas, on lance du vent qui sert à opérer la combustion;
on a ainsi deux colonnes, l'une descendante et l'autre
ascendante. Les matières, dans le haut, où la température est faible (400° environ), se dessèchent, perdent leur
vapeur d'eau, leur acide carbonique; puis le minerai
commence à se réduire, donne de l'oxyde magnétique,
puis du fer; vers le ventre, ordinairement, la température est assez forte pour que les silicates se forment. Si
tout l'oxyde de fer n'est pas réduit, il se combinera à la
silice et sera perdu. On voit donc que plus le minerai est
difficile à réduire, plus les morceaux sont gros; moins
le contact est intime, plus la partie où s'opère la réduction doit être élevée. Les matières continuant à descendre, le fer se carbure, les silicates fondent. Si la réduction continuait à se faire dans cette partie où la température est très-élevée (1200° à 1600°), l'acide carbonique
produit se transformerait de nouveau en oxyde de carbone, de sorte qu'on consommerait beaucoup plus de
combustible. Les matières arrivent à l'ouvrage; la température doit être alors assez élevée pour faire tout entrer en fusion; cette partie doit donc être de peu de
largeur et d'une hauteur suffisante pour fondre, mais pas
assez pour que la fonte, au contact de l'acide carbonique,
ait le temps de subir une action oxydante; arrivées au
bas, les matières fondues se
séparent par ordre de densité, la fonte au-dessous et
au-dessus les laitiers qu'on
fait écouler de temps en
temps; ils ne doivent jamais
arriver au-dessus des tuyères. Plus l'ouvrage est large,
plus on peut passer de matières dans un temps donné;
mais alors il faut souffler
assez de vent pour maintenir
la température convenable,
2000° environ. La hauteur
des étalages varie avec la plus
ou moins grande fusibilité
des matières; on place le
ventre entre le tiers et le
quart de la hauteur du haut
fourneau.

Quant à la zone ascen-
dante, ses modifications sont
très-simples; on lance de
l'air à une pression variable
pour vaincre les résistances;
il donne d'abord de l'acide
carbonique. Cette zone a
très peu d'étendue, car immédiatement, au contact du
combustible, il donne de l'oxyde de carbone. Celui-ci sert
à carburer le fer et ensuite à réduire l'oxyde de fer. Il
faut alors que la température ne soit plus assez forte pour
que l'acide carbonique produit se transforme de nouveau
en oxyde de carbone; la consommation de carbone serait
doublée.

On voit que, pour une zone donnée du fourneau, on
doit toujours avoir sensiblement la même température,
et les matières doivent être arrivées à la même période
de leurs transformations. Par la forme donnée à l'appareil et le refroidissement dû à la formation de l'oxyde de
carbone, la température baisse tout à coup dans les étalages, puis, à partir du ventre, la diminution de section
fait qu'elle se maintient à peu près constante. Pour les
minerais facilement réductibles ou rendus tels, on donne
quelquefois à la cuve une forme à peu près cylindrique;
ordinairement le gueulard a un diamètre égal à la moitié de celui du ventre. Si on mélangeait intimement les
matières que l'on traite, la combustion se propagerait
par le contact, et le charbon serait bientôt enflammé
jusqu'au haut; le point où la combustion s'opère tendant
continuellement à s'élever, on évite cet inconvénient en
chargeant alternativement le minerai et le combustible
qui forment des zones successives dans le haut fourneau; la réduction n'est alors opérée en grande partie
que par l'oxyde de carbone. La proportion des matières
qu'on passe et leur état ont d'ailleurs la plus grande influence sur la marche des opérations.

On a déjà vu les préparations à faire subir aux minerais; il reste à examiner le combustible, le vent et
les fondants. Le combustible employé est le coke et le

charbon de bois, quelquefois, en Angleterre, l'anthracite ou la houille anthraciteuse. Le dégagement de gaz de la houille ordinaire enlèverait trop de chaleur, et, sous l'influence de la pression, le résidu, réduit en poussière, ne tarderait pas à obstruer le fourneau et à amener des explosions. Le coke peut contenir du soufre, des cendres et être plus ou moins dense : le soufre passe en partie dans la fonte, en partie dans les laitiers ; les cendres forment des laitiers, mais la silice, extrêmement divisée, se réduit et se combine à la fonte. La densité du coke doit être assez forte pour qu'il ne s'écrase pas ; mais plus elle est grande, plus le vent pénètre difficilement dans les pores et doit être lancé à une haute pression. Quant au charbon de

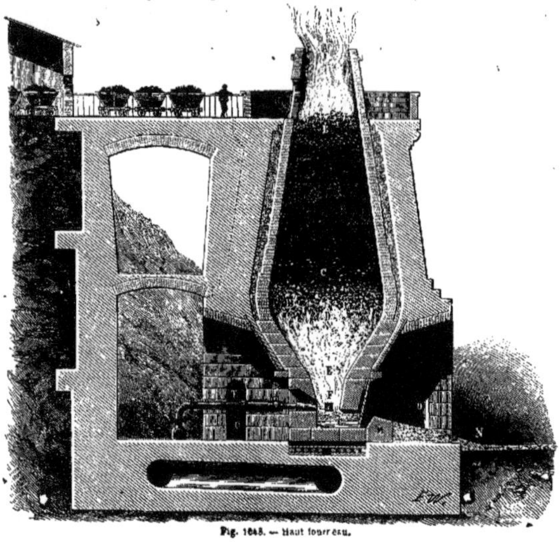

Avec le coke, il faut augmenter la proportion de castine, à cause des cendres siliceuses.

Il faut avoir fait approximativement ces déterminations avant de mettre un fourneau en marche. On commence par le sécher cinq à six mois, puis on y met du combustible. Après deux mois à peu près on charge du minerai et du fondant en excès, à cause des cendres du combustible, et trois mois après, pour les grands hauts fourneaux, on est arrivé à la marche normale. La campagne peut durer dix ou douze ans avant de mettre hors feu. On fait ordinairement deux coulées de fonte par jour, soit dans du sable, soit dans des moules en fonte. La consommation en combustible varie de 100 à 300 kilogrammes par 100 kilogrammes de fonte. Un haut fourneau au charbon de bois fournit de 3 à 7 tonnes de fonte par jour et occupe dix ou douze ouvriers. Un grand haut fourneau au coke produit de 20 à 25 tonnes de fonte par jour, et on compte, en général, deux journées d'homme par tonne de fonte. Si on a plusieurs hauts fourneaux, la main-d'œuvre diminue.

Diverses sortes de fonte. — On distingue trois espèces de fontes : la fonte grise pouvant passer à la fonte noire, la fonte truitée et la fonte blanche. On distingue aussi la fonte de moulage, qui est de la fonte grise, et la fonte d'affinage, qui est toujours de la fonte truitée ou blanche et quelquefois de la fonte grise. La fonte grise est poreuse et à gros grains, tandis que la fonte blanche a un grain fin et serré ; elle peut, par le refroidissement, avoir éprouvé un commencement de cristallisation et est dite à texture lamelleuse. Elle est alors très-pure.

Fig. 1045. — Haut fourneau.

bois, chargé en morceaux plus petits, il réduit beaucoup plus facilement le minerai, demande une température bien moins élevée, ne contient presque pas de substances étrangères, de sorte qu'il donne des fontes beaucoup plus pures. La pression du vent est bien moins forte.

Pour le charbon de bois, on lance le vent avec une pression variable de 2 à 7° de mercure pour un coke poreux de 5 à 12° et pour un coke dense de 12 à 20°. La friabilité plus ou moins grande du minerai intervient aussi pour faire varier la pression. Quant à la quantité d'air, on doit compter environ 5k,8 par kilogramme de carbone. Depuis quelques années, on emploie beaucoup l'air chaud, qui procure une notable économie de combustible, car on se sert, pour l'échauffer, des gaz du gueulard, qui auparavant étaient perdus ; de plus, c'est un moyen de faire varier immédiatement la température à l'intérieur. Les gaz suffisent encore pour produire la vapeur nécessaire aux machines soufflantes.

Quant aux laitiers, leur composition est très-variable avec le minerai, le fourneau et la fonte qu'on cherche à produire. Ils sont compris entre les protosilicates et les trisilicates. En général, on cherche à se rapprocher du bisilicate ; mais si le minerai contient du soufre, si on veut empêcher la réduction de la silice, il faut se rapprocher du protosilicate. Voici les compositions moyennes de ces trois espèces de laitiers :

	Protosilicate.	Bisilicate.	Trisilicate.
Silice..........	40	57,5	62
Chaux..........	36	26,5	20
Alumine.......	18	16	18
Manganèse, Fer.	6	»	»

Dans la fonte blanche, tout le carbone, quelquefois 5 à 6 p. 100, est combiné, tandis que, dans la fonte grise il n'y en a qu'une partie ; le reste, tenu en dissolution, a cristallisé par le refroidissement. La quantité peut même être assez grande pour donner à la fonte la couleur noire ; on l'appelle alors fonte noire. La fonte truitée est l'intermédiaire entre ces deux espèces. La densité des fontes varie entre 6,6 et 7,8 ; la fonte blanche est souvent plus dure que l'acier trempé ; la fonte grise, au contraire, est assez tendre. La ténacité des fontes est faible, mais elles offrent une résistance très-grande à l'écrasement. On est parvenu à souder la fonte par fusion. Tout ce qui, dans un haut fourneau, tend à augmenter la température favorise la formation de la fonte grise ; mais il ne faut pas que le minerai fonde trop facilement, car la carburation ne durerait pas assez longtemps. Les minerais fusibles, les minerais manganésifères surtout, donnent de la fonte blanche. Les hauts fourneaux au charbon de bois donnent, en général, de la fonte grise. Quand on augmente la température, on obtient, ordinairement, des fontes plus impures ; la silice se réduit en plus grande quantité et entre dans la fonte ; le soufre du minerai et du combustible donne naissance à du sulfure de carbone qui sulfure la fonte et la rend bulleuse. Le phosphore rend la fonte très fusible ; elle se carbure difficilement et est presque toujours à l'état de fonte blanche. Toutes les fontes au coke contiennent du silicium, surtout les fontes grises obtenues à une plus haute température ou en allure chaude ; la proportion varie de 1 à 5 p. 100. La ténacité est alors beaucoup plus faible ; mais en fondant la fonte une seconde fois, on peut en éliminer au moins 2 p. 100.

Tous les minerais manganésifères donnent des fontes contenant du manganèse ; ces fontes sont surtout recherchées, à cause de leur facile épuration, pour produire de l'acier ou des fers aciéreux. La présence du cuivre dans la fonte est très-nuisible, car il est impossible de s'en débarrasser par oxydation. A la fonte grise correspond l'allure chaude, et à la fonte blanche l'allure froide.

Moulage de la fonte. — On emploie la fonte à peu près depuis trois siècles, mais son usage ne s'est répandu que depuis le siècle dernier. Aujourd'hui, elle a remplacé dans beaucoup de cas le bronze ; étant plus fluide, elle se moule mieux peut reproduire des dessins plus délicats ; elle se dilate plus au moment de son refroidissement et, par suite, s'applique mieux sur le moule. A l'aide de vernis, on peut empêcher son oxydation. Pour qu'une fonte soit propre au moulage, il faut qu'elle soit bien fluide, qu'elle se fige lentement, qu'elle ne présente pas de soufflure, qu'elle ne soit ni trop dure ni cassante. La fonte blanche, après solidification, se contracte ; la fonte grise est plus tenace. En général, on se sert de la fonte grise pour mouler ; dans quelques cas exceptionnels, où l'on veut une grande dureté, on emploie la fonte truitée. Les fontes phosphoreuses sont très-fusibles et très-fluides ; on les emploie quand on veut des empreintes nettes, et partant des ornements délicats ; on s'en sert aussi pour la poterie de fonte.

Tous les objets moulés se divisent en deux classes : les objets moulés en première fusion et les objets moulés en seconde fusion. Pour les premiers, on coule la fonte dans les moules au sortir du haut fourneau ; on la puise dans le creuset lui-même ; on voit qu'on ne peut avoir ainsi que de petites pièces. Pour un grand nombre de pièces, la fonte de première fusion ne possède généralement pas les qualités désirables. Pour les seconds, on fond la fonte une seconde fois dans un appareil spécial nommé cubilot ; on peut y réunir de grandes quantités de fonte ; la fusion nouvelle expulse une partie du graphite et du silicium, et la fonte est plus compacte ; enfin, cela permet de fondre ensemble plusieurs espèces de fonte. On a reconnu que, par le mélange, on améliore souvent la qualité du produit ; du reste, dans beaucoup d'endroits où on fait le moulage, on n'a point de hauts fourneaux. Le moulage pour les objets de première fusion se fait très-simplement : on puise la fonte dans des poches en fonte dont l'intérieur est revêtu d'argile et on va la verser dans les moules.

Moulage en seconde fusion. — La fonte est refondue dans les cubilots, exceptionnellement dans des fours à réverbère pour les grosses pièces. Les moules sont faits en sable ou en argile ; pour les pièces qu'on veut durcir beaucoup, on moule en coquille, c'est-à-dire dans des moules métalliques qui refroidissent brusquement la fonte et trempent la surface.

Le cubilot est un fourneau à cuve de 2 mètres à 2^m,50 de hauteur et de 0^m,50 à 1 mètre de diamètre intérieur,

Fig. 1049. — Cubilot.

selon la quantité de fonte qu'on veut obtenir. Maintenant on fait des cubilots de 5 mètres de hauteur, avec un vide intérieur analogue à celui du haut fourneau ; on y trouve économie de combustible. L'appareil se compose d'un tour en maçonnerie de 0^m,50 à 0^m,60 de hauteur, au-dessus, une plaque de fonte formée de deux parties, surmontée d'un prisme ou d'un cylindre en tôle, ordinairement d'une vieille chaudière à vapeur ; on garnit l'intérieur de matières réfractaires. Dans le bas, on

perce une porte pour la coulée, et à différentes hauteurs, trois, quatre ou cinq trous pour autant de tuyères. Elles ont un large diamètre, car le vent n'est lancé qu'à une pression de 1 cent. ou 1 cent. et demi au plus. On dessèche le four, on le chauffe lentement, on ferme la porte de coulée avec des briques, en laissant une place pour le trou de coulée, on remplit à moitié de coke, en mettant au bas du charbon allumé, et peu après on donne le vent ; on peut alors charger la fonte dans la proportion de 5 contre 1 de coke et en morceaux de 4 à 5 kilogrammes ; on ajoute un peu de fondant pour les cendres du coke. A mesure que la fonte s'élève, on élève la tuyère ou les tuyères soufflantes. On bouche les autres, puis, la charge fondue, on coule les pièces, en se servant de poches ou, si elles demandent beaucoup de fonte, de chaudrons qu'on manœuvre avec des grues. Il y a un déchet de 6 à 7 p. 100 de fonte et, en outre, on doit laisser au-dessus de l'objet moulé une certaine quantité de fonte ou masselotte pour le comprimer et lui donner de la compacité. Pour 100 de fonte moulée, on doit en fondre 170.

Quand on veut mouler de grosses pièces on réunit les produits de plusieurs cubilots où l'on se sert pour la fusion du four à réverbère. La sole est rectangulaire et présentant une inclinaison de 6 à 10 p. 100 vers le trou de coulée, de manière à former bassin quand il est bouché. La sole est en briques réfractaires, surmontée d'une couche d'argile très-maigre. On peut réunir les produits de deux de ces fours. C'est ce qu'on fait, en général, pour fondre les canons. La consommation en houille est d'environ 50 p. 100 de fonte ; le déchet peut aller à 50 p. 100.

Les cubilots contiennent de 1 000 à 6 000 kilogrammes de fonte. On en a fait pour fondre 6 000 kilogrammes ; ils n'ont pas donné de bons résultats.

En dehors des usages spéciaux et si importants de la fonte, celle-ci n'est que l'intermédiaire pour arriver au fer. Le lecteur trouvera à l'article FONTE la description des procédés qui sont employés pour la conversion de la fonte en fer. Voy. aussi l'article ACIER, pour la conversion de la fonte en acier pas le procédé Bessemer.

Essai des minerais de fer. — Dans presque toutes les usines, on emploie la voie sèche pour les essais de fer ; on obtient très-exactement la fonte que peut donner le minerai et, jusqu'à un certain point, des indications sur la qualité du produit, la nature et la quantité des fondants à employer. Il faut d'abord se procurer une prise d'essai représentant à peu près la moyenne du minerai à traiter. On le pulvérise ; on traite par l'acide chlorhydrique étendu ; s'il y a effervescence, le minerai contient des carbonates ; avec l'habitude, on peut assez bien distinguer si l'acide carbonique provient du carbonate de chaux ou de la dolomie et du carbonate de fer. S'il n'y a pas attaqué, on doit concentrer l'acide et chauffer ; on verse sur un filtre la liqueur chaude ; si elle filtre lentement, il y a de l'argile attaquée. Alors on évapore à sec, de manière à rendre la silice insoluble ; on reprend par l'acide chlorhydrique faible. La partie insoluble comprend le quartz, la silice, l'argile inattaquée et les sulfates ; s'il y en a, il faut alors une recherche spéciale ; la liqueur contient la chaux, la magnésie et le fer. Au toucher, on distingue bien l'argile du quartz ; on connaît alors la nature de la gangue. Dans la liqueur, on dose la chaux et la magnésie ensemble ; on peut alors calculer les fondants à ajouter pour scorifier la gangue. On cherche à obtenir les mêmes laitiers qu'au haut fourneau, c'est-à-dire 35 à 40 p. 100 de silice pour le coke, et 40 à 50 p. 100 pour le charbon de bois ; on a des laitiers convenables avec 1 d'argile et 1 de carbonate de chaux, 1 de quartz et 1/4 de dolomie.

3° Le minerai, en quantité suffisante, 10 ou 20 grammes, selon la richesse, est mélangé aux fondants et chauffé dans un creuset brasqué. C'est un creuset dont l'intérieur est garni de charbon de bois pulvérisé. On recouvre le minerai de charbon, puis on place le couvercle qu'on lute, ainsi que le fromage sur lequel le creuset se pose. Les fours dont on se sert sont très-variables ; l'essentiel est de pouvoir y obtenir une haute température. L'essai est fait ordinairement sur quatre échantillons à la fois. On doit élever la température très-progressivement, de manière à réduire tout l'oxyde de fer avant la formation des silicates ; à la fin, elle doit être suffisante pour tout faire entrer en fusion. La plupart du temps, si l'on a assez chauffé, les creusets sont un peu déformés. Il faut deux heures pour cette opération avec un bon fourneau. Les creusets refroidis sont cassés ; au fond se trouve le culot de fonte et au-dessus la scorie, qui souvent contient des grenailles ; on pèse le tout et on examine la scorie ; si elle est violacée, le minerai contient du manganèse; le titane est indiqué par une pellicule rougeâtre à la surface; si la scorie est d'un vert intense, l'essai est manqué, l'oxyde de fer n'a pas été réduit en entier. A l'aide du barreau aimanté, on cherche à enlever les grenailles qu'elle contient. Quant à la fonte, on la pèse, on juge de sa ténacité, et on voit si elle est grise, truitée ou blanche; on doit ensuite l'analyser pour chercher le soufre, le phosphore, l'arsenic.

Soient :

A Les matières fixes du minerai, poids obtenu après grillage;
B poids des fondants ajoutés;
P poids des gangues, quartz, argile, chaux;
P' Le poids de la fonte contenant 95 p. 100 de fer;
P° Poids de la scorie ;

on a :

A + B — (P' + P°) = Oxygène du fer à l'état de peroxyde.
P° — (P + B) = Chrome, titane, manganèse, etc., de la scorie.

Quelquefois on se sert de fondants préparés, mais on ne peut plus réduire de l'analyse que la teneur en métal. M — T.

FER CHROMÉ (Minéralogie). — Minéral formé d'oxyde de chrome, de peroxyde de fer et d'alumine. Sa composition est variable à cause de l'isomorphisme des corps qui entrent dans sa constitution : tantôt il répond à la formule $Al^2O^3, Fe^2O^3, 2Cr^2O^3$, tantôt, mais plus rarement, il doit être écrit $Al^2O^3, Fe^2O^3, Cr^2O^3$. Il est ordinairement en masses amorphes, d'une couleur gris de fer très-foncée, et dont la densité est 4,50. On l'a trouvé, à Baltimore, cristallisé en octaèdres réguliers, ce qui prouve qu'il appartient au système régulier. Ce corps est employé comme minerai de chrome, et sert à préparer les chromates et le jaune de chrome que l'on emploie en peinture.

FER OLIGISTE (Minéralogie). — Sesquioxyde de fer naturel : lorsqu'il est pur, il correspond à la formule

$$Fe^2O^3$$

et contient 69 p. 100 de fer, ce qui en fait un minerai des plus importants. On le trouve, soit à l'état cristallisé, soit en concrétions, soit encore sous forme terreuse. A l'état cristallisé, il se rencontre sous deux formes incompatibles, ce qui en fait une des substances dimorphes connues. Les deux formes primitives sont le rhomboèdre, sous l'angle de 86°,10, et l'octaèdre régulier. La pesanteur spécifique des premiers cristaux est 5,24, celle des seconds est 4,82, et quelquefois même beaucoup moindre. Le fer oligiste cristallisé se trouve souvent dans des volcans en masses lamelleuses éclatantes qui ont reçu le nom de fer spéculaire. En concrétions, ce minéral constitue des stalactiques plus ou moins considérables d'un rouge brun et à structure fibreuse : les fibres, souvent très-déliées, rayonnent du centre à la circonférence. Ces variétés ont reçu le nom d'*hématite rouge* : leur dureté est la même que celle du fer cristallisé, et permet de les employer pour le polissage des métaux précieux : on en fait alors des instruments appelés *brunissoirs*. Le sesquioxyde de fer terreux est d'un aspect terne et d'un rouge vif : il sert, quand il est pur, sous le nom de *sanguine*, à faire des crayons : mais ordinairement il est mélangé avec des proportions variables d'argile. Le fer oligiste est abondant dans les terrains anciens et les terrains de transition. Dans les volcans, où il est très-fréquent, il semble dû à un phénomène de sublimation, et plusieurs gîtes considérables, parmi lesquels on peut citer celui de l'île d'Elbe, paraissent dus à la même cause. En filons, on le rencontre, soit à l'état cristallisé, comme en Suède, au milieu du fer oxydulé, soit sous forme de concrétions, comme dans les filons de Framont, dans les Vosges. Enfin, le fer oligiste s'est présenté aussi en couches au milieu des terrains secondaires, ainsi qu'on a pu le constater aux mines de la Voulte, dans le Gard. Le fer oligiste octaédrique a été trouvé d'abord au Brésil, puis au Pérou, et enfin dans le Puy-de-Dôme et aux mines de Framont : la netteté des cristaux de cette dernière localité, qui ont quelquefois de 3 à 4 millimètres, ne permet pas de douter du dimorphisme de ce corps. L'usage principal de ce minéral est son emploi comme minerai : nous avons déjà signalé ceux de l'hématite rouge et de la sanguine. (voyez **FER**. (*Métallurgie*). LEF.

FER OXYDULÉ (Minéralogie). — Oxyde de fer magnétique, pierre d'aimant. Ce minéral, par sa composition chimique, peut être regardé comme formé de l'union d'un équivalent de protoxyde et d'un équivalent de sesquioxyde du fer, $Fe^2O^3 + FeO$ ou Fe^3O^4. La quantité considérable de fer (72 p. 100) qu'il renferme en fait le plus riche minerai de ce métal. On le trouve en cristaux ou en masses grenues. Sa couleur est le gris de fer, sa densité 5,09 : il est magnétique et possède même quelquefois des pôles. Le fer oxydulé cristallise dans le système cubique; l'octaèdre et le dodécaèdre rhomboïdal sont les deux formes les plus ordinaires. Ce corps fournit la pierre d'aimant naturelle ; mais certains échantillons ont seuls le pouvoir d'attirer et de repousser le pôle de l'aiguille aimantée et de posséder par conséquent deux pôles. Ces variétés ont ordinairement un aspect terreux : on les munit en général d'armatures qui permettent de mieux constater leur polarité magnétique. Le fer oxydulé appartient exclusivement aux roches anciennes : on le trouve disséminé en très-grande abondance dans les schistes micacés où il remplace quelquefois le mica, ainsi qu'on peut le voir dans quelques mines de l'Aveyron. Les roches amphiboliques sont un gisement encore plus abondant du fer oxydulé : l'Oural, les États-Unis, et surtout la Suède, sont fort riches en mines de cette espèce : c'est à elles que la Suède doit la supériorité du fer qu'elle produit. Les qualités aciéreuses qui le distinguent et le font rechercher n'appartiennent pas à tous les minerais de fer oxydulé de ce pays. La mine de Dauemora est la plus importante. LEF.

FER-BLANC. — Le fer exposé à l'air humide se rouille facilement et profondément, de sorte que les feuilles de fer (tôle) ne tardent pas à se trouer.

Pour empêcher cette altération qui restreindrait beaucoup l'emploi du fer, on fait adhérer à la surface de la tôle une couche d'étain qui la change en *fer-blanc*.

La tôle à fer-blanc est faite, en général, avec du fer préparé au charbon de bois. Il faut d'abord la décaper.

Décapage.— Pour huit caisses de 225 feuilles chacune, on prend 2 kilogrammes d'acide chlorhydrique à 25° et 12 kilogrammes d'eau ; on plie les feuilles en forme de $\wedge$, et on les plonge l'une après l'autre dans l'acide, de manière que les deux surfaces soient bien mouillées. Au bout de cinq à six minutes, on les enlève avec une barre de fer pour les porter dans le four à dessécher chauffé au rouge obscur. Quand elles ont atteint cette température, on les laisse refroidir à l'air. Leur surface se découvre par la séparation d'écailles d'oxyde, que l'on favorise en les frappant contre un bloc en fonte. On les passe sous un laminoir à cylindres durs.

Lessivage. — Pour faire disparaître quelques taches noires qui restent, on tient les feuilles plongées pendant dix à douze heures dans une eau légèrement acidulée, avec du son qu'on y a fait macérer pendant huit à dix jours ; on les agite ensuite, pendant une heure, dans de l'eau renfermant quelques centièmes d'acide sulfurique. Enfin, on les place rapidement dans de l'eau pure, où on les frotte avec de l'étoupe et du sable, et où on les conserve jusqu'au moment de l'étamage à l'abri du contact de l'air, sans oxydation.

Étamage. — Plusieurs caisses sont disposées les unes à côté des autres dans un même fourneau.

Dans la première caisse remplie de graisse fondue, on plonge d'abord les feuilles une à une, et on les y laisse environ une heure. Elles sont mieux disposées à prendre le bain d'étain ; on les plonge ensuite dans la seconde caisse renfermant un bain composé de parties égales d'*étain en saumons* et d'étain en grains, avec 1 kilogramme de cuivre pour 70 kilogrammes d'étain. Le métal fondu est recouvert d'une couche de suif ou de graisse de 1 décimètre d'épaisseur, afin d'empêcher l'oxydation. On y laisse les feuilles pendant une heure et demie, afin qu'il puisse se former au contact des deux métaux un alliage de fer et d'étain.

On laisse ensuite égoutter sur une grille de fer ; l'excès de l'étain se rassemble surtout à la partie inférieure ; mais il s'en trouve aussi sur plusieurs points de leur surface avec de l'oxyde et de la crasse. Pour les nettoyer, on procède au *lavage*, opération qui consiste à fondre par l'application d'une chaleur brusque le métal excédant, et à le happer par des bains d'étain et de graisse, qui sont eux-mêmes la source de chaleur.

On plonge les feuilles dans une troisième caisse, renfermant de l'étain impur qui détache l'excès d'étain resté sur les feuilles après leur première immersion ; on les retire et on les nettoie rapidement avec un pinceau.

Enfin, on les plonge dans une quatrième caisse, contenant de l'étain très-pur qui les couvre d'un vernis brillant formé d'étain pur, puis on les place dans une cinquième renfermant du suif fondu. L'étain qui s'était attaché en trop grande quantité sur les feuilles, s'écoule et s'accumule en bourrelet vers le bord inférieur de la feuille. Il suffit de plonger ce bord pendant quelques instants dans une sixième caisse, qui ne renferme que quelques centimètres de hauteur d'étain fondu, pour détacher ce bourrelet. En donnant un coup vif avec une baguette, l'ouvrier fait tomber tout le métal excédant. Pour enlever la graisse qui se trouve sur les feuilles, on les frotte avec du son. Pour que l'étamage soit bon, il faut qu'aucun point de la surface du fer ne soit à nu ; car, s'il en était ainsi, l'oxydation se ferait beaucoup plus rapidement que sur le fer seul, dès que le fer-blanc serait exposé à l'eau ou à l'air humide, à cause du couple voltaïque qui s'établit entre le fer et l'étain, et qui décompose l'eau. Quand le fer-blanc est *piqué*, on le bat de manière à ramener la couche d'étain sur le point qui n'est pas suffisamment étamé.

De même, quand le fer-blanc est coupé, il faut passer de l'étain fondu sur tous les bords pour qu'il se conserve, autrement l'oxydation s'étend très-rapidement des bords à toute la surface.

Il faut de 130 à 140 grammes d'étain pour recouvrir 1 mètre carré de tôle.

On connaît aussi dans le commerce un fer-blanc nommé *terne-doux*. Il se fabrique comme le fer-blanc brillant-doux avec un alliage de 2 parties de plomb et 1 partie d'étain. Le fer-blanc de France se fabrique surtout dans les départements de la Haute-Saône, des Vosges, du Doubs et de la Nièvre. **L.**

Fer de cheval (Zootechnie). — On nomme ainsi une bande de fer plus large qu'épaisse, contournée sur elle-même pour s'appliquer sur le bord du pied du cheval. La partie antérieure du fer se nomme la *pince* ; de chaque côté de la pince est une portion nommée *mamelle*, plus en arrière le *quartier*, et enfin les *éponges* qui forment les extrémités libres du fer. Chaque bord du fer se nomme *rive* ou *circonférence* ; la partie centrale de la rive interne vis-à-vis de la pince, s'appelle la *voûte*. La largeur du fer est sa *couverture* ; on nomme *ajusture* une légère convexité du fer à la pince et aux mamelles, convexité qui imite la forme donnée naturellement au sabot par l'usure ; enfin la *tournure* du fer est le modelage de ses contours sur ceux du sabot. On distingue les fers suivant le bipède auquel ils doivent s'adapter ; le *fer de devant* ou *à devant* est plus régulièrement circulaire que celui de derrière ; il est également épais dans toutes ses parties et porte, pour recevoir les clous propres à le fixer, six à huit trous ou *étampures* répartis à égale distance sur la pince, les mamelles et une portion des quartiers ; le *fer de derrière* ou *à derrière* est plus épais en pince que dans le reste de son étendue, et ne porte pas d'étampure dans cette partie : sa branche externe, plus épaisse et plus large que l'interne, a son éponge ou extrémité recourbée en un crampon ; l'éponge interne porte un renflement pyramidal, nommé *mouche*.

Le fer d'âne et de mulet, moins arrondi que le fer de cheval, se rapproche de la forme quadrilatère ; la pince est plus large que le reste du fer. Dans les pays de montagne, on trouve avantageux d'employer des fers qui débordent les pieds des mulets ou des ânes ; mais le fer à la florentine, qui a la pince prolongée en une pointe relevée et dirigée en dedans, doit être entièrement rejeté.

Le fer de bœuf, double pour chaque pied, est une plaque mince, ovalaire comme la face plantaire de l'onglon ou sabot du bœuf ; on ne peut mettre de clou qu'à la rive externe qui seule correspond à un bord corné ; la rive interne est une lame flexible, rubanée et repliée à froid.

FERMAGE (Agriculture). — On désigne sous ce nom un des systèmes d'exploitation des propriétés rurales. « Une propriété rurale, dit le comte de Gasparin, peut être exploitée de plusieurs manières : 1° par le propriétaire lui-même, et les ouvriers dont il dirige les travaux et paye les salaires, en se réservant le produit des récoltes ; 2° par des métayers qui font les travaux et donnent au propriétaire une portion déterminée de la récolte, qui représente la rente du sol ; 3° par des fermiers qui font également les travaux et payent au propriétaire une valeur fixe, sans rapport avec les variations annuelles de la récolte, valeur qui forme également sa rente. » Ce n'est point ici le lieu d'envisager le fermage et le métayage au point de vue de la science économique (voyez le *Dictionnaire gén. des Lettres, des Beaux-arts et des Sciences mor. et polit.*) ; quelques remarques pratiques sur ces deux modes d'exploitation peuvent seules trouver place dans ce *Dictionnaire des Sciences*, et c'est au

comte de Gasparin qu'elles seront empruntées (*Biblioth. du cultivat. — Fermage*, 3° édit.).

« Le métayage se retrouve dans les pays de mauvais sol, où toutes les cultures demandent à être faites avec économie ; dans ceux où les cultures sont très-variées et difficiles à soigner sans exposer à des pertes de temps qui tomberaient à la charge du maître ; dans ceux où les récoltes sont casuelles, incertaines, et exigeraient qu'un fermier à prix d'argent fût nanti d'un très-fort capital pour pouvoir faire l'avance de plusieurs fermages ; dans ceux où les cultivateurs sont pauvres et sans avances, et où, par conséquent, après avoir profité avec imprévoyance des bonnes années, ils ne pourraient offrir aucune garantie du payement d'un fermage dans les mauvaises ; enfin dans ceux où les mœurs portent les propriétaires à habiter les villes et à s'adonner au commerce, de préférence à l'agriculture et au séjour des champs. » Quoique le métayage soit sans doute la manière la moins imparfaite de résoudre le problème si difficile d'obtenir un produit net dans de telles circonstances, on ne doit pas s'en dissimuler les inconvénients. La pauvreté des métayers s'oppose à la perfection de la culture ; leur ignorance met obstacle aux améliorations ; leur intérêt n'est stimulé qu'imparfaitement par la perspective d'une récolte partagée ; la fraude se glisse facilement dans la division des fruits de la terre, et enfin un manque total de récolte oblige le propriétaire à des avances inévitables et à des abandons onéreux pour ne pas voir déserter son domaine. De plus, ce genre d'exploitation exige une surveillance assez active et la présence très-fréquente du propriétaire, non-seulement pour le partage des récoltes, mais pour surveiller la manière dont elles se font. Il faut qu'il ait l'œil à ce que la culture ne se porte pas en plus grande partie sur les genres de produits dont le métayer a nécessairement la plus forte part, le jardinage et les légumes conservés frais ; à ce qu'il emploie tout son temps sur la ferme, et que, pour entreprendre un travail lucratif, il ne néglige pas le terrain qui lui est confié. En un mot, il n'est guère possible d'avoir une terre en métayage, sans la voir de ses yeux et sans s'assujettir à une résidence rapprochée.....

« L'exploitation par les fermiers qui payent une rente fixe, sans égard aux variations annuelles des récoltes, mais en prenant pour base leur valeur moyenne, sépare presque entièrement le propriétaire de sa propriété..... ; mais elle rend la culture d'autant plus active et perfectionnée, qu'elle la met dans la main d'hommes qui doivent être pourvus d'avances considérables, suffisantes pour faire face aux accidents imprévus qui menacent les récoltes et leur valeur, et que c'est de leurs travaux que dépendent la conservation et l'augmentation de ce capital. Il ne faut pas cependant comparer en tout une propriété rurale affermée à une somme d'argent placée à intérêt, qui ne demande d'autre soin que de s'assurer de la solvabilité de celui à qui on l'a confiée..... Le contrat qui engage le propriétaire au fermier serait celui du possesseur d'une manufacture qui livrerait le local en s'engageant à fournir au preneur les matériaux de la fabrication dans une mesure donnée ; et cependant ces matériaux seraient entassés dans des magasins dont ce dernier aurait la clef. » En agriculture, en effet, la terre est véritablement un magasin de matières premières se renouvelant dans une proportion fixée par les conditions naturelles ; la ferme est une usine qui met en œuvre ces matières premières pour en manufacturer des produits agricoles.

« Que l'on se mette dans une telle position, ajoute de Gasparin, et l'on verra que l'on doit veiller : 1° à la conservation de la propriété ; 2° à ce que la consommation des matières premières du magasin (matières fertilisantes renfermées dans le sol) soit proportionnée à ce qu'il en rentre chaque année, sans quoi il y aurait diminution dans la valeur du capital. Cette position est réellement celle du propriétaire. Le contrat de ferme est donc un contrat très-compliqué, beaucoup plus compliqué que tous les autres contrats de louage, où il suffit de constater l'état de la chose louée au moment de la livraison et au moment de la reddition. Ici les valeurs ne peuvent être appréciées. La science ne nous fournit aucun moyen d'estimer la valeur comparative d'un même terrain à deux époques différentes. La prévoyance de l'auteur du bail et la surveillance du propriétaire pour assurer son exécution sont donc éminemment nécessaires pour prévenir les dégradations. » Le savant auteur auquel nous empruntons ces sages enseignements ne voit de salut pour le propriétaire d'un bien rural, au milieu de difficultés si nombreuses et si délicates, que dans une instruction agricole qui lui permette de juger avec sagacité les opérations du fermier et de protéger efficacement le fonds remis entre les mains de ce dernier. Aussi faut-il répéter plus opiniâtrément que jamais le vœu exprimé à ce propos, dès 1827, par cet éminent agronome et qui jusqu'ici a été si peu exaucé : « Réunissons nos voix, disait-il, à celle que M. le baron de Silvestre a fait entendre si souvent et avec tant de persévérance, pour demander que l'enseignement académique ne soit pas privé plus longtemps de ces chaires d'agronomie, qui, en répandant une instruction salutaire, contribueront aussi à faire marcher la science. »

« L'exploitation par fermiers, ajoute le même auteur, ne peut avoir lieu que dans les pays où il existe déjà des capitaux accumulés dans la classe agricole ; dans ceux où les récoltes offrent des chances positives d'une réussite moyenne dans un temps donné ; dans ceux où la vente des denrées se fait avec facilité, et où, par conséquent, il existe à la fois des consommations, des débouchés et un commerce organisé. C'est ce genre d'exploitation qui est le plus propre à porter à la perfection la culture des vastes domaines, parce qu'il unit la richesse numéraire du fermier à la richesse territoriale du propriétaire, et que cette association double les ressources de tous deux..... Vouloir introduire le fermage à prix d'argent dans les pays pauvres et sans capitaux, c'est s'exposer à ne pas être payé et avoir des terres d'autant plus mal cultivées qu'elles sont plus étendues. Mais partout où il existe de l'aisance dans la classe agricole, on obtiendra la plus haute rente possible du fermage à prix fixe, en proportionnant l'étendue des fermes au capital moyen des fermiers. »

Parmi les nombreux ouvrages que l'on peut consulter pour ce qui concerne le fermage au point de vue agricole, nous citerons surtout : le comte de Gasparin, *Biblioth. du cultiv.*; *Fermage*; *Métayage*; — Stœckhardt, *La ferme, guide du jeune fermier*.

FERME (Agriculture). — On désigne par ce mot l'ensemble d'une exploitation agricole, et il comprend alors les terres où sont établies les cultures et les bâtiments destinés à abriter le bétail, à emmagasiner les produits, à loger le fermier et les siens. A l'article EXPLOITATION RURALE nous indiquons d'après quels principes il convient de choisir l'emplacement d'un domaine rural, nous ne parlerons ici que des bâtiments de ferme et nous devons nous borner à de très sommaires indications sur une matière si difficile à traiter, et qui ne rentre pas absolument dans le domaine de la science agricole.

Les bâtiments de la ferme comprennent : 1° le *bâtiment d'habitation* occupé par le fermier ou chef d'exploitation à quelque titre que ce soit ; il doit y avoir, outre les pièces destinées au coucher du maître, des enfants et des domestiques, une cuisine grande, et qui, le plus souvent, sert en même temps de salle à manger et même de chambre à coucher pour quelque membre de la maison rurale, un fourneau pour la cuisson des aliments du bétail et des animaux en général, un fournil, une buanderie, très-souvent une laiterie, des caves ou celliers, des greniers ; — 2° des *écuries pour les chevaux* ; — 3° des *étables à vaches* qui, le plus souvent, ne diffèrent pas des écuries et qu'il convient cependant d'adapter plus spécialement aux habitudes et à la conformation des bêtes à cornes, ainsi qu'on l'a fait en Angleterre, en Belgique, en Allemagne (voyez ÉTABLE) ; — 4° des *bergeries* qu'il convient de placer à une exposition chaude, ou tout au moins à l'abri des variations brusques de température ; — 5° une *porcherie* ; — 6° un *poulailler* et un *clapier* pour les lapins ; — 7° un *hangar* pour remiser les charrois et le matériel agricole ; — 8° un *gerbier*, si les gerbes des récoltes doivent, d'après les usages du pays, être rentrées en grange au lieu d'être mises en meules ; — 9° des *fenils* ou *greniers à fourrages*.

FERMENTATION (Chimie). — Lorsque les matières organiques, soustraites aux forces vitales qui les ont produites, sont abandonnées à elles-mêmes dans certaines circonstances, elles peuvent subir des altérations dans leur forme et leurs propriétés, par suite d'un phénomène appelé *fermentation*. On a donné autant de définitions de ce mot qu'il y a de chimistes ayant écrit sur la matière. On a, à une certaine époque, distingué les *fermentations*, les *putréfactions*, les *érémacausies*. Dans les fermentations, une seule molécule complexe se transforme en plusieurs avec dégagement de gaz inodores. Dans les putréfactions, plusieurs molécules complexes se transforment en produisant des gaz fétides. Dans l'érémacausie, il y a oxygénation par une sorte de combustion lente. Ces dénominations tendent à disparaître.

Les actions précédentes se produisent sous l'influence de corps azotés appelés *ferments*. A chacune des fermentations les mieux étudiées, l'on a constaté qu'il correspondait toujours un ferment spécial particulièrement apte à la produire; peut-être même, ce ferment agit-il dans ce sens à l'exclusion de tout autre. C'est ainsi, qu'à la fermentation alcoolique, répond comme ferment la levûre de bière; à la fermentation lactique, correspond la levûre lactique; la fermentation de l'amygdaline est due à l'émulsine, etc.

Certains ferments, tels que la diastase, l'émulsine, la pancréatine... sont solubles dans l'eau; mais, le plus souvent, les fermentations sont dues à des ferments solides et insolubles. Ces derniers possèdent, en général, une structure organisée qui les caractérise; quelques-uns d'entre eux, tous peut-être, sont formés par des groupes de cellules vivantes susceptibles de développement et de multiplication. Quelquefois le ferment disparaît pendant l'expérience; le plus souvent, il se régénère à mesure, et à la fin de la réaction se trouve en plus grande quantité qu'au commencement; dans ce cas, il faut la présence d'une substance azotée étrangère.

Cette multiplication du ferment rappelle la croissance et le développement d'êtres organisés. Il y a même peut-être, dans tous les cas, plus qu'une ressemblance entre ces deux phénomènes; les ferments qui se multiplient possèdent, en effet, une structure organisée, ce sont des végétaux ou des animaux microscopiques. L'existence de ces êtres coexiste avec certaines fermentations; les germes de ces êtres microscopiques peuvent même exciter les fermentations quand ils se trouvent dans des circonstances favorables à leur développement. Il y a donc ensemencement, reproduction, multiplication à la manière d'un végétal ordinaire.

Les conditions favorables à la fermentation sont, en général :

1° La présence de l'eau ;
2° Une température de 25° à 40° ;
3° L'intervention au début d'une certaine quantité d'oxygène.

Le temps nécessaire à la fermentation est d'ailleurs plus ou moins long.

Ces généralités posées, nous allons aborder l'étude de chaque fermentation en particulier.

Fermentation alcoolique. — Nous donnons, avec M. Pasteur, le nom de *fermentation alcoolique* à la transformation du sucre en alcool et acide carbonique, sous l'influence de la levûre de bière.

Cette dernière substance est formée de globules ovoïdes étudiés au microscope d'abord par Leuwenhoeck, en 1680, par Cagniard-Latour, Schwann et Turpin, de 1835 à 1837, puis par Mitscherlich, et enfin par M. Pasteur, en 1859. Des travaux de ces divers savants résulte que les globules sont formés par de petites vésicules à parois élastiques, pleines d'un liquide qui est associé à une matière molle, plus ou moins granuleuse et vasculaire, logée de préférence au-dessous de la paroi, mais gagnant peu à peu le centre à mesure que le globule vieillit. Ces globules se reproduisent par bourgeonnement, surtout quand ils ne contiennent pas encore les granulations qui sont pour eux l'indice de la vieillesse. A l'état brut, la levûre est nécessairement imprégnée d'une quantité plus ou moins grande des matières solubles de l'orge et du houblon, ainsi que des matières étrangères entraînées dans l'écume de la bière : on enlève par des lavages à l'eau ce qui n'est pas le ferment proprement dit, pour ne conserver que les globules.

Quand la fermentation est en train, on voit sur le pourtour des globules se développer de véritables bourgeons annexés aux cellules mères. La levûre va ainsi augmentant de volume, se développant à la façon d'un végétal; s'il se trouve en présence d'une nourriture convenable, le ferment engendre donc le ferment.

Le sucre dissous dans l'eau, mis en présence de la levûre, se dédouble en acide carbonique et alcool. Ce fait a été reconnu, pour la première fois, par Lavoisier; seulement ce savant n'avait pas vu que les sucres de formule $C^{12}H^{12}O^{12}$ jouissent seuls de cette propriété, et que le sucre de canne se transforme d'abord en sucre directement fermentescible par la fixation d'un équivalent d'eau. MM. Dumas et Boulay avaient pressenti cette transformation préalable, démontrée rigoureusement depuis par M. Dubrunfaut. La formule de la réaction admise jusque dans ces derniers temps par tous les chimistes était donc :

$$\underbrace{C^{12}H^{12}O^{12}}_{\text{Sucre fermentescible.}} = \underbrace{2C^4H^6O^2}_{\text{Alcool.}} + \underbrace{4CO^2}_{\text{Acide carbonique.}}$$

Gay-Lussac, qui l'a fait adopter, n'en avait pas vérifié l'exactitude par des analyses quantitatives, mais elle paraissait si rationnelle qu'elle ne fut contestée par personne. **M. Pasteur** a fait voir que la quantité d'acide carbonique que donne un poids déterminé de sucre n'est pas aussi considérable que l'indique l'équation. Ce sucre, d'après ce savant, se dédouble en acide succinique, glycérine et acide carbonique, d'après la formule complexe

$$\underbrace{49\,C^{12}H^{11}O^{11}}_{\text{Sucre de canne.}} + \underbrace{109\,HO}_{\text{Eau.}} = \underbrace{12\,C^8H^{16}O^8}_{\text{Ac. succiniq.}} + \underbrace{72\,C^8H^8O^6}_{\text{Glycérine.}} + 60CO^2$$

Les proportions de l'acide succinique varient entre 5 et 7 millièmes, et celles de la glycérine entre 35 et 36 millièmes du poids du sucre. Plus de 1 p. 100 du poids du sucre se fixe sur la levûre à l'état de matières diverses, parmi lesquelles se trouvent des substances grasses reconnues par M. Pasteur, et de la cellulose signalée par MM. Thénard, Payen, Mudler, Schlossberger et Pasteur. On voit donc que sur 100 grammes de sucre, 5 à 6 grammes ne suivent pas l'équation de Lavoisier et Gay-Lussac.

Avant les expériences de M. Pasteur, qui ont jeté un jour nouveau sur la question, la théorie de la fermentation alcoolique le plus généralement admise était celle de Liebig. D'après ce savant, le ferment est une matière altérable qui se putréfie et qui entraîne dans sa décomposition le sucre qui l'avoisine; la destruction de l'édifice moléculaire pour la levûre amènerait le même phénomène pour le sucre, à la manière d'une maison qui, s'écroulant, entraîne dans sa chute les constructions qui l'avoisinent. Telle est la théorie dite du *mouvement communiqué.* « La levûre de bière, dit Liebig, et en général toutes les matières animales ou végétales en putréfaction reportent sur d'autres corps l'état de décomposition dans lequel elles se trouvent elles-mêmes; le mouvement qui, par la perturbation de l'équilibre, s'imprime à leurs propres éléments se communique également aux éléments des corps qui se trouvent en contact avec elles. »

Cette théorie avait d'ailleurs été déjà proposée par Stahl.

M. Pasteur reprend les idées de Cagniard-Latour, qui disait : « Que c'est très-probablement par quelque effet de leur végétation que les globules de levûre dégagent de l'acide carbonique de la liqueur sucrée, et la convertissent en liqueur spiritueuse. » M. Dumas, adoptant cette manière de voir, enseigne dans son *Traité de chimie :* « Le ferment nous apparaît comme un être vivant, organisé, qui absorbe à son profit la force au moyen de laquelle étaient unies les particules du corps qui éprouve la fermentation; il consomme cette force et se l'approprie. Les particules des corps désunies se séparent en produits plus simples. Le rôle que joue le ferment, tous les animaux le jouent; on le retrouve même dans toutes les parties des plantes qui ne sont pas vertes. Tous ces êtres ou tous ces organes consomment des matières organiques, les dédoublent et les ramènent vers les formes plus simples de la chimie minérale. » Voici comment M. Pasteur s'exprime à son tour : « Mon opinion présente la plus arrêtée sur la nature du ferment alcoolique est celle-ci : L'acte chimique de la fermentation est essentiellement un phénomène corrélatif d'un acte vital commençant et s'arrêtant avec ce dernier. Je pense qu'il n'y a jamais de fermentation alcoolique sans qu'il y ait simultanément organisation, développement, multiplication des globules, ou vie poursuivie, continuée des globules déjà formés. » M. Pasteur ajoute les considérations suivantes qui précisent sa théorie : « Si la levûre est au contact d'un liquide sucré, albumineux, elle se développe même sans la présence d'oxygène libre, et la fermentation se produit avec énergie; si, au contraire, l'oxygène de l'air est mis abondamment en rapport avec la liqueur, la levûre se développe beaucoup plus rapidement, mais n'a qu'une activité très faible comme ferment. Il paraît donc y avoir corrélation entre le caractère ferment et le fait de la vie sans gaz oxygène libre. Cela posé, faut-il admettre que la levûre de bière, si avide d'oxygène qu'elle se multiplie avec une énergie jusqu'alors inconnue, quand on lui fournit du gaz oxygène libre, n'en utilise plus aucune trace pour son développement dès qu'on lui refuse

ce gaz sous forme libre, sans le lui refuser sous forme de combinaison. N'est-il pas vraisemblable que le mode de vie de la plante est le même dans les deux cas, sauf que, dans le second, elle respire avec l'oxygène emprunté à la substance fermentescible? Ce serait, par conséquent, dans cet acte physiologique qu'il faudrait placer l'origine du caractère ferment. »

Il est bon de remarquer que si cette théorie, actuellement assez généralement adoptée, a mis tant de temps à s'asseoir, c'est que l'on arguait contre elle de certains faits. Ainsi dans la fermentation du jus de raisin se transformant en vin, l'on n'ajoute pas de levûre de bière; d'une autre part, il résulte des expériences de Thenard et de celles de Colin, qu'une dissolution sucrée finit par fermenter au contact de certains corps putrescibles, tels que l'albumine. Mais il a été reconnu que la levûre de vin est identique à la levûre de bière; d'un autre côté, Turpin a trouvé qu'après les fermentations lentes, d'ailleurs provoquées par l'albumine, on trouvait dans le liquide un dépôt de levûre de bière qui s'était formé. D'où cette levûre peut-elle venir? Probablement de germes apportés par l'air au sein du liquide fermentescible. La matière albuminoïde en voie de décomposition a fourni au développement du mycoderme les substances nécessaires que le sucre ne pouvait lui fournir.

Fermentation lactique. — Tout le monde sait que le lait abandonné à lui-même tend à s'aigrir. Or, dans le lait existe un principe sucré, le sucre de lait, qui, pendant que le lait s'aigrit, se transforme par voie de fermentation en acide lactique. La formule de la réaction est :

$$\underbrace{C^{12}H^{11}O^{11}}_{\text{Sucre de lait.}} + HO = \underbrace{2C^6H^6O^6}_{\text{Ac. lactique.}}$$

Beaucoup de principes sucrés, et en particulier le sucre de canne, sont ainsi susceptibles de se transformer en acide lactique. D'après les premiers savants qui ont étudié ces phénomènes, un grand nombre de substances azotées sont susceptibles d'exciter la fermentation lactique ; ainsi le caséum du lait, les membranes animales modifiées par un séjour dans l'air humide, etc. La fermentation s'arrête quand la liqueur est devenue trop acide ; aussi, quand on veut qu'elle se continue jusqu'à épuisement des substances, faut-il ajouter dans le liquide fermentescible de la craie qui sature l'acide lactique à mesure qu'il se forme.

Jusqu'en 1860, l'on n'avait vu dans ce phénomène qu'un effet de communication de mouvement, et la théorie de Liebig semblait lui convenir parfaitement. M. Pasteur, reprenant la question, remarqua une substance grise qui forme une zone distincte au-dessus du dépôt de craie ; examinant cette matière au microscope, il la trouva formée de petits globules ou de petits articles très-courts, isolés, ou en amas, constituant des flocons irréguliers. Ses globules sont beaucoup plus petits que ceux de la levûre de bière. Si l'on fait une dissolution d'eau sucrée, que l'on y ajoute de la craie, une décoction d'une matière plastique azotée, et que l'on sème dessus quelques globules de matière grise, la fermentation lactique se développe.

Se fondant sur les expériences précédentes, M. Pasteur admet que la substance grise est le ferment lactique, que cette substance est organisée, que la fermentation lactique et la production de cette matière organisée sont deux phénomènes corrélatifs.

Fermentation butyrique. — La fermentation lactique est généralement suivie ou même accompagnée de la fermentation butyrique par laquelle l'acide lactique se transforme en acide butyrique et quelques autres produits moins abondants. D'après M. Pasteur, il existe un ferment butyrique distinct ; ce serait un infusoire dont voici la description : Ce sont de petites baguettes ordinairement cylindriques, arrondies à leurs extrémités, ordinairement droites, isolées, ou réunies par des chaînes de deux, trois, quatre, cinq articles, et quelquefois davantage. Leur largeur est de 0^{mm},002 en moyenne; leur longueur, à l'état d'articles isolés, varie de 0^{mm},002 à 0^{mm},001. Ces infusoires s'avancent en glissant. Pendant ce mouvement, leur corps reste rigide ou éprouve de légères ondulations, ou bien ils pirouettent ou se balancent, ou font trembler vivement la partie antérieure ou postérieure de leur corps. Ils se reproduisent par fissiparité. On peut semer ces infusoires comme on sèmerait de la levûre de bière ; ils engendrent alors la fermentation butyrique. Une particularité remarquable qu'ils possèdent, c'est que non-seulement ils peuvent vivre sans oxygène, mais que l'oxygène les tue.

Fermentation visqueuse. — Les vins blancs peuvent être affectés d'une maladie qui les rend filants, c'est ce que l'on nomme, dans le commerce, la *graisse des vins.* Des dissolutions d'eau sucrée peuvent offrir le même phénomène, pourvu qu'elles contiennent certaines matières azotées; il se dégage de l'hydrogène et de l'acide carbonique; quant à la matière visqueuse, elle est isomère de la dextrine. Ce phénomène a été considéré comme une fermentation. M. Péligot a reconnu que le ferment était globulaire, très-analogue à la levure de bière par son aspect microscopique, et qu'une fois développé il engendrait à volonté la fermentation visqueuse dans les dissolutions sucrées dans lesquelles on l'ajoutait. M. Pasteur est revenu sur la question; il a isolé un ferment végétal, constitué par de petits globules réunis en chapelets; le diamètre des globules varie de 0^{mm},0012 à 0^{mm},0014. Lorsqu'on les sème dans un liquide sucré, tenant de l'albumine en dissolution, on obtient toujours la fermentation visqueuse; seulement, parmi les produits de l'opération, se trouve de la mannite signalée déjà par MM. Pelouze et Jules Gay-Lussac comme résultat de la fermentation visqueuse. M. Pasteur a reconnu qu'il se produisait 51 parties de mannite pour 100 de sucre employé; il assigne pour formule à la réaction :

$$25(C^{12}H^{11}O^{11}) + 25HO = 12(C^{12}H^{10}O^{10}) + \ldots$$

Sucre. Matière visqueuse.

$$+ 12(C^{12}H^{14}O^{12}) + 12CO^2 + 12HO$$

Mannite.

Mais il arrive souvent que la proportion de matière visqueuse augmente, tandis que celle de mannite diminue; alors on voit un second ferment mélangé au premier, et formé de globules plus gros; ce ferment, que l'on n'a pu isoler, transforme peut-être le marc en matière visqueuse sans production de mannite.

Fermentation acétique. — Les liquides alcooliques, tels que le vin, la bière, le cidre, abandonnés au contact de l'air, laissent subir à leur alcool une transformation qui le change en acide acétique ou vinaigre. C'est là un de ces phénomènes auxquels on donna le nom d'*érémacausies*, bien des chimistes éprouvant de la répugnance à le placer à côté de la fermentation alcoolique, à cause de la différence qui existe dans la nature de la réaction chimique produite. Cependant, on remarqua qu'une substance mucilagineuse se forme dans le vinaigre; on fut porté à croire qu'il y avait là un ferment auquel on donna le nom de *mère du vinaigre;* on trouvait surtout cette substance en masse gélatineuse se formant peu à peu dans le vinaigre même. Attribuer à cette matière le rôle d'un ferment était une erreur, comme l'a démontré Berzelius; mais si l'on considère la fleur du vinaigre il n'en est plus ainsi; c'est là la véritable mère du vinaigre, et ce nom lui a d'ailleurs été aussi donné fort souvent. La fleur du vinaigre est un mycoderme (*mycoderma aceti*). Cette plante, cultivée à la surface d'un liquide alcoolique quelconque, produit du vinaigre. Dès qu'il est immergé, le mycoderme n'agit plus; s'il manque d'alcool, il s'attaque à l'acide acétique lui-même et le transforme en acide carbonique. Pour que la plante végète, il lui faut, outre l'eau et l'alcool, des phosphates et des matières azotées en petite quantité.

Fermentation ammoniacale. — L'urine contient une substance appelée *urée*, corps neutre qui ne peut causer aucune irritation dans la vessie; mais, au contact de l'air, cette substance se transforme peu à peu en un produit caustique, le carbonate d'ammoniaque. C'est à cette transformation que M. Dumas a donné le nom de *fermentation ammoniacale.*

M. Jacquemart a fait voir que le dépôt blanc qui se forme dans les vases où l'on recueille habituellement les urines provoque énergiquement la fermentation ammoniacale, et qu'il y a lieu de croire qu'il constitue un véritable ferment. M. Van Tieghem a prouvé que ce ferment existe en réalité, que c'est une torulacée; que la transformation de l'urée est corrélative du développement de ce végétal. Cette torulacée est blanchâtre, constituée de chapelets globulaires sans granulations, sans enveloppe distincte du contenu, et qui paraissent se développer par bourgeonnement; leur diamètre est de 0^{mm},0015 environ. La transformation de l'urée peut se réaliser sous l'influence de ce ferment, en dehors de toute matière albuminoïde. L'urine des herbivores se comporte comme celle de l'homme; il est seulement à remarquer que l'acide hippurique que l'on y trouve en plus se transforme, sous l'influence du même ferment en acide benzoïque et glycollammine.

L'éthylurée n'est pas altérée.

Fermentation benzoïque. — Le suc des amandes amères contient une substance, l'*amygdaline* (voyez ce mot), qui, sous l'influence d'une autre matière, l'émulsine ou synaptase, se dédouble en acide cyanhydrique, glucose et huile essentielle d'amandes amères, appelée aussi *hydrure de benzoïle.* La synaptase joue donc le rôle de ferment, mais elle est toute différente de ceux qui ont été étudiés précédemm·nt; ainsi elle n'est point organisée et se dissout complètement dans l'eau. D'ailleurs, comme dans toute fermentation, une très-petite quantité de synaptase suffit à la décomposition d'une grande quantité d'amygdaline, et une température de 30° à 40° favorise la réaction qui cesse à 100°.

Fermentation sinapisique. — Elle doit être rapprochée de la fermentation benzoïque. La graine de moutarde, sous l'action d'un ferment qu'elle contient, la myrosine, donne lieu à l'huile essentielle de moutarde. C'est à MM. Robiquet et Bussy que l'on doit la découverte de la myrosine, ferment soluble dans l'eau comme l'émulsine.

Résumé. — Nous bornant aux fermentations précédentes qui sont les plus importantes ou les mieux étudiées, nous voyons qu'une nouvelle classification doit être établie, et qu'il y a lieu de séparer en deux groupes les fermentations, selon qu'elles sont produites par des ferments doués de vie ou inertes et solubles. D'ailleurs, tout n'est pas dit sur cette question qui est plus que jamais à l'étude. H. G.

FÉROLIE (Botanique), *Ferolia*, Aubl. — Genre d'*Arbres* qui paraît appartenir à la famille des *Chrysobalanées*, voisine des Rosacées, et faisant partie des plantes *Dicotylédones dialypétales périgynes.* Il comprend de grands végétaux de la Guyane, à feuilles alternes entières, ovales, terminées en pointe, blanchâtres inférieurement. Leurs fruits, disposés en une sorte de grappe, ont 2 crêtes et contiennent un noyau à 2 loges. Le bois de ces arbres est très-estimé dans l'industrie où il est connu sous les noms de *bois satiné, bois marbré, bois de Cayenne* et *bois de Férole.* On l'emploie surtout dans la marqueterie. Il est dur, pesant, à grain fin; son aubier est blanc et satiné. Ce bois présente en outre différentes couleurs, telles que le rouge, le jaune, le vert.

FÉRONIE (Zoologie), *Feronia*, Latr.; nom d'une divinité chez les Romains. — Genre d'*Insectes*, de l'ordre des *Coléoptères*, section des *Pentamères*, famille des *Carnassiers*, tribu des *Carabiques*, division des *Simplicimanes*, établi par Latreille, et conservé par Dejean, Blanchard et presque tous les entomologistes. Les tarses antérieurs des mâles ont les trois premiers articles fortement dilatés, en forme de cœur renversé; ils ont une dent bifide au menton; le corselet plus ou moins cordiforme, arrondi, carré ou en trapèze; les jambes intermédiaires toujours droites. Ce genre nombreux, dans lequel Bonelli, Ziegler et autres avaient opéré des coupes différentes, a été beaucoup travaillé par Latreille et le comte Dejean, et aujourd'hui, d'après ce dernier entomologiste, il est réparti en dix sous-genres. 1° Les *Pœciles;* 2° les *Argutors;* c'est la première division de Latreille; ils ont le corps plus ou moins ovale, les antennes fil'formes; ils sont généralement ailés. La deuxième division de Latreille comprend des espèces généralement ailées, qui ont le corps droit, plan ou horizontal en dessus; on les trouve dans les lieux frais ou humides. Dejean en fait les sous-genres : 3° des *Platysmes;* 4° des *Omaseus.* La troisième division de Latreille, plus nombreuse, se compose d'espèces assez analogues aux précédentes, mais toujours sans ailes; ce sont : 5° les *Cophoses;* 6° les *Abax;* 7° les *Ptérostiches;* 8° les *Molops;* 9° les *Stéropes;* 10° les *Percus.* Un autre genre, les *Amares*, avait aussi été admis par Dejean; mais Latreille a vainement cherché dans les antennes, dans les parties de la bouche, des caractères qui puissent les distinguer des autres genres. Nous allons dire un mot de chacun de ces sous-genres. — 1° Les *Pœciles* (Bonn.) ont le corselet presque aussi long que large, les antennes assez courtes, le troisième article comprimé et anguleux. Ils sont très-agiles et courent rapidement pendant la plus grande chaleur. Le *P. punctulatus* (Fab.) se trouve aux environs de Paris; c'est le type de ce sous-genre. — 2° Les *Argutors* (Még.), qui leur ressemblent, ont les antennes proportionnellement plus longues; ils sont moins agiles, se tiennent ordinairement sous les pierres, au bord des eaux ; l'*A. vernalis* (Fab.), type du groupe, se trouve dans toute l'Europe et aux environs de Paris. — 3° Les *Platysmes*, aptères ou ailés, ordinairement de couleur métallique ou noire, ont le corselet cordiforme ou rétréci postérieurement. Le type du sous-genre est le *P. pici-mane* (Creutz.) de France et d'Allemagne ; assez rare. — 4° Les *Omaseus* (Ziegl.) ont une taille au-dessus de la moyenne, ordinairement aptères ; noirs et luisants, ils sont peu agiles et se tiennent sous les pierres ; l'*O. leucophthal-mus* (Fab.) est très-commun aux environs de Paris. — 5° Les *Cophoses* (Ziegl.) ont le corps en carré long ou cylindrique, le corselet presque carré ; taille au-dessus de la moyenne, noirs et luisants comme les précédents, mais plus allongés ; le *C. magnus* (Méger.) est le type du sous-genre. Il est de Hongrie. — 6° Les *Abax* de Bonelli ont le corps large et aplati, généralement ovale, le corselet grand, presque carré. Ils sont toujours aptè-res, noirs, luisants, peu agiles, se tiennent dans les lieux humides, sous les pierres ; l'*A. striola* (Fab.), type du sous-genre, se trouve dans les bois et les montagnes de l'Europe. — 7° Les *Ptérostiches* de Bonelli renferment les espèces les plus brillantes du groupe des féronies. Elles sont en général dorées, cuivreuses ou bronzées ; on les trouve sous les pierres, au bord des ruisseaux, dans les montagnes. L'espèce type, le *P. rutilans* (Bon.), d'un vert doré, très-brillant, habite les Alpes. — 8° Les *Molops* de Bonelli ont une taille au-dessus de la moyenne ; aptères, noir luisant, très-peu agiles ; ils ont le corps court, assez épais, les pattes fortes. Le *M. terricola* (Fab.) de France et d'Allemagne, se trouve aux environs de Paris. — 9° Les *Stéropes* (Méger.), taille au-dessus de la moyenne, toujours aptères, ressemblent beaucoup aux *Omaseus*. L'espèce type est le *S. madidus* (Fab.), qu'on trouve en France. — 10° Les *Percus* (Bon.) sont au-dessus de la taille moyenne, toujours aptères, d'un noir luisant, peu agiles. Le *P. corsicus* (Latr.), espèce type, n'a encore été trouvé qu'en Corse. Enfin, nous avons vu que Latreille n'avait pu trouver dans le groupe des *Amares* des caractères assez précis pour en faire un genre à part. Voici toutefois les principaux que lui assigne le comte Dejean : Antennes filiformes et peu allongées ; dent bifide au milieu de l'échancrure du menton ; corselet transversal ; élytres légèrement convexes ; taille moyenne ; presque tous ailés, couleur métallique ou brune, souvent très-agiles, quel-quefois lourds. Habitent les champs secs et arides. L'es-pèce type est l'*A. eurynota* (Kugell.), qu'on trouve en France. Consultez la *Species général des coléoptères* du comte Dejean.

FERRAIRE (Botanique), *Ferraria*, Lin. ; dédiée au bo-taniste italien J.-B. Ferrari, qui vivait au xvii° siècle. — Genre de plantes *Monocotylédones périspermées*, de la famille des *Iridées*, type de la tribu des *Ferrariées*. Caractères : périanthe à 6 divisions oblongues, ondu-lées, 3 extérieures plus larges ; 3 étamines ; stigmates pétaloïdes, bilobés, découpés ; capsule à 3 angles. Les plantes de ce genre sont des herbes à rhizome tubéreux et à fleurs fugaces. Elles habitent le cap de Bonne-Espé-rance. L'espèce la plus répandue est la *F. ondulée* (*F. undulata*, Lin.), très-belle plante à tige rameuse, haute de 0ᵐ,65. Ses feuilles sont engaînantes, droites, vert foncé, les inférieures ponctuées de rouge, et ses fleurs assez grandes, réunies par 2 ou 3, sont colorées en pour-pre brunâtre avec des points jaunes. Elles s'épanouissent en avril. Serre tempérée.

FERRÉE (Eau) (Matière médicale). — C'est un des moyens les plus simples pour administrer le fer comme médicament ; on obtient l'*eau ferrée*, soit en éteignant plusieurs fois de suite un fer rougi au feu, dans l'eau froide, soit en versant sur des clous rouillés de l'eau bouillante qu'on laisse refroidir. L'eau ainsi préparée contient du fer oxydé, et d'autant plus que la quantité de fer mise en contact avec l'eau a été plus grande (voyez **Ferrugineux**).

FERRUGINEUX (Matière médicale). — Médicaments qui ont le fer pour base, et dans lesquels on comprend à la fois ceux que l'on prépare dans les laboratoires et ceux que l'on emploie dans l'état où nous les trouvons dans la nature ; telles sont les *eaux minérales ferrugineuses*. Quelle que soit la forme sous laquelle il est administré, le fer jouit de certaines propriétés très-remarquables, qui se résument en général dans une augmentation de la pléthore sanguine, de la tonicité des organes et parti-culièrement de la reconstitution du sang. On comprendra dès lors que ce médicament a une action assez énergique pour que le médecin doive le proscrire lorsqu'il existe quelques prédispositions inflammatoires, lorsque les ma-lades ont éprouvé quelque chose de suspect du côté de la poitrine, que des cicatrices évidentes de scrofules peuvent faire soupçonner un commencement de tuber-cules pulmonaires, quand bien même ils offriraient des symptômes de chlorose ; on s'en abstiendra aussi dans les affections essentielles du cœur, etc.

Parmi les maladies dans lesquelles la médication fer-rugineuse compte le plus de succès, la *chlorose* (voyez ce mot) tient le premier rang ; on pourrait dire qu'elle est spécifique de cette affection. Viennent ensuite l'*anémie*, surtout à la suite des pertes, avec le cortége des acci-dents nerveux de toute espèce qui l'accompagnent aussi bien que la chlorose ; quelques névroses (asthme, coque-luche, etc.). Le fer a encore été employé contre quelques *fièvres intermittentes paludéennes*, contre les *scrofules*, le *diabète*, les *cachexies*, les *leucorrhées*, etc. Enfin le peroxyde de fer hydraté a été vanté contre l'empoisonne-ment par l'arsenic ; mais, comme il n'agit que par sa décomposition et par la formation d'un arsénite de fer qui est insoluble, on conçoit qu'il faut l'administrer avant que le poison ait exercé sur l'économie des désor-dres irrémédiables.

Les *préparations ferrugineuses* employées en méde-cine sont extrêmement variées ; nous ne citerons que les principales : 1° Le *fer métallique* réduit en *limaille brute* ou *porphyrisée* se prend à la dose moyenne de 0ᵍʳ,50, en tablettes, pilules ou électuaire ; ou bien réduit par l'hydrogène en poudre d'un noir mat, à la dose de 0ᵍʳ,50 ; ce sont de bonnes préparations. 2° L'*oxyde noir* (éthiops martial), même dose ; assez bonne préparation. 3° Le *peroxyde* est employé comme astringent contre les hémorrhagies ; nous avons parlé plus haut du peroxyde hydraté. 4° Différentes variétés de ces oxydes, connues sous les noms de *colcotar*, de *safran de mars apéritif*, de *safran de mars astrin-gent*, etc., sont beaucoup moins employées qu'autrefois et avec quelque raison ; il faut pourtant faire une ex-ception pour l'*eau ferrée* dont l'usage est très-fréquent ; c'est un assez bon médicament qui a le mérite d'être à bon marché. 5° Le *protocarbonate de fer*, le plus sou-vent en pilules ; dose moyenne, 0ᵍʳ,50 ; assez bon. 6° Le *lactate de fer*, bonne préparation, soluble ; dose de 0ᵍʳ,10 à 4 ou 5 grammes ; en pilules, en pastilles, dra-gées, sirop. 7° On a encore cité les *citrates de fer*. 8° Les *tartrates de fer* forment la base du *tartre cha-lybé*, de la *teinture de Mars*, des *boules de Mars* ou de Nancy, du *baume vulnéraire de Dippel*, du *vin chalybé*, prescrit encore assez souvent. Le *tartrate ferrico-potas-sique*, à la dose de 1 à 2 grammes en pilules, est un mé-dicament soluble, que l'estomac supporte très-bien. 9° Le *perchlorure de fer*, pour usage externe, est précieux dans le traitement des hémorrhagies ; à l'intérieur, il ne peut être employé qu'à des doses très-faibles. 10° Le *proto-iodure de fer* contre les scrofules et contre cer-taines formes de phthisie, se donne à l'intérieur à la dose de 0ᵍʳ,05 à 0ᵍʳ,25 ; on le prescrit aussi en injections et en bains. 11° Enfin les *eaux ferrugineuses* dont nous allons dire quelques mots.

Eaux ferrugineuses. Il est à remarquer qu'à très-peu d'exceptions près, toutes les eaux minérales renferment du fer ; ce n'est donc pas par la présence seule de cet agent que l'on pourrait les classer, mais par sa prédomi-nance sur les autres principes, qui y existent en propor-tion trop faible pour pouvoir assigner à ces eaux des carac-tères spéciaux. Toutefois, la quantité de fer est toujours faible et ne s'élève guère dans celles qui en contiennent le plus qu'à 0ᵍʳ,08 ou 0ᵍʳ,09 de sels de fer par litre d'eau ; ainsi, d'après le *Dictionn. des eaux minérales*, Spa, 0ᵍʳ,002 ; Schwalbach, 0ᵍʳ,083 ; Auteuil, 0ᵍʳ,071 ; Pyrmont, 0ᵍʳ,057 ; Forges les-Eaux, 0ᵍʳ,058 ; Passy, 0ᵍʳ,045, etc. On trouve les sources ferrugineuses, principalement dans le nord et l'ouest de la France et de l'Europe. Cependant, bien que leur nombre soit assez considérable, on pourrait être étonné de les voir si peu fréquentées ; si l'on ne réflé-chissait que les eaux ferrugineuses n'ont guère d'action thérapeutique que par le fer qu'elles contiennent, et que la matière médicale est assez riche en préparations mar-tiales, d'un usage sûr, facile et peu dispendieux ; aussi les médecins s'imposent-ils généralement l'obligation de ne les prescrire que dans des cas bien déterminés. Du reste, elles sont peu employées en bains, et, quoique le transport et la conservation les altèrent généralement plus que les autres, leur usage en boisson est très-répandu, sans avoir besoin de se rendre aux stations minérales, si l'on en excepte Spa, Schwalbach et quelques autres. Les principales eaux minérales ferrugineuses sont : Audinac, Auteuil, Bagnères-de-Bigorre, Bussang, Campagne, Cransac, Forges-les-Eaux, Passy, Provins, Pyrmont, Rennes (Aude), Schwalbach, Spa, etc. (voyez EAUX MINÉRALES [(*Chimie*)].   F — N.

FERRURE (Zootechnie). — On nomme *ferrure* d'un cheval ou d'un bœuf l'ensemble des fers dont on garnit les sabots ou les onglons; puis ce mot s'applique aussi à la manière de fixer les fers sous les pieds des animaux, à la pratique de l'opération la plus importante dans l'art du maréchal-ferrant. Le but que l'on se propose en adaptant ainsi une lame résistante au pourtour de la face plantaire des sabots, est de prévenir l'usure rapide de cette partie sur des chemins pavés ou empierrés; mais parfois aussi on utilise les fers pour remédier à certains défauts de l'animal ou à certaines maladies du pied. Aussi les vétérinaires distinguent-ils deux sortes de ferrures : la *ferrure hygiénique* et la *ferrure chirurgicale*.

Ferrure hygiénique. — L'application des fers aux animaux qui ont les pieds sains est soumise à un principe fondamental; le fer doit protéger le pied sans rien changer à sa forme, à sa position sur le sol, aux aplombs naturels de l'animal et à la liberté de ses mouvements. Pour cela, il faut d'abord que la *tournure* du fer coïncide exactement avec la configuration du sabot, là où il s'y doit adapter; ensuite le maréchal-ferrant ajustera le fer de façon à ce que le membre ferré pose sur le sol de la même manière qu'il posait avant de recevoir sa ferrure. Le fer doit laisser la sole du pied (voyez HIPPOLOGIE) libre dans ses mouvements et ne doit nullement presser sur elle. Il ne doit pas non plus gêner l'élasticité du pied, et particulièrement le jeu de ressort des talons; aussi convient-il de placer les *étampures* (c'est-à-dire les trous percés dans le fer pour recevoir les clous qui le fixent au sabot) surtout vers la partie antérieure du fer. L'épaisseur du fer doit être partout égale à elle-même pour ne pas changer les aplombs de l'animal, et d'un autre côté, en rognant l'ongle pour poser la ferrure, il faut retrancher également pour ne pas en altérer les formes naturelles.

On *ferre* habituellement à chaud, c'est-à-dire qu'après avoir choisi un fer dont les dimensions générales conviennent à celles du pied, et après avoir rogné le sabot, le maréchal chauffe le fer au rouge brun; un aide maintient le pied de l'animal replié de manière à ce que la face plantaire soit tournée en haut, et le maréchal présente le fer chaud sur cette face, le corrige immédiatement avec le marteau sur l'enclume, le présente de nouveau, et ainsi de suite, jusqu'à ce que ce fer s'ajuste parfaitement au pied; alors il le fixe au moyen de clous longs et pointus, dont la tête est à la face inférieure du fer et dont la pointe vient sortir près du bord de la muraille, où le maréchal la rive au marteau. Les essais que l'on a tentés pour changer cette méthode et lui substituer la *ferrure à froid* n'ont pas eu de succès jusqu'ici, parce qu'aucun des procédés proposés n'est aussi simple, aussi prompt et aussi bon pour la solidité de la ferrure.

Ferrure chirurgicale. — La ferrure est employée par les vétérinaires : 1° Pour favoriser les pansements après certaines opérations, telles que celles de javart, de clou de rue, de scime, de crapaud, de dessolure; le genre de fers employés dans ce cas porte le nom général de *fers prolongés*, parce qu'en effet ils diffèrent de la ferrure hygiénique par des prolongements de leur bord externe, de leurs éponges ou extrémités postérieures, de leur pince ou partie antérieure. — 2° Pour remédier aux maladies ou aux défauts du pied proprement dit; mais, dans ce but, on donne aux fers des dispositions très variées que l'on rapporte à quatre genres : les *fers couverts* distingués en *demi-couverts*, *couverts*, *très-couverts*, *à bords renversés*, qui sont larges et minces, et qui s'emploient pour les pieds plats, combles, à oignons, à sole mince; les *fers à éponges réunies* ou *à planche*, dont les éponges ou extrémités postérieures sont réunies par une bande de fer transversale; ils sont bons pour les pieds bleimeux, encastelés, à seimes quartes, à faux quartiers, à talons serrés, parce qu'ils concentrent l'effort sur la fourchette du pied et en garantissent les parties latérales; les *fers en croissant* ou *fers à lunette*, qui, réduits dans leurs dimensions, manquent des parties postérieures, ne couvrent, du bord antérieur du sabot, que la pince, les mamelles, la portion antérieure des quartiers, et conviennent pour les pieds étroits, serrés, encastelés; les *fers dits à caractère*, dont les étampures ou trous pour recevoir les clous sont irrégulièrement placés pour correspondre aux parties encore résistantes

de la corne du sabot; ils servent pour la ferrure des pieds dérobés et à faux quartiers. — 3° Pour compenser des vices d'aplomb des membres; ce sont : les *fers tronqués*, qui, selon les indications du vice d'aplomb, sont raccourcis en pince, en éponges ou branches, et qu'on applique aux chevaux qui forgent (frappent en trottant les pieds de devant contre ceux de derrière), qui se couchent en vache, qui se coupent (frappent en trottant ou en marchant le pied levé contre le pied posé) ou qui ont subi au pied quelque opération chirurgicale; puis les *fers renflés* en quelqu'une de leurs parties, employés pour remédier aux pieds rampins, bouletés, de travers, et pour empêcher les chevaux de se couper.

FÉRULE (Botanique), *Ferula*, Lin., de *ferire*, frapper, parce que sa tige servait à corriger les écoliers. — Genre de plantes *Dicotylédones dialypétales périgynes*, de la famille des *Ombellifères*, tribu des *Peucédanées*. Caractères : fruit à bords dilatés, carpelles à 5 côtes dont 2 latérales, dilatées, vallécules dorsales à 3 bandelettes. Les férules sont des herbes souvent assez élevées. Leurs racines sont charnues, épaisses; leurs feuilles décomposées et leurs fleurs jaunes. Elles habitent en général les régions méridionales de l'Europe et de l'Asie. L'espèce la plus importante est la *F. assa-fœtida* (*F. assa-fœtida*, Lin.). C'est une plante élevée de 2 mètres environ. Ses tiges sont arrondies, garnies de pétioles engaînants. Ses feuilles radicales sont pennatiséquées, à divisions oblongues. Cette plante croît en Perse. Elle produit une gomme-résine employée en médecine, et connue sous le nom d'*assa fœtida*. Cette gomme, qu'on obtient par incision de la tige au collet de la racine, a la consistance de la cire. Son odeur très-alliacée est insupportable. Sa saveur est amère, âcre. Malgré son odeur repoussante, les anciens se servaient de l'assa-fœtida pour aromatiser leurs mets. En Orient, on l'emploie encore aux usages culinaires. Cette substance est un médicament très-énergique; elle passe pour un puissant vermifuge. Elle est aussi employée comme résolutif et surtout comme antispasmodique (voyez ASSA-FŒTIDA). La *F. commune* (*F. communis*, Lin.), que l'on cultive quelquefois dans les jardins, haute de 1m,80, a les segments de ses feuilles linéaires. Elle croît spontanément dans les lieux pierreux du midi de l'Europe.   G — s.

FESSE (Anatomie). — La saillie de la fesse n'existe véritablement que dans l'espèce humaine; chez les animaux mammifères et chez les autres vertébrés, la région correspondante est charnue plus ou moins, mais n'a pas le même développement. La station verticale, qui est particulière à l'homme, exige une forte masse musculaire qui maintienne le bassin au-dessus des deux cuisses, et ce sont précisément les muscles destinés à produire l'extension de la cuisse sur le bassin, et réciproquement, qui forment la saillie de la fesse. Cette saillie est en effet constituée par plusieurs plans musculaires et du tissu cellulaire graisseux, abondant surtout sous la peau de cette région. La fesse est limitée chez l'homme : en haut, par le bord supérieur de l'os iliaque; en avant et en dehors, par une ligne joignant l'épine iliaque au grand trochanter; en bas, par un pli qui la sépare de la cuisse; et en dedans par un enfoncement en forme de sillon, au fond duquel est l'anus, et qui est formé par les deux fesses elles-mêmes.

En anatomie vétérinaire, on nomme *fesse* une région extérieure, située à la base du membre postérieur, limitée en haut par la racine de la queue et la croupe; en bas, par la jambe; en arrière, par le raphé médian placé entre les deux fesses. Cette région, chez le bœuf, prend, en termes de boucherie, le nom de *culotte* (voyez HIPPOLOGIE, RACES). Elle correspond à la fesse et à la face postérieure et externe de la cuisse chez l'homme.

FESSIER, FESSIÈRE (Anatomie). — Ce nom désigne chez l'homme et chez les animaux vertébrés les principaux muscles, vaisseaux et nerfs de la région fessière. Cette région comprend en effet, chez l'homme, dans sa partie supérieure, trois plans musculaires superposés, et qui sont trois muscles : le *grand*, le *moyen* et le *petit fessier*; dans sa partie inférieure et profonde, deux plans musculaires seulement formés, par les muscles *pyramidaux* et *jumeaux du bassin*, d'une part, et par une portion du muscle *obturateur interne*, de l'autre. Le muscle *grand fessier* ou *sacro-fémoral* de Chaussier est un muscle large, épais, quadrilatère, dirigé obliquement de dedans en dehors, qui recouvre entièrement tous les autres muscles de la même région; son insertion supérieure se fait sur la ligne semi-circulaire supérieure de l'os iliaque, le sacrum, le coccyx et le ligament sacro-sciatique postérieur; son insertion inférieure a lieu sur le fémur, entre le grand trochanter et le commencement de la ligne âpre. Il étend la cuisse sur le bassin et la.. ramène en dehors, lorsqu'elle a été portée vers le plan médian du corps. Le *moyen fessier* ou *grand ilio-trochantérien* de Chaussier est situé sous le précédent; sa forme est aplatie et triangulaire; fixé par le haut à la crète iliaque et dans une portion de la fosse iliaque, il va s'attacher inférieurement au grand trochanter du fémur. Il fléchit la cuisse et la fait tourner de-dedans en dehors. Le *petit fessier* ou *petit ilio-trochantérien*, Ch. est placé sous le moyen fessier; plus petit et de forme analogue, il se fixe, d'une part, à la face externe de l'os iliaque, près de la cavité cotyloïde et au grand tro-

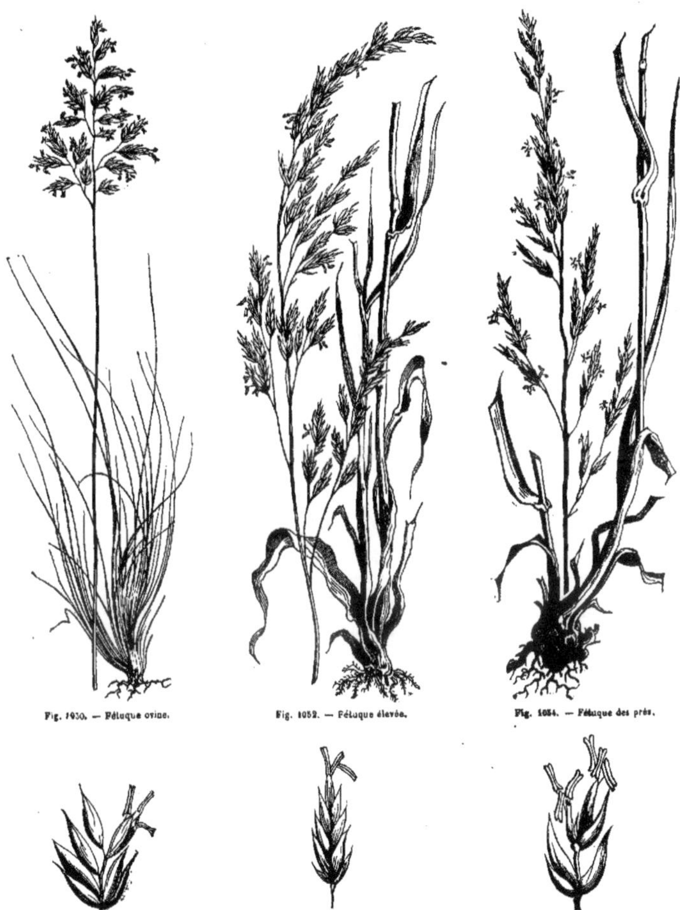

Fig. 1050. — Fétuque ovine.

Fig. 1052. — Fétuque élevée.

Fig. 1054. — Fétuque des prés.

Fig. 1051. — Épillet de la fétuque ovine.

Fig. 1053. — Épillet de la fétuque élevée.

Fig. 1055. — Épillet de la fétuque des prés.

chanter du fémur; il fléchit la cuisse et lui imprime un mouvement de rotation de la cuisse en dedans. — L'*artère fessière*, aussi nommée *iliaque postérieure*, naît de l'*artère hypogastrique*, se dirige en bas et en arrière, se réfléchit en haut de la grande échancrure ischiatique, passe au-dessus du muscle pyramidal et se distribue en deux branches aux muscles de la fesse, à l'articulation de la hanche et à la peau de cette région. La *veine fessière* accompagne cette artère. — Il existe deux *nerfs fessiers*: le *supérieur*, qui est un rameau collatéral du *plexus sacré*, fournit ses branches aux muscles moyen et petit fessier; l'*inférieur* est plus conn⚬

sous le nom de *petit nerf sciatique* (voyez Sciatique).

FESTUCACÉES (Botanique). — Nom d'une des tribus de la famille des *Graminées*, qui a pour type le genre *Fétuque* (*Festuca*, Lin.).

FÉTIDIER (Botanique), *Fœtidia*, Comm., ainsi nommé à cause de la mauvaise odeur de son bois. — Genre de plantes *Dicotylédones dialypétales périgynes* de la famille des *Myrtacées*. Caractères : calice gamophylle, à 4 divisions ; corolle nulle ; étamines indéfinies ; ovaire à 4 loges ; stigmate à 4 lobes ; capsule anguleuse, couronnée par le limbe réfléchi du calice. La *F. de Mauritanie* (*F. mauritanica*, Lamk), appelé vulgairement *Bois puant*, à cause de l'odeur désagréable que répand son bois, est un grand et bel arbre des îles Maurice et de la Réunion, qui, par sa grosseur et son élévation, ressemble assez bien à notre noyer. Ses feuilles sont coriaces, ovales, entières, et ses fleurs sont solitaires à l'aisselle de feuilles. Le bois rougeâtre et veiné de cet arbre s'emploie dans l'ébénisterie.

FÉTUQUE (Botanique), *Festuca*, Lin. ; du celtique *fest*, pâture, aliment. — Genre de plantes *Monocotylédones périspermées* de la famille des *Graminées*, tribu des *Festucacées*. Caractères : épillets à 5-10 fleurs ou davantage ; glumelle inférieure aiguë, munie au sommet d'une arête ; stigmates terminaux et ordinairement sessiles. Les espèces très-nombreuses de ce genre sont des herbes à feuilles linéaires, à fleurs en panicule ou en grappe. Elles habitent les régions tempérées, principalement dans l'hémisphère boréal. On en compte une quinzaine d'espèces aux environs de Paris, sur quatre-vingts à peu près que comprend le genre. Nous citerons la *F. des brebis* (*F. ovina*, Lin.) (*fig.* 1050) ; c'est une herbe gazonnante, à tiges grêles. Ses feuilles sont enroulées, sétacées et rudes au toucher. Elle donne un fourrage assez médiocre, mais très-recherché des moutons, et réussit dans des terrains secs, siliceux ou calcaires. La *F. élevée* (*F. elatior*, Lin.) (*fig.* 1052) est stolonifère et s'élève souvent à plus de 2 mètres. Sa panicule est diffuse, très-grande, et ses épillets un peu violacés ont 4-5 fleurs. La *F. des prés* (*F. pratensis*, Huds.) (*fig.* 1054) a les épillets linéaires, oblongs et composés de 5-10 fleurs. Aussi bien que la précédente, elle réussit dans les terrains frais et riches et les sols humides. Toutes les fétuques se rencontrent en proportions notables dans les prairies naturelles, et elles constituent un bon fourrage. D'après Math. de Dombasle, pour ensemencer un hectare à la volée, sur 370 kilog. de douze sortes de graines, la fétuque des prés doit entrer pour 50 kilog.   G — s.

FEU (Chimie). — Voyez Phlogistique.

Feu (Médecine). — Pour tout ce qui concerne l'emploi du feu en médecine et en chirurgie, voyez Cautère, Cautérisation. — On a donné vulgairement le nom de *feu* ou *feux* à certaines maladies de la peau. — Les *Feux de dents* sont des élevures ou papules blanches ou rouges, qui se développent sur la peau des enfants pendant le premier âge et sont accompagnées d'une démangeaison vive, revenant par accès et s'exaspérant par la chaleur du lit ; cette affection, qui se lie au travail de la dentition, est une variété de *lichen simple*, nommée *lichen strofulus* (voyez Lichen). — Le *F. persique* est une autre maladie cutanée, que les médecins nomment *zona* (voyez ce mot). — Le *F. sacré* n'est pas autre chose que l'*érysipèle simple*. — Le *F. de saint Antoine* n'est pas une affection déterminée ; ce nom a été appliqué, dans le langage populaire, à certaines maladies charbonneuses ou gangréneuses dont les ravages sont affreux et le plus souvent mortels, et qui, à certaines époques, ont pris le caractère d'épidémies (voyez Charbon, Ergotisme). Enfin, on donne parfois le nom de *F. volage* ou *F. sauvage* à des affections de la peau, qui sont des *acnés*, des *couperoses*, des *érythèmes* (voyez ces mots).

FEUILLAISON (Botanique). — Voyez Foliation.

FEUILLE (Botanique et Anatomie végétale), du nom latin *folium*, qui, lui-même, paraît dériver du nom grec *phyllon*. — Les *feuilles* sont des organes latéraux annexés à la tige des végétaux phanérogames, et dont les analogues, chez certains végétaux cryptogames, portent le nom de *frondes*. La forme des feuilles varie beaucoup d'une plante à une autre, et parfois sur une même plante ; mais leurs fonctions étant toujours les mêmes, leur structure intérieure présente de bien moins grandes différences que leurs formes.

Composition générale des feuilles. — La feuille consiste habituellement en une lame verdoyante de parenchyme végétal dans laquelle se distribuent des vaisseaux. Cette lame est désignée par le nom de *disque* ou limbe

(*limbus*, lame, en latin), et les faisceaux vasculaires que la parcourent par celui de *nervures*. Parfois ce limbe est directement inséré sur la tige ou la branche qui porte

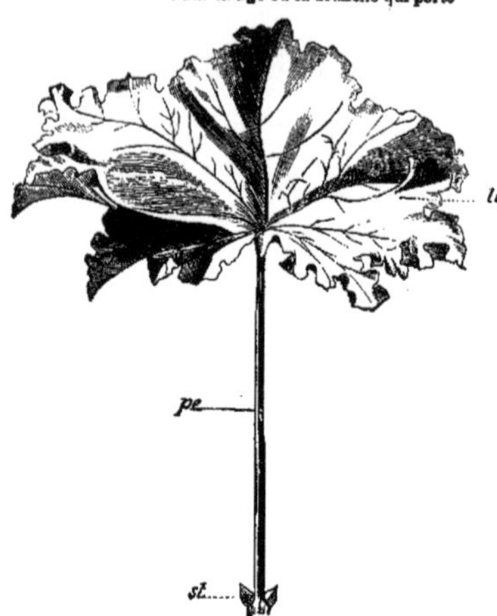

Fig. 1056. — Feuille simple, stipulée, à nervation palmée de la mauve crépue. — *li*, limbe. — *pe*, pétiole. — *st*, stipules ou partie vaginale.

la feuille, et alors celle-ci est dite *feuille sessile* (du latin *sessilis*, qui se pose) ; mais le plus ordinairement il est rétréci à sa base en une sorte de queue ou pédoncule nommé le *pétiole*. Souvent à son point de jonction avec la tige, la feuille ou son pétiole présente une dilatation foliacée, qui tantôt embrasse la branche ou la tige et lui forme une *gaine*, tantôt reste étalée de chaque côté, et prend alors le nom de *stipules*. La feuille complète comprend ainsi trois parties : le *limbe*, le *pétiole*, la *partie vaginale* (*fig.* 1057) constituant une *gaine* ou des *stipules* (voyez ce mot). Le limbe est la partie essentielle de la feuille ; c'est là que s'exécutent les fonctions auxquelles la feuille est destinée ; c'est lui qui offre à l'étude les différences les plus nombreuses et les plus caractéristiques.

Formes des feuilles. — Sous le rapport de leurs formes, les feuilles offrent à étudier leur *nervation* et leur *configuration*.

La *nervation* des feuilles est le mode de distribution des nervures dans leur limbe. On distingue à ce point de vue : 1° Les feuilles *aciculaires* (*fig.* 1058) (du latin *acus*, aiguille)

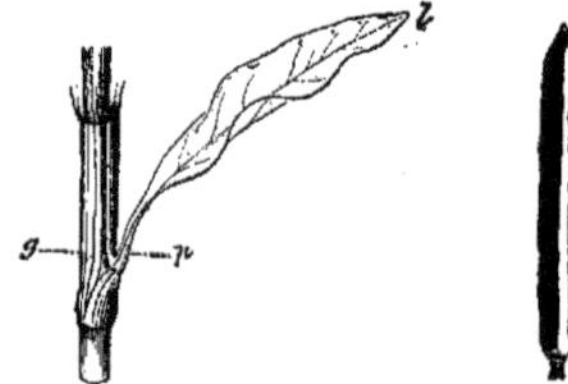

Fig. 1057. — Feuille d'une renouée. — *l*, limbe. — *p*, pétiole. — *g*, gaine ou partie vaginale.   Fig. 1058. — Feuille aciculaire du sapin.

dont les nervures restent réunies et laissent à la feuille entière la forme d'un pétiole terminé par une pointe aiguë ; c'est ce qu'on observe chez les pins, les sapins, les mélèzes. 2° Les feuilles *à nervation pennée* ou *penninerves* (*fig.* 1059) (du latin *penna*, plume), lorsque le faisceau des nervures se continue dans la direction du pétiole, en émettant à droite et à gauche des faisceaux secondaires disposés par rapport à lui comme les barbes d'une plume sur le tuyau. La nervure primaire reçoit le nom de *nervure médiane* ou *côte* de la feuille ; c'est ce qu'on observe sur les feuilles de l'orme (*fig.* 1060), du chêne, du châtaignier, du lilas, du charme, etc. 3° Les feuilles à *nervation palmée* ou *palminerves* (du latin *palma*, main) dans lesquelles les nervures, dès la jonction du limbe au pétiole, se divisent en un certain nombre de faisceaux à peu près d'égale importance, qui vont en s'écartant comme les doigts de la main ouverte; la rose-trémière, la vigne, l'érable (*fig.* 1061) montrent sur leurs feuilles une nervation palmée. 4° Les feuilles à *nervation peltée* ou *pelti-*

Fig. 1059. — Feuille simple à nervation pennée, limbe denté (orme).

Fig. 1060. — Feuille quinqué-partite à nervation palmée du sycomore (érable sycomore).

nerves (du latin *pelta*, petit bouclier), dont le pétiole s'insère au milieu du limbe plus ou moins exactement arrondi, et y distribue ses nervures en rayonnant; la capucine, l'écuelle d'eau ont ce mode de nervation.

La *configuration* de la feuille résulte de la distribution des nervures et des contours que présente le parenchyme vert autour de cette première charpente. On peut distinguer d'abord deux grandes séries : les *feuilles simples* et les *feuilles composées*.

On nomme *feuille simple*, celle dont le limbe est d'une seule pièce et réunit toutes les nervures en une seule lame foliacée; mais cette lame se montre entière ou découpée plus ou moins profondément à son pourtour. Aussi nomme-t-on : *entières*, les feuilles dont le bord droit et simple ne présente aucune échancrure (nénuphar, lilas, (*fig.* 1062), tabac, belladone); *dentées*, celles qui sont légèrement échancrées entre les nervures et offrent des angles saillants, aigus, au niveau de chacune d'elles

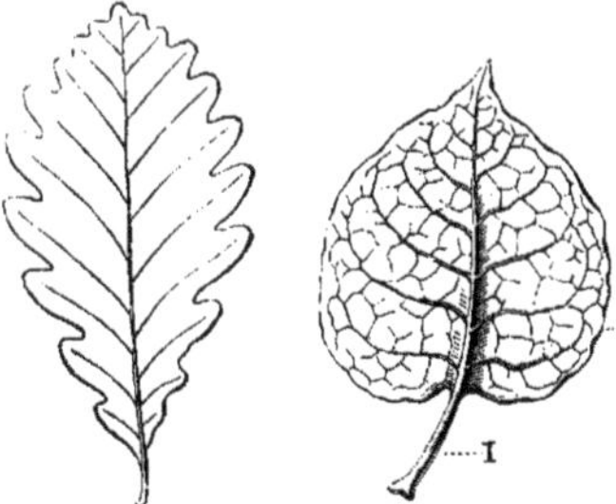

Fig. 1061. — Feuille simple à nervation pennée, à limbe fendu (chêne).

Fig. 1062. — Feuille simple entière (lilas). (Vue par la face inférieure.)

(orme (*fig.* 1059), châtaignier); *crénelées*, lorsque ces saillies ou dents sont émoussées ou arrondies (chêne, lierre, bétoine); *fendues* ou *tri-*, *quadri-*, *quinqué-*, *multi-fides*,

lorsqu'au niveau des interstices des nervures le limbe est échancré par des fentes qui ne s'avancent pas au delà de la moitié de sa largeur; ces feuilles reçoivent encore l'épithète de *lobées* (érable, vigne, ricin); *partagées* ou *tri-*, *quadri-*, *quinqué-*, *multi-partites* (*fig.* 1063) (du latin *partitus*, partagé), si les découpures vont plus avant dans le limbe (aconit, coquelicot, valériane); *tri-*, *quadri-*, *multi-séquées*, si ces découpures atteignent jusqu'à la nervure même et divisent le limbe en segments presque séparés les uns des autres (*fig.* 1066) (fraisier, cresson d'eau, géranium-robert). Si dans l'épithète désignant la forme on veut rappeler en même temps le mode de nervation, on forme les mots *pennatifides* ou *palmatifides*, *pennati-partites*, *palmatiséquées*, etc., dont le sens est facile à saisir.

Fig. 1063. — Feuille multi-partite de valériane.

On appelle *feuilles composées*, celles dans lesquelles chaque lobe du limbe qui entoure les nervures secondaires ne s'étend pas jusqu'à la nervure primaire; de telle sorte que le limbe est réellement fractionné en plusieurs *folioles* qu'on pourrait, au premier abord, prendre pour autant de feuilles distinctes. On reconnaît cependant que c'est une feuille unique, parce que toutes ces parties sont à peu près dans le même plan; qu'à la chute des feuilles, tout cet assemblage de folioles se sépare de la branche d'une seule pièce et comme une seule feuille; qu'enfin le bourgeon, qui habituellement est inséré à l'aisselle de chaque feuille, manque à la base de chaque foliole et se trouve à l'insertion de la feuille composée. Selon le mode de nervation, la feuille composée sera dite *pennée* (*fig.* 1065) (faux acacia) avec une nervure médiane ou pétiole commun des folioles que l'on nomme *rachis*, ou bien elle sera *palmée* (marronnier d'Inde, vigne-vierge) (*fig.* 1064). Parmi les feuilles pennées, il en est dont les folioles naissent par paires de chaque côté du rachis, et, suivant le nombre des paires, on les dit *bi-*, *tri-*, *quadri-*, *multi-juguées* (du latin *jugum*, paire); la feuille composée pennée est *avec* ou *sans impaire*, selon qu'elle porte ou non à l'extrémité du rachis une foliole impaire. Ajoutons enfin que chaque foliole peut à son tour être *entière*, *dentée*, *crénelée*, etc., comme nous l'avons vu

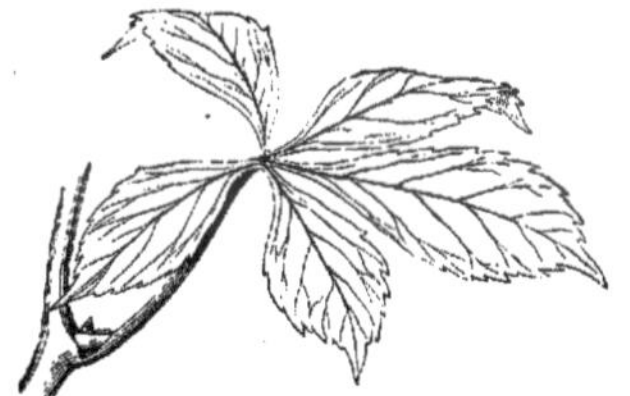

Fig. 1064. — Feuille composée palmée ou digitée de la vigne-vierge.

plus haut pour les feuilles simples. Le nombre des folioles est quelquefois désigné par les mots de *bifoliolée*, *trifoliolée*, etc. (*fig.* 1066), que l'on ajoute à la feuille.

Il est certaines feuilles composées dont le limbe offre une plus grande subdivision, chaque foliole est à son tour décomposée en plusieurs pièces; on les nomme feuilles *décomposées* ou même *supra-décomposées*, si la subdivision est encore portée plus loin. Parfois les fragments du limbe divisé presque à l'infini sont véritablement comparables à de petits lambeaux, et on dit alors que la feuille est *laciniée*, *déchiquetée* (*fig.* 1068).

Les modifications de formes que j'ai signalées jusqu'ici ne concernent que le limbe de la feuille; le pétiole en présente quelques-unes, qu'il est bon de faire connaître. Il varie dans sa longueur, comparée à celle du limbe; on le trouve en général plus court; d'autrefois égal ou même plus long. Il est aussi, tantôt épais et rigide (tilleul, marronnier), tantôt grêle, allongé et flexible (tremble, bouleau). Une des plus importantes modifications qu'il puisse subir est sa transformation en une lame foliacée, nommée *phyllode* (du grec *phyllodès*, foliacé); il est alors dilaté dans sa partie moyenne et aplati

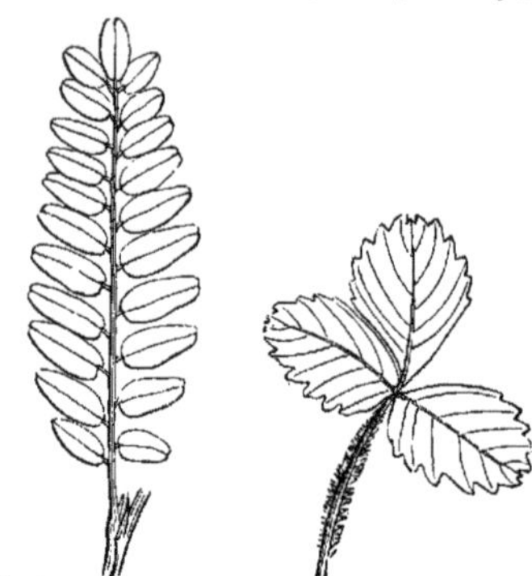

Fig. 1065.—Feuille du faux-acacia. Fig. 1066.—Feuille de fraisier commun.

en lame, puis resserré de nouveau avant de former le véritable limbe (*fig.* 1069). Quelquefois le limbe avorte complétement, et le phyllode seul représente la feuille; on peut

Fig. 1067. — Feuille composée trifoliolée du faux-ébénier. Fig. 1068. — Feuille déchiquetée du laser hérissé.

reconnaître cette disposition à ce que le végétal encore jeune montre à l'extrémité de ses phyllodes des vestiges plus ou moins reconnaissables du limbe avec ses formes caractéristiques; mais à mesure que le végétal se développe, les nouvelles feuilles se montrent de plus en plus dépourvues de limbe. Fort souvent, la direction de ces phyllodes est digne d'être remarquée; leur lame, au lieu d'être dans un plan transversal à l'axe de la branche qui les porte, est fréquemment parallèle à cet axe et semble imiter une sorte de lame de sabre implantée sur la branche. « L'aspect des arbres et des forêts de la Nouvelle-Hollande, dit A. de Jussieu, avait frappé les premiers voyageurs qui les virent, par la sensation singulière que la distribution des ombres et des clairs donnait à l'œil; et l'on s'étonna de cet effet insolite, longtemps avant d'en connaître la cause. M. R. Brown, en visitant ce pays, se rendit facilement compte de cet éclairage bizarre, en constatant que la plupart de ces arbres, au lieu d'avoir des feuilles situées comme les nôtres, les ont en sens contraire, de telle sorte que la lumière glisse ainsi entre des lames verticales, au lieu de tomber sur des lames horizontales. Ce sont de véritables feuilles dans

un certain nombre d'espèces, mais dans d'autres de simples phyllodes. » On peut, du reste, distinguer sans peine le phyllode du limbe, non-seulement par cette direction

Fig. 1069. — Feuille à phyllode de l'acacia hétérophylle.

générale de la lame verte, mais aussi par le mode de nervation; dans le phyllode, les nervures ne forment pas un système régulièrement ramifié; elles se distribuent parallèlement les unes aux autres, de la base au sommet du phyllode.

La partie vaginale de la feuille est nulle dans certaines plantes; dans d'autres, elle forme une *gaine* plus ou

Fig. 1070 — Feuille à stipules caulinaires du saule petit marceau (1). Fig. 1071. — Feuille à stipules pétiolaires d'églantier commun (2).

moins prolongée par laquelle le pétiole embrasse la tige ou branche d'où il naît (*fig.* 1057); dans d'autres enfin, elle constitue de petits appendices foliacés, plus ou moins indépendants du pétiole, et que l'on nomme *stipules* (*fig.* 1056). La disposition des stipules, en général très-uniforme dans un même groupe, fournit souvent de bons caractères. Certaines plantes ont des stipules réduites à une pointe, un filament, une écaille; dans d'autres, au contraire, les stipules ont une apparence nettement foliacée et ressemblent presque à de petites feuilles (*fig.* 1070). On trouve des stipules entièrement libres; d'autres sont plus ou moins soudées au pétiole de la feuille (*fig.* 1071); parfois, les deux stipules de deux feuilles opposées se réunissent et forment une sorte de gaine ouverte (*fig.* 1073), ou, si les feuilles ne sont pas opposées, les deux stipules d'une même feuille vont se rejoindre de l'autre côté du rameau (*fig.* 1072). Ces diverses dispositions font comprendre comment les stipules plus unies et plus éten-

(1) *r*, rameau. — *f*, fragment de la feuille. — *b*, bourgeon. — *s*, stipules.

(2) *r*, rameau. — *a*, aiguillon. — *b*, bourgeon. — *f*, feuille.— *p*, pétiole. — *s*, stipules soudées au pétiole.

dues prennent l'aspect et la conformation d'une véritable gaîne entourant le rameau qui porte la feuille (*fig.* 1057). Fréquemment, les stipules sont caduques, et après leur chute un grand nombre de végétaux à feuilles réellement stipulées semblent être naturellement dépourvus de ces appendices; l'observation des feuilles récemment développées rectifie seule cette erreur. Il importe de remarquer que l'on n'observe jamais de stipules chez les végétaux monocotylédones.

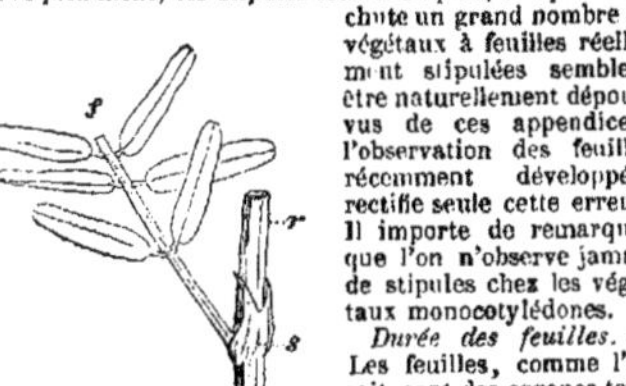

Fig. 1072. — Feuille de l'astragale esparcette (1).

Durée des feuilles. — Les feuilles, comme l'on sait, sont des organes temporaires de la plante; arrivées à leurs dimensions définitives, elles durent un temps plus ou moins long, puis se flétrissent et tombent pour être remplacées par de nouvelles feuilles. Dans nos climats, la plupart des végétaux ne gardent leurs feuilles que quelques mois; sous des climats plus chauds, beau-

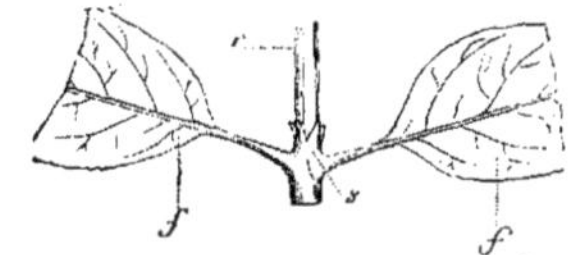

Fig. 1073. — Feuilles opposées d'une rubiacée (céphalanthe occidental) (2).

coup de plantes conservent leurs feuilles plus longtemps; on les y voit souvent persister deux ans et plus. Cette persistance comble la lacune qui existe dans la plupart des végétaux de nos pays entre la chute des feuilles anciennes et le développement des nouvelles. Ces plantes ne se montrent pas dépouillées comme le sont nos arbres pendant la saison rigoureuse, et on les désigne souvent par les mots d'arbrisseaux, arbres *verts* ou *toujours verts*, ou, mieux encore, de plantes à feuilles *persistantes*. On peut citer chez nous, parmi les plantes à feuilles persistantes, les pins, les houx, les chênes-verts; le nombre de ces espèces est très-considérable dans les régions tropicales. La feuille vieillie commence par perdre l'éclat de sa couleur verte; souvent, comme dans la vigne, les poiriers, elle se marbre de taches jaunes et rougeâtres, puis elle tourne peu à peu à une teinte d'un brun jaunâtre, teinte spéciale désignée sous le nom de *feuille-morte*. Cette couleur paraît due à une altération particulière de la matière verte ou *chlorophylle* (voyez ce mot), qui se transforme en une nouvelle substance jaunâtre, et nommée, à cause de cela, *xanthophylle* (du grec *xanthos*, jaune). Une fois flétries, tantôt les feuilles se désarticulent à leur base et tombent des rameaux, tantôt elles restent sur la plante et ne s'en détachent que lentement, à force d'être secouées par les vents.

Comparaison des feuilles des végétaux dicotylédones et des végétaux monocotylédones. — Les feuilles des végétaux dicotylédones présentent toutes les formes, depuis les plus simples jusqu'aux plus compliquées. Leurs nervures pennées ou palmées se ramifient en formant des angles de divergence bien accusés, et vont ensuite entremêler leurs plus fines extrémités en un réseau continu qui s'étend sur tout le limbe. Cette disposition *réticulée* des nervures se retrouve à peu près constamment dans les espèces de végétaux dicotylédones. Dans le groupe des végétaux monocotylédones, les feuilles sont simples et le plus souvent entières. Leurs nervures ne forment jamais de réseau; quelquefois, comme dans le bananier (*fig.* 1074) et quelques autres, elles se montrent pennées; mais les nervures secondaires, nées de la principale par une direction curviligne et non angulaire, restent parallèles entre elles, sans branches transversales de communication. Dans les autres plantes monocotylédones, les ner-

(1) *f*, portion de la feuille. — *r*, rameau. — *s*, stipules soudées en une seule sur le côté opposé du rameau.
(2) *r* rameau. — *f*, feuilles. — *s*, stipules soudées d'une feuille à l'autre.

vures des feuilles sont toutes parallèles (*fig.* 1075), comme on peut le voir sur les iris, les roseaux, le blé, le maïs. La plupart de ces feuilles peuvent être considérées comme de véritables phyllodes, et doivent à cette circonstance la disposition parallèle de leurs nervures. Dans quelques

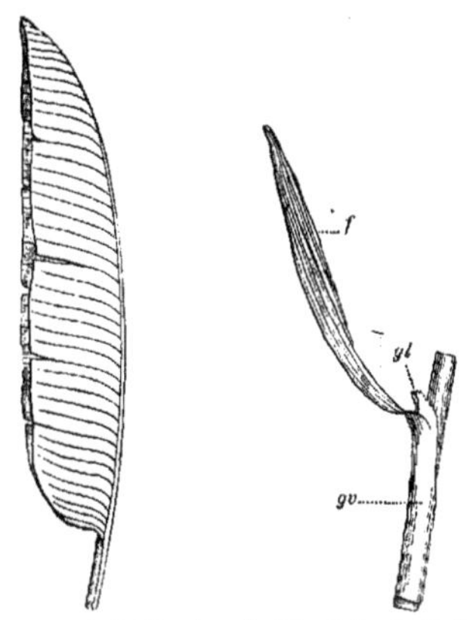

Fig. 1074. — Feuille de bananier très-réduite.

Fig. 1075. — Portion d'une feuille de graminée (phalaris bigarré) (1).

monocotylédones, comme le gouet, le lamier commun (*sceau de Notre-Dame*), la salsepareille, l'igname de la Chine, le limbe se développe, et il offre alors les nervures ramifiées et réticulées qui le distinguent chez les dicotylédones. La partie vaginale des feuilles des monocotylédones est ordinairement très-développée; elle forme souvent une gaîne fort longue qui enveloppe la tige (*fig.* 1075), comme on peut l'observer dans le blé et dans les autres plantes graminées.

Quant aux plantes cryptogames ou acotylédones, les fougères seules, parmi elles, ont de véritables feuilles; ces feuilles sont grandes, en général très-compliquées de forme et pourvues de nervures très-ramifiées, formant dans le limbe un riche réseau. Chez les acotylédones, voisines des fougères, telles que les marsiléas, les lycopodes, les mousses, on trouve encore des appendices foliacés, mais d'une organisation extrêmement simple; chez les autres, comme les lichens, les champignons, les algues, etc., les feuilles manquent totalement.

Insertion et arrangement des feuilles. — La feuille normalement conformée est essentiellement constituée par un faisceau de vaisseaux qui va s'épanouir dans une lame celluleuse ou limbe de la feuille, pour y faire respirer la séve de la plante. La tige ou la branche qui porte les feuilles n'a jamais une année complète de développement, et elle contient à son centre un étui médullaire formé de trachées et d'autres vaisseaux. De cet étui se détachent les vaisseaux qui occupent le centre du pétiole de la feuille et vont se distribuer dans les nervures. Ce faisceau central du pétiole est entouré de tissu cellulaire qui va se joindre à celui du limbe, et qui, à la base de la feuille, correspond à l'enveloppe celluleuse du rameau. Souvent, au point de jonction, une structure plus serrée du tissu cellulaire indique un point de rupture, que l'on nomme *articulation*, et où la feuille se détache dès qu'elle commence à se flétrir. Cette disposition articulée des feuilles s'observe surtout chez les plantes dicotylédones à feuilles composées.

On nomme *caulinaires* (du latin *caulis*, tige) les feuilles qui s'insèrent sur la tige; *raméales* (du latin *ramus*, rameau), celles qui s'insèrent sur un rameau. Parfois, la tige extrêmement raccourcie dépasse à peine le collet de la plante, et les feuilles, ramassées vers ce point, forment une touffe qui semble naître de la racine, comme

(1) *gv*, partie vaginale de la gaîne. — *gl*, partie libre de la gaîne, nommée ligule. — *f*, limbe de la feuille.

on le voit, par exemple, dans les primevères ; dans ce cas, les feuilles sont appelées *radicales* (du latin *radix*, racine).

Quelle que soit la partie de la plante où les feuilles sont insérées, leur arrangement n'y est pas abandonné au hasard, mais y est déterminé par certaines combinaisons dont les règles constituent une étude spéciale, encore nouvelle et désignée sous le nom de *phyllotaxie* (du grec *phyllon*, feuille, et *taxis*, disposition). Souvent la régularité de l'arrangement des feuilles sur le rameau se révèle à tous les yeux, et depuis longtemps tous les botanistes ont distingué sous ce rapport les feuilles *opposées*, les feuilles *verticillées*, les feuilles *alternes*, les feuilles *éparses*. Les feuilles sont *opposées*, lorsqu'elles sont insérées deux par deux, chacune d'un côté opposé de la tige, à la même hauteur vis-à-vis l'une de l'autre. Habituellement, dans ce cas, la direction des paires successives de feuilles alterne, de façon à les placer en croix les unes par rapport aux autres (*fig.* 1076), et on dit alors que les feuilles opposées sont *décussées* (du latin *decussatus*, croisé). On nomme feuilles *verticillées* (*fig.* 1077) celles qui s'insèrent au nombre de plus de deux, à la même hauteur autour de la tige, et y forment une sorte de cercle nommé *verticille*. Les feuilles *alternes* (*fig.* 1078), sont insérées tour à tour à gauche et à droite de la tige, à intervalles égaux, mais jamais à la même hauteur. Enfin, on dit que les feuilles sont éparses quand elles s'insèrent sur divers points du rameau sans régularité apparente.

Vers le milieu du dernier siècle, le philosophe naturaliste Ch. Bonnet fit remarquer, le premier, que les feuilles alternes sont insérées de telle façon, qu'en reliant par une ligne leurs intersections successives on obtient une spirale régulière contournant le rameau qui les porte. MM. Al. Braun et Schimper reprirent, vers 1835, cette étude de l'arrangement des feuilles sur la tige, en même temps que MM. L. et A. Bravais se livraient, de leur côté, à des travaux analogues. De ces recherches est résultée la mise en lumière de quelques lois dont on trouvera une exposition succincte au mot *Végétal*. Mais on doit dire ici d'une manière générale que les feuilles des végétaux sont toujours insérées suivant une spirale décrite à la surface de l'axe qui les porte. Cette disposition est caractéristique de ces organes, et, comme ils subissent parfois des modifications capables de les rendre méconnaissables, ce seul fait autorise à décider de la nature des appendices où on l'observe. « Ainsi, dit Ad. de Jussieu, sur l'asperge, observant de petites écailles insérées sur la tige et disposées en spirale, nous n'hésiterons pas à penser que ce sont les feuilles réduites à leur partie vaginale. »

Les végétaux monocotylédones ont, en général, leurs feuilles alternes ou éparses ; un très-petit nombre semble avoir des feuilles opposées ou verticillées ; mais elles ne sont pas rigoureusement à la même hauteur. Les dicotylédones ont leurs premières feuilles opposées, comme les cotylédons ; mais beaucoup d'entre eux perdent immédiatement ou peu à peu cet arrangement. Dans un grand nombre de familles naturelles de plantes, la disposition des feuilles peut caractériser tout le groupe. Les acotylédones qui possèdent des feuilles les montrent aussi disposées suivant une ligne spirale.

Cette régularité dans l'arrangement des feuilles a une

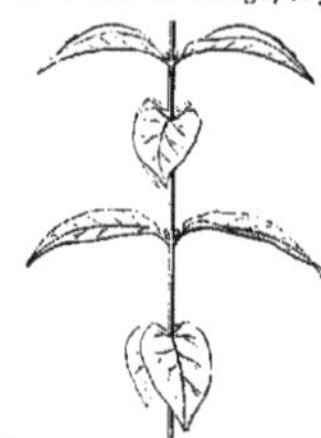

Fig. 1076.— Feuilles opposées décussées du phlox à feuilles en croix.

Fig. 1077.—Feuilles verticillées du laurier-rose. Le verticille contient trois feuilles.

conséquence importante ; comme chacune des feuilles porte un bourgeon à son aisselle, les rameaux qui naissent de ces bourgeons se conforment aux mêmes règles d'arrangement, et tout le port du végétal se trouve ainsi en rapport intime avec le mode d'insertion des feuilles.

Modifications de la feuille. — On trouve sur certains végétaux les feuilles transformées : 1° en *filaments contournés*, nommés *vrilles*, comme dans les pois, les vesces,

Fig. 1078. — Portion d'un rameau d'orme, montrant ses feuilles alternes.

Fig. 1079. — Feuille de gesse dont plusieurs folioles sont converties en vrilles.

les gesses (*fig.* 1079) ; 2° en *piquants* qui s'observent, soit à l'extrémité de certaines nervures, comme dans les houx, les chardons, soit à la place de la feuille elle-même et par une transformation complète de cet organe, comme on peut le voir dans l'épine-vinette, soit à la base même de la feuille par une modification des stipules, comme on l'observe sur le robinier faux-acacia ; 3° en *écailles* plus ou moins foliacées, ou plus ou moins ligneuses, comme on en voit sur les bourgeons ; 4° en *bractées* ou *feuilles florales*, qui sont des feuilles placées au voisinage des fleurs, modifiées par suite des modifications mêmes d'où résulte la fleur ; car on peut voir au mot *Fleur* que cette partie compliquée et si intéressante de la plante est réellement une feuille avec ses feuilles transformé en un appareil particulier pour assurer la production des graines.

Structure des feuilles. — Les feuilles étant, chez les plantes, les organes de la respiration, leur structure doit être en rapport avec le milieu où séjourne la feuille, comme les poumons, les trachées, les branchies, sont, chez les animaux, des modifications de l'appareil respiratoire appropriées à l'habitation aérienne ou aquatique. Les feuilles des plantes habituellement submergées dans l'eau ont l'organisation la plus simple ; c'est par elles qu'il vaut mieux commencer.

Parmi les plantes aquatiques, les unes, comme les potamogétons, se tiennent constamment submergées ; les autres, comme les nénuphars, tiennent leurs feuilles étalées à la surface de l'eau, et surnageant de façon à conserver leur face supérieure toujours en contact avec l'air extérieur. Les *feuilles submergées* (*fig.* 1080) se composent

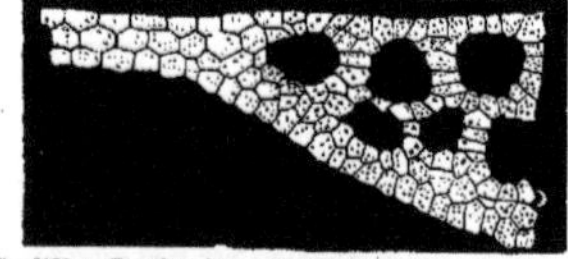

Fig. 1080. — Tranche mince et transversale de la feuille submergée d'un *potamogeton perfoliatum*.

uniquement de tissu cellulaire proprement dit ou *parenchyme*, les cellules pourvues des granulations vertes dans leur intérieur sont habituellement rangées sur deux ou trois couches seulement d'épaisseur, régulièrement serrées les unes contre les autres, et forment un tissu très-uniforme et très-perméable à l'eau ambiante. Dès que les feuilles submergées sont un peu épaisses, on y observe des lacunes très-régulièrement conformées et complètement closes par les cellules environnantes. Ce sont des espèces de vessies aériennes qui contribuent à soutenir la feuille dans le liquide environnant ; ces feuilles, d'une structure si simple et dépourvues de tout épiderme, se dessèchent et se crispent rapidement hors de l'eau. Les *feuilles surnageantes* ont une structure déjà plus compliquée. Leur parenchyme est traversé de nombreux faisceaux vasculaires, qui forment des nervures très-saillantes à la face inférieure de la feuille. D'une autre part, elles sont recouvertes d'un épiderme que l'on ne trouvait pas sur les feuilles submergées. Cet épiderme s'étend sur toute la feuille; mais à la face supérieure, qui est en contact avec l'air, il est percé de *stomates* ou organes d'absorption que nous décrirons plus loin; à la face inférieure, il en est complétement dépourvu. Ces détails intéressants sur la structure des feuilles aquatiques sont dus aux travaux de M. le professeur Ad. Brongniart.

Les *feuilles aériennes*, qui sont constamment plongées dans l'atmosphère, sont formées d'un parenchyme ou tissu cellulaire au milieu duquel se distribuent les faisceaux de fibres et de vaisseaux que nous avons signalés, dans l'étude extérieure des feuilles, sous le nom de *nervures*; les deux faces de ces feuilles sont recouvertes par une lame d'épiderme pourvue de stomates. Le parenchyme est formé de deux couches distinctes de cellules superposées, comme le montre la figure ci-jointe. Dans l'un comme dans l'autre, les cellules sont remplies des granules verts de la substance colorante nommée *chlorophylle* (voyez ce

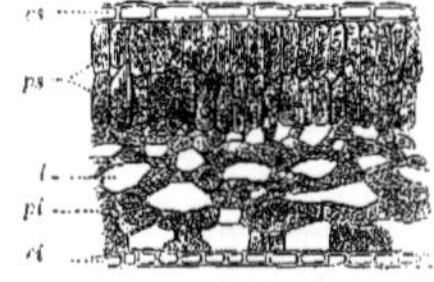
Fig. 1081. — Feuille du lis blanc (1).

mot); mais la couche contiguë à la face supérieure de la feuille est compacte et serrée, tandis que la couche inférieure, formée de cellules lâches et irrégulières, renferme de nombreuses lacunes que remplissent des matières gazeuses. Chez les plantes à feuilles épaisses, nommées vulgairement *plantes grasses*, le parenchyme est un tissu de grosses cellules laissant à peine quelques lacunes entre elles, très-peu riches en granules verts et presque toutes blanches vers le centre de la feuille. Les faisceaux fibrovasculaires qui se ramifient en nervures dans le parenchyme sont formés de trachées, de vaisseaux striés, réticulés, rayés, et de fibres ligneuses. L'épiderme est une couche régulière de cellules juxtaposées, que l'on peut comparer à une sorte de mosaïque. Par sa face interne, cette lame épidermique est adhérente au parenchyme sous-jacent; sa surface extérieure est en contact avec l'air ambiant; elle est recouverte d'une même pellicule entière-

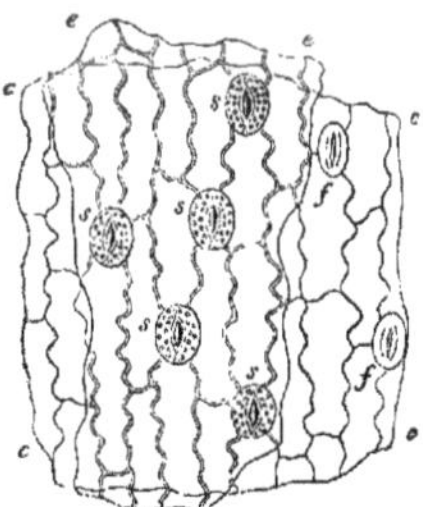
Fig. 1082. — Feuille du lis blanc, lambeau d'épiderme (2).

ment transparente, et que l'on nomme *cuticule*. La superficie de l'épiderme est parsemée d'organes spéciaux d'absorption et d'exhalation, que j'ai déjà cités sous le nom de *stomates*, véritables pores à lèvres renflées, qui font communiquer les cellules et les lacunes du parenchyme avec

(1) *es*, épiderme de la face supérieure. — *ei*, épiderme de la face inférieure. — *ps*, couche supérieure du parenchyme. — *pi*, couche inférieure du parenchyme. — *l*, lacunes.

(2) *sss*, stomates. — *cc*, cuticule montrant en *f* les fentes qui correspondent aux stomates. — *ee*, épiderme proprement-dit.

l'air extérieur. Les deux lèvres sont formées chacune par une cellule épidermique, soulevée et gonflée; elles laissent entre elles un petit orifice au niveau duquel la

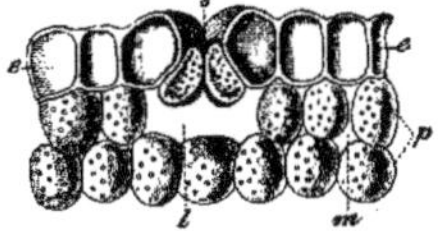
Fig. 1083. — Tranche verticale de l'épiderme d'une garance (1).

cuticule, également ouverte, donne accès aux gaz extérieurs qui doivent pénétrer par le stomate. Ce stomate est en relation avec les méats ou interstices intercellulaires, et les lacunes que j'ai signalées plus haut; sous chaque stomate se voit, en général, une lacune qui semble recevoir de lui l'air puisé au dehors. Jamais on ne

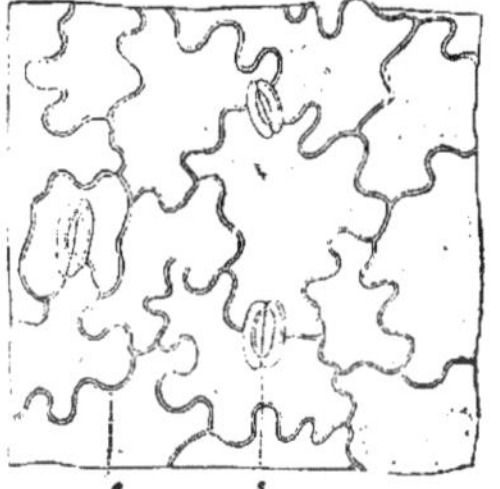
Fig. 1084. — Lambeau d'épiderme pris sur la face inférieure d'une feuille de garance (2).

trouve de stomates sur les nervures. La disposition de ces pores de l'épiderme varie d'ailleurs sur la feuille; dans les feuilles aériennes, les stomates sont habituellement beaucoup plus abondants à la face inférieure qu'à la face supérieure de la feuille. Les feuilles surnageantes n'ont, au contraire, de stomates qu'à leur face supérieure, qui seule est aérienne. Les feuilles submergées, n'ayant pas d'épiderme, n'ont pas de stomates. Généralement disséminés sur les feuilles sans ordre appréciable, les stomates forment, sur celles de certaines espèces, des séries rectilignes diversement espacées. Certaines plantes des familles des *Bégoniacées*, des *Protéacées*, des *Saxifragées*, ont leurs stomates réunis par groupes où on les voit serrés les uns contre les autres, tandis que les autres parties de la surface de la feuille en sont privées.

Fonctions des feuilles. — Les feuilles, par les fonctions nombreuses qu'elles exercent, jouent dans la nutrition des plantes un rôle considérable. Par elles s'exécute spécialement une des plus importantes fonctions de la vie de la plante, la *respiration* (voyez ce mot), fonction complexe par laquelle le végétal puise, dans l'atmosphère, de l'*oxygène* pour des phénomènes intérieurs de combustion lente, comparable à celle des animaux, et du *carbone* sous la forme d'acide carbonique, pour en constituer les parties les plus solides et les plus durables de son être. Outre cette fonction si remarquable, les feuilles sont encore des organes d'*absorption* et d'*exhalation*; selon l'état du milieu où elles sont plongées, les feuilles absorbent de la vapeur d'eau, de l'eau en nature, ou bien elles en laissent transpirer et en exhalent. Ce dernier phénomène s'établit dès que l'air qui environne le végétal est sec, tandis que dans l'air humide ou dans l'eau, c'est l'absorption qui s'exécute. Dans l'un et l'autre de ces actes, les stomates jouent un rôle important et donnent passage aux fluides que la plante exhale ou absorbe. La vapeur d'eau exhalée par les feuilles se dis-

(1) *ee*, cellules épidermiques. — *p*, cellules du parenchyme. — *l*, une lacune du parenchyme. — *m*, méats ou espaces intercellulaires où les gaz circulent. — *s*, stomate avec ses deux lèvres formées par des cellules.

(2) *e*, cellule épidermique. — *s*, stomate.

sémine le plus souvent dans l'air ambiant ; mais parfois, trop abondante ou condensée par le froid, cette vapeur forme sur les feuilles des gouttelettes d'eau, comme on en voit souvent le matin à la pointe des feuilles de certaines graminées, ou dans les petites cavités de la surface supérieure des feuilles du chou. On les a longtemps attribuées à la rosée ; Musclenbroeck a, le premier, démontré qu'elles sont dues à l'exhalation aqueuse. L.-C. Treviranus a, plus récemment, confirmé et étendu les expériences du savant hollandais, et mis le fait hors de toute contestation. D'autres expérimentateurs, tels que Hales et Senebier, ont cherché à constater quel rapport existe entre la quantité d'eau absorbée par les racines et celle qui est exhalée par les feuilles. En général, le végétal perd par la transpiration les deux tiers de l'eau absorbée ; du reste, l'état de l'atmosphère a une influence prépondérante. Par un temps chaud et sec, l'exhalation aqueuse devient très-active ; elle se ralentit par un temps humide et devient presque nulle dans certains cas. La nuit, cette fonction paraît interrompue. La jeunesse et la vigueur du végétal augmentent l'activité de l'exhalation aqueuse. Plus les surfaces sont riches en stomates, plus elles exhalent de vapeur d'eau ; aussi y a-t-il à cet égard de grandes différences d'une espèce à une autre, et, pour la même raison, la face inférieure de la plupart des feuilles exhale beaucoup plus que la face supérieure. Quand, par une cause quelconque, la transpiration devient trop active, le végétal se fane et perd sa vigueur ; c'est ce qu'on observe dans certaines plantes lorsqu'elles sont exposées au soleil, et d'une manière générale dans celles qui souffrent de la sécheresse.

Mouvements des feuilles. — On possède aujourd'hui un assez grand nombre d'observations relatives aux mouvements exécutés par les feuilles ; les uns se manifestent sous l'influence de la lumière, les autres en sont indépendants.

D'une manière générale, les feuilles se dirigent vers la lumière, et leur face supérieure tend à regarder le ciel. Si, sur un végétal vivant, on contraint une branche à se diriger vers la terre, les feuilles au bout de quelques jours se sont tordues sur leur pétiole, de manière à présenter de nouveau leur face supérieure à la lumière. Chez beaucoup de plantes de la famille des *Légumineuses*, on trouve, à l'aurore, les folioles horizontales ; à mesure que le soleil s'élève sur l'horizon, elles se dressent vers la position verticale ; au déclin du jour, elles se penchent de nouveau vers le sol et sont presque pendantes durant la nuit (voyez SOMMEIL DES PLANTES). On peut observer ces faits sur les haricots, les pois, etc.

Les mouvements les plus curieux des feuilles sont ceux qui ne dépendent pas de l'influence de la lumière. La *Sensitive* (*Mimosa pudica*, Lin.) est justement célèbre sous ce rapport ; au moindre contact, les folioles nombreuses de ses feuilles, gracieusement décomposées, se rapprochent vivement en accolant deux à deux leurs faces supérieures, et la feuille tout entière, par une inflexion du pétiole, s'incline vers le sol. Le choc du vent, l'ombre d'un nuage ou d'un corps opaque, l'action de l'étincelle électrique, la chaleur, le froid, les gaz irritants provoquent ces mouvements jusqu'ici inexplicables. Le chloroforme les suspend et semble endormir la plante. Le *Sainfoin oscillant* (*Hedysarum gyrans*, Lin.), du Bengale, a des feuilles composées de 3 folioles, dont les 2 latérales sont animées spontanément d'un double mouvement rapide, saccadé, continu, d'inflexion et de torsion sur elles-mêmes ; pendant ce temps, la foliole médiane et impaire se redresse ou retombe vers le sol, suivant les progrès de la lumière solaire. Une plante du Pérou, nommée par les botanistes *Portieria hygrometrica*, Ru. et Pav., de la famille des *Zygophyllées*, rapproche et accole ses folioles aussitôt que le ciel se couvre de nuages et se prépare à la pluie. On trouve à la Caroline une plante plus curieuse encore qui prend et tue des insectes ; c'est la *Dionée attrape-mouche* (*Dionæa muscipula*, Lin.), de la famille des *Droséracées*. Ses feuilles sont terminées par deux lobes arrondis, articulés le long de la nervure médiane, munis de poils serrés sur les bords. Dès qu'un insecte touche leur face supérieure, ces deux plaques se redressent l'une vers l'autre et tiennent l'animal serré entre elles deux, tant que les mouvements du captif entretiennent l'irritation de la plante. Une petite plante de la même famille, commune aux environs de Paris, le *Rossolis à feuilles rondes* (*Drosera rotundifolia*, Lin.) offre une conformation analogue et exécute des mouvements semblables dans les mêmes conditions. L'Inde, l'île de Madagascar, nourrissent des

plantes non moins singulières, qui forment un genre connu sous le nom de *Nepenthes*, et servent de types à la petite famille des *Népenthées*. Leurs feuilles sont munies à leur sommet d'une sorte d'urne creuse, fermée par un petit couvercle foliacé, articulé et mobile. A l'aurore, l'urne est remplie d'eau et fermée ; elle s'ouvre avec le jour, et le liquide diminue peu à peu. On a lieu de croire que cette eau est excrétée la nuit par la plante. Pour terminer ce qui concerne cette question, il serait intéressant de pouvoir indiquer la cause de ces mouvements des plantes ; mais jusqu'ici, malgré bien des recherches, et particulièrement malgré de longs travaux de Dutrochet, la cause et le mécanisme du mouvement des feuilles nous sont entièrement inconnus. Ad. F.

FEUILLES FLORALES (Botanique). — Nom donné, aussi bien que celui de *bractées*, aux feuilles voisines des fleurs, quand ce voisinage en a modifié notablement les dimensions et les formes (voyez BRACTÉES).

FEUILLES PRIMORDIALES (Botanique). — On donne ce nom aux feuilles qui résultent du développement de la gemmule de l'embryon, et qui apparaissent les premières dans la germination. Souvent, elles ont une forme très-différente de celle des feuilles du végétal adulte (voyez GERMINATION).

FEUILLES SÉMINALES (Botanique). — Nom donné parfois aux *cotylédons* (voyez ce mot).

FEUILLÉE (Botanique), *Feuillea* ou *Fevillea*, Lin. ; dédié au père Feuillée, voyageur du XVIIe siècle. — Genre de plantes *Dicotylédones dialypétales périgynes* de la famille des *Cucurbitacées*, suivant de Jussieu, et dont Auguste Saint-Hilaire a fait le type de la famille des *Nhandhirobées*, voisine des *Passiflorées* et adoptée par Ad. Brongniart. Ce genre se distingue par : fleurs dioïques ; calice à 5 divisions étalées ; corolle gamopétale à 5 lobes ; dans les mâles, 10 étamines libres, dont 5 stériles ; dans les femelles, un ovaire presque infère ; 5 styles et 5 stigmates ; baie volumineuse, à 3 loges et à écorce dure ; c'est le genre *Nhandhiroba* de Plumier. Ce sont des herbes grimpantes, munies de vrilles. Leurs feuilles sont alternes et leurs fleurs sont axillaires. Elles habitent, en général, l'Amérique équatoriale. La *F. à feuilles cordées* (*F. cordifolia*, Lin.) a les feuilles cordiformes, anguleuses. La *F. ponctuée* (*F. punctata*, Lin.) présente des feuilles lobées, avec des ponctuations en dessous. Cette espèce croît à Saint-Domingue.

FÈVE (Botanique), *Faba*, Tourn. ; du celtique *faf*. — Genre de plantes *Dicotylédones dialypétales périgynes*, de la famille des *Papilionacées*, tribu des *Viciées*, et que quelques auteurs persistent, à l'exemple de Linné, à ranger dans une division du genre *Vicia*. La *F. commune* (*F. vulgaris*, de Cand. ; *Vicia faba*, Lin.), appelée aussi vulgairement *F. des marais*, s'élève souvent à un mètre de hauteur. Ses feuilles sont ailées à 4 ou 6 folioles entières, glauques, et ses stipules dentelées sont un peu sagittées. Ses fleurs, réunies par 2-3 sur un pédoncule court, sont blanches avec une tache noire sur chaque aile, et répandent une odeur agréable. On croit la fève originaire de Perse, dans les environs de la mer Caspienne.

Parmi les variétés cultivées de cette plante, on distingue la *grosse F. ordinaire*, qui est celle que l'on cultive le plus communément dans les jardins et dans les champs ; la *F. de Windsor*, à graines larges et presque rondes (variété plus estimée comme fourrage que pour ses graines, parce qu'elle est peu productive) ; la *F. naine hâtive*, qui donne des gousses abondantes, ainsi que la *naine rouge* ; la *F. verte*, dont les gousses restent vertes à la maturité (variété de la Chine) ; la *F. violette*, dont on a une variété à fleurs pourprées, très-belles ; la *F. à longue cosse* (variété tardive, grande et très-productive) ; enfin, la *F. des champs*, appelée aussi *F. de cheval*, *Féverole* et *Gourgane* (*Faba vulgaris equina*), se distinguant par sa graine allongée, un peu cylindrique (voyez FÉVEROLE).

Les fèves sont cultivées dès la plus haute antiquité. Elles ont été autrefois l'objet de plusieurs superstitions. Les Égyptiens, loin d'employer les fèves comme aliment, les regardaient comme immondes et les rejetaient avec dégoût lorsqu'ils en rencontraient. Pythagore, Cicéron, Aristote même, ont attribué aux fèves certaines propriétés fâcheuses, et ont défendu à leurs disciples de manger de ce légume. Le premier « enseignait, dit Jaucourt dans l'*Encyclopédie*, que la fève était née en même temps que l'homme et formée de la même corruption ; or, comme il trouvait dans la fève je ne sais quelle ressemblance avec les corps animés, il ne doutait pas qu'elle n'eût aussi une âme sujette, comme les autres, aux vicissitudes de la transmigration, par conséquent que quelques-uns de ses parents ne fussent devenus fèves; de là le respect qu'il avait pour ce légume, dont les pythagoriciens s'abstenaient. » Horace (liv. II, sat. 6, v. 63) a fait une allusion moqueuse à cette idée en ces termes : « Quand verrai-je apporter sur ma table frugale la fève, parente de Pythagore (*Pythagoræ cognata*), et des légumes assaisonnés d'un lard savoureux ? » Les Romains cultivaient les fèves pour s'en nourrir, et elles tenaient un des premiers rangs parmi leurs légumes. Ceux qui voulaient gagner les faveurs du peuple, lui faisaient distribuer des légumes parmi lesquels se trouvaient des fèves, ainsi qu'il est dit dans cet autre passage d'Horace : « Irais-tu consumer ton patrimoine en pois, en fèves et en lupins, pour voir la foule s'ouvrir devant toi dans le cirque, ou pour figurer en airain sur un piédestal, quand ta folie t'aurait dépouillé de l'héritage paternel ? » (Liv. II, sat. 3, v. 182.) Les fèves fournissent un aliment nourrissant, mais un peu indigeste. On ne les sert guère sur les tables de la bourgeoisie que dans leur primeur. Les paysans en font un usage très fréquent à l'état sec, et les marins, dans leurs voyages, en consomment de grandes quantités. La farine de fève a été employée mêlée à la farine de blé pour faire du pain en temps de disette. On donne aux bestiaux les tiges et les feuilles de fèves coupées en vert avec les fleurs. Les graines sont aussi une bonne nourriture pour le bétail.   G — s.

Fève (Horticulture). — La fève que l'on cultive dans les jardins, ou dans la petite culture des champs, est la *F. commune*, *F. de marais* (*F. vulgaris*, de Cand. ; *F. major*). Elle sert de nourriture aux hommes et aux animaux; sa culture demande, en général, une terre substantielle, fraîche, non exposée au grand soleil, amendée et bien divisée. Cependant celles qu'on sème en novembre ou pendant l'hiver seront placées de préférence dans des terres douces et légères, sur des plates-bandes exposées au midi, si l'on veut en avoir de bonne heure. Les semis d'été réussissent bien lorsque la saison est pluvieuse et dans les pays froids; mais lorsque l'été est chaud et le terrain sec, elles sont souvent attaquées par les pucerons, et il n'est pas facile d'y remédier. On plante les fèves en rayons espacés d'environ 0^m,30, ou en touffes espacées de même, et composées de trois ou quatre graines déposées dans le même trou; on les sème encore en bordures, en plein carré. Aussitôt qu'elles sont levées, on rapproche la terre des jeunes tiges; on les bine ordinairement deux fois pour détruire les mauvaises herbes, et à la seconde on les rechausse, pour que leur végétation se soutienne mieux et que le produit soit plus abondant. Ordinairement, après la fleur, on pince le bout des tiges pour arrêter la séve et qu'elle se porte sur le fruit. On peut, en recueillant les fèves très-jeunes pour les manger comme primeurs, et en se hâtant de couper les tiges, espérer une seconde pousse qui donnera une nouvelle récolte, si la saison est favorable. Ces tiges font un très-bon fourrage pour les vaches. Dans tous les cas, c'est au printemps que l'on doit semer les fèves destinées à être récoltées mûres. Les fèves, surtout lorsqu'elles sont jeunes et tendres, sont farineuses et d'une saveur agréable; dans cet état, en les dépouillant de l'écorce qui les recouvre, elles constituent un aliment nourrissant; on les appelle alors *fèves dérobées* ou privées de leur robe; elles sont plus faciles à digérer. On a quelquefois mêlé la farine de fèves à la farine de blé, dans les moments de disette; cette fraude n'est répréhensible que si elle entre en quantité trop notable dans le mélange.

Dans quelques pays, on sème souvent pour fourrage la grosse fève avec la féverole, les pois, les vesces et les lentilles; ce mélange, coupé au moment de la fleur, s'appelle *dragée*. Quelques cultivateurs sèment aussi les fèves pour engrais, vers la fin de l'automne; lorsqu'elles sont en fleur, on les enterre avec la charrue, ce qui forme un bon engrais.

En *médecine*, la farine de fèves est employée quelquefois pour faire des cataplasmes que l'on applique sur les tumeurs inflammatoires; aussi est-elle inscrite au nombre des farines résolutives. On faisait usage autrefois, comme cosmétique, de l'eau distillée de fleurs de fèves.

Caractères du genre : calice à 5 divisions; étendard plus long que les ailes et la carène; 10 étamines dont 9 soudées par leurs filets; ovaire allongé, comprimé; gousse oblongue, à valves très-épaisses et contenant de 2 à 4 graines très-grosses, oblongues, renflées à l'extrémité où se trouve le hile.

Fève (Zoologie). — Nom vulgaire par lequel on désigne la chrysalide des bombyces, et particulièrement les cocons du *ver à soie* (voyez ce mot).

Fève (Médecine vétérinaire). — Voyez LAMPAS.

Fève du Bengale (Botanique). — On a donné ce nom à une espèce de *galle* décrite par Dale et Geoffroy ; le premier avait « pensé que ce pouvait être le myrobolan citrin lui-même, devenu monstrueux par suite de la piqûre d'un insecte; mais il paraît qu'elle croît sur les feuilles de l'arbre, et sa forme de vessie creuse, semblable à celle des galles de l'orme et du térébinthe, indique qu'elle est produite par des pucerons » (Guibourt). Quoi qu'il en soit, cette galle est astringente.

Fève de Calabar. — Voyez CALABAR, au Supplément.

Fève a cochon, **Fève de porc** (Botanique). — Noms qui correspondent, en français, à celui de la *jusquiame*, dérivé du grec *uskuamos*, de *us*, cochon, et *kuamos*, graine.

Fève du diable (Botanique). — Nom vulgaire du fruit d'une espèce de *Câprier*, le *Capparis cynophallophora*, nommé aussi *Pois mabouia* ou *Bois mabouin*.

Fève douce (Botanique), *Faba dulcis*, Mérian. — Nom vulgaire du *Dartrier des Indes* (*Cassia alata*, Lin.), nommée encore *Herbe à dartres*, parce qu'avec ses fleurs on faisait un onguent employé contre ces maladies.

Fève d'Egypte (Botanique). — Nom donné par le commerce au fruit du *Nelumbo nucifera*, de Gærtner, *Nymphæa nelumbo*, Lin., du genre *Nelumbium*, Juss., famille des *Nélumbonées*, Brong. Cette plante aquatique, très-répandue autrefois en Egypte, dans le Nil, d'où elle a disparu, n'est autre que le fameux *lotos sacré*, que l'on voit si souvent figuré sur la tête d'Isis et d'Osiris, et dont Théophraste nous a laissé une description si précise que Rheede et Rumphius, qui ont retrouvé cette plante dans l'Inde et aux Moluques, l'ont reconnue à l'exactitude de ces descriptions. « Sa tige, dit-il, de la grosseur du doigt, s'élève à quatre coudées; sa fleur est rose, double de celle du pavot, et son fruit ressemble à un rayon de miel circulaire, divisé en cellules contenant les fèves. » Sa racine se mangeait cuite ou crue; les anciens mangeaient aussi le fruit réduit en farine. C'est une très-jolie plante d'ornement (voyez NELUMBO).

Fève épaisse (Botanique). — Un des noms vulgaires de l'*Orpin reprise* (*Sedum telephium*, Lin.).

Fève funéraire (Botanique). — Voyez FÈVE DE PYTHAGORE.

Fève de Galérien (Botanique). — Dans le Midi, on donne ce nom à une variété de *Fève*, d'une grosseur remarquable.

Fève de Saint-Ignace ou des Jésuites, ou NOIX IGASUR (c'est le nom malais) (Botanique). — Nom donné aux graines d'un arbre des îles Philippines, dont Linné fils a fait un genre de la famille des *Loganiacées*, sous le nom de *Ignatia*, Lin., et qu'il a détaché des *Strychnos*. Son nom vient de ce que les jésuites portugais qui, les premiers, le découvrirent, le dédièrent à leur patron saint Ignace, à cause de ses importantes propriétés. L'*Ignatia amer* (*Ignatia amara*, Lin.; *Strychnos Ignatii*, Bergius) donne de très-belles fleurs blanches, répandant une agréable odeur de jasmin. Ses fruits sont globuleux et gros comme une des plus belles poires. Leur péricarpe, sec et dur, renferme dans son intérieur 20 à 24 graines placées au milieu d'une pulpe charnue; elles varient de forme et de grosseur, tantôt ovoïdes, anguleuses, comprimées; en en trouve qui sont grosses comme une aveline, d'autres comme une petite noix. Elles sont dures, cornées, semi-transparentes, de couleur brunâtre à l'intérieur, et d'une amertume excessive. Ce sont les *fèves de Saint-Ignace*, sont très-vénéneuses et contiennent une forte dose de *strychnine* (voyez ce mot). On les emploie dans les Indes comme purgatif, comme vermifuge et pour combattre les fièvres. Elles y sont considérées comme une véritable panacée universelle. On doit leur introduction en Europe au P. Camelli. Pendant son séjour aux Philippines, il en envoya des graines avec des échantillons du végétal au botaniste Raï, qui, en 1699, en fit le sujet d'un mémoire inséré dans les *Transactions philosophiques de Londres*. Pelletier et Caventou ont fait l'analyse de la fève de Saint-Ignace, et y ont trouvé une matière cristalline particulière, d'une amertume excessive, à laquelle on a donné le nom de *strychnine*, parce que les mêmes chimistes l'ont également trouvée, quoique en moins grande quantité, dans la *noix vomique*, fruit d'un arbre de l'Inde, nommé *strychnos nux-vomica*, et dont les propriétés toxiques sont absolument les mêmes (voyez STRYCHNOS).

Fève d'Inde (Botanique). — Forskaël a donné le nom de *Dolichos faba indica* à une espèce de *Dolic*.

Fève de loup (Botanique). — Nom vulgaire de l'*Hellébore fétide*.

Fève lovine (Botanique). — Nom donné au fruit du *Lupin blanc*, dans quelques parties du midi de la France.

Fève de malac ou de malacca, Fève de maladon (Botanique). — Noms vulgaires donnés par les Portugais au fruit de l'*Anacardier à feuilles longues* (*Anac. longifolium*, Lamk). On l'appelle encore *Noix de marais*.

Fève marine (Zoologie). — Les anciens avaient donné ce nom à l'opercule d'une coquille du genre *Sabot*, qui a quelque ressemblance avec une fève; on lui attribuait autrefois de grandes vertus en médecine.

Fève marine (Botanique). — Sur quelques-unes de nos côtes, on donne ce nom à une plante de la famille des *Crassulacées*, le *Cotylet ombiliqué* (*Cotyledon umbilicus*, Lin.).

Fève naine (Zoologie). — Nom donné à une coquille du genre *Buccin*, le *B. neriteum* de Linné, à cause de sa forme orbiculaire et aplatie.

Fève peinte (Botanique). — Nom vulgaire du *haricot commun*.

Fève pichurim, pichonin, pichola, pichora (Botanique). — Noms que l'on a donnés dans le commerce à deux espèces de fruits provenant de l'Amérique méridionale, que l'on a aussi appelés *Noix de sassafras*, parce que les arbres qui les produisent portent improprement dans le pays le nom de *sassafras*. Les premiers, nommés *semences de pichurim vraies*, sont oblongs, d'une longueur de $0^m,035$ environ, brunâtres en dehors, couleur de chair en dedans; leur saveur et leur odeur tiennent de la muscade et du sassafras. L'autre espèce ou *semence de pichurim fausse* est longue de $0^m,025$ environ; elle est noire, et son odeur ne se développe que lorsqu'on la râpe. Ces deux fèves paraissent appartenir à plusieurs espèces de l'ancien genre *Ocotea*, dont elles ont été détachées pour former le *G. Nectandra* (famille des *Thymélées*), entre autres le *N. puchury major* de Nées, et le *N. puchury minor* de Nées.

Fève purgative (Botanique). — C'est le fruit du *Ricin* ou *Palma Christi*.

Fève de Pythagore (Botanique). — A l'article Fève (Botanique), il a été dit que Pythagore croyait que les âmes des morts pouvaient être contenues dans les fèves. Petit-Radel, dans un mémoire lu à l'Institut en 1808, a prétendu que la fève réprouvée par Pythagore n'était aucune des fèves dont nous faisons usage, mais bien le fruit du *caroubier* (voyez ce mot), dont la pulpe sucrée est d'un rouge de chair qui semble se changer en sang à la cuisson.

Fève tonka (Botanique). — On appelle ainsi le fruit d'un arbre de la Guyane, décrit par Aublet sous le nom de *Coumarouna odorata*, et appartenant aujourd'hui au genre *Dipterix*, de Schreber (Papillonacées), adopté par M. Ad. Brongniart; Willdenow désigne cet arbre sous le nom de *Dipterix odorata* (voyez Coumarou). Son bois, qui est très-dur et très-pesant, se nomme à Cayenne *bois de gaïac*. La fève tonka, longue de $0^m,03$ environ, a la forme d'un haricot allongé; elle est renfermée seule dans une espèce de brou desséché, recouvert lui-même d'une espèce de brou desséché; le tout a la forme et le volume d'une grosse amande. Cette graine a ses deux lobes ou cotylédons protégés par une enveloppe mince, luisante, d'un-brun noirâtre; leur saveur est douce, huileuse, aromatique, et leur odeur agréable. On s'en sert particulièrement pour parfumer le tabac, quelquefois en la réduisant en poudre, que l'on y mêle en très-petite quantité; le plus souvent en la mettant entière dans le vase qui contient le tabac, ou simplement dans la tabatière. Son odeur est due, suivant M. le professeur Guibourt, à une matière cristalline spéciale, trouvée par lui et à laquelle il a donné le nom de *coumarine*; cette opinion, combattue par M. Vogel de Munich, qui la regarde comme de l'acide benzoïque, a été depuis confirmée par l'analyse due à MM. Boullay et Boutron.

Fève de trèfle (Botanique). — Nom vulgaire donné au fruit de l'*Anagyris fétide*.

Fève a visage (Botanique). — C'est un des noms vulgaires du *haricot commun*.

FÉVEROLE, (Botanique agricole). — *Faba vulgaris equina*, *Fève de cheval*, variété de la *Fève de marais* (*Faba vulgaris*, Lin.), dont elle se distingue par ses moindres dimensions et l'abondance de ses produits. Ses graines sont presque cylindriques, sa peau coriace; c'est la plus cultivée du genre; elle est plus tardive que les autres et craint les froids. Ses qualités comestibles sont bien inférieures à celles des autres variétés. On connaît comme sous-variétés, la *F. d'hiver*, plus robuste que celle que nous cultivons d'habitude, et la *F. d'Héligoland* dont les produits sont plus abondants que ceux de la sous-variété précédente. Les féveroles réussissent dans tous les pays situés sous la latitude de la France, et même un peu plus au nord, particulièrement en Belgique. Comme les autres fèves, elle préfère les terrains humides et frais, elle vient encore assez bien dans les terres légères mais fraîches; dans tous les cas, le sol doit être profondément remué par plusieurs labours dont le premier sera au moins de $0^m,25$ de profondeur. Cette plante affectionne surtout les engrais riches en potasse et en phosphate de chaux, tels que guano, cendres de bois, poudre d'os, noir animal, mêlés ou non avec du fumier ordinaire. L'époque convenable pour semer dans le Midi est novembre et décembre; dans le Nord, c'est ordinairement après l'hiver, dès les premiers jours de mars. Le meilleur mode de semaille est en lignes, quoique plusieurs cultivateurs sèment à la volée. Les lignes doivent être éloignées de $0^m,50$ à $0^m,55$; les semences étant à environ $0^m,03$ les unes des autres seront recouvertes d'une épaisseur de terre de $0^m,05$ à $0^m,06$; cette opération se fera à la main, et mieux avec le semoir à brouette (voyez Semoir). Huit à dix jours après, les jeunes plantes étant sorties de terre, on fait un hersage en travers. Elles auront d'ailleurs deux binages pendant la végétation. On conseille l'*écimage* ou pincement du sommet de la plante, aussitôt après la floraison; mais quelques-uns le condamnent comme inutile. La récolte se fait fin septembre ou octobre, suivant les pays. Les féveroles sont employées pour la nourriture de l'homme, aussi bien que pour celle des bestiaux; les sommités provenant de l'écimage peuvent être mangées à la manière des choux. Quant aux féveroles elles-mêmes réduites en farine, elles peuvent très-bien dans la farine pour faire le pain; loin d'être une fraude nuisible, le mélange de cette farine contribue à rendre le pain plus blanc, et il n'a du reste aucun inconvénient. Dans quelques pays, on les mange cuites, seules ou avec d'autres légumes. Mais c'est surtout pour les bestiaux que la consommation des féveroles est considérable. Les tiges, à toutes les époques de leur développement, et même la paille, sont un très-bon fourrage. Les graines sont données

Fig. 1065. — Féverole.

aux chevaux, dans certaines contrées, comme de l'avoine. Les moutons, la volaille, s'en accommodent très-bien; et elles servent aussi à l'engraissement des bœufs et des porcs, soit cuites, soit réduites en farine.

FÉVIER (Botanique), *Gleditschia*, Lin.; dédié à Gleditsch, botaniste prussien, du XVIIIe siècle. — Genre de plantes *Dicotylédones dialypétales périgynes* de la famille des *Césalpiniées*. Caractères: fleurs polygames; certains pieds portant des fleurs femelles seulement ou mêlées à quelques fleurs mâles; d'autres pieds portant des fleurs hermaphrodites, mêlées dans la même grappe avec des fleurs mâles; calice en cupule; 5 pétales inégaux, insérés sur le calice; 5 étamines, même insertion; ovaire sessile; gousse sèche à une ou plusieurs graines. Les féviers sont de beaux arbres à feuilles pennées, et à fleurs vertes disposées en épis. Le *F. à trois pointes* (*G. triacanthos*, Lin.) s'élève à 10 ou 15 mètres environ. Il est garni de grosses épines, souvent trifides et ligneuses. On le multiplie de graines, et il réussit bien dans les terrains légers, sableux ou calcaires. On en a une variété qui est dépourvue d'épines. Cet arbre, qui croît spontanément dans la Virginie, le Canada, la Louisiane, et d'autres parties de l'Amérique septentrionale, y est connu sous le nom de *Carouge à miel*, et donne un bois très-dur, excellent pour le chauffage. Le *F. à grosses épines* (*G. macracantha*, Desf.) est à peu près de la même grandeur que le précédent. Ses feuilles sont composées, pennées, et portent 7 à 8 paires de folioles alternes; ses épines sont très-fortes, très-nombreuses, rameuses et coniques. Ses gousses sont longues, pendantes, un peu pulpeuses. Cet arbre croît en Chine, où l'on en fait des haies et des clôtures hérissées d'épines et impénétrables. Le *F. de la*

Fig. 1086. — Fevier à trois pointes. A côté une gousse coupée et une graine.

Chine (*G. sinensis*, Lamk) a le tronc hérissé d'épines rameuses fort pointues, longues de 0ᵐ,10 à 0ᵐ,15, très-fortes; il atteint la taille du précédent et provient des mêmes contrées. Il en existe une variété sans épines et

Fig. 1087. — Févier de la Chine. Variété sans épines et à rameaux pendants.

à rameaux pendants. Enfin, on cultive aussi dans les jardins paysagers le *F. féroce* (*G. ferox*, Desf.), qui est d'un joli effet. Ses épines sont longues, comprimées, trifides.

Les féviers sont peut-être les plus élégants des arbres rustiques. « Ils aiment, dit Desfontaines, les terres légères et de bonne qualité. On peut les cultiver en plein air dans le nord de la France; ils y résistent aux froids les plus rigoureux. On les sème au printemps, dans un terreau bien divisé; on abrite les jeunes plants jusqu'à ce qu'ils aient assez de force pour supporter les gelées. Ces arbres ont une belle forme et un feuillage léger, qui conserve sa verdure jusqu'à l'approche de l'hiver. Ils fleurissent au commencement de l'été, et leurs fruits sont mûrs en automne. Jusqu'à ce jour, on n'a cultivé les féviers que pour l'ornement des parcs et des bosquets; mais il serait utile de les propager dans nos forêts: leur bois, qui est très-dur, liant, veiné de rouge, d'un grain fin et serré, pourrait servir à des ouvrages de menuiserie et d'ébénisterie. On assure qu'il se conserve longtemps dans l'eau sans s'altérer, et qu'il est très-bon pour des pilotis. On pourrait aussi employer utilement les féviers

à former des clôtures autour des champs et des jardins, en les taillant et en les empêchant de s'élever. »

FÉVRIER (Agriculture), du latin *februare*, purifier, parce que pendant ce mois, qui était le douzième de l'année chez les anciens Romains, on célébrait des cérémonies expiatoires. C'étaient particulièrement les fêtes *fébruales*, instituées par Numa, et qui consistaient à faire des sacrifices aux dieux infernaux, afin de les rendre propices aux morts. L'Eglise célèbre aussi la fête de la *Purification* de la Vierge, le 2 février, et ce mois est aujourd'hui le deuxième de l'année. Les cultivateurs et les gens de la campagne regardent certains jours de février comme comme critiques pour l'agriculture; ce sont les 2, 6, 22 et 28.

Ce mois est important pour la culture. Les semailles du printemps seront bientôt confiées à la terre; les labours que la saison rend praticables seront terminés. Ils seront faits, en général, quelques jours avant ces semailles, afin que la terre, ayant le temps de se ressuyer, puisse plus facilement être divisée et émiettée par la herse, chargée de recouvrir le grain à une petite profondeur. Lorsque le temps est beau, on commence à semer vers la dernière quinzaine de février. Ce sont d'abord les *pavots* ou *œillettes* en terrain léger et substantiel, très-superficiellement; les *féveroles* du printemps en terres fortes et argileuses, à 0ᵐ,06 ou 0ᵐ,08 de profondeur; le *blé de mars* se sème bien en février en terre riche et fraîche; dans le Midi, on commence vers la fin de février à semer les *betteraves;* dans les autres contrées et à la même époque, les *choux pommés* qu'on repique en mai ou juin; les *pois gris*, si on ne craint pas les dernières gelées, quelques avoines aussi, qui donneront de très-bons produits.

C'est aussi le moment, dans les propriétés boisées, de semer les *glands*, les *faînes*, les graines d'*érables*, d'*aulnes*, etc. On prépare le sol pour les arbres résineux. On transplante les arbres, lorsque cela n'a pas été fait en automne. On procède à l'exploitation des bois et des taillis. Dans les vignes, on commence à provigner; on termine les plantations; on taille après le premier labour.

Quant aux prairies naturelles, les soins à leur donner consistent en arrosages, que l'on doit pratiquer, autant que possible, par des rigoles qui y amènent les eaux limoneuses des champs; mais, dès que la végétation commence, on doit remplacer ces eaux par celles qui sont claires et limpides. A cette époque, on cessera d'y faire paître le bétail. On aura soin d'étendre les taupinières. On enlève, autant qu'on le peut, les plantes nuisibles; on ramasse les feuilles mortes des arbres; elles nuiraient au développement des plantes. Enfin, c'est dans ce mois qu'il faut commencer à défricher les pâturages que l'on veut livrer à d'autres cultures, et que l'on fait avec utilité le drainage des prairies et des terres à ensemencer.

C'est dans le mois de février que les poulinières commencent à mettre bas; il en est de même des vaches, des brebis et des truies; les petits et les mères exigent des soins que nous ne pouvons décrire ici; c'est un sujet qui doit être étudié dans les traités spéciaux.

En *horticulture*, les travaux de février prennent de l'extension; on termine ceux du mois précédent. On fait les labours lorsque le temps le permet. On sème de l'oignon, des pois hâtifs, des fèves de marais; vers la fin du mois, de la chicorée sauvage, des épinards, de l'oseille, des panais, des carottes, du persil, etc. Les melons, les concombres, quelques laitues, les choux-fleurs, etc., sont soignés sur couches avec châssis et réchauds. Les arbres fruitiers sont taillés (poiriers et pommiers); on rabat la tête des framboisiers pour les faire ramifier; on achève les dernières transplantations; enfin on donne le labour général.

Les produits de ce mois sont peu abondants; mais, dans les serres à légumes, on trouve le céleri, les chicorées, scaroles, choux fleurs, choux de Bruxelles, choux de Milan, etc.; on a même en pleine terre, si le temps est doux, des mâches, des raiponces. On trouve encore, dans le fruitier, un peu de raisin, des poires de bourré d'Aremberg, doyenné d'hiver, passe-colmar; des pommes de fenouillet, la reinette franche, le calville blanc, le châtaignier, etc. On a déjà quelques fleurs en pleine terre; ainsi la petite pervenche, la pâquerette, quelques violettes, le perce-neige, le romarin, l'elléborine, le corchorus du Japon, etc. Nous ne parlons pas de tout ce qui vient en serre chaude.

FIATOLE (Zoologie), *Stromateus fiatola*, Lin. — Espèce de *Poisson* du genre *Stromatée* (voyez ce mot), dont le corps, disposé en losange allongé, est remarquable par ses taches et ses bandes interrompues, de couleur dorée sur un fond plombé, par le bleu céleste de son dos et le blanc argentin de son ventre ; c'est une des jolies espèces de la Méditerranée et de la mer Rouge ; on le pêche en mai, sur les côtes de Nice ; sa chair est délicate. Il mesure 0ᵐ,35 à 0ᵐ,40 de longueur. Le genre *Stromatée* appartient à l'ordre des *Poissons acanthoptérygiens*, famille des *Scombéroïdes*.

FIBRES, FIBREUX, FIBRILLES (Anatomie animale et végétale). — Voyez ANATOMIE VÉGÉTALE.

FIBRINE (Chimie). — Substance protéique qui forme la base essentielle de la fibre musculaire qui se trouve à l'état de solution dans le sang, quand il circule dans les vaisseaux d'un animal, et qui s'en précipite en entraînant les globules pour former le caillot après que le sang a été extrait de la veine. C'est un corps de nature fort complexe, au point de vue chimique, qui présente une composition un peu différente suivant son origine, et auquel on attribue pourtant la formule de l'albumine. Il entre donc dans sa constitution cinq éléments : carbone, hydrogène, oxygène, azote et soufre. On l'extrait du sang en battant celui-ci vivement avec un faisceau de petites baguettes, au moment où il sort de la veine. La fibrine s'attache aux baguettes sous la forme de fibres déliées, d'une couleur un peu rougeâtre ; on la recueille, on la soumet à l'action prolongée d'un filet d'eau qui entraîne ou dissout une partie des matières étrangères, puis on la traite par la plupart des dissolvants, alcool, éther, acides dilués, etc. On lui fait enfin subir un dernier lavage à grande eau. Elle se présente alors sous la forme de filaments blanchâtres, inodores, insipides, insolubles, s'altérant à la longue par leur contact avec l'air, éprouvant dans ce cas une oxydation et abandonnant de l'acide carbonique. La fibrine décompose, par une action de présence, l'eau oxygénée et le bisulfure d'hydrogène ; les acides la convertissent en une espèce de gelée ; à chaud, l'acide chlorhydrique concentré la dissout en prenant une coloration violacée. La fibrine a été étudiée dans ses propriétés chimiques par Vauquelin, Berzelius, Chevreul, Dumas, Liebig et Cahours. On distingue aussi une fibrine végétale (voyez GLUTEN).   B.

FIBULAIRE (Zoologie), *Fibularia*, LMX ; du latin *fibula*, bouton. — Genre de *Zoophytes*, classe des *Echinodermes*, ordre des *Pédicellés*, famille des *Oursins*, connus autrefois sous le nom d'*Oursins-boutons*. Leur forme est globuleuse et ovoïde ; une série de pores forment sur leur dos une sorte de rosace ; l'anus est inférieur à la face inférieure et près de la bouche. Ces oursins, semblables à un bouton globuleux, sont les espèces les plus petites de la classe des *Echinodermes* ; ils ont environ la grosseur d'un pois. Agassiz et Desor ont adopté ce genre et y mentionnent quatre espèces vivant dans les mers chaudes.

FIC (Médecine vétérinaire), du latin *ficus*, figue. — Les vétérinaires désignent ainsi une tumeur charnue, à pédicule étroit et à sommet renflé, quelque peu comparable à une figue et qui se développe isolément ou en groupe sur diverses parties du corps du cheval, et surtout de l'âne et du mulet. Ces tumeurs, parfois considérables, saignent au moindre contact et exhalent parfois une odeur fétide ; souvent elles deviennent squirreuses. On les voit surtout se développer sur toutes les parties du pied et au voisinage de l'anus. Quelquefois elles se multiplient beaucoup sur le même animal et forment ce qu'on nomme des *grappes*; il est alors impossible de guérir le mal. Dans les autres cas, on les fait tomber par une ligature à leur base, ou on les arrache ; et il faut cautériser la plaie au fer rouge, car les fics se reproduisent très-facilement.

FICAIRE (Botanique), *Ficaria*, Dill. ; allusion aux petits tubercules de sa racine, qui ressemblent aux *fics* des chevaux. — Genre de plantes *Dicotylédones dialypétales hypogynes* de la famille des *Renonculacées*, tribu des *Renonculées*; les espèces qui le composent faisaient autrefois partie du genre *Ranunculus*; mais elles en ont été séparées à cause de leur calice à 3 pièces et de leur corolle à 8 ou 9 pétales. La *F. fausserenoncule* (*F. ranunculoïdes*, Moench.), appelée aussi *Petite chélidoine*, *Petite Éclaire*, *éclairette*, *Herbe aux hémorrhoïdes*, est une petite plante vivace, à feuilles glabres, lisses, et à fleurs d'un beau jaune. Cette espèce est très-abondante aux environs de Paris, dans les endroits ombragés et humides. Elle donne des fleurs dès la fin du mois de mars. Écrasée et appliquée sur la peau, la racine produit de l'irritation et peut à la longue donner lieu à des vésicules. On s'est servi autrefois de cette

racine fraîche pour appliquer sur des tumeurs hémorrhoïdales ; aujourd'hui elle n'est plus employée. On en cultive une variété à fleurs doubles. Dans certains pays, ses feuilles se mangent en salade.

FICOIDE (Botanique), du latin *ficus*, figue ; nom donné par Tournefort à cause de la forme des fruits. — Genre de plantes désigné par Linné sous le nom de *Mesembryanthemum* (du grec *mesembria*, le midi, et *anthos*, je fleuris, parce que l'épanouissement des fleurs de quelques espèces a lieu vers le milieu du jour). Il est le type de la famille des *Mésembryanthémées*. Caractères : calice ordinairement à 5 divisions inégales ; pétales nombreux, linéaires, disposés sur plusieurs rangées au sommet du calice ; étamines indéfinies ; le plus souvent 5 styles ; ovaire infère à 4-20 loges ; capsule d'abord charnue, devenant sèche et ligneuse.

Les ficoïdes sont des plantes herbacées ou des arbustes à feuilles charnues, opposées. Leurs fleurs présentent des couleurs variées et s'épanouissent d'habitude à des heures déterminées. Les espèces de ce genre sont très-nombreuses (en 1821, Haworth en comptait 310) et habitent presque toutes le cap de Bonne-Espérance. La *F. nodiflore* (*M. no-*

Fig. 1088. — Ficoïde cristalline ou glaciale (on a redressé les feuilles qui d'habitude traînent sur le sol).

diflorum, Lin.) est une espèce qu'on trouve en Corse, en Sicile, en Grèce et même en Espagne. Ses tiges sont diffuses ; ses feuilles sont obtuses, un peu cylindriques, et ses fleurs, solitaires et axillaires, sont blanches. Une des ficoïdes les plus remarquables est, sans contredit, la *F. cristalline* (*M. cristallinum*, Lin.). Elle est connue vulgairement sous le nom de *Glaciale*. Ses tiges hautes de 0ᵐ,30 à 0ᵐ,40, courtes et herbacées, ses feuilles étalées, grosses, charnues, larges, succulentes, sont couvertes de petites vésicules transparentes et brillantes, qui ressemblent à de petits morceaux de glace. Cette intéressante plante croît dans l'archipel grec et aux Canaries. On la cultive dans nos jardins, à cause du bel effet que produit son feuillage scintillant au soleil. Elle donne en juillet des fleurs petites et blanches. On peut employer aussi ses feuilles, comme celles du *pourpier* (voyez ce mot), pour accompagner la salade, ou, comme celles de l'épinard, cuites avec un peu d'oseille. On peut citer encore pour la beauté de leurs fleurs, la *F. violette* (*M. violaceum*. de Cand.), à fleurs moyennes, d'un beau rouge violet ; la *F. ponceau* ou *bicolore* (*M. bicolor*, Lin), à fleurs grandes, nombreuses, d'un rouge orangé brillant ; la *F. à feuilles deltoïdes* (*M. deltoïdes*, Lin.), fleurs nombreuses, rose pâle, d'une odeur agréable. Les ficoïdes se propagent de boutures au mois de juin ; ou de graines semées sur couche au printemps. Elles craignent l'humidité.   G—s.

FIDONIE (Zoologie), *Fidonia*, Treitschke. — Genre d'*Insectes* de l'ordre des *Lépidoptères*, famille des *Nocturnes*, tribu des *Phalènes*, caractérisé par : les premières ailes arrondies, parsemées de points de couleur foncée, se détachant sur un fond clair et pulvérulent, et des antennes en forme de plumet chez les mâles. La chenille a un corps svelte, cylindrique, lisse, rayé longitudinalement de couleurs variées, et vit sur les arbres et les plantes ligneuses, telles que le genêt et la bruyère. Ces insectes volent le jour et se plaisent dans les endroits secs. La *F. à plumet* est commune vers les mois de mars et de septembre, aux environs de Nîmes et de Montpellier.

FIEL (Physiologie animale). — Ancien nom de la *bile* (voyez ce mot).

FIEL DE TERRE (Botanique). — Nom vulgaire donné assez communément à deux plantes amères, la fumeterre et la petite centaurée.

FIEL DE VERRE (Technologie). — Désigne les impuretés ou écumes non vitrifiables qui, pendant la fusion des matières premières destinées à la fabrication du verre, se séparent de la masse vitrifiable et montent à la surface du bain. Le fiel de verre se compose souvent de chlorure de sodium et de sulfate de potasse ou de soude.

FIENTE (Physiologie). — Voyez EXCRÉMENTS, FUMIERS.

FIÈVRE (Médecine), *febris* des Latins, de *fervere*, être chaud; *pyretos*, des Grecs, qui signifie chaleur ardente, et dont on a fait le mot *pyrexis*, en français *pyrexie*, employé souvent dans le langage médical, comme synonyme de fièvre. — Ces étymologies nous montrent que pour les anciens, et entre autres pour Hippocrate, l'augmentation de la chaleur du corps était le principal, sinon le seul symptôme de la fièvre, ou plutôt c'était la fièvre elle-même; c'en est, en effet, le phénomène le plus constant et le plus caractéristique. Toutefois, la chaleur perçue par le malade n'est pas toujours en rapport avec celle qui existe réellement, ce dont on se rend parfaitement compte au moyen du thermomètre qui accuse à peine dans les cas ordinaires une surélévation de 1º à 2º. Il peut arriver même que cette augmentation de chaleur réelle coïncide avec une sensation de froid perçue par le malade; c'est ce qui se remarque au début des accès de fièvres intermittentes, dans cette période connue sous le nom de *frisson* et particulièrement dans une variété de fièvre intermittente pernicieuse dite à cause de cela *fièvre algide* (du latin *algidus*, glacé). Un symptôme non moins constant de la fièvre, c'est l'accélération du pouls; déjà Celse le place à côté du précédent, lorsqu'il dit : «La chaleur et la fréquence des pulsations des veines (les artères) sont bien les deux principaux caractères de la fièvre, mais seuls ils ne la constituent pas, etc. » Cette fréquence, du reste, peut exister dans certaines conditions morbides, sans qu'on puisse la rapporter à un état fébrile; ainsi dans les convalescences des maladies graves, à la suite des hémorragies considérables, etc., elle peut être constitutionnelle et ne se lier à aucune maladie; on trouve des personnes chez lesquelles le pouls normal donne jusqu'à 75 à 80 pulsations par minute. Le degré d'accélération du pouls varie beaucoup dans la fièvre; il devient quelquefois si fréquent qu'il est impossible de le compter. Dans cette appréciation, du reste, il faut avoir égard à l'âge et au sexe; il y a là des différences très-importantes à noter (voyez POULS). On observe encore comme symptômes de la fièvre, certains troubles du côté des fonctions nerveuses, de l'agitation, des rêvasseries, du délire même; en même temps, la respiration s'accélère; il y a de la fatigue, un sentiment de malaise, de courbature; il y a de la soif, perte de l'appétit; la langue est sèche, quelquefois recouverte d'un enduit plus ou moins épais; les urines sont plus rares, plus ou moins briquetées; la peau est sèche, aride, souvent moite; il y a quelquefois de la sueur. Tels sont les principaux phénomènes qui constituent ce qu'on appelle la *fièvre*.

Mais lorsque le médecin, arrivé auprès du malade, a constaté qu'il a de la fièvre, il ne sait pas encore autre chose, sinon qu'il y a maladie; quelle est-elle? La fièvre ne le lui dit pas. Il faut donc porter ses recherches plus loin, interroger successivement les organes, analyser les désordres fonctionnels, examiner l'état des liquides excrétés; en un mot, faire une revue exacte de l'état du malade, et presque toujours on viendra à bout de découvrir le point de départ de la lésion qui produit la fièvre; ce sera le plus souvent une phlegmasie d'un organe quelconque, et il n'est pas nécessaire que cet organe ait une importance capitale dans l'économie; on a vu s'allumer une fièvre violente à propos d'un panaris, d'un petit abcès des gencives, etc. Ainsi, tout en tenant grand compte du rôle de l'organe malade, on devra avoir égard aussi à la violence de l'inflammation, à l'état nerveux du sujet, à sa sensibilité normale. Il faut dire aussi qu'en raison de certaines circonstances accidentelles, très-difficiles à apprécier, l'inflammation d'un organe central important, tel que le poumon, par exemple, peut ne donner lieu qu'à une fièvre peu intense. C'est dans ces cas surtout que l'on a pu très-souvent diagnostiquer et traiter comme essentielles des fièvres qui étaient sous la dépendance d'inflammations méconnues, et qui, pour cette raison, sont nommées *latentes* (de *latens*, caché). Nous parlerons bientôt de ce qu'on entend par fièvres essentielles. C'est donc surtout au début des maladies aiguës que la fièvre se développe. Ainsi elle se montre dans les phlegmasies bien localisées, telles que les pneumonies, les pleurésies, les encéphalites, les péritonites, etc.; dans toutes les maladies dites éruptives, variole, rougeole, scarlatine, miliaire. Elle est encore un symptôme des fièvres dites de mauvais caractères, fièvre typhoïde, fièvre jaune, peste, etc. Elle peut accompagner aussi certaines affec-

tions chroniques, particulièrement lorsqu'il se fait un travail d'inflammation lente, de désorganisation, de suppuration des os ou des parties molles, lorsqu'il existe dans le poumon, dans le mésentère des tubercules en voie de ramollissement, etc. Dans ces différents cas, elle est quelquefois le seul indice qui puisse éveiller l'attention du médecin et le mettre sur la voie des désordres cachés qui s'accomplissent dans la profondeur des organes, surtout lorsque le mouvement fébrile est violent ou qu'il se prolonge, car alors il dénote la gravité des altérations. C'est ce que l'on a désigné sous le nom de *fièvre hectique*.

En considérant la fièvre sous le rapport de sa marche, de son mode d'être, de sa nature, de ses symptômes, de son *type* en un mot, on a admis généralement quatre formes principales et distinctes : 1º les *F. continues*; 2º les *F. intermittentes*; 3º les *F. rémittentes*; 4º les *F. pseudo-continues*.

On appelle *fièvre continue*, celle qui, une fois établie dans les conditions énoncées plus haut, se prolonge au delà de quelques jours d'une manière continue, soit qu'elle se termine par une maladie éruptive, qu'elle soit le symptôme d'une phlegmasie évidente ou latente, qu'elle précède l'invasion d'une fièvre de mauvais caractère, ou qu'elle vienne compliquer une désorganisation lente de quelque partie. Quelquefois encore, on la voit disparaître sous l'influence d'un mouvement critique (voyez CRISE), après avoir persisté pendant plusieurs jours, sans qu'on ait pu découvrir si elle était liée ou non à un état phlegmasique d'un organe quelconque.

D'autres fois, la fièvre est *intermittente*, c'est-à-dire que, loin d'être continue, elle affecte ce qu'on appelle le type intermittent périodique, c'est-à-dire qu'après avoir duré pendant un certain temps, trois, quatre, six, huit heures, par exemple, les symptômes diminuent, tout rentre à peu près dans l'ordre, jusqu'au moment où un nouvel accès fébrile arrive pour durer et se terminer comme le précédent. Ces retours d'accès se renouvellent ordinairement par périodes d'un, deux, trois jours, etc., pour revenir aux mêmes heures, quelquefois cependant avec un retard ou une avance de quelques heures. C'est ce qu'on appelle fièvres intermittentes, à types quotidien, tierce, quarte, etc. Elles peuvent se développer dans les mêmes conditions que les fièvres continues; mais, le plus souvent, elles reconnaissent pour causes des dispositions locales particulières; il en sera parlé à l'article INTERMITTENTES (*Fièvres*).

On donne le nom de *fièvre rémittente* à celle qui, tout en conservant la marche de la fièvre continue, sans aucune intermittence, présente cependant à des intervalles déterminés une certaine diminution, une certaine *rémittence* dans les symptômes, suivie d'un accès comme dans le cas précédent, le plus souvent à type quotidien ou tierce (voyez RÉMITTENTE [*Fièvre*]). Enfin une dernière forme, c'est la *fièvre pseudo-continue*, ainsi nommée parce qu'elle a les plus grands rapports avec la fièvre continue (voyez plus loin *Fièvre pseudo-continue*).

Quoique la fièvre, comme nous venons de le dire, ne soit en général qu'un symptôme de diverses altérations organiques appréciables, et le plus souvent de phlegmasies aiguës ou chroniques, cependant il arrive quelquefois qu'elle forme le caractère spécial de la maladie, et qu'elle la représente à elle seule, sans qu'il soit possible de la rattacher à aucune lésion organique saisissable. De là une division des différentes espèces de fièvres en *fièvres symptomatiques*, c'est-à-dire qui sont la conséquence, le symptôme d'une affection bien définie, bien déterminée; nous en avons parlé plus haut; et *fièvres essentielles*, qui existent par elles-mêmes.

Maintenant y a-t-il réellement des fièvres essentielles, des fièvres que l'on ne puisse rapporter à aucune maladie locale d'un organe? Bordeu paraît avoir fait le premier pas dans la voie où plus tard on devait découvrir la nature de toutes ou au moins du plus grand nombre des maladies fébriles. Il a entrevu que la plupart d'entre elles dépendaient de l'inflammation. «Toute fièvre, dit-il, prend son siège dans l'irritation d'un viscère. » Broussais l'a dit après lui et a cherché à le prouver par une puissante argumentation, et avec une vigueur de critique et de discussion qu'une conviction profonde pouvait seule inspirer. Le docteur Prost (*La médecine éclairée par les ouvertures du corps*, 1804) avait déjà attribué exclusivement à la souffrance de la muqueuse intestinale les fièvres intermittentes, toutes les ataxiques sans exception, etc. Cependant, malgré les recherches les plus minutieuses, malgré les observations des médecins les plus consciencieux, la science n'a pu ratifier complétement, quant à présent, la doctrine de ces auteurs, et l'on ne peut s'empêcher de reconnaître qu'il existe des maladies que l'on est obligé de considérer comme des fièvres essentielles. En sera-t-il toujours de même, et l'anatomie pathologique a-t-elle dit son dernier mot sur cette question ? Nous ne le pensons pas, et nous citerons à l'appui de notre opinion les paroles bien plus autorisées de M. le professeur Trousseau : « Les mots *essentiel* et *essentialité*, et les idées que ces mots expriment, appliqués aux maladies, sont des expressions fausses ; il faut les bannir du langage médical. Quoi qu'on fasse, elles inspirent une répugnance instinctive, en impliquant que les maladies sont des êtres indépendants, des *essences*, des espèces *créées* comme les *essences* ou espèces des trois règnes de la nature. » Écoutons, d'une autre part, ce que dit M. le professeur Grisolle : « Ce mot *essentiel* ne doit pas signifier que la fièvre existe par elle-même, qu'elle ne constitue qu'une perversion ou une altération du principe vital ; mais nous voulons dire par ce mot que la lésion quelconque qui existe *certainement* comme point de départ de la maladie nous est encore inconnue dans sa nature et dans son siége. Le mot *essentiel* exprime donc, si l'on veut, notre ignorance ou une lacune de la science, mais il ne préjuge rien sur la cause qui produit et entretient la fièvre. » Sage et prudente réserve à laquelle ne manqueront pas de se rallier tous les esprits sérieux et logiques.

D'après tout ce qui vient d'être dit, et en raison de la difficulté de distinguer les fièvres dites essentielles de celles qui se lient à une maladie déterminée, on conçoit combien une classification des fièvres doit être arbitraire ; chaque auteur a, pour ainsi dire, la sienne, et nous nous contenterons de citer celle que propose M. Grisolle dans son *Traité de pathologie interne*. L'auteur, après avoir établi qu'il existe une classe de maladies qui doivent recevoir le nom de *Fièvres*, les divise en cinq genres.

1er genre. La *F. continue* proprement dite, comprenant sept espèces différentes, qui sont : la *F. éphémère*, la *F. inflammatoire*, la *F. typhoïde*, le *Typhus d'Europe*, la *F. bilieuse* des pays chauds, la *F. jaune*, le *Typhus d'Orient* ou *Peste*.

2e genre. Les Fièvres dites *éruptives* : *Variole* et *Varioloïde*, *Varicelle*, *Rougeole*, *Scarlatine*, *Suette miliaire*.

3e genre. Il se compose des *F. intermittentes bénignes*, *pernicieuses* et *anomales*.

4e genre. *F. rémittentes* et *pseudo-continues*, qu'on pourrait, dit l'auteur, considérer, à la rigueur, comme une simple variété ou sous-genre des intermittentes. Ce sont, en effet, des pyrexies qui ont la même origine miasmatique, et qui cèdent au même spécifique. De là le nom de *Fièvres à quinquina*, sous lequel on les a parfois désignées et confondues entre elles.

5e genre. Enfin, la *F. hectique*, lente ou *chronique*.

Dans un article de dictionnaire, nous ne pouvons donner de plus amples développements au sujet des différentes classifications des fièvres ; une de celles qui ont eu le plus de vogue au commencement du siècle, c'est celle de Pinel, que l'on trouvera exposée dans sa *Nosographie philosophique*. Celle dont nous venons de donner le tableau renferme toutes les maladies auxquelles on peut donner le nom de fièvres. D'autres dénominations, basées tantôt sur un symptôme prédominant, d'autres fois sur une nuance plus grave ou plus légère de la maladie, etc., ont encore été données aux fièvres ; comme ces noms ont encore cours dans la science et dans le monde, nous allons brièvement les passer en revue ; on y retrouvera ceux qui figurent dans la classification de M. Grisolle.

FIÈVRE ADÉNO-MÉNINGÉE, du grec *adên*, glande, et *mêninx*, membrane. — Pinel avait donné ce nom à la *F. muqueuse* des auteurs. Son histoire se trouve confondue aujourd'hui avec celle de la *F. typhoïde* (voyez TYPHOÏDE [*Fièvre*]).

FIÈVRE ADÉNO-NERVEUSE. — Pinel avait donné ce nom à la peste (voyez ce mot).

FIÈVRE ADYNAMIQUE, du grec *dynamis*, force, et *a*, privatif. — Nom donné par Pinel à une de ses fièvres qui constitue aujourd'hui une des formes de la *F. typhoïde* (voyez TYPHOÏDE [*Fièvre*]).

FIÈVRE ALGIDE, du latin *algidus*, froid, glacé. — On a désigné par ce nom une fièvre intermittente pernicieuse, dans laquelle le malade éprouve un froid glacial et continu (voyez INTERMITTENTE [*Fièvre*]).

FIÈVRE ANGIOTÉNIQUE, du grec *angeïon*, vaisseau, et *teinô*, je tends. — Sous ce nom, Pinel a désigné la *F. inflammatoire* (voyez INFLAMMATOIRE [*Fièvre*]).

FIÈVRE ARDENTE. — C'est le *causus* des anciens. Pinel la regarde comme une complication de la *F. gastrique* ou *bilieuse* avec la *F. inflammatoire*.

FIÈVRE ATAXIQUE. — C'est une des formes de la *F. typhoïde*.

FIÈVRE AUTOMNALE. — On donne quelquefois ce nom aux fièvres que l'on observe plus particulièrement dans l'automne ; les plus fréquentes sont : les *F. rémittentes*, les *intermittentes quotidiennes* et *quartes* ; on voit régner aussi quelquefois les *F. typhoïdes*, à forme *muqueuse*.

FIÈVRE BILIEUSE ; **MÉNINGO-GASTRIQUE**, de Pinel ; **GASTRIQUE**, de Baillou. — Elle est considérée aujourd'hui comme une des formes de la *F. typhoïde*. Elle ne paraît guère exister qu'au début de cette maladie, et est caractérisée par la prédominance des symptômes bilieux, bouche amère, langue jaunâtre, nausées, vomissements, teinte jaune de la peau, etc. Cependant ces symptômes ne peuvent se rattacher à la fièvre typhoïde que lorsqu'ils ont une certaine gravité ; autrement on les voit souvent, après avoir persisté pendant quelques jours, céder à des moyens simples, au régime, aux boissons délayantes, à un léger purgatif. Dans ce cas, il est évident que cet état est déterminé par quelque souffrance de l'estomac, du foie et des organes digestifs en général, et qu'il a les plus grands rapports avec ce qu'on nomme *embarras gastrique*.

FIÈVRE DES CAMPS. — Quelques auteurs ont donné ce nom aux maladies épidémiques qui se manifestent quelquefois au milieu des armées ; voyez les mots TYPHUS, TYPHOÏDE (*Fièvre*).

FIÈVRE CATARRHALE. — On a donné, à tort, ce nom au mouvement fébrile qui accompagne la plupart des catarrhes, et particulièrement le catarrhe pulmonaire. Cette fièvre n'est qu'un symptôme inséparable de la maladie principale, et qui ne doit pas être traité à part. Plusieurs auteurs ont aussi décrit sous ce nom la forme muqueuse de la *F. typhoïde*.

FIÈVRE CÉRÉBRALE. — Ce nom a été donné à plusieurs formes de maladies ; ainsi Pinel l'avait donné à une variété de sa fièvre ataxique, dans laquelle prédominent les symptômes cérébraux ; elle rentre ainsi dans le cadre de la fièvre typhoïde ; d'autres ont donné cette dénomination aux inflammations du cerveau et des méninges ; ce nom est même resté dans le langage du monde.

FIÈVRE CHARBONNEUSE (Médecine vétérinaire). — Maladie épizootique dont les symptômes, par leur gravité, ont une grande analogie avec ceux du charbon ; elle se distingue, dès le début, par le hérissement des poils sur le dos et les côtés ; le pouls est petit et serré, les conjonctives sont injectées ; bientôt surviennent des frissons, des tremblements nerveux durant quinze à vingt minutes, suivis d'un calme souvent trompeur. Le sang des saignées est noir, poisseux ; les malades tombent ; ils rejettent par les narines une écume sanguinolente et périssent au bout de quelques heures. Quelquefois on observe, au ventre et sur les flancs, des tumeurs charbonneuses que l'on a considérées comme un mouvement critique favorable. Cette maladie est contagieuse ; elle attaque les chevaux, les bœufs et les moutons. Elle a été observée particulièrement dans les départements de l'Allier, de la Nièvre et de la Somme. Les causes qu'on lui a assignées sont : les eaux puantes, saumâtres, stagnantes, dont on fait abreuver les animaux, les changements brusques de température, les habitations basses et humides, les pays marécageux. Le traitement consistera dans l'usage des boissons aromatiques, le vin, la bière, les toniques en général ; on incisera les tumeurs, que l'on cautérisera et qui seront recouvertes d'un vésicatoire. On aura bien soin d'éviter de se blesser en ouvrant ces tumeurs ; il pourrait en résulter de graves accidents. Si l'on peut dépayser les animaux, ce sera la première chose à faire.

FIÈVRE COLLIQUATIVE. — Voyez HECTIQUE (*Fièvre*).

FIÈVRE COMATEUSE. — Sauvages a donné ce nom à une *F. pernicieuse quarte*, dont l'accès était marqué par un assoupissement profond.

FIÈVRE DE CONSOMPTION. — Voyez HECTIQUE (*Fièvre*).

FIÈVRE CONTINUE. — On désigne sous ce nom les fièvres qui ne présentent dans leur cours ni rémissions ni intermission, et qui persistent ainsi pendant toute leur durée ; on y observe seulement quelques exacerbations. On a vu plus haut qu'elles pouvaient former un genre divisé en sept espèces, savoir : la *F. éphémère*, la *F. inflammatoire*, la *F. typhoïde*, le *Typhus d'Europe*, la *F. bilieuse* des pays chauds, la *F. jaune* et le *Typhus d'Orient*.

FIÈVRE ENTÉRO-MÉSENTÉRIQUE. — Voyez ENTÉRO-MÉSENTÉRIQUE (*Fièvre*).

FIÈVRE ÉPHÉMÈRE. — Voyez ÉPHÉMÈRE (*Fièvre*).

FIÈVRES ÉRUPTIVES. — Genre de *Fièvres* aiguës qui se distinguent par une marche déterminée, très-peu variable, à type continu, et suivie au bout de quelques jours d'une éruption à la peau; ce sont : la *variole* et la *varioloïde*, la *varicelle*, la *rougeole*, la *scarlatine* et la *suette* ou *miliaire*.

FIÈVRE GASTRIQUE. — Nom donné par plusieurs auteurs à la fièvre que Pinel a appelée *F. méningo-gastrique*; c'est aujourd'hui la forme dite *bilieuse* ou *gastrique* de la *F. typhoïde* (voyez TYPHOÏDE [*Fièvre*]).

FIÈVRE HECTIQUE. — Voyez HECTIQUE (*Fièvre*).

FIÈVRE D'HÔPITAL. — Nom donné quelquefois au *Typhus* des hôpitaux encombrés.

FIÈVRE INFLAMMATOIRE.—Voy. INFLAMMATOIRE (*Fièvre*).

FIÈVRE INTERMITTENTE.—Voyez INTERMITTENTE (*Fièvre*).

FIÈVRE JAUNE. — Voyez JAUNE (*Fièvre*).

FIÈVRE DE LAIT. — On appelle ainsi le mouvement fébrile qui se développe chez la femme, quelques jours après l'accouchement, pour préparer la sécrétion du lait; elle s'annonce ordinairement du troisième au quatrième ou cinquième jour, quelquefois plus tôt, d'autres fois plus tard, par l'augmentation de la chaleur, le gonflement des seins, qui, léger d'abord, peut devenir considérable, au point de rendre les mouvements très-difficiles et douloureux; il survient bientôt de la fièvre, de la soif, de l'agitation, quelquefois un léger délire; il y a de la céphalalgie, perte de sommeil, diminution ou même cessation des suites de couches. Cependant, au bout de vingt-quatre ou trente-six heures, les symptômes commencent à diminuer, les seins s'affaissent, la fièvre tombe peu à peu, la peau est moins sèche, s'humecte, et bientôt une sueur abondante vient terminer cette courte maladie; alors aussi les seins, qui jusque-là n'avaient donné qu'une petite quantité d'une sérosité sucrée nommée *colostrum* (voyez ce mot), commencent à fournir du lait. Ce mouvement fébrile est quelquefois peu marqué, surtout lorsque les soins hygiéniques et particulièrement le régime alimentaire auront été surveillés avec soin. Il est moins fort, en général, chez les femmes qui accouchent pour la première fois et chez celles qui allaitent leur enfant. Le traitement d'une maladie aussi légère et qui n'est même qu'une des phases d'une fonction normale, l'accouchement, consiste à éloigner les causes capables d'entraver le mouvement fluxionnaire qui se prépare du côté des seins; ainsi les organes digestifs seront maintenus dans le calme par une abstinence qui sera réglée suivant les forces et l'état de général de la nouvelle accouchée; elle sera maintenue dans une température douce, sans être trop chaude, ce qui serait très-mauvais; on lui recommandera le plus grand calme physique et moral; elle prendra quelque boisson douce, telle que : eau de gomme, de mauve, de violette, et on se gardera bien de tous ces prétendus antilaiteux prônés par les bonnes femmes et les commères et qui ne sont le plus souvent que des excitants et des toniques réprouvés par tous les médecins sages et éclairés. Nous ne saurions trop recommander aussi les plus grandes précautions pour éviter la suppression intempestive des sueurs critiques qui suivent la fièvre de lait; c'est un précepte sur lequel nous devons appeler l'attention la plus sérieuse. Quelquefois ce mouvement fébrile se trouve dérangé ou dévié par une cause quelconque; le médecin doit veiller avec soin à ce que tout se passe d'une manière normale et, s'il survenait quelque complication perturbatrice, y remédier au plus tôt.

FIÈVRE LARVÉE, du latin *larva*, masque. — On a donné ce nom à des affections de différentes natures qui, bien qu'elles ne présentent aucun des caractères des fièvres intermittentes, en sont cependant rapprochées par une certaine analogie, basée sur les circonstances de leur développement, de leur périodicité et surtout de leur guérison par le médicament spécifique des fièvres intermittentes, le quinquina.

FIÈVRE MALIGNE; FIÈVRE ATAXIQUE de Pinel. — C'est une des formes de la *Fièvre typhoïde*.

FIÈVRE DES MARAIS, FIÈVRE PALUDÉENNE. — Voyez INTERMITTENTE (*Fièvre*).

FIÈVRE MÉNINGO-GASTRIQUE — Nom donné par Pinel à la *Fièvre gastrique* des auteurs, une des formes de la *Fièvre typhoïde*.

FIÈVRE MILIAIRE. — Voyez MILIAIRE, SUETTE.

FIÈVRE MUQUEUSE, FIÈVRE ADÉNO-MÉNINGÉE de Pinel. — Voyez TYPHOÏDE (*Fièvre*).

FIÈVRE NERVEUSE. — C'est une des formes de la *Fièvre* ataxique de Pinel et de la *Fièvre typhoïde* des modernes.

FIÈVRE NOSOCOMIALE. — C'est la *Fièvre d'hôpital*.

FIÈVRE ORTIÉE. — Voyez URTICAIRE.

FIÈVRE PALUDÉENNE, FIÈVRE DES MARAIS. — Voyez INTERMITTENTE PERNICIEUSE (*Fièvre*).

FIÈVRE PERNICIEUSE.— Voyez INTERMITTENTE (*Fièvre*).

FIÈVRE DE LA PESTE. — Voyez PESTE.

FIÈVRE PITUITEUSE. — C'est la *Fièvre muqueuse*.

FIÈVRE DES PRISONS. — Voyez INTERMITTENTE PERNICIEUSE (*Fièvre*) et TYPHOÏDE (*Fièvre*).

FIÈVRE PSEUDO-CONTINUE, du grec *pseudos*, faussement. — Espèce de fièvre observée dans les pays marécageux et dont le type est généralement continu, bien que les causes, les symptômes généraux, la nature de la maladie, son traitement, offrent la plus grande analogie avec les intermittentes à infection paludéenne. Rare dans nos climats, on l'a observée dans les pays chauds et surtout en Algérie. Elle peut être continue dès le début; d'autres fois, elle commence par des accès intermittents quotidiens qui se prolongent de jour en jour et se rapprochent jusqu'à ce qu'il n'y ait plus ni intermittence ni rémittence. On la voit souvent dégénérer en fièvre typhoïde, le plus souvent à forme adynamique. Cette maladie, signalée par Sydenham, n'avait guère été observée par les médecins français avant la conquête de l'Algérie, et l'expérience n'a pas encore prononcé d'une manière définitive sur la marche du traitement à suivre; la base de cette médication est bien évidemment le quinquina; mais si dès le début il ne paraît aucune complication d'un caractère pernicieux, on pourra avec avantage recourir à la saignée, aux ventouses scarifiées ou aux sangsues dans le cas où il y aurait des signes de congestion ou de phlegmasie vers un organe important; puis on administrera le sulfate de quinine. M. Grisolle voudrait même qu'on associât les deux médications pour peu que les accidents pernicieux parussent imminents.

FIÈVRE PUERPÉRALE. — Voyez PUERPÉRALE (*Fièvre*), PÉRITONITE.

FIÈVRE PUTRIDE, FIÈVRE ADYNAMIQUE de Pinel. — C'est une des formes de la *Fièvre typhoïde*.

FIÈVRE QUARTE, DOUBLE QUARTE, QUINTANE, etc. — Voyez INTERMITTENTE (*Fièvre*).

FIÈVRE A QUINQUINA. — Le quinquina étant le médicament héroïque employé contre les fièvres *intermittentes*, *rémittentes*, *pseudo-continues*, *larvées* et même *continues* à forme pernicieuse, plusieurs médecins ont désigné tout ce groupe de fièvres sous le nom collectif de *Fièvres à quinquina*.

FIÈVRE QUOTIDIENNE. — C'est la forme des fièvres intermittentes dont les accès reviennent périodiquement tous les jours (voyez INTERMITTENTE [*Fièvre*]).

FIÈVRE ROUGE. — Voyez SCARLATINE.

FIÈVRE SUB-INTRANTE. — On a donné ce nom aux fièvres périodiques dans lesquelles les accès se succèdent sans laisser d'intervalle complètement libre. Elle ne diffère pas de la *Fièvre rémittente*.

FIÈVRE SYNOQUE.— Synonyme de *Fièvre inflammatoire*.

FIÈVRE TYPHOÏDE. — Voyez TYPHOÏDE (*Fièvre*), TYPHUS.

FIÈVRE TIERCE. — C'est une *fièvre intermittente* dont les accès reviennent tous les deux jours.

FIÈVRE TRAUMATIQUE, du grec *trôma* ou *trauma*, blessure. C'est la fièvre qui accompagne les blessures et la suppuration des plaies.

FIÈVRE VERNALE, du latin *vernalis*, de printemps. — Ce sont les fièvres qu'on a l'habitude d'observer au printemps; telles sont surtout les *Fièvres inflammatoires, intermittentes,* etc.

FIÈVRE VITULAIRE (Médecine vétérinaire). — Espèce de fièvre que l'on observe sur les vaches à la suite du vêlage. Les symptômes de cette maladie présentent quelque analogie avec la fièvre puerpérale de la femme et consistent en un affaiblissement rapide des forces, un coma profond, respiration lente, pouls grand, peu fréquent. Elle est presque toujours mortelle. On conseille les excitants diffusibles, quelques laxatifs salins, quelquefois le quinquina, le camphre, etc. Parmi les nombreux ouvrages que nous pourrions recommander, nous nous contenterons de citer quelques-uns de ceux qui traitent des fièvres en général, renvoyant à chacun des grands groupes des fièvres particulières, pour l'indication des ouvrages spéciaux; nous nous dispenserons aussi de citer les traités généraux de médecine qui tous s'occupent longuement des fièvres.

Notice bibliographique. — Bordeu, *Œuvres complètes*, réunies par Richerand, 2 vol., Paris, 1818 (*passim*); —

Selle, *Elém. de pyrétologie* (en latin. Berlin, 1773, trad. en français par Nauche, 1802, 3e édit., 1817, avec des notes de Chaussier; — Stoll, *Aphorismes.... sur les fièvres* (en latin, Vienne, 1785), trad. en français par Mahon et Corvisart, 1809; — Grimaud, *Cours complet des fièvres*, 3 vol. in-8°, Montpellier, 1791; — Pinel, *Nosographie philosophique*, 3 vol. in-8°, édit. de 1818; — Prost, *La médecine éclairée par l'observation et les ouvertures du corps*, 2 vol. in-8°, Paris, 1804; — Broussais, *Examen des doctrines médicales*, 2 vol. in-8°, édit. de 1821, et *Histoire des phlegmasies chroniques*, 3 vol. in-8°, édit. de 1822; — Chomel *Pyrétologie physiol.*, 2e édit.; — Caffin, *Traité analyt. des fièvres essent.*, 2 vol. in-8°, 1811; — Bondin, *Traité de géographie et de statistique médic. et des maladies endém.*, 2 vol. in-8°, 1857; — Dutroulean, *Traité des maladies des Européens dans les pays chauds*, in-8°, 1861.   F — N.

FIGITE (Zoologie), *Figites*, Lat. — Genre d'*Insectes* de l'ordre des *Hyménoptères*, famille des *Pupivores*, tribu des *Gallicoles*, groupe ou grand genre linnéen des *Cynips*. Les figites se distinguent des autres cynips par leurs antennes grenues, plus grosses vers l'extrémité, leur abdomen ovoïde et la disposition des nervures des ailes supérieures. Ce sont des insectes le plus souvent noirs, longs de quelques millimètres et que l'on rencontre souvent sur les vieux murs dans l'intérieur des villes, sur les fleurs et quelquefois sur les excréments humains. Selon plusieurs observateurs, les larves des figites vivraient en parasites sur d'autres larves; tel est le *F. du syrphe* (insecte diptère) (*F. syrphi*, Newman).

FIGUE (Botanique). — C'est le fruit du *Figuier* (voyez ce mot).

FIGUE (Zoologie). — Nom d'une espèce de *Coquille* du genre *Pyrule*, dont la forme rappelle celle d'une figue. On a proposé d'en faire le type d'un genre spécial sous le nom de *Ficus*.

FIGUE-BACOVE (Botanique). — Fruit d'une variété du *Bananier des sages* (*Musa sapientium*, Lin.), connu aussi sous le nom de *figue banane*. Sa chair est fraîche, délicate et fondante; elle se mange toujours crue.

FIGUE-CAQUE ou FIGOCAQUE (Botanique). — Nom vulgaire du fruit d'une espèce de *Plaqueminier* de la Chine, dont on fait usage comme aliment.

FIGUE DE MER ou FIGUE MARINE (Zoologie). — Espèce d'animaux marins du groupe des *Alcyons*.

FIGUE DE MER ou FIGUE MARINE (Botanique). — Noms d'une espèce de *Ficoïde* ou *Mésembryanthème*, la *Ficoïde comestible*, nommée aussi *Figuier des Hottentots*.

FIGUIER (Botanique), *Ficus*, Lin.; altération probable du nom grec *syké*. — Genre de plantes de la famille des *Morées*, caractérisé ainsi : fleurs unisexuées et polygames réunies dans un réceptacle commun, concave, creux, pyriforme, charnu, ouvert au sommet, muni à sa base de bractéoles écailleuses et fermé à son orifice par d'autres petites écailles; ce réceptacle porte dans sa cavité les fleurs staminées en haut et les pistillées en bas; les premières ont un périanthe à 3 divisions, 3 étamines à filets capillaires; les secondes ont un périanthe à 5 dentelures, ovaire posé sur un court gynophore et un style latéral continu avec celui ci, un stigmate à deux branches inégales : la fructification se compose d'utricules membraneuses insérées au dedans d'un réceptacle succulent; c'est ce qu'on nomme une *figue* (voyez l'article FIGUIER [Arboriculture]). Ce genre renferme plus de cent espèces, comprend des arbres élevés et des arbrisseaux grimpants à suc laiteux, à feuilles rudes au toucher, entières, lobées ou dentées. Ces végétaux habitent les régions chaudes de l'Asie et de l'Afrique. On en trouve aussi dans le midi de l'Europe. L'espèce la plus importante est le *F. commun* (*F. carica*, Lin.), ainsi nommé parce qu'il passait pour être originaire de la Carie, mais que les botanistes regardent volontiers comme n'étant autre qu'un petit arbre de l'Europe australe, le *F. sauvage* ou *Caprifiguier*, amélioré par la culture. On connaît beaucoup de variétés de cette espèce, parmi lesquelles certains botanistes ont distingué plusieurs espèces et même deux genres comprenant,

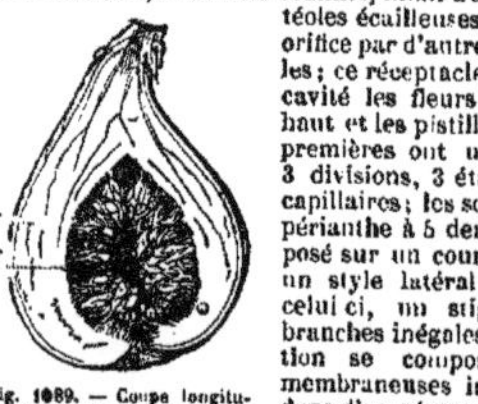

Fig. 1089. — Coupe longitudinale d'une figue (1).

(1) Fleurs insérées sur toute la surface interne du réceptacle r.

Fig. 1090. — Fleur mâle grossie.   Fig. 1091. — Fleur femelle grossie.

l'un, les *F. domestiques*, et l'autre, les *F. sauvages*. Les anciens avaient établi déjà cette distinction. Aujourd'hui, on est porté à croire que ces figuiers proviennent d'un seul et même type; on pourra, sur ce point, consulter la monographie du genre *Figuier* de M. Gasparrini.

Les figues ont joui, chez les anciens, qui habitaient les contrées méridionales de l'Europe, d'une estime qui étonne parfois les peuples des contrées plus septentrionales; manger des figues était, aux yeux des anciens, un des traits d'une existence molle et somptueuse. Les Athéniens, parmi les Grecs, avaient fait de la culture du figuier une des sources de leur commerce d'exportation. Leurs figues sèches se vendaient sur tous les marchés de l'Asie occidentale et figuraient avec distinction sur la table des opulents monarques des Perses. Ce fruit précieux, dont les variétés communes fournissaient l'aliment habituel des gens des campagnes et dont les variétés exquises étaient l'objet d'un commerce lucratif, fut placé dans l'origine sous la surveillance d'inspecteurs spéciaux, nommés *sycophantes*, et chargés d'en régler l'exportation en temps de disette. Les exactions arbitraires de ces agents singuliers firent abolir leur charge et immortalisèrent leur nom comme synonyme de délateur, hypocrite et imposteur. Les historiens grecs n'ont pas craint d'affirmer que, dans ses attaques contre les Grecs, Xerxès ne fut pas insensible au désir de conquérir le pays qui produisait les figues. Les figues de l'Afrique septentrionale eurent l'honneur d'être appelées en témoignage pour exciter les Romains à la troisième guerre punique qui se termina par la conquête de Carthage On se rappelle, en effet, que, pour y décider le sénat, longtemps sourd à ses obsessions persistantes, Caton, selon Plutarque et Pline l'Ancien, apporta dans un pli de sa toge des figues d'Afrique, renommées dès cette époque pour leur beauté, et les jeta au milieu de la salle du sénat, puis, profitant de l'admiration qu'elles excitaient chez ces austères ancêtres des Vitellius et des Apicius : « La terre qui porte ces fruits, leur dit-il, n'est éloignée de Rome que de trois journées de navigation; voilà la distance qui nous sépare de l'ennemi. » Pline nous apprend par quel procédé les anciens tiraient des figues une sorte de vin et même du vinaigre. Ces habitudes se sont conservées traditionnellement jusqu'à nos jours dans la Grèce et les îles de l'Archipel, en Italie, en Espagne. Un article spécial fera connaître l'importance actuelle et la culture du figuier en France. Les figues forment d'ailleurs un aliment sain; elles sont légèrement émollientes et laxatives; on les regarde comme favorables pour combattre les affections de poitrine, les maux de gorge. Galien vante l'usage des figues comme aliment adoucissant; et dans leur enthousiasme pour le figuier, les anciens nous ont transmis, dans les écrits de Dioscoride et de Pline, une foule de recettes où entrent, comme médicaments, l'écorce, les jeunes pousses, les feuilles, les cendres du figuier. Aucune de ces recettes n'a été conservée en usage jusqu'à nos jours. Quant au bois du figuier commun, il est blanc-jaunâtre, tendre, très-élastique lorsqu'il est bien sec Les serruriers, les armuriers utilisent sa texture spongieuse pour en faire des polissoirs à huile et à poudre d'émeri. Dans le Midi, on fabrique des vis de pressoir avec les gros troncs bien secs. On l'emploie aussi pour le chauffage. Le tronc et les branches du figuier donnent par incision un suc laiteux, âcre, caustique et qui contient environ un dixième de son poids, de caoutchouc. Cette matière précieuse est bien plus abondante dans le suc des espèces de figuiers qui croissent sous les climats tropicaux. C'est précisément ce qui a valu son nom à une espèce des montagnes du Népaul, le *F. élastique* (*F. elastica*), grand arbre à feuilles elliptiques qui doit être cité parmi les végétaux fournissant le caoutchouc au commerce. Le figuier commun vient et fructifie très-facilement dans les contrées du bassin Méditerranéen; mais il réclame dans le nord une culture laborieuse. On mange les figues fraîches, mais dans le Midi, la préparation des figues sèches est une ressource considérable et fournit à la fois un aliment abondant aux cultivateurs et un objet de commerce d'une assez grande importance.

On a beaucoup parlé, sous le nom de *caprification*, d'une opération destinée à hâter la maturation des figues tardives et qui, très-usitée dans l'antiquité, le serait encore de nos jours dans certaines parties de l'Archipel grec et de l'Asie Mineure. La caprification consiste à provoquer la piqûre d'un certain insecte sur les figues que l'on veut faire mûrir. Pour cela, on récolte en juin et juillet les figues des figuiers sauvages ou caprifiguiers, qui sont à cette époque remplies des petits insectes en question prêts à sortir; on suspend ces figues réunies en chapelets aux rameaux des figuiers cultivés, et à mesure que les moucherons sortent, ils vont piquer les figues de ces arbres, et celles-ci, comme nos pommes et nos poires piquées des vers, mûrissent beaucoup plus rapidement. Tournefort a, le premier des écrivains français, décrit cette opération dans son *Voyage du Levant*; mais Pline et d'autres auteurs anciens l'avaient eux-mêmes longuement expliquée. L'utilité de cette pratique longue et pénible est aujourd'hui fort contestée; mais, en tous cas, elle n'est nullement employée dans nos cultures. On a beaucoup disputé pour savoir quel est l'insecte qui intervient dans la caprification; c'est un cynips, mais on ne saurait préciser sûrement quelle espèce.

Le singulier mode de floraison du figuier a fait longtemps méconnaître ses fleurs, et on le regardait comme donnant des fruits sans avoir fleuri préalablement. C'est seulement en 1712 que de La Hire décrivit et figura les fleurs mâles et femelles enfermées dans ce réceptacle en forme de poire (*fig.* 1090), si semblable à un fruit ordinaire. Linné donna un peu plus tard l'explication complète du mode de reproduction des figuiers.

Plusieurs espèces de figuiers exotiques méritent d'être signalées. Le *F. des pagodes* (*F. religiosa*, Lin.) est en grande vénération dans l'Inde; ce bel arbre, dont le tronc atteint plus de 1 mètre de diamètre, a une cime rameuse étendue horizontalement et un ombrage épais remarquablement étendu. C'est sous cet abri majestueux que, selon les traditions religieuses de l'Inde, le dieu Vichnou a vu le jour. Cette croyance a rendu l'arbre sacré; on le plante autour des pagodes, les prêtres le soignent et nul ne peut y toucher. Le *F. du Bengale* ou *F. des Indes* (*F. indica*, Lin.), vulgairement *Pipal* et *Arbre de pagode*, est un arbre vraiment merveilleux d'aspect qui croît dans les mêmes contrées. Son tronc, fort gros, s'élève à 10 ou 15 mètres et sa cime étale au loin ses vastes branches horizontales; les plus voisines du sol émettent de longs jets cylindriques, pendants, nus, semblables à des câbles, qui, s'allongeant vers la terre, y prennent racine dès qu'ils y parviennent, forment comme des troncs supplémentaires soutenant et alimentant les branches inférieures et deviennent le point de départ d'arbres nouveaux groupés autour de la souche commune. Ainsi se forme une sorte de monument végétal couronné de verdure et porté sur de nombreuses colonnes. Souvent les Indiens s'étudient à diriger ces rejetons des branches en arcades régulières, puis ils installent leurs idoles sous ces temples de verdure. Les deux espèces qui viennent d'être citées fournissent de la laque (voyez ce mot). Beaucoup d'autres espèces intéressantes de l'ancien et du nouveau monde pourraient encore être citées ici, si les bornes de cet article le permettaient. AD. F.

FIGUIER (Arboriculture). — Le *figuier* (*Ficus carica*, Lin.) croît spontanément dans toutes les parties chaudes de l'Europe, en Asie et dans le nord de l'Afrique. C'est à la colonie grecque qui fonda Marseille que nous devons l'introduction du figuier dans la Provence. Aujourd'hui cette culture est générale dans le midi de la France, en Algérie et dans toute l'Europe méridionale.

Pendant cinq mois, la figue entre pour une part notable dans le régime des habitants des contrées méridionales. Desséchée, elle y joue encore un rôle important, et ce qui n'y est pas consommé devient l'objet d'un commerce considérable avec le Nord.

Mode de fructification et de végétation. — Si l'on examine au printemps un jeune bourgeon de figuier, on voit, à l'aisselle de chaque feuille, un petit bouton pointu, écailleux (A, *fig.* 1092) : c'est le rudiment d'une

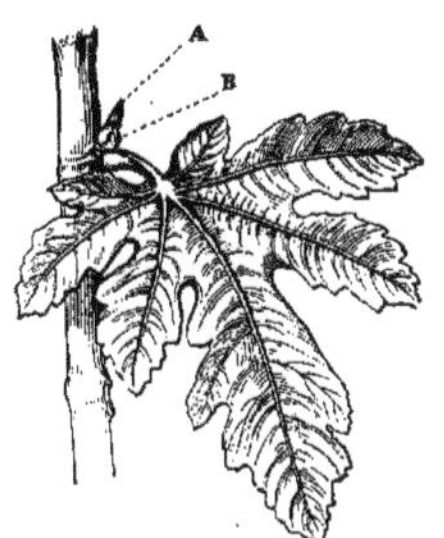

Fig. 1092. — Bouton à bois et bouton à fleur à l'aisselle d'une feuille de figuier.

nouvelle pousse qui se développera l'année suivante. Le plus ordinairement on trouve à côté de cet œil, et quelquefois à son exclusion, un autre bouton (B) également écailleux, mais un peu plus volumineux, de forme arrondie et déprimée : c'est le rudiment des fleurs ou jeunes figues. Ces boutons à fleur sortent bientôt de leur enveloppe écailleuse, grossissent assez rapidement et apparaissent sous forme d'une figue qui atteint sa maturité vers la fin de l'été.

Dans les contrées où la température moyenne ne descend pas au-dessous de $+12°$, la végétation et la fructification du figuier sont continues; là où la température moyenne s'abaisse au-dessous de cette limite, le figuier perd ses feuilles, et sa végétation est interrompue. Il se passe alors un phénomène assez remarquable : le bourgeon (B, *fig.* 1093), né au printemps, ne peut développer complètement et mûrir qu'un certain nombre des figues qu'il porte, celles de la base (A). Celles du sommet (C), qui ne sont encore qu'à l'état rudimentaire, sont arrêtées dans leur évolution par les premiers froids; elles restent stationnaires pendant tout l'hiver, reprennent leur accroissement au printemps suivant, et mûrissent au milieu de l'été sur des rameaux dépourvus de feuilles (D). On donne à ces figues le nom de de *premières figues*, *figues d'été* ou *figues-fleurs*. Celles qui ont commencé à se former au printemps, à la partie inférieure des bourgeons (A'), et qui mûrissent au commencement de l'automne, prennent le nom de *secondes figues* ou *figues d'automne*. On voit que, sous le climat du Midi, le figuier donne

Fig. 1093. — Rameau et bourgeon de figuier portant des figues-fleurs (D), des figues d'automne (A) et des figues rudimentaires (C).

annuellement deux récoltes. Comme les figues d'automne naissent sur le même bourgeon que celles qui ne mûriront que l'été suivant, on conçoit que plus on récolte des premières, moins les figues-fleurs sont abondantes. Aussi les variétés précoces, c'est-à-dire qui peuvent mûrir un grand nombre de figues d'automne avant les premiers froids, donnent-elles, en général, moins de figues d'été que les variétés tardives. Par la même raison, les figues-fleurs sont d'autant plus abondantes sur les arbres, que l'on s'éloigne davantage du Midi vers le Nord. Sous le climat

Fig. 1094. — Figuier blanquette.

de Paris, les variétés, même les plus précoces, ne peuvent donner que des figues-fleurs ; ce n'est qu'exceptionnellement, et dans des années très-chaudes, qu'on peut y obtenir quelques figues d'automne.

Variétés. — Le figuier offre un grand nombre de variétés. Nous indiquerons ici quelques-unes des meilleures parmi celles qu'on cultive en Provence.

FIGUES BLANCHES.

Napolitaine. — Figue d'automne, très-bonne ; excellente à sécher ; mûrit au commencement de septembre ; donne quelques figues-fleurs. Cultivée à Aix et à Salon.

Verdale. — Très-bonne fraîche et sèche ; mûrit comme la précédente. Cultivée à Brignoles et à Salon.

Bourjassotte, barnissotte blanche. — Chair rouge ; très-bonne fraîche et sèche ; se plaît dans les bons terrains, où l'arbre s'élève très-haut. Commune à Marseille ; mûrit comme les précédentes ; diamètre, 0^m,035 à 0^m,040.

Blanquette (fig. 1094). — Ronde, médiocre ; mûrit à la mi-août. C'est la plus cultivée au nord de la région des oliviers, et notamment sous le climat de Paris ; on ne la fait pas sécher ; diamètre, 0^m,026 à 0^m,030 ; donne des figues-fleurs.

Coucourelle blanche, figue angélique (fig. 1095). — Médiocre ; mûrit fin juillet ; elles naissent de deux à quatre

Fig. 1095. — Figue coucourelle blanche.

ensemble à l'aisselle des feuilles ; doivent être récoltées très-mûres ; terrains secs ; diamètre, 0^m,020 à 0^m,030.

Marseillaise, figue d'Athènes. — Petite, arrondie, très-sucrée et très-délicate. C'est la plus estimée pour faire sécher ; mûrit fin d'août ; terrains secs, abrités du nord, peu éloignés de la mer ; cultivée à Marseille et à Toulon.

De Versailles, royale. — Chair rose ; donne beaucoup de figues-fleurs, assez grosse, très-bonne ; mûrit mi-juillet ; diamètre, 0^m,040 à 0^m,045.

Col des dames, col de Signore. — Excellente et belle variété ; cultivée en Roussillon.

Espagnole, d'Espagne. — Très-bonne ; mûrit au commencement de septembre ; cultivée à Aix.

FIGUES COLORÉES.

Poulette. — Très-bonne fraîche et sèche ; mûrit fin d'août ; cultivée à Tarascon et à Salon.

Observantine, Cordelière, Figue grise, Blavette. — Variété très-répandue ; figues-fleurs abondantes, grosses, très-bonnes, mûrissant à la mi-juin ; figues d'automne médiocres, plus petites ; on les fait sécher ; terres substantielles et fraîches. Arbre vigoureux.

De Grasse, Grassengue, Figue grise. — Médiocre fraîche, très-bonne sèche ; fin d'août ; diamètre des figues, 0^m,076 à 0^m,080 ; donne quelques figues-fleurs ; terrain frais.

De Jérusalem. — Très-bonne variété cultivée à Aix ; fin d'août.

Safranée. — Excellente fraîche et sèche ; mi-septembre ; cultivée à Nice et à Salon.

Aubiquoun, Aubique violette, Petite aubique, Figue-poire, Figue de Bordeaux (fig. 1096). — Figues-fleurs

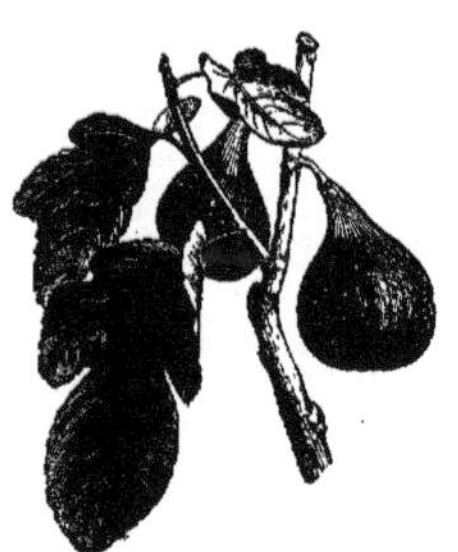

Fig. 1096. — Figue de Bordeaux, Aubiquoun.

abondantes, médiocres ; figues d'automne, bonnes ; chair rouge ; diamètre, 0^m,033. Terrain frais. C'est, avec la blanquette, celle qui s'accommode le mieux du climat de Paris.

Bellone. — Très-bonne fraîche et sèche ; fin d'août ; diamètre, 0^m,045 à 0^m,050 ; quelques figues-fleurs ; terrains substantiels et frais ; cultivée à Grasse, Draguignan et Marseille.

De Cuers, des Dames, Sans-pareille. — Très-bonne ; cultivée à Bargemont et ailleurs.

FIGUES NOIRES.

Bourjassotte noire. — Très-bonne fraîche ; mûrit depuis le commencement de septembre jusqu'au commencement de l'hiver ; terrains gras et frais ; diamètre, 0^m,050 à 0^m,055.

Mouissonne violette. — Peau très-fine, bleuâtre et crevassée ; chair rouge ; excellente, fraîche et sèche ; diamètre, 0^m,040 ; donne aussi des figues-fleurs en juillet, mais moins bonnes. Terrain frais.

Sultane. — Excellente ; vient de Tunis ; cultivée à Salon.

Dans le Midi, les récoltes de figues d'automne sont toujours plus abondantes que celles de figues-fleurs. D'ailleurs, les premières sont toujours plus sucrées, moins aqueuses et font de meilleurs fruits secs. On choisit donc les variétés à fruits d'automne pour faire les grandes plantations destinées à alimenter le commerce des fruits secs. Toutefois, ce choix devra être tel, pour chaque localité, que la maturité et la récolte puissent être terminées au moins quinze jours avant la saison des pluies car ce laps de temps est nécessaire pour sécher la récolte au soleil. Sous le climat de Marseille, les meilleures variétés pour sécher sont la *marseillaise*, celle de *Grasse* et la *mouissonne*. Plus au nord, à Orange, on devra préférer la *blanquette*, et au delà, la *coucourelle blanche*. D'autres variétés, également propres à être séchées, pour-

raieut être certainement préférées à celles-ci, au point
de vue de la qualité; mais elles sont plus tardives, et on
serait obligé, pour les faire sécher, d'avoir recours à un
appareil à air chaud. Quant aux variétés fertiles en figues-
fleurs, on les réserve exclusivement pour être mangées
fraîches. On en forme des plantations dans le voisinage
des grands centres de population; et ces variétés sont
choisies de façon que, la maturité de leurs fruits se succédant sans cesse, on puisse en manger depuis la fin de
juin, époque à laquelle mûrit l'*observantine*, jusqu'à la
fin de juillet, où commencent les figues d'automne; on
leur fait ensuite succéder les figues d'automne les plus
précoces, puis viennent les variétés les plus tardives,
comme la *bourjassotte noire*, dont la maturation se prolonge jusqu'à l'entrée de l'hiver.

Climat et sol. — Le figuier appartient surtout au climat du Midi. Il redoute le même degré de froid que l'olivier; mais sa végétation, beaucoup plus prompte, répare
bientôt les dégâts occasionnés par la gelée. Plus la température est élevée, plus ses fruits acquièrent de qualité.
La culture des figues s'avance jusque sous le climat de
Paris; mais il faut l'y abriter contre les froids de l'hiver.
Au nord du climat de Paris, les figues-fleurs ne mûrissent plus. On trouve des figuiers sur tous les terrains,
depuis les plus secs jusqu'aux plus humides; nous avons
indiqué, dans la liste qui précède, les besoins de chaque
variété sous ce rapport. On reconnaît cependant qu'en
général c'est dans les sols calcaires, riches et frais, qu'ils
donnent les meilleurs produits. On dit que le figuier
veut avoir le pied dans l'eau et la tête au soleil.

Culture. — Le figuier peut être multiplié au moyen des
semis, des *marcottes*, des *drageons*, des *boutures* et de
la *greffe*. Les semis ne sont presque jamais employés, à
cause de la difficulté de se procurer de bonnes semences,
de la lenteur de ce procédé et du grand nombre de variétés médiocres que l'on en obtient. Les marcottes sont
d'un usage plus fréquent. On choisit des rameaux d'un
à deux ans, on pratique une ligature ou une incision sur
la partie enterrée (voyez MARCOTTAGE), on sèvre à l'automne, et l'on plante immédiatement à demeure. Comme
le figuier n'aime pas à être transplanté, on peut, pour
ne pas déranger les racines de la marcotte, faire celle-ci
dans un panier, comme nous l'avons expliqué pour la
vigne en treille, avec cette différence que le sommet du
rameau qui sort de terre ne sera pas tronqué. Les drageons sont le mode de multiplication le plus simple et le
plus ordinairement employé. On les enlève à l'âge de
deux ans au pied des figuiers, et on les plante à demeure
en automne. Mais les figuiers que l'on multiplie ainsi
présentent l'inconvénient de produire à leur collet un
très-grand nombre de drageons qui épuisent la tige. Aussi
serait-il préférable d'employer les boutures. Ces boutures
sont faites à l'automne. On choisit des rameaux vigoureux, nés depuis le printemps, longs de 0^m,20 à 0^m,25,
et à la base desquels on a conservé le talon. Ces boutures
sont plantées à demeure et de façon que le bouton terminal excède la surface du sol de 0^m,03 ou 0^m,04 seulement. Pour préserver ce bouton des intempéries de
l'hiver, on le couvre d'un petit capuchon en cire, que
l'on retire au printemps. La greffe n'est employée que
pour améliorer la nature des figuiers. Toutes les sortes
de greffes réussissent sur le figuier, mais on se sert ordinairement des *greffes en fente simple*, *en couronne* et
en sifflet. La greffe en couronne est réservée pour les
grosses tiges.

Les soins que réclame la culture du figuier varient
suivant le climat. Nous allons donc les examiner séparément sous le climat du Midi et sous celui de Paris.

Culture du figuier dans le midi de la France. — Le
figuier peut être planté en quinconce, dans un verger
agreste, auquel on donne le nom de *figuerie*. Les arbres
y sont placés à la distance de 6 ou 7 mètres. Ce mode
de culture est toutefois peu répandu, à cause d'un champignon parasite qui, attaquant les racines, passe d'un
arbre à l'autre et détruit rapidement toute la plantation. C'est pour cela que l'on préfère généralement planter le figuier en lignes isolées, entremêlées d'autres
arbres, tels qu'amandiers, oliviers, etc. On les place
aussi dans les vignes, de distance en distance. Dans l'un
et l'autre cas, on ameublit et l'on amende le sol, à chacun des points où les figuiers doivent être plantés, sur
une largeur de 1 mètre et une profondeur de 0^m,80.
Quelle que soit la forme de la plantation, il faut la défendre de la sécheresse pendant les deux ou trois premières années, soit par des irrigations, soit par des
binages ou des couvertures.

Formation de la tige. — Dans le Levant, l'archipel
grec, l'Afrique, les figuiers développent un tronc de 3 à
4 mètres d'élévation, et de 0^m,30 à 0^m,40 de diamètre;
ce sont de véritables arbres. En Provence, la température
moins élevée et les gelées fréquentes s'opposent à ce
qu'ils prennent ces grandes dimensions; mais il y a
avantage à leur faire développer un tronc, parce que
cette disposition leur permet, en général, de prendre de
plus grandes dimensions et de donner des produits plus
abondants, et que l'on peut tirer meilleur parti du terrain placé sous la tête des arbres. Toutefois, les parties
les plus chaudes de la Provence permettent seules de
profiter des avantages des hautes tiges, car cette forme
expose davantage les figuiers aux rigueurs de l'hiver. La
tige devra donc être d'autant moins élevée qu'on s'éloignera davantage des bords de la Méditerranée, jusqu'à
ce qu'elle disparaisse complétement aux limites de la
Provence, pour être remplacée par une cépée. Cette dernière forme devra être également adoptée, même en
Provence, pour les figuiers des terrains légers non susceptibles d'être arrosés.

Quand les figuiers doivent être pourvus d'une tige, on
laisse se développer librement, pendant les deux premières années, tous les bourgeons qui apparaissent sur
les jeunes sujets. A la troisième année, au mois de mars,
on choisit le rameau le plus vigoureux, on le dresse avec
un tuteur, et l'on supprime tous les autres. A partir de
ce moment, on ne conserve sur cette tige que le bourgeon
terminal, jusqu'à ce qu'elle ait atteint la hauteur à laquelle elle doit se ramifier, c'est-à-dire environ 2 mètres
pour les parties les plus chaudes et les mieux abritées de
la Provence. Alors, au printemps, on supprime le bouton terminal et l'on fait ainsi développer vigoureusement
les boutons latéraux destinés à former la tête; le développement de celle-ci est ensuite abandonné à lui-même:
on veille cependant à ce qu'elle prenne une disposition
à peu près régulière.

Quant aux cépées, elles se forment d'elles-mêmes par
les bourgeons qui naissent sur toute l'étendue des jeunes
plants, et surtout vers la base, pendant les premières
années qui suivent leur plantation.

Dans l'un et l'autre cas, il est prudent d'envelopper
de paille, pendant les deux premières années, les rameaux des figuiers pour les défendre des froids de l'hiver.

Taille. — Quoique beaucoup de figuiers du midi de
la France soient abandonnés à eux-mêmes après leur
formation, il n'en est pas moins vrai qu'une taille pratiquée avec discernement produirait les plus heureux résultats. Cette opération est d'ailleurs fort peu compliquée : chaque année, au mois de mars, on enlève les
rameaux gourmands inutiles qui se sont développés à la
base des branches principales ou sur le collet de la racine. On supprime également un grand nombre des rameaux latéraux qui sont nés sur la partie du prolongement de chaque branche âgée de deux ans; on ne conserve
que ce qui est nécessaire pour former des branches de
second ordre destinées à combler quelque vide dans
l'arbre.

Moins on usera de la serpette pour le figuier, mieux
cela vaudra. Aussi il conviendra de supprimer les productions inutiles, autant que possible, lorsqu'elles seront
à l'état de bourgeon. Dans tous les cas, les plaies qu'on
sera obligé de faire devront toujours être recouvertes
avec du mastic à greffer dès qu'elles présenteront un
diamètre de 0^m,02.

Bernard, qui a écrit à Marseille, en 1776, un très-bon
mémoire sur la culture du figuier, parle d'un procédé
déjà fort ancien et qui a pour but de hâter la maturation
des figues. Il consiste dans l'application d'une très-petite
goutte d'huile d'olive fine au centre de l'œil de la figue.
Cette opération est encore pratiquée avec beaucoup de
succès dans quelques localités de la Provence, et notamment à Martigues : l'huile est mise avec un brin
de paille très-fine, de façon à ne toucher que le centre
de l'œil. On la pratique aussitôt que l'œil a pris dé-
cidément une teinte rouge, et, autant que possible, le
soir après le coucher du soleil. La figue, qui était
verte, petite et dure, apparaît dès le lendemain gonflée, molle, avec une teinte jaune. L'œil est ouvert, la
floraison commence, et l'on cueille la figue le quatrième
jour au matin, au moment où les semences vont se former. On obtient ainsi un fruit qui a acquis plus de parfum et de douceur qu'avec la maturation naturelle, et
qui est privé de ces nombreuses graines dont la présence
est désagréable. Cette opération offre un autre avantage:
c'est que l'arbre, soulagé par cette récolte anticipée,

fournit des sucs plus abondants aux fruits qui lui ont été laissés et qui dès lors mûrissent plus tôt. Toutefois, cette pratique a été réservée jusqu'à présent pour hâter la maturation des figues que l'on mange fraîches. On n'a pas trouvé qu'elle pût être appliquée d'une manière économique aux figues à sécher.

La naissance des figues étant continue sur chaque bourgeon pendant tout le temps qu'il s'allonge, un certain nombre d'entre elles, placées vers la base de la moitié supérieure des bourgeons, sont surprises par les premiers froids avant d'être mûres, et lorsqu'elles sont déjà trop avancées pour résister à l'hiver et se développer l'année suivante comme les figues-fleurs. Ces figues tomberont aux premiers jours du printemps; il vaut donc mieux les supprimer aussitôt qu'elles ont atteint le premier tiers de leur grosseur. On économise ainsi la séve qu'elles auraient absorbée jusqu'au moment de leur chute.

Labours, engrais, irrigation. — Dès la fin d'octobre, et même plus tôt, quand les figuiers se sont dépouillés de leurs feuilles et que la récolte est faite, on leur donne le premier labour avec la pioche ou la houe fourchue. On laisse un petit bassin autour de chaque pied pour retenir les pluies d'automne. Dans la première quinzaine de décembre, et plus tôt si l'hiver est précoce, on comble ce bassin et l'on butte le pied des arbres le plus haut pos-

Fig. 1097. — Cépée de figuier entourée d'un bassin.

sible, afin de les préserver du froid. Au commencement d'avril, après la taille, on rabat cette terre et l'on donne un second labour moins profond que le premier. Après l'ébourgeonnement, on pratique un premier binage, qu'on répète ensuite tous les mois jusqu'à la fin d'août. Ces binages ameublissent parfaitement la surface du sol, retiennent l'humidité, font grossir les figues et accélèrent leur maturation.

Quoique le figuier donne des produits passables dans des terrains tellement maigres, que les autres arbres fruitiers ne sauraient y vivre, il est très-avide d'engrais, et la beauté ainsi que l'abondance de ses fruits payent largement ceux qu'on lui applique. Comme pour les autres arbres, ce sont les engrais à décomposition lente, tels que les os concassés, les cornes, les chiffons de laine, etc., qui lui conviennent le mieux. A leur défaut, les cultivateurs du Midi emploient les fumiers de mouton, de cheval, la colombine, pour les terrains frais, et le fumier de vache pour les sols légers. Ces divers engrais sont enterrés lors du labour d'automne. Les premiers engrais n'ont besoin d'être renouvelés que tous les six ou huit ans, et les seconds tous les deux ou trois ans. Pour les figuiers dont le produit est destiné à sécher, on fume légèrement, parce qu'on obtient ainsi des figues plus sucrées, moins aqueuses et qui se dessèchent plus facilement.

Certaines variétés de figuiers, notées dans la liste que nous avons donnée, supportent assez facilement la sécheresse; néanmoins on peut dire que toutes les variétés se trouvent bien de l'irrigation, pourvu qu'elle ne soit pas trop fréquente et qu'elle ne fasse qu'entretenir la fraîcheur du sol. Les figuiers dont on doit faire sécher la récolte devront être arrosés plus modérément que ceux dont les fruits doivent être mangés frais.

Le figuier dure fort longtemps lorsqu'il est placé sous un climat favorable. On trouve en Afrique des figuiers qui ont plus de deux siècles. Dans le midi de la France, la durée des figuiers en cépée est presque indéfinie, parce qu'ils se renouvellent constamment au moyen de nouveaux jets qui naissent de la souche. Mais ceux qui sont à haute tige arrivent à la décrépitude vers l'âge de cinquante à soixante ans.

Culture du figuier sous le climat de Paris. — Sous le climat de Paris, le figuier est cultivé en cépées disposées en lignes isolées ou réunies sur un terrain spécial dit figuerie. On ne laisse pas acquérir aux tiges de ces cépées plus de 1ᵐ,50 à 2 mètres de longueur, afin de pouvoir les abriter facilement pendant l'hiver. On ne cultive que les variétés fertiles en figues-fleurs, car les figues d'automne n'y mûrissent presque jamais.

Argenteuil et la Frette sont les deux localités les plus renommées pour la culture de cet arbre aux environs de Paris; elles fournissent toutes les figues fraîches que l'on voit sur les marchés.

L'introduction du figuier à Argenteuil paraît dater de plus de deux siècles. Il y est cultivé en massif dans des sols profondément ameublis, richement fumés, de nature siliceo-calcairo-argileuse, abrités des vents du nord et du nord-ouest, et exposés du midi au levant. Cette culture comprend une surface d'environ 50 hectares, qui produisent en moyenne 250000 figues. La variété cultivée est celle que nous avons décrite sous le nom de *blanquette* (*fig.* 1094). Voici comment on procède à cette culture.

On prend des marcottes en panier : on les plante au mois de mars, dans des trous de 1ᵐ,50 de diamètre, profonds de 0ᵐ,80, et remplis de terre bien amendée. La plantation est faite de façon que la partie enracinée de la marcotte soit enterrée à 0ᵐ,25 ou 0ᵐ,30 de profondeur, et de manière aussi à enterrer 0ᵐ,15 ou 0ᵐ,20 de la tige, dont le sommet sort obliquement du sol. Pour former plus vite la cépée, on pourra planter deux marcottes dans chaque trou au lieu d'une; dans ce cas, les deux paniers seront placés en lignes parallèles à la ligne de plantation, à 0ᵐ,20 les uns des autres, et de manière que les tiges soient opposées l'une à l'autre sur cette ligne. On a soin de laisser la surface du trou à 0ᵐ,30 au-dessous du sol environnant. L'excédant de la terre est disposé en ados autour du trou, afin de retenir plus facilement l'eau des pluies au pied des jeunes figuiers. Les arbres sont plantés à 5 mètres de distance les uns des autres dans les lignes, et à 4 mètres entre les lignes, de façon à former une sorte de quinconce. On abandonne ces jeunes plants à eux-mêmes pendant tout l'été, en les préservant toutefois de la sécheresse au moyen de binages ou de couvertures. Dans la première quinzaine de novembre, lorsque les premiers froids commencent, que les feuilles sont complètement tombées, et que la terre n'est pas trop humide, on choisit un beau jour et l'on incline avec précaution la jeune tige jusqu'au niveau du fond de la fosse; on la couvre ensuite, ainsi que le pied, d'une couche de terre de 0ᵐ,30 à 0ᵐ,40 d'épaisseur, pour la défendre contre les froids. Vers la fin de février, lorsque le temps est devenu doux, on découvre les tiges et l'on rétablit la fosse comme elle était avant le couchage. Le développement du jeune plant est encore abandonné à lui-même pendant l'été, puis on le recouche en novembre.

Lors du troisième printemps après la plantation, par un temps doux, on coupe la jeune tige à 0ᵐ,15 ou 0ᵐ,20 du sol, afin de favoriser, vers la base, le développement de nombreux bourgeons destinés à former les diverses branches principales de la cépée. On les couche vers le milieu de novembre.

On choisit pour cela un temps sec et le moment où la terre, bien friable, pourra s'engager facilement entre toutes les branches sans laisser de vide. Elle sera exempte de feuilles, d'herbe ou de paille, qui, se pourrissant, tacheraient ces branches et les feraient pourrir elles-mêmes. Il convient aussi d'abattre les figues d'automne qui offriraient le même inconvénient que les feuilles. Cela fait, on divise les branches de la cépée en quatre faisceaux égaux, puis on serre chacun d'eux au moyen de ligatures.

On ouvre alors dans le sol autant de fossettes qu'il y a de faisceaux, ayant une profondeur et une largeur suffisantes pour contenir les faisceaux. Si le terrain est en pente, elles sont toutes dirigées vers le même côté de la cépée et contrairement à la pente du terrain. Lorsqu'il est horizontal, elles rayonnent également en croix. On recouvre chaque faisceau avec une couche de terre d'au moins 0ᵐ,30 d'épaisseur et disposée en ados. La souche elle-même est abritée par la terre qu'on y accumule sous la forme d'un cône.

Vers la fin de février de la quatrième année, et par un temps doux et humide, on découvre les figuiers. Plus cette opération est faite de bonne heure, plus la végétation est précoce, ainsi que la maturité des figues; mais aussi la récolte est souvent détruite par les gelées tardives. Les tiges sont maintenues également écartées les unes des autres pour empêcher la confusion, et l'on soutient celles qui resteraient placées trop bas. On donne au sol une disposition telle que les eaux pluviales soient retenues au pied de chaque cépée. Pendant l'été qui suit, on abandonne encore à lui-même l'allongement des jeunes tiges ainsi que le développement des nouveaux bourgeons de la souche. On fera de même chaque année, jusqu'à ce qu'on en compte, sur chaque cépée, quatorze ou seize.

Au printemps de la sixième année, les tiges les plus anciennement formées sont constituées comme l'indique la figure 1098. Alors on pratique l'*éborgnage*, c'est-à-dire que par un temps doux et aussitôt que les figuiers sortis de terre commencent à présenter quelques signes de végétation, on supprime le bouton terminal de tous les rameaux latéraux (A), afin de déterminer le développement des boutons à bois de la base, puis aussi de faire nouer plus facilement les figues fleurs dont ils montrent déjà les rudiments (A, *fig.* 1100). On éborgne égale-

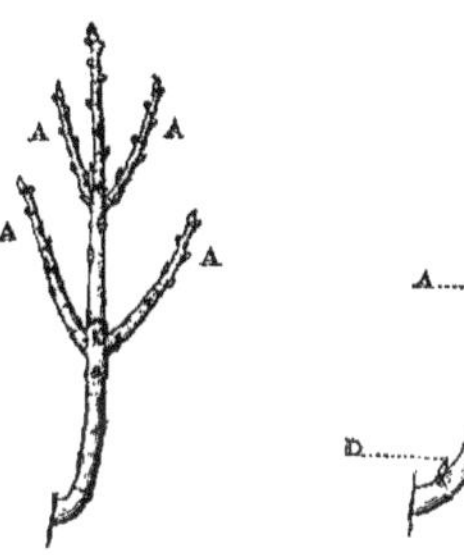

Fig. 1098. — Tige de figuier au sixième printemps qui suit la plantation.

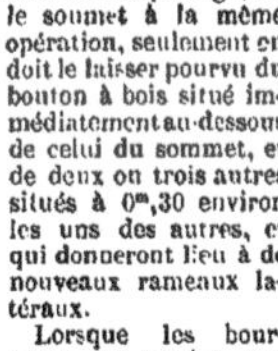

Fig. 1099. — Rameau de figuier.

ment la moitié environ des boutons à bois latéraux, en choisissant ceux (B) qui accompagnent le rudiment des figues. On en conserve toujours deux (D) à la base de chaque rameau, et un (C) vers le sommet, pour y attirer la sève. Quant au rameau terminal de chaque tige, on le soumet à la même opération, seulement en doit le laisser pourvu du bouton à bois situé immédiatement au-dessous de celui du sommet, et de deux ou trois autres situés à 0ᵐ,30 environ les uns des autres, et qui donneront lieu à de nouveaux rameaux latéraux.

Lorsque les bourgeons ont atteint une longueur de 0ᵐ,05 environ, on pratique l'ébourgeonnement sur tous les rameaux latéraux et sur le rameau terminal de chaque tige. Sur les premiers, on conserve qu'un seul bourgeon C (*fig.* 1100), le plus rapproché de la base, pour qu'il remplace celui qui porte les fruits cette année. Sur le rameau terminal, on

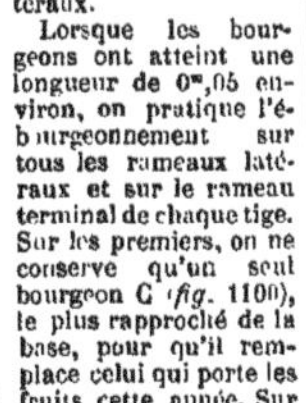

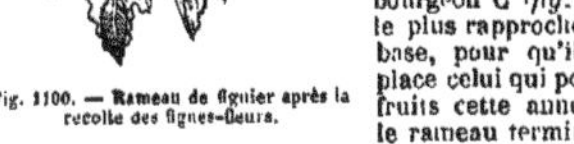

Fig. 1100. — Rameau de figuier après la récolte des figues-fleurs.

conserve le bourgeon du sommet qui prolonge chaque branche, et quelques-uns des latéraux destinés à former de nouveaux rameaux à fruit l'année suivante. Ces derniers sont espacés de façon qu'ils soient également frappés par le soleil. Lorsque tout ce travail est terminé, on enlève également les nouveaux bourgeons qui naissent sur la souche.

Quoique les figues d'automne mûrissent difficilement,

on peut cependant, dans les années favorables, en obtenir un certain nombre. Pour hâter leur développement, on laisse à la base des rameaux fructifères les plus vigoureux deux bourgeons au lieu d'un (*fig.* 1101). Le plus rapproché de la base (C) est destiné à la production des figues-fleurs de l'année suivante, l'autre (D) porte les figues d'automne. Pour forcer celles-ci à croître plus rapidement, on pince ce bourgeon lorsqu'il a atteint une longueur de 0ᵐ,12 environ. Comme cette récolte de figues d'automne épuise les arbres et diminue l'abondance des figues-fleurs pour l'année suivante, on devra ne l'employer que sur les figuiers les plus vigoureux. Lorsque, par suite de gelées tardives, la récolte des figues a été détruite, ce qui peut être apprécié vers le milieu de mai, on

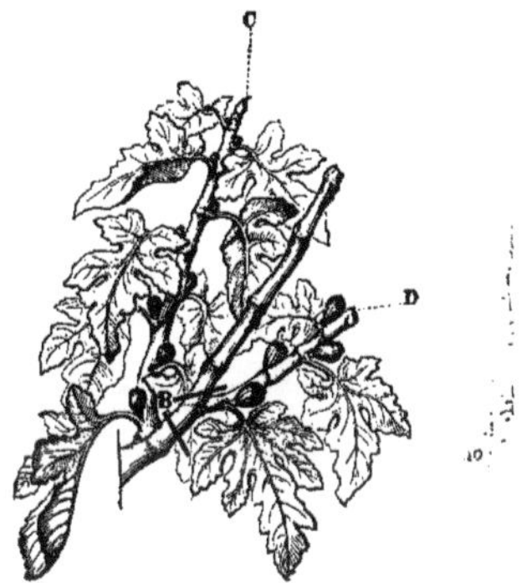

Fig. 1101. — Rameau de figuier après la récolte des figues-fleurs

pratique la *taille en vert*, c'est-à-dire qu'on coupe chacun des rameaux latéraux sur le bouton à bois le plus rapproché de la tige. Le rameau terminal est laissé intact. Il résulte de cette opération que l'action de la sève est refoulée sur le vieux bois et y fait développer un grand nombre de bourgeons. On en profite pour remplir les vides; mais on ne laissera, de ces bourgeons, que ceux qui sont réellement utiles. Cet ébourgeonnement est pratiqué au moment que nous avons déjà indiqué.

L'application de l'huile, dont nous avons parlé plus haut pour avancer la maturation des figues, est aussi pratiquée à Argenteuil.

Après la récolte des figues-fleurs, chaque rameau à fruit présente l'aspect de la figure 1100, ou celle de la figure 1101 si l'on a réservé deux bourgeons pour en consacrer un (D) à la production des figues d'automne. Vers la fin d'août, et par un temps bien sec, on procède au nettoyage des figuiers. On coupe en B le sommet des rameaux qui ont fructifié; on enlève les bourgeons inutiles, immédiatement au-dessus de l'œil le plus bas; si cet œil se développe l'année suivante, on l'ébourgeonne. On enlève encore les ramifications desséchées, mais tout près de la tige, et l'on couvre les plaies avec du mastic. Quelques cultivateurs ne font ce nettoyage des figuiers que l'année suivante, au printemps; mais les amputations que l'on fait à ce moment donnent lieu à une déperdition de sève plus considérable, et les plaies se cicatrisent moins facilement. Après la chute des feuilles, chaque tige du figuier ainsi opérée est constituée comme elle doit être pour l'année suivante.

Au printemps de la septième année, les rameaux latéraux de chaque tige sont traités comme ceux de l'année précédente, à l'exception toutefois des quelques rameaux qui ont donné des figues d'automne l'année précédente et qui sont coupés au-dessus du rameau inférieur. Les autres opérations sont semblables à celles de l'année précédente. On continue ainsi chaque année d'allonger les branches principales en y conservant, de distance en distance, des rameaux à fruit qui se remplacent successivement comme ceux du pêcher. Lorsque les tiges ont atteint une longueur de 1ᵐ,50 à 2 mètres, on cesse de les allonger, parce que la séve abandonnerait les rameaux à fruit de la base, et que ceux-ci finiraient par se dessécher. On traite alors le rameau de prolongement de ces tiges comme nous l'avons indiqué pour les rameaux latéraux. Le couchage auquel on soumet chaque année les tiges du figuier leur impose une direction horizontale à 0ᵐ,60 ou 0ᵐ,80 du sol, ainsi que le montrent les figures 1102 et 1103. C'est là un élément de

Fig. 1102. — Profil des figuiers plantés sur un terrain incliné.

succès ; car, d'une part, les fruits, peu éloignés du sol, reçoivent plus de chaleur et mûrissent mieux, et, d'autre part, l'action de la séve est mieux répartie entre les divers rameaux latéraux. Les figuiers d'Argenteuil commencent à fructifier à six ans ; ils sont en plein rap-

Fig. 1103. — Profil des figuiers plantés sur un terrain horizontal.

port à dix. Ils vivent très-longtemps ; mais il est nécessaire de renouveler successivement les tiges qui, à l'âge de douze ou quinze ans, finissent par s'épuiser. A cet effet, on laisse naître sur la souche un nombre de bourgeons égal à celui des tiges à remplacer, et l'on coupe celles-ci à la fin d'août suivant. On donne à ces figuiers un labour chaque année, au printemps, après avoir déterré les tiges et avant de reformer la fosse qui entoure chaque pied ; on leur applique, en outre, plusieurs binages dans le courant de l'été. Ils sont fumés tous les trois ans.

La culture du figuier à la Frette paraît être postérieure à celle d'Argenteuil. Elle ne comprend guère qu'une surface de 8 hectares. La variété de figuier qu'on y rencontre est une figue violette que nous avons désignée sous le nom d'*Aubiquoun* ou *figue de Bordeaux* (fig. 1096). La *Blanquette* y est aussi cultivée, mais exceptionnellement et dans les terrains secs, dont elle s'accommode mieux que l'aubiquoun. La différence qu'offre la culture de la Frette, comparée à celle d'Argenteuil, est due en grande partie à la variété de figuier qu'on y a choisie.

Les figuiers sont à 4 mètres au lieu de 5. On ne pratique pas l'éborgnage, car il ferait couler les fruits de cette variété. On laisse tous les bourgeons se développer, puis on enlève ceux qui sont inutiles, un mois avant la maturité des figues et par un temps doux. On ne conserve ainsi que les bourgeons indiqués pour la blanquette. Dans les étés humides, on pique souvent les figues pour y introduire l'huile, au lieu de les toucher seulement.

La maturité de l'aubiquoun est plus tardive que celle de la blanquette, mais cette figue est plus savoureuse ; elle est aussi plus grosse, mais moins abondante.

Maladies. — Insectes nuisibles. — Les maladies du figuier sont déterminées soit par la sécheresse excessive du sol, soit par l'intensité des gelées.

Dans le midi de la France, la sécheresse est telle parfois, en été, que les figuiers perdent leurs feuilles, que les fruits tombent, ou que ceux qui mûrissent sont insipides et malsains. Il n'y a d'autre moyen de prévenir cet accident que d'arroser, de temps en temps, le pied des figuiers pendant le mois d'août.

Le figuier du midi de la France est aussi sensible au froid que l'olivier ; mais la rapidité de sa végétation lui fait réparer bien plus vite qu'à celui-ci les dégâts causés par cet accident. Il n'en est pas de même pour les figuiers du climat de Paris : les gelées tardives frappent souvent la récolte principale, les figues-fleurs. Les figuiers atteints par les gelées réclament des soins différents, suivant qu'ils sont morts jusqu'au collet de la racine, ou que quelques branches seulement ont été frappées. Dans le premier cas, on arrache le figuier, au mois de mars, en séparant la souche des grosses racines au point où celles-ci commencent à être bien saines. On laisse l'excavation ouverte, et l'on recouvre les grosses racines de 0ᵐ,02 ou 0ᵐ,03 de terre fine bien amendée. Pendant l'été, cette excavation étant maintenue fraîche, on voit apparaître des bourgeons vigoureux qui naissent des racines. A l'automne, on conserve seulement le plus vigoureux. On referme la fosse à l'entrée de l'hiver avec de la terre neuve, et le rejeton est ensuite traité comme un jeune figuier. Dans le second cas, on supprime pendant l'été suivant tous les bourgeons qui naissent en plus grand nombre que de coutume au pied de la tige, sous l'influence de l'état maladif de la tête de l'arbre ; on enlève toutes les figues dès qu'elles ont la grosseur de petites fèves, afin que toute la séve soit employée à la formation de bourgeons vigoureux. Enfin, au printemps suivant, on coupe toutes les branches sèches et l'on rapproche les autres sur les rameaux les plus beaux.

Plusieurs insectes attaquent le figuier dans le Midi ; le plus redoutable est une espèce de *kermès* ou *cochenille* (*coccus ficus caricæ*, Oliv.) (*fig. 1104*). Cet insecte, déjà connu et décrit en 1733 par Cestoni, est ovale, convexe, de couleur cendrée. Les petits, qui éclosent sous la mère au mois de mai, se jettent sur les bourgeons, les feuilles et même les figues, dont ils épuisent la séve. Les bourgeons restent courts, les feuilles et les branches se couvrent de taches noires, les fruits tombent sans mûrir, et le figuier lui-même finit par succomber. C'est vers le mois d'août que les jeunes kermès abandonnent les feuilles pour se réunir à la face inférieure des rameaux et des branches obliques ou horizontales. Là, ils continuent

Fig. 1104. — Kermès du figuier.

de grossir jusqu'au mois de mai suivant, et chacun d'eux donne naissance à une nouvelle génération, composée de douze cents individus environ. Le moyen le plus simple pour combattre ce fléau est de frotter les rameaux infestés avec une brosse rude trempée dans des eaux de lessive. On se sert également de l'eau bouillante, recommandée contre la pyrale de la vigne (voyez Pyrale).

Récolte. — Les figues sont mûres lorsque le suc âcre et laiteux qu'elles contiennent est changé en une eau limpide et sucrée, qu'elles ont pris la couleur qui distingue chaque variété, qu'elles sont devenues molles, charnues et pendantes. Dans le Midi, celles qui sont destinées à être mangées fraîches sont cueillies un peu avant leur maturité complète ; sous le climat de Paris, elles ne peuvent jamais être trop mûres. Les figues qu'on veut faire sécher sont cueillies complètement mûres et même un peu flétries, ce qui accélère leur dessiccation. Dans tous les cas, il faut attendre, pour les cueillir, que le soleil ait vaporisé la rosée qui les couvre.

Les figues destinées à être séchées sont placées sur des claies faites en roseaux bien secs et exposées au soleil, dans un endroit le plus chaud possible. Une remise nérée, éloignée de toute mauvaise odeur, les reçoit pendant la nuit et les jours de pluie. Toutefois, ceux qui en sèchent une grande quantité ne les rentrent jamais, et emplissent les claies tous les soirs, en couvrant chaque pile avec une toile cirée. Tous les jours, le matin et à midi, on retourne les figues pour les faire sécher sur tous les points. Lorsqu'en aplatissant les figues sur leur queue, elles ne se fendent pas, on les retire; plus tôt, elles resteraient mollasses et se gâteraient; plus tard, elles deviendraient trop dures. Chaque matin, en sortant les claies, on retire les figues qui sont assez desséchées, on les dépose sur des draps, dans une chambre aérée et sèche, en séparant celles qui sont altérées. Lorsque toutes les figues sont ainsi desséchées, on les aplatit, puis on les sépare en trois qualités différentes pour les livrer au commerce. Dans les automnes pluvieux, les cultivateurs du Midi sont obligés de faire sécher les figues au four; mais il s'en faut de beaucoup qu'elles soient d'aussi bonne qualité que celles qui ont été desséchées au soleil.   A. Du Br.

Figuier d'Adam (Botanique). — C'est le *Bananier.*

Figuier de Barbarie (Botanique). — Nom vulgaire du *F. d'Inde* (*Opuntia ficus indica*).

Figuier du Cap (Botanique). — C'est le *Ficoïde comestible,* appelé aussi *Figuier des Hottentots.*

Figuier d'Inde (Botanique) (*Opuntia ficus indica,* Haworth). — On donne ce nom et celui de *F. de Barbarie* et *F. d'Amérique* à une espèce de *Cactier* ou *Cactus,* du genre *Raquette* (*Opuntia,* Tournef.), très-commune dans tout le bassin méditerranéen. Bien qu'originaire des parties chaudes de l'Amérique, ce végétal croît aussi spontanément dans le nord de l'Afrique. On l'a transporté de là en Sicile et en Corse, où son fruit est une ressource inappréciable pour les habitants des campagnes. A Catane, on fait sécher la figue d'Inde, et l'on en compose des masses compactes pour s'en nourrir. On en conserve aussi de fraîches que l'on cueille avec un petit morceau de la feuille qui les porte. Ce que nous venons de dire de l'importance de cette plante pour la

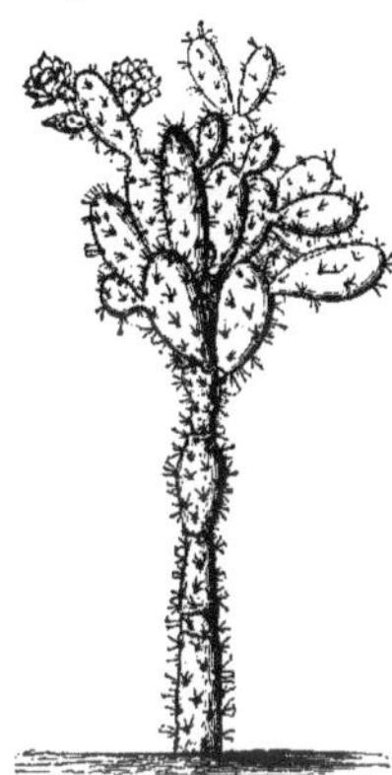

Fig. 1105. — Figuier d'Inde ou de Barbarie.

Sicile s'applique également à l'Algérie. Là, ces fruits servent en outre à la nourriture des bestiaux, qui en sont très-avides, ainsi que des feuilles de l'année. Enfin, le

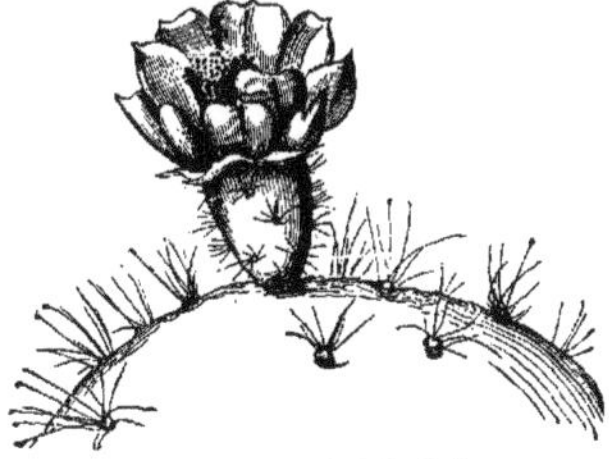

Fig. 1106. — Fleur du figuier d'Inde.

figuier d'Inde forme une clôture excellente pour les champs, et un moyen de défense pour les habitations.

M. Moll a remarqué en Algérie deux variétés bien distinctes de figuier d'Inde : l'une, à laquelle on donne le nom de *F. du chameau,* a des fruits rouges, de la gros-

seur d'un petit œuf de poule; les fruits et les raquettes sont couverts de piquants très-durs, longs de 0ᵐ,015 à 0ᵐ,020. C'est la variété qu'on choisit pour clôture. L'autre, à laquelle les Arabes donnent le nom de *F. des chrétiens,* offre sur ses raquettes et ses fruits des piquants plus faibles, plus petits. Elle a une végétation plus vigoureuse, des raquettes plus développées, plus succulentes, des fruits meilleurs et d'une grosseur double. C'est cette variété qu'on multiplie pour l'alimentation. Il en existe aussi en Sicile plusieurs variétés très-recommandables par la qualité et la grosseur de leurs fruits.

Le figuier d'Inde résiste bien aux petites gelées, et on le voit vivre, comme l'oranger, pendant un certain nombre d'années, dans les contrées où l'eau se congèle tous les hivers. Mais une saison un peu rigoureuse le fait disparaître. Il se développe dans tous les terrains, les creux des laves et des rochers, les limons, les calcaires; il ne redoute que les terrains constamment humides. La multiplication du figuier d'Inde est des plus simples et peut avoir lieu en toute saison; on préfère cependant les mois d'août et de septembre. On coupe une raquette, on la laisse pendant quelques jours sur terre, jusqu'à ce que la section se soit à peu près cicatrisée, puis on la plante à demeure, la section en bas, dans une terre ameublie par quelques coups de pioche, où on l'enfonce de 0ᵐ,05

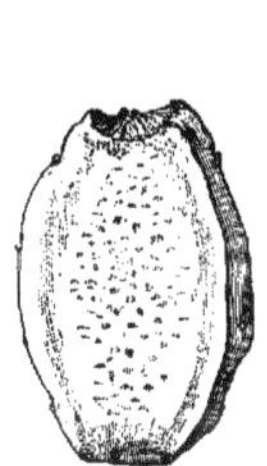

Fig. 1107. — Coupe du fruit du figuier d'Inde.

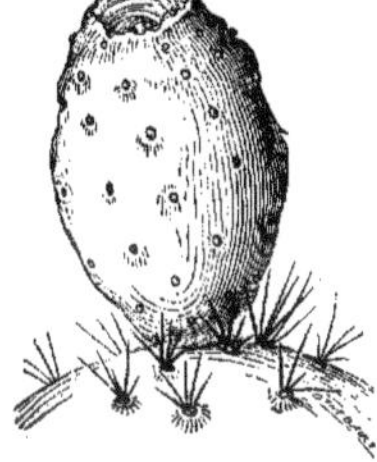

Fig. 1108. — Fruit du figuier d'Inde inséré sur l'extrémité d'une raquette.

à 0ᵐ,06. L'arrosage n'est pas nécessaire, à moins que le terrain ne soit d'une nature et à une exposition très-sèche. Dans ce cas, on retarde la plantation jusqu'en septembre. Si, au lieu d'une seule raquette, on peut planter une branche ayant un peu de vieux bois et cinq ou six raquettes, on obtient des produits beaucoup plus promptement. Quand on plante en plein, on dispose les lignes à 1ᵐ,50 ou 2 mètres de distance les unes des autres. Le figuier d'Inde n'exige aucune culture; cependant un ou deux labours, donnés chaque année dans l'intervalle des lignes, seront largement payés par une augmentation de produit. La taille n'est pas nécessaire à la bonne venue de la plante, mais elle est utile pour en diriger la croissance. On taille donc de façon qu'aucune branche n'intercepte le passage entre les figuiers. On supprime ainsi en juillet, août et septembre, les feuilles inférieures de l'année pour procurer de la nourriture aux animaux. Ces feuilles ou raquettes sont coupées en tranches, comme on le fait pour les racines fourragères. On peut, pour les rendre plus appétissantes, les saupoudrer de son.   A. du Br.

Figuier des Indes (Botanique). — C'est le *Papayer.*

Figuier infernal (Botanique). — Nom vulgaire du *Ricin* et de l'*Aigremoine du Mexique.*

Figuier maudit franc (Botanique). — Le *Figuier d'Inde.*

Figuier maudit marron (Botanique). — C'est le *Clusier rose* (Clusiacées) à Saint-Domingue.

Figuier de Pharaon, F. sycomore (Botanique). — Nom vulgaire d'une espèce du genre *Figuier* (*F. sycomorus,* Lin.), grand arbre d'Egypte, dont le bois incorruptible servait à confectionner les boîtes où nous trouvons les momies égyptiennes. Ses fruits sont petits, fermes, jaunâtres, d'une saveur douceâtre peu délicate; on les mange cependant, et l'arbre lui-même est cultivé en vue de ce produit. Il sert pour l'opération de la *caprification.*

Figuier de Surinam (Botanique). — Nom de la *Cécropie peltée* ou *Coulequin* (Artocarpées).

Figuier (Zoologie). — Buffon avait désigné sous ce

nom un groupe d'*Oiseaux passereaux*, à bec droit, délié et pointu, avec deux petites échancrures vers l'extrémité de la mandibule supérieure ; mais les nouvelles espèces découvertes par les voyageurs ont ôté toute valeur à ce groupe, et Cuvier l'a abandonné en réunissant les figuiers de Buffon aux roitelets et aux pouillots dans le genre *Roitelet (Regulus)*.

FIGURE DE LA TERRE (Astronomie). — Nous faisons voir à l'article TERRE que la forme de notre globe ne diffère pas beaucoup d'un ellipsoïde de révolution autour de l'axe des pôles. La détermination rigoureuse de cette figure et de ses dimensions est l'objet de la *géodésie*. Les diverses mesures qui ont été faites conduisent, d'après Bessel, au nombre 5 131 180 toises pour la longueur du quart du méridien, au lieu de 5 130 740, nombre adopté par la commission du système métrique. Le mètre légal, qui en est la dix millionième partie, serait donc un peu trop petit, mais seulement d'une fraction de millimètre, ce qui est à peu près insignifiant. Le quart du méridien, au lieu d'être exactement égal à 10 000 000 mètres, vaudrait 10 000 856 mètres, et le quart de l'équateur 10 017 594 mètres.

Le petit rayon, demi-axe des pôles est, toujours d'après Bessel, 6 356 080 mètres, et le demi-diamètre de l'équateur 6 377 898 mètres. L'aplatissement, ou la différence des deux axes divisée par l'axe le plus grand, est $\frac{1}{299}$. La surface de la terre est de 51 000 millions d'hectares. La zone torride en comprend environ 20 000, les deux zones tempérées 27 000, et les zones glaciales 4 000.

Quand, en astronomie, on prend pour unité le rayon de la terre, c'est du demi-axe équatorial qu'il s'agit, dont la longueur est d'environ 6 377 400 mètres. Lorsqu'il ne s'agit pas d'évaluations bien précises, on suppose la circonférence de 40 000 kilomètres, et le rayon de 6 366 kilomètres.

Les mesures itinéraires employées vulgairement sont basées sur ces derniers nombres. Ainsi le *mille* marin est la 60e partie de l'arc de 1°, c'est-à-dire qu'il correspond à une minute sur un arc de grand cercle de la terre. Un arc d'un degré, étant la 90e partie de 10 000 000 mètres, vaut 111 111^m,11, et un arc d'une minute, ou un mille, 1 851^m,85. Cette distance, parcourue dans le sens d'un méridien, répond à une variation d'une minute dans la latitude. Parcourue sur l'équateur, cette distance répond de même à une minute de longitude. Mais il n'en est pas de même sur un parallèle : la longueur d'un arc de parallèle est égale à l'arc de grand cercle d'un même nombre de degrés multiplié par le cosinus de la latitude.

La lieue marine, ou de 20 au degré, vaut 3 milles ou 5 555^m,55 ; la lieue de 25 au degré, dont les géographes font encore usage, vaut 4 444^m,44. Quant à la lieue de poste, elle est de 4 kilomètres.

On peut, dans bien des cas, dans la navigation par exemple, faire abstraction de l'aplatissement et considérer la terre comme sphérique. En la supposant ellipsoïde, on se rapproche davantage de la vérité. Mais sa figure est réellement beaucoup plus compliquée. Les mesures faites sur des méridiens différents prouvent que ces méridiens ne sont pas égaux. Mais les différences sont toujours petites, et il est d'ailleurs fort difficile de les dégager des erreurs dues à l'observation (voyez TERRE, GÉODÉSIE, TRIANGULATION). E. R.

FIGURES ACOUSTIQUES (Physique). — Le son étant l'impression produite par l'organe de l'ouïe par les vibrations des corps, on conçoit que cet état vibratoire, outre son effet acoustique propre, puisse être perçu directement ou indirectement par l'œil, et donne lieu ainsi à un phénomène optique particulier. Si, par exemple, on répand à la surface d'une plaque du sable fin, et qu'on détermine la vibration de la plaque à l'aide d'un archet, le sable mis en mouvement par la vibration du corps se déplacera lui-même en s'accumulant dans les parties immobiles, et dessinera ainsi diverses figures dont l'étude se lie d'une manière intime à celle des sons produits par les plaques (voyez PLAQUES; VERGES). De même, si à un corps sonore quelconque, on vient à fixer un petit style pouvant tracer un trait sur une surface mobile, et qu'on mette le corps sonore en vibration, le style tracera sur la surface une courbe dont les diverses sinuosités seront une représentation fidèle du mouvement vibratoire du corps lui-même (voyez SON, VIBRATIONS).

M. Lissajous a fait de ce mode d'investigation des phénomènes acoustiques, une application nouvelle et intéressante dont il est parlé à l'article DIAPASON, et que nous allons exposer ici avec un peu plus de détail.

Supposons qu'on introduise dans une chambre obscure un faisceau de lumière solaire, qui soit réfléchi d'abord par un petit miroir *m* placé sur l'une des branches d'un diapason D, puis par un second miroir M, et enfin vienne

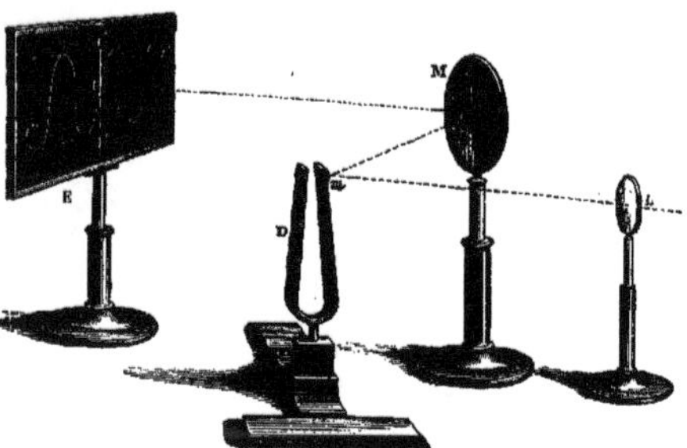

Fig. 1109. — Étude optique des mouvements vibratoires.

tomber sur l'écran *e* ; il se formera sur cet écran, et à un certain point I, une image du soleil, qu'on pourra rendre très-nette et très-brillante en plaçant convenablement la lentille L.

Si les deux miroirs sont immobiles, l'image I sera immobile elle-même, et occupera la même position sur l'écran. Mais si l'on vient à faire vibrer le diapason, en l'attaquant avec un archet de manière à écarter les branches dans leur propre plan, le rayon lumineux incident fait successivement différents angles avec le miroir sans changer de plan, et par conséquent l'image réfléchie I oscillera suivant une direction verticale I'I″. A cause de la rapidité du mouvement vibratoire, l'œil apercevra une traînée lumineuse verticale I'I″. Si le diapason étant en repos, on faisait tourner le miroir M autour de son axe vertical, l'image éprouverait au contraire un déplacement dans le sens horizontal ; si, par conséquent, on produit ces deux déplacements à la fois, en faisant tourner le miroir pendant que le diapason vibre, on observera sur l'écran une ligne sinueuse *c'c″*, dont chaque sinuosité correspond à une vibration du diapason.

Supposons actuellement qu'on remplace le miroir M par un second diapason D' (*fig.* 1110), dont le plan soit précisément perpendiculaire à celui de D, si on fait vibrer ce dernier diapason tout seul, l'image éprouvera un déplacement horizontal, semblable à celui que produisait la rotation du miroir M, à cette différence près que ce déplacement aura un caractère oscillatoire, et, par conséquent, l'œil apercevra sur l'écran une ligne lumineuse horizontale, dont la longueur décroîtra graduellement avec l'amplitude de la vibration. Si on fait vibrer les deux diapasons simultanément, la petite image du soleil I formée sur l'écran pourra être considérée comme animée de deux mouvements, l'un dans un sens horizontal, l'autre dans un sens vertical, et, par suite, elle aura un certain mouvement résultant, qui se manifestera par une certaine courbe dont la forme dépend du rapport des deux sons, c'est-à-dire des vitesses relatives des petits miroirs *m* et *m'*.

Considérons, par exemple, le cas où les deux diapasons seraient à l'unisson ; dans ce cas, le mouvement de chacune des extrémités du diapason, et, par suite, de l'image qui en est la représentation fidèle, peut être représentée par les deux équations suivantes (voyez VIBRATIONS) :

$$x = a \cos 2\pi \left(\frac{t}{\tau} - c \right)$$

$$y = a' \cos 2\pi \left(\frac{t}{\tau} - c' \right)$$

les longueurs x et y étant comptées, l'une dans le sens
horizontal, l'autre dans le sens vertical.

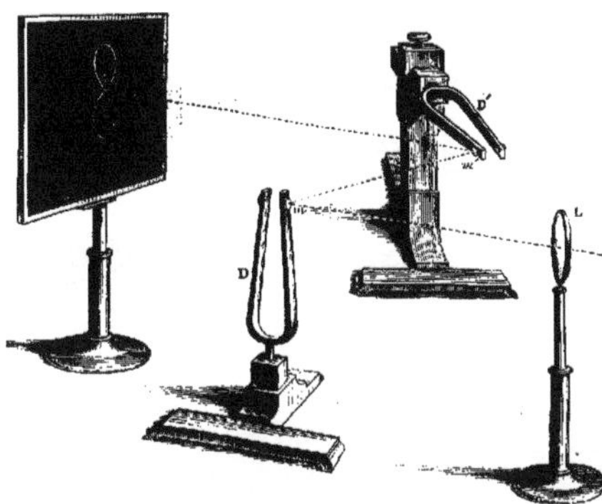

Fig. 1110. — Étude optique des mouvements vibratoires.

Pour avoir l'équation de la trajectoire décrite par
l'image, il suffit d'éliminer t entre les deux équations
précédentes, ce qui se fait très-aisément. On peut, en
effet, développer le second membre et tirer ensuite les
valeurs de $\cos 2\pi \frac{t}{\tau}$ et $\sin 2\pi \frac{t}{\tau}$, ce qui donne

$$\cos 2\pi \frac{t}{\tau} = \frac{\frac{x}{a} \sin 2\pi c' - \frac{y}{a'} \sin 2\pi c}{\sin 2\pi c' \cos 2\pi c - \sin 2\pi c \cos 2\pi c'}$$

$$\sin 2\pi \frac{t}{\tau} = \frac{\frac{y}{a'} \cos 2\pi c - \frac{x}{a} \cos 2\pi c'}{\sin 2\pi c' \cos 2\pi c - \sin 2\pi c \cos 2\pi c'}$$

Si on ajoute membre à membre, les équations précédentes, après les avoir préalablement élevées au carré,
on obtient

$$\frac{x^2}{a^2} + \frac{y^2}{a'^2} - \frac{xy}{aa'} \cos 2\pi(c' - c) = \sin^2 2\pi(c' - c')$$

Cette équation représente, en général, une ellipse.
Mais cette ellipse peut devenir un cercle, lorsque a et
a' sont égaux, c'est-à-dire quand les mouvements vibratoires des deux diapasons ont la même amplitude. Si,
cette dernière hypothèse se vérifiant d'ailleurs, on avait
en outre $c' = c$, ce qui veut dire que les vibrations des
deux diapasons n'ont aucune différence de phase, l'équation de la trajectoire devient $y = x$, ce qui n'est autre
chose que l'équation de la ligne droite bissectrice de
l'angle des deux axes. Enfin, dans le cas où $c' - c = \frac{t}{2}$,
l'équation de la trajectoire devient $y = -x$, ce qui représente la perpendiculaire à la bissectrice de l'angle des
deux axes. On voit donc que les deux diapasons étant à
l'unisson, on devra apercevoir sur l'écran une figure
ou elliptique ou circulaire, ou même rectiligne. Du reste,
si l'unisson était rigoureux, c'est la même figure qui per-
sisterait sur l'écran, éprouvant seulement une diminution
de dimensions correspondante à la diminution d'amplitude du mouvement vibratoire. Mais cet unisson rigoureux n'est jamais obtenu ; il y a toujours une petite
différence dans la hauteur des deux sons, bien que cette
différence puisse être assez petite pour échapper à l'observation de l'oreille même la plus exercée. Cette différence se manifeste optiquement par deux caractères.
Premièrement, le tracé de la courbe est légèrement altéré ; mais si l'unisson est approché, cette légère altération
ne modifie pas sensiblement la physionomie de la ligne
lumineuse qui présente toujours l'une des formes carac-

téristiques de l'unisson. En second lieu, et c'est là le
caractère le plus important, la petite différence de hauteur amène une différence de phase graduellement croissante, de telle sorte qu'au lieu d'avoir une seule figure,
on a une suite de figures passant les unes aux autres et
se reproduisant périodiquement dans
le même ordre. C'est une sorte d'oscillation de la figure acoustique, dont la
durée sera d'autant plus grande que
l'unisson sera plus près d'être rigoureux.

Cette circonstance permet de comparer les divers diapasons à un même
diapason normal, avec une précision
infiniment supérieure à celle dont serait
susceptible l'oreille la plus exercée.
C'est là l'intérêt le plus vif des méthodes de M. Lissajous, en ce qu'elles permettent à l'un des sens de suppléer à un
autre, lorsque ce dernier devient insuffisant. L'appareil dont se sert M. Lissajous se compose du diapason normal A
(fig. 1111), dont l'une des branches est
munie d'une lentille objective a. Au-
dessus est disposé un oculaire C formant avec a un véritable microscope.
Le diapason à comparer B, disposé
dans un plan perpendiculaire à A,
présente sur l'une des branches un
point délié d tracé au diamant, et qu'on
observe à l'aide du microscope. Cela
posé, si l'on fait vibrer les deux diapasons, l'œil placé derrière l'oculaire
apercevra une figure acoustique correspondante au rapport des sons que
doivent donner les deux instruments, et les oscillations
de cette figure elle-même donneront une idée du plus ou
moins grand degré de rigueur de l'ajustement.

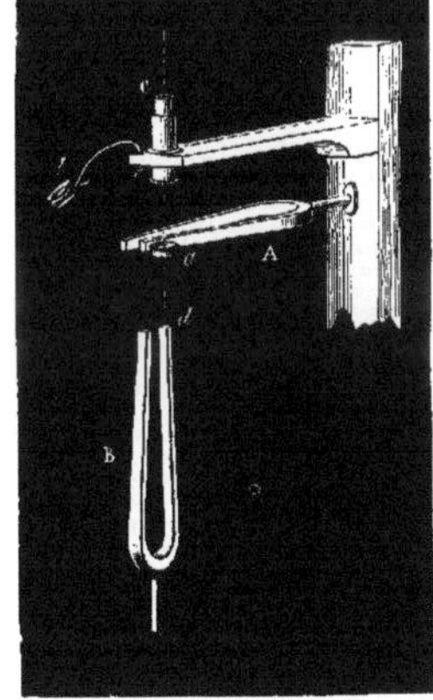

Fig. 1111. — Ajustement d'un diapason par la méthode de M. Lissajous.

Pour édifier plus complétement le lecteur sur ce sujet,
nous plaçons plus loin (fig. 1112) le tableau des figures
acoustiques correspondantes à l'unisson, à l'octave, à la
quinte de l'octave et à la quinte.   **P. D.**

FIL A PLOMB (Physique). — Appareil servant soit à
déterminer la verticale d'un lieu ou la ligne perpendiculaire à la surface des eaux tranquilles, soit, ce qui a
lieu le plus ordinairement, à vérifier la verticalité d'un
objet. Dans ce dernier cas, le fil à plomb se compose
d'une ficelle glissant librement au centre d'une petite
plaque de cuivre carrée, et tenant suspendu, à son extrémité un poids en cuivre façonné en forme de tronc de
cône, dont la plus large base est dirigée vers le bas et a

un diamètre égal au côté de la plaque. Ce poids était primitivement une balle de plomb, d'où vient le nom de *fil à plomb*; actuellement le plomb, trop mou, a été remplacé par le cuivre jaune qui offre plus de résistance à la déformation. Quand on veut, par exemple, vérifier la verticalité d'un mur, on fait toucher à la partie supérieure de ce mur l'un des côtés de la plaque tenue horizontalement; puis, en lâchant peu à peu la ficelle, on

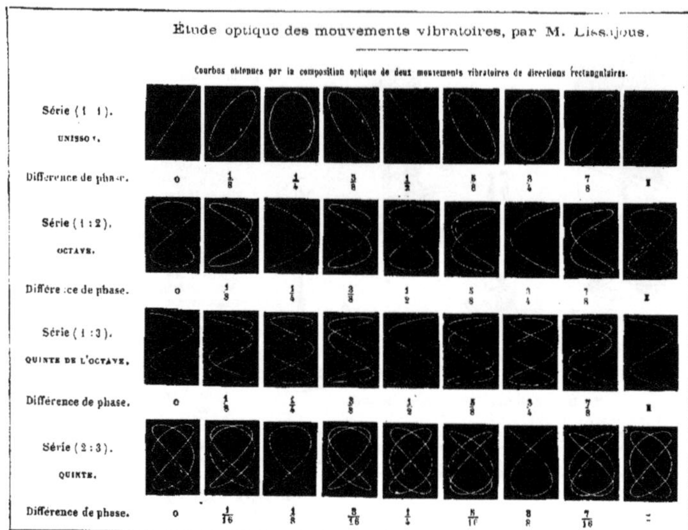

Fig. 1112.

fait descendre le poids dont l'arête inférieure doit effleurer le mur dans tous les points de sa hauteur.

La direction du fil à plomb, quand il est au repos, représente exactement la direction de la pesanteur.

FIL-NOTRE-DAME ou FIL DE LA VIERGE (Zoologie). — Chacun connaît ces flocons de filaments blancs, très-légers, qui se balancent lentement au milieu des airs, dans les jours calmes d'automne, lors des premiers brouillards. Hermann fils les regardait comme produits par diverses espèces de *Mites* ou *Acarus* (entre autres le *Gamase tisserand*, G. *telarius* de Latreille), qui vivent sur les feuilles de certains arbres, et surtout du tilleul, et les recouvrent de fils très-fins. G. Cuvier a cru leur reconnaître une origine un peu différente. « Ces flocons blancs, dit-il, sont certainement produits, ainsi que nous nous en sommes assuré en suivant leur point de départ, par diverses jeunes araignées, et notamment des épeires et des thomises; ce sont principalement les grands fils qui doivent servir d'attache aux rayons de la toile, ou ceux qui en composent la chaîne, et qui, devenant plus pesants à raison de l'humidité, s'affaissent, se rapprochent les uns des autres, et finissent par se former en pelotons; on les voit souvent se réunir près de la toile commencée par l'animal, et où il se tient. Il est d'ailleurs probable que beaucoup de ces aranéides, n'ayant pas encore une provision assez abondante de soie, se bornent à en jeter au loin de simples fils. C'est, à ce qu'il me paraît, à de jeunes araignées lycoses qu'il faut attribuer ceux que l'on voit en grande abondance croisant les sillons des terres labourées, lorsqu'ils réfléchissent la lumière du soleil. Analysés chimiquement, ces *fils de la Vierge* offrent précisément les mêmes caractères que la soie des araignées; ils ne se forment donc pas dans l'atmosphère, ainsi que l'a conjecturé, faute d'observations propres, un savant dont l'autorité est d'un si grand poids, M. le chevalier de Lamarck » (*Règne anim.*, t. IV, p. 219).

FILAGE (Botanique), *Filago*, Tournef.; du latin *filum*, fil, à cause des filaments cotonneux qui recouvrent ces plantes. — Genre de plantes *Dicotylédones gamopétales*

périgynes, famille des *Composées*, tribu des *Sénecionidées*, section des *Gnaphaliées*. Capitules agglomérés à l'aisselle ou au sommet des rameaux, fleurs d'un blanc jaunâtre, dont les marginales pourvues d'étamines; au centre, des fleurs hermaphrodites ou pistillées; involucre ovoïde à 5 angles; fruit surmonté d'une aigrette fragile, caduque. Le duvet dont ces plantes sont revêtues leur a fait donner le nom vulgaire de *Cotonnières*; on les trouve dans nos moissons ou dans nos champs. La *F. naine* (*F. pygmæa*, Lin.) est une petite plante herbacée, à tige simple, à peine longue de 0ᵐ,027 à l'état sauvage, atteignant environ 0ᵐ,08 par la culture, fleurs jaunâtres, bractées nombreuses, cotonneuses, blanchâtres. Lieux maritimes et étangs desséchés de l'Europe méridionale.

FILAIRE (Zoologie), *Filaria*, Müller; du latin *filum*, fil, à cause de la forme de ces animaux. — Les *Filaires* sont des vers intestinaux, remarquables par leur aspect filiforme; leur corps, toujours très-allongé, est en même temps fort mince; mais cette forme générale a engagé à comprendre sous ce seul et même nom des vers dont les habitudes, et probablement la conformation, ne sont pas suffisamment semblables. En étudiant quelques-unes des plus grosses espèces, on a pu reconnaître que leur tête, continue avec leur corps, n'est pourvue d'aucun crochet ni suçoir; c'est un orifice rond ou triangulaire qui conduit dans un œsophage grêle s'abouchant dans un intestin plus gros; l'anus est près de l'extrémité postérieure du corps. La plupart des filaires que l'on a signalées, et on en a observé beaucoup d'espèces, habitent les cavités intérieures du corps des animaux, soit l'abdomen, soit l'intestin, soit le cœur, les vaisseaux sanguins; leur forme effilée semble leur permettre, dans certains cas, de traverser sans inconvénient sensible le tissu des organes les plus importants. On en a trouvé chez presque tous les animaux que l'on a l'occasion de disséquer assez souvent. Chez l'homme on en a signalé trois espèces : l'une, qui habite le tissu cellulaire placé sous la peau, est célèbre sous le nom de *Dragonneau Ver de Guinée*, *Ver de Médine*; c'est la *F. de Médine* (*F. me-*

dinensis, Gmel.) des naturalistes; on la trouve dans les régions intertropicales de l'ancien continent, où elle se loge particulièrement sous la peau des jambes de l'homme. Ce ver y prend un développement énorme, puisqu'on affirme que sa longueur peut aller à 3ᵐ,50 et même 4 mètres, et son corps n'est pas plus gros qu'un tuyau de plume de pigeon, selon G. Cuvier. Pendant qu'il prend cet accroissement, il n'incommode pas sensiblement, et peut rester des mois et même, assure-t-on, une ou deux années sans faire souffrir le patient; mais à un certain degré d'accroissement, ce singulier parasite se fait jour à travers la peau. On voit apparaître une tumeur semblable à un clou ou furoncle, surmontée d'une vésicule transparente ou noirâtre, fortement enflammée et très-douloureuse; bientôt un petit pertuis se fait au sommet, et le corps du dragonneau commence à se montrer. Mais il sort lentement, et, pour hâter l'extraction de cet hôte incommode, on l'enroule sur un petit cylindre de linge que l'on tourne doucement une ou deux fois par jour. Si, par une traction trop brusque, on vient malheureusement à le rompre, le fragment resté sous la peau provoque une redoutable exaspération de l'état inflammatoire. Il faut ordinairement une vingtaine de jours pour l'extraire entièrement, lorsqu'il n'y a pas de rupture. Ce singulier ver et l'affection qu'il produit ont été décrits dès le III° siècle par les médecins de l'école d'Alexandrie, et nous n'en savons aujourd'hui guère plus qu'eux à son sujet. On peut douter que ce singulier animal soit du même groupe naturel que la filaire si commune (*F. piscium*, Lin.) dans la cavité abdominale de certains poissons; que la filaire du cheval (*F. papillosa*, Rudolp.) qui habite de même la cavité abdominale de cet animal, mais qu'on a trouvée jusque dans les enveloppes de son cerveau; que la filaire (*F. rubella*, Valentin et Vogt) découverte dans le sang de la grenouille; que la filaire (*F. truncata*, Rudolp.) parasite de la chenille, d'une teigne; que les deux filaires enfin (*F. aquatilis* et *F. lacustris*, Dujardin) trouvées dans l'eau douce, où elles vivent habituellement.

Cuvier avait établi un genre des *Filaires*, rangé dans la classe des *Intestinaux*, ordre des *Cavitaires*; mais d'après des travaux plus récents, et dans l'impossibilité, dit M. le professeur P. Gervais, où l'on est d'établir une caractéristique certaine des filaires et de les classer méthodiquement d'après les véritables affinités de leurs espèces les unes avec les autres, on les énumère en suivant l'ordre des animaux dont ils sont parasites. (*Dict. d'hist. natur.*, par C. d'Orbigny.)

FILAO (Botanique). — Nom madécasse des arbres que les botanistes nomment maintenant *casuarinas* (voyez ce mot). Rumphius avait conservé ce nom de *filao*, qui est encore appliqué vulgairement à certaines espèces.

FILARIA (Botanique), *Phyllirea*, Lin.; du grec *phyllon*, feuille, à cause du feuillage remarquable des espèces de ce genre. — Genre de plantes *Dicotylédones gamopétales hypogynes*, famille des *Oléinées*, tribu des *Olées*, voisin des Troënes, qui se distingue ainsi : calice à 5 dents; corolle rotacée à 5 lobes; anthères presque sessiles; ovaire à 2 loges; drupe charnue, à 1 loge. Les espèces de ce genre sont des arbrisseaux à feuilles persistantes, coriaces, sessiles. Leurs fleurs sont blanches, disposées en grappes, et leurs fruits sont noirâtres. Les filaria croissent spontanément dans l'Europe méridionale. Le *F. à larges feuilles* (*P. latifolia*, Lamk) s'élève souvent à plus de 5 mètres. Ses feuilles sont opposées, glabres, dentées, et ses fleurs au peu jaunâtres naissent en grand nombre à l'aisselle des feuilles. Le *F. à feuilles étroites* (*P. angustifolia*, Lin.) a les feuilles très-allongées, entières, et les fruits apiculés. Ces deux espèces qui croissent en France ornent agréablement les jardins paysagers. Dans le nord de la France, on les plante souvent dans les bosquets, au lieu des alaternes, qui sont moins rustiques; cependant ils craignent les grands froids. Leur bois, assez dur, est employé par les tourneurs.   G — s.

FILASSE (Botanique). — Voyez CHANVRE.

FILET (Botanique). — On donne ce nom à la partie ordinairement filamenteuse de l'étamine qui supporte l'anthère. Cet organe manque quelquefois, comme dans l'aristoloche; l'anthère est alors dite *sessile*. Le filet a la même organisation que les pétales; aussi présente-t-il quelquefois la même forme que ceux-ci; ainsi, dans les balisiers, il est large, mince, souple, coloré comme un pétale; on le dit alors *pétaloïde*. Le filet est *capillaire* quand il a la finesse d'un cheveu, comme dans la plupart des graminées et des plantains. Dans le sparmannia d'Afrique, il est *toruleux*, c'est-à-dire qu'il présente des renflements comme des nœuds de distance en distance. Le filet peut être encore *crénelé*, *spiralé*, *géniculé*, etc. Le filet est en outre *velu* comme dans l'avocatier, *glanduleux* dans la fraxinelle, *barbu* comme dans les mourons. Il est quelquefois aussi doué de mobilité. Il est *élastique* dans la pariétaire, et *irritable* dans l'épine-vinette, la rue, etc. (voyez ÉLASTIQUES). Les filets peuvent être soudés entre eux (voyez DIADELPHIE, ANTHÈRE, ÉTAMINE, FLEUR).

FILETS (Chasse, Pêche). — Ce nom s'applique d'une façon générale aux liens plus ou moins compliqués que l'on dispose pour capturer des animaux. Il y a lieu d'établir une distinction fondamentale entre les filets dont on se sert contre les animaux terrestres ou aériens, et ceux que l'on emploie contre les animaux aquatiques.

Les premiers, ou *filets de chasse*, sont particulièrement usités pour s'emparer des diverses espèces d'oiseaux. Il faut signaler d'abord comme les plus simples les pièges à oiseaux nommés *lacets* et *collets* (voyez ces mots), qui ne sont pas de véritables filets. Les filets proprement dits sont nombreux; on trouvera ici l'indication des plus importants.

L'*araigne* est un filet à mailles de fil délié, disposées en losange et larges de 0ᵐ,05 à 0ᵐ,08; sa largeur est de 4 mètres sur 6 mètres de hauteur; on le teint habituellement en brun ou en vert. On le tend verticalement sur un arbre pour capturer des oiseaux de fauconnerie au moyen d'un duc privé; ce filet doit tomber à la première secousse que lui imprime l'oiseau de proie. On fait pour les merles des araignes à mailles larges de 0ᵐ,027; le filet a 2ᵐ,60 de hauteur sur 3 mètres à 3ᵐ,50 de largeur; on les dispose d'une manière analogue au milieu d'une haie.

Le *hallier* est un filet beaucoup plus long que haut, et que l'on soutient au moyen de piquets fixés en terre, de distance en distance, et qui forme une espèce de barrière où vient se jeter la proie. Comme on emploie ce genre de filet pour prendre les faisans, les canards, les poules d'eau, les plongeons, les râles, les perdrix, les cailles, etc., les dimensions des halliers et celles de leurs mailles diffèrent beaucoup selon le genre d'oiseaux auquel on les destine.

Les *nappes* sont un filet double employé surtout pour prendre les alouettes, et dont la disposition est assez compliquée, parce que les deux morceaux du filet, étendus sur la terre, doivent pour capturer les oiseaux se redresser ne tournant autour d'un de leurs côtés et venir, comme les deux vantaux d'une trappe, se refermer sur l'aire où on est parvenu à attirer ces animaux. L'oiseleur est blotti dans un trou creusé en terre, à quelque distance, et c'est au moyen de cordes attachées aux deux nappes qu'il les referme, quand il le juge à propos. Pour attirer les oiseaux sur l'aire laissée entre les deux nappes tendues, on se sert d'un miroir à facettes ou de moquettes (voyez MIROIRS A ALOUETTES, MOQUETTE). On emploie aussi les nappes pour prendre les ortolans; enfin on fait encore la chasse au canard avec des nappes teintes en brun et huilées. Les nappes à alouettes ont ordinairement 15 à 16 mètres de longueur sur 2ᵐ,65 de largeur, et leurs mailles en losange ont 0ᵐ,020 d'ouverture; dans les nappes à canards, on donne aux mailles une largeur de 0ᵐ,080.

Le *traîneau* est un filet long de 16 à 20 mètres sur 5 à 6 mètres de large; la dimension des mailles dépend du genre de gibier auquel il est destiné : à chaque extrémité on attache une perche aussi longue que la largeur du filet. La chasse se fait la nuit par deux oiseleurs portant chacun un bout du filet; si l'on a pu reconnaître d'avance le point où s'est remisé le gibier, elle consiste simplement à étendre en silence ce vaste filet sur l'emplacement où gîtent les animaux endormis. Lorsqu'on ne sait pas où est remisé le gibier, les oiseleurs tiennent leur filet à petite distance de terre, un des côtés traînant presque, de façon à éveiller les oiseaux par le bruit, pour abattre aussitôt le filet sur eux. On chasse ainsi les alouettes, les cailles, les perdrix, les bécassines.

La *tirasse* est un long filet de 12 à 15 mètres, avec mailles en losanges, larges de 0ᵐ,040; on l'emploie pour chasser les cailles et les perdrix, avec l'aide d'un chien d'arrêt bien dressé. Deux chasseurs tiennent le cordeau de la tirasse, et, dès que le chien tombe en arrêt dans une pièce, les deux chasseurs avancent sur lui en traînant le filet; ils font ainsi lever le gibier qui s'engage dans le filet en fuyant dans le sens opposé au chien.

On nomme *rafle* un autre filet contre-maillé, large de 4 à 5 mètres sur 3ᵐ,30 de hauteur. La chasse se fait par les nuits les plus noires de l'hiver, et exige au moins quatre personnes. On emploie ce filet le long d'une haie où s'abritent les oiseaux la nuit; deux perches légères, longues de 4 mètres à 4ᵐ,30, soutiennent les deux côtés; deux chasseurs les portent, pendant qu'un troisième, avec une torche, se tient derrière le filet par rapport à la haie; enfin, le quatrième chasseur, placé de l'autre côté de la haie par rapport aux trois premiers, la frappe avec une gaule pour faire envoler les oiseaux qui, se dirigeant vers la lumière, se prennent dans la rafle que l'on abat sur eux.

La *tonnelle murée* est un filet à alouettes, en forme de grande bourse maillée, terminée en pointe. On fixe cette pointe avec un piquet au fond d'un sillon de terre labourée; l'entrée, qui a au moins 6 mètres de hauteur, est fixée d'autre part au moyen de deux piquets. De chaque côté de ce filet principal sont disposés d'autres filets tendus de biais et en demi-cercle. Les chasseurs en assez grand nombre et marchant courbés rabattent les alouettes vers la tonnelle, et, lorsqu'ils en sont suffisamment rapprochés, ils les y précipitent en les effarouchant. Aussitôt on replie les filets des ailes sur ceux du fond, et les oiseaux sont capturés.

On emploie, pour chasser les bécasses, des filets composés de nappes et assez compliqués, nommés *panthières*, dont il sera parlé à un article spécial (voyez PANTHIÈRE).

Les filets constituent des engins de chasse très-destructeurs. Aussi les braconniers en font-ils un grand usage. Les lois et règlements protecteurs du gibier interdisent l'usage d'un grand nombre de ces engins. Quant aux filets à poissons, voyez PÊCHE. — Consultez : Duhamel, *Trait. gén. des pêches.* — Baudrillard et de Quingery, *Dict. des chasses et des pêches.*

FILEUSES (Zoologie). — Nom donné à une famille de l'ordre des *Arachnides pulmonaires*; il est synonyme de celui d'*Aranéides* (voyez ce mot), et comprend le seul genre ARAIGNÉE.

FILIÈRES (Zoologie). — On nomme ainsi les organes qui produisent, dans les araignées, les fils dont elles tissent leurs toiles. Réaumur les a bien décrits, et après lui Tréviranus. L'appareil sécréteur de la soie est situé dans l'abdomen, près de son origine; il se compose d'une petite vésicule transparente, placée de chaque côté à la base d'un groupe de six tubes recourbés six à sept fois sur eux-mêmes, et qui viennent aboutir à deux ou trois paires de mamelons charnus à l'extrémité, cylindriques ou coniques; ce sont les *filières*. Leur extrémité est percée d'une infinité de trous très-petits par où sortent les fils extrêmement ténus, qui s'unissent pour former le fil d'araignée. On verra au mot VER A SOIE comment sont disposées les filières des chenilles.

FILIPENDULE (Botanique), du latin *filum*, fil, *pendulus*, qui pend : à cause de la forme des racines. — Espèce de plantes du genre *Spirée* (voyez ce mot) (*Spiræa filipendula*, Lin.), appartenant à la famille des *Spiréacées*, très-voisine des Rosacées. C'est une herbe vivace élevée à peu près de 0ᵐ,60. Ses racines tubéreuses sont très-riches en fécule accumulée dans de gros tubercules suspendus à un filament (*fig.* 1113). Ses feuilles sont composées de segments oblongs, aigus, dentés. Ses fleurs, disposées en corymbes lâches, sont blanches, à sépales réfléchis. Ses carpelles sont velus, disposés parallèlement. La filipendule est une plante indigène. Elle est assez commune dans les bois sablonneux et frais des environs de Paris. On en rencontre aussi quelquefois une variété à fleurs doubles. Les racines de cette plante renferment une assez grande quantité de fécule qu'on pourrait utiliser pour l'alimentation. Elle est unie à un principe astringent dont on peut facilement la priver (A. Richard) et qui rend la plante propre au tannage des cuirs. Ces tubercules pourraient même fournir un légume sain et nourrissant.

FILON (Géologie). — C'est une disposition particulière des roches dans le sein de la terre; elle est définie et expliquée au mot MINES.

FIL

FILOSELLE (Zoolog. industr). — Voyez VER A SOIE.

FILOU (Zoologie), *Epibulus*, Cuv. — Genre de *Poissons*, de l'ordre des *Acanthoptérygiens*, famille des *Labroïdes*, du grand genre *Labre* de Linné. Cuvier a formé ce genre pour une espèce de poisson de la mer des Indes, que l'on avait rangée jusque-là parmi les spares; c'est le *Sparus insidiator* de Pallas, poisson rougeâtre, remarquable par l'extrême extension qu'il peut donner à sa bouche; celle-ci se transforme alors en une sorte de tube qui saisit au passage les petits poissons dont se nourrit le filou. Son nom français comme ses noms latins font allusion à cette conformation.

FILTRATION (Technologie). — La filtration est une opération qui a pour but de séparer d'un liquide une substance solide qu'il tient en suspension. Il faut distinguer les filtrations faites en grand de celles qui ne s'exécutent que sur de petites portions. Dans ce dernier cas, l'on emploie de préférence des filtres en papier non collé. Pour les faire, on prend un carré de papier que l'on plie comme l'indique la figure 1114,

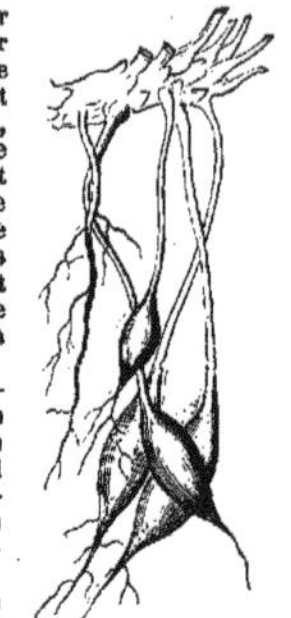

Fig. 1113. — Racine de l Filipendule.

de façon à obtenir le rectangle *bac*. On ramène *oa* et *ob* sur *oc*, en pliant autour de *od* et de *oe*. On a ainsi le rectangle divisé en quatre parties, qu'on divise elles-mêmes en deux par des plis alternatifs et inverses; ces derniers peuvent être eux-mêmes divisés en deux de manière à obtenir seize divisions sur une des faces du rectangle, les divisions convergeant toutes vers *o*. Le filtre ainsi terminé, on l'ouvre, et l'or constate à deux endroits opposés deux plis consécutifs de même sens; ou forme un petit pli intermédiaire appelé *pli de madame Berthollet*. On replie le filtre et on le coupe (*fig.* 1115), ce qui lui donne la forme ronde. Les plis du filtre doivent être fortement arrêtés par la pression de l'ongle, mais ne doivent pas se prolonger jusqu'au centre *o*, parce qu'en ce point le papier pourrait se percer. Pour ouvrir le filtre, on souffle dedans, puis on le place dans l'entonnoir, au bord duquel il doit arriver presque exactement. Pour verser un liquide dans le filtre, il faut le faire couler le

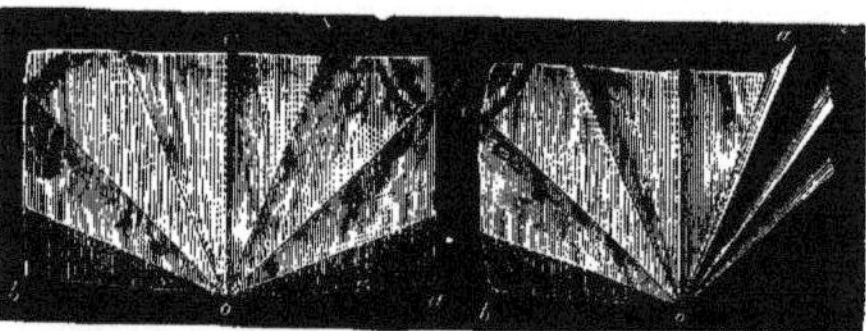

Fig. 1114.

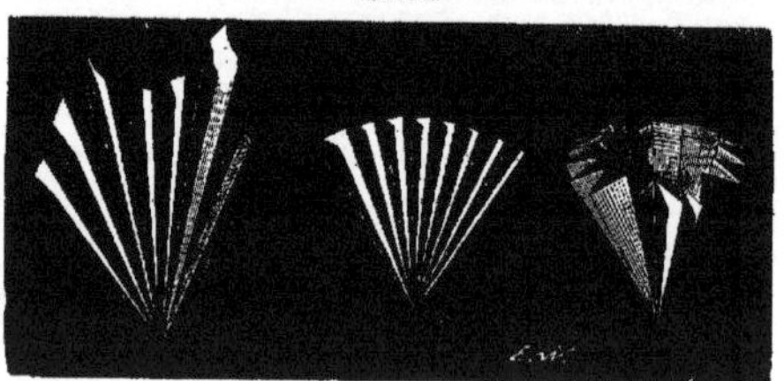

Fig. 1115. — Confection d'un filtre

long d'une baguette qui dirige ce liquide et le fait tomber sans choc sur les parois du filtre. La figure 1116 montre le lavage d'un précipité déposé sur le filtre que reçoit l'entonnoir F.

Les filtres en papier sont d'un usage fort restreint; ils servent dans les laboratoires, les pharmacies et la vie domestique. Pour des filtrations plus considérables, on emploie des carrelets et des chausses.

Le carrelet est un châssis de bois monté sur pied, et

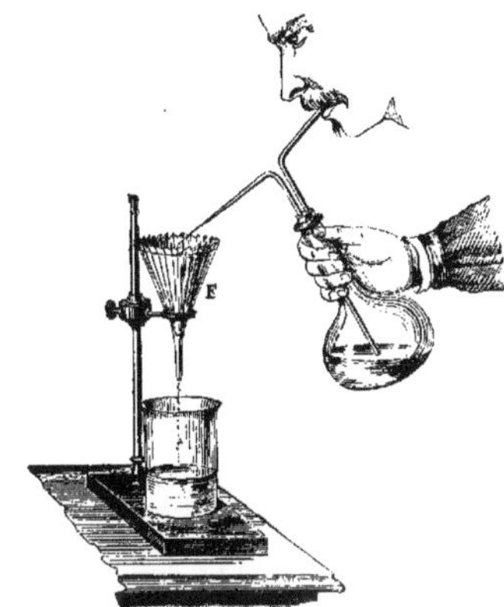

Fig. 1116. — Lavage d'un précipité sur un filtre.

garni de pointes auxquelles on accroche une toile à mailles fines; on doit, avant chaque opération, mouiller la toile afin de gonfler ses fibres et de serrer le tissu.

La chausse est une sorte de sac, de forme conique, fait d'étoffe de laine ou de coton croisé. Elle servait aux anciens à filtrer l'hypocras. Avant d'en faire usage, on la laisse immerger dans un liquide pareil à celui que l'on veut filtrer, ce qui resserre les pores du tissu; on la dispose ensuite dans un entonnoir ordinairement en cuivre ou en étain. Les liquoristes en font un grand usage, mais, en général, ils en garnissent l'intérieur avec de la pâte à papier très-blanche. Cette pâte s'attache fortement aux parois de la chausse et concourt à la filtration.

Les eaux qui servent à l'alimentation sont souvent troubles et doivent être filtrées; cette opération se fait chez le particulier même, dans des fontaines affectées à cet usage, ou bien encore dans des appareils qui filtrent d'un seul coup toute l'eau destinée à un grand établissement ou même à une ville entière. On se sert alors comme matière filtrante d'éponges, de pierre calcaire poreuse, de charbon pulvérisé, de sable, de laine tontisse, etc... Les eaux du Niger ont été de tout temps filtrées sur des éponges. En Espagne, c'est par ce moyen que l'on clarifie les sirops. Amy, avocat au parlement de Provence, paraît avoir introduit ce procédé en France, vers 1740. Les éponges doivent être choisies bien saines, d'un grain assez fin, régulier et serré; elles doivent avoir été débarrassées au préalable de toute matière terreuse. Quand elles servent, elles doivent être plongées complétement dans la masse d'eau, et quand elles ne servent pas, on doit les dessécher parfaitement; sans cette précaution, elles moisissent et communiquent un mauvais goût au liquide. Si cet accident se produit, il faut les faire macérer pendant quelque temps dans une solution faible d'ammoniaque. Quand les éponges sont amollies par l'usage, on les change.

Les filtres en pierre poreuse sont aussi connus depuis longtemps, et on peut encore leur appliquer cette description donnée par Duchesne, en 1800 [Dictionnaire de l'industrie): « Les fontaines en pierre filtrante sont de pierre de liais, rondes ou carrées, jointes ensemble par un mastic impénétrable à l'eau, et peintes extérieurement à l'huile en forme de granit ou de porphyre. Elles contiennent plus ou moins d'eau, suivant leur grandeur. Au lieu de sable ou d'éponge, on construit intérieurement

et au fond de la fontaine une petite chambre plus ou moins grande et bien mastiquée, avec trois à quatre pierres de 0m,027 d'épaisseur, dressées de champ, pouvant contenir à peu près deux à trois pintes d'eau. Ces pierres filtrantes viennent de Picardie. C'est en passant à travers ces pierres que l'eau versée dans la fontaine filtre et s'épure, et de sale et bourbeuse qu'elle était, elle en sort claire et limpide par un robinet qui pénètre dans cette chambre fermée, dans laquelle entre un tuyau mastiqué qui, venant aboutir au haut de la fontaine, sert à donner de l'air à l'intérieur de la chambre ou réservoir, et facilite l'écoulement de l'eau. A peu près tous les trois mois, et lorsque les pores de la pierre filtrante sont bouchés par la boue et les saletés de l'eau, on râtisse la pierre avec un racloir et on lave. C'est afin que la pierre qui couvre la petite chambre s'encroûte moins qu'elle est posée en forme de toit. »

Les moyens de filtrage que nous venons de décrire sont limités aux usages domestiques. Il faut indiquer maintenant les procédés employés en grand. La ville de Paris se sert des filtres Fonvielle (fig. 1117), modifiés par MM. Mareschal et compagnie. Ce filtre se compose de couches superposées A, A', A″ d'éponges, de gros sable légèrement tassé, de grès fin, de gros sable de rivière, et enfin à la partie inférieure de charbon végétal, grossièrement pulvérisé; chacune de ces substances est séparée des autres par des faux fonds percés de trous. L'eau arrive sous une pression due à l'élévation de son niveau. Ce qu'il y a de plus remarquable, c'est le mode de nettoyage employé par M. Fonvielle, et qui consiste dans l'action simultanée de courants d'eau qui pénètrent brusquement dans des directions et à des hauteurs diverses, remuent la masse des matières filtrantes et entraînent rapidement les impuretés.

Un autre système de filtre d'un usage assez avantageux est le filtre Souchon. Il se compose de deux parties : 1° le dégraisseur; 2° le filtre proprement dit. Le dégraisseur est constitué par des caisses en bois de 0m,40 de hauteur et 0m,80 de côté; à 0m,09 du fond est tendue une toile. L'eau arrive par la partie inférieure, s'élève en traversant la toile qui s'oppose au passage des sédiments trop volumineux. De temps à autre, on nettoie le fond de la caisse. L'eau se rend de là dans le filtre. Celui-ci se compose de couches superposées de laine ton-

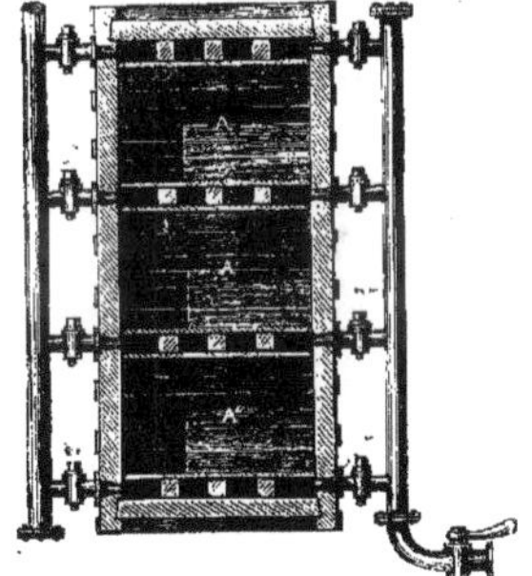

Fig. 1117. — Filtre Fonvielle.

tisse, maintenues par des morceaux de serge et des grillages métalliques; l'eau s'écoule de haut en bas à travers cet assemblage. Ces filtres se salissent rapidement, mais se nettoient avec une grande facilité. La laine, avant d'être employée, doit être parfaitement dégraissée, puis blanchie au soufre. Pour éviter le goût que peut communiquer ce mode de blanchiment, on procède à un lavage par l'eau additionnée de carbonate de soude. Sans ces précautions, les matières contenues dans la laine peuvent entrer en fermentation putride.

Un appareil qui a eu aussi beaucoup de succès est le filtre des bains chinois dû à MM. Lanay et Sormey. Le filtre est circulaire et les matières filtrantes y sont disposées en couches concentriques; l'eau pénètre par la circonférence et s'écoule par un conduit central. Il en résulte deux avantages : 1° Au moment du changement brusque de la direction verticale en direction horizontale, l'eau dépose ses plus grosses impuretés. 2° La surface du filtre mise en contact avec l'eau est au début considérable. Les matières filtrantes sont du grès en poudre et du charbon pilé.

La filtration des eaux pour l'alimentation des villes n'a été encore employée que dans fort peu de cas. Elle a soulevé des objections, principalement de la part de M. Grimaud de Caux, dans son livre intitulé : *Des eaux publiques et de leurs applications.* **H. G.**

FIMBRIARIA (Botanique), du latin *fimbria*, frange. — Genre de plantes *Cryptogames acrogènes*, de la famille des *Hépatiques*, tribu des *Marchantiées*, établi par Nees d'Esenbeck (*Hor. phys. Berol.*), pour des végétaux qui croissent sur les rochers, la terre ou les mousses, dans les hautes régions montagneuses des deux hémisphères, et dont cinq ou six espèces se trouvent en Europe sous la forme d'expansions verdoyantes, membraneuses, de petite taille.

FIMBRISTYLIS (Zoologie), du latin *frimbria*, frange, uni au mot style. — Genre de plantes *Monocotylédones périspermées*, établi par Wahl. (*Enum.* II), dans la famille des *Cypéracées*, tribu des *Scirpées*, et qui a pour type le *Scirpus nutans* de Malacca. Caractères distinctifs : style articulé avec l'ovaire ; réceptacle dépourvu de soies ; chaume sans nœuds ; feuilles étroites, le plus souvent canaliculées. Les espèces sont nombreuses et répandues dans les régions tropicales. La *F. fileuse* de l'île Maurice est d'une belle teinte glauque ; la tige est haute de 0ᵐ,65. La *F. mucronée* croît à l'île de Mahon.

FINTE (Zoologie). — Espèce de *Poissons*, du genre *Alose* (voyez ce mot) ; c'est le *Clupea finta* (Cuvier), nommé *venth* par les Flamands, *agone* par les Lombards, *lachia* et *alachia* par les autres Italiens. Plus allongé que l'alose, ce poisson a cinq ou six taches noires le long du flanc. Il habite tout le bassin méditerranéen ; sa chair est bien moins estimée que celle de l'alose.

FIROLLE ou **Firole** (Zoologie), *Firola*, Péron. — Genre de *Mollusques*, classe des *Gastéropodes*, ordre des *Hétéropodes*. Ces animaux, formés d'une substance gélatineuse, transparente, sont des espèces de limaces comprimées latéralement pour nager et difficiles à voir à cause de leur transparence même. Ils ressemblent aux carinaires par la conformation du corps, de la queue, du pied, des branchies et point des viscères, mais ils n'ont pas de coquille. Leur museau s'allonge en une trompe recourbée, et leurs yeux ne sont pas précédés de tentacules. Souvent, de l'extrémité de leur queue, pend un long filet articulé, dont la nature n'est pas bien connue. La *F. Cuviera*, Lesueur, *Pterotrachæa coronata* (Forsk.), très-commune dans la Méditerranée, est la plus grande du genre ; mais on en connaît beaucoup d'autres espèces.

FISSILABRES (Zoologie). — Première section du grand genre *Staphylin* de Linné (*Insectes coléoptères pentamères*, famille des *Brachélytres*) ; établie par Latreille et comprenant les genres *Oxypores*, *Astrapées*, *Staphylins* propres, *Xantholins*, *Pinophiles*, *Lathrobies* ; ils ont pour caractères communs, la tête nue, unie par un rétrécissement bien visible au corselet, qui est carré, demi-ovale, arrondi ou découpé en cœur.

FISSIPARITÉ (Physiologie), du latin *fissus*, fendu, et *parere*, produire. — Mode de reproduction observé chez un assez grand nombre d'êtres organisés, animaux ou végétaux, d'une organisation très-simple, et particulièrement chez ceux de ces êtres que l'on nomme habituellement *infusoires*. Le corps de l'être vivant s'étrangle par un rétrécissement spontané, de façon à se montrer bientôt conformé en deux lobes ; puis, l'étranglement devenant de plus en plus marqué, l'être organisé se divise bientôt en deux êtres distincts qui, séparés l'un de l'autre, se montrent aussi complets que leur parent commun l'était avant la division. On dit que ces êtres sont *fissipares* ou *scissipares*.

FISSIPÈDES (Zoologie), du latin *fissus*, fendu, et *pes*, pied. — Ce nom a été appliqué par divers naturalistes pour désigner les mammifères ongulés, dont le pied se compose de deux ou quatre sabots, comme les cochons, les cerfs, les bœufs, les moutons, etc.

FISSIROSTRES (Zoologie), du latin *fissus*, fendu, et *rostrum*, bec. — Cuvier donne ce nom à une famille d'*Oiseaux*, de l'ordre des *Passereaux*, qui ont le bec court, large, aplati horizontalement, légèrement

Fig. 1118. — Tête d'un oiseau fissirostre (engoulevent d'Europe).

crochu, sans échancrure et fendu très-profondément. Ces oiseaux, essentiellement insectivores et par conséquent de passage, engloutissent dans leur large bouche une quantité prodigieuse d'insectes qu'ils attrapent au vol. On les divise en *F. diurnes* ou *Hirondelles*, et en *F. nocturnes* ou *Engoulevents* (voyez ces mots).

FISSURE de Glaser (Anatomie), *fissura*, fente. — On appelle *fissure glénoïdale* ou *de Glaser* une petite fente que l'on remarque au fond de la cavité articulaire (*cavité glénoïde*) de l'os temporal. Elle donne passage à l'*apophyse grêle* de Raw, qui appartient à l'os nommé *marteau*, au muscle antérieur de cet os, aux vaisseaux auditifs externes, à la corde du tympan.

FISSURE A L'ANUS (Chirurgie). — On désigne par ces mots une petite solution de continuité ulcéreuse, allongée, superficielle, qui a son siége entre les plis de la membrane muqueuse de l'extrémité inférieure du rectum. A peine signalée par quelques auteurs, tels que Lemonnier, Sabatier, cette maladie n'a été parfaitement décrite que par Boyer. Elle semble due, suivant lui, à la constriction spasmodique du sphincter de l'anus, et est caractérisée par une douleur fixe dans un point du pourtour de l'anus. Cette douleur, d'abord légère, devient bientôt insupportable, surtout pendant la défécation et quelque temps après. La crise dure ordinairement plusieurs heures et fait redouter aux malades d'aller à la garde-robe. Cette petite ulcération, que l'on aperçoit facilement en écartant les plis de l'anus, est cependant quelquefois située trop haut pour être visible ; dans tous les cas, le doigt introduit dans le rectum éprouve une constriction très-forte et cause une douleur vive, lorsque l'on appuie sur la gerçure. Le traitement institué par Boyer consiste dans une incision qui opère la section des fibres circulaires du sphincter, et est pratiquée sur la fissure même, ou bien sur tout autre point du pourtour. Il est bien entendu que l'on n'aura recours à ce moyen que lorsque l'on aura essayé vainement les émollients, les demi-bains, les injections narcotiques, les suppositoires avec les pommades opiacées, etc. On devra pendant ce temps prescrire un régime délayant, des laxatifs, etc. D'autres praticiens, MM. Bretonneau, Trousseau, etc., pensent que la maladie consiste dans le relâchement de la portion du rectum située immédiatement au-dessus du sphincter ; que, dans cette portion relâchée, les matières s'accumulent au point que chaque fois que le malade va à la garde-robe, les efforts inouïs qu'il fait finissent par amener le plus souvent une déchirure qui constitue la fissure ; frappés de cette idée, ils ont songé à administrer la ratanhia, pour rendre à la portion inférieure du rectum le ressort qui lui manque ; non pas qu'ils en fassent un remède spécifique, car, suivant ces praticiens, il est probable que d'autres substances végétales se rapprochant de la ratanhia auraient les mêmes propriétés ; telle est la monésia employée par MM. Payen et Manec.

Voici comment M. le professeur Trousseau formule son traitement par la ratanhia (*Traité de thérapeutique*, par Trousseau et Pidoux) : « Nous faisons prendre chaque matin au malade un lavement à l'eau de son ou de guimauve, afin de vider l'intestin ; une demi-heure après que le lavement est rendu, nous administrons un quart de lavement composé de 150 grammes d'eau, et de 4 à 10 grammes d'extrait de ratanhia ; nous y ajoutons 4 grammes de teinture de ratanhia. Le malade ne doit conserver ce lavement qu'un instant, et il en prend un semblable le soir..... Si la fissure est profonde, on donne des injections de solution astringente, qui seront rendues immédiatement. » Souvent, pendant les premiers jours du traitement, les douleurs sont plus vives, parce que les malades vont plus souvent à la garde-robe ; dans ces cas, on fera bien de ne donner qu'un lavement par jour au lieu de deux, pendant les premiers jours. Ce traitement, du reste, peut subir quelques modifications dont le médecin sera juge.

On appelle aussi *fissure* ou *félure* d'un os une solution de continuité sans déplacement, qui n'intéresse qu'une portion de l'épaisseur de l'os. **F — N.**

FISSURELLE (Zoologie), *Fissurella*, Cuv. — Genre de *Mollusques* de la classe des *Gastéropodes*, ordre des *Scutibranches*, détaché par Cuvier de la tribu des *Patelles* de Lamarck. Ce sont des animaux oblongs, à tête distincte, terminée en avant par une trompe courte et arrondie à l'extrémité de laquelle est la bouche, et garnie de deux tentacules coniques très-saillants portant les yeux au côté externe de leur base. Leur manteau (*m*, *fig.* 1119) est grand, mince, ouvert en avant pour la cavité branchiale, au fond de laquelle est l'anus, et fendu sur le milieu du dos ; deux grandes branchies en forme de peignes, égales et dirigées en avant, naissent de chaque côté du dos. Leur pied (*p*) est très-grand, ovale, épais et musculeux. La coquille est conformée en cône surbaissé, avec un sommet tronqué et muni d'une ouverture (*o*) un peu allongée servant à la fois d'anus et de passage pour in-

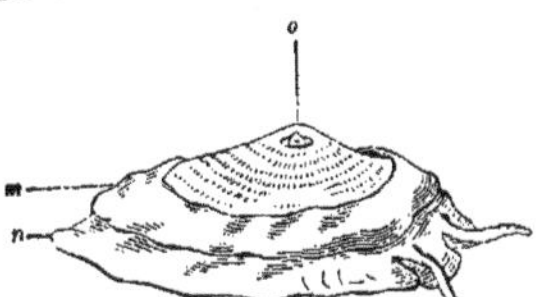

Fig. 1119. — Fissurelle (l'animal et la coquille).

troduire dans la cavité branchiale l'eau nécessaire à la respiration. Ces mollusques sont communs sur toutes les côtes; ils se fixent sur les rochers et se déplacent fort peu. La *F. de Magellan* (*F. picta*, Lam.) a une grande et belle coquille (longueur, 0m,09) commune dans les collections. La *F. squamosa* est la plus grande et se trouve à l'état fossile aux environs de Paris. L'espèce la plus commune dans la Méditerranée, la *F. grecque* (*F. græca*, Gmel.), est connue à Marseille sous le nom d'*Oreille de saint Pierre*. Les pêcheurs en mangent quelquefois l'animal.

FISTULAIRE (Zoologie), *Fistularia*, Lamk; du latin *fistula*, tuyau. — Genre de *Zoophytes* de la classe des *Échinodermes*, famille des *Holothuries* de Lamarck; elle est caractérisée comme il suit par cet auteur : corps libre, cylindrique, mollasse, à peau coriace, rude et papilleuse; bouche terminale entourée de tentacules dilatés en plateau au sommet. C'est un démembrement du genre *Holothurie*, destiné aux espèces dont le corps est effilé et muni de forts tubercules.

FISTULAIRE (Zoologie), *Fistularia*, Lin. — Genre de *Poissons* de l'ordre des *Acanthoptérygiens*, famille des *Bouches en flûte*, caractérisés par un corps cylindrique long et mince dont la tête forme le tiers; cette tête est constituée par un tube long au bout duquel est une bouche horizontale et peu fendue; six ou sept rayons branchiaux, des appendices osseux s'étendent en arrière de la tête et renforcent la partie antérieure du corps; dorsale au-dessus de l'anale; canal digestif droit à deux cœcums. Cuvier divise en deux sous-genres : 1° les *F. proprement dits* (*Fistularia*, Lacép.), qui ont la nageoire dorsale et l'anale composées de rayons simples; les intermaxillaires et la mâchoire inférieure garnis de petites dents et un filament mince aussi long que le corps fixé entre les deux lobes de la caudale. Leurs écailles sont très-petites. La plus grande espèce est le *F. petimbre* (*F. tabacaria*, Lin.), qui atteint 1 mètre de longueur et vit dans les mers des Antilles; sa chair est maigre et de mauvais goût. 2° les *Autostomes*, qui ont le museau plus court et la vessie natatoire plus grande que les précédents, une dorsale précédée de plusieurs épines libres, des mâchoires sans dents et le corps écailleux et moins grêle. On en connaît une espèce de la mer des Indes.

FISTULANE (Zoologie), *Fistulana*, Lam. — Genre de *Mollusques* de l'ordre des *Acéphales*, famille des *Acéphales testacés*, tribu des *Enfermés*, se rapprochant du genre *Taret* et menant le même genre de vie. Ils se percent dans le sable, le bois submergé, certaines pierres ou certaines coquilles des trous qu'ils tapissent d'une matière calcaire constituant pour l'animal un tube complémentaire en forme de massue et entièrement fermé par le gros bout. Ce tube contient la coquille qui est libre et a deux valves petites et brillantes, avec un ligament extérieur droit. On en connaît plusieurs espèces vivantes et fossiles; celles qui vivent aujourd'hui sont exotiques.

FISTULE (Chirurgie), du latin *fistula*. — On appelle ainsi une solution de continuité constituant un ulcère en forme de canal étroit, profond, plus ou moins sinueux, entretenu par un état pathologique des parties molles ou des os, ou bien encore par la présence d'un corps étranger quelconque. Parmi les fistules, les unes s'ouvrent seulement sur la surface de la peau par un ou plusieurs orifices; d'autres ont en même temps une ouverture à la peau et aboutissent par un ou plusieurs orifices sur des membranes qui appartiennent aux systèmes muqueux, séreux, synovial. Ce sont des affections con-

sécutives à quelque maladie primitive; ainsi le décollement de la peau, l'affaissement, la destruction du tissu cellulaire à la suite d'abcès, la situation déclive d'un foyer profond dans lequel le pus stagne, l'ouverture ulcéreuse d'un kyste, d'une grande cavité, d'un vaisseau lymphatique, les plaies avec solution de continuité des sinus frontaux, des sinus maxillaires, du larynx, etc., la carie, la dénudation, la nécrose des os, des cartilages, la présence de corps étrangers, etc. Toutes ces diverses causes doivent être prises en sérieuse considération pour le traitement. Ces trajets fistuleux fournissent par leur surface interne des liquides purulents dont la nature varie suivant les parties affectées, l'ancienneté de la fistule, son étendue, son plus ou moins grand degré d'inflammation, etc. Ils sont tapissés d'abord par des bourgeons celluleux et vasculaires qui bientôt s'affaissent et sont remplacés par une couche membraneuse rougeâtre, humide, dont l'épaisseur augmente peu à peu, et qui ont une certaine analogie avec les membranes muqueuses. Leurs orifices sont généralement entourés d'engorgements celluleux, plus ou moins durs, qui constituent des *fongosités* ou des *callosités*.

Les *fistules cutanées* occasionnées par le décollement et l'amincissement de la peau ou lorsque celle-ci n'a pas été entièrement dépouillée de son tissu cellulaire, cèdent quelquefois à une compression méthodique secondée par le repos et quelques injections stimulantes (eau iodée) propres à provoquer le développement de l'inflammation. Si ce moyen échoue, il faut fendre le trajet fistuleux et le réduire à une plaie simple que l'on panse avec la charpie. Les fistules *profondes* guérissent quelquefois aussi par la compression et une situation qui facilite l'écoulement des liquides; on est obligé parfois aussi de fendre la paroi antérieure du foyer, si cela est possible, ou de pratiquer une contre-ouverture pour y passer un séton. Lorsque la fistule est entretenue par un *kyste*, s'il est superficiel, il faudra l'extirper, ou bien, s'il est trop considérable, l'ouvrir largement et y faire des injections irritantes ou appliquer un séton. Les trajets fistuleux qui communiquent avec les *grandes cavités* sont graves; ils peuvent être entretenus par une inflammation chronique de la plèvre, des poumons, du péricarde; on doit les tenir suffisamment dilatées pour faciliter l'écoulement des liquides; ou y fera des injections émollientes, résolutives; leur guérison est lente et très problématique. Lorsqu'elles sont entretenues par la présence d'un *corps étranger*, il faudra l'extraire, si cela est possible. Dans le cas où il y aurait quelque complication tenant à un vice scrofuleux, scorbutique ou autre, on aurait recours à un traitement général approprié, dans le but de modifier l'état des parties. Dans tous les cas, les fistules anciennes, pour peu qu'elles aient d'étendue et que l'écoulement des liquides soit un peu considérable, ont toujours pour résultat un affaiblissement des forces, une atteinte souvent assez profonde à la constitution qui demande l'emploi d'une médication tonique, d'un régime fortifiant et de conditions hygiéniques favorables. Enfin, les fistules déterminées par une lésion des canaux excréteurs, quelle que soit la cause qui a produit cette lésion, constituent une classe à part dont les principales sont : les *F. lacrymales*, les *F. salivaires*, les *F. biliaires*, les *F. à l'anus*, les *F. urinaires*, etc. Nous allons dire quelques mots de celles qui ont le plus d'importance et que l'on rencontre le plus souvent dans la pratique.

1° *Fistule lacrymale*, *tumeur lacrymale*. — Ces deux expressions servent à désigner les deux phases, les deux degrés d'une seule et même maladie. La *tumeur lacrymale*, qui a son siége près du grand angle de l'œil, se termine quelquefois par la guérison; mais le plus souvent elle ne fait que précéder la fistule. Elle est formée par le sac lacrymal distendu par les larmes et des mucosités. Plus ou moins volumineuse, de forme ovoïde, si on la comprime, elle se vide par les points lacrymaux. Le fluide qui s'écoule varie de consistance, de transparence suivant l'état plus ou moins sain de la muqueuse; la tumeur, du reste, se remplit bientôt, et si on l'abandonne à elle-même, le liquide s'altère, l'inflammation survient, il se forme un abcès au-devant du sac, l'ouverture est faite par le chirurgien ou spontanément, le pus s'écoule, la tumeur s'affaisse; mais la *fistule lacrymale* est établie. Les causes de cette série d'accidents sont toutes celles qui ralentissent ou empêchent le cours des larmes dans le canal nasal; ainsi l'inflammation chronique de la membrane pituitaire, l'adhérence de la valvule inférieure du sac, etc. Le canal nasal peut aussi être oblitéré par les fractures des os propres du nez ou de l'apophyse montante du maxillaire supérieur, par une exostose, un polype. Cependant, il existe un épiphora incommode, la vision est gênée par le liquide qui ne cesse de baigner l'œil, la narine desséchée ne permet pas au malade de se moucher du côté de la fistule.

Traitement. — Lorsque la tumeur lacrymale tiendra à l'inflammation du canal et du sac, ce qui arrive le plus souvent, il faudra la traiter par les émollients et les antiphlogistiques ; ainsi quelques sangsues au grand angle de l'œil, des cataplasmes, un régime approprié, etc. Si le sujet est d'une mauvaise constitution, on devra soumettre le malade à un traitement général en rapport avec cet état. Si les moyens employés ont échoué, il faudra avoir recours à un procédé opératoire. On en a proposé et préconisé successivement un grand nombre qui peuvent se résumer dans les trois propositions suivantes : 1° rétablir les voies naturelles des larmes ; 2° créer des voies artificielles ; 3° oblitérer les voies lacrymales. Dominique Anel a fondé la première méthode générale, qui consiste dans le rétablissement des voies naturelles des larmes ; c'est celle qui est connue sous le nom de procédé d'Anel ; il comprend le *cathétérisme* et l'*injection*. Pour pratiquer le cathétérisme, on se sert d'une sonde très-mince terminée par un petit renflement olivaire qui n'excède pas le volume d'une soie de sanglier. La paupière supérieure soulevée et tirée légèrement, la sonde introduite dans le point lacrymal supérieur est poussée presque perpendiculairement de bas en haut, puis obliquement de dehors en dedans et de haut en bas ; elle est tournée légèrement entre les doigts, et lorsque le malade éprouve du chatouillement et qu'il mouche quelques gouttes de sang, la sonde est arrivée dans le méat inférieur. Quelques chirurgiens préfèrent pratiquer le cathétérisme par le point lacrymal inférieur. Du reste, il ne peut guère être employé que comme moyen d'exploration et pour faciliter la voie aux injections. Celles-ci se font avec une petite seringue d'or ou d'argent ayant un siphon très-ténu ; elles seront pratiquées comme le cathétérisme, le plus souvent par le point lacrymal inférieur. On les répétera deux ou trois fois par jour, jusqu'à ce que les larmes aient repris leur cours naturel. Ce procédé n'a guère réussi que dans les cas les plus simples ; il a été modifié par un grand nombre de chirurgiens et, entre autres, par J. L. Petit. Celui-ci incisait le sac, y plongeait un bistouri cannelé profondément, conduisait sur cette cannelure une sonde pour désobstruer le canal et substituait à cette sonde une bougie que l'on changeait tous les jours jusqu'à ce que les larmes eussent repris leur cours naturel. Cette méthode est bien préférable à celle d'Anel. Une foule d'autres procédés ont été employés encore ; l'espace nous manque pour les signaler ; nous ne ferons que citer celui de Dupuytren, au moyen de la canule à demeure, et nous renverrons pour plus de détails aux *Traités de médecine opératoire.* Nous citerons, en finissant, le passage suivant du professeur Sédillot. Après avoir apprécié les différentes méthodes, il ajoute : « Voici la marche à suivre dans le traitement de la fistule lacrymale inflammatoire, qui est incomparablement la plus fréquente : Antiphlogistiques, émollients et révulsifs d'abord ; ensuite, si les tissus sont trop altérés pour revenir à l'état normal, incision du sac, dilatation et détersion ou cantérisation au moyen d'une mèche que l'on rend cathérétique ou caustique et que l'on introduit de bas en haut (dans le canal nasal). Ici, d'ailleurs, comme dans tant d'autres cas, il est impossible de poser des règles absolues. » (Voyez Sédillot, *Traité de médecine opératoire.*)

2° Les *fistules salivaires* sont de deux sortes : ou elles ont leur point de départ dans la parotide même, ou sur le trajet de son canal excréteur, nommé canal de *Sténon.* Celles de la glande parotide proviennent le plus souvent d'abcès critiques qui ont laissé un trajet fistuleux. Le traitement de cette affection consiste dans la cautérisation, la compression, les injections irritantes, l'excision. Celles qui viennent du canal de *Sténon,* sont plus graves, et plus difficiles à guérir ; plusieurs méthodes ont été employées ; la cautérisation a quelquefois réussi, aussi bien que la compression, l'introduction d'un fil dans toute l'étendue du trajet fistuleux et du conduit excréteur. La méthode la plus usitée est celle qui consiste à convertir la maladie en une fistule interne buccale au moyen d'un procédé dû à un chirurgien nommé Leroi et à Duphénix, perfectionné par Deguise et adopté par Béclard. Pour la description de ces procédés, qui serait trop longue et peu utile dans notre Dictionnaire, consultez les *Traités de chirurgie et de médecine opératoire.*

3° *Fistule à l'anus.* — On donne ce nom aux fistules de l'intestin rectum ; mais on désigne aussi par la même expression des trajets fistuleux situés près de l'anus, bien qu'ils ne pénètrent pas dans l'intestin ; de là la distinction de ces fistules en : *F. complètes,* qui s'ouvrent d'une part dans l'intestin et d'autre part sur la surface de la peau ; *F. incomplètes internes* ou *borgnes internes,* qui s'ouvrent dans l'intestin, mais non au dehors ; *F. incomplètes externes* ou *borgnes externes,* qui n'ont qu'un orifice extérieur, mais ne perforent pas l'intestin.

Dans les *fistules complètes,* l'orifice externe est souvent multiple, l'interne l'est rarement ; le trajet fistuleux, direct le plus souvent, est quelquefois flexueux ; il s'ouvre dans l'intestin à une distance du rectum qui ne dépasse pas $0^m,010$ à $0^m,012$ suivant Ribes. M. Velpeau a constaté quatre fois sur trente-cinq une distance de $0^m,027$ à $0^m,065$ et une fois de $0^m,080$, les trente autres à la profondeur signalée par Ribes. Les causes les plus fréquentes de cette maladie sont les abcès qui se développent près de la marge de l'anus, déterminés souvent par l'inflammation et la suppuration des hémorrhoïdes et du tissu cellulaire voisin. Il faut donc surveiller avec grand soin le développement de ces abcès, leur appliquer un traitement antiphlogistique énergique et les ouvrir largement avec l'instrument tranchant dès que la tumeur proémine à l'extérieur et qu'elle offre cet empâtement qui précède la fluctuation. On panse avec une mèche de linge effilé enduite de cérat. Si, à l'ouverture de l'abcès ou dans les pansements, on s'apercevait de la présence des matières fécales, c'est qu'il y aurait un orifice dans le rectum, et que l'on aurait affaire à une fistule complète. Pour constater d'une manière certaine l'existence de l'orifice interne, on introduira le doigt dans le rectum, on aura le plus souvent la perception de l'ouverture si elle est large ; dans tous les cas, un stylet flexible introduit dans l'ouverture extérieure rencontrera le doigt à une hauteur quelconque. On peut encore injecter par la fistule ou par le rectum un liquide coloré qui ressortira par l'autre ouverture si la fistule est complète. On reconnaît les fistules borgnes internes par la présence sur les matières fécales d'un pus plus ou moins épais ; quelquefois la défécation est très-douloureuse ; en pressant sur le rectum et le périnée, on peut souvent faire refluer le pus dans le rectum, le doigt peut aussi reconnaître l'existence de l'orifice interne. Contrairement à l'opinion vulgaire, la fistule à l'anus n'est pas, en général, une maladie grave ; elle ne peut l'être que lorsqu'il y a de vastes foyers de suppuration et une dénudation étendue de l'intestin.

Traitement. — Cette maladie guérit rarement sans opération ; on a pourtant eu recours aux onguents, aux caustiques, à la compression, à la ligature, etc., mais presque toujours sans succès. Depuis quelque temps, on a obtenu quelques guérisons au moyen des injections avec la teinture d'iode. Mais la meilleure méthode est l'incision de tout ce qui existe entre le trajet fistuleux et le rectum, en étendant même un peu cette incision du côté opposé, vers la fesse ; si la peau est décollée, on l'excisera ; on aura ainsi une plaie plate que l'on pansera à la manière des plaies simples ; on placera en même temps dans le rectum une mèche de charpie que l'on engagera entre les lèvres de l'incision. Plusieurs moyens ont été proposés pour faire cette incision ; on s'est servi autrefois d'un instrument décrit par Galien, nommé *syringotome* (du grec *syringios,* fistule). C'est un bistouri dont la lame arquée est terminée par un stylet flexible. On l'introduisait dans la fistule, et avec le doigt porté dans le rectum, on ramenait le stylet par l'anus et on faisait l'incision avec la partie tranchante. Aujourd'hui, on procède de la manière suivante : une sonde cannelée mince et flexible est introduite dans le trajet ; avec le doigt porté dans le rectum, on la ramène au dehors, et en faisant glisser un bistouri sur la cannelure, on fait l'incision (procédé de Sabatier). Lorsque l'orifice interne est très-élevé, Desault portait dans le rectum un gorgeret de bois ; une sonde cannelée introduite dans la fistule vient heurter dans la cannelure du gorgeret, et en glissant un bistouri sur la cannelure de la sonde, on incise tout ce qui est compris entre celle-ci et le gorgeret.

La *fistule borgne externe* sera traitée comme un abcès ordinaire ; si elle persiste, on opérera par l'incision, comme s'il y avait un orifice interne.

La *fistule borgne interne* sera convertie, s'il se peut, en fistule complète, en retenant le pus dans le foyer au moyen d'un tampon porté sur l'ouverture; ou bien on incisera comme si l'on avait affaire à une fistule complète.

Pour les autres fistules, voyez les *traités* spéciaux *de chirurgie et de médecine opératoire.*   F — N.

FISTULINE (Botanique), *Fistulina*, Bull.; diminutif du latin *fistula*, tube. — Genre de plantes *Cryptogames amphigènes*, de la classe des *Champignons*, ordre des *Hyménomycées*, de la section des Polyporés de M. Léveillé, que Bulliard a établi et caractérisé par les tubes placés sous le chapeau, lesquels sont libres et non soudés entre eux comme dans les Bolets. La *F. buglossoïde* (*F. buglossoïdes*, Bull.; *Boletus hepaticus*, de Cand.), appelée vulgairement *Foie* ou *Langue-de-bœuf*, à cause de sa forme, est un gros champignon à pédicule court, latéral ou nul; son chapeau est arrondi, charnu, gluant, à surface rouge foncé. Dans la jeunesse, cette surface est couverte de petites aspérités. Les tubes sont blancs, puis d'un jaune roux, et la chair, mollasse, blanche, est zonée de rose ou de rouge. Ce champignon, qui acquiert souvent un grand volume, croît sur le tronc des arbres dans nos environs. Il est comestible, mais ne doit être mangé que lorsqu'il est jeune. Sa saveur est un peu vineuse acide. On l'a regardé comme un topique calmant. Solenander l'a vanté contre les accès de goutte.

FLABELLAIRE (Botanique), *Flabellaria*, Lamx; du latin *flabellum*, éventail, à cause de la disposition des feuilles.—Genre de plantes *Cryptogames amphigènes* de la classe des *Algues*, appartenant à la famille des *Fucacées*, tribu des *Siphonées*. La *F. de Desfontaines* (*F. Desfontainii*, Lamx) est une belle plante qui habite la Méditerranée. On la trouve sur les côtes de France. Sa tige est cylindrique et émet une fronde en forme d'éventail ou spatulée frangée. Cette algue est toujours verte et se distingue ainsi des genres voisins dont la couleur varie suivant l'exposition ou la lumière. M. le professeur Decaisne a réuni cette algue aux espèces du genre *Udote* de Lamouroux.

FLACOURTIACÉES, **FLACOURTIANÉES** (Botanique). — Nom donné par plusieurs botanistes à la famille des *Bixinées* ou *Bixacées* (voyez ce mot et **FLACOURTIE**).

FLACOURTIE (Botanique), *Flacourtia*, L'Hérit.; dédié à Etienne de Flacourt, directeur de la compagnie française d'Orient, au xviiᵉ siècle. — Genre de plantes *Dicotylédones dialypétales hypogynes* de la famille des *Bixinées*, ou *Flacourtiacées*, parce que le genre dont il s'agit est un des types de ce groupe. Caractères : calice à 4-5 divisions profondes et persistantes; pétales nuls; étamines indéfinies sur un réceptacle hémisphérique; ovaire à 10-12 loges; stigmate persistant; baie globuleuse. Les espèces de ce genre sont des arbrisseaux à feuilles persistantes et à fleurs blanches. La plus importante est la *F. Ramontchi*, L'Hérit., vulgairement nommée *Ramontchi*, à Madagascar. C'est un arbrisseau de 4 à 5 mètres. Il est surtout remarquable par ses fruits colorés d'abord d'un rouge vif, puis d'un violet foncé à la maturité; on les mange à Madagascar, malgré leur saveur un peu âcre. Par ses fruits, ses feuilles, son bois, son écorce, cet arbre ressemble à notre prunier.

FLAGELLAIRE (Botanique), *Flagellaria*, Lin.; du latin *flagellum*, fouet, par allusion à la forme des feuilles. — Genre de plantes *Monocotylédones périspermées*, que Jussieu a rangé dans la famille des *Asparagées*, et Ad. Brongniart dans celle des *Joncacées*. Il est caractérisé par : 3 stigmates filiformes, étalés; fruit drupacé à une seule graine; embryon lenticulaire logé en partie dans une fossette du périsperme farineux. La *F. de l'Inde* (*F. indica*, Lin.) est une belle plante pouvant s'élever à 2 mètres. Ses feuilles sont terminées par des vrilles en spirale. Ses fleurs sont disposées en panicules rameuses. Cette espèce, appelée aussi *Panumbu-valli*, croît spontanément dans les Indes orientales et à Madagascar.

FLAGEOLET (**HARICOT**) (Botanique). — Nom vulgaire donné au *Haricot gonflé* (*Phaseolus tumidus*, Sav.), connu aussi sous les noms de *H. princesse, Nain d'Amérique, Nain flageolet* (voyez **HARICOT**).

FLAMANT (Zoologie). — Voyez **FLAMMANT**.

FLAMANDES (**RACES**) (Economie rurale). — La Flandre a l'heureux privilège de posséder et de fournir au mouvement agricole des races d'animaux domestiques précieuses. Ainsi la race des *moutons* flamands qui appartiennent au groupe des *longues laines* est féconde, productive et bonne pour la boucherie; la race des *chevaux* flamands, dits *chevaux du Nord*, envoie par toute la France de gros chevaux de trait; la race des *vaches* flamandes, très-bonnes laitières, et qui est essentiellement travailleuse, est extrêmement nombreuse (voyez **RACES BOVINES**, R. **CHEVALINES**, R. **OVINES**).

FLAMBE (Botanique). — Nom vulgaire de l'*Iris germanique* (*I. germanica*, Lin.).—On a nommé aussi *F. bâtarde*, l'*Iris faux-acore* (*I. pseudo-acorus*, Lin.), connue aussi sous les noms de *I. des marais, I. jaune, Glayeul des marais* (voyez **IRIS**).

FLAMBÉ (Zoologie), Geoff.; *Papilio podalirius*, Lin. — Espèce de *Papillon*, de la famille des *Diurnes*; caractérisé par : des bandes noires transverses en forme de flammes sur le dessus des ailes; corps d'un jaune pâle, avec une bande noire le long du dos et une rangée

Fig. 1120. — Le Flambé.

de petits points de chaque côté; à son extrémité, du côté intérieur, est une tache fauve, bordée de bleu par en bas. L'extrémité des queues est jaune, les antennes sont noires. C'est un des plus beaux du genre. On le trouve assez communément d'avril à août, à l'Ile Adam, Montmorency, Saint-Germain, quelquefois au bois de Boulogne et à Vincennes. Longueur, 0ᵐ,04.

FLAMBOYANTE (la) (Zoologie). — Nom donné quelquefois à une coquille du genre *Cône*, le *C. flamboyant* (*Conus generalis*, Lin.).

FLAMMANT (Zoologie), *Phœnicopterus*, Lin. — Genre d'*Oiseaux*, classé par Cuvier, parmi les *Echassiers* à cause de la hauteur excessive de leurs jambes, et se rapprochant des Palmipèdes par les trois doigts de devant, qui sont palmés jusqu'au bout. On les nomme aussi *Phénicoptères*, à cause de la couleur rouge-feu de leur plumage. Ils ont en outre pour caractères propres : le doigt de derrière très-courbe; un bec très-long, formé d'une

Fig. 1121. — Le Flammant.

mandibule inférieure ovale, ployée longitudinalement en canal demi-cylindrique, et d'une supérieure oblongue, plate, ployée en travers dans son milieu, de manière à joindre exactement la première ; les bords de ces mandibules sont garnis de lames transversales très-fines ; une langue très-épaisse, des narines longitudinales placées au milieu du bec, recouvertes par une membrane et un cou très-long. Leur plumage, fin et soyeux, est employé comme fourrure, et leur chair est assez estimée, la langue principalement. Ces singuliers oiseaux habitent les contrées chaudes et tempérées des deux continents, mais surtout l'Afrique.

On en connaît quatre espèces principales : 1° Le *F. commun* ou *Béchora* (*P. ruber*, Lin.), de l'Europe méridionale et de l'Afrique. Il a environ 1ᵐ,20 de haut ; son plumage, brun cendré la première année, devient rose dès la seconde, puis à la troisième il passe sur le dos au rouge-pourpre, tandis que les ailes sont roses avec des pennes noires. Leurs pieds sont bruns, leur bec jaune et noir au bout. Ils vivent en troupes, dans les plaines marécageuses du littoral de la Méditerranée, à la Camargue par exemple, se tenant souvent sur de longues lignes droites, et cherchant dans l'eau et la vase les petits poissons, les vers et les mollusques dont ils font leur nourriture. A cet effet, ils tournent le cou de manière à rendre inférieure la mandibule supérieure qui est plate, puis ils fouillent dans la vase en imprimant à leur cou des mouvements oscillatoires. Ils dorment sur un pied ; leur démarche est d'ailleurs lente et embarrassée. La femelle, gênée par ses longues jambes, place son nid sur un endroit élevé et se met à cheval pour couver. M. Crespon affirme qu'il n'en est rien et qu'elle replie ses jambes sous le ventre. 2° Le *F. pygmée* (*P. minor*, Lin.), de l'Afrique centrale et méridionale ; moitié du précédent. 3° Le *F. rouge* (*P. bahamensis*, Lin.), des Antilles, de grosseur moyenne. 4° Le *F. à manteau de feu* (*P. ignicapillus*, Lin.), de l'Amérique du Sud. Ces dernières espèces ne sont que des variétés de la première.

FLAMME (Physique). — Une flamme est une masse de gaz portée à une température suffisamment élevée pour devenir lumineuse. Elle n'est brillante qu'à la condition de contenir des particules solides dans son intérieur. Ainsi la flamme de l'hydrogène est fort peu éclairante ; mais elle le devient quand on y place de petits fragments d'amiante. Une flamme provient généralement d'une combustion, et *il* en résulte qu'elle doit être constituée de deux manières différentes, selon que les particules solides qu'elle peut contenir en suspension sont le produit de la combustion ou sont dues à la décomposition par la chaleur d'une partie de la matière combustible elle-même ; le premier cas est celui de la flamme du phosphore, et le second celui de la flamme des hydrogènes carbonés. Mais dans ces deux circonstances il y a une différence bien tranchée. Quand le produit de la combustion est solide et se trouve porté à l'ignition dans la flamme, c'est dans la partie extérieure de celle-ci, à l'endroit où il y a combustion, et par conséquent production du corps solide, que l'on trouve le maximum d'éclat. Dans le second cas, au contraire, la flamme présente trois parties distinctes : une première partie extérieure, peu lumineuse parce que, l'oxygène y étant en quantité considérable, les particules solides combustibles ne sauraient y subsister et brûlent à mesure qu'elles y arrivent. La partie moyenne contient une grande quantité de matière qui se trouve décomposée par la chaleur même de la combustion, et s'y maintient à l'état de particules solides incandescentes, parce que la matière combustible est ici en excès sur la matière comburante. La combustion qui se produit quand on enflamme les hydrogènes carbonés qui proviennent de la distillation de la houille est tout à fait de cet ordre. La flamme de nos bougies et de nos chandelles présente aussi ces mêmes caractères.

Cette propriété des corps solides de donner ainsi beaucoup d'éclat à la flamme a été utilisée pour la formation d'une lampe fixe et éclairante. Elle consiste en un bec circulaire percé de trous par lesquels sort un courant d'hydrogène mêlé d'oxyde de carbone. Ce gaz s'obtient en décomposant l'eau par une température élevée et avec l'aide du charbon. Au-dessus des trous par où sort le gaz combustible est une petite toile métallique circulaire, en fil de platine. Cette toile est portée à une vive incandescence par la chaleur de la combustion du gaz, et il en résulte une lumière parfaitement fixe et fort éclairante.

Dans l'étude des particularités des flammes que l'on rencontre le plus ordinairement, c'est-à-dire de celles de seconde espèce, nous prendrons pour type la flamme d'une bougie. Elle a la forme d'un tronc de cône (*fig.* 1122) dont la petite base est dirigée vers le bas, et dont la grande est surmontée d'un cône. On y distingue, comme il a déjà

été dit, deux enveloppes, l'une extérieure *e* peu lumineuse, l'autre moyenne *i* très-brillante, qui est la seule vraiment utile pour l'éclairage ; enfin la partie intérieure *m* est complétement obscure, il ne s'y effectue pas de combustion, c'est seulement le gaz combustible qui l'occupe avant de brûler. Pour se convaincre de cette constitution de la flamme, il faut la couper par une toile métallique qui intercepte la partie supérieure (*fig.* 1123) ; cette toile, en effet, refroidit assez le gaz pour empêcher l'incandescence de se propager d'une surface à l'autre, bien que cependant le gaz s'élève comme précédemment. Quand on a ainsi fait disparaître la partie supérieure de la flamme, on voit en regardant au-dessus trois anneaux concentriques. On peut, en faisant dans la toile une petite ouverture correspondante au point central, montrer que l'on peut introduire dans cette partie de la flamme des corps très-combustibles, du soufre, de la poudre, etc., sans qu'il y ait inflammation ; il est donc parfaitement constaté que cette portion de la flamme n'est pas plus chaude qu'elle n'est brillante.

Il nous reste à expliquer la forme conique de la flamme. Pour cela, figurons-nous une bulle unique de gaz combustible. Cette bulle étant enflammée va subir par l'action de la chaleur deux effets. Elle va tendre à diminuer

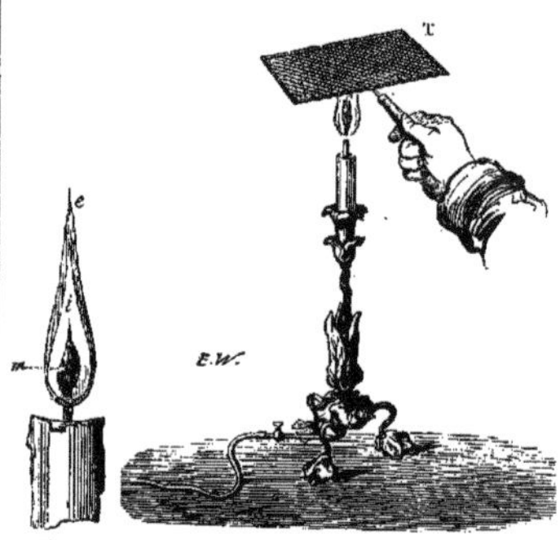

Fig. 1122.   Constitution de la flamme.   Fig. 1123.

de volume par l'effet de la combustion ; d'autre part, sous l'action de la température qui s'élève, elle va se dilater ; mais, en diminuant de densité, la bulle va donc s'élever nécessairement dans l'air ; l'effet de la dilatation l'emportant d'abord sur celui de la combustion, elle augmentera de volume et engendrera dans son mouvement ascensionnel une portion de cône, la petite base du tronc étant dirigée vers le bas ; mais bientôt la dilatation cessant de l'emporter sur la combustion, la bulle diminuera jusqu'à devenir nulle, et alors elle formera en s'élevant un cône dont la base coïncidera avec la base du tronc de cône du premier cas. Telle est la cause de la forme des flammes que nous employons ; seulement, au lieu d'une bulle de gaz, il y en a une série, de manière que nous en voyons continuellement dans toutes les positions à la fois.

Ce qui vient d'être dit peut servir à expliquer certains phénomènes que nous observons continuellement dans nos lampes. Quand on diminue le courant d'air, la flamme s'allonge, car alors la matière combustible n'étant pas brûlée assez vite s'élève toujours jusqu'à ce qu'elle ait trouvé assez de gaz comburant pour être complétement consumée ; aussi, dans ces circonstances, arrive-t-il que du charbon se dégage de la cheminée de la lampe, faute d'avoir été brûlé par l'oxygène de l'air : on dit alors que la lampe *file*. Si, au contraire, l'on augmente le courant d'air, le gaz combustible étant brûlé plus vite, la flamme est moins haute. Mais cette augmentation d'oxygène qui accroît nécessairement la chaleur de la flamme, et que l'on utilise pour cette raison dans les lampes d'émailleur, agit différemment sur les propriétés éclairantes, suivant les circonstances ; quand les matières solides en suspension dans la flamme sont le produit de la combustion, la clarté est augmentée, parce que l'excès de comburaut rendant la combustion plus complète et plus rapide augmente dans un temps donné la production de ces matières solides qui rendent la flamme lumineuse ; mais, dans le cas où la clarté de la flamme est due à une décomposition du combustible, l'afflux de l'air diminue l'éclat, car toute la matière combustible est brûlée.

Si l'on met dans une flamme un corps bon conducteur de la chaleur, ce corps refroidit la flamme et diminue son éclat ; c'est un effet de cet ordre que produit dans la flamme d'une chandelle le champignon charbonneux qu'y forme la mèche au bout d'un certain temps, et d'où vient l'usage des mouchettes. C'est aussi à des causes de ce genre que sont dus les phénomènes remarquables produits par les toiles métalliques sur la flamme, et dont il a déjà été question. Une toile métallique sera d'autant plus efficace pour arrêter une flamme, que les mailles en seront plus petites, les fils plus gros, la toile plus froide. Cette dernière condition est indispensable. Telle toile arrête une flamme quand elle est froide, qui ne l'empêche plus quand elle est échauffée. Il faut aussi faire entrer en ligne de compte la température de la flamme ; la même toile peut empêcher la flamme de l'hydrogène carboné de se communiquer, et n'arrêter nullement la flamme du mélange d'hydrogène et d'oxygène qui est bien plus chaude.

C'est en utilisant cette propriété des toiles métalliques, que Davy a construit sa lampe de sûreté des mineurs qui n'est autre chose au fond qu'une lampe ordinaire entourée d'une enveloppe en toile métallique. Voy. LAMPE DE SURETÉ.

FLAMME, FLAMMETTE, autrement PHLÉBOTOME (Médecine humaine et vétérinaire), du grec *phlebs*, veine, et *temnô*, je coupe. — Instrument de chirurgie très-anciennement employé pour pratiquer la *saignée*. C'était une espèce de *lancette* (voyez SAIGNÉE) dont on se servait en appuyant la pointe sur la veine, puis, avec un petit bâton, on frappait sur l'instrument pour faire la section de la peau et de la veine en même temps. Cette pratique, ordinairement employée du temps d'Albucasis, est encore celle des vétérinaires pour saigner les chevaux. Seulement la flamme dont ils se servent a des dimensions plus considérables. Les médecins allemands ont inventé une espèce de *flamme à ressort* ; la lame est renfermée dans une boîte et mise en mouvement par un ressort qui la fait sortir au moyen d'une bascule dont le chirurgien lâche la détente, lorsque l'instrument a été mis en place sur la veine que l'on veut ouvrir. Usitée dans quelques parties de l'Allemagne, la flamme à ressort est tout à fait négligée en France, aussi bien par les vétérinaires que par les médecins.

FLAMME BLANCHE (Botanique). — Nom vulgaire d'une espèce d'*Iris* (*Iris germanica*, Lin.).

FLAMME DES BOIS (Botanique), *Flamma sylvarum*, Rumph. — Espèce de plante du genre *Ixora*, famille des *Rubiacées*, nommée *Ixora écarlate* (*Ixora coccinea*, Lin.). Elle est remarquable par la belle couleur de feu de ses nombreuses fleurs qui forment un corymbe éclatant et de longue durée au sommet des rameaux. Elle croît dans l'Inde, et on la cultive dans nos serres.

FLAMME DES BOIS (PETITE) (Botanique). — Nom donné par Rumphius à la *Pavetta de l'Inde* (*Pavetta indica*, Lin.), joli arbrisseau du genre *Pavetta*, voisin du précédent (*Ixora* de la famille des *Rubiacées*. Il donne d'août à octobre des fleurs d'un rouge jaunâtre, à long tube, petites, très-odorantes. Il vient de l'Inde.

FLAMME FÉTIDE (Botanique). — Nom vulgaire d'une espèce d'*Iris*, l'*Iris fétide*, le *Glayeul puant*.

FLAMME DE JUPITER (Botanique). — C'est la *Clématite droite* (*Clematis erecta*, Lin.).

FLAMME DE MER (Zoologie). — Nom vulgaire d'une espèce de *Poisson*, du genre des *Rubans* (*Cepola*, Lin.). C'est le *Cépole bandelette* (*Cepola rubescens*, Lin.), connue aussi sous le faux nom de *Cepola tænia*. De couleur rougeâtre. De la Méditerranée.

FLAMMULES (Botanique), de *flamma*, flamme, feu, à cause de leur effet brûlant. — On donne ce nom à deux espèces de plantes de la famille des *Renonculacées*. L'une est la *Renoncule petite douve* (*Ranunculus flammula*, Lin.), et l'autre est la *Clématite odorante* (*Clematis flammula*, Lin.). Ces plantes sont aussi nommées *Flammettes* (voyez CLÉMATITE et RENONCULE).

FLANC (Anatomie). — On appelle *flancs* les deux régions latérales de l'abdomen, qui s'étendent depuis les fausses côtes où elles se confondent avec les hypochondres jusqu'aux crêtes iliaques, où commencent les régions ou fosses iliaques. Les deux flancs sont séparés par la région ombilicale.

FLANC (Anatomie vétérinaire). — Les flancs sont une partie importante à considérer dans les animaux domestiques. Ils ont pour base principale la portion charnue du muscle *petit oblique ;* on y distingue une partie médiane, saillante, c'est la *corde du flanc ;* une partie déprimée située au-dessus et nommée le *creux ;* enfin, une troisième au-dessous, et qui se continue avec le ventre. On dit que le flanc est *cordé* lorsque le muscle petit oblique qui constitue la corde est très-saillant. Lorsque la partie inférieure du flanc est peu développée, on dit qu'il est *retroussé*. Un flanc *court* indique toujours la force ; c'est un genre de beauté que l'on recherche dans le cheval. Au contraire, dans le bœuf et le veau, on préfère un flanc *long*, parce que cette région donne beaucoup de viande. L'irrégularité dans les mouvements des flancs, dans la respiration du cheval, est un signe pathognomonique de la *pousse* (voyez ce mot).

FLANDRINES (VACHES) (Economie rurale). — Dans le système de *classification* des vaches laitières de Guénon, les *vaches flandrines* forment la première classe. On leur a aussi donné le nom de *Indiennes*. Ce sont les meilleures laitières. Elles se distinguent par un écusson qui, partant du pis et des faces internes des cuisses, remonte sur le périnée sans interruption ; il diminue de largeur chez les moins bonnes laitières de cette classe.

FLATE (Zoologie), *Flata*, Fab. — Genre d'*Insectes* établi par Fabricius, dans l'ordre des *Hyménoptères*, famille des *Cicadaires muettes*, et qui constitue le genre *Pœciloptère* de Latreille, très-rapproché des Fulgores. Ces insectes s'en distinguent parce qu'ils ont les élytres ordinairement plus larges, et que leur tête, le plus souvent transverse, ne se prolonge pas très rarement en forme de museau ou de bec. La *F. à nervures*, que l'on trouve dans les bois aux environs de Paris, est longue de 0ᵐ,009, noirâtre : elle a les ailes transparentes, avec les nervures blanches et ponctuées de noirâtre. FLATUOSITÉ. — Voy. PNEUMATOSE.

FLAVERIE (Botanique), *Flaveria*, Juss. — Genre de plantes *Dicotylédones gamopétales périgynes*, famille des *Composées*, tribu des *Sénécionidées*, sous-tribu des *Flavériées*. Ce sont des plantes herbacées, annuelles, de l'Amérique australe. La *F. contre-poison* (*F. contrayerba*, Pers.) est une plante herbacée, annuelle, haute de 1 mètre, à feuilles opposées, portant des calathides terminales, agglomérées en corymbe, à corolles jaunes, velues à la base. Cette plante est du Pérou et du Chili, où on l'emploie à teindre en jaune.

FLÉAU (Botanique). — Nom vulgaire de la *Fléole des prés*.

FLÉAU (Agriculture). — Instrument dont on se sert pour le battage des céréales (voyez EGRENAGE).

FLÈCHE (Zoologie). — Nom par lequel Pallas désigne un poisson du genre *Callonyme*, le *C. flèche* (*C. sagitta*, Pall.).

FLÈCHE D'EAU (Botanique). — Nom donné par quelques botanistes à la *Fléchière* (*Sagittaria sagittæfolia*, Lin.).

FLÈCHE D'INDE (Botanique). — On a désigné par le nom de *Flèche*, Roseau à flèches, Herbe aux flèches, une espèce de plante du genre *Galanga*, le *G. à feuilles de balisier* (*Maranta arundinacea*, Lin.), parce que les Indiens se servent de ses tiges pour faire le corps de leurs flèches.

FLÈCHE DE MER (Zoologie). — On a donné ce nom vulgairement au *Dauphin ordinaire* (*Delphinus delphis*, Lin.), parce qu'il est célèbre par la vélocité de son mouvement, qui le fait quelquefois s'élancer comme une flèche sur le tillac des navires.

FLÈCHE DE PIERRE (Zoologie). — Nom sous lequel on a désigné quelquefois les coquilles fossiles dites *Bélemnites*, à cause de leur forme allongée et conique.

FLÈCHE-EN-QUEUE (Zoologie). — Quelques naturalistes ont appelé ainsi l'oiseau nommé le *Grand Phaéton* (*Phaet. æthereus*, Lath.), appelé aussi *Paille-en-queue*, parce qu'il porte de chaque côté de la queue un long brin garni de barbes courtes et blanches, et qui ont quelquefois jusqu'à 0ᵐ,65 de longueur.

FLÉCHIÈRE (Botanique), *Sagittaria*, Lin. ; du latin *sagitta*, flèche, tiré de la forme des feuilles. — Genre de plantes *Monocotylédones apérispermées* de la famille des *Alismacées*, tribu des *Alismées*, caractérisé par : 3 sépales verts ; 3 pétales colorés ; étamines nombreuses ; anthères à 2 loges séparées aux deux extrémités ; ovaires nombreux à une loge et un ovule, et réunis sur un réceptacle globuleux; fruit formé de carpelles terminés en bec. Les espèces de ce genre, au nombre d'une vingtaine environ, sont des herbes vivaces, à feuilles sagittées, hastées, à fleurs blanches réunies en assez grand nombre à l'extrémité d'une hampe. Elles habitent les eaux et les marais des régions tempérées de l'hémisphère boréal. La plus répandue en Europe est la *F. à feuilles sagittées* (S. *sagittifolia*, Lin.), appelée aussi *Flèche d'eau*. C'est une plante à rhizomes renflés, contenant une substance amylacée. Ses fleurs sont blanches, rosées vers la base. Cette espèce a passé pour vulnéraire, détersive, astringente. Les Chinois cultivent comme plante alimentaire la *F. de la Chine* (S. *sinensis*, Lin.). Ils mangent ses rhizomes crus ou bouillis comme les châtaignes. G—s.

FLÉCHISSEURS (Muscles) (Anatomie). — On a donné ce nom à un nombre assez considérable de muscles, à cause de leur fonction qui a pour but d'opérer la flexion de certaines parties. On les rencontre aux deux membres où ils ont presque partout leurs analogues.

Au *membre supérieur* : 1° *Court fléchisseur du petit doigt* (*Carpo-phalangien du petit doigt*, Ch.); il manque souvent, se fixe au ligament annulaire du carpe et au bord antérieur de l'apophyse de l'os cunéiforme d'une part ; d'autre part, à la partie externe du tendon de l'adducteur du petit doigt, fléchit la première phalange. 2° *Court fléchisseur du pouce* (*Carpo-phalangien du pouce*, Ch.), fixé d'une part au ligament annulaire du carpe, au trapèze, au grand os et au troisième métacarpien ; d'autre part, à la première phalange du pouce et à l'os sésamoïde. Il fléchit la première phalange du pouce. 3° *Long fléchisseur du pouce* (*Radio-phalangien du pouce*, Ch.). Couché sur le radius sur lequel il s'insère, il se termine en bas sur la première phalange du pouce. 4° *Fléchisseur profond des doigts* (*Cubito-phalangettien commun*, Ch.). Fixé à la partie supérieure du cubitus, et en bas au-devant de la troisième phalange des quatre derniers doigts. Il fléchit les phalanges successivement l'une sur l'autre ; ensuite le métacarpe, puis la main sur le bras. 5° *Fléchisseur sublime des doigts* (*Epitrochlo-phalanginien commun*, Ch.). Il naît du condyle interne de l'humérus (*épitrochlée*, Ch.), de l'apophyse coronoïde du cubitus, descend verticalement et se divise en quatre portions qui se portent aux quatre derniers doigts. Il fléchit les secondes phalanges sur les premières, celles-ci sur le métacarpe, etc.

Au *membre inférieur* : 1° *Fléchisseur accessoire des orteils*. Des faces inférieure et interne du calcanéum, il va se terminer au-dessus du tendon du grand fléchisseur commun auquel il sert d'auxiliaire. 2° *Court fléchisseur commun des orteils* (*Calcanéo-sous-phalanginien commun*, Ch.). Du calcanéum aux secondes phalanges des quatre derniers doigts, par des tendons au moyen desquels il les fléchit sur les premières, etc. 3° *Court fléchisseur du gros orteil* (*Tarso-sous-phalangien du premier orteil*, Ch.). Du calcanéum et des deux derniers cunéiformes à la première phalange du gros orteil, qu'il fléchit. 4° *Court fléchisseur du petit orteil* (*Tarso-sous-phalangien du petit orteil*, Ch.). Du cinquième métacarpien à la première phalange du petit orteil, qu'il fléchit. 5° *Long fléchisseur commun des orteils* (*Tibio-phalangettien commun*, Ch.). De la face postérieure du tibia aux troisièmes phalanges des quatre derniers doigts. 6° *Long fléchisseur du gros orteil* (*Péronéo-sous-Phalangettien du pouce*, Ch.). Il naît du péroné et du ligament interosseux, descend verticalement derrière le péroné, se termine par un tendon qui au niveau de l'articulation tibio-tarsienne se réfléchit à angle droit, passe dans une coulisse, devient horizontal et va s'attacher à la dernière phalange du gros orteil, qu'il fléchit. F — N.

FLÉOLE (Botanique) (*Phleum*, Lin.), de *phleos* : nom que les Grecs donnaient aux plantes nommées *massettes*, les *phleum* des modernes, ou *fléau* vulgairement, à cause de la forme des inflorescences qui ressemblent en petit aux massettes. — Genre de plantes *Monocotylédones périspermées* de la famille des *Graminées*, type de la tribu des *Phléoidées*. Caractères : épillets à glumes égales, libres, comprimées, acuminées ou un peu tronquées; glumelle inférieure carénée, tronquée ; glumelle supérieure à 2 dents et 2 carènes ; 2 styles; stigmates à poils simples. Les fléoles sont des herbes des régions tempérées de l'hémisphère boréal. Le plus grand nombre se trouve en Europe. Leur inflorescence est en panicules resserrées, ayant la forme cylindrique. La *F. des prés* (*P. pratense*, Lin.) est vivace et s'élève souvent à plus de 0ᵐ,60. Ses glumes sont tronquées brusquement.

Cette espèce est un excellent fourrage que les chevaux préfèrent le plus souvent à toute autre espèce de graminées ; elle constitue, à elle seule ou associée au trèfle rampant ou à la luzerne lupuline, une prairie artificielle d'un rapport considérable. On la désigne souvent sous le nom de *Queue-de-rat*, que l'on donne aussi quelquefois au vulpin des prés. Elle réussit bien dans les terres et les climats humides, et peut rendre jusqu'à 6 et 8 000 kilogrammes, par hectare, de gros foin d'assez bonne qualité. Suivant M. de Gasparin, elle donne par hectare un produit de 19 524 kilogrammes et 5 900 de regain. On l'a encore peu cultivée en France, quoique les premiers essais aient bien réussi. On la sème en septembre, octobre, mars et avril, à raison de 7 à 8 kilogrammes de graine par hectare. C'est une espèce tardive (le *Livre de la Ferme*).

La *F. noueuse* (*P. nodosum*, Lin.) est considérée comme une simple variété de la précédente. Elle ne s'en distingue que par une plus petite taille et les tiges noueuses. Ces plantes se trouvent communément aux environs de Paris, ainsi que la *F. de Bœhmer* (*P. Bœhmeri*, Wibel; *Phalaris phleoides*), remarquable principalement par ses panicules spiciformes, dont les rameaux portent plusieurs épillets. G — s.

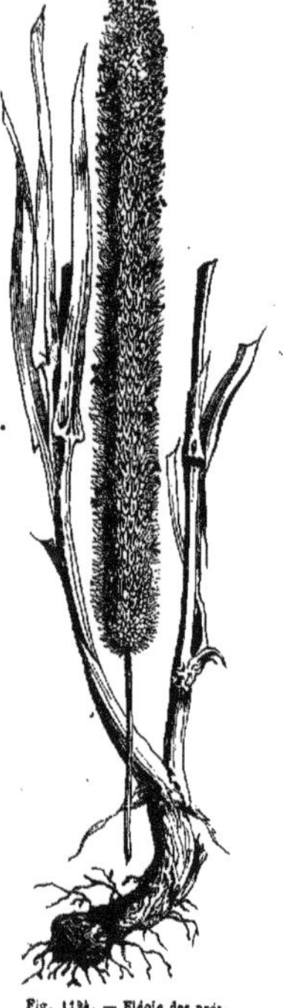
Fig. 1134. — Fléole des prés.

FLET, **Flételet**, **Fléton** (Zoologie), *Pleuronectes flesus*, Lin., nommé aussi le *Picaud*, Poisson qui a les formes de la *Plie* (voyez ce mot) dont il est une espèce; il a les taches plus pâles, et de petits grains à la ligne saillante de la tête. Sa ligne latérale a des écailles hérissées. Sa chair est moins bonne que celle de la *plie franche*. Il remonte très-haut dans les rivières.

FLÉTAN (Zoologie), *Hippoglossus*, Cuv. — Sous-genre de *Poissons*, de l'ordre des *Malacoptérygiens subbrachiens*, famille des *Poissons plats*, du grand genre des *Pleuronectes* de Linné. Ils ressemblent beaucoup aux plies dont ils ont les nageoires et la forme ; les mâchoires et le pharynx sont armés de dents fortes et aiguës. Ils ont généralement une forme plus oblongue. Les uns ont les yeux à droite, les autres à gauche ; il en est de même de la ligne latérale. L'espèce la plus importante de ce genre, peu nombreux du reste, est le *Grand F.* ou *Helbut* (*Pleuronectes hippoglossus*, Lin.), très-commun dans les mers du Nord et au voisinage des îles Malouines et de Terre-Neuve ; il a les yeux à droite, la ligne latérale arquée au-dessus de la pectorale ; le dessus du corps est d'un brun plus ou moins foncé. Ces poissons parviennent à des dimensions énormes. Selon Cuvier, ils atteignent 2ᵐ,30 de longueur et peuvent peser jusqu'à 200 kilogrammes, et même d'après Anderson, on en aurait pris en Norwége de près de 6 mètres. Ils sont très-voraces et se nourrissent de gades, de raies, de crustacés, etc. On sale la chair des flétans, qu'on mange aussi fraîche ou fumée; elle est d'une digestion difficile. La Méditerranée en a quelques espèces beaucoup plus petites, entre autres le *F. macrolépidote* (*H. citharus*, Riss.). Il a des écailles, les yeux à gauche, la ligne latérale droite carénée; sa forme est oblongue, sa couleur jaune foncé en dessus, blanchâtre en dessous. Le *F. de Bosc* (*H. Boscii*), un peu plus grand, se distingue par de grands yeux et de belles taches noires. Leur chair a un bon goût. « On connaît très-peu, dit Risso, les habitudes naturelles des flétans; habitant toute l'année les profondeurs vaseuses, ils s'approchent rarement du littoral, où les femelles déposent leurs œufs en été, et les petits individus commencent à folâtrer près de la surface de l'eau, vers la fin de septembre. Leur chair a un bon goût; ils ne sont pas communs sur nos rivages (de Nice). »

FLEUR (Botanique), en latin *flos*, en grec *anthos*. — La *fleur* est l'ensemble des organes qui servent à la reproduction du végétal : une de ses parties, survivant aux autres, se développe en un nouvel organe, qui est le *fruit*; et enfin, dans le fruit, se trouve la *graine*, sorte d'œuf végétal où l'on voit déjà formée la jeune plante qu'elle pourra produire au grand jour. Tous ces organes ont une très-grande importance dans la vie du végétal; ils fournissent en outre les moyens les plus faciles de distinguer les plantes entre elles. Je vais décrire la fleur la plus compliquée, ce que les botanistes appellent la *fleur complète*. La *fleur complète* se compose de quatre séries d'organes disposés en cercles concentriques ou *verticilles*, à l'extrémité du pédoncule qui porte la fleur. Ces quatre verticilles sont, en allant de la périphérie au centre : 1° le *Calice*; 2° la *Corolle*; 3° les *Étamines*; 4° le *Pistil* ou les *Pistils*.

Le *calice* est l'enveloppe la plus extérieure de la fleur;

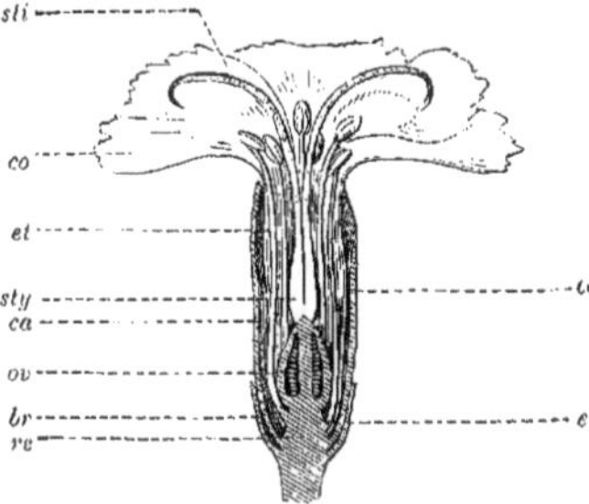

Fig. 1125. — Coupe verticale d'une fleur d'œillet (1).

il se continue ordinairement avec l'écorce même du pédoncule, et en conserve souvent l'aspect herbacé et verdoyant. Cette enveloppe, ou verticille floral externe, est composée de folioles rappelant un peu l'apparence des bractées, et que l'on nomme les *sépales* du calice. Le nombre des sépales varie, et nous verrons tout à l'heure quelles modifications principales peuvent présenter ces organes.

La *corolle*, seconde enveloppe de la fleur, en constitue ordinairement la partie la plus remarquable, par son développement et par l'éclat de ses couleurs. Elle est placée en dedans du calice, et se compose de folioles délicates, colorées et diversement figurées, que l'on nomme les *pétales* (du grec *pétalon*, feuille). Si l'on examine un pétale isolé, on voit que c'est une lame ordinairement rétrécie vers le point qui la fixait dans la fleur, et élargie dans la partie opposée. On nomme *limbe* cette expansion du pétale, et *onglet* la portion étroite par laquelle il se fixe.

Le calice et la corolle sont de simples enveloppes protectrices placées autour des organes plus importants qui occupent le centre de la fleur, et dont nous allons nous occuper maintenant.

Les *étamines* constituent le troisième verticille de la fleur, il est formé par des organes moins visibles au premier

coup d'œil que les pétales et les sépales. L'*étamine* se compose d'un *filet* ou lame mince et longue, portant à son extrémité l'*anthère*, corps renflé, arrondi, oblong ou de toute autre forme, mais qui est toujours creux, et contient dans sa cavité, le plus souvent double, une poussière habituellement jaune, que l'on nomme le *pollen*. La fonction de l'étamine est précisément de produire cette poussière pour la répandre sur le pistil, où elle provoquera le développement des graines. Le *pollen*, en un mot, est la poussière fécondante des végétaux, et l'*étamine*, qui la pro-

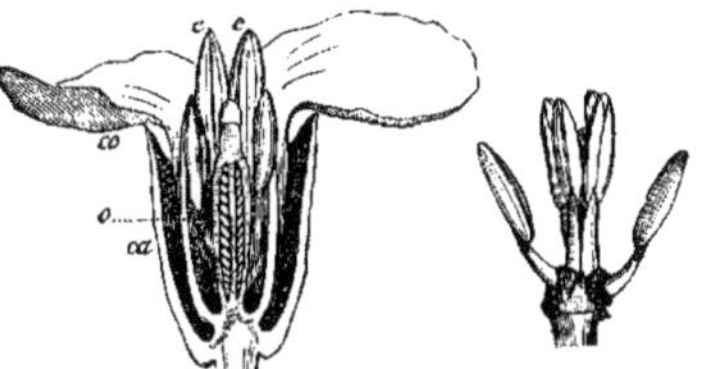

Fig. 1126. — Coupe de la fleur de la   Fig. 1127. — Les étamines
giroflée (1).   de la giroflée.

duit, est considérée comme représentant le sexe mâle dans les plantes. Les étamines sont sujettes à des modifications très-importantes, que nous étudierons bientôt. Souvent l'ensemble des étamines est désigné sous le nom de *verticille staminifère* ou *androcée* du grec *anèr*, mâle, *oikia*, maison).

Enfin le ou les *pistils*, au centre de la fleur, organe tantôt unique, tantôt multiple. On y doit distinguer généralement trois parties : la plus importante est l'*ovaire*, renflement globuleux ou allongé, qui se voit à la base du pistil et renferme les *ovules*, c'est-à-dire les petits corps qui, après avoir éprouvé l'influence du pollen, se développeront pour constituer la *graine*, en même temps que l'ovaire tout entier sera devenu le *fruit*. Cette fonction de produire les graines fait regarder le *pistil* comme l'organe femelle des plantes. L'ovaire est surmonté d'un ou de plusieurs prolongements nommés *styles*, que termine le *stigmate*, organe poreux souvent enduit d'une matière gommeuse. Parfois, le style est tellement court que le stigmate repose à peu près directement sur l'ovaire, et on le désigne alors sous le nom de *stigmate sessile*. Beaucoup de végétaux possèdent dans une même fleur des pistils multiples; beaucoup aussi n'en ont qu'un seul; mais il en est un très-grand nombre qui, avec un pistil unique en apparence, en ont réellement plusieurs soudés ensemble d'une façon plus ou moins intime. On le reconnaît à ce que l'*ovaire*, formé entièrement d'une seule masse, est creusé intérieurement de plusieurs loges. Alors on voit souvent l'*ovaire* surmonté d'autant de *styles* qu'il y a de loges; parfois le style unique se termine par plusieurs *stigmates*, dont le nombre correspond à celui des loges; enfin, si la soudure des pistils multiples est assez intime pour que les *styles* et les *stigmates* soient réunis comme les *ovaires*, au moins le *stigmate* composé qui en résulte atteste encore par le nombre de ses lobes celui des pistils simples que l'on doit supposer dans la fleur. En résumé donc, le pistil ne possède plusieurs loges que lorsqu'il est composé de plusieurs pistils simples; mais il ne renferme élémentairement qu'un *ovaire* creusé d'une loge conique contenant l'*ovule* ou les *ovules*, et au-dessus de cet ovaire un seul *style*, terminé par un seul *stigmate*. Tel est le pistil élémentaire que les botanistes nomment habituellement un *carpelle* (du grec *carpos*, fruit), et souvent pour indiquer la composition d'une fleur, ils disent, par exemple : ovaire composé de cinq, six carpelles; cela veut dire surtout que l'on compte cinq, six loges ovariennes.

Ces quatre verticilles de la fleur sont supportés par une portion élargie du pédoncule qui forme le fond de la fleur, et que l'on nomme le *réceptacle* ou *torus*. Sou-

<hr>

(1) Coupe verticale d'une fleur d'œillet. — *re*, le réceptacle ou torus. — *ca*, calice. — *br*, bractées formant un calicule à la base du calice. — *co*, corolle. — *et*, étamines. — *ov*, ovaire contenant les ovules. — *sty*, styles. — *sti*, stigmate.

(1) Coupe verticale de la fleur de la giroflée. — *ca*, calice montrant encore un sépale de chaque côté. — *co*, corolle, montrant deux pétales. — *e, e*, étamines. — *o*, pistil montrant son ovaire fendu qui contient les ovules; il est surmonté d'un style court et épais, et d'un stigmate conique.

vent sur ce *torus* on observe de petits renflements glanduleux, quelquefois des lames diversement découpées et parsemées de points sécréteurs. Ces organes sont les *nectaires* ou *glandes nectarifères*, qui fournissent ordinairement la matière odorante et sucrée, que l'on nomme le *miel* ou le *nectar* des fleurs. On en trouve quatre dans la giroflée, trois dans l'hyacinthe; dans la rose, tout le torus est recouvert d'une couche nectarifère.

Modifications générales de la fleur. — La fleur ne présente pas toujours une aussi grande complication que je viens de l'exposer; dans beaucoup de végétaux, elle est *incomplète*, c'est-à-dire qu'il lui manque un ou plusieurs de ses quatre verticilles. Sous ce rapport, il y a d'abord une grande distinction à établir. Les *fleurs complètes* réunissent au centre de leurs enveloppes florales les organes mâles ou *étamines* avec l'organe femelle ou *pistil;* un grand nombre de *fleurs incomplètes* offrent la même conformation. Mais dans d'autres on ne retrouve plus les deux sexes réunis, chaque fleur ne présente que

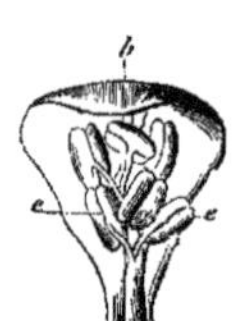

Fig. 1128. — Fleur monoïque unisexuée staminée du noisetier (1).

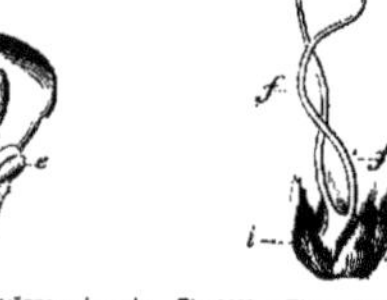

Fig. 1129. — Fleur monoïque unisexuée pistillée du noisetier (1).

l'un des organes sexuels. On nomme *fleurs hermaphrodites* les fleurs complètes ou incomplètes où l'on trouve à la fois étamines et pistils; celles qui ne possèdent pas simultanément ces organes sont *unisexuées*. Parmi elles, les unes ne présentent que des étamines, ce sont les *fleurs mâles* ou *fleurs staminées;* les autres n'ont que le pistil ou les pistils, et on les nomme *fleurs femelles* ou *pistillées.* Quand les végétaux ont des fleurs unisexuées,

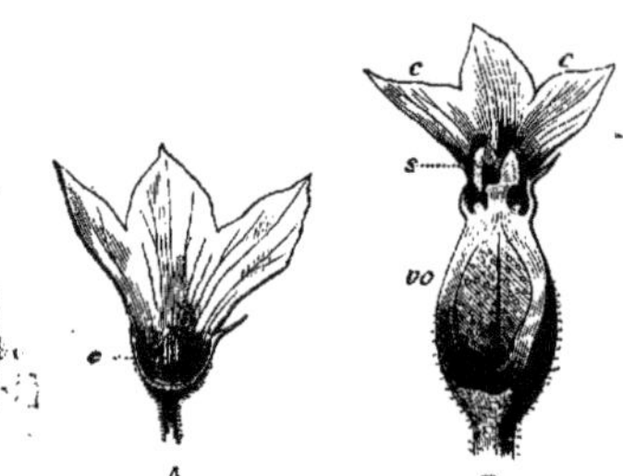

Fig. 1130. — Fleurs unisexuées du potiron (coupes verticales) (2).

on peut observer les arrangements suivants : ou bien les fleurs staminées et les fleurs pistillées sont réunies sur un même individu, sur un même pied végétal, et alors la plante est dite *monoïque* (du grec *monos*, un seul, *oïkos*, maison); ou bien elles sont portées par des individus distincts, c'est-à-dire que l'espèce se compose de deux végétaux, l'un qui produit les fleurs staminées et qui est le *pied mâle;* l'autre qui produit les fleurs pistillées et qui est le *pied femelle;* dans ce cas, l'espèce est *dioïque* (du grec *dis*, deux); ou bien enfin l'espèce

(1) Fleur unisexuée du noisetier. — *b*, bractée écailleuse. — *e, e*, étamines. — *i*, involucre formé de bractées velues. — *f, f*, styles qui surmontent l'ovaire.

(2) Fleurs unisexuées du potiron : A, fleur staminée ou fleur mâle : *e*, étamines. — B, fleur pistillée ou fleur femelle : *vo*, ovaire infère adhérent au calice ; *s*, stigmates ; *c*, corolle.

est *polygame*, c'est-à-dire que sur un même individu on voit des fleurs staminées, des fleurs pistillées et des fleurs hermaphrodites. Les fleurs hermaphrodites ont nécessairement une organisation plus compliquée que les fleurs unisexuées; aussi est-ce parmi ces dernières que se rencontre la fleur réduite à l'extrême simplicité. Le saule blanc (famille des *Amentacées*) nous offre un exemple de ce genre : ses fleurs sont unisexuées; la fleur femelle se compose d'un pistil allongé en forme de navette et accompagné d'une simple bractée écailleuse. Cette bractée tient lieu du calice et de la corolle. La fleur mâle consiste en deux étamines protégées de même par une simple écaille. D'autres fleurs unisexuées se rapprochent beaucoup plus des fleurs complètes; ainsi la fleur mâle du melon offre cinq étamines entourées d'une corolle et d'un calice très-nettement caractérisés; le pistil, dans la fleur femelle, est pareillement protégé par une double enveloppe. En un mot, la présence simultanée des organes mâles et des organes femelles dans la fleur, ou leur séparation dans des fleurs distinctes, s'observe tantôt avec des enveloppes florales très-incomplètes ou même nulles, tantôt avec un calice et une corolle bien conformés.

Examinons maintenant les modifications générales que peut offrir la fleur, non plus dans ses organes sexuels, mais dans ses enveloppes. Les botanistes désignent fréquemment les enveloppes florales sous le nom de *périanthe* (du grec *péri*, autour, *anthos*, fleur); quand la fleur possède une *corolle* et un *calice*, elle a un *périanthe double;* mais il arrive souvent que l'on ne peut y reconnaître qu'une seule enveloppe, et ce périanthe simple, qui parfois, comme dans le lis, a l'aspect d'une corolle, n'en a pas moins été considéré par la plupart des botanistes français comme un calice. Les mots de *périanthe simple* ont l'avantage de bien faire comprendre ce qui existe sans fournir matière à aucune discussion. Il ne faut pas, d'ailleurs, s'exagérer l'importance de la coloration et de l'aspect du périanthe; les végétaux, sous ce rapport, nous offrent toutes les combinaisons. La règle générale est que le périanthe double se compose d'une corolle colorée d'autres nuances que le vert, et d'un calice verdoyant comme les parties herbacées du végétal; mais que d'exceptions à cette règle ! Tout le monde connaît le fuchsia, dont la corolle violacée est entourée d'un calice rouge plus ou moins foncé. D'autres végétaux ont, au contraire, leurs deux enveloppes florales colorées en vert. Toutes ces remarques doivent être prises en sérieuse considération pour apprendre à reconnaître les fleurs, lors même qu'elles ne sont plus de brillants ornements du végétal, comme celles de la renoncule, de la pivoine, de la rose, de l'œillet, etc. En résumé, nous savons maintenant qu'une des enveloppes florales peut manquer, de telle façon que le périanthe soit simple. Mais il y a aussi des fleurs chez lesquelles on ne trouve plus ni corolle ni calice, et qui, dépourvues de toute enveloppe protectrice, ont reçu le nom de *fleurs nues* ou *apérianthées.* Cette imperfection s'observe dans beaucoup de fleurs unisexuées ; celles du saule, du noisetier, nous en ont déjà montré des exemples.

Quelques plantes semblent offrir des fleurs incomplètes, qui doivent cet aspect à la chute prématurée de certaines parties du périanthe. Ainsi le coquelicot en fleur ne présente qu'une seule enveloppe florale composée de quatre folioles rouges, et cependant il en a possédé une seconde plus extérieure, formée de deux valves concaves verdoyantes; mais elles sont tombées au moment de la floraison. C'est là qu'on appelle un *calice caduc* (*cadere*, tomber). La vigne en fleur semble n'avoir pas de périanthe, et cependant sur le bouton floral on peut constater l'existence d'une corolle et d'un calice. Celui-ci est extrêmement court, et ressemble dans la fleur épanouie à un rebord sinueux du réceptacle ou torus : quant à la corolle, elle est tombée au moment de la floraison; ses cinq pétales se sont détachés par la base en restant unis au sommet du bouton, et sont tombés comme une sorte de coiffe, pour laisser à nu le pistil et les étamines qu'ils recouvraient. Dans ce second exemple, nous avons une *corolle caduque.*

Principes des modifications de la fleur. — Les modifications dont je viens de m'occuper intéressent le nombre même des verticilles floraux, et j'ai dû les exposer à part pour les mettre mieux en relief. L'étude particulière de chacun de ces verticilles montre bien d'autres modifications dans chacun d'eux, et nous parviendrons ainsi à comprendre comment des organes d'une composition identique comme le sont les fleurs peuvent néanmoins présenter une inépuisable variété. Ces modifications se produisent d'ailleurs par un petit nombre de procédés ou principes que je vais indiquer brièvement.

De l'étude comparative des diverses fleurs résultent deux faits fondamentaux qui servent de base à tous ces principes : 1° La fleur type des Monocotylédonées affectionne dans les parties de ses verticilles le nombre *trois* ; 2° la fleur type des Dicotylédonées affectionne dans les parties de ses verticilles le nombre *cinq*.

On pourra donc concevoir une *fleur* quelconque de *monocotylédonée* comme dérivant d'un type ainsi composé : Un *périanthe* composé de six pièces, mais formé manifestement de deux verticilles (*fig.* 1130, *p* et *p'*) très-rapprochés, et dont les folioles alternent entre eux autour de la fleur ; chacun de ces verticilles compte alors *trois* pièces ou folioles ; des *étamines*, au nombre de *trois* (*e*), alternant avec le verticille le plus intérieur du périanthe ; un *pistil* à trois loges, c'est-à-dire composé de *trois* carpelles *c*, alternant avec les étamines.

La fleur des iridées réalise à peu près ce type.

Toute *fleur de dicotylédonée* pourra être conçue comme dérivant d'un type ainsi composé : Un *calice*, de *cinq* sépales (*fig.* 1131, *s*) ; une *corolle*, de *cinq* pétales *p*, al-

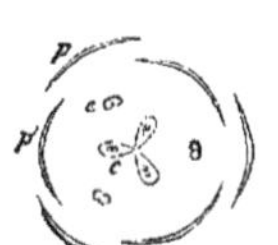 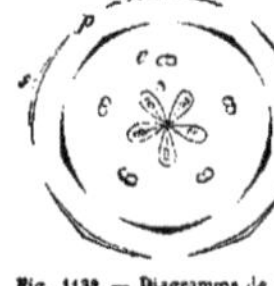

Fig. 1131.—Diagramme de la fleur type des Monocotylédonées.   Fig. 1132. — Diagramme de la fleur type des Dicotylédonées.

ternant avec les sépales ; des *étamines e*, au nombre de *cinq*, alternant avec les pétales et par conséquent opposées aux sépales ; un *pistil*, formé de *cinq* carpelles *c*, alternant avec les étamines, et nécessairement opposés aux pétales.

Ce type est réalisé dans la fleur des crassules, *crassula* (famille des *Crassulacées* ou *Joubarbes*).

Ces deux types de la fleur des Monocotylédonées et de celle des Dicotylédonées se modifient : 1° par le mode d'insertion des parties ; 2° par adhérence ; 3° par multiplication ; 4° par dédoublement ; 5° par réduction ; 6° par dégénérescence et transformation des parties. — 1° Sous le rapport de l'*insertion*, les verticilles de la fleur doivent, dans le type primitif, s'insérer sur l'axe qui constitue le pédoncule distinctement les uns des autres, et dans l'ordre suivant : le calice d'abord, un peu au-dessus ou plus en dedans la corolle, puis les étamines et enfin le pistil. Nous verrons que ces rapports s'altèrent fréquemment. D'abord il y a très-souvent fusion à leur base des pièces de deux verticilles qui devraient rester distincts ; j'y vais revenir en parlant des modifications par adhérence. D'une autre part, cette union des pièces d'un verticille avec celles d'un autre change le lieu apparent d'insertion de ces pièces ; et nous verrons bientôt que les étamines offrent, sous ce rapport, d'importantes modifications. — 2° L'*adhérence* des parties ou leur *soudure* introduit dans les fleurs de curieux changements. Tantôt elle unit entre elles les pièces d'un même verticille, tantôt elle unit les pièces de deux verticilles différents. L'union des étamines avec la base des pétales est un fait très-fréquent ; l'adhérence peut intéresser en même temps trois et même les quatre verticilles différents de la fleur et les souder tous ensemble à leur base. Quant à la soudure des pièces d'un même verticille les unes avec les autres, c'est un fait très-commun pour le pistil, les étamines, la corolle et le calice. — 3° La *multiplication* des parties peut porter sur le nombre des verticilles ou sur les pièces de chacun d'eux. Il peut arriver, en effet, que, le nombre des verticilles demeurant le même, chacun d'eux contienne un plus ou moins grand nombre de pièces en excès sur le nombre qui appartient à la fleur typique. Il peut se faire aussi que l'accroissement numérique des sépales, des pétales, des étamines ou des carpelles, résulte de la multiplication des verticilles eux-mêmes ; la fleur alors contiendra deux ou trois verticilles calicinaux, deux ou trois verticilles corollaires, etc. Les étamines se multiplient très-fréquemment de cette manière. — 4° Il y a *dédoublement* des parties quand on

observe des parties identiques placées l'une devant l'autre, de façon à se multiplier plus ou moins abondamment. Ce cas diffère de la multiplication des verticilles, en ce que l'alternance des pièces de deux verticilles voisins ne s'observe plus. L'opposition de ces mêmes pièces l'une à l'autre prouve qu'il n'y a qu'un seul verticille dont les pièces primitives se sont dédoublées. — 5° Après avoir cherché comment s'accroît le nombre des parties de la fleur, il est naturel de chercher comment il diminue. La *réduction* dans le nombre des parties porte fréquemment sur celles de chaque verticille sans que le nombre des verticilles change en rien ; ainsi on observe des fleurs de Dicotylédonées qui n'ont que quatre pétales, quatre étamines, etc. La rue commune, *ruta graveolens* (famille des *Rutacées*), offre une singulière preuve de cette réduction ; on trouve sur le même végétal des fleurs pourvues de cinq parties à chaque verticille, et d'autres, en grand nombre, où les verticilles floraux ont toutes leurs parties réduites à quatre. La réduction peut ne laisser subsister que trois, deux parties dans chaque verticille. Il peut se faire aussi qu'elle n'atteigne que les parties d'un seul verticille, ou de deux ; en un mot, toutes les combinaisons possibles sont réalisées dans ces curieuses modifications. Quand la réduction se manifeste sur le nombre même des verticilles, on a des *fleurs incomplètes* dont j'ai parlé plus haut. Ainsi se produisent les *fleurs apétales* (sans corolle), les *fleurs femelles* (sans étamines) et les *fleurs mâles* (sans pistil). J'aurai lieu de revenir sur ces dispositions organiques. — 6° Il y a fréquemment dans la fleur des *dégénérescences* ou des *transformations de parties*, et ce sont là les modifications les plus variées. Tantôt l'étamine se transforme en pétale, et c'est ainsi que la culture produit les *fleurs doubles* ou les *fleurs pleines* ; tantôt l'organe se transforme par atrophie d'une de ses parties : ainsi on trouve des étamines réduites à leur filet, l'anthère étant atrophiée ; tantôt, et c'est le cas le plus fréquent, telles ou telles parties de la fleur se réduisent à de petites glandes ou à des écailles dans lesquelles, au premier abord, on les reconnaît difficilement, et que l'on a désignées autrefois sous le nom général de *nectaires*.

C'est aussi par une transformation des parties, par un développement inégal que la symétrie primitive de la fleur s'altère, et que, à côté des fleurs dites *régulières*, on en observe d'autres que l'on a dû nommer *irrégulières*. — Une fleur est régulière quand on peut partager dans tous les sens ses verticilles en deux moitiés semblables ; elle est irrégulière quand cette division ne peut s'exécuter que dans un seul sens ou n'est même possible en aucune façon. On ne s'attache dans les descriptions qu'aux irrégularités qui proviennent du calice ou de la corolle.

Loi d'alternance des verticilles de la fleur. — La fleur est, comme nous allons bientôt nous en convaincre, un véritable bourgeon dont les parties, en se développant, sont restées rapprochées sur un axe très-court, et se rapportent à la disposition phyllotaxique habituellement désignée sous le nom de *rosette*. Aussi la position relative des diverses parties de la fleur est-elle régulièrement coordonnée d'après les principes mêmes de la phyllotaxie, et il en résulte une loi à peu près sans exception, et qu'on a nommée la *loi d'alternance des verticilles* ; on peut la formuler ainsi : Dans la fleur complète et régulière, il y a *alternance* entre les parties d'un verticille et celles des deux verticilles entre lesquels le premier se trouve placé. On entend par *alternance* une disposition par laquelle chaque partie du verticille correspond à l'intervalle des deux parties des verticilles voisins, tandis qu'il y aurait *opposition* si cette partie était placée vis-à-vis de celles des autres verticilles. Cette loi a, du reste, la conséquence suivante : Les étamines alternent avec les pétales et les carpelles, et sont opposées aux sépales ; les carpelles alternent avec les étamines et sont opposés aux pétales ; ils alternent par conséquent aussi avec les sépales.

La fleur est une rosette de feuilles modifiées. — Après avoir expliqué d'une manière générale la constitution de la fleur, nous allons montrer maintenant que chacune des parties est réellement une feuille modifiée, et que l'organe tout entier représente une branche sortie du même bourgeon, et dont les parties sont rapprochées en une véritable rosette. Cette conception de la fleur est basée sur six considérations principales : — 1° Sur un grand nombre de plantes on voit les feuilles se modifier insensiblement à mesure qu'elles sont plus rapprochées des fleurs. Dans ce cas, les feuilles les plus voisines de la fleur en viennent à ressembler plus ou moins complétement aux sépales. Nous verrons bientôt que sous ces formes déjà modifiées, on leur donne le nom de *feuilles florales* ou *bractées*. — 2° Chez certaines plantes, où les quatre verticilles essentiels de la fleur sont multiples et comptent un grand nombre de pièces, on observe une transition presque insensible des folioles du calice ou sépales à celles de la corolle ou pétales. La fleur du magnolia, celle du tulipier montrent très-clairement cette espèce de fusion des deux enveloppes florales. D'autres fleurs, comme celles du nénuphar blanc, n'offrent aucune délimitation bien tranchée entre les pétales et les étamines; on voit les pétales les plus internes s'amoindrir et se transformer progressivement en étamines. Enfin, on pourrait citer des carpelles, comme ceux du baguenaudier, du pied d'alouette, de l'ancolie, qui ressemblent évidemment à une feuille repliée sur elle-même. — 3° La structure des sépales, des pétales, des étamines et des carpelles offre les mêmes organes élémentaires que la feuille. On y trouve un parenchyme dans lequel se distribuent des nervures, et l'épiderme recouvre la superficie de chacun de ces appendices. Le mode de développement des parties de la fleur est d'ailleurs le même que celui des feuilles. — 4° Les principes de la phyllotaxie (voyez ce mot) s'appliquent sans difficulté à l'arrangement relatif des diverses parties de la fleur, et j'en ai formulé plus haut une des conséquences les plus importantes, la *loi d'alternance des verticilles*. — 5° L'étude spéciale de chacune des parties de la fleur se comprend mieux en les considérant comme dérivées de la feuille; nous aurons surtout lieu de le vérifier en nous occupant du carpelle. — 6° Toutes les altérations anormales que subit la fleur annoncent la nature foliacée de ses parties constituantes. Ainsi, les monstruosités des fleurs consistent fréquemment en un retour de quelques-uns de ces organes à l'état foliacé. On a eu bien des fois l'occasion d'observer des pétales, des étamines ou même des carpelles ramenés ainsi, en tout ou en partie, à la forme et à la couleur d'une feuille. La culture produit des phénomènes du même genre; elle fait des *fleurs doubles* dans lesquelles les étamines les plus externes sont converties en pétales; et lorsque cette conversion a porté sur la totalité des étamines, la fleur, devenue stérile, prend le nom de *fleur pleine*. Les roses de nos jardins sont toutes dérivées de l'églantine doublée d'abord, puis modifiée par divers procédés de culture.

La fleur est donc une véritable branche; le bouton, qui a été son premier état, est un bourgeon terminal; mais les feuilles modifiées qui en sont sorties ne portent pas de bourgeons nouveaux à leur aisselle; les embryons seuls représenteront ces organes à l'aisselle des carpelles. Il résulte de cette absence ou de cette modification des bourgeons que la fleur ne produit aucune autre branche, et que l'axe qui la porte ne pourra ni s'allonger ni se ramifier au delà. D'ailleurs, dans cette rosette, les feuilles seront d'autant plus transformées qu'elles seront plus intérieures à la fleur, c'est-à-dire situées plus haut sur l'axe de cet organe. Ainsi les sépales rappellent bien plus l'aspect et la nature des feuilles que les étamines ou le pistil.

Puisqu'il est établi que nous devons considérer la fleur comme une véritable bourgeon, il est incontestable que sa situation doit dépendre du mode général de disposition de tous les bourgeons sur la plante, c'est-à-dire de ce qu'on nomme la *ramification*; comme on constate en outre que celle-ci dépend elle-même du mode de distribution des feuilles (voyez VÉGÉTAL), on voit que tous les organes de la plante sont groupés d'après les mêmes principes, parce que tous sont dérivés de la feuille par transformation ou par multiplication. On vérifie pleinement l'exactitude de cette induction, lorsqu'on étudie l'arrangement des fleurs sur la plante, c'est-à-dire ce qu'on nomme l'*inflorescence* (voyez ce mot).

Du reste, la modification profonde qui transforme en fleurs une ou plusieurs rosettes des feuilles de la plante ne tranche pas brusquement avec l'état foliacé des parties voisines des fleurs. Toutes les feuilles placées au voisinage des fleurs sont plus ou moins modifiées, amoindries; mais cela est surtout remarquable pour les feuilles à l'aisselle desquelles naissent les pédoncules portant les fleurs. Ces feuilles, nommées *bractées*, diffèrent presque toujours des feuilles de la plante, et souvent de la façon la plus complète (voyez BRACTÉE, INFLORESCENCE).

Des enveloppes florales. — Le périanthe des fleurs complètes est ordinairement double, c'est-à-dire formé de deux verticilles de folioles différentes de forme et de coloration. Le *calice* est l'ensemble des folioles extérieures ou *sépales*; la *corolle* est le verticille formé par les *pétales* ou folioles intérieures. Les pièces de la corolle sont les plus profondément modifiées, les plus éloignées de la nature foliacée; on verra donc sans grand étonnement que lorsque la fleur moins complète manque de l'une de ses enveloppes, ce soit la corolle qui fasse défaut et non pas le calice. Cela est évident pour les Dicotylédonées à périanthe simple, que de Jussieu a nommées *apétales*, et dont l'enveloppe florale unique a tous les caractères d'un calice. Mais il est plus difficile de préciser la nature du périanthe simple des Monocotylédonées. Parfois, comme dans la fleur de l'asperge, les pièces de ce périanthe ont une coloration verte qui s'accorde assez avec l'aspect habituel du *calice*; mais dans un bien plus grand nombre, comme le lis, la tulipe, la jacinthe, l'iris, il est vivement coloré et a tout l'aspect des pétales. D'anciens auteurs l'ont dans ce cas nommé la *corolle*; plus récemment, on a fait remarquer que bien souvent le périanthe simple des Monocotylédonées forme deux verticilles. Dans le lis, la tulipe, l'iris, il se compose en effet de six pièces, dont trois plus externes alternant avec trois autres plus internes. On a donc proposé de considérer le verticille externe ou inférieur comme un *calice*, et le second comme une *corolle*. On s'est même autorisé, pour soutenir cette manière de voir, des différences de formes et parfois de coloration qu'on observe souvent entre les folioles des deux verticilles. Mais cette distinction incontestable dans certaines fleurs de Monocotylédonées, est impossible dans beaucoup d'autres, et n'offre aucun caractère de généralité. Beaucoup de botanistes ont donc persisté à nommer cette enveloppe unique un *calice*, parce que c'est le système d'enveloppe le plus extérieur de la fleur. D'autres enfin, sans entrer dans ces discussions, s'en sont tenus au terme de *périgone* ou à celui de *périanthe*, que Linné avait employé pour désigner le calice, lorsqu'il est en contact immédiat avec les étamines ou le pistil.

Nous savons que le calice est le verticille le plus extérieur des enveloppes florales, et qu'il est composé de pièces ou folioles nommées *sépales*. Le calice des Monocotylédonées renferme habituellement six sépales, souvent disposés sur deux verticilles, fréquemment pétaloïdes. Le calice des Dicotylédonées est très-variable, mais dans sa régularité typique il est formé de cinq sépales bractéiformes et verdoyants. Dans l'un comme dans l'autre cas, il se modifie *par adhérence des parties*. C'est-à-dire que les sépales peuvent se souder tous par leurs bords voisins et former une sorte de tube dont le bord accuse encore par le nombre de ses dentelures le nombre primitif des sépales. Il se produit ainsi des calices d'une seule pièce, nommés *monosépales* ou *gamosépales*; des calices à plusieurs pièces distinctes, nommés *polypétales* ou *dialypétales* (voyez CALICE).

La *corolle*, qui est la seconde enveloppe florale, intérieure au calice, extérieure aux étamines et au pistil, se compose de folioles habituellement alternes avec celles du calice, et que l'on nomme *pétales*. Un grand nombre de fleurs de Dicotylédonées comptent cinq pétales, mais ce nombre peut se modifier soit par *multiplication*, soit par *dédoublement*, soit par *réduction dans le nombre* ou *avortement des parties*. L'étude comparative du calice et de la corolle, et le principe de l'alternance permettent facilement de déterminer quelle est celle de ces influences qui a multiplié ou diminué le nombre des pétales. La modification par adhérence des parties a pour résultat de partager les corolles en deux groupes très-distincts, suivant que les pétales sont soudés entre eux ou restent libres. On appelle *corolle monopétale* ou *gamopétale* une corolle dont les pétales sont soudés en une seule pièce. On appelle *corolle polypétale* ou *dialypétale* celle dont les pétales sont libres les uns des autres. Dans chacune de ces formes de corolles, il y a lieu de distinguer encore des corolles régulières ou irrégulières. La corolle monopétale ou polypétale est *régulière* lorsque toutes ses parties sont symétriquement disposées autour de l'axe fictif de la fleur; elle est irrégulière lorsqu'au contraire cette symétrie n'existe plus, et la fleur, en ce cas, ne peut plus se partager que d'une seule manière en deux moitiés pareilles. Outre ces distinctions générales, les formes si variées des corolles ont été décrites avec soin pour les études des espèces, et les plus remarquables ont reçu des dénominations particulières qu'il est indispensable de connaître (voyez COROLLE). Le tableau suivant en rappellera seulement les noms.

$$
\text{Corolles} \begin{cases} \text{polypétales} \begin{cases} \text{régulières...} \begin{cases} \textit{c. rosacée.} \\ \textit{c. caryophyllée.} \\ \textit{c. cruciforme.} \end{cases} \\ \text{irrégulières..} \begin{cases} \textit{c. papillonacée.} \\ \textit{c. anomale.} \end{cases} \end{cases} \\ \text{monopétales} \begin{cases} \text{régulières...} \begin{cases} \textit{c. tubulée.} \\ \textit{c. campanulée.} \\ \textit{c. urcéolée.} \\ \textit{c. infundibuliforme.} \\ \textit{c. hypocratériforme.} \\ \textit{c. rotacée.} \\ \textit{c. étoilée.} \end{cases} \\ \text{irrégulières..} \begin{cases} \textit{c. ligulée.} \\ \textit{c. labiée.} \\ \textit{c. personée.} \end{cases} \end{cases} \end{cases}
$$

Des organes essentiels de la fleur. — Les deux verticilles intérieurs de la fleur ont un rôle physiologique d'un ordre très-élevé qui en fait les parties essentielles de cet organe. Les étamines et les pistils sont les organes par lesquels s'exécute la fécondation des germes. C'est au point de vue de ces fonctions importantes qu'il convient d'étudier leur structure.

Le verticille staminal (*stamen*, étamine) est composé de folioles extrêmement modifiées, et transformées chacune en un organe spécial bien défini, chargé de produire le *pollen* ou poussière fécondante des végétaux ; c'est ce que l'on nomme une *étamine*. Ce verticille n'a réellement pas de nom général ; bien qu'on ait proposé de le nommer *androcée* (*anér*, mâle, *oikia*, demeure), ce nom s'est peu répandu, et l'on a conservé l'habitude de dire simplement *les étamines*.

Étamines. — Nous savons que l'*étamine* se compose habituellement d'un *filet* supportant l'*anthère* ou renflement qui contient le pollen. Un peu plus loin, nous étudierons chacune de ces parties avec attention ; occupons-nous d'abord de résumer les modifications essentielles de l'androcée. Les botanistes ont successivement arrêté leur attention sur le *nombre*, les *proportions relatives*, les *connexions* des étamines. Ils ont attaché à leur *mode d'insertion* une importance toute particulière, et en raison de laquelle j'en parlerai bientôt spécialement.

Le *nombre des étamines* avait été considéré par Linné isolément et comme un caractère utile pour son système de classification ; il avait, d'après cela, distingué des végétaux *monandres*, *diandres*, *triandres*, etc. Dans une étude physiologique de la fleur, il faut considérer le nombre des étamines par rapport à la symétrie générale de cet organe. Nous avons établi que la fleur des Monocotylédonées pouvait se comprendre comme dérivant d'un type où les étamines seraient au nombre de trois, tandis que la fleur des Dicotylédonées dériverait d'un type à cinq étamines. Dans l'une comme dans l'autre de ces deux grandes divisions, le nombre des étamines est variable, tantôt supérieur, tantôt inférieur au nombre primordial. La multiplication peut résulter soit de ce que le verticille staminal est double, triple ou quadruple, soit de ce que dans le verticille simple chaque étamine s'est doublée ou triplée. Le premier mode est beaucoup plus ordinaire que le second, et c'est la loi d'alternance qui permet de décider par quel procédé naturel s'est augmenté le nombre des étamines, par *multiplication* ou par *dédoublement des parties*. Lorsqu'une fleur possède un nombre d'étamines égal à celui des pièces de la corolle et de celles du calice, on la nomme *fleur isostémone* (du grec *isos*, égal, *stémon*, étamine), tandis qu'elle est *anisostémone* (*anisos*, inégal) lorsque le nombre des étamines n'égale pas celui des pétales ou celui des sépales. Si les étamines sont en nombre moindre, la fleur est *méiostémone* (*meïon*, moindre) ; si elles sont en nombre double de celui des pétales et de celui des sépales, elle est *diplostémone* (*diplous*, double) ; s'il y en a plus du double, elle est *polystémone* (*polys*, nombreux). Je rappelle ici qu'en vertu de la loi d'alternance, les étamines doivent normalement alterner avec les folioles de l'enveloppe florale qui lui est contiguë, et aussi avec les carpelles du pistil ; il en résulte que dans une fleur à double périanthe elles doivent être opposées aux sépales.

Les *proportions relatives* des étamines entre elles sont assez variables d'une espèce à une autre. Tantôt elles sont toutes d'égale longueur, tantôt elles sont inégales. Lorsque la fleur a beaucoup d'étamines, elles peuvent être d'autant plus longues qu'elles sont plus intérieures ; d'autres fois, c'est l'inverse. Les fleurs diplostémones (étamines en nombre double) ont presque toujours les étamines opposées aux pétales plus courtes que celles qui leur sont alternes. On appelle, d'après Linné, *tétradynames* (du grec *tettares*, quatre, *dynamis*, puissance) les étamines des Crucifères (giroflée) qui sont au nombre de six, dont quatre longues et deux plus courtes opposées entre elles.

C'est aussi d'après Linné qu'on appelle étamines *didynames* (*dis*, deux fois) les étamines qu'on observe dans les Labiées (lamier blanc), les Scrophulariées (mufle de veau), et quelques autres plantes à fleurs monopétales irrégulières. On y trouve quatre étamines, dont deux plus longues répondent aux côtés de la fleur, tandis qu'à sa partie supérieure correspondent deux étamines plus courtes. La cinquième, dont la symétrie de la fleur réclamerait l'existence, est plus ou moins complétement avortée. Ces deux dispositions résultant de l'inégalité relative des étamines ont seules reçu des noms particuliers ; il en existe beaucoup d'autres sur lesquelles il n'y a pas lieu de s'arrêter. Les *proportions relatives* des étamines et de la corolle sont exprimées par les termes suivants : on nomme *saillantes* les étamines qui sont plus longues que la corolle et la dépassent (le fuchsia) ; on les dit *incluses* lorsqu'elles sont plus courtes et que celle-ci les cache entre ses pétales (la campanule).

Fig. 1133. — Lambeau de la corolle d'un muflier avec les étamines didynames *a, a* et *b, b*.

Les *connexions* des étamines, soit entre elles, soit avec les autres organes de la fleur, sont des phénomènes d'adhérence des parties. Je parlerai des connexions des étamines avec le verticille extérieur qui les avoisine, corolle ou calice, en décrivant l'insertion des étamines dans la fleur. Quant aux adhérences qu'elles peuvent contracter avec le verticille interne ou les carpelles, on doit remarquer les plantes où les étamines soudées au pistil forment avec lui un seul et même corps ; dans ce cas, on les nomme *gynandres*. Les Aristoloches montrent ainsi jusqu'à six étamines soudées avec leur pistil ; les Orchis offrent un phénomène du même genre, mais de leurs trois étamines soudées au pistil, deux sont avortées et rudimentaires.

Le même phénomène d'adhérence des parties d'un même verticille qui nous a donné des calices gamosépales, des corolles gamopétales, s'observe avec plus de variétés encore dans le verticille staminifère. Les étamines sont entre elles *libres* (androcée dialystémone) ou soudées (androcée gamostémone). Mais l'adhérence ou la soudure des étamines s'effectue par leurs anthères dans les plantes de la famille des *Composées* et dans quelques autres ; Linné leur donnait alors le nom d'*Étamines syngénèses* ; de Jussieu les nommait mieux encore *Étamines synanthérées* (*syn*, qui exprime la jonction). Le plus communément l'adhérence s'établit par les filets, et il y avait alors dans le langage figuré de Linné, *adelphie* (*adelphos*, frère) ou fraternité entre les étamines. Il nommait *étamines monadelphes* (*monos*, un seul) celles dont les filets sont soudés en un seul groupe qui forme alors un tube ou un anneau alentour du pistil ; les étamines sont *diadelphes*, *triadelphes* ou *polyadelphes*, quand leur adhérence les partage en deux, trois ou un plus grand nombre de groupes.

Considérons maintenant les formes des deux parties qui composent essentiellement l'étamine.

Le *filet* est habituellement un filament mince, allongé, cylindrique ou légèrement effilé au sommet. Tantôt il est consistant, rigide ; tantôt il est mince comme un cheveu et tombe entraîné par le poids de l'anthère ; quelquefois c'est un large ruban ou même une lame qui rappelle la forme et l'aspect des pétales. Beaucoup de filets ont à leur base des parties accessoires qui leur donnent un aspect étrange, d'autant plus que parfois ces appendices se prolongent en une lame presque aussi grande que l'étamine elle-même ; la bourrache en offre un exemple curieux. Le filet devient quelquefois très-court, au point de pouvoir être considéré comme nul, et l'anthère est alors dite *sessile*.

L'*anthère* est un renflement de forme variable qui est inséré au sommet du filet. Il suffit de la couper transversalement pour s'assurer qu'elle est creusée à l'intérieur et remplie d'une fine poussière, souvent colorée en jaune, et qu'on nomme le *pollen*. Certaines anthères n'ont qu'une seule cavité ou *loge* ; c'est un cas assez rare, mais qu'on observe cependant chez les Malvacées (la mauve, la rose-trémière, etc.) et quelques autres plantes. On dit alors que l'anthère est *uniloculaire*. Le cas le plus ordinaire est celui où l'anthère possède deux loges, et on la nomme alors *biloculaire*. On connaît quelques rares exemples d'anthères *quadriloculaires* (à 4 loges). La forme extérieure de l'anthère est très-variable, mais en général on y reconnaît une double saillie qui annonce l'existence des deux cavités intérieures. On observe d'ailleurs des anthères globuleuses, d'autres en long cylindre grêle, d'autres en forme de ver contourné. Les anthères sont *adnées* lorsqu'elles ont leurs deux loges accolées entre elles ou accolées sur les côtés de la sommité du filet. Le plus souvent on trouve entre les deux loges un corps interposé qui sert à les unir, et que l'on nomme le

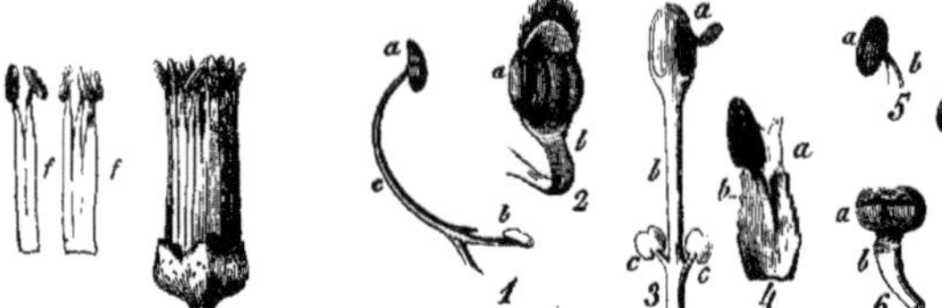

Fig. 1134. — Étamines polyadelphes de l'oranger

Fig. 1135. — Formes diverses d'étamines (1).

connectif. Ce corps est parfois très-développé et donne à l'anthère des configurations bizarres, comme on pourrait le voir dans la sauge, le laurier-rose et quelques autres. On dit que les anthères sont *oscillantes* quand le filet, au lieu de se continuer largement avec le connectif, s'y insère par une pointe fixe sur laquelle l'anthère oscille à chaque mouvement de la fleur. L'anthère porte ordinairement un sillon très-visible qui sépare les loges; on nomme *face* de l'anthère celle où se voit le mieux ce sillon; le côté opposé est le dos. On nomme aussi *base* le point le plus inférieur, et *sommet* le point opposé. La plupart des étamines ont leur face tournée vers le centre de la fleur, et on les nomme alors *introrses;* on les dit *extrorses* dans le cas plus rare où la face de l'anthère regarde l'extérieur.

Le *filet* de l'étamine correspond au limbe de la feuille dont cet organe est une transformation; on y trouve une sorte de nervure médiane formée par un faisceau de trachées, puis une couche celluleuse qui l'enveloppe et un mince épiderme rarement pourvu de stomates. Le

Fig. 1136. — Portion de la coupe horizontale de la paroi d'une anthère de clématis grimpant (2).

connectif est souvent glanduleux, parfois les trachées du filet s'y continuent. L'*anthère* est une modification spéciale d'une portion du limbe de la foliole staminale. Elle a une structure très-variable suivant l'époque de son développement où on l'étudie. A l'état parfait, elle est creusée d'une ou deux cavités remplies de *pollen*. Les parois de ces cavités sont formées d'un tissu spécial qui consiste en des cellules uniquement limitées entre elles par un fil spirale, annelé ou réticulé. Ces cellules, que l'on a nommées *fibreuses*, constituent un tissu que l'humidité, en gonflant le fil contourné, renfle facilement de manière à en déterminer la rupture sur une ligne où ce tissu est naturellement interrompu. Tel est le mécanisme de la rupture ou *déhiscence* (*dehiscere*, se fendre) des loges de l'anthère, qui permet que le pollen soit répandu autour de l'étamine et jusque sur le pistil. Ce tissu hygrométrique est recouvert extérieurement d'un mince épiderme souvent parsemé de stomates. Le *mode de déhiscence de l'anthère* est donc déterminé d'avance par la structure même de cet organe. Mais, selon la forme, la position des étamines, selon la direction et les dimensions du pistil et des autres parties de la fleur, le mode de déhiscence varie pour arriver à la plus exacte dissémination du pollen. Le plus souvent la déhiscence s'effectue par une fente *longitudinale* sur la face de l'anthère; d'autres fois celle-ci étant dans une direction plus ou moins transversale par rapport au filet, la déhiscence devient *transversale*. Dans des cas plus rares, la loge de l'anthère s'ouvre seulement par un orifice supérieur, la fente longitudinale restant fermée dans la partie inférieure. Un mode plus remarquable est celui qu'on observe dans la fleur de la pomme de terre et des autres *solanum;* chaque loge se perce à son sommet au plus rarement à sa base d'*un pore* par lequel s'échappe le pollen. Il est enfin un mode de déhiscence plus rare encore, et que l'on peut voir dans certains lauriers; l'anthère ne s'ouvre ni par une fente ni par un pore : une portion de la paroi se soulève comme *une valve*, laissant une large ouverture par laquelle se vide la loge. Dans tous les cas, la déhiscence a toujours lieu sur la *face* de l'anthère.

En résumé, on peut donc admettre cinq modes principaux de déhiscence des anthères : la *déhiscence longitudinale* (le lis, la tulipe, etc.), la *déhiscence transversale* (la mauve, la rose-trémière), la *déhiscence longitudinale incomplète* (la bruyère, la violette), la *déhiscence par un pore apical* ou *basilaire* (la pomme de terre, la pyrole), la *déhiscence valvulaire* (les lauriers, l'épine-vinette).

Du pollen. — Le *pollen* est une substance pulvérulente ou plutôt granuleuse dont nous verrons plus tard les fonctions, mais dont je vais indiquer la structure. Chaque grain de pollen est une utricule qui, à l'état de maturité, présente généralement une double enveloppe membraneuse, et contient dans sa cavité une matière fluide, épaisse, où nagent de nombreux corpuscules granuleux et opaques, des gouttelettes d'huile, et parfois quelques grains de fécule. Cette matière intérieure, qui joue un rôle essentiel dans la reproduction de la plante, a reçu le nom de *fovilla;* l'enveloppe externe du grain pollinique se nomme *exhyménine* (du grec *exô*, en dehors, *hymèn*, membrane), et l'interne *endhyménine* (*endon*, en dedans).

L'*exhyménine* est en général dure et consistante, et donne au grain de pollen sa forme et sa couleur. Tantôt elle est lisse, tantôt hérissée de petits points saillants, de mamelons, d'éminences plus ou moins aiguës. Certains pollens montrent à leur surface une sorte de gaufrage en forme de réseau, et alors elle exsude en général un liquide huileux et coloré qui donne au grain sa coloration. Les pollens lisses sont ordinairement incolores. Quant à la forme des grains polliniques, elle se modifie suivant le degré d'humidité du grain, et tantôt c'est un globule arrondi ou polyédrique, tantôt un corps allongé en ellipse aiguë à ses extrémités. L'*endhyménine* est unie, mince, délicate et transparente; elle est surtout très-extensible. On la trouve quelquefois adhérente à la face interne de l'exhyménine.

La *fovilla* est, comme j'ai dit, un fluide visqueux, souvent mêlé de gouttelettes huileuses. On y voit une foule de corpuscules, les uns petits et arrondis, les autres, en moins grand nombre, globuleux ou allongés, mais plus gros. Ces corpuscules sont-ils animés de mouvements propres, ou subissent-ils seulement cette agitation, ce fourmillement mécanique que présente même la matière inerte réduite à l'état de fines granulations, et que

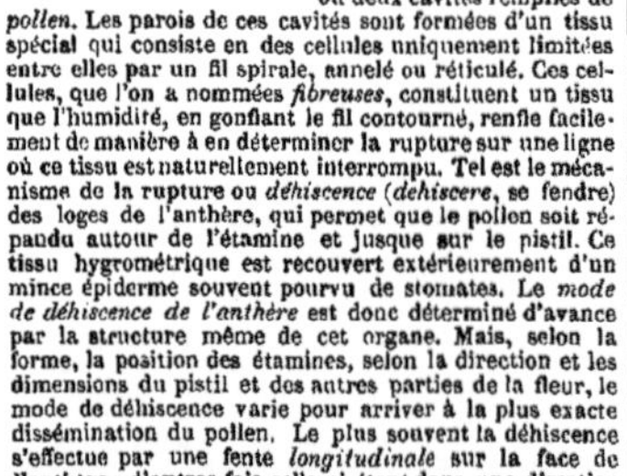

(1) 1, de la sauge : *a*, loge fertile de l'anthère; *b*, loge stérile ; *c*, connectif. — 2, de la pervenche : *a*, anthères ; *b*, filet. — 3, d'un laurier : *a*, loge de l'anthère ouverte ; *b*, filet; *c*, étamines avortées. — 4, de la bourrache : *a*, appendice ; *b*, filet. — 5, du nerprun : *a*, anthère; *b*, filet. — 6, de l'alchimille, mêmes lettres. — 7, du tilleul, id. — 8, du nénuphar jaune, id.

(2) *cc*, couche externe composée des cellules de l'épiderme. — *cf*, cellules fibreuses formant la couche interne (d'après de Jussieu).

l'on connaît sous le nom de *mouvement brownien* (1) ? C'est une question que les observations les plus minutieuses n'ont pas pu résoudre jusqu'ici. On a souvent nommé *pollens solides* des pollens dont les grains res-

l'ig. 1137.—Grain de pollen et fovilla de la renoncule, vu au microscope (2).

tent agglutinés en une seule masse, ou seulement en petites masses de 4, 8 ou 16 grains. On observe ce fait dans les Orchidées ; il ne change d'ailleurs en rien les fonctions et les propriétés essentielles du pollen.

Au premier âge de la fleur, c'est-à-dire quand son bouton commence à se montrer, le filet n'est pas encore développé; l'anthère, sessile encore et rudimentaire, consiste en un petit mamelon cellulaire parfaitement homogène. Bientôt la masse de l'anthère se creuse de quatre cavités destinées à se réunir deux à deux pour former les deux loges de l'anthère. Chacune de ces cavités est remplie d'un mucilage qui s'épaissit peu à peu ; puis il s'organise en cellules dont les unes, extérieures et plus petites, formeront les parois de la loge, les autres, centrales et plus grosses, vont servir à la formation du pollen ; on les nomme *utricules polliniques* ou *cellules-mères du pollen*. D'abord transparentes, les *utricules polliniques* s'obscurcissent bientôt par le développement dans leur intérieur d'une matière granuleuse abondante. Cette matière se transforme assez promptement en une masse solide qui se partage en quatre parties dont chacune est un grain de pollen. Ainsi chaque cellule-mère donne habituellement naissance à quatre grains polliniques. Plus tard, le tissu des cellules-mères se détruit et laisse les grains polliniques libres dans la cavité générale de la loge de l'anthère ; quelquefois cette destruction est incomplète ; on retrouve entre les grains une matière gélatineuse qui est le débris de ce tissu des cellules-mères; d'autres fois, il en reste des filaments qui unissent encore les grains quatre par quatre. Enfin, dans les *pollens solides*, c'est la persistance partielle du tissu des cellules-mères qui a provoqué l'agglutination.

Nous sommes arrivés au verticille *pistillaire* le plus interne de la fleur, que l'on a parfois désigné sous le nom de *gynécée* (du grec *gyné*, épouse, *oïkos*, demeure) ; c'est celui dont les folioles sont modifiées en *carpelles* pour la production des ovules ou jeunes graines. On a longtemps considéré le *pistil* comme un organe unique, creusé d'une seule ou de plusieurs cavités ou *loges* : alors on reconnaissait des *fleurs à pistils multiples* et des *fleurs à pistil simple*, etc. Les idées que nous avons aujourd'hui sur la nature de ces parties résultent d'une étude plus approfondie. Je commencerai par rappeler ce que j'ai dit plus haut, et ce que montre l'étude la plus superficielle des fleurs.

Fig. 1138.—Un pistil.

Au centre de toute fleur complète se trouve un organe ou un groupe d'organes dont voici la composition : à la base, un renflement (A. *fig.* 1138) qui contient les jeunes graines ou *ovules*, et qu'on a nommé l'*ovaire* (*ovum*, œuf ; au-dessus de l'ovaire, un prolongement semblable à une petite colonne B, et qu'on appelle le *style* (du grec *stylos*, colonne) ; et à l'extrémité libre ou supérieure du style un renflement glanduleux C très-diversement figuré, et nommé le *stig-*

mate. Tel est le *pistil*, et, en le comparant avec lui-même dans un grand nombre de fleurs, on observe que : 1° dans certaines fleurs il existe *un pistil unique*, dont l'ovaire est creusé d'*une seule loge*, surmonté d'*un seul style* et d'*un stigmate unique* (haricot, pêcher) ; 2° dans d'autres on trouve encore *un pistil unique*; mais le *stigmate* est ou divisé *en plusieurs lobes*, ou complétement *multiple*; le *style* est souvent *multiple* en même temps que le stigmate ; enfin, l'ovaire a généralement *autant de loges* qu'il y a de divisions ou de stigmates, ou même qu'il y a de styles, ou s'il y a une seule loge, elle a été primitivement divisée, et c'est dans le cours du développement que les cloisons ont disparu (giroflée, marronnier d'Inde, bruyère, oranger, lis) ; 3° dans d'autres fleurs on voit le *pistil formé de plusieurs ovaires* en partie soudés, et surmontés chacun de son style et de son stigmate (nigelle et plusieurs renonculacées) ; 4° enfin, dans d'autres encore, on compte *plusieurs pistils* parfaitement distincts, et dont chacun a exactement la constitution du pistil unique signalé sous le numéro 1° (nénuphar, tulipier, fraisier, renoncule, aconit, pivoine, etc.).

Tels sont les faits principaux ; voici comment on les conçoit, ou, pour employer le terme habituel, voici la *théorie* que l'on en donne. Le verticille pistillaire se compose de feuilles modifiées dont chacune peut constituer un pistil simple, comprenant un ovaire à une seule loge, avec style unique surmonté d'un seul stigmate; c'est ce pistil simple que nous nommerons dès à présent le *carpelle* (du grec *carpos*, fruit).

Composition du verticille pistillaire. — En appliquant au verticille pistillaire ainsi conçu dans sa constitution primordiale, les principes qui ont servi pour expliquer les modifications des autres parties de la fleur, nous comprendrons sans peine les faits si variés que la nature offre à notre observation. Commençons par une étude précise du *carpelle*, comme nous avons étudié le *pétale* ou l'*étamine*; puis nous en examinerons les modifications essentielles. Le *carpelle est une feuille repliée sur elle-même* suivant sa nervure médiane, la face inférieure en dehors, la face supérieure en dedans; dans ce mouvement, la feuille se réfléchit donc vers l'axe qui lui a donné naissance, en rapprochant de cet axe les deux bords de la feuille, jusqu'à ce qu'ils viennent se souder pour fermer ainsi la cavité ou *loge* du carpelle. L'*ovaire* est donc formé par le limbe de la feuille carpellaire, le *style* est un prolongement de la nervure médiane, et le *stigmate* une modification glanduleuse de l'extrémité de cette nervure. Il est des cas où la nature elle-même nous montre la justesse de ces déterminations ; on peut s'en convaincre en étudiant comparativement le pistil d'une fleur simple de cerisier et celui d'une fleur double.

Ce mode de formation du carpelle nous y fait considérer, à part une face correspondant à la nervure médiane et qui sera *extérieure* ou *dorsale*, deux faces *latérales* correspondant aux côtés du limbe, et *un angle de soudure* qui regarde l'axe de la fleur.

La loge que forme la feuille carpellaire en se refermant du côté de son axe doit enfermer le bourgeon que la feuille porte normalement à son aisselle ; au lieu d'avorter comme ceux des sépales, des pétales et des étamines, ce bourgeon prend un développement tout spécial et devient l'*ovule*. L'ovule est donc pour nous le *bourgeon de la feuille carpellaire* enfermé par elle dans la loge de l'ovaire. De même que l'on trouve sur certaines plantes plusieurs bourgeons à l'aisselle d'une feuille (le noyer, certains chèvrefeuilles), ainsi la loge d'un seul carpelle pourra, dans certaines fleurs, renfermer plusieurs ovules. Dans tous les cas, chacun de ces bourgeons ou ovules est uni par des faisceaux fibro-vasculaires à l'axe de la fleur, et par lui au reste de la plante. Dans la loge du carpelle pénètre donc un faisceau vasculaire qui se rend à l'ovule unique ou envoie ses ramifications aux ovules, si la loge en contient plusieurs. A ces vaisseaux venus de l'axe s'en joignent d'autres qui descendent du style vers l'ovule, et cette réunion des deux tissus nourriciers forme sur un point variable de la surface intérieure du carpelle une saillie plus ou moins sensible, et sur laquelle s'insèrent en quelque sorte les ovules ou l'ovule unique ; c'est ce qu'on nomme le *placenta* (*placenta*, gâteau), *placentaire* ou *trophosperme* (du grec *trephein*, nourrir, *sperma*, graine). En général, le *placenta* est situé le long des bords de la feuille carpellaire, c'est-à-dire dans l'angle de soudure, et par conséquent dans la partie de la loge qui est tournée du côté de l'axe. Dans ce cas, on dit que le carpelle a

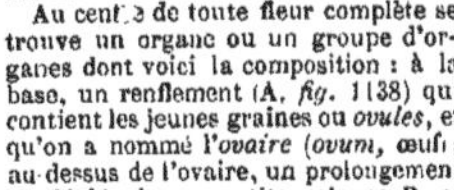

(1) Ce phénomène singulier a été découvert par M. R. Brown ; il a rendu très-douteuse la motilité des granules de la fovilla, que des observations antérieures de Gleichen et de M. Ad. Brongniart avaient fait admettre jusque-là. D'une autre part, M. Fritsch, de Berlin, a constaté l'analogie de ces granulations avec la matière féculente, ce qui tend à leur ôter tout caractère de spécialité organique.

(2) *a*, membrane externe ou exhyménine. — *b*, membrane interne ou endhyménine. — *f*, granules de la fovilla à un fort grossissement.

une *placentation axile* (*axis*, axe). Nous verrons que dans les ovaires à plusieurs loges la placentation ou la position du placenta peut varier notablement. La loi d'alternance dont il a été souvent question veut que les

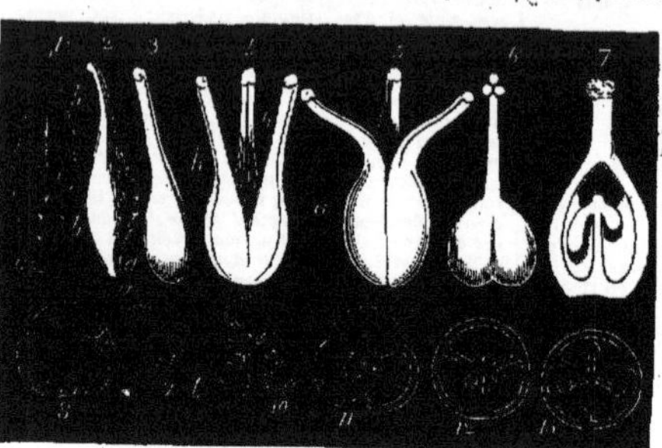

Fig. 1139. — Théorie du carpelle (1).

carpelles alternent avec les étamines et soient opposés par conséquent aux pétales.

On peut résumer les faits qui précèdent, par les propositions suivantes : 1° le verticille central de la fleur

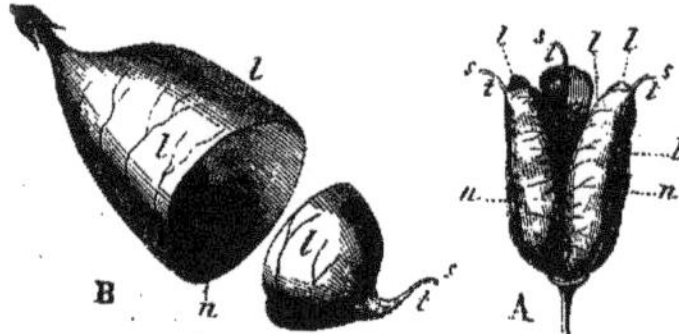

Fig. 1140. — Exemples de carpelles d'aspect foliacé. — A, fruit de l'aconit. — B, fruit du buglienaudier coupé (2).

complète se compose de feuilles modifiées, dont chacune constitue un carpelle ; 2° le carpelle forme avec le limbe de la feuille un *ovaire*, et la nervure médiane se prolonge en un *style* terminé par un stigmate ; 3° on distingue sur le carpelle une face dorsale (nervure médiane de la feuille) et une suture ou angle de soudure qui regarde l'axe ; 4° la loge du carpelle contient un ou plusieurs bourgeons axillaires qui forment l'ovule ou les ovules ; 5° l'ovule ou les ovules sont liés au végétal par des vaisseaux provenant de l'axe de la fleur et de la feuille carpellaire elle-même ; ces vaisseaux constituent le *placenta* ou *placentaire*, et se rendent à l'ovule ; 6° on nomme *placentation axile* la disposition par laquelle le placenta est situé le long de la soudure des bords de la feuille carpellaire, c'est-à-dire vers l'axe de la fleur ; 7° les carpelles sont alternés avec les étamines et opposés aux pétales.

Ces sept propositions contiennent les faits généraux

(1) 1, une feuille : *a*, nervure médiane ; *b*, *b*, bords. — 2, cette feuille se repliant pour former le carpelle. — 3, le carpelle formé avec cette feuille : *b*, les bords. — 4, verticille pistillaire de trois carpelles libres : *a*, nervure médiane ; *b*, bords formant la suture. — 5, verticille pistillaire de trois carpelles soudés par les ovaires. — 6, un verticille analogue, où les trois carpelles sont soudés par les ovaires et les styles. — 7, pistil unique en apparence, à stigmate trilobé, résultant de la soudure à peu près complète de trois carpelles. — 8, coupe d'un ovaire formé de trois carpelles soudés entre eux par leurs bords, formant une seule loge à placentation pariétale. — 9, coupe transversale d'un carpelle avec la position des ovules : *a*, suture dorsale ; *b*, suture ventrale. — 10, coupe transversale des trois carpelles de la figure 4. — 11, coupe transversale des trois carpelles de la figure 5. — 12, coupe transversale de l'ovaire tricarpellé de la figure 6 ; placentation axile. — 13, coupe d'un ovaire à trois loges, dont les cloisons se sont détruites par le développement, et qui présente une placentation centrale.

(2) Carpelles. — *t*, style. — *s*, stigmate. — *l*, limbe de la feuille carpellaire — *n*, nervure de la feuille carpellaire.

de l'histoire du carpelle. Occupons-nous maintenant de l'ensemble du verticille pistillaire et de ses nombreuses modifications.

Modifications du verticille pistillaire. — Concevons encore, comme précédemment, la fleur des Monocotylédonées comme dérivée d'une fleur idéale ; elle contiendrait trois carpelles. Imaginons de même un type de la fleur des Dicotylédonées, on y compterait cinq carpelles. Quel que soit le nombre des parties de ce verticille intérieur, il se modifiera comme se sont modifiés les autres.

Si les *carpelles* restent *libres*, on sera en présence des faits que l'on désignait autrefois par l'expression de *pistils multiples*. Ce nombre pourra d'ailleurs être augmenté soit par *multiplication*, soit par *dédoublement* des carpelles ; et si cette augmentation est considérable, tantôt ils formeront plusieurs verticilles, tantôt on les trouvera groupés sans ordre apparent sur un réceptacle plus ou moins développé, et qu'on nomme *réceptacle* ou *gynophore* (du grec *gyné*, épouse, *phérein*, porter). Dans les *magnolia*, les nénuphars, les tulipiers, les nombreux carpelles dessinent plusieurs spires ou verticilles bien reconnaissables ; dans le fraisier, le framboisier, la renoncule, on trouve les carpelles épars sur un gynophore ou réceptacle. Le nombre

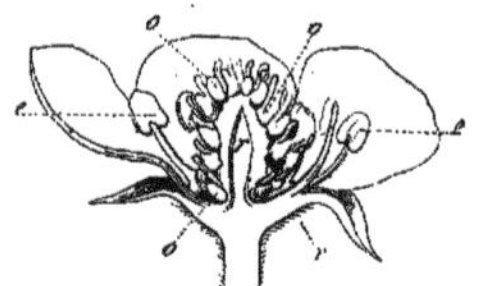

Fig. 1141. — Fraisier ; fleur ouverte (1).

des *carpelles libres* peut aussi subir une *réduction ;* on aura de cette manière des fleurs à quatre, trois ou deux carpelles distincts ; mais ce seront toujours les fleurs à *pistils multiples* d'autrefois. On trouve ainsi quatre carpelles à peu près libres dans la consoude et plusieurs borraginées. L'aconit napel en montre trois ; la pivoine officinale, la pimprenelle n'en possèdent que deux. Porté à l'extrême, la réduction dans le nombre des carpelles donne un seul carpelle, c'est-à-dire le *pistil simple et unique*, à une seule loge, un seul style, un seul stigmate non divisé. Le haricot, le pois, les légumineuses en général, l'abricotier, le pêcher, l'épinevinette, sont des exemples de cette réduction extrême

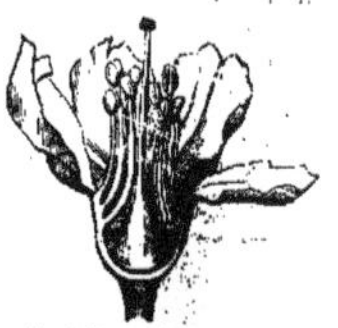

Fig. 1142. — Abricotier ; fleur ouverte.

du verticille pistillaire. Un petit nombre de plantes conservent dans leurs fleurs le nombre normal des carpelles libres entre eux, et restent par conséquent exemptes de modifications. Parmi les Dicotylédonées, on en trouve des exemples dans la famille des *Crassulacées* (le *sedum* ou orpin reprise, les *crassula*, etc.), dans la famille des *Renonculacées*, l'ancolie, etc. Parmi les Monocotylédonées, on peut citer les palmiers, dont la fleur femelle ou pistillée renferme trois carpelles libres.

Outre ces modifications dans le nombre, et souvent avec elles, se manifestent très-habituellement des modifications par *adhérence* ou *soudure des parties*. Ces adhérences peuvent unir les carpelles avec quelqu'un des autres verticilles de la fleur ou les unir entre eux. Déjà nous avons vu des étamines gynandres, c'est-à-dire soudées avec le pistil ; nous verrons un peu plus loin qu'il existe aussi des faits d'adhérence du pistil avec

(1) *o*, *o*, *o*, carpelles libres. — *r*, réceptacle. — *e*, *e*, étamines.

l'une des enveloppes florales ; occupons-nous maintenant des curieuses dispositions qui résultent de la soudure des carpelles entre eux. Ces faits ont une importance toute particulière, car il s'agit d'expliquer la structure du pistil à plusieurs loges que l'on considérait comme un seul organe, et que nous allons bientôt concevoir comme un organe complexe.

Lorsque les *carpelles se soudent entre eux*, le plus souvent ils vont se rencontrer par l'angle où s'est faite la soudure des bords de la feuille carpellaire, leurs faces latérales s'appliquent l'une contre l'autre, et leurs faces dorsales, placées les unes à côté des autres, forment la surface extérieure de la masse unique formée par ces carpelles unis. Le verticille pistillaire se présente, dans ce cas, comme un seul corps dont les parties primitives sont plus ou moins confondues ensemble ; mais si l'on fait une coupe de l'ovaire, on y trouve, non plus une seule loge, mais *deux, trois, quatre, cinq loges*, etc., suivant le nombre des carpelles dont le pistil se compose. On dit alors que *l'ovaire est bi-, tri-, quadri-, quinqué-, multiloculaire*. Les *cloisons* qui séparent ces loges résultent de l'accolement intime des deux faces latérales de deux carpelles voisins. Souvent les *styles* restent distincts ; d'autres fois ils participent à la soudure des parties, mais les *stigmates* restent en nombre égal et distincts. On voit aussi les stigmates multiples se réunir en une seule masse qui souvent, par ses lobes, témoigne encore du nombre primitif des carpelles. Il est une dernière partie dont il faut suivre les vicissitudes dans cette soudure des carpelles, c'est l'ovule avec son placenta. D'après la description que j'ai donnée du carpelle simple et de son mode de placentation, on doit comprendre qu'en se réunissant par leur *angle de soudure* les carpelles ont amené chacun leur placenta vers l'axe de la fleur, de telle sorte que si l'on considère l'ensemble de l'ovaire avec ses loges multiples, les placentas et leurs ovules sont groupés autour de l'axe des verticilles floraux, et là encore *la placentation est axile*. Ce mode de placentation peut subir une modification importante ; dans certains ovaires multiloculaires dans le principe, les cloisons se détruisent à mesure que le développement s'effectue, et à un certain moment l'ovaire est réellement uniloculaire, bien que formé par plusieurs carpelles. Dans ce cas, les placentas accolés à l'axe et portant leurs ovules restent comme une colonne au centre de la loge ; *la placentation est centrale*. Les œillets, et en général les autres caryophyllées, offrent des exemples de ce mode de placentation.

Jusqu'ici nous avons supposé les carpelles d'abord bien repliés sur eux-mêmes et s'accolant ; mais il faut aussi les concevoir soudés entre eux sans que préalablement chacun se fût constitué en une cavité close. Au lieu de venir jusqu'au centre de la fleur, les côtés du carpelle formeront des fragments de cloisons partant de la paroi de l'ovaire ; et alors les ovules avec leurs placentas se trouvant encore le long des bords des feuilles carpellaires cesseront d'être axiles, mais seront accolés aux parois de l'ovaire, de manière que *la placentation sera*, dans ce cas, *pariétale*. Ici chaque placenta correspond aux bords de deux feuilles carpellaires différentes, tandis que dans le cas précédent il correspondait aux deux bords d'une seule et même feuille. Ainsi, quand la *placentation* est *axile* ou *centrale*, le carpelle fermé sur lui-même s'est ensuite accolé par ses faces latérales aux carpelles voisins ; quand la placentation est pariétale, le carpelle n'a plus soudé ses deux bords, mais la feuille carpellaire s'est unie bord à bord avec les feuilles carpellaires voisines ; il en résulte un ovaire multicarpellé, et cependant uniloculaire ; mais le long de chacune des lignes suturales qui joignent ses feuilles carpellaires se trouve un placenta pariétal. L'ovaire de la violette, de la pensée, du pavot, montre une placentation pariétale. Parfois les placentas pariétaux sont très-saillants, s'avancent dans la cavité de la loge et y simulent au premier abord des cloisons interloculaires ; mais jamais ils ne parviennent jusqu'à l'axe ; on leur a donné alors le nom de *fausses cloisons* ; le pavot en possède un grand nombre.

Je vais, comme je l'ai fait plus haut, résumer en quelques propositions les faits relatifs aux modifications du verticille pistillaire à plusieurs carpelles. 1° Tout pistil pluri- ou multiloculaire est formé de plusieurs carpelles soudés entre eux ; 2° on trouve des pistils en apparence uniloculaires qui résultent réellement de la soudure de plusieurs carpelles ; c'est qu'alors, ou les cloisons ont existé aux premiers temps du développement et se sont

détruites, ou les cloisons sont incomplètes, parce que les feuilles carpellaires ne se sont pas entièrement repliées sur elles-mêmes, mais soudées seulement entre elles presque bord à bord ; 3° en général, on retrouve sur le style

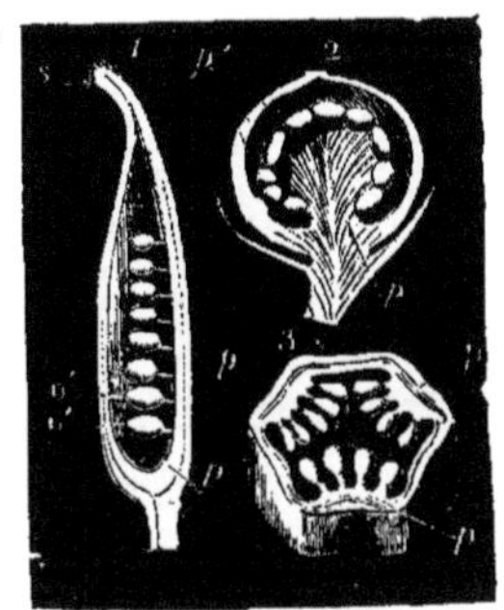

Fig. 1143. — Modes de placentation (1)

et tout au moins sur le stigmate la trace de leur multiplicité primitive ; 4° la disposition du placenta varie suivant le mode d'adhérence des carpelles, et on peut distinguer : la *placentation axile*, où les placentas sont appliqués contre l'axe de la fleur et du pistil ; la *placentation centrale*, dans laquelle ils forment au centre du pistil un corps isolé qui supporte les ovules ; enfin, la *placentation pariétale*, dans laquelle ils sont appliqués contre les parois de l'ovaire, le long des lignes de suture des feuilles carpellaires entre elles, ou sur les cloisons incomplètes qu'elles forment ; 5° le nombre des carpelles soudés dans un pistil composé est d'ailleurs variable d'après les mêmes principes que j'ai exposés au sujet des carpelles libres : de là résultent des *ovaires biloculaires* (crucifères, ombellifères), *triloculaires* (capucines, marronnier d'Inde, millepertuis, chèvrefeuille), *quadriloculaires* (houx, fusain, bruyère, verveine, romarin et labiées), *multiloculaires* (nénuphar, malvacées) ; 6° dans les Dicotylédonées, on rencontre très-fréquemment un ovaire à cinq loges, c'est-à-dire formé de cinq carpelles soudés. Dans les Monocotylédonées, il est très-ordinaire de trouver un ovaire à trois loges formé par la soudure de trois carpelles. Ce sont là les nombres primitifs de la fleur dans chacune de ces grandes divisions.

On peut éprouver quelque embarras pour déterminer dans une fleur quelconque le nombre des carpelles ; voici comment on y parvient.

On examine d'abord l'ovaire, et l'on constate le *nombre de ses loges* ; s'il y en a plusieurs, il est formé d'autant de carpelles qu'on y compte de loges ; s'il n'y en a qu'une, la conclusion n'est pas aussi simple. Nous avons vu, en effet, que l'ovaire uniloculaire peut être un carpelle simple, ou résulter de la destruction des parois d'un ovaire pluriloculaire, ou enfin être un ovaire à plusieurs carpelles soudés en une seule loge. Pour décider quelle est la véritable nature du pistil, on peut tirer d'utiles indications de l'examen des *styles* et des *stigmates*. Dans les Caryophyllées on trouve un ovaire uniloculaire, mais surmonté de styles multiples, deux dans l'œillet, trois dans le mouron des oiseaux, cinq dans la nielle des blés. Dans l'héliant hème (famille des *Cistinées*), que l'on cultive dans nos jardins, on trouve un ovaire uniloculaire, un style unique, mais un stigmate trilobé qui annonce l'existence de trois carpelles ; le réséda (famille des *Résédacées*) offre un exemple du même genre. Enfin, s toutes ces indications font défaut et pour vérifier d'ailleurs ce qu'elles semblent annoncer, il faut étudier la *placentation*. Là est l'organe qui, d'ordinaire, ne trompe

(1) 1, carpelle de l'aconit ; *p*, placenta sutural (placé sur la suture ventrale), à *placentation axile : o'. o'*, ovules portés sur leur funicule ; *s*, stigmate. — 2, carpelle de la lysimachie vulgaire : *p*, placenta central, portant les ovules *p'*. — 3, carpelle du turnera à feuilles d'orme, montrant trois placentas pariétaux *p, p, p*.

pas et accuse nettement la véritable nature du pistil. Il y a, en général, autant de lignes placentaires qu'il y a de feuilles carpellaires. Il faut donc, pour constater ce nombre, bien observer combien il y a de lignes tracées sur la paroi interne de l'ovaire par les insertions des ovules.

Telle est la théorie du carpelle ; elle a le mérite de simplifier la prodigieuse variété des fleurs en expliquant toutes les formes que celles-ci présentent, par l'application successive des mêmes procédés modificateurs sur chacun des verticilles. C'est la modification par *adhérence des parties* qui produit les calices monosépales, les corolles monopétales ; les étamines monadelphes, les pistils composés ; ce sont les modifications par *réduction dans le nombre*, par *multiplication*, par *dédoublement*, qui jettent une si grande variété dans la composition numérique des verticilles floraux. Enfin, outre ce mérite de simplicité, la théorie du carpelle a tous les caractères de la probabilité et s'accorde avec tous les faits que l'on observe.

En ce qui concerne l'ovaire en particulier, j'ai peu de chose à ajouter aux développements qui précèdent ; la forme de l'ovaire est variable, mais elle est, en général, sphéroïdale ou ovoïde. Souvent des sillons extérieurs trahissent le nombre de ses loges lorsqu'elles sont multiples ; quelquefois aussi le milieu de la face dorsale de chaque carpelle est marqué d'une saillie qui rappelle la nervure médiane ; mais d'autres fois c'est un corps parfaitement uni à l'extérieur, bien que pluriloculaire.

Le style est *simple* ou *multiple* sur un même ovaire. Entre ces deux formes extrêmes, il présente bien des formes intermédiaires, il est *bifide*, *trifide*, etc. ; *bipartite*, *tripartite*, etc. La forme du style est d'ailleurs assez variable ; ce n'est pas toujours un prolongement grêle et cylindrique. Dans l'iris chaque style a la forme d'un pétale ; ailleurs il est court et gros ; parfois il devient nul, comme dans le pavot, et on dit alors que *le stigmate est sessile*. On trouve sur certains styles des poils que l'on a nommés *collecteurs*, et qui semblent avoir pour mission de recueillir les grains de pollen et de les retenir sur le pistil.

Le style est creusé, suivant son axe, d'un canal étroit qui s'étend du stigmate à l'ovaire. Ce canal est ordinairement rempli d'un tissu cellulaire très-lâche, à cellules longues et flexibles ; on a nommé ce tissu *tissu conducteur*, à cause du rôle qu'il joue dans la fécondation.

Du stigmate. — Le stigmate du carpelle simple est ordinairement d'un tissu cellulaire lâche, dont les cellules extérieures allongées forment des papilles ou même de véritables poils. Ces poils s'allongent parfois jusqu'à donner au stigmate l'aspect d'une plume, et on le dit alors *plumeux* ; on observe cette forme dans les deux stigmates des Graminées (blé, avoine, seigle). Ce tissu, très-analogue au tissu conducteur du style, semble en être une continuation. Il vient ainsi s'épanouir au dehors en un stigmate tantôt terminal, évasé au sommet du style, tantôt latéralement fendu en une sorte de cornet, tantôt fendu de deux côtés opposés de manière à constituer une double languette papilleuse.

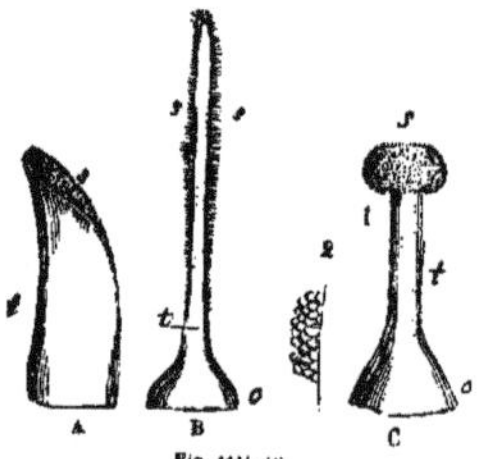

Fig. 1144 (1).

Quand les carpelles sont multiples, et que le style contient les styles multiples soudés en un seul organe, le stigmate conserve ordinairement la trace évidente de

cette multiplicité. Il est alors fréquemment partagé en autant de lobes qu'il y a de carpelles dans le pistil composé. La famille des *Scrophularinées* (muflier, bouillon blanc) montre un stigmate bilobé correspondant à deux loges, c'est-à-dire à deux pistils ; la famille des *Campanulacées* offre, selon les espèces, un stigmate trilobé ou quinquéfide qui décèle l'existence de 3 ou de 5 carpelles, car l'ovaire a 3 ou 5 loges. On observe dans plusieurs plantes la soudure des stigmates en un seul corps, comme dans l'arbousier, l'épine-vinette, etc.

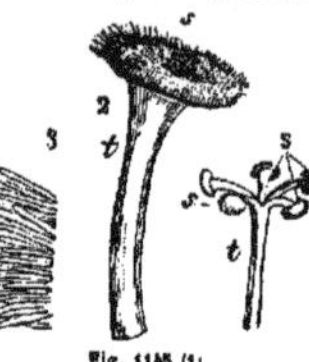

Fig. 1145 (1).

Rapports de position des étamines et des pistils dans la fleur. — Ces rapports ont été exprimés par des termes dont il est important de bien connaître la valeur. L'insertion des étamines présente deux différences très-importantes : ou bien celles-ci sont libres à leur base et ont une insertion distincte de celle de toute autre partie de la fleur ; ou bien, au contraire, les étamines sont, à leur base, soudées avec la corolle et ont avec elle une insertion commune. Ce dernier cas s'observe toujours dans les fleurs à corolles monopétales. On nomme *étamines épipétales* celles dont la base est ainsi confondue avec celle de la corolle. On a distingué les étamines, sous le rapport de l'insertion, en étamines hypogynes, péri-

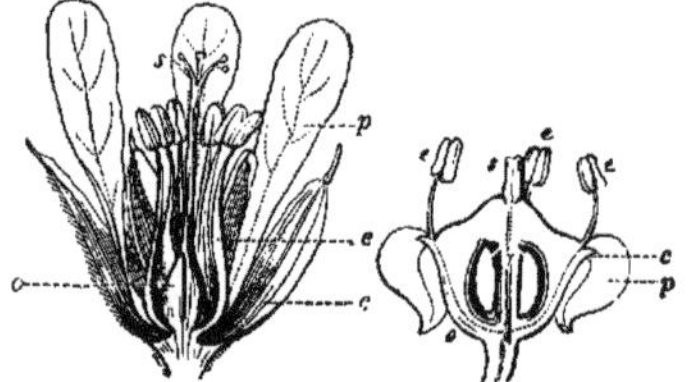

Fig. 1146. — Fleur du géranium-Robert, à étamines hypogynes et monadelphes (2).

Fig. 1147. — Fleur d'aralia, à étamines épigynes, avec un ovaire adhérent (2).

gynes, épigynes : voici la signification précise de chacun de ces termes. Les étamines sont *hypogynes* (du grec *hypo*, en dessous) lorsque, libres de la corolle ou soudées avec elle à leur base, elles seront d'ailleurs indépendantes du pistil et du calice (*fig.* 1146) ; dans ce cas, en effet, elles s'inséreront directement sur le torus ou réceptacle de la fleur, et par conséquent au-dessous du pistil. Les étamines sont *périgynes* (du grec *péri*, autour) lorsqu'au lieu de s'insérer directement sur le torus, elles s'insèrent sur le calice qui les élève nécessairement avec lui à une certaine hauteur au-dessus de la base du pistil ; elles se trouvent alors autour de lui, comme on peut le voir dans la fleur de l'abricotier (*fig.* 1142). Dans ce cas, comme dans le précédent, la corolle peut être unie aux étamines par sa base, et leur insertion commune est périgyne. Les étamines sont *épigynes* (du grec *épi*, sur, au-dessus) lorsque, libres ou soudées par la base à la corolle, elles s'insèrent sur l'ovaire même (*fig.* 1147). Dans ce cas, il y a ordinairement soudure des quatre verticilles de la fleur, de telle sorte que le calice devenu adhérent à l'ovaire semble porter comme lui les étamines, et au premier abord on peut confondre ces insertions épigynes avec les périgynes, ou inversement.

A ces deux dernières dispositions de la fleur se rattache une particularité de l'ovaire qu'il est utile de faire connaître ici. Cette soudure plus ou moins complète des quatre verticilles floraux a été doublement désignée par les mots de *calice adhérent* ou *ovaire adhérent* ; et comme, dans le cas d'adhérence de l'ovaire, cet organe semble plongé au-dessous du niveau des autres parties

(1) A, stigmate unilatéral *s*, de l'Asimina trilobé. — *t*, style. — B, stigmate bilatéral *s*, du plantain saxatile. — *o*, ovaire. — *t*, style. — C, 1, stigmate *s* du daphné lauréole. — *t*, style. — *o*, ovaire. — 2, portion grossie de la surface papilleuse du stigmate.

(1) Fig. 1145. — 1, sommet du style de la Ketmie des marais. — *t*, style. — *ss*, stigmates. — 2, un des stigmates *s*, grossi. — *t*, branche du style. — 3 tissu papilleux du stigmate vu à la loupe.
(2) Fig. 1146 et 1147. — *c*, calice. — *p*, pétales. — *s*, stigmate. — *e*, étamines. — *o*, ovaire.

de la fleur, on le nommait autrefois *ovaire infère*, tandis qu'il était *supère* dans les autres cas. Certaines disposi-

Fig. 1148. — Ovaire infère et adhérent de la fleur du poirier.

tions d'étamines périgynes simulent extérieurement l'adhérence de l'ovaire et du calice. C'est ce qu'on peut voir dans la rose. Son calice offre dans sa portion basilaire un renflement qui pourrait sembler un ovaire soudé au calice ; mais, en l'ouvrant, on reconnaît la parfaite indépendance des ovaires et du calice. Ces carpelles multiples, implantés à l'intérieur d'une cavité formée par le calice, ont reçu le nom d'*ovaires* ou *carpelles pariétaux*. L'adhérence de l'ovaire entraîne l'hypogynie ou au moins la périgynie des étamines.

De la floraison ou épanouissement des fleurs. — La floraison ou *anthèse*, ou *épanouissement de la fleur*, a

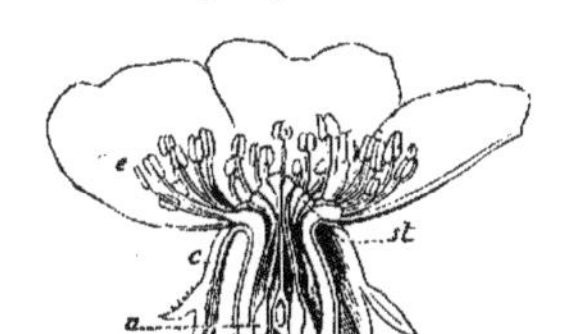

Fig. 1149. — Fleur à carpelles pariétaux du rosier (1).

lieu habituellement à l'époque où la fécondation va s'effectuer. Elle est soumise à l'influence des saisons, de la lumière, de l'état météorologique du ciel. Chaque espèce fleurit dans un même pays à une époque déterminée de l'année; le printemps et l'été sont, dans nos climats tempérés, les saisons où s'épanouissent la plupart des fleurs ; cependant les autres saisons ont aussi leurs fleurs, mais bien moins nombreuses. On a, d'après l'époque de la floraison, distingué des fleurs *printanières* qui, comme les violettes, les tulipes, les primevères, s'épanouissent durant les mois de mars, avril et mai ; *estivales*, qui fleurissent de juin en août ; *automnales*, qui, comme le colchique, s'épanouissent en septembre, octobre et novembre ; enfin les fleurs *hibernales*, qui s'ouvrent l'hiver, comme l'ellébore ou rose de Noël (voyez CALENDRIER DE FLORE). L'époque de la floraison d'une même espèce varie d'ailleurs selon les pays, ce qui prouve que le phénomène est déterminé par l'ensemble des conditions atmosphériques et reste indépendant du temps lui-même. Chaque fleur s'épanouit, en général, à une heure déterminée de la journée, mais l'humidité du matin paraît favoriser beaucoup ce phénomène, car beaucoup de fleurs s'ouvrent à cette heure. Il en est cependant qui s'épanouissent le soir ; d'autres, plus singulières, s'ouvrent et se ferment à certaines heures de la nuit. Quelques météores, tels que la pluie, l'orage, l'accumulation des nuages, favorisent l'épanouissement de certaines espèces au point d'en être la condition nécessaire.

La lumière paraît indispensable à la floraison de beaucoup de plantes. Bory de Saint-Vincent n'a pu faire épanouir certaines fleurs exotiques qu'en remplaçant, pendant la nuit, la lumière solaire par un éclairage artificiel concentré sur la fleur avec une lentille.

Beaucoup d'autres observateurs ont reconnu ces diverses influences des agents météorologiques sur les fleurs. « Les unes, dit le professeur H. Lecoq, s'épanouissent au lever du soleil et se ferment peu à peu, à mesure que cet astre descend vers l'horizon. Les autres se couchent de bonne heure et se réveillent très-tard. La *chicorée sauvage* ferme ses jolies fleurs bleues dès 11 heures du matin, mais quelquefois cependant elle attend jusqu'à 3 et 4 heures pour dormir complétement.

(1) o, ovaire inséré, avec plusieurs autres sur le face interne d'un calice renflé et simulant l'adhérence. — *st*, styles et stigmates. — *e*, divisions foliacées du calice. — *e*, les étamines.

Ces fleurs, comme beaucoup d'autres, ont une grande tendance à se diriger du côté d'où vient la lumière ; elles se retournent d'elles-mêmes pour être plus fortement éclairées. Il en est peu toutefois qui suivent, comme on l'a dit, le mouvement du soleil, phénomène qui, pour le grand *Soleil* des jardins, par exemple, existe dans tous les livres, mais non dans la nature. A 2 heures, le *mouron des champs*, si gracieux par ses corolles de saphir ou d'écarlate, s'assoupit jusqu'au lendemain. L'*œillet prolifère*, plus dormeur encore, permet à peine que midi ait sonné pour fermer ses pétales, et il attend neuf heures du matin pour les ouvrir. Chacun a pu voir le *pissenlit* se fermer à diverses heures de l'après-midi, et les corolles blanches et roses des *liserons* sommeiller dès cinq heures du soir. Les *pourpiers*, les *ficoïdes*, les *sonchus* ou *laiterons* se reposent à des heures diverses de la journée, et la *dame-d'onze-heures*, dont le nom seul indique la paresse et la nonchalance, ne s'endort pas moins dès que 3 heures ont sonné. Mais, s'il est des fleurs qui attendent la vive lumière du soleil pour s'ouvrir, il en est un plus grand nombre qui attendent la nuit. C'est alors qu'elles éclosent; on les trouve au réveil. Les *mirabilis* ou *belles-de-nuit*, contractant en dehors les fibres de leur calice, éclosent dès 5 heures du soir et voient coucher le soleil ; le *geranium triste* se prépare à ouvrir ses fleurs sombres et parfumées ; et, pendant que la plupart de ses congénères sommeillent, le *silene noctiflora* (ou *silénée noctiflore*) reste ouvert jusqu'aux lueurs du matin. Les *coquelicots* de nos guérets, les *gesses* qui s'attachent à nos buissons, les délicates *graminées* qui se balancent dans nos prairies, les *œnothères* et les *épilobes* qui suivent le cours de nos ruisseaux, la *primevère* de la vallée et la *soldanelle* des montagnes profitent, pour s'ouvrir, de la sérénité de la nuit. Le *cactus grandiflora* attend les ténèbres pour épanouir ses nombreux pétales, pour écarter ses innombrables étamines et exhaler le parfum le plus suave et le plus délicat. » (*Botanique populaire*, p. 273). Linné, en réunissant les fleurs qui s'épanouissent aux diverses heures de la journée, a formé une *horloge de Flore* (voyez HORLOGE).

Dutrochet a prouvé, par d'ingénieuses expériences, que dans les fleurs qui s'ouvrent et se ferment alternativement. l'incurvation de la corolle vers le centre de la fleur s'effectue sous l'influence de l'absorption de l'oxygène de l'air par les fibres internes de ses nervures, tandis que l'incurvation en dehors, celle qui ouvre la fleur, est due à la déplétion du tissu cellulaire de la corolle qui se gonfle de l'humidité atmosphérique.

L'épanouissement des fleurs a une durée variable ; quelques-unes se fanent avant la fin du jour qui les a vues éclore ; un grand nombre durent plusieurs jours ; quelques-unes plusieurs semaines ; enfin on en cite dont la floraison dure un et même deux mois.

Quelques auteurs entendent par le mot *floraison* l'ordre dans lequel s'épanouissent les fleurs d'une inflorescence (voyez INFLORESCENCE).

Phénomènes de chaleur et de mouvement dans les fleurs. — Les fleurs respirent, à l'inverse des parties vertes, par une absorption d'oxygène et une exhalation d'acide carbonique. Cette respiration, analogue à celle des animaux, est accompagnée dans quelques plantes d'une production très-manifeste de chaleur ; d'autres en développent une quantité beaucoup plus faible. La famille des *Aroïdées* (Monocotylédonées) a surtout présenté des faits de ce genre, et Lamark les signala le premier à l'attention. Il constata que dans l'*arum italicum*, ou *gouet d'Italie*, le spadice et sa spathe, au moment de la floraison, manifestent une élévation de température de 9° environ. Bory de Saint-Vincent et F. Hubert ont observé sur une grande espèce de gouet de l'Ile de France, l'*arum cordifolium*, que, par une température ambiante de 19°, le spadice accusait une élévation de température de 44° à 49°. Voici quelques autres observations sur des plantes de cette même famille : *arum dracunculus*, ou gouet serpentaire, augmentation de température de 14°, suivant M. Gœppert et M. Ad. Brongniart ; *caladium pinnatifidum*, 9°.5, suivant M. Schultz ; *colocasia odora*, 22°, suivant MM. Van Beck et Bergsma.

Les fleurs dont la nature foliacée a été établie précédemment présentent parfois une motilité analogue à celle des feuilles. Dans la rue odorante, *ruta graveolens* (famille des *Rutacées*), on voit, au moment de la déhiscence des anthères, les 8 ou 10 étamines se redresser vers le stigmate, y déposer leur pollen, puis reprendre leur direction horizontale et déjetée en dehors. Les étamince de l'épine-vinette (famille des *Berbéridées*) se resserrent et se rapprochent vers le pistil, lorsqu'on les soumet à la moindre irritation mécanique. Parmi les Urticées, la pariétaire, le mûrier à papier ont leurs étamines infléchies en dedans, au-dessous du stigmate; lors de la déhiscence des anthères, elles se redressent avec une brusque élasticité et lancent leur pollen sur le pistil. Les *kalmia*, de la famille des *Éricacées*, tribu des *Rhododendrées*, voisine des Bruyères, offrent, au moment de la fécondation, un mouvement encore plus compliqué dans les étamines, pour apporter le pollen sur le stigmate. D'une autre part, les styles et les stigmates des cactus, des nigelles, etc., se portent vers les étamines au moment où s'échappe le pollen; dans certaines Composées, les deux lames du stigmate se rapprochent chaque fois que le pollen y tombe. On pourrait citer encore bien des exemples du même genre; mais jusqu'ici la cause et le mécanisme de ces mouvements nous échappent complétement.

Quant aux fonctions essentielles des fleurs, comme elles concourent à la grande fonction de la *reproduction* des plantes, il en est traité au mot Reproduction. — On trouvera au mot Règne végétal l'indication des caractères qu'ont fournis les fleurs pour l'établissement des groupes naturels ou artificiels parmi les plantes. Enfin, pour ce qui concerne la culture des fleurs au point de vue de l'agrément et de l'ornement, voyez au mot Jardin à fleurs.

Ad. F.

Fleurs (Hygiène, Thérapeutique). — Les fleurs absorbent une grande quantité d'oxygène qu'elles transforment en acide carbonique au moyen de leur carbone. Cet effet a lieu jour et nuit pour les fleurs exposées ou non à la lumière. On avait renfermé une rose dans une cloche; au bout de six heures, l'air était assez altéré pour éteindre deux fois de suite une bougie allumée (Marigues). L'expérience a réussi aussi bien avec des fleurs inodores qu'avec les fleurs les plus odorantes; et le même observateur a trouvé que les fleurs de la mauve et du solidage-verge-d'or donnaient beaucoup plus d'acide carbonique que le lilas, la violette et le jasmin. Du reste, toutes les autres parties vertes de la plante produisent le même phénomène, mais seulement pendant le jour et à la lumière. Au reste, ce n'est pas seulement par la formation du gaz acide carbonique que les fleurs produisent des effets délétères, car les feuilles fournissent souvent autant et même plus d'acide carbonique que les fleurs, et pourtant leur présence dans les appartements est loin d'offrir autant de dangers, même lorsqu'elles sont très-odorantes, comme celles de la *lippie citronnelle* et autres. Cet effet tient évidemment à l'organisation des différentes parties de la fleur, particulièrement des pétales et des étamines, et est déterminé par des émanations dont la nature n'est pas encore bien connue. Quoi qu'il en soit, ces propriétés délétères ont été observées trop souvent pour être révoquées en doute. Mme Laumonier (de Rouen), femme du célèbre chirurgien de ce nom, avait eu l'imprudence de conserver dans sa chambre des fleurs de lis; elle fut prise d'angoisse, de céphalalgie, de défaillances très-graves, et faillit être la victime des émanations de ces fleurs. Une demoiselle étant couchée avec sa servante dans une petite chambre où il y avait beaucoup de fleurs, fut éveillée au milieu de la nuit par des angoisses extraordinaires; sa servante fut aussi malade; elles parvinrent avec peine à ouvrir la fenêtre, et se rétablirent (Ingenhousz). Une jeune fille périt, parce qu'on avait laissé une grande quantité de violettes près de son lit, dans une chambre très-petite (Triller). A Londres, une femme fut trouvée morte dans son lit, sans qu'on pût soupçonner d'autre cause que l'effet produit par une grande quantité de fleurs de lis qu'elle avait conservées dans sa chambre. Nous nous contenterons de citer ces faits pour prouver combien il faut éviter l'encombrement des fleurs dans les appartements; le moindre inconvénient qui puisse en résulter, ce sont des étouffements, des maux de tête, des syncopes; quelquefois des cardialgies, des vomissements, de l'engourdissement dans les membres, l'aphonie, les convulsions, presque toujours un état de somnolence, de faiblesse avec diminution des mouvements du cœur : de telle sorte qu'il paraît bien résulter de l'ensemble des symptômes observés, que le principe délétère agit plutôt sur le système nerveux que sur les phénomènes chimiques de la respiration, comme cela a lieu dans l'asphyxie. On a remarqué que c'est presque toujours la nuit que les accidents arrivent; cela tient probablement à ce que l'air n'étant pas agité et déplacé comme pendant le jour

par l'ouverture des portes et des fenêtres, par le mouvement qui se fait dans l'appartement, les émanations délétères s'accumulent, se concentrent, et agissent avec d'autant plus d'intensité que les individus qui y sont exposés, profondément endormis, n'ont pas conscience des premiers symptômes, qu'ils ressentiraient dans l'état de veille.

Les moyens de remédier à ces accidents sont d'abord de mettre les malades au grand air frais, d'appliquer des compresses froides, de faire respirer du vinaigre, de l'ammoniaque affaibli, de faire avaler quelque peu de liqueur forte, de frictionner la région du cœur, etc. Il n'y a, du reste, aucun moyen d'empêcher, malgré tout ce que l'on a pu dire, l'effet délétère des émanations des fleurs; le seul capable de l'atténuer un tant soit peu, c'est d'établir un courant d'air; autre inconvénient presque aussi dangereux.

La thérapeutique tire aussi un grand parti des fleurs, on peut dire, en général, qu'elles jouissent des mêmes propriétés que les autres parties d'une plante; cependant il y a de nombreuses exceptions à cette règle. Quelquefois on emploie avec la fleur une petite portion des feuilles ou de la tige dont il serait difficile de l'isoler, et qui, d'ailleurs, recèlent la majeure partie des principes actifs : ainsi la sauge, le serpolet, la lavande, la menthe, la mélisse, l'hysope, la germandrée, et presque toutes les *Labiées* sont dans ce cas. Les fleurs de la famille des *Composées*, dont il est impossible d'isoler les petites corolles qui d'ailleurs ne jouissent d'aucune saveur, sont employées dans leur entier avec le réceptacle et le périanthe communs : telles sont les fleurs de camomille, d'armoise, de centaurée, d'arnica, etc. D'autres fois on ne fait usage que de la fleur et des parties qui la composent, comme les violettes, les mauves, etc. Enfin on se sert quelquefois d'une seule partie de la fleur, les pétales de roses, de coquelicots, les stigmates dilatés et charnus du safran, etc.

Toutes les parties que nous venons d'indiquer contiennent des principes dont la médecine fait journellement usage; ce sont : du mucilage, des huiles essentielles, des principes astringents, amers, narcotiques, etc., ce qui permet de classer les fleurs, au point de vue thérapeutique, en plusieurs groupes : ainsi les *émollientes*, comme les mauves et guimauves, le bouillon blanc, le tussilage ou pas d'âne, la bourrache, les pétales de coquelicot, toutes les espèces dites pectorales, etc. Les *toniques astringentes*, *amères*, etc., comme les pétales de roses rouges, de grenade (astringentes); les sommités fleuries de chardon bénit, de centaurée (toniques amères); la fleur de la brayère anthelminthique, connue sous le nom de *Kousso*, etc. Les fleurs *narcotiques* ou *stupéfiantes* dans lesquelles on trouve celles de belladone, de jusquiame, de pavot somnifère. Les *excitantes*, parmi lesquelles, à côté des labiées, on peut placer les fleurs de girofler, de cannellier non épanouies. Les *évacuantes*, qui comprennent les *purgatives*, fleurs de pêcher, d'amandier, de faux ébénier, et quelques-unes qui sont *vomitives*. Les *expectorantes*, etc.

F — N.

Fleurs (Histoire naturelle). — Ce nom, au singulier ou au pluriel, auquel on ajoute presque toujours une épithète indicative, a été donné à un certain nombre de plantes et à quelques substances minérales; nous allons indiquer les principales.

Fleur d'Adonis (Botanique). — C'est l'*Adonide*.

Fleur ailée (Botanique). — Nom donné à l'*Ophride mouche*, à une *Mantésie*, à une *Rhexie*.

Fleur de l'air (Botanique), *Aérides*, Loureiro; du grec *aeris*, *aeridos*, habitant de l'air. — Genre de plantes de la famille des *Orchidées*, à racines linéaires, à tige droite, hautes de 0m,32, à feuilles linéaires, portées sur de courts pétioles, à fleurs pâles, presque charnues, disposées en grappes simples et pendantes. Cette plante croît dans les bois de la Chine et de la Cochinchine, où Loureiro l'a trouvée; il la dit très-odorante. Elle pend aux branches des arbres, sur lesquelles ses racines ne servent qu'à la fixer, et prend toute sa nourriture dans l'air. « En effet, dit Loureiro, une branche de l'espèce nommée *Aerides odorata* (Lour.), suspendue en l'air dans les maisons, privée de terre et d'eau, y croît, y fleurit et y fructifie pendant nombre d'années. Je le croirais à peine, ajoute-t-il, si je ne m'en étais pas convaincu par l'expérience journalière. » Bosc dit d'autre part : « On en a apporté un pied à Paris, il y a déjà quelques années, que j'ai vu suspendu dans un panier, et végétant avec force au plafond. » Il en existe aujourd'hui dans les serres du Jardin des Plantes.

FLEURS D'ANTIMOINE (Minéralogie). — Voyez ANTIMO-NIEUX (*Acide*).

FLEURS ARGENTINES D'ANTIMOINE (Minéralogie). — C'est l'*oxyde d'antimoine*.

FLEUR D'ARMÉNIE [Botanique]. — Nom vulgaire de l'*œillet de poète*.

FLEURS DE BENJOIN (Matière médicale). — C'est l'*acide benzoïque* (voyez BENJOIN).

FLEURS DE BISMUTH (Minéralogie). — Nom donné quelquefois à l'*oxyde de bismuth*.

FLEURS DU CIEL (Botanique). — On a appelé ainsi les *Nostoch trémelle* et *Nostoch ordinaire* (Algues), parce que, comme elles paraissent sur la terre immédiatement après les pluies, dans quelques contrées, on a cru qu'elles tombaient du ciel avec l'eau.

FLEUR DE COUCOU (Botanique). — C'est un des noms spécifiques de la *Lychnide* (*L. flos cuculi*, Lin.).

FLEUR DE CRAPAUD (Botanique). — Un des noms vulgaires de la *Stapélie panachée*, parce qu'elle a une odeur très-désagréable.

FLEUR DE SAINT-JACQUES (Botanique). — C'est la *Jacobée* (*Senecio jacobœa*, Lin.).

FLEUR DE JUPITER (Botanique). — Nom donné à la *Lychnide fleur de Jupiter* (*L. flos Jovis*, Lamk).

FLEUR DE NOEL (Botanique). — C'est l'*Ellébore noir*.

FLEUR DE LA PASSION (Botanique). — Nom vulgaire de la *Passiflore bleue* (*Passiflora cœrulea*, Lin.).

FLEURS DE SOUFRE (Minéralogie). — *Soufre sublimé* (voyez SOUFRE).

FLEURS DE ZINC (Minéralogie). — *Oxyde de zinc* (voyez ZINC).

FLEURETTE, FLORETTE (Botanique). — On appelle ainsi les petites fleurs dont la réunion forme, en apparence, une seule fleur, comme on peut le voir dans les familles des *Composées*, des *Dipsacées*, etc. Ainsi, dans le *dahlia* (Composées), chaque fleurette repose sur un disque ou *capitule commun;* et la réunion de ces fleurettes constitue ce que l'on nomme vulgairement la *fleur du dahlia*. On appelle aussi quelquefois *fleurettes* les épillets des *Graminées*.

FLEURISTES (JARDIN, JARDINIER) (Botanique). — Voyez JARDIN.

FLEURON (Botanique), *flosculi*. — On donne ce nom aux petites fleurs tubuleuses régulières dont le limbe se partage en cinq dents ou lobes égaux, et qui composent les capitules d'une grande partie des plantes de la famille des *Composées*. Ainsi chacune des petites fleurs du chardon, d'un aster, est un *fleuron*. Les plantes dont les capitules sont uniquement composés de fleurons sont dites

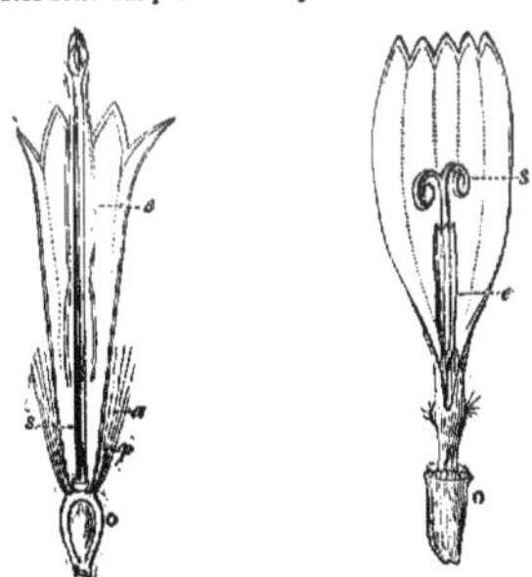

Fig. 1150. — Fleuron d'une flosculeuse (aster rubricaulis) (1). Fig. 1151. — Demi-fleuron d'une semiflosculeuse, la chicorée (cichorium intybus) (2).

flosculeuses (fig. 1150), et forment une division de la famille (Tournefort). On nomme *demi-fleurons* (fig. 1151) les petites fleurs irrégulières dont le limbe fendu dans une grande étendue se déjette en dehors en une languette,

(1) Fleuron coupé dans toute sa longueur, de manière à montrer l'ovule *o*, dressé dans l'ovaire, confondu avec le calice et le tube *t* des anthères, porté sur la corolle *p* et traversé par le style *s*. — *a*, aigrette.

(2) *o*, ovaire adhérent avec le calice. — *e*, tube formé par les étamines et traversé par le style bifide *s*.

terminée par cinq petites dents, comme dans les capitules de la chicorée, du salsifis, etc. Les plantes dont les capitules sont composés de ces demi-fleurons sont dites *semi-flosculeuses*. Les fleurons ont une forme assez variable. Ils sont réguliers ou irréguliers, à lobes ou à 3-4 dents. Enfin, suivant la nature des organes sexuels qu'ils abritent, ou l'absence ou la réunion de ceux-ci, ils sont dits *unisexués*, *neutres* ou *hermaphrodites*.

FLEUVES et RIVIÈRES (Géologie). — La distinction que lesgéographes ont établie entre ces deux mots n'a aucune importance en géolog'e ; les cours d'eau douce ne présentent pas dans leur manière d'être de différences tranchées lorsqu'ils vont porter leurs eaux directement dans la mer ou lorsqu'ils vont préalablement les confondre avec d'autres. L'idée générale que l'on peut se faire de l'origine des cours d'eau douce qui sillonnent la surface des terres peut se résumer ainsi qu'il suit. Plus des quatre cinquièmes de la superficie du globe sont formés par la surface libre des mers ; la plus grande partie de cette vaste surface est liquide et ne cesse pas d'émettre de la vapeur d'eau que l'air emporte avec lui. Sur les continents ou les îles, cet air chargé de nuages vaporeux rencontre des sommets froids sur lesquels la vapeur se condense en neige perpétuelle, en glaciers ou même en eau dans quelques cas. Ces sommets chargés de frimas deviennent des réservoirs d'eaux que la fonte progressive de la couche glacée laisse infiltrer dans le sol sous-jacent ; ainsi engagées dans les fissures des hauts sommets, les eaux s'y accumulent jusqu'à ce qu'elles s'écoulent par quelque point où ces fissures viennent affleurer au niveau du sol. Ainsi se produisent dans les montagnes et les hauteurs des sources nombreuses dont les eaux s'écoulent naturellement vers les terres plus basses, et, convergeant ainsi vers le fond des vallées, tendent à y créer de grands cours d'eau, fleuves ou rivières, dont nous indiquerons rapidement les principaux phénomènes. Il ne faudrait pas croire que les hautes montagnes chargées de neiges sont seules capables de donner naissance à des cours d'eau ; tout terrain élevé peut s'imbiber des eaux du ciel et les tenir en réserve tout en les laissant écouler peu à peu ; toute surface inclinée du sol provoque un écoulement des eaux vers sa partie déclive. Aussi voit-on souvent des saillies très-peu marquées ou à pentes très-douces verser néanmoins dans les vallées un grand nombre de ruisseaux ou rivières vers un cours d'eau d'une assez grande puissance. La France présente des exemples remarquables en ce genre. Son sol est sillonné dans diverses directions par la Seine, la Loire, le Rhône, la Garonne. Mais tandis que le Rhône reçoit dans son lit encaissé les eaux des Alpes, du Jura, des Vosges, des monts Faucilles, de la Côte-d'Or et des Cévennes, qui l'entourent de toutes parts, la Loire, née dans les gorges et sur l'autre versant des Cévennes, n'a bientôt plus aucune chaîne de montagnes qui la sépare des bassins de la Seine et de la Garonne ; la Seine, qui prend son origine dans un pays accidenté plutôt que véritablement montagneux, n'a pour limites au bassin de ses eaux, dans la plus grande partie de leur cours, que les pentes à peine sensibles des coteaux de la Picardie, de l'Orléanais, du Perche et de la Normandie. Toutes ces eaux, disséminées dans l'air par l'évaporation et condensées sous forme solide ou liquide, vont donc en définitive s'écouler en ruisseaux, torrents, rivières et fleuves et restituent de toutes parts au bassin des mers ce qui leur avait été enlevé et leur sera bientôt ravi de nouveau pour leur retourner encore plus tard par les mêmes voies.

Ces cours d'eau, alimentés sans cesse par l'évaporation des eaux marines et découlant continuellement des parties saillantes du globe vers les océans, portent partout la vie et la fécondité ; sur leurs bords ou dans les vallées qu'ils parcourent, les plantes se développent à l'envi, les animaux trouvent au milieu d'elles les abris et les ressources alimentaires indispensables à leur existence ; l'homme enfin y fonde ses demeures, y développe ses arts et couvre bientôt le sol de ses cultures. Ce pouvoir fécondant n'est pas dû à la seule présence de l'eau ; il est dû aussi aux matériaux divers que les rivières et les fleuves emportent avec eux et distribuent en dépôts progressifs tout le long de leur cours. Ces alluvions font la richesse des vallées, et leur surface décomposée lentement au contact de l'air et sous l'influence des agents météorologiques constitue peu à peu un sol arable plus ou moins fertile, selon la nature des débris dont les alluvions étaient primitivement formées. Ainsi les cours d'eau travaillent sans cesse à entraîner vers les vallées des débris enlevés aux sommets qui les dominent, et avec les siècles ils doivent diminuer le relief des parties saillantes et combler les parties déclives de la surface des terres. L'étude générale des cours d'eau douce permet de tracer la marche habituelle de ce travail de transport. Nés au milieu des montagnes, les cours d'eau, et surtout les plus grands, s'accroissent successivement d'affluents qui roulent comme eux dans des vallées encaissées et fortement inclinées. Le resserrement et la pente de ces vallées hautes donnent le plus souvent à ces cours d'eau du haut bassin des fleuves la rapidité et l'impétuosité des torrents ; puis, à certaines époques, les pluies du ciel, la fonte des neiges enflent encore ces ruisseaux et augmentent d'autant leur puissante action sur les roches au milieu desquelles ils se précipitent. Ainsi leurs eaux, rapidement emportées par leur propre poids, entraînent avec elles des *blocs erratiques*, des *galets*, des *cailloux roulés*, les *graviers*, les *sables* et le *limon* que l'on retrouve dans tous les fleuves, et elles les roulent vers les vallées basses et les plaines par où se poursuit leur trajet vers quelque océan. A mesure que la vitesse des eaux se ralentit, ces matériaux transportés se déposent, les plus lourds d'abord ; les sables fins et le limon sont seuls charriés jusqu'à l'embouchure. Les eaux des fleuves éprouvent sur ce point un arrêt provenant de la résistance de l'eau des grands lacs ou des mers où elles viennent se verser ; cet arrêt dans le cours des fleuves détermine le dépôt abondant des limons et des sables dont ils jonchent déjà toute la partie basse de leur lit. Ainsi se forment les *bancs de sable*, les *barres*, les *atterrissements* et *alluvions* de tous genres si communs aux bouches des cours d'eau. Ce travail lent mais continu a formé avec les siècles et accroît encore chaque jour les *deltas* des fleuves, et c'est lui qui a dès longtemps divisé leurs eaux en plusieurs bras serpentant jusqu'à la mer à travers ces alluvions fluviales. On peut citer surtout comme exemples de cette configuration des bouches des fleuves, le Rhin, le Rhône, le Pô, le Danube, en Europe ; le Nil, le Sénégal, en Afrique ; l'Euphrate, le Tigre, l'Indus, le Gange, le Brahmapoutre, l'Hoang-ho, en Asie ; l'Orénoque, le Mississipi, en Amérique. Lorsque vers l'embouchure le lit du fleuve a une profondeur considérable, les atterrissements s'y font moins facilement peut-être à cause de la masse d'eau accumulée, d'où résulte une pression qui accélère l'écoulement vers la mer ; en tous cas, les atterrissements qui peuvent se former demeurent submergés et le fleuve se termine par une sorte de petit bras de mer que l'on nomme un *estuaire* (du latin *æstus*, reflux), parce que la marée y fait sentir ses mouvements aussi bien que dans la mer elle-même. Comme exemples d'estuaires, il faut citer, en Europe, la Gironde, formée par la Garonne et la Dordogne ; la mer d'Azof, à l'embouchure du Don ; l'estuaire du Dnieper ; en Asie, le golfe de l'Obi, celui du Jenissei ; en Amérique, les estuaires du Saint-Laurent, de l'Orégon ou Columbia, de l'Orellana, dit aussi Maragnon ou fleuve des Amazones, le Rio de la Plata, estuaire immense formé par la réunion du Parana et de l'Uruguay.

Cours des fleuves. — Les sources méritent au plus haut degré d'attirer l'attention des géologues par les phénomènes variés et inattendus qu'elles offrent en divers lieux ; les plus remarquables sont indiqués au mot Source. Je me bornerai à parler ici de la situation générale des sources des fleuves. La plupart s'observent dans les montagnes élevées et se trouvent ainsi voisines l'une de l'autre, tout en donnant, sur les diverses pentes, des cours d'eau qui s'éloignent assez les uns des autres pour ne pas sembler au premier abord avoir aucune parenté. Ainsi, en Europe, partent des Alpes centrales les bassins du Rhône, du Rhin, du Danube et du Pô. En Asie, les montagnes de la Daourie versent l'Angara vers la Sibérie et le Sakhalian vers la Mandchourie ; l'Indus, le Gange, le Brahmapoutre sortent de l'Himalaya. En Afrique, la même chaîne de montagnes donne naissance au Niger, au Sénégal, à la Gambie, au Rio-Grande ou Gabon. En Amérique, enfin, les Montagnes-Rocheuses servent d'origine aux grands bassins de l'Orégon, du Missouri, du fleuve Nelson, du Rio-Colorado, du Rio-del-Norte et de l'Arkansas ; le Mississipi sort des montagnes, dont l'autre versant est baigné par le Lac-Supérieur, l'une des origines du Saint-Laurent ; le massif puissant des montagnes du Pérou donne les origines du Maragnon (fl. des Amazones) et de forts affluents du Parana.

En général, on se représente le bassin des grands fleuves comme une vallée large et ouverte ; cependant, on peut citer de nombreux exemples de fleuves se frayant leur route à travers plusieurs vallées successives en traversant des chaînes de montagnes. Le Rhin coule d'abord dans une vallée alpestre, où il forme le lac de Constance ; puis, traversant par une gorge resserrée les montagnes de la forêt Noire, il pénètre dans une vallée nouvelle ouverte entre les Vosges et les Alpes de Souabe : c'est l'Alsace ; enfin, il se fraye un chemin à Coblentz, entre les montagnes de l'Eifel, du Hundsrück et du Westerwald, et descend vers les plaines des Pays-Bas. Le Rhône franchit aussi la chaîne du Jura, entre le fort de l'Écluse et Saint-Geneix. L'Elbe, après avoir arrosé un premier bassin, qui est toute la Bohême, passe à travers la chaîne de l'Erz-Gebirge pour se répandre dans la Saxe. Le Danube coupe les Carpathes à Orsova pour pénétrer dans les provinces danubiennes. La plupart des grands fleuves des autres parties du monde, et surtout ceux de l'Amérique du Nord, offrent de nombreux exemples des mêmes faits. Dans quelques cas, deux bassins de fleuves ne se trouvant, sur quelques points, séparés que par un espace nivelé à la même hauteur, communiquent par un canal naturel, permanent ou temporaire. C'est ainsi que, dans l'Amérique méridionale, l'Orénoque et le Rio-Negro, un des affluents de l'Orellana, se joignent par le Cassiquiare et mêlent les eaux de ces deux vastes bassins. C'est en passant ainsi d'une vallée à l'autre que les fleuves rencontrent parfois des solutions de continuité dans leur lit et présentent les phénomènes des *rapides, cascades, cataractes*, ou même se perdent dans des espèces de conduits souterrains. « Les cascades, dit Al. Brongniart (*Dict. des sc. nat.*), et les cataractes surtout, s'observent ordinairement : 1° dans le cas où une rivière descend comme d'étage en étage les flancs d'une chaîne principale, dans la plaine, en suivant une direction qui coupe, sous un angle presque droit, celle des chaînons latéraux ; 2° quand un cours d'eau, après avoir coulé tranquillement dans une plaine, rencontre une chaîne ou groupe de montagnes et le coupe, comme le prouvent les exemples cités plus haut..... Deux dispositions particulières produisent le phénomène de la perte des rivières : 1° lorsque la vallée que suit le cours d'eau se trouve barrée par une colline transversale composée de roches caverneuses ; 2° lorsque le cours d'eau aboutit à des terrains meubles ou spongieux. Dans le premier cas, les rivières suivent leur cours sous terre et reparaissent souvent à peu de distance. Dans le second cas, elles sont entièrement soit absorbées, soit évaporées et ne reparaissent plus sous la forme d'un cours d'eau. »

Plusieurs rivières de Normandie se perdent dans des gouffres nommés *bétoires* dans ce pays ; la Meuse, à Bazoille (Vosges), se perd pour reparaître 2 kilomètres plus bas ; le Rhône, près du fort l'Écluse, disparaissait dans une vaste fente verticale du sol, sous un rocher que l'on a détruit en 1828 pour établir un canal de flottage. Parmi les chutes d'eau, on peut citer : la cascade de Gavarni, dans les Pyrénées (hauteur, 400 mètres) ; celle de la Druise, en Dauphiné (hauteur, 40 mètres) ; celle du Staubbach, dans l'Oberland (hauteur, 330 mètres) ; la chute de l'Orco, sur le versant italien du mont Rose (hauteur, 800 mètres) ; la Gotha-Elf, qui sert d'issue au grand lac de Wenersee, en Suède (hauteur, 40 mètres) ; la chute de Rjukandfoss, sur la Maanelf, en Norwège (hauteur, 310 mètres) ; la chute du Rhin, à Laufen, près de Schaffouse (hauteur, 20 mètres) ; les chutes du Félou, sur le Sénégal (hauteur, 30 mètres) ; la cataracte du Zambèse, au Congo (hauteur, 100 mètres) ; la cascade de Montmorency, au Canada (hauteur, 80 mètres) ; la célèbre chute du Niagara, entre le lac Érié et le lac Ontario (hauteur, 50 mètres) ; l'immense chute de Yosemity, en Californie (hauteur, 800 mètres).

« Dans une rivière ou dans un fleuve, dit encore Al. Brongniart, les diverses parties sont douées et de vitesse différente et même de mouvements très-différents. Ainsi : 1° l'écoulement est d'autant moins rapide, que la rivière, en approchant de son embouchure, perd de sa pente, et cela malgré le volume d'eau considérable qu'elle acquiert au moyen des affluents qui s'y rendent. Tels sont, l'Amazone, qui, malgré sa masse imposante, n'a dans les Llanos (Savanes) que $\frac{1}{7}$ de pouce (0^m,001) de pente par 100 pieds (30 mètres). La Seine, qui entre Saint-Cloud et Sèvres, n'a que 1 pied (0^m,32) sur 1,100 toises (2,130 mètres). Le Rhin, qui paraît si rapide entre Schaffouse et Strasbourg, n'a que 4 pieds (1^m,296) par mille. 2° L'écoulement le plus rapide est à la surface et dans le milieu de la rivière. Vers le fond, le mouvement est plus lent, et cette disposition est d'autant plus sensible que le cours d'eau est plus puissant et plus lent. 3° Vers les rives, non-seulement le mouvement d'écoulement est encore plus lent, mais il est oblique, et souvent même rétrograde dans une grande étendue et jusqu'au premier cap qui reporte l'eau vers l'axe de la rivière. Ce mouvement rétrograde si facile à voir est ce que l'on nomme le *remous*. Il est très-remarquable vers l'embouchure des fleuves qui se rendent dans l'océan et dans lesquels la direction du courant sur les bords est très-longtemps opposée à celle du courant vers l'axe pendant le flux et le reflux. Le mouvement oblique résulte de la combinaison du mouvement direct du milieu et du mouvement rétrograde des rives ; il est prouvé par la marche des corps flottants qui viennent tôt ou tard échouer sur les rives. » (*Dict. des sc. nat.*)

La masse d'eau qui s'écoule dans le lit d'un fleuve est parfois très-variable d'une époque à une autre. Certaines rivières, certains fleuves, larges et abondants en hiver, tarissent plus ou moins complétement en été. C'est ce qu'on observe souvent dans les pays chauds, surtout dans les montagnes peu élevées où le terrain est perméable à l'eau. L'Espagne, l'Italie, l'Afrique intertropicale offrent de nombreux exemples de ce fait. Les crues des fleuves sont des phénomènes très-fréquents et désastreux le plus souvent. Les causes de ces crues sont très-variées. Quelquefois un vent violent soufflant à contre-courant retarde le mouvement des eaux et élève leur niveau dans la partie supérieure du cours d'eau. Mais c'est là une cause peu active et peu fréquente. Le plus souvent l'abondance des pluies, leur continuité, la fonte rapide des neiges sont les véritables causes de l'accroissement des cours d'eau, et ce sont aussi les causes les plus redoutables. Aussi est-ce surtout en automne et vers la fin de l'hiver que se produisent les inondations. Les pluies d'orage donnent parfois lieu à des crues subites qui changent en torrents les cours d'eaux encaissés des contrées montagneuses. La fonte des neiges exerce surtout son influence au printemps, et cette influence très-générale se fait sentir sur les plus grands fleuves. On doit donc craindre à cette époque tout adoucissement brusque et considérable de la température ; la fonte rapide des neiges en est la conséquence inévitable et prépare des inondations dans les bassins des fleuves voisins. Le plus souvent dévastatrices, elles portent avec elles la désolation ; mais lorsqu'une certaine régularité permet de les prévoir et qu'elles ont lieu sans impétuosité excessive, ces inondations déposent avec elles des limons fertilisants que l'agriculture peut féconder. L'opération du *colmatage* est fondée sur cette propriété des eaux d'inondation (voyez INONDATION). La plus célèbre des crues bienfaisantes est la crue périodique du Nil. Elle commence dans la haute Égypte au mois de juin, et au Caire dans les premiers jours de juillet, pour atteindre son maximum vers le 20 septembre. Pour que les eaux baignent dans toute sa largeur la vallée cultivée, il faut qu'elles s'élèvent à 9 mètres environ au-dessus du niveau des basses eaux. Demeuré stationnaire pendant quatorze jours, le niveau de l'inondation s'abaisse peu à peu jusqu'au mois de mai suivant (*Dict. gén. de biographie et d'histoire*, art. NIL). La cause probable de cette crue qui féconde chaque année l'Égypte est dans les pluies abondantes qui au printemps arrosent les montagnes de l'Abyssinie. Le Gange, l'Orénoque, le Mississipi, le Niger, le Sénégal, ont aussi leur crue annuelle. Enfin, il est une cause encore très-efficace de la crue de certains cours d'eau, c'est la résistance qu'ils éprouvent à leur confluent dans quelque autre cours d'eau ou à leur embouchure dans la mer. Ce choc des deux masses d'eau retarde la plus faible et tend à la faire déborder sur les parties plates de ses rives. La Saône inonde souvent ses bords parce qu'à son confluent l'impétuosité du Rhône la rend stationnaire ou lui imprime même un mouvement rétrograde. Quant à la résistance des mers, on peut l'observer à presque toutes les embouchures des fleuves ; une sorte de lutte s'établit entre le fleuve et l'océan, et lorsque la marée monte, la résistance de celui-ci augmente au point de refouler l'eau du fleuve souvent avec une gigantesque puissance. Le plus imposant phénomène de ce genre se voit à l'embouchure de l'Orellana, l'un des plus vastes fleuves du monde. On le désigne sous le nom de *pororoca* ; aux fortes marées, on voit trois ou quatre lames de 4 à 5 mètres de hauteur qui remontent l'embouchure du fleuve avec un fracas horrible et une vitesse merveilleuse. Cette impulsion de la marée se transmet sur le cours du fleuve jusqu'à 200 lieues au-dessus de son embouchure. Le phénomène se reproduit plus ou moins intense, selon la saison, deux fois chaque jour. La Dordogne, au bec d'Ambez, au moment des grandes eaux, offre un phénomène analogue ; on le nomme *mascaret* ;

une sorte de vague élevée remonte le fleuve sur toute sa largeur et jusqu'à 7 ou 8 lieues, avec une vitesse de 4 à 5 mètres par seconde ; elle est suivie de deux ou trois autres vagues semblables. La Seine, à l'équinoxe d'automne, offre aussi un *mascaret* sur lequel on a récemment attiré l'attention des curieux. Moins prononcé à d'autres embouchures, ce phénomène consiste seulement en une vague élevée, constante, à mouvements irréguliers et que l'on nomme *barre*. L'Adour, en France, a une barre très-remarquable. Enfin, dans un grand nombre de fleuves, le mouvement des marées se transmet assez loin sur la partie inférieure de leur cours.

On a l'habitude de comparer la longueur des principaux cours d'eau du globe ; mais cette manière de les étudier est subordonnée aux hasards des dénominations et à plusieurs autres conditions arbitraires. Je donnerai néanmoins ici quelques renseignements de ce genre.

Fleuves de l'Europe.

AFFLUENTS DU BASSIN MÉDITERRANÉEN.

	Longueur de la source à l'embouchure.
Adige	342 kilomèt.
Èbre	780 —
Danube	2 750 —
Dnieper	2 000 —
Don	1 780 —
Pô	650 —
Rhône	1 030 —
Tibre	300 —

AFFLUENT DE LA MER CASPIENNE.

Wolga	3 340 kilomèt.

AFFLUENTS DE L'OCÉAN ATLANTIQUE ET DE SES DÉPENDANCES.

Guadalquivir	400 kilomèt.
Guadiana	700 —
Tage	1 120 —
Douro	810 —
Garonne	570 —
Loire	960 —
Seine	630 —
Meuse	900 —
Rhin	1 100 —
Elbe	1 270 —
Oder	890 —
Vistule	960 —
Niémen	830 —
Dwina	670 —
Tornea	466 —
Angerman (Suède)	340 —
Dal (Suède)	462 —
Tamise	340 —
Tweed	160 —

Fleuves de l'Asie.

AFFLUENTS DE LA MER GLACIALE.

Obi	4 300 kilomèt.
Ienisseï	5 180 —
Lena	4 140 —

AFFLUENTS DE L'OCÉAN PACIFIQUE.

Amour	4 380 kilomèt.
Hoang-Ho	4 220 —
Yan-tse-Kiang	5 330 —
Cambodje	3 890 —

AFFLUENTS DE LA MER DES INDES.

Brahmapoutre	3 200 kilomèt.
Gange	3 110 —
Indus	3 630 —
Euphrate	2 760 —

Fleuves de l'Afrique.

Nil	4 200 kilomèt.
Sénégal	1 150 —
Gambie	1 130 —
Niger	3 300 —

Fleuves de l'Amérique.

AFFLUENTS DE L'OCÉAN ATLANTIQUE.

Saint-Laurent	3 300 kilomèt.
Missouri et Mississipi	6 590 —
Rio Grande	3 440 —
Orénoque	2 500 —
Orellana (Fleuve des Amazones)	5 660 —
Parana et La Plata	3 650 —

AFFLUENTS DE L'OCÉAN PACIFIQUE.

Columbia ou Orégon	2 400 —
Rio-Colorado	1 470 —

AD. F.

FLORAISON (Botanique). — On appelle *Floraison* ou *Anthèse* l'ensemble des phénomènes qui accompagnent l'épanouissement des fleurs. Il ne faut pas confondre la floraison avec l'inflorescence, celle-ci est l'arrangement des fleurs sur le rameau qui les porte, et par conséquent des unes par rapport aux autres. Pendant la floraison, les plantes se parent de leurs couleurs les plus brillantes, et exhalent des odeurs plus ou moins suaves et agréables. Quand toutes les fleurs sont passées, et qu'il n'en paraît pas de nouvelles, la floraison est terminée. Le temps de la floraison des végétaux peut être accéléré ou retardé par certaines causes, dont la principale réside dans l'intensité et la durée de la chaleur ; en les semant plus tôt ou plus tard, dans des conditions différentes, soit sur couches, soit dans les serres, etc., on peut très-bien faire varier cette époque ; ceci est pour les plantes cultivées. Quant à celles qui n'existent qu'à l'état sauvage, le temps de leur floraison varie, dans la zone géographique qu'elles habitent, suivant qu'elles occupent la limite méridionale ou la limite septentrionale de cette zone. Toutefois, la naturalisation et l'acclimatation de certaines plantes dans des climats nouveaux pour elles, et les soins qui leur ont été donnés en raison des services qu'elles pouvaient rendre, ont pu changer l'époque précise de leur floraison, de telle sorte qu'en y joignant toutes les plantes naturelles à un climat, elle se trouve comprise entre des limites très-rapprochées, ce qui fait que les saisons, les mois et presque les jours, ont en chaque pays leur floraison particulière, et que l'épanouissement des fleurs peut servir à composer un calendrier de Flore. Lamark a publié, de la floraison annuelle. de quelques végétaux indigènes ou exotiques qui croissent aux environs de Paris, un tableau que l'on trouvera au mot CALENDRIER de ce Dictionnaire.

L'art d'orner les jardins est fondé en partie sur la connaissance des époques de la floraison ; et la succession non interrompue de fleurs différentes par leurs couleurs, leurs formes et leurs odeurs, ajoute beaucoup à l'agrément des parterres et des bosquets ; nous avons vu plus haut quelques-unes des causes qui peuvent faire varier la floraison ; il en est d'autres que nous devons mentionner au point de vue de la décoration des jardins. Ainsi les arbres ne fleurissent pas dans leur première jeunesse, à moins qu'ils ne soient fatigués par leur séjour dans un mauvais terrain ou par un long voyage. Si de jeunes boutures fleurissent dans la première année, c'est signe de faiblesse et non de vigueur. Les vieux arbres sont plus précoces et donnent quelquefois des fleurs plus abondantes. Au contraire, un excès de nourriture et une grande vigueur dans une plante sont un obstacle à la floraison des végétaux ligneux, et par conséquent nuisent à leur fécondité. Cependant, trop de faiblesse peut devenir contraire à la floraison. Il faut prendre en grande considération ces différentes circonstances, lorsqu'on veut planter un jardin.

FLORAL (Botanique). — Epithète qui sert à désigner, à caractériser les organes qui dépendent de la fleur. Ainsi on appelle *enveloppes florales* le calice et la corolle. Les *feuilles florales* sont celles qui sont situées à la base de certaines fleurs, comme le chèvrefeuille des jardins ; lorsqu'elles diffèrent des autres feuilles, on les appelle *bractées* (le mélampyre à crête), etc.

FLORE (Botanique). — Nom mythologique de la déesse des fleurs, donné par les botanistes à un catalogue descriptif de la plupart des plantes qui croissent naturellement dans un pays, une contrée, un canton ; telles sont la *Flore française*, de Lamark et de de Candolle ; la *Flore de Laponie*, de Linné ; la *Flore de l'Atlantique*, par Desfontaines ; la *Flore du Piémont*, par Allioni, etc.

FLORICEPS (Zoologie). — Cuvier a établi sous ce nom un genre de *Zoophytes*, de la classe des *Vers intestinaux*, ordre des *Parenchymateux*, famille des *Ténioïdes*, dont on connaît plusieurs espèces, et auquel Rudolphi a donné le nom de *Anthocephalus*. Ces vers sont voisins des Tétrarhynques. Ils ont quatre petites trompes ou tentacules armés d'épines recourbées, par le moyen desquels ils s'enfoncent dans les viscères. Toutes les espèces connues sont parasites des poissons.

FLORIDÉES (Botanique). — Ordre de plantes *Cryptogames amphigènes* établi par Lamouroux dans sa classe des *Hydrophytes*, dont les auteurs plus modernes ont fait la première famille des *Algues* ou *Phycées*, et comprenant des plantes marines dont les couleurs sont très-vives, surtout à l'air. Leurs frondes sont quelquefois très-grandes, plus ou moins divisées, rameuses et munies souvent de nervures plus foncées que le reste. Les fructifications de ces plantes sont situées sur les nervures ou à l'extrémité des frondes. On les trouve aussi éparses sur leur surface. La dimension des Floridées est très-variable. Il y a de ces plantes élevées de plus d'un mètre, tandis que d'autres n'atteignent pas plus de 0ᵐ,001. Les Floridées habitent les mers des régions tempérées de l'hémisphère boréal. Dans les portions les plus chaudes, ces algues sont surtout abondantes au commencement du printemps et de l'été. Genres principaux : *Claudée, Delessérie, Gélidie, Gigartine, Acanthophore.*

Consultez le travail de Lamouroux, *Annal. du Mus.,* t. XX, 1813. — Decaisne, *Annal. des Sc. nat.,* juin 1842. — Kütz, *Phyc. Gen.,* p. 15-142. — Les art. PHYCOÏDÉES et FLORIDÉES du *Dict. univ.* de d'Orbigny, par M. Montagne.

FLORIFÈRES (Botanique), du latin *ferre*, porter, *flores*, des fleurs. — Les botanistes ont donné ce nom aux parties de la plante qui portent les fleurs. Les bractées sont *florifères* dans les chatons du noisetier, du peuplier, du saule, etc. Les feuilles sont *florifères* dans la lenticule exiguë (lentille d'eau), dans les xylophylles, etc.

FLORISUGA (Zoologie). — Nom donné par Séba à l'*Oiseau-mouche à gorge verte,* de Vieillot ; *Oiseau-mouche de Cayenne, vert doré,* de Buffon ; c'est le *Trochilus mellisugus* de Linné.

FLOSCULAIRES (Zoologie), du latin *flosculus*, petite fleur. — Genre d'*Infusoires*, de la division ou sous-classe des *Rotateurs* de Ehrenberg, *Systolides* de Dujardin, famille des *Flosculariens.* Ils sont en forme de massue, lorsqu'ils sont fixés sur leur pédicule ; mais quand ils s'épanouissent ils présentent la forme d'une coupe ou petite fleur, d'où vient leur nom, avec cinq ou six lobes saillants, et une houppe de longs cils non vibratiles. On trouve aux environs de Paris, dans les eaux de Meudon et de Fontainebleau, une espèce de *Flosculaire* dépourvue de gaîne, et dont le bord porte cinq tubercules ciliés. Une autre espèce, *Floscularia ornata,* Ehr., est pourvue, suivant Ehrenberg, d'une gaîne transparente, terminée par six lobes munis de cils : ses œufs ont des points rouges. — Voyez *Infus. Suites à Buffon,* 509 et 610, par M. Dujardin. — Ehrenberg, *Mém. 1830 à 1833, Infus.*

FLOSCULEUSES (Botanique). — Nom donné par Tournefort aux plantes formant l'une des trois sections de la famille des *Composées,* et caractérisées par des capitules formés entièrement de *fleurons* (voyez ce mot). Ainsi les chardons, l'artichaut, l'armoise, etc., sont des plantes flosculeuses. Cette classe de Tournefort adoptée par Desfontaines (la 12ᵉ, désignée sous le nom d'*Herbes flosculeuses*) correspond, en partie, aux *Cynarocéphales* de Jussieu (voyez CYNAROCÉPHALES), et aux *Tubuliflores* des botanistes contemporains.

FLOTTANTS (CORPS) (Physique). — Lorsqu'un corps est plongé dans un liquide en totalité ou en partie, il reçoit de la part de ce liquide une poussée dirigée de bas en haut et dont la valeur est le poids même du liquide déplacé. Ce principe a été découvert par Archimède, et l'on en trouve la démonstration dans tous les traités de physique. Un appareil que l'on montre sur les places publiques, le *ludion* (voyez ce mot), en est une application curieuse. Tout corps plongé dans un liquide est donc soumis à deux forces : d'abord à son poids, appliqué en son centre de gravité, et ensuite à la poussée du fluide, qui est appliquée au centre de gravité de la masse liquide déplacée. Si le poids est plus faible que la poussée, le corps flotte et s'élève au-dessus du niveau du liquide jusqu'à ce que la masse déplacée soit devenue assez petite pour que sa poussée ne surpasse plus le poids du corps flottant. A ce moment il y a équilibre, pourvu qu'une seconde condition soit remplie, à savoir : que le centre de gravité du corps G et le centre de poussée P soient sur une même verticale ; il ne suffit pas, en effet, que le poids du corps et la poussée qu'il supporte soient deux forces égales, il faut, de plus, qu'elles

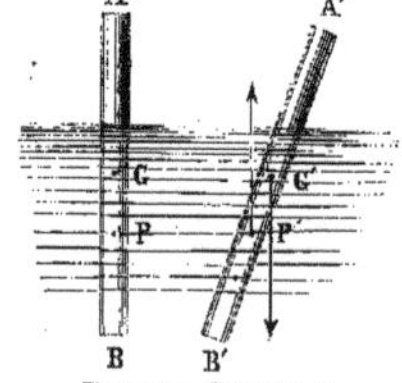

Fig. 1152. — Corps flottants.

soient directement opposées. Si le corps, au lieu d'avoir la position AB, avait la position A'B', il tournerait de façon à se coucher sur la surface de l'eau.

L'équilibre peut être instable, comme dans la position AB; car si on déplace un peu le corps pour l'amener en A'B', il tend, comme il a été dit, à se placer horizontalement.

L'équilibre peut être stable. D'abord il le sera toujours quand le centre de gravité G' se trouvera au-dessous du centre de poussée P' (*fig.* 1153), ce qui arrivera, par exemple, en prenant un cylindre AB auquel on adapte comme lest, à la partie inférieure, une portion BC faite en métal très-dense; seulement, il ne faudrait pas croire que cette condition de stabilité, qui est suffisante, soit nécessaire. Ainsi, dans un bateau (*fig.* 1151), il arrive la plupart du temps que le centre de poussée P soit inférieur au centre de gravité, et si cependant le bateau s'incline de manière à quitter la position ABC pour la position A'B'C', son poids et la poussée qu'il subit s'unissent pour le relever. Il faut, dans ce cas, se préoccuper de la position d'un point appelé métacentre; ce point n'existe d'ailleurs que dans les corps qui jouissent de cette propriété qu'en les inclinant, le centre de gravité et le centre de poussée se maintiennent dans le même plan vertical. Cette hypothèse ayant été supposée satisfaite dans la figure, on voit que la verticale menée par le nouveau centre de poussée P' rencontrerait la ligne GP, qui, dans la position d'équilibre, joignait le centre de poussée P au centre de gravité; ce point de rencontre est le métacentre. Il est évident que, si le mé-

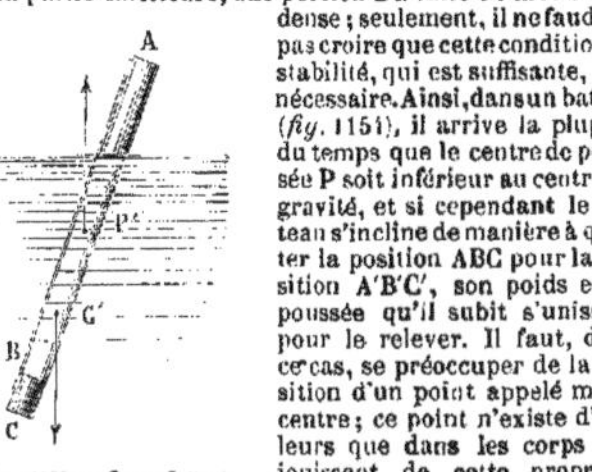

Fig. 1153. — Corps flottants.

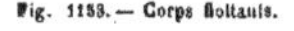

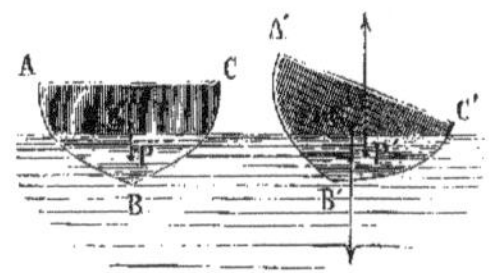

Fig. 1154. — Corps flottants.

tacentre se trouve au-dessous de G, comme cela serait dans le cas actuel, le corps est ramené à sa position d'équilibre ABC, qui est une position d'équilibre stable; dans le cas contraire, l'équilibre serait instable.

Si l'on fait tourner sur lui-même un corps flottant, des positions d'équilibre stable et non stable se succéderont alternativement; il existe donc pour lui un nombre pair de positions d'équilibres alternativement stables et instables.

Si le corps flottant est une sphère homogène, l'équilibre est indifférent, car le centre de poussée et le centre de gravité sont toujours sur la même verticale.

La recherche précise des conditions d'équilibre d'un corps flottant, dans un cas quelconque, est du ressort de la mécanique rationnelle.   H. G.

FLOUVE (Botanique), *Anthoxanthum*, Lin.; du grec *anthos*, fleur, et *xanthos*, jaune; à cause de la couleur des épis. — Genre de plantes *Monocotylédones périspermées*, famille des *Graminées*, tribu des *Phalaridées*. Caractères : épillets à 3 fleurs dont 2 stériles; la fleur fertile a 2 glumelles beaucoup plus courtes que celles des fleurs stériles; glumes carénées, la supérieure plus grande du double que l'inférieure; glumelles presque égales; étamines, 2; ovaire glabre, et terminé par 2 styles et 2 stigmates. Ces plantes, dont on ne connaît que quelques espèces, sont des herbes odorantes, vivaces, à feuilles planes, accompagnées d'une ligule allongée. Elles croissent en Europe. La plus commune et en même temps la plus importante est la *F. odorante* (*A. odoratum*, Lin.), vulgairement *F. des Bressants*.

On la rencontre dès le printemps dans les endroits secs, sablonneux, montueux. Ses chaumes sont droits, hauts de 0^m,30 à 0^m,60, naissant plusieurs ensemble, et disposés en touffe, à panicules oblongues, d'un vert jaunâtre; elle fleurit en mai et juin. Cette plante acquiert par la dessiccation une odeur aromatique agréable, due à l'acide benzoïque contenu dans ses racines. La *F. amère* (*A. amarum*, Brotero) ressemble beaucoup à

la précédente; mais ses feuilles et ses tiges sont rudes. son épi plus allongé, ses épillets plus gros, et d'un blanc cendré. Elle croit naturellement en Portugal.   G—s.

FLOUVE (Agriculture). — La *flouve odorante* est un excellent fourrage, mais qui fournit peu, et qui, à cause de sa floraison précoce, arrive à maturité avant les autres plantes fourragères; il est, du reste, fin, peu abondant, assez nutritif, et augmente la qualité du foin par l'odeur aromatique qu'il lui communique. Il convient aux prés et aux pâturages de tous les terrains et vient bien même à l'ombre. Quelques agronomes ont essayé de cultiver cette plante seule; elle peut, de cette manière, fournir trois coupes. Mais il est préférable de la mêler avec les autres plantes fourragères, et même dans des proportions modérées : M. Demoor (*De la culture des prairies*) conseille, dans les terrains sablonneux ou calcaires pouvant être irrigués, de la mêler, dans la proportion de 2 sur 30, à douze autres graines; un peu moins dans les terrains argilo-sablonneux ou argilo-calcaires. On la trouve assez souvent dans les prairies de l'arrondissement d'Avesnes, dans celles du canton de Vic (Hautes-Pyrénées), etc.

FLUCTUATION (Médecine), du latin *fluctus*, flot. — Mouvement communiqué à un liquide contenu dans une cavité naturelle comme celle de la plèvre, du péritoine, ou accidentelle, comme le foyer d'un abcès dans le tissu cellulaire. Lorsqu'un liquide, quel qu'il soit, pressé sur un des points de la poche qui le contient, vient faire un effort plus ou moins perceptible sur le point opposé, on dit qu'il y a fluctuation. Pour la rendre plus sensible, il faut que la pulpe d'un ou de plusieurs doigts d'une main étant appuyée sur un des côtés de l'abcès, par

Fig. 1155. — Flouve odorante.

exemple, l'autre main exerce une pression légère, mais un peu brusque, afin que le flux du liquide, se déplaçant rapidement, aille heurter la main exploratrice. On renouvelle ainsi la même manœuvre en alternant le mouvement de pression de l'une à l'autre main. Lorsque la collection est superficielle, la fluctuation est facile à percevoir; mais lorsqu'elle est située un peu profondément ou que les parties offrent un certain embonpoint, il faut procéder à cet examen avec une grande attention. Quelquefois même elle est tellement obscure que, malgré une grande habitude, et ne pouvant se rendre exactement compte de la nature de la tumeur qu'il s'agit d'explorer, on est obligé d'avoir recours à ce qu'on appelle une *ponction exploratrice* (voyez PONCTION).

FLUOR, PHTHORE (Chimie). — Corps simple dont les chimistes admettent la présence dans la *fluorine* ou *spath fluor* et dans les *fluorures*. Il existe, en effet, entre les fluorures, d'une part, les chlorures, iodures, bromures, de l'autre, des analogies qui, sans être complètes, sont toutefois réelles. D'ailleurs, les fluorures soumis à l'action de l'acide sulfurique donnent lieu à un acide énergique analogue à l'acide chlorhydrique. D'après ces remarques, Ampère eut, le premier, l'idée de supposer que les fluorures sont des composés binaires résultant de l'union d'un métal avec un radical élémentaire analogue au chlore, auquel il donna le nom de *phthore*; depuis, on a adopté plus généralement celui de fluor emprunté au nom même de la fluorine. Toutes les tentatives faites jusqu'à présent pour isoler le fluor ont été infructueuses;

cela tient à ce que le fluor paraît attaquer avec une incroyable énergie, non-seulement les métaux, mais toutes les substances dans lesquelles on essaye de le renfermer. MM. Knox et Louyet eurent l'idée ingénieuse de se servir de vases en *spath fluor*, et ils essayèrent de décomposer dans des vases de cette nature le fluorure d'argent par le chlore. Ils obtinrent ainsi un gaz incolore, d'une odeur pénétrante, attaquant faiblement le verre, gaz qu'ils supposèrent être le fluor. Il n'est pas possible de se prononcer sur ce point; il est certain même que s'il y avait dans le gaz obtenu du fluor, celui-ci était fort impur et mélangé particulièrement de chlore dont l'action sur le fluorure n'est pas complète. On a eu également recours à l'action de la pile, sans obtenir des résultats plus décisifs, car à la température élevée à laquelle commence la décomposition du fluorure, les vases dont on se sert sont très-rapidement perforés et mis hors de service. M. Frémy a fait une expérience de ce genre avec le fluorure de potassium, maintenu à la température d'un feu de forge dans l'intérieur d'une cornue de platine. Un fil de même métal établit la communication avec le réophore positif de la pile; quant au réophore négatif, il est en contact avec le corps même de la cornue. Aussitôt que le courant passe, il se dégage par le col de la cornue un gaz qui décompose l'eau en produisant de l'acide fluorhydrique; le fil de platine est d'ailleurs rapidement attaqué, ce qui met fin nécessairement à l'expérience. Le gaz obtenu dans ces circonstances est probablement du fluor.

Il est à remarquer que les diverses réactions concernant les fluorures pourraient s'expliquer en admettant que ceux-ci sont des fluates; toutefois, cette opinion n'est plus admise aujourd'hui par les chimistes. Au nombre des raisons qui l'ont fait abandonner, il faut citer l'action du chlore sur les fluorures; si c'étaient des fluates (MO,FlO), le chlore devrait mettre en liberté de l'oxygène, ce qu'on n'observe point. Nous donnons ici la figure de l'appareil qui permet de faire agir le chlore sur le spath fluor. Le chlore produit dans le ballon A et purifié dans les flacons B, C, D, est ensuite desséché avec la plus grande rigueur, en traversant le tube EFGH de plus de

drique a pour densité 1,06; il ne se congèle à aucune température et bout à 30°. Son affinité pour l'eau est encore si grande que chaque goutte qu'on en verse dans ce liquide y produit l'effet d'un fer rouge; aussi répand-il à l'air d'abondantes fumées blanches. Il attaque presque tous les corps, même la silice et ses combinaisons. Cette propriété a été mise à profit pour l'analyse des silicates et pour la gravure sur verre. En recouvrant une lame de verre d'une couche de vernis des graveurs sur laquelle on trace un dessin à la pointe sèche, puis exposant cette lame aux vapeurs d'acide fluorhydrique, le verre est dépoli partout où il a été mis à nu par la pointe. Si, au lieu de vapeurs d'acide, on employait l'acide liquide lui-même, celui-ci creuserait un sillon dans le verre sans le dépolir. C'est de l'une ou de l'autre de ces deux manières que l'on grave les tiges des thermomètres et les tubes ou

Fig. 1157. — Préparation de l'acide fluorhydrique.

cloches employés en chimie. On se sert à cet effet d'une auge contenant le mélange d'acide sulfurique et de spath fluor destiné à produire l'acide fluorhydrique. On chauffe cette auge en plusieurs endroits, à l'aide de lampes à alcool jusqu'à ce que l'acide fluorhydrique commence à se dégager, puis on couche le tube sur l'auge en le recouvrant d'une feuille de papier. Après dix ou quinze minutes d'exposition, on le retire et on enlève le vernis par le moyen de l'alcool ou de l'essence de térébenthine.

L'acide fluorhydrique se prépare en traitant dans une cornue de plomb (*fig.* 1157) du fluorure de calcium minéral très-répandu dans la nature par de l'acide sulfurique concentré et chauffant très-légèrement. L'acide vient se condenser dans un tube en plomb recourbé en U et dont la courbure plonge dans un mélange réfrigérant. L'acide est conservé dans des vases de plomb ou de platine fermant bien hermétiquement. L'acide fluorhydrique est un des acides les plus redoutables que l'on connaisse. Lorsque les mains restent trop longtemps exposées à sa vapeur, elles deviennent d'abord sourdement douloureuses, puis peu à peu les souffrances s'exaspèrent et finissent par être excessives. Une goutte de cet acide sur la peau y détermine une ulcération profonde accompagnée de douleurs très-cuisantes et se guérissant très-lentement. Si la brûlure était un peu étendue, elle pourrait devenir mortelle. Aussi doit-on le manier avec la plus grande précaution et l'étendre suffisamment d'eau pour qu'il cesse de fumer à l'air.

P. D.

Fig. 1156. — Action du chlore sur le spath fluor.

2 mètres de longueur, et rempli d'acide phosphorique anhydre. *ni* est une petite nacelle ou platine renfermant le fluorure de calcium; elle est maintenue à la température du feu de forge. Le gaz qui se dégage par le tube IJ est entièrement absorbable par la potasse; il ne renferme donc pas d'oxygène.

P. D.

FLUORHYDRIQUE (Acide) (FlH) (Chimie). — Composé d'une proportion (19) de fluor et d'une proportion (1) d'hydrogène. Quand il est pur et privé d'eau, il est gazeux à la température ordinaire et ne se liquéfie qu'à 1¼° au-dessous de zéro (Fremy). Il est d'ailleurs tellement avide d'eau, que sa préparation à l'état anhydre est fort difficile, et qu'on le connaît pour ainsi dire à peine sous cet état.

Combiné avec une proportion d'eau, l'acide fluorhy-

FLUORINE (Minéralogie), *spath fluor, chaux fluatée, fluorure de calcium.* — Sous ces différents noms on désigne un minéral qui se rencontre le plus ordinairement cristallisé en cubes, quelquefois en masses concrétionnées d'une structure lamelleuse. Suivant Gay-Lussac, le spath fluor est le résultat de la combinaison du calcium avec un élément inconnu, appelé *fluor* : sa densité est 3,15; on le reconnaît aisément aux vapeurs blanches qu'il émet, lorsqu'on le traite par l'acide sulfurique; ces vapeurs rongent le verre. Souvent hyaline, cette substance est toujours transparente, quelquefois colorée en violet améthyste ou en vert bleuâtre; les échantillons qui possèdent la dernière teinte sont ordinairement dichroïles : violets dans un sens, ils paraissent verts dans l'autre. Le spath fluor appartenant au système cubique possède la réfraction simple; son indice est 1,436; il polarise la lumière sous l'angle de 5° 9′ avec la normale; ses cristaux deviennent phosphorescents par la chaleur, lorsqu'on a usé une de leurs faces sur une meule de grès. La chaux fluatée est essentiellement une substance de filons; elle y accompagne tantôt l'étain, tantôt le plomb ou le zinc. On l'emploie quelquefois comme fondant dans le traitement de quelques minerais; dans les laboratoires, le spath fluor sert à la préparation de l'acide fluorhydrique. Les variétés à couleurs vives sont utilisées pour fabriquer des vases ou des objets de fantaisie; les vases murrhins, célèbres dans l'antiquité, étaient en fluorine. LEF.

FLUORURE DE SILICIUM (SiFl³) (Chimie). — Composé de fluor et de silicium. C'est un gaz incolore, d'une densité égale à 3,57, répandant à l'air des fumées acides très épaisses et se décomposant, au contact de l'eau et de l'humidité, en *acide silicique* ou *silice* (SiO³), qui a la forme d'une gelée transparente, et en *acide fluorhydrique* (FlH), qui se combine avec du fluorure de silicium non décomposé pour former de l'*acide hydrofluosilicique* 3(FlH),2(SiFl³). Sa saveur et son odeur sont analogues à celles de l'acide chlorhydrique, avec lequel on l'a confondu pendant longtemps. Il se produit quand on fait agir l'acide fluorhydrique sur le verre; on le prépare en chauffant un mélange d'acide sulfurique concentré, de silice et de fluorure de calcium. Il a été découvert par Schéele en 1771 et étudié en 1812 par John Davy (voyez HYDROFLUOSILICIQUE [acide].

FLUORURES NATURELS (Chimie). — Les fluorures naturels sont : ⸫

1re Section. Cubiques : fluorine (FlCa); yttrocérite Fl[YtCe].

2e Section. Rhombiques : cryolithe [Fl⁶Al²Na³].

FLUSTRES (Zoologie). — Suivant M. Milne-Edwards, ces animaux appartiennent à l'embranchement des *Mollusques*, sous-embranchement des *Molluscoïdes* ou *Tuniciers*, classe des *Bryozoaires*; ils forment, dans tous les cas, un genre établi par Linné (*Flustra*), et qui avait été rangé par Cuvier parmi les *Polypes* à polypiers celluleux. Spallanzani, Lamark, Blainville et beaucoup d'autres ont étudié ces animaux, jusqu'à M. Milne-Edwards qui paraît avoir précisé leur véritable place dans le cadre zoologique. M. le professeur Paul Gervais résume ainsi les caractères de ce genre : « On peut dire que ce sont des polypes bryozoaires (du grec *bryon*, mousse, et *zóon*, animal) dont la peau externe se durcit en grande partie, et forme des polypiers d'apparence cornée, à loge ou cellule complète pour chaque animal. » La réunion de ces espèces de polypiers est fixée en forme de croûte foliacée aux corps sous-marins. On en trouve dans toutes les mers et à toutes les profondeurs. La *F. foliacée* (*F. foliacea*, Lin.) est une espèce grande, frondescente, que l'on trouve sur nos côtes. Il y en a plusieurs à l'état fossile.

FLUTE (Zoologie). — Nom vulgaire d'un *Poisson* du genre *Murène*, la *M. commune*, et d'un autre du genre *Fistulaire*, la *F. petimbe* (*F. tabacaria*, Bl.)

FLUTE DU SOLEIL (Zoologie). — Ces mots paraissent être la traduction exacte de *Curuhi-remembi*, nom par lequel les Guaranis (indigènes du Paraguay) désignent une espèce de *Héron*, *Ardea cyanocephala* de Latham, *Bihoreau flûte du soleil* de Lesson. Ils l'appellent ainsi, parce que, croient-ils, le sifflement doux et mélancolique qu'il répète souvent, à certains moments, annonce des changements de temps. Ces hérons sont assez communs au Paraguay, dans les plaines sèches ou humides, plutôt qu'au bord des lacs et des rivières. Ils passent la nuit perchés sur les arbres, où ils placent leur nid dans lequel la femelle pond deux œufs.

FLUTE (GREFFE EN) (Horticulture). — Voyez GREFFE.

FLUTEAU (Botanique). — Voyez ALISME.

FLUVIALES (Botanique). — Quelques auteurs, et entre autres Ventenat, ont donné ce nom à la famille des *Naïadées* de Jussieu. M. Ad. Brongniart l'a adopté pour désigner sa quinzième classe de végétaux; il la caractérise ainsi : périanthe libre ou adhérent, double ou quelquefois nul, l'externe sépaloïde, l'interne pétaloïde. Étamines indépendantes du pistil, souvent dans des fleurs distinctes. Cette classe comprend les familles des *Hydrocharidées*, des *Butomées*, des *Alismacées*, des *Naïadées*, des *Lemnacées*.

FLUVIATILES (Botanique). — On donne quelquefois le nom de *Plantes fluviatiles* à celles qui croissent dans les eaux courantes; telles sont plusieurs espèces de *Renoncules* et de *Potamots*, etc.

FLUX (Médecine), *fluxus*, du latin *fluo*, je coule. — On entend par là toute évacuation surabondante de quelqu'une des humeurs renfermées dans le corps ou produites par un état morbide; ainsi la *diarrhée* est quelquefois appelée *flux de ventre*. — Le *flux de sang* est la *dyssenterie*; — on appelle *flux hémorrhoïdal* toute espèce d'écoulement qui accompagne les *hémorrhoïtes*, etc. — Plusieurs nosologistes ont aussi employé cette expression pour désigner certains groupes de maladies. Sauvages avait admis quatre ordres de flux : les *F. de sang*, les *F. de ventre*, les *F. séreux*, les *F. de gaz*.

FLUX ET REFLUX (Astronomie). — Mouvement régulier et périodique qu'on observe chaque jour dans les eaux de la mer, et qui constitue le phénomène des marées. Dans les mers étendues, l'eau monte pendant six heures environ et s'étend sur les rivages, c'est le *flux* ou le *flot*; après cela, elle descend pendant six autres heures, ce qui forme le reflux ou jusant. Il y a donc deux flux et deux reflux en vingt-quatre heures, ou, plus exactement, entre 24ʰ 49ᵐ, intervalle moyen de deux passages consécutifs de la lune au méridien. Les marées sont à peu près insensibles dans la Méditerranée; elles acquièrent, au contraire, d'énormes proportions dans certains bras de mer en communication avec l'Océan, tels que la Manche (voyez MARÉES).

FLUXION (Médecine), du latin *fluere*, couler, affluer. — On désigne par là tout afflux d'un liquide vers un point qui est le siège d'une excitation quelconque. Mais on lui donne plus particulièrement ce nom lorsque le phénomène se produit dans certaines parties de la bouche, telles que les gencives, l'épaisseur des joues, les glandes salivaires, les ganglions lymphatiques; de là plusieurs espèces de fluxions. — La *fluxion des gencives* reconnaît pour cause, le plus souvent, une carie dentaire, l'extraction d'une dent, etc. Dans ce cas, le froid la détermine très-souvent; elle se termine ordinairement par la résolution que l'on hâte au moyen des bains de pieds, des lotions ou bains locaux avec les décoctions de guimauve et de tête de pavot, etc., ou par un petit abcès qui s'ouvre seul, quelquefois à l'aide d'un petit coup de lancette. — La *fluxion des joues* a son siège dans le tissu cellulaire de cette région; mêmes causes, même terminaison, même traitement, on y joindra des cataplasmes émollients. Lorsqu'il survient un abcès, la suppuration se fait jour ordinairement dans l'intérieur de la bouche; c'est le cas le plus heureux; rarement l'abcès s'ouvre à l'extérieur; alors, la fistule du canal de Sténon peut en être la conséquence (voyez aux mots DIGESTION, FISTULES SALIVAIRES). — Ce qui vient d'être dit peut s'appliquer aux *fluxions* qui ont leur siège dans les *glandes salivaires*, dans les *ganglions lymphatiques*; mais ici, en raison de la nature des tissus, l'inflammation est moins active, la résolution s'en fait souvent attendre plus longtemps, et lorsque la suppuration a lieu, c'est presque toujours un *abcès froid* (voyez ABCÈS, BUBON, GLANDE, GANGLION LYMPHATIQUE, SCROFULE).

FLUXION DE POITRINE (Médecine). — On désigne vulgairement par ce nom la *pleurésie*, la *pneumonie*, la *péripneumonie* à l'état aigu.

FLUXION (Mathématiques). — Newton désignait ainsi ce que nous appelons aujourd'hui la dérivée ou le coefficient différentiel. Ce mot était, pour lui, synonyme de vitesse. Si, en effet, l'on représente géométriquement la fonction $y = f(x)$, on pourra concevoir la courbe comme étant engendrée par le mouvement d'une droite parallèle à l'axe du y, qui se meut uniformément le long de l'axe des x, tandis qu'un point parcourt cette ligne avec une vitesse variable qui dépend de la fonction $f(x)$. Le rapport de la vitesse de ce point à la vitesse de la droite est égal à $\frac{dy}{dx}$ ou à la dérivée de y par rapport à x. Pour Newton, c'était le rapport de la *fluxion* de l'ordonnée à la *fluxion* de l'abscisse, et il la désignait par $\frac{\overset{\bullet}{y}}{x}$. Mais la considération de vitesse et de mouvement n'étant pas essentielle au sujet, il est plus simple de définir la dérivée comme étant le rapport des différentielles ou la limite du rapport des différences finies (voyez Dérivées, Calcul différentiel).

E. R.

FŒNE (Zoologie), *Fœnus*, Fab. — Genre d'*Insectes*, de l'ordre des *Hyménoptères*, section des *Térébrants*, famille des *Pupivores*, tribu des *Evaniales*; à tarière très-saillante dans les femelles, formée de trois filets distincts et égaux, l'abdomen comprimé en massue, les jambes postérieures très grandes. les antennes filiformes, la languette entière ou simplement échancrée. Très-voisins des Evanies dont ils diffèrent en ce que dans celles-ci la tête est sessile et l'abdomen excessivement court, ils se rapprochent encore des Ichneumons. Ils vivent sur les fleurs. On les rencontre aussi voltigeant dans les lieux secs et sablonneux, avec des abeilles solitaires et des sphex, et ils déposent leurs œufs dans l'intérieur de leurs larves ou à côté d'elles. Leurs petits venant à éclore dévoreront ces larves avant de subir leurs métamorpho-

Fig. 1158. — Fœna lancier (femelle).

ses. Le *F. lancier* (*F. jaculator*, Fab.), long d'environ 0m,012, est d'un noir obscur, mince et long; il a le premier article des pattes postérieures blanc, avec un petit anneau blanc à la base des jambes. Les pattes postérieures, plus longues que les autres, ont des jambes très-grosses. Les ailes supérieures sont transparentes avec des nervures noires; l'abdomen est long et menu; la tarière des femelles est presque de la longueur du corps. C'est l'espèce la plus connue. Geoffroy le désigne ainsi : *Ichneumon tout noir, à pattes postérieures très-longues et grosses*. Le *F. affectateur* (*F. affectator*, Fab.) est noir comme le précédent, mais de moitié plus petit.

FŒNICULUM (Botanique). — Nom latin du *Fenouil*.

FŒNUM græcum (Botanique). — Nom spécifique de la *Trigonelle fenu-grec*, vulgairement *Fenu-grec*.

FŒTELA (Zoologie). — Nom d'une variété de *Poisson* de l'*Holocentre galerin* de Lacépède, dont Forskal et Linné avaient fait une espèce de *Sciène*, sous le nom de *Sciæna fœtela*.

FŒTUS (Zoologie). — Ce mot, conservé dans la langue française, du même mot latin qui signifie *fruit, production*, sert à désigner le petit animal et particulièrement l'enfant, lorsqu'il est encore dans le sein de sa mère. Il n'entre pas dans le plan de notre livre de faire l'histoire du fœtus, que l'on trouvera dans tous les traités spéciaux; mais il y a des fonctions. telles que la *circulation*, et par suite la *nutrition*, dont l'importance, dans le fœtus, demande quelques développements que l'on trouvera au mot Reproduction.

FOIE (Anatomie humaine), en latin *hepar*. — Organe glanduleux, d'une couleur rouge-brunâtre, situé dans l'hypocondre droit et dans l'épigastre, et retenu dans sa position par des replis du *péritoine*. appelés *ligaments*. Il est le plus volumineux et le plus pesant de nos viscères. Sa forme est assez irrégulière. Par sa face supérieure, convexe et lisse, il est en contact avec le *diaphragme* qui le sépare du cœur, du poumon droit et des sept ou huit dernières côtes par lesquelles il est protégé. Sa face inférieure, qui regarde un peu en arrière, présente un sillon profond divisant le foie en deux lobes inégaux, *grand lobe* ou *lobe droit*, *lobe moyen* ou *lobe gauche*; un autre sillon, partant transversalement du premier, sert à loger la *veine porte*, l'artère et le *conduit hépatique*, des *vaisseaux lymphatiques* et des *nerfs*; derrière ce sillon transversal, dans l'arrière-cavité du péritoine, on trouve une sorte de mamelon d'un fort volume, c'est ce

qu'on appelle le *lobule*, petit lobe, ou *lobe de Spigel*.

Le foie est en rapport, à gauche du sillon antéro-postérieur, avec l'*estomac* qu'il recouvre en partie, et à droite, avec la *vésicule du fiel*, le *rein* droit, le *côlon transverse*, la *veine cave inférieure* à laquelle il forme une gouttière. Il reçoit du péritoine une enveloppe presque complète; de plus, il possède une *tunique propre*, fibreuse, nommée *capsule de Glisson*, qui lui adhère par une foule de prolongements fibreux. Son *parenchyme* est constitué par les divisions de la *veine porte*, de l'*artère hépatique* et des *veines sus-hépatiques*, et par les canalicules biliaires, sécréteurs et excréteurs. Tous ces vaisseaux sont entre eux dans les rapports suivants : la *veine porte*, l'*artère hépatique* et un conduit excréteur sont réunis en faisceau ; autour de ces troncs principaux se trouvent placés les conduits sécréteurs de la bile ; plus en dehors est le prolongement cylindrique de la capsule de Glisson, avec les capillaires qui s'y distribuent. Ces cylindres, pressés les uns contre les autres, renfermant dans leurs intervalles les veines sus-hépatiques, et unis entre eux par les anastomoses des capillaires biliaires et sanguins, se présentent à la surface du foie sous la forme de granulations ou d'*acini* diversement colorés, et dont la portion jaune est formée par les canalicules biliaires, et la portion rouge par les vaisseaux sanguins.

Le foie renferme trois ordres de vaisseaux sanguins : 1° l'*artère hépatique* née du tronc cœliaque, et apportant au foie du sang rouge qui le nourrit; 2° la *veine porte* formée de la réunion des veines des intestins, de l'estomac, de la rate, du pancréas, et qui, se distribuant dans le foie comme le ferait une artère, y amène le sang ayant circulé sur les parois des voies digestives et chargé de certains produits de la digestion; 3° enfin dans le *tissu hépatique* naissent les radicules de plusieurs rameaux veineux, nommés *veines hépatiques*, qui sortent du foie par sa face supérieure pour s'aboucher immédiatement dans la veine cave inférieure.

La principale *fonction* du foie est de sécréter la *bile*. Certains matériaux qui doivent donner naissance à cette liqueur passent à travers les parois adossées des capillaires sanguins, et des canalicules sécréteurs, coulent dans les conduits excréteurs qui leur font suite, et aboutissent, au niveau du sillon transverse du foie, à deux canaux qui se réunissent enfin pour former le *canal hépatique* par lequel la bile sort du foie. Le canal hépatique rencontre bientôt le *canal cystique*, auquel il se joint à angle aigu pour donner naissance au *canal cholédoque* (du grec *cholé*, bile, et *dechomai*, je contiens). Ce qui advient à l'embranchement des deux canaux varie suivant que l'on est à jeun ou dans la période de digestion. Dans le premier cas, la bile, parvenue à la jonction des canaux hépatique et cystique (du grec *cystis*, vessie), se partage en deux portions, dont l'une rétrograde par le *canal cystique* dans la vésicule biliaire qu'elle remplit peu à peu, tandis que l'autre continue son trajet par le *canal cholédoque*, et parvient dans le *duodenum*; pendant la digestion, la vésicule se vide.

Les usages de la bile sont peu connus; cependant l'on sait, d'une part, qu'elle agit comme liquide alcalin pour émulsionner les graisses conjointement avec le suc pancréatique; d'une autre part, que certains de ses principes constitutifs, par exemple sa matière colorante, sont expulsés avec les excréments; on a pu la considérer comme un des réactifs du travail digestif et comme un des produits excrémentitiels de la *nutrition* (voyez Nutrition). M. le professeur Claude Bernard a découvert, en 1853, que le foie, outre la sécrétion biliaire, jouissait de la propriété singulière de créer du sucre de toutes pièces aux dépens du sang. Ce sucre remonte par les veines sus-hépatiques dans le cœur et les divers organes, où il est incessamment détruit par la combustion respiratoire; on a donné à cette fonction nouvelle du foie le nom de *Glycogénie* (voyez ce mot). S — Y.

Foie (Pathologie). — Le foie est sujet à des maladies nombreuses, et presque toujours très-graves. Lorsqu'une cause quelconque détermine l'obstruction du canal excréteur de la bile, ou suspend le travail sécréteur du foie, les éléments de la bile cessent d'être retirés du sang et communiquent à ce liquide une teinte jaune caractéristique à laquelle participe la peau. Cet état morbide, désigné sous le nom d'*ictère*, vulgairement de *jaunisse*, accompagne un grand nombre de maladies du foie à l'une ou l'autre de leurs périodes, ou même pendant toute leur durée. D'autres fois aussi il constitue à lui seul une affection particulière que l'on désigne sous les noms d'*ictère* ou *jaunisse* (voyez Ictère).

Le foie est sujet à une autre affection non moins fréquente que la jaunisse et moins remarquée, c'est la *congestion du foie* signalée à l'attention des médecins, par le professeur Andral (*Clinique*, t. II), puis étudiée en détail par : Haspel (*Malad. de l'Algérie*), L. Fleury (*Hydrothérapie*), Frerichs (*Trait. prat. des malad. du foie*). Cette maladie se révèle par de la pesanteur et de la douleur au côté droit, une teinte jaunâtre de la peau particulièrement marquée aux pommettes, autour de la bouche, au blanc des yeux, enfin par une augmentation notable du volume du foie, que l'on reconnaît au toucher et à la percussion. Souvent l'appétit a disparu, d'autres fois il est capricieux ou excessif; mais les digestions sont toujours pénibles. Un amaigrissement marqué accompagne ces symptômes. bien qu'habituellement il n'y ait pas de fièvre. Le plus souvent, cette affection n'est que la suite d'un embarras dans la circulation pulmonaire ou dans le jeu du cœur; aussi la congestion du foie est-elle un des accidents habituels dans les maladies organiques du cœur; elle est aussi des symptômes accoutumés des maladies produites par les émanations marécageuses. Parfois aussi cette congestion du foie se produit d'elle-même, mais c'est surtout dans les pays chauds, comme on a pu l'observer en Algérie; les individus jeunes, vigoureux, et non acclimatés dans le pays, y sont particulièrement exposés. Chez les habitants des mêmes contrées, vivant dans l'humidité et éprouvés longtemps par les fièvres, la congestion du foie est encore commune et se lie souvent à une maladie du canal digestif. En tous cas, la congestion du foie consiste en une accumulation du sang dans le tissu du foie, qui est rouge ou violacé. Cette maladie a une durée très-variable, parce qu'elle se produit dans des circonstances très-diverses. La congestion simple et récente cède promptement à une large émission sanguine; mais lorsqu'elle est le contre-coup d'une maladie plus grave, elle s'amende ou s'aggrave avec elle. Sous nos climats, cette affection est peu grave, mais il en est tout autrement dans les pays chauds. Dans sa forme aiguë, elle résiste rarement à la saignée générale ou à l'application des sangsues à l'anus, avec un régime doux, l'usage des bains alcalins et de l'eau de Vichy en boisson. La congestion chronique, beaucoup plus rebelle, a été très-heureusement combattue par les douches d'eau froide (voyez Hydrothérapie); les eaux minérales de Vichy, Hambourg, Kissingen, Carlsbad, sont aussi recommandées dans ce cas. Lorsque la maladie tient aux influences locales citées plus haut, le dépaysement est le meilleur moyen s'il est possible.

L'inflammation du foie est désignée sous le nom d'*hépatite* et se termine quelquefois par l'*abcès du foie* (voyez Hépatite).

L'*hypertrophie du foie* est une maladie qui offre souvent des apparences de la congestion chronique, mais qui en est essentiellement distincte (voyez Hypertrophie).

Le foie peut aussi être attaqué d'*atrophie* ou de diminution de sa substance. Cette affection obscure et difficile à reconnaître ne laisse guère d'espoir de guérison; au début, les forces et l'embonpoint déclinent peu à peu, le visage devient pâle; un peu plus tard se déclare une ascite abdominale ou hydropisie du ventre; en explorant la région du foie, on reconnaît un amoindrissement notable de l'organe. Cette maladie n'est pas très-commune.

On nomme *cirrhose du foie* (du grec *cirrhos*, roux) une maladie grave dont le fait principal est l'hypertrophie d'une partie des granulations du foie et l'atrophie du plus grand nombre; les parties hypertrophiées prennent la couleur de la cire jaune. Cette affection n'a été distinguée nettement que par les médecins modernes, Boulland (*Mém. de la Soc. d'émulation*, t. IX), Becquerel (*Archiv. de méd.*, 1840), Monneret (*Archiv. de méd.*, 1852), Gubler (*Thèse p. l'agrég.*, 1853). La cirrhose peut être liée avec des maladies graves du cœur, des poumons, des reins, et elle se perd souvent alors au milieu du cortège d'accidents, que ces affections déterminent; elle n'est le plus souvent reconnue qu'après la mort, à l'ouverture du corps, si elle a lieu. Mais la cirrhose est aussi parfois une maladie primitive, et voici à peu près sa marche. Son début est insensible; les malades, sans éprouver aucune souffrance, pâlissent peu à peu, maigrissent et perdent leurs forces; le ventre devient hydropique, et cet accident persiste et s'accroît en général avec une ténacité invincible; s'il devient considérable dans le ventre, l'épanchement séreux s'étend jusqu'aux membres inférieurs, tandis que la face, les bras s'amaigrissent, prennent une teinte terreuse ou jaunâtre. La peau est sèche au toucher; l'appétit, qui

d'abord avait été conservé, disparaît à la fin; les urines deviennent rares et bourbeuses. La marche de cette redoutable maladie est lente, et c'est après de longs mois, ou même quelques années, que le patient succombe à son mal; souvent cette terminaison funeste est hâtée par quelque complication. érysipèle, pleurésie ou pneumonie. Le rôle du médecin est pénible en face de cette maladie, car son art est impuissant à en conjurer les fatales conséquences, et il ne peut que pallier les accidents qu'elle présente; quelques purgatifs énergiques diminuent l'hydropisie; la ponction devient nécessaire lorsque l'épanchement séreux est trop abondant et trouble les fonctions essentielles. La cirrhose est d'ailleurs difficile à distinguer avec exactitude de plusieurs autres affections du foie, et le plus souvent on en admet l'existence en constatant que les caractères de ces autres affections font défaut. C'est chez l'homme et dans la période moyenne de la vie que la cirrhose s'observe le plus souvent; la femme et surtout l'enfant y sont bien moins sujets. Peut-être les habitudes d'user à tout propos des boissons alcooliques ou fermentées sans aller même le plus souvent jusqu'à l'ivrognerie, plus communes chez l'homme d'un âge mûr, sont-elles la cause de cette préférence. L'altération spéciale du foie, dans la cirrhose, offre trois degrés : au premier, le foie n'a pas changé de volume ou a même augmenté, mais son tissu est d'une couleur jaune générale, marbré de lignes rouges, sinueuses et irrégulières; en même temps, le tissu cellulaire qui joint les lobules du malade est plus dense et de consistance fibreuse. Au second degré, le foie diminue de volume, prend un aspect mamelonné et une coloration roussâtre qui rappelle celle du cuir; il est aussi plus dense et singulièrement résistant; dépouillé de la capsule de Glisson, il semble formé de petits mamelons jaunâtres, serrés les uns contre les autres. Le troisième degré s'observe rarement; il serait signalé par un ramollissement du tissu hépatique qui se convertirait en un détritus brunâtre.

Le *cancer du foie* est une affection assez fréquente sous nos climats (voyez Cancer); cette maladie incurable et inévitablement mortelle accompagne presque toujours une altération de même nature en quelque point de l'estomac. On pourra consulter sur cette affection redoutable le travail de M. le professeur Monneret (*Archiv. gén. de méd.*, mai 1855). Il est rare que le cancer du foie se développe seul et primitivement; les sujets où il se produit portent habituellement un cancer externe ou interne sur quelque autre point de leur organisme. En tous cas, un traitement palliatif est la seule ressource que laisse au médecin l'impuissance de son art. La vésicule biliaire est sujette également à l'affection cancéreuse.

Sous l'influence d'une violence extérieure, un coup porté, une pression énergique, une chute sur l'hypocondre droit, le foie peut éprouver une *rupture*; quelquefois cette déchirure du tissu du foie se produit spontanément. Dans tous les cas, il s'ensuit une hémorragie interne qui ne détermine ordinairement pas d'inflammation du péritoine. C'est, néanmoins, un accident funeste qui se révèle brusquement par une douleur locale, vive et déchirante; la face est anxieuse et contractée, le pouls petit et accéléré; il y a des syncopes; la mort qui peut survenir en quelques heures ne tarde jamais au delà d'une dizaine de jours. La vésicule biliaire peut se rompre, dans certains cas, avec une douleur atroce; une péritonite suraiguë emporte promptement le malade.

Il faut encore signaler, parmi les affections du foie, la production des *calculs biliaires* (voyez Calcul).

Le foie est donc, en résumé, sujet à de très-graves maladies; sa position superficielle et son volume considérable le rendent très-accessible aux fâcheuses influences de la constriction de l'abdomen. C'est en effet un des organes que l'usage des corsets serrés peut offenser le plus facilement, et la coquetterie, qui a provoqué ce funeste abus, est plus tard bien cruellement punie.

Une espèce de *Ver intestinal*, nommé *Douve, Ver plat, Distome hépatique, Ver du foie* (*Fasciola hepatica,* Lin.), se multiplie parfois dans la vésicule et les conduits biliaires (voyez Douve). Mais une autre affection vermineuse, commune dans le foie, est celle que caractérise la présence de vessies enkystées, remplies d'un liquide clair, nommées *Hydatides* et que Laënnec a plus spécialement appelées *acéphalocystes* (voyez ces mots). Cette affection, comme la précédente, est grave lorsque les helminthes se sont abondamment multipliés; la médecine ne les combat pas très-efficacement. F — N.

Foie (Anatomie animale). — Les fonctions du foie sont

sans doute d'une grande importance dans la nutrition des animaux, car chez l'immense majorité d'entre eux on reconnait toujours un appareil organique sécrétant un liquide huileux, d'une couleur jaune verdâtre, en un mot offrant tous les caractères de la bile. Toutes les fois que cet appareil organique a la conformation d'une glande, c'est véritablement un *foie*.

Tous les animaux *Vertébrés* ont un foie parfaitement analogue, pour la position, l'aspect général et les fonctions, au foie de l'espèce humaine; mais on s'aperçoit par une étude comparative que cet organe n'a pas chez l'homme un développement complet, et que le véritable type de sa composition complète se trouve dans les *Mammifères carnivores et rongeurs*. On y observe alors cinq parties ou lobes bien distincts : un *lobe principal* divisé à sa face inférieure par deux scissures dont la droite loge la vésicule du fiel, et l'autre reçoit l'un des ligaments suspenseurs du foie; un *lobe gauche* et un *lobe droit* ajoutés à droite du lobe principal; enfin un *lobule gauche* et un *lobule droit* annexés eux-mêmes chacun à l'un des deux précédents. Dans cette façon de décrire le foie, imaginée par Duvernoy (*Anat. compar.* de G. Cuvier, 2ᵉ édit., t. IV, 2ᵉ part.), celui de l'homme consisterait uniquement dans le lobe principal et un rudiment du lobe droit, qui serait le lobe de Spigel; les trois autres lobes ne seraient pas développés. Le *chat*, le *chien*, l'*écureuil*, la *marmotte*, le *rat*, le *lapin*, le *lièvre*, le *cochon d'Inde*, ont un foie complet avec ses cinq lobes. La plupart des autres mammifères ont cet organe composé d'un plus grand nombre de lobes que dans l'espèce humaine; cependant les *orangs*, les *semnopithèques*, les *ruminants*, les *cétacés carnassiers*, n'ont aussi que le lobe principal bien développé. Plusieurs *rongeurs*, l'*aï*, l'*éléphant*, le *pécari*, le *tapir*, le *daman*, le *rhinocéros*, toutes les espèces du genre *Cheval*, celles du genre *Cerf*, celles du genre *Chameau*, les *dauphins*, la *baleine*, sont dépourvus de vésicule du fiel.

Les *Oiseaux* ont le foie comparativement plus volumineux que les mammifères; il consiste ordinairement en deux lobes égaux ou à peu près, que l'on doit considérer comme analogues au lobe principal de celui des mammifères, divisé en deux portions; parfois on trouve, comme chez les *perroquets*, le *nandou*, plusieurs *palmipèdes*, un lobe de Spigel ou rudiment du lobe droit. La vésicule du fiel manque chez les *perroquets*, les *coucous*, la *pintade*, la *gélinotte*, les *pigeons*, l'*autruche d'Afrique*.

Encore plus grand proportionnellement que chez les oiseaux, le foie chez les *Reptiles* n'offre que peu ou point de divisions, et prend chez les serpents une longueur relativement très-considérable; il est large et court chez les espèces d'une forme ramassée. Les grenouilles et les crapauds ont le foie divisé en deux lobes par une scissure qui loge la vésicule biliaire et reçoit le ligament suspenseur. De tous les animaux vertébrés, les *Poissons* ont le foie relativement le plus volumineux; tantôt il n'offre aucune division, tantôt il présente deux lobes ou même trois, mais rarement un plus grand nombre. Les reptiles et les poissons paraissent être tous pourvus d'une vésicule biliaire.

Chez les animaux *Articulés*, le foie, quand il existe, a une organisation peu parfaite; ce n'est souvent qu'une agglomération plus ou moins nombreuse de tubes simples ou ramifiés, versant chacun la bile immédiatement dans l'intestin. Chez les *Crustacés* décapodes (*crabes, écrevisses, langoustes, homards*), c'est cependant une véritable glande assez comparable au foie des vertébrés. Les *insectes* sont tous dépourvus de foie, mais non pas de sécrétion biliaire; le foie est, chez eux, suppléé par de longs tubes sinueux, plus ou moins nombreux, diversement groupés, et qui s'ouvrent de diverses manières dans l'intestin; ces tubes ont reçu le nom de *canaux biliaires*, car ils sécrètent intérieurement la bile dont la coloration est parfaitement reconnaissable (voyez Insectes).

Les animaux *Mollusques* ont un foie généralement volumineux, qui rappelle celui des vertébrés, mais ne possède pas de vésicule biliaire. Chez les *Céphalopodes* (*seiches, poulpes, calmars*), en particulier, cet organe est très-semblable à ce qu'on le voit chez les poissons, et un canal bien distinct verse la bile dans l'intestin à la suite de l'estomac. Les *Gastéropodes* (*limaces, escargots, limnées*) offrent une disposition du foie analogue, mais cette glande entoure déjà plus intimement le canal digestif. Chez les autres mollusques (*huîtres, moules, peignes, anodontes*, etc.), le foie enveloppe l'estomac, s'unit étroitement à ses parois, et y

verse la bile par des canalicules multiples. La circulation spéciale de la veine porte, qui s'observe chez les vertébrés, n'existe pas chez les animaux invertébrés.

Chez les animaux *Rayonnés* ou *Zoophytes*, on ne trouve plus de foie; la bile est fournie par des organes simples, logés dans l'épaisseur des parois du canal digestif. Encore chez les espèces les plus simples ne trouve-t-on pas toujours une cavité digestive bien distincte, et alors on peut douter qu'il subsiste aucune trace de la sécrétion biliaire.

Pour étudier l'histoire du foie chez l'homme et les animaux, on consultera surtout : Sappey, *Traité d'anat. descript.*, t. III; — Duvernoy, *Leçons d'anat. comp.* de G. Cuvier, 2ᵉ édit., t. IV et V; — Siebold, *Lehrbuch* (*Manuel d'anat. comp.*, en allemand); — Kölliker, *Anat. microscop.*; — Kiernan, *The anat. and phys. of the Liver* (*Anatom. et physiol. du foie*, en anglais); — N. Guillot, *Ann. des sc. natur.*, 3ᵉ série, t. IX, 1848, *Mémoire*; — Huschke, *Encyclop. anatom.*, t. V, et *Splanchnol.*; — Lereboullet, *Mém. sur la struct. du foie.*   Ad. F.

FOIE DE BŒUF (Botanique). — Nom vulgaire du genre *Fistuline* (Champignons).

FOIN (Agriculture), *fœnum* des Latins. — L'entretien, l'exploitation des prairies naturelles ou des prés a pour but les pâturages et la récolte des herbages; dans ce dernier cas, l'herbe est fauchée pour être consommée fraîche à l'étable, ou pour être séchée sur place, convertie en *Foin* et conservée pour l'usage des bestiaux. Aux mots Fourrage, Prairie, on trouvera les divers modes d'exploitation des herbages de toute espèce. Il ne sera ici question que du foin.

La saison pendant laquelle se fait la récolte du foin ou la *fauchaison* doit être déterminée de telle façon que l'on obtienne à la fois le fourrage le plus abondant et le meilleur possible; c'est au moment de la floraison de la plupart des espèces de plantes qui composent les prairies. Plus tôt, il y aurait perte sur la quantité et même sur la qualité, les plantes n'ayant pas acquis tout leur développement et toute leur saveur; plus tard, un grand nombre de tiges défleuries seraient desséchées et auraient perdu une partie de leurs qualités nutritives, plusieurs même ne repousseraient plus. C'est, en général, vers le 15 juin que la fauchaison doit être faite sous le climat de Paris, pour être dans les circonstances les plus favorables. Cependant cette époque peut varier suivant la nature du sol, les espèces qui entrent dans la composition de la prairie; on sait aussi que si le foin est exclusivement destiné aux bêtes bovines, il doit être coupé un peu plus tôt. D'un autre côté, il est bon quelquefois de la retarder jusqu'après la fructification des espèces que l'on veut conserver, afin qu'avant la fauchaison elles puissent répandre leur semence. Nous devons dire aussi que l'époque de la fauchaison doit être calculée suivant l'importance que l'on veut donner à la seconde coupe de foin, c'est-à-dire les regains; celle-ci doit se faire, encore assez tôt en automne, afin que l'on puisse compter sur quelques journées chaudes pour le fanage. C'est donc à la sagacité et à l'intelligence du cultivateur à peser toutes ces considérations.

Le *fauchage* des prairies se fait le plus souvent avec la *faux* (voyez ce mot), quelquefois dans les grandes exploitations avec des machines d'invention récentes, nommées *faucheuses*, dont les perfectionnements journaliers permettent d'espérer l'emploi presque exclusif dans un avenir prochain (voyez Instruments agricoles, Prairies). Elles ressemblent beaucoup aux moissonneuses.

Le *fanage* est la série d'opérations qui consiste à faire sécher le foin et à le rassembler pour le mettre en *meules*, en *bottes*, ou pour le rentrer dans cette partie des bâtiments de l'exploitation, nommée *fenil*. Toute l'herbe coupée avant 9 ou 10 heures du matin doit être répandue sur le pré avec des fourches, des râteaux ou des faneuses; ce foin sera retourné à midi, puis à six heures du soir on le réunira en petits tas nommés *boccotes, chevrottes*. Les autres parties fauchées dans la journée resteront jusqu'au lendemain matin en andains (ce sont les rangs d'herbe coupée que le faucheur jette à terre à chaque coup de faux). Le lendemain on étendra l'herbe fauchée la veille et le matin, de plus celle qui aura été mise en tas. Le soir ou dans le jour, s'il survient de la pluie, on le remet en tas que l'on fait de plus en plus gros à mesure qu'il sèche davantage, et le troisième jour ordinairement on le réunit en très-gros tas dans lesquels le foin s'échauffe un peu, sue et acquiert plus de qualité; le lendemain, après la rosée, on le rentre. Plusieurs moyens sont employés pour opérer le fanage des foins : d'abord les fourches et les râteaux que tout le monde connaît; on a aussi imaginé

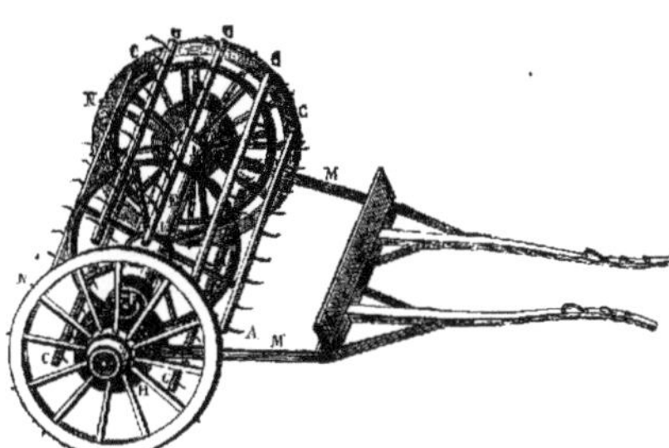

Fig. 1159. — Faneuse de Woburn.

Cette machine se compose de deux brancards formant limonière et liée par des barres de fer M aux fusées de l'essieu. Chacune de ces fusées est fixée à écrou dans une pièce en fonte H, contenant les roues d'engrenage qui transmettent le mouvement des roues de la faneuse à l'axe E du hérisson ou grand tambour à râteaux faneurs. Ces engrenages sont tels que le hérisson fasse 3 tours pour 1 tour des roues de la faneuse. Sur l'axe du hérisson sont montés deux cercles en fonte soutenant les 8 râteaux C, dont les dents en fer A remuent le foin.

plusieurs espèces de faneuses parmi lesquelles nous citerons la *faneuse anglaise de Woburn.* « Elle se compose d'un grand tambour en forme de hérisson, qui peut s'élever ou s'abaisser à volonté, afin d'approcher plus ou moins du sol. Ce hérisson est composé de huit râteaux à dents de fer recourbées, lesquelles, étant assujetties à la fois à deux mouvements, l'un de translation parallèlement au terrain et commun à toute la machine, et l'autre de rotation autour d'un axe, éparpillent le foin qui se trouve sur leur passage » (*Traité élém. d'agricult.*, par J. Girardin et A. Du Breuil). Il existe aussi plusieurs espèces d'instruments à cheval pour ramasser le foin : ainsi le râteau à cheval de Howards, la herse hollandaise, le rafleur hollandais, le rafleur anglais, etc. Nous donnons ici la figure d'un râteau à cheval, d'un méca-

Fig. 1160. — Râteau à cheval.

nisme très-simple, mais qui demande une certaine force pour la manœuvre du levier, lorsque les dents sont chargées de foin.

Quels que soient les moyens employés, le foin qui provient d'un bon fanage se reconnaît « à sa couleur encore verte, à sa souplesse et à son parfum; le foin mal préparé a une couleur grise, le soleil l'a blanchi, l'a rendu cassant; *il sonne sous la fourche;* il est peu aromatique; il se reconnaît encore à sa couleur sombre, lorsque le fanage, au lieu d'avoir été contrarié par un soleil ardent, l'a été par des pluies prolongées. En admettant que le ciel soit clair et le soleil trop ardent, il faut bien se garder de trop éparpiller l'herbe avec la fourche. Si celle du dessus se dessèche trop vite, elle soustrait au moins celle du dessous à l'intensité de la chaleur solaire, et l'on obtient à peu près ainsi le même

résultat que si l'on opérait à l'ombre » (*Le livre de la Ferme,* par P. Joigneaux).

On *conserve* le foin en meules ou dans le fenil, botté ou non botté. Les meules peuvent être temporaires ou permanentes; les premières (*fig.* 1161) se font sur la prairie, dans la partie la plus élevée; ce sont tout simplement des tas réguliers, de forme ronde, légèrement coniques, dans lesquels on tasse et on comprime le foin aussi également que possible. On les fait ordinairement hautes et larges. Elles ne restent que quelques semaines dans le pré. Les meules permanentes (*fig.* 1162) doivent être faites avec plus de soin; ordinairement elles occupent un emplacement sec dans une cour de la ferme. On les isole de terre, soit au moyen d'un appui en fonte, soit en les établissant sur un lit de paille, de colza, de chenevottes ou même de fagots. Le plus souvent on plante en terre, solidement, une perche un peu plus haute que ne doit être la meule, et on tasse soigneusement le foin à l'entour, couche par couche. Cela fait, au sommet de la perche, on attache fortement de la paille tout autour, en forme de chapeau, pour recouvrir la meule; il est bon de creuser à une petite distance une rigole circulaire pour les eaux pluviales. On a construit aussi des meules carrées ou d'autres formes. Le foin conservé dans les meules, et qui a été ainsi plus aéré, est préférable; le bétail le mange mieux et il lui est plus profitable; mais il faut reconnaître que dans les climats pluvieux ce

Fig. 1161. — Meule ou tas de foin temporaire.

moyen est difficile et exige beaucoup de soins; aussi c'est en Angleterre, et surtout en Hollande, que l'on a le plus perfectionné cette pratique. Le foin peut se conserver ainsi très-longtemps; mais alors il se tasse tellement qu'il serait difficile de l'arracher avec la fourche ou avec des crochets; on est alors dans l'habitude de le couper par tranches pour la consommation, soit avec une espèce d'instrument tranchant dont la forme varie. Dans le cas où l'on serait obligé de conserver le foin en grange, il faudra aussi le tasser dans le fenil, afin que la poussière y pénètre le moins possible. En général, le foin se conserve mal de cette manière; il perd de son arome, et souvent

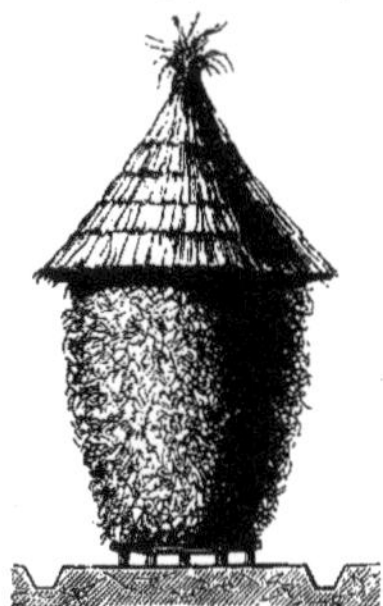

Fig. 1162. — Meule de foin.

même il contracte une odeur désagréable pour le bétail. Il vaut mieux, dans ce cas, le faire botteler. Du reste, c'est une méthode plus facile et plus avantageuse; elle permet une distribution plus régulière au bétail, et il y a moins de gaspillage. Un manœuvre habile peut faire dans une journée deux cents bottes de foin, du poids de 5 kilogrammes. Depuis quelque temps, on emploie en Angleterre, et même en France, des presses hydrauliques au moyen desquelles on comprime le foin au point qu'il n'occupe qu'une très-petite place. On fait observer avec raison que par ce procédé le foin se conserve mieux, qu'il ne se charge pas de poussière, que l'humidité ne le

Fig. 1163. — Coupe-foin.

pénètre pas, qu'il occupe infiniment moins de place, et qu'il peut se conserver pendant des années. Pour la consommation, on le tranche avec le coupe-foin.

L'emploi du foin est bien connu; il sert particulièrement à la nourriture des chevaux, des vaches, des moutons. Lorsqu'il a été avarié par une cause quelconque, il faut le secouer à l'air et le mouiller avec de l'eau salée. On prépare avec le foin une espèce de décoction à laquelle on a donné le nom de *thé de foin*, et que l'on emploie avantageusement mêlée avec du lait, dans la nourriture des jeunes veaux. On utilise aussi quelquefois les graines de foin pour la nourriture des vaches et des porcs; pour cela, après les avoir bien vannées, on les mouille avec de l'eau chaude pendant cinq ou six heures. Le *regain*, qui est le foin de seconde ou de troisième coupe (voyez REGAIN), est très-recherché par les emballeurs. On sait que le foin est souvent employé par les tapissiers, dans la confection de certains ameublements communs, où il remplace la laine ou la bourre pour faire des sommiers, des paillasses, etc.

FOIN (Botanique). — On appelle ainsi quelquefois l'ensemble des tubes qui garnissent le dessous des champignons du genre *Bolet*. — Les aigrettes et les fleurs qui garnissent le réceptacle de l'*artichaut* avant son épanouissement portent aussi vulgairement le nom de *foin*.

FOIN DE BOURGOGNE (Botanique). — On donne généralement ce nom et celui de *gros foin*, ou simplement de *Bourgogne*, au *sainfoin* (*Hedysorum onobrychis*, Lin.), parce qu'il croît naturellement en Bourgogne. Quelques personnes ont encore appelé ainsi mal à propos la *luzerne* (*Medicago sativa*, Lin.).

FOIN DE MER (Botanique). — Nom vulgaire de la plante nommée *Zostère marine*.

FOIROLLE (Botanique). — C'est la *Mercuriale annuelle*, ainsi nommée vulgairement, à cause de son action légèrement purgative.

FOLIACÉ (Botanique). — Se dit des organes qui ont l'apparence, la nature et l'organisation des feuilles. Les stipules sont *foliacées* dans la plupart des cas, ainsi que l'involucre. La spathe est *foliacée* dans les glayeuls. Le terme foliacé s'emploie surtout pour qualifier certains cotylédons qui, minces et souvent relevés de nervures, ressemblent tout à fait aux feuilles, comme dans les belles-de-nuit et autres nyctaginées, quelques euphorbiacées, comme le sablier explosif (*hura crepitans*); tels sont encore les sterculiers, les tilleuls, etc.

FOLIATION ou FEUILLAISON, DÉFOLIATION, PRÉFOLIATION (Botanique). — Ces divers termes, dérivés du mot latin *folium*, feuille, et des prépositions *de*, qui marque la chute, et *præ*, qui veut dire avant, se rapportent au développement et à la chute des feuilles chez les végétaux.

Foliation. — C'est le développement des bourgeons en feuilles au retour du printemps. L'époque de la foliation varie sous bien des influences; elle dépend des espèces, des climats, de la température de l'année, des circonstances particulières où les individus sont placés, enfin de certaines prédispositions héréditaires qui caractérisent les variétés d'une même espèce. Il est donc impossible, sur ce sujet, de rien dire de général qui soit en même temps bien précis. Adanson, au siècle dernier, a dressé, pour la foliation de quelques espèces d'arbres sous le climat de Paris, la table suivante, qui résume dix années d'observations :

	Époque habituelle où commence la foliation.
Sureau, Chèvrefeuille..........................	16 février.
Groseillier épineux, Lilas, Aubépine..........	1er mars.
Groseillier commun, Fusain, Troëne, Rosier.	5 —
Saule, Aulne, Obier, Boule-de-neige, Coudrier, Pommier..........................	7 —
Tilleul, Marronnier, Charme..................	10 —
Poirier, Prunier, Pêcher......................	20 —
Nerprun, Bourdaine, Prunellier...............	1er avril.
Charme, Orme, Vigne, Figuier, Noyer, Frêne.	20 —
Chêne............................	1er mai.

On a remarqué, quant à l'influence de la température, que, suivant les espèces, elle varie beaucoup et que cette influence paraît considérable pour déterminer l'époque de la foliation. M. H. Lecoq cite les faits suivants : Le chèvrefeuille de nos haies et de nos bois montre ses feuilles à partir de + 3° cent.; le groseillier, le lilas, à partir de + 5°; le noisetier, + 9°; le noyer, + 10°; le robinier faux-acacia, + 14°. « La même température de 14°, ajoute cet observateur, suffit à l'acacia pour fleurir, tandis que le lilas, qui feuille à 5°, ne fleurit qu'à 10°. Au contraire, le noisetier, qui s'épanouit dès 3°, ne peut feuiller avant 9° » (*Botan. popul.*).

Préfoliation. — Ce terme désigne la disposition des feuilles dans le bourgeon qui leur donne naissance; on employait autrefois dans le même sens le mot *vernation* (du latin *ver*, printemps). Cet arrangement, calculé pour entasser les jeunes feuilles dans le petit espace que leur laisse le bourgeon sous ses écailles ou feuilles extérieures, est toujours le même pour les espèces d'un même genre; parfois même il s'étend à une famille entière. Aussi les botanistes ont-ils dû s'en préoccuper pour mieux caractériser les groupes naturels. Pour décrire la préfoliation, il y a lieu de considérer successivement la disposition de chaque feuille, puis celle des diverses feuilles du bourgeon, les unes par rapport aux autres.

Dans leur disposition individuelle, chacune des feuilles peut être *plane* ou légèrement convexe, *pliée* ou *roulée* sur elle-même. Mais le mode de plicature peut être fort varié aussi bien que le mode d'enroulement; de là beaucoup de termes distincts dont les principaux vont être définis plus bas. Quant à leur disposition relative, les feuilles d'un même bourgeon peuvent être *appliquées* les unes contre les autres, et alors ordinairement chacune de ces feuilles n'est ni pliée ni enroulée sur elle-même; elles peuvent être, au contraire, diversement enchevêtrées ensemble lorsqu'elles sont pliées ou enroulées. D'après ces diverses données générales, on pourra comprendre la série des termes suivants qui caractérisent les feuilles dans leur état de préfoliation : *appliquées* ou *applicatives*, lorsque les feuilles, sans être pliées ou roulées, sont juxtaposées face à face, comme on le voit chez beaucoup de végétaux monocotylédones; dans ce cas, si elles se touchent par leur bord sans se recouvrir, elles sont *valvées*; si elles ne se recouvrent que partiellement comme des tuiles, elles sont *imbriquées*; elles sont *réclinées* ou *réplicatives*, lorsque les feuilles pliées transversalement ont leur moitié supérieure appliquée sur leur moitié inférieure, en rapprochant la base du sommet (ex. : aconit, tulipier); *condupliquées* ou *conduplicatives*, lorsque la plicature a lieu longitudinalement, de manière à appliquer la moitié droite de la feuille sur sa moitié gauche (ex. : hêtre, chêne). Si une feuille condupliquée en embrasse complétement une autre en chevauchant sur elle, la préfoliation est *équitante* ou *amplective* (ex. : troëne, iris); si elle reçoit dans son pli la moitié d'une autre pliée comme elle, ces feuilles sont *demi-équitantes* ou *semi-amplectives* (ex. : saponaire); *plissées* ou *plicatives*, lorsque les feuilles sont pliées le long de leurs principales nervures (ex. : érable, charme); *chiffonnées* ou *corrugatives*, lorsque les feuilles sont irrégulièrement plissées et ramassées sur elles-mêmes; *circinées* ou *circinales*, lorsque les feuilles sont roulées sur elles-mêmes transversalement du sommet vers la base, de manière à rappeler l'aspect d'une crosse abbatiale (ex. : fougère, roselle, parnassière); *convolutées* ou *convolutives*, lorsqu'au contraire, l'axe de chaque feuille restant droit, celle-ci s'enroule en cornet sur elle-même (ex. : froment, seigle, maïs, bananier) ; si l'enroulement courbe en dedans les deux moitiés de la feuille en deux petits rouleaux parallèles, celle-ci est *involutée* (ex. : pommier) ; si cet enroulement a lieu en dehors, c'est-à-dire vers la face inférieure de la feuille, celle-ci est *révolutée* (ex : romarin) ; *curvatives* ou *courbées*, lorsque, trop étroites pour s'enrouler, les feuilles sont courbées seulement ; *supervolutives*, lorsqu'elles sont courbées de façon à s'envelopper les unes les autres (ex. : abricotier).

Les dispositions que présente la *préfoliation* se retrouvent sous le nom de *préfloraison* dans les boutons à fleur, et les termes cités plus haut sont aussi employés pour l'arrangement des diverses parties de la fleur dans le bouton.

Défoliation. — Ce terme s'applique au phénomène que l'on nomme habituellement chute des feuilles. Comme la foliation, la défoliation est soumise aux influences des climats, des saisons, de l'organisation particulière à chaque espèce de plante, etc.; mais la principale cause de la chute des feuilles est leur mortification par suite de l'arrêt du mouvement nutritif de la plante et de l'absence de la séve dans la feuille. Une fois frappée de mort, la feuille se sépare de la plante vivante comme une partie gangrenée tombe du corps d'un animal. Certains végétaux cependant conservent leurs feuilles flétries, comme on le voit sur les chênes ; on dit alors que ces feuilles sont *marcescentes*. L'aspect des végétaux vivaces pendant l'hiver diffère beaucoup suivant la durée des feuilles sur les rameaux Si les feuilles se flétrissent et se détachent avant que les nouvelles soient sorties de leurs bourgeons, l'arbre reste dépouillé pendant l'hiver et on le dit *à feuilles caduques*. Si, au contraire, les feuilles ne meurent qu'après une nouvelle foliation, la plante conserve toute l'année sa verdure et est dite *à feuilles persistantes* ; on désigne ces végétaux sous le nom vulgaire de toujours verts. On a tort de dire que ces végétaux ne perdent pas leurs feuilles ; seulement ils en portent toujours parce qu'elles se succèdent sans interruption sur leurs rameaux. Dans les pays intertropicaux, la plupart des arbres ne se voient jamais dépouillés, parce que le mouvement de la séve n'est pas suspendu par une saison rigoureuse. La durée des feuilles sur la plante varie, suivant les espèces, de quelques mois à plusieurs années : le frêne commun ne garde les siennes que trois ou quatre mois ; le pin, deux ou trois ans ; les sapins, jusqu'à dix et onze ans ; les araucaria plus longtemps encore Quant à l'époque de la chute des feuilles, elle varie suivant les espèces, les climats et l'état des saisons. Ad. F.

FOLIE (Médecine), *Insania*, des Latins ; *Morbi mentales*, de Linné ; *Folie*, de Sauvages ; *Aliénation mentale*, de Pinel. — Cette dernière dénomination a été généralement adoptée, et si nous lui avons préféré celle de folie, c'est que le sens en est plus connu pour les gens du monde et pour le public auquel s'adresse notre livre. Rien n'est plus difficile qu'une bonne définition de la folie. Pour Esquirol, c'est une affection cérébrale, ordinairement chronique, sans fièvre, caractérisée par des désordres de la sensibilité, de l'intelligence et de la volonté. Selon Georget, c'est une maladie apyrétique (sans fièvre) du cerveau, ordinairement de longue durée, presque toujours avec lésion des facultés intellectuelles et affectives, sans trouble notable dans les sensations et les mouvements volontaires et sans désordre grave ou même sans désordre marqué dans les fonctions nutritives, etc. Locke avait déjà dit : Les aliénés sont semblables à ceux qui posent de faux principes, d'après lesquels ils raisonnent très-juste, quoique les conséquences en soient erronées. Nous ne pousserons pas plus loin ces réflexions : nous ferons seulement observer combien il est difficile de saisir le point précis où la raison commence à devenir désordonnée et où la folie commence. Cette question délicate et ardue, trop souvent tranchée par les familles avec une imprudence fatale pour les conséquences qui en ont été la suite, l'a été aussi quelquefois par les magistrats avec une précipitation regrettable, et dans un sens opposé à l'avis des médecins, seuls compétents, sinon infaillibles pour la résoudre, avec la sage réserve et l'expérience de leur profession. On s'est trop persuadé généralement que les aliénés ne raisonnent pas ; on a pris pour des individus sains d'esprit de véritables fous, des monomanes, déraisonnant seulement sur un ou sur quelques points, sur une idée fausse, partant, comme dit Locke, d'un principe faux et en déduisant logiquement toutes les conséquences erronées, mais conservant, sous tous les autres rapports, une mémoire excellente et le jugement le plus sain, et montrant à côté d'une faculté

pervertie une série d'autres facultés intellectuelles, intactes et parfaitement conservées. Ces individus, que l'on vous présentera comme des aliénés, vous étonneront par la lucidité de leur esprit, tant que vous ne toucherez pas à l'idée qui les domine, et sur laquelle l'insanité de leur esprit va se manifester au premier mot. Un aliéné causait depuis quelque temps avec un visiteur, qui, sachant avoir affaire à un fou, était émerveillé de son calme, de sa tranquillité, et surtout du charme de sa conversation ; il allait se retirer, croyant avoir été dupe d'une mystification, lorsque le nom de Jésus-Christ fut prononcé : « Oh ! pour ceci, dit notre homme, on sait bien que c'est moi qui suis le *Christ*, ainsi n'en parlons pas ! etc. » La corde sensible avait été touchée, la détente était partie, il n'y eut plus moyen d'en rien tirer de raisonnable..... Nous pourrions multiplier les exemples à cet égard ; nous citerons seulement le suivant : un vieil employé de la Monnaie poussait l'esprit d'ordre jusqu'à la manie ; il était minutieux, morose, triste, toujours inquiet de l'avenir ; il voulait que tout fût mis en place et y restât ; une chaise, un livre, une plume dérangés le rendaient chagrin, furieux. Il se levait invariablement à 5 heures du matin, faisait son feu, si c'était en hiver, avec un soin tel qu'on ne voyait devant le foyer pas un atome de poussière ; il procédait ensuite à sa toilette, époussetait, essuyait, rangeait. À 9 heures précises, il partait pour son bureau, d'où il revenait exactement à 4 heures et demie. A 10 heures, il se mettait au lit sans jamais retarder d'une minute. Sa cave, son bûcher, toujours bien garnis, étaient rangés comme une bibliothèque avec une propreté remarquable. Il changeait de linge tous les lundis et avait pour les quatre saisons de l'année des vêtements qu'il prenait à jour fixe. Toute visite l'aurait importuné et aurait mis le désordre dans la symétrie de son appartement ; aussi personne n'entrait chez lui. Une barre de fer disposée en crémaillère lui permettait d'entr'ouvrir sa porte pour parler aux importuns. Comme son médecin, j'avais seul le privilège d'être admis chez lui. Le garçon restaurateur lui apportait son dîner à 5 heures précises était reçu comme les autres par la porte entrebâillée juste assez pour passer les plats du jour et remporter la vaisselle de la veille avec le prix du repas enveloppé dans un papier contenant la commande du lendemain. Cet homme, qui avait vu la grande révolution, craignait beaucoup d'en voir une autre qui aurait pu jeter le désordre dans son existence si bien réglée, et dès 1828, en pressentant une nouvelle prochaine, il se jeta dans la Seine après avoir écrit son nom sur un papier enfermé dans un morceau de taffetas gommé ; il fut sauvé, mais le 21 mai 1830, après une contrariété de famille, il se brûla la cervelle d'un coup de pistolet dans sa chambre. On trouva pour la première fois sa clef sur la porte d'entrée et son cercueil tout prêt et tout ouvert aux pieds de son lit ; il le gardait depuis longtemps dans un petit cabinet au bout de son alcôve. Cet homme était-il un fou ? Évidemment sa raison n'était pas saine, et s'il eût commis un crime, aurait-on pu en toute justice le déclarer coupable ? Voilà donc une forme de déraison dont il est difficile de préciser la nuance.

Parmi les causes de la folie, l'hérédité tient le premier rang, surtout chez les riches, chez lesquels elle est à peu près de moitié, d'après Esquirol, et seulement du sixième chez les pauvres. Quant à l'âge, voici le tableau que nous avons extrait d'un travail de Georget basé sur 4 409 malades en France et en Angleterre : de 30 à 40 ans, 1 sur 3 aliénés ; de 20 à 30, 1 sur 4 ; de 40 à 50, 1 sur 5 : de 50 à 60, 1 sur 9 1/2 ; de 60 à 70, 1 sur 25 ; au delà de 70 ans, 1 sur 126. Pour le sexe, il paraît bien établi que les femmes y sont plus sujettes que les hommes. La proportion, suivant Esquirol. est de 5 hommes à 7 femmes. Le célibat joue un certain rôle dans la production de la folie. On trouve 1 homme marié sur à 4/5 aliénés et 1 femme mariée seulement sur 4 1/3 (Desportes). Il n'est pas difficile de concevoir que le progrès intellectuel, en imprimant au cerveau une plus grande activité fonctionnelle, a dû produire un plus grand nombre d'aliénations mentales, et dire que l'accroissement des lumières a contribué à augmenter le nombre des fous, ce n'est pas faire le procès à la civilisation, c'est simplement mettre en lumière un fait de toute évidence, et qui n'est que la conséquence du perfectionnement de l'humanité. Ainsi, tandis qu'à Londres et à Paris on trouve 1 fou sur 200 individus, à Milan, c'est 1 sur 242 ; à Rome, 1 sur 481 ; à Naples, 1 sur 759 ; à Madrid et à Saint-Pétersbourg, 1 sur 3 000 environ ; au Caire, 1 sur 23 000. Par la même raison, le nombre des aliénés va croissant dans une progression non interrompue ; à Paris, par exemple, le nombre des fous admis à Bicêtre, à la Salpêtrière et à Charenton, qui était de 1 012 en 1827, atteignait le chiffre de 1 445 en 1838, dans un espace de douze années. A côté des causes que nous venons d'énumérer, il faut en placer un grand nombre d'autres tenant : au tempérament, ainsi le bilioso-nerveux, le bilioso-sanguin ; aux saisons, les mois d'été, par exemple ; aux professions, celles surtout qui exigent une grande contention d'esprit, qui excitent l'ambition, la soif du pouvoir, des richesses, etc. ; aux perturbations morales de toutes espèces ; aux veilles, aux excès de tous genres, à l'abus des liqueurs alcooliques, aux revers de fortune, aux maladies du cerveau, etc., etc.

Les désordres des fonctions cérébrales qui constituent la folie ou aliénation mentale, en général, peuvent se présenter sous un grand nombre de formes diverses, qui ont permis aux pathologistes de les classer en plusieurs groupes. Les anciens divisaient cette maladie en *manie* ou délire général, avec disposition à la fureur, et *mélancolie* ou délire exclusif, avec propension à la tristesse. Cullen adopte cette distinction, en faisant remarquer pourtant qu'elle ne comprend pas tous les genres de folie. Pinel en admet quatre espèces : la *manie* ou délire général, avec agitation, irascibilité, penchant à la fureur ; la *mélancolie*, délire partiel avec abattement, tristesse, penchant au désespoir ; la *démence*, débilité des actes de l'entendement et de la volonté ; l'*idiotisme*, sorte de stupidité plus ou moins prononcée. Esquirol, en adoptant cette division, donnait le nom de *monomanie* à la mélancolie, et distinguait avec raison l'idiotisme congénital de celui qui survient accidentellement.

Quelle que soit l'espèce particulière de la maladie que l'on veut étudier, la folie présente des *caractères généraux* essentiels à examiner ; ce qui frappe d'abord, ce sont les aberrations dans la perception des objets chez un certain nombre de malades, d'où résultent des idées, des jugements, des raisonnements faux ou ridicules, lorsque, par exemple, un aliéné prend un homme pour une femme, un inconnu pour un ami, un frère, etc. D'autres fois ce sont des perceptions sans objet, ce qui produit des *hallucinations* (voyez ce mot). Ainsi on en trouve qui voient des objets qui n'existent pas, c'est l'histoire des revenants ; souvent ce sont des voix bien distinctes pour eux, des odeurs plus ou moins fétides ; de là des désordres dans les idées, des combinaisons intellectuelles bizarres, extravagantes, des opinions ridicules, des propos décousus. Quelques-uns refusent de manger, d'autres craignent de respirer, d'aller à la garde-robe. Il y en a chez lesquels ces désordres amènent un état de colère, de fureur même, des cris, des menaces de casser, de tuer, etc.

Nous allons dire deux mots des *caractères particuliers* de la folie considérée dans chacune des espèces énoncées plus haut : 1° Dans la *monomanie* (Esquirol) ou *mélancolie* (Pinel), le délire est tellement dominé par une idée exclusive, et l'intelligence est tellement libre sous les autres rapports, que le malade peut paraître sain d'esprit tant que son attention n'est pas dirigée vers l'objet sur lequel il déraisonne. Quelques-uns sont en proie de temps en temps à une agitation, à une espèce de délire général. Les idées qui dominent chez les monomaniaques sont, le plus souvent, relatives aux passions et aux affections ; ainsi celui qui était ambitieux se croit roi, pape, Dieu même ; un autre, qui était très-religieux, est affecté de la monomanie religieuse ; celui-ci, qui aimait les richesses, possède des châteaux, des terres, des millions, etc. Quelquefois cependant c'est le contraire, et on en a vu passer de l'irréligion la plus profonde à une dévotion extrême. Chaque espèce, chaque variété donne à celui qui en est affecté un port, une attitude, des gestes en rapport avec ses illusions. Dans la forme nommée *mélancolie* proprement dite, les malades sont tristes, inquiets, chagrins ; ils sont dominés par la frayeur (*Lypémanie* d'Esquirol, du grec *lypé*, tristesse). C'est parmi les monomaniaques que l'on observe surtout les *hallucinations* ; il en est qui sont sans cesse tourmentés, poursuivis par les *voix* qu'ils croient entendre. Dans une autre variété, ces malheureux s'imaginent avoir, dans quelque partie de leur corps, des ennemis, des animaux, des diables, ou bien ils sont morts, ils n'ont plus d'âme ; d'autres fois ils sont changés en individus de sexes différents, en chien, en oiseau, etc. Plusieurs aliénés, à force d'être tourmentés par ces idées incohérentes, bizarres, finissent par l'*homicide* ou le *suicide*, quelquefois par les deux.

2° Dans la *manie*, le délire est général, sans idées dominantes, sans passion fortement prononcée ; chez les uns, l'esprit est continuellement surexcité ; ces malades parlent beaucoup et avec volubilité, mais avec suite et justesse ; ils ne peuvent rester tranquilles ; ils ont des fantaisies que l'on ne peut toujours satisfaire ; alors ils se fâchent, le délire augmente, et ils peuvent devenir dangereux. D'autres sont tranquilles, ils raisonnent ou déraisonnent suivant les objets qui les frappent, les idées qui leur sont suscitées ; ils ont des moments où ils retrouvent toute leur raison et leur aptitude intellectuelle. Quelques-uns enfin, et c'est le degré le plus intense de la manie, ont des idées confuses, incohérentes ; ils sont agités, chantent, crient, ont des mouvements désordonnés, font des menaces ; leur attention ne peut être fixée sur rien ; ils sont souvent méchants, furieux, frappent, brisent et deviennent dangereux.

C'est sous une de ces deux formes de la folie que l'on rencontre surtout ces cas dans lesquels la raison paraît si peu altérée, qu'il est facile de s'en laisser imposer, si l'on ne se livre qu'à un examen superficiel. « On est surpris, dit Georget, en parcourant les divers quartiers habités par les aliénés, de rencontrer des individus qui ont conservé *presque* en totalité l'exercice régulier de l'intelligence, dont le sentiment de la conscience ou du *moi* conserve beaucoup de force, qui ont des idées, des passions, des déterminations volontaires, qui sont accessibles à la joie, à la honte, à la colère, à la frayeur, etc., sensibles aux bons comme aux mauvais procédés, qui observent souvent avec leurs commensaux tous les égards, toute la politesse, toutes les convenances de la société. La manie la plus intense présente des intervalles plus ou moins lucides ; dans la mélancolie la plus profonde, le malade peut quelquefois oublier l'idée qui le poursuit. » Ce sont ces nuances peu accusées, fugaces, difficiles à bien préciser, qui ont trompé les personnes peu habituées à observer ; en effet, on se figure toujours que les aliénés sont agités, violents, furieux, proférant des mauvais propos, des injures, prêts à frapper, brisant tout, faisant du bruit, du tumulte, et ne cédant que par la contrainte et les châtiments.

3° La *démence* est l'affaiblissement de toutes les facultés intellectuelles ou affectives ; ainsi la mémoire, le jugement, l'attention, l'association des idées, tout s'éteint plus ou moins ; ces malades sont ordinairement tranquilles, indifférents à tout ; ils parlent souvent seuls, rient ou pleurent quelquefois ; leur physionomie perd son expression ; ils tombent par degrés dans la stupidité complète, ne reconnaissent plus personne, ont à peine la conscience de leurs besoins. Mais, en général, ils n'arrivent à cet état qu'après avoir passé par toutes les phases qui signalent l'affaiblissement graduel de l'intelligence, et quelquefois par des nuances légères et de longue durée. La démence peut être primitive ; elle est le plus souvent secondaire et succède à la manie ou à la monomanie ; c'est la terminaison naturelle de ces deux formes lorsqu'elles ne guérissent pas.

4° Enfin l'*idiotisme* est la quatrième espèce de folie admise par Pinel et Esquirol ; il en sera question au mot IDIOTISME.

M. Baillargé a signalé et décrit, dans ces derniers temps, une variété curieuse de la folie à laquelle il a donné le nom de *folie circulaire*. Les malades qui en sont affectés sont en proie pendant quelque temps à une période d'excitation générale comme dans la manie, puis vient une phase de l'état mélancolique, suivie d'un retour à l'état de santé. Ces périodes, qui sont quelquefois longues, se renouvellent à des intervalles plus ou moins éloignés. En voici un exemple qui nous paraît rentrer parfaitement dans la variété décrite par M. Baillargé. Une vieille demoiselle, de plus de soixante ans, vivait en communauté avec toute sa famille composée de deux de ses sœurs, d'une nièce mariée et mère de famille et d'une autre parente ; c'était une famille pieuse, d'une grande sévérité de mœurs et d'une aisance très-modeste. La malade était naturellement calme, douce, bonne et très-économe, plutôt triste que gaie, laborieuse, d'une tenue propre, mais d'une extrême simplicité. Tout à coup son caractère changeait ; elle devenait plus gaie, s'habillait plus coquettement, parlait, riait, faisait toilette et sortait une partie de la journée ; elle, si économe, achetait des fleurs, des bonbons, des colifichets de toute espèce dont elle rentrait chargée le soir ; elle s'arrêtait à toutes les portes du voisinage pour causer, bavarder, sans divaguer positivement. Cependant peu à peu cette humeur joviale diminuait de jour en jour ; elle sortait moins, s'habillait plus simplement, était plus taciturne, se levait plus tard ; enfin elle devenait triste, morose, faisait cent tours dans sa chambre sans s'asseoir ; elle cessait presque de manger ou ne le faisait que par la contrainte, elle répétait sans interruption, pendant des heures entières, deux ou trois mots ; c'était le plus souvent : *Ha! mon Dieu, mon Dieu!* sans que l'on pût en tirer autre chose ; puis elle finissait par ne plus quitter son lit, roulée dans ses couvertures, silencieuse et immobile. Au bout de quelques jours, cet état diminuait et elle revenait peu à peu à sa santé ordinaire, sans qu'elle parût avoir souvenir de ce qui s'était passé. Du reste, la période lucide était beaucoup plus longue que les autres. J'avais vu commencer cette aliénation mentale qui a duré plusieurs années et s'est terminée par la mort, à la suite d'une période de démence assez courte.

Il nous resterait encore bien des choses à dire sur la folie ; mais cet article est déjà bien long, et nous craindrions de dépasser les bornes d'un dictionnaire ; seulement, pour faire sentir au lecteur les différentes nuances de cette cruelle maladie, nous ne pouvons résister au plaisir de citer le tableau saisissant d'une maison d'aliénés, tracé de main de maître par Esquirol. « Que de méditations pour le philosophe qui, se dérobant au tumulte du monde, parcourt une maison d'aliénés! il y retrouve les mêmes idées, les mêmes passions, les mêmes infortunes.... Chaque maison de fous a ses dieux, ses prêtres, ses fidèles, ses séides ; elle a ses empereurs, ses rois, ses ministres, ses courtisans, ses riches, ses généraux, ses soldats, et un peuple qui obéit. L'un se croit inspiré de Dieu, en communication avec le Saint-Esprit ; il est chargé de convertir la terre, tandis que l'autre, possédé du démon, livré à tous les tourments de l'enfer, gémit, se désespère, maudit le ciel, la terre et sa propre existence. L'un, audacieux et téméraire, commande à l'univers et fait la guerre aux quatre parties du monde ; l'autre, fier du nom qu'il a pris, dédaigne ses compagnons d'infortune, vit seul et à l'écart, et conserve un sérieux aussi triste qu'il est vain. Celui-ci, dans son ridicule orgueil, croit posséder la science de Newton, l'éloquence de Bossuet, et exige qu'on applaudisse aux productions de son génie, qu'il débite avec des prétentions et une assurance comiques. Celui-là ne bouge point, ne fait pas le moindre mouvement, ne profère pas un mot ; on le prendrait pour une statue. Desséché par les remords, son voisin traîne avec ennui les restes d'une vie qui se soutient à peine ; il invoque la mort. Près de lui, cet homme qui vous paraît être heureux et jouir de sa raison, calcule l'instant de sa dernière heure avec un sang-froid épouvantable ; il prépare avec calme, et même avec joie, les moyens de cesser de vivre. Que de terreurs imaginaires dévorent les jours et les nuits de ces mélancoliques ! Éloignons-nous de ce furieux, il se croit trahi, déshonoré ; il accuse tout le monde, et ses parents et ses amis ; dans sa vengeance effrénée, il n'épargnerait personne. Celui-ci jouit d'une imagination qui l'irrite, est dans un état habituel de colère ; il crie, menace, injurie, frappe, tue. Cet autre, que vous voyez renfermé, est un fanatique qui, pour convertir les hommes, veut les purifier par le baptême de sang ; il a déjà sacrifié deux de ses enfants. Cet insensé, dans l'explosion bruyante de son délire, est d'une pétulance invincible ; il semble prêt à commettre les plus grands désordres, mais il ne nuit à personne..... Cet autre, transporté d'aise, passe sa vie à se réjouir ; il rit aux éclats..... Dans une maison de fous, les liens sociaux sont brisés, les amitiés cessent, la confiance est détruite ;... on agit sans bienséance, on obéit par crainte, on nuit sans haïr ; chacun a ses idées, ses pensées, ses affections, son langage ; chacun vit pour soi ; l'égoïsme isole tout..... »

La folie est une maladie grave, surtout lorsqu'elle tient à l'hérédité et à des causes morales irréparables. Elle est très-sujette à récidive.

Quant au traitement, il se réduit le plus souvent à agir sur l'intelligence, sur les passions ; c'est ici que le médecin doit déployer toutes les ressources de sa science ; comme nous l'avons dit ailleurs, celui qui se livre au traitement des aliénés doit avoir une instruction étendue ; il doit posséder des qualités du cœur et de l'esprit d'un genre particulier, pour démêler la cause des maux dont il est témoin, pour corriger et redresser tel malade, animer et soutenir tel autre, frapper l'esprit de celui-ci, aller au cœur de celui-là, et dominer ses malades par la puissance et l'ascendant de sa volonté. A côté du traitement moral, il y a le traitement thérapeutique, très-variable, suivant les cas, et sur lequel nous ne pouvons nous étendre ; ainsi les saignées, les dérivatifs (vésicatoires,

sinapismes), les purgatifs, quelquefois les narcotiques et les calmants de toutes espèces, les bains, les douches, etc. Ces deux derniers moyens préconisés souvent outre mesure ont rendu des services réels. Les bains tièdes et froids seront administrés sans qu'il y ait surprise ou immersion subite, ce qui serait très-mauvais ; le malade sera placé dans un bain tiède dont on videra l'eau peu à peu d'un côté, tandis que, d'un autre, on le remplira d'eau froide. On a fait aussi abus des douches dont on n'a pas, du reste, dirigé toujours l'emploi avec prudence. La douche ne doit être donnée qu'à un petit nombre de malades, avec un mince filet d'eau, à jeun et seulement pendant quelques instants ; on a aussi eu recours avec avantage aux demi-bains tièdes, aux bains de pieds, aux affusions froides, etc. Nous avons déjà parlé du traitement *moral* ou *psychique*. La première condition et le moyen le plus propre à préparer sa réussite, c'est l'*isolement* ; tous les médecins sont d'accord sur ce point ; l'aliéné doit être soustrait à ses habitudes, à sa manière de vivre ; il doit être séparé des personnes avec lesquelles il vit habituellement, avec lesquelles il raisonne, discute, s'anime, s'exaspère ; des curieux qui viennent le visiter ; il doit être séquestré et placé dans une habitation spéciale, soit dans son propre intérêt, au point de vue de sa guérison, soit par mesure de sûreté ; et cette habitation devra être, autant que possible, éloignée de son domicile, afin d'éviter les visites trop fréquentes. Il faut qu'il vive au milieu d'étrangers qui lui en imposent toujours davantage, dans des maisons destinées à cet usage, et dont les appropriations sont organisées d'après une réglementation minutieuse et bien entendue de l'administration, comme on le verra plus loin. En général, trois principes doivent diriger le médecin dans le traitement des aliénés. « 1° Ne jamais exciter les idées ou les passions de ses malades dans le sens de leur délire ; 2° ne point combattre directement les idées et les opinions déraisonnables de ses malades par le raisonnement, la discussion, l'opposition, la contradiction, la plaisanterie ou la raillerie ; 3° mais fixer leur attention sur des objets étrangers au délire, communiquer à leur esprit des idées et des affections nouvelles, par des impressions diverses » (Georget, *Dict. de médecine*).

Les principaux ouvrages à consulter sont : Pinel, *Traité médico-philosophique sur l'aliénation mentale ou la manie*, 2° édit., 1809, Paris. — Esquirol, *Des maladies mentales*, Paris, 1838. — Scipion Pinel, *Physiologie de l'homme aliéné*. — Broussais, *De l'irritation et de la folie*, Paris, 1839. — Brière de Boismont, *De l'influence de la civilisation sur le développement de la folie*, 1839. — Falret, *Des maladies mentales et des asiles d'aliénés*, Paris, 1864. — Leuret, *Du traitement moral de la folie*, Paris, 1840. — Marc, *De la folie dans ses rapp. avec les quest. médico-judiciair*. — Belhomme, *Considér. sur l'appréciat. de la folie*, etc. (Mém. 1834-1848). — Marcel, *De la folie causée par l'abus des boiss. alcool.*, thèse 1847. — Boileau Castelnau, *De la folie instantanée*, 1852. — Renaudin, *Étude médico-psycolog. sur l'aliénat. ment.*, 1854. — Delasiauve, *Journal mensuel de médecine mentale*. — *Considér. génér. sur l'ensemble du service des aliénés du département de la Seine*, par M. l'inspect. génér. de ce service, le docteur Girard de Cailleux, (*Gazett. hebdomad. de médecine*, 1861). — Tardieu, *Dict. d'hygién. publique*, art. ALIÉNÉS, 3° édit., 1862. — Et une multitude d'autres travaux de MM. Marc, Foville, Calmeil, Delaye, Moreau (de Tours), Lélut, Girard de Cailleux, Delasiauve, etc.

Mesures administratives. — Autrefois les aliénés étaient confondus avec les criminels et renfermés dans le fond des cachots ou dans les cellules de quelques maisons religieuses ou d'hospices, et complétement privés des soins hygiéniques et de traitement médical. Aujourd'hui, grâce à la puissante impulsion donnée par Pinel et continuée par Esquirol, la sollicitude des pouvoirs publics s'est éveillée, et les aliénés, reçus dans des maisons spéciales, sont traités par des médecins zélés, hommes de bien et instruits. La loi du 30 juin 1838 a réglé toute cette partie du service de manière à ce que tous les établissements publics et privés soient placés sous la haute surveillance de l'administration. Dès 1846, on comptait en France 52 établissements publics contenant 16 000 aliénés, sans compter 30 hospices où ils peuvent être reçus dans des quartiers particuliers, en attendant leur transfèrement dans les grands établissements. L'administration a réglé en même temps ce qui regarde la translation des aliénés, la situation et la disposition intérieure des asiles, le régime des aliénés, le travail et le genre de vie auxquels

Ils peuvent être soumis. Ne pouvant entrer dans le détail de ces différentes prescriptions, nous nous contenterons de citer quelques-unes des dispositions législatives et administratives les plus usuelles et les plus utiles aux gens du monde.

Loi du 30 juin 1838. — Art. 5. Nul ne pourra diriger ni former un établissement privé consacré aux aliénés, sans l'autorisation du gouvernement. Les établissements privés consacrés au traitement des autres maladies, ne pourront recevoir les personnes atteintes d'aliénation mentale, à moins qu'elles ne soient placées dans un local entièrement séparé.....

Art. 8. Les chefs et préposés responsables des établissements publics, et les directeurs des établissements privés et consacrés aux aliénés, ne pourront recevoir une personne atteinte d'aliénation mentale, s'il ne leur est remis : 1° Une demande d'admission contenant les noms, profession, âge et domicile, tant de la personne qui la formera que de celle dont le placement sera réclamé, et l'indication du degré de parenté, ou à défaut, de la nature des relations qui existent entre elles. La demande sera écrite et signée par celui qui la formera, et, s'il ne sait pas écrire, elle sera reçue par le maire ou le commissaire de police, qui en donnera acte. Les chefs, préposés ou directeurs devront s'assurer, sous leur responsabilité, de l'individualité de la personne qui aura formé la demande, lorsque cette demande n'aura pas été reçue par le maire ou le commissaire de police. Si la demande d'admission est formée par le tuteur d'un interdit, il devra fournir à l'appui un extrait du jugement d'interdiction. 2° Un certificat de médecin constatant l'état mental de la personne à placer, et indiquant les particularités de sa maladie, et la nécessité de faire traiter la personne désignée dans un établissement d'aliénés et de l'y tenir renfermée. Ce certificat ne pourra être admis s'il a été délivré plus de quinze jours avant sa remise au chef ou au directeur, s'il est signé d'un médecin attaché à l'établissement, ou si le médecin signataire est parent ou allié au second degré inclusivement, des chefs ou propriétaires de l'établissement, ou de la personne qui fera effectuer le placement. En cas d'urgence, les chefs des établissements publics pourront se dispenser d'exiger le certificat du médecin. 3° Le passe-port ou toute autre pièce propre à constater l'individualité de la personne à placer.....

Art. 13. Toute personne placée dans un établissement d'aliénés cessera d'y être retenue aussitôt que les médecins de l'établissement auront déclaré, sur le registre énoncé en l'article précédent (art. 12), que la guérison est obtenue. S'il s'agit d'un mineur ou d'un interdit, il sera donné immédiatement avis de la déclaration des médecins aux personnes auxquelles il devra être remis et au procureur du roi (impérial).

Art. 14. Avant même que les médecins aient déclaré la guérison, toute personne placée dans un établissement d'aliénés cessera d'y être retenue dès que la sortie sera requise par l'une des personnes ci-après désignées : 1° le curateur nommé en exécution de l'article 38 de la présente loi; 2° l'époux ou l'épouse; 3° s'il n'y a pas d'époux ou d'épouse, les ascendants; 4° s'il n'y a pas d'ascendants, les descendants; 5° la personne qui aura signé la demande d'admission, à moins qu'un parent n'ait déclaré s'opposer à ce qu'elle use de cette faculté sans l'assentiment du conseil de famille; 6° toute personne à ce autorisée par le conseil de famille..... Néanmoins, si le médecin de l'établissement est d'avis que l'état mental du malade pourrait compromettre l'ordre public ou la sûreté des personnes, il en sera donné préalablement connaissance au maire qui pourra ordonner immédiatement un sursis provisoire à la sortie... .. Ce sursis provisoire cessera de plein droit à l'expiration de quinzaine, si le préfet n'a pas, dans ce délai, donné d'ordres contraires..... En cas de minorité ou d'interdiction, le tuteur seul pourra requérir la sortie.

Art. 18. A Paris, le préfet de police et dans les départements les préfets ordonneront d'office le placement, dans un établissement d'aliénés, de toute personne..... dont l'état d'aliénation compromettrait l'ordre public ou la sûreté des personnes.....

Art. 19. En cas de danger imminent attesté par le certificat d'un médecin ou par la notoriété publique, les commissaires de police à Paris, et les maires dans les autres communes, ordonneront, à l'égard des personnes atteintes d'aliénation mentale, toutes les mesures provisoires nécessaires, à la charge d'en référer dans les vingt-quatre heures au préfet qui statuera sans délai.

Voyez, pour de plus amples renseignements : 1° le *texte même de la loi de 1838;* 2° *l'ordonnance du roi portant règlement sur les établissements,* etc., du 19 décembre 1839; 3° *l'article* ALIÉNÉS *du Dictionnaire d'hygiène publique,* par M. le professeur Tardieu; 4° *l'article* ALIÉNÉS *du Dictionnaire général d'administration,* par M. Alfred Blanche.

F.—N.

FOLIOLES (Botanique), diminutif de feuille. — On donne ce nom à chaque partie ou petite feuille qui se trouve articulée sur le pétiole commun des feuilles composées, et qui peut en être détachée sans déchirement. Il y a des feuilles qui ne portent qu'une seule foliole articulée sur le pétiole : elles sont alors dites *unifoliolées,* comme dans le citronnier, le rosier à simple feuille, les bauhiniers, etc. D'autres ont 3 folioles, comme dans le faux ébénier, le sumac, le trèfle d'eau ; 4, comme dans la marsilée à 4 feuilles ; 5, comme dans la potentille rampante, la ronce commune ; 7, dans le marronnier d'Inde, etc. On nomme

Fig. 1164. — Feuille trifoliolée du faux ébénier.

aussi quelquefois *folioles* les divisions du calice (voyez SÉPALES) et celles de l'*involucre* (voyez ce mot).

FOLLE-AVOINE (Botanique). — Nom vulgaire d'une espèce d'avoine, l'*avena fatua* (voyez AVOINE).

FOLLETTE (Botanique). — Nom vulgaire de l'*arroche des jardins* (voyez ARROCHE).

FOLLICULE (Anatomie), du latin *folliculus,* petit sac. — Ce nom s'applique à des organes très-simples de sécrétion, qui sont logés dans l'épaisseur des diverses membranes muqueuses ou de la peau. Creusés dans la membrane même par un véritable refoulement de sa substance, ils offrent une cavité en forme de cul-de-sac de tube simple ou lobé, toujours ter-

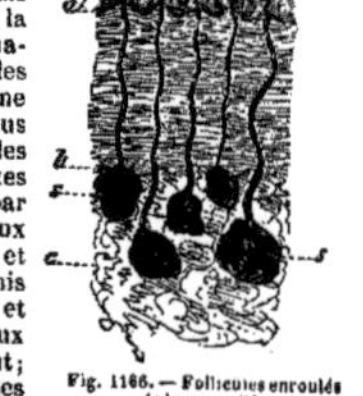

Fig. 1165. — Follicules d'une muqueuse (1).

minée en cul-de-sac et s'ouvrant, d'autre part, à la surface de la membrane. L'épithélium, dont celle-ci est revêtue à sa surface, descend dans le follicule et en tapisse tout l'intérieur. Un fin réseau de vaisseaux sanguins serpente dans le tissu de la membrane autour de chaque follicule, et apporte les matériaux d'où cet organe si simple extrait le mucus qu'il verse. La plupart des glandes proprement dites paraissent constituées par des éléments analogues aux follicules, pour la forme et la structure, mais, réunis en très-grand nombre et abouchés dans des canaux communs de déversement; c'est ce qui donne aux lobules élémentaires de ces glandes

Fig. 1166. — Follicules enroulés de la peau (2).

une configuration extérieure analogue à celle d'une grappe de raisin, et leur a valu le nom de *glandes à acini* (du latin *acinus,* grain de raisin). On a donc pu, avec raison, considérer les follicules comme le type de l'élément sécréteur; mais cette forme élémentaire n'exclut pas des

(1) A, épithélium. — B, couche fibreuse de la membrane muqueuse. — C, tissu cellulaire sous-jacent. — 1 et 3 follicules simples. — 2, follicule multilobé.

(2) aa', épiderme. — a'b, derme. — c, tissu cellulaire. — s, s, glomérules formés par l'enroulement des follicules. — s', s' tubes excréteurs.

différences nombreuses entre les divers follicules, et, d'après leurs formes et la nature de l'épithélium qui les tapisse, on en distingue deux genres et plusieurs espèces : 1° les *F. droits* (*fig.* 1165), tels que ceux des voies digestives, des conduits biliaires, et en général des muqueuses très-profondément situées ; 2° les *F. enroulés* (*fig.* 1166), qui s'observent surtout dans la peau, dans la muqueuse du conduit auditif.

On a souvent confondu sous le nom de *follicule* des grappes simples, comme celles qui sécrètent la matière grasse ou sébacée de la peau, comme les glandes de Peyer dans l'intestin. C'est également à tort qu'on a donné parfois à l'organe qui produit le poil le nom de *follicule pileux.* (voyez Bulbe).

FOLLICULE (Botanique), même étymologie que ci-dessus. — On désigne sous ce nom des fruits secs à une seule loge formée par la feuille carpellaire repliée sur elle-même et soudée par ses bords, qui constituent le placenta sur lequel sont insérées les graines dans l'intérieur. C'est dans les follicules surtout qu'on peut observer et comprendre l'origine des péricarpes, et l'analogie de leur organisation avec celle des feuilles. Les fruits des ellébores, des pieds d'alouette, des nigelles, des apocyns, etc., sont des follicules (voyez Fruit).

FOMENTATION (Médecine), *Fomentatio* des Latins, de *fovere*, réchauffer. — On appelle ainsi toutes les applications chaudes que l'on fait à la surface de la peau, autres que celles qui sont en bouillie, comme les *cataplasmes*, ou tout à fait liquides, comme les *lotions.* Elles peuvent être sèches ou humides ; dans le premier cas, on les fait au moyen de linges, de flanelles, de sachets de sable, de cendres, de farine, de briques, chauffés à un certain degré, de boules, de bouteilles d'eau bouillante, etc. Elles agissent surtout par le calorique qu'elles communiquent aux parties sur lesquelles on les applique, et sont, en conséquence, plus ou moins excitantes suivant la température à laquelle on les aura portées, et suivant le plus ou le moins d'aptitude du corps employé à transmettre le calorique. Les fomentations humides se font avec des linges, des flanelles, des éponges, que l'on imbibe avec des liquides chauds de différente nature. Elles agissent à la manière des cataplasmes comme un bain local, et sont employées surtout lorsque les parties sont très-sensibles, très-douloureuses, et supporteraient difficilement le poids de la bouillie du cataplasme ; du reste, on les fait avec des décoctions, des dissolutions quelconques, ou d'autres liquides actifs par eux-mêmes, comme le vin, l'alcool, le vinaigre, etc. Elles peuvent être *émollientes, narcotiques, excitantes, toniques, astringentes*, etc. Celles que l'on emploie le plus souvent sont : les *F. émollientes*, avec les décoctions de toutes les espèces émollientes ; — les *F. narcotiques*, avec les décoctions de pavot, de belladone, de jusquiame, de stramoine, etc. ; — les *F. excitantes, toniques*, avec les décoctions de quinquina, le vin chaud, l'alcool affaibli, les décoctions de plantes excitantes, etc. ; — les *F. résolutives*, avec les décoctions de fleurs de sureau, de mélilot, etc., seules ou additionnées de vin, d'alcool ; — les *F. astringentes*, avec les décoctions de quinquina, d'écorce de grenade, de chêne, additionnées de vin, d'alcool, de chlorhydrate d'ammoniaque, d'une solution d'alun, etc., etc.   F—N.

FONCTION (Mathématiques). — Une quantité est dite *fonction* d'une autre quantité x, lorsqu'elle varie avec elle et qu'elle acquiert une valeur déterminée pour chaque valeur attribuée à la *variable x.* Pour bien comprendre cette signification du mot fonction, qui est aujourd'hui employé dans toutes les parties des mathématiques, il importe de rappeler quelques définitions. Dans toute question, on a généralement à considérer deux sortes de grandeurs, les constantes et les variables. Une constante possède une valeur fixe et déterminée ; une variable peut recevoir successivement diverses valeurs dans la même question.

Prenons pour exemple la formule de géométrie $A = \pi r^2$, qui détermine l'aire d'un cercle dont le rayon est r. Cette formule est vraie, quel que soit le cercle ; il s'ensuit que A et r changent de valeur suivant le cercle particulier que l'on considère : ce sont des variables. Mais π est une constante, car on devra toujours prendre pour cette lettre le même nombre 3,14159... Les deux variables A et r sont liées entre elles par cette équation, de telle sorte que si l'on donne à r une valeur, la surface correspondante A se trouve déterminée. Comme les valeurs attribuées ainsi à r sont entièrement arbitraires,

on dira que c'est la variable *indépendante*, et que A est variable dépendante ou *fonction* de r. C'est une fonction *explicite*, car on voit quelle opération il faut exécuter sur r pour obtenir la valeur A. Mais si l'on ignorait la nature des opérations qui lient la surface du cercle avec son rayon, A serait fonction *implicite* de r.

Dans l'équation $y^2 + y + x = 1$, y est fonction implicite de x, car il en dépend manifestement, mais on ne sait pas résoudre l'équation. Si l'on trouvait moyen de la résoudre, y deviendrait une fonction explicite.

On distingue les fonctions explicites en fonctions *algébriques* et fonctions *transcendantes.* Les premières ne renferment d'autre opération que l'addition, la soustraction, la multiplication, la division, l'élévation à une puissance déterminée, ou l'extraction d'une racine de degré connu. Voici des fonctions algébriques.

$$y = x^3 + ax^2 + b, \qquad y = \frac{x^3 + 1}{x^2 + x}, \qquad y = \frac{1 + \sqrt[3]{x^2 + 1}}{x}$$

La première est rationnelle et entière ; la seconde, fractionnaire ; la troisième, irrationnelle. Les fonctions transcendantes sont celles où la variable est soumise à d'autres opérations ; ainsi les exponentielles, les logarithmes, les lignes trigonométriques ou fonctions circulaires. $y = a^x$, log x, sin x, arc tang x, sont des fonctions transcendantes.

Toute fonction peut être représentée par une courbe qui en indique la marche et les propriétés. Si, en effet, on donne une relation $y = f(x)$ entre deux variables x et y, on peut concevoir que la variable x prenne successivement toutes les valeurs de $-\infty$ à $+\infty$, et que l'on ait calculé les valeurs de y correspondantes. La géométrie analytique donne le moyen de se représenter très-nettement la succession de ces valeurs en nombre infini. Prenons deux axes rectangulaires Ox, Oy ; soient OP égal à une certaine valeur de x, et MP la valeur correspondante de $f(x)$, on déterminera ainsi un point M. Si l'on marque de même les points qui répondent à des valeurs de x très-rapprochées, on obtiendra une courbe AB qui sera la représentation géométrique de la fonction $y = f(x)$, et qui en indiquera la marche et les propriétés, bien mieux que la discussion analytique de la fonction ou qu'une table de ses valeurs numériques. Si la courbe est *continue*, la fonction elle même sera dite continue. La seule inspection de la courbe indiquera les valeurs de x pour lesquelles la fonction est maximum ou minimum, s'annule, devient

Fig. 1167. — Représentation géométrique d'une fonction.

infinie, ou prend toute autre valeur particulière.

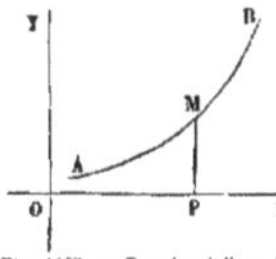

Cet emploi des courbes est aujourd'hui très-fréquent. On s'en sert, en physique et en mécanique, pour représenter les lois des phénomènes, c'est-à-dire la relation constante qui existe entre deux grandeurs. Ainsi la tension de la vapeur d'eau à diverses températures, le degré de solubilité des sels, la marche des températures dans le cours d'une année, la loi des oscillations barométriques, celle de la mortalité, etc. (V. Graphiques [*Tracés*]).

Une quantité peut être fonction de plusieurs variables, c'est-à-dire dépendre de plusieurs éléments dont la connaissance est nécessaire pour que cette quantité soit déterminée. Ainsi l'aire d'une zone sphérique dépend à la fois de sa hauteur et du rayon de la sphère sur laquelle elle est tracée. La densité d'un gaz dépend de sa température et de la pression qu'il supporte. La température moyenne varie avec la latitude du lieu et sa hauteur au-dessus du niveau de la mer. Les fonctions de deux variables peuvent aussi être utilement représentées à l'aide des courbes. On en peut trouver des exemples dans le *Traité de météorologie* de Kaemtz (voyez Calcul différentiel, Géométrie analytique).

FONCTIONS CIRCULAIRES (Trigonométrie). — Les fonctions circulaires ou lignes trigonométriques d'un arc x sont : le sinus, le cosinus, la tangente, la cotangente, la sécante et la cosécante de cet arc. On peut voir à l'article Trigonométrie les relations qui existent entre ces diverses lignes. Nous indiquerons ici celles qui existent entre ces lignes et l'arc, et en particulier les développements de sin x et de cos x en fonction de x.

La formule de Maclaurin (voyez Séries), étant appliquée à la fonction $f(x) = \sin x$, donne

$$\mathrm{Sin}\ x = \frac{x}{1} - \frac{x^3}{1.2.3} + \frac{x^5}{1.2.3.4.5} - \ldots$$

Et de même on trouve pour le cosinus

$$\mathrm{Cos}\ x = 1 - \frac{x^2}{1.2} + \frac{x^4}{1.2.3.4} - \ldots$$

Ces séries sont dues à Newton; elles sont toujours convergentes, et, comme les termes sont alternativement positifs et négatifs, l'erreur commise est moindre que le terme auquel on s'arrête.

Il est essentiel de faire attention que, dans ces formules, x n'est pas l'angle exprimé en degrés, mais le rapport de l'arc au rayon. Elles pourront servir à former une table de sinus et cosinus naturels; puis on en calculera les logarithmes. Mais il existe aussi des formules propres à calculer directement log sin x et log cos x. On les trouvera dans l'*Introduction aux tables de Callet* (voyez Séries).   E. R.

FONCTION (Physiologie), du latin *fungi*, s'acquitter de. — Chaque corps vivant est, en effet, une agrégation de *molécules hétérogènes*, groupées pour former, dans ce corps, des instruments spéciaux dont l'ensemble constitue une véritable *machine animée*. Ces instruments variés, dont est composé le corps vivant, se nomment des *organes* (du grec *organon*, instrument); la machine animée qui résulte de leur combinaison harmonieuse est un organisme ou un *individu*. Chaque organe accomplit un certain acte, toujours identique, qu'on nomme sa *fonction*. L'entretien de la vie résulte de l'ensemble des fonctions qui s'exécutent dans un organisme. Cet organisme n'est complet qu'autant que pas une de ses molécules n'a été retranchée; chacune a son rôle plus ou moins important; on ne peut l'enlever sans troubler l'ensemble, on ne peut en ajouter d'autres à volonté. Les matériaux qui constituent ces organes, comme la viande, la matière osseuse, la matière verte des végétaux, sont eux-mêmes des produits de la vie; jamais ils ne se trouvent isolés dans la nature minérale; de telle sorte qu'il existe des matières qui, bien que formées aux dépens du monde inorganique, ne se rencontrent cependant que dans les organes des corps vivants; c'est ce que nous nommerons des *matières organiques*. En un mot, l'être vivant manifeste en lui une série de phénomènes spéciaux conformes aux lois de la vie, et qui lui sont absolument propres; on les nomme ses *fonctions*. Aussi l'étude des corps vivants donne-t-elle naissance à des sciences nouvelles, qui ont pour but la connaissance de la vie. L'*anatomie* est la science qui décrit les *organes*; la *physiologie* est celle qui cherche à expliquer leurs *fonctions*.

Les fonctions des êtres vivants ou organisés se rapportent à deux grands buts : 1° le développement et l'entretien de l'individu; 2° la conservation de son espèce. A ces deux buts correspondent deux grandes fonctions générales, que l'on rencontre chez les animaux et chez les végétaux, la *nutrition* et la *reproduction*. Les animaux possèdent, en outre, des fonctions qui leur sont propres, et qui concourent à la fois à l'accomplissement de la nutrition et de la reproduction; ce sont les fonctions de la *vie animale* ou *fonctions de relation* : la *sensibilité* et la *locomotion* (voyez Nutrition, Reproduction, Sensibilité, Locomotion).

FONDANTS (Médicaments) (Matière médicale). — Ce nom avait été donné à une classe de médicaments auxquels les médecins attribuaient la faculté de diminuer la consistance du sang, de la lymphe, de combattre l'épaississement de ces humeurs, de dissiper, de fondre les obstacles, les concrétions que produisent la condensation, l'agglomération de leurs molécules. Ces médicaments ont joui d'une grande réputation. « Le vulgaire lui-même, dit Barbier (d'Amiens), entendait cette explication et ne doutait pas de sa justesse, et tous les esprits croyaient saisir parfaitement en quoi consistait l'opération fondante. Aussi le terme *fondant* est-il prodigué dans les anciennes matières médicales. » Mais si cette théorie surannée des anciens médecins humoristes a dû être rejetée par les modernes comme fausse et erronée, il n'en reste pas moins un fait d'observation précieux, qui prouve la justesse de leur appréciation et, loin de contester l'efficacité de ces médicaments, ni les succès qu'ils ont procurés dans une foule de maladies, telles que les gonflements atoniques des viscères, les engorgements des vaisseaux lymphatiques, les affections strumeuses, le rachitisme, etc., il faut reconnaître que les effets immédiats qu'ils suscitent expliquent parfaitement les avantages qui suivent leur emploi et la réputation dont ils ont joui. Effaçons donc du langage médical, et le terme de médicaments fondants et la théorie qui avait donné lieu à ce nom, et remettons à leur véritable place cette classe d'agents thérapeutiques. « Nous pensons que toutes les maladies contre lesquelles on vante les fondants réclament l'usage des excitants, et nous ne voyons que des médicaments doués de cette propriété dans les agents que l'on désigne par le titre de fondants » (Barbier). Nous renverrons donc ce que nous avons à en dire au mot Excitants.   F—N.

FONDULE (Zoologie), *Fundulus*, Lacép. — Genre de *Poissons*, de l'ordre des *Malacoptérygiens abdominaux*, famille des *Cyprinoïdes*, établi par Lacépède aux dépens des loches ou cobitis. Ces poissons ont beaucoup de rapport avec les pœcilies; mais leurs dents sont en velours et la rangée antérieure en crochets; ils n'ont que quatre rayons aux ouïes. Le *F. cœniculus*, Valenc., *Cobitis heteroclita*, Cuv., est le type du genre. On le trouve dans les rivières de la Caroline. C'est le cobite limoneux de Daubenton.

FONGICOLE ou FUNGICOLE (Zoologie), *Fungicola*, Cuv., du latin *fungus*, champignon, et *colere*, habiter. — Famille d'*Insectes*, de l'ordre des *Coléoptères*, section des *Trimères*, caractérisés par : des antennes plus longues que la tête et le corselet; celui-ci est en forme de trapèze; des palpes maxillaires filiformes, à peine renflées à l'extrémité, et le pénultième article des tarses profondément bilobé. Ils vivent dans les champignons qui croissent sur les vieux arbres ou même sous l'écorce, tels que les bolets et les agarics. Cette famille se compose, d'après Latreille, du grand genre *Eumorphe*, subdivisé en quatre sous-genres : les *Eumorphes propres*, les *Dapses*, les *Endomyques* et les *Lycoperdines*. Mais le nombre a été beaucoup augmenté depuis, et l'on y a ajouté jusqu'à quinze nouveaux genres, parmi lesquels les *Dasycères* de Brongniart, que Latreille classe dans les *Xylophages*.

Le nom de *Fongicole* avait aussi été donné par Macquart à une tribu d'*Insectes* de la section des *Tipulaires*, de la famille des *Némocères*, ordre des *Diptères*; mais plus tard il a supprimé cette tribu, et l'a remplacée par celle à laquelle il a donné le nom de *Mycétophilides*.

FONGIE (Zoologie), du latin *fungus*, champignon, allusion à la ressemblance de l'aspect de ce polypier avec le dessous du chapeau du champignon comestible. — De Lamarck a créé sous ce nom, en 1801, un genre pour des polypiers dont l'animal lui était encore inconnu. Ces polypiers consistent en une masse pierreuse, orbiculaire ou oblongue, concave et raboteuse en dessous, convexe en dessus, et offrant au centre un enfoncement oblong d'où partent en rayonnant des lames dentées ou hérissées latéralement. Comme l'avait pensé de Lamarck, chacun de ces polypiers est la base solide d'un seul animal conformé d'une façon analogue à l'organisation des actinies. Les travaux postérieurs ont fait reconnaître que le genre *Fongie* était un type d'organisation autour duquel devaient être groupés plusieurs autres genres; MM. Milne-Edwards et J. Haime (*Ann. des sc. nat.*, 1851) en ont fait le type d'une famille étendue, à laquelle ils ont donné le nom de *Fongides*.

Famille des Fongides. — Elle appartient à l'embranchement des *Zoophytes*, classe des *Polypes*, ordre des *P. à polypiers* de Cuvier, sous-ordre des *Zoanthaires*, division des *Astréides*, caractères : polypier simple ou composé, très-court, étendu en forme de disque ou de lames foliacées; cloisons formées de lames complètes ou faiblement perforées, à bords dentés, avec faces latérales couvertes de saillies épineuses. MM. Milne-Edwards et J. Haime subdivisent cette famille en deux sous-familles : 1° les *Fongiens*; 2° les *Lophosériens*. Dans les *Fongiens*, le plateau commun ou *muraille*, sur lequel sont implantés les feuillets rayonnants, est dépourvu d'*épithèque*, c'est-à-dire de dépôt calcaire surajouté par le travail de sécrétion des tissus mous de l'animal; ce plateau se voit donc à nu sous le polypier, et il est fortement étoilé et toujours plus ou moins poreux. Parmi les genres de cette sous-famille figurent le *G. Fongie* (*Fungia*, Lamk) dont les espèces proviennent de la mer Rouge, de l'océan Indien, des mers de la Chine et de celles de l'Océanie équatoriale; le *G. Anabacie* (*Anabacia*, d'Orbig.) dans lequel le plateau ou muraille n'est pas développé (*fig.* 1168), de sorte que le dessous du polypier est à lamelles rayonnantes comme le dessous. Toutes les espèces connues sont fossiles et ont été trouvées dans les terrains jurassiques.

Dans les *Lophosériens*, le plateau commun ou muraille

n'est ni poreux ni étoilé. On remarque dans cette sous-famille les genres : *Cyclolite* (*Cyclolites*, Lamk) dont toutes les espèces sont fossiles et ont été rencontrées dans

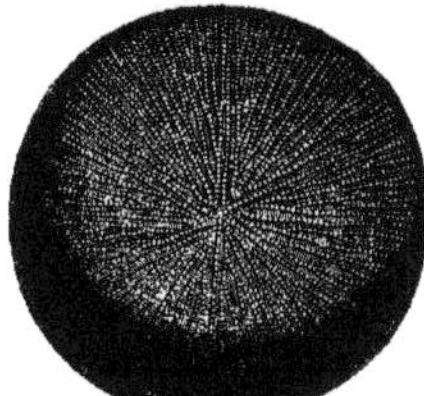

Fig. 1168. — *Anabacia orbulite*, vue en dessus.

les terrains crétacés et les terrains tertiaires inférieurs; *Palæocycle* (*Palæocyclus*, Miln.-Edw. et J. Hai.), genre fossile perdu, des terrains siluriens; *Cycloseris* (Miln.-

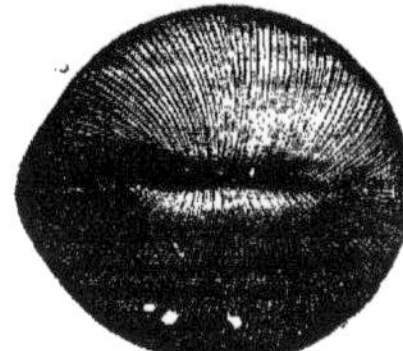

Fig. 1169. — *Cyclolite elliptique*, vue en dessus.

Edw. et H.), dont les espèces sont : les unes, vivantes, des mers australes et des mers de la Chine : les autres, fossiles, des époques crétacée et tertiaire; *Lophoseris* (Miln.-Edw. et H.), *Pavonia* de Lamarck, dont les espèces nous viennent des diverses mers des pays chauds; *Agaricie* (*Agaricia*, Lamk), dont les espèces, également vivantes, sont des mers d'Amérique, de l'océan Indien.

FONGOSITÉ (Médecine), du latin *fungus*, champignon. — On appelle ainsi une excroissance produite par une végétation charnue, spongieuse, mollasse, ayant l'apparence de champignon, qui se développe souvent à la surface des plaies, des ulcères, aux orifices des trajets fistuleux, des sétons, etc. Elles sont composées de matière granuleuse amorphe, de tissus fibro-plastiques, de capillaires souvent très-nombreux, ce qui rend ces fongosités saignantes au moindre contact, etc. Elles sont déterminées quelquefois par des pansements faits sans soin et sans méthode, le séjour du pus, la présence de corps étrangers, d'esquilles osseuses, l'abus des topiques irritants ou émollients. Le traitement consiste d'abord à éloigner les causes que nous venons de signaler, ensuite on emploiera les caustiques légers (alun calciné, nitrate d'argent); quelquefois on est obligé d'avoir recours aux caustiques plus énergiques, et même à l'excision de certaines fongosités auxquelles on a laissé prendre un développement trop considérable.

FONGUS (Médecine), du latin *fungus*, champignon. — On désigne sous ce nom des tumeurs de diverses natures ressemblant plus ou moins par leur forme à un champignon, et qui se développent à la surface ou dans l'épaisseur de la dure-mère, de la peau, des membranes muqueuses, du périoste, dans le sinus maxillaire, etc. On a encore donné ce nom aux végétations des ulcères cancéreux, aux tumeurs variqueuses formées par le développement accidentel des vaisseaux capillaires, artériels ou veineux, connues sous les noms d'*envie*, *nævus*. Il résulte du vague de cette expression que, dans la plupart des cas, on y a ajouté une épithète pour en préciser la nature, ou le siége, ou le caractère ; ainsi on a dit *fongus hématode*, *fongus de la dure-mère*, etc.; d'autres ont reçu les noms particuliers de *épulis*, *ostéosarcome*, *polype*, etc.

Les *fongus de la dure-mère* peuvent être formés de tissu fibro-plastique ou vasculaire; d'autres fois, de matière tuberculeuse. Ils peuvent faire saillie au dehors après avoir usé et percé les os du crâne, ou déprimer le cerveau et se loger dans son épaisseur. Ils sont souvent difficiles à reconnaître. Dans tous les cas, ce sont des maladies très-graves et réputées incurables.

Les *fongus du sinus maxillaire* sont rares chez les enfants; ils sont déterminés le plus souvent par la récidive fréquente des fluxions dentaires, du coryza, les contusions violentes sur les os de la pommette, les blessures du sinus maxillaire, le vice scrofuleux, etc. Leur accroissement produit à la face des désordres énormes ; ainsi ils déjettent en tous sens les parois des sinus maxillaires, dépriment l'arcade alvéolaire et la voûte palatine ; les dents sont ébranlées, l'œil est chassé de l'orbite ; des ouvertures se font au sinus ; la tumeur se fait jour dans la bouche, dans les narines, etc. Et la mort arrive après avoir fait languir et souffrir le malade pendant des mois, quelquefois des années. Une opération chirurgicale peut seule arrêter les progrès d'une aussi cruelle maladie. Elle doit être faite aussitôt que l'on a reconnu l'existence et la nature de la maladie, et être confiée à des mains habiles et exercées. Les bornes de cet article ne nous permettent pas d'entrer dans les détails de cette opération minutieuse et délicate.

Les *fongus de la vessie* se développent le plus souvent vers le bas-fond, vers le col, sur la surface du trigône ; quelques-uns naissent de la prostate. Leurs symptômes sont difficiles à distinguer de ceux du catarrhe, du cancer, de l'engorgement de la prostate. Le pronostic de cette maladie est très-grave.

Nous ne ferons que citer les tumeurs fongueuses ou les fongus de la peau, du tissu cellulaire, des muqueuses, des séreuses, du périoste. Du reste, nous devons dire que tous ces fongus diffèrent par leur structure, leur marche, leurs modes de terminaison, etc. (voyez ENVIE, ÉPULIS, NÆVUS, OSTÉOSARCOME, POLYPE.)

FONGUS HÉMATODE. — Voyez au Supplém.

FONTAINES (Physique). — Il y a cette différence entre une source et une fontaine, que le mot source désigne les eaux naturelles quand elles se trouvent dans leurs conduits souterrains aussi bien que lorsqu'elles en sortent, tandis que l'expression fontaine est réservée pour indiquer un bassin situé à la surface du sol, et versant au dehors ce qu'il reçoit par des sources intérieures ou voisines. L'origine des fontaines doit être indiquée plus spécialement au mot SOURCE; nous n'avons ici qu'à nous occuper des singularités qu'elles présentent quelquefois. Il arrive, en effet, le plus ordinairement qu'elles ont un cours soutenu et produisent sensiblement la même quantité d'eau, du moins dans la même saison. D'autres fois l'écoulement cesse et recommence à des intervalles de temps égaux et souvent fort rapprochés. Les fontaines sont dites alors intermittentes. On distingue aussi les intercalaires dont l'écoulement, sans cesser entièrement, éprouve des retours périodiques d'augmentation et de diminution.

Le nombre des fontaines intermittentes est considérable. Pline en cite une, qui était à Dodone, dont l'écoulement cessait tous les jours à midi et reparaissait abondamment à minuit. Josèphe, l'historien des Juifs, rapporte qu'en Syrie, entre les villes d'Arce et de Raphonées, une fontaine appelée *sabbatique* était à sec six jours sur sept. Brynolphe Suénon dit avoir vu en Islande, près de la capitale de l'île, une fontaine intermittente d'eau chaude qui coule une heure sur vingt-quatre. Childrey (*Traité des curiosités de l'Angleterre*) indique dans le comté de Derby, près de Buxton, une source qui coule chaque quart d'heure, et une autre analogue située à Giggleswich, à un mille de Settle, dans la province d'York. Une autre, d'après le même auteur, est située dans le Westmoreland, près du Loder, et coule plusieurs fois par jour.

Dans les *Transactions philosophiques*, on trouve citée une fontaine appelée *Bolderborn* (bruyante), située près de Paderborn, en Westphalie ; elle coule et est à sec deux fois par jour. On trouve dans le même recueil que la source de Lawyell, près de Brixam, dans le Devonshire, est intercalaire, et que, pendant la période de son maximum, il y a des intermittences dans la quantité d'eau qui se déverse, intermittences qui se reproduisent jusqu'à seize fois dans une demi heure.

Bernier, dans son *Voyage de Cachemire*, parle d'une fontaine qui, au mois de mai, coule et s'arrête régulièrement trois fois en vingt quatre heures, au commencement du jour, vers le midi et à l'entrée de la nuit l'écoulement dure trois quarts d'heure et est fort abondant.

Près du lac de Côme est une fontaine qui, trois fois par jour, grossit et diminue. Pline le Jeune en fait mention dans la 30e épitre du livre IV. En Savoie, près de Haute-Combe, sur les bords du lac du Bourget, existe la Fontaine des merveilles qui coule et cesse de couler deux fois par heure. Sur le chemin de Touillon à Pontarlier, en Franche-Comté, se trouve une fontaine intermittente; quand le flux va commencer on entend un bouillonnement, puis l'eau sort de trois côtés en formant des jets dont la hauteur augmente d'abord, puis diminue. L'eau jaillit ainsi pendant sept à huit minutes, puis cesse pendant deux minutes.

On pourrait citer encore bien d'autres exemples. Pour expliquer ces phénomènes, on suppose qu'une source arrive par un canal *o* dans un réservoir M, et n'en puisse

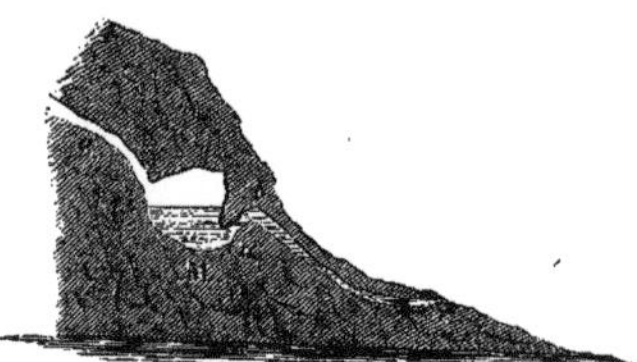

Fig. 1170. — Théorie des fontaines intermittentes.

sortir que par un conduit *abc* formant siphon. L'eau s'accumule dans le réservoir jusqu'à ce que le siphon soit amorcé; la fontaine commence alors à couler par l'orifice *c*, mais si le débit du siphon est supérieur à celui de la source qui alimente le réservoir, celui-ci se vide et l'écoulement cesse jusqu'à ce que le siphon se soit amorcé de nouveau.

On trouve dans les cabinets de physique, sous le nom de *vase de Tantale*, un petit appareil fondé sur le même principe. C'est un vase dont le pied est traversé par la longue branche d'un siphon; on met de l'eau dans le

droit CD (*fig.* 1171) recouvert par un autre plus large AB. Quelquefois on place sur le haut du vase une figure dont les lèvres soient à la hauteur du coude du siphon; il est évident que l'eau s'écoulera dès qu'elle sera arrivée à la hauteur des lèvres de cette figure, d'où le nom de *vase de Tantale* donné à cet appareil.

La *fontaine intermittente* des cabinets de physique, est totalement différente des fontaines intermittentes naturelles; elle est due à Sturmius, et consiste en un vase A (*fig.* 1172) bouché à l'émeri et mastiqué dans une pièce de laiton munie de trois robinets latéraux D, D'. Le tout est porté par un tube B qui s'ouvre dans la partie supérieure du vase A. Ce tube est terminé à l'autre extrémité par un biseau et supporté par un trépied. Tout l'appareil repose sur un bassin C, percé en son centre d'une petite ouverture. Le vase A étant plein d'eau jusqu'au niveau du tube B, l'écoulement se produit par les robinets DD'; l'eau qui tombe s'accumule dans le bassin C et se trouve remplacée par de l'air qu'amène B; mais si le petit trou percé dans le bassin est insuffisant pour son dégagement, l'eau s'accumulant obstrue la partie inférieure du tube B, et l'air ne pouvant plus rentrer dans A, l'écoulement s'arrête jusqu'à ce que l'extrémité du tube B, étant mise à découvert, permette de nouveau la rentrée de l'air.

La *fontaine de Héron* est aussi un appareil qui a été appliqué quelquefois. Il consiste en deux vases sphériques B et C superposés et surmontés d'une cuvette A. Les deux vases communiquent par un tube D, tandis qu'un autre tube E réunit la cuvette au vase C. On com-

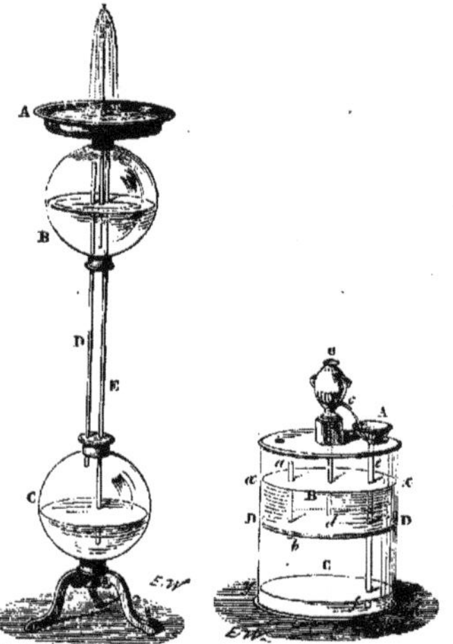

Fig. 1173. — Fontaine de Héron. Fig. 1174. — Fontaine de Héron.

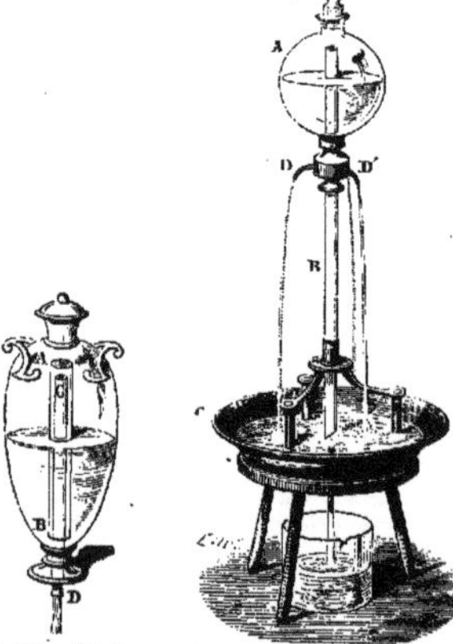

Fig. 1171. — Vase de Tantale.

Fig. 1172. — Fontaine intermittente de Sturmius.

vase et l'écoulement ne se produit qu'après que le liquide est arrivé à la plus haute courbure du siphon qui se trouve amorcé; ce siphon est souvent formé par un tube

mence par remplir d'eau le vase B jusqu'à l'orifice de D; puis on verse de l'eau dans A; cette eau s'écoule par E, comprime l'air de C, et, sous l'action de cette pression transmise, le liquide de B est projeté par un troisième tube qui débouche au-dessus de la cuvette; l'on obtient ainsi un jet d'eau.

Héron avait adopté une disposition un peu différente. La cuvette A (*fig.* 1174) était remplacée par un entonnoir. Les deux vases sphériques n'existent plus, mais à leur place se trouvent les deux compartiments B et C d'un vase cylindrique; le tube *ab* remplace le tube D, et le tube *ef* remplace E. Au début, l'on mettait un peu d'eau dans l'entonnoir, et alors, par suite de la pression, le liquide de B montait par le tube *d* dans le vase O, qui le déversait sans tarir dans l'entonnoir qui ne s'emplissait pas.

Héron transformait son appareil en une lampe ramenant toujours l'huile à la mèche. B et C sont deux compartiments distincts ; le supérieur contient de l'eau sur laquelle la pression atmosphérique s'exerce par l'orifice O ; il communique avec le compartiment C par le robinet H ; l'écoulement de l'eau chasse l'air qui, par le tube E, exerce sa pression sur l'huile contenue dans A. Le réservoir A est d'ailleurs clos de toutes parts, de sorte que l'huile est obligée de monter dans la mèche par le tube FF'. La lampe hydrostatique de Girard est fondée sur le même principe (voyez LAMPES).

C'est avec un appareil construit sur les mêmes principes qu'on opère l'épuisement des eaux des galeries d'une mine de sulfure de plomb, à Schemnitz en Hongrie. Les eaux à expulser peuvent être amenées par le robinet *f* dans un *récipient* placé au-dessous de leur niveau. D'un autre côté, une source A située à la surface du sol amène par le tube *t* ses eaux dans le réservoir B, d'où le tube *t'* peut amener l'air dans le récipient. Au début, les robinets *f* et *e* étant ouverts et *b* fermé, le récipient inférieur se remplit d'eau, l'air s'échappant par *e*. On ferme *f* et *e*, on ouvre *b* et *a*, l'écoulement se produit de A en B, l'air comprimé s'échappe par *t'*, et fait monter par *t''* l'eau

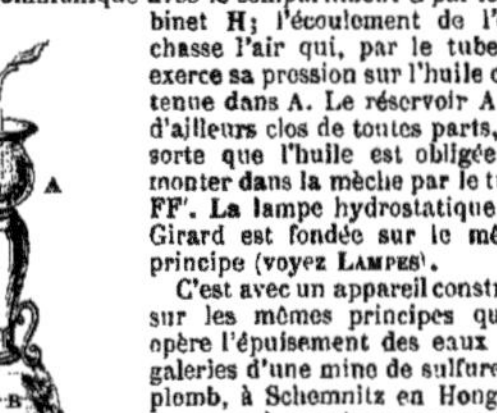

Fig. 1175.—Lampe de Héron.

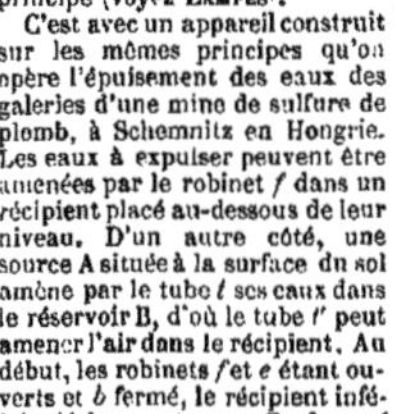

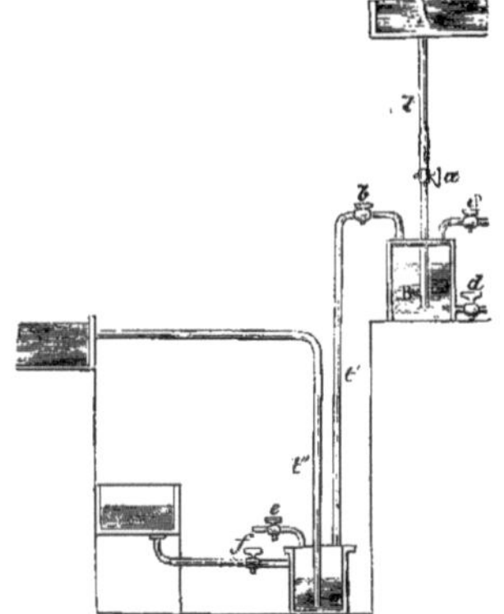

Fig. 1176. — Machine de Schemnitz.

dont on veut se débarrasser. On recommence ainsi successivement la même opération, en ayant soin à chaque fois de vider B, ce qui se fait en fermant *b* et *a*, et ouvrant *c* et *d*. **H. G.**

FONTAINE FILTRANTE. — Voyez FILTRATION.

FONTANELLE (Anatomie). — On désigne sous ce nom les espaces membraneux qui existent chez le fœtus et les très-jeunes enfants aux régions du crâne où se rencontreront les angles des os, lorsque leur ossification sera complète. Les fontanelles résultent de ce que l'ossification de ces os se faisant du centre à la circonférence par une progression régulière, les points les plus éloignés, qui sont les angles, sont atteints les derniers par l'encroûtement osseux ; pendant ce temps, ces intervalles sont complétés seulement par l'adossement du péricrâne et de la dure-mère. Ce nom vient probablement de ce que ces régions paraissent plus humides que les autres parties du crâne. Celui de *Fons pulsatilis* des Latins leur a été donné, parce que l'absence des parois osseuses permet d'y sentir les mouvements d'élévation et d'abaissement du cerveau. On compte six fontanelles, deux en haut, savoir : une à la réunion du coronal et des angles antérieurs supérieurs des pariétaux ; c'est la plus importante et la plus connue du vulgaire, qui a soin d'éviter, et avec raison, toute compression sur cette partie ; la deuxième à la réunion des angles postérieurs inférieurs des pariétaux avec l'occipital. Il y en a deux autres de chaque côté, la première située entre le pariétal, l'occipital et le temporal, au-dessus de l'apophyse mastoïde ; et la seconde à la réunion du pariétal, du coronal et du sphénoïde dans la fosse temporale.

FONTE (AFFINAGE DE LA), CONVERSION DE LA FONTE EN FER (Chimie, Métallurgie). — Cette opération est divisée en deux, la partie chimique et la partie mécanique. La partie chimique, qui prend plus particulièrement le nom d'*affinage*, a pour but d'enlever à la fonte son carbone et quelques autres substances étrangères, de manière à obtenir du fer ; comme on opère toujours sur la fonte en fusion, le fer ne s'obtient qu'à l'état d'éponge dont il faut rapprocher les parties pour les souder ; c'est le *cinglage*. Le fer ne se livrant au commerce qu'à l'état de barres régulières, il faut en outre un étirage. On le fait soit au marteau, soit avec des cylindres ; il prend alors le nom de *laminage*. Pour la partie chimique, on a deux méthodes différentes, la méthode allemande ou comtoise et la méthode anglaise. L'affinage allemand ou au bas foyer, très-ancien, s'est modifié en passant d'un pays dans un autre, de sorte qu'on peut compter quinze à vingt procédés différents ; il se fait au contact du combustible, qui est le charbon de bois ; l'affinage anglais, d'invention récente, se fait au contact de la flamme, dans des fours à réverbère qui prennent le nom de *fours à puddler*, quelquefois *puddling*, et l'opération se nomme *puddlage*.

Dans l'affinage allemand, l'étirage se fait au marteau ; dans l'affinage anglais, avec des cylindres ; depuis quelque temps on emploie un procédé mixte, qui emprunte à chacun une partie de ses opérations ; l'étirage au cylindre est beaucoup plus rapide ; l'affinage allemand, consommant beaucoup plus de combustible et particulièrement du charbon de bois, doit nécessairement disparaître dans un temps plus ou moins rapproché.

Fontes d'affinage. — Les fontes grises produites à une plus haute température que les fontes blanches (voyez FER) sont généralement plus impures ; elles contiennent plus de silicium ; de plus, les fontes blanches passant par l'état pâteux, le carbone qu'elles contiennent est combiné et, par suite, très-divisé ; l'oxydation est plus facile. On peut donc dire qu'en général les fontes blanches sont plus propres à l'affinage que les fontes grises. Mais si les minerais sont très-impurs, s'ils contiennent du phosphore, du soufre, il est possible que l'oxydation du carbone allant trop vite, les autres substances n'aient plus le temps de s'oxyder ; il faut alors produire des fontes grises ou tout au moins traitées. Enfin, on n'est pas toujours maître de produire la fonte qu'on veut au haut fourneau ; on doit alors blanchir les fontes grises au moment de la coulée. On a remarqué que lorsque la fonte est refroidie brusquement, le carbone combiné à la fonte n'a pas le temps de se séparer, et la fonte reste blanche. On peut opérer ce refroidissement en jetant de l'eau à la surface, et enlevant la fonte par plaques minces. Pour les hauts fourneaux au coke, on préfère couler la fonte dans des moules métalliques dont on refroidit quelquefois le dessous par un courant d'eau. En recouvrant les moules d'un lait de chaux, on évite l'adhérence et on expulse un peu de soufre ; un peu avant que la fonte ne soit figée, on jette de l'eau à la surface ; le dégagement de gaz qui se produit rend la fonte caverneuse, et il se dégage de l'hydrogène sulfuré. On blanchit aussi la fonte par une opération spéciale, le *mazéage* ; on l'employait surtout pour l'affinage anglais ; il est maintenant à peu près abandonné partout.

Affinage allemand. — Une forge allemande comprend des bas foyers, des marteaux et une machine soufflante ; autant que possible, il faut éviter l'emploi des soufflets à cause de leur faible rendement. La force motrice, en général, est fournie par un cours d'eau.

Foyer. — Il est toujours adossé à un mur et se compose d'un vide prismatique de $0^m,65$ à $0^m,85$ de longueur, de $0^m,50$ à $0^m,65$ de largeur, et de $0^m,35$ à $0^m,40$ de profondeur. Les cinq faces sont formées par l'assemblage de cinq plaques de fonte. Ces cinq plaques ou *taques*, sont : la *sole* celle qui forme le fond du creuset, le *contrevent* opposé à la tuyère, la *plaque de Warm* du côté du mur, la *haire*, ou *rustine*, taque de derrière, et le *chio* ou *latéro*, taque de devant, percée de deux trous pour l'écoulement des scories. La plaque de fond se pose toujours la dernière et doit être indépendante, car elle se change au moins tons les huit jours. La figure 1177 montre la position de la tuyère *t* et la section *ab* de la forge ou du foyer. Celui-ci est surmonté d'une hotte pour le dégagement des gaz. Ce qu'on appelle ordinairement la profondeur d'un tel foyer

Fig. 1177. — Affinage allemand ou au bas foyer.

est la distance du fond au point d'appui de la tuyère; elle varie de 0^m,16 à 0^m,28; selon qu'on veut faire agir plus ou moins activement l'air sur la fonte, et selon la qualité des fers qu'on veut obtenir. Quand on a de mauvaises fontes, qu'on cherche seulement à obtenir rapidement le fer sans tenir à la qualité, on diminue la profondeur; ainsi en Bourgogne, où les fontes sont phosphoreuses, elle n'est que de 0^m,16 à 0^m,17, et l'inclinaison de la tuyère est de 2° 5, tandis que pour les fontes grises au bois de bonne qualité, on donne 0^m,18 à 0^m,20, et une inclinaison de 5° à 7°; pour les fontes truitées au coke, 0^m,22 à 0^m,23, et 10° à 11°.

Pour les fontes grises au coke, on arrive à 0^m,28, et des inclinaisons de 9°, 10° et même 15°. La tuyère avance dans le foyer de 0^m,06 à 0^m,10.

Quant aux marteaux, on se sert surtout du marteau à soulèvement et du marteau à queue. Le marteau à sou-

Fig. 1178. — Marteau à soulèvement.

lèvement se compose essentiellement d'un arbre en bois suspendu à une de ses extrémités à un axe autour duquel il peut tourner, et portant à l'autre le marteau proprement dit qui frappe sur l'enclume. Il est soulevé soit par

le côté, soit par son extrémité, mais alors l'enclume n'est plus aussi libre. L'arbre soulevé vient s'appuyer sur une seconde pièce de bois, nommée *rabat*, qui, à cause de son élasticité, le renvoie avec plus de force. Le marteau pèse environ 200 kilogrammes et a une levée de 0^m,70 à 0^m,80; il frappe 80 à 120 coups par minute. Plus la tête ou panne du marteau est étroite, plus chaque coup produit d'effet; mais les ouvriers doivent aussi être plus exercés; les pannes étroites en fer forgé ont de 0^m,08 à 0^m,12 de largeur.

Le marteau à queue se compose aussi d'un arbre tournant autour d'un axe, portant la tête à une de ses extrémités, et le moteur agit sur l'autre; la panne peut n'avoir que 0^m,04 à 0^m,08; ils frappent jusqu'à 500 à 600 coups par minute. En général, ils pèsent moins de 200 kilogrammes. On peut aussi se servir du marteau pilon.

Opération de l'affinage. — Elle comprend la fusion, le *soulèvement* qu'on peut diviser en deux, et l'*avalage* ou formation de la loupe.

On commence par rejeter dans le foyer le charbon incandescent qui reste; on remplit de charbon frais jusqu'à 0^m,12 ou 0^m,15 au-dessus de la tuyère; au-dessus on avance les gueuses de fonte de manière à fondre; on les place, autant que possible, fort près de la zone où il se produit de l'acide carbonique, tout en évitant d'y pénétrer. Pendant la fusion, on réchauffe dans le foyer les lopins de l'opération précédente et on les étire. On charge dans le foyer des battitures et des scories riches en fer, qui fondent rapidement; les gouttelettes de fonte traversant la zone oxydante, s'oxydent en partie; l'action se porte surtout sur le fer et le carbone qui sont les corps prédominants; le silicium qui s'oxyde forme avec l'oxyde de fer des silicates très-basiques, dont l'action se combine avec celle des scories basiques; ces dernières réagissent sur les matières fondues; le carbone de la fonte réduit l'oxyde de fer et s'oxyde; une partie de l'oxygène se porte sur le silicium, le soufre, le phosphore; on fait écouler une partie des scories formées; l'ouverture étant percée à 0^m,10 environ au-dessus du fond, il reste toujours une couche au-dessus de la fonte qui la préserve d'une action trop oxydante; l'ouvrier avec son ringard reconnaît par le toucher l'état des matières; si la fonte est encore fluide, l'épuration n'est pas terminée, on n'a pas mis assez de scories; mais il ne faut pas que l'opération marche trop vite, car les corps étrangers, comme le soufre, le phosphore, le silicium, n'auraient pas le temps de s'oxyder; pour bien marcher, il faut arriver à l'état pâteux après un temps, du reste, très-variable avec le foyer et la fonte.

Il reste alors très-peu de substances étrangères dans la fonte. Quand elle est assez consistante, on procède au *soulèvement*. On enlève la fonte figée et on la place dans le haut du foyer; on remet du charbon frais et on fond une seconde fois en accélérant plus ou moins, selon le degré d'avancement de l'épuration. Il se produit une réaction analogue à la précédente, et la décarburation se complète; l'ouvrier remue le tout pour arriver à l'homogénéité et souder; puis il procède à la formation de la *loupe*. En réunissant en une boule unique, les particules ferreuses, on élève la température pour bien souder; puis la loupe enlevée avec une tenaille est portée au marteau, divisée en parties, lopins ou massiaux, auxquels on donne la forme de parallélipipèdes. On les reporte dans le foyer et on les étire en barres. Quand on a des cylindres lamineurs, la loupe est souvent passée et transformée en barre d'une seule pièce.

Selon les usines, l'opération dure de 40' minutes à 8 heures; la charge en fonte est de 32 à 190 kilogrammes; le déchet à peu près constant est de 28 p. 100; le charbon consommé varie de 140 à 200 kilogrammes p. 100 kilogr.

On utilise maintenant les gaz du foyer à chauffer la fonte et à produire de la vapeur pour l'usine.

On voit que, dans cette méthode, l'air et les scories

agissent pour oxyder les matières étrangères, l'air oxydant surtout les corps dominants, fer et carbone, les scories agissant pour oxyder les autres corps; si l'on emploie un foyer plus profond, qu'on diminue l'action de l'air, qu'on ajoute beaucoup de scories, on pourra oxyder les substances étrangères, tout en laissant une notable proportion de carbone combiné avec le fer; ce sera de l'acier. Il faut toujours, quand on veut en obtenir, employer des fontes de choix, autant que possible manganésifères, qui seules donnent des aciers de bonne qualité; enfin employer des laitiers très-épurants, moyennement décarburants et très-fusibles.

Méthode anglaise. — Elle comprend trois parties correspondantes aux opérations de la méthode allemande, un mazéage ou finage (fusion allemande), puddlage (affinage), enfin le réchauffage ou corroyage. Depuis quelques années, on a supprimé le mazéage. Les appareils dont on se sert sont : four à puddler, four à réchauffer, marteaux divers, cylindres lamineurs et cisailles. La vapeur, en général, fournit toute la force motrice; elle est produite par les gaz sortant des fours.

Four à puddler. — Avec le mazéage, on emploie un four à réverbère ordinaire, le mazéage en effet correspondant à la fusion allemande, avec cette seule différence qu'on opère sur des charges beaucoup plus fortes, pu-

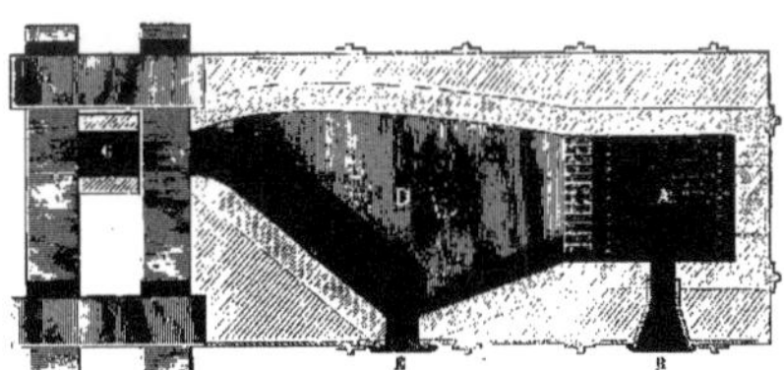

Fig. 1179. — Four à puddler.

rifie déjà la fonte; le silicium est oxydé; on peut donc, au réverbère, empêcher les scories de ronger trop fortement les parois en ajoutant des battitures et scories convenables. C'est le puddlage sec; par opposition le puddlage des fontes non mazées se nomme *puddlage gras*, et le four, *four bouillant*. La sole D a à peu près 2 mètres carrés de surface, et est entourée de parois en fonte séparées des briques réfractaires, de manière qu'elles puissent être refroidies par un courant d'air, quelquefois un courant d'eau. Elle est d'ailleurs formée d'une plaque de fonte de 4 à 5 mètres d'épaisseur, sur laquelle on a placé 5 à 6 mètres de scories battitures, et, dans quelques usines, du minerai de fer aggluté, la sole est alors dite *sole en riblons*. La grille A varie avec le combustible, ordinairement elle a un mètre carré. A la suite de la grande sole s'en trouve souvent une plus petite pour

chauffer la fonte de la charge suivante; puis les gaz vont aux chaudières ou à la cheminée G. Ce four a trois portes, une B pour charger le combustible, une E pour le travail, une pour la petite sole; la cheminée est munie de registres afin de régler le tirage, à moins qu'une même cheminée ne serve pour plusieurs fours, ce qui est exceptionnel. Ces fours sont garnis à l'extérieur de plaques métalliques et solidement armées.

Le four à réchauffer ordinaire est assez semblable à un four à puddler sans garniture de fonte; la sole est formée de briques recouvertes de sable réfractaire; elle a une pente d'environ 1 p. 100 pour l'écoulement des scories; un trou de coulée est à l'extrémité; la partie importante est la distance du pont au-dessus de la sole; elle doit être telle que les flammes ne viennent pas sur le fer et l'oxyder. Les dimensions varient avec le fer à obtenir. Pour la tôle seule, on a des fours d'une forme particulière.

Puddlage. — Une charge terminée, l'ouvrier écoule les scories, charge la grille, pique le feu pour activer, et charge 180 à 200 kilogrammes de fonte en saumons chauffés dans la petite sole et ferme la porte. Après 20 ou 30 minutes, quelquefois avant, tout est fondu; l'ouvrier ferme le clapet de la cheminée, brise avec son ringard les fragments non fondus, cherche à maintenir la fonte pâteuse de manière à faciliter l'oxydation; le clapet lui permet de régler le tirage. Le fer est l'élément dominant; il a surtout absorbé l'oxygène; le carbone de la fonte réduit l'oxyde formé, et donne de l'oxyde de carbone qui vient brûler à la surface; le brassage facilite la réaction. L'ouvrier ajoute de temps en temps des battitures qui fournissent de l'oxygène; il les incorpore dans la masse; en même temps les corps étrangers absorbent de l'oxygène, le silicium donne des silicates, le soufre et le phosphore s'oxydent, les scories augmentent et deviennent plus fluides; l'ouvrier, s'il lo juge à propos, en fait écouler une partie; la fin de l'opération est indiquée par un dégagement abondant de gaz qui soulève la masse. C'est le bouillonnement; il ne se produit pas dans le puddlage sec. Le changement est très-rapide; la fonte fondue est un peu rougeâtre, les particules ferreuses apparaissent avec un blanc éclatant; l'ouvrier a de la peine à remuer les matières; il doit alors fermer la porte, charger la grille, ouvrir le clapet pour chauffer fortement, en même temps éviter l'oxydation; 10 minutes après environ, il soude le fer et forme les loupes en les pressant pour exprimer les scories et les roulant sur la sole pour recueillir les particules ferreuses. Il faut alors opérer rapidement pour éviter l'oxydation. On en fait 4 ou 5. On donne un dernier coup de feu, et on les porte au marteau (voyez MARTEAUX DE FORGE) en les traînant à l'aide de tenailles ou sur de petits chariots. Les loupes martelées sont portées aux cylindres puddleurs et transformées en barres. Un four occupe constamment 2 ouvriers; on a un déchet moyen de 10 p. 100, et on consomme environ 100 p. 100 de houille, selon la qualité. En 24 heures on produit 2500 à 3000 kilogrammes de fer puddlé. Ces barres sont pesées et cisaillées à longueur convenable; on en forme des paquets qu'on porte au four à réchauffer; quand le fer est au blanc soudant, on les porte aux cylindres marchands; le carbone s'est oxydé, le silicium restant et un peu de fer; il faut éviter d'avoir dans le fer de l'oxyde. On aurait un fer brûlé. Quand les paquets sont trop gros, des ouvriers doivent saisir les barres pour les repasser par-dessus les cylindres, car la barre entre toujours du même côté; à chaque passage on la retourne de 90° pour détruire les bavures qui se produisent. On a ainsi le fer corroyé. On peut le cisailler de nouveau pour le réchauffer une seconde fois, soit seul, soit en le mélangeant dans les paquets avec du fer puddlé; on obtient ainsi diverses qualités de fer. On a reconnu que le fer s'améliore jusqu'au troisième réchauffage.

66

Le déchet du premier réchauffage est de 7 à 10 p. 100 ;

on consomme environ 2 500 kilogrammes de houille pour produire 1000 kilogrammes de fer marchand.

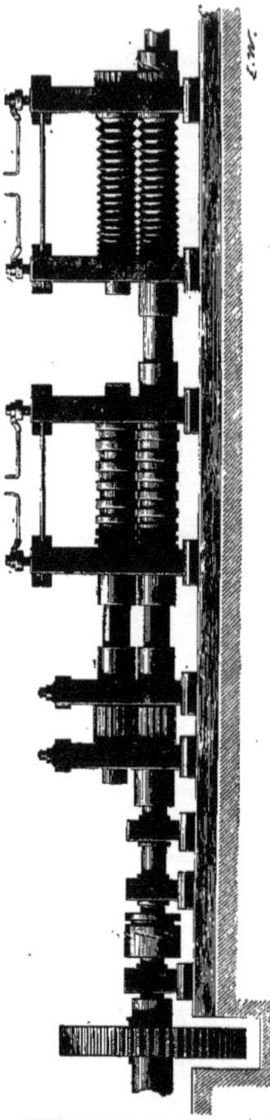

Un four à puddler ne travaille guère que 250 jours par an, et peut puddler 750 à 800 tonnes de fonte.

On distingue dans le commerce les fers forts, fers tendres et fers métis qui tiennent des deux ; les fers rouverains sont des fers sulfureux cassant à chaud.

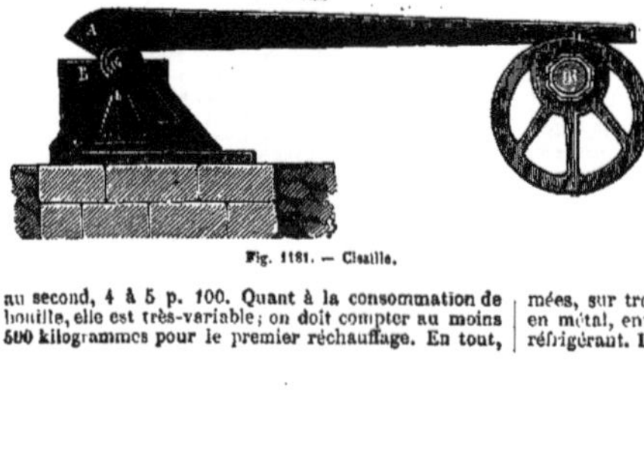

Les fers forts plient à froid et ne se rompent qu'après avoir été pliés plusieurs fois à la même place ; ils présentent une cassure nerveuse, ce qui les a fait appeler *fers à nerfs*. Les fers tendres cassent par des chocs exercés à froid : leur cassure est grenue ; on les a nommés *fers à grains*. On produit maintenant ces fers d'une manière courante ; ils sont dits *fers à grains* ou *aciéreux*. Si dans le puddlage on emploie une plus grande quantité de scories, de manière à augmenter l'action oxydante, qu'on travaille à une plus haute température, on aura de ces fers. Enfin, si on se sert des fours bouillants, à sole plus petite afin d'avoir une plus haute température, qu'on opère sans un bain de scories avec des fontes convenables, on aura de l'acier. C'est surtout pour ce puddlage que le bouillonnement est considérable ; la masse se boursoufle beaucoup, et le volume peut devenir quatre ou cinq fois plus fort ; on doit à ce moment éviter toute action oxydante ; lors de la formation des loupes, opérer le plus rapidement possible et cingler immédiatement la loupe dès qu'elle est formée.

Cylindres lamineurs. — L'ensemble des cylindres qui finissent une barre forment un train Un train (*fig.* 1180) comprend ordinairement 2 paires de cylindres, quelquefois 4 et 5 pour les petits cylindres. On distingue les cylindres dégrossisseurs et finisseurs. Les cylindres dégrossisseurs ébauchent la barre. Les entailles ou cannelures dans lesquelles la barre passe sont entaillées dans les deux ; elles sont ogivales et la tension va en décroissant ; pour les cylindres finisseurs, les cannelures sont entaillées dans celui du dessous, et souvent le cylindre supérieur entre légèrement dans l'autre. Elles sont en général rectangulaires. On distingue le train puddleur qui lamine le fer puddlé, et les trains marchands qui font le fer marchand ; on les divise en gros train, train moyen et petit train, ou gros mill, mill moyen et petit mill. Les petits mills ont souvent trois cylindres superposés ; les cannelures sont entaillées dans le cylindre du milieu ; on leur donne la section que doit avoir le fer marchand à fabriquer. Elle va toujours en décroissant de la première à la dernière. Une barre ne passe jamais dans toutes les cannelures. La série dont on se sert dépend des dimensions du fer à obtenir ; les cylindres sont réunis par des pièces nommées *trèfles* pour la communication du mouvement. Les trains puddleurs font 40 tours par minute ; le gros train marchand, 50 à 60 ; le petit mill, de 250 à 300. Quant aux cisailles (*fig.* 1181), elles sont des plus simples : un levier mobile autour d'un axe reçoit le mouvement de va-et-vient à une de ses extrémités, et à l'autre porte un tranchant en acier, qui vient passer auprès d'un autre tranchant en acier, que porte une pièce fixe. Ce tranchant n'est autre chose qu'une petite barre à arête vive.

Procédé Bœssemer. — Nous avons dit quelques mots, à l'article Acier, de ce procédé qui, il y a quelques années, mit en grand émoi le monde industriel. La possibilité de produire à volonté et d'une façon vraiment très-rapide de l'acier ou du fer donne à cette méthode un intérêt particulier. Tous les progrès qu'elle comporte d'ailleurs ne sont pas encore accomplis ; l'homogénéité des matières obtenues laisse souvent à désirer, et dans l'état actuel de cette fabrication, elle réussit peut-être mieux pour l'acier que pour le fer. Quoi qu'il en soit, le procédé Bœssemer n'est autre chose que l'affinage de la fonte sans combustible, sous la seule action d'un courant d'air dirigé sur la matière fondue. C'est une sorte de développement de l'ancien procédé du mazéage, aujourd'hui assez généralement abandonné, comme il est dit plus haut, et qui avait pour effet la conversion de la fonte grise en fonte blanche ou *fine métal*, plus propre à l'affinage.

Nous donnons dans la figure 1182 une section et un plan du four de mazéage ou *finerie*. La sole A est préparée avec du sable et des scories reposant sur des briques réfractaires ; les parois sont formées, sur trois côtés au moins, par des doubles plaques en métal, entre lesquelles se trouve de l'eau servant de réfrigérant. Le vent fourni par la machine soufflante est

Fig. 1180. — Train de laminoir.

Fig. 1181. — Cisaille.

au second, 4 à 5 p. 100. Quant à la consommation de houille, elle est très-variable ; on doit compter au moins 500 kilogrammes pour le premier réchauffage. En tout,

lancé par six tuyères *t, t*. Ces tuyères sont à double paroi,

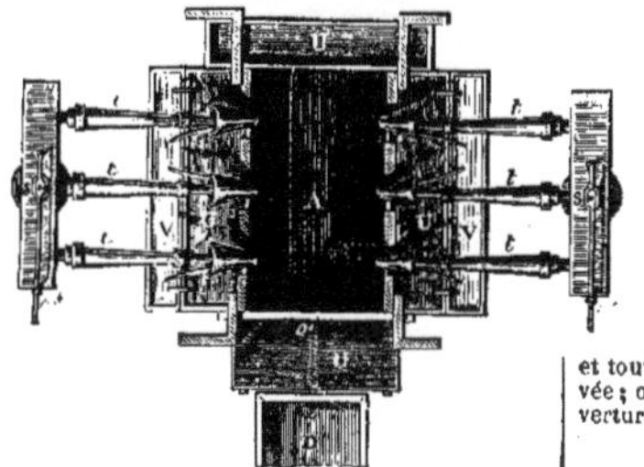

Fig. 1182. — Four de finerie, massage de la fonte.

comme celles des hauts fourneaux (*fig.* 1183), et peuvent être constamment rafraîchies par un courant d'eau. La figure montre la manière dont l'eau coule des vases *v* dans le tube *e*, pour circuler dans le canal concentrique et de là s'écouler par *e* dans le vase *v*. Sous l'action du courant

Fig. 1183.

d'air, la fonte entre en fusion, le silicium s'oxyde presque complétement pour donner naissance à de l'acide silicique qui se combine avec l'oxyde de fer formé, pour faire du silicate de fer qui surnage la fonte en fusion. Ce silicate, ordinairement très-riche en fer, est attaqué par la fonte elle-même, dont le carbone réduit l'oxyde de fer en passant à l'état d'oxyde de carbone. Il y a donc ainsi élimination du silicium et d'une partie du carbone. Le creuset se remplit de fonte épurée et de scories qui surnagent. Lorsque l'ouvrier suppose la réaction terminée, il ouvre le trou de coulée du creuset, et le métal coule dans une rigole plate, où il se moule sous forme de plaques. On jette de l'eau à la surface, on enlève les scories qui ont fourni une couche vitreuse sur la fonte refroidie et l'on brise celle-ci en fragments qui doivent être soumis au puddlage.

C'est ce puddlage que le procédé Bœssemer évite, en donnant à l'ensemble des opérations qui viennent d'être décrites un degré de développement et d'efficacité dont la finerie n'était pas susceptible. Cette efficacité tient surtout à la haute température à laquelle on porte la fonte, température qui permet, quand on insuffle de l'air dans son intérieur, de déterminer une combustion immédiate des éléments combustibles de la fonte (carbone, silicium) et particulièrement du fer. La température qui

résulte de la combustion de ce dernier élément est excessivement élevée, car elle se concentre dans l'oxyde de fer obtenu, au lieu de se dissiper en partie par des produits gazeux, ainsi que cela arrive pour le carbone. C'est là l'originalité véritable du procédé Bœssemer, procédé revendiqué d'ailleurs par Mortier, Nœsmits, Avril et autres industriels. A cette température excessivement élevée, une réaction rapide s'établit entre les produits oxydés et la fonte non encore altérée ; cette dernière s'affine rapidement et on obtient du fer qui même est parfaitement liquide et peut être coulé et moulé à la manière de la fonte.

Nous empruntons au *Dictionnaire de chimie industrielle* de MM. Barreswill et Girard la description et la figure de l'appareil dans lequel s'exécute le plus ordinairement le procédé Bœssemer. « Il se compose d'un petit cubilot *d* cylindrique construit en matériaux les plus réfractaires possible, de 1 mètre de hauteur sur 0^m,55 de diamètre intérieur ; le dôme *e* peut être soulevé pour l'introduction de la fonte liquide, et il porte une ouverture par laquelle s'échappent les étincelles. Le fond est uni et incliné en avant vers l'ouverture *b*, par laquelle on fait écouler après l'opération le fer liquide et les scories. Autour du cubilot se trouve un gros tuyau *a*, d'où partent des tuyaux en fer plus petits *e*, par lesquels l'air pénètre dans l'intérieur du cubilot à une petite distance du fond et dans une direction un peu excentrique pour donner à la fonte liquide un mouvement de rotation très-rapide.

On commence par remplir le cubilot de charbons allumés, dont on entretient la combustion très-active jusqu'à ce que les parois et tout l'intérieur aient acquis une température très-élevée ; on nettoie bien exactement la sole, on ferme l'ouverture *b* et on verse 300 à 400 kilogrammes de fonte

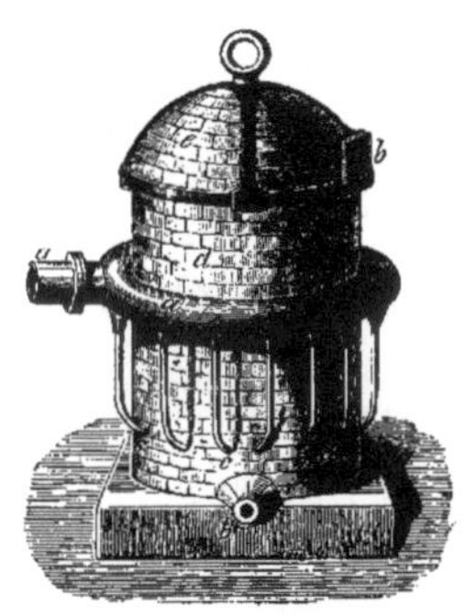

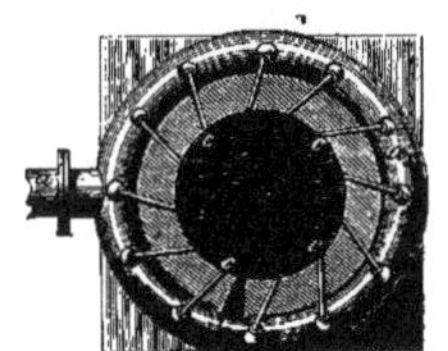

Fig. 1184. — Four Bœssemer.

liquide dans l'intérieur. Il faut donner le vent un peu avant ou au moment d'introduire la fonte pour empêcher que les ouvertures *c* ne soient bouchées. La pression de l'air insufflé doit être telle, qu'elle puisse vaincre facilement la pression de la colonne de fonte liquide (1/3, 2/4 d'atmosphère). Au bout de deux minutes déjà la réaction devient apparente, la fonte se boursoufle considérablement, des gerbes d'étincelles s'échappent violemment de l'ouverture supérieure et brûlent avec une flamme jaunâtre brillante. Peu à peu (au bout de dix minutes) elles prennent une teinte bleuâtre et le boursouflement diminue. Lorsque les étincelles et la flamme reprennent la teinte jaunâtre, l'opération est terminée. On débouche *b* et on laisse écouler le fer fondu qui est d'un rouge blanc des plus éclatants et parfaitement fluide. » L'inconvénient capital du procédé Bœssemer est de n'éliminer que très-imparfaitement le soufre et le phosphore, et de donner ainsi des fers souillés de ces deux éléments si fâcheux pour sa qualité. En outre, la séparation du fer et des scories se faisant mal, on a souvent des produits manquant d'homogénéité. Mais si l'on a à traiter des fontes aciéreuses renfermant très-peu de soufre et de phosphore, le procédé devient excellent, et il peut être surtout appliqué à la production de l'acier d'une façon tout à fait avantageuse. Nous n'entrerons pas dans le détail de la description des appareils fort analogues à celui qui vient d'être décrit ; il suffit de dire que l'injection de l'air doit être arrêtée lorsque le silicium de la fonte est éliminé et que le carbone est amené à la proportion qui correspond à la nature chimique de l'acier. **M — T.**

FONTICULE (Médecine), du latin *fonticulus*, petite fontaine. — Ce mot peu usité est à peu près synonyme du petit ulcère artificiel, nommé *cautère*.

FONTINALE (Botanique), *Fontinalis*, Lin. ; du génitif latin *fontis*, fontaine, à cause de l'habitat de la plante. — Genre de plantes *Cryptogames acrogènes*, de la famille des *Mousses*, tribu des *Bryacées*, et rangées par M. Montagne dans son ordre des *Pleurocarpées*, tribu des *Fontinalées*. Caractères : urne latérale, presque sessile, oblongue, à peu près cachée dans le périchétion ou petite rosette de feuilles ; péristome double, l'extérieur à 16 dents élargies, l'intérieur à 16 cils en réseau ; coiffe campaniforme. Les fontinales habitent les eaux courantes, et leurs tiges prennent alors un allongement assez considérable. L'espèce la plus commune est la *F. incombustible* (*F. antipyrética*, Lin.). Ses feuilles sont lancéolées, amplexicaules, aiguës, disposées sur 3 rangs. Cette plante, qui atteint souvent 0ᵐ,50, est abondante dans les eaux courantes des environs de Paris. On trouve rarement ses fructifications. Son nom spécifique lui vient de ce que l'on avait cru que le feu ne pouvait la détruire. Elle brûle lentement, il est vrai, à cause de l'humidité qu'elle retient ; aussi, en Laponie, au rapport de Linnée, l'employait-on pour préserver les cheminées du feu. **G — S.**

FONTIS (Géologie). — On appelle ainsi certains éboulements qui se font dans les carrières. Voici comment Al. Brongniart explique la formation des fontis. « Les carrières souterraines offrent toujours des cavités considérables. Le toit de ces cavités étant souvent très-solide n'est ordinairement soutenu que par un petit nombre de piliers. Mais, au bout de quelques années, des parties de ce toit se détachent par l'influence de l'infiltration des eaux pluviales. Il se forme dans le milieu du toit de ces vastes cavités des espèces de cônes, que les carriers nomment *cloches* ; leur sommet se rapproche d'autant plus vite de la surface de la terre, qu'il atteint plus promptement des matières friables. Ces matières finissent par s'écrouler dans l'intérieur de la carrière ; la surface extérieure de la terre s'enfonce et présente une sorte d'entonnoir profond, que l'on nomme *fontis*. »

Autrefois ces fontis étaient fréquents dans les nombreuses carrières anciennement exploitées, qui existent sous la partie méridionale de Paris ; aujourd'hui ils sont extrêmement rares depuis que l'administration a pris des mesures sévèrement exécutées pour obvier à ces accidents. Ces mesures consistent dans la construction de murs qui prolongent jusque sur le sol de la carrière les fondements de tous les édifices ; de plus, on a soutenu par des piliers toutes les étendues de toit trop considérables.

FORAMINÉS (Zoologie). — Dans la classification zoologique de Lamarck (*Histoire des animaux sans vertèbres*, Lamarck, 1816), les polypes à polypier forment le troisième ordre divisé en sept sections, dont la quatrième porte le nom de *Polypiers foraminés*. De nouvelles études ont fait répartir les espèces qui le composaient dans des groupes très-différents, et l'on a même reconnu que plusieurs appartenaient au règne végétal ; tel est le genre des *Nullipores* de Lamarck, que les travaux récents de M. le professeur Decaisne ont fait classer parmi les *Algues calcifères*.

FORAMINIFÈRES (Zoologie), du latin *foramen*, trou, et *fero*, je porte, à cause des pores nombreux de la coquille donnant passage aux filaments qui servent à la reptation. — Ce nom a été donné, en 1826, par M. Alc. d'Orbigny, à de petits animaux protégés par une coquille et infiniment multipliés sur les plages maritimes ; leur rôle dans la création dépasse tout ce qu'on peut imaginer. « Qui ne s'effraierait, dit Alc. d'Orbigny, en songeant que le sable de tout le littoral des mers est tellement rempli de ces coquilles microscopiques, si élégantes de forme, que l'on peut dire qu'il en est souvent à moitié composé ? Plancus en a compté 6 000 dans une once (30ᵍʳ,59) de sable de l'Adriatique, et nous en avons trouvé jusqu'à 480 000 par 3 grammes de sable choisi aux Antilles..... L'étude que nous avons faite du sable de toutes les parties du monde nous a démontré que leurs restes forment, en grande partie, les bancs qui gênent la navigation, viennent obstruer les golfes et les détroits, combler les ports (nous en avons la preuve dans celui d'Alexandrie), et forment, avec les coraux, ces îles qui surgissent tous les jours au sein des régions chaudes du grand Océan. Si l'on juge du rôle actuel des foraminifères par ce qu'on voit dans les couches de l'écorce de la terre, on se convaincra de ceque nous venons d'avancer pour les espèces vivantes. Il nous sera facile de démontrer par des faits qu'ils entrent pour beaucoup dans la composition de couches entières. A l'époque des terrains carbonifères, une seule espèce du genre *Fusulina* a formé, en Russie, des bancs énormes de calcaire. Les terrains crétacés en montrent une immense quantité dans la craie blanche, depuis la Champagne jusqu'en Angleterre. Les terrains tertiaires plus que tous les autres viendront nous en donner la preuve évidente, témoin les *Nummulites*, dont est bâtie la plus grande des pyramides d'Égypte (*Descript. de l'Égypte*; *Hist. nat.*, t. II), le nombre prodigieux des foraminifères des bassins tertiaires de la Gironde, de l'Autriche, de l'Italie et surtout les calcaires grossiers du vaste bassin parisien. Ces couches, dans certaines parties, en sont tellement pétries, qu'un pouce cube (0ᵐᶜ,000,019,386) de la pierre des carrières de Gentilly nous en a offert plus de 58 000, et cela dans des couches d'une grande puissance, résultat qui fait supposer par mètre cube à peu près 3 milliards et nous dispense de pousser plus loin les calculs. On peut donc en conclure sans exagération que la capitale de la France est presque bâtie avec des foraminifères, ainsi que les villes et villages de quelques-unes des départements qui l'avoisinent. Ainsi ces coquilles, à peine saisissables à la vue simple, changent aujourd'hui la profondeur des eaux de la mer et ont fait, aux diverses époques géologiques, combler des bassins d'une étendue considérable « (*Dict. univ. d'hist. nat.*, t. V, p. 062).

C'est vers le milieu du xviiiᵉ siècle que sont pour la première fois signalés, parmi les curiosités merveilleuses révélées par le microscope, ces petits êtres si étonnamment répandus autour de nous. La forme de leurs coquilles engagea Linné à les rapprocher des *Ammonites* et des *Nautiles*, et ils furent, jusqu'en 1825, rangés par tous les naturalistes parmi les *Mollusques céphalopodes*. Des observations de F. Dujardin, d'Alc. d'Orbigny et de quelques autres firent enfin connaître l'extrême simplicité d'organisation de ces petits êtres ; ils furent dès lors classés parmi les *Zoophytes* ou animaux *Rayonnés*, à côté des *Animalcules infusoires*. Les uns considèrent maintenant les foraminifères comme formant une classe particulière ; c'est l'opinion d'Alc. d'Orbigny ; les autres en font un ordre de la classe des *Infusoires*. Quoi qu'il en soit, les foraminifères sont généralement des animaux microscopiques dont le corps est tantôt une masse charnue globuleuse, tantôt composé de lobes ou segments juxtaposés et dont chacun ressemble au globule unique qui constitue tout le corps chez les premiers. Ce corps, quelle que soit sa forme, est d'une seule et même substance, sans qu'on y ait pu distinguer jusqu'ici d'organe intérieur ; il porte des filaments contractiles très-extensibles, très-variés de forme suivant les espèces et placés d'une manière non moins variée. C'est au moyen de ces filaments que les petits êtres, s'attachant aux corps fixes, attirent leur propre corps et parviennent à progresser. Enfin, tout cet animal, si singulièrement simple, est recouvert d'une coquille qui reproduit sa forme simlpe ou segmentée et se compose d'un tissu calcaire tantôt compacte, tantôt poreux, tantôt d'aspect vitré. Les espèces connues de ce groupe, tant vivantes que fossiles, dépassent le nombre de 1 600 ; Alc. d'Orbigny les a classées, d'après la composition de leur corps ou le mode de groupement des segments qu'il peut offrir, en sept ordres :

1er *ordre. Monostègues :* animal formé d'un seul segment, coquille d'une seule loge. Nos mers actuelles renferment de nombreuses espèces des genres *Gromie, Orbuline, Ooline.* D'autres espèces formant d'autres genres se trouvent à l'état fossile dans les terrains tertiaires et jurassiques.

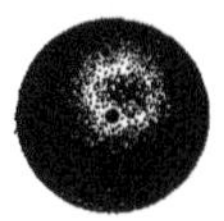

Fig. 1185. — Orbuline universelle.

2e *ordre. Cyclostègues :* animal composé de segments nombreux groupés sur des lignes circulaires. coquille discoïdale. Le genre *Orbitolite* représente seul cette division parmi les espèces vivantes ; les autres sont des genres perdus que l'on a retrouvés dans les terrains

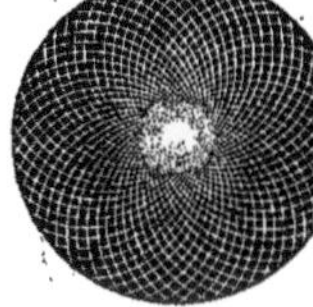

Vue extérieure.   Coupe horizontale.

Fig. 1186. — Orbitoïde moyenne, du terrain parisien.

crétacés et tertiaires (voyez la figure 1186, l'*Orbitoïde moyenne*).

3e *ordre. Stichostègues :* animal composé de segments placés sur une seule ligne, coquille formée de loges superposées bout à bout. Les genres de cet ordre sont tous représentés dans les mers actuelles et le plus souvent par de nombreuses espèces; cependant à l'état fossile on commence à rencontrer des espèces de ce groupe dans le terrain de lias, et elles se continuent à travers les

Fig. 1187. — Frondiculaire annulaire. — A, la même vue de profil. B, la même vue debout.

couches successivement plus récentes jusqu'aux formations de l'époque présente (voyez la figure 1187, *Frondiculaire annulaire*).

4e *ordre. Hélicostègues :* animal composé de segments enroulés en spirale, loges de la coquille formant une sorte

Fig. 1188. — Robuline épineuse.

d'hélice autour d'un axe. Cet ordre est le plus riche en espèces. Alc. d'Orbigny le partage en deux familles : 1° les

Nautiloïdées, où il range une vingtaine de genres, les uns perdus, d'autres représentés encore dans les mers actuelles, d'autres appartenant exlusivement à ces mers.

Fig. 1189. — Fusulina cylindrica.

On peut citer les genres *Robuline* (*fig.* 1188), *Fusuline* (*fig.* 1189), *Nummulite* (*fig.* 1190).— 2° Les *Turbinoïdées,* dont les diverses espèces, se rapportant à quinze ou seize

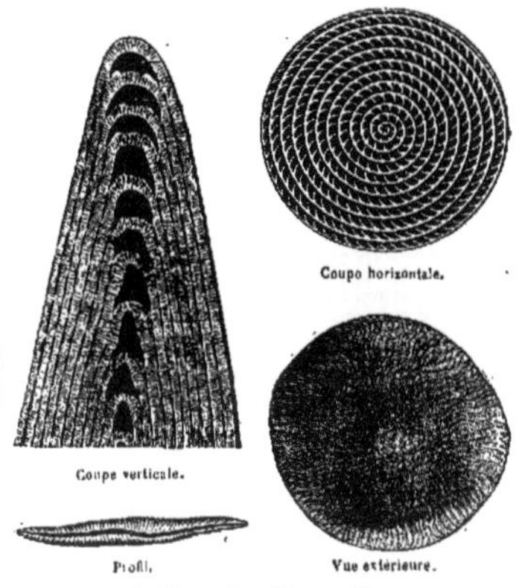

Coupe horizontale.

Coupe verticale.

Profil.   Vue extérieure.

Fig. 1190. — Nummulite nummulaire.

genres, appartiennent aussi à toutes les époques, depuis et y compris les terrains carbonifères (fig. 1191, *Chrysalidine graduée*).

5e ordre. *Entomostègues :* Animal composé de segments alternes formant une spirale; coquille enroulée. On en connaît quelques genres à espèces vivantes et fossiles des étages crétacés et tertiaires.

6e ordre. *Enallostègues :* Animal composé de segments

Fig. 1191. — Chrysalidine graduée, du terrain crétacé.

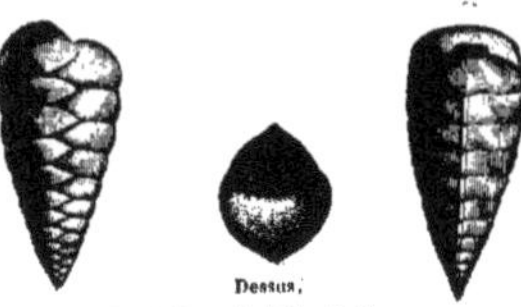

Dessus.

Fig. 1192. — Textulaire de Meyer.

assemblés par alternance, sans former de spirale; coquille à loges alternes, rangées sur deux ou trois axes distincts, sans disposition en spirale. Ici encore, les genres assez nombreux sont distribués dans deux familles : 1° les *Polymorphinidées,* qui vivent pour la plupart dans nos mers actuelles; 2° les *Textularidées*, qui peuplent aussi principalement nos mers (voyez la figure 1192, *Textulaire de Meyer*). Les plus anciennes espèces fossiles de cet ordre sont de l'époque crétacée.

7° ordre. *Agathistègues* : Animal formé de segments pelotonnés autour d'un axe et déterminant un arrangement analogue dans les loges de la coquille dont le test est lisse et compacte. Les genres de ce dernier ordre forment aussi deux familles : 1° les *Miliolidées*, qui sont de l'époque actuelle ou des terrains tertiaires parisiens; 2° les *Multiloculidées* répandues surtout dans nos mers actuelles, et dont les espèces fossiles appartiennent aux époques crétacées et tertiaires.

Ouvrages à consulter : Alc. d'Orbigny, *Foraminif. de la craie blanche, Mém. de la soc. de géol.*, t. IV; — *Foram. des Antilles*; — *Foram. de Vienne*; — *Cours élém. de paléontologie*.

FORBICINE (Zoologie). — Voyez Lépisme.

FORCE (Mécanique). — D'une manière générale, on appelle force toute cause qui tend à modifier l'état d'un corps sous quelque aspect qu'on l'envisage. A ce point de vue, les forces de la nature se divisent en autant de classes qu'il existe de classes de phénomènes distincts. Les deux grandes divisions des sciences physiques (physique, histoire naturelle) correspondraient ainsi à deux grands groupes de forces : les *forces vitales* qui embrasseraient tous les actes de la vie organique des animaux et des plantes; les *forces physiques* comprendraient tout ce qui est en dehors de cette première classe, c'est-à-dire les phénomènes de la nature *brute* ou *morte*. Un grand nombre d'entre elles ont reçu des dénominations spéciales qui les font sortir du cadre de cet article, et nous réservons plus spécialement le nom de force, au point de vue purement mécanique, à toute cause qui tend à modifier l'état de repos ou de mouvement d'un corps. Dans cette acception restreinte, les forces sont encore très-nombreuses et se divisent en forces d'attraction ou de pesanteur, forces moléculaires, forces électriques et magnétiques, forces caloriques (dues à la chaleur), forces musculaires, etc. (voyez Attraction universelle, Gravitation, Affinité, Cohésion, Chaleur, Électricité, Magnétisme).

Les forces ne produisent pas toujours le mouvement; des résistances peuvent neutraliser leur action. Dans ce cas, elles donnent lieu à une *pression* ou à une *tension*. Une pierre *presse* le sol qui la supporte ou *tend* le fil auquel elle est suspendue. Toute pression ou tension donne lieu à une *réaction* égale et contraire dans le corps pressé ou tendu. Le sol pousse la pierre, et le fil la tire de bas en haut exactement comme ils en sont poussés ou tirés de haut en bas. Quelle que soit une force qui produit une pression ou une tension, il existe toujours un poids capable de donner lieu à un même effet; on peut donc comparer mécaniquement les forces à des poids qui leur servent de mesure. C'est ainsi qu'un cheval de roulier, qui travaille six jours par semaine et fait environ 28 kilomètres par jour, exerce une force de traction moyenne de 50 kilogrammes et que l'effort maximum qu'il puisse produire en tirant s'élève, en général, à 400 kilogrammes. L'évaluation des forces en kilogrammes s'effectue ordinairement au moyen des *dynamomètres* (voyez ce mot); elle peut se faire également, suivant les cas, au moyen de la balance ou de toute autre manière.

La direction que prendrait un point matériel, si, partant du repos, il cédait à l'action d'une force sans qu'aucune résistance ou autre force vienne en gêner l'action, est ce que l'on appelle *direction* de cette force. Un corps que l'on tient à la main et qu'on abandonne à lui-même sans lui donner d'impulsion, au milieu d'un air calme, tombe en parcourant une ligne droite verticale; la verticale est donc la direction de la pesanteur. Les corps sont très-loin de suivre toujours la direction des forces qui agissent sur eux, parce que le plus souvent chaque corps est soumis à l'action de plusieurs forces simultanées qui s'influencent mutuellement. Lorsque les forces réagissent ainsi les unes sur les autres, de telle façon que le corps se trouve, quant à son mouvement, dans le même état que s'il n'était soumis à aucune force, on dit que ces forces se font *équilibre* (voyez ce mot). Tel est, par exemple, le cas d'un corps qui appuie sur le sol : son poids est équilibré par la résistance du son support.

En dehors des conditions d'équilibre, lorsque plusieurs forces agissent sur un même corps, comme, par exemple, lorsque plusieurs chevaux tirent sur la même voiture, on peut ordinairement imaginer une force qui, à elle seule, produirait le même effet que toutes les autres réunies : cette force est appelée *résultante*, les forces elles-

mêmes sont appelées *composantes*. Inversement, quand une force unique agit sur un corps, on peut imaginer autant de forces qu'on voudra, qui, réunies, produiraient le même effet que la force primitive. Les règles à suivre dans ces substitutions sont les suivantes :

1° Deux forces agissant simultanément sur un même point O (*fig.* 1193) ont une résultante représentée en grandeur et en direction par la diagonale OC du parallélogramme, dont les côtés OA, OB, représentent en grandeur et en direction les deux forces. Dans le cas particulier où ces deux forces agiraient suivant une même ligne, dans une même direction ou dans deux directions opposées, leur résultante aurait la même direction elle-même et serait égale à leur somme ou à leur différence.

2° Si le nombre des forces *concourantes* était supérieur à deux, on choisirait deux quelconques de ces forces F et F' (*fig.* 1194), on construirait la résultante OR comme

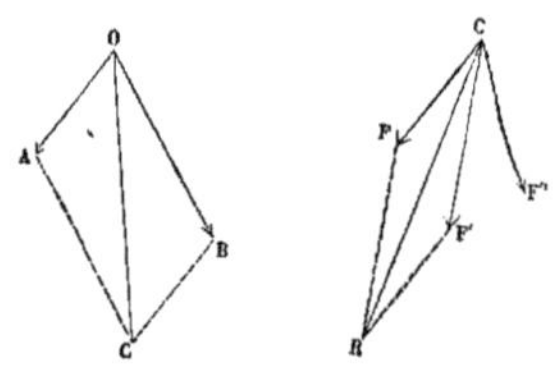

Parallélogramme des forces.

Fig. 1193.   Fig. 1194.

précédemment, puis, substituant cette résultante OR à ses deux composantes, on diminuerait ainsi d'un le nombre des forces données. En renouvelant cette opération partielle jusqu'à ce qu'on ait épuisé toutes les forces, on arriverait finalement à la résultante cherchée. Dans le cas particulier où toutes ces forces agiraient suivant une même ligne, leur résultante serait égale à la somme de toutes les forces agissant dans un sens diminué de la somme de celles qui agiraient dans un sens opposé.

3° Lorsque deux forces P et Q (*fig.* 1195) de directions parallèles et de même sens agissent en deux points différents A et B d'un même corps, elles ont encore une résultante. Cette résultante est elle-même de direction parallèle à ux premières et de même sens; elle est, de plus, égale à leur somme et passe entre elles, en un point O tel que le produit de chacune des forces multipliées par sa distance à la résultante soit égal au produit de l'autre multipliée par sa distance à la même résultante.

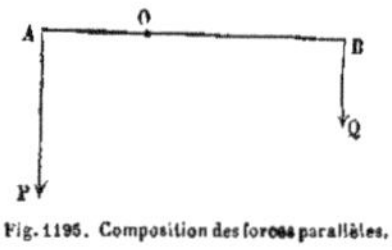

Fig. 1195. Composition des forces parallèles.

4° Lorsque deux forces semblables aux précédentes ont, au contraire, des directions opposées, leur résultante est égale à leur différence; elle est située en dehors des deux forces du côté de la plus grande, dont elle conserve la direction, et dans une position telle que les produits des deux forces par leur distance à leur résultante soient égaux entre eux. Si les deux forces étaient égales, il n'y aurait pas de résultante possible; on aurait un *couple* dont l'effet est de produire un mouvement de rotation sans translation du corps dans l'espace (voyez Rotation).

5° Lorsque le nombre des forces parallèles dépasse deux, on procède successivement à leur composition comme pour les forces concourantes.

6° Dans le cas où un nombre quelconque de forces agissent dans des directions quelconques, en divers points d'un même corps, le problème est plus complexe; mais comme, dans la pratique, ce corps est toujours assujetti à tourner autour d'un ou de plusieurs de ses points, il en résulte des simplifications qui nous font renvoyer, pour l'examen de ce cas, aux machines simples dans lesquelles il peut se présenter (voyez Levier, Treuil, etc.).

Toutes les fois que la résultante de plusieurs forces est nulle, ces forces sont en équilibre, à moins qu'on n'ait un couple, auquel cas l'équilibre ne peut être produit que par un couple équivalent et de sens contraire. Quand cette résultante n'est pas nulle, une force égale et directement contraire à la résultante ajoutée aux composantes produit l'équilibre, parce qu'elle détruit l'effet de leur résultante. Quand une force n'est pas équilibrée sur un corps, elle le met en mouvement et s'appelle alors *force motrice*, nom que l'on donne aussi à la force qui entretient dans une machine le mouvement que les résistances arrêteraient plus ou moins rapidement. La force est encore dite *accélératrice* quand elle accélère le mouvement, et *retardatrice* quand elle produit l'effet opposé. La pesanteur est accélératrice pour les corps qui tombent, retardatrice pour ceux qui montent.

Il existe entre les forces, les corps sur lesquels elles agissent et les mouvements qu'elles produisent en eux des relations importantes à connaître. Elles sont tirées d'une manière plus ou moins directe de l'expérience, mais toujours en accord parfait avec tous les faits observés.

1° Sous le rapport du mouvement, *l'action d'une force sur un corps est indépendante de l'état de repos ou de mouvement dans lequel peut se trouver ce corps.* Un exemple va faire comprendre cette loi fondamentale de la mécanique. Nous jouons au billard dans un café, le mouvement de chaque bille est réglé par l'impulsion que nous lui donnons. Le billard est transporté dans le salon d'un bateau qui glisse le long d'un fleuve ; billes, billard et joueurs, tout participe à la marche du bateau, et cependant rien ne sera changé dans nos mouvements et dans notre jeu ; le même coup de queue produira exactement les mêmes effets, pourvu que le bateau marche sans oscillations ni secousses.

2° *Quand plusieurs forces agissent simultanément sur un même corps, l'action de chacune d'elles est entièrement indépendante de toutes les autres.* Cette seconde loi a besoin d'être entendue d'une certaine façon. Imaginons que nous lancions un corps horizontalement avec une vitesse de 400 mètres par seconde, ce qui est la vitesse moyenne des balles de munition. Si la pesanteur n'existait pas et si nous pouvions faire abstraction de la résistance de l'air, la balle se mouvrait d'un mouvement rectiligne et uniforme, et au bout d'une seconde atteindrait sur la ligne horizontale un point situé à 400 mètres. D'autre part, si la balle était abandonnée librement à elle-même sans vitesse initiale, elle tomberait verticalement d'une hauteur de 4ᵐ,9 pendant la première seconde. En réalité, notre balle pesante lancée horizontalement avec la vitesse indiquée plus haut, n'en atteindra pas moins en une seconde à une distance horizontale de 400 mètres ; mais, au lieu d'être restée sur la ligne horizontale elle-même, elle se trouvera descendue au-dessous de cette ligne d'une hauteur verticale de 4ᵐ,9. Le mobile a parcouru un chemin réglé par la double influence des deux causes simultanées, mais dans l'effet complexe nous retrouvons chacun des déplacements qui eussent été produits par chacune de ces causes agissant séparément.

3° *Lorsque plusieurs forces continues et constantes agissent sur un même corps pendant le même temps, elles lui impriment des vitesses qui sont entre elles dans le même rapport que les forces.* Supposons, en effet, que l'une des forces soit trois fois plus grande que l'autre, nous pourrons la considérer comme étant formée par la réunion de trois forces égales entre elles et à la dernière. En vertu de l'indépendance des forces, l'effet de trois forces égales sera triple de l'effet d'une seule d'entre elles.

4° *Si deux forces continues et constantes, agissant pendant le même temps sur deux corps, leur impriment la même vitesse, les forces seront entre elles dans le même rapport que les masses des corps.* Supposons, en effet, l'une des masses double de l'autre, partageons-la en deux parts égales, partageons de même la force correspondante et supposons que chaque moitié de force agisse sur une moitié de masse, rien ne sera changé. Nous aurons alors trois forces agissant sur trois masses égales et leur imprimant une même vitesse ; ces trois forces sont donc de même intensité et la moitié de la plus grande est égale à la plus petite.

5° De ces deux dernières propositions, on tire cette cinquième : *Si deux forces F, F′ continues constantes, agissant sur deux masses M, M′, leur impriment, au bout de l'unité de temps des vitesses V, V′, les forces seront entre elles dans le même rapport que les produits M V, M′ V′ des masses par les vitesses, ou ce que l'on appelle*

QUANTITÉ DE MOUVEMENT. $\frac{F}{F'} = \frac{MV}{M'V'}$. Dès lors, si nous prenons pour unité de masse la masse des corps qui, soumis à l'unité de force ou le kilogramme, en reçoit au bout d'une seconde une vitesse de 1 mètre, masse dont

le poids est égal à 9ᵏ,8088, nous pourrons dire qu'une force constante a pour mesure la quantité de mouvement qu'elle imprime en une seconde à une masse quelconque. C'est, en effet, souvent un moyen commode de mesurer certaines forces.

La quantité de mouvement qu'une force constante imprime à un corps pendant un temps quelconque croît dans le même rapport que la durée de son action. Il n'en est plus ainsi quand la force est d'intensité variable ; dans ce cas, cependant, la quantité de mouvement MV que possède le mobile au bout du temps T représente la somme des impulsions données par la force, et en divisant cette somme par le temps $\frac{MV}{T}$, on aura une expression de l'*intensité* moyenne de la force, c'est-à-dire la force qui, pendant le même temps, produirait le même effet que la force variable.

FORCES INSTANTANÉES. — On donne ce nom à des forces dont la durée d'action est assez courte pour qu'on ne cherche pas à l'évaluer ; il n'existe pas, en effet, de force instantanée dans le sens rigoureux du mot. Les forces instantanées se mesurent par la quantité de mouvement qu'elles communiquent à leurs mobiles (voyez PROJECTILES, BALISTIQUE).

FORCE VIVE, PUISSANCE VIVE, QUANTITÉ DE TRAVAIL DISPONIBLE D'UN CORPS. — On donne, en mécanique, le nom de *force vive* au produit de la masse d'un corps multipliée par le carré de la vitesse dont il est animé ; ce produit, divisé par 2, s'appelle *puissance vive* et représente la *quantité de travail* accumulée dans le corps sous l'influence de la force motrice et pouvant devenir à son tour la source d'un nouveau travail. Ces expressions ont une grande valeur en mécanique. Un exemple fera comprendre la signification qu'on doit leur attribuer.

Une chute d'eau verse par seconde 1 mètre cube d'une hauteur de 2 mètres. Le travail de la pesanteur sur cette eau est égal au poids du mètre cube, soit 1 000 kilogrammes, multiplié par la hauteur de chute, c'est-à-dire 2 000 kilogrammètres (voyez TRAVAIL). Si la chute est employée à faire mouvoir une roue hydraulique, si nous supposons cette machine parfaite, en sorte que l'eau lui transmette tout le travail qu'elle reçoit de la pesanteur, l'eau arrivera dans le *bief d'aval* exactement avec la vitesse qu'elle avait dans le *bief d'amont*. Si, au contraire, la chute est libre, l'eau n'en recevra pas moins 2 000 kilogrammètres par seconde, et comme aucune portion de ce travail ne sera employée au dehors, elle le gardera tout entier ; sa vitesse ira, en effet, en croissant depuis le sommet jusqu'au bas de la chute. L'accroissement de vitesse est, dans ce cas et d'une manière générale, égal à $\sqrt{2gh}$, la racine carrée du produit que l'on obtient en multipliant la hauteur de chute h par le double de l'accélération due à la pesanteur g (voyez PESANTEUR). En désignant donc par M la masse de l'eau, laquelle est égale à son poids divisé par g ou $\frac{P}{g}$ (voyez MASSE), nous aurons pour valeur de la puissance vive

$$\frac{MV^2}{2} = \frac{P}{2g} \times 2gh = Ph,$$

c'est-à-dire 2 000 kilogrammètres, en nous rappelant que P = 1000 et h = 2.

Nous voyons que l'expression de la puissance vive peut nous fournir un moyen d'évaluer le travail d'une force sans rien connaître de cette force, sinon la vitesse qu'elle a imprimée à un mobile et la masse de ce mobile. Quel est, par exemple, le travail de la force explosive de la poudre dans un fusil d'infanterie ordinaire, sachant que le poids de la balle est de 29 grammes et que sa vitesse est de 405 mètres environ au sortir du canon ? L'expression $\frac{MV}{2} = \frac{PV^2}{2g}$ devient $\frac{0^k,029 \times 405 \times 405}{2 \times 9^m,8088} = 252$.

Ce travail est donc de 252 kilogrammètres ou égal à celui qu'il faudrait dépenser sur un poids de 252 kilogrammes pour le soulever d'une hauteur verticale de 1 mètre. Le travail de la poudre est, en réalité, plus grand, à cause des résistances que le projectile a dû surmonter dans l'intérieur du canon.

M. D.

FORCE MÉDICATRICE (Médecine). — On donne ce nom à cette puissance conservatrice en vertu de laquelle les maladies se guériraient d'elles-mêmes sans le secours des médicaments. Un grand nombre de médecins avaient déjà admis une force médicatrice, lorsque Sydenham vint mettre en lumière la puissance de la nature dans la cure des maladies. Sans entrer dans une longue dissertation pour admettre ou pour repousser l'existence d'une force particulière qui serait la force médicatrice, constatons ici que la force qui a produit, organisé un être vivant, d'après certaines lois bien précises et bien déterminées (voyez FORCE VITALE), doit être la même qui conserve, continue de maintenir dans son intégrité et tend à ramener sous sa loi l'organisation lorsqu'elle s'en écarte au point de constituer la maladie. Ce n'est pas ici nier le rôle du médecin dont la mission serait sans objet, si la nature était toujours assez puissante pour accomplir son œuvre de restauration de la santé sans un secours étranger; mais il ne saurait en être ainsi, mille causes de dérangement viennent à la traverse, qui altèrent plus ou moins profondément la composition intime de nos organes, modifient leurs fonctions, par cela même jettent la confusion dans l'économie vivante et déterminent ces désordres que l'on appelle *maladies*. Lorsque ces maladies se déclarent, c'est alors que le médecin doit aider cette force médicatrice, cette force vitale toujours active et toujours agissante à ramener sous ses lois le fonctionnement des organes accidentellement perverti, en écartant les causes qui ont amené et qui entretiennent ces dérangements; c'est alors qu'il appelle à son secours toutes les ressources que lui fournit d'abord l'hygiène, puis la thérapeutique, la matière médicale, etc. Son rôle devient ici d'une utilité incontestable. Pour nous donc la force médicatrice n'est pas autre que la force vitale qui tient sous ses lois tous les êtres vivants. Pour faire comprendre toute notre pensée, citons un exemple : la domestication des animaux et des plantes consiste à approprier aux besoins de l'homme un certain nombre d'êtres vivants; pour cela, il doit les façonner d'une certaine manière, en vue du but qu'il se propose, au moyen d'une série de mesures qui les modifient, les transforment et en font, pour ainsi dire, des êtres nouveaux, des êtres artificiels. Aux yeux de Dieu, ce ne sont plus ceux qu'il a créés, ce sont des bâtards, des monstres, de véritables malades; le bœuf engraissé et mené à l'abattoir n'est pas le taureau de la création; le cochon domestique, le chat, ne sont plus ceux de la nature; d'un autre côté, la rose mousseuse, la belle rose entièrement doublée n'est plus la fleur de l'églantier, etc. C'est la main de l'homme qui a amené toutes ces transformations, qu'il la retire, qu'il cesse d'agir, et bientôt la force vitale, la force médicatrice, si vous voulez, aura ramené le cochon domestique à son type primitif, le rosier mousseux sera redevenu un églantier ne donnant plus que la rose simple, la vraie rose, telle que le Créateur l'avait faite; voilà donc bien la force vitale agissant pour redresser ce que l'homme avait fait dans un sens opposé aux vues du Créateur; c'est bien évidemment la force médicatrice, si vous voulez considérer comme des maladies ces transformations que l'homme avait opérées pour ses besoins personnels ou pour ses agréments. Ainsi, donc, il n'y a pas de force médicatrice proprement dite, mais une force vitale avec ses lois, sous l'empire desquelles elle tend incessamment à ramener tous les êtres vivants de la création, lorsqu'une cause quelconque a dérangé cette merveilleuse harmonie.

FORCE VITALE (Physiologie). — La force vitale, celle qui constitue la vie, est cette puissance en vertu de laquelle les êtres organisés, animaux ou végétaux, existent durant un espace de temps pendant lequel ils naissent, croissent, se reproduisent et meurent pour rentrer sous les lois de la matière brute, inerte. C'est par elle que les organes exercent les fonctions qui font remplir à l'animal et au végétal toutes les phases de son existence; sans elle aucun être organisé ne pourrait même commencer à exister. Cependant les phénomènes que présentent les fonctions des corps vivants sont en partie des conséquences des lois de la physique et de la chimie, mais elles ne peuvent les expliquer tous; il en est, en effet, qui ne se produisent que là où il y a vie, et la vie, loin d'être elle-même la conséquence de l'organisation de la matière vivante, est, au contraire, la raison d'être de celle-ci. « La nature propre de chaque animal est fixée longtemps avant que celui-ci ait aucune des particularités de structure à l'aide desquelles cette nature se manifestera. Le germe n'est pas une miniature de l'animal qui doit en provenir, mais le siége de la force organogénique qui déterminera l'édification de cet être nouveau » (Milne-Edwards, *Leçons sur la physiologie*, t. 1, p. 2). De sorte que l'organisation ne doit pas, suivant les idées de la majeure partie des physiologistes, être considérée comme étant tout dans les corps vivants; au contraire, « chacune de ces machines admirables, en naissant dans la main du Créateur, me semble être appelée d'avance à exercer une série d'actes déterminés et porter en elle le germe de la puissance qui la fera agir, avant que d'être pourvue des instruments nécessaires à l'exercice de cette force. Il y a toujours harmonie entre les fonctions et les organes; mais ce qui domine dans l'être animé et commande, en quelque sorte, la nature qui lui sera propre, c'est la manière dont les forces qu'il met en jeu doivent s'exercer dans son organisme, et non la manière dont ses organes sont constitués » (Milne-Edwards, *loco cit.*). Quelle est maintenant la nature de cette force vitale, des lois générales auxquelles elle est assujettie? C'est une question dont la discussion nous entraînerait trop loin. Nous dirons seulement que la matière organisée n'est pas soustraite absolument à l'action des puissances physiques et chimiques, et surtout qu'elle n'est pas en opposition avec ces puissances; seulement les lois de la vie exercent une influence plus ou moins grande sur celles des corps bruts, et les modifient dans quelques parties, ainsi que cela se remarque aussi dans ces corps, lorsque les affinités chimiques, par exemple, sont modifiées par l'influence d'agents physiques, tels que l'électricité, la chaleur, etc. Ajoutons, en terminant, que la physiologie doit repousser bien loin les opinions d'une certaine école d'outre-Rhin surtout, dont les prétentions consistent à nier l'existence des lois de la vie, qui serait tout simplement le résultat des forces physiques et chimiques. Suivant M. Lehman, « tous les phénomènes propres aux êtres vivants doivent pouvoir s'expliquer par les lois de la physique et de la chimie... aussi, dans un avenir peu éloigné, la physiologie animale sera-t-elle entièrement réduite aux seuls principes de la physique et de la chimie. » Telle n'est pas, du reste, l'opinion de chimistes français de premier ordre, MM. Dumas et Chevreul, dont le témoignage dans cette question ne doit pas être suspect. Ainsi le premier dans ses beaux travaux pose en fait qu'indépendamment des phénomènes physico-chimiques qui existent dans les êtres vivants, il y en a d'autres qui sont sous la dépendance d'un principe immatériel. M. Chevreul n'est pas moins explicite: tous les actes fonctionnels, suivant lui, fussent-ils expliqués par les lois de la matière inerte, le problème ne serait pas résolu, et « il est évident, dit-il, qu'il y a au delà une cause plus générale dont l'effet, réduit à l'expression la plus simple, se révèle dans le développement progressif du germe et de l'être qui en provient, etc. »

F — N.

FORCEPS (Médecine), mot latin qui veut dire *tenailles*. — On appelle ainsi, dans l'art des accouchements, un instrument en forme de pince, employé, dans certains accouchements difficiles, pour saisir la tête du fœtus et l'amener au dehors. Deux accoucheurs anglais, Chamberleyn et Drinkwater, paraissent être les premiers qui se soient servis d'un forceps, de l'invention du premier, pour terminer les accouchements laborieux; c'était vers le milieu du XVIIe siècle. Mais on ne sait rien de précis à cet égard, ces médecins ayant fait un secret de leur pratique; il faut aller ensuite jusqu'en 1721 pour trouver le véritable forceps. A cette époque, Palfin, professeur à Gand, montra à l'Académie des sciences de Paris un instrument qu'il appelait *mains*, destiné à saisir la tête du fœtus, et c'est véritablement à lui que revient l'honneur de l'invention du forceps. Depuis cette époque, des perfectionnements nombreux et utiles ont modifié cet instrument dans sa forme, sa longueur, ses dimensions, etc. Et, sans nous étendre davantage sur ce sujet, nous dirons que celui que l'on doit à Levret est préféré par l'immense majorité des accoucheurs. Comme tous les forceps, il est composé de deux branches dans chacune desquelles on distingue la cuiller, le manche et le point de jonction; la cuiller est fenêtrée et courbée sur le plat pour s'accommoder à la forme de la tête du fœtus; elle est aussi courbée sur son champ, et cette courbure est tout entière au-dessus d'un plan horizontal sur lequel reposerait l'instrument. La forme des branches est assez indifférente; seulement elles doivent offrir le plus de prise possible aux mains de l'accoucheur, et leur dimension doit être telle que le lieu de leur jonction soit justement le point où elles finissent et où commencent les cuillers. Les moyens d'union sont ordinairement un pivot porté sur la branche dite *branche mâle*, mieux nommée *branche droite*, et reçu dans une mortaise de la *branche femelle* ou *branche gauche*. Cette jonction peut se faire aussi par une double encoche ou par tout autre moyen. La longueur du forceps de Levret est de $0^m,40$ à $0^m,43$, les cuillers comptant environ pour $0^m,25$, et les manches pour $0^m,17$. Pour la manœuvre de cet instrument, nous sommes obligé de renvoyer aux *Traités d'accouchements*.

F — N.

FORCES (Médecine). — L'appréciation des forces d'un malade est un point très-important pour diriger la conduite du médecin. Aussi la plupart des nosologistes ont-ils reconnu des maladies *sthéniques* ou *actives* et des maladies *asthéniques* (du grec *sthenos*, force, et de l'*a* privatif) ou *passives*. Malheureusement, dans la pratique, cette évaluation est souvent très-difficile, et il ne faut rien moins qu'une grande habitude d'observation et une grande sagacité pour discerner les cas, souvent très-obscurs, dans lesquels les forces sont en excès ou en défaut. Les forces, dans l'homme malade, peuvent être augmentées ou diminuées, perverties ou opprimées.

L'*augmentation des forces* se reconnaît à la coloration de la peau, à l'élévation de la chaleur, à la force du pouls, à l'ampleur de la respiration, à l'animation de la face, à la fermeté des chairs. Elle est plus marquée au début des maladies que vers le déclin. La *diminution des forces* se distingue par l'abattement général, par la lenteur et l'indécision des mouvements, par la pâleur de la peau, la faiblesse du pouls, la fréquence de la respiration, la diminution de la chaleur, la mollesse des chairs, la gêne dans le décubitus, etc. Elle est quelquefois très-rapide, comme cela se remarque dans les fièvres de mauvais caractère, dans le choléra, dans quelques inflammations aiguës. Aux signes indiqués plus haut viennent alors se joindre successivement l'affaissement de la physionomie, la difficulté des mouvements, l'amaigrissement, la sensibilité au froid ; dans les maladies aiguës surtout, les sueurs froides, les déjections involontaires, les défaillances, les syncopes ; dans les maladies chroniques, la maigreur générale, l'œdématie du tissu cellulaire, la difficulté des mouvements, etc. Lorsqu'il y a *perversion des forces*, on remarque un désordre plus ou moins grand dans les manifestations des phénomènes qui constituent les forces, les malades se montrent tantôt exaltés et dans un état de surexcitation extrême, le moment d'après dans un état d'abattement et de prolapsus considérable. Ces alternatives se remarquent surtout dans les fonctions de relation ; ainsi dans les facultés intellectuelles, dans les sensations, dans les gestes, les mouvements, etc. L'*oppression des forces* est plus difficile à apprécier, et il serait dangereux de la confondre avec la faiblesse dont elle offre souvent les principaux caractères, tels que l'abattement des traits, la pâleur de la peau, la difficulté, la lenteur des mouvements, la paresse et l'engourdissement des sens et des facultés intellectuelles, la petitesse, quelquefois l'irrégularité du pouls, le froid des extrémités, etc. La difficulté est grande quelquefois pour reconnaître si cet ensemble de symptômes tient à la faiblesse ou à l'oppression des forces ; cependant, voici par exemple ce qu'on observe ; on a affaire à un sujet jeune, bien constitué, on est au début de la maladie, il n'y a pas eu de fatigues excessives du corps ou de l'esprit, pas de privation d'aliments ; le malade était habitué, au contraire, à la bonne chair et à l'oisiveté ; il n'a pas été en proie à des chagrins profonds ; enfin les premiers moyens employés pour combattre la maladie ont été des débilitants (saignée, diète), ou bien il y a eu des évacuations naturelles (sueurs, hémorrhagies, évacuations alvines), et le mal a diminué, les forces se sont relevées ; il est bien évident que dans ce cas, il y avait oppression des forces. Mais si des émissions sanguines, si des évacuations naturelles ont augmenté la faiblesse, si, au contraire, les toniques ont modéré le mal, c'est qu'on avait à combattre un affaiblissement réel. Laënnec conseille d'explorer avec soin les battements du cœur au moyen du stéthoscope ; si les contractions du ventricule sont énergiques, on pourra saigner sans crainte ; si, au contraire, elles sont faibles, le pouls eût-il de la force, il faut se défier de la saignée. On voit, d'après tout ce que nous venons de dire, avec quelle prudence le médecin même le plus expérimenté doit instituer son traitement dans les cas obscurs, que les tâtonnements, dans le début, lui sont bien permis quelquefois, et qu'il est excusable de suspendre son jugement, pour ne pas agir au hasard. F—N.

FORCES (Économie rurale). — Ce nom a été donné à un instrument particulier que l'on emploie pour la tonte des moutons (voyez TONTE).

FORESTIER (GARDE) (Sylviculture). — Voyez FORÊTS, SYLVICULTURE.

FORESTIERA (Botanique). — Genre de plantes *Dicotylédones dialypétales hypogynes*, type de la petite famille des *Forestiérées*, dans la classe des *Crotoninées* de M. Ad. Brongniart. Établi par Michaux, sous le nom de *Adelia*, auquel Willdenow a substitué celui de *Borya*, ce genre a reçu le nom qu'il porte de Poiret, en mé-

moire de son ami Forestier, médecin à Saint-Quentin, amateur zélé de la botanique. Ce sont des arbrisseaux à feuilles opposées, pétiolées, à fleurs axillaires, dioïques. On les rencontre en Géorgie, dans la Floride. La *F. à feuilles de cassine* (*F. cassinoïdes*, Poir.) croît aux Antilles ; ses fleurs sont petites et réunies dans l'aisselle des feuilles en petits paquets pédonculés.

FORESTIÈRE (ÉCOLE) (Sylviculture). — Établie à Nancy, le 26 août 1824, cette école a pour mission de former et d'instruire des jeunes gens qui se destinent au service de l'administration des forêts. Elle dépend du ministère des finances, et reçoit tous les ans, après un concours, un nombre limité d'élèves (de 20 à 30) qui passent deux ans à l'école. Les conditions pour concourir sont : d'être Français, d'avoir de dix-neuf à vingt-deux ans, d'être pourvu du diplôme de bachelier ès sciences, et d'avoir un revenu annuel de 1 500 francs. Les examinateurs sont les mêmes que pour l'École polytechnique, et les matières sur lesquelles les élèves sont interrogés sont presque identiques. L'enseignement de l'école comprend les mathématiques, la sylviculture, l'histoire naturelle, la législation forestière, le dessin, etc. Les élèves qui ont satisfait aux examens de sortie ont rang de *garde général*, et sont employés dans l'administration au fur et à mesure des besoins. Ils jouissent provisoirement du traitement de *garde général adjoint*.

FORESTIERS (Zoologie). — Nom employé par d'Azara pour désigner des *Oiseaux* qui habitent constamment les bois épais et fourrés, sans même se poser sur les branches sèches. Ce groupe, dont les caractères manquent de la précision nécessaire pour former un genre distinct, se rapproche des Fringilles sous certains rapports. Vieillot leur en a trouvé beaucoup avec ses Némosies. D'Azara en a décrit cinq espèces, toutes de l'Amérique méridionale.

FORÊTS (Géographie physique). — Chacun sait que l'on nomme *forêt* une vaste étendue de terrain couverte d'arbres ; le mot *bois* s'applique ordinairement à des étendues beaucoup plus restreintes de sol couvert de végétaux arborescents. Cette distinction n'a pas néanmoins une grande précision. Les forêts, selon le dicton vulgaire, sont vieilles comme le monde ; la plupart des pays où les races humaines se sont établies et ont grandi en civilisation nous apparaissent dans l'histoire comme abondamment boisées à l'origine. La forêt semble témoigner de la fertilité du sol qu'elle tient en réserve ; elle entretient cette fertilité ; plus d'une fois l'homme, regrettant des défrichements trop précipités, a dû s'efforcer de reboiser des terres imprudemment dépouillées de leur végétation forestière. Les contrées orientales des États-Unis américains semblent nous représenter ce qui a dû se passer plus ou moins rapidement dans la plus grande partie de notre Europe, et il est curieux de remarquer que ces deux berceaux de la civilisation humaine, l'un exploité depuis trois mille ans, l'autre presque vierge encore, mais déjà consacré par les progrès merveilleux des peuples qui viennent d'y éclore, figurent parmi les contrées du globe où la végétation forestière avait le plus riche développement. L'Amérique méridionale recèle encore à notre époque des forêts où le pied de l'homme civilisé n'a pas marqué sa trace et qui nous offrent le spectacle grandiose de la nature primitive dans toute sa puissance de production spontanée. « Parmi les phénomènes de la nature dont la peinture élève l'âme, dit un célèbre voyageur, se trouve surtout l'immense région boisée qui, dans la zone torride de l'Amérique australe, remplit les bassins réunis de l'Orénoque et du fleuve des Amazones. C'est cette région qui, dans le sens le plus rigoureux du mot, mérite le nom de *forêt vierge* ou *forêt primitive*, dont on a fait un emploi si abusif dans ces derniers temps. Si chaque forêt sauvage et touffue à laquelle l'homme n'a point encore mis la cognée dévastatrice doit s'appeler *primitive*, il faut reconnaître qu'il existe beaucoup de ces forêts dans les zones froides et tempérées. Mais s'il s'agit ici d'un territoire impénétrable où l'on ne peut pas même se frayer une route avec la hache entre les arbres de 8 à 12 pieds de diamètre, la forêt primitive appartient exclusivement aux tropiques. Ce ne sont pas toujours, comme on se l'imagine en Europe, les lianes grimpantes, sarmenteuses, flexibles qui causent cette impénétrabilité ; les lianes ne forment souvent qu'une très-petite masse de buissons. Ce qui entrave principalement le passage, ce sont les plantes frutescentes qui occupent tous les intervalles... En jetant un coup d'œil sur la région boisée qui occupe toute l'Amérique méridionale, depuis les savanes de Vénézuela (llanos de Caracas) jusqu'aux pampas de

Buénos-Ayres, entre le 8° de latitude nord et le 19° de latitude sud, on reconnaît que ce *hylée* (du grec *hylaion*, espace boisé) de la zone tropicale surpasse en étendue toutes les autres contrées boisées du globe. Sa superficie est environ douze fois celle de l'Allemagne. Traversée en tous sens par des fleuves dont les affluents de premier et de second ordre surpassent quelquefois, par l'abondance de leur eau, notre Danube et notre Rhin, cette contrée doit l'exubérance merveilleuse de sa végétation arborescente à l'influence combinée de l'humidité et de la chaleur. Dans la zone tempérée, particulièrement en Europe et dans l'Asie septentrionale, on peut dénommer les forêts d'après les espèces d'arbres groupés comme plantes sociales, qui composent chacune d'elles. Dans les forêts septentrionales de chênes, de sapins et de bouleaux, dans les forêts orientales de tilleuls, il ne domine ordinairement qu'une seule espèce d'amentacées, de conifères ou de tiliacées; quelquefois une espèce de conifères s'associe à quelques amentacées. Cette uniformité de groupes est étrangère aux forêts tropicales. En raison de l'énorme multiplicité d'espèces de cette flore sylvaine, on ne saurait demander de quoi se composent les forêts primitives. Une quantité prodigieuse de familles végétales s'y trouve condensée; à peine y existe-t-il quelques places occupées par une seule et même espèce. Chaque jour, à chaque temps d'arrêt, le voyageur rencontre de nouveaux genres; il aperçoit souvent des fleurs qu'il ne peut atteindre, tandis que la forme d'une feuille et la ramification d'une tige attirent son attention. Les rivières, avec leurs innombrables branches latérales, sont les seules routes du pays... il existe des villages isolés de missionnaires, à quelques milles seulement l'un de l'autre, dont les moines mettent un jour et demi pour se faire des visites réciproques, en suivant, dans un tronc d'arbre taillé en canot, les courbures des petites rivières.. Les jaguars, disait un Indien de la tribu des Durimonds, s'enfoncent, entraînés par leur humeur vagabonde et leur rapacité, dans les massifs si impénétrables, qu'il leur est impossible de chasser sur le sol; étant réduits à vivre longtemps sur les arbres, ils deviennent la terreur des singes et des belettes » (Al. de Humboldt, *Tableaux de la nature*, t. I, trad. de F. Hœfer). J'emprunte encore au même ouvrage les passages suivants qui complètent cette description : « Le lit du fleuve (l'Orénoque, un peu au-dessus du confluent de l'Apure) n'avait plus que 900 pieds de large et formait en ligne droite un canal qui, des deux côtés, est bordé de bois touffus. La lisière de la forêt offre un aspect inaccoutumé. En avant du massif presque impénétrable composé de troncs gigantesques de *Cæsalpinia*, de *Cedrela* et de *Desmonthus*, on voit le rivage sablonneux garni d'une haie très-régulière de *Sauso*. Cette haie n'a que 4 pieds de haut; elle est formée d'un petit arbrisseau, l'*Hermesia castaneifolia*, genre nouveau de la famille des *Euphorbiacées*. Tout près de là se trouvent quelques palmiers épineux, à stipe élancé 'peut-être des *Martinazia* ou *Bactris*), que les Espagnols nomment *Piritu* et *Corozo*. On dirait une haie de jardin taillée, qui présenterait des ouvertures, très-distantes les unes des autres, pareilles à des portes. Les grands quadrupèdes de la forêt ont sans doute eux-mêmes percé ces ouvertures pour arriver plus commodément à la rivière. C'est là qu'on voit sortir, à l'aube du jour et au coucher du soleil, le tigre d'Amérique, le tapir, le pécari, conduisant leurs petits à l'abreuvoir. Quand ils sont inquiétés par l'apparition d'un canot d'Indiens, ils ne cherchent pas à rompre brusquement la haie de sauso; on a le plaisir de les voir se retirer lentement, pendant quatre ou cinq cents pas, entre la haie et la rivière et disparaître par l'ouverture la plus rapprochée. Durant notre navigation, presque non interrompue de soixante-quatorze jours, dans une étendue de 380 milles 'géographiques sur l'Orénoque, jusqu'aux sources de ce fleuve, sur le Cassiquiare et le Rio-Negro, nous vîmes, enfermés dans notre canot, ce spectacle se répéter pour beaucoup de points et, je dois le dire, toujours avec un nouveau charme, nous vîmes apparaître par troupes les animaux des classes les plus différentes, descendant le rivage pour se désaltérer, se baigner ou pour pécher; aux grands mammifères se mêlaient des hérons aux couleurs variées, des palamédées (kamichis) et des hoccos à la démarche fière... Au-dessous des missions de Santa-Barbara de Arichuna, nous passâmes, comme d'ordinaire, la nuit en plein air sur la rive plate et sablonneuse de l'Apure, bordée à peu de distance par une forêt impénétrable. La nuit était d'une douce moiteur et il faisait un beau clair de lune .. Les rames de notre radeau étaient solidement fixées dans le sol pour y attacher nos hamacs. Il régnait un profond silence; on n'entendait qu'à de rares intervalles le ronflement des *Dauphins d'eau douce*, propres au delta de l'Orénoque... Après onze heures, il s'éleva dans la forêt voisine un tel vacarme, qu'il fallut renoncer à tout sommeil pour le reste de la nuit. Un hurlement sauvage retentissait dans la forêt. Parmi les voix nombreuses qui éclataient à la fois, les Indiens ne purent reconnaître que celles qui se faisaient entendre seules après un court temps d'arrêt. C'était le piaulement plaintif des alouates ou singes hurleurs, le gémissement flûté des petits sapajous, le grognement babillard du *Singe nocturne rayé* (*Nyctipithecus trivirgatus*), les cris saccadés du grand tigre (jaguar), du couguar ou lion d'Amérique sans crinière, du pécari, de l'aï et d'une légion de perroquets, de parraquas et d'autres oiseaux semblables aux faisans. Quand les tigres approchaient de la lisière de la forêt, notre chien, qui jusque-là aboyait sans interruption, venait en hurlant chercher un refuge sous nos hamacs. Quelquefois le cri du tigre partait du haut d'un arbre, et alors il était constamment accompagné des sons modulés, plaintifs des singes, qui cherchaient à se soustraire à quelque poursuite inattendue... La scène tumultueuse me paraissait venir d'un combat d'animaux né d'un accident, continué longtemps et se développant en proportion. Le jaguar poursuit les pécaris et les tapirs, qui, dans leur fuite, brisent les buissons arborescents épais qui leur barrent le passage. Ainsi alarmés, les singes mêlent du haut des arbres leurs cris à ceux des grands quadrupèdes; ils réveillent les troupes d'oiseaux perchés en société, et peu à peu l'alerte se communique à tous les animaux... Avec ces scènes de la nature, qui se renouvelaient souvent pour nous, contraste singulièrement le silence qui, sous les tropiques, règne vers l'heure de midi pendant une journée extrêmement chaude... Le thermomètre, à l'ombre, marquait plus de 40° Réaumur (50° cent.),... les blocs de pierre et les rochers nus étaient tous couverts d'une multitude de gros iguanes à écailles épaisses, de lézards geckos et de salamandres tachetées. Immobiles, la tête levée, la gueule béante, ils semblent aspirer avec délices l'air embrasé. Les grands mammifères se cachent dans les taillis; les oiseaux s'abritent sous le feuillage des arbres ou dans les fentes des rochers. Dans ce calme apparent de la nature, l'oreille attentive aux moindres sons perçoit un bruit sourd, un bourdonnement d'insectes près du sol et dans les couches inférieures de l'atmosphère. Là tout annonce un monde de forces organiques en activité. Dans chaque buisson, sous l'écorce crevassée de l'arbre, dans la motte de terre habitée par des hyménoptères, partout enfin la vie se révèle hautement : on dirait une de ces mille voix par lesquelleslanature parle à l'âme capable de la comprendre. »

Le vaste massif de forêts dont A. de Humboldt a si bien tracé quelques tableaux se continue en suivant les parties montagneuses des diverses régions de l'Amérique méridionale. Cet océan de verdure séculaire remonte dans le bassin du Maragnon jusque vers les sommets des Andes, au Vénézuéla, à la Nouvelle-Genade, au Pérou; puis il se poursuit avec les Cordillères dans le Chili et jusqu'en Patagonie. Interrompues sur d'immenses étendues par les *llanos* de Vénézuela au nord et les *pampas* de la Plata au midi, les forêts reprennent leur empire dans toutes les parties de l'Amérique du Sud qu'arrosent de grands cours d'eau, sur les bords de l'Uruguay, du Paraguay, du Rio-Colorado, du Rio-Negro, etc.

Peuplée d'autres essences forestières où dominent les pins, les sapins, les mélèzes, les aunes, les bouleaux, les peupliers, les saules, les érables, les frênes, les chênes, les noyers, etc., l'Amérique du Nord, malgré l'invasion rapide et triomphante des colons européens, possède d'immenses forêts, surtout au nord et à l'est de sa vaste étendue. Il n'y a guère qu'un siècle, le territoire des États-Unis, qui s'étend sur environ 160 000 lieues carrées, entre le Wabash et l'océan Atlantique, n'était, selon Malte-Brun, qu'une seule forêt, sauf les plaines du Kentucky et du Tennessee. Vers le milieu du dernier siècle, dit F. Cooper, une vue à vol d'oiseau de toute la région à l'est du Mississipi ne devait offrir qu'une vaste étendue de bois bordés d'une frange étroite de terre cultivée sur les bords de la mer et coupés par la surface brillante de différents lacs et par les lignes fantastiques de quelques rivières; des solitudes solennelles étendaient leur large ceinture sur toute la Nouvelle-Angleterre et offraient le couvert des forêts aux pas silencieux du guerrier sauvage. L'activité prodigieuse des colons américains a rompu cette unité grandiose des forêts pour livrer à une culture intelligente et féconde bien des vallées cachées pendant des siècles sous les bois ; mais elle n'a pu encore enlever à cette contrée son caractère éminemment forestier. D'ailleurs la forêt règne encore sur presque tout le Canada et remonte vers le nord jusqu'aux froids rivages de la baie d'Hudson, au Labrador, au Maine oriental, aux Nouvelle-Galles. Sur l'autre versant des Montagnes-Rocheuses, elle revêt de ses ombrages séculaires la Colombie anglaise, l'Amérique russe jusque sur les bords de la mer de Behring. Mais son empire s'arrête à l'Orégon et au Mississipi. A l'ouest et au sud de ces grands cours d'eau, les vastes prairies se déroulent sans fin, et les forêts ne revêtent plus que les montagnes, sur les flancs desquelles on les trouve encore reléguées au Mexique et tout le long de l'isthme de Panama, par où elles vont se lier, en suivant les Andes, aux vastes forêts de Caracas, de l'Orénoque et du Brésil.

L'ancien continent n'est pas comparable au nouveau pour l'abondance des contrées forestières. L'Asie et l'Afrique renferment dans leurs parties centrales de vastes plateaux ou plaines arides qui surpassent de beaucoup les prairies de l'ouest du Mississipi, les llanos du Vénézuela et de la Nouvelle-Grenade, les pampas de Buénos-Ayres et de la Plata. En Asie, non-seulement la Sibérie étend au nord de l'Altaï ses steppes interminables, non-seulement l'Arabie, à l'ouest, déroule ses plaines de sables brûlants, mais encore entre la Sibérie, la Chine et l'Inde règne le *désert de Kobi* ou *Gobi*, nom mongol qui signifie *nu* et *sec* et qui a pour synonyme le nom chinois *désert de Chamo*, c'est-à-dire *mer de sable*. Ce désert mesure 500 lieues de l'est à l'ouest, et tel est son aspect désolé, que les géographes sont portés à le considérer, selon les traditions locales, comme le fond d'une mer desséchée depuis quelques siècles seulement. L'Afrique, sur ce point, surpasse encore l'Asie ; au sud des États barbaresques, entre le Fezzan, le Sénégal et l'Atlantique s'étend le *grand désert* ou *Sahara* des Arabes, continué entre le Fezzan, l'Égypte et la Nubie, par le désert de Libye. De l'Égypte à l'Océan, ces vastes étendues, à peine recouvertes d'une végétation rabougrie, comptent 1 200 lieues de longueur sur plus de 500 lieues de largeur ; c'est une surface plus grande que celle de toute l'Europe. Le centre de l'Afrique équatoriale, encore incomplétement connu, malgré les découvertes nombreuses qui y ont été faites, paraît abonder en plateaux sablonneux arides et en plaines marécageuses remplies de lacs stagnants, foyers d'exhalaisons dangereuses. Cette différence marquée dans la végétation forestière de l'ancien et du nouveau monde s'explique par la distribution toute différente des eaux à leur surface. Ce qui donne à la terre des continents le pouvoir de produire des forêts, c'est un réseau de rivières nombreuses et de fleuves arrosant leur surface. Nulle contrée n'est plus riche, sous ce rapport, que le continent américain, et partout où l'ancien continent a reçu la même faveur, il a porté ou porte encore de magnifiques forêts. A travers les steppes de la Sibérie, l'Altaï fait couler vers l'océan Glacial de grands fleuves presque parallèles ; l'Irtyche, l'Obi, l'Ienissei, l'Angara, la Lena et leurs nombreux tributaires roulent, comme dit Malte-Brun, à travers des plaines désertes, d'où l'éternel hiver bannit les arts et la vie sociale ; mais leurs bords sont fréquemment ombragés par de sombres et vastes forêts. Sur les côtes orientales de l'Asie, un climat plus doux coïncide avec un vaste système de cours d'eau ; aussi la Mandchourie et la Corée possèdent dans leurs parties élevées et montagneuses des forêts puissantes et étendues. La Chine, si abondamment arrosée, est depuis longtemps exploitée par une population merveilleusement nombreuse, qui ne laisse presque pas un coin de terre sans culture et a sans doute depuis longtemps défriché les forêts qu'a pu porter cette riche et immense contrée. Les deux Indes, dans leurs montagnes et le long des grands fleuves du Camboje, du Meïnam, du Brahmapoutre, du Gange, possèdent peut-être les plus belles forêts de l'Asie. Enfin, la Perse fut dans la première antiquité un pays de forêts touffues que l'homme a depuis longtemps dépouillé. Les parties bien arrosées par les fleuves sont particulièrement rares en Afrique ; mais la Barbarie, la Sénégambie, la Guinée et d'autres parties de ce vaste continent sont boisées assez richement dans certains cantons pour trancher complétement avec l'aspect général sous lequel nous nous représentons la nature africaine. Une des véritables régions forestières de l'ancien continent est sans contredit l'Europe, avec ses terres profondément découpées par les mers et sillonnées de nombreux cours d'eau. Aussi toutes les traditions nous la représentent-elles comme abondamment boisée dans ses diverses parties avant que les peuples qui l'habitent, croissant et grandissant en puissance et en civilisation, n'eussent détruit, surtout dans l'Occident, une grande partie des forêts européennes. Les trois grandes péninsules méridionales, l'Espagne, l'Italie et la Grèce, portaient aux premiers temps de l'histoire d'épaisses forêts sur les sommets du Rhodope, du Pinde, des Apennins, des Sierras-Nevada et Morena et des Pyrénées. Dans l'Espagne, en particulier, les Carthaginois ont trouvé une vaste forêt nommée par les anciens la forêt Castulonienne, dont il ne subsiste que des débris méconnaissables. La Gaule, les îles Britanniques, couvertes de forêts épaisses, abritaient dans leurs profondeurs les mystères du culte druidique. L'Allemagne ou Germanie antique était plus boisée encore, puisque, au dire de César, une immense forêt, la forêt Hercynienne, la couvrait des bords du Rhin jusqu'aux confins de la Sarmatie (Pologne et Hongrie) et de la Dacie (provinces Danubiennes). Cette forêt n'était sans doute pas absolument continue, puisque Tacite, à la fin du 1er siècle de notre ère, tout en indiquant en Germanie des forêts considérables dans les parties que nous nommons actuellement la Saxe, le Meckembourg, le Brandebourg, la Silésie, le Hanovre, la Hesse, la Franconie, mentionne en même temps des plaines fertiles en céréales ; mais la forêt Hercynienne couvrait certainement plus des trois quarts du pays entre le Rhin et l'Oder. Ces forêts se prolongeaient sur la Chersonèse Cimbrique, le Danemark d'aujourd'hui et sur la plus grande partie de la presqu'île scandinave. Quant aux pays slaves ou sarmates, ce sont encore de riches régions forestières. L'Europe a donc vu jadis, avant la formation des nations qui ont pendant des siècles illustré son histoire, des peuplades nombreuses mener à l'ombre de forêts épaisses une existence analogue à celle des Peaux-Rouges de la Nouvelle-Angleterre ; à mesure que ces peuplades se sont fixées et policées, leur agriculture plus active a défriché ce sol destiné à tant de vicissitudes, et aujourd'hui certaines contrées conservent à peine quelques débris de leurs forêts premières, tandis que d'autres, comme l'Allemagne, la Pologne, la Russie, la Suède et la Norwége, recèlent encore des trésors de végétation ligneuse dont la conservation et l'entretien sont véritablement d'intérêt général en Europe. « Parmi les productions de l'Allemagne, dit Malte-Brun, les forêts tiennent le premier rang, puisque, outre qu'elles fournissent à la consommation des habitants, aux constructions, aux fabriques et aux mines, elles donnent un excédant considérable à l'exportation ; elles couvrent, selon l'opinion reçue, un tiers du pays. Dans la région centrale, le chêne est l'arbre dominant, et toutes les collines sont ornées de cet arbre national, autour duquel se groupent les hêtres, moins beaux cependant qu'en Danemark, des frênes magnifiques, des ormes, des peupliers, des pins et des sapins, tandis que, dans les positions plus abritées, les noyers, les châtaigniers, les pommiers, les poiriers, les amandiers, les pêchers et toutes sortes d'arbres fruitiers étalent leurs riches productions. Les arbres conifères, et principalement le pin, qui, dans cette zone, se tient aux hauteurs moyennes et occupe quelques terrains arides, se multiplient davantage dans les plaines sablonneuses qu'arrosent l'Oder et l'Elbe ; mais ce n'est généralement que l'espèce la plus commune, et il ne faut chercher dans l'Allemagne septentrionale ni le pin au bois ferme ni le sapin élancé que la Scandinavie fournit aux constructions navales..... Il faut en excepter les belles collines du Holstein oriental, du Mecklembourg maritime, de l'île de Rugen, où les chênes reparaissent sur un sol moins sablonneux ; cette lisière appartient à la région des îles et péninsules dano-cimbriques. » Dans le midi de l'Allemagne, notre auteur signale deux échelles de végétation forestière, l'une sur le versant nord des Alpes, depuis le Tyrol jusqu'au Danube, l'autre sur la pente orientale du même massif de montagnes, en Autriche, en Styrie, en Carniole. Dans la première zone règnent surtout le sapin, le mélèze, le pin cimbro, le bouleau ; dans la seconde, les essences sont plus variées et se succèdent plus rapidement suivant les altitudes. Le Danemark, au XIe et au XIIe siècle, était richement boisé dans le Jutland ; il ne conserve plus aujourd'hui que de longues bandes de forêts dans sa partie orientale et dans le Lauerbourg la forêt de Sachsenwald ; les frênes, aunes, chênes et bouleaux dominent sur ce sol humecté. La Norwége compte parmi ses plus précieuses richesses les vastes forêts qui se dressent sur les rochers aigus du pied de ses montagnes, forêts où abondent le bouleau, dont la séve fermentée fournit une sorte de vin blanc mousseux, l'érable, le pin, le sapin, qui parvient jusqu'à plus de 50 mètres de hauteur et offre une valeur incomparable pour la mâture et la charpente. C'est le principal objet de commerce avec l'étranger. Dans le midi de ce pays glacé, le chêne reprend son empire comme essence forestière. La Suède, où l'agriculture a un développement remarquable, exploite fructueusement des forêts immenses de pins, de sapins, surtout dans la partie moyenne et septentrionale. Presque toutes les parties de la Pologne possèdent des forêts, et la Masovie en particulier ; les pins dans les plaines sablonneuses, les hêtres, les sapins sur les terrains élevés, les chênes sur tous les sols vigoureux. « Les mélèzes, dit encore Malte-Brun, les tilleuls, l'orme et le frêne, mêlant ensemble leur ombrage, donnent à plusieurs forêts de la Pologne un aspect agréablement varié. La plus belle forêt de bouleaux est près de Varka, en Masovie, et les plus grands tilleuls ombragent Prenn, sur le Niemen. Cependant, quoique les forêts de la Pologne comptent au delà de cent espèces d'arbres, elles en possèdent peu qui soient propres à la construction. » Pour la Russie, les forêts forment une des premières richesses naturelles, « source qui restera longtemps inépuisable, dit un auteur, et qui le serait absolument si elles étaient entretenues d'une façon plus méthodique et plus exacte. » On estime que dans cette contrée les forêts de pins, sapins et autres arbres verts couvrent 76 millions d'hectares. Au-dessus du 55e de latitude, les tilleuls et les bouleaux se marient dans les bois aux arbres résineux. Une des plus vastes forêts de l'empire russe, en Europe, est celle de Volkhonski, entre Novgorod et Tver. Les chênes, les érables, les hêtres, les peupliers sont assez répandus au-dessous du 52e de latitude. Toutes ces essences sont un important objet de commerce, surtout les pins pour la mâture et les constructions. Le sud de la Russie d'Europe est dépourvu entièrement de bois ; là se déroulent des plaines sans fin riches en céréales. En résumé, la Russie d'Europe possède 170 millions d'hectares de forêts de tous genres, c'est-à-dire plus du tiers de son territoire. Les autres contrées de l'Europe sont moins riches en forêts ; le défrichement n'y a laissé que des lambeaux de leur ancienne végétation forestière ; l'Espagne, l'Italie, l'Angleterre sont particulièrement appauvries à cet égard. On peut souhaiter, et l'on se préoccupe d'y pourvoir, que le déboisement s'arrête en France là où il est parvenu et que même sur plus d'un point les efforts de l'homme parviennent à réparer d'imprudentes destructions. Sur une superficie totale de 53 millions d'hectares, notre pays possède 7 800 000 hectares de forêts (⅐ environ du territoire) principalement situées dans les provinces orientales et couvrant des Ardennes aux Alpes les Vosges, le plateau de Langres, la Côte-d'Or, les Cévennes, le Jura ; en outre, les bassins de la Seine et de la Loire renferment de belles forêts, telles que celles de Compiègne (14 385 hectares), de Fontainebleau (16 438 hectares), de Rambouillet (12 818 hectares), de Villers-Cotterets (11 134 hectares), d'Orléans (42 550 hectares). Quant aux espèces d'arbres qu'on y cultive, on pourra consulter l'article ESSENCES FORESTIÈRES. L'article suivant est consacré spécialement à l'entretien et à l'exploitation des forêts. AD. F.

Forêts (Sylviculture). — La culture des arbres forestiers peut être envisagée sous les trois points de vue suivants : 1° lorsque les arbres répartis sans ordre sur toute la surface du sol sont reproduits après leur exploitation, soit à l'aide de nouvelles tiges qui naissent sur les anciennes souches, soit au moyen d'ensemencements naturels ou artificiels, si ces surfaces boisées présentent une étendue considérable, elles prennent le nom de *forêts*, et celui de *bois* lorsqu'elles sont plus restreintes ; 2° lorsque les arbres sont régulièrement plantés en lignes parallèles plus ou moins nombreuses, qu'on leur laisse acquérir tout leur développement avant de les abattre et qu'ils sont renouvelés seulement à l'aide de nouvelles plantations, ce mode de culture prend le nom de *plantation d'alignement* ; 3° enfin quand les arbres maintenus à une faible hauteur sont disposés de manière à servir de clôture et forment ce que l'on nomme une *haie vive*.

Aux articles PLANTATION et HAIE, il est traité de ces deux derniers modes de culture, et l'article ESSENCES FORESTIÈRES contient l'indication des espèces d'arbres cultivées au point de vue forestier. Il ne sera donc question ici que de la culture des *bois* et *forêts*.

Les forêts doivent leur formation soit à des ensemencements naturels, soit à des ensemencements artificiels ou à des plantations. Le repeuplement des forêts par l'ensemencement naturel est à la fois le plus économique et le plus durable ; nous verrons, en traitant de l'entretien et de l'exploitation, les soins que l'on doit apporter dans ces opérations pour favoriser le repeuplement. Malheureusement il n'est pas toujours possible d'en profiter pour perpétuer les forêts. Souvent le petit nombre ou l'infertilité des arbres existants dans un canton de bois ne permettra pas d'en attendre une quantité suffisante de semences pour le repeuplement naturel. D'autres fois, l'espèce de bois existante sera tellement mauvaise ou chétive, qu'un changement d'espèce deviendra nécessaire. Enfin, certaines circonstances pourront forcer de couper une jeune forêt avant qu'elle puisse fournir elle-même les semences nécessaires à son entretien. Dans ces diverses circonstances, on sera donc obligé d'avoir recours soit aux ensemencements artificiels, soit aux plantations ; mais, hors ces exceptions, il sera toujours plus profitable d'avoir recours aux ensemencements naturels.

Les forêts, en général, peuvent être partagées en *taillis* et en *futaie* ; on distingue également des *forêts d'arbres d'une seule espèce* et des *forêts mixtes*.

Les taillis sont des bois que l'on coupe ordinairement assez jeunes, soit pour les employer au chauffage, soit pour en faire du charbon, des échalas, des cercles, etc. Ce qui les distingue surtout des futaies, c'est qu'ils repoussent de leur souche. On divise ordinairement les bois taillis en trois classes : les jeunes taillis, qui s'exploitent à l'âge de sept, huit ou neuf ans ; ils sont généralement composés de saules marceau, coudriers, châtaigniers, bouleaux, employés à divers usages et surtout au chauffage des habitants de la campagne. Les taillis moyens sont ceux que l'on exploite à l'âge de dix-huit à vingt ans pour en tirer du charbon ou du petit bois de chauffage. Les hauts taillis s'exploitent à l'âge de vingt-cinq à quarante ans et fournissent du bois de chauffage pour les villes, de petites pièces de charpente et de charronnage et surtout des bois de fente pour la latte, les échalas, etc. La futaie se distingue du taillis en ce qu'elle se repeuple presque entièrement par les semis. On divise les futaies en plusieurs classes caractérisées par leur âge. Ainsi on distingue les recrus, âgés de un à dix ans ; les gaulis, âgés de onze à trente ans ; les perchis ou jeune futaie, âgés de trente à soixante-dix ans ; la haute futaie, âgée de soixante-dix à cent ans ; les vieilles écorces, âgées de plus d'un siècle. On nomme futaie sur taillis les jeunes arbres ou baliveaux de tous les âges réservés dans les taillis.

Il existe peu de forêts d'arbres d'une seule espèce. Nous exceptons toutefois les arbres résineux, qui exigent presque tous ce mode de culture. Les forêts mixtes sont composées d'espèces mélangées ; mais le nombre des espèces est toujours d'autant moins grand que le bois a vieilli davantage, les grandes espèces, comme le hêtre, le chêne, survivant à toutes les autres.

Les travaux relatifs à la culture des forêts consistent dans les trois opérations suivantes : la *création*, l'*entretien*, l'*exploitation*. Ces trois opérations constituent surtout la science forestière.

Tout ce qui concerne la création des bois et forêts est traité au mot REBOISEMENT (v. *Supplément*) ; il ne sera question dans le présent article que de leur entretien et de leur exploitation.

1° *Travaux d'entretien.*

Dans tout ce qui va suivre, soit pour les travaux d'entretien, soit pour l'exploitation, nous confondrons les forêts artificielles et les forêts naturelles, car les soins qu'elles réclament à cet égard ne présentent aucune différence.

Assainissement. — Quoiqu'il soit possible de cultiver en bois les terrains les plus humides, il y aura tout avantage à débarrasser ceux-ci de leur humidité surabondante ; les bois qu'on y fera croître y acquerront une plus grande valeur. Toutes les fois donc que le sol forestier sera exposé à un excès d'humidité, surtout à la stagnation des eaux, on étudiera la configuration du terrain et l'on s'efforcera de diriger ces eaux hors de la forêt, à l'aide de rigoles et de fossés multipliés.

Clôtures. — Il serait désirable de pouvoir entourer les forêts d'une clôture impénétrable : on éviterait ainsi les dégâts occasionnés par les maraudeurs et par l'abroutissement des bestiaux. Mais ce résultat ne pourrait être atteint qu'à l'aide de clôtures murées ou de fortes palissades dont la dépense excéderait de beaucoup les avantages qu'on en obtiendrait ; aussi ces sortes de clôtures sont-elles réservées seulement pour les petits bois ou pour les parcs. Toutefois il sera utile d'entourer les forêts d'un fossé de 2 mètres de largeur sur 1^m,50 de profondeur, en ayant soin de rejeter la terre du côté de la forêt. Ces fossés se rempliront bientôt de ronces et de broussailles qui en feront une clôture solide.

Abris. — Sur les bords de la mer, où il est si difficile de faire réussir les plants forestiers sans avoir formé des abris préalables, il est nécessaire de conserver, lors des exploitations, des massifs d'une dizaine de mètres de largeur destinés à protéger contre les vents la végétation des jeunes plants ou le recru des taillis. On réservera dans le même but, autour de chaque coupe, des lisières de 2 à 3 mètres de largeur, particulièrement dans les localités dont le sol est sec et élevé.

Nettoiement des taillis. — L'opération du nettoiement consiste à faire couper, dans les taillis âgés de cinq à dix ans, les épines, les ronces, les viornes, les genêts, la bruyère, les brins ou jeunes tiges difformes qui croissent sur les mêmes souches que les brins bien venants, les plants de nerprun, bourdaines et autres arbrisseaux semblables qui n'ont qu'une courte durée ; enfin les plants de charme et autres espèces inférieures, lorsque le sol est suffisamment garni d'espèces du premier ordre. Toutefois on ne devra pas oublier, en pratiquant le nettoiement, que le sol forestier ne doit rester découvert dans aucune de ses parties, pas même dans les endroits uniquement garnis d'épines ou autres arbrisseaux de peu de valeur ; car aussitôt qu'un vide se produit, le sol, desséché par le soleil, devient stérile, et les arbres dépérissent.

Éclaircie et élagage des taillis. — Pendant l'été qui suit la coupe d'un taillis, il se développe sur chaque souche un certain nombre de bourgeons qui donnent lieu à autant de brins. Ceux-ci sont généralement trop nombreux pour pouvoir acquérir tous un développement convenable ; de là la nécessité d'en supprimer plusieurs afin de concentrer l'action de la séve sur quelques-uns seulement. Mais cette éclaircie doit être faite avec prudence. Si, pour un taillis qui sera exploité à l'âge de trente ou quarante ans, on supprimait d'un seul coup et pendant l'une des premières années tous les brins qui ne doivent pas être conservés jusqu'à cet âge, il en résulterait un grand vide entre chaque souche, et, le soleil desséchant alors la terre, la croissance du bois souffrirait beaucoup. L'éclaircie des taillis, et surtout de ceux qui doivent avoir une longue durée, doit donc être faite progressivement et de manière que le sol, étant toujours couvert, il ne se dessèche pas autant. Il faudra veiller aussi à ce que les brins, suffisamment rapprochés, croissent plus droits et plus élevés et que les nouveaux bourgeons qui pourraient naître intempestivement sur la souche après chaque éclaircie soient étouffés par le manque de lumière. Pour remplir ces diverses conditions, on opérera de la manière suivante.

Deux ans après la coupe des taillis, dont la durée doit être portée à trente ou quarante ans, on éclaircit une première fois. On laisse sur chaque souche douze à quatorze brins, en choisissant de préférence ceux qui sont les plus rapprochés du sol, et on les répartit le plus régulièrement possible sur tout le périmètre de la souche.

Vers la dixième année, on applique aux souches une seconde éclaircie. Le nombre de brins qu'on laisse sur chacune d'elles est déterminé par la vigueur de ces brins et par la distance qui sépare les souches ; mais on ne doit pas, en général, en conserver plus de huit ou dix sur chaque souche.

Pour les taillis qui ne doivent durer que de quinze à vingt ans, on n'éclaircit qu'une seule fois, à l'âge de huit ans, et on laisse sur chaque souche un nombre de brins un peu plus grand que pour les taillis de plus longue durée. C'est à ce moment qu'on pratique aussi le nettoiement et l'élagage des brins.

Si, malgré toutes les précautions que l'on a prises pour prévenir le développement de nouveaux jets à la place de ceux qu'on a coupés lors des éclaircies, quelques bourgeons paraissaient au pied des souches, on ferait passer dans ce taillis, âgé au moins de dix ans, un troupeau de bétail pour brouter ces brins, afin d'en accélérer la destruction.

Éclaircie des futaies d'arbres non résineux. — La première opération à faire dans les jeunes massifs de futaie de chêne ou de hêtre, repeuplés au moyen de l'ensemencement, consiste à enlever, vers la vingt-quatrième année, tous les bois blancs dont la présence est devenue inutile pour abriter les autres espèces et qui en gênent le développent. Mais cette première suppression est in-

suffisante pour des arbres dont l'exploitation n'aura lieu qu'à quatre-vingts ou cent ans et qui sont souvent placés à moins de 1 mètre de distance les uns des autres. Ils devront donc être eux-mêmes successivement enlevés jusqu'à ce qu'il existe entre chacun d'eux un espace suffisant pour qu'ils puissent attendre sans se gêner le moment de l'exploitation. Quant à cet espacement, il est subordonné au degré de fertilité du sol, à la nature des espèces qui peuvent croître plus ou moins serrées, enfin à l'âge qu'on laissera acquérir à la futaie. Dans tous les cas, ces éclaircies successives devront toujours être faites au moment où les arbres à enlever commencent à souffrir, et de manière que le sol soit constamment assez couvert pour ne pas être desséché par le soleil ; les arbres devront toujours rester suffisamment rapprochés pour qu'ils tendent à croître en hauteur. Dans le plus grand nombre de cas, ces éclaircies seront faites tous les douze ou quinze ans.

Éclaircie des forêts résineuses. — Les massifs d'arbres résineux doivent aussi recevoir des éclaircies successives ; mais l'expérience a démontré que, pour développer des tiges bien filées, ils ont besoin d'être plus rapprochés que les arbres non résineux. Quant à la distance à laisser entre eux, elle variera aussi suivant les espèces et la nature du sol : le mélèze et les épicéas seront tenus plus serrés que les pins. D'un autre côté, les mêmes espèces devront être plus rapprochées dans un terrain sec et peu profond que dans un sol substantiel et profond. Lors de ces éclaircies progressives, on ne supprimera chaque fois que les arbres qui sont dépassés par les autres et qui sont sur le point d'être étouffés.

Élagage des arbres de haut jet. — L'élagage des arbres plantés en plein bois et destinés à former des futaies est presque toujours inutile. En effet, ces arbres sont toujours maintenus tellement serrés, que la lumière ne peut pénétrer au-dessous de leur tête et favoriser le développement des ramifications inférieures. A mesure que les arbres grandissent, ces ramifications se détruisent d'elles-mêmes sans qu'il soit besoin de les retrancher. Toutefois, lorsque, par une circonstance quelconque, ces arbres se trouvent plus ou moins isolés pendant leur jeunesse, tels que ceux qui, sous le nom de baliveaux, sont réservés dans les taillis ou bien encore ceux qui croissent sur les lisières des futaies, il faut, si l'on veut avoir des troncs bien droits et suffisamment élevés, leur appliquer l'opération de l'élagage. Mais cette opération tout exceptionnelle doit être pratiquée avec une grande circonspection et avec les soins que nous indiquons plus loin, en parlant de l'élagage des plantations d'alignement.

Du marnage des bois. — L'emploi de la marne a pour effet de rendre les sols compactes plus perméables à l'air et à l'eau et de favoriser la nutrition des plantes en rendant solubles dans l'eau certains principes utiles à la végétation. L'action de cet amendement calcaire, presque exclusivement employé jusqu'ici pour la culture des plantes herbacées, paraît agir aussi efficacement sur l'accroissement des arbres. Plusieurs observations nous l'ont démontré. Nous citerons, entre autres, un marnage exécuté sur un taillis situé dans la commune de Bacqueville (Seine-Inférieure) et assis sur un sol argilo-siliceux. Cette opération, faite immédiatement après la coupe du taillis et pratiquée seulement sur la moitié de la surface d'un terrain parfaitement homogène et soumis aux mêmes influences dans toute son étendue, a donné lieu à une végétation moitié plus vigoureuse sur la partie qui avait été marnée. L'efficacité de la marne pourrait être expliquée, selon nous, par la présence dans les terrains couverts de bois d'une grande quantité de débris organiques à l'état acide et, par conséquent, non solubles dans l'eau et que la présence de l'amendement calcaire transforme en éléments nutritifs. Les terrains humides et surtout ceux qui sont privés de l'élément calcaire devront donc être soumis à cette pratique. On choisira pour l'effectuer le moment de la coupe des bois, afin que la marne, entièrement exposée à l'action des intempéries et surtout de la gelée, se délite plus complètement. Quant à la quantité de marne à répandre sur une surface donnée et au laps de temps qui devra s'écouler entre chaque marnage, on pourra suivre les indications fournies par la pratique de chaque contrée à l'égard des terres labourées.

2° *Travaux d'exploitation des bois et forêts.*

L'exploitation des bois se compose en général de deux opérations bien distinctes : l'*aménagement* et l'*exploitation proprement dite.*

De l'aménagement. — L'aménagement est l'art de diviser une forêt en coupes successives ou de régler l'étendue ou l'âge des coupes annuelles de manière à assurer une succession constante de produits. Admettons qu'il s'agisse d'un bois de 10 hectares exploité intégralement à chaque dixième année ; si l'on veut convertir ce produit périodique en un revenu annuel, on divise ce bois en 10 fractions égales qu'on exploite successivement d'année en année : l'effet de cette nouvelle disposition est de permettre à chaque fraction de croître jusqu'à 10 ans, tout en assurant à perpétuité une coupe annuelle.

En général, l'exploitation la plus restreinte doit embrasser un intervalle d'au moins 10 ans, parce que ce laps de temps est nécessaire pour que les produits ligneux soient susceptibles de quelque valeur. Mais on a toute latitude pour choisir une période d'aménagement beaucoup plus longue ; elle peut varier de 10 à 150 ans et même plus. La principale question à résoudre est de savoir *à quel âge on doit régler l'aménagement d'une forêt pour en obtenir le produit le plus avantageux possible.*

Si un bois âgé de 10 ans ne développait chaque année qu'une masse de produit ligneux égale à la quantité développée pendant chacune des années précédentes, il n'y aurait d'autre avantage à l'exploiter à un âge plus ou moins avancé que celui d'avoir du bois d'un échantillon plus ou moins fort ; mais l'expérience a démontré que le volume des arbres se développe suivant une progression qui s'approche de celle des carrés des nombres naturels. Ainsi, si le produit d'un hectare de bois âgé de 10 ans équivaut à 100, le produit du même bois présentera la progression suivante en avançant en âge :

A 20 ans, il équivaudra à		400
A 30	—	900
A 40	—	1 600
A 50	—	2 300
A 60	—	3 600
A 70	—	4 900
A 80	—	6 400

On pourrait donc en conclure que l'aménagement devrait toujours être conçu de manière que l'exploitation n'arrive pour chaque fraction de la forêt qu'au moment où le plus grand nombre des arbres présentent des signes de décrépitude, c'est-à-dire à l'âge de 100 à 250 ans et plus.

A la vérité, on a cru reconnaître que le plus grand produit en matière ligneuse n'était pas en rapport avec le plus grand produit en argent ; on a prétendu que plus l'aménagement avait de durée, moins le bénéfice net était élevé, et cela en raison des intérêts composés des capitaux engagés dans cette culture ; mais les recherches publiées récemment par quelques forestiers ont fait voir que la valeur de la superficie permanente ou la richesse propre des forêt saugmentait sans cesse à mesure que l'on augmentait la durée de l'aménagement, et que cette plus grande valeur compensait et au delà la perte occasionnée par les intérêts composés. D'où il suit que l'on devrait s'en tenir à notre première conclusion.

Mais on conçoit qu'il n'y a qu'un être moral comme l'État, dont l'existence est continue, qui puisse adopter un aménagement de 100 à 300 ans et attendre pendant ce laps de temps la réalisation de ce produit. Les communes, les particuliers ont besoin d'adopter des aménagements beaucoup moins prolongés. D'un autre côté, comme la durée de l'aménagement influe nécessairement sur le mode de reproduction du bois après chaque exploitation, on a dû adopter, suivant la durée de chaque aménagement, un mode de culture différent. De là, les futaies qui se reproduisent uniquement au moyen des semences ; les taillis sous futaies qui se régénèrent à la fois au moyen des souches et des semences ; enfin, les taillis proprement dits qui sont entretenus seulement au moyen du recru des souches. Disons maintenant un mot de la durée de l'aménagement qui convient le mieux à chacune de ces sortes de forêts.

Aménagement des futaies. — Nous venons de le dire, l'aménagement des forêts en futaies ne convient guère qu'à l'État, qui peut attendre la réalisation de pareils produits. Quant à la durée de l'aménagement, au point de vue du maximum du produit, il devra nécessairement varier suivant la nature des espèces qui composent la futaie. Nous indiquons ici cette variation :

Espèces composant la futaie.		Durée de l'aménagement
Chêne	}	
Hêtre	}	140 à 160 ans.
Epicéa	}	
Sapin	}	110 à 120 ans.
Erable	}	
Frêne	}	
Orme	}	100 à 110 ans.
Tilleul	}	
Pin	}	
Mélèze	}	70 à 80 ans.
Bouleau	}	
Aune	}	55 à 65 ans.

Ces indications sont pour un sol de fertilité moyenne. Dans un terrain d'excellente qualité, la durée de l'aménagement devra être un peu augmentée ; elle sera restreinte, au contraire, dans les sols de qualité inférieure.

Aménagement des futaies sur taillis. — Nous savons qu'on nomme futaies sur taillis les forêts composées de baliveaux réservés dans les taillis à chaque exploitation. L'usage le plus général est de réserver 50 baliveaux par hectare. Supposons que la durée de l'aménagement du taillis soit de 25 ans, on réservera, lors de la première coupe, 50 baliveaux par hectare, en choisissant de préférence les brins provenant des semences. Lors de la seconde coupe, on ne réserve plus par hectare que 18 de ces baliveaux, et l'on abattra de préférence ceux qui sont faibles, difformes ou trop rapprochés les uns des autres ; ces 18 baliveaux seront alors âgés de 50 ans. A la troisième coupe, ces baliveaux, alors âgés de 75 ans, seront réduits au nombre de 8 par hectare. A la quatrième coupe, ils auront 100 ans, et l'on n'en conservera plus qu'environ 3 par hectare ; enfin, aux coupes suivantes, on pourra encore, lorsque le sol sera de bonne qualité et que ces baliveaux continueront de croître, en réserver 1 ou 2 par hectare. Lorsque tous les baliveaux ont ainsi successivement disparu, on fait une nouvelle réserve semblable à la première.

Toutefois, le nombre des baliveaux que nous venons d'indiquer comme devant être réservés sur le taillis devra être un peu diminué dans les terrains humides qui ont besoin d'être aérés ; on l'augmentera, au contraire, dans les terrains secs qui doivent être abrités contre l'ardeur du soleil.

Cette espèce de forêt présente en quelque sorte les avantages réunis de la futaie et des taillis. Ainsi, la coupe du taillis permet au propriétaire de réaliser une partie du produit à des époques rapprochées, et les réserves de baliveaux lui fournissent, comme la futaie, des bois de construction. D'un autre côté, lorsque les baliveaux arrivent à un certain âge, ils répandent des graines qui concourent à la régénération du taillis.

Mais ces avantages ne peuvent se produire sans inconvénient dans toutes les circonstances. En effet, il faut d'abord admettre, comme première condition de succès, que l'aménagement du taillis sera réglé au moins à 20 ou 25 ans. Si les réserves étaient faites sur un taillis coupé à 10 ans, par exemple, les jeunes baliveaux, n'étant plus serrés, ne croîtraient plus assez en hauteur, et l'on n'aurait ainsi que des arbres mal faits ; en outre, leur tête étant très-large et peu élevée, le taillis du dessous serait bientôt étouffé.

Le succès des futaies sur taillis exigeant une longue durée dans l'aménagement du taillis, cette sorte de forêt ne convient que pour les communes aisées ou les riches particuliers.

Aménagement des taillis. — Si l'on a en vue, dans l'aménagement d'un taillis, d'obtenir le produit le plus avantageux sous tous les rapports, on devra, par suite du principe que nous avons posé plus haut, conduire la durée de l'aménagement jusqu'à sa dernière limite. Cette limite est déterminée par l'âge auquel les souches de chaque espèce d'arbres peuvent donner lieu à une nouvelle végétation, après la coupe des tiges qu'elles portaient. On conçoit, en effet, que, si l'on dépassait cet âge, on verrait bientôt disparaître le taillis, puisqu'il ne se perpétue que par le recru successif des souches. Nous indiquons ici l'âge auquel les souches de chaque espèce cessent en général de donner de nouveaux recrus, après que le taillis a été exploité plusieurs fois.

Espèces d'arbres.	Durée extrême des souches.
Chêne	150 à 220 ans.
Hêtre	60 à 90
Charme	80 à 100
Châtaignier	50 à 60
Erable	80 à 190

Espèces d'arbres.	Durée extrême des souches.
Orme	100 à 150 ans.
Frêne	80 à 120
Bouleau	50 à 60
Aune	50 à 80
Tilleul	100 à 150
Alizier des bois	50 à 80
Allouchier	50 à 80
Peuplier	40 à 60
Saule	30 à 40
Tous les autres arbrisseaux	20 à 40

Mais si un taillis était aménagé à l'âge moyen de 80 ans, par exemple, beaucoup de souches auraient disparu au moment de l'exploitation, parce que leur recru aurait été étouffé par la végétation des brins les plus vigoureux ; de sorte qu'après la coupe, les souches se trouveraient beaucoup plus espacées que lors de la première année ; le sol présenterait beaucoup de vides et, le terrain n'étant pas assez couvert, la végétation en souffrirait. De là la nécessité de ne pas donner aux aménagements des taillis une durée aussi longue que celle que l'on pourrait adopter si l'on tenait compte seulement de la durée des souches du taillis. Aussi les aménagements ne dépassent ils guère 40 ans. Il s'en faut même de beaucoup que tous les taillis soient conduits jusqu'à cette limite. Le plus grand nombre sont exploités à des époques qui varient entre 10 et 30 ans.

Quant au choix entre ces diverses époques d'exploitation, il est déterminé soit par les besoins du propriétaire, besoins qui exigent que les produits soient réalisés à des époques plus ou moins rapprochées, soit par la nature du sol et par les espèces qui dominent dans le taillis et font que celui-ci arrive plus ou moins vite au degré d'accroissement qu'il doit avoir pour être exploité avec avantage, soit enfin par l'usage auquel on destine les produits. Veut-on faire servir les bois aux ouvrages de fente, à l'exploitation des mines, etc., il faudra laisser vieillir le taillis. Possède-t-on un taillis composé uniquement de châtaignier, de coudrier, destinés à faire des cercles, il faudra le couper au moment où les brins seront propres à cet usage. Un taillis de frêne s'exploite lorsque les perches ont atteint les dimensions propres aux ouvrages de charronnage. Un taillis de chêne doit être coupé avant l'époque où la qualité de l'écorce commence à se détériorer.

Tout ce que nous venons de dire relativement aux taillis démontre que cette sorte de bois convient surtout aux particuliers qui ne peuvent, comme l'État ou les communes riches, attendre une époque très-reculée pour réaliser les produits.

Exécution de l'aménagement. — Abornement. — Lorsque ces diverses questions sont résolues, on partage la surface de la forêt en autant de fractions que la révolution du mode de l'aménagement choisi compte d'années, et on limite chacune de ces fractions par un abornement. Autrefois, lorsque le sol avait peu de valeur, on marquait les limites de chaque coupe par des arbres auxquels on donnait le nom de *pieds corniers* ; ces arbres, qui acquéraient des dimensions souvent colossales, étaient destinés à pourrir sur pied. Mais, aujourd'hui que les arbres et le sol ont acquis une plus grande valeur, les limites entre les coupes sont déterminées par des bornes en pierre portant le numéro d'ordre des coupes. On emploie le même moyen, ainsi que des fossés, pour séparer les forêts contiguës ; mais il est plus convenable d'ouvrir une route mitoyenne sur tous les points de la propriété qui sont limitrophes d'une autre forêt. Cette route, bordée de fossés, ouvre une voie commode pour l'extraction des bois.

Reconnaissance des coupes précédentes. — S'il s'agit de changer l'aménagement d'une forêt, on devra le faire d'une manière progressive ; les changements brusques, lorsqu'ils ne sont pas impossibles, ont au moins pour effet de priver momentanément le propriétaire de ses revenus. On évitera cet inconvénient en reconnaissant les coupes précédentes et en augmentant ou en diminuant leur étendue, selon que l'on voudra diminuer ou augmenter la durée de l'aménagement. Admettons, par exemple, qu'un taillis (*fig.* 1196) de 30 hectares, aménagé d'abord à 20 ans, doive être exploité avec plus d'avantage à 30 ans, les coupes, qui présentaient d'abord une étendue de 1 hectare 50 centiares, comme l'indiquent les lignes ponctuées de notre figure, seront réduites à 1 hectare, et le nombre s'élèvera de 20 à 30. Puis, au lieu de suspendre les coupes pendant 10 ans, pour laisser à la plus ancienne (A) le temps d'acquérir 30 ans d'âge, on commencera l'exploitation l'année même, en coupant d'abord la parcelle (A) qui est la plus âgée. On conçoit qu'en opérant ainsi, le résultat cherché sera obtenu à la fin de la révolution de l'aménagement. On remarquera toutefois que le revenu du propriétaire sera diminué d'un tiers pendant les premières années ; mais le taillis avançant en âge à mesure que l'on s'éloignera de la première année d'exploitation, il en résultera une augmentation telle dans le revenu, qu'à la quatorzième année ce revenu sera égal à ce qu'il était lors de l'aménagement de 20 ans, et qu'à la trentième année l'augmentation de produit sera dans la proportion de 2 à 3.

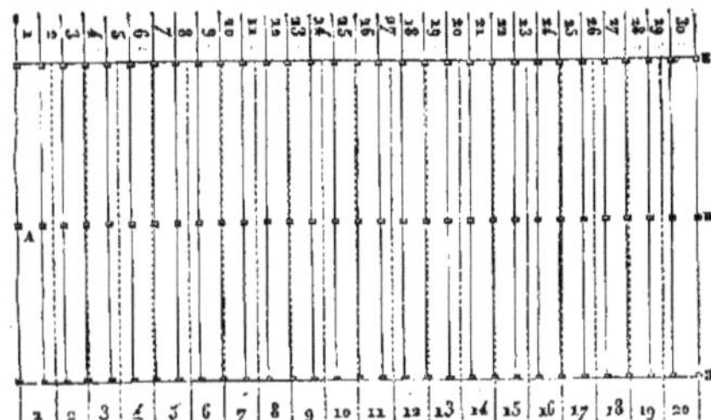

Fig. 1196. — Changement de l'aménagement d'une forêt.

Forme et étendue des coupes. — La configuration des coupes ou ventes doit être déterminée de manière que l'exploitation soit d'une surveillance facile et que chaque vente aboutisse sur une route destinée à l'extraction des bois. Ces ventes sont ordinairement séparées par des chemins tracés en ligne droite (*fig.* 1197). S'il s'agit de forêts aménagées en futaie et destinées à se repeupler au moyen d'ensemencements naturels, il est bon de donner aux coupes une forme et une étendue qui facilitent ces réensemencements ; sur une surface plane ou peu tourmentée, les coupes auront la disposition de rec-

Fig. 1197. — Séparation des coupes d'une forêt.

tangles très-allongés, de manière que les jeunes plants soient abrités par les arbres voisins. On dirigera autant que possible ces bandes de l'est à l'ouest pour procurer de l'ombrage aux plants. Pour les mêmes forêts en futaie, mais assises sur des terrains en pente rapide, on fait tourner les coupes suivant la pente du terrain, afin d'empêcher l'eau des pluies d'entraîner les graines, ce qui aurait lieu si ces coupes étaient dirigées parallèlement à la pente.

Il est bien important de conserver autant que possible la contiguïté des coupes qui doivent être exploitées successivement et d'éviter que la traite des coupes ne se fasse à travers les jeunes recrus. Il faut éviter aussi d'ouvrir la série des coupes au sud et au sud-ouest, à cause des influences trop vives de la chaleur et des vents d'orage.

Quant à l'étendue des coupes, doivent-elles offrir une étendue égale en superficie ou donner seulement des produits égaux ? Il est évident que, l'intérêt du propriétaire étant surtout d'avoir un revenu égal chaque année, les coupes devront avant tout présenter des produits égaux. Ces deux conditions se trouvent remplies si l'on a eu le soin d'aménager chaque partie différente suivant la nature du sol, les espèces qui forment les massifs et l'usage le plus avantageux que l'on peut en faire.   A. Du Bn.

FORÊTS (EXPLOITATION PROPREMENT DITE DES) (Sylviculture). — En général, les coupes de forêts sont vendues sur pied, et ce sont les acquéreurs qui tirent ensuite le meilleur parti possible de la vente, en donnant à chaque espèce d'arbre ou à chaque partie du même arbre la destination la plus avantageuse. Mais quelquefois aussi le propriétaire se charge de ces soins, il vend séparément les divers produits de son exploitation. Toutes les fois qu'on pourra s'occuper de ces détails, on ne devra pas hésiter à le faire, car on tirera un bien meilleur parti des coupes ; mais ce mode exige des connaissances spéciales, et il faut savoir séparer les arbres qui sont les plus propres aux usages suivants :

1° Bois de chauffage ;
2° Cercles de futailles ;
3° Échalas ;
4° Perches propres à divers usages ;
5° Écorces pour le tannage ;
6° Bois propre à faire le charbon.

Dans une futaie, il faudra pouvoir distinguer :

1° Les bois propres à faire des pièces de marine ou de charpente ;
2° Les bois propres aux ouvrages de fente ;
3° Ceux propres à la menuiserie et à l'ébénisterie ;
4° Ceux propres au charronnage ;
5° Les bois recherchés par les sabotiers ;
6° Les bois de chauffage ;
7° Les menus bois et copeaux.

Ces divers produits sont d'abord mis à part à mesure que l'on exploite ; on les façonne ensuite selon leur destination. Nous avons indiqué plus haut, en faisant l'étude spéciale des principales espèces d'arbres forestiers, les divers usages auxquels le bois de chacun d'eux peut être employé.

Évaluation des produits d'une coupe.

Si la coupe est exploitée par le propriétaire et vendue en détail après qu'il en a fait façonner les diverses sortes de bois, il n'est pas difficile d'évaluer les produits de cette coupe, car il suffit de faire réunir en masse régulière ces diverses qualités et d'en déterminer la quantité en mètres cubes ; mais si l'on veut évaluer les produits d'une coupe sur pied, l'opération présente plus de difficultés.

Pour un bois en futaie, il faudra, si l'on veut une évaluation exacte, mesurer isolément chaque tige pour en connaître le volume en mètres cubes. On mesurera d'abord la circonférence à 1ᵐ,16 du sol, à l'aide d'une chaînette en fil de fer divisée en centimètres.

On détermine ensuite la hauteur de la tige à l'aide de l'instrument imaginé par M. Noirot (fig. 1198). On place cet instrument, au moyen d'un pied planté en terre, à 10 mètres de l'arbre; on dispose horizontalement l'alidade fixe (A), au moyen du petit niveau (C) en la dirigeant vers la tige de l'arbre. On fait monter l'alidade mobile (B) jusqu'au point où elle permet de voir dans sa

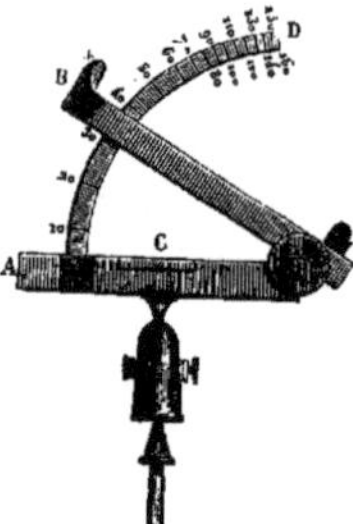

Fig. 1198. — Instrument pour mesurer la hauteur des arbres.

direction le sommet de la tige; on la fixe au moyen d'une vis de pression, et il ne s'agit plus que de lire sur le limbe (D) de l'instrument le nombre de mètres et de décimètres qui expriment la hauteur de la tige au-dessus de l'instrument. Il faut ajouter à cette hauteur la distance entre le sol et le point de la tige où l'alidade fixe est dirigée.

La grosseur du sommet de la tige est également déterminée à 1ᵐ,16 de ce sommet. Pour connaître cette troisième mesure, il faut tenir compte de la grosseur de la tige vers sa base et de sa hauteur, puis se rappeler que dans les futaies sur taillis la grosseur de la tige d'un arbre décroît de 0ᵐ,08 par mètre de hauteur, et que dans les futaies pleines cette décroissance n'est que de 0ᵐ,04 par mètre. On arrivera facilement de cette manière à estimer la grosseur du sommet, et comme on connaîtra d'ailleurs la grosseur de la base, on pourra établir la grosseur moyenne, qui, jointe à la hauteur, permettra de transformer facilement la tige de chaque arbre en mètres cubes. Ajoutons qu'en prenant la circonférence du sommet et de la base de chaque tige, on devra déduire l'épaisseur de l'écorce, laquelle équivaut au cinquième de ces circonférences.

Pour évaluer le produit d'une coupe de taillis sur pied, on peut faire abattre un quart d'hectare dans la meilleure partie de la coupe, un quart d'hectare dans la partie médiocre et un quart dans la plus mauvaise partie. On fait soigneusement débiter le bois provenant de chacune de ces portions, on additionne leurs produits réunis et le tiers du total forme la valeur moyenne d'un quart d'hectare. Quoi qu'il en soit de ces divers modes d'estimation des produits sur pied, il est certain qu'ils laissent toujours un vaste champ à l'incertitude, et que l'estimation à vue d'œil, par des hommes entendus et rompus à ce genre de travaux, présentera toujours plus de précision et sera en même temps d'une exécution plus simple et plus facile.

Exploitation des futaies.

Les futaies peuvent être exploitées de différentes manières, mais elles sont loin de présenter toutes les mêmes avantages.

Jardinage. — Ce mode consiste à parcourir toute l'étendue de la forêt et à enlever çà et là les arbres qui dépérissent et ceux qui sont parvenus à l'époque de leur maturité. Ce procédé présente surtout les inconvénients suivants : Il donne un revenu beaucoup plus faible; l'extraction des arbres occasionne des dégâts notables; les jeunes plants de recru, étouffés par les grands arbres, se développent très-lentement et un grand nombre périssent pendant leur jeunesse.

Coupes par bandes. — Au lieu de chercher çà et là les arbres mûrs ou dépérissants, on fait chaque année une coupe pleine à laquelle on donne la forme d'un rectangle très-allongé ou d'une zone. Tous les arbres qui se trouvent dans cette surface sont abattus, à l'exception de quelques porte-graines. Cette bande forme la coupe annuelle, qui se repeuple naturellement par de jeunes plants qui se trouvent déjà sur le sol et surtout par ceux qui doivent provenir des graines qui tombent des massifs d'arbres entre lesquels cette lisière est resserrée. Dans la vue de favoriser les semis naturels, on enlève les herbes en grattant le terrain à la pioche. Les arbres isolés que l'on a laissés de distance en distance pour aider au repeuplement doivent être coupés aussitôt que le plant est assez épais et assez fort pour se passer d'abri. Toutefois on reproche à ce mode d'exploitation les deux inconvénients suivants : les réensemencements s'y font incomplétement et souvent les recrus périssent faute d'un abri suffisant; en second lieu, ce mode donne prise aux vents, qui, pendant l'hiver, renversent un grand nombre des arbres réservés.

Coupes par éclaircies. — Lorsqu'un massif est jugé prochainement exploitable, il est mis en défense quelques années à l'avance; c'est-à-dire que, pour conserver les graines, le pâturage et le pacage y sont interdits. Quand le moment de l'exploitation est arrivé, on procède à l'assiette de la première coupe ou coupe sombre, en désignant pour l'abatage les arbres situés dans les endroits les plus épais, de manière que ceux qui restent conservent un ombrage égal à toute l'étendue du sol. Cette opération importante et délicate a le double objet de permettre au semis de lever et d'empêcher l'accroissement des herbes. L'air circulera à travers le massif, la lumière commencera à s'y introduire et les jeunes plants se développeront, en même temps qu'ils seront protégés contre les gelées et la chaleur.

Lorsque le plant, répandu uniformément sur le sol, a pris une hauteur de 0ᵐ,30 à 0ᵐ,40, lorsqu'on n'a plus lieu de craindre que le soleil et la sécheresse le fassent périr, lorsque enfin le massif est bien garni, on procède à la coupe secondaire ou *coupe claire*. Dans celle-ci on comprend une grande partie des arbres restants, en observant pour l'espacement de ceux que l'on conserve des règles à peu près semblables à celles de la coupe sombre. Ces arbres conservés subsistent jusqu'à l'époque où le semis, ayant atteint une hauteur moyenne d'un mètre, est devenu assez robuste pour être exposé sans inconvénient à l'influence de l'air, du soleil et des météores. A cette époque, on procède à la *coupe définitive*, laquelle comprend tous les arbres restants, sauf quelques-uns, destinés à servir de porte-graines dans les endroits que l'on ne juge pas suffisamment repeuplés.

Ces trois exploitations embrassent ordinairement une période d'environ dix années. La rareté ou l'abondance des graines, la rapidité ou la lenteur de la croissance des plants en déterminent les époques respectives. Dans les sols de bonne qualité deux coupes suffisent pour opérer le repeuplement. Les trois coupes ne sont indispensables que dans les terrains trop secs.

Des trois modes d'exploitation que nous venons d'indiquer, on devra généralement préférer le dernier, car il facilite surtout le repeuplement naturel.

Exploitation des taillis.

Deux procédés peuvent être employés pour l'exploitation des taillis, la *coupe pleine* et le *furetage*. Le premier procédé est le plus généralement employé.

Du furetage. — On appelle ainsi le mode d'exploitation qui consiste à couper dans un taillis les plus gros brins, en laissant subsister les petits jusqu'à l'époque où ils auront atteint la dimension des premiers. Dans les bois où le furetage s'exerce, l'exploitation revient tous les dix ans dans la même partie de la forêt. Sur chaque souche il y a des brins de trois âges différents. On coupe tous ceux qui ont plus de 0ᵐ,33 de tour, et on laisse subsister les autres. On conserve tous les brins de semence.

Les coupes nouvellement furetées sont couvertes d'herbes, de genêts, de brins cassés ou pliés; mais quelques années après on n'aperçoit aucune trace des dégâts que l'exploitation avait occasionnés, et les arbustes parasites sont étouffés. Les petits brins, trouvant l'espace nécessaire pour se développer, croissent avec force; et comme le sol n'est jamais découvert, les racines reçoivent une nourriture abondante; le taillis procure aux derniers jets des souches un abri contre les vents desséchants et contre les gelées. Ce mode d'exploitation peut être avantageusement employé dans les terrains secs et légers, surtout pour le hêtre. Nous devons cependant faire remarquer que, le furetage ayant pour effet de rendre impossibles les repeuplements naturels, les souches s'épuisent, ne produisent plus après un certain laps de temps, et laissent bientôt des vides nombreux dans les taillis.

Coupe et abatage des bois.

Futaies. — L'abatage des futaies se fait de deux manières : les arbres sont coupés *à blanc* ou *en pivotant*.

Pour la coupe à blanc, on se sert ordinairement de la cognée. On fait d'abord une entaille tout à fait à la base de la tige et du côté où l'arbre doit tomber; et, lorsque cette première entaille est assez profonde, c'est-à-dire lorsqu'elle comprend environ la moitié du diamètre de l'arbre, on en pratique une seconde du côté opposé, en augmentant progressivement sa profondeur jusqu'à la chute de l'arbre; si l'arbre penche du côté opposé à celui où l'on veut qu'il tombe, on fixe, près du sommet, un câble avec lequel on le tire.

On commence à remplacer, dans cette sorte d'abatage, la cognée par la scie. Dans ce cas, on fait d'abord une légère entaille avec la cognée du côté de la tige où l'arbre doit tomber; cette entaille doit être placée le plus bas possible, afin de ne pas diminuer la longueur du tronc. Puis on introduit dans cette entaille la scie appelée *passe-partout*, et on la fait manœuvrer par deux ouvriers. Lorsque cette première section est assez profonde, on en pratique une semblable du côté opposé, on y introduit un coin, et, en le chassant lentement, on détermine la chute de l'arbre.

La coupe en pivotant consiste à faire une tranchée autour de l'arbre et à couper ses racines latérales; l'arbre tombe, et l'on gagne ainsi 0ᵐ,40 ou 0ᵐ,50 sur sa longueur. C'est à ce dernier procédé qu'on devra généra-

lement donner la préférence : on ne perd alors aucune partie de la tige, et les racines ainsi coupées donnent souvent lieu à un nouveau recru. Quel que soit le mode d'abatage employé pour les futaies, il est d'un grand intérêt d'employer des bûcherons adroits, afin d'éviter que la chute des arbres ne brise d'autres arbres voisins, ou que l'arbre abattu ne soit lui-même endommagé dans sa chute. Le mieux est d'élaguer sur place les arbres dont les branches ont quelque valeur.

Coupe des taillis. — Les taillis se régénèrent surtout par les nouveaux jets qui naissent des souches après chaque coupe; il importe donc de les exploiter de manière à placer ces souches dans les conditions les plus favorables, pour donner lieu à de nouvelles productions. Le mode de coupe le plus en usage consiste à couper les brins sur les souches sans attaquer celles-ci, de sorte qu'après trois ou quatre couches successives les souches s'élèvent au-dessus du sol et deviennent volumineuses. Mais comme, lorsque ces souches, dont le produit se développe toujours vers le sommet, viennent à périr, rien ne remplit le vide qu'elles laissent, on a proposé de les couper entre deux terres, à chaque exploitation, ou, tout au moins, de les ravaler immédiatement au-dessus du collet. Il en résulte que les nouveaux brins qui se développent, naissant presque toujours du sol, s'y enracinent; la souche principale meurt, mais chacun des brins donne lieu à une souche nouvelle. Ce nouveau procédé n'est pas sans inconvénient : il arrive souvent, en effet, qu'un certain nombre de souches ravalées à la surface du sol, ou même entre deux terres, ne repoussent pas. On évitera ces accidents en laissant intactes les souches de hêtre, d'aune, les grosses souches de chêne et de frêne qui ont encore produit des brins vigoureux, et on ravalant, au contraire, les souches de charme, d'orme, de tremble, ainsi que les vieilles souches de chêne et de frêne.

Dans tous les cas, la coupe des brins devra être faite le plus près possible de la souche, et, lorsque cette dernière devra être ravalée, on le fera immédiatement au-dessus du collet. Ces diverses coupes devront toujours être légèrement inclinées, afin que l'eau des pluies ne puisse y séjourner et déterminer la carie.

Époque la plus favorable pour la coupe des bois. — De nombreuses expériences ont démontré que la saison la plus favorable pour la coupe des bois est l'hiver. On a reconnu que les bois coupés pendant le repos de la végétation ne se gâtent pas aussi promptement et ne se gercent pas aussi facilement; ils sont moins vite attaqués par les insectes et fournissent plus de chaleur que ceux abattus en temps de sève.

L'abatage des bois pendant la végétation présente, lorsqu'il s'agit de taillis, un autre désavantage: la sève du printemps ayant été dépensée au profit des brins que l'on exploite, les recrus qui naissent sur les souches immédiatement après la coupe sont maigres, chétifs, et ont à peine le temps de s'aoûter avant l'hiver. C'est donc du mois d'octobre au mois d'avril que la coupe devra être pratiquée. Il est toutefois une époque plus précise encore pour l'abatage des taillis ; car si on les exploite au commencement de l'hiver, la coupe restera exposée jusqu'au printemps à toutes les intempéries, et le recru sera moins vigoureux; il sera donc préférable, surtout dans le Nord, de ne commencer cette exploitation qu'après les grands froids, c'est-à-dire en février, et de la terminer en mars.

Quant à la question de savoir si l'on doit avoir égard aux phases de la lune, nous pensons avec Duhamel, Baudrillart, de Burgsdorf, etc., que rien ne justifie l'opinion qu'on ne doive abattre les arbres que pendant son décours; il est donc indifférent de les exploiter pendant les différentes phases de cet astre.

Ecorcement du chêne.

La meilleure écorce pour faire le tan est celle qui provient des taillis de chênes âgés de 18 à 30 ans. L'écorce des chênes de 50, 75 et 80 ans sert bien au même usage, mais il faut qu'elle soit nettoyée, c'est-à-dire que les rugosités soient enlevées. C'est du 10 mai au 10 juin que l'on enlève l'écorce sur les brins de chêne.

L'ouvrier abat la tige à la cognée, et, au moyen de sa serpe, il fend l'écorce et l'enlève ensuite à l'aide d'une espèce de spatule appropriée à cet usage. L'écorce enlevée est immédiatement mise en paquets. Quelquefois l'écorcement se fait sur pied, ce qui est plus facile qu'après l'abatage, parce que la sève se retire presque aussitôt que le brin est coupé; mais, si l'on est obligé de souffrir ce mode, il faut exiger que le brin soit abattu aussitôt après son écorcement; car, si l'on tardait et que la souche eût le temps de pousser des bourgeons, on les détruirait-infailliblement en coupant plus tard le brin écorcé. On doit également veiller à ce qu'avant l'écorcement sur pied l'ouvrier coupe circulairement l'écorce à la base de la tige; sans cette précaution, les lanières d'écorce enlevées pourraient se prolonger au-dessous du collet du brin et nuire à la nouvelle production de la souche.

Vidange des coupes.

Il est de la plus grande importance de ne point laisser trop longtemps dans les coupes le bois abattu : il empêche une partie des nouveaux jets de pousser, et le passage des hommes, des bestiaux et des charrettes nuit beaucoup à ceux qui sont nés. Pour les taillis, la vidange doit être faite avant la végétation des souches. Quant aux futaies exploitées par éclaircies, elle doit être effectuée à l'instant même, avant le développement des jeunes plants. Lorsque le commerce du sabotage, des cercles, ou d'autres circonstances, imposeront la nécessité de laisser séjourner le bois dans la forêt au delà des époques que nous venons de fixer, on devra au moins le faire réunir le long des chemins ou dans les endroits vides.   A. DU BR.

Pour ce que nous aurions à dire sur l'administration des forêts, nous renvoyons à l'art. EAUX et FORÊTS du *Dictionn. des Lett. et des B.-Arts* de notre Encyclopédie.

FORFICULE (Zoologie), *Forficula*, Lin. — Genre d'*Insectes*, de l'ordre des *Orthoptères*, famille des *Coureurs*, caractérisé par : trois articles aux tarses; les ailes pliées en éventail et se repliant en travers sous des étuis crustacés très-courts; le corps allongé, étroit, déprimé, avec deux grandes pièces écailleuses, mobiles, formant une pince à son extrémité postérieure; la tête est presque triangulaire, découverte, les antennes filiformes, languette fourchue, corselet carré en forme de plaque. On rencontre ces insectes, plus connus sous le nom de *Perce-oreilles*, soit à terre, soit sur des plantes, dans certains fruits auxquels ils font beaucoup de tort, soit sous les écorces des arbres où ils semblent vivre en grande société. C'est là surtout que le jardinier doit les chercher pour les détruire autant qu'il le pourra.

Les curieuses recherches de M. Léon Dufour ont particulièrement dévoilé l'organisation intérieure de ces animaux; elles sont consignées dans son *Mémoire, Annal. des scienc. natur.*, 1ʳᵉ série, t. XIII. Ces insectes lui paraissent devoir former un ordre particulier, qu'il nomme *Labidours* (du grec *labis, idos*, pince, et *oura*, queue).

Parmi les espèces peu nombreuses que renferme ce genre, nous citerons particulièrement la *F. auriculaire, Grand Perce-oreille* (*F. auricularia*, Lin.), longue de 0ᵐ,014, brune, la tête rousse, les bords du corselet grisâtres, les pieds d'un jaune d'ocre, antennes de 14 articles. Cette espèce, bien connue de tout le monde en Europe, a été frappée d'une proscription générale, soit en raison des torts qu'elle cause dans nos jardins, soit parce qu'on a supposé qu'elle s'introduisait dans l'oreille; nous allons examiner brièvement ces deux raisons : pour la première, la proscription dont ces insectes sont l'objet n'est que trop justifiée ; en effet, pendant la nuit ils dévorent les jeunes pousses, les fleurs et les fruits. Ils s'attaquent particulièrement aux abricots, aux pêches, aux prunes, et même aux poires et aux pommes des espaliers, et quelquefois des arbres en plein vent. Ils font

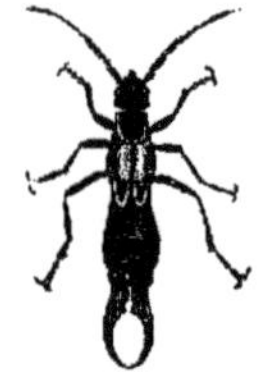

Fig. 1199. — Forficule.

aussi le désespoir des fleuristes, en rongeant les plus belles fleurs, œillets, dahlias, etc., avant leur épanouissement. Le meilleur moyen qu'on ait trouvé jusqu'à présent pour s'opposer à leurs ravages, c'est de leur fournir, près des endroits qu'ils fréquentent, des retraites où, après leurs excursions nocturnes, ils puissent se réfugier à l'approche du jour; ainsi des claies, des paillassons roulés, des pots à fleurs-vides et renversés, de larges ardoises, des tuiles, des pierres mises à plat sur un sol inégal, des tiges creuses de roseau, de sureau, d'hélianthe, etc. On a employé aussi des coquilles d'escargots, des sabots de

pieds de mouton ou de cochon, dont on garnit les baguettes que l'on met aux fleurs pour leur servir de tuteurs. Les forficules, qui fuient la lumière, se réfugient dans ces cachettes, que l'on a soin de visiter tous les matins pour détruire toutes celles qu'on y trouve. On visitera aussi avec soin les troncs d'arbres, et on aura soin d'enlever les fragments d'écorce qui sont détachés et qui leur servent de retraite. N'oublions pas que les volailles en détruisent aussi un grand nombre, et que les oiseaux leur font une guerre acharnée. La seconde cause de la proscription dont sont frappées les forficules est moins sérieuse. On a dit qu'elles s'introduisaient dans l'oreille de l'homme, perforaient le tympan, pénétraient même dans le cerveau où elles devenaient la source de désordres mortels. Depuis longtemps, les naturalistes et les médecins ont fait justice de cette fable hautement démentie par Geoffroy, et si l'on doit admettre qu'un perce-oreille a pu s'introduire dans l'oreille externe d'un individu couché par terre, ce qui est vrai, il faut dire aussi que la présence d'un hôte aussi incommode n'a pu être tolérée assez longtemps dans un endroit aussi sensible pour lui permettre de perforer le tympan, et à supposer qu'il eût été perforé auparavant, l'anatomie de l'oreille prouve qu'il n'avait aucun moyen d'aller plus loin et de pénétrer dans le cerveau. Du reste, il n'existe dans la science médicale aucun fait de ce genre, et M. le docteur Blanchet, médecin des sourds-muets, qui a fait à ce sujet un grand nombre d'expériences, qui a scruté avec soin ce que la pratique de ses devanciers et la sienne propre ont pu lui fournir de documents, n'en a pas recueilli davantage. Il faut donc rayer cette fable de l'histoire de l'insecte qui nous occupe. La *F. naine, Petit Perce-oreille* (*F. minor*, Lin.), qui n'a guère que 0ᵐ,007 à 0ᵐ,008 de long, est brune, à corselet et tête noirs, pattes jaunes, se trouve fréquemment autour des fumiers. On la voit quelquefois le soir se brûler en venant voler autour de nos lumières.

Le nom de *Perce-oreille*, qui a surtout été cause de l'antipathie générale que l'on a pour cet insecte, viendrait, selon quelques-uns, de la ressemblance que l'on a cru trouver entre les pinces qui terminent leur abdomen en arrière, et les petites pinces courbées dont se servaient autrefois les orfévres, lorsqu'ils voulaient percer le lobe inférieur de l'oreille pour y introduire des boucles d'oreilles, et qu'ils appelaient *Perce-oreilles*.

FORGER (Hippiatrique). — On dit qu'un cheval *forge* lorsque, dans les allures du pas et du trot, il touche les fers de ses pieds de devant avec la pince des fers de ceux de derrière. Ce défaut, qui produit un choc dont on entend facilement le bruit, se rencontre souvent chez les jeunes chevaux qui n'ont pas encore acquis toute leur force; chez ceux dont le corps est trop court relativement à la longueur des membres ou dont les jambes de derrière sont trop allongées. Dans le premier cas, il disparaît ordinairement lorsque le cheval a acquis toute sa vigueur. On remédiera autant que possible à cet inconvénient, dans le second cas, en raccourcissant la longueur de la pince aux pieds de derrière et en adoptant un fer à crampons tronqué sur le devant aux dépens du bord externe et de la face inférieure; pour les pieds de devant, on se servira d'un fer à pince épaisse, à talons courts et minces.

FORGES ou FORGES-LES-EAUX (Médecine, Eaux minérales). — Bourg de France (Seine-Inférieure), arrondissement et à 20 kilomètres S.-E. de Neufchâtel-en-Bray, où l'on trouve plusieurs sources d'eau minérale ferrugineuse bicarbonatée froide (trois anciennes et une nouvelle). Les trois anciennement connues sont la Cardinale, la Royale et la Reinette; elles paraissent devoir les propriétés toniques dont elles sont douées, surtout à l'existence du protoxyde de fer crénaté : la Cardinale en contient 0ᵍʳ,098; la Royale, 0ᵍʳ,067, et la Reinette, 0ᵍʳ,022 : il y existe aussi une matière organique que l'on retrouve dans les canaux parcourus par ces eaux, mêlée à un dépôt ferro-calcaire. À l'état sec, ce dépôt contient : matière organique, 0ᵍʳ,147 ; sesquioxyde de fer et de manganèse, 0ᵍʳ,811 ; carbonate de chaux, conferves, 0ᵍʳ,012. Les eaux de Forges sont franchement toniques et conviennent parfaitement dans la chlorose, l'anémie, etc. Il faut commencer à boire l'eau de la Reinette, et arriver par degrés à celle de la source Cardinale, qui est supportée difficilement lorsqu'elle est pure ; on peut très-bien la mêler par parties égales avec la Reinette. Ces eaux, que l'on emploie surtout en boisson, se conservent mal, à l'instar des principales eaux franchement ferrugineuses (voyez FERRUGINEUSES [*Eaux*]). Elles ont été recommandées contre la stérilité, et leur vogue s'est accrue à la naissance de Louis XIV, arrivée quelque temps après un voyage qu'y avait fait Anne d'Autriche; tout le monde sait que cette reine avait été stérile jusque-là. Elles ne sont pas très-fréquentées aujourd'hui.

Forges ou **La Chapelle-sur-Erdre** (Médecine, Eaux minérales). — La Chapelle-sur-Erdre est un village de France (Loire-Inférieure), arrondissement et à 10 kilomètres N. de Nantes, à 1 kilomètre duquel existe une source minérale ferrugineuse bicarbonatée froide, d'une minéralisation faible. Elle ne contient, en effet, que : carbonate de chaux, $0^{gr},0033$; carbonate de magnésie, $0^{gr},0166$; oxyde de fer, $0^{gr},0199$, etc. Cependant, elle a été employée avec succès contre la chlorose, les engorgements des viscères abdominaux.

Forges-les-Bains, **Forges-sur-Briis** (Médecine, Eaux minérales). — Village de France (Seine-et-Oise), arrondissement et à 22 kilomètres S.-E. de Rambouillet, où l'on rencontre plusieurs sources d'eau bicarbonatée mixte froide contenant en moyenne : carbonate de soude et de magnésie, $0^{gr},135$; sulfate de chaux et de magnésie, $0^{gr},075$; chlorure de sodium et de magnésium, $0^{gr},130$; des traces de fer et de matière organique. Depuis une quarantaine d'années, ces eaux dont la minéralisation n'explique pas une vertu thérapeutique précise, sont pourtant employées contre les scrofules chez les enfants, et particulièrement ceux que l'assistance publique de Paris y envoie chaque jour. Maintenant quelle part faut-il faire dans les succès obtenus, d'une part à l'usage de ces eaux, d'autre part au séjour de la campagne, dans une vallée bien aérée et d'une salubrité reconnue, aux soins de propreté, etc. ? C'est à l'expérience à prononcer, après avoir tenu compte de tous les faits. En attendant, l'Académie de médecine, consultée sur la question, n'a pas voulu engager sa responsabilité « au sujet de cette station, et a refusé, sur la considération de l'analyse chimique, de lui attribuer un caractère véritablement thérapeutique, c'est-à-dire d'admettre les eaux de Forges-sur-Briis au nombre des eaux minérales, etc. (*Dict. des eaux minérales*). Comme on le voit, ce n'est pas une négation absolue, mais bien une prudente réserve qui ne préjuge rien pour l'avenir et qui doit provoquer de nouvelles recherches. Ces eaux, du reste, sont administrées en bains et en douches dans un établissement indépendant de celui de l'assistance publique.   F—N.

FORMATIONS géologiques (Géologie). — Voyez **Terrains**.

FORMES (Vétérinaire). — On donne ce nom à des tumeurs osseuses qui se développent autour de la couronne des pieds des chevaux. On les remarque le plus souvent aux pieds de devant et de chaque côté du pied. Cette exostose se présente sous l'apparence d'une tumeur dure non adhérente à la peau, qui, en acquérant un certain développement, détermine une boiterie intense, principalement lorsqu'elle est située sur le trajet d'un tendon ou de quelques ligaments. Cette maladie est grave surtout lorsqu'elle a déterminé la déformation, l'atrophie du sabot, l'ankylose, etc. En général, c'est une de celles qui résistent le plus aux moyens de traitement. Si l'on a quelques chances de réussir, c'est au début qu'il faut employer énergiquement les antiphlogistiques, les résolutifs, les fondants, les vésicatoires, enfin les irritants, les caustiques, boutons de feu appliqués soit en pointes profondes, soit en raies. Trop souvent tous ces moyens sont inefficaces.

Formes cristallines (Minéralogie). — Voyez **Cristallisation**, **Cristallin** (Système).

FORMICAIRES (Zoologie), *Formicariæ*, Lat. — Nom d'une tribu d'*Insectes*, de l'ordre des *Hyménoptères*, section des *Porte-aiguillon*, famille des *Hétérogynes*; c'est le grand genre des *Fourmis* (*Formica*, Lin.), « si vantées pour leur prévoyance, dont plusieurs sont si connues, les unes par les dégâts qu'elles font dans nos jardins, dans l'intérieur même des habitations, où elles attaquent nos sucreries, les viandes conservées et leur communiquent une odeur de musc désagréable; les autres, par le tort qu'elles font aux arbres en rongeant leur intérieur pour s'y établir et s'y propager » (*Règne animal*). Les formicaires se distinguent par le pédicule de l'abdomen en forme d'écaille ou de nœud; les antennes coudées, terminées ordinairement en massue; la tête triangulaire; les mandibules très-fortes dans le plus grand nombre; l'abdomen est presque ovoïde et muni, dans les femelles et les ouvrières, tantôt d'un aiguillon, tantôt de glandes situées près de l'anus et qui sécrètent un acide particulier connu sous le nom d'*acide formique* (voyez **Formique**

[*acide*]). Ces insectes vivent en sociétés nombreuses, et chaque espèce est composée de trois sortes d'individus, les *mâles* et les *femelles*, qui ont des ailes longues, très-caduques, et les *neutres*, sans ailes et qui ne sont que des femelles dont les ovaires sont imparfaits. Les mâles se distinguent par des antennes de 13 articles, la tête petite, les yeux très-grands, les mandibules faibles, l'abdomen terminé par des pinces; ils sont beaucoup plus petits que les femelles; celles-ci ont des antennes de 12 articles, les mandibules très-développées, les yeux moyens et peu saillants. Les neutres sont aptères, à tête grande et globuleuse, avec des mandibules; ils ont des yeux moyens et pas d'ocelles. Nous renvoyons au mot **Fourmi** pour ce qui regarde les mœurs de ces insectes, leur organisation en société, etc. Cette tribu se divise de la manière suivante : 1° les *Fourmis* proprement dites; 2° les *Polyergues*; 3° les *Ponères*, comprenant le sous-genre des *Odontomaques*; 4° les *Myrmices*, comprenant le sous-genre *Eciton*; 5° les *Attes* de Fabricius, *Œcodomes* de Latreille; 6° enfin les *Cryptocères*.

FORMICANT (Pouls) (Médecine), du latin *formica*, fourmi. — Galien a donné le nom de *pouls formicant* à une espèce de pouls inégal, extrêmement petit, faible et fréquent et qui produit sous le doigt une sensation semblable au mouvement que ferait une fourmi en marchant. Il annonce une extrême débilité et un danger imminent. — On a aussi quelquefois désigné sous le nom de *douleur formicante* une douleur que l'on a comparée à celle que produiraient des fourmis qui s'agiteraient dans une partie du corps.

FORMIQUE (Acide) (C^2HO^3,HO) (Chimie). — Liquide incolore, d'une saveur brûlante, d'une odeur vive, répandant à l'air des fumées quand il est monohydraté, se solidifiant au dessous de zéro, en donnant des cristaux bien définis; sa densité est 1,145; son point d'ébullition, 100°; sa densité de vapeur, 2,125. C'est un produit fréquent de l'oxydation des matières organiques; il est cependant susceptible lui-même d'une oxydation plus avancée; en prenant 2 équivalents d'oxygène, il se transforme en eau et en acide carbonique, produit ultime de la combustion des substances carburées. Traité par l'acide sulfurique, il se convertit en oxyde de carbone. On peut extraire l'acide formique des fourmis rouges qui le sécrètent en quantité notable, ou mieux encore en oxydant l'amidon, la cellulose, à l'aide d'un mélange de peroxyde de manganèse, d'eau et d'acide sulfurique; mais, dans ces derniers temps, M. Berthelot a donné un mode de préparation bien plus commode et qui donne l'acide formique en abondance. Il introduit dans une grande cornue un mélange de 1 kilogramme de glycérine sirupeuse, de 1 kilogramme d'acide oxalique et de 100 à 200 grammes d'eau; il chauffe avec précaution en ne dépassant pas 100°. Des torrents d'acide carbonique se dégagent, et au bout de douze heures environ, l'acide formique qui a pris naissance est mélangé dans la cornue avec la glycérine non décomposée. On ajoute alors de l'eau, on distille, on neutralise le produit distillé par le carbonate de plomb; il se précipite du formiate de plomb qu'on décompose ultérieurement par l'hydrogène sulfuré.

Formiates. — Ils ont pour formule générale MO,C^2HO^3. Un grand nombre de formiates sont solubles; les principaux formiates insolubles sont le formiate de plomb, le formiate de protoxyde de fer, le formiate d'argent. Le formiate d'ammoniaque offre cette particularité que, par la chaleur, il se dédouble en eau et acide cyanhydrique.

L'acide formique et ses composés ont été principalement étudiés par MM. Gehlen, Döbereiner, Pelouze, Laurent, Berthelot, Guckelberger, Schlieper.   B.

FORMULAIRE (Médecine). — On appelle ainsi les recueils des recettes ou formules de médicaments. Les uns contiennent les préparations officinales que l'on trouve toujours dans les pharmacies et qui, pour la plupart, ont été dans l'origine composées par des médecins célèbres et plus tard adoptées, modifiées, réformées par les corps savants. Ces formulaires ont le plus souvent un caractère semi-officiel et contiennent un ensemble de formules sanctionnées et approuvées, des principaux médicaments que l'on conserve dans les pharmacies pour le service des malades. Tel est le *Codex medicamentarius* de la Faculté de Paris. On peut citer encore les formulaires particuliers à l'usage des pauvres, des hospices civils, des hôpitaux militaires, etc. Toutefois, dans ces derniers recueils, on ne trouve guère que les médicaments les plus usuels, et les médecins attachés à ces établissements y choisissent ceux qui sont à leur disposition et dont ils peuvent se servir dans le traitement des malades auxquels ils sont appelés à donner leurs soins. Il y a des formulaires dans lesquels on ne trouve que des recettes particulières dues à des praticiens célèbres et qui ont obtenu une vogue plus ou moins méritée; ce sont des poudres, des pilules, des pastilles, des élixirs, des opiats, etc. Enfin, à la suite d'une pratique un peu longue, chaque médecin ne manque pas d'avoir son formulaire particulier, fruit de son expérience, formé en général d'un nombre assez restreint de médicaments simples ou composés, choisis avec le discernement et l'aptitude propres à chacun et à l'aide desquels il a pu satisfaire à tous les besoins de sa pratique.

FORMULE (Médecine). — On appelle ainsi une prescription pharmaceutique ou, pour parler vulgairement, une ordonnance de médecine indiquant quelle devra être la composition d'un médicament, désignant les substances qui doivent y entrer, les doses de ces substances et même la manière de préparer et d'administrer le médicament. L'art de formuler exige des connaissances très-étendues sur les diverses propriétés physiques et chimiques des médicaments, sur leurs provenances, sur les doses auxquelles ils doivent être employés, sur leur action physiologique; en un mot, c'est un art difficile, minutieux et auquel les jeunes médecins ne sauraient trop s'appliquer. Les substances qui entrent dans la composition d'un médicament ne doivent pas être prises au hasard parmi toutes celles dont les propriétés sont analogues; avant de les réunir dans une formule, le médecin devra se rendre compte des modifications qui peuvent résulter de leur association, des réactions de leurs principes immédiats les uns sur les autres; il devra aussi examiner comment, dans certains cas, il devra atténuer ou augmenter l'action physiologique et les propriétés thérapeutiques du médicament qui doit jouer le principal rôle dans sa formule. Nous ne pouvons indiquer ici tout ce que demande d'attention, de soin, d'exactitude et surtout de science, cet art qui vient résumer dans une formule le résultat de l'examen d'un malade, le jugement que porte le médecin sur la maladie et les effets qu'il attend de sa prescription. C'est un moment solennel pour lui, et le vieux médecin peut se rappeler que plus d'une fois la main lui a tremblé en écrivant sa prescription, dont le résultat pouvait être la guérison d'un chef de famille ou d'un enfant chéri. Disons encore que, pendant qu'il formule, le médecin doit donner toute son attention à ce qu'il écrit; il fera faire silence autour de lui pour ne pas être distrait; il écrira le plus lisiblement possible, les doses seront clairement indiquées, il relira sa prescription à haute voix, indiquera la manière d'administrer le médicament et les précautions qu'il pourrait y avoir à prendre. Les médecins avaient l'habitude autrefois de formuler en latin; cette méthode, qui pouvait avoir un bon côté, n'est plus dans nos usages. Nous croyons devoir aussi donner une indication sommaire des signes employés autrefois dans les formules et que l'on retrouve quelquefois dans les auteurs et de leur valeur en poids décimaux. Toute formule commençait par ce signe R ou ℞, qui voulait dire *prenez* et qui représentait plus ou moins exactement un R en latin *recipe*. Le signe ʃʃ placé en accolade après deux ou plusieurs substances indiquait qu'elles devaient être prises à la même dose; venaient ensuite les signes suivants : ℔, une livre ou 500 grammes; ℥, une once ou 32 grammes; ʒ, un gros ou 4 grammes; gr., un grain ou $0^{gr},05$; ℈, un scrupule ou $1^{gr},30$. Il y avait encore quelques autres signes, mais beaucoup moins usités.

Les préparations pharmaceutiques que prescrit le médecin sont de deux sortes : 1° les *préparations officinales*; ce sont celles dont la composition est indiquée par le codex et que l'on trouve en général toutes préparées dans les pharmacies. Il n'est point nécessaire d'en donner le détail dans la prescription; on les indique seulement avec le nom qu'elles portent dans le codex; seulement le médecin doit en connaître la formule, et lorsqu'il veut la modifier, il doit l'indiquer clairement au pharmacien; ainsi les pilules de Méglin, par exemple, sont une préparation officinale dont voici la formule : extrait de jusquiame, extrait de valériane, oxyde de zinc, de chaque 2 grammes; faites, selon l'art, 36 pilules; si le médecin veut changer la dose d'une de ces substances, il fera bien de l'écrire en entier. 2° Les *préparations* dites *magistrales* sont celles dont la composition est indiquée en détail par le médecin pour un cas spécial et déterminé et que le pharmacien prépare immédiatement. Dans toute formule, on distingue la *base* ou *substance*

active et les *associations*; quelquefois on ajoute à cette base un *adjuvant*, un *auxiliaire*, qui a pour but le plus souvent d'augmenter son énergie; parfois un *correctif* dans l'intention d'adoucir son effet trop énergique; enfin l'*excipient* sert de véhicule à la base; ce sont des infusions, des eaux distillées pour les médicaments liquides, des poudres de réglisse, de l'amidon, de la gomme dans les médicaments solides, etc. N'oublions pas le corps édulcorant, qui doit entrer dans la plupart des médicaments liquides, tels que les potions, les loochs, dans une proportion qui rende le médicament supportable au goût; ce sont les sirops appropriés à la maladie, le sucre, le miel. Nous ne répéterons pas ce qui a été dit ailleurs sur la fixation de la dose (voyez ce mot) des médicaments, nous ajouterons seulement un mot sur l'*habitude* et la *tolérance*. Il est des médicaments qui, administrés d'abord à faible dose, peuvent être portés, au bout de quelque temps, à des doses énormes; ainsi nous avons vu de pauvres malades torturés par des douleurs incessantes qui ne pouvaient plus être calmées que par des doses effrayantes d'opium (plusieurs grammes); à côté de cela, il y en a d'autres dont il faut bien se garder d'augmenter les doses inconsidérément; ce sont les poisons qui désorganisent les tissus et qui agissent comme caustiques; l'expérience, aidée du raisonnement, devra guider le médecin dans ce cas. La *tolérance* est bien une espèce d'habitude; une des conditions pour qu'elle s'établisse, c'est de réitérer les doses à de courts intervalles; mais elle se distingue de l'habitude en ce que celle-ci persiste tant que l'on administre le médicament, tandis que la tolérance cesse quelquefois tout à coup pendant l'administration de la substance, qui peut subitement révéler son activité et son énergie par une série d'accidents plus ou moins redoutables; c'est alors que l'on dit qu'il y a *saturation*. F—N.

FORMULE (Algèbre). — Expression algébrique qui contient la solution générale d'un problème (voyez ALGÈBRE).

FORMULE CHIMIQUE (Chimie). — Réunion de signes représentant d'une manière abrégée la composition chimique d'un composé. Pour établir les formules des corps, on est convenu de représenter chaque corps simple par la première lettre de son nom écrite en majuscule et suivie d'une autre lettre en minuscule quand cela est nécessaire pour éviter la confusion. C'est ainsi que l'oxygène, l'hydrogène, le carbone, le chlore, le cobalt... sont représentés par les signes O, H, C, Cl, Cb... On est convenu, de plus, qu'à ces symboles seraient attachées des valeurs numériques constantes pour chacun d'eux, variables de l'un à l'autre et exprimant les proportions suivant lesquelles les corps simples se combinent entre eux (voyez ÉQUIVALENTS). Ces proportions sont pour l'oxygène, $O = 8$; pour l'hydrogène, $H = 1$; pour le carbone $C = 6$. Enfin, on est convenu d'écrire à côté les uns des autres les symboles des corps simples qui forment le composé, et, lorsqu'un corps simple y entre en plus d'une proportion, de représenter le nombre de proportions dans lequel il s'y trouve par un chiffre placé au-dessus et à droite du symbole qui représente ce corps. L'oxyde de carbone et l'acide carbonique ayant pour formules chimiques CO et CO^2, nous en conclurons que le premier est formé par l'union de 6 parties en poids de charbon pour 8 d'oxygène, et le second de 6 parties de charbon pour 16 d'oxygène.

Nous avons donné à l'article ÉQUIVALENTS le tableau des nombres proportionnels des divers corps simples, et à chaque composé, nous faisons connaître sa formule, en rappelant les nombres proportionnels des corps qui entrent dans sa composition.

FORTIFIANT (Médecine). — On donne ce nom à des substances alimentaires ou médicamenteuses, auxquelles on attribue la propriété de ranimer les forces lorsqu'elles paraissent abattues, de les augmenter lorsqu'elles sont affaiblies. Cette dénomination manque d'exactitude et de précision, et ne peut servir à désigner un groupe d'aliments ou de médicaments que l'on puisse caractériser d'une manière nette; cela tient surtout à ce que le mot *faiblesse* n'a pas lui-même un sens bien déterminé. En effet, elle peut tenir à l'affaiblissement d'un ou de plusieurs systèmes d'organes; ainsi le système nerveux est-il frappé d'inertie plus ou moins subite, son influence peut se faire sentir sur le système musculaire; de là un accablement, de l'indolence, de la débilité, cet état cédera à un agent excitant, diffusible, alcoolique, éthéré, vineux, qui provoquera le rétablissement de l'influx nerveux. D'autres fois, il y a faiblesse générale par défaut de nutrition, qui peut tenir à des causes diverses;

dans ce cas, il faudra relever les forces par une alimentation substantielle, aidée d'une médication tonique, excitante, etc., afin d'assurer une digestion parfaite et une assimilation réparatrice.

FORTIFICATION (Génie militaire). — La fortification est l'art d'organiser une position de telle sorte que le corps qui l'occupe puisse y résister sans désavantage à un corps de troupes plus considérable. Elle comprend deux grandes divisions : la *fortification naturelle* et la *fortification artificielle*. Nous ne nous occuperons pas de la première.

La fortification artificielle, c'est-à-dire créée par la main des hommes, se subdivise en *fortification passagère* et *fortification permanente*, suivant le but qu'on se propose d'atteindre. Lorsqu'une position, par son emplacement et par les richesses qu'elle renferme, est d'une importance constante, on l'entoure de fortifications permanentes. Au contraire, lorsqu'il s'agit de fortifier un point auquel la position respective de deux armées ennemies donne une importance momentanée, on a recours à la fortification passagère.

Fortification passagère. — Les ouvrages qui ressortissent de la fortification passagère prennent, en général, le nom de *retranchements*. Ils doivent remplir les deux conditions suivantes : 1° intercepter les projectiles de l'assaillant; 2° arrêter l'assaillant lui-même et l'empêcher d'arriver jusqu'au défenseur pour l'attaquer à l'arme blanche. On obtient ce double résultat en creusant un *fossé* suffisamment large et profond dont on rejette les terres du côté de l'intérieur, de manière à former une masse couvrante ou *parapet* destinée à arrêter les projectiles et à présenter un obstacle à l'assaillant. L'ensemble du parapet et du fossé prolongés en ligne droite sur une certaine longueur porte le nom de *face*. En général, un *ouvrage* est formé de plusieurs faces faisant entre elles des angles dont le sommet peut être tourné à l'extérieur ou à l'intérieur; ils sont *saillants* dans le premier cas, et *rentrants* dans le second.

Si l'on suppose que le retranchement soit construit sur un terrain horizontal, la hauteur du parapet au-dessus du sol est invariable, et si l'on imagine un plan vertical perpendiculaire à sa direction générale, l'intersection de ce plan et de la face est une figure constante à laquelle on donne le nom de *profil droit*, et dont (*fig.* 1200) notre dessin indique la forme générale : ABCDEF est le remblai ou parapet; GHIK est le déblai ou fossé; AK est la ligne du sol horizontal.

D, l'arête la plus élevée du remblai, s'appelle *crête intérieure* ou *ligne de feu*; les défenseurs font feu par-dessus. Sa hauteur au-dessus du sol dépend de l'élévation de l'objet à couvrir; la hauteur minimum est de 2 mètres pour l'infanterie et 2m,50 pour la cavalerie.

En avant de la crête intérieure est le talus DE auquel on donne le nom de *plongée*. C'est sur ce talus que les fusiliers appuient leur arme; EF est le talus extérieur, et l'arête E, intersection de la plongée et du talus extérieur, se nomme la *crête extérieure*. L'épaisseur du parapet est la distance *de* comprise entre les deux plans verticaux passant par les deux crêtes. Cette épaisseur varie suivant la nature des projectiles que doit employer l'assaillant, depuis 3m,30 pour les boulets de 12 jusqu'à 0m,50 pour les balles d'infanterie.

Les défenseurs font feu par dessus la crête intérieure, en montant sur la *banquette* horizontale BC dont la largeur dépend du nombre de rangs de défenseurs qu'on veut y placer. On lui donne 0m,80 pour un seul rang, et 1m,20 pour deux rangs. CD est le talus intérieur; AB le talus de banquette. FG est une petite bande de terre qui sépare le remblai du fossé; on lui donne le nom de *berme;* elle a pour objet de reculer la masse du parapet, de manière que son poids ne fasse pas ébouler les terres du fossé, et, en second lieu, elle facilite la construction de l'ouvrage.

Le fossé se compose de trois parties distinctes : GH ou talus d'*escarpe*; HI, fond du fossé; et KI, talus de contrescarpe. La largeur du fossé, qui se compte tou-

Fig. 1200. — Profil droit d'un retranchement.

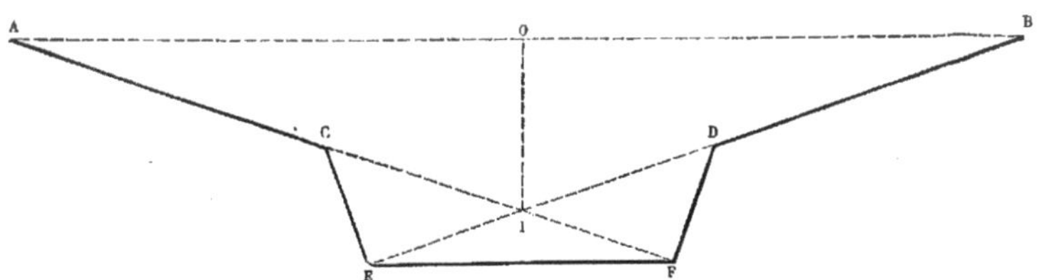

Fig. 1201. — Tracé d'un front de fortification.

jours à la partie supérieure, ne peut être moindre que de 4 mètres, afin que l'ennemi ne puisse le franchir avec des planches ou des madriers; la profondeur est généralement comprise entre 2 mètres et 4 mètres.

Formes générales des ouvrages de fortification. — On peut regarder comme un résultat de l'expérience qu'au moment d'une attaque le soldat abrité derrière un parapet dirige son coup de fusil perpendiculairement à la crête. Il résulte de ce fait que, dans les retranchements en ligne droite, les feux battent tout le terrain en avant depuis le sommet de la contrescarpe, si l'on a choisi convenablement la pente de la plongée; mais le fossé est évidemment au-dessous des coups partant de la crête intérieure. C'est là un inconvénient très-grave, car l'as-

saillant peut, en sacrifiant plus ou moins de monde, atteindre ce fossé, et il y est alors complètement à l'abri pour préparer ses moyens d'escalade.

Les faces formant entre elles des angles saillants ont le même défaut que les retranchements en ligne droite, c'est-à-dire que les fossés ne sont atteints par aucun projectile; mais elles ont encore un autre inconvénient, qui est la conséquence de la direction générale du tir. Considérons, en effet, les crêtes intérieures de deux faces d'ouvrage et élevons-leur des perpendiculaires. À leur point d'intersection. Il est évident que toute la portion de terrain comprise dans le secteur formé par ces perpendiculaires ne sera atteinte par aucun coup de feu; on lui donne le nom de *secteur dépourvu de feux*. Los assaillants pourront donc s'approcher, sans courir aucun danger, du sommet de l'ouvrage en cheminant le long de la bissectrice de l'angle des faces qu'on appelle la *capitale* de l'angle saillant.

Le dernier inconvénient que nous venons de signaler disparaît, du moins en partie, lorsqu'on emploie une succession d'angles alternativement saillants et rentrants. Le premier effet d'angles saillants à côté d'angles rentrants est de faire *flanquer* le secteur dépourvu de feux; mais il **y** a encore un autre avantage, celui du *flanquement* d'une partie des fossés quand les faces forment entre elles des angles convenables.

Lorsque les positions à défendre sont isolées et accessibles de tous côtés, comme un plateau, un village, etc., on les défend par un ouvrage fermé. Au contraire, si la position à défendre présente un front d'une étendue plus ou moins considérable qui ne peut être tourné, les retranchements doivent occuper toute la longueur du front du côté des attaques; on leur donne alors le nom de *lignes*. Si les lignes sont formées de faces jointives, sans autres interruptions qu'un petit nombre de passages étroits nécessaires aux communications, on leur donne le nom de *lignes continues*. Mais si l'on défend le front au moyen d'une série d'ouvrages isolés, les lignes sont dites à *intervalles*.

Les principales formes employées dans la fortification passagère sont : le *redan*, composé de deux faces faisant entre elles un angle saillant tourné vers l'extérieur, et d'une *ligne de gorge*; la *tenaille*, composée de deux faces faisant entre elles un angle rentrant; la *lunette*, composée de deux faces à angle saillant et de deux autres faces appelées *flancs*, faisant aussi des angles saillants avec les premières, et d'une *gorge*; de la *queue d'hironde*, qui n'est autre chose qu'une tenaille augmentée d'une face à chaque extrémité; enfin, le *front bastionné* dont le tracé est emprunté à la fortification permanente, et dont nous nous occuperons spécialement plus loin.

Défilement. — Il arrive rarement que le terrain sur lequel on doit asseoir un retranchement soit horizontal. Le sol offre le plus souvent des accidents qui changent le relief et quelquefois aussi le tracé de la fortification. Supposons, pour plus de simplicité, qu'un retranchement soit placé sur un terrain horizontal, mais qu'il y ait en avant d'une des faces de l'ouvrage une hauteur située dans la limite de la portée des armes. Les coups de l'ennemi partant de 1ᵐ,50 au-dessus du sol de la hauteur et rasant la crête plongent dans l'intérieur de l'ouvrage dont les défenseurs ne sont plus à couvert. L'art du *défilement* consiste à les garantir de ces coups plongeants. On arrive à ce résultat en mettant les crêtes dans un plan passant au moins à 2 mètres au-dessus du terre-plein que l'on veut défiler, et laissant à 1ᵐ,50 au-dessous de lui toutes les hauteurs dangereuses dans la limite de la portée des armes. Ce plan porte le nom de *plan de défilement*.

Notions historiques sur la fortification permanente. — Les premières fortifications bastionnées datent du milieu du xvᵉ siècle. Les défenseurs d'une position, qui se contentèrent d'abord d'une ligne de pieux, durent plus tard remplacer le bois par la pierre, et s'entourer de murailles. On donnait à ces murailles de grandes épaisseurs, d'abord pour augmenter leur solidité, ensuite pour établir à la partie supérieure une large plate-forme sur laquelle se tenait le défenseur pour surveiller les mouvements de l'ennemi; la muraille était habituellement précédée d'un fossé. Le défenseur monté sur la plate-forme se trouvait en partie garanti par un mur à hauteur d'appui. Lorsque ce petit mur était assez haut pour couvrir complètement un homme, on l'interrompait de distance en distance, et, dans ces intervalles, il arrivait seulement à hauteur d'appui ; on disait que le mur était *crénelé*. C'était par les intervalles appelés *créneaux* que le défenseur lançait à l'assaillant les flèches et des pierres.

Plus tard, afin d'augmenter la défense du pied des murailles, on écarta du mur principal le petit mur supérieur, en le soutenant au moyen de consoles de pierre. Un espace plus ou moins large existait alors entre les deux murs, et, à travers ces intervalles appelés *mâchicoulis*, le défenseur pouvait faire pleuvoir sur l'assaillant toutes sortes de projectiles.

Les fortifications très-élevées au-dessus du sol, et composées essentiellement de maçonneries, se soutinrent pendant tout le moyen âge ; mais l'invention de la poudre changea les systèmes d'attaque et de défense. Il fallut, pour faciliter les manœuvres des pièces d'artillerie, augmenter la largeur des plate-formes, et se résoudre à abais-ser les murailles que l'assaillant pouvait battre en brèche de loin. On songea bientôt à les couvrir par des terrassements ; en même temps, on remplaça les anciennes tours élevées destinées à flanquer les fossés par des tours réduites au même niveau que l'enceinte, et très-agrandies, qui prirent le nom de *boulevards*.

L'assaillant, changeant alors de tactique, abandonna les attaques sur les remparts proprement dits, et les reporta sur les boulevards dont le point saillant était plus faible. Ce fut alors qu'on introduisit la forme bastionnée à laquelle on ne saurait assigner de date précise. Les ingénieurs les plus célèbres par leurs travaux sur la fortification bastionnée sont : l'Italien *Marchi*, l'Allemand *Daniel Speckle*, les Hollandais *Freytag* et *Cœhorn*, les Français *Errard*, *de Ville*, *Pagau*, *Vauban*, fondateur de l'école française, et *Cormontaingne*. La fortification de nos places fortes est basée sur les idées de *Vauban*, modifiées par *Cormontaingne*.

Tracé d'un front de fortification. — Lorsqu'on veut entourer une ville de fortifications, on commence par lui circonscrire un polygone dont les côtés ont à peu près la même longueur. Ce sont les *côtés extérieurs* d'autant de fronts bastionnés dont la réunion forme l'enceinte de la place. La ligne de notre tracé (*fig.* 1201) représente la partie supérieure de la maçonnerie de l'escarpe, à laquelle on a donné le nom de *magistrale*.

Soit AB un de ces côtés extérieurs dont la longueur varie entre 350 et 370 mètres. Sur le milieu O on lui élève une perpendiculaire OI égale au sixième de sa largeur, et on joint l'extrémité de cette perpendiculaire avec celles du côté extérieur; on obtient ainsi les directions des faces qui ont pour longueur le tiers du côté extérieur, et qui donnent des feux croisés en avant de la ligne du front; pour défendre en même temps et la partie du terrain en avant des deux points A et B et les fossés des deux faces, on en construit deux autres CE, DF, en abaissant des points C et D des perpendiculaires sur les prolongements des premières faces ; les dernières prennent le nom de *flancs*. Si les *lignes de défense* AF, BE, ont des longueurs convenables, les deux plans satisfont bien à la double condition de porter des feux sur le terrain en avant des points A et B, et dans les fossés des faces AC et BD. En joignant les points E et F, on obtient une cinquième face appelée *courtine*, qui donne des feux directs sur le terrain en avant de AB. Les angles C et D se nomment *angles d'épaules*, et ceux des flancs avec la courtine *angles de flancs*. A et B sont les saillants des bastions; le minimum de ces derniers angles est de 60 degrés.

La nomenclature des différentes parties du parapet est la même que pour la fortification passagère ; la seule différence est dans le relief et l'épaisseur. La hauteur de l'escarpe du corps de place est de 10 mètres quand les fossés sont secs, et 8 mètres quand ils sont pleins d'eau. Au saillant du bastion, la crête a un *commandement* de 7 mètres sur la campagne, et se trouve à 3 mètres au-dessus de la magistrale. Un pan coupé, de 4 mètres de largeur, perpendiculaire à la capitale, permet de tirer dans cette direction. La crête de la face a une pente de 1ᵐ,50 du saillant à l'angle d'épaule. Les crêtes des flancs et de la courtine sont horizontales, avec un commandement de 6ᵐ,50 sur la campagne et un relief de 2ᵐ,50 au-dessus de la magistrale.

On arrive du sol de la ville au terre-plein du bastion au moyen d'une rampe inclinée généralement à 8 mètres de base pour 1 mètre de hauteur. Une rue de 8 mètres au moins de largeur, nommée *rue militaire*, sépare les pieds du talus de la fortification des constructions civiles.

En avant de l'escarpe est le fossé dont la largeur au saillant est de 30 mètres. Les fonds des fossés secs ont une pente vers le milieu ; les eaux pluviales ou des sources se rassemblent dans un petit fossé auquel on a donné le nom de *cunette*. En avant du fossé les terres sont soutenues, soit au moyen d'un mur en maçonnerie, soit par un simple talus en terre, aussi roide que possible; c'est la contrescarpe. Au delà de la contrescarpe se trouvent les *glacis* destinés à couvrir les maçonneries de l'escarpe contre les coups éloignés de l'artillerie.

Une ligne de fronts bastionnés ainsi organisés pourrait suffire, à la rigueur, à la défense d'une place ; l'enceinte de *Paris* est construite dans ce système. Mais on se contente rarement d'une défense aussi simple; on ajoute presque toujours sur chaque front bastionné quelques ouvrages de fortification dont le plus généralement employé est la *demi-lune*, qui a la forme d'un redan dont les faces s'arrêtent à la contrescarpe du corps de place.

Le long des contrescarpes du corps de place et de la demi-lune se trouve le *chemin couvert*, où le défenseur est abrité par le massif des glacis dont la surface en pente douce doit être parfaitement battue par tous les ouvrages en arrière.   P.

FOSSANE ou FOSSA (Zoologie). — Nom par lequel on désigne à Madagascar une espèce de *Mammifère* du genre *Genette* (voyez ce mot), *Viverra fossa*, Lin., propre à Madagascar et au sud de l'Afrique. Elle a le dessus du corps, les flancs et la queue fauves, le dessous et les jambes blanc-jaunâtre ; des taches roux-brun forment sur le dos quatre bandes longitudinales; et des demi-anneaux roussâtres sur la queue, qui n'a que moitié de la longueur du corps. Poivre, qui a envoyé, en 1761, à Buffon la première peau bourrée de cet animal, prétend qu'elle n'a pas de poche odoriférante, ni odeur de parfum. Cet animal est très sauvage, et, quoiqu'il mange volontiers de la viande, il préfère les fruits et surtout les bananes, sur lesquelles, au rapport de Poivre, il se jette avec voracité.

FOSSE (Anatomie), *Fossa*, du latin *fodio*, je creuse. — Les anatomistes ont employé ce mot pour désigner des enfoncements, des cavités plus ou moins évasées et profondes, dont l'ouverture est plus large que le fond ; il en existe un assez grand nombre dans le corps humain ; c'est surtout en ostéologie, quelquefois en splanchnologie, qu'on a fait usage du mot *fosse*. Nous citerons les plus importantes.

Fosse CANINE. — Cavité plus ou moins profonde, existant de chaque côté à la face, en avant des os maxillaires supérieurs, immédiatement sur les dents canines. Le muscle canin s'attache à sa partie moyenne.

Fosse ILIAQUE. — La *F. iliaque externe* est un espace large, concave, situé à la face externe et supérieure de l'os des îles, au-dessus de la cavité *cotyloïde* ; elle est occupée par les muscles fessiers. La *F. iliaque interne*, *F. iliaque* proprement dite, est une large excavation qui occupe toute la face interne supérieure de l'os des îles, et où s'insère le muscle iliaque.

Fosse JUGULAIRE. — Cavité plus ou moins profonde située à la partie inférieure du rocher, sur le sillon qui résulte de son articulation avec l'occipital ; elle loge le golfe de la veine jugulaire interne.

Fosse LACRYMALE. — Petit enfoncement que l'on remarque de chaque côté, en dehors de la portion orbitaire du coronal, et où se trouve logée la glande lacrymale.

Fosse MALAIRE, Fosse MAXILLAIRE. — Ce sont les *fosses canines*.

Fosse NASALE. — On appelle ainsi deux grandes cavités situées dans l'épaisseur de la face, au-dessous de la base du crâne, au-dessus de la voûte palatine, entre les fosses orbitaires et canines. Presque tous les os de la face concourent à les former. Elles sont tapissées dans toute leur étendue par la *membrane pituitaire*, qui est le siége du sens de l'odorat (voyez NEZ, NASALES [*Fosses*], ODORAT.)

Fosse ORBITAIRE. — Grandes et profondes excavations situées sur les côtés du nez, au-dessous de la base du crâne et au-dessus des sinus maxillaires. Les os coronal, palatin, maxillaire, sphénoïde, malaire ou de la pommette, ethmoïde, unguis ou lacrymal, concourent à former chacune d'elles. Elles renferment l'œil et toutes ses dépendances (voyez ŒIL).

Fosse PARIÉTALE. — C'est la portion concave de la face interne de chacun des pariétaux. Elles correspondent aux bosses pariétales.

Fosse PITUITAIRE, Fosse SPHÉNOÏDALE, Fosse TURCIQUE. — Ces mots servent à désigner une cavité peu profonde, creusée dans l'épaisseur du corps du sphénoïde, dans laquelle est logée la glande pituitaire. On a cru trouver à cet enfoncement quelque ressemblance avec une selle turque, d'où lui est venu aussi le nom de *selle turcique*, *ephippion* (en grec, une selle de cheval).

Fosse PTÉRYGOÏDIENNE. — Excavation que l'on remarque à la face postérieure des apophyses ptérygoïdes, entre les deux lames ou *ailes* de ces apophyses. Elles donnent attache aux muscles ptérygoïdiens internes.

Fosse SOUS-ÉPINEUSE. — On appelle ainsi la portion de la face externe ou postérieure de l'omoplate, qui est située au-dessous de l'épine de cet os. Elle donne attache au muscle du même nom.

Fosse SUS-ÉPINEUSE. — C'est la portion de la face externe de l'omoplate située au-dessus de l'épine. Elle donne attache au muscle sus-épineux.

Fosse SOUS-SCAPULAIRE. — Toute la face antérieure ou costale de l'omoplate forme une concavité peu profonde à laquelle on a donné le nom de *F. sous-scapulaire*. Le muscle sous-scapulaire s'y attache.

Fosse TEMPORALE. — Situées à la partie antérieure latérale du crâne, les *F. temporales* forment de chaque côté de la tête une dépression bornée en haut par la ligne courbe temporale, et en bas par l'arcade zygomatique. Elle loge le muscle temporal. Quelques anatomistes les nomment *F. tempor. extern.*, et appellent *F. tempor. internes* ou *F. latér. moyennes* de la base du crâne, un enfoncement situé de chaque côté de la selle *turcique*.

Fosse ZYGOMATIQUE. — C'est la continuation des fosses temporales, la partie la plus profonde de celles-ci ; elles sont situées entre la face postérieure de l'os maxillaire et la partie adjacente du sphénoïde.

Fosse D'AMYNTAS (Médecine). — Espèce de bandage pour les fractures des os propres du nez, imaginé par Amyntas de Rhodes, et auquel Galien a donné le nom de son inventeur. Il se fait avec une bande longue d'environ 6 mètres, sur un travers de doigt de largeur. On la fixe d'abord autour de la tête, puis les tours viennent successivement se croiser sur la face, et surtout sur la racine du nez en formant une espèce d'X. Un tour de bande qui passe sur le bout du nez est destiné à relever les pièces osseuses situées au-dessus, en leur faisant faire une sorte de bascule.

Fosse A FUMIER (Économie rurale). — Voyez FUMIER.

Fosse D'AISANCES (Hygiène), que nous emploierons comme synonyme de LATRINES. — On sait ce que c'est qu'une fosse d'aisances ; cette expression porte avec elle son étymologie et sa définition. Il n'en est pas de même du mot *latrines*. Suivant Varron, expert en science archéologique, il viendrait du latin *luvando* dont on aurait fait *lavatrinæ*, salle de bains, endroit où on lave. Il n'aurait donc pas la même signification que chez les modernes. En effet, il n'y avait pas dans l'ancienne Rome de latrines particulières, et le Tibre, dans lequel se déversaient de nombreux canaux, servit pendant longtemps de latrines publiques. Le mot *latrina* devait donc signifier le vase que l'on employait aux mêmes usages, et que l'on faisait laver et jeter dans les cloaques particulières conduisant à la grande cloaque. Il y avait aussi d'autres petites cloaques servant aux usages privés (*usibus privatis servientes*) (Marliani, *topographie de Rome*). « *Immundis quæcumque vomit latrina cloacis* (Columel.) : la latrine rejette toutes choses quelconques dans les immondes cloaques. » Longtemps avant, Plaute avait dit : « *Non pluris facio quam ancillam meam quæ lavat latrinam:* je n'en fais pas plus de cas que de la servante qui lave ma latrine. » Il paraît donc prouvé que les anciens n'avaient pas de latrines; tout au plus y avait-il dans les palais des espèces de cloaques conduisant par des canaux souterrains les immondices, soit dans le Tibre, comme nous l'avons dit plus haut, soit dans cette immense cloaque (ce mot est féminin en archéologie, d'après le *Dict. de l'Acad.*), *cloaca maxima*, entreprise par Tarquin l'Ancien, et terminée par Tarquin le Superbe, l'an 239 de Rome, 500 ans avant Jésus-Christ. Nous empruntons à M. Dézobry (*Dict. génér. de biographie et d'histoire*) quelques détails sur cette cloaque, que l'on peut bien considérer comme les latrines publiques de l'ancienne Rome. Elle « commençait vers l'extrémité nord du Forum, le traversait du nord au sud, et aboutissait dans le Tibre, un peu au-dessous du pont Palatin, aujourd'hui le *Ponte rotto*. Sa longueur était d'environ 600 mètres, sa largeur de 4^m,47, et sa hauteur, à partir du sol, de plus de 10 mètres (Barthélemi ne lui donne que 4 mètres (12 pieds et quelques pouces de hauteur) (*Mém. de l'Acad. des inscript.*, t. XXVIII). Il était couvert d'une voûte à plein cintre, de trois rangs de voussoirs posés en liais ou l'un sur l'autre, et alternativement en travertin et en pépérin. Il en existe encore environ 170 mètres, à partir du Tibre. Ce qui distingue cette cloaque, c'est qu'elle fut fondée dans un marais, qu'elle est bâtie en grosses pierres de taille posées et jointes sans ciment, que le sol où elle se trouve est sujet aux tremblements de terre, et que cependant elle dure depuis environ 2360 ans. » On voit que nos édiles parisiens ont, avec juste raison, fait de nombreux emprunts à ceux de Rome, et pour que l'analogie soit plus complète, Dion Cassius nous rapporte qu'après avoir fait curer et nettoyer ce canal, Agrippa voulut le visiter lui-même, et qu'une barque le reçut qui le conduisit jusqu'au Tibre. Avec le temps, cet état de choses avait changé. Des latrines publiques avaient été construites, de telle sorte que, vers la fin du ive siècle, au rapport de Publius Victor, leur nombre s'élevait à 144 ; il est vrai que quelques écrivains ont réduit ce chiffre à 44. Quoi qu'il en soit, puisqu'il y avait des latrines publiques, il dut y avoir aussi des latrines particulières pour l'usage des somptueuses habitations des patriciens, et particulièrement sous l'empire, dans les palais des souverains. On sait quel fut le sort de l'empereur Elagabale (Héliogabale), tué par les prétoriens, et dont le corps fut jeté dans une petite cloaque, *cloacula* (Lampride). D'autre part, on a trouvé dans les ruines du palais, sur le mont Palatin, des latrines construites en marbre. Il faut dire aussi que, dans un grand nombre de maisons considérables, bâties dans les quartiers excentriques de Rome, il n'y avait pas de ces petits réservoirs conduisant au grand *égout collecteur*, mais seulement des vases en bois, nommés *sellæ familiares*, dans lesquels on déposait toutes les immondices de la journée, et que l'on faisait transporter le soir par des esclaves dans la cloaque la plus voisine; c'est ce qu'on appelait *sterquilinium*. Et Columelle nous dit même qu'il en fallait deux, l'un pour recevoir les déjections récentes, et l'autre pour les anciennes qui, de là, sont conduites dans les champs. On trouve dans le dictionnaire nommé *le Calepin*, du nom de son auteur Calepino, la définition suivante de ce mot *sterquilinium:* « Un endroit plein d'ordures, ou un réceptacle d'ordures. »

On trouvait aussi dans un grand nombre de carrefours de vastes amphores servant d'urinoirs aux passants; ceux-ci, comme encore aujourd'hui, n'en souillaient pas moins trop souvent les édifices publics. On évitait ces malpropretés en faisant peindre sur les murs deux serpents, pour indiquer que c'était un lieu sacré.

L'usage des latrines dans les maisons particulières des modernes remonte assez haut, surtout dans les grandes villes. On peut voir dans le savant *Rapport de M. Chevallier, sur le concours ouvert par la société d'encouragement pour l'industrie nationale*, 1848, ce qui a été fait dans ce genre depuis 1348; à cette époque fut instituée une pénalité contre les habitants qui ne nettoyaient pas la partie de la voie publique située devant leurs demeures; et en effet les boues, les immondices et les excréments rejetés dans les rues s'entassaient sans que personne prît soin de les enlever; malgré les prescriptions de l'autorité qui, après le pavage de quelques rues, ordonné par Philippe-Auguste en 1184, enjoignaient aux habitants de balayer les ordures qui encombraient le devant de leurs maisons. Ces sages mesures n'eurent pas tout le succès qu'on était en droit d'en attendre; les habitants s'associèrent, par quartiers, pour louer un tombereau qui allait porter et verser au loin dans la campagne ces ordures et ces immondices. Mais bientôt ces tombereaux mal construits laissèrent tomber incessamment sur la voie publique une partie des déjections ou immondices dont ils étaient remplis; de telle sorte que les habitants du faubourg Saint-Honoré, que traversaient surtout ces véhicules, demandèrent à l'autorité de ne pas subir les effets des prescriptions contenues dans le rescrit. Bien plus, il arrivait souvent que ces tombereaux déposaient leur contenu tout simplement sur les places publiques, si bien qu'en 1392 il fallut défendre de porter pendant la nuit, sur la place de Grève, les *fientes des latrines*; et encore cette défense ne fut guère écoutée, puisqu'en 1395 un édit condamna les contrevenants à *60 sols d'amende et à être jetés en prison au pain et à l'eau*. Enfin, on trouve dans des lettres patentes de Charles VI, en 1404, la mention que « plusieurs personnes portaient et transvenaient dans la Seine tant de boues, fumiers, autres ordures et immondices, que ces eaux en étaient corrompues et très-préjudiciables à la santé publique. » Nous en avons dit assez pour justifier les rigueurs de nos administrations modernes, dans l'accomplissement des prescriptions qui leur sont imposées par les devoirs de leurs charges. Trop souvent l'ignorance, l'incurie, l'indifférence, l'égoïsme, l'intérêt mal entendu des particuliers viennent lutter contre les mesures de l'administration éclairée par une longue expérience et par les progrès de la science. En remontant la chaîne des temps, on voit combien l'édilité parisienne a eu de résistances à vaincre pour arriver où nous en sommes; grâces lui soient rendues pour l'activité vigilante de ses membres, qui défendaient avec persévérance le dépôt de la santé et du bien-être public qui leur était confié, en présence surtout de cette incurie inconcevable des habitants. Nous n'avons vu jusqu'à présent aucunes traces de latrines ou de fosses d'aisances; il devait pourtant exister quelque chose d'analogue, puisque, dans une ordonnance attribuée au roi Jean en 1348, on donne le nom de *chambres basses, que l'on dit courtoises*, à des

espèces de fosses d'aisances ou réceptacles souterrains qui existaient alors dans un grand nombre de cités, et que l'on appelait aussi *fosses à privez, fosses à retraits*, conservant le nom de *privez* pour les latrines. Enfin, sous le règne de François Ier, un arrêt du parlement du 13 septembre 1533 rend obligatoire à Paris la construction immédiate de *fosses à retraits* dans toutes les maisons qui en sont dépourvues, à peine de saisie des loyers des maisons pour faire lesdites fosses. Il fut ordonné en même temps de faire vider ces fosses la nuit, au moyen de tombereaux fermés. Malheureusement ces prescriptions furent encore négligées, puisqu'un édit du parlement de 1551 dit que *l'ordre de la police est éludé*. Nous ne voulons pas mettre sous les yeux du lecteur cette série d'efforts de l'administration, trop souvent vaincus par la résistance passive de la population, et nous citerons seulement pour nous résumer un arrêt du parlement du 4 juin 1784, constatant que ces fosses n'existent point partout, et que les maisons du faubourg Montmartre particulièrement en sont dépourvues! Nous ne parlerons pas de la construction de ces fosses, que rien ne réglementait et qui étaient faites aux caprices des propriétaires. Sauf quelques mesures concernant le parcours des tuyaux, la confection des ventouses, etc., on n'avait pris aucune précaution pour les fosses; ce n'était souvent que de simples excavations pratiquées dans le sol, d'où s'échappaient les matières liquides; celles-ci s'infiltraient dans la terre et allaient infecter les eaux souterraines qui alimentaient les puits du voisinage. Il y avait encore un autre inconvénient, c'est que, lorsqu'on enlevait les matières solides d'une fosse, les liquides ambiants affluaient dans la fosse vide, et les ouvriers vidangeurs couraient le risque d'être asphyxiés pendant leurs travaux.

Il faut arriver bien près de nous, jusqu'à 1809, pour voir modifier d'une manière sérieuse et salutaire un état de choses aussi déplorable; à cette époque l'administration, éclairée par l'expérience des temps, imposa à tous les propriétaires, pour la construction des fosses d'aisances, une série de règles dont les dispositions les plus importantes, résumées dans le travail de Parent-Duchatel (article LATRINES du *Dict. de l'Indust.*), sont les suivantes:

1° Toutes les fosses auront sous clef une hauteur suffisante pour qu'un homme puisse s'y tenir debout.

2° On ne doit plus employer que des pierres siliceuses, réunies au mortier hydraulique, pour la construction du sol intérieur, des murs latéraux et de la voûte.

3° Les angles seront partout arrondis.

4° L'ouverture pour l'extraction des matières aura une dimension triple de celle qui est nécessaire pour le passage d'un homme.

5° Enfin deux ouvertures seront ménagées, l'une pour la chute des matières, et l'autre pour donner issue aux gaz qui seront conduits par un tuyau au-dessus de la toiture des maisons.

Ces dispositions, sévèrement exécutées et sagement modifiées à mesure que l'expérience vint éclairer l'administration sur de nouvelles exigences, ont eu pour résultat la suppression successive de la très-grande majorité des *fosses perdues*, qui auront bientôt complétement disparu. Une nouvelle amélioration, dont l'idée remonte jusque vers la fin du siècle dernier, est celle des *séparateurs*; elle est due à Gourlier, architecte de Versailles, en 1788, il proposa de pratiquer dans la fosse une cloison transversale qui la diviserait en deux parties, l'une située immédiatement au-dessous du tuyau de décharge, destinée à conserver les matières solides, tandis que l'autre recueillerait les matières liquides qui déborderaient de la première. Ce système, dont l'application a été longtemps retardée, a enfin été adopté avec les modifications qu'il a dû subir, et en 1834 et 1854 l'administration en a prescrit l'emploi. Son principal mérite est de rendre les vidanges plus faciles et moins dangereuses pour les ouvriers, moins incommodes et moins coûteuses; mais pour qu'il joigne à ces avantages celui d'enlever la mauvaise odeur, il faut qu'il se complète par un bon système de ventilation (voyez SÉPARATEUR, VENTILATION). Dans ces derniers temps, M. Deplanque a saisi l'administration d'un nouveau procédé qui a pour but de faire écouler dans l'égout « un liquide presque inodore et privé de la majeure partie des matières organiques qui l'accompagnent au moment de son excrétion, et qui seraient retenues dans la fosse par une décomposition et une précipitation continue et dans un état qui permettrait de les employer utilement pour les besoins de l'agriculture » (Tardieu, *Dict. d'hygiène publique*). Ce système, dit *fosse à siphon*, est à l'essai et a besoin pour être apprécié de la sanction de la pratique (voyez SIPHON [*fosse à*]).

A. Giraud, architecte distingué de Paris, a proposé, en 1785, le système des fosses mobiles, dont l'idée première appartient aux anciens Celui de Giraud consiste dans une grande cuve placée dans une cave sous un châssis élevé, afin que l'air circule librement tout autour. C'est l'analogue de la fosse ordinaire. Sous le châssis, on met un petit réservoir portatif qui, au moyen d'un robinet de 0^m,16 de diamètre et d'un large tuyau, reçoit les déjections. Lorsque le petit réservoir est plein, on l'enlève et on le remplace par un autre. Le séparateur a été appliqué aussi aux fosses mobiles, et l'administration parisienne en a prescrit l'emploi dans son ordonnance du 8 novembre 1851, qui porte, article 7 : A l'avenir, les appareils de fosses mobiles devront être disposés de telle sorte que la séparation des matières solides et liquides s'opère dans les fosses.

Tout ce que nous venons de dire s'applique particulièrement à la ville de Paris ; malheureusement « il s'en faut de beaucoup, dit M. Tardieu, que l'usage des latrines et des fosses d'aisances soit aussi répandu qu'il devrait l'être. Il suffit de parcourir les rapports des conseils d'hygiène des départements, et particulièrement ceux du midi de la France, pour reconnaître dans combien de cités de premier ordre, les habitations sont dépourvues de latrines (*Dict. d'hygiène*). » Il résulte d'une telle négligence deux inconvénients graves. Le premier est l'insalubrité des logements, du pauvre surtout, causée par le méphitisme des matières fécales jetées sans soin dans des latrines mal disposées et tenues avec une malpropreté dégoûtante lorsqu'elles existent, et, à leur défaut, répandues le plus souvent sur la voie publique, après avoir été conservées pendant le jour dans quelque coin des habitations. Si d'un autre côté l'on considère la mauvaise odeur qui s'exhale au loin des établissements où l'on recueille et où l'on travaille les matières provenant des latrines et des fosses d'aisances, on comprendra que le dégoût bien naturel pour ce genre de travaux impose aux administrations municipales l'obligation de les éloigner le plus possible des grands centres de population, et surtout de provoquer par des encouragements de toute espèce les découvertes capables de transformer et désinfecter ces matières sans nuire à leurs qualités agricoles. C'est ce qui nous amène au second des deux inconvénients que nous avons signalés plus haut. La perte pour l'agriculture est considérable si l'on ne recueille pas avec soin, dans des fosses d'aisances bien construites, les matières fécales liquides et solides, pour les utiliser au profit de la culture des terres ; nous ne pouvons entrer dans les détails que comporte ce sujet. Nous ne citerons qu'un chiffre d'après les travaux de M. Chevallier ; les 1 600 000 habitants qui composent la population de Paris, en nombre rond, produisent chaque année 438 000 000 kilogrammes de matières tant liquides que solides, qui seraient capables de fumer très-fructueusement 28 000 000 d'hectares de terres, c'est-à-dire plus de la moitié du territoire de la France qui n'en contient que 52 760 798. Le problème à résoudre pour la construction des latrines et des fosses d'aisances, consiste donc, d'une part, à éviter les miasmes délétères et les odeurs nuisibles et désagréables ; d'autre part, à conserver toutes les matières liquides et solides, et à les enlever rapidement au moyen de procédés qui ne présentent de danger ni pour la salubrité publique, ni pour les ouvriers chargés de ces travaux (voyez VIDANGES).

Quel que soit le système employé pour recevoir les matières fécales, elles doivent être conduites par des tuyaux de décharge et de raccordement dont la construction demande certaines précautions ; ainsi ils devront être aussi directs que possible ; les courbes qu'on sera forcé de leur faire subir ne présenteront pas d'angles où les matières pourraient séjourner ; leur surface sera lisse et polie ; on choisira pour les construire des matières qui ne puissent être altérées en aucune manière par l'action des gaz ou des ordures liquides et solides qui devront les traverser ; ils devront être en fonte et les joints seront bouchés avec du mastic ; ils auront un diamètre au moins de 0^m,20. Ces tuyaux sont bien préférables à ceux de poterie, souvent mal cuits et mal ajustés.

Quant aux latrines elles-mêmes, on distinguera dans leur construction ce qui regarde les *cabinets d'aisances* d'une part, d'autre part les *siéges*. Le sol des *cabinets* devra avoir une inclinaison suffisante du côté de la fosse afin de procurer un écoulement facile aux liquides urineux ou autres tombés par accident, il sera construit en bitume ou en dalles jointes au ciment romain, surtout dans les latrines des établissements publics, ou dans celles destinées à plusieurs ménages ; il devra être uni et ne présenter aucune cavité où les parties liquides puissent séjourner. Les murs seront peints. De plus, ce cabinet sera pourvu d'une fenêtre, et la propreté la plus scrupuleuse sera maintenue au moyen de lavages fréquents. « Nous sommes disposés, dit M. Tardieu, à adopter ce principe paradoxal que le cabinet d'aisances doit être le lieu le plus propre d'un établissement ; » on pourrait dire aussi, d'un appartement. Quant au *siége*, il sera de bois de chêne, avec un couvercle également de chêne, poli et ciré ; au-dessous, on enchâssera dans du bois dur, de la pierre ou de la fonte, une cuvette de faïence ou de terre cuite vernie. Plusieurs moyens ont été proposés pour éviter la fuite des émanations méphitiques qui remontent de l'intérieur de la fosse. Les cuvettes inventées par MM. Rogier et Mothès, constituent jusqu'à présent le meilleur système de fermeture hermétique. C'est une simple valve en forme de cuiller mobile sur un axe par une de ses extrémités et qui s'abaisse sous le poids d'une très-petite quantité de liquide. Placé à l'orifice du tuyau de conduite, il se relève de lui-même aussitôt que la pression a cessé, de manière à empêcher l'issue des émanations fétides. Dans les latrines particulières, on fera bien d'avoir un plancher de chêne ciré.

Mais toutes ces précautions prises, il restera encore à se préserver des miasmes et de l'infection produite par les émanations de la fosse et des tuyaux de chute, qui peuvent remonter de la fosse dans le cabinet. C'est ce qui arrivera toutes les fois que la force élastique des gaz de la fosse et du conduit est plus grande que celle du cabinet. On remédie à cet inconvénient par un ensemble de procédés que l'on trouvera exposés aux mots VENTILATION et VIDANGES, et qui reposent sur la construction du tuyau d'appel dont il a été question plus haut. Nous n'entrerons pas dans de plus longs détails sur ce sujet et surtout sur ce qui regarde la construction, la surveillance et l'entretien des latrines et des fosses dans les établissements publics (consultez l'article FOSSES D'AISANCES du *Dict. d'hygiène publique*, par M. le professeur Tardieu, 2e édition).

Mesures administratives. Voici les principales dispositions administratives qui règlent cette partie si importante des services publics.

L'ordonnance concernant le service des fosses mobiles, du 5 juin 1834, porte :

Art. 28. Il ne pourra être établi dans Paris, en remplacement des fosses d'aisances en maçonnerie ou pour en tenir lieu, que des appareils approuvés par l'autorité compétente.

Art. 29. Aucun appareil de fosses mobiles ne pourra être placé dans toute fosse supprimée dans laquelle il reviendrait des eaux quelconques.

L'article 30 réglemente la profession d'entrepreneur de fosses mobiles dans Paris.

L'article 31 dit que le transport des appareils aura lieu de 7 heures du matin à 4 heures du soir du 1er octobre au 31 mars, et de 5 heures du matin à 1 heure du 1er avril au 30 septembre.

Les articles suivants prescrivent aux propriétaires qui voudront établir des fosses mobiles d'en faire la déclaration préalable à la préfecture de police ; un plan de la localité sera joint à cette déclaration. Les appareils seront établis sur un sol rendu imperméable, et disposés en forme de cuvette. Ils devront être enlevés et remplacés avant que les matières débordent, mais seulement après une déclaration faite à la direction de la salubrité. Nous avons donné plus haut l'article 7 de l'ordonnance du 8 novembre 1851 qui prescrit l'emploi des appareils séparateurs pour les fosses mobiles.

L'ordonnance du 23 octobre 1850 réglemente ce qui est relatif aux fosses d'aisances. Elle ordonne de ne construire ni de réparer aucune fosse sans une déclaration préalable, avec plan de la fosse à construire ou à réparer, à moins que les travaux ne soient prescrits par l'architecte de l'administration. Défense de combler des fosses ou de les convertir en caves sans la permission du préfet de police. En un mot, ne procéder à aucun travail dans les fosses sans déclaration et autorisation. Les ouvriers travaillant dans les fosses devront être ceints d'un bridage dont la tache sera tenue par un ouvrier placé à l'extérieur. Il y aura toujours autant d'ouvriers en dehors qu'au dedans de la fosse. Les propriétaires ou entrepreneurs seront responsables, etc. (voyez les mots EXCRÉMENTS, FUMIER, PLOMB, SÉPARATEUR, SIPHON *(fosses à)*, TUYAUX D'APPEL, URINES, VENTILATION, VIDANGES, VOIRIE).

Ouvrages à consulter : *Rech. sur la nature et les effets du méphitisme des fosses d'aisances*, par Hallé, 1785. — *Mém. sur la construction des latrines publiques et sur l'assainissement des latrines et des fosses d'aisances*, par Darcet. — *Rech. sur le méphitisme des fosses d'aisances*, par Dupuytren, Thénard et Barruel (*Journ. de méd.*, t. II.) — *Rapp. sur les améliorations à introduire dans les fosses d'aisances*, etc., par MM. Labarraque, Chevalier et Parent-Duchatelet (*Ann. d'hyg.*, etc., t. XIV). — *Dict. de l'industr.*, art. LATRINES, par Parent-Duchatelet. — *Observations sur le méphitisme et la désinfection des fosses d'aisances*, par M. A. Guérard, *Annales d'hygiène*, t. XXXII. — *Rapp. adressé à S. E. M. le Ministre de l'intérieur sur la construction et l'assainissement des latrines et des fosses d'aisances*, par Grassi, 1858 (*Ann. d'hyg.*, 1859). F — N.

FOSSILES (Géologie), du latin *fossilis*, enfoui. — L'étymologie de ce mot le rend applicable à toutes les substances extraites du sein de la terre, et c'est dans ce sens qu'il fut d'abord employé par les minéralogistes; il désignait alors en même temps des minéraux proprement dits et des débris de corps organisés conservés dans les roches. Linné appliqua ce nom à sa troisième classe du règne minéral, et partagea cette classe des *Fossilia* en trois ordres : 1° *Fossilia terræ* (sable, ocre, argile, humus); 2° *Fossilia concreta* (caillou, stalactite, poudingue, etc.); 3° *Fossilia petrificata* (zoolithe, ornitholithe, phytolithe, etc.). Peu à peu les corps compris dans ce dernier ordre, et désignés d'abord sous le nom de *pétrifications*, conservèrent exclusivement le nom de *fossiles*, et actuellement les géologues et les minéralogistes français s'accordent généralement à nommer *fossiles* tous les débris ou traces de corps organisés, animaux ou végétaux, que l'on trouve dans les matières minérales dont le sol est constitué, et dans une position et des conditions telles que ces êtres organisés ont dû exister avant que la roche où on les rencontre ne fût formée.

Il y a longtemps que des débris, des moules, des empreintes d'animaux et de plantes observés dans les roches extraites des mines et des carrières ont frappé l'attention des savants ou des philosophes; mais on peut dire aussi que pendant longtemps leur véritable nature, leur origine et les phénomènes généraux, que leur existence nous doit révéler, furent absolument méconnus. Cette ignorance des observateurs est restée naïvement empreinte dans le nom même de *jeux de la nature* (*lusus naturæ*), qui servit longtemps à désigner ces corps bizarres, parce qu'ils n'étaient pas compris. Parmi ces jeux de la nature, celui qui étonnait le plus les savants des anciens âges était la présence dans le sol des montagnes, de coquilles analogues à celles que la mer rejette sur ses rivages. La première vue exacte sur ce phénomène se trouve dans l'ouvrage des *Eaux et fontaines*, publié en 1580 par le célèbre Bernard Palissy. Pythagore paraît avoir admis autrefois ces mêmes idées, autant qu'on en peut juger par ce que nous en disent les auteurs anciens, Ovide, par exemple (*Métamorph.*, liv. XV). Dans un remarquable exposé de l'enseignement de Pythagore, le poëte romain, développant la théorie de la transformation indéfinie des êtres terrestres et de la matière de notre planète, met dans la bouche du philosophe ionien des vers dont voici le sens : « J'ai vu par moi-même ce qui jadis fut une terre ferme devenue actuellement une mer; j'ai vu des terres produites par l'océan, et loin des mers reposent des coquilles marines, *et procul a pelago conchæ jacuere marinæ*..... ce qui fut une plaine devient une vallée par la chute des eaux courantes, et l'inondation nivelle une montagne en une plaine unie.

« Un potier de terre, qui ne savait ni latin ni grec, est-il dit dans l'*Histoire de l'Académie des sciences de Paris*, année 1720, fut le premier, vers la fin du XVI⁰ siècle, qui osa dire dans Paris, et à la face de tous les docteurs, que les coquilles déposées autrefois par la mer dans les lieux où elles se trouvaient alors, que des animaux et surtout des poissons avaient donné aux *pierres figurées* (ossements fossiles) toutes leurs différentes figures..... et il défia toute l'école d'Aristote d'attaquer ses preuves : c'est Bernard Palissy, Saintongeois, aussi grand physicien que la nature en puisse former un; cependant son système a dormi près de cert ans, et le nom même de l'auteur est presque mort. Enfin, les idées de Palissy

se sont réveillées dans l'esprit de plusieurs savants; elles ont fait la fortune qu'elles méritaient. » Buffon, en 1746, citait ce passage dans sa théorie de la terre, au début d'un exposé de ses idées sur les coquilles et autres productions de la mer, qu'on trouve dans l'intérieur de la terre, et, comme si ces idées mêmes formaient à ses yeux le fondement d'une théorie de la terre, il prenait pour épigraphe de son œuvre les vers d'Ovide que j'ai cités tout à l'heure. Notre grand naturaliste démontre avec une force incontestable que les coquilles, les poissons pétrifiés, les madrépores, les fragments de test de crustacés et d'oursins, sont des dépouilles d'animaux ayant vécu dans les mers qui ont baigné la surface des continents actuels, et qui ont travaillé à la formation des roches où se rencontrent ces débris organiques. Il signale en même temps l'existence, dans le sein de la terre, d'ossements d'animaux terrestres et de végétaux fossiles étrangers à nos pays, et il y voit les traces d'un monde que le temps a détruit. Comment comprendre qu'en présence de ces interprétations sagaces de faits laborieusement réunis, Voltaire, avec une raillerie mesquine, ait ridiculisé sans examen ces premiers efforts de la géologie naissante? Les poissons fossiles sont pour lui des poissons rares, rejetés de la table des Romains, parce qu'ils n'étaient pas frais; les coquilles ont été rapportées et semées sur leur chemin par les pèlerins du temps des croisades. « Comment se peut-il, s'écrie Buffon, que des personnes éclairées et qui se piquent même de philosophie aient encore des idées fausses sur ce sujet ? » Et le savant prend soin de réfuter sérieusement ces misérables objections!

Cinquante ans plus tard, le 1ᵉʳ pluviôse an V (20 janvier 1797), Georges Cuvier ouvrait une ère nouvelle à la géologie et à l'histoire des fossiles; il lisait à la nouvelle Académie des sciences son premier mémoire sur les *éléphants fossiles*. Ce grand homme donna un sens tout nouveau à l'étude des fossiles. « Les savants, dit-il dans son *Discours sur les révolutions de la surface du globe*, étudiaient, à la vérité, les débris fossiles des corps organisés..... mais, plus occupés des animaux ou des plantes considérés comme tels, que de la théorie de la terre, ou regardant ces pétrifications ou ces fossiles comme des curiosités, plutôt que comme des documents historiques, ou bien enfin se contentant d'explications partielles sur le gisement de chaque morceau, ils ont presque toujours négligé de rechercher les lois générales de position ou de rapport des fossiles avec les couches. Cependant l'idée de cette recherche était bien naturelle. Comment ne voyait-on pas que c'est aux fossiles seuls qu'est due la naissance de la théorie de la terre; que, sans eux, l'on n'aurait peut-être jamais songé qu'il y ait eu dans la formation du globe des époques successives et une série d'opérations différentes? Eux seuls, en effet, donnent la certitude que le globe n'a pas toujours eu la même enveloppe, par la certitude où l'on est qu'ils ont dû vivre à la surface avant d'être ainsi ensevelis dans la profondeur. Ce n'est que par analogie que l'on a étendu aux terrains primitifs (terrains cristallins) la conclusion que les fossiles fournissent directement pour les terrains secondaires, et, s'il n'y avait que des terrains sans fossiles, personne ne pourrait soutenir que ces terrains n'ont pas été formés tous ensemble. C'est encore par les fossiles, toute légère qu'est restée leur connaissance, que nous avons reconnu le peu que nous savons sur la nature des révolutions du globe. Ils nous ont appris que les couches qui les recèlent ont été déposées paisiblement dans un liquide; que leurs variations ont correspondu à celles du liquide; que leur mise à nu a été occasionnée par le transport de ce liquide; que cette mise à nu a eu lieu plus d'une fois : rien de tout cela ne serait certain sans les fossiles. » Cette sorte de programme d'une science nouvelle fut admirablement rempli, et la *paléontologie* ou *science des êtres anciens* date de Cuvier et lui survivra longtemps. Bien des travaux ont enrichi cette science sans sortir de la voie tracée par son fondateur, et aujourd'hui encore l'histoire des fossiles repose sur les principes établis par lui.

Avant de jeter un coup d'œil sur les principales sortes de fossiles que l'on rencontre dans les couches du globe, il est bon de rechercher comment ces débris ont pu se conserver et quelles transformations générales ils ont pu subir. Il est bien connu de tout le monde que dans les conditions les plus ordinaires les cadavres d'animaux, les débris de végétaux se détruisent après un temps qui n'est pas fort long; les parties molles cèdent les premières à la décomposition et ne durent en général que quelques années; les parties cornées, osseuses, ligneuses, résistent mieux, mais, après un ou deux siècles, la plus grande partie des êtres qui ont vécu à une certaine époque ont disparu jusque dans leurs moindres traces. Il le faut bien, car tout nous enseigne que, comme le disait déjà Pythagore, rien ne périt dans notre monde, tout se transforme et reparaît sous une nouvelle face, naître c'est commencer à être autre chose que ce que l'on a été..... mais, au milieu de ces transmutations, la somme de matière demeure constante (Ovide, *Métam.*, liv. XV). Les générations qui périssent doivent donc livrer leur matière à celles qui les suivent; la conservation prolongée de ces cadavres troublerait indubitablement la production de leurs descendants, si elle devenait un fait quelque peu général. C'est donc exceptionnellement que se conserveront intactes certaines dépouilles d'êtres vivants; il faut que peu de temps après la mort une matière non putrescible et incrustante les enveloppe, les pénètre, les ensevelisse ou les pétrifie. Les eaux seules charrient des matières de ce genre, et ce sont elles qui nous ont préparé les fossiles. Mais qu'on ne s'y trompe pas, bien que le nombre des débris fossiles que nous rencontrons soit considérable, dépasse même toute imagination, un petit nombre d'entre eux conservent encore la matière qui les a constitués pendant leur vie. D'abord les parties molles ont disparu, et nous n'en retrouvons parfois des traces que dans les empreintes ou les moulages qu'elles ont laissés dans la matière minérale fossilisatrice. Quant aux parties dures, bien souvent leurs formes seules subsistent, la substance minérale amenée par les eaux s'est lentement substituée à la matière organisée et en a fréquemment pris tout à fait la place. Ainsi des myriades d'êtres vivants qui ont peuplé les diverses époques de l'histoire primitive de notre globe, le plus grand nombre a péri sans qu'aucune trace de leur être subsiste aujourd'hui; un grand nombre néanmoins ont laissé dans le linceul minéral, que les eaux leur ont fabriqué peu à peu, des empreintes, des moulages, des pétrifications, beaucoup moins d'entre eux nous ont transmis véritablement quelque portion de leur corps demeurée plus ou moins intacte, malgré les siècles. Constant Prévost a démontré que la formation des fossiles n'est pas d'ailleurs un phénomène particulier aux époques antérieures à l'âge actuel, mais qu'aujourd'hui encore nos eaux il s'en forme peu à peu, comme cela s'est fait auparavant; mais ils demeurent, comme les dépôts où ils s'enfouissent, inaccessibles, quant à présent, à nos investigations.

En résumé, on peut distinguer parmi toutes les traces d'êtres organisés auxquelles s'applique aujourd'hui le nom de *fossiles* :

1° Les *fossiles proprement dits* ou les parties d'animaux ou de plantes conservées sans altération ou à peu près: ce sont des os, des dents, des cornes, des ongles, des piquants, des écailles, des coquilles, des carapaces de crustacés, des madrépores, des fragments de bois; encore la conservation n'est-elle complète que dans les terrains les plus récents, et les altérations sont d'autant plus grandes que l'on retrouve ces parties dans des couches plus anciennes.

2° Les *pétrifications* ou débris organiques dont la substance a été complétement remplacée par les molécules de matière minérale, sans que les formes caractéristiques, et souvent la structure intime, aient cessé d'être reconnaissables; les matières minérales qui ont le plus souvent imprégné de cette façon des débris organiques sont le carbonate calcaire, le sulfate calcaire, la silice, le fer oxydé.

3° Les *moules* et *empreintes* qui sont des reproductions de formes extérieures des êtres vivants ou de quelques-unes de leurs parties; tantôt le corps moulé a été détruit, et la matière minérale environnante nous a conservé en creux le moulage ou plutôt l'empreinte de ses formes; tantôt, dans un moule en creux de ce genre, de nouvelle matière minérale s'est introduite et a donné un moule en relief. Ainsi nous sont parvenues les formes de parties molles incapables de se conserver; ainsi nous ont été léguées parfois jusqu'aux empreintes de pas de quadrupèdes, d'oiseaux, de crustacés, sur les grèves sablonneuses des mers anciennes, durcies aujourd'hui en des masses de grès (voyez EMPREINTES).

4° Il est une dernière sorte de débris d'origine organique qu'il faut mentionner ici, malgré leur nature singulière, ce sont les *coprolites* ou matières fécales fossiles. Tantôt ces matières forment de petits amas comparables aux couches de guano de l'époque actuelle; tantôt elles s'observent au milieu de débris retraçant un animal et

correspondant à la cavité abdominale, de telle sorte que ces coprolites étaient évidemment contenus dans l'intestin quand l'animal a succombé; tantôt enfin les coprolites sont de petits corps arrondis, souvent contournés en spirale, de consistance dure et d'une couleur blonde ou grise. On a souvent dans les coprolites reconnu des fragments concassés d'animaux, comme cela se voit communément dans les matières fécales de poissons, de reptiles. La forme des coprolites a permis de reconnaître souvent la classe ou même la famille des animaux qui les ont produits.

Ces diverses sortes de fossiles se rencontrent dans les différentes couches des terrains de sédiment, suivant un ordre qui va être indiqué un peu plus loin. Mais auparavant il convient de consigner ici quelques résultats généraux d'une haute importance : 1° Si l'on compare les débris fossiles d'êtres vivants avec les parties analogues des êtres actuellement vivants auxquels les premiers ressemblent le plus, on rencontre rarement une ressemblance assez exacte pour regarder les espèces comme identiques. On est donc amené à cette conclusion remarquable, que *les espèces animales et végétales qui ont peuplé la surface du globe aux diverses périodes dont les terrains de sédiment sont les traces, étaient différentes des espèces qui la peuplent dans la période actuelle.* C'est seulement dans quelques dépôts récents que l'on trouve des fossiles identiques avec des espèces encore vivantes. — 2° Non-seulement les espèces d'êtres organisés de l'époque présente sont différentes de celles des époques géologiques; mais la même différence s'observe ordinairement entre les espèces d'une époque quelconque et celles des époques antérieures. — 3° On ne voit jamais une espèce, rencontrée dans un terrain et disparue dans les couches immédiatement superposées, se montrer de nouveau après une certaine période; chaque espèce a eu son temps et a disparu ensuite définitivement. — 4° En outre, plus on remonte vers des terrains anciennement déposés, plus les espèces d'êtres organisés sont dissemblables à celles qui vivent aujourd'hui. Il en résulte qu'elles nous donnent l'idée de genres distincts de ceux que nous font connaître aujourd'hui le règne animal et le règne végétal, et nous admettons qu'il y a des genres perdus, comme il y a des espèces perdues. — 5° En examinant des terrains plus anciens encore, nous reconnaissons de la même manière qu'il a disparu des groupes de genres qui formaient de véritables familles naturelles; enfin l'étude des terrains le plus anciennement déposés nous révèle des formes si éloignées de celles des animaux et des plantes de notre époque, qu'il faut les rapporter à des ordres, a des classes maintenant sans représentants et disparues à jamais.

Ces résultats généraux de l'étude des fossiles nous font concevoir dans celle de notre globe une série de périodes où les conditions générales de formation des terrains, de végétation et de production animale étaient successivement différentes. Aussi les espèces fossiles sont-elles propres, par leur présence ou leur absence, à faire reconnaître les terrains les uns des autres et à déterminer les limites exactes des époques géologiques qui ont précédé celle où nous sommes en ce moment. Cuvier et Al. Brongniart ont, les premiers, montré dans leur ouvrage sur les terrains du bassin de Paris combien l'étude des fossiles de chaque couche en révélait nettement les rapports d'âge avec les autres couches voisines, et donnait de la certitude pour reconnaître soit cette même couche dans d'autres localités, soit, dans d'autres localités aussi, les couches contemporaines d'une nature minérale différente (voyez TERRAINS). Mais dans le présent article, préoccupé surtout de faire connaître les principaux fossiles, je laisse de côté les inductions que leur étude fournit pour l'histoire même des terrains, et je m'attache à l'indication des principaux types d'êtres organisés antédiluviens, aujourd'hui connus.

COUP D'ŒIL SUR LES PRINCIPAUX FOSSILES.

1° *Période paléozoïque.*

1. *Époque cambrienne et silurienne.* — Cette première époque de l'apparition des êtres vivants nous a laissé des débris d'animaux appartenant aux quatre embranchements du règne animal, de telle sorte que dès l'origine les quatre grands plans d'organisation suivant lesquels sont conformés les animaux actuels furent représentés dans la création.

Parmi les animaux *Vertébrés*, ce sont des *Poissons*

composant divers genres éteints de la sous-classe des *Chondroptérygiens* ou *Poissons cartilagineux*, famille des *Sélaciens*; c'est auprès des *Cestracions* de Cuvier que ces genres perdus viendraient se grouper.

L'embranchement des *Articulés* ou *Annelés* était surtout représenté dans cette première période par un groupe de *Crustacés* assez différents de ceux que l'on connaît aujourd'hui pour former au moins une famille, sinon un ordre distinct, sous le nom général de *Trilobites* (*fig.* 1202, 1203). Les fossiles de ce groupe nous montrent, en général, la forme d'un bouclier ovale, composé d'articles divisés en trois parties par deux dépressions longitudinales symétriquement placées de chaque côté; le plus antérieur de ces articles est beaucoup plus grand et constitue une plaque voûtée, arrondie, portant deux yeux à facettes semblables à ceux des crustacés actuels, que nous nommons *Limules* (*fig.* 1211). On présume que ces

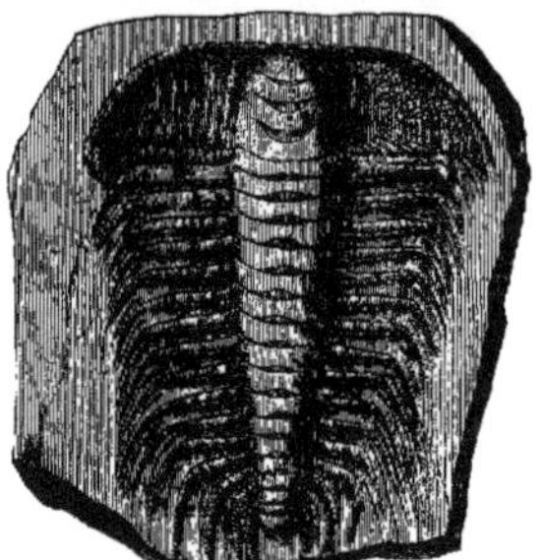

Fig. 1202. — Trilobite (Paradoxides spinulosus)

crustacés évidemment marins, au moins pour le plus grand nombre, vivaient loin des côtes ou dans les bas-fonds, réunis en familles nombreuses, qu'ils nageaient sur le dos, et que, leurs pieds entièrement charnus ne pouvant les fixer solidement aux corps submergés, ils devaient habituellement se mouvoir sans cesse dans les eaux. L'époque silurienne a vu le maximum de développement des trilobites dont aucune espèce n'a survécu à la fin de la période carbonifère. Dans cet ordre d'animaux éteints, on a pu distinguer jusqu'à sept familles dans lesquelles se distribuent plus de vingt genres (voyez TRILOBITES). Une autre classe d'animaux annelés, celle des *Annélides*,

Fig. 1203. — Trilobite (Calymene Blumenbachii).

avait aussi des représentants dans ces mers du premier âge de la création vivante, car on connaît dans les couches cambriennes une belle espèce de *Néréide* représentée ici par la figure 1204.

Des genres nombreux, dont quelques-uns se sont perpétués jusqu'à notre époque et dont la plupart se sont éteints, représentent, aux époques cambrienne et silurienne, les principales classes d'animaux *Mollusques*; je ne puis que citer ici quelques-uns des plus remarquables. Les genres de *Céphalopodes* qui vivaient à cette époque se rapportent tous au groupe des *Nautiles* ou *Céphalopodes* à coquilles divisées par des cloisons en un grand nombre de chambres successives. L'un des plus répandus parmi ces genres aujourd'hui éteints est le genre *Lituite* dont on voit ici une des espèces (*fig.* 1205). On peut encore citer les genres *Gyrocératite* et *Orthocératite* dont nous retrouverons de nombreuses espèces à l'époque suivante. Les espèces de *Mollusques gastéropodes* de cette époque se rapportent à quelques genres encore existants, les genres *Natice*, *Cabochon*, *Helcion*, ou, en

bien plus grand nombre, à des genres perdus, tels que les *Scalites*, les *Murchisonies*, les *Bellérophons*, qui se retrouvent encore aux époques suivantes. Des faits ana-

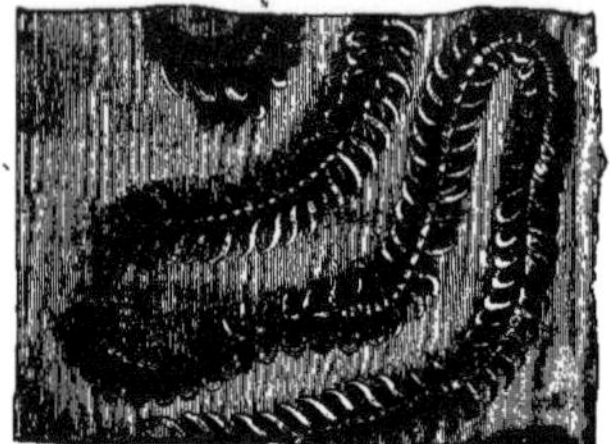

Fig. 1204. — Annélide (Nereides cambriensis).

logues se présentent pour les *Mollusques acéphales testacés*; la classe des *Brachiopodes* compte plusieurs genres propres à cette période : les genres *Orthisina* (*fig.* 1206)

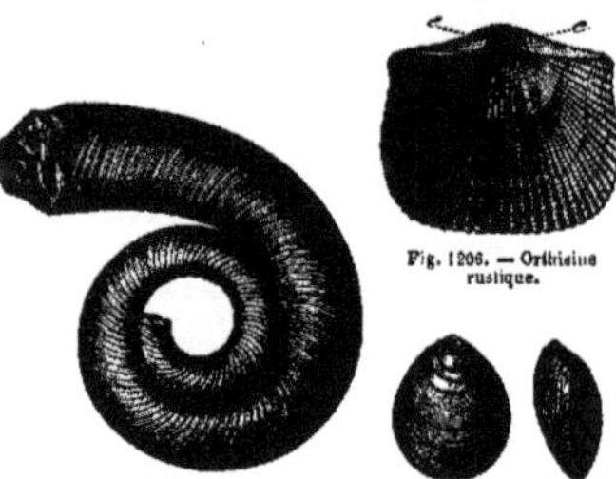

Fig. 1205. — Céphalopode (Lituite corne de bélier).

Fig. 1206. — Orthisina rustique.

Fig. 1207. — Siphonotreta verruqueuse.

Siphonotreta (*fig.* 1207), d'autres également perdus, qui se retrouvent aussi dans d'autres périodes fort anciennes, les *Pentamères*, les *Orthis*, d'autres enfin représentés encore par des espèces actuellement vivantes, les genres *Lingule* (*fig.* 1209), *Térébratule*. Pour compléter ce qui

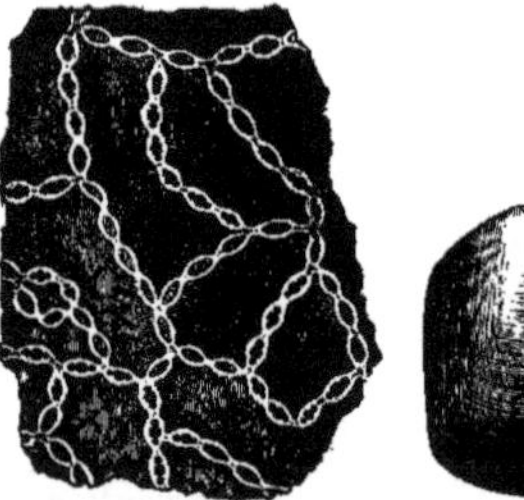

Fig. 1208. — Halycite labyrinthique (partie grossie).

Fig. 1209. — Lingule de Lewis.

concerne les Mollusques, il faut signaler à cette époque de première apparition des êtres vivants sur le globe, l'existence d'un assez grand nombre de *Bryozoaires* ou *Polypes cellulaires* de Cuvier, généralement regardés aujourd'hui comme appartenant au type des mollusques. Ces genres, presque tous perdus, se rapprochaient des Cellépores de nos mers actuelles.

Le dernier embranchement du règne animal, celui des

Zoophytes ou *Animaux rayonnés*, peuplait les mers antiques de nombreuses espèces d'*Echinodermes*, de *Polypes à polypiers*, de *Spongiaires*. Les *Echinodermes* de cette première époque se rapportent à des genres tont spéciaux du groupe des *Comatules* et des *Encrines*, ou à d'autres genres du même groupe, également perdus, et qui ont survécu quelque temps à cette époque. Quant

Fig. 1210.—Cyathaxonie de Dalman.   Fig. 1211. — Limule arrondie.

aux *Polypiers* ou *Madrépores* de l'époque silurienne, ils sont assez nombreux, assez variés, et forment des genres à peu près tous éteints aujourd'hui ; on verra figurées cicontre une espèce du genre *Halycite* (*fig.* 1208) ou *Caténipore*, aujourd'hui détruit, une autre du genre *Cyathaxonie* (*fig.* 1210), également perdu.

Le règne végétal de l'époque cambrienne et silurienne n'a pas laissé des débris très-abondants, et ceux qu'on a le mieux reconnus jusqu'à présent proviennent de plantes marines de l'embranchement des *Acotylédones* ou *Cryptogames*. Cette flore antique n'est d'ailleurs pas assez bien étudiée encore pour se distinguer nettement de celle de l'époque carbonifère qui va se présenter bientôt. Mais l'existence de dépôts de houille à l'époque silurienne fait conjecturer qu'elle a possédé des végétaux terrestres jusqu'ici inconnus pour nous.

II. *Epoque dévonienne.* — La faune et la flore de cette nouvelle époque ont de grands rapports avec celles de l'époque précédente. Parmi les animaux *Vertébrés*, régnaient à l'âge dévonien des familles toutes particulières de *Poissons* : les *Diptéridés* à écailles presque carrées, avec deux nageoires dorsales, deux anales, et la queue disposée comme celle de nos squales actuels ; les *Acro-*

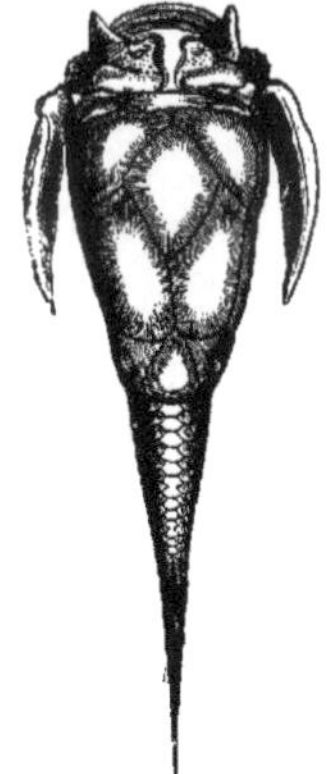

Fig. 1214. — Pterichthys cornu.   Fig. 1213.—Gyrocératite d'Eifel.

lépisidés aux formes élancées, avec la queue et les écailles des précédents, une seule dorsale et une seule anale ; les *Acanthodiilés*, qui ne diffèrent des précédents que par des écailles presque microscopiques ; les *Céphalaspidés*, singuliers poissons cuirassés de plaques os-

seuses sur la partie antérieure du corps, la tête plate et arrondie, le corps aplati, dépourvu de nageoires abdominales, comme on peut le voir dans la figure ci-jointe du *Plerichthys cornu* (*fig.* 1212). Mais, outre ces poissons à formes spéciales et dont beaucoup de genres se sont éteints à la fin de l'époque dévonienne, cette époque semble avoir vu apparaître les *Reptiles sauriens* dans un genre nommé *Sauropteris* par les paléontologistes.

Les animaux *Articulés* ou *Annelés* comptent encore à cette époque des genres de *Trilobites*, mais en outre

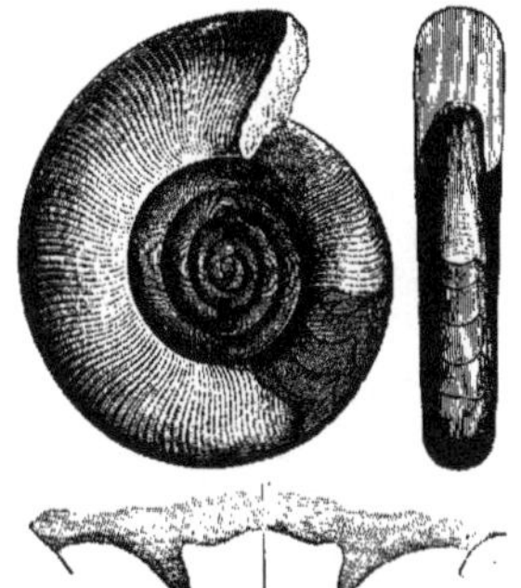

Fig. 1214. — Clyménie de Sedwick, vue de côté et de face ; au-dessous est le dessin du contour d'une des cloisons.

apparaissent certaines espèces d'*Annélides tubicoles*, des genres *Serpule* et *Spirorbe*. Parmi les *Mollusques*, il faut citer des genres de *Céphalopodes* caractéristiques

Fig. 1215. — Cupressocrinite épaisse.

de l'époque dévonienne : les *Gyrocératites* (1213), les *Clyménies* (*fig.* 1214), de nombreuses espèces de *Gastéropodes* et d'*Acéphales testacés*, dont quelques-unes représentent des genres encore vivants aujourd'hui, comme les genres *Turbo*, *Phasianelle*, *Dentale*, *Pholadomye*, *Lucine*, *Moule*, *Peigne*. Certains genres de *Brachiopodes* fournissaient à cette époque des espèces toutes spéciales, comme la *Calcéole sandaline*, la *Térébratule élargie*. Enfin l'embranchement des *Zoophytes* a donné à l'époque dévonienne de nombreux *Echinodermes crinoïdes*, tels que les *Cupressocrinites* (*fig.* 1215), des *Polypiers* et quelques *Spongiaires*.

Le règne végétal comptait à cette époque de nombreux représentants dans les mers et sur la terre ferme ; mais la flore dévonienne, très-analogue à celle de l'époque carbonifère, n'en a pas encore été bien nettement distinguée. On y connaît quant à présent des végétaux marins analogues à nos *Fucus*, des *Fougères* telles que les *Sphenopteris* (*fig*. 1216), et même des *Dicotylédones*

Fig. 1216. — Sphenopteris lache (Fougère).

du groupe des *Sigillariées*, analogues, par conséquent, à nos arbres verts résineux d'aujourd'hui.

III. *Époque carbonifère.* — Les débris d'animaux sont beaucoup plus variés dans cette nouvelle période. Pour la

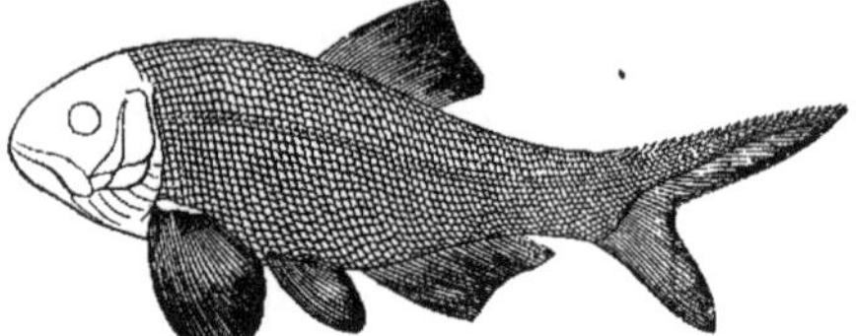

Fig. 1217. — Amblypterus à grandes nageoires, (long. 0m,40).

première fois apparaissent des espèces des classes des *Insectes*, des *Arachnides*, des *Cirrhipèdes*, et aussi des espèces

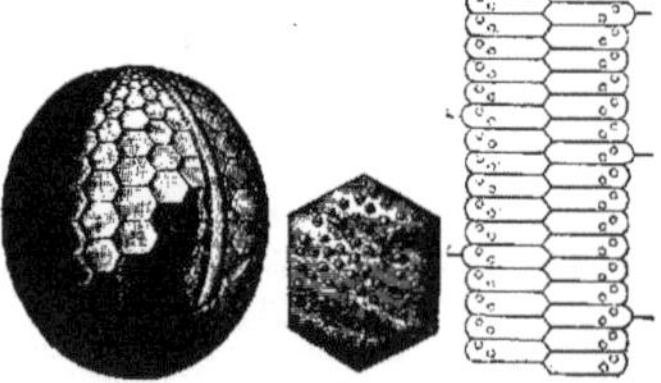

Fig. 1218 — Échinocrinus elliptique; à côté de l'animal ont été figurées une des plaques hexagonales et une série umbulacraire.

de *Foraminifères* voyez ce mot et d'*Echinides* (*fig*. 1218). Dans les mers ou les fleuves de cette époque dominaient des *Poissons cartilagineux*, voisins de nos raies, de nos squales, dont les dents nous sont surtout conservées dans les couches carbonifères, et qui se rapportent à des genres perdus; puis des *Poissons osseux*, que les *Lépidostées* semblent

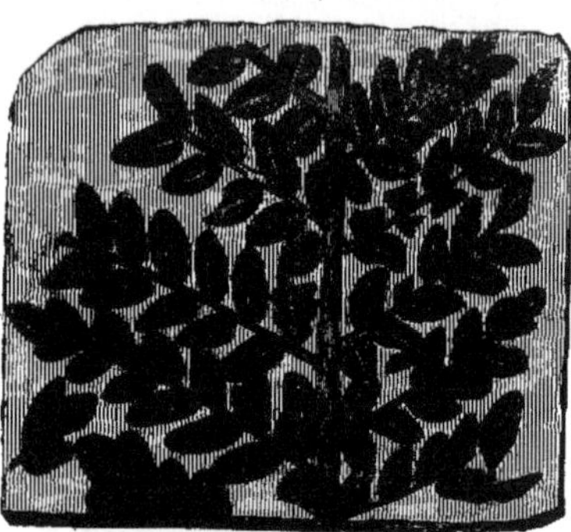

Fig. 1219. — Nevropteris hétérophylla (Fougère).

seuls rappeler encore aujourd'hui, et qui doivent constituer le groupe spécial des *Palæoniscidés*, où il faut surtout citer les *Palæoniscus* et les *Amblypterus* (*fig*. 1217), et d'autres poissons de la plus grande taille, à dents fortes et striées, très-voisins des reptiles. Ces mêmes océans nourrissaient des *Crustacés trilobites*, de petits *Entomostracés*, voisins de nos *Cypris*, quelques espèces du genre actuel des *Limules*; puis encore des *Mollusques céphalopodes*, voisins des Nautiles, diverses espèces de *Gastéropodes*, d'*Acéphales testacés*, de *Brachiopodes*; enfin des *Zoophytes* du groupe des *Oursins* et de celui des *Crinoïdes*, de nombreux *Polypes* à polypiers calcaires. Les terres que baignaient ces mers étaient nombreuses et paraissent avoir formé des sortes d'archipels au milieu desquels de grandes étendues de terre ferme se mêlaient à des îles plus restreintes. Sur les côtes vivaient quelques *Reptiles sauriens*, tels que ceux qu'on a nommés *Nothosaures*, puis des *Insectes coléoptères, orthoptères, névroptères*, une espèce de *Scorpion* d'un genre éteint aujourd'hui.

Mais les richesses zoologiques conservées dans les couches du terrain carbonifère, ont moins d'intérêt encore que les débris de végétaux fossiles dont les dépôts de cette époque nous ont gardé les empreintes encore bien reconnaissables. « C'est à l'époque carbonifère, dit Alc. d'Orbigny, que se montre un luxe exubérant de végétaux : ces élégantes *Fougères* arborescentes, au feuillage léger comme la plus riche dentelle; ces *Lépidodendrons* élancés (*fig*. 1220); ces feuilles si variées des *Fougères* (*fig*. 1219), des *Lycopodiacées*, dont la terre devait être couverte; ces *Sigillariées* (*fig*. 1221) gigantesques luttant de hauteur avec les *Conifères* (*fig*. 1222) de l'époque. Rien sans doute aujourd'hui n'égalerait le pittoresque d'une telle richesse végétale, dont néanmoins nous donnent une idée quelques-unes des parties montueuses privilégiées de la zone torride. Cette magnifique végétation couvrant alors les régions tropicales, les régions tempérées et jusqu'aux régions de l'île Melville, où, depuis, les frimas sont éternels; cette végétation croissant partout sous une température uniformément chaude, déterminée par la chaleur centrale propre à la terre, était pourtant destinée, après quelques milliers de siècles, après tant de révolutions terrestres, à devenir pour la race humaine une nouvelle Providence ! N'est-il pas merveilleux qu'elle se soit conservée comme

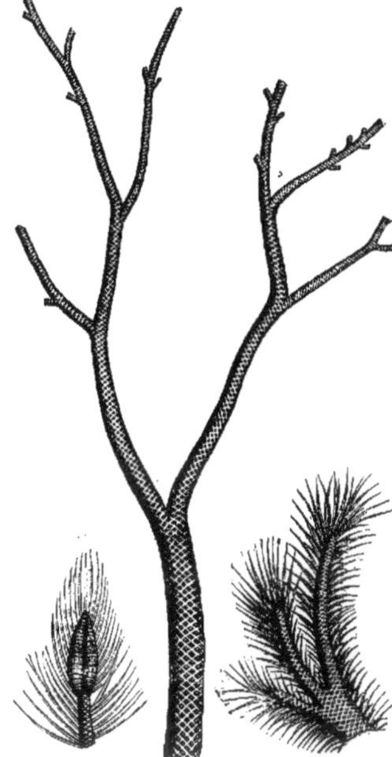

Fig. 1220. — Lepidodendron de Sternberg ; (Lycopodiacée, tige.)

pour donner à l'homme, sur tous ces points maintenant refroidis et souvent glacés, une chaleur factice que la nature ne produit plus ? N'est-il pas merveilleux de voir,

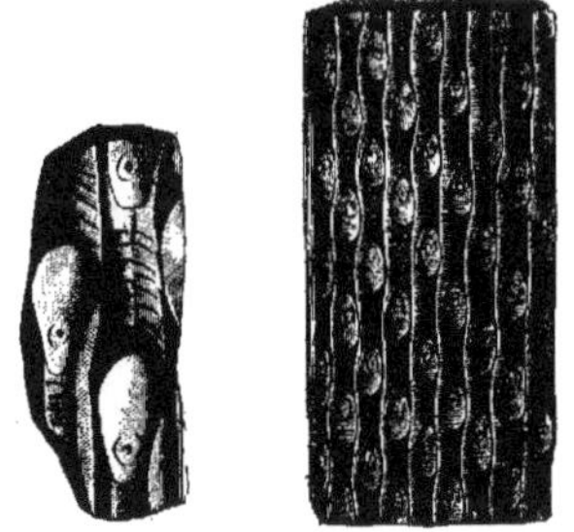

Fig. 1221. — Sigillaria de Grœser; fragment de la surface du tronc.

après un laps de temps si considérable, cette antique végétation rivaliser et même dépasser la végétation moderne pour les services qu'elle rend à l'humanité ? On

lui doit en effet ces magasins souterrains, ces inépuisables dépôts devenus, en ce moment, des sources incessantes de prospérité et les plus puissants moteurs du développement de l'industrie et du commerce. » M. le professeur Ad. Brongniart, qui a créé la science des végétaux fossiles, porte à environ 500 le nombre des espèces de plantes actuellement connues dans les couches carbonifères; elles se classent ainsi : *Cryptogames amphigenes*, 2 ; *Crypt. acrogènes, Fougères*, 297 ; idem, *Lycopodiacées*, 109 ; idem, *Equisétacées*, 12 ; *Dicotylédones gymnospermes*, 121, dont 46 *Sigillariées* et 16 *Conifères*; quelques *Monocotylédones* encore mal dé-

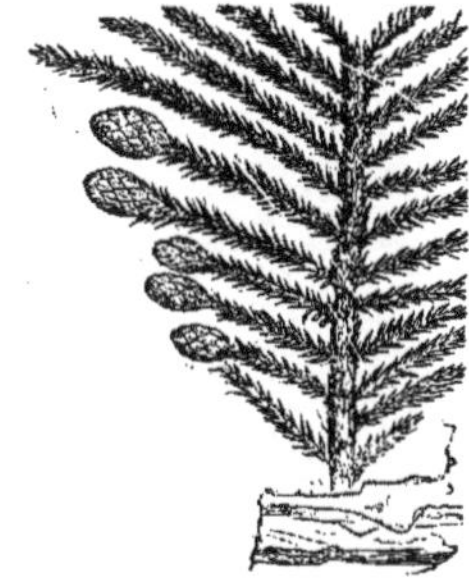

Fig. 1222. — Walchia hypnoïdes (espèce de conifère); rameau.

finies. Le savant botaniste résume ainsi les caractères de la flore carbonifère : « Absence complète des *Dicotylédones angiospermes;* absence complète ou presque complète des *Monocotylédones;* prédominance des *Cryptogames acrogènes*, et formes insolites et actuellement détruites dans les familles des *Fougères*, des *Lycopodiacées* et des *Equisétacées;* grand développement des *Dicotylédones gymnospermes*, mais résultant de l'existence de familles complétement détruites, non-seulement actuellement, mais dès la fin de cette période. »

J'ai donné quelques développements à ces esquisses des faunes et des flores des premiers âges des êtres organisés, parce que j'ai voulu faire bien connaître quels grands groupes ou types de formes organiques se sont montrés dès ces premiers temps : on peut déjà se rendre compte s'il est vrai que les êtres les plus imparfaits ou les plus simples en organisation aient paru les premiers dans l'un comme dans l'autre règne, et combien il importe dans de pareilles questions de réfréner par l'étude minutieuse des faits les élans auxquels l'imagination est toujours tentée de céder. Mais cette question reviendra un peu plus bas.

IV. *Epoque permienne.* — Une révolution considérable, en terminant l'époque carbonifère, paraît avoir très-notablement modifié les conditions générales de la vie à la surface du globe, car les zoologistes et les botanistes ont également reconnu qu'avec la période carbonifère finissent une population particulière d'animaux et une végétation toute spéciale. Cependant l'époque permienne semble un dernier reflet de la période carbonifère expirante; la période permienne, selon le professeur Ad. Brongniart, n'en présente qu'une sorte de résidu déjà privé de la plupart de ses genres les plus caractéristiques; et pendant la période suivante, nous n'en trouvons plus aucune trace. Alc. d'Orbigny constate que l'étude des animaux fossiles de l'époque permienne donne le même résultat. « Les mers permiennes, dit-il, offraient des animaux voisins, comme ensemble de caractères, des autres étages paléozoïques précédents : par exemple, les mêmes genres que ceux de l'étage carbonifèrien, et en outre des genres et surtout des espèces bien distinctes. Cette faune se composait de deux genres de *Reptiles*, sans doute riverains et marins, de cinq genres nouveaux de *Poissons placoïdes* (cartilagineux) et *ganoïdes* (couverts d'écailles brillantes en mosaïque) seulement, de *Crustacés*, de *Mollusques* de toutes les classes, parmi lesquels trois genres nouveaux. Les *Huîtres*, par exemple, commencent à se montrer avec quelques *Zoophites* inaperçus jusqu'alors. » Les végétaux dont les débris r ous ont été conservés sont des *Algues*, des *Fougères*, des *Équisétacées*, des *Lycopodiacées*, des *Conifères*, plantes marines et terrestres.

2e *Période triasique.*

Une seconde période commence évidemment pour la création animale et végétale, après l'époque permienne. Plus de trois cents des genres d'animaux de la période précédente disparaissent pour toujours : ainsi avec l'époque permienne s'éteignent le genre *Nothosaure* parmi les *Reptiles*, une soixantaine de genres de *Poissons* cartilagineux ou osseux, tout le groupe des *Crustacés trilobites*, dix-sept genres de *Mollusques céphalopodes*, vingt-six genres environ de *Gastéropodes*, *Acéphales testacés*, *Brachiopodes*, et de nombreux genres de *Zoophytes*, et surtout, parmi eux, de *Crinoïdes*. Avec cette même époque permienne finit aussi, pour le règne végétal, ce que M. le professeur Ad. Brongniart appelle le *règne des Cryptogames acrogènes* (*Fougères*, *Lycopodiocées*, *Équisétacées*, etc.). Ainsi l'étude des fossiles des deux règnes conduit au même résultat sur ce point et révèle avec évidence un changement important dans les êtres organisés, au moment où nous sommes parvenus dans la série des âges antédiluviens.

La nouvelle période, nommée par beaucoup de paléontologistes *période triasique*, est marquée surtout par la première apparition des *Oiseaux*, un développement tout à fait caractéristique de la classe des *Reptiles*, et surtout des grands *Sauriens* entièrement perdus aujourd'hui, l'apparition des *Crustacés décapodes*, des *Ammonites*, *Trigonies*, *Plicatules* parmi les *Mollusques*, des *Pentacrines* parmi les *Zoophytes crinoïdes* ; enfin parmi les végétaux au règne des *Cryptogames acrogènes* succède celui des *Dicotylédones gymnospermes* (*Conifères*, *Cycadées* et groupes voisins). Dans les deux règnes, toutes les espèces de cette seconde période sont absolument différentes de celles qui ont vécu pendant la première.

Selon toute vraisemblance, la période triasique a moins duré que la période paléozoïque ; on n'y distingue guère que deux époques.

I. *Époque conchylienne* ou *du Muschelkalk*. — Cette

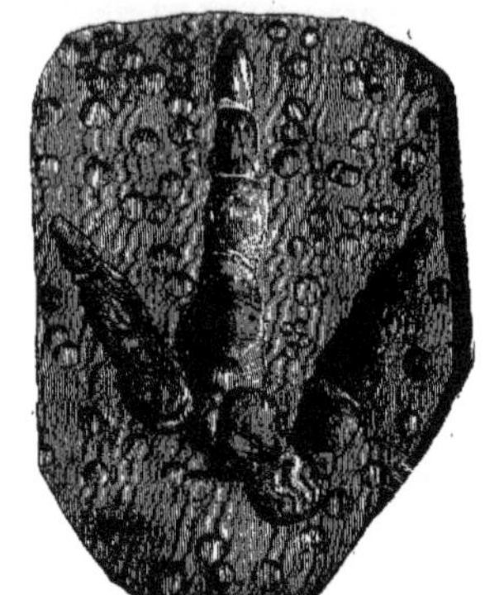

Fig. 1223. — Empreinte d'un pied d'oiseau avec des empreintes de gouttes de pluie.

époque, qui a vu déposer les grès bigarrés et le calcaire conchylien des géologues français, nous a transmis sur

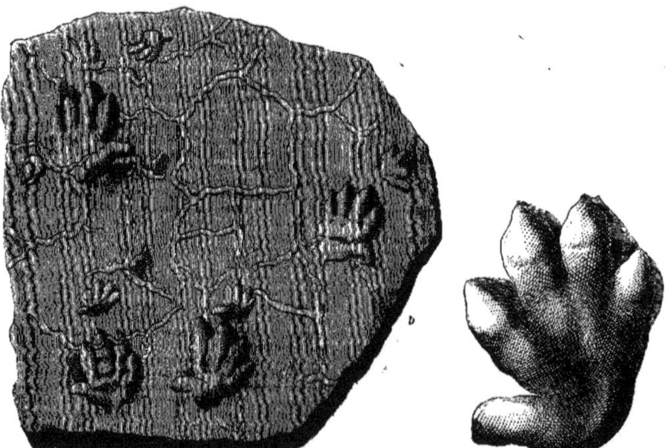

Fig. 1224. — Empreintes de chirotherium (*b*) et de tortue (*a*).

le sable de ses grèves aujourd'hui solidifié en grès de couleurs variées les empreintes parfaitement reconnaissables des pas de plusieurs espèces d'*Oiseaux de rivage*, s'entre-croisant avec ceux de plusieurs *Tortues*, de divers *Reptiles*, parmi lesquels il faut peut-être ranger un grand animal dont le pas surtout est connu par les empreintes qui nous en restent. La ressemblance grossière de cette empreinte avec une main a fait donner à l'animal inconnu (peut-être une sorte de crapaud gigantesque), qui a foulé ces rivages de son poids, le nom de *Chirotérium* (du grec *cheir*, main, et *therion*, animal).

Les genres de *Reptiles sauriens* n'étaient pas seulement nombreux à l'époque conchylienne, ils offraient des formes animales, grandes et très-bizarres ; les plus importants sont les genres *Paléosaure*, *Labyrinthodon*, *Simosaure*, *Ichthyosaure*, *Plésiosaure*. La période suivante nous fera mieux connaître ces deux derniers. Les *Poissons* offrent aussi des formes nouvelles à cette époque ; on verra ci-contre quelques débris de ces animaux. Les premiers représentants de la famille des *Ammonites* (genre *Cératite*) comptent parmi eux une espèce vraiment caractéristique de cette époque, l'*Ammonite* ou *Cératite n··neuse.* (fig. 1226). Les autres classes de *Mollusques* of-frent surtout à signaler des *Myophories* (genre voisin

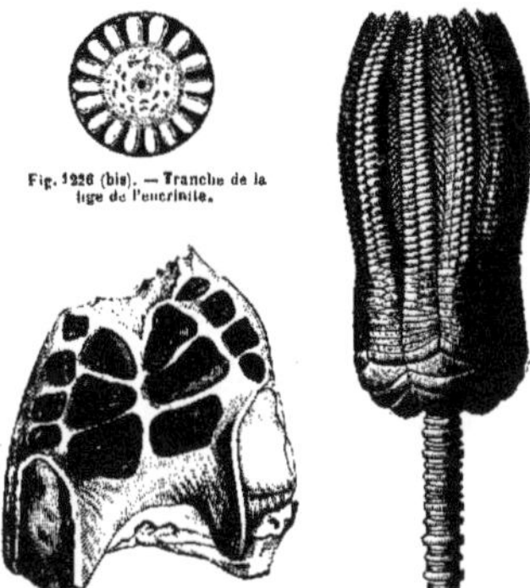

Fig. 1226 (bis). — Tranche de la tige de l'encrinite.

Fig. 1225. — Mâchoire d'un poisson armée de ses dents plates (placodus gigas).

Fig. 1226. — Encrinite en-troque ou moniliforme.

des *Trigonies*), des *Limes*, des *Pernes*, des *Cyprines*. En-fin, parmi les *Zoophytes*, cette époque a produit encore des *Échinodermes* analogues à nos *Étoiles de mer* et un grand nombre d'*Encrinites* (fig. 1226).

Le règne végétal nous a surtout laissé les restes de

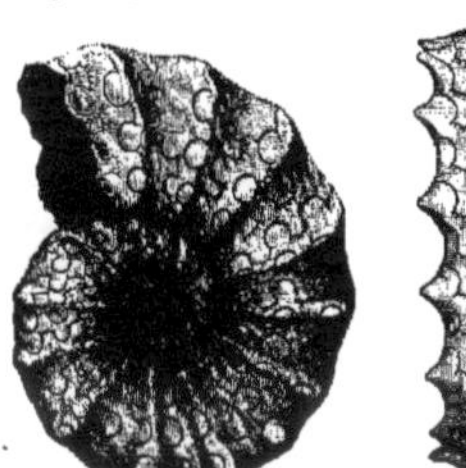

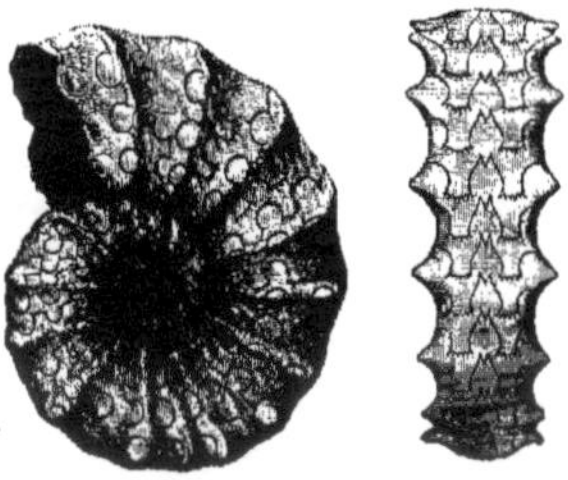

Fig. 1227. — Ammonite ou Cératite noueuse.

Fougères assez nombreuses, de formes souvent singuliè-res, et dont plusieurs espèces étaient arborescentes; un grand nombre d'espèces de *Conifères* se rapportent à deux genres perdus (*Voltzia* [fig. 1228] et *Haidingera*).

II. *Époque salifère.* — Dans cette seconde époque ap-paraissent les *Mollusques* appartenant aux véritables gen-res *Ammonite, Trigonie, Plicatule, Gervilie,* quelques *Reptiles sauriens,* quelques *Poissons,* beaucoup d'*Échino-dermes,* de *Spongiaires* nouveaux. Les *Fougères* étaient encore nombreuses, mais ce sont, en général, des formes nouvelles qui, comme celles des nouveaux animaux de cette époque, semblent par leurs analogies annoncer l'époque qui va suivre; les *Equisétacées,* les *Cycadées,* assez nombreuses; les *Conifères* ont changé d'aspect et inaugurent plusieurs genres qui végéteront abondamment durant l'époque jurassique.

3e *Période jurassique.*

Ici commence une longue période composée d'une dizaine d'époques, toutes d'une grande durée. Les êtres vivants des âges paléozoiques (1re période) sont, pour l'immense majorité, détruits à jamais, et la période tria-sique a servi de transition vers un nouveau monde d'êtres organisés. Les *Reptiles* de grande taille, aux formes bizarres, sont plus développés que jamais, ainsi que les *Poissons* à écailles osseuses et luisantes, nommés *Ga-*

noïdes par Agassiz. Les genres et espèces de *Crustacés décapodes* et *Isopodes,* de *Mollusques* de toutes classes, d'*Echinodermes échinides* et *Crinoïdes* sont abondam-

Fig. 1228. — Voltzia heterophylla, fragments de rameaux (période triasique, époque conchylienne).

ment répandus. Enfin, au milieu de cette population, se montrent des *Oiseaux,* et même exceptionnellement quel-ques *Mammifères* terrestres. Dans le règne végétal, la période jurassique est caractérisée par la prédominance que prennent sur les plantes *Conifères* les *Cycadées* qui se rencontraient en petit nombre dans la période précé-dente.

1. *Époques du lias.* — L'espace dont nous pouvons dis-poser ne me permet pas de considérer une à une les neuf ou dix époques de la période jurassique, et, suivant

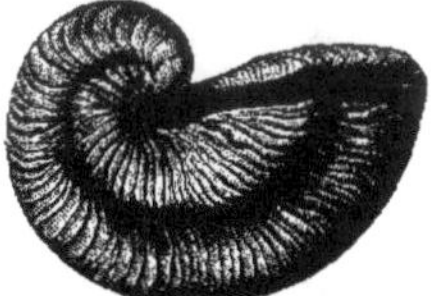

Fig. 1229. — Gryphée arquée (Ostrea arcuata).

l'exemple de beaucoup de géologues, je les envisagerai réunies en un petit nombre de groupes. Sous le nom de

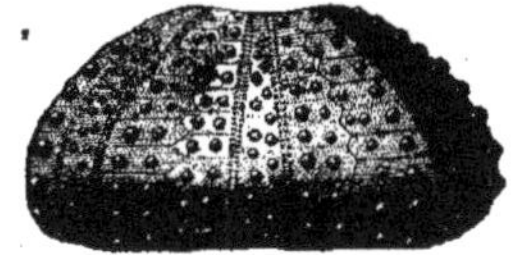

Fig. 1230. — Diadème sérial.

Lias, on peut réunir trois époques qui nous ont laissé pour souvenirs les couches : 1° du *Lias* proprement dit ou *Calcaire à gryphées arquées;* 2° du *Calcaire à bé-lemnites;* 3° des *Marnes du lias.*

68

La première époque a vu apparaître, pour la première fois, des *Poissons osseux*, de genres analogues à nos *Polyptères* d'aujourd'hui; des *Insectes diptères*; des *Céphalopodes* des genres *Bélemnite* (*fig.* 1232, 1233, 1234) et *Turrilite*; des *Acéphales* des genres *Unicarde* et *Astarté*; des *Echinodermes échinides* du genre *Diadème* (*fig.* 1230). Les animaux les plus communs de cette époque du lias étaient, dans les mers, la *Gryphée arquée*

Fig. 1231. — Ammonites bisulcatus.

(*fig.* 1229), divers *Oursins*, de nombreuses *Ammonites* (*fig.* 1231). La deuxième époque a vu naître les formes si singulières des *Ptérodactyles* (*fig.* 1246), divers genres nouveaux de *Poissons* et de *Mollusques acéphales*; elle a vu aussi prédominer dans les eaux les grands reptiles *Ichthyosaures* et *Plésiosaures*, dont le développement est le trait le plus remarquable de cette époque du globe terrestre.

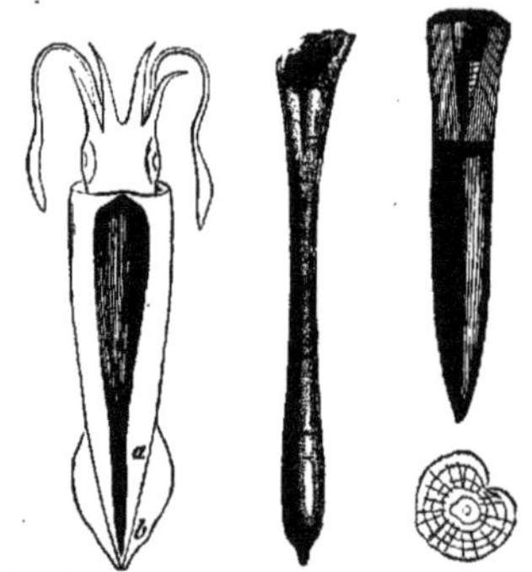

Fig. 1232. — Forme probable d'un calmar à bélemnite. Fig. 1233. —Bélemnite pistilliforme. Fig. 1234.—Belemnites sulcatus.

a, *b*, extrémité postérieure que nous décrivons sous le nom de *bélemnite*.

« L'*Ichthyosaurus*, dit Cuvier, a la tête d'un lézard, mais prolongée en un museau effilé, armé de dents coniques et pointues; d'énormes yeux dont la sclérotique est renforcée d'un cadre de pièces osseuses; une épine composée de vertèbres plates comme des dames à jouer, et concaves par leurs deux faces comme celles des poissons, des côtes grêles, un sternum et des os d'épaule semblables à ceux des lézards et des ornithorhynques; un bassin petit et faible, et quatre membres dont les humérus et les fémurs sont courts et gros, et dont les autres os, aplatis et rapprochés les uns des autres comme des pavés, composent, enveloppés de la peau, des na-

geoires tout d'une pièce, à peu près sans inflexions; analogues, en un mot, pour l'usage comme pour l'organisation, à celles des Cétacés. Ces reptiles vivaient dans la mer; à terre ils ne pouvaient tout au plus que ramper à la manière des phoques; toutefois ils respiraient l'air atmosphérique. » On en connaît aujourd'hui une dizaine d'espèces, la plupart du *Lias* proprement dit, la première de l'époque conchylienne; les dernières disparaissent avec la série des époques du lias. L'espèce la plus commune (*I. communis*, Cuv.) atteignait jusqu'à 6 mètres et 6^m,50 de longueur.

« Le *Plesiosaurus*, poursuit Cuvier, devait paraître encore plus monstrueux que l'*Ichthyosaurus*. Il en avait aussi les membres, mais déjà un peu plus allongés et plus flexibles; son épaule, son bassin étaient plus robustes; ses vertèbres prenaient déjà davantage les formes et les articulations de celles des lézards; mais ce qui le distinguait de tous les quadrupèdes ovipares et vivipares, c'était un cou grêle, aussi long que son corps, composé de trente et quelques vertèbres, nombre supérieur à celui du cou de tous les autres animaux, s'élevant sur le tronc comme pourrait faire un corps de serpent, et se terminant par une très-petite tête dans laquelle se trouvaient tous les caractères essentiels de celle des lézards. Si quelque chose pouvait justifier ces hydres et ces autres monstres dont les monuments du moyen âge ont si souvent répété les figures, ce serait incontestablement ce plesiosaurus. » Nés en même temps que les ichthyosaures, les plésiosaures en égalent la taille gigantesque, mais ils ne se sont éteints

Fig. 1237. — Poche à encre de calmar bélemnite.

qu'à une époque moins ancienne, puisqu'on prétend en avoir trouvé des restes jusque dans les couches crétacées. Avec ces singuliers reptiles en vivaient d'autres voisins de nos crocodiles actuels, des *Mystriosaures*, des *Péla-*

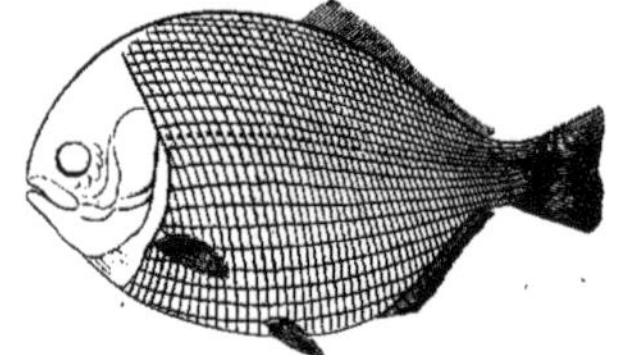

Fig. 1238. — Tetragonolepis.

gosaures, la plupart de très-grande taille, et le plus souvent autour des ossements de tous ces animaux, on trouve de nombreux *coprolites* ou excréments fossiles, qui sans doute leur appartiennent, renfermant des fragments d'os de poissons et même d'autres reptiles, et qui nous apprennent ainsi quel devait être leur régime alimentaire.

Les *Céphalopodes*, voisins des Calmars qui nous ont souvent laissé pour toute trace de leur existence ces singuliers bâtonnets pierreux, nommés *bélemnites*, nous ont transmis dans le lias de Lyme-Regis (Dorsètshire [Angleterre]) leurs poches à encre encore intactes (*fig.* 1237), souvent accompagnées de fragments étendus de la coquille ou lame dorsale, nommée vulgairement *plume de calmar*, et parfois même tenant encore au prolongement postérieur qui constitue la bélemnite.

Les *Poissons* cuirassés d'écailles osseuses peuplaient les mers des époques liasiques de genres nouveaux, types de familles nouvelles, et se rapprochant quelque peu de nos *Esturgeons*. On voit ci-dessus (*fig.* 1238) le trait d'un de ces poissons, tel qu'on peut en restaurer la figure d'après les débris qui nous en restent.

Fig. 1235. — Ichthyosaure commun.

Fig. 1236. — Plesiosaurus dolichodeirus.

Le règne végétal était représenté à ces mêmes époques par quelques *Algues* vivant dans les mers, puis, sur la terre ferme, quelques *Champignons* et *Lichens*, de nombreuses espèces de *Fougères*, la plupart distinctes de celles des époques plus anciennes par les nervures réticulées de leurs feuilles, des *Marsiléacées*, des *Lycopodiacées*, quelques *Equisétacées*; puis, parmi les *Dicotylédones*, de nombreuses *Cycadées* se rapportant à des genres variés (*Zamites*, *Pterophyllum*, *Nilssonia*), et quelques *Conifères*. Peut-être cette flore, ainsi que celles des époques triasiques, renfermait-elle quelques *Monocotylédones*; mais, avec ce que nous connaissons de débris fossiles, il est impossible de l'affirmer.

II. *Epoques oolitiques*. — Sous ce nom, je réunis l'époque où se sont déposées les marnes de Port-en-Bessin, l'oolite de Bayeux, et une seconde époque d'une grande durée probable, celle de la grande oolite. Les *Reptiles* ont encore habité en grand nombre les rivages de ces mers; ce sont, parmi les *Crocodiliens*, des *Téléosaures*, sortes de gavials longs de 5 mètres, des *Mégalosaures*, analogues aux monitors actuels, mais de taille plus colossale encore (12 à 15 mètres). « C'était, dit Cuvier, un lézard grand comme une baleine. » Enfin, il faut citer aussi une espèce de *Ptérodactyles*. Mais le fait zoologique essentiel des époques oolitiques est la découverte faite dans les schistes de Stonesfield, près d'Oxford, en Angleterre, d'ossements ayant évidemment appartenu à de petits animaux *Mammifères* terrestres, du groupe des *Marsupiaux*. On en a même pu reconnaître trois espèces

Fig. 1239. — Thylacothérium de Prévost (mâchoire inférieure). Grandeur naturelle.

assez voisines des Opossums. mais constituant deux genres distincts, *Phascolotherium* et *Thylacotherium*. Il

Fig. 1240. — Phascolotherium (Didelphus) de Buckland. Grandeur naturelle.

est indubitable que les mâchoires inférieures trouvées à Stonesfield proviennent de véritables mammifères; mais comme elles sont les seuls témoignages de l'existence des mammifères terrestres durant la période jurassique, que la période crétacée, qui la suit, n'en offre aucune trace, tandis que la véritable apparition de ces animaux semble avoir eu lieu seulement avec la période tertiaire, les paléontologistes se montrent très-défiants sur ce fait. Déjà Cuvier, dans le premier quart de ce siècle, pensait que les pierres qui incrustent les ossements de Stonesfield étaient peut-être dues à quelque recomposition locale et postérieure à l'époque de la formation primitive des bancs. Al. d'Orbigny, vingt-cinq ans plus tard, était

Fig. 1241. — Ammonites bullatus.

encore dans la même incertitude; l'existence de vrais mammifères isolés au milieu de la période jurassique, et précédant tous les autres animaux de cette classe appa-

rus seulement après un intervalle de treize époques géologiques, lui paraît le fait le plus extraordinaire que puisse offrir l'histoire des premiers âges de la terre; il se demande, puisque l'on n'a trouvé jusqu'ici que quelques mâchoires inférieures, si celles-ci. comme les parties les plus étroites de la tête, ne seraient pas tombées des étages tertiaires dans les fentes des étages jurassiques, comme on l'a parfois observé pour d'autres fossiles, d'une façon tout à fait incontestable.

Quant aux autres groupes nouveaux dont l'apparition s'est faite aux époques oolitiques, ce sont surtout des *Mollusques* de diverses classes, des *Echinodermes* du groupe des *Oursins* et de celui des *Crinoïdes libres*. Les *Bélemnites* de diverses espèces, de nombreuses *Ammonites* (*fig.* 1241), des *Panopées*, des *Gervilies*, des *Trigonies*, diverses espèces d'*Huîtres*, des *Térébratules*, dominaient dans les mers au milieu d'une grande abondance d'autres animaux, et surtout d'une multitude de *Zoophytes*.

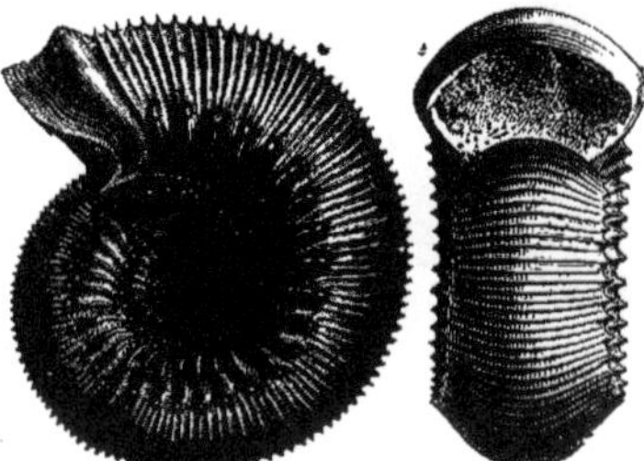

Fig. 1242. — Ammonites Humphriesianus.

La flore des époques oolitiques ne paraît pas présenter de caractère spécial qui la sépare des plantes qui ont végété aux époques suivantes jusqu'à la période crétacée. J'en parlerai d'ensemble à la fin de la période jurassique.

III. *Epoque oxfordienne*. — La faune de cette époque se compose des mêmes genres que ceux des époques oolitiques; cependant quelques nouveaux groupes apparaissent : des *Insectes hémiptères*, *Hyménoptères*, *Lépido-*

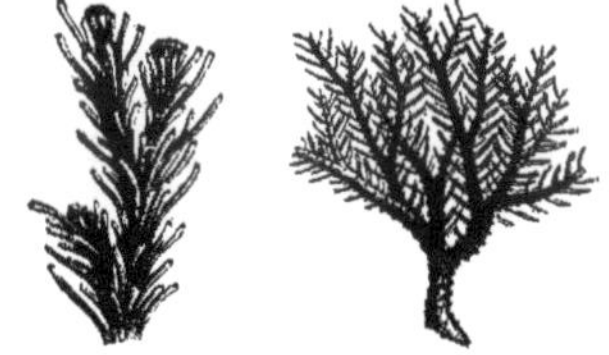

Grotsie. Grandeur naturelle.
Fig. 1243. — Entalophora cellarioïdes. (Epoques oolitiques.)

ptères, c'est-à-dire des animaux voisins de nos punaises de bois, de nos abeilles, de nos papillons; puis les cro-

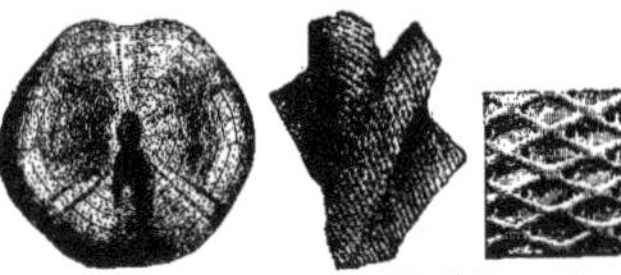

Fig. 1244. — Biboclypus gibberulus. Fig. 1245. — Pachara Ranvilliens. (Epoques oolitiques).

miers *Crustacés isopodes*. En même temps règnent dans la nature animée les groupes des *Ammonites*, des *Trigonies*, des *Huîtres*, des *Crustacés décapodes*, et surtout de nouvelles formes de grands *Reptiles sauriens*, et avec eux le groupe si singulier des *Ptérodactyles*. » La structure de ces animaux, dit Buckland, est si extraordinairement anormale, que le premier ptérodactyle découvert fut considéré par un naturaliste comme un oiseau, par un autre comme une espèce de chauve-souris, et par un troisième comme un reptile volant. Cette étonnante divergence d'opinions sur un être dont le squelette était presque entier, provient d'une réunion de caractères appartenant à chacun de ces trois groupes d'animaux. La forme de la tête et la longueur du cou rappellent les oi-

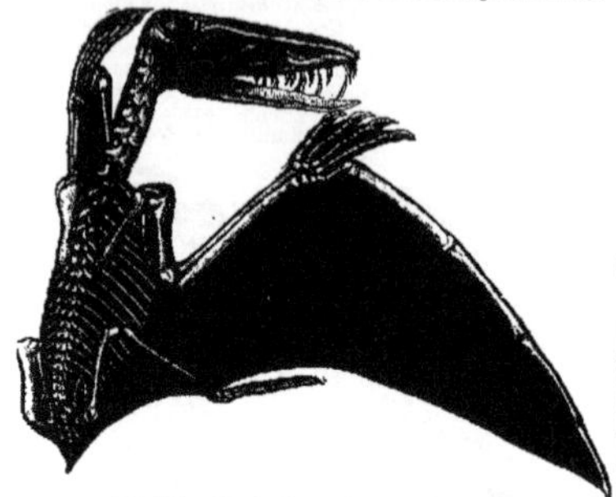

Fig. 1246. — Ptérodactyle crassirostre ou à museau épais.

soaux ; les ailes approchent des dimensions de celles des chauves-souris, et le corps ainsi que la queue ont quelque analogie avec ceux des mammifères ordinaires. Ces traits d'organisation, joints à une petite tête, comme cela est ordinaire chez les reptiles, et à un bec armé d'une soixantaine de deuts pointues, présentent une combinaison d'anomalies apparentes dont il était réservé au génie de Cuvier de nous expliquer l'accord. Dans ses mains, cette créature de l'ancien monde, si monstrueuse en apparence, se transforma en un des plus beaux exemples qu'eût encore fournis l'anatomie comparée, de l'harmonie que révèle toute la nature dans l'adaptation des mêmes parties de la forme animale à des conditions d'existence infiniment variées. » Intermédiaires aux reptiles et aux oiseaux par les divers caractères de leur squelette, les ptérodactyles ont une extrémité antérieure organisée comme on ne la voit chez aucun autre animal ; on y trouve, en effet, trois ou quatre doigts courts pourvus d'ongles forts, et le cinquième ou doigt externe démesurément allongé en une sorte de baguette robuste qui soutenait évidemment un repli de la peau des flancs dont la disposition probable a été indiquée par une teinte noire dans la figure 1246. La taille de ces animaux bizarres n'avait d'ailleurs rien de gigantesque ; on en connaît aujourd'hui dix-sept espèces dont quatorze appartiennent à l'époque oxfordienne, et leur taille varie, selon l'expression d'Alc. d'Orbigny, entre celle d'une bécassine et celle d'un cormoran. « Avec des troupes de pareils êtres voltigeant dans l'air, dit encore Buckland,

Fig. 1247. — Essai de restauration du Plesiosaurus dolichodeirus.

avec des bandes non moins monstrueuses d'ichthyosaures et de plésiosaures répandues dans l'océan, avec des crocodiles, des tortues gigantesques rampant sur les rivages des lacs et des rivières antiques, l'air, la mer et la terre devaient être étrangement peuplés dans ces premiers âges de l'enfance de notre monde. » Comme nos chauves-souris, les ptérodactyles se nourrissaient d'insectes ; les pierres où on a retrouvé leurs ossements renferment en même temps de nombreux débris de ces animaux.

D'autres classes d'animaux nées avec l'époque oxfordienne nous ont laissé de belles traces de leur existence.

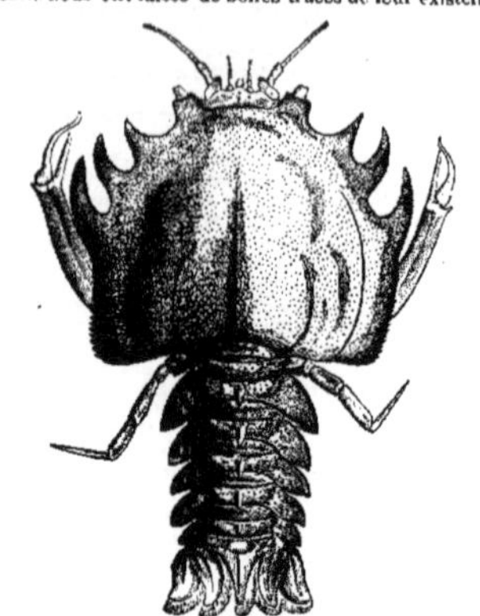

Fig. 1248. — Eryon arctiformis.

On verra ci-contre une figure d'une des nombreuses espèces de *Crustacés décapodes* de genres perdus, qui ont

Fig. 1249. — Libellule fossile.

paru à cette époque, et en même temps une *Libellule* (ou *demoiselle*) fossile des mêmes terrains. Mais au milieu de l'immense quantité de fossiles que nous ont conservés les dépôts oxfordiens, il faut se borner dans les citations que l'on en fait ; car je ne puis énumérer utilement, sans autres détails, 10 genres nouveaux de *Reptiles*, 14 genres de *Poissons*, 31 de *Crustacés*, 5 de *Céphalopodes* et 2 d'*Acéphales testacés*, 8 d'*Echinodermes*, 5 de *Polypes agrégés*, 5 de *Spongiaires*, qui tous sont spéciaux à cette époque.

IV. *Epoque corallienne.* — Une nouvelle crise a modifié le monde terrestre et inauguré une nouvelle époque ; quelques genres d'animaux marins apparaissent pour la première fois ; de nouvelles espèces d'*Ammonites*, de *Trigonies* succèdent à celles de l'âge précédent ; les *Zoophytes* du groupe des *Oursins*, de celui des *Crinoïdes libres*, de celui des *Polypes madréporiques*, se développent de façon à nous laisser la trace de genres perdus, très-nombreux et très-

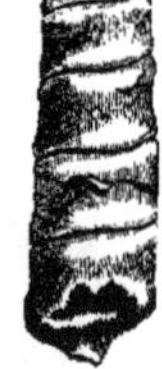

Fig. 1250. — Nérinée de Godhail.

riches en espèces. Un genre de coquilles univalves, très-remarquable à cette époque par l'abondance des individus qui le représentent, est celui des *Nérinées* (*fig.* 1250); avec les diverses espèces de ce genre étaient répandues d'autres coquilles, et surtout parmi les *Astartés*, le *Dicéras corne de bélier.* En résumé, cette époque, tout en ayant sa physionomie distincte, a de grands rapports avec la précédente.

V. *Époque kimméridgienne et portlandienne.*— Un dernier âge vient terminer la longue période jurassique et ensevelir à jamais dans le passé la plupart des formes d'êtres vivants qui l'ont si fortement caractérisée. Dans la première partie de cette époque dernière apparaissent deux nouveaux genres de *Tortues* aquatiques (*Emys, Platemys*) et trois nouveaux genres de *Reptiles crocodiliens*, en même temps que règnent, pour s'éteindre, les genres *Téléosaures* et *Pliosaures.* Dans tous les groupes à peu près nous retrouvons, à l'époque dont nous parlons, les mêmes genres qu'aux époques précédentes, mais des espèces différentes. Les *Zoophytes* diminuent beaucoup de nombre, et les mers abondent surtout en *Mollusques gastéropodes* et *acéphales.* Une petite espèce d'huître, l'*Exogyre virgule* (*fig.* 1251), y formait des bancs multipliés et fort étendus, auxquels se mêlaient des bancs d'autres espèces du même genre; le sable des grèves recélait abondamment des *Pholadomyes* (*fig.* 1252) et d'autres coquillages analogues. Il semble, du reste, d'après les débris fossiles de cette époque, qu'elle soit la période de décadence

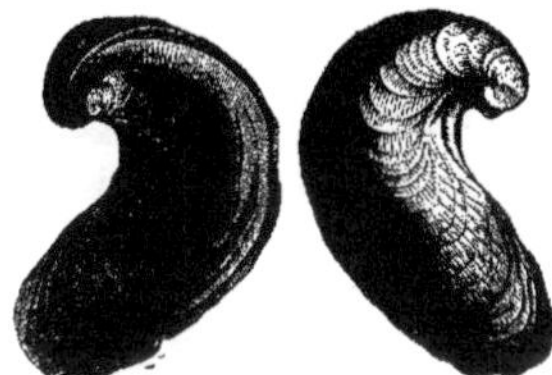

Fig. 1251. — Exogyre virgule.

de ces faunes jurassiques qui se sont succédé si riches et si variées; une autre période se prépare; une nouvelle phase va commencer dans la manifestation des créations organisées.

Avant d'aborder cette période nouvelle, je dois donner quelques indications sur les plantes

Fig. 1252.—Pholadomye à côtes aiguës.

dont l'existence nous est révélée par les fossiles des âges oolitique, oxfordien, corallien et portlandien. Les végétaux fossiles de cette série d'époques ont été surtout recueillis sur la côte du Yorkshire (Angleterre), dans les dépôts oolitiques; en France, près de Lyon, de Nantua, de Châteauroux, de Châtillon-sur-Seine, de Mamers, de Verdun; en Allemagne, dans le calcaire schisteux oxfordien de Solenhofen (Bavière). « Mais, dit le professeur Ad. Brongniart, ces localités si diverses se rapportent à des étages très-différents de la série oolitique, et constitueront peut-être, lorsqu'elles seront mieux connues et plus complétement explorées, des époques distinctes. » Puis il résume ainsi les caractères de la flore que composeraient les débris connus et déterminés jusqu'ici : « Ce sont, parmi les *Fougères*, la rareté des espèces à nervures réticulées, si nombreuses dans le lias; parmi les *Cycadées*, la fréquence des *Otozamies* et des *Zamies* (*fig.* 1253) proprement dites, c'est-à-dire des *Cycadées* les plus analogues à celles du monde actuel et la diminution des *Ctenis, Pterophyllum* et *Nilsonia*, genres bien plus éloignés des espèces vivantes; enfin la plus grande fréquence des *Conifères, Brachyphyllum* et *Thuites*, beaucoup plus rares dans le lias. » Cette flore a compté jusqu'ici, parmi les *Cryptogames*, 5 genres d'*Algues*, 14 de *Fougères* (*fig.* 1254), 2 de *Marsiléacées*, 8 de *Lycopodincées*, 2 d'*Equisétacées*; parmi les *Dicotylédones gymnospermes*, 6 genres de *Cyca-

dées* (*fig.* 1255), 5 de *Conifères*; peut-être faut-il ajouter à cette liste de végétaux aujourd'hui perdus, deux ou trois espèces de plantes *Monocotylédones.* En somme, cette

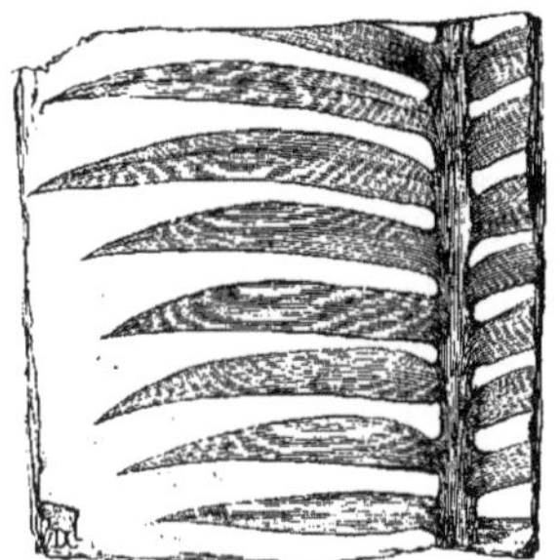

Fig. 1253. — Zamia ferreonis (Cycadées).

flore, quelque incomplétement connue qu'elle soit encore pour nous, fait corps avec celle des époques liasiques, et dénonce pour la végétation une grande période jurassi-

Fig. 1254.—Coniopteris Murrayana (Fougères).

que aussi nettement accusée que celle que révèle l'étude des formes animales aux mêmes époques.

4° *Période crétacée.*

La nouvelle période qui durant ses nombreuses et longues époques a déposé les divers bancs de la série des terrains crétacés, est caractérisée par l'extinction d'un grand nombre de groupes d'animaux. Si réellement la période jurassique a connu des *Mammifères* terrestres, on n'en trouve plus trace durant la période crétacée; le règne des grands *Reptiles* est fini et ce sera seulement par exception que se montreront encore quelques reptiles gigantesques. En tous cas, dix-huit genres de cette classe de *Vertébrés* se sont éteints à la fin de la période jurassique. En même temps ont disparu 40 genres de *Poissons*, 33 de *Crustacés*, 19 d'*Échinodermes*, 44 de *Po-

types madréporiques. Les Mollusques sont loin d'être ainsi décimés, quelques genres de chaque classe se sont perdus à ce moment; mais le groupe des *Ammonites* prend un développement inconnu jusqu'à la période crétacée et avant de s'éteindre à son tour définitivement, il peuple les mers de coquilles prodigieusement variées de taille et de formes, souvent d'une merveilleuse élégance. Pour remplacer les genres détruits, la période crétacée voit apparaître, parmi les *Oiseaux*, les premiers genres de *Palmipèdes*; plusieurs types nouveaux de *Reptiles chéloniens et sauriens*; de nouveaux genres de *Poissons* appartenant aux groupes généraux qui comprennent dans le monde actuel nos harengs, nos saumons, nos maquereaux, nos brochets, nos perches, et qui ne sont pas représentés dans la nature animée avant la période crétacée. Un grand nombre de genres nouveaux de *Mollusques* et de *Zoophytes spongiaires* font en même temps leur première apparition.

La création végétale entre aussi dans une nouvelle phase; le règne des *Dicotylédones gymnospermes* qui s'est ouvert avec la période triasique finit avec la première époque de la période crétacée; avec la deuxième époque de cette grande période commence le règne des *Dicotylédones angiospermes* qui prendra toute son extension dans la période tertiaire pour se continuer jusqu'à nos jours.

I. *Époque wealdienne ou néocomienne*. — Une légère divergence se produit entre les résultats de l'étude des végétaux fossiles et celle des animaux de cette époque. La faune jurassique finit incontestablement avec l'époque portlandienne, et l'*époque néocomienne ou wealdienne*, bien qu'ayant encore quelques rapports avec la période jurassique en a beaucoup plus avec la période crétacée au commencement de laquelle on la rapporte; la flore wealdienne donne un résultat inverse; aux yeux du professeur Ad. Brongniart, elle est franchement jurassique.

« On remarquera, dit-il, que cette formation d'eau douce, qui, pour nous, termine le règne des *Gymnospermes*, se lie par l'ensemble de ses caractères aux autres époques jurassiques, et se distingue de l'époque crétacée qui lui succède, par l'absence complète de toute espèce pouvant rentrer parmi les *Dicotylédones angiospermes*, tant en France et en Angleterre que dans les dépôts de l'Allemagne septentrionale si riche en espèces variées. Au contraire dans la craie inférieure, glauconie crétacée, quadersandstein ou planerkalk d'Allemagne, on trouve immédiatement plusieurs sortes de feuilles appartenant évidemment à la grande division des *Dicotylédones angiospermes* et quelques restes de *Palmiers*, dont on ne voit, au contraire, aucune trace dans les dépôts wealdiens. » L'abondance des *Cycadées* persiste dans ces dépôts comme à l'âge portlandien; les *Conifères* sont représentées surtout par des *Brachyphyllum* qui rappellent un peu nos *Araucarias* et qui ont peuplé toute la période jurassique. Les *Fougères* sont nombreuses et surtout parmi elles une espèce, le *Lonchopteris de Mantell*; quelques *Marsiléacées*, *Equisétacées* et une espèce d'*Algues* complètent cette flore intéressante. Les dépôts wealdiens offrent un fait géologique fort curieux à signaler. Dans l'île de Portland, en Angleterre, ces dépôts renfer-

Fig. 1255. — Couche de boue de l'île de Portland.

ment une couche boueuse noirâtre de 0^m,30 à 0^m,45 d'épaisseur et qui paraît avoir été le sol végétal d'une forêt de cette époque antédiluvienne; mais ce qu'il y a d'intéressant, c'est que les souches des arbres de cette forêt, leurs troncs même souvent jusqu'à 1 mètre de hauteur se sont conservés dans la position où ils avaient poussé, des fragments trouvés d'eux ont permis de reconstituer plusieurs de ces tiges sur 6 et 7 mètres de longueur. Avec ces troncs et ces branches d'arbres se rencontrent des souches de *Cycadées*, parmi lesquelles la figure ci-contre se présente la *Cycadoïdea megaphyllia* (*fig.* 1256). Une couche analogue s'observe sur la côte voisine dans le Dorsetshire, mais avec ce fait plus remarquable encore que la cou-

che étant inclinée à environ 45° sur l'horizon, les troncs d'arbres pareillement s'écartent de 45° de la verticale.

Fig. 1256. — Cycadoïdea megaphyllia.

Quant aux animaux de l'époque wealdienne et néocomienne, ils affectent un grand nombre de formes nouvelles et appartiennent à la fois à une faune marine, fluviale et terrestre. « Les sables ferrugineux placés, en Angleterre, au-dessous de la craie, dit Cuvier, contiennent en abondance des *Crocodiles*, des *Tortues*, des *Mégalosaures* et surtout un reptile qui offrait encore un caractère tout particulier, celui d'user ses dents comme nos mammifères herbivores. C'est à M. Mantell, de Lewes, en Sussex, que l'on doit la découverte de ce dernier animal, ainsi que des autres grands reptiles de ces sables inférieurs à la craie. Il l'a nommé *Iguanodon*. » Alc. d'Orbigny signale la faune de cette époque comme très-remarquable par le grand nombre d'espèces et la multiplicité de formes génériques qu'affectent les *Mollusques céphalopodes*, qui y offrent des *Ammonites* gigantesques et des espèces à sillons transverses très-espacés, des *Ancyloceras* (fig. 1258), de 2 mètres de développement, et ces genres si singuliers des *Scaphites*, des *Hamites*, des *Toxoceras*, des *Ptycoceras*, des *Heteroceras*, des *Helicoceras*, des *Crioceras*, etc. (fig. 1257, 1259, 1260). Dans les eaux,

Fig. 1257. — Crioceras de Duval.

Fig. 1258. — Ancyloceras.   Fig. 1259. — Hamite.   Fig. 1260. — Ptycoceras.

que peuplaient ces grandes espèces de *Céphalopodes* à coquille cloisonnée, vivaient d'autres *Mollusques* jusqu'alors inconnus (*Turritelles*, *Varigères*, *Crassatelles*, etc.), de nombreux *Échinodermes* de genres nouveaux, de *Polypiers*, des *Spongiaires* et une multitude de *Poissons*. Sur les rivages s'agitaient encore de nombreux *Reptiles* différents pour la plupart de ceux des époques jurassiques, et en même temps la dernière espèce du groupe des *Ptérodactyles*, qui va s'éteindre. Deux genres perdus d'*Oiseaux* ont été reconnus à cette époque, les *Palæornis* parmi les *Échassiers*, les *Cimoliornis* parmi les *Palmipèdes*.

II. *Époques crétacées proprement dites.* — Je ne suivrai pas une à une les autres époques de la période crétacée (voyez CRÉTACÉS); en ce qui concerne les animaux et les plantes, ces époques offrent un ensemble de traits communs avec de simples différences dans les détails. Je me bornerai donc à signaler dans la faune de ces époques quelques êtres remarquables à un titre ou à un autre. « Dans la craie, dit Cuvier, on voit des restes de *Tortues* (*Chélonidées*) de *Crocodiles* (ou grands *Sauriens*); les fameuses carrières de craie tuffau de la montagne de Saint-Pierre, près de Maëstricht, qui appartiennent à la formation de la craie, ont donné à côté de grandes tortues de mer et d'une infinité de coquilles et de zoophytes marins, un genre de lézards non moins gigantesques que le Megalosaurus, qui est devenu célèbre par les recherches de Camper et par les figures que Faujas a données de ses os, dans son histoire de cette montagne. Il était long de 25 pieds (8ᵐ,30) et plus, ses grandes mâchoires étaient armées de dents très-fortes, coniques, un peu arquées et relevées d'une arête, et il portait aussi quelques-unes de ces dents dans le palais. On comptait plus de cent trente vertèbres dans son épine, convexes en avant,

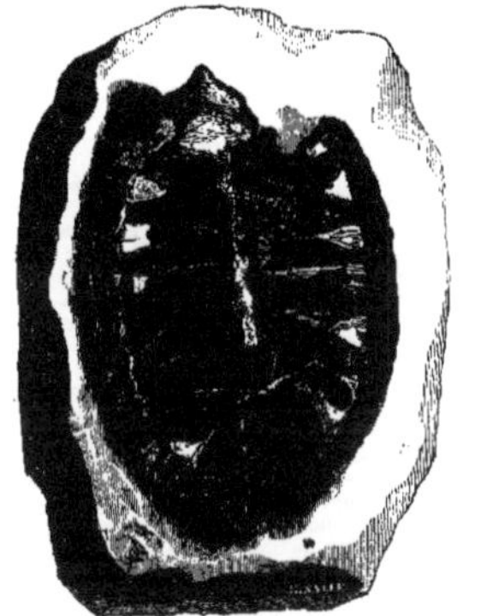

Fig. 1261. — Chélonie ou Tortue marine de Bensted (craie chloritée).

concaves en arrière. Sa queue était haute et plate, et formait une large rame verticale. » Ce grand reptile paraît avoir eu les pieds palmés et vivait évidemment en partie sur les rivages, en partie dans les eaux où il nageait avec facilité. La figure 1262 représente un magnifique échantillon de tête recueilli à Maëstricht et conservé au Muséum de Paris; elle a 1ᵐ,30 de longueur. M. Conybeare, en mémoire de la ville près de laquelle ont été trouvés les restes de ce géant amphibie, l'a nommé *Mosasaure* (du latin *Mosæ trajectum*, Maëstricht).

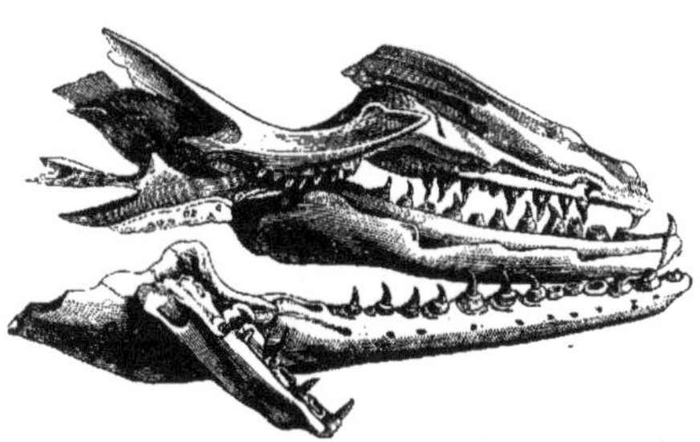

Fig. 1262. — Mosasaure de Camper (craie blanche).

Les *Poissons* du groupe des vrais *Squales* affectaient dans les mers crétacées des dimensions vraiment colossales, si on les compare à ceux de l'époque présente. Nos squales actuels les plus grands, les requins, mesurent environ 10 mètres et leurs dents n'ont que 0ᵐ,05 de hauteur sur 0ᵐ,06 environ de largeur; que penser des squales qui dans les dépôts crétacés ont laissé des dents de 0ᵐ,12 de hauteur ? Les poissons dont elles armaient la bouche devaient atteindre une longueur de près de 24 mètres; la bouche ouverte avait peut être 3 mètres de largeur.

Les autres animaux marins de cette époque sont extrêmement nombreux et je citerai seulement quelques-uns des plus remarquables. Parmi les *Mollusques céphalopodes*, outre les *Ammonites* proprement dites, les *Turrilites*, sortes d'ammonites enroulées en spirale, des *Bé-*

Fig. 1263. — Turrilite à chaînes.   Fig. 1264. — Belemnitella mucronata.

lemnites et particulièrement une espèce très-commune dans la craie blanche, la *Bélemnite* ou *Bélemnitelle mucronée*, formes animales qui vont s'éteindre avec la période crétacée. Parmi les *Mollusques gastéropodes*, on peut signaler les *Nérinées* (fig. 1265) déjà communes à l'époque jurassique et qui, avant de disparaître, se multiplient sous de nouvelles formes spécifiques; le groupe des *Ostracés*, parmi les *Mollusques acéphales*, avait dans ces mers de nombreux et curieux représentants très-voisins de nos *Huîtres* actuelles, *Ostrea aquila*, *O. larva* (fig. 1267), *O. columba* (fig. 1266), etc., et s'y trouvaient avec des genres voisins, *Spondyles*, *Chames*, *Inocérames*, *Gervilies*, et avec des *Mollusques brachiopodes* de formes très-singulières, telles que les *Hippurites* (fig. 1268), les *Radiolites* (fig. 1269), les *Cranies*, les *Thécidées*. Les genres d'Echinodermes du groupe des *Oursins* ou *Echinides* étaient alors très-multipliés; plusieurs de ces genres sont encore représentés dans nos mers actuelles, la plupart sont perdus. Les débris de coraux, madrépores et spongiaires de ces époques sont nombreux et variés et beaucoup de ces animaux par l'abondance de leurs débris font reconnaître ces dépôts les uns des autres; mais je ne puis insister davantage sur la faune crétacée.

Si nous passons maintenant au règne végétal, on a déjà pu voir quel événement considérable pour lui signale la période crétacée proprement dite, c'est l'apparition première des *Dicotylédones angiospermes*, dont la prédominance dans la création végétale deviendra décisive à la période tertiaire, et l'apparition simultanée des premières *Monocotylédones* incontestables. Les débris de plantes fossiles ne sont d'ailleurs pas très-répandus dans les vastes couches de cette période ; mais on en a trouvé assez abondamment dans le grès vert, dans la craie verte ou chloritée. La flore que l'on peut

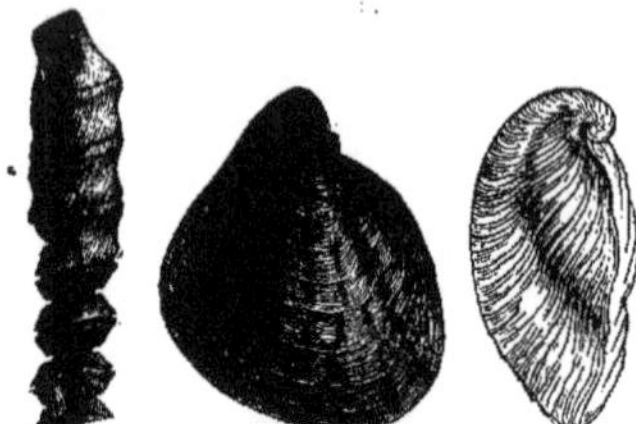

Fig. 1265. — Nérinée sillonnée.

Fig. 1266. — Ostrea columba.

recomposer avec ces débris compterait : parmi les *Crypto-games amphigènes*, des *Algues* 13 ou 15 espèces, parmi les *Cryp. acrogènes*, des *Fougères* 9 espèces ; parmi les

Fig. 1267. — Ostrea larva.

Monocotylédones, 4 *Naïadées*, 2 *Palmiers* ; parmi les *Dicotylédones gymnospermes*, 8 *Cycadées*, 16 *Conifères* ; parmi les *D. angiospermes*, 1 *Myricée*, 1 *Bétulacée*, 1 *Cupulifère*, 3 *Salicinées*, 1 *Acérinée*, 1 *Juglandée*, et une vingtaine d'espèces dont la famille n'a pu être déterminée. « Cette flore, qui comprend maintenant environ 60 à 70 espèces connues, dit le professeur Ad. Brongniart, est, comme on le voit, remarquable en ce que les *Dicotylédones angiospermes* égalent à peu près les *gymnospermes*, et par l'existence d'un nombre encore assez grand de *Cycadées* bien caractérisées qui cessent de se montrer à l'époque éocène des terrains tertiaires. » Le savant botaniste rattache à la fin de la période crétacée les plantes fossiles rencontrées en un grand nombre de localités de l'Europe méridionale, depuis les Pyrénées jusqu'aux environs de Vienne et même en Crimée, dans une formation marine nommée *grès* ou *macignos à fucoïdes* ou *flysh* de la Suisse. Ces plantes forment une flore répandue sur une très-

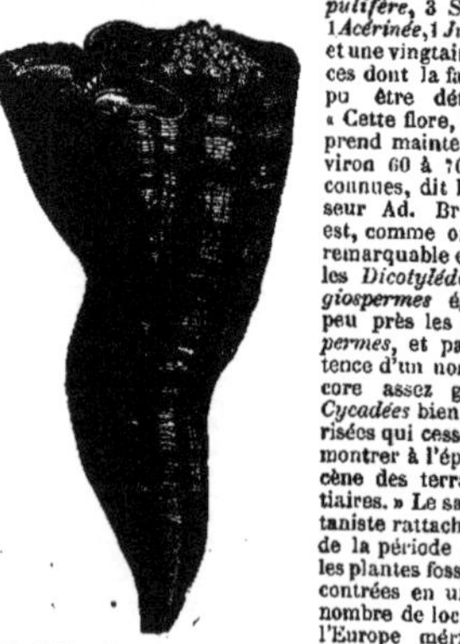

Fig. 1268. — Hippurites Toucasiana.

grande surface du sol et uniquement composée d'*Algues* paraissant se rapporter à un même genre (*Chondrites*). M. Ad. Brongniart y voit l'indication d'une époque particulière, *époque fucoïdienne*, remarquable par ce fait que

Fig. 1269. — Radiolite turbinée ou sphérulite ventrue (craie tuffau).

ces espèces d'algues ou fucoïdes n'ont rien de commun avec celles des époques crétacées précédentes, ni avec celles des premières époques tertiaires.

5° *Période tertiaire.*

A travers ses singulières et profondes transformations, la création organisée s'achemine peu à peu vers son état actuel, et la période tertiaire qui n'a plus aucune espèce d'*Ammonites*, de *Bélemnites*, de *Reptiles* gigantesques inaugure l'apparition d'un nombre considérable de nouveaux groupes d'animaux. L'événement le plus considérable de ce genre est l'apparition des divers ordres de *Mammifères*, les *Rongeurs*, les *Pachydermes*, les *Carnassiers*, les *Cheiroptères*, les *Cétacés*, les *Ruminants*, les *Edentés* ; et l'apparition simultanée de la plupart des ordres d'*Oiseaux*, les *Passereaux*, les *Oiseaux de proie*, les *Gallinacés*, les *Grimpeurs*. On doit encore signaler comme apparaissant avec la période tertiaire, les *Reptiles ophidiens*, les *Batraciens*, les *Poissons pleuronectes*, puis les *Myriapodes*, les *Crustacés amphipodes* et *Stomapodes*. L'ordre des *Mammifères pachydermes* peuple la terre ferme d'un nombre considérable de genres perdus riches en espèces ; cet ordre domine durant la période tertiaire, tandis qu'aujourd'hui il est dans une véritable décadence relative.

« L'ensemble des végétaux de cette période, dit le professeur Ad. Brongniart, est un des plus caractérisés. L'abondance des végétaux *Dicotylédones angiospermes*, celle des *Monocotylédones* de diverses familles et surtout des *Palmiers*, pendant une partie du moins de cette période, la distinguent immédiatement des périodes plus anciennes. Cependant les observations faites sur les époques crétacées, ont établi une sorte de transition entre les formes des époques jurassiques et celles des époques tertiaires. Mais tandis que dans la période crétacée les *angiospermes* paraissent égaler à peu près les *gymnospermes*, dans la période tertiaire, elles les dépassent de beaucoup, tandis qu'à l'époque crétacée, il y a encore des *Cycadées* et des *Conifères* voisines des genres habitant les régions tropicales ; pendant la période tertiaire les *Cycadées* paraissent manquer complétement en Europe, et les *Conifères* appartiennent à des genres des régions tempérées.

Chacun sait qu'il est dans les habitudes des géologues de partager en trois époques la période tertiaire ; bien que l'étude des animaux et des plantes de cette période fasse pressentir qu'il faudra prochainement y distinguer un plus grand nombre d'époques, je resterai quant à présent fidèle aux traditions.

I. *Époque éocène ou parisienne.* — « Il existe, dans les terrains tertiaires, dit Alc. d'Orbigny, plus de 8000 espèces d'animaux entièrement différents de ceux des périodes antérieures et de l'époque actuelle et pouvant caractériser ces terrains. » Sur ce total, le savant paléontologiste en attribue 2 254 à l'époque éocène ; on comprend qu'au milieu d'une pareille multitude je me bornerai à signaler quelques animaux remarquables. « Cette population animale, dit Cuvier, porte un caractère très-remarquable dans l'abondance et la variété de certains genres de *Pachydermes* qui manquent entièrement parmi les quadrupèdes de nos jours, et dont les caractères se rapprochent plus ou moins des *Tapirs*, des *Rhinocéros* et des *Chameaux*. Les *Palæothériums* ressemblaient aux *Tapirs* par la forme générale, par celle de la tête, notamment par la brièveté des os du nez qui annonce qu'ils avaient, comme les tapirs, une petite trompe; enfin par les six

Fig. 1270. — Palæotherium magnum et anoplotherium commune.

incisives et les deux canines à chaque mâchoire; mais ils ressemblaient aux *Rhinocéros* par leurs dents mâchelières dont les supérieures étaient carrées, avec des crêtes saillantes diversement configurées, et les inférieures en forme de doubles croissants, et par leurs pieds, tous les quatre divisés en trois doigts, tandis que dans les tapirs ceux de devant en ont quatre. C'est un des genres les plus répandus et les plus nombreux en espèces dans les terrains de cet âge. Nos plâtrières des environs de Paris en fourmillent. » Cuvier cite alors 7 espèces trouvées dans ces carrières et dont la taille variait de celle d'un lièvre à celle d'un cheval; deux autres espèces de taille intermédiaire ont été trouvées dans les mêmes formations près d'Orléans et près d'Issel. « Les *Anoplothériums*, ajoute le fondateur de la paléontologie, ont deux caractères qui ne s'observent dans aucun autre animal; des pieds à deux doigts dont les métacarpes et les métatarses demeurent distincts et ne se soudent pas en canons comme ceux des ruminants, et des dents en série continue et que n'interrompt aucune lacune (6 incis., 1 can., 7 mol.)... La tête est de forme oblongue et n'annonce pas que le museau se soit terminé ni en trompe, ni en boutoir. » Cuvier considérait ces singuliers animaux que l'on ne peut comparer à rien dans la nature vivante comme ayant des affinités multipliées avec les chevaux, les cochons, les hippopotames, les rhinocéros et les chameaux. On en connaît deux espèces de l'époque éocène; l'un avait environ la taille d'un sanglier, avec une grosse et longue queue, il nageait probablement et habitait les rives des grands lacs; l'autre ne diffère du premier que par une taille plus petite. Les plâtrières des environs de Paris recèlent d'abondants débris de ces deux espèces. Avec ces animaux, mais moins communément répandus vivaient d'autres espèces de genres voisins également perdus, les *Lophiodons*, assez voisins des tapirs; les *Anthracothériums*, qui avaient de grands rapports avec les cochons; les *Chœropotames*, animaux intermédiaires entre les pécaris et les hippopotames; les *Hyracothériums* assez voisins du genre précédent; les *Adapis*, petits animaux de la taille d'un lapin. Mais d'autres ordres de Mammifères avaient aussi leurs représentants à la même époque; ainsi l'on peut citer une espèce de singe du genre *Macaque*; des chauves-souris des genres *Vespertilion* et *Molosse*; un carnassier plantigrade d'un genre perdu (*Tænotherium*), des espèces perdues des genres *Chien*, *Genette*; un genre perdu de rongeurs (*Trogonthe-*

Fig. 1271. — Trogontherium de Cuvier.

rium, fig. 1271), des espèces d'*Écureuils*, de *Loirs*; un cétacé voisin des lamantins, le *Zeuglodon*, des dauphins formant les genres perdus *Ziphius*, *Balædonon* ou se rapportant au genre encore existant des vrais *Dauphins*.

Les carrières de Montmartre renferment encore les ossements de deux espèces de *Sarigue*, bien que les espèces actuelles de ce genre soient propres à l'Amérique.

Il est curieux encore de constater le développement de la classe des *Oiseaux* à l'époque éocène; on y a reconnu des *Aigles-pêcheurs*, des *Buses*, des *Hiboux*, un genre perdu de *Passereaux* (*Protornis*), un autre genre perdu de *Grimpeurs* (*Halcyornis*), une espèce de *Perdrix*, des *Tantales*, des *Bécasses*, des *Poules d'eau*, des *Cormorans*. Le squelette si fragile des oiseaux s'est généralement mal conservé; aussi beaucoup de fossiles appartenant évidemment à cette classe n'ont pu être exactement déterminés.

Un des caractères remarquables de la faune éocène, c'est l'apparition d'un nombre considérable de genres nouveaux de *Poissons* de tous les ordres et de *Zoophytes échinodermes, polypes*, etc.; tandis que parmi les mollusques et les articulés s'éteignent un grand nombre de genres remplacés seulement par quelques genres nouveaux.

La flore de l'époque éocène est riche en espèces (on en connaît plus de 200) dont les Dicotylédones angiospermes forment près de la moitié et les Monocotylédones environ un sixième. A cette époque prédominaient les *Algues* et les *Monocotylédones* marines, à cause de la grande étendue qu'occupaient les terrains marins; quelques espèces seulement de *Palmiers* se ma-

Fig. 1272. — Oiseau fossile des plâtrières de Montmartre.

riaient sur la terre ferme avec des *Conifères*, des *Amentacées* variées et plusieurs espèces de *Légumineuses*, de *Cucurbitacées*, de *Malvacées*, d'*Ericacées*, etc., appartenant à des genres perdus. Les espèces de *Conifères* sont nombreuses, mais déjà la plupart se rapportent à des genres de l'époque actuelle et particulièrement au groupe de genre qui a pour type les *Cyprès*.

II. *Époque miocène ou falunienne.* — A l'époque moyenne de la période tertiaire la classe des *Mammifères* se complète par l'apparition des premiers genres d'*Amphibies*, de *Carnassiers insectivores*, d'*Edentés* et de *Ruminants*; en même temps apparaissent parmi les *Reptiles* et les *Batraciens*, les premières espèces des genres *Couleuvre* et *Grenouille*. Cette époque a encore possédé deux ou trois espèces de *Palæothériums*, 9 *Lophiodons*, 2 *Anthracothériums*, et avec cela de nouveaux genres de *Pachydermes* aujourd'hui perdus (*Macrauchenia*, *Toxodon*, *Chalicotherium*, *Oplotherium*, *Hippotherium*), ou encore existants (*Cochon, Rhinocéros, Tapir*). Parmi les *Ruminants* il faut signaler comme genres nouveaux, le genre *Sivathérium*, singulier type intermédiaire aux grands pachydermes et aux ruminants, avec une tête armée probablement de 4 cornes et probablement aussi un nez prolongé en une petite trompe; puis les genres *Chevrotain, Antilope, Cerf*. Les autres ordres sont représentés par cinq ou six genres de singes (*Pithèque, Semnopithèque, Ouistiti, Sapajou, Protopithèque*), des genres de *Carnassiers insectivores* perdus (*Oxygomphius, Dimylus*) ou encore existants (*Hérisson*); une espèce d'*Ours* à canines très-tranchantes, plusieurs genres voisins détruits aujourd'hui (*Agnotherium, Amphicyion, Amphiarctos*), des carnassiers digitigrades (genres *Chien, Chat, Martre, Ptérodon, Machairodus, Amyxodon*), les genres *Phoque et Morses*; des genres perdus de rongeurs, les *Megamys, Archœomys, Steneofiber, Palæomys*, etc.,

Fig. 1273. — Dent de Mastodonte, très-réduite.

avec des *Marmottes*, des *Rats*, des *Hamsters*, des *Campagnols*, des *Castors*, des *Spermophiles*; un grand édenté, le *Macrothérium*, un cétacé voisin du Dugong, le *Métaxythérium*, un *Lamantin*, des *Zéphius*, plusieurs *Dauphins*, un *Cachalot* et même une *Baleine*. Mais ce qui est tout à fait remarquable à l'époque miocène, c'est le développement de deux genres perdus de la famille des *Éléphants*, les *Mastodontes* ou éléphants à dents molaires mamelonnées, dont on connaît maintenant une vingtaine d'espèces, les *Dinothériums* dont l'existence nous est révélée par quelques débris gigantesques, par exemple une tête longue de

Fig. 1274. — Essai de restitution du Dinotherium gigantesque.

1ᵐ,105, et qui paraissent avoir été pourvus d'une trompe comme les éléphants, en même temps que leur mâchoire inférieure recourbée vers la terre à sa partie antérieure portait deux défenses au lieu de la mâchoire supérieure. On a essayé dans la figure 1274 de représenter les formes extérieures qu'avaient probablement ces gigantesques animaux dont nous connaissons deux espèces.

A cette même époque miocène, se sont multipliés les *Oiseaux passereaux*; les *Poissons* se rapprochent de plus en plus de nos genres actuels; les *Crustacés décapodes* voisins de nos crabes se montrent sur les rivages; les *Mollusques* aussi se développent vers leurs formes actuelles.

La flore miocène est riche en *Palmiers* et nous offre en général un mélange singulier de plantes aujourd'hui propres aux pays chauds avec des plantes des régions tempérées. Ainsi des *Palmiers* (16 espèces), une espèce de *Bambou*, des *Laurinées* (5 espèces), des *Combrétacées* (3 espèces), des *Légumineuses* analogues à celles de nos contrées intertropicales, une espèce de *Rubiacée* tout à fait tropicale, des *Apocynées* (7 espèces), voisines de genres actuels de la flore équatoriale se trouvent, dans les mêmes localités que des *Erables*, des *Noyers*, des *Bouleaux*, des *Ormes*, des *Chênes*, des *Charmes*, des *Hêtres*, des *Aunes*, des *Platanes*, des *Peupliers*. M. Ad. Brongniart fait encore remarquer que dans la flore miocène les *Dicotylédones gamopétales* sont représentées seulement par quelques genres.

III. *Epoque pliocène ou subapennine.* — Cette dernière époque de la série des temps géologiques est comme une aurore de la création vivante contemporaine. Toutes les espèces qui l'ont animée diffèrent de celles qui vivent aujourd'hui, mais il y a identité entre beaucoup de genres. Vingt-trois genres de *Mammifères* de l'époque précédente, parmi lesquels les genres *Dinothérium, Macrothérium, Hippothérium, Civathérium*, ont péri avec l'époque miocène; en échange la faune pliocène s'est enrichie d'espèces des genres *Cheval, Tatou, Bœuf, Callitriche* parmi les mammifères; *Aigle, Vautour, Pie, Coq*, parmi les oiseaux; *Brochet, Gobou*, parmi les poissons, et de plusieurs genres aujourd'hui perdus de diverses classes dont les formes singulières constituent les traits les plus curieux de cette époque. « Les mers, dit Alc. d'Orbigny, étaient alors peuplées des mêmes genres d'animaux qu'à l'époque précédente. A peine nous montrent-elles avec quelques genres nouveaux de *Poissons*, 3 formes nouvelles de *Crustacés*, quelques genres de *Mollusques*, de *Foraminifères*. La faune marine est pour ainsi dire sans couleur tranchée. Les continents au contraire étaient animés d'une faune composée d'un grand nombre d'êtres aussi remarquables par leurs proportions que par leurs caractères. Les *Mammifères* dominaient surtout. C'est alors qu'avec beaucoup de genres différents de ceux des époques antérieures et différents de la faune actuelle, parmi lesquels se remarquaient les *Glyptodons*, les *Megalonyx*, les *Mégathériums*, les *Mylodons*, les *Mastodontes*, aux formes massives, venaient déjà se mêler des genres qui ont survécu jusqu'à nous, les *Eléphants*, les *Hippopotames*, les *Chameaux*, les *Girafes*, les *Chevaux*, etc. Beaucoup d'*Oiseaux* animaient la campagne; en même temps que des *Reptiles* et des *Batraciens* multipliés, au nombre desquels, comme pour rivaliser avec les gigantesques Mammifères cités plus haut, se trouvait la fameuse *Salamandre* d'Œningen, prise pour un homme fossile (voyez ANTHROPOLITE), encore plus extraordinaire pour sa taille comparée à ce que nous connaissons aujourd'hui. Pour nourrir ces énormes animaux herbivores, qui couvraient notre sol, de l'Italie jusqu'à la mer Glaciale, animaux qui ne se trouvent plus maintenant que dans les régions tropicales les plus favorisées sous le rapport de la végétation, la nature devait offrir la flore la plus variée et la plus luxueuse. « Le *Mégathérium* dont on a retrouvé des squelettes entiers dans les alluvions des Pampas (Amérique du Sud) et dans les cavernes du Brésil, était de la taille des plus grands rhinocéros (4 mètres environ de longueur et 3 mètres de hauteur); sa conformation était à la fois celle des tatous et celle de nos paresseux actuels. Organisé pour se nourrir de racines, ce Léviathan des Pampas, comme l'appelle Buckland, était armé d'ongles gigantesques avec lesquels ses membres massifs fouillaient la terre, pendant que sa queue singulièrement large et puissante fournissait un appui au poids du colosse. Une carapace osseuse adhérente à la peau paraît avoir protégé les parties supérieures du corps, comme dans les chlamyphores de l'Amérique actuelle; de sorte qu'il faut peut-

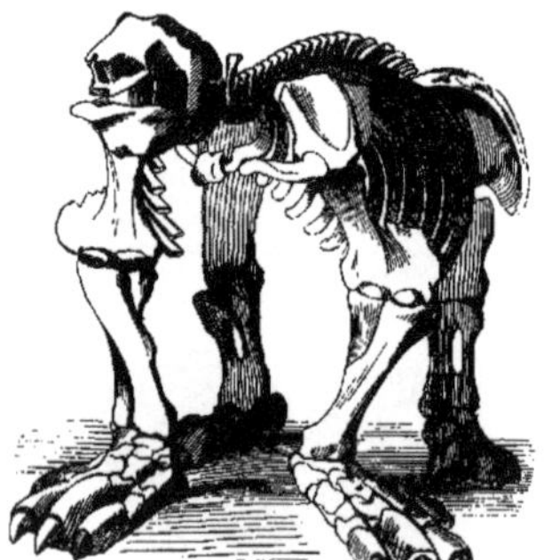

Fig. 1275. — Squelette du Mégathérium ou animal du Paraguay, vue de face.

être regarder le *Mégathérium* comme ayant aussi vécu habituellement sous terre; ses ongles énormes justifieraient cette supposition sur laquelle la taille seule de l'animal

Inspire des doutes sérieux. Auprès de ce géant vivaient, dans les mêmes contrées, quatre espèces un peu moins grandes de *Mégalonyx* dont les formes moins lourdes que celles des mégathériums s'en rapprochaient en général, mais dont les membres antérieurs plus longs que les postérieurs et le système de dentition rappellent ceux de l'aï et de l'unau. C'est encore à ces derniers animaux que ressemblaient les *Mylodons* dont on connaît trois es-

Fig. 1276. — Mylodon robustus, squelette avec le contour probable du corps.

pèces. Bien que de taille gigantesque, ceux-ci étaient inférieurs en dimensions au mégathérium, mais s'en rapprochaient d'ailleurs par toute leur conformation. Ils paraissent cependant s'être nourris de fenilles et de bourgeons, et leurs pieds, pourvus de cinq doigts, portaient aux uns des griffes, aux autres des sabots. Le savant anglais R. Owen a étudié minutieusement le squelette de ces grands mammifères qu'il nomme *mégathérioïdes*, et il est arrivé à penser qu'ils étaient organisés pour se nourrir les uns et les autres des feuilles des arbres et que leurs membres colossaux leur permettaient de déraciner ceux-ci du pied, puis de les faire tomber par un puissant ébranlement; suivant lui le mégathérium aurait été en outre pourvu d'une trompe. (*Ann. des sc. natur.* 1843, 2ᵉ série, t. XIX, p. 221).

Le *Glyptodon* était un tatou colossal; sa taille était environ un tiers de celle du mégathérium avec lequel il gît dans les vastes alluvions à limon rougeâtre des Pampas de Buenos-Ayres. Une carapace osseuse en forme de dôme protégeait tout son corps, et sa queue, sa tête étaient cuirassées pareillement. Ces mêmes dépôts subapennins des Pampas, dont l'étendue égale environ les trois cinquièmes de la superficie de la France, nous ont

Fig. 1277. — Glyptodon clavipes.

encore conservé de cette époque bien des ossements de genres perdus ou vivants, un *Glossothérium* voisin des fourmiliers, des *Scelidothériums* voisins des Mylodons, des *Chevaux* d'autres espèces que les nôtres, etc.

D'autres ossements de l'époque subapennine nous ont été conservés en grand nombre, sous les mêmes limons rougeâtres, dans les cavernes du Brésil et de l'Europe (voyez OSSEMENTS). Ces ossements nous font reconnaître beaucoup d'animaux des alluvions subapennines mêlés à d'autres plus particulièrement propres aux cavernes. Parmi ces animaux, les uns sont des carnassiers, comme le grand *Ours des cavernes* (d'un quart plus grand que nos ours) et cinq ou six autres espèces du même genre, l'*Hyène des cavernes*, des tigres, des panthères, des loups, des renards, etc., d'espèces différentes de celles que nous avons aujourd'hui; les autres étaient des herbivores, des omnivores, des rongeurs qui semblent souvent avoir été, avant ou après leur mort, la proie des carnassiers dont leurs os portent encore les traces; c'étaient des bœufs, des chevaux, des cerfs, des rhinocéros, des hippopotames, des éléphants, tous différents au moins comme espèce des animaux analogues de la faune actuelle. C'est dans les tourbières d'Irlande qu'a été trouvé le *Cerf à bois gigantesque* dont les bois à large empaumure ne mesuraient pas moins de 3 mètres d'envergure. Enfin je termine cette longue énumération de quelques-uns des habitants les plus remarquables de l'époque subapennine en citant parmi les *Oiseaux*, le genre *Dinornis* dont on connaît cinq espèces, l'une haute de 4 mètres, et qui était intermédiaire aux casoars et aux aptéryx du monde actuel.

Le règne végétal offre à l'époque subapennine une physionomie différente de celle qu'il présentait à l'époque falunienne, et distincte en même temps de celle de la flore contemporaine. Les *Dicotylédones* y dominent et sont riches en espèces variées (*gymnospermes* 31, *angiospermes* 164); les *Monocotylédones* y sont rares (4 espèces connues seulement) et les *Palmiers* manquent entièrement dans les dépôts subapennins de l'époque subapennine de l'Europe. D'ailleurs toutes les plantes montrent des analogies générales avec celles qui peuplent aujourd'hui les régions tempérées de l'Europe, de l'Amérique septentrionale et du Japon. Les *Dicotylédones gamopétales* sont encore, comme à l'époque précédente, à peine représentés; mais les familles que l'on rencontre le plus abondamment dans la flore subapennine sont les *Conifères* (32 espèces), les *Cupulifères* (22 espèces), les *Légumineuses* (17 espèces), les *Rhamnées* (14 espèces), les *Acérinées* (15 espèces).

Il importe de dire ici qu'aucune des espèces végétales de cette époque ne vit encore aujourd'hui. Il semble qu'une grande perturbation dont le soulèvement de la vaste chaîne des Andes est peut-être la cause principale, a jeté les eaux hors de leurs lits et terminé cette époque par une catastrophe fatale aux êtres vivants qu'elle nourrissait. Ce mouvement des eaux a dû anéantir les grands animaux terrestres sur tous les points du globe à la fois, comme il a partout transporté ces sédiments limoneux rougeâtres où leurs ossements sont enfouis. C'est à cet instant que des masses considérables d'alluvions terrestres contenant des ossements de mastodontes, d'éléphants et d'autres animaux d'espèces éteintes auraient été charriées à la surface des continents, en France, en Italie, dans les deux Amériques et sur d'autres parties du monde jusqu'au pôle nord. Là, sur les bords glacés des fleuves sibériens, quelques-uns des animaux ainsi détruits se sont conservés entiers dans des montagnes de glace sur lesquelles les siècles ont passé sans les atteindre. La première découverte de ce genre fut faite au siècle dernier par un pêcheur et elle nous fit connaître un individu de l'espèce d'éléphant qui vivait à cette époque (voy. ÉLÉPHANT), dont la peau était couverte d'une laine rouge abondante et d'un long poil noir et luisant; des défenses élégamment enroulées et d'une taille énorme ornaient la tête de cette grande espèce.

Ainsi s'est terminée par une sorte de déluge universel la plus récente des époques tertiaires; après cette catastrophe s'ouvre la période actuelle dont le trait essentiel, au milieu du renouvellement des espèces d'êtres vivants, est l'apparition de l'homme sur la terre. On trouvera ailleurs (voyez HOMME FOSSILE, ANTHROPOLITE) l'histoire des débris les plus anciens que l'on connaisse, de l'espèce humaine, et les raisons qui font douter si ce roi de la création organisée n'a paru sur la terre qu'après l'époque pliocène, après le *diluvium* ou déluge général qui a terminé cette époque. Ce déluge n'a d'ailleurs aucun rapport avec fe déluge biblique dont l'homme a été témoin et dont on retrouve les traces au commencement de l'époque contemporaine.

Conclusions. — Le nombre des espèces fossiles animales trouvées jusqu'ici dans les divers terrains s'élève à près de 24 000, dont le tableau suivant dressé d'après les résultats des recherches d'Alc. d'Orbigny, donne la répartition. Ces 24 000 espèces se rapportent à environ 1 473 genres dont 933 sont aujourd'hui perdus.

Récapitulation des genres et des espèces d'animaux fossiles, suivant les périodes et les groupes zoologiques.

GROUPES ZOOLOGIQUES.	Nombre des espèces fossiles	NOMBRE DES GENRES DANS LES TERRAINS				
		paléozoïques	triasiques.	jurassiques.	crétacés.	tertiaires.
Mammifères...........	400	»	»	2?	»	113
Oiseaux...............	66	»	»	»	3	41
Reptiles..............	276	2	18	27	16	21
Poissons..............	1 000	67	15	56	46	141
Articulés..............	2 000	51	5	89	43	130
Mollusques...........	16 951	127	65	139	193	230
Zoophytes............	3 244	88	30	124	183	160
TOTAUX.........	23 937	335	133	437	489	836

Récapitulation des genres et des espèces de plantes fossiles, suivant les périodes et les grands groupes du règne végétal.

GROUPES DE VÉGÉTAUX.	Nombre des espèces fossiles	NOMBRE DES GENRES DANS LES TERRAINS				
		paléozoïques	triasiques.	jurassiques.	crétacés.	tertiaires.
Cryptogames amphigènes.	67	9	»	13	11	14
Cryptogames acrogèn.	639	63	9	39	18	13
Monocotylédones.....	88	6	3	8	3	14
Dicotylédones gymnospermes.............	398	26	6	20	10	30
Dicotylédones angiospermes............	361	»	»	»	7	99
TOTAUX.........	1 553	104	18	80	49	170

Le second tableau est un relevé sommaire des résultats publiés par le professeur Ad. Brongniart ; l'on peut juger ainsi de l'état de nos connaissances en fait de fossiles dans l'un et dans l'autre règne.

On remarque immédiatement une différence notable dans le nombre, entre les fossiles d'origine animale et les végétaux fossiles. Au lieu d'en conclure que les faunes de ces époques antédiluviennes étaient plus riches que les flores correspondantes, il vaut mieux songer que les végétaux sont en général d'une bien moins facile conservation que les animaux et que la destruction entière a frappé bien plus de plantes que d'espèces animales. Ce qui semble confirmer cette conjecture, c'est que d'une manière générale les faunes et les flores fossiles sont d'autant plus riches qu'elles se rapportent à une époque plus récente. Alc. d'Orbigny conclut néanmoins des chiffres qu'il a si minutieusement réunis pour la paléontologie des animaux, que le nombre des formes organiques a été en augmentant depuis la période paléozoïque jusqu'à la nôtre. Si cette conclusion n'est pas incontestable, elle est au moins probable.

Un des résultats curieux de l'étude des plantes et des animaux fossiles est la révélation de ce fait que plusieurs groupes d'êtres vivants, ont eu à l'une ou à l'autre des époques géologiques, par le nombre et la variété des genres et des espèces, un développement qu'ils n'ont plus à notre époque ; tandis que d'autres groupes sont au contraire plus abondamment représentés aujourd'hui qu'ils ne l'ont été durant les périodes précédentes.

Il est une idée qui a été souvent présentée avec complaisance comme un des résultats incontestés de l'étude des fossiles et que je tiens à rappeler ici pour en constaater l'inexactitude. On a répété que l'auteur des choses avait peuplé la terre par des créations successives, en commençant par les animaux et les plantes les plus simples en organisation, pour s'élever d'époque en époque à des combinaisons organiques plus compliquées et plus parfaites et couronner enfin son œuvre à l'époque actuelle

par la création de l'homme. C'est là un rêve séduisant, et rien de plus. L'étude des fossiles démontre, à la vérité, que la terre a d'abord été inhabitée de tout être vivant ; qu'à un certain moment la puissance souveraine a créé à la fois des animaux et des plantes ; que depuis ce moment la population animale et végétale de notre terre a changé environ vingt-sept fois, par la destruction générale des espèces, par l'anéantissement de bien des genres et des classes, par la production d'espèces nouvelles appartenant souvent à des groupes nouveaux ; que l'espèce humaine a sans doute été créée seulement au début de la période actuelle ; mais, loin de montrer les formes organiques se succédant suivant les degrés de leur perfectionnement croissant, cette étude dément entièrement cette hypothèse. Après avoir pendant plus de douze années laborieusement examiné les documents de cette importante question, Alc. d'Orbigny a établi par une véritable statistique des faits connus, que dans l'ordre chronologique des âges du monde les quatre embranchements du règne animal et les classes qui composent chacun d'eux ont apparu parallèlement et non pas successivement selon leur perfectionnement relatif ; que l'accord du degré croissant de perfection des organes avec l'ordre d'apparition des espèces dans la série des âges, ne se réalise qu'exceptionnellement dans le fait de l'arrivée tardive des Mammifères ; que loin de se perfectionner successivement, les animaux ont souvent à cet égard moins gagné que perdu, d'autres fois sont restés stationnaires, dans la succession des époques de notre globe. M. le professeur Brongniart arrive par l'étude des végétaux fossiles à des conclusions analogues ; en établissant que la longue série des siècles qui a présidé à l'enfantement successif des diverses formes du règne végétal, peut être divisée en trois longues périodes : le *règne des Acrogènes* (terrains cambrien, silurien, dévonien, carbonifère et permien), le *règne des Gymnospermes* (terrains triasiques et jurassiques) et le *règne des Angiospermes* (terrains crétacés et tertiaires) ; « ces expressions ajoute-t-il, n'indiquent que la prédominance successive de chacune de ces trois grandes divisions du règne végétal, et non l'exclusion complète des autres. Ainsi dans les deux premières, les Acrogènes et les Gymnospermes existent simultanément ; seulement les premières l'emportent d'abord sur les secondes en nombre et en grandeur, tandis que l'inverse a lieu plus tard. » On remarquera d'ailleurs que le premier groupe prédominant n'est pas celui des Cryptogames les moins perfectionnés, mais au contraire celui des Cryptogames les plus rapprochés des Phanérogames et dans ses formes les plus compliquées, celles des Fougères. Que l'on cesse donc de nous représenter un Dieu créateur s'essayant pour ainsi dire à perfectionner progressivement son œuvre ; non, l'Intelligence suprême a pensé à la fois toute la création et a réalisé les divers types d'êtres organisés parallèlement et successivement suivant un ordre dont la raison nous échappe tout à fait.

Les résultats de l'étude des fossiles imposent à notre esprit le fait des créations multiples et successives, puisqu'à chaque époque les espèces sont renouvelées, puisqu'il y a des genres perdus et que d'autres genres n'apparaissent que tardivement. Cette conclusion a paru inacceptable à certains esprits éminents qui ont essayé de faire dériver les espèces d'une époque de celles de l'époque précédente par une voie naturelle de modifications organiques sous l'influence de changements dans les conditions extérieures ; cette opinion ne repose sur aucun fait et n'a pu être admise par les savants qui veulent avant tout s'appuyer sur l'observation et l'expérience. Pourquoi s'étonner des créations successives multiples, puisqu'il faut inévitablement admettre qu'il y a eu création au moins une fois ; le plus incompréhensible pour nous, c'est la création et non la multiplicité des manifestations du pouvoir créateur ; acceptons donc les résultats de nos observations actuelles sans y mêler d'hypothèses inutiles ; rassurons-nous en songeant d'ailleurs que d'après le livre saint aussi le monde n'est pas l'œuvre d'un seul instant, ni d'un seul jour. Ce n'est pas là la seule conclusion conforme aux révélations divines qui ressorte de l'étude des faits géologiques et l'on peut dire avec le savant et religieux Buckland : « Le temps est venu où les découvertes géologiques, ne semblent plus devoir nous faire connaître aucun phénomène qui ne s'accorde pas avec les preuves fournies par les autres sciences physiques de l'existence et de l'intervention d'un être unique, créateur souverainement sage et puissant ; mais viennent tout au contraire ajouter aux clartés de la religion naturelle des lumières éclatantes qui manquaient incontestablement jusqu'ici, et naissent des faits révélés par l'étude de la structure de la terre.... Tout le cours des faits que nous venons d'examiner a montré que l'histoire physique de notre globe, où certains esprits n'ont vu que destruction, désordre et confusion, fournit des témoignages sans cesse renouvelés de l'esprit d'économie, d'ordre et de prévoyance qui préside à tout. Le résultat de toutes nos recherches à travers les souvenirs de ce passé sans monuments écrits, a été de raffermir plus solidement notre croyance en un seul créateur souverain de toutes choses; d'exalter notre confiance dans l'immensité de ses perfections, de sa puissance, de sa majesté, de sa sagesse, de sa bonté et de sa providence par qui tout se maintient. »

Ouvrages généraux à consulter sur les fossiles : Alc. d'Orbigny, *Cours élém. de Paléontologie*; — id., *Paléontol. française*; — id., *Prodrome de Paléontologie*; — Cuvier, *Recherches sur les ossements fossiles*; — Agassiz, *Poissons fossiles*; — P. Gervais, *Zoologie paléontolog.*; — Ad. Brongniart, *Hist. des végét. fossil.* et article *Végét. fossil.* (*Dict. univ. d'Hist. nat.*); — *Bulletin de la soc. géol. de France*; — Lyell, *Nouv. Élém. de Géolog.* et *Principes de Géol.*, trad. de l'anglais ; — W. Buckland, *Geology and Mineralogy*; — De la Bèche, *Geological Manual*; — Mantell, *Geolog. of. Sussex*, etc. ; — Murchison, *Silurian System*; — Conybeare, *Geol. of England and Wales*; — Lindley et Hutton, *Fossil. Flora*; — Geologic. Transact. et *Philosophic. Trans.* divers mémoires. — Goldfuss, *Petrefacta.* AD. F.

FOSSOYEUR (NÉCROPHORE) (Zoologie), *Necrophorus vespillo*, Fab. ; *Silpha vespillo*, Lin. — Espèce d'*Insectes* de l'ordre des *Coléoptères*, du genre *Nécrophore*. Il est long de 0ᵐ,02, noir, les trois derniers articles des antennes rouges; sur les étuis deux bandes orangées, transverses, dont les bords sont terminés irrégulièrement, à peu près comme ceux des points de Hongrie. Leurs jambes sont courbes. Geoffroy, qui l'avait confondu avec les dermestes, lui avait donné le nom de *Dermeste à point de Hongrie.* Le même auteur assure l'avoir toujours trouvé dans la fiente et sur les charognes, et jamais sur les fleurs, que Linné lui assigne comme domicile. Lister a fait la même observation que Geoffroy. Quant au nom de fossoyeur qui lui a été donné depuis, il tient aux mœurs des insectes de ce genre; il en est parlé au mot NÉCROPHORE.

FOTHERGILLE (Botanique), *Fothergilla;* dédié par Linné fils au célèbre médecin anglais John Fothergill.— Genre de plantes *Dicotylédones dialypétales périgynes*, de la famille des *Hamamélidées*, caractérisé ainsi : calice à 5-7 lobes; corolle nulle; 24 étamines périgynes; anthères en fer à cheval; capsule bilobée au sommet, s'ouvrant en 2 valves. Le *F. à feuilles d'aune* (*F. alnifolia*, Lin. fils) est un joli arbrisseau de 0ᵐ,70 de hauteur, pubescent, à feuilles alternes, obovales, penninervées. Ses fleurs, disposées en épis terminaux, sont blanches et répandent une agréable odeur. Ses fruits s'ouvrent avec élasticité. Cette espèce, qu'on cultive en plein air pour l'ornement de nos jardins, croît spontanément dans l'Amérique du Nord, principalement dans la Caroline. Elle multiplie de graines et de boutures. Terre de bruyère humide et à l'ombre.

FOU (Zoologie), *Sula*, Briss.; *Dysporus*, Illg.; connu aussi sous le nom de *Boubie*, du mot anglais *booby*, niais, benêt. — Genre d'*Oiseaux* de l'ordre des *Palmipèdes*, famille des *Totipalmes*, du grand genre *Pélican* de Linné; caractérisé par un bec long et droit, à pointe un peu arquée, les bords dentés en scie, à dents dirigées en arrière ; les narines prolongées jusqu'à la pointe; la gorge nue, ainsi que le tour des yeux; l'ongle du doigt médian denté en scie; les ailes bien moindres que les frégates, dont ce genre est voisin, et la queue un peu en coin; des jambes courtes qui semblent rentrer dans le ventre. Ces oiseaux, de la taille de l'oie, ne sauraient avoir avec cette conformation qu'un port lourd et disgracieux. A terre, ils ne se tiennent guère, en effet, que debout, en s'appuyant sur les baguettes élastiques de leur queue, et dans l'impossibilité où ils sont de prendre leur vol, ils se laissent approcher et tuer sans résistance. Cette stupidité apparente leur a valu leur nom, autant que la facilité avec laquelle les frégates leur font dégorger leur proie pour s'en emparer. Ils nagent rarement, ne plongent jamais, mais planent avec agilité et enlèvent habilement le poisson qui vient à la surface de l'eau. Ils s'écartent peu des côtes et placent leurs nids à côté les uns des autres sur les rochers.

Le *F. de l'île de Bassan* (*F. Bassanus*, Briss.; *Pelec.*

Bassanus, Lin.) est blanc ; les premières pennes des ailes et les pieds noirs; le bec verdâtre; il est presque aussi gros que l'oie; et habite la petite île de Bassan, dans le golfe d'Édimbourg (d'où lui vient son nom), où il multiplie beaucoup, quoiqu'il ne ponde qu'un œuf par couvée. Sa longueur est de près de 1 mètre et son envergure de 1ᵐ,70. Il en vient assez souvent sur nos côtes en hiver, c'est la seule espèce dont on ait pu étudier les mœurs. Ils nagent rarement et ne plongent pas, mais ils volent et saisissent le poisson avec une grande agilité. On les voit quelquefois dans une attitude presque verticale, posés sur un rocher ou même sur un arbre, épiant dans une immobilité complète le poisson qui leur sert de nourriture ; ce sont principalement des harengs et des sardines. Comme ils ont la peau de la gorge très-extensible, ils peuvent avaler une proie d'un volume assez considérable. Leurs nids, construits négligemment sur les rochers et les falaises, au milieu d'épaisses broussailles, sont groupés en grand nombre à côté les uns des autres, au point que les couveuses se touchent. Le cri de ces oiseaux est fort et tient de celui du corbeau et de l'oie; c'est surtout lorsqu'ils sont poursuivis par les frégates qu'ils le font entendre. Le *F. brun*, *Petit Fou*, *Cordonnier* de Commerson (*Pelec. sula*, Lin.), est commun aux Antilles, à Cayenne, à la Caroline, etc. Selon Vieillot, c'est l'espèce la plus répandue. Sa longueur, du bout du bec à l'extrémité des ongles, n'est que de 0ᵐ,70. Il a le ventre blanc, tout le reste du plumage d'un cendré brun.

FOUCAUD, FOUCAULT (Zoologie). — Nom donné quelquefois par les chasseurs à la *Petite Bécassine* (*Scolopax gallinula*, Gm.), plus connue sous le nom de *la Sourde.*

FOUET (COUP DE) (Médecine). — On appelle ainsi une douleur vive, subite, que l'on a comparée avec raison à un coup de fouet et qui saisit la partie postérieure de la jambe dans un mouvement brusque et violent d'extension du pied. Cette sensation douloureuse paraît résulter de la déchirure de quelque portion tendineuse ou de quelques fibres musculaires ; elle a pour effet de rendre la marche impossible pendant un temps assez long. Quelquefois il se manifeste une ecchymose vers la région du mollet. Un repos prolongé quelquefois pendant plusieurs semaines est le seul remède à employer.

FOUET DE L'AILE (Zoologie). — C'est la troisième partie ou la plus extérieure de l'aile des oiseaux. Quelques-uns d'entre eux, tels que certaines espèces de *Vanneaux* des pays chauds, les *Kamichis*, les *Jacanas*, parmi les *Échassiers*, ont le fouet de l'aile armé d'un et souvent de deux éperons ou ergots. On trouve la même disposition chez un petit nombre de *Palmipèdes*; ainsi la *Bernache armée* ou *Oie d'Afrique* n'a qu'un petit ergot à l'aile, tandis que l'*Oie de Gambie* se fait remarquer par les deux gros éperons dont le fouet de son aile est armé. Ce sont véritablement des armes pour ces oiseaux.

FOUET ÉPINEUX (Botanique).— Espèce de *Champignon*, de l'ordre des *Hyménomycètes*, genre *Hydne*, trouvée par Paulet dans la forêt de Sénard et formant de petits bouquets composés de plusieurs individus à tige blanche, mince et allongée. Rien n'annonce en lui de mauvaises qualités.

FOUETTE-QUEUE (Zoologie). — Sous-genre de *Reptiles*, ordre des *Sauriens*, famille des *Iguaniens*, de la section des *Agamiens* et du grand genre *Stellion* de Cuvier. Ils n'ont pas la tête renflée comme le sous-genre des *Stellions ordinaires*; les écailles du corps sont petites, lisses et uniformes; celles de la queue plus grandes et plus épineuses qu'à ce sous-genre. Une série de pores sous les cuisses. Le *F. queue d'Égypte* (*Stellio spinipes*, Daud.), long de 0ᵐ,65 à 0ᵐ,90, a le corps renflé, d'un beau vert de pré. Il est des déserts voisins de l'Égypte. Belon l'a pris, sans preuve, pour le *Crocodile terrestre* des anciens.

FOUETTE-QUEUE ou **GECKO DU PÉROU.** — Voyez GECKO.

FOUGÈRE (Botanique), *Filices* des Latins. — Famille de plantes *Acotylédones* ou *Cryptogames acrogènes*, classe des *Filicinées* de Brongniart. Ce sont les plantes les mieux organisées de la cryptogamie, celles qui se rapprochent le plus des plantes monocotylédonées. Cette famille comprend aujourd'hui plus de 3 000 espèces, dont un grand nombre sont depuis peu très-importantes en horticulture. Beaucoup ont un feuillage élégant et brillamment coloré, ce qui les a fait adopter pour l'ornement des jardins. Les fougères ne sont que des herbes souvent très-petites dans nos climats; mais dans les régions chaudes, elles ont des espèces arborescentes qui atteignent une grande hauteur. Les fougères herbacées ont un rhizome horizontal souterrain s'allongeant par une extrémité, tandis que l'autre se détruit graduellement ; quelquefois ce rhizome est grimpant. Dans les fougères en arbre, qui ont assez bien le port des palmiers, il existe une première tige qui périt lorsqu'il s'en est développé une autre droite et élevée. Celle-ci est marquée de cicatrices résultant des feuilles tombées et présente quelquefois un renflement au sommet. Les feuilles de fougères, auxquelles quelques auteurs ont donné le nom de *frondes* (voyez ce mot), parce qu'ils regardent ces organes comme des rameaux foliacés, sont le plus souvent divisées, plus rarement simples. La disposition de leurs nervures est variable et fournit de bons caractères spécifiques. La fructification des fougères est ordinairement située à la face inférieure des feuilles. Elle se compose de capsules nommées aussi *sporanges*, contenant les *séminules*, qui représentent les graines. Ces capsules sont entourées d'une enveloppe nommée *anneau*; celui-ci est doué d'élasticité et opère ainsi à la maturité la rupture des parois de la capsule, ce qui permet la sortie des séminules. Les groupes que forment les capsules

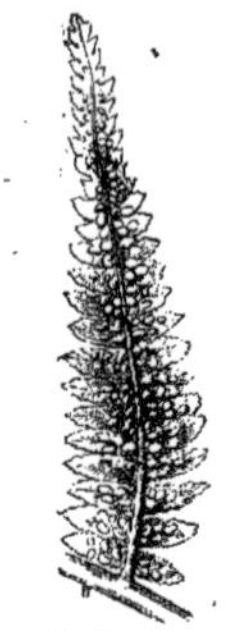

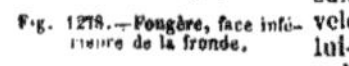

Fig. 1278.—Fougère, face inférieure de la fronde.

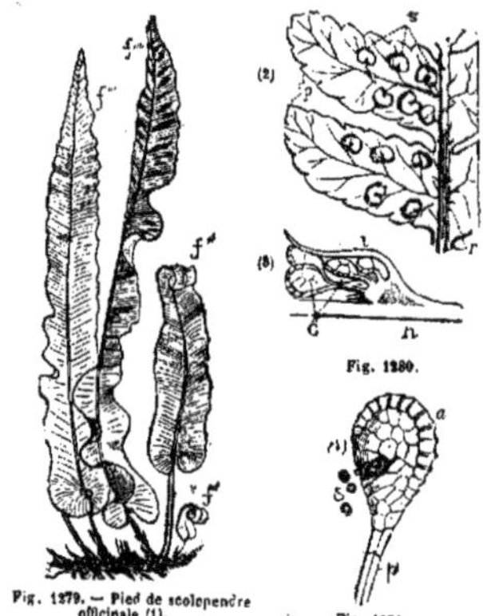

Fig. 1279. — Pied de scolopendre officinale (1).

Fig. 1280.

Fig. 1281.

sessiles ou pédicillées par leur réunion sont nommés *sores*. Souvent un repli saillant résultant de l'épiderme les entoure ; ce repli porte le nom d'*indusie*. M. Duchartre décrit ainsi la germination des fougères, qui n'est bien connue que depuis quelques années : « Lorsqu'une séminule germe, sa membrane externe ou son *épispore* crève et sa membrane interne, gonflée par l'humidité, s'allonge au dehors et bientôt se partage en deux cellules.

(1) Pied de Scolopendre. (*Scolopendrium officinale*, Smith), avec plusieurs feuilles f, f', f'', f''', f'''' à divers degrés de développement. Sur la face inférieure de f'''', on voit les *sores* dessinant des lignes transversales noirâtres.

(2) Fragment de la fronde d'une autre fougère (*Nephrodium augulare*) vue en dessous.— *p*, deux pinnules chargées de sores *s*. — *r*, rachis qui les porte.

(3) Un des sores coupé verticalement. — *n*, nervure qui le porte. — *i*, indusium ou repli qui le couvre. — *c*, capsules.

(4) L'une des capsules séparée au moment de sa déhiscence.— *s*, spores qui s'échappent. — *a*, anneau cellulaire.

L'inférieure de celles-ci devient la radicule, la supérieure se développe en une petite lame cellulaire nommée *proembryon*, qui est d'abord triangulaire, puis en cœur renversé ou même échancré aux deux extrémités. La face inférieure du proembryon émet des radicelles et produit les *anthéridies* ou organes mâles, pour la plupart situés en arrière, et les *archégones* ou organes femelles moins nombreux, situés en avant, vers l'échancrure antérieure. Dans ces archégones, fécondés par l'action des *anthérozoïdes* sortis des anthéridies, se forme un embryon qui grossit, devient une masse arrondie, crève l'archégone, pour s'allonger enfin en tige dans le haut, en racine vers le bas. C'est le développement de cette tige qui produit la plante sur laquelle naîtront plus tard les capsules avec leurs séminules. » Les fougères habitent principalement les régions chaudes de l'hémisphère austral. Celles qui sont arborescentes forment quelquefois des forêts dans les régions tropicales. A Sainte-Hélène, les fougères composent le tiers de la flore ; à Tahiti et à l'Ile-de-France, elles en forment le cinquième. Ces plantes sont aussi assez abondantes dans les climats tempérés et même froids. Au Groënland, elles composent la dixième partie de la flore, tandis qu'en France, elles n'en forment que la soixante-troisième partie. Les usages des fougères sont assez restreints. En général, les feuilles de ces végétaux contiennent un mucilage aromatique et pectoral. Quelques fougères ont des propriétés sudorifiques (*Polypodium calaguala*) et anthelminthiques (*Pteris aquilina·Polystichium filix mas*). D'autres ont des propriétés alimentaires (le nehai des îles Sandwich est tiré de l'*Angiopteris erecta*). On se sert aussi des feuilles de fougères pour faire des matelas sur lesquels on couche les enfants rachitiques et scrofuleux.

La famille des *Fougères* a été divisée par M. Ad. Brongniart en plusieurs tribus fondées particulièrement sur la structure des capsules et sur leur mode d'insertion, et celles-ci en sections dont les limites, du reste, d'après l'auteur lui-même, sont moins bien établies. Nous ne citerons que les tribus et quelques genres principaux : 1re tribu, les *Polypodiacées*; genres principaux, *Grammite*, *Notochlène*, *Polypodium*, *Cheilanthe*, *Capillaire* ou *Adiante*, *Pteris*, *Blechne*, *Scolopendre*, *Asplenium* ou *Doradille*, *Aspidie*, *Polystic*. 2e tribu, les *Cyathéacées*; genres principaux, *Cyathée*, *Alsophile*. 3e tribu, les *Hyménophyllées*; genre principal, *Hyménophylle*. 4e tribu, les *Parkériées*; genre principal, *Cératopteris*. 5e tribu, les *Lygodiées*; genres principaux, *Lygodium*, *Aneimia*. 6e tribu, les *Osmondées*; genre principal, *Osmonde*. 7e tribu, les *Marathiées*; genres principaux, *Angiopteris*, *Marathia*. 8e tribu, les *Ophioglossées*; genres principaux, *Ophioglosse*, *Botrychion*.

Parmi les nombreux et importants travaux auxquels a donné lieu la famille des *Fougères*, nous citerons seulement les suivants : Swartz, *Icones filicum* (1806) ; — Macvicar, *Germination des fougères* (*Trans. roy. Soc. Edimb.*, 1824); — Hooker et Gréville, *Icones filicum* (1827); — Raddi, *Filices*; — Gustave Kunze, *Analecta pteridographica*. — Presl a donné plusieurs travaux, au nombre desquels un des plus remarquables est sa *Ptéridographie*. — Enfin M. Fée a publié plusieurs magnifiques mémoires sur les fougères. G—s.

FOUGÈRE FEMELLE (Botanique). — Ce nom a été donné vulgairement à deux plantes de la famille des *Fougères* (voyez ce mot). 1° Le *Ptéris aquilin*, *Pteris aigle impérial* (*P. aquilina*, Lin.), du genre *Pteris* de Linné, tribu des *Polypodiacées*, nommée aussi *grande fougère*, *fougère commune* ou simplement *fougère*; c'est une plante à souche traçante, presque horizontale; frondes de 1 mètre à 1m,60, larges de 0m,50 à 0m,80 ; pétioles très-longs, bruns dans le bas, profondément enfoncés en terre. Elle présente cette singulière particularité, que lorsque l'on coupe cette partie inférieure obliquement, la section offre la figure de l'aigle à deux têtes, d'où lui est venu son nom. On la trouve dans les champs stériles. 2° La seconde plante nommée *F. femelle* est l'*Athyrium fougère femelle* (*A. filix fœmina*, Roth); à souche épaisse; pétioles lisses; frondes de 0m,50 à 1 mètre, en touffes longuement pétiolées. Sores confluents à la maturité. Elle croît particulièrement dans les haies et les lieux ombragés. Toutes deux sont communes aux environs de Paris. Les racines de ces deux plantes et de plusieurs espèces de fougères ont été employées comme vermifuges ; elles sont à peu près inusitées aujourd'hui. Elle partageait la réputation de la fougère mâle.

FOUGÈRE MALE (Botanique). — *Nom sous lequel on* désigne généralement le *Polypodium filix mas*, Lin.

(*Polystichum aspidium*, Swartz), plante fort commune dans les bois humides de toute la France. Sa tige souterraine est épaisse, traçante; ses frondes en touffes longues de $0^m,50$ à $0^m,80$ et plus; à pétiole écailleux, surtout dans le bas; sores assez gros sur deux lignes rapprochées. Sa racine a une saveur âpre et légèrement amère, une odeur nauséabonde et désagréable. On en a retiré, au moyen de l'éther, indépendamment de sa matière colorante, une huile volatile odorante, de l'élaïne et de la stéarine; puis du résidu épuisé par l'éther et traité par l'alcool, du tannin, de l'acide gallique et du sucre incristallisable. Enfin une certaine quantité de gomme et d'amidon. Les anciens médecins pharmacologistes ont beaucoup vanté l'efficacité de la fougère mâle comme vermifuge; peut-être y a-t-il beaucoup à rabattre de cette réputation qui aujourd'hui paraît usurpée, surtout si l'on considère que l'on joignait constamment à son emploi celui des purgatifs énergiques. C'était sous la forme de décoction, de poudre, d'électuaire, qu'on en faisait particulièrement usage.

FOUGÈRES FOSSILES (Botanique). — De toutes les familles botaniques, celle des *Fougères* est celle qui présente le plus d'espèces fossiles, et ce qu'il y a de remarquable, c'est que le plus grand nombre se montre avec des caractères identiques à ceux que l'on rencontre en si grande quantité autour de nous, et particulièrement dans les terrains les plus anciens, le grès houiller. Parmi plus de deux cents espèces connues aujourd'hui, on n'en a trouvé que huit à dix dans le grès bigarré, une quarantaine dans la période oolitique et un très-petit nombre dans les terrains sous-crétacés et dans les terrains de sédiment supérieur. C'est donc, comme nous l'avons dit, dans les couches anciennes que les fougères se sont montrées immédiatement en grande abondance. Mais quoique les formes qu'elles présentent soient peu différentes de celles qui existent aujourd'hui, cependant la fructification manquant dans les trois quarts des fougères fossiles observées, comme il ne reste plus pour les caractériser que le mode de nervation, M. Ad. Brongniart est d'avis qu'il faut les classer seulement d'après la nervation et le mode de distribution des frondes. D'après ce principe, il a établi onze genres dont les principaux sont : *l'ecopteris*, *Schizopteris*, *Sphenopteris*, *Nevropteris*, etc. On trouve aussi dans les mêmes terrains des tiges semblables à celles des fougères arborescentes de notre époque; telles les tiges des *Caulopteris* de Lindley. « Le *C. peltigera*, dit M. Brongniart, est plus gros qu'aucune tige de fougère en arbre que je connaisse (voyez FOSSILE). »

FOUINE (Zoologie), *Mustela foina*, Lin. — Espèce de *Mammifères*, du genre des *Martes* proprement dites, faisant partie du grand genre *Mustela* de Linné, et qui, pour plusieurs auteurs, paraît être une simple variété des *Martes* propres ou des *Zibelines*. La fouine a la taille d'un jeune chat, c'est-à-dire environ $0^m,30$ de long; la queue a, en outre, $0^m,22$. Elle est donc plus petite que la marte dont elle se distingue d'une façon très-caractéristique par sa gorge et sa poitrine blanches. Son pelage est, du reste, brun-bistré sur le dos, avec le museau pâle et les pattes et la queue brunes.

Elle vit dans les régions occidentales de l'Europe, se rapprochant plus que la marte des lieux habités. On la rencontre aussi bien dans les forêts que dans les vergers, les fermes ou les villages. C'est surtout dans la demeure de l'homme qu'elle cherche sa nourriture et qu'elle élève ses petits. Elle vit solitaire, se cachant le jour et ne sortant que la nuit de sa retraite pour pourvoir à ses besoins et à ceux de sa famille. Elle chasse alors les oiseaux, les rats, les taupes; mais c'est surtout dans les poulaillers et les basses-cours qu'elle fait les plus grands ravages. Son naturel sanguinaire la porte à tuer, en effet, bien plus d'animaux qu'il ne lui est nécessaire pour sa nourriture. Elle en porte une partie à ses petits; mais elle ne quitte le théâtre de son carnage que lorsque les premières lueurs du jour lui font craindre quelque danger. Cependant, malgré cet instinct féroce, la fouine peut s'apprivoiser. Boitard dit avoir vu un ancien garde-chasse possesseur d'une fouine qu'il appelait Robin et qui n'avait jamais été à la chaîne; elle courait dans toute la maison, répondait à la voix de son maître, ne le caressait pas, il est vrai, mais semblait prendre plaisir à ses caresses. Elle vivait, dit-il, en bonne intelligence avec Bibi, petit chien terrier qui avait été élevé avec elle. A ce tableau Boitard ajoute malicieusement : « Robin et Bibi n'étaient pour leur maître que des instruments de vol et des complices. » En effet, ce trio intéressant allait rôder autour des fermes et des basses-cours, et Robin étranglait parfois une poule égarée que Bibi rapportait à son maître. La fouine est de la taille d'une marte commune ($0^m,50$); elle exhale une forte odeur musquée désagréable. La femelle porte, dit-on, autant de temps que la chatte (cinquante-cinq à cinquante-six jours); les plus jeunes ne font que trois ou quatre petits, les plus âgées jusqu'à sept. C'est ordinairement dans un trou de muraille ou d'arbre, dans une fente de rocher qu'elles s'établissent pour mettre bas, après y avoir porté de la mousse, du foin, des herbes. Si on les inquiète, elles transportent ailleurs leur famille. Les fouines, comme les martes et beaucoup d'autres animaux, ont près de l'anus de petites glandes qui sécrètent une matière fort odorante.

FOUINE DE LA GUYANE. — Nom vulgaire du *Grison*, espèce de *Mammifère* du genre *Glouton*.

FOUINE DE LA GUYANE (PETITE). — Buffon a décrit sous ce nom un petit mammifère, qui ne serait, selon Desmarest, qu'un jeune coati. Il avait été dessiné vivant à la foire de Saint-Germain en 1768. Lacépède l'a désigné sous le nom de *Mustela guyanensis*.

FOUINE DE MADAGASCAR (PETITE) de Buffon. — C'est la *Mangouste vansire* (voyez MANGOUSTE).

FOUISSEURS (Zoologie), *Fossores*, du latin *fodere*, *fouir*. — On donne ce nom général à tous les *mammifères* qui creusent la terre pour y trouver un abri ou des aliments; ils ont les membres antérieurs constitués fortement et des ongles très-longs; mais comme ces animaux, malgré cette analogie, diffèrent essentiellement entre eux par d'autres caractères plus importants, ils ne peuvent être classés dans une même division. Tels sont les *Taupes* (insectivores); les *Spalax* (rongeurs); les *Tatous* (édentés); les *Echidnés* (monotrèmes), etc.

FOUISSEURS (Zoologie), *Fossores*, Lat. — Famille d'*Insectes* de l'ordre des *Hyménoptères*, section des *Porte-aiguillon*, nommés aussi *Guêpes-ichneumons*. Ils se distinguent parce que tous les individus sont ailés; ils sont de deux sortes et vivent solitaires. Leurs pieds sont exclusivement propres à la marche, souvent pour fouir; les mâchoires sont généralement allongées et fortes, les ailes toujours étendues. La plupart des femelles placent à côté de leurs œufs des insectes ou des arachnides qu'elles ont percés de leurs aiguillons, pour nourrir les larves. Ces insectes sont ordinairement très-agiles et vivent sur les fleurs. Ils ont souvent les mâchoires et la lèvre allongées et en forme de trompe. Les larves sont toujours apodes, et se métamorphosent dans une coque qu'elles se sont filée. Cette famille a composé le grand genre *Sphex*, de Linné, et Latreille l'a divisée en nombreux sous-genres distribués en sept coupes principales : 1° les *Scoliètes*, sous-genres *Scolies* propres, *Tiphies*, *Tengyres*, *Myzines*, *Mèries*; 2° les *Sapygites* sous-genres *Sapyges* propres, *Thynnes*, *Polochres*; 3° les *Sphégides*, sous-genres *Pepsis*, *Céropales*, *Pompiles*, *Planiceps*, *Apores*, *Ammophile*, *Sphex*, *Pronée*, *Chlorion*, *Dolichure*, *Ampulex*, *Podies*, *Pélopées*; 4° les *Bembécides*, sous-genres *Bembex*, type de ce groupe, *Monédules*, *Stizes*; 5° les *Larrates*, sous-genres *Palares*, *Lyrops*, *Larres*, *Dinètes*, *Miscophes*; 6° les *Nyssoniens*, sous-genres *Astates*, *Nyssons*, *Oxybèles*, *Nitèles*, *Pisons*; 7° les *Crabronites*, sous-genres *Trypoxylons*, *Gorytes*, *Crabrons*, *Stigmes*, *Pemphredons*, *Mellines*, *Alysons*, *Psens*, *Philanthes* divisés en *Philanthes* propres et en *Cerceris*.

FOULQUE (Zoologie), *Fulica*, Briss. — Genre d'*Oiseaux* de l'ordre des *Echassiers*, famille des *Macrodactyles*, faisant partie du grand genre *Fulica*, de Linné. Ces oiseaux ont le bec court, conique, avec une plaque frontale considérable en forme d'écusson, des doigts fort élargis par une bordure festonnée, ce qui leur permet de nager très-bien. Leur plumage est lustré: ces dispositions facilitent leur séjour presque continuo. sur les étangs et les marais. Ils établissent la transition entre les échassiers et les palmipèdes. La femelle ne se distingue du mâle que parce que son écusson est moins étendu. Les jeunes deviennent souvent la proie des buzards. On en trouve dans toutes les contrées des espèces dont la taille et la couleur sont variables. Ces oiseaux, connus aussi sous le nom de *Morelles*, se réunissent l'hiver en troupes nombreuses sur les lacs dont les eaux ne gèlent pas; comme ils voient très-bien pendant la nuit, c'est pendant ce temps qu'ils cherchent leur nourriture, consistant en petits poissons, insectes aquatiques, sangsues, graines, etc. On ne les voit guère voler le jour; quelquefois le soir elles passent d'un étang à un autre. La *F. noire* (*F. atra*, Gm.), *Morelle d'Europe*, est de couleur foncée d'ardoise, plaque du front et bord des ailes de couleur blanche, la plaque devient rouge dans la saison de la ponte; on la trouve en Europe, partout, où il y a des étangs. Elle est de la grosseur d'une perdrix (environ 0ᵐ,35 de long.). Sa chair est estimée, aussi la chasse-t-on activement sur tous les étangs. La femelle niche à terre au milieu de roseaux, et pond de 8 à 15 œufs couleur café au lait, pointillés de brun, longs de 0ᵐ,045 à 0ᵐ,050, sur 0ᵐ,030. Il y a une variété albine à laquelle Spix a donné le nom de *F. leuchorix*. On trouve une espèce, la *F. bleue* (*F. cœrulea*, Vandel.), qui a le plumage noir à reflets bleus, plaque frontale rouge, crête blanche. La *F. à crête* (*F. cristata*, Gm.), habite Madagascar: elle se trouve aussi en Chine.

FOULURE (Médecine). — Ce mot, peu employé dans le langage médical, est synonyme d'*Entorse*.

FOURBURE (Vétérinaire). — Expression très anciennement connue par laquelle on désigne une maladie du pied particulière au cheval, et qu'on rencontre quelquefois chez certains ruminants. Elle a porté indistinctement les noms de *Forbure, Fourbature, Forbature, Forboiture, Forbissure, Fourbissure*; Vatel l'appelle *Podophlegmatite*, et Publ. Végèce, dans son *Traité de l'art vétérinaire*, donne au cheval fourbu le nom d'*Orthocolus*. La plupart des auteurs la considèrent comme une inflammation que Girard précise comme affectant le tissu réticulaire du pied. On la rencontre le plus souvent dans les temps chauds, après un régime trop substantiel, de blé, d'avoine, d'orge, ce qui lui a fait donner par quelques auteurs le nom d'*Hordeatio*. Elle résulte souvent des fatigues, des marches prolongées sur un sol dur, résistant, sur les pavés, les routes ferrées. Mais une cause qui agit spécialement pour la production et surtout pour l'aggravation de la maladie, c'est la disposition du pied du cheval: enfermé dans une boite cornée, inextensible, qui ne lui permet pas de se développer, lorsque par la fatigue l'afflux du sang vient gorger ses tissus, il est alors serré, étranglé par la prison qui le contient, il devient le siège d'une inflammation violente, accompagnée d'une vive douleur.

La maladie débute par une sensibilité extrême des pieds, une chaleur anormale, la difficulté et même l'impossibilité de marcher; l'animal se tient fréquemment couché sur la litière; bientôt survient une fièvre plus ou moins intense, l'inappétence; l'animal témoigne par l'insomnie et l'agitation générale, des souffrances aiguës qu'il endure. Il y a souvent des symptômes nerveux. La maladie peut se terminer par la résolution, mais souvent aussi par la suppuration, le décollement partiel du sabot, sa chute, la gangrène, etc. Ou bien les symptômes diminuent doucement, mais les pieds restent gonflés, difformes, la marche est difficile, douloureuse, les sabots offrent sur le bourrelet des cercles saillants et souvent la congestion des tissus produit la *Fourmilière* ou le *Croissant* (voyez ces mots). Les deux formes de la maladie que nous venons du signaler constituent la *F. aiguë* et la *F. chronique.*

Le traitement consiste dans l'emploi énergique des saignées générales et locales; les bains froids prolongés à l'eau courante; les réfrigérants locaux; des frictions avec les huiles essentielles sur les genoux, les jarrets, les reins, comme moyen dérivatif; quelques petites promenades lorsqu'elles sont possibles, des boissons salées, de légers purgatifs, des lavements, des diurétiques, etc. Lorsque la maladie devient chronique, on aura recours aux astringents, aux purgatifs; mais en général le traitement n'est guère que palliatif, la maladie à cet état étant presque toujours incurable. La fourbure même aiguë est toujours très-grave, surtout lorsqu'elle se prolonge, parce qu'alors il en résulte presque toujours des déformations du sabot.

La fourbure du bœuf, beaucoup plus rare que celle du cheval, est beaucoup moins dangereuse; elle se présente avec les mêmes symptômes, moins graves, reconnaît les mêmes causes et réclame le même traitement. On l'observe quelquefois chez le mouton, mais elle n'offre rien de particulier.   F—N.

FOURCHE (Agriculture), *Furca*. — C'est un instrument à deux ou trois dents mousses ou aiguës, droites ou recourbées, dont on se sert pour remuer, retourner, ramasser les fourrages; dans ce cas elles sont ordinairement en bois de frêne, d'orme, de charme, de châtaignier, de micocoulier ou bois de Perpignan. Le manche, que l'on choisira le plus droit possible, sera d'une longueur de 1ᵐ,50 à 1ᵐ,70 pour les besoins ordinaires de la fenaison; il sera plus long pour les fourches destinées à hisser les gerbes de céréales ou le foin sur les voitures,

les meules, etc. Les fourches en fer, dont on se sert rarement pour les usages ci-dessus mentionnés, sont plutôt employées pour remuer et charger les fumiers; elles sont très-souvent à trois, quatre dents plus ou moins aiguës.

FOURCHET (Vétérinaire). — Il existe entre les deux onglons du mouton, un petit canal tortueux, en forme de poche repliée sur elle-même, nommé canal biflexe. Le fourchet n'est autre chose que l'inflammation de ce canal, causée par l'accumulation de l'humeur sébacée qui y est sécrétée. Elle se manifeste par le gonflement de ce canal, la difficulté de marcher, des souffrances assez vives qui font maigrir le malade. On l'a vu se terminer par des abcès, l'ulcération du canal, des tendons, la gangrène. Le traitement consiste dans l'emploi des émollients, des lotions, des cataplasmes, puis des résolutifs. Lorsqu'il y a des ulcérations, Girard conseille d'extirper le canal biflexe. Cette affection est quelquefois compliquée du *Piétin* ou de la *Limace* (voyez ces mots).

FOURCHETTE (Anatomie vétérinaire). — On appelle ainsi cette partie du sabot du cheval, formée par une corne molle, élastique, qui s'élargit vers le talon et qui est moulée exactement sur le *coussinet plantaire*, partie molle et charnue située sous le pied. C'est, dit Girard, « une partie exubérante, pyramidale, dont la pointe est antérieure et prolongée dans le milieu de la sole; dont la base, bifurquée et plus élevée, se continue de chaque côté avec les talons et termine postérieurement la circonférence du dessous du pied. Elle porte deux branches disposées en **V**, et séparées par un enfoncement triangulaire nommé le *vide*. Elle est composée d'une corne plus ou moins flexible, concourt avec le bord de la paroi à l'appui, modère les effets des percussions violentes, empêche l'animal de glisser sur le pavé mouillé ou plombé, et sert spécialement au toucher. »

FOURCHETTE (MALADIES DE LA) (Vétérinaire). — On connaît deux maladies de la fourchette: 1° elle est dite *échauffée* ou *irritée*, lorsqu'elle présente un suintement d'une humeur puriforme, noirâtre, fétide, qui s'amasse et séjourne dans le vide de la fourchette. Cette altération finit par désorganiser la corne et par dégénérer en fourchette *pourrie* dont on pourrait la considérer comme le premier degré. 2° On l'appelle *pourrie* lorsqu'une sorte de pourriture s'empare de la fourchette qui devient molle, filandreuse, peu cohérente, et laisse échapper une humeur noirâtre, d'une odeur ammoniacale très-fétide; il survient souvent un prurit considérable qui force l'animal à frapper du pied contre terre. Ces deux affections résultent en général du séjour des chevaux dans les lieux bas, humides et malpropres, surtout dans l'urine et le fumier; elles sont aussi la suite de la négligence de parer le pied et de laisser trop pousser la corne chez ceux qui marchent peu. Pour le traitement, on fera d'abord cesser les causes signalées; on nettoiera avec soin la fourchette, on parera le pied, on l'humectera avec quelques gouttes d'essence de térébenthine, et on fomentera la partie avec de l'eau fortement vinaigrée ou saturnée. On sera quelquefois obligé d'avoir recours à un fer à lunettes ou à branches raccourcies, surtout s'il y a de la pourriture et que la maladie se prolonge.

FOURCHETTE (Anatomie humaine). — Ce nom, tombé dans le langage vulgaire, avait été donné par les anciens anatomistes à l'appendice cartilagineux du sternum qui est quelquefois bifurqué; c'est l'*Appendice xiphoïde*.

FOURCROYA, FURCROA, FURCROYA (Botanique). — Genre de plantes établi par Ventenat dans la famille des *Amaryllidées*, très-voisin des Agaves.

FOURMI (Zoologie), du latin *formica*, *Myrméx* des Grecs. — Ce nom si célèbre s'applique, même en ne considérant que notre pays, à un groupe d'espèces semblables, la plupart communément répandues aux environs de Paris. Il a été appliqué en outre à bien des insectes exotiques plus ou moins semblables à nos fourmis indigènes. Linné avait formé de toutes ces espèces un grand genre *Fourmi* (*Formica*), que le nombre toujours croissant des espèces a contraint de considérer maintenant comme une sorte de famille renfermant jusqu'à neuf genres.

Conformation des fourmis. — Les *fourmis* sont des *Insectes* de l'ordre des *Hyménoptères*, on insectes à quatre ailes membraneuses et nues, section des *Porte aiguillon*, famille des *Hétérogynes*, tribu des *Formicaires*. Dans cette section des Porte-aiguillon, se trouvent avec les fourmis, les guêpes, les abeilles, les bourdons; les fourmis forment le genre type de la famille des Hétérogynes. En général, chaque espèce de cette famille est représentée par trois sortes d'individus, les mâles, les femelles et les neutres ou femelles stériles, nommées aussi *ouvrières*, *mulets*. Le grand genre *Fourmi* de Linné, tribu des *Formicaires* de Latreille, comprend des hyménoptères vivant en sociétés souvent fort nombreuses, et formées de femelles et de mâles ailés, et de neutres privés d'ailes (chez tous les au-

Fig. 1182. — Fourmi fauve, femelle; longueur : 0ᵐ,010

tres hyménoptères qui vivent en société, les neutres sont ailés). Leur corps, grêle et allongé, se compose d'une tête assez grosse, triangulaire ou ovoïde, d'un thorax assez volumineux et d'un abdomen ovalaire se joignant au thorax par un nœud double ou simple, que forme le premier ou les deux premiers anneaux abdominaux. Les pattes sont grêles et terminées par deux crochets sans pelotes. La bouche est armée de mandibules cornées, protégées par un labre carré, très-fortes et très-saillantes dans les neutres et dans les femelles de forme ordinairement triangulaire et

Fig. 1183. — Fourmi fauve, neutre; longueur : 0ᵐ,008.

dentées sur leur bord libre; les mâchoires et la languette sont petites, avec des palpes maxillaires et labiales, filiformes ou sétacées. La tête porte de chaque côté un œil composé, arrondi, plus gros chez les mâles qui possèdent en outre, ainsi que les femelles, trois petits yeux lisses; ces yeux lisses manquent souvent chez les neutres. Les antennes, plus courtes que le corps, sont coudées et légèrement épaissies vers leur extrémité libre. Les ailes des mâles et des femelles sont grandes et tombent facilement; on n'en trouve aucune trace chez les neutres. Bien que rangées dans la section des *Porte-aiguillon*, les fourmis n'ont pas toujours cette arme défensive naturelle; dans beaucoup d'espèces, l'aiguillon manque, et l'insecte, pour se défendre, lance par l'anus une liqueur acide, sécrétée par des glandes spéciales, et que les chimistes ont décrite comme un acide particulier sous le nom d'*acide formique*; c'est lui qui exhale l'odeur connue de tout le monde que répandent les fourmis et qu'elles laissent souvent pour trace de leur passage.

L'existence ou l'absence de l'aiguillon combinée avec la présence d'un nœud simple ou double à l'union de l'abdomen avec le thorax, fournit à Latreille les moyens de partager ses *Formicaires* en trois groupes faciles à distinguer, et qui ont été conservés : 1° *Fourmis* ou *Formicaires dépourvues d'aiguillon, le premier anneau de l'abdomen ne formant qu'un seul nœud*; genres *Fourmi*, Latr. ; *Polyergue*, Latr. 2° *Formicaires pourvues d'un aiguillon chez les femelles et les neutres, premier anneau de l'abdomen formant un seul nœud*; genres *Ponère*, Latr. ; *Odontomaque*, Latr. 3° *Formicaires pourvues d'un aiguillon chez les femelles et les neutres, premier anneau de l'abdomen formant deux nœuds*; genres *Myrmice*, Latr. ; *Éciton*, Latr. ; *Œcodome*, Latr. ; *Atte*, Fabric. ; *Cryptocère*, Latr.

Genre Fourmi. — L'espèce de fourmi la plus commune dans notre pays est le type du genre *Fourmi* de Latreille (*Formica*), caractérisé par ses mandibules triangulaires, très-dentées; c'est la *F. noire* (*F. nigra*, Lin.), qui établit son habitation sur le bord des chemins, dans les champs, les jardins, et creuse à fleur de terre de petites galeries aboutissant à son habitation. Le neutre, que l'on voit le plus communément, a 0ᵐ,005 de longueur; il est brun-noirâtre, avec les mandibules et le premier article des antennes plus clair, les tarses d'un rouge pâle. La *F. échancrée* (*F. emarginata*, Oliv.) est aussi très-commune en France, et habite les fentes des murs, le p ed des arbres; elle pénètre dans les maisons pour s'attaquer aux friandises que l'on y conserve. Elle ressemble beaucoup à la précédente, mais sa couleur est

le brun marron, et le corselet est rougeâtre. On trouve communément sur les arbres aux environs de Paris, la *F. fuligineuse* ou *enfumée* (*F. fuliginosa*, Latr.), de la taille des précédentes, avec le corps d'un noir luisant, très-foncé, la tête grosse, en forme de cœur.

Plusieurs espèces habitent les bois, où l'on rencontre communément la *F. fauve* (*F. rufa*, Lin.). Elle y construit avec de petits morceaux de bois, de paille, de feuilles et un peu de terre et de sable, de vastes fourmilières qui s'élèvent en pain de sucre ou en dôme jusqu'à 0ᵐ,80 et 0ᵐ,90 au-dessus du sol environnant. Les individus neutres ont 0ᵐ,007 à 0ᵐ,008 de longueur; ils sont noirâtres avec une grande partie de la tête, le thorax et le nœud de l'abdomen de couleur fauve. Les femelles et les mâles ont environ 0ᵐ,01, et portent des ailes d'une couleur roussâtre. Cette espèce est remarquable pour l'abondance de sa liqueur acide; les neutres et les femelles la lancent avec force dès qu'on les irrite; leurs fourmilières, lorsqu'on y touche, exhalent aussitôt une forte odeur d'acide formique. Les chimistes ont longtemps extrait cet acide de la fourmi fauve. Dans les mêmes lieux que la précédente espèce vit la *F. sanguine* (*F. sanguinea*, Latr.), qui lui ressemble beaucoup pour la taille, mais s'en distingue par la coloration; la tête et les antennes sont d'un rouge sanguin, le thorax et les pattes fauves, l'abdomen d'un noir cendré. On trouve encore dans les bois deux autres espèces, la *F. mineuse* (*F. cunicularia*, Latr.), longue d'environ 0ᵐ,006, la tête noire avec des antennes rougeâtres, le thorax d'un fauve pâle, l'abdomen noir cendré, les pattes fauves; la *F. noir-cendré* (*F. fusca*, Lin.), longue de 0ᵐ,005 ou un peu plus, d'un noir cendré, les pattes et la base des antennes rougeâtres. Cette dernière espèce est très-commune.

Genres voisins de celui des Fourmis. — Notre pays possède encore comme espèces communes, rangées dans les genres voisins, la *F. reserrée* (*Ponera contracta*, Latr.), très-petite et qui vit sous les pierres; la *F. rouge* (*Myrmica rufa*, Latr.), qui fait d'assez fortes piqûres; la *F. roussâtre* (*Polyergus rufescens*, Latr.) ou *F. amazone* de Huber, d'un roux pâle, longue de 0ᵐ,009 environ; la *F. maçonne* (*Atta structor*, Latr.), assez répandue en France, où elle construit des nids dans la terre sablonneuse et forme, avec la terre qu'elle retire de son habitat on, une sorte de couvercle qui en protège l'entrée.

Les Fourmilières. — Toutes les espèces de fourmis vivent en sociétés qui se construisent des nids souvent considérables, bien connus sous le nom de *fourmilières*. La place choisie pour l'établissement de ces demeures populeuses diffère selon les espèces, et selon l'emplacement aussi le mode de construction varie. Pierre Huber, le fils de cet aveugle opiniâtre, qui fut l'historien des abeilles, nous a décrit l'architecture des fourmis, et les distingue des *F. charpentières* dont les fourmilières sont construites avec de petits morceaux de bois, les feuilles linéaires et rigides des sapins, des brins de chaume, etc.; des *F. maçonnes* ou *mineuses*, dont les nids, en forme de monticules, ne sont composés que de terre, sans autres matériaux; des *F. menuisières* ou *sculpteuses*, qui se creusent dans l'intérieur du tronc d'un arbre une demeure composée d'une multitude de chambres formant plusieurs étages. Les belles observations de Huber, confirmées depuis par Latreille, ont été résumées par ce naturaliste qui, lui-même, est un maître comme historien des fourmis. Je ne puis mieux faire que de lui emprunter ce résumé sur l'architecture de ces curieux insectes.

« Une espèce des plus multipliées dans toute l'Europe, et dont on donne les larves et les nymphes, sous le nom d'*œufs de fourmis*, en nourriture aux perdreaux et aux jeunes faisans, est la *F. fauve* (*F. rufa*, Lin.)..... L'habitation des fourmis de cette espèce est composée de brins de chaume, de fragments ligneux, de cailloux et de coquillages d'un petit volume; en un mot, de tous les objets d'un transport facile qu'elles rencontrent; et, comme elles ramassent souvent, dans le même dessein, des grains de blé, d'orge et d'avoine, on a cru qu'elles faisaient des provisions pour l'hiver et les temps de disette..... Cette habitation se présente sous la forme d'un monticule ou d'un dôme arrondi, dont la base est souvent couverte de terre et de petits cailloux, et au-dessus de laquelle les matériaux ligneux s'élèvent en pain de sucre. Tout paraît d'abord disposé sans ordre; mais un œil attentif découvre bientôt que tout est arrangé de manière à éloigner les eaux de la fourmilière, à la défendre des injures de l'air, des attaques de ses ennemis, à lui ménager la chaleur du soleil, et à conserver celle de son intérieur. La portion la plus considérable du nid est cachée et s'étend plus ou moins profondément dans la terre. Des avenues en forme d'entonnoirs assez irréguliers conduisent du sommet de l'édifice dans son intérieur; leur nombre est proportionné à la population, et leur ouverture est plus ou moins large. On en trouve quelquefois une principale à la partie supérieure. Souvent aussi il y en a plusieurs à peu près égales, et autour desquelles sont placés circulairement, depuis la base du monticule jusqu'à son extrémité, beaucoup de passages plus étroits. Bien différentes de quelques autres espèces du même genre, qui se tiennent volontiers dans leur nid et à l'abri du soleil, les fourmis fauves semblent préférer de vivre en plein air, et ne pas redouter, dans leurs travaux, notre présence. Les habitations en dôme de plusieurs autres fourmis sont fermées avec de la terre de tous côtés, et n'ont qu'une issue assez petite près de leur base, à laquelle même on ne parvient souvent que par une galerie tortueuse qui serpente dans le gazon. On serait tenté de croire que les fourmis fauves ont moins de prévoyance, puisque leur demeure est percée d'un grand nombre de portes, où les eaux pluviales et les ennemis de ces insectes trouvent un accès facile. Mais elles ont soin, vers le déclin du jour ou aux approches du mauvais temps, de fermer les passages et de se barricader; elles apportent d'abord de petites poutres près des galeries, dont elles veulent diminuer l'entrée, et les enfoncent même quelquefois dans le massif du chaume; elles vont ensuite en chercher d'autres, mais plus faibles, qu'elles placent sur les précédentes, dans un sens contraire; enfin elles emploient des morceaux de feuilles sèches ou d'autres matériaux d'une forme élargie pour recouvrir le tout. Les dernières portes étant fermées, quelques individus sont placés derrière, pour la garde et pour veiller à la sûreté des autres. Au retour du soleil sur l'horizon, les barricades sont défaites et les passages ordinaires sont rétablis. Ces travaux se renouvellent chaque jour, soir et matin, pendant la belle saison; si cependant le temps est pluvieux, les portes restent fermées.

« Ces fourmis commencent leur habitation par creuser dans la terre une cavité plus ou moins spacieuse. Les unes vont ensuite chercher aux environs les matériaux propres à la construction de la charpente extérieure, et les disposent dans un ordre peu régulier, mais de façon à couvrir néanmoins l'entrée de la demeure. D'autres ouvrières apportent les parcelles de terre qu'elles ont détachées en creusant l'excavation, les mêlent avec les matériaux déjà mis en œuvre, afin de remplir les vides et de fortifier l'édifice. A en juger d'après ses dehors, on croirait qu'il est massif; mais il n'en est pas ainsi. Son intérieur est divisé en plusieurs étages et offre des galeries, des salles spacieuses, qui, quoique basses et d'une construction grossière, sont commodes pour leur usage; les larves et les nymphes (jeunes fourmis dans leurs premiers âges) y sont transportées à certaines heures du jour. La salle la plus grande est presque au centre de l'édifice. Elle est beaucoup plus élevée que les autres, et traversée seulement par des poutres soutenant le plafond. Toutes les galeries y aboutissent, et c'est là que se tiennent la plupart des fourmis. La terre étant délayée par les eaux pluviales, et durcie ensuite par le soleil, forme une sorte de mortier qui donne de la solidité à l'édifice. L'eau même, après de longues pluies, n'y pénètre guère, lorsqu'il est habité et qu'il n'a point été dérangé au delà d'un quart de pouce (0^m,007) à partir de sa surface. On ne peut en observer la portion souterraine que lorsqu'il est situé contre un mur. Si on enlève le monticule de chaume, on verra la coupe intérieure du bâtiment; des loges pratiquées horizontalement dans la terre composent ces souterrains. »

Latreille, donne ensuite des descriptions de Huber, le résumé suivant sur les travaux de construction des fourmis maçonnes : « Le monticule élevé par la *F. noir-cendrée* (*F. fusca*, Lin.) offre toujours des murs épais, composés de terre grossière et raboteuse, et à l'intérieur des étages très-prononcés, ainsi que de larges voûtes soutenues par des piliers solides, et dont la force est proportionnelle à la largeur de ces voûtes. On y voit partout de grands vides et de gros massifs de terre. On n'y trouve point de chemins ni de galeries proprement dites, mais des passages en forme d'œil de bœuf. La *F. brune* ou *F. noire* (*F. nigra*, Lin.) est beaucoup plus industrieuse; son nid est construit par étages de 4 à 5 lignes (0^m,010 à 0^m,012) de haut, dont les cloisons n'ont pas plus d'une demi-ligne (0^m,001) d'épaisseur, et dont la matière est d'un grain si fin, que les parois intérieures des murs paraissent fort unies. Ces étages suivent la

pente du terrain et ne sont pas toujours arrangés avec la même régularité, ni sur un plan bien fixe; mais le supérieur recouvre toujours les autres, et cette disposition concentrique est continuée jusqu'aux logements souterrains..... La fourmilière que cette espèce place souvent dans les herbes, sur le bord des sentiers, a une forme arrondie; redoutant les ardeurs du soleil, ces fourmis s'y renferment pendant le jour, ou n'en sortent, quoique le nid ait souvent à sa surface deux ou trois petites ouvertures, que par des galeries souterraines dont l'issue est à quelques pieds de distance. » Cette demeure populeuse offre souvent une quarantaine d'étages, dont la moitié environ au-dessous du niveau du sol; chaque étage se compose de loges où peuvent se tenir les fourmis adultes, de logettes plus étroites où elles placent, à divers étages, suivant la température des diverses heures du jour, leurs larves et leurs nymphes, l'espoir de l'industrieuse cité, enfin de galeries s'entre-croisant par des sortes de carrefours, et qui font communiquer loges et logettes les unes avec les autres. Rien de plus intéressant que le travail de la construction de cette fourmilière; Latreille le décrit ainsi d'après Huber : « N'ayant pour pouvoir lier les molécules terreuses employées exclusivement à la construction de leurs ouvrages d'autres ressources que l'eau, elles ne se livrent au travail que dans les instants du jour où la chute d'une pluie douce les y invite. Elles profitent surtout de celles du printemps, et la nuit même alors ne suspend pas leur activité. Des étages entiers sont entièrement construits du soir au matin. M. Huber est parvenu parfois à les faire travailler au moyen d'une pluie artificielle. Les fourmis ratissent avec leurs mandibules la terre du fond de leur domicile, en détachent des molécules, les réunissent en une petite pelote, l'emportent avec leurs dents et l'appliquent à l'endroit où elle doit rester. Elles la divisent et la poussent avec ces organes, de manière à remplir les petites irrégularités des murs ou des piliers qu'elles commencent par construire; elles palpent à chaque instant avec leurs antennes les brins de terre, et, après leur avoir donné la disposition convenable, elles les affermissent en se servant de leurs pattes antérieures. Ce travail va très-vite. Les fondements des piliers et des cloisons étant jetés, elles leur donnent plus de relief par la superposition de nouveaux matériaux. Souvent, lorsque deux petits murs, destinés à former une galerie, élevés vis-à-vis l'un de l'autre et à peu de distance sont à la hauteur de 4 à 5 lignes (0^m,010 à 0^m,012), elles s'occupent de la construction du plafond en travaillant maintenant dans un sens horizontal; elles attachent contre l'arête intérieure et supérieure du mur des brins de terre mouillée, lui forment ainsi un rebord qui, s'étendant peu à peu, vient à rencontrer celui du mur opposé. La largeur de la galerie est le plus souvent d'un quart de pouce (0^m,007) et les cloisons ont environ une demi-ligne (0^m,001) d'épaisseur. Le plafond est cintré. Les sommités des piliers, les angles produits par les rencontres des murs, les bords supérieurs, sont toujours les points d'appui et les fondements des voûtes et des plafonds, ou des loges, des salles et des places qui partagent l'intérieur des étages. On ne peut s'empêcher d'admirer leur activité à porter le mortier, l'ordre qu'elles observent dans leurs opérations et l'accord qui règne entre elles. La pluie augmente la cohésion entre les parties et fait disparaître les inégalités de la maçonnerie. Trop violente quelquefois, elle peut détruire des cases dont la voûte n'est pas encore finie; mais les fourmis ne tardent pas à les relever. Souvent un étage complet est achevé dans l'espace de sept ou huit heures. M. Huber a cependant vu ces insectes détruire les cases qui n'étaient pas encore recouvertes, et en répartir les matériaux sur le dernier étage de l'habitation, à la suite d'un vent violent du nord, qui, en desséchant trop promptement la maçonnerie, diminuait l'adhérence de ses parties et dès lors sa solidité. Ces fourmis savent donc à la fois miner et bâtir, et leurs travaux se font de concert, tant dans les excavations inférieures que dans la partie supérieure de l'édifice qui s'élève au-dessus du sol. Elles construisent aussi avec de la terre, et à la manière des termès, (*Termites*, Latr.) des galeries couvertes qu'elles conduisent depuis leur nid jusqu'au pied des arbres, même jusqu'à l'origine des branches, afin d'être plus en sûreté dans les excursions qu'elles font pour chercher leur nourriture. »

Huber a décrit aussi les travaux plus grossiers de nos fourmis noir-cendrées, et voici les réflexions curieuses que lui suggèrent ses observations : « Je me suis assuré, dit-il, que chaque fourmi agit indépendamment de ses

compagnes. La première qui conçoit un plan d'une exécution facile en trace aussitôt l'esquisse ; les autres n'ont
plus qu'à continuer ce qu'elle a commencé : celles-ci jugent par l'inspection des premiers travaux de ceux
qu'elles doivent entreprendre ; elles savent toutes ébau-
cher, continuer, polir ou retrancher leur ouvrage, selon
l'occasion ; l'eau fournit le ciment dont elles ont besoin ;
le soleil et l'air durcissent la matière de leurs édifices ;
elles n'ont d'autres ciseaux que leurs dents, d'autre
compas que leurs antennes, d'autre truelle que leurs
pattes de devant, dont elles se servent d'une manière
admirable pour appuyer et consolider leur terre mouillée. »

D'autres espèces de fourmis, habitant sur les arbres,
développent d'autres aptitudes encore, ce sont les menuisières ou sculpteuses de Huber. « Qu'on se représente,
dit-il en décrivant la demeure de la *F. fuligineuse* (*F. fuliginosa*, Latr.), l'intérieur d'un arbre entièrement sculpté,
des étages sans nombre, plus ou moins horizontaux, dont
les planchers et les plafonds, à 5 ou 6 lignes (0ᵐ,012 ou
0ᵐ.015) de distance les uns des autres, sont aussi minces
qu'une carte à jouer, supportés tantôt par des cloisons
verticales, que forment une infinité de cases, tantôt par
une multitude de petites colonnes assez légères, qui laissent voir entre elles la profondeur d'un étage presque
entier, le tout d'un bois noirâtre et enfumé, et l'on aura
une idée assez juste des cités de ces fourmis. La plupart
des cloisons verticales qui divisent chaque étage en compartiments sont parallèles ; elles suivent le sens des
couches ligneuses, toujours concentriques, ce qui donne
un air de régularité à l'ouvrage : les planchers, pris dans
leur ensemble, sont horizontaux ; les petites colonnes
sont de 1 à 2 lignes (0ᵐ.003 à 0ᵐ,005) d'épaisseur, plus
ou moins arrondies, d'une hauteur égale à l'élévation de
l'étage qu'elles supportent, plus larges en haut et en bas
que dans le milieu, un peu aplaties à leurs extrémités, et
rangées en ligne parce qu'elles ont été taillées dans des
cloisons parallèles. Quels nombreux appartements, quelle
multitude de logements, de corridors, ces insectes ne se
procurent-ils pas par leur seule industrie ? Et quel travail une si grande entreprise n'a-t-elle pas dû leur coû-
ter ? » La fourmi fuligineuse habite en sociétés nombreuses de bien des milliers d'individus les troncs des
saules et des chênes. Les vieux châtaigniers donnent
asile, surtout dans le midi de la France, à la *F. éthio-
pienne* (*F. æthiops* Latr.) et à la *F. hercule* ou *ronge-
bois* (*F. herculanea*, Lin.), deux espèces bien moins industrieuses que la fuligineuse. On trouve encore sur les
arbres des espèces qui, au lieu de sculpter, gâchent avec
un peu de terre, des toiles d'araignées et des parcelles
de la vermoulure des arbres, une sorte de matière analogue au papier mâché, en font leur nid. Telles sont
les habitudes de la *F. rouge* (*Myrmica rufa*, Lin.) et de
la *F. jaune* (*F. lutea*, Latr.). Cette dernière espèce est
très-commune dans les Alpes ; son nid a dans les montagnes une forme allongée, régulière, calculée pour résister aux accidents du temps ; il est constamment dirigé
de l'est à l'ouest ; le sommet et la pente la plus rapide
regardent le levant d'hiver, et de l'autre côté le nid
s'abaisse doucement en talus. Les montagnards des Alpes
ont une telle confiance dans la constance de la direction
du nid de cette espèce, que dans la nuit ou au milieu
des brumes épaisses, ils se servent des nids de cette espèce comme de boussoles pour s'orienter. Huber a constaté que cette confiance n'a rien d'exagéré ; mais ce qu'il
a vu de plus curieux encore, c'est que la même espèce,
dans les plaines, ne donne plus à son nid cette forme
particulière, sans doute parce qu'elle n'a plus les mêmes
dangers à prévoir.

Il paraît que l'observation des espèces de fourmis des
pays exotiques ajouterait bien des faits nouveaux à ceux
que l'observation des fourmilières de nos pays a fait connaître. « M. le professeur E. Blanchard cite plusieurs
nids curieux que possède le Muséum d'histoire naturelle
de Paris, sans indications précises sur les espèces de
fourmis qui les ont construits. L'un, rapporté des Indes
orientales, a près de 1 pied (0ᵐ,33) de diamètre ; il est
entièrement formé d'une terre jaune assez semblable à
de la terre glaise. C'est un immense labyrinthe dont le
chemin est garni, dans toute sa longueur, d'un mur assez
élevé pour protéger les travailleurs. Cette habitation
n'offre qu'une seule ouverture à son sommet par laquelle
les fourmis redescendaient. Un autre, rapporté d'Amérique, ne présente à la vue qu'une masse immense de
petites branches de bois enchevêtrées les unes dans les
autres; la forme de cette demeure n'est pas moins singulière, elle est ronde comme un fromage de Hollande.

La *F. émeraude* (*F. smaragdula*) du Sénégal construit
son nid dans les arbres avec des feuilles assemblées convenablement ; la *F. fongueuse* (*F. fungosa*, Fabr., ou
F. bispinosa, Latr.) de la Guyane forme, avec le duvet
tiré des capsules du fromager, une matière feutrée ayant
l'aspect de l'amadou, et dont son nid est entièrement
composé. On emploie à Cayenne cette espèce d'amadou
pour étancher le sang dans les hémorragies. Une fourmi
du Brésil (*F. merdicola*), observée par M. Lund, récolte
des parcelles de la fiente des chevaux et des mules et en
construit son nid, qu'elle fixe sur des tiges d'arbustes.

L'éducation des jeunes. — Dans ces demeures compliquées et spacieuses dont la disposition vient d'être indiquée, loge une population dont l'abondance est devenue
proverbiale. On y rencontre plusieurs femelles mères qui,
plus tolérantes que la reine des abeilles, vivent sans débats dans la même cité ; des mâles beaucoup plus nombreux, et enfin des myriades d'ouvrières ou individus
neutres. Les occupations de ce peuple industrieux consistent, outre les constructions qu'exige la fourmilière,
dans l'éducation des œufs et des larves et dans la recherche de la nourriture. Dans le milieu de l'été a lieu
la ponte qui se fait avec une sorte de solennité. La femelle qui doit pondre commence par faire tomber ses
ailes au moyen de ses pattes postérieures ou les neutres
les lui arrachent. On l'installe dans la partie de l'habitation la plus convenable, et une sentinelle soigneusement relevée de temps en temps veille sur elle pendant
que dans son ventre, qui gonfle peu à peu, se développent les œufs qu'attend son laborieux entourage. Le
moment venu, un cortége de douze ou quinze ouvrières
se forme autour d'elle, et l'accompagne en la comblant
de caresses et de prévenances ; on la conduit, on la porte,
au besoin, dans les divers quartiers de la fourmilière, et
les œufs, à mesure que la ponte a lieu, sont relevés par
les neutres et rangés en petits tas dans des loges choisies. Ces œufs sont cylindriques et d'un blanc opaque ;
ils grossissent peu à peu et deviennent de plus en plus
transparents, jusqu'à ce qu'on distingue dans leur masse
limpide les anneaux de la larve qui s'y est formée. C'est
quinze jours après la ponte que l'œuf éclot et donne le
jour à une larve d'une parfaite transparence. C'est un
petit ver blanc, de forme conique, dépourvu de pattes
et composé d'une petite tête écailleuse suivie de douze
anneaux. La bouche est armée seulement de deux petits
crochets écartés, qui sont des rudiments de mandibules ;
au-dessous se voient deux paires de petites pointes, et
au milieu de la seconde un mamelon cylindrique et rétractile, avec lequel la larve reçoit la becquée que lui
donnent les neutres chaque jour. Ce jeune nourrisson a
déjà coûté bien des soins aux ouvrières ; tout le temps de
l'incubation de l'œuf, elles s'en sont occupées sans relâche,
le tournant et retournant pour le nettoyer et l'humecter
sans cesse avec leur langue, le transportant, selon les
besoins, dans telle ou telle partie de l'habitation. Ces
soins minutieux sont indispensables au succès de l'éclosion, et des milliers d'œufs les reçoivent en même temps.
Les larves n'exigent pas moins de dévouement ; il faut
aposter près d'elles une garde pour les défendre ; il faut
aller à la quête des liquides sucrés qui font leur meilleure nourriture. « Mais, dit M. le professeur E. Blanchard, à peine le soleil commence-t-il à jeter ses rayons,
que les fourmis placées en dehors de la fourmilière vont
au plus vite en avertir celles qui sont restées dans l'intérieur ; elles les touchent avec leurs antennes, elles les
entraînent avec leurs mandibules, pour leur faire comprendre de quoi il s'agit. La scène la plus singulière et
la plus animée va se passer alors. En peu d'instants
toutes les issues sont encombrées par les fourmis qui se
pressent vers le dehors. Les larves sont emportées en
même temps par les ouvrières, pour être placées au
sommet de la fourmilière et ressentir les effets de la chaleur du soleil. Les larves des femelles, plus grosses que
celles des mâles et des neutres, sont transportées avec
plus de difficulté à travers les passages étroits de l'habitation ; mais on redouble d'efforts, et on parvient toujours à les déposer près de celles des autres individus.
Pendant quelques instants, on voit ordinairement les
fourmis elles-mêmes se tenir réunies en groupes nombreux à la surface de la fourmilière, et se complaire
aussi sous l'influence du soleil. Cependant elles ne laissent pas longtemps les larves exposées à une chaleur directe aussi forte ; elles les retirent bientôt pour les mettre dans des loges peu profondes, où elles peuvent encore
ressentir une chaleur pleinement suffisante. » Outre ces
soins laborieux, les ouvrières s'occupent sans cesse à

nettoyer les larves, à les aider lors de chaque mue à se débarrasser de leur peau vieillie. Au terme de leur accroissement, les larves des formicaires dépourvus d'aiguillon se filent une coque de soie, de couleur gris-jaunâtre, sous laquelle elles passent à l'état de nymphe, mais d'où elles ne sortent qu'avec le secours des ouvrières. « Ce qu'il y a de remarquable, ajoute le même observateur que je viens de citer, c'est qu'elles savent toujours connaître le moment où l'insecte va éclore, car elles ne se trompent jamais. Ce n'est pas sans difficulté que ces laborieuses ouvrières viennent déchirer la coque des pauvres prisonnières. Plusieurs individus se mettent à la fois après la même; ils commencent par arracher, et c'est toujours à la partie supérieure, quelques fragments de soie pour amincir l'étoffe; ils parviennent à la percer à force de la pincer, de la tordre en divers sens, et à l'entamer complétement en passant leurs mandibules au travers. Mais il leur faut encore agrandir l'ouverture pour que l'insecte nouveau puisse sortir. C'est quand cette opération est achevée qu'ils commencent à en tirer la prisonnière, en prenant les plus grandes précautions pour ne lui faire aucun mal. Le malheureux insecte n'est cependant pas à ce moment libre de prendre son essor; son état exige encore des soins de la part des ouvrières; il est encore revêtu de l'enveloppe de la nymphe. Ce sont celles-ci qui doivent l'en débarrasser. Peu à peu le nouveau-né, ayant ses antennes et ses pattes dégagées, commence à marcher; les ouvrières lui apportent aussitôt de la nourriture dont il paraît avoir un pressant besoin. Pendant plusieurs jours encore, les habitants de la fourmilière donnent une attention particulière aux individus qui viennent de naître; ils leur apportent la subsistance quotidienne; ils les accompagnent en tous lieux, comme pour leur faire connaître toutes les issues de l'habitation. Les laborieuses ouvrières s'acquittent également du soin difficile d'étendre les ailes des individus mâles et femelles qui viennent d'éclore, et elles s'en acquittent toujours avec une assez grande adresse pour ne pas rompre ces membranes fragiles. Enfin, elles ne cessent de diriger tous leurs mouvements jusqu'à l'instant où ceux-ci vont quitter la fourmilière. »

Huber et Latreille ont observé l'un et l'autre que la sortie des individus ailés (les mâles et les femelles) n'a lieu que lorsque la température extérieure s'élève à environ 20° cent., et que chez la plupart de nos fourmis indigènes la dernière transformation des jeunes n'a lieu qu'au milieu de l'été, et même en automne. Dès que le temps est favorable, mâles et femelles nouvellement éclos abandonnent la fourmilière. Huber a décrit plus d'une de ces scènes curieuses; voici comment il raconte le départ des individus ailés de la *Fourmi des gazons* (*Myrmica cespitum*, Latr.) : « Quels objets brillent à nos yeux sur cet autre monticule qui s'élève dans l'herbe? Ce sont encore des mâles de fourmis qui sortent par centaines de leurs souterrains, et promènent leurs ailes argentées et transparentes à la surface du nid; les femelles, en plus petit nombre, traînent au milieu d'eux leur large ventre bronzé, et déploient aussi leurs ailes dont l'éclat changeant ajoute encore à l'aspect agréable qu'offre leur réunion. Un nombreux cortège d'ouvrières les accompagne sur toutes les plantes qu'elles parcourent: déjà le désordre et l'agitation règnent sur la fourmilière; l'effervescence augmente à chaque instant; les insectes ailés montent avec vivacité le long des brins d'herbe, et les ouvrières les y suivent, courant d'un mâle à un autre, les touchent de leurs antennes et leur offrent de la nourriture: les mâles quittent enfin le toit paternel; ils s'élèvent dans les airs comme par une impulsion générale, et les femelles partent après eux. La troupe ailée a disparu, et les ouvrières retournent encore quelques instants sur les traces de ces êtres favorisés, qu'elles ont soignés avec tant de persévérance et qu'elles ne reverront jamais. » La plupart des femelles et des mâles d'une génération abandonnent, en effet, la fourmilière natale pour jeter les fondements de cités nouvelles, et parfois assez loin de leur lieu natal. Après cette joyeuse excursion des mâles et des femelles à travers les airs calmes et attiédis par le soleil, les femelles destinées à devenir bientôt mères savent se construire une demeure provisoire; en attendant que les ouvrières sorties de leurs flancs prennent le poids de ces travaux, elles les remplissent sans embarras jusqu'au jour où des neutres élevés par leurs soins les déchargent de ce labeur inusité.

Du reste, tous ces individus ailés, mâles ou femelles, ne survivent pas à l'automne, et il ne reste l'hiver dans la fourmilière que des neutres plus ou moins engourdis.

La vie des neutres paraît se prolonger deux ou trois ans. Certaines espèces de fourmis exécutent ce que Huber nomme des *migrations*; c'est-à-dire qu'elles abandonnent une fourmilière trop ombragée, trop humide trop voisine d'une fourmilière ennemie ou dérangée par quelque accident, pour fonder une nouvelle ville. Ces migrations, si l'on en juge par la manière dont elles se pratiquent, ne résultent pas d'une résolution générale de la nation; il semble plutôt qu'une ou quelques ouvrières en conçoivent le dessein et le fassent accepter de leurs nombreuses compagnes. On voit en effet quelques fourmis s'approcher des autres et après quelques caresses se saisir d'elles plus ou moins brusquement et les emporter au nouveau lieu d'habitation qu'elles ont choisi. Dès que les porteuses que Huber nomme *recruteuses*, ont déposé leurs recrues dans la nouvelle fourmilière, celles-ci reprennent le chemin de l'ancienne, non pour s'y établir de nouveau, mais pour recruter à leur tour de nouveaux émigrants d'une façon tout aussi cavalière. En peu de temps est organisé un transport général des habitants du vieux nid vers le nouveau. On peut alors observer sur le chemin qui unit les deux habitations un va-et-vient continuel; mais toutes les fourmis qui se dirigent vers la nouvelle fourmilière portent une compagne; toutes celles qui marchent vers l'ancienne sont libres de tout fardeau.

L'alimentation des fourmis, leurs troupeaux. — Les fourmis ne se préparent point, comme les abeilles, les guêpes, les bourdons, une nourriture spéciale; chacun sait qu'elles butinent partout, sur les viandes fraîches ou avancées, sur les fruits, sur les sucreries principalement. Elles s'attaquent à plusieurs espèces de larves et d'insectes, mais surtout aux chenilles; elles décharnent rapidement les cadavres des petits vertébrés, à tel point qu'on les emploie souvent pour préparer des squelettes de petits oiseaux, de petits mammifères, de petits reptiles. Ce sont surtout les fourmis fauves de nos bois qui nous rendent cet office. On croit en général que les fourmilières renferment de vastes greniers où la prévoyante fourmi entasse d'abondantes provisions pour l'hiver; c'est là, sinon une erreur, au moins une grande exagération. Les fourmis de nos pays s'engourdissent l'hiver dans leurs fourmilières bien closes et n'ont besoin d'aucunes provisions pour cette saison; c'est donc seulement pour les temps rigoureux où elles ne peuvent sortir, qu'elles réunissent dans quelques coins de leur demeure de menus débris dont elles puissent subsister.

Toutefois si l'observation précise a dépouillé les fourmis d'une de leurs vertus proverbiales, c'est pour nous révéler des faits bien plus curieux que ceux d'une épargne prévoyante. « On n'eût jamais deviné, dit Huber, que les fourmis fussent des peuples pasteurs! » et en effet qui voudra croire sans le vérifier par soi même que certaines fourmis savent se créer un bétail qu'elles vont traire pour alimenter leurs larves et pour se régaler elles-mêmes d'un mets exquis?.... cependant c'est un des faits les mieux établis de leur histoire. Beaucoup d'espèces de fourmis sont très-friandes d'une liqueur sucrée que les pucerons font sortir par les deux cornes de l'extrémité postérieure de leur corps. Aussi sont elles fréquemment occupées à rechercher ces animaux que Linné nommait les *vaches des fourmis*. Bien loin d'obtenir violemment la liqueur désirée, elles en font doucement la traite; Huber les a vues caresser doucement de leurs antennes l'extrémité postérieure du corps des pucerons et aussitôt le liquide sucré s'écoule; la fourmi trayeuse saisit avec ses antennes la goutte de miel qui se forme au bout de chaque corne et la porte à sa bouche. Mais non contentes du nombre de pucerons libres qu'elles peuvent rencontrer dans leurs excursions, plusieurs espèces élèvent et établissent pour leur usage de vraies étables à pucerons, soit dans le voisinage de leur fourmilière, soit dans la fourmilière même.

Les *F. jaunes* (*F. lutea*) ne sortent presque jamais de leur demeure et Huber ne pouvait s'expliquer comment elles y subsistent. « Ayant un jour retourné la terre dont l'habitation de ces fourmis était composée, il trouva des pucerons dans leur nid. Les racines des graminées qui ombrageaient la fourmilière, en offraient aussi de différentes espèces et rassemblés en familles assez nombreuses. Les fourmis semblaient épier auprès d'eux le moment de leur évacuation mielleuse, on la déterminaient même par les moyens indiqués ci-devant. Il importait de savoir si cette cohabitation était générale. M. Huber se hâta de fouiller dans un grand nombre de nids de fourmis jaunes, et il y trouva toujours des pucerons, surtout après des pluies chaudes. Il ne tarda pas à être témoin de l'affection intéressée qu'elles ont pour eux et qui va jusqu'à la jalousie. Elles les prenaient souvent à la bouche et les emportaient au fond du nid ; d'autres fois elles les réunissaient au milieu d'elles, ou les suivaient avec sollicitude. L'établissement d'une de ces peuplades de fourmis, avec leurs pucerons, dans une boîte vitrée, lui donna la facilité de constater encore ces observations, et de se convaincre qu'elles les gardent avec la même vigilance, et les traitent avec les mêmes soins que s'ils étaient de leur propre famille. Le corps de ces pucerons étant très-mou, que de précautions délicates ne doivent-elles pas prendre, lorsqu'elles veulent les détacher du végétal auquel ils sont fixés avec leur trompe, afin de pouvoir les transporter dans leur demeure ! C'est toujours en les caressant avec leurs antennes, qu'elles les engagent à retirer l'instrument qui leur sert à pomper les sucs de la plante. Souvent d'autres fourmis voisines tâchent de les leur dérober ; mais les propriétaires connaissent tout le prix de ces petits animaux, et défendent avec chaleur leur possession.... Quatre ou cinq espèces possèdent des pucerons, mais en plus petit nombre et moins constamment que les fourmis jaunes. Plus actives et vagabondes, elles peuvent grimper sur les végétaux chargés de pucerons, et se pourvoir sans les déplacer. Il en est même qui se construisent avec de la terre un tuyau qui les conduit de leur domicile à la branche où sont leurs nourriciers, et peuvent sans crainte ramener les pucerons au logis. La fourmi rouge (*Myrmica rufa*), celle des gazons (*M. cespitum*), la brune (*F. nigra*) et une autre espèce presque microscopique, ont toujours, en automne, en hiver et au printemps, de ces insectes. Ceux qui habitent avec la dernière, sont proportionnés à sa petitesse. Plus ingénieuses et plus prévoyantes encore, d'autres fourmis bâtissent, avec de la terre, autour des tiges des plantes, des maisonnettes destinées aux pucerons qu'elles y réunissent. Tantôt elle est en forme de sphère, lisse et unie en dedans, telle est celle que M. Huber a trouvée au milieu de la tige d'un tithymale qui lui servait d'axe : elle avait dans le bas une ouverture fort étroite, et par laquelle les fourmis brunes, propriétaires du bercail et pouvant en jouir paisiblement, sortaient et entraient et se trouvaient à proximité de leur propre habitation. Tantôt cette demeure des pucerons, comme celle que le même observateur a vue au pied d'un chardon et dont il attribue la construction aux fourmis rouges, avait la forme d'un tuyau, long de 2 pouces 1/2 (0m,067) sur 1 1/2 (0m,041). L'ayant ouvert, il s'aperçut qu'elles y vivaient avec leurs larves et des pucerons..... Les pucerons du plantain commun se retirent, lorsque sa tige se dessèche sous les feuilles radicales. Des fourmis les y suivent et s'enferment alors avec eux, en murant avec de la terre humide tous les vides qui se trouvent entre le sol et le bord des feuilles. Creusant ensuite le terrain situé au-dessous, elles se donnent plus d'espace pour approcher des pucerons, et se ménagent des galeries souterraines qui vont de là à leur propre habitation. Les fourmis ne s'engourdissent qu'à 2° au-dessus de zéro du thermomètre de Réaumur (2° 1/2 de l'échelle centigrade), et lorsque l'hiver n'est pas rigoureux, la profondeur de leur nid les garantit, et leur activité n'est point interrompue. Sans des ressources particulières elles seraient donc alors exposées à périr. Ces pucerons fournissent à leurs besoins ; et, chose extraordinaire, ils s'engourdissent au même degré de froid que les fourmis, et sortent de leur léthargie en même temps qu'elles. Les fourmis qui n'ont point l'instinct de se les approprier, connaissent du moins les lieux où ils sont cachés et rapportent à leurs compagnes le peu de miellée qu'elles ont recueillie auprès d'eux... La conservation des pucerons est d'un si grand intérêt pour les fourmis que les œufs mêmes de ces insectes sont l'objet de leurs soins. C'est ce que M. Huber a observé relativement aux fourmis jaunes. Elles rassemblent et gardent ces œufs avec le plus grand soin ; elles les lèchent constamment, les enduisent d'un gluten qui les colle ensemble, et remplissent, en un mot, toutes les conditions nécessaires à leur entretien, de sorte qu'ils éclosent dans leur habitation, comme s'ils avaient été abandonnés aux soins de la nature » (Latreille).

Les guerres, les conquêtes et l'esclavage chez les fourmis. — Nous venons de voir les fourmis architectes, nourrices, gardeuses de troupeaux ; le tableau va changer maintenant ; la guerre avec toutes ses horreurs, la guerre acharnée et meurtrière, va s'allumer entre les fourmilières d'espèces différentes, tantôt pour la réduction en esclavage d'une partie des vaincues, tantôt pour l'extermination d'une des républiques ennemies. Ce petit insecte grêle porte en lui un grand courage et une confiance évidente dans la puissance du nombre et de l'union des volontés. Il a d'ailleurs son équipement militaire tout prêt sur lui, arme de jet, et arme tranchante. " L'ennemi est il hors d'atteinte, la fourmi se redresse sur ses pieds de derrière, fait passer son abdomen entre ses jambes et lance avec force un jet d'acide formique. La lutte a-t-elle lieu corps à corps, les mandibules sont l'arme cruelle avec laquelle la fourmi saisit et déchire son ennemi. La taille les effraye peu, car elles savent se mettre plusieurs à lutter contre un ennemi qui a sur elles cet avantage.

Deux de nos espèces indigènes, plus spécialement guerrières que les autres, dédaignent les travaux paisibles et ont le curieux instinct d'enlever des ouvrières d'autres espèces et d'en faire des esclaves qui soignent leurs demeures, élèvent leurs petits et deviennent les ménagères dociles de ces brigands paresseux. Ces deux espèces nommées *fourmis amazones* par Huber, qui nous a révélé ces faits extraordinaires, sont la fourmi ou polyergue roussâtre (*Polyergus rufescens*, Latr.), et la fourmi sanguine (*Formica sanguinea*, Latr.), qui l'une et l'autre vivent dans les bois. C'est le 17 juin 1804, entre 4 et 5 heures de l'après-midi, aux environs de Genève, que P. Huber vit pour la première fois une de ces razzias des fourmis roussâtres. A ses pieds défilait avec rapidité un corps d'armée de ces fourmis ; la troupe occupait 2m,50 à 3 mètres de longueur, sur 0m,10 environ de largeur. Elle traversa le chemin où marchait l'observateur, pénétra sous une haie vive, puis déboucha dans une prairie à travers laquelle elle se dirigea vers un nid de fourmis noir-cendrées *F. fusca*, Latr.) dont le dôme s'élevait dans l'herbe à vingt pas de la haie. Les sentinelles de la fourmilière menacée s'élancèrent à la tête de l'armée ennemie pour repousser l'attaque, pendant que quelques-unes d'entre elles allaient jeter l'alarme dans la cité, d'où sortirent bientôt de nombreux renforts. Mais l'armée des fourmis roussâtres était trop rapprochée ; après un combat très-vif, mais trèscourt, les fourmis noir-cendrées culbutées de toutes parts, allèrent se cacher dans le fond de leur ville dont les portes furent promptement envahies par les vainqueurs, qui d'ailleurs ouvrirent dans les flancs de la ville prise plus d'une large brèche. Trois ou quatre minutes après cette prise d'assaut, chaque fourmi roussâtre ressortit de la fourmilière, emportant à sa bouche une larve ou une nymphe de noir-cendrée, et l'armée, retournant par où elle était venue, disparut emportant ses prisonniers. Cette scène de violence s'offrit bien des fois depuis aux yeux du patient observateur, il appela ses amis à vérifier l'exactitude de ses observations, bien des naturalistes ont pu s'en assurer depuis et récemment encore, un littérateur philosophe que l'étude de la nature a captivé, M. Michelet, se refusant de croire à un fait choquant et hideux suivant lui, a dû s'incliner aussi devant la brutale éloquence du fait ; il vit et observa en tous ses points une de ces expéditions qui répugnaient si fort à ses convictions, et ne pouvant plus nier le fait, il s'est consolé en cherchant une excuse à la Providence pour avoir mis dans la création d'aussi mauvais exemples. Plus naturaliste et moins raisonneur, Huber ne chercha qu'à comprendre le but de ces expéditions fréquentes, et il reconnut que les fourmis roussâtres ne sont capables d'aucun des travaux nécessaires à l'éducation de leurs petits, qu'elles ont absolument besoin d'esclaves de l'espèce industrieuse des noir-cendrées pour vaquer à ces travaux domestiques. Aussi ces esclaves, sur le sort desquels M. Michelet est disposé à s'attendrir, se plaisent dans la cité où la violence a placé leur berceau ; elles y vivent sur le pied d'égalité avec les guerriers dont elles élèvent les rejetons, elles y retrouvent une patrie avec une protection plus efficace peut-être que parmi celles de leur espèce. C'est ainsi que se forment ces fourmilières mixtes des polyergues roussâtres où l'on trouve toujours deux sortes de neutres bien distinctes, les uns de couleur rousse, exclusivement guerriers, les autres exclusivement ménagères, de couleur noire cendrée.

Les fourmis sanguines ont les mêmes habitudes et leurs fourmilières offrent constamment, outre les neutres de l'espèce qui sont véritablement des soldats, des neutres de la fourmi noir-cendrée ou de la fourmi mineuse, (*Formica cunicularia*, Latr.), conquises de la même façon que dans les cas cités précédemment et adonnées aux travaux domestiques. Huber a décrit une des expéditions des fourmis sanguines, observée par lui le 15 juillet à 10 heures du matin. La tactique est un peu différente de celle que suivent les fourmis roussâtres. Une poignée de soldats s'avancent en éclaireurs; ils reconnaissent à la hâte un nid de noir-cendrées situé à vingt pas de leur fourmilière mixte, et se dispersent autour de la ville qu'ils projettent d'envahir. Les noir-cendrées attaquent bravement cette avant-garde, qui s'arrête aussitôt comme pour attendre du renfort; en effet de petites brigades de fourmis sanguines arrivent successivement, l'attaque est reprise, mais en même temps plus d'un messager va demander de nouvelles troupes. Les noir-cendrées sont sorties cependant de leur cité et se sont rangées en bataille sur 1^m,40 de front et 0^m,30 de profondeur; les sanguines encore inférieures en nombre n'engagent pas encore le combat sur toute la ligne, et livrent seulement çà et là sur le front de bataille quelques escarmouches où les noir-cendrées sont toujours les premières à attaquer. Toutefois ni leur nombre ni leur ardeur à attaquer ne rassurent celles-ci sur l'issue de la lutte; un certain nombre d'ouvrières des noir-cendrées s'occupent à transporter leurs nymphes hors de la fourmilière et les rassemblent sur le côté opposé au champ de bataille, pour être mieux préparées à les emporter en cas de défaite. Du même côté fuient les jeunes femelles qui portent l'espoir de la république menacée. Dès que les sanguines sont réunies en nombre suffisant, une attaque générale a lieu; les noir-cendrées résistent vaillamment, mais enfin il leur faut abandonner la victoire, elles fuient en emportant les nymphes mises en réserve. Les sanguines victorieuses pénètrent dans la ville prise où les noir-cendrées ont laissé encore de nombreuses nymphes; les sanguines les enlèvent et les portent dans leur demeure. Bientôt elles changent de résolution, et abandonnant leur propre demeure, elles s'établissent dans la cité des noir-cendrées, et méditent de là de nouvelles conquêtes. Ces expéditions guerrières des fourmis sanguines ont lieu cinq ou six fois dans un été; butinant tantôt sur les fourmis noir-cendrées, tantôt sur les fourmis mineuses, elles possèdent souvent à la fois dans leur fourmilière des esclaves de ces deux espèces. Plus actives dans leurs mœurs guerrières, les fourmis roussâtres pratiquent leurs razzias plusieurs jours de suite et régulièrement à la même heure.

D'autres espèces de fourmis se font la guerre par simple rivalité de voisinage, comme les nations n'en donnent que trop souvent l'exemple dans l'espèce humaine. « Si nous voulons, dit Huber, voir des armées en présence, une guerre dans toutes les formes, il faut aller dans les forêts, où les fourmis fauves établissent leur domination sur tous les insectes qui se trouvent sur leur passage. Nous y verrons des cités populeuses et rivales, des routes battues, partant de la fourmilière comme autant de rayons et fréquentées par une foule innombrable de combattants, des guerres entre des hordes de la même espèce; car elles sont naturellement ennemies et jalouses du territoire voisin de leur capitale. C'est là que j'ai pu observer deux des plus grandes fourmilières aux prises l'une avec l'autre. Je ne dirai pas ce qui avait allumé la discorde entre ces républiques; elles étaient de la même espèce, semblables pour la grandeur et la population, et situées à cent pas de distance. » Huber raconte alors une bataille livrée sur un champ d'environ un mètre carré entre des milliers de soldats; au lieu d'odeur de poudre c'était une odeur pénétrante d'acide formique, puis de nombreux cadavres pêle-mêle avec des blessés et des deux parts un égal acharnement. La nuit vint suspendre la bataille qui fut reprise avant l'aurore, vers le milieu du jour un des partis perdait évidemment du terrain quand une longue pluie vint mettre fin à cette lutte sanglante. Pendant toute la bataille un certain nombre d'ouvrières restées dans chaque fourmilière n'avaient pas cessé de vaquer tranquillement à tous les travaux habituels de la cité. M. Michelet nous a raconté avec un véritable charme de style et une grande chaleur de sentiment, une bataille entre deux espèces différentes; je me fais un plaisir de citer ce morceau où le brillant écrivain se borne à dire ce qu'il a vu et senti. « Le 8 juin au soir, on m'apporta de la forêt un gros morceau de terre mêlé de petites bûchettes de bois et surtout de petits débris d'arbres du Nord, des aiguilles de sapin ou menues feuilles piquantes qui semblent des épines. Au milieu des habitants pêle-mêle, de toute taille et de tout état, œufs, larves, nymphes, ouvrières fort petites, grandes fourmis qui semblaient être des guerrières et des protectrices, enfin quelques femelles qui venaient de prendre leurs habits de noces, les ailes qu'elles portent au temps de leurs amours. C'était ainsi un spécimen très complet de la cité, varié, mais bien marqué d'un même signe, tout

ce peuple brunâtre ayant au corselet une même tache d'un rouge obscur... c'étaient des fourmis charpentières, de celles qui étayent leurs étages supérieurs avec les bûchettes de bois. Ce peuple, dans ce grand changement de situation n'était nullement abattu. Il continuait ses affaires. Le capital, c'était de soustraire les œufs et les nymphes à l'action d'un soleil trop fort. Le mouvement général les avait tirés de leurs souterrains et les avait mis en dessus. Les petites fourmis s'en occupaient activement. Les grosses fourmis allaient, venaient, faisaient des rondes, et même extérieurement, autour d'un grand vase de terre qui contenait ce fragment démembré de la cité. Elles marchaient d'un pas ferme, ne reculaient devant rien. Nous-mêmes ne leur faisions pas peur. Quand nous présentions devant elles quelque obstacle, une branchette ou notre doigt, elles s'asseyaient sur leurs reins, manœuvraient à merveille leurs petits bras, et nous tapaient à la façon d'un jeune chat.

« Dans leurs rondes autour du vase, elles rencontrèrent sur le sable des noir-cendrées qui ont pris possession de notre jardin et y ont fait en dessous de grands établissements.... La rencontre fut peu amicale. Quoique les grosses charpentières eussent parmi les leurs des fourmis de taille assez petite, elles différaient fort des noires par leurs hautes jambes et la tache rouge du corselet. Elles furent impitoyables. Peut-être soupçonnaient-elles que ces rôdeuses noires étaient des espions envoyés pour observer, pour préparer des embûches à la colonie émigrante qui venait de débarquer. Bref, les grosses charpentières tuèrent les petites maçonnes. Cet acte eut des résultats terribles et incalculables. Le vase était malheureusement placé près d'un pommier couvert de ces pucerons lanigères, qui font la désolation des jardiniers et la joie des fourmis. Nos maçonnes venaient de prendre possession du précieux troupeau sucré et s'étaient campées dans les racines mêmes de l'arbre, à portée de cette grande exploitation. Elles y étaient, sous terre, en corps de peuple, dans un nombre infini. Le meurtre eut lieu à 10 heures. A 11 heures un quart, au plus tard, tout le peuple noir était averti, soulevé, il était debout, monté de tous ses souterrains, sorti par toutes ses portes. Sous ces longues colonnes sombres, le sable avait disparu; nos allées étaient noires, vivantes. Le soleil, qui tombait d'aplomb dans le petit jardin, piquait, brûlait la multitude qui n'en avançait que plus vite... La furie de la chaleur, surtout la crainte que ces géants envahisseurs n'entreprissent sur leur famille, tout cela les poussait intrépides au-devant de la mort. D'une mort qui nous semblait certaine, car chacune des grosses charpentières, pour la taille et l'épaisseur, valait bien huit ou dix de ces petites maçonnes. Aux premières rencontres nous avions vu qu'une grosse sur une petite l'exterminait d'un seul coup. Les maçonnes avaient le nombre. Mais quoi? Si les premiers rangs étaient arrêtés, périssaient, puis les seconds, puis les troisièmes, si l'armée, avançant, ne faisait que fournir de nouvelles victimes? Telles étaient nos inquiétudes. Nous craignions tout pour les petits indigènes de notre jardin, troublés par cette intrusion d'un peuple étranger que nous avions amené, peuple mal appris et brutal, qui, sans provocation aucune, avait débuté par des meurtres sur les habitants du pays. Nous n'avions comparé, il faut l'avouer, que les forces matérielles et non tenu compte des forces morales. Nous vîmes au premier choc une adresse et une entente du côté des petites noires qui nous étonna. Six par six, elles s'emparaient d'une des grosses, chacune tenant, immobilisant une patte; et deux encore lui montant sur le dos, sautaient aux antennes, ne les lâchaient plus; de sorte que ce géant, ainsi lié par tous les membres, devenait un corps inerte. Il semblait perdre l'esprit, s'hébéter, n'avoir plus conscience de son énorme supériorité de forces. D'autres venaient alors, qui dessus, dessous, sans danger le perçaient. La scène, regardée de près était effroyable. Quelque intérêt que les petites méritassent pour leur héroïsme, leur furie faisait horreur. Il était impossible de voir sans pitié ces pauvres géants garrottés, misérablement traînés, tiraillés à droite et à gauche, nageant comme en pleine mer dans ces flots de rage et d'acharnement, aveugles, impuissants et sans résistance, comme de pauvres moutons à la boucherie. Nous aurions voulu, pour beaucoup, les séparer. Mais comment faire? Nous étions devant l'infini. Les forces de l'homme expirent en présence de pareilles multitudes. Elles n'auraient pas lâché pied, et le torrent écoulé, le massacre eût continué. Le seul remède, mais atroce, et pire que le mal, eût été, à force de paille, de brûler les deux peuples, les vainqueurs et les vaincus. Ce qui nous frappa le plus, c'est qu'en réalité il n'y avait de garrottées que bien peu de grosses. Si celles qui restaient libres fussent tombées sur les assaillantes, elles en pouvaient faire aisément un épouvantable carnage. Mais elles ne s'en avisaient pas. Elles couraient éperdues, et justement fuyaient au fond du danger même. Hélas! elles n'étaient pas vaincues seulement, elles paraissaient devenues folles.... Je les excuse. Nous-mêmes, nous avions presque terreur à voir ces légions de la mort, cette terrible armée de petits squelettes noirs, qui avaient tous escaladé le malheureux vase de terre, et, dans ce lieu resserré, étouffé, brûlant, n'ayant pas même de place, furieux montaient les uns sur les autres. A mesure que la déroute des grosses devenait certaine, des appétits effroyables se révélaient chez les noires. Nous en vîmes le moment.... Ce fut un coup de théâtre.... La gloutonne armée des noires se jeta sur les enfants. Ceux-ci, d'une race supérieure, étaient assez lourds; de plus, leur enveloppe oblongue de nymphes aux contours arrondis, offrait peu de prise. Deux, trois, quatre petites noires, réunissant leurs efforts, parvenaient difficilement à en faire remonter un seul du fond du vase de terre sur ses parois vernissées. Elles prirent alors brusquement une résolution terrible : ce fut d'arracher ces maillots; d'emporter les enfants nus. Arrachement difficile, car le petit adhère fortement, et ses membres repliés sont de plus soudés entre eux ; de sorte que ce développement violent et subit ne se faisait que par blessures, écartellement. Elles les emportaient tels quels, palpitants et déchirés.... C'était de la chair, de la viande que l'on emportait, une proie tendre pour les jeunes restés au logis... Cette immense exécution sur le peuple et sur les enfants fut tellement précipitée qu'à 3 heures de l'après-midi tout était fini à peu près : la cité, dans tous les sens dépeuplée et saccagée, et son avenir était sans résurrection » (Michelet, *l'Insecte*).

Le langage des fourmis. — Pour exécuter tant de travaux, où la puissance du nombre joue un si grand rôle, et qui ne se répètent pas uniformément toujours semblables à eux-mêmes, les fourmis ont besoin de s'entendre, de communiquer entre elles. Tous les observateurs sont demeurés convaincus que ce don ne leur fait pas défaut. Rarement elles se rencontrent sans se toucher des antennes, se frapper doucement sur les flancs; ailleurs elles tiraillent d'un côté ou d'un autre leurs compagnes pour se faire mieux comprendre. Huber leur accorde bien plus encore ce sont des affections vives les unes pour les autres, une sorte de confraternité tendre, et Latreille confirme sans hésiter cette manière de voir; il assure avoir eu lieu de vérifier presque tous les faits annoncés par Huber. Se prévenir des dangers comme des heureuses aubaines, se secourir en cas d'accident, témoigner de la joie en se retrouvant après une séparation, soigner les blessés de leur nation, c'est ce que ces deux respectables observateurs assurent avoir vu faire fréquemment chez ces humbles insectes.

Les dégâts des fourmis. — Il me semble en terminant cette histoire des fourmis que leur vie sociale, qui rappelle celle des abeilles, offre encore plus d'intérêt, de variété et témoigne d'une sorte de supériorité intellectuelle sur ces mouches industrieuses. Cependant les sentiments qu'inspirent généralement ces deux insectes sont bien différents ; la mouche à miel, malgré son aiguillon, est vue avec faveur, presque avec reconnaissance, on respecte ses travaux, on se plaît à la voir butiner; la fourmi ne recueille que l'animadversion, c'est une vermine qu'il faut détruire, on tuerait volontiers toutes celles que l'on rencontre si leur inépuisable multiplication ne défiait toutes les haines. C'est que les fourmis, si laborieuses et si adroites, ne produisent rien pour notre industrie, ni pour notre alimentation, ni miel, ni cire : loin de là, elles nous incommodent, les unes par leur odeur, d'autres en gâtant les viandes, les fruits, les sucreries que nous voulons conserver, d'autres en s'établissant dans nos demeures dont elles dégradent les boiseries, d'autres nuisent à nos arbres fruitiers, quelques-unes même appartenant à des genres armés d'un aiguillon nous font redouter des piqûres que d'autres formicaires sont incapables de faire. Si l'on en croit les voyageurs, les pays exotiques auraient beaucoup à souffrir des dégâts de certaines espèces de formicaires. Aux Antilles, dans la Nouvelle-Grenade, une espèce de fourmi dévaste les plantations de cannes suivant le voyageur Castles, de 1773 à 1780 ce fut pour cette dernière contrée un fléau tel qu'on songeait à renoncer à la culture de la canne, lorsque l'ouragan de 1780 vint ramener le fléau à de moindres proportions. M. Lund a vu, dans l'Amérique méridionale, une espèce à grosse tête (*Œcodomus cephalotes*, Latr.) couper les feuilles des arbres en peu d'instants, de façon à leur faire le plus grand tort. On ose à peine rapporter d'autres assertions plus étranges énoncées par mademoiselle de Mérian, démenties par Stedman qui leur substitue d'autres récits contestables. Je me bornerai à indiquer, en terminant, quelques moyens propres à combattre la multiplication ou l'invasion des fourmis. D'abord, si nous n'avons pas, comme en d'autres contrées des mammifères spéciaux, fourmiliers, tatous, pangolins, pour dévorer ces insectes, un grand nombre de nos oiseaux et particulièrement les pics, en détruisent des milliards d'individus chaque année. Ils sont aidés dans cette tâche par quelques insectes et entre autres par les fourmilions.

Les jardiniers pour détruire les fourmis profitent de leur goût pour le sucre; ils suspendent, aux arbres attaqués, de petites bouteilles contenant de l'eau et du miel. Les fourmis vont s'y noyer en grand nombre. On peut les attirer en masses en plaçant sur le sol des vases renversés enduits de sirop à l'intérieur; les fourmis s'y accumulent et chaque jour on en détruit l'amas avec de l'eau bouillante. Plusieurs odeurs sont recommandées comme capables de les éloigner; celles du marc de café bouilli et séché, de l'huile de genièvre, de la lavande les chassent, assure-t-on, des armoires où on redoute leurs invasions. On emploie avec succès la glu mise au pied des arbres, la suie de cheminée, le goudron, un cercle de coton cardé collé autour de l'arbre. Les moyens les plus efficaces sont évidemment ceux qui détruisent les fourmilières elles-mêmes. On peut y réussir en versant chaque jour sur la fourmilière un pot d'eau bouillante; l'urine est, dit-on plus efficace encore, surtout en y ajoutant de la suie, une poignée de tabac à fumer, ou bien de la chaux vive, ou mieux encore une forte décoction de feuilles de noyer. Ces moyens doivent être employés le soir, quand les fourmis sont toutes rentrées dans leur demeure.

Les principaux auteurs à consulter pour l'histoire naturelle des fourmis sont : P. Huber, *Recherches sur les mœurs des fourmis indigènes*, Paris et Genève, 1812. — Latreille, *Histoire naturelle des fourmis*, Paris, 1802.

Ad. F.

FOURMILIER ou **Myrmécophage** (Zoologie), *Myrmecophaga*, Lin. — Genre de *Mammifères*, ordre des *Édentés*, tribu des *Édentés ordinaires*, groupe des *Édentés ordinaires sans mâchoires*. Ce sont des animaux velus, à museau long terminé par une bouche petite et sans dents contenant une langue filiforme très extensible, toujours chargée d'une salive visqueuse. Ils font pénétrer cette langue dans les galeries souterraines des fourmis et des termites, et la retirent chargée de ces insectes dont ils font leur nourriture ordinaire. Leurs pattes antérieures, robustes et armées d'ongles vigoureux et tranchants, leur font une bonne défense en même temps qu'elles leur servent à fouir les fourmilières et à mettre à découvert de grandes quantité d'insectes. Ces ongles sont, à l'état de repos, reployés contre une callosité du poignet, en sorte que l'animal est obligé de poser le pied sur le côté et n'a qu'une démarche lente et pénible.

On trouve les fourmiliers dans les régions chaudes ou tempérées du nouveau continent; ils n'ont qu'un petit à la fois, et ils le portent sur le dos. On en connaît trois genres comprenant chacun une seule espèce : 1° le *Tamanoir* ou *F. à crinière* (*M. jubata*, Buff.), long de 1m,30, gris-brun, blanc sur les épaules, à queue longue non préhensile, garnie de poils très-longs. Il ne grimpe pas et habite les lieux bas; ses griffes sont des armes redoutables avec lesquelles il frappe circulairement de chaque côté; 2° le *Tamandua* (*M. tamandua*, Cuv.), long de 0m,70, de couleur variable. Sa queue longue, prenante, et nue au bout, lui sert à se suspendre aux branches des arbres; 3° le *Dimyx* ou *F. didactyle* (*M. didactyla*, Lin.), qui n'a que deux ongles, dont un très-grand, au lieu de quatre aux doigts de devant ; sa taille est celle du rat; son poil laineux est de couleur fauve. Comme le précédent, il a la queue prenante et nue au bout.

Fourmilier (Zoologie), *Myothera*, Ilig.; *Myrmothera*, Vieil. — Genre d'*Oiseaux*, de l'ordre des *Passereaux*, famille des *Dentirostres*. Ils se distinguent des Merles, dont Buffon les a séparés avec raison, par leurs jambes hautes et leur queue courte. Ils sont, du reste, caractérisés par un bec droit faiblement denté, des ailes moyennes, un plumage à teintes sombres. Sonnini est le premier qui ait fait connaître cet oiseau. Il l'a observé dans l'intérieur des terres de la Guyane, dans les hautes et sombres forêts qui couvrent le sol de cette partie de l'Amérique méridionale. Ils y vivent en petites troupes, et s'y nourrissent principalement de fourmis, qui sont en quantité prodigieuse dans ces terres chaudes et humides. La brièveté de leurs ailes et de leur queue rend leur vol peu soutenu. On n'est jamais parvenu à les apprivoiser, car ils se tuent promptement en cage. Leur chair est estimée. Ce genre comprend des espèces du nouveau continent, nombreuses et différentes par la force et la longueur du bec; elles ont des teintes plus brunes que les *brèves* (voyez ce mot), avec lesquelles Cuvier les a confondues. Ces oiseaux volent peu; ils ont une voix sonore; vifs et agiles, on les voit toujours en mouvement; mais loin des lieux habités, où ils ne trouveraient pas leur nourriture habituelle. Du reste, ils ont un naturel sociable. Leurs femelles sont plus grosses que les mâles. Il y en a qui ont le bec épais et argué; l'espèce la plus remarquable d'entre eux est le *Roi des fourmiliers* (*Turdus rex*, Gm.; *Corvus grallarius*, Shaw), le plus grand et le plus élevé; il a la queue plus courte et on le prendrait pour un échassier. Il est de la taille d'une caille (0m,26). Son plumage est gris, agréablement bigarré. Il vit isolé. Vieillot en a fait le type de son genre *Grallaria*. D'autres espèces ont le bec plus droit, mais encore assez fort, ce qui les rapproche des pies-grièches; tels sont le *Telema* (*turdus formicivorus*, Lath.), le *Palicour* (*Turdus formicivorus*, Gm.) et le *Petit Beffroi* (*Turdus lineatus*, Gm.).

Ce genre a beaucoup exercé la patience des ornithologistes, qui sont à peine parvenus à y porter la lumière. Indépendamment de Cuvier, plusieurs autres, parmi lesquels Temminck, Vieillot, Is. Geoffroy Saint Hilaire; dans la classification de ce dernier auteur, les fourmiliers sont un genre voisin des Brèves, dans la tribu des *Laniens*, famille des *Turdidés*, section des *Passereaux déodactyles conirostres*, de l'ordre des *Passereaux*.

FOURMILIÈRE (Zoologie). — Voyez Fourmi.

FOURMILIÈRE (Médecine vétérinaire. — Maladie du pied du cheval consistant dans le décollement de la muraille et le plus souvent déviation de l'os du pied. Son nom vient de ce qu'on l'a comparée à une fourmilière. Elle est le plus souvent la suite d'une fourbure et elle est très-grave, surtout lorsqu'il y a déformation du sabot. Mais lorsqu'elle n'existe qu'en pince, on peut la guérir assez facilement au moyen d'une opération analogue à celle du *javart encorné*, qui consiste à enlever la portion de la paroi qui est décollée, à mettre à découvert les tissus altérés. On a recours ensuite à un fer couvert. La fourmilière avec déviation de l'os et déviation du sabot est presque toujours incurable.

FOURMI-LION (Zoologie), *Myrmeleonides*, Lat. — Sous-famille d'*Insectes*, de l'ordre des *Névroptères*, famille des *Planipennes*; ayant 5 articles aux tarses, des antennes en massue; la tête transverse, ne se prolongeant pas en bec ni museau, présentant des yeux ordinaires, ronds et saillants; 6 palpes dont les labiales sont plus longues que les autres et renflées au bout. Le premier segment de leur thorax est petit; leurs ailes sont égales, allongées et disposées en toit; leur abdomen est long et

Fig. 1284. — Fourmi-lion.

cylindrique, avec deux appendices saillants à l'extrémité dans les mâles; leurs pieds sont courts. On les trouve seulement dans les endroits chauds et sablonneux. Cette sous-famille comprend, dans la méthode du *Règne animal*, le seul genre *Fourmi-lion*, subdivisé en deux sous-genres : 1o les *F. proprement dits* (*Myrmeleon*, Fab.), espèce type *F. ordinaire* (*Mymeleo formicarius*, Lin.); les antennes sont fusiformes, terminées par des crochets et plus pe-

tites que le corps; leur abdomen est linéaire et très-long; leurs ailes sont transparentes, avec des nervures noires coupées de blanc. Cet insecte, noir taché de jaune et long d'environ 0m,025, est commun chez nous et doit son nom à la quantité de fourmis que dévore sa larve. Celle-ci présente dans ses mœurs des particularités curieuses; elle a l'abdomen volumineux, la tête petite, aplatie et armée de deux longues mandibules dentelées aux côtés internes et pointues au bout, servant à la fois de pinces et de suçoir; son corps est gris comme le sable au milieu duquel elle vit. Quoiqu'elle soit pourvue de six pattes, sa démarche est trop lente pour qu'elle puisse atteindre sa proie à la course; mais elle use de ruse pour la surprendre. Dans ce but, elle creuse un piége en forme d'entonnoir dans le sable le plus fin et

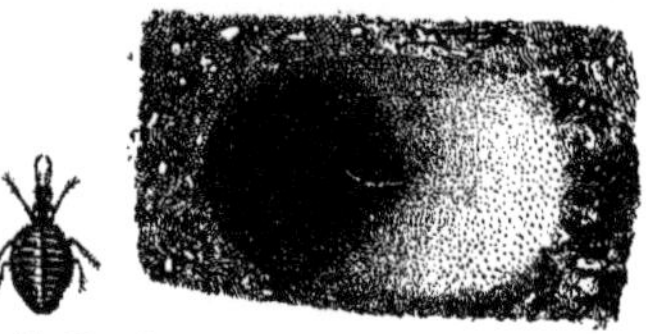

Fig. 1285. — Larve.   Fig. 1286. — Piége du Fourmi-lion.

se tient au fond, en ne laissant voir que sa tête, attendant patiemment qu'un insecte tombe dans le précipice ainsi formé. Si cet insecte cherche à s'échapper ou s'il est trop loin pour que la larve puisse s'en saisir, elle lui jette avec la tête et les mandibules une grande quantité de sable, de façon à l'étourdir et à le faire rouler au fond. Elle l'entraîne ensuite, le tue, le suce et rejette au loin son cadavre. Lorsque cette larve doit passer à l'état de nymphe, elle file un cocon soyeux rond et blanc, recouvert de grains de sable d'où l'insecte parfait sort au bout de quinze ou vingt jours.

2o Les *Ascalaphes* (*Ascalaphes*, Fab.), dont les ailes sont plus larges et moins longues que dans les précédentes; les antennes sont longues et terminées brusquement en bouton, l'abdomen est ovale-oblong et très-peu plus long que le thorax. (Voyez Ascalaphe.)

FOURNIER (Zoologie), *Furnarius*, Vieil.; *Figulus*, Spix. — Genre d'*Oiseaux*, de l'ordre des *Passereaux*, famille des *Ténuirostres*, confondu par Cuvier avec le genre *Sucrier*, qui fait partie du groupe des *Grimpereaux*. Ce genre, établi par Vieillot sous le nom de *Furnarius* et adopté par la plupart des ornithologistes, est ainsi caractérisé; bec aussi épais que large, comprimé latéralement, entier, robuste, fléchi en arc, pointu; narines longitudinales, couvertes d'une membrane; ailes faibles, à pennes bâtardes courtes; quatre doigts, trois devant et un derrière. Ce sont de petits oiseaux des pays chauds de l'Amérique du Sud, Brésil, Paraguay, Guyane, etc. Ils sont en général de couleur sombre, variée de blanc et de noir; leur nourriture se compose d'insectes, de petits vers, de graines; ils ont une allure vive et légère, un vol court et bas. Ils vivent sédentaires, quelquefois seuls, le plus souvent par paires, habitent les plaines et les lieux découverts et sont d'un naturel très-peu sauvage. Dans ce genre, on a compris deux espèces décrites par d'Azara sous le nom de *Anumbi*. Le *F. commun*, nommé *Hornéro* à la Plata (*F. rufus*, Vieil.; *Merops rufus*, Gm.), long de 0m,15 à 0m,18, est roussâtre en dessus, blanchâtre à la gorge; il habite les contrées voisines de la Plata, dans les buissons, où il fait entendre un son continuel qui est la répétition de plus en plus rapide de la syllabe *chi*. Ce qui est de plus remarqué en lui, c'est la construction de son nid en argile, de plus de 0m,18 de diamètre, de peu d'épaisseur et qui a la forme d'un four, d'où lui vient son nom. L'ouverture est pratiquée sur le côté, et l'intérieur est partagé en deux parties par une cloison qui laisse une ouverture par laquelle l'oiseau pénètre dans la partie inférieure, dans laquelle il dépose sur une couche d'herbe quatre œufs longs de 0m,020, piquetés de roux sur un fond blanc. Ce nid sert ordinairement plusieurs années. Il est construit dans un lieu apparent, sur une grosse branche dégarnie de feuilles, sur un poteau, une croix, même sur une fenêtre. Le *F. anumbi* (*F. anumbi*, Vieil.) ou simplement *Anumbi* de d'Azara, est un peu plus long; il a le front d'un rouge s'affaiblissant sur la tête ; ses ailes sont argentées en dessous ; son bec d'un brun rouge. Il construit ni nid également dans un endroit découvert, haut et large et percé d'un grand trou à sa partie supérieure. L'*Anumbi rouge* (*F. ruber*, Vieil.), *Anumbi rouge* de d'Azara, est long de 0m,20. Il a le dessus de la tête et la queue d'une belle couleur de carmin, ainsi que les ailes, dont les pennes ont la pointe noirâtre. Il existe encore quelques espèces de fourniers, parmi lesquelles on peut citer le *F. fuligineux* (*F. fuliginosus*, Less.), qui vit sur les bords de la mer.

FOURRAGE DE DISETTE (Botanique). — Nom vulgaire de la *Spargoute des champs*.

FOURRAGÈRES (Plantes) (Économie rurale). — Voyez FOURRAGES.

FOURRAGERS (Arbres) (Économie rurale). — Presque tous les arbres de nos bois, de nos propriétés rurales ont fourni leur contingent à la production fourragère par leurs feuilles et quelquefois même par leurs jeunes tiges ; il faut en excepter pourtant les arbres fruitiers. Mais tous les animaux qui constituent notre bétail ne mangent pas également les feuilles d'arbres, ainsi il faut d'abord retrancher les chevaux, qui n'en font guère usage qu'à défaut d'autre nourriture et dans les moments de disette. Mais comme on peut le voir au mot FOURRAGES, les moutons se trouvent bien de cette nourriture, surtout lorsque le troupeau est entretenu en vue de la production de la laine plutôt que dans le but de l'engraissement et du développement des qualités propres à la boucherie. Les feuilles fourragères les plus généralement employées pour l'alimentation du bétail ont été classées dans l'ordre suivant : chêne, frêne, orme, saule, tilleul, acacia, érable, peuplier, charme, hêtre, aune, bouleau. Il faut y joindre les feuilles de vigne, celles de quelques arbres verts.

FOURRAGES (Économie rurale), *Pabula* des Latins. — Dans son acception la plus générale, ce mot comprend tous les produits qui servent à la nourriture du bétail. Ainsi l'herbe fraîche des prairies naturelles et celle des prairies artificielles, le foin, les pailles des céréales et de certaines plantes légumineuses, les grains et graines des mêmes végétaux, un grand nombre de racines et tubercules, les résidus de certaines fabrications, huileries, distilleries, etc. ; les feuilles vertes et sèches de plusieurs arbres, etc. Autrefois, la nourriture des bestiaux ne se composait guère que de l'herbe fraîche ou sèche des prés, de la paille et des graines de céréales et de quelques légumineuses, de feuilles d'arbres ; mais, dans ces derniers temps, la culture des plantes fourragères a pris un grand développement, et l'introduction des prairies artificielles a été l'occasion d'un progrès immense en ce genre. Il s'en faut beaucoup que toutes ces substances végétales aient la même qualité nutritive ; des expériences nombreuses, des recherches multipliées ont été faites pour établir la valeur comparative des différens fourrages, et si elles n'ont pas conduit à des résultats positifs, elles n'en sont pas moins d'une grande utilité par les données approximatives qu'elles fournissent. Nous allons citer quelques-uns des chiffres obtenus en prenant pour type 100 kilogrammes de bon foin bien récolté. On a trouvé qu'il fallait pour remplacer cette quantité : graines de blé, fèves, pois, lentilles, 40 kilogrammes ; maïs, seigle, 45 kilogrammes ; tourteaux de lin, de colza, orge, sarrasin, 50 kilogrammes ; avoine, 60 kilogrammes ; foin de trèfle, de luzerne, de sainfoin, 90 kilogrammes ; feuilles sèches d'orme, d'érable, d'acacia, tourteaux de chènevis, de cameline, 110 kilogrammes ; balles de céréales, 125 kilogrammes. ; feuilles sèches de peuplier, de tilleul, paille de lentille, 125 kilogrammes ; ajonc vert écrasé, paille de vesce, de pois, feuilles sèches de frêne, 150 kilogrammes ; paille de maïs, cosses de crucifères, 200 kilogrammes ; pommes de terre, paille de féverolles, d'avoine, 220 kilogrammes ; fourrage vert de gesse, paille d'orge, racine de rutabaga, de carottes, topinambours, choux-raves, betteraves, résidus de féculeries, 250 kilogrammes ; paille de froment, 280 kilogrammes ; résidus de raisin, des distilleries de grains, racine de panais, 300 kilogrammes ; paille de seigle, fourrage frais d'avoine, d'orge, de sainfoin, de vesce, résidus de fruits, 350 kilogrammes ; fourrage frais de trèfle, de sarrasin, de seigle, de froment, de racines de navets, 425 kilogrammes ; herbe des prés, luzerne fraîche, 450 kilogrammes ; feuilles fraîches de rutabagas, racines de raves, 525 kilogrammes ; paille de sarrasin, feuilles de betteraves, de choux, résidus des distilleries de pommes de terre, 625 kilogrammes ; feuilles de pommes de terre, 700 kilogrammes. Quant à la quantité de produits fourragers que peuvent donner les terrains, on sait combien elle est susceptible de varier suivant la qualité du sol, le mode de culture, etc. Voici pourtant dans quel ordre on peut les classer comparativement, en commençant par les plantes les plus productives prises sèches : choux-raves, pommes de terre, luzerne, trèfle, navets, carottes, maïs, betteraves, seigle, froment, avoine, foin ordinaire, pois, vesces, fèves, orge.

Cela ne veut pas dire que le cultivateur doive prendre pour base de son prix de revient les données que nous venons de présenter pour établir la force productive annuelle des substances fourragères ; il est une autre considération bien importante et qui doit tenir une grande place dans ses calculs et dans ses prévisions ; en effet, il existe entre les fourrages proprement dits et les racines une différence capitale : les premiers sont essentiellement améliorants, c'est-à-dire que non-seulement ils peuvent compenser l'épuisement des autres cultures, mais encore contribuer à l'accroissement de leurs produits. Les racines, au contraire, sont épuisantes et paraissent consommer tout l'engrais qu'elles peuvent produire ; de là deux inconvénients graves : augmenter les frais de production, d'une part, et obliger l'agriculteur de choisir pour ses cultures des sols de bonne qualité, d'autre part ; par conséquent, augmenter indirectement les prix de revient. Maintenant, si l'on considère que toutes les substances fourragères n'ont pas les mêmes qualités nutritives, que, par exemple, 100 kilogrammes de foin ne sont représentés en moyenne que par 350 de racines, on arrivera à cette conclusion que les racines considérées comme fourrages reviennent à des prix élevés. Ce qui peut servir à expliquer pourquoi leur culture ne s'est pas développée en raison des encouragements qu'elle a reçus. C'est, du reste, un point d'économie rurale qui demande à être sérieusement étudié.

En France, d'après les documents les plus récents, la production des fourrages, en prenant ce mot dans son ancienne acception, se fait sur une étendue de 5,160,000 hectares en prairies naturelles et 2,54,000 en prairies artificielles, donnant pour les premières 150,000,000 de quintaux, et pour les secondes 81,000,0 0, soit 231,000,000 de quintaux ; or, la consommation étant de 458,000,000 quintaux, il en résulte que ces prairies ne fournissent que la moitié environ de ce qu'il faut pour nourrir notre bétail ; le surplus est fourni par les différentes sources que nous avons indiquées plus haut, telles que tiges et graines de céréales, tiges fraîches et sèches et graines de légumineuses, sons, tourteaux, résidus, marcs, racines, tubercules, feuilles, pâturages dans les terres vagues, balles, gousses, siliques, fruits, etc.

La culture de ces produits et toutes les questions qui se rattachent à leur récolte, à leur conservation, etc., sont d'un haut intérêt pour l'agriculteur et pour le pays. Et s'il est vrai, comme le prétendent la plupart des agriculteurs, que les cultures fourragères doivent occuper la moitié de l'étendue d'une ferme et que cette proportion doit s'accroître en raison de la médiocrité du sol, on conçoit l'importance qui s'attache à cette question. Quant au point de vue sous lequel la production des fourrages doit être envisagée, dans ce qui a rapport à la distribution que l'on en fait aux bestiaux, on trouvera aux mots RÉGIME ALIMENTAIRE DU BÉTAIL, FOIN, FOURRAGERS (Arbres), PRÉS, PRAIRIES ARTIFICIELLES, RACINES, TOURTEAUX et au nom de chaque plante fourragère autant de détails que l'étendue restreinte de notre livre en comporte sur tous les objets indiqués. Nous allons seulement dire quelques mots sur les feuilles des arbres et de quelques plantes fourragères.

Les *feuilles* des arbres peuvent être employées à l'état de *feuillards* et de *feuilles détachées*. On appelle *feuillards* des branches d'arbres garnies de feuilles qui sont un produit de l'élagage de certains arbres exploités en têtards, tels que l'acacia, le bouleau, le saule, ou en tiges élevées, tels que certains peupliers. C'est au mois de septembre ou au commencement d'octobre que se fait cette récolte ; après avoir coupé les branches, on les laisse sécher, puis on les lie en fagots que l'on serre dans des endroits secs pour en faire usage au commencement de l'hiver. Quelquefois on les emploie en vert que l'on coupe à mesure des besoins. Les moutons sont friands de ce fourrage qui convient parfaitement à leur nature.

Les *feuilles détachées* des arbres constituent un bon fourrage nutritif ; on a pu voir au commencement de cet article combien il se rapproche du foin sous ce rapport ; après les feuilles des arbres et à un degré inférieur viennent les feuilles de plantes fourragères, de maïs, de betteraves, de carottes, de choux, etc. Si l'on excepte ce qui tient essentiellement aux organes de la fructification, comme les fleurs, les fruits et surtout les graines, c'est dans les feuilles qu'existe la plus grande somme de principes nutritifs, et aujourd'hui on sait que l'excellence de ces principes est dû à la présence de l'azote, de telle sorte qu'une substance végétale est d'autant plus nutritive qu'elle en contient davantage, et l'on sait aussi, par exemple, que les tiges des végétaux en contiennent moitié moins que les feuilles ; aussi doit-on considérer comme très-inférieur en qualité le foin qui a perdu une partie de ses feuilles. Le moment où celles-ci présentent, sous le rapport nutritif, toutes les qualités désirables est celui où elles ont atteint tout leur développement, vers la fin de l'été ; il ne faut pas attendre plus tard pour les récolter, autrement elles perdent, elles s'appauvrissent en avançant vers le terme de leur vitalité. On peut voir au mot Foin ce qui a été dit à cet égard pour l'époque de la fauchaison.

FOURREAU (Zoologie). — Nom vulgaire donné en Sologne à l'espèce d'*Oiseau* nommée *Mésange à longue queue* (*Parus caudatus*, Lin.); on l'a encore appelée dans le même pays *Gueule de-four*.

FOURREAU DE PISTOLET (Zoologie). — On a quelquefois donné ce nom à quelques espèces de *Coquilles* du genre *Jambonneau*.

FOURRÉ BUISSON, FOURBISSON (Zoologie). — On a appelé ainsi quelquefois l'oiseau connu plus spécialement sous le nom de *Troglodyte d'Europe*, et en plusieurs endroits sous celui de *Roitelet*, à cause de l'habitude qu'il a de se fourrer dans les buissons.

FOURRURES (Zoologie). — Voyez PELLETERIES.

FOUTEAU (Botanique). — Nom vulgaire du *Hêtre* dans quelques pays.

FOVILLA (Botanique). — On appelle ainsi une matière fluide, épaisse, contenue dans l'enveloppe interne du *pollen* (voyez ce mot). Dans cette matière nagent de nombreux corpuscules granuleux et opaques, des gouttelettes huileuses, et beaucoup plus rarement des grains de fécule. « Les corpuscules sont en général de deux sortes,

Fig. 1287 (1).   Fig. 1288 (2).

la plupart extrêmement petits et sphériques ; quelquesuns beaucoup plus gros, globuleux eux-mêmes ou ellipsoïdes, ou allongés en courts cylindres, amincies à leurs extrémités. On a cru reconnaître, dans ces derniers, des mouvements de contraction ou de flexion, comme dans les animalcules infusoires. Mais ces délicates observations demandent à être encore soigneusement vérifiées (de Jussieu. » Toutefois, cette matière intérieure joue un grand rôle dans la reproduction des plantes.

FOYER (Chirurgie). — On désigne sous le nom de *foyer purulent*, *foyer de suppuration*, la partie où se forme le pus à la suite d'une inflammation, qu'elle soit déterminée par une lésion extérieure ou par une cause interne. Le tissu cellulaire, les organes parenchymateux, etc., servent de foyer à la suppuration. Ils sont simples ou multiples, situés sous la peau, dans la profondeur des tissus ou dans les grandes cavités. Souvent faciles à être ouverts pour donner issue au pus, ils sont quelquefois placés sous des aponévroses, des muscles épais, ou dans les cavités, et plus ou moins difficiles à découvrir, à bien constater à atteindre ; enfin, il peut se faire qu'ils soient tout à fait inaccessibles aux instruments. Il peut arriver aussi qu'ils se forment loin du lieu où le pus a été élaboré ; ce sont alors ceux qu'on appelle *abcès froids*.

FRACTION (Arithmétique). — On appelle fraction en général une partie quelconque de l'unité. La valeur d'une fraction s'exprime à l'aide de deux termes, l'un appelé

(1) Graine de pollen de l'amandier nain, dont la membrane interne a commencé à faire saillie par les trois pores sous forme d'autant d'ampoules *t*, et s'est crevée à l'extrémité d'une d'elles en donnant issue au jet de fovil a *f*, où l'on peut apercevoir des graines de diverses grosseurs.

(2) Gros granules de la *Ketmie des marais* (*Hibiscus palustris*, Lin).

numérateur et l'autre *dénominateur*. Le dénominateur indique en combien de parties on suppose divisée l'unité principale, et le numérateur combien on prend de ces parties. Ainsi la fraction $\frac{3}{5}$ signifie 3 fois la 5e partie de l'unité. Lorsque le dénominateur est une puissance quelconque de 10, la fraction s'appelle *fraction décimale* (voyez plus loin); telles sont les fractions $\frac{3}{10}$, $\frac{5}{1000}$, etc.

Ce mode d'expression s'applique d'ailleurs à une quantité quelconque, qu'elle soit plus grande ou plus petite que l'unité, lorsque l'on veut l'exprimer à l'aide d'une partie déterminée de l'unité, ainsi $\frac{9}{7}$ représente 9 fois la 7e partie de l'unité, $\frac{7}{3}$, 7 fois le tiers de l'unité, etc. Ordinairement un nombre supérieur à l'unité, exprimé de cette façon, s'appelle *nombre fractionnaire*.

Toutes les propriétés essentielles des fractions ou des nombres fractionnaires se déduisent de la manière même de les exprimer. Ainsi, par exemple. il est évident que si on multiplie le numérateur d'une fraction par un certain nombre entier n, on obtient une fraction n fois plus grande ; de même, si on multiplie le dénominateur par le nombre n, on obtient une fraction n fois plus petite. De là résulte que si l'on multiplie simultanément les deux termes d'une fraction par le même nombre, on ne change pas la valeur de cette fraction. Il y a donc une infinité de manières d'exprimer dans la numération fractionnelle une même quantité. Ainsi les quantités $\frac{3}{4}$, $\frac{6}{8}$, $\frac{30}{40}$, $\frac{9}{12}$, $\frac{15}{20}$, etc., sont égales entre elles. Il peut être utile, quand on a une expression fractionnaire dont les termes sont considérables, de lui substituer une fraction plus simple qui ait la même valeur. Il suffit pour cela de diviser les deux termes successivement, et autant de fois que cela est possible, par 2, 3, 5..., etc. Lorsqu'il n'existe plus aucun nombre qui puisse diviser à la fois le numérateur et le dénominateur d'une fraction, celle-ci est dite *irréductible* ; telles sont les fractions $\frac{3}{7}$, $\frac{2}{11}$, $\frac{5}{8}$, etc.

Lorsque deux fractions irréductibles sont égales elles ont nécessairement le même numérateur et le même dénominateur.

Réduction au même dénominateur. — En profitant de la propriété précédente, on peut facilement réduire diverses fractions à avoir le même dénominateur, chose souvent fort utile; il suffit pour cela de multiplier les deux termes de chacune d'elles par un nombre convenable. Ainsi les fractions $\frac{1}{3}$, $\frac{3}{4}$, $\frac{2}{5}$, $\frac{1}{2}$, sont respectivement égales aux fractions $\frac{10}{60}$, $\frac{45}{60}$, $\frac{24}{60}$, $\frac{30}{60}$, que l'on obtient en multipliant les deux termes de chacune d'elles par les nombres 20, 15, 12 et 30.

Addition et soustraction des fractions. — Pour ajouter des fractions entre elles ou pour les retrancher l'une de l'autre, il suffit évidemment de les réduire au même dénominateur, et de faire ensuite l'addition ou la soustraction des numérateurs. Ainsi, par exemple,

$$\frac{1}{3} + \frac{3}{4} + \frac{2}{5} + \frac{1}{2} = \frac{20}{60} + \frac{45}{60} + \frac{24}{60} + \frac{30}{60} = \frac{119}{60}$$

De même

$$\frac{3}{4} - \frac{1}{7} = \frac{21}{28} - \frac{4}{28} = \frac{17}{28}$$

Multiplication et division des fractions. — Pour multiplier une fraction par une fraction, il suffit de multiplier les numérateurs entre eux et les dénominateurs entre eux. Ainsi

$$\frac{3}{4} \times \frac{5}{6} = \frac{3 \times 5}{4 \times 6} = \frac{15}{24} = \frac{5}{8}$$

Quand on a un grand nombre de fractions à multiplier les unes par les autres, il peut arriver que le même nombre se trouve une ou plusieurs fois au numérateur et au dénominateur ; on peut alors le supprimer le même nombre de fois dans les deux termes. Ainsi :

$$\frac{3}{4} \times \frac{5}{6} \times \frac{2}{3} \times \frac{4}{7} \times \frac{6}{5} = \frac{3 \times 5 \times 2 \times 4 \times 6}{4 \times 6 \times 3 \times 7 \times 5} = \frac{2}{7}$$

La manière dont s'effectue la division des fractions est indiquée au mot DIVISION.

Le mode de numération fractionnelle permet de se rendre compte des propriétés suivantes, qui sont souvent utiles.

I. *Si l'on ajoute un même nombre aux deux termes d'une fraction, on en augmente la valeur; cette valeur diminuerait si l'on retranchait un même nombre des deux termes.* Si l'on considère, en effet, la fraction $\frac{5}{7}$, elle diffère de l'unité de $\frac{2}{7}$. En ajoutant 2 aux deux termes, on a $\frac{7}{9}$, qui diffère de l'unité de $\frac{2}{9}$, quantité plus petite que $\frac{2}{7}$; $\frac{7}{9}$ est donc plus grand que $\frac{5}{7}$, ce qui démontre la double propriété énoncée. Il est à remarquer que si la fraction était plus grande que l'unité, ce serait le résultat inverse que l'on obtiendrait. Ainsi $\frac{7}{5}$ est plus grand que $\frac{9}{7}$.

II. *Si l'on a plusieurs fractions $\frac{a}{b}$, $\frac{a'}{b'}$, $\frac{a''}{b''}$…, etc., en faisant la somme des numérateurs et divisant par la somme des dénominateurs, la fraction ainsi obtenue $\frac{a+a'+a''+…}{b+b'+b''+…}$ a une valeur intermédiaire entre la plus grande et la plus petite des fractions données.* Ainsi, par exemple, si l'on considère les fractions décroissantes $\frac{1}{2}$, $\frac{1}{3}$, $\frac{1}{4}$, $\frac{1}{5}$, la fraction $\frac{4}{14}$, obtenue comme il vient d'être dit, est plus petite que $\frac{1}{2}$ et plus grande que $\frac{1}{5}$. La démonstration générale de cette propriété se fait d'ailleurs comme il suit :

Soit $\frac{a}{b}$ la plus grande des fractions; en désignant sa valeur propre par la lettre m, nous aurons évidemment les relations suivantes :

$$\frac{a}{b} = m,\ \frac{a'}{b'} < m,\ \frac{a''}{b''} < m$$

D'où on déduit

$$a = mb,\ a' < mb',\ a'' < mb''$$

et, par suite,

$$a + a' + a'' + … < m(b + b' + b'' …)$$

ou, ce qui revient au même,

$$\frac{a + a' + a'' + …}{b + b' + b'' + …} < m.$$

L'expression considérée est donc plus petite que la plus grande des fractions données. On démontrerait tout à fait de même qu'elle est plus grande que la plus petite.

FRACTIONS CONTINUES (Algèbre). — On désigne sous ce nom des expressions de la forme

$$a + \cfrac{1}{b + \cfrac{1}{c + \cfrac{1}{d + \text{etc.}}}}$$

dans lesquelles a, b, c…. sont des nombres entiers et positifs, que l'on appelle les *quotients incomplets*. Si l'on prend successivement les expressions a, $a+\frac{1}{b}$, $a+\cfrac{1}{b+\cfrac{1}{c+…}}$ et qu'on les réduise en fractions ordinaires, on obtient les *réduites* successives. Or, ces réduites jouissent de la propriété d'être alternativement plus grandes et plus petites que la valeur de la fraction continue, et de s'en rapprocher de plus en plus. Non-seulement chaque réduite est plus rapprochée qu'aucune des réduites précédentes, mais encore plus que toute autre fraction qui aurait un dénominateur moindre que celui de cette réduite. De là l'usage que l'on fait des fractions continues pour exprimer approximativement, en termes simples, le rapport de deux nombres donnés.

Indiquons comment on convertit une fraction ordinaire $\frac{m}{n}$ en fraction continue. Il suffit d'opérer sur les deux termes, comme si on en cherchait le plus grand commun diviseur. On arrive ainsi à un reste nul, et les quotients successifs sont les quotients incomplets de la fraction continue.

Exemple : soit le rapport $\frac{31415926}{10\,000\,000}$, qui est une valeur approchée par défaut du nombre π. La fraction $\frac{31415927}{10\,000\,000}$ est approchée par excès ; on fera les calculs suivants :

		3		7		15		1
31 415 926		10 000 000		1 415 926		88 518		88 156
1 415 926		88 518		530 746		362		
				88 156				

		3		7		15		1
31 415 927		10 000 000		1 415 927		88 511		88 262
1 415 927		88 511		530 817		249		
				88 262				

Nous ne terminons pas l'opération, n'ayant besoin de considérer que les quotients communs qui sont 3, 7, 15, 1, et qui donnent la fraction continue

$$3 + \cfrac{1}{7 + \cfrac{1}{15 + \cfrac{1}{1 + \text{etc.}}}}$$

Cette partie, commune aux deux rapports, appartiendra évidemment au nombre intermédiaire π. Or, si l'on forme les réduites successives

$$\frac{3}{1}\qquad \frac{22}{7}\qquad \frac{233}{106}\qquad \frac{355}{113}$$

on a des fractions alternativement plus petites et plus grandes que π, et qui en fournissent des expressions approchées de plus en plus exactes. C'est d'abord le nombre entier 3, puis le rapport d'Archimède $\frac{22}{7}$ qui, réduit en décimales, donne 3,142, et n'est en erreur que d'une unité en plus sur les millièmes. Le rapport suivant n'est pas usité ; mais le dernier, presque aussi simple, est beaucoup plus exact : il équivaut à 3,1415929, qui n'est en erreur que sur le septième chiffre, c'est le rapport de Métius.

Loi de formation des réduites. — Les deux premières réduites se calculent directement ; quant aux suivantes, on les obtient plus simplement à l'aide de la proposition suivante : chaque réduite se forme en multipliant les deux termes de la réduite précédente par le nouveau quotient, et en ajoutant respectivement à ces produits les deux termes de l'antépénultième.

Les fractions continues jouissent de beaucoup de propriétés curieuses. Lagrange en a fait la base d'une méthode pour la résolution des équations. Nous renverrons pour tous ces détails à l'*Algèbre* d'Euler, au *Traité de la résolution des équations numériques* par Lagrange, aux *Éléments d'algèbre* de M. Lefébure de Fourcy, de M. Sonnet, etc.

E. R.

FRACTIONS DÉCIMALES (Arithmétique). — On appelle *fraction décimale* tout nombre qui représente une grandeur plus petite que l'unité, contenant un certain nombre de parties de l'unité divisée en parties de dix en dix fois plus petites : par exemple, sept dixièmes, trente-neuf centièmes, mille trente-deux dix millièmes, etc. ; ces nombres s'écrivent : 0,7, 0,32, 0,1032, etc. (voir l'article NUMÉRATION pour la numération des fractions décimales).

Quand une grandeur contient une ou plusieurs fois l'unité et un reste exprimé par une fraction décimale, le nombre qui la représente est appelé *nombre décimal* ; on l'énonce à la façon des nombres fractionnaires ordinaires ; par exemple, on dit vingt-cinq unités, trente-deux centièmes, et on l'écrit 25,32.

Les fractions décimales peuvent être considérées comme des fractions ordinaires dont le numérateur est composé de l'ensemble des chiffres qui sont à droite de la virgule, et dont le dénominateur est égal à l'unité suivie d'autant de zéros qu'il y a de chiffres décimaux, c'est-à-dire de chiffres à droite de la virgule. Ainsi la fraction décimale 0,45273 est équivalente à la fraction ordinaire $\frac{45273}{100000}$.

Il n'y a pas plus de difficulté à trouver un nombre fractionnaire ayant la forme d'une fraction ordinaire, et qui soit équivalent à un nombre décimal quelconque. Soit, par exemple, 4,2345, ce nombre est équivalent à 4 unités et $\frac{2345}{10000}$, ou à $\frac{40000}{10000} + \frac{2345}{10000}$, ou enfin à $\frac{42345}{10000}$.

La règle consiste donc tout simplement à prendre pour numérateur de la fraction cherchée le nombre décimal donné après avoir supprimé la virgule, et pour dénominateur de cette même fraction l'unité suivie d'autant de zéros qu'il y a de chiffres après la virgule dans le nombre donné.

Les fractions décimales ne sont que des cas particuliers des nombres décimaux dans lesquels le nombre des entiers est réduit à zéro. Toutes les règles du calcul des nombres décimaux s'appliquent naturellement au calcul de ces fractions, et par conséquent tout ce que nous dirons désormais des nombres décimaux devra être également entendu des fractions décimales (1).

Une première remarque que nous ferons tout d'abord, c'est qu'un nombre décimal ne change pas quand on ajoute des zéros, soit à gauche de la partie entière, soit à droite de la partie décimale ; cela est évident, puisque cela ne modifie en rien le nombre ni la grandeur des diverses unités décimales représentées par le nombre décimal. On peut donc aussi bien écrire 0,12 que 0,120, que 0,1200, etc.

Une seconde remarque est que si, dans un nombre décimal, on déplace la virgule d'un, de deux ou de trois rangs, etc., vers la droite ou vers la gauche, on obtient un nouveau nombre décimal qui est égal au premier, multiplié ou divisé par 10, 100, 1000. En effet, avancer la virgule d'un rang vers la droite, c'est faire des unités avec les dixièmes précédents, et ainsi de suite. élever d'un ordre les unités de tous les ordres ; et, de même, avancer la virgule d'un rang vers la gauche. c'est transformer les unités en dixièmes, les dixièmes en centièmes, etc., c'est-à-dire abaisser d'un ordre les unités représentées par chaque chiffre.

De là résultent d'une manière évidente les règles de la multiplication ou de la division d'un nombre décimal par une puissance quelconque de 10.

Nous allons maintenant dire en quelques mots comment se font les opérations de calcul des nombres décimaux.

Addition des nombres décimaux. — L'addition des nombres décimaux se fait comme celle des nombres entiers. On écrit les nombres décimaux les uns au dessous des autres, en ayant soin de placer dans une même colonne verticale les chiffres représentant des unités de même ordre, puis on fait la somme des chiffres placés dans une même colonne, en commençant par la colonne qui est le plus à droite, pour passer ensuite à celle qui est immédiatement à gauche, et ainsi de suite. Soit à additionner les nombres suivants : 45,003, 23,19, 4,5234, 3,6, on écrira :

$$45,003$$
$$23,19$$
$$4,5234$$
$$3,6$$
$$\overline{76,3164}$$

Soustraction des nombres décimaux. — Pour soustraire un nombre décimal d'un autre, on retranche successivement les unités de chaque ordre contenues dans le premier nombre, des unités correspondantes contenues dans le second, comme on fait pour les nombres entiers, et lorsque le chiffre à retrancher est trop fort, on ajoute une dizaine au nombre supérieur et on en tient compte dans la soustraction qui suit. Soit à retrancher 25,436 de 38,047, on a :

$$38,047$$
$$25,436$$
$$\overline{12,611}$$

Multiplication des nombres décimaux. — La règle pour la multiplication de deux nombres décimaux l'un par l'autre est la suivante :

On multiplie les deux facteurs comme si la virgule n'existait pas, et dans le produit ainsi trouvé, on sépare sur la droite autant de chiffres décimaux qu'il s'en trouve à la fois dans le multiplicande et le multiplicateur.

La raison de cette règle est bien simple. Supposons d'abord que le multiplicateur soit un nombre entier, on obtient au produit des unités de même ordre que celles qu'on avait au multiplicande. et, par conséquent, il doit y avoir au produit le même nombre de chiffres décimaux qu'au multiplicande. Soit à multiplier 2,375 par 39, il

est clair qu'en répétant 39 fois le nombre de millièmes représenté par le multiplicande, on aura encore des millièmes.

Supposons maintenant que le multiplicateur soit 0,0039, le produit devra représenter 39 fois la dix-millième partie du multiplicande ; c'est-à-dire que pour avoir un multiplicateur entier, il suffit d'avancer la virgule d'autant de rangs vers la gauche dans le multiplicande qu'il y a de chiffres décimaux dans le multiplicateur. Il revient au même de faire le produit comme si les deux nombres étaient entiers et de prendre au produit autant de chiffres décimaux qu'il y en a dans les deux facteurs proposés. Soit à multiplier 2,375 par 0,0039, le produit est 0,0090675.

$$2,325$$
$$0,0039$$
$$\overline{}$$
$$20995$$
$$6975$$
$$\overline{0,0090675}$$

Division des nombres décimaux. — Examinons d'abord le cas où le diviseur est un nombre entier ; il est clair qu'on pourra faire la division comme si le dividende représentait un nombre entier, à la condition de mettre au quotient autant de chiffres décimaux qu'il y en avait au dividende. Car en prenant la 25ᵉ partie d'un nombre tel que 46,375 ou 46375 millièmes. on trouvera un nombre 1855 de millièmes, qu'on peut écrire 1,855. De là résulte la règle suivante :

Pour diviser un nombre décimal par un nombre entier, on effectue la division comme si le dividende était entier, et on a soin, lorsqu'on a abaissé le chiffre des unités du dividende, de mettre une virgule à la droite du chiffre du quotient qui correspond au dividende partiel ainsi formé. On dispose l'opération comme ci-contre :

$$
\begin{array}{l|l}
46,375 & 25 \\
213 & \overline{1,855} \\
137 & \\
125 &
\end{array}
$$

Il peut arriver que la division ne se termine pas lorsqu'on a abaissé tous les chiffres du dividende ; alors on a obtenu un quotient qu'on dit approché à moins d'une unité de l'ordre de celles exprimées par le dernier chiffre du dividende ; en effet, si l'on augmentait d'une unité le dernier chiffre du quotient trouvé, chiffre qui représente précisément des unités de cet ordre, on aurait un quotient trop fort.

On pourrait, de même, se proposer de trouver un quotient décimal plus approché, par exemple, tel que si on lui ajoutait un cent-millième, on eût un nombre trop fort. Rien ne sera plus facile que d'y parvenir ; car si on réduit le dividende en cent millièmes, par l'addition d'un nombre convenable de zéros, il n'y a plus qu'à effectuer l'opération comme précédemment, c'est-à-dire à pousser la division jusqu'à ce qu'on ait au quotient le chiffre des cent-millièmes. Dans la pratique, au lieu d'ajouter d'abord les zéros au dividende pour les abaisser ensuite successivement dans le courant de l'opération, on se contente de les ajouter à mesure qu'il en est besoin pour la formation des dividendes partiels. Soit à diviser 35,2 par 17, le quotient sera :

$$
\begin{array}{l|l}
35,2 & 17 \\
120 & \overline{2,07058} \\
100 & \\
150 & \\
14 &
\end{array}
$$
2   à moins d'une unité,
2   à moins d'un dixième,
2,07   à moins d'un centième,
2,070   à moins d'un millième,
2,0705   à moins d'un dix-millième, etc.

Supposons maintenant que le diviseur soit aussi un nombre décimal. On peut multiplier le dividende et le diviseur par un même nombre sans changer le quotient ; profitons-en pour rendre le diviseur entier : multiplions pour cela le dividende et le diviseur par une puissance de 10 d'ordre marqué par le nombre des chiffres décimaux du diviseur ; cela revient à effacer la virgule au diviseur et à la reculer dans le dividende d'autant de rangs vers la droite qu'il y a de chiffres décimaux au diviseur. Nous sommes alors ramenés au cas précédent, et on peut formuler ainsi la règle générale de la division de deux nombres décimaux quelconques :

On supprime la virgule du diviseur et on avance la virgule dans le dividende d'autant de rangs vers la droite qu'il y a de chiffres décimaux au diviseur ; on est ainsi ramené à la division d'un nombre décimal par un nombre entier.

(1) Les nombres entiers peuvent être regardés comme des nombres décimaux dont la partie décimale est nulle.

Soit, par exemple, à trouver à un millième près le quotient de 0,347 par 0,25.

$$\begin{array}{c|c} 34,7 & 25 \\ 9\ 7 & \overline{} \\ 2\ 20 & 1,388 \\ 200 & \end{array}$$

On trouve 1,388 pour ce quotient, à un millième près. Voir, pour les opérations relatives à l'extraction des racines, l'article spécial RACINES.

Approximations numériques. — Les nombres décimaux qu'on emploie dans les calculs n'étant souvent qu'approchés, les résultats des calculs faits avec la plus grande précision à l'aide de ces nombres seront néanmoins toujours entachés d'une erreur qui dépend des erreurs faites sur chacun des nombres employés. Or il arrive fréquemment que cette erreur du résultat est d'un ordre de grandeur bien supérieur à ceux des unités qui représentent les derniers chiffres calculés. Il était donc inutile de calculer ces derniers, puisqu'il faut les négliger à la fin si l'on ne veut pas prétendre à une exactitude illusoire. Par exemple, dans un produit de deux nombres comme 4225,41 et 25345,649, qui sont supposés approchés chacun à moins d'une unité de l'ordre de celles qui sont représentées par leur dernier chiffre, il serait inutile et même il serait maladroit de chercher le produit en cent-millièmes qu'on obtiendrait en multipliant entre eux ces deux nombres. En effet, l'erreur qui résulte au produit des erreurs faites sur les deux facteurs peut porter sur les centaines du produit.

De même, soit à diviser un nombre approché par un autre nombre également approché ; il est évident que quelque loin qu'on pousse la division, on n'aura jamais le résultat exact ; il est donc important de ne calculer que les chiffres du quotient dont l'exactitude est certaine.

Le calcul de la partie exacte d'un produit ou d'un quotient approchés peut souvent se faire à l'aide de méthodes abrégées qui introduisent, il est vrai, de nouvelles erreurs, mais des erreurs qu'on connaît et qu'on peut atténuer de manière qu'ajoutées aux erreurs précédentes elles ne dépassent pas l'erreur qu'on peut se permettre au produit.

Nous allons indiquer ces méthodes et traiter avec quelque détail la question du calcul des nombres décimaux approchés.

Deux questions se présentent dans le calcul des nombres décimaux approchés : la première, de savoir sur quelle approximation on peut compter au résultat lorsqu'on sait l'approximation des données ; la seconde, de déterminer l'approximation avec laquelle on doit prendre les données pour trouver au résultat une approximation déterminée.

Disons d'abord qu'il est évident que ce qui constitue la grandeur de l'approximation obtenue dans un calcul, c'est le rapport de l'erreur commise sur le résultat à la grandeur du résultat lui-même. En effet, il est clair que si on se trompe de 1 mètre sur une longueur de 100 mètres, l'approximation obtenue est la même que si on se trompe de $0^m,01$ sur 1 mètre. Ce rapport de l'erreur au résultat véritable est ce qu'on appelle l'*erreur relative*.

Pour qu'un calcul soit bien fait, il faut donc que l'erreur relative du résultat soit très-petite.

L'erreur relative faite sur un nombre approché a une relation très-simple avec le nombre de chiffres exacts de ce nombre.

1° Lorsque l'erreur absolue faite sur un nombre est moindre qu'une unité de l'ordre du m^e chiffre à partir du chiffre significatif K des plus hautes unités, l'erreur relative qui en résulte est moindre que $\frac{1}{10^m-1}$ et même

moindre que $\frac{1}{K.10^m-1}$.

En effet, soit un nombre tel que 0,0345 approché à moins d'un dix-millième ; l'erreur relative est plus petite que le quotient de 0,0001 par 0,0345 ou, ce qui revient au même, que le quotient de 1 par 345. Cette erreur relative est donc plus petite que $\frac{1}{300}$ et *à fortiori* plus petite que $\frac{1}{100}$.

2° Si l'erreur relative d'un nombre dont le premier chiffre significatif est K est moindre que $\frac{1}{(K+1)10^m-1}$, ce nombre ne sera pas fautif d'une unité de l'ordre du m^e chiffre.

En effet, soit un nombre 5437,3 approché de manière

que l'erreur relative soit moindre que $\frac{1}{5.10^3}$, il est évident que l'erreur absolue est plus petite que l'unité et, par suite, qu'une unité de l'ordre de celles que représente le quatrième chiffre.

Remarque. — Si le nombre 5437,3 était le résultat d'un calcul, résultat par défaut, avec une erreur relative moindre que $\frac{1}{6000}$, on ne pourrait pas prendre 5437 pour le résultat approché à moins d'une unité ; car à l'erreur précédente, qui était plus petite que l'unité, si l'on ajoute une erreur nouvelle de 0,3, il peut se faire que l'erreur totale dépasse l'unité. Alors on augmente d'une unité le nombre 5438, et on est certain d'avoir le nombre approché à moins d'une unité, seulement le sens de l'approximation n'est plus connu. Appliquons ces considérations aux quatre règles de l'arithmétique, en supposant que tous les nombres donnés soient approchés dans le même sens, par défaut, par exemple.

Addition des nombres approchés. — On démontre aisément que l'erreur relative d'une somme de nombres approchés est moindre que la plus grande des erreurs relatives des termes qui la composent. Observons, toutefois, que l'application de ce principe ne peut guère être utile que lorsque les nombres à ajouter sont à peu près de même grandeur, sans quoi elle serait souvent beaucoup trop élevée. En effet, un terme d'une valeur très-petite peut avoir une erreur relative très-grande, sans que son erreur absolue influe sensiblement sur l'erreur relative de la somme.

Quand on veut avoir dans la somme une erreur relative donnée, la meilleure règle à suivre est de prendre les divers nombres à ajouter avec une même erreur absolue, de sorte que la somme de ces erreurs absolues ne donne pas pour la somme une erreur relative égale à la limite qu'on s'est proposée.

Soustraction des nombres approchés. — Quand on veut calculer approximativement la différence de deux nombres, on prend l'un par excès, l'autre par défaut, de façon qu'on a encore une approximation dont le sens est déterminé.

Multiplication des nombres approchés. — L'erreur relative d'un produit approché par défaut est moindre que la somme des erreurs relatives des facteurs de ce produit.

En effet, soient deux nombres a et b dont les valeurs approchées par défaut sont : $a-\alpha$, $b-\beta$, le produit sera approché par défaut et l'erreur absolue sera $ab-(a-\alpha)(b-\beta)$ ou $a\beta+b\alpha-\alpha\beta$, quantité qui est plus petite que $a\beta+b\alpha$. Il faut, pour avoir l'erreur relative, diviser cette erreur absolue par le produit véritable ab, ce qui montre que l'erreur relative est moindre que $\frac{a\beta+b\alpha}{ab}$ ou que

$\frac{\beta}{b}+\frac{\alpha}{a}$, c'est-à-dire que la somme des erreurs relatives des deux facteurs.

Si l'un des facteurs seul est approché, l'erreur relative est évidemment égale à celle du facteur unique dont la valeur est approchée. Si les deux facteurs sont approchés tous les deux de manière à avoir chacun m chiffres exacts, on pourra compter au produit sur $m-2$ chiffres exacts. En effet, l'erreur relative du produit sera moindre que $\frac{2}{10^m-1}$ et, par suite, que $\frac{1}{10^m-2}$.

Il suffit d'évaluer plus exactement la limite de l'erreur relative du produit pour reconnaître qu'on peut compter sur $(m-1)$ chiffres exacts au produit, toutes les fois que les premiers chiffres p et p' des deux facteurs sont au moins égaux à l'unité, et encore lorsque, l'un d'eux seulement étant égal à l'unité, l'autre est tel que le premier chiffre à gauche du produit ne dépasse pas 4.

Réciproquement, on peut se demander avec quelle approximation il faut prendre les facteurs d'un produit, lorsque l'on veut qu'il y ait m chiffres exacts au produit.

Soit n le nombre de ces facteurs ; il est évident qu'il suffira que l'erreur relative de chaque facteur soit plus petite que la n^e partie de $\frac{1}{10^m}$ ou mieux moindre que la n^e partie de $\frac{1}{(p+1)10^m-1}$, si p est le premier chiffre à gauche du produit.

C'est maintenant le lieu d'indiquer le procédé de la multiplication abrégée. Soit à effectuer le produit de 425,649346 par 53,476294 à un cent-millième de sa valeur, c'est-à-dire avec six chiffres exacts.

Le produit ayant cinq chiffres avant la virgule devra être approché à moins d'un dixième près. Pour avoir un chiffre des dixièmes exact, il faudra calculer chaque produit partiel à moins d'un centième près, et voici pour cela comment on disposera l'opération : on placera le chiffre des unités du multiplicateur sous le chiffre du multiplicande qui représente des millièmes, le chiffre des dizaines sous le chiffre des dix-millièmes, le chiffre des dixièmes sous le chiffre des centièmes, etc., en renversant tout le multiplicateur. De cette façon, chaque chiffre du multiplicateur multipliant le chiffre du multiplicande placé au-dessus fournit un produit de centièmes. On multiplie successivement par chaque chiffre du multiplicateur le nombre qui est formé par la partie du multiplicande placée à gauche et terminée au chiffre correspondant au chiffre du multiplicateur employé. On s'arrête au dernier chiffre du multiplicateur qui a son correspondant dans le multiplicande. Enfin on additionne tous ces produits et on trouve 22707,363 à moins d'un dixième par défaut.

Voici le tableau de l'opération :

```
            4 2 5,6 4 9 3 4 6
          3 9 2 6 7 4 3 3 5
          ───────────────────
            2 1 2 8 2 4 6 5
              1 2 7 6 9 4 7
                1 2 7 6 9 2
                  1 7 0 2 4
                    2 9 7 5
                      2 5 2
                          8
          ───────────────────
            2 2 7 0 7,3 6 3
```

Il est facile de calculer une limite supérieure de l'erreur absolue commise en opérant ainsi ; en effet, en négligeant pour former chaque produit partiel un ou plusieurs chiffres à la droite du multiplicande, on a fait une erreur moindre qu'un nombre de millièmes marqué par le chiffre qui a servi de multiplicateur. Le premier produit partiel est donc approché par défaut à moins de 5 millièmes, le second à moins de 3 millièmes, etc. Une autre cause d'erreur provient de ce que tous les chiffres du multiplicateur ne servent pas. Par exemple, nous avons négligé de multiplier le multiplicande par 93 centièmes de l'unité de l'ordre marqué par le dernier chiffre du multiplicateur employé ; l'erreur que nous avons ainsi faite est moindre que si nous avions négligé une unité du dernier ordre employé au multiplicateur et que le multiplicande fût remplacé par un nouveau nombre ayant pour premier chiffre le chiffre actuel augmenté d'une unité et dont tous les autres chiffres fussent des zéros. Dans ce cas, l'erreur serait ici 5 millièmes ; celle que nous avons faite est donc moindre que 5 millièmes. En définitive, l'erreur totale est moindre que $0,001 (5+3+3+4+7+6+2+4+1)$ ou que 0,035.

Si on ne conserve dans le nombre que les six premiers chiffres, on fera une nouvelle erreur de 0,063. La somme des erreurs sera moindre qu'un dixième par défaut. Dans un autre cas particulier, il pourrait arriver que cette somme fût plus grande que l'unité ; alors on augmenterait d'une unité le dernier chiffre trouvé, et le produit ainsi obtenu ne serait pas en erreur d'un dixième. Seulement on ne connaîtrait plus immédiatement le sens de l'approximation.

Tant que le nombre des produits partiels ne dépassera pas 10, la somme des chiffres du multiplicateur et du premier chiffre du multiplicande plus 1 sera au plus égale à $9 \times 10 + 9 + 1$ ou 100. Par suite, l'erreur commise sur le produit non diminué de ses deux derniers chiffres sera moindre qu'une unité de l'ordre marquant l'approximation demandée.

Voir de plus amples détails dans les traités d'arithmétique et surtout dans la *Théorie générale des approximations numériques* de M. J. Vieille, 1854.

Division des nombres approchés. — Le quotient par défaut de deux nombres approchés s'obtient en divisant l'un d'eux approché par défaut par l'autre pris en excès.

L'erreur relative d'un quotient approché par défaut est moindre que la somme des erreurs relatives de ses deux termes.

En effet, appelons $a - \alpha$, $b + \beta$, les deux valeurs approchées du dividende a et du diviseur b, il est évident que l'erreur absolue du quotient est $\frac{a}{b} - \frac{a - \alpha}{b + \beta}$ ou $\frac{a\beta + b\alpha}{b(b + \beta)}$ et, par conséquent, elle est moindre que $\frac{a\beta + b\alpha}{b^2}$.

Cette fraction divisée par $\frac{a}{b}$ sera donc une limite supérieure de l'erreur relative du quotient ; or, cette limite est $\frac{a\beta + b\alpha}{ab}$ ou $\frac{\alpha}{a} + \frac{\beta}{b}$, ce que nous voulions prouver.

De là résulte que si le dividende et le diviseur sont donnés approximativement chacun avec m chiffres, on pourra toujours compter sur les $m - 2$ premiers chiffres du quotient. On peut même souvent compter sur $m - 1$ chiffres au quotient ; c'est lorsque les premiers chiffres du dividende et du diviseur sont chacun supérieurs à l'unité, ou bien lorsque, l'un d'eux ou tous les deux à la fois ayant pour valeur l'unité, le premier chiffre du quotient ne dépassera pas 4.

Pour qu'on ait au quotient une approximation donnée, par exemple, pour qu'on puisse compter sur les m premiers chiffres, il suffit évidemment que les erreurs relatives du dividende et du diviseur soient chacune moindres que $\frac{1}{2.10^m}$, et, par suite, il suffira de prendre le dividende et le diviseur avec $m + 1$ chiffres, excepté quand l'un de ces nombres ayant pour premier chiffre l'unité, le premier chiffre du quotient dépasse 4 ; dans ce dernier cas, il faut prendre $m + 2$ chiffres dans chaque nombre.

Dans une division où le dividende et le diviseur sont formés chacun d'un grand nombre de chiffres, il n'est pas nécessaire de les conserver tous jusqu'à la fin de l'opération si l'on n'a besoin que d'une approximation déterminée. C'est sur cette remarque qu'est fondé le procédé de la division abrégée.

Soit à diviser 11562734,28 par 16567,243 à moins de $\frac{1}{100000}$ de sa valeur ; ici, pour avoir six chiffres exacts, il nous suffira de prendre huit chiffres au dividende et huit chiffres au diviseur et de faire la division sans nous inquiéter des virgules, puisqu'il suffira d'en tenir compte à la fin. Si les deux nombres proposés sont approchés par défaut, augmentons d'une unité le dernier chiffre du diviseur, afin que le quotient soit approché par défaut, et prenons seulement les huit premiers chiffres du dividende.

Cherchons à la manière ordinaire les deux premiers chiffres du quotient, en ajoutant au dividende les zéros nécessaires ; nous avons ainsi les deux premiers chiffres du quotient cherché ; il nous en reste quatre à trouver qui sont justement les quatre premiers chiffres du quotient $\frac{13133633}{16567243}$; pour obtenir ces quatre chiffres, nous n'avons pas besoin de tous les chiffres du diviseur ; les cinq premiers nous suffiraient, puisque le dividende est considéré comme exact ; mais, afin que les erreurs qui s'ajouteront dans la suite du calcul ne donnent pas une somme trop forte, nous en prendrons sept, en ayant soin de forcer le dernier d'une unité. De cette manière, le quotient sera encore approché par défaut, et l'erreur sera moindre qu'une unité inférieure de deux ordres à celle du sixième chiffre. La division de 13133633 par 1656725 donne pour quotient 7 avec un reste 527568 sur lequel on raisonne comme sur le précédent, ce qui conduit à supprimer le dernier chiffre du diviseur précédent, en augmentant d'une unité l'avant-dernier chiffre. La nouvelle erreur qui provient de cette modification est encore moindre qu'une unité inférieure de deux ordres à l'unité du sixième chiffre du quotient. On continue ainsi jusqu'à ce qu'on ait obtenu tous les chiffres du quotient ; on en cherche même un de plus de la même manière, afin d'évaluer l'erreur provenant de ce qu'on néglige le dernier reste.

Voici le tableau de l'opération :

```
                        67835
  115627340  |  16567243
  16223882 0 |  ─────────
   1313363 3 |   6979274
    153655 8
     45501
     12365
       766
```

Le quotient de cette division est

$$0,697927 + \frac{766}{1657} \text{ millionièmes}$$

; est plus petite que 4 cent-millionièmes, et la fraction $\frac{766}{1657}$ est plus petite que 50 cent-millionièmes, de sorte que l'erreur totale est moindre que 54 cent-millionièmes et *à fortiori* moindre que 1 millionième. Maintenant revenons au quotient des nombres décimaux proposés ; en supprimant la virgule du diviseur, nous avions multiplié le diviseur par 1 000 ; il faut donc, pour compenser, multiplier le quotient par 1 000, et alors on a pour le quotient demandé :

$$697,928.$$

On a augmenté d'une unité le dernier chiffre de manière que l'erreur finale soit moindre qu'une unité de l'ordre du dernier chiffre.

On peut remarquer, d'après cela, que l'erreur qui provient sur un quotient de m chiffres de l'emploi du procédé de la division abrégée, cette erreur, dis-je, a pour limite $\frac{m-2}{100}$ de l'unité inférieure de deux ordres à celle du m^e chiffre. Par suite, tant que la fraction complémentaire ne dépasse pas $1 - \frac{m-1}{100}$, elle sera négligeable, sans que le quotient cesse d'avoir l'approximation voulue.

Si le contraire arrivait, il faudrait alors ne faire les réductions sur le diviseur que lorsqu'on aurait déjà trouvé par la règle ordinaire les trois premiers chiffres du quotient, etc.

Nous renverrons encore pour plus de détails à la *Théorie générale des approximations numériques* de M. J. Vieille, qui nous a servi de guide dans cet article.

Transformation des fractions décimales en fractions ordinaires et réciproquement des fractions ordinaires en fractions décimales. — Nous avons vu qu'une fraction décimale est équivalente à une fraction ordinaire ayant pour numérateur le nombre formé par l'ensemble de ses chiffres à droite de la virgule, et pour dénominateur l'unité suivie d'autant de zéros qu'il y a de chiffres décimaux. Par exemple, 0,225 peut s'écrire $\frac{225}{1000}$. Mais cette fraction n'est pas la plus simple qui soit équivalente à la fraction décimale donnée ; on la réduira à sa plus simple expression suivant la méthode ordinaire, qui consiste à diviser ses deux termes par leur plus grand commun diviseur. Ici on peut diviser par 225 et la fraction devient $\frac{1}{4}$.

Le problème réciproque est de beaucoup le plus fréquent dans la pratique, et nous savons aussi le résoudre d'après ce que nous avons vu, car une fraction ordinaire quelconque peut être regardée comme représentant le quotient de la division de son numérateur par son dénominateur. Si donc on peut trouver ce quotient en décimales, on aura la valeur de la fraction en décimales. Mais il est facile de voir qu'il y a des fractions ordinaires dont on ne pourrait jamais trouver la valeur exacte en fractions décimales, quelque loin qu'on poussât la division. En effet, la division du numérateur par le dénominateur se fera exactement toutes les fois qu'en ajoutant un ou plusieurs zéros au numérateur, c'est-à-dire en le multipliant par une puissance de 10 convenable, on peut en faire un multiple du dénominateur. Or, la multiplication d'un nombre par une puissance quelconque de 10 n'amène jamais comme nouveaux facteurs premiers que les nombres 2 et 5 ; par conséquent, si le dénominateur contient d'autres facteurs premiers que 2 et 5 qui ne lui soient pas communs avec le numérateur, il est clair qu'il ne pourra jamais diviser le numérateur, par quelque puissance de 10 que ce dernier nombre soit d'ailleurs multiplié.

Dans ce cas on pourra approcher autant qu'on le voudra de la valeur décimale du quotient, mais on ne pourra jamais l'atteindre. **La** forme de ce quotient est remarquable ; au bout d'un certain nombre de divisions partielles, une même série de chiffres so reproduit indéfiniment au quotient et dans le même ordre. Pour que cela ait lieu, il est évident qu'il faut et qu'il suffit que le reste repasse par une valeur qu'il ait eue déjà ; et c'est ce qui aura lieu forcément au bout d'un certain nombre d'opérations, car le reste doit toujours être plus petit que le diviseur.

Le quotient a reçu, dans ce cas, le nom de *fraction décimale périodique*, et on appelle période la série de chiffres qui se reproduit d'une manière régulière.

Soient par exemple les fractions $\frac{2}{3}$, $\frac{4}{7}$, $\frac{11}{15}$, $\frac{7}{12}$.

```
20  | 3            40  | 7
20  | ──────       50  | ─────────────
 2  | 0,666       10  | 0,571428  5714285
                  30
                  20
                  60
                  10
```

Parmi ces fractions, les deux premières sont telles que la période commence immédiatement après la virgule, tandis que, dans les deux dernières, la période commence un ou plusieurs chiffres après la virgule. Les deux premières sont dites *périodiques simples*, les deux dernières *périodiques mixtes*.

Nous démontrons plus loin que la fraction périodique est *simple* toutes les fois que le dénominateur de la fraction irréductible qui lui donne naissance ne contient aucun des facteurs 2 ou 5 ; que la fraction périodique est *mixte* lorsque le dénominateur de la fraction ordinaire génératrice contient l'un ou l'autre des facteurs 2 et 5, et que le nombre des chiffres qui précèdent la période est précisément égal à l'indice de la puissance de 2 ou de 5 qui entre dans ce dénominateur.

Proposons-nous maintenant de trouver la fraction ordinaire qui, si on la réduisait en décimales, donnerait naissance à une fraction décimale périodique.

Soit d'abord une fraction décimale périodique simple, telle que $0,424242....$; soit f la fraction décimale limitée à trois périodes :

$$f = 0,424242$$
$$100f = 42,4242$$

et par suite

$$99f = 42 - 0,000042$$
$$\text{ou} \qquad f = \frac{42}{99} - \frac{0,000042}{99}$$

c'est-à-dire qu'une fraction décimale périodique simple limitée à trois périodes est équivalente à une fraction ordinaire ayant pour numérateur la période et pour dénominateur un nombre composé d'autant de 9 qu'il y a de chiffres dans la période, moins une petite fraction de la dernière période.

Si on avait pris dix périodes, la fraction décimale vaudrait encore $\frac{42}{99}$, moins la 99e partie de la dernière période ; il est clair qu'à mesure que le nombre des périodes augmente, la valeur de la fraction tend vers $\frac{42}{99}$, de manière à en différer d'une quantité moindre que toute quantité donnée, mais sans jamais l'atteindre. On peut donc dire que la fraction périodique illimitée, qui est la limite de f, a pour valeur $\frac{42}{99}$, et on en conclut l'énoncé suivant :

La fraction ordinaire génératrice d'une fraction périodique simple a pour numérateur la période et pour dénominateur un nombre formé par autant de 9 qu'il y a de chiffres dans la période.

On peut souvent simplifier la fraction ainsi obtenue ; mais, quoi qu'on fasse, son dénominateur ne contenant que des 9 n'est divisible ni par 2 ni par 5, et la réduction de la fraction à sa plus simple expression ne saurait introduire dans les termes de cette fraction aucun nouveau facteur. Nous pouvons donc conclure de là que le dénominateur de la fraction génératrice d'une fraction périodique simple ne contient ni le facteur 2 ni le facteur 5.

Prenons maintenant une fraction périodique mixte, et en raisonnant d'une manière analogue nous trouverons également un résultat simple dont le précédent n'est qu'un cas particulier.

Soit $0,23454545....$ Appelons f cette fraction limitée à quatre périodes, on aura :

$$f = 0,2345454545$$
$$10000\,f = 2345,454545$$
$$100\,f = 23,45454545$$
$$\overline{\qquad\qquad\qquad\qquad}$$
$$9900\,f = 2345 - 23 - 0,00000045$$
$$\text{d'où} \quad f = \frac{2345 - 23}{9900} - \frac{0,00000045}{9900}$$
$$\text{et limite de } f = \frac{2345 - 23}{9900}$$

Ainsi la limite de f ou la fraction génératrice de notre fraction périodique mixte a pour numérateur le nombre formé par la partie non périodique suivie d'une période, moins le nombre formé par la période, et pour dénominateur un nombre formé par autant de 9 qu'il y a de chiffres dans la période suivis d'autant de zéros qu'il y a de chiffres non périodiques.

Remarquons encore qu'en général la fraction trouvée sera susceptible d'être simplifiée, mais qu'il y aura toujours au dénominateur une puissance soit de 2, soit de 5, égale au nombre des zéros, c'est à-dire au nombre des chiffres qui précèdent la période. En effet, pour que ces deux nombres à la fois se trouvassent dans la fraction réduite à une puissance moindre que le nombre des zéros, il faudrait que le numérateur de la fraction génératrice fût terminé au moins par un zéro, ce qui exigerait que le dernier chiffre de la période fût le même que le dernier de ceux qui précèdent la période. Cela ne peut pas arriver, sans quoi on n'aurait pas fait commencer la période au chiffre convenable. Par exemple, supposons dans l'exemple précédent que le chiffre 5 qui termine la période fût remplacé par un 3, alors la période serait 34,34. Cela permet donc de dire à l'inspection d'une fraction ordinaire combien il y aura de chiffres avant la période de la fraction décimale périodique équivalente.   **R.**

FRACTIONS RATIONNELLES (Algèbre). — Une fonction est dite rationnelle lorsque la variable dont elle dépend ne s'y trouve affectée d'aucun radical, ou, en d'autres termes, n'y entre qu'à des puissances entières. Une fonction rationnelle peut être entière ou fractionnaire. On appelle fraction rationnelle une expression $\frac{\varphi(x)}{F(x)}$ dont les deux termes sont des polynômes entiers. Si l'on effectue la division, on obtient un quotient entier et un reste $f(x)$; on ramène ainsi la fraction à une autre $\frac{f(x)}{F(x)}$ où le numérateur est, par rapport à x, d'un degré inférieur au dénominateur.

Une fraction rationnelle se décompose en *fractions simples*. Cette décomposition est toujours possible et ne peut se faire que d'une seule manière. Elle suppose qu'on ait trouvé les racines de l'équation $F(x)=0$ et s'exécute d'une manière différente suivant la nature de ces racines.

Cas des racines réelles et inégales. — Désignons par a, b, c... k ces racines en nombre m, on aura

$$\frac{(fx)}{(Fx)} = \frac{A}{x-a} + \frac{B}{x-b} + \cdots + \frac{K}{x-k}.$$

A, B,... K sont des nombres que l'on peut calculer par deux procédés différents.

1° Par la méthode des coefficients indéterminés. Si dans l'égalité ci-dessus on chasse le dénominateur $F(x)$, on aura au premier membre $f(x)$, et dans le second un polynôme du degré $m-1$. On exprimera que l'égalité des deux membres a lieu quel que soit x, en identifiant les coefficients des mêmes puissances de x, et comme ces puissances sont en nombre m, on obtiendra autant de relations qu'il y a de coefficients à calculer.

2° On peut aussi trouver directement chacun de ces coefficients. L'équation précédente s'écrit

$$(fx) = \frac{A(Fx)}{x-a} + \frac{B(Fx)}{x-b} + \cdots + \frac{K(Fx)}{x-k}.$$

Elle doit avoir lieu pour toute valeur de x, et en particulier pour $x=a$, b,... k. Pour $x=a$, elle se réduit à

$$(fa) = A\left(\frac{(Fa)}{x-a}\right).$$

La fraction se présente sous la forme $\frac{0}{0}$, sa vraie valeur est $F'(a)$. Donc

$$A = \frac{f(a)}{F'(a)}, \quad \text{de même } B = \frac{f(b)}{F'(b)}, \text{ etc.}$$

Ex. $\dfrac{2x^3+5x^2-6}{x^4+2x^3-x^2-2x} = \dfrac{3}{x} + \dfrac{1}{6}\dfrac{1}{x-1} - \dfrac{3}{2}\dfrac{1}{x+1} + \dfrac{1}{3}\dfrac{1}{x+2}.$

Cas des racines imaginaires. — On pourrait opérer comme précédemment, mais il s'introduirait alors des coefficients imaginaires qu'il est facile d'éviter. Les racines imaginaires sont conjuguées deux à deux, soit $\alpha+\beta\sqrt{-1}, \alpha-\beta\sqrt{-1}$. Le produit des facteurs binômes correspondants est $(x-\alpha)^2+\beta^2$. On prendra pour la fraction simple correspondante

$$\frac{Mx+N}{(x-\alpha)^2+\beta^2}.$$

Et l'on détermine M et N par la méthode des coefficients indéterminés.

Ex. $\dfrac{1}{x^3-1} = \dfrac{1}{3}\dfrac{1}{x-1} - \dfrac{1}{3}\dfrac{x+2}{x^2+x+1}.$

Cas des racines égales. — Supposons-les d'abord réelles, si $F(x)$ contient trois racines égales à a par exemple, on posera

$$\frac{(fx)}{(Fx)} = \frac{A_3}{(x-a)^3} + \frac{A_2}{(x-a)^2} + \frac{A_1}{x-a}.$$

Ex. $\dfrac{1}{x^3(x-1)} = \dfrac{1}{x-1} - \dfrac{1}{x^3} - \dfrac{1}{x^2} - \dfrac{1}{x}.$

Si les racines égales sont *imaginaires*, on opère de même, mais en groupant deux à deux les facteurs binômes correspondant aux racines conjuguées.

Ex. $\dfrac{1}{x(x^2+1)^2} = \dfrac{1}{x} - \dfrac{2}{(x^2+1)^2} - \dfrac{x}{x^2+1}.$

La décomposition en fractions simples est nécessaire à opérer quand on veut intégrer une fraction rationnelle (voyez CALCUL INTÉGRAL).   **E. R.**

FRACTURE (Chirurgie), *Fractura*, du participe latin *fractus*, brisé, venant de *frango*, je brise. — On désigne par ce nom une solution de continuité d'un ou de plusieurs os produite presque toujours par une violence extérieure, quelquefois, mais rarement, par la contraction forte et subite des muscles.

§ I. *Des fractures en général.* — Les fractures présentent de nombreuses *différences* relatives à diverses circonstances que nous allons rapidement énoncer. 1° L'os fracturé peut être long, large ou court. C'est sur les os longs qu'on rencontre le plus fréquemment les fractures; leur conformation, la nature des fonctions qu'ils remplissent les y exposent bien plus que les autres. Parmi les os plats, les os du crâne viennent en premier lieu; cela tient surtout à leur peu d'épaisseur et à leur situation superficielle. Les os courts se fracturent rarement à cause de leur forme ramassée, de leurs articulations multiples qui décomposent les mouvements et de la nature de leurs fonctions qui les exposent moins aux chocs extérieurs. 2° Les fractures se font le plus souvent sur un des points de la partie moyenne des os longs, plus rarement vers les extrémités. Quelquefois il en existe plusieurs sur le même os. 3° Elles peuvent être *transversales* ou *en rave*, *obliques* ou *en bec de flûte* plus ou moins allongé; elles sont quelquefois *comminutives* ou *compliquées*. On a nié l'existence des fractures longitudinales, mais quelques faits bien observés les ont mises hors de doute, aussi bien que les fractures incomplètes, c'est-à-dire dans lesquelles l'os n'est brisé que dans une partie de son épaisseur (J. Cloquet). 4° La position des fragments établit de grandes différences entre les fractures. Quelquefois il n'y a aucun déplacement : par exemple, quand il n'y a qu'un seul os fracturé à la jambe ou au bras, ou dans quelques fractures transversales. Lorsque le déplacement a lieu, il peut se faire suivant l'épaisseur des os; suivant leur longueur, de là le raccourcissement; suivant la direction, dans ce cas, le membre semble coudé, parce que les fragments forment à leur rencontre un angle saillant, etc. La cause la plus puissante du déplacement dans les fractures est l'action musculaire; elle peut expliquer presque tous ceux que l'on rencontre.

Suivant l'importance et la gravité des fractures, on les a divisées en *simples*, *composées*, *compliquées*. Les fractures sont *simples* quand il n'y a qu'un seul os brisé et que les parties molles sont peu endommagées. Elles sont *composées* lorsqu'un os est rompu en plusieurs endroits ou que les deux os d'un membre sont fracturés. Enfin une fracture est *compliquée* lorsqu'il y a contusion profonde, plaie, déchirures par les fragments, blessures des gros vaisseaux, luxation, corps étrangers, etc., ou bien qu'il existe chez l'individu un vice scrofuleux, scorbutique, qu'il y a des convulsions, tétanos, etc. Dans le nombre des fractures composées et des fractures compliquées, il faut comprendre les fractures comminutives ou avec esquilles, dans lesquelles la cause vulnérante a détaché plus ou moins complètement du corps de l'os fracturé un ou plusieurs fragments comprenant tout ou partie de son épaisseur, de sa largeur et pouvant, dans la majeure partie des cas, être enlevés sans grand préjudice pour la consolidation et pour les fonctions du membre.

Les *causes* des fractures peuvent être *prédisposantes*; ainsi les os placés superficiellement, la position de certains d'entre eux et la nature de leurs fonctions, par exemple, le radius, la clavicule; viennent ensuite la vieillesse, les maladies scrofuleuses, scorbutiques, la goutte, le cancer, etc. Les causes *efficientes* sont les violences plus ou moins directes, d'où l'on a distingué les fractures appelées directes de celles par contre-coup. Dans ces dernières, le choc a exercé son action sur un point plus ou moins éloigné de la fracture. De violentes contractions musculaires peuvent fracturer la rotule, le calcanéum, l'apophyse olécrane, comme on l'a vu dans les convulsions tétaniques, l'épilepsie, ou bien lorsque la résistance des os se trouve diminuée par quelque maladie.

Les *symptômes rationnels* des fractures sont la douleur, l'impossibilité de mouvoir le membre et la sensation de craquement que les malades éprouvent quelquefois au moment d'une fracture. Mais ces signes, qui manquent souvent en partie, qui n'appartiennent pas exclusivement aux fractures, sont fort incertains et n'ont pas une grande valeur. Il faut donc avoir recours aux *signes sensibles* pour établir un diagnostic sérieux. Ce sont : la *déformation* du membre lorsqu'elle est portée très-loin, à moins qu'elle ne tienne à un gonflement considérable produit par la lésion des parties molles et qui peut, dans certains cas, gêner la précision du diagnostic ; le *raccourcissement* du membre ; il faut, dans ce cas, examiner s'il ne tiendrait pas à une difformité antérieure ou à une luxation. Mais le symptôme le plus important est celui que l'on tire de la *crépitation* ; on appelle ainsi le bruit particulier qui résulte du choc de deux corps durs frottés, l'un contre l'autre et dont le mot de crépitation offre une idée parfaite. Pour donner à ce signe toute sa valeur, il faut commencer, lorsque cela est possible, par suivre avec les doigts les contours de l'os soupçonné, surtout du côté où il est le plus superficiel ; quand on ne rencontre aucune inégalité, aucun endroit douloureux, aucune dépression anormale, aucunes traces de crépitation, il faut saisir avec les mains les parties supérieures et inférieures du membre, en laissant entre les deux, l'endroit où l'on pense qu'existe la fracture, imprimer des mouvements en sens opposé avec ménagement, et on obtiendra presque toujours par le frottement des fragments l'un sur l'autre le bruit qui constitue la crépitation et par là la constatation d'une mobilité contre nature. Cependant, lorsque les os sont recouverts d'une grande épaisseur de parties molles ou qu'il existe un gonflement considérable, la crépitation devient très-difficile à percevoir. C'est dans ce cas que Lisfranc a conseillé l'emploi du stéthoscope.

Le *pronostic* des fractures est très-différent suivant l'importance de l'os fracturé, la nature de la fracture, la lésion des parties molles, le déplacement plus ou moins considérable, l'âge du malade, son état de santé, etc. Ainsi il y a des nuances infinies entre une fracture simple du radius chez un sujet jeune, bien portant, qui guérit avec la plus grande facilité, et une fracture comminutive du fémur ou du tibia, avec saillie des fragments au dehors, hémorrhagie, etc., qui peut entraîner la mort ou tout au moins la perte du membre.

Le *traitement des fractures* repose sur deux indications principales : 1° *réduire la fracture;* 2° la *maintenir* réduite tout le temps nécessaire à la consolidation des fragments.

La *réduction* s'opère au moyen de l'*extension*, de la *contre-extension* et de la *coaptation*. L'extension se fait en tirant le membre fracturé par son extrémité inférieure pour l'allonger et pouvoir mettre les fragments dans un contact exact. Au moyen de la *contre-extension*, on retient le tronc et la partie supérieure du membre dans l'immobilité, pour que les parties ne soient pas entraînées par les efforts que nécessite l'extension. Pour faire la *coaptation*, le chirurgien placé au-devant du malade applique la main sur le lieu même de la fracture afin d'affronter les fragments, pendant que les aides pratiquent l'extension et la contre-extension. Ces deux derniers actes de la réduction devront exercer leur puissance le plus loin possible de la fracture. La force à employer doit être en raison de l'étendue du déplacement et de l'énergie des muscles qui le produisent. Des aides aussi intelligents que possible pratiquent l'extension et la contre-extension. Au chirurgien seul est réservée la coaptation ; c'est lui qui surveille et dirige l'extension et qui juge des efforts qu'il faut y employer.

La fracture réduite, il faut *maintenir les fragments* exactement affrontés et dans une immobilité parfaite ; la position, le repos, les bandages, les attelles, les fanons et différentes pièces d'appareils sont appelés à remplir ce but. On placera le membre fracturé de manière à ce qu'il demeure dans un repos parfait pendant tout le temps du traitement ; aussi dans les fractures de membres supérieurs, les moyens contentifs une fois appliqués, on permettra au malade de se lever et de marcher, s'il n'y a aucune complication. Pour les fractures des membres inférieurs, il faut absolument garder le lit, à moins que la fracture ne soit contenue au moyen d'un appareil inamovible. Le lit doit être peu élevé, garni de matelas de crin, jamais de lits de plume ; il sera presque horizontal, la tête aussi basse que possible, sans dossier au pied ; un bon moyen pour le rendre plus solide, c'est de mettre sous le premier matelas une planche qui s'étende depuis la partie inférieure du dos jusqu'aux pieds. On fixera au plafond une corde qui descende à portée du malade, afin qu'il puisse s'en aider pour satisfaire ses besoins. Le malade étant posé sur ce lit, le membre fracturé sera placé de manière à ce qu'il repose également dans toute sa longueur. Ce précepte doit être surveillé avec une attention extrême. Le lecteur s'apercevra que nous ne donnons pas les raisons des prescriptions que nous formulons ici ; cela nous entraînerait beaucoup trop loin ; qu'il sache seulement que ces préceptes sont le résultat de la pratique de tous les chirurgiens. Dans les fractures compliquées de la cuisse surtout, les difficultés pour bien coucher le malade, pour le panser, pour satisfaire à ses besoins, etc., sont quelquefois très-grandes ; plusieurs appareils ont été imaginés pour ces cas graves ; nous citerons surtout les matelas perforés avec obturateurs de M. le D* Gariel, le lit de M. Rabiot, celui de M. Pouillien, le matelas de M. Galante, fait d'après les indications de M. le D* Demarquay et rempli d'eau entre deux lames soudées de caoutchouc vulcanisé, etc. Le malade une fois placé dans la position convenable doit rester dans le repos le plus absolu pendant tout le temps nécessaire à la consolidation de la fracture. Si des pansements sont nécessaires, ils seront faits avec les plus grandes précautions pour éviter tout mouvement, et le bandage contentif aura dû être appliqué dans cette prévision.

Nous ne nous étendrons pas sur les appareils des fractures ; il faudrait, pour en avoir une idée un peu exacte, entrer dans des détails minutieux, longuement développés, qui nous entraîneraient bien au delà des bornes qui nous sont imposées ; nous sommes, à regret, obligés de renvoyer aux traités de chirurgie indiqués à la fin de cet article ; et particulièrement au *Manuel de petite chirurgie* de Jamain ; nous dirons seulement un mot des accessoires. 1° Les *attelles* sont des lames minces, étroites, de bois, de carton, de zinc, de fer-blanc, dont on se sert pour maintenir les fractures ; elles sont peu flexibles ; celles de carton peuvent se ramollir et se mouler sur les parties ; elles sont de différentes formes, en général droites ; elles peuvent être coudées, comme l'attelle cubitale de Dupuytren pour les fractures de l'extrémité inférieure du radius. Quelques-unes sont en *gouttières*, d'autres élargies en *palettes;* il y en a qui sont percées de trous, de mortaises ; d'autres fois, on leur donne la forme du pied, on les appelle *semelles*. Celles que l'on est obligé quelquefois de faire avec de la paille entourée d'un fourreau ou d'une bande de toile, avec une baguette de bois flexible au milieu, portent le nom de *fanons*.

Les *coussins* sont des espèces de fourreaux de toile étroits, plus ou moins longs, que l'on remplit aux deux tiers environ de balle d'avoine autant qu'on le peut ; ils servent à remplir les vides formés par les attelles. Depuis quelque temps, on en fait avantageusement avec du caoutchouc vulcanisé que l'on remplit d'air autant qu'on le veut ; ils sont doux, souples, ne s'échauffent pas trop, et on peut les vider en partie en ouvrant un robinet sans déranger l'appareil lorsqu'il est trop serré. M. Gariel leur a donné toutes les formes désirables. Enfin M. Demarquay a dernièrement proposé des coussins remplis d'eau et faits en lames de caoutchouc.

Les appareils de fracture sont ordinairement attachés et maintenus au moyen de *lacs* ou *rubans;* on les emploie aussi quelquefois pour pratiquer l'extension et la contre-extension ; ils sont ordinairement en fil. M. Gariel a également imaginé des appareils extenseurs et contre-extenseurs en caoutchouc pour pratiquer la réduction des fractures.

Une modification heureuse faite aux appareils ordinaires pour les fractures des membres surtout, ce sont les bandages *inamovibles*. Ils ne sont pas d'invention moderne, puisqu'on en trouve des traces dans les médecins arabes Rhazès, Albucasis, et que plus tard Lanfranc, Guy de Chauliac les ont employés. Le plâtre, la chaux, l'albumine, etc, entraient dans leur composition. Ambroise Paré se servait de farine, de blanc d'œuf; Moscati imprégnait ses appareils de blanc d'œuf battu. Enfin, vers le commencement du siècle, Larrey renouvela, perfectionna cette pratique, qui s'est généralisée depuis; le blanc d'œuf formait la base de ses appareils. MM. Seutin et Laugier ont employé l'amidon; M. Burggrave confectionna un bandage ouaté et cartonné avec la pâte d'amidon; M. Velpeau se sert de la dextrine; de plus, M. Seutin a eu l'heureuse idée d'établir à son bandage des solutions de continuité au moyen desquelles on peut visiter et panser les plaies qui compliquent quelquefois les fractures; et MM. Mathiessen et Van de Loo ont complété ce perfectionnement par l'invention de leur appareil bivalve.

Lorsque les fractures sont simples, le traitement général consiste à surveiller avec soin la manière dont l'appareil est supporté par le malade, à parer aux accidents inflammatoires, au gonflement anormal, aux douleurs vives, à la fièvre qui peut survenir; la diète qui aura été prescrite dans les premiers jours sera prolongée; les émissions sanguines, les lavements émollients, les boissons laxatives seront employés suivant les indications. On agira de même dans le cas où la fracture sera compliquée de contusion violente; s'il existait une plaie peu profonde, elle serait pansée simplement; si elle est profonde, produite par des fragments de l'os fracturé, on examinera s'il n'y a pas des esquilles détachées, des corps étrangers, on les enlèverait avec soin et on panserait la plaie qui ordinairement se cicatrise assez facilement. Mais il peut arriver aussi qu'il survient des abcès, des suppurations profondes qui nécessitent un traitement spécial (voyez PHLEGMON); ces cas sont graves. Si un des fragments fait saillie, on le fera rentrer ou on le réséquera si la réduction est impossible. Les fractures peuvent encore être compliquées d'hémorrhagies, de luxations, de décollement des épiphyses, etc.

Quelquefois, malgré tous les soins donnés aux malades, mais le plus souvent lorsque les prescriptions du médecin n'auront pas été suivies exactement, les fractures ne se consolident pas. On sait qu'au bout de deux mois, en général, souvent trois mois pour les fractures compliquées, la consolidation est opérée. Un état de débilité générale, le scorbut, le rachitisme, les maladies intercurrentes peuvent retarder ou empêcher cette consolidation. D'autres causes encore peuvent avoir le même résultat : ainsi le défaut de coaptation, la mobilité des fragments jointe à l'indocilité des malades, les corps étrangers interposés entre les fragments, la carie, la nécrose, le cancer, etc. Le traitement, dans ces différents cas, est indiqué par la nature des accidents : le séton, la résection des fragments ont donné de bons résultats lorsque l'immobilité complète avait échoué.

Toutes les fois que le médecin est appelé pour donner des soins à un blessé, deux cas peuvent se présenter : ou bien il est encore sur le lieu de l'accident, ou bien il a été mis au lit, déshabillé, et, dans ce dernier cas, il s'agit de l'examiner, d'apprécier la nature des blessures, leur gravité, de constater s'il y a fracture; nous avons dit plus haut comment il fallait se conduire. Il n'en est pas de même dans le premier cas, lorsque le blessé est encore sur le lieu de l'accident; si la blessure existe aux membres supérieurs et que le malade puisse marcher, on placera le membre blessé dans la position la moins douloureuse, et on le conduira au lieu où il doit être soigné, sans procéder à aucun examen minutieux qui n'aurait pour effet que de faire souffrir le malade sans profit pour lui et seulement pour satisfaire une vaine curiosité des assistants. Si la blessure a lieu aux membres inférieurs, si l'on a lieu de soupçonner qu'il y ait fracture, on tâchera de tenir les membres aussi droits que possible, on déposera le malade sur un matelas avec la précaution de faire soutenir le membre blessé par une personne intelligente, qui suivra avec vigilance tous les mouvements de celui ou de ceux qui portent le malade. Ce matelas aura été placé bien horizontalement sur un brancard, et le transport aura lieu avec le moins de secousses possible. Le chirurgien a quelquefois pu constater par un examen très-simple qu'il y a fracture, tant les symptômes sont évidents; d'autres fois, le cas est plus douteux. Mais il faut toujours commencer par déshabiller le malade, découdre et même couper les vêtements, si l'on craignait de déterminer des mouvements trop douloureux, ôter les souliers, couper les bas, les bottes, afin d'éviter tous les tiraillements qui pourraient devenir dangereux. Une fois la fracture bien constatée, le lit étant préparé comme il a été dit plus haut, une personne forte et vigoureuse

prendra le malade à bras le corps, le chirurgien s'emparera du membre malade pour le soutenir convenablement, et il sera déposé de manière à pouvoir être pansé.

§ II. *Des fractures en particulier.* — Nous décrirons sommairement, parmi les fractures, celles qui se présentent le plus fréquemment et qui ont le plus d'importance.

1° La *fracture de la mâchoire inférieure*, quoique rare, est la plus fréquente de celles de la face; les chocs violents, les chutes, sont les causes ordinaires; elles peuvent affecter le corps de l'os ou les branches. Une difformité, quelquefois légère, et la crépitation, en général facile à obtenir, la font reconnaître assez promptement. Le bandage appelé *chevestre*, et mieux encore la *fronde*, servent à maintenir cette fracture. MM. Bouisson, Houzelot, Morel-Lavallée, Malgaigne, ont aussi appliqué des appareils de leur invention. Le point important, c'est de maintenir les mâchoires rapprochées; lorsque les dents sont irrégulièrement placées ou qu'elles ont été brisées, on placera de chaque côté, entre les mâchoires, un morceau de liége taillé et creusé pour recevoir les dents supérieures; l'intervalle sert à introduire avec un biberon les médicaments et les aliments liquides destinés à nourrir le malade.

2° *Fractures des côtes;* elles sont fréquentes, résultent généralement de chocs, de pressions violentes, et ont lieu le plus souvent à la partie moyenne de la poitrine, plutôt au milieu et en avant qu'en arrière. On rencontre souvent plusieurs côtes fracturées en même temps. On les reconnaît par une mobilité anormale, la crépitation, qui manque pourtant quelquefois, le stéthoscope; souvent une douleur vive, bien localisée, accompagne le mouvement inspiratoire; il y a toux, dyspnée, etc. Elles se compliquent parfois d'emphysème. Le traitement consiste à comprimer la poitrine au moyen d'un bandage de corps appliqué très-méthodiquement; M. Malgaigne se sert d'un bandage fait avec le sparadrap. Ces fractures sont peu graves, s'il n'y a pas de complications.

3° *Fracture de la clavicule;* elle est fréquente en raison de la position superficielle de l'os, de sa double courbure, du point d'appui en arc-boutant qu'il présente à tous les mouvements si multiples du membre supérieur. Elle est déterminée par des chocs directs ou par une chute sur le coude ou le moignon de l'épaule. Plus fréquentes à la partie moyenne de l'os, ces fractures peuvent se rencontrer sur tous les autres points. Elles peuvent être dentelées et sans déplacement, quelquefois avec un angle saillant en avant, ou obliques avec chevauchement, le fragment externe tiré en bas et en dedans, le fragment interne porté en haut. Elles offrent rarement des complications; cependant on a observé des lésions des parties voisines, ainsi de la veine ou de l'artère sous-clavière, du plexus brachial. En général, elles sont peu graves, faciles à réduire, mais difficiles à maintenir. On les réduit en portant l'épaule en haut, en arrière et en dehors. C'est sur ces données que doivent être conçus les moyens contentifs. On a eu successivement la croix de fer d'Heister, le corset de Brasdor, enfin le procédé de Desault, modifié par Boyer, Dupuytren, Gerdy, etc. La pièce principale de cet appareil est un coussin en forme de coin, fait avec des morceaux de linge usés et cousus avec soin; on le fixe sous l'aisselle, la base en haut, au moyen de deux cordons cousus aux deux côtés de cette base et attachés sur l'épaule opposée. Ce coussin étant placé le plus haut possible, le bras qu'un aide tenait horizontalement est ramené contre la poitrine, de telle sorte qu'il exécute un mouvement de bascule qui porte l'épaule en dehors; le coude est un peu relevé et dirigé en avant et en haut. On fixe le bras solidement au tronc, soit au moyen d'une ceinture de toile piquée, et que l'on serre par trois boucles et trois courroies (Boyer), soit au moyen de bandages de corps (Gerdy), ou bien tout simplement par des tours de bandes circulaires (J. Cloquet). Le tout doit être maintenu par une grande écharpe passant sous le coude qu'elle élève, et que l'on fixe sur l'épaule opposée. M. Velpeau a imaginé un bandage dextriné qu'il emploie pour les fractures de la clavicule et pour celles de l'extrémité supérieure de l'humérus, seulement, dans ce dernier cas, il ajoute au bandage un coussin sous-axillaire. (Voyez la *Petite Chirurgie* de Jamain.) Cette fracture guérit en général très-bien; mais il est souvent difficile d'éviter un peu de chevauchement et une légère difformité.

4° *Fractures de l'omoplate;* la quantité de parties molles qui le protégent, sa mobilité et son déplacement facile sous l'influence des chocs qu'il reçoit, rendent les fractures de cet os assez rares, et n'ayant guère lieu que par une force énorme dont les résultats sont une violente contusion et des désordres plus graves que la fracture même. Aussi celle-ci guérit-elle en général assez bien, et n'étaient les complications indiquées, le pronostic ne serait pas très-grave, surtout lorsque l'accident frappe le corps de l'os. Il n'en est pas de même lorsque l'on a affaire à la fracture de l'apophyse coracoïde ou du col de l'omoplate; dans ce cas, les désordres occasionnés par la violence extérieure qui a agi sont si considérables, que souvent les malades succombent, que d'ailleurs il est impossible de maintenir les fragments en place, et que, si la guérison a lieu, il y a toujours roideur de l'articulation, souvent atrophie et paralysie du membre. La fracture de l'acromion situé superficiellement se rencontre encore assez souvent; elle est beaucoup moins grave. On la reconnaît à la dépression observée au sommet du moignon de l'épaule, à l'abaissement de cette apophyse, à la position du bras pendant, à la crépitation, etc. Pour la réduire, on élève le bras, on appuie sur le scapulum pour le maintenir en place, et même l'abaisser. On maintient au moyen d'un bandage roulé autour du corps et du bras, de plusieurs tours passés sous le coude et croisés sur l'épaule du côté opposé, ou bien on se sert d'une large écharpe dans laquelle on embrasse le coude, le bras et l'avant-bras. Cette fracture est peu grave. On peut en dire autant de la fracture de l'angle inférieur de l'omoplate; ici le fragment est entraîné en avant et en bas; il faut abaisser l'épaule en portant le bras en dedans et en avant, et l'assujettir contre le tronc avec une longue bande.

5° *Fracture de l'humérus;* elle peut exister sur un ou plusieurs points de la longueur de l'os ou aux extrémités; elle peut être transversale, oblique, simple, compliquée, etc. Lorsque c'est sur la longueur du corps de l'os que la fracture a lieu, elle est en général facile à reconnaître à l'aide de la crépitation et du déplacement qui existe toujours plus ou moins. La réduction a lieu par la contre-extension que fait un aide en maintenant solidement l'épaule avec ses deux mains, tandis qu'un second fait l'extension sur le coude, le bras demi-fléchi. Un bandage roulé en spirale depuis la main jusqu'à l'articulation du pouce a été placé avant la réduction; il est ensuite continué jusqu'à l'épaule; puis on place quatre petites compresses recouvertes de quatre attelles garnies de linge, et mouillées; les tours de bande sont ramenés sur ces attelles également en spirale; le tout fixé solidement doit être surveillé, afin qu'il ne soit pas trop serré. Le malade pourra marcher au bout de quelques jours; l'appareil sera changé tous les sept à huit jours, jusqu'à quarante ou quarante-cinquième qu'il sera retiré. En général, cette fracture guérit bien.

La fracture peut exister à l'*extrémité inférieure de l'humérus,* quelquefois même, mais rarement, le fragment inférieur est divisé verticalement; il n'y a pas toujours déplacement; cependant le plus souvent l'olécrane forme une saillie en arrière, et l'on sent en avant une saillie formée par les deux fragments qui soulèvent le biceps et le brachial antérieur. Cette fracture peut être confondue avec une luxation; les signes qui l'en distinguent sont : la crépitation ordinairement distincte; n ouvement de l'articulation possible; pas de raccourcissement de l'humérus. Du reste, il y a toujours une douleur vive, un gonflement considérable; la maladie est grave, et après la guérison il y a le plus souvent une ankylose complète ou incomplète. Après la réduction, on mettra le bras dans la demi-flexion; deux attelles de carton mouillé seront appliquées, l'une en avant, l'autre en arrière, sur le bras dont elles prendront la forme exacte; elles seront maintenues par un bandage dextriné ou amidonné. S'il y avait écartement des condyles, on appliquerait préalablement un bandage en huit de chiffre.

La fracture de l'*extrémité supérieure de l'humérus* a presque toujours lieu au point nommé *col chirurgical,* c'est-à-dire au-dessus de l'insertion des muscles grand pectoral, grand dorsal et grand rond; aussi le fragment inférieur auquel ils s'attachent est-il tiré en haut et en dedans vers le creux de l'aisselle par ces muscles et par d'autres encore, et le fragment supérieur entraîné au dehors par les sus-épineux, sous-épineux et petit rond. Quelquefois, lorsque la fracture est dentelée, il n'y a pas de déplacement. On a souvent confondu cette fracture avec la luxation. Voici les signes principaux de la fracture : en enfonçant le doigt au-dessous de l'acromion, on trouve la tête de l'humérus; tumeur irrégulière sous l'aisselle, au lieu de la tumeur volumineuse et arrondie qui

existe dans la luxation; réduction facile dans la fracture; mobilité des fragments; presque toujours crépitation. Cette fracture est grave, en raison de ce qu'on n'obtient souvent la guérison qu'avec du raccourcissement et la roideur de l'articulation. Après la réduction, on applique l'appareil qui consiste en un coussinet en coin, de la longueur du bras, que l'on place, la pointe dans le creux de l'aisselle, de manière à tenir le coude éloigné du corps; trois attelles placées, l'une en avant, une autre en dehors, la troisième en arrière; des bandes suffisamment longues pour fixer le tout au tronc, ou un bandage de corps; une écharpe; c'est le procédé de Desault. Les fractures du col anatomique de l'humérus sont très-rares.

6° *Fracture des os de l'avant-bras;* les deux os peuvent être fracturés, le plus souvent, au même niveau, et surtout dans la moitié inférieure; quelquefois la fracture est multiple. Il y a toujours déplacement; le fragment supérieur du cubitus enclavé dans l'extrémité inférieure de l'humérus reste seul immobile. On la reconnaît au changement de forme de l'avant-bras, à sa mobilité à l'endroit de la fracture, à la crépitation, etc. La réduction est facile; lorsqu'elle est faite, on applique sur la face palmaire et sur la face dorsale de l'avant-bras deux compresses graduées, aussi longues, que les os fracturés, et qui ont pour but surtout de tenir les deux os écartés l'un de l'autre et de conserver l'espace interosseux; on met sur ces compresses deux attelles de bois garnies de linge, et on assujettit le tout au moyen d'un bandage roulé que l'on étend jusque sur la main; on soutient l'avant-bras demi-fléchi avec une écharpe. La fracture est ordinairement guérie au bout de trente à quarante jours.

Les fractures du *radius* seul sont les plus fréquentes de l'avant-bras. Il n'y a pas déplacement suivant la longueur, le cubitus servant d'attelle; mais les fragments sont entraînés vers ce dernier os. Le bandage est le même que celui qui est employé pour la fracture des deux os. Si la fracture a lieu près de l'extrémité supérieure, le diagnostic est quelquefois difficile; dans ce cas, la tête du radius reste immobile lorsque l'on imprime les mouvements de rotation de l'avant-bras. La fracture *de l'extrémité inférieure du radius* est quelquefois difficile à reconnaître, et cela est d'autant plus fâcheux que lorsqu'elle est méconnue la poignet reste difforme et les mouvements de la main imparfaits. Le déplacement en dedans, dans ce cas, est à peine marqué, la dépression qui l'indique est à peine sensible, la crépitation souvent très-obscure; il y a un léger déplacement des fragments en avant ou en arrière. Le membre est déformé, le poignet, renversé vers le bord radial, a une forme cylindrique. Il y a une douleur vive au poignet; les mouvements sont très-difficiles. La réduction se fait par des tractions doucement exercées sur le poignet, pendant lesquelles on pousse le fragment supérieur en arrière et le fragment inférieur en avant. Plusieurs procédés ont été employés pour maintenir cette fracture ainsi réduite : 1° L'attelle de Dupuytren; elle est en fer, recouverte de basane, et à sa partie inférieure, qui, mise en place, correspond au niveau du poignet, et est recourbée en demi-arc, elle porte dans sa concavité cinq boutons situés à égale distance. Lorsque l'appareil ordinaire des fractures de l'avant-bras est en place, on fixe le long du cubitus cette attelle par quelques tours de bandes, en garnissant de petits coussinets les points qui pourraient être blessés; puis, au moyen d'un lacs, on ramène fortement la main en dehors, et on fixe les extrémités du lacs sur les boutons indiqués plus haut (Dupuytren, *Leçons orales,* 2° édit., t. Ier). Ce procédé, perfectionné par Blandin, a le défaut de ne pas remédier aux déplacements en arrière. 2° Celui de M. Nélaton remplit mieux ce but. Il consiste en deux compresses graduées, assez épaisses, placées l'une sur la face dorsale du poignet, l'autre sur la face palmaire de l'avant-bras, et deux attelles appliquées sur ces compresses et maintenues au moyen d'un bandage roulé. On conçoit l'action de ces deux compressions qui ont pour effet de ramener en avant les fragments déplacés.

Lorsque le *cubitus* est seul fracturé, les mêmes phénomènes se présentent que pour le radius; les symptômes sont les mêmes, excepté qu'il faut reporter au cubitus ce que nous avons dit pour le radius, qui est beaucoup plus rare, bien entendu qu'il s'agit de la fracture du corps de l'os. L'apophyse *olécrane,* en raison de sa position superficielle, de l'attache qu'elle donne à un tendon très-fort du triceps brachial, est souvent affectée de fracture; le malade est tombé sur le coude, a reçu un coup violent, il y a eu un craquement particulier; il est probable qu'il y a fracture; la chose sera évidente si le coude est gonflé et douloureux, l'avant-bras demi-fléchi, s'il y a un enfoncement à la pointe du coude. La réunion se fait le plus souvent par un cal fibreux, parce que les fragments n'ont pas pu être maintenus en contact. Le traitement consiste à obtenir cependant ce résultat le plus possible. On conseille généralement de mettre le bras dans la demi-flexion, d'appliquer un bandage roulé depuis la main jusqu'au-dessous du coude, en faisant relever par un aide la peau du coude; après cela, le chirurgien pousse en bas l'olécrane avec le doigt, et il le soutient par plusieurs tours de bande passés en huit de chiffre au-devant du pli du coude. Nous n'indiquons pas tous les autres procédés et les modifications qu'on y a apportées.

7° *Fracture du fémur.* Le *corps du fémur* ne peut être fracturé que par une violence extraordinaire, quelquefois par une chute très-forte sur les genoux. La fracture a lieu le plus souvent à la partie moyenne; elle peut être multiple; on la reconnaît à une douleur très-vive, mobilité insolite, crépitation, convexité de la partie antérieure de la cuisse, raccourcissement qui peut aller jusqu'à 0m,05 ou 0m,06. Le pronostic est doublement grave à cause du long séjour au lit qu'exige le traitement, et du raccourcissement qui est presque inévitable. Dans les fractures comminutives avec plaie, on est quelquefois obligé d'avoir recours à l'amputation, surtout lorsqu'elles sont causées par un coup de feu. Après la réduction, qui est quelquefois difficile, on applique l'appareil; c'est le plus souvent le bandage de Scultet ou à bandelettes séparées. Il se compose : 1° d'un *porte-attelles* ou *drap-fanon*, pièce de linge de la longueur du membre, et assez large pour pouvoir rouler une attelle trois ou quatre fois dans chacun de ses bords; 2° d'un nombre de lacs en fil, tel qu'ils ne soient pas à plus de 0m,10 de distance l'un de l'autre; ils seront placés préalablement sous le drap-fanon; 3° de bandelettes séparées de grandeurs décroissantes depuis le haut de la cuisse jusqu'au pied, et placées de telle manière que leur application commence par la plus inférieure; 4° de deux attelles dont l'une plus longue pour le côté externe du membre, et une troisième en avant, qui s'étendra depuis le pli de l'aine jusqu'au bas de la jambe; 5° de compresses longuettes que l'on place au niveau de la fracture; 6° trois sachets de balle d'avoine, de la longueur des attelles, pour remplir les vides après l'application des bandelettes. Tout étant ainsi préparé, on passe avec précaution cet appareil sous le membre fracturé, on l'imbibe d'un liquide résolutif, et on fait maintenir l'extension pendant tout le temps de son application; alors le chirurgien et l'aide chargé de l'assister, étant placés de chaque côté du malade, et les bandes longuettes fixées au niveau de la fracture, chacun d'eux saisit un bout de la dernière bandelette du bas; le chirurgien glisse son extrémité sous celle que tient son aide, en donnant à ces deux chefs une direction oblique de bas en haut, de manière qu'elles se croisent à angle très-aigu; la même manœuvre se renouvelle jusqu'à ce que toutes les bandelettes soient appliquées; après cela, on place les attelles, les coussins et les liens, que l'on serre convenablement. L'appareil à extension continue de Boyer est employé dans les cas graves; il en sera question plus loin à l'occasion de la fracture du col du fémur.

Le *col du fémur* se fracture assez souvent, surtout chez les vieillards, ordinairement par une chute sur le grand trochanter. Elle a lieu quelquefois dans l'intérieur de la capsule articulaire, plus fréquemment en dehors. Il peut y avoir un déplacement considérable, généralement moindre dans les fractures intra-capsulaires, quelquefois même il n'en existe pas, et on l'a vu survenir seulement quelques jours après. Les principaux symptômes sont : impossibilité de mouvoir le membre, raccourcissement plus ou moins considérable (il manque rarement); la cuisse portée dans l'adduction, la pointe du pied tombant en dehors. La crépitation manque assez souvent, surtout dans les fractures intra-capsulaires; du reste, il ne faut pas la chercher avec trop de persévérance, dans la crainte d'augmenter le raccourcissement. Cette fracture se consolide très-lentement, surtout si elle est intra-capsulaire; le traitement est long, et il reste presque toujours du raccourcissement; ces conditions rendent le pronostic grave. Deux modes de traitement ont été proposés : 1° La demi-flexion sur un plan doublement incliné; si ce traitement cause moins d'incommodité, s'il

peut être supporté beaucoup plus facilement par les malades, il a le grave inconvénient de n'obtenir la guérison qu'avec un raccourcissement considérable. 2° L'extension permanente guérit quelquefois sans raccourcissement, mais elle est très-fatigante pour le malade. La description de l'appareil de Boyer, telle qu'il la donne dans son *Traité des maladies chirurgicales*, ne peut entrer dans le cadre de notre Dictionnaire, et elle a besoin de tous ces développements pour être bien comprise; nous y renverrons donc le lecteur. Plusieurs autres appareils ont encore été employés, entre autres celui de M. Demarquay et celui de M. Nélaton, qui sont tous deux des corrections d'un procédé américain, modifié par M. Charrière. Quoi qu'il en soit, l'appareil de Boyer, appliqué et surveillé avec soin, a rendu et rend tous les jours de très-grands services, lorsqu'il a pu être appliqué et supporté sans danger. Il permet d'obtenir la guérison sans raccourcissement des fractures du col du fémur dans un certain nombre de cas. On doit aussi à Baudens un très-bon appareil à extension, employé non-seulement dans les fractures de la cuisse, mais encore dans certaines fractures compliquées de la jambe; on en trouvera la description détaillée, avec planches, dans le *Manuel de petite chirurgie* de Jamain, 4e édit., pag. 257. Mais la consolidation est toujours longue à obtenir, quelle que soit la méthode employée; et lorsqu'on applique un appareil, il ne devra être levé qu'au bout de deux mois, et le malade ne pourra guère marcher avec des béquilles qu'après trois mois, en supposant toujours qu'il n'y a eu aucune complication sérieuse.

Les *fractures de l'extrémité inférieure du fémur* varient suivant qu'un seul des condyles se trouve détaché, que les deux condyles sont détachés l'un de l'autre, ou qu'ils sont tous les deux séparés ensemble du corps de l'os. Elles sont très-graves, en raison de la violence qui les détermine et du voisinage d'une grande articulation. On réduira la fracture, on combattra les accidents inflammatoires énergiquement et on maintiendra le membre étendu; un carton mouillé sera placé en arrière de l'articulation et fixé au moyen d'un bandage roulé.

8° *Fractures de la rotule*; elles sont le plus souvent transversales, quelquefois obliques, rarement longitudinales. Les causes sont des coups ou chutes, des contractions musculaires violentes. Si la fracture est transversale, le genou est déformé, la rotule paraît allongée, aplatie; si l'on applique le doigt, on sent l'écartement des fragments marqué par un enfoncement qui augmente dans l'extension, tandis que l'écartement diminue. La crépitation ne peut être perçue que lorsque, dans la plus grande extension possible, on rapproche les fragments l'un de l'autre. La fracture transversale de la rotule est difficile à maintenir, à cause du triceps fémoral qui entraîne en haut le fragment supérieur. On a vanté la position qui consiste à étendre la jambe sur la cuisse, et à la maintenir ainsi à l'aide d'un plan incliné pendant tout le temps du traitement (Sabatier, Richerand, Dupuytren, Cloquet). On a employé aussi le bandage nommé *kiastre*, espèce de huit de chiffre dont les tours de bande se croisent sous le jarret; enfin un grand nombre d'appareils ont été imaginés : ainsi celui de Boyer, composé d'une gouttière qui s'étend depuis la partie moyenne de la cuisse jusqu'au tiers inférieur de la jambe, présentant de chaque côté une rangée de boutons sur lesquels on fixe deux courroies qui embrassent les deux fragments en haut et en bas; celui de M. Laugier, qui remplace la gouttière par une planche, etc. En général, la consolidation n'a guère lieu avant deux mois et demi, trois mois; une quinzaine de jours de plus chez les vieillards.

9° *Fractures des os de la jambe.* Il peut y avoir fracture des deux os ou d'un seul; dans le premier cas, on l'appelle *fracture de la jambe*. On la rencontre fréquemment. Les deux os peuvent être brisés en plusieurs endroits à la fois; lorsque la fracture est unique, c'est ordinairement au tiers inférieur. Quelquefois les deux os ne sont pas rompus au même niveau. Lorsque la fracture est transversale, le déplacement peut ne pas exister, surtout si c'est à la partie supérieure. Si elle est oblique, il peut être considérable. On les reconnaît assez facilement par la crépitation, la mobilité, la courbure de la jambe en avant, et le plus souvent par le raccourcissement. Le traitement le plus généralement employé est le bandage de Scultet, rendu inamovible.

La *fracture du tibia* seul est assez fréquente. Elle peut affecter le corps de l'os ou ses extrémités. Dans le premier cas, elle est quelquefois difficile à reconnaître, lorsqu'il n'y a pas de déplacement, ce qui arrive le plus souvent, le péroné servant d'attelle ; cette attelle est peu solide à la vérité ; car il arrive assez fréquemment que, ne pouvant supporter l'effort qui agit sur lui, cet os se brise consécutivement. On applique, pour cette fracture, le même appareil que pour la jambe. Dans les *fractures de l'extrémité supérieure du tibia*, il y a souvent une contusion violente ; quelquefois elles communiquent avec l'articulation et déterminent un épanchement considérable. Le pronostic est plus grave que dans les fractures du corps de l'os. Les *fractures de l'extrémité inférieure* communiquent souvent aussi avec l'articulation; on observe alors une légère inclinaison du pied en dehors; après la guérison, il reste toujours une roideur qui se dissipe très-lentement. Celles qui ne pénètrent pas dans l'articulation sont peu graves. Même traitement que pour les précédentes.

Les *fractures du péroné* sont assez fréquentes. Elles peuvent avoir lieu dans tous les points de la longueur de l'os, mais surtout à son extrémité inférieure; elles peuvent avoir lieu par adduction forcée du pied, dite aussi par arrachement; le déplacement, dans ce cas, est quelquefois nul, ou bien le fragment inférieur est porté en dehors et en arrière, et laisse entre lui et le fragment supérieur, qui fait saillie, un enfoncement à pic, que Dupuytren appelait le *coup de hache;* il y a déviation du pied en dehors. Lorsque la fracture se fait par l'abduction forcée du pied qui se trouve porté en dehors, il n'y a pas de déplacement, la crépitation s'obtient très-difficilement, le pied est à peine déformé, il y a une ecchymose énorme. M. Maisonneuve décrit encore une fracture par divulsion, une fracture par diastase. Dans tous les cas, il est important de reconnaître ces fractures pour éviter une consolidation vicieuse. Lorsque la tuméfaction est trop considérable, il faut avoir recours aux antiphlogistiques, au repos, et ne faire les recherches nécessaires pour préciser le diagnostic, que lorsque le gonflement sera dissipé. Lorsqu'il n'y a pas déplacement, on emploie un simple appareil contentif. Mais dans celles qui présentent la déviation du pied en dehors, que nous avons signalée plus haut, il faut ramener et maintenir le pied dans sa rectitude naturelle, et l'appareil imaginé par Dupuytren atteint parfaitement ce but (*Petite Chirurgie*, p. 240); — Dupuytren, *Leçons orales;* — Maisonneuve, *Recherches sur la fracture du péroné* (*Archiv. génér. de médec.*), février et avril 1840.

On devra encore consulter, indépendamment de ceux que nous venons de citer, les ouvrages suivants : Boyer, *Traité des mal. chirurgicales;* — Roux, *Remarq. et observ. sur les fract. du fém.* (*Revue médico-chirurgic.*, t. V, 1849); — Gerdy, *Traité des pansem. et de leurs appar.*, 2ᵉ édit. t. Iᵉʳ; — Mayor, *Bandag. et appar. à pansem.*, 3ᵉ édit., pag. 250, 1838; — Sanson, article FRACTURES du *Diction. de méd. et de chir. pratiq.*, t. VIII; — Velpeau, *Nouv. Elém. de médec. opérat. et Leçons orales*, t. II; — Moscati, *Fract. du col du fém.* (*Mém. de l'Acad. de chirurg.*), t. IV; — Burggraeve, *Appareils ouatés*, Bruxelles, 1858; — Malgaigne, *Traité des fract. et des luxat.*, 1847-1855; — Bleu, *Des fract. non consolid.* (Thèse), Paris, 1848; — Merchie, *Appareils modèles*, Gand, 1858; — Trélat, *Fract. de l'extrém. infér. du fémur* (Thèse), Paris, 1854, nº 70; — Vidal, *Traité de patholog. externe*, 5ᵉ édit., 1861; — Voilemier, *Cliniq. chirurg.*, 1861.   F — N.

FRAGARIA (Botanique). — Nom latin du *fraisier*, du mot *fragrare*, avoir une bonne odeur. On l'a aussi donné plus tard à des plantes qui ont de l'analogie avec les fraisiers, telles que plusieurs espèces de *Potentilles*, entre autres la *Potentille fraisier* (*Fragaria sterilis*, Lin.), et plusieurs botanistes avaient même placé ces espèces dans le genre *Fragaria* de Linné; mais ce genre ne comprend véritablement que les *fraisiers* (voyez ce mot).

FRAGON (Botanique), *Ruscus*, Lin., mot corrompu d'un mot celtique qui veut dire *buis* et *houx*; les espèces de ce genre tiennent de ces deux plantes. — Genre de plantes *Monocotylédones périspermées*, de la famille des *Liliacées*, tribu des *Asparagées* (Brongniart) ou, suivant certains auteurs, de la famille des *Smilacinées*, type de la tribu des *Ruscées*. Caractères : fleurs dioïques petites, verdâtres, naissant sur des ramules dilatés en lames qui ont la forme de feuilles et nommées *fausses feuilles;* 3 sépales; 3 pétales plus petits que ceux-ci; 3 étamines à filets soudés; ovaire à 3 loges renfermant chacune 2 ovules; baie globuleuse. Les fragons sont des arbustes rameux, toujours verts, à tiges anguleuses. Le *F. hypophylle* (R.

hypophyllum, Lin.; du grec *hypo*, sous, et *phyllon*, feuille, parce que les fleurs naissent sous la surface inférieure des fausses feuilles), appelé vulgairement *Laurier alexandrin*, a la tige herbacée, les fausses feuilles non piquantes et les fleurs d'un blanc verdâtre avec les anthères violettes. Cette espèce est originaire d'Italie. Le *F. épineux* (R. *aculeatus*, Lin.), nommé aussi *Petit houx, Myrte épineux, Buis piquant*, est élevé de 0ᵐ,60 à 1 mètre. Ses fausses feuilles sont ovales et terminées en épines. Ses fleurs sont par deux et naissent de la face inférieure des fausses feuilles ; elles sont petites et peu remarquables, mais ses fruits gros comme une petite cerise, rouge de corail et qui restent sur les tiges pendant l'automne et l'hiver, font un joli effet, sous les grands arbres, dans les jardins paysagers. Sa racine et ses fruits sont employés en médecine comme diurétiques. Dans certains pays on torréfie ses graines, qu'on emploie comme le café. Le *F. à languette* (R. *hypoglossum*, Lin.) se distingue principalement par la bractée allongée, coriace, à l'aisselle de laquelle sortent les fleurs sur les fausses feuilles.

FRAI (Zoologie). — On appelle ainsi les œufs des *Poissons*, des *Batraciens* et de quelques autres animaux inférieurs.

Les œufs des *Poissons* sont ordinairement réunis en masses plus ou moins grandes, au moyen d'un enduit muqueux, et déposés par les femelles dans des endroits qu'elles recherchent comme des abris sûrs et ayant une température convenable, des fonds plus commodes et une eau adaptée à leur état. En général, les poissons qui habitent la haute mer s'approchent des rivages, d'autres remontent les grands fleuves; quelques-uns quittent les lacs pour se rapprocher des sources des rivières et des ruisseaux; les carpes cherchent les fonds herbus; la tanche, l'anguille, préfèrent la vase et les eaux dormantes; les truites, les perches, les goujons, les loches, aiment les eaux vives et coulant sur le gravier. On voit souvent les saumons remonter par bandes nombreuses les grandes rivières, telles que la Meuse, par exemple, pour aller retrouver les frayères sableuses qu'ils avaient déjà fréquentées auparavant. Du reste, le temps du frai ou de la ponte varie suivant les espèces; ainsi c'est de novembre à mars pour la truite-saumon, le brochet, la lotte, etc. Mais le grand temps du frai est d'avril à août, ainsi c'est celui des cyprins, carpes, goujons, gardons, chevannes, tanches, ables, perches, etc. Quant aux anguilles, la première montée arrivant en mai, on croit qu'elles pondent en mer vers décembre ou janvier (voyez POISSON, FRAYÈRE).

Parmi les *Batraciens*, les grenouilles et les crapauds jettent aussi un *frai* composé de bulles d'une substance albumineuse, transparente, avec un point noir au milieu de chacune d'elles; c'est le rudiment de l'embryon. Tout le monde connaît les frais de grenouille qui existent en si grande quantité dans certaines mares. Complètement abandonné aujourd'hui en médecine, le frai de grenouille était autrefois considéré comme émollient. Son eau distillée était employée en collyre.

Plusieurs coquillages univalves et bivalves laissent aussi échapper un *frai gélatineux*. Il en est de même, en général, des autres animaux aquatiques ovipares.

FRAI ou FRAY (Botanique). — Nom du *frêne* dans quelques contrées.

FRAISE (Botanique). — C'est le fruit du *fraisier*.

FRAISE (Zoologie). — Nom vulgaire de la *Caille* de la Chine (*Tetrao sinensis*, Lin.).

FRAISE (Zoologie) — Nom marchand de deux espèces de *Coquilles* du genre *Cardium*, le *C. fragrarium* et le *C. uredo*.

FRAISIER (Botanique), *Fragaria*, Lin.; du latin *fragrans*, odorant. — Genre de plantes *Dicotylédones dialypétales périgynes*, de la famille des *Rosacées*, caractérisé ainsi : calice tubuleux, à 5 divisions accompagnées de 5 petites bractées ; 5 pétales ; étamines indéfinies ; ovaires nombreux, avec les styles latéraux ; fruits composés d'akènes sur un réceptacle succulent qui constitue la fraise.

Le *F. des bois* (*F. vesca*, Lin.) est l'espèce la plus commune. C'est une herbe sans tiges émettant des stolons ou rejets traçants, qu'on appelle aussi *fouets* ou *courants*. Ses feuilles sont à 3 folioles velues, à dents grossières. Ses fleurs sont blanches et disposées plusieurs au sommet des pédoncules. Les variétés jardinières, très-nombreuses de cette espèce, sont divisées en six sections. La première comprend les *F. communs* (*F. vesca*, Lin.) : feuillage blond, petit ou de moyenne grandeur ; fleurs petites ; fruits ronds ou oblongs, très-sapides. La seconde, les *F. étoilés* ou *craquelins* : feuillage petit, vert sombre ou bleuâtre; fruit rond sur lequel le calice est rabattu et forme une étoile. La troisième, les *F. capronniers* (*F. elatior*, Ehrh.) : feuillage vert blond, grand ; fruits gros, arrondi, rouge foncé, à saveur souvent musquée. La quatrième, les *F. écarlates* (*F. virginiana*, Duch.) : très-grand feuillage, d'un vert bleuâtre; fruits petits et moyens, écarlates, carpelles enfoncés dans de grandes alvéoles, plus hâtif que les autres. La cinquième, les *F. ananas* : feuillage très-grand ; fleurs très-grandes ; calice rabattu sur le fruit qui est gros, arrondi ou allongé, rouge-rose ou blanc, et très-succulent. Enfin la sixième, les *F. chiliens* (*F. chilensis*, Ehrh.) : feuillage soyeux ; fleurs grandes; fruits redressés à la maturité.

Ces six sections ont produit un grand nombre de variétés, qu'on évalue aujourd'hui à plus de quatre cents. Nous citerons quelques-unes des principales et des plus communes aux environs de Paris. Dans la section des *F. communs*, nous trouvons surtout : la *F. des bois*, petite, la meilleure et la plus parfumée de toutes, presque abandonnée aujourd'hui, parce qu'elle ne donne qu'une fois, et remplacée par la *F. de Montreuil*, plus grosse et plus productive, mais surtout par la *F. des Alpes, des quatre saisons, de tous les mois*, la plus précieuse de toutes à cause de son fruit gros, allongé, presque égal pour le goût à la *F. des bois*, et qui donne depuis avril jusqu'aux gelées, et même en hiver sous châssis ou en serre chaude. La *F. des Alpes, sans filets*, ou *de Gaillon*, est une excellente variété que l'on peut mettre en bordure à cause de cette absence de coulants ; elle donne toute l'année comme celle des Alpes, et même plus en seconde saison. Elle a été trouvée en 1820 dans un semis de *F. des Alpes*. On connaît encore une autre variété sans coulant, c'est la *F. des bois, sans filets*, ou *F. buisson*, sous-variété de la *F. des bois*, ne donnant, comme elle, qu'une fois un fruit bon et parfumé. Bonne aussi pour bordures. Dans la section des *F. écarlates*, la seule remarquable est la *F. Prince de Cuthil*, la plus hâtive des fraises connues; elle est d'un rouge foncé, et a la chair fine et de bonne qualité. Elle donne de la première année de sa plantation.

La plus intéressante parmi les autres sections est la *F. ananas*; c'est ici que l'on trouve les fraises de luxe : grosses, parfumées, elles ne viennent pourtant qu'au second rang, après la *F. des Alpes*, peut-être parce qu'elles ne produisent qu'une fois; du reste, très-succulentes et d'un parfum variable suivant le terrain. Parmi les nombreuses variétés de cette section, les plus importantes sont : la *F. ananas* proprement dite, à fruit gros, arrondi, écarlate très-vif; pédoncules gros et épais; la *F. de Bath*, fruit gros, lavé de rose sur fond blanc, peu parfumé; la *F. de Burner*, fruit rond, très-gros, blanc de cire, chair ferme, assez parfumée, productive, très-tardive; la *F. Swainstone's Seedling*, fruit gros, ovale, rouge écarlate, chair blanche, sucrée, très-bonne; la *F. Keen's Seedling*, rouge très-foncé, chair rouge très-parfumée, très-productive, l'une des meilleures; la *F. Elton*, allongé, colorée, à chair rouge foncé, beaucoup d'eau parfumée, très-productive; la *F. Princesse-Royale*, fruit allongé, très-coloré, chair très-pleine, saveur peu relevée, produisant beaucoup et de très-beaux fruits; très-abondante sur le marché de Paris; la *F. Myatt*, fruit conique, gros, rouge clair, la plus parfumée des fraises anglaises, mais peu productive. On rattache généralement à cette variété, la *F. Elisa Myatt*, plus grosse, donnant pendant deux mois, excellente pour les confitures; la *F. British Queen*, très-grosse, très-parfumée; et la *F. Duchesse de Trévise*, plus grosse encore, allongée, rouge clair, à chair blanche, savoureuse, produit peu. Plusieurs de ces variétés, et d'autres que nous n'avons pas nommées, nous viennent d'Angleterre, ce qui leur a fait donner, en général, le nom de *F. anglaises*; cependant au grand nombre d'entre elles ont été obtenues par nos horticulteurs. Plusieurs de ces variétés ont des sous-variétés à fruits blancs. Dans l'immense quantité des variétés et de sous-variétés des fraisiers qui se rattachent plus ou moins aux sections indiquées plus haut nous citerons encore : le *F. de Versailles ou à feuilles simples*, le *F. à crochet*, les *F. dites Mélanfes, Breslinges, Quomios*, sous-divisés en une foule de sous-variétés; tels que le *F. de Bargemon*, le *F. vineux*, le *F. de Long-champs*, le *Quomio de Bath*, etc. Pour terminer tout ce qui a trait à ce sujet, nous croyons ne pouvoir mieux faire que de citer l'opinion d'un juge qui fait autorité en cette matière. « Parmi les petites fraises, on devra préférer à toutes les autres la race du *Fragaria vesca*, nommée *F. des Alpes* ou

des quatre saisons; c'est le plus parfumé et le meilleur de tous les fraisiers; il pourrait même tenir lieu de tous les autres; il ne demande que peu de soins et son produit dure pendant toute la belle saison; il préfère un terrain frais et siliceux, mais vient à toutes les expositions, même les plus sèches, si on lui donne quelques arrosements » (*Encyclopédie de l'agric.*, article FRAISIER, par madame E.-L. Vilmorin).

Culture du fraisier. — Quelles que soient les petites différences que les horticulteurs ont remarquées dans les conditions de sol et de culture des variétés diverses des fraisiers, on peut les résumer toutes dans les préceptes suivants, quant au sol : terre riche, substantielle, siliceuse, plutôt légère que compacte, quantité modérée d'engrais ; cette culture exige des arrosements fréquents, et le renouvellement du plant tous les trois ans. La *multiplication* s'opère ordinairement par les coulants qu'on laisse s'enraciner un mois ou six semaines avant l'époque de la plantation, qui se fait ordinairement au commencement d'octobre. Quelquefois elle se fait par des éclats du pied, particulièrement pour les variétés sans filets. Un mode de reproduction souvent employé dans ce dernier cas, c'est celui des semis; on recueille les graines sur les plus beaux fruits qu'on laisse arriver à maturité complète; on les écrase dans l'eau, et, par des lavages successifs, on extrait les graines ; celles-ci, un peu ressuyées, sont mêlées avec de la terre fine et sèche, semées dans une terre bien labourée et bien ameublie, terreautée et mouillée; on recouvre ensuite ce semis avec un peu de terreau tamisé ou de terre de bruyère. Les petits fraisiers lèveront au bout de quinze jours, suivant la température, et pourront être repiqués six semaines après. Il est à remarquer que ce mode de multiplication reproduit franches et sans variétés les fraises des bois et des quatre saisons seulement, tandis que les autres varient, surtout les ananas et les écarlates. La plantation se fera en automne, mais surtout au printemps pour les fraisiers sans coulants. Immédiatement après, souvent même avant, il sera bon de les pailler, soit avec du fumier long, soit avec de la paille ordinaire coupée en plusieurs morceaux, que l'on étend d'une manière uniforme entre les plants. Les fraisiers qui aiment beaucoup l'eau préfèrent celle des arrosages à la pluie, et surtout à celle des orages; on conseille même de les arroser largement à l'approche de ceux-ci. Dans le courant de l'année, on renouvellera les paillis, selon le besoin ; on donnera en général deux binages, on enlèvera les mauvaises herbes, les coulants et les feuilles mortes ou jaunies. Lorsque les feuilles se fanent sans raison apparente, on se hâte d'arracher le fraisier et de fouiller la terre; on y trouve presque toujours un ver blanc qui mangeait sa racine dont il est très-friand, et que l'on tuera pour éviter qu'il n'aille attaquer le voisin. On replantera de suite un autre fraisier à cette place. Les fraises que l'on cultive principalement dans les environs de Paris, à Romainville, Bagnolet, Montreuil, Fontenay-aux-Roses, Clamart, sont : les quatre saisons ou des Alpes, l'ananas, Princesse-Royale, Myatt, Elisa Myatt, Elton, etc. La fraise de Montreuil, très-cultivée autrefois à Saulx-les-Chartreux, Châtenay, Aunay, Montreuil, etc., est presque abandonnée aujourd'hui.

La saveur exquise de la fraise, son parfum délicieux, font de ce fruit un des meilleurs et des plus recherchés de nos climats. Mangées avec du sucre et arrosées d'un peu de vin, elles font partie de tous nos desserts dans les mois d'été. Comme elles sont naturellement froides, cette manière de les relever et de les assaisonner les rend plus faciles à digérer. C'est cette propriété rafraîchissante que l'on utilise en en faisant une boisson agréable, que l'on prépare tout simplement avec leur suc étendu d'eau et sucré agréablement. C'est une boisson d'agrément que l'on emploie aussi avec avantage dans les maladies inflammatoires. On en fait aussi des confitures, des sirops, des liqueurs, des glaces, des pastilles, etc. Le célèbre Linné assure s'être débarassé, par l'usage des fraises, d'une goutte qui l'avait tourmenté pendant plusieurs années. Les feuilles et les racines sont encore employées en médecine comme diurétiques et apéritives.

Le travail le plus remarquable sur les fraisiers est l'article de Duchesne, inséré en 1766 dans l'*Encyclopédie méthodique*. Quoique déjà ancien, il sert encore de base à tout ce qui a été écrit depuis, et sera consulté avec fruit.

FRAISIER EN ARBRE (Botanique). — Nom vulgaire de l'*Arbousier unedo*, connu aussi sous le nom de *Frole*, d'*Arbre aux fraises*, et en Provence sous celui de *Fraisier de montagne*. (Voyez Arbousier).

Fraisier de l'Inde (Botanique), *Fragaria indica*, Andrews ; *Duchesnea fragiformis*, Smith. — Ce dernier nom a été donné par Smith, pour honorer la mémoire de Duchesne et rappeler son travail sur les fraisiers, à une plante des Indes orientales, que Jussieu ne pense pas devoir séparer des fraisiers. Elle a des fleurs jaunes, assez semblables à celles de la *Potentille rampante*. Le fruit, d'un rouge foncé, est inodore et insipide.

Fraisier stérile (Botanique). — C'est la *Potentille fraisier*, que l'on appelle encore *Faux fraisier*.

FRAISSE ou **Fraysse** (Botanique). — Nom du *frêne* en Languedoc.

FRAMBOISE (Botanique). — Fruit du framboisier.

FRAMBOISIER (Botanique), de *franc* et de *boise*, buisson en celtique. — Espèce d'arbrisseau du genre *Ronce* (voyez ce mot), de la famille des *Rosacées*. C'est le *Rubus idæus* de Linné, ainsi nommé, parce qu'on le dit originaire du mont Ida en Crète. Cet arbrisseau peut atteindre jusqu'à 2 mètres, à tiges garnies d'aiguillons de peu de résistance, à feuilles composées de 3-5 folioles pubescentes en dessous, à fleurs blanches et à fruits odorants, formés par la réunion d'akènes succulents, rouges à la maturité. Le framboisier est naturalisé (on pourrait même dire indigène) en Europe. On le cultive pour ses fruits dont le goût est agréable et parfumé, et dont les propriétés sont rafraîchissantes. On prépare avec les framboises des confitures, des gelées, des sirops très-estimés. On en fait aussi avec du vinaigre blanc, le vinaigre de framboise employé comme rafraîchissant après avoir été étendu d'eau à laquelle on ajoute du sucre. Dans certains endroits, on obtient des framboises une liqueur par la fermentation. La *Ronce à feuilles de rose* (*Rubus rosæfolius*, Smith) porte aussi quelquefois le nom de *Framboisier*, ses fruits sont mangeables, comme plante d'ornement, elle donne tout l'été des fleurs doubles qui ressemblent à une petite rose. Cet arbuste est originaire de l'île Maurice.   G — s.

Framboisier (Arboriculture). — Le *framboisier* (*Rubus idæus*, Lin.) (*fig.* 1289) croît spontanément sur toutes les montagnes de l'Europe. On le rencontre jusqu'en Laponie. Son fruit, doué d'un arome très-agréable, est recherché sur toutes les tables.

Variétés. — F. *des Alpes* ou *des bois.* Fruit rouge, petit, mais plus aromatique que les autres. Bois très-épineux.

F. *ordinaire à fruit rouge.* Bois jaunâtre, presque sans épines. C'est la variété que l'on cultive surtout aux environs de Paris.

Double-Bearing. Fruit gros, rouge. C'est la meilleure et la plus belle des variétés bifères ; ce qui caractérise ces variétés, c'est que le sommet des bourgeons radicaux donne quelques grappes de fruits vers la fin de l'été ; ce qui n'empêche pas les mêmes tiges de fructifier de nouveau l'année suivante.

F. *du Chili, à gros fruit jaune.* Bois jaune, assez épineux.

F. *du Chili, à gros fruit rouge.* Bois brun, à peine épineux.

F. *Falstaff.* Fruit rouge.

F. *Gambon.* Fruit rouge.

F. *Souchetii.*

F. *César blanc.* Fruit blanc, gros.

F. *Barne.* Fruit d'un rouge noir, très-gros.

Climat et sol. — Le framboisier croît spontanément dans toute l'Europe, mais on le rencontre toujours à une hauteur d'autant plus grande au-dessus du niveau de la mer, qu'il se rapproche davantage du Midi ; il faut donc le cultiver dans un lieu, non pas ombragé, comme on le fait souvent à tort, mais qui ne soit pas non plus exposé à un soleil brûlant. Le sol qui convient le mieux à cet arbrisseau est une terre légère, un peu graveleuse et assez fraîche.

Culture. — Le plus grand nombre des jardiniers n'apportent presque aucun soin à la culture du framboisier, à cause sans doute de son peu d'exigence et de sa végétation active. Mais ses produits sont alors bien loin d'être aussi beaux et aussi abondants que lorsqu'on lui applique les opérations qu'il réclame. C'est surtout aux environs de Paris que l'on a consacré à cet arbrisseau de grandes surfaces. La commune de Plombières, près de Dijon, est aussi renommée par l'excellence de ses framboises, qui sont expédiées dans de petits barils jusqu'à Londres, pour en faire des siro s. On cultive le framboisier soit en lignes continues, soit en cépées distinctes. On préfère le premier procédé pour le jardin fruitier, et le second pour la culture en plein champ, comme on la pratique aux environs de Paris et à Plombières.

Plantation. — Les lignes de framboisiers peuvent être

Fig. 1289. — Framboisier.

placées au milieu d'une plate-bande en plein vent (E, *fig.* 1290 et 1291). On peut également employer au même

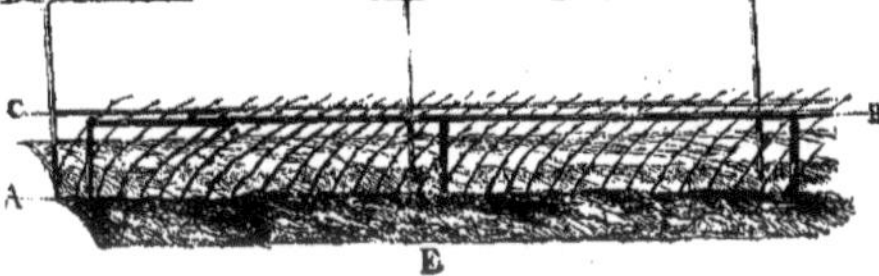

Fig. 1290. — Framboisiers plantés en lignes.

usage les plates-bandes placées au pied de murs peu élevés et exposés au nord. Dans l'un et l'autre cas, le terrain étant préparé comme pour les autres arbres fruitiers, on ouvre au milieu de la plate-bande une tranchée (A) large de $0^m,50$ et profonde de $0^m,40$, au fond de laquelle les drageons de framboisier sont plantés de manière que la profondeur de cette tranchée soit encore, après la plantation, de $0^m,25$ environ. Ces drageons, enlevés au pied d'anciennes cépées, auront dû être repiqués en pépinière pendant un an, afin qu'ils soient mieux enracinés et plus vigoureux. La terre que l'on en a extraite est placée en ados de chaque côté de la rigole ; les drageons sont plantés à $0^m,30$ les uns des autres. On ne coupe sur chaque drageon que le tiers environ de la longueur de la tige, et l'on a soin de supprimer sur cette tige toutes les fleurs qui apparaissent pendant l'été suivant : c'est le moyen de favoriser le développement des feuilles, partant celui de nouvelles racines, et, en définitive, la formation de bourgeons radicaux vigoureux.

Taille. — Le framboisier présente le mode de végétation suivant : un drageon vigoureux étant planté (C, *fig.* 1292), chacun des boutons placés sur cette jeune tige développe un petit bourgeon mixte B (*fig.* 1293) qui fructifie ; puis on voit bientôt naître des boutons radicaux de la base (*fig.* 1292) un ou plusieurs bourgeons radicaux A (*fig.* 1293). Ces bourgeons radicaux continuent de s'allonger pendant tout l'été. Aussitôt après la maturité des fruits, la tige fructifère C (*fig.* 1293) devient languissante ; elle est complétement desséchée à la fin de l'automne. On a alors le résultat que montre la figure 1292. L'année suivante, la nouvelle tige C fructifie comme la première ; elle développe à sa base de nouveaux bourgeons radicaux qui naissent du bouton A ; elle se dessèche ensuite, et est remplacée l'année suivante par les bourgeons radicaux formés pendant l'été précédent, et ainsi de suite chaque année. Voici la taille qui s'harmonise le mieux avec ce mode de végétation.

Pendant l'été qui suit la plantation, les boutons radicaux placés à la base de la tige (A, *fig.* 1292) donnent lieu à des bourgeons radicaux (A, *fig.* 1293). Lors du printemps suivant, les tiges primitives (*fig.* 1292), qui portaient les fleurs, sont desséchées ; on les coupe rez terre. Les rameaux radicaux (C), qui fructifieront à leur tour l'année même, sont coupés à 1 mètre du sol. Cette section a pour but de concentrer l'action de la séve sur un moins grand nombre de boutons et de faire que ceux-ci donnent lieu à des bourgeons fructifères plus vigoureux. Il en résulte aussi que, la séve étant refoulée vers la base, les nouveaux bourgeons radicaux acquièrent un plus grand développement. Il y a inconvénient à tailler ces rameaux radicaux plus court ; car alors les boutons inférieurs qui sont restés endormis se développent, et les fruits qu'ils produisent, étant salis par la terre, ne peuvent être utilisés. Comme les jeunes bourgeons du framboisier redoutent les gelées tardives, on attend, pour les tailler, que ces abaissements de température ne soient plus à craindre. En opérant ainsi, le

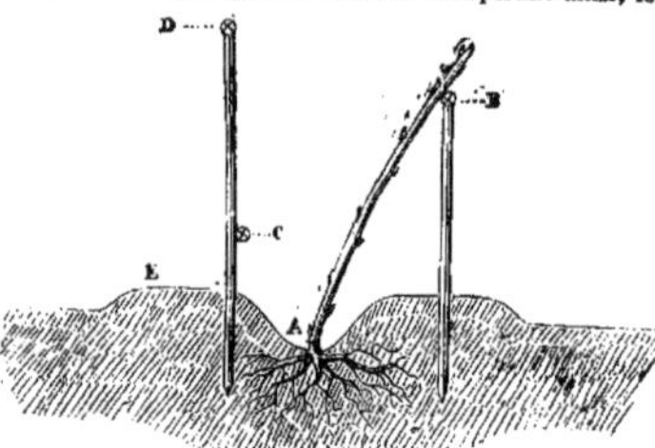

Fig. 1291. — Coupe en travers de la figure.

sommet des tiges, qui est toujours plus précoce et qui doit être supprimé, sera seul exposé à cet accident.

Lorsque les rameaux radicaux ont été ainsi taillés, on

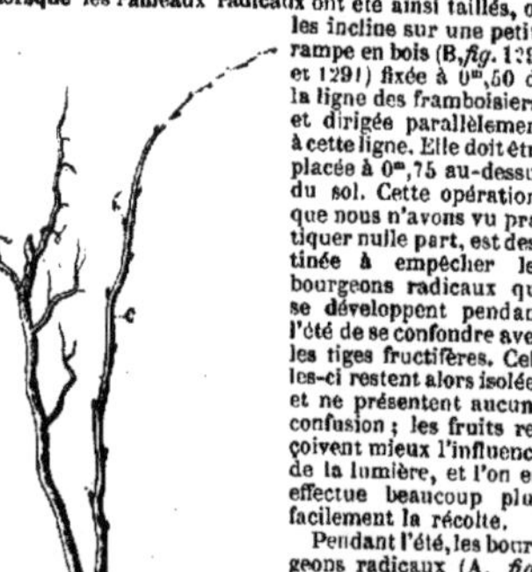

Fig. 1292. — Framboisier. — A boutons radicaux.

les incline sur une petite rampe en bois (B, *fig.* 1290 et 1291) fixée à 0^m,50 de la ligne des framboisiers, et dirigée parallèlement à cette ligne. Elle doit être placée à 0^m,75 au-dessus du sol. Cette opération, que nous n'avons vu pratiquer nulle part, est destinée à empêcher les bourgeons radicaux qui se développent pendant l'été de se confondre avec les tiges fructifères. Celles-ci restent alors isolées et ne présentent aucune confusion ; les fruits reçoivent mieux l'influence de la lumière, et l'on en effectue beaucoup plus facilement la récolte.

Pendant l'été, les bourgeons radicaux (A, *fig.* 1293) s'allongent progressivement. Lorsqu'ils ont atteint une longueur de 0^m,60 environ, on commence à les attacher sur une traverse (C, *fig.* 1290 et 1291) fixée à 0^m,30 de la ligne de plantation et à 0^m,40 au-dessus du sol. Ces bourgeons ayant atteint une longueur de 1^m,50, on les

attache de nouveau sur une seconde traverse D placée à 1^m,50 au-dessus du sol et à 0^m,50 de la ligne de framboisiers.

Si ces arbrisseaux sont plantés dans une plate-bande située au pied d'un mur, on peut se dispenser de ces deux dernières traverses ; les framboisiers étant plantés à 0^m,50 du mur, on y fixera les bourgeons radicaux. Il résulte de ce soin que ces bourgeons radicaux sont complétement isolés des tiges fructifères, et que les uns et les autres parcourent plus facilement les diverses phases de leur végétation.

On doit encore veiller, pendant la naissance de ces bourgeons radicaux, à ce qu'il ne s'en développe pas un trop grand nombre. En effet, plus ils sont abondants sur chaque souche, moins ils sont vigoureux et moins ils donnent de fruits l'année suivante. C'est lorsqu'ils ont une longueur de 0^m,20 à 0^m,25 qu'on supprime les bourgeons surabondants ; on choisit pour cela les plus faibles, les plus éloignés de la ligne, et de façon que ceux qui restent, étant inclinés sur la traverse, soient placés à 0^m,10 ou 0^m,15 les uns des autres.

Au printemps suivant, c'est-à-dire au commencement de la troisième année qui suit la plantation, les rameaux fructifères de l'année précédente sont coupés rez terre.

Fig. 1293. — Framboisier. — A, bourgeon radical. — B, bourgeon mixte. — C, rameau radical.

Les rameaux radicaux qui fructifieront pendant l'été sont détachés de la rampe (D, *fig.* 1290 et 1291) ou du mur et taillés comme nous l'avons indiqué pour les premiers ; on les incline ensuite pour les attacher sur la traverse B. On répète pendant l'été les soins déjà indiqués pour les nouveaux bourgeons radicaux qui naîtront du sol, et chaque année on recommence la même série d'opérations. Toutefois, au commencement de la troisième année, on doit placer au fond de la tranchée A environ 0^m,08 de la terre qui en a été primitivement extraite et qu'on a déposée sur les côtés de la plate-bande, après l'avoir mélangée avec une certaine quantité de terreau consommé. A partir de ce moment, on devra, à chaque printemps, couvrir le pied des framboisiers d'une semblable quantité de terre engraissée jusqu'à ce que la tranchée soit comblée, ce qui a lieu au bout de trois ans. Cette addition successive de terre est destinée à faciliter la formation de boutons radicaux vers le collet de la racine. On obtient alors des tiges beaucoup plus vigoureuses.

Les framboisiers cultivés avec ces soins peuvent donner de beaux fruits pendant huit à dix ans. Au bout de ce temps, la souche commence à se fatiguer ; le sol de la plate-bande est épuisé ; les bourgeons radicaux deviennent chétifs, et la production diminue. Il devient alors nécessaire de renouveler la plantation, après avoir préalablement enlevé 0^m,50 de terre sur la plate-bande, l'avoir remplacée par une égale quantité de terre neuve et avoir défoncé et fumé le tout.

Aux environs de Paris, dans les communes de Louveciennes, Bougival, Marly, Vincennes, etc., et à Plombières, près de Dijon, on cultive le framboisier en plein champ, et voici en quoi ce mode de culture diffère de celui que nous avons conseillé pour les jardins. Les framboisiers y sont également plantés au fond de rigoles continues ; mais on en forme des cépées en plantant deux drageons à chaque place. Les cépées sont placées à 1ᵐ,35 les unes des autres, et on met un espace de 1ᵐ,66 entre chaque ligne. Les autres soins d'entretien sont les mêmes que pour la culture en lignes décrite plus haut. Toutefois, les bourgeons radicaux et les tiges fructifères sont laissés libres, sans appui. On ne conserve, au pied de chaque cépée, qu'environ cinq bourgeons radicaux pour remplacer annuellement les tiges fructifères.

Aux environs de Harlem (Hollande), les framboisiers sont aussi cultivés en cépée, mais avec des soins différents de ceux que nous venons d'indiquer. Nous ne pouvons entrer ici dans les détails de ce mode d'opérer ; on le trouvera exposé dans le *Cours d'arboriculture*, par A. Du Breuil, 5ᵉ édit., p. 851.

La production des framboises ne dure ordinairement qu'un mois environ ; mais, pour la prolonger pendant tout l'été et l'automne, il suffit de couper tout près de terre, au printemps, une partie des tiges fructifères, au lieu de les tailler à 1 mètre ou 1ᵐ,30 de longueur. Cette opération fera développer plus tôt et beaucoup plus vigoureusement les bourgeons radicaux. Ceux-ci se couvriront alors, vers leur sommet, d'un certain nombre de fruits qui, commençant à mûrir peu après l'époque où ceux des tiges fructifères conservées auront terminé leur maturation, se succéderont jusqu'aux premiers froids. Cette production anticipée n'empêche pas ces tiges de pouvoir être taillées comme les autres au printemps suivant et de donner une seconde récolte. Nous pensons qu'il vaut mieux employer ce procédé que de planter des framboisiers de Malte, ou bifères, parce que la seconde récolte de cette variété vient trop longtemps après la première. Toutefois, quel que soit le procédé choisi pour obtenir de cet arbrisseau des récoltes tardives, les fruits ainsi obtenus, privés d'une partie de la chaleur de l'été, sont toujours moins savoureux.

Insectes nuisibles. — *Récolte.* — Le framboisier est souvent attaqué par les chenilles, et surtout par une espèce dont les œufs sont disposés en forme de bague autour des tiges. On doit, en faisant la taille, enlever ces bagues avec soin. Les larves du hanneton sont aussi très-avides de ses racines. Des champs entiers en sont souvent dévorés complètement. On trouvera au mot HANNETON les moyens de diminuer les ravages de cet insecte. Il arrive aussi que, lorsque les fruits ont dépassé un certain degré de maturité, ils sont attaqués par des vers et par une sorte de punaise qui leur donne une odeur très-désagréable. Lorsque le moment est venu d'opérer la cueillette des framboises, il ne faut pas la différer d'un seul jour, car ce fruit tourne promptement, et le moindre vent qui agite les tiges le fait tomber.

FRAMBŒSIA (Médecine). — Voyez PIAN.

FRANC (Arboriculture). — Ce mot s'emploie pour désigner le sujet sur lequel on veut placer une ou plusieurs greffes, lorsqu'ils sont tous les deux de la même espèce ; ainsi on dit qu'un poirier est greffé sur franc, lorsque le sujet est lui-même un poirier. Les arbres ainsi greffés sont généralement plus vigoureux, deviennent plus beaux et durent plus longtemps que ceux que l'on a greffés sur des sujets d'espèces différentes, comme le pêcher sur prunier par exemple ; mais leur première fructification se fait plus longtemps attendre, et leurs fruits sont généralement moins beaux et de moins bonne qualité. On appelle *franc de pied*, l'arbre qui n'a pas été greffé et qui provient le plus souvent de graines d'un fruit cultivé. Ils sont plus vigoureux que les arbres greffés, mais leurs fruits sont de médiocre qualité. Ils se distinguent des *sauvageons*, en ce que ceux-ci sont nés ordinairement de graines de fruits sauvages. Voyez GREFFE.

FRANC (Unité de monnaie). — Voyez POIDS ET MESURES.

FRANCHIPANIER ou **FRANGIPANIER** (Botanique), de l'italien Frangipani, nom donné à un parfum inventé par Frangipani ; c'est le genre *Plumeria* (dédié par Linné à Charles Plumier, religieux et botaniste distingué du xviiᵉ siècle). — Genre de plantes *Dicotylédones gamopétales hypogynes*, de la famille des *Apocynées*, type de la tribu des *Plumériées*. Caractères principaux : calice entier ; corolle cylindrique à gorge nue, quinqué-lobée ;

5 étamines à filets courts, 2 ovaires enfoncés dans un disque ; fruit à 2 follicules oblongs, un peu charnus ; graines ailées. Les franchipaniers sont des arbrisseaux à feuilles alternes, à fleurs grandes répandant une odeur agréable. Ces végétaux croissent dans les régions chaudes de l'Amérique méridionale. Tous contiennent un suc abondant, épais, très-caustique, en général très-suspect, qui découle de leurs feuilles et de leurs rameaux lorsqu'on les coupe. Le *Franchipanier à fleurs rouges* (*P. rubra*, L.) s'élève jusqu'à 5 mètres. Ses feuilles sont oblongues, aiguës, et ses fleurs à corolles arquées longues de 0ᵐ,05 ont la gorge jaunâtre. Cet arbrisseau se trouve à la Jamaïque. Ses fruits longs de 0ᵐ,15 à 0ᵐ,20 et composés de deux longues capsules ont leur surface rugueuse. Serre chaude. Le *Franchipanier à fleurs blanches* (*P. alba*, L.) atteint quelquefois aux Antilles plus de 10 mètres. Son écorce est grisâtre, ses feuilles sont luisantes et ses fleurs disposées en cymes sont très-odorantes. La racine de cette espèce passe pour apéritive et le suc très-laiteux, âcre et brûlant s'emploie contre différentes maladies de la peau, les dartres, des ulcères, etc.   G — s.

FRANCOA (Botanique), *Francoa*, Cavan. dédié à Fr. Franco, médecin espagnol du xviᵉ siècle. — Genre de plantes *Dicotylédones dialypétales périgynes*, famille des *Francoacées*, qui ne renferme que quelques espèces du Chili. Ce sont des herbes vivaces à fleurs généralement en épi. Le *Fr. appendiculé* (*Fr. appendiculata*, Cavan.) a une tige de 0ᵐ,50 terminée par un épi de fleurs roses striées. Le *Fr. à feuilles de laiteron* (*F. sonchifolia*, Will.) a une tige de 0ᵐ,70 à 1 mètre, surmontée d'un épi de fleurs lilas, plus grandes. Ces deux espèces fleurissent en mai, juin et juillet. Serre chaude l'hiver, pleine terre l'été. Terre à oranger.

FRANCOACÉES (Botanique), *Francoaceæ*. — Nom d'une famille de plantes qui a pour type le genre *Francoa* (voyez ce mot) et qui appartient à la classe des *Saxifraginées* voisine des *Crassulinées*. Ce sont des plantes herbacées du Chili à feuilles rapprochées en rosette vers la tige, à fleurs roses, blanches, lilas, disposées en grappes ou en épi. Elles ont le calice profondément quadrifide, les pétales alternes, les filets insérés avec les étamines vers la base du calice. Ovaire libre à quatre loges opposées aux pétales. Graines menues. On n'en connaît qu'un petit nombre de genres dont les principaux sont : *Francoa*, Cav. *Tetilla*, de Cand.

FRANCOLIN (Zoologie), *Francolinus*, Temm. — Sous-genre d'*Oiseaux*, ordre des *Gallinacés*, grand genre des *Tetrao*, de Linné, du groupe des *Perdrix*, caractérisé par un bec plus fort et plus long que celui de la perdrix ordinaire ; une queue plus longue ; et des tarses hauts, armés d'un ou deux forts éperons cornés et aigus. Leurs mœurs sont à peu près celles des perdrix ; seulement ils préfèrent les plaines marécageuses dans le voisinage des bois, et ils se perchent la nuit.

En Europe on ne connaît de ce genre que le *F. à collier et à pieds rouges* (*Tetrao francolinus*, Tem.) du sud de la France, de la Sicile et de Chypre. Les autres espèces sont de l'Afrique, de l'Asie et de l'Océanie. Tel est le *F. ensanglanté*, du Népaul (*Perdix cruenta*, Tem.), au plumage élégant, aux couleurs vives ; il a trois et jusqu'à quatre éperons ; l'abdomen et la queue sont rouges de sang.

FRANKÉNIACÉES (Botanique), *Frankeniaceæ*. — Famille de plantes, de la classe des *Violinées* de M. Ad. Brongniart, ayant pour type le genre *Frankénie* (voyez ce mot), à calice tubuleux, régulier, persistant ; 4 ou 5 pétales onguiculés ; 4 ou 5 étamines ; ovaire à une seule loge. Ce sont des sous-arbrisseaux ou des herbes vivaces, des bords de la mer, dans les régions tempérées, à fleurs rosâtres ou violacées. Genres princip. *Frankenia*, Lin., *Nothria*, Berger., *Beatsonia*, Roxb.

FRANKÉNIE (Botanique), (*Frankenia*, L., — dédié à Jean Frankenius, botaniste suédois du xviiᵉ siècle. — Genre de plantes *Dicotylédones dialypétales hypogynes*, type de la petite famille des *Frankéniacées*, voisine des *Caryophyllées* ; caractérisé par un calice presque cylindrique, quinqué-denté, pétales 5, onguiculés concaves, 5-6 étamines, un style trifide ; capsule accompagnée du calice persistant, à une loge, s'ouvrant en 3-4 valves et renfermant de nombreuses graines. Les Frankénies sont ordinairement des herbes à feuilles opposées ou verticillées. On en compte une vingtaine d'espèces. Elles habitent principalement l'Europe méridionale et l'Afrique. On trouve en France sur les côtes la *F. lisse* (*F. lævis*, L.), plante à tiges menues, couchées et à fleurs axillaires violettes ou rosées ; la *F. poudreuse* (*F. pulverulenta*, L.) remarquable par ses feuilles pulvérulentes cendrées en dessous ; et la *F. hérissée* (*F. hirsuta*, Lin.) qui a des fleurs violettes, réunies deux à quatre ensemble au sommet des rameaux.

FRANZENSBAD (Médecine, Eaux minérales). — Bourg des États autrichiens en Bohême, à 6 kilom. N.-O. de la ville d'Eger ou Egra ; d'où vient que les eaux minérales de Franzensbad avaient été appelées eaux d'Eger, bien à tort, puisque cette ville n'en a jamais possédé. Quoi qu'il en soit, on trouve dans ce bourg six sources minérales, sulfatées sodiques (ferrugineuses), dont les principales sont *Franzensquelle, Wiesenquelle, Luizenquelle* et *Neuquelle*. Elles sont toutes froides ; leur composition diffère peu. On y trouve en moyenne, acide carbonique libre, 917,78 centim. cub. par litre ; sulfate de soude, 2gr,678 ; chlorure de sodium, 0gr,941 ; carbonate de soude, 0gr,733 ; carbonate de chaux, 0gr,160 ; plusieurs autres carbonates parmi lesquels on doit signaler en moyenne, carbonate de protoxyde de fer, 0gr,045 environ ; et de la silice en quantité assez notable (0gr,047). La *Franzensquelle* est la source la plus importante. En général ces eaux moussent et pétillent à leur sortie, elles sont très-limpides, d'une saveur piquante et salée, qui laisse un arrière-goût légèrement styptique. Employées principalement en boisson à la dose de deux à six verres le matin à jeun, elles agissent comme laxatives, et la présence du fer et de l'acide carbonique explique leurs propriétés toniques et excitantes ; les différents principes minéralisateurs énoncés plus haut, rendent raison aussi de leurs vertus dissolvantes qui les rendent si utiles dans les catarrhes chroniques des bronches, du larynx, des voies urinaires, dans les scrofules, les engorgements du foie, de la rate, dans les convalescences longues et difficiles. On associe souvent à la médication interne l'usage des bains d'eau, de gaz très-bien établis dans cette station, et de boue. Ces derniers sont très-en vogue dans toute l'Allemagne, et l'on n'en donne pas moins de 4,000 par an ; c'est même, dit-on, cette médication qui constitue la partie la plus importante de ces eaux. Ces boues, très-riches en principes actifs, tels que sels de soude, de chaux, de fer, argile, matières végétales, produisent une stimulation énergique à la peau, et une dérivation puissante ; aussi les emploie-t-on souvent dans les rhumatismes chroniques et dans les paralysies qui en sont la suite, dans les dépôts goutteux, dans l'anémie, la chlorose, le rachitisme, etc.

Ces eaux, mises en bouteille aux sources, avec le plus grand soin, se conservent parfaitement et peuvent très-bien être employées au loin.   F. — N.

FRASÈRE (Botanique), *Frasera*, Walter ; dédié au botaniste voyageur Fraser. — Genre de plantes *Dicotylédones gamopétales hypogynes*, de la famille des *Gentianées*, tribu des *Chironées* ; caractères : calice à 4 divisions profondes ; corolle à 4 divisions acuminées, munies chacune d'une glande orbiculaire ; 4 étamines, plus courtes que la corolle et insérées sur le tube ; capsule à une loge, bivalve et contenant de 8 à 12 graines. Les frasères sont des herbes vivaces à feuilles opposées ou verticillées. Elles habitent l'Amérique septentrionale. La *F. de la Caroline* (*F. Caroliniensis*, Walt.), qui croît dans les lieux marécageux de la Caroline, est une plante herbacée qui peut atteindre jusqu'à 1m,50. Ses fleurs sont d'un jaune verdâtre, ponctuées de bleu. Sa racine est amère et porte, bien à tort, le nom de racine de *Colombo* ou plutôt *faux Colombo* ; le vrai colombo (voyez ce mot) est la racine de plantes de la famille des *Ménispermées*, qui est beaucoup plus amère.

FRAXINÉES (Botanique), tribu de plantes de la famille des *Oléinées* ou *Oléacées*. Elle a pour type le genre *Frêne* (*Fraxinus*) et ses caractères sont : fruit sec indéhiscent, ailé, à deux loges ; graines périspermées ; fleurs polygames apétales ou à 2-4 pétales. — Genre princip. *Frêne* (*Fraxinus*, Tourn.).

FRAXINELLE (Botanique) (de *Fraxinus*, nom du frêne avec lequel cette plante a de l'analogie par le feuillage). — Espèce de plantes du genre *Dictamne* (voyez ce mot). C'est le *Dictamnus fraxinella*, Gers. (*D. albus*, L.), plante vivace extrêmement résineuse, élevée environ d'un mètre. Sa tige est brune, velue ; ses feuilles sont pennatiséquées, luisantes, finement dentées ; ses fleurs disposées en grappes allongées sont blanches ou purpurines, marquées de stries rouges. Cette plante croît dans les endroits rocailleux de l'Europe méridionale et en Orient. On la cultive pour l'ornement. Elle répand une odeur très-aromatique due à la résine qu'elle renferme en abondance et qui donne lieu à un phénomène très-intéressant observé pour la première fois par la fille de Linné. Lorsqu'après une journée chaude on approche la flamme d'une bougie de la fraxinelle, il se produit autour de la plante une auréole lumineuse provenant de l'inflammation du fluide éthéré que dégage l'huile volatile des vésicules de la plante. L'écorce de la racine de cette espèce s'employait autrefois comme vermifuge, diurétique et sudorifique. On la faisait entrer dans la composition de certains opiats. Avec les fleurs, on prépare une eau distillée qui sert de cosmétique dans certaines localités.   G — s.

FRAXINUS (Botanique). — Nom latin du Frêne.

FRAYE (Zoologie). Un des noms vulgaires de la *Grive drenne* ou *draine* (*Turdus viscivorus*, Lin.).

FRAYÈRE (Zoologie). — On appelle ainsi le lieu où les femelles des poissons viennent déposer leurs œufs. Ces endroits sont presque toujours plus ou moins éloignés de leurs habitations ordinaires. Dans ce cas les poissons quittent leur séjour habituel quelquefois isolément, d'autres fois par bandes nombreuses pour aller trouver les frayères déjà fréquentées ou pour en chercher de nouvelles. Cette migration n'a jamais lieu le jour. Les uns quittent la mer, remontent les fleuves, les rivières, les ruisseaux même pour chercher les eaux vives ; d'autres gagnent les gués, les étangs pour trouver des eaux tranquilles et d'une température plus douce. Les crues d'eau, les variations brusques de température nuisent au développement des œufs et en perdent un grand nombre. Mais dans chaque localité choisie par les femelles des poissons, la place n'est pas indifférente, et l'on a vu, par exemple, des bandes de saumons « remontant à leurs frayères situées dans quelques cantons paisibles de la rivière, caillouteux et bien exposés, ordinairement dans un ou deux pieds d'eau ; et la pratique a constaté que là où sur une petite gravière, il y avait une fosse, un lit de saumons, on était certain d'en trouver tous les ans » (*Encyclopédie de l'agriculture*). D'autres poissons recherchent les petits fonds vaseux, herbus, etc. Les pêcheurs, au fait de ces habitudes, ont soin d'en profiter pour assurer la réussite de leur pêche. D'autres fois, et ceci a lieu surtout lorsqu'on veut faire de la *pisciculture* (voyez ce mot), « on récolte, à l'exemple des Chinois, les herbes couvertes d'œufs fécondés, ou bien on détermine les poissons d'un cours d'eau, d'un étang, etc. à venir déposer leur couvée à l'endroit qu'on leur ménage. L'époque habituelle où les poissons établissent leurs frayères diffère non-seulement pour les genres d'une même famille, mais encore suivant les circonstances pour les membres d'une même espèce ; le tableau suivant, que nous empruntons au *Livre de la ferme*, est dressé pour les principaux poissons de l'Europe centrale (*Livre de la ferme*, t. I, p. 991). Quant aux *Frayères artificielles*, voyez l'art. *Pisciculture* de ce Dictionnaire. On peut consulter aussi le *Livre de la ferme* (*loc. cit.*).

NOMS DES ESPÈCES.		ÉPOQUE DU FRAI.	ENDROIT OÙ LES ŒUFS SONT DÉPOSÉS.
Saumon	*Salmo salar*, L.	Octobre. — Janvier.	Eau courante, sable et gravier.
Truite saumonée	— *trutta*, L.	Novembre et Décembre.	—
Truite	— *fario*, L.	Septembre. — Janvier.	Ruisseau à fond de gravier.
Ombre chevalier	— *umbla*, L.	Décembre — Février.	Gravier des rivages.
— commune	*Salmo thymallus*, L.	Mars. — Mai.	Eau courante, sable.
Brochet	*Esox lucius*, L.	Février et Mars.	Eau dormante, roseaux et vase.
Perche	*Perca fluvialis*, L.	Avril et Mai.	Plantes aquatiques.
Carpe	*Cyprinus carpio*, L.	Mai. — Juin.	Eau dormante, herbes.
Tanche	*Cyprinus tinca*, L.	Mai. — Juillet.	Eau dormante, herbes et vase.

FRAYEUSE (Zoologie). — On appelle ainsi dans quelques contrées le *Rouge-gorge* (*Motacilla rubecula*, Lin.).

FRÉGATE (Zoologie), *Tachypetes*, Vieill. — Genre d'*Oiseaux* de l'ordre des *Palmipèdes*, famille des *Totipalmes*, classé par Linné dans son grand genre des *Pélicans* ; ces oiseaux sont très-voisins des Cormorans dont ils diffèrent par un bec fort, à deux mandibules recourbées au bout, une queue longue et fourchue, des ailes également très-longues, et des pieds courts avec une membrane profondément échancrée. On n'en connaît bien qu'une seule

Fig. 1294. — Frégate.

espèce nommée la *Grande Frégate* (*Tachypetes aquila*, de Vieillot ; *Pelecanus aquilus*, Lin.). Elle est de la grosseur d'une poule ; a le tour des yeux rouge et nu, le bec rouge et long de 0^m,15, le plumage noir varié de blanc sous le cou ; son envergure dépasse 3 mètres. Ces ailes, démesurées relativement à la longueur des pattes, la gênent à terre au point qu'elle se laisse quelquefois atteindre et assommer comme les *Fous* dans l'impossibilité où elle est de fuir ; mais elle évite de se poser ainsi sur le sol et se perche généralement sur les arbres, les rochers. En revanche, son vol est rapide et soutenu ; et cette propriété, qui lui a valu son nom, jointe aux ongles robustes et au bec acéré qu'elle possède, en fait un des oiseaux de proie maritimes les plus redoutables. Sorte de milan des mers, non-seulement la frégate, rasant dans son vol sûr et rapide la surface de l'eau, enlève les poissons et surtout les exocets qui ont l'imprudence de s'y hasarder ou de s'élever un instant au-dessus des flots, mais encore elle poursuit et frappe les mouettes, les pélicans même et les fous pour leur faire lâcher leur proie et s'en emparer habilement, avant qu'elle soit retombée à l'eau. « Les frégates, dit Vieillot, sont, de tous les oiseaux de mer, ceux qui se rapprochent le plus de l'aigle, elles semblent le remplacer sur cet élément. Armées d'un bec terminé par un croc aigu, de pieds courts, robustes et couverts de plumes, de serres aiguës ; servies par une vue très-perçante et un vol des plus rapides, elles possèdent tous les attributs qui caractérisent un tyran de l'air. » Les observations faites par les modernes, réduisent, à leur juste valeur, ces courses lointaines à 1,600 kilomètres de toute terre rapportées par les ornithologistes plus anciens ; c'est une erreur et l'on sait aujourd'hui qu'elles ne s'éloignent pas à plus de 80 kilomètres des côtes.

Cet oiseau est commun sur les côtes entre les tropiques. La femelle établit son nid sur les arbres ou dans les creux des rochers, et elle y dépose un ou deux œufs blancs, lavés de rougeâtre ou tachetés d'un rouge vif. Les petits sont nourris dans le nid et ne le quittent que lorsqu'ils sont en état de voler.

Nous avons dit que la grande frégate était la seule espèce bien connue ; en effet, celle que l'on a appelée *Pelecanus leucocephalus*, Gm., paraît être la femelle ; le *P. minor*, *Pelecanus* de Lath., ou *Petite Frégate*, serait une jeune femelle, et le *P. Palmerstonii*, de Lath., un jeune mâle.

FREIN (Anatomie, Chirurgie), vulgairement *Filet* ; repli membraneux situé au-dessous de la langue et destiné à régulariser ses mouvements en les limitant. Il se prolonge quelquefois vers l'extrémité de la langue, et empêche alors qu'elle n'exécute avec liberté tous les mouvements dont elle est susceptible. Lorsque ce prolongement est peu considérable, il ne fait que gêner plus ou moins la prononciation, quelquefois jusqu'à l'impossibilité d'articuler certains mots, certaines syllabes. Mais il peut arriver que son étendue bride tellement les mouvements de la langue que le nouveau-né ne puisse saisir que difficilement le sein de sa mère pour teter ; on dit alors vulgairement que *l'enfant a le filet*. On le reconnaît en général lorsque l'enfant cherche le mamelon sans pouvoir le prendre, ou bien lorsque en portant soi-même le doigt dans la bouche, il ne peut l'envelopper avec sa langue et le sucer. On remédie à cet inconvénient par une petite opération. On se sert pour cela de ciseaux mousses et de la plaque fendue d'une sonde cannelée avec laquelle on soulève la langue pour la maintenir dans cette position ; le frein engagé dans la bifurcation de la plaque est coupé avec les ciseaux dont on dirige la pointe en bas pour éviter les vaisseaux. Il peut survenir une hémorrhagie due à la section d'un de ces vaisseaux, il faut toujours la craindre, et la surveiller avec soin. On y remédie par une application styptique ou un bouton de feu.

FREIN DYNAMOMÉTRIQUE. — Voyez TRAVAIL.

FRELON (Zoologie), *Vespa crabro*, Lin. — Espèces d'*Insectes* du genre *Guêpe* (voyez ce mot). — Ils sont longs de 0^m,025 et ont la tête fauve avec le devant jaune ; le thorax noir taché de fauve et les anneaux de l'abdomen brun-noir bordés de jaune. Bien qu'ils ressemblent aux abeilles, ils sont pour celles-ci de constants ennemis qui les tuent, les dévorent et prennent leur miel. Les frelons n'ont pas d'ailleurs l'industrie ni la persévérance de leurs victimes. Ils font leur nid aux environs des lieux habités, dans les greniers, les trous de mur et les troncs d'arbre. Ce nid est arrondi et composé d'une substance jaune-brun assez grossière. Les rayons peu nombreux sont attachés avec assez peu de soin les uns aux autres par des sortes de piliers dont celui du milieu est le plus épais. Le tout est enfin recouvert d'une enveloppe épaisse et friable (voyez GUÊPE).

FRÉMISSEMENT (Médecine). — On désigne sous ce nom des mouvements oscillatoires, rapides et involontaires des fibres musculaires, par analogie avec le léger bruit qui se fait dans un liquide, au moment où il entre en ébullition. Ces mouvements sont ordinairement accompagnés d'une légère sensation de froid et s'observent dans la crainte, la terreur, la fureur, et dans l'invasion d'un grand nombre de maladies aiguës. Laënnec a donné le nom de *frémissement cataire* à l'ébranlement particulier qu'éprouve la main appliquée sur la région du cœur dans certaines affections de cet organe, lorsque l'orifice auriculo-ventriculaire gauche est obstrué de sang par l'insuffisance des valvules. Il coïncide presque toujours avec le bruit de *soufflet*, de *râpe*. C'est une espèce de bruissement que l'on a comparé au murmure de satisfaction que font entendre les chats lorsqu'on les flatte de la main.

FRÊNE (Botanique), *Fraxinus*, Tourn.; du grec *phraxis*, séparation : allusion faite à la facilité avec laquelle son bois peut être divisé. — Genre de plantes *Dicotylédones gamopétales hypogynes* de la famille des *Oléinées*, type de la tribu des *Fraxinées* (voyez ce mot). Il comprend des arbres à rameaux souvent munis de quatre angles. Leurs feuilles sont opposées à 2-7 paires de segments, à fleurs disposées en grappes ou en panicules et de couleur blanchâtre. On cultive environ une trentaine d'espèces de ce genre. Le *F. à fleurs* (*F. ornus*, L.; *Ornus Europæa*, Pers.) est un arbre de 10 mètres environ. Il se distingue principalement par la présence de pétales dans ses fleurs, ce qui l'avait fait regarder comme un genre distinct. Cette espèce est l'*ornus* des anciens. C'est d'elle que Virgile a dit dans sa septième églogue : « *Fraxinus in sylvis pulcherrima montibus ornus.* » Le frêne à fleurs croît dans l'Europe méridionale. Il est l'une des espèces d'où se tire la *manne* (voyez ce mot). Le *F. commun* (fig. 1295), *Frêne élevé*, (*F. excelsior*, L.) est un très-grand arbre. Son écorce est cendrée. Ses feuilles sont à 5 ou 6 paires de folioles et ses fleurs qui sont nues sont disposées en grappe courte et compacte. Le bois de cet arbre est souple, blanc, veiné, ainsi du reste que celui de plusieurs espèces. Les excroissances qui se développent souvent sur son tronc et qu'on nomme *broussin* (voyez ce mot) s'emploient avec avantage dans l'ébénisterie. L'écorce et le bois du frêne possèdent des propriétés diurétiques fébrifuges. On les a quelquefois substitués au quinquina. Les feuilles sont, dit-on, purgatives et vulnéraires; elles ont été vantées contre les rhumatismes, elles fournissent une matière colorante. Dans certaines contrées en Angleterre, les

Fig. 1295. — Frêne commun.

jeunes fruits confits dans le vinaigre s'emploient comme assaisonnement. C'est le frêne de nos bois, il est répandu dans tous les climats tempérés de l'Europe; suivant de Candolle, sa limite au midi n'est pas bien déterminée, cependant on le rencontre peu en Italie; mais au nord il atteint jusqu'au 62°, en Norwége, en Russie, etc. Dans les sols frais, mêlés de terre végétale et de sable, dans les vallées, le long des cours d'eau, dans les gorges profondes, on en trouve qui ont jusqu'à 30 et 35 mètres de hauteur et 3 mètres de circonférence. Mais les expositions chaudes, les terrains secs et sablonneux ne lui conviennent pas, non plus que ceux qui sont marécageux et trop humides. Cet arbre qui pivote d'abord, finit par développer des racines latérales qui s'étendent quelquefois dans un rayon de 5 à 6 ou 7 mètres, ce qui explique bien pourquoi, dans une prairie par exemple, il affame le sol. Une longue culture a donné de cette espèce un certain nombre de variétés dont les principales sont : le *F. argenté* dont les feuilles d'un gris cendré, sont comme argentées. Le *F. à bois jaspé*, son écorce, surtout sur les jeunes branches, est rayée de jaune. Le *F. parasol* ou *pleureur*, dont les branches pendantes se recourbent vers la terre. Le *F. horizontal*, ses branches s'étendent horizontalement. Le *F. doré* qui a l'écorce d'un jaune assez foncé, etc. Toutes les variétés se greffent sur le frêne commun, et on les plante comme arbres d'ornement dans les parcs et les grands jardins paysagers.

Le frêne commun se reproduit, par drageons qui poussent en assez grande quantité ses racines horizontales, par marcottes; mais on préfère les semis qui produisent toujours des arbres plus vigoureux. Le bois de frêne blanc, légèrement rosé, est onctueux au toucher lorsqu'il est travaillé, il est d'une ténacité et d'une élasticité remarquables; ces qualités le font rechercher pour les pièces de charronnage qui ont besoin d'avoir du ressort et de la courbure, comme brancards, limons, etc. Les tourneurs en font des chaises, des manches d'outils, des queues de billards, il sert aussi pour la fabrication des rames, des avirons, des cercles de cuves, de tonneaux. Les gros nœuds ou broussins dont nous avons parlé et que l'on rencontre surtout sur ceux qui ont été souvent émondés et sur ceux qui sont venus dans un terrain maigre et pierreux, donnent un bois dur nuancé de veines de couleurs variées, très-estimé des tabletiers et des ébénistes pour meubles, boîtes, coffrets, etc. qui peuvent rivaliser avec les plus beaux bois exotiques.

Cet arbre dont la tige s'élance droite et cylindrique, dont l'écorce d'un jaune très-clair et un peu grisâtre est d'un aspect agréable, ferait un très-joli arbre d'ornement

dans les jardins paysagers ; sa tête régulière, son feuillage léger, d'un vert brun et luisant, contraste agréablement avec la verdure des autres arbres; mais il est sujet à un inconvénient grave. Les cantharides qui se nourrissent particulièrement de ses feuilles joignent au désagrément de l'en dépouiller rapidement presque tous les ans, celui de répandre au loin une odeur forte, piquante, extrêmement pénétrante et qui peut même devenir dangereuse.

Le *F. à feuilles rondes* (*F. rotundifolia*, Lamk]), originaire de Turquie, naturalisé en Italie et en Sicile, a les feuilles composées de 9 ou 11 folioles ovoïdes, pétiolées, dentelées, d'un vert foncé, presque noirâtres en dessus. C'est principalement cette espèce qui avec le *F. ornus*, produit la plus grande quantité de *manne* (voyez ce mot.)

Presque toutes les espèces exotiques pourraient très-bien être naturalisées et popularisées dans nos climats avec grand avantage pour nous. Ainsi le *F. d'Amérique* (fig. 1296), *F. blanc*, *F. americana*, Wild., dont le bois

Fig. 1296. — Frêne d'Amérique.

très-fort, souple, élastique, paraît être de meilleure qualité que celui du *F. commun*, se plaît dans les localités semblables à celles où celui-ci prospère. C'est un arbre de 25 à 30 mètres de hauteur. Il a l'avantage, dit-on, d'être moins attaqué par les cantharides que les autres espèces. Le

Fig. 1297. — Frêne bleu.

F. quadrangulaire, *F. bleu* (*F. quadrangulata*, Mich.) s'élève un peu moins haut. Son bois égale en qualité celui du frêne d'Amérique. Il se distingue, ainsi que son nom l'indique, par ses branches et ses rameaux quadrangulaires. Nous citerons encore le *F. noir ou à feuilles de sureau* (*F. sambucifolia*, Lamk.); le *F. rouge*, ou tomenteux (*F. tomentosa*, Mich.), dont la tige haute de

Fig. 1198. — Frêne tomenteux.

20 mètres donne un bois d'une teinte rougeâtre, brillant et très-dur. Toutes ces espèces sont de l'Amérique du Nord.

Caract. du genre : fleurs polygames ou dioïques; calice quadrifide ou effacé; pétales 4 ou nuls; stigmate, bifide; samare ailée au sommet, à 2 loges contenant 1 ou 2 graines pendantes.

FRÊNE ÉPINEUX (Botanique), nom vulgaire d'une espèce du genre *Xanthoxyle*.

FRÉNEAU (Zoologie), vieux nom français de l'*Orfraie*, (*Haliotus nisus*, Savig.).

FRÉNÉSIE et mieux PHRÉNÉSIE (Médecine), puisque ce mot vient du grec *Phrén*, esprit. Les auteurs ont donné ce nom au délire furieux qui accompagne le plus souvent l'inflammation du cerveau ou de ses membranes (voyez DÉLIRE, ENCÉPHALITE, MÉNINGITE.)

FRESAIE (Zoologie). — Nom vulgaire de l'*Effraye commune* (*Strix flammea*, Lin.). Suivant Salerne, ce nom est aussi donné dans l'ancienne province de Saintonge à l'*Engoulevent* (*Caprimulgus europœus*, Lin.).

FRETILLET (Zoologie). — Nom vulgaire donné en Champagne à un *Oiseau* du genre *Roitelet*, le *Pouillot fitis* (*Motacilla fitis*, Naum.).

FRETIN (Zoologie).— Ce nom s'applique à tout poisson trop petit pour être mangé autrement qu'en friture. On l'emploie aussi comme appât pour la pêche à la ligne des poissons voraces. Il diffère de l'*alvin* en ce que celui-ci n'est composé que de poissons propres aux étangs que l'on veut empoissonner.

FREUX ou FRAYONE (Zoologie), *Corvus frugilegus* ou *Fregilus*, Lin. — Espèce d'*Oiseaux*, du genre *Corbeau* (voyez ce mot). Ils sont plus petits que les corneilles et ont le bec plus droit et plus pointu; leur plumage est d'un beau noir; mais ils ont la peau nue à la base du bec, probablement parce qu'ils ont l'habitude de creuser la terre pour chercher leur nourriture. Celle-ci ne consiste guère en chairs corrompues, mais plutôt en mulots, en campagnols, ou en larves d'insectes, en grains. La longueur totale du mâle est de 0ᵐ,50; la femelle est plus petite et moins brillante. Ces oiseaux font leur nid en mars, par compagnies, de dix, quinze, vingt quelquefois jusqu'à quarante sur le même arbre. Ils semblent y travailler en commun, avec une persévérance et une ténacité telles qu'ils les reconstruisent à mesure qu'on les détruit, sans avoir l'air de s'en apercevoir. La femelle y pond de trois à cinq œufs verdâtres ou bleuâtres, tachetés le plus souvent, longs de 0ᵐ,04. Ces oiseaux habitent en général le nord de l'Europe, ils sont défiants et difficiles à approcher, se rassemblent en grandes troupes, ne restent en hiver que dans les cantons les moins froids, et remontent vers le nord en été. Levaillant a trouvé au Cap une corneille tout à fait semblable aux freux; seulement, elle n'avait pas le devant de la tête dégarni de plumes; peut-être parce qu'ayant une nourriture abondante, elle n'est pas obligée d'enfoncer son bec dans la terre pour la chercher.

FRICHE (Agriculture). — Terrain non cultivé, ordinairement couvert de broussailles, d'ajoncs, de buissons et qui ne donnent qu'un produit très-minime. Il y a très-peu de ces terrains qui ne puissent être utilisés pour l'agriculture, lorsqu'on peut disposer de bras et de capitaux ; on en a la preuve tous les jours dans les pays où l'agriculture est en progrès. Mais avant d'entreprendre de convertir en sol arable une friche qui n'a pas encore été cultivée, on devra se rendre compte de la nature du sol et procéder au défrichement avec circonspection et dans les conditions indiquées par sa profondeur, son degré de sécheresse ou d'humidité, son inclinaison, etc. (voyez aux mots LABOUR, SOL.)

FRICTION (Thérapeutique). — On appelle ainsi l'action que l'on exerce en frottant la surface du corps à l'aide de la main, ou de brosses, d'étoffes de laine, de chanvre, etc. à sec ou avec des liquides de différentes natures, de corps gras, pommades, onguents, etc. Les frictions sèches excitent localement la peau, elles y déterminent la chaleur, la rougeur, une affluence plus grande de sang, surtout lorsqu'elles sont prolongées et qu'elles sont faites rapidement; on augmente encore cette activité en les chargeant de vapeurs excitantes ou de liquides stimulants, volatils, etc. Les anciens faisaient un usage fréquent des frictions sèches ou humides comme moyens prophylactiques et thérapeutiques: les modernes les emploient beaucoup moins. En général on les recommande dans certaines affections nerveuses, dans les rhumatismes dans les cas d'infiltration de sérosité. On ajoute à leur effet stimulant en se servant de liniments alcalins, de teintures de plantes aromatiques, etc. Les frictions que l'on fait avec les corps gras, et qui portent plus particulièrement le nom d'*onctions*, doivent leurs propriétés médicamenteuses à différents agents thérapeutiques qui y sont incorporés; ainsi les onctions d'huile camphrée s'emploient contre les atrophies, les raideurs des membres, les engorgements articulaires, etc. On se sert aussi dans les mêmes circonstances des liniments que l'on rend calmants ou stimulants suivant les indications. On emploie encore les onctions ou frictions avec les pommades stibiée, iodée, iodurée, avec différents onguents, plus ou moins mous, etc.

FRIEDRICHSHALLER (Médec., Eaux minérales). — Village d'Allemagne à 15 kilomètres de Cobourg (duché de Saxe-Cobourg). Ces eaux sont froides, sulfatées sodiques, et contiennent, d'après l'analyse de Liebig, en 1847 : acide carbonique libre, 0ᵍʳ,402 ; sulfate de soude, 6ᵍʳ,056 ; *idem* de magnésie, 5ᵍʳ,110 ; chlorure de sodium, 7ᵍʳ,955 ; *idem* de magnésium, 3ᵍʳ,939, et quelques autres principes en petite quantité; de plus, du bromure de magnésium, 0ᵍʳ,114, et des traces de fer, de silice, de sels ammoniacaux. Cette composition indique des eaux purgatives assez fortes ; aussi, depuis quelque temps, on les emploie fréquemment, et elles remplacent assez avantageusement les eaux de la Bohême (Sedlitz, Pulna). Elles n'ont pas, comme elles, l'inconvénient de déterminer après la purgation une constipation souvent opiniâtre. Le brome et la petite quantité de fer qu'elles contiennent expliquent aussi leur usage contre les dyspepsies qui dépendent de l'inertie des fonctions digestives. Elles subissent très-bien le transport, et on ne les emploie que de cette façon: un demi-verre, au plus un verre, suffit pour provoquer une ou deux garde-robes dans la journée.

FRIGANE (Zoologie), *Phryganea*, Lin. emprunté du grec *phryganon*, broussaille, petit fagot. — Ce nom tient à une particularité des insectes qu'il désigne, et qui consiste en ce que plusieurs espèces de ce genre collent au fourreau, qu'elles filent au milieu des eaux, des brins de jonc et d'autres fragments de plantes aquatiques dont l'ensemble représente un petit fagot de broutilles (voyez PHRYGANE).

FRINGALE (Physiologie). — Voyez FAIM, FAIM-VALLE.

FRINGILLE (Zoologie), *Fringilla*. — Linné a donné ce nom à un grand genre d'*Oiseaux*, que Cuvier a adopté sous le nom de *Moineaux*, et qu'il a classé dans son ordre des *Passereaux*, famille des *Conirostres*. Il les caractérise ainsi : bec conique et plus ou moins gros à sa base, et dont la commissure n'est pas anguleuse; ils vivent généralement de grains. Ils comprennent les genres suivants : les *Tisserins*, les *Moineaux* proprement dits, les *Veuves*, les *Linottes* et les *Chardonnerets* qui sont groupés ensemble, et dont le grand naturaliste a extrait les *Serins* ou *Tarins*, les *Veuves*, les *Gros-becs*, les *Pity-*

lus, les *Bouvreuils*. La difficulté d'établir, avec des caractères distinctifs précis, ces différentes coupes aussi bien que toutes celles qui forment l'ordre des *Passereaux*, a exercé la patience des ornithologistes; Lesson fait des fringilles une famille dans laquelle il range les *Bruants*, les *Tisserins*, les *Moineaux*, les *Becs-croisés*, les *Durbecs*, les *Psittacins*, les *Colious*, les *Amytis*. Plusieurs de ces genres sont ensuite divisés en sous-genres, en races : ainsi le genre *Moineau* comprend les *Veuves*, les *Moineaux* propres, les *Pinsons*, les *Chardonnerets* et les *Linottes*, les *Serins*, les *Pityles*, les *Bouvreuils*, et plusieurs autres groupes. Is. Geoffroy Saint-Hilaire, dans sa *Classification des Oiseaux*, établit une famille des *Fringillidés* : ce sont les genres *Fringilla* et *Loxia* de Linné; il les caractérise par : bec court, conique, épais, quelquefois croisé, d'autres fois tombé, à bords mandibulaires droits ou rentrants; pieds médiocres ou courts; tarses non écussonnés; ailes moyennes. Ils forment les tribus des *Fringilliens* et des *Phylotomiens*; les premiers ont le bec non dentelé; les seconds ont le bec à bords dentelés. Les *Fringilliens* comprennent les genres *Tisserins, Alecto, Bruant, Plectrophane, Moineau, Grosbec, Bouvreuil, Durbec, Psittirostre, Bec-croisé*. Enfin, le prince Ch. Bonaparte a donné le nom de *Fringillidæ* à une famille de son ordre des *Passeres*, qu'il divise en genres *Ploceinæ, Emberizinæ, Spizinæ, Geospizinæ, Pitylinæ, Loxiinæ, Fringillinæ*. G. R. Gray a aussi formé une famille des *Fringillidés*, divisée en neuf sous-familles, parmi lesquelles une porte le nomde *Fringillinées* et renferme trente genres, dont celui des *Moineaux*. Nous ne pousserons pas plus loin cet examen; nous nous contenterons, en finissant, de citer ces paroles de M. Gerbe (*Dict. de d'Orbigny*) : « Grâce à l'esprit de division des ornithologistes, une dizaine de genres en forme trois cents. Il est néanmoins une consolation au milieu de ce dédale, c'est que l'on peut regarder comme des genres assez bien délimités les sous-familles et quelquefois les genres comme des sections; il faut regretter seulement la complication inutile de la synonymie. » Conformément à la méthode adoptée par notre dictionnaire, nous continuerons, pour les différentes sous-divisions des fringilles, à suivre la classification de Cuvier (voyez MOINEAU).

FRINGILLÉES, FRINGILLIDÉS, FRINGILLIENS (Zoologie). — Voyez FRINGILLE.

FRIPPIÈRE ou **FRUITIÈRE** (Zoologie), *Trochus agglutinans*, Lin. — Espèce de *Mollusques* du genre *Toupie* (*Trochus* de Linné), remarquable par son habitude de coller et d'incorporer même à sa coquille, à mesure qu'elle s'accroît, divers corps étrangers, comme de petites pierres, des fragments de madrépores, d'autres coquilles; on trouve souvent son ombilic couvert d'une lame testacée. Très-semblable à toutes les autres toupies, elle a seulement la coquille plus écrasée ou déprimée, la spire fortement carénée à sa base, et assez peu ombiliquée. Denys de Montfort a établi sous le nom de *Fripier* (*Phorus*) un petit genre ayant pour type la *Fripière*, que de Roissy, son continuateur, nomme *Trochus conchyliophorus*, et dont toutes les espèces offrent la singulière propriété, signalée plus haut, de coller à la spire de la coquille toutes sortes de corps étrangers.

FRIQUET ou **MOINEAU DE BOIS** (Zoologie), *Fringilla montana*, Lin. — Espèce d'*Oiseaux* du genre des *Moineaux* proprement dits, du grand genre *Fringille* de Linné (voyez FRINGILLE, MOINEAU). Plus petits et moins familiers que les *Moineaux* domestiques (*F. domestica*, Lin.), ils s'en distinguent par deux bandes blanches sur les ailes, la tête rousse en dessus, blanche sur les côtés, avec une tache noire, la poitrine et le ventre gris blanc; la femelle a des couleurs moins vives que le mâle. Ces oiseaux sont sans cesse en mouvement, la queue toujours frétillante. Ils construisent leur nid dans des trous, sur les arbres, et parfois ils se servent du nid des hirondelles. La femelle y pond, en général, six œufs longs de 0^m,021, gris ou brun clair, striés de violet. Cet oiseau, répandu dans toute l'Europe, se tient éloigné des habitations et se mêle l'hiver avec les autres moineaux, aux pinsons, bruants, etc., qui composent ces bandes de petits oiseaux que nous connaissons, et que l'on appelle en général les *Moineaux*. « Le *Hambouvreux* de Buffon (*Loxia hamburgia*, Gmel.) n'est, suivant Cuvier, que le friquet défiguré par Albin, *Ois.*, 111, pl. 24. »

FRISSON (Médecine). — Sentiment de froid violent à la peau, auquel se joignent des agitations irrégulières, des secousses inégales de tout le corps. Le frisson est naturel lorsqu'en quittant un lieu chaud, on est saisi par un froid vif et subit, ou lorsqu'on s'y expose avec des vêtements trop légers. Il n'en est pas de même du frisson morbide qui accompagne les maladies, ou qui en est un des premiers symptômes. Dans ce cas, il peut être partiel ou général. Ainsi dans les fièvres typhoïdes, par exemple, la chaleur et le froid sont si inégalement répartis qu'une partie est brûlante, tandis qu'une autre paraît glacée. Le malade quelquefois ne peut faire la distinction de ces deux états; d'autres fois il se plaint d'une chaleur ardente à l'intérieur et d'un sentiment de froid à l'extérieur. Ces symptômes annoncent, en général, un état grave. Les fièvres, les phlegmasies débutent le plus souvent par le frisson. On le remarque au début des accès de fièvres intermittentes. Lorsqu'une phlegmasie se termine par suppuration, il survient ordinairement des frissons irréguliers. Il faut craindre une terminaison fâcheuse lorsque, dans les fièvres éruptives, l'éruption étant complète, il survient des frissons violents et réitérés, accompagnés d'autres signes pernicieux. Les hémorrhagies actives sont souvent précédées de frissons aux extrémités. Dans tous les cas, lorsque le frisson se manifeste dans une certaine maladie, il faut observer avec attention sa durée, sa force, l'époque de son retour, s'il est général ou partiel, et examiner scrupuleusement les signes favorables ou sinistres qui l'accompagnent ou le suivent. F—N.

FRISSONNEMENT (Médecine). — Léger frisson qui donne lieu à cet état de la peau, que l'on nomme vulgairement *chair de poule*. Le simple frissonnement a moins de valeur dans les maladies que le frisson.

FRITILLAIRE (Botanique), *Fritillaria*, Lin., du latin *fritillus*, cornet à jouer aux dés : allusion faite à sa corolle profonde. — Genre de plantes *Monocotylédones périspermées*, de la famille des *Liliacées*, tribu des *Tulipacées*. Les fritillaires, dont on cultive environ une vingtaine d'espèces, sont des plantes à bulbe solide, à fleurs pendantes, solitaires ou groupées au sommet de la tige, et surmontées quelquefois d'une touffe de feuilles. Elles croissent en Europe et en Asie. La *F. méléagride* (*F. meleagris*, Lin., du même mot grec qui signifie *pintade*), appelée aussi *Damier* ou *Pintade*, à cause de ses fleurs marquées de carrés alternativement rouges, blancs ou jaunes, est une espèce qui habite les prés humides de l'Europe moyenne. Ce sont de jolies fleurs d'ornement, à tige droite et grêle, de 0^m,20 à 0^m,25, feuilles alternes et linéaires, et qui, en mars et avril, donnent des fleurs semblables à de petites tulipes renversées. On les multiplie par caïeux, quelquefois par graines; un terrain gras et frais à l'ombre leur convient. On les couvre l'hiver. La *F. couronne impériale* (*F. imperialis*, Lin.), qu'on cultive fréquemment dans les jardins, a les fleurs d'une belle couleur rouge, safranée, disposées en couronne sur le haut de la tige terminée par un faisceau de feuilles, et exhalant une odeur désagréable. Cette plante a été rapportée de Constantinople et cultivée, pour la première fois, à Vienne, en 1570, par Clusius. Elle est d'un bel effet dans les parterres, et donne ses belles fleurs en avril. Elle demande du soleil et une terre bien fumée et ne retenant pas l'humidité qui lui est contraire. On la multiplie, comme la précédente, de caïeux que l'on retire tous les trois ou quatre ans en relevant l'oignon pour le nettoyer. Elle ne craint point nos hivers. Il existe des variétés rouges, blanches et jaunes

Fig. 1290. — Fritillaire impériale.

doubles. La plus belle est celle *à grosses cloches* des Hollandais, *F. maxima*, remarquable par sa hauteur, la grosseur et la beauté de ses fleurs. Les bulbes de cette espèce renferment un suc âcre et vénéneux, associé à une matière amylacée très-abondante, qu'on avait songé dans ces derniers temps à extraire pour l'alimentation. On a employé ces bulbes en médecine comme émollient, et résolutif, mais seulement à l'extérieur. On cultive aussi pour l'ornement des jardins la *F. de Perse* (*F. persicat*

Lin.), espèce à fleurs en grappes, au nombre de 20 à 30 et colorées d'un violet bleuâtre, mélangé de vert.

Caract. du genre : périanthe coloré, à 6 divisions conniventes en cloche, et munies à leur base d'une fossette nectarifère ; 6 étamines dressées, adhérentes au périanthe ; ovaire à 9 loges contenant de nombreux ovules ; capsule à 3 ou 6 angles.   G—s.

FROID, SOURCES DE FROID (Physique). — Le froid est une sensation d'une nature spéciale, qui n'exige aucune définition Dans l'ordre physiologique, cette sensation est entièrement personnelle et pour ainsi dire *subjective*. Chacun sait que, dans les mêmes circonstances, les diverses personnes l'éprouvent à des degrés très-différents, et il n'est pas rare de voir dans le même lieu l'un souffrir du *froid*, tandis que l'autre se plaint de la *chaleur*. Pour la même personne, de pareilles variations peuvent se présenter, comme le montre l'expérience suivante, très-anciennement connue, et d'ailleurs fort intéressante.

On plonge une des mains dans de l'eau à 50° environ, c'est-à-dire à peu près à la plus haute température qu'elle puisse supporter, et l'autre dans un mélange frigorifique de 10 ou 15° au-dessous de zéro ; lorsqu'elles sont restées quelque temps dans ces deux bains, on les retire pour les plonger *simultanément* dans un vase contenant de l'eau à une trentaine de degrés. Dans ces circonstances l'observateur éprouve une sensation de froid très-marquée à la main qui vient de l'eau à 50°, et, au contraire, une sensation de chaleur à celle qui vient du mélange frigorifique. Cette expérience montre que la sensation de froid et de chaud, est d'abord une affaire de comparaison, avant de prendre un caractère déterminé. C'est ainsi, par exemple, qu'en hiver, et après quelque temps de froid rigoureux, une température extérieure de 10° amène des sensations de chaleur, tandis qu'en été, le résultat est absolument inverse. C'est à cause de ces variations dans le phénomène physiologique que le physicien a recours à un moyen d'appréciation indépendant de toute influence personnelle, ce moyen est le thermomètre (voyez ce mot et TEMPÉRATURE). Il importe toutefois de ne pas oublier que précisément à cause de cette indépendance, l'indication thermométrique peut n'être qu'une image imparfaite ou infidèle de la sensation, et que dès lors il peut être opportun d'étudier celle-ci en elle-même et de se rendre compte des éléments de toute sorte qui contribuent à la produire.

Les physiciens ont recours à des méthodes diverses pour produire du froid ou un abaissement de température. Ces méthodes étant surtout utilisées pour la fabrication de la glace, le lecteur les trouvera décrites au mot GLACE.

FROID (Physiologie. Hygiène). — Considéré sous le rapport de l'influence qu'il exerce sur les êtres organisés, le froid excessif est un principe de mort, il refoule la vie à l'intérieur et l'éteint lorsqu'il dépasse certaines limites. Mais lorsqu'il est modéré, lors même que la température est assez basse, il peut devenir favorable à certains êtres, par la lutte qui s'établit alors entre les forces de la vie et l'influence débilitante du froid ; aussi voyons-nous que les hommes les plus forts, les plus vigoureux sont précisément ceux des zones tempérées froides ; là on trouve ces peuples de haute taille, de belle carnation, au teint fleuri, brillants de fraîcheur et de santé qui constituent les populations répandues entre le détroit de Gibraltar et la Russie septentrionale. Au delà de cette zone, la lutte devient inégale. Les forces vitales succombent sous la violence de leur redoutable adversaire, l'espèce humaine se rapetisse, s'amoindrit, devient plus trapue, tels sont les Groënlandais, les Lapons, les Esquimaux, etc. Ce n'est pas ici le lieu de présenter au lecteur les causes de cette prépondérance de la vie, de celle de l'homme en particulier, dans les climats d'une température froide modérée. Ces causes pourront être plus justement examinées au mot RESPIRATION. Nous rappellerons seulement ceci : dans les pays froids, l'homme, au milieu d'une atmosphère souvent au-dessous de zéro, doit se maintenir à sa température normale de 40° centig., il faut donc qu'il produise une quantité de calorique considérable ; dès lors la combustion qui s'opère en lui devra être active ; pour cela il devra manger beaucoup, user largement d'une alimentation azotée, et ses poumons prendront un développement en rapport avec l'énergie fonctionnelle dont ils auront besoin pour activer cette combustion, source du calorique. Le cœur, auxiliaire et agent de cet admirable mouvement physiologique, devra subir la même influence ; sa vigueur, son énergie étant augmentée par la stimulation d'un sang riche et abondant, il enverra dans toutes les parties du corps les éléments d'une vitalité puissante,

dont les conséquences seront le grand développement physique dont nous venons de parler.

Ainsi la vie des animaux et des végétaux a la puissance de résister au froid jusqu'à plusieurs degrés au-dessous de glace et les animaux ne succombent qu'à des froids excessifs ; pourtant on voit des larves et des œufs d'insectes qui ne périssent pas, dit-on, après avoir été gelés. Quelques plantes résistent aussi à des froids assez vifs ; telles sont certaines mousses, des lichens ; Lhéritier a vu le noisetier en fleurs avec 6° centig. La *Perce-neige* (*Galanthus nivalis*, Lin.), le *Trolle d'Europe* (*Trollius europæus*, Lin.), et quelques autres plantes des Alpes soulèvent la neige pour épanouir leurs fleurs.

De ce que nous avons dit plus haut, il ne faudrait pas conclure que pour donner de la force et de la vigueur aux enfants, il faut de bonne heure les exposer au froid ; au contraire, la première impression du froid vif sur l'enfant détermine souvent cet endurcissement morbide du tissu cellulaire auquel Chaussier a donné le nom de *Scléréma* (du grec *scléros*, dur). Tout le monde connaît cette coutume des anciens Scythes, des Germains, de laver leurs enfants avec de l'eau glacée. Les peuples du Latium, selon Virgile, se vantaient d'être une race dure, et nous plongeons, disaient-ils, dans le fleuve glacé, nos enfants aussitôt qu'ils sont nés, pour les endurcir (*sævo gelu duramus et undis*). Malgré ces beaux exemples, trop souvent cités et trop souvent mis en pratique, nous ne conseillons pas aux mères de les imiter. Il existe entre l'éducation physique de nos enfants, entre les mœurs de notre époque et ce qui se passait dans ces temps reculés, de trop grandes différences pour que nous puissions établir aucune comparaison raisonnable et sensée. Nous nous bornerons donc à dire que sans tomber dans un excès contraire, il faut certainement habituer les enfants à supporter le froid, mais dans une mesure convenable et en consultant toujours leur constitution originelle, leur état de santé habituel, le milieu social dans lequel ils vivent, etc.

Le froid peut causer des accidents plus ou moins graves sur les corps vivants, et, pour ne parler que de ce qui a rapport à l'homme, nous citerons les gerçures, crevasses, engelures plus ou moins profondes, des gangrènes dites par congélation de la peau, des membres, surtout les plus éloignés du centre circulatoire, du nez, des oreilles, etc. (voyez ENGELURES, CONGÉLATIONS, GANGRÈNE).

Dans les maladies, le froid paraît généralement beaucoup plus nuisible qu'utile, excepté dans les cas où la production de la chaleur devient excessive, et surtout lorsqu'il s'agit du froid appliqué localement. Il est *nuisible* à la cicatrisation des plaies, aux rhumatismes, à la goutte, aux affections scorbutiques, scrofuleuses, aux enfants prédisposés au carreau, etc., aux personnes sujettes aux fluxions, aux maux de dents, aux affections des reins, de la vessie, à certaines sortes de spasmes, de névralgies ; mais c'est surtout dans les lésions des organes respiratoires et dans les maladies éruptives que l'on doit prendre les plus grandes précautions contre le froid ; il en est de même lorsque dans le cours d'une maladie on a lieu de soupçonner qu'il se prépare un mouvement critique. Le froid, au contraire, peut être *utile* dans les circonstances suivantes : On connaît tous les services qu'on retire des applications topiques de glace ou d'eau très-froide dans les affections cérébrales de nature inflammatoire, contre la distension des poches anévrismales, la chaleur trop vive des phlegmons ; les bains froids, les douches dans certaines manies, hypochondries et dans d'autres névroses analogues, ont rendu souvent de grands services. Dans les fièvres ardentes de mauvais caractère, dans le *causus* on a quelquefois obtenu une rémission marquée au moyen d'un bain froid. Les frictions avec la glace ont très-souvent calmé ces crampes atroces qui font le tourment des cholériques. On a encore employé avec succès les affusions froides dans les fièvres ataxiques, dans les syncopes, les lipothymies, dans les hémorrhagies, et les bains froids comme toniques réactifs. Dans certains spasmes nerveux, dans des migraines opiniâtres, on n'a pas craint de donner des lavements d'eau glacée. Enfin, dans les entorses, le bain froid local et prolongé pendant plusieurs heures a produit de bons résultats. Nous n'avons pas besoin de dire avec quelles précautions le froid doit être employé comme moyen thérapeutique ; administré mal à propos, il peut produire des accidents redoutables ; aussi dans les cas graves on ne devra y avoir recours que sur la prescription du médecin.

Quant au froid que l'on observe dans les maladies, il

est ordinairement superficiel, et dans ce cas il y a concentration de la chaleur vers les parties centrales; quelquefois cependant il est général; c'est ce qu'on observe surtout vers la fin des fièvres de mauvais caractère dans la peste, dans la fièvre jaune, dans certains empoisonnements par les venins débilitants, les stupéfiants, dans la période algide du choléra, etc. F—N.

FROMAGE (Agriculture), du nom du clayon ou *forme* où le fromage est égoutté et monté. — Le fromage est une préparation alimentaire extraite du lait et qui en renferme les principes nutritifs. Le lait, comme on peut le voir à l'article spécial qui le concerne, est composé d'eau, tenant en dissolution ou en suspension une matière grasse, le beurre; une matière sucrée, la lactine ou lactose; deux matières azotées, le caséum et l'albumine. Sortant de la mamelle, ce liquide est à une température de 37° à 40° centig. et généralement il réagit sur les teintures végétales comme un liquide alcalin, à cause des sels qu'il tient en dissolution. Mais abandonné à lui-même, le lait subit au contact de l'air et selon la température des changements variés. Laissé en repos dans un vase ouvert et par une température environnante de 10° à 12° centig., le lait commence par *crémer*, c'est-à-dire qu'on voit bientôt se former à sa surface libre une couche opaque d'un blanc jaunâtre, plus légère que le reste du liquide, puisqu'elle surnage, et que l'on nomme la *crème*. En dessous de cette couche, le reste du lait a pris l'aspect d'un liquide opalescent, légèrement bleuâtre, que les chimistes nomment le *sérum* du lait; si l'on en sépare la crème, ce liquide constitue le *lait crémé*. Mais si le lait crémé continue à demeurer tranquille au contact de l'air et à la même température de 10° à 12°, un autre changement ne tarde pas à se produire. Le liquide opalescent qui était resté sous la couche de crème se trouble bientôt par la formation progressive de flocons blanchâtres, le lait *tourne* en un mot, et ces flocons réunis par leur poids spécifique en dépôt au fond du vase forment le *caillé* au-dessus duquel se voit un liquide transparent, verdâtre et d'un goût acide, c'est le *petit-lait*, que surmonte toujours la couche de crème à la surface libre du lait. Les chimistes expliquent ainsi ces divers changements: aux premiers moments du séjour du lait à l'état de repos, les globules de beurre suspendus dans le lait remontent peu à peu vers la surface libre en vertu de leur légèreté spécifique et leur accumulation y forme la couche de *crème*. Le *sérum* ou *lait crémé* ne contient plus que la lactine ou sucre de lait, le caséum, l'albumine et une très-faible quantité de beurre. La formation du caillé ou coagulation du lait, est provoquée par une altération du sucre de lait en présence du caséum et de l'albumine au contact de l'air. Dans ces conditions, la lactine ou sucre de lait donne naissance à une certaine quantité d'acide lactique qui détermine la précipitation du caséum en saturant la petite quantité de soude à la faveur de laquelle celui-ci était dissous. Le petit-lait conserve en dissolution l'albumine, que l'ébullition du liquide peut coaguler à son tour en gros flocons.

Les changements que subit le lait sont un peu différents, si, au lieu de le laisser descendre à 10° ou 12° de température, on le maintient à 25° ou 30°. Alors la formation du caillé a lieu avant que la crème ait eu le temps de se former et toute la masse du lait s'est partagée bientôt en deux parties seulement, le caillé et le petit-lait. Le beurre est dans ce cas mêlé au caillé et forme une masse solide contenant une portion considérable des principes du lait et propre à faire ce qu'on appelle du *fromage*. Enfin la formation du caillé peut être provoquée et rendue très-rapide par l'introduction, dans le lait, d'un acide ou d'une matière fermentescible particulière que l'on nomme la *présure*.

La fabrication des fromages repose sur ces propriétés du lait et les opérations dont elle se compose sont toujours les mêmes. On fait d'abord cailler ou coaguler le lait à une température d'environ 30° et à l'aide de la présure. On divise ensuite le caillé en menus fragments pour donner issue au petit-lait qu'il retient dans toutes ses parties; puis on sépare avec soin le petit-lait du caillé. Quelques fromages sont préparés à chaud et doivent à cette circonstance le nom de *fromages cuits*; les autres, que l'on peut appeler *fromages crus*, sont tantôt destinés à être consommés peu de temps après qu'ils ont été faits, tantôt réservés à une conservation plus ou moins longue. Les premiers sont des *fromages crus, mous et frais*, les autres sont des *fromages crus, mous et salés* ou des *fromages crus à pâte pressurée et salée*. En outre de ces catégories distinctes de fromages ayant une valeur com-

merciale, on fabrique dans les fermes, pour les besoins domestiques, des *fromages* dits *maigres*, parce que, laissant aigrir le lait à 10° ou 12°, on recueille d'abord la crème pour faire du beurre, puis on fait le fromage avec le lait écrémé. Les fromages faits avec du lait non écrémé, comme tous ceux que j'ai indiqués en premier, sont par opposition désignés sous le nom général de *fromages secs*.

La *présure* que l'on emploie pour faire cailler le lait est une matière extraite de la membrane du quatrième estomac (ou *caillette*) du veau non sevré, et on se la procure par divers procédés dont chacun repose sur une recette empirique. Voici l'un des plus employés, tel que l'indique M. le professeur Boussingault: « On prend des caillettes, on en retire le lait caillé qu'on lave à l'eau froide, puis, après l'avoir mêlé à un volume de sel égal au sien, on le remet dans la caillette qu'on a préalablement bien lavée. On place alors dans un vase de grès plusieurs de ces estomacs de veaux remplis de grumeaux de lait caillé salé; on les couvre d'une forte saumure de sel. Quelques jours après l'on retire les estomacs, on saupoudre de sel et on les fait sécher à l'air. Un morceau de l'estomac de caillette de veau ainsi préparé, d'une surface de 0m,02 carrés, mis à infuser pendant douze à quinze heures dans 0l,02 à 0l,03 d'eau tiède, donne un liquide capable de coaguler 12 à 15 litres de lait. » Une manière plus expéditive de faire agir la présure, consiste simplement à plonger dans le lait un morceau de caillette de veau enveloppé dans un nouet de linge. La matière que les chimistes ont extraite de la muqueuse stomacale des mammifères, et que Wasmann (qui l'isola le premier) a nommée la *pepsine*, jouit aussi de la propriété de cailler le lait sans l'intervention d'un acide, et c'est elle sans doute qui constitue le principe actif de la présure; aussi M. Deschamps prépare-t-il une infusion alcoolique de muqueuses stomacales de porc ou de veau, qui est une présure très-efficace et facile à conserver.

L'habitude de faire la présure s'est en grande partie perdue parmi les ménagères de nos campagnes; un grand nombre l'achètent toute préparée. Les ménagères suisses conservent séchées des caillettes de veaux de 2 à 4 semaines; quelques jours d'avance elles coupent la caillette en morceaux, la font tremper dans un litre de petit-lait et y ajoutent un peu de sel; elles ont ainsi une présure liquide qu'on prépare au fur et à mesure des besoins. La force de la présure est grande, et c'est un talent d'expérience que de savoir déterminer la quantité qu'il convient d'employer; cette quantité dépend de la nature même de la présure que l'on emploie; puis il en faut moins en été qu'en hiver, le lait non écrémé en exige plus que le lait crémé.

Après ces renseignements généraux sur l'agent principal de la fabrication des fromages, qu'on me permette de citer quelques lignes de Felix Villeroy : « Quoique le lait soit toujours la base de tous les fromages, sans addition d'aucune autre substance, cependant chaque pays, chaque canton a une espèce particulière de fromage qui varie autant par la forme que par le goût. Nulle part, il n'y a de secrets dans la fabrication des fromages; tous les procédés ont déjà été décrits, et cependant, en cela comme en toutes choses, la pratique est nécessaire, et celui qui voudra faire des fromages d'après les prescriptions d'un livre s'exposera à des mécomptes. Le fermier qui voudra faire la spéculation de convertir en fromage le lait de ses vaches, fera prudemment de ne pas s'en rapporter seulement à la théorie et de recourir d'abord à la pratique, c'est-à-dire de faire venir un fromager, ou d'envoyer en apprentissage dans une fromagerie bien conduite celui qui doit devenir fromager. » Je pense aussi que dans un livre, et surtout dans un livre de renseignements élémentaires, il ne faut songer à donner aucune recette, aucun procédé de fabrication des fromages dans l'espoir de venir en aide aux débutants; il faut se borner à indiquer au public, pour satisfaire une légitime curiosité, les principaux traits de telle ou telle fabrication. C'est dans cet esprit que je vais passer en revue les principales espèces de fromages; la plupart étant fabriqués avec du lait de vache, toutes les fois que je ne mentionnerai pas spécialement l'emploi d'une autre nature de lait, c'est de celui-là qu'il sera question.

FROMAGES CUITS : 1° *Fromage de Gruyère.* — Ce fromage célèbre doit son nom à un petit village suisse du canton de Fribourg, nommé *Griers* et dont on a fait par corruption *Gruyère*. La Suisse est, en effet, le pays originel de ce fromage qui se fabrique aujourd'hui, avec une égale perfection, en France dans les Vosges, le Jura et l'Ain. On le désigne dans certaines contrées sous le nom de *Vachelin*. Le fromage de Gruyère n'est bon que lorsqu'il est fabriqué en grande masse avec de bon lait récemment trait. Sa fabrication exige en outre une expérience consommée et doit être l'occupation habituelle d'un même homme. Aussi cette industrie est-elle fondée sur une association spontanée d'un certain nombre de petits cultivateurs mettant leur lait en commun et confiant à un homme expérimenté dans cette fabrication le soin de convertir ce lait en fromage et de tenir compte des droits de chacun sur les produits. Ces associations portent en Suisse et dans le Jura le nom de *fruitières*, et l'on nomme *fruitier* l'homme chargé de fabriquer le fromage. Cette curieuse institution remonte à plusieurs siècles et chaque fruitière a pour code un règlement écrit signé par tous les membres. Ces règlements, tous conçus sur le même plan, se renouvellent tous les six ou dix ans, et fixent les conditions dans lesquelles le lait doit être livré par chaque associé, les mesures de surveillance auxquelles chaque associé ne peut se refuser, la vente des fromages et la répartition de ses produits entre les associés suivant leur apport de lait. Une commission et un président nommés au scrutin parmi les associés veillent aux intérêts de tous, tiennent la main à l'exécution du règlement et prononcent les peines qu'il comporte contre les délinquants. Le fruitier est un homme aux gages de la société, chaque jour il reçoit le lait de chacun, le mesure et marque sur une taille; dès que la taille d'un des associés indique qu'il a apporté assez de lait pour faire un fromage, le fruitier travaille à son compte, et ainsi de suite. Le fromage fait est marqué du nom de l'associé et mis en réserve avec les autres. La vente a lieu en gros une ou deux fois par an, et le fruitier répartit l'argent aussitôt entre les intéressés. Dans les Vosges on ne retrouve pas ces sortes d'associations, la fabrication des fromages dits de Gruyère se fait dans des habitations spéciales en bois de sapin, nommées *chaumes* ou *markaineries*, et le pâtre qui y réside avec ses vaches, les soigne et fabrique les fromages, se nomme le *markaire*. Ces habitations sont situées sur les plateaux les plus élevés des Vosges, et le markaire y réside depuis la fonte des neiges (mai) jusqu'à la fin de septembre. Les vaches dont il emploie le lait sont louées par lui pour six mois en vue de son industrie.

La fabrication du fromage de Gruyère a été décrite exactement par plusieurs auteurs, M. P. Joigneaux raconte ainsi ce qu'il a vu lui-même à la fruitière de Champvaux, près de Poligny (Jura). « Imaginez sur le côté d'une large cheminée de village une sorte de petite potence en

Fig. 1390. — Chaudière pour la fabrication du fromage de Gruyère.

bois, composée d'un arbre vertical tournant sur lui-même et surmonté d'un bras horizontal, auquel on suspend une chaudière pouvant contenir jusqu'à 250 ou 300 litres. On y verse le lait au tiers écrémé, puis on chauffe jusqu'à 25° avec du bois de fagots parfaitement sec. Après cela, le fruitier saisit le bras de la potence, fait tourner l'arbre et amène la chaudière à lui, en l'éloignant du foyer. Alors il exécute le détail le plus délicat de l'opération, qui consiste à coaguler (ou cailler) le fromage au moyen de la présure, qu'il essaye d'abord dans sa grande

cuiller en bois, afin de s'assurer de sa force. Il en faut environ un demi-litre pour 250 litres de lait, un peu plus, un peu moins, selon la saison. Au bout d'un quart d'heure approchant, le caillé est entièrement formé. Le fruitier le divise de son mieux avec la cuiller ou une espèce de latte, puis il achève la division avec un brassoir qu'il agite dans la chaudière, de manière à imprimer des mouvements dans tous les sens. Il pousse de nouveau la chaudière sur le feu, tout en continuant de brasser, jusqu'à ce que la température arrive à 32° ou 33°. Il s'arrête le temps nécessaire pour éloigner la chaudière du foyer, puis il continue de brasser pendant un quart d'heure environ, jusqu'à ce que le caillé très-divisé présente une couleur blanc jaunâtre, forme bien la boule de pâte, et craque un peu sous la dent. Le caillé abandonné à lui-même se sépare du petit-lait et ne tarde pas à se déposer entièrement au fond de la chaudière. Le fruitier prend alors une large toile blanche, saisit un des côtés de cette toile avec les dents, roule deux ou trois fois le côté opposé autour d'une baguette en bois très-flexible, et tenant la baguette en question par les deux bouts, la plonge horizontalement au fond de la chaudière, la fait glisser sous le fromage, la ramène au-dessus du petit-lait, et tenant la serviette par les quatre coins et sortir le fromage de la chaudière. Il donne à ce fromage le temps d'égoutter un peu et le porte, enveloppé de son linge, dans un moule en forme de cerceau de tamis. Il le soumet à une forte pression au moyen de poids ou d'une vis, et le transporte dans la cave le lendemain ou le surlendemain au plus tard. Là le fromage est frotté tous les jours et dans tous les sens avec du sel pilé, jusqu'à ce que la meule (masse de fromage) n'en absorbe plus et reste humide à la surface. C'est l'affaire de deux ou trois mois. Le petit-lait qui reste dans la chaudière après l'enlèvement du fromage, n'a pas la transparence de celui de nos petites laiteries de campagne; il est blanchi et troublé par le caillé qui n'a pu être saisi avec la toile. Dans le Jura, il porte le nom de *Serai*. On ne le vend pas, on le donne aux pauvres gens de l'endroit. » (*Livre de la Ferme*, 2e part., c. 18.)

Le bon fromage de Gruyère a la pâte jaunâtre, fine, moelleuse, fondant aisément dans la bouche, avec des trous ou yeux assez grands, bien arrondis, assez peu nombreux. Les bons fromages restent 1 an 1/2 ou 2 ans au magasin où on les retourne et les frotte chaque semaine. En Suisse, on fabrique trois qualités de fromages de Gruyère : les fromages gras avec du lait qui a conservé toute sa crème ; les fromages mi-gras avec la traite du matin intacte et celle de la veille écrémée ; les fromages maigres avec le lait écrémé. Les fromages du Jura et des Vosges correspondent aux fromages mi-gras, et c'est parmi les fromages suisses, ceux qu'on trouve le plus communément dans le commerce. On estime qu'il faut 190 à 200 litres de lait pour faire un fromage mi-gras de 25 kilogrammes. Chacun de ces fromages est un pain en forme de disque haut de 0ᵐ,12 ou 0ᵐ,15. M. le professeur Boussingault a trouvé la composition suivante en analysant du fromage de Gruyère de bonne qualité :

Caséum et autres matières azotées	48,8
Beurre	14,6
Sel marin	5,0
Eau	31,6
	100,0

De 100 de fromage, ajoute-t-il, on a retiré 0,21 d'ammoniaque toute formée.

2° *Fromage de Parmesan.* — Malgré son nom ce fromage se fabrique surtout dans le Milanais et par des procédés analogues à ceux que je viens d'indiquer pour le fromage de Gruyère ; la chaudière, bien que notablement plus grande, est d'ailleurs installée de même. Mais on se sert de lait écrémé ; on chauffe à 40° avant de mettre la présure, et jusqu'à 50° après l'avoir mise ; on introduit dans la pâte un peu de safran pour la colorer en jaune ; enfin on se contente de presser le fromage sous une grosse pierre, sans recourir à une presse. Il en résulte une pâte plus cuite que celle du gruyère, plus pauvre en beurre, plus sèche et plus grenue, qui se râpe facilement en poudre. Un fromage de Parmesan de 35 kilog. exige, selon Desmarest, le lait écrémé donné en 24 heures par 70 vaches suisses et le travail de 6 hommes occupés soit à l'étable, soit à la laiterie. Aussi on ne peut fabriquer ce fromage que dans des fermes ou par des associations de cultivateurs disposant d'une centaine de vaches. Le fromage de Parmesan se vend en pains moins larges et plus épais que ceux du gruyère; ils pèsent 30, 50 et quelquefois 60 kilog.

3° *Fromage de Bresse*. — On fait dans le département de l'Ain une espèce de fromage cuit qui a quelque analogie avec les deux précédents ; on chauffe jusqu'au point où commence l'ébullition 10 à 12 litres de lait, on mélange dans ce lait, pendant qu'il est sur le feu, une pincée de safran incorporée et mêlée à 30 grammes de fromage; on retire du feu et on met la présure. Le fromage est ensuite enlevé, égoutté dans une toile, mis en presse quelques heures, placé en cave, salé 5 ou 6 jours après, et la salaison se fait tous les jours pendant un mois; on le sèche ensuite en le retournant et le nettoyant de temps en temps ; il est fait au bout de 7 à 8 mois.

FROMAGES CRUS A PATE FERME : 1° *Fromage d'Auvergne ou du Cantal*. — M. Duffoure, dans le *Journ. d'Agriculture pratique (Ann.* 1859, t. II, p. 185) a fort bien décrit la fabrication des fromages dans les montagnes du Cantal, à Salers, à Aurillac. Je ne puis que résumer ici très-succinctement son travail. Le lait, trait régulièrement deux fois par jour, est passé au tamis de crin, puis mis immédiatement en présure. Le caillé, formé en 5 quarts d'heure environ, est ensuite divisé et rompu en tous sens avec une sorte de spatule en bois nommée *ménole* ou *fresniau;* on enlève le petit lait avec une espèce d'écuelle en bois, puis la pâte mise dans un vase à fond troué, est placée sur une table en bois, terminée à une extrémité en bec de rigole. « Le vacher, les bras nus, le pantalon retroussé jusqu'au-dessus du genou, monte sur la table et comprime cette pâte avec ses bras et ses jambes, de manière à faire sortir le reste du petit-lait. Cette opération ne dure pas moins d'une heure et demie ; à tort ou à raison, on est convaincu dans le pays que la chaleur des membres intervient pour donner la qualité du fromage, et l'on dit du vacher qui cherche à abréger ce travail fatigant : C'est un mauvais ouvrier, il ne fait pas assez travailler les genoux. » Des mains du vacher sort, après cette opération, une masse de pâte que l'on nomme la *tôme ;* on la met dans un grand vase où on la laisse fermenter pendant 48 heures, ce qui la rend bien spongieuse. Alors on l'émiette soigneusement, on y mêle du sel bien également et on en remplit un moule en bois, de forme cylindrique que l'on nomme la *fourme*. On soumet ensuite le tout à la presse pendant 24 heures et on met le fromage dans la cave, où on le surveille avec soin, et où on le frotte souvent avec un linge blanc imbibé d'eau fraîche, peu à peu la surface prend une couleur rousse qui est l'indice d'une bonne fabrication. Chaque fromage pèse 35 à 50 kilog. On distingue dans le commerce les fromages gras du Cantal, qui sont faits au moment où les vaches viennent de monter à la montagne pour y passer la belle saison ; et les fromages mûrs ou *estivales*, qui datent de la fin de mai et se vendent à la Toussaint.

Voici la composition du fromage d'Auvergne d'après M. le professeur Boussingault :

Caséum et autres matières azotées	29,70
Beurre	28,10
Sel marin et autres sels	4,40
Eau	37,80
	100,00

On fait aussi dans le Cantal, en juin ou juillet, de petits fromages de 5 à 6 kilog., improprement nommés fromages de Roquefort, parce que leur aspect et leur goût prêtent à cette confusion.

2° *Fromages anglais, de pâte ferme crue*. — La fabrication des fromages est en Angleterre une industrie agricole très-importante, et parmi les produits qu'elle donne figurent avec éclat les fromages renommés de *Chester* ou du *Cheshire*, de *Gloucester*, de *Norfolk*, de *Stilton*, de *Wiltshire*, de *Suffolk*. Ce sont des fromages destinés à une assez longue conservation et tous ont passé sous la presse.

Le *Chester* est préparé avec le lait du matin auquel on ajoute celui de la veille, non écrémé ; on chauffe à 30° environ, on colore en rouge avec le rocou, on met la présure et on tient chaud pendant une demi-heure. Puis, par une longue manipulation, le caillé est séparé du petit-lait, divisé et salé. Au bout de 6 heures il est mis à la presse sous laquelle on le tient 8 heures, en ayant soin de le percer de fines broches en fer pour faciliter l'écoulement du petit-lait. On recommence le jour suivant et le troisième; après quoi il est mis au saloir où on le frotte de sel pilé, et on le fait plonger 2 ou 3 jours dans la saumure ; on l'en retire, on le tient 8 jours sur une tablette en le saupoudrant de sel deux fois par jour. Au bout des 8 jours, on lave le fromage à l'eau chaude ou avec du petit-lait chaud, on l'essuie et le laisse sécher 3 jours ; on le frotte enfin avec du beurre frais et on le met au magasin où il n'atteint guère sa maturité qu'après un séjour de 2 à 3 ans. Les fromages de Chester sont grands, du poids de 27 à 45 kilog.; leur saveur est forte, mais ils se conservent très-bien et sont l'objet d'une expectoration considérable. On en fait aussi de beaucoup plus petits, dits *Chester ananas*, et qui ont la forme d'une grosse pomme de pin.

Le *fromage de Gloucester* est plus estimé en Angleterre à cause de sa saveur douce et agréable. On en connaît deux qualités : le *simple*, fait de lait frais de la traite du matin mêlé au lait de traite de la veille au soir, écrémé pour faire du beurre; le *double*, fait avec du lait contenant toute sa crème naturelle. Sa fabrication a de grandes analogies avec celle du Chester, mais il n'a pas besoin d'être gardé si longtemps au magasin. A maturité il porte extérieurement une couche de peinture rougeâtre sous laquelle s'aperçoit une couche bleue, et les arêtes du fromage sont d'un beau jaune doré; sa pâte est homogène, serrée, rappelle l'aspect de la cire et se laisse couper en tranches minces sans se rompre.

M. le professeur Boussingault a trouvé aux fromages de Chester et de Gloucester la composition que voici :

	Chester.	Gloucester.
Caséum et autres matières azotées	54,50	36,10
Beurre	14,70	25,50
Sel marin et autres sels	5,60	4,80
Eau	25,20	33,60
	100,00	100,00

Les autres fromages anglais que j'ai cités sont fabriqués d'une façon peu différente de celle des deux précédents, et ont des qualités analogues.

3° *Fromages de Hollande*. — On fabrique dans les diverses parties de la Hollande des fromages de pâte ferme quelque peu différents les uns des autres et parmi lesquels on peut citer surtout quatre sortes : le *fromage d'Edam* ou *fromage rond de Hollande*; le *stolkshe* ou *fromage de Gouda* qui est plat et plus gros que le précédent ; le *fromage de Leyde* dont le nom fait connaître l'origine; et le *graawshe* qui se fait surtout dans la Frise.

Le plus répandu dans le commerce est le *fromage rond de Hollande*. Sa fabrication est intermédiaire à celle des fromages d'Auvergne et à celle des fromages anglais ; le caillé est soumis à une moins longue fermentation qu'en Auvergne, le fromage est pressé bien plus énergiquement, et, lors de la salaison, dès qu'il commence à se couvrir d'une peau blanchâtre, il est mis dans la saumure. Il résulte de ces différences dans la fabrication une pâte dure, très-homogène, impénétrable à l'air, qui demeure à peu près inaltérable et assure à ces fromages une très-longue conservation. Le fromage rond de Hollande se fait d'ailleurs avec du lait tel qu'il vient d'être trait; on met en présure aussitôt dans de grands baquets de bois, on pétrit plusieurs fois le caillé à la main dans des écuelles percées de trous, puis on met sous presse dans des moules. On presse assez fortement pour qu'une certaine quantité de crème s'échappe de la pâte ; aussi recueille-t-on le petit-lait avec soin pour en retirer le beurre au moyen du barattage. Après la salaison les fromages sont emmagasinés dans un endroit où on les tient quatre semaines environ, jusqu'à ce qu'ils aient pris extérieurement une teinte jaune particulière. Tous les fromages d'Edam sont arrondis; leur poids varie de 2 à 5 kilog. M. le professeur Boussingault y a trouvé :

Caséum et autres matières azotées	33,60
Beurre	23,20
Sel marin et autres sels	7,00
Eau	36,20
	100,00

Le *fromage de Gouda* se fait à très-peu près comme celui d'Edam.

Le *fromage de Leyde* se fait aux environs de cette ville, avec du lait écrémé, chauffé pour la mise en présure ; le caillé est pétri à la main, mis sous la presse et foulé aux pieds. Après la salaison on le frotte avec du tournesol dissous dans l'eau, pour lui donner une couleur rouge.

Quant au *graawshe*, c'est un fromage maigre fait avec du lait deux fois écrémé, mais par des procédés analogues à ceux du précédent.

Le fromage de Sept-Moncel dans le Jura, est très-semblable à ceux de Hollande, avec plus de saveur et une pâte veinée qui rappelle celle du fromage de Roquefort.

4° *Fromage de Roquefort.* — Roquefort est un village français du département de l'Aveyron ; on y fait, avec du lait de brebis mêlé à du lait de chèvre, un fromage justement renommé. « On évalue à 100 000, dit F. Villeroy, le nombre des brebis qui vivent sur les plateaux du Larzac, et qui concourent à la fabrication du fromage de Roquefort. On les trait deux fois par jour, et la méthode employée dans le pays contribuerait, suivant l'opinion de M. Girou de Buzareingues, à donner aux produits de Roquefort les qualités que l'on apprécie tant. On trait les brebis par la méthode ordinaire jusqu'à ce qu'on n'obtienne plus de lait, puis on frappe les mamelles du revers de la main. Cette opération, répétée plusieurs fois, fait encore sortir une petite quantité de lait beaucoup plus riche en beurre que le premier ; elle a pour effet d'augmenter beaucoup le volume des appareils lactifères, et on a constaté que les brebis n'en souffraient aucunement. » M. Roche, vétérinaire à Saint-Affrique, a combattu, avec raison, ce me semble, cette assertion, conforme d'ailleurs aux préjugés du pays ; il affirme que ce traitement brutal cause souvent l'inflammation et même la gangrène du pis des brebis, et il recommande de se borner à des chocs très légers, dont la nécessité ne lui semble même pas absolument démontrée.

Une cause beaucoup plus importante de la supériorité des fromages de Roquefort, c'est la disposition spéciale des caves où on les tient en magasin. Ces caves sont adossées à un rocher calcaire qui entoure le village ou même formées par les cavités naturelles de ce rocher, fermées simplement par un mur du côté de la rue. Leur température est maintenue très-basse par des courants d'air dirigés habituellement du sud au nord et qui prennent issue par des fentes du rocher. Plus la température extérieure est chaude, plus ces courants sont frais. On a souvent rapporté l'observation de Chaptal qui, au 21 août 1787, par une température extérieure de près de 29° centig. à l'ombre, vit, dans ces caves, le thermomètre, après un quart d'heure d'exposition à un de ces courants d'air, descendre à 5° au-dessus de zéro. Ces caves, généralement petites, sont à plusieurs étages et sont garnies dans toute leur hauteur d'étagères en bois où l'on range les fromages mis en dépôt.

Pour faire ce fameux fromage, appelé par beaucoup de connaisseurs le roi des fromages, on prend le lait de brebis de la traite du matin, tel qu'il vient d'être obtenu, et celui de la veille au soir qui a été chauffé pour l'empêcher de s'aigrir et écrémé ; on a mêlé à ces deux traites une certaine quantité de lait de chèvre pour blanchir le lait de brebis ; on coule le lait à travers une étamine, on agite avec une baguette de bois, on verse la présure à raison d'une cuillerée par 50 litres de lait, et on agite de nouveau le caillé en tous sens avec la baguette, sans jamais y mettre la main. On extrait ensuite peu à peu le petit-lait par une douce pression, on met le caillé dans un moule en terre vernissée où il reste trois jours, puis on le dépose sur un linge propre et on le met au séchoir. Après quatre ou cinq jours les fromages sont assez séchés et on les porte à Roquefort où les propriétaires de caves les reçoivent et les emmagasinent en tenant un compte courant pour chaque cultivateur. Là se fait la salaison qui dure sept ou huit jours et enfin la mise en cave qui dure de un à quatre mois, et pendant laquelle le fromage est fréquemment raclé. Les meilleurs fromages sont livrés à la consommation en août, septembre et octobre ; chaque fromage pèse de 3 à 4 kilog. et représente le produit d'environ 65 litres de lait. La raclure des fromages pendant leur séjour en caves se vend aux gens du pays, sous le nom de *rhubarbe*, à raison de 0 fr. 30 à 0 fr. 35 le kilog. Le bon fromage de Roquefort a la pâte onctueuse, savoureuse sans âcreté ni amertume, blanche et marbrée de veines bleues que l'on nomme *persillé*. Pour se produire spontanément, le persillé demanderait plusieurs mois de séjour en cave, mais on en hâte la production en mêlant au caillé du pain moisi réduit en poudre. Cette pratique, inconnue autrefois des bons fabricants, est devenue générale, depuis que le commerce des fromages de Roquefort a pris une extension considérable. La production annuelle est de 900 000 kilog. environ et représente une valeur de 3 millions de francs.

On fait aux environs de Pantin, près de Paris, un fromage façon de Roquefort qui est de fort bonne qualité.

Selon M. le professeur Boussingault, le fromage de Roquefort contient, outre 21 p. 100 d'ammoniaque toute formée :

Caséum et autres matières azotées........	28,60
Beurre....................................	26,40
Sel marin et autres sels..................	6,80
Eau......................................	38,20
	100,00

5° *Fromage du Mont-Cenis.* — C'est encore un fromage cru de pâte ferme, que l'on fait avec du lait de vache mêlé à du lait de brebis et du lait de chèvre. On prend aussi la traite du soir reposée et écrémée et on la joint à celle du matin non écrémée. Mis en présence et bien remué, le lait couvert d'une toile est abandonné à lui-même pendant deux heures ; puis on décante le petit-lait, on rompt le caillé avec les mains et l'on pétrit rapidement la masse jusqu'à ce qu'elle n'adhère plus aux parois du baquet. Cette masse retirée du baquet est divisée en deux parts dont l'une réunie à celle du jour précédent est mise en moule, l'autre est réservée pour le jour suivant. Ce fromage est soumis trois, quatre et cinq jours à l'action de la presse, puis mis en cave, salé tous les deux jours pendant un mois et conservé au frais pendant trois ou quatre, après lesquels il est arrivé à maturité ; il a la forme d'un pain cylindrique plus large que haut, et il pèse de 10 à 12 kilogrammes.

6° *Fromages maigres du Luxembourg.* — On fait dans le Luxembourg, pour la consommation du ménage, des fromages de lait de vache écrémé et caillé sans présure, par la seule exposition à l'air. Ces fromages sont de deux sortes : l'un, dit *fromage fort*, est pressé pendant huit heures, émietté ensuite à la main, râpé, intimement mêlé de sel, puis déposé dans une écuelle. On le laisse fermenter jusqu'à ce qu'il devienne jaunâtre et exhale une légère odeur d'ammoniaque ; alors on le chauffe dans un pot de fonte en y ajoutant des œufs, de la crème et un petit verre d'eau-de-vie, on môle et on pétrit avec la main. Le fromage est tassé ensuite dans un pot et conservé au sec, et à l'abri de la chaleur. L'autre sorte se dit *fromage fondu*, parce qu'après la fermentation, on le met dans un pot de lait doux bouillant où on le fait fondre en l'y agitant. Ces deux fromages se conservent environ un an.

Le *fromage de Scanno* se fait en Italie, dans les Abruzzes, avec du lait de brebis ; le caillé est lavé plusieurs fois à l'eau salée, séché, puis plongé dans une dissolution très-chargée de suie tamisée et de sulfate de fer ou couperose verte où on le laisse vingt-quatre heures, et on le sèche de nouveau. Il en résulte, au bout de deux ou trois mois, un fromage noir au dehors, d'une pâte compacte, jaune clair, poreuse et butyreuse, d'une odeur empyreumatique toute spéciale.

Le *fromage du Stracchino*, que l'on fait à Gorgonzola, près de Milan, est un fromage de lait de vache, salé et très-fermenté, recouvert d'une robe de moisissures bleues avec des pustules orangées. La pâte en est grasse, d'un goût très-délicat ; elle est marbrée ou persillée comme celle du Roquefort.

FROMAGES MOUS SALÉS : 1° *Fromage de Brie.* — Ce fromage, l'un des plus estimés, se fait en abondance dans les départements de Seine-et-Marne et de Seine-et-Oise. Ceux que l'on fait à Montlhéry, près de Paris, sont très-répandus dans le commerce, mais sont considérés par les connaisseurs comme des contrefaçons de qualité inférieure. La vente des fromages de Brie, vrais ou contrefaits, a lieu presque exclusivement sur le marché de Paris ; on évalue à environ 2 250 000 kilog. la consommation annuelle ; les deux tiers viennent de Seine-et-Marne ; chaque fromage est un disque très-plat, une sorte de gâteau, du poids de 2 à 3 kilog.

Le lait encore chaud de la traite du matin est versé avec précaution dans un baquet ; on y ajoute une cuillerée de présure pour 12 litres de lait, puis on couvre et on laisse reposer une heure. « Lorsque le caillé est formé, dit M. Teyssier des Forges, agriculteur à Beaulieu (Seine-et-Marne), on en remplit des moules placés sur une clayette (nommée *cagereau* dans la Brie), en évitant autant que possible de le diviser, et on laisse les formes dans cet état jusqu'à ce que le caillé soit bien égoutté, c'est-à-dire pendant vingt-quatre heures. On retourne alors les fromages sur un seul côté ; le lendemain, on les retourne de nouveau, et on les sale de l'autre côté, puis on les place sur des tablettes à claire-voie, et on les retourne tous les jours, en surveillant bien comment ils se comportent, de manière qu'ils ne soient ni trop durs, ni trop mous, ne manquant pas de les mettre dans un lieu plus sec et plus aéré s'ils sont trop mous, et dans un lieu plus frais et moins aéré s'ils sont trop durs. C'est ce qui demande le plus de main-d'œuvre, car, autrement, quand on en a l'habitude, rien n'est plus simple que cette fabrication, qui demande peu d'ustensiles et est d'un prix très-modique. Au bout de quinze jours ou trois semaines au plus, suivant l'état de l'atmosphère et sans autre manipulation, les fromages sont livrés au commerce. » Une dernière opération, nommée *affinage*, se fait chez les marchands et amène le fromage de Brie à sa perfection de délicatesse. Dans un tonneau défoncé on dispose un lit de menue paille ou de balles d'avoine (0^m,10 d'épaisseur), on y place le fromage, puis un nouveau lit de paille, un autre fromage, et ainsi de suite ; ce tonneau est ensuite abandonné pendant quelques mois dans un endroit frais sans être humide. Là le fromage se ressuie, et sa pâte devient de plus en plus fine, onctueuse et délicate, jusqu'au moment où elle menace de couler. Il faut cesser aussitôt l'affinage, car elle commence alors à se décomposer, bientôt elle romprait la croûte pour se répandre en une bouillie épaisse qui ne tarderait pas à prendre un goût piquant. D'après M. le professeur Boussingault, le fromage de Brie à maturité contient 5 p. 100 d'ammoniaque et offre la composition suivante :

Caséum et autres matières azotées........	38,40
Beurre..............................	20,00
Sel marin et autres substances minérales..	6,20
Eau.................................	35,40
	100,00

Pendant l'affinage, il y a toujours quelques fromages qui coulent ; à Meaux, on recueille immédiatement cette pâte encore douce et très-délicate, on l'enferme dans de petits pots longs, et on la vend sous le nom de *fromages de Meaux*.

2° *Fromages de Langres, d'Epoisse, de Marolles ou Maroilles.* — On fait à Langres (Haute-Marne) des fromages mous, salés, connus sous le nom de *fromages de Langres*, assez estimés à Paris. Le lait est mis en présure tout chaud sortant du pis de la vache ; le caillé est mis à égoutter dans des moules ; après la salaison, on les lave plusieurs fois à l'eau tiède ; dès qu'ils prennent une coloration extérieure jaune nankin (au bout de 15 à 20 jours ordinairement), on les met au magasin ; là on les place dans des pots en grès ou des caisses de sapin, on les visite et on les lave tous les huit jours à l'eau tiède pour enlever les moisissures.

Le *fromage d'Epoisse* (Côte-d'Or) a beaucoup d'analogie avec celui de Langres ; tantôt on le consomme frais au bout de vingt-quatre heures ; tantôt on le sale et on le met sécher en le retournant chaque semaine pour le frotter avec de l'eau salée, jusqu'à ce que sa surface se colore en rouge. On l'affine à la cave comme le fromage de Brie.

C'est encore une fabrication analogue qui donne le *fromage de Marolles* ou *Maroilles* (Nord) ; seulement pour l'affiner on le met en cave et on l'humecte avec de la bière. La fabrication locale donne trois qualités, le fromage gras, le fromage crémeux et le fromage maigre ; le premier, fait avec le lait non écrémé, est celui du commerce ; le second provient de lait additionné de crème et se consomme chez les riches habitants du pays ; le troisième, fait avec du lait écrémé, est tout à fait inférieur.

3° *Fromage de Neufchâtel et autres fromages de Normandie.* — Les fromages de Neufchâtel (Seine-Inférieure) sont bien connus à Paris où on leur donne aussi le nom de *bondons*, parce qu'ils ont la forme de petits cylindres de 0^m,04 de diamètre pour 0^m,07 de hauteur. On consomme des bondons frais enveloppés de papier Joseph qu'on mouille pour les tenir frais, des bondons bleus et des bondons affinés ; ces deux dernières qualités ont seules subi la salaison. Leur fabrication a été bien décrite par M. Desjoberts et surtout par M. Briaune (*Journ. d'Agr. prat.*, 1841). « Il y a, dit-il, plusieurs espèces de fromages de Neufchâtel : le *fromage à la crème*, pour lequel on ajoute de la crème au lait doux, environ moitié de ce que contient le lait à mettre en présure ; le *fromage à tout bien*, fait avec le lait naturel, sans ajouter ni ôter la crème ; le *fromage maigre*, fait avec du lait écrémé. Le fromage à tout bien étant celui de la plus grande consommation et la fabrication des autres espèces en différant peu, c'est le fromage de ce genre qu'on prendra pour type de fabrication. Pour plus de clarté, on va suivre le lait trait le lundi. »

« Après chaque traite de la journée, on transporte le lait dans la pièce où se font les fromages, dite pièce de l'*apprêt* ; on coule tout chaud, à travers la passoire, dans des cruches ; on le met en présure (il faut, en moyenne, 40 grammes de présure pour 100 litres du lait), on place les cruches dans des caisses que l'on recouvre de couvertures de laine. Le mercredi matin on vide ces cruches dans des paniers de bois placés sur les éviers, et revêtus en dedans d'une toile claire et très-propre attachée sur les coins aux paniers ; le fromage égoutte ainsi jusqu'au mercredi au soir ; alors on le retire des paniers, le laissant dans la toile que l'on reploie, et ainsi enveloppé on le met sous la presse et on le laisse jusqu'au lendemain matin jeudi. On met alors cette pâte dans un linge blanc, on la pétrit comme de la pâte à pâtisserie et on la frotte dans ce linge dans tous les sens, jusqu'à ce que les parties caséeuses et butyreuses soient parfaitement mêlées et que la pâte soit bien homogène et moelleuse comme du beurre ; si elle est trop molle, on la change encore de linge ; si elle est trop ferme, si elle casse, il y a eu trop de présure, et l'on y ajoute un peu de la pâte du jour qui égoutte. Pour le moulage, on fait des pâtons un peu plus forts que le moule, on place un de ces pâtons dans le moule en ayant soin qu'il dépasse des deux bouts. Tenant alors le moule de la main gauche, on met le pâton de la main droite ; on pose le moule sur la table, et appuyant dessus la paume de la main, l'on fait sortir par-dessus et par-dessous l'excédant de ce que le moule peut contenir : par ce moyen il ne se trouve pas de vide dans le moule. Dans le même temps on a pris avec la main droite un couteau, autant que possible en bois, avec lequel on racle le dessus et le dessous du moule dans la main droite, en frappant légèrement et en le tournant dans la main gauche. A cet état le fromage pèse de 120 à 130 grammes, et est le résultat de 0^l,75 de lait. Le fromage étant moulé, on le sale avec du sel très-fin et très-sec. Pour ce, on saupoudre les deux bouts, et le sel qui est dans les mains est suffisant pour saler le tour, ce qui se fait en le roulant. Il faut environ 1 kilog. de sel pour 100 fromages. A mesure qu'ils sont salés, on les met sur une planche, que l'on dépose ensuite sur les éviers. » Après avoir laissé égoutter 24 heures, on les range sur des claies chargées de paille fraîche, couchées par rangs égaux en travers de la paille et sans se toucher. Là on les retourne au bout de 2 jours, puis de nouveau au bout de 3 jours, enfin on les 5 jours jusqu'à ce qu'ils prennent une couleur extérieure d'un velouté bleu ; on les met alors dans un autre séchoir ou *apprêt*, frais sans humidité, et où ils sont retournés tous les 5 jours, jusqu'à ce que leur surface se marque de boutons rouges. Dès ce moment on ne les retourne plus que tous les dix jours pendant un mois, puis tous les quinze jours pendant la dernière période du trimestre. Au bout de trois mois, les fromages doivent être vendus, pour ne pas s'altérer en fermentant. La pâte du bon Neufchâtel est homogène, onctueuse et sans grumeaux, elle se coupe et se laisse étaler sur le pain comme du beurre. Celle du Neufchâtel à la crème est d'un jaune brunâtre, celle du Neufchâtel à tout bien est plus brune.

Suivant M. le professeur Boussingault, le fromage de Neufchâtel a la composition suivante :

Caséum et autres matières azotées..........	17,50
Beurre...............................	15,10
Sel marin et autres sels.............	0,70
Eau..................................	66,70
	100,00

On fait à *Livarot* (Calvados), à *Camembert* (Orne), à *Mignot* (Calvados), à *Pont-l'Evêque* (Calvados), à *Saint-Cyr* (Orne), des fromages connus chacun sous le nom de ces localités et qui ont de grandes analogies. On prend le lait de deux ou trois traites des jours précédents, on l'écrème ; puis on fait bouillir celui de la traite du soir, non écrémé, et on y ajoute le lait écrémé, on mêle bien et on met en présure pendant que le lait est encore tiède, on couvre le baquet, et une heure après, avec une spatule de bois, on divise le caillé. On fait égoutter sur des nattes de jonc, on le moule ensuite dans des formes de bois, on sale et on laisse affiner en ayant soin de retourner de temps en temps. On vend à Paris sous le nom de *fromages crinolines* des Camembert enveloppés d'un papier d'étain et revêtus d'une sorte de cage en osier ; ils sont faits avec du lait non écrémé additionné de crème. Autrefois les *fromages de Mignot* étaient connus sous le nom d'*Augelots*, parce qu'ils proviennent de la vallée d'Auge.

4° *Fromage de Geromé ou Gérardmer.* — C'est dans les Vosges que se fabrique ce fromage estimé. Le lait est immédiatement après la traite versé dans un baquet où l'on met aussitôt une cuillerée de présure environ pour 30 litres de lait, on mêle et on laisse reposer. Après un quart d'heure environ on divise le caillé, puis on enlève le petit-lait et on met le caillé dans une forme en bois percée de petits trous au fond. Pendant trois jours, on le fait passer successivement dans six ou sept formes ou moules; enfin on le sale en le faisant tourner sur un plat chargé de sel fin et sec, on recommence la salaison deux jours après et on laisse sécher sur une planche. Après cela on met les fromages en cave et on les y garde de quinze jours à deux mois : ils sont bons à vendre lorsqu'ils cessent d'être durs et cèdent sous la pression du doigt. Huit litres de lait donnent 1 kilog. de fromage; chaque fromage pèse de 1/2 kilog. à 2 kilog.; leur forme est ronde ou carrée.

5° *Fromage persillé du Limbourg.* — Ce qui caractérise la fabrication de ce fromage flamand, c'est que le caillé, une fois bien séparé du petit-lait, on y ajoute du sel avec une pincée par kilog. de persil, ciboules, estragon hachés menus ; après avoir bien mélangé, on met le

tout en moule. Ce fromage n'est fait qu'au bout de trois mois; il a alors une pâte un peu ferme, savoureuse et veinée de rouge, de bleu et de jaune. P. Joigneaux recommande de ne pas confondre avec ce fromage celui de *Herve* (Belgique), qui ressemble beaucoup à nos *Marolles*.

6° *Fromages mous salés d'autres laits que celui de la vache.* Le *fromage du Mont-d'Or* (Puy-de-Dôme) est fait avec du lait de chèvre non écrémé; le fromage est moulé dans des boîtes de paille ou dans des pots de terre percés de trous, puis salés et conservés dix à douze jours : quelquefois on les affine en les humectant avec du vin blanc et on les recouvrant d'une poignée de persil. On les expédie dans des boîtes à dragées.

Le *fromage de Montpellier* (Hérault) se fait avec du lait de brebis non écrémé; sa fabrication ressemble à celle du précédent. Le *fromage de Sassenage* (Isère) se fabrique d'une façon peu différente, avec un mélange de lait de vache, de lait de brebis et de lait de chèvre, écrémé pour la plus grande partie.

FROMAGES MOUS FRAIS : 1° *Fromage à la pie.* — Il est fait tout simplement avec le lait écrémé, caillé, moulé dans une forme de bois ou de fer-blanc percée de trous et déposée sur une claie ronde en osier pour égoutter. Ce fromage, que l'on fait partout, se nomme encore *fromage*

Fig. 1301. — Etalage d'un marchand de fromages (1)

blanc, fromage maigre, macquée. Pour faire un fromage bien plus délicat et bon à être consommé frais, on verse le lait non écrémé dans une jatte que l'on place sur les cendres chaudes ou dans un bain-marie de façon à l'amener à 30° environ. On verse en remuant quelques gouttes de présure qui le coagulent promptement, et aussitôt on le met au frais jusqu'au moment de le servir.

2° *Fromages frais à la crème de Neufchâtel, de Viry, de Montdidier.* — Dans huit à dix litres de lait chaud on met de la crème fine levée sur le lait du matin, puis deux quarts d'heure après de la présure. Trois quarts d'heure après on place, sans le rompre, le caillé dans un moule en bois, en osier ou en terre percé de trous, garni d'une toile claire, on recouvre avec une rondelle sur laquelle presse un poids léger, on retourne de temps en temps en changeant de linge. Dès que les fromages ont de la consistance, on les met sécher sur un lit de feuilles de frêne ou de paille. Pendant une quinzaine ces fromages sont bons à manger ; avec une demi-salaison on les peut conserver un mois et plus au sec et au frais.

3° *Fromage à la crème de Paris.* — Les fromages de crèmiers que l'on sert à Paris sont faits avec du fromage blanc maigre; le caillé, une demi-journée après qu'il est fait, est pressé avec un fouloir en bois dans une passoire en fer-blanc et recueilli par menus fragments dans une terrine contenant de la crème fraîche; on mêle bien avec la main, on enveloppe avec un linge clair et on moule

dans de petites corbeilles d'osier habituellement en forme de cœur. On sert ce fromage sur une assiette avec un peu de crème fouettée à la fourchette. P. Joigneaux en racontant cette fabrication, fait remarquer qu'il serait plus simple de cailler le lait immédiatement après la traite : mais la manière de procéder que j'ai décrite est souvent employée par des industriels de la ville, qui se procurent le fromage blanc tout fait, écrèment le lait écrémé destiné à la vente et emploient, de cette façon lucrative, la crème qu'ils en ont retirée.

PRÉPARATIONS ANALOGUES AUX FROMAGES. — On fait dans les fermes de la Bourgogne un *fromage fort* de très-bonne conservation par le procédé suivant. On prend du fromage maigre de pâte ferme et salé, on le pèle avec soin et on le coupe en tranches minces ; puis dans un pot de grès ou de terre vernissée on en fait une couche assez mince que l'on saupoudre de sel, de poivre et d'épices; on fait ensuite une nouvelle couche par-dessus et on la traite de même, et ainsi de suite, jusqu'à ce que le pot soit plein. On arrose alors avec un verre de vin blanc ou un peu d'eau-de-vie, on recouvre de feuilles de noyer ou d'une épaisse feuille de papier, et on ferme le pot avec une planche. Au bout d'un mois ce fromage est bon à manger, mais il est sec, cassant, d'un goût fort, avec une odeur d'ammoniaque très-marquée. On peut éviter ces défauts en y mêlant, pendant la fabrication, de la crème et du Gruyère râpé; mais il devient alors assez coûteux.

Les fermiers de la Westphalie préparent un fromage de lait écrémé, aigrelet, caillé spontanément au feu, fermenté pendant huit à dix jours, puis additionné de sel, beurre, caillé frais, poivre, girofle et autres épices en poudre. Ce fromage est moulé en petits pains, fumés ensuite plusieurs semaines à un feu de bois lorsqu'ils sont mûrs.

(1) 1. Marolles en tuile de Flandre. — 2, Marolles en pavé. — 3, Brie. — 4, Fromage de chèvre affiné. — 5, Le même frais. — 6, Neufchâtel affiné. — 7, Mont-d'Or. — 8, Camembert. — 9, Livarot. — 10, Roquefort. — 11. Fromage d'Edam. — 12, Tête de mort. — 13, Chester. — 14, Fromage de Gex. — 15, Fromage d'Auvergne. — 16, Fromage de Gruyère.

Dans d'autres parties de l'Allemagne on fait avec des pommes de terre à moitié cuites, pelées et réduites en pulpe une sorte de fromage, en y ajoutant deux tiers de caillé frais; on pétrit le tout, on laisse reposer trois ou quatre jours, ou sale et on fait sécher.

Le *serai vert* ou *fromage de Glaris*. — C'est une sorte de fromage maigre remarquable par le commerce d'exportation dont il est l'objet. Tenu pendant quatre jours au frais par l'immersion des terrines dans l'eau des cources souterraines, le lait est écrémé et caillé avec du lait aigri ou du jus de citron; puis on chauffe. Le fromage est ensuite bien égoutté, pressé fortement, puis conservé plusieurs mois, et broyé au moulin. On mêle la poudre de fromage avec du sel fin et du mélilot bleu pulvérisé. On remplit enfin de ce mélange des formes coniques enduites de beurre ou d'huile, on presse fortement et on fait bien sécher. Chaque fromage pèse 4 à 5 kilog. et a la forme d'un pin de sucre tronqué.

Le petit-lait que l'égouttage ou la compression séparent du caillé dans la fabrication des divers fromages contient encore un peu de beurre et de caséum. En le faisant bouillir et en y versant un agent actif de coagulation, on peut retirer de ce petit-lait un fromage de basse qualité qui se prépare dans les campagnes des diverses contrées pour les usages domestiques ou pour les pauvres gens du pays à qui on le peut donner à très-bas prix. Cette préparation économique se nomme suivant les pays *brocotte recuite, serai, céracée, ricotte, brousse* ou *brousso*. L'agent de coagulation auquel on a recours est tantôt le vin blanc, le cidre, tantôt le vinaigre ou le petit lait aigri que l'on nomme *aisy* (voyez ce mot).

Il paraît que les Chinois préparent avec la farine des haricots et des pois un fromage nommé *taa-foo*. Cette farine est broyée et additionnée d'eau pour en faire une émulsion semblable au loch des pharmaciens. Cette liqueur laiteuse est bouillie, passée à travers un linge, puis caillée par une dissolution de sulfate de chaux ou plâtre. On la traite ensuite à peu près comme nos fromages fermes salés.

Conservation des fromages. — Le caillé qui est la base des fromages ne saurait se conserver si on l'abandonne à lui-même au contact de l'air sans l'avoir entièrement desséché. Il se peuple de moisissures blanc jaunâtre, puis d'un bleu verdâtre, enfin d'un rouge briqueté, il finit après un temps plus ou moins long par prendre une odeur insupportable et une saveur âcre et forte qui brûle la bouche. Entièrement desséché, le caséum se conserve, mais fade et insipide. Le sel que l'on y ajoute lui donne du goût et retarde la fermentation du caillé. Cette fermentation est empêchée par la cuisson dans les fromages comme le Gruyère et le Parmesan; mais dans ceux qui prennent une chemise bleue, des pustules rouges, des marbrures intérieures bleuâtres, on laisse marcher cette fermentation jusqu'au moment précis où elle donne un produit d'un goût estimé; le fromage est alors considéré comme mûr et serait passé, si on laissait aller plus loin la fermentation. Quand on veut faire des fromages de longue conservation, il faut prévenir cette fermentation en séchant très-bien le fromage et lui donner une pâte compacte où l'air ne puisse pénétrer. C'est ainsi que l'on obtient les fromages arrondis en boules dures et bien connus des marins sous le nom de *têtes de morts*; ce sont des fromages maigres desséchés au sortir du moule, soit à l'air libre, soit au four. Souvent, pour les manger, il faut les briser au marteau, mais en tous cas il faut toujours amollir la pâte dans un linge imbibé de vin blanc.

Le fromage se garde bien dans les bonnes caves; une couche d'huile de lin forme à la surface des fromages de Hollande un vernis protecteur très-efficace. Quand on redoute la chaleur, il convient de couvrir le fromage d'une couche de charbon en poudre. Plusieurs insectes attaquent le fromage; d'abord lorsqu'il fermente, l'odeur engage diverses mouches (*Musca cesar*, *M. domestica*, *M. putris*) à y déposer leurs œufs et les larves qui en sortent font de grands dégâts; mais le fromage nourrit surtout un petit *acarus* connu sous le nom de *mite* ou *ciron du fromage*. Cet acare se multiplie sous la croûte et dévore peu à peu l'intérieur. Il faut pour s'en garantir, brosser souvent les fromages avec une vergette, les essuyer avec un linge, laver les tablettes à l'eau bouillante. Quand les fromages en sont attaqués, les frotter avec de la saumure, les laisser sécher et les enduire avec de l'huile. Du reste on peut faire périr tous les animaux

Fig. 1302.
Acarus ou mite
du fromage.

nuisibles aux fromages, en faisant brûler du soufre sous les tablettes, par un dégagement de chlore ou en lavant les tablettes avec de l'eau chargée de chlorure de chaux.

Le commerce du fromage a une grande importance pour l'Angleterre, la France, la Hollande, la Suisse, etc. Suivant Villeroy, la France exporte annuellement un million de kilog. de fromages et en reçoit par importation six fois autant et plus; mais le commerce intérieur de ce genre de denrées est important, et dépasse certainement une valeur de 40 millions de francs. Je terminerai en donnant, d'après le même auteur, un tableau de la valeur des fromages les plus connus.

NOMS des FROMAGES.	PRIX DU KILOGRAMME			
	au lieu DE PRODUCTION.		à PARIS.	
Gruyère............	1f,00 à 1f,25		1f,25 à 1f,50	
Roquefort..........	2,20 à 2,50		2,50 à 3,50	
Sept-Moncel........	»	»	2,50 à 2,80	
Auvergne...........	0,82	»	1,00	»
Hollande...........	»	»	1,30 à 1,80	
Parmesan...........	»	»	2,60	»
Chester............	»	»	2,60	»
Brie (gras)........	2,00 à 2,40		2,40 à 2,80	
Brie (maigre)......	0,95 à 1,20		1,20 à 1,45	
Neufchâtel.........	»	»	1,60	»

On consultera utilement pour ce qui concerne les fromages : *Maison rustiq. du XIXᵉ siècle*, t. 3, l. IV. — Barral, *Bon Fermier*. — P. Joigneaux, *Livre de la Ferme*. — *Encyclop. de l'Agricult.*, vᵒ *Fromage*. — Félix Villeroy, *Laiterie, Beurre et Fromages*.   Ad. F.

FROMAGEON (Botanique). — Nom vulgaire de la *Mauve à feuilles rondes* ou *Petite mauve* (*Malva rotundifolia*, Lin.).

FROMAGER (Botanique), ainsi nommé à cause de son bois blanchâtre et très-mou; nom vulgaire du genre *Bombax*, Lin. — Genre de plantes *Dicotylédones diotypétales hypogynes*, de la famille des *Sterculiacées*, type de la tribu des *Bombacées*. Caractérisé par : un calice persistant, coriace, campanulé, entier ou à 3-5 dents; pétales, 5, égaux, étalés; étamines indéfinies soudés en 1 ou 5 faisceaux; anthères à 1 loge; ovaire libre à 5 angles et à 5 loges, contenant de nombreux ovules; fruit : capsule cylindrique ou globuleuse s'ouvrant en 5 valves ligneuses, et contenant des graines enveloppées d'une bourre soyeuse comme celle du cotonnier. Les fromagers, dont on cultive cinq ou six espèces, sont des arbres élevés, souvent munis d'aiguillons. Leurs feuilles sont digitées et leurs stipules caduques. Leurs fleurs sont ou terminales ou disposées en faisceau à l'aisselle des feuilles. Ces végétaux habitent presque tous l'Amérique méridionale. Le *F. à 5 folioles* (*B. ceïba*, Lin.) est un arbre qui peut acquérir jusqu'à 40 mètres de hauteur. Il est armé d'aiguillons épineux. Ses fleurs sont blanches et ses fruits concaves au sommet. Le *F. de Malabar* (*B. Malabaricum*, de Cand.) se distingue par des feuilles palmées à 7 folioles, et des fleurs écarlates à l'intérieur. Le *F. à folioles dentelées* (*B. serratum*, de Cand.) a les feuilles longues, à 7-9 folioles lancéolées, aiguës, glabres et dentelées. Le *F. globuleux, F. à fruits ronds* (*B. globosum*, Aubl.), arbre plus petit que les précédents et qui croît spontanément à la Guyane, est dépourvu d'aiguillons. Ses feuilles sont palmées, entières, à 5 folioles. Ses calices sont glabres, mais ses pétales sont laineux en dessous et plus longs que les étamines. Le duvet qui entoure la graine de ces arbres est employé pour rembourrer les coussins et les canapés. Le peu de longueur de ses filaments l'empêche d'être utilisé dans les filatures. On a prétendu qu'il était malsain de se reposer sur des oreillers faits avec ce duvet. Le tronc très-épais des fromagers sert quelquefois à faire des tonneaux dans lesquels on emballe le sucre. Plusieurs espèces de ces arbres forment, à cause de leurs étamines en 5 faisceaux, le genre *Criodendron* de de Candolle.   G—s.

FROMENT (Agriculture). — Voyez BLÉ, CÉRÉALES, GRAINS).

FROMENT BARBU (Agriculture). — Nom vulgaire de l'*Orge à large épi* (*Hordeum zeocriton*, Lin.). On l'appelle encore *Riz d'Allemagne*, etc. — Il existe aussi plusieurs variétés de froment barbu. (Voyez BLÉ.)

FROMENT DES INDES (Botanique agricole).—Un des noms vulgaires du *Maïs*.

FROMENT DE VACHE (Botanique). — Nom vulgaire du *Mélampyre des champs* (*Mel. arvense*, Lin.), nommé encore *Rougeole, Queue de renard, Blé de vache*.

FROMENTAL (Botanique).—Nom vulgaire de l'*Arrhénathère* ou *Avoine élevée* (voyez ARRHÉNATHÈRE).

FROMENTEAU (Agriculture).—Très-bon raisin que l'on trouve en Bourgogne et surtout en Champagne, et dont le nom varie à l'infini; ainsi c'est le *Beurot, Pinot franc gris, Plant gris*, en Bourgogne; en Champagne on l'appelle *Fromenteau; Malvoisie* ou *Auvernat gris*, en Touraine; *Auxerrois*, dans la Moselle; *Grand Tokai gris*, sur les bords du Rhin. L'empereur Charles IV l'importa de la Bourgogne en Hongrie où on l'appelle *Buraitzinrzoko*. Ailleurs on l'appelle encore *Ornaison grise, Muscadet, Fromenté, Azerat*, etc. Ce raisin se rapproche pour ses qualités du *Pinot franc* ou *Noirien*, mais il est plus doux, plus fin, et ne donne pas un vin aussi solide, aussi corsé. La grappe est plus serrée, il produit davantage; le grain est d'une couleur rouge claire à reflets bleus, et sa pellicule est plus fine que celle du Pinot noir.

FRONDE (Physique). — Ordinairement formée par une petite bande de cuir ou de toile, ou par une espèce de réseau en corde, et terminée par deux cordons que l'on réunit parallèlement entre eux en les tenant à la main par leur extrémité. Sur le pli de la fronde, on met un projectile quelconque, ordinairement une pierre, puis on fait tourner avec une rapidité croissante. Quand la vitesse est arrivée à son plus haut point, on lâche l'un des cordons en retenant l'autre. La pierre abandonnée à elle-même part d'abord en ligne droite dans la direction de l'extrémité de l'arc sur lequel elle se trouvait au moment où la fronde s'est dépliée, puis, par l'effet de la pesanteur, elle décrit une ligne courbe infléchie vers la terre, comme le font tous les projectiles lancés dans l'air (voyez INERTIE, FORCE CENTRIFUGE, PROJECTILES). La fronde était l'arme ordinaire des soldats à pied dans l'antiquité et le moyen âge. Les Grecs, les Carthaginois, les Romains, et, à leur exemple, les Germains, les Francs, etc., eurent des corps de frondeurs. Il en existait encore au XIVe siècle dans les armées espagnoles. Mais l'invention des armes à feu fit abandonner la fronde, ainsi que l'arc, les balistes, etc.

FRONDE (Chirurgie). —On appelle ainsi un bandage dont la forme rappelle celle de la fronde dont se servaient les anciens. Il existe plusieurs bandages de ce nom; mais le plus connu est la *Fr. du menton*, que l'on emploie spécialement pour maintenir les fractures et les luxations de la mâchoire inférieure ou pour assujettir les appareils quelconques fixés sur le menton. Il se compose d'une compresse longuette, fendue par ses extrémités, dont chacune se trouve ainsi divisée en deux chefs jusqu'à 0ᵐ,05 à 0ᵐ,06 de la partie moyenne; celle-ci appliquée par son milieu au-dessous de la mâchoire inférieure, les deux chefs postérieurs sont ramenés verticalement sur le sommet de la tête, tandis que les deux antérieurs se réunissent obliquement vers la région occipitale. Plusieurs chirurgiens coupent la compresse de manière à former trois chefs, dont les postérieurs sont dirigés vers l'occiput, les antérieurs sur les tempes et les moyens sur le sommet de la tête. « Ce bandage, dit Richerand, est le plus propre à maintenir l'os maxillaire immobile. » Il remplace avantageusement le chevêtre simple ou double.

La *Fr. de la tête*, désignée aussi sous le nom de *Bandage de Galien*, se compose d'une compresse assez large et assez longue pour embrasser le menton et les parties latérales de la tête. On forme trois chefs de chaque côté, aux deux extrémités, et le plein étant appliqué sur le sommet de la tête, les chefs moyens tombant de chaque côté sont noués sous le menton, les antérieurs passant sur les côtés du front sont conduits à l'occiput, et les postérieurs, ramenés en avant, sont entre-croisés au front et fixés avec des épingles.

On emploie encore quelquefois la *Fr. de l'aisselle* pour remplacer le spica, la *Fr. du genou*, la *Fr. de l'épaule*, la *Fr. du poignet*, etc.   F—N.

FRONDE (Botanique). — On désigne sous ce nom les feuilles des fougères. Elles offrent un grand nombre de variétés dans leur forme. Leur pétiole est ordinairement assez long, le plus souvent canaliculé à sa partie supérieure; presque toujours elles sont simples, et profondément découpées. Mais le caractère le plus remarquable des feuilles de fougères, c'est le mode de distribution des nervures; par suite de leur organisation elles sont plus fines et plus nettes que dans les autres plantes; tantôt simples et naissant latéralement de la nervure médiane, le plus souvent elles se bifurquent, s'anastomosent et forment des réseaux plus ou moins réguliers, quelquefois ce sont des arcades peu éloignées de la nervure médiane, etc. Ce mode de distribution des nervures a contribué à caractériser les genres; et il est presque toujours en rapport avec l'origine des organes reproducteurs. En effet, si l'on en excepte un très petit nombre, ces organes naissent toujours sur un point de la surface inférieure de la feuille, correspondant à une nervure. On sait que ces capsules sont constamment situées sur la face inférieure des feuilles (voyez FOUGÈRES, *fig*. 1278). On donne aussi le nom de frondes aux lames ou expansions herbacées auxquelles sont réduits quelquefois un certain nombre de lichens et d'hépatiques, dans l'épaisseur desquelles sont quelquefois plongés les sporanges; d'autres fois ceux-ci sont portés sur un pédicule.

FRONT (Anatomie), *Frons* des Latins. — Partie supérieure de la face, bornée latéralement par les tempes, en haut par l'origine des cheveux, en bas par la ligne horizontale des sourcils. Elle forme la ligne des sourcils. On y retrouve les os, les muscles, les vaisseaux, les nerfs, etc. qui entrent dans la composition de la face. Le front est la partie du visage qui caractérise le mieux le développement des facultés de l'âme et de la pensée; un front droit, élevé, dans des proportions en harmonie avec les autres traits de la physionomie, annonce une intelligence, qui, en général, va en décroissant, à mesure que le front s'aplatit, devient plus fuyant; comparez le type de l'Apollon du Belvédère avec celui d'un Nègre, d'un Hottentot; comparez ensuite celui du Hottentot avec celui d'un singe, et ainsi de suite. Mais le front ne fait pas seulement pressentir le développement intellectuel, il trahit aussi les sentiments de l'âme et de l'esprit; lorsque Racine fait dire à Thésée :

> Faut-il que sur le front d'un profane adultère
> Brille de la vertu le sacré caractère?

il veut montrer que celui-ci est dupe de ses préventions contre Hippolyte, et qu'il ne sait pas lire sur ce front où se reflètent la vertu et la sérénité d'âme de son fils. Les rides du front marquent les profondes agitations d'une vie anxieuse; dans la joie, dans les épanchements de la satisfaction il se dilate, devient lisse, s'épanouit; il se contracte, s'abaisse, se sillonne de rides dans la haine, la colère. Un front haut, droit, osseux, dénote un caractère vigilant, un esprit ferme, opiniâtre. Renversé en arrière, il indique presque toujours un esprit faible, pliant ou même flatteur. Est-il chauve, c'est souvent l'indice d'une certaine exaltation d'esprit. Mais lorsque les cheveux sont implantés jusqu'au milieu du front, ils décèlent une humeur sévère et peu sensible. La mobilité dont il jouit, contribue aussi à l'expression des passions, et tandis que la joie et l'espérance se peignent sur un front serein et uni, le chagrin, la tristesse impriment à la peau et aux muscles de cette partie un caractère remarquable de flaccidité et de relâchement.

Le médecin sait tirer aussi de l'état du front de bons signes dans les maladies. Dans la violence de la douleur, le front se creuse de rides longitudinales qui viennent se réunir à la partie moyenne et inférieure, vers la racine du nez; il se ride aussi et reste sec dans les affections spasmodiques et convulsives. La région frontale est le siège d'une très-vive douleur au début des affections catarrhales et bilieuses, on a remarqué que dans les premières elle se rapproche du nez, tandis que dans les secondes elle occupe le dessus des orbites. Des éruptions de toute espèce se remarquent quelquefois au front; dans les maladies graves, aiguës, il se couvre souvent d'une sueur froide, de mauvais augure; dans les syncopes, les défaillances, ce signe n'a pas la même valeur, à beaucoup près.   F—N.

FRONT (Anatomie vétérinaire). —Région de la tête des animaux, bornée en bas par le chanfrein et s'étendant en haut jusqu'au sommet de la tête; il a pour base l'os frontal, les pariétaux, les muscles temporaux. Dans le bœuf il se termine supérieurement par un bourrelet des deux côtés duquel surgissent les cornes. Un front large, dans le cheval, est un des caractères d'une race intelligente et énergique, dans le bœuf il a de plus l'avantage de présenter plus de surface au joug. Lorsqu'il est rétréci, bombé, il coïncide souvent avec un chanfrein et des naseaux étroits, et se remarque dans les individus communs et d'une nature molle et indolente.

FRONTAL (Muscle). — Quelques anatomistes donnent ce nom à la partie charnue antérieure du muscle *Occipitofrontal*.

FRONTAL (Nerf). — C'est la plus grosse des trois branches du nerf ophthalmique, détaché lui-même du nerf trijumeau, trifacial ou de la cinquième paire. Après avoir rampé le long de la paroi supérieure de l'orbite, il en sort en se partageant en deux rameaux qui vont se distribuer au front, la portion externe s'échappant par le trou orbitaire supérieur.

FRONTAL ou CORONAL (Os). — Impair, symétrique, il est situé à la partie inférieure du crâne et supérieure de la face, et présente deux parties distinctes, une *frontale*, l'autre *orbitaire*. Dans la partie frontale ou supérieure on remarque en dehors la bosse frontale de chaque côté et au milieu la bosse, l'échancrure et l'épine nasales, l'arcade surcillière et l'arcade orbitaire. En dedans la ligne médiane indiquant la ligne suturale des deux portions de l'os et qui est le commencement de la suture sagittale, la crête qui donne attache à la grande faux du cerveau; sur les côtés les fosses coronales; toute cette face est creusée de digitations ou empreintes, et loge les lobes cérébraux. La portion *orbitaire* horizontale présente au milieu une grande échancrure qui offre sur ses côtés des portions de cellules abonchées avec celles de l'ethmoïde, reçu lui-même dans cette échancrure. Celle-ci montre encore en devant l'orifice des *sinus frontaux* correspondant aussi avec l'ethmoïde (voyez FRONTAUX [*sinus*], sur les côtés une surface horizontale, concave, qui fait partie de l'orbite. Il s'articule avec plusieurs os du crâne et de la face. F–N.

FRONTALE (Artère). — Elle constitue une des branches de terminaison de l'artère ophthalmique, branche de la carotide interne. Elle sort de l'orbite par la partie interne, remonte sur le front pour s'y distribuer.

FRONTALE (Veine) ou PRÉPARATE. — Elle naît de toutes les parties du front, gagne le grand angle de l'œil et la racine du nez, où elle prend le nom d'*angulaire*, reçoit les veines de l'aile du nez et descend obliquement sur la face où elle prend le nom de *faciale*.

FRONTAUX (Sinus). — On appelle ainsi deux cavités creusées dans l'épaisseur de l'os frontal, entre les deux lames de cet os au niveau des *bosses nasales*, au-devant de l'échancrure ethmoïdale. Une cloison mince et moyenne les sépare l'une de l'autre. Ils s'ouvrent dans les cellules antérieures de l'ethmoïde, et communiquent avec le méat moyen des fosses nasales. Ils contribuent à augmenter l'étendue de ces cavités. Dans certains animaux qui ont un odorat très-fin, comme le chien, ils prennent un développement considérable.

FROTTEMENT (Physique). — Si un corps repose sur une table et qu'on veuille le faire glisser sur cette table, on remarque qu'il faut vaincre une résistance appelée *frottement*. Il est naturel de penser que la cause du frottement réside dans ce fait, que les aspérités du corps et de la table s'enchevêtrent les unes dans les autres; moins le corps est rugueux, plus la table est polie et moindre est le frottement. Les premières expériences précises sur la question sont dues à Amontons, qui les publia en 1699. Coulomb, en 1781, donna les lois complètes du frottement. Il distingue le frottement au départ et le frottement pendant le mouvement, et énonce les lois suivantes.

Le frottement pendant le mouvement est :

1° Proportionnel à la pression qui s'exerce entre les deux corps qui frottent l'un sur l'autre;

2° Indépendant de l'étendue des surfaces en contact;

3° Indépendant de la vitesse du mouvement.

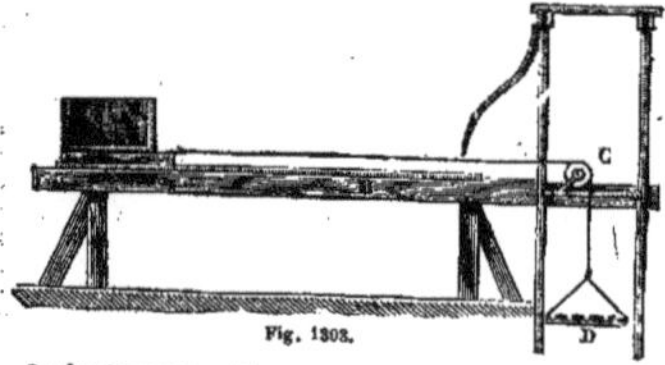

Fig. 1302.

Le frottement au départ est de même :

1° Proportionnel à la pression ;

2° Indépendant de l'étendue des surfaces en contact.

Le frottement au départ est supérieur au frottement pendant le mouvement pour les corps compressibles; il lui est égal pour les corps très-durs. Pour trouver ces lois, Coulomb faisait glisser une caisse A (*fig.* 1302) sur deux madriers B. Une corde attachée à la caisse et passant sur la poulie C soutenait le plateau D contenant les poids destinés à déterminer le mouvement. En remplissant de poids la caisse D, on faisait varier la charge. Il observait le mouvement de la caisse qui était uniformément varié, ce qui prouvait que le frottement est indépendant de la vitesse. Il faisait varier la surface par laquelle la caisse s'appuyait, et recouvrait les madriers et le fond de la caisse de substances diverses.

Les méthodes employées pour étudier la nature du mouvement étaient fort imparfaites, ce qui engagea le général Morin à étudier de nouveau la question. Son appareil ne différait de celui de Coulomb, qu'en ce que la poulie C (*fig.* 1204) portait latéralement un disque de cuivre recouvert de papier. En étudiant le mouvement de rotation de ce disque, il était facile d'en conclure le mouvement de translation du traineau. Devant le disque est un mouve-

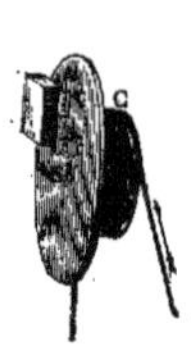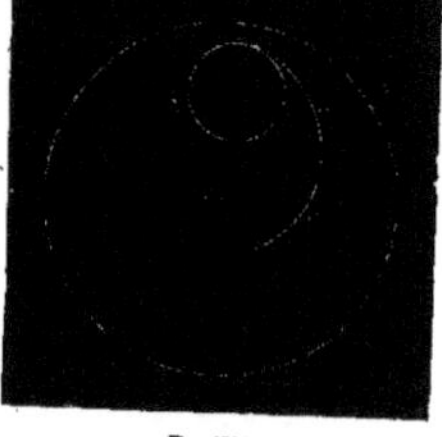

Fig. 1304. Fig. 1305.

ment d'horlogerie faisant décrire un cercle à un pinceau imbibé d'encre de Chine. Si le disque O est immobile, le pinceau trace dessus le cercle ABC (*fig.* 1305), mais si le disque tourne en même temps, c'est-à-dire si le chariot A se déplaçant fait tourner la poulie C, la courbe décrite est ABC. M. Morin a pu, d'après cela, vérifier que le mouvement du traineau était uniformément varié, et il a constaté l'exactitude de toutes les lois de Coulomb. De plus, il a cherché le coefficient de frottement dans différents cas. Le coefficient de frottement est le rapport constant dans chaque cas qui existe, d'après la première loi, entre la force de frottement et la pression du corps frottant sur le corps frotté. Nous donnons plus loin un tableau des principaux résultats.

D'après ce qui précède, le frottement est une cause de déperdition de travail, et, par suite, l'on doit dans toute machine éviter sa production autant que possible ; cependant MM. Beaumont et Mayer ont tenté une application industrielle de cette déperdition de force en s'appuyant sur ce fait, que tout frottement développe de la chaleur. Leur appareil consiste essentiellement en deux cônes concentriques, dont l'un est garni de tresses de chanvre ou de coton lubréfiées d'huile, et l'autre, en cuivre rouge, est en contact avec le liquide qu'il s'agit d'échauffer. Par des moyens particuliers, l'on peut régler la pression de l'un des cônes sur l'autre, et, selon les cas, c'est l'un ou l'autre qui est mobile. Cette idée d'utiliser la chaleur dégagée par le frottement est fort ancienne, mais il a toujours fallu l'abandonner, parce que le travail mécanique qu'il faut développer pour produire par le frottement une quantité de chaleur notable est beaucoup trop considérable par rapport au résultat obtenu. Il faut joindre à cela que le développement de chaleur ne se produit que quand il y a usure sensible des pièces frottantes. Il y a donc lieu d'abandonner, au moins quant à présent, les travaux faits dans cette voie.

L'étude de la chaleur développée par le frottement trouvera sa place à l'article THÉORIE MÉCANIQUE DE LA CHALEUR.

Il arrive aussi quelquefois que l'on donne le nom de *frottement* à la résistance au *roulement*.

H. G.

Tableau des valeurs du coefficient de frottement pendant le mouvement.

INDICATION DES SURFACES.	À SEC.	MOUILLÉES D'EAU.	HUILE.	SAINDOUX.	SUIF.	SAVON SEC.	ONCTUEUSES.	ONCTUEUSES et mouillées d'eau.
Chêne sur chêne (les fibres parallèles au mouvement)	0,48					0,16		
— (— perpendiculaires au mouvement)	0,34	0,25						
(bois debout sur bois plat)	0,19							
Orme sur chêne (fibres parallèles au mouvement)	0,43							
— (— perpendiculaires au mouvement)	0,45							
Frène, sapin, hêtre, poirier sauvage et sorbier sur chêne (fibres parall. au mouvement)	0,36 à 0,40							
Fer sur chêne (fibres parallèles au mouvement)	0,62	0,26				0,21		
Fonte sur chêne (— —)	0,49	0,22				0,19		
Laiton sur chêne (— —)	0,62							
Fer sur orme (— —)	0,25							
Fonte sur orme (— —)	0,20							
Cuir noir corroyé sur chêne (fibres parallèles au mouvement)	0,27							
Cuir tanné sur chêne (à plat ou de champ)	0,32	0,29						
— sur fonte et sur bronze (à plat ou de champ)	0,56	0,36	0,15					0,23
Chanvre en brin ou en corde sur chêne (fibres parallèles)	0,52							
— — (fibres perpendiculaires)		0,33						
Chêne et orme sur fonte (fibres parallèles)	0,38							
Poirier sauvage, orme, sur fonte	0,44							
Fer sur fonte et sur bronze (fibres parallèles)	0,18							
Fonte sur bronze	0,15							
Fonte sur fonte		0,31						
Bronze sur bronze	0,20							
— sur fonte								
— sur fer								
Calcaire oolithique sur calcaire oolithique	0,64							
Muschelkalk	0,67							
Brique ordinaire	0,65							
Chêne (bois debout)	0,33							
Fer forgé (fibres parallèles)	0,69							
Muschelkalk sur muschelkalk	0,38							
Calcaire oolithique sur muschelkalk	0,65							
Brique ordinaire	0,60							
Chêne (bois debout)	0,38							
Fer (fibres parallèles)	0,24	0,30						

Tableau des valeurs du coefficient de frottement au départ.

INDICATION DES SURFACES.	À SEC.	MOUILLÉES D'EAU.	HUILE OU SAINDOUX.	SAVON SEC.	SUIF.
Chêne sur chêne (fibres parallèles à la traction)	0,62				0,45
— (— perpendiculaires à la traction)	0,54	0,71			
— (bois debout sur bois à plat)	0,43				
Chêne sur orme (fibres parallèles)	0,38				
Orme sur chêne (—)	0,69				0,41
— (fibres perpendiculaires)	0,57				
Frène, sapin, hêtre, sorbier, sur chêne (fibres parallèles)	0,53				
Cuir tanné sur chêne (cuir à plat)	0,61				
— (cuir de champ)	0,43	0,79			
Cuir noir corroyé sur chêne (fibres parallèles)	0,74				
— (fibres perpendiculaires)	0,47				
Natte de chanvre sur chêne (fibres parallèles)	0,50	0,87			
Corde de chanvre sur chêne (—)	0,80				
Fer sur chêne (fibres parallèles)	0,62	0,65			
Fonte sur chêne (fibres parallèles)		0,65			
Laiton sur chêne (—)	0,62				
Cuir de bœuf sur fonte		0,62	0,11	0,12	
Cuir noir corroyé sur partie de fonte (à plat)	0,28	0,38			
Fonte sur fonte	0,16				
Fer sur fonte	0,19				
Chêne, orme, charme, fer, fonte, bronze glissant deux à deux l'un sur l'autre			0,13	0,10	
Calcaire oolithique sur calcaire oolithique	0,74				
Muschelkalk — —	0,75				
Brique — —	0,67				
Chêne — — (bois du Levant)	0,63				
Fer — —	0,49				
Muschelkalk (sur muschelkalk)	0,70				
Calcaire oolithique (—)	0,75				
Brique (—)	0,67				
Fer (—)	0,42				
Chêne (—)	0,64				

FROUER (Chasse).— Nom que les chasseurs donnent à l'action par laquelle ils contrefont avec une feuille de lierre les cris des geais, des pies, des merles, des grives et de différents petits oiseaux, ou même quelquefois le bruit de leurs vols; on emploie ce moyen pour les engager à s'approcher des piéges qu'on leur tend.

FRUCTIFICATION (Botanique). — On désigne par ce mot l'ensemble des phénomènes d'où résulte la production du fruit, depuis l'époque de la floraison ou anthèse, jusqu'à la maturation.

FRUGIVORES (Zoologie), du latin *fruges vorare*, dévorer des fruits. On voit par cette étymologie que ce mot doit comprendre un grand nombre d'animaux pris dans différents groupes, tels que des Mammifères, des Oiseaux, des Insectes, etc. C'est donc une dénomination peu facile à appliquer parce qu'elle n'est jamais d'une exactitude absolue. Cependant Vieillot a cru devoir établir une famille d'*Oiseaux* à laquelle il a donné le nom de *Frugivores*, faisant partie de son ordre des *Sylvains*, tribu des *Zygodactyles*. I'·' comprennent les genres *Touraco* et *Musophage*.

FRUIT (Botanique), du nom latin *fructus*, en grec, *carpos*. — Organe temporaire des plantes phanérogames qui contient les germes des graines ou ovules, et en dernier lieu les graines elles-mêmes, au moment où l'on dit qu'il est *mûr*. Cet organe est une des parties de la fleur, qui lui survit et fournit après que celle-ci est flétrie un développement qui favorise et assure celui de la graine contenue dans le fruit. Le véritable *fruit* n'existe donc que chez les plantes qui ont des *fleurs*, celles que Linné a nommées *plantes à noces évidentes*, *phanérogames* (du grec *phaneros*, évident, et *gamein*, se marier). Chez celles qui se reproduisent sans fleurs, chez ces plantes *à noces mystérieuses* que le même Linné appelle *cryptogames*, il existe des organes, comme l'urne des mousses, comme la sore des fougères, qui renferment les corps reproducteurs, et que par analogie on nomme quelquefois les fruits de ces plantes. Mais il y aurait de grands inconvénients à consacrer l'extension du terme de *fruit* à des organes aussi différents; il serait impossible de donner du fruit une description générale. Les botanistes ont donc conservé au mot *fruit* son sens habituel en l'appliquant exclusivement à l'organe des plantes phanérogames où la graine se développe et devient bonne à germer.

Pour se faire une idée exacte du fruit, il faut remonter à l'organisation de la fleur, la bien connaître (voyez Fleur) et avoir une idée nette des phénomènes qui s'y passent pendant la floraison (voyez Reproduction des plantes). On saura dès lors que la fleur s'est épanouie surtout dans le but de répandre sur le stigmate, ou partie supérieure du pistil, le pollen, ou poussière fécondante développée et mûrie dans les anthères. — Dès que le pollen, tombé sur le stigmate, a exercé sur l'ovule son action vivifiante, la fleur commence à se flétrir ; les anthères, le stigmate, le style disparaissent le plus rapidement, ils tombent desséchés ; les filets des étamines, les pétales persistent souvent plus longtemps, mais ils finissent par mourir, et si on les retrouve longtemps encore à leur place, ils y sont desséchés et flétris. Le calice, plus durable, se flétrit enfin et tombe à son tour; quelquefois cependant il survit et croît avec le fruit. Ces divers débris de la fleur, qui persistent plus ou moins autour du fruit, ont reçu le nom d'*induviæ* (dépouilles). Parfois le style persistant forme au sommet du fruit une pointe qui l'a fait désigner alors par l'épithète d'*apiculé*. Au milieu de cette destruction successive des organes de la fleur, l'*ovaire* seul se développe avec les *ovules* qu'il contient; il forme dès lors le *péricarpe* (*péri*, autour ; *carpos*, fruit), et les ovules passent à l'état de *graines*; le péricarpe contenant les graines porte le nom de *fruit*.

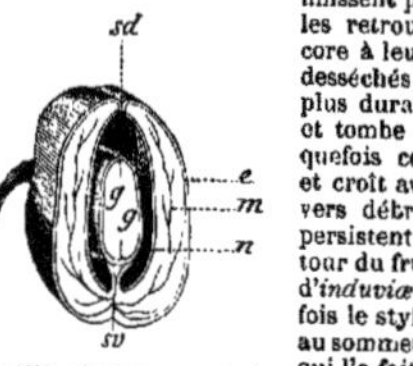

Fig. 1306.—Coupe transversale de la gousse de la fève de marais (1).

On nomme donc *fruit* la portion ovarienne du pistil, développée par la fécondation. On nomme *péricarpe* l'ovaire même, c'est-à-dire les parois du carpelle, développé dans le fruit. On nomme *graine* l'ovule qui s'est développé à mesure que la jeune plante ou l'*embryon* s'organisait sous ses enveloppes.

Le *péricarpe* est réellement la feuille carpellaire, puisqu'il est constitué par la paroi de l'ovaire, et que celui-ci doit être conçu comme une feuille réfléchie sur elle-même vers sa face supérieure et protégeant les bourgeons modifiés que nous avons nommés les ovules. Cette détermination de la nature du carpelle fait pressentir sa structure; ce sera celle d'une feuille. On y trouve, en effet, une lame de parenchyme recouverte sur ses deux

(1) Coupe destinée à montrer la structure du péricarpe.—*sd*, suture dorsale de la feuille carpellaire. — *sv*, suture ventrale. — *e*, épicarpe. — *m*, mésocarpe. — *n*, endocarpe. — *e m n*, péricarpe.— *g*, coupe d'une graine.

faces par une couche d'épiderme. Mais comme, dans le développement des divers fruits, ces trois parties se modifient parfois extrêmement, on leur a donné des noms distinctifs. On reconnaît donc dans un péricarpe : 1° l'*épicarpe* (*épi*, sur), couche épidermique extérieure qui doit être considérée comme l'épiderme de la face inférieure de la feuille carpellaire; 2° le *mésocarpe* (*mésos*, qui est au milieu), portion moyenne et parenchymateuse du péricarpe, qu'il faut regarder comme le parenchyme de la feuille carpellaire ; 3° l'*endocarpe* (*endon*, en dedans), couche épidermique intérieure, tapissant la loge où se trouvent les ovules ou l'ovule unique; c'est l'épiderme de la face supérieure de la feuille (*fig.* 1306).

Dans plusieurs espèces de fruits, le développement ne modifie pas la nature du péricarpe, il reste herbacé ou plutôt foliacé (pois, haricot, baguenaudier); mais plus souvent ses diverses parties s'altèrent et donnent au fruit un aspect spécial et une structure qui, au premier abord, semble lui être exclusivement propre. L'*épicarpe* est, des trois parties du péricarpe, celle qui se modifie le moins, elle s'épaissit fréquemment, mais conserve sa nature épidermique, c'est la peau du fruit. Le *mésocarpe* s'épaissit très-fréquemment, change de nature et se transforme peu à peu en une chair succulente qui constitue nos fruits charnus comestibles; on a parfois donné au mésocarpe charnu le nom de *sarcocarpe* (*sarx*, *sarcos*, chair). La cerise, l'abricot, la pêche, la pomme, la poire, le melon, nous offrent des exemples de fruits comestibles à cause de leur mésocarpe charnu. L'*endocarpe* se présente souvent comme une fine membrane qui tapisse l'intérieur de la loge; mais parfois il prend une consistance cartilagineuse, comme on l'observe dans la poire, la pomme, où il forme la partie résistante qui contient les pepins ou graines; plus souvent l'endocarpe devient complétement ligneux et forme ce qu'on nomme un *noyau*; la graine, nommée l'*amande*, est contenue encore dans cette enveloppe ligneuse. La cerise, la pêche, la prune sont des fruits à noyau dont l'organisation est bien connue : on y trouve, une pellicule externe qui est l'épicarpe, une chair qui est le mésocarpe, enfin un noyau dout le bois est un endocarpe ligneux, l'amande est sa graine unique que renferme le fruit. Quelques fruits à endocarpe ligneux sont moins faciles à comprendre : la noix se compose, d'un *brou* qui est l'épicarpe uni au mésocarpe, d'un *bois* qui est l'endocarpe, et d'une graine singulièrement figurée, qui est la partie comestible de ce fruit. L'amande est à peu près organisée de même ; le bois mince qu'on y rencontre est aussi un endocarpe. La nèfle offre cinq noyaux dont chacun est de la même nature que celui de la prune; mais dans la nèfle il y a cinq carpelles soudés au lieu d'un seul. L'endocarpe devient dans certains fruits charnu et succulent, grâce à un tissu additionnel qui se développe dans ses loges; l'orange et le citron sont organisés de cette manière : au dehors, une peau formée de deux couches : l'une, extérieure, mince, jaune, c'est l'épicarpe; l'autre, plus intérieure, blanche et comme feutrée, c'est le mésocarpe; la partie charnue et succulente, divisée en quartiers, est l'endocarpe divisé lui-même en loges nombreuses et rempli d'un tissu nouveau développé pendant l'accroissement du fruit. Parfois le mésocarpe semble participer seul au développement du fruit; ainsi dans le melon, le potiron, à peine reconnaît-on les traces de l'épicarpe et de l'endocarpe ; le mésocarpe verdoyant et acerbe à l'extérieur, succulent, charnu et sucré à l'intérieur, forme presque seul le péricarpe.

Souvent on reconnaît à la surface du fruit les sutures que possède le carpelle. On se souvient que celui-ci offre une *suture ventrale* qui résulte de la soudure des deux bords de la feuille carpellaire, et une *suture dorsale* qui représente la nervure médiane de cette feuille. Dans les fruits formés d'un seul carpelle, on distingue souvent l'une et l'autre (*fig.* 1306), comme dans la gousse du pois, la pêche, la prune ; dans les fruits multiloculaires à placentation axile, les *sutures ventrales* des carpelles sont au centre du fruit et par conséquent invisibles, et les sutures dorsales peuvent seules paraître à leur surface; dans les fruits également multicarpellés, mais à placentation pariétale, les carpelles ayant leurs bords à la surface du fruit, celui-ci peut montrer en même temps les sutures ventrales et dorsales alternant les unes avec les autres. Dans beaucoup de fruits secs, ces sutures se séparent à maturité, et le péricarpe s'ouvre pour laisser échapper les graines. Ce phénomène a reçu le nom de *déhiscence du péricarpe*; on nomme *déhiscents* les fruits qui le présentent; *indéhiscents* ceux où on ne l'observe pas; les fruits charnus sont tous indéhiscents.

Outre les modifications de tissus, l'ovaire peut en éprouver d'autres encore pendant la fructification. Dans les fleurs à plusieurs carpelles, on en voit souvent avorter un certain nombre, de façon que le fruit n'en montre plus autant que la fleur. Le marronnier d'Inde a un ovaire triloculaire, et chaque loge renferme deux ovules à placentation axile, de ces six ovules un seul se retrouve dans le fruit qui semble en même temps ne posséder qu'une seule loge. Le développement du fruit est parfois accompagné d'un amincissement progressif et d'une destruction plus ou moins complète des parois ou *cloisons* qui séparaient les loges. Quelques fruits, au contraire, forment, durant leur développement, de *fausses cloisons* qui subdivisent leurs loges primitives en *fausses loges*. Le placenta, en participant au développement du péricarpe et en concourant à celui de la graine, prend souvent une disposition plus compliquée; il forme à l'intérieur de la loge un corps saillant que certains auteurs nomment aussi *trophosperme* (*trophos*, nourricier; *sperma*, graine), de ce corps naissent des prolongements en même nombre que les graines et dont chacun en alimente une; ce sont les *funicules* (*funiculus*, petite corde), aussi appelés *podosperme* (*pous, podos,* pied).

En résumé, le péricarpe se modifie dans sa structure pendant la fructification, soit par une transformation des tissus de l'épicarpe, du mésocarpe ou de l'endocarpe; soit par l'avortement d'une partie des loges ou des ovules; soit par la destruction des cloisons interloculaires; soit par la production de fausses cloisons donnant lieu à de fausses loges. De ces modifications dans la structure du péricarpe pendant le développement et de la variété même de sa disposition première suivant les espèces végétales, résulte une grande multiplicité de fruits, que l'on a cherché à classer pour les étudier plus facilement. Adrien de Jussieu en a donné un classement facile et très-naturel que je vais exposer ici brièvement. Ce classement repose:

1° Sur la simplicité du fruit ou sa complication par le concours de quelque partie de la fleur développée avec lui ou servant même à le souder aux fruits voisins;

2° Sur l'indépendance ou la soudure des carpelles;

3° Sur l'indéhiscence ou la déhiscence des péricarpes;

4° Sur le nombre des graines que renferme chaque carpelle.

A l'aide de ces caractères, Adrien de Jussieu forme parmi les fruits trois grandes divisions que désignent les noms de *fruits simples, fruits anthocarpés, fruits agrégés*. La première est de beaucoup la plus nombreuse, je vais les définir toutes trois, et les étudier une à une.

1re *Division :* Fruits simples. — Ces fruits n'ont pas d'autre enveloppe que le péricarpe, et ils sont formés par le pistil d'une seule et même fleur (cerise, prune, tête de pavot, etc.).

2me *Division :* Fruits anthocarpés. — Ces fruits ont pour enveloppe, outre le péricarpe, des parties accessoires indépendantes de l'ovaire, mais développées avec lui, le plus souvent un calice libre et persistant ou un involucre; ils proviennent encore des pistils d'une seule fleur (fruit de la belle-de-nuit, de l'if, etc.).

3me *Division :* Fruits agrégés. — Ces fruits, bien que réunis en une seule masse, proviennent de plusieurs fleurs et représentent toute une inflorescence dont les ovaires se sont soudés, ou directement ou indirectement, par l'interposition de quelques parties persistantes des fleurs (mûre, ananas, figue, cône, etc.).

1re Division : FRUITS SIMPLES.

On les partage en deux classes: 1° les *fruits apocarpés* (*apo* qui indique la séparation), formés de carpelles libres et séparés; 2° les *fruits syncarpés* (*sym*, qui indique la réunion), formés au contraire de carpelles soudés en une seule masse.

1re Classe : *Fruits simples apocarpés.*

Fruits simples, constitués par des carpelles indépendants et isolés entre eux. — Les uns sont *indéhiscents*, les autres *déhiscents*.

1re Section : *Fruits simples apocarpés indéhiscents.*

Fruits simples, apocarpés, dont le péricarpe ne se fend pas suivant ses sutures à l'époque de la maturité. — Tous les fruits charnus, étant indéhiscents, rentrent dans cette section; plusieurs fruits secs à maturité viennent aussi y prendre place.

a. — Fruits simples, apocarpés, indéhiscents, charnus.

1re Espèce : *Drupe.* — On nomme *drupe* un fruit apocarpé, indéhiscent et charnu, dont l'endocarpe forme un noyau ligneux, ordinairement *monosperme* (*monos*, seul); c'est-à-dire contenant dans sa loge une seule graine; exemples : cerise, prune, abricot, pêche, amande, noix, etc.

b. — Fruits simples, apocarpés, indéhiscents, secs.

2me Espèce : *Achaine.* — On appelle *achaine* (*a* privatif; *chainein*, s'ouvrir) un fruit apocarpé, indéhiscent, à péricarpe sec et mince, renfermant, dans sa loge unique, une seule graine bien indépendante du péricarpe; exemples : fruits des renoncules, du grand soleil, des chardons, du sarrasin ou blé noir, etc.

3me Espèce : *Cariopse.* — On a longtemps nommé *graine nue*, et l'on nomme maintenant *cariopse*, un fruit apocarpé, indéhiscent et sec, monosperme comme l'achaine, mais dont le péricarpe s'est soudé aux téguments de la graine en se développant, et est complétement confondu avec elle ; exemples : les grains du blé, de l'orge, de l'avoine, des céréales en général.

4me Espèce : *Samare.* — C'est un fruit apocarpé, indéhiscent et sec, monosperme ou oligosperme (*oligos*, un

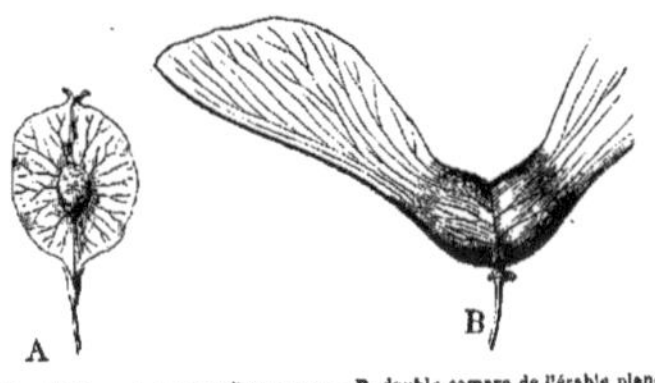

Fig. 1307. — A, samare d'un orme.— B, double samare de l'érable plane.

petit nombre), dont le péricarpe se prolonge autour de la loge en une lame membraneuse, mince et diversement découpée; exemples : fruits de l'érable faux-platane, de l'orme.

2me Section : *Fruits simples, apocarpés, déhiscents.*

Fruits simples, apocarpés, dont le péricarpe s'ouvre spontanément suivant leurs sutures, lors de la maturité. — Cette section ne contient que des fruits dont le péricarpe est sec lorsqu'il est mûr.

5me Espèce : *Follicule.* — On nomme depuis longtemps *follicule* un fruit à péricarpe foliacé qui, à maturité, se dessèche et s'ouvre seulement par sa suture ventrale; il contient ordinairement un assez grand nombre de graines, ce qu'on exprime en disant qu'il est *polysperme* (*polys*, beaucoup); exemples: fruits de l'ellébore commun, de l'ancolie, du pied d'alouette ou dauphinelle, et de beaucoup d'autres renonculacées.

6me Espèce : *Coque.* — On donne le nom de *coque* à un fruit apocarpé, sec et déhiscent, dont l'endocarpe est ordinairement ligneux et crustacé, qui s'ouvre à la fois par ses sutures ventrale et dorsale, et renferme un petit nombre de graines (fruit oligosperme); exemple : fruit de la fraxinelle.

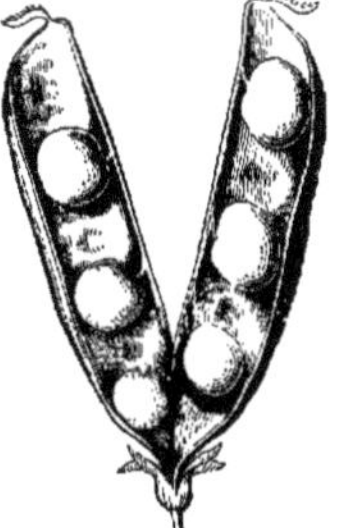

Fig. 1308. — Pois de senteur, fruit mûr, ouvert.

7me Espèce : *Gousse* ou *légume.* — On désigne par ces deux noms indifféremment un fruit apocarpé, sec et déhiscent, dont le péricarpe foliacé s'ouvre par sa suture ventrale, et qui renferme un assez grand nombre de graines; exemples : fruit du haricot, du pois, de la fève et de toutes les légumineuses.

Cette espèce de fruits admet une variété importante. Souvent, pendant le développement du fruit, de fausses cloisons perpendiculaires à sa longueur le divisent en une série de fausses loges. Lorsqu'au niveau de ces fausses loges le péricarpe se resserre et devient articulé, de façon que chacun puisse se détacher successivement, le *légume* est *lomentacé* ou prend chez certains auteurs le nom de *lomentum* ; exemples : les fruits des sainfoins, des coronilles.

Avant de terminer cette étude des fruits apocarpés, il est essentiel de faire remarquer que s'il est des fleurs, comme celles du pois et de l'abricotier, qui ne produisent qu'un seul fruit apocarpé, il en est beaucoup d'autres qui, pourvues de pistils nombreux, produisent un grand nombre de fruits apocarpés groupés sur un même torus ; la renoncule, le fraisier, l'églantier en offrent des exemples.

Souvent une même fleur possède plusieurs pistils et donne plusieurs fruits apocarpés bien distincts ; mais parfois le réceptacle ou torus se développe avec eux et les unit en une seule masse qui est une sorte de fruit multiple, bien qu'en réalité il ne se compose que de fruits simples apocarpés, drupes, achaines, etc., groupés ensemble. C'est ainsi que la *fraise* est un réceptacle charnu très-développé et portant à sa surface de petits achaines bien séparés ; la *framboise* est un produit du même genre, mais sa partie succulente est formée par les fruits accolés, qui sont de petites drupes, tandis que le réceptacle commun est petit, sec et fibreux.

2ᵐᵉ Classe : *Fruits simples, syncarpés.*

Fruits simples, formés par la réunion de plusieurs carpelles soudés ensemble. Leur structure dérive de celle des ovaires à plusieurs carpelles réunis. On peut ici, comme dans les fruits apocarpés, distinguer les fruits *indéhiscents* et les fruits *déhiscents.*

1ʳᵉ Section : *Fruits simples, syncarpés, indéhiscents.*

Ces péricarpes ne s'ouvrent pas à maturité, les uns sont *charnus*, les autres *secs.*

a — Fruits simples, syncarpés, indéhiscents, charnus.

8ᵐᵉ Espèce : *Pomme* ou *mélonide.* — C'est un fruit syncarpé, indéhiscent et charnu, formé de cinq carpelles soudés, insérés par rapport au calice et adhérents à cette enveloppe florale qui se confond avec l'épicarpe et se développe avec lui. L'endocarpe est cartilagineux (pomme) ou ligneux (nèfle), le mésocarpe très-charnu ; exemples : pomme, poire, nèfle, sorbe ; la *pomme* est un fruit tout spécial à certaines espèces de la famille des Rosacées.

On nomme aussi *nuculaine* une pomme à endocarpes ligneux, c'est-à-dire à noyaux multiples, qui n'est plus réellement que la réunion de plusieurs drupes en un seul fruit. Si l'on adopte ce nom, la nèfle est une *nuculaine.*

9ᵐᵉ Espèce : *Hespéridie.* — On a donné ce nom, en souvenir du jardin des Hespérides, à un fruit qui a pour type l'orange, et qu'on peut définir un fruit simple syncarpé, indéhiscent et charnu, formé de carpelles nombreux et divisé en plusieurs loges à endocarpe charnu, pulpeux et succulent, l'épicarpe et le mésocarpe ne formant plus qu'une peau coriace. Ce fruit provient d'un ovaire libre et supère par rapport au calice ; exemples, orange, citron.

10ᵐᵉ Espèce : *Péponide.* — Ce nom désigne le fruit des Cucurbitacées, comme le melon, le potiron, etc. C'est un fruit syncarpé, indéhiscent et charnu, à une seule loge par destruction des cloisons ; cette cavité, incomplétement tapissée par l'endocarpe, porte attachées à ses parois des graines nombreuses. Le mésocarpe forme une chair épaisse à la surface de laquelle on distingue avec peine un péricarpe ; exemples : melon, potiron, concombre, courges, etc.

11ᵐᵉ Espèce : *Baie.* — Ce nom s'applique en général à tous les fruits syncarpés, indéhiscents, charnus ou secs, que des particularités remarquables n'ont pas fait distinguer par un des noms qui précèdent. On emploie le nom de *baie*, sans autre désignation, lorsque le péricarpe est charnu ; exemples : raisin, groseilles, tomate.

b. — Fruits simples, syncarpés, indéhiscents, secs.

12ᵐᵉ Espèce : *Baie sèche.* — Le même nom de *baie* désignant les fruits syncarpés, indéhiscents en général, s'applique à ceux d'entre eux dont le péricarpe est foliacé ou ligneux ; on y ajoute seulement l'épithète de *sèche*, qui rappelle la nature du péricarpe.

Fig. 1309. — Coudrier noisetier, fruit (1) (grand. natur.).

13ᵐᵉ Espèce : *Gland.* — Fruit syncarpé, indéhiscent et sec, provenant d'un ovaire infère, pluriloculaire et polysperme ; le péricarpe montre à son sommet les dents très-petites du limbe, il porte à sa base un involucre écailleux (chêne), foliacé (noisetier), ou semblable à une sorte de péricarpe (châtaignier), et que l'on nomme une *cupule* ; exemples : fruits du chêne, du hêtre, du noisetier, du châtaignier, etc.

Plusieurs fruits syncarpés secs véritablement indéhiscents, c'est-à-dire dont les loges ne s'ouvrent pas à maturité, subissent une sorte de déhiscence qui consiste dans la séparation de leurs carpelles lors de la maturité du fruit. On observe ce phénomène dans le fruit des mauves, celui de la capucine, celui des ombellifères ; dans ce dernier cas, au lieu de se détacher complétement, les carpelles restent suspendus à l'axe du fruit décomposé en autant de filets qu'il y a de carpelles, ce qui avait valu à ces sortes de fruits le nom à peu près abandonné de *crémocarpe.*

2ᵐᵉ Section : *Fruits simples, syncarpés, déhiscents.*

Ce sont des fruits composés de plusieurs carpelles, et qui à maturité s'ouvrent d'eux-mêmes pour laisser échapper de leurs loges les graines qui s'y sont développées. Ces péricarpes ne sont jamais charnus.

14ᵐᵉ Espèce : *Capsule.* — Ce nom très-général comprend tous les fruits syncarpés déhiscents qui ne présentent pas les caractères spéciaux des deux espèces suivantes ; exemple : fruits des Solanées, des Liliacées, des Scrofularinées (gueule de loup), des Campanulacées (clochette, liseron des haies), des œillets, des pavots, etc.

Tantôt les *capsules* s'ouvrent suivant leurs sutures par des valves aussi nombreuses que leurs carpelles et qui leur ont valu le nom de *capsules valvicides* ; tantôt la déhiscence s'effectue par l'écartement des dents placées au sommet, ce sont alors des *capsules denticides* ; tantôt, enfin, la déhiscence se borne à l'ouverture d'un certain nombre de pores ou trous arrondis pratiqués vers la partie supérieure du péricarpe, ces sortes de capsules sont dites *poricides*. Parmi les *capsules valvicides* on distingue encore trois variétés de déhiscence : on nomme déhiscence *septicide* celle où la séparation a lieu suivant les sutures ventrales de façon que les cloisons se dédoublent et les carpelles se séparent pour s'ouvrir ; on appelle déhiscence *septifrage* celle où les cloisons restent au milieu du fruit sans se séparer tandis que les valves se détachent ; on appelle, enfin, déhiscence *loculicide*, celle où la séparation s'effectue suivant les sutures dorsales, de telle façon que les fentes correspondent aux loges et non plus aux cloisons.

Fig. 1310 — Colza, fruit mûr, ouvert (2).

15ᵐᵉ Espèce : *Pyxide.* — Fruit syncarpé, déhiscent, s'ouvrant à maturité par une fente circulaire et horizontale, de telle façon que la moitié supérieure du péricarpe forme une sorte de couvercle à la partie inférieure ; aussi ces fruits ont-ils reçu le nom de *boîtes à savonnette* ; ex. : fruits des jusquiames, du mouron, etc.

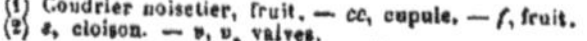

(1) Coudrier noisetier, fruit. — cc, cupule. — f, fruit.
(2) s, cloison. — v, v, valves.

16ᵐᵉ Espèce : *Silique* et *silicule*. — La *silique* est réellement une capsule à deux loges, s'ouvrant par deux valves opposées qui restent suspendues à la partie supérieure du fruit et laissent voir une fausse cloison portant sur chacun de ses bords des graines alternes ; ex. : le fruit des crucifères comme le chou, la giroflée, le colza (*fig.* 1310), celui de la chélidoine, etc.

Dans certains cas, la silique, très-raccourcie et élargie en même temps, est à peu près aussi large que longue, comme on le voit dans le thlaspi, par exemple ; on lui donne alors le nom de *silicule*.

2ᵐᵉ Division : Fruits ANTHOCARPÉS.

Le nom même qui sert à désigner ces fruits rappelle que certains organes de la fleur en font partie. On observe, en effet, qu'un des verticilles de la fleur, et c'est ordinairement le calice, bien qu'indépendant de l'ovaire,

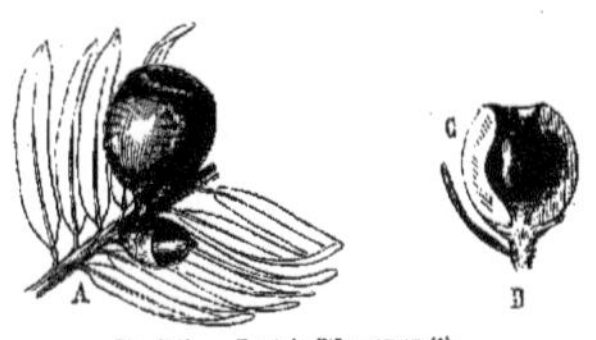

Fig. 1311. — Fruit de l'if commun (1).

persiste, se développe, prend une consistance plus ou moins dure et forme autour du péricarpe une enveloppe extérieure bien distincte, mais qui semble réellement un second péricarpe. Un petit nombre de fruits seulement offrent cette structure. J'ai déjà cité, comme les plus vulgaires, ceux de l'if, de la belle-de-nuit.

3ᵉ Division : Fruits AGRÉGÉS.

Les fruits agrégés ne comprennent pas seulement les fruits provenant d'une seule fleur, mais bien ceux de toute une inflorescence, soudés entre eux directement ou par l'intermédiaire de quelques parties accessoires. On peut distinguer parmi eux :

La *sorose* (*fig.* 1312) formée par la réunion de plusieurs fruits charnus que les folioles du calice développées et charnues comme eux ont servi à souder en une seule masse ; ex. : fruits du mûrier, de l'ananas, de l'arbre à pain.

Le *sycône*, c'est l'inflorescence même désignée sous ce nom (voyez INFLORESCENCE), et transformée par le développement en un fruit dont la partie comestible est le réceptacle charnu qui loge dans sa cavité centrale les véritables fruits très-petits et très-nombreux ; ex. : la figue.

Le *cône* ou *strobile* (*fig.* 1313), fruit des pins, sapins, cèdres, cyprès et autres arbres nommés pour cela même

Fig. 1312. — Sorose de l'ananas, surmontée du bouquet de feuilles qui termine l'axe fructifère.

Fig. 1313. — Pin, cône mur (demi-grand. natur.).

conifères, (voyez ce mot) ; il se compose d'un axe plus ou

(1) A, fruit de l'if commun. — B, le même coupé. — C, partie inférieure du calice durcie avec le fruit véritable caché dans la partie précédente.

moins allongé autour duquel sout disposées des écailles plus ou moins épaisses, en général ligneuses à maturité, et dont chacune porte deux graines nues à sa base. On a comparé chaque écaille à une feuille carpellaire qui ne serait pas repliée sur elle-même. Tantôt ces écailles sont indépendantes les unes des autres (sapin) ; tantôt moins nombreuses, elles se soudent en une seule masse (cyprès) qui parfois même devient charnue et simule une baie (genévrier).

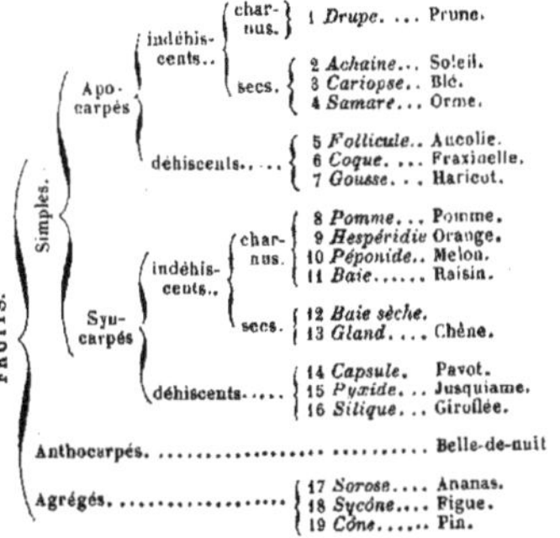

Tableau de la classification des fruits.

FRUITS.	Simples.	Apo-carpés	indéhiscents..	charnus.	1 *Drupe*. ... Prune.
				secs.	2 *Achaine*... Soleil.
					3 *Cariopse*.. Blé.
					4 *Samare*... Orme.
			déhiscents.. ...		5 *Follicule*.. Ancolie.
					6 *Coque*. ... Fraxinelle.
					7 *Gousse*. . . Haricot.
		Syn-carpés	indéhiscents..	charnus.	8 *Pomme*. ... Pomme.
					9 *Hespéridie* Orange.
					10 *Péponide*.. Melon.
					11 *Baie*...... Raisin.
				secs.	12 *Baie sèche*.
					13 *Gland*. ... Chêne.
			déhiscents.....		14 *Capsule*. Pavot.
					15 *Pyxide*. ... Jusquiame.
					16 *Silique*. ... Giroflée.
	Anthocarpés.				Belle-de-nuit
	Agrégés.				17 *Sorose*.... Ananas.
					18 *Sycône*.... Figue.
					19 *Cône*...... Pin.

La classification des péricarpes qui vient d'être exposée s'est lentement élaborée dans la science depuis Linné. Ce grand classificateur essaya un des premiers cette œuvre encore aujourd'hui si imparfaite en présence de l'incroyable diversité qu'il a plu au Créateur de jeter parmi les fruits. Il reconnut 8 formes générales : 1° la *Capsule*, fruit sec, à plusieurs graines, souvent à maturité ; 2° la *Silique*, fruit sec à 2 valves avec des graines attachées aux deux bords ; 3° le *Légume*, fruit membraneux à 2 valves, avec des graines fixées sur un seul bord ; 4° le *Follicule*, fruit à une seule valve s'ouvrant longitudinalement d'un seul côté ; 5° la *Drupe*, fruit charnu à noyau ; 6° la *Pomme*, fruit charnu contenant une capsule ; 7° la *Baie*, fruit charnu contenant des semences nues ; 8° le *Strobile*, chaton changé en fruit. Cette ébauche dont les traits essentiels sont demeurés dans !n science, fut perfectionnée déjà par Gœrtner. Le plus grand progrès qui ait été accompli en botanique sur cette question difficile est dû à Louis-Claude Richard ; c'est lui qui le premier prit pour principe de la classification des fruits, l'étude de l'ovaire comme fondement de celle du fruit. Ach. Richard compléta cette classification qui a servi de type aux travaux exécutés depuis sur ce sujet. De Candolle, de Mirbel, Desvaux, Link, Lindley, Agardh, Sprengel et enfin Adr. de Jussieu ont remanié les groupes de Ach. Richard sans introduire aucun principe nouveau et sans pouvoir s'écarter beaucoup au fond de cette classification primordiale. J'ai donné dans cet article la division adoptée par Adrien de Jussieu, parce qu'elle m'a paru d'une netteté incontestable et qu'elle a été exposée pour la première fois par son auteur dans un *Cours élémentaire* devenu classique aujourd'hui.

Un article spécial est consacré à la graine (voyez GRAINE).

Usages des fruits. — Le fruit est un des organes des plantes les plus compliqués dans leur texture, et lorsqu'il est charnu, il contient beaucoup de principes nutritifs ; aussi les fruits occupent-ils toujours une place importante dans l'alimentation de l'homme. Suivant le degré de civilisation, l'homme se nourrit de fruits venus spontanément, ou de fruits cultivés par lui ; c'est dans ce dernier cas seulement que ce genre d'aliments prend une place importante. L'art de cultiver les fruits est devenu dans certains pays une occupation des plus intéressantes et des plus lucratives (voyez JARDIN FRUITIER), et l'on peut dire que la France sous ce rapport tient le premier rang. Des succès que l'on obtient dans cet art curieux sont dus, non-seulement aux efforts des hommes, mais aussi aux faveurs du climat ; c'est à l'une et à l'autre de ces deux causes que la France doit sa supériorité. La plus grande partie des fruits cultivés pour la table et amenés par la culture à une exquise délicatesse appartiennent à la classe des *Rosacées*. Ce beau groupe du règne végétal nous donne : la framboise et la fraise, la pomme, la poire, le coing, la nèfle, puis la cerise, la prune, l'amande, l'abricot et la pêche. Les groseilles proviennent d'arbrisseaux d'une petite famille spéciale (*Grossulariées*), la grenade est donnée par une autre petite famille (*Granatées*). La vigne qui fournit un de nos meilleurs fruits, le raisin, est le type de la petite famille des *Ampélidées*. La famille des *Aurantiacées* nous fournit l'orange, la bigarade, le citron ou limon. Les figues, les mûres sont produites par des arbres de la famille des *Urticées* ou *Morées*. Celle des *Quercinées* produit la châtaigne, la noisette, celle des *Berbéridées*, l'épine-vinette, et celle des *Oléacées* l'olive, un des plus précieux fruits du bassin Méditerranéen. Pour compléter cette liste des fruits d'un usage vulgaire en Europe, il faut signaler la figue de Barbarie venue sur un cactus, les tomates, les aubergines que portent certaines espèces de *Solanées* et surtout les fruits volumineux du groupe des *Cucurbitacées*, le melon, la courge, la citrouille ou potiron, le concombre, le giraumont, la pastèque. Tous ces fruits de nos contrées européennes sont empruntés à des plantes phanérogames *Dicotylédones*. Les contrées tropicales, plus riches en *Monocotylédones*, leur doivent les dattes, les cocos produits par des espèces de palmiers, les bananes, les ananas ; puis un grand nombre d'autres fruits produits par des plantes *Dicotylédones*, l'avocat (*Laurus persea*), le fruit gigantesque de l'arbre à pain (*Artocarpus incisa*), la badiane (*Illicium anisatum*), le gombaut ou gombo (*Hibiscus esculentus*), le cacao (*Theobroma cacao*), l'abricot d'Amérique (*Mammea americana*), le mangoustan (*Garcinia mangostana*), la mangue ou mango (*Mangifera indica*), la pamplemousse (*Citrus decumana*), les goyaves (genre *Psidium*), etc.

Dans ses études intitulées les *Ouvriers Européens*, M. Fr. Le Play a indiqué le rôle des fruits dans l'alimentation des classes laborieuses de l'Europe. Ils n'ont pas, d'après lui, la même importance que les légumes, et sont en général des objets de luxe plutôt qu'un article indispensable de la nourriture. Rappelant d'ailleurs combien la culture des fruits serait avantageuse et facile dans les plus doux climats de l'Europe, il fait remarquer que, chez les peuples méridionaux, une abondante culture de fruits est une excellente mesure de l'intelligence, des habitudes du travail et de la recherche du bien-être. Les fruits de la région tempérée de l'Europe et des parties méridionales exigent en général d'être perfectionnés par la culture ; les uns sont succulents (fruits à noyaux ou à pepins), les autres farineux (châtaigne, amande, noisette, noix). Ceux-ci ont une grande importance dans l'alimentation des peuples du midi de la France, de l'Italie, de l'Espagne. La région septentrionale de l'Europe ne peut plus donner les fruits délicats que la culture obtient sous un ciel plus doux ; mais la nature y produit abondamment, durant l'été court et fécond propre à ces contrées, des fraises, des ronces, des airelles sauvages que les populations recueillent à l'envi, que l'on mange frais et dont on prépare des conserves précieuses pour l'hiver. L'observateur auquel j'emprunte ces renseignements signale le rôle intermédiaire à celui des légumes et à celui des fruits, que jouent les fruits volumineux des *Cucurbitacées* ; toutes les populations en consomment quelque espèce. Presque partout c'est le concombre ; mais on voit s'y joindre le potiron dans la zone centrale, puis, dans le Midi, le melon, la pastèque qui se consomment en quantité considérable dans la Russie méridionale, en Hongrie, dans la Turquie d'Europe, en Grèce, en Italie et en Espagne.

Ab. F.

Au point de vue *hygiénique*, les fruits pris dans le sens restreint de ce mot en économie domestique, ne constituent pas une alimentation habituelle pour les populations, une nourriture dont on peut faire un usage spécial et journalier, mais comme accessoires agréables, à cause des produits sucrés, acides, aromatiques, astringents, etc., qu'ils contiennent en qualités variables suivant leur degré de maturité, la culture qu'ils ont reçue, la nature des végétaux qui les produisent, ils forment une des parties les plus importantes et les plus recherchées du régime alimentaire. Ainsi les fruits amylacés, tels que les pois, les fèves, les haricots, les lentilles, le maïs, les différents millets, le sarrasin, etc., les fruits du châtaignier et de quelques autres arbres donnent une nourriture abondante, saine et précieuse pour un grand nombre de po-

pulations ; mais on lui reproche en général de fatiguer les personnes délicates et de développer des gaz pendant le travail de la digestion. Les fruits oléagineux, noix, noisettes, amandes douces, cocos, olives, forment une partie très-accessoire dans l'alimentation ; ils ne sont pas toujours d'une digestion facile. Mais la classe la plus nombreuse et la plus intéressante de fruits, ce sont les fruits aqueux sucrés ou sucrés acidules ; les nommer tous serait beaucoup trop long, nous ne citerons que les principaux, ce sont : les cerises, les raisins, les fraises, les framboises, les pêches, les abricots, les prunes, les mûres, les oranges, les figues, les dattes, les jujubes, les ananas, les pommes, les poires, les goyaves, les fruits de l'avocatier, les mangoustans, les bananes, les fruits de l'arbre à pain, etc.; si l'on joint à cela toutes les variétés et sous-variétés que la culture a produites, on aura une quantité innombrable de fruits qui ne fait que s'augmenter tous les jours. Cette libéralité de l'auteur de toutes choses est un bienfait pour les populations au milieu desquelles se produisent en si grande abondance, les fruits que nous venons de nommer ; la nourriture qu'ils donnent répare bien moins que toute autre, surtout celle des fruits succulents ; mais aussi ces populations brûlées par un soleil dévorant, n'ont pas besoin d'une nourriture abondante et forte, et il est nécessaire qu'ils rafraichissent leur sang par l'usage des fruits aqueux, sucrés, acidules, qui n'exigent pas en général un grand travail des organes digestifs ; si l'on en croit les recherches du docteur Beaumont, résumées par M. le professeur Trousseau (*Thèse du Concours d'hygiène*, 1837), les fruits sont les plus digestibles de tous les aliments qui ont été expérimentés. On a bien adressé à ce régime quelques reproches, surtout pour les enfants, qu'il prédisposerait aux affections lymphatiques ; mais les vices attachés à l'abus et à la mauvaise qualité, ne contrebalancent pas les avantages qui résultent d'un usage raisonnable. A côté de ceux que nous venons de nommer se rencontrent les fruits astringents tels que les nèfles, les coings, les cormes, quelques espèces de poires, etc. Le principe astringent qu'ils contiennent leur donne des propriétés moins débilitantes, aussi les trouve-t-on plutôt dans la zone tempérée où leur qualité nutritive a pour auxiliaire sur les voies digestives le principe même que nous venons de désigner.

Nous aurions à parler encore des fruits au point de vue de la matière médicale et de la toxicologie ; mais les bornes de cet article ne nous permettent pas de développer cette partie de l'histoire des fruits. Du reste, on trouvera à l'article qui concerne chacun d'eux, ce que nous pourrions en dire ici.

FRUITERIE (*Conservation des fruits*). — La conservation des fruits est une question intimement unie à celle du jardin fruitier, nous verrons à cet article que celui-ci doit fournir pendant *chacun des mois de l'année*, la plus grande quantité possible des meilleurs fruits. Il est vrai qu'on peut obtenir ce résultat en plantant un nombre égal d'arbres mûrissant leurs fruits pendant chaque mois de l'année ; mais ce moyen sera insuffisant si l'on n'emploie pas un mode de conservation qui place dans les conditions les plus convenables les fruits dont la maturité peut être retardée jusqu'au printemps, et même jusqu'au commencement de l'été, époque à laquelle les variétés les plus précoces commencent à donner de nouveaux produits. Cette question offre donc un grand intérêt, non-seulement pour celui qui consomme les fruits qu'il produit, mais encore pour celui qui en fait un objet de spéculation, puisqu'ils ont d'autant plus de valeur qu'on peut les vendre plus tard.

Les soins de conservation ne s'appliquent guère qu'aux fruits qui mûrissent en hiver. Le but est, 1° de les soustraire à l'influence des gelées qui les désorganiseraient complétement ; 2° de faire que la maturation s'effectue si lentement, qu'on arrive à la prolonger, pour une partie des fruits, jusqu'à la fin du mois de mai de l'année suivante ; car, quoi qu'on fasse, la décomposition succède toujours assez rapidement à une maturité complète. Ce double résultat est obtenu d'une manière plus ou moins complète selon le mode de construction du local où ces fruits sont réunis, et auquel on donne le nom de *fruitier* ou mieux de *fruiterie*, puis aussi selon les soins qu'y reçoivent les fruits.

De la fruiterie. — L'expérience a démontré que la fruiterie donne des résultats d'autant plus satisfaisants, qu'elle remplit plus complétement les six conditions suivantes : — 1° *Une température constamment égale.* En effet, c'est surtout par les changements de température qui dilatent ou raréfient les liquides renfermés dans les fruits que la fermentation peut y être excitée et l'organisation intérieure à peu près détruite. — 2° *Une température de 8 ou 10° centigrades au-dessus de zéro.* Une température plus élevée favoriserait trop la fermentation. Si elle était abaissée au-dessous de zéro, la fermentation ne pouvant avoir lieu, la maturation resterait complétement stationnaire. — 3° *Que la fruiterie soit complétement privée de l'action de la lumière.* Cet agent accélère la maturation en facilitant les réactions chimiques. — 4° *Que l'atmosphère de la fruiterie ne renferme que la quantité d'oxygène rigoureusement nécessaire pour qu'on puisse y pénétrer sans danger, et que l'on y conserve tout l'acide carbonique dégagé par les fruits.* On sait, en effet, que la présence de l'oxygène est indispensable pour que la fermentation et par conséquent la maturation puissent avoir lieu. En en diminuant la proportion, on rendra donc la maturation moins prompte. Quant à l'acide carbonique, il semble, d'après les expériences de Couverchel, concourir assez puissamment à la conservation des fruits. — 5° *Que cette atmosphère soit plutôt sèche qu'humide.* L'humidité est aussi une des conditions nécessaires à la fermentation dans les fruits; elle diminue la résistance des tissus et favorise l'épanchement des liquides; il est donc convenable d'éviter son accumulation dans la fruiterie; mais il ne faudrait pas toutefois que ce local fût par trop sec, car les fruits, perdant alors par leur surface une quantité notable de leurs fluides aqueux, se rideraient, se dessécheraient et ne mûriraient pas. — 6° *Que les fruits soient placés de telle sorte qu'on diminue autant que possible la pression qu'ils exercent sur eux-mêmes par leur propre poids.* Cette pression, si elle est continue, détermine la rupture des vaisseaux et des cellules vers les points où elle s'exerce; les divers fluides se confondent, et ce mélange favorise les réactions.

Voici maintenant comment nous proposons de construire la fruiterie pour qu'elle remplisse ces conditions. On choisira un terrain très-sec, un peu élevé et placé à l'exposition du nord. Les dimensions du local seront déterminées par la quantité de fruits à conserver; celui dont nous donnons le plan et l'élévation (*fig.* 1314 et 1315) présente une longueur intérieure de 5 mètres, sur 4 de large et 3 d'élévation. On peut y placer 8 000 fruits, en admettant que chacun d'eux occupe un espace de 0ᵐ,10 carrés. Le plancher est à 0ᵐ,10 au-dessous du sol environnant; si le terrain est bien sec, on pourra descendre jusqu'à 1 mètre. Cette disposition permettra de défendre plus facilement l'atmosphère de la fruiterie contre l'influence de la température extérieure. Pour empêcher l'eau des pluies de s'accumuler dans le sol placé près des murs et de s'infiltrer dans la fruiterie, on donne à la surface environnante (A, *fig.* 1314) une pente opposée aux murs. Ceux-ci sont en outre construits en ciment jusqu'au-dessus du sol. La fruiterie est entourée de deux murs (A et B, *fig.* 1315) laissant entre eux un espace vide et continu (C) de 0ᵐ,50 de large; cette couche d'air interposée entre les deux murs est un excellent moyen de soustraire l'intérieur à l'action de la température extérieure. Ces deux murs, présentant chacun une épaisseur de 0ᵐ,33, sont construits avec une sorte de mortier ou pisé formé de terre argileuse, de paille et d'un peu de marne. Cette matière est préférable à la maçonnerie ordinaire, d'abord parce qu'elle est moins bon conducteur de la chaleur, ensuite parce qu'elle coûte moins cher. Ces murs sont disposés de telle sorte, que le sol du couloir (C) soit au niveau de celui de la fruiterie.

L'enceinte est percée de six ouvertures, trois dans le mur extérieur et trois dans le mur intérieur. Celles du mur extérieur, semblables aux ouvertures du mur intérieur, sont pratiquées en face de celles-ci. Ces ouvertures se composent, pour le mur extérieur : 1° d'une double porte (D, *fig.* 1315): la porte extérieure s'ouvre en

dehors, celle de l'intérieur en dedans et se ploie en deux, dans le sens de sa largeur, comme un contrevent. Lors des fortes gelées, on tasse de la paille dans le vide laissé entre ces deux portes; 2° de deux guichets (E) de 0ᵐ,50 carrés, placés de chaque côté, s'ouvrant à 1ᵐ,50 du sol, et fermés par une double cloison dont l'une s'ouvre en dehors et l'autre en dedans. L'espace compris entre ces deux cloisons doit être aussi soigneusement rempli de paille au commencement de l'hiver.

Le mur intérieur présente une porte (F) et deux guichets (G); mais ici la porte est simple; les guichets sont aussi fermés par deux cloisons: celle du dehors est à coulisse, celle du dedans s'ouvre en dehors. Aussitôt que les fruits sont réunis dans la fruiterie, on doit, pour empêcher l'air du couloir de pénétrer dans l'intérieur, coller des bandes de papier sur les jointures des guichets. Ces guichets sont destinés seulement à laisser pénétrer dans l'intérieur l'air et la lumière, afin de pouvoir nettoyer et aérer facilement la fruiterie avant d'y rentrer la récolte. Nous verrons tout à l'heure qu'il est facile de se débarrasser de l'humidité intérieure, déterminée par la présence des fruits, sans qu'il soit besoin d'avoir recours à des courants d'air.

Fig. 1314. — Élévation de la fruiterie, suivant la ligne KL, de la figure 1315.

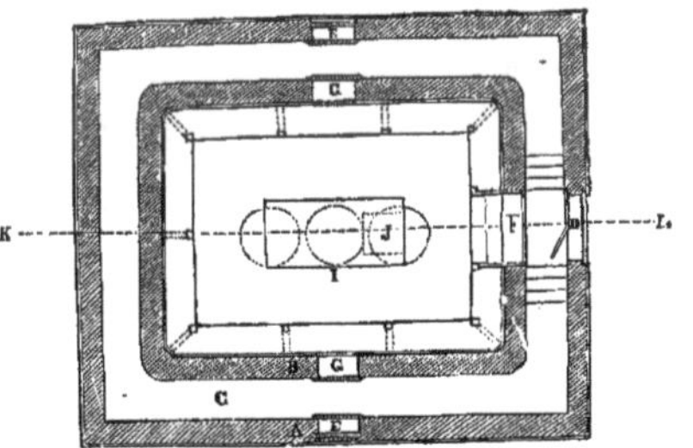

Fig. 1315. — Plan de la fruiterie suivant la ligne GH de la figure 1314.

Le plafond (B, *fig.* 1314) se compose d'une couche de mousse, maintenue par des lattes, et recouverte en dessus et en dessous d'une couche de batifodage; le tout présentant une épaisseur de 0ᵐ,33. Ce mode de construction est indispensable pour empêcher l'influence de la température extérieure de se faire sentir à travers ce plafond. Ce plafond est surmonté d'une toiture en chaume, épaisse d'au moins 0ᵐ,33. On réserve dans cette toiture une lucarne (C) qui permet d'utiliser le grenier. Cette lucarne doit être soigneusement fermée.

Le sol de la fruiterie est parqueté en chêne. Les parois et même le plafond doivent recevoir un lambris de sapin. Ces précautions concourent encore à maintenir dans l'intérieur une température égale et une atmosphère exempte d'humidité. Toutes les parois sont garnies, depuis 0^m,50 du parquet jusqu'au plafond, de tablettes en sapin destinées à recevoir les fruits. Elles sont placées à 0^m,25 les unes des autres, et présentent une largeur de 0^m,50. Afin qu'on puisse voir à la fois tous les fruits rangés sur ces tablettes, on donne aux plus élevées (D, *fig.* 1316) une inclinaison de 45° environ. Cette pente diminue à mesure que l'on descend, jusqu'à ce que, arrivées à 1^m,50 du sol, les tablettes (E, *fig.* 1314) se trouvent placées horizontalement. Toutes les tablettes inclinées en avant présentent la forme d'un gradin (A, *fig.* 1316); chaque degré offre une largeur de 0^m,10 environ, et est muni d'un petit rebord de 0^m,02 de saillie. Afin que l'air puisse circuler librement de bas en haut entre ces tablettes, on laisse libre le derrière de chacun des degrés disposés en gradin. Quant à ceux placés horizontalement (B), on atteint le même but en les formant à l'aide de feuillets larges de 0^m,10, et suffisamment espacés entre eux. Ces diverses tablettes, fixées contre le lambris à l'aide de

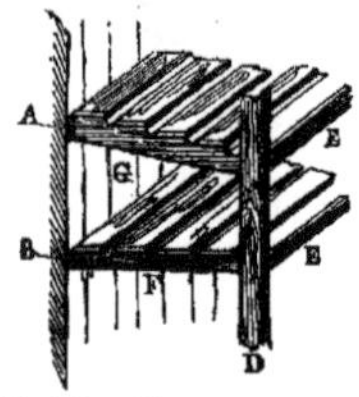

Fig. 1316. — Tablettes horizontales et inclinées de la fruiterie.

tasseaux, sont soutenues en avant par des montants (D), placés à 1^m,50 les uns des autres. Des traverses (E), attachées sur ces montants, supportent des tringles horizontales (F) ou obliques et taillées en crémaillère (G), suivant la disposition des tablettes, et sur lesquelles s'appuient ces dernières sur toute leur largeur. Au centre de la fruiterie nous avons réservé une table (I, *fig.* 1314) longue de 2 mètres et large de 1 mètre, isolée des tablettes par un espace d'un mètre. Le dessus de cette table, destiné à recevoir momentanément des fruits, est entouré d'un rebord semblable à celui des tablettes. Le dessous est pourvu de trois tablettes horizontales disposées comme les précédentes.

Il arrive parfois qu'on peut éviter une notable partie des frais de construction de la fruiterie. Si, par exemple, on peut disposer d'une cave placée sous terre, ou mieux, d'une grotte creusée dans le roc, on en profite pour y établir la fruiterie. On n'a alors à s'occuper que de l'aménagement intérieur, qui doit toujours rester le même. Toutefois il est indispensable que cette cave ou cette grotte soit parfaitement sèche et bien abritée de l'influence de la température extérieure.

Soins à donner aux fruits dans la fruiterie. — Le succès de la conservation des fruits dépend encore des soins qu'on leur donne dans la fruiterie. A mesure que les fruits y sont rentrés, on les dépose sur la table, que l'on a couverte d'une petite couche de mousse bien sèche. Là, on trie, et l'on met à part chaque variété; on sépare avec soin tous les fruits tachés et meurtris qui ne se conserveraient pas, puis on abandonne les fruits sains sur la table pendant deux ou trois jours afin de leur laisser perdre une partie de leur humidité. Après ces quelques jours, on répand sur chaque tablette une petite couche de mousse sèche ou de coton, on essuie les fruits doucement avec un morceau de flanelle, et on les range en laissant entre chacun d'eux un espace de 0^m,01, et en réunissant ensemble les variétés semblables. Lorsque tous les fruits sont ainsi disposés, on laisse les portes et les guichets ouverts pendant le jour, à moins qu'il ne fasse un temps humide. Huit jours d'exposition à l'air sont nécessaires pour enlever aux fruits l'humidité surabondante qu'ils renferment. Après quoi on ferme hermétiquement toutes les issues, et les portes ne sont plus ouvertes que pour le service intérieur.

Jusqu'à présent, on n'a employé d'autre moyen, pour enlever l'humidité répandue par les fruits dans la fruiterie, que de déterminer des courants d'air plus ou moins intenses. Ce procédé présente des inconvénients assez graves. Et d'abord, on permet ainsi à la température intérieure de s'équilibrer avec celle du dehors, ce qui produit le plus souvent un changement de température nuisible dans la fruiterie. D'un autre côté, on introduit à l'intérieur un air beaucoup moins chargé d'acide carbonique: ce qui n'est pas moins fâcheux; puis les fruits se trouvent momentanément éclairés, ce qui hâte aussi leur maturation. Enfin, ce procédé, tout vicieux qu'il est, ne

peut encore être mis en pratique qu'autant que la température extérieure n'est pas au-dessous de zéro et que le temps est sec. Or, comme pendant l'hiver le contraire a presque toujours lieu, il s'ensuit que l'on est obligé d'abandonner les fruits à l'humidité nuisible de la fruiterie. Pour faire disparaître cette cause de non-succès, nous conseillons l'emploi du *chlorure de calcium*, qu'il ne faut pas confondre avec le *chlorure de chaux* (voyez CALCIUM). Cette substance, d'un prix très-modique, a la propriété d'absorber une si grande quantité d'humidité (environ le double de son poids), qu'elle devient déliquescente après avoir été exposée, pendant un certain temps, à l'influence d'un air humide. On peut donc facilement s'expliquer comment ce sel, introduit dans la fruiterie en quantité suffisante, absorbera constamment l'humidité dégagée par les fruits, et maintiendra l'atmosphère dans un état de siccité convenable. La chaux vive présente bien aussi, en partie, la même propriété d'absorption de l'humidité, mais son emploi n'offrirait pas les mêmes avantages; car, cette matière se combinant très-promptement avec l'acide carbonique, elle absorberait tout ce gaz, dont la présence est nécessaire à la conservation des fruits. Pour employer le chlorure de calcium, on construit une sorte de caisse en bois doublée de plomb (A, *fig.* 1317), présen-

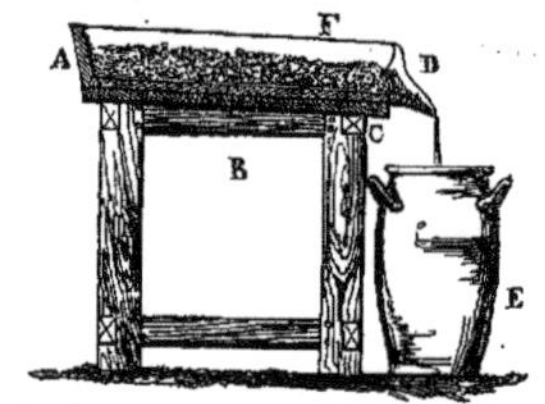

Fig. 1317. — Appareil pour recevoir le chlorure de calcium dans la fruiterie

tant une surface de 0^m,50 carrés, et une profondeur de 0^m,10. Elle doit être élevée à 0^m,40 du sol environ, sur une petite table (B) présentant, sur l'un de ses côtés, en C, une pente de 0^m,03. Au milieu, du côté le plus bas de la caisse, on réserve une petite ouverture ou déversoir D. Ce petit appareil étant placé dans la fruiterie sous l'un des bouts de la table (J, *fig.* 1315), on y répand du chlorure de calcium bien sec, en morceaux poreux et non fondus, sur une épaisseur d'environ 0^m,08 ; à mesure qu'il se liquéfie, le liquide s'écoule par le déversoir et tombe dans un vase de grès placé au-dessous. Si la quantité de chlorure employée est entièrement liquéfiée avant la consommation totale des fruits, on en ajoute une nouvelle dose. Il suffira d'environ 20 kil. de ce sel, employé en trois fois, pour enlever à la fruiterie toute l'humidité nuisible. Le liquide qui résulte de cette opération doit être soigneusement conservé dans des vases en grès, couverts avec soin jusqu'à l'année suivante. A cette époque, lorsque la fruiterie est de nouveau remplie, on verse ce liquide dans un vase en fonte, on le place sur le feu, et l'on fait évaporer jusqu'à siccité. Le résidu est encore du chlorure de calcium, que l'on peut employer chaque année de la même manière.

La fruiterie doit être visitée tous les huit jours, pour enlever les fruits qui commencent à se gâter, mettre à part ceux qui sont mûrs, et renouveler au besoin le chlorure de calcium.

Conservation des raisins frais. — Les raisins peuvent également être conservés frais. Voici quels sont les procédés employés par les cultivateurs de Thomery. Et d'abord, ils s'efforcent d'en garder une certaine portion, le plus tard possible, sur les treilles. Ils choisissent pour cela les grappes des deux cordons supérieurs des murs exposés au levant. Ces raisins sont moins aqueux, et par conséquent moins sensibles au froid ; ils les en défendent d'ailleurs en les abritant avec des feuilles de fougère sèches et même avec des paillassons. Ils en conservent ainsi parfois jusqu'à Noël.

Quant aux grappes qu'ils veulent garder au delà de cette époque, ils procèdent ainsi : Les raisins destinés à être conservés jusqu'en mai sont choisis sur les espaliers parmi les grappes qui ont été le mieux abritées contre l'humidité atmosphérique. On prend celles qui ont été soumises au cisellement et dont les grains sont les plus gros et les moins serrés. On les récolte du 1er au 15 novembre. Le local où le raisin est conservé est ordinairement une pièce dépendante de l'habitation et exclusivement consacrée à cet usage. Des tablettes superposées et offrant une largeur de 0m,80 environ couvrent les murailles depuis le sol jusqu'au plafond. Au milieu et à 0m,80 des tablettes latérales, une autre série de tablettes s'élèvent également jusqu'au plafond. Ces tablettes se composent d'un cadre en bois rempli par un grillage en fil de fer. C'est sur ce grillage, couvert d'une légère couche de feuilles de fougères cueillies vertes et séchées à l'ombre, qu'on étend les grappes de raisin. On les visite souvent et l'on enlève avec des ciseaux les grains qui commencent à s'altérer. Cette sorte de fruiterie présente les inconvénients suivants : on est souvent obligé d'y introduire de la chaleur pour la défendre des froids de l'hiver; de là des changements nuisibles de température. L'accumulation de l'humidité force, d'un autre côté, à l'aérer de temps en temps, et produit le même résultat dans un sens inverse. Enfin, si les courants d'air résultant de cette aération sont trop considérables, le raisin se dessèche, se ride et perd, sinon sa qualité, du moins sa valeur commerciale. Nous pensons donc qu'il y aura plus d'avantage à remplacer ce local par la fruiterie dont nous avons donné la description au commencement de cet article. Il n'y aurait qu'à changer la disposition des tablettes de façon à les approprier à cette destination spéciale. Il faudrait aussi n'user du chlorure de calcium qu'avec prudence, dans la crainte de faire rider le raisin.

Lorsqu'on n'aura à conserver qu'une quantité peu considérable de raisin, la même fruiterie pourra servir à la fois et pour les raisins et pour les autres fruits. Les grappes seront alors étendues sur des tablettes spéciales, ou bien on leur donnera les dispositions suivantes qui auront pour effet d'économiser la place. Chaque grappe sera d'abord fixée par la pointe dans un petit crochet en fil de fer, disposé en S. Ainsi attachées, elles seront moins exposées à pourrir, parce que les grains auront une tendance à s'écarter les uns des autres. On accrochera ensuite le côté opposé de l'S autour d'un ou plusieurs cerceaux superposés eux mêmes au plafond de la fruiterie, et rendus mobiles par de petites poulies. Si l'on veut conserver ainsi une plus grande quantité de raisin, on pourra, pour perdre moins d'espace, remplacer les cerceaux par des châssis en bois longs et larges de 1m,33. Ces châssis sont garnis de tringles, séparées les unes des autres par un intervalle de 0m,20, et portant d'un côté de petites pointes destinées à suspendre les crochets des grappes. Ces châssis sont aussi suspendus au plafond de façon à en occuper toute la surface, et se meuvent également de haut en bas comme les cerceaux. Toutefois les raisins ainsi suspendus se rident davantage et perdent plus de leurs qualités que ceux que l'on conserve étendus sur des tablettes.

M. Rose Charmeux, de Thomery, a imaginé depuis peu d'années un mode de conservation des raisins qui

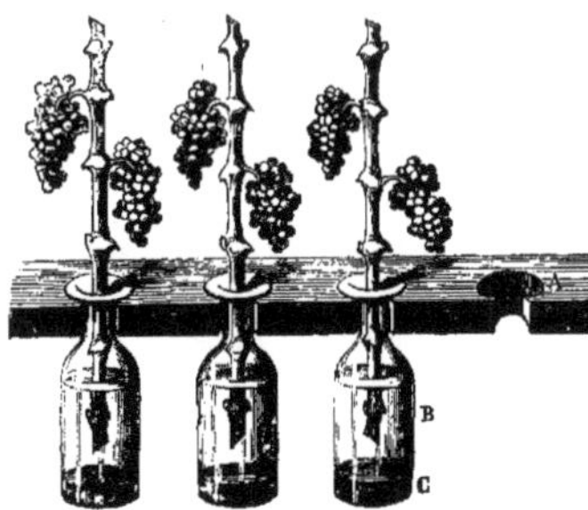

Fig. 1318. — Conservation des raisins frais par le procédé Rose Charmeux.

donne de bien meilleurs résultats que tous les procédés employés jusqu'à ce jour. Voici en quoi il consiste : Préparer un local ayant toutes les qualités de la fruiterie décrite plus haut. Fixer contre toutes les parois inté-

rieures de ce local une série de petits râteliers analogue à celui indiqué par la figure 1318 et disposés par lignes superposées distantes l'une de l'autre de 0m,30; établir au centre de ce local un support destiné à recevoir la plus grande quantité possible de ces râteliers. Placer dans chacune des entailles A de ces râteliers une petite bouteille B remplie aux trois quarts d'eau ordinaire à laquelle on ajoute une pincée de charbon de bois réduit en poudre C, pour empêcher l'eau de se putréfier. Récolter le raisin à l'époque ordinaire en choisissant les grappes les plus belles, les plus saines et qui ont été soumises au cisellement, Couper les sarments qui portent deux grappes et placer la base de chacun de ces sarments dans une des bouteilles, ainsi que le montre notre figure. Ces raisins sont visités tous les huit jours; on supprime chaque fois avec des ciseaux les grains altérés et l'on surveille l'action du chlorure de calcium dont on use comme nous l'avons expliqué plus haut. M. Charmeux conserve ainsi une partie notable de ses chasselas et même des raisins frankinthal jusqu'en avril.

Le succès de cette opération est tel qu'à cette époque les grains des raisins ne sont pas plus ridés et la rafle de la grappe est aussi verte que le jour où on les a détachées du sol.

Conservation des fruits sans le secours de la fruiterie. — Lorsqu'on n'a pas de fruiterie à sa disposition, ou lorsque la récolte a été trop abondante, on peut également les conserver en les mettant dans des jarres ou des tonneaux. Ce procédé, moins parfait que le premier, donne cependant encore des résultats satisfaisants. On prend alors les précautions suivantes :

On choisit des vases neufs, on les sèche soigneusement; puis on place au fond une couche de chaux éteinte ou de charbon en poudre, mélangée d'une certaine quantité de sulfate de fer aussi en poudre, et destinée à absorber l'oxygène. On y range avec soin les pommes et les poires, observant de placer la queue en haut pour la première couche, et en bas pour la seconde, en alternant ainsi jusqu'à l'orifice du vase. On ajoute de nouvelle chaux ou du charbon après qu'on a placé chaque couche de fruits, pour combler les interstices que ceux-ci laissent entre eux. Lorsque le vase est rempli, on le ferme hermétiquement, et on le place dans un lieu sec et non exposé à la chaleur et surtout aux changements de température. A. DU BR.

FRUITS (*Arbres et arbrisseaux fruitiers*). — Les arbres fruitiers ont acquis une grande importance par les fruits qu'ils fournissent si abondamment et qui concourent à notre alimentation soit directement, soit en servant à la fabrication de l'huile, puis des boissons fermentées, le cidre et le vin. — On peut adopter pour les arbres et arbrisseaux fruitiers la classification suivante basée sur le mode d'emploi de leurs produits.

Classification des arbres et arbrisseaux fruitiers.

Arbres à fruits propres aux boissons fermentées.......	Vigne. Pommier. Poirier. Cormier.	
Arbres à fruits de table..........	Fruits à pepins......	Poirier. Pommier. Coguassier. Oranger. Citronnier. Grenadier.
	Fruits à noyaux......	Pêcher. Prunier. Cerisier. Abricotier. Amandier. Cornouiller. Jujubier. Pistachier.
	Fruits en baie........	Vigne. Groseillier. Framboisier. Epine-vinette. Figuier. Figuier d'Inde.
	Fruits nuculaires....	Noisetier. Noyer. Néflier.
	Fruits à osselets.....	Azerolier. Cormier.
	Fruits en capsule.....	Châtaignier.
	Fruits en légume.....	Caroubier.
Arbres à fruits oléagineux,.......	Olivier. Noyer. Noisetier. Amandier.	

La culture des arbres à fruits de table et l'usage de leurs fruits, qui, au dire des historiens, étaient presque inconnus dans les Gaules avant l'invasion des Romains, n'ont cessé, depuis cette époque, de s'étendre davantage, et cet aliment est devenu, depuis longtemps, un objet de première nécessité.

Avant l'établissement des chemins de fer en France, la culture et le commerce des fruits de table n'avaient d'importance que dans le voisinage immédiat des grands centres de population. Partout ailleurs, ces produits, d'un transport difficile, auraient manqué de débouchés, faute de voies de communication assez rapides. Aussi, dans les localités même les plus favorables à cette culture par leur sol et leur climat, la production des fruits était limitée par les besoins de la consommation locale; et dans les années de grande abondance une partie notable de ces produits était perdue faute de moyens d'exportation, tandis que d'autres contrées, moins favorisées, en étaient complétement privées. Ce fâcheux état de choses tend heureusement à disparaître. Depuis que des voies ferrées sillonnent toute la surface de notre territoire, les fruits sont facilement transportés des lieux de production vers les centres de consommation, situés souvent à de grandes distances. Aujourd'hui, chacun de nos départements peut prendre sa part des produits de tous les autres. Les pêches et les figues de la Provence et du Roussillon arrivent à Paris et à Lille, et les pommes de l'Auvergne et de la Normandie sont consommées à Marseille. Pour montrer le progrès rapide que fait le commerce des fruits, nous plaçons ici les chiffres suivants qui nous ont été obligeamment fournis par l'administration du chemin de fer d'Orléans. Ce chemin de fer a transporté à Paris :

En 1852,   900 tonnes de 1 000 kil. de fruits frais.
En 1858, 2 329 tonnes —   —

La quantité de fruits transportés a donc plus que doublé dans l'espace de cinq ans. Non-seulement les chemins de fer ouvrent à nos fruits la voie du commerce intérieur, mais ils en font l'objet d'une exportation considérable. L'Angleterre, le nord de l'Allemagne, la Russie, achètent chaque année une grande partie du produit de nos vergers. Sous cette utile influence, la culture des arbres fruitiers prend, depuis quelques années, un accroissement immense et devient une industrie nouvelle et réellement lucrative. Les plantations s'étendent sur tous les points; les pépinières, insuffisantes, se multiplient partout, et, si l'on favorise ce mouvement en lui imprimant une direction convenable, il n'est pas douteux que notre territoire, si favorable à la production des fruits par son sol et son climat, ne devienne bientôt le jardin fruitier du nord de l'Europe. Toutefois, cette culture ne donnera des bénéfices réels qu'aux conditions suivantes :

1° Adopter pour ces arbres un mode de culture et de taille tel qu'on obtienne sur une surface de terrain donnée la somme de produit la plus considérable, et que le produit maximum soit réalisé le plus tôt possible. Pour cela, renoncer à cette culture de fantaisie adoptée par certains amateurs qui, ne voyant dans l'arboriculture qu'une distraction, se créent à plaisir des difficultés, torturent les arbres en leur imposant les contours les plus bizarres et sacrifient ainsi le fond à la forme.

2° Ne produire que des fruits de première qualité lorsqu'ils ont à franchir de grandes distances pour arriver au lieu de consommation. — En effet, ces produits, ayant une valeur intrinsèque assez élevée, pourront encore être vendus à un prix suffisamment rémunérateur, quoiqu'ils arrivent au consommateur chargés de frais de transport et d'emballage. Si au contraire ces deux dernières dépenses, qui restent toujours les mêmes, que soit la qualité des produits, s'appliquent à des fruits médiocres, il n'y aura plus proportion entre leur valeur réelle et les frais dont ils seront grevés. — Leur prix de vente sera alors insuffisant pour le producteur.

3° Ne cultiver dans chaque localité que les sortes de fruits qui y acquièrent toutes leurs qualités sans exiger des soins minutieux. On pourra réaliser alors un bénéfice net plus élevé. Ainsi on choisira un climat analogue à celui de l'Anjou pour les poires. Une atmosphère humide comme celle de la Normandie et de certaines régions de l'Auvergne pour les pommes. Le Midi et surtout le climat de l'olivier pour les fruits précoces, tels que raisins, fruits à noyau, figues et fraises. Ils pourront être obtenus là, sans soins très-coûteux, longtemps avant l'époque à laquelle apparaissent les produits similaires du Centre et du Nord.   A. DU BR.

FRUTESCENT (Botanique), du latin *Frutex*, arbrisseau. — Se dit d'un végétal ligneux, rameux dès sa base à la manière des arbrisseaux. Une plante est dite *sous-frutescente*, lorsque la partie inférieure de sa tige seule est ligneuse. Une plante *frutiqueuse* est celle qui, étant herbacée, tend à devenir frutescente.

FUCACÉES (Botanique). — Nom du premier ordre de la famille des *Hydrophytes* (Algues), établi en 1813 par Lamouroux dans son *Essai sur les genres de plantes marines non articulées*. Pour M. Brongniart, elles forment une famille de l'ordre des *Aplosporées*, classe des *Algues*. Cet ordre a pour type le genre *Fucus* dont on désigne souvent les nombreuses espèces sous le nom de *Varechs*. Plusieurs de ces algues ont des usages importants. Les unes renferment une matière sucrée, la plupart donnent d'excellents engrais. On en extrait de la soude et de l'iode. Genres principaux : *Fucus*, *Laminaire*, *Turbinaire*, *Chorde*, *Furcellaire*, *Osmundaire*.

FUCHSIA (Botanique), *Fuchsia*, Plum.; dédié à Léonard Fuchs, fameux médecin et botaniste bavarois. — Genre de plantes *Dicotylédones dialypétales périgynes* de la famille des *Œnothérées*. Les fuchsias sont des arbrisseaux à feuilles opposées, ordinairement denticulées. Leurs fleurs sont disposées en grappe ou solitaires, axillaires, pendantes et le plus souvent colorées d'écarlate très-vif. Ces plantes habitent les deux Amériques. On en connaît aujourd'hui plus de cinquante espèces dont une quinzaine environ sont cultivées dans les jardins. L'horticulture en a obtenu une assez grande quantité d'hybrides et de variétés. L'une des espèces les plus anciennement connues, est la *F. coccinée* (*F. coccinea*, Ait.), arbrisseau s'élevant jusqu'à 2 mètres et dont la tige est très-rameuse. Ses fleurs sont très-gracieuses avec leur calice d'un rouge écarlate et leurs pétales violets. Cette espèce est originaire de la terre de Magellan. Ce n'est guère que depuis 1822 que ces jolies espèces du genre se sont répandues dans nos jardins. Les autres espèces cultivées les plus connues sont : la *F. éclatante* (*F. fulgens*, DC.), du Mexique, à tubes rouge-vermillon clair, corolle vermillon foncé; la *F. à feuilles dentées* (*F. serratifolia*, R. et Pav.), fleurs rose carminé, corolle vermillon clair; la *F. corymbifère* (*F. corymbiflora*, R. et Pav.), à fleurs terminales en longues grappes pendantes, rouge carminé, etc. Les variétés sont extrêmement nombreuses et le *Bon Jardinier* n'en cite pas moins de 85.

Le fuchsia, arbuste de serre tempérée, exige de la lumière, de l'humidité, une terre légère plutôt que substantielle; ainsi moitié terre de bruyère, moitié terre franche, et un peu de terreau de feuilles. Il ne faut pas les tenir exposés à une chaleur trop vive; il est même préférable de les tenir en serre froide. Vers le mois de novembre, on fera bien de supprimer une partie des branches et de rapprocher de la tige celles que l'on conserve, et si l'on tient à ce qu'ils ne s'élèvent pas, on peut même rabattre les tiges à peu de distance du sol. Au printemps on aura des pousses vigoureuses, qu'on dégagera pour lui donner un aspect gracieux et ne pas l'épuiser. Indépendamment des ouvrages modernes, on consultera avec fruit l'ouvrage du père Plumier, intitulé : *Nova plantarum americanarum genera*, 1713. On y trouvera une très-bonne description de cette plante, que l'auteur avait découverte. C'est au milieu des forêts du Mexique, du Pérou et du Chili, qu'on l'a surtout rencontrée dans des lieux humides et ombragés. Une seule espèce nous vient de la Nouvelle-Zélande.

Caractères du genre : calice coloré à tube cylindrique, à 4 lobes; pétales ne dépassant pas la longueur du calice, 8 étamines; ovaire à 4 loges; baie à 4 loges, pulpeuse ou presque sèche et renfermant de nombreuses graines.

FUCOIDES (Botanique fossile). — On a désigné par ce nom et par celui de *Fucites* tous les végétaux fossiles qui paraissent avoir appartenu au grand groupe des *Algues*. M. Ad. Brongniart pense que, en raison des formes peu régulières et souvent inconstantes de ces plantes, qui rendent difficile leur correspondance aux principaux genres admis actuellement dans cette famille, en raison de ce que l'on est privé des caractères fournis par la fructification et par la structure anatomique des frondes, il faut réserver le nom de *Fucoïde* aux espèces qu'on ne peut pas ranger presque avec certitude dans des genres déterminés, et placer les espèces dont les formes sont mieux caractérisées dans les genres *Fucites*, *Laminarites*, *Encélites*, *Delessérites*, etc. Plusieurs sont des végétaux marins et fournissent à la géologie de très-bons caractères. On en trouve dans les terrains crétacés inférieurs, et même dans des terrains plus anciens et jusqu'aux calcaires de transition, mais plus rarement; puis on en rencontre d'autres dans les terrains tertiaires, surtout dans les calcaires.

FUCUS (Botanique), du grec *phukos*, algue. — Genre de plantes marines, de la division des *Cryptogames amphigènes*, classe des *Algues*, famille des *Fucacées*, établi par Linné, et qui a subi depuis une foule de modifications dans la classification et le nombre des espèces qu'il comprend. Tel que l'ont adopté Lyngbye et Agardh, ce genre se compose d'un petit nombre d'espèces à tige s'élevant ordinairement d'un empâtement. Leurs rameaux sont ailés et partagés par une nervure; les fructifications qui les terminent se présentent sous la forme de tubercules. Leurs différentes parties sont couvertes de houppes de poils blancs. Les fucus ont une couleur olive, qui varie de teinte suivant l'âge. Leur dimension ne dépasse guère plus d'un mètre. Ces plantes sont très-abondantes sur les côtes de l'Océan. Elles vivent principalement dans les mers où le flux et le reflux se fait sentir. On en rencontre très-peu dans les mers australes. Deux des plus communs sur les côtes de France sont : le *F. vesiculosus* et le *F. serratus*. Ils croissent sur les rochers.

Fig. 1319. — Fucus serratus, varech ou algue marine (1/4 de grandeur natur.).

Fig. 1320. — Fucus ou varech vésiculeux, portant à tubercules fructifères (grand. natur.).

Le premier a passé pour le *quercus marina* des anciens, lequel servait à teindre la laine et était employé comme remède contre la goutte; mais les données sont assez obscures à ce sujet. Il a été beaucoup vanté dans les derniers temps contre l'obésité. On emploie ces deux espèces comme fourrage dans certaines localités du Nord, ou bien on les utilise comme engrais. Par l'incinération, elles fournissent de la potasse et de la soude en abondance. La médecine s'en est servie avec succès pour le traitement des maladies scrofuleuses; l'iode que les algues contiennent peut faire employer celles-ci aux mêmes usages. Les fucus, ainsi que d'autres algues voisines, sont désignés vulgairement sous les noms de *Varech*, *Gouèmon* (voyez VARECH).　　　　G — s.

FUGACE (Botanique). — Synonyme de *Caduc* (voyez ce mot).

FUIRÈNE (Botanique), *Fuirena*. — Genre de plantes *Monocotylédones périspermées*, famille des *Cypéracées*, tribu des *Scirpées*, très-voisin des Scirpes, établi par Rottbœll. Ce sont des plantes herbacées. à chaumes simples et feuillés, rarement engainés; épillets en ombelles axillaires et terminales, formés de paillettes mucronées, imbriquées de toute part; 3 étamines; 1 style bifide; elles ont le port des scirpes. La *F. paniculée* (*F. paniculata*, Lin. fils) croît à Surinam et à la Nouvelle-Hollande. La *F. blanchâtre* (*F. flavescens*, Wahl) est une plante du Sénégal, toute couverte d'un duvet velu et blanchâtre.

FULGORE (Zoologie), *Fulgora*, Lin. — Genre d'*Insectes* de l'ordre des *Hémiptères*, section des *Homoptères*, famille des *Cicadaires muettes* de Latreille; tribu des *Fulgoriens*, famille des *Fulgorides*, groupe des *Fulgorites* de M. Blanchard; elles ont le front avancé en forme de museau, deux yeux lisses avec les antennes insérées au-dessous. L'espèce type est la *F. porte-lanterne* (*F. lanternaria*, Lin.), grande et belle espèce longue

de 0ᵐ,10, agréablement variée de jaune et de roux, une grande tache en forme d'œil sur chaque aile ; le museau très-dilaté et vésiculeux, les antennes très-courtes. Plusieurs voyageurs assurent que cet insecte répand par sa tête une forte lumière dans l'obscurité. Cette opinion a été surtout accréditée par mademoiselle Mérian, qui assure que, pendant son voyage dans la Guyane, en ayant renfermé un certain nombre dans sa chambre, ils s'échappèrent pendant la nuit et répandirent une clarté telle qu'il était possible de lire à cette lumière. Depuis cette époque aucun autre voyageur n'a pu être témoin du même phénomène, de sorte qu'il paraît difficile de se former une opinion à cet égard. Cependant, comme l'assertion de mademoiselle Mérian est positive et que son autorité est d'une grande valeur, on a pensé avec quelque raison que les fulgores avaient cette faculté à certaines époques de leur vie, pendant le temps de l'accouplement, par exemple, et qu'elles la perdaient ensuite. On en connaît encore deux autres espèces, l'une nouvelle, que M. le professeur Blanchard appelle *Fulgora graciliceps*, et l'autre établie par Guéroult sous le nom de *F. castresii*. Toutes les fulgores sont exotiques. La *F. européenne* (*F. europœa*, Lin.) fait partie aujourd'hui du genre *Pseudophana* de Burmeister.

FULGORIENS, FULGORIDES, FULGORITES (Zoologie). — Ces noms établis par M. Blanchard servent à désigner trois groupes d'insectes (voyez FULGORE). La tribu des *Fulgoriens* comprend des insectes qui ont, en général, des couleurs vives et variées. On les rencontre dans toutes les parties du monde, voltigeant ou marchant sur les végétaux, particulièrement dans les régions chaudes. Il y en a d'une grande taille. Cette tribu se divise en trois familles : les *Cercopides*, les *Membracides* et les *Fulgorides*. La famille des *Fulgorides* a pour caractères : antennes au-dessous des yeux, deux ocelles, corselet nullement prolongé. M. Blanchard les partage en six groupes dont le dernier, celui des *Fulgorites*, se distingue par le front séparé par un rebord, les antennes ne dépassant pas les joues, le protothorax aussi long que le mésothorax. Il comprend huit genres dont les principaux sont : les *Flates*, les *Lystres*, les *Fulgores*.

FULGURITES (Minéralogie). — Tubes de sable vitrifié, qui se forment quelquefois quand la foudre tombe dans une masse de sable. L'action électrique peut produire des traces de fusion à la surface de certaines roches, ainsi que Ramond l'a constaté dans les Pyrénées. Dans le sable, elle occasionne un effet analogue, et il en résulte sur toute la longueur de son trajet un tube à parois très-fines, qui reste enterré dans la roche arénacée. Les premiers de ces tubes furent observés en 1711, en Silésie : le docteur Hentzen les retrouva dans la Senne, en 1805, et indiqua leur origine. Depuis cette époque, l'observation d'un très-grand nombre de fulgurites, dont quelques-unes ont 10 à 12 mètres de longueur, n'a pu laisser aucun doute sur leur origine, surtout depuis que M. Hagen, de Kœnigsberg, a assisté à la production de l'une d'elles dans une plaine voisine de la mer Baltique.

FULIGINEUX, FULIGINOSITÉS (Médecine), du latin *fuligo*, suie. — On dit que la langue, les dents et les lèvres sont fuligineuses ou couvertes de fuliginosités lorsqu'on y remarque un enduit, une croûte noirâtre, qui approche de la couleur de la suie; on l'observe surtout dans certaines formes adynamiques des *fièvres typhoïdes* (voyez TYPHOÏDE [*Fièvre*]).

FULMINATES (Chimie). — Sels formés avec plusieurs bases par l'acide *fulminique*, qui est un composé de cyanogène et d'oxygène, $C^4Az^2O^3$ ou Cy^2O^2.

FULMI-COTON. — Voyez POUDRE-COTON.

FULMINATE DE MERCURE. — Poudre fulminante de Howard, qui l'a découverte. C'est une combinaison de protoxyde de mercure et d'acide fulminique.

Préparation. — On dissout à une douce chaleur 100 parties en poids de mercure dans 1000 parties d'acide nitrique ayant une densité de 1,4, et on verse cette dissolution portée à 55° dans 830 parties d'alcool ayant une densité de 0,83. En volume, il faut prendre pour 1 partie de mercure, 12 parties d'acide nitrique à 35° B. et 11 parties d'alcool à 86° cent., la dissolution du mercure dans l'acide nitrique se fait dans une cornue en verre dont le col plonge dans un ballon à deux tubulures placé dans un vase où il arrive constamment de l'eau fraîche, de manière que les vapeurs acides se condensent complètement. Quand tout le mercure est dissous et que la dissolution est à la température de 55°, on la verse lentement dans l'alcool renfermé dans un matras en verre, d'un volume égal à six fois celui du liquide qu'il doit contenir. Au bout de quelques minutes, commence un léger dégagement de gaz qui augmente peu à peu et donne au liquide une apparence mousseuse. Alors il se dégage du matras une vapeur épaisse, blanchâtre, très-inflammable, qui doit être rejetée soigneusement dans l'atmosphère. Quand le dégagement est terminé, on jette le contenu du matras sur un filtre, et on lave le précipité de fulminate à l'eau pure et froide, jusqu'à ce que le papier bleu de tournesol ne rougisse plus par les eaux de lavage. On étend alors le filtre sur une plaque de faïence chauffée au-dessous de 100° par un courant de vapeur. On partage ensuite le précipité desséché en portions de 5 à 6 grammes, que l'on renferme chacune dans un papier et que l'on introduit dans un grand bocal en verre, que l'on bouche. On obtient ainsi de 100 parties en poids de mercure, 130 parties de fulminate.

Propriétés. — Il est sous forme de petits cristaux brillants, d'un gris brunâtre, qui se dissolvent entièrement dans 130 parties d'eau bouillante et se précipitent de nouveau par le refroidissement. Il se décompose avec flamme et explosion, soit par le choc, soit par la chaleur à 188°. L'explosion a toujours lieu par le choc entre le fer et le fer, un peu moins facilement entre le fer et le bronze, le fer et le cuivre; par le frottement, elle se produit entre deux plaques de bois, ou entre le fer et le marbre et le bois. Lorsqu'on le mouille de 5 p. 100 de son poids d'eau, l'inflammation ne se propage pas à partir de la portion choquée; humectée avec 30 p. 100 d'eau, on peut le broyer sans danger sur une table de marbre avec une molette en bois. Si on le recouvre d'une traînée de poudre ordinaire, celle-ci est projetée par l'explosion sans s'enflammer, mais lorsque la poudre est dans une cartouche elle s'enflamme. Aussi, pour faire les capsules fulminantes, on broie le fulminate avec 30 p. 100 de son poids d'eau sur une table de marbre, avec une molette de bois de gaïac; on y incorpore $\frac{1}{4}$ de son poids de poudre ordinaire ou de salpêtre; on introduit la pâte dans les capsules et on laisse sécher. Avec 1 kilogramme de mercure on produit 1^k,250 de fulminate avec lequel on peut préparer 40000 capsules.

Le fulminate de mercure est généralement employé pour les amorces des fusils. Les amorces les plus ordinaires sont les amorces à capsules qui renferment environ 0^{gr},016 de fulminate. Les amorces cirées renferment environ 0^{gr},033 de fulminate incorporé avec de la cire. Ce corps doit être manié avec les plus grandes précautions; plusieurs opérateurs ont été tués, et des fabriques de poudre fulminante ont été détruites par l'explosion de quelques kilogrammes de matière (voyez Capsules).

Fulminate d'argent. — On dissout une pièce de 0^f,50 dans 45 grammes d'acide nitrique, et on fait chauffer avec 60 grammes d'alcool. On opère comme pour le fulminate de mercure. Il est beaucoup plus explosif que celui-ci; 0^{gr},01 de fulminate d'argent jeté sur des charbons ardents détone aussi fort qu'un coup de pistolet; le plus léger frottement entre deux corps suffit pour en provoquer l'explosion, surtout quand il est sec et chaud. Aussi le fractionne-t-on en plusieurs parties quand il est encore très-humide, et le prépare-t-on avec des baguettes de bois tendre et des cuillers en papier.

Il ne peut pas être employé pour faire des capsules et des amorces fulminantes, mais il sert à préparer les *bonbons chinois*. Une parcelle de cette poudre est collée, avec quelques grains de verre pilé ou de sable, entre deux bandes étroites de parchemin. Lorsque l'on tire ces bandes en sens contraire, le frottement des grains de verre ou de sable contre la poudre fulminante suffit pour produire l'explosion. Les *cartes* et les *pois fulminants* se préparent de la même manière. Pour ceux-ci, on prend de petites perles en verre creux, de la grosseur d'un petit pois, on y introduit un peu de fulminate d'argent humide, on enveloppe la perle d'un morceau de papier brouillard, et on laisse sécher. Lorsqu'on les jette avec force par terre ou qu'on les presse avec le pied, ils font explosion. Ces joujoux ont souvent causé des blessures.

L'acide fulminique n'a pu être isolé jusqu'à présent, on ne le connaît qu'en combinaison. L.

FUMAGE DES VIANDES. — Voyez Salaisons.

FUMARIACÉES (Botanique). — Famille de plantes *Dicotylédones dialypétales hypogynes*, établie par Jussieu et rangée par M. Ad. Brongniart dans la classe des *Papavérinées*. Caractères : calice à 2 sépales caducs opposés; 4 pétales inégaux, quelquefois soudés et portant un tube, le supérieur plus grand et terminé en éperon ou simple et gibbeux; 6 étamines diadelphes; anthères s'ouvrant par un sillon longitudinal; ovaire libre, globuleux, stigmate en 2 lames; le fruit est un akène ou une capsule renfermant des graines munies d'arille. Les fumariacées sont des herbes à tige charnue et à racine souvent renflée. Leurs feuilles sont al ternes, décomposées en de nombreuses divisions grêles. Leurs fleurs sont blanches, jaunes ou rouges, et disposées le plus souvent en épis terminaux. Ces plantes habitent les régions tempérées, principalement de l'hémisphère boréal. Leurs propriétés sont toniques et dépuratives. Genres principaux : *Fumeterre, Diélytrie, Hypécoon, Corydalide.* Monographie : De Candolle, *Systema*, t. II.

FUMARIQUE (Acide), Acide paramaléïque (Chimie) (C^{4}HO^3,HO). — Produit de l'action de la chaleur sur l'acide malique (voyez ce mot). Si l'on chauffe de l'acide malique en ayant soin de ne pas dépasser la température de 200°, on recueille un acide volatil appelé *acide maléïque*, dont la formule est C^{8}H^{2}O^6,2HO, qui ne diffère par conséquent de l'acide malique que par les éléments de deux équivalents d'eau. Si l'on chauffe l'acide maléïque à la température de 130 ou 140°, on obtient un nouvel acide pyrogéné, c'est l'acide *paramaléïque* ou *fumarique*. Ce dernier nom lui vient de ce qu'il se trouve tout formé dans la fumeterre (*Fumaria officinalis*); on le trouve aussi dans quelques autres végétaux, le lichen d'Islande, les champignons, etc.

Pour le retirer de la fumeterre, on exprime le suc de la plante et on le fait bouillir pour coaguler les principes albumineux. On traite ensuite par un sel de plomb qui donne lieu à un fumarate de plomb insoluble, lequel est ultérieurement décomposé par l'hydrogène sulfuré. On obtient ainsi l'acide fumarique sous la forme de petits cristaux peu solubles dans l'eau, mais très-solubles dans l'alcool ou l'acide azotique étendu.

FUMÉES (Géologie). — Il s'échappe souvent des cratères volcaniques des fumées épaisses et noires, surtout avant l'éruption de la lave, et qui forment une colonne immense s'élevant quelquefois jusqu'à 5 à 6 kilomètres de hauteur. Lorsqu'une éruption se prépare, elle s'annonce ordinairement par des tremblements de terre; bientôt le volcan lance des fumées abondantes, composées de gaz divers et de vapeurs d'eau, puis des matières pulvérulentes, quelquefois en quantité immense, nommées *rapilli* ou *lapilli* et *pouzzolanes*, des blocs de matières solides, etc. Mais laissons parler Pline le Jeune décrivant, dans une lettre à Tacite, la mort de son oncle. « Il était à Misène (16 kilomètres S.-O. de Naples), où il commandait la flotte. Le neuvième jour avant les calendes de septembre (79 de notre ère), vers la septième heure, ma mère l'avertit qu'il paraissait un nuage d'une grandeur et d'une forme extraordinaires..... Aussitôt il se lève et monte en un lieu d'où il pouvait aisément observer ce prodige. La nuée s'élançait dans l'air, sans qu'on pût distinguer à une si grande distance de quelle montagne elle s'échappait : on sut plus tard que c'était du Vésuve. Sa forme approchait de celle d'un arbre, et particulièrement d'un pin, car, s'élevant vers le ciel comme sur un tronc immense, sa tête s'étendait en rameaux (*nam longissimo trunco elata in altum, quibusdam ramis diffundebatur*)..... Ce nuage paraissait tantôt blanc, tantôt de diverses couleurs, selon qu'il était plus chargé de cendres ou de terre. Ce prodige surprit mon oncle; il voulut l'examiner de plus près. Il fait préparer des quadrirèmes et y monte lui-même. Il se dirige à la hâte vers des lieux d'où tout le monde s'enfuit : il va droit au danger.... Déjà sur ses vaisseaux volait une cendre plus épaisse et plus chaude, à mesure qu'ils approchaient; déjà tombaient autour d'eux des pierres calcinées et des cailloux tout noirs, tout brûlés, tout brisés par la violence du feu..... Il se fait conduire chez Pomponianus... Cependant on voyait luire, de plusieurs endroits du mont Vésuve, de larges flammes et un vaste embrasement dont les ténèbres augmentaient l'éclat.... Ils sortent. Ils attachent des oreillers autour de leur tête; c'était une sorte de rempart contre les pierres qui tombaient..... Autour d'eux régnait la plus sombre et la plus épaisse des nuits..... Mon oncle se coucha sur un drap étendu, demanda de l'eau froide et en but deux fois. Bientôt les flammes et une odeur de soufre qui annonçait l'approche mirent tout le monde en fuite et forcèrent mon oncle à se lever. Il se lève appuyé sur deux jeunes esclaves, et au même instant il tombe mort. J'imagine que cette épaisse fumée arrêta sa respiration et le suffoqua. » Dans une autre lettre, Pline complète sa description. « ..... J'étais resté à Misène avec ma mère..... Depuis bon nombre de jours, un tremblement de terre s'était fait sentir;... il redoubla pendant cette nuit avec tant de violence, qu'on eût dit un bouleversement. général..... Nous prenons le parti de quitter la ville, le peuple épouvanté s'enfuit avec nous, on nous presse, on nous pousse. Dès que nous sommes hors de la ville, nous nous arrêtons..... Une nuée noire et horrible, déchirée par des feux qui s'élançaient en serpentant, s'ouvrait et laissait échapper de longs sillons de flammes semblables à des éclairs..... La cendre commence à tomber sur nous; je tourne la tête et j'aperçois derrière nous une épaisse fumée qui nous suivait en se répandant sur la terre comme un torrent (*Respicio; densa caligo tergis imminebat. quæ nos, torrentis modo infusa terræ, sequebatur*)..... Quittons le grand chemin, dis-je à ma mère, de peur d'être écrasés dans les ténèbres par la foule qui se presse sur nos pas. A peine nous étions-nous arrêtés que les ténèbres s'épaississent encore; on n'eût pas dit seulement une nuit sombre et chargée de nuages (*nox illunis et nubila*), mais l'obscurité d'une chambre close où toutes les lumières seraient éteintes..... Il parut une lueur, c'était l'approche du feu, il s'arrêta pourtant loin de nous....., L'obscurité revient et la pluie de cendres recommence (*Tenebræ rursus, cinis rursus multus et gravis*). Nous étions réduits à secouer nos habits de temps en temps; sans cette précaution, nous étions engloutis et étouffés sous cette masse brûlante..... Enfin cette noire vapeur se dissipe peu à peu comme une fumée ou comme un nuage.... » Nous demandons pardon au lecteur de cette longue citation; mais il ne nous était pas possible de présenter un tableau plus saisissant des fumées volcaniques. C'est pendant cette éruption que Pompéies et Herculanum furent engloutis. On a vu ces fumées transportées par les vents à des distances considérables. D'autres fois, dans certaines contrées, comme au Monte-Cerboli, il s'élève des crevasses du sol des courants très-chauds d'un mélange de gaz et de vapeurs entraînant avec elles des substances parmi lesquelles une grande quantité d'acide borique (voyez BORIQUE [*Acide*], CENDRES VOLCANIQUES, VOLCANS).

FUMEROLLES (Géologie). — On donne ce nom, en Italie, aux canaux par lesquels s'échappent, dans les terrains volcaniques de ces contrées, des vapeurs en grande partie aqueuses. Dans d'autres endroits, elles entraînent aussi du soufre ou des sels de fer, de chaux, d'ammoniaque, etc., comme on le voit à la solfatare. Les fumerolles du Vésuve contiennent beaucoup de gaz acide chlorhydrique, etc. (voyez VOLCANS, CENDRES VOLCANIQUES).

FUMET (Chasse). — Émanations qui se dégagent du corps des animaux, et qui persistent assez longtemps dans les lieux où ils ont passé. Certains animaux, et surtout les chiens, possèdent à un haut degré la propriété de sentir le fumet et surtout celui du gibier. On sait que ce moyen est grandement utilisé tous les jours par les chasseurs.

FUMETERRE (Botanique), *Fumaria*, Lin.: du latin *fumus*, fumée, à cause de l'odeur désagréable qu'exhalent ces plantes, ou plutôt à cause de l'aspect un peu vaporeux de leur feuillage qui semble s'exhaler du sol comme une fumée; on remarquera que le nom grec est *kapnos*, qui signifie également fumée; — Genre de plantes *Dicotylédones dialypétales hypogynes*, type de la famille des *Fumariacées*. Caractères: pétale supérieur à base gibbeuse ou éperonnée; capsule indéhiscente, à une seule graine; style caduc; fruit charnu, puis sec, subglobuleux, se partageant en deux à la maturité. Les fumeterres sont des plantes annuelles, presque toutes indigènes. Elles ont peu de consistance. Leurs feuilles sont alternes, multifides, et leurs fleurs, petites, blanchâtres ou purpurines, sont en grappes terminales. La *F. officinale* (*F. officinalis*, Lin.), l'une des plus communes dans nos champs, a les feuilles pétiolées, glabres, glauques, avec les divisions cunéiformes. Toutes les parties de cette plante ont une saveur amère, mais surtout ses tiges

Fig. 1321. — Fleur de fumeterre.

et ses feuilles, qui augmente encore par la dessication. On l'a employée en médecine contre les maladies de la peau, sans lui avoir reconnu des propriétés bien remarquables. Les anciens la considéraient comme *dépurative*, et l'administraient dans les dartres, dans les affections cachectiques, dans les obstructions abdominales. On l'a regardée aussi comme un bon antiscorbutique. Elle entre dans la confection du fameux *suc d'herbes dépuratif*, si employé autrefois, et que l'on fait avec la chicorée, la fumeterre, la bourrache et le cerfeuil. La *F. en épi* (*F. spicata*. Lin.) a les fleurs rougeâtres, foncées au sommet. Ses feuilles sont déchiquetées, à segments capillaires. On trouve encore dans les champs des environs de Paris la *F. de Vaillant* (*F. Vaillantii*, Lois.) et la *F. à petites fleurs* (*F. parviflora*, Lamk), l'une à pédicelles fructifères un peu plus longs que les bractées, et l'autre à pédicelles fructifères ayant le double de la longueur des bractées.

La *F. bulbeuse* (*F. bulbosa*, Lin.) fait partie aujourd'hui du genre *Corydalis* (de Cand.), qui en est très-voisin, sous le nom de *C. creux* (*C. cava*, Schw.). Elle a porté aussi dans les officines le nom de *Aristolochia fabacea*, et a été vantée comme vermifuge, comme antiseptique contre les ulcères sordides. Parmentier dit que la racine bulbeuse fournit de l'amidon avec lequel on peut faire des potages.

FUMIER (Agriculture), du nom latin *fimus*. — Les animaux domestiques bien entretenus ne couchent pas à nu sur le sol des bâtiments où on les tient à l'abri; on a soin de placer sous eux une litière en général formée de paille, et dans laquelle tombent naturellement leur fiente et leurs urines. C'est cette litière, mêlée à leurs excréments, qui reçoit le nom de *fumier* et forme, dans les écuries et les étables, un lit moelleux indispensable pour le bon entretien des animaux; le fumier est en outre un des plus précieux produits pour le cultivateur. « C'est le fumier, dit Olivier de Serres (*Théâtre d'agriculture*, 1604), qui réjouit, réchauffe, engraisse, amollit, adoucit, dompte et rend aises les terres lasses par trop de travail, celles qui, de leur nature, sont froides, maigres, dures, amères, rebelles et difficiles à cultiver, tant il est vertueux! » Et en remontant bien plus loin que le XVIIe siècle : « Attachez-vous, disait Caton l'Ancien (200 ans av. J.-C.), à avoir un gros tas de fumier; conservez le fumier avec soin. » Varron, répétant le même conseil, recommande au fermier d'avoir deux fosses à fumier, l'une pour recevoir celui de chaque jour, l'autre pour tenir en réserve l'ancien qu'on va porter aux champs. Plus explicite encore, Columelle décrit minutieusement ces deux fosses qui devront être toutes deux sur un sol légèrement incliné, murées et pavées, de manière à ne laisser échapper ni infiltrer aucun liquide; « car, ajoute-t-il, il est très-important de conserver au fumier toute sa force, en évitant la dessiccation des sucs, et de le laisser macérer dans une continuelle humidité... Les cultivateurs habiles couvrent avec des claies de branchages tout ce qu'ils ont retiré de leurs bergeries et de leurs étables, pour empêcher qu'il ne soit desséché par les vents ou brûlé par les rayons du soleil. » L'agronome romain n'admet pas qu'un fermier intelligent et soigneux ne trouve rien pour faire du fumier. « Je sais, dit-il, qu'il est certaines métairies où l'on pourrait n'avoir ni bestiaux ni volailles; cependant il faut qu'un cultivateur soit bien négligent si, même en un tel lieu, il manque d'engrais. Ne peut-il pas recueillir et entasser des feuilles quelconques, et le terreau qui s'amasse au pied des buissons et dans les chemins? Ne peut-il pas obtenir la permission de couper la fougère chez un voisin auquel cet enlèvement ne fait aucun tort, et la mêler aux immondices de la cour? Ne peut-il pas creuser une fosse à engrais et y accumuler la cendre, les ordures des ruisseaux, les chaumes et les balayures de tous genres? » Ainsi l'agriculture antique en savait autant que l'agriculture moderne sur la nécessité de faire du fumier, et les mêmes préceptes avaient alors à lutter contre la même indolence des agriculteurs. Tous les auteurs s'accordent à déplorer la négligence avec laquelle on traite les fumiers dans la plupart des fermes de la France. Il est curieux de lire ce qu'écrivait déjà sur ce point, en 1563, le célèbre Bernard Palissy dans sa *Recepte véritable par laquelle tous les hommes de la France pourront apprendre à multiplier et augmenter leurs thrésors :* « Quand tu iras par les villages, considère un peu les fumiers des laboureurs, et tu verras qu'ils les mettent hors de leurs estables, tantost en lieu haut et tantost en lieu bas, sans aucune considération, mais (pourvu) qu'il soit appilé, il leur suffit; et puis prend garde au temps des pluyes, et tu verras que les eaux qui tombent sur lesdits emportent une teinture noire en passant par ledit fumier, et trouvant le bas, pente ou inclinaison du lieu où les fumiers seront mis, les eaux qui passe-ront par lesdits fumiers emporteront ladite teinture, qui est la principale, et le total de la substance du fumier. Par quoy le fumier ainsi lavé ne peut servir, sinon de parade : mais estant porté au champ, il n'y fait aucun profit. Voilà pas doncques une ignorance manifeste, qui est grandement à regretter..... Si tu veux que ton fu-mier te serve à plein et à outrance, il faut que tu creu-ses une fosse en quelque lieu convenable, près de tes étables, et icelle fosse creusée en manière d'un claune ou d'un abreuvoir, faut que tu paves de cailloux ou de pierres, ou de briques ledit claune ou fosse, et icelui bien pavé avec du mortier de chaux et de sable, tu por-teras tes fumiers pour garder en ladite fosse, jusques au temps qu'il le faudra porter aux champs. Et afin que ledit fumier ne soit gasté par les pluyes ni par le soleil, tu feras quelque manière de loge pour couvrir ledit fu-mier : et quand il viendra au temps des semailles, tu porteras ledit fumier dans le champ avec toute sa subs-tance, et tu trouveras que le pavé de la fosse ou récep-tacle aura gardé toute la liqueur du fumier, qui autre-ment se fust perdue, la terre eust sucée partie de la substance dudit fumier ; et te faut ici noter que, si au fons de la fosse ou réceptacle dudit fumier se trouve quelque matière claire qui sera descendue des fumiers et que ladite matière ne se puisse porter dans des pa-niers, il faut que tu prenes des basses (bassins en bois) qui puissent tenir l'eau, comme si tu voulais porter de la vendange, et lors tu porteras ladite matière claire, soit urine des bestes ou ce que tu voudras. Je t'asseure que c'est le meilleur du fumier, voire le plus salé : et si tu le fais ainsi, tu rapporteras à la terre la mesme chose qui lui avoit esté ostée par les accroissements des se-mences, et les semences que tu y mettras après repren-dront la mesme chose que tu y auras portée. Voilà com-ment il faut qu'un chacun mette peine d'entendre son art, et pourquoy y est requis que les laboureurs ayent quelque philosophie, ou autrement ils ne font qu'avorter la terre et meurtrir les arbres » Ces quelques lignes du simple potier de terre prescrivaient donc sous Charles IX, avec les motifs les plus justes, une excellente pratique que nos agriculteurs les plus avancés suivent seuls en-core aujourd'hui ; et malgré l'admirable sagacité de cet observateur de génie, malgré trois siècles écoulés, on en est encore à déplorer que, suivant sa naïve expression, un trop grand nombre de laboureurs n'aient aucune philosophie et ne fassent qu'avorter la terre qu'ils de-vraient féconder. « On peut, dit le professeur Boussin-gault, à la première vue, juger de l'industrie, du degré d'intelligence d'un cultivateur, par les soins qu'il donne à son tas de fumier. C'est une chose déplorable de voir avec quelle négligence on laisse perdre les engrais dans une grande partie de la France ; on rencontre des vil-lages, et malheureusement ils sont nombreux, où le fu-mier est déposé précisément de manière à recevoir toute la pluie qui s'écoule des toitures des habitations, comme si on se proposait de profiter des eaux pluviales pour le laver. Le secret de la culture prospère de la Flandre française consiste peut-être dans le soin extrême que l'on met dans ce pays à recueillir tout ce qui doit servir à féconder la terre. Les sociétés d'agriculture, aujour-d'hui si multipliées, rendraient un véritable service, si elles encourageaient, par tous les moyens dont elles dis-posent, l'économie des engrais ; si elles recherchaient, pour les récompenser, les cultivateurs qui conservent leurs fumiers de la manière la plus rationnelle. » J'ai cité ces divers passages d'auteurs de toutes époques pour montrer quel prix tous les agronomes attachent à la production et au bon aménagement des fumiers ; je pourrais en citer mille autres, et je me bornerai à dire qu'il n'est pas possible d'ouvrir un livre traitant d'agri-culture avec quelque autorité, sans y trouver les mêmes préceptes.

La nature et les propriétés des fumiers varient suivant la nature des animaux qui y ont déposé leurs excréments, suivant l'alimentation donnée à ces animaux, suivant la nature et la quantité des litières, suivant l'aménagement des fumiers, soit dans l'étable, soit au dehors.

Les animaux sous lesquels se fait habituellement le fumier dans les fermes, sont les bœufs et les vaches, les chevaux, les moutons et les porcs. Le régime des pre-miers est entièrement herbivore, les porcs seuls sont om-nivores. Les agriculteurs regardent, en général, la fiente des moutons comme la plus énergique et la plus fécon-dante parmi celles des animaux que je viens de citer; ensuite viendrait le crottin des chevaux, puis la bouse de bœuf ou de vache, et enfin la fiente de porc. On ne sau-rait donc négliger ces différences pour apprécier la va-leur des fumiers. Les excréments plus secs des moutons et des chevaux supportent une moins grande addition de litière et donnent des fumiers d'une action puissante, mais peu durable, et que l'on distingue sous le nom de *fumiers chauds*. Les fumiers provenant des bêtes à cornes admettent une plus grande proportion de litière, sont beaucoup plus humides et sont, par opposition, appelés *fumiers froids;* moins énergiques et plus lents, ils ont une action bien plus prolongée que les précédents. Quant aux fumiers de porcs, on les emploie rarement seuls ; ils réussissent très-bien mélangés avec les fumiers de che-val, parce qu'ils sont très-aqueux et modèrent l'échauffe-ment de ceux-ci. Dans un livre aussi élémentaire, il est impossible de donner autre chose que des renseigne-ments très-généraux, et justement parce que l'emploi des fumiers est, dans la pratique, soumis à une foule de considérations particulières, il m'est, sur ce sujet plus que sur tout autre, impossible de descendre dans les dé-tails. Je dirai donc d'une façon générale que le fumier des bêtes à cornes est bon sur les sols calcaires, surtout lorsque l'année est sèche, car c'est le fumier le plus riche en humidité. Dans les pâturages, les vaches déposent leurs bouses çà et là et fument très-mal le terrain, car la fiente accumulée sur quelques points s'y dessèche et n'étend pas son action fertilisante sur les parties inter-médiaires. C'est donc une excellente pratique que celle de la Flandre, où l'on délaye cette fiente dans l'eau pour la répandre uniformément sur toute la superficie du champ. Dans d'autres pays de culture soignée, on enlève les bouses à mesure qu'elles sont déposées par les bêtes et on les porte au tas de fumier. Le fumier de cheval doit être mis en terre à l'état frais, et convient aux sols argi-leux et profonds que l'on appelle *froids* ; il fait mal dans les terrains sablonneux et calcaires. Abandonné à l'air, le fumier de cheval s'échauffe et fermente rapidement, surtout lorsqu'il est mis en tas; la perte qu'il éprouve est alors considérable et lui enlève bientôt la plus grande partie de ses principes engraissants. Ce fumier n'a donc qu'une valeur inférieure au fumier de vache, lorsqu'il n'a pas été soigné; mais on peut le conserver en lui maintenant sa valeur. Il faut, pour cela, le tasser forte-ment pour empêcher l'accès de l'air dans la masse et le couvrir d'une couche de terre, ou mieux encore il faut le maintenir humide par un arrosage suffisant Le fumier de mouton est sec, peu fermentescible et très-riche en excréments des animaux, parce qu'habituellement on le laisse sous leurs pieds dans les bergeries, jusqu'au mo-ment de le porter aux champs. Il est bon, avant de l'ap-pliquer à la terre, de le mettre en tas et de l'arroser souvent pour commencer la décomposition de la litière, qui ne se produirait que lentement. Ce fumier a des usages spéciaux ; il réussit bien, dans les terres froides, au chanvre, au tabac, au chou, au colza, à la navette, et en général à toutes les crucifères ; mais il ne faut l'ap-pliquer ni au blé, ni à l'orge, ni à la betterave, ni au lin, ni à la vigne, ni aux plantes potagères non cruci-fères. Cependant ce fumier peut aller sur toutes les cul-tures à peu près, dans les terrains maigres, et il y pro-duit des résultats remarquables la première année et sensibles encore la deuxième ; mais après deux ans, il faut recommencer. Souvent on applique aux terres la fiente de mouton par un procédé tout spécial, qui est le *parcage.* Il consiste à établir temporairement, et dans une enceinte mobile nommée *parc*, un troupeau de mou-tons sur un champ. L'enceinte est formée de claies lé-gères munies de supports, et peut rapidement se monter et se démonter, de façon qu'après un certain laps de temps, le troupeau peut être transporté sur un autre champ, et ainsi de suite (voyez PARCAGE). Pendant ce sé-jour momentané sur chaque champ, les moutons y dé-posent leur engrais, et l'on estime dans le pays de Bray (Seine-Inférieure) que 100 moutons fument, en moyenne, par nuit, 1 are 60 centiares. Le parcage est un bon moyen d'engraisser le sol dans les pays montueux, où il épargne le transport des fumiers à travers des chemins difficiles, et dans les pays où l'on manque de litières et de four-rages. Mais il faut y renoncer dans les autres cas, car les animaux souffrent d'être exposés à toutes les injures du temps ; il y a en outre déperdition d'engrais, et dans le même temps le même nombre de bêtes à laine donne dans la bergerie une plus grande quantité de fumier. Le parcage est quelquefois appliqué aux bêtes à cornes, comme dans certaines parties de la Normandie et en Angleterre; on en peut tirer un bon parti en le dirigeant d'une façon rationnelle.

La nature et le mode d'organisation des animaux ne sont pas les seules causes qui modifient profondément la qualité du fumier qu'ils produisent. « Il est hors de toute contestation, dit le professeur Girardin, que plus la nourriture donnée aux animaux est substantielle, plus le fumier contient de principes fertilisants; une bête bien nourrie produit deux fois autant de fumier qu'une bête mal nourrie; les animaux sains, et surtout les animaux gras, donnent des fumiers bien meilleurs et plus abondants que les animaux maigres ou malades; les vaches laitières ou pleines donnent un fumier moins riche que les bœufs de travail; les élèves procurent un engrais moins riche que les animaux adultes. La quantité de fumier à produire ne dépend donc pas tant du nombre de têtes de bétail que de la quantité des fourrages qu'on lui fait manger; elle dépend encore du mode de nourriture, soit à l'étable, soit au pâturage, attendu qu'avec le dernier mode une très-grande partie des excréments ne peut être recueillie. » Puis, abordant un peu plus loin une question de première importance pour la France, le savant écrivain ajoute, et je ne puis mieux faire que de transcrire ses paroles : « Le système de culture alterne, combiné avec la nourriture à l'étable, est celui qui procure le fumier en plus grande abondance, de meilleure qualité et au plus bas prix. Malheureusement ce système n'est pas celui qui prédomine en France. Si encore on avait des herbages en proportions suffisantes pour entretenir un nombreux bétail! mais, loin de là, presque partout on réserve la plus forte partie du sol cultivable aux céréales, au colza et autres plantes épuisantes. On manque de prairies naturelles; on ne fait pas assez de racines fourragères et de prairies artificielles. On ne sait pas assez qu'avec de l'herbe et des racines en abondance, on peut nourrir plus de bestiaux; qu'avec des bestiaux bien nourris, on a plus de fumier, et qu'avec plus de fumier on peut avoir, sur une moindre surface de terre, autant et plus de grains qui remplissent la cassette du fermier..... L'extension des prairies, des légumineuses et des racines fourragères : voilà actuellement le point essentiel, parce qu'avec beaucoup de fourrages on peut faire prédominer le bétail, ce qui accroît forcément la masse des engrais, donne, par suite, la possibilité de moins fumer, et, comme dernière conséquence, amène à avoir des récoltes de toute nature plus abondantes et nécessairement plus lucratives. Notre agriculture aurait besoin de 4 263 172 050 quintaux métriques de fumier de ferme. M. Rohart, à qui j'emprunte ces chiffres, affirme qu'en admettant les conditions les plus favorables, elle n'en saurait produire actuellement plus de 1 283 164 115 quintaux. D'où vient ce déficit annuel de près de 3 milliards de quintaux de fumier? Évidemment de l'insuffisance de notre bétail; et cette insuffisance tient uniquement à ce que nous ne consacrons pas assez de terres aux prairies naturelles et artificielles. Notre système cultural a donc besoin d'être profondément et radicalement modifié. Malgré l'attachement qu'on porte aux choses anciennes, malgré les dérangements qui peuvent résulter du changement, on ne peut repousser tous les perfectionnements qui se présentent, par simple respect pour l'habitude. » J'ai tenu à citer *in extenso* ce grave conseil d'un homme compétent, pour répondre à bien des idées fausses qui ont cours sur les convenances et les besoins de l'agriculture de notre pays. Je reviens maintenant au sujet spécial de cet article.

Les agronomes ont cherché à déterminer combien de fumier fournit une quantité donnée de fourrage consommée par des animaux de telle ou telle espèce. Ce problème très-difficile peut, d'après les expériences de Thaër, Flotow, Pabst, Boussingault, recevoir pour solution générale la formule de calcul que voici : On prend le poids des fourrages *secs* entrés dans les étables, on y ajoute le poids des litières également *sèches*, et on double la somme. Ainsi l'expérience a enseigné aux agriculteurs qu'une vache laitière bien nourrie et suffisamment pourvue de litière rend, chaque année, environ vingt-cinq fois son poids de fumier. de sorte qu'en supposant que la bête pèse 500 à 600 kilogrammes, on peut estimer de 12 000 à 15 000 kilogrammes son rendement en fumier. Or, comme une telle vache consomme par an l'équivalent de 5475 kilogrammes de foin sec et emploie 730 kilogrammes de paille de litière, poids total, 6 205 kilogrammes. dont le double, 12 410, représente sensiblement le poids du fumier produit en un an. G. Heuzé,

par des expériences faite à Grandjouan, vers 1842, est arrivé à mieux préciser les données de ce calcul : Réduisez, dit-il, la nourriture et la litière de quelque nature qu'elle soit, à l'état de siccité, et multipliez le résultat par un des nombres que voici :

Pour les chevaux, par le nombre	....	1,30
— bœufs de travail, *id.*	....	1,50
— vaches, *id.*	....	2,30
— porcs, *id.*	....	2,50
— bêtes à laine, *id.*	....	1,20
Chiffre moyen	....	1,80

Pour appliquer ces formules d'estimation, il faut savoir combien chaque espèce de fourrage ou de litière perd de son poids par la dessiccation; on pourra adopter les nombres suivants :

Fourrages.

Le foin sec du commerce se réduit par la dessiccation à	85	p. 100 du poids brut.
Fourrages verts, pommes de terre...	25	—
Rutabaga	10	—
Betteraves	15	—
Carottes	13	—
Topinambours	22	—
Panais	15	—
Navets, feuilles de choux	10	—
Résidus de betteraves	30	—
Résidus de pommes de terre	25	—
Fèves de marais	84	—
Tourteaux de lin et de colza	90	—
Vesces	85	—
Avoine	87	—
Son	75	—
Graines de sarrasin	88	—

Litières.

Paille de céréales	90	—
Paille de sarrasin	85	—
Sciure de bois, feuilles mortes	75	—

Suivant le professeur Girardin, on peut estimer ainsi qu'il suit le rendement annuel approximatif des divers animaux d'une ferme.

	kil.	kil.	
Vache laitière, nourrie à l'étable, pesant	400	11 000	de fumier.
Bœuf à l'engrais	—	500	25 000	—
Cheval de trait	—	600	9 000	—
Bœuf de travail	—	600	11 000	—
Mouton, allant au pâturage	—	40	500	—
Porc adulte	—	100	1 400	—
Totaux		2 240	57 900	de fumier.

Prenant la question à un autre point de vue, d'autres agronomes ont recherché combien produit de fumier telle ou telle sorte de fourrage. Suivant Jacques Bujault, il faudrait adopter les nombres que voici :

100 kil.	de paille donnent	200 kilog.	de fumier
100 —	de foin —	220	—
100 —	de racines —	100	—
100 —	de récoltes vertes	100	—

La paille des céréales est la litière préférée et de l'usage le plus général; son mérite est dans sa structure creuse et tubulaire, qui la rend très-propre à s'imbiber des excréments humides et à les retenir; d'une autre part, elle forme au bétail une couche douce et saine; enfin elle donne plus de fumier qu'aucune autre litière, parce qu'elle ne se réduit pas beaucoup sous les animaux. La paille du seigle et celle du blé offrent ces divers avantages au plus haut degré. On voit dès lors quel prix un bon fermier doit attacher à sa paille, et combien il se fait de tort lorsqu'il la vend au lieu d'en faire de la litière. Trop d'agriculteurs méconnaissent ce vieux proverbe des campagnes : *Vendre sa paille, c'est vendre son fumier; et qui vend son fumier, vide son grenier.* La vente de la paille n'est rationnelle que dans les conditions particulières où, jouissant d'un débouché avantageux, on peut racheter, à la place, du fumier ou de l'engrais, à meilleur compte que celui que cette paille aurait produit. Dans les pays où l'on manque de paille, on peut employer comme litière les bruyères, les fougères, les feuilles d'arbre, les genêts, les roseaux, la mousse, les gazons, la tourbe, les ajoncs, les ramilles, le buis, la sciure de bois, et même avec certains soins la terre sèche, particulièrement pour les bergeries (voyez LITIÈRE).

« Dans la pratique raisonnée, dit le professeur Girardin, on donne de 2 à 3 kilogrammes de paille-litière en vingt-quatre heures par cheval ; de 3 à 5 kilogrammes par bête bovine dont les excréments sont plus aqueux ; 750 grammes par porc, ce qui n'est pas assez, en raison de la grande fluidité des déjections. Quant aux moutons, leurs crottins étant secs, ce n'est que pour recueillir leurs urines qu'on leur fournit de la litière. Mais dans la plupart des fermes à culture céréale, où les pailles sont très-abondantes, on en met le plus possible sous les animaux, ce qui est une faute, car cela donne des fumiers trop pailleux et moins riches ; ce que savent très-bien les fermiers qui observent...

... Du moment qu'on recueille soigneusement toutes les déjections du bétail, on ne peut pas demander davantage ; le fumier en est plus actif et il y a moins de paille gaspillée en litière. On a toujours bien le moyen de faire dépenser les pailles ; les convertir en viande, en lait, en laine, c'est une opération bien autrement lucrative que d'en faire de la litière. »

Le séjour du bétail dans des étables bien aménagées pour la bonne récolte du fumier et de tous les liquides qu'il laisse écouler, est particulièrement favorable à la production abondante de ce précieux engrais. Les étables belges par leur bonne disposition augmentent cette production de façon à la rendre souvent double de ce qu'elle est dans d'autres étables. Cette disposition consiste à pratiquer, en avant des bêtes, un trottoir planchéié ou cimenté (*fig.* 1322, A) sur lequel on dépose le

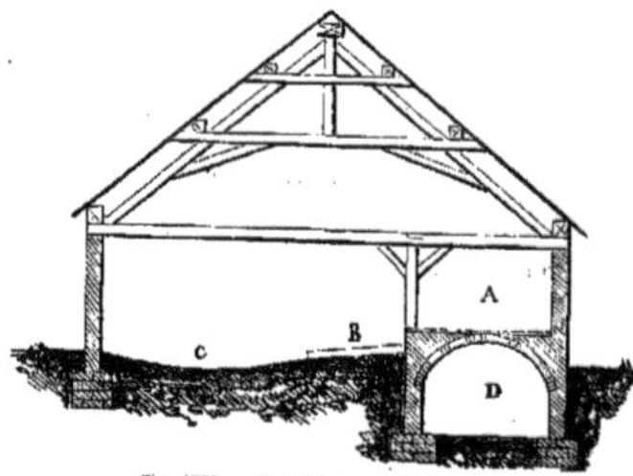

Fig. 1322. — Coupe d'une étable belge.

fourrage amassé auprès d'elles ou les baquets pour leur donner des aliments liquides ; derrière elles un espace large (C) et un peu enfoncé où se rendent toutes les urines, et où l'on jette tous les jours le fumier qu'on enlève sous les animaux. La figure ci-dessus représente une coupe en élévation d'une étable belge ; le bétail occupe l'emplacement B, et la galerie couverte D est destinée à la conservation des racines. Dans des expériences faites à Roville dans une étable de ce genre, M. de Dombasle a reconnu qu'une vache laitière tenue à l'étable lui donnait par an trente voitures de fumier (19500 kilogrammes), tandis qu'une vache laitière nourrie au pâturage ne lui en donnait que quinze voitures environ (9750 kilogr.) ; qu'un bœuf à l'engrais, ne sortant par conséquent pas de l'étable, produisait en un an trente-neuf voitures (25350 kilogr.), tandis qu'un bœuf de travail n'en produisait que douze (7800 kilogr.). L'étable belge a cependant le défaut d'être coûteuse, parce qu'elle a de grandes dimensions par rapport au bétail qu'elle abrite. Dans une exploitation menée avec économie, on devra préférer d'enlever le fumier à mesure qu'il se produit, et on pourra alors placer une seconde rangée de bétail dans l'espace réservé par les éleveurs belges à l'accumulation du fumier. Mais ce qui résulte des faits que j'ai cités, c'est que, pour obtenir beaucoup de fumier, il faut tenir les animaux à l'étable toute l'année, leur donner une nourriture abondante et toute la litière nécessaire pour absorber leurs déjections.

On a pu voir, par les passages de divers auteurs qui figurent au commencement de cet article, que le traitement des fumiers, après leur production et jusqu'au jour de leur emploi, est le plus souvent abandonné à la plus préjudiciable négligence. Les inconvénients de cette regrettable incurie sont nombreux et des plus grands. Le fumier est, on doit toujours se le rappeler, un mélange de matières végétales fournies par les litières avec

des matières animales qui sont les excréments et les déjections liquides du bétail. Ce mélange a une tendance à se décomposer plus ou moins rapidement, et cette décomposition est nécessaire, car elle a pour résultat la production d'un certain nombre de substances liquides ou gazeuses, éminemment fertilisantes, et qui font toute la richesse du fumier. Il faut donc le traiter de façon à ce que, d'une part, la décomposition progressive des éléments du fumier s'opère peu à peu, et que, d'une autre part, les produits si précieux de cette décomposition ne s'évaporent pas ou ne s'écoulent pas au hasard sans être récoltés. On comprendra donc sans peine qu'abandonné sans soin dans une cour de ferme et en plein air, le fumier se dessèche au soleil d'été ou se trouve noyé par les pluies d'hiver. La sécheresse arrête la décomposition du fumier et fait évaporer les produits gazeux déjà formés dans sa masse ; l'excès d'humidité lave et entraîne tout ce qu'il renferme de soluble ou de liquide, et l'emmène dans les ruisseaux de la voie publique ou dans quelque mare infecte, malsaine, et où se perdent des trésors de matières fertilisantes. Ce liquide noirâtre et puant, qui devrait rester dans le fumier ou être récolté avec soin, c'est le *purin*, c'est la plus active partie du fumier. « M. de Dombasle, dit le professeur Girardin, estimait à 3 francs la valeur d'un tonneau de purin de 6 à 7 hectolitres.... D'un tas de fumier de 12 mètres de long sur 7 mètres de large et 1ᵐ,50 de haut, il recueillait annuellement 150 tonneaux, c'est-à-dire 900 hectolitres de purin représentant 450 francs en argent. » Et voilà ce que tant de cultivateurs français laissent couler comme une ordure, au risque d'empester l'air au voisinage des habitations, d'y attirer dans les temps chauds une foule d'insectes désagréables et nuisibles aux bestiaux !

Une autre erreur grave à signaler consiste à penser qu'un renouvellement quotidien des litières, dès que les animaux les ont salies, rend le fumier plus abondant sans diminuer sa valeur. Les fumiers enlevés trop fréquemment ne renferment pas assez de fiente et d'urine pour la quantité de paille, et ne donnent qu'un engrais inférieur. Par une erreur toute contraire, beaucoup de fermiers laissent le fumier à l'étable jusqu'au moment où on doit le porter aux champs. Cette méthode, qui exige des étables trop spacieuses, provoque l'altération du fumier qui *blanchit* (moisit) facilement dans ces conditions, et entretient en outre dans l'étable une atmosphère chaude, impure et malsaine pour les animaux. Dans nos bonnes fermes du nord et du centre de la France, on enlève le fumier de l'étable tous les huit ou douze jours, et tous les deux ou trois jours on met de la litière fraîche sur l'ancienne. Des observations nombreuses, citées dans les ouvrages techniques, démontrent que cette pratique est bonne et ne mérite aucun des reproches qu'ont pris l'habitude de lui faire ceux qui ne l'ont pas essayée et s'obstinent dans des méthodes beaucoup moins avantageuses.

Les fumiers peuvent être employés tels qu'ils sortent de l'étable, c'est-à-dire sans avoir fermenté ; c'est ce qu'on appelle les *fumiers frais, longs* ou *pailleux*. Souvent aussi on les laisse pourrir de façon à former une masse pâteuse, noirâtre ; on les nomme alors *fumiers courts, gras*, ou plus communément *beurre noir*. M. le professeur Girardin résume ainsi avec une heureuse précision les propriétés de chaque sorte de fumiers au point de vue des cultures : « Les *fumiers longs*, occupant beaucoup de volume, ont une action bien plus longue et plus durable sur la végétation que les fumiers courts ; aussi les applique-t-on particulièrement aux végétaux qui restent longtemps en terre, et aux sols forts, compactes et argileux dont ils ameublissent les particules en raison de leur contexture fibreuse. Les *fumiers courts*, au contraire, lourds et compactes, ont une action instantanée sur les plantes, mais cette action est de peu de durée ; aussi les applique-t-on spécialement aux végétaux qui n'ont qu'une existence de trois à quatre mois, et aux terres légères. » On ne saurait recommander en principe l'emploi de l'une ni de l'autre de ces sortes de fumiers. Les fumiers frais renferment des fragments de végétaux trop peu décomposés pour fournir les principes féconds qu'ils pourraient donner et donneront avec le temps. Les fumiers gras abandonnés à une fermentation prolongée ont perdu, sous la forme liquide ou gazeuse, une partie considérable de leurs éléments les plus puissants. Pour les réduire en *beurre noir*, on a dû les entasser en grande masse ; cet amas s'est échauffé peu à peu, et une fumée très-visible s'est dégagée en même temps qu'un purin abondant s'écoulait par-dessous. En admettant que l'agriculteur soigneux puisse recueillir ce purin, il faut bien reconnaître que les gaz dégagés sont insaisissables, et que ces gaz se composent surtout d'acide carbonique, d'ammoniaque et d'azote, c'est-à-dire des gaz les plus utiles aux plantes. On trouve citée partout une expérience bien convaincante du grand chimiste anglais *H. Davy.* Il prit un de ces vases à col courbé, que l'on nomme une *cornue*, et la remplit de fumier en fermentation; puis il appliqua le bec de cette cornue sous la racine d'un gazon dépendant d'une bordure dans un jardin. Huit jours après, une riche et vigoureuse touffe d'herbe tranchant sur tout le gazon environnant indiquait à tous les yeux le point où les émanations du fumier arrivaient sous les racines. M. Kœrte, professeur d'agriculture à Mœglin (Prusse), pense qu'on peut évaluer, en moyenne, à un quart la réduction de volume du fumier pendant une fermentation prolongée : 100 voitures de fumier se réduisent environ à 75. Il faut donc que le fumier subisse un commencement de fermentation et soit employé avant d'être réduit à l'état gras; c'est alors ce que M. le professeur Boussingault, M. le professeur Girardin, appellent le *fumier normal.* Ils conseillent, et les meilleurs agriculteurs suivent cette méthode, de mettre en tas pour deux ou trois mois le fumier sortant de l'étable, et cette mise en tas doit être pratiquée et dirigée d'une façon rationnelle avec une attention soutenue. M. le professeur Girardin résume ainsi les conditions que doit remplir un bon aménagement du fumier destiné à le convertir en fumier normal : 1° Recueillir tout le purin dans un réservoir placé de manière qu'il soit facile de reverser au besoin ce liquide sur le fumier ; 2° ne laisser arriver sur le fumier aucune eau étrangère; 3° garantir le fumier d'une évaporation trop prompte et des lavages opérés par les eaux pluviales; 4° tasser fortement le fumier à sa surface pour que l'ammoniaque produite par la fermentation dans le centre de la masse ne s'en échappe point, et ne toucher ou remuer le tas de fumier que le moins possible; 5° donner à l'emplacement où l'on tient le fumier une largeur suffisante pour qu'il ne soit pas nécessaire d'élever le tas à une trop grande hauteur ; 6° faire sur cet emplacement assez de divisions ou de tas pour que l'ancien fumier ne se trouve pas toujours enfoui sous le nouveau ; 7° enfin disposer l'emplacement de telle sorte que les voitures puissent en approcher facilement, et qu'il ne faille pas de trop grands efforts pour enlever des charges un peu lourdes.

Ces principes sont pratiqués de manières si différentes par les agriculteurs les plus habiles, qu'il est impossible d'entrer ici dans des détails aussi étendus, et qu'il faut renvoyer aux ouvrages techniques : le *Livre de la ferme* de P. Joigneaux ; le *Journal d'agriculture pratique,* années 1859, 1863; la *Fosse à fumier* de Boussingault; *Des fumiers et autres engrais animaux* par J. Girardin ; l'*Atmosphère, le sol et les engrais* par Ad. Bobierre; l'*Économie rurale* de Boussingault, etc.

Le fumier normal, convenablement humecté, doit peser de 760 à 800 kilogrammes par mètre cube, et il contient environ 75 p. 100 d'humidité. Il se compose, outre l'eau que je viens d'indiquer, d'*humus* provenant de la décomposition des plantes, des litières ; de *matières animales* en décomposition ; de *sels d'ammoniaque, de soude, de potasse;* de *carbonates calcaires* et *magnésiens;* de *phosphates* des mêmes bases ; de *silicates, sulfates* et *phosphates solubles;* de *fer* et de *matières terreuses.* M. P. Thenard a récemment recherché dans un travail très-curieux quels composés chimiques secondaires existent dans le fumier, et y a signalé un acide spécial, qu'il a nommé *acide fumique,* et auquel il a attribué un rôle important pour expliquer un grand nombre de pratiques agricoles résultant de l'expérience.

Pour appliquer le fumier, il faut le charger sur les voitures de transport, et, au lieu de l'enlever à la fourche, il est préférable de le détacher par tranches à l'aide d'une sorte de grand couteau muni d'un manche transversal propre à recevoir les deux mains. Un ouvrier peut charger 1 000 à 1 200 kilogrammes de fumier par heure. Il est très-utile de ne pas déposer le fumier sur le champ par petits tas, mais bien de l'étendre *immédiatement* en couche sur le sol, et de l'enfouir le plus tôt possible par un labour léger. La quantité qu'il faut employer varie prodigieusement suivant les circonstances, et pour en juger, il suffit de citer les *quantités moyennes* indiquées par des agronomes ou consacrées par l'habitude. Le poids de fumier frais qu'il faut donner pour la fumure d'un hectare est, suivant M. de Dombasle, de 20 000 à 25 000 kilogrammes ; **M.** Boussingault recommande de 48 000 à 49 000 kilogrammes de fumier à demi consommé; Thaër en employait 60 000 kilogrammes à Mœglin ; aux environs de Paris, c'est 54 000 kilogrammes; 100 000 dans la Flandre et le Hainaut. Après avoir rapporté ces nombres et d'autres, le professeur Girardin recommande une fumure de 30 000 kilogrammes de fumier bien préparé, pour trois ans (soit 10 000 kilogrammes par an). Le fumier de ferme coûte, en général, de 10 francs à 15 francs la voiture de 2000 kilogrammes, c'est-à-dire en moyenne 0^f,25 les 1000 kilogrammes ; ce prix s'élève beaucoup en ce moment et monte souvent jusqu'à 8 francs.

On nomme *fumiers de ville* les boues, les débris de toute espèce ramassés comme ordures dans les grandes villes. C'est un engrais riche et très-recherché des populations rurales environnantes. Les Anglais y mêlent des cendres de houille et forment ainsi leur *police-manure* ou *fumier de police.* La boue des rues de Paris vaut 500 500 francs pour l'adjudicataire qui l'achète en masse, et 3 600 000 francs lorsqu'après un séjour dans les pourrissoirs, elle est vendue aux cultivateurs de la banlieue à raison de 3 francs à 5 francs le mètre cube. On estime que l'engrais perdu dans les égouts et entraîné avec les eaux dans les rivières est un déchet énorme et des plus regrettables. Suivant les calculs de Johnson, les égouts de Londres versent chaque jour à la Tamise 230 000 hectolitres d'eau vaseuse, contenant l'engrais nécessaire pour 28 000 hectares de terres stériles, et qui aurait pu produire la nourriture de 150 000 individus. Milan s'est assuré un accroissement considérable de production agricole en utilisant les dépôts des égouts.

En mélangeant divers engrais avec ou sans addition de matières minérales, on a formé les *composts* ou *engrais composés,* qui sont assez analogues aux fumiers de ville. Leur composition varie selon les matières dont on dispose, les terres et les cultures auxquelles on les destine. Cet article déjà trop long ne saurait s'augmenter encore de ces détails, et je renvoie au mot JAUFFRET où, en traitant de l'*engrais Jauffret,* véritable type de compost, je dirai quelques mots des engrais composés.

Je me bornerai, pour terminer le présent article, à donner ici des renseignements indispensables sur la valeur relative des principaux engrais, telle que l'ont établie, en 1840 et 1842, les travaux de Boussingault et de Payen. J'emprunte ces documents à l'excellent livre du professeur Barral, *le Bon Fermier;* ils consistent en une table fondée sur le dosage de la quantité d'azote contenue dans 100 parties de matières, et indiquant combien, en poids, il faut employer d'un engrais pour avoir autant d'azote qu'en renferment 100 parties en poids de fumier moyen (celui-ci renferme 60 p. 100 d'azote à l'état normal); cette quantité d'engrais se nomme l'*équivalent* par rapport à la quantité de fumier.

Table des équivalents des engrais d'après le dosage en azote.

Fumier moyen	100,0
Paille de froment (à 19 p. 100 d'eau)	250,0
— — (à 5 p. 100 d'eau)	122,5
— de seigle	142,9
— d'avoine	214,2
— d'orge	260,9
Balles de froment	70,6
Paille de pois	33,5
— de millet	76,9
— de sarrasin	125,0
— de lentille	59,4
Tiges sèches de topinambour	162,1
Fanes de colza	80,0
— d'œillettes	65,1
— de pommes de terre	109,1
Feuilles de carottes	70,6
— de chêne	50,8
— de peuplier	111,1
— de hêtre	50,8
— d'acacia	83,3
— et rameaux de buis	51,5
Fucus digité (séché à l'air)	69,8
— saccharin (*id.*)	44,9
Sciure de sapin	260,9
— de chêne	111,1
Touraillons d'orge	13,3
Marc de pommes	101,7
— de houblon	101,8
Pulpe de betteraves (sucreries)	157,9
— (distilleries)	285,7
Pulpe de pommes de terre (féculeries)	113,2
Eaux de féculeries	857,1
Marc de raisin	95,2

Tourteaux de lin	11,5
— de colza	12,2
— d'arachide	7,2
— de cameline	10,9
— de chènevis	14,2
— de pavot	11,2
— de faînes	18,1
— de noix	11,4
— de graine de coton	14,9
— de sésame	8,8
Marc d'olive	8,1
Excréments de vache	187,5
Urine de vache	136,4
Excréments de cheval	109,1
Urine de cheval	22,9
Excréments de porc	85,7
Urine de porc	260,9
Excréments de mouton	83,3
Urine de mouton	45,8
Excréments de pigeon, frais	17,2
— sec, ou colombine	7,2
Excréments d'homme	150,0
Urine humaine	41,4
Purin de vacherie	250,0
Engrais liquide du dépotoir de la Villette	150,0
Poudrette de Bondy (près Paris)	42,8
Chair musculaire séchée à l'air	4,6
Sang liquide des abattoirs	20,3
Sang coagulé et pressé	13,3
Poudre d'os	16,2
Os bouillis pour extraction de gélatine	32,6
Résidus de colle d'os	113,2
Noir fin, neuf	141,7
Noir des raffineries	91,7
Râpure de cornes	4,2
Plumes	3,9
Bourre de poil de bœuf	4,3
Chiffons de laine pure	3,3
Guano du Pérou	4,1
Engrais Rohart	16,4
Engrais Derrien	13,3
Coquilles d'huîtres	187,5
Limon de la Loire	250,0
— de la Gironde	300,0
— du Nil	92,3

Il est bien entendu que ces chiffres représentent les quantités des divers engrais qui peuvent remplacer 100 kilogrammes de fumier moyen; de telle sorte que plus l'engrais est riche en azote, et par conséquent plus il est fécondant, plus le chiffre correspondant est faible.

M. Barral ajoute avec grande raison les deux restrictions suivantes : 1° Les doses équivalentes ci-dessus pourront ne pas produire les mêmes résultats sur les récoltes, parce que les principes constitutifs et fécondants seront d'une assimilation plus ou moins facile; 2° l'absence d'une ou de plusieurs substances différant de l'élément azoté pourra se faire fortement sentir par suite de l'usage prolongé d'un engrais qui, riche d'ailleurs en azote, ne contiendra pas cette substance. L'importance du rôle des phosphates dans la végétation a engagé M. Boussingault à dresser une autre table d'équivalents des engrais d'après le dosage de l'acide phosphorique; je ne puis la rapporter ici, et on la trouvera dans le *Bon Fermier*, que j'ai déjà cité.
Ad. F.

FUMIGATIONS (Médecine, Hygiène). — On appelle ainsi l'action de réduire une ou plusieurs substance en vapeurs ou en gaz, et de les faire dégager dans l'air, soit pour obtenir un effet prophylactique, comme moyen *désinfectant*, soit dans un but *thérapeutique*, pour déterminer sur l'économie une action analogue à celle que l'on obtient des substances médicamenteuses appliquées directement sur la peau. Dans le premier cas, les fumigations constituent les procédés désinfectants; il en a été question au mot DÉSINFECTION.

Comme moyen *thérapeutique*, on peut employer en fumigations presque toutes les substances capables de se réduire en vapeurs, soit seules, soit à l'aide de la chaleur sèche ou humide, de telle sorte qu'elles empruntent, dans ce dernier cas, une partie de leur effet à ces derniers agents. Ainsi, l'éther, l'ammoniaque, qui se vaporisent à la température ordinaire, ne doivent leurs propriétés qu'à eux-mêmes, aussi bien que tous les autres corps qui n'ont pas besoin de l'intervention du calorique pour le faire. Les baumes, les résines, le soufre, etc., qui sont réduits en vapeur sur des corps incandescents, doivent à la chaleur une petite partie de leurs propriétés. Enfin, celles qui sont faites avec de l'eau chargée de principes médicamenteux et réduite en vapeur, doivent leurs effets à une triple action de l'eau, de la chaleur et du médicament. En général, les fumigations sèches et chaudes excitent la peau, la rou-

gissent, y appellent le sang. Celles qui sont humides la dilatent, favorisent l'absorption et agissent comme les fomentations humides. Nous pouvons donc les distinguer en émollientes, narcotiques ou calmantes, toniques, excitantes, etc.

Les *F. émollientes* sont : l'eau en vapeur à la température de 35° à 40°, et toutes les substances émollientes vaporisées par l'intermédiaire de l'eau. L'action qui en résulte est plus marquée que celle que l'on obtient par la fomentation; le principe médicamenteux pénètre mieux sous cet état. Aussi emploie-t-on avec avantage dans les inflammations du larynx, de la trachée, des bronches, les fumigations avec les décoctions de mauve, de guimauve, de graine de lin, etc.

Les *F. narcotiques* sèches par la combustion des feuilles de jusquiame, de belladone, de stramoine, sont employées avantageusement dans les affections nerveuses, dans l'asthme, etc. Les décoctions de pavot et des plantes indiquées plus haut, réduites en vapeur, ont souvent réussi dans certaines bronchites douloureuses, dans les névroses des organes respiratoires.

Les *F. excitantes* sont très-usitées, soit sèches, soit humides, comme l'éther, l'ammoniaque, le soufre, le succin, les résines, les baumes, le camphre, le chlore, l'iode, le protochlorure de mercure, les huiles essentielles, les plantes aromatiques, etc. Nous ne pouvons indiquer ici les effets déterminés par chacun de ces agents en particulier; tous sont compris dans la médication excitante et même irritante quelquefois. Le tabac, qui appartient aux agents narcotico-âcres, a été considéré pendant longtemps comme plus irritant que sédatif, et c'est pour cela que les lavements avec la fumée de tabac ont été recommandés dans les asphyxies, et surtout chez les noyés.

Les *F. toniques* sont beaucoup moins utiles et aussi moins employées que les précédentes; le tannin, l'acide gallique, les quinquinas et les sels de quinine, ne se vaporisent pas facilement, cependant on a fait quelquefois avec succès des fumigations avec des décoctions de roses de Provins, d'écorce de grenadier, de chêne, de quinquina dans certains relâchements du rectum ou autres parties.
F. — N.

FUMURE (Agriculture), opération agricole qui consiste à répandre le fumier sur les champs. Dans la culture générale, elle se lie tellement à la question des FUMIERS et ENGRAIS que nous renverrons le lecteur à ces deux mots; il ne sera question ici que de la fumure qui a trait à la culture des *jardins fruitiers* et à celle de la *vigne*.

Fumure des jardins fruitiers. — Lorsque le sol du jardin fruitier aura été préparé (voyez JARDIN FRUITIER), il importe encore de le fumer convenablement. Pour que cette fumure produise l'effet qu'on en attend, il faut qu'elle soit placée à une profondeur déterminée. Si on la place tout à fait à la surface du terrain, elle n'arrivera que tardivement jusqu'aux racines, qui ont, au contraire, besoin de recevoir son influence immédiate pour aider à la reprise de sarbres. Si, d'un autre côté, on l'enterre trop profondément, à 0ᵐ,60 ou 0ᵐ,80 au-dessous de la surface, elle sera entraînée plus profondément encore par l'eau des pluies, et il se passera bien du temps avant que les racines puissent en profiter. C'est donc dans la couche comprise entre la surface et 0ᵐ,40 de profondeur que cette fumure doit être appliquée. Pour cela, on la répand sur toutes les plates-bandes, après le défoncement et immédiatement avant la plantation, puis on l'enterre à l'aide d'un labour assez profond.

Quant à la nature des engrais à employer dans ce cas, il faudra se servir de ceux que l'on a sous la main : les fumiers proprement dits, les vases d'étang ou de fossés extraites depuis une année au moins et souvent remuées. Mais, si l'on est obligé d'acheter ces matières fertilisantes, il faudra se procurer les plus convenables pour cette destination. Les fumiers ordinaires n'ont pas un effet assez prolongé; il faut recommencer trop souvent. Les engrais à décomposition lente, quoique aussi énergiques, sont préférables. Nous comprenons dans cette série : les *os concassés*, les *chiffons de laine*, la *bourre*, les *crins*, les *poils*, les *déchets de corne*, les *tendons*, etc.

On a beaucoup agité la question de savoir si les arbres fruitiers devaient être fumés; on a prétendu que cette opération était nuisible aux arbres, en ce qu'elle les empêchait de se mettre aussi promptement à fruit. Cela est vrai; mais, aux yeux de la plupart des cultivateurs instruits, c'est là un résultat plus avantageux que nuisible; car le retard de la production du fruit, occasionné par la fumure, est dû à ce que celle-ci donne lieu à une végétation vigoureuse : or cette vigueur est indispensable pour que la charpente des arbres arrive le plus tôt possible à son complet développement, et que l'arbre donne ainsi son produit maximum dans le laps de temps le plus court. Ce développement complet étant obtenu, on pourra ensuite diminuer la dose des engrais pour arrêter la vigueur de l'arbre et le faire se mettre à fruit. La fumure ainsi appliquée aux arbres fruitiers est donc une opération utile. Mais, pour qu'elle agisse dans de justes limites, il ne faut pas qu'elle soit trop abondante. Quelques cultivateurs ont l'habitude de fumer, tous les trois ans, les plates-bandes du jardin fruitier ; nous pensons, avec M. de Bengy-Puyvallée, que cette méthode est vicieuse, en ce qu'on est obligé de fumer trop abondamment à la fois. Il s'ensuit que les fruits ont une saveur moins agréable ; que la séve, momentanément trop abondante, ne peut être contenue qu'avec peine dans les vaisseaux, et qu'il en peut résulter des extravasations qui déterminent des maladies. Il vaut donc mieux fumer tous les ans, et fumer moins à la fois ; la végétation en sera plus régulière. Quant aux engrais à employer, ils pourront se composer de fumier de cheval ou de mouton, peu consommé pour les terres argileuses, et de fumier de vache pour les terres légères, soit calcaires, soit siliceuses. Si l'on était obligé d'acheter des engrais pour cette destination, il serait préférable d'avoir recours à d'autres matières au moins aussi fertilisantes, mais dont l'action se prolonge beaucoup plus et se trouve, par cela même, plus en rapport avec la longue durée des arbres. Tels sont surtout les os concassés, les râpures de corne, les tendons, les crins, les poils, les débris de bourre, les chiffons de laine un peu fermentés, etc. L'effet de ces engrais étant beaucoup plus prolongé, on pourra ne les employer que tous les cinq ou six ans. Quelle que soit la nature des engrais choisis, on les répandra à la surface du sol occupé par les racines, puis on les enterrera par le labour du printemps.

Un des moyens les plus énergiques de favoriser le développement des arbres fruitiers est incontestablement l'application des engrais liquides au moment où la végétation est la plus active et pendant les grandes chaleurs de l'été. C'est, en effet, pendant ce laps de temps que les plantes et les arbres ont le plus besoin de trouver dans le sol une humidité abondante, tenant en dissolution les éléments nutritifs. Or c'est aussi à cette époque que le sol est le plus desséché, par suite de l'évaporation, et que les racines n'y trouvent ni l'humidité ni les éléments nutritifs dont elles ont besoin. L'application des engrais liquides, faite dans ces circonstances, stimule très énergiquement la végétation des arbres ; mais employé pendant le repos de la végétation, ils peuvent déterminer la pourriture des racines.

Toutes les matières organiques, riches en azote, et se dissolvant facilement dans l'eau, peuvent être employées comme engrais liquide. Telles sont particulièrement les matières suivantes :

1° *Le guano naturel.* — Y ajouter huit fois son volume d'eau. Il est malheureusement assez difficile de se procurer cet engrais bien pur. Il en existe cependant dans plusieurs maisons de commerce du Havre et de Nantes, que nous ne saurions indiquer ici.

2° *Tourteaux de graines oléagineuses, colza, lin, arachide, sésame,* etc. — Ces tourteaux sont réduits en poudre, puis ajoutés à six fois leur volume d'eau. On abandonne ce mélange à lui-même, et on l'emploie lorsqu'il commence à fermenter.

3° *Matières fécales.* — Les réunir dans une citerne, y ajouter une suffisante quantité d'eau pour les rendre assez liquides, et les répandre lorsqu'elles commenceront à fermenter. Pour désinfecter cet engrais, on pourra y ajouter 1 kilog. de couperose du commerce, réduite en poudre, par hectolitre de liquide.

4° *Sang des abattoirs.* — Le laisser fermenter un peu et y ajouter 1 kilog. de couperose par hectolitre pour le désinfecter.

5° *Urines.* — Les employer fraîches en les étendant de quatre fois leur volume d'eau, ou les employer fermentées en y ajoutant 40 grammes de couperose par hectolitre pour les désinfecter.

6° *Purin ou jus de fumier.* — Les employer sans préparation.

7° *Mélange des matières précédentes.* — On peut encore former un engrais liquide d'une grande puissance en mélangeant tout ou partie des matières précédentes.

Il est bien entendu que l'action de ces engrais sera d'autant plus énergique, qu'ils seront plus riches en azote.

On peut, à cet égard, les classer à peu près de la manière suivante : matières fécales, sang, guano, tourteaux, purin, urines.

Ajoutons encore que le résultat de ces engrais liquides, appliqués pendant la végétation, sera d'autant plus satisfaisant, que le sol où on les répandra sera plus perméable et plus exposé à la sécheresse.

Quant au mode d'application de ces engrais, il sera bon de suivre les indications suivantes : les répandre dans la soirée après que le soleil ne frappe plus les surfaces qui doivent être arrosées, afin de donner le temps à ces liquides de s'imprégner dans le sol avant d'être vaporisés ; — répandre ces engrais sur toute la surface du terrain qu'on suppose être occupée par les racines des arbres, et surtout vers le point où existent les extrémités radiculaires ; — enlever, avant l'arrosage, 0ᵐ,04 environ de la couche superficielle du sol, et la replacer aussitôt après l'application de l'engrais ; — ou bien couvrir le sol, arrosé d'une couche de litière, d'environ 0ᵐ,05 d'épaisseur.

On évitera ainsi de voir la surface du sol se durcir sous l'influence de ces arrosements, et de perdre par l'évaporation une grande partie de ces éléments de fertilité. On pourra répéter ces arrosements trois ou quatre fois pendant l'été.

Fumure de la vigne. — Quelques œnologues, prenant comme exemple certains vignobles exceptionnels de la Champagne, de la Bourgogne, des côtes du Rhin, qui ne sont pas fumés et dont les produits ont acquis une qualité supérieure et un prix très-élevé, ont proscrit les engrais comme nuisibles à la qualité du vin. D'autres, considérant que les produits augmentent toujours en raison directe de l'abondance des engrais, ont recommandé une fumure copieuse ; ces deux opinions contradictoires, envisagées d'une manière absolue, sont également erronées ; mais elles peuvent devenir justes dans certaines circonstances.

En effet, si l'absence de toute espèce de fumier diminue beaucoup le produit de la vigne, ce que l'on perd en quantité, on le gagne parfois en qualité. On peut donc, dans certains crus tout à fait exceptionnels, et dont les produits sont très-recherchés, s'abstenir de toute espèce de fumure. Mais il n'en doit pas être ainsi pour les crus ordinaires, où la diminution du produit ne sera pas compensée par l'augmentation de la qualité ; les engrais y sont nécessaires, et nous allons examiner quels sont ceux qu'il convient d'employer.

Les fumiers composés de litières nouvellement sorties des étables ou des écuries, les dépôts des voiries, les gadoues, les os broyés, les cornes, les chiffons de laine, et généralement toutes les substances très-azotées, déterminent dans la vigne une végétation vigoureuse ; mais elles ont toujours pour effet, au moins pendant les premières années qui suivent leur application, de donner un vin sans qualité, et qui offre une saveur et une odeur désagréables. Toutefois ces inconvénients sont moins redoutables dans les terrains secs, et sous le climat brûlant du Midi, que dans les sols substantiels et dans les vignobles du centre et du nord de la France, parce que l'excès de matières fermentescibles, produit dans le moût du raisin par les engrais azotés, est moins à craindre dans la première condition que dans la seconde.

Les varechs, employés comme fumure dans quelques vignobles des bords de la mer, produisent les mêmes inconvénients. Aussi devra-t-on n'employer ces matières que pendant la première formation de la vigne, et donner ensuite la préférence aux engrais végétaux et minéraux très-riches en sels de potasse et dont voici les principaux.

Végétaux herbacés. — Dans les vignobles du Midi, où la vigne est bien plus espacée que dans le Nord, on sème, après la taille, avant l'hiver ou au printemps, entre les rangs, certaines plantes, telles que le lupin pour les sols légers, ou la féverole pour les terres compactes, et on les enterre au moment de leur floraison. Dans les vignobles du Centre qui permettraient l'usage de cette pratique, on pourrait employer la vesce et le seigle. On pourrait aussi se servir de certaines plantes qui croissent en abondance dans les lieux humides, telles que roseaux, joncs, typhas, carex, etc., et que l'on enterrerait au pied des vignes immédiatement après les avoir coupées. Cet usage est adopté par les vignerons des bords du Rhône.

Végétaux ligneux. — Tous les arbrisseaux, et surtout ceux qui conservent leurs feuilles, peuvent aussi être employés pour la fumure des vignes, après que leurs tiges ont été froissées par les pieds des chevaux ou les roues des voitures. Tels sont les cistes, les bruyères, les ajoncs, le buis, les tontures de haies, le genévrier, les jeunes pins. Enfin, les sarments de la vigne sont eux-mêmes l'un des meilleurs engrais.

Marc de raisin. — Cette matière produit d'excellents effets sur la vigne. On l'emploie de préférence après en avoir extrait l'alcool par la distillation. Cet engrais est en usage dans plusieurs vignobles renommés, notamment dans ceux de Chambertin, de Nuits, de Vougeot.

Terreaux. — Les feuilles, les mousses, les herbes, les gazons, réunis en grande masse et abandonnés pendant une année ou deux aux effets de la fermentation, donnent naissance à des terreaux très-précieux pour les vignes. On se sert aussi des vases des rivières, des étangs, des fossés, exposées à l'air pendant une année et remuées plusieurs fois; on peut y ajouter des lits alternatifs de vieux fumiers. Dans les localités où le sol est dépourvu de principes calcaires, on mêle à ces terreaux, au commencement de leur préparation, une certaine quantité de chaux ou de cendres de chaux. Cette substance a pour effet de hâter la décomposition des matières végétales et d'augmenter la fertilité du terrain.

Cendres. — Les cendres vives, celles qui n'ont pas été lessivées, ne sont que bien rarement employées, et cependant leurs bons effets sur la vigne sont incontestables, témoin certains crus de Volnay et de Pomard. On peut se procurer une grande quantité de ces cendres dans les localités voisines ou terres incultes, en enlevant les gazons de la surface du sol et en les brûlant sur place. Les cendres lessivées sur lesquelles on a jeté les eaux de lessives, les rinçures de futailles, les eaux de savon, peuvent aussi servir au même usage.

Disons, en terminant ce qui a trait aux engrais proprement dits, un mot d'un nouveau mode de fumure proposé par M. Persoz, professeur au Conservatoire impérial des arts et métiers. Ce chimiste a constaté, par des expériences directes, que, dans les engrais propres à la culture de la vigne, il est des matières qui servent, les unes exclusivement à l'accroissement du bois, les autres au développement du fruit, et que l'action de ces substances, au lieu d'être simultanée, doit être successive. Par l'application de ces principes, on peut arrêter à volonté l'accroissement du bois au profit des fruits, tandis que, dans les procédés habituels, on ne peut le maîtriser que par des moyens artificiels et empiriques.

Les matières azotées sont, d'après M. Persoz, celles qui concourent au développement du bois, et, parmi celles-ci, il conseille surtout l'emploi des os grossièrement pulvérisés, les débris de cuir ou de corne, le sang, etc. Les sels de potasse favorisent au contraire la production du fruit.

Lors donc qu'on pratique une nouvelle plantation de vignes, on doit, pour déterminer promptement la formation d'une souche vigoureuse, mélanger, avec la terre qui entoure les jeunes plants, une suffisante quantité des matières indiquées plus haut et y ajouter une petite quantité de plâtre. Dès que le résultat sera produit, c'est-à-dire après trois ou quatre ans, on fournira aux racines les sels de potasse qui détermineront la production du raisin. L'auteur conseille, pour cela, l'emploi du silicate de potasse, du phosphate double de potasse et de chaux, mélangés avec le sol, à peu de profondeur au-dessous de sa surface.

Après avoir reconnu l'utilité de la fumure pour le plus grand nombre des vignobles, nous devons faire remarquer que cette fumure ne doit pas dépasser certaines limites, au delà desquelles elle exercerait une influence fâcheuse sur les produits. Le moyen d'échapper à cet inconvénient est de maintenir la vigueur de la vigne dans un état moyen, en ne fumant la même surface que tous les cinq ans au plus tôt, ou tous les douze ans au plus tard, selon que le terrain est plus ou moins aride.

L'usage où l'on est, dans quelques localités, de fumer toute l'étendue d'une vigne en une seule année doit être aussi considéré comme vicieux. Il vaut mieux ne fumer chaque année qu'un cinquième ou un dixième de la surface, et la vigne ne doit être fumée que tous les cinq ou tous les dix ans, de façon qu'au bout de chaque période toute l'étendue ait été également fertilisée. Il y aura à cela deux avantages : le premier, c'est qu'on réunira plus facilement la quantité d'engrais nécessaire; le second, c'est que la moins bonne qualité des produits obtenus de la surface nouvellement fumée sera masquée par la qualité supérieure des produits récoltés sur les autres parties.

Quant aux *amendements proprement dits*, destinés surtout à modifier la composition élémentaire du sol,

ils sont aussi d'une grande utilité; voici les plus importants :

Marne, chaux. — Tous les terrains compactes, argileux, et, en général, ceux qui sont dépourvus de l'élément calcaire, se trouvent bien du marnage ou du chaulage. La marne est répandue à la surface du sol avant l'hiver; la chaux, qui agit à la fois comme amendement et comme engrais stimulant, est mélangée avec la terre. Les boues calcaires de routes, mélangées comme la chaux, produisent les mêmes effets que la marne. Ces amendements calcaires, et surtout la chaux, auront pour effet d'augmenter la production des raisins.

Sables, graviers. — Lorsque, malgré la présence d'une certaine proportion de matière calcaire, le sol est encore compacte, on augmente sa perméabilité au moyen de terres siliceuses, de graviers, et surtout de pierrailles, résultant des pierres broyées sur les grandes routes.

L'automne est le moment le plus convenable pour le transport dans les vignes des engrais et des amendements. On s'en occupe aussitôt après la vendange, à mesure que l'on taille, et immédiatement avant le labour qui suit cette opération, soit à la fin de l'automne, soit au printemps. Les engrais ou les amendements sont répandus uniformément sur toute la surface du sol, et mélangés avec la terre, au moyen de ce labour. C'est une pratique vicieuse que de répandre les engrais seulement au pied des ceps, car ce n'est pas au collet de la racine que sont situés les organes absorbants, mais bien à l'extrémité des radicelles.

A. DU BR.

FUNAIRE (Botanique), *Funaria*, Hedwig ; du latin *funis*, corde. — Genre de plantes *Cryptogames acrogènes*, de la famille des *Mousses*, établi par Hedwig dans la tribu des *Bryacées*, Brong. Dans la classification de M. Montagnes, elles font partie de la tribu des *Funariées*, ordre des *Acrocarpes*. Caractères : péristome double, l'intérieur membraneux à 16 cils planes, l'extérieur à 16 dents soudées par leur partie supérieure; coiffe ventrue à 3 angles à sa base, se fendant de côté et se détachant obliquement. Ce sont de jolies petites mousses qui habitent les régions du nord de l'hémisphère boréal. La plus commune est la *F. hygrométrique* (*F. hygrometrica*, Hedw.; *Mnium hygrometricum*, Lin.). Ses feuilles sont oblongues, pointues, étalées, entières, et présentent une nervure médiane. Sa capsule est grande, brun-rougeâtre à la maturité, et portée sur un pédicelle présentant un phénomène d'hygroscopicité fort remarquable. Il est tordu

Fig. 1223. — Funaire hygrométrique (1).

pendant la dessiccation et se déroule à la moindre humidité. Cette espèce est très-commune dans nos environs, sur les murs, les rochers. Elle paraît en hiver.   G — s.

FUNARIÉES (Botanique). — Tribu de plantes de la famille des *Mousses*, ordre des *Acrocarpes* de M. C. Montagne, qui a pour type le genre *Funaire*. Elle est caractérisée ainsi : capsule pyriforme, droite ou oblique, lisse ou striée; péristome nul, simple ou double; coiffe ventrue, mucronée, fendue une ou plusieurs fois à la base. Ces mousses habitent, en général, les zones tempérées et septentrionales. Elles renferment les genres *Funaire* (*Funaria*, Hedw.); *Physcomitrium*, Brid. ; *Entosthodon*, Schwæg.

FUNGICOLE (Zoologie). — Voyez FONGICOLE.

FUNGIE (Botanique). — Voyez FONGIE.

FUNGUS (Médecine). — Voyez FONGUS.

FUNICULE (Botanique). — On donne ce nom au cordon vasculaire qui, partant du placenta de l'ovaire, aboutit à la graine et est destiné à servir de conduit aux sucs nourriciers. Ce cordon est désigné souvent sous le nom de *cordon ombilical*. Certains auteurs ont aussi nommé cet organe *podosperme* (du génitif grec *podos*, pied, et *sperma*, graine). Il est quelquefois très-développé comme dans certains magnolias. Dans les asclépiades, il est formé de filets soyeux qui composent une aigrette. Le funicule est un faisceau de fibres et de vais-

(1) *f*, feuilles. — u, urne portée sur un long pédicelle. — o, opercule. — c, coiffe qui a persisté sur une seule des deux urnes.

seaux détachés du placenta ou trophosperme. Destiné à nourrir l'embryon comme il a été dit, il pénètre à travers l'épisperme jusqu'à l'amande; dans ce trajet, il franchit l'épaisseur de la testa en un point nommé le *hile*, et celle du tegmen ou membrane interne en un autre point nommé la *chalaze*.

FURCELLAIRE (Botanique), *Furcellaria*, Lmx. — Genre de plantes *Cryptogames amphigènes*, de la classe des *Algues*, ordre des *Aplosporées*, famille des *Fucacées*, établi par Lamouroux et caractérisé par une tige et des rameaux cylindriques dépourvus de feuilles, et une fructification siliqueuse, le plus souvent simple, subulée, à surface unie. Les espèces très-peu nombreuses de ce genre ne dépassent guère une longueur de 0ᵐ,25. Leur couleur est ordinairement olivâtre et devient noire par la dessiccation. Elles croissent au-dessous de la ligne des marées dans les mers tempérées. On trouve assez communément sur les côtes de France la *F. fastigiée* (*F. fastigiata*) et la *F. lumbricalis*. Cette dernière s'étend jusqu'aux côtes méridionales d'Espagne.

FURED ou **BALATON-FURED** (Médecine, Eaux minérales). — Village de Hongrie, sur le lac Balaton ou Platten, près du bourg de Topolcsan, à 26 kilomètres N. de Neitra, 130 kilomètres N.-O. de Bude, dans une situation très-pittoresque. On y compte trois sources d'eaux minérales bicarbonatées calciques, dont une, dite source de François-Joseph (*Franz-Josefsquelle*), n'est employée qu'en boisson; les deux autres le sont en bains. Ces eaux renferment une certaine quantité d'acide carbonique libre (2ᵉʳ,879 par litre); plus, sulfate de soude, 0ᵉʳ,879; chlorure de sodium, 0ᵉʳ,099; carbonate de chaux, 0ᵉʳ,924; carbonate de soude, 0ᵉʳ,117; un peu de carbonate de fer et de manganèse, 0ᵉʳ,007; matière organique, 0ᵉʳ,428, etc. On administre aussi en bains les eaux du lac Balaton, dont les principes minéralisateurs sont en moindre quantité, si ce n'est le fer (plus de 0ᵉʳ,010). Les boues du lac sont aussi recueillies pour bains et pour frictions En général, cette station jouit d'une grande vogue en Hongrie. Les bains froids dans le lac, avec l'exercice de la natation, sont aussi très-recherchés. La médication de Fured n'a rien de spécial; elle rentre tout à fait dans les moyens toniques et reconstituants.   F—N.

FURET ou **NISME** (Zoologie), *Putorius furo*, Less.; *Mustela furo*, Lin. — Espèce de *Mammifères* du sous-genre *Putois*, appartenant au grand genre des *Martes* (*Mustela*, Lin.). Il semble être une variété du putois, perpétuée par une longue domesticité, et ses yeux roses en feraient une variété albine; en effet, on en élève beaucoup qui n'ont pas les yeux roses. Du reste, il a la forme et les instincts du putois, dont il se distingue par une taille un peu moindre et un pelage jaunâtre, varié de blanc. Sa longueur est d'environ 0ᵐ,65, la queue comprise. On ne le trouve en France qu'à l'état domestique; il est en effet originaire d'Afrique et ne s'est acclimaté qu'en Espagne. Chez nous, il souffre du froid; nos hivers le font périr à l'état de liberté, et il reste généralement plongé dans un état de somnolence et de torpeur dont il ne sort que pour manger avec la voracité qui caractérise les animaux du genre auquel il appartient. Il est pour le lapin un ennemi mortel, et il lui fait une guerre acharnée. Cette haine est tellement innée, que si l'on présente un lapin mort ou vivant à un jeune furet qui n'en a jamais vu, il se jette dessus et le mord avec rage. Les chasseurs utilisent cette particularité des mœurs du furet en la faisant servir à rendre leurs recherches moins pénibles et plus fructueuses. A cet effet, ils l'élèvent dans une cage ou un tonneau contenant une certaine quantité de filasse dans laquelle l'animal s'enfonce et dort. Là, ils le nourrissent de pain, de lait, d'œufs, mais rarement de viande; puis, le jour de leur expédition, ils le muselent et le portent devant l'ouverture d'un terrier. Le furet, guidé par ses instincts carnassiers depuis longtemps inassouvis, pénètre dans la retraite des lapins et les force à s'échapper par une issue au-devant de laquelle le chasseur a eu soin de tendre ses lacets. S'il n'était pas muselé, il saisirait l'un des lapins par le nez ou le cou, lui sucerait le sang, et, après s'en être repu, s'endormirait auprès du cadavre de sa victime. Dans ce cas, il est quelquefois difficile de le faire sortir du trou, même en l'enfumant comme un renard ou en tirant un coup de fusil à l'entrée du terrier. Quoique le furet vive en domesticité, il est rarement bien apprivoisé, et on est toujours obligé de le tenir à la chaîne. Il ne reconnaît pas son maître, n'obéit à personne et mord toutes les fois que l'occasion s'en présente, même la main qui lui donne à manger. La femelle, un peu plus petite que le

mâle, porte six semaines et met bas cinq ou six petits. Ses portées ont lieu deux fois par an, quelquefois trois. Ces animaux exhalent une odeur désagréable, surtout lorsqu'ils sont dans un état d'irritation.

FURET (**GRAND**) de d'Azzara. — C'est le *Grison* (*Viverra vittata*, Lin.), espèce de *Mammifères* du genre *Glouton*.

FURET (**PETIT**). — D'Azzara a donné ce nom à une autre espèce du genre *Glouton*, le *Taïra* (*Mustela barbara*, Lin.).

FURET DES INDES. — C'est la *Mangouste* de l'Inde (*Viverra mungos*, Lin.).

FURETAGE (Sylviculture). — Mode d'exploitation des taillis, qui consiste à couper les plus gros brins, en laissant subsister les petits jusqu'à l'époque où ils auront atteint la dimension des premiers. Voyez au mot FORÊTS le chapitre qui traite de l'*exploitation*.

FURFURACÉ (Médecine), du latin *furfur*, son. — On dit qu'il y a des écailles furfuracées, une desquamation furfuracée, lorsqu'il se détache de l'épiderme de petites parties minces et qui ressemblent à du son. Cet adjectif sert à caractériser certaines affections cutanées, dans lesquelles il se détache de l'épiderme de petites parties minces qui ressemblent à du son; ainsi on dit *dartre furfuracée, teigne furfuracée*.

FURNARINÉES (Zoologie). — Voyez FOURNIER, GRIMPEREAUX.

FURONCLE (Médecine), *Furunculus*. — Tumeur inflammatoire superficielle, dure, rouge, chaude, douloureuse, circonscrite, peu volumineuse, saillante, ce qui lui a fait donner vulgairement le nom de *clou*, de forme conique, développée dans le tissu cellulaire graisseux que renferment les aréoles de la face inférieure du derme, et qui se termine toujours par suppuration. Lorsqu'un seul de ces paquets graisseux est malade, c'est le *furoncle*; on l'appelle vulgairement *orgelet*, et plus vulgairement encore *compère loriot*, lorsqu'il a son siége sur le bord libre des paupières. Mais lorsque l'inflammation s'étend à plusieurs de ces paquets graisseux, lorsque la suppuration se fait jour par plusieurs ouvertures à la peau, la maladie prend le nom d'*anthrax bénin* (voyez ce mot), pour le distinguer du *charbon* ou anthrax malin. Du reste, dans ces deux affections que l'on pourrait avec raison considérer comme deux variétés d'une même maladie, les causes, le siége, les symptômes, la marche, la terminaison, sont analogues, les indications curatives sont les mêmes. Seulement le furoncle est moins gros, sa base s'étend moins profondément, la tumeur ne s'ouvre qu'en un seul point, tout au plus en deux; il ne se détache qu'un seul paquet auquel on a donné le nom de *bourbillon*. On a dit depuis longtemps que c'était du tissu cellulaire gangrené par la violence de l'inflammation, qu'il y avait eu étranglement dans les aréoles qui le contiennent. Cette opinion n'est pas partagée par M. Denonvilliers. « Ce qu'on prend, dit le savant professeur, pour du tissu cellulaire adipeux gangrené, n'est qu'un produit de sécrétion qu'on pourrait appeler *matière bourbillonneuse* (*Thèse*, 1837). » M. Nélaton le regarde comme un produit analogue aux fausses membranes. Le plus souvent il existe à la fois ou successivement plusieurs furoncles chez le même individu; rarement cette affection vient isolément. Les causes sont à peu près ignorées; on se contente de dire que la maladie tient à une disposition particulière. Le furoncle débute par un petit point inflammatoire sur une partie quelconque de la surface cutanée, avec démangeaison, rougeur; au bout de peu de jours, il se développe une tumeur d'un rouge vif, dure, à base large, sommet saillant en pointe; en deux ou trois jours cette pointe blanchit, se perce par une petite ouverture qui donne passage à très-peu de pus; bientôt le bourbillon se montre à cette ouverture par laquelle il s'échappe quelquefois spontanément par lambeaux, le plus souvent par la pression exercée sur la tumeur avec les doigts. La cicatrice ne tarde pas à se faire. Le traitement consistera dans l'emploi des cataplasmes émollients, que l'on pourra rendre maturatifs vers la fin. On pourra aussi, vers cette époque, avoir recours aux onguents de même nature, tel que l'onguent de la mère, etc. Lorsque la tumeur est volumineuse, que l'ouverture spontanée trop étroite rend la sortie du bourbillon difficile, on se trouvera bien de faire une incision simple, ou mieux une incision cruciale sur la tumeur, afin de la débarrasser du bourbillon et du pus épais qu'elle contient; ou devra en même temps tâcher de découvrir la cause interne qui a produit la maladie, ce qui n'est pas toujours facile; dans tous les cas, il est utile, lorsque la suppuration est terminée, de prescrire de légers purgatifs, des bains simples ou sulfureux, des amers, etc. **F — N.**

FUSAIN (Botanique), *Evonymus*, Tourn. ; du grec *eus*, bon, *onyma*, nom : bien nommé, ou d'*Evonyme*, mère des Furies : allusion faite aux propriétés vénéneuses d'une espèce. — Genre de plantes *Dicotylédones dialypétales hypogynes*, de la famille des *Célastrinées*. Les fusains, dont on cultive une quinzaine d'espèces, sont des arbrisseaux assez élevés, à feuilles simples. Ils habitent les régions tempérées de l'hémisphère boréal. Le *F. d'Europe* (*E. europæus*, Lin.), nommé aussi *bonnet de prêtre*, à cause de la forme de ses fruits, et quelquefois *bois à lardoire*, s'élève souvent à plus de 5 mètres. Ses fleurs sont petites, verdâtres, et ses capsules sont d'un beau

Fig. 124. — Fusain d'Europe.

rouge. Cette espèce est très-abondante dans nos forêts. Son bois sert à faire le charbon qui entre dans la composition de la poudre à canon. Ce charbon est aussi, comme on sait, très-employé par les dessinateurs. Le bois de fusain est jaunâtre; il a le grain fin et serré, ce qui permet de l'utiliser dans les ouvrages de tour ou de marqueterie; on en fabrique aussi des vis, des fuseaux, des lardoires. Mais son usage est assez restreint, parce qu'on ne lui voit guère atteindre des dimensions considérables. Du reste, il n'est pas sans inconvénient pour les ouvriers qui le travaillent; il leur cause, dit-on, des nausées et des vomissements. Ses fruits sont émétiques et purgatifs. Ses capsules, séchées et réduites en poudre, servent à faire mourir la vermine dans quelques cantons. On en plante quelquefois dans les haies où ils ne servent pas beaucoup de défense, mais depuis le mois de septembre jusqu'à l'hiver, ils restent chargés de leurs fruits rouges et font un joli effet. Le *F. d'Europe* possède une variété à fruits blancs et à feuilles panachées. Le *F. à larges feuilles* (*E. latifolia*, Scop.), considéré par quelques-uns comme une variété du précédent, se distingue par ses feuilles grandes, ovales, acuminées, par ses fleurs d'un vert rougeâtre en cymes, et ses fruits à cinq angles tranchants, minces comme des ailes. On le trouve en Suisse, en Autriche, en Hongrie, et dans les bois montagneux du midi de la France. Ces deux espèces sont souvent attaquées par la larve d'un insecte du genre *Tenthrède* ou *mouche à scie*, qui les dépouille complétement de leurs feuilles.

On emploie quelquefois dans les bosquets quelques espèces exotiques, ainsi : le *F. toujours vert* (*E. americanus*, Lin.), à fruits rouges couverts d'aspérités; le *F. nain* (*E. nanus*, Manch.), à fleurs brunes, nombreuses; rameaux retombants, d'un bel effet; le *F. noir pourpré* (*E. atro-purpureus*, Jacq.), à fleurs d'un pourpre obscur. Ces espèces, sensibles au froid, gèlent souvent sous le climat de Paris. Ils demandent beaucoup de soins. — Caractères du genre : calice persistant, à 5 divisions profondes; 4-5 pétales insérés autour d'un disque; 4-5 étamines ayant la même insertion; ovaire à 4-5 loges contenant chacune 2 ovules; capsule colorée, à 4-5 côtes· graines accompagnées d'un arille coloré en rouge. **G — S.**

FUSANE (Botanique), *Fusanus*, Lin. — Genre de plantes *Dicotylédones dialypétales périgynes*, famille des *Santalacées*; calice supérieur à 4, rarement 5 découpures; 4 étamines; ovaire inférieur; drupe monosperme. La *F. comprimée* (*F. compressus*, Lin. ; *Evonymus colpoon*, Lamk.) est un petit arbre du cap de Bonne-Espérance, très-rameux, à feuilles opposées, ovales, assez semblables à celles du buis; fleurs en petites grappes, rameuses, terminales. On les cultive pour l'ornement.

FUSEAU (Zoologie), *Fusus*, Brug. — Genre de *Mollusques gastéropodes*, ordre des *Pectinibranches*, famille des *Buccinoïdes*, du grand genre des *Rochers* (*Murex*, Lin.); ce sont des coquilles, peu distinctes des Fasciolaires et des Turbinelles, fusiformes, spire allongée, à canal saillant et droit, dépourvues des varices qui caractérisent les murex proprement dits. D'après les travaux de Quoy et Gaimard, qui ont eu l'occasion d'observer l'animal du genre *Fuseau*, il rampe sur un pied petit, épais, ovale ou quadrangulaire; sa tête est petite, aplatie, étroite; deux tentacules courts, portant les yeux en dehors et à la base; manteau court; fente buccale étroite, par laquelle l'animal fait sortir une trompe plus ou moins longue. Le nombre des espèces placées dans ce genre par Lamarck est assez grand. Nous citerons : Le *F. quenouille* (*F. colus*, Lamk), de l'océan Indien, assez commun dans les collections; coquille striée, noueuse sur les tours de spire, blanche. Le *F. d'Islande* (*F. islandicus*, Lamk), de 0ᵐ,10 à 0ᵐ,12 de longueur, toute blanche sous un épiderme brun. Commun dans les mers d'Islande. Le *F. géant* (*F. colossus*, Lamk), coquille de 0ᵐ,18 à 0ᵐ,20 de long, fusiforme, striée dans les deux sens. Le *F. trompette* (*F. tuba*, Lamk), espèce des mers de Chine, très-rare dans les collections. Striée en travers et blanche; spire hérissée de tubercules pointus.

FUSEAU (Géométrie). — Portion de la surface d'une sphère comprise entre deux demi-circonférences de grands cercles aboutissant aux extrémités d'un même diamètre. L'angle des deux plans des grands cercles qui détermine ces circonférences s'appelle *angle du fuseau*. Il existe plusieurs théorèmes de géométrie sur les fuseaux; nous allons citer les principaux :

1° Dans une même sphère ou dans des sphères égales, les fuseaux sont dans le même rapport que leurs angles.

2° La surface d'un fuseau est égale à celle de la sphère dont il fait partie, multipliée par le rapport de l'angle du fuseau à quatre droits.

3° Le rapport d'un fuseau au triangle sphérique trirectangle est égal au double du rapport de son angle à l'angle droit.

FUSÉE (Médecine). — On appelle ainsi des trajets plus ou moins longs et sinueux, que parcourt le pus dans certains cas d'*abcès* avant de se porter au dehors; on dit alors que le *pus fuse*. Le chirurgien doit surveiller avec grand soin ces fusées qui s'étendent quelquefois fort loin dans les tissus.

FUSÉE (Vétérinaire). — On donne ce nom à la réunion de plusieurs *suros* placés les uns près des autres, et on appelle *suro* une tumeur osseuse qui se développe sur le canon du cheval ou du bœuf, le plus souvent à la suite d'une contusion.

FUSÉES DE GUERRE (Artillerie). — Une bouche à feu tirée sans projectile recule sous l'action des gaz de la poudre. Une fusée est une bouche à feu servant de projectile, et qui agit par son recul.

L'emploi des fusées remonte au IXᵉ siècle. On s'en servit en Asie. Abandonnées du XIIIᵉ au XVIIᵉ siècle, elles furent reprises plus tard, et en 1799 employées par les Anglais au siége de Seringapatnam. Depuis, Congrève les a perfectionnées, et aujourd'hui leur utilité incontestable les rend l'objet d'études et d'expériences sérieuses.

On emploie les fusées soit pour servir de signal, soit pour lancer un projectile ou une matière incendiaire sur un point donné. Les fusées de signaux ne renferment aucun projectile et sont en carton; les fusées à projectile sont construites en tôle. Le principe est le même pour les deux espèces, et nous ne parlerons que de la dernière.

Comme nous l'avons déjà dit, une fusée est un projectile qui porte en lui le principe de son mouvement. Quelles sont les circonstances qui ont motivé sa forme et le choix de la matière dont il a été rempli?

Forme des fusées. — Puisque le projectile doit fendre l'air, il faut, autant que possible, le rendre insensible à la résistance de ce dernier; on lui a donné une forme allongée. Un cylindre d'un petit rayon offre peu de prise à l'air, se charge commodément et résiste très-convenablement aux pressions intérieures.

Choix de la matière. — Le mouvement de la fusée ne peut être produit que par des gaz agissant sur elle. Or, la poudre non tassée brûle trop rapidement et donne une tension trop grande; la poudre tassée, au contraire, brûle trop lentement (0m,013 par seconde environ pour un prisme en poudre tassée). Il a donc fallu employer une composition particulière, et, pour favoriser et accélérer sa combustion, on a ménagé dans la fusée un vide central, appelé *âme de la fusée*. Ce vide permet en outre aux gaz produits d'agir directement sur la tête de la fusée. Dans une enveloppe en tôle, appelée le *cartouche de la fusée*, on place le projectile ou le pot plein de matières incendiaires que la fusée est destinée à lancer. Dans la partie cylindrique de l'enveloppe, on tasse autour d'une broche conique, qu'on retire ensuite, une composition formée de 2 de salpêtre, 1 de pulvérin, 1 de charbon de bois dur (orme ou chêne) et ¼ de soufre environ. Si on laissait les gaz se dégager librement par la partie inférieure, le mouvement serait trop lent, parce que leur action sur la tête de la fusée serait trop affaiblie. On ferme alors l'extrémité du tube, et l'on pratique des évents destinés à laisser écouler les gaz.

Comme projectile devant s'élever dans l'air, la fusée est complète ainsi; comme projectile devant atteindre un but déterminé, elle ne l'est pas. Il lui faut une baguette qui lui serve de gouvernail et la maintienne dans la direction qu'on lui a donnée. Cette baguette se visse au culot dans l'axe du cartouche. On la nomme *baguette directrice*.

Il existe une relation obligée entre la vitesse de production des gaz, la surface de l'âme et celle des évents. La variation de tension dépend de la quantité de gaz produit et de la surface des évents. Cette tension augmente d'abord, puis reste stationnaire, puis diminue et s'annule. Si donc on connaissait la tension à chaque instant de la combustion, en comptant les temps sur une ligne horizontale et représentant les tensions par des lignes verticales, on obtiendrait une courbe représentative de la variation des tensions.

On a essayé d'obtenir directement cette courbe par l'expérience. Sur un chariot animé d'un mouvement rectiligne et uniforme on place la fusée et un dynamomètre sur lequel sa tête agit. On comprend que pendant la combustion, la branche du dynamomètre munie d'un crayon trace une courbe sur une feuil e de papier mobile. Mais la vitesse étant très-grande, l'expérience manque de précision. En opérant sur les fusées de 0m,07, on a trouvé que la pression sur la tête était de 110 kilogrammes.

Mouvement des fusées. — A l'origine et au moment du départ, il y a peu de gaz produit, le mouvement est lent et la trajectoire a une forte courbure. La fusée ayant son maximum de vitesse se meut presque en ligne droite, puis elle commence à descendre et tombe très-rapidement. Nous exagérons dans notre figure les différences

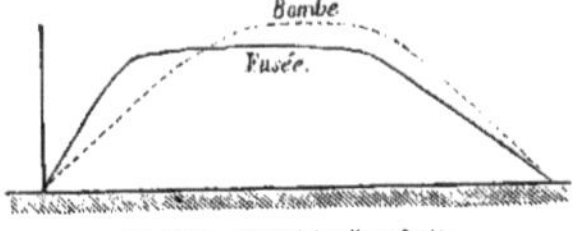

Fig. 1325. — Trajectoire d'une fusée.

de courbure qui existent entre les trois parties de la trajectoire pour mieux la comparer à celle d'une bombe de même portée.

Influence de la baguette. — La baguette dans un air calme dirige la fusée; dans un air agité, elle est une cause de déviation.

Une fusée est soumise à trois forces : l'action des gaz agissant en R, le poids agissant en G au centre de gravité, la résistance de l'air agissant en un certain point de la surface du corps. Dans un air calme, tant que la fusée s'élève dans la direction qu'on lui a donnée au départ, la résistance de l'air a son point d'application sur la tête; dès que par une cause quelconque la fusée est déviée, la résistance agissant encore pendant un certain temps dans le sens primitif tend à ramener le corps dans la position dont il s'est écarté. Plus la dis-

tance du point d'application R′ de cette force au cartouche sera grande, plus son effet sera considérable. Or, en allongeant la baguette, il est clair qu'on recule ce

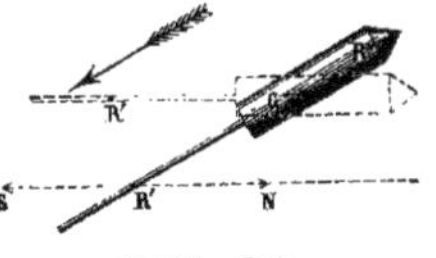

Fig. 1326. — Fusée.

point d'application. Les longues baguettes assurent donc une direction presque invariable dans un air calme.

Il est bien évident que dans un air agité la baguette est une cause de déviation. Tout vent agissant dans le sens R′N relèvera la fusée; tout vent agissant dans le sens R′S la couchera.

Quand le vent souffle perpendiculairement au plan de tir, la baguette fait dévier la fusée à droite ou à gauche.

Emploi des fusées de guerre. — En campagne, on les lance contre la cavalerie par le tir en rideau, c'est-à-dire en en faisant partir en même temps plusieurs placées en ligne sur des châssis très-bas et peu inclinés. Leur tir isolé ne produit aucun effet. Dans l'attaque d'une place, elles servent à rendre une brèche praticable en enfonçant un projectile dans des terres, à jeter des projectiles ou des pots incendiaires dans la ville. Dans la défense des places, elles peuvent être employées à raser l'étage supérieur d'un cavalier de tranchée, etc .,

Les fusées de signaux portent leur baguette sur le côté et sont lancées aussi verticalement que possible.

Fusée des projectiles creux. — On appelle ainsi le tronc de cône en bois qu'on enfonce dans les obus et les bombes. Il est rempli d'une composition que la poudre de la pièce enflamme, et qui, communiquant le feu à la poudre dont le projectile creux est chargé, détermine son éclatement. On coiffe la fusée (on bouche l'orifice extérieur) jusqu'au moment où le projectile est introduit dans la bouche à feu qui doit le lancer.

B — A.

FUSIFORME (Histoire naturelle). — Qui a la forme d'un fuseau, renflé vers le milieu et s'amincissant par les deux bouts. On rencontre assez souvent cette forme en zoologie et en botanique; ainsi plusieurs espèces de coquilles sont fusiformes, la racine d'une variété de *Rave* (*Raphanus sativus*, Lin.) est fusiforme, etc.

FUSIL (Artillerie). — Arme à feu portative. On appelle, en général, *arme à feu*, toute machine propre à utiliser la force motrice résultant de l'inflammation de la poudre. On réserve le nom de *bouches à feu*, aux armes non portatives, tels que les *canons* et *mortiers* (voyez CANONS). Dans toute arme à feu *portative*, on distingue quatre parties principales : 1° le *canon* destiné à recevoir la charge et à diriger le projectile ; un canal étroit pratiqué dans l'épaisseur du canon et appelé *lumière*, débouche sur la charge et établit la communication entre la partie intérieure du canon appelée *âme* et l'extérieur ; 2° la *platine* ou le mécanisme destiné à produire le feu qui doit enflammer la poudre par l'intermédiaire de la lumière ; 3° la *monture*, dont l'objet est de relier les différentes parties de l'arme, d'en faciliter le maniement et de permettre au tireur de la maintenir au moment du tir ; 4° les *garnitures*. Dans certaines armes à feu portatives, on trouve une cinquième partie, la *baïonnette*, qui permet de faire de l'arme à feu une arme de main.

Notions historiques. — Les premières armes à feu remontent à l'origine du xive siècle. Elles se composaient de deux parties: 1° un tube creux en fer ou canon destiné à diriger le projectile ; 2° une boîte contenant la poudre. On assemblait les deux parties, au moment du tir, à l'aide de bandes et d'étriers en fer. Le poids de ces armes variait de 20 à 30 kilogrammes. Elles étaient encastrées sur un tréteau et il fallait deux hommes pour les manœuvrer.

Pour assembler la boîte et le canon ou *volée*, on eut d'abord recours à un grand nombre de moyens. On songea enfin à faire autour de la boîte des filets se vissant dans la volée qui fut taraudée. La boîte prit alors le nom de *culasse* et les canons qu'on avait appelés jusque là *canons à main*, prirent celui de *serpentines*, sans doute à cause des filets de la culasse. Il y avait les serpentines et les demi-serpentines.

En 1344. on eut l'idée d'encastrer les canons dans un fût en bois qui se terminait par une poignée. Un seul homme suffisait pour maintenir l'arme pendant que l'on chargeait et que l'on pointait. On donne à cette arme le nom d'*arquebuse*, à cause de l'analogie de sa forme avec une ancienne arme de jet. Un peu plus tard, on allongea la boîte et la volée fut supprimée. L'arme était longue de 0ᵐ,40 à 0ᵐ,60. C'est à cette époque, 1360, que remonte la fabrication des premières *couleuvrines*, ainsi appelées à cause de leur forme générale et de la couleur du métal qui servait à leur fabrication. En employant un métal fusible comme le bronze, on put couler la culasse et la volée d'une seule pièce. Cette disposition permit de diminuer les épaisseurs et de rendre l'arme plus légère, tout en la faisant plus longue et plus résistante. Sous le règne de Louis XII, on introduisit dans nos armées l'usage de l'*arquebuse à croc*. Dans cette arme, le canon en fer était forgé d'une seule pièce. Pour s'opposer à l'effet du *recul*, on avait adapté à la partie inférieure du canon un *croc* qu'on appuyait, au moment du tir, contre un obstacle fixe. La longueur de cette arme variait de 1ᵐ,30 à 2ᵐ,30 et son poids de 5 à 25 kilogrammes. Elle lançait des balles de 25 à 250 grammes.

L'emploi du croc était fort incommode. Le fût ayant été prolongé avec une légère inclinaison, le tireur put viser en appuyant l'arme contre le plastron de sa cuirasse, d'où le nom de *poitrinal*. Le soldat armé du poitrinal portait en même temps un bâton ferré par le bas et garni en haut d'une fourchette. Lorsqu'il voulait tirer, il plantait son bâton en terre, posait le canon sur la fourchette et appuyait la crosse contre le côté droit de la poitrine. Cette arme était très-répandue du temps de François Iᵉʳ.

Bientôt, de 1520 à 1530, on modifia le fût de telle sorte qu'il pût s'appliquer contre l'épaule. L'arme prit alors le nom de mousquet et l'application au mousquet de la *platine* à silex, lui fit donner le nom de *fusil*, du mot italien *fucile*, pierre.

De la platine à silex. — Dans le canon à main, on mettait le feu à la charge une mèche enflammée que l'on approchait d'une traînée de poudre aboutissant à la lumière. Mais lorsqu'on fabriqua des armes qui purent être appuyées contre la poitrine, on adopta un moyen qui permettait au soldat de tirer, tout en maintenant son arme en joue. On eut successivement recours à la platine à mèche, à la platine à rouet et à la platine à silex dont voici le principe. Une pièce appelée *chien* sert à fixer entre ses mâchoires la pierre qui doit produire le feu en frappant contre la face de la batterie. Le moteur est un *grand ressort* qui communique au chien un mouvement de rotation assez rapide pour que le choc de la pierre sur la batterie produise des étincelles qui enflamment l'amorce. Le grand ressort agit sur le chien par l'intermédiaire de la *noix* sur l'arbre de laquelle le chien est solidement fixé. Sur le contour de la noix sont pratiqués deux crans dans lesquels s'engage le bec ou crochet de *gâchette* qui est maintenu par le ressort de gâchette. En passant la queue de la gâchette par l'intermédiaire de la *détente*, son bec se dégage du cran dans lequel il pénétrait, et la noix cédant à l'action du ressort entraîne le chien. Voici d'ailleurs la nomenclature complète de la platine à silex du fusil d'infanterie modèle 1822. *Corps de platine* sur lequel s'assemblent les pièces qui composent la platine. — *Bassinet* servant à contenir la poudre qui doit communiquer le feu à la charge. — *Vis de bassinet.* — *Batterie.* Elle ferme le bassinet et par le choc de la pierre contre sa face produit les étincelles qui allument l'amorce. — *Vis de batterie.* — *Ressort de batterie*; il sert à fermer le bassinet en appuyant sur le pied de la batterie, et tient celle-ci renversée lorsque le bassinet doit rester ouvert. — *Vis du ressort de batterie;* — *Chien;* — *Noix;* — *Vis de noix;* — *Bride de noix*; elle maintient la noix parallèlement au corps de platine. — *Vis de bride;* — *Gâchette;* — *Vis de gâchette;* — *Ressort et vis du ressort de gâchette;* — *Grand ressort et sa vis;* — *Pierre.* Deux grandes vis appelées *vis de platine* servent à ajuster la platine sur la monture.

Système à percussion. — L'idée du système à percussion remonte, pour ainsi dire, à l'époque de la découverte des sels fulminants en 1785, mais les premiers essais furent infructueux. Ce ne fut qu'en 1812 qu'un ar-

murier appelé *Pauly* prit le premier brevet d'invention pour une arme à amorce fulminante. Cette arme fut rapidement modifiée et perfectionnée. Huit ans après, la platine à silex était abandonnée pour les armes de chasse et des expériences étaient commencées pour appliquer le système percutant aux armes de guerre. Ces expériences conduisirent à la création du fusil, modèle 1842. Nous nous occuperons spécialement de cette arme en examinant successivement ses quatre parties principales. Sa longueur totale est de 1ᵐ,957 et son poids de 4ᵏ,57.

Canon. — On distingue dans le canon : la *longueur*, la partie intérieure ou *âme*, le *tonnerre* et les *pans*, la partie *extérieure*, la *culasse*, la *masselotte*, la *cheminée*, la *hausse*, le *guidon* et le *tenon*. Les canons fabriqués primitivement en fer forgé sont aujourd'hui en acier puddlé fondu ; chaque longueur de 0ᵐ,05 subit deux chaudes de forge, et le canon est ensuite foré, alésé, dressé, raboté et poli à l'extérieur.

La longueur du canon repose sur des considérations théoriques et des considérations de service. D'après le général *Piobert*, une charge de poudre égale au tiers du poids du projectile est complètement brûlée, lorsque le projectile a parcouru un espace égal à dix-huit fois son diamètre. Or, le diamètre de la balle sphérique étant de 0ᵐ,0167, on arrive pour la longueur minimum du canon à 0ᵐ,0167 × 18 ou 0ᵐ,30. Pour rendre possible l'exécution des feux sur plusieurs rangs, le canon des hommes du dernier rang devant déborder suffisamment la ligne des hommes du premier rang, la longueur du canon a été portée à 1ᵐ,029.

L'âme a la forme d'un cylindre droit à bases circulaires ; son diamètre qui constitue le *calibre* de l'arme est de 0ᵐ,018. On donne le nom de *vent* à la différence entre le diamètre de l'âme et celui du projectile.

La partie postérieure du canon porte le nom de *tonnerre*. Cette partie étant destinée à recevoir le premier effort de la charge, on lui a donné une grande résistance. Les surfaces planes qui lui sont circonscrites ont reçu le nom de *pans*. Dans le tonnerre se trouve pratiqué un taraudage intérieur appelé *boîte du tonnerre*, qui reçoit le bouton de culasse.

Les gaz qui proviennent de l'inflammation de la poudre exercent sur les différentes parties du canon des efforts inégaux qui vont en diminuant depuis le tonnerre jusqu'à la bouche ; aussi, les épaisseurs du canon varient-elles de la même manière. Pour égaliser la résistance à la rupture, les surfaces intérieure et extérieure sont exactement concentriques et le canon a été composé d'une série de troncs de cône se raccordant entre eux. De cette façon on a pu réduire le poids du fusil et rapprocher son centre de gravité du tireur.

Le canon est fermé par la culasse qui sert à le fixer sur la monture. L'assemblage du canon et de la culasse se fait au moyen du bouton fileté qui se visse dans la boîte du tonnerre. Le bouton porte sept filets dont la section est un triangle équilatéral. A sa partie postérieure, la culasse est terminée par la queue et le talon de la culasse au moyen desquels on fixe le canon sur la monture, par une vis dite vis de culasse.

Le canal de lumière pratiqué dans le tonnerre communique avec le canal de cheminée ; celle-ci s'appuie sur le tonnerre à l'aide d'un taraudage pratiqué dans une pièce en acier appelée *masselotte*. La cheminée est en acier fondu ; le cône qui reçoit la capsule offre un tranchant capable de briser la couche de vernis qui recouvre la composition fulminante contenue dans l'alvéole de la capsule.

Le pointage du fusil se fait à l'aide de la hausse et du guidon ; la hausse est placée à la partie postérieure de l'arme et le guidon vers la bouche. Le sommet du guidon et le fond du cran de mire de la hausse déterminent une ligne droite appelée *ligne de mire naturelle*, dont la deuxième intersection avec la trajectoire se nomme le but en blanc naturel.

Le tenon sert à fixer la baïonnette. Il est brasé sur l'arête inférieure du canon à 0ᵐ,0271 de la bouche ; sa saillie est de 0ᵐ,0034.

Platine. — Nous savons déjà que le mécanisme qui enflamme l'amorce porte le nom de platine. Celle du fusil, modèle 1842, ne diffère pas notablement de celle qui a été précédemment décrite ; elle présente avec la platine usuelle dont nous donnons la figure, quelques différences ; on l'appelle *platine à chaînette*. Le moteur principal est la grande branche du ressort qui agit sur la noix par l'intermédiaire d'une pièce articulée appe-

lée *chaînette*. La noix transmet au chien l'action du moteur et est maintenue parallèlement au corps de platine
à l'aide de la bride de noix.

Fig. 1327. — Platine du fusil ordinaire.

Comme dans la platine à silex, la noix présente deux
crans, dits cran de bande et cran de sûreté, dans lesquels
vient s'engager le bec de la gâchette. Celle-ci, mobile
autour d'un double pivot, est assurée dans son action par
la petite branche du ressort; elle présente une partie
coudée perpendiculaire au corps de platine qu'on appelle queue de gâchette, sur laquelle le tireur agit par
l'intermédiaire de la touche recourbée de la détente et
de la lame de détente.

Monture. — La monture se compose de deux parties
principales: le *fût* et la *couche*. Celle-ci se subdivise en
deux parties: la *poignée* qui commence à la naissance
du fût et finit au *busc* et la *crosse*.

On distingue en outre dans la monture un grand
nombre de parties dont voici la nomenclature :

1° Le logement du canon ; 2° le logement de la queue
de culasse; 3° les embases des boucles de garnitures;
4° les logements des ressorts de garnitures; 5° le canal
de baguette; 6° le logement du ressort de baguette; 7° le
logement ou encastrement de la platine; 8° le logement
ou encastrement de la rosette; 9° le logement ou encastrement de l'écusson; 10° le logement ou encastrement
de la plaque de couche; 11° les trous pour vis à bois et
pour la goupille du battant de sous-garde.

En France, on emploie exclusivement le bois de noyer
pour la confection de la monture des armes de guerre.

Garnitures: 1° *La baguette, son ressort et la goupille du ressort.* La baguette sert à introduire la balle
dans le canon et à décharger ou nettoyer l'arme à l'aide
du tire-balle et du tire-bourre. Lorsqu'elle est mise dans
le canon, son petit bout dépasse la tranche de la bouche
de toute la partie taraudée, c'est-à-dire de 0ᵐ,008 à
0ᵐ,010. Quand elle est dans le canal, le gros bout affleure
la tranche de bouche. Depuis 1766, la baguette est en
acier trempé; elle a la forme tronconique et est terminée
par une tête en forme de clou. Elle est maintenue dans
son canal à l'aide du ressort de baguette qu'on fixe sur
le bois par une goupille.

2° *Les trois boucles.* Elles servent à maintenir le canon sur le fût, conjointement avec la vis de culasse, et
à soutenir la baguette dans son canal. Ce sont : l'*em-
bouchoir*, la *grenadine* et la *capucine*.

3° *La plaque de couche et ses deux vis.* Elle a pour
but de protéger contre les chocs l'extrémité de la crosse
et de permettre au tireur d'appuyer solidement son
arme contre son épaule; deux vis à bois servent à la
maintenir.

4° *La rosette.* On appelle ainsi une pièce qui sert d'é-
crou à la vis de platine.

5° *La sous-garde.* Elle comprend l'*écusson* sur lequel
s'assemblent toutes les autres pièces de la sous-garde,
la *détente* et le *pontet* de sous-garde qui sert à préserver
la détente des chocs accidentels.

Baïonnette. (Voyez ce mot.)

Le fusil dont nous venons de donner la description
coûte 35 fr. 47 c.

But des armes rayées. — Le défaut d'homogénéité des
projectiles est le *vent*, c'est-à-dire la différence entre le
diamètre de l'âme du canon et celui de la balle, déterminent nécessairement pour celle-ci un mouvement de
rotation en même temps que les gaz de la poudre lui
impriment un mouvement de translation. Or, il a été démontré que pour qu'un projectile n'éprouve pas de déviation par suite de son mouvement de rotation, il faut
que ce mouvement ait lieu, pendant toute la durée du
trajet, autour de la direction du mouvement de translation. C'est afin de s'opposer à tout autre mouvement de
rotation qu'on a imaginé les armes rayées dont le but est

d'imprimer aux projectiles un rapide mouvement de rotation autour de l'axe du canon. Les rayures peuvent
être droites, hélicoïdales ou paraboliques. Dans le premier cas, elles ont la même direction que les génératrices du canon; dans le second, elles ont une inclinaison
constante sur les génératrices; dans le troisième, leur
inclinaison sur les génératrices varie d'un point à l'autre de la longueur du canon. L'âme des canons de nos
fusils d'infanterie porte quatre rayures en hélice tournant de gauche à droite et dont le pas est de 2 mètres.
La largeur des rayures mesurée perpendiculairement à
l'axe égale 0ᵐ,007. Elles sont arrondies et leur profondeur uniforme est de 0ᵐ,0002.

Carabine des chasseurs à pied. — La carabine des
chasseurs à pied était munie dans le principe d'une tige
en acier vissée dans le bouton de culasse; cette tige servait au forcement de la balle oblongue sous l'action de
la baguette. L'adoption de la balle du colonel *Nessler*
(voyez le mot BALLE) fit supprimer la tige et les nouvelles
armes prirent le nom de carabines sans tige. Leur longueur totale est de 1ᵐ,835 et leur poids de 5ᵏ,040. Elles
coûtent 52ᶠ,04.

Voici les différences principales qui existent entre la
carabine sans tige et le fusil que nous avons décrit précédemment. La longueur du canon, depuis la tranche
de la bouche jusqu'à celle du tonnerre, est de 0ᵐ,863.
Le calibre est de 0ᵐ,0178. L'âme porte quatre rayures
hélicoïdales ayant 0ᵐ,0005 de profondeur au tonnerre et
0ᵐ,0003 à la bouche. Enfin, le canon porte une hausse à
curseur mobile et un tenon de forme particulière pour
fixer le sabre-baïonnette.

Armes se chargeant par la culasse. — On désigne
sous le nom général d'armes se chargeant par la culasse
celles dans lesquelles on place directement la charge et
la balle dans le tonnerre au lieu de les introduire par la
bouche du canon. Ce mode de chargement présente évidemment de grands avantages; le chargement est inutile, le chargement est prompt et facile, et la vitesse de
tir est considérable. L'inconvénient de ces sortes d'armes tient à la difficulté qu'on éprouve d'obtenir un mécanisme solide et durable et une fermeture exacte du
tonnerre.

On a divisé en trois groupes principaux les armes qui
se chargent par la culasse. Dans le premier, le plus défectueux, le tonnerre s'ouvre à la partie supérieure du
canon; le second groupe comprend les armes dans lesquelles le tonnerre se détachant du canon présente une

Fig. 1328. — Fusil Lefaucheux.

sorte de petit canon dans lequel on introduit la charge.
Enfin, dans le troisième groupe, sont comprises les armes
dans lesquelles le mécanisme découvre la tranche postérieure du tonnerre. Ce résultat peut être obtenu par
suite du mouvement du canon ou sans aucun mouvement de celui-ci. Les armes du système *Julien Leroy*, du
système *Lepage* et du système *Lefaucheux*, appartiennent au troisième groupe. Dans le système *Lefaucheux*,
par exemple, le canon peut tourner autour d'un axe perpendiculaire à sa longueur. La monture restant fixe, on
peut, en rabattant un verrou, faire pivoter l'arme dans
le plan vertical de tir. La bouche de l'arme s'abaisse,
tandis que la culasse se relève et la charge peut alors
être introduite dans le tonnerre laissé à découvert. On
remet ensuite le tout en place par une opération inverse.

Le fusil *Robert* appartient aussi au troisième groupe,
mais, dans cette arme, le tonnerre est mis à découvert
sans aucun mouvement du canon. Un levier à poignée faisant l'office de culasse sans bouton peut tourner autour
d'un axe perpendiculaire à celui du canon. Lorsqu'on
veut charger, on place le levier dans une position verticale et on introduit la cartouche dans le tonnerre mis à

72*

découvert. Un mécanisme particulier arme le chien lorsqu'on rabat la culasse de sorte que l'arme se trouve prête à faire feu. La cartouche porte à sa partie postérieure un petit cylindre renfermant la poudre fulminante. Lorsqu'on presse la détente, le chien vient écraser ce petit cylindre contre une partie saillante de la culasse mobile.

Les lecteurs qui voudraient avoir des notions plus complètes sur les armes portatives de guerre pourront consulter le cours de tir de M. *Cavelier de Cuverville.* P.

FUSION (Physique). — Passage d'un corps de l'état solide à l'état liquide. — L'état de solidité et de liquidité est un état relatif dépendant uniquement de la température à laquelle le corps est soumis. On peut broyer la glace par des actions mécaniques, mais non pas la rendre liquide, si on n'élève pas sa température; si la glace fond quand elle est exposée aux rayons du soleil, c'est par suite de la chaleur de ces rayons et non par l'action de la lumière. Si le plomb se liquéfie quand on le bat rapidement sur une enclume, ce n'est pas l'action mécanique, mais la chaleur développée par la percussion qui cause ce changement d'état.

On a pu faire passer tous les corps de l'état solide à l'état liquide sous l'influence de la chaleur, sauf certains composés organiques qui se détruisent avant de se fondre. Il existe d'ailleurs une grande différence entre les différents corps dans la facilité avec laquelle on peut amener ce changement d'état. Voici un tableau des températures auxquelles fondent certains corps.

NOMS DES CORPS.	POINTS DE FUSION.
Platine	2000°
Fer martelé anglais	1600
Fer doux français	1500
Aciers les moins fusibles	1400
Aciers les plus fusibles	1300
Fonte manganésée	1250
Fonte grise, deuxième fusion	1200
Fonte grise très-fusible	1100
Fonte blanche peu fusible	1100
Fonte blanche très-fusible	1050
Or pur	1250
Or au titre des monnaies	1180
Cuivre	1150
Argent pur	1000
Bronze	900
Antimoine	432
Zinc	360
Plomb	320
Bismuth	262
Étain	230
Soufre	110
Iode	107
Sodium	95
Potassium	68
Phosphore	44
Acide stéarique	70
Cire blanche	68
Cire non blanche	62
Stéarine	55
Spermaceti	49
Suif	33
Beurre	33

Il faut avouer qu'il existe sur certains de ces nombres de petites incertitudes provenant de l'impureté des échantillons sur lesquels on a opéré, ou de la nature du thermomètre employé.

Lorsque l'on n'avait à sa disposition, comme moyen de fusion, que les forges ou les hauts fourneaux, certains corps n'avaient pu être rendus liquides. On appelait *substances réfractaires* celles qui résistaient ainsi à l'action de la chaleur sans se fondre; mais il n'y en a plus depuis l'emploi du chalumeau à gaz et de la pile.

Une application très-remarquable de la première de ces sources de chaleur a été faite dernièrement par MM. Deville et Debray pour la fusion du platine. L'appareil dans lequel on conduit l'opération se compose d'un petit four à réverbère *nn* fait en chaux vive. Ce four se compose de deux parties creusées en forme de calotte sphérique et symétriques l'une à l'autre. Par la partie supérieure, un chalumeau pénètre dans le four. Il se compose de deux enveloppes concentriques; la plus interne communique par le robinet *r* avec un tube de caoutchouc, qui amène de l'oxygène, et dans l'espace

annulaire circule du gaz de l'éclairage venant du tube **H**, et dont l'arrivée se règle avec le robinet *r'*. L'on enflamme ce gaz à sa sortie de cet espace annulaire, et l'oxygène étant amené au milieu de la flamme augmente son intensité calorifique. On peut rendre à volonté la flamme oxydante ou réductrice par la manœuvre des robinets *r* et *r'*. Les produits de la combustion se déga-

.Fig. 1329. — Appareil de MM. Deville et Debray pour la fusion du platine.

gent par l'orifice *e*. L'appareil tout entier est porté par une plate-forme de fonte *p*. Une cheminée F entraîne hors du laboratoire les vapeurs qui peuvent se dégager. Si l'on fond, en effet, du platine allié à de l'osmium, il se produit pendant l'opération de l'acide osmique volatil, qui est fort dangereux à respirer. L'on coule dans des lingotières en fer forgé, garnies intérieurement d'une mince feuille de platine qui s'oppose à l'altération de la lingotière par la haute température du métal en fusion; ces feuilles sont d'ailleurs ramollies assez fortement pour faire corps avec le lingot. A Londres, M. Matthey, fabricant de platine, en a fondu jusqu'à 100 kilogrammes à la fois par ce procédé.

La plupart des corps passent de l'état solide à l'état liquide, sans autre intermédiaire. Il en est d'autres chez qui le passage se fait graduellement; la matière devient molle, pâteuse, puis se fluidifie peu à peu. Ce mode de fusion s'appelle *fusion vitrée*; le verre, en effet, se fond ainsi, et de plus, quand ces corps se solidifient, ils prennent un aspect vitreux.

Quand un corps fond, il y a en général un changement brusque de volume. Dans la presque totalité des cas, le volume augmente.

La fusion des corps est soumise à deux lois très-importantes :

1° Chaque corps passe de l'état solide à l'état liquide, toujours à la même température. Ainsi la glace fond toujours à 0°, l'étain toujours à 230°, etc.

2° Pendant tout le temps que mettent les corps à passer de l'état solide à l'état liquide, leur température reste invariable. Ainsi si l'on place sur le feu un vase plein de glace, et dans ce vase un thermomètre, la température se maintiendra à 0° tant qu'il y aura dans le vase de la glace non fondue. La chaleur que l'on emploie ne se traduit donc par aucune élévation de température; elle se combine, pour ainsi dire, au corps solide pour le transformer en liquide. Cette chaleur ainsi employée à fondre le corps ne peut être mesurée par un thermomètre, et, pour cette raison, est appelée *chaleur latente*, c'est-à-dire *cachée*.

L'on doit dire cependant, comme exception à la première règle, que le point de fusion d'un corps peut changer, en vertu de son affinité chimique pour un autre corps avec lequel il est en contact, mais l'absorption de chaleur latente n'en a pas moins lieu. Il en est ainsi, par exemple, lorsque la neige et le sel marin sont en

contact même à une température de 10° au-dessous de zéro. Quand l'on dissout dans l'eau du sel de Glauber, on peut constater un abaissement notable de température. C'est sur ce fait qu'est fondée la théorie des mélanges réfrigérants, que l'on emploie principalement à faire de la *glace* (voyez ce mot).

Un fait qui se lie intimement à celui de la fusion, c'est celui de la solidification. Ce retour à l'état solide est soumis à deux lois :

1° La température à laquelle se fait la congélation est fixe pour chaque substance, et la même que celle du point de fusion.

2° Pendant tout le temps de la solidification, la température du liquide ne varie pas, quelle que soit l'intensité de la cause refroidissante. Ce résultat s'explique par la transformation de la chaleur latente de fluidité en chaleur sensible. Cette chaleur rétablit continuellement la température; sans cela la congélation, au lieu de se faire graduellement, se ferait subitement dans toute la masse dès que le point de solidification serait atteint.

Dans certains cas, la première loi semble en défaut, et la température à laquelle se fait la congélation n'est pas la même que celle du point de fusion, mais toujours ce fait ne s'observe que dans des circonstances exceptionnelles. Ainsi Fahrenheit a vu l'eau rester liquide dans un matras fermé, à col effilé, et exposé à l'air au-dessous de 0°. On peut ainsi porter l'eau jusqu'à — 12° sans qu'elle se congèle. Il faut, pour réussir, que le liquide reste dans le repos le plus absolu, et que le froid agisse lentement. Quand l'eau a été amenée au-dessous de zéro sans se congeler, il suffit, pour la solidifier en partie, d'y jeter une parcelle de glace ou d'ébranler par un choc les vases qui la contiennent. La congélation se fait aussitôt avec une certaine rapidité, et la température remonte subitement à 0° par suite du dégagement de chaleur latente. On a observé sur d'autres corps que l'eau ce phénomène appelé *phénomène de surfusion*. Ainsi l'étain peut descendre à 225° sans se solidifier, quoiqu'il fonde à 230° ; le phosphore peut être maintenu liquide jusqu'à 22°, bien que son point normal de solidification soit à 44°. Mais quand l'étain se solidifie, sa température remonte à 230°, et de même le phosphore repasse à 44°.

La pression exerce aussi sur la fusion une influence qui n'a été bien nettement appréciée qu'à une époque récente. On a établi, par exemple, que la glace, soumise à une pression énergique, peut passer à l'état liquide à une température inférieure à zéro. Cette circonstance permet de se rendre compte de divers phénomènes, jusqu'ici très-imparfaitement expliqués. Telle est par exemple la faiblesse excessive du frottement à la surface de la glace, même quand celle-ci n'a qu'un médiocre degré de poli. On peut admettre que sous l'action du poids qui presse, une couche d'eau très-mince s'interpose entre les deux corps et forme ainsi une sorte de graissage hydraulique, dont l'efficacité est aujourd'hui bien connue (voyez GRAISSAGE). Ainsi s'explique également la plasticité apparente des glaciers, qui descendent comme on sait d'une manière progressive, en se moulant fidèlement sur les vallées qu'ils parcourent, tantôt s'étendant, tantôt se resserrant, comme le ferait une coulée de lave pâteuse. On peut aussi appliquer la même explication aux curieuses expériences de M. Tyndall. Elles consistent à comprimer de la glace dans des moules de formes très-diverses ; on retire de ces moules des objets formés de glace parfaitement limpide, qui a dû par suite suivre tous les contours du moule lui-même, à la façon d'une matière molle et plastique.

Quelquefois la pression, au lieu d'abaisser le point de fusion, l'élève au contraire ; c'est ce qui a lieu, suivant M. Bansac, pour le blanc de baleine et la paraffine.

La solidification est généralement accompagnée d'une diminution de volume; il faut excepter les cas de l'eau, du bismuth, de la fonte de fer, où c'est l'effet inverse qui se produit. **H. G.**

FUSTET (Botanique). — Nom vulgaire d'une espèce du genre *Sumac*. C'est le *Rhus cotinus* de Linné, appelé aussi *Bois jaune, Arbre à perruque*. On a donné quelquefois à cet arbrisseau le nom de *Panache d'Henri IV*, à cause de son inflorescence à rameaux filiformes très-divisés, qui ressemble à une chevelure. Le fustet est, par son feuillage glabre, lisse, un joli arbrisseau d'ornement. Il croit spontanément dans l'Europe méridionale, et s'est, pour ainsi dire, naturalisé dans nos environs. Son bois, de couleur jaune et verte, s'emploie par les ébénistes et les luthiers. On en extrait « une matière colorante employée en teinture pour donner à des étoffes déjà teintes une nuance de jaune orangé, qui doit se composer avec leur couleur première. Ainsi on passe dans un bain de fustet l'écarlate qui doit tirer sur la couleur de feu ; on y passe aussi les étoffes de couleur grenade, jujube, langouste, chamois, orangée, jaune d'or, jonquille, etc. La couleur du fustet n'est jamais appliquée seule sur les étoffes, parce qu'elle est trop altérable » (Chevreul).

FUTAIE (Sylviculture). — Voyez FORÊT.